国家出版基金项目
NATIONAL PUBLICATION FOUNDATION

“十四五”国家重点图书出版规划项目

东北植物检索图志

DONGBEI ZHIWU JIANSUO TUZHI

DONGBEI
ZHIWU
JIANSUO
TUZHI

张淑梅　主编

第 1 卷

北方联合出版传媒（集团）股份有限公司
辽宁科学技术出版社

内容提要

全书分4卷，共计收录东北地区野生及常见露地栽培维管束植物175科1073属3619种105亚种664变种178变型，其中，野生2946种99亚种552变种127变型，栽培673种6亚种112变种51变型。仅从种级分类单元（不含种下单位）的收录量看，本书超出迄今东北最权威的植物分类学资料【《东北植物检索表》（傅沛云，1995）】516个，超出率为16.63%。

本卷为第1卷，收录石松类植物、蕨类植物、裸子植物及被子植物基部支群（早期分化的被子植物）、单子叶植物（百合亚纲）、真双子叶植物的基部分支（早期分化的真双子叶植物），共计72科329属1178种29亚种189变种40变型，其中，野生1041种27亚种171变种40变型，栽培137种2亚种18变种。

图书在版编目（CIP）数据

东北植物检索图志 / 张淑梅主编. —沈阳：辽宁科学技术出版社，2024. 3

ISBN 978-7-5591-3182-9

Ⅰ. ①东…　Ⅱ. ①张…　Ⅲ. ①植物—目录索引—东北地区　Ⅳ. ①Q948. 523

中国国家版本馆CIP数据核字（2023）第160967号

出 品 人：陈　刚
出版发行：辽宁科学技术出版社
（地址：沈阳市和平区十一纬路 25 号　邮编：110003）
印 刷 者：辽宁鼎籍数码科技有限公司
经 销 者：各地新华书店
幅面尺寸：210mm × 285mm
总 印 张：218.5
插　　页：16
总 字 数：4600千字
出版时间：2024年3月第1版
印刷时间：2024年3月第1次印刷
责任编辑：陈广鹏　乔志雄　胡嘉思
殷　欣　张　永　孙　东
封面设计：周　洁
责任校对：栗　勇　王玉宝

书　　号：ISBN 978-7-5591-3182-9
定　　价：2000.00元（全4卷）

联系电话：024-23280036
邮购热线：024-23284502
http://www.lnkj.com.cn

PREFACE 前言

一、编写目的与意义

东北地区（含黑龙江省、吉林省、辽宁省和内蒙古自治区东部的兴安盟、呼伦贝尔市、通辽市、赤峰市）植物分类学研究有百余年的历史，前辈们及现阶段同行们做了诸多工作，出版了《东北木本植物图志》（刘慎谔等，1955）、《东北植物检索表》（第一版，刘慎谔，1959；第二版，傅沛云，1995）、《东北草本植物志》（1～12卷，中国科学院沈阳应用生态研究所，1958—2005）、《黑龙江省植物志》（周以良，1992—2003；黑龙江省植物志修订委员会，2016—2022）、《辽宁植物志》（上、下册，李书心，1988，1992）、《内蒙古植物志》（马毓泉，第一版1977—1985，第二版1989—1998；赵一之、赵利清、曹瑞，第三版2020）。其中，记录东北地区维管束植物本底最全面的文献当属《东北植物检索表》（傅沛云，1995），该书收载野生及露地栽培维管束植物164科928属3103种（不含种下单位）。然而，《东北植物检索表》（傅沛云，1995）出版至今已近30年，书中记录的植物数量已经不能客观、准确地反映东北地区维管束植物的现阶段本底。一方面，受历史条件的限制，前辈的调查有盲点，很多植物虽然存在，但未被发现；另一方面，随着生物入侵和引种力度的加大，有区域外维管束植物的涌入；同时，随着环境变化和生态遭到破坏，有些当地曾经有的物种如今已经不再存在。另外，受各种条件的限制，前期出版的著作中或多或少有一些错误。为此，广大的农业、林业、牧业、医药业、园林工作者和植物科研、教学工作者及植物爱好者迫切需要更系统、更科学、更准确、更能体现东北地区维管束植物现状的学术著作。

基于东北地区植物研究的现状和各方面的需求，编者凝聚了自己近40年和其他编委各自多年从事植物分类学研究的一手资料，结合前辈们及现阶段同行们的研究成果，编撰了此部著作。此部著作既是植物分类学研究的重要工具书，也是生态环境建设和植物资源开发利用不可或缺的参考资料。可供农业、林业、牧业、医药业、园林工作者和植物等科研、教学及相关部门参考，也可供相关专业的学生和植物爱好者学习，还可为政府决策提供基础数据。

二、采用的分类系统及收录植物的基本情况

本书采用现阶段国际上推行的分子分类学系统，其中，石松类和蕨类植物采用的是PPG Ⅰ系统，裸子植物采用的是多识裸子植物系统，被子植物采用的是APG Ⅳ系统。

全书分4卷，共计收录东北地区野生及常见露地栽培维管束植物175科1073属3619种105亚种664变种178变型，其中，野生2946种99亚种552变种127变型，栽培673种6亚种112变种51变型。这些植物中，石松类植物2科5属24种5变种，均为野生植物；蕨类植物17科44属103种3亚种11变种，均为野生植物；裸子植物5科19属50种1亚种25变种2变型，其中，野生18种14变种，栽培32种1亚种11变种；被子植物151科

1005属3442种101亚种623变种176变型，其中，野生2801种96亚种522变种125变型，栽培641种5亚种101变种51变型。

第1卷收录石松类植物、蕨类植物、裸子植物及被子植物基部支群（早期分化的被子植物）、单子叶植物（百合亚纲）、真双子叶植物的基部分支（早期分化的真双子叶植物），计72科329属1178种29亚种189变种40变型，其中，野生1041种27亚种171变种40变型，栽培137种2亚种18变种。

第2卷收录被子植物真双子叶植物超蔷薇类分支（蔷薇超目），计48科282属1016种25亚种240变种72变型，其中，野生743种21亚种172变种33变型，栽培273种4亚种68变种39变型。

第3卷收录被子植物真双子叶植物超菊类分支檀香超目、石竹超目及菊超目的山茱萸目、杜鹃花目、丝缨花目、龙胆目、紫草目、茄目、唇形目，计47科278属832种36亚种135变种37变型，其中，野生660种36亚种121变种26变型，栽培172种14变种11变型。

第4卷收录被子植物真双子叶植物超菊类分支菊超目的冬青目、菊目、川续断目、伞形目，计8科182属580种15亚种100变种29变型，其中，野生489种15亚种88变种28变型，栽培91种12变种1变型。另附补遗，以补充本书排版后发现的1个中国新记录属、1个东北新归化属、3个中国新记录种、3个东北新归化种及新近出版的《大兴安岭植物志》和其他文献报道的7种之前我们不掌握的物种。

本书各卷收录植物基本情况

<table>
<tr><th>卷</th><th>收录内容</th><th colspan="2">收录物种数量</th></tr>
<tr><td rowspan="3">第1卷</td><td rowspan="3">石松类植物、蕨类植物、裸子植物及被子植物基部支群（早期分化的被子植物）、单子叶植物（百合亚纲）、真双子叶植物的基部分支（早期分化的真双子叶植物）</td><td colspan="2">72科329属1178种29亚种189变种40变型</td></tr>
<tr><td>野生种</td><td>栽培种</td></tr>
<tr><td>1041种27亚种171变种40变型</td><td>137种2亚种18变种</td></tr>
<tr><td rowspan="3">第2卷</td><td rowspan="3">被子植物真双子叶植物超蔷薇类分支（蔷薇超目）</td><td colspan="2">48科282属1016种25亚种240变种72变型</td></tr>
<tr><td>野生种</td><td>栽培种</td></tr>
<tr><td>743种21亚种172变种33变型</td><td>273种4亚种68变种39变型</td></tr>
<tr><td rowspan="3">第3卷</td><td rowspan="3">被子植物真双子叶植物超菊类分支檀香超目、石竹超目及菊超目的山茱萸目、杜鹃花目、丝缨花目、龙胆目、紫草目、茄目、唇形目</td><td colspan="2">47科278属832种36亚种135变种37变型</td></tr>
<tr><td>野生种</td><td>栽培种</td></tr>
<tr><td>660种36亚种121变种26变型</td><td>172种14变种11变型</td></tr>
<tr><td rowspan="3">第4卷</td><td rowspan="3">被子植物真双子叶植物超菊类分支菊超目的冬青目、菊目、川续断目、伞形目及补遗</td><td colspan="2">8科184属593种15亚种100变种29变型</td></tr>
<tr><td>野生种</td><td>栽培种</td></tr>
<tr><td>502种15亚种88变种28变型</td><td>91种12变种1变型</td></tr>
</table>

三、收录植物的依据

1. 野外调查、研究的第一手资料

本书编委会由东北各地从事植物分类学等相关研究的20多位同行组成。

- **主编**

主编工作于大连自然博物馆，1986年毕业于复旦大学生物系植物学专业，近40年来一直从事植物分类学研究工作。为了调查、研究东北地区的植物，分三个阶段做了大量精细的工作。

第一阶段——立足大连。大连地区在辽东半岛的最南端，地理位置为北纬38°43′～40°12′、东经120°58′～123°31′。东濒黄海，西临渤海，南与山东半岛隔海相望，北倚辽阔的东北平原，整个地形为北高南低、北宽南窄。属暖温带半湿润大陆性季风气候，兼有海洋性气候特点，冬无严寒，夏无酷暑，年平均气温10℃左右，无霜期180～200天。与东北其他地区相比，具有植物生长的良好自然条件，因而植物种类十分丰

富。在已出版的《大连植物检索图鉴》中收录大连产野生及露地栽培维管束植物168科890属2015种50亚种304变种69变型，科占东北地区96%，属占东北地区83.10%，种（不含种下单位，以下同）占东北地区55.88%。

主编几十年来坚持不懈深入大连的山地、海岛等各种生态环境调查研究当地产的植物，尤其是近20年，平均每年在大连地区考察天数达50天以上，积累了大量标本、原生态照片等在内的第一手资料，并出版了《大连植物彩色图谱》（2013）和《大连植物检索图鉴》（2022）。

第二阶段——踏遍辽宁。辽宁位于东北地区的南部。地理位置为北纬38° 43′ ~ 43° 26′，东经118° 53′ ~ 125° 46′。南濒浩瀚的黄海、渤海，西南与河北省接壤，西北与内蒙古自治区毗连，东北与吉林省为邻，东南以鸭绿江为界与朝鲜隔江相望。地势总体上是东西两侧高，中部低，东部和西部为中低山丘陵，南部为半岛，北部为低丘台地，中部为平原低地。境内水系主要分属于鸭绿江、太子河、浑河、辽河、大凌河及小凌河等流域。境内土壤主要有棕色森林土、褐土、水稻土、沙土、草甸土、沼泽土和盐土等。气候方面，辽宁地处亚洲大陆东岸的北温带，属于温带大陆性季风气候。南部濒临黄海、渤海，有一定的海洋气候特征。全年平均气温为5.2 ~ 11.7℃，最高气温30℃左右，最低气温-30℃左右，为东北最温暖地区。年平均降水量400 ~ 1200毫米，是东北降水量最多的省；平均无霜期130 ~ 200天，一般无霜期均在150天以上，是东北无霜期最多的地区。由于气候条件等优于东北地区其他省区，辽宁省植物种类位居东北各省之首。据最新统计，辽宁省维管束植物计171科971属2750种69亚种440变种119变型，科占东北地区97.71%，属占东北地区90.66%，种占东北地区76.26%。

主编近十几年先后20余次作为专家应邀参加了国家海洋环境监测中心、辽宁省林业科学研究院、中国科学院沈阳应用生态研究所、辽宁师范大学、沈阳农业大学、北京林业大学等主持的在辽宁省境内进行的海岛生态学、森林植被研究、植物全覆盖保护计划、外来入侵植物研究等野外调查工作；尤其是2014—2021年，被聘为全国第四次中药资源普查辽宁地区的专家组成员，跟随各个考察队系统考察了辽宁省的大部分县区，从辽东山地到辽东半岛，从辽河平原到辽西山地，从海拔1300多米的辽宁屋脊到海拔1米左右的冲积海积低平原，足迹遍及辽宁省所有的市级行政区和大部分县级区域及各种级别的保护区。通过参与这些项目，不但给予各个团队植物分类学的技术支持，而且积累了大量大连地区以外辽宁省其他地区植物研究的第一手资料，并据这些资料编撰并出版了《辽宁木本植物志》（2018）、《辽宁维管束植物名称考证》（2020）、《辽宁植物（上中下）》（2021）、《辽宁维管植物多样性编目——基于分子分类学系统》（2021）、《辽宁植物检索表》（2022）等多部学术著作。

第三阶段——辐射东北。在研究大连植物、辽宁植物的基础上，主编辐射性地做了大量东北地区的野外工作。一方面利用各种机会，多次亲自考察长白山、大兴安岭、内蒙古罕山等重要生态环境；另一方面联系黑龙江省、吉林省及内蒙古自治区东部地区的研究人员或植物爱好者，委托他们协助调查研究当地的植物，收集标本和原生态照片。多措并举，为本书的编写积累了丰富资料。在本书编写前，主编利用这些第一手资料，编撰了《东北维管束植物考》（2022），收录了本书收录的所有植物，并对收录植物的中文名、拉丁名、生境和产地做了细致的考证，为本书的编写打下了坚实的基础。

- **其他编委**

其他编委分别工作于东北林业大学、延边大学、通化师范学院、内蒙古大学、长春中医药大学、黑龙江省林业科学院伊春分院、内蒙古大兴安岭森林调查规划院等十几个单位。他们或为植物学相关专业毕业并一直在这个领域从事教学、科研等工作的专业人士，或为自学成才并对当地植物十分熟悉且经常被吸纳到各种植物考察队伍中的植物爱好者。他们各自利用自身的优势为本书提供不同地区的第一手资料和智力支持，从而弥补了主编在辽宁地区以外考察力度不够的薄弱环节，为本书的高质量完成提供了保障。

2. 前辈及现阶段同行的可靠资料

前人留下的资料和现阶段同行的研究成果很多，既有学术著作，又有学术论文。本书作者首先研究了东北地区常用的分类学志书，主要有《东北木本植物图志》（刘慎谔等，1955）、《东北植物检索表》

（第一版，刘慎谔，1959；第二版，傅沛云，1995）、《东北草本植物志》（1～12卷，中国科学院沈阳应用生态研究所，1958—2005）、《黑龙江省植物志》（4～11卷，周以良，1992—2003）、《辽宁植物志（上、下册）》（李书心，1988，1992）、《内蒙古植物志》（马毓泉，第一版1977—1985，第二版1989—1998；赵一之、赵利清、曹瑞，第三版2020）、《中国植物志》及*Flora of China*各卷册。将其中黑龙江省、吉林省、辽宁省和内蒙古自治区东部四盟市（赤峰市、通辽市、呼伦贝尔市、兴安盟）有分布的种收录于本书。

在以上志书研究的基础上，作者查阅了近年出版的大量其他分类学著作及相关学术刊物，将其中的东北新记录植物或新物种收录本书。

四、主要创新点

1. 著作形式新颖而实用

本套书采用了一种新颖的著作形式，即定位地方植物志，但篇幅仅为普通地方志的一半。科、属级别主要内容包括：科、属原始文献，科、属形态特征，世界、中国及东北地区的分布，世界、中国及东北地区的数量，分属检索表，分种检索表；物种级别的主要内容包括：每个物种的原始文献和东北地区学者经常使用的文献，每个物种的生境及在东北的分布情况（绝大部分标注到县级行政区），并对资源植物、保护植物、有毒植物、入侵植物等实用信息和热点问题做了特别的交代。与普通地方植物志相比，仅在物种级别省去了最占篇幅的形态描述部分。

应该说，这种新颖的著作形式不仅大大降低了出版成本，而且更具实用性。第一，植物志的灵魂是检索表，本书重点内容为分属检索表和分种检索表，可满足读者快捷鉴定植物的基本需要；第二，本书每个物种均附有原始文献和东北地区学者经常使用的文献，可引导读者按照文献线索对物种进行更加深入的研究、核对；第三，在如今的互联网时代，物种的形态描述在互联网上很容易查到，最常用的植物智网站（www.iplant.cn）不仅可以查阅到《中国植物志》、*Flora of China*，还可以查阅到国外的一些植物志。

2. 原生态照片科学而美观

本书使用了16000余张分类学特征精准而全面的原生态照片。要获得分类学特征精准而全面的原生态照片，必须具备一定的植物分类专业知识，并提前做好功课。比如香蒲属，种间差别的一个重要特征在雌雄花序的间隔上，只有在花期才能把种间差别准确拍摄出来。再如鸡眼草和短萼鸡眼草，从叶和花上看，没有经验的人难以一眼将它们区分，但有一个区别点一旦抓住了就很容易区分，那就是它们之间有一个重要的区别点在茎毛的方向上，前者朝下，后者朝上。再如，繁缕和鹅肠菜有人常常混淆，它们的叶形有的时候的确不好区分，但如果抓住繁缕柱头3裂、鹅肠菜柱头5裂这个特点就一目了然了。又如蓼科植物，托叶鞘的形态是种间的重要区别，如果拍摄时不给特写，只会拍出一堆模棱两可的片子。作者制定的拍摄标准是依照植物志墨线图和检索表提供的检索线索来拍摄植物的细节。有了这个标准之后，照片的分类特征更加明显，更加精准，也更加全面。

在真实表现植物的原生态和分类学特征的基础上，兼顾艺术、兼顾美是作者努力追求的终极目标。所以，作者不但在拍摄时注意构图和角度等美学因子，在遴选照片时，本着科学性第一，同时兼顾美观的原则，优先挑选分类特征精准、全面而又不失美观的照片插入本书，每一种植物2～6张，有的反映的是根、茎、叶等营养器官的特征，有的反映的是花果等繁殖器官的特征，多角度、真实、直观地把每一种植物的主要形态特征呈现出来，便于专业人员及非专业人员多角度研究、甄别每一种植物。由于有兼顾美观这个原则，入选的照片不仅写实性好，而且具有较高的观赏性，读者在获得知识的同时，还可享受视觉盛宴。

3. 收录量远超权威资料

截至目前，东北最权威、收录量最大的植物分类学资料当属《东北植物检索表》（傅沛云，1995，以下同），收载野生及常见露地栽培维管束植物164科928属3103种（不含种下单位）。因《东北植物检索表》采用形态分类学系统，而本书采用分子分类学系统，所以无法对二者科、属级别的收录量进行比较，仅可从物种级别的收录量进行比较。本书物种收录量3619种（不含种下单位），超出《东北植物检索表》516个，超出率为16.63%。

4. 收录了诸多权威分类学资料未收录的植物

本书收录了1个中国新记录属，谷地兰属*Hammarbya* Kuntze；3个中国新记录种，分别为直枝玉柏*Dendrolycopodium* juniperoideum (Sw.) A. Haines、谷地兰*Hammarbya paludosa* (L.) Kuntze、欧美少花薹草*Carex pauciflora* Lightf.；1个东北新归化属，山羊草属*Aegilops* L.；3个东北新归化种，分别为圆柱山羊草*Aegilops cylindrica* Host.、野老鹳草*Geranium carolinianum* L.、木龙葵*Solanum scabrum* Mill.。另外收录了400多个《东北植物检索表》及《东北草本植物志》未收录的种（含种下单位），其中，野生植物164种（含种下单位）；100多个《中国植物志》、*Flora of China*未收录的植物，其中，野生植物40余种。

5. 中文名与FOC对接，学名依据Species 2000

东北地区之前出版的各类志书很多物种的名称用的是地方名，而不是《中国植物志》或*Flora of China*中的同种中文名，为国内同行交流带来了诸多不便。

为便于国内外同行交流，实现东北与中国和世界对接，本书科、属、种采用我国学者普遍使用的*Flora of China*、《中国植物志》、《中国生物物种名录》或植物智网站中的名称为第一中文名。*Flora of China*、《中国植物志》、《中国生物物种名录》没有记录或没有详细介绍或鉴定有误或被合并或同名异物的种，采用《东北植物检索表》或《东北草本植物志》的名称为第一中文名；*Flora of China*、《中国植物志》、《东北植物检索表》和《东北草本植物志》均无记录的植物，采用《辽宁植物志》《黑龙江省植物志》《内蒙古植物志》等省级志书的名称为第一中文名；各级志书皆无的种以其他正式出版的文献资料的名称为第一中文名；各种文献资料皆无的种，以新拟名称出现。

从理论上讲，植物的学名（拉丁名）是植物的“国际通用名”，应该具有唯一性。但是，分类学家在物种鉴定上有的时候有分歧，所以有的植物会有几个、十几个甚至更多个名称。本书依据最新国际标准Species 2000（物种2000）对收录植物的拉丁名做了严格的考证，绝大部分种的拉丁名以Species 2000接受的名为标准，少数种根据作者的研究成果或者其他学者的最新研究成果予以修正。

五、敬请指正

本书编委由东北各地十几个单位从事植物分类学等相关研究的二十多位同行组成，可以说编委队伍庞大且专业。而且，本书在编写过程中，承蒙多位来自全国各地的行业内专家、学者的指导，中国科学院华南植物园陈又生研究员还提供了16种菊科植物照片，成稿后复旦大学发展研究院高级顾问、国际生物科学联合会中国委员会委员陈家宽教授与中国科学院沈阳应用生态研究所曹伟研究员又惠予审阅并写序。这一切，均为本书的高质量出版提供了保障。尽管如此，书中仍难免有疏漏或各种各样的错误，敬请专家、学者及各位读者批评指正。

主编 张淑梅

2022年6月

PREFACE 序 一

淑梅不让须眉

在地球45亿年的历史上，经过10亿年生命诞生，生物多样性才逐步形成和发展。正是生物多样性使地球充满生机，也是人类500万年前诞生后生存和发展的基础。其中，植物作为地球上的初级生产者，更深刻影响着人类生存与人类文明的发展。因此，人类对植物界的探索从古到今从未停步，张淑梅先生就是其中一位有传奇色彩的植物界探索者！

我与淑梅都毕业于复旦大学植物学专业，我毕业于1970年，她毕业于1986年。2018年10月在云南昆明召开的中国植物学会第十六次大会上我们一见如故，情同手足，她让我由衷敬佩的是她对植物世界有强烈兴趣与探索精神，言谈中她表现出了博大精深的植物文化。

这次欣闻淑梅主编的新作《东北植物检索图志》即将付梓，内心崇敬之意不觉油然而生。在本书的“前言”中，主编已清晰告诉了读者此书成书过程与创新之处，而我要告知各位读者在中国实现强国梦的历史进程中，一位杰出科学探索者的风范：她始终活跃于植物分类学科考的第一线，不辞辛劳，30多年时间里在群山旷野之间收集珍贵的植物标本与生境资料，又在灯烛之下孜孜不倦，码字著书，时至今日，硕果累累、成绩斐然。

在人类历史长河中，能够不为凡事所扰，全身心投入学术研究者不胜枚举。但在科研特别在野外考察队伍里占主导地位的始终是男性，古今中外，概莫能外。一方面，女性在自身体力上存在天然劣势，野外科考艰苦的环境常常令人举步维艰。这是客观上无法规避的现实。另一方面，虽然社会文明高度发展至今，但在绝大多数国家及地区的风俗传统中，女性都或多或少作为男性的“附庸”，这一点在科研和科考领域更甚。所以，女性若想取得非凡成就，必然要摆脱更多的束缚，同时付出更多的牺牲与努力。比如，活跃于17—18世纪的德国自然主义学者、博物学家玛丽亚·西比拉·梅里安（Maria Sibylla Merian），在其52岁“高龄”时，携小女踏上了当时位于南美洲北部的荷属殖民地苏里南，进行了为期两年的科考活动，观察、记录并描绘了大量的昆虫以及其植物宿主，其间经历了不计其数的危险和艰辛。在当时的西欧社会，这份壮举并没有像其他男性勇士的冒险历程那样获得大众的钦羡，相反，她被视为离经叛道，甚至被称为“与魔鬼共舞的人”。直到从苏里南回到荷兰，将此行的成果著成《苏里南昆虫变态图谱》出版轰动学界，她才被主流社会接纳，成为享誉世界的杰出女性。还比如我国现代建筑学家林徽因女士，1930—1945年，她同丈夫中国建筑学家梁思成先生共同实地考察了中国15个省，190多个县，并测绘了2730余处古建筑物，使得众多中国古建筑被全世界认知，从而促进了它们得到重点保护。同时，协助梁思成破解了中国古建筑奥秘，完成了对天书《营造法式》的现代解读。在当时战火纷飞的年代，很多人流离失所，生存成为第一要务，而林徽因女士却始终未放下心中的用现代科学方法研究中国古代建筑的梦想，虽恶疾缠身，仍无畏跋山涉水、风餐露宿，最终为中国建筑学发展做出了不朽的贡献。在科研领域，这样的杰出女性还有很多，她们有着共同的特点：执着、勤奋、专注、专业。

淑梅老师便是其中的代表，同时，她还有另外的特质，即老而弥坚。虽然到了退休归家、颐养天年的年龄，仍笔耕不辍，因为心中有“大爱”，这份大爱既是对东北这片土地真诚的挚爱，也是对中国植物学发展无私的热爱。

作为《东北植物检索图志》面世前的最早读者之一，我荣幸之至。这又是一部淑梅的呕心沥血之作，四卷本卷帙浩繁，可谓鸿篇巨制，充分吸纳和展现了中国东北地区植物分类学几十年、几代人的研究成果。本书既是对前人著述的系统梳理、更新及勘误，同时亦是对当下植物分类学学科知识的更新和补遗，具有高度的科学性和实用性，学术上达到国内同类著作的先进水平，可作为农、林、牧、医领域，以及园林工作者、植物科研人员、植物学教学工作者和植物爱好者的重要参考资料，价值非凡。

难能可贵的是，淑梅老师不但是位杰出的探索者和发现者，也是植物分类学研究领域的纠错者。她曾发现前人一个重要错误：前人将原产于欧洲的外来物种锈红蔷薇鉴定为中国的特有植物、辽宁省二级保护植物——白玉山蔷薇，现在已被淑梅纠错，既纠正了一个长达35年的植物分类学错误，又避免了因错误鉴定造成保护外来植物的严重错误，进而避免了因保护外来植物造成外来植物泛滥的严重生态灾害事件。

古语说：“巾帼不让须眉。”翻阅《东北植物检索图志》，我不禁感慨，作为对本书编者的致敬，实在应称其为“淑梅不让须眉”！也希望读者从这套著作中学到中国科学家特别是女性科学家的创新精神！

复旦大学特聘教授，发展研究院高级顾问

国际生物科学联合会中国委员会委员

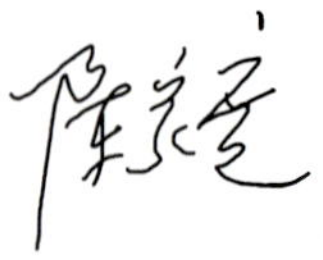

2022年11月

PREFACE 序二

博采众长，为志撷芳

中国东北地域辽阔，从北到南地跨寒温带、温带和暖温带，从东到西广泛分布森林、草甸草原和典型草原。区域内分布着国内罕见国际驰名的大森林、大草原和大沼泽，植物资源十分丰富，是全球同纬度植物物种最丰富的地区之一，也是研究植物分类、植物区系和植物资源的珍贵宝库。历来为中外植物学家所关注，许多学者进行过多次科学考察，发表了一系列植物学著作。由张淑梅研究员主编的新作《东北植物检索图志》是其中特点鲜明的一部。

作为一名东北的植物研究者，我与本书的多位作者有过合作，对他们的工作比较了解。作者中既有来自大专院校、科研院所的专业人士，也有对本地植物非常熟悉的植物爱好者。他们发挥各自的优势，对东北地区进行了多年的植物考察，对东北地区的植物进行了深入的挖掘，积累了大量的第一手资料。从山上从水里一镐一铲采集标本，趴在地上一张一张拍摄植物原生态照片，连夜压制标本和整理数据的情景历历在目。主编张淑梅研究员几十年来坚持不懈深入东北的山地、草原和海岛等地进行植物调查，积累了大量包括标本、原生态照片等的第一手资料，并据此编撰出版了《大连植物彩色图谱》《大连植物检索图鉴》《辽宁木本植物志》《辽宁维管束植物名称考证》《辽宁植物（上中下）》《辽宁维管植物多样性编目——基于分子分类学系统》《辽宁植物检索表》《东北维管束植物考》等多部学术著作，可谓著作等身，这些工作也为本书的编写打下了扎实的基础。

作者对关于东北地区已出版的草本植物志、木本植物志、各省（自治区）植物志、植物检索表、植物图鉴图谱等植物典籍进行深入研究，博采众家之精髓，结合自身野外科学考察积累的丰富的第一手资料，对辽宁省、黑龙江省、吉林省和内蒙古自治区东部4盟市（赤峰市、通辽市、呼伦贝尔市、兴安盟）分布的4553种（含种下单位）维管束植物悉心梳理，编撰出更为完整、系统的东北植物检索图志。

本书在科属水平上记述了科属名称、形态特征与分布。在种的水平上记述学名、中文名、文献引证、生境与分布，并对资源植物、保护植物、有毒植物、入侵植物等实用信息和热点问题做了特别说明。编制了分属检索表和分种检索表，满足读者快捷鉴定植物的需要。每种植物配分类特征精准、全面而又美观的照片2～6张，多角度直观地表现植物的主要形态特征，方便读者快速识别植物。

本书采用当今国际上流行的分子分类学系统（石松类植物和蕨类植物采用PPG Ⅰ系统，裸子植物采用多识裸子植物系统，被子植物采用APG Ⅳ系统），拉丁学名以Species 2000接受的名为标准，科、属、种的中文名以《中国植物志》和*Flora of China*的名称为标准，使得与国内外同行交流更为方便。本书具有科学性、艺术性和可读性。

检索图志类图书是鉴定植物和进行植物分类学研究的重要工具。本书这一系统工作成果的问世，直观展现了东北地区植物资源概况，将为植物分类、植物地理、植物生态和植物资源等方面的科研工作和相关的教学提供重要的应用基础，对进一步合理开发利用东北地区植物资源和旅游资源也将是非常有益的，同时也是植物爱好者识别周边植物的良师益友。

中国科学院沈阳应用生态研究所研究员

曹伟

2022年10月

CONTENTS 总目录

第一章　石松类植物（Lycophytes）

001. 石松科 Lycopodiaceae ………………………… 2
1. 石杉属 *Huperzia* Bernh. ………………………… 2
2. 扁枝石松属 *Diphasiastrum* Holub ………………… 6
3. 石松属 *Lycopodium* L. ………………………… 7
4. 玉柏属（笔直石松属）*Dendrolycopodium* A. Haines ………… 9
002. 卷柏科 Selaginellaceae ………………… 10
卷柏属 *Selaginella* P. Beauv. ………………… 10

第二章　蕨类植物（Ferns）

003. 木贼科 Equisetaceae ………………………… 20
木贼属（问荆属）*Equisetum* L. ………………… 20
004. 瓶尔小草科 Ophioglossaceae …………… 27
1. 瓶尔小草属 *Ophioglossum* L. ………………… 28
2. 阴地蕨属 *Sceptridium* Lyon ………………… 28
3. 蕨萁属（假阴地蕨属）*Botrypus* Rich. ex Michx. ………… 30
4. 小阴地蕨属 *Botrychium* Sw. ………………… 31
005. 紫萁科（紫萁蕨科）Osmundaceae …… 32
1. 桂皮紫萁属 *Osmundastrum* C. Presl ………… 32
2. 紫萁属（紫萁蕨属）*Osmunda* L. ………… 33
006. 膜蕨科 Hymenophyllaceae ……………… 34
假脉蕨属 *Crepidomanes* C. Presl ……………… 34
007. 蘋科 Marsileaceae ………………………… 35
苹属 *Marsilea* L. ………………………………… 35
008. 槐叶蘋科 Salviniaceae ………………… 36
1. 槐叶苹属 *Salvinia* Séguier ………………… 37
2. 满江红属 *Azolla* Lam. ………………………… 37
009. 碗蕨科 Dennstaedtiaceae ……………… 39
1. 蕨属 *Pteridium* Scopoli ……………………… 39
2. 碗蕨属 *Dennstaedtia* Bernh. ………………… 40
010. 凤尾蕨科 Pteridaceae ………………… 42
1. 凤了蕨属（凤丫蕨属）*Coniogramme* Fée …… 42
2. 欧裸蕨属（金毛裸蕨属）*Paragymnopteris* K. H. Shing ………… 44
3. 粉背蕨属 *Aleuritopteris* Fée ………………… 45
4. 铁线蕨属 *Adiantum* L. ………………………… 47
011. 冷蕨科 Cystopteridaceae ……………… 49
1. 冷蕨属 *Cystopteris* Bernh. ………………… 49
2. 羽节蕨属 *Gymnocarpium* Newman …………… 51

012. 铁角蕨科 Aspleniaceae······ 53
铁角蕨属 *Asplenium* L. ······ 53
013. 金星蕨科 Thelypteridaceae······ 58
1. 卵果蕨属 *Phegopteris* Fée······ 59
2. 假鳞毛蕨属 *Oreopteris* Holub ······ 60
3. 金星蕨属 *Parathelypteris* (H. Ito) Ching ······ 61
4. 沼泽蕨属 *Thelypteris* Schmidel······ 61
014. 岩蕨科 Woodsiaceae ······ 62
1. 膀胱蕨属 *Protowoodsia* Ching ······ 63
2. 岩蕨属 *Woodsia* R. Br. ······ 64
015. 球子蕨科 Onocleaceae······ 69
1. 球子蕨属 *Onoclea* L. ······ 69
2. 东方荚果蕨属 *Pentarhizidium* Hayata ······ 70
3. 荚果蕨属 *Matteuccia* Todaro······ 71
016. 蹄盖蕨科 Athyriaceae ······ 72
1. 角蕨属 *Cornopteris* Nakai ······ 72
2. 对囊蕨属 *Deparia* Hooker & Greville ······ 73
3. 双盖蕨属 *Diplazium* Swartz ······ 75
4. 安蕨属 *Anisocampium* C. Presl ······ 77
5. 蹄盖蕨属 *Athyrium* Roth······ 78
017. 鳞毛蕨科 Dryopteridaceae ······ 82
1. 贯众属 *Cyrtomium* C. Presl ······ 83
2. 耳蕨属 *Polystichum* Roth ······ 84
3. 复叶耳蕨属 *Arachniodes* Blume ······ 85
4. 鳞毛蕨属 *Dryopteris* Adans. ······ 86
018. 骨碎补科 Davalliaceae ······ 94
骨碎补属 *Davallia* Smith······ 94
019. 水龙骨科 Polypodiaceae ······ 95
1. 睫毛蕨属 *Pleurosoriopsis* Fomin ······ 95
2. 水龙骨属（多足蕨属） *Polypodium* L.······ 96
3. 石韦属 *Pyrrosia* Mirbel ······ 97
4. 瓦韦属 *Lepisorus* (J. Smith) Ching ······ 99
5. 修蕨属 *Selliguea* Bory ······100

第三章 裸子植物（Gymnosperms）

020. 银杏科 Ginkgoaceae······ 102
银杏属 *Ginkgo* L. ······102
021. 麻黄科 Ephedraceae ······ 103
麻黄属 *Ephedra* Tourn ex L. ······103
022. 松科 Pinaceae······ 106
1. 松属 *Pinus* L. ······106
2. 冷杉属 *Abies* Mill. ······124
3. 黄杉属 *Pseudotsuga* Carr.······126
4. 云杉属 *Picea* Dietr. ······127
5. 雪松属 *Cedrus* Trew ······134
6. 金钱松属 *Pseudolarix* Gord. ······135
7. 落叶松属 *Larix* Mill. ······136
023. 柏科 Cupressaceae ······ 140
1. 水杉属 *Metasequoia* Hu & W. C. Cheng······141
2. 柳杉属 *Cryptomeria* D. Don ······142
3. 落羽杉属 *Toxodium* Rich. ······143
4. 刺柏属 *Juniperus* L. ······144
5. 扁柏属 *Chamaecyparis* Spach······153
6. 罗汉柏属 *Thujopsis* Sieb. et Zucc. ······154
7. 侧柏属 *Platycladus* Spach······155
8. 崖柏属 *Thuja* L. ······157
024. 红豆杉科 Taxaceae ······ 159
1. 红豆杉属 *Taxus* L. ······160
2. 三尖杉属 *Cephalotaxus* Sieb. et Zucc. ex Endl.··· 162

第四章 被子植物（Angiosperms）

025. 莼菜科 Cabombaceae ······ 164
莼菜属（莼属） *Brasenia* Schreber······164
026. 睡莲科 Nymphaeaceae ······ 164
1. 芡属 *Euryale* Salisb. ······165
2. 萍蓬草属 *Nuphar* Smith ······166
3. 睡莲属 *Nymphaea* L. ······167
027. 五味子科 Schisandraceae ······ 170
五味子属 *Schisandra* Michx. ······170
028. 三白草科 Saururaceae ······ 171
蕺菜属 *Houttuynia* Thunb. ······172

029. 马兜铃科 Aristolochiaceae ………………… 172
1. 细辛属 *Asarum* L. ……………………………173
2. 关木通属 *Isotrema* Raf. ………………………175
3. 马兜铃属 *Aristolochia* L. ……………………176
030. 木兰科 Magnoliaceae ……………………… 177
1. 鹅掌楸属 *Liriodendron* L. ……………………177
2. 玉兰属 *Yulania* Spach …………………………179
3. 北美木兰属（木兰属） *Magnolia* L. ……………183
4. 厚朴属 *Houpoea* N. H. Xia & C. Y. Wu …………184
5. 天女花属
Oyama (Nakai) N. H. Xia & C. Y. Wu ……………185
031. 蜡梅科 Calycanthaceae ……………………… 186
蜡梅属 *Chimonanthus* Lindl. ………………………187
032. 樟科 Lauraceae ……………………………… 188
山胡椒属 *Lindera* Thunb. …………………………188
033. 金粟兰科 Chloranthaceae ………………… 190
金粟兰属 *Chloranthus* Swartz ……………………190
034. 菖蒲科 Acoraceae ……………………………… 191
菖蒲属 *Acorus* L. …………………………………191
035. 天南星科 Araceae ……………………………… 192
1. 浮萍属 *Lemna* L. …………………………………193
2. 紫萍属 *Spirodela* Schleid. ………………………195
3. 臭菘属 *Symplocarpus* Salisb. ……………………196
4. 水芋属 *Calla* L. …………………………………197
5. 半夏属 *Pinellia* Tenore …………………………198
6. 天南星属 *Arisaema* Mart. ………………………200
7. 斑龙芋属 *Sauromatum* Schott …………………205
8. 芋属 *Colocasia* Schott …………………………206
036. 岩菖蒲科 Tofieldiaceae ……………………… 207
岩菖蒲属 *Tofieldia* Huds. …………………………207
037. 泽泻科 Alismataceae ………………………… 208
1. 慈姑属（慈菇属） *Sagittaria* L. …………………209
2. 泽薹草属（泽苔草属） *Caldesia* Parl. …………212
3. 泽泻属 *Alisma* L. …………………………………212
038. 花蔺科 Butomaceae ………………………… 215
花蔺属 *Butomus* L. …………………………………215
039. 水鳖科 Hydrocharitaceae ………………… 216
1. 水鳖属 *Hydrocharis* L. …………………………216
2. 水车前属 *Ottelia* Pers. …………………………217
3. 苦草属 *Vallisneria* L. ……………………………218
4. 水筛属 *Blyxa* Thou. ex Rich. ……………………219
5. 茨藻属 *Najas* L. …………………………………220
6. 黑藻属 *Hydrilla* Rich. ……………………………224
7. 水蕴藻属 *Elodea* Michaux ………………………226
040. 冰沼草科（芝菜科） Scheuchzeriaceae … 227
冰沼草属（芝菜属） *Scheuchzeria* L. ……………227
041. 水麦冬科 Juncaginaceae ………………… 228
水麦冬属 *Triglochin* L. ……………………………228
042. 大叶藻科 Zosteraceae ……………………… 230
1. 大叶藻属 *Zostera* L. ……………………………230
2. 虾海藻属 *Phyllospadix* Hook. …………………232
043. 眼子菜科 Potamogetonaceae …………… 233
1. 角果藻属 *Zannichellia* L. ………………………233
2. 篦齿眼子菜属 *Stuckenia* Börner ………………234
3. 眼子菜属 *Potamogeton* L. ………………………235
044. 川蔓藻科 Ruppiaceae ……………………… 244
川蔓藻属 *Ruppia* L. ………………………………244
045. 薯蓣科 Dioscoreaceae ……………………… 245
薯蓣属 *Dioscorea* L. ………………………………245
046. 藜芦科（黑药花科） Melanthiaceae …… 247
1. 北重楼属 *Paris* L. ………………………………248
2. 延龄草属 *Trillium* L. ……………………………250
3. 藜芦属 *Veratrum* L. ……………………………250
4. 棋盘花属 *Anticlea* Kunth ………………………255
047. 秋水仙科 Colchicaceae …………………… 256
万寿竹属 *Disporum* Salisb. ………………………256
048. 菝葜科 Smilacaceae ………………………… 258
菝葜属 *Smilax* L. …………………………………258
049. 百合科 Liliaceae ……………………………… 261
1. 扭柄花属 *Streptopus* Michx. ……………………262
2. 七筋姑属 *Clintonia* Raf. …………………………264
3. 油点草属 *Tricyrtis* Wall. …………………………265
4. 百合属 *Lilium* L. …………………………………266
5. 贝母属 *Fritillaria* L. ……………………………278
6. 顶冰花属 *Gagea* Salisb. …………………………281
7. 猪牙花属 *Erythronium* L. ………………………285
8. 老鸦瓣属 *Amana* Honda …………………………287
9. 郁金香属 *Tulipa* L. ………………………………287
050. 兰科 Orchidaceae …………………………… 288
1. 杓兰属 *Cypripedium* L. …………………………290
2. 双蕊兰属 *Diplandrorchis* S. C. Chen …………296
3. 朱兰属 *Pogonia* Juss. ……………………………296
4. 绶草属 *Spiranthes* L. C. Rich. …………………297
5. 斑叶兰属 *Goodyera* R. Br. ………………………298

6. 盔花兰属 *Galearis* Rafinesque ······299
7. 舌唇兰属 *Platanthera* Rich. ······300
8. 手参属（手掌参属） Gymnadenia R. Br. ······304
9. 掌裂兰属 *Dactylorhiza* Necker ex Nevski ······305
10. 小红门兰属 *Ponerorchis* H. G. Reichenbach ···307
11. 玉凤花属 *Habenaria* Willd. ······311
12. 角盘兰属 *Herminium* L. ······312
13. 天麻属 *Gastrodia* R. Br. ······313
14. 鸟巢兰属 *Neottia* Guett. ······315
15. 虎舌兰属 *Epipogium* Gmelin ex Borkhausen ···318
16. 珊瑚兰属 *Corallorhiza* Gagnebin ······319
17. 火烧兰属 *Epipactis* Zinn ······320
18. 头蕊兰属 *Cephalanthera* L. C. Rich ······322
19. 布袋兰属 *Calypso* Salisb. ······323
20. 原沼兰属（沼兰属）
Malaxis Solander ex Swartz······324
21. 山兰属 *Oreorchis* Lindl. ······325
22. 羊耳蒜属 *Liparis* L. C. Rich. ······326
051. 鸢尾科 Iridaceae······ 328
1. 鸢尾属 *Iris* L. ······329
2. 番红花属 *Crocus* L. ······348
3. 唐菖蒲属 *Gladiolus* L. ······349
052. 阿福花科（独尾草科） Asphodelaceae··· 350
1. 火把莲属 *Kniphofia* Moench ······350
2. 萱草属 *Hemerocallis* L. ······351
053. 石蒜科 Amaryllidaceae ······ 357
1. 葱属 *Allium* L. ······357
2. 百子莲属 *Agapanthus* L'Hér. ······381
3. 水仙属 *Narcissus* L. ······381
054. 天门冬科 Asparagaceae ······ 382
1. 天门冬属 *Asparagus* L. ······383
2. 丝兰属 *Yucca* L. ······388
3. 舞鹤草属 *Maianthemum* F. H. Wigg. ······389
4. 黄精属 *Polygonatum* Mill. ······393
5. 铃兰属 *Convallaria* L. ······400
6. 蓝壶花属 *Muscari* Miller ······401
7. 绵枣儿属 *Barnardia* Lindley ······402
8. 山麦冬属 *Liriope* Lour. ······404
9. 玉簪属 *Hosta* Tratt. ······405
10. 知母属 *Anemarrhena* Bunge ······409
055. 鸭跖草科 Commelinaceae ······ 410
1. 竹叶子属 *Streptolirion* Edgew. ······410
2. 紫露草属（紫背万年青属） *Tradescantia* L. ···411
3. 水竹叶属 *Murdannia* Royle ······412
4. 鸭跖草属 *Commelina* L. ······412
056. 雨久花科 Pontederiaceae ······ 415
1. 梭鱼草属 *Pontederia* L. ······415
2. 凤眼蓝属（凤眼莲属） *Eichhornia* Kunth ······416
3. 雨久花属 *Monochoria* Presl ······417
057. 美人蕉科 Cannaceae······ 419
美人蕉属 *Canna* L. ······419
058. 竹芋科 Marantaceae······ 420
水竹芋属（再力花属） *Thalia* L. ······420
059. 姜科 Zingiberaceae ······ 421
姜属 *Zingiber* Boehm.······421
060. 香蒲科 Typhaceae ······ 422
1. 黑三棱属 *Sparganium* L. ······422
2. 香蒲属 *Typha* L. ······427
061. 谷精草科 Eriocaulaceae ······ 433
谷精草属 *Eriocaulon* L. ······433
062. 灯心草科（灯芯草科） Juncaceae ······ 435
1. 灯心草属 *Juncus* L.······436
2. 地杨梅属 *Luzula* DC. ······444
063. 莎草科 Cyperaceae ······ 449
1. 薹草属 *Carex* L. ······450
2. 刺子莞属 Rhynchospora Vahl ······530
3. 莎草属 *Cyperus* L. ······531
4. 荸荠属 *Eleocharis* R. Br.······549
5. 飘拂草属 *Fimbristylis* Vahl ······555
6. 球柱草属 *Bulbostylis* Kunth ······560
7. 羊胡子草属 *Eriophorum* L.······562
8. 藨蔍草属（针蔺属） *Trichophorum* Persoon ···565
9. 扁穗草属 *Blysmus* Panz. ······566
10. 藨草属 *Scirpus* L. ······567
11. 三棱草属 *Bolboschoenus* (Ascherson) Palla ···570
12. 水葱属 *Schoenoplectus* (Reichenbach) Palla ···572
13. 萤蔺属 *Schoenoplectiella* Ley······574
064. 禾本科 Poaceae (Gramineae) ······ 577
1. 刚竹属（毛竹属）
Phyllostachys Sieb. & Zucc. ······583
2. 菰属 *Zizania* L.······585
3. 稻属 *Oryza* L. ······586
4. 假稻属 *Leersia* Solander ex Swartz ······587
5. 三芒草属 *Aristida* L. ······588

6. 芦苇属 *Phragmites* Adanson ······589
7. 芦竹属 *Arundo* L. ······591
8. 九顶草属（冠芒草属）
Enneapogon Desv. ex Beauv. ······592
9. 獐毛属 *Aeluropus* Trin. ······594
10. 穇属 *Eleusine* Gaertn. ······594
11. 画眉草属 *Eragrostis* Wolf ······595
12. 隐子草属 *Cleistogenes* Keng ······600
13. 草沙蚕属 *Tripogon* Roem. et Schult. ······606
14. 千金子属 *Leptochloa* P. Beauv. ······607
15. 乱子草属 *Muhlenbergia* Schreb. ······609
16. 鼠尾粟属 *Sporobolus* R. Br. ······612
17. 龙常草属 *Diarrhena* Beauv. ······614
18. 莎禾属 *Coleanthus* Seidl ······616
19. 锋芒草属 *Tragus* Hall. ······616
20. 结缕草属 *Zoysia* Willd. ······618
21. 垂穗草属（格兰马草属） *Bouteloua* Lag. ······620
22. 狗牙根属 *Cynodon* Rich. ······621
23. 虎尾草属 *Chloris* Sw. ······623
24. 猬草属 *Hystrix* Moench ······624
25. 大麦属 *Hordeum* L. ······624
26. 赖草属 *Leymus* Hochst. ······629
27. 披碱草属 *Elymus* L. ······632
28. 黑麦属 *Secale* L. ······645
29. 小麦属 *Triticum* L. ······645
30. 冰草属 *Agropyron* Gaertn. ······646
31. 偃麦草属 *Elytrigia* Desv. ······649
32. 黑麦草属（毒麦属） *Lolium* L. ······651
33. 短柄草属 *Brachypodium* Beauv. ······655
34. 雀麦属 *Bromus* L. ······656
35. 扁穗茅属 *Brylkinia* Fr. Schmidt ······662
36. 水茅属 *Scolochloa* Link ······663
37. 甜茅属 *Glyceria* R. Br. ······663
38. 臭草属 *Melica* L. ······667
39. 裂稃茅属 *Schizachne* Hack. ······671
40. 沿沟草属 *Catabrosa* Beauv. ······672
41. 碱茅属 *Puccinellia* Parl. ······673
42. 鸭茅属 *Dactylis* L. ······677
43. 羊茅属 *Festuca* L. ······678
44. 早熟禾属 *Poa* L. ······687
45. 落草属 *Koeleria* Pers. ······702
46. 发草属 *Deschampsia* Beauv. ······704
47. 三毛草属 *Trisetum* Pers. ······705
48. 燕麦属 *Avena* L. ······707
49. 异燕麦属 *Helictotrichon* Bess. ······709
50. 虉草属 *Phalaris* L. ······710
51. 黄花茅属 *Anthoxanthum* L. ······712
52. 茅香属 *Hierochloe* R. Br. ······713
53. 菵草属 *Beckmannia* Host ······716
54. 单蕊草属 *Cinna* L. ······717
55. 剪股颖属 *Agrostis* L. ······718
56. 拂子茅属 *Calamagrostis* Adans. ······722
57. 看麦娘属 *Alopecurus* L. ······732
58. 梯牧草属 *Phleum* L. ······736
59. 粟草属 *Milium* L. ······738
60. 针茅属 *Stipa* L. ······739
61. 芨芨草属 *Achnatherum* Beauv. ······743
62. 细柄茅属 *Ptilagrostis* Griseb. ······748
63. 野古草属 *Arundinella* Raddi ······748
64. 狗尾草属 *Setaria* Beauv. ······750
65. 蒺藜草属 *Cenchrus* L. ······754
66. 柳叶箬属 *Isachne* R. Br. ······758
67. 囊颖草属 *Sacciolepis* Nash ······758
68. 黍属 *Panicum* L. ······759
69. 马唐属 *Digitaria* Hall. ······762
70. 野黍属 *Eriochloa* Kunth ······765
71. 稗属 *Echinochloa* Beauv. ······766
72. 求米草属 *Oplismenus* Beauv. ······770
73. 薏苡属 *Coix* L. ······771
74. 玉蜀黍属 *Zea* L. ······773
75. 白茅属 *Imperata* Cyrillo ······774
76. 芒属 *Miscanthus* Anderss. ······775
77. 大油芒属 *Spodiopogon* Trin. ······778
78. 莠竹属 *Microstegium* Nees ······779
79. 鸭嘴草属 *Ischaemum* L. ······780
80. 牛鞭草属 *Hemarthria* R. Br. ······780
81. 束尾草属 *Phacelurus* Griseb. ······781
82. 荩草属 *Arthraxon* Beauv. ······782
83. 高粱属 *Sorghum* Moench ······784
84. 孔颖草属 *Bothriochloa* Kuntze ······787
85. 细柄草属 *Capillipedium* Stapf ······788
86. 裂稃草属 *Schizachyrium* Nees ······788
87. 菅属 *Themeda* Forssk. ······789
88. 香茅属 *Cymbopogon* Spreng. ······790

065. 金鱼藻科 Ceratophyllaceae ······ 791
金鱼藻属 *Ceratophyllum* L. ······791
066. 罂粟科 Papaveraceae ······ 794
1. 角茴香属 *Hypecoum* L. ······795
2. 荷包藤属（合瓣花属） *Adlumia* Raf. ex DC. ···796
3. 荷包牡丹属 *Lamprocapnos* Endlicher ······796
4. 紫堇属 *Corydalis* DC. ······797
5. 蓟罂粟属 *Argemone* L. ······812
6. 博落回属 *Macleaya* R. Br. ······813
7. 白屈菜属 *Chelidonium* L. ······814
8. 荷青花属 *Hylomecon* Maxim. ······815
9. 罂粟属 *Papaver* L. ······816
10. 花菱草属 *Eschscholzia* Chami ······824
11. 秃疮花属
Dicranostigma J. D. Hooker & Thomson ······824
067. 防己科 Menispermaceae ······ 826
1. 蝙蝠葛属 *Menispermum* L. ······826
2. 木防己属 *Cocculus* DC. ······828
068. 小檗科 Berberidaceae ······ 829
1. 小檗属 *Berberis* L. ······830
2. 南天竹属 *Nandina* Thunb. ······835
3. 十大功劳属 *Mahonia* Nuttall ······836
4. 裸花草属 *Achlys* de Candolle ······837
5. 鲜黄连属 *Plagiorhegma* Maxim. ······837
6. 淫羊藿属 *Epimedium* L. ······838
7. 红毛七属（类叶牡丹属）
Caulophyllum Michx. ······839
8. 牡丹草属 *Gymnospermium* Spach ······840
069. 毛茛科 Ranunculaceae ······ 841
1. 翠雀属（翠雀花属） *Delphinium* L. ······843
2. 耧斗菜属 *Aquilegia* L. ······849
3. 乌头属 *Aconitum* L. ······855
4. 驴蹄草属 *Caltha* L. ······880
5. 金莲花属 *Trollius* L. ······883
6. 菟葵属 *Eranthis* Salisb. ······886
7. 黑种草属 *Nigella* L. ······887
8. 拟扁果草属 *Enemion* Raf. ······888
9. 类叶升麻属 *Actaea* L. ······889
10. 扁果草属 *Isopyrum* L. ······894
11. 蓝堇草属 *Leptopyrum* Rchb. ······895
12. 铁线莲属 *Clematis* L. ······896
13. 侧金盏花属 *Adonis* L. ······911
14. 碱毛茛属 *Halerpestes* E. L. Greene ······913
15. 毛茛属 *Ranunculus* L. ······916
16. 唐松草属 *Thalictrum* L. ······934
17. 獐耳细辛属 *Hepatica* Mill. ······950
18. 白头翁属 *Pulsatilla* Adans. ······951
19. 银莲花属 *Anemone* L. ······961
070. 莲科 Nelumbonaceae ······ 972
莲属 *Nelumbo* Adanson ······972
071. 悬铃木科 Platanaceae ······ 973
悬铃木属 *Platanus* L. ······973
072. 黄杨科 Buxaceae ······ 976
黄杨属 *Buxus* L. ······976
073. 芍药科 Paeoniaceae ······ 980
芍药属 *Paeonia* L. ······980
074. 蕈树科 Altingiaceae ······ 984
枫香树属 *Liquidambar* L. ······985
075. 茶藨子科 Grossulariaceae ······ 985
茶藨子属（茶藨属） *Ribes* L. ······986
076. 虎耳草科 Saxifragaceae ······ 1004
1. 鬼灯檠属 *Rodgersia* Gray ······ 1005
2. 落新妇属 *Astilbe* Buch.-Ham. ex D. Don······ 1006
3. 大叶子属（山荷叶属） *Astilboides* Engl. ··· 1007
4. 独根草属 *Oresitrophe* Bunge ······ 1009
5. 金腰属（金腰子属） *Chrysosplenium* L. ··· 1009
6. 唢呐草属 *Mitella* L. ······ 1016
7. 虎耳草属 *Saxifraga* Tourn. ex L. ······ 1017
8. 岩白菜属 *Bergenia* Moench ······ 1023
9. 矾根属（肾形草属） *Heuchera* L. ······ 1024
10. 槭叶草属 *Mukdenia* Koidz. ······ 1025
077. 景天科 Crassulaceae ······ 1026
1. 青锁龙属（东爪草属） *Crassula* L. ······ 1027
2. 八宝属 *Hylotelephium* H. Ohba ······ 1028
3. 瓦松属 *Orostachys* (DC.) Fisch. ······ 1033
4. 红景天属 *Rhodiola* L. ······ 1037
5. 费菜属 *Phedimus* Rafinesque ······ 1041
6. 景天属 *Sedum* L. ······ 1047
078. 扯根菜科 Penthoraceae ······ 1049
扯根菜属 *Penthorum* Gronov. ex L. ······ 1049
079. 小二仙草科 Haloragaceae ······ 1050
狐尾藻属 *Myriophyllum* L. ······ 1050
080. 葡萄科 Vitaceae ······ 1054
1. 葡萄属 *Vitis* L. ······ 1054

2. 地锦属（爬山虎属）*Parthenocissus* Planch.… 1058
3. 蛇葡萄属 *Ampelopsis* Michaux……………… 1060
4. 乌蔹莓属 *Cayratia* Juss.……………………… 1065
081. 蒺藜科 Zygophyllaceae ……………… 1065
蒺藜属 *Tribulus* L. ……………………………… 1065
082. 豆科 Fabaceae（Leguminosae） …… 1066
1. 合欢属 *Albizia* Durazz. ……………………… 1070
2. 紫荆属 *Cercis* L. ……………………………… 1072
3. 皂荚属 *Gleditsia* L. …………………………… 1073
4. 番泻决明属 *Senna* Miller …………………… 1077
5. 山扁豆属 *Chamaecrista* Moench …………… 1080
6. 野决明属 *Thermopsis* R. Br. ……………… 1082
7. 马鞍树属 *Maackia* Rupr. et Maxim. ………… 1083
8. 槐属 *Styphnolobium* Schott ………………… 1085
9. 苦参属 *Sophora* L. …………………………… 1089
10. 落花生属 *Arachis* L. ……………………… 1090
11. 合萌属（田皂角属）*Aeschynomene* L. … 1091
12. 斧荚豆属 *Securigera* DC. ………………… 1091
13. 长柄山蚂蝗属
Hylodesmum H. Ohashi & R. R. Mill ……… 1092
14. 驴食草属（驴豆属）*Onobrychis* Mill. …… 1094
15. 岩黄耆属 *Hedysarum* L. …………………… 1095
16. 羊柴属（山竹子属）
Corethrodendron Fischer & Basiner ……… 1098
17. 鸡眼草属 *Kummerowia* Schindl. ………… 1101
18. 胡枝子属 *Lespedeza* Michx. ……………… 1103
19. 杭子梢属 *Campylotropis* Bunge …………… 1113
20. 毒豆属 *Laburnum* Fabr. …………………… 1114
21. 羽扇豆属 *Lupinus* L. ……………………… 1115
22. 猪屎豆属（野百合属）*Crotalaria* L. ……… 1115
23. 车轴草属 *Trifolium* L.……………………… 1117
24. 草木犀属 *Melilotus* (L.) Mill.……………… 1121
25. 胡卢巴属 *Trigonella* L. …………………… 1124
26. 苜蓿属 *Medicago* L. ……………………… 1126
27. 大豆属 *Glycine* Willd. …………………… 1130
28. 两型豆属 *Amphicarpaea* Elliot …………… 1134
29. 刀豆属 *Canavalia* DC. …………………… 1135
30. 葛属 *Pueraria* DC.………………………… 1136
31. 菜豆属 *Phaseolus* L. ……………………… 1137
32. 扁豆属 *Lablab* Adanson …………………… 1139
33. 豇豆属 *Vigna* Savi………………………… 1140
34. 锦鸡儿属 *Caragana* Fabr. ………………… 1146
35. 野豌豆属 *Vicia* L. ………………………… 1156
36. 山黧豆属 *Lathyrus* L. …………………… 1175
37. 豌豆属 *Pisum* L. ………………………… 1182
38. 木蓝属 *Indigofera* L. …………………… 1183
39. 紫穗槐属 *Amorpha* L. …………………… 1185
40. 补骨脂属 *Cullen* Medikus ……………… 1186
41. 鹰嘴豆属 *Cicer* L. ……………………… 1187
42. 紫藤属 *Wisteria* Nutt. …………………… 1188
43. 刺槐属 *Robinia* L. ……………………… 1190
44. 田菁属 *Sesbania* Scop. ………………… 1192
45. 鱼鳔槐属 *Colutea* L. …………………… 1193
46. 苦马豆属 *Sphaerophysa* DC. …………… 1194
47. 膨果豆属 *Phyllolobium* Fischer ………… 1195
48. 甘草属 *Glycyrrhiza* L. ………………… 1196
49. 百脉根属 *Lotus* L. ……………………… 1198
50. 棘豆属 *Oxytropis* DC. ………………… 1199
51. 黄耆属 *Astragalus* L. …………………… 1211
52. 米口袋属 *Gueldenstaedtia* Fisch. ……… 1226
083. 远志科 Polygalaceae…………………… 1228
远志属 *Polygala* L. ………………………… 1228
084. 蔷薇科 Rosaceae ……………………… 1232
1. 假升麻属 *Aruncus* L. …………………… 1234
2. 白鹃梅属 *Exochorda* Lindl. …………… 1235
3. 珍珠梅属 *Sorbaria* (Ser.) A. Br. ex Aschers. … 1237
4. 绣线梅属 *Neillia* D. Don ……………… 1239
5. 风箱果属 *Physocarpus* (Cambess.) Maxim. … 1241
6. 绣线菊属 *Spiraea* L. …………………… 1244
7. 栒子属 *Cotoneaster* B. Ehrhart ………… 1263
8. 火棘属 *Pyracantha* Roem. …………… 1269
9. 山楂属 *Crataegus* L. …………………… 1270
10. 石楠属 *Photinia* Lindl. ……………… 1276
11. 花楸属 *Sorbus* L. ……………………… 1278
12. 涩石楠属（腺肋花楸属）*Aronia* Medikus … 1283
13. 木瓜属 *Pseudocydonia* (C. K. Schneid.)
C. K. Schneid. …………………………… 1284
14. 木瓜海棠属 *Chaenomeles* Lindl. ……… 1285
15. 唐棣属 *Amelanchier* Medic. …………… 1287
16. 梨属 *Pyrus* L. ………………………… 1288
17. 苹果属 *Malus* Mill. …………………… 1295
18. 扁核木属 *Prinsepia* Royle …………… 1302
19. 李属 *Prunus* L. ……………………… 1304
20. 蔷薇属 *Rosa* L. ……………………… 1339

21. 地榆属 *Sanguisorba* L. ………………………… 1360
22. 龙芽草属（龙牙草属） *Agrimonia* L. ……… 1366
23. 鸡麻属 *Rhodotypos* Sieb. et Zucc. ……… 1368
24. 棣棠花属 *Kerria* DC. ………………………… 1369
25. 金露梅属 *Dasiphora* Raf. …………………… 1371
26. 悬钩子属 *Rubus* L. ………………………… 1374
27. 仙女木属 *Dryas* L. ………………………… 1384
28. 地蔷薇属 *Chamaerhodos* Bunge ………… 1385
29. 蚊子草属 *Filipendula* Mill. ……………… 1387
30. 路边青属（水杨梅属） *Geum* L. ………… 1392
31. 草莓属 *Fragaria* L. ………………………… 1395
32. 山莓草属 *Sibbaldia* L. …………………… 1397
33. 沼委陵菜属 *Comarum* L. ………………… 1399
34. 蕨麻属 *Argentina* Hill. …………………… 1400
35. 委陵菜属 *Potentilla* L. …………………… 1401
085. 胡颓子科 Elaeagnaceae ………………… 1426
1. 沙棘属 *Hippophae* L. ……………………… 1426
2. 胡颓子属 *Elaeagnus* L. …………………… 1427
3. 野牛果属（水牛果属） *Shepherdia* Nutt. … 1429
086. 鼠李科 Rhamnaceae …………………… 1430
1. 鼠李属 *Rhamnus* L. ……………………… 1430
2. 枣属 *Ziziphus* Mill. ……………………… 1439
087. 榆科 Ulmaceae ………………………… 1443
1. 刺榆属 *Hemiptelea* Planch. ……………… 1443
2. 榉属 *Zelkova* Spach ……………………… 1444
3. 榆属 *Ulmus* L. …………………………… 1446
088. 大麻科 Cannabaceae ………………… 1456
1. 大麻属 *Cannabis* L. ……………………… 1456
2. 葎草属 *Humulus* L. ……………………… 1457
3. 朴属 *Celtis* L. …………………………… 1459
4. 青檀属 *Pteroceltis* Maxim. ……………… 1463
089. 桑科 Moraceae ………………………… 1464
1. 水蛇麻属 *Fatoua* Gaud. ………………… 1464
2. 构属 *Broussonetia* L'Hert. ex Vent. ……… 1465
3. 桑属 *Morus* L. …………………………… 1466
4. 橙桑属（柘属、柘树属） *Maclura* Nuttall … 1471
5. 榕属 *Ficus* L. …………………………… 1472
090. 荨麻科 Urticaceae …………………… 1473
1. 荨麻属 *Urtica* L. ………………………… 1473
2. 艾麻属 *Laportea* Gaudich. ……………… 1477
3. 蝎子草属 *Girardinia* Gaudich. …………… 1478
4. 墙草属 *Parietaria* L. …………………… 1479
5. 冷水花属 *Pilea* Lindl. …………………… 1480
6. 苎麻属 *Boehmeria* Jacq. ………………… 1483
091. 壳斗科（山毛榉科） Fagaceae ……… 1484
1. 栗属 *Castanea* Mill. ……………………… 1485
2. 栎属 *Quercus* L. ………………………… 1487
092. 胡桃科 Juglandaceae ………………… 1498
1. 枫杨属 *Pterocarya* Kunth ……………… 1498
2. 胡桃属 *Juglans* L. ……………………… 1499
093. 桦木科 Betulaceae …………………… 1502
1. 桦木属 *Betula* L. ………………………… 1503
2. 桤木属（赤杨属） *Alnus* Mill. …………… 1515
3. 鹅耳枥属 *Carpinus* L. …………………… 1519
4. 虎榛子属 *Ostryopsis* Decne. …………… 1521
5. 榛属 *Corylus* L. ………………………… 1522
094. 葫芦科 Cucurbitaceae ……………… 1525
1. 栝楼属 *Trichosanthes* L. ……………… 1526
2. 赤瓟属 *Thladiantha* Bunge ……………… 1528
3. 盒子草属 *Actinostemma* Griff. ………… 1529
4. 假贝母属 *Bolbostemma* Franquet ……… 1530
5. 裂瓜属 *Schizopepon* Maxim. …………… 1531
6. 葫芦属 *Lagenaria* Ser. ………………… 1532
7. 刺果瓜属（刺瓜藤属、野胡瓜属） *Sicyos* L. … 1535
8. 刺囊瓜属（刺瓜属）
Echinocystis Torr. & A. Gray ………………… 1537
9. 南瓜属 *Cucurbita* L. …………………… 1538
10. 苦瓜属 *Momordica* L. ………………… 1540
11. 丝瓜属 *Luffa* Mill. …………………… 1541
12. 冬瓜属 *Benincasa* Savi ……………… 1543
13. 黄瓜属（甜瓜属） *Cucumis* L. ……… 1544
14. 西瓜属 *Citrullus* Schrad. …………… 1545
095. 秋海棠科 Begoniaceae …………… 1546
秋海棠属 *Begonia* L. ……………………… 1547
096. 卫矛科 Celastraceae ……………… 1549
1. 梅花草属 *Parnassia* L. ……………… 1549
2. 卫矛属 *Euonymus* L. ………………… 1550
3. 雷公藤属 *Tripterygium* Hook. f. …… 1560
4. 南蛇藤属 *Celastrus* L. ……………… 1561
097. 酢浆草科 Oxalidaceae …………… 1563
酢浆草属 *Oxalis* L. ……………………… 1564
098. 金丝桃科 Hypericaceae ………… 1567
1. 金丝桃属 *Hypericum* L. …………… 1568
2. 三腺金丝桃属 *Triadenum* Raf. …… 1571

099. 沟繁缕科 Elatinaceae …… 1572
沟繁缕属 *Elatine* L. …… 1572
100. 堇菜科 Violaceae …… 1573
堇菜属 *Viola* L. …… 1574
101. 杨柳科 Salicaceae …… 1604
1. 山桐子属 *Idesia* Maxim. …… 1605
2. 柳属 *Salix* L. …… 1606
3. 杨属 *Populus* L. …… 1637
102. 大戟科 Euphorbiaceae …… 1656
1. 大戟属 *Euphorbia* L. …… 1657
2. 蓖麻属 *Ricinus* L. …… 1674
3. 地构叶属 *Speranskia* Baill. …… 1676
4. 铁苋菜属 *Acalypha* L. …… 1677
103. 亚麻科 Linaceae …… 1679
亚麻属 *Linum* L. …… 1680
104. 叶下珠科 Phyllanthaceae …… 1684
1. 叶下珠属（油柑属） *Phyllanthus* L. …… 1684
2. 白饭树属（叶底珠属） *Flueggea* Willd. …… 1685
3. 雀舌木属 *Leptopus* Decne. …… 1687
105. 牻牛儿苗科 Geraniaceae …… 1688
1. 天竺葵属 *Pelargonium* L'Her. …… 1688
2. 老鹳草属 *Geranium* L. …… 1690
3. 牻牛儿苗属 *Erodium* L'Her. …… 1701
106. 千屈菜科 Lythraceae …… 1703
1. 石榴属 *Punica* L. …… 1704
2. 紫薇属 *Lagerstroemia* L. …… 1705
3. 萼距花属 *Cuphea* Adans. ex P. Br. …… 1707
4. 千屈菜属 *Lythrum* L. …… 1707
5. 菱属 *Trapa* L. …… 1709
6. 节节菜属 *Rotala* L. …… 1712
7. 水苋菜属 *Ammannia* L. …… 1713
107. 柳叶菜科 Onagraceae …… 1715
1. 露珠草属 *Circaea* L. …… 1715
2. 山桃草属 *Gaura* L. …… 1719
3. 丁香蓼属 *Ludwigia* L. …… 1721
4. 月见草属 *Oenothera* L. …… 1722
5. 柳兰属 *Chamerion* (Raf.) Raf. ex Holub …… 1727
6. 柳叶菜属 *Epilobium* L. …… 1728
108. 省沽油科 Staphyleaceae …… 1736
省沽油属 *Staphylea* L. …… 1736
109. 白刺科 Nitrariaceae …… 1737
1. 白刺属 *Nitraria* L. …… 1737
2. 骆驼蓬属 *Peganum* L. …… 1739
110. 漆树科 Anacardiaceae …… 1740
1. 黄连木属 *Pistacia* L. …… 1740
2. 黄栌属 *Cotinus* (Tourn.) Mill. …… 1741
3. 漆属 *Toxicodendron* (Tourn.) Mill. …… 1744
4. 盐肤木属 *Rhus* L. …… 1745
111. 无患子科 Sapindaceae …… 1748
1. 枫属（槭属） *Acer* L. …… 1748
2. 七叶树属 *Aesculus* L. …… 1765
3. 文冠果属 *Xanthoceras* Bunge …… 1768
4. 倒地铃属 *Cardiospermum* L. …… 1769
5. 栾树属 *Koelreuteria* Laxm. …… 1771
112. 芸香科 Rutaceae …… 1772
1. 拟芸香属（芸香草属）
Haplophyllum A. Juss. …… 1773
2. 白鲜属（白藓属） *Dictamnus* L. …… 1774
3. 芸香属 *Ruta* L. …… 1776
4. 黄檗属 *Phellodendron* Rupr. …… 1776
5. 四数花属 *Tetradium* Loureiro …… 1778
6. 榆橘属（榆桔属） *Ptelea* L. …… 1779
7. 柑橘属 *Citrus* L. …… 1780
8. 花椒属 *Zanthoxylum* L. …… 1780
113. 苦木科 Simaroubaceae …… 1784
1. 臭椿属 *Ailanthus* Desf. …… 1784
2. 苦木属（苦树属） *Picrasma* Bl. …… 1786
114. 楝科 Meliaceae …… 1787
1. 楝属 *Melia* L. …… 1788
2. 香椿属 *Toona* Roem. …… 1789
115. 锦葵科 Malvaceae …… 1790
1. 扁担杆属 *Grewia* L. …… 1791
2. 椴树属（椴属） *Tilia* L. …… 1793
3. 刺蒴麻属 *Triumfetta* L. …… 1801
4. 田麻属 *Corchoropsis* Sieb. et Zucc. …… 1802
5. 梧桐属 *Firmiana* Marsili …… 1803
6. 苘麻属 *Abutilon* Miller …… 1804
7. 黄花棯属（黄花稔属） *Sida* L. …… 1806
8. 盘果苘属（单花葵属、阿洛葵属）
Anoda Cavanilles …… 1807
9. 锦葵属 *Malva* L. …… 1808
10. 蜀葵属 *Alcea* L. …… 1813
11. 棉属 *Gossypium* L. …… 1814
12. 木槿属 *Hibiscus* L. …… 1815

13. 秋葵属 *Abelmoschus* Medicus …… 1820

116. 瑞香科 Thymelaeaceae …… 1821

1. 草瑞香属（粟麻属） *Diarthron* Turcz. …… 1822

2. 狼毒属 *Stellera* L. …… 1823

3. 荛花属 *Wikstroemia* Endl. …… 1825

4. 瑞香属 *Daphne* L. …… 1825

117. 旱金莲科 Tropaeolaceae …… 1826

旱金莲属 *Tropaeolum* L. …… 1827

118. 木樨草科（木犀草科） Resedaceae …… 1827

木樨草属（木犀草属） *Reseda* L. …… 1828

119. 白花菜科 Cleomaceae …… 1829

1. 羊角菜属 *Gynandropsis* Candolle …… 1829

2. 醉蝶花属 *Tarenaya* Rafinesque …… 1829

120. 十字花科 Brassicaceae (Cruciferae) …… 1830

1. 荠属 *Capsella* Medic. …… 1833

2. 独行菜属 *Lepidium* L. …… 1834

3. 亚麻荠属 *Camelina* Crantz. …… 1842

4. 沙芥属 *Pugionium* Gaertn. …… 1843

5. 菘蓝属 *Isatis* L. …… 1844

6. 球果荠属（球果芥属） *Neslia* Desv. …… 1846

7. 匙荠属 *Bunias* L. …… 1846

8. 香雪球属 *Lobularia* Desv. …… 1848

9. 屈曲花属 *Iberis* L. …… 1848

10. 菥蓂属（遏蓝菜属） *Thlaspi* L. …… 1849

11. 蔊菜属 *Rorippa* Scop. …… 1852

12. 辣根属（马萝卜属）
Armoracia P. Gaertn. et al. …… 1857

13. 葶苈属 *Draba* L. …… 1859

14. 庭荠属 *Alyssum* L. …… 1862

15. 曙南芥属 *Stevenia* Adamset Fisch …… 1866

16. 团扇荠属 *Berteroa* DC. …… 1868

17. 离子芥属（离子草属）
Chorispora R. Br. ex DC. …… 1868

18. 萝卜属 *Raphanus* L. …… 1869

19. 诸葛菜属 *Orychophragmus* Bunge …… 1871

20. 白芥属 *Sinapis* L. …… 1873

21. 芸苔属 *Brassica* L. …… 1874

22. 二行芥属（二列芥属） *Diplotaxis* DC. …… 1884

23. 芝麻菜属 *Eruca* Mill. …… 1886

24. 香花芥属 *Hesperis* L. …… 1888

25. 大蒜芥属 *Sisymbrium* L. …… 1890

26. 花旗杆属（花旗竿属）
Dontostemon Andrz. ex C. A. Meyer …… 1894

27. 山萮菜属 *Eutrema* R. Br. …… 1898

28. 播娘蒿属 *Descurainia* Webb et Berth. …… 1899

29. 糖芥属 *Erysimum* L. …… 1900

30. 芹叶荠属（裂叶芥属）
Smelowskia C. A. Mey. …… 1905

31. 山芥属 *Barbarea* R. Br. …… 1906

32. 紫罗兰属 *Matthiola* R. Br. …… 1907

33. 拟南芥属 *Arabidopsis* Heynh. …… 1908

34. 垂果南芥属
Catolobus (C. A. Mey.) Al-Shehbaz …… 1911

35. 南芥属 *Arabis* L. …… 1913

36. 旗杆芥属 *Turritis* L. …… 1915

37. 针喙芥属 *Acirostrum* Y. Z. Zhao …… 1915

38. 香芥属 *Clausia* Kornuch-Trotzky …… 1916

39. 豆瓣菜属 *Nasturtium* R. Br. …… 1917

40. 碎米荠属 *Cardamine* L. …… 1918

121. 檀香科 Santalaceae …… 1930

1. 百蕊草属 *Thesium* L. …… 1930

2. 槲寄生属 *Viscum* L. …… 1934

122. 桑寄生科 Loranthaceae …… 1935

桑寄生属 *Loranthus* Jacq. …… 1935

123. 柽柳科 Tamaricaceae …… 1936

1. 柽柳属 *Tamarix* L. …… 1937

2. 红砂属 *Reaumuria* L. …… 1938

124. 白花丹科（矶松科） Plumbaginaceae …… 1939

1. 海石竹属 *Armeria* Willdenow …… 1939

2. 白花丹属 *Plumbago* L. …… 1940

3. 鸡娃草属 *Plumbagella* Spach …… 1941

4. 补血草属 *Limonium* Mill. …… 1942

5. 驼舌草属 *Goniolimon* Boiss. …… 1945

125. 蓼科 Polygonaceae …… 1946

1. 木蓼属 *Atraphaxis* L. …… 1947

2. 山蓼属 *Oxyria* Hill. …… 1949

3. 大黄属 *Rheum* L. …… 1950

4. 酸模属 *Rumex* L. …… 1952

5. 荞麦属 *Fagopyrum* Mill. …… 1963

6. 虎杖属 *Reynoutria* Houtt. …… 1964

7. 翼蓼属 *Pteroxygonum* Damm. et Diels …… 1966

8. 何首乌属 *Pleuropterus* Turcz. …… 1967

9. 藤蓼属（蔓蓼属） *Fallopia* Adans. …… 1968

10. 萹蓄属 *Polygonum* L. 1972
11. 拳参属 *Bistorta* (L.) Scop. 1976
12. 西伯利亚蓼属
Knorringia (Czukav.) Tzvelev 1981
13. 冰岛蓼属 *Koenigia* L. 1982
14. 蓼属 *Persicaria* (L.) Mill. 1986
126. 茅膏菜科 Droseraceae 2009
1. 貉藻属 *Aldrovanda* L. 2009
2. 茅膏菜属 *Drosera* L. 2010
127. 石竹科 Caryophyllaceae 2012
1. 大爪草属 *Spergula* L. 2013
2. 拟漆姑属（牛漆姑草属）
Spergularia (Pers.) J. et C. Presl 2014
3. 麦仙翁属（麦毒草属） *Agrostemma* L. 2015
4. 高雪轮属 *Atocion* Adans. 2015
5. 蝇子草属（麦瓶草属） *Silene* L. 2016
6. 石头花属（丝石竹属） Gypsophila L. 2036
7. 肥皂草属 *Saponaria* L. 2042
8. 石竹属 *Dianthus* L. 2043
9. 孩儿参属（假繁缕属） *Pseudostellaria* Pax ... 2053
10. 漆姑草属 *Sagina* L. 2059
11. 鹅肠菜属 *Myosoton* Moench 2061
12. 卷耳属 *Cerastium* L. 2062
13. 繁缕属 *Stellaria* L. 2068
14. 薄蒴草属 *Lepyrodiclis* Fenzl 2079
15. 米努草属 *Minuartia* L. 2080
16. 无心菜属（鹅不食属） *Arenaria* L. 2081
17. 种阜草属（莫石竹属） *Moehringia* L. 2085
128. 苋科 Amaranthaceae 2087
1. 青葙属 *Celosia* L. 2088
2. 苋属 *Amaranthus* L. 2090
3. 牛膝属 *Achyranthes* L. 2101
4. 血苋属 *Iresine* P. Br. 2101
5. 莲子草属 *Alternanthera* Forsk. 2102
6. 千日红属 *Gomphrena* L. 2104
7. 驼绒藜属 *Krascheninnikovia* Gueldenstaedt... 2106
8. 盐爪爪属 *Kalidium* Moq. 2108
9. 盐角草属 *Salicornia* L. 2110
10. 碱蓬属 *Suaeda* Forsk. ex Scop. 2111
11. 雾冰藜属 *Grubovia* Freitag & G. Kadereit... 2115
12. 碱猪毛菜属 *Soda* (L.) Scop. 2116
13. 猪毛菜属 *Salsola* L. 2117
14. 盐生草属 *Halogeton* C. A. Meyer 2120
15. 轴藜属 *Axyris* L. 2120
16. 沙滨藜属 *Bassia* All. 2122
17. 虫实属 *Corispermum* L. 2125
18. 沙蓬属 *Agriophyllum* M. Bieb. 2135
19. 滨藜属 *Atriplex* L. 2136
20. 菠菜属 *Spinacia* L. 2140
21. 甜菜属 *Beta* L. 2141
22. 藜属 *Chenopodium* L. 2143
23. 腺毛藜属（刺藜属） *Dysphania* R. Br. 2152
129. 番杏科 Aizoaceae 2155
番杏属 *Tetragonia* L. 2155
130. 商陆科 Phytolaccaceae 2156
商陆属 *Phytolacca* L. 2156
131. 紫茉莉科 Nyctaginaceae 2158
1. 叶子花属 *Bougainvillea* Comm. ex Juss. ... 2159
2. 紫茉莉属 *Mirabilis* L. 2160
132. 粟米草科 Molluginaceae 2160
粟米草属 *Mollugo* L. 2161
133. 落葵科 Basellaceae 2163
1. 落葵属 *Basella* L. 2163
2. 落葵薯属 *Anredera* Juss. 2164
134. 土人参科 Talinaceae 2164
土人参属 *Talinum* Adans. 2165
135. 马齿苋科 Portulacaceae 2166
马齿苋属 *Portulaca* L. 2166
136. 绣球科（绣球花科，八仙花科）
Hydrangeaceae 2168
1. 光绣球属（绣球属） *Hydrangea* L. 2168
2. 山梅花属 *Philadelphus* L. 2171
3. 溲疏属 *Deutzia* Thunb. 2176
137. 山茱萸科 Cornaceae 2180
1. 八角枫属 *Alangium* Lam. 2181
2. 草茱萸属 *Chamaepericlymenum* Hill 2182
3. 灯台树属 *Bothrocaryum* (Koehne) Pojark. ... 2183
4. 梾木属 *Swida* Opiz 2184
5. 山茱萸属 *Cornus* L. 2189
6. 四照花属 *Dendrobenthamia* Hutch. 2190
138. 凤仙花科 Balsaminaceae 2192
凤仙花属 *Impatiens* L. 2192
139. 花荵科 Polemoniaceae 2198
1. 福禄考属（天蓝绣球属） *Phlox* L. 2198

2. 花荵属 *Polemonium* L. ······························· 2200

140. 柿科（柿树科） Ebenaceae ··············· 2202

柿属（柿树属） *Diospyros* L. ······················· 2202

141. 报春花科 Primulaceae ······················ 2204

1. 假报春属 *Cortusa* L. ······························· 2205

2. 报春花属 *Primula* L. ······························· 2207

3. 点地梅属 *Androsace* L. ··························· 2213

4. 海乳草属 *Glaux* L. ································ 2218

5. 七瓣莲属 *Trientalis* L. ···························· 2219

6. 黄连花属 *Lysimachia* L. ·························· 2220

7. 球尾花属 *Naumburgia* Moench ················ 2225

142. 山矾科 Symplocaceae ······················ 2226

山矾属 *Symplocos* Jacq. ··························· 2226

143. 安息香科（野茉莉科） Styracaceae ··· 2227

安息香属（野茉莉属） *Styrax* L. ················· 2228

144. 猕猴桃科 Actinidiaceae ··················· 2229

猕猴桃属 *Actinidia* Lindl. ························· 2229

145. 杜鹃花科 Ericaceae ························· 2235

1. 沙晶兰属 *Monotropastrum* H. Andr. ········· 2236

2. 松下兰属 *Hypopitys* Hill ························ 2237

3. 喜冬草属（梅笠草属） *Chimaphila* Pursh ··· 2238

4. 独丽花属 *Moneses* Salisb. ex S. F. Gray ······ 2240

5. 单侧花属 *Orthilia* Rafin. ·························· 2240

6. 鹿蹄草属 *Pyrola* L. ································ 2242

7. 越橘属 *Vaccinium* L. ······························ 2247

8. 北极果属（天栌属）

Arctous (A. Gray) Niedenzu ······················ 2253

9. 岩高兰属 *Empetrum* L. ··························· 2254

10. 松毛翠属 *Phyllodoce* Salisb. ·················· 2255

11. 地桂属（甸杜属）

Chamaedaphne Moench ························· 2256

12. 杜鹃属（杜鹃花属） *Rhododendron* L. ··· 2257

13. 青姬木属（仙女越橘属） *Andromeda* L. ··· 2268

146. 杜仲科 Eucommiaceae ······················ 2269

杜仲属 *Eucommia* Oliver ·························· 2269

147. 茜草科 Rubiaceae ··························· 2270

1. 鸡矢藤属 *Paederia* L. ····························· 2271

2. 野丁香属 *Leptodermis* Wall. ····················· 2272

3. 五星花属 *Pentas* Benth. ·························· 2272

4. 茜草属 *Rubia* L. ··································· 2273

5. 车叶草属 *Asperula* L. ····························· 2277

6. 拉拉藤属 *Galium* L. ······························· 2280

148. 龙胆科 Gentianaceae ······················· 2292

1. 翼萼蔓属 *Pterygocalyx* Maxim. ················ 2293

2. 百金花属 *Centaurium* Hill. ······················ 2293

3. 龙胆属 *Gentiana* L. ······························· 2294

4. 扁蕾属 *Gentianopsis* Ma ························ 2304

5. 喉毛花属 *Comastoma* (Wettst.) Toyokuni ··· 2306

6. 假龙胆属 *Gentianella* Moech ··················· 2306

7. 花锚属 *Halenia* Borkh. ··························· 2307

8. 肋柱花属 *Lomatogonium* A. Br. ················ 2308

9. 腺鳞草属 *Anagallidium* Griseb. ················ 2310

10. 獐牙菜属 *Swertia* L. ···························· 2310

149. 夹竹桃科 Apocynaceae ···················· 2316

1. 长春花属 *Catharanthus* G. Don ················ 2317

2. 罗布麻属 *Apocynum* L. ·························· 2318

3. 杠柳属 *Periploca* L. ······························ 2319

4. 马利筋属 *Asclepias* L. ··························· 2320

5. 鹅绒藤属（白前属） *Cynanchum* L. ·········· 2321

6. 萝藦属 *Metaplexis* R. Br. ························ 2334

150. 紫草科 Boraginaceae ························ 2335

1. 厚壳树属 *Ehretia* L. ······························ 2337

2. 紫丹属 *Tournefortia* L. ·························· 2338

3. 颅果草属 *Craniospermum* Lehm. ··············· 2340

4. 紫筒草属 *Stenosolenium* Turcz. ················ 2341

5. 田紫草属 *Buglossoides* Moench ················ 2342

6. 肺草属 *Pulmonaria* L. ···························· 2343

7. 紫草属 *Lithospermum* L. ························· 2343

8. 糙草属 *Asperugo* L. ······························ 2344

9. 琉璃草属 *Cynoglossum* L. ······················· 2345

10. 鹤虱属 *Lappula* Moench ························ 2347

11. 齿缘草属 *Eritrichium* Schrad. ·················· 2349

12. 假鹤虱属 *Hackelia* Opiz ························ 2354

13. 山茄子属 *Brachybotrys* Maxim. ex Oliv. ··· 2356

14. 滨紫草属 *Mertensia* Roth ······················· 2356

15. 聚合草属 *Symphytum* L. ························· 2357

16. 蓝蓟属 *Echium* L. ································ 2358

17. 盾果草属 *Thyrocarpus* Hance ·················· 2359

18. 假狼紫草属 *Nonea* Medic. ······················ 2360

19. 牛舌草属 *Anchusa* L. ···························· 2361

20. 斑种草属 *Bothriospermum* Bunge ············ 2362

21. 琉璃苣属 *Borago* L. ······························ 2366

22. 附地菜属 *Trigonotis* Stev. ······················ 2366

23. 勿忘草属 *Myosotis* L. ··························· 2370

151. 旋花科 Convolvulaceae ······ 2372
1. 菟丝子属 *Cuscuta* L. ······ 2373
2. 马蹄金属 *Dichondra* J. R. et G. Forst. ······ 2378
3. 旋花属 *Convolvulus* L. ······ 2379
4. 鱼黄草属 *Merremia* Dennst. ······ 2387
5. 茑萝属 *Quamoclit* Mill. ······ 2389
6. 虎掌藤属（番薯属） *Ipomoea* L. ······ 2391
7. 牵牛属 *Pharbitis* Choisy ······ 2395
152. 茄科 Solanaceae ······ 2398
1. 枸杞属 *Lycium* L. ······ 2399
2. 假酸浆属 *Nicandra* Adans. ······ 2402
3. 灯笼果属（酸浆属） *Physalis* L. ······ 2403
4. 散血丹属 *Physaliastrum* Makino ······ 2408
5. 茄属 *Solanum* L. ······ 2409
6. 颠茄属 *Atropa* L. ······ 2424
7. 辣椒属 *Capsicum* L. ······ 2425
8. 脬囊草属（泡囊草属）
Physochlaina G. Don ······ 2428
9. 天仙子属 *Hyoscyamus* L. ······ 2429
10. 曼陀罗属 *Datura* L. ······ 2430
11. 曼陀罗木属 *Brugmansia* Pers. ······ 2434
12. 矮牵牛属（碧冬茄属）*Petunia* Juss. ······ 2435
13. 烟草属 *Nicotiana* L. ······ 2435
153. 木樨科（木犀科） Oleaceae ······ 2437
1. 梣属（白蜡树属） *Fraxinus* L. ······ 2438
2. 雪柳属 *Fontanesia* Labill. ······ 2444
3. 丁香属 *Syringa* L. ······ 2444
4. 连翘属 *Forsythia* Vahl ······ 2461
5. 北美流苏树属 *Chionanthus* L. ······ 2465
6. 木樨属（木犀属） *Osmanthus* Lour. ······ 2466
7. 女贞属 *Ligustrum* L. ······ 2467
8. 素馨属（茉莉属） *Jasminum* L. ······ 2471
154. 苦苣苔科 Gesneriaceae ······ 2472
旋蒴苣苔属（扁冠苣苔属、牛耳草属）
Boea Comm. ex Lam. ······ 2472
155. 车前科（车前草科） Plantaginaceae ··· 2473
1. 杉叶藻属 *Hippuris* L. ······ 2474
2. 水马齿属 *Callitriche* L. ······ 2475
3. 茶菱属 *Trapella* Oliv. ······ 2477
4. 车前属 *Plantago* L. ······ 2479
5. 石龙尾属 *Limnophila* R. Br. ······ 2489
6. 柳穿鱼属 *Linaria* Mill. ······ 2490
7. 金鱼草属 *Antirrhinum* L. ······ 2493
8. 香彩雀属 *Angelonia* Bonpl. ······ 2494
9. 钓钟柳属 *Penstemon* Schmidel ······ 2494
10. 腹水草属 *Veronicastrum* Heist. ex Farbic. ··· 2496
11. 婆婆纳属 *Veronica* L. ······ 2497
12. 毛地黄属 *Digitalis* L. ······ 2511
13. 水八角属 *Gratiola* L. ······ 2512
14. 泽番椒属 *Deinostema* T. Yamazaki ······ 2512
156. 玄参科 Scrophulariaceae ······ 2513
1. 醉鱼草属 *Buddleja* L. ······ 2513
2. 双距花属 *Diascia* Link & Otto ······ 2515
3. 水茫草属 *Limosella* L. ······ 2516
4. 毛蕊花属 *Verbascum* L. ······ 2516
5. 玄参属 *Scrophularia* L. ······ 2517
157. 母草科 Linderniaceae ······ 2522
1. 蝴蝶草属 *Torenia* L. ······ 2522
2. 陌上菜属（母草属） *Lindernia* All. ······ 2523
158. 芝麻科（胡麻科） Pedaliaceae ······ 2524
芝麻属（胡麻属） *Sesamum* L. ······ 2524
159. 爵床科 Acanthaceae ······ 2525
1. 穿心莲属 *Andrographis* Wall. ex Nees ······ 2526
2. 爵床属 *Justicia* L. ······ 2527
160. 紫葳科 Bignoniaceae ······ 2527
1. 角蒿属 *Incarvillea* Juss. ······ 2528
2. 梓属（梓树属） *Catalpa* Scop. ······ 2529
3. 肖粉凌霄属（非洲凌霄属）
Podranea Sprague ······ 2532
4. 凌霄属 *Campsis* Lour. ······ 2533
161. 狸藻科 Lentibulariaceae ······ 2534
1. 狸藻属 *Utricularia* L. ······ 2534
2. 捕虫堇属 *Pinguicula* L. ······ 2538
162. 马鞭草科 Verbenaceae ······ 2539
1. 过江藤属 *Phyla* Lour. ······ 2539
2. 马鞭草属 *Verbena* L. ······ 2540
3. 美女樱属 *Glandularia* J. F. Gmel. ······ 2544
163. 唇形科 Lamiaceae（Labiatae） ······ 2545
1. 莸属 *Caryopteris* Bunge ······ 2548
2. 牡荆属（黄荆属） *Vitex* L. ······ 2549
3. 大青属（赪桐属） *Clerodendrum* L. ······ 2552
4. 紫珠属 *Callicarpa* L. ······ 2553
5. 筋骨草属 *Ajuga* L. ······ 2555
6. 香科科属 *Teucrium* L. ······ 2558

7. 美国薄荷属 *Monarda* L. ························ 2560
8. 水棘针属 *Amethystea* L.························ 2561
9. 黄芩属 *Scutellaria* L. ························ 2562
10. 薰衣草属 *Lavandula* L.························ 2574
11. 罗勒属 *Ocimum* L. ························ 2577
12. 马刺花属（延命草属）
Plectranthus L'Hér. ························ 2578
13. 香茶菜属
Isodon (Schrader ex Bentham) Spach ······ 2579
14. 夏至草属 *Lagopsis* Bunge ex Benth.········· 2583
15. 刺蕊草属 *Pogostemon* Desf. ················ 2584
16. 香薷属 *Elsholtzia* Willd. ···················· 2585
17. 鼠尾草属 *Salvia* L.···························· 2589
18. 紫苏属 *Perilla* L.······························ 2597
19. 薄荷属 *Mentha* L. ···························· 2599
20. 地笋属（地瓜苗属） *Lycopus* L. ············ 2601
21. 石荠苎属（荠苎属）
Mosla (Benth.) Buch.-Ham. ex Maxim. ······ 2605
22. 藿香属 *Agastache* Clayt. et Gronov ········· 2607
23. 裂叶荆芥属 *Schizonepeta* Briq. ·············· 2608
24. 青兰属 *Dracocephalum* L. ···················· 2610
25. 假龙头花属 *Physostegia* Benth. ·············· 2614
26. 荆芥属 *Nepeta* L. ···························· 2615
27. 活血丹属（连钱草属） *Glechoma* L.········· 2618
28. 龙头草属 *Meehania* Britt. ex Small et Vaill. ··· 2620
29. 百里香属 *Thymus* L. ·························· 2621
30. 夏枯草属 *Prunella* L.·························· 2628
31. 糙苏属 *Phlomoides* Moench ················ 2630
32. 鼬瓣花属 *Galeopsis* L. ························ 2636
33. 野芝麻属 *Lamium* L.·························· 2637
34. 益母草属 *Leonurus* L. ························ 2639
35. 风轮菜属 *Clinopodium* L.···················· 2645
36. 水苏属 *Stachys* L. ···························· 2647
164. 通泉草科 Mazaceae ························ 2651
通泉草属 *Mazus* Lour.···························· 2651
165. 透骨草科 Phrymaceae ···················· 2653
1. 狗面花属（沟酸浆属） *Mimulus* L. ·········· 2654
2. 透骨草属 *Phryma* L. ·························· 2654
166. 泡桐科 Paulowniaceae····················· 2657
泡桐属 *Paulownia* Sieb. et Zucc. ················ 2658
167. 列当科 Orobanchaceae ···················· 2661
1. 黄筒花属 *Phacellanthus* Sieb. et Zucc. ······ 2662
2. 草苁蓉属
Boschniakia C. A. Mey. ex Bongard ··········· 2663
3. 列当属 *Orobanche* L. ························ 2664
4. 地黄属
Rehmannia Libosch. ex Fisch. et Mey.········· 2668
5. 火焰草属 *Castilleja* Mutis ex L. f. ·············· 2669
6. 鼻花属 *Rhinanthus* L. ························ 2670
7. 山罗花属（山萝花属） *Melampyrum* L. ······ 2670
8. 大黄花属（芯芭属） *Cymbaria* L. ············ 2672
9. 阴行草属 *Siphonostegia* Benth. ·············· 2673
10. 马先蒿属 *Pedicularis* L. ···················· 2674
11. 松蒿属 *Phtheirospermum* Bunge ············ 2686
12. 脐草属 *Omphalotrix* Maxim. ················ 2687
13. 疗齿草属 *Odontites* Ludwig ················ 2688
14. 小米草属 *Euphrasia* L. ······················ 2688
168. 冬青科 Aquifoliaceae ···················· 2694
冬青属 *Ilex* L. ······································ 2694
169. 桔梗科 Campanulaceae ·················· 2695
1. 半边莲属 *Lobelia* L.·························· 2695
2. 牧根草属 *Asyneuma* Griseb. et Schenk ······ 2698
3. 石星花属（同瓣草属） *Lithotoma* E. B. Knox ··· 2699
4. 党参属 *Codonopsis* Wall. ···················· 2700
5. 桔梗属 *Platycodon* A. DC. ···················· 2703
6. 风铃草属 *Campanula* L.······················ 2705
7. 沙参属 *Adenophora* Fisch. ·················· 2710
170. 睡菜科 Menyanthaceae ·················· 2737
1. 睡菜属 *Menyanthes* L. ······················ 2738
2. 荇菜属（莕菜属） *Nymphoides* Seguier······ 2739
171. 菊科 Asteraceae（Compositae） ······ 2742
1. 管花蒲公英属 *Neo-taraxacum* Y. R. Ling et
X. D. Su ·· 2750
2. 菊苣属 *Cichorium* L. ························ 2750
3. 猫耳菊属（猫儿菊属） *Hypochaeris* L. ······ 2753
4. 婆罗门参属 *Tragopogon* L. ·················· 2754
5. 毛连菜属 *Picris* L. ·························· 2756
6. 鸦葱属 *Scorzonera* L.························ 2759
7. 蒲公英属 *Taraxacum* F. H. Wigg. ············ 2765
8. 苦苣菜属 *Sonchus* L. ························ 2775
9. 莴苣属（山莴苣属） *Lactuca* L. ············ 2779
10. 小苦荬属 *Ixeridium* (A. Gray) Tzvelev ······ 2789
11. 耳菊属 *Nabalus* Cassini ······················ 2789
12. 全光菊属 *Hololeion* Kitamura ················ 2791

13. 山柳菊属 *Hieracium* L. ········ 2792
14. 还阳参属 *Crepis* L. ········ 2794
15. 苦荬菜属 *Ixeris* (Cass.) Cass. ········ 2797
16. 黄鹌菜属 *Youngia* Cass. ········ 2801
17. 假还阳参属 *Crepidiastrum* Nakai ········ 2802
18. 碱苣属（小苦苣菜属） *Sonchella* Sennikov ········ 2806
19. 勋章菊属 *Gazania* Gaertn. ········ 2806
20. 藿香蓟属 *Ageratum* L. ········ 2807
21. 蛇鞭菊属 *Liatris* J. Gaertner ex Schreber ··· 2808
22. 甜菊属 *Stevia* Cav. ········ 2809
23. 泽兰属 *Eupatorium* L. ········ 2810
24. 胶菀属 *Grindelia* Willdenow ········ 2813
25. 一枝黄花属 *Solidago* L. ········ 2814
26. 翠菊属 *Callistephus* Cass. ········ 2817
27. 雏菊属 *Bellis* L. ········ 2818
28. 飞蓬属 *Erigeron* L. ········ 2818
29. 联毛紫菀属 *Symphyotrichum* Nees ········ 2826
30. 鹅河菊属（雁河菊属） *Brachyscome* Cass. ········ 2829
31. 北美紫菀属 *Eurybia* (Cassini) Cassini ······ 2830
32. 碱菀属 *Tripolium* Nees ········ 2831
33. 乳菀属 *Galatella* Cass. ········ 2832
34. 紫菀属 *Aster* L. ········ 2834
35. 蜂斗菜属 *Petasites* Mill. ········ 2855
36. 款冬属 *Tussilago* L. ········ 2857
37. 狗舌草属 *Tephroseris* (Rchb.) Rehb. ······ 2858
38. 橐吾属 *Ligularia* Cass. ········ 2863
39. 兔儿伞属 *Syneilesis* Maxim. ········ 2872
40. 蟹甲草属 *Parasenecio* W. W. Smith et J. Small ········ 2873
41. 菊三七属（三七草属） *Gynura* Cass. ······ 2877
42. 菊芹属 *Erechtites* Raf. ········ 2879
43. 千里光属 *Senecio* L. ········ 2879
44. 野茼蒿属 *Crassocephalum* Moench ········ 2888
45. 万寿菊属 *Tagetes* L. ········ 2889
46. 堆心菊属 *Helenium* L. ········ 2892
47. 松果菊属（紫锥花属） *Echinacea* Moench ········ 2893
48. 天人菊属 *Gaillardia* Foug. ········ 2894
49. 苍耳属 *Xanthium* L. ········ 2896
50. 豚草属 *Ambrosia* L. ········ 2900
51. 黑足菊属（美兰菊属） *Melampodium* L. ··· 2901
52. 牛膝菊属 *Galinsoga* Ruiz et Pav. ········ 2902
53. 松香草属 *Silphium* L. ········ 2904
54. 百日菊属 *Zinnia* L. ········ 2905
55. 鬼针草属 *Bidens* L. ········ 2907
56. 秋英属 *Cosmos* Cav. ········ 2916
57. 大丽花属 *Dahlia* Cav. ········ 2918
58. 金鸡菊属 *Coreopsis* L. ········ 2919
59. 假豚草属（假苍耳属） *Iva* L. ········ 2921
60. 豨莶属 *Sigesbeckia* L. ········ 2922
61. 鳢肠属 *Eclipta* L. ········ 2924
62. 金光菊属 *Rudbeckia* L. ········ 2926
63. 赛菊芋属 *Heliopsis* Persoon ········ 2928
64. 卤地菊属 *Melanthera* Rohr ········ 2929
65. 蟛蜞菊属 *Sphagneticola* O. Hoffm. ········ 2930
66. 向日葵属 *Helianthus* L. ········ 2931
67. 肿柄菊属 *Tithonia* Desf. ex Juss. ········ 2933
68. 蓍属 *Achillea* L. ········ 2935
69. 春黄菊属 *Anthemis* L. ········ 2939
70. 果香菊属 *Chamaemelum* Mill. ········ 2940
71. 石胡荽属 *Centipeda* Lour. ········ 2941
72. 线叶菊属（兔毛蒿属） *Filifolium* Kitam. ··· 2942
73. 亚菊属 *Ajania* Poljak. ········ 2943
74. 蒿属 *Artemisia* L. ········ 2946
75. 栉叶蒿属 *Neopallasia* Poljak. ········ 2992
76. 木茼蒿属 *Argyranthermum* Webb ········ 2993
77. 茼蒿属 *Glebionis* Cassini ········ 2994
78. 滨菊属 *Leucanthemum* Mill. ········ 2997
79. 菊属 *Chrysanthemum* L. ········ 2998
80. 母菊属 *Matricaria* L. ········ 3007
81. 三肋果属 *Tripleurospermum* Sch.-Bip. ······ 3008
82. 菊蒿属 *Tanacetum* L. ········ 3010
83. 匹菊属 *Pyrethrum* Zinn. ········ 3011
84. 大丁草属 *Leibnitzia* Cass. ········ 3012
85. 兔儿风属 *Ainsliaea* DC. ········ 3013
86. 帚菊属 *Pertya* Sch. Bip. ········ 3014
87. 异果菊属 *Dimorphotheca* Moench ········ 3016
88. 骨子菊属（蓝目菊属） *Osteospermum* L. ··· 3017
89. 金盏花属 *Calendula* L. ········ 3018
90. 旋覆花属 *Inula* L. ········ 3019
91. 和尚菜属（腺梗菜属） *Adenocaulon* Hook. ········ 3025

92. 天名精属（金挖耳属） *Carpesium* L. …… 3026
93. 含苞草属（合苞菊属）
Symphyllocarpus Maxim. …… 3030
94. 湿鼠曲草属 *Gnaphalium* L. …… 3030
95. 香青属 *Anaphalis* DC. …… 3032
96. 蝶须属 *Antennaria* Gaertn. …… 3033
97. 火绒草属 *Leontopodium* R. Brown …… 3034
98. 蓝刺头属 *Echinops* L. …… 3036
99. 苍术属 *Atractylodes* DC. …… 3040
100. 飞廉属 *Carduus* L. …… 3043
101. 猬菊属（蝟菊属） *Olgaea* Iljin …… 3046
102. 蓟属 *Cirsium* Mill. …… 3048
103. 水飞蓟属 *Silybum* Adans. …… 3060
104. 红花属 *Carthamus* L. …… 3061
105. 风毛菊属 *Saussurea* DC. …… 3062
106. 泥胡菜属 *Hemistepta* Bunge …… 3095
107. 漏芦属 *Rhaponticum* Ludwig …… 3096
108. 麻花头属 *Klasea* Cassini …… 3098
109. 伪泥胡菜属 *Serratula* L. …… 3102
110. 牛蒡属 *Arctium* L. …… 3104
111. 疆矢车菊属 *Centaurea* L. …… 3105
112. 山牛蒡属 *Synurus* Iljin …… 3108
172. 荚蒾科 Viburnaceae …… 3109
1. 荚蒾属 *Viburnum* L. …… 3110
2. 接骨木属 *Sambucus* L. …… 3118
3. 五福花属 *Adoxa* L. …… 3121
173. 忍冬科 Caprifoliaceae …… 3122
1. 川续断属 *Dipsacus* L. …… 3123
2. 蓝盆花属 *Scabiosa* L. …… 3124
3. 败酱属 *Patrinia* Juss. …… 3128
4. 缬草属 *Valeriana* L. …… 3136
5. 北极花属（林奈草属）
Linnaea Gronov. ex L. …… 3139
6. 六道木属 *Zabelia* (Rehder) Makino …… 3140
7. 蝟实属 *Kolkwitzia* Graebn. …… 3141
8. 锦带花属 *Weigela* Thunb. …… 3142
9. 莛子藨属 *Triosteum* L. …… 3145
10. 毛核木属 *Symphoricarpos* Duhamel …… 3146
11. 忍冬属 *Lonicera* L. …… 3148
174. 五加科 Araliaceae …… 3164
1. 人参属 *Panax* L. …… 3164
2. 天胡荽属 *Hydrocotyle* L. …… 3166
3. 楤木属 *Aralia* L. …… 3167
4. 五加属 *Eleutherococcus* Maximowicz …… 3170
5. 常春藤属 *Hedera* L. …… 3173
6. 刺楸属 *Kalopanax* Miq. …… 3174
7. 刺人参属 *Oplopanax* Miq. …… 3175
175. 伞形科 Apiaceae（Umbelliferae） …… 3176
1. 峨参属 *Anthriscus* (Pers.) Hoffm. …… 3179
2. 香根芹属 *Osmorhiza* Rafin. …… 3181
3. 变豆菜属 *Sanicula* L. …… 3182
4. 胡萝卜属 *Daucus* L. …… 3184
5. 窃衣属 *Torilis* Adans. …… 3186
6. 珊瑚菜属 *Glehnia* Fr. Schmidt ex Miq. …… 3187
7. 岩风属（香芹属） *Libanotis* Hill. …… 3188
8. 山茴香属 *Carlesia* Dunn …… 3190
9. 绒果芹属（滇羌活属） *Eriocycla* Lindl. …… 3191
10. 孜然芹属 *Cuminum* L. …… 3192
11. 柴胡属 *Bupleurum* L. …… 3193
12. 刺芹属 *Eryngium* L. …… 3203
13. 芫荽属 *Coriandrum* L. …… 3204
14. 泽芹属 *Sium* L. …… 3205
15. 大叶芹属 *Spuriopimpinella* (H. Boissieu)
Kitag. …… 3208
16. 鸭儿芹属 *Cryptotaenia* DC. …… 3211
17. 棱子芹属 *Pleurospermum* Hoffm. …… 3212
18. 北羌活属 *Hansenia* Turcz. …… 3214
19. 蛇床属 *Cnidium* Cuss. …… 3215
20. 防风属 *Saposhnikovia* Schischk. …… 3218
21. 胀果芹属（燥芹属） *Phlojodicarpus* Turcz.
ex Ledeb. …… 3219
22. 当归属 *Angelica* L. …… 3221
23. 独活属（牛防风属） *Heracleum* L. …… 3242
24. 阿魏属 *Ferula* L. …… 3246
25. 东俄芹属 *Tongoloa* Wolff …… 3247
26. 疆前胡属（前胡属、石防风属）
Peucedanum L. …… 3248
27. 黑水芹属（岩茴香属）
Tilingia Regel & Tiling …… 3253
28. 毒芹属 *Cicuta* L. …… 3254
29. 水芹属 *Oenanthe* L. …… 3256
30. 茴芹属 *Pimpinella* L. …… 3257
31. 迷果芹属 *Sphallerocarpus* Bess. ex DC. …… 3259
32. 欧芹属 *Petroselinum* Hill …… 3260

33. 茴香属 *Foeniculum* Mill. ······ 3260
34. 莳萝属 *Anethum* L. ······ 3261
35. 藁本属 *Ligusticum* L. ······ 3262
36. 羊角芹属 *Aegopodium* L. ······ 3265
37. 葛缕子属 *Carum* L. ······ 3267
38. 芹属 *Apium* L. ······ 3269
39. 细叶旱芹属 *Cyclospermum* Lag. ······ 3271
补遗······ 3272
参考文献······ 3281
拉丁名索引······ 3282
中文名索引······ 3374

CONTENTS 目 录

第一章　石松类植物（Lycophytes）

001. 石松科 Lycopodiaceae ………………………… 2
1. 石杉属 *Huperzia* Bernh. ………………………… 2
2. 扁枝石松属 *Diphasiastrum* Holub ………………………… 6
3. 石松属 *Lycopodium* L. ………………………… 7
4. 玉柏属（笔直石松属）
Dendrolycopodium A. Haines ………………………… 9
002. 卷柏科 Selaginellaceae ………………………… 10
卷柏属 *Selaginella* P. Beauv. ………………………… 10

第二章　蕨类植物（Ferns）

003. 木贼科 Equisetaceae ………………………… 20
木贼属（问荆属） *Equisetum* L. ………………………… 20
004. 瓶尔小草科 Ophioglossaceae ………………………… 27
1. 瓶尔小草属 *Ophioglossum* L. ………………………… 28
2. 阴地蕨属 *Sceptridium* Lyon ………………………… 28
3. 蕨萁属（假阴地蕨属）
Botrypus Rich. ex Michx. ………………………… 30
4. 小阴地蕨属 *Botrychium* Sw. ………………………… 31
005. 紫萁科（紫萁蕨科） Osmundaceae …… 32
1. 桂皮紫萁属 *Osmundastrum* C. Presl ………………………… 32
2. 紫萁属（紫萁蕨属） *Osmunda* L. ………………………… 33
006. 膜蕨科 Hymenophyllaceae ………………………… 34
假脉蕨属 *Crepidomanes* C. Presl ………………………… 34
007. 蘋科 Marsileaceae ………………………… 35
苹属 *Marsilea* L. ………………………… 35
008. 槐叶蘋科 Salviniaceae ………………………… 36
1. 槐叶苹属 *Salvinia* Séguier ………………………… 37
2. 满江红属 *Azolla* Lam. ………………………… 37
009. 碗蕨科 Dennstaedtiaceae ………………………… 39
1. 蕨属 *Pteridium* Scopoli ………………………… 39
2. 碗蕨属 *Dennstaedtia* Bernh. ………………………… 40
010. 凤尾蕨科 Pteridaceae ………………………… 42
1. 凤了蕨属（凤丫蕨属） *Coniogramme* Fée …… 42
2. 欧裸蕨属（金毛裸蕨属）
Paragymnopteris K. H. Shing ………………………… 44
3. 粉背蕨属 *Aleuritopteris* Fée ………………………… 45
4. 铁线蕨属 *Adiantum* L. ………………………… 47
011. 冷蕨科 Cystopteridaceae ………………………… 49
1. 冷蕨属 *Cystopteris* Bernh. ………………………… 49
2. 羽节蕨属 *Gymnocarpium* Newman ………………………… 51

012. 铁角蕨科 Aspleniaceae …… 53
铁角蕨属 *Asplenium* L. …… 53
013. 金星蕨科 Thelypteridaceae …… 58
1. 卵果蕨属 *Phegopteris* Fée …… 59
2. 假鳞毛蕨属 *Oreopteris* Holub …… 60
3. 金星蕨属 *Parathelypteris* (H. Ito) Ching …… 61
4. 沼泽蕨属 *Thelypteris* Schmidel …… 61
014. 岩蕨科 Woodsiaceae …… 62
1. 膀胱蕨属 *Protowoodsia* Ching …… 63
2. 岩蕨属 *Woodsia* R. Br. …… 64
015. 球子蕨科 Onocleaceae …… 69
1. 球子蕨属 *Onoclea* L. …… 69
2. 东方荚果蕨属 *Pentarhizidium* Hayata …… 70
3. 荚果蕨属 *Matteuccia* Todaro …… 71
016. 蹄盖蕨科 Athyriaceae …… 72
1. 角蕨属 *Cornopteris* Nakai …… 72
2. 对囊蕨属 *Deparia* Hooker & Greville …… 73
3. 双盖蕨属 *Diplazium* Swartz …… 75
4. 安蕨属 *Anisocampium* C. Presl …… 77
5. 蹄盖蕨属 *Athyrium* Roth …… 78
017. 鳞毛蕨科 Dryopteridaceae …… 82
1. 贯众属 *Cyrtomium* C. Presl …… 83
2. 耳蕨属 *Polystichum* Roth …… 84
3. 复叶耳蕨属 *Arachniodes* Blume …… 85
4. 鳞毛蕨属 *Dryopteris* Adans. …… 86
018. 骨碎补科 Davalliaceae …… 94
骨碎补属 *Davallia* Smith …… 94
019. 水龙骨科 Polypodiaceae …… 95
1. 睫毛蕨属 *Pleurosoriopsis* Fomin …… 95
2. 水龙骨属（多足蕨属） *Polypodium* L. …… 96
3. 石韦属 *Pyrrosia* Mirbel …… 97
4. 瓦韦属 *Lepisorus* (J. Smith) Ching …… 99
5. 修蕨属 *Selliguea* Bory …… 100

第三章 裸子植物（Gymnosperms）

020. 银杏科 Ginkgoaceae …… 102
银杏属 *Ginkgo* L. …… 102
021. 麻黄科 Ephedraceae …… 103
麻黄属 *Ephedra* Tourn ex L. …… 103
022. 松科 Pinaceae …… 106
1. 松属 *Pinus* L. …… 106
2. 冷杉属 *Abies* Mill. …… 124
3. 黄杉属 *Pseudotsuga* Carr. …… 126
4. 云杉属 *Picea* Dietr. …… 127
5. 雪松属 *Cedrus* Trew …… 134
6. 金钱松属 *Pseudolarix* Gord. …… 135
7. 落叶松属 *Larix* Mill. …… 136
023. 柏科 Cupressaceae …… 140
1. 水杉属 *Metasequoia* Hu & W. C. Cheng …… 141
2. 柳杉属 *Cryptomeria* D. Don …… 142
3. 落羽杉属 *Toxodium* Rich. …… 143
4. 刺柏属 *Juniperus* L. …… 144
5. 扁柏属 *Chamaecyparis* Spach …… 153
6. 罗汉柏属 *Thujopsis* Sieb. et Zucc. …… 154
7. 侧柏属 *Platycladus* Spach …… 155
8. 崖柏属 *Thuja* L. …… 157
024. 红豆杉科 Taxaceae …… 159
1. 红豆杉属 *Taxus* L. …… 160
2. 三尖杉属 *Cephalotaxus* Sieb. et Zucc. ex Endl. …… 162

第四章 被子植物（Angiosperms）

025. 莼菜科 Cabombaceae …… 164
莼菜属（莼属） *Brasenia* Schreber …… 164
026. 睡莲科 Nymphaeaceae …… 164
1. 芡属 *Euryale* Salisb. …… 165
2. 萍蓬草属 *Nuphar* Smith …… 166
3. 睡莲属 *Nymphaea* L. …… 167
027. 五味子科 Schisandraceae …… 170
五味子属 *Schisandra* Michx. …… 170
028. 三白草科 Saururaceae …… 171
蕺菜属 *Houttuynia* Thunb. …… 172

029. 马兜铃科 Aristolochiaceae …… 172
1. 细辛属 *Asarum* L. ……173
2. 关木通属 *Isotrema* Raf. ……175
3. 马兜铃属 *Aristolochia* L. ……176
030. 木兰科 Magnoliaceae …… 177
1. 鹅掌楸属 *Liriodendron* L. ……177
2. 玉兰属 *Yulania* Spach ……179
3. 北美木兰属（木兰属） *Magnolia* L. ……183
4. 厚朴属 *Houpoea* N. H. Xia & C. Y. Wu……184
5. 天女花属
Oyama (Nakai) N. H. Xia & C. Y. Wu……185
031. 蜡梅科 Calycanthaceae …… 186
蜡梅属 *Chimonanthus* Lindl. ……187
032. 樟科 Lauraceae …… 188
山胡椒属 *Lindera* Thunb. ……188
033. 金粟兰科 Chloranthaceae …… 190
金粟兰属 *Chloranthus* Swartz ……190
034. 菖蒲科 Acoraceae …… 191
菖蒲属 *Acorus* L. ……191
035. 天南星科 Araceae …… 192
1. 浮萍属 *Lemna* L. ……193
2. 紫萍属 *Spirodela* Schleid. ……195
3. 臭菘属 *Symplocarpus* Salisb. ……196
4. 水芋属 *Calla* L.……197
5. 半夏属 *Pinellia* Tenore ……198
6. 天南星属 *Arisaema* Mart. ……200
7. 斑龙芋属 *Sauromatum* Schott ……205
8. 芋属 *Colocasia* Schott ……206
036. 岩菖蒲科 Tofieldiaceae…… 207
岩菖蒲属 *Tofieldia* Huds. ……207
037. 泽泻科 Alismataceae …… 208
1. 慈姑属（慈菇属） *Sagittaria* L.……209
2. 泽薹草属（泽苔草属） *Caldesia* Parl. ……212
3. 泽泻属 *Alisma* L. ……212
038. 花蔺科 Butomaceae …… 215
花蔺属 *Butomus* L. ……215
039. 水鳖科 Hydrocharitaceae …… 216
1. 水鳖属 *Hydrocharis* L. ……216
2. 水车前属 *Ottelia* Pers. ……217
3. 苦草属 *Vallisneria* L. ……218
4. 水筛属 *Blyxa* Thou. ex Rich. ……219
5. 茨藻属 *Najas* L. ……220
6. 黑藻属 *Hydrilla* Rich. ……224
7. 水蕴藻属 *Elodea* Michaux ……226
040. 冰沼草科（芝菜科） Scheuchzeriaceae… 227
冰沼草属（芝菜属） *Scheuchzeria* L. ……227
041. 水麦冬科 Juncaginaceae …… 228
水麦冬属 *Triglochin* L. ……228
042. 大叶藻科 Zosteraceae …… 230
1. 大叶藻属 *Zostera* L. ……230
2. 虾海藻属 *Phyllospadix* Hook. ……232
043. 眼子菜科 Potamogetonaceae…… 233
1. 角果藻属 *Zannichellia* L. ……233
2. 篦齿眼子菜属 *Stuckenia* Börner ……234
3. 眼子菜属 *Potamogeton* L. ……235
044. 川蔓藻科 Ruppiaceae …… 244
川蔓藻属 *Ruppia* L.……244
045. 薯蓣科 Dioscoreaceae …… 245
薯蓣属 *Dioscorea* L. ……245
046. 藜芦科（黑药花科） Melanthiaceae …… 247
1. 北重楼属 *Paris* L. ……248
2. 延龄草属 *Trillium* L. ……250
3. 藜芦属 *Veratrum* L. ……250
4. 棋盘花属 *Anticlea* Kunth ……255
047. 秋水仙科 Colchicaceae…… 256
万寿竹属 *Disporum* Salisb. ……256
048. 菝葜科 Smilacaceae …… 258
菝葜属 *Smilax* L. ……258
049. 百合科 Liliaceae…… 261
1. 扭柄花属 *Streptopus* Michx. ……262
2. 七筋姑属 *Clintonia* Raf. ……264
3. 油点草属 *Tricyrtis* Wall. ……265
4. 百合属 *Lilium* L. ……266
5. 贝母属 *Fritillaria* L. ……278
6. 顶冰花属 *Gagea* Salisb. ……281
7. 猪牙花属 *Erythronium* L. ……285
8. 老鸦瓣属 *Amana* Honda ……287
9. 郁金香属 *Tulipa* L. ……287
050. 兰科 Orchidaceae …… 288
1. 杓兰属 *Cypripedium* L. ……290
2. 双蕊兰属 *Diplandrorchis* S. C. Chen ……296
3. 朱兰属 *Pogonia* Juss.……296
4. 绶草属 *Spiranthes* L. C. Rich. ……297
5. 斑叶兰属 *Goodyera* R. Br. ……298

6. 盔花兰属 *Galearis* Rafinesque ······299
7. 舌唇兰属 *Platanthera* Rich. ······300
8. 手参属（手掌参属） Gymnadenia R. Br. ······304
9. 掌裂兰属 *Dactylorhiza* Necker ex Nevski ······305
10. 小红门兰属 *Ponerorchis* H. G. Reichenbach ···307
11. 玉凤花属 *Habenaria* Willd. ······311
12. 角盘兰属 *Herminium* L. ······312
13. 天麻属 *Gastrodia* R. Br. ······313
14. 鸟巢兰属 *Neottia* Guett. ······315
15. 虎舌兰属 *Epipogium* Gmelin ex Borkhausen ···318
16. 珊瑚兰属 *Corallorhiza* Gagnebin ······319
17. 火烧兰属 *Epipactis* Zinn ······320
18. 头蕊兰属 *Cephalanthera* L. C. Rich ······322
19. 布袋兰属 *Calypso* Salisb. ······323
20. 原沼兰属（沼兰属）
Malaxis Solander ex Swartz······324
21. 山兰属 *Oreorchis* Lindl. ······325
22. 羊耳蒜属 *Liparis* L. C. Rich. ······326
051. 鸢尾科 Iridaceae······328
1. 鸢尾属 *Iris* L. ······329
2. 番红花属 *Crocus* L. ······348
3. 唐菖蒲属 *Gladiolus* L. ······349
052. 阿福花科（独尾草科） Asphodelaceae··· 350
1. 火把莲属 *Kniphofia* Moench ······350
2. 萱草属 *Hemerocallis* L. ······351
053. 石蒜科 Amaryllidaceae ······357
1. 葱属 *Allium* L. ······357
2. 百子莲属 *Agapanthus* L'Hér. ······381
3. 水仙属 *Narcissus* L. ······381
054. 天门冬科 Asparagaceae ······382
1. 天门冬属 *Asparagus* L. ······383
2. 丝兰属 *Yucca* L. ······388
3. 舞鹤草属 *Maianthemum* F. H. Wigg. ······389
4. 黄精属 *Polygonatum* Mill. ······393
5. 铃兰属 *Convallaria* L. ······400
6. 蓝壶花属 *Muscari* Miller ······401
7. 绵枣儿属 *Barnardia* Lindley ······402
8. 山麦冬属 *Liriope* Lour. ······404
9. 玉簪属 *Hosta* Tratt. ······405
10. 知母属 *Anemarrhena* Bunge ······409
055. 鸭跖草科 Commelinaceae ······410
1. 竹叶子属 *Streptolirion* Edgew. ······410
2. 紫露草属（紫背万年青属） *Tradescantia* L. ···411
3. 水竹叶属 *Murdannia* Royle ······412
4. 鸭跖草属 *Commelina* L. ······412
056. 雨久花科 Pontederiaceae ······415
1. 梭鱼草属 *Pontederia* L. ······415
2. 凤眼蓝属（凤眼莲属） *Eichhornia* Kunth ······416
3. 雨久花属 *Monochoria* Presl ······417
057. 美人蕉科 Cannaceae······419
美人蕉属 *Canna* L. ······419
058. 竹芋科 Marantaceae······420
水竹芋属（再力花属） *Thalia* L. ······420
059. 姜科 Zingiberaceae ······421
姜属 *Zingiber* Boehm.······421
060. 香蒲科 Typhaceae······422
1. 黑三棱属 *Sparganium* L. ······422
2. 香蒲属 *Typha* L. ······427
061. 谷精草科 Eriocaulaceae ······433
谷精草属 *Eriocaulon* L. ······433
062. 灯心草科（灯芯草科） Juncaceae ······435
1. 灯心草属 *Juncus* L.······436
2. 地杨梅属 *Luzula* DC. ······444
063. 莎草科 Cyperaceae ······449
1. 薹草属 *Carex* L. ······450
2. 刺子莞属 Rhynchospora Vahl ······530
3. 莎草属 *Cyperus* L. ······531
4. 荸荠属 *Eleocharis* R. Br.······549
5. 飘拂草属 *Fimbristylis* Vahl ······555
6. 球柱草属 *Bulbostylis* Kunth ······560
7. 羊胡子草属 *Eriophorum* L.······562
8. 蔺藨草属（针蔺属） *Trichophorum* Persoon ···565
9. 扁穗草属 *Blysmus* Panz. ······566
10. 藨草属 *Scirpus* L. ······567
11. 三棱草属 *Bolboschoenus* (Ascherson) Palla ···570
12. 水葱属 *Schoenoplectus* (Reichenbach) Palla ···572
13. 萤蔺属 *Schoenoplectiella* Ley······574
064. 禾本科 Poaceae (Gramineae) ······577
1. 刚竹属（毛竹属）
Phyllostachys Sieb. & Zucc. ······583
2. 菰属 *Zizania* L.······585
3. 稻属 *Oryza* L. ······586
4. 假稻属 *Leersia* Solander ex Swartz ······587
5. 三芒草属 *Aristida* L. ······588

6. 芦苇属 *Phragmites* Adanson……589
7. 芦竹属 *Arundo* L. ……591
8. 九顶草属（冠芒草属）
Enneapogon Desv. ex Beauv. ……592
9. 獐毛属 *Aeluropus* Trin. ……594
10. 穇属 *Eleusine* Gaertn. ……594
11. 画眉草属 *Eragrostis* Wolf……595
12. 隐子草属 *Cleistogenes* Keng……600
13. 草沙蚕属 *Tripogon* Roem. et Schult. ……606
14. 千金子属 *Leptochloa* P. Beauv. ……607
15. 乱子草属 *Muhlenbergia* Schreb. ……609
16. 鼠尾粟属 *Sporobolus* R. Br.……612
17. 龙常草属 *Diarrhena* Beauv. ……614
18. 莎禾属 *Coleanthus* Seidl……616
19. 锋芒草属 *Tragus* Hall. ……616
20. 结缕草属 *Zoysia* Willd. ……618
21. 垂穗草属（格兰马草属）*Bouteloua* Lag.……620
22. 狗牙根属 *Cynodon* Rich. ……621
23. 虎尾草属 *Chloris* Sw. ……623
24. 猬草属 *Hystrix* Moench ……624
25. 大麦属 *Hordeum* L. ……624
26. 赖草属 *Leymus* Hochst. ……629
27. 披碱草属 *Elymus* L. ……632
28. 黑麦属 *Secale* L. ……645
29. 小麦属 *Triticum* L. ……645
30. 冰草属 *Agropyron* Gaertn. ……646
31. 偃麦草属 *Elytrigia* Desv. ……649
32. 黑麦草属（毒麦属）*Lolium* L. ……651
33. 短柄草属 *Brachypodium* Beauv. ……655
34. 雀麦属 *Bromus* L. ……656
35. 扁穗茅属 *Brylkinia* Fr. Schmidt ……662
36. 水茅属 *Scolochloa* Link ……663
37. 甜茅属 *Glyceria* R. Br. ……663
38. 臭草属 *Melica* L. ……667
39. 裂稃茅属 *Schizachne* Hack. ……671
40. 沿沟草属 *Catabrosa* Beauv. ……672
41. 碱茅属 *Puccinellia* Parl. ……673
42. 鸭茅属 *Dactylis* L. ……677
43. 羊茅属 *Festuca* L.……678
44. 早熟禾属 *Poa* L. ……687
45. 菭草属 *Koeleria* Pers. ……702
46. 发草属 *Deschampsia* Beauv. ……704
47. 三毛草属 *Trisetum* Pers. ……705
48. 燕麦属 *Avena* L. ……707
49. 异燕麦属 *Helictotrichon* Bess. ……709
50. 虉草属 *Phalaris* L. ……710
51. 黄花茅属 *Anthoxanthum* L. ……712
52. 茅香属 *Hierochloe* R. Br. ……713
53. 菵草属 *Beckmannia* Host ……716
54. 单蕊草属 *Cinna* L. ……717
55. 剪股颖属 *Agrostis* L.……718
56. 拂子茅属 *Calamagrostis* Adans. ……722
57. 看麦娘属 *Alopecurus* L. ……732
58. 梯牧草属 *Phleum* L. ……736
59. 粟草属 *Milium* L. ……738
60. 针茅属 *Stipa* L. ……739
61. 芨芨草属 *Achnatherum* Beauv. ……743
62. 细柄茅属 *Ptilagrostis* Griseb. ……748
63. 野古草属 *Arundinella* Raddi ……748
64. 狗尾草属 *Setaria* Beauv. ……750
65. 蒺藜草属 *Cenchrus* L. ……754
66. 柳叶箬属 *Isachne* R. Br. ……758
67. 囊颖草属 *Sacciolepis* Nash……758
68. 黍属 *Panicum* L. ……759
69. 马唐属 *Digitaria* Hall. ……762
70. 野黍属 *Eriochloa* Kunth ……765
71. 稗属 *Echinochloa* Beauv. ……766
72. 求米草属 *Oplismenus* Beauv. ……770
73. 薏苡属 *Coix* L. ……771
74. 玉蜀黍属 *Zea* L. ……773
75. 白茅属 *Imperata* Cyrillo ……774
76. 芒属 *Miscanthus* Anderss. ……775
77. 大油芒属 *Spodiopogon* Trin. ……778
78. 莠竹属 *Microstegium* Nees……779
79. 鸭嘴草属 *Ischaemum* L. ……780
80. 牛鞭草属 *Hemarthria* R. Br. ……780
81. 束尾草属 *Phacelurus* Griseb. ……781
82. 荩草属 *Arthraxon* Beauv.……782
83. 高粱属 *Sorghum* Moench ……784
84. 孔颖草属 *Bothriochloa* Kuntze ……787
85. 细柄草属 *Capillipedium* Stapf……788
86. 裂稃草属 *Schizachyrium* Nees ……788
87. 菅属 *Themeda* Forssk. ……789
88. 香茅属 *Cymbopogon* Spreng. ……790

065. 金鱼藻科 Ceratophyllaceae …… 791
金鱼藻属 *Ceratophyllum* L. ……791
066. 罂粟科 Papaveraceae …… 794
1. 角茴香属 *Hypecoum* L. ……795
2. 荷包藤属（合瓣花属） *Adlumia* Raf. ex DC. …796
3. 荷包牡丹属 *Lamprocapnos* Endlicher ……796
4. 紫堇属 *Corydalis* DC. ……797
5. 蓟罂粟属 *Argemone* L. ……812
6. 博落回属 *Macleaya* R. Br. ……813
7. 白屈菜属 *Chelidonium* L. ……814
8. 荷青花属 *Hylomecon* Maxim. ……815
9. 罂粟属 *Papaver* L. ……816
10. 花菱草属 *Eschscholzia* Chami ……824
11. 秃疮花属
Dicranostigma J. D. Hooker & Thomson ……824
067. 防己科 Menispermaceae …… 826
1. 蝙蝠葛属 *Menispermum* L. ……826
2. 木防己属 *Cocculus* DC. ……828
068. 小檗科 Berberidaceae …… 829
1. 小檗属 *Berberis* L. ……830
2. 南天竹属 *Nandina* Thunb. ……835
3. 十大功劳属 *Mahonia* Nuttall ……836
4. 裸花草属 *Achlys* de Candolle ……837
5. 鲜黄连属 *Plagiorhegma* Maxim. ……837
6. 淫羊藿属 *Epimedium* L. ……838
7. 红毛七属（类叶牡丹属）
Caulophyllum Michx. ……839
8. 牡丹草属 *Gymnospermium* Spach ……840
069. 毛茛科 Ranunculaceae …… 841
1. 翠雀属（翠雀花属） *Delphinium* L. ……843
2. 耧斗菜属 *Aquilegia* L. ……849
3. 乌头属 *Aconitum* L. ……855
4. 驴蹄草属 *Caltha* L. ……880
5. 金莲花属 *Trollius* L. ……883
6. 菟葵属 *Eranthis* Salisb. ……886
7. 黑种草属 *Nigella* L. ……887
8. 拟扁果草属 *Enemion* Raf. ……888
9. 类叶升麻属 *Actaea* L. ……889
10. 扁果草属 *Isopyrum* L. ……894
11. 蓝堇草属 *Leptopyrum* Rchb. ……895
12. 铁线莲属 *Clematis* L. ……896
13. 侧金盏花属 *Adonis* L. ……911
14. 碱毛茛属 *Halerpestes* E. L. Greene ……913
15. 毛茛属 *Ranunculus* L. ……916
16. 唐松草属 *Thalictrum* L. ……934
17. 獐耳细辛属 *Hepatica* Mill. ……950
18. 白头翁属 *Pulsatilla* Adans. ……951
19. 银莲花属 *Anemone* L. ……961
070. 莲科 Nelumbonaceae …… 972
莲属 *Nelumbo* Adanson ……972
071. 悬铃木科 Platanaceae …… 973
悬铃木属 *Platanus* L. ……973
072. 黄杨科 Buxaceae …… 976
黄杨属 *Buxus* L. ……976

第一章

石松类植物

（Lycophytes）

001. 石松科 Lycopodiaceae

Lycopodiaceae P. Beauv. ex Mirb., Hist. Nat. Vég. [Lam. & Mirbel] 4: 293. 1802.

木贼门、木贼亚门、石松纲、石松亚纲、石松目（Lycopodiales）。

小型或中型草本植物，附生、土生或生于苔藓层中。茎和枝辐射对称；主茎短而多回二歧分叉形成等长的分枝，或者较长而匍匐，并以生根着生于地面上或地面下，水平匍匐的主茎上再着生直立的侧枝。茎上叶多为钻形或披针形，一型或近二型，在主茎或分枝上螺旋状排列或轮生，仅有1条中脉；孢子叶通常生于主茎上部或分枝顶部，有时在枝顶形成明显的孢子囊穗；孢子囊无分化，横肾形，腋生于孢子叶的基部，成熟时二瓣开裂。孢子同型，球状四面体形，辐射对称，具三裂缝，表面有孔穴状、网状、细颗粒状纹饰等。

本科全世界有5属360～400种，广布于世界各地，主产泛热带地区。中国产4属67种，各地均有分布，主产西南和华南地区。东北地区产4属11种4变种。

分属检索表

1. 地上茎通常短，直立或斜升，等位二叉分枝；孢子叶与营养叶同型，散生茎枝上部或全部叶腋，不形成孢子囊穗 ………… 1. 石杉属 Huperzia

1. 地上茎通常长而匍匐，不等位二叉分枝；孢子叶与营养叶异型，在枝端形成孢子囊穗。

  2. 小枝带叶扁平或扁柱形，有腹背之分；营养叶异型，交互对生，基部贴生枝上；配子体芜菁状，顶端有一分化明显的冠状附属物 ………… 2. 扁枝石松属 Diphasiastrum

  2. 小枝带叶圆柱形，辐射对称；营养叶基本同型，5行以上螺旋状互生或近轮生，基部不贴生枝上；配子体碟形或盘状，顶端不具附属物。

    3. 匍匐主茎地上生，一级侧枝斜升，上部二叉分枝次数较少，不呈小松树状 ………… 3. 石松属 Lycopodium

    3. 匍匐主茎地下生，一级侧枝直立，茎干状，上部密生多回二叉分枝，外形似小松树 ………… 4. 玉柏属（笔直石松属）Dendrolycopodium

1 石杉属 *Huperzia* Bernh.

Huperzia Bernh. in Schrader's J. Bot. 1800(2): 126. 1801.

小型或中型土生蕨类。茎直立；具原生中柱或星芒状中柱，二叉分枝，枝上部常有芽苞。叶为小型叶，仅具中脉，一型；线形或披针形，螺旋状排列，常草质，无光泽，全缘或具锯状齿。孢子叶较小。孢子囊生在全枝或枝上部孢子叶腋，肾形，2瓣开裂。孢子球状四面形，极面观钝三角形，三边内凹，赤道面观扇形。

本属全世界约55种，分布于热带与亚热带地区，温带地区也有。中国有27种，主产西南地区，其他地区也有少量分布。东北地区产4种1变种。

分种检索表

1. 叶锯状齿缘或上部边缘有微细齿。

  2. 叶全部反折向下，线状披针形，基部几乎不狭缩，仅上部边缘有几个微细齿

（接上表）

………………………………………………… 1. 长白石杉 H. asiatica (Ching) N. Shrestha & X. C. Zhang

2. 叶开展或部分反折向下，长圆状披针形至倒披针形，基部狭缩似柄，边缘有不规则细锯状齿

………………………………………………………2. 蛇足石杉 H. serrata (Thunb. ex Murray) Trev.

1. 叶全缘。

3. 叶线形，宽不足0.8毫米 ……………………………………… 3. 东北石杉 H. miyoshiana (Makino) Ching

3. 叶披针状线形，宽1～1.2毫米［4. 小杉兰石杉 H. selago (L.) Bernh. ex Schrank et Mart.］。

4. 叶斜向上或平伸 …………………………………………… 4a. 小杉兰石杉 H. selago var. selago

4. 叶伏贴于枝上（常呈密覆瓦状螺旋排列）

………………………………………………………4b. 伏贴石杉 H. selago var. appressa (Desv.) Ching

（1）长白石杉（东北植物检索表，植物智网站）；亮叶石杉（中国植物志，Flora of China）

Huperzia asiatica (Ching) N. Shrestha & X. C. Zhang, Phytotaxa 219(3): 249. 2015.——*Huperzia lucidula* (Miehx.) Trev. in Atti Soc. Ital. Sci. Nat. 17: 248. 1875; Fl. China 2: 21. 2013; 中国植物志6(3): 29. 2004.——*Huperzia lucidula* (Miehx.) Trev. var. *asiatica* Ching, 东北植物检索表（第二版）: 18. 图版1: 1. 1995.

生高山针叶林下苔藓丛中。产吉林省安图、抚松等地。

■ 长白石杉

植株一部分

植株

居群

（2）蛇足石杉（辽宁植物志，东北植物检索表，中国植物志，Flora of China）；蛇足石松（东北草本植物志）

Huperzia serrata (Thunb. ex Murray) Trev. in Atti Soc. Ital. Sci. Nat. 17: 247. 1874; 辽宁植物志（上册）: 10. 图版1: 6～7. 1988; 东北植物检索表（第二版）: 18. 图版1: 2. 1995; 中国植物志6(3): 17. 图版5: 1～4. 2004; Fl. China 2: 18. 2013.——*Lycopodium serratum* thunb. in Syst. Veg. (ed. 14) 944. 1784; 东北草本植物志1: 2. 图1. 1958.

生林下、灌丛下、路旁。产黑龙江省饶河、尚志、伊春、海林、塔河、东宁等地；吉林省集安、抚松、靖宇、安图、长白、敦化、临江等地；辽宁省本溪、宽甸、桓仁、凤城、新宾等地。

全草有散瘀消肿、止血生肌、麻醉镇痛、消肿、杀虱作用。

在2021年公布的《国家重点保护野生植物名录》中，本种被列为二级保护植物。

■ 蛇足石杉

植株

植株一部分

（3）东北石杉（辽宁植物志，东北植物检索表，中国植物志，Flora of China）；中华石松（东北草本植物志）

Huperzia miyoshiana (Makino) Ching in Acta Bot. Yunnan. 3(3) : 303. 1981; 辽宁植物志（上册）: 11. 图版1: 4 ~ 5. 1988; 东北植物检索表（第二版）: 18. 图版1: 3. 1995; 中国植物志6(3): 4. 2004; Fl. China 2: 14. 2013.——*Lycopodium chinense* auct. non Christ: 东北草本植物志1: 2. 图2. 1958.

生针阔混交林下或山顶岩石上。产黑龙江省宁安、伊春等地；吉林省临江、长白、抚松、靖宇、安图等地；辽宁省宽甸、庄河等地。

全草有祛风除湿、消肿止痛、清热解毒、调经作用。

在2021年公布的《国家重点保护野生植物名录》中，本种被列为二级保护植物。

■ 东北石杉

植株上部

植株下部

居群

（4）小杉兰石杉（Flora of China）；石杉（东北植物检索表）；小杉兰（中国植物志，东北草本植物志）

Huperzia selago (L.) Bernh. ex Schrank et Mart. in Hort. Monac. 3: 1829; 东北草本植物志1: 3. 图3. 1958; 东北植物检索表（第二版）: 18. 图版1: 4. 1995; 中国植物志6(3): 13. 图版4: 1 ~ 5. 2004; Fl. China 2: 17. 2013.

（4a）小杉兰石杉（原变种）

Huperzia selago var. *selago*

生高山草甸上、石缝中、林下、沟旁。产黑龙江省伊春等地；吉林省长白、抚松、靖宇、安图等地。

在2021年公布的《国家重点保护野生植物名录》中，本种被列为二级保护植物。

■ 小杉兰石杉

植株

植株一部分

（4b）伏贴石杉（变种）（东北植物检索表）

Huperzia selago var. *appressa* (Desv.) Ching, Acta Bot. Yunnan. 3(3): 303. 1981; 东北植物检索表（第二版）: 18. 1995.

生高山草甸上、石缝中、林下、沟旁。产吉林省安图、抚松等地。

■ 伏贴石杉

植株

植株一部分

全株

生境

2 扁枝石松属 *Diphasiastrum* Holub

Diphasiastrum Holub in Preslia 47: 104. 1975.

小型至中型土生蕨类，主茎伸长呈匍匐状。侧枝近直立，多回不等位二叉分枝，小枝扁平或为扁压状。叶螺旋状排列或4行排列，密集，三角形或钻形，基部贴生在枝上，下延，无柄，先端尖锐，略内弯，边缘全缘，中脉不明显，厚草质或革质。孢子囊穗生孢子枝顶端，圆柱形，淡黄色；孢子叶宽卵形，覆瓦状排列，先端急尖，尾状，边缘膜质，具不规则锯状齿；孢子囊生孢子叶腋，内藏，圆肾形，黄色。孢子四面球形，极面观近圆形，赤道面观扇形。

本属全世界15～20种，主要分布于北半球温带和热带地区。中国有5种。东北地区产2种2变种。

分种检索表

1. 侧枝广二叉分枝呈扇形，小枝带叶显著腹背压扁［1. 扁枝石松 D. complanatum (L.) Holub］。
  2. 中央枝顶生2～4个孢子囊穗 ………………………………… 1a. 扁枝石松 D. complanatum var. complanatum
  2. 中央枝不育，侧枝顶生1个孢子囊穗 ……………………… 1b. 地刷子 D. complanatum var. anceps (Wallr.) Ching
1. 侧枝二叉分枝，近直立，常集成枝束［2. 高山扁枝石松 D. alpinum (L.) Holub］。
  3. 小枝带叶中度腹背压扁 ……………………………………………… 2a. 高山扁枝石松 D. alpinum var. alpinum
  3. 小枝带叶稍腹背压扁或近圆柱形 ……2b. 拟高山扁枝石松 D. alpinum var. planiramulosum (Takeda) Li et J. Zh. Wang

（1）扁枝石松（内蒙古植物志，东北植物检索表，中国植物志）

Diphasiastrum complanatum (L.) Holub in Preslia 47: 108, 232. 1975; 中国植物志6(3): 76. 图版17: 1～9. 2004; 东北植物检索表（第二版）: 20. 图版2: 2. 1995; 内蒙古植物志（第二版）1: 180. 图版1: 1～3. 1998.

■ 扁枝石松

居群

营养生长期

生境

营养枝正面观

营养枝腹面观

孢子囊穗

生殖生长期

（1a）扁枝石松（原变种）

Diphasiastrum complanatum var. *complanatum*

生林下、灌丛下或山坡草地。产黑龙江省塔河等地；吉林省安图、抚松、长白等地；内蒙古自治区根河等地。

（1b）地刷子（变种）（内蒙古植物志，东北草本植物志）

Diphasiastrum complanatum var. *anceps* (Wallr.) Ching, 云南植物研究4(2): 127. 1982; 内蒙古植物志（第二版）1: 180. 1998.——*Lycopodium ancepa* Wallr. in Linnea XIV: 276. 1840; 东北草本植物志 (1): 6. 图8. 1958.

生兴安落叶松–杜香林下。产吉林省安图；内蒙古自治区额尔古纳等地。

（2）高山扁枝石松（东北植物检索表，中国植物志）；高山石松（东北草本植物志）

Diphasiastrum alpinum (L.) Holub in Preslia 47: 147, 232. 1975; 植物分类学报38(3): 266 ~ 275. 2000; 中国植物志6(3): 80. 2004; 东北植物检索表（第二版）: 20. 图版2: 1. 1995.——*Lycopodium alpinum* L., Sp. Pl. 1104. 1753; 东北草本植物志 (1): 5. 图6. 1958.

（2a）高山扁枝石松（原变种）

Diphasiastrum alpinum var. *alpinum*

生高山苔原带、小灌木丛下，混交林内土生或生岩石上。产黑龙江省呼玛；吉林省长白山。

（2b）拟高山扁枝石松（变种）（东北植物检索表）

Diphasiastrum alpinum var. *planiramulosum* (Takeda) Li et J. Zh. Wang, 东北植物检索表（第二版）: 20. 1995.——*Lycopodium alpinum* L. var. *planiramulosum* Takeda.

生境、产地不详。

3 石松属 *Lycopodium* L.

Lycopodium L., Sp. Pl. 2: 1100. 1753.

多年生中型土生植物。匍匐主茎地上生，一级侧枝斜升，上部二叉分枝次数较少，不呈小松树状。叶螺旋状排列，线形、钻形或狭披针形，基部楔形，下延，无柄，先端渐尖，边缘全缘或具齿，纸质至革质。孢子囊穗单生或聚生孢子枝顶端，圆柱形；孢子叶较不育叶宽，卵形或阔披针形，先端急尖，边缘膜质而具齿，纸质；孢子囊生孢子叶腋，内藏，圆肾形，黄色。

本属全世界40 ~ 50种。中国有14种。东北地区产3种1变种。

分种检索表

1. 孢子叶穗常（1 ~ ）2 ~ 3生一总梗上 ………………………… 1. 东北石松 L. clavatum L.
1. 孢子叶穗单生枝顶，无梗。
  2. 分枝常集成枝束；营养叶刺状披针形，斜上开展，黄绿色，全缘 ………………………… 2. 新锐叶石松 L. neopungens H. S. Kung et L. B. Zhang
  2. 分枝疏离；营养叶线状披针形至狭披针形，近平展或反折向下，绿色，有齿或全缘（3. 多穗石松 L. annotinum L.）。
    3. 营养叶边缘有锯状齿（主茎的叶近全缘），渐尖头，革质 ……… 3a. 多穗石松 L. annotinum var. annotinum
    3. 营养叶全缘，刺尖头，质较硬 ………………………… 3b. 全缘石松 L. annotinum var. acrifolium Fernald

（1）东北石松（东北植物检索表，中国植物志，Flora of China）；亚洲石松（内蒙古植物志）；石松（东北草本植物志）；欧洲石松（植物分类学报）

Lycopodium clavatum L., Sp. Pl. 2: 1101. 1753; 东北草本植物志 (1): 6. 图7. 1958; 植物分类学报38(3): 266 ~ 275. 2000; Fl. China 2: 30. 2013; 中国植物志6(3): 66. 2004.——*Lycopodium clavatum* var. *robustius* (Grev. & Hook.) Nakai in Bot. Mag. (Tokyo) 39(463): 197. 1925; 东北植物检索表（第二版）: 20. 图版2: 5. 1995; 内蒙古植物志（第二版）1: 182. 图版2: 1 ~ 3. 1998.

生海拔700 ~ 1800米的针叶林下、干燥苔藓上。产黑龙江省塔河、伊春、虎林、尚志、宁安、海林等地；吉林省安图、抚松、和龙等地；内蒙古自治区额尔古纳、根河等地。

■ 东北石松

植株

植株一部分

植株上部

（2）新锐叶石松（中国植物志，Flora of China）；刺叶石松（东北植物检索表）

Lycopodium neopungens H. S. Kung et L. B. Zhang in Acta Phytotax. Sin. 38(3): 268. 2000; 中国植物志6(3): 62. 2004; Fl. China 2: 30. 2013.——*Lycopodium pungens* (Desv.) La Pylain ex Iljin, Fl. Urss1: 117. 1934; 东北植物检索表（第二版）: 20. 1995.

生落叶松林下。产黑龙江省小兴安岭。

（3）多穗石松（中国植物志，Flora of China）；杉蔓石松（辽宁植物志，内蒙古植物志，东北植物检索表）；杉曼石松（东北草本植物志）

Lycopodium annotinum L., Sp. Pl. 2: 1103. 1753; 东北草本植物志1: 4. 图5. 1958; 辽宁植物志（上册）: 13. 图版1: 1 ~ 3. 1988; 东北植物检索表（第二版）: 20. 图版2: 4. 1995; 内蒙古植物志（第二版）1: 182. 图版2: 1 ~ 3. 1998; 中国植物志6(3): 58. 图版14: 1 ~ 5. 2004; Fl. China 2: 29. 2013.

（3a）多穗石松（原变种）

Lycopodium annotinum var. *annotinum*

■ 多穗石松

孢子囊穗单生枝端

叶片边缘具齿

居群

生山坡林下或林缘。产黑龙江省呼玛、塔河、伊春、尚志、勃利等地；吉林省长白、抚松、靖宇、安图等地；辽宁省宽甸、桓仁等地；内蒙古自治区额尔古纳、根河、科尔沁右翼前旗等地。

全草及孢子有祛风除湿、舒筋活络、解热镇痛作用，用于关节疼痛、跌打损伤等。

（3b）全缘石松（变种）（东北植物检索表）

Lycopodium annotinum var. *acrifolium* Fernald, Rhodora 17: 124. 1915; 东北植物检索表（第二版）: 20. 图版2: 4. 1995.

生林下。产大兴安岭。

■ 全缘石松

居群

植株一部分

4 玉柏属（笔直石松属） *Dendrolycopodium* A. Haines

Dendrolycopodium A. Haines, Fam. Huperziac. Lycopodiac. New England 84. 2003.

多年生中型土生植物。匍匐主茎地下生，一级侧枝直立，茎干状，上部密生多回二叉分枝，分枝开展，外形似小松树。叶螺旋状排列，线形、钻形或狭披针形，基部楔形，下延，无柄，先端渐尖，边缘全缘或具齿，纸质至革质。孢子囊穗单生或聚生孢子枝顶端，圆柱形；孢子叶较不育叶宽，卵形或阔披针形，先端急尖，边缘膜质而具齿，纸质；孢子囊生孢子叶腋，内藏，圆肾形，黄色。

本属全世界约有5种。中国有3种，东北地区产2种。

分种检索表

1. 分枝圆柱状 ······································ 1. 笔直石松 D. verticale (Li Bing Zhang) Li Bing Zhang & X. M. Zhou
1. 分枝稍扁压 ······································ 2. 玉柏 D. obscurum (L.) A. Haines

（1）笔直石松（东北植物检索表，中国植物志，Flora of China）

Dendrolycopodium verticale (Li Bing Zhang) Li Bing Zhang & X. M. Zhou, Phytotaxa 295(2): 199. 2017.——*Lycopodium verticale* Li Bing Zhang, Fl. China 2～3: 29. 2013.——*Lycopodium obscurum* f. *strictum* (Milde) Nakai ex Hara in Bot. Mag. Tokyo 48: 706. 1934; 东北植物检索表（第二版）: 20. 1995; 中国植物志6(3): 58. 图版13: 1～5. 2004.

生海拔1000～3000米的灌丛下、草丛中、针阔混交林下或岩壁阴湿处。东北地区有记录，产地不详。

（2）玉柏（东北草本植物志，中国植物志，Flora of China）；玉柏石松（辽宁植物志，东北植物检索表）

Dendrolycopodium obscurum (L.) A. Haines, Fam. Huperziac. Lycopodiac. New England 84. 2003.——*Lycopodium obscurum* L., Sp. Pl. 2: 1101. 1753; 东北草本植物志 1: 4. 图4. 1958; 辽宁植物志（下册）: 1159. 图版522: 1～2. 1992; 东北植物检索表（第二版）: 20. 图版2: 3. 1995; 中国植物志6(3): 57. 2004; Fl. China 2: 29. 2013.

生针阔叶混交林下。产黑龙江省尚志、穆棱、绥芬河、宁安等地；吉林省长白、抚松、靖宇、通化、临江、安图等地；辽宁省桓仁、宽甸、北镇等地。

全草有祛风通络的作用，主治风湿性疼痛、肢体麻木、跌打损伤等。

■ 玉柏

植株一部分

植株

002. 卷柏科　Selaginellaceae

Selaginellaceae Willk., Anleit. Stud. Bot. 2: 163. 1854.

木贼门、木贼亚门、石松纲、卷柏亚纲、卷柏目（Selaginellales）。

常绿或夏绿多年生草本，土生、石生，极少附生。主茎匍匐或直立，生有根托，根托先端产生不定根，茎、枝二叉分枝，带叶腹背压扁。营养叶异型，稀同型，鳞片状至针状线形，4行稀多行互生排列，无柄，叶腋具叶舌；孢子叶多苞片状，同型，稀异型，大多集成孢子叶穗。孢子叶穗四棱柱状或扁圆柱形；孢子囊单生叶腋，异型，大小孢子囊混生或分段分行着生，囊壁无明显环带，顶缝开裂，每大孢子囊有1～4枚大孢子，每小孢子囊有多数小孢子；孢子异型，四面体形，具三裂缝，外壁有瘤状突起。

本科全世界有1属，约700种，主产热带地区。中国有72种，各地均有分布。东北地区产1属12种1变种。

卷柏属　*Selaginella* P. Beauv.

Selaginella P. Beauv., Magasin Encycl. 9: 478. 1804.

属的特征与地理分布同科。

分种检索表

1. 营养叶线状披针形或线形；小枝带叶圆柱形 ································ 1. 西伯利亚卷柏 S. sibirica (Milde) Hieron.
1. 营养叶鳞片状；小枝带叶多腹背压扁。
　2. 孢子叶散生孢子叶枝上，不集成典型的孢子叶穗 ···································· 2. 小卷柏 S. helvetica (L.) Link

(接上表)

2. 孢子叶集生成典型的孢子叶穗。
 3. 主茎极短或不明显，直立，顶端丛生分枝，如莲座丛状，枝带叶干时向内拳卷。
 4. 中叶和侧叶的叶缘不具细齿 ………………………………… **3. 垫状卷柏 S. pulvinata** (Hook. et Grev.) Maxim.
 4. 中叶和侧叶的叶缘具细齿［**4. 卷柏 S. tamariscina** (Beauv.) Spring］。
 5. 背叶斜展，叶尖外露；腹叶卵状矩圆形，边缘有微齿 ………… **4a. 卷柏 S. tamariscina** var. **tamariscina**
 5. 背叶指向上，叶尖不外露；腹叶狭卵状披针形，边缘微齿不明显
 ………………………………………… **4b. 尖叶卷柏 S. tamariscina** var. **ulanchotensis** Ching et Wang Wei
 3. 主茎明显，通常匍匐，稀近直立，但不形成莲座状枝丛，小枝干时不拳卷。
 6. 主茎和老枝红色至灰棕色。
 7. 营养叶同型；末回小枝带叶近圆柱形或具棱 …………………… **5. 红枝卷柏 S. sanguinolenta** (L.) Spring
 7. 营养叶异型；末回小枝带叶腹背压扁。
 8. 主茎和老枝灰棕色，侧枝分枝状如蒲扇 …………………………… **6. 旱生卷柏 S. stauntoniana** Spring
 8. 主茎和老枝红色，侧枝分枝不成蒲扇状。
 9. 分枝直立或斜升，侧叶斜上开展 ………………………………… **7. 北方卷柏 S. borealis** (Kaulf.) Spring
 9. 分枝匍匐，侧叶斜下开展 ………………………………………… **8. 鹿角卷柏 S. rossii** (Bak.) Warbr.
 6. 主茎和老枝禾秆色或淡禾秆色。
 10. 侧叶边缘有微细齿或纤毛。
 11. 主茎圆柱形，其上侧叶与中叶基本同型，略卷贴，中叶钝尖头；末回小枝带叶宽 2～3.5毫米
 ……………………………………………………………………… **9. 中华卷柏 S. sinensis** (Desv.) Spring
 11. 主茎稍四棱形，其上侧叶与中叶异型，开展，中叶顶端芒刺状，末回小枝带叶宽 3.5～5.5毫米
 ……………………………………………………………………………… **10. 蔓生卷柏 S. davidii** Franch.
 10. 侧叶全缘。
 12. 营养叶带灰蓝色，具膜质白边，中叶全缘；孢子叶全缘 …… **11. 翠云草 S. uncinata** (Desv.) Spring
 12. 营养叶鲜绿色，无膜质白边，中叶具微齿；孢子叶具微齿 ………**12. 疏叶卷柏 S. remotifolia** Spring

（1）西伯利亚卷柏（内蒙古植物志，东北植物检索表，东北草本植物志，中国植物志，Flora of China）

Selaginella sibirica (Milde) Hieron. in Hedwigia 39(6): 290. 1900; 东北草本植物志1: 9. 图10. 1958; 东北

■ 西伯利亚卷柏

居群

枯叶期

植株一部分

植物检索表（第二版）: 22. 图版3: 1. 1995; 内蒙古植物志（第二版）1: 185. 图版3: 10 ~ 14. 1998; 中国植物志6(3): 92. 图版20: 4 ~ 5. 2004; Fl. China 2: 40. 2013.

生于旱山坡草地、岩石上。产黑龙江省黑河、呼玛、尚志、密山、哈尔滨、宁安等地；内蒙古自治区额尔古纳、牙克石、鄂伦春、科尔沁右翼前旗、扎赉特旗等地。

（2）小卷柏（辽宁植物志，内蒙古植物志，东北植物检索表，东北草本植物志，中国植物志，Flora of China）

Selaginella helvetica (L.) Link in Fil. Spec. 159. 1841; 东北草本植物志1: 10. 图11. 1958; 辽宁植物志（上册）: 19. 1988; 东北植物检索表（第二版）: 22. 图版3: 3. 1995; 内蒙古植物志（第二版）1: 187. 图版4: 1 ~ 5. 1998; 中国植物志6(3): 214. 图版67: 1 ~ 6. 2004; Fl. China 2: 42. 2013.

生林间湿地、阴湿山坡。产黑龙江省漠河、塔河、呼玛、密山、虎林、伊春、牡丹江等地；吉林省长白地区；辽宁省辽阳、抚顺等地；内蒙古自治区额尔古纳、鄂伦春、科尔沁右翼前旗等地。

■ 小卷柏

能育枝一部分

能育枝

营养枝

营养枝生长期

能育枝生长期

（3）垫状卷柏（辽宁植物志，内蒙古植物志，东北植物检索表，中国植物志，Flora of China）

Selaginella pulvinata (Hook. et Grev.) Maxim. in Mem. Acad. Imp. Sci. Petersb. 9: 335. 1859; 中国植物志6(3): 104. 图版23: 1 ~ 8. 2004; Fl. China 2: 43. 2013.——*S. tamariscina* var. *pulvinata* (Hook. et Grev.) Alstonin,

Bull. Fan Mem. Inst. Biol. 5: 271. 1934; 辽宁植物志（上册）: 15. 1988; 东北植物检索表（第二版）: 22. 1995; 内蒙古植物志（第二版）1: 185. 图版3: 18. 1998.

常见于石灰岩上。产东北各地。

全草有通经散血、止血生肌、活血祛瘀、消炎退热作用。

■ 垫状卷柏

植株背面观

植株正面观

植株

居群1

居群2

（4）卷柏（辽宁植物志，东北植物检索表，东北草本植物志，中国植物志，Flora of China）

Selaginella tamariscina (Beauv.) Spring in Bull. Acad. Brux. 10: 136. 1843; 东北草本植物志1: 8. 图9. 1958; 辽宁植物志（上册）: 14. 图版2: 1 ~ 2. 1988; 东北植物检索表（第二版）: 22. 图版3: 6. 1995; 中国植物志6(3): 100. 图版22: 1 ~ 7. 2004; Fl. China 2: 43. 2013.

（4a）卷柏（原变种）

Selaginella tamariscina var. *tamariscina*

生山坡岩石上。资料记载产黑龙江省伊春、黑河、呼玛、饶河、密山、尚志、宁安、五常、哈尔滨、木兰等地；吉林省汪清、安图、临江、集安等地；辽宁各地；内蒙古自治区科尔沁右翼前旗、库伦旗、扎鲁特旗等地。

根据中国植物志，本种根托和茎及分枝密集形成树状主干，有时高达数十厘米。但是，在东北地区尚未发现与此特征十分吻合的植物。待调查核实。

全草有破血止血、祛痰、通经作用，用于吐血、便血、尿血、咳喘、跌打损伤等。

（4b）尖叶卷柏（变种）（内蒙古植物志，东北植物检索表，东北草本植物志）

Selaginella tamariscina var. *ulanchotensis* Ching et Wang Wei, 东北草本植物志1: 9. 1958; 东北植物检索表（第二版）: 22. 1995; 内蒙古植物志（第二版）1: 185. 图版3: 6 ~ 9. 1998.

生山坡岩石缝。产内蒙古自治区科尔沁右翼前旗、科尔沁右翼中旗、扎赉特旗、突泉、库伦旗、扎鲁特旗、克什克腾旗、林西、巴林左旗、翁牛特旗、阿鲁科尔沁旗、敖汉旗、西乌珠穆沁旗等地。

（5）红枝卷柏（东北草本植物志，中国植物志，Flora of China）；圆枝卷柏（辽宁植物志，内蒙古植物志，东北植物检索表）

Selaginella sanguinolenta (L.) Spring in Bull. Acad. Brux. 10: 135. 1843; 东北草本植物志1: 9. 1958; 辽宁植物志（上册）: 15. 图版3: 4 ~ 5. 1988; 东北植物检索表（第二版）: 22. 图版3: 5. 1995; 内蒙古植物志（第二版）1: 187. 图版3: 15 ~ 17. 1998; 中国植物志6(3): 96. 图版21: 1 ~ 6. 2004; Fl. China 2: 41. 2013.

生阳坡岩石上。产黑龙江省呼玛、黑河等地；辽宁省大连、瓦房店、金州、建平、凌源等地；内蒙古自治区额尔古纳、扎兰屯、科尔沁右翼前旗、科尔沁右翼中旗、翁牛特旗等地。

全草有舒筋活血、止痢作用，用于外伤出血、痢疾。

■ 红枝卷柏

主茎

营养枝

孢子叶穗

能育枝

植株一部分

植株

（6）旱生卷柏（辽宁植物志，东北植物检索表，中国植物志，Flora of China）；蒲扇卷柏（东北草本植物志）

Selaginella stauntoniana Spring in Mem. Acad. Roy. Sci. Belgique 24: 71. 1850; 东北草本植物志 (1): 9.

■ 旱生卷柏

孢子叶穗

植株一部分

■ 旱生卷柏

居群

植株

1958; 辽宁植物志（上册）: 17. 图版3: 1 ~ 3. 1988; 东北植物检索表（第二版）: 22. 图版3: 4. 1995; 中国植物志6(3): 116. 图版28: 1 ~ 7. 2004; Fl. China 2: 53. 2013.

生石灰岩石缝中。产吉林省安图、集安等地；辽宁省桓仁、丹东、凌源等地。

（7）北方卷柏（辽宁植物志，东北植物检索表）；呼玛卷柏（内蒙古植物志，东北草本植物志）

Selaginella borealis (Kaulf.) Spring in Bull. Acad. Roy. Sci. Bruxelles 10(1): 141. no. 40. 1843; 东北植物检索表（第二版）: 22. 图版3: 2. 1995.——*S. borealis* (Kaulf.) Rupr. in Beitr. Pflanzenk. Russ. Reiches 3: 32. 1845; 东北草本植物志 (1): 11. 图12 . 1958; 辽宁植物志（上册）: 15. 1988; 内蒙古植物志（第二版）1: 187. 图版4: 6 ~ 12. 1998.

生林下岩石上。产黑龙江省呼玛、塔河等地；辽宁省鞍山、义县等地；内蒙古自治区额尔古纳、科尔沁右翼前旗、奈曼旗、翁牛特旗、敖汉旗等地。

中国植物志将本种与红枝卷柏*S. sanguinolenta*合并。本书遵照物种2000定其为接受种。

■ 北方卷柏

植株一部分

植株

（8）鹿角卷柏（辽宁植物志，东北植物检索表，东北草本植物志，中国植物志，Flora of China）

Selaginella rossii (Bak.) Warbr. in Monsunia 1: 101. 1900; 东北草本植物志1: 12. 图13. 1958; 辽宁植物志（上册）: 16. 图版2: 3 ~ 4. 1988; 东北植物检索表（第二版）: 22. 图版3: 7. 1995; 中国植物志6(3): 157. 图版

42: 1 ~ 7. 2004; Fl. China 2: 45. 2013.

生岩石上或山坡林下。产黑龙江省牡丹江、哈尔滨、尚志、伊春等地；吉林省集安等地；辽宁省旅顺口、庄河、普兰店等地。

全草有清热、利湿、止血作用，治胆囊炎、痢疾、下肢湿疹、烫伤、烧伤等。

■ 鹿角卷柏

分枝一部分

主茎一部分

植株

（9）中华卷柏（辽宁植物志，内蒙古植物志，东北植物检索表，东北草本植物志，中国植物志，Flora of China）

Selaginella sinensis (Desv.) Spring in Bull. Acad. Brux. 10: 137. 1843; 东北草本植物志1: 11. 1958; 辽

■ 中华卷柏

孢子叶穗

植株腹面观

侧叶与中叶基本同型

主茎和老枝禾秆色

居群

宁植物志（上册）: 16. 图版2: 5 ~ 7. 1988; 东北植物检索表（第二版）: 22. 图版3: 8. 1995; 内蒙古植物志（第二版）1: 189. 图版4: 13 ~ 18. 1998; 中国植物志6(3): 159. 图版43: 1 ~ 9. 2004; Fl. China 2: 45. 2013.

生于旱山坡及岩石缝中。产黑龙江省牡丹江等地；辽宁省各地；内蒙古自治区科尔沁右翼前旗、科尔沁右翼中旗、扎赉特旗、奈曼旗、扎鲁特旗、库伦旗、大青沟、巴林左旗、巴林右旗、阿鲁科尔沁旗、喀喇沁旗、敖汉旗、翁牛特旗、宁城等地。

全草有清热、利湿、止血作用，用于肝炎、胆囊炎、下肢湿疹、外伤出血等。

（10）蔓生卷柏（东北植物检索表，Flora of China）；蔓出卷柏（中国植物志）；亚地柏（东北草本植物志）

Selaginella davidii Franch. in Pl. David. 1: 344. 1884; 东北草本植物志 (1): 12. 1958; 东北植物检索表（第二版）: 22. 图版3: 9. 1995; 中国植物志6(3): 149. 图版39: 1 ~ 6. 2004; Fl. China 2: 47. 2013.

生灌丛中阴处，潮湿地或干旱山坡。产黑龙江省哈尔滨、牡丹江、尚志等地；辽宁省千山。

■ 蔓生卷柏

标本一部分

标本

植株一部分

植株

居群

（11）翠云草（东北植物检索表，中国植物志，Flora of China）

Selaginella uncinata (Desv.) Spring in Bull. Acad. Brux. 10: 141. 1843; 东北植物检索表（第二版）: 22. 1995; 中国植物志6(3): 145. 图版37: 1 ~ 7. 2004; Fl. China 2: 46. 2013.

生林下。产辽宁省清原。

全草有清热解毒、利湿通络、化痰止咳、止血作用。

■ 翠云草

植株一部分

居群

（12）疏叶卷柏（中国植物志，Flora of China）；日本疏叶卷柏（东北植物检索表）

Selaginella remotifolia Spring in Miq., Pl. Jungh. 3: 276. 1854; 中国植物志6(3): 153. 图版41: 1 ~ 5. 2004; Fl. China 2: 47. 2013.——*S. remotifolia* var. *japonica* Koidz. in Acta Phytotax. Geobot. 4: 228. 1935; 东北植物检索表（第二版）: 22. 1995.

生林下。东北南部曾有记录，标本未见。

第二章

蕨类植物

(Ferns)

003. 木贼科 Equisetaceae

Equisetaceae Michx. ex DC., Essai Propr. Méd. Pl.: 49. 1804.

木贼门、木贼亚门、木贼纲、木贼亚纲、木贼目（Equisetales）。

多年生草本，土生、湿生或浅水生。根茎长而横行，黑色，分枝，有节，节上生根，被茸毛。地上枝直立，圆柱形，绿色，有节，中空有腔，表皮常有硅质小瘤，单生或在节上有轮生的分枝；节间有纵行的脊和沟。叶鳞片状，轮生，在每个节上合生成筒状的叶鞘包围在节间基部，前段分裂呈齿状。孢子囊穗顶生，圆柱形或椭圆形，有的具长柄；孢子叶轮生，盾状，彼此密接，每个孢子叶下面生有5～10个孢子囊。孢子近球形，有4条弹丝，无裂缝，具薄而透明周壁，有细颗粒状纹饰。

本科全世界有1属，约15种，除大洋洲和南极洲外，广泛分布于热带、亚热带和温带地区。中国产1属10种，南北各地广泛分布。东北地区产1属9种2亚种。

木贼属（问荆属） *Equisetum* L.

Equisetum L., Sp. Pl. 1061. 1753.

属的特征及地理分布等同科。

分种检索表

1\. 气孔不下陷于表皮细胞之下；孢子叶穗钝头；茎同型或异型，入冬即枯萎。
  2\. 茎或分枝表面显具硅质刺瘤，小枝常向下弧曲。
    3\. 侧枝较少，不再分枝；主茎叶鞘通常具10～16（～20）鞘齿，鞘齿分离，具宽膜质白边 ……………… **1. 草问荆 E. pratense** Ehrhart
    3\. 侧枝多而密，再次分枝；主茎叶鞘鞘齿常数枚合生成2～4片，褐色 ……………… **2. 林木贼 E. sylvaticum** L.
  2\. 茎或分枝表面不具硅质刺瘤，小枝通常不向下弧曲。
    4\. 茎中心孔约占茎断面的4/5；主茎叶鞘具18～30鞘齿 ……………… **3. 溪木贼 E. fluviatile** L.
    4\. 茎中心孔约占茎断面的1/3；主茎叶鞘具8～12鞘齿。
      5\. 侧枝的第一个节间长于该侧枝发生处茎生叶鞘的长度；绿色的营养茎不育，侧枝多从茎上部发出，多而长，不再分枝 ……………… **4. 问荆 E. arvense** L.
      5\. 侧枝的第一个节间短于该侧枝发生处茎生叶鞘的长度；主茎单一或自基部发出少数茎状枝，主茎或茎状枝上部轮生分枝，茎端产生孢子叶穗 ……………… **5. 犬问荆 E. palustre** L.
1\. 气孔下陷于表皮细胞之下；孢子叶穗尖头；茎同型，经冬不枯萎。
  6\. 无明显的单一主茎；叶鞘具3～6鞘齿。
    7\. 分枝丛生状，不规则轻度弧曲，节间基本实心，具6～8棱脊；叶鞘具3～4鞘齿 ……………… **6. 蔺木贼 E. scirpoides** Michoux
    7\. 分枝茎状，直立，节间中空，具12～16条棱脊；叶鞘鞘齿4～6（**7. 斑纹木贼 E. variegatum** Schleich. ex F. Weber et D. Mohr）。
      8\. 中小型植物，株高10～20厘米；叶鞘开展，微外弯，具明显的宽膜质白边 ……………… **7a. 斑纹木贼 E. variegatum** subsp. **variegatum**
      8\. 植株较大，高20厘米以上；叶鞘鞘筒稍膨胀，鞘齿内弯，黑色或稍具膜质白边 ……………… **7b. 阿拉斯加木贼 E. variegatum** subsp. **alaskanum** (A. A. Eaton) Hulten

（接上表）

6. 主茎通常单一，稀丛生状；叶鞘具6 ~ 30鞘齿。
  9. 主茎通常分枝，稀无明显主茎而分枝呈丛生状；鞘齿6 ~ 20，具膜质白边 …… 8. 节节草 E. ramosissimum Desf.
  9. 主茎通常无分枝；鞘齿10 ~ 30，无膜质白边（9. 木贼 E. hyemale L.）。
    10. 体形较小，脊上有2列小瘤，鞘齿背面有4条纵棱 …… 9a. 木贼 E. hyemale subsp. hyemale
    10. 体形较大，脊上无明显小瘤，鞘齿背面有3条纵棱 …… 9b. 无瘤木贼 E. hyemale subsp. affine (Engel.) Calder et R. L. Taylor

（1）草问荆（内蒙古植物志，东北植物检索表，东北草本植物志，中国植物志，Flora of China）

Equisetum pratense Ehrhart in Hannover. Mag. 22: 138. 1784; 东北草本植物志1: 14. 图16. 1958; 东北植物检索表（第二版）: 24. 图版4: 3. 1995; 内蒙古植物志（第二版）1: 192. 图版5: 11 ~ 13. 1998; 中国植物志6(3): 231. 2004; Fl. China 2: 69. 2013.

生林缘湿地及灌丛。产黑龙江省密山、虎林、伊春、萝北、黑河、哈尔滨、呼玛、嘉荫等地；吉林省抚松、靖宇、临江、长白等地；内蒙古自治区额尔古纳、根河、科尔沁右翼前旗、巴林右旗、阿鲁科尔沁旗、克什克腾旗、西乌珠穆沁旗、锡林浩特等地。

■ 草问荆

居群

植株一部分

（2）林木贼（中国植物志，Flora of China）；林问荆（内蒙古植物志，东北植物检索表，东北草本植物志）

Equisetum sylvaticum L., Sp. Pl. 1061. 1753; 东北草本植物志1: 14. 图15. 1958; 东北植物检索表（第二版）: 24. 图版4: 2. 1995; 内蒙古植物志（第二版）1: 192. 图版5: 7 ~ 10. 1998; 中国植物志6(3): 231. 2004; Fl. China 2: 69. 2013.

生林下及林缘灌丛中。产黑龙江省虎林、密山、呼玛、萝北、伊春、宁安、嫩江、黑河、北安等地；吉林省安图、抚松、临江、和龙、汪清、桦甸、靖宇、长白等地；辽宁省庄河等地；内蒙古自治区额尔古纳、根河、牙克石、科尔沁右翼前旗、东乌珠穆沁旗等地。

全草有凉血止血、清热利尿、祛风止痛作用，孢子囊茎可食。

■ 林木贼

植株一部分

居群

（3）溪木贼（中国植物志，Flora of China）；水木贼（内蒙古植物志，东北草本植物志）；水问荆（东北植物检索表）

Equisetum fluviatile L., Sp. Pl. 2: 1062. 1753; 东北植物检索表（第二版）: 24. 图版4: 4. 1995; 内蒙古植物志（第二版）1: 193. 图版7: 1 ~ 4. 1998; 中国植物志6(3): 229. 图版71: 1 ~ 2. 2004; Fl. China 2: 68. 2013.——*Equisetum heleocharis* Ehrh. in Hannover. Mag. 1783: 286. 1783; 东北草本植物志(1): 15. 1958.——*E. fluviatile* f. *linnaeanum* (Doell) Braun. Ind. N. Amer. Ferns 87. 1938; 东北植物检索表（第二版）: 24. 1995; 内蒙古植物志（第二版）1: 195. 图版7: 5. 1998.

生沼泽、塔头沼泽、湿草地浅水中。产黑龙江省呼玛、密山、饶河、宝清、黑河、虎林、伊春、尚志、萝北、北安等地；吉林省安图、汪清、敦化、靖宇、珲春等地；内蒙古自治区海拉尔、额尔古纳、根河、牙克石、鄂伦春、鄂温克、科尔沁右翼前旗、大青沟、克什克腾旗、锡林浩特等地。

■ 溪木贼

叶鞘

植株一部分

居群

（4）问荆（内蒙古植物志，东北植物检索表，东北草本植物志，中国植物志，Flora of China）；问荆木贼（辽宁植物志）

Equisetum arvense L., Sp. Pl. 2: 1061. 1753; 东北草本植物志1: 13. 图14. 1958; 辽宁植物志（上册）: 20. 图版4. 1988; 东北植物检索表（第二版）: 24. 图版4: 1. 1995; 内蒙古植物志（第二版）1: 190. 图版5: 1 ~ 6. 1998; 中国植物志6(3): 232. 图版71: 3 ~ 5. 2004; Fl. China 2: 69. 2013.——*E. arvense* L. var. *ramulosum*

Rupr. in Beitr. Pflanz. Russ. Reich. 3: 19. 1845; 辽宁植物志（上册）: 22. 1988; 东北植物检索表（第二版）: 24. 1995.——*E. arvense* L. var. *boreale* (Bong.) Rupr. in Crypt. Vasc. Ross. 19. 1845; 辽宁植物志（上册）: 22. 1988; 东北植物检索表（第二版）: 24. 1995.

生河边、路旁湿地或林缘。产黑龙江省漠河、呼玛、伊春、嘉荫、北安、萝北等地；吉林省和龙、安图、汪清、镇赉、珲春、蛟河、抚松、集安、延吉等地；辽宁省抚顺、清原、沈阳、新民、本溪、凤城、鞍山、丹东、庄河、大连等地；内蒙古自治区额尔古纳、根河、牙克石、科尔沁右翼前旗、科尔沁左翼后旗、扎鲁特旗、库伦旗、翁牛特旗、敖汉旗、巴林右旗、阿鲁科尔沁旗、克什克腾旗、喀喇沁旗、巴林左旗、东乌珠穆沁旗、锡林浩特等地。

全草有清热利尿、止血、平肝明目、止咳平喘作用，孢子囊茎可食。

■ 问荆

孢子囊穗

能育枝

不育枝萌发期

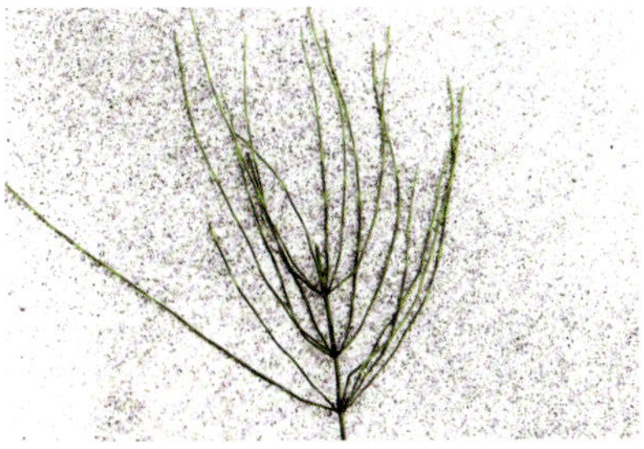
侧枝不再分枝

营养生长期

生殖生长期

（5）犬问荆（内蒙古植物志，东北植物检索表，东北草本植物志，中国植物志，Flora of China）；犬木贼（辽宁植物志）

Equisetum palustre L., Sp. Pl. 2: 1061. 1753; 东北草本植物志1: 15. 1958; 辽宁植物志（上册）: 22. 1988; 东北植物检索表（第二版）: 24. 图版4: 5. 1995; 内蒙古植物志（第二版）1: 193. 图版6: 5 ~ 8. 1998; 中国植物志6(3): 226. 图版70: 2. 2004; Fl. China 2: 68. 2013.——*E. palustre* L. var. *polystachion* Weigel, Fl. Pem–Rug. 187. 1769; 东北植物检索表（第二版）: 24. 1995.

生林下湿地或沼泽旁。产黑龙江省呼玛、伊春、哈尔滨、黑河、北安等地；吉林省安图、抚松、靖宇、临江、长白等地；辽宁省沈阳、凤城等地；内蒙古自治区额尔古纳、根河、牙克石、鄂伦春、科尔沁右翼前旗、科尔沁左翼后旗、扎鲁特旗、库伦旗、克什克腾旗、宝格达山等地。

■ 犬问荆

植株一部分

孢子囊穗

植株

（6）藺木贼（东北草本植物志，中国植物志，Flora of China）；藺问荆（内蒙古植物志）；小木贼（东北植物检索表）

Equisetum scirpoides Michoux, Fl. Bor.-Amer. 2: 281. 1803; 东北草本植物志(1): 16. 图18. 1958; 内蒙古植物志（第二版）1: 195. 图版2: 4 ~ 7. 1998; 中国植物志6(3): 242. 2004; Fl. China 2: 72. 2013.——*Hippochaete scirpoides* (Michoux.) Farw. in Mem. New York Bot. Gard. 6: 467. 1916; 东北植物检索表（第二版）: 25. 图版4: 8. 1995.

生潮湿针叶林、针阔混交林下。产黑龙江省呼玛等地；内蒙古自治区额尔古纳等地。

（7）斑纹木贼（中国植物志，Flora of China）；兴安木贼（内蒙古植物志，东北植物检索表）

Equisetum variegatum Schleich. ex F. Weber et D. Mohr in Bot. Taschenbuch Jahr. 60 & 447. 1807; 内蒙古植物志（第二版）1: 197. 1998; 中国植物志6(3): 240. 图版73: 1 ~ 2. 2004; Fl. China 2: 71. 2013.——*Hippochaete variegatum* (Sehleich.) Boern. in Fl. Deut. Volk. 283. 1912; 东北植物检索表（第二版）: 25. 图版4: 9. 1995.

（7a）斑纹木贼（原亚种）

Equisetum variegatum subsp. *variegatum*

■ 斑纹木贼

叶鞘

植株一部分

植株

生苔藓针叶林下泥炭地。产黑龙江省呼玛、伊春、塔河等地；吉林省双辽等地；内蒙古自治区额尔古纳等地。

（7b）阿拉斯加木贼（亚种）（辽宁植物志，东北植物检索表，中国植物志，Flora of China）

Equisetum variegatum subsp. *alaskanum* (A. A. Eaton) Hulten in Acta Univ. Lund. 37(1): 59. 1941; 中国植物志6(3): 242. 2004; Fl. China 2: 72. 2013.——*E. variegatum* Schleich. var. *alaskanum* A. Eat. in Merriam. Harriman Alaska Exped. 5: 390. 1904; 辽宁植物志（上册）: 25. 1988.——*Hippochaete variegatum* var. *alaskanum* (A. Eat.) Li et J. Zh. Wang, 东北植物检索表（第二版）: 25. 1995.

生林下湿地。产辽宁省彰武、凌源、沈阳等地。

■ 阿拉斯加木贼

叶鞘

植株一部分

植株

（8）节节草（东北草本植物志，内蒙古植物志，中国植物志，Flora of China）；多枝木贼（辽宁植物志，东北植物检索表）

Equisetum ramosissimum Desf. in Fl. Atlant. 2: 398. 1799; 东北草本植物志1: 16. 图17. 1958; 辽宁植物志

■ 节节草

植株一部分

孢子囊穗

植株中上部

植株

（上册）: 23. 图版5: 3 ~ 4. 1988; 内蒙古植物志（第二版）1: 193. 图版6: 1 ~ 4. 1998; 中国植物志6(3): 234. 2004; Fl. China 2: 70. 2013.——*Hippochaete ramosissimum* (Desf.) Boern. in Eine Fl. Deuts. Volk. 282. 1912; 东北植物检索表（第二版）: 25. 图版4: 6. 1995.

生河边、沙地或路旁。产黑龙江省呼玛、大庆、杜尔伯特等地；吉林省双辽、镇赉、通榆等地；辽宁省凌源、彰武、沈阳、辽阳、海城、本溪、盖州、长海、普兰店等地；内蒙古自治区额尔古纳、根河、科尔沁右翼前旗、科尔沁左翼后旗、扎鲁特旗、奈曼旗、库伦旗、翁牛特旗等地。

全草有清热利湿、平肝散结、祛痰止咳作用，主治尿路感染、肝炎、肾炎等。

（9）木贼（辽宁植物志，内蒙古植物志，东北植物检索表，东北草本植物志，中国植物志，Flora of China）

Equisetum hyemale L., Sp. Pl. 2: 1062. 1753; 东北草本植物志1: 17. 图20. 1958; 辽宁植物志（上册）: 23. 图版5: 1 ~ 2. 1988; 内蒙古植物志（第二版）1: 195. 图版7: 6 ~ 9. 1998; 中国植物志6(3): 238. 图版70: 1. 2004; Fl. China 2: 71. 2013.——*Hippochaete hyemale* (L.) Boern. in Fl. Deut. Volk. 282. 1912; 东北植物检索表（第二版）: 25. 图版4: 7. 1995.

（9a）木贼（原亚种）

Equisetum hyemale subsp. *hyemale*

生林下湿地、林缘、沟旁。产黑龙江省虎林、密山、伊春、尚志、穆棱等地；吉林省临江、汪清、安图、抚松、蛟河、长白、珲春、敦化、和龙、前郭、靖宇等地；辽宁省桓仁、本溪、宽甸、岫岩、清原、凌源等地；内蒙古自治区科尔沁右翼前旗、大青沟、克什克腾旗、宁城、西乌珠穆沁旗等地。

全草有收敛止血、利尿、发汗作用。

■ 木贼

主茎顶端

鞘筒

主茎棱脊硅质瘤

居群

（9b）无瘤木贼（亚种）（中国植物志，Flora of China）；宿齿木贼（东北植物检索表）

Equisetum hyemale subsp. *affine* (Engel.) Calder et R. L. Taylor in Canada Journ. Bot. 43: 1387. 1965; 中国植物志6(3): 239. 2004; Fl. China 2: 71. 2013.——*Hippochaete hyemale* var. *affine* (Engelm.) Li et J. Zh. Wang , 东北植物检索表（第二版）: 25. 1995.

生林下湿地、林缘、沟旁。产吉林省抚松；内蒙古自治区莫尔道嘎。

■ 无瘤木贼

群落

主茎一部分

004. 瓶尔小草科 Ophioglossaceae

Ophioglossaceae Martinov, Tekhno-Bot. Slovar 438. 1820.

木贼门、木贼亚门、木贼纲、瓶尔小草亚纲、瓶尔小草目（Ophioglossales）。

草本植物，陆生，少有附生；根状茎肉质，有不分枝的肉质粗根。叶片一至数枚，孢子叶与营养叶分开，但下部有一共同的总柄，直立，少有下垂；营养叶单叶或为多裂复叶，或掌状分裂，无柄或有柄；孢子叶有柄，穗状或复圆锥状，孢子囊沿囊托边缘两列着生或周围着生，裸出，大型，无柄或有短粗的柄，自顶端横裂或纵裂；孢子同型，四面形或两面形，淡黄色或无色透明。配子体土下生，管状，通常无叶绿素，并有内生菌根。

本科全世界有10属，约112种，广布于热带、亚热带和温带地区。中国产3属22种，南北各地均有分布。东北地区产4属9种。

分属检索表

1. 单叶全缘，叶脉网状；孢子囊穗为单穗状序，孢子囊扁圆球形，下陷于囊托内 …… **1. 瓶尔小草属 Ophioglossum**
1. 裂叶或复叶，叶脉分离；孢子囊穗为圆锥状序，孢子囊圆球形，不陷于囊托内。
    2. 营养叶和孢子叶均具长柄，总柄短于营养叶之柄或二者近等长 ………………………… **2. 阴地蕨属 Sceptridium**
    2. 营养叶几乎无柄或具短柄，总柄长于营养叶之柄。
        3. 营养叶三至四回羽裂；植物体被毛；叶鞘一边开口；冬芽有毛，部分外露 … **3. 蕨萁属（假阴地蕨属）Botrypus**
        3. 营养叶一至二回羽裂；植物体光滑无毛；叶鞘封闭；冬芽无毛，包于叶鞘内 …… **4. 小阴地蕨属 Botrychium**

1 瓶尔小草属 *Ophioglossum* L.

Ophioglossum L., Sp. Pl. Ⅱ. 1062. 1753.

陆生小型植物，直立。根状茎短，营养叶1～2片，少有更多的，有柄，常为单叶，全缘，披针形或卵形，叶脉网状，网眼内无内藏小脉，中脉不明显；孢子囊穗自营养叶的基部生出，有长柄。

本属全世界约有28种，主要分布于北半球。中国有9种。东北地区产1种。

狭叶瓶尔小草（辽宁植物志，内蒙古植物志，中国植物志，Flora of China）；温泉瓶尔小草（东北植物检索表，东北草本植物志）

Ophioglossum thermale Kom. in Fedde. Repert. 13: 85. 1914; 东北草本植物志1: 20. 图21. 1958; 中国植物志2: 7. 图版1: 1～3. 1959; 辽宁植物志（上册）: 28. 图版7: 1～2. 1988; 东北植物检索表（第二版）: 27. 图版5: 1. 1995; 内蒙古植物志（第二版）1: 200. 图版9: 1～2. 1998; Fl. China 2: 79. 2013.——*O. thermale* var. *nipponicum* (Miyabe et Kudo) Nishida ex Tagawa, 东北植物检索表（第二版）: 27. 1995.

多年生草本；2～3叶自根部生出；营养叶倒披针形或长圆倒披针形，向基部为狭楔形，全缘；孢子叶自营养叶的基部生出，孢子囊穗狭线形。生山地草坡或温泉附近。产黑龙江省尚志、哈尔滨、穆棱等地；吉林省安图、抚松等地；辽宁省桓仁、宽甸等地；内蒙古自治区库伦旗、元宝山等地。

全草有清热解毒、消肿止痛作用，用于跌打损伤、乳痈、肿毒、蛇咬伤。

■ 狭叶瓶尔小草

植株上部

居群

2 阴地蕨属 *Sceptridium* Lyon

Sceptridium Lyon, Bot. Gaz. 40(6): 457. 1905.

陆生直立草本植物。根状茎短，具肉质粗根。叶有营养叶与孢子叶之分，均出自总柄，总柄基部包有褐色鞘状托叶；营养叶一回至多回羽状分裂，具柄或几乎无柄，为五角形或五角状三角形，二至三回羽状或羽裂。孢子叶自总柄的基部附近或中部生出，聚生成圆锥花序状；孢子囊无柄，沿小穗内侧成两行排列，不陷入囊托内，横裂。孢子四面形或球状四面形。

本属全世界28种。东北地区产3种。

分种检索表

1. 总柄通常无去年生营养叶或叶柄残存 ·· 1. 阴地蕨 S. ternatum (Thunb.) Lyons
1. 总柄通常残存有去年生营养叶或叶柄。
   2. 植株高30 ~ 60厘米；营养叶三回三出复叶 ···································· 2. 粗壮阴地蕨 S. robustum (Rupr.) Lyon
   2. 植株高10 ~ 15厘米；营养叶二至三回三出复叶 ········ 3. 多裂阴地蕨 S. multifidum (Gmel.) Nishida ex Tagawa

（1）阴地蕨（东北植物检索表，中国植物志，Flora of China）

Sceptridium ternatum (Thunb.) Lyons in Bot. Gaz. 40(6): 458. 1905; 东北植物检索表（第二版）: 27. 1995; 东北植物分布图集: 20. 2019.——*Botrychium ternatum* (Thunberg) Swartz, J. Bot. (Schrader). 1800(2): 111. 1801; 中国植物志2: 20. 图版Ⅱ: 6. 1959; Fl. China 2: 77. 2013.

生林缘、林下。产辽宁省宽甸、凤城等地。

有药用价值。

（2）粗壮阴地蕨（辽宁植物志，东北植物检索表，东北草本植物志，中国植物志，Flora of China）

Sceptridium robustum (Rupr.) Lyon in Bot. Gaz. 40(6): 458. 1905; 东北植物检索表（第二版）: 27. 图版5: 2. 1995.——*Botrychium robustum* (Rupr.) Underw. in Bull. Torr. Bot Club. 3: 51. 1903; 东北草本植物志1: 22. 1958; 中国植物志2: 21. 1959; 辽宁植物志（上册）: 27. 图版7: 3 ~ 4. 1988; Fl. China 2: 76. 2013.

生阔叶林下或林缘草地。产黑龙江省尚志等地；吉林省安图、九台、吉林等地；辽宁省本溪、凤城、宽甸、桓仁、岫岩等地。

全草治蛇伤、乳腺炎、咽喉炎、咳嗽、肺结核、淋巴结核、产后体虚、百日咳等。

■ 粗壮阴地蕨

孢子叶

营养叶

植株

（3）多裂阴地蕨（东北植物检索表，东北草本植物志，中国植物志）

Sceptridium multifidum (Gmel.) Nishida ex Tagawa in Journal of Japanese Botany 33: 200. 1958; 东北植物检索表（第二版）: 27. 1995.——*Botrychium multifidum* (Gmel.) Rupr. Distr. Crypt. Vasc. in Beitr. z. Pfianzenkunde Ⅺ 40. 1859; 东北草本植物志(1): 22. 图24. 1958; 中国植物志2: 22. 1959; 东北植物分布图集: 19. 2019.

生疏林中或林缘。产吉林省安图等地；辽宁省桓仁、宽甸、本溪等地。

本种中国仅东北地区有分布，其显著特点是，当年生与上年生的营养叶常并存于同一植株，只是上年生的已变枯黄或仅有其叶柄残存于当年生的叶子下面。

3 蕨萁属（假阴地蕨属） *Botrypus* Rich. ex Michx.

Botrypus Botrypus Rich. ex Michx., Fl. Bor.–Amer. (Michaux) 2: 274. 1803.

陆生植物。植物体或多或少被毛。根状茎短。直立，具肉质粗根。叶有营养叶与孢子叶之分，均出自总柄，总柄基部包有褐色鞘状托叶；营养叶三至四回羽裂；一边开口。孢子叶无叶绿素，有长柄，或出自总叶柄，或出自营养叶的基部或中轴，聚生成圆锥花序状，孢子囊无柄，沿小穗内侧成两行排列，不陷入囊托内，横裂。孢子四面形或球状四面形。

本属全世界2～3种。中国产2～3种。东北地区产2种。

分种检索表

1. 营养叶三回羽状或三至四回羽裂，第一对羽片下部的二回羽片无柄或几乎无柄；孢子叶二回羽状，呈复穗状
……………………………………………………………………… 1. 劲直阴地蕨 B. strictum (Underw) Holub

1. 营养叶三至四回羽状，第一对羽片下部的二回羽片有短柄；孢子叶三回羽状，呈圆锥状
……………………………………………………………………………………… 2. 蕨萁 B. virginianus (L.) Michx.

（1）劲直阴地蕨（辽宁植物志，内蒙古植物志，东北草本植物志，中国植物志，Flora of China）；劲直假阴地蕨（东北植物检索表）

Botrypus strictum (Underw) Holub in Preslia 45(3): 277. 1973; 东北植物检索表（第二版）: 27. 图版5: 3. 1995.——*Botrychium strictum* Underw. in Bull. Torr. Bot. Club 2: 52. 1902; 东北草本植物志1: 23. 图25. 1958; 中国植物志2: 14. 1959; 辽宁植物志（上册）: 26. 图版6. 1988; 内蒙古植物志（第二版）1: 198. 图版8: 3～4. 1998; Fl. China 2: 75. 2013.

生林下。产黑龙江省尚志等地；吉林省安图、吉林等地；辽宁省本溪、桓仁、宽甸、鞍山（千山）；内蒙古自治区科尔沁左翼后旗、大青沟等地。

■ 劲直阴地蕨

孢子囊穗

孢子囊穗一部分

叶

植株

（2）蕨萁（中国植物志，Flora of China）；北美假阴地蕨（东北植物检索表）

Botrypus virginianus (L.) Michx. in Fl. Bor.-Amer. 2: 274. 1803; 东北植物检索表（第二版）: 27. 1995. ——*Botrychium virginianum* (L.) Sw. in J. Bot. (Schrader) 1800(2): 111. 1800; 中国植物志2: 15. 1959; Fl. China 2: 75. 2013.

生林间草地或灌丛。产吉林省吉林等地。

有药用价值，可在药材培植场栽培，但不如野生的硕壮。

4 小阴地蕨属 *Botrychium* Sw.

Botrychium Sw. in Schrad. Journ. (1801) 8, 110.

陆生植物。植物体光滑无毛。根状茎短。直立，具肉质粗根。叶有营养叶与孢子叶之分，均出自总柄，总柄基部包有褐色鞘状托叶；营养叶一至二回羽裂；叶鞘封闭。孢子叶无叶绿素，有长柄，或出自总叶柄，或出自营养叶的基部或中轴，聚生成圆锥花序状，孢子囊无柄，沿小穗内侧成两行排列，不陷入囊托内，横裂。孢子四面形或球状四面形。

本属全世界有50～60种，主产温带地区，世界各地均有分布。中国有12种，分布于全国各地。东北地区产3种。

分种检索表

1. 营养叶叶片长圆形，一回羽状，羽片扇形 ………………………………………… 1. 扇羽阴地蕨 B. lunaria (L.) Swartz
1. 营养叶叶片广卵形、三角状卵形至心状卵形，二回羽裂，羽片或裂片非扇形。
  2. 营养叶叶片心状卵形，裂片长宽近等，菱形至倒卵形，稍肉质 ………………… 2. 北方阴地蕨 B. boreale J. Milde
  2. 营养叶叶片广卵形，裂片长大于宽，长圆形或线形，厚草质
  ……………………………………………………………………… 3. 长白山阴地蕨 B. lanceolatum (S.G. Gmel.) Ångström

（1）扇羽阴地蕨（内蒙古植物志，中国植物志，Flora of China）；扇羽小阴地蕨（东北植物检索表）；扇叶阴地蕨（东北草本植物志）；小阴地蕨（植物智网站）

Botrychium lunaria (L.) Swartz in J. Bot. (Schrader) 1800(2): 110. 1801; 东北草本植物志(1): 20. 图22.1958; 中国植物志2: 13. 图版Ⅱ: 1～5. 1959; 东北植物检索表（第二版）: 27. 图版5: 4. 1995; 内蒙古植物志（第二版）1: 198. 图版8: 1～2. 1998; Fl. China 2: 74. 2013.

■ 扇羽阴地蕨

植株一部分

植株

散生温带草原、草甸或林下。产黑龙江省宁安等地；吉林省抚松、安图等地；内蒙古自治区牙克石、科尔沁右翼前旗、巴林右旗等地。

（2）北方阴地蕨（Flora of China）；北方小阴地蕨（东北植物检索表）

Botrychium boreale J. Milde, Bot. Zeitung (Berlin). 15: 880. 1857; 东北植物检索表（第二版）: 25. 图版5: 5. 1995; Fl. China 2: 75. 2013.

生海拔1000米左右的森林。产黑龙江省伊春等地；吉林省抚松、安图等地；内蒙古自治区额尔古纳、根河等地。

（3）长白山阴地蕨（中国植物志，Flora of China）；多枝阴地蕨（内蒙古植物志，东北草本植物志）；条裂小阴地蕨（东北植物检索表）

Botrychium lanceolatum (S.G. Gmel.) Ångström in Bot. Not. 68. 1854; 东北植物检索表（第二版）: 27. 1995; Fl. China 2: 75. 2013.——*Botrychium manshuricum* Ching, 中国植物志2: 14. 1959; 内蒙古植物志（第二版）1: 200. 图版8: 1 ~ 2. 1998.——*Botrychium ramosum* A. Gray Fl. Brand. Ⅰ: 96. 1864; 东北草本植物志(1) 21. 图23. 1958.

生山地针阔叶混交林下或桦木林下。产吉林省长白山区（模式标本采集地）；内蒙古自治区额尔古纳等地。

本种为中国东北地区特有种。

005. 紫萁科（紫萁蕨科） Osmundaceae

Osmundaceae Martinov, Tekhno-Bot. Slovar 445. 1820.

木贼门、木贼亚门、木贼纲、水龙骨亚纲、紫萁目（Osmundales）。

陆生中型、少为树形的植物。根状茎粗肥，直立，树干状或匍匐状，包有叶柄的宿存基部，无鳞片，也无真正的毛，而幼时叶片上被有棕色黏质腺状长茸毛，老则脱落，几乎变为光滑。叶柄长而坚实，基部膨大，两侧有狭翅如托叶状的附属物，不以关节着生；叶片大，一至二回羽状，二型或一型，或往往同叶上的羽片为二型。叶脉分离，二叉分歧。孢子囊大，球形，大多有柄，裸露，着生强度收缩变质的孢子叶的羽片边缘，或生正常营养叶的下表面，其顶端具有几个增厚的细胞。常被看作为不发育的环带，纵裂为两瓣形。孢子为球状四面形。原叶体为绿色，土表生。

本科全世界有6属，约18种，分布于泛热带。中国产4属8种，主产西南、华南和华东地区。东北地区产2属2种。

分属检索表

1. 不育叶为二回羽状深裂，羽片披针形，羽裂 ………… 1. 桂皮紫萁属 Osmundastrum
1. 不育叶为二回羽状，羽片长圆形，羽状 ………… 2. 紫萁属（紫萁蕨属）Osmunda

1 桂皮紫萁属 *Osmundastrum* C. Presl

Osmundastrum C. Presl, Gefässbündel Farrn. 18. 1847.

根状茎短粗直立，或呈粗肥圆柱状的主轴，顶端有叶丛簇生。叶二型；不育叶的柄长30 ~ 40厘米，坚强，干后为淡棕色；叶片长40～60厘米，宽18～24厘米，长圆形或狭长圆形，渐尖头，二回羽状深裂；羽片20对或更多，下部的对生，平展，上部的互生，向上斜，相距2.5厘米，披针形，渐尖头，长8～10厘米，宽1.8～2.4厘米，基部截形，无柄，羽状深裂几乎达羽轴；裂片的15对，长圆形，圆头，长约1厘米，宽约5毫米，开展，密接，全缘。中脉明显，侧脉羽状，斜向上，每脉二叉分歧，纤细，两面可见，但并不很明显。叶为薄纸质，干后为黄绿色，幼时密被灰棕色绒毛，成长后变为光滑。孢子叶比营养叶短而瘦弱，遍体密被灰棕色绒毛，叶片强度紧缩，羽片长2～3厘米，裂片缩成线形，背面满布暗棕色的孢子囊。

本属全世界仅1种，分布于中国、印度、日本、朝鲜、俄罗斯、越南及北美洲。东北地区有分布。

桂皮紫萁（东北草本植物志，Flora of China）；分株紫萁（辽宁植物志，东北植物检索表，中国植物志）

Osmundastrum cinnamomeum (L.) C. Presl in Gefässbüdel Farrn 18. 1847; Fl. China 2: 90. 2013.——*Osmunda cinnamomea* L., Sp. Pl. 2: 1066. 1753; 中国植物志2: 80. 1959.——*O. cinnamomea* var. *asiatica* Fernald. in Rhodora 32: 75. 1930; 东北草本植物志1: 25. 1958; 辽宁植物志（上册）: 31. 图版8. 1988; 东北植物检索表（第二版）: 28. 图版6: 5. 1995.

植株高达1米。叶二型，幼时密被红棕色茸毛，成长后近无毛；营养叶长圆形至狭长圆形，二回羽状深裂；能育叶比不育叶短，羽片紧缩，裂片线形，密被棕色带黑色茸毛。孢子囊球状圆形，密生，棕褐色。

生林下或灌丛湿地。产黑龙江省尚志、密山、宝清、虎林、饶河、哈尔滨、牡丹江等地；吉林省安图、长白、桦甸、集安、临江、和龙、抚松等地；辽宁省本溪、凤城、宽甸、丹东等地。

全草有清热解毒、止血利尿作用。幼叶可食。

■ 桂皮紫萁

叶一部分

孢子囊穗一部分

植株

2　紫萁属（紫萁蕨属）　*Osmunda* L.

Osmunda L., Sp. Pl. Ⅱ. 1065. 1753.

陆生植物。根状茎粗健，直立或斜升，往往形成树干状的主轴，有叶柄的宿存基部密复。叶柄基部膨大，彼此呈覆瓦状。叶大，簇生，二型或同一叶的羽片为二型，一至二回羽状，幼时被棕色棉绒状的毛。能育叶或羽片紧缩，不具叶缘质。孢子囊球形，有柄，边缘着生，自顶端纵裂。孢子为球圆四面形。

本属全世界约有10种，分布于北半球的温带和热带。中国有7种。东北地区产1种。

绒紫萁（辽宁植物志，东北植物检索表，中国植物志，Flora of China）；绒蕨（东北草本植物志）

Claytosmunda claytoniana (L.) Metzgar & Rouhan, J. Syst. Evol. 54(6): 594. 2016.——*Osmunda claytoniana* L., Sp. Pl. 1066. 1753; 东北草本植物志1: 25. 1958; 中国植物志2: 82. 1959; 辽宁植物志（上册）: 33. 图版9. 1988; 东北植物检索表（第二版）: 28. 图版6: 4. 1995; Fl. China 2: 91. 2013.

根状茎短粗，顶端叶丛簇生。叶一型；叶片长圆形，幼时通体被淡棕色茸毛，成长后逐渐脱落或部分残留叶轴上，二回羽状深裂，羽片无柄、异型；孢子囊群黑褐色。生林区河岸湿地。产吉林省安图、长白等地；辽宁省丹东、宽甸、桓仁等地。

■ 绒紫萁

能育羽片

叶下部

植株

006. 膜蕨科 Hymenophyllaceae

Hymenophyllaceae Mart., Consp. Regn. Veg. [Martius] 3. 1835.

木贼门、木贼亚门、木贼纲、水龙骨亚纲、膜蕨目（Hymenophyllales）。

草本植物，附生，少为陆生。根状茎通常横走，一般不具根，有二列生的叶，或稍短而直立，有辐射对称排列的叶，幼时常被易脱落的多细胞节状细毛。叶通常很小，有多种形式，由全缘的单叶至扇形分裂，或为多回两歧分叉至多回羽裂，直立或有时下垂，叶片膜质，几乎都只由一层细胞组成，不具气孔；叶脉分离，二叉分枝或羽状分枝，每个末回裂片有一条小脉，有时沿叶缘有连续不断的近边生的假脉。孢子囊着生到囊群托的周围，但不露出或部分地露出于囊苞外面，环带完全，斜升或几乎为横生，纵缝开裂；孢子为四面形，或变成圆球形。

本科全世界有9属560余种，分布于热带和温带地区。中国产7属50余种，主产西南、华南和华东地区。东北地区产1属1种。

假脉蕨属 *Crepidomanes* C. Presl

Crepidomanes C. Presl, Epim. Bot. (1851) 258.

植株矮小，附生，稀陆生。根状茎细长，横走，被短密毛，通常无根。叶细小，多回羽裂或很少为指裂，全缘；末回裂片有一条叶脉，沿叶缘有或无假脉。叶轴全部有翅。孢子囊群生于裂片的腋间或着生于向轴的短裂片顶端；囊苞倒圆锥形至椭球形、钟形或漏斗形，先端圆或有尖头，口部浅裂为两唇瓣，圆形或三角形，下部为漏斗形，两侧有翅，囊群托凸出。

本属全世界约有30种，分布于亚洲和欧洲的热带及亚热带地区，从非洲东岸的马达加斯加岛至日本、塔希提、波利尼西亚及新西兰。中国现有11种，主要分布于南部及西南部的台湾、福建、广东、海南、广西、四川、贵州及云南等地，少数达到江西及浙江等地。

团扇蕨（辽宁植物志，东北植物检索表，东北草本植物志，中国植物志，Flora of China）

Crepidomanes minutum (Blume) K. Iwats. in J. Fac. Sci. Univ. Tokyo, Sect. 3, Bot. 13(5): 524. 1985; Fl. China 2: 98. 2013.——*Gonocormus minutus* (Blume) V. D. Bosch in Hymen. Jav. 7. t. 3.1861; 东北草本植物志1: 25. 1958; 中国植物志2: 175. 图版12: 1～6. 1959; 辽宁植物志（上册）: 34. 图版10: 5～6. 1988; 东北植物检索表（第二版）: 28. 图版6: 1. 1995.

叶片团扇形至圆状肾形，掌状分裂，裂片线形；叶质薄，半透明，两面光滑无毛；孢子囊群生短裂片顶端。生林下水湿的岩石上。产黑龙江省海林、伊春、牡丹江、尚志等地；吉林省蛟河等地；辽宁省风城、宽甸、鞍山、庄河等地。

■ 团扇蕨

植株

居群

007. 蘋科　Marsileaceae

Marsileaceae Mirb., Hist. Nat. Vég. [Lam. & Mirbel] 5: 126. 1802.

木贼门、木贼亚门、木贼纲、水龙骨亚纲、槐叶蘋目（Salviniales）。

小型蕨类，生于浅水淤泥或湿地沼泥中。根状茎细长横走，有管状中柱，被短毛。不育叶为线形单叶，或由2～4片倒三角形的小叶组成，着生于叶柄顶端，漂浮或伸出水面。叶脉分叉，但顶端连接成狭长网眼。能育叶变为球形或椭球形孢子果，有柄或无柄，通常接近根状茎，着生于不育叶的叶柄基部或近叶柄基部的根状茎上，一个孢子果内含二至多数孢子囊。孢子囊二型，大孢子囊只含1个大孢子，小孢子囊含多数小孢子。

本科全世界有3属，约61种，主产澳大利亚和非洲热带。中国产1属3种，各个省区均有分布。东北地区产1属1种。

苹属　*Marsilea* L.

Marsilea L., Sp. Pl. 2: 1099. 1757.

小型水生植物。根状茎细长而横走，向下生有多数根，向上生有2列叶。叶近生或近簇生，具柄；叶片十字形，由2～4小叶组成，着生于叶柄顶端，漂浮于水面；叶脉明显，从小叶基部辐射分叉达叶边，并由横脉相连而成网状。孢子囊果卵状长圆形至长圆状肾形，质坚硬，光滑或幼时被细毛，着生于叶柄近基部，单生或二至多个形成孢子囊果序。孢子囊多数，着生于由孢子囊果内壁凸起而成的囊群托上，大孢子囊生于囊托顶端，仅发育成熟1个大孢子，小孢子囊生于囊托两侧，内有多数小孢子，孢子周壁具网状纹饰。

本属全世界约52种，遍布世界各地，尤以大洋洲及南部非洲为最多。中国有3种。东北地区产1种。

苹（辽宁植物志，东北植物检索表，东北草本植物志，中国植物志，Flora of China）

Marsilea quadrifolia L., Sp. Pl. 2: 1099. 1753; 东北草本植物志1: 68. 图55.1958; 辽宁植物志（上册）: 121. 图版52: 1～2. 1988; 东北植物检索表（第二版）: 55. 图版17: 8. 1995; 中国植物志6(2): 337. 图版82: 5～6. 2000; Fl. China 2: 123. 2013.

叶片浮水，十字形，通常由4片倒三角形小叶组成，小叶全缘；孢子囊果卵圆形至卵状长圆形，常2～3簇生叶柄基部的短梗上。生水田或沟塘中。产黑龙江省密山等地；吉林省梅河口、柳河、辉南、通化等地；辽宁省大连、普兰店、庄河等地。

全草有清热解毒、消肿利湿、止血、安神作用，用于风热目赤、肾虚等。

■ 苹

叶正反面对比

居群

008. 槐叶蘋科 Salviniaceae

Salviniaceae Martinov, Tekhno-Bot. Slovar 559. 1820.

木贼门、木贼亚门、木贼纲、水龙骨亚纲、槐叶蘋目（Salviniales）。

小型漂浮草本。茎秆纤细而横走，有须根或具由叶变态的须状假根。叶无柄或具极短柄，单叶全缘或为二深裂，成2～3行排列，3行中的1行细裂变态成须根悬垂水中，称假根。孢子果着生于茎上，外形有大小之分，体积小的为大孢子果，1～10个大孢子囊；体积大的为小孢子果，内生数目众多的小孢子囊。孢子囊均无环带，有柄。孢子异形，大孢子的体积远比小孢子的大。雌雄配子体分别在大小孢子囊内发育，前者较后者发达。

本科全世界有2属，约21种，分布于热带至温带地区。中国有2属4种，南北各地均产。东北地区产2属2种1亚种。

分属检索表

1. 植株无真根；三叶轮生于细长的茎上 ……………………………………………………………1. 槐叶苹属 Salvinia
1. 植株有丝状真根；叶鳞片状，二列互生 …………………………………………………………… 2. 满江红属 Azolla

1 槐叶苹属 *Salvinia* Séguier

Salvinia Séguier, Fl. Veron. 3: 52. 1754.

小型漂浮草本。根状茎有根或无根，有原生中柱。不育叶为单叶，全缘或二深裂，叶无柄或具极短的柄；3叶轮生，排成3列，其中2列漂浮于水面，为正常的叶片，长圆形，绿色，边缘全缘，被毛，上面密布乳头状突起，具疏水作用，中脉略显；另1列叶特化为细裂的须根状，悬垂于水中，称沉水叶，起着根的作用，故又叫假根。孢子果簇生沉水叶的基部，或沿沉水叶成对着生；孢子果有大、小两种，大孢子果体形较小，每个大孢子囊内只有1个大孢子，小孢子果体形大。

本属全世界约10种，广布于各大洲，其中以美洲和非洲热带地区为主。中国有2种。东北地区产1种。

槐叶苹（辽宁植物志，内蒙古植物志，东北植物检索表，东北草本植物志，中国植物志，Flora of China）

Salvinia natans (L.) All. in Fl. Pedem. 2: 289. 1785; 东北草本植物志1: 67. 1958; 辽宁植物志（上册）: 122. 图版52: 3 ~ 4. 1988; 东北植物检索表（第二版）: 55. 图版17: 9. 1995; 内蒙古植物志（第二版）1: 247. 图版25: 5 ~ 6. 1998; 中国植物志6(2): 341. 图版83: 4 ~ 6. 2000; Fl. China 2: 125. 2013.

叶3片轮生，沿茎排成3列，上侧2列叶浮水，叶片长圆形至椭圆形，下侧1列叶细裂成须状假根；孢子囊果近球形，4 ~ 8簇生沉水叶基部。生水田、沟塘和静水溪河内。产黑龙江省虎林、密山、萝北、富裕等地；吉林省蛟河、通化、梅河口、柳河、辉南、集安、安图等地；辽宁省沈阳、新民、盘锦、鞍山等地；内蒙古自治区扎赉特旗等地。

全草入药，煎服治虚劳发热、湿疹，外敷治丹毒、疔疮和烫伤。

■ 槐叶苹

生境

叶

植株

2 满江红属 *Azolla* Lam.

Azolla Lam., Encycl. Meth. 1: 343. 1783.

小型漂浮水生蕨类。根状茎细弱，有明显直立或呈之字形的主干，易折断，绿色，有原始管状中柱，侧枝腋生或腋外生，呈羽状分枝，或假二歧分枝，通常横卧漂浮于水面，在水浅时或植株生长密集的情况下则呈莲座状生长，茎则挺立向上，可高出水面3～5厘米。叶无柄，成两列互生于茎上，覆瓦状排列，每个叶片深裂而分为背腹两部分。孢子果有大小两种，多为双生，少为4个簇生于茎的下面分枝处。

本属全世界有7种，广布于热带、温带地区。中国产2种。东北产1种1亚种。

分种检索表

1. 植物体常变紫红色，主茎不明显；大孢子囊有9个浮膘，泡胶块上仅有单一或分枝的丝状毛，稀有锥形凸起；侧枝明显腋生，与茎上叶片数目相等 ………… 1b. 满江红 A. pinnata subsp. asiatica R. M. K. Saunders & K. Fowler
1. 植物体通常绿色，主茎较明显；大孢子囊内有3个浮膘，泡胶块上有锚状毛；侧枝腋外生，少于茎上叶片数目 ………… 2. 细叶满江红 A. filiculoides Lam.

（1）羽叶满江红（植物智网站）

Azolla pinnata R. Br., Prodr. Fl. Nov. Holland. 167. 1810.

（1a）羽叶满江红（原亚种）

Azolla pinnata subsp. *pinnata*

中国不产。

（1b）满江红（亚种）（辽宁植物志，东北植物检索表，中国植物志，Flora of China）

Azolla pinnata subsp. *asiatica* R. M. K. Saunders & K. Fowler, Bot. Journ. L. Soc. 109: 349. 1992; Fl. China 2: 126. 2013.——*A. imbricata* (Roxb.) Nakai in Bot. Mag. Tokyo 39: 185. 1925; 辽宁植物志（上册）: 123. 图版52: 5～7. 1988; 东北植物检索表（第二版）: 56. 图版17: 10. 1995; 中国植物志6(2): 343. 图版83: 1～3. 2000.

生水田和静水沟塘中。产辽宁省新民、鞍山、庄河等地。

优良绿肥，又是很好的饲料，还有发汗、利尿、祛风湿、治顽癣作用。

■ 满江红

植株

居群

（2）细叶满江红（辽宁植物志，东北植物检索表，中国植物志，Flora of China）

Azolla filiculoides Lam. in Enc. 1: 343. 1783; 辽宁植物志（上册）: 124. 1988; 东北植物检索表（第二版）: 56. 1995; 中国植物志6(2): 345. 2000; Fl. China 2: 127. 2013.

原产美洲。辽宁省营口、沈阳、凤城、丹东等地有养殖，有些地方已归化成为野生。

本种为外来入侵植物，大量繁殖，特别是覆盖所在区域的全部水面的时候，就会造成水下生物大量死亡，进而影响水生生态系统的稳定，甚至造成养殖业损失。可合理利用。其与固氮蓝藻共生，能固定空气中的氮素，是饲料和肥料兼用的水生植物；抗寒性强，繁殖快，产量高，是优良的绿肥和青饲料植物。

■ 细叶满江红

居群

植株

009. 碗蕨科 Dennstaedtiaceae

Dennstaedtiaceae Pic. Serm., Webbia 24: 704. 1970.

木贼门、木贼亚门、木贼纲、水龙骨亚纲、水龙骨目（Polypodiales）。

多年生草本植物，土生。根状茎横走，具管状中柱，被多细胞的灰白色针状刚毛，无鳞片或少有鳞片。叶一型；叶柄基部无关节，内有1条“U”形维管束；叶片一至三回羽状，小羽片或末回小羽片羽状浅裂至全裂，两面被毛，无鳞片；羽轴或主脉近轴面有纵沟，无刺；叶脉通常分离，小脉不达叶边，或少有连接为网状，网眼内不具内藏小脉。孢子囊群圆形或线形，近叶缘着生，有盖或无盖；囊群盖或为碗形，或为杯形，或为圆肾形，或为线形。孢子或为球状四面体形，辐射对称，具三裂缝；或为椭圆球形，两侧对称，具单裂缝，表面纹饰多样。

本科全世界有10属，约265种，主产热带和亚热带。中国有7属52种，大部分省区有分布。东北地区产2属3种。

分属检索表

1. 孢子囊群线形；囊群盖线形，分内外两层 ………………………… 1. 蕨属 Pteridium
1. 孢子囊群圆形；囊群盖碗形，由两层融合而成 ………………………… 2. 碗蕨属 Dennstaedtia

1 蕨属 *Pteridium* Scopoli

Pteridium Scopoli, Fl. Carniolica 169. 1760.

多年生草本，陆生。根状茎长而横走。叶疏生，有长柄；叶片卵形或卵状三角形，二至三回羽状，羽片有柄，基部1对羽片最大，卵状三角形，叶脉羽状，侧脉多回二叉分歧，伸向叶缘内的一条边脉上，背面隆起；叶革质或厚纸质，表面光滑，背面通常被茸毛。孢子囊群线形，沿叶缘内的一条边脉着生；囊群盖线形，分内外两层；孢子囊环带斜升，约由13个增厚细胞组成；孢子四面体形，三裂缝，表面有细微凸起。

本属全世界约有13种，分布于世界各地，以泛热带为中心。中国有6种，产全国各地。东北地区产1变种。

蕨（辽宁植物志，内蒙古植物志，东北植物检索表，东北草本植物志，中国植物志，Flora of China）；蕨菜（俗称）

Pteridium aquilinum var. *latiusculum* (Desv.) Underw. ex A. Heller in Cat. North Amer. Pl. ed. 3. 17. 1909; 辽宁植物志（上册）: 37. 图版11. 1988; 中国植物志3(1): 2. 图版1: 1 ~ 9. 1990; 东北植物检索表（第二版）: 30. 图版7: 9. 1995; 内蒙古植物志（第二版）1: 202. 图版9: 3 ~ 5. 1998; Fl. China 2: 149. 2013.——*P. aquilinum* auct. non (L.) Kuhn.; 东北草本植物志1: 29. 1958.

叶片卵状三角形或广三角形，三出状，三回羽状；羽片约10对，基部1对最大。孢子囊群线形，沿裂片边缘分布。生山坡向阳处、林缘或林间空地。产黑龙江省尚志、牡丹江、哈尔滨、呼玛、北安、宁安、黑河、伊春、鹤岗等地；吉林省安图、抚松、和龙、汪清、临江、靖宇等地；辽宁省各地；内蒙古自治区额尔古纳、根河、鄂伦春、科尔沁右翼前旗、敖汉旗、克什克腾旗、喀喇沁旗、宁城、东乌珠穆沁旗、西乌珠穆沁旗等地。

根状茎富含淀粉（俗称蕨粉），可作粮食和酿造原料；拳卷的幼叶可作蔬菜（俗称蕨菜）；根状茎内的纤维可制绳索；叶可供盖屋顶和搭荫棚之用；全草有清热解毒、降气化痰、利水安神作用。也为山地农业上的一种顽强杂草，也有耕牛食之中毒现象。

■ 蕨

叶背面观

植株

2 碗蕨属 *Dennstaedtia* Bernh.

Dennstaedtia Bernh. in Schrad. Journ. 124. 1801.

多年生草本，陆生。根状茎横走，内具管状中柱，外被多细胞的淡灰色刚毛，不具鳞片。叶一型，叶柄幼时被毛，后脱落，基部不以关节着生；叶片三角形至长圆形，二至数回羽状分裂，小羽片偏斜，基部为不对称的楔形，脉羽状，小脉不伸达叶边，先端有水囊体。孢子囊群圆形，叶缘着生，顶生于小脉上，囊群盖碗形，由两层融合而成，孢子囊有长柄，环带直立，孢扁球状四面体形。

本属全世界约有70种，主要分布于世界热带地区，向北到达亚洲东北部及北美洲。中国有8种。东北地区产2种。

分种检索表

1. 叶柄基部多栗黑色，全株无毛 ………………………………………… 1. 溪洞碗蕨 D. wilfordii (Moore) Christ
1. 叶柄基部多为禾秆色，全株被灰白色多细胞长毛 …………………… 2. 细毛碗蕨 D. hirsuta (Swartz.) Mett. ex Miquel

（1）溪洞碗蕨（辽宁植物志，东北植物检索表，中国植物志，Flora of China）；魏氏鳞蕨（东北草本植物志）

Dennstaedtia wilfordii (Moore) Christ in Geogr. d. Farne 195. 1910; 中国植物志2: 201. 图版XVIII: 1 ~ 5. 1959; 辽宁植物志（上册）: 36. 图版10: 1 ~ 2. 1988; 东北植物检索表（第二版）: 30. 图版6: 3. 1995; Fl. China 2: 156. 2013.——*Microlepia wilfordii* Moore in Index Fil. 299. 1861; 东北草本植物志1: 27. 图27. 1958.

生山坡林下、沟旁或砾石间。产黑龙江省尚志等地；吉林省集安、安图、长白等地；辽宁省西丰、新宾、桓仁、本溪、宽甸、凤城、丹东、鞍山、长海、大连、北镇等地。

■ 溪洞碗蕨

植株一部分

植株

居群

（2）细毛碗蕨（辽宁植物志，东北植物检索表，中国植物志，Flora of China）；细毛鳞蕨（东北草本植物志）

Dennstaedtia hirsuta (Swartz.) Mett. ex Miquel in Ann. Mus. Bot. Lugduno-Batavum 3(6): 181. 1867; 辽宁植物志（上册）: 36. 图版10: 3 ~ 4. 1988; 东北植物检索表（第二版）: 30. 图版6: 2. 1995; Fl. China 2: 156. 2013.——*D. pilosella* (Hook.) Ching in Fl. Sin. 2: 202. 1959; 中国植物志2: 202. 图版XVIII: 6 ~ 8. 1959.——*Microlepia pilosella* Moore in Index Fil. 298. 1861; 东北草本植物志1: 27. 图26. 1958.

■ 细毛碗蕨

叶背面观

植株

生山坡背阴处岩石缝间。产黑龙江省密山、宁安、牡丹江等地；吉林省集安等地；辽宁省凤城、丹东、鞍山、庄河、长海、金州、大连、北镇等地。

010. 凤尾蕨科 Pteridaceae

Pteridaceae E. D. M. Kirchn., Schul-Bot. 109. 1831.

木贼门、木贼亚门、木贼纲、水龙骨亚纲、水龙骨目（Polypodiales）。

草本植物，陆生或附生，少为水生。根状茎直立、斜升或横走，有管状或网状中柱，被鳞片，很少被毛。叶一型或二型；叶柄通常光滑，很少被毛或鳞片，基部无关节；叶片多数为一至四回羽状，少数一至三回二歧分枝，极少为单叶，被毛、腺体或鳞片。孢子囊群近叶脉或叶缘着生，囊群盖缺如，或孢子囊群着生于叶脉顶端，为反折的叶所覆盖。孢子囊具长柄，环带垂直或偶斜升，为孢子囊隔断。孢子具三裂缝，不具叶绿素。

本科全世界约有53属1200种，泛热带分布，主产温带地区。中国约有19属，230多种，各地均有分布，主产西南地区。东北地区产4属6种3变种。

分属检索表

1. 孢子囊群不为反折而变态的叶边所掩护。
  2. 叶柄麦秆色, 光滑无毛，叶片草质，光滑或有疏短毛；孢子囊群显露于叶背
  ……………… 1. 凤了蕨属（凤丫蕨属）Coniogramme
  2. 叶柄栗褐色，被褐色毛，叶片纸质或革质，密被褐色长毛；孢子囊群掩藏在长毛或鳞片之下
  ……………… 2. 欧裸蕨属（金毛裸蕨属） Paragymnopteris
1. 孢子囊群为反折而变态的叶边所掩护。
  3. 小羽片或裂片不为扇形或近扇形，其叶脉羽状分歧；孢子囊群由几个较小而不具阔环带的孢子囊组成，近叶边着生，假囊群盖不具叶脉 ……………… 3. 粉背蕨属 Aleuritopteris
  3. 小羽片扇形或近扇形，其叶脉扇形二叉分歧；孢子囊群生反折而变态的叶边下面的小脉顶端，假囊群盖上具叶脉 ……………… 4. 铁线蕨属 Adiantum

1 凤了蕨属（凤丫蕨属） *Coniogramme* Fée

Coniogramme Fée, Gen. Fil. 167, t. 14, f. 1, 2. 1850 ~ 1852.

陆生喜阴植物。根状茎粗短，横卧，有管状中柱，连同叶柄基部疏被鳞片；鳞片褐棕色，披针形，有格子形网眼，全缘，基部着生。叶远生或近生，有长柄；柄为禾秆色或饰有棕色，或栗棕色，基部以上光滑，维管束断面呈U字形；叶片卵状长圆形、卵状三角形或卵形，一至二回奇数羽状，少数种为三出或三回羽状；侧生羽片多为5对左右，对生或互生，有柄或向顶部的无柄；小羽片披针形至长圆披针形，先端渐尖或尾尖，边缘往往为半透明的软骨质，有锯状齿或全缘。主脉明显，上面有纵沟，下面圆形，侧脉一至二回分叉，分离。叶草质至纸质，少有近革质。孢子囊群沿侧脉着生，线形或网状，不到叶边，无盖。

本属全世界有25 ~ 30种，主产中国长江以南和西南亚热带温凉山地阴湿处，北至秦岭，西至喜马拉雅山西部，东到中国东北以及朝鲜、日本、菲律宾，南到越南、老挝、柬埔寨、马来西亚、印度尼西

亚；墨西哥和非洲各有1～2种。中国有22种。东北地区产1种1变种。

分种检索表

1. 羽片边缘的锯状齿尖而细密，上弯，小脉先端的水囊体稍膨大，伸达锯状齿下侧边并常与之靠合 ……………… 1. 尖齿凤了蕨 C. affinis (Wall. ex C. Presl) Hieron.
1. 羽片边缘的锯状齿不甚规则而稍张开，小脉先端的水囊体膨大为小脉的2～3倍，不伸入锯状齿下侧边并常与之靠合 ……………… 2b. 无毛凤了蕨 C. intermedia Hieron. var. glabra Ching

（1）尖齿凤了蕨（植物智网站）；尖齿凤丫蕨（辽宁植物志，东北植物检索表，中国植物志，Flora of China）

Coniogramme affinis (Wall. ex C. Presl) Hieron. in Hedwigia 57: 297. 1916; 辽宁植物志（上册）: 46. 图版14: 1～2. 1988; 中国植物志3(1): 256. 图版69: 1～5. 1990; 东北植物检索表（第二版）: 34. 图版7: 1. 1995; Fl. China 2: 174. 2013.

生林下。产黑龙江省尚志等地；吉林省抚松、临江等地；辽宁省本溪、宽甸、桓仁、凤城等地。

根状茎有清热解毒、凉血、强筋壮骨作用，用于肩疼、狂犬咬伤。

■ 尖齿凤了蕨

叶背面观

植株

（2）普通凤了蕨（植物智网站）；普通凤丫蕨（中国高等植物图鉴，中国植物志，Flora of China）

Coniogramme intermedia Hieron., Hedwigia 57: 301. 1916; 中国植物志3(1): 265. 1990; Fl. China 2: 176. 2013.

（2a）普通凤了蕨（原变种）

东北地区不产。

（2b）无毛凤了蕨（变种）（植物智网站）；无毛凤丫蕨（辽宁植物志，东北植物检索表，中国植物志，Flora of China）；中华凤丫蕨（东北草本植物志）

Coniogramme intermedia Hieron. var. *glabra* Ching in Ic. Fil. Sinic. 3: t. 143. 1935; 东北草本植物志1: 31. 1958; 辽宁植物志（上册）: 46. 图版14: 3～5. 1988; 中国植物志3(1): 267. 1990; 东北植物检索表（第二版）: 34. 图版7: 2. 1995; Fl. China 2: 177. 2013.

生湿润林下。产黑龙江省宁安等地；吉林省抚松、靖宇、通化、辉南、集安、长白、临江、安图等地；辽宁省辽阳、本溪、桓仁等地。

■ 无毛凤了蕨

叶缘

植株

居群

2 欧裸蕨属（金毛裸蕨属） *Paragymnopteris* K. H. Shing

Paragymnopteris K. H. Shing, Indian Fern J. 10: 227. 1994.

旱生植物。根状茎短而横卧或直立，有网状中柱，密被线形或钻形的黄棕色全缘鳞片，并混生细长柔毛。叶簇生；柄栗色或栗褐色，有光泽，圆柱形，基部以上密被细长伏生的柔毛；叶片长圆披针形，一至二回奇数羽状复叶；羽片卵形、长圆形或长圆披针形，圆钝头，基部通常对称，圆形或心脏形，全缘。叶脉分离，羽状，一至二回分叉，斜上，间或在近叶边处连接成狭长网眼。叶为纸质或革质，柔软，遍体（尤其下面）密被黄棕色细长绢毛或透明、全缘、覆瓦状的披针形鳞片。孢子囊群线形，沿小脉全部或上部着生，无盖。

本属全世界约有5种。分布于热带美洲、地中海至大西洋各岛屿、喜马拉雅南部、中国西南部及俄罗斯远东地区。中国有5种。东北地区产1变种。

耳羽金毛裸蕨（内蒙古植物志，东北草本植物志，中国植物志，Flora of China）；华北金毛裸蕨（东北植物检索表）

Paragymnopteris bipinnata var. *auriculata* (Franchet) K. H. Shing in Indian Fern J. 10: 230. 1994; Fl. China 2: 237. 2013.——*Gymnopteris bipinnata* Christ var. *auriculata* (Franch.) Ching in Lingman Sci. Journ.15: 398. 1936; 东北草本植物志1: 31. 图28. 1958; 中国植物志3(1): 226. 1990; 内蒙古植物志（第二版）1: 206. 图版11: 1～2. 1998.——*G. borealisinensis* auct. non Kitag.; 东北植物检索表（第二版）: 34. 1995.

植株高20～30厘米；叶柄密被褐色多细胞长毛；叶片卵形或长卵形，一回羽状羽片6～11对；孢子囊群长圆形至短线形，沿侧脉着生。生岩壁干山坡或林下岩石缝中。产辽宁省凌源；内蒙古自治区扎兰

■ 耳羽金毛裸蕨

叶正面观

叶背面观

幼叶背面观

■ 耳羽金毛裸蕨

植株

生境

屯、科尔沁右翼前旗、扎赉特旗、科尔沁右翼中旗、喀喇沁旗、巴林左旗、宁城等地。

3 粉背蕨属 *Aleuritopteris* Fée

Aleuritopteris Fée, Mém. Foug. 5: 153. 1852.

常绿或夏绿植物。根状茎短而直立或斜升，被鳞片，鳞片棕色至黑色，披针形至卵状披针形，全缘或有微齿。叶簇生或近生；叶柄栗黑色至红棕色，光滑或被鳞片，通常有光泽；叶片五角形、卵形至披针形，掌状深裂或为二至三回羽状分裂，羽片对生或近对生，有柄或无柄，通常基部一对较大，革质至厚纸质，表面光滑，背面被蜡质粉末，稀光滑，叶脉羽状或掌状，分离。孢子囊群圆形，顶生脉端，由少数孢子囊组成，近叶边排列，幼时分离，成熟后向两侧扩展并汇合成线形；假囊群盖棕色至深褐色，膜质，内缘往往有锯齿和睫状毛；孢子扁球状四面体形，暗褐色，表面光滑具颗粒状纹饰或褶皱，稀具拟网状花纹。

本属全世界约40种，分布于热带、亚热带地区。中国产29种。东北地区产2种1变种。

分种检索表

1. 夏绿中生植物；根状茎及叶柄上的鳞片较大而薄，卵状披针形，边缘具睫毛状齿；叶片阔披针形，长显著大于宽 ………… 1. **华北粉背蕨** A. kuhnii (Milde) Ching
1. 常绿旱生植物；根状茎及叶柄上的鳞片较小而厚，披针形，全缘；叶片卵圆披针形，长宽近等（2. **银粉背蕨** A. argentea (Gmel.) Fé）。
    2. 叶背面白色或雪白色，有蜡质粉粒 ………… 2a. **银粉背蕨** A. argentea var. argentea
    2. 叶背面淡绿色，无蜡质粉粒 ………… 2b. **无银粉背蕨** A. argentea var. obscura (Christ) Ching

（1）华北粉背蕨（辽宁植物志，Flora of China）；华北薄鳞蕨（内蒙古植物志，东北植物检索表，中国植物志）；孔氏粉背蕨（东北草本植物志）；宽叶薄鳞蕨（云南植物研究，中国植物志）

Aleuritopteris kuhnii (Milde) Ching in Hongk. Nat. 10: 202. 1941; 东北草本植物志1: 30. 1958; 辽宁植物志（上册）: 40. 图版12: 2. 1988; Fl. China 2～3: 234. 2013.——*Leptolepidium kuhnii* (Milde) Hsing et S. K. Wu in Acta Bot. Yunnan. 1(1): 117. 1979; 中国植物志3(1): 172. 1990; 东北植物检索表（第二版）: 32. 图版

7: 4. 1995; 内蒙古植物志（第二版）1: 203. 图版10: 3 ~ 4. 1998.——*Cheilanthes kuhnii* Milde in Bot. Zeitung (Berlin) 1867: 149. 1867.——*Leptolepidium kuhnii* (Milde) Hsing var. *brandtii* (Franch. et Sav.) Hsing et S. K. Wu in Acta Bot. Yunnan. 1(1): 1 ~ 8. 1979; 中国植物志3(1): 172. 1990.

生林下或路边岩石上。产黑龙江省伊春、塔河、呼玛、宁安、尚志、哈尔滨等地；吉林省安图、和龙、珲春等地；辽宁省本溪、凤城、建昌、葫芦岛、凌源等地；内蒙古自治区牙克石、科尔沁右翼前旗、扎赉特旗、敖汉旗、宁城等地。

■ 华北粉背蕨

羽片背面近乎无白粉

羽片背面被白粉

叶

植株

（2）银粉背蕨（辽宁植物志，内蒙古植物志，东北植物检索表，东北草本植物志，中国植物志，Flora of China）；假银粉背蕨（植物分类学报，中国植物志）；假五角叶粉背蕨（中国蕨类植物孢子形态）

Aleuritopteris argentea (Gmel.) Fée in Gen. Fil. 154. 1852; 东北草本植物志1: 30. 1958; 辽宁植物志（上册）: 39. 图版12: 1. 1988; 中国植物志3(1): 154. 1990; 东北植物检索表（第二版）: 30. 图版7: 3. 1995; 内蒙古植物志（第二版）1: 204. 图版10: 1 ~ 2. 1998; Fl. China 2: 229. 2013.——*Aleuritopteris subargentea* Ching in Y. L. Chang et al. Sporae Pterid. Sin. 157. t. 33. f. 15, 19. 1976. nom. nud.; Acta Phytotax. Sinica 19(1): 65. 1981.; Fl. Xizang. 1: 80. 1983; 中国植物志3(1): 153. 图版39: 4 ~ 5.1990.

（2a）银粉背蕨（原变种）

Aleuritopteris argentea var. *argentea*

生石灰质的岩石缝中。产黑龙江省呼玛、依兰、黑河、宁安、尚志、塔河、牡丹江、五大连池等地；吉林省安图、长白、靖宇、辉南、柳河、通化、敦化、和龙、汪清等地；辽宁省本溪、桓仁、凤城、鞍山、海城、长海、金州、大连、建昌、凌源等地；内蒙古自治区额尔古纳、根河、扎兰屯、鄂伦春、科尔沁右翼前旗、科尔沁右翼中旗、扎赉特旗、突泉、大青沟、敖汉旗、巴林左旗、克什克腾旗、喀喇沁旗、巴林左旗、宁城等地。

全草有补虚止咳、调经活血、消肿解毒、止血作用，用于月经不调、肝炎、肺炎等。

■ 银粉背蕨

叶正面观

叶背面观

居群

（2b）无银粉背蕨（变种）（辽宁植物志，内蒙古植物志，东北植物检索表，东北草本植物志）

Aleuritopteris argentea var. *obscura* (Christ) Ching in Hong Kong Naturalist 10(3–4): 198. 1941; 东北草本植物志1: 30. 1958; 辽宁植物志（上册）: 40. 1988; 东北植物检索表（第二册）: 32. 1995; 内蒙古植物志（第二版）1: 206. 1998.

生境同正种。产辽宁省本溪、桓仁、凤城、鞍山、海城、长海、金州、大连、建昌、凌源等地；内蒙古自治区扎兰屯、科尔沁右翼中旗、突泉、扎鲁特旗、敖汉旗、巴林右旗、喀喇沁旗、宁城等地。

■ 无银粉背蕨

孢子囊群近边生

叶正面观

叶背面观

4 铁线蕨属 *Adiantum* L.

Adiantum L., Sp. Pl. 1094. 1753.

陆生中小型植物。根状茎直立、斜升或横走，内有管状中柱或原始网状中柱，外被褐色至黑色通常全缘的披针形鳞片。叶同型，膜质至革质，通常光滑无毛，螺旋状簇生或二列散生；叶柄栗黑色至红棕色，有光泽，基部通常被鳞片；叶片常为一至四回羽状或掌状单叶；末回小羽片多为扇形或团扇形，有小柄；叶脉离生或网状，伸达叶缘。孢子囊群圆形，有短柄，沿叶脉梢部着生，有时扩充至叶脉间的叶肉上；囊群盖由特化的叶边反折而成，圆形、肾形、半月形或长圆形，分离、靠近或连续；孢子囊具直立环带；孢子四面体形，半透明，表面光滑。

本属全世界有200多种，广布于世界各地，自寒温带到热带地区，尤以南美洲为最多。中国现有34种，主要分布于温暖地区。东北地区产3种。

分种检索表

1. 叶片二回羽状，羽轴顶端不延伸成鞭状 …………………………………………… 1. **掌叶铁线蕨** A. pedatum L.
1. 叶片一回羽状，叶轴顶端常延伸成鞭状。
   2. 羽片三角形或斜方形，几乎无柄 ……………………………………………… 2. **普通铁线蕨** A. edgeworthii Hook.
   2. 羽片团扇形或近圆形，具短柄 ……………………………………………… 3. **团羽铁线蕨** A. capillus-junonis Rupr.

（1）掌叶铁线蕨（辽宁植物志，东北植物检索表，东北草本植物志，中国植物志，Flora of China）

Adiantum pedatum L. in Sp. P1. 2: 1905. 1753; 东北草本植物志1: 33. 图29. 1958; 辽宁植物志（上册）: 43. 图版13. 1988; 中国植物志3(1): 192. 图版49: 6 ~ 8. 1990; 东北植物检索表（第二版）: 32. 图版7: 7. 1995; Fl. China 2: 243. 2013.

生阔叶林下。产黑龙江省虎林、密山、饶河、宁安、伊春、尚志、哈尔滨、嘉荫、宝清、铁力等地；吉林省安图、临江、抚松、长白、珲春、汪清、敦化、桦甸、蛟河等地；辽宁省西丰、清原、本溪、凤城、宽甸、桓仁、岫岩、丹东、庄河、鞍山、营口等地。

全草有除湿利水、调经止痛、消炎解毒作用，用于水肿、瘰疬、烧伤、蛇伤等。

■ 掌叶铁线蕨

叶背面观

植株

居群

（2）普通铁线蕨（辽宁植物志，东北植物检索表，中国植物志，Flora of China）；爱氏钱线蕨（东北草本植物志）

Adiantum edgeworthii Hook. in Sp. Fil. 2: 14. t. 81 B. 1851; 东北草本植物志1: 31. 1958; 辽宁植物志（上册）: 42. 1988; 中国植物志3(1): 190. 图版47: 10 ~ 12. 1990; 东北植物检索表（第二版）: 32. 图版7: 6. 1995; Fl. China 2: 243. 2013.

生林下阴湿地方或岩石上。北川政夫记载产瓦房店得利寺。待调查核实。

（3）团羽铁线蕨（辽宁植物志，东北植物检索表，中国植物志，Flora of China）；圆叶钱线蕨（东北草本植物志）

Adiantum capillus-junonis Rupr. in Distr. Crypt. Vasc. Ross. 49. 1845; 东北草本植物志1: 33. 1958; 辽宁植物志（上册）: 42. 1988; 中国植物志3(1): 189. 图版48: 1 ~ 4. 1990; 东北植物检索表（第二版）: 32. 图版7: 5. 1995; Fl. China 2: 243. 2013.

生石灰岩岩石缝中。产辽宁省凌源等地。

全草有清热解毒、补肾止咳作用，用于痢疾、咳嗽、乳痈、毒蛇咬伤、烧烫伤等。

■ 团羽铁线蕨

植株一部分

植株

居群

011. 冷蕨科 Cystopteridaceae

Cystopteridaceae (Payer) Shmakov, Turczaninowia 4(1 ~ 2): 60. 2001.

木贼门、木贼亚门、木贼纲、水龙骨亚纲、水龙骨目（Polypodiales）。

小到中型草本，土生或岩石生。根状茎细长，匍匐或上升；叶远生或近生或簇生；叶片三回或四回羽裂或羽状半裂，阔披针形、长圆形、卵状三角形或近五角形；羽片对生或近对生；叶脉分离，羽状分枝或叉状。孢子囊群圆形、细长，生于叶背面脉上，有囊群盖或无囊群盖；囊群盖卵形披针形，卵形，或圆形。

本科全世界有3属，约30种，分布于热带高山及温带及寒温带地区。中国有3属20种，大部分省区有分布。东北地区产2属5种。

分属检索表

1. 孢子囊群圆形的囊群盖卵形；叶片披针形至卵形 ………………………………………………… 1. 冷蕨属 Cystopteris
1. 孢子囊群无囊群盖；叶片为三角状卵形至五角状广卵形 ……………………………… 2. 羽节蕨属 Gymnocarpium

1 冷蕨属 *Cystopteris* Bernh.

Cystopteris Bernh. in Schrad. Neu. Journ. Bot. 1(2): 5, 26. 1806.

高山林下小型夏绿植物。根状茎细长横走或短而横卧，网状中柱，黑褐色，无毛或密被红褐色柔毛，有褐色或浅褐色、质薄、卵形至阔披针形的鳞片疏生；叶生远生、近生或簇生，较细弱。叶柄较叶片短或长，基部常呈深褐色，向上为禾秆色或栗色；叶片卵状披针形、卵状三角形或近五角形，二至三回羽状，罕为四回羽状以上；羽片上先出，有短柄，基部略微偏斜或几乎对称；裂片边缘有锯状小齿；叶脉分离，二叉或羽状，小脉通直，达锯状齿顶端或达锯状齿间的小缺刻。叶薄草质或草质，干后绿色，叶柄、叶轴及羽片、小羽片基部具稀少的鳞毛、多细胞节状毛或单细胞腺毛，叶片通常无毛。孢子囊群圆形，生小脉背上。

本属全世界有20余种，分布于世界温带、寒温带及热带高山。中国有11种，分布于东北、华北、西北、西南高寒山地和台湾高山。东北地区产2种。

分种检索表

1. 根状茎短横卧；叶近簇生，叶片披针形至长圆形 …………………………………………… 1. 冷蕨 C. fragilis (L.) Bernh.
1. 根状茎长匍匐；叶远生，叶片广卵形至卵状三角形 ………………………… 2. 欧洲冷蕨 C. sudetica A. Braun et Milde

（1）冷蕨（辽宁植物志，内蒙古植物志，东北植物检索表，东北草本植物志，中国植物志，Flora of China）

Cystopteris fragilis (L.) Bernh. in Schard. Neu. Journ. Bot. 1(2): 26 ~ 27. t. 2. f. 9. 1806; 辽宁植物志（上册）: 62. 图版22. 1988; 东北植物检索表（第二版）: 36. 图版9: 5. 1995; 内蒙古植物志（第二版）1: 212. 图版13: 1 ~ 3. 1998; 中国植物志3(2): 45. 图版9: 1 ~ 9. 1999; Fl. China 2: 262. 2013.——*C. filix-fragilis* (L.) Bernh., Exerc. Phyt. 558. 1792; 东北草本植物志1: 43. 图36. 1958.

生林下岩石上。产黑龙江省伊春、宁安、哈尔滨、呼玛等地；吉林省安图、集安、靖宇等地；辽宁省鞍山、宽甸、凤城、建昌等地；内蒙古自治区额尔古纳、扎兰屯、林西县大营子、科尔沁右翼前旗、扎赉特旗、巴林右旗、克什克腾旗、喀喇沁旗、宁城、锡林浩特等地。

■ 冷蕨

一回小羽片背面观

羽片背面观

植株

（2）欧洲冷蕨（内蒙古植物志，中国植物志，Flora of China）；山冷蕨（东北植物检索表，东北草本植物志）

Cystopteris sudetica A. Braun et Milde in Jahresber. Schles. Ges. Vaterl. Cult. 1855: 92. 1855; 东北草本植物志(1): 44. 图37. 1958; 东北植物检索表（第二版）: 36. 图版9: 6. 1995; 内蒙古植物志（第二版）1: 212. 图版13: 4 ~ 5. 1998; 中国植物志3(2): 50. 图版10: 4 ~ 5. 1999; Fl. China 2: 264. 2013.

生针叶林或针阔叶混交林下。产黑龙江伊春、带岭、饶河、虎林、宁安、尚志等地；吉林省汪清、和龙、长白、安图等地。

■ 欧洲冷蕨

叶正面观

叶背面观

小羽片

植株

2 羽节蕨属 *Gymnocarpium* Newman

Gymnocarpium Newman in Phytologist 4: 371. 1851.

中小型陆生夏绿植物。根状茎细长横走，黑褐色，几乎光滑，有网状中柱，先端和叶柄基部被鳞片；叶远生。叶柄纤细，远较叶片长，基部深褐色，向上禾秆色，上面有一条“U”字形纵沟；叶片为三角状卵形至五角状广卵形，先端渐尖，基部以关节着生于叶柄先端，并与叶柄呈倾斜面，单叶羽状深裂至三回羽状，顶部羽裂；羽片有柄或无柄，以关节着生于叶轴，基部一对不缩短。叶脉分离，在末回裂片上为羽状，侧脉单一或偶为二叉，达于叶边。叶为草质或薄草质，叶柄上部、叶轴、羽轴及叶片两面有或无头状腺体。孢子囊群长圆形或圆形，无盖，生于小脉背上，在主脉或羽轴两侧各排成一行。

本属全世界有10种及一些杂交种，广布于北半球温带（亚洲、北美洲和欧洲）和亚洲亚热带山地。中国有5种。东北地区产3种。

分种检索表

1. 叶轴背面具腺体 ······ 1. 羽节蕨 G. jessoense (Koidz.) Koidz.
1. 叶轴光滑无腺体。
  2. 植株高达50厘米；叶片三回羽状 ······ 2. 大羽节蕨 G. disjunctum (Rupr.) Ching
  2. 植株高20～35厘米；叶片二回羽状 ······ 3. 欧洲羽节蕨 G. dryopteris (L.) Newman

（1）羽节蕨（辽宁植物志，内蒙古植物志，东北植物检索表，东北草本植物志，中国植物志，Flora of China）

Gymnocarpium jessoense (Koidz.) Koidz. in Acta Phytotax. Geobot. 5: 40. 1936; 辽宁植物志（上册）: 64. 图版24. 1988; 东北植物检索表（第二版）: 36. 图版9: 4. 1995; 中国植物志3(2): 67. 图版14: 1 ~ 7. 1999; Fl. China 2: 258. 2013.——*G. continentalis* (Petrov) Ching, Trudy Akad. Nauk Takziksk. S. S. R. 22: 10. 1950; 东北草本植物志1: 46. 图39. 1958.

生林下。产黑龙江省宝清、尚志、伊春、呼玛、黑河、牡丹江、嫩江、宁安等地；吉林省通化、安图、长白、集安、汪清、珲春等地；辽宁省建昌、鞍山、大连等地；内蒙古自治区海拉尔、额尔古纳、根河、扎兰屯、鄂伦春、科尔沁右翼前旗、扎赉特旗、巴林右旗、克什克腾旗、喀喇沁旗、宁城等地。

■ 羽节蕨

叶一部分

叶轴背面具腺体

植株

（2）大羽节蕨（辽宁植物志，东北植物检索表，东北植物分布图集）；羽节蕨（内蒙古植物志）

Gymnocarpium disjunctum (Rupr.) Ching, Acta Phytotax. Sin. 10(4): 304. 1965; 内蒙古植物志（第二版）1: 214. 图版14: 4 ~ 7. 1998.——*Gymnocarpium dryopteris* var. *disjunctum* (Rupr.) Ching, Contr. Biol. Lab. Chin. Assoc. Advancem. Sci., Sect. Bot. 9(1): 41. 1933; 辽宁植物志（上册）: 64. 1988; 东北植物检索表（第二版）: 36. 1995; 东北植物分布图集: 36. 2019. 生林下、山坡阴岩石缝间。产吉林省抚松；辽宁省凌源；内蒙古自治区牙克石、根河、额尔古纳、鄂伦春、扎兰屯、科尔沁右翼前旗、扎赉特旗、巴林右旗、克什克腾旗、喀喇沁旗、宁城等地。

（3）欧洲羽节蕨（辽宁植物志，内蒙古植物志，中国植物志，Flora of China）；鳞毛羽节蕨（东北植物检索表，东北草本植物志）

■ 欧洲羽节蕨

叶轴无腺体

植株

居群

Gymnocarpium dryopteris (L.) Newman in Phytologist 4: 371. 1851; 东北草本植物志1: 45. 图38. 1958; 辽宁植物志（上册）: 64. 图版23. 1988; 东北植物检索表（第二版）: 36. 图版9: 3. 1995; 内蒙古植物志（第二版）1: 214. 1998; 中国植物志3(2): 71. 图版14: 8 ~ 9. 1999; Fl. China 2: 259. 2013.

生针叶林下阴湿处。产黑龙江省伊春、虎林、饶河、密山、尚志、呼玛、宁安等地；吉林省抚松、安图、临江、通化、白山、集安、蛟河、九台、长白等地；辽宁省凌源等地；内蒙古自治区根河、牙克石、科尔沁右翼前旗、巴林右旗、喀喇沁旗、东乌珠穆沁旗、宝格达山等地。

012. 铁角蕨科　Aspleniaceae

Aspleniaceae Newman, Hist. Brit. Ferns 6. 1840.

木贼门、木贼亚门、木贼纲、水龙骨亚纲、水龙骨目（Polypodiales）。

中型或小型草本植物，石生或附生，少有土生，有时攀缘。根状茎横走，斜升或直立，具网状中柱，先端被鳞片，无毛。叶一型或很少近二型；叶柄基部不具关节，基部有扁阔维管束2条，叶形多样，有不分裂的单叶，有深羽裂的单叶，有一至三回羽状的复叶；叶脉分离，一至多回二叉分枝，不达叶边，有时向叶边结合；各回羽轴近轴面有1条纵沟，各纵沟彼此不互通。孢子囊群线形，有时近椭圆形，多沿小脉上侧着生，少有在同一小脉的上下侧均有着生；孢子囊群通常有盖，囊群盖全缘，以一边着生于叶脉，另一边开向主脉（中脉），或有时相向对开。孢子两侧对称，椭圆形或肾形，单裂缝，表面纹饰有窗孔状、翅状、丝毛状等。

本科全世界有2属，约760种，广布于世界各地，主产热带。中国有2属108种，各省区均有分布，主产南部和西南部地区。东北地区产1属10种1变种。

铁角蕨属　*Asplenium* L.

Asplenium L., Sp. Pl. 2: 1078. 1753.

石生或附生或土生草本植物。根状茎横走、斜卧或直立，密被小鳞片。叶远生、近生或簇生，有柄；柄为草质，上面有一纵沟，基部不以关节着生，略具鳞片，向上光滑或偶有小鳞片，小鳞片上达叶轴，往往沿羽轴、主脉或叶下面疏生，并常呈不规则的星芒状；叶片单一，或为一至三回羽状，偶为四回羽状；各回羽轴上面有纵沟。叶脉分离或成网状，斜上；小脉通直，不达叶边。叶草质至革质，有时近肉质，无毛。孢子囊群一般为线形，有时略呈长圆形，通直，通常沿小脉上侧着生，单一或偶尔双生一脉，具囊群盖；囊群盖与孢子囊群同型，膜质，全缘；孢子长圆形，具翅状周壁。

本属全世界约700种，广布于世界各地，尤以热带为多。中国有90种，以热带和亚热带地区为分布中心。

分种检索表

1. 叶脉网状，叶片单一，叶轴顶端常延伸成鞭状，芽胞着地形成新植株 ………… 1. 过山蕨 A. ruprechtii Sa. Kurata
1. 叶脉羽状分离或在近叶缘处联结。
    2. 叶片单一不裂；孢子囊群成对着生，成熟时相向对开 ……………………………… 2. 对开蕨 A. scolopendrium L.
    2. 叶片一至三回羽裂；孢子囊群通常沿叶脉上侧着生，成熟时开向主脉一侧。
        3. 叶轴顶端生有芽胞 …………………………………………………………………… 3. 倒挂铁角蕨 A. normale Don

（接上表）

3. 叶轴顶端无芽胞。
 4. 囊群盖具睫状毛或边缘啮蚀状；叶片近革质，小羽片或裂片倒卵形 …… **4. 卵叶铁角蕨 A. ruta-muraria** L.
 4. 囊群盖全缘或浅波状；叶片草质或坚草质。
  5. 叶一回羽裂或羽状，能育羽片无柄，基部明显下延 ……………… **5. 东海铁角蕨 A. castaneoviride** Bak.
  5. 叶二至三回羽裂或羽状，能育羽片通常具柄，不下延。
   6. 成熟叶柄红棕色至栗褐色，至少叶柄基部栗褐色。
    7. 成熟叶柄及叶轴红棕色至栗褐色，叶片下部羽片渐缩短 ………… **6. 虎尾铁角蕨 A. incisum** Thunb.
    7. 成熟叶柄下部通常是基部栗褐色，叶片下部的羽片一般不缩短 ……… **7. 西北铁角蕨 A. nesii** Christ
   6. 成熟叶柄麦秆色至淡绿色。
    8. 叶坚草质或近坚草质，羽轴无沟。
     9. 叶柄基部的鳞片着生点处有毛，叶片多为披针形，裂片小脉伸达齿端，齿锐尖 ……………………………………………………………………… **8. 北京铁角蕨 A. pekinense** Hance
     9. 叶柄基部的鳞片着生点处无毛，叶片多为长圆形，裂片小脉不伸达齿端，齿钝尖 ……………………………………………………………………… **9. 华中铁角蕨 A. sarelii** Hook.
    8. 叶草质，羽轴有沟。
     10. 羽片柄长达3毫米；二倍体……… **10b. 钝齿铁角蕨 A. tenuicaule** var. **subvarians** (Ching) Viane
     10. 羽片柄长不超过1毫米；四倍体………………………… **11. 内蒙铁角蕨 A. mae** Viane & Reichst.

（1）过山蕨（辽宁植物志，内蒙古植物志，东北植物检索表，东北草本植物志，中国植物志，Flora of China）

Asplenium ruprechtii Sa. Kurata in Enum. Jap. Pterid. 325, 338. 1961; Fl. China 2: 277. 2013.——*Camptosorus sibiricus* Rupr. in Distr. Crypt. Vasc. Ross. 45. 1845; 东北草本植物志1: 34. 图30. 1958; 辽宁植物志（上册）: 79. 图版29: 1. 1988; 东北植物检索表（第二版）: 42. 图版11: 8. 1995; 内蒙古植物志（第二版）1: 220. 图版16: 4 ~ 5. 1998; 中国植物志4(2): 141. 图版24: 1 ~ 4. 1999.

生阴湿岩石上。产黑龙江省伊春、尚志、呼玛、萝北、宁安、五大连池等地；吉林省安图、长白、临江、集安、磐石、靖宇等地；辽宁省铁岭、本溪、凤城、宽甸、桓仁、丹东、岫岩、鞍山、金州、大

■ 过山蕨

叶背面观

居群

连、绥中、凌源等地；内蒙古自治区额尔古纳、扎兰屯、科尔沁右翼前旗、科尔沁左翼后旗、敖汉旗、喀喇沁旗、宁城等地。

全草有止血、凉血、消炎、活血散瘀作用，用于外伤出血、子宫出血等。

（2）对开蕨（东北植物检索表，中国植物志，Flora of China）

Asplenium scolopendrium L., Sp. Pl. 2: 1079. 1753.——*Phyllitis scolopendrium* (L.) Newman in Hist. Brit. Ferns (ed. 2) 10. 1844; 中国植物志4(1): 127. 图版20: 7 ~ 8. 1999; 东北植物检索表（第二版）: 44. 图版11: 9. 1995.——*Asplenium komarovii* auct. non Akasawa: Fl. China 2: 274. 2013.

生针阔混交林下。产吉林省集安、长白、临江、抚松、通化等地。

本种在中国仅分布于东北地区。在2021年公布的《国家重点保护野生植物名录》中，被列为二级保护植物。

■ 对开蕨

叶背面观

植株

居群

（3）倒挂铁角蕨（辽宁植物志，东北植物检索表，中国植物志，Flora of China）

Asplenium normale Don in Prod. Fl. Nepal. 7. 1825; 辽宁植物志（上册）: 74. 1988; 东北植物检索表（第二版）: 42. 图版11: 1. 1995; 中国植物志4(2): 31. 图版4: 1 ~ 7. 1999; Fl. China 2: 282. 2013.

生密林下或溪旁石上。辽宁省金州大黑山有记录，待调查核实。

（4）卵叶铁角蕨（内蒙古植物志，中国植物志，Flora of China）；卵羽铁角蕨（辽宁植物志，东北植物检索表）；陆氏铁角蕨（东北草本植物志）；疏羽铁角蕨（植物分类学报，中国植物志）

Asplenium ruta–muraria L., Sp. Pl. 2: 1081. 1753; 东北草本植物志1: 36. 1958; 辽宁植物志（上册）: 75. 1988; 东北植物检索表（第二版）: 42. 1995; 内蒙古植物志（第二版）1: 218. 图版15: 1 ~ 2. 1998; 中国植物志4(2): 82. 图版13: 13 ~ 15. 1999; Fl. China 2: 296. 2013.——*Asplenium subtenuifolium* (Christ) Ching et S. H. Wu in Acta Phytotax. Sinica 23(1): 3. 1985; 中国植物志4(2): 85. 图版13: 6 ~ 7. 1999.——*Asplenium ruta–muraria* var. *subtenuifolium* Christ in Hedwigia 42: 167. 1903; Fl. Sichuan. 6: 363. 1988.

生山坡岩石上。辽宁有记录，待调查核实。

（5）东海铁角蕨（中国植物志，Flora of China）；栗绿铁角蕨（辽宁植物志，东北植物检索表）；曲阜铁角蕨（东北草本植物志）

Asplenium castaneoviride Bak. in Ann. Bot. 5: 304. 1891; 东北草本植物志1: 36. 1958; 辽宁植物志（上册）: 75. 图版28: 5 ~ 6. 1988; 东北植物检索表（第二版）: 42. 图版11: 2. 1995; 中国植物志4(2): 91. 图版14: 10 ~ 12. 1999; Fl. China 2: 277. 2013.

生石壁上。产辽宁省大连、瓦房店等地。

■ 东海铁角蕨

叶背面观

居群

（6）虎尾铁角蕨（辽宁植物志，东北植物检索表，中国植物志，Flora of China）；虎尾蕨（东北草本植物志）

Asplenium incisum Thunb. in Trans. L. Soc. 2: 342. 1794; 东北草本植物志1: 35. 1958; 辽宁植物志（上册）: 74. 图版28: 1 ~ 2. 1988; 东北植物检索表（第二版）: 42. 图版11: 3. 1995; 中国植物志4(2): 89. 图版14: 1 ~ 9. 1999; Fl. China 2: 293. 2013.

生林下潮湿岩石上。产黑龙江省伊春等地；吉林省安图等地；辽宁省抚顺、风城、大连等地。

■ 虎尾铁角蕨

羽片

叶中部

居群

（7）西北铁角蕨（中国植物志，Flora of China）；马尔康铁角蕨（植物分类学报，中国植物志）

Asplenium nesii Christ in Nuov. Giorn. Bot. Ital. n. s. 4: 90. 1897; 中国植物志4(2): 93. 图版15: 1 ~ 5. 1999; Fl. China 2: 284. 2013.——*Asplenium barkamense* Ching in Acta Phytotax. Sinica 23(1): 2, pl. 3, f. 1. 1985; 中国植物志4(2): 92. 1999.

生林下岩石上、干旱石灰岩的缝隙中。产黑龙江省伊春、尚志等地；吉林省蛟河等地。

（8）北京铁角蕨（辽宁植物志，内蒙古植物志，东北植物检索表，中国植物志，Flora of China）

Asplenium pekinense Hance in Seem. Journ. Bot. 5: 262. 1867; 辽宁植物志（上册）: 77. 1988; 东北植物检索表（第二版）: 42. 图版11: 5. 1995; 内蒙古植物志（第二版）1: 219. 图版15: 3 ~ 4. 1998; 中国植物志

4(2): 100. 图版16: 5 ~ 11. 1999; Fl. China 2: 304. 2013.

生岩石上或石缝中。产辽宁省大连等地；内蒙古自治区扎兰屯、科尔沁右翼前旗、科尔沁右翼中旗、喀喇沁旗等地。

■ 北京铁角蕨

叶正面观

羽片

居群

（9）华中铁角蕨（辽宁植物志，东北植物检索表，东北草本植物志，中国植物志，Flora of China）；朝鲜铁角蕨（东北草本植物志）

Asplenium sarelii Hook. in Five Months on the Yang-tsze Append. 363. 1862; 东北草本植物志1: 37. 1958; 辽宁植物志（上册）: 77. 图版29: 2 ~ 3. 1988; 东北植物检索表（第二版）: 42. 图版11: 4. 1995; 中国植物志4(2): 97. 图版16: 1 ~ 4. 1999; Fl. China 2: 303. 2013.——*A. anogrammoides* Christ. in Repert. Spec. Nov. Regni Veg. 5(79–80): 11–12. 1908; 东北草本植物志1: 37. 图32. 1958.

生潮湿岩壁上或石缝中。产辽宁省鞍山、朝阳、大连。

■ 华中铁角蕨

叶背面观

植株

（10）细茎铁角蕨（海南植物志，中国植物志，Flora of China）

Asplenium tenuicaule Hayata, Icon. Pl. Form. 4: 228, f. 158. 1914; 中国植物志4(2): 102. 1999; Fl. China 2: 297. 2013.

（10a）细茎铁角蕨（原变种）

Asplenium tenuicaule var. *tenuicaule*

中国产河北、陕西、四川、台湾、西藏、云南。东北地区不产。

（10b）钝齿铁角蕨（变种）（内蒙古植物志，中国植物志，Flora of China）；普通铁角蕨（辽宁植物志）；钝尖铁角蕨（东北植物检索表）；小铁角蕨（东北草本植物志）

Asplenium tenuicaule var. *subvarians* (Ching) Viane, Pterid. New Millennium. 100. 2003; Fl. China 2: 298. 2013.——*A. subvarians* Ching in Ind. Fil. Suppl. 3: 38. 1934; 辽宁植物志（上册）: 75. 图版28: 3 ~ 4. 1988; 东北植物检索表（第二版）: 42. 图版11: 6. 1995; 中国植物志4(2): 103. 图版17: 1 ~ 5. 1999.——*A. conmixum* Ching in Fl. Pl. Herb. Chin. Bor.-Orient. 1: 69, f. 31. 1958; 东北草本植物志1: 36. 图31. 1958.——*A. tenuicaule* auct. non Hayata: 内蒙古植物志（第二版）1: 220. 图版16: 1 ~ 3. 1998.

生林下岩石上。产黑龙江省伊春等地；吉林省安图、蛟河等地；辽宁省鞍山、凤城、建昌等地；内蒙古自治区呼伦贝尔市、兴安盟（扎赉特旗）。

■ 钝齿铁角蕨

叶背面观

羽片

居群

（11）内蒙铁角蕨（Flora of China，内蒙古植物志）

Asplenium mae Viane & Reichst. in Fl. China 2. 299. 2013; 内蒙古植物志（第三版）1: 240. 2020.

生岩石缝隙中。产辽宁省（产地待核实）；内蒙古自治区大兴安岭（模式采自呼伦贝尔巴林北山）。

013. 金星蕨科 Thelypteridaceae

Thelypteridaceae Pic. Serm., Webbia 24: 709. 1970.

木贼门、木贼亚门、木贼纲、水龙骨亚纲、水龙骨目（Polypodiales）。

多年生草本，土生。根状茎具网状中柱，通常被刚毛状的厚鳞片和单细胞或多细胞毛。叶一型，少为二型；叶柄基部不具关节，有2条扁阔的维管束或另有数条圆形维管束；叶片大都为阔披针形，通常二回羽裂，有时为三至四回羽状，很少为一回羽裂或单叶；叶脉分离，小脉单一或分叉，或相邻裂片上相对的小脉连接，或很少连接为近六角形网眼；叶两面或至少在叶轴上被长毛，少无毛。孢子囊群圆形，或有时为椭圆形至粗线形，生于叶片远轴面，分离，很少汇合；囊群盖圆肾形，常被短毛；或孢子囊沿网状叶脉散生而不具盖。孢子两侧对称，椭圆形，单裂缝，表面平滑或有瘤状、环状、鸡冠状等纹饰。

本科全世界有31属，约1000种，主产热带和亚热带低海拔地区，少数达温带地区。中国约有10属197种。东北地区产4属4种1变种。

分属检索表

1. 孢子囊群无囊群盖；叶片卵状三角形，被星状毛、单细胞毛和鳞 …………………………… 1. 卵果蕨属 Phegopteris
1. 孢子囊群有囊群盖；叶片多为披针形至长圆形。
  2. 叶柄、叶轴和羽轴显具鳞片及多种毛；孢子外壁具细密颗粒状纹饰 ……………………… 2. 假鳞毛蕨属 Oreopteris
  2. 叶轴、羽轴及中脉无鳞片而被多数针状毛；孢子外壁具刺或具翅状周壁。
    3. 非沼泽生植物；裂片侧脉通常单一；孢子周壁翅状 ……………………………………3. 金星蕨属 Parathelypteris
    3. 沼泽生或草甸生植物；裂片侧脉通常分叉；孢子外壁具刺 ……………………………… 4. 沼泽蕨属 Thelypteris

1 卵果蕨属 *Phegopteris* Fée

Phegopteris Fée, Gen. Fil. 242. 1852.

中、小型陆生植物。根状茎长而横走或短而直立，密被棕色鳞片和灰白色针状毛。叶远生或簇生；叶柄纤细，淡禾秆色，有光泽，基部被鳞片；鳞片棕色，披针形，边略有疏长毛；叶片卵状三角形或狭披针形，二回羽裂；羽片与羽轴合生，彼此以狭翅相连，或下部1～3对分离，下部羽片不缩短或基部一对略缩短，或下部多对羽片逐渐缩短成耳状；叶脉羽状，侧脉单一或分叉，小脉伸达叶边。叶草质或软纸质，两面被灰白色针状毛，叶轴、羽轴和小羽轴两面圆形隆起，密生同样的毛，有时混生顶端分叉的毛，下面被较多的浅棕色、边缘疏生长缘毛的披针形鳞片。孢子囊群卵圆形或长圆形，背生侧脉中部以上，无盖。

本属全世界有4种，广布于北温带地区，1种产东南亚。中国有3种。东北地区产1种。

卵果蕨（辽宁植物志，东北植物检索表，中国植物志，Flora of China）；尾羽金星蕨（东北草本植物志）

Phegopteris connectilis (Michx.) Watt in Canad. Nat. & Quart. Journ. Sci. n. s. 3: 29. 1866; 辽宁植物志（上册）: 71. 图版27. 1988; 东北植物检索表（第二版）: 40. 图版10: 1. 1995; 中国植物志4(1): 84. 图版15: 1～8. 1999; Fl. China 2: 343. 2013.——*Thelypteris phegopteris* (L.) Sloss. ex Rydb. in Fl. Rocky Mts. 1043. 1917; 东北草本植物志(1): 47. 图40. 1958.

叶片三角形，先端渐尖并二回羽裂；羽片10对左右；叶脉羽状，侧脉单一或偶有分叉；孢子囊群卵圆形或圆形，背生侧脉的近顶端。生林下。产黑龙江省尚志、饶河、伊春等地；吉林省安图、抚松、长白等地；辽宁省本溪、宽甸、凤城、桓仁等地。

■ 卵果蕨

叶一部分

叶背面观

植株

居群

2 假鳞毛蕨属 *Oreopteris* Holub

Oreopteris Holub, Folia Geobot. Phytotax. 4: 46. 1969.

中等大的陆生植物。根状茎短，直立或斜升。叶簇生，柄深禾秆色，密被大而薄的棕色披针形鳞片，向上渐稀疏；叶片长圆状倒披针形，向基部渐变狭，二回羽状深裂下部羽片逐渐缩短，基部呈三角状耳形，中部羽片披针形，羽状深裂达羽轴两侧的狭翅；叶脉羽状，分离，伸达叶边。孢子囊群圆形，生侧脉中部以上，远离主脉；孢子囊顶部近环带和囊柄相连处往往有具柄的腺体；囊群盖圆肾形，边缘往往具腺体。孢子两面型，肾形，周壁不明显，易脱落，表面具颗粒状纹饰。

本属全世界有3种，1种分布于亚洲西部、欧洲和美洲北部，另2种分布于亚洲东北部及西部。中国有2种。东北地区产1种。

亚洲假鳞毛蕨（植物分类学报，中国植物志，Flora of China）；东北假鳞毛蕨（东北植物检索表）

Oreopteris quelpaertensis (Christ) Holub in Folia Geobot. Phytotax. 4(1): 48, 49–50 1969; Fl. China 2: 324. 2013; 东北植物检索表（第二版）: 40. 1995.——*Lastrea quelpaertensis* (Christ) Cop., Gen. Fil. 139. 1947; Ohwi, Fl. Jap. Pterid. 96. 1957; 中国植物志4(1): 26. 图版4: 1 ~ 9. 1999.

叶簇生；叶片倒披针形，下部显著狭缩，二回羽状深裂；裂片长圆状镰形，微弯，近全缘；叶脉羽状，分离，侧脉1 ~ 2叉；孢子囊群近裂片边缘着生，囊群盖圆肾形，边缘不整齐。生林下。产吉林省安图（长白山）等地。

本种在中国仅分布于东北地区。

3 金星蕨属 *Parathelypteris* (H. Ito) Ching

Parathelypteris (H. Ito) Ching in Acta Phytotax. Sin. 8: 300. 1963.

中、小型陆生植物，稀生沼泽、草甸。根状茎细长横走或短而横卧、斜升或直立，光滑或被有鳞片或被锈黄色毛；叶远生、近生或簇生；叶柄禾秆色或栗色，略有光泽，有时基部近黑色；叶片卵状长圆形、长圆状披针形或披针形，先端渐尖并羽裂，二回羽状深裂；侧生羽片多数，狭披针形至线状披针形；先端渐尖，基部常对称，平截或为阔楔形，不与叶轴合生，无柄或偶有短柄，下部羽片不缩短或一至数对羽片明显缩短，甚至退化成小耳状，羽状深裂；叶脉羽状，分离，侧脉单一，均伸达叶边。叶草质或纸质，两面被柔毛或针状毛；羽轴上面下陷成纵沟，密被短刚毛。孢子囊群圆形，中等大，背生侧脉中部或近顶部，位于主脉和叶边之间或稍近叶边；囊群盖较大，圆肾形，少为马蹄形。

本属全世界约60种，泛热带分布。主要分布于亚洲东南部的热带和亚热带山区。中国有24种6变种，主产长江以南各省区。东北地区产2种。

分种检索表

1. 叶片长圆形至长圆状披针形，基部羽片不缩短或稍缩短；囊群盖有毛 …… 1. 金星蕨 P. glanduligera (Kunze) Ching
1. 叶片长圆状披针形至倒披针形，基部羽片明显缩短；囊群盖有毛和腺体 ………………………… 2. 中日金星蕨 P. nipponica (Franch. et Say.) Ching

（1）金星蕨（东北植物检索表，中国植物志，Flora of China）

Parathelypteris glanduligera (Kunze) Ching in Acta Phytotax. Sin. 8(4): 303. 1963; 东北植物检索表（第二版）: 40. 1995; 中国植物志4(1): 42. 图版7: 1 ~ 9. 1999; Fl. China 2: 329. 2013.

生疏林下。产吉林省（地点不详）。

（2）中日金星蕨（东北植物检索表，中国植物志，Flora of China）；长白金星蕨（中国植物志）

Parathelypteris nipponica (Franch. et Say.) Ching, Acta Phytotax. Sin. 8: 301. 1963; 东北植物检索表（第二版）: 40. 1995; 中国植物志4(1): 35. 图版5: 8 ~ 18. 1999; Fl. China 2: 327. 2013.——*Parathelypteris changbaishanensis* Ching ex Shing; 中国植物志4(1): 33, 319. 图版5: 4 ~ 7. 1999.

生丘陵地区的疏林下，海拔1400米以下。产吉林省安图、抚松、靖宇、长白、敦化等地。

4 沼泽蕨属 *Thelypteris* Schmidel

Thelypteris Schmidel, Icon. Pl., Ed. Keller 3, 45, t.11. 1763, *nom. cons.*

中小型草本植物，生沼泽或草甸。根状茎长而横走，黑色，光滑，顶端略被鳞片。叶远生或近生，有柄；叶柄基部近黑色，略有针状毛，向上为禾秆色，光滑；叶片长圆状披针形，二回深羽裂；羽片多数，披针形，近平展，基部平截，对称，深羽裂；裂片卵状三角形或长圆形，全缘或有时浅波状；叶脉分离，在裂片上羽状，小脉二叉或通常在能育裂片上单一，伸达叶边。叶厚草质或近革质，幼时两面略被针状毛，老时光滑，羽轴上面有一条纵沟，下面隆起。孢子囊群圆形，背生于侧脉上，位于主脉和叶缘之间，在主脉两侧各成1列，往往被反卷的叶边覆盖；囊群盖膜质，圆肾形，淡绿色，易脱落。

本属全世界有4种，广布于北半球温带地区，向南经中国云南及印度南部达热带非洲（阿尔及利亚及大西洋沿岸）和新西兰南部。中国有2种1变种。东北地区产1变种。

毛叶沼泽蕨（东北植物检索表，中国植物志，Flora of China）；沼泽蕨（东北草本植物志，辽宁植物志，内蒙古植物志）

Thelypteris palustris var. *pubescens* (Lawson) Fernald in Rhodora 31: 34. Pl. 180. f. 7 ~ 10. 1929; 东北植物检索表（第二版）: 40. 图版10: 2. 1995; 中国植物志4(1): 24. 1999; Fl. China 2: 323. 2013.——*T. palustris* auct. non (Salisb.) Schott; 东北草本植物志1: 48. 图41. 1958; 辽宁植物志（上册）: 71. 图版26. 1988; 内蒙古植物志（第二版）1: 217. 图版11: 3 ~ 4. 1998.

叶柄基部黑褐色，向上为深禾秆色，有光泽；叶片披针形，先端短渐尖并羽裂，基部几乎不变狭，二回深羽裂；叶轴、羽轴和叶脉下面被多细胞针状长毛；孢子囊群圆形，背生叶脉中部，位于主脉和叶缘之间。生湿草甸和沼泽地中。产黑龙江省密山、虎林、伊春、尚志、牡丹江、黑河等地；吉林省靖宇、敦化、安图、通化、集安、抚松等地；辽宁省西丰、丹东、凤城、清原、新宾、鞍山、大连等地；内蒙古自治区扎兰屯、科尔沁左翼后旗、大青沟、宁城等地。

■ 毛叶沼泽蕨

孢子成熟期

叶背面观

植株

居群

014. 岩蕨科　Woodsiaceae

Woodsiaceae Herter, Revista Sudamer. Bot. 9: 14. 1949.

木贼门、木贼亚门、木贼纲、水龙骨亚纲、水龙骨目（Polypodiales）。

中小型石生植物。根状茎短而匍匐，稀斜升，被鳞片或毛。叶簇生，具柄，叶柄被鳞片及短毛，通常具关节，关节位于基部羽片着生处或位于基部羽片着生处以下，叶片披针形至长圆状披针形，一回羽状或二回羽裂，被毛和鳞片，叶脉羽状，离生，不达叶边。孢子囊群圆形，生于囊群托上，囊群盖下位，多为盘状，裂成3 ~ 5个裂片，裂片边缘着生毛，稀囊群盖膜质球形，顶端有一孔口；孢子囊近球形；孢子两面型，表面具褶皱。

本科全世界有2属，约39种，广布于北温带和寒带，极少分布至中南美洲和非洲。中国有2属25种，分布东北、西北、华北和西南山区。东北地区产2属9种2变种。

分属检索表

1. 叶柄无关节；囊群盖膨大成顶端有孔口的球形，不具假囊群盖 ………………………… 1. 膀胱蕨属 Protowoodsia
1. 叶柄有关节（稀无关节）；囊群盖为边缘撕裂的盘状或为鳞片状、毛状，若为球形，则常具假囊群盖 ………………………………………………………………………………………… 2. 岩蕨属 Woodsia

1 膀胱蕨属 *Protowoodsia* Ching

Protowoodsia Ching in Sunyatsenia 5(4): 245. 1940.

小型草本，石生。根状茎直立，先端密被鳞片；鳞片棕色，有光泽，全缘。叶簇生或近簇生，通常披散；柄短，无关节，质脆易断而下部宿存；叶片披针形，远长于叶柄，向基部变狭，二回羽状深裂，羽片多数，无毛或略被腺毛，不具鳞片。叶脉分离，羽状，小脉不达叶边。叶质薄，草质，叶轴质脆易断，略被短腺毛。孢子囊群小，圆形，由6~12个孢子囊组成，位于小脉的顶部或中部；囊托隆起，明显；囊群盖大，下位，球形或膀胱形，膜质，完全包被孢子囊群，成熟时从顶部开裂。

本属全世界约12种，分布于北半球温带地区，有的种分布至南美洲，有1种分布于非洲，有1种分布于亚洲。中国产1种。东北地区有分布。

膀胱蕨（内蒙古植物志，东北植物检索表，中国植物志，Flora of China）；膀胱岩蕨（辽宁植物志）；东北岩蕨（东北草本植物志）

Protowoodsia manchuriensis (Hook.) Ching in Sunyatsenia 5(4): 145. 1940; 东北植物检索表（第二版）: 46. 图版13: 1. 1995; 内蒙古植物志（第二版）1: 226. 图版19: 4~5. 1998; 中国植物志4(2): 168. 图版30: 1~5. 1999; Fl. China 2: 397. 2013.——*Woodsia manchuriensis* Hook. in Second Cent. Ferns t. 98. 1861; 东北草本植物志1: 51. 图43. 1958; 辽宁植物志（上册）: 84. 图版32. 1988.

叶簇生，叶片披针形，二回羽状深裂；孢子囊群圆形，囊群盖膨大成膜质球形，灰白色，顶端有一孔口。生阴湿的岩石缝。产黑龙江省饶河、尚志、萝北等地；吉林省抚松、蛟河、汪清、临江等地；辽

■ 膀胱蕨

孢子成熟期羽片

孢子成熟前羽片

叶

■ 膀胱蕨

植株背面观

居群

宁省凤城、本溪、宽甸、桓仁、岫岩、鞍山、金州、瓦房店、庄河、大连等地；内蒙古自治区扎兰屯、科尔沁右翼前旗索伦、扎赉特旗等地。

2 岩蕨属 *Woodsia* R. Br.

Woodsia R. Br. Prodr. Fl. Nov. Holl. 158. 1810.

小型草本，石生。根状茎短，直立或斜升，罕有横卧，被鳞片；鳞片膜质，边缘全缘或流苏状，或有小齿牙或睫状毛。叶簇生或近簇生；柄中部以下或顶部有明显的关节，叶片干枯后往往由关节处脱落，或不具关节而叶柄与叶轴宿存；叶片披针形，往往向基部变狭，一至二回羽状分裂。叶脉分离，羽状，小脉不达叶边。叶草质或近纸质。孢子囊群小，圆形，由3～18个孢子囊组成，位于小脉顶端或中部，囊托稍隆起；囊群盖多样，下位。

本属全世界约38种，产北半球温带及寒带，向北至极地，亚洲、欧洲及北美洲均有分布。中国有20种，产东北、华北、西北及西南地区高山。东北地区产8种2变种。

分种检索表

1. 叶柄无关节；囊群盖边缘具单细胞头状毛；叶轴常弯曲，被褐色毛 ……………**1. 密毛岩蕨 W. rosthorniana** Diels

1. 叶柄有关节；囊群盖边缘具多细胞节状毛或混生有单细胞毛。

  2. 叶柄关节基羽下位（常远离基部羽片）。

    3. 叶柄、叶轴及叶片背面密被毛和鳞片 ……………………………………………… **2. 岩蕨 W. ilvensis** (L.) R. Br.

    3. 叶柄仅下部有鳞片，叶片无毛。

      4. 根状茎及叶柄基部的鳞片全缘；叶二回羽状半裂至深裂；囊群盖毛状撕裂至基部 ………………………………………………………………………………… **3. 光岩蕨 W. glabella** R. Br.

      4. 根状茎及叶柄基部的鳞片边缘有齿突；叶二回羽状深裂至全裂；囊群盖分裂成3～6片，每裂片上部毛状撕裂 ……………………………………………………………………………**4. 华北岩蕨 W. hancockii** Baker

  2. 叶柄关节基羽准位（关节在外观上有时位于基部羽片略下处）。

    5. 叶轴及羽片被毛但无鳞片，羽片无柄且与叶轴汇合 ……………**5. 大囊岩蕨 W. macrochlaena** Mett. ex Kuhn.

    5. 叶轴及羽片被毛和鳞片，羽片有柄，至少不与叶轴汇合。

（接上表）

6. 中部羽片基部基本对称，心形或略呈耳状（**6. 等基岩蕨 W. subcordata** Turcz.）。
 7. 叶片披针形，羽片卵状长圆形，11～16对 ………………… **6a. 等基岩蕨 W. subcordata** var. **subcordata**
 7. 叶片线状披针形，羽片披针形，15～25对
 ………………………………………………… **6b. 日本岩蕨 W. subcordata** var. **kitadakinsis** (Ohwi) Mitsuta
6. 中部羽片基部不对称，歪楔形，上侧耳状，羽片呈耳状镰形。
 8. 叶片上部的羽片合生或除基部1对外均为合生，两面均密被毛，主脉下面无鳞片或仅有少数鳞片
 ……………………………………………………………………… **7. 东亚岩蕨 W. intermedia** Tagawa
 8. 叶片顶部以下的羽片都分离，上面近无毛或疏被长毛，下面疏被长毛，主脉下面有鳞片（**8. 耳羽岩蕨 W. polystichoides** Eaton）。
 9. 羽片全缘、近全缘或微波状 ……………………… **8a. 耳羽岩蕨 W. polystichoides** var. **polystichoides**
 9. 羽片边缘深裂，裂片圆头 ……………………………**8b. 深波岩蕨 W. polystichoides** var. **sinuata** Hook.

（1）密毛岩蕨（辽宁植物志，内蒙古植物志，东北植物检索表，中国植物志，Flora of China）；罗氏岩蕨（东北草本植物志）

Woodsia rosthorniana Diels in Engl. Bot. Jahrb. 29: 187. 1900; 东北草本植物志1: 51. 1958; 辽宁植物志（上册）: 86. 1988; 东北植物检索表（第二版）: 47. 1995; 内蒙古植物志（第二版）1: 228. 图版20: 4～6. 1998; 中国植物志4(2): 190. 图版32: 7～11. 1999; Fl. China 2: 404. 2013.

生林下石上或灌丛中。产辽宁省瓦房店、金州等地；内蒙古自治区宁城县石佛等地。

■ 密毛岩蕨

叶背面观

植株

（2）岩蕨（辽宁植物志，内蒙古植物志，东北植物检索表，东北草本植物志，中国植物志，Flora of China）

Woodsia ilvensis (L.) R. Br. in Prodr. Fl. Nov. Holl. 158. 1810; 东北草本植物志1: 54. 1958; 辽宁植物志（上册）: 86. 1988; 东北植物检索表（第二版）: 47. 图版13: 7. 1995; 内蒙古植物志（第二版）1: 232. 图版22: 1～3. 1998; 中国植物志4(2): 177. 1999; Fl. China 2: 401. 2013.

生岩石上。产黑龙江省密山、呼玛、伊春、宝清、黑河等地；吉林省安图、长白、汪清、抚松等地；辽宁省凤城、瓦房店等地；内蒙古自治区额尔古纳、根河、牙克石、鄂温克、科尔沁右翼前旗、扎赉特旗、阿鲁科尔沁旗、克什克腾旗、宁城、东乌珠穆沁旗（宝格达山）等地。

■ 岩蕨

叶正面观

叶背面观

居群

（3）光岩蕨（内蒙古植物志，东北植物检索表，东北草本植物志，中国植物志，Flora of China）

Woodsia glabella R. Br. in Narr. Journey Polar Sea 754 1823; 东北草本植物志(1): 54. 1958; 东北植物检索表（第二版）: 46. 图版13: 2. 1995; 内蒙古植物志（第二版）1: 230. 1998; 中国植物志4(2): 174. 1999; Fl. China 2: 400. 2013.

生针叶林或针阔叶混交林下的岩石缝隙中。产吉林省安图等地。

（4）华北岩蕨（中国植物志，Flora of China）；旱岩蕨（内蒙古植物志，东北植物检索表，东北草本植物志）

Woodsia hancockii Baker in Ann. Bot. (Oxford) 5(18): 196 ~ 197. 1891; 东北草本植物志(1): 54. 1958; 内蒙古植物志（第二版）1: 230. 图版21: 1 ~ 3. 1998; 中国植物志4(2): 175. 图版31: 8 ~ 9. 1999; 东北植物检索表（第二版）: 46. 图版13: 3. 1995; Fl. China 2: 400. 2013.

生潮湿岩石缝隙中。产吉林省临江等地；内蒙古自治区克什克腾旗大局子林场等地。

（5）大囊岩蕨（辽宁植物志，东北植物检索表，东北草本植物志，中国植物志，Flora of China）；疏裂岩蕨（中国植物志）

Woodsia macrochlaena Mett. ex Kuhn. in Journ. Bot. 6: 270. 1868; 东北草本植物志1: 52. 1958; 辽宁植物

■ 大囊岩蕨

叶

羽片

植株

志（上册）: 86. 图版33: 3 ~ 4. 1988; 东北植物检索表（第二版）: 47. 图版13: 4. 1995; 中国植物志4(2): 181. 图版42: 4 ~ 12. 1999; Fl. China 2: 401. 2013.——*Woodsia frondosa* Christ in Fedde, Repert. Spec. Nov. 5: 12. 1908; 中国植物志4(2): 185. 1999.

生岩石缝中。产黑龙江省宁安等地；吉林省珲春、安图等地；辽宁省东港、庄河、瓦房店、金州、大连等地。

（6）等基岩蕨（中国植物志，Flora of China）；心岩蕨（辽宁植物志，内蒙古植物志，东北植物检索表，东北草本植物志）

Woodsia subcordata Turcz. in Bull, Soc. Nat. Moscou 5: 206. 1823; 东北草本植物志1: 53. 1958; 辽宁植物志（上册）: 89. 图版34: 3 ~ 4. 1988; 东北植物检索表（第二版）: 47. 图版13: 8. 1995; 内蒙古植物志（第二版）1: 232. 图版19: 1 ~ 3. 1998; 中国植物志4(2): 183. 图版31: 10 ~ 11. 1999; Fl. China 2: 402. 2013.

（6a）等基岩蕨（原变种）

Woodsia subcordata var. *subcordata*

生林下或山坡岩石缝。产黑龙江省萝北、伊春、逊克、哈尔滨、依兰、宁安、呼玛、集贤等地；吉林省蛟河、桦甸等地；辽宁省鞍山、盖州、凤城、桓仁、丹东等地；内蒙古自治区扎赉特旗、克什克腾旗、喀喇沁旗、宁城、锡林浩特等地。

■ 等基岩蕨

叶背面观

植株一部分

居群

（6b）日本岩蕨（变种）（东北植物检索表）

Woodsia subcordata var. *kitadakensis* (Ohwi) Mitsuta, Acta Phytotax. Geobot. 30(1 ~ 3): 100. 1979; 东北植物检索表（第二版）: 47. 1995.——*Woodsia kitadakensis* Ohwi, Bot. Mag. (Tokyo) 44: 572. 1930.

生山坡岩石缝。产地不详。

（7）东亚岩蕨（中国植物志，Flora of China）；中岩蕨（辽宁植物志，内蒙古植物志，东北植物检索表，东北草本植物志）

Woodsia intermedia Tagawa in Acta Phytotax. et Geobot. 5: 250. 1936; 东北草本植物志1: 53. 1958; 辽宁植物志（上册）: 88. 图版34: 1 ~ 2. 1988; 东北植物检索表（第二版）: 47. 图版13: 6. 1995; 内蒙古植物志（第二版）1: 233. 图版22: 4 ~ 6. 1998; 中国植物志4(2): 182. 1999; Fl. China 2: 402. 2013.

生林下岩石缝。产黑龙江省密山、伊春、哈尔滨等地；吉林省珲春、桦甸等地；辽宁省北镇、建昌、凤城、鞍山、盖州、金州、大连等地；内蒙古自治区牙克石、扎兰屯、科尔沁右翼前旗、扎赉特旗、克什克腾旗、宁城等地。

■ 东亚岩蕨

叶背面观

居群

（8）耳羽岩蕨（辽宁植物志，内蒙古植物志，东北植物检索表，东北草本植物志，中国植物志，Flora of China）

Woodsia polystichoides Eaton in Proc. Amer. Acad. 4: 110. 1858; 东北草本植物志1: 52. 图43. 1958; 辽宁植物志（上册）: 88. 图版33: 1 ~ 2. 1988; 东北植物检索表（第二版）: 47. 图版13: 5. 1995; 内蒙古植物志（第二版）1: 232. 图版21: 4 ~ 6. 1998; 中国植物志4(2): 178. 图版31: 1 ~ 7. 1999; Fl. China 2: 401. 2013.

（8a）耳羽岩蕨（原变种）

Woodsia polystichoides var. *polystichoides*

生林下岩石上。产黑龙江省伊春、尚志、哈尔滨等地；吉林省临江、安图、长白、汪清、蛟河、集安、抚松、柳河、珲春等地；辽宁省西丰、鞍山、本溪、凤城、宽甸、丹东、新宾、清原、岫岩、庄河、金州等地；内蒙古自治区扎兰屯、扎赉特旗、克什克腾旗、喀喇沁旗、宁城等地。

根状茎用于伤筋的治疗；东北民间作清热解毒剂。

■ 耳羽岩蕨

叶背面观

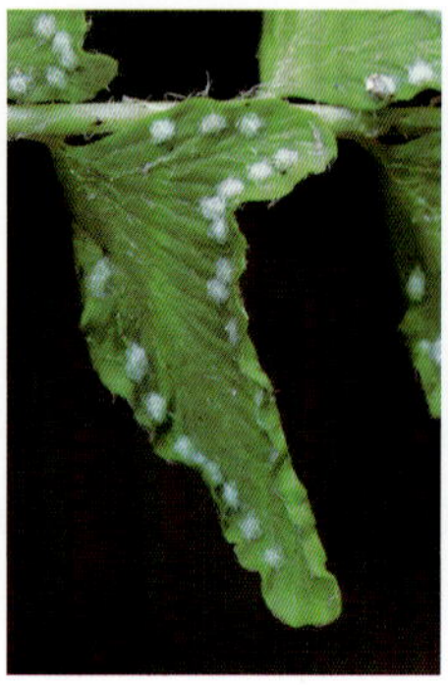

羽片

植株

（8b）深波岩蕨（变种）（辽宁植物志，东北植物检索表，东北草本植物志）

Woodsia polystichoides var. *sinuata* Hook. in Gard. Ferns pl. 32. 1862; 辽宁植物志（上册）: 88. 1988; 东北植物检索表（第二版）: 47. 1995; 东北草本植物志1: 53. 1958.

生林下岩石上。产吉林省珲春、集安等地；辽宁省凤城、鞍山、大连等地。

015. 球子蕨科 Onocleaceae

Onocleaceae Pic. Serm., Webbia 24: 708. 1970.

木贼门、木贼亚门、木贼纲、水龙骨亚纲、水龙骨目（Polypodiales）。

草本植物，土生。根状茎短而直立或长而横走，内有网状中柱，外被鳞片。叶簇生至远生，具柄；叶二型，营养叶长圆状披针形至卵状三角形，一至二回羽裂；羽片互生，无柄，线状披针形至广披针形，羽状浅裂或半裂；裂片镰状披针形至长圆形，全缘或微有齿，叶脉羽状或网状，无内藏小脉；孢子叶较狭，长圆形至线形，一回羽状；羽片收缩并反卷成荚果状或球形，深紫色至黑褐色，叶侧脉分叉，末回小脉的先端常凸起囊托。孢子囊群圆形，生于囊托上，有盖或无盖，外被变质叶片所包被；孢子囊球形，有长柄；孢子两面体形，外壁具皱纹或皱纹不明显。

本科全世界有4属5种，广布于北温带和亚热带山区。中国有3属4种，广布于南北各地。东北地区产3属2种2变种。

分属检索表

1. 根状茎长而匍匐；营养叶叶脉网状联结，能育叶的小羽片反卷成分离的小球 ……………… 1. 球子蕨属 Onoclea
1. 根状茎短而直立；营养叶叶脉羽状分离，能育羽片反卷成荚果状。
  2. 柄和轴不具正面凹槽，营养叶卵形三角形或椭圆形，具稍窄的基部 ……………2. 东方荚果蕨属 Pentarhizidium
  2. 柄和轴具深槽正面，营养叶长圆状披针形至倒披针形，具明显狭窄的基部 …………… 3. 荚果蕨属 Matteuccia

1 球子蕨属 *Onoclea* L.

Onoclea L., Sp. Pl. 2: 1062. 1753.

草本植物，土生。根状茎长而横走，黑褐色，内有网状中柱，外被棕色鳞片。叶远生，有柄，二型；营养叶广卵状三角形，长宽近相等，一回羽状；羽片广披针形，边缘浅裂，基部羽片有短柄，其上羽片无柄，与叶轴合生；叶草质，两面光滑，仅沿叶轴、羽轴和叶脉疏生小鳞片及白色长毛；叶脉羽状，小脉彼此联结为长六角形网眼，无内藏小脉，近叶边的小脉向外分离；孢子叶强度狭缩，二回羽状，羽片线形，有短柄，斜上开展，小羽片小球形呈念珠状，近对生，彼此分离。孢子囊群生于囊群托上，具盖；囊群盖下位，托包着囊群，外被反卷的小羽片包成小球形，每球含1囊群；孢子两面体形，表面有细纹。

本属全世界仅1种，分布于北美洲及东亚。中国分布于东北及华北各省区。东北地区产1变种。

北美球子蕨（辽宁植物志）

Onoclea sensibilis L., Sp. Pl. 2: 1062. 1753; 辽宁植物志（上册）: 80. 1988.

（a）北美球子蕨（原变种）

Onoclea sensibilis var. *sensibilis*

孢子叶的长度比营养叶短一半或更短，孢子叶的羽片也较短，长约4厘米；球形的孢子囊也大，互相紧连。

分布于北美洲。中国不产。

（b）球子蕨（变种）（辽宁植物志，内蒙古植物志，东北植物检索表，东北草本植物志，中国植物志，Flora of China）

Onoclea sensibilis var. *interrupta* L., Sp. Pl. 2: 1062. 1753; 辽宁植物志（上册）: 80. 图版30. 1988; 东北

植物检索表（第二版）: 46. 图版12: 4. 1995; 内蒙古植物志（第二版）1: 224. 图版18. 1998; Fl. China 2: 408. 2013.——*O. sensibilis* auct. non L.; 东北草本植物志1: 49. 图42. 1958; 中国植物志4(2): 158. 图版27: 8 ~ 19. 1999.

叶二型；营养叶叶片广卵形或广卵状三角形，长宽近相等，一回羽状，羽片披针形；孢子叶二回羽状，羽片线形；孢子囊群圆形。生草甸或灌丛中。产黑龙江省虎林、密山、伊春、尚志、宁安等地；吉林省安图、临江、通化、集安、蛟河、和龙、抚松、汪清、珲春等地；辽宁省宽甸、岫岩、桓仁、凤城、丹东、本溪、西丰、清原、长海、庄河、普兰店、彰武等地；内蒙古自治区扎兰屯、科尔沁左翼后旗、大青沟等地。

■ 球子蕨

孢子叶

孢子叶一部分

营养叶

2 东方荚果蕨属 *Pentarhizidium* Hayata

Pentarhizidium Hayata, Bot. Mag. (Tokyo). 41: 715. 1927.

土生草本植物。根状茎粗壮，被棕色鳞片；鳞片披针形或宽披针形，膜质，全缘。叶簇生；柄和轴不具正面凹槽。不育叶片卵形三角形或椭圆形，二回羽状半裂，向上变窄，向下稍变窄，纸质，轴上具稀疏的纤维状鳞片；羽片15 ~ 25对，基部羽片等长于上面或缩短，基部稍狭窄，无梗，先端渐尖，裂片狭半椭圆形或长圆形，全缘或稍具牙齿，先端钝或锐尖或截形；脉明显，羽状，细脉到达叶片边缘。能育叶片等长于或短于不育叶片，羽状，椭圆形，羽片深紫色，线形。孢子囊成熟时融合成线状的腔孢子，具硬结或外壁。

本属全世界有2种，分布于东亚和南亚。中国有2种。东北地区产1种。

东方荚果蕨（东北植物检索表，中国植物志，Flora of China）

Pentarhizidium orientale (Hooker) Hayata, Bot. Mag. (Tokyo). 42: 345. 1928; Fl. China 2: 409. 2013.——*Matteuccia orientalis* (Hook.) Trev in Atti Ist. Veneto Sci. 14: 586 1869; 中国植物志4(2): 162. 图版29. 1999; 东北植物检索表（第二版）: 44. 图版12: 1. 1995.

叶簇生，二型；不育叶叶片椭圆形，二回深羽裂；能育叶叶片椭圆形或椭圆状倒披针形，一回羽状，羽片多数，线形，两侧强度反卷成荚果状，深紫色，幼时完全包被孢子囊群，孢子囊群圆形。生林下溪边。产吉林省集安等地。

3 荚果蕨属 *Matteuccia* Todaro

Matteuccia Todaro, Syn. Pl. Picil. 30. 1866.

草本植物，土生。根状茎粗壮，直立或倾斜，被棕色披针形鳞片。叶簇生，有柄，二型；柄和轴具深槽正面，营养叶长圆状披针形至倒披针形，顶部羽裂，基部狭缩，二回深羽裂，羽片狭披针形，互生，平展或斜展，无柄，深羽裂达1/2，裂片镰状披针形至椭圆形，近全缘或有微齿，叶脉分离，羽状，小脉伸达叶边，叶草质或纸质，绿色，近光滑或仅沿叶轴、羽轴和主脉有少数柔毛或疏生鳞片；能育叶与不育叶等高或较矮，叶片椭圆形至阔披针形，一回羽状，羽片线形，互生，几乎无柄，两侧强度反卷成褐色荚果状，包裹着孢子囊群。孢子囊群球形，着生于由小脉顶端形成的囊托上；囊群盖或有或无。

本属全世界仅1种1变种，分布于北半球温带地区，广布于中国南岭山脉以北各省区，东北地区均产。

分种下单位检索表

1. 营养叶裂片圆头或钝头 ………………………………………… a. 荚果蕨 M. struthiopteris var. struthiopteris
1. 营养叶裂片尖头 ………………………………………………… b. 尖裂荚果蕨 M. struthiopteris var. acutiloba

荚果蕨（辽宁植物志，内蒙古植物志，东北植物检索表，东北草本植物志，中国植物志，Flora of China）

Matteuccia struthiopteris (L.) Todaro in Syn. Pl. Acot. Vasc. Sicilia 30. 1866; 东北草本植物志 1: 49. 1958; 辽宁植物志（上册）: 82. 图版31. 1988; 东北植物检索表（第二版）: 46. 图版12: 2. 1995; 内蒙古植物志（第二版）1: 224. 图版17. 1998; 中国植物志4(2): 160. 图版28. 1999; Fl. China 2: 409. 2013.

特征同属。

（a）荚果蕨（原变种）

Matteuccia struthiopteris var. *struthiopteris*

生林下、林缘或湿草地。产黑龙江省虎林、饶河、宝清、密山、尚志、哈尔滨、伊春、穆棱、宁安等地；吉林省安图、抚松、临江、汪清、通化、集安、珲春、桦甸等地；辽宁省西丰、宽甸、桓仁、大连、庄河、本溪、丹东、鞍山等地；内蒙古自治区根河、鄂伦春、科尔沁右翼前旗、科尔沁左翼后旗、大青沟、克什克腾旗、喀喇沁旗、宁城等地。

幼叶柄可食。根茎有清热解毒、止血、杀虫作用。

（b）尖裂荚果蕨（变种）（东北植物检索表，中国植物志，Flora of China）

Matteuccia struthiopteris var. *acutiloba*

■ 荚果蕨

叶萌发期

叶下部

叶中上部

植株

Ching in Fl. Tsinling. 2: 140, 221. 1974; 东北植物检索表（第二版）: 46. 图版12: 3. 1995; 中国植物志4(2): 162. 1999; Fl. China 2: 409. 2013.

生山谷林下或河岸湿地。产黑龙江省密山等地。

016. 蹄盖蕨科 Athyriaceae

Athyriaceae Alston, Taxon 5: 25. 1956.

木贼门、木贼亚门、木贼纲、水龙骨亚纲、水龙骨目（Polypodiales）。

草本植物，土生。根茎短而直立或斜升，或长而横走，内具网状中脉，外被不透明鳞片。叶簇生、近生或疏生；叶柄光滑或疏生鳞片，上面有沟，直达叶轴，常和羽轴、小羽轴的沟相接，沟两侧棱脊交会处常形成凸起，叶柄内有2条维管束，向上汇合成"V"字形；叶片一至三回羽状，稀为三出复叶或披针形单叶；叶脉分离，羽状或近羽状，侧脉单一或分叉。孢子囊群圆形、椭圆形、线形、新月形，通常生于叶脉背部或上侧，有或无囊群盖；囊群盖圆肾形、半月形、线形、弯钩形或马蹄形，上位生，稀卵形，成熟时被压在孢子囊群下面而半下位生，稀无盖。孢子极面观椭圆形，赤道面肾形或半圆形，单裂缝，外壁纹饰多样，周壁形成褶皱。

本科全世界有7属，约600种，广布于热带至寒温带地区，热带和亚热带山地尤盛。中国有5属，约278种，广布于各省区。东北地区产5属13种2变种。

分属检索表

1. 孢子囊群无囊群盖 ……………………………………………… 1. 角蕨属 Cornopteris
1. 孢子囊群有囊群盖。
  2. 叶轴、羽轴和叶脉上被多细胞节状毛，有时伏生有厚壁筛孔的褐色鳞毛；叶片一至二回羽裂 ……………………………………………… 2. 对囊蕨属 Deparia
  2. 叶轴、羽轴和叶脉上光滑或被单细胞短毛、腺毛及头垢状鳞片，稀有狭鳞片或多细胞节状毛；叶片一至三回羽状深裂。
    3. 囊群盖短线形或线形，有时线状长圆形，一般通直，在裂片基部有时背靠背双生一脉上 ……………………………………………… 3. 双盖蕨属 Diplazium
    3. 囊群盖弓弯或弧曲线形，有时钩形或马蹄形，从不背靠背双生一脉上。
      4. 叶脉合生；孢子囊群小而呈圆形 ……………………………… 4. 安蕨属 Anisocampium
      4. 叶脉离生；孢子囊群细长而呈马蹄形 ……………………………… 5. 蹄盖蕨属 Athyrium

1 角蕨属 *Cornopteris* Nakai

Cornopteris Nakai in Bot. Mag. Tokyo 44: 7. 1930.

草本植物，林下湿生。根状茎横走或斜升，顶端连同叶柄基部被有膜质鳞片。叶近生，有柄，叶柄基部通常不膨大成腹凹背凸的狭纺锤形；叶片草质，光滑，稀被短毛，长圆形、卵形或三角状卵形，二至三回羽状深裂；羽片披针形，无柄或有短柄，开展，基部对称，先端渐尖或短尾尖；裂片具钝锯齿，叶脉羽状离生，侧脉单一或分叉，不伸达叶缘；叶轴及各回羽轴上面有一深沟，纵沟两侧有隆起的狭边，交接处有一肉质角状扁刺，稀刺不明显。孢子囊群背生于小脉上，线形或长圆形，稀为圆形，无囊群盖；孢子两面体形，多为长圆形，表面常有褶皱状凸起。

本属全世界约16种，主要分布于亚洲热带和亚热带地区，向北到达亚洲东北部温带地区，向南到达非洲东部（马达加斯加）。中国有12种。东北地区产1种。

细齿角蕨（Flora of China）；东北角蕨（辽宁植物志）；新蹄盖蕨（东北植物检索表，中国植物志）；细齿贞蕨（东北草本植物志）

Cornopteris crenulatoserrulata (Makino) Nakai Bot. Mag. (Tokyo). 45: 95. 1931; 东北草本植物志1: 43. 1958; 辽宁植物志（上册）: 57. 图版19. 1988; Fl. China 2: 447. 2013.——*Neoathyrium crenulatoserrulatum* (Makino) Ching et Z. R. Wang in Acta Phytotax. Sin. 20(1): 77. t. 1, 2. 1982; 东北植物检索表（第二版）: 39. 图版9: 2. 1995; 中国植物志3(2): 95. 图版20: 1～5. 1999.

叶片广卵形，三回羽状深裂；羽片10～15对，阔披针形，近对生，基部2对羽片最大；孢子囊群圆形或椭圆形，无盖，背生小脉中部。生林下草地。产黑龙江省尚志、虎林、牡丹江等地；吉林省安图、临江、通化、抚松等地；辽宁省本溪、凤城、桓仁等地。

嫩叶柄可食。

■ 细齿角蕨

羽片

植株一部分

植株

2 对囊蕨属 *Deparia* Hooker & Greville

Deparia Hooker & Greville Icon. Filic. 2: t. 154. 1829.

草本植物，土生。根状茎粗壮，长而横走、斜升或近直立，具网状中柱。叶柄长，基部被深褐色或褐色鳞片，内具维管束2条，相对排列，向上连合呈“U”字形；叶片长圆形或卵状长圆形，一至二回羽状，末小羽片羽状深裂；羽片或小羽片互生，无柄，基部两侧对称，圆楔形，边缘羽状半裂至深裂，裂片长圆形或长方形，小羽片或裂片的基部常常以狭翅和羽轴或小羽轴相连；叶轴、羽轴和小羽轴上面有纵沟1条，相交处互不相通；羽轴、小羽轴和主脉上通常被褐色或深褐色腺毛。叶脉分离，侧脉单一或分叉。孢子囊群圆形、长圆形、弯钩形或马蹄形，背生或侧生于小脉中部；囊群盖与孢子囊群同形，膜质，全缘、边缘啮蚀状、撕裂或有睫状毛。

本属全世界约70种，分布于东半球温带及亚热带地区，个别种可达热带非洲东部至马达加斯加，向东北分布到日本、朝鲜半岛和俄罗斯远东地区，向西分布到喜马拉雅的西北部。中国有53种，秦岭、鄂西、四川和云南东北部为本属的分布中心。东北地区产3种1变种。

分种检索表

1. 根状茎匍匐；叶远生或疏生，叶柄下端几乎不尖削，叶片下部通常不狭缩，叶轴、羽轴和叶脉被节状毛和鳞毛，裂片侧脉2～3叉 ………………………………………………………………… **1. 翅轴对囊蕨 D. pterorachis** (Christ) M. Kato

1. 根状茎斜升至短横卧；叶簇生或近生，叶柄下端明显尖削，叶片下部略狭缩，叶轴、羽轴和叶脉被节状毛，裂片侧脉1～2叉。

  2. 下部羽片的基部略微狭缩；中部羽片宽2～4厘米，裂片锯状齿缘至浅裂，侧脉常二叉形、弯弓形、钩形或马蹄形 ………………………………………………………………… **2. 朝鲜对囊蕨 D. coreana** (H. Christ) M. Kato

  2. 下部羽片的基部不狭缩［**3. 东北对囊蕨 D. pycnosora** (H. Christ) M. Kato］。

    3. 中部羽片宽0.7～1.5厘米，裂片近全缘或有浅齿；侧脉通常为短线形，偶尔呈弯钩形 ………………………………………………………………… **3a. 东北对囊蕨 D. pycnosora** var. **pycnosora**

    3. 中部羽片宽2～2.5厘米，裂片边缘锯状齿明显；侧脉时有二叉 ……………………………………… **3b. 长齿对囊蕨 D. pycnosora** var. **longidens** (Z. R. Wang) Z. R. Wang

（1）翅轴对囊蕨（Flora of China）；翅轴介蕨（东北植物检索表，中国植物志）

Deparia pterorachis (Christ) M. Kato in Bot. Mag. (Tokyo) 90(1017): 35. 1977; Fl. China 2: 422. 2013.——*Dryoathyrium pterorachis* (Christ) Ching in Bull. Fan Mem. Inst. Biol., Bot. 11(2): 81. 1941; 中国植物志3(2): 293. 图版67: 6～8. 1999; 东北植物检索表（第二版）: 36. 1995.

生林下阴湿处。产黑龙江省海林等地；吉林省长白等地。

本种在中国仅东北地区有分布。

（2）朝鲜对囊蕨（Flora of China）；朝鲜蛾眉蕨（辽宁植物志，东北植物检索表）；朝鲜蹄盖蕨（东北草本植物志）；朝鲜介蕨（中国植物志）

Deparia coreana (H. Christ) M. Kato in J. Fac. Sci. Univ. Tokyo, Sect. 3, Bot. 13(4): 392. 1984; Fl. China 2: 423. 2013.——*Dryoathyrium coreanum* (Christ) Tagawa in Journ. Jap. Bot. 22: 162. 1948; 中国植物志3(2): 290. 图版68: 1～5. 1999.——*Lunathyrium coreanum* (Christ) Ching in Acta Phytotax. Sin. 10: 301. 1965; 辽宁植物志（上册）: 59. 图版21. 1988; 东北植物检索表（第二版）: 36. 图版10: 5. 1995.——*Athyrium coreanum* Christ., Bull. Herb. Boissier, sér. 2, 2(10): 827. 1902; 东北草本植物志1: 39. 1958.

生山坡草地、沟旁或疏林下。产黑龙江省宁安、伊春、尚志等地；吉林省抚松、安图、蛟河、集安等地；辽宁省庄河、鞍山、西丰、本溪、凤城、桓仁、新宾、清原等地。

■ 朝鲜对囊蕨

叶背面观

羽片

植株

根状茎及叶柄残基有清热解毒、止血、杀虫作用，治痢疾、驱虫及预防流感等。

（3）东北对囊蕨（Flora of China）；东北蛾眉蕨（辽宁植物志，东北植物检索表，中国植物志）

Deparia pycnosora (H. Christ) M. Kato in Bot. Mag. (Tokyo) 90(1017): 36. 1977; Fl. China 2: 426. 2013.——*Lunathyrium pycnosorum* (Christ) Koidz. in Acta Phytotax. Geobot. 1: 31. 1932; 辽宁植物志（上册）: 59. 图版20. 1988; 东北植物检索表（第二版）: 39. 图版10: 4. 1995; 中国植物志3(2): 299. 图版69: 1 ~ 5. 1999.

（3a）东北对囊蕨（原变种）

Deparia pycnosora var. *pycnosora*

生林下或林缘草地。产黑龙江省伊春、尚志、饶河、虎林、哈尔滨、宁安、海林、铁力、桦川等地；吉林省蛟河、珲春、汪清、安图、抚松、集安、长白、靖宇、辉南、柳河、敦化、和龙等地；辽宁省西丰、鞍山、本溪、凤城、宽甸、桓仁等地。

根状茎及叶柄残基有清热解毒、止血、杀虫作用。

■ 东北对囊蕨

叶背面观

叶一部分

植株下部

植株

（3b）长齿对囊蕨（变种）（Flora of China）；长齿蛾眉蕨（中国植物志）

Deparia pycnosora var. *longidens* (Z. R.Wang) Z. R. Wang, Fl. China 2: 426. 2013.——*Lunathyrium pycnosorum* var. *longidens* Z. R. Wang, 中国植物志3(2): 301, 509. 图版69: 6. 1999.

生林下。产黑龙江省尚志等地。

3 双盖蕨属 *Diplazium* Swartz

Diplazium Sw. in Schrad. Journ. Bot. 1800(2): 61. 1801.

中型陆生常绿植物。叶通常簇生或近生，罕为远生。叶柄长，基部近黑色，略被鳞片，向上通常光滑，淡绿色或灰禾秆色，坚实；叶片椭圆形，奇数一回羽状或间为三出复叶或披针形的单叶，或有时同一种兼有3种形态的能育叶；羽片通常3 ~ 8对，一型，几乎同大，斜展，披针形，卵状披针形或椭圆形，渐尖头，基部通常对称，楔形或近圆形；主脉明显，下面圆而隆起，上面近圆形或略具浅纵沟；小脉分叉，纤细，每组3～5（～7）条，几乎通直，平行，略斜展，直达叶边。叶纸质或近革质，上面光滑，下面沿叶片及羽片中肋有极稀疏的线形小鳞片及单行细胞的细小节毛。孢子囊群线形，多生每组小脉的基部上出和下出一脉，或仅生上出一脉；囊群盖与孢子囊群同形，成熟时褐色，膜质，全缘。

本属全世界300～400种，广布于亚洲和美洲热带、亚热带地区。中国有86种，主要分布于华南及云南东南部至西部。东北地区产2种。

分种检索表

1. 叶轴光滑或偶有褐色鳞片，叶片宽达50厘米，下部羽片三角形 ………… 1. 东北双盖蕨 D. taquetii C. Christensen
1. 叶轴疏被毛及黑褐色鳞片，叶片宽不足35厘米，下部羽片长椭圆形 ………… 2. 黑鳞双盖蕨 D. sibiricum (Turcz. ex Kunze) Sa. Kurata

（1）东北双盖蕨（Flora of China）；东北短肠蕨（东北植物检索表，中国植物志）

Diplazium taquetii C. Christensen, Bull. Acad. Int. Géogr. Bot. 21: 69. 1911; Fl. China 2: 528. 2013.——*Allantodia taquetii* (C. Chr.) Ching in Acta Phytotax. Sin. 9(1): 57. 1964; 东北植物检索表（第二版）: 35. 1995; 中国植物志3(2): 453. 图版102: 4～6. 1999; 东北植物分布图集: 29. 2019.

生山地林下。产辽宁省鞍山等地。

本种在中国仅东北地区有分布。

（2）黑鳞双盖蕨（Flora of China）；黑鳞短肠蕨（辽宁植物志，内蒙古植物志，东北植物检索表，中国植物志）；圆齿蹄盖蕨（东北草本植物志）

Diplazium sibiricum (Turcz. ex Kunze) Sa. Kurata in Coll. Cult. Ferns Fern Allies. 340. 1961; Fl. China 2: 523. 2013.——*Allantodia crenata* (Sommerf.) Ching in Acta Phytotax. Sin. 10(4): 301. 1965; 辽宁植物志（上册）: 67. 图版25. 1988; 东北植物检索表（第二版）: 35. 图版9: 1. 1995; 内蒙古植物志（第二版）1: 215. 图版14: 1～3. 1998; 中国植物志3(2): 434. 1999.——*Athyrium crenatum* (Sommerf.) Rupr., pic. Il. Pl. Fern 2: 14 1844; 东北草本植物志1: 41. 1958.

生阔叶林下。产黑龙江省饶河、虎林、宝清、密山、宁安、伊春、呼玛等地；吉林省安图、抚松、汪清、长白等地；辽宁省凤城等地；内蒙古自治区额尔古纳、根河、扎兰屯、科尔沁右翼前旗、克什克腾旗、喀喇沁旗、宁城、西乌珠穆沁旗等地。

■ 黑鳞双盖蕨

叶背面观

植株

居群

4 安蕨属 *Anisocampium* C. Presl

Anisocampium C. Presl, Epimel. Bot. 58. 1851.

草本植物，土生。根状茎长而横走或短而直立，被褐色披针形鳞片；叶远生或簇生。叶柄长，通常禾秆色，基部疏被与根状茎上同样的鳞片，向上近光滑，腹面有1条纵沟，直通叶轴；叶片卵状长圆形或三角状卵形，二至三回羽状分裂；羽片2～7对，顶部羽裂或顶生羽片与侧生羽片同形，下部的对生或近对生，上部的互生，镰刀状披针形，渐尖头，基部两侧对称，下部的有柄，边缘浅裂，裂片有锯状齿。叶脉在裂片上为羽状，侧脉3～5对，单一或偶有二叉，分离，有时下部1～2对小脉先端靠合成三角形的网眼。孢子囊群圆形，背生于小脉中部，在主脉两侧各排列成1行或仅有3～5枚；囊群盖小，圆肾形，膜质，边缘具睫状毛，早落。

本属全世界有4种，产东南亚的热带和亚热带地区，东亚的温带地区。中国有4种。东北地区产1种。

日本安蕨（Flora of China）；华东蹄盖蕨（辽宁植物志，东北植物检索表，东北草本植物志）；华北蹄盖蕨（辽宁植物志，东北植物检索表，东北草本植物志）；日本蹄盖蕨（东北草本植物志、中国植物志）

Anisocampium niponicum (Mett.) Y. C. Liu, W. L. Chiou & M. Kato in Taxon 60(3): 828. 2011; Fl. China 2: 448. 2013.——*Athyrium niponicum* (Mett.) Hance in Journ. L. Soc. 13: 92. 1873; 东北草本植物志1: 40. 1958; 辽宁植物志（上册）: 53. 图版17. 1988; 东北植物检索表（第二版）: 35. 图版8: 1. 1995; 中国植物志3(2): 132. 图版25: 1～8. 1999.——*A. pachyphlebium* C. Chr. in Dansk Bot. Ark. 9(3): 55. 1937; 东北草本植物志1: 40. 1958; 辽宁植物志（上册）: 55. 1988; 东北植物检索表（第二版）: 35. 图版8: 2. 1995.

■ 日本安蕨

小羽片

二回羽片

植株背面观

植株

居群

叶片卵形至卵状长圆形，先端尾状急尖，二至三回羽状分裂，羽轴具窄翅，各级羽轴略带红色；侧脉单一，伸达齿端；孢子囊群长圆形、短线形或弯钩形，沿小脉中下部上侧着生。生林下或林缘湿地。产吉林省集安等地；辽宁省沈阳、鞍山、凤城、宽甸、长海、大连等地。

叶入药，治下肢疖肿。

5 蹄盖蕨属 *Athyrium* Roth

Athyrium Roth in Rom. Mag. 2(1): 105. 1799.

草本植物，土生。根状茎短。叶簇生，罕近生或远生。叶柄长，横切面有2条维管束，呈八字形排列，向叶轴连合呈"U"字形；叶柄基部被红褐色、深褐色或黑褐色鳞片，鳞片卵状披针形、长钻形或线状披针形，全缘；叶片卵形、长圆形或阔披针形，一回至三回羽状，各回羽片基部合生或分离，通常以锐角沿各回羽轴下面圆形，上面有1条深纵沟，两侧边缘呈刀口状的隆起。叶脉分离，叉状或羽状，小脉伸达锯状齿顶端。孢子囊群背生、侧生或横跨小脉上。

本属全世界约有220种。中国有123种和一些变种和杂种，以西南高山地区为分布中心，各省区均有。东北地区产6种1变种。

分种检索表

1. 孢子囊群圆形，囊群盖肾形、卵形或近圆形 ………………………………… 1. 假冷蕨 **A. spinulosum** (Maxim.) Milde

1. 孢子囊群长形，囊群盖弓弯或弧曲线形，有时钩形或马蹄形。

  2. 囊群盖全缘或几乎全缘；叶表面羽轴和小羽轴交接处具肉质角状突起［2. 禾秆蹄盖蕨 **A. yokoscense** (Franch. et Sav.) Christ］。

    3. 小羽片无柄；根状茎上的鳞片线形至披针状线形 ……………2a. 禾秆蹄盖蕨 **A. yokoscense** var. **yokoscense**

    3. 小羽片具柄；根状茎上的鳞片披针形至狭卵状披针形 ………………………………………… 2b. 宽鳞蹄盖蕨 **A. yokoscense** var. **kirisimaense** (Tag.) Li & J. Z. Wang

  2. 囊群盖边缘啮蚀状至流苏状；叶表面叶轴和小羽轴交接处无肉质角状突起。

    4. 叶片倒披针形至长椭圆形，下部5～6对羽片渐缩短 ……………………… 3. 麦秆蹄盖蕨 **A. fallaciosum** Milde

    4. 叶片长圆形至广卵形，下部1～3对羽片稍缩短或不缩短。

      5. 根状茎上的鳞片多为棕褐色；叶片长圆形至狭卵形，通常基部2～3对羽片缩短 …………………………………………………………………………… 4. 中华蹄盖蕨 **A. sinense** Rupr.

      5. 根状茎上的鳞片多为黑褐色；叶片多为卵状长圆形至广卵形，通常基部1～2对羽片略缩短。

        6. 植株形体强壮，叶草质，叶柄和叶轴禾秆色或淡紫红色，无光泽 ……………………………………………………………………5. 东北蹄盖蕨 **A. brevifrons** Nakai ex Kitag.

        6. 植株形体瘦弱，叶薄草质，叶柄和叶轴淡红色，有光泽 …… 6. 黑龙江蹄盖蕨 **A. rubripes** (Kom.) Kom.

（1）假冷蕨（辽宁植物志，东北植物检索表，中国植物志，Flora of China）；尖齿蹄盖蕨（东北草本植物志）

Athyrium spinulosum (Maxim.) Milde in Bot. Zeitung (Berlin) 24: 376. 1866; 东北草本植物志1: 42. 图35. 1958; Fl. China 2: 497. 2013.——*Pseudocystopteris spinulosa* (Maxim.) Ching in Acta Phytotax. Sin. 9: 78. 1964; 辽宁植物志（上册）: 69. 1988; 东北植物检索表（第二版）: 39. 图版10: 3. 1995; 中国植物志3(2): 86. 图版18: 1～2. 1999.

生针叶林、混交林下或灌丛中阴湿处。产黑龙江省伊春、饶河、宝清、勃利、宁安等地；吉林省抚松、安图、汪清、和龙、长白等地；辽宁省桓仁、宽甸等地。

■ 假冷蕨

羽片

叶背面观

植株

（2）禾秆蹄盖蕨（辽宁植物志，东北植物检索表，中国植物志，Flora of China）；横须贺蹄盖蕨（东北草本植物志）

Athyrium yokoscense (Franch. et Sav.) Christ in Bull. Herb. Boiss. 4: 668. 1896; 东北草本植物志1: 41. 图34. 1958; 辽宁植物志（上册）: 55. 图版18. 1988; 东北植物检索表（第二版）: 36. 图版8: 3. 1995; 中国植物志3(2): 139. 图版26: 1 ~ 7. 1999; Fl. China 2: 460. 2013.

（2a）禾秆蹄盖蕨（原变种）

Athyrium yokoscense var. *yokoscense*

生林下石缝或林缘石壁。产黑龙江省尚志、伊春、哈尔滨等地；吉林省蛟河、集安等地；辽宁省沈阳、盖州、凤城、宽甸、桓仁、东港、普兰店、金州、庄河、丹东、岫岩等地。

全草有驱虫、解毒、止血作用，治外伤出血，驱体内蛔虫。

■ 禾秆蹄盖蕨

羽片

植株一部分

植株

（2b）宽鳞蹄盖蕨（变种）（东北植物检索表，东北植物分布图集）

Athyrium yokoscense var. *kirisimaense* (Tag.) Li & J. Z. Wang, 东北植物检索表（第二版）: 36. 1995; 东北植物分布图集: 34. 2019.

生林下。产辽宁省凤城、长海、大连等地。

■ 宽鳞蹄盖蕨

叶背面观

植株

（3）麦秆蹄盖蕨（辽宁植物志，东北植物检索表，中国植物志，Flora of China）

Athyrium fallaciosum Milde in Fil. Europ. et Atlant. 6: 54. 1867; 辽宁植物志（上册）: 50. 图版15. 1988; 东北植物检索表（第二版）: 35. 图版8: 4. 1995; 中国植物志3(2): 136. 图版24: 6 ~ 8. 1999; Fl. China 2: 461. 2013.

吉林省尚有记载狭基蹄盖蕨*Athyrium rupestre* Kodama［东北植物检索表（第二版）: 35. 1995.］，叶形与麦秆蹄盖蕨*A. fallaciosum* Milde相似，主要区别为：前者羽片羽状深裂至全裂，孢子无周壁；后者羽片羽状半裂，孢子具周壁。待进一步调查、核实。

生山谷林下或阴湿岩石缝中。产吉林省安图、长白等地；辽宁省庄河、岫岩、凌源等地。

■ 麦秆蹄盖蕨

叶背面观

植株一部分

植株

（4）中华蹄盖蕨（辽宁植物志，内蒙古植物志，东北植物检索表，中国植物志，Flora of China）；狭叶蹄盖蕨（东北草本植物志）

Athyrium sinense Rupr. in Distr. Crypt. Vasc. Ross. 41. 1845; 东北草本植物志1: 41. 1958; 辽宁植物志（上册）: 52. 图版16. 1988; 东北植物检索表（第二版）: 36. 图版8: 6. 1995; 内蒙古植物志（第二版）1: 209. 图版12: 1 ~ 2. 1998; 中国植物志3(2): 165. 图版34: 1 ~ 4. 1999; Fl. China 2: 467. 2013.

生疏林下或林缘草丛。产黑龙江省塔河、呼玛、嫩江、虎林、尚志、宁安、黑河、北安等地；吉林省安图、珲春、长白、抚松、靖宇、柳河、集安、蛟河、敦化、汪清等地；辽宁省西丰、开原、本溪、凤城、宽甸、桓仁、新宾、清原、鞍山、营口、北镇、建昌、普兰店等地；内蒙古自治区额尔古纳、根河、牙克石、扎兰屯、科尔沁右翼前旗、科尔沁右翼中旗、宝格达山等地。

根状茎及叶柄残基有清热解毒、杀虫作用，用于防治流感、乙脑、钩虫病、蛔虫病等。

■ 中华蹄盖蕨

叶

羽片

植株

（5）东北蹄盖蕨（中国植物志，Flora of China）；猴腿蹄盖蕨（辽宁植物志，东北植物检索表，东北草本植物志）；带岭蹄盖蕨（东北植物检索表）；多齿蹄盖蕨（内蒙古植物志）；短叶蹄盖蕨（内蒙古植物志）

Athyrium brevifrons Nakai ex Kitag. in Rep. First Sci. Exped. Manch. Sect. 4(2): 75. 1935; 内蒙古植物志（第二版）1: 211. 图版12: 3～4. 1998; 中国植物志3(2): 162. 图版34: 5. 1999; Fl. China 2: 466. 2013.——*A. multidentatum* (Doell) Ching, 东北草本植物志1: 40. 1958; 辽宁植物志（上册）: 53. 1988; 东北植物检索表（第二版）: 35. 图版8: 5. 1995; 内蒙古植物志（第二版）1: 211. 1998.——*A. dailingense* Ching ex Hsieh in Acta Bot. Boreal.-Occid. Sin. 6(1): 18. 1986; 东北植物检索表（第二版）: 35. 1995.

生林缘、草坡、疏林下或采伐迹地上。产黑龙江省塔河、呼玛、哈尔滨、嫩江、牡丹江、桦川、

■ 东北蹄盖蕨

羽片

植株一部分

植株

尚志（模式标本采集地）、密山、虎林、宁安、伊春、黑河、宝清、饶河、嘉荫等地；吉林省安图、抚松、临江、长白、和龙、蛟河、敦化、汪清、珲春、集安等地；辽宁省西丰、本溪、凤城、宽甸、桓仁、北镇、鞍山、庄河、大连等地；内蒙古自治区额尔古纳、根河、牙克石、扎兰屯、科尔沁右翼前旗、扎赉特旗、科尔沁左翼、大青沟、巴林右旗、阿鲁科尔沁旗、克什克腾旗、宁城、宝格达山等地。

根状茎有驱虫、止血作用，用于蛔虫病、外伤出血。嫩叶柄可食。

（6）黑龙江蹄盖蕨（蕨类名词及名称，中国植物志，Flora of China）

Athyrium rubripes (Kom.) Kom. in Bull. Jard. Bot. Kieff 13: 145. 1931; Kom. Fl. URSS 2: 54. 1934; 中国植物志3(2): 165. 1999; Fl. China 2: 466. 2013.

生针叶林下。产黑龙江省伊春。

本种在中国仅东北地区有分布。

■ 黑龙江蹄盖蕨

叶正面观

叶背面观

植株

017. 鳞毛蕨科 Dryopteridaceae

Dryopteridaceae Herter, Revista Sudamer. Bot. 9: 15. 1949, *nom. cons.*

木贼门、木贼亚门、木贼纲、水龙骨亚纲、水龙骨目（Polypodiales）。

草本植物，陆生、石生、半附生或附生。根状茎短而直立或斜升或横走或攀缘，密被鳞片，鳞片全缘或边缘具锯状齿或睫状毛，无针状硬毛。叶簇生或散生，叶柄横切面具3个或更多的维管束围成半圆形或圆形，上面有纵沟；叶一型或二型，椭圆形、三角形、五角形等，一至五回羽状或单叶，被鳞片、腺体、毛或光滑；中轴腹面有纵沟；叶脉羽状或分离，或各种程度网结，形成一至多行网眼；能育叶与不育叶同型或有所不同。孢子囊群圆形、圆肾形等，背生于小脉或近顶生，有盖，偶无盖；囊群盖圆形、肾形，偶为椭圆形，上位，以外侧边中部凹点着生于囊托，偶下位，无柄或具细长柄，全缘或具齿。孢子单裂缝，无色，具显著周壁。

本科全世界有2115种，广布于世界各地，主产北半球温带和亚热带高山地带。中国有12属，约500种，广布于各省区。东北地区产4属19种。

分属检索表

1. 叶脉网状连接 ………………………………………… 1. 贯众属 Cyrtomium
1. 叶脉羽状分离。
   2. 囊群盖圆形或盾形，盾状着生 ………………………… 2. 耳蕨属 Polystichum

（接上表）

2. 囊群盖圆肾形，以缺刻着生。

3. 根状茎长匍匐；叶远生，各小羽片均为上先出 ……………………………………………3. 复叶耳蕨属 Arachniodes

3. 根状茎直立或斜升，有时短匍匐；叶多簇生，除基部一对羽片的小羽片上先出外，其余小羽片均为下先出 ……………………………………………………………………………………………4. 鳞毛蕨属 Dryopteris

1 贯众属 *Cyrtomium* C. Presl

Cyrtomium C. Presl, Tent. Pterid. 86. 1836.

草本植物，陆生。根状茎短，直立或斜升，连同叶柄基部密被鳞片。鳞片卵形或披针形，边缘有齿或流苏状。叶簇生，叶柄腹面有浅纵沟，嫩时密生鳞片，成长后渐脱落；叶片卵形或矩圆披针形少为三角形，奇数一回羽状；侧生羽片上弯成镰状，其基部两侧近对称或不对称，有时上侧间或两侧有耳状突起；主脉明显，侧脉羽状，小脉联结在主脉两侧成二至多行的网眼。叶纸质至革质，少有草质，背面疏生鳞片或秃净。孢子囊群圆形，背生于内含小脉上，在主脉两侧各一至多行；囊群盖圆形，盾状着生。

本属全世界约35种，主要分布于亚洲东部，以中国西南为中心，极少种类达印度南部和非洲东部。中国有31种。东北地区产1种。

全缘贯众（辽宁植物志，东北植物检索表，东北草本植物志，中国植物志，Flora of China）

Cyrtomium falcatum (L. f.) Presl in Tent. Pterid. 86. 1836; 东北草本植物志1: 63. 1958; 辽宁植物志（上册）: 112. 图版49: 3～4. 1988; 东北植物检索表（第二版）: 47. 图版14: 1. 1995; 中国植物志5(2): 195. 2001;

■ 全缘贯众

羽片

叶正反面对比

居群

植株

Fl. China 2: 565. 2013.

叶簇生，叶柄麦秆色，连同叶轴密被鳞片；叶片长圆形，一回羽状；羽片3～11对，广卵状镰刀形；孢子囊群圆形，散生整个羽片背面。生海边岩石缝隙中。产辽宁省大连、旅顺口、长海等地。

根状茎有清热解毒、驱虫、止血作用，用于外伤出血、肠道寄生虫病。

2 耳蕨属 *Polystichum* Roth

Polystichum Roth Tent. Fl. Germ. 3: 31, 69. 1799.

陆生。根状茎短，直立或斜升，连同叶柄基部通常被鳞片。叶簇生；叶柄腹面有浅纵沟，基部以上常被与基部相同而较小的鳞片；叶片线状披针形、卵状披针形、矩圆形，一回羽状、二回羽裂至二回羽状，少为三回羽状细裂，羽片基部上侧常有耳状突起；叶脉羽状，分离。叶片纸质、草质或为薄革质，背面或多或少有披针形或纤毛状的小鳞片；叶轴上部有时有芽胞，有时芽胞在顶端而叶轴先端能延生成鞭状，着地生根萌发成新株。孢子囊群圆形，着生于小脉顶端，少数为背生或近顶生；囊群盖圆形，盾状着生。

本属全世界约有500种，主要分布于北半球温带和亚热带。中国有208种。东北地区产3种。

分种检索表

1. 叶一回羽状，叶轴先端延伸成鞭状，顶端有芽胞能萌发新植株 …… 1. 鞭叶耳蕨 P. craspedosorum (Maxim.) Diels
1. 叶二回羽状或三出羽状，叶轴先端不同上。
  2. 叶二回羽状，小羽片多镰状长圆形 ………… 2. 布朗耳蕨 P. braunii Fée
  2. 叶三出羽状，小羽片镰状披针形 ………… 3. 戟叶耳蕨 P. tripteron (Kunze) Presl

（1）鞭叶耳蕨（中国植物志，Flora of China）；华北耳蕨（辽宁植物志，东北植物检索表，东北草本植物志）

Polystichum craspedosorum (Maxim.) Diels in Engl. et Prantl, Nat. Pflanzenfam. 1(4): 189. f. 99. 1899; 东北草本植物志1: 61. 1958; 辽宁植物志（上册）: 108. 图版46. 1988; 东北植物检索表（第二版）: 50. 图版16: 5. 1995; 中国植物志5(2): 2. 图版1: 3～5. 2001; Fl. China 2: 677. 2013.

生较阴湿的钙质岩石上。产黑龙江省宁安、哈尔滨、尚志、牡丹江等地；吉林省临江、汪清、抚松、柳河等地；辽宁省本溪、岫岩、凤城、宽甸、丹东、大连、凌源等地。

可作为钙质土的指示植物。全草有清热解毒作用。

■ 鞭叶耳蕨

叶背面观

植株一部分

植株

（2）布朗耳蕨（辽宁植物志，东北植物检索表，中国植物志，Flora of China）

Polystichum braunii Fée in Mém. Foug. 5: 278. 1852; 辽宁植物志（上册）: 112. 图版48. 1988; 东北植物检索表（第二版）: 50. 图版16: 4. 1995; 中国植物志5(2): 93. 图版27: 1 ~ 2. 2001; Fl. China 2: 668. 2013.

生阔叶林下阴湿处。产黑龙江省尚志、伊春、宁安、海林等地；吉林省安图、临江等地；辽宁省凤城、桓仁、宽甸、丹东、本溪、清原、鞍山、海城、庄河等地。

根状茎及叶柄残基有清热解毒、止血作用。嫩叶柄可食。

■ 布朗耳蕨

叶背面观

羽片

植株

（3）戟叶耳蕨（中国植物志，Flora of China）；三叉耳蕨（辽宁植物志，东北植物检索表）；三叶耳蕨（东北草本植物志）

Polystichum tripteron (Kunze) Presl in Epim. Bot. 55. 1849; 东北草本植物志1: 62. 图49. 1958; 辽宁植物志（上册）: 109. 图版47. 1988; 东北植物检索表（第二版）: 50. 图版16: 6. 1995; 中国植物志5(2): 164. 图版46: 7 ~ 9. 2001; Fl. China 2: 680. 2013.

生阔叶林下岩石缝间多阴地。产黑龙江省尚志、哈尔滨等地；吉林省蛟河、抚松、集安、临江、敦化、长白、辉南、柳河、通化、安图等地；辽宁省宽甸、桓仁、凤城、本溪、鞍山、庄河等地。

全草药用，治内热腹痛。嫩叶柄可食。

■ 戟叶耳蕨

叶背面观

植株

居群

3 复叶耳蕨属 *Arachniodes* Blume

Arachniodes Blume, Enum. Pl. Jav. 241. 1828.

陆生，中型草本植物。根状茎粗壮，长而横走，罕斜升，连同叶轴基部被鳞片；鳞片棕色、褐棕色、黑褐色或黑色，披针形、线状披针形或钻形，顶部往往毛髯状，少有卵形，全缘，偶边缘有齿；叶远生或近生，叶片三角形、五角形、卵形或长圆形，大都为三回至四回羽状，少有二回或五回羽状，顶部急狭缩呈尾状或略狭缩呈三角形，或者顶部渐尖；羽片有柄，通常斜展，接近或密接，基部一对羽片较大，通常为三角形或长圆形，基部一片小羽片照例伸长，偶有缩短，一回至三回小羽片均为上先出，末回小羽片为菱形、斜方形、镰刀形，近披针形或长圆形，顶端常为刺尖头，边缘具芒刺状锯状齿；叶脉羽状，分离。孢子囊群顶生或近顶生小脉上，少有背生，位中脉与叶边中间，或为近叶边生，圆形；囊群盖圆肾形，以深缺刻处着生，膜质，以后脱落。

本属全世界约有60种，广布于热带、亚热带和南温带地区，非洲、亚洲、大洋洲和中南美洲均产。中国有40种，主产长江流域及其以南各省区。东北地区产1种。

毛枝蕨（辽宁植物志，东北植物检索表，中国植物志，Flora of China）

Arachniodes miqueliana (Maximowicz ex Franchet & Savatier) Ohwi, J. Jap. Bot. 37: 76. 1962; Fl. China 2: 545. 2013.——*Leptorumohra miqueliana* (Maxim.) H. Ito in Nakai et Honda, Nov. Fl. Jap. 4: 119. 1939; 辽宁植物志（下册）: 1159. 图版523. 1992; 东北植物检索表（第二版）: 50. 图版16: 3. 1995; 中国植物志5(1): 13. 2000.

叶柄基部黑褐色，密被褐色线状披针形而易早落的膜质鳞片；叶片五角状广卵形，三至四回羽裂，基部羽片最大；孢子囊群背生小脉上，囊群盖圆肾形。生山谷疏林下或岩壁阴湿处。产辽宁省桓仁、宽甸等地。

■ 毛枝蕨

羽片

植株

居群

4 鳞毛蕨属 *Dryopteris* Adans.

Dryopteris Adanson Fam. Pl. 2: 20, 551. 1763.

叶簇生，螺旋状排列、向四面放射呈中空的倒圆锥形，有柄，被鳞片；叶片阔披针形、长圆形、三角状卵形、五角形，一回羽状或二至四回羽状或四回羽裂，顶部羽裂，罕为一回奇数羽状；末回羽片基部圆形对称，罕为不对称的楔形，边缘通常有锯状齿，少有具针状刺头；各回小羽轴或主脉以锐角斜出，基部以狭翅下沿于下一回的小羽轴，下面圆形隆起，上面具纵沟，两侧具隆起的边，光滑无毛，且与下一回的小羽轴上面的纵沟互通；叶脉分离，羽状，单一或二至三叉，不达叶边。孢子囊群圆形，大多生于叶脉背部，盖为圆肾形。

本属全世界约有400种，广泛分布两半球，主要分布于亚洲，尤其是中国、日本和朝鲜。中国有167种。东北地区产14种。

分种检索表

1. 羽轴、小羽轴或中脉背面被泡状或瓢状小鳞片。
  2. 叶柄和叶轴上的鳞片几乎呈水平开展或斜下开展 ………………………………… 1. 虎耳鳞毛蕨 D. saxifraga H. Ito

（接上表）

2. 叶柄和叶轴上的鳞片通常斜上开展或伏贴于叶柄和叶轴上。
    3. 叶柄散生淡褐色鳞片，叶裂片锯状齿具刺芒 ………………………………… **2. 黑水鳞毛蕨 D. amurensis** Christ
    3. 叶柄密生黑褐色鳞片，叶裂片锯状齿不具刺芒 …………………………… **3. 棕边鳞毛蕨 D. sacrosancta** Koidz.
1. 羽轴、小羽轴背面被非泡状鳞片或兼有鳞片状毛。
  4. 叶三至四回羽裂。
    5. 末回小羽片或裂片的锯状齿先端不为刺芒状。
      6. 叶轴及羽轴通常无鳞片；基部1对羽片三角状广披针形至卵状广披针形 ……………………………………………………………… **4. 裸叶鳞毛蕨 D. gymnophylla** (Baker) C. Chr.
      6. 叶轴及羽轴具褐色至黑褐色鳞片；基部1对羽片三角形 ……………………**5. 中华鳞毛蕨 D. chinensis** Koidz.
    5. 末回小羽片或裂片的锯状齿先端刺芒状。
      7. 根状茎斜升；叶通常三至四回羽裂，基部1对羽片三角形 ……………………………………………………… **6. 广布鳞毛蕨 D. expansa** (Presl) Fraser-Jenkins et Jermy
      7. 根状茎短横卧；叶通常三回羽状深裂，基部1对羽片长椭圆形或广披针形 ……………………………………………………………… **7. 华北鳞毛蕨 D. goeringiana** (G. Kunze) Koidz.
  4. 叶二回深羽裂至全裂。
    8. 叶长不足60厘米，显具腺体或腺毛。
      9. 叶片卵状长圆形，基部不狭缩；囊群盖蚌壳状，全缘，疏被短腺毛 ………………………………………………………………………… **8. 细叶鳞毛蕨 D. woodsiisora** Hayata
      9. 叶片通常倒披针形，基部狭缩；囊群盖圆肾形，边缘啮蚀状，被多数腺体 …………………………………………………………………………… **9. 香鳞毛蕨 D. fragrans** (L.) Schott
    8. 叶长达70厘米以上，通常无明显腺体或腺毛。
      10. 叶下部羽片逐渐缩短。
        11. 叶片浓绿色，裂片全缘或具浅锯状齿，革质，两面被毛状鳞片 ……………………………………………………………… **10. 粗茎鳞毛蕨 D. crassirhizoma** Nakai
        11. 叶片淡绿色，裂片具稍深的钝锯状齿，薄革质，表面几乎无毛状鳞片 ………………………………………………………… **11. 东北亚鳞毛蕨 D. coreano-montana** Nakai
      10. 叶下部羽片不缩短或基本不缩短。
        12. 羽片几乎全部能育，裂片锯状齿具内弯的刺芒；根状茎匍匐 ………………………………………………………… **12. 山地鳞毛蕨 D. monticola** (Makino) C. Chr.
        12. 通常仅上部羽片能育，裂片锯状齿无刺芒；根状茎斜升。
          13. 叶柄具暗棕色至黑棕色鳞片，能育羽片逐渐缩小………………**13. 半岛鳞毛蕨 D. peninsulae** Kitag.
          13. 叶柄具红褐色鳞片，能育羽片骤然缩小…………………**14. 狭顶鳞毛蕨 D. lacera** (Thunb.) O. Ktze.

（1）虎耳鳞毛蕨（辽宁植物志，东北植物检索表，东北草本植物志，中国植物志，Flora of China）

Dryopteris saxifraga H. Ito in Bot. Mag. Tokyo 50: 125. 1936; 东北草本植物志1: 58. 1958; 辽宁植物志（上册）: 105. 图版44. 1988; 东北植物检索表（第二版）: 49. 图版16: 1. 1995; 中国植物志5(1): 218. 2000; Fl. China 2: 613. 2013.

生疏林下岩石缝中。产吉林省安图等地；辽宁省桓仁、凤城、丹东、岫岩、庄河、大连等地。

■ 虎耳鳞毛蕨

叶背面观

叶柄

植株

（2）黑水鳞毛蕨（辽宁植物志，东北植物检索表，东北草本植物志，中国植物志，Flora of China）

Dryopteris amurensis (Milde) Christ in Bull. Aad. Geogr. Bot. Mans. 1909; 东北草本植物志1: 61. 图48.1958; 辽宁植物志（上册）: 106. 图版45. 1988; 东北植物检索表（第二版）: 49. 图版14: 5. 1995; 中国植物志5(1): 213. 2000; Fl. China 2: 611. 2013.

生林下。产黑龙江省伊春等地；吉林省安图等地；辽宁省金州、宽甸、桓仁等地。

■ 黑水鳞毛蕨

叶柄

叶背面观

叶

居群

（3）棕边鳞毛蕨（辽宁植物志，东北植物检索表，中国植物志，Flora of China）

Dryopteris sacrosancta Koidz. in Bot. Mag. Tokyo 38: 108. 1924; 辽宁植物志（上册）: 106. 1988; 东北植物检索表（第二版）: 49. 1995; 中国植物志5(1): 220. 2000; Fl. China 2: 613. 2013.

生林下。产黑龙江省宝清；辽宁省大连（小平岛）。

（4）裸叶鳞毛蕨（辽宁植物志，东北植物检索表，东北草本植物志，中国植物志，Flora of China）

Dryopteris gymnophylla (Baker) C. Chr. in Ind. Fil. 269. 1905; 东北草本植物志1: 58. 1958; 辽宁植物志（上册）: 103. 1988; 东北植物检索表（第二版）: 49. 图版15: 1. 1995; 中国植物志5(1): 172. 2000; Fl. China 2: 597. 2013.

生低山林下。产辽宁省庄河、鞍山（千山）、岫岩等地。

■ 裸叶鳞毛蕨

叶背面观

居群

（5）中华鳞毛蕨（辽宁植物志，东北植物检索表，东北草本植物志，中国植物志，Flora of China）

Dryopteris chinensis Koidz. in Fl. Symb. Orient. Asiat. 39. 1930; 东北草本植物志1: 58. 1958; 辽宁植物志（上册）: 103. 图版43. 1988; 东北植物检索表（第二版）: 49. 图版14: 4. 1995; 中国植物志5(1): 173. 2000; Fl. China 2: 597. 2013.

生阔叶林下或灌丛中。产吉林省集安等地；辽宁省凤城、丹东、庄河、鞍山、金州等地。

■ 中华鳞毛蕨

羽片背面观

植株

居群

（6）广布鳞毛蕨（辽宁植物志，内蒙古植物志，东北植物检索表，中国植物志，Flora of China）

Dryopteris expansa (Presl) Fraser-Jenkins et Jermy in Fern Gazette 11(5): 338. 1977; 辽宁植物志（上册）:

■ 广布鳞毛蕨

叶背面观

植株

99. 图版41. 1988; 东北植物检索表（第二版）: 50. 图版15: 5. 1995; 内蒙古植物志（第二版）1: 239. 图版24: 1～2. 1998; 中国植物志5(1): 170. 图版26: 1～3. 2000; Fl. China 2: 597. 2013.

生林下。产黑龙江省伊春、尚志、黑河、五大连池等地；吉林省长白、靖宇、通化、柳河、敦化、安图、汪清、临江、和龙等地；辽宁省新宾、清原、本溪、宽甸、桓仁、鞍山、凤城、建昌等地；内蒙古自治区根河、牙克石、鄂伦春、科尔沁右翼前旗等地。

（7）华北鳞毛蕨（辽宁植物志，内蒙古植物志，东北植物检索表，中国植物志，Flora of China）；美丽鳞毛蕨（东北草本植物志）

Dryopteris goeringiana (G. Kunze) Koidz. in Bot. Mag. Tokyo 43: 386. 1929; 辽宁植物志（上册）: 102. 图版42. 1988; 东北植物检索表（第二版）: 50. 图版15: 6. 1995; 内蒙古植物志（第二版）1: 239. 图版24: 3～4. 1998; 中国植物志5(1): 173. 2000; Fl. China 2: 598. 2013.——*D. laeta* (Kom.) C. Chr., Index Filic. fasc. 5: 273. 1905; 东北草本植物志1: 60. 图47. 1958.

生阔叶林下或灌丛中。产黑龙江省宁安、尚志、哈尔滨、伊春等地；吉林省安图、集安等地；辽宁省西丰、开原、清原、义县、北镇、建昌、凌源、沈阳、鞍山、长海、大连等地；内蒙古自治区鄂伦春、扎赉特旗、宁城县黑里河林场等地。

■ 华北鳞毛蕨

羽片背面观

植株一部分

植株

（8）细叶鳞毛蕨（辽宁植物志，东北植物检索表，东北草本植物志，中国植物志，Flora of China）

Dryopteris woodsiisora Hayata in Icon. Pl. Formos. 6: 158. 1916; 辽宁植物志（上册）: 96. 图版39. 1988; 东北植物检索表（第二版）: 49. 图版16: 2. 1995; 中国植物志5(1): 131. 2000; Fl. China 2: 582. 2013.——*D. tenuissima* Tagawa, Acta Phytotax. Geobot. 1(4): 308. 1932; 东北草本植物志1: 57. 1958.

生岩石缝中。产辽宁省庄河（仙人洞、蓉花山）等地。

■ 细叶鳞毛蕨

叶正面观

叶背面观

居群

（9）香鳞毛蕨（辽宁植物志，内蒙古植物志，东北植物检索表，东北草本植物志，中国植物志，Flora of China）；疏羽香鳞毛蕨（辽宁植物志，东北植物检索表）

Dryopteris fragrans (L.) Schott in Gen. Fil. t. 9. 1834; 东北草本植物志1: 56. 图45. 1958; 辽宁植物志（上册）: 99. 图版40: 1～2. 1988; 东北植物检索表（第二版）: 49. 图版15: 4. 1995; 内蒙古植物志（第二版）1: 237. 图版23: 1～2. 1998; 中国植物志5(1): 152. 2000; Fl. China 2: 590. 2013.——*D. fragrans* var. *remotiuscula* (Kom.) Kom. in Fl. URSS 30(1): 38. 1934; 辽宁植物志（上册）: 99. 图版40: 3. 1988; 东北植物检索表（第二版）: 49. 图版15: 4. 1995.

生岩石缝和林中的碎石坡上。产黑龙江省黑河、尚志、五大连池等地；吉林省安图、长白等地；辽宁省庄河、大连、桓仁等地；内蒙古自治区额尔古纳、根河、牙克石、扎兰屯、科尔沁右翼前旗、扎赉特旗、西乌珠穆沁旗等地。

全草药用，治疗牛皮癣、皮疹、皮炎、脚气、手癣、关节炎等。

■ 香鳞毛蕨

叶背面观

植株

居群

（10）粗茎鳞毛蕨（辽宁植物志，东北植物检索表，东北草本植物志，中国植物志，Flora of China）

Dryopteris crassirhizoma Nakai in Cat. Sem. Spor. Hort. Univ. Imp. Tokyo 32. 1920; 东北草本植物志1: 56. 1958; 辽宁植物志（上册）: 93. 图版36. 1988; 东北植物检索表（第二版）: 49. 图版14: 3. 1995; 中国植物志5(1): 149. 2000; Fl. China 2: 588. 2013.

生山地林下。产黑龙江省虎林、饶河、宝清、伊春、尚志、宁安、哈尔滨、桦川、五常、穆棱等地；吉林省安图、抚松、长白、蛟河、临江、汪清、集安、珲春、敦化等地；辽宁省凤城、本溪、岫岩、西丰、桓仁、宽甸、清原、新宾、鞍山、庄河等地。

根状茎有清热、解毒、抗炎、抑菌、驱虫、止血作用。

■ 粗茎鳞毛蕨

叶背面观

叶正面观

发叶期

植株下部

■ 粗茎鳞毛蕨

植株

群落

（11）东北亚鳞毛蕨（东北植物检索表，中国植物志，Flora of China）；远东鳞毛蕨（内蒙古植物志）

Dryopteris coreano-montana Nakai in Bot. Mag. (Tokyo) 35: 132. 1921; Fl. China 2: 587. 2013; 中国植物志5(1): 147. 2000.——*Dryopteris sichotensis* Kom. in Bull. Jard. Bot. Petrop.16: 146. 1916; 东北植物检索表（第二版）: 49. 图版14: 2. 1995; 内蒙古植物志（第二版）1: 239. 图版23: 3 ~ 4. 1998.

生草甸湿地。产黑龙江省伊春、尚志、饶河、哈尔滨等地；吉林省安图、长白、汪清、集安等地；内蒙古自治区科尔沁右翼前旗（白狼）鸡冠山等地。

■ 东北亚鳞毛蕨

叶背面观

植株

（12）山地鳞毛蕨（辽宁植物志，东北植物检索表，东北草本植物志，中国植物志，Flora of China）

Dryopteris monticola (Makino) C. Chr. in Ind. Fil. 278. 1906; 东北草本植物志1: 56. 1958; 辽宁植物志（上册）: 93. 图版35. 1988; 东北植物检索表（第二版）: 49. 图版15: 7. 1995; 中国植物志5(1): 143. 2000; Fl. China 2: 586. 2013.

生山地阔叶林中。产辽宁省凤城、宽甸、岫岩、桓仁、丹东、本溪、鞍山等地。

■ 山地鳞毛蕨

叶背面观

植株

居群

（13）半岛鳞毛蕨（辽宁植物志，东北植物检索表，中国植物志，Flora of China）；辽东鳞毛蕨（东北草本植物志）

Dryopteris peninsulae Kitag. in Rep. First Sci. Exped. Manch. 4(2): 54. fig. 10. 1935; 东北草本植物志1: 57. 1958; 辽宁植物志（上册）: 96. 图版38. 1988; 东北植物检索表（第二版）: 49. 图版15: 3. 1995; 中国植物志5(1): 157. 2000; Fl. China 2: 591. 2013.

生阴湿地杂草丛中或林下。产辽宁省庄河、长海、大连等地。

根状茎有清热解毒、止血、杀虫作用，用于血崩、吐血、衄血、便血、赤痢等。

■ 半岛鳞毛蕨

叶背面观

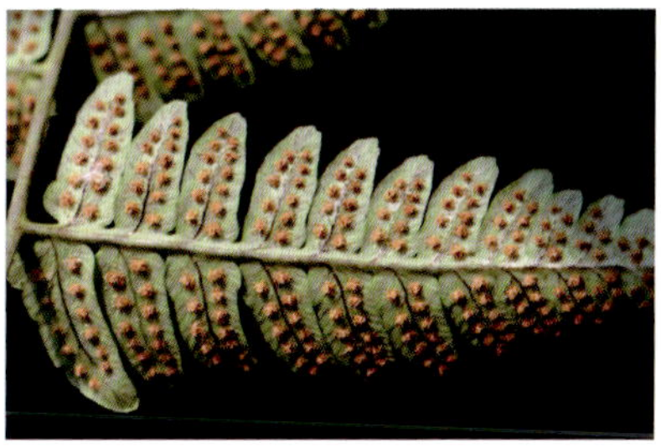
叶中上部背面观

植株

（14）狭顶鳞毛蕨（辽宁植物志，东北植物检索表，中国植物志，Flora of China）

Dryopteris lacera (Thunb.) O. Ktze. in Rev. Gen. Pl. 2: 813. 1891; 辽宁植物志（上册）: 95. 图版37. 1988; 东北植物检索表（第二版）: 49. 图版15: 2. 1995; 中国植物志5(1): 156. 2000; Fl. China 2: 591. 2013.

生山地疏林下。产辽宁省本溪、丹东、大连、长海等地。

全草有清热、活血、杀虫等功效，用于治疗痢疾、跌打损伤、绦虫病等。

■ 狭顶鳞毛蕨

叶背面观上部

叶背面观中部

叶

018. 骨碎补科 Davalliaceae

Davalliaceae M. R. Schomb., Reis. Br.–Guiana [Ri. Schomburgk] 2: 883. 1848.

木贼门、木贼亚门、木贼纲、水龙骨亚纲、水龙骨目（Polypodiales）。

草本植物，附生，少有土生。根状茎横走，少为直立，有网状中柱，通常密被鳞片，鳞片以伏贴的阔腹部盾状着生，罕为基部着生。叶远生，叶柄基部以关节着生于根状茎上；叶片通常为三角形，二至四回羽状分裂，羽片不以关节着生于叶轴。叶脉分离。叶无毛或疏被鳞片及毛。孢子囊群为叶缘内生或叶背生，着生于小脉顶端；囊群盖为半管形、杯形、圆形或肾形等，基部着生或同时以两侧着生，仅口部开向叶边；孢子囊柄细长，环带由12～16个增厚细胞组成。孢子两侧对称，椭圆形或长椭圆形，单裂缝，通常不具周壁。

本科全世界有1属，约65种，主产亚洲热带及亚热带地区，少数分布于非洲和欧洲。中国有1属17种，主产西南和南部地区，少数分布于东部、华北和东北地区。东北地区产1属1种。

骨碎补属 *Davallia* Smith

Davallia Smith in Mem. Acad. Turin 5: 414. 1793.

属的特征和地理分布同科。

骨碎补（辽宁植物志，东北植物检索表，中国植物志，Flora of China）；海州骨碎补（东北草本植物志）

Davallia trichomanoides Blume, Enum. Pl. Javae. 2: 238. 1828; Fl. China 2: 754. 2013.——*D. mariesii* Moore ex Baker in Ann. Bot. 5: 201. 1891; 东北草本植物志1: 28. 1958; 辽宁植物志（上册）: 114. 图版49: 1～2. 1988; 东北植物检索表（第二版）: 50. 图版17: 1. 1995; 中国植物志6(1): 300. 图版31: 11～13. 1999.

叶片五角状卵形，基部心形，三至四回羽状分裂；羽片7～10对，基部1对羽片最大；孢子囊群长圆形，顶生小脉，每裂片1枚。生岩石或树干上。产辽宁省庄河。

根状茎有坚骨、补肾、祛风除湿、活血止痛作用，用于肾虚腰痛、关节痛、跌打损伤。

■ 骨碎补

叶背面观

植株

019. 水龙骨科 Polypodiaceae

Polypodiaceae J. Presl & C. Presl, Delic. Prag. 159. 1822.

木贼门、木贼亚门、木贼纲、水龙骨亚纲、水龙骨目（Polypodiales）。

草本植物，多为附生，稀为土生。根状茎横走，内有网状中柱，外被鳞片，鳞片以腹部盾状着生，具粗筛孔，边缘通常具不规则齿凸。叶一型或二型；叶柄通常以关节与根状茎相连；叶片为单叶或一回羽状，通常草质，光滑无毛或被星状毛，叶脉为各式网状，稀分离，网眼内通常有分枝的内藏小脉，小脉顶端常膨大成水囊体。孢子囊群通常圆形、近圆形、长圆形或线形，生于小脉的顶端和背侧，不具囊群盖；孢子囊柄细长，环带一般由12～14个增厚细胞组成；孢子两面体形，平滑或稍有瘤状突起。

本科全世界约有67属1652种，主产热带和亚热带。中国有36属270多种，主产长江以南各省区。东北地区产5属7种。

分属检索表

1. 孢子囊集成线形、弓形、钩形或马蹄形孢子囊群；植株较小，株高一般不超过10厘米
 ………………………………………………………… 1. 睫毛蕨属 Pleurosoriopsis
1. 孢子囊集生成圆形、近圆形或点状孢子囊群；植株较大。
 2. 叶片羽状深裂 ………………………………………… 2. 水龙骨属（多足蕨属）Polypodium
 2. 叶片单一，不分裂或偶尔指状三裂。
  3. 叶片（尤其是叶背面）密被星状毛 ………………………………… 3. 石韦属 Pyrrosia
  3. 叶片不具星状毛。
   4. 叶片棱状披针形；孢子囊群幼时有盾状或伞形隔丝覆盖 ……………… 4. 瓦韦属 Lepisorus
   4. 叶片广椭圆形、长圆形或长卵形，不分裂或指状三裂；孢子囊群无盾状或伞形隔丝覆盖
    ………………………………………………………… 5. 修蕨属 Selliguea

1 睫毛蕨属 *Pleurosoriopsis* Fomin

Pleurosoriopsis Fomin in Bull. Jard. Bot. Kieff 11: 8～9. 1930.

小型草本，附生或石生。根状茎纤细，长而横走，有2条左右排列的维管束，横断面呈卵圆形，表面密被极长（1～3毫米）而开展的红棕色单细胞线状毛，近顶部还被狭长的线形鳞片，鳞片基部也具有一些同样的毛。叶远生，小；柄纤细，禾秆色，密被和根状茎上同样的毛，有圆柱状维管束1条；叶片披针形，长达6厘米，二回深羽裂裂片近舌形，钝头，全缘或近全缘。叶脉分离，每裂片有小脉1条，不达叶边。叶草质，两面均密被棕色节状毛，边缘有密睫状毛。孢子囊群粗线形，沿叶脉着生，不达叶脉先端，无盖。

本属全世界仅1种，分布于中国、日本、朝鲜、俄罗斯。东北地区有分布。

睫毛蕨（辽宁植物志，东北植物检索表，东北草本植物志，中国植物志，Flora of China）

Pleurosoriopsis makinoi (Maxim. ex Makino) Fomin in Bull. Jard. Bot. Kieff 11: 1～9. 1930; 东北草本植物志1: 31. 1958; 辽宁植物志（上册）: 48. 图版27: 4～5. 1988; 东北植物检索表（第二版）: 44. 图版11: 7. 1995; 中国植物志4(2): 154. 图版27: 1～7. 1999; Fl. China 2: 839. 2013.

叶片披针形，二回羽状深裂；羽片4～7对，卵圆形至三角状卵形；孢子囊群短线形，沿叶脉着生，

不达叶脉先端。生树干上或苔藓层中。产黑龙江省尚志等地；吉林省安图等地；辽宁省凤城、桓仁等地。

■ 睫毛蕨

叶背面观

植株

居群

2 水龙骨属（多足蕨属） *Polypodium* L.

Polypodium L., Sp. Pl. 2: 1082. 1753.

附生植物。根状茎长而横走，密被鳞片；鳞片披针形或狭披针形，棕色或黄棕色，由狭长的厚壁细胞组成，质厚而不透明，宿存。叶远生；叶柄以关节着生于根状茎上；叶片披针形，单叶，羽状深裂；裂片5对以上，披针形，略呈镰刀状，顶端钝头，边缘全缘或有疏而浅的缺刻。叶脉分离，裂片的侧脉羽状，不达叶边，顶端有卵状水囊，孢子囊群圆形或椭圆形，着生于侧脉的基部上侧一小脉的顶端，在裂片中脉两侧各成1行，无囊群盖。

本属全世界约10种，分布于北温带地区（欧洲、亚洲北部和北美洲）。中国有2种，产东北、华北和西北（新疆）。东北地区产1种。

东北水龙骨（Flora of China）；水龙骨（辽宁植物志）；小多足蕨（内蒙古植物志）；东北多足蕨（东北植物检索表，中国植物志）；北美多足蕨（植物智网站）

Polypodium sibiricum Sipliv. in Novosti Sist. Vyssh. Rast. 11: 329. 1974; Fl. China 2: 839. 2013.——*P. virginianum* auct. non L.: 辽宁植物志（上册）: 115. 图版50: 1. 1988; 东北植物检索表（第二版）: 54. 图版

■ 东北水龙骨

叶背面观

叶正面观

居群

17: 2. 1995; 内蒙古植物志（第二版）1: 243. 图版25: 1 ~ 2. 1998; 中国植物志6(2): 11. 2000.

叶片披针形至长圆状披针形，羽状深裂几乎达中脉，裂片12 ~ 15对；孢子囊群圆形，近裂片边缘排列，无囊群盖。附生树干上或石上。产黑龙江省虎林、饶河、密山、哈尔滨、伊春、牡丹江、黑河、呼玛、五大连池等地；吉林省安图、临江、长白、靖宇、辉南、柳河、和龙等地；辽宁省宽甸、桓仁、大连等地；内蒙古自治区根河、牙克石、扎兰屯、科尔沁右翼前旗、扎赉特旗等地。

全草有祛风除湿、清热解毒、止咳、镇痛作用，用于风湿关节痛、牙痛、淋证等。

3 石韦属 *Pyrrosia* Mirbel

Pyrrosia Mirbel in Lamk. et Mirbel, Hist. Nat. des Veg. 5. 91. 1803.

草本植物，附生。根状茎长而横走或短而横卧，有网状中柱和黑色厚壁组织束散生，密被鳞片；鳞片盾状着生，通常呈棕色，通体或仅边缘及顶部具睫状毛。叶一型或二型，通常有柄，基部以关节与根状茎连接，下部疏被鳞片，向上通常被疏毛；叶片线形至披针形，或长卵形，全缘或为戟形或掌状分裂；主脉明显，侧脉斜展，明显或隐没于叶肉中，小脉不显，联结成各式网眼。孢子囊群近圆形，着生于内藏小脉顶端，成熟时汇合，在主脉两侧排成一至多行，无囊群盖。

本属全世界约有60种，主产亚洲热带和亚热带地区，少数达非洲及大洋洲。中国有32种，主要分布于长江流域、华南和西南等温暖地区。东北地区产3种。

分种检索表

1. 孢子囊群沿叶片中脉排成两行，叶肉质，棒状线形，宽仅3 ~ 5毫米 …… 1. 线叶石韦 *P. linearifolia* (Hook.) Ching
1. 孢子囊群满布叶背面，叶片革质，线状披针形至卵状长圆形，宽1 ~ 2.5厘米。
   2. 叶片线状披针形，背面密被黄棕色星状毛 ……………………………… 2. 华北石韦 *P. davidii* (Baker) Ching
   2. 叶片长圆形至卵状长圆形，背面密被灰棕色星状毛 ……………………… 3. 有柄石韦 *P. petiolosa* (Christ) Ching

（1）线叶石韦（辽宁植物志，东北植物检索表，中国植物志，Flora of China）；绒毛蕨（东北草本植物志）

Pyrrosia linearifolia (Hook.) Ching in Bull. Chin. Bot. Soc. 1: 48. 1935; 东北草本植物志1: 66. 图54. 1958; 辽宁植物志（上册）: 119. 图版51: 2. 1988; 东北植物检索表（第二版）: 55. 图版17: 5. 1995; 中国植物志

■ 线叶石韦

叶背面观

叶正面观

居群

6(2): 142. 2000; Fl. China 2: 788. 2013.

附生山坡岩石上或树干上。产吉林省集安等地；辽宁省凤城、宽甸、桓仁、丹东等地。

（2）华北石韦（内蒙古植物志，中国植物志，Flora of China）；北京石韦（辽宁植物志，东北植物检索表，东北草本植物志）；西南石韦（中国高等植物图鉴，中国植物志）

Pyrrosia davidii (Baker) Ching in Acta Phytotax. Sin. 10: 301. 1965; 内蒙古植物志（第二版）1: 244. 图版26: 2 ~ 3. 1998; 中国植物志6(2): 132. 图版26: 7 ~ 9. 2000; Fl. China 2: 795. 2013.——*P. pekinensis* (C. Chr.) Ching in Bull. Chin. Bot. Soc. 1: 51. 1935; 东北草本植物志1: 65. 图53.1958; 辽宁植物志（上册）: 118. 图版51: 3. 1988; 东北植物检索表（第二版）: 55. 图版17: 4. 1995.——*Pyrrosia gralla* (Gies.) Ching in Bull. Chin. Bot. Soc. 1: 50. 1935; 中国植物志6(2): 132. 图版27: 1 ~ 3. 2000.

附生阴湿岩石上。产黑龙江省宁安等地；辽宁省凌源、宽甸、丹东等地；内蒙古自治区通辽、巴林左旗、阿鲁科尔沁旗、克什克腾旗、喀喇沁旗、宁城、多伦等地。

■ 华北石韦

叶背面观

植株

居群

（3）有柄石韦（辽宁植物志，东北植物检索表，东北草本植物志，中国植物志，Flora of China）；长柄石韦（内蒙古植物志）

Pyrrosia petiolosa (Christ) Ching in Bull. Chin. Bot. Soc. 1: 59. 1935; 东北草本植物志1: 65. 图52. 1958; 辽宁植物志（上册）: 118. 图版51: 1. 1988; 东北植物检索表（第二版）: 55. 图版17: 6. 1995; 内蒙古植物志（第二版）1: 245. 图版26: 1. 1998; 中国植物志6(2): 125. 图版23: 1 ~ 5. 2000; Fl. China 2: 791. 2013.

生较干旱的裸岩上。产黑龙江省密山、伊春、尚志、哈尔滨、宁安、依兰、哈尔滨县等地；吉林省

■ 有柄石韦

叶正反面对比

植株

居群

集安、九台、抚松、临江、靖宇、长白、通化、柳河、辉南、梅河口等地；辽宁省西丰、法库、本溪、凤城、宽甸、丹东、阜新、北镇、凌源、鞍山、盖州、普兰店、金州、大连等地；内蒙古自治区扎兰屯、科尔沁右翼中旗、扎赉特旗、库伦旗、敖汉旗、喀喇沁旗、宁城等地。

全草有利尿、通淋、清湿热作用，用于急慢性肾炎、肾盂肾炎、膀胱炎、尿道炎等。

4 瓦韦属 *Lepisorus* (J. Smith) Ching

Lepisorus (J. Smith) Ching in Bull. Fam. Inst. Biol. 4: 47. 1933.

草本植物，附生。根状茎粗而横走，密被鳞片；鳞片黑褐色，全缘或具长短不一的锯状齿。单叶；叶柄通常较短，基部略被鳞片，向上光滑，多为禾秆色，少为深棕色；叶片多为披针形，少为狭披针形或近带状，边缘全缘或呈波状，干后通常反卷，两面均无毛，或下面有时疏被棕色小鳞片。主脉明显，侧脉经常不见，小脉连接成网，网眼内有顶端呈棒状不分叉或分叉的内藏小脉。孢子囊群圆形或椭圆形，通常彼此远离，少为密接，汇生或线形，多生于叶片下表面，少有陷入叶肉内的，在主脉和叶缘之间排成一行，幼时被隔丝覆盖。

本属全世界80余种，主要分布于亚洲东部，少数分布于非洲。中国有49种，广布于全国各地，是本属的分布中心。东北地区产1种。

乌苏里瓦韦（辽宁植物志，内蒙古植物志，东北植物检索表，东北草本植物志，中国植物志，Flora of China）

Lepisorus ussuriensis (Regl et Maack) Ching in Bull. Fan Mem. Inst. Biol. 4: 91. 1933; 东北草本植物志1:

■ 乌苏里瓦韦

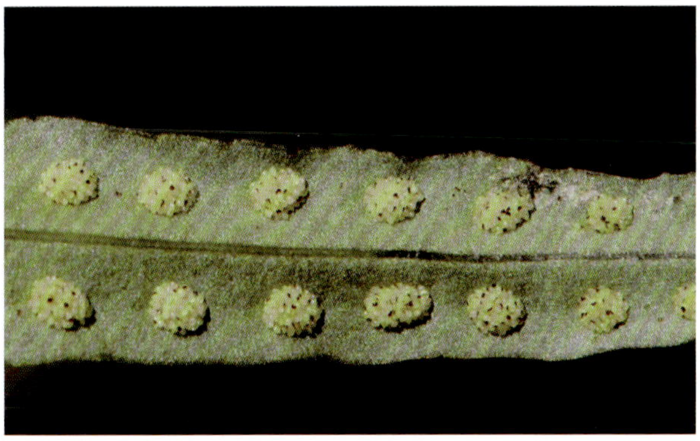

叶一部分

叶

夏季居群

秋季居群

64. 图51.1958; 辽宁植物志（上册）: 116. 图版50: 2. 1988; 东北植物检索表（第二版）: 54. 图版17: 3. 1995; 内蒙古植物志（第二版）1: 243. 图版20: 7. 1998; 中国植物志6(2): 79. 图版11: 6 ~ 8. 2000; Fl. China 2: 812. 2013.

叶片梭状披针形，全缘，两面光滑无毛；孢子囊群圆形，米黄色，在主脉与叶边之间各排成1行。生林下岩石、枯朽木及树皮上。产黑龙江省饶河、伊春、尚志、宁安等地；吉林省安图、临江、珲春、集安、长白、敦化、抚松、蛟河、靖宇、辉南、梅河口、桦甸等地；辽宁省清原、新宾、桓仁、宽甸、凤城、本溪、丹东、鞍山、岫岩、盖州、庄河、金州等地；内蒙古自治区科尔沁左翼后旗等地。.

全草有清热解毒、利尿、止咳、止血作用。

5 修蕨属 *Selliguea* Bory

Selliguea Bory, Dict. Class. Hist. Nat. 6: 587. 1824.

草本植物，附生。根状茎横走，木质，密被鳞片；鳞片卵状披针形或披针形，红棕色，质薄但坚硬，不透明，盾状着生。叶近生或远生，一型或近生二型；叶柄基部以关节着生在根状茎上；叶片单叶不分裂，卵形，全缘；不育叶较宽，能育叶较狭。侧脉粗壮明显，小脉网状，不明显，具内藏小脉。叶革质，两面光滑无毛。孢子囊群长条形，位于相邻的两侧脉之间，连续或有间断。

本属全世界约有75种，分布于亚洲热带、太平洋岛屿、澳大利亚、南非和马达加斯加。中国有48种。东北地区产1种。

金鸡脚假瘤蕨（中国植物志，Flora of China）；金鸡脚假密网蕨（辽宁植物志）；钝头假瘤蕨（东北植物检索表）；金鸡脚（东北草本植物志）

Selliguea hastata (Thunb.) Fraser–Jenk. in Taxon. Revis. Indian Subcontinental Pteridophytes 44 ~ 45. 2008; Fl. China 2: 778. 2013.——*Phymatopteris hastata* (Thunb.) Pic. Serm. in Webbia 28(2): 462. 1973; 中国植物志6(2): 174. 图版34: 1 ~ 3. 2000.——*Ph. hastata* (Thunb.) Kitag. ex H. Ito var. pygmaea (Maxim.) Li et J. Z. Wang，东北植物检索表（第二版）: 54. 图版17: 7. 1995.——*Phymatopsis hastata* (Thunb.) Kitag. ex H. Ito in Jap. Bot. 11: 99. 1935; 东北草本植物志1: 63. 1958; 辽宁植物志（上册）: 120. 图版51: 4 ~ 5. 1988.

单叶不分裂或戟状2 ~ 3分裂；孢子囊群圆形，在叶片中脉或裂片中脉两侧各一行，着生中脉与叶缘之间。生山坡林下湿地、溪边或岩石上。产辽宁省丹东、凤城、东港、大连等地。

全草有清热解毒、利尿消肿作用，用于黄疸肝炎、咽喉肿痛、痢疾、毒蛇咬伤等。

■ 金鸡脚假瘤蕨

叶背面观

植株

居群

第三章

裸子植物
（Gymnosperms）

020. 银杏科 Ginkgoaceae

Ginkgoaceae Engl., Nat. Pflanzenfam. Nachtr. [Engler & Prantl] 1: 19. 1897, *nom. cons.*

木贼门、木贼亚门、松纲、银杏目（Ginkgoales）。

落叶乔木。叶扇形，有长柄，具多数叉状并列细脉。球花单性，雌雄异株，生于短枝顶部的鳞片状叶的腋内，呈簇生状；雄球花具梗，葇荑花序状，雄蕊多数，螺旋状着生，排列较疏，具短梗，花药2，药室纵裂；雌球花具长梗，梗端常分2叉，稀不分叉或分成3～5叉，叉顶生珠座，各具1枚直立胚珠。种子核果状，外种皮肉质，中种皮骨质，内种皮膜质。

本科全世界仅有1属1种，特产于中国，华东和西南可能有野生居群，各地常见栽培。东北也有栽培。

银杏属 *Ginkgo* L.

Ginkgo L., Mant. Pl. 2: 313. 1771.

属的特征和地理分布同科。

银杏（辽宁植物志，东北植物检索表，中国植物志，Flora of China）

Ginkgo biloba L. in Mant. Pl. 2: 313. 1771; 中国植物志7: 18. 图版5. 1978; 辽宁植物志（上册）: 126. 图版53. 1988; 东北植物检索表（第二版）: 56. 图版18: 3. 1995; Fl. China 4: 8. 1999.

落叶乔木；叶片扇形；雌雄异株；种子具长梗，下垂，近球形。原产浙江、湖北等地。辽宁省丹东、大连、鞍山、沈阳等地有栽培。吉林省也有栽培记录。

优良绿化树种和用材树种。种仁可食，且有润肺、止咳、强身作用。

在2021年公布的《国家重点保护野生植物名录》中，本种被列为一级保护植物。

■ 银杏

雌球花

叶与雌球花

雌球花枝

果枝

雄球花枝

植株

021. 麻黄科　Ephedraceae

Ephedraceae Dumort., Anal. Fam. Pl. 11, 12. 1829, *nom. cons.*

木贼门、木贼亚门、松纲、麻黄目（Ephedrales）。

灌木、亚灌木或草本状，稀为缠绕灌木。茎直立或匍匐，分枝多，小枝具节。叶退化成膜质，在节上交叉对生或轮生2～3片合生成鞘状。雌雄异株，稀同株，球花卵圆形或椭圆形，生枝顶或叶腋；雄球花单生或数个丛生，或3～5个成一复穗花序；雌球花具2～8对交叉对生或2～8轮（每轮3片）苞片，仅顶端1～3片苞片生有雌花；雌球花的苞片随胚珠生长发育而增厚成肉质、红色或橘红色，稀为干燥膜质、淡褐色，假花被发育成革质假种皮。

本科全世界有1属60余种，分布于欧洲、非洲北部、北美洲和南美洲。中国有1属16种，主产西北、华北和西南地区。东北地区产1属4种，其中栽培1种。

麻黄属　*Ephedra* Tourn ex L.

Ephedra Tourn ex L. Gen. Pl. 321. 1727.

属的特征与地理分布同科。

分种检索表

1. 植株矮小，高5～15厘米；枝开展呈垫状；种子1 ……………………… 1. **单子麻黄 E. monosperma** Gmel. ex Mey.
1. 植株较高大，高20～100厘米；灌木或草本状灌木；种子1～3。
　2. 草本状，木质茎短或呈匍匐状 ……………………………………………………………… 2. **草麻黄 E. sinica** stapf
　2. 灌木状，木质茎通常直立。
　　3. 叶2裂；雄球花单生或3～4个集生于节上；雌球花常2个对生于节上，苞片3对，最上一对苞片约2/3合生；种子通常1 …………………………………………………………………………… 3. **木贼麻黄 E. equisetina** Bunge
　　3. 叶3裂及2裂混见；雄球花常数个密集于节上成团状；雌球花2～3成簇对生或轮生于节上，苞片3～5轮（每轮3片）或3～5对交叉对生，通常仅基部合生；种子2～3 ……………4. **中麻黄 E. intermedia** Schrenk ex Mey.

（1）单子麻黄（内蒙古植物志，东北植物检索表，中国植物志，Flora of China）

Ephedra monosperma Gmel. ex Mey. in Vers. Monogr. Ephedra 89. 1846; 中国植物志7: 484. 图版112: 1～3. 1978; 东北植物检索表（第二版）: 75. 图版24: 5. 1995; 内蒙古植物志（第二版）1: 277. 图版39: 5～7. 1998; Fl. China 4: 100. 1999.

■ 单子麻黄

果期植株一部分

果期植株

居群

■ 单子麻黄

花期植株一部分

花期植株

生山坡石缝中或林木稀少的干燥地区，海拔1000米左右。产内蒙古自治区额尔古纳、牙克石、新巴尔虎左旗、海拉尔、满洲里、科尔沁左翼后旗、翁牛特旗、科尔沁右翼前旗、克什克腾旗、锡林浩特等地。

枝含生物碱，供药用。

（2）草麻黄（辽宁植物志，内蒙古植物志，东北植物检索表，中国植物志，Flora of China）

Ephedra sinica Stapf. in Kew Bull. 1927: 133. 1927; 中国植物志7: 477. 图版110: 4. 1978; 辽宁植物志（上册）: 176. 图版67. 1988; 东北植物检索表（第二版）: 75. 图版24: 4. 1995; 内蒙古植物志（第二版）1: 275.

■ 草麻黄

种子

雄球花枝

球果枝

雌球花枝

植株

群落

图版38: 1 ~ 4. 1998; Fl. China 4: 99. 1999.

生于燥荒地、沙丘、海岸沙地及草原等处。产吉林省通榆、双辽等地；辽宁省彰武、建平、葫芦岛（打渔山）、朝阳（麒麟山）、瓦房店、盖州等地；内蒙古自治区满洲里、新巴尔虎右旗、科尔沁右翼前旗、扎鲁特旗、翁牛特旗、赤峰等地。

本种为中国提制麻黄碱的主要植物。一方面，生物碱含量丰富，仅次于木贼麻黄；另一方面，木质茎少，易加工提炼；第三，常生于平原、山坡、河床、草原等处，易于采收。

（3）木贼麻黄（内蒙古植物志，东北植物检索表，中国植物志，Flora of China）

Ephedra equisetina Bunge in Mem. Acad. Sci. St. Petersb. ser. 6 (Sci. Nat.) 7: 501. 1851; 中国植物志7: 478. 图版110: 5 ~ 7. 1978; 东北植物检索表（第二版）: 75. 1995; 内蒙古植物志（第二版）1: 275. 图版38: 5 ~ 8. 1998; Fl. China 4: 100. 1999.

生于旱地区的山脊、山顶及岩壁等处。产内蒙古自治区喀喇沁旗、苏尼特右旗等地。

本种生物碱的含量较同属其他种类为高，为提制麻黄碱的重要原料。全草有发汗散寒、宣肺平喘、利水消肿作用。

■ 木贼麻黄

植株

植株一部分

（4）中麻黄（辽宁植物志，内蒙古植物志，东北植物检索表，中国植物志，Flora of China）

Ephedra intermedia Schrenk ex Mey. in Mém. Acad. Imp. Sci. Saint-Pétersbourg, Sér. 6, Sci. Math., Seconde Pt. Sci. Nat. 7(2): 278. 1846; 中国植物志7: 474. 图版110: 1 ~ 3. 1978; 辽宁植物志（上册）: 175. 1988; 东北植物

■ 中麻黄

植株一部分

居群

检索表（第二版）: 75. 1995; 内蒙古植物志（第二版）1: 280. 图版40: 5 ~ 7. 1998; Fl. China 4: 98. 1999.

生山坡、沙滩。产内蒙古自治区新巴尔虎左旗、科尔沁右翼中旗、科尔沁右翼前旗、扎赉特旗、科尔沁左翼后旗、翁牛特旗、喀喇沁旗、东乌珠穆沁旗、西乌珠穆沁旗、锡林浩特等地。

肉质多汁的苞片可食。茎用于风寒、气喘、水肿、支气管哮喘。

022. 松科 Pinaceae

Pinaceae Spreng. ex F. Rudolphi, Syst. Orb. Veg. 35. 1830, *nom. cons.*

木贼门、木贼亚门、松纲、松目（Pinales）。

常绿或落叶乔木，稀为灌木状。叶条形或针形，基部不下延生长。花单性，雌雄同株；雄球花腋生或单生枝顶，或多数集生于短枝顶端，具多数螺旋状着生的雄蕊；雌球花由多数螺旋状着生的珠鳞与苞鳞所组成。球果直立或下垂，当年或次年、稀第三年成熟；种鳞背腹面扁平，木质或革质；苞鳞与种鳞离生；种鳞的腹面基部有2粒种子。

本科全世界有11属250余种，广泛分布于北半球。中国有11属102种，其中引种栽培24种，广布于各省区。东北地区产7属30种1亚种12变种2变型，其中栽培20种1亚种2变种。

分属检索表

1. 叶针状，通常2、3、5针一束，着生极度退化之短枝顶端 ……………… 1. 松属 Pinus
1. 叶线形或针状，单一，螺旋状着生或于短枝上簇生。
  2. 叶扁平或四棱形，质硬；枝无长、短二型；球果当年成熟。
    3. 球果直立，生叶腋，成熟后种鳞和种子一起脱落（中轴宿存）；叶扁平；枝上无叶枕，仅具圆形或微凹的叶痕 ……………… 2. 冷杉属 Abies
    3. 球果下垂，生枝顶，成熟后（或干后）种鳞宿存。
      4. 小枝有微隆起的叶枕或叶枕不明显；叶扁平，有短柄，上面中脉凹下或微凹，稀平或微隆起，仅下面有气孔线，稀上面有气孔线 ……………… 3. 黄杉属 Pseudotsuga
      4. 小枝有显著隆起的叶枕；叶四棱状、扁棱状条形或条形扁平，无柄，四面有气孔线，或仅上面有气孔线 ……………… 4. 云杉属 Picea
  2. 叶扁平而柔软或针状而坚硬；枝有长、短二型（叶于长枝上螺旋状着生，于短枝上簇生）；球果当年或次年成熟。
    5. 叶常为三棱状或四棱状线形，坚硬；常绿乔木；球果次年成熟（成熟后种鳞自宿存的中轴脱落）……………… 5. 雪松属 Cedrus
    5. 叶为倒披针状线形或线形，柔软；落叶乔木；球果当年成熟。
      6. 雄球花数个簇生短枝顶端；种鳞木质，成熟后脱落；叶通常宽2毫米以上 ……………… 6. 金钱松属 Pseudolarix
      6. 雄球花单生短枝顶端；种鳞革质，成熟后不脱落；叶通常宽不超过2毫米 ……………… 7. 落叶松属 Larix

1 松属 *Pinus* L.

Pinus L., Sp. Pl. 1000. 1753.

常绿乔木，稀为灌木。叶有两型：鳞叶（原生叶）单生，螺旋状着生，在幼苗时期为扁平条形，绿色，后则逐渐退化成膜质苞片状；针叶（次生叶）螺旋状着生，辐射伸展，常2针、3针或5针一束，生于苞片状鳞叶的腋部，着生于不发育的短枝顶端，每束针叶基部由8~12枚芽鳞组成的叶鞘所包。球花单性，雌雄同株；雄球花生于新枝下部的苞片腋部，多数聚集成穗状花序；雌球花单生或2~4个生于新枝近顶端，直立或下垂，由多数螺旋状着生的珠鳞与苞鳞所组成。小球果于第二年春受精后迅速长大，球果直立或下垂。

本属全世界110余种，分布于北半球，北至北极地区，南至北非、中美洲、中南半岛至苏门答腊岛赤道以南地方。中国产22种，几乎遍布全国，另引入栽培20种左右。东北地区产15种1亚种6变种1变型，其中栽培10种1亚种。

分种检索表

1. 针叶通常5针一束。
 2. 种子具长翅。
  3. 针叶长3.5~5.5厘米；小枝有密毛；球果卵圆形或卵状椭圆形，长8厘米以下，无梗；种翅与种子近等长 ………… **1. 日本五针松 P. parviflora** Sieb. et Zucc.
  3. 针叶长7~20厘米；小枝无毛或初时有毛后脱落；球果圆柱形或狭圆柱形，长8~25厘米，有梗；种翅长于种子。
   4. 小枝被毛，后脱落；球果长8~12厘米 ………… **2. 北美乔松 P. strobus** L.
   4. 小枝无毛，微被白粉；球果长15~25厘米 ………… **3. 乔松 P. wallichiana** A. B. Jacks.
 2. 种子无翅。
  5. 小枝无毛；球果成熟时种鳞张开，种子脱落… ………… **4. 华山松 P. armandii** Franch.
  5. 小枝密被毛；球果成熟时种鳞不张开或张开，种子不脱落。
   6. 针叶长4~8厘米，径不及1毫米，边缘锯状齿不明显；灌木状，稀乔木 … **5. 偃松 P. pumila** (Pall.) Regel
   6. 针叶长5~12厘米，径1.5~1.8毫米，边缘锯状齿明显；乔木。
    7. 小枝被黄褐色或红褐色毛；叶腹面气孔线每侧有6~8条；球果长8~15厘米，种鳞先端微外曲，鳞盾黄褐色稍带灰绿色，无细长毛 ………… **6. 红松 P. koraiensis** Sieb.
    7. 小枝被淡黄色毛；叶腹面每侧有3~5条气孔线；球果长5~8厘米，种鳞先端微内曲，鳞盾紫褐色，密被细长毛 ………… **7. 西伯利亚五针松 P. sibirica** (Loud.) Mayr.
1. 针叶2针一束或3针一束。
 8. 针叶3针一束，稀间有2针一束。
  9. 树皮光滑，大树的树皮呈淡褐灰色或灰白色，因鳞状块片脱落后露出粉白色的内皮而呈白褐相间的斑鳞状 ………… **8. 白皮松 P. bungeana** Zucc. ex Endl.
  9. 树皮粗糙，大树的树皮暗灰褐色或黑灰色，不呈白褐相间的斑鳞状。
   10. 主干及枝通常有不定芽 ………… **9. 刚松 P. rigida** Mill.
   10. 主干及枝通无不定芽 ………… **10. 西黄松 P. ponderosa** Dongl. ex Laws.
 8. 针叶2针一束，稀间有3针一束。
  11. 一年生小球果生于小枝侧面（弯曲且宿存树上达数年之久）………… **11. 北美短叶松 P. banksiana** Lamb.
  11. 一年生小球果生于枝顶。
   12. 叶内树脂道中生。
    13. 冬芽银白色；球果长4~6厘米；叶内树脂道6~11；鳞脐下陷 ………… **12. 黑松 P. thunbergii** Parl.
    13. 冬芽褐色；球果长5~8厘米；叶内树脂道3~6；鳞脐隆起 ………… **13b. 南欧黑松 P. nigra** subsp. **laricio** Maire

（接上表）

12. 叶内树脂道边生，稀中生。

14. 一年生枝有白粉或不甚明显；幼球果直立、斜向上或平伸；种鳞较薄，纵脊不明显；叶内2维管束间距短（**14. 赤松 P. densiflora** Sieb. et Zucc.）。

15. 一年生幼球果直立、斜向上；鳞盾平坦或下部者微凸起；幼枝具明显或较明显白粉。

16. 树干上部树皮淡红褐色至红褐色或黑色；幼果直立或近直立（**14a. 赤松 P. densiflora** var. **densiflora**）。

17. 树干上部树皮淡黄褐色、淡红褐色至红褐色，裂成薄片脱落 ……………… **14aa. 赤松 P. densiflora** f. **densiflora**

17. 树干上、下部树皮均为黑色，深纵裂 ……………… **14ab. 黑皮赤松 P. densiflora** f. **nigricorticalis** Q. L. Wang

16. 树皮淡黄褐色；幼果平伸或半下垂 ……………… **14b. 兴凯赤松 P. densiflora** var. **ussuriensis** Liou et Wang

15. 一年生幼球果斜向上、平伸（半下垂）；鳞盾微凸起或下部者极凸起；幼枝白粉较明显或不甚明显。

18. 树皮金黄色；针长5～8厘米；种子长约4毫米，连翅长约2厘米 ……………… **14c. 长白松 P. densiflora** var. **sylvestriformis** (Taken.) Q. L. Wang

18. 上部树皮红褐色或淡红褐色；针长13～15厘米；种子大，5～7毫米，连翅长2～2.2厘米 ……………… **14d. 彰武赤松 P. densiflora** var. **zhangwuensis** S. J. Zhang et al.

14. 一年生枝无白粉；幼球果直立或下垂；种鳞较厚；叶内2维管束间距长或短。

19. 幼球果下垂；鳞盾明显凸起，有明显纵脊和横脊，鳞脊刺尖脱落；叶常扭转（**15. 欧洲赤松 P. sylvestris** L.）。

20. 树皮红褐色；冬芽赤褐色；球果熟时暗黄褐色；针叶稍细，直径1.3～1.5毫米 ……………… **15a. 欧洲赤松 P. sylvestris** var. **sylvestris**

20. 树干下部的树皮灰褐色或黑褐色，上部树皮黄色至褐黄色；冬芽淡褐黄色；球果熟时淡褐灰色；针叶较粗，直径1.5～2毫米 ……………… **15b. 樟子松 P. sylvestris** var. **mongoliea** Litv.

19. 一年生幼球果直立；鳞盾肥厚，微凸起，鳞脊不明显，鳞脐凸起有尖刺；叶不扭转（**16. 油松 P. tabuliformis** Carr.）。

21. 树有主干。

22. 树皮下部灰褐色或褐灰色，上部淡红褐色；枝褐黄色 ……………… **16a. 油松 P. tabuliformis** var. **tabuliformis**

22. 树皮全部黑灰色；枝深黑灰色 ……… **16b. 黑皮油松 P. tabuliformis** var. **mukdensis** Uyeki

21. 树无主干，树冠扫帚状 ……………… **16c. 扫帚油松 P. tabuliformis** var. **umbraculifera** (Liou et Wang) Q. L. Wang

（1）日本五针松（辽宁植物志，东北植物检索表，中国植物志，Flora of China）

Pinus parviflora Sieb. et Zucc. in Fl. Jap. 2: 27. t. 115. 1842; 中国植物志7: 228. 1978; 辽宁植物志（上册）: 150. 1988; 东北植物检索表（第二版）: 61. 1995; Fl. China 4: 25. 1999.

原产日本。辽宁省大连、旅顺口、丹东、沈阳有栽培，小环境好的地方长势良好。

针叶密集，姿态优美，宜与山石配置成优雅的庭园景观，为庭园名贵观赏树。

■ 日本五针松

球果

球果枝

叶

植株

（2）北美乔松（东北植物检索表，中国植物志，Flora of China）

Pinus strobus L., Sp. Pl. 1001. 1753; 中国植物志7: 226. 1978; 东北植物检索表（第二版）: 61. 1995; Fl. China 4: 25. 1999.

原产北美洲。辽宁省熊岳树木园及金州、旅顺口有引种栽培。

木材材质轻硬，纹理通直，耐朽力强，可作建筑、器具等用材。

■ 北美乔松

球果成熟期

球果枝

树干

■ 北美乔松

小枝

植株一部分

（3）乔松（东北植物检索表，中国植物志，Flora of China）

Pinus wallichiana A. B. Jacks. in Bull. Misc. Inform. Kew 1938: 85. 1938; 东北植物检索表（第二版）: 61. 1995; Fl. China 4: 24. 1999.——*P. griffithii* McClelland in Griff. Notul. Pl. Asiat. 4: 17. 1854; 中国植物志7: 225. 图版53. 1978.

产西藏南部、云南西北部海拔1600～3300米地带的针、阔混交林中。辽宁省熊岳树木园栽培。

木材可作建筑、器具、枕木等用材，亦可提取松脂及松节油。生长快，为西藏南部及东南部的珍贵树种和主要造林树种。

■ 乔松

树干

植株一部分

植株

（4）华山松（辽宁植物志，东北植物检索表，中国植物志，Flora of China）

Pinus armandii Franch. in Nouv. Arch. Mus. Hist. Nat. Paris ser. 2. 7: 95. t. 12. 1884; 中国植物志7: 217. 图版50. 1978; 辽宁植物志（上册）: 149. 图版59: 6～8. 1988; 东北植物检索表（第二版）: 61. 图版21: 3. 1995; Fl. China 4: 23. 1999.

原产山西、甘肃、河南、湖北及西南各省。辽宁省大连、沈阳、新民等地有栽培。

本种材质优良、生长较快，常用于园林绿化和山地造林，可自生。边材淡黄色，心材淡红褐色，结构微粗，纹理直，材质轻软，树脂较多，耐久用。可做建筑、枕木、家具及木纤维工业原料等用材。树干可割取树脂；树皮可提取栲胶；针叶可提炼芳香油；种子大，可直接食用，亦可榨油供食用或做工业用油。

■ 华山松

雌球花

树干

小枝无毛

雄球花枝

种子

球果种鳞张开

球果枝

植株

（5）偃松（内蒙古植物志，东北植物检索表，中国植物志，Flora of China）

Pinus pumila (Pall.) Regel in Index Seminum (LE) 1858: 23. 1859; 中国植物志7: 216. 图版49: 8 ~ 14. 1978; 东北植物检索表（第二版）: 61. 图版21: 2. 1995; 内蒙古植物志（第二版）1: 262. 图版33. 1998; Fl. China 4: 22. 1999.

生海拔1200米以上的山顶或山脊。产黑龙江省呼玛、尚志、海林、伊春、黑河等地；吉林省抚松、长白、临江、安图等地；内蒙古自治区额尔古纳、根河、鄂伦春等地。

本种在中国仅东北地区有分布，常生于山脊或山顶，对保持水土有积极的作用。树干矮小，木材仅供器具及薪炭用材；树脂多，木材及树根可提取松节油。可作庭园或盆栽观赏树种。种子可食，亦可榨油。

■ 偃松

小球果1～3个集生

球果枝

小枝

成熟球果

植株

群落

（6）红松（辽宁植物志，东北植物检索表，中国植物志，Flora of China）

Pinus koraiensis Sieb. et Zucc. in Fl. Jap. 2: 28. t. 116. f. 5～6. 1842; 中国植物志7: 211. 图版48. 1978; 辽宁植物志（上册）: 148. 图版59: 1～5. 1988; 东北植物检索表（第二版）: 61. 图版21: 1. 1995; Fl. China 4: 22. 1999.

生湿润缓山坡及排水良好的平地。产黑龙江省伊春、饶河、汤原等地；吉林省临江、抚松、长白、安图、敦化、九台等地；辽宁省宽甸、凤城、桓仁、本溪、新宾等地。

本种为东北林区的主要森林树种之一，为小兴安岭、张广才岭、长白山区及沈阳丹东线以北地区的主要造林树种。木材可供建筑、舟车、桥梁、枕木、电杆、家具、板材及木纤维工业原料等用材。木材及树根可提取松节油。树皮可提取栲胶。种子大，可直接食用，也可榨油食用或供制肥皂、油漆、润滑油等用，亦可供药用（中药“海松子”即指红松的种子，为滋养强壮剂）。

在2021年公布的《国家重点保护野生植物名录》中，本种被列为二级保护植物。

■ 红松

球果

顶芽

树干

植株一部分

植株

小枝有毛

雄球花枝

（7）西伯利亚五针松（Flora of China）；西伯利亚红松（内蒙古植物志，东北植物检索表）；新疆五针松（中国植物志）；兴安松（东北植物检索表）

Pinus sibirica (Loud.) Mayr. in Allg. Forst. et Jagdzeit. n. ser. 76: 117. 1900; 中国植物志7: 214. 图版49: 1 ~ 7. 1978; 东北植物检索表（第二版）: 61. 1995; 内蒙古植物志（第二版）1: 262. 图版32. 1998; Fl. China 4: 22. 1999.——*Pinus hingganensis* H. J. Zhang in Bull. Bot. Res. Harbin 5(1): 151 1985; 东北植物检索表（第二版）: 61. 1995.

生海拔900 ~ 1300米冷湿的山顶及山坡坡麓地带。产黑龙江省漠河等地；内蒙古自治区额尔古纳、根河等地。

可作建筑、家具等用材，木材优良，材质轻软，结构细，有香气，耐久用。种子可食，也可榨油供食用。

■ 西伯利亚五针松

树干

植株一部分

植株

（8）白皮松（辽宁植物志，内蒙古植物志，东北植物检索表，中国植物志，Flora of China）

Pinus bungeana Zucc. ex Ehdl. in Syn. Conif. 166. 1847; 中国植物志7: 234. 图版55. 1978; 辽宁植物志

■ 白皮松

树干

雄球花枝

球果枝

针叶3针一束

植株

（上册）: 150. 1988; 东北植物检索表（第二版）: 61. 图版21: 4. 1995; 内蒙古植物志（第二版）1: 260. 图版31: 7 ~ 8. 1998; Fl. China 4: 22. 1999.

中国特产，分布西北、华北。辽宁省沈阳、鞍山、盖州、大连、锦州等地均有栽培。

优良园林绿化树种。木材可供家具、文具等用。种子可食用或榨油；果实有镇咳、祛痰、平喘作用。

（9）刚松（辽宁植物志，东北植物检索表，中国植物志，Flora of China）；美国短三叶松、萌芽松、硬叶松（辽宁植物志）

Pinus rigida Mill. in Gard. Dict. ed. 8. 10. 1768; 中国植物志7: 279. 1978; 辽宁植物志（上册）: 160. 图版62: 5 ~ 9. 1988; 东北植物检索表（第二版）: 64. 图版23: 4. 1995; Fl. China 4: 19. 1999.

原产美国东部。辽宁省东港、大连、盖州、沈阳等地有栽培。

本种有意引入东北地区几十年，现今不仅有规模较大的种子园，且能天然更新，在自然稀疏和天窗的部位，可见自然下种长势较好的幼树，有的自生苗已经进入结果期。因其在原产地常生于平坦的低湿地带或泥炭性的沼泽地带，可作低湿地带的造林树种。在辽宁省普兰店某种子园观察，其长势明显好于同一区域栽培的樟子松；木材可作建筑、矿柱、器具、板料及薪炭等用材，亦可提取树脂。

■ 刚松

树干

植株一部分

球果

植株

人工林

（10）西黄松（辽宁植物志，东北植物检索表，中国植物志，Flora of China）

Pinus ponderosa Dougl. ex Laws. in Agr. Man. 354. 1836; 中国植物志7: 273. 1978; 辽宁植物志（上册）: 158. 图版62: 1 ~ 4. 1988; 东北植物检索表（第二版）: 64. 图版23: 3. 1995; Fl. China 4: 20. 1999.

原产北美洲。辽宁省熊岳、旅顺口、大连等地有引种。

在北美洲作建筑、枕木及板材等用材，边材白色，心材淡红色，纹理致密，树脂道少，坚硬而脆。

■ 西黄松

叶

球果

树干

植株

（11）北美短叶松（辽宁植物志，东北植物检索表，中国植物志，Flora of China）；班克松

■ 北美短叶松

树干

雄球花枝

球果枝

■ 北美短叶松

植株一部分

植株

Pinus banksiana Lamb. in Descr. Gen. Pinus 7. t. 3. 1803; 中国植物志7: 280. 1978; 辽宁植物志（上册）: 160. 1988; 东北植物检索表（第二版）: 64. 图版23: 2. 1995; Fl. China 4: 21. 1999.

原产北美洲东部。辽宁省大连、盖州、抚顺、沈阳等地有栽培。

可用于绿化、造园及荒山造林。

（12）黑松（中国植物志，Flora of China）；日本黑松（辽宁植物志，东北植物检索表）

Pinus thunbergii Parl. in DC. Prod. 16(2): 388. 1868; 中国树木分类学 23. 1937; 东北木本植物图志 100. 图版7(25). 1955; 中国植物志7: 270. 图版63: 7 ~ 11. 1978; 辽宁植物志（上册）: 157. 图版61: 5 ~ 7. 1988; 东北植物检索表（第二版）: 64. 图版23: 1. 1995; Fl. China 4: 21. 1999.

■ 黑松

树干

球果枝

植株

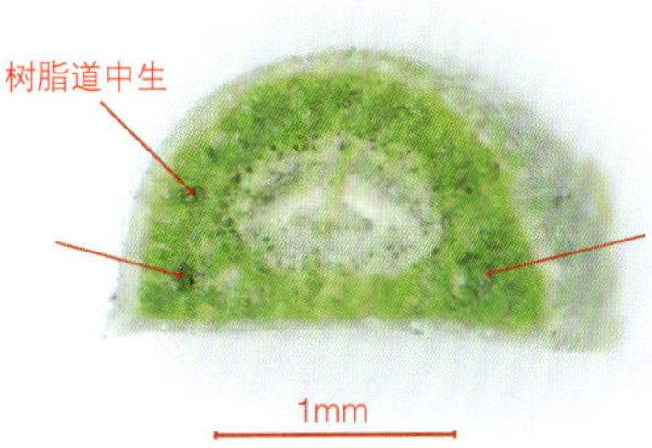

叶内树脂道中生

植株一部分

原产日本和朝鲜南部海岸。吉林省、辽宁省及内蒙古自治区（赤峰）均有栽培，在大连已归化。

作为荒山造林、海岸带绿化树种；木材可作建筑、矿柱、器具、板料及薪炭等用材，亦可提取树脂。

（13）欧洲黑松（植物分类学报，中国植物志，Flora of China）

Pinus nigra Arn. Reise Mariaz. 8. cum tab. 1785; 中国植物志7: 270. 1978; Fl. China 4: 21. 1999.

（13a）欧洲黑松（原亚种）

Pinus nigra subsp. *nigra*

原产欧洲南部及小亚细亚半岛。中国南京等地有引种栽培。

（13b）南欧黑松（亚种）（辽宁植物志，东北植物检索表，中国植物志）

Pinus nigra subsp. *laricio* Maire in Bull. Soc. Hist. Nat. Afrique N. 19: 66. 1928.——*P. nigra* Arn. var. *maritima* (Ait.) Melville Kew Bull. 13: 534. 1958; 辽宁植物志（上册）: 157. 1988; 东北植物检索表（第二版）: 64. 1995.——*P. nigra* Arn. var. *poiretiana* (Ant.) Schneid. in Silva Tarouca Uns. Freil.–Nadelh. 261. 1913; 中国植物志7: 270. 1978.

原产欧洲南部。辽宁省熊岳、旅顺口有栽培。

■ 南欧黑松

小枝

球果枝

球果一部分

雄球花枝

雌球花

树干

植株

（14）赤松（辽宁植物志，东北植物检索表，中国植物志，Flora of China）；灰果赤松（东北木本植物图志）；辽东赤松（东北木本植物图志）；短叶赤松（东北木本植物图志）

Pinus densiflora Sieb. et Zucc. in Fl. Jap. 2: 22. t. 112. 1842; Rep. Inst. Sci Res. Manch. 3(1): 47. 1939; 东北木本植物图志 97. 图版6(23). 1955; 中国东北裸子植物研究资料 74. 图版14. 1958; 中国高等植物图鉴 1: 310. 图619. 1972; 中国植物志7: 239. 图版57: 1 ~ 6. 1978; 辽宁植物志（上册）: 151. 图版60: 1 ~ 3. 1988; 东北植物检索表（第二版）: 64. 图版22: 1. 1995; Fl. China 4: 16. 1999.——*Pinus densiflora* var. *funebris* (Kom.) Liou et Wang, 东北木本植物图志: 98. 1955.——*Pinus densiflora* var. *liaotungensis* Liou et Wang, 东北木本植物图志: 98. 1955.——*Pinus densiflora* Sieb. et Zucc. var. *brevifolia* Liou et Wang, 东北木本植物图志: 98. 1955.

（14a）赤松（原变种）

Pinus densiflora var. *densiflora*

（14aa）赤松（原变型）

Pinus densiflora var. *densiflora* f. *densiflora*

生山坡、山脊以及林中。产黑龙江省宁安、东宁、鸡西、鸡东、绥芬河、密山等地；吉林省安图、集安、蛟河、汪清、通化、长白、和龙、九台、敦化等地；辽宁省丹东、宽甸、凤城、岫岩、东港、桓仁、本溪、西丰、庄河、长海、大连、普兰店、金州、瓦房店、盖州、营口等地。

木材可供建筑、电杆、枕木、坑木、家具、木纤维工业原料等用。树干可割取树脂，提取松香和松节油；种仁可食；针叶可用来提取芳香油。

■ 赤松

一年生枝有白粉

雄球花聚生于新枝下部

雌球花

球果枝

树干

植株

（14ab）黑皮赤松（变型）（辽宁植物志，东北植物检索表）

Pinus densiflora f. *nigricorticalis* Q. L. Wang, 辽宁植物志（上册）: 152. 1988; 东北植物检索表（第二版）: 64. 1995.

生山坡。产辽宁省庄河、旅顺口、宽甸等地。

■ 黑皮赤松

顶芽

球果枝

树干

植株

（14b）兴凯赤松（变种）（植物分类学报，Flora of China）；兴凯湖松（中国植物志）；兴凯松（中国树木学）；黑河赤松（中国东北裸子植物研究资料）

Pinus densiflora var. *ussuriensis* Liou & Q. L. Wang, 东北木本植物图志 98. 548. 1955; Fl. China 4: 17. 1999.——*Pinus takahasii* Nakai in Chosen Sanrin–Kaiho 167: 32. 1939, quoad specim e Sinkaihou.; 植物分类学报 13(4): 69. 图34. 1975; 中国植物志7: 242. 图版58. 1978.——*Pinus ussuriensis* (Liou et Wang) Cheng et Y. W. Law, 中国树木学 1: 206. 1961.——*Pinus sylvesfris* auct. non L.: Kom. in Acta Hort. Petrop. 20: 175. 1901; 中国东北裸子植物研究资料 75. 1958, 仅指兴凯湖的植物。

生湖边沙丘上及山顶石砾土上。产黑龙江省东南部兴凯湖及密山、鸡东、鸡西、穆棱等地。

在2021年公布的《国家重点保护野生植物名录》中，本变种被列为二级保护植物。

（14c）长白松（变种）（东北植物检索表，中国植物志，Flora of China）；长白赤松（辽宁植物志）

Pinus densiflora var. *sylvestriformis* (Taken.) Q. L. Wang in Checkl. Pl. Changbai 49. 1982; 辽宁植物志（上册）: 152. 1988.——*P. sylvestris* L. var. *sylvestriformis* (Taken.) Cheng et C. D. Chu, 中国植物志7: 246. 1978; Fl. China 4: 19. 1999.——*P. sylvestriformis* (Taken.) T. Wang et Cheng, 东北植物检索表（第二版）: 64. 1995.

生海拔800 ~ 1600米的山坡，纯林或与红松、长白鱼鳞云杉等混生。中国特有，产吉林省安图，集中在长白山主峰北坡的二道白河附近。辽宁省沈阳、大连等地有栽培。

■ 长白松

球果枝

树干

植株

在2021年公布的《国家重点保护野生植物名录》中，本变种被列为二级保护植物。

（14d）彰武赤松（变种）（Flora of China）；彰武松（植物研究）

Pinus densiflora var. *zhangwuensis* S. J. Zhang et al., 植物研究15(3): 338. 1995; Fl. China 4: 17. 1999.

天然杂交种。生辽宁省章古台的一片人工樟子松林中。

（15）欧洲赤松（辽宁植物志，东北植物检索表，中国植物志，Flora of China）

Pinus sylvestris L. in Sp. Pl. 1000. 1753; 中国植物志7: 244. 1978; 辽宁植物志（上册）: 154. 图版60: 4 ~ 7. 1988; 东北植物检索表（第二版）: 64. 图版22: 4. 1995; Fl. China 4: 18. 1999.

（15a）欧洲赤松（原变种）

Pinus sylvestris var. *sylvestris*

原产欧洲。辽宁省熊岳、旅顺口等有栽培。

本种为欧洲常见的森林树种。木材性质及用途与樟子松略同。可作庭园树。

■ 欧洲赤松

冬芽

球果

松针扭曲

树皮红褐色

球果成熟期

球果枝

植株

（15b）樟子松（变种）（辽宁植物志，内蒙古植物志，东北植物检索表，中国植物志，Flora of China）；海拉尔松（中国东北裸子植物研究资料）

Pinus sylvestris var. *mongolica* Litv. in Sched. Herb. Fl. Ross. 5: 160. 1905; 中国植物志7: 245. 图版59. 1978; 辽宁植物志（上册）: 154. 1988; 东北植物检索表（第二版）: 64. 1995; 内蒙古植物志（第二版）1: 260. 图版31: 1 ~ 6. 1998; Fl. China 4: 19. 1999.

生海拔400～900米山地的山脊、山顶和阳坡以及较干旱的沙地及石砾沙土地区。产黑龙江省呼玛、黑河、伊春、嘉荫、漠河、宁安、密山、鸡东、穆棱、鸡西等地；内蒙古自治区海拉尔、额尔古纳、根河、牙克石、鄂温克、新巴尔虎左旗、科尔沁右翼前旗等地。各地均有栽培。

林木生长较快，材质好，适应性强，为大兴安岭山区及西部沙丘地区的常用造林树种，也作庭园观赏及绿化树种。木材可做建筑、枕木、电杆、船舶、器具、家具及木纤维工业原料等用材。树干可割树脂，提取松香及松节油，树皮可提取栲胶。

■ 樟子松

球果侧面观

球果

针叶扭曲

树干

居群

（16）油松（辽宁植物志，内蒙古植物志，东北植物检索表，中国植物志，Flora of China）

Pinus tabuliformis Carr. in Traite Conif. ed. 2. 510. 1867; 中国植物志7: 251. 图版56: 8～13. 1978; 辽宁植物志（上册）: 155. 图版61: 1～4. 1988; 东北植物检索表（第二版）: 64. 图版22: 3. 1995; 内蒙古植物志（第二版）1: 258. 图版30. 1998; Fl. China 4: 17. 1999.

（16a）油松（原变种）

Pinus tabuliformis var. *tabuliformis*

生山坡干燥的微酸性及中性沙壤土。产辽宁省大连、庄河、金州、鞍山、本溪、新宾、清原、抚顺、开原、铁岭、沈阳、彰武、建平、建昌、凌源、绥中等地；内蒙古自治区翁牛特旗、克什克腾旗、喀喇沁旗、宁城等地。黑龙江省、吉林省有栽培。

木材可做建筑、电杆、矿柱、造船、器具、家具及木纤维工业等用材。树干可割取松脂，提取松节油，树皮可提取栲胶，松节、针叶及花粉可入药。种仁可食。

■ 油松

球果鳞脐凸起有尖刺

球果枝

树干

叶内树脂道边生

植株

（16b）黑皮油松（变种）（辽宁植物志，东北植物检索表，中国植物志，Flora of China）

Pinus tabuliformis var. *mukdensis* Uyeki in J. Chosen Nat. Hist. Soc. 3: 45. 1925; 东北木本植物图志: 97.

■ 黑皮油松

雌球花

球果

一年生枝无白粉

居群

植株一部分

1955; 中国植物志7: 253. 1978; 辽宁植物志（上册）: 156. 1988; 东北植物检索表（第二版）: 64. 1995; Fl. China 4: 18. 1999.

生山坡干燥的微酸性及中性沙壤土。产辽宁省沈阳（模式标本采集地）、鞍山（千山）、北镇（医巫闾山）；内蒙古自治区克什克腾旗、宁城、翁牛特旗等地。

资源价值同油松。

（16c）扫帚油松（变种）（辽宁植物志，东北植物检索表，中国植物志，Flora of China）

Pinus tabuliformis var. *umbraculifera* Liou et Wang in Ill. Fl. Lign. Pl. N. E. China 548. 1958; 中国植物志7: 253. 1978; 辽宁植物志（上册）: 156. 1988; 东北植物检索表（第二版）: 64. 1995; Fl. China 4: 18. 1999.

生山坡干燥的微酸性及中性沙壤土。产辽宁省千山慈祥观附近。

具有独特的观赏性。

■ 扫帚油松

球果枝

树干

植株

2 冷杉属 *Abies* Mill.

Abies Mill. Gard. Dict. 1754.

常绿乔木。叶螺旋状着生、辐射伸展或基部扭转呈两列状，线形或披针状线形，扁平，背面具2条灰白色气孔带，先端尖或有凹缺。雌雄同株，球花单生于去年枝上的叶腋；雄球花幼时长椭圆形或矩圆形，后呈穗状圆柱形，下垂，有梗，雄蕊多数，螺旋状着生，花药2；雌球花直立，短圆柱形，具多数螺旋状着生的珠鳞和苞鳞。球果当年成熟，直立，卵状圆柱形至短圆柱形，有短梗或几乎无梗。

本属全世界约50种，分布于亚洲、欧洲、北美洲、中美洲及非洲北部的高山地带。中国有22种。分布于东北、华北、西北、西南及浙江、台湾各省区的高山地带。东北地区产2种。

分种检索表

1. 一年生枝密被毛；叶先端有凹缺或两裂（果枝及主枝上的叶先端尖或有凹缺）；球果的苞鳞长为种鳞的1/2以上，尖头露出；种翅短于种子或近等长于种子 …………………………………… 1. 臭冷杉 A. nephrolepis (Trautv.) Maxim.
1. 一年生枝无毛且有光泽；叶先端急尖或渐尖；球果的苞鳞长不及种鳞1/2，不露出；种翅长于种子 ………………………………………………………………………………………… 2. 杉松 A. holophylla Maxim.

（1）臭冷杉（辽宁植物志，东北植物检索表，中国植物志，Flora of China）

Abies nephrolepis (Trautv.) Maxim. in Bull. Acad. Sci. St. Petersb. 10: 486. 1866; 中国植物志7: 74. 图版18: 11～20. 1978; 辽宁植物志（上册）: 130. 图版54: 6～10. 1988; 东北植物检索表（第二版）: 58. 图版18: 2. 1995; Fl. China 4: 47. 1999.

生针阔混交林中。产黑龙江省汤原、伊春、饶河、虎林、密山、鸡西、鸡东、穆棱、绥芬河、东宁、牡丹江、海林、宁安、尚志等地；吉林省柳河、通化、辉南、集安、临江、抚松、靖宇、长白、敦化、安图、珲春、和龙等地；辽宁省宽甸、桓仁、本溪等地。各地有栽培。

木材可作一般建筑、森铁枕木、板材、家具及木纤维工业原料等用材。树皮、枝叶外用于腰腿痛。

■ 臭冷杉

叶背面观

小枝

植株一部分

球果一部分

球果

植株

（2）杉松（中国植物志，Flora of China）；杉松冷杉（辽宁植物志）；松杉冷杉（东北植物检索表）；粗皮沙松（植物研究）

Abies holophylla Maxim. in Bull. Acad. Sci. St. Petersb. 10: 487. 1866; 中国植物志7: 69. 图版17: 10 ~ 15. 1978; 辽宁植物志（上册）: 129. 图版54: 1 ~ 5. 1988; 东北植物检索表（第二版）: 58. 图版18: 1. 1995; Fl. China 4: 48. 1999.——*Abies holophylla* var. *aspericorticea* Y. Y. Sun, 植物研究25(3): 264. 2005.

生针阔混交林中。产黑龙江省宁安、东宁、伊春、尚志、五常等地；吉林省临江、通化、柳河、梅河口、辉南、集安、抚松、靖宇、长白、安图、敦化、汪清、和龙、珲春等地；辽宁省本溪、凤城、宽甸、桓仁、新宾、庄河（蓉花山）等地。各地常有栽培。模式标本采自北长白山。

为国产冷杉属中木材优良的树种，也是东北林区的用材树种之一。木材黄白色，材质轻软，纹理直，耐腐力较强，可做建筑、电杆、枕木、板材、箱板、器具、家具及木纤维工业原料等用材。树皮可提取栲胶。可用于长白山区造林。枝、叶外用于风湿。

■ 杉松

叶正面观

叶背面观

树干

植株一部分

植株

3 黄杉属 *Pseudotsuga* Carr.

Pseudotsuga Carr. Traite Conif. ed. 2. 256. 1867.

常绿乔木。叶条形，扁平，螺旋状着生，基部窄而扭转排成两列，具短柄，上面中脉凹下，下面中脉隆起，有2条白色或灰绿色气孔带，新鲜之叶质地软。雌雄同株，球花单性；雄球花圆柱形，单生叶腋，雄蕊多数，螺旋状着生，各有2个花药，花丝短，药隔三角形，药室横裂，花粉无气囊；雌球花单生侧枝顶端，下垂，卵圆形，有多数螺旋状着生的苞鳞与珠鳞，苞鳞显著，直伸或向后反曲，先端三裂，珠鳞小，生苞鳞基部，其上着生两枚侧生胚珠。球果卵圆形、长卵圆形或圆锥状卵形，下垂，有柄，幼时紫红色成熟前淡绿色，熟时褐色或黄褐色。

本属全世界约6种，分布于亚洲东部及北美洲。中国产5种，分布于福建、浙江、安徽、湖北、湖南、四川、西藏、云南、贵州、广西、台湾等省区，另有引入栽培种。东北地区栽培1种。

花旗松（中国植物志，Flora of China）

Pseudotsuga menziesii (Mirbel) Franco in Bol. soc. Broteriana 24: 74. 1950; 中国植物志7: 105. 1978; Fl. China 4: 39. 1999.

常绿乔木；叶条形；球果椭圆状卵圆形，褐色，有光泽；种鳞斜方形或近菱形，长宽相等或长大于宽；苞鳞直伸，长于种鳞，显著露出。原产美国太平洋沿岸。辽宁熊岳树木园栽培。

■ 花旗松

二年生枝

当年生枝

球果枝

4 云杉属 *Picea* Dietr.

Picea Dietr. Fl. Gen. Berl. 2: 794. 1824.

常绿乔木。叶螺旋状着生，辐射伸展或枝条上面之叶向上或向前伸展，下面及两侧之叶向上弯伸或向两侧伸展，四棱状条形或条形，无柄。球花单性，雌雄同株；雄球花椭圆形或圆柱形，单生叶腋，稀单生枝顶，黄色或深红色，雄蕊多数，螺旋状着生，花药2，药室纵裂，药隔圆卵形，边缘有细缺齿，花粉粒有气囊；雌球花单生枝顶，红紫色或绿色，珠鳞多数，螺旋状着生，腹面基部生2枚胚珠，背面托有极小的苞鳞。球果下垂，卵状圆柱形或圆柱形，稀卵圆形，当年秋季成熟，成熟前全部绿色或紫色，或种鳞背部绿色，而上部边缘红紫色。

本属全世界约35种，分布于北半球。中国有18种。东北地区产6种5变种，其中栽培5种2变种。

分种检索表

1. 叶横切面扁平，背面有2条气孔线。
  2. 球果长4～6（～9）厘米，径2～2.6厘米，种鳞卵状椭圆形或菱状椭圆形
  ………………………… 1b. 鱼鳞云杉 P. jezoensis var. microsperma (Lindl.) Cheng et L. K. Fu
  2. 球果长3～4厘米，径2～2.2厘米，种鳞菱状卵形
  ………………………… 1c. 长白鱼鳞云杉 P. jezoensis var. komarovii (V. Vassil.) Cheng et L. K. Fu
1. 叶横切面四方形、菱形或扁菱形，四面均有气孔线。
  3. 叶背面每侧仅具3～4条不完全气孔线，比表面每侧少一半；一年生枝有较密的毛；球果成熟前红紫色或黑紫色
  ………………………… 2b. 川西云杉 P. likiangensis var. rubescens Rehder & E. H. Wilson
  3. 叶四面气孔线数目相等或近相等。
    4. 叶呈银白的蓝绿色，气孔明显 ………………………… 3. 蓝粉云杉 P. pungens Engelmann
    4. 叶呈绿色或深绿色或灰绿色或灰白色
      5. 一年生枝无毛或微被疏短毛，基部宿存芽鳞不反卷 ………………………… 4. 青杄 P. wilsonii Rehder.
      5. 一年生枝有毛，稀无毛，基部宿存芽鳞或多或少向外反曲。

（接上表）

6. 一年生枝密生微小腺毛，黄色或褐黄色 …………	**5. 西伯利亚云杉 P. obovata** Ledeb.
6. 一年生枝无腺毛，但密生或疏生毛，稀无毛。	
7. 叶先端钝或微钝（**6. 白杄 P. meyeri** Rehd. & Wils.）。	
8. 一年生枝淡橙黄色或黄色，有密毛；二、三年生枝淡黄色或灰黄色；冬芽淡红褐色 …………	**6a. 白杄 P. meyeri** var. **meyeri**
8. 一年生枝淡黄褐色，有疏短毛或密毛或无毛；二、三年生枝黄褐色或淡褐色；冬芽黄褐色或褐色 …………	**6b. 蒙古云杉 P. meyeri** var. **mongolica** H. Q. Wu
7. 叶先端尖或锐尖。	
9. 冬芽上部芽鳞反卷；一年生枝下垂，红褐色或橘红色；种鳞先端截形或凹缺 …………	**7. 欧洲云杉 P. abies** (L.) Karst.
9. 冬芽上部芽鳞常向外展并微反曲；一年生枝不下垂，黄褐色或淡橘红色；种鳞先端圆钝（**8. 红皮云杉 P. koraiensis** Nakai）。	
10. 叶长1.2～2.2厘米，宽约1.5毫米；种鳞先端圆或钝三角形，无明显的条纹 …………	**8a. 红皮云杉 P. koraiensis** var. **koraiensis**
10. 叶长0.8～1.2厘米，宽约1毫米；种鳞先端向内弯呈加厚状，具皱纹 …………	**8b. 嫩江云杉 P. koraiensis** var. **nenjiangensis** S. Q. Nie et X. Y. Yuan

（1）卵果鱼鳞云杉（Flora of China）；虾夷鱼鳞云杉（辽宁植物志）

Picea jezoensis (Siebold & Zuccarini) Carrière, Traité Gen. Conif. 255. 1855; 辽宁植物志（上册）: 136. 1988; Fl. China 4: 31. 1999.

（1a）卵果鱼鳞云杉（原变种）

Picea jezoensis var. *jezoensis*

产日本和俄罗斯。中国不产。

（1b）鱼鳞云杉（变种）（东北植物检索表，中国植物志，Flora of China）；兴安鱼鳞云杉（内蒙古植物志）

■ 鱼鳞云杉

树干

小枝

植株一部分

植株

Picea jezoensis var. *microsperma* (Lindl.) Cheng et L. K. Fu, 中国植物志7: 159. 图版38: 1 ~ 9. 1978; Fl. China 4: 31.1999; 东北植物检索表（第二版）: 60. 1995; 内蒙古植物志（第三版）1: 273. 2020.——*P. jezoensis* var. *ajanensis* (Fisch.) Cheng et L. K. Fu, 东北植物检索表（第二版）: 60. 1995.

生丘陵地及山坡。产黑龙江省铁力、伊春、尚志、汤原、勃利、塔河、呼玛、黑河、海林、饶河等地；吉林省抚松、靖宇、临江、集安、长白、安图、和龙等地；内蒙古自治区克什克腾旗等地。

木材可做建筑、飞机、桥梁、舟车、家具及木纤维工业等用材。树皮可提取栲胶，树干可割取松脂，叶可提芳香油。

（1c）长白鱼鳞云杉（变种）（辽宁植物志，东北植物检索表，中国植物志，Flora of China）

Picea jezoensis var. *komorovii* (V. Vassil.) Cheng et L. K. Fu, 中国植物志7: 161. 图版38: 10 ~ 15. 1978; 辽宁植物志（上册）: 136. 图版56: 7 ~ 10. 1988; 东北植物检索表（第二版）: 61. 1995; Fl. China 4: 31. 1999.

生针阔混交林中。产黑龙江省伊春、鸡西、鸡东、穆棱等地；吉林省临江、抚松、靖宇、长白、安图、珲春、汪清、和龙、敦化等地；辽宁省宽甸、桓仁、本溪、盖州等地。

木材可作建筑、机械、舟车、器具、电杆、家具及木纤维工业原料等用材。树皮可提取栲胶，树干可割取松脂，叶可提取芳香油。枝叶有止咳、化痰、平喘作用，主治气管炎、咳嗽痰喘。

■ 长白鱼鳞云杉

球果枝

叶正面观

小枝

球果

树干

（2）丽江云杉（中国树木分类学，中国植物志，Flora of China）；丽江杉（中国裸子植物志）

Picea likiangensis (Franch.) Pritz. in Bot. Jahrb. 29: 217. 1901; 中国植物志7: 151. 1978; Fl. China 4: 29. 1999.

（2a）丽江云杉（原变种）

Picea likiangensis var. *likiangensis*

产云南西北部和四川西南部。东北地区不产。

（2b）川西云杉（变种）（东北植物检索表，中国植物志，Flora of China）

Picea likiangensis var. *rubescens* Rehder & E. H. Wilson in Pl. Wilson. 2: 31 1914; Fl. China 4: 30.1999; 东北植物检索表（第二版）: 60. 1995.——*Picea likiangensis* var. *balfouriana* (Rehder & E. H. Wilson) Hillier in Rep. Conif. Conf. R. H. S. 1931: 232. 1932; 中国植物志7: 153. 图版36. 1978.

产云南西北部、四川西南部。辽宁省有栽培。

木材坚韧，纹理直而致密，耐久用，易加工，可做建筑、桥梁、舟车、器具、细木加工及木纤维工业原料等用材。材质优良，生长较快，为分布区森林更新及荒山造林树种。

■ 川西云杉

叶

球果一部分

小枝

球果枝

植株

（3）蓝粉云杉（园林树木1600种）；蓝杉

Picea pungens Engelmann, Gard. Chron. n. s. 11: 334. 1879.——*Picea pungens* var. *glauca* Regel in Russ. Dendrol. ed. 2: 37 1883; 园林树木1600种: 22. 2010.

原产北美西部。辽宁省大连、旅顺口等有栽培。

为引进树种，主要用于城市绿化。

■ 蓝粉云杉

小枝一部分

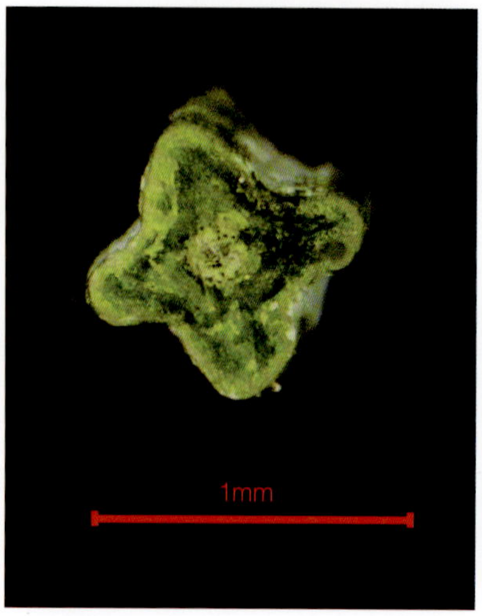

叶横切面

植株

（4）青杄（内蒙古植物志，中国植物志，Flora of China）；青杄云杉（辽宁植物志）；青扦云杉（东北植物检索表）

Picea wilsonii Rehder. in Gard. Chron. ser. 3. 33: 133. f. 55 ~ 56.1903; 中国植物志7: 138. 图版33: 1 ~ 8. 1978; 辽宁植物志（上册）: 133. 图版55: 1 ~ 4. 1988; 东北植物检索表（第二版）: 60. 图版20: 4. 1995; 内蒙古植物志（第二版）1: 250. 图版27: 1 ~ 6. 1998; Fl. China 4: 29. 1999.

生山地阴坡或半阴坡。产内蒙古自治区宁城等地。辽宁省沈阳、盖州、大连等地有栽培。

为中国特有树种。木材较轻软，纹理直，可做建筑、电杆、土木工程、器具、家具及木纤维工业原料等用材。常作分布区内的造林或城市绿化树种。

■ 青杄

球小枝一部分果

植株一部分

植株

（5）西伯利亚云杉（Flora of China）；新疆云杉（辽宁植物志，东北植物检索表，中国植物志）

Picea obovata Ledeb. in Fl. Alt. 4: 201. 1833; 中国植物志7: 142. 图版34: 1 ~ 7. 1978; 辽宁植物志（上册）: 135. 1988; 东北植物检索表（第二版）: 60. 1995; Fl. China 4: 26. 1999.

分布于新疆阿尔泰山西北部及东南部。辽宁省沈阳有栽培。

木材可做建筑、土木工程、细木加工、电杆及木纤维工业原料等用材。树皮可提取栲胶。也可作为造林或绿化树种。

（6）白杄（内蒙古植物志，中国植物志，Flora of China）；白杄云杉（辽宁植物志）；白扦云杉（东北植物检索表）

Picea meyeri Rehd. &. Wils. in Sarg. Pl. Wilson. 2: 28. 1914; 中国植物志7: 136. 1978; 辽宁植物志（上册）: 134. 图版55: 5 ~ 9. 1988; 东北植物检索表（第二版）: 60. 图版20: 2. 1995; 内蒙古植物志（第二版）1: 250. 图版28: 1 ~ 6. 1998; Fl. China 4: 28. 1999.

（6a）白杄（原变种）

Picea meyeri var. *meyeri*

生山地阴坡或半阴坡，或沙地。产内蒙古自治区克什克腾旗、喀喇沁旗、白音锡勒牧场、多伦等地。辽宁省盖州、沈阳、兴城、大连等地有栽培。

木材可做建筑、电杆、桥梁、家具及木纤维工业原料用材。宜作华北地区高山上部的造林树种。东北地区常作城市绿化树种栽培。

■ 白杄

雄球花枝

雌球花枝

树干

当年生枝

植株

（6b）蒙古云杉（变种）（内蒙古植物志）；沙地云杉（植物研究，内蒙古植物志）

Picea meyeri var. *mongolica* H. Q. Wu, 植物研究6(2): 153. 1986; 内蒙古植物志（第二版）1: 251. 1998; 内蒙古植物志（第三版）1: 272. 2020.——*Picea mongolica* (H. Q. Wu) W. D. Xu in Chin. Jour. of Eco. 12(5): 39 ~ 44. 1993.

生海拔1000米左右的沙地，常组成单纯林，偶见有少量白桦混入其间。产内蒙古自治区克什克腾旗的白音敖包、白音锡勒牧场等地。辽宁省沈阳有栽培。

■ 蒙古云杉

树干

球果

球果枝

■ 蒙古云杉

小枝

植株一部分

（7）欧洲云杉（辽宁植物志，东北植物检索表，中国植物志，Flora of China）

Picea abies (L.) Karst. in Deutsch. Fl. Pharm.–med. Bot. 324. 1881; 中国植物志7: 148. 1978; 辽宁植物志（上册）: 135. 图版56: 1 ~ 6. 1988; 东北植物检索表（第二版）: 60. 图版20: 3. 1995; Fl. China 4: 32. 1999.

原产欧洲中部和北部。辽宁省大连、盖州、沈阳有栽培。

东北地区常作城市绿化树种栽培。

■ 欧洲云杉

二年生枝

球果

当年生枝

雌球花枝

植株

（8）红皮云杉（辽宁植物志，内蒙古植物志，东北植物检索表，中国植物志，Flora of China）

Picea koraiensis Nakai in Bot. Mag Tokyo 33: 195. 1919; 中国植物志7: 133. 图版32: 1 ~ 9. 1978; 辽宁植物志（上册）: 132. 图版55: 10 ~ 13. 1988; 东北植物检索表（第二版）: 60. 图版20: 5. 1995; 内蒙古植物志（第二版）1: 253. 图版28: 7 ~ 12. 1998; Fl. China 4: 27. 1999.

（8a）红皮云杉（原变种）

Picea koraiensis var. *koraiensis*

生针阔混交林中。产黑龙江省塔河、呼玛、尚志、伊春、勃利、汤原、嫩江、黑河等地；吉林省柳河、通化、集安、靖宇、抚松、辉南、长白、临江、安图、和龙、汪清等地；辽宁省宽甸、桓仁等地；内蒙古自治区呼伦贝盟额尔古纳、根河等地。

木材可做建筑、电杆、造船、家具、木纤维工业原料、细木加工等用材。树干可割取树脂；树皮及球果的种鳞均含鞣质，可提取栲胶，常作东北地区的造林及庭园树种。

■ 红皮云杉

球果

小枝一部分

植株一部分

植株

（8b）嫩江云杉（变种）（植物研究）

Picea koraiensis var. *nenjiangensis* S. Q. Nie et X. Y. Yuan, 植物研究24(2): 129. 2004.

生丘陵地。产黑龙江省嫩江县高峰林场（模式标本采集地）。

5 雪松属 *Cedrus* Trew

Cedrus Trew, Cedrorum Libani Hist. 1: 6. 1757.

常绿乔木。叶针状，坚硬，通常三棱形，或背脊明显呈四棱形，叶在长枝上螺旋状排列、辐射伸展，在短枝上呈簇生状。球花单性，雌雄同株，直立，单生短枝顶端；雄球花具多数螺旋状着生的雄蕊，花丝极短，花药2，药室纵裂，药隔显著，鳞片状卵形，边缘有细齿；雌球花淡紫色，有多数螺旋状着生的珠鳞，珠鳞背面托短小苞鳞，腹面基部有2枚胚珠。球果第二年（稀三年）成熟，直立；种鳞木质，宽大，排列紧密，腹面有2粒种子，鳞背密生短绒毛；苞鳞短小，成熟时与种鳞一起从宿存的中轴上脱落；球果顶端和基部的种鳞无种子。种子具宽大膜质的种翅；子叶通常6～10。

本属全世界有4种，分布于非洲北部、亚洲西部及喜马拉雅山西部。中国有2种。东北地区栽培1种。

雪松（辽宁植物志，东北植物检索表，中国植物志，Flora of China）

Cedrus deodara (Roxb.) G. Don in Loud. Hort. Brit. 388. 1830; 中国植物志7: 200. 图版47. 1978; 辽宁植物志（上册）: 144. 图版58. 1988; 东北植物检索表（第二版）: 58. 图版19: 1. 1995; Fl. China 4: 52. 1999.

常绿乔木；针叶在长枝上辐射伸展，短枝之叶成簇生状；雄球花长卵圆形；雌球花卵圆形；球果成熟时红褐色，卵圆形或宽椭圆形。原产喜马拉雅山西部。辽宁省大连有栽培。

园林常用树种。木材是家具、造船、建筑、桥梁等的良好用材。树干、枝叶有祛风活络、消肿生肌、活血止血作用。

■ 雪松

种鳞

小枝

植株一部分

雄球花枝

球果枝

植株

6 金钱松属 *Pseudolarix* Gord.

Pseudolarix Gord., Pinetum 292. 1858.

落叶乔木。叶条形，柔软，在长枝上螺旋状散生，叶枕下延，微隆起，矩状短枝之叶呈簇生状，辐射平展呈圆盘形，叶脱落后有密集成环节状的叶枕。雌雄同株，球花生短枝顶端；雄球花穗状，多数簇生，有细梗，雄蕊多数，螺旋状着生，花丝极短，花药2，药室横裂，药隔三角形，花粉有气囊；雌球花单生，具短梗，有多数螺旋状着生的珠鳞与苞鳞，苞鳞较珠鳞为大，珠鳞的腹面基部有2枚胚珠，受精后珠鳞迅速增大。球果当年成熟，直立，有短梗。

本属为中国特产，仅有金钱松1种，分布于长江中下游各省温暖地带。东北地区有栽培。

金钱松（东北植物检索表，中国植物志，Flora of China）

Pseudolarix amabilis (Nelson) Rehd. in Journ. Arn. Arb. 1: 53. 1919; 中国植物志7: 197. 图版46. 1978; 东北植物检索表（第二版）: 67. 1995; Fl. China 4: 41. 1999.

落叶乔木；叶条形，柔软；雄球花黄色，圆柱状，下垂；雌球花紫红色，直立，椭圆形；球果卵圆形或倒卵圆形，成熟时淡红褐色；中部的种鳞卵状披针形，两侧耳状，先端钝有凹缺。为中国特有树种，辽宁省熊岳树木园有栽培。

树姿优美，秋后叶呈金黄色，颇为美观，常用于庭园绿化与美化。木材可作建筑、板材、家具、器具及木纤维工业原料等用材；树皮可提取栲胶，入药可治顽癣和食积等症；根皮亦可药用，也可作造纸胶料；种子可榨油。

在2021年公布的《国家重点保护野生植物名录》中，本种被列为二级保护植物。

■ 金钱松

雄球花枝

树干

小枝

球果枝

植株

7 落叶松属 *Larix* Mill.

Larix Mill. Gard. Dict. 2: 2. 1754.

落叶乔木。叶在长枝上螺旋状散生，在短枝上呈簇生状，倒披针状窄条形，扁平，稀呈四棱形，柔软，上面平或中脉隆起，下面中脉隆起，两侧各有数条气孔线，横切面有2个树脂道。球花单性，雌雄同株，雄球花和雌球花均单生于短枝顶端，春季与叶同时开放，基部具膜质苞片，着生球花的短枝顶端有叶或无叶；雄球花具多数雄蕊，雄蕊螺旋状着生，花药2；雌球花直立，珠鳞形小，螺旋状着生，腹面基部着生两个倒生胚珠，向后弯曲，背面托以大而显著的苞鳞，苞鳞膜质，直伸、反曲或向后反折，中肋延长成尖头。球果当年成熟，直立，具短梗，幼嫩球果通常紫红色或淡红紫色，稀为绿色，成熟前绿色或红褐色，熟时球果的种鳞张开。

本属全世界约15种，分布于北半球的亚洲、欧洲及北美洲的温带高山与寒温带、寒带地区。中国产10种，分布于东北，河北北部，山西省，陕西秦岭，甘肃南部，四川北部、西部及西南部，云南西北部，西藏南部及东部，新疆阿尔泰山及天山东部。东北地区产4种1变种1变型，其中栽培2种。

分种检索表

1. 一年生枝有白粉；种鳞先端显著向外反曲 ································ **1. 日本落叶松 L. kaempferi** (Lamb.) Carr.

1. 一年生枝通常无白粉；种鳞先端不向外反曲或微反曲。

  2. 球果中部种鳞呈五角状卵形（**2. 落叶松 L. gmelinii** (Rupr.) Rupr.）。

    3. 短枝顶端叶枕间被黄白色长柔毛；球果具种鳞16～30枚，成熟时上端种鳞张开 ································ **2a. 落叶松 L. gmelinii** var. **gmelinii**

    3. 短枝顶端叶枕间被黄褐色或淡褐色柔毛；球果具种鳞26～45枚，成熟时上端种鳞微张开或不张开 ································ **2b. 华北落叶松 L. gmelinii** var. **principis-rupprechtii** (Mayr) Pilger.

  2. 球果中部种鳞近圆形、方圆形或四方状广卵形。

    4. 一年生枝无毛；球果具种鳞40～50枚，苞鳞先端微露出 ································ **3. 欧洲落叶松 L. decidua** Mill.

    4. 一年生枝有毛；球果具种鳞16～40枚，苞鳞先端不露出（**4. 黄花落叶松 L. olgensis** A. Henry）。

      5. 幼果淡红紫色或紫红色 ································ **4a. 黄花落叶松 L. olgensis** var. **olgensis**

      5. 幼果绿色 ································ **4b. 绿果黄花落叶松 L. olgensis** f. **viridis** (Wils.) Nakai

（1）日本落叶松（辽宁植物志，东北植物检索表，中国植物志，Flora of China）

Larix kaempferi (Lamb.) Carr. in Fl. des. Serr. 11: 97. 1856; 中国植物志7: 195. 图版44: 9～15. 1978; 辽宁植物志（上册）: 142. 图版57: 7～9. 1988; 东北植物检索表（第二版）: 60. 图版19: 4. 1995; Fl. China 4: 36. 1999.

原产日本。黑龙江省、吉林省及辽宁省抚顺、清原、本溪、桓仁、丹东、大连、鞍山、沈阳等地有栽培。

■ 日本落叶松

小枝

植株一部分

球果

为良好的园林绿化点缀树种，园林配置应用广泛。木材可作枕木、车辆、矿柱，并可提取松节油和制造酒精。

（2）落叶松（东北植物检索表，中国植物志，Flora of China）；兴安落叶松（辽宁植物志，内蒙古植物志）

Larix gmelinii (Rupr.) Rupr. in Fl. Bor.–Ural. 48. 1854; 中国植物志7: 187. 图版45: 1 ~ 7. 1978; 辽宁植物志（上册）: 139. 图版57: 4 ~ 6. 1988; 东北植物检索表（第二版）: 60. 图版19: 2. 1995; 内蒙古植物志（第二版）1: 255. 图版29: 1 ~ 4. 1998; Fl. China 4: 35. 1999.

（2a）落叶松（原变种）

Larix gmelinii var. *gmelinii*

生山地的各种立地环境。产黑龙江省呼玛、嫩江、黑河、牡丹江、宁安、海林、嘉荫、汤原、伊春、穆棱等地；吉林省安图、敦化等地；内蒙古自治区额尔古纳、根河、牙克石、扎兰屯、鄂伦春、莫力达瓦达斡尔旗、阿荣旗、科尔沁右翼前旗、克什克腾旗等地。各地常见栽培。

本种为大兴安岭针叶林的主要树种，木材蓄积丰富，也是该地区今后荒山造林和森林更新的主要树种。木材可供房屋建筑、土木工程、电杆、舟车、细木加工及木纤维工业原料等用。树干可提取树脂，树皮可提取栲胶。

■ **落叶松**

球果枝

球果正面观

树干

植株一部分

（2b）华北落叶松（变种）（辽宁植物志，内蒙古植物志，东北植物检索表，中国植物志，Flora of China）

Larix gmelinii var. *principis–rupprechtii* (Mayr) Pilger in Nat. Pflanzenfam. ed. 2. 13: 327. 1926; Fl. China 4: 36. 1999.——*L. principis–rupprechtii* Mayr in Fremdl. Wald–und Parkb. 309. f. 94 ~ 95. 1906; 中国植物志7:

■ **华北落叶松**

球果枝

小枝

树干

185. 图版43: 7 ~ 12. 1978; 辽宁植物志（上册）: 139. 1988; 东北植物检索表（第二版）: 60. 1995; 内蒙古植物志（第二版）1: 255. 图版29: 9 ~ 12. 1998.

生海拔1400 ~ 1800米的山坡及沟谷边。产内蒙古自治区喀喇沁旗等地。辽宁省各地栽培。

中国特产，为华北地区高山针叶林带中的主要森林树种，对不良气候的抵抗力较强，并有保土、防风的效能，可作分布区内以及黄河流域高山地区及辽河上游高山地区的森林更新和荒山造林树种。木材可供建筑、桥梁、电杆、舟车、器具、家具、木纤维工业原料等用。树干可割取树脂，树皮可提取栲胶。

（3）欧洲落叶松（辽宁植物志，东北植物检索表，中国植物志，Flora of China）

Larix decidua Mill. in Gard. Dict. Abridge ed. 4. 2. 1754; 中国植物志7: 194. 1978; 辽宁植物志（上册）: 141. 1988; 东北植物检索表（第二版）: 60. 1995; Fl. China 4: 36. 1999.

原产欧洲。辽宁省熊岳有引种。

本种为绿化树种和用材树种。

■ 欧洲落叶松

球果正面观

球果侧面观

（4）黄花落叶松（内蒙古植物志，东北植物检索表，中国植物志，Flora of China）；长白落叶松（辽宁植物志）

Larix olgensis A. Henry in Gard. Chron. ser. 3. 57: 109. f. 31 ~ 32. 1915; 中国植物志7: 190. 1978; 辽宁植物志（上册）: 140. 图版57: 1 ~ 3. 1988; 东北植物检索表（第二版）: 60. 图版19: 3. 1995; 内蒙古植物志（第二版）1: 256. 图版29: 5 ~ 8. 1998; Fl. China 4: 36. 1999.

（4a）黄花落叶松（原变型）

Larix olgensis f. *olgensis*

生针阔混交林中。产黑龙江省尚志、海林、牡丹江、宁安、饶河、虎林、伊春、嘉荫、哈尔滨、密山等地；吉林省安图、和龙、临江、通化、柳河、梅河口、辉南、抚松、靖宇、长白、珲春、敦化、长春等地；辽宁省抚顺、本溪等地；内蒙古自治区喀喇沁旗等地。各地常见栽培。

本种在中国仅东北地区有自然分布，可作长白山区、老爷岭山区湿润山地的造林树种，也可栽培作庭园树。木材可做建筑、船舰、电杆、帆柱、枕木、车辆、矿柱（坑木）、家具及木纤维木业原料等用材。树干可提取树脂，树皮可提取栲胶。

（4b）绿果黄花落叶松（变型）（中国植物志）

Larix olgensis f. *viridis* (Wils.) Nakai in Chosen Sanrin-Kaiho 165: 31. 1938; 中国植物志7: 194. 1978.

生海拔1300 ~ 1700米地带，散生黄花落叶松林内。产吉林省长白山。辽宁省新宾、凤城等辽东山区有栽培。

资源价值同黄花落叶松。

■ 黄花落叶松

球果

植株一部分

树干

植株

■ 绿果黄花落叶松

球果

小枝

植株一部分

023. 柏科　Cupressaceae

Cupressaceae Gray, Nat. Arr. Brit. Pl. 2: 222, 225. 1822, *nom. cons.*

木贼门、木贼亚门、松纲、柏目（Cupressales）。

常绿乔木或灌木。叶交叉对生或3～4片轮生，稀螺旋状着生，鳞形或刺形，或同株兼有两型叶。球花单性，雌雄同株或异株，单生枝顶或叶腋；雄球花具3～8对交叉对生的雄蕊；雌球花有3～16枚交叉对生或3～4片轮生的珠鳞。球果圆球形、卵圆形或圆柱形；种鳞薄或厚，扁平或盾形，木质或近革质，熟时张开，或肉质合生呈浆果状，熟时不裂或仅顶端微开裂。

本科全世界有32属130～150种，广泛分布于世界各地。中国有17属49种，广泛分布于各省区。东北地区产8属14种11变种，其中栽培10种8变种。

分属检索表

1. 种鳞与叶均螺旋状着生，稀交叉对生，每种鳞具2～9粒种子；叶披针形、钻形、鳞片状或线形，常绿或落叶。
   2. 叶及种鳞均对生 …………………………………………………………………… 1. 水杉属 Metasequoia

（接上表）

2. 叶及种鳞均螺旋状着生。
 4. 常绿；叶钻形；雄球花单生或集生枝顶；种子扁平 ………………………………… 2. 柳杉属 Cryptomeria
 4. 落叶或半常绿；叶条形或钻形；雄球花排列成圆锥花序状；种子三棱形 ……………… 3. 落羽杉属 Toxodium
1. 种鳞与叶均交叉对生或轮生，每种鳞具一至多粒种子；叶鳞片状或刺状，常绿。
 4. 种鳞肉质，成熟时不张开；种子无翅 ……………………………………………………… 4. 刺柏属 Juniperus
 4. 种鳞木质或革质，成熟时张开；种子通常有翅，稀无翅。
  5. 种鳞盾形 ……………………………………………………………………………… 5. 扁柏属 Chamaecyparis
  5. 种鳞不为盾形。
   6. 鳞叶较大，两侧的鳞叶长4～7毫米，背面有明显的宽白粉带；球果近球形，发育种鳞具3～5粒种子，种子两侧具翅 ……………………………………………………………………… 6. 罗汉柏属 Thujopsis
   6. 鳞叶较小，长不及4毫米，背面无明显白粉带；球果卵圆形或卵状长圆形，发育种鳞具2粒种子，种子两侧具狭翅或无翅。
    7. 生鳞叶的小枝直展或斜展；种子无翅 ………………………………………… 7. 侧柏属 Platycladus
    7. 生鳞叶的小枝平展；种子两侧有狭翅 ……………………………………………… 8. 崖柏属 Thuja

1 水杉属 *Metasequoia* Hu & W. C. Cheng

Metasequoia Hu & W. C. Cheng, Bull. Fan Mem. Inst. Biol. Bot. ser. 2, 1: 154. 1948.

落叶乔木。叶交叉对生，基部扭转列成2列，羽状，条形，扁平，柔软，无柄或几乎无柄，上面中脉凹下，下面中脉隆起，每边各有4～18条气孔线，冬季与侧生小枝一同脱落。雌雄同株，球花基部有交叉对生的苞片；雄球花单生叶腋或枝顶，有短梗，球花枝呈总状花序状或圆锥花序状，雄蕊交叉对生，约20枚，每雄蕊有3花药，花丝短，药隔显著，药室纵裂，花粉无气囊；雌球花有短梗，单生于去年生枝顶或近枝顶，梗上有交叉对生的条形叶，珠鳞11～14对，交叉对生，每珠鳞有5～9枚胚珠。球果下垂，当年成熟，近球形，微具四棱，稀成矩圆状球形，有长梗。

本属在中生代白垩纪及新生代约有10种，曾广布于北美洲、日本、中国东北、俄罗斯西伯利亚、欧洲及格陵兰，北达北纬82°。第四纪冰期之后，几乎全部绝灭，现仅有一孑遗种，产于中国四川东部石柱县及湖北西南部利川、湖南西北部龙山及桑植山区。东北地区有栽培。

水杉（辽宁植物志，东北植物检索表，中国植物志，Flora of China）

Metasequoia glyptostroboides Hu et Cheng, 静生汇报1(2): 154. 图版1～2. 1948; 中国植物志7: 311. 图版71. 1978; 辽宁植物志（上册）: 163. 1988; 东北植物检索表（第二版）: 67. 图版24: 1. 1995; Fl. China 4: 60. 1999.

落叶乔木；叶线形，在侧生小枝上排成2列，羽状；球果下垂，近四棱状球形。中国特产，仅分布于重庆市、湖北省及湖南省毗邻的局部地区。辽宁省常见栽培。

著名的庭院观赏树。木材适于建筑、制作家具、造船等，也可作造纸原料。叶、果实有清热解毒、消炎止痛作用。

在2021年公布的《国家重点保护野生植物名录》中，本种被列为一级保护植物。

■ 水杉

雄球花

球果

种子

侧枝一部分

植株一部分

植株

2 柳杉属 *Cryptomeria* D. Don

Cryptomeria D. Don in Trans. L. Soc. Lond. 18: 166. 1841.

常绿乔木。叶螺旋状排列略成5行列，腹背隆起呈钻形，两侧略扁，先端尖，直伸或向内弯曲，有气孔线，基部下延。雌雄同株；雄球花单生小枝上部叶腋，常密集成短穗状花序状，矩圆形，基部有一短小的苞叶，无梗，具多数螺旋状排列的雄蕊，花药3～6，药室纵裂，药隔三角状；雌球花近球形，无梗，单生枝顶，稀数个集生，珠鳞螺旋状排列，每一珠鳞有2～5枚胚珠，苞鳞与珠鳞合生，仅先端分离。球果近球形。

本属全世界仅1种，分布于中国及日本。中国产1变种。东北地区有栽培。

柳杉（辽宁植物志，东北植物检索表，中国植物志，Flora of China）

Cryptomeria japonica var. *sinensis* Miquel in Siebold & Zuccarini, Fl. Jap. 2: 52. 1870; Fl. China 4: 57. 1999.——*C. fortunei* Hooibrenk ex Otto et Dietr. in Allg. Gartenzeit. 21: 234. 1853; 中国植物志7: 294. 图版68: 1～5. 1978; 辽宁植物志（上册）: 162. 1988; 东北植物检索表（第二版）: 67. 图版24: 2. 1995.

常绿乔木；叶钻形略向内弯曲，先端内曲；雄球花单生叶腋，长椭圆形，成短穗状花序；雌球花顶生短枝上；球果圆球形或扁球形。中国特有树种，产浙江、福建、江西等省。辽宁省大连有试验栽培。

木材可做房屋建筑、电杆、器具、家具及造纸原料等用材。树皮有解毒、杀虫作用。

■ 柳杉

球果枝

植株一部分

3 落羽杉属 *Toxodium* Rich.

Taxodium Rich. in Ann. Mus. Fist. Nat. Paris 14: 298. 1810.

落叶或半常绿性乔木。主枝宿存，侧生小枝冬季脱落。冬芽形小而呈球形。叶螺旋状排列，异型：钻形叶在主枝上斜上伸展，或向上弯曲而靠近小枝，宿存；条形叶在侧生小枝上列成2列，冬季与枝一同脱落。雌雄同株；雄球花卵圆形，在球花枝上排成总状花序状或圆锥花序状，生于小枝顶端，有多数或少数（6～8）螺旋状排列的雄蕊，每雄蕊有4～9花药，药隔显著，药室纵裂，花丝短；雌球花单生于去年生小枝的顶端，由多数螺旋状排列的珠鳞所组成，每珠鳞的腹面基部有2胚珠，苞鳞与珠鳞几全部合生。球果球形或卵圆形，具短梗或几无梗；种鳞木质，盾形，顶部呈不规则的四边形；苞鳞与种鳞合生，仅先端分离，向外突起成三角状小尖头；发育的种鳞各有2粒种子；种子呈不规则三角形，有明显锐利的棱脊；子叶4～9枚，发芽时出土。

本属全世界有3种，分布北美及墨西哥。我国均引种作庭园树及造林树用。东北地区栽培1种。

落羽杉（大连树木图鉴，中国植物志，Flora of China）；落羽松（中国树木分类学）

Taxodium distichum (Linn.) Rich. in Ann. Mus, Hist. Nat. Paris 14: 298. 1810;中国植物志7: 285. 图版66:1～13. 1978; Fl. China 4: 55. 1999; 大连树木图鉴: 32. 2002.

■ 落羽杉

球果枝

小枝

植株

落叶乔木。叶条形，扁平，基部扭转在小枝上列成2列，羽状。球果球形或卵圆形，有短梗，向下斜垂，熟时淡褐黄色，有白粉，径约2.5厘米。辽宁省大连有栽培。我国南方常见栽培，东北、华北有少量栽培。原产北美东南部。

造林或庭园树种。美国药用植物，树脂用作利尿剂、祛风药、创伤药，种子用于鼻咽癌。木材可供建筑、电杆、家具、造船等用。

4 刺柏属 *Juniperus* L.

Juniperus L., Sp. Pl. 1038. 1753.

常绿乔木或灌木。叶全为刺形，三叶轮生，基部有关节，披针形或近条形，上（腹）面平或凹下，有1或2条气孔带，下（背）面隆起具纵脊。雌雄同株或异株，球花单生叶腋；雄球花卵圆形或矩圆形，雄蕊约5对，交叉对生；雌球花近圆球形，有3枚轮生的珠鳞，胚珠3枚，生于珠鳞之间。球果浆果状，近球形，二年或三年成熟；种鳞3枚，合生，肉质，苞鳞与种鳞结合而生，仅顶端尖头分离，成熟时不张开或仅球果顶端微张开；种子通常3粒，卵圆形，具棱脊，有树脂槽，无翅。

本属全世界60余种，分布于亚洲、欧洲及北美洲。中国有23种。东北地区产5种9变种，其中栽培3种6变种。

分种检索表

1. 叶全为刺叶。
  2. 灌木；刺叶基部无关节，下延；球花单生枝顶。
    3. 球果具1粒种子；直立灌木 ········ **1b. 粉柏 J. squamata** cv. 'Meyeri'
    3. 球果具2～3粒种子；匍匐灌木 ········ **2. 铺地柏 J. procumbens** (Siebold ex Endl.) Miq.
  2. 乔木或灌木；刺叶基部有关节，不下延；球花单生叶腋。
    4. 乔木；叶质厚而坚硬，表面凹下成深槽，白粉带比绿色边带狭，横切面呈“V”形 ········ **3. 杜松 J. rigida** Sieb. et Zucc.
    4. 灌木；叶质薄，表面微凹不成深槽，白粉带比绿色带宽，横切面近扁平 ········ **4b. 西伯利亚刺柏 J. communis** var. **saxatilis** Pall.
1. 叶全为鳞叶或兼有鳞叶和刺叶，或仅幼株全为刺叶。
  5. 匍匐灌木；球果通常倒三角形或倒卵状球形（**5. 叉子圆柏 J. sabina** L.）。
    6. 壮龄及老龄植株全为鳞叶，刺叶宽，近直伸或微斜展；幼株有鳞叶和刺叶 ··· **5a. 叉子圆柏 J. sabina** var. **sabina**
    6. 壮龄及老龄植株上兼有刺叶和鳞叶，刺叶狭，斜伸或平展；幼株全为刺叶 ········ **5b. 兴安圆柏 J. sabina** var. **davurica** (Pall.) Farjon
  5. 乔木或灌木；球果卵圆形或近球形，稀倒卵圆形。
    7. 鳞叶先端急尖或渐尖，腺体位于叶背的中下部或近中部，生鳞叶的小枝常呈四棱形；刺叶交叉对生，不等长；球果具1～2粒种子 ········ **6. 北美圆柏 J. virginiana** L.
    7. 鳞叶先端钝，腺体位于叶背的中部，生鳞叶的小枝圆柱形或微呈四棱形；刺叶三枚交互轮生或交互对生，等长；球果具1～4粒种子（**7. 圆柏 J. chinensis** L.）。
      8. 乔木。
        9. 植株兼有刺叶和鳞叶 ········ **7a. 圆柏 J. chinensis** var. **chinensis**
        9. 植株极少刺叶或极少鳞叶。

(接上表)

10. 树冠柱状塔形；叶多为鳞叶，刺叶极为少见 …………………… 7b. 龙柏 J. chinensis cv. 'Kaizucz'
10. 树冠圆柱状；叶多为刺叶，鳞叶极为少见 ……………………7c. 塔柏 J. chinensis cv. 'Pyramidalis'
8. 灌木。
11. 直立丛生灌木。
12. 幼枝绿叶中无金黄色枝叶 ……………………………… 7d. 鹿角桧 J. chinensis cv. 'Pftzeriana'
12. 幼枝绿叶中常有金黄色枝叶 …………………………… 7e. 金球桧 J. chinensis cv. 'Aureoglobosa'
11. 匍匐灌木。
13. 幼树或老龄树均以鳞叶为主，刺叶极为少见 …… 7f. 匍地龙柏 J. chinensis cv. 'Kaizuna Procumbens'
13. 幼树刺叶为主，老龄树鳞叶为主 ……………………… 7g. 偃柏 J. chinensis var. sargentii A. Henry

（1）高山柏（中国树木学，中国植物志，Flora of China）；大香桧（中国树木分类学）

Juniperus squamata Buchanan-Hamilton ex D. Don in Lambert, Descr. Pinus. 2: 17. 1824; Fl. China 4: 73. 1999.——*Sabina squamata* (Buch.-Hamilt.) Ant. Cupress. Gatt. 66. t. 89. 1857; 中国植物志7: 353. 图版81: 1 ~ 3. 1978.

（1a）高山柏（原变种）

Juniperus squamata var. *squamata*

产于西藏、云南、贵州、四川、甘肃南部、陕西南部、湖北西部、安徽黄山、福建及台湾等省区。东北地区不产。

（1b）粉柏（栽培变种）（东北植物检索表，中国植物志）；山柏树（中国树木分类学）；翠柏（华北经济植物志要）

■ 粉柏

树干

植株一部分

球果枝

鳞叶两对交叉对生

植株

Juniperus squamata cv. 'Meyeri'，辽宁植物（上中下）: 121. 2020——*Sabina squamata* cv. 'Meyeri'，Dallimore and Jackson, rev. Harrison, Handb. Conif. and Ginkgo. ed. 4. 276. 1966; 中国植物志7: 355. 1978; 东北植物检索表（第二版）: 71. 1995.

栽培品种。辽宁省大连等地有栽培。

可孤植或群植于庭院、路边或草坪中，也可与其他植物配置。

（2）铺地柏（辽宁植物志，东北植物检索表，中国植物志，Flora of China）

Juniperus procumbens (Siebold ex Endl.) Miq. in Fl. Jap. 2:59. 1870; Fl. China 4:71. 1999.——*Sabina procumbens* (Endl.) Iwata et Kusaka in Conif. Jap. Ill. Aject. Emend. ed. 2: 199. 1954; 中国植物志7: 357. 1978; 辽宁植物志（上册）: 170. 1988; 东北植物检索表（第二版）: 71. 1995.

原产日本。辽宁省沈阳、大连、丹东等地有栽培。

在园林中可配植于岩石园或草坪角隅，又为缓土坡的良好地被植物。

■ 铺地柏

植株一部分

植株

（3）杜松（辽宁植物志，内蒙古植物志，东北植物检索表，中国植物志，Flora of China）

Juniperus rigida Sieb. et Zucc. in. Abh. Math. Phys. Akad. Wiss. Munch. 4(3) : 233. 1846; 中国植物志7: 379. 图版87: 8～9, 88: 3～5. 1978; 辽宁植物志（上册）: 171. 图版65. 1988; 东北植物检索表（第二版）: 71. 图版26: 3. 1995; 内蒙古植物志（第二版）1: 272. 图版37: 1～3. 1998; Fl. China 4: 71. 1999.

■ 杜松

三叶轮生

球果枝

■ 杜松

树干

植株

生山地。产黑龙江省宁安、绥芬河、呼玛等地；吉林省抚松、靖宇、临江、集安、九台、安图、敦化、和龙等地；辽宁省开原、抚顺、本溪、宽甸、桓仁、普兰店、岫岩、营口、丹东等地；内蒙古自治区巴林右旗、克什克腾旗、喀喇沁旗、西乌珠穆沁旗、锡林浩特、镶黄旗等地。

北方各地栽植为庭园树、风景树、行道树。木材坚硬，可作工艺品、雕刻品、家具、器具及农具等用材。果实有发汗、利尿、祛风除湿、镇痛作用。

（4）欧洲刺柏（中国树木学）；缨珞柏（中国树木分类学）；普通柏（中国裸子植物志）；欧桧（经济植物手册）

Juniperus communis L., Sp. Pl. ed. 2. 2: 1470. 1763; 中国植物志7: 381. 1978.

（4a）欧洲刺柏（原变种）

Juniperus communis var. *communis*

原产欧洲、中亚和西伯利亚及北非、北美洲。中国河北、青岛、南京、上海、杭州等省市引种栽培作观赏树。东北地区不产。

（4b）西伯利亚刺柏（变种）（内蒙古植物志，东北植物检索表，中国植物志，Flora of China）

Juniperus communis var. *saxatilis* Pall. in Fl. Ross. 1(2): 12. 1789.——*Juniperus sibirica* Burgsd. in Anleit. Sich. Erzieh. Holzart. 2: 124. 1787; Fl. China 4: 71.1999; 中国植物志7: 380. 图版87: 10 ~ 11, 88: 6. 1978; 东北植物检索表（第二版）: 71. 图版26: 4. 1995; 内蒙古植物志（第二版）1: 272. 图版37: 4 ~ 5. 1998.

■ 西伯利亚刺柏

叶上面观

叶下面观

■ 西伯利亚刺柏

球果成熟期

植株

生砾石山地或疏林下。产黑龙江省尚志、海林、塔河、呼玛、黑河等地；吉林省抚松、长白、安图等地；内蒙古自治区额尔古纳、根河等地。

为高山上部的水土保持树种。

（5）叉子圆柏（辽宁植物志，内蒙古植物志，东北植物检索表，中国植物志，Flora of China）

Juniperus sabina L., Sp. Pl. 1039. 1753; Fl. China 4: 74. 1999.——*Sabina vulgaris* Ant. in Cupress. Gatt. 58. t. 80. 82. 1857; 中国植物志7: 359. 图版84: 1 ~ 3. 1978; 辽宁植物志（上册）: 170. 1988; 东北植物检索表（第二版）: 71. 1995; 内蒙古植物志（第二版）1: 270. 图版36: 4 ~ 7. 1998.

（5a）叉子圆柏（原变种）

Juniperus sabina var. *sabina*

生海拔1100 ~ 2800米的多石山坡上，或针叶林或针阔混交林下或固定沙丘上。产内蒙古自治区锡林浩特、苏尼特左旗等地。辽宁省大连、沈阳有栽培。

耐旱性强，可作水土保持及固沙造林树种。枝、叶、果实有祛风镇静、活血止痛作用。

■ 叉子圆柏

植株一部分

植株

（5b）兴安圆柏（变种）（辽宁植物志，内蒙古植物志，东北植物检索表，中国植物志）

Juniperus sabina var. *davurica* (Pall.) Farjon in World Checklist & Bibliogr. Conifers ed. 2: 73. 2001.——*Sabina davurica* (Pall.) Ant. in Cupress. Gatt. 56. t. 77. 1857; 中国植物志7: 358. 图版82: 5 ~ 8. 1978; 辽宁植物志（上册）: 170. 图版64: 5 ~ 7. 1988; 东北植物检索表（第二版）: 71. 图版26: 1. 1995; 内蒙古植物志（第二版）1: 270. 图版36: 1 ~ 3. 1998.

生多石山地或山峰岩石缝隙中或沙丘。产黑龙江省塔河、呼玛、孙吴、五大连池、伊春、密山等地；吉林省集安、通化、长白、安图、汪清、龙井等地；内蒙古自治区额尔古纳、根河、牙克石、鄂伦春、科尔沁右翼前旗、克什克腾旗、锡林浩特等地。辽宁省沈阳有栽培。

为保土固沙树种。亦可作庭园树用。果实有镇痛、利尿作用。

■ 兴安圆柏

刺叶交叉对生

球花枝

植株一部分

植株

（6）北美圆柏（中国树木学，中国植物志）；铅笔柏（中国树木分类学）

Juniperus virginiana L., Sp. Pl. 2: 1039. 1753; 中国树木分类学70. 1937.——*Sabina virginiana* (L.) Ant. Cupress. Gatt. 61. t. 83, 84. 1857; 中国树木学1: 260. 1961; 中国植物志7: 361. 1978.

原产北美洲。中国华东地区引种栽培作庭园树。辽宁省旅顺口有栽培。

中国华东地区引种栽培作庭园树。生长良好，较当地的圆柏生长迅速，可选作造林树种和园林树种。

■ 北美圆柏

植株一部分

雄球花枝

植株

球果枝

树干

（7）圆柏（辽宁植物志，内蒙古植物志，东北植物检索表，中国植物志，Flora of China）

Juniperus chinensis L. in Mant. Pl. 127. 1767; Fl. China 4: 74. 1999.——*Sabina chinensis* (L.) Ant. in Cupress. Gatt. 54. 1857; 中国植物志7: 362. 图版80: 6 ~ 8. 1978; 辽宁植物志（上册）: 167. 图版64: 1 ~ 4. 1988; 东北植物检索表（第二版）: 71. 图版26: 2. 1995; 内蒙古植物志（第二版）1: 268. 图版35: 5 ~ 7. 1998.——*S. chinensis* (L.) Ant. f. *pendula* (Franeh.) Cheng et Wang in Forest Sin. 1: 254. 1961; 中国植物志7: 362. 1978; 辽宁植物志（上册）: 168. 1988; 东北植物检索表（第二版）: 71. 1995.

（7a）圆柏（原变种）

Juniperus chinensis var. *chinensis*

分布中国华北、西北各省区及长江流域。黑龙江省哈尔滨、辽宁省各地及内蒙古自治区有栽培。

■ 圆柏

刺叶

球果枝

植株

木材可作房屋建筑、家具、文具及工艺品等用材；树根、树干及枝叶可提取柏木脑及柏木油；枝叶有祛风散寒、活血消肿、利尿作用。

（7b）龙柏（栽培变种）

Juniperus chinensis cv. ‘Kaizucz’

辽宁省各地常见栽培。

树形挺秀，枝叶紧密，叶色苍翠，侧枝扭转向上，宛如游龙盘旋，为优良庭园绿化树种。

■ 龙柏

叶多为鳞叶

球果枝

植株

古树

古树树干

（7c）塔柏（栽培变种）

Juniperus chinensis cv. ‘Pyramidalis’

■ 塔柏

球花枝

叶多为刺叶

树冠圆柱状

辽宁省各地常见园林绿化树种。

（7d）鹿角桧（栽培变种）

Juniperus chinensis cv. ‘Pftzeriana’

辽宁省各地常见园林绿化树种。

■ 鹿角桧

球果

雌球花

雌球花枝

植株

（7e）金球桧（栽培变种）

Juniperus chinensis cv. ‘Aureoglobosa’

辽宁省各地常见园林绿化树种。

■ 金球桧

植株一部分

植株

（7f）匍地龙柏（栽培变种）

Juniperus chinensis cv. ‘Kaizuna Procumbens’

辽宁省各地常见园林绿化树种。

（7g）偃柏（变种）（辽宁植物志，东北植物检索表，中国植物志，Flora of China）

Juniperus chinensis var. *sargentii* A. Henry in Trees Great Britain 6: 1432. 1912; Fl. China 4: 74. 1999.——*Sabina chinensis* var. *sargentii* (Henry) Cheng et Fu, 中国植物志7: 363. 1978; 辽宁植物志（上册）: 168. 1988; 东北植物检索表（第二版）: 71. 1995.

生海拔1000米以上的山顶岩石上。产辽宁省宽甸、本溪、凤城等地。

■ 匍地龙柏

植株一部分

群落

■ 偃柏

植株一部分

植株

5 扁柏属 *Chamaecyparis* Spach

Chamaecyparis Spach, Hist. Nat. Veg. Phan. 11: 329. 1842.

常绿乔木。叶鳞形，通常二型，稀同型，交叉对生，小枝上面中央的叶卵形或菱状卵形，先端微尖或钝，下面的叶有白粉或无，侧面的叶对折呈船形。雌雄同株，球花单生于短枝顶端；雄球花黄色、暗褐色或深红色，卵圆形或矩圆形，雄蕊3～4对，交叉对生，每雄蕊有3～5花药；雌球花圆球形，有3～6对交叉对生的珠鳞，胚珠1～5枚，直立，着生于珠鳞内侧。球果圆球形，很少矩圆形，当年成熟，种鳞3～6对，木质，盾形，顶部中央有小尖头。

本属全世界约6种，分布于北美洲、日本及中国台湾。中国产1种及1变种，均产台湾；另有引入栽培4种。东北地区栽培2种。

分种检索表

1. 鳞叶先端钝；球果径8~10毫米，熟时红褐色；种鳞4对；种子近圆形，两侧有窄翅
……………………………………………………………… 1. 日本扁柏 Ch. obtusa (Sieb. et Zucc.) Endl.

1. 鳞叶先端锐尖；球果圆球形径约6毫米，熟时暗褐色；种鳞5~6对；种子三角状卵圆形，两侧有宽翅
……………………………………………………………… 2. 日本花柏 Ch. pisifera (Sieb. et Zucc.) Endl.

（1）日本扁柏（大连树木图鉴，中国植物志，Flora of China）

Chamaecyparis obtusa (Sieb. et Zucc.) Endl., Syn. Conif. 63. 1847; 中国植物志7: 342. 1978; Fl. China 4: 68. 1999; 大连树木图鉴: 39. 2002.

原产日本。辽宁省旅顺口有栽培。

木材供建筑、家具及木纤维工业原料等用。叶具有祛瘀、解热、利气、镇咳、利尿、消毒之功效。也是优良的观赏树种。

■ 日本扁柏

球果

球果枝

植株一部分

（2）日本花柏（辽宁植物志，东北植物检索表，中国植物志，Flora of China）

Chamaecyparis pisifera (Sieb. et Zucc.) Endl. in Syn. Conif. 64. 1847; 中国植物志7: 339. 图版79: 1 ~ 3. 1978; 辽宁植物志（上册）: 166. 1988; 东北植物检索表（第二版）: 69. 1995; Fl. China 4: 68. 1999.

种子可榨取脂肪油；木材坚硬致密，耐腐力强，可供建筑、工艺品、家具等用。也是优良的庭院观赏树。

■ 日本花柏

球果

球花单生短枝顶端

植株一部分

6 罗汉柏属 *Thujopsis* Sieb. et Zucc.

Thujopsis Siebold & Zucc., Fl. Jap. (Siebold) 2: 32, tt. 119, 120. 1844.

常绿乔木。生鳞叶的小枝扁平，排成一平面，上下两面异形，下面有白粉带。鳞叶交叉对生，二型，侧面的叶对折呈船形，覆压中央之叶的边缘，先端微内曲。雌雄同株，球花单生于短枝顶端；雄球花椭圆形，雄蕊6 ~ 8对，交叉对生；雌球花具3 ~ 4对珠鳞，仅中间两对珠鳞的腹面基部各生3 ~ 5枚胚珠。球果近圆球形，种鳞3 ~ 4对，木质，扁平，在顶端的下方有一短尖头，中间的两对种鳞各有3 ~ 5粒种子；种子近圆形，两侧具窄翅；子叶2枚。

本属全世界仅1种，产于日本。中国引种栽培作庭园树。东北地区有栽培。

罗汉柏（东北植物检索表，中国植物志，Flora of China）

Thujopsis dolabrata (L. f.) Sieb. et Zucc. in Fl. Jap. 2: 34. 1844; 中国植物志7: 315. 图版72: 1～4, 74: 1～4. 1978; 东北植物检索表（第二版）: 73. 图版25: 4. 1995; Fl. China 4: 63. 1999.

常绿乔木；生鳞叶的小枝扁而平展，鳞叶质地较厚，两侧之叶卵状披针形，上侧面深绿色，下侧面具一条较宽的粉白色气孔带；中央之叶稍短于两侧之叶，露出部分呈倒卵状椭圆形，先端钝圆或近三角状；球果近圆球形，种鳞木质。原产日本。辽宁省旅顺口有少量栽培。

宜作庭园观赏树。

■ 罗汉柏

鳞叶上面观

鳞叶下面观

植株一部分

植株

7 侧柏属 *Platycladus* Spach

Platycladus Spach, Hist. Nat. veg. Phan. 11: 333. 1842.

常绿乔木；生鳞叶的小枝直展或斜展，排成一平面，扁平，两面同型。叶鳞形，二型，交叉对生，排成四列，基部下延生长，背面有腺点。雌雄同株，球花单生于小枝顶端；雄球花有6对交叉对生的雄蕊，花药2～4；雌球花有4对交叉对生的珠鳞，仅中间2对珠鳞各生1～2枚直立胚珠，最下一对珠鳞短小，有时退化而不显著。球果当年成熟，熟时开裂；种鳞4对，木质，厚，近扁平，背部顶端的下方有一弯曲的钩状尖头，中部的种鳞发育，各有1～2粒种子；种子无翅，稀有极窄之翅。子叶2枚，发芽时出土。

本属仅侧柏1种，分布几乎遍布全国。朝鲜也有分布。东北地区产1种2变种，其中栽培2变种。

分种下单位检索表

1. 乔木 ………………………………………………………………………… a. 侧柏 P. orientalis var. orientalis
1. 灌木。
   2. 叶全年绿色 …………………………………………………………… b. 千头柏 P. orientalis cv. 'Sieboldii'
   2. 叶全年金黄色 …………………………………………………… c. 金黄球柏 P. orientalis cv. 'Semperaurescens'

侧柏（辽宁植物志，内蒙古植物志，东北植物检索表，中国植物志，Flora of China）

Platycladus orientalis (L.) Franco in Portugaliae Acta Biol. ser. B. Suppl. 33. 1949; 中国植物志7: 322. 图版72: 9 ~ 10, 74: 5 ~ 7. 1978; 辽宁植物志（上册）: 164. 图版63. 1988; 东北植物检索表（第二版）: 71. 图版25: 5. 1995; 内蒙古植物志（第二版）1: 266. 图版35: 1 ~ 4. 1998; Fl. China 4: 64. 1999.

形态特征同属。

（a）侧柏（原变种）

Platycladus orientalis var. *orientalis*

生向阳山坡。产辽宁省北镇、朝阳、凌源等地。其他地方常见栽培。

为造林树种和庭园观赏树种。木材可做建筑、器具、家具、细木工、文具等用材。种子为强壮滋补药，小枝为健胃药。

■ 侧柏

球果成熟前

球果成熟后

植株

（b）千头柏（栽培变种）（辽宁植物志，东北植物检索表，中国植物志）

Platycladus orientalis cv. 'Sieboldii' in Dallimore and Jackson, rev. Harrison, Handb. Conif. and Ginkgo. ed. 4. 616. 1966; 中国植物志7: 323. 1978; 辽宁植物志（上册）: 166. 1988; 东北植物检索表（第二版）: 71. 1995.

辽宁省各地常见栽培。

园林观赏的好树种，可作绿篱，也可用于景观布置。

（c）金黄球柏（栽培变种）（经济植物手册，中国植物志）

Platycladus orientalis (L.) Franco cv. 'Semperaurescens', Dallimore and Jackson, rev. Harrison, Handb. Conif. and Ginkgo. ed. 4. 616. 1966; 中国植物志7: 323. 1978.

辽宁省各地栽培。

■ 千头柏

植株一部分

植株

■ 金黄球柏

植株一部分

雌球花

植株

园林观赏的好树种，可作绿篱，也可用于景观布置。

8 崖柏属 *Thuja* L.

Thuja L., Sp. Pl. [Linnaeus] 2: 1002. 1753.

常绿乔木或灌木，生鳞叶的小枝排成平面，扁平。鳞叶二型，交叉对生，排成4列，两侧的叶呈船形，中央之叶倒卵状斜方形，基部不下延生长。雌雄同株，球花生于小枝顶端；雄球花具多数雄蕊，每雄蕊具4花药；雌球花具3 ~ 5对交叉对生的珠鳞，仅下面的2 ~ 3对的腹面基部具1 ~ 2枚直生胚珠。球果矩圆形或长卵圆形，种鳞薄，革质，扁平，近顶端有凸起的尖头，仅下面2 ~ 3对种鳞各具1 ~ 2粒种子；种子扁平，两侧有翅。

本属全世界有5种，分布于美洲北部及亚洲东部。中国产2种，分布于吉林南部及四川东北部，另有栽培多种。东北地区产2种，其中栽培1种。

分种检索表

1. 鳞叶先端尖；栽培 ………………………………………… 1. 北美香柏 Th. occidentalis L.
1. 鳞叶先端钝或微尖；野生 ………………………………… 2. 朝鲜崖柏 Th. koraiensis Nakai

（1）北美香柏（东北植物检索表，中国植物志，Flora of China）

Thuja occidentalis L., Sp. Pl. 1002. 1753; 中国植物志7: 320. 图版72: 8, 75: 4 ~ 6. 1978; 东北植物检索表（第二版）: 73. 1995; Fl. China 4: 64. 1999.

原产北美洲。辽宁省大连、沈阳、熊岳、旅顺口有栽培。中国山东、江西、江苏、上海、浙江、湖北等有栽培。

材质坚韧，结构细致，有香气，耐腐性强，可做器具、家具等用材。

■ 北美香柏

球果

球果枝

球花生小枝顶端

种子

树干

植株

（2）朝鲜崖柏（黑龙江省植物志，东北植物检索表，中国植物志，Flora of China）

Thuja koraiensis Nakai in Bot. Mag. (Tokyo) 33: 196. 1919; Fl. China 4: 63. 1999; 中国植物志7: 318. 图版72: 5 ~ 7, 75: 1 ~ 3. 1978; 东北植物检索表（第二版）: 73. 图版26: 5. 1995; 黑龙江省植物志3: 250. 2022.

生海拔700 ~ 1400米山地。生空气湿润、土壤富有腐殖质的山谷地区和土壤瘠薄的山脊及裸露的岩石缝上。产黑龙江省牡丹江以南的老爷岭山区；吉林省延吉、长白、集安、临江、安图等地。

木材坚实耐用，可供建筑、舟车、器具、家具、农具等用；叶可提取芳香油或作为制线香的原料。

在2021年公布的《国家重点保护野生植物名录》中，本种被列为二级保护植物。

■ 朝鲜崖柏

鳞形叶背面观

植株一部分

小枝

群落

024. 红豆杉科 Taxaceae

Taxaceae Gray, Nat. Arr. Brit. Pl. 2: 222, 226. 1822, *nom. cons.*

木贼门、木贼亚门、松纲、柏目（Cupressales）。

常绿乔木或灌木。叶条形或披针形，螺旋状排列或交叉对生。球花单性，雌雄异株，稀同株；雄球花单生叶腋或苞腋，或组成穗状花序集生于枝顶，雄蕊多数；雌球花单生或成对生于叶腋或苞片腋部，有梗或无梗，基部具多数覆瓦状排列或交叉对生的苞片。种子核果状，无梗则全部为肉质假种皮所包，如具长梗则种子包于囊状肉质假种皮中，顶端尖头露出；或种子坚果状，包于杯状肉质假种皮中。

本科全世界有6属28～32种，主产北温带地区。中国有5属21种，除新疆、宁夏和青海外，各省区均产。东北地区产2属2种2变种，其中栽培1种1变种。

分属检索表

1. 胚珠常1枚生苞腋；种子尖果状或核果状，近圆形，全部包于肉质假种皮（成熟后红色）中或者尖端露出 …… 1. 红豆杉属 Taxus
1. 胚珠常数个生苞腋；种子核果状，椭圆形，全部包于肉质假种皮中 …… 2. 三尖杉属 Cephalotaxus

1 红豆杉属 *Taxus* L.

Taxus L. Gen. Pl. 312. 1737.

常绿乔木或灌木。叶条形，螺旋状着生，基部扭转排成二列，直或镰状，下延生长，上面中脉隆起，下面有两条淡灰色、灰绿色或淡黄色的气孔带，叶内无树脂道。雌雄异株，球花单生叶腋；雄球花圆球形，有梗，基部具覆瓦状排列的苞片，雄蕊6～14枚，盾状，花药4～9，辐射排列；雌球花几乎无梗，基部具多数覆瓦状排列的苞片，胚珠直立，单生于苞腋，基部托以圆盘状珠托，受精后珠托发育为肉质、杯状、红色的假种皮。种子坚果状，当年成熟，生于杯状、肉质假种皮中，有短梗或几乎无梗；子叶发芽时出土。

本属全世界约9种，分布于北半球。中国有3种。东北地区产1种2变种，其中栽培1变种。

分种下单位检索表

1. 常绿乔木 ………………………………………………………… a. 东北红豆杉 T. cuspidata var. cuspidata
1. 常绿灌木。
   2. 茎无主干，匍匐蔓延，生不定根 …………………………… b. 大山伽罗木 T. cuspidata var. caespitosa
   2. 茎有主干，株高1.5～2厘米 ………………………………… c. 矮东北红豆杉 T. cuspidata var. nana

东北红豆杉（辽宁植物志，东北植物检索表，中国植物志，Flora of China）

Taxus cuspidata Sieb. et Zucc. in Abh. Math. Phys. Akad. Wiss. Manch. 4(3): 232. t. 3. 1846; 中国植物志7: 446. 图版101: 6～7. 1978; 辽宁植物志（上册）: 173. 图版66. 1988; 东北植物检索表（第二版）: 73. 图版24: 3. 1995; Fl. China 4: 91. 1999.

常绿乔木。叶线形，表面深绿色，有光泽。雌雄异株，球花生前年枝的叶腋；雄球花具9～14雄蕊；雌球花具一胚珠。种子卵形，成熟时紫褐色，有光泽，外覆上部开口的假种皮，成熟时倒卵圆形，呈杯状，浓红色，肉质，富浆汁。

（a）东北红豆杉（原变种）

Taxus cuspidata var. *cuspidata*

多见于以红松为主的针阔混交林内。产黑龙江省绥棱、宁安、穆棱等地；吉林省安图、汪清、和龙、临江、抚松、靖宇、长白、敦化等地；辽宁省宽甸、桓仁、本溪等地。各地常有栽培，且多为东北红豆杉的扦插后代——矮紫杉，基部起多分枝，呈半球状密丛，矮灌木或高大灌木。

木材可做建筑、家具、器具、文具等用材；心材可提取红色染料。种子可榨油，木材、枝叶、根、树皮能提取紫杉素，用于治疗糖尿病；叶有毒；种子的假种皮味甜可食。

在2021年公布的《国家重点保护野生植物名录》中，本种被列为二级保护植物。

（b）大山伽罗木（变种）（东北植物检索表）；伏生东北红豆杉（东北植物分布图集）

Taxus cuspidata var. *caespitosa* (Nakai) Q. L. Wang, 东北植物检索表（第二版）: 73. 图版24: 3. 1995; 东北植物分布图集: 81. 2019.

生水沟边。产黑龙江省伊春等地；辽宁省宽甸等地。

（c）矮东北红豆杉（变种）（东北植物检索表）

Taxus cuspidata var. *nana* Rehd. in Cycl. Amer. Hort. 4: 1773. 1902; 东北植物检索表（第二版）: 73. 图版24: 3. 1995.

原产日本。东北地区有栽培。

■ 东北红豆杉

球果枝

树干

球花枝

种子

扦插后代

植株

■ 矮东北红豆杉

小枝

植株一部分

植株

2 三尖杉属 *Cephalotaxus* Sieb. et Zucc. ex Endl.

Cephalotaxus Sieb. et Zucc. ex Endl. Gen. Suppl. 2: 27. 1842.

常绿乔木或灌木。叶条形或披针状条形，稀披针形，交叉对生或近对生，在侧枝上基部扭转排列成2列。球花单性，雌雄异株，稀同株；雄球花6～11聚生成头状花序，单生叶腋；雌球花具长梗，生小枝基部（稀近枝顶）苞片的腋部，花梗上部的花轴上具数对交叉对生的苞片，每一苞片的腋部有两枚直立胚珠。种子第二年成熟，核果状，全部包于由珠托发育成的肉质假种皮中。

本属全世界有1属8～11种，分布中国、印度、日本、朝鲜、老挝、缅甸、泰国、越南。中国有6种。东北地区栽培1属1种。

粗榧（中国植物志，Flora of China）；中国粗榧（中国树木学）

Cephalotaxus sinensis (Rehd. et Wils.) Li in Lloydia 16(3) : 162. 1953; 中国植物志7: 428. 1978; Fl. China 4: 86. 1999.

常绿灌木或小乔木；叶条形，上面绿色，下面气孔带白色，较绿色边带宽3～4倍；种子翌年成熟，核果状，球形，成熟时橘黄色。产四川、湖北、贵州、广西、广东、福建等省区。辽宁省熊岳树木园有栽培。

木材坚实，可作农具等用。叶、枝、种子、根可提取多种植物碱，对治疗白血病及淋巴肉瘤等有一定疗效。可作庭园树种。

■ 粗榧

球果成熟前

雌球花

球果成熟期

雄球花枝

叶背面观

植株

第四章

被子植物

(Angiosperms)

025. 莼菜科 Cabombaceae

Cabombaceae Rich. ex A. Rich., Dict. Class. Hist. Nat. [Bory] 2: 608(1822) , *nom. cons.*

木贼门、木贼亚门、木兰纲、睡莲亚纲、睡莲超目、睡莲目（Nymphaeales）。

多年生水生草本。茎纤细，分支，有根状茎，匍匐；节间在早期时伸长并且顶部漂浮，后期直立，具叶。叶二型。沉水叶对生或者有时轮生，掌状分裂。浮水叶互生，盾形，全缘；花单生，有花梗，两性，子房下位，辐射对称，漂浮在水面上；花被宿存。萼片3，分离或者近分离。花瓣3，与萼片离生，互生。雄蕊3 ~ 36（ ~ 51），花药有纵裂裂缝。雌蕊3 ~ 18，离生，倒棍棒形或者一侧臌。子房1室；胚珠1 ~ 3，倒生。花柱短。柱头头状或者线形下延。果为瘦果状或者蓇葖状，革质，不裂。种子内胚乳较少，外胚乳丰富；胚小。子叶2，肉质。

本科全世界有2属6种，分布于温带东亚至印度、非洲、大洋洲、热带和亚热带美洲。中国有2属2种，产江苏、浙江、江西、湖南、四川和云南等省。东北记载1属1种。

莼菜属（莼属） *Brasenia* Schreber

Brasenia Schreber Gen. Pl. ed. 8. 1: 372. 1879.

多年生水生草本；根状茎小，匍匐；茎细，多分枝，包在胶质鞘内。叶二型：漂浮叶互生，盾状，全缘，有长叶柄；沉水叶至少在芽时存在。叶柄及花梗有胶质物。花小， 单生；萼片及花瓣均宿存；雄蕊12 ~ 18，花丝锥状，花药侧向；心皮6 ~ 18，离生，生在小型花托上，花柱短，柱头侧生，胚珠垂生。坚果革质。

本属全世界仅1种，分布于亚洲东部、大洋洲、非洲西部及北美洲。东北地区有分布记录。

莼菜（植物研究，黑龙江省植物志，中国植物志，Flora of China）

Brasenia schreberi J. F. Gmel. in Syst. Veg. 1: 853. 1791; 中国植物志27: 5. 图版2. 1979; 植物研究 (11) 4: 99 ~ 105. 1991; 黑龙江省植物志5: 137. 图版47: 3 ~ 4.1992; Fl. China 6: 120. 2001.

多年生草本；叶椭圆状矩圆形，下面蓝绿色，两面无毛；花直径1 ~ 2厘米，暗紫色；萼片及花瓣条形；坚果矩圆卵形，有3个或更多成熟心皮。生在池塘、河湖或沼泽。黑龙江省伊春林区有记载。

植物体富含胶质，嫩茎叶作蔬菜食用。

在2021年公布的《国家重点保护野生植物名录》中，本种被列为二级保护植物。

026. 睡莲科 Nymphaeaceae

Nymphaeaceae Salisb., Ann. Bot. [König & Sims]. 2: 70. 1805, *nom. cons.*

木贼门、木贼亚门、木兰纲、睡莲亚纲、睡莲超目、睡莲目（Nymphaeales）。

多年生草本，少数为一年生草本，水生或沼泽生，具根茎。叶盾状、心形或戟形，漂浮水面。花单生；萼片4 ~ 6，有时呈花瓣状；花瓣零至多数，常变态成雄蕊；雄蕊多数，螺旋状着生；雌蕊多室，子房上位至下位，胚珠多数。浆果海绵质；种子有内胚乳。

本科有5属68 ~ 78种，广布于热带至温带地区。中国有3属8种，南北各省区均产。东北地区产3属6种1变种，其中栽培3种1变种。

分属检索表

1. 叶片、叶柄具刺 …… 1. 芡属 Euryale
1. 叶片、叶柄平滑无刺。
  2. 萼片5，黄色，花瓣状；花瓣小；雄蕊下位生 …… 2. 萍蓬草属 Nuphar
  2. 萼片4，绿色，非花瓣状；花瓣宽；雄蕊周位生 …… 3. 睡莲属 Nymphaea

1 芡属 *Euryale* Salisb.

Euryale Salisb., Ann. Bot. [König & Sims]. 2(1): 78. 1805.

一年生草本，植株多刺。根状茎粗壮；茎不明显。叶二型：初生叶为沉水叶，次生叶为浮水叶。萼片4，宿存，生在花托边缘，萼筒和花托基部愈合；花瓣比萼片小；花丝条形，花药矩圆形，药隔先端截状；子房下位，8室，柱头圆盘状，凹入，边缘与萼筒合生，胚珠少数，侧膜胎座。浆果革质，球形，不整齐开裂，顶端有直立宿存萼片；种子扁球形，径1厘米以上，种皮坚硬，假种皮肉质；胚乳白色，粉质，胚小。

本属全世界仅1种，产中国、俄罗斯、朝鲜、日本及印度。东北地区有分布。

芡实（黑龙江省植物志，中国植物志，Flora of China）；芡（辽宁植物志，东北植物检索表，东北草本植物志）

Euryale ferox Salisb. ex Koenig in Ann. Bot. 2: 74. 1805; 东北草本植物志3: 76. 图版30. 1975; 中国植物志27: 6. 图版3. 1979; 辽宁植物志（上册）: 558. 图版234. 1988; 黑龙江省植物志5: 139. 图版48: 1 ~ 4. 1992; 东北植物检索表（第二版）: 216. 图版101: 1. 1995; Fl. China 6: 118. 2001.

一年生大型草本，全株有刺；沉水叶箭形或椭圆肾形；浮水叶圆状盾形；花径约4厘米；萼片4，外面密生皮刺；花瓣约20，带紫色；浆果近球形，上有宿存萼片，状似鸡头，密被皮刺。生池沼、水泡中。产黑龙江省哈尔滨、呼兰、阿城、双城、肇源、肇东、木兰、延寿、望奎、泰来、杜尔伯特；吉林省前郭、九台、扶余、敦化、珲春；辽宁省沈阳、新民、法库、铁岭、辽中、彰武、黑山、辽阳、海城、庄河、长海等地。

种仁可造酒，可食可药，有益肾固精、补脾止泻、祛湿止带作用。

■ 芡实

花侧面观

花正面观

果实

■ 芡实

叶背面观

叶

花序

2 萍蓬草属 *Nuphar* Smith

Nuphar Smith in Sibth. et Smith, Fl. Graec. Prodr. 1: 361. 1809.

多年水生草本；根状茎肥厚，横生。叶漂浮或高出水面，圆心形或窄卵形，基部箭形，具深弯缺，全缘；叶柄在叶片基部着生；沉水叶膜质。花漂浮；萼片4～7，常为5，革质，黄色或橘黄色，花瓣状，直立，背面凸出，宿存；花瓣多数，雄蕊状；雄蕊多数，比萼片短，花丝短，扁平，花药内向；心皮多数，着生在花托上，且与其愈合，子房上位，多室，胚珠多数，柱头辐射状，形成柱头盘。浆果卵形至圆柱形，由于种子外面胶质物的膨胀，成不规则开裂。

本属全世界约10种，分布于亚洲、欧洲及美洲。中国有2种。东北地区产1种。

萍蓬草（内蒙古植物志，黑龙江省植物志，东北植物检索表，东北草本植物志，中国植物志，Flora of China）；台湾萍蓬草（中国植物志）

Nuphar pumila (Timm) DC. in Syst. Nat. 2: 61 1821; 东北草本植物志3: 80. 图版32. 1975; 中国植物志27: 13. 图版5. 1979; 内蒙古植物志（第二版）2: 419. 图版168: 4～7. 1990; 黑龙江省植物志5: 143. 图版50: 1～6. 1992; 东北植物检索表（第二版）: 216. 图版101: 3. 1995; Fl. China 6: 115. 2001.——*Nuphar shimadai* Hayata, Icon. Fl. Formos. 6: 2. pl. 1. 1916; 中国植物志27: 14. 1979.

多年水生草本；沉水叶膜质；漂浮于水面的叶纸质，宽卵形或卵形；花直径3～4厘米；萼片黄色，外面中央绿色；花瓣窄楔形，先端微凹；浆果卵形，长约3厘米。生水中。产黑龙江省各地；吉林省安图、梅河口；辽宁省风城、东港；内蒙古自治区鄂伦春等地。

种子及根茎均可食，亦可药用。花供观赏。

■ 萍蓬草

花

果实

■ 萍蓬草

果瓣与种子

植株

3 睡莲属 *Nymphaea* L.

Nymphaea L., Sp. Pl. 510. 1753 .

多年生水生草本；根状茎肥厚。叶二型：浮水叶圆形或卵形，基部具弯缺，心形或箭形，常无出水叶；沉水叶薄膜质，脆弱。花大形、美丽，浮在或高出水面；萼片4，近离生；花瓣白色、蓝色、黄色或粉红色，8～32，成多轮，有时内轮渐变成雄蕊；雄蕊多数，花药线形，向内开裂；子房半下位，心皮多数，贴生或嵌入肉质花托中，花柱离生，柱头具多数辐射状裂瓣。浆果海绵质，不规则开裂。种子很小，有胚乳，具肉质杯状假种皮。

本属全世界约50种，广泛分布于温带及热带。中国产5种。东北地区产4种1变种，其中栽培3种1变种。

分种检索表

1. 叶心状卵形或卵状椭圆形，全缘；花径2.5～4厘米；花瓣8～12，白色 ·················· 1. 睡莲 N. tetragona Georgi
1. 叶近圆形或椭圆状卵形，叶缘有波状钝齿或全缘。
  2. 花径3～15厘米；花瓣10～30，白色带青紫、鲜蓝色或紫红色；萼片宿存；叶缘有波状钝齿或近全缘 ················ 2. 延药睡莲 N. nouchali Burm. f.
  2. 花径10～20厘米；花瓣20～25，白色、黄色或红色；萼片脱落或花期后腐烂；叶全缘或波状。
    3. 根状茎直立；花黄色 ················ 3. 黄睡莲 N. mexicana Zucc.
    3. 根状茎匍匐（4. 白睡莲 N. alba L.）。
      4. 花白色 ················ 4a. 白睡莲 N. alba var. alba
      4. 花粉红色或玫瑰色 ················ 4b. 红睡莲 N. alba var. rubra Lonnr.

（1）睡莲（辽宁植物志，黑龙江省植物志，内蒙古植物志，东北植物检索表，东北草本植物志，中国植物志，Flora of China）；大花睡莲（黑龙江省植物志，东北草本植物志）

Nymphaea tetragona Georgi in Bemerk. Reise Russ. Reiche 1: 220. 1775; 东北草本植物志3: 82. 图版33: 1～4. 1975; 中国植物志27: 9. 图版4. 1979; 辽宁植物志（上册）: 562. 图版236. 1988; 内蒙古植物志（第二版）2: 417. 图版168: 1～3. 1990; 黑龙江省植物志5: 146. 图版51: 1～5.1992; 东北植物检索表（第二版）: 216. 图版101: 4. 1995; Fl. China 6: 117. 2001.——*N. tetragona* var. *crassifolia* (Hand.-Mazz.) Chu, 东北草本植

物志 3: 82. 图版33: 5. 1975; 黑龙江省植物志5: 148. 1992.

生池沼中。产黑龙江省伊春、嘉荫、萝北、哈尔滨、尚志、牡丹江、集贤、虎林、密山、齐齐哈尔、北安；吉林省安图、扶余、靖宇、长白；辽宁省昌图、铁岭、新民；内蒙古自治区根河、鄂伦春、科尔沁右翼前旗、扎赉特旗、科尔沁左翼后旗等地。

水生观赏植物。根状茎含淀粉，可食用或酿酒，也可药用。嫩叶可食。

■ 睡莲

花侧面观

花正面观

居群

（2）延药睡莲（中国植物志，Flora of China）；蓝睡莲（经济植物手册、海南植物志）

Nymphaea nouchali Burm. f., Fl. Ind. (N. L. Burman) 120. 1768. ——*N. stellata* Willd. Sp. Pl. 2: 1153. 1799; 中国植物志27: 11. 1979.

■ 延药睡莲

花侧面观

叶缘

花正面观

植株的一部分

植株

产湖北及广东。辽宁省大连有池塘栽培。

水生观赏植物。

（3）黄睡莲（东北植物检索表，中国植物志）

Nymphaea mexicana Zucc. in Abh. Math.–Phys. Cl. Königl. Bayer. Akad. Wiss. 1: 365. 1832; 中国植物志 27: 12. 1979; 东北植物检索表（第二版）: 216. 1995.

原产墨西哥。辽宁省大连有栽培。

水生观赏植物。

■ 黄睡莲

花

植株

（4）白睡莲（中国植物志，Flora of China）

Nymphaea alba L., Sp. Pl. 510. 1753; 中国植物志27: 8. 1979; Fl. China 6: 117. 2001.

（4a）白睡莲（原变种）

Nymphaea alba var. *alba*

生池沼中。原产瑞典。东北各地栽培。

水生观赏植物。根状茎含淀粉，可食用或酿酒。

■ 白睡莲

花正面观

花侧面观

植株

（4b）红睡莲（变种）（东北植物检索表）

Nymphaea alba var. *rubra* Lonnr. in Bot. Not. 1856: 124. 1856; 东北植物检索表（第二版）: 216. 1995.

生池沼中。原产瑞典。东北各地栽培。

■ 红睡莲

花

植株

027. 五味子科 Schisandraceae

Schisandraceae Blume, Fl. Javae 32 ~ 33: 3. 1830, *nom. cons.*

木贼门、木贼亚门、木兰纲、木兰藤亚纲、木兰藤超目、木兰藤目（Austrobaileyales）。

乔木、灌木或藤本；单叶，互生或在枝顶簇生，全缘或具齿；花单生或簇生叶腋，两性或单性异株；花被片5至多数，螺旋状排列成数轮；雄蕊4至多数，1轮至数轮；心皮7至多数；单轮排列的聚合蓇葖果，或为长穗状或球状的聚合浆果。

本科全世界有3属，约80种，分布于亚洲东南部和北美东南部。中国有3属54种，主产西南至华东地区。东北地区产1属1种。

五味子属 *Schisandra* Michx.

Schisandra Michx. Fl. Bor. Amer. 2: 218. 1803.

木质藤本。叶纸质，边缘膜质下延至叶柄成狭翅，叶肉具透明点。花单性，雌雄异株，少有同株，单生叶腋或苞片腋，常在短枝上，由于节间密，呈数朵簇生状，少有同一花梗有2 ~ 8朵花呈聚伞状花序；花被片5 ~ 12（ ~ 20），通常中轮的最大，外轮和内轮的较小。雄花：雄蕊5 ~ 60枚，花丝细长或短，或贴生花托上而无花丝；雄蕊群长圆柱形、短圆柱形、卵圆形、球形或肉质球形、扁球形。雌花：雌蕊12 ~ 120枚，离生，螺旋状紧密排列于花托上。成熟心皮为小浆果，排列于下垂肉质果托上，形成疏散或紧密的长穗状的聚合果。

本属全世界有22种，主产于亚洲东部和东南部。中国约有19种，南北各地均有。

五味子（辽宁植物志，黑龙江省植物志，内蒙古植物志，东北植物检索表，中国植物志，Flora of China）；白果五味子（植物研究）

Schisandra chinensis (Turcz.) Baill. in Hist. Pl. 1: 148. 1868; 辽宁植物志（上册）: 458. 图版186. 1988; 内蒙古植物志（第二版）2: 585. 图版238. 1990; 黑龙江省植物志5: 3. 图版1: 1 ~ 4. 1992; 东北植物检索表（第二版）: 176. 图版80: 1. 1995; 中国植物志30(1): 252. 图版72：12 ~ 20. 1996; Fl. China 7: 46. 2008.——*Schisandra chinensis* var. *leucocarpa* P. H. Huang & L. H. Zhuo, 植物研究14(1): 50 ~ 51. 1994.

落叶木质藤本；叶广椭圆形、倒卵形或卵形；花单性，雌雄同株或异株；雄花多生枝条的基部或下部；雌花生中上部，单生或2～4花簇生叶腋；花被片6～9，乳白色；浆果近球形，红色，肉质。生阔叶林或山沟溪流旁。产黑龙江省小兴安岭、完达山脉、张广才岭和老爷岭等山区，大兴安岭林区有零星分布等地；吉林省汪清、桦甸、蛟河、敦化、吉林、临江、抚松、安图、长白、靖宇、和龙等地；辽宁省本溪、凤城、宽甸、桓仁、岫岩、丹东、西丰、新宾、清原、建昌、海城、盖州、普兰店、瓦房店、庄河等地；内蒙古自治区鄂伦春、科尔沁右翼前旗、扎赉特旗、突泉、大青沟、敖汉旗、巴林右旗、喀喇沁旗、宁城等地。

茎、叶和果可提取芳香油。果实为祛痰、滋补收敛药。嫩叶可食。嫩茎可做调料。

■ 五味子

雌花

雄花

花侧面观

花枝

果序

植株一部分

028. 三白草科 Saururaceae

Saururaceae Rich. ex T. Lestib., Botanogr. Élém. 453. 1826, *nom. cons.*

木贼门、木贼亚门、木兰纲、木兰亚纲、胡椒超目、胡椒目（Piperales）。

多年生草本；茎直立或匍匐状，具明显的节。单叶互生；托叶贴生于叶柄上。花两性，聚集成稠密的穗状花序或总状花序，具总苞或无总苞，苞片显著，无花被；雄蕊3、6或8枚，稀更少，离生或贴生于子房基部或完全上位，花药2室，纵裂；雌蕊由3～4心皮所组成，离生或合生，如为离生心皮，则每心皮有胚珠2～4颗，如为合生心皮，则子房1室而具侧膜胎座，在每一胎座上有胚珠6～8颗或多数，花柱离生。果为分果爿或蒴果顶端开裂；种子有少量的内胚乳和丰富的外胚乳及小的胚。

本科全世界有4属6种，分布于亚洲东部和南部，北美洲。中国有3属4种，产西南、华中至台湾。东北地区栽培1属1种。

蕺菜属 *Houttuynia* Thunb.

Houttuynia Thunb. Fl. Jap. 234. 1784.

多年生草本。叶全缘，具柄；托叶贴生叶柄上，膜质。花小，聚集成顶生或与叶对生的穗状花序，花序基部有4片白色花瓣状的总苞片；雄蕊3枚，花丝长，下部与子房合生，花药长圆形，纵裂；雌蕊由3个部分合生的心皮所组成，子房上位，1室，侧膜胎座3，每1侧膜胎座有胚珠6～8颗，花柱3枚，柱头侧生。蒴果近球形，顶端开裂。

本属全世界仅1种，分布于亚洲东部和东南部。中国在长江流域及其以南各省区常见。东北地区有栽培。

蕺菜（黑龙江省植物志，中国植物志，Flora of China）；鱼腥草（本草纲目，中华人民共和国药典）

Houttuynia cordata Thunb. in Fl. Jap. 234. 1784; 中国植物志20(1): 8. 图版3: 1～3. 1982; 黑龙江省植物志5: 154. 图版54: 1～3. 1992; Fl. China 4: 109. 1999.

腥臭草本；单叶互生，卵形；花序长约2厘米；总苞片4片，白色，长圆形或倒卵形；蒴果顶端有宿存的花柱。生沟边、溪边或林下湿地上。产中国陕西、甘肃及长江流域以南各省。黑龙江省哈尔滨、辽宁省大连有栽培。

嫩根茎可食。全草有清热解毒、消痈排脓、利尿通淋作用。

■ 蕺菜

果期一部分

植株一部分

花枝

029. 马兜铃科 Aristolochiaceae

Aristolochiaceae Juss., Gen. Pl. [Jussieu] 72. 1789, *nom. cons.*

木贼门、木贼亚门、木兰纲、木兰亚纲、胡椒超目、胡椒目（Piperales）。

草质或木质藤本、灌木或多年生草本，稀乔木。单叶互生，具柄，叶片全缘或3～5裂，基部常心形。花两性，有花梗，单生、簇生或排成总状、聚伞状或伞房花序，顶生、腋生或生于老茎上，花色通常艳丽而有腐肉臭味；花被辐射对称或两侧对称，花瓣状，1轮，稀2轮，花被管钟状、瓶状、管状、球状或其他形状；檐部圆盘状、壶状或圆柱状，具整齐或不整齐3裂，或为向一侧延伸成1～2舌片，裂片镊合状排列。蒴果蓇葖果状、长角果状或为浆果状；种子多数，常藏于内果皮中。

本科全世界有10属600余种，分布于热带及温带地区。中国有5属86种，除华北和西北干旱地区外，各地均有分布。东北地区产3属3种1变种。

分属检索表

1. 多年生草本；花通常辐射对称，花被筒壶状杯形；果实不开裂 ……………………………………… 1. 细辛属 Asarum
1. 草质或木质藤本；花通常两侧对称，花被管通常弯曲；果实开裂。
    2. 花被管膝曲，檐部常3裂；合蕊柱顶端3裂；花药成对与蕊柱裂片对生；果由上而下开裂 … 2. 关木通属 Isotrema
    2. 花被管直或稍弯，檐部一侧伸成长舌片；合蕊柱顶端6裂；花药单个与蕊柱裂片对生；果由下而上开 ……………………………………………………………………………………………… 3. 马兜铃属 Aristolochia

1 细辛属 *Asarum* L.

Asarum L., Sp. Pl. 422. 1753.

多年生草本。根状茎长而匍匐横生，或向上斜伸，或短而近直立；茎无或短；根常稍肉质，有芳香气和辛辣味。叶仅1～2或4枚，基生、互生或对生，叶片通常心形或近心形，全缘不裂；叶柄基部常具薄膜质芽苞叶。花单生于叶腋，多贴近地面，花梗直立或向下弯垂，花被整齐，1轮，紫绿色或淡绿色，基部与子房合生，子房以上分离或形成明显的花被管，花被裂片3，直立或平展，或外折；雄蕊通常12，2轮，稀减少，或具1～3个细小或瓣状不育雄蕊，花丝比花药长或短，花药通常外向纵裂，或外轮稍向内纵裂；子房下位或半下位，6室，稀3～4室，侧膜胎座，具多数胚珠，花柱6，离生或基部愈合成合蕊柱状，花柱短，上部有柱头，浆果状蒴果，成熟时不开裂，经腐烂后破裂而散出种子。种子卵状圆锥形，背面凸，腹面平坦，具肉质附属物。

本属全世界约90种，分布于较温暖的地区，主产亚洲东部和南部，少数种类分布亚洲北部、欧洲和北美洲。中国有39种，南北各地均有分布，长江流域以南各省区最多。东北地区产1种1变种。

分种检索表

1. 叶柄有毛；花被裂片平展或直立 ……………………………………………………… 1. 汉城细辛 A. sieboldii Miq.
1. 叶柄无毛；花被裂片由基部向外反折 …………2b. 辽细辛 A. heterotropoides var. mandshuricum (Maxim.) Kitag.

（1）汉城细辛（辽宁植物志，黑龙江省植物志，东北植物检索表，东北草本植物志，中国植物志，Flora of China）；细辛（中国植物志）；华细辛（中华人民共和国药典）

Asarum sieboldii Miq. in Ann. Mus. Bot. Lugduno-Batavi 2: 134. 1865; 中国植物志24: 176. 1988; Fl. China 5: 251. 2003.——*A. sieboldii* var. *seoulense* Nakai in Repert. Spec. Nov. Regni Veg. 13: 267. 1914; 东北草本植物志2: 20. 1959; 辽宁植物志（上册）: 575. 图版242: 3. 1988; 黑龙江省植物志5: 166. 图版57: 3～8. 1992;

东北植物检索表（第二版）: 220. 图版103: 4. 1995.——*A. sieboldii* f. *seoulense* (Nakai) C. Y. Cheng et C. S. Yang in Journ. Arn. Arb. 64: 577. 1983; 中国植物志24: 176. 1988.

生林下及山沟湿地。产吉林省临江、安图、珲春、敦化、长白；辽宁省庄河、宽甸、凤城、岫岩、桓仁等地。黑龙江省有栽培。

根及根茎治疗感冒、头痛、牙痛、中风。

■ 汉城细辛

花正面观

花侧面观

植株

叶柄有毛

全株

居群

（2）细辛（Flora of China）；库页细辛（中国植物志）

Asarum heterotropoides F. Schmidt, Mém. Acad. Imp. Sci. Saint Pétersbourg, sér. 7. 12: 71. 1868; 中国植物志24: 177. 1988; Fl. China 5: 251. 2003.

（2a）细辛（原变种）

Asarum heterotropoides var. *heterotropoides*

产日本。中国不产。

（2b）辽细辛（变种）（辽宁植物志，黑龙江省植物志，东北植物检索表，中国植物志，Flora of China）；东北细辛（东北草本植物志）

Asarum heterotropoides var. *mandshuricum* (Maxim.) Kitag. in Lineam. Fl. Mansh. 174. 1939; 东北草本植物志2: 19. 1959; 中国植物志24: 177. 1988; 辽宁植物志（上册）: 573. 图版242: 1～2. 1988; 黑龙江省植物志5: 164. 图版57: 1～2. 1992; 东北植物检索表（第二版）: 220. 图版103: 3. 1995; Fl. China 5: 251. 2003.

生针叶林及针阔混交林下。产黑龙江省东部山地；吉林省临江、抚松、靖宇、安图、柳河、集安、蛟河；辽宁省鞍山、本溪、凤城、庄河、瓦房店、兴城、西丰、新宾、桓仁等地。

全草为解热、利尿、发汗、祛痰药。全株有毒，阴干后放在衣柜中可驱虫。

■ 辽细辛

花正面观

植株下部

植株

2 关木通属 *Isotrema* Raf.

Isotrema Raf., Amer. Monthly Mag. & Crit. Rev. 4(3): 195. 1819.

本属与马兜铃属的主要区别为：木质藤本，稀草质藤本或直立亚灌木。花被管中部各种弯曲，檐部各式，边缘常3裂；合蕊柱顶端3裂，裂片稀再裂；花药长圆形，成对与蕊柱裂片对生。果从顶端向下开裂。

本属全世界约87种。中国有58种1亚种。东北地区产1种。

关木通（Flora of China）；木通马兜铃（辽宁植物志，黑龙江省植物志，东北植物检索表，中国植物志）

Isotrema manshuriense (Kom.) H. Huber, Mitt. Bot. Staatssamml. München 3. 550. 1960.——*Aristolochia manshuriensis* Kom. in Act. Hort. Peterop. 22: 112. 1903; 中国植物志24: 210. 图版48: 7 ~ 9. 1988; 辽宁植物志（上册）: 569. 图版240. 1988; 黑龙江省植物志5: 160. 图版56: 1 ~ 4. 1992; 东北植物检索表（第二版）: 218. 图版103: 1. 1995; Fl. China 5: 262. 2003.

落叶木质大藤本。叶互生，卵状心形或近圆形。花单生短枝叶腋；花被筒成马蹄形弯曲，由基部向上逐渐膨大，外面淡绿黄色，具紫色条纹，里面褐色或黄绿色，近顶端处突然内曲如烟斗状，顶端3裂。蒴果圆柱状，有6棱，成熟时开裂成6瓣。生山坡杂木林内或河流附近潮湿地。产吉林省安图、长白、抚松、靖宇、临江；辽宁省清原、新宾、桓仁、本溪、宽甸、盖州等地。

藤茎有清心火、利尿、通乳作用，治口舌生疮、尿路感染、水肿、乳汁不通等。

■ 关木通

花正面观

花侧面观

茎叶

蒴果

3 马兜铃属 *Aristolochia* L.

Aristolochia L., Sp. Pl. 960. 1753.

草质藤本。叶互生，全缘或3～5裂，基部常心形，羽状脉或掌状3～7出脉，具叶柄。花排成总状花序，稀单生，腋生或生于老茎上；苞片着生于总花梗和花梗基部或近中部；花被1轮，花被管直或稍弯，檐部一侧伸成长舌片；雄蕊6枚，稀4或10枚或更多，围绕合蕊柱排成1轮；花药单个与蕊柱裂片对生；子房下位，6室，稀4或5室或子房室不完整；合蕊柱肉质，顶端6裂；胚珠甚多，排成两行或在侧膜胎座两边单行叠置。蒴果由下而上裂开；种子多数，胚乳肉质，丰富，胚小。

本属全世界约400种，分布于热带和温带地区。中国有45种，广布于南北各省区，但以西南和南部地区较多。东北地区产1种。

北马兜铃（辽宁植物志，黑龙江省植物志，内蒙古植物志，东北植物检索表，东北草本植物志，中国植物志，Flora of China）

Aristolochia contorta Bunge in Mem. Acad. Sci Petersb. Sav. Etrung 2: 132. 1833; 东北草本植物志2: 18. 1959; 中国植物志24: 233. 图版56: 1～4. 1988; 辽宁植物志（上册）: 571. 图版241. 1988; 内蒙古植物志（第二版）2: 143. 图版52. 1990; 黑龙江省植物志5: 160. 图版55: 1～5. 1992; 东北植物检索表（第二版）: 220. 图版103: 2. 1995; Fl. China 5: 267. 2003.

草质藤本。叶互生，广卵状心形。花3～10朵簇生叶腋；花被管状，暗绿紫色，基部膨大为球形，具6条隆起的纵脉及明显的网状脉，中部缩为管状，弯曲；雄蕊6，贴生合蕊柱周围；子房下位，柱形。蒴果下垂，表面有6条纵沟。生山沟灌丛间、林缘、溪流旁灌丛中。产黑龙江省尚志、依兰；吉林省安图；辽宁省铁岭、西丰、新宾、沈阳、鞍山、凤城、宽甸、长海、金州、庄河；内蒙古自治区科尔沁左翼后旗、扎鲁特旗、红山区、喀喇沁旗等地。

茎叶有行气治血、止痛、利尿之效；果有清热降气、止咳平喘之效；根有小毒，具健胃、理气止痛之效，并有降血压作用。

■ 北马兜铃

花序

蒴果

植株一部分

植株

030. 木兰科 Magnoliaceae

Magnoliaceae Juss., Gen. Pl. [Jussieu] 280. 1789, *nom. cons.*

木贼门、木贼亚门、木兰纲、木兰亚纲、木兰超目、木兰目（Magnoliales）。

乔木或灌木，落叶或常绿；芽为盔帽状的托叶所包；单叶互生，全缘，稀分裂，具羽状脉，托叶脱落后有环状托叶痕；花大型，顶生或腋生；通常两性，稀杂性或单性异株；花被片6至多数，排成二至多轮，每轮3片；雄蕊和心皮均多数，螺旋状排列在伸长的柱状花托上，雄蕊群在下，雌蕊群在上；花药线形，2室，纵裂；聚合蓇葖果，心皮离生或有时合生，熟时开裂，稀为聚合瘦果而不开裂。

本科全世界约有320种，分布于亚洲东部及东南部，中美洲，北美洲东部和南部，南美北部。中国有13属112种，主要分布于中国东南部至西南部，渐向东北及西北而渐少。东北地区产5属12种，其中栽培11种。

分属检索表

1. 叶通常4～6裂；花药外向开裂；聚合果由翅状小坚果组成，不开裂 ……………………… 1. 鹅掌楸属 Liriodendron
1. 叶全缘；花药内向开裂；聚合果由蓇葖果组成，开裂。
  2. 花药内侧向开裂或侧向开裂；先开花后出叶或花叶近同时开放；落叶乔木或灌木 …………… 2. 玉兰属 Yulania
  2. 花药内向开裂；先出叶后开花；落叶或常绿乔木或灌木。
    3. 托叶与叶柄离生，叶柄上无托叶痕；种子近卵圆形，两侧不压扁；常绿大乔木 ……………………………………………………………………………… 3. 北美木兰属（木兰属）Magnolia
    3. 托叶与叶柄连生，叶柄上有托叶痕；种子长圆体形或心形，两侧压扁；落叶乔木或小乔木。
      4. 叶假轮生或互生于新枝；花直立，药隔伸出成凸尖 …………………………………… 4. 厚朴属 Houpoea
      4. 叶均互生干枝上；花俯垂、下垂或平展，药隔顶端钝圆或微凹 ………………………… 5. 天女花属 Oyama

1 鹅掌楸属 *Liriodendron* L.

Liriodendron L., Sp. Pl. 535. 1753.

落叶乔木。叶互生，具长柄，托叶与叶柄离生，叶片先端平截或微凹，近基部具1对或2列侧裂。花无香气，单生枝顶，与叶同时开放，两性；花被片9～17，3片1轮，近相等，药室外向开裂；雌蕊群无柄，心皮多数，螺旋状排列，分离，最下部不育，每心皮具胚珠2颗，自子房顶端下垂。聚合果纺锤状，成熟心皮木质，种皮与内果皮愈合，顶端延伸成翅状，成熟时自花托脱落，花托宿存；种子1～2颗，具薄而干燥的种皮，胚藏于胚乳中。

本属全世界有2种，分布于北美和亚洲，中国均有分布。东北均有栽培。

分种检索表

1. 叶近基部具1～2对侧裂片，背面无白粉；内两轮花被片灰绿色，近基部有一不规则的黄色带 ……………………………………………………………………………… 1. 北美鹅掌楸 L. tulipifera L.
1. 叶近基部具1对侧裂片，背面被乳头状白粉；内两轮花被片绿色，具黄色纵条纹 ……………………………………………………………………… 2. 鹅掌楸 L. chinense (Hemsl.) Sarg.

（1）北美鹅掌楸（东北植物检索表，中国植物志）

Liriodendron tulipifera L., Sp. Pl. 1: 535. 1953; 东北植物检索表（第二版）: 174. 1995; 中国植物志30(1): 198. 1996.

原产北美洲东南部。辽宁省大连、熊岳有栽培。

为原产国重要用材树种之一，材质优良，淡黄褐色，纹理密致美观，切削性光滑，易施工，为船舱、火车内部装修及室内高级家具用材。也是优良庭园树种。

■ 北美鹅掌楸

花枝

花

植株一部分

（2）鹅掌楸（辽宁植物志，东北植物检索表，中国植物志，Flora of China）

Liriodendron chinense (Hemsl.) Sarg. in Trees et Shrubs. 1: 103. t52. 1903; 辽宁植物志（上册）: 456. 图版185. 1988; 东北植物检索表（第二版）: 174. 图版80: 7. 1995; 中国植物志30(1): 196. 图版56. 1996; Fl. China 7: 91. 2008.

自然分布中国长江流域以南。辽宁省大连、盖州有栽培。

木材是建筑、造船、家具、细木工的优良用材，亦可制胶合板；树干挺直，树冠伞形，叶形奇特，为珍贵的观赏树种。果实、叶治疗咳嗽、呼吸道感染。树皮、根也可药用。

在2021年公布的《国家重点保护野生植物名录》中，本种被列为二级保护植物。

■ 鹅掌楸

花正面观

花侧面观

树干

植株一部分

2 玉兰属 *Yulania* Spach

Yulania Spach, Hist. Nat. Vég. (Spach) 7: 462. 1838.

落叶乔木或灌木。小枝具环状托叶痕。叶互生，全缘；托叶膜质，贴生于叶柄，叶柄有托叶痕；幼叶在芽中对折，直立。花单生枝顶，两性，叶前开放或与叶同时开放；花被片9～15（～45），有时外轮花被片较小，呈萼片状；药隔延伸成短尖或长尖，内侧向或侧向开裂；无雌蕊群柄，心皮分离，每心皮胚珠2～4。聚合果长圆状圆柱形，常因心皮不育而偏斜弯曲，蓇葖沿背缝线开裂。花粉粒单沟，穿孔状纹饰。

本属全世界有25种，分布于亚洲南部温带和亚热带地区，北美洲。中国有18种，主产秦岭以南和南岭以北各地。东北地区栽培6种。

分种检索表

1. 花被片（9～12）大小近相等，外轮、内轮均为花瓣状；花先叶开放。
 2. 叶先端通常圆钝；花在枝上近平展 ……………………… 1. **光叶玉兰 Y. dawsoniana** (Rehder & E. H. Wilson) D.L.Fu
 2. 叶先端急尖或急短渐尖；花在枝上直立。
  3. 小乔木；花被片浅红色至深红色，外轮花被片稍短或为内轮长的2/3，但不成萼片状；花期延至出叶 ……………………… 2. **二乔玉兰 Y. × soulangeana** (Soul.-Bod.) D.L.Fu
  3. 乔木；花被片纯白色，有时基部外面带红色，外轮与内轮近等长；花凋谢后出叶 ……………………… 3. **玉兰 Y. denudata** (Desr.) D.L.Fu
1. 花被片外轮与内轮不相等，外轮退化变小而呈萼片状，常早落。
 4. 花与叶同时或稍后于叶开放；瓣状花被片紫色或紫红色；叶片基部明显下延；托叶痕达叶柄长的1/2 ……………………… 4. **紫玉兰 Y. liliiflora** (Desr.) D.L.Fu
 4. 花先于叶开放；瓣状花被片白色、淡红色或紫色；叶片基部不下延；托叶痕不及叶柄长的1/2。
  5. 叶最宽处在中部以上或以下；瓣状花被片9 ……………………… 5. **望春玉兰 Y. biondii** (Pampan.) D. L. Fu
  5. 叶最宽处在中部以上；瓣状花被片12～45 ……………………… 6. **星花玉兰 Y. stellata** (Maxim.) N. H. Xia

（1）光叶玉兰（Flora of China）；光叶木兰（中国植物志）

Yulania dawsoniana (Rehder & E. H. Wilson) D. L. Fu in J. Wuhan Bot. Res. 19: 198. 2001; Fl. China 7:

■ 光叶玉兰

树干

植株

花

72. 2008.——*Magnolia dawsoniana* Rehd. et Wils. in Sargent, Pl. Wils. 1: 397. 1913; 中国树木志1: 457.图138. 1983; 中国植物志30(1): 128. 图版30. 1996.

生高海拔林间。产四川中部。辽宁省大连英歌石植物园有栽培。

优美的庭园观赏树种，早已被欧美园艺界引种栽培。

（2）二乔玉兰（Flora of China）；二乔木兰（中国植物志）

Yulania×soulangeana (Soul.-Bod.) D. L. Fu in J. Wuhan Bot. Res. 19: 198. 2001; Fl. China 7: 77. 2008.——*Magnolia soulangeana* (Lindl.) Soul-Bod. in Mem. Soc. L. Paris 269. 1826; 中国植物志30(1): 132. 1996.

为玉兰与紫玉兰的杂交种。辽宁省各地有栽培。

花大色艳，观赏价值很高，是城市绿化的极好花木。树皮、叶、花均可提取芳香浸膏。

■ 二乔玉兰

花期

叶背面观

叶

果期

（3）玉兰（中国植物志，Flora of China）；白木兰（辽宁植物志，东北植物检索表）

Yulania denudata (Desr.) D. L. Fu in J. Wuhan Bot. Res. 19: 198. 2001; Fl. China 7: 74. 2008.——*Magnolia denudata* Dasr. in Lam. Encycl. Bot. 3: 675. 1791; 辽宁植物志（上册）: 453. 图版184: 1. 1988; 东北植物检索表（第二版）: 174. 图版80: 2. 1995; 中国植物志30(1): 131. 1996.

自然分布中国长江流域。辽宁省大连、丹东等地有栽培。

著名的庭园观赏树木。材质优良，纹理直，结构细，供家具、细木工等用。种子可榨油。花蕾有通窍、祛风、散寒作用。

■ 玉兰

叶正反面对比

花枝

果枝

植株

（4）紫玉兰（中国植物志，Flora of China）；紫木兰（辽宁植物志，东北植物检索表）

Yulania liliiflora (Desr.) D. L. Fu in J. Wuhan Bot. Res. 19: 198. 2001; Fl. China 7: 75. 2008.——*Magnolia liliflora* Desr. in Lam. Encycl. Bot. 3: 675. 1791; 辽宁植物志（上册）: 456. 图版184: 2. 1988; 东北植物检索表（第二版）: 174. 图版80: 3. 1995; 中国植物志30(1): 140. 1996.

中国湖北有自然分布。辽宁省大连、熊岳有栽培。

优良庭园观赏树。花蕾用作镇痛剂，主治头痛、疮毒痛、鼻炎、鼻窦炎等症。

■ 紫玉兰

植株一部分

花

（5）望春玉兰（中国植物志，Flora of China）

Yulania biondii (Pampan.) D. L. Fu in J. Wuhan Bot. Res. 19: 198. 2001; Fl. China 7: 74. 2008.——*Magnolia biondii* Pampan. in Nuov. Giorn. Bot. Ital. n. ser. 17: 275. 1910; 中国植物志30(1): 136. 图版34: 1 ~ 10. 1996.

生山林间。自然分布陕西、甘肃、河南、湖北、四川等省。辽宁省大连、旅顺口等地有栽培。

优良的庭园绿化树种。亦可作玉兰及其他同属种类的砧木。花蕾是辛夷的正品，用于头痛、鼻塞、流浊涕。

■ 望春玉兰

植株一部分

聚合果

植株

花正面观

花侧面观

花蕊

（6）星花玉兰（Flora of China）；星花木兰（辽宁植物志，东北植物检索表，中国植物志）

Yulania stellata (Maxim.) N. H. Xia in Fl. China 7: 75. 2008.——*Magnolia stellata* Maxim. in Bull. Acad.

■ 星花玉兰

花侧面观

花正面观

果枝

植株

Sci. St. Petersb. 17: 419. 1872; 辽宁植物志（上册）: 453. 图版183. 1988; 东北植物检索表（第二版）: 174. 图版80: 6. 1995.——*M. tomentosa* Thunb. in Trans. L. Soc. Bot. 2: 336. 1794; 中国植物志30(1): 139. 1996.

原产日本。辽宁省大连、旅顺口等地有栽培。

花色淡雅，花形优美，是一种颇具发展前景的城市园林观赏树种。

3 北美木兰属（木兰属） *Magnolia* L.

Magnolia L., Sp. Pl. 1: 535. 1753.

常绿乔木或灌木。小枝具环状托叶痕。叶互生，全缘；托叶膜质，叶柄有或无托叶痕；幼叶在芽中对折，直立。花单生枝顶，两性；花色白，花被片9～12；雄蕊早落，药隔延伸成短尖或长尖；无雌蕊群柄，心皮分离，每心皮胚珠2或下部心皮胚珠3～4。聚合果卵球形，蓇葖互相分离，沿背缝线开裂；每室有种子1～2。外种皮橙红色或亮红色，油质。花粉粒单沟，穿孔或皱穴状纹饰。

本属全世界约20种，分布于美洲中部，北美洲东部和南部，包括墨西哥和安的列斯群岛；中国产1种，分布长江以南。东北地区栽培1种。

荷花玉兰（中国植物志，Flora of China）

Magnolia grandiflora L. in Syst. Nat. ed. 10, 2: 1802. 1759; 中国植物志30(1): 125. 1996; Fl. China 7: 62. 2008.

常绿乔木。小枝、芽、叶背面、叶柄，均密被褐色或灰褐色短茸毛（幼树的叶下面无毛）。叶互

■ 荷花玉兰

花枝

花

植株一部分

叶背面观

雌蕊群

植株

生，厚革质，椭圆形。花白色，有芳香，直径15～20厘米；花被片9～12，厚肉质，倒卵形；花丝扁平，紫色，花药内向，药隔伸出成短尖；雌蕊群椭圆体形，密被长茸毛；心皮卵形，花柱呈卷曲状。聚合果圆柱状长圆形或卵圆形。原产北美洲东南部。辽宁省大连有栽培，避风向阳处长势良好。

为著名的园林观赏植物。木材致密、坚实，可做装饰材料及家具。花、叶、嫩梢可提取芳香油。叶主治高血压。花有祛风散寒、止痛作用。

4 厚朴属 *Houpoea* N. H. Xia & C. Y. Wu

Houpoea N. H. Xia & C. Y. Wu, Fl. China 7: 64. 2008.

落叶乔木或灌木。小枝具环状托叶痕。叶互生或假轮生，全缘，稀先端2浅裂；托叶膜质，贴生于叶柄，叶柄具托叶痕；幼叶在芽中直立，对折。花单生枝顶，两性；花被片9～12；雄蕊早落，花丝扁平，药隔延伸成短尖；无雌蕊群柄，心皮分类，每心皮具胚珠2，少数下部心皮胚珠3～4。聚合果圆柱形，蓇葖互相分离，沿背缝线开裂。花粉粒单沟，穿孔或皱穴状纹饰。

本属全世界有9种，分布于北美洲东部及亚洲东南部温带地区。中国产3种，分布于西北、华中、西南地区。东北地区栽培2种。

分种检索表

1. 花盛开时内轮花被片直立，外轮花被片反卷；叶先端短急尖或圆钝或凹缺
……………………………………………………… 1. 厚朴 *H. officinalis* (Rehder & E. H. Wilson) N. H. Xia & C. Y. Wu

1. 花盛开时内轮花被片展开不直立，外轮花被片平展不反卷；叶先端短急尖
……………………………………………………………… 2. 日本厚朴 *H. obovata* (Thunb.) N. H. Xia & C. Y. Wu

（1）厚朴（中国植物志，Flora of China）；凹叶厚朴（中国植物志）

Houpoea officinalis (Rehder & E. H. Wils.) N. H. Xia & C. Y. Wu in Fl. China 7: 65. 2008.——*Magnolia officinalis* Rehd. et E. H. Wils. in Sargent, Pl. Wils. 1: 391. 1913; 中国植物志30(1):119. 图版28. 1996.——*Magnolia officinalis* subsp. *biloba* (Rehd. et Wils.) Law in Acta Phytotax. Sin. 34(1): 91. 1996; 中国植物志30(1): 121. 图版29. 1996.

生林中。产安徽、浙江、江西、福建、湖南、广东、广西等省区。辽宁省熊岳树木园栽培。

木材供板料、家具、雕刻、细木工、乐器、铅笔杆等用。树皮入药，功效同厚朴。花芽、种子亦供药用。

在2021年公布的《国家重点保护野生植物名录》中，本种被列为二级保护植物。

■ 厚朴

花枝

叶

植株一部分

（2）日本厚朴（中国植物志，Flora of China）；日本厚朴木兰（辽宁植物志，东北植物检索表）

Houpoea obovata (Thunb.) N. H. Xia & C. Y. Wu in Fl. China 7: 65. 2008.——*Magnolia obovata* Thunb. in Trans. L. Soc. London 2: 336. 1794; 辽宁植物志（上册）: 453. 图版182: 5. 1988; 东北植物检索表（第二版）: 174. 图版80: 5. 1995.——*M. hypoleuca* Sieb. et Zucc. in Abh. Math.–Phys. AKad. Wiss. Munch. 4: pt. 2. 187. 1846; 中国植物志30(1): 121. 1996.

原产日本。辽宁省大连、丹东、熊岳等地有栽培。

木材细致、轻软，供建筑、板材、乐器、家具等用。花大、芳香、美丽，可作庭院树观赏。树皮、根皮、花、果实均可药用。

■ 日本厚朴

树干

花

聚合果

花枝

叶

植株

5 天女花属 *Oyama* (Nakai) N. H. Xia & C. Y. Wu

Oyama (Nakai) N. H. Xia & C. Y. Wu, Fl. China 7: 66. 2008.

落叶乔木或灌木。小枝具环状托叶痕。叶互生，全缘；托叶膜质，叶柄有托叶痕；幼叶在芽中对折，直立。花单生枝顶，两性；花色白，花被片9～12；花梗细长；药室内向开裂，药隔不延伸；雌蕊群和雄蕊群相互连接，无雌蕊群柄；心皮分离，每心皮胚珠2。聚合果椭球形，蓇葖沿背缝线开裂。花粉粒单沟。

本属全世界有4种，分布于亚洲东部及东南部温带地区。中国产4种，分布吉林、辽宁、华东和华南地区。东北地区产1种。

天女花（Flora of China，大连地区植物志）；天女木兰（辽宁植物志，黑龙江省植物志，东北植物检索表，中国植物志）

Oyama sieboldii (K. Koch) N. H. Xia & C. Y. Wu in Fl. China 7: 67. 2008.——*Magnolia sieboldii* K. Koch. in Hort. Dendr. 4. 1853; 辽宁植物志（上册）: 451. 图版182: 1～4. 1988; 黑龙江省植物志5: 1. 1992; 东北植物检索表（第二版）: 174. 图版80: 4. 1995; 中国植物志30(1): 125. 1996.

落叶小乔木。叶互生，叶片倒卵形，全缘，表面绿色，背面粉白色。花单生枝顶，后于叶开放；花蕾稍带淡粉红色；花被片9，白色，倒卵形；雄蕊多数，紫红色；雌蕊椭圆形，心皮披针形。聚合果卵形，红色，先端尖。生阔叶林中。产吉林省集安、浑江、通化等地；辽宁省本溪、宽甸、桓仁、岫岩、凤城、海城、丹东、普兰店、大连、庄河等地。黑龙江省森林植物园有引入栽培。

可作庭院观赏树种。叶含芳香油。木材可做农具等。花蕾有消肿解毒、润肺止咳作用，用于痈毒、肺热咳嗽、痰中带血。

■ 天女花

聚合果

聚合果成熟期

花侧面观

花正面观

植株一部分

031. 蜡梅科 Calycanthaceae

Calycanthaceae Lindl., Bot. Reg. 5: ad t. 404. 1819, *nom. cons.*

木贼门、木贼亚门、木兰纲、木兰亚纲、木兰超目、樟目（Laurales）。

落叶或常绿灌木。单叶对生，全缘或近全缘；羽状脉；有叶柄。花两性，辐射对称，单生于侧枝的顶端或腋生，通常芳香，黄色、黄白色或褐红色或粉红白色，先叶开放；花被片多数，螺旋状着生于杯状的花托外围，花被片形状各式，最外轮的似苞片，内轮的呈花瓣状。聚合瘦果着生于坛状的果托之中，瘦果内有种子1颗。

本科全世界3属11种，分布于亚洲东部和美洲北部。中国有2属7种，分布于山东、江苏、安徽、浙江、江西、福建、湖北、湖南、广东、广西、云南、贵州、四川、陕西等省区。东北地区栽培1属1种。

蜡梅属 *Chimonanthus* Lindl.

Chimonanthus Lindl. in Bot. Reg. 5: t. 404. 1819.

直立灌木。叶对生，落叶或常绿，纸质或近革质，叶面粗糙；羽状脉，有叶柄；鳞芽裸露。花腋生，芳香，直径0.7～4厘米；花被片15～25，黄色或黄白色，有紫红色条纹，膜质；雄蕊5～6，着生于杯状的花托上，花丝丝状，基部宽而连生，通常被微毛，花药2室，外向，退化雄蕊少数至多数，长圆形，被微毛，着生于雄蕊内面的花托上；心皮5～15，离生，每心皮有胚珠2颗或1颗败育。果托坛状，被短柔毛；瘦果长圆形，内有种子1个。

本属全世界有6种，中国特产。东北地区栽培1种。

蜡梅（中国植物志，Flora of China）

Chimonanthus praecox (L.) Link. in Enum. Pl. Hort. Berol. 2: 66. 1822; 中国植物志30(2): 7. 图版3. 1979; Fl. China 7: 93. 2008.

落叶灌木；叶卵圆形至卵状椭圆形；花先叶开放，芳香；花被片圆形至匙形，内部花被片比外部花被片短，基部有爪；果托近木质化，坛状或倒卵状椭圆形。自然分布山东、江苏、安徽、浙江、江西、湖南、湖北、河南、陕西等省。辽宁省大连有少量栽培，在避风向阳处长势良好。

观赏植物。根、叶有理气止痛、散寒解毒作用，花有解暑生津作用，种子可作泻药。

■ 蜡梅

花正面观

花侧面观

花枝

果期

花期

植株

032. 樟科 Lauraceae

Lauraceae Juss., Gen. Pl. [Jussieu] 80. 1789, *nom. cons.*

木贼门、木贼亚门、木兰纲、木兰亚纲、木兰超目、樟目（Laurales）。

乔木或灌木，常绿或落叶，稀为寄生藤本，植株常芳香；叶互生、对生、近对生或轮状聚生枝顶，通常革质，全缘，极少有分裂；花序圆锥状、总状或伞形，末端分枝为3花或多花的聚伞花序；花两性或单性，辐射对称，3基数或2基数；花被裂片排成2轮，等大或不等大；雄蕊通常排成4轮，花药4室或2室，瓣裂，外面2轮雄蕊内向，第3轮外向，花丝具1对腺体，第4轮退化为腺体状；子房上位，稀为半下位或下位；浆果，具1枚种子，有时核果状。

本科全世界有62属3000～3500种，分布于热带及亚热带地区，分布中心在东南亚及巴西。中国有25属445种，大多数种分布集中在长江以南各省区，只有少数落叶种类分布较北。东北地区产1属1种1变型。

山胡椒属 *Lindera* Thunb.

Lindera Thunb. Dissert. Nov. Gen. Pl. 3: 64, t. 3. 1983.

常绿或落叶乔木或灌木。叶互生，全缘或三裂，羽状脉、三出脉或离基三出脉。花单性，雌雄异株，黄色或绿黄色；伞形花序在叶腋单生或在腋生缩短枝上二至多数簇生；总苞片4，交互对生；花被片6，有时为7～9，近等大或外轮稍大，通常脱落。雄花能育，雄蕊9，偶有12，通常3轮；退化雌蕊细小。雌花子房球形或椭圆形，退化雄蕊通常9，有时达12或15，常成条形或条片形。果圆形或椭圆形，浆果或核果，幼果绿色，熟时红色，后变紫黑色，内有种子1枚。

本属全世界约100种，分布于亚洲、北美洲温热带地区。中国有38种。东北地区有1种1变型，是樟科植物分布的最北界。

分种下单位检索表

1\. 叶背面光滑无毛 ………………………………………… a. 三椏乌药 L. obtusiloba f. obtusiloba

1\. 叶背面密被长绢毛 ………………………………………… b. 长毛三椏乌药 L. obtusiloba f. villosa.

三椏乌药（辽宁植物志，东北植物检索表，中国植物志，Flora of China）

Lindera obtusiloba Bl. in Mus. Bot. Lugd. Bat. 1(21): 325. 1851; 中国植物志31: 413. 图版107: 1～9. 1982; 辽宁植物志（上册）: 460. 图版187. 1988; 东北植物检索表（第二版）: 176. 图版100: 3. 1995; Fl. China 7: 152. 2008.

落叶乔木或灌木。叶互生，近圆形，全缘或三裂，上面深绿色，下面苍白色。花单性，雌雄异株，黄色，具香气；伞形花序无总梗，内有花5朵，花被片6；雄花能育雄蕊9，退化雌蕊长椭圆形；雌花花被片内轮略短，退化雄蕊条形，子房椭圆形。果实成熟前红色，成熟后紫黑色。

（a）三椏乌药（原变型）

L. obtusiloba f. *obtusiloba*

生山沟及山坡阔叶林中。产辽宁省庄河、金州、普兰店、大连、长海、东港、岫岩等地。

种子含油量达60%，油可做医药及轻工原料。枝叶含芳香油0.4%～0.6%，可用于化妆品、皂用香精等。木材致密，可作细木工用材。树皮有活血舒筋、散瘀消肿作用。

■ 三椏乌药

叶背面观

果实

雌花序

雌株果期一部分

雄株花期一部分

秋季植株

（b）长毛三椏乌药（变型）（辽宁植物志，东北植物检索表）

Lindera obtusiloba f. *villosa* (Blume) Kitag. in Neo-Lineam. Fl. Mansh. 319. 1979; 辽宁植物志（上册）: 462. 1988; 东北植物检索表（第二版）: 176. 1995.

生山沟及山坡阔叶林中。产辽宁省大连、丹东、金州等地。

■ 长毛三椏乌药

小枝

叶背面观

果期一部分

033. 金粟兰科 Chloranthaceae

Chloranthaceae R. Br. ex Sims, Bot. Mag. 48: ad t. 2190. 1820, *nom. cons.*

木贼门、木贼亚门、木兰纲、金粟兰亚纲、金粟兰超目、金粟兰目（Chloranthales）。

草本、灌木或小乔木。单叶对生，具羽状叶脉，边缘有锯状齿；叶柄基部常合生；托叶小。花小，两性或单性，排成穗状花序、头状花序或圆锥花序，无花被或在雌花中有浅杯状3齿裂的花被。两性花具雄蕊1枚或3枚，着生于子房的一侧，花丝不明显，药隔发达；雌蕊1枚，由1心皮组成，子房下位，1室，含1颗下垂的直生胚珠，无花柱或有短花柱。单性花之雄花多数，雄蕊1枚；雌花少数，有与子房贴生的3齿萼状花被。核果卵形或球形，外果皮肉质，内果皮硬。种子含丰富的胚乳和微小的胚。

本科全世界有4属73～76种，分布于非洲大陆外的热带和亚热带地区及马达加斯加。中国有3属15种，南北各地均有分布。东北地区产1属2种，其中栽培1种。

金粟兰属 *Chloranthus* Swartz

Chloranthus Swartz in Phil. Trans. London 77: 359. 1787.

多年生草本或半灌木。茎具节。叶对生或呈轮生状，边缘有锯齿；托叶小。花序穗状或圆锥状，顶生或腋生；花小，两性，无花被；雄蕊通常3枚，稀为1枚，花丝短而肉质或近于无花丝，着生于子房外侧，药隔下半部互相结合或仅基部结合，先端3裂，有时延长成线形，花药1～2室；为3枚雄蕊时，则中央的花药2室或无花药，两侧的花药1室，为单枚雄蕊时，则花药2室；子房1室，有下垂、直生的胚珠1，通常无花柱，少有明显的花柱，柱头平截或分裂。核果球形、倒卵形或梨形。

本属全世界约17种，分布于亚洲的温带和热带。中国约有13种和5变种，产西南至东北地区。东北地区产2种，其中栽培1种。

分种检索表

1. 半灌木；茎分枝；叶常多对，不于茎顶集生 ………………………… 1. 金粟兰 Ch. spicatus (Thunb.) Makino
1. 多年生草本；茎不分枝；叶对生，4片于茎顶集生 …………………………………………2. 银线草 Ch. japonicus Sieb.

（1）金粟兰（黑龙江省植物志，中国植物志，Flora of China）

Chloranthus spicatus (Thunb.) Makino in Bot. Mag. Tokyo 16: 180. 1902; 中国植物志20(1)：835. 图版26: 1～5. 1982; 黑龙江省植物志5: 158. 图版54: 4～6.1992; Fl. China 4: 134. 1999.

生山坡、沟谷密林下，海拔150～990米。黑龙江省有栽培记录。

常作观赏用。花和根状茎可提取芳香油；鲜花极香，常用于熏茶叶；全株入药，治风湿疼痛、跌打损伤，根状茎捣烂可治疗疮。为有毒植物。

（2）银线草（辽宁植物志，黑龙江省植物志，内蒙古植物志，东北植物检索表，东北草本植物志，中国植物志，Flora of China）

Chloranthus japonicus Sieb. in Nov. Act. Nat. Cur. 14(2): 681. 1829; 东北草本植物志2: 1. 图1. 1959; 中国植物志20(1): 85. 图版27: 5～8. 1982; 辽宁植物志（上册）: 567. 图版239. 1988; 黑龙江省植物志5: 157. 图版54: 7～10. 1992; 东北植物检索表（第二版）: 218. 图版102: 4. 1995; 内蒙古植物志（第二版）2: 9. 图版1. 1990; Fl. China 4: 135. 1999.

生山坡杂木林下或沟边草丛中阴湿处。产黑龙江省尚志、伊春、饶河、鸡西、嘉荫；吉林省抚松、桦甸、磐石、集安、安图、珲春、柳河；辽宁省西丰、本溪、鞍山、桓仁、宽甸、凤城、丹东、凌源、岫岩、庄河、长海、金州、普兰店、瓦房店、旅顺口；内蒙古自治区科尔沁左翼后旗、宁城等地。

全株药用，有祛湿散寒、活血止痛、散瘀解毒作用，主治风寒咳嗽、风湿痛、闭经；外用治跌打损伤、毒蛇咬伤等。根状茎还可提取芳香油。嫩苗可食。为有毒植物，为除四害药，5%的水浸液可杀灭孑孓。

■ 银线草

果序

花序

居群

植株

034. 菖蒲科　Acoraceae

Acoraceae Martinov, 1820.

木贼门、木贼亚门、木兰纲、百合亚纲、菖蒲超目、菖蒲目（Acorales）。

多年生草本，生于沼泽湿地或水边。植物体的细胞含芳香油。根状茎匍匐并有分枝。叶2列，基部套叠，无叶柄与叶片之分；叶片剑形至条形，下部对折，边缘膜质，具平行的基出脉，有或无中脉。佛焰苞叶状，紧贴于肉穗花序的基部，通常长于花序；肉穗花序生于花梗顶端，直立，圆锥形、圆柱形、指形或细瘦呈尾状；花多数，密集，两性，3基数；花被片6，分离，排成2轮，每轮3片；雄蕊6，分离，排成2轮，花丝条状长圆形，扁，花药内向；子房圆锥形，2或3室，每室有多数胚珠，几乎无花柱，柱头小。果为浆果，长圆体形或倒卵球形。种子1～5（～9），长圆体形至椭圆体形。

本科全世界有1属2～4种，分布于亚洲温带、亚热带和热带地区。中国有2种，分布南北各地。东北地区产1属1种。

菖蒲属　*Acorus* L.

Acorus L. Spec. Pl. ed. 1: 324. 1753.

属特征和地理分布同科。

菖蒲（辽宁植物志，黑龙江省植物志，内蒙古植物志，东北植物检索表，东北草本植物志，中国植物志，Flora of China）；臭蒲子

Acorus calamus L., Sp. Pl. 324. 1753; 中国植物志13(2): 5. 图版1: 1 ~ 4. 1979; 辽宁植物志（下册）: 991. 图版449: 1. 1992; 黑龙江省植物志11: 2. 图版1: 1 ~ 3. 1993; 内蒙古植物志（第二版）5: 425. 图版173: 1 ~ 3. 1994; 东北植物检索表（第二版）: 842. 图版394: 3. 1995; 东北草本植物志12: 1. 图版1: 1. 1998; Fl. China 23: 2. 2010.

多年生草本，全株有特殊香气；叶基生，剑状线形，2列，中下部叶鞘套摺状；花序梗基生，三棱形，佛焰苞与叶同型；肉穗花序圆柱状，黄绿色，花两性；浆果熟时红色。生浅水池塘、水沟旁及水湿地。产黑龙江省富锦、虎林、密山、哈尔滨、北安；吉林省双辽、磐石；辽宁省丹东、凤城、宽甸、本溪、桓仁、新宾、清原、抚顺、庄河、普兰店、瓦房店、岫岩、营口、盘锦、北镇、彰武、辽阳、辽中、新民、法库、康平、沈阳、铁岭、开原、昌图、鞍山、台安；内蒙古自治区各地。

根状茎有开窍化痰、健脾利湿、辟秽杀虫作用；也可提炼香料。

■ 菖蒲

果序

花序

花序一部分

植株一部分

根部

居群

035. 天南星科　Araceae

Araceae Juss., Gen. Pl. [Jussieu] 23. 1789.

木贼门、木贼亚门、木兰纲、百合亚纲、泽泻超目、泽泻目（Alismatales）。

草本，稀为攀缘灌木或附生藤本；叶基生或茎生，叶片全缘或各式分裂；肉穗花序，外被佛焰苞；

花两性或单性，辐射对称，花被片排成2轮，每轮2或3枚，稀退化；雄蕊与花被片同数，稀更多；子房上位，稀陷入肉穗花序轴内，一至多室，胚珠一至多数；浆果分离，稀紧密结合为聚花果。

本科全世界有141属3500～3700种，广布于世界各地，热带和亚热带地区尤盛。中国产30属190种，广布南北各地，主产西南和华南。东北地区产8属16种2变种5变型，其中栽培3种。

分属检索表

1. 植物体微小，无真正的叶片（仅具无茎而漂浮水面或沉水的叶状体）。
  2. 根1条；叶状体具1～3条脉 ………… 1. 浮萍属 Lemna
  2. 根三至多条成束；叶状体具3～10条脉 ………… 2. 紫萍属 Spirodela
1. 植物体较大，常有茎和叶。
  3. 花两性；植株具根状茎。
    4. 花被片4；佛焰苞罩状，罩住肉穗花序 ………… 3. 臭菘属 Symplocarpus
    4. 花无花被；佛焰苞自基部展开，肉穗花序与佛焰苞分离 ………… 4. 水芋属 Calla
  3. 花单性；植株具块茎，少为具肥厚根状茎。
    5. 佛焰苞喉部近闭合；雌花序背面与佛焰苞合生 ………… 5. 半夏属 Pinellia
    5. 佛焰苞喉部张开；雌花序不与佛焰苞合生。
      6. 雌雄异株，稀同株同序，同序者雌雄花序间无间隔 ………… 6. 天南星属 Arisaema
      6. 雌雄同株同序，上部雄花序与下部雌花序之间有一段间隔。
        7. 雄蕊分离 ………… 7. 斑龙芋属 Sauromatum
        7. 雄蕊合生成一体 ………… 8. 芋属 Colocasia

1 浮萍属 *Lemna* L.

Lemna L., Sp. Pl. ed. 1: 970. 1753.

漂浮或悬浮水生草本。叶状体扁平，两面绿色，具1～5脉；根1条，无维管束。叶状体基部两侧具囊，囊内生营养芽和花芽。营养芽萌发后，新的叶状体通常脱离母体，也有数代不脱离的。花单性，雌雄同株，佛焰苞膜质，每花序有雄花2，雌花1，雄蕊花丝细，花药2室，子房1室，胚珠1～6，直立或弯生。果实卵形，种子1，具肋突。

本属全世界约13种。广布于南北半球温带地区。中国南北有6种。东北地区产5种。

分种检索表

1. 叶状体狭卵形、长圆形或椭圆状披针形，两侧边缘对称，有细长柄；悬浮植物，除开花时外，悬浮于水中 ………… 1. 品藻 L. trisulca L
1. 叶状体倒卵形、椭圆形或近圆形，两侧边缘对称或不对称，无柄；漂浮植物，漂浮于水面上。
  2. 根鞘有翼；叶状体不带红色 ………… 2. 稀脉浮萍 L. aequinoctialis Welwitsch
  2. 根鞘无翼；叶状体有时带红色。
    3. 叶状体上表面中线明显具乳头状小突起 ………… 3. 鳞根萍 L. turionifera Landolt
    3. 叶状体顶端明显具乳头状小突起。

（接上表）

4. 叶状体下表面浅黄色或绿白色或为紫色，扁平 ………………………………………… 4. 浮萍 L. minor L.
4. 叶状体下表面通常粉红色或红色，扁平或稍凸起 …………………………… 5. 日本浮萍 L. japonica Landolt

（1）品藻（辽宁植物志，黑龙江省植物志，内蒙古植物志，东北植物检索表，东北草本植物志，中国植物志，Flora of China）

Lemna trisulca L., Sp. Pl. 970. 1753; 中国植物志13(2): 209. 图版42: 2. 1979; 辽宁植物志（下册）: 1006. 图版455: 7～9. 1992; 黑龙江省植物志11: 11. 图版4: 4～6. 1993; 内蒙古植物志（第二版）5: 435. 图版178: 4～6. 1994; 东北植物检索表（第二版）: 844. 图版397: 8. 1995; 东北草本植物志12: 21. 图版10: 7～9. 1998; Fl. China 23: 82. 2010.

生静水池沼或浅水中。产黑龙江省哈尔滨；吉林省双辽；辽宁省沈阳；内蒙古自治区额尔古纳、新巴尔虎右旗、阿尔山、通辽、科尔沁左翼后旗等地。

■ 品藻

植株

居群

（2）稀脉浮萍（辽宁植物志，东北植物检索表，东北草本植物志，中国植物志）

Lemna aequinoctialis Welwitsch, Apont. 578. 1859; Fl. China 23: 82. 2010.——*Lemna perpusilla* Torr. in Fl. New York 1: 245. 1843; 中国植物志13(2): 210. 1979; 辽宁植物志（下册）: 1006. 1992; 东北植物检索表（第二版）: 844. 1995; 东北草本植物志12: 23. 1998.

生池沼、水田、水沟、河边等静水中。产黑龙江省哈尔滨；辽宁省大连、沈阳、本溪；内蒙古自治区满洲里等地。

（3）鳞根萍（Flora of China）；乳突浮萍（内蒙古植物志）

Lemna turionifera Landolt, Aquatic Bot. 1: 355. 1975; Fl. China 23: 82. 2010; 内蒙古植物志（第三版）6: 412. 2020.

生湖泊、池塘。产黑龙江省及内蒙古自治区各地。

（4）浮萍（辽宁植物志，黑龙江省植物志，内蒙古植物志，东北植物检索表，东北草本植物志，中国植物志，Flora of China）

Lemna minor L., Sp. Pl. 970. 1753; 中国植物志13(2): 210. 图版42: 3. 1979; 辽宁植物志（下册）: 1006. 图版455: 4 ~ 6. 1992; 黑龙江省植物志11: 10. 图版4: 1 ~ 3. 1993; 内蒙古植物志（第二版）5: 435. 图版178: 1 ~ 3. 1994; 东北植物检索表（第二版）: 844. 图版397: 7. 1995; 东北草本植物志12: 21. 图版10: 4 ~ 6. 1998; Fl. China 23: 82. 2010.

生水田、池沼或其他静水水域。产黑龙江省虎林、密山、伊春；吉林省靖宇、安图；辽宁省各地；内蒙古自治区海拉尔、新巴尔虎右旗、克什克腾旗、阿尔山、科尔沁右翼前旗等地。

为良好的猪饲料、鸭饲料；也是草鱼的饵料。入药能发汗、利水、消肿毒。

■ 浮萍

植株

居群

（5）日本浮萍（内蒙古植物志，Flora of China）

Lemna japonica Landolt, Veröff. Geobot. Inst. E. T. H. Stiftung Rübel Zürich. 70: 23. 1980; Fl. China 23: 82. 2010; 内蒙古植物志（第三版）6: 412. 2020.——*Lemna leiboensis* M. G. Liu & C. H. You, J. Southwest. Agric. Coll. (Chongqing) 1983(4): 58. 1983.

生湖泊、池塘。产黑龙江省及内蒙古自治区各地。

2 紫萍属 *Spirodela* Schleid.

Spirodela Schleid. in Linnaea 13: 391. 1839.

水生飘浮草本。叶状体盘状，具3 ~ 12脉，背面的根多数，束生，具薄的根冠和1维管束。花序藏于叶状体的侧囊内。佛焰苞袋状，含2个雄花和1个雌花。花药2室。子房1室，胚珠2，倒生。果实球形，边缘具翅。

本属全世界有2种，分布于温带和热带地区。中国有1种。东北地区有分布。

紫萍（辽宁植物志，黑龙江省植物志，内蒙古植物志，东北植物检索表，东北草本植物志，中国植物志，Flora of China）

Spirodela polyrrhiza (L.) Schleid. in Linnaea 13: 392. 1839; 中国植物志13(2): 207. 图版42: 1. 1979; 辽宁植物志（下册）: 1004. 图版455: 1 ~ 3. 1992; 黑龙江省植物志11: 11. 图版4: 7 ~ 11. 1993; 内蒙古植物志（第二版）5: 435. 图版178: 7 ~ 11. 1994; 东北植物检索表（第二版）: 844. 图版397: 6. 1995; 东北草本植物志12: 20. 图版10: 1 ~ 3. 1998; Fl. China 23: 80. 2010.

多年生漂浮小草本；根着生叶状体背面近中央处，7～10条束生，纤细，下垂；叶状体广倒卵圆形，通常2～5个相连成一群体，表面绿色，背面紫色；花单性，雌雄同株；果实圆形，边缘具翅。生静水池塘、水田、溪沟内。产黑龙江省哈尔滨、伊春；吉林省吉林、长春；辽宁省各地；内蒙古自治区海拉尔、乌兰浩特等地。

全草有发汗、祛风、行水、清热、解毒作用。可作鸭饲料，又是放养草鱼的良好饲料。

■ 紫萍

植株背面观

植株

群落

3 臭菘属 *Symplocarpus* Salisb.

Symplocarpus Salisb., Trans. Hort. Soc. London i. 267. 1812.

宿根草本。根茎粗壮。一年抽叶，另一年出鳞叶和花序。叶柄具长鞘；叶片宽大，浅心形或心状卵形，锐尖或钝圆；Ⅰ级侧脉较粗，下部的外展，上部的上升，全都在边缘弧曲，下部的伸至边缘，上部的伸至顶端；Ⅱ级脉纤细，不均匀地贯穿于Ⅰ级侧脉之间，常形成集合脉；细脉网状。花序柄短。佛焰苞厚，基部席卷，中部肿胀，半扩张成卵状球形，先端渐尖，下弯成喙状。肉穗花序具稍长的梗，圆球形，远短于佛焰苞。花有臭味，两性，具花被：花被片4，向上渐扩大，拱状，顶部凸起如尖塔，蕾时覆瓦状排列；雄蕊4，花丝扩大，稍扁，先端依伏，渐狭为细尖的药隔，超出子房，花药短，药室对生，超出药隔，纵裂达基部。子房伸长，下部沉陷于花序轴上，1室，胚珠1，近直立，短卵圆形，几乎从室顶下垂，珠柄极短，着生侧膜胎座上。

本属全世界有4～5种，东亚、北美洲间断分布。中国有2种，均分布于东北地区。

分种检索表

1. 花、叶同现，花期4—5月；同年7—8月果实成熟；佛焰苞有条斑；叶基部深心形，先端急尖 ………… 1. 臭菘 S. renifolius Shott ex Tzvel.
1. 先叶后花，花期7—8月（此时叶常枯萎）；翌年5月果实成熟；佛焰苞无条斑；叶基部微呈心形或浅心形，先端钝或稍渐尖 ………… 2. 日本臭菘 S. nipponicus Makino

（1）臭菘（黑龙江省植物志，东北植物检索表，东北草本植物志，中国植物志，Flora of China）

Symplocarpus renifolius Shott ex Tzvel., Novosti Sist. Vyssh. Rast. 28: 28. 1991; Fl. China 23: 5. 2010; 东北植物检索表（第二版）: 843. 图版396: 4. 1995.——*Symplocarpus foetidus* auct. non (L.) Salisb.: 中国植物志13(2): 11. 图版2: 1～4. 1979; 黑龙江省植物志11: 8. 图版3: 7～10. 1993; 东北草本植物志12: 3. 图版2. 1998.

生海拔300米以下的潮湿针叶林或混交林下。产黑龙江省饶河、穆棱、宝清；吉林省临江等地。

本种中国仅东北地区有分布。全草有毒。

■ 臭菘

植株

佛焰苞有条斑

（2）日本臭菘（东北植物检索表，东北草本植物志，Flora of China）

Symplocarpus nipponicus Makino, J. Jap. Bot. 5: 24. 1928; 东北植物检索表（第二版）: 843. 图版396: 3. 1995; 东北草本植物志12: 6. 图版3. 1998; Fl. China 23: 6. 2010.

生潮湿的地方，海拔300米以下。产吉林省抚松、通化；辽宁省宽甸。

本种中国仅东北地区有分布。全草有毒。

■ 日本臭菘

居群

果期植株

花序于叶子枯萎后生出

4 水芋属 *Calla* L.

Calla L., Sp. Pl. ed. 1: 968. 1753.

多年生草本。根茎平卧。叶柄具长鞘，鞘于先端分离。叶片心形、宽卵形、圆形，骤狭锐尖。佛焰苞自基部展开，椭圆形或卵状心形，先端渐尖，基部短下延，宿存。肉穗花序具梗，与佛焰苞分离，圆柱形，钝，花密，顶端常具不育雄花。花两性，无花被，雄蕊6，花丝扁，稍宽，先端骤狭为细的药隔，花药短，药室椭圆形，对生，盾状着生，侧向纵裂；子房短卵圆形，1室，柱头无柄；胚珠6～9，倒生，长圆形，珠柄短，直立，着生中央稍凸起的基底胎座上，珠孔朝向基底。浆果头状圆锥形，1室，种子多数，倒生，圆柱状长圆形，种脐强度隆起，种皮厚，合点附近蜂窝状。珠孔附近有槽纹。胚具轴，藏于胚乳中。

本属全世界仅1种，分布于北温带和亚洲、欧洲和北美洲的亚北极地区。中国仅东北地区有分布。

水芋（辽宁植物志，黑龙江省植物志，内蒙古植物志，东北植物检索表，东北草本植物志，中国植物志，Flora of China）

Calla palustris L., Sp. Pl. 968. 1753; 中国植物志13(2): 22. 图版2: 5～10. 1979; 辽宁植物志（下册）: 993. 图版449: 2～3. 1992; 黑龙江省植物志11: 7. 图版3: 1～6. 1993; 内蒙古植物志（第二版）5: 427. 图版174. 1994; 东北植物检索表（第二版）: 843. 图版394: 4. 1995; 东北草本植物志12: 6. 图版1: 2～3. 1998; Fl. China 23: 17. 2010.

多年生水生草本；根状茎匍匐；叶基生，下部具鞘；叶片心形，长、宽近相等，侧脉呈弧形；肉穗花序短圆柱形；佛焰苞广卵形，外面淡绿色，内面乳白色，自基部展开；花无花被；果序短圆柱形，浆果熟时红色。常于草甸、沼泽等浅水域成片生长。产黑龙江省阿城、尚志、密山、虎林、嘉荫、黑河、东宁；吉林省抚松、敦化、汪清；辽宁省清原、新宾、彰武；内蒙古自治区额尔古纳、牙克石、科尔沁左翼后旗、乌尔其汗、大青沟等地。

根状茎有解毒、消炎、利水、镇痛作用，主治疔疮肿毒、骨髓炎、蛇虫咬伤等。

■ 水芋

花序

果序

佛焰苞与花序

植株

5 半夏属 *Pinellia* Tenore

Pinellia Tenore, Atti Reale Accad. Sci. Sez. Soc. Reale Borbon. 4: 69. 1839.

多年生草本。具块茎。叶和花序同时抽出，叶柄下部常有珠芽；叶片3深裂、3全裂或呈鸟趾状。花序柄单生，与叶柄等长或超出。佛焰苞宿存，管部席卷，有增厚的横隔膜，喉部几乎闭合，檐部长圆形；花单性，雌雄同株，肉穗花序包于佛焰苞内；下部雌花序与佛焰苞合生达隔膜，单侧着花；雄花序在肉穗花序上部；雄花具雄蕊2枚，药隔细，药室顺花序方向延长，顶孔开裂；雌花，子房长圆状卵形，1室，1胚珠，直立或半倒生。浆果，长圆形，1室，种子1枚，胚乳丰富。

本属全世界有9种，分布中心在亚洲东部。中国南北有9种。东北地区产2种，其中栽培1种。

分种检索表

1. 叶3全裂（幼苗常为单叶全缘），常于叶柄或叶片基部着生一珠芽 ………………… 1. 半夏 P. ternata (Thunb.) Breit.

1. 叶鸟足状6 ~ 11裂，叶柄或叶片基部不生珠芽 ………………………………………………… 2. 虎掌 P. pedatisecta Schott

（1）半夏（辽宁植物志，内蒙古植物志，东北植物检索表，东北草本植物志，中国植物志，Flora of China）；羊眼半夏（辽宁植物志）

Pinellia ternata (Thunb.) Breit. in Bot. Mag. (Tokyo) 15: 135. 1901; 中国植物志13(2): 203. 图版40: 1 ~ 7; 80: 4. 1979; 辽宁植物志（下册）: 1002. 图版454. 1992; 内蒙古植物志（第二版）5: 427. 图版173: 4 ~ 5. 1994; 东北植物检索表（第二版）: 843. 图版395: 5. 1995; 东北草本植物志12: 17. 图版9. 1998; Fl. China 23: 42. 2010.

生林下阴湿地石缝中。产黑龙江省东部；吉林省安图、长白、珲春；辽宁省桓仁、宽甸、岫岩、凤城、丹东、彰武、绥中、凌源、建昌、鞍山、海城、营口、庄河、普兰店、大连、长海等地。内蒙古自治区有栽培。

块茎有祛痰、止咳、止呕、消肿作用。全株有毒，块茎毒性较大。

■ 半夏

珠芽

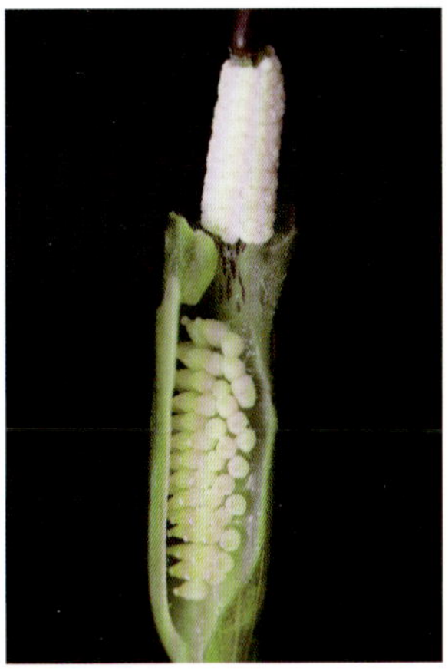
肉穗花序

佛焰苞

全株

植株

居群

（2）虎掌（内蒙古植物志，东北植物检索表，东北草本植物志，中国植物志，Flora of China）；掌叶半夏（中国植物志）

Pinellia pedatisecta Schott in Oesterr. Bot. Wochenbl. 7: 341. 1857; 中国植物志13(2): 204. 图版41. 1979; 内蒙古植物志（第二版）5: 429. 图版175. 1994; 东北植物检索表（第二版）: 843. 1995; 东北草本植物志12: 19. 1998; Fl. China 23: 42. 2010.

中国特有，分布于北京、河北、山西、陕西、山东、江苏、上海、安徽、浙江、福建、河南、湖北、湖南、广西、四川、贵州、云南等地。生林下、山谷或河谷阴湿处。东北各地区药草园有栽培。

块茎有毒，有温肾、理气、消肿毒作用，外用于毒蛇咬伤及无名肿毒。

■ 虎掌

花序

植株

植株下部

6 天南星属 *Arisaema* Mart.

Arisaema Mart. in Flora 14: 458～459. 1831.

多年生草本。具块茎，稀具圆柱形根状茎。具由鳞叶、叶鞘和花序柄组成的假茎，叶柄具鞘，叶片浅裂、深裂及全裂，呈鸟趾状或放射状，裂片全缘或不规则齿状，集合脉沿叶缘呈环状排列。佛焰苞下部管状，上部呈片状；肉穗花序包于佛焰苞内或伸出苞外，其附属体呈棍棒状或细鞭状；花单性，无花被，雌雄异株，稀同株；雄花序较疏；雌花序密集呈穗状；子房1室，基生胚珠二至多数。浆果，1室，成熟时橙红色或红色。种子球状卵圆形，胚乳丰富。

本属全世界180余种。大都分布于亚洲热带、亚热带和温带地区，少数产热带非洲，中美洲和北美洲也有数种。中国有78种，南北均有分布，以云南最为丰富。东北地区产3种2变种5变型。

分种检索表

1. 肉穗花序顶端附属体长鞭状或长尾状，超出佛焰苞；叶裂片11～19枚，中裂片比相邻侧裂片明显较小
………………………………………………………………………………………1. 天南星 A. heterophyllum Blume

1. 肉穗花序顶端附属体棒状，不超出佛焰苞；叶裂片5～17枚或更多，中裂片不比相邻侧裂片小。

 2. 叶裂片5枚（幼株叶裂片3枚）（2. 东北南星 A. amurense Maxim.）。

  3. 佛焰苞绿色，具白色脉纹。

（接上表）

4. 叶全缘 …………………………………………………………… 2a. 东北南星 A. amurense f. amurense
4. 叶裂片边缘有不规则锯状齿 ………………………2b. 齿叶东北南星 A. amurense f. serratum (Nakai) Kitag.
3. 佛焰苞紫色，具白色脉纹。
5. 叶裂片全缘 ……………………………………2c. 紫苞东北天南星 A. amurense f. violaceum (Engler) Kitag.
5. 叶裂片边缘有不规锯状齿 ………………2d. 齿叶紫苞东北天南星 A. amurense f. purpureum (Nakai) Kitag.
2. 叶裂片5～17枚或更多（3. 细齿南星 A. peninsulae Nakai）。
6. 植株具2枚叶。
7. 叶裂片5～17枚（3a. 细齿南星 A. peninsulae var. peninsulae）。
8. 佛焰苞绿色 …………………………………………………… 3aa. 细齿南星 A. peninsulae f. peninsulae
8. 佛焰苞紫色。
9. 叶全缘 ……………………… 3ab. 紫苞朝鲜天南星 A. peninsulae f. atropurpureum Y. C. Chu et D. C. Wu
9. 叶边缘具不规则锯状齿
………………………… 3ac. 齿叶紫苞朝鲜天南星 A. peninsulae f. serratum T. K. Zheng et X. S. Wan
7. 叶裂片19～35枚或更多 … 3b. 多裂朝鲜天南星 A. peninsulae var. polyschistum T. K. Zheng et X. S. Wan
6. 植株仅具1枚叶……… 3c. 单叶朝鲜天南星 A. peninsulae var. manshuricum (Nakai) Y. C. Chu et T. K. Zheng

（1）天南星（辽宁植物志，东北植物检索表，东北草本植物志，中国植物志，Flora of China）；异叶天南星（黑龙江省植物志）；多裂南星（中国植物志）

Arisaema heterophyllum Blume in Rumphia 1: 110. 1836; 中国植物志13(2): 157. 图版30: 1～3. 1979; 辽宁植物志（下册）: 997. 图版451: 5. 1992; 黑龙江省植物志11: 5. 图版2: 4～6. 1993; 东北植物检索表（第二版）: 842. 图版395: 1. 1995; 东北草本植物志12: 11. 图版6: 1～3. 1998; Fl. China 23: 60. 2010.——*Arisaema multisectum* Engl. in. Engl., Pflanzenr. 73(4, 23F): 186. 1920; 秦岭植物志1(1): 284, 图254. 1976; 中国植物志13(2): 159. 1979.

生林下、林缘、灌丛及路旁阴湿地。产黑龙江省小兴安岭—老爷岭植物区；吉林省通化；辽宁省本溪、宽甸、岫岩、凤城、丹东、庄河、大连、长海等地。

块茎有毒，有燥湿化痰、祛风止痉、散结消肿作用。

■ 天南星

茎

佛焰花序

果序

植株

（2）东北南星（黑龙江省植物志，内蒙古植物志，中国植物志，Flora of China）；东北天南星（辽宁植物志，东北植物检索表，东北草本植物志）

Arisaema amurense Maxim. in Prim. Fl. Amur. 264. 1859; 中国植物志13(2): 173. 1979; 辽宁植物志（下册）: 996. 图版451: 1 ~ 3. 1992; 黑龙江省植物志11: 4. 图版2: 2 ~ 3. 1993; 内蒙古植物志（第二版）5: 431. 图版177. 1994; 东北植物检索表（第二版）: 842. 图版395: 2. 1995; 东北草本植物志12: 15. 图版6: 4 ~ 5. 1998; Fl. China 23: 64. 2010.

（2a）东北南星（原变型）

Arisaema amurense f. *amurense*

生山地林下、林缘、灌丛间的阴湿地带。产黑龙江省尚志、宁安；吉林省抚松、通化、蛟河、安图、靖宇；辽宁省各地；内蒙古自治区科尔沁左翼后旗、大青沟、宁城等地。

块茎有抗惊厥、镇静止痛、祛痰及抗肿瘤作用。

■ 东北南星

佛焰苞

叶裂片全缘

叶

居群

植株

（2b）齿叶东北南星（变型）（黑龙江省植物志，中国植物志；辽宁植物志，东北植物检索表，东北草本植物志）

Arisaema amurense f. *serratum* (Nakai) Kitag. in Lin. Fl. Manshur. 124. 1939; 辽宁植物志（下册）: 996. 图版451: 4. 1992; 黑龙江省植物志11: 5. 1993; 东北植物检索表（第二版）: 842. 图版395: 3. 1995; 东北草本植物志12: 15. 1998.——*A. amurense* var. *serratum* Nakai in Bot. Mag. (Tokyo) 43: 530. 1929; 中国植物志13(2): 174. 1979.

生境同正种。产吉林省长春；辽宁省北镇、凌源、盖州、铁岭、丹东、东港、凤城、宽甸、本溪、桓仁、鞍山等地。

■ 齿叶东北南星

叶缘

佛焰苞

居群

（2c）紫苞东北天南星（变型）（辽宁植物志，东北植物检索表，东北草本植物志）；紫苞东北南星（黑龙江省植物志）

Arisaema amurense f. *violaceum* (Engler) Kitag. in Journ. Jap. Bot.41: 369. 1966; 辽宁植物志（下册）: 997. 1992; 黑龙江省植物志11: 5. 1993; 东北植物检索表（第二版）: 843. 1995; 东北草本植物志12: 15. 1998.

生境同正种。产吉林省浑江；辽宁省西丰、开原、桓仁、本溪、宽甸、凤城、丹东、鞍山、营口、庄河、大连、北镇、凌源等地。

■ 紫苞东北天南星

佛焰苞

植株

（2d）齿叶紫苞东北天南星（变型）（辽宁植物志，东北植物检索表，东北草本植物志）

Arisaema amurense f. *purpureum* (Nakai) Kitag. in Neo-Lineam. Fl. Manshur. 157. 1979; 辽宁植物志（下册）: 996. 1992; 东北植物检索表（第二版）: 843. 1995; 东北草本植物志12: 15. 1998.

生境同正种。产辽宁省丹东、凤城、宽甸、本溪、桓仁、鞍山等地。

（3）细齿南星（Flora of China）；朝鲜天南星（辽宁植物志，东北植物检索表，东北草本植物志）；朝鲜南星（黑龙江省植物志，中国植物志）

Arisaema peninsulae Nakai in Bot. Mag. (Tokyo) 43: 537. 1929; 辽宁植物志（下册）: 1000. 图版452. 1992; 东北植物检索表（第二版）: 843. 图版395: 4. 1995; 东北草本植物志12: 11. 图版7. 1998; Fl. China 23: 64. 2010.——*A. angustatum* Franch. & Sav. var. *peninsulae* (Nakai) Nakai in Pl. Hokkaido Saghal. 3: 283. 1933; 中国植物志13(2): 173. 1979; 黑龙江省植物志11: 4. 图版2: 1. 1993.

（3a）细齿南星（原变种）

Arisaema peninsulae var. *peninsulae*

（3aa）细齿南星（原变型）

Arisaema peninsulae var. *peninsulae* f. *peninsulae*

生山地阴坡林下、山麓草地、山谷溪旁。产黑龙江省小兴安岭—老爷岭植物区；吉林省桦甸、集安、抚松；辽宁省、本溪、桓仁、清原、新宾、宽甸、岫岩、凤城、丹东、鞍山、盖州、长海、庄河、大连、沈阳等地。

块茎有毒，有燥湿化痰、祛风止痉、散结消肿作用，亦可作杀虫药。

■ 细齿南星

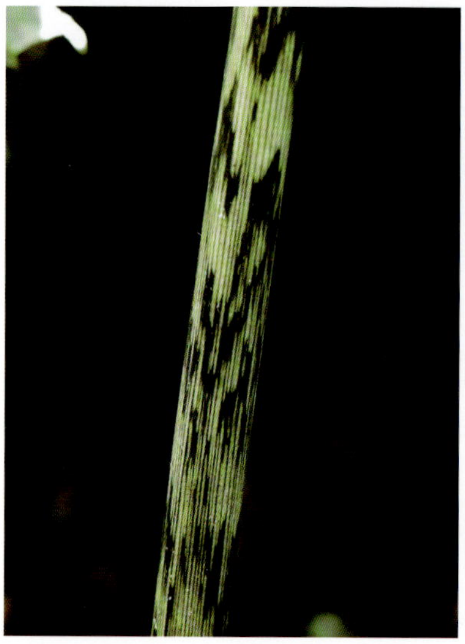

茎

佛焰苞

果序

花期

果期

（3ab）紫苞朝鲜天南星（变型）（辽宁植物志，东北植物检索表，东北草本植物志）

Arisaema peninsulae f. *atropurpureum* Y. C. Chu et D. C. Wu in Nat. Resources 2: 4. 1979; 辽宁植物志（下册）: 1000. 1992; 东北植物检索表（第二版）: 843. 1995; 东北草本植物志12: 13. 1998.

生山坡、林下、灌丛。产辽宁省凤城。

（3ac）齿叶紫苞朝鲜天南星（变型）（辽宁植物志，东北植物检索表，东北草本植物志）

Arisaema peninsulae f. *serratum* T. K. Zheng et X. S. Wan, 自然资源研究2: 4. 1979; 辽宁植物志（下册）:

■ 紫苞朝鲜天南星

佛焰苞

植株

1000. 1992; 东北植物检索表（第二版）: 843. 1995; 东北草本植物志12: 13. 1998.

生山坡、林下、阴湿地。产辽宁省凤城。

（3b）多裂朝鲜天南星（变种）（辽宁植物志，东北植物检索表，东北草本植物志）

Arisaema peninsulae var. *polyschistum* T. K. Zheng et X. S. Wan, 自然资源研究1: 59. 1983; 辽宁植物志（下册）: 1000. 图版453. 1992; 东北植物检索表（第二版）: 843. 1995; 东北草本植物志12: 13. 1998.

生林下阴湿地。产辽宁省凤城。

（3c）单叶朝鲜天南星（变种）（辽宁植物志，东北植物检索表，东北草本植物志）

Arisaema peninsulae var. *manshuricum* (Nakai) Y. C. Chu et T. K. Zheng, 自然资源研究1: 59. 1983; 辽宁植物志（下册）: 1000. 1992; 东北植物检索表（第二版）: 843. 1995; 东北草本植物志12: 13. 1998.

生林下阴湿地。产辽宁省凤城。

7 斑龙芋属 *Sauromatum* Schott

Sauromatum Schott, Melet. 1: 17. 1832.

多年生草本。具块茎。叶与花柄同时抽出；叶全缘或3～5裂或鸟趾状分裂。佛焰苞下部管状，喉部微收缩，宿存，檐部片状，卵状长圆形或披针形，通常紫色，稀白色；肉穗花序两性，雌花序短，与雄花序间有一段间隔，中性花常生于雌花序之上，有时生于雌花序之下，附属体延长；花序柄短，圆柱形，平滑；花单性，无花被，雄花有1～3枚雄蕊，花药近无柄，子房1室，胚珠1～2，基生，无花柱，柱头半头状。浆果卵形。种子1～2枚，胚乳丰富。

本属全世界有8种。分布于非洲、东南亚至大洋洲。中国有7种。东北地区栽培1种。

独角莲（辽宁植物志，东北植物检索表，东北草本植物志，中国植物志，Flora of China）

Sauromatum giganteum (Engler) Cusimano & Hetterscheid, Taxon. 59: 445. 2010; Fl. China 23: 38. 2010.——*Typhonium giganteum* Engl. in Bot. Jahrb. Syst. 4: 66. 1883; 中国植物志13(2): 102. 图版18: 9～11; 80: 4. 1979; 辽宁植物志（下册）: 994. 图版450. 1992; 东北植物检索表（第二版）: 843. 图版396: 1. 1995; 东北草本植物志12: 9. 图版5. 1998.

多年生草本；块茎倒卵形等，外被暗褐色小鳞片；叶片幼时内卷如角状，后即展开，箭形；佛焰苞紫色，管部圆筒形或长圆状卵形，檐部卵形，展开；肉穗花序几乎无梗；有雌花序、中性花序和雄花序；附属器紫色；浆果卵圆形。生荒地、山坡、水沟旁。东北各地有栽培。

块茎有祛风痰、定惊搐、解毒散结作用。

■ 独角莲

佛焰苞

果期

植株下部

花期

居群

8 芋属 *Colocasia* Schott

Colocasia Schott, Melet. 1: 18. 1832.

多年生草本，具块茎、根茎或直立的茎。叶柄延长，下部鞘状；叶片盾状着生，卵状心形或箭状心形条。花序柄通常多数，于叶腋抽出。佛焰苞管部短，为檐部长的1/5～1/2，卵圆形或长圆形，席卷，宿存，果期增大，然后不规则地撕裂。肉穗花序短于佛焰苞：雌花序短，不育雄花序短而细，能育雄花序长圆柱形；不育附属器直立，长圆锥状或纺锤形、钻形，或极短缩而成小尖头。花单性、无花被。浆果绿色，倒圆锥形或长圆形，冠以残存柱头，1室。种子多数，长圆形。

本属全世界约20种。分布于亚洲热带及亚热带地区。中国有6种，大都产江南各省。东北地区栽培1种。

芋（中国植物志，Flora of China）；芋头（俗称）

Colocasia esculenta (L.) Schott in Melet. Bot. 18. 1832; 中国植物志13(2): 68. 1979; Fl. China 23: 74. 2010.

多年生草本；块茎通常卵形；叶片卵状；佛焰苞管部绿色，长卵形；檐部披针形或椭圆形，展开成舟状，边缘内卷，淡黄色至绿白色；肉穗花序短于佛焰苞；雌花序长圆锥状；中性花序细圆柱状；雄花序圆柱形，顶端骤狭；附属器钻形。原产中国和印度、马来半岛等热带地区。辽宁省大连、丹东等地有栽培。

块茎为食物，但有毒，不可生食，药用有消肿散结作用。叶有止泻、敛汗、消肿解毒作用。

■ 芋

植株

居群

036. 岩菖蒲科　Tofieldiaceae

Tofieldiaceae (Kunth) Takht., Bot. Zhurn. (Moscow & Leningrad) 79(12): 65. 1995.

木贼门、木贼亚门、木兰纲、百合亚纲、泽泻超目、泽泻目（Alismatales）。

多年生草本；叶常基生；总状花序，稀单生；花具苞片和小苞片；花被片6，离生或基部合生；雄蕊6（~9）；子房由3枚心皮组成，具多数胚珠，花柱3，离生；蒴果常为室间开裂。

本科全世界有5属28~32种，广布北温带地区，少数分布至南美洲北部。中国产1属3种，产东北、华北和西南地区。东北地区产1属1种1变型。

岩菖蒲属　*Tofieldia* Huds.

Tofieldia Huds., Fl. Angl. ed. 2. 151. 1778.

根状茎短或稍长。叶基生或近基生，少数也生花葶下部，2列，两侧压扁，如菖蒲，有几条纵脉，中脉并不特别明显。花葶较长，通常具总状花序；花较小，除在花梗基部具1枚苞片外，在近花被基部还有1枚杯状小苞片；花被片6，离生或基部合生；雄蕊6，生花被片基部；花药近背着，内向纵裂；子房由3枚心皮组成，上部3裂，具多数胚珠；花柱3. 离生。蒴果由于心皮不同程度的离生，有时近蓇葖果状，不规则开裂，具多数种子。

本属全世界约20种，分布于北半球温带和亚热带地区。中国有3种，主产西南和东北地区。东北地区产1种1变型。

分种下单位检索表

1. 花被片白色稍带粉红色 ······ a. 长白岩菖蒲 T. coccinea f. coccinea
1. 花被片紫红色 ······ b. 红被岩菖蒲 T. coccinea f. fusea

长白岩菖蒲（东北植物检索表，东北草本植物志，中国植物志，Flora of China）

Tofieldia coccinea Richards. in Franklin, Narr. Journey Polar Sea. 736. 1823; 中国植物志15: 9. 图版1: 1. 1978; 东北植物检索表（第二版）: 764. 图版385: 9. 1995; 东北草本植物志12: 57. 图版21. 1998; Fl. China 24: 76. 2000.

多年生矮小草本。叶长2.5～7厘米，宽约2毫米。总状花序稍缩短，长0.7～3厘米；花被长2～3毫米，白色，稍带粉红色；子房卵形；花柱3，分离，与花药长度近相等。蒴果球形，直径2～2.5毫米，上端几乎不裂或3浅裂，宿存花柱稍外弯，柱头明显膨大。

（a）长白岩菖蒲（原变型）

Tofieldia coccinea f. *coccinea*

生高山草甸或岩石缝中。产吉林省长白、抚松、安图。

■ 长白岩菖蒲

花序

基生叶

植株

居群

（b）红被岩菖蒲（变型）（东北植物检索表，东北草本植物志）

Tofieldia coccinea f. *fusea* (Miyabe et Kudo) Q. S. Sun., 东北植物检索表（第二版）: 764. 1995; 东北草本植物志12: 59. 1998.

生高山冻原。产吉林省安图等地。

037. 泽泻科　Alismataceae

Alismataceae Vent., Tabl. Regn. Vég. 2: 157. 1799, *nom. cons.*

木贼门、木贼亚门、木兰纲、百合亚纲、泽泻超目、泽泻目（Alismatales）。

水生或沼生草本；叶基生，叶片椭圆形、卵形或箭形；花序总状、圆锥状或伞形；花两性，辐射对称；萼片3枚，绿色，花瓣3枚，白色或黄色；雄蕊三至多数；心皮三至多数，轮状或螺旋状着生；聚合瘦果、核果或蓇葖果。

本科全世界有18属，约100种，主产于北半球温带至热带地区，大洋洲、非洲亦有分布。中国有6属18种，南北均有分布。东北地区产3属7种1亚种1变型。

分属检索表

1. 花单性，有时杂性；叶箭头形 ………………………………………… 1. 慈姑属（慈菇属）Sagittaria
1. 花两性；叶不为箭头形。

（接上表）

2. 叶片先端钝圆或内凹，横脉稠密；雄蕊6～12枚，花柱粗壮，直立；果实背部无沟……… 2. 泽薹草属 Caldesia

2. 叶片先端渐尖，横脉稀疏；雄蕊6枚，花柱细弱，向外弯曲；果实背部具1～2沟……………… 3. 泽泻属 Alisma

1 慈姑属（慈菇属） *Sagittaria* L.

Sagittaria L., Sp. Pl. 993. 1753.

水生直立草本，地下茎块状或球状。叶有长柄，通常箭头形，沉水叶呈带形。花序总状、圆锥状；花和分枝轮生，每轮（1～）3数，二至多轮，基部具3枚苞片，分离或基部合生；花两性，或单性；雄花生于上部，花梗细长；雌花位于下部，花梗短粗，或无；雌雄花被片相近似，通常花被片6枚，外轮3枚绿色，反折或包裹；内轮花被片花瓣状，白色，稀粉红色，或基部具紫色斑点，花后脱落，稀枯萎宿存；雄蕊9至多数，花丝不等长，长于或短于花药，花药黄色，稀紫色；心皮离生，多数，螺旋状排列。瘦果两侧压扁，有翅或无翅。种子马蹄形，褐色。

本属全世界约30种，广布于世界各地，多数种类集中于北温带地区，少数种类分布在热带或近于北极圈。中国有9种，除西藏等少数地区无记录外，其他各省区均有分布。东北地区产3种1变型。

分种检索表

1. 叶披针形，基部楔形 ……………………………………1. 禾叶慈姑 S. graminea Michx.

1. 叶箭头形或戟形。

2. 叶戟形或箭头形，基部裂片的长度仅为叶全长的1/4～1/3，稀叶为披针形或长圆形，基部圆形 ……………………………………2. 浮叶慈姑 S. natans Pall.

2. 叶箭头形，基部裂片的长度为叶全长的1/2～2/3（3. 野慈姑 S. trifolia L.）。

3. 叶裂片宽，叶脉5条或7条 ……………………………… 3a. 野慈姑 S. trifolia f. trifolia

3. 叶裂片狭，叶脉3条 ……………………… 3b. 剪刀草 S. trifolia f. longiloba (Turcz.) Makino

（1）禾叶慈姑（武汉植物学研究）

Sagittaria graminea Michx. in Fl. Bor.-Amer. 2: 190. 1803; 武汉植物学研究28(5): 631～633. 2010.

■ 禾叶慈姑

雌花

雄花

果序

基生叶

喜生浅水沼泽、河流、河口潮汐区域。原产北美洲。入侵辽宁省丹东鸭绿江口。

本种为外来入侵植物，在中国最早于2010年发现于辽宁省丹东鸭绿江河口湿地，能够维持种群自我更替，且对经济、生态或社会等造成危害。可合理利用。在城市排污口附近、富营养低位泥滩，适量存在对净化水质、清新环境有一定的作用；球茎肉质坚实，含丰富淀粉质，无味，可食；枝叶也较为鲜嫩，配合稻谷可作饲料。

（2）浮叶慈姑（内蒙古植物志，中国植物志，Flora of China）；小慈菇（辽宁植物志，东北植物检索表，东北草本植物志）；小慈姑（黑龙江省植物志）

Sagittaria natans Pall. in Reise Russ. Reich. 3: 757. 1776; 中国植物志8: 130. 图版54: 3. 1992; 辽宁植物志（下册）: 641. 1992; 东北植物检索表（第二版）: 733. 图版370: 6. 1995; 黑龙江省植物志10: 2. 图版1: 1. 2002; 东北草本植物志10: 49. 图版21: 4. 2004; Fl. China 23: 85. 2010; 内蒙古植物志（第三版）6: 37. 2020.

生水塘、河流及水沟边。产黑龙江省漠河、呼玛、北安、黑河、虎林、宁安、嘉荫、尚志、肇东、哈尔滨；吉林省敦化；辽宁省北票、沈阳；内蒙古自治区牙克石、海拉尔、科尔沁右翼前旗、阿尔山等地。

在2021年公布的《国家重点保护野生植物名录》中，本种被列为二级保护植物。

■ 浮叶慈姑

植株

叶

叶正反面对比

（3）野慈姑（黑龙江省植物志，内蒙古植物志，中国植物志，Flora of China）；三裂慈菇（辽宁植物志，东北植物检索表，东北草本植物志）

Sagittaria trifolia L., Sp. Pl. 993. 1753; 中国植物志8: 131. 图版54: 4 ~ 6. 1992; 辽宁植物志（下册）: 642. 图版286: 1 ~ 2. 1992; 内蒙古植物志（第二版）5: 34. 图版17: 1 ~ 4. 1994; 东北植物检索表（第二版）: 733. 图版370: 4. 1995; 黑龙江省植物志10: 2. 图版1: 2 ~ 3. 2002; 东北草本植物志10: 47. 图版21: 1 ~ 2. 2004; Fl. China 23: 85. 2010.

（3a）野慈姑（原变型）

Sagittaria trifolia f. *trifolia*

生池塘、沼泽、沟渠、水田等水域。产黑龙江省宁安、虎林、密山、齐齐哈尔、哈尔滨、牡丹江、萝北；吉林省扶余、白城、珲春；辽宁省彰武、北票、法库、沈阳、新民、铁岭、鞍山、新宾、丹东、大连；内蒙古自治区扎赉特旗、新巴尔虎左旗、科尔沁左翼后旗等地。

球茎淀粉可食用或酿酒。全草有清热止血、解毒消肿、散结作用。

■ 野慈姑

果序一部分

雄花

雌花

花序枝

果序

植株

居群

（3b）剪刀草（变型）（中国植物志）；长瓣慈姑（内蒙古植物志）；狭叶慈姑（辽宁植物志，黑龙江省植物志，东北植物检索表，东北草本植物志）

Sagittaria trifolia f. *longiloba* (Turcz.) Makino, in Journ Jap. Bot. 1: 38. 1918; 中国植物志8: 132. 图版54: 7. 1992; 内蒙古植物志（第二版）5: 34. 1994.——*Sagittaria trifolia* var. *angustifolia* (Sieb.) Kitag. in Lin. Fl. Manshur. 56. 1939; 辽宁植物志（下册）: 642. 图版286: 3. 1992; 东北植物检索表（第二版）: 734. 图版370: 5. 1995; 黑龙江省植物志10: 4. 图版1: 4. 2002; 东北草本植物志10: 49. 图版21: 3. 2004.

生沟渠、河边、沼泽。产黑龙江省萝北、哈尔滨、阿城、北安、密山、宁安、齐齐哈尔、牡丹江、

■ 剪刀草

花序一部分

基生叶

居群

镜泊湖；吉林省前郭、蛟河、敦化、珲春、和龙；辽宁省康平、铁岭、北票、彰武、新民；内蒙古自治区海拉尔、额尔古纳、新巴尔虎右旗、新巴尔虎左旗、科尔沁左翼后旗、乌兰浩特等地。

2 泽薹草属（泽苔草属） *Caldesia* Parl.

Caldesia Parl. in Nuov. Gen. e Spec. Monocot. 57. 1854.

水生草本。根粗壮或肉质，具匍匐根状茎或无匍匐根状茎。叶多数，沉水、浮水或挺水；沉水叶通常较小，淡绿色；浮水叶较大，深绿色；挺水叶柄直立，叶片坚纸质或近革质。花葶直立，挺出水面，稀斜卧。花序圆锥状或圆锥状聚伞花序，分枝轮生，每轮3～6枚，基部具披针形苞片；花两性；花被片6枚，排成2轮，外轮萼片状，内轮花瓣状，大于外轮；心皮多数，分离，胀圆，或略压扁；雄蕊6至多数，排成一轮。小坚果具脊，或有时脊不明显，果喙宿存，直立。

本属全世界约3种，分布于亚洲、欧洲、非洲及大洋洲。中国有2种，一种产长江以南及台湾，另一种南北均有分布。东北地区产1种。

泽薹草（Flora of China）；泽苔草（东北植物检索表，中国植物志）；北泽苔草（黑龙江省植物志，东北草本植物志）

Caldesia parnassifolia (Bassi ex L.) Parl., Fl. Ital. 3: 599. 1860; 中国植物志8: 137. 图版54: 15～16. 1992; 东北植物检索表（第二版）: 731. 图版370: 3. 1995; 黑龙江省植物志10: 4. 图版2: 12～14. 2002; 东北草本植物志10: 45. 图版20: 1～2. 2004; Fl. China 23: 87. 2010.

多年生草本；沉水叶较小，卵形或椭圆形；浮水叶较大，先端钝圆，基部心形至深心形，叶脉9～15条；花序长20～35厘米，分枝轮生，每轮3（～6）枚，下面2～3轮侧枝可再次分枝，组成大型圆锥状聚伞花序；苞片披针形，先端尖；花两性，内轮花被片远大于外轮，白色，边缘不整齐，花后脱落；小坚果倒卵形或椭圆形，具3～5脊，果喙直立。生湖泊、水塘、沼泽等静水水域。产黑龙江省饶河、宝清；内蒙古自治区通辽、科尔沁左翼后旗等地。

可供观赏。

3 泽泻属 *Alisma* L.

Alisma L., Sp. Pl. 342. 1753.

多年生水生或沼生草本。叶基生，披针形、椭圆形或卵圆形。花两性，轮生伞形花序或圆锥花序，有长梗；萼片3，花瓣3，白色或淡红色，脱落；雄蕊6，花丝丝状；心皮10至多数，轮生于扁平的花托上，柱头小，生于心皮顶端，胚珠1，基底胎座。瘦果两侧压扁，腹侧具窄翅或否，背部具1～2条浅沟或深沟，两侧果皮草质、纸质或薄膜质。种子直立，深褐色、黑紫色或紫红色，有光泽，马蹄形。

本属全世界有11种，主要分布于北半球温带和亚热带地区，大洋洲有2种。中国有6种。东北地区产3种1亚种。

分种检索表

1. 挺水叶卵形、椭圆形或浅心形；花柱直立或稍弯曲（1. 泽泻 *A. plantago-aquatica* L.）。

  2. 内轮花被片边缘具粗齿；花柱明显长于子房；瘦果排列整齐，果期花托平凸
  ……………………………………………………… 1a. 泽泻 *A. plantago-aquatica* subsp. *plantago-aquatica*

（接上表）

2. 内轮花被片边缘波状；花柱较子房短或等长；瘦果排列不整齐，果期花托呈凹形
……………………………………………………… 1b. **东方泽泻 A. plantago-aquatica** subsp. **orientale** (Sam.) Sam.

1. 挺水叶披针形或长圆状披针形。

3. 侧面的果皮厚，不透明；花柱钩状弯曲，花药长0.5毫米 …………………………… 2. **草泽泻 A. gramineum** Lej.

3. 侧面的果皮薄，透明；花柱近直立，花药长1 ~ 1.2毫米 …………………… 3. **膜果泽泻 A. lanceolatum** Wither.

（1）泽泻（黑龙江省植物志，内蒙古植物志，中国植物志，Flora of China）

Alisma plantago-aquatica L., Sp. Pl. 342. 1753; 中国植物志8: 141. 图版55: 1 ~ 5. 1992; 黑龙江省植物志10: 6. 图版2: 1 ~ 5. 2002; Fl. China 23: 87. 2010; 内蒙古植物志（第三版）6: 32. 2020.

（1a）泽泻（原亚种）

Alisma plantago-aquatica subsp. *plantago-aquatica*

生湖泊、河湾、溪流、水塘的浅水带，沼泽、沟渠及低洼湿地亦有生长。产黑龙江省五常；内蒙古自治区大兴安岭。吉林省、辽宁省也有记载。

本种花较大，花期较长，用于花卉观赏。常与东方泽泻混杂入药，主治肾炎水肿、肾盂肾炎、肠炎泄泻、小便不利等症。

■ 泽泻

花侧面观

花正面观

植株下部

花序一部分

（1b）东方泽泻（亚种）（黑龙江省植物志，内蒙古植物志，中国植物志，Flora of China）；泽泻（辽宁植物志，东北植物检索表，东北草本植物志）

Alisma plantago-aquatica subsp. *orientale* (Sam.) Sam. in Ark. Bot. 24A(7): 16. 1932.——*A. orientale* Juzepczuk in Fl. URSS 1: 281. 1934; 中国植物志8: 141. 图版55: 6 ~ 8. 1992; 辽宁植物志（下册）: 639. 图版283: 1 ~ 3. 1992; 内蒙古植物志（第二版）5: 32. 图版16: 1 ~ 3. 1994; 东北植物检索表（第二版）: 731. 图版370: 1. 1995; 黑龙江省植物志10: 7. 图版2: 6 ~ 8. 2002; 东北草本植物志10: 43. 图版19: 1 ~ 3. 2004; Fl. China 23: 88. 2010.

生沼泽、河边、稻田中。产黑龙江省北安、呼玛、齐齐哈尔、安达、伊春、哈尔滨、阿城、虎林、密山、萝北；吉林省白城、吉林、蛟河、敦化、汪清、珲春、安图、抚松、辉南；辽宁省铁岭、法库、凌源、本溪、北票、彰武、沈阳、盘锦、盖州、凤城、大连；内蒙古自治区根河、海拉尔、额尔古纳、牙克石、新巴尔虎左旗、新巴尔虎右旗、科尔沁左翼后旗、科尔沁右翼前旗、莫力大瓦达斡尔旗、通

辽、扎赉特旗等地。

块茎有清热、渗湿、利尿作用。全株有毒，地下块茎毒性较大。

■ 东方泽泻

花

果序

生境

植株

（2）草泽泻（辽宁植物志，黑龙江省植物志，内蒙古植物志，东北植物检索表，东北草本植物志，中国植物志，Flora of China）

Alisma gramineum Lej. in Fl. Spa 1: 175. 1811; 中国植物志8: 143. 图版55: 11 ~ 13. 1992; 辽宁植物志（下册）: 641. 图版385: 4. 1992; 内蒙古植物志（第二版）5: 32. 图版16: 4 ~ 5. 1994; 东北植物检索表（第二版）: 731. 图版370: 2. 1995; 黑龙江省植物志10: 7. 图版2: 9 ~ 11. 2002; 东北草本植物志10: 45. 图版19: 4. 2004; Fl. China 23: 88. 2010.

生水塘、沼泽、沟边及湿地。产黑龙江省哈尔滨、齐齐哈尔；辽宁省康平、铁岭；内蒙古自治区满洲里、海拉尔、新巴尔虎右旗、科尔沁右翼中旗、科尔沁左翼后旗等地。

球茎有利水、渗湿、泄热作用。

■ 草泽泻

基生叶

花序一部分

植株

（3）膜果泽泻（新疆植物检索表，内蒙古植物志，中国植物志，Flora of China）

Alisma lanceolatum Wither., Bot. Arang. Brit. Pl. ed. 3. 2: 362. 1796; 新疆植物检索表1: 77. 图版6, 1 ~ 3. 1982; 中国植物志8: 142. 图版55: 9 ~ 10. 1992; Fl. China 23: 88. 2010; 内蒙古植物志（第三版）6: 34. 2020.

生湖边、河湾、沟溪、沼泽等水域的浅水处。产黑龙江省、吉林省、辽宁省和内蒙古自治区东部。

038. 花蔺科 Butomaceae

Butomaceae Mirb., Hist. Nat. Pl. 8: 194. 1804, *nom. cons.*

木贼门、木贼亚门、木兰纲、百合亚纲、泽泻超目、泽泻目（Alismatales）。

一年生或多年生沼生或水生草本。植株常有乳汁。根茎粗壮，匍匐。叶基生，三棱状条形或椭圆形，有柄或无柄，基部鞘状。单花顶生，或多花聚成伞形花序，花序基部有苞片3枚；花两性；花被片6枚，整齐，分离，2轮排列，外轮3枚萼片状，绿色，近革质，宿存，内轮3枚花瓣状，较大，膜质，大多很快枯萎；雄蕊（6～）9或等多枚，花丝分离，扁平，基部较宽，花药2室，基着；雌蕊6枚或多数，分离或基部连合，子房上位，1室，胚珠多数。果为蓇葖果。种子多数。

本科全世界仅有1种，分布于美洲、亚洲和欧洲，主产美洲热带地区，中国有分布，产北部地区和云南。东北各省区均有分布。

花蔺属 *Butomus* L.

Butomus L., Sp. Pl. 372. 1753.

属的特征和地理分布同科。

花蔺（辽宁植物志，黑龙江省植物志，内蒙古植物志，东北植物检索表，中国植物志，Flora of China）；莎薚（东北草本植物志）

Butomus umbellatus L., Sp. Pl. 372. 1753; 中国植物志8: 147. 图版56. 1992; 辽宁植物志（下册）: 644. 图版287. 1992; 内蒙古植物志（第二版）5: 36. 图版18. 1994; 东北植物检索表（第二版）: 733. 图版372: 4. 1995; 黑龙江省植物志10: 8. 图版3. 2002; 东北草本植物志10: 50. 图版22: 1～2. 2004; Fl. China 23: 90. 2010.

多年生草本；叶基生，无柄，基部扩大成鞘状；花葶圆柱形；花序基部3枚苞片卵形；花被片外轮较小，萼片状，绿色而稍带红色，内轮较大，花瓣状，粉红色；蓇葖果成熟时沿腹缝线开裂，顶端具长

■ 花蔺

花侧面观

果序

花序

居群

喙。生水塘、沟渠的浅水中。产黑龙江省齐齐哈尔、哈尔滨、阿城、密山、北安；吉林省镇赉、大安、德惠、农安、双辽、白城、扶余、长春；辽宁省法库、康平、铁岭、沈阳、台安、海城、辽阳、盖州、瓦房店；内蒙古自治区海拉尔、额尔古纳、新巴尔虎左旗、鄂温克、科尔沁右翼前旗、乌兰浩特、科尔沁左翼后旗、扎鲁特旗、锡林浩特等地。

茎叶有清热解毒、止咳平喘作用。

039. 水鳖科 Hydrocharitaceae

Hydrocharitaceae Juss., Gen. Pl. [Jussieu] 67. 1789, *nom. cons.*

木贼门、木贼亚门、木兰纲、百合亚纲、泽泻超目、泽泻目（Alismatales）。

一年生或多年生淡水或海水草本，沉水或漂浮水面。叶基生或茎生，基生叶多密集，茎生叶对生、互生或轮生；佛焰苞合生，稀离生，常具肋或翅，先端多为2裂，其内含1至数朵花；花辐射对称；单性，稀两性；花被片离生，3或6枚，稀为2枚合生；雄蕊一至多枚；子房下位，1室，胚珠多数；蒴果肉质、膜质或革质，或为浆果。

本科全世界有17属，约120种，广布世界各地。中国产11属34种，南北各地均有分布。东北地区产7属11种1变种，其中引进后归化1种。

分属检索表

1. 叶披针形或心形，叶柄明显或者较长。
  2. 植株有匍匐茎；佛焰苞由1或2离生的苞片组成，无翅；花单性，花柱6；叶片浮于水面 ……………… 1. 水鳖属 Hydrocharis
  2. 植株无匍匐茎；佛焰苞由2苞片连合成筒形，有纵翅；花两性，花柱3；叶常浸在水中 …… 2. 水车前属 Ottelia
1. 叶线形或线状长圆形，无柄或近无柄。
  3. 植株有匍匐茎；叶横切面呈微凸透镜形 ……………… 3. 苦草属 Vallisneria
  3. 植株无匍匐茎；叶扁平。
    4. 叶基生或互生；雄蕊3～9 ……………… 4. 水筛属 Blyxa
    4. 叶轮生或假轮生、对生。
      5. 叶假轮生或对生；雄蕊1 ……………… 5. 茨藻属 Najas
      5. 叶轮生。
        6. 叶缘锯状齿十分明显，裸眼可见；雄蕊3 ……………… 6. 黑藻属 Hydrilla
        6. 叶缘锯状齿十分细小，需放大可见；雄蕊9 ……………… 7. 水蕴藻属 Elodea

1 水鳖属 *Hydrocharis* L.

Hydrocharis L., Sp. Pl. 1036. 1753.

浮水草本。匍匐茎横走，先端有芽。叶漂浮或沉水，稀挺水；叶片卵形、圆形或肾形，先端圆或急尖，基部心形或肾形，全缘，有的种在远轴面中部具有广卵形的垫状贮气组织；叶脉弧形，5或5条以上；具叶柄和托叶。花单性，雌雄同株；雄花序具梗，佛焰苞2枚，内含雄花数朵；萼片3，花瓣3，白色；雄蕊6～12枚，花药2室，纵裂；雌佛焰苞内生花1朵；萼片3，花瓣3，白色，较大；子房椭圆形，不完全6室，花柱6，柱头扁平，2裂。果实椭圆形至圆形，有6肋，在顶端呈不规则开裂。种子多数，椭圆形。

本属全世界有3种，分布于西欧、小亚细亚、北美洲、非洲中部、亚洲、大洋洲。中国产1种。东北地区有分布。

水鳖（辽宁植物志，黑龙江省植物志，东北植物检索表，东北草本植物志，中国植物志，Flora of China）

Hydrocharis dubia (Bl.) Backer in Handb. Fl. Java 1: 64. 1925; 中国植物志8: 164. 图版64. 1992; 辽宁植物志（下册）: 649. 图版288: 5 ~ 6. 1992; 东北植物检索表（第二版）: 735. 图版371: 4. 1995; 黑龙江省植物志10: 12. 图版5: 8 ~ 13. 2002; 东北草本植物志10: 56. 图版23: 5 ~ 6. 2004; Fl. China 23: 97. 2010。

多年生漂浮水草，具匍匐茎；叶近圆心形，浮水面，背面常有气室，但伸出水面后消失；花单性，白色，雄花2 ~ 3朵生佛焰苞内，雌花单生；果实肉质，近球形。生静水池沼中。产黑龙江省虎林；辽宁省金州、新民、辽中、沈阳等地。

可作饲料或绿肥；幼叶柄作蔬菜。

■ 水鳖

花正面观

花侧面观

植株

2 水车前属 *Ottelia* Pers.

Ottelia Pers., Syn. Pl. 1: 400. 1805.

一年生或多年生草本。叶基生，有叶柄，基部具鞘；叶片带形、披针形、阔卵形、近圆形或心形；叶脉3 ~ 11条，平行或弧形，中脉明显凸起。花两性，若单性则雌雄异株。佛焰苞椭圆形或卵形，具6至更多条脊状凸起，常有2 ~ 6条翅。萼片3，线形、长圆形或卵形，绿色，具膜质边缘；宿存花瓣3，圆形、长圆形、宽倒卵形或倒心形，比萼片大2 ~ 3倍，白色、黄色、紫色或其他颜色；雄蕊3 ~ 15枚；子房下位，长圆形，由3、6、9个心皮组成的侧膜胎座；花柱3、6、9枚，2深裂。果实长圆柱形、纺锤形或圆锥形。种子多数，长圆形或纺锤形。

本属全世界约21种，分布于热带、亚热带和温带地区。中国有5种，主要分布于广东、海南、广西、四川、贵州、云南等省区，个别种类可分布至东北、西北地区。东北地区产1种。

龙舌草（中国植物志，Flora of China）；水车前（黑龙江省植物志，东北植物检索表，东北草本植物志）

Ottelia alismoides (L.) Pers., Syn. Pl. 1: 400. 1805; 中国植物志8: 153. 图版58. 1992; 东北植物检索表（第二版）: 735. 1995; 黑龙江省植物志10: 10. 图版4. 2002; 东北草本植物志10: 56. 2004; Fl. China 23: 95. 2010.

沉水草本；茎短缩；叶基生，膜质；叶长可达20厘米或更大，在植株个体发育的不同阶段，叶形常依次变更：初生叶线形，后出现披针形、椭圆形、广卵形等叶；两性花，偶见单性花；佛焰苞椭圆形至卵形，顶端2～3浅裂，有3～6条纵翅；花瓣白色、淡紫色或浅蓝色；果长2～5厘米，宽0.8～1.8厘米。常生湖泊、沟渠、水塘、水田以及积水洼地。产黑龙江省密山、虎林、兴凯湖等地。

全株可作蔬菜、饵料、饲料、绿肥以及药用等。

在2021年公布的《国家重点保护野生植物名录》中，本种被列为二级保护植物。

■ 龙舌草

花正面观

花侧面观

居群

3 苦草属 *Vallisneria* L.

Vallisneria L., Sp. Pl. 1015. 1753.

沉水草本。无直立茎，匍匐茎光滑或粗糙。叶基生，线形或带形，先端钝，基部稍呈鞘状，边缘有细锯状齿或全缘，气道纵列多行；基出叶脉3～9条，平行，可直达叶端，脉间有横脉连接。雄佛焰苞卵形或广披针形，扁平，具短梗，含极多具短柄的雄花，成熟后先端开裂，雄花浮出水面开放；雄花小，萼片3枚，卵形或长卵形，大小不等；花瓣3，极小；雄蕊1～3枚；雌佛焰苞管状，先端2裂，裂片圆钝或三角形，花梗甚长，直至将花托出水面，受精后螺旋状收缩；内含雌花1朵，萼片3，质较厚；花瓣3，极小，膜质；子房下位，圆柱形或长三角柱形，胚珠多数；花柱3，2裂。果实圆柱形或三棱长柱形，光滑或有翅。种子多数，长圆形或纺锤形，光滑或有翅。

本属全世界约8种，分布于两半球热带、亚热带、暖温带地区。中国有3种，南北各省区均产。东北地区产1种。

苦草（辽宁植物志，黑龙江省植物志，东北植物检索表，东北草本植物志，中国植物志，Flora of China）

Vallisneria natans (Lour.) Hara in J. Jap. Bot. 49: 136. 1974; 中国植物志8: 177. 图版69. 1992; 黑龙江省植物志10: 14. 图版6. 2002; Fl. China 23: 99. 2010.——*V. spiralis* auct. non L.: 辽宁植物志（下册）: 647. 图版

289. 1992; 东北植物检索表（第二版）: 735. 图版371: 5. 1995; 东北草本植物志10: 54. 图版24: 1 ~ 2. 2004.

沉水草本；叶基生，线形或带形；花单性；雌雄异株；雄佛焰苞卵状圆锥形，成熟的雄花浮在水面开放；雌佛焰苞筒状，先端2裂，绿色或暗紫红色；雌花单生佛焰苞内，花瓣3，极小，白色；瘦果圆柱形。生溪沟、河流、池塘之中。产黑龙江省虎林；吉林省敦化；辽宁省沈阳、盘锦等地。

全草用于带下病、恶露。

■ 苦草

雌佛焰苞及佛焰苞梗

植株一部分

植株

4 水筛属 *Blyxa* Thou. ex Rich.

Blyxa Thou. ex Rich. in Mem. Inst. Paris 12(2): 19. 1811.

沉水草本。茎短或长，直立、斜卧或匍匐，多单一，少有分枝。叶基生或茎生；茎生叶螺旋状排列，披针形、线形，先端渐尖，基部有鞘，边缘具细齿，中脉明显，侧脉与中脉平行。佛焰苞管状，具纵棱，先端2裂；花单性或两性；雄佛焰苞内有雄花1朵或数朵；萼片3，线形或披针形，宿存；花瓣3，较萼片长，白色，柔软；雄蕊3 ~ 9枚，1 ~ 3轮，花丝纤细，花药4室，内向或侧向开裂；花粉粒球形，无萌发孔，具刺或小刺状纹饰。雌花或两性花单生于佛焰苞内，萼片、花瓣均与雄花的相似；花柱3，子房下位，先端伸长成喙，胚珠多数。果实长圆柱形。种子多数，矩状纺锤形，平滑或有棘突，两端有或无尾状附属物。

本属全世界约11种，分布于热带和亚热带地区。中国有5种，产华东、华南、华中和西南等地区。东北地区产1种。

水筛（辽宁植物志，东北植物检索表，东北草本植物志，中国植物志，Flora of China）

Blyxa japonica (Miq.) Maxim. ex Aschers & Gurke in Nat. Pflanzenfam. 2(1): 253. 1889; 中国植物志8: 171. 图版67: 1 ~ 2. 1992; 辽宁植物志（下册）: 647. 1992; 东北植物检索表（第二版）: 733. 图版371: 2. 1995; 东北草本植物志10: 52. 2004; Fl. China 23: 98. 2010.

沉水草本；叶螺旋状排列，披针形，基部半抱茎，边缘有细锯状齿，叶脉3条，中脉明显；佛焰苞腋生，长管状，绿色，具纵细棱；花两性；萼片3，线状披针形，绿色，中肋紫色；花瓣3，白色，线形；瘦果圆柱形。生水田、池塘和水沟中。产辽宁省普兰店、清原。

叶色美丽，是园林水景中的良好绿化材料。全草为鱼饵。

■ 水筛

植株

居群

5 茨藻属 *Najas* L.

Najas L., Sp. Pl. 1015. 1753.

一年生沉水草本。茎细长，柔软，分枝多，光滑或具刺。叶近对生或假轮生，无柄；叶片细线形、线形至线状披针形，具1中脉，全缘或叶缘具锯状齿，叶基扩展成鞘，鞘内常具1对细小的鳞片，无叶舌，常具叶耳。花单性，雌雄同株或异株，单生或簇生于叶腋，或自分枝基部长出，无柄；雄花具一长颈瓶状佛焰苞，花被膜质，呈短颈瓶状，先端2裂，雄蕊1枚，花药1或4室；雌花裸露，无花被和佛焰苞，少数种具佛焰苞，雌蕊1枚，花柱短，柱头2～4枚，子房1室。瘦果，具1层膜质果皮。种子长圆形或卵形。

本属全世界约40种，分布于温带、亚热带和热带地区。中国有11种。东北地区产5种。

分种检索表

1. 植株较粗壮；茎上有尖锐短刺；叶鞘全缘或有不明显的齿；叶宽1.5～3毫米，边缘有粗齿
………… 1. 大茨藻 N. marina L.

1. 植株纤细；茎上无刺或有稀疏刺毛；叶鞘上缘有明显的齿；叶宽1毫米左右，边缘有细齿或仅有齿尖。

  2. 叶片反曲，呈锥形，向先端渐尖锐，边缘有多细胞的齿 ………… 2. 小茨藻 N. minor All.

  2. 叶片直伸或斜展或稍向下弯曲，纤细，边缘仅有1～3个细胞的齿或仅有齿尖。

    3. 叶耳为狭而长的三角形，稀圆形；花药4室 ………… 3. 草茨藻 N. graminea Delile

    3. 叶耳圆形至截形或无；花药1室或4室。

      4. 叶近对生或3叶假轮生，于枝端较密集；花药4室 ………… 4. 东方茨藻 N. chinensis N. Z. Wang

      4. 叶多为5叶假轮生，少数为3叶或5叶以上假轮生，多呈簇生的数枚叶与单枚叶拟对生状态；花药1室
      ………… 5. 纤细茨藻 N. gracillima (A. Br.) Magnus

（1）大茨藻（内蒙古植物志，中国植物志，Flora of China）；茨藻（辽宁植物志，黑龙江省植物志，东北植物检索表，东北草本植物志）

Najas marina L., Sp. Pl. 1015. 1753; 中国植物志8: 109. 图版44. 1992; 辽宁植物志（下册）: 671. 图版302: 1～3. 1992; 内蒙古植物志（第二版）5: 25. 图版13: 1～8. 1994; 东北植物检索表（第二版）: 742. 图

版376: 1. 1995; 黑龙江省植物志10: 34. 图版15: 1 ~ 3. 2002; 东北草本植物志10: 36. 图版16: 1 ~ 3. 2004; Fl. China 23: 92. 2010.

生池塘、缓流河水中。产黑龙江省齐齐哈尔、哈尔滨、牡丹江、阿城、大庆；吉林省扶余；辽宁省沈阳、法库、康平、新民、彰武、阜新、普兰店、大连；内蒙古自治区科尔沁右翼中旗、科尔沁左翼后旗、大青沟等地。

全草可作绿肥和饲料。

■ 大茨藻

果枝一部分

茎上有尖锐短刺

果枝

植株一部分

（2）小茨藻（辽宁植物志，黑龙江省植物志，内蒙古植物志，东北植物检索表，东北草本植物志，中国植物志，Flora of China）

■ 小茨藻

叶一部分

叶鞘侧面观

叶鞘正面观

叶

植株一部分

植株

Najas minor All. in Auct. Syn. Stirp. Horti Taur. 3. 1773; 中国植物志8: 111. 图版45. 1992; 辽宁植物志（下册）: 673. 图版302: 4 ~ 5. 1992; 内蒙古植物志（第二版）5: 27. 图版13: 9 ~ 13. 1994; 东北植物检索表（第二版）: 742. 图版376: 2. 1995; 黑龙江省植物志10: 36. 图版15: 4 ~ 6. 2002; 东北草本植物志10: 36. 图版16: 4 ~ 5. 2004; Fl. China 23: 93. 2010.

生水塘中。产黑龙江省齐齐哈尔、萝北、哈尔滨、阿城；吉林省扶余；辽宁省康平、沈阳、鞍山、抚顺、彰武、盘锦、大洼、普兰店、金州；内蒙古自治区扎赉特旗等地。

全草可作饲料和绿肥。

（3）草茨藻（中国植物志，Flora of China）；细叶茨藻（辽宁植物志，黑龙江省植物志，东北植物检索表，东北草本植物志）

Najas graminea Delile in Descr. Egypte, Hist. Nat. 282. 1813; 中国植物志8: 123. 图版52. 1992; 辽宁植物志（下册）: 673. 图版302: 6 ~ 7. 1992; 东北植物检索表（第二版）: 744. 图版376: 3. 1995; 黑龙江省植物志10: 34. 图版15: 7 ~ 8. 2002; 东北草本植物志10: 38. 图版16: 6 ~ 7. 2004; Fl. China 23: 94. 2010.

生静水池塘、藕田、水稻田和缓流中。产黑龙江省哈尔滨；辽宁省大连、沈阳、抚顺等地。

全草可作饲料和绿肥。

■ 草茨藻

植株一部分

植株

（4）东方茨藻（武汉植物学研究，中国植物志，Flora of China）

Najas chinensis N. Z. Wang J. Wuhan Bot. Res. 3: 32. 1985; Fl. China 23: 94. 2010.——*Najas orientalis*

■ 东方茨藻

植株一部分

植株

■ 东方茨藻

叶

叶鞘

叶鞘侧面观

Triest et Uotila in Ann. Bot. Fennici 23: 169. 1986; 中国植物志8: 120. 图版50. 1992.——*N. foveolata* auct. non A. Br. ex Magnus: Juz. in Kom. Fl. USSR 1: 274. t. 13. f. 5. 1934; 华东水生维管束植物15. 图18. 1952; Ohwi, Fl. Jap. 59. 1956; 江苏植物志 上册 131.图221. 1977.——*N. indica* auct. non (Willd.) Cham.: 台湾植物志5: 37. 1978; 中国水生高等植物图说217.图159. 1983.

生池塘、水沟、藕田、水稻田和缓流河中。产吉林省（地点不详）；辽宁省金州。

（5）纤细茨藻（内蒙古植物志，中国植物志，Flora of China）；丝叶茨藻（辽宁植物志，黑龙江省植物志，东北植物检索表，东北草本植物志）

Najas gracillima (A. Br.) Magnus in Beitr. Kenntn. Najas 23. 1870; 中国植物志8: 113. 图版46. 1992; 内蒙古植物志（第二版）5: 27. 图版14: 9 ~ 12. 1994; 辽宁植物志（下册）: 673. 图版302: 8 ~ 9. 1992; 黑龙江省植物志10: 34. 图版15: 9 ~ 11. 2002; Fl. China 23: 93. 2010.——*N. japonica* Nakai in J. Jap. Bot. 13: 853. 1937; 东北植物检索表（第二版）: 744. 图版376: 4. 1995; 东北草本植物志10: 36. 图版16: 8 ~ 9. 2004.

■ 纤细茨藻

叶

植株一部分

多生稻田或藕田中，亦见于水沟和池塘的浅水处。产黑龙江省嘉荫县黑龙江边；吉林省长春、汪清、安图；辽宁省沈阳；内蒙古自治区扎赉特旗。

6 黑藻属 *Hydrilla* Rich.

Hydrilla Rich in Mem. Cl. Sci. Math. Inst. Natl. France 12(2): 9, 61. 1814.

沉水草本。具须根。茎纤细，圆柱形，多分枝。叶3～8片轮生，近基部偶有对生；叶片线形、披针形或长椭圆形，无柄。花单性，腋生，雌雄异株或同株；雄佛焰苞膜质，近球形，顶端平截，具数个短凸刺，无苞梗；苞内雄花1朵，具短梗；萼片3，白色或绿色，卵形或倒卵形；花瓣3，与萼片互生，白色或淡紫色，匙形，通常较萼片狭而长；雄蕊3，与花瓣互生，无退化雄蕊；雌佛焰苞管状，先端2裂；苞内雌花1朵，无梗；萼片、花瓣均与雄花花被相似，但较狭，开放时花伸出水面；花柱3，稀为2，圆柱形，表面有流苏状乳突；子房下位，1室，圆柱形或狭圆锥形；侧膜胎座，胚珠少数，倒生。果实圆柱形或线形，平滑或具凸起。种子2～6粒，矩圆形。

本属全世界仅1种1变种，广布于温带、亚热带和热带。中国均产，普遍分布于东北、华北、华东、华南、西南各省区。

分种下单位检索表

1. 叶长7～17毫米，宽1～1.8毫米；果实表面常有2～9个刺状突起；种子2～6粒 ……… a. 黑藻 H. verticillata var. verticillata
1. 叶长7.5～13毫米，宽3～4毫米；果实表面无刺状突起或有1～3个小凸起；种子1～3枚 ……… b. 罗氏轮叶黑藻 H. verticillata var. roxburghii

黑藻（辽宁植物志，黑龙江省植物志，东北植物检索表，东北草本植物志，中国植物志，Flora of China）

Hydrilla verticillata (L. f.) Royle in Ill. Bot. Himal. Mts. t. 376. 1839; 中国植物志8: 183. 图版72: 1～6. 1992; 辽宁植物志（下册）: 645. 图版288: 1～4. 1992; 东北植物检索表（第二版）: 735. 图版371: 3. 1995; 黑龙江省植物志10: 16. 图版5: 1～7. 2002; 东北草本植物志10: 52. 图版23: 1～4. 2004; Fl. China 23: 101. 2010.

■ 黑藻

休眠芽

植株一部分

■ 黑藻

花期

植株

特征同属。

（a）黑藻（原变种）

Hydrilla verticillata var. *verticillata*

全株浸没于净水塘或长期不用的水井中。产黑龙江省哈尔滨、齐齐哈尔、密山；吉林省扶余；辽宁省各地。

全草可作鱼的饲料，药用有清热解毒、利尿祛湿作用，用于疮疡肿毒。

（b）罗氏轮叶黑藻（变种）（中国植物志，Flora of China）；光果黑藻（植物智网站）

Hydrilla verticillata var. *roxburghii* Caspary, Jahrb. Wiss. Bot. 1: 494. 1858; 中国植物志8: 185. 图版72: 7. 1992; Fl. China 23: 101. 2010.

生淡水中。产黑龙江省（地点不详）。

■ 罗氏轮叶黑藻

休眠芽侧面观

休眠芽正面观

茎与叶

植株一部分

7 水蕴藻属 *Elodea* Michaux

Elodea Michaux, Flora Boreali–Americana. 1: 20. 1803.

多年生水草。无根状茎和匍匐茎。茎圆柱形，直立或横生于水中，分枝或不分枝，漂浮在水中者也能生根长叶。叶在茎上轮状排列，沉水，无柄，每轮3～8个，或叶在近顶端的4节或多节对生；叶片线形，基部斜，上面无刺或通气组织，顶端钝；叶鞘内小鳞片全缘。花序具一至多数花，无柄，佛焰苞无翅。雌雄异株，花多为单性，很少两性，花瓣白色。雄花：花丝明显，花药椭圆形或线形。雌花：子房1室，花柱3枚，不分叉。果卵球形到长椭圆形，光滑，不规则开裂。种子圆筒状至纺锤形，有黏液，无毛或具粗毛。

本属全世界有8种，原产南美洲，非洲、亚洲、澳大利亚、欧洲、北美洲有引种。中国引进3种。东北地区引进1种，已经归化。

水蕴草（中国外来入侵植物志）

Elodea densa Casp. in Monatsb. Berl. Acad. 49. 1857.——*Egeria densa* Planchon, Ann. Sci. Nat., Bot., sér. 3. 11: 80. 1849; Fl. China 23: 102. 2010; 中国外来入侵植物志5: 16. 2021.

多年生水生草本植物。茎圆柱形，直径1～3毫米，节间短。叶线状披针形，近基部的叶片对生或3枚轮生，中上部叶片4～8枚轮生，叶缘有细锯状小齿，质薄，有1条主脉。花单性，雌雄异株；花瓣3枚，白色；雄花序具小花2～4朵，雄花花萼长椭圆形，花瓣宽椭圆形，表面有很多褶皱，雄蕊9枚，花丝和花药黄色；雌花序佛焰苞内仅具雌花1朵，雌花花瓣较雄花小，心皮3枚，假雄蕊略呈梅花状。蒴果卵圆形，长约6毫米。种子纺锤形，长4～5毫米。原产南美洲。辽宁省大连市一些水塘和湿地公园有引进，已归化。

本种为外来入侵植物，绿叶、白花有一定的观赏价值和点缀水体的作用，但大量繁殖会造成水下生物大量死亡，进而影响水生生态系统的稳定和水域的景观效果。

■ 水蕴草

叶缘有细小锯齿

茎节生根

植株一部分

花侧面观

花正面观

居群

040. 冰沼草科（芝菜科） Scheuchzeriaceae

Scheuchzeriaceae F. Rudolphi, Syst. Orb. Veg. 28(1830) , *nom. cons.*

木贼门、木贼亚门、木兰纲、百合亚纲、泽泻超目、泽泻目（Alismatales）。

多年生沼生草本。地下根茎粗短，横走。地上茎直立，具节。叶基生和茎生，具开放的叶鞘，鞘内生有多数长毛；茎生叶互生，对折，叶片线形，半圆柱状而中实，上部筒状，先端近轴面具有一孔；叶鞘顶端有一明显的叶舌。花数朵排成顶生的短总状花序，花梗基部有苞片；完全花，风媒，下位，3数，无蜜腺；宿存花被排列为相似的两轮，每轮各具分离的、黄绿色的被片3枚；雄蕊6枚，分离，花丝短，花药纵裂；花粉无萌发孔；雌蕊群由3（~6）枚心皮组成，基部稍合生，其他部分分离，每心皮具一干乳头状、外向、无柄的柱头；胚珠2至数枚，生子房室基部边缘，直立，倒生，珠被2层，厚珠心，胚乳发育为沼生目型。果实为外弯伸展的蓇葖果。种子无胚乳，胚芽小，子叶圆形。

本科全世界有1属1种，广布北温带至寒带地区。中国有分布，产西北、华北和东北地区。

冰沼草属（芝菜属） *Scheuchzeria* L.

Scheuchzeria L., Sp. Pl. 1: 338. 1753.

属的特征和地理分布同科。

冰沼草（中国植物志，Flora of China）；芝菜（东北植物检索表，东北草本植物志）

Scheuchzeria palustris L., Sp. Pl. 1: 338. 1753; 中国植物志8: 125. 图版53. 1992; 东北植物检索表（第二版）: 735. 图版371: 1. 1995; 东北草本植物志10: 39. 2004; Fl. China 23: 103. 2010.

多年生草本；短根状茎上的匍匐茎长15~30厘米；基生叶直立而相互紧靠，长20~30厘米；茎生叶长2~13厘米；叶舌长3~5毫米；花茎高12~30厘米；开花时花柄长2~4毫米，果柄长6~22毫米；蓇葖果几乎无喙，长5~7毫米。生沼泽和其他极湿处。产黑龙江省伊春；吉林省临江。

在2021年公布的《国家重点保护野生植物名录》中，本种被列为二级保护植物。

■ 冰沼草

植株一部分

花序

植株

041. 水麦冬科 Juncaginaceae

Juncaginaceae Juss., Gen. Pl. [Jussieu] 43. 1789, *nom. cons.*

木贼门、木贼亚门、木兰纲、百合亚纲、泽泻超目、泽泻目（Alismatales）。

沼生或水生草本；叶多为基生，条形；花两性或单性，花被片2～6，2轮，绿色；雄蕊3（～4）～6；心皮3（～4）～6，分离或合生；果实为小坚果，合生或分离。

本科约有30种，广布于世界各地，主产寒温带沿海地区。中国产1属2种，东北均有分布。

水麦冬属 *Triglochin* L.

Triglochin L., Sp. Pl. 338. 1753.

多年生湿生草本。具根茎，密生须根。叶全部基生，条形或锥状条形，具叶鞘，鞘缘膜质。总状花序较长，棱无苞片；花两性，花被片6枚，2轮，卵形，绿色；雄蕊6枚，与花被片对生，花药2室，无花丝；心皮6枚，有时3枚不发育，合生，柱头毛笔状，子房上位，每室胚珠1颗。蒴果椭圆形、卵形或长圆柱形，成熟后呈3或6瓣开裂，内含种子1粒。

本属全世界约15种，分布于中国、大洋洲和美国南部温带地区。中国有2种，产东北及西南等地区。

分种检索表

1\. 心皮全部能育；无匍匐茎 ………………………………………… 1. 海韭菜 T. maritima L.

1\. 心皮仅3个能育；有匍匐茎 ………………………………………… 2. 水麦冬 T. palustris L.

（1）海韭菜（辽宁植物志，内蒙古植物志，东北植物检索表，东北草本植物志，中国植物志，Flora of China）；亚海韭菜（辽宁植物志，东北植物检索表）；亚洲海韭菜（东北草本植物志）

Triglochin maritima L., Sp. Pl. 105. 1753; 中国植物志8: 40. 图版11. 1992; 辽宁植物志（下册）: 650. 图版290: 4～6. 1992; 内蒙古植物志（第二版）5: 30. 图版15: 4. 1994; 东北植物检索表（第二版）: 737. 图版372: 3. 1995; 东北草本植物志10: 39. 图版17: 1～3. 2004; Fl. China 23: 105. 2010.——*T. asiatica* (Kitag.) Love & Love in Naturaliste Canad. 85: 159. 1958; 辽宁植物志（下册）: 650. 图版290: 1～3. 1992; 东北植物检索表

■ 海韭菜

根部

花序

果序

植株

（第二版）: 737. 图版372: 2. 1995; 东北草本植物志10: 41. 图版17: 4 ~ 6. 2004.

生海边、盐滩、湿沙地。产黑龙江省黑河；吉林省双辽；辽宁省彰武、大连、兴城、丹东、东港；内蒙古自治区海拉尔、满洲里、新巴尔虎左旗、科尔沁右翼前旗、通辽、科尔沁左翼后旗、克什克腾旗等地。

全草有清热养阴、生津止渴作用，果实有滋补、止泻、镇静作用。

（2）水麦冬（辽宁植物志，黑龙江省植物志，内蒙古植物志，东北植物检索表，东北草本植物志，中国植物志，Flora of China）

Triglochin palustris L., Sp. Pl. 338. 1753; 中国植物志8: 40. 图版10. 1992; 辽宁植物志（下册）: 650. 图版291. 1992; 内蒙古植物志（第二版）5: 30. 图版15: 1 ~ 3. 1994; 东北植物检索表（第二版）: 737. 图版372: 1. 1995; 黑龙江省植物志10: 17. 图版7. 2002; 东北草本植物志10: 41. 图版18: 1 ~ 5. 2004; Fl. China 23: 105. 2010.

生沼泽地或盐碱湿地。产黑龙江省黑河、安达、大庆、呼玛、哈尔滨；吉林省白城、扶余、镇赉；辽宁省建平、康平、丹东、东港、彰武、长海；内蒙古自治区额尔古纳、根河、海拉尔、牙克石、满洲里、新巴尔虎右旗（呼伦池）、科尔沁右翼前旗、阿尔山、科尔沁左翼后旗、克什克腾旗、翁牛特旗、巴林右旗、通辽等地。

全草及果实有清热利湿、消肿止泻作用。

■ 水麦冬

果序

花侧面观

花正面观

根部

植株

居群

042. 大叶藻科 Zosteraceae

Zosteraceae Dumort., Anal. Fam. Pl. 65 ~ 66. 1829.

木贼门、木贼亚门、木兰纲、百合亚纲、泽泻超目、泽泻目（Alismatales）。

多年生草本，生于潮间带。具根状茎。一般茎较短。叶2列排列，叶片线形，基部成鞘状。花单性，雌雄同株或异株，肉穗花序，花靠一侧着生，外面有佛焰苞包裹，无花被，有时具有膜质透明的苞；雄花近无柄，仅具1花药；雌花仅1枚，子房1室，花柱1，柱头2。

本科全世界有2属22种，广泛分布于温带和亚热带水域。中国有2属7种。东北地区产2属6种。

分属检索表

1. 雌雄同株；佛焰苞不呈虾状弯曲；叶不丛生，稀丛生 …………………… 1. 大叶藻属 Zostera
1. 雌雄异株；佛焰苞呈虾状弯曲；叶丛生 …………………… 2. 虾海藻属 Phyllospadix

1 大叶藻属 *Zostera* L.

Zostera L., Sp. Pl. 968. 1753.

多年生草本，生潮间带。茎纤细。叶2列排列，线形，基部有鞘，有叶舌。花小，单性，雌雄花同生于一扁平的肉穗花序上，初包藏在叶鞘内；雄蕊与心皮相间排列在花序轴的两侧，雄蕊无柄，具纵裂的花药1枚，花粉粒丝状；子房由2心皮合成，基部圆形，1室，花柱短，柱头2，具1胚珠。瘦果卵形或长圆形。

本属全世界约12种，世界广布，尤以北半球温带沿海水域种类较多。中国5种，主要分布于辽宁、河北、山东等省沿海。东北地区均产。

分种检索表

1. 叶宽1.5 ~ 2毫米，叶鞘开裂；穗轴两侧每花下有一小苞片；根状茎细长匍匐
   …………………… 1. 矮大叶藻 Z. japonica Aschers. et Graebn.
1. 叶宽3 ~ 15毫米以上，叶鞘闭锁呈筒状；穗轴两侧每花下无小苞片。
   2. 根状茎短，不匍匐；植株丛生 …………………… 2. 丛生大叶藻 Z. caespitosa Miki
   2. 根状茎细长，匍匐，水平分枝。
      3. 叶具5 ~ 7脉；种子具脊 …………………… 3. 大叶藻 Z. marina L.
      3. 叶具7 ~ 13脉；种子表面平滑。
         4. 叶先端钝圆或具凸尖；生殖枝仅基部分枝能育；种子表面具色素斑点 … 4. 具茎大叶藻 Z. caulescens Miki
         4. 叶先端截形、微凹；生殖枝无不育分枝；种子表面无色素斑点 …………5. 宽叶大叶藻 Z. asiatica Miki

（1）矮大叶藻（辽宁植物志，东北植物检索表，东北草本植物志，中国植物志，Flora of China）

Zostera japonica Aschers. et Graebn. in Pflanzenr. Ⅳ, 11: 32. 1907; 中国植物志8: 90. 图版36. 1992; 辽宁植物志（下册）: 667. 图版299: 3. 1992; 东北植物检索表（第二版）: 742. 图版375: 5. 1995; 东北草本植物志10: 34. 图版14: 2. 2004; Fl. China 23: 107. 2010.

生低潮线附近泥沙滩。产辽宁省绥中、大连、旅顺口；内蒙古自治区科尔沁右翼前旗。

（2）丛生大叶藻（辽宁植物志，东北植物检索表，东北草本植物志，中国植物志，Flora of China）

Zostera caespitosa Miki in Bot. Mag. (Tokyo) 46: 780. 1932; 中国植物志8: 88 图版34. 1992; 辽宁植物志（下册）: 667. 1992; 东北植物检索表（第二版）: 742. 图版375: 4. 1995; 东北草本植物志10: 34. 2004; Fl. China 23: 106. 2010.

生岸边浅海中。产辽宁省绥中、旅顺口等地。

（3）大叶藻（辽宁植物志，东北植物检索表，东北草本植物志，中国植物志，Flora of China）

Zostera marina L., Sp. Pl. 968. 1753; 中国植物志8: 86. 1992; 辽宁植物志（下册）: 667. 图版299: 1. 1992; 东北植物检索表（第二版）: 742. 图版375: 2. 1995; 东北草本植物志10: 32. 图版14: 3. 2004; Fl. China 23: 106. 2010.

生浅海中。产辽宁省绥中、大连等地。

全草有清热化痰、软坚散结、利水作用，主治瘿瘤结核、疝瘕、水肿、脚气。

■ 大叶藻

繁殖枝一部分

叶脉

肉穗花序一部分及雌蕊与雄蕊

植株一部分

居群

群落

（4）具茎大叶藻（中国植物志，Flora of China）

Zostera caulescens Miki in Bot. Mag. Tokyo 46: 779. 1932; 中国植物志8: 88. 图版35. 1992; Fl. China 23: 106. 2010.

生浅海中。产辽宁省大连、普兰店沿海。

（5）宽叶大叶藻（辽宁植物志，东北植物检索表，东北草本植物志，中国植物志，Flora of China）

Zostera asiatica Miki in Bot. Mag. (Tokyo) 46: 776. 1932; 中国植物志8: 90. 1992; 辽宁植物志（下册）: 667. 图版299: 2. 1992; 东北植物检索表（第二版）: 742. 图版375: 3. 1995; 东北草本植物志10: 32. 图版14: 1. 2004; Fl. China 23: 107. 2010.

生浅海中。产辽宁省普兰店、金州、庄河、大连等地。

2 虾海藻属 *Phyllospadix* Hook.

Phyllospadix Hook., Fl. Bor. Amer. 2: 171. 1838.

多年生沉水海草。根状茎粗短。叶扁平，线形，基部有叶鞘。雌雄异株，肉穗花序，具佛焰花苞，花交互着生在花序轴的两侧，无花被；雄花无柄，花药1室；雌花由1无柄的子房组成，花柱短，柱头2，常有交互着生的败育雄蕊；苞片卵状披针形，着生在花序轴的两侧边缘。果实弯曲；外果皮柔软，内果皮硬纤维质。种子椭圆形。

本属全世界约5种；广布于太平洋北部，如亚洲东海岸和北美洲西海岸。中国产2种。东北地区产1种。

黑纤维虾海藻（中国植物志，Flora of China）；虾海藻（辽宁植物志，东北植物检索表，东北草本植物志）

Phyllospadix japonicus Makino in Bot. Mag. (Tokyo) 11: 137. 1897; 中国植物志8: 93. 图版37. 1992; 辽宁植物志（下册）: 669. 图版300. 1992; 东北植物检索表（第二版）: 742. 图版375: 1. 1995; 东北草本植物志10: 34. 图版15: 1～4. 2004; Fl. China 23: 107. 2010.

多年生海草；根状茎粗短，残存有淡黑褐色的叶纤维；茎短；叶线形，具3条脉，全缘或有不明显的微齿；叶鞘长5～10厘米；花序轴扁平，肉穗花序包于虾状弯曲的佛焰苞内；瘦果前端有喙，基部箭形。生低潮线礁石或硬质沙地上。产辽宁省大连。

■ 黑纤维虾海藻

植株一部分

植株

居群

043. 眼子菜科 Potamogetonaceae

Potamogetonaceae Bercht. & J. Presl, Prir. Rostlin Aneb. Rostl. 1(Sig. 7 ~ 13): 1, 3. 1823.

木贼门、木贼亚门、木兰纲、百合亚纲、泽泻超目、泽泻目（Alismatales）。

沉水或浮水草本。叶互生、对生或近轮生。数花簇生或为穗状花序，腋生；花单性或两性；花被片合生成鞘状，或4枚离生。果实核果状或瘦果状，先端具喙。

本科全世界有6属90 ~ 100种，广布于世界各地。中国产3属25种。东北地区产3属19种。

分属检索表

1. 花单性；沉水草本；雄花仅1枚雄蕊且无花被，雌花生于1透明的杯状苞内 ………………… 1. 角果藻属 Zannichellia

1. 花多两性，稀单性；叶有沉水叶和浮水叶；雄蕊4枚，花被片4枚。

  2. 叶全部为沉水叶，无柄，托叶与叶片基部贴生，形成明显的叶鞘；穗状花序花期漂浮于水面，花为水表传粉；内果皮背部盖状物自基部向上约达果长的2/3处 ……………………………………… 2. 篦齿眼子菜属 Stuckenia

  2. 叶漂浮水面或沉没水中，具柄或无柄，托叶与叶片离生或基部稍合生，不形成叶鞘；穗状花序花期伸出水面，花为风媒传粉；内果皮背部盖状物自基部直达顶部 ……………………………………… 3. 眼子菜属 Potamogeton

1 角果藻属 *Zannichellia* L.

Zannichellia L., Sp. Pl. 2: 969. 1753.

沉水草本，生淡水、半咸水或海水中。具匍匐茎，多分枝，细弱而纤长，每节疏生须根。叶线形，无柄，互生，有时近对生，全缘，先端渐尖，基部具鞘状托叶。花序腋生；花单性同株，1朵雄花和1朵雌花同生于1无色苞状鞘内；雄花仅1枚雄蕊，无花被，花丝细长，着生于雌花基部；雌花生于1透明的杯状苞内，心皮通常（2 ~ ）4（ ~ 8）枚，离生，花柱长，柱头斜盾形。瘦果肾形略扁，无柄或具短柄，先端具喙，稍向背面弯曲。

本属全世界仅1种，广布于世界各地。东北地区有分布。

角果藻（辽宁植物志，黑龙江省植物志，内蒙古植物志，东北植物检索表，东北草本植物志，中国植物志，Flora of China）

■ 角果藻

果枝

植株一部分

Zannichellia palustris L., Sp. Pl. 969. 1753; 中国植物志8: 104. 图版41. 1992; 辽宁植物志（下册）: 669. 图版301. 1992; 内蒙古植物志（第二版）5: 23. 图版11. 1994; 东北植物检索表（第二版）: 739. 图版374: 1. 1995; 黑龙江省植物志10: 32. 图版14. 2002; 东北草本植物志10: 30. 图版13: 1 ~ 3. 2004; Fl. China 23: 116. 2010.

细弱的沉水草本；茎细，具少数分枝；2 ~ 4 叶轮生；花微小，单性，腋生，雌雄花各一，同生一膜质苞内；瘦果长圆状肾形，脊上具齿，具长喙。生淡水池沼或海滨及内陆的咸水中。产黑龙江省哈尔滨；辽宁省凌源、旅顺口、金州、大连湾；内蒙古自治区海拉尔、科尔沁右翼中旗等地。

2 篦齿眼子菜属 *Stuckenia* Börner

Stuckenia Börner, Bot.–Syst. Not. 258. 1912.

根茎发达。叶全部为沉水型，线形，全缘，无柄；托叶与叶片基部贴生，形成显著的叶鞘。穗状花序开花时不伸出水面；多为水表传粉；花粉粒长圆球形，表面具网状雕纹；雌蕊4枚，离生。果实具短喙，近无侧棱或侧棱极不显著；盖状物长未及内果皮顶部，仅自基向上约达果长的2/3处。

本属全世界有7种，广布于世界各地。中国有4种。东北地区产1种。

篦齿眼子菜（辽宁植物志，黑龙江省植物志，东北植物检索表，东北草本植物志，中国植物志，Flora of China）；龙须眼子菜（内蒙古植物志）；柔花眼子菜（水生生物学报，中国植物志）

Stuckenia pectinata (L.) Börner in Fl. Deut. Volk. 713. 1912; Fl. China 23: 115. 2010.——*Potamogeton pectinatus* L., Sp. Pl. 127. 1753; 中国植物志8: 79. 图版32. 1992; 辽宁植物志（下册）: 661. 图版296: 4 ~ 6. 1992; 内蒙古植物志（第二版）5: 12. 图版5. 1994; 东北植物检索表（第二版）: 739. 图版373: 5. 1995; 黑龙江省植物志10: 23. 图版9: 4 ~ 6. 2002; 东北草本植物志10: 25. 图版10: 4 ~ 6. 2004.——*Potamogeton leptanthus* Y. D. Chen in Acta Hydrobiol. Sin. 11(3): 231. f. 2. 1. 1987; 中国植物志8: 79. 1992.

沉水草本；叶全缘，狭线形，宽1 ~ 2毫米，基部与托叶贴生成鞘；穗状花序顶生，具花4 ~ 7轮，间断排列；花被片4，圆形或宽卵形；核果倒卵形，顶端斜升长约0.3毫米的喙，背部钝圆。生河沟、水渠、池塘等各类水体。产黑龙江省哈尔滨、阿城、密山、齐齐哈尔、大庆、宁安；吉林省扶余、双辽；辽宁省盘锦、康平、法库、沈阳、新民、大连、金州、普兰店、鞍山、岫岩；内蒙古自治区海拉尔、新巴尔虎左旗、新巴尔虎右旗、科尔沁左翼后旗、乌兰浩特、通辽、阿尔山等地。

全草有清热解毒作用，治肺炎、疮疖。

■ 篦齿眼子菜

植株

植株一部分

3 眼子菜属 *Potamogeton* L.

Potamogeton L., Sp. Pl. 126. 1753.

多年生或一年生水生草本。根状茎匍匐。茎二叉分枝，圆柱形或稍扁。叶沉入水中或漂浮水面，互生，稀对生，全缘或具齿，通常沉水叶较狭，线形，膜质，漂浮叶有柄，革质或膜质，较宽，披针状长圆形，托叶生于叶腋中或与叶柄合生而围茎成鞘。穗状花序腋生，基部具薄膜质托叶鞘；花小，两性，花被片4，圆形，基部爪状，绿色，镊合状排列；雄蕊4，花丝生于花被片基部，花药外向开裂；雌蕊4，分离，子房1室1胚珠。果不开裂，核果状，外果皮疏松可贮气借以浮水传播，内果皮果质。种子近肾形。

本属全世界约75种，分布于全球，尤以北半球温带地区分布较多。中国约有20种，南北各省区均有分布。东北地区产17种。

分种检索表

1. 叶有沉水叶和浮水叶两型。
  2. 浮水叶小型，通常长不及4厘米，宽不及2厘米。
    3. 果的背脊有鸡冠状突起；喙细长 ………………………… **1. 鸡冠眼子菜 P. cristatus** Regel et Maack
    3. 果无鸡冠状突起；喙较短 ………………………………………… **2. 南方眼子菜 P. octandrus** Poir.
  2. 浮水叶大型，通常长超过4厘米，宽超过2厘米。
    4. 沉水叶较狭成柄状；果长4～5毫米 ………………………………………… **3. 浮叶眼子菜 P. natans** L.
    4. 沉水叶较宽，叶片常为披针形；果长不超过4毫米。
      5. 沉水叶无柄；果长约2.5毫米 ……………………………………… **4. 禾叶眼子菜 P. gramineus** L.
      5. 沉水叶有柄；果长3～3.5毫米 ………………………………… **5. 眼子菜 P. distinctus** A. Bennett
1. 叶全部为沉水叶。
  6. 叶有柄。
    7. 叶柄长2～6厘米；叶片线状长圆形，长6～20厘米，宽0.8～2厘米 ……… **6. 竹叶眼子菜 P. wrightii** Morong
    7. 叶柄长约0.5毫米。
      8. 叶长圆状披针形，先端有长1～5毫米的尖头，二级细脉明显呈梯状 …………… **7. 光叶眼子菜 P. lucens** L.
      8. 叶条形或披针状条形，先端无小尖头，二级细脉稀疏且不明显 ………… **8. 兴安眼子菜 P. xinganensis** Ma
  6. 叶无柄。
    9. 叶较宽，通常宽在5毫米以上，边缘有波皱。
      10. 叶广卵形或卵状披针形，基部宽而抱茎 ……………………………… **9. 穿叶眼子菜 P. perfoliatus** L.
      10. 叶广披针形或线状披针形，基部不抱茎 …………………………………………… **10. 菹草 P. crispus** L.
    9. 叶较狭，宽在5毫米以下，边缘无波皱。
      11. 托叶与叶基部合生而围茎成鞘；茎多分枝；叶缘具微齿，叶片狭线形，长3～5厘米，宽2～3毫米 ……………………………………………………………… **11. 微齿眼子菜 P. maackianus** A. Benn.
      11. 托叶与叶基部分离，有时托叶下部合生成筒状。
        12. 托叶下部合生成筒状；茎丝状，直径0.3～0.8毫米。
          13. 托叶分裂；叶脉3～5条 ……………………………… **12. 弗里斯眼子菜 P. friesii** Ruprecht
          13. 托叶不分裂；叶脉1～3条 ………………………………………… **13. 小眼子菜 P. pusillus** L.
        12. 托叶下部不合生成筒状。

（接上表）

14. 茎干后扁平
 15. 茎宽2～4毫米；叶宽2～4毫米，顶端锐尖；花序圆柱状 … **14. 扁茎眼子菜 P. compressus** L.
 15. 茎宽约1毫米；叶宽0.5～1.5毫米，稀达2毫米，顶端渐尖；花序成头状
 ………………………………………… **15. 东北眼子菜 P. mandschuriensis** (A. Bennett) A. Bennett
14. 茎干后近圆形或略扁。
 16. 茎节有腺体；叶两侧近平行………………………… **16. 钝叶眼子菜 P. obtusifolius** Mert. et Koch
 16. 茎节无腺体；叶微弯曲而呈镰状…………………………………**17. 尖叶眼子菜 P. oxyphyllus** Miq.

（1）鸡冠眼子菜（中国植物志，Flora of China）；突果眼子菜（辽宁植物志，黑龙江省植物志，东北植物检索表，东北草本植物志）

Potamogeton cristatus Regel et Maack in Tent. Fl. Ussur. 139. 1861; 中国植物志8: 70. 图版28. 1992; 辽宁植物志（下册）: 657. 图版293: 7. 1992; 东北植物检索表（第二版）: 737. 图版373: 9. 1995; 黑龙江省植物志10: 29. 图版13: 8. 2002; 东北草本植物志10: 18. 图版7: 7. 2004; Fl. China 23: 113. 2010.

生静水池塘及水稻田中。产黑龙江省齐齐哈尔、五大连池；辽宁省沈阳；内蒙古自治区海拉尔等地。

全草可作饲料，药用有清热、利水、止血、消肿、驱蛔虫作用。

■ 鸡冠眼子菜

浮水叶和花序

植株

（2）南方眼子菜（内蒙古植物志，Flora of China）；小浮叶眼子菜（辽宁植物志，黑龙江省植物志，东北植物检索表，东北草本植物志）；钝脊眼子菜（内蒙古植物志，中国植物志）；湖北眼子菜（植物分类学报，中国植物志）；八蕊眼子菜（植物智网站）

Potamogeton octandrus Poiret in Lamarck, Encycl., Suppl. 4: 534. 1816; Fl. China 23: 113. 2010; 内蒙古植物志（第三版）6: 18. 2020.——*P. mizuhikimo* Makino in Ill. Fl. Jap. 1: 9. 1891; 辽宁植物志（下册）: 657. 图版293: 4～6. 1992; 东北植物检索表（第二版）: 737. 图版373: 8. 1995; 黑龙江省植物志10: 31. 图版13: 5～7. 2002; 东北草本植物志10: 18. 图版7: 4～6. 2004.——*P. octandrus* var. *mizuhikimo* (Makino) Hara in J. Jap. Bot. 20: 331. 1944; 中国植物志8: 73. 图版30. 1992; 内蒙古植物志（第二版）5: 16. 图版9: 5～7. 1994.——*Potamogeton hubeiensis* W. X. Wang in Acta Phytotax. Sin. 26(2): 160. 1988; 中国植物志8: 73. 图版29. 1992.

生池塘、缓流河沟中，水体多呈微酸性。产黑龙江省虎林、齐齐哈尔、北安、哈尔滨、密山、富锦；吉林省珲春；辽宁省新宾、清原、开原、北票、新民、大连；内蒙古自治区海拉尔等地。

全草可作饲料或绿肥，药用有清热、利水、止血、消肿、驱蛔虫作用。

■ 南方眼子菜

植株一部分

果序

植株

（3）浮叶眼子菜（辽宁植物志，黑龙江省植物志，东北植物检索表，东北草本植物志，中国植物志，Flora of China）

Potamogeton natans L., Sp. Pl. 126. 1753; 中国植物志8: 64. 图版25. 1992; 辽宁植物志（下册）: 654. 图版292. 1992; 东北植物检索表（第二版）: 737. 图版373: 1. 1995; 黑龙江省植物志10: 27. 图版12. 2002; 东北草本植物志10: 16. 图版6: 1 ~ 3. 2004; Fl. China 23: 113. 2010.

生沟塘等静水或缓流中，水体多呈微酸性。产黑龙江省伊春、密山、尚志、宁安、哈尔滨；辽宁省抚顺、新民、普兰店、沈阳等地。

全草有解热、利水、止血、补虚、健脾作用，用于目赤红肿、牙痛、水肿、痔疮等。

■ 浮叶眼子菜

植株

花序一部分

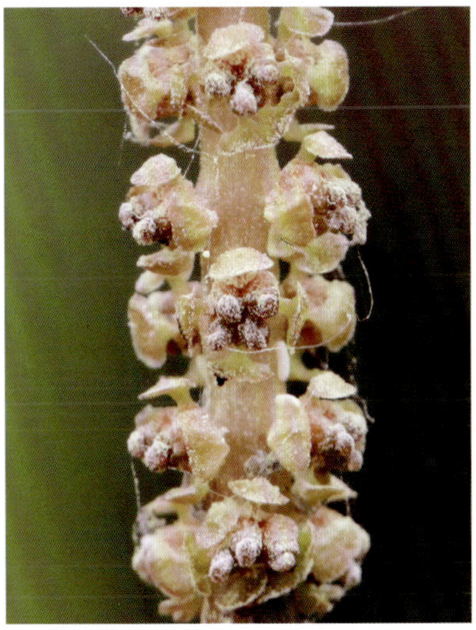

果序一部分

（4）禾叶眼子菜（内蒙古植物志，中国植物志，Flora of China）；异叶眼子菜（黑龙江省植物志，东北植物检索表，东北草本植物志，中国植物志）

Potamogeton gramineus L., Sp. Pl. 1: 127. 1753; 中国植物志8: 62. 1992; 东北植物检索表（第二版）: 737. 图版373: 2. 1995; 黑龙江省植物志10: 27. 2002; 东北草本植物志10: 16. 图版6: 4 ~ 5, 5 ~ 6. 2004; Fl. China 23: 113. 2010; 内蒙古植物志（第三版）6: 23. 2020.——*Potamogeton heterophyllus* Schreb., Spicil. Fl.

Lips. 21. 1771; Fl. Manchur. 52. 1934; 东北植物检索表448. 1959; 中国植物志8: 62. 图版23. 1992.

生池沼、沟塘等静水体，水体中性至微碱性。产黑龙江省伊春、萝北、阿城；吉林省延吉、安图、珲春；内蒙古自治区新巴尔虎右旗、科尔沁右翼前旗等地。

（5）眼子菜（辽宁植物志，黑龙江省植物志，内蒙古植物志，东北植物检索表，东北草本植物志，中国植物志，Flora of China）；泉生眼子菜（植物研究，中国植物志）

Potamogeton distinctus A. Bennett in J. Bot. 42: 72. 1904; 中国植物志8: 68. 图版26. 1992; 辽宁植物志（下册）: 654. 图版293: 1 ~ 3. 1992; 内蒙古植物志（第二版）5: 19. 图版9: 1 ~ 4. 1994; 东北植物检索表（第二版）: 737. 图版373: 7. 1995; 黑龙江省植物志10: 29. 图版13: 1 ~ 4. 2002; 东北草本植物志10: 16. 图版7: 1 ~ 3. 2004; Fl. China 23: 114. 2010.——*Potamogeton fontigenus* Y. H. Guo et al. in Bull. Bot. Res. 5(2): 133. 1985; 中国植物志8: 70. 图版27. 1992.

生水稻田、河渠、水库等处。产黑龙江省密山、牡丹江、萝北、哈尔滨；吉林省珲春、安图、长白、柳河、梅河口、通化、集安、辉南；辽宁省开原、康平、法库、沈阳、盘锦、大洼、临海、兴城、抚顺、清原、鞍山、盖州；内蒙古自治区科尔沁右翼中旗、科尔沁右翼前旗、扎赉特旗、克什克腾旗等地。

全草可作饲料，药用有清热、利水、止血、消肿、驱蛔虫作用。

■ 眼子菜

沉水叶

浮水叶

植株一部分

植株

（6）竹叶眼子菜（辽宁植物志，黑龙江省植物志，内蒙古植物志，东北植物检索表，东北草本植物志，中国植物志，Flora of China）

Potamogeton wrightii Morong, Bull. Torrey Bot. Club. 13: 158. 1886; Fl. China 23: 112. 2010; 内蒙古植物

志（第三版）6: 17. 2020.——*P. malaianus* auct. non Miq.: 中国植物志8: 60. 图版22. 1992; 辽宁植物志（下册）: 657. 图版294: 1 ~ 3. 1992; 内蒙古植物志（第二版）5: 16. 图版8: 5 ~ 6. 1994; 东北植物检索表（第二版）: 737. 图版374: 3. 1995; 黑龙江省植物志10: 24. 图版11: 4 ~ 6. 2002; 东北草本植物志10: 20. 图版8: 1 ~ 2. 2004.

生静水池塘、水库、水田中。产黑龙江省哈尔滨、牡丹江、密山、宁安、齐齐哈尔；吉林省洮南；辽宁省铁岭、沈阳、新民、法库、康平、鞍山、盘锦、普兰店、抚顺；内蒙古自治区扎赉特旗、乌兰浩特、阿鲁科尔沁旗、科尔沁右翼中旗、阿尔山等地。

全草治急性结膜炎、黄疸、水肿、白带异常、小儿疳积、蛔虫病，外用治痈疖肿毒。

■ **竹叶眼子菜**

叶和果序

植株一部分

（7）光叶眼子菜（辽宁植物志，黑龙江省植物志，内蒙古植物志，东北植物检索表，东北草本植物志，中国植物志，Flora of China）

Potamogeton lucens L., Sp. Pl. 126. 1753; 中国植物志8: 57. 图版21. 1992; 辽宁植物志（下册）: 659. 图版294: 4 ~ 5. 1992; 内蒙古植物志（第二版）5: 22. 图版8: 1 ~ 4. 1994; 东北植物检索表（第二版）: 739. 图版374: 2. 1995; 黑龙江省植物志10: 24. 图版11: 1 ~ 3. 2002; 东北草本植物志10: 20. 图版8: 4 ~ 5. 2004; Fl. China 23: 112. 2010.

生沟塘等静水水体。产黑龙江省哈尔滨、杜尔伯特；吉林省扶余；辽宁省沈阳、彰武；内蒙古自治区额尔古纳、鄂伦春、大青沟、阿尔山、科尔沁右翼中旗、科尔沁左翼后旗等地。

全草可作饲料，药用有清热、利水、止血、消肿、驱蛔虫作用。

■ **光叶眼子菜**

花枝

花序

植株

植株一部分

（8）兴安眼子菜（内蒙古植物志）

Potamogeton xinganensis Ma, 内蒙古大学学报（自然科学版）20(2): 281. 1989; 内蒙古植物志（第二版）5: 23. 图版11. 1994.

生海拔800米以上的池塘中。产内蒙古自治区科尔沁右翼前旗、阿尔山等地。

（9）穿叶眼子菜（辽宁植物志，黑龙江省植物志，内蒙古植物志，东北植物检索表，东北草本植物志，中国植物志，Flora of China）

Potamogeton perfoliatus L., Sp. Pl. 126. 1753; 中国植物志8: 55. 图版19. 1992; 辽宁植物志（下册）: 659. 图版295: 4 ~ 5. 1992; 内蒙古植物志（第二版）5: 19. 图版10: 6 ~ 8. 1994; 东北植物检索表（第二版）: 739. 图版374: 5. 1995; 黑龙江省植物志10: 24. 图版10: 5 ~ 7. 2002; 东北草本植物志10: 23. 图版9: 4 ~ 5. 2004; Fl. China 23: 112. 2010.

生池塘、灌渠、河流等水体。产黑龙江省集贤、萝北、北安、杜尔伯特、呼玛、牡丹江、哈尔滨、齐齐哈尔；吉林省白城、扶余；辽宁省北票、凌源；内蒙古自治区海拉尔、扎兰屯、科尔沁右翼前旗等地。

全草有渗湿解表作用，用于湿疹、皮肤瘙痒。

■ 穿叶眼子菜

果序

茎叶背面观

花序

果枝

植株一部分

植株

（10）菹草（黑龙江省植物志，内蒙古植物志，东北植物检索表，东北草本植物志，中国植物志，Flora of China）；菹草眼子菜（辽宁植物志）

Potamogeton crispus L., Sp. Pl. 126. 1753; 中国植物志8: 52. 图版18. 1992; 辽宁植物志（下册）: 659. 图版295: 1 ~ 3. 1992; 内蒙古植物志（第二版）5: 22. 图版10: 1 ~ 5. 1994; 东北植物检索表（第二版）: 739. 图版374: 4. 1995; 黑龙江省植物志10: 23. 图版10: 1 ~ 4. 2002; 东北草本植物志10: 20. 图版9: 1 ~ 3. 2004; Fl. China 23: 111. 2010.

生池塘、水沟、稻田、灌渠及缓流河水中。产黑龙江省各地；吉林省长白、汪清、临江；辽宁省沈阳、新民、黑山、建昌、普兰店、大连、庄河、长海、本溪、抚顺；内蒙古自治区科尔沁右翼中旗、克什克腾旗、通辽、阿鲁科尔沁旗等地。

全草可作饲料或绿肥。全草有清热利水、止血、消肿、驱蛔虫作用。

■ 菹草

植株一部分

植株

（11）微齿眼子菜（辽宁植物志，黑龙江省植物志，东北植物检索表，东北草本植物志，中国植物志，Flora of China）

Potamogeton maackianus A. Benn. in J. Bot. 42: 74. 1904; 中国植物志8: 52. 图版17. 1992; 辽宁植物志（下册）: 659. 图版296: 1 ~ 3. 1992; 东北植物检索表（第二版）: 739. 图版373: 6. 1995; 黑龙江省植物志10: 21. 图版9: 1 ~ 3. 2002; 东北草本植物志10: 23. 图版10: 1 ~ 3. 2004; Fl. China 23: 110. 2010.

生池塘等静水水体。产黑龙江省萝北、哈尔滨、牡丹江；辽宁省新民等地。

全草可作饲料，药用有清热、利水、止血、消肿、驱蛔虫作用。

■ 微齿眼子菜

花序

植株

（12）弗里斯眼子菜（内蒙古植物志，Flora of China）

Potamogeton friesii Ruprecht, Beitr. Pflanzenk. Russ. Reiches. 4: 43. 1845; Fl. China 23: 111. 2010; 内蒙古植物志（第三版）6: 16. 2020.——*Potamogeton pusillus* subsp. *friesii* (Rupr.) Hook. f., Student. Fl. Brit. Isl. ed. 3, 435(1884) .

生溪流、池塘、水塘、湖泊。产内蒙古自治区各地。

（13）小眼子菜（辽宁植物志，黑龙江省植物志，内蒙古植物志，东北植物检索表，东北草本植物志，中国植物志，Flora of China）

Potamogeton pusillus L., Sp. Pl. 127. 1753; 中国植物志8: 44. 图版12. 1992; 辽宁植物志（下册）: 662. 图版297: 4 ~ 6. 1992; 东北植物检索表（第二版）: 739. 图版373: 3. 1995; 黑龙江省植物志10: 19. 图版8: 1 ~ 4. 2002; 东北草本植物志10: 25. 图版11: 4 ~ 6. 2004; Fl. China 23: 111. 2010; 内蒙古植物志（第三版）6: 17. 2020.——*P. panormitanus* Bivona in Nuov. Piante ined. 6. 1838; 内蒙古植物志（第二版）5: 14. 图版7: 8 ~ 10. 1994.

生池塘、水田及沟渠等静水或缓流之中。产黑龙江省伊春、北安、密山、齐齐哈尔、哈尔滨、牡丹江、萝北；吉林省扶余、珲春、靖宇、汪清、白城、公主岭、抚松、安图；辽宁省沈阳、鞍山、兴城、盘锦、大洼、普兰店、长海；内蒙古自治区额尔古纳、新巴尔虎右旗、海拉尔、通辽、扎兰屯、科尔沁右翼前旗等地。

■ 小眼子菜

植株一部分

植株

（14）扁茎眼子菜（中国植物志，Flora of China）；柳叶眼子菜（辽宁植物志，东北植物检索表，东北草本植物志）

Potamogeton compressus L., Sp. Pl. 127. 1753; 辽宁植物志（下册）: 662. 图版297: 1 ~ 3. 1992; 东北植物检索表（第二版）: 739. 1995; 东北草本植物志10: 25. 图版11: 1 ~ 3. 2004; Fl. China 23: 110. 2010.——*Potamogeton filiformis* Pers. var. *applanatus* (Y. D. Chen) Q. Y. Li in Journ. Wuhan Bot. Res. 10(1): 13. 1992; 中国植物志8: 78. 1992.

生池沼及缓流河水中。产黑龙江省哈尔滨、尚志、北安、齐齐哈尔、肇源、集贤；吉林省安图；辽宁省北票；内蒙古自治区海拉尔、扎兰屯等地。

■ 扁茎眼子菜

果枝

茎叶

植株

（15）东北眼子菜（内蒙古植物志，东北植物检索表，东北草本植物志，Flora of China）；单果眼子菜（内蒙古植物志，中国植物志）

Potamogeton mandschuriensis (A. Bennett) A. Bennett, Trans. & Proc. Bot. Soc. Edinburgh. 29: 50. 1924; 东北植物检索表（第二版）: 739. 1995; 东北草本植物志10: 27. 2004; Fl. China 23: 110. 2010; 内蒙古植物志（第三版）6: 16. 2020.——*Potamogeton acutifolius* Link ex Roemer & Schultes subsp. *mandschuriensis* A. Bennett, J. Bot. 42: 76. 1904.——*Potamogeton acutifoliu* sauct. non Link: 中国植物志8: 50. 图版16. 1992; 内蒙古植物志（第二版）5: 14. 图版5. 1994.

生湖泊、池塘、水沟等静水水体。产黑龙江省哈尔滨；吉林省扶余；内蒙古自治区牙克石、科尔沁右翼中旗、阿鲁科尔沁旗、锡林浩特等地。

■ 东北眼子菜

叶

植株

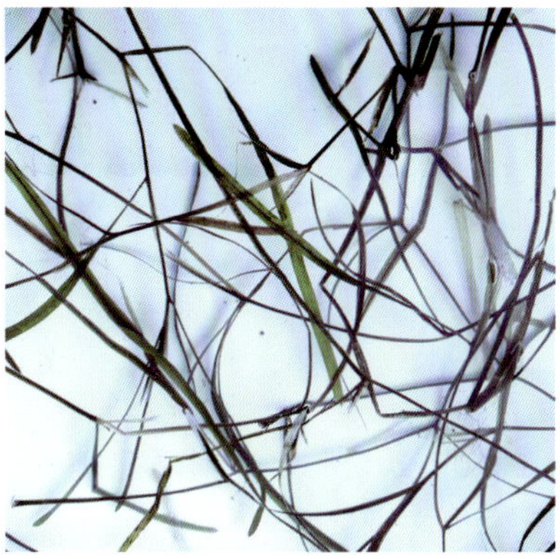
植株一部分

（16）钝叶眼子菜（中国植物志，Flora of China）；钝头眼子菜（黑龙江省植物志，东北植物检索表，东北草本植物志）

Potamogeton obtusifolius Mert. et Koch in J. C. Röhling, Deutschl. Fl., ed. 3. 1: 855. 1823; 中国植物志8: 47. 图版13. 1992; 东北植物检索表（第二版）: 739. 1995; 黑龙江省植物志10: 21. 图版8: 5 ~ 7. 2002; 东北草本植物志10: 27. 2004; Fl. China 23: 111. 2010; 东北植物分布图集: 1212. 2019.

生清水河溪之中。产黑龙江省萝北及牡丹江流域；吉林省安图；辽宁省凌源；内蒙古自治区额尔古纳。

（17）尖叶眼子菜（辽宁植物志，东北植物检索表，东北草本植物志，中国植物志，Flora of China）；崇阳眼子菜（植物分类学报，中国植物志）

■ 尖叶眼子菜

植株一部分

居群

Potamogeton oxyphyllus Miq. in Ann. Mus. Bot. Lugduno ~ Batavi 3: 161. 1867; 中国植物志8: 47. 图版14. 1992; 辽宁植物志（下册）: 662. 1992; 东北植物检索表（第二版）: 739. 1995; 东北草本植物志10: 27. 2004; Fl. China 23: 110. 2010.——*Potamogeton chongyongensis* W. X. Wang in Acta Phytotax. Sin. 22(6): 490. 1984; 中国植物志8: 50. 图版15. 1992.

生池塘、溪沟之中。产黑龙江省北安；辽宁省北票、铁岭、抚顺等地。

044. 川蔓藻科 Ruppiaceae

Ruppiaceae Horan., Prim. Lin. Syst. Nat. 46. 1834, *nom. cons.*

木贼门、木贼亚门、木兰纲、百合亚纲、泽泻超目、泽泻目（Alismatales）。

多年生或一年生沉水草本。根茎细而稍硬，匍生泥中，节上疏生须根。直立茎长或短。叶互生，花序下假对生，叶片狭线形，无柄，全缘或具极细缺刻，仅中肋1条，先端尖或呈刚毛状延长，基部叶鞘离生或抱茎，两侧具叶耳，无叶舌。穗状花序顶生或腋生，初时具短花梗，包藏于鞘内，果时强烈伸长或略伸长，漂浮水面或沉水；穗状花序由2至数朵花组成，花小，两性，花被片极小；雄蕊2枚；花药2室，外向纵裂，花粉粒伸长，弓曲；雌蕊具离生心皮4枚或较多，柱头小，盘状或盾形，子房瓶颈状，初时近无柄，果时柄伸长，子房1室。瘦果不对称，不开裂，顶端常具喙，果柄长，外果皮松软易腐，内果皮质硬，棕色或暗棕色。种子无胚乳。

本科全世界有1属8 ~ 10种，分布于全球温带及亚热带海域或内陆盐碱湖。中国有1种1变种。东北地区产1属1种1变种。

川蔓藻属 *Ruppia* L.

Ruppia L., Sp. Pl. 127. 1753.

特征和地理分布同科。

分种下单位检索表

1. 总果柄长5厘米，不扭旋 ························ a. 川蔓藻 R. maritima var. maritima
1. 总果柄长超过6厘米，螺旋状弯曲 ························ b. 卷须川蔓藻 R. maritima var. spiralis

川蔓藻（辽宁植物志，东北植物检索表，东北草本植物志，中国植物志，Flora of China）

Ruppia maritima L., Sp. Pl. 127. 1753; 中国植物志8: 83. 图版33. 1992; 辽宁植物志（下册）: 665. 图版298: 1 ~ 3. 1992; 东北植物检索表（第二版）: 739. 图版374: 7. 1995; 东北草本植物志10: 28. 图版12: 1 ~ 3. 2004; Fl. China 23: 118. 2010.

沉水草本。地上茎分枝多，呈丛生状。叶窄线形，具明显中肋，先端渐尖或急尖，基部叶鞘略抱茎。穗状花序长2 ~ 4厘米，由2朵花组成，包藏于叶鞘内的短梗上，花后梗伸出鞘外。瘦果呈略斜的广卵圆形，具短喙。

（a）川蔓藻（原变种）

R. maritima var. *maritima*

生海边盐田或内陆盐碱湖。产辽宁省葫芦岛、金州、大连、旅顺口、普兰店、营口等地。

■ 川蔓藻

植株一部分

植株

（b）卷须川蔓藻（变种）（东北植物检索表，东北草本植物志）

Ruppia maritima var. *spiralis* Moris., St. Sard. ed. 1. 43. 1827; 东北植物检索表（第二版）: 739. 图版374: 6. 1995; 东北草本植物志10: 28. 图版12: 4. 2004; 东北植物分布图集: 1215. 2019.

生海边盐田。产辽宁省金州。

045. 薯蓣科 Dioscoreaceae

Dioscoreaceae R. Br., Prodr. [A. P. de Candolle] 294. 1810, *nom. cons.*

木贼门、木贼亚门、木兰纲、百合亚纲、露兜树超目、薯蓣目（Dioscoreales）。

缠绕草质或木质藤本，或为多年生草本，具根状茎或块茎。茎左旋或右旋，或无茎，有刺或无刺。叶在茎上互生，有时中部以上对生，或全部基生，单叶或掌状复叶，具网状脉。花两性或单性异株，稀同株；花单生、簇生或排列成穗状、总状、圆锥状，或具总苞的伞形花序；花被片6，离生或合生；雄蕊6；子房下位，3室或1室。果实为蒴果、浆果或翅果。

本科全世界有5属650～700种，广泛分布于热带和温带地区，尤其是热带美洲。中国有1属52种。东北地区产1属3种，其中栽培1种。

薯蓣属 *Dioscorea* L.

Dioscorea L., Sp. Pl. 1032. 1753.

缠绕藤本。地下有根状茎或块茎，其形状、颜色、入土的深度、化学成分因种类而不同。单叶或掌状复叶，互生，有时中部以上对生，基出脉3～9，侧脉网状。叶腋内有珠芽（或叫零余子）或无。花单性，雌雄异株，很少同株。雄花有雄蕊6枚，有时其中3枚退化；雌花有退化雄蕊3～6 枚或无。蒴果三棱形，每棱翅状，成熟后顶端开裂；种子有膜质翅。

本属全世界600多种，广布于热带及温带地区。中国有52种，主产西南和东南部，西北和北部较少。

分种检索表

1. 叶腋内无珠芽；地下为根状茎 ································ 1. 穿龙薯蓣 D. nipponica Makino
1. 叶腋内常生有珠芽；地下为块茎。

（接上表）

2. 块茎卵圆形或梨形；茎浅绿色稍带红紫色，左旋 …………………………………………	2. 黄独 D. bulbifera L.
2. 块茎长圆柱形；茎通常带紫红色，右旋 ………………………………………………………	3. 薯蓣 D. polystachya Turcz.

（1）穿龙薯蓣（辽宁植物志，黑龙江省植物志，内蒙古植物志，东北植物检索表，东北草本植物志，中国植物志，Flora of China）

Dioscorea nipponica Makino in Ill. Fl. Jap. 1(7): 2. 1891; 中国植物志16(1): 60. 图版14: 1～4. 1985; 辽宁植物志（下册）: 764. 图版341: 1～2. 1992; 内蒙古植物志（第二版）5: 533. 图版224. 1994; 东北植物检索表（第二版）: 768. 图版393: 1. 1995; 东北草本植物志12: 188. 图版82: 1～2. 1998; Fl. China 24: 279. 2000; 黑龙江省植物志10: 132. 图版55: 1～2. 2002.

生山坡灌木丛中和稀疏杂木林内及林缘。产黑龙江省牡丹江、宁安、五常、尚志、哈尔滨、阿城、虎林、密山、伊春、海林、穆棱、林口、东宁、通河、铁力、庆安；吉林省浑江、抚松、安图、汪清、珲春、蛟河；辽宁省西丰、法库、沈阳、清原、本溪、桓仁、宽甸、凤城、岫岩、朝阳、建昌、凌源、建平、北镇、阜新、鞍山、营口、海城、盖州、大连、瓦房店、铁岭；内蒙古自治区科尔沁右翼前旗、大青沟、敖汉旗、巴林左旗、巴林右旗、克什克腾旗、敖汉旗、喀喇沁旗、宁城、西乌珠穆沁旗、正镶白旗等地。

根状茎含薯蓣皂苷元，是合成甾体激素药物的重要原料，民间用以治腰腿疼痛、筋骨麻木、跌打损伤、咳嗽喘息。嫩苗可食。

■ 穿龙薯蓣

果序

花序

植株一部分

植株

（2）黄独（中国植物志，Flora of China）；黄药子（中国植物志）

Dioscorea bulbifera L., Sp. Pl. 1033. 1753; 中国植物志16(1): 88. 图版26: 1～5. 1985; Fl. China 24: 287. 2000.

分布河南、安徽、浙江、福建、湖南、广东等地。辽宁省大连、沈阳等地有栽培。

块茎有消肿解毒、化痰散结、凉血止血作用，用于瘿瘤、咳血、吐血等。

■ 黄独

珠芽

植株一部分

（3）薯蓣（辽宁植物志，黑龙江省植物志，东北植物检索表，东北草本植物志，中国植物志，Flora of China）；山药（东北草本植物志）

Dioscorea polystachya Turcz., Bull. Soc. Imp. Naturalistes Moscou. 10(7): 158. 1837; Fl. China 24: 292. 2000; 内蒙古植物志（第三版）6: 503. 2020.——*D. opposita* auct. non Thunb.: 中国植物志16(1): 103. 图版33: 1 ~ 9. 1985; 辽宁植物志（下册）: 764. 图版341: 3. 1992; 内蒙古植物志（第二版）5: 534. 1994; 东北植物检索表（第二版）: 768. 图版393: 2. 1995; 东北草本植物志12: 190. 图版82: 3 ~ 5. 1998; 黑龙江省植物志10: 132. 图版55: 3 ~ 5. 2002.

生山谷或山坡灌丛间。产辽宁省大连、金州、普兰店、长海、绥中、岫岩、丹东、凤城、宽甸等地。黑龙江省牡丹江市及吉林省、辽宁省有栽培。

肉质地下茎可供食用，亦是滋补强壮剂。零余子（珠芽）可播种，亦可食用。

■ 薯蓣

植株一部分

雌株

雄株

046. 藜芦科（黑药花科） Melanthiaceae

Melanthiaceae Batsch ex Borkh., Bot. Wörterb. 2: 8. 1797, *nom. cons.*

木贼门、木贼亚门、木兰纲、百合亚纲、百合超目、百合目（Liliales）。

多年生草本，具根状茎，稀具鳞茎。叶基生或茎生，或数枚轮生于茎顶。花序总状、穗状、圆锥状、伞形，或花单生；花被片6，稀三至多枚，离生或基部合生；雄蕊与花被片同数；子房上位，3室，稀3～10室，每室具二至多数胚珠。蒴果，稀为浆果。

本科全世界有18属154～201种，主产北半球温带和寒温带地区，少数分布至南美。中国产7属49种，主产华中、华南和西南地区。东北地区产4属8种1变种2变型。

分属检索表

1. 叶一轮常4至多枚；花4基数或更多，内轮花被片远比外轮花被片为狭 ………………………………… 1. 北重楼属 Paris
1. 叶和花非上述情况。
  2. 浆果；具根状茎；叶3枚轮生茎顶 ……………………………………………………………………… 2. 延龄草属 Trillium
  2. 蒴果；具鳞茎或根状茎。
    3. 具根状茎；叶互生，椭圆形至条形 ………………………………………………………………… 3. 藜芦属 Veratrum
    3. 具鳞茎；叶基生或近基生，条形或狭带状 ……………………………………………………………4. 棋盘花属 Anticlea

1 北重楼属 *Paris* L.

Paris L., Sp. Pl. ed. 1, 367. 1753.

多年生直立草本。根状茎肉质，圆柱状，细长或粗厚。茎不分枝，基部具1～3枚膜质鞘。叶通常（3）4至多枚，轮生于茎顶部，排成一轮。花单生于叶轮中央；花梗似为茎的延续；花被片离生，宿存，排成二轮，每轮（3～）4～6（～10）枚；外轮花被片通常叶状，绿色，极少花瓣状，呈白色或沿脉具白色斑纹；内轮花被片条形，很少不存在；雄蕊与花被片同数，1～2轮，极少3轮；花丝细，扁平；花药条形或短条形，基着，向两侧纵裂，药隔凸出于花药顶端或不明显；子房近球形或圆锥形，4～10室，顶端具盘状花柱基或不具，花柱短或较细长，分枝4～10。蒴果或浆果状蒴果，光滑或具棱，具种子多数。

本属全世界约有24种，分布于欧洲和亚洲温带和亚热带地区。中国有22种。东北地区产2种1变种。

分种检索表

1. 外轮花被片与内轮近等长；花药与花丝近等长；叶卵形或宽倒卵形，常4枚轮生，多可达8枚，少则3枚
 ………………………………………………………………………………………………… 1. 四叶重楼 P. quadrifolia L.
1. 外轮花被片的长度近乎是内轮花被片长度的2倍；花药明显长于花丝；叶披针形、狭矩圆形、倒披针形或倒卵状披针形，常6～8枚轮生，也有4～5枚轮生（2. 北重楼 P. verticillata M.-Bieb.）。
  2. 外轮被片4；雄蕊8；花柱4 ……………………………………………………… 2a. 北重楼 P. verticillata var. verticillata
  2. 外花被片5；雄蕊9～10枚；花柱5……………………… 2b. 倒卵叶重楼 P. verticillata var. obovata (Ledeb.) Hara.

（1）四叶重楼（黑龙江省植物志，东北植物检索表，东北草本植物志，中国植物志，Flora of China）

Paris quadrifolia L., Sp. Pl. 1: 367. 1753; 中国植物志15: 88. 1978; 东北植物检索表（第二版）: 761. 图版384: 6. 1995; 东北草本植物志12: 166. 图版73: 4. 1998; Fl. China 24: 95. 2000; 黑龙江省植物志10: 118. 图版49: 4. 2002.

生林下、林缘。黑龙江省伊春、内蒙古自治区牙克石有记载，但未见吻合的标本。

在2021年公布的《国家重点保护野生植物名录》中，本种被列为二级保护植物。

（2）北重楼（辽宁植物志，黑龙江省植物志，内蒙古植物志，东北植物检索表，东北草本植物志，中国植物志，Flora of China）；七叶一枝花（辽宁植物志）

Paris verticillata Bieb. in Fl. Taur.-Caucas. 3: 287. 1819; 中国植物志15: 88. 图版30: 1 ~ 3. 1978; 辽宁植物志（下册）: 745. 图版333: 1 ~ 2. 1992; 内蒙古植物志（第二版）5: 523. 图版214: 3 ~ 4. 1994; 东北植物检索表（第二版）: 761. 图版384: 7. 1995; 东北草本植物志12: 166. 图版73: 1 ~ 2. 1998; Fl. China 24: 94. 2000; 黑龙江省植物志10: 118. 图版49: 1 ~ 2. 2002.

（2a）北重楼（原变种）

Paris verticillata var. *verticillata*

生林下、林缘、草丛、沟边。产黑龙江省牡丹江、汤原、依兰、东宁、虎林、哈尔滨、伊春、尚志、饶河、宁安、呼玛、黑河、嘉荫；吉林省浑江、桦甸、安图、蛟河、抚松、汪清、长白；辽宁省鞍山、本溪、桓仁、丹东、宽甸、凤城、清原、庄河、开原、西丰、凌源、沈阳；内蒙古自治区根河、额尔古纳、牙克石、鄂伦春、鄂温克、科尔沁右翼前旗、克什克腾旗、喀喇沁旗、东乌珠穆沁旗、西乌珠穆沁旗等地。

根茎有清热解毒、散瘀消肿作用，对毒蛇咬伤、跌打损伤以及无名肿毒有特效。

■ 北重楼

花

居群

（2b）倒卵叶重楼（变种）（黑龙江省植物志，东北植物检索表，东北草本植物志）；倒卵叶北重楼（辽宁植物志）

■ 倒卵叶重楼

果期

花期

植株

Paris verticillata var. *obovata* (Ledeb.) Hara in J. Fac. Sci. Univ. Tokyo, Sect. 3, Bot. 10: 165. 1969; 辽宁植物志（下册）: 747. 图版333: 3. 1992; 东北植物检索表（第二版）: 761. 1995; 东北草本植物志12: 168. 图版73: 3. 1998; 黑龙江省植物志10: 120. 图版49: 3. 2002.

生山坡草地。产黑龙江省哈尔滨、牡丹江、伊春、呼玛；辽宁省鞍山、丹东、宽甸等地。

2 延龄草属 *Trillium* L.

Trillium L., Sp. Pl. ed. 1, 329. 1753.

根状茎粗短。茎直立，不分枝，基部有褐色的膜质鞘。叶3枚，轮生茎的顶端，较宽，菱形至卵形，有3～5主脉和网状细脉，无柄或有短柄。花单生叶轮中央；花梗似为茎的延续；花被片6，离生，排成2轮；外轮3片，绿色，椭圆状披针形、卵状披针形或条状披针形，宿存；内轮3片，花瓣状，白色或紫红色，椭圆形至条状披针形，晚期凋落；雄蕊6，短于花被片；花药基着，向两侧纵裂，药隔极短；花丝通常较短；子房圆锥形、圆锥状卵形或卵圆形，黑紫色，3室，有多数胚珠；花柱有3分枝。浆果绿色。

本属全世界约有46种，分布于中国、不丹、印度、日本、朝鲜、缅甸、尼泊尔、俄罗斯、锡金和北美洲。中国有4种，产于西南、西北和东北地区。东北地区产1种。

吉林延龄草（黑龙江省植物志，东北草本植物志，中国植物志，Flora of China）；白花延龄草（辽宁植物志，东北植物检索表）

Trillium camschatcense Ker Gawl. in Bot. Mag. 22: t. 855. 1805; 辽宁植物志（下册）: 747. 1992; 东北植物检索表（第二版）: 764. 图版386: 1. 1995; 东北草本植物志12: 169. 图版74. 1998; Fl. China 24: 95. 2000; 黑龙江省植物志10: 120. 图版50. 2002.——*T. kamtschaticum* Pall. ex Pursh in Fl. Amer. Sept. 1: 245. 1814; 中国植物志15: 97. 图版32：4. 1978.

多年生草本；叶菱状扁圆形或卵圆形，近无柄；花梗长1.5～4厘米；外轮花被片绿色，内轮花被片白色；浆果卵圆形。生林下、林边或潮湿之处。产黑龙江省宝清、伊春、尚志、宁安、海林；吉林省敦化、浑江、珲春、汪清、安图、抚松、蛟河、通化、靖宇、长白；辽宁省宽甸、桓仁等地。

根及根状茎有镇静止痛、止血、解毒的作用。

■ 吉林延龄草

花

果

植株

3 藜芦属 *Veratrum* L.

Veratrum L., Sp. Pl. ed. 1, 1044. 1753.

多年生直立草本。根状茎粗短，具多数稍肉质、成束的须根。茎从基部至上部具叶，上部有毛，基部为叶鞘所包围。叶互生，从椭圆形至条形，在茎下部的较宽，向上逐渐变狭，并过渡为苞片状，基部常抱茎，有柄或无柄，全缘。圆锥花序，雄性花和两性花同株，极少仅为两性花；花被片6，离生，内轮较外轮长而狭；雄蕊6，着生于花被片基部；花丝丝状，比花被片短或稍长，花药近肾形；子房有毛或无毛，上端稍微3裂，3室，每室有多数胚株；花柱3，较短，外弯，宿存，柱头小，位于花柱顶端与内侧。蒴果椭圆形或卵圆形，具三钝棱，直立或下垂，室间开裂，每室有多数种子。种子扁平，种皮薄，周围具膜质翅。

本属全世界约40种，分布于亚洲、欧洲和北美洲。中国有13种和1变种。东北地区产4种2变型。

分种检索表

1. 茎基部密生无网眼的纤维束；花绿白色或黄绿色。
  2. 花被片背面绿色（边缘白色），内面白色；雄蕊长为花被片的1/2～3/4；子房疏生短柔毛或乳突状毛；叶背面无毛或稍有短柔毛，呈绿色 ……………… 1. **尖被藜芦** V. oxysepalum Turcz.
  2. 花被片两面均为淡黄绿色，带苍白色边缘；雄蕊长约为花被片的1/2；子房密生短柔毛；叶背面密生白色短茸毛或短柔毛，呈灰白色或带灰白色 ……………… 2. **兴安藜芦** V. dahuricum (Turcz.) Loes. f.
1. 茎基部具叶鞘枯死后残留的纤维网眼；花黑紫色（**绿花藜芦** V. maackii f. viridiflora Nakai除外）。
  3. 茎下部叶无柄，叶片广椭圆形或卵状椭圆形，宽4～18厘米或更宽 ……………… 3. **藜芦** V. nigrum L.
  3. 茎下部叶具明显较长的叶柄，叶片长圆状披针形至线状披针形，宽1～6厘米（4. **毛穗藜芦** V. maackii Regel）。
    4. 花被片黑紫色。
      5. 花被片长5～7毫米，宽2～3毫米 ……………… 4a. **毛穗藜芦** V. maackii f. maackii
      5. 花被片长7～8毫米，宽3～4毫米 ……………… 4b. **大花藜芦** V. maackii f. macranthum (Loes. F.) T. Shimizu
    4. 花被片黄绿色 ……………… 4c. **绿花藜芦** V. maackii f. viridiflora Nakai

（1）尖被藜芦（辽宁植物志，黑龙江省植物志，东北植物检索表，东北草本植物志，中国植物志，Flora of China）

Veratrum oxysepalum Turcz. in Bull. Soc. Imp. Naturalistes Moscou 13: 79. 1840; 中国植物志14: 23. 图版3: 6～8. 1980; 辽宁植物志（下册）: 677. 图版304: 1～5. 1992; 东北植物检索表（第二版）: 766. 图版386: 6. 1995; 东北草本植物志12: 65. 图版25: 1～5. 1998; Fl. China 24: 83. 2000; 黑龙江省植物志10: 42. 图版18: 1～5. 2002.

生山坡林下或湿草甸。产黑龙江省伊春；吉林省安图、浑江、抚松、靖宇；辽宁省本溪、桓仁、宽甸、凤城、西丰、凌源等地。

■ 尖被藜芦

花侧面观

花正面观

植株

■ 尖被藜芦

植株下部

花序

（2）兴安藜芦（黑龙江省植物志，内蒙古植物志，东北植物检索表，东北草本植物志，中国植物志，Flora of China）

Veratrum dahuricum (Turcz.) Loes. f., Verh. Bot. Vereins Prov. Brandenburg. 68: 134. 1926; 中国植物志 14: 21. 1980; 内蒙古植物志（第二版）5: 462. 图版190. 1994; 东北植物检索表（第二版）: 766. 图版386: 5. 1995; 东北草本植物志12: 63. 图版24. 1998; Fl. China 24: 83. 2000; 黑龙江省植物志10: 42. 图版17: 5 ~ 8. 2002.

生草甸和山坡湿草地及阔叶林内。产黑龙江省宁安、牡丹江、海林、林口、虎林、呼玛、黑河、萝北、伊春、密山、尚志；吉林省浑江、珲春、汪清；内蒙古自治区额尔古纳、牙克石、鄂伦春、科尔沁右翼前旗、宝格达山等地。

■ 兴安藜芦

花序

花序一部分

植株

（3）藜芦（辽宁植物志，黑龙江省植物志，内蒙古植物志，东北植物检索表，东北草本植物志，中国植物志，Flora of China）

Veratrum nigrum L., Sp. Pl. 1044. 1753; 中国植物志14: 21. 图版2: 1 ~ 4. 1980; 辽宁植物志（下册）: 676. 图版303. 1992; 内蒙古植物志（第二版）5: 460. 图版189: 1 ~ 5. 1994; 东北植物检索表（第二版）: 764. 图版386: 3. 1995; 东北草本植物志12: 61. 图版23. 1998; Fl. China 24: 84. 2000; 黑龙江省植物志10: 40. 图版17: 1 ~ 4. 2002.

生山坡、林内或灌丛间。产黑龙江省牡丹江、海林、林口、密山、宁安、尚志、阿城、伊春、依兰、北安、萝北、克山、黑河；吉林省安图、长白、珲春、通化；辽宁省庄河、瓦房店、丹东、桓仁、本溪、建昌、新宾；内蒙古自治区根河、额尔古纳、牙克石、满洲里、鄂伦春、鄂温克、陈巴尔虎旗、科尔沁右翼前旗、扎鲁特旗、克什克腾旗、巴林右旗、喀喇沁旗、锡林浩特等地。

根状茎或全草有涌吐风痰、杀虫疗疮作用。全株有毒，根部较毒。

■ 藜芦

茎基部叶鞘

花序一部分

植株一部分

花序

（4）毛穗藜芦（辽宁植物志，黑龙江省植物志，内蒙古植物志，东北植物检索表，东北草本植物志，中国植物志，Flora of China）

Veratrum maackii Regel in Mém. Acad. Imp. Sci. Saint Pétersbourg, Sér. 7 4(4): 154. 1861; 中国植物志14: 24. 图版4: 1 ~ 5. 1980; 辽宁植物志（下册）: 678. 图版304: 6 ~ 9. 1992; 内蒙古植物志（第二版）5: 460. 图版189: 6 ~ 7. 1994; 东北植物检索表（第二版）: 766. 图版386: 4. 1995; 东北草本植物志12: 65. 图版25: 6 ~ 9. 1998; Fl. China 24: 84. 2000; 黑龙江省植物志10: 44. 图版18: 6 ~ 9. 2002.

（4a）毛穗藜芦（原变型）

Veratrum maackii f. *maackii*

生林下、灌丛、山坡、草甸。产黑龙江省伊春、黑河、密山、萝北、宁安、牡丹江、汤原、虎林、尚志、宁安、萝北、依兰、嘉荫；吉林省浑江、安图、抚松、汪清、珲春、靖宇、敦化；辽宁省金州、瓦房店、庄河、西丰、清原、本溪、桓仁、岫岩、宽甸；内蒙古自治区鄂伦春。

根状茎为催吐、祛痰药，也可作农业杀虫剂。全株有毒，根茎及根毒性大。

■ 毛穗藜芦

花

花序一部分

茎下部叶

果实

（4b）大花藜芦（变型）（辽宁植物志，东北植物检索表，东北草本植物志）

Veratrum maackii f. *macranthum* (Loes. F.) T. Shimizu in Rep. Inst. Sci. Res. Manchoukou 1: 339. 1937; 辽宁植物志（下册）: 678. 1992; 东北植物检索表（第二版）: 766. 1995; 东北草本植物志12: 67. 1998.

生山坡。产辽宁省桓仁。

（4c）绿花藜芦（变型）（辽宁植物志，东北植物检索表，东北草本植物志）

Veratrum maackii f. *viridiflora* Nakai in Rep. Inst. Sci. Res. Manch.1: 340. 1937; 辽宁植物志（下册）: 680. 1992; 东北植物检索表（第二版）: 766. 1995; 东北草本植物志12: 67. 1998.

生林下。产吉林省安图；辽宁省清原、本溪。

■ 绿花藜芦

叶背面观

花序轴

植株

花序一部分

根部

4 棋盘花属 *Anticlea* Kunth

Anticlea Kunth, Enum. Pl. [Kunth] 4: 191. 1843.

多年生草本，通常具鳞茎，较少具横走的根状茎。叶基生或近基生，条形或狭带状。花葶直立，下部常生1～2枚较小的叶，顶端通常为总状花序，较少由于分枝而成圆锥花序；花两性或杂性；花被片6，离生或基部稍连合成管状，宿存，内面基部上方具2个或1个在顶端深裂的肉质腺体；雄蕊6，着生花被片基部，比花被片短；花丝丝状或下部扩大；花药较小，球形或肾形，药室汇合为一，基着，横向开裂；子房3室，顶端3裂，每室胚珠多数；花柱3，延伸为柱头。蒴果直立，卵形或矩圆形，3裂，室间开裂。种子矩圆形或近披针形，具狭翅。

本属全世界约10种，主要分布于北美洲。中国产1种。东北地区有分布。

棋盘花（黑龙江省植物志，内蒙古植物志，东北植物检索表，东北草本植物志，中国植物志，Flora of China）

Anticlea sibirica (L.) Kunth in Enum. Pl. 4: 191. 1843.——*Zigadenus sibiricus* (L.) A. Gray in Ann. Lyceum Nat. Hist. New York 4: 112. 1837; 中国植物志14: 18. 图版6. 1980; 内蒙古植物志（第二版）5: 458. 图版188: 1～3. 1994; 东北植物检索表（第二版）: 766. 图版386: 7. 1995; 东北草本植物志12: 59. 图版22. 1998; Fl. China 24: 86. 2000; 黑龙江省植物志10: 38. 图版16. 2002.

多年生草本；鳞茎小葱头状；叶基生，条形，在花葶下部常有1～2枚短叶；总状花序或圆锥花序具疏松的花；花被片绿白色，内面基部上方有一顶端2裂的肉质腺体；蒴果圆锥形。生林下和山坡草地上。产黑龙江省加格达奇、呼玛、海林、嫩江；吉林省安图；辽宁省凤城（白云山）；内蒙古自治区额尔古纳、牙克石、鄂伦春、喀喇沁旗、宁城等地。

■ 棋盘花

花

花序

植株

047. 秋水仙科 Colchicaceae

Colchicaceae DC., Essai Propr. Méd. Pl. 56. 1804.

木贼门、木贼亚门、木兰纲、百合亚纲、百合超目、百合目（Liliales）。

多年生草本，具块茎或根状茎。茎直立，有时攀缘。叶互生、近对生或轮生。花两性，稀单性；花被片6，排成2轮，离生或基部合生；雄蕊6；子房3室，每室具多数胚珠。果实为蒴果，稀浆果而不裂。

本科全世界有15属，约245种，广布于北美洲、非洲、欧洲、亚洲、澳大利亚和新西兰。中国产3属17种，广布南北各省区。东北地区产1属2种。

万寿竹属 *Disporum* Salisb.

Disporum Salisb. Trans. Hort. Soc. London. 1: 331. 1812.

多年生直立草本，通常具短的根状茎，有时有匍匐茎；纤维根常略微肉质。茎下部各节有鞘，上部通常有分枝。叶互生，有3～7主脉，叶柄短或无。伞形花序有花1至几朵，着生茎和分枝顶端，或着生与中上部叶相对生的短枝顶端，无苞片；花被狭钟形或近筒状，通常略俯垂；花被片6，离生，基部囊状或距状；雄蕊6，着生花被片基部；花丝扁平，花药矩圆形，基着，半外向开裂；子房3室，每室有倒生胚珠2～6枚。浆果通常近球形，熟时黑色，有2～3（～6）颗种子。种子近球形，种皮具点状皱纹。

本属全世界约有20种，分布于北美洲至亚洲东南部。中国有14种，南北均产。东北地区产2种。

分种检索表

1. 花淡绿色或白色，花被片长圆状披针形，长15～18毫米，里面基部稍有毛或近无毛
……………… 1. **宝珠草** D. **viridescens** (Maxim.) Nakai

1. 花黄色，花被片狭倒卵形或倒卵状披针形，长20～30毫米，里面下部及边缘具明显的细毛
……………… 2. **少花万寿竹** D. **uniflorum** Baker

（1）宝珠草（辽宁植物志，黑龙江省植物志，内蒙古植物志，东北植物检索表，东北草本植物志，中国植物志，Flora of China）；绿宝铎草

Disporum viridescens (Maxim.) Nakai in J. Coll. Sci. Imp. Univ. Tokyo 31: 246. 1911; 中国植物志15: 42. 图版15: 4. 1978; 辽宁植物志（下册）: 732. 图版327: 1 ~ 5. 1992; 内蒙古植物志（第二版）5: 514. 图版213: 1 ~ 3. 1994; 东北植物检索表（第二版）: 753. 图版381: 1. 1995; 东北草本植物志12: 150. 图版65: 1 ~ 5. 1998; Fl. China 24: 155. 2000; 黑龙江省植物志10: 106. 图版44: 1 ~ 5. 2002.

生林下、山坡草地、灌丛。产黑龙江省宁安、伊春、尚志、嘉荫、密山、宝清；吉林省通化、浑江、珲春、蛟河、桦甸、汪清、安图；辽宁省沈阳、大连、开原、西丰、鞍山、岫岩、本溪、丹东、东港、凤城、宽甸；内蒙古自治区科尔沁左翼后旗、大青沟等地。

根有清肺化痰、止咳、祛风湿作用。全草有驱虫作用。

■ 宝珠草

花正面观

花序

植株一部分

根部

植株

（2）少花万寿竹（Flora of China）；黄花宝铎草（辽宁植物志，东北植物检索表，东北草本植物志）；宝铎草（中国植物志）

Disporum uniflorum Baker in J. Bot. 13: 230. 1875; Fl. China 24: 157. 2000.——*D. sessile* D. Don in Syst. Veg. 7: 370. 1829; 中国植物志15: 45. 图版16: 4. 1978.——*D. flavens* Kitag. in Bot. Mag. (Tokyo) 48: 92. 1934; 辽宁植物志（下册）: 734. 图版328: 1 ~ 4. 1992; 东北植物检索表（第二版）: 753. 图版381: 2. 1995; 东北草本植物志12: 150. 图版66. 1998.

生林下或山坡草地。产辽宁省庄河、鞍山、本溪、绥中等地。

根状茎有益气补肾、润肺止咳作用。

■ 少花万寿竹

花序

果序

植株

048. 菝葜科 Smilacaceae

Smilacaceae Vent., Tabl. Regn. Vég. 2: 146. 1799, *nom. cons.*

木贼门、木贼亚门、木兰纲、百合亚纲、百合超目、百合目（Liliales）。

攀缘或直立小灌木，稀为草本。枝常有刺，稀无刺。叶互生，排成2列，全缘，具弧形脉和网状细脉；叶柄两侧边缘常具翅状鞘，鞘的上方有1对卷须或无卷须。花单性异株，通常排成单个腋生的伞形花序；花被片6，离生或合生；雄花具雄蕊3～18枚；雌花具退化雄蕊，子房3室，每室具1～2个胚珠。浆果球形，具少数种子。

本科全世界有1属310余种，广布于各大陆，主产热带和亚热带地区。中国产1属92种，除新疆外，各地均有分布。东北地区产1属4种1变种。

菝葜属 *Smilax* L.

Smilax L., Sp. Pl. ed. 1, 1028. 1753.

属的特征和地理分布同科。

分种检索表

1. 灌木或半灌木，具刺。
  2. 刺较细长，针状，直或近于直，带黑色；老叶纸质 ······································ **1. 华东菝葜** S. sieboldii Miq.
  2. 刺较宽，三角形或狭三角形，老枝上的刺先端弯曲成钩状，白色；老叶革质或近革质 ······ **2. 菝葜** S. china L.
1. 草本植物，无刺。
  3. 叶背面绿色，无毛，有时沿脉有很微小的乳头状突起；叶柄通常在中部以下有卷须；花药线形，弯曲，长1.5～2毫米；总花梗较纤细 ··· **3. 牛尾菜** S. riparia A. DC.

（接上表）

3. 叶背面近苍白色，有粉尘状微柔毛；叶柄近基部有卷须或无卷须；花药椭圆形，长1～1.2毫米；总花梗较粗壮，果期尤甚（**4. 白背牛尾菜 S. nipponica** Miq.）。

4. 叶柄近基部有卷须 ……………………………… **4a. 白背牛尾菜 S. nipponica** var. **nipponica**

4. 叶柄近基部无卷须 ……………………… **4b. 东北牛尾菜 S. nipponica** var. **manshurica** (Kitag.) Kitag.

（1）华东菝葜（辽宁植物志，黑龙江省植物志，东北植物检索表，东北草本植物志，中国植物志，Flora of China）；鲇鱼须菝葜（大连地区植物志）

Smilax sieboldii Miq. in Verslagen Meded. Afd. Natuurk. Kon. Akad. Wetensch. Ⅱ, 2: 87. 1868; 中国植物志15: 192. 图版61: 2～3. 1978; 辽宁植物志（下册）: 758. 1992; 东北植物检索表（第二版）: 762. 图版385: 6. 1995; 东北草本植物志12: 183. 图版80. 1998; Fl. China 24: 101. 2000; 黑龙江省植物志10: 129. 图版54. 2002.

生林下、灌丛、山坡草丛中。产黑龙江省张广才岭一带；辽宁省大连、长海、金州、庄河、东港等地。

根状茎有祛风湿、通经络的作用，治风湿关节炎等。嫩苗可食。

■ 华东菝葜

果序

花枝

植株

（2）菝葜（辽宁植物志，东北植物检索表，东北草本植物志，中国植物志，Flora of China）

Smilax china L., Sp. Pl. 1029. 1753; 中国植物志15: 193. 图版63: 1～3. 1978; 辽宁植物志（下册）: 760. 图版339. 1992; 东北植物检索表（第二版）: 762. 图版385: 7. 1995; 东北草本植物志12: 185. 图版81. 1998; Fl. China 24: 101. 2000.

生林下、灌丛中、路旁、河谷或山坡上。辽宁省庄河和长海（海洋岛）有记录，待调查核实。

根状茎可提取淀粉和栲胶，也可酿酒。有些地区与土茯苓混用，有祛风活血作用。

（3）牛尾菜（辽宁植物志，黑龙江省植物志，东北植物检索表，东北草本植物志，中国植物志，Flora of China）；牛尾草（内蒙古植物志）；心叶菝葜（大连地区植物志）；草菝葜（中国植物志）

Smilax riparia A. DC. in Monogr. Phan. 1: 55. 1878; 中国植物志15: 190. 图版62: 1. 1978; 辽宁植物志（下册）: 758. 图版338: 3～4. 1992; 内蒙古植物志（第二版）5: 533. 图版223. 1994; 东北植物检索表（第二版）: 762. 图版385: 5. 1995; 东北草本植物志12: 181. 图版79: 3～4. 1998; Fl. China 24: 100. 2000; 黑龙江省植物志10: 129. 图版53: 3～4. 2002.

生林下、灌丛、山坡草丛或山沟中。产黑龙江省尚志、宁安、穆棱、虎林、依兰；吉林省通化、安图；辽宁省沈阳、新民、辽阳、鞍山、本溪、桓仁、东港、丹东、凤城、宽甸、清原；内蒙古自治区科尔沁右翼中旗、科尔沁左翼后旗、大青沟等地。

根状茎有活血散瘀、祛痰止咳、舒筋活血作用。嫩苗可供蔬食。

■ 牛尾菜

雌花序

雄花序

果序

叶

植株

（4）白背牛尾菜（辽宁植物志，黑龙江省植物志，东北植物检索表，东北草本植物志，中国植物志，Flora of China）

Smilax nipponica Miq. in Verslagen Meded. Afd. Natuurk. Kon. Akad. Wetensch. Ⅱ, 2: 87. 1868; 中国植物志15: 189. 图版61: 1. 1978; 辽宁植物志（下册）: 757. 图版338: 1 ~ 2. 1992; 东北植物检索表（第二版）: 762. 图版385: 4. 1995; 东北草本植物志12: 181. 图版79: 1 ~ 2. 1998; Fl. China 24: 100. 2000; 黑龙江省植物志10: 127. 图版53: 1 ~ 2. 2002.

（4a）白背牛尾菜（原变种）

Smilax nipponica var. *nipponica*

■ 白背牛尾菜

果序

叶柄近基部有卷须

雄花序

植株

生林下或山坡草丛中。产黑龙江省宁安、海林；辽宁省庄河、凤城、宽甸、本溪、桓仁等地。

根茎曾用作舒筋活血的草药。嫩苗可食。

（4b）东北牛尾菜（变种）（辽宁植物志，东北植物检索表，东北草本植物志）

Smilax nipponica var. *manshurica* (Kitag.) Kitag. in J. Jap. Bot. 25: 45. 1950; 辽宁植物志（下册）: 757. 1992; 东北植物检索表（第二版）: 762. 1995; 东北草本植物志12: 181. 1998.

生林下。产辽宁省凤城、宽甸、桓仁、岫岩等地。

■ 东北牛尾菜

叶柄近基部无卷须

叶正反面对比

居群1

居群2

049. 百合科　Liliaceae

Liliaceae Juss., Gen. Pl. [Jussieu] 48. 1789, *nom. cons.*

木贼门、木贼亚门、木兰纲、百合亚纲、百合超目、百合目（Liliales）。

多年生草本，具鳞茎或根状茎。叶基生或茎生。花序总状或伞形，或为聚伞圆锥花序；花被片6，排成2轮，等大或不等大；雄蕊6；子房上位，3室，每室有2～多数胚珠。蒴果或浆果。

本科全世界有15属，约640种，广布于世界各地，主产北温带地区。中国产13属148种，南北均产，西南地区尤盛。东北地区产9属26种8变种2变型，其中栽培2种。

分属检索表

1. 浆果；具根状茎，不具鳞茎。

（接上表）

2. 叶茎生；无花葶；花单朵腋生或为2朵生腋出的总花梗上；花梗或总花梗因向下扭曲而常位于叶的下方 ……… 1. 扭柄花属 Streptopus

2. 叶基生；具花葶；花通常多朵排成顶生的总状花序或伞形花序，较少只具单花；花梗或总花梗不扭曲 ……… 2. 七筋姑属 Clintonia

1. 蒴果；具鳞茎或根状茎。

3. 具根状茎；叶卵形、矩圆形至椭圆形；外轮花被片在基部囊状或具短距 ……… 3. 油点草属 Tricyrtis

3. 具鳞茎。

4. 花药背着；植株具显著的茎及多数茎生叶。

5. 花被片里面有蜜腺但无凹陷的蜜腺窝；花丝着生花药背面中央；鳞茎外面无鳞茎皮包被 …4. 百合属 Lilium

5. 花被片里面近基部有明显凹陷的蜜腺窝；花丝着生花药背面的下部；鳞茎外面为鳞茎皮所包被 ……… 5. 贝母属 Fritillaria

4. 花药基生；植株具少数茎生叶或主为基生叶。

6. 花被片宿存；花较小，花被片长不超过2厘米……… 6. 顶冰花属 Gagea

6. 花被片脱落；花较大，花被片长2～7厘米或更长，稀长2厘米以下。

7. 花下垂，花后花被片反卷；鳞茎皮内无毛；茎上生有2枚对生叶，叶具网状脉 … 7. 猪牙花属 Erythronium

7. 花直立，开花后花被片不反卷；鳞茎皮内生有柔毛或糙毛，稀无毛；茎上生有2～6枚叶，互生或稀为对生，叶具平行脉。

8. 叶常2枚对生，花下部有2～3（～4）枚对生或轮生的苞叶；花柱与子房近等长；果实具明显的喙 ……… 8. 老鸦瓣属 Amana

8. 叶在茎上互生，花下部无苞叶；花柱不明显或比子房短；果实无明显的喙 ……… 9. 郁金香属 Tulipa

1 扭柄花属 *Streptopus* Michx.

Streptopus Michx., Fl. Bor. Am. 1: 200, t. 18. 1803.

多年生草本，根状茎横走。茎直立，不分枝或中部以上分枝。叶互生，薄纸质，卵形、披针形或卵状矩圆形，无柄，通常抱茎。花通常1～2朵，腋生，由于总花梗与邻近的茎愈合，常貌似与叶对生或出自叶下面，少有3～4朵排成花序生于茎或枝条的顶端；花被片离生；雄蕊6，贴生于花被片基部或中部以下；花药近基着，内向纵裂，顶端具小尖头；花丝扁，基部变宽；子房近球形，3室，通常每室有胚珠6～8，较少2～3；花柱存在或几无，柱头圆盾状或3裂。浆果球形，熟时红色。种子几颗或更多，球形或椭圆形，具沟槽。

本属全世界约有10种，分布于北温带地区。中国产5种。东北地区产2种。

分种检索表

1. 花（2～）3～4朵生茎或枝条的顶端；花被片先端尾状；花柱存在；种子近圆形，不弯 ……… 1. 卵叶扭柄花 S. ovalis (Ohwi) Wang et Y. C. Tang

1. 花1～2朵，通常腋生，较少兼有顶生的；花被片先端短尖；花柱无；种子矩圆形，略弯 ……… 2. 丝梗扭柄花 S. koreanus (Kom.) Ohwi

（1）卵叶扭柄花（中国植物志，Flora of China）；金刚草（辽宁植物志，东北植物检索表，东北草本植物志）

Streptopus ovalis (Ohwi) Wang et Y. C. Tang，中国植物志15: 49. 图版17: 1 ~ 3. 1978; Fl. China 24: 154. 2000.——*Disporum ovale* Ohwi in Bot. Mag. (Tokyo) 45: 385. 1931; 辽宁植物志（下册）: 734. 图版327: 6 ~ 9. 1992; 东北草本植物志12: 153. 图版65: 6 ~ 9. 1998; 东北植物检索表（第二版）: 753. 图版381: 3. 1995.

生山地林下、林缘、灌丛间及草丛中。产吉林省集安；辽宁省庄河、岫岩、凤城、宽甸、丹东、本溪、桓仁、新宾等地。

嫩苗基部可嚼食，有类似黄瓜的味道，故此，山区人称它“山黄瓜”。

■ 卵叶扭柄花

果枝

花序

植株一部分

果实成熟期

居群

（2）丝梗扭柄花（黑龙江省植物志，东北植物检索表，东北草本植物志，中国植物志，Flora of China）

Streptopus koreanus (Kom.) Ohwi in Bot. Mag. (Tokyo) 45: 189 1931; Fl. China 24: 154. 2000; 中国植物志15: 50. 图版17: 7. 1978.——*Streptopus streptopoides* var. *koreanus* (Kom.) Kitam. in Acta Phytotax. Geobot. 22: 68 1966; 东北植物检索表（第二版）: 764. 图版385: 8. 1995; 东北草本植物志12: 155. 图版67. 1998; 黑龙江省植物志10: 108. 图版44: 6 ~ 11. 2002; 东北植物分布图集: 1268. 2019.

生林下。产黑龙江省伊春、宁安、尚志、海林；吉林省安图、抚松、长白；辽宁省桓仁。

■ 丝梗扭柄花

植株一部分

植株

2 七筋姑属 *Clintonia* Raf.

Clintonia Raf. in Amer. Monthly Magaz. 266. 1818.

多年生草本；根状茎短。叶基生，全缘。花葶直立；花通常几朵，排成顶生的总状花序或伞形花序，较少只具单花；花序轴和花梗在后期显著伸长；花被片6，离生；雄蕊6，着生花被片基部；花丝丝状，花药背着，半外向开裂；子房3室，每室有多颗胚珠；花柱明显，柱头浅3裂。果实为浆果或作蒴果状开裂。种子棕褐色，胚细小。

本属全世界约有5种，分布于亚洲和北美洲温带地区。中国有1种。东北地区有分布。

七筋姑（辽宁植物志，黑龙江省植物志，内蒙古植物志，东北植物检索表，东北草本植物志，中国植物志，Flora of China）

Clintonia udensis Trautv. et Mey. in Fl. Ochot. 92. 1856; 中国植物志15: 26. 图版9: 1 ~ 5. 1978; 辽宁植物志（下册）: 728. 图版325. 1992; 内蒙古植物志（第二版）5: 510. 图版212: 4 ~ 6. 1994; 东北植物检索表

■ 七筋姑

果序

花序

植株

（第二版）: 753. 图版380: 9. 1995; 东北草本植物志12: 141. 图版61. 1998; Fl. China 24: 151. 2000; 黑龙江省植物志10: 100. 图版41: 1 ~ 4. 2002.

多年生草本；叶基生，3 ~ 5枚，倒卵形或倒披针形，全缘；花葶直立，通常单一，有白色短柔毛；总状花序，花梗密生柔毛；花白色，少有淡蓝色；浆果球形至矩圆形。生高山疏林下或阴坡疏林下。产黑龙江省伊春、尚志、密山、虎林、宁安、饶河、海林、尚志、呼玛；吉林省敦化、抚松、安图、汪清、珲春、临江、长白；辽宁省本溪、凤城、桓仁、宽甸；内蒙古自治区克什克腾旗、西乌珠穆沁旗等地。

全株有祛风、败毒、散瘀、止痛作用，用于跌打损伤、劳伤。

3 油点草属 *Tricyrtis* Wall.

Tricyrtis Wall., Tent. Fl. Nepal. 2: 61, t. 46. 1826.

多年生草本；根状茎短或稍长，横走。茎直立，圆柱形，有时分枝。叶互生整个茎上，卵形、矩圆形至椭圆形，近无柄，抱茎。花单生或簇生，常排成顶生和生上部叶腋的二歧聚伞花序；花被片6，离生，绿白色、黄绿色或淡紫色，开放前钟状，开放后花被片直立、斜展或反折，通常早落，外轮3片在基部囊状或具短距；雄蕊6枚，花丝扁平，下部常靠合成筒；花药矩圆形，背着，2室，外向开裂；柱头3裂，向外弯垂，裂片上端又二深裂，密生腺毛；子房3室，胚珠多数。蒴果直立或点垂，狭矩圆形，具三棱，上部室间开裂。种子小而扁，卵形至圆形。

本属全世界约18种，分布于亚洲东部，从不丹、锡金至日本。中国有9种，产于华北和秦岭以南各省区。东北地区产1种。

黄花油点草（中国植物志，Flora of China）

Tricyrtis maculata (D. Don) Machride in Contr. Gray Herb. 53: 5. 1918; 中国植物志14: 32. 图版6: 3. 1980.——*T. pilosa* Wall. in Tent. Fl. Napal. 2: 62. 1826; Fl. China 24: 151. 2000.

多年生草本；茎上部疏生或密生短的糙毛；叶卵状椭圆形、矩圆形至矩圆状披针形，两面疏生短糙伏毛，基部心形抱茎或圆形而近无柄，边缘具短糙毛；二歧聚伞花序顶生或生上部叶腋；花通常黄绿色，花被片向上斜展或近水平伸展；蒴果直立，狭矩圆形，具三棱。生山坡林下、路旁等处。产辽宁省凌源。

■ 黄花油点草

茎下部叶

花

果序

植株

4 百合属 *Lilium* L.

Lilium L., Sp. Pl. ed. 1, 302. 1753.

多年生高大草本。鳞茎卵形或近球形；鳞片多数，肉质，卵形或披针形，白色，少有黄色。茎圆柱形。叶通常散生，较少轮生，披针形、矩圆状披针形、矩圆状倒披针形、椭圆形或条形，无柄或具短柄，全缘或边缘有小乳头状突起。花单生或排成总状花序，少有近伞形或伞房状排列；苞片叶状；花被片6，2轮，离生，基部有蜜腺；雄蕊6，花丝钻形，花药椭圆形，背着，丁字状；子房圆柱形，花柱一般较细长；柱头膨大，3裂。蒴果矩圆形，室背开裂。种子多数，扁平，周围有翅。

本属全世界约115种，分布于北半球温带和高山区，尤其是东亚。中国有55种，南北均有分布，尤以西南和华中最多。东北地区产10种6变种。

分种检索表

1. 花直立，花被片稍外弯或不弯；雄蕊向中心靠拢。
  2. 花喇叭形；花被片先端外弯；雄蕊上部向上弯；栽培种 ………………… **1b. 百合 *L. brownii*** var. ***viridulum*** Baker
  2. 花钟形；花被片先端不弯或微弯；雄蕊向中心靠拢；野生。
    3. 花被片长6～9厘米；子房连同花柱长4～6厘米，花柱长为子房的2倍或更多；叶基部常有一簇白绵毛；花冠橙红色或红色，有紫色斑点 ……………………………………………………… **2. 毛百合 *L. pensylvanicum*** Ker Gawl.
    3. 花被片长2.5～5.5厘米；子房连同花柱长1.4～4厘米，花柱比子房短或近等长；叶基部无一簇白绵毛；花冠红色，偶见黄色，有斑点或无斑点（**3. 渥丹 *L. concolor*** Salisb.）。
      4. 花被片深红色，无紫色斑点 ……………………………………………………… **3a. 渥丹 *L. concolor*** var. ***concolor***
      4. 花被片红色或黄色，有紫色斑点。
        5. 花被片红色。
          6. 花被片长2.2～4厘米；叶宽3～6毫米，两面无毛 ……………………………………………………… **3b. 有斑百合 *L. concolor*** var. ***pulchellum*** (Fisch.) Regel
          6. 花被片长4～5.5厘米；叶宽4～10毫米，背面沿脉有短糙毛 ……………………………………… **3c. 大花百合 *L. concolor*** var. ***megalanthum*** F. T. Wang & T. Tang
        5. 花被片黄色 ……………………………………… **3d. 渥金 *L. concolor*** var. ***coridion*** (Sieb. et Vreis) Baker
1. 花下垂或倾斜，花被片反卷；雄蕊向外伸展。
  7. 叶轮生；鳞茎的鳞片具节或无节；花橙红色。
    8. 轮生叶1轮；鳞茎的鳞片具节 ……………………………………………… **4. 东北百合 *L. distichum*** Nakai ex Kamib.
    8. 轮生叶2～3轮；鳞茎的鳞无节 ……………………………………………… **5. 竹叶百合 *L. hansonii*** Leichtlin ex Baker
  7. 叶互生或散生；鳞茎的鳞片无节。
    9. 茎上部叶腋具珠芽，并生有白色绵毛；花橙红色，具紫黑色斑点 ………………… **6. 卷丹 *L. lancifolium*** Thunb.
    9. 茎上部叶腋无珠芽。
      10. 叶披针形至矩圆形。
        11. 植株无毛；花橘红色，具紫色斑点，蜜腺两边有流苏状凸起 ………………………………………**7b. 大花卷丹 *L. leichtlinii*** Hook. f. var. ***maximowiczii*** (Regel) Baker
        11. 植株有毛。
          12. 植株、花梗具白色绵毛；花被片散生的紫黑色斑点凸起，蜜腺两边有流苏状凸起；株高0.8～2米 ……………………………………………………………… **8. 凤凰百合 *L. floridum*** J. L. Ma & Y. J. Li

（接上表）

12. 植株、花梗具白色硬毛；花被片散生的紫黑色斑点不凸起，蜜腺两边没有流苏状突起；株高0.4～1米 ……………… 9. 秀丽百合 L. amabile Palib.

10. 叶线形或狭线形或条形。

13. 苞片先端增厚；花较小；花被片红色或淡红色，几乎无斑点；花柱比子房短 ……………… 10. 条叶百合 L. callosum Sieb. et Zucc.

13. 苞片先端不增厚。

14. 花紫红色或鲜红色，偶见橘红色或黄色，通常无斑点，较少偶见几个斑点 ……………… 11. 山丹 L. pumilum DC.

14. 花淡紫红色或橙黄色，有斑点。

15. 茎无小乳头状突起；花被片淡紫红色，有深紫色斑点；内轮花被片与外轮花被片等宽，长3.5～4.5厘米；花柱长约为子房的1.8倍……………… 12. 垂花百合 L. cernuum Kom.

15. 茎密被小乳头状突起；花橙黄色，有紫黑色斑点；内轮花被片比外轮花被片宽，长5～6厘米；花柱长为子房的2倍以上 ……… 13b. 兰州百合 L. davidii var. willmottiae (E. H. Wilson) Raffill

（1）野百合（中国植物志，Flora of China）

Lilium brownii F. E. Brown ex Miellez in Cat. Expos. S. Hort. Lille 1841; 中国植物志14: 121. 图版31: 7. 1980; Fl. China 24: 147. 2000.

（1a）野百合（原变种）

Lilium brownii var. *brownii*

生山坡、灌木林下、路边、溪旁或石缝中。产广东、广西、湖南、湖北、江西、安徽、福建、浙江、四川、云南、贵州、陕西、甘肃、河南等省区。东北地区不产。

（1b）百合（变种）（中国植物志，Flora of China）

Lilium brownii var. *viridulum* Baker in Gard. Chron. ser. 2, 24: 134. 1885; et ser. 3, 10: 225. 1891; 中国植物志14: 121. 图版31: 1～6. 1980; Fl. China 24: 147. 2000.

■ 百合

花正面观

花侧面观

植株上部

辽宁各地常见栽培。

鲜花含芳香油，可作香料；鳞茎含丰富淀粉，是一种名贵食品，亦作药用，有润肺止咳、清热、安神和利尿等功效。

■ 百合

栽培居群

（2）毛百合（辽宁植物志，黑龙江省植物志，内蒙古植物志，东北植物检索表，东北草本植物志，中国植物志，Flora of China）

Lilium pensylvanicum Ker Gawl. in Bot. Mag. 22: t. 872. 1805.——*L. dauricum* Ker-Gawler in Bot. Mag. 30: t. 1210. 1809; 中国植物志14: 133. 图版11. 1980; 辽宁植物志（下册）: 703. 1992; 内蒙古植物志（第二版）5: 471. 图版195. 1994; 东北植物检索表（第二版）: 757. 图版383: 1. 1995; 东北草本植物志12: 96. 图版39. 1998; Fl. China 24: 140. 2000; 黑龙江省植物志10: 67. 图版27: 3 ~ 4. 2002.

■ 毛百合

果序

花蕊

花

茎叶

植株

生山坡、林下、林缘、路边草地。产黑龙江省宁安、牡丹江、伊春、尚志、呼玛、宝清、宁安、黑河、穆棱、密山、萝北；吉林省浑江、珲春、和龙、抚松、安图、靖宇、桦甸、长白、通化；辽宁省庄河、本溪、桓仁、沈阳、清原、西丰；内蒙古自治区额尔古纳、根河、海拉尔、牙克石、扎兰屯、鄂伦春、鄂温克、科尔沁右翼前旗、阿尔山、扎赉特旗等地。

鳞茎具润肺止咳、宁心安神作用。鳞茎、花蕾、花和嫩苗均可食。

（3）渥丹（辽宁植物志，东北植物检索表，东北草本植物志，中国植物志，Flora of China）

Lilium concolor Salisb. in Parad. Lond. t. 47. 1806; 中国植物志14: 131. 图版35: 1 ~ 3. 1980; 辽宁植物志（下册）: 702. 图版315: 1 ~ 2. 1992; 东北植物检索表（第二版）: 757. 图版383: 2. 1995; 东北草本植物志12: 94. 图版38: 1 ~ 2. 1998; Fl. China 24: 139. 2000.

（3a）渥丹（原变种）

Lilium concolor var. *concolor*

生山坡、林缘或灌丛间、路旁。产黑龙江省哈尔滨、黑河、虎林、密山、伊春；吉林省安图、汪清、永吉；辽宁省大连、瓦房店、建平、凌源、兴城、义县、法库、朝阳、鞍山、西丰、岫岩、本溪；内蒙古自治区巴林右旗、鄂温克、宁城、扎鲁特旗等地。

鳞茎含淀粉，可供食用或酿酒，还有滋补、强壮、止咳作用。花含芳香油，可作香料。

■ 渥丹

花

植株上部

植株下部

（3b）有斑百合（变种）（辽宁植物志，黑龙江省植物志，内蒙古植物志，东北植物检索表，东北草本植物志，中国植物志，Flora of China）

Lilium concolor var. *pulchellum* (Fisch.) Regel in Gartenflora 25: 354. 1876; 中国植物志14: 133. 1980; 内蒙古植物志（第二版）5: 471. 图版194: 1 ~ 2. 1994; Fl. China 24: 140. 2000.——*Lilium concolor* var. *buschianum* (Lodd.) Baker in J. L. Soc., Bot. 14: 236. 1874; 辽宁植物志（下册）: 703. 图版315: 3 ~ 4. 1992; 东北植物检索表（第二版）: 757. 图版383: 3. 1995; 东北草本植物志12: 94. 图版38: 3 ~ 4. 1998; 黑龙江省植物志10: 65. 图版27: 1 ~ 2. 2002.

生阳坡草地和林下湿地。产黑龙江省伊春、鹤岗、富锦、黑河、宁安、牡丹江、依兰、双城；吉林省长春、通化、桦甸、汪清；辽宁省沈阳、鞍山、岫岩、凌源、清原、建平、北镇、西丰、庄河、长海；内蒙古自治区牙克石、扎兰屯、额尔古纳、鄂伦春、科尔沁右翼前旗、扎赉特旗、巴林左旗、克什克腾旗、喀喇沁旗、宁城、锡林浩特等地。

■ 有斑百合

花

鳞茎

植株

（3c）大花百合（变种）（黑龙江省植物志，东北植物检索表，东北草本植物志，中国植物志，Flora of China）

Lilium concolor var. *megalanthum* F. T. Wang & T. Tang, 中国植物志14: 133, 283. 1980; Fl. China 24: 140. 2000.——*Lilium megalanthum* (F. T. Wang & Tang) Q. S. Sun, 东北植物检索表（第二版）: 759. 1995; 东北草本植物志12: 96. 1998; 黑龙江省植物志10: 67. 2002.

■ 大花百合

花

植株一部分

生湿草甸、山坡草地。产黑龙江省德都；吉林省浑江、敦化（模式标本采集地）、安图、靖宇等地。

（3d）渥金（变种）（东北植物检索表，东北草本植物志）；黄花有斑百合（辽宁植物志）

Lilium concolor var. *coridion* (Sieb. et Vreis) Baker in Gard. Chron. 1871: 1035. 1871; 东北植物检索表757. 1995; 东北草本植物志12: 96. 1998.——*Lilium concolor* f. *coridion* (Sieb. et De Vreis) Kitag. in Lilies East. Asia 58. 1925; 辽宁植物志（下册）: 702. 1992.

生山坡草地。产辽宁省庄河、义县、铁岭、本溪、凤城等地。

■ 渥金

花

植株

（4）东北百合（辽宁植物志，黑龙江省植物志，东北植物检索表，东北草本植物志，中国植物志，Flora of China）；轮叶百合（大连地区植物志）

■ 东北百合

花正面观

花侧面观

茎叶

果实

花序

植株

Lilium distichum Nakai ex Kamib. in Chosen Yuri Dzukai t. 7. 1915; 中国植物志14: 157. 图版18. 1980; 辽宁植物志（下册）: 708. 图版318. 1992; 东北植物检索表（第二版）: 759. 图版383: 10. 1995; 东北草本植物志12: 106. 图版46. 1998; Fl. China 24: 138. 2000; 黑龙江省植物志10: 73. 图版31. 2002.

生山坡林下、林缘、草丛。产黑龙江省牡丹江、海林、萝北、饶河、宁安、密山、尚志、阿城；吉林省通化、浑江、抚松、安图、珲春、敦化、蛟河、汪清、长白；辽宁省金州、普兰店、庄河、鞍山、岫岩、西丰、丹东、宽甸、凤城、本溪、桓仁等地。

鳞茎含淀粉，可酿酒和食用。花朵美丽，可植于花境、疏林下或林缘。

（5）竹叶百合（黑龙江省植物志，东北植物检索表，东北草本植物志，Flora of China）

Lilium hansonii Leichtlin ex Baker, Moore's Rural New Yorker. 24: 60. 1871; 东北植物检索表（第二版）: 759. 图版383: 11. 1995; 东北草本植物志12: 109. 图版47. 1998; Fl. China 24: 137. 2000; 黑龙江省植物志10: 75. 图版32. 2002.

生林缘或林内。产黑龙江省尚志；吉林省临江。

鳞茎含淀粉，可酿酒和食用。花朵美丽，可植于花境、疏林下或林缘。

■ 竹叶百合

花序

植株下部

花期

苗期

（6）卷丹（辽宁植物志，黑龙江省植物志，东北植物检索表，东北草本植物志，中国植物志，Flora of China）；虎皮百合

■ 卷丹

植株一部分

花序

植株

Lilium lancifolium Thunb. in Trans. L. Soc. London 2: 333. 1794; 中国植物志14: 152. 图版43. 1980; 辽宁植物志（下册）: 708. 1992; 东北植物检索表（第二版）: 759. 图版383: 4. 1995; 东北草本植物志12: 106. 图版45. 1998; 黑龙江省植物志10: 71. 图版30: 3. 2002.——*L. tigrinum* Ker Gawl. in Bot. Mag. 31: t. 1237. 1809; Flora of China 24: 146. 2000.

生山坡灌木林下、草地、路边或水旁。产黑龙江省宁安；吉林省通化、安图；辽宁省大连、凤城、北镇、鞍山、沈阳、义县等地。各地常见栽培。

鳞茎富含淀粉，供食用，亦作药用；花含芳香油，可作香料。

（7）柠檬色百合（中国植物志）

Lilium leichtlinii Hook. f. in Bot. Mag. t. 5673. 1867; 中国植物志14: 145. 1980.

（7a）柠檬色百合（原变种）

Lilium leichtlinii var. *leichtlinii*

产日本。中国不产。

（7b）大花卷丹（辽宁植物志，黑龙江省植物志，东北植物检索表，东北草本植物志，中国植物志，Flora of China）

Lilium leichtlinii var. *maximowiczii* (Regel) Baker in Gard. Chron. 1871: 1422. 1871; 中国植物志14: 145. 1980; 辽宁植物志（下册）: 705. 1992; 东北植物检索表（第二版）: 759. 图版383: 6. 1995; 东北草本植物志12: 100. 图版41. 1998; Fl. China 24: 145. 2000; 黑龙江省植物志10: 68. 图版28. 2002.

生谷底沙地。产黑龙江省宁安；吉林省珲春、安图；辽宁省鞍山、凤城、宽甸、桓仁、新宾等地。

花色鲜艳，姿态妖娆，具有较高的观赏价值。鳞茎、花蕾、花和嫩苗均可食。

■ 大花卷丹

花

植株一部分

植株

（8）凤凰百合（武汉植物研究）

Lilium floridum J. L. Ma & Y. J. Li, 武汉植物研究18(2): 115 ~ 116. 2000.

生山坡林下。模式标本产辽宁省凤城凤凰山。

花色鲜艳，姿态妖娆，具有较高的观赏价值。鳞茎、花蕾、花和嫩苗均可食。

■ 凤凰百合

花正面观

花侧面观

植株一部分

（9）秀丽百合（Flora of China）；朝鲜百合（辽宁植物志，东北植物检索表，东北草本植物志）

Lilium amabile Palib. in Trudy Imp. S.–Peterburgsk. Bot. Sada 19: 113. 1901; 辽宁植物志（下册）: 703. 1992; 东北植物检索表（第二版）: 759. 图版383: 5. 1995; 东北草本植物志12: 98. 图版40. 1998; Fl. China 24: 144. 2000.

生山坡、灌丛间及柞林内。产辽宁省丹东、凤城、东港、沈阳等地。

花色鲜艳，姿态妖娆，具有较高的观赏价值。鳞茎、花蕾、花和嫩苗均可食。

在2021年公布的《国家重点保护野生植物名录》中，本种被列为二级保护植物。

■ 秀丽百合

植株一部分

茎

花序

植株

花背面观

花侧面观

（10）条叶百合（辽宁植物志，黑龙江省植物志，内蒙古植物志，东北植物检索表，东北草本植物志，中国植物志，Flora of China）

Lilium callosum Sieb. et Zucc. in Fl. Jap. 1: 86. 1839; 中国植物志14: 150. 图版41: 1 ~ 5. 1980; 辽宁植物志（下册）: 706. 图版316. 1992; 内蒙古植物志（第二版）5: 475. 图版196. 1994; 东北植物检索表（第二版）: 759. 图版383: 7. 1995; 东北草本植物志12: 103. 图版43. 1998; Fl. China 24: 146. 2000; 黑龙江省植物志10: 68. 图版29. 2002.

生山坡、林缘或草丛中。产黑龙江省密山、萝北、虎林、安达、穆棱；吉林省抚松、靖宇、临江、长白；辽宁省沈阳、凌源、义县；内蒙古自治区科尔沁左翼后旗、扎鲁特旗、扎赉特旗等地。

鳞茎含淀粉，供食用，亦有滋补强壮、止咳祛痰、利尿作用。

■ 条叶百合

花正面观

花背面观

植株

（11）山丹（辽宁植物志，黑龙江省植物志，内蒙古植物志，东北植物检索表，东北草本植物志，中国植物志，Flora of China）；细叶百合（大连地区植物志）

Lilium pumilum DC. in Liliac. 7: t. 378. 1812; 中国植物志14: 147. 图版40: 1 ~ 5. 1980; 辽宁植物志（下册）: 705. 1992; 内蒙古植物志（第二版）5: 473. 图版194: 3. 1994; 东北植物检索表（第二版）: 759. 图版383: 8. 1995; 东北草本植物志12: 100. 图版42. 1998; Fl. China 24: 145. 2000; 黑龙江省植物志10: 71. 图版30: 1 ~ 2. 2002.——*L. tenuifolium* Fisch. in Cat. Jard. Gorenki 8. 1812; 大连地区植物志下册: 954. 图1284. 1982.

■ 山丹

茎叶

橘红色花

果序

■ 山丹

黄色花

枣红色花

花序

植株

生草地或多石质山坡。产黑龙江省牡丹江、宁安、哈尔滨、肇东、尚志、杜尔伯特、嫩江、尚志、呼玛、大庆、明水、克东、绥化、铁力、安达、黑河、绥化、萝北；吉林省白城、双辽、和龙、安图、长春；辽宁省大连、沈阳、昌图、法库、凤城、丹东、义县、北镇、兴城、凌源、建平、建昌；内蒙古自治区海拉尔、满洲里、额尔吉纳、牙克石、鄂伦春、陈巴尔虎旗、新巴尔虎右旗、科尔沁右翼前旗、科尔沁右翼中旗、科尔沁左翼后旗、巴林左旗、巴林右旗、阿尔山、通辽、扎赉特旗、乌兰浩特、克什克腾旗、宁城、东乌珠穆沁旗、锡林浩特、镶黄旗等地。

鳞茎含淀粉，供食用，亦有滋补强壮、止咳祛痰、利尿等功效。

（12）垂花百合（辽宁植物志，东北植物检索表，东北草本植物志，中国植物志，Flora of China）；松叶百合

Lilium cernuum Kom. in Trudy Imp. S.–Peterburgsk. Bot. Sada 20: 461. 1901; 中国植物志14: 148. 图版41: 11. 1980; 辽宁植物志（下册）: 706. 图版317. 1992; 东北植物检索表（第二版）: 759. 图版383: 9. 1995; 东北草本植物志12: 103. 图版44. 1998; Fl. China 24: 145. 2000.

生山坡草地或林缘。产黑龙江省东宁；吉林省浑江、汪清、安图、和龙；辽宁省金州、庄河、岫岩、本溪、桓仁、宽甸、凤城、新宾、清原、西丰、葫芦岛、北镇等地。

■ 垂花百合

花序

植株一部分

植株

花朵美丽，可植于花坛、花带、花境或疏林下。鳞茎、花蕾、花和嫩苗均可食。

（13）川百合（中国植物志，Flora of China）

Lilium davidii Duchartre in Elwes, Monogr. Lil. t. 24. 1877; 中国植物志14: 148. 图版41: 6 ~ 10. 1980; Fl. China 24: 145. 2000.

（13a）川百合（原变种）

产四川、云南、陕西、甘肃、河南、山西、湖北等省。东北地区不产。

Lilium davidii var. *davidii*

（13b）兰州百合（变种）（Flora of China）

Lilium davidii var. *willmottiae* (E. H. Wilson) Raffill, Gard. Chron., ser. 3. 104: 231. 1938; Fl. China 24: 145. 2000.——*Lilium willmottiae* E. H. Wilson, Bull. Misc. Inform. Kew 1913: 266. 1913.

产湖北西部、陕西南部、四川东部和云南。吉林省磐石，辽宁省大连、辽阳等地有栽培。

鳞茎含淀粉，质量优，栽培产量高，可供食用。

除上述种，东北地区还常见栽培：

■ 兰州百合

花侧面观

花

植株一部分

植株

（14）东方百合（植物智网站）；杂种百合（俗称）

Lilium Oriental Hybrids

■ 东方百合

花

植株上部

■ 东方百合

植株中部

植株

为杂交种。花形较大，具有特殊香味，有白、粉、浅粉和浅黄等色，常用于盆栽、切花、庭园别墅美化、专类园等。

5 贝母属 *Fritillaria* L.

Fritillaria L., Sp. Pl. ed. 1, 303. 1753.

多年生草本。茎直立，不分枝。基生叶有长柄，茎生叶轮生、对生或散生，有时在同一茎上兼有两种叶序，先端卷曲或不卷曲，基部半抱茎。花通常钟形，下垂，单朵顶生或稀数朵排列成总状花序或伞形花序，具叶状苞片，花被片6，两轮排列，倒卵状长圆形或近匙形，内面基部或基部之上有一凹陷的蜜腺窝；雄蕊6，花丝丝状，稍扁平，向下方加宽，基部最宽，花药近基着或背着，2室；子房3室，花柱单一，较细，先端3裂，稀不裂。蒴果倒卵形或球形，有短子房柄，室背开裂。种子多数，扁平，有狭翅，具褐色薄种皮。

本属全世界约130种，主要分布于北半球温带地区，特别是地中海区域、北美洲和亚洲中部。中国产24种，除广东、广西、福建、台湾、江西、内蒙古、贵州等省区，其他省区均有分布。东北地区产3种2变型，其中栽培1种。

分种检索表

1. 栽培；花大型，多数轮状顶生总花梗上端 ……………………………………………… **1. 冠花贝母 F. imperialis** L.
1. 野生；花中型，1～3朵生总花梗上端。
  2. 茎顶端的花具1枚叶状苞片，叶状苞片先端不卷曲；茎中上部有1～2轮轮生叶，每轮具3～6枚叶，有时其上部还另有1～2枚互生叶（**2. 轮叶贝母 F. maximowiczii** Freyn）。
    3. 花被片紫色，稍有黄色小方格 ……………………………………**2a. 轮叶贝母 F. maximowiczii** f. **maximowiczii**
    3. 花被片黄色，具紫色方格斑纹 ……… **2b. 黄花轮叶贝母 F. maximowiczii** f. **flaviflora** Q. S. Sun et H. Ch. Luo
  2. 茎顶端的花具4～8枚叶状苞片，叶状苞片先端强烈卷曲如卷须状；茎中上部叶对生和互生，下部叶轮生，每轮具3枚叶（**3. 平贝母 F. ussuriensis** Maxim.）。
    4. 花被片紫色，具黄色小方格 ……………………………………………… **3a. 平贝母 F. ussuriensis** f. **ussuriensis**
    4. 花被片土黄色，具紫色小方格 ………………………………… **3b. 黄花平贝母 F. ussuriensis** f. **lutosa** Ding et Fang.

（1）冠花贝母（辽宁省维管束植物名称考证）；洋贝母

Fritillaria imperialis L., Sp. Pl. 303. 1753.

原产印度北部、阿富汗及伊朗。辽宁省大连有栽培。

宜用作花境材料，在西欧栽培历史悠久。水提液有镇痛作用。

■ 冠花贝母

花序正面观

花序侧面观

苗期

花期

栽培居群

（2）轮叶贝母（辽宁植物志，黑龙江省植物志，内蒙古植物志，东北植物检索表，东北草本植物志，中国植物志，Flora of China）；一轮贝母（中药志）

■ 轮叶贝母

花正面观

花侧面观

植株

Fritillaria maximowiczii Freyn in Oesterr. Bot. Z. 53: 21. 1903; 中国植物志14: 114. 图版28: 2. 1980; 辽宁植物志（下册）: 699. 1992; 内蒙古植物志（第二版）5: 469. 图版193: 4 ~ 7. 1994; 东北植物检索表（第二版）: 755. 图版381: 6. 1995; 东北草本植物志12: 91. 图版37: 7 ~ 8. 1998; Fl. China 24: 133. 2000; 黑龙江省植物志10: 64. 图版26: 7 ~ 8. 2002.

（2a）轮叶贝母（原变型）

Fritillaria maximowiczii f. *maximowiczii*

生山坡上。产黑龙江省逊克、呼玛；辽宁省绥中、建昌、朝阳、凌源；内蒙古自治区牙克石、根河、鄂伦春、宁城等地。

鳞茎有润肺散结、止咳化痰作用。

在2021年9月8日公布的《国家重点保护野生植物名录》中，本种被列为二级保护植物。

（2b）黄花轮叶贝母（变型）（辽宁植物志，东北植物检索表，东北草本植物志）

Fritillaria maximowiczii f. *flaviflora* Q. S. Sun et H. Ch. Luo, 辽宁植物志（下册）: 701. 1992; 东北植物检索表（第二版）: 755. 1995; 东北草本植物志12: 93. 1998.

生山坡上。产辽宁省建昌县大黑山。

■ 黄花轮叶贝母

根部

花侧面观

植株上部

（3）平贝母（辽宁植物志，黑龙江省植物志，东北植物检索表，东北草本植物志，中国植物志，Flora of China）

Fritillaria ussuriensis Maxim. in Diagn. Pl. Nov. Jap. 9. 1871; 中国植物志14: 104. 1980; 辽宁植物志（下册）: 699. 图版314. 1992; 东北植物检索表（第二版）: 755. 图版381: 5. 1995; 东北草本植物志12: 91. 图版37: 1 ~ 6. 1998; Fl. China 24: 131. 2000; 黑龙江省植物志10: 62. 图版26: 1 ~ 6. 2002.

■ 平贝母

根部

花

植株上部

（3a）平贝母（原变型）

Fritillaria ussuriensis f. *ussuriensis*

生低海拔地区的林下、草甸或河谷。产黑龙江省伊春、密山、宝清、虎林、依兰、五常、尚志、宁安、哈尔滨；吉林省通化、柳河、抚松、安图、临江、蛟河、桦甸、汪清、舒兰、长春；辽宁省丹东、宽甸、凤城、本溪、桓仁、清原、新宾、抚顺、沈阳等地。

鳞茎有清热润肺、化痰止咳作用，用于肺热燥咳、干咳少痰、阴虚劳嗽、咯痰带血。

在2021年公布的《国家重点保护野生植物名录》中，本种被列为二级保护植物。

（3b）黄花平贝母（变型）（黑龙江省植物志，东北植物检索表，东北草本植物志）

Fritillaria ussuriensis f. *lutosa* Ding et Fang, 东北植物检索表（第二版）: 755. 1995; 东北草本植物志12: 91. 1998; 黑龙江省植物志10: 62. 2002.

生林下、河滩地。产黑龙江省伊春市（模式标本产地）；辽宁省凤城。

■ 黄花平贝母

花正面观

花侧面观

植株下部

6 顶冰花属 *Gagea* Salisb.

Gagea Salisb. in Koenig et Sims., Ann. of Bot. 2: 555. 1806.

多年生草本。茎通常不分枝。叶或只有1～2枚基生叶，或除基生叶外还具有几枚互生的茎生叶。花通常排成伞房花序、伞形花序或总状花序，少有单生；花被片6，通常黄色或绿黄色，很少有白色或其他色的，离生，2轮，外轮通常5～9脉，内轮通常3脉，无蜜腺窝，在果期花被片宿存，增大，变厚，中部常变为绿色或污紫色，边缘白色而膜质；雄蕊6，3长3短或6枚等长；花丝丝状或下部扁平，着生于花被片基部；花药卵形或矩圆形，基着；子房3室；花柱一般较长，柱头较小，头状或3裂。蒴果倒卵形至矩圆形，通常有三棱，室背开裂，果皮薄。种子多数，卵形或狭椭圆形，扁平，有时有棱角。

本属全世界约110种。主要分布于欧洲、地中海区域和亚洲温带地区。中国有25种。东北地区产5种。

分种检索表

1. 花白色；种子扁平；植株除具基生叶外，亦具1～4枚茎生叶。

 2. 花2～4朵；花被片白色具绿色脉纹；鳞茎球形，上端不延伸，外被黄褐色鳞茎皮

（接上表）

……………………………………………………………………………… 1. 三花顶冰花 G. triflora (Ledeb.) Roen. et Schult.

2. 花1～2朵；花被片白色具紫斑；鳞茎狭卵形，上端向上延伸，外被黄褐色至黑褐色鳞茎皮

……………………………………………………………………………………… 2. 洼瓣花 G. serotina (L.) Ker Gawl.

1. 花黄色或绿黄色；种子球形或扁平；植株仅具基生叶，或亦具1～4枚茎生叶。

3. 植株除具基生叶外，亦具1～4枚茎生叶；花黄色，柱头3深裂 ……………… 3. 少花顶冰花 G. pauciflora Turcz.

3. 植株仅具基生叶，无茎生叶；花黄色或绿黄色，柱头头状。

4. 鳞茎径7～12毫米，外皮灰黄色；叶广线形或近披针形，宽5～10毫米；花被片长8～15毫米

……………………………………………………………………………………… 4. 顶冰花 G. nakaiana Kitag.

4. 鳞茎径5～10毫米，外皮黑褐色；叶线形，宽2～5毫米；花被片长7～9毫米

……………………………………………………………………………………… 5. 小顶冰花 G. hiensis Pascher

（1）三花顶冰花（辽宁植物志，黑龙江省植物志，东北植物检索表，东北草本植物志，中国植物志）；三花洼瓣花（Flora of China）

Gagea triflora (Ledeb.) Roen. et Schult. in Syst. Veg. 7: 551. 1829; 中国植物志14: 77. 图版19: 4. 1980; 辽宁植物志（下册）: 694. 图版312: 1～2. 1992; 东北植物检索表（第二版）: 755. 图版382: 2. 1995; 东北草本植物志12: 83. 图版33: 3～4. 1998; 黑龙江省植物志10: 60. 图版25: 3～4. 2002.——*Lloydia triflora* (Ledeb.) Baker in J. L. Soc., Bot. 14: 300. 1874; Fl. China 24: 121. 2000.

生山坡、灌丛下、河岸边。产黑龙江省北安、尚志、宁安、海林、虎林、东宁、抚远；吉林省安图、柳河、蛟河；辽宁省开原、本溪、桓仁、凤城、宽甸、庄河、鞍山等地。

全株有毒，以鳞茎毒性最大。

■ 三花顶冰花

花序侧面观　　花序　　植株　　居群

（2）洼瓣花（黑龙江省植物志，内蒙古植物志，东北植物检索表，东北草本植物志，中国植物志，Flora of China）

Gagea serotina (L.) Ker Gawl., J. Sci. Arts (London) 1: 180. 1816.——*Lloydia serotina* (L.) Rchb., Fl. Germ. Excurs. 102. 1830; 中国植物志14: 81. 图版19: 7～8. 1980; 内蒙古植物志（第二版）5: 467. 图版192: 7～9. 1994; 东北植物检索表（第二版）: 759. 图版384: 3. 1995; 东北草本植物志12: 85. 图版34. 1998; Fl. China 24: 122. 2000; 黑龙江省植物志10: 61. 图版24: 1～4. 2002.

生高山冻原灌丛间及草地上。产黑龙江省呼玛、伊春；吉林省抚松、安图、长白等地。

■ 洼瓣花

花正面观

花侧面观

基生叶

植株

（3）少花顶冰花（辽宁植物志，黑龙江省植物志，内蒙古植物志，东北植物检索表，东北草本植物志，中国植物志，Flora of China）

Gagea pauciflora Turcz. in Bull. Soc. Imp. Naturalistes Moscou 27(2): 113. 1854; 中国植物志14: 72. 图版19: 1～3. 1980; 辽宁植物志（下册）: 694. 图版311: 5. 1992; 内蒙古植物志（第二版）5: 467. 图版192: 1～3. 1994; 东北植物检索表（第二版）: 755. 图版382: 1. 1995; 东北草本植物志12: 83. 图版33: 1～2. 1998; Fl. China 24: 119. 2000; 黑龙江省植物志10: 58. 图版25: 1～2. 2002.

生草原山坡、田边空地或沙丘上。产黑龙江省宁安、尚志；辽宁省彰武；内蒙古自治区额尔古纳、海拉尔、阿尔山、东乌珠穆沁旗、锡林浩特、阿巴嘎旗、镶黄旗等地。

■ 少花顶冰花

花

植株一部分

居群

植株

（4）顶冰花（中国植物志，Flora of China）；朝鲜顶冰花（辽宁植物志，黑龙江省植物志，东北植物检索表，东北草本植物志）

Gagea nakaiana Kitag., Lin. Fl. Manshur. 136. 1939; Fl. China 24: 119. 2000.——*G. lutea* (L.) Ker. in Bot. Mag. 30: t. 1200. 1809; 中国植物志14: 72. 图版17: 3. 1980; 东北植物检索表（第二版）: 755. 图版381: 8. 1995.——*G. lutea* var. *nakaiana* (Kitag.) Q. S. Sun., 辽宁植物志（下册）: 692. 图版311: 3 ~ 4. 1992; 东北草本植物志12: 81. 图版32: 3 ~ 4. 1998; 黑龙江省植物志10: 56. 图版24: 5 ~ 6. 2002.

生林下及草地。产黑龙江省宁安、伊春、阿城、尚志、铁岭；吉林省安图、临江、舒兰；辽宁省沈阳、鞍山、本溪、桓仁、凤城、宽甸、新宾等地。

鳞茎有强心利尿作用，用于心脏病。

■ 顶冰花

根部

果实

花序

植株

（5）小顶冰花（辽宁植物志，黑龙江省植物志，内蒙古植物志，东北植物检索表，东北草本植物志，中国植物志，Flora of China）

Gagea hiensis Pascher in Lotos 52: 125. 1904; 中国植物志14: 69. 图版16: 7. 1980; 辽宁植物志（下册）: 692. 图版311: 1 ~ 2. 1992; 内蒙古植物志（第二版）5: 466. 图版192: 4 ~ 6. 1994; 东北植物检索表（第二版）: 755. 图版381: 7. 1995; 东北草本植物志12: 81. 图版32: 1 ~ 2. 1998; 黑龙江省植物志10: 58. 图版25: 5 ~ 6. 2002.——*G. terraccianoana* Pascher, Repert. Spec. Nov. Regni Veg. 2: 58. 1906; Fl. China 24: 118. 2000.

生山坡、沟谷及河岸草地。产黑龙江省宁安、海林、伊春、哈尔滨；辽宁省大连、瓦房店、普兰店、凤城、东港、桓仁、凌源、彰武；内蒙古自治区阿荣旗等地。

鳞茎有养心安神作用。全株有毒，以鳞茎毒性最大。

■ 小顶冰花

花正面观

花侧面观

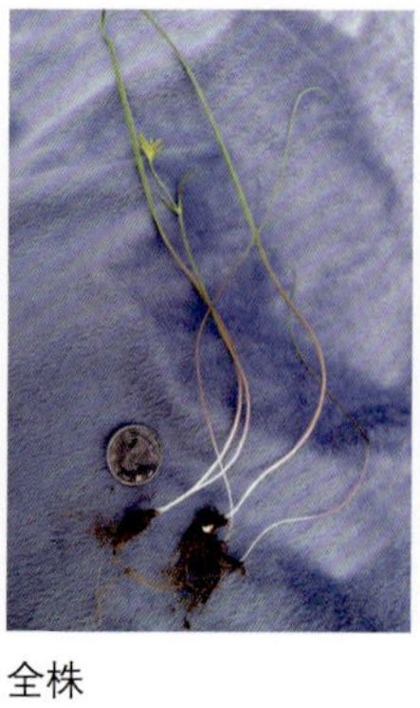
全株

居群

7 猪牙花属 *Erythronium* L.

Erythronium L., Sp. Pl. ed. 1, 305. 1753.

多年生草本，具圆筒状的鳞茎。茎不分枝，有两枚对生叶。叶卵形、椭圆形至宽披针形，常有或多或少的网状脉，具柄。花两性，俯垂，通常单朵顶生，较少2至数朵排成疏松的总状花序；花被片6，离生，排成2轮，披针形，具多脉，反折，基部靠合成杯状；雄蕊6，短于花被片，花丝常不等长，钻形，有时在基部或中部扁平或略加宽；花药矩圆形至条形，基着，2室，向两侧开裂；子房3室，每室具多数胚珠；花柱丝状或向上端增粗，柱头3裂。蒴果近球形或椭圆形，有3棱，具多数种子。

本属全世界约24种，分布于北半球温带地区。中国有2种，分布东北与新疆。东北地区产1种2变型。

分种下单位检索表

1. 叶有斑纹。
   2. 花被片紫红色，下部有黑紫色斑纹 ……………… a. 猪牙花 *E. japonicum* f. *japonicum*
   2. 花白色，花被片基部无黑紫色斑纹 ……………… b. 白花猪牙花 *E. japonicum* f. *album*
1. 叶无斑纹 ……………… c. 无斑叶猪牙花 *E. japonicum* f. *immaculatum*

猪牙花（辽宁植物志，东北植物检索表，东北草本植物志，中国植物志，Flora of China）；山芋头

Erythronium japonicum Decne. in Rev. Hort. Ⅳ, 3: 284. 1854; 中国植物志14: 86. 图版21: 5 ~ 7. 1980; 辽宁植物志（下册）: 695. 图版313. 1992; 东北植物检索表（第二版）: 755. 图版381: 4. 1995; 东北草本植物志

■ 猪牙花

果实

花侧面观

花背面观

基生叶

居群

12: 87. 图版35: 1 ~ 2. 1998; Fl. China 24: 126. 2000.

（a）猪牙花（原变型）

Erythronium japonicum f. *japonicum*

生林下润湿地。产吉林省浑江、柳河；辽宁省凤城、宽甸、桓仁等地。

鳞茎可食。

（b）白花猪牙花（变型）（东北植物检索表，东北草本植物志）

Erythronium japonicum f. *album* Fang et Qin, 东北植物检索表755. 1995; 东北草本植物志12: 87. 1998.

生林下润湿地。产吉林省浑江（模式标本采集地）；辽宁省凤城、宽甸。

■ 白花猪牙花

花

花一部分

植株

（c）无斑叶猪牙花（变型）（辽宁植物志，东北植物检索表，东北草本植物志）

Erythronium japonicum f. *immaculatum* Q. S. Sun, 辽宁植物志（下册）: 695. 1992; 东北植物检索表（第二版）: 755. 1995; 东北草本植物志12: 87. 1998.

生林下润湿地。产辽宁省凤城、宽甸（模式标本采集地）。

■ 无斑叶猪牙花

基生叶

植株

8 老鸦瓣属 *Amana* Honda

Amana Honda, Bull. Biogeogr. Soc. Jap. 6: 20. 1935.

多年生草本。鳞茎外有多层干的薄革质或纸质的鳞茎皮。茎分枝或不分枝，直立或斜卧，无毛。叶通常2枚对生，稀3枚轮生。花较小，漏斗状，单朵顶生或2～5朵生分枝的花梗上，下部有2～4枚对生或轮生的线状苞片；花白色或淡粉色；花被片6，离生；雄蕊6，3长3短，花丝常中部扩大，无毛；子房三棱形，3室；胚珠多数；花柱明显，与子房近等长。蒴果椭球形或球形，具喙。种子三角形，褐色。

本属全世界有5种。中国有1种。东北地区有分布。

老鸦瓣（辽宁植物志，东北植物检索表，东北草本植物志，中国植物志，Flora of China）；山慈姑（大连地区植物志）

Amana edulis (Miq.) Honda in Bull. Biogeogr. Soc. Japan 6: 20. 1935.——*Tulipa edulis* (Miq.) Baker in J. L. Soc., Bot. 14: 295. 1874; 中国植物志14: 89. 图版22: 8～10. 1980; 辽宁植物志（下册）: 698. 图版312: 3～6. 1992; 东北植物检索表（第二版）: 764. 图版386: 2. 1995; 东北草本植物志12: 89. 图版36. 1998; Fl. China 24: 124. 2000.

多年生细弱草本；茎常分枝；叶基生，通常2片，线形，远比花长；花葶由鳞茎中央生出，花1～5朵，花下方有对生的近线形的叶状苞片2～4枚；花被片6，白色，外面带紫色纵条脉；蒴果扁球形，有长喙。生向阳山坡草地。产辽宁省旅顺口、大连、金州、丹东、宽甸、凤城等地。

鳞茎有清热解毒、消肿散结作用，也可提取淀粉。

■ 老鸦瓣

花

果实

植株一部分

居群

9 郁金香属 *Tulipa* L.

Tulipa L., Sp. Pl. ed. 1, 305. 1753.

多年生直立草本。具地下鳞茎。叶通常2～4枚，少有5～6枚，线形至长卵形，伸展或反曲，边缘平展或波状。花较大，通常单朵顶生，直立；花被钟状或漏斗形钟状，花被片6，离生；雄蕊6，花丝常在中部或基部扩大，花药基着，内向开裂；子房长椭圆形，3室，花柱短或不明显，柱头3裂且有时反卷。蒴果椭圆形或近球形，室背开裂。种子扁平，近三角形，种皮膜质。

本属全世界150多种，产亚洲、欧洲及北非，以地中海至中亚地区为最丰富。中国有13种，主产新疆。东北地区产2种，其中栽培1种。

分种检索表

1. 花被片色彩丰富，长5～7.5厘米，宽2～4厘米；无花柱，柱头增大呈鸡冠状；栽培 …… **1. 郁金香** T. gesneriana L.

（接上表）

1. 花被片黄色，长不超过4.5厘米，宽不超过1.5厘米；有花柱，柱头3裂；野生
……………………………………………………………………………………2. 内蒙郁金香 T. mongolica Y. Z. Zhao

（1）郁金香（中国植物志）

Tulipa gesneriana L., Sp. Pl. 306. 1753; 中国植物志14: 90. 1980.

原产地中海南北沿岸及中亚细亚和伊朗、土耳其等地。东北各大城市常有栽培。

世界著名切花，也可用于花坛、花境、林缘及草坪边缘丛植，还可以盆栽。

■ 郁金香

花

基生叶

花蕊

（2）内蒙郁金香（植物智网站）；蒙古郁金香（内蒙古植物志）

Tulipa mongolica Y. Z. Zhao, Novon 13(2): 277. 2003; 内蒙古植物志（第三版）6: 475. 2020.

生草原带石质坡地、火山锥碎石缝中。产内蒙古自治区阿鲁科尔沁旗、锡林浩特。

本种在我国是内蒙古自治区特有种，在全球范围则是郁金香属植物分布最东的种，在2021年公布的《国家重点保护野生植物名录》中，被列为二级保护植物。

■ 内蒙郁金香

植株

花

居群

050. 兰科　Orchidaceae

Orchidaceae Juss., Gen. Pl. [Jussieu] 64. 1789, *nom. cons.*

木贼门、木贼亚门、木兰纲、百合亚纲、天门冬超目、天门冬目（Asparagales）。

多年生草本、半灌木或稀为攀缘藤本，陆生、附生或腐生。茎直立、攀缘或匍匐状，有时在基部或全部膨大为假鳞茎。单叶互生，稀对生或轮生。花单生或排列成总状、穗状、伞形或圆锥花序；花两性，稀单性，两侧对称或辐射对称，花被片上位，6片，排列为2轮，外轮3枚为萼片，通常花瓣状，其中央1枚称中萼片，两侧2枚称侧萼片，内轮两侧的2枚称侧花瓣，中央1枚特化而称唇瓣，唇瓣有各种形状，基部常呈囊状或有距；雄蕊与花柱合生称为蕊柱，能育雄蕊通常1枚生于蕊柱顶端，少为2枚侧生；雌蕊由3心皮合生而成，子房下位，1室、侧膜胎座，含多数胚珠。蒴果三棱状圆柱形或纺锤形，常常侧面3～6纵缝开裂。种子极多，微小，无胚乳。

本科是被子植物中与菊科并列的最大科。全世界有870属22000～27000种，除南极洲外，世界各地均有分布，主产热带和亚热带地区。中国产171属，约1350种，南北各地均有分布，主产西南和华南地区。东北地区产22属47种2变种4变型。

分属检索表

1. 可育雄蕊2。
  2. 可育雄蕊位于蕊柱两侧；花两侧对称 ……………………………………………… 1. 杓兰属 Cypripedium
  2. 可育雄蕊位于蕊柱前后侧；花近辐射对称 ………………………………………… 2. 双蕊兰属 Diplandrorchis
1. 可育雄蕊1，若2则位于蕊柱前后侧。
  2. 植株通常攀缘或直立；花粉粒常松散粉质，极少形成花粉团；蒴果或果肉质不开裂；种子常具厚的黑色种皮；叶1枚，生茎中部；花单朵顶生；唇瓣边缘常有流苏状齿 ……………………………… 3. 朱兰属 Pogonia
  2. 植株通常直立；花粉粒形成花粉团；蒴果；种子不具厚的黑色种皮。
    3. 植株通常地生；叶不为折扇状；花粉直立至反折，花粉团通常由粒粉质小团块组成。
      4. 花序成螺旋状扭转；叶数枚基生或近基生，具肉质簇生的根；花粉块粉质，呈粒状，柔软 ……………………………………………………………………………………………… 4. 绶草属 Spiranthes
      4. 花序不呈螺旋状扭转（仅斑叶兰属有时花序稍扭转）。
        5. 植株具根状茎或具稍肉质的纤维根；唇瓣无距或有距。
          6. 茎基部通常匍匐，节间较长，由茎基部的一些节处生根；叶数枚互生，表面常有斑；茎上常另生有鞘状叶 ……………………………………………………………………………… 5. 斑叶兰属 Goodyera
          6. 茎直立，节不生根；叶表面无斑。
            7. 唇瓣自顶部2～4浅裂或为顶部具不规则的波状边缘或稀近全缘但不呈舌状 ……………………………………………………………………………………… 6. 盔花兰属 Galearis
            7. 唇瓣自基部3裂，即在基部两侧各有一小裂片，中裂片较侧裂片大、呈舌状；或者唇瓣舌状线形或宽线形，不分裂 ……………………………………………………………………… 7. 舌唇兰属 Platanthera
        5. 植株具地下块茎；唇瓣有距（仅角盘兰属有时无距）。
          8. 块茎掌状分裂；植株具2至数枚或多枚茎生叶。
            9. 花紫红色、粉红色或红紫色；唇瓣3裂；距细长，线形，弯曲，长为子房的1.5～2倍（东北）；柱头2；黏盘裸露 ………………………………………………… 8. 手参属（手掌参属）Gymnadenia
            9. 花紫红色、粉红色或红紫色或绿色、黄绿色；唇瓣不裂或2～4裂；距圆筒状或圆锥状，直而较粗，比子房短或稍长；柱头1；黏盘包于黏囊中 ……………………………………… 9. 掌裂兰属 Dactylorhiza
          8. 块茎不裂；植株具2至数枚茎生叶或仅具1～2枚基生叶。
            10. 花紫红色、粉红色或红紫色 ……………………………………………… 10. 小红门兰属 Ponerorchis
            10. 花绿色、黄绿色、淡绿白色或白色。

（接上表）

11. 唇瓣3裂，裂片连同唇瓣基部交叉成十字形；柱头2；叶数枚茎生…… **11. 玉凤花属 Habenaria**
11. 唇瓣不成十字形；柱头1或2；叶1至数枚茎生或近基生。
12. 唇瓣3裂；柱头2；黏盘常卷成角状 ………………………………… **12. 角盘兰属 Herminium**
12. 唇瓣呈舌状线形或宽线形，不分裂；柱头1；黏盘不卷成角状…… **7. 舌唇兰属 Platanthera**
3. 植株通常地生或附生；叶为折扇状；花粉通常平卧，花粉团通常蜡质，极少由粒粉质小团块组成。
13. 植株无绿色叶。
14. 萼片与侧花瓣合生成壶状或筒状；根状茎肥厚，成大型块状，横生，具环纹状的节 ………………………………………………………………………………………… **13. 天麻属 Gastrodia**
14. 萼片与侧花瓣不合生成壶状或筒状；植株不具大型块状的根状茎。
15. 根极多，盘结成鸟巢状，无珊瑚状肉质根状茎；唇瓣上面无褶片 ………… **14. 鸟巢兰属 Neottia**
15. 根少数，不成鸟巢状，具珊瑚状分枝的肉质根状茎；唇瓣上面常具2～6纵褶片。
16. 唇瓣位于上方，3裂或不裂，基部有距；花粉块2，粉质，具花粉块柄和黏盘；蕊柱无翅 ………………………………………………………………………………… **15. 虎舌兰属 Epipogium**
16. 唇瓣位于下方，中部以下3裂，无距；花粉块4，蜡质，无花粉块柄和黏盘；蕊柱两侧常具翅 ……………………………………………………………………………… **16. 珊瑚兰属 Corallorhiza**
13. 植株有绿色的叶。
17. 植株不具假鳞茎；花粉块粉质。
18. 叶2枚，对生茎中部；唇瓣比萼片及侧花瓣显著较长且较宽，先端通常2裂 ………………………………………………………………………………… **14. 鸟巢兰属 Neottia**
18. 叶及唇瓣均不如上。
19. 花平展或下垂，常与花序轴垂直；花被片张开；唇瓣基部无囊或距……**17. 火烧兰属 Epipactis**
19. 花直立或稍斜展，几乎与花序轴近平行；花被片略靠合，一般不张开；唇瓣基部有囊或短距 ………………………………………………………………………… **18. 头蕊兰属 Cephalanthera**
17. 植株具假鳞茎；唇瓣无距；花粉块蜡质。
20. 花较大，单朵顶生；唇瓣具凹兜、近囊状；叶1枚，生假鳞茎上 …………… **19. 布袋兰属 Calypso**
20. 花较小，多数排列成总状花序；唇瓣不如上。
21. 唇瓣位于上方；萼长2～3毫米；花粉块不具花粉块柄和黏盘… **20. 原沼兰属（沼兰属）Malaxis**
21. 唇瓣位于下方；萼片长5～15毫米。
22. 唇瓣3裂；花茎节上具鞘；花粉块具花粉块柄和黏盘；植株具1～2枚基生叶 ……………………………………………………………………………… **21. 山兰属 Oreorchis**
22. 唇瓣全缘（东北）；花茎节上无鞘；花粉块不具花粉块柄和黏盘；植株具2枚基生叶（东北）……………………………………………………………………**22. 羊耳蒜属 Liparis**

1 杓兰属 *Cypripedium* L.

Cypripedium L., Sp. Pl. ed. 1, 2: 951. 1753.

陆生兰。根状茎横走，粗短或伸长。叶通常茎生，2～5（～6），互生或近对生，多数具弧状平行脉，稀网状脉或扇状脉。花通常单生，稀为2朵或多花，较大，艳丽；苞片通常叶状，稀不具苞片；中萼片较大，2侧萼片通常合生而为合萼片，仅顶端分离；侧花瓣离生，开展，唇瓣囊状，位于下方，无距，蕊柱短，粗壮；雄蕊2，位于蕊柱中部两侧，花药2室，具粒状花粉，不成花粉块，花丝很短，具2凸起，伸出到花药侧方或上方，退化雄蕊（外轮中间）大型，花瓣状，覆盖于蕊柱上方；无蕊喙；柱头盾状，不明显3裂，位于蕊柱顶端前方；子房1室，扭转。果实为蒴果。

本属全世界约50种，主产东亚、北美洲、欧洲等温带地区和亚热带山地，向南可达喜马拉雅地区和中美洲的危地马拉。中国有36种，广布于自东北地区至西南山地和台湾高山，绝大多数种类均可供观赏。东北地区产7种1变型。

分种检索表

1. 茎生叶2枚。
   2. 唇瓣白色带紫红色斑 ………………………… **1. 紫点杓兰 C. guttatum** Sw.
   2. 唇瓣绿黄褐色 ………………………… **2. 黄铃杓兰 C. yatabeanum** Makino
1. 茎生叶3～7枚。
   3. 花较小，棕色、褐色或仅唇瓣为亮黄色。
      4. 萼片与花瓣不同色，唇瓣为亮黄色，萼片与侧瓣为褐色或栗色；侧瓣卷曲2圈以上 ……**3. 杓兰 C. calceolus** L.
      4. 萼片与花瓣同色，同为棕色或褐色；侧瓣不卷曲、微卷曲或卷曲1圈以上。
         5. 唇瓣与侧瓣颜色完全一致，均为褐色；侧瓣一般不卷曲或微卷曲 … **4. 山西杓兰 C. shanxiense** S. C. Chen
         5. 唇瓣比侧瓣及萼片颜色稍浅；侧瓣卷曲不超过2圈 ……………… **5. 小囊杓兰 C. microsaccos** Kraenzl.
   3. 花较大，红紫色、粉红色、淡绿色、淡黄色至白色。
      6. 花通常2朵，花瓣常扭转 ………………………… **6. 东北杓兰 C. ×ventricosum** Sw.
      6. 花常1朵，花瓣不扭转（**7. 大花杓兰 C. macranthos** Sw）。
         7. 红紫色 ………………………… **7a. 大花杓兰 C. macranthos** f. **macranthos**
         7. 花白色 ………………………… **7b. 大白花杓兰 C. macranthos** f. **albiflorum** Y. C. Chu

（1）紫点杓兰（中国植物志，Flora of China）；斑花杓兰（辽宁植物志，黑龙江省植物志，内蒙古植物志，东北植物检索表，东北草本植物志）

Cypripedium guttatum Sw. in Kongl. Vetensk. Acad. Nya Handl. 21: 251. 1800; 辽宁植物志（下册）: 1123.

■ 紫点杓兰

花正面观

花侧面观

茎叶

图版505: 1. 1992; 内蒙古植物志（第二版）5: 553. 图版231: 1 ~ 4. 1994; 黑龙江省植物志11: 196. 图版74: 12 ~ 15. 1993; 东北植物检索表（第二版）: 895. 图版452: 3. 1995; 东北草本植物志12: 223. 图版95: 3 ~ 4. 1998; 中国植物志17: 43. 图版5: 2. 1999; Fl. China 25: 29. 2009.

生林下、灌丛中或草地上。产黑龙江省嘉荫、尚志、伊春、黑河、呼玛、新林、塔河、呼中；吉林省安图、抚松；辽宁省凤城、桓仁、本溪；内蒙古自治区额尔古纳、根河、牙克石、鄂伦春、陈巴尔虎旗、科尔沁右翼前旗、阿尔山、巴林右旗、宝格达山等地。

全草和根状茎有镇静、解痉、止痛、解热、利尿作用。

在2021年公布的《国家重点保护野生植物名录》中，本种被列为二级保护植物。

（2）黄铃杓兰（东北植物检索表，东北草本植物志）；紫铃杓兰（东北草本植物志）

Cypripedium yatabeanum Makino in Bot. Mag. (Tokyo) 13: 91. 1899; 东北植物检索表（第二版）: 895. 1995; 东北草本植物志12: 225. 1998.

生林缘及林间草地。产吉林省长白山。

在2021年公布的《国家重点保护野生植物名录》中，本种被列为二级保护植物。

（3）杓兰（辽宁植物志，内蒙古植物志，东北植物检索表，东北草本植物志，中国植物志，Flora of China）；黄囊杓兰（黑龙江省植物志）

Cypripedium calceolus L., Sp. Pl. 951. 1753; 辽宁植物志（下册）: 1123. 图版505: 4 ~ 5. 1992; 黑龙江省植物志11: 196. 图版74: 8 ~ 11. 1993; 内蒙古植物志（第二版）5: 553. 图版231: 5 ~ 8. 1994; 东北植物检索表（第二版）: 895. 图版452: 4. 1995; 东北草本植物志12: 226. 图版96: 8 ~ 10. 1998; 中国植物志17: 29. 1999; Fl. China 25: 25. 2009.

生林下、林缘、灌木丛中或林间草地上。产黑龙江省伊春、嘉荫、呼玛、尚志；吉林省安图、抚松、和龙、珲春、浑江；辽宁省本溪、清原、新宾、桓仁；内蒙古自治区根河、额尔古纳、牙克石、鄂伦春旗、通辽、赤峰等地。

在2021年公布的《国家重点保护野生植物名录》中，本种被列为二级保护植物。

■ 杓兰

花正面观

花侧面观

居群

（4）山西杓兰（植物分类学报，中国植物志，Flora of China）

Cypripedium shanxiense S. C. Chen in Acta Phytotax. Sin. 21(3): 343. pl. 1(1) .1983; 中国植物志17: 31. 图版4: 3 ~ 4. 1999; Fl. China 25: 25. 2009.

生林下或山坡。产辽宁省桓仁。

在2021年公布的《国家重点保护野生植物名录》中，本种被列为二级保护植物。

■ 山西杓兰

花正面观

花侧面观

植株

（5）小囊杓兰（中国杓兰属植物）

Cypripedium microsaccos Kraenzl., Journ. Russe Bot. 58. 1913; 中国杓兰属植物: 255. 2013.

■ 小囊杓兰

植株一部分

居群

植株

为杓兰*C. calceolus* L.和山西杓兰*C. shanxiense* S. C. Chen的天然杂交种。生林下。产黑龙江省伊春市南岔县。分布俄罗斯远东。

物种2000认为其是杓兰*C. calceolus* L.的同物异名，但其花的大小、唇瓣与侧瓣的颜色、侧瓣的卷曲程度及唇瓣的形状均与杓兰有区别。

（6）东北杓兰（中国兰花全书，中国植物志，Flora of China）

Cypripedium×*ventricosum* Sw. in Kongl. Vetensk. Acad. Nya Handl. 21: 251. 1800; Cribb, Genus Cypripedium 273. pl. 26, 117, 118. 1997; 中国兰花全书115. 1998; 中国植物志17: 35. 1999; Fl. China 25: 26. 2009.——*Cypripedium agnicapitatum* Y. N. Lee in Bulletin of Korea Plant Research (2): 25 ~ 36. 2002.——*Cypripedium morinanthum* Y. N. Lee in Bulletin of Korea Plant Research (2): 25 ~ 36. 2002.——*Cypripedium roseum* Y. N. Lee in Bulletin of Korea Plant Research (2): 25 ~ 36. 2002.——*Cypripedium sinapoides* Y. N. Lee in Bulletin of Korea Plant Research (2): 25 ~ 36. 2002.

生疏林下、林缘或草地上。产黑龙江西北部和内蒙古自治区东北部大兴安岭。

在2021年公布的《国家重点保护野生植物名录》中，本种被列为二级保护植物。

■ 东北杓兰

绿花

紫花

黄花

紫花居群

黄花居群

（7）大花杓兰（辽宁植物志，黑龙江省植物志，内蒙古植物志，东北植物检索表，东北草本植物志，中国植物志，Flora of China）；大花囊兰（辽宁植物志）

Cypripedium macranthos Sw. in Kongl. Vetensk. Acad. Nya Handl. 21: 251. 1800; 辽宁植物志（下册）:

1124. 图版505: 2～3. 1992; 黑龙江省植物志11: 198. 图版75: 1～5. 1993; 内蒙古植物志（第二版）5: 555. 图版232. 1994; 东北植物检索表（第二版）: 895. 图版452: 5. 1995; 东北草本植物志12: 225. 图版95: 1～2. 1998; 中国植物志17: 34. 1999; Fl. China 25: 26. 2009.——*Cypripedium neoparviflorum* Y. N. Lee in Bulletin of Korea Plant Research (2): 25～36. 2002.

（7a）大花杓兰（原变型）

Cypripedium macranthos f. *macranthos*

生林下、林缘或草坡上。产黑龙江省新林、塔河、呼玛、黑河、嘉荫、尚志、密山、萝北、伊春；吉林省安图、桦甸、浑江、抚松；辽宁省开原、西丰、新宾、清原、本溪、桓仁、宽甸、丹东、凤城；内蒙古自治区根河、额尔古纳、海拉尔、牙克石、鄂伦春、科尔沁右翼前旗、大青沟、科尔沁左翼后旗、巴林右旗、克什克腾旗、宁城等地。

根及根状茎有利尿消肿、活血祛瘀、祛风镇痛作用，花用于外伤出血。

在2021年公布的《国家重点保护野生植物名录》中，本种被列为二级保护植物。

■ 大花杓兰

花正面观

植株

（7b）大白花杓兰（变型）（黑龙江省植物志，东北植物检索表，东北草本植物志）

Cypripedium macranthos f. *albiflorum* Y. C. Chu in Natr. Res. Reser. 4: 63. 1980; 黑龙江省植物志11: 200. 1993; 东北植物检索表（第二版）: 895. 1995; 东北草本植物志12: 226. 1998.

生山地疏林下、林缘灌丛间。产黑龙江省伊春、宁安；吉林省安图等地。

■ 大白花杓兰

花正面观

花侧面观

植株

2 双蕊兰属 *Diplandrorchis* S. C. Chen

Diplandrorchis S. C. Chen, Acta Phytotax. Sin. 17(1): 1. fig. 1. 1979.

腐生小草本，具粗短根状茎和成簇的肉质纤维根。茎直立，中下部具数枚圆筒状鞘，鞘向上逐渐变为苞片状，无绿叶。总状花序顶生，具多朵小花；花苞片膜质；花梗较长，与子房有明显分界线；子房椭圆形；花直立，近辐射对称，几乎不扭转；花被由3枚相似的萼片和3枚相似的花瓣组成，无特化的唇瓣；蕊柱直立，圆柱形，腹背压扁；雄蕊2枚，相似，直立，位于近蕊柱顶端的前后两侧，分别与中萼片和中央花瓣（唇瓣）对生；花药2室，具极短的花丝；花粉团2个，粒粉质，无花粉团柄；柱头生于蕊柱顶端，近盘状；蕊喙不存在。

本属全世界仅1种，产中国辽宁。

双蕊兰（辽宁植物志，东北植物检索表，东北草本植物志，中国植物志，Flora of China）

Diplandrorchis sinica S. C. Chen in Acta Phytotax. Sin. 17(1): 2. 1979; 辽宁植物志（下册）: 1126. 图版506. 1992; 东北植物检索表（第二版）: 895. 图版452: 6. 1995; 东北草本植物志12: 228. 图版97. 1998; 中国植物志17: 94. 图版12: 1 ~ 2. 1999; Fl. China 25: 183. 2009.

腐生多年生小草本，无叶。根状茎短，具较密生稍肉质的根。茎上部、花序轴、苞片、花梗、子房、花被片均具乳突状毛。茎高不分枝，具2 ~ 3枚圆筒状叶鞘。顶生总状花序具10 ~ 20朵花；花绿白色，贴近花轴直立；能育雄蕊2枚。生海拔700 ~ 1900米的林下。产辽宁省清原、新宾、桓仁（模式标本采集地）等地。

■ 双蕊兰

植株

植株一部分

全株

根部

3 朱兰属 *Pogonia* Juss.

Pogonia Juss., Gen. Pl. 65. 1789.

地生草本，较小，常有直生的短根状茎以及细长而稍肉质的根，有时有纤细的走茎。茎较细，直立，在中上部具1枚叶。叶扁平，椭圆形至长圆状披针形，草质至稍肉质，基部具抱茎的鞘，无关节。花中等大，通常单朵顶生，少有2 ~ 3朵；花苞片叶状，但明显小于叶，宿存；萼片离生，相似；花瓣通常较萼片略宽而短；唇瓣3裂或近于不裂，基部无距，前部或中裂片上常有流苏状或髯毛状附属物；蕊柱细长，上端稍扩大，无蕊柱足；药床边缘啮蚀状；花药顶生，有短柄，向前俯倾；花粉团2个，粒粉质，无花粉团柄与黏盘；柱头单一；蕊喙宽而短，位于柱头上方。

本属全世界有4种，分布于东亚与北美洲。中国有3种。东北地区产1种。

朱兰（黑龙江省植物志，内蒙古植物志，东北植物检索表，东北草本植物志，中国植物志，Flora of China）

Pogonia japonica Rchb. f., Linnaea. 25: 228. 1852; 黑龙江省植物志11: 228. 图版87: 1 ~ 6. 1993; 内蒙古植物志（第二版）5: 582. 图版246. 1994; 东北植物检索表（第二版）: 904. 图版455: 6. 1995; 东北草本植物志12: 262. 图版100: 8 ~ 13. 1998; 中国植物志17: 19. 图版1: 3 ~ 4. 1999; Fl. China 25: 173. 2009.

根状茎直生，具细长的、稍肉质的根；茎直立，纤细，在中部或中部以上具1枚叶；叶稍肉质，长圆形或长圆状披针形，基部收狭，抱茎；花苞片叶状，狭长圆形、线状披针形或披针形；花单朵顶生，向上斜展，常紫红色或淡紫红色；蒴果长圆形。生山顶草丛中、山谷旁林下、灌丛下湿地或其他湿润之地。产黑龙江省伊春、集贤、绥芬河、嘉荫；吉林省东部及长白山；内蒙古自治区大兴安岭。

■ 朱兰

花

居群

4 绶草属 *Spiranthes* L. C. Rich.

Spiranthes L. C. Rich., De Orchid. Eur. : 20, 28, 36. Aug.–Sep. 1817.

陆生兰。具肉质指状簇生的根。叶数片，近基生。总状花序顶生，花序轴螺旋状扭转，具多数紧密排列的小花；花被片离生，背萼片常与侧花瓣靠合成盔状；唇瓣位于下方，上部边缘皱波状，具细齿或3裂，有时在中部缢缩，基部通常凹陷并抱蕊柱，通常两侧各有1胼胝体，无距；蕊柱圆柱状或棍棒状，基部稍扩大，但不成蕊柱足；花药直立，2室，着生于蕊柱背面，花粉块2，粉质粒状，具花粉块柄，有黏盘；蕊喙深2裂，黏盘插生于两裂片间；柱头位于蕊喙下方。蒴果直立，椭圆形、卵形或倒卵形，通常具3棱。

本属全世界约50种，主要分布于北美洲，少数种类见于南美洲、欧洲、亚洲、非洲和澳大利亚。中国有5种，广布于全国各省区。东北地区产1种。

亚太绶草（小兴安岭森林生态调查）；绶草（辽宁植物志，黑龙江省植物志，内蒙古植物志，东北植物检索表，东北草本植物志）；扭劲草、澳洲蓋草（俗名）

Spiranthes australis Lindl. in Bot. Reg. 10: sub. t. 823. 1824; 小兴安岭森林生态调查: 180. 2022.——*Spiranthes sinensis* auct. non (Pers.) Ames: 辽宁植物志（下册）: 1149. 图版517. 1992; 黑龙江省植物志11: 230. 图版87: 7 ~ 15. 1993; 内蒙古植物志（第二版）5: 586. 图版240: 9 ~ 17. 1994; 东北植物检索表（第二版）: 904. 图版456: 6. 1995; 东北草本植物志12: 266. 图版112. 1998; 中国植物志17: 228. 图版32: 7 ~ 9. 1999; Fl. China 25: 85. 2009.

多年生草本；根数条簇生，指状，肉质；茎纤细，直立；基生叶线形，茎生叶稍小于基生叶，基部成鞘状抱茎；总状花序似穗状，螺旋状扭转；花小，粉红色或紫红色；中萼片与侧花瓣靠合成兜状，唇瓣中部稍缢缩；蒴果具3棱。生林缘、稍湿草地、林下。产黑龙江省虎林、黑河、齐齐哈尔、安达、哈尔滨、伊春、依兰、饶河、密山、呼玛、塔河；吉林省通化、安图、汪清、珲春、长春、通榆、长白；辽宁省凌源、北镇、彰武、康平、沈阳、鞍山、海城、本溪、桓仁、丹东、宽甸、大连、金州、普兰店；内蒙古自治区根河、额尔古纳、牙克石、扎兰屯、鄂伦春、鄂温克、新巴尔虎左旗、阿荣旗、科尔沁右翼前旗、巴林右旗、扎赉特旗、乌兰浩特、阿鲁科尔沁旗、克什克腾旗、宁城、白音锡勒牧场、正蓝旗等地。

根或全草有滋阴益气、凉血解毒作用。嫩苗可食。

■ 亚太绶草

花序一部分

果序

植株

5 斑叶兰属 *Goodyera* R. Br.

Goodyera R. Br. in Ait. Hort. Kew., ed. 2, 5: 197. 1813.

陆生草本。根状茎伸长，匍匐。叶互生，通常基生或近基生，有柄。总状花序顶生或密生似穗状，呈螺旋状扭曲；花小，苞片较花短；花被片几乎等长，背萼片直立，通常和侧花瓣靠合成盔，侧萼片分离，直立或开展，唇瓣位于下方，不裂，基部凹陷成杯状或舟状，围绕蕊柱基部，无距，先端外折；蕊柱短，花药直立或倾卧，药隔上端常成喙状尖突，花粉块2，颗粒状，无花粉块柄或具短柄，具粘盘；蕊喙直立，先端狭，2裂；黏盘插生于蕊喙叉中；柱头1，较大，位于蕊柱前面蕊喙下方。

本属全世界约100种，主要分布于北温带地区，向南可达墨西哥、东南亚、澳大利亚和大洋洲岛屿，非洲的马达加斯加也有。中国产29种，分布全国各地，以西南部和南部为多。东北地区产1种。

小斑叶兰（辽宁植物志，黑龙江省植物志，内蒙古植物志，东北植物检索表，东北草本植物志，中国植物志，Flora of China）

Goodyera repens (L.) R. Br. in Hortus Kew. 5: 198. 1813; 辽宁植物志（下册）: 1149. 图版518: 1 ~ 3. 1992; 黑龙江省植物志11: 206. 图版78: 1 ~ 7. 1993; 内蒙古植物志（第二版）5: 587. 图版245. 1994; 东北植物检索表（第二版）: 897. 图版453: 6. 1995; 东北草本植物志12: 268. 图版113: 7 ~ 12. 1998; 中国植物志17: 131. 1999; Fl. China 25: 48. 2009.

多年生小草本；茎直立，绿色，具5～6枚叶；叶片卵形，上面深绿色具白色斑纹，背面淡绿色；总状花序，花常偏向一侧；花小，白色或带绿色或带粉红色，半张开；唇瓣位于下方，凹陷成杯状或舟状，无距；子房扭转。生林下或林缘阴湿地。产黑龙江省呼玛、塔河；吉林省长白、抚松、安图；辽宁省庄河；内蒙古自治区根河、额尔古纳、牙克石、鄂伦春、科尔沁右翼前旗、阿尔山等地。

全草有补肺益肾、散肿止痛作用。

■ 小斑叶兰

花序

植株下部

植株

6　盔花兰属　*Galearis* Rafinesque

Galearis Rafinesque, Herb. Raf. 71. 1833.

地生草本，基部具细、指状、肉质的根状茎。茎直立，圆柱形；叶基生或茎生，互生，罕近对生，1～5枚。总状花序；花苞片常直立伸展，披针形、卵状披针形等；子房扭转；花粉红色、紫红色、白色、黄绿色或黄色；萼片离生，中萼片直立，常凹陷呈舟状，侧萼片张开或反折；花瓣与中萼片等长或较短小，常与中萼片相靠合呈兜状；唇瓣常向前伸展，不裂或3裂至4裂，基部有距，罕无距；距圆筒状或囊状；蕊柱直立，花药位于蕊柱顶部，药室2，并行；花粉团2个，为具小团块的粒粉质；黏盘2个；柱头1个，凹陷，位于蕊喙之下的凹穴内；蕊喙位于花药下部两药室之间；退化雄蕊2枚，位于花药基部两侧。蒴果直立。

本属全世界约10种，主要分布北温带地区，延伸分布到亚洲亚热带和北美洲高山区。中国有5种。东北地区产1种。

卵唇盔花兰（Flora of China）；双花红门兰（辽宁植物志）；卵唇红门兰（东北植物检索表，东北草本植物志，中国植物志）

Galearis cyclochila (Franch. & Sav.) Soó in Ann. Univ. Sci. Budapest. Rolando Eötvös, Sect. Biol. 11: 72. 1969; Fl. China 25: 91. 2009.——*Orchis cyclochila* (Franch. et Sav.) Maxim. in Bull. Acad. Imp. Sci. Saint-Pétersbourg Ⅲ, 31: 104. 1887; 辽宁植物志（下册）: 1128. 图版508. 1992; 东北植物检索表（第二版）: 901. 图版455: 2. 1995; 东北草本植物志12: 240. 图版103: 5～8. 1998; 中国植物志17: 247. 图版34: 5. 1999.

植株具肉质指状根状茎；茎直立，纤细；基生叶1 枚，无茎生叶；叶片长圆形，质地较厚，下部抱茎；花茎顶端生1～2朵花；花苞片长圆状披针形；子房细长，圆柱形，扭转；花淡粉红色或白色。生山坡林下或灌丛下。产黑龙江省伊春；吉林省长白山区；辽宁省宽甸等地。

■ 卵唇盔花兰

基生叶

花序

居群

7 舌唇兰属 *Platanthera* Rich.

Platanthera Richard, De Orchid. Eur. 20, 26, 35. 1817.

陆生兰，具块茎或指状根状茎。茎直立。叶茎生或基生，二至多片，基部具叶鞘。总状花序顶生，具多数花，花绿白色或黄绿色；背萼片较短而宽，与侧花瓣靠合成盔，侧萼片伸展，较背萼片长；侧花瓣斜卵形与萼片同长，常直立或斜上，唇瓣位于下方，线形或舌状，肉质不分裂，基部稍宽；有距，通常甚长；蕊柱粗短，花粉块2，粉质，颗粒状，具花粉块柄和黏盘，黏盘裸露，附于蕊喙基部两侧；退化雄蕊2，位于花药基部两侧；蕊喙较大，基部扩大而叉开，位于药室之间；柱头1个，位于蕊喙穴下凹陷处。蒴果直立。

本属全世界约200种，主要分布于北温带地区，向南可达中南美洲和热带非洲以及热带亚洲。中国有42种，南北均产，尤以西南山地为多。东北地区产6种。

分种检索表

1. 唇瓣自基部3裂；黏盘藏于黏囊之中。
  2. 茎下部叶或中下部叶长圆状披针形、长圆形或近匙形，宽1～3厘米；花被片长2～4毫米，距长5～6（～7）毫米 ………… 1. 东亚舌唇兰 P. ussuriensis (Regel) Maxim.
  2. 茎中下部叶广椭圆形、椭圆形或长圆形，宽3～10（～12）厘米；花被片长3.5～6毫米，距长7～9（～10）毫米 ………… 2. 蜻蜓舌唇兰 P. fuscescens (L.) Kraenzl.
1. 唇瓣不分裂；黏盘裸露。
  3. 茎近基部具2枚近对生的大叶，在大叶之上具2～4枚苞片状小叶。
    4. 距粗壮，水平或斜的向下伸展，末端以下明显增粗；药隔较宽，顶部宽1.5毫米；药室下部明显叉开 ………… 3. 二叶舌唇兰 P. chlorantha Cust. ex Reichb.
    4. 距纤细，向后水平伸展，末端以下几乎不增粗；药隔狭窄，顶部宽0.5毫米；药室下部稍微叉开 ………… 4. 细距舌唇兰 P. bifolia (L.) Richard
  3. 茎下部具1～6枚互生的大叶，在大叶之上具2～4枚或更多苞片状小叶。
    5. 茎下部具1（～2）枚大叶，在大叶之上具2～4枚苞片状小叶；花黄绿色

（接上表）

……………………………………………………………………5. 尾瓣舌唇兰 P. mandarinorum H. G. Reichenbach

5. 茎下部具4～6枚大叶，在大叶之上具数枚苞片状小叶；花白色 ………… 6. 密花舌唇兰 P. hologlottis Maxim.

（1）东亚舌唇兰（Flora of China）；小花蜻蜓兰（黑龙江省植物志，东北植物检索表，东北草本植物志，中国植物志）

Platanthera ussuriensis (Regel) Maxim. in Bull. Acad. Imp. Sci. Saint-Pétersbourg Ⅲ, 31: 107. 1887; Fl. China 25: 109. 2009.——*Tulotis ussuriensis* (Reg. et Maack) H. Hara in J. Jap. Bot. 30: 72. 1955; 黑龙江省植物志11: 233. 图版88: 9. 1993; 东北植物检索表（第二版）: 905. 图版456: 5. 1995; 东北草本植物志12: 246. 图: 106: 8. 1998; 中国植物志17: 331. 图版51: 4～8. 1999.

生山坡林下、林缘或沟边。产黑龙江省小兴安岭—老爷岭植物区；吉林省浑江；辽宁省清原等地。

根有解毒、消肿作用，全草有补肾壮阳作用。

■ 东亚舌唇兰

花正面观

花侧面观

植株一部分

花序

植株

（2）蜻蜓舌唇兰（Flora of China）；蜻蜓兰（辽宁植物志，黑龙江省植物志，内蒙古植物志，东北植物检索表，东北草本植物志，中国植物志）

Platanthera fuscescens (L.) Kraenzl. in Orchid. Gen. Sp. 1: 637. 1899; 内蒙古植物志（第三版）6: 541.

2020.——*P. souliei* Kraenzlin, Repert. Spec. Nov. Regni Veg. 5: 199. 1908; Fl. China 25: 108. 2009.——*Tulotis fuscescens* (L.) Czer. Addit. et Collig. in Svod Dopol. Izmen. Fl. SSSR 622. 1973; 内蒙古植物志（第二版）5: 566. 图版238. 1994; 东北植物检索表（第二版）: 905. 图版456: 4. 1995; 东北草本植物志12: 244. 图: 105: 5 ~ 7. 1998; 中国植物志17: 330. 图版51: 1 ~ 3. 1999.——*T. asiatica* Hara in J. Jap. Bot. 30: 72. 1955; 辽宁植物志（下册）: 1133. 图版510: 6 ~ 9. 1992; 黑龙江省植物志11: 231. 图版88: 1 ~ 8. 1993.

生山坡林下及林缘。产黑龙江省黑河、密山、伊春、虎林、尚志、阿城；吉林省桦甸、抚松、安图、浑江、汪清、珲春、和龙；辽宁省鞍山、西丰、抚顺、清原、本溪、桓仁、宽甸、凤城、丹东、庄河；内蒙古自治区根河、额尔古纳、牙克石、鄂伦春、扎赉特旗等地。

全草有补肾益精、解毒消肿作用，用于肾虚腰痛、病后虚弱、阳痿、遗精等症。

■ 蜻蜓舌唇兰

根部

花序一部分

居群

（3）二叶舌唇兰（辽宁植物志，黑龙江省植物志，内蒙古植物志，东北植物检索表，东北草本植物志，中国植物志，Flora of China）；大叶长距兰（大连地区植物志）

Platanthera chlorantha Cust. ex Reichb. in Handb. Gewächsk. ed. 2, 2: 1565. 1829; 辽宁植物志（下册）: 1131. 图版509: 1 ~ 6. 1992; 黑龙江省植物志11: 226. 图版86: 1 ~ 8. 1993; 内蒙古植物志（第二版）5: 562. 图版236: 8 ~ 15. 1994; 东北植物检索表（第二版）: 904. 图版456: 1. 1995; 东北草本植物志12: 250. 图版107: 1 ~ 6. 1998; 中国植物志17: 290. 图版42: 5 ~ 6. 1999; Fl. China 25: 107. 2009.——*Platanthera freynii* acut. non Kraenzl.: 大连地区植物志下册: 989. 1982.

生林缘、林下、灌丛间。产黑龙江省黑河、尚志、伊春；吉林省安图、珲春；辽宁省西丰、本溪、

■ 二叶舌唇兰

花序一部分

花

植株

桓仁、清原、宽甸、岫岩、鞍山、庄河、建昌、凌源；内蒙古自治区牙克石、扎兰屯、扎赉特旗、克什克腾旗等地。

在东北地区尚有一种形态与本种相近、但距上举的同属植物，疑为多叶舌唇兰*Platanthera densa* Freyn。记录与此，待进一步研究。

（4）细距舌唇兰（青海植物志，中国植物志，Flora of China）

Platanthera bifolia (L.) Richard, De Orchid. Eur. 35. 1817; Fl. China 25: 107. 2009.——*Platanthera metabifolia* F. Maekawa in J. Jap. Bot. 11: 303. 1935; 中国植物志17: 290. 图版42: 1, 4. 1999.

生山坡林下或湿草地中。产黑龙江省伊春；吉林省延边。

（5）尾瓣舌唇兰（中国植物志，Flora of China）；长白舌唇兰（东北植物检索表，东北草本植物志）；长白长距兰（大连地区植物志）；东北舌唇兰（中国植物志）

Platanthera mandarinorum H. G. Reichenbach, Linnaea 25: 226. 1852; 中国高等植物图鉴5: 618, 图8066. 1976; 中国植物志17: 298. 1999; Fl. China 25: 105. 2009; 东北植物分布图集: 1549. 2019.——*Platanthera mandarinorum* Rchb. f. var. *cornu-bovis* (Nevski) Kitag. in Neo-Lineam. Fl. Manshur. 199. 1979; 东北植物检索表（第二版）: 904. 图版456: 2. 1995; 东北草本植物志12: 252. 图版107: 7 ~ 10. 1998.——*Platanthera cornu-bovis* Nevski in Komarov, Fl. USSR 4: 662 et 752, pl. 40(8) . 1935; 中国植物志17: 290. 图版43: 1 ~ 3. 1999.

生林下、林间草地。产吉林省安图、抚松；辽宁省清原等地。

■ 尾瓣舌唇兰

花正面观

花侧面观

花序一部分

植株

（6）密花舌唇兰（黑龙江省植物志，内蒙古植物志，东北植物检索表，东北草本植物志，中国植物志，Flora of China）

Platanthera hologlottis Maxim. in Prim. Fl. Amur. 268. 1859; 黑龙江省植物志11: 226. 图版86: 9 ~ 15. 1993; 内蒙古植物志（第二版）5: 562. 图版236: 1 ~ 7. 1994; 东北植物检索表（第二版）: 904 图版456: 3. 1995; 东北草本植物志12: 249. 图版106: 1 ~ 7. 1998; 中国植物志17: 292. 1999; Fl. China 25: 112. 2009; 东北植物分布图集: 1548. 2019.

山坡林下或山沟潮湿草地。产黑龙江省黑河、孙吴、密山、呼玛、伊春、萝北、集贤、虎林、鹤岗、安达；吉林省安图、珲春、敦化；辽宁省桓仁；内蒙古自治区额尔古纳、牙克石、扎兰屯、鄂伦春、科尔沁右翼前旗、扎赉特旗、科尔沁左翼后旗、喀喇沁旗、宁城等地。

■ 密花舌唇兰

花侧面观

花序一部分

花序

植株

8 手参属（手掌参属） Gymnadenia R. Br.

Gymnadenia R. Br. in Aiton, Hort. Kew ed. 2, 5: 191. 1813.

陆生兰。具掌状分裂的块茎。茎直立，基部具2～3枚叶鞘，中部或近基部具3～5枚叶。叶广线形，狭椭圆形或狭卵形，无毛。穗状花序顶生，具多数花，较密集，常呈圆筒状；花通常粉红色或紫红色；萼片离生，近等长，背萼片舟状，侧萼片边缘常外折，侧花瓣较萼片稍宽，直立或伸展，与背萼片靠合成盔，唇瓣位于下方，宽菱形或宽倒卵形，先端3裂或几乎不裂，基部凹陷，有距；距细长，线形或细圆筒状，通常比子房长；蕊柱短；退化雄蕊2，小，位于花药基部两侧；花药较大，位于蕊柱顶端，药室2，平行，花粉块2，粉质，颗粒状，具花粉块柄和黏盘；黏盘裸露；蕊喙小，无臂，位于两药室基部之间；柱头2，隆起，较大，贴生唇瓣基部；子房扭转，无毛。蒴果直立。

本属全世界约16种，分布于欧洲与亚洲温带及亚热带山地。中国产5种，多分布于西南部，其中2种较为广布。东北地区产1种。

手参（黑龙江省植物志，中国植物志，Flora of China）；手掌参（辽宁植物志，内蒙古植物志，东北植物检索表，东北草本植物志）

Gymnadenia conopsea (L.) R. Br. in Hortus Kew. 5: 191. 1813; 辽宁植物志（下册）: 1139. 图版511: 1～4. 1992; 黑龙江省植物志11: 208. 图版79: 1～10. 1993; 内蒙古植物志（第二版）5: 572. 图版241. 1994; 东北植物检索表（第二版）: 897. 图版453: 4. 1995; 东北草本植物志12: 256. 图版109: 1～4. 1998; 中国植物志17: 389. 1999; Fl. China 25: 134. 2009.

多年生草本，具掌状块茎；茎基部具2～3枚叶鞘，中部及下部具3～7枚叶；叶无柄，舌状狭披针形，基部成鞘状抱茎；穗状花序密集，具多数花，排列成圆柱状；花粉红色，唇瓣先端3裂；距细长下垂，下部弯曲，长为子房的2倍左右。生山坡林下或湿草甸。产黑龙江省黑河、北安、尚志、鹤岗、集贤、饶河、富锦、伊春、呼玛、塔河；吉林省抚松、安图、长白、浑江、珲春、汪清、桦甸；辽宁省清原、桓仁、凤城、西丰等地；内蒙古自治区额尔古纳、牙克石、扎兰屯、鄂伦春、鄂温克、科尔沁右翼前旗、扎赉特旗、巴林右旗、克什克腾旗、喀喇沁旗、宁城、东乌珠穆沁旗、西乌珠穆沁旗、宝格达山等地。

块茎有补肾益精、理气止痛作用，主治病后体弱、神经衰弱、咳嗽、阳痿等症。

在2021年公布的《国家重点保护野生植物名录》中，本种被列为二级保护植物。

■ 手参

根部

花序

植株下部

植株

9 掌裂兰属 *Dactylorhiza* Necker ex Nevski

Dactylorhiza Necker ex Nevski, Fl. URSS. 4: 697, 713. 1935.

地生草本。块茎肉质，前部呈掌状分裂，颈部生数条细长的根。茎直立，不分枝，具数枚叶。叶互生，向上渐小成苞片状。花序顶生，总状，具多数较密生的花；花苞片直立伸展，较花长；花通常为绿黄色或绿色，直立，倒置（唇瓣位于下方）；萼片基部合生，几乎等长，稍张开；花瓣线状披针形，较萼片狭很多，直立，与中萼片靠合呈兜状；唇瓣下垂，倒披针形，前部常3裂，中裂片较侧裂片小很多，基部具短距；蕊柱粗短，直立，基部两侧各具1枚半圆形的退化雄蕊；花药生蕊柱的顶部，2室，药室并行；柱头1个，圆形，位于蕊喙下面中央。

本属全世界约50种。主要分布于欧洲和俄罗斯，延伸分布东到朝鲜、日本和北美洲，南到亚洲和北非亚热带高山。中国有6种。东北地区产2种。

分种检索表

1. 花黄绿色至绿棕色；唇瓣前部3裂；距卵球形，长2～4毫米 …………… 1. 凹舌掌裂兰 D. viridis (L.) R. M. Bateman
1. 花蓝紫色、紫红色或玫瑰红色；唇瓣不裂或不明显3浅裂；距圆筒形至狭圆锥形，长9～13毫米 ………………………………………………………… 2. 掌裂兰 D. hatagirea (D. Don) Soó

（1）凹舌掌裂兰（Flora of China）；凹舌兰（辽宁植物志，内蒙古植物志，东北植物检索表，东北草本植物志，中国植物志）；长苞凹银兰（黑龙江省植物志）

Dactylorhiza viridis (L.) R. M. Bateman, Pridgeon & M. W. Chasein Lin dleyana 12: 129. 1997; Fl. China 25: 117. 2009; 内蒙古植物志（第三版）6: 531. 2020.——*Coeloglossum viride* (L.) Hartm. in Handb. Skand. Fl. 329. 1820; 辽宁植物志（下册）: 1132. 图版510: 1～5. 1992; 内蒙古植物志（第二版）5: 564. 图版237. 1994; 东北植物检索表（第二版）: 895. 图版451: 2. 1995; 东北草本植物志12: 248. 图版105: 1～4. 1998; 中国植物志17: 328. 图版38: 1～3. 1999.——*Cephalanthera viride* (L.) Hartm. var. *bracteatum* (Willd.) Richt. Fl.

Eur. 1: 278. 1890; 黑龙江省植物志11: 193. 1993.——*Coeloglossum bracteatum* Willd. Parlatore, Fl. Ital. 3: 409. 1890.

生山坡林下、灌丛下或山谷林缘湿地。产黑龙江省尚志、伊春；吉林省安图县（长白山）；辽宁省建昌、朝阳；内蒙古自治区根河、额尔古纳、牙克石、科尔沁右翼前旗、阿尔山、宝格达山等地。

■ 凹舌掌裂兰

花序一部分

花序

植株

（2）掌裂兰（内蒙古植物志，Flora of China）；宽叶红门兰（黑龙江省植物志，内蒙古植物志，东北植物检索表，东北草本植物志，中国植物志）

Dactylorhiza hatagirea (D. Don) Soó, Nom. Nov. Gen. Dactylorhiza. 4. 1962; Fl. China 25: 115. 2009; 内蒙古植物志（第三版）6: 530. 2020.——*Orchis latifolia* auct. non L. : 黑龙江省植物志11: 222. 图版84: 1 ~ 8. 1993; 内蒙古植物志（第二版）5: 559. 图版235. 1994; 东北植物检索表（第二版）: 901. 图版455: 4. 1995; 东北草本植物志12: 242. 图版104: 8 ~ 14. 1998; 中国植物志17: 268. 图版368: 4 ~ 6. 1999.

生海拔600米以上的山坡、沟边灌丛下或草地中。产黑龙江省哈尔滨；吉林省双辽；内蒙古自治区海拉尔、陈巴尔后旗、科尔沁左翼后旗、扎鲁特旗、通辽、克什克腾旗、锡林浩特等地。

块茎可以代替手参药用。

■ 掌裂兰

根部

花序一部分

花序

植株

10 小红门兰属 *Ponerorchis* H. G. Reichenbach

Ponerorchis H. G. Reichenbach, Linnaea. 25: 227. 1852.

地生草本。块茎球形、卵形或椭圆形不开裂，肉质。叶片位于基部或茎生，基部收缩成抱茎的鞘。花倒置；子房扭转；花瓣常与中萼片靠合呈盔状；蕊柱粗短，花药直立，基部紧密贴生于蕊柱顶端，2室，平行；花粉团2，粒粉质，具细长的花粉团柄与黏盘；柱头凹陷，位于蕊喙下方；蕊喙明显，蕊喙臂2；退化雄蕊2，位于蕊柱两侧，常明显。

本属全世界有57种，主要分布于亚洲亚热带至北温带山地，个别种分布至欧洲。中国有42种。东北地区产3种1变种2变型。

分种检索表

1. 柱头1；植株具（1～）2至数枚茎生叶 ……………………………… **1. 广布小红门兰 P. chusua** (D. Don) Soó

1. 柱头2；植株仅具1～2枚基生叶。

  2. 萼片与花瓣分离，不呈盔瓣状；总状花序的花不偏向一侧或偏向一侧；植株仅具1枚基生叶（东北）；黏盘为蕊喙边缘小囊所掩盖（**2. 无柱兰 P. gracilis** (Blume) X. H. Jin）。

    3. 花淡红紫色；叶宽1～3.5厘米 ……………………………… **2a. 无柱兰 P. gracilis** var. **gracilis**

    3. 花白色；叶较狭，宽线形 ………………… **2b. 白花无柱兰 P. gracilis** var. **manshuricum** (Kitag.) S. M. Zhang

  2. 萼片中下部合生，内凹如兜呈盔瓣状；总状花序的花偏向一侧；植株仅具2枚基生叶（东北）；黏盘裸露（**3. 二叶兜被兰 P. cucullata** (L.) X. H. Jin）。

    4. 叶表面无红紫色斑点。

      5. 花紫红色或粉红色 ……………………………… **3a. 二叶兜被兰 P. cucullata** f. **cucullata**

      5. 花白色 ………………… **3b. 白花兜被兰 P. cucullata** f. **albifora** (P. Y. Fu et S. Z. Liou) S. M. Zhang

    4. 叶表面有红紫色斑点 ………………… **3c. 斑叶兜被兰 P. cucullata** f. **maculata** (Nakai et Kitag.) S. M. Zhang

（1）广布小红门兰（Flora of China）；广布红门兰（黑龙江省植物志，内蒙古植物志，东北植物检索表，东北草本植物志，中国植物志）

Ponerorchis chusua (D. Don) Soó, Acta Bot. Acad. Sci. Hung. 12: 352. 1966; Fl. China 25: 95. 2009; 内蒙古植物志（第三版）6: 534. 2020.——*Orchis chusua* D. Don in Prodr. Fl. Nepal. 23. 1825; 黑龙江省植物志11: 222. 图版85: 1～8. 1993; 内蒙古植物志（第二版）5: 557. 图版234. 1994; 东北植物检索表（第二版）: 901. 图版455: 3. 1995; 东北草本植物志12: 242. 图版104: 1～7. 1998; 中国植物志17: 249. 图版36: 1～5. 1999.

生山坡林下、灌丛下、高山灌丛草地或高山草甸中。产黑龙江省黑河、伊春；吉林省长白；内蒙古自治区根河、额尔古纳、牙克石、鄂伦春等地。

■ 广布小红门兰

花序一部分

植株

（2）无柱兰（黑龙江省植物志，东北草本植物志，中国植物志，Flora of China）；细萼无柱兰（辽宁植物志，东北植物检索表）

Ponerorchis gracilis (Blume) X. H. Jin, Schuit. & W. T. Jin, Molec. Phylogen. Evol. 77: 51. 2014.——*Amitostigma gracile* Schlechter in Repert. Spec. Nov. Regni Veg. Beih. 4: 93. 1919; 辽宁植物志（下册）: 1138. 图版512: 5 ~ 10. 1992; 黑龙江省植物志11: 191. 图版73: 1 ~ 3. 1993; 东北植物检索表（第二版）: 894. 图版451: 6. 1995; 东北草本植物志12: 253. 图: 108: 5 ~ 10. 1998; 中国植物志17: 358. 图版57: 7. 1999; Fl. China 25: 128. 2009.

（2a）无柱兰（原变种）

Ponerorchis gracilis var. *gracilis*

生山坡岩石上或林下阴湿岩石上。产黑龙江省小兴安岭—老爷岭植物区；吉林省抚松、长白；辽宁省风城、大连、金州、庄河等地。

块茎和全草有解毒、消肿、止血作用，用于跌打损伤、吐血、毒蛇咬伤等。

■ 无柱兰

果序

茎叶

花序一部分

花序

居群

（2b）白花无柱兰（变种）（东北植物检索表，东北草本植物志）；白花细葶无柱兰（辽宁植物志）

Ponerorchis gracilis var. *manshuricum* (Kitag.) S. M. Zhang, 东北维管束植物考: 96. 2021.——*Amitostigma gracile* var. *manshuricum* Kitag. in Lineam. Pl. Mansh. 150. 1939; 辽宁植物志（下册）: 1138. 1992; 东北植物检索表（第二版）: 894. 1995; 东北草本植物志12: 253. 1998.

生山坡岩石上或林下阴湿岩石上。产辽宁省庄河、大连。

■ 白花无柱兰

居群

植株

（3）二叶兜被兰（辽宁植物志，黑龙江省植物志，内蒙古植物志，东北植物检索表，东北草本植物志，中国植物志，Flora of China）

Ponerorchis cucullata (L.) X. H. Jin, Schuit. & W. T. Jin, Molec. Phylogen. Evol. 77: 51. 2014.——*Neottianthe cucullata* (L.) Schltr. in Repert. Spec. Nov. Regni Veg. 16: 292. 1919; 辽宁植物志（下册）: 1138. 1992; 黑龙江省植物志11: 220. 图版83: 10 ~ 15. 1993; 内蒙古植物志（第二版）5: 570. 图版240: 1 ~ 6. 1994; 东北植物检索表（第二版）: 901. 图版455: 1. 1995; 东北草本植物志12: 253. 1998; 中国植物志17: 378. 图版59: 16 ~ 19. 1999; Fl. China 25: 131. 2009.

（3a）二叶兜被兰（原变型）

Ponerorchis cucullata f. *cucullata*

■ 二叶兜被兰

花序

花侧面观

花正面观

植株

生山坡有土石缝中或林下或林缘。产黑龙江省伊春、鸡西、宁安、呼玛、孙吴；吉林省安图、抚松；辽宁省旅顺口、庄河；内蒙古自治区额尔古纳、牙克石、鄂伦春、科尔沁右翼前旗、巴林右旗、克什克腾旗、宁城等地。

全草有醒脑回阳、活血散瘀、接骨生肌作用，用于跌打损伤、骨折等。

（3b）白花兜被兰（变型）（东北植物检索表，东北草本植物志）

Ponerorchis cucullata f. *albifora* (P. Y. Fu et S. Z. Liou) S. M. Zhang, 东北维管束植物考: 96. 2021.——*Neottianthe cucullata* f. *albifora* P. Y. Fu et S. Z. Liou, 东北植物检索表（第二版）: 901. 1995; 东北草本植物志12: 255. 1998.

生林缘或林下。产吉林省抚松（模式标本采集地）等地。

■ 白花兜被兰

花序

植株

（3c）斑叶兜被兰（变型）（辽宁植物志，东北植物检索表，东北草本植物志）

Ponerorchis cucullata f. *maculata* (Nakai et Kitag.) S. M. Zhang, 东北维管束植物考: 96. 2021.——*Neottianthe cucullata* f. *maculata* (Nakai et Kitag.) Nakai et Kitag. in Rep. Exped. Manchoukou Sect. Ⅳ 4: 72, 108. 1936; 辽宁植物志（下册）: 1139. 图版512: 1～4. 1992; 东北植物检索表（第二版）: 901. 1995; 东北草本植物志12: 255. 图: 108: 1～4. 1998.

生海拔1000米左右的林缘或林下。产辽宁省凌源、建昌等地。

■ 斑叶兜被兰

花正面观

花侧面观

花序

叶

植株

11 玉凤花属 *Habenaria* Willd.

Habenaria Willd., Sp. pl. 4: 44. 1805.

陆生兰。通常具球茎或块茎。茎直立。叶互生，基部鞘状。花序呈总状或穗状，具少数或多数花；萼片近相等，侧萼片伸展或反折，背萼片直立或呈盔状；侧花瓣通常与背萼片靠合，全缘或2裂，唇瓣通常与蕊柱基部连接，通常3裂或全缘，基部延长或有距。蕊柱短，花药着生于蕊柱顶端，直立，2室，药隔宽阔，药室平行或下部叉开，基部通常延长成或长或短的管状槽；花粉块2，棒状或梨状，粉质，颗粒状，基部通常具长的花粉块柄和黏盘；黏盘裸露；退化雄蕊2，着生于花药基部两侧；蕊喙通常小而直立于药室之间，稀不明显；柱头2，分离，凸起或延长呈棍棒状，位于蕊喙前方的基部。蒴果直立。

本属全世界约600种，分布于全球热带、亚热带至温带地区。中国有54种，除新疆外，南北各省均产，主要分布于长江流域及其以南地区，以西南部，特别是横断山脉地区为多。东北地区产1种。

线叶十字兰（内蒙古植物志，中国植物志，Flora of China）；十字兰（黑龙江省植物志，辽宁植物志，东北草本植物志）；线叶玉凤花（江苏植物志）

Habenaria linearifolia Maxim. in Mem. Acad. Sci. St. Petersb. Sav. Etrang. 9: 269 (Prim. Fl. Amur.) . 1859; 辽宁植物志（下册）: 1141. 图版513. 1992; 中国植物志17: 445. 图版73: 4 ~ 5. 1999; Fl. China 25: 151. 2009. ——*H. sagittifera* auct. non Rchb. f.: 中国高等植物图鉴5: 637. 1976, pro parte；黑龙江省植物志11: 210. 图版80: 1 ~ 8. 1993; 东北植物检索表899. 图版453: 3. 1995; 东北草本植物志12: 260. 图版110. 1998; 内蒙古植物志（第三版）6: 538. 2020.

多年生直立草本。块茎肉质，卵形或球形。茎直立，具多枚疏生的叶，向上渐小呈苞片状。中下部的叶5 ~ 7枚，叶片线形。总状花序具8 ~ 20余朵花；花白色或绿白色，花瓣长5 ~ 5.5毫米；中萼片卵形或宽卵形，长5.5 ~ 6毫米，宽3.5 ~ 4毫米；唇瓣的侧裂片下部与中裂片几乎垂直，上部向前弧曲，宽0.5 ~ 0.6毫米；距长2.5 ~ 3.5厘米，向末端逐渐膨大，细棒状，长于子房。生山坡林下或沟谷草丛中。产黑龙江省伊春、黑河、萝北、依兰、密山、宁安、阿城；吉林省汪清、珲春、前郭、安图、抚松；辽宁省北镇、彰武、康平、铁岭、庄河、大连、旅顺口；内蒙古自治区鄂伦春旗、莫力达瓦达斡尔旗、扎兰屯、突泉、扎赉特旗、扎鲁特旗、科尔沁左翼后旗、大青沟等地。

■ 线叶十字兰

花蕾期

盛花期

茎叶

植株

12 角盘兰属 *Herminium* L.

Herminium L., Opera Var. 251. 1758.

陆生兰。块茎近球形，不分裂。茎直立，具2至数枚叶。叶互生或近对生。总状花序顶生，花小型，黄绿色或绿色，常垂头，钩手状；萼片离生，近等长，具1脉；侧花瓣通常较萼片狭小，常增厚带肉质，唇瓣位于下方，前部3裂，稀不裂，基部略凹陷，通常无距，稀有距；蕊柱极短，直立，退化雄蕊2，显著，位于花药基部两侧；花药生于蕊柱顶端，2室，药室平行或基部稍叉开；花粉块2，粉质，颗粒状，具短花粉块柄；黏盘裸露，有时卷成角状；蕊喙小，近三角状；柱头2，隆起，分开，几乎为棍棒状。蒴果长圆形，直立。

本属全世界约25种，主要分布于东亚，少数种也见于欧洲和东南亚。中国有18种，主要分布于西南部，云南、四川和西藏是其现代分布中心和分化中心。东北地区产3种。

分种检索表

1. 唇瓣基部有短距，其中裂片稍短于两侧裂片 ………………………………… 1. 裂瓣角盘兰 H. alaschanicum Maxim.
1. 唇瓣基部无短距，其中裂片显著长于或为显著短于两侧裂片。
  2. 唇瓣显著长于侧花瓣及萼片，其中裂片显著短于两侧裂片；侧花瓣稍短于萼片
  ……………………………………………………………………… 2. 叉唇角盘兰 H. lanceum (Thunb. ex Sw.) Vuijk
  2. 唇瓣与侧花瓣近等长或有时稍较短，其中裂片显著长于两侧裂片；侧花瓣明显长于萼片
  ……………………………………………………………………………………… 3. 角盘兰 H. monorchis (L.) R. Br.

（1）裂瓣角盘兰（辽宁植物志，黑龙江省植物志，内蒙古植物志，东北植物检索表，东北草本植物志，中国植物志，Flora of China）

Herminium alaschanicum Maxim. in Bull. Acad. Imp. Sci. Saint-Pétersbourg Ⅲ, 31: 105. 1887; 辽宁植物志（下册）: 1136. 图版511: 7. 1992; 黑龙江省植物志11: 212. 图版80: 9 ~ 13. 1993; 内蒙古植物志（第二版）5: 570. 图版239: 9 ~ 13. 1994; 东北植物检索表（第二版）: 899. 图版453: 2. 1995; 东北草本植物志12: 259. 图版109: 7. 1998; 中国植物志17: 350. 图版55: 1 ~ 3. 1999; Fl. China 25: 122. 2009.

■ 裂瓣角盘兰

花序一部分

植株下部

居群

生草甸、向阳草地。产黑龙江省小兴安岭—老爷岭植物区；辽宁省建昌、北票、凤城；内蒙古自治区科尔沁右翼前旗、扎鲁特旗、通辽等地。

块茎有补肾壮阳作用，用于肾虚、遗尿。

（2）叉唇角盘兰（东北植物检索表，东北草本植物志，中国植物志，Flora of China）

Herminium lanceum (Thunb. ex Sw.) Vuijk in Blumea 11: 228. 1961; 中国植物志17: 343. 图版54: 6. 1999; Fl. China 25: 122. 2009.——*Herminium angustifolium* var. *longicruris* (C. Wright ex A. Gray) Makino in Bot. Mag. (Tokyo) 10: 109 1896; 东北植物检索表（第二版）: 899. 1995; 东北草本植物志12: 259. 1998.

生山坡杂木林至针叶林下、灌丛下或草地中。东北东部有记载，未见标本。

全草民间作药用。

（3）角盘兰（辽宁植物志，黑龙江省植物志，内蒙古植物志，东北植物检索表，东北草本植物志，中国植物志，Flora of China）

Herminium monorchis (L.) R. Br. in Hortus Kew. 5: 191. 1813; 辽宁植物志（下册）: 1135. 图版511: 5 ~ 6. 1992; 黑龙江省植物志11: 212. 图版80: 14 ~ 21. 1993; 内蒙古植物志（第二版）5: 568. 图版239: 1 ~ 8. 1994; 东北植物检索表（第二版）: 899. 图版453: 1. 1995; 东北草本植物志12: 257. 图版109: 5 ~ 6. 1998; 中国植物志17: 347. 图版54: 9 ~ 10. 1999; Fl. China 25: 122. 2009.

生林缘、林下、灌丛间、湿草地等地。产黑龙江省黑河、孙吴、呼玛、富锦；吉林省抚松；辽宁省建平、清原、沈阳、海城、鞍山、本溪、庄河；内蒙古自治区根河、海拉尔、额尔古纳、牙克石、鄂伦春、科尔沁右翼前旗、扎赉特旗、敖汉旗、巴林右旗、阿鲁科尔沁旗、克什克腾旗、喀喇沁旗、宁城、东乌珠穆沁旗、西乌珠穆沁旗、锡林浩特、正蓝旗等地。

全草有滋阴补肾、健脾胃、调经作用，块茎有滋阴补肾、养胃调经作用。

■ 角盘兰

花序

基生叶

植株

13 天麻属 *Gastrodia* R. Br.

Gastrodia R. Br., Prodr. 330. 1810.

腐生草本。根状茎块茎状、圆柱状或有时多少呈珊瑚状，通常平卧，稍肉质，具节，节常较密。茎直立，常为黄褐色，无绿叶，一般在花后延长，中部以下具数节，节上被筒状或鳞片状鞘。总状花序顶生，具数花至多花，较少减退为单花；花近壶形、钟状或宽圆筒状，不扭转或扭转；萼片与花瓣合生成筒，仅上端分离；花被筒基部有时膨大成囊状，偶见两枚侧萼片之间开裂；唇瓣贴生于蕊柱足末端，通常较小，藏于花被筒内，不裂或3裂；蕊柱长，具狭翅，基部有短的蕊柱足；花药较大，近顶生；花粉团2个，粒粉质，通常由可分的小团块组成，无花粉团柄和黏盘。

本属全世界约20种，分布于东亚、东南亚至大洋洲。中国有15种。东北地区产1种1变型。

分种下单位检索表

1. 茎黄褐色；花黄色、淡褐黄色 …………………………………………………… a. 天麻 G. elata f. elata
1. 茎淡蓝绿色；花淡蓝绿色至白色 ……………………………………………… b. 绿天麻 G. elata f. viridis

天麻（辽宁植物志，黑龙江省植物志，内蒙古植物志，东北植物检索表，东北草本植物志，中国植物志，Flora of China）；赤天麻（辽宁植物志）

Gastrodia elata Blume in Mus. Bot. 2: 174. 1856; 辽宁植物志（下册）: 1147. 图版516. 1992; 黑龙江省植物志11: 205. 图版77: 10 ~ 14. 1993; 内蒙古植物志（第二版）5: 586. 图版247: 10 ~ 14. 1994; 东北植物检索表（第二版）: 897. 图版453: 5. 1995; 东北草本植物志12: 264. 图版111. 1998; 中国植物志18: 31. 图版5: 7 ~ 9. 1999; Fl. China 25: 203. 2009.

（a）天麻（原变型）

Gastrodia elata f. *elata*

生山坡稀疏林下，与蜜环菌共生。产黑龙江省小兴安岭—老爷岭植物区；吉林省抚松；辽宁省本溪、新宾、桓仁、宽甸、庄河、岫岩；内蒙古自治区科尔沁左翼后旗、大青沟等地。

块茎是名贵中药，有平肝熄风、祛风定惊作用，治头晕目眩、肢体麻木、癫痫、高血压等症。

在2021年公布的《国家重点保护野生植物名录》中，本种被列为二级保护植物。

■ 天麻

块茎

茎

膜质鞘

花序一部分

植株

（b）绿天麻（变型）（中国植物志）；白花天麻（辽宁植物志，东北植物检索表，东北草本植物志）

Gastrodia elata f. *viridis* (Makino) Makino in Ill. Fl. Jap. 692. 1940; 中国植物志18: 32. 1999.——*Gastrodia elata* var. *pallens* Kitag. in Lin. Fl. Manshur. 151. 1939; 辽宁植物志（下册）: 1147. 1992; 东北植物检索表（第二版）: 897. 1995; 东北草本植物志12: 264. 1998.

生境同正种。产辽宁省凤城、丹东。

■ 绿天麻

花序

果序

植株

14 鸟巢兰属 *Neottia* Guett.

Neottia Guett. in Hist. Acad. Roy. Sci. Mem. Math. Phys. 1750.

地生或腐生草本，通常具粗短的根状茎和成簇的肉质纤维根。茎纤细，具2枚对生或近对生的叶或无叶（腐生种类）。总状花序顶生，具数朵或多数小花；萼片与花瓣离生；唇瓣或与花瓣相似或先端2深裂，无距；雄蕊1枚；花药近直立或俯倾；花粉团2个，粒粉质，柔软，无花粉团柄，亦不黏附于黏盘上；柱头凹陷，通常位于蕊柱前上方，较少顶生；蕊喙较大或不存在。

本属全世界近80种，分布于东亚、北亚、欧洲、北美洲，少数种分布到亚洲热带。中国有38种。东北地区产6种。

分种检索表

1. 无蕊喙，柱头顶生。
  2. 花被两侧对称；唇瓣先端2裂，明显不同于花瓣 ……………………1. 叉唇无喙兰 N. smithiana Schltr.
  2. 花被近辐射对称，3枚花瓣相似，无特化的唇瓣 ……………………2. 无喙兰 N. gaudissartii Hand.-Mazz.
1. 具蕊喙，柱头侧生。
  3. 有2个绿叶 ……………………………………3. 对叶兰 N. puberula (Maxim.) Szlachetko
  3. 无绿叶。
    4. 唇瓣位于上方，比萼片短，先端锐尖、短渐尖或具尾状细尖且不分裂 … 4. 尖唇鸟巢兰 N. acuminata Schltr.
    4. 唇瓣位于下方，明显长于萼片，先端2深裂。
      5. 唇瓣基部凹陷；茎高25～40厘米 ……………………5. 凹唇鸟巢兰 N. papilligera Schltr.
      5. 唇瓣基部不凹陷；茎高10～27厘米 ……………………6. 北方鸟巢兰 N. camtschatea (L.) Rchb. f.

（1）叉唇无喙兰（植物分类学报，中国植物志，Flora of China）；无喙鸟巢兰（中国高等植物图鉴）

Neottia smithiana Schltr. in Fedde Repert. Sp. Nov. 19: 375. 1924; 秦岭植物志1: 412. 1976; 中国高等植物

图鉴5: 646. 图8122. 1976.——*Holopogon smithianus* (Schltr.) S. C. Chen in Acta Phytotax. Sin. 35(2): 179. 199; 中国植物志17: 97. 图版12: 5. 1999; Fl. China 25: 184. 2009.

生于海拔1180～3300米的灌丛中或林下。产辽宁省凌源。

■ 叉唇无喙兰

花序一部分

植株下部

植株

（2）无喙兰（辽宁植物志，东北植物检索表，东北草本植物志，中国植物志，Flora of China）

Neottia gaudissartii Hand.-Mazz. in Ost. Bot. Zeitschr. 86. 302. 1937.——*Holopogon gaudissartii* (Hand.-Mazz.) S. C. Chen in Acta Phytotax. Sin. 35: 179. 1997; 中国植物志17: 96. 图版12: 3～4. 1999; Fl. China 25: 184. 2009.——*Archineottia gaudissartii* (Hand.-Mazz.) S. C. Chen in Acta Phytotax. Sin. 17(2): 13. fig. 1(1～2). 1979; 辽宁植物志（下册）: 1126. 图版507: 9～15. 1992; 东北植物检索表（第二版）: 894. 图版451: 5. 1995; 东北草本植物志12: 230. 图版98: 9～15. 1998.

生海拔700～1900米的林下。产辽宁省清原、新宾、桓仁等地。

（3）对叶兰（内蒙古植物志，东北植物检索表，东北草本植物志，中国植物志，Flora of China）；大二叶兰（黑龙江省植物志）

Neottia puberula (Maxim.) Szlachetko, Fragm. Florist. Geobot., suppl. 3: 118. 1995; Fl. China 25: 189. 2009.——*Listera puberula* Maxim. in Bull. Acad. Petersb. 29: 204. 1884; 内蒙古植物志（第二版）5: 576. 图版243: 1～7. 1994; 东北植物检索表（第二版）: 899. 图版454: 3. 1995; 东北草本植物志12: 234. 图版100: 1～7. 1998; 中国植物志18: 107. 图版13: 1～2. 1999; 内蒙古植物志（第三版）6: 544. 2020.——*Listera pinetorum*

■ 对叶兰

花序

植株

auct. non Lindl.: 黑龙江省植物志11: 215. 图版82: 1 ~ 7. 1993.

生海拔1400 ~ 2600米的密林下阴湿处。黑龙江省伊春；吉林省安图、抚松、长白；内蒙古自治区根河、额尔古纳、牙克石、巴林右旗、克什克腾旗等地。

（4）尖唇鸟巢兰（内蒙古植物志，东北植物检索表，东北草本植物志，中国植物志，Flora of China）；小燕巢兰（黑龙江省植物志）

Neottia acuminata Schltr., Acta Horti Gothob. 1: 141. 1924; 黑龙江省植物志11: 218. 图版83: 1 ~ 7. 1993; 内蒙古植物志（第二版）5: 578. 图版244: 8 ~ 14. 1994; 东北植物检索表（第二版）: 901. 图版454: 4. 1995; 东北草本植物志12: 232. 图版99: 8 ~ 14. 1998; 中国植物志17: 102. 图版12: 1 ~ 2. 1999; Fl. China 25: 188. 2009.

生海拔1500 ~ 4100米的林下或荫蔽草坡上。产黑龙江省小兴安岭—老爷岭植物区；吉林省安图；内蒙古自治区阿尔山及白狼西山。

■ 尖唇鸟巢兰

花

花序一部分

（5）凹唇鸟巢兰（东北植物检索表，东北草本植物志，中国植物志，Flora of China）；裂唇鸟巢兰（辽宁植物志）；大燕巢兰（黑龙江省植物志）

Neottia papilligera Schltr. in Repert. Spec. Nov. Regni Veg. 16: 356. 1920; 黑龙江省植物志11: 220. 图版83: 8 ~ 9. 1993; 中国植物志17: 101. 1999; Fl. China 25: 187. 2009.——*N. nidus-avis* (L.) L. C. Rich. var. *manshurica* Komarov in Trudy Imp. S.-Peterburgsk. Bot. Sada 20: 528. 1901; 辽宁植物志（下册）: 1128. 图版507: 1 ~ 8. 1992; 东北植物检索表（第二版）: 901. 图版454: 5. 1995; 东北草本植物志12: 230. 图版98: 1 ~ 8. 1998.

生林下。产黑龙江省伊春、虎林；吉林省长白山；辽宁省宽甸、桓仁、岫岩等地。

■ 凹唇鸟巢兰

根部

茎与鞘

花序一部分

居群

（6）北方鸟巢兰（中国植物志，Flora of China）；堪察加鸟巢兰（内蒙古植物志）

Neottia camtschatea (L.) Rchb. f., Icon. Fl. Germ. 13: 146. t. 478. 1851; 内蒙古植物志（第二版）5: 578. 图版244: 15 ~ 22. 1994; 中国植物志17: 99. 图版12: 8. 1999; Fl. China 25: 186. 2009.

生海拔2000～2400米的林下或林缘腐殖质丰富、湿润处。产内蒙古自治区巴林右旗、宁城、宝格达山。

■ 北方鸟巢兰

花侧面观

花序一部分

植株

15 虎舌兰属 *Epipogium* Gmelin ex Borkhausen

Epipogium Gmelin ex Borkhausen, Tent. Disp. Pl. Germ. 139. 1792.

腐生草本，地下具珊瑚状根状茎或肉质块茎。茎直立，有节，肉质，无绿叶，通常黄褐色，疏被鳞片状鞘。总状花序顶生，具数朵或多数花；花苞片较小；子房膨大；花常下垂；萼片与花瓣相似，离生，有时靠合；唇瓣较宽阔，3裂或不裂，肉质，凹陷，基部具宽大的距；唇盘上常有带疣状突起的纵脊或褶片；蕊柱短，无蕊柱足；花药向前俯倾，肉质；花粉团2个，有裂隙，松散的粒粉质，由小团块组成，各具1个纤细的花粉团柄和1个共同的黏盘；柱头生蕊柱前方近基部处；蕊喙较小。

本属全世界有3种，分布于欧洲、亚洲温带与热带地区，大洋洲与非洲热带地区。中国均产之。东北地区产1种。

裂唇虎舌兰（黑龙江省植物志，内蒙古植物志，东北植物检索表，东北草本植物志，中国植物志，Flora of China）

■ 裂唇虎舌兰

花

花序

植株

Epipogium aphyllum (F. W. Schmidt) Sw. in Summa Veg. Scand. 32. 1814; 黑龙江省植物志11: 203. 图版77: 1 ~ 9. 1993; 内蒙古植物志（第二版）5: 584. 图版247: 1 ~ 9. 1994; 东北植物检索表（第二版）: 897. 图版453: 7. 1995; 东北草本植物志12: 263. 图版: 99: 1 ~ 7. 1998; 中国植物志18: 44. 1999; Fl. China 25: 208. 2009.

腐生多年生草本；根状茎具多数粗短分枝；茎单一；顶生总状花序具2 至数朵花；花淡黄色或带淡紫红色，唇瓣近基部3裂，中裂片较大且内凹如舟状，内面具数条鸡冠状突起的褶片，侧裂片直伸，距较粗大。生林下、岩隙或苔藓丛生之地。产黑龙江省伊春；吉林省长白、安图；内蒙古自治区牙克石、鄂温克、科尔沁右翼前旗、扎鲁特旗、阿尔山等地。

全草有活血散瘀作用，用于崩漏、带下病。

16 珊瑚兰属 *Corallorhiza* Gagnebin

Corallorhiza Gagnebin in Acta Helv. Phys.–Math. 2: 61. 1755.

腐生草本；肉质根状茎通常呈珊瑚状分枝。茎直立，圆柱形，常黄褐色或淡紫色，无绿叶，被3 ~ 5枚筒状鞘。总状花序顶生，通常疏生或稍密生数朵至10余朵花；花苞片膜质，很小；花小；萼片相似，离生或有时靠合；侧萼片稍斜歪，基部合生而形成短的萼囊并贴生子房上；花瓣常略短于萼片，有时较宽；唇瓣贴生蕊柱基部，不裂或3裂，唇盘中部至基部常具有2条肉质纵褶片，无距；蕊柱略腹背压扁，中等长，无蕊柱足；花药顶生；花粉团4个，分离，蜡质，近球形，无明显的花粉团柄，附着于1个黏质物或黏盘上。

本属全世界约17种，主要分布于北美洲和中美洲，个别种类也见于欧亚温带地区。中国产1种。东北地区有分布。

珊瑚兰（黑龙江省植物志，内蒙古植物志，东北植物检索表，东北草本植物志，中国植物志，Flora of China）

Corallorhiza trifida Chatel., Spec. Inaug. Corallorhiza. 8. 1760; 黑龙江省植物志11: 195. 图版74: 1 ~ 7. 1993; 内蒙古植物志（第二版）5: 592. 图版243: 8 ~ 15. 1994; 东北植物检索表（第二版）: 895. 图版451: 3. 1995; 东北草本植物志12: 276. 图版99: 15 ~ 22. 1998; 中国植物志17: 172 图版31: 1 ~ 2. 1999; Fl. China 25: 253. 2009.

■ 珊瑚兰

果序

果期植株

花序

花期植株

腐生小草本；根状茎肉质，珊瑚状；茎直立，圆柱形，红褐色，无绿叶，被3～4枚鞘；总状花序具3～7朵花；花淡黄色或白色；中萼片狭长圆形或狭椭圆形，侧萼片与中萼片相似，略斜歪，基部合生而成的萼囊很浅或不甚显著；花瓣近长圆形，常较萼片略短而宽，与中萼片靠合呈盔状；唇瓣近长圆形或宽长圆形；侧裂片较小，直立；中裂片近椭圆形或长圆形，先端浑圆并在中央常微凹；蒴果下垂，椭圆形。生林下或灌丛中。产黑龙江省大兴安岭植物区，小兴安岭—老爷岭植物区；吉林省安图县长白山；内蒙古自治区牙克石、克什克腾旗、巴林右旗等地。

17 火烧兰属 *Epipactis* Zinn

Epipactis Zinn, Catal. 85. 1757, nom. conserv.

地生植物，通常具根状茎。茎直立，近基部具2～3枚鳞片状鞘，其上具3～7枚叶。叶互生；叶片从下向上由具抱茎叶鞘逐渐过渡为无叶鞘，上部叶片逐渐变小而成花苞片。总状花序顶生，花斜展或下垂，偏向一侧；花被片离生或稍靠合；花瓣与萼片相似，但较萼片短；唇瓣着生蕊柱基部，通常分为2部分，即下唇（近轴的部分）与上唇（或称前唇，远轴的部分）；下唇舟状或杯状，较少囊状，具或不具附属物；上唇平展，加厚或不加厚，形状各异；上、下唇之间缢缩或由一个窄的关节相连；蕊柱短；蕊喙常较大，光滑，有时无蕊喙；雄蕊无柄；花粉团4个，粒粉质，无花粉团柄，亦无黏盘。蒴果倒卵形至椭圆形，下垂或斜展。

本属全世界约20种，主产欧洲和亚洲的温带及高山地区，北美洲也有。中国有10种。东北地区产3种。

分种检索表

1. 植株全体无毛；花黄色或黄褐色，唇瓣的下唇两侧具耳状凸出、形如侧裂片，上唇三角状卵形，基部两侧具鸡冠状凸起的褶片 ………………………… 1. 北火烧兰 *E. xanthophaea* Schltr.
1. 植株全体具短柔毛，或者至少上部和花序轴被短柔毛。
  2. 叶片上面脉上及边缘无凸起；花绿色或淡紫色，唇瓣上唇较宽，且上、下唇近等长 ………………………… 2. 火烧兰 *E. helleborine* (L.) Crantz.
  2. 叶片上面脉上及边缘具白色毛状凸起；花淡绿色，唇瓣上唇较窄 ………………………… 3. 细毛火烧兰 *E. papillosa* Franch. et Sav.

（1）北火烧兰（内蒙古植物志，中国植物志，Flora of China）；火烧兰（辽宁植物志，黑龙江省植物志，东北植物检索表，东北草本植物志）

Epipactis xanthophaea Schltr. in Fedde Repert. Sp. Nov. Beih. 12: 341. 1922; 中国高等植物图鉴5: 649.图8127. 1976; 内蒙古植物志（第二版）5: 582. 图版245: 1～6. 1994; 中国植物志17: 93. 图版11: 10～11. 1999; Fl. China 25: 182. 2009; 内蒙古植物志（第三版）6: 546. 2020.——*Epipactis thunbergii* auct. non. A. Gray: 东北植物检索表590. 图版221: 8. 1959; 辽宁植物志（下册）: 1143. 图版514: 1～4. 1992; 黑龙江省植物志11: 202. 图版76: 8～13. 1993; 东北植物检索表（第二版）: 897. 图版452: 1. 1995; 东北草本植物志12: 236. 图版102: 1～3. 1998.

生海拔约300米的山坡草甸或林下潮湿地上。产黑龙江省萝北；辽宁省彰武、鞍山、本溪；内蒙古自治区科尔沁左翼后旗、大青沟等地。

■ 北火烧兰

花与叶

植株

植株上部

（2）火烧兰（内蒙古植物志，中国植物志）；小花火烧兰（中国高等植物图鉴）；细毛火烧兰（黑龙江省植物志）

Epipactis helleborine (L.) Crantz, Stirp. Austr. ed. 2. 467. 1769; 黑龙江省植物志11: 200. 图版76: 1 ~ 7. 1993; 中国植物志17: 92. 图版11: 1 ~ 3. 1999; Fl. China 25: 180. 2009; 内蒙古植物志（第三版）6: 545. 2020.

生山坡林下、草丛或沟边。产黑龙江省小兴安岭—老爷岭植物区。

■ 火烧兰

花

花序一部分

果序一部分

植株

（3）细毛火烧兰（辽宁植物志，东北植物检索表，东北草本植物志，中国植物志，Flora of China）

Epipactis papillosa Franch. et Sav. in Enum. Pl. Jap. 2: 519. 1878; 辽宁植物志（下册）: 1143. 图版514: 5 ~ 8. 1992; 东北植物检索表（第二版）: 897. 图版452: 2. 1995; 东北草本植物志12: 239. 图版102: 4 ~ 7. 1998; 中国植物志17: 89. 1999; Fl. China 25: 180. 2009.

生林下。产黑龙江省小兴安岭—老爷岭植物区；吉林省东部；辽宁省清原、桓仁、岫岩、凤城、东港、丹东等地。

全草有补中益气、舒肝和中作用，用于病后虚弱、吐泻、疝气。

■ 细毛火烧兰

叶缘

植株一部分

花蕾期花序

花期花序

植株

18 头蕊兰属 *Cephalanthera* L. C. Rich

Cephalanthera L. C. Rich. in Mem. Mus. Hist. Nat. Paris 4: 43, 51, 60. 1818.

陆生兰。根状茎短，根长。叶茎生，披针形或椭圆形，基部稍抱茎。总状花序顶生，具数朵至10余朵花，花白色或黄色，直立，几乎与花序轴平行；苞片小，下部的苞片呈叶状，较花长。花被片稍靠合，萼片离生，几乎等长；侧花瓣与萼片近同形；唇瓣分为上、下两部分，下唇呈囊状或变为距，两侧具侧裂片，侧裂片稍抱蕊柱，上唇通常呈三角形，中央具纵褶片，顶端常外弯，上下唇之间稍缢缩，连接部分通常较宽；蕊柱较长，直立，蕊喙通常不明显，柱头较大；雄蕊生于蕊柱顶端；花粉块2，通常呈棒状，疏松，无花粉块柄；子房扭转或不扭转。蒴果直长圆形，无喙。

本属全世界约15种，主产欧洲至东亚，北美洲也有，个别种类向南可分布到北非、锡金、缅甸和老挝。中国有9种，主产亚热带地区。东北地区产1种。

长苞头蕊兰（辽宁植物志，东北植物检索表，东北草本植物志，中国植物志，Flora of China）；长苞银兰（大连地区植物志，黑龙江省植物志）

Cephalanthera longibracteata Blume in Coll. Orchid. 188. 1859; 辽宁植物志（下册）: 1145. 图版515. 1992; 黑龙江省植物志11: 193. 图版73: 12. 1993; 东北植物检索表（第二版）: 894. 图版451: 4. 1995; 东北草本植物志12: 236. 图版101. 1998; 中国植物志17: 79. 1999; Fl. China 25: 176. 2009.

陆生多年生直立草本。叶6～8枚，互生，长圆状披针形等，先端渐尖，基部抱茎。总状花序顶生，具少数花；苞片线形，下方的很长，叶状；花白色，贴近花序轴，直立，唇瓣中部缢缩，基部稍延伸、凸出为短距。蒴果长圆状。生山坡疏林下。产黑龙江省小兴安岭—老爷岭植物区；吉林省安图（长白山）；辽宁省丹东、凤城、宽甸、桓仁、清原、庄河等地。

全草药用，用于咽喉肿痛、鹅口疮、痈疖肿毒、跌打损伤。

■ 长苞头蕊兰

果序

花序

花

植株

19 布袋兰属 *Calypso* Salisb.

Calypso Salisb., Parad. Lond. t. 89. 1807.

地生草本，地下具假鳞茎或有时还有珊瑚状根状茎。假鳞茎通常球茎状，基部发出少数肉质根。叶1枚，生假鳞茎顶端，通常卵形，具较长的叶柄。花葶生假鳞茎近顶端处，长于叶，中下部有筒状鞘；花单朵，中等大，生花葶顶端；萼片与花瓣离生，相似，展开；唇瓣长于萼片，深凹陷而呈囊状，3裂；中裂片扩大，呈铲状，基部有毛；囊的先端伸凸而呈双角状；蕊柱宽阔，有翅，近花瓣状，倾覆于囊口之上；花粉团4个，成2对，蜡质，黏盘柄很小，有1个方形的黏盘。

本属全世界仅1种，分布于北半球温带及亚热带高山。中国有分布。东北地区产1变种。

布袋兰（黑龙江省植物志，内蒙古植物志，东北植物检索表，东北草本植物志，中国植物志，Flora of China）

■ 布袋兰

花侧面观

花正面观

植株

Calypso bulbosa (L.) Oakes var. *speciosa* (Schlechter) Makino, J. Jap. Bot. 3: 25. 1926; Fl. China 25: 252. 2009; 内蒙古植物志（第三版）6: 546. 2020.——*Calypso bulbosa* auct. non (L.) Oakes: 黑龙江省植物志11: 192. 图版73: 4 ~ 11. 1993; 内蒙古植物志（第二版）5: 592. 图版243: 8 ~ 15. 1994; 东北植物检索表（第二版）: 894. 图版451: 5. 1995; 东北草本植物志12: 275. 图版96: 1 ~ 7. 1998; 中国植物志17: 160. 图版30: 3. 1999.

假鳞茎有节，常有细长的根状茎；叶1枚，卵形或卵状椭圆形；花葶明显长于叶；花单朵，直径3 ~ 4厘米；萼片与花瓣相似，向后伸展，线状披针形；唇瓣扁囊状（上下压扁），3裂；侧裂片半圆形；中裂片扩大，向前延伸，呈铲状；囊向前延伸，有紫色粗斑纹。生云杉林下或其他针叶林下。产黑龙江省大兴安岭植物区，小兴安岭—老爷岭植物区；吉林省安图、抚松；内蒙古自治区额尔古纳、牙克石等地。

20 原沼兰属（沼兰属） *Malaxis* Solander ex Swartz

Malaxis Solander ex Swartz, Prodr. 8, 119. 1788.

陆生兰或附生兰。具假鳞茎，被干膜质鞘。叶1 ~ 3枚，稀较多，通常基生，较宽而薄，具鞘状柄。总状花序顶生，具多数花，花序轴有翅；花小，苞片小，狭窄多萼片离生，开展，侧萼片较背萼片短；花不倒置，唇瓣位于上方，侧花瓣常较狭，有时呈丝状，唇瓣无距，近基部处常凹陷，两侧通常具耳状侧裂片，抱蕊柱；蕊柱甚短，圆柱状，具短而宽的翅，先端凹入；花药直立，位于蕊柱背面，花粉块4，成2对，蜡质卵形，无柄及黏盘；蕊喙三角形，短于花药；柱头位于蕊柱前面，子房楔形；花梗扭转。蒴果小，卵圆状，无喙。

本属全世界约有300种，广泛分布于全球热带与亚热带地区，少数种类也见于北温带地区。中国有1种。东北地区有分布。

原沼兰（Flora of China）；沼兰（黑龙江省植物志，内蒙古植物志，东北植物检索表，东北草本植物志，中国植物志）；绍兰（辽宁植物志）

Malaxis monophyllos (L.) Sw. in Kongl. Vetensk. Acad. Nya Handl. 21: 234. 1800; 辽宁植物志（下册）:

■ 原沼兰

花序

花序一部分

茎叶

1151. 图版518: 4 ~ 8. 1992; 黑龙江省植物志11: 217. 图版82: 8 ~ 14. 1993; 内蒙古植物志（第二版）5: 588. 图版240: 7 ~ 13. 1994; 东北植物检索表（第二版）: 901. 图版454: 6. 1995; 东北草本植物志12: 270. 图: 113: 1 ~ 6. 1998; 中国植物志18: 110. 图版19: 5. 1999; Fl. China 25: 229. 2009.

多年生草本；假鳞茎卵形，外被白色的薄膜质鞘；叶1 ~ 2枚，卵形或近椭圆形，基部收狭成柄；花葶直立；总状花序；花小，较密集，淡黄绿色至淡绿色；唇瓣位于上方，稍短于萼片，中部凹陷，上部两侧边缘有疣状突起，基部两侧有耳状裂片；蒴果倒卵形或倒卵状椭圆形。生林下、灌丛中或草坡上。产黑龙江省伊春、塔河、嫩江、呼玛；吉林省安图、抚松；辽宁省宽甸；内蒙古自治区额尔古纳、牙克石、鄂伦春、科尔沁右翼前旗、巴林右旗、扎赉特旗、克什克腾旗、宁城、西乌珠穆沁旗、宝格达山等地。

全草有清热解毒、调经活血、利尿、消肿作用，用于肾虚、虚痨咳嗽、崩漏等。

21 山兰属 *Oreorchis* Lindl.

Oreorchis Lindl. in J. Proc. L. Soc. Bot. 3: 27. 1859.

陆生兰。假鳞茎球状，连珠状连续，通常白色。最前端假鳞茎顶生叶1 ~ 2枚，通常剑形，稀卵形或狭卵形。花茎从靠近假鳞茎顶端的节上抽出，直立，有节，节上被鞘；总状花序顶生；苞片小；花小，倒置，唇瓣位于下方；萼片近等长，狭窄，边缘常内卷，不完全展开；侧花瓣与萼片相似，常较小，唇瓣通常3裂，两侧裂片位于基部两侧，稀不裂，无距；蕊柱较长，顶端扩大，无足或具短足；花药顶生，1室，花粉块4，具花粉块柄。

本属全世界约16种，分布于喜马拉雅地区至日本和西伯利亚。中国有11种。东北地区产1种。

山兰（辽宁植物志，黑龙江省植物志，东北植物检索表，东北草本植物志，中国植物志，Flora of China）

Oreorchis patens (Lindl.) Lindl. in J. Proc. L. Soc., Bot. 3: 27. 1858; 辽宁植物志（下册）: 1155. 图版521. 1992; 黑龙江省植物志11: 225. 图版85: 9 ~ 11. 1993; 东北植物检索表（第二版）: 904. 图版455: 5. 1995; 东北草本植物志12: 277. 图版116. 1998; 中国植物志18: 156. 图版28: 1. 1999; Fl. China 25: 246. 2009.

多年生草本；根状茎横走，常具数个假鳞茎；茎直立，具数节，节上生有膜质长鞘；叶1 ~ 2枚基生，披针形；疏总状花序；花淡黄褐色；侧花瓣狭长圆形，与萼片近等长；唇瓣稍较短，自下部3裂，侧裂片较中裂片狭且短；蒴果长圆形。生林下。产黑龙江省尚志、饶河；吉林省桦甸；辽宁省大连、清原、新宾、凤城、桓仁、宽甸、岫岩等地。

假鳞茎有解毒行瘀、杀虫消痈作用，全草有滋阴清肺、化痰止咳作用。

■ 山兰

花正面观

花侧面观

花序一部分

■ 山兰

花序

居群

22 羊耳蒜属 *Liparis* L. C. Rich.

Liparis L. C. Rich., Orch. Europ. Annot. 21, 30, 38. 1817.

陆生或腐生兰。茎膨大成假鳞茎。叶一至多片，基生、茎生或生于假鳞茎顶端，具鞘，有时具关节。花葶自假鳞茎顶端生出，总状花序具多数花或少数花，花序轴具翅多萼片离生，近相似；侧花瓣与萼片相似，小于萼片，唇瓣位于下方，大于萼片和花瓣，常不裂，稀分裂，基部无距；蕊柱长，向唇瓣弯曲，上部稍具翅，无蕊柱足；花药顶生，早落，2室，前倾，花粉块4，成2对，蜡质，无花粉块柄和黏盘；蕊喙短，直立，不分叉；柱头1个。蒴果直立，果梗扭转。

本属全世界约有320种，广泛分布于全球热带与亚热带地区，少数种类也见于北温带地区。中国有63种。东北地区产4种。

分种检索表

1. 唇瓣先端狭细、成尾状细尖；花淡绿色或紫红色 ………………………… **1. 尾唇羊耳蒜 L. krameri** Franch. & Sav.
1. 唇瓣先端不成尾状细尖。
  2. 萼片长5～8毫米；唇瓣长5～7毫米，上半部急剧并显著向外弯（反折）；花淡绿色或黄绿色 ………………………………………………………………………… **2. 曲唇羊耳蒜 L. kumokiri** F. Maek.
  2. 萼片长7～13毫米；唇瓣长7～13毫米，略向外弯；花红紫色、带暗色、紫褐色或为淡绿色或微带污紫色。
    3. 萼片长8～13毫米；唇瓣长8～13毫米，宽6.5～9毫米，宽倒卵形或近广椭圆形，基部突然收狭呈宽爪状；蕊柱长4～6毫米；花带暗紫色、紫褐色或红紫色，极稀近黄绿色 ………… **3. 北方羊耳蒜 L. makinoana** Schltr.
    3. 萼片长7～10毫米；唇瓣长7～10毫米，宽4.5～6毫米，椭圆状倒卵形或近倒卵形，向基部渐狭；蕊柱长3～4毫米；花淡绿色或绿白色或微带污紫色 ……………………… **4. 羊耳蒜 L. campylostalix** H. G. Reichenbach

（1）尾唇羊耳蒜（东北植物检索表，东北草本植物志，中国植物志，Flora of China）

Liparis krameri Franch. & Sav., Enum. Pl. Jap. 2: 509. 1878; Fl. China 25: 217. 2009; 中国植物志18: 67. 1999.——*Liparis krameri* Franch. et Sav. var. *viridis* Makino in J. Jap. Bot. 3: 21 1926; 东北植物检索表（第二版）: 899. 1995; 东北草本植物志12: 275. 1998.

生林下。东北东部有记载。

（2）曲唇羊耳蒜（辽宁植物志，东北植物检索表，东北草本植物志）

Liparis kumokiri F. Maek. in J. Jap. Bot. 12: 91. 1936; 辽宁植物志（下册）: 1153. 图版519. 1992; 东北植物检索表（第二版）: 899. 图版454: 1. 1995; 东北草本植物志12: 272. 图版115. 1998; 植物研究29(1): 118 ~ 119. 2009.

生林下或林间草地。产黑龙江省集贤；吉林省安图、抚松、长白、浑江、长春；辽宁省铁岭、西丰、抚顺、本溪、清原、桓仁、新宾、宽甸、岫岩、丹东、营口、凌源等地。

全草有活血调经、止血、止痛、强心、镇静作用。

■ 曲唇羊耳蒜

花序一部分

基生叶

植株

（3）北方羊耳蒜（辽宁植物志，东北植物检索表，东北草本植物志）

Liparis makinoana Schltr. in Repert. Spec. Nov. Regni Veg. Beih. 4: 63. 1919; 辽宁植物志（下册）: 1155. 图版520. 1992; 东北植物检索表（第二版）: 899. 图版454: 2. 1995; 东北草本植物志12: 272. 图版114. 1998.

生林缘湿地或林下。产黑龙江省尚志、宁安、饶河；吉林省安图、抚松、浑江、长春；辽宁省西丰、沈阳、清原、本溪、桓仁、凤城、宽甸、岫岩、庄河、大连等地。

全草有活血调经、止血、止痛、强心、镇静作用。

■ 北方羊耳蒜

花侧面观

花序

花

居群

（4）羊耳蒜（辽宁植物志，黑龙江省植物志，东北植物检索表，东北草本植物志，Flora of China）；齿唇羊耳蒜（中国植物志）

Liparis campylostalix H. G. Reichenbach in Linnaea. 41: 45. 1877; 中国植物志18: 64. 图版9: 3 ~ 4. 1999; Fl. China 25: 216. 2009; 内蒙古植物志（第三版）6: 549. 2020.——*Liparis japonica* auct. non. Maxim.: 辽宁植物志（下册）: 1153. 1992; 黑龙江省植物志11: 213. 图版81: 1 ~ 6. 1993; 东北植物检索表（第二版）: 899. 1995; 东北草本植物志12: 271. 1998; 中国植物志18: 62. 图版9: 1 ~ 2. 1999.

生林下或林间草地。产黑龙江省伊春；吉林省长春、临江；辽宁省大连、鞍山、岫岩、清原、抚顺、本溪、桓仁、丹东、凤城、宽甸、铁岭、西丰、凌源、营口；内蒙古自治区科尔沁左翼后旗、大青沟等地。

全草有活血调经、止血、止痛、强心、镇静作用。

■ 羊耳蒜

果序

花序

植株

051. 鸢尾科 Iridaceae

Iridaceae Juss., Gen. Pl. [Jussieu] 57. 1789, *nom. cons.*

木贼门、木贼亚门、木兰纲、百合亚纲、天门冬超目、天门冬目（Asparagales）。

多年生稀一年生草本。通常具根状茎、球茎或鳞茎。叶多基生或在茎上互生，通常2列，无叶柄；叶片条形、剑形或为丝状，基部鞘状，互相套叠，边缘全缘，具基出平行脉。大多数种类只有花茎，少数种类有分枝或不分枝的地上茎。花两性，辐射对称或两侧对称，单生或多朵花组成总状花序、穗状花序、伞形聚伞花序或圆锥花序；花或花序基部有一至多个草质或膜质的苞片；花被筒通常筒状或喇叭状，稀极短或不明显，花被裂片6，两轮排列，内轮裂片与外轮裂片等大或不等大；雄蕊（2 ~ ）3，着生在花被筒上或花被裂片的基部，花丝丝状，花药基部着生或背部着生，外向；子房下位，稀上位，3室，花柱单一，纤细，丝状或上部3 ~ 6裂，柱头稍膨大。果为蒴果，成熟时室背开裂。种子多数。

本科是单子叶植物中的大科之一，全世界有77属1750 ~ 1800种，广布于热带、亚热带和温带地区，尤以非洲南部及美洲热带为多。中国产2属61种（不含栽培），分布于西南、西北和东北地区。东北地区产3属28种5变种1变型，其中栽培7种。

分属检索表

1. 地下部为根状茎 ·· 1. 鸢尾属 Iris
1. 地下部为球茎。
  2. 叶丛生，不互相套叠；花茎短，不伸出地面；花被管细长 ·································· 2. 番红花属 Crocus
  2. 叶2列，互相套叠；花茎较长，伸出地面；花被管较短稍弯曲 ······························· 3. 唐菖蒲属 Gladiolus

1 鸢尾属 *Iris* L.

Iris L., Sp. Pl. ed. 1, 38. 1753.

多年生草本。叶多基生，相互套叠，排成2列，剑形、条形或丝状，叶脉平行。大多数的种类只有花茎而无明显的地上茎，花茎自叶丛中抽出，多数种类伸出地面，少数短缩而不伸出；花序生于分枝的顶端或仅在花茎顶端生1朵花；花及花序基部着生数枚苞片；花蓝紫色、紫色、红紫色、黄色、白色；花被管喇叭形、丝状或甚短而不明显，花被裂片6枚，2轮排列；雄蕊3，着生于外轮花被裂片的基部，花药外向开裂；雌蕊的花柱单一，上部3分枝，分枝扁平，拱形弯曲，有鲜艳的色彩，呈花瓣状，顶端再2裂，柱头生于花柱顶端裂片的基部，多为半圆形，舌状，子房下位，3室。蒴果椭圆形、卵圆形或圆球形，成熟时室背开裂；种子梨形、扁平半圆形或为不规则的多面体。

本属全世界约226种，分布于北温带地区。中国有59种，主要分布于西南、西北及东北地区。东北地区产25种5变种1变型，其中栽培4种。

分种检索表

1. 花柱顶端三浅裂，不为花瓣状；根状茎为不规则的块状；内、外花被片近同形
 ·· 1. 射干 I. domestica (L.) Goldblatt & Mabb.
1. 花柱上部3分枝，分枝扁平如花瓣状；根状茎圆柱形，少为块状；内、外花被片异形。
  2. 花茎二歧式分枝（2. 野鸢尾 I. dichotoma Pall.）。
    3. 花蓝紫色或浅蓝色，有褐色斑纹 ······························ 2a. 野鸢尾 I. dichotoma var. dichotoma
    3. 花白色，无褐色斑纹 ························ 2b. 白花野鸢尾 I. dichotoma var. albiflorum S. M. Zhang
  2. 花茎不为二歧式分枝。
    4. 外花被裂片中脉上有鸡冠状或须毛状附属物。
      5. 外花被裂片上有鸡冠状的附属物；花紫色 ······························ 3. 鸢尾 I. tectorum Maxim.
      5. 外花被裂片上有须毛状的附属物。
        6. 植株较高大，花茎高达1米；叶宽2～5厘米；内花被裂片圆形或近倒卵形，长宽约为5厘米
         ·· 4. 德国鸢尾 I. germanica L.
        6. 植株较矮小，花茎高40厘米以下；叶宽1.5厘米以下；内花被裂片狭椭圆形或倒披针形。
          7. 花蓝紫色；须根粗壮，粗达3～4毫米（5. 粗根鸢尾 I. tigridia Bunge）。
            8. 花径3.5～3.8厘米，外花被裂长约3.5厘米；花茎通常高2～4厘米；叶宽1.5～3毫米
             ·· 5a. 粗根鸢尾 I. tigridia var. tigridia
            8. 花径4.5～5厘米，外花被裂片长约5厘米；花茎高10～20厘米；叶宽3～6毫米
             ·· 5b. 大粗根鸢尾 I. tigridia var. fortis Y. T. Zhao

（接上表）

7. 花黄色。
9. 花被裂片向斜上方伸展、相靠合，外花被裂片不反折，花被管狭漏斗形 …………………………………………………………………… **6. 长白鸢尾 I. mandshurica** Maxim.
9. 花被裂片开展，外花被裂片通常反折，花被管喇叭形或漏斗形。
10. 花茎高8厘米以下或不伸出地面；叶宽1.5～6毫米，直而不呈镰形弯曲 …………………………………………………………………… **7. 黄金鸢尾 I. flavissima** Pall.
10. 花茎高8～30厘米；叶宽4～15毫米，常稍呈镰形弯曲 ………… **8. 中亚鸢尾 I. bloudowii** Ledeb.
4. 外花被片中脉上无附属物。
11. 花茎有一至数个细长分枝。
12. 外花被裂片提琴形 …………………………………………………………… **9. 喜盐鸢尾 I. halophila** Pall.
12. 外花被裂片非提琴形。
13. 花蓝紫色 …………………………………………………………… **10. 山鸢尾 I. setosa** Pall. ex Link
13. 花黄色。
14. 花径10～11厘米；叶中脉较明显 ………………………………… **11. 黄菖蒲 I. pseudacorus** L.
14. 花径5～5.5厘米；叶中脉不明显 ………………………………… **12. 乌苏里鸢尾 I. maackii** Maxim.
11. 花茎不分枝或有1～2个短侧枝，或花茎很短、不明显。
15. 植株形成密丛。
16. 花被管长约0.3厘米；子房长3～4.5厘米；根状茎通常非块状而斜伸（**13. 白花马蔺 I. lactea** Pall.）。
17. 花乳白色 ………………………………………………………… **13a. 白花马蔺 I. lactea** var. **lactea**
17. 花淡蓝色、蓝色或蓝紫色 …………………… **13b. 马蔺 I. lactea** var. **chinensis** (Fisch.) Koidz.
16. 花被管长2.5～8厘米；子房长0.7～1.5厘米；根状茎通常为块状。
18. 苞片互相套叠合抱并明显膨大 ………………………………… **14. 囊花鸢尾 I. ventricosa** Pall.
18. 苞片披针形或狭披针形，不膨大或稍膨大。
19. 叶线形或狭线形，通常扁平，宽约3毫米，不纵卷………… **15. 矮鸢尾 I. kobayashii** Kitag.
19. 叶丝状，两面略凸起，宽1～2毫米，通常纵卷 ……………… **16. 细叶鸢尾 I. tenuifolia** Pall.
15. 植株不形成密丛。
20. 每花茎顶端生1～2朵花。
21. 根状茎细长而横走；花白色或黄色。
22. 花白色，中心部位有黄色；花被管极不明显 …… **17. 朝鲜鸢尾 I. odaesanensis** Y. N. Lee
22. 花黄色；花被管长2～2.7厘米 ……………………… **18. 小黄花鸢尾 I. minutoaurea** Makino
21. 根状茎较粗；花蓝紫色。
23. 花被管长4～7厘米；苞片线状披针形或狭披针形，先端长渐尖 ………………………………………………………………………… **19. 长尾鸢尾 I. rossii** Baker
23. 花被管长1～1.5厘米；苞片披针形、广披针形或椭圆状卵形，先端尖或钝。
24. 苞片较软，膜质，淡绿色带红紫色或仅先端与边缘带红紫色 …………………………………………………………… **20. 紫苞鸢尾 I. ruthenica** Ker-Gawl.
24. 苞片较硬，干膜质或纸质，绿色或黄绿色，有时顶缘略带紫红色（**21. 单花鸢尾 I. uniflora** Pall. ex Link）。
25. 花茎高8～14厘米；叶宽4～15毫米 ………… **21a. 单花鸢尾 I. uniflora** var. **uniflora**

（接上表）

25. 花茎高约10厘米；叶宽2～6毫米… 21b. 窄叶单花鸢尾 I. uniflora var. caricina Kitag.

20. 每花茎顶端生2～3朵花。

26. 叶中脉明显。

27. 苞片膜质，平行脉不明显；花药黄褐色；叶狭条形，宽约2毫米 …………………………………………………………………… 22. 北陵鸢尾 I. typhifolia Kitag.

27. 苞片近革质，平行脉明显；花药紫色（23. 玉蝉花 I. ensata Thunb.）。

28. 叶条形；花蓝紫色 ……………………………………… 23a. 玉蝉花 I. ensata var. ensata

28. 叶宽线形；花白色至暗紫色等 … 23b. 花菖蒲 I. ensata var. hortensis Makino et Nemoto

26. 叶中脉不明显。

29. 花柱分枝顶端的裂片长1.5～2厘米；果长圆柱形；花蓝紫色，外花被裂片中央下陷且呈鲜黄色；花药白色 ………………………………………………… 24. 燕子花 I. laevigata Fisch.

29. 花柱分枝顶端的裂片长1.5厘米以下；果长卵状圆柱形；花蓝色或蓝紫色，外花被裂片基部有黑褐色的网纹及黄色的斑纹；花药黄色（25. 溪荪 I. sanguinea Donn ex Horn.）。

30. 花天蓝色 ……………………………………………… 25a. 溪荪 I. sanguinea f. sanguinea

30. 花白色 ……………………………………… 25b. 白花溪荪 I. sanguinea f. alblflora Makino

（1）射干（辽宁植物志，黑龙江省植物志，东北植物检索表，东北草本植物志，中国植物志，Flora of China）

Iris domestica (L.) Goldblatt & Mabb., Novon 15(1): 129. 2005.——*Belamcanda chinensis* (L.) DC. in Redoute, Lil. 3. Pl. 121. 1805; 中国植物志16(1): 131. 图版42：1～5. 1985; 辽宁植物志（下册）: 772. 图版344. 1992; 东北植物检索表（第二版）: 770. 图版388: 4. 1995; 东北草本植物志12: 192. 图版84. 1998; Fl. China 24: 312. 2000; 黑龙江省植物志10: 140. 图版57: 1～5. 2002.

生林缘、山坡、干草地。产吉林省安图、抚松、靖宇、临江、长白、和龙；辽宁省沈阳、本溪、桓仁、宽甸、新宾、凤城、丹东、东港、岫岩、营口、海城、盖州、大连、长海；内蒙古自治区扎鲁特旗、通辽。各地主要城市有栽培。

根状茎有清热解毒、散结消炎、消肿止痛、止咳化痰作用。

■ 射干

花

植株一部分

果序

植株

（2）野鸢尾（辽宁植物志，黑龙江省植物志，东北植物检索表，东北草本植物志，中国植物志，Flora of China）；射干鸢尾（内蒙古植物志）；白射干（大连地区植物志）

Iris dichotoma Pall. in Reise Russ. Reich. 3: 712. 1776; 中国植物志16(1): 172. 图版55: 1. 1985; 辽宁植物志（下册）: 786. 图版352. 1992; 内蒙古植物志（第二版）5: 538. 图版225: 1. 1994; 东北植物检索表（第二版）: 771. 图版388: 1. 1995; 东北草本植物志12: 213. 图版93. 1998; Fl. China 24: 307. 2000; 黑龙江省植物志10: 154. 图版63: 1 ~ 6. 2002.

（2a）野鸢尾（原变种）

Iris dichotoma var. *dichotoma*

生沙质草地、山坡、丘陵等处。产黑龙江省大庆、安达、肇东、泰来、宁安；吉林省四平、通榆、集安、前郭；辽宁省西丰、铁岭、沈阳、阜新、凌源、建昌、建平、北镇、凌海、葫芦岛、鞍山、丹东、东港、鞍山、营口、大连、庄河；内蒙古自治区根河、海拉尔、额尔古纳、牙克石、满洲里、新巴尔虎左旗、新巴尔虎右翼前旗、科尔沁右翼前旗、科尔沁右翼中旗、扎鲁特旗、通辽、翁牛特旗、敖汉旗、巴林左旗、巴林右旗、阿鲁科尔沁旗、克什克腾旗、喀喇沁旗、宁城、东乌珠穆沁旗、锡林浩特等地。

根茎可提取香精，也有清热解毒、活血消肿作用。

■ 野鸢尾

花

蒴果

植株

（2b）白花野鸢尾（变种）（辽宁植物）

Iris dichotoma var. *albiflorum* S. M. Zhang et L. X. Zhang, 辽宁植物: 1758, 2001. 2020.

■ 白花野鸢尾

花正面观

花侧面观

花序

生山坡。产辽宁省大连。

（3）鸢尾（中国植物志，Flora of China）

Iris tectorum Maxim. in Bull. Acad. Sci. St. Petersb. 15: 380. 1871; 中国植物志16(1): 180. 图版58: 1 ~ 3. 1985; Fl. China 24: 308. 2000.

分布山西、江苏、福建、湖北、江西、陕西、云南等地。辽宁省大连、长海等有栽培。

优良观赏植物。根状茎有活血祛瘀、祛风利湿、解毒、消积作用。

■ 鸢尾

蒴果

花

植株

（4）德国鸢尾（辽宁植物志，东北植物检索表，东北草本植物志，中国植物志）

Iris germanica L., Sp. Pl. 38. 1753; 中国植物志16(1): 184. 图版59: 1 ~ 2. 1985; 辽宁植物志（下册）: 789. 图版353: 1 ~ 2. 1992; 东北植物检索表（第二版）: 775. 图版390: 2. 1995; 东北草本植物志12: 216. 图版94: 2. 1998.

原产欧洲。东北各地庭院常见栽培。

■ 德国鸢尾

外花被

植株

常用于花坛、花境布置，也用作切花材料。亦可用来提炼芳香油。

（5）粗根鸢尾（辽宁植物志，黑龙江省植物志，内蒙古植物志，东北植物检索表，东北草本植物志，中国植物志，Flora of China）

Iris tigridia Bunge in Ledeb. Fl. Alt. 1: 60. 1829; 中国植物志16(1): 193. 图版62: 3～4. 1985; 辽宁植物志（下册）: 790. 图版351: 3～4. 1992; 内蒙古植物志（第二版）5: 541. 图版226: 3～4. 1994; 东北植物检索表（第二版）: 775. 图版389: 1. 1995; 东北草本植物志12: 219. 图版92; 1～2. 1998; Fl. China 24: 311. 2000; 黑龙江省植物志10: 157. 图版64: 1～2. 2002.

（5a）粗根鸢尾（原变种）

Iris tigridia var. *tigridia*

生固定沙丘、沙质草地、干山坡、灌丛、疏林下。产黑龙江省西部地区；吉林省双辽；辽宁省凌源、建平、义县、阜新、北镇、沈阳、铁岭、鞍山、大连、金州、旅顺口；内蒙古自治区额尔古纳、海拉尔、满洲里、牙克石、扎兰屯、鄂温克、新巴尔虎左旗、科尔沁右翼前旗、阿尔山、赤峰、科尔沁右翼中旗、突泉、翁牛特旗、巴林右旗、阿鲁科尔沁旗、克什克腾旗、喀喇沁旗、锡林浩特等地。

根及种子有养血安胎作用。

■ 粗根鸢尾

花

花期植株

果期植株

全株

（5b）大粗根鸢尾（变种）（东北植物检索表，东北草本植物志，中国植物志，Flora of China）

Iris tigridia var. *fortis* Y. T. Zhao, 植物分类学报18(1): 60. 1980; 中国植物志16(1): 195. 1985; 东北植物检索表（第二版）: 775. 1995; 东北草本植物志12: 219. 1998; Fl. China 24: 311. 2000; 东北植物分布图

集: 1824. 2019.

生向阳山坡及林缘草地。产吉林省吉林、双辽；辽宁省铁岭、辽阳。模式标本采自吉林龙潭山。

■ 大粗根鸢尾

蒴果

花

花期植株

（6）长白鸢尾（辽宁植物志，黑龙江省植物志，东北植物检索表，东北草本植物志，中国植物志，Flora of China）；东北鸢尾

Iris mandshurica Maxim. in Bull. Acad. Sci. St. Petersb. 26: 530. 1880; 中国植物志16(1): 188. 图版59: 3 ~ 4. 1985; 辽宁植物志（下册）: 789. 图版353: 3. 1992; 东北植物检索表（第二版）: 775. 图版390: 1. 1995; 东北草本植物志12: 216. 图版94: 1. 1998; Fl. China 24: 309. 2000; 黑龙江省植物志10: 156. 图版63: 7 ~ 8. 2002.

生向阳坡地及疏林灌丛间。产黑龙江省宁安；吉林省长白山地区；辽宁省义县、北镇、法库、铁岭、开原、西丰、沈阳、新民、本溪、清原、凤城、丹东、庄河；内蒙古自治区海拉尔等地。

■ 长白鸢尾

外花被

植株

（7）黄金鸢尾（黑龙江省植物志，东北植物检索表，东北草本植物志，中国植物志，Flora of China）；黄花鸢尾（内蒙古植物志）

Iris flavissima Pall., Reise Russ. Reich. 3: 715. 1776; 中国植物志16(1): 189. 1985; 内蒙古植物志（第二版）5: 549. 图版230: 1 ~ 2. 1994; 东北植物检索表775. 1995; 东北草本植物志12: 218. 1998; Fl. China 24: 309. 2000; 黑龙江省植物志10: 157. 2002.

生干燥草地、干山坡及沙丘上。产黑龙江省哈尔滨、密山、宁安、兴凯湖、绥芬河、齐齐哈尔；内蒙古自治区海拉尔、科尔沁左翼右旗、大青沟等地。

■ 黄金鸢尾

居群

外花被片

植株

（8）中亚鸢尾（黑龙江省植物志，东北植物检索表，东北草本植物志，中国植物志，Flora of China）

Iris bloudowii Ledeb., Icon. Fl. Ross. 2: 5. 1830; 中国植物志16(1): 188. 图版: 59: 5 ~ 7. 1985; 东北植物检索表775. 1995; 东北草本植物志12: 218. 1998; Fl. China 24: 309. 2000; 黑龙江省植物志10: 156. 图版64: 3 ~ 5. 2002.

生向阳山坡固定沙丘及林缘草地。产黑龙江省哈尔滨。

■ 中亚鸢尾

花

植株

（9）喜盐鸢尾（中国植物志，Flora of China）；厚叶马蔺（俗名）

■ 喜盐鸢尾

叶背面观

花

植株

Iris halophila Pall. in Reise Russ. Reich. 3: 713, t. B. f. 2. 1776; 中国植物志16(1): 167. 图版53: 6 ~ 7. 1985; Fl. China 24: 304. 2000.

分布中国甘肃、新疆。辽宁省沈阳、丹东等地有栽培。

种子用于咽喉痛、吐血、月经过多。花用于痈肿疮疖。根状茎用于痔疮。

（10）山鸢尾（黑龙江省植物志，东北植物检索表，东北草本植物志，中国植物志，Flora of China）

Iris setosa Pall. ex Link in Jahrb. Gewächsk. 1(3): 71. 1820; 中国植物志16(1): 156. 图版49: 2 ~ 4. 1985; 东北植物检索表（第二版）: 771. 1995; 东北草本植物志12: 204. 图版89. 1998; Fl. China 24: 302. 2000; 黑龙江省植物志10: 147. 图版60: 1 ~ 3. 2002.

生海拔1500 ~ 2500米的亚高山湿草甸或沼泽地。产黑龙江省东南部山区；吉林省安图、抚松、长白、浑江、和龙等地。辽宁省沈阳有栽培。

根状茎及花外用于疥疮、牙痛、脓肿。

■ 山鸢尾

花序

花

叶

植株

（11）黄菖蒲（黑龙江省植物志，东北植物检索表，东北草本植物志，中国植物志）；黄花鸢尾（俗名）

Iris pseudacorus L., Sp. Pl. 38. 1753; 中国植物志16(1): 151. 图版48: 2. 1985; 东北植物检索表（第二

■ 黄菖蒲

叶

蒴果

花

植株

版）: 771. 1995; 东北草本植物志12: 203. 1998; 黑龙江省植物志10: 147. 图版60: 5. 2002.

原产欧洲。黑龙江省哈尔滨、牡丹江等地及辽宁省大连、丹东、沈阳等地有栽培。

本种作为观赏植物引入东北地区，叶片翠绿如剑，花朵靓丽如飞燕，既可观叶，又可观花。

（12）乌苏里鸢尾（辽宁植物志，黑龙江省植物志，东北植物检索表，东北草本植物志，中国植物志，Flora of China）

Iris maackii Maxim. in Bull. Acad. Sci. St. Petersb. 26: 542. 1880; 中国植物志16(1): 151. 图版48：1. 1985; 辽宁植物志（下册）: 779. 图版347: 1. 1992; 东北植物检索表（第二版）: 771. 图版388: 2. 1995; 东北草本植物志12: 201. 图版87: 1. 1998; Fl. China 24: 301. 2000; 黑龙江省植物志10: 146. 图版60: 4. 2002.——*Limniris maackii* Rodion. in Botanicheskii Zhurnal (Moscow & Leningrad) . 92(4): 547 ~ 554. 2007.

生沼泽地及河边湿地。产黑龙江省虎林、逊克、五常、德都、五大连池；辽宁省凤城（五龙背）。

从描述看，本种可能就是黄菖蒲*I. pseudacorus* L.，但需进一步研究。

（13）白花马蔺（内蒙古植物志，东北植物检索表，东北草本植物志，中国植物志，Flora of China）

Iris lactea Pall. in Reise Russ. Reich. 3: 713. 1776; 中国植物志16(1): 156. 1985; 内蒙古植物志（第二版）5: 543. 1994; 东北植物检索表771. 1995; 东北草本植物志12: 207. 1998; Fl. China 24: 304. 2000.

（13a）白花马蔺（原变种）

Iris lactea var. *lactea*

生荒地、路旁及山坡草丛中。产吉林省双辽；辽宁省凌源；内蒙古自治区海拉尔、苏尼特左旗。

■ 白花马蔺

植株一部分

植株

（13b）马蔺（变种）（辽宁植物志，黑龙江省植物志，内蒙古植物志，东北植物检索表，东北草本植物志，中国植物志）

Iris lactea var. *chinensis* (Fisch.) Koidz. in Bot. Mag. Tokyo 39: 300. 1925; 中国植物志16(1): 157. 图版50：1 ~ 2. 1985; 辽宁植物志（下册）: 782. 图版349. 1992; 内蒙古植物志（第二版）5: 545. 图版228: 1 ~ 2. 1994; 东北植物检索表（第二版）: 771. 图版389: 7. 1995; 东北草本植物志12: 207. 图版90. 1998; 黑龙江省植物志10: 149. 图版61: 1 ~ 2. 2002.

生境同正种。产黑龙江省肇东、安达、哈尔滨、宁安、北安、富锦、阿城；吉林省长春、双辽、磐石；辽宁省凌源、葫芦岛、兴城、凌海、北镇、阜新、彰武、沈阳、本溪、桓仁、凤城、宽甸、丹东、鞍山、海城、庄河、大连、长海；内蒙古自治区海拉尔、满洲里、新巴尔虎左旗、新巴尔虎右旗、扎鲁特旗、翁牛特旗、阿鲁科尔沁旗、科尔沁右翼前旗等地。

叶可供造纸、捆绑物品用。根、花、种子均可药用。

■ 马蔺

花

蒴果

植株

（14）囊花鸢尾（辽宁植物志，黑龙江省植物志，内蒙古植物志，东北植物检索表，东北草本植物志，中国植物志，Flora of China）；巨苞鸢尾（俗名）

Iris ventricosa Pall. in Reise Russ. Reich. 3: 712. 1776; 中国植物志16(1): 163. 图版52: 3 ~ 6. 1985; 辽宁植物志（下册）: 785. 图版350: 1 ~ 2. 1992; 内蒙古植物志（第二版）5: 540. 图版226: 1. 1994; 东北植物检索表（第二版）: 771. 图版389: 5. 1995; 东北草本植物志12: 211. 图版91: 3. 1998; Fl. China 24: 305. 2000; 黑龙江省植物志10: 150. 图版61: 5 ~ 8. 2002.

生固定沙丘或沙质草甸。产黑龙江省阿城、尚志、大庆；吉林省四平；辽宁省凌源、建平、彰武；内蒙古自治区额尔古纳、根河、海拉尔、新巴尔虎左旗、科尔沁右翼前旗、扎鲁特旗、赤峰、通辽等地。

■ 囊花鸢尾

叶背面观

蒴果

花

植株

（15）矮鸢尾（辽宁植物志，东北植物检索表，东北草本植物志，中国植物志，Flora of China）

Iris kobayashii Kitag. in Journ. Jap. Bot. 9(4): 249. 1933; 中国植物志16(1): 159. 图版50: 5. 1985; 辽宁植物志（下册）: 784. 1992; 东北植物检索表（第二版）: 773. 1995; 东北草本植物志12: 209. 1998; Fl. China 24: 306. 2000.

生干燥的丘陵地。产辽宁省大连（甘井子区）、金州、旅顺口、绥中。模式标本采自大连市甘井子区南关岭。

■ 矮鸢尾

花

蒴果

根部

叶

植株

居群

（16）细叶鸢尾（辽宁植物志，黑龙江省植物志，内蒙古植物志，东北植物检索表，东北草本植物志，中国植物志，Flora of China）；细叶马蔺（俗名）

Iris tenuifolia Pall. in Reise Russ. Reich. 3: 714. 1776; 中国植物志16(1): 157. 图版50: 3～4. 1985; 辽宁植物志（下册）: 782. 图版350: 3～4. 1992; 内蒙古植物志（第二版）5: 538. 图版225: 2～3. 1994; 东北植物检索表（第二版）: 773. 图版389: 6. 1995; 东北草本植物志12: 209. 图版91: 1～2. 1998; Fl. China 24: 305. 2000; 黑龙江省植物志10: 150. 图版61: 3～4. 2002.

■ 细叶鸢尾

花

基生叶

植株

生固定沙丘或沙质地上。产黑龙江省杜尔伯特、肇源；吉林省双辽；辽宁省彰武、沈阳；内蒙古自治区海拉尔、新巴尔虎右旗、新巴尔虎左旗、扎鲁特旗、翁牛特旗、巴林左旗、科尔沁右翼中旗、阿鲁科尔沁旗、克什克腾旗、锡林浩特等地。

叶可制绳索或制麻。根有安胎养血作用，种子有清热、利湿、止血、解毒作用。

（17）朝鲜鸢尾（东北植物检索表，东北草本植物志，Flora of China）

Iris koreana Nakai, Repert. Spec. Nov. Regni Veg. 13: 248; et in Matsum., Ic. Pl. Koisikav. 2: 85, 1127. 1914; 东北植物检索表（第二版）: 773. 1995; 东北草本植物志12: 203. 1998.——*Iris odaesanensis* Y. N. Lee, Korean Journal of Botany 17(1): 33. 1974; Fl. China 24: 303. 2000.——*Limniris koreana* (Nakai) Rodion., Bot. Zhurn. (Moscow & Leningrad) 92(4): 553. 2007.——*Limniris odaesanensis* (Y. N. Lee) Rodion. in Botanicheskii Zhurnal (Moscow & Leningrad) . 92(4): 547 ~ 554. 2007.

生海拔500 ~ 800米的干燥山坡。产吉林省东部，集中分布在临江市花山镇珍珠门一带，且种群数量很小。朝鲜中部和南部也有分布。

■ 朝鲜鸢尾

果序

花

蒴果

花期植株

果期植株

（18）小黄花鸢尾（辽宁植物志，东北植物检索表，东北草本植物志，中国植物志，Flora of China）

Iris minutoaurea Makino in Journ. Jap. Bot. 5: 17. 1928; 中国植物志16(1): 153. 图版48: 3. 1985; 辽宁植物志（下册）: 779. 图版347: 2. 1992; 东北植物检索表（第二版）: 773. 图版388: 3. 1995; 东北草本植物志12: 203. 图版87: 2. 1998; Fl. China 24: 302. 2000.——*Limniris minutoaurea* (Makino) Rodion. in Botanicheskii Zhurnal (Moscow & Leningrad) . 92(4): 547 ~ 554. 2007.

生干山坡及林缘草丛中。产辽宁省盖州、凤城、丹东等地。

■ 小黄花鸢尾

花背面观

花正面观

植株

（19）长尾鸢尾（辽宁植物志，东北植物检索表，东北草本植物志，中国植物志，Flora of China）；柔鸢尾（俗名）

Iris rossii Baker in Gard. Chron. 3: 809. 1877; 中国植物志16(1): 154. 图版48: 4. 1985; 辽宁植物志（下册）: 779. 图版348: 1. 1992; 东北植物检索表（第二版）: 773. 图版389: 9. 1995; 东北草本植物志12: 204. 图版88: 2. 1998; Fl. China 24: 303. 2000.

生向阳山坡及林缘草地。产辽宁省新宾、宽甸、凤城、丹东等地。

■ 长尾鸢尾

花正面观

花侧面观

基生叶

植株

（20）紫苞鸢尾（黑龙江省植物志，内蒙古植物志，东北植物检索表，东北草本植物志，中国植物志，Flora of China）；矮紫苞鸢尾（辽宁植物志，中国植物志）

Iris ruthenica Ker-Gawl. in Bot. Mag. 28: t. 1123. 1808; 中国植物志16(1): 165. 图版52: 7 ~ 8. 1985; 内蒙古植物志（第二版）5: 541. 图版227: 1. 1994; 东北植物检索表（第二版）: 773. 图版389: 8. 1995; 东北草本植物志12: 211. 图版8: 1. 1998; Fl. China 24: 303. 2000; 黑龙江省植物志10: 152. 图版62: 1. 2002.——*I. ruthenica* Ker-Gawl. var. *nana* Maxim. in Bull. Acad. Sci. St. Petersb. 26: 516. 1880; 中国植物志16(1): 166. 图版52: 9. 1985; 辽宁植物志（下册）: 785. 图版348: 2. 1992.

生干山坡、草地、道旁。产黑龙江省牡丹江、伊春、嘉荫；吉林省安图、柳河；辽宁省绥中、建昌、建平、北镇、开原、沈阳、凤城、丹东、大连；内蒙古自治区巴林右旗、克什克腾旗、喀喇沁旗、锡林浩特等地。

根状茎有活血祛瘀、接骨、止痛作用。全草用于疮疡肿毒。

■ 紫苞鸢尾

花侧面观

植株

（21）单花鸢尾（辽宁植物志，黑龙江省植物志，内蒙古植物志，东北植物检索表，东北草本植物志，中国植物志，Flora of China）

Iris uniflora Pall. ex Link in Engl. Bot. Jahrb. 1(3): 71. 1820; 中国植物志16(1): 166. 1985; 辽宁植物志（下册）: 786. 图版351: 1 ~ 2. 1992; 内蒙古植物志（第二版）5: 543. 图版227: 2 ~ 3. 1994; 东北植物检索表（第二版）: 773. 图版389: 2. 1995; 东北草本植物志12: 212. 1998; Fl. China 24: 303. 2000; 黑龙江省植物志10: 152. 2002.——*Limniris uniflora* (Pall. ex Link.) Rodion. in Botanicheskii Zhurnal (Moscow & Leningrad) . 92(4): 547 ~ 554. 2007.

（21a）单花鸢尾（原变种）

Iris uniflora var. *uniflora*

生山坡、林缘、路旁及林下。产黑龙江省哈尔滨、宁安、牡丹江、黑河、伊春、嘉荫、尚志、呼玛、塔河；吉林省四平、吉林、永吉、蛟河；辽宁省西丰、开原、凌源、阜新、北镇、沈阳、法库、本溪、丹东、大连；内蒙古自治区额尔古纳、根河、牙克石、扎兰屯、鄂温克、新巴尔虎左旗、科尔沁右翼前旗、扎鲁特旗、巴林右旗、扎赉特旗、通辽、宝格达山等地。

种子有清热解毒、利湿退黄、通便利尿功效。

■ 单花鸢尾

植株下部

花

■ 单花鸢尾

苞片

居群

（21b）窄叶单花鸢尾（变种）（黑龙江省植物志，东北植物检索表，东北草本植物志，中国植物志）；狭叶单花鸢尾（辽宁植物志）

Iris uniflora var. *caricina* Kitag. in Bot. Mag. Tokyo 49: 232. f. 4. 1935; 中国植物志16(1): 167. 1985; 辽宁植物志（下册）: 786. 1992; 东北植物检索表（第二版）: 773. 1995; 北草本植物志12: 213. 图版92: 3 ~ 4. 1998; 黑龙江省植物志10: 154. 图版62: 2 ~ 3. 2002.

生较干旱的草原或山坡。产黑龙江省大庆、尚志、呼玛、塔河；吉林省四平、通榆、集安、前郭、安图、桦甸；辽宁省凌源、建昌、建平、凌海、北镇、阜新、铁岭、西丰、开原、沈阳、法库、丹东、本溪、桓仁、鞍山、营口、庄河；内蒙古自治区满洲里、海拉尔、额尔古纳、扎兰屯、科尔沁右翼前旗、扎鲁特旗、扎赉特旗、通辽、宁城等地。

■ 窄叶单花鸢尾

植株一部分

全株

植株

（22）北陵鸢尾（辽宁植物志，黑龙江省植物志，内蒙古植物志，东北植物检索表，东北草本植物志，中国植物志，Flora of China）；香蒲叶鸢尾（俗名）

Iris typhifolia Kitag. in Bot. Mag. (Tokyo) 48: 94. 1934; 中国植物志16(1): 139. 图版44: 1 ~ 3. 1985; 辽宁植物志（下册）: 775. 图版345: 1 ~ 2. 1992; 内蒙古植物志（第二版）5: 545. 图版229: 1. 1994; 东北植物检索表（第二版）: 773. 图版390: 4. 1995; 东北草本植物志12: 196. 图版85: 2. 1998; Fl. China 24: 302. 2000; 黑龙江省植物志10: 142. 图版58: 1 ~ 3. 2002.——*Limniris typhifolia* (Kitag.) Rodion. in Botanicheskii Zhurnal (Moscow & Leningrad). 92(4): 547 ~ 554.2007.

生沼泽地或水边湿地。产黑龙江省黑河、哈尔滨、塔河、呼玛、杜尔伯特；吉林省双辽；辽宁省沈阳；内蒙古自治区额尔古纳、海拉尔、牙克石、鄂伦春、科尔沁右翼前旗、扎赉特旗、巴林右旗、赤峰、克什克腾旗、东乌珠穆沁旗（宝格达山）、锡林浩特。模式标本产辽宁省沈阳市北陵等地。

■ 北陵鸢尾

叶背面观

果序

花序

植株

（23）玉蝉花（辽宁植物志，黑龙江省植物志，内蒙古植物志，东北植物检索表，东北草本植物志，中国植物志，Flora of China）；紫花鸢尾

Iris ensata Thunb. in Trans. L. Soc. 2: 328. 1794; 中国植物志16(1): 142. 图版44: 4～5. 1985; 辽宁植物志（下册）: 775. 图版346: 1～3. 1992; 内蒙古植物志（第二版）5: 545. 图版228: 3. 1994; 东北植物检索表（第二版）: 773. 图版389: 3. 1995; 东北草本植物志12: 199. 图版86: 1. 1998; Fl. China 24: 302. 2000; 黑龙江省植物志10: 142. 图版58: 4～6. 2002.

（23a）玉蝉花（原变种）

Iris ensata var. *ensata*

生河岸水湿地。产黑龙江省黑河、嫩江、北安、呼玛、密山、虎林、宁安、萝北、富锦、海林、依兰、伊春、尚志；吉林省安图、抚松、靖宇、珲春、汪清、敦化、临江、和龙；辽宁省西丰、岫岩、北镇、沈阳；内蒙古自治区额尔古纳、鄂伦春、阿鲁科尔沁旗等地。

根状茎有清热消食作用。

■ 玉蝉花

叶背面观

花侧面观

花正面观

植株

（23b）花菖蒲（变种）（辽宁植物志，东北植物检索表，东北草本植物志，中国植物志）

Iris ensata var. *hortensis* Makino et Nemoto in Fl. Jap. ed. 2, 1590. 1931; 中国植物志16(1): 143. 图版44：6. 1985; 辽宁植物志（下册）: 777. 1992; 东北植物检索表（第二版）: 773. 1995; 东北草本植物志12: 200. 1998.

园艺品种。东北各地常见栽培。

■ 花菖蒲

花

白花株

紫花株

（24）燕子花（辽宁植物志，黑龙江省植物志，内蒙古植物志，东北植物检索表，东北草本植物志，中国植物志，Flora of China）

Iris laevigata Fisch. in Turcz. Cat Balk. 1119. 1837; 中国植物志16(1): 149. 图版47: 3 ~ 6. 1985; 辽宁植物志（下册）: 777. 图版346: 4 ~ 5. 1992; 内蒙古植物志（第二版）5: 547. 1994; 东北植物检索表（第二版）: 775. 图版389: 4. 1995; 东北草本植物志12: 201. 图版86: 2. 1998; Fl. China 24: 302. 2000; 黑龙江省植物志10: 146. 图版59: 4 ~ 7. 2002.——*Limniris laevigata* (Fisch.) Rodion. in Botanicheskii Zhurnal (Moscow & Leningrad). 92(4): 547 ~ 554. 2007.

生沼泽地、河岸边的水湿地。产黑龙江省伊春、宁安、密山、虎林、富锦；吉林省磐石、安图、靖宇；内蒙古自治区牙克石、科尔沁右翼前旗、大青沟、科尔沁左翼后旗等地。辽宁省各地有栽培。

■ 燕子花

植株下部

花

植株

（25）溪荪（辽宁植物志，黑龙江省植物志，内蒙古植物志，东北植物检索表，东北草本植物志，中国植物志，Flora of China）

Iris sanguinea Donn ex Horn. in Hort. Bot. Hafn. 1: 58. 1813; 中国植物志16(1): 145. 图版45: 4 ~ 6. 1985;

辽宁植物志（下册）: 777. 图版345: 3 ~ 4. 1992; 内蒙古植物志（第二版）5: 547. 图版229: 2. 1994; 东北植物检索表（第二版）: 773. 图版390: 3. 1995; 东北草本植物志12: 200. 图版85: 1. 1998; Fl. China 24: 301. 2000; 黑龙江省植物志10: 144. 图版59: 1 ~ 3. 2002.——*Limniris sanguinea* (Donn ex Hornem.) Rodion. in Botanicheskii Zhurnal (Moscow & Leningrad) . 92(4): 547 ~ 554.2007.

（25a）溪荪（原变型）

Iris sanguinea f. *sanguinea*

生沼泽地、湿草地或向阳坡地。产黑龙江省黑河、伊春、密山、嘉阴、牡丹江、宁安、虎林、密山、呼玛、塔河；吉林省浑江、珲春、抚松；辽宁省桓仁；内蒙古自治区海拉尔、额尔古纳、牙克石、新巴尔虎右旗、通辽、科尔沁右翼前旗、扎鲁特旗、东乌珠穆沁旗、正蓝旗等地。

根及根状茎有消积行水作用。

■ 溪荪

果序

花

叶

植株

（25b）白花溪荪（变型）（黑龙江省植物志，东北草本植物志，中国植物志）

Iris sanguinea f. *alblflora* Makino in Journ. Jap. Bot. 6(11): 32. 1930; 中国植物志16(1): 146. 1985; 东北草本植物志12: 201. 1998; 黑龙江省植物志10: 146. 2002.

生沼泽地、湿草地。黑龙江省三江湿地及绥芬河沿岸有记载。

■ 白花溪荪

花侧面观

花正面观

基生叶

2 番红花属 *Crocus* L.

Crocus L., Sp. Pl. ed. 1, 36. 1753.

多年生草本。球茎圆球形或扁圆形，外具膜质的包被。叶条形，丛生，与花同时生长或于花后伸长，不互相套叠，叶基部包有膜质的鞘状叶。花茎甚短，不伸出地面；苞片舌状或无；花白色、粉红色、黄色、淡蓝色或蓝紫色；花被管细长，花被裂片6，2轮排列，内、外轮花被裂片近于同形等大；雄蕊3，着生于花被管上；花柱1，上部3分枝，柱头楔形或略膨大，子房下位，3室，中轴胎座，胚珠多数。蒴果小，卵圆形，成熟时室背开裂。

本属全世界约80种，主要分布于欧洲、地中海、中亚等地。中国野生的1种，常见栽培的2种。东北地区栽培2种。

分种检索表

1. 秋季开花，花柱分枝弯曲下垂 ………………………………………………………………… 1. **番红花** C. sativus L.
1. 早春开花，花柱分枝不弯曲下垂 ……………………………………………………………… 2. **番紫花** C. vernus Hill

（1）番红花（辽宁植物志，东北植物检索表，东北草本植物志，中国植物志，Flora of China）；藏红花（俗名）

Crocus sativus L., Sp. Pl. 36. 1753; 中国植物志16(1): 122. 图版39: 6. 1985; 辽宁植物志（下册）: 769. 1992; 东北植物检索表（第二版）: 770.1995; 东北草本植物志12: 191. 1998; Fl. China 24: 313. 2000.

原产欧洲南部。辽宁省辽阳有栽培。

■ 番红花

基生叶

花侧面观

花正面观

植株

花柱及柱头有活血、祛瘀、止痛作用，用于血滞月经不调、瘀血作痛、跌打损伤等。

（2）番紫花（大连植物彩色图谱）；春番红花（俗名）

Crocus vernus Hill in Veg. Syst. 10: 1. 1765; 大连植物彩色图谱1719. 2013.

原产欧洲中南部。辽宁省大连有栽培。

■ 番紫花

花

植株一部分

植株

3 唐菖蒲属 *Gladiolus* L.

Gladiolus L., Sp. Pl. 36. 1753.

多年生草本。地下部分为球茎，外有薄膜质的包被。叶剑形或条形，2列，互相套叠。花茎直立，不分枝，下部常有数枚茎生叶；花无梗，每朵花基部包有草质或膜质的苞片；花两侧对称，大而美丽，颜色鲜艳，多为红色、紫色、黄色、白色、粉红色或其他颜色，直径5 ~ 8厘米；花被管较短而弯曲，花被裂片6，2轮排列，椭圆形或卵圆形，顶端钝或有短尖，上面3枚较宽大；雄蕊3，偏向花的一侧，花丝着生在花被管上；花柱细长，顶端3裂，子房下位，3室，中轴胎座，胚珠多数。蒴果长圆形或倒卵形，成熟时室背开裂；种子扁平，边缘有翅。

本属全世界约260种，产地中海沿岸、非洲热带、亚洲西南部及中部。中国常见栽培的有1种。东北地区栽培1种。

唐菖蒲（辽宁植物志，黑龙江省植物志，东北植物检索表，东北草本植物志，中国植物志）；剑兰（俗名）

Gladiolus gandavensis Van Houtte in Cat. 1844; 中国植物志16(1): 124. 图版39: 7 ~ 8. 1985; 辽宁植物志

■ 唐菖蒲

花正面观

叶

花序

植株

（下册）: 770. 图版343: 1～2. 1992; 东北植物检索表（第二版）: 771. 图版388: 5. 1995; 东北草本植物志12: 220. 图版83: 1. 1998; 黑龙江省植物志10: 138. 图版57: 6～7. 2002.

多年生草本；球茎扁圆球形；叶剑形，套折状排成2列，基部鞘状，先端渐尖；花茎单一，直立；穗状花序顶生；花单生，两侧对称，有黄色、白色、红色、玫红色等；蒴果椭圆形或倒卵形。原产非洲南部。东北各地庭园常见栽培。

球茎有清热解毒、散瘀消肿作用。

052. 阿福花科（独尾草科） Asphodelaceae

Asphodelaceae Juss., Gen. Pl. [Jussieu] 51. 1789.

木贼门、木贼亚门、木兰纲、百合亚纲、天门冬超目、天门冬目（Asparagales）。

木本或多年生草本。茎高度变化极大，从不露出地面到大树状。叶长线条状，纸质到肉质，丛生在茎的顶端或两列基生，叶鞘闭合。花序具明显花葶，有时为粗柱状并木质化，顶生圆锥花序、总状花序或穗状花序，花梗具关节；花被片6，离生；雄蕊6，离生，花药背着或近基着；花柱细长，柱头较小；雌蕊心皮合生，3室，外珠被超过3层细胞，胚珠具有承珠盘。果实为蒴果或浆果。种子少数至多数。

本科全世界有41属910种，主产澳大利亚，欧亚大陆，非洲和南美洲西部。中国产4属17种，部分为引种栽培。东北地区产2属6种2变种1变型，其中栽培2种1变种。

分属检索表

1. 花长度不达5厘米；总状花序呈火炬形 ······························ 1. 火把莲属 Kniphofia
1. 花长度通常在5厘米以上；总状或假二歧状的圆锥花序，较少花序缩短或只具单花 ········ 2. 萱草属 Hemerocallis

1 火把莲属 *Kniphofia* Moench

Kniphofia Moench, Methodus (Moench) 631. 1794.

多年生草本。茎常无，稀有短茎。叶多数，基部丛生；叶片狭窄，较长，顶端尖，长剑形，弓弯，常无毛，稀有硬毛。总状花序直立，由叶丛中抽出，高于叶位，花序长；花多而密集；花无柄或有短柄；花被管状，伸长，颜色多种，依据种与杂交种的不同而有红色、橙色、黄色、绿色、奶油色以及各色之间的过渡色，顶端6裂，裂片直立或微外开；花丝伸出花管外，稍不等长，花药背着或基着。蒴果。

本属全世界有71种，分布于非洲南部，主要产于南非的东部，多达47种。中国有少量引种。东北地区栽培1种。

火炬花（植物智网站）；火把莲（俗名）

Kniphofia uvaria (L.) Hook., Bot. Mag. 80: t. 4816. 1854.

多年生草本。茎直立；叶丛生，草质，剑形，叶片的基部常内折，抱合成假茎，假茎横断面呈菱形。总状花序呈火炬形，花冠橘红色；蒴果黄褐色；种子棕黑色，成不规则三角形。花期6—10月，果期9月。原产于南非。辽宁省沈阳、大连有栽培。

花茎挺拔，花序大，状如火炬，壮丽可观，适合布置多年生混合花境和在建筑物前配置，也可作切花。

■ 火炬花

花正面观

花侧面观

基生叶

花序

群落

2 萱草属 *Hemerocallis* L.

Hemerocallis L., Sp. Pl. ed. 1, 324. 1753.

多年生草本。具很短的根状茎；根常肉质，中下部有时有纺锤状膨大。叶基生，二列，带状。花葶从叶丛中央抽出，顶端具总状或假二歧状的圆锥花序，较少花序缩短或只具单花；苞片存在，花梗一般较短；花直立或平展，近漏斗状，下部具花被管；花被裂片6，明显长于花被管，内三片常比外三片宽大；雄蕊6，着生于花被管上端；花药背着或近基着；子房3室，每室具多数胚珠；花柱细长，柱头小。蒴果钝三棱状椭圆形或倒卵形，表面常略具横皱纹，室背开裂。种子黑色，有棱角。

本属全世界约15种，主要分布于亚洲温带至亚热带地区，少数也见于欧洲。中国有11种。东北地区产7种2变种1变型，其中栽培1种1变种。

分种检索表

1. 苞片宽卵形、卵状披针形或心状卵形；花序通常短缩，花近簇生或彼此靠近。
  2. 花序稍缩短，花彼此靠近；苞片仅包住花被管基部或花被管几乎完全外露 ………1. **北萱草 H. esculenta** Koidz.
  2. 花序强烈缩短或近头状，花近簇生；苞片至少包住花被管全长的1/3～1/2。
    3. 花蕾上部带红褐色；花葶明显短于叶；苞片卵状披针形；蒴果近圆形 ………… 2. **小萱草 H. dumortieri** Morr.
    3. 花蕾上部绿黄色；花葶与叶近等长；苞片宽卵形；蒴果椭圆形（3. **大苞萱草 H. middendorffii** Mey.)。
      4. 苞片长1.8～4厘米，先端长渐尖至近尾状 ………………… 3a. **大苞萱草 H. middendorffii** var. **middendorffii**
      4. 苞片长3～6厘米，先端长尾状 ……………… 3b. **长苞萱草 H. middendorffii** var. **longibracteata** Z. T. Xiong
1. 苞片披针形或很小；花疏生，不簇生。
  5. 花橘红色至橘黄色（4. **萱草 H. fulva** (L.) L.）。
    6. 花单瓣 ……………………………………………………………………………… 4a. **萱草 H. fulva** var. **fulva**
    6. 花重瓣 ………………………………………………………………… 4b. **重瓣萱草 H. fulva** var. **kwanso** Regel
  5. 花黄色。
    7. 花序不分枝，具1～3花；花梗短或无 ………………………………………………… 5. **小黄花菜 H. minor** Mill.
    7. 花序分枝，具多花；花梗短或长。
      8. 花梗长不及1厘米；花长8～14厘米，花被筒长3～5厘米 ………………………… 6. **黄花菜 H. citrina** Baroni
      8. 花梗长1～2厘米；花长7～10厘米，花被筒长1～3厘米（7. **北黄花菜 H. lilio-asphodelus** L.）。
        9. 花黄色 …………………………………………………… 7a. **北黄花菜 H. lilio-asphodelus** f. **lilio-asphodelus**
        9. 花橘黄色 …………………………7b. **橘黄北黄花菜 H. lilio-asphodelus** f. **aurantiaca** (Bar. et Skv.) Kitag.

（1）北萱草（中国植物志，Flora of China）

Hemerocallis esculenta Koidz. in Bot. Mag. Tokyo 39: 28. 1925; 中国植物志14: 60. 1980; Fl. China 24: 164. 2000.

生山坡、山谷或草地上。产吉林省通化、通榆；辽宁省凌源。

■ 北萱草

花序侧面观

花

（2）小萱草（中国植物志，Flora of China）

Hemerocallis dumortieri Morr. in Hort. Belge 2: 195, t. 43. 1834; 中国植物志14: 60. 1980; Fl. China 24: 164. 2000.

■ 小萱草

植株一部分

植株

生林缘。产吉林省靖宇县；辽宁省丹东市。

（3）大苞萱草（辽宁植物志，黑龙江省植物志，东北植物检索表，东北草本植物志，中国植物志，Flora of China）

Hemerocallis middendorffii Mey. in Fl. Ochot. 94. 1856; 中国植物志14: 60. 图版14: 4. 1980; 辽宁植物志（下册）: 690. 图版310. 1992; 东北植物检索表（第二版）: 757. 图版382: 6. 1995; 东北草本植物志12: 77. 图版31. 1998; Fl. China 24: 164. 2000; 黑龙江省植物志10: 55. 图版23: 4. 2002.

■ 大苞萱草

花

花序1

花序2

植株

居群

（3a）大苞萱草（原变种）

Hemerocallis middendorffii var. *middendorffii*

生山坡、林缘、草甸。产黑龙江省牡丹江、宁安、伊春、密山、海林、哈尔滨、饶河、尚志、嘉荫、萝北；吉林省浑江、抚松、安图、珲春、桦甸、通化；辽宁省清原、本溪、桓仁、凤城、岫岩、丹东、法库、庄河等地。

根有清热利水、凉血止血的作用。花和嫩苗可食。

（3b）长苞萱草（变种）（植物研究，Flora of China）

Hemerocallis middendorffii var. *longibracteata* Z. T. Xiong, 植物研究13(2): 122 ~ 123. 1993; Fl. China 24: 164. 2000.

生林下，海拔800米左右。产吉林省白河；辽宁省宽甸。

■ 长苞萱草

花序

苞片

（4）萱草（辽宁植物志，黑龙江省植物志，东北植物检索表，东北草本植物志，中国植物志，Flora of China）

Hemerocallis fulva (L.) L., Sp. Pl. ed. 2: 462. 1762; 中国植物志14: 57. 图版13: 4 ~ 5. 1980; 辽宁植物志（下册）: 687. 1992; 东北植物检索表（第二版）: 757. 1995; 东北草本植物志12: 77. 1998; Fl. China 24: 163. 2000; 黑龙江省植物志10: 49. 图版21: 4 ~ 5. 2002.

（4a）萱草（原变种）

Hemerocallis fulva var. *fulva*

中国秦岭以南有野生。东北各地栽培。

园林中多丛植于花境、路旁。根及根状茎有利尿消肿的功用。花和嫩苗可食。

■ 萱草

花正面观

花侧面观

植株

（4b）重瓣萱草（变种）（辽宁植物志，黑龙江省植物志，东北植物检索表，东北草本植物志，中国植物志，Flora of China）

Hemerocallis fulva var. *kwanso* Regel in Gartenflora 15: 66. 1866; 中国植物志14: 59. 1980; 辽宁植物志（下册）: 690. 图版309. 1992; 东北植物检索表（第二版）: 757. 图版382: 5. 1995; 东北草本植物志12: 77. 图版30. 1998; Fl. China 24: 163. 2000; 黑龙江省植物志10: 50. 2002.

东北各地栽培。

东北尚普遍栽培园艺品种金娃娃萱草*H. fulva* cv. 'Golden Doll'。

■ 重瓣萱草

雄蕊瓣化

花药退化

花序

（5）小黄花菜（辽宁植物志，黑龙江省植物志，内蒙古植物志，东北植物检索表，东北草本植物志，中国植物志，Flora of China）

Hemerocallis minor Mill. in Gard. Dict. ed. 8: 2. 1768; 中国植物志14: 56. 图版13: 1～3. 1980; 辽宁植物志（下册）: 686. 图版308. 1992; 内蒙古植物志（第二版）5: 464. 图版191: 2. 1994; 东北植物检索表（第二版）: 757. 图版382: 4. 1995; 东北草本植物志12: 75. 图版29. 1998; Fl. China 24: 162. 2000; 黑龙江省植物志10: 50. 图版21: 1～3. 2002.

生湿草地、林间及山坡稍湿草地。产黑龙江省牡丹江、宁安、虎林、尚志、五常、齐齐哈尔、泰来、杜尔伯特、佳木斯、鹤岗、伊春、萝北、密山、黑河、富锦、阿城；吉林省桦甸、磐石、抚松、安图、汪清、通化、临江、双辽、通榆、珲春；辽宁省大连、普兰店、营口、本溪、桓仁、凤城、东港、沈阳、义县、绥中、凌源；内蒙古自治区根河、海拉尔、额尔古纳、牙克石、鄂伦春、鄂温克、科尔沁右翼前旗、科尔沁左翼后旗、通辽、翁牛特旗、巴林右旗、巴林左旗、克什克腾旗、喀喇沁旗、宁城、东乌珠穆沁旗、锡林浩特、多伦等地。

花可作蔬菜。嫩苗也可食。根及根状茎有清热利尿、凉血止血作用。全株有毒。

■ 小黄花菜

花序

植株

（6）黄花菜（黑龙江省植物志，内蒙古植物志，中国植物志，Flora of China）；朝鲜萱草（黑龙江省植物志，辽宁植物志，东北植物检索表，东北草本植物志）

Hemerocallis citrina Baroni in Nuovo Giorn. Bot. Ital. n.s.4: 305. 1897; 中国植物志14: 54. 图版7. 1980; 内蒙古植物志（第二版）5: 464. 图版191: 1. 1994; Fl. China 24: 162. 2000; 黑龙江省植物志10: 52. 图版23: 1 ~ 3. 2002.——*H. coreana* Nakai in Bot. Mag. (Tokyo) 46: 123. 1932; 辽宁植物志（下册）: 685. 1992; 东北植物检索表（第二版）: 755. 1995; 东北草本植物志12: 73. 1998; 黑龙江省植物志10: 55. 2002.

生山坡、山谷、荒地或林缘。产黑龙江省宁安；辽宁省大连、长海、瓦房店等地。东北各地有栽培。

本种是重要的经济作物，花经过蒸、晒后即金针菜或黄花菜，远销国内外，是很受欢迎的食品，还有健胃、利尿、消肿等功效；根可以酿酒；叶可以造纸和编织草垫；花葶干后可以做纸煤和燃料。

■ 黄花菜

花

花序

植株

（7）北黄花菜（辽宁植物志，黑龙江省植物志，东北植物检索表，东北草本植物志，中国植物志，Flora of China）

Hemerocallis lilio-asphodelus L., Sp. Pl. 324. 1753; 中国植物志14: 55. 1980; 辽宁植物志（下册）: 686. 图版307. 1992; 东北植物检索表（第二版）: 757. 图版382: 3. 1995; 东北草本植物志12: 73. 图版28. 1998; Fl. China 24: 162. 2000; 黑龙江省植物志10: 52. 图版22. 2002.

（7a）北黄花菜（原变型）

Hemerocallis lilio-asphodelus f. *lilio-asphodelus*

生山坡、草地。产黑龙江省伊春、黑河、大庆、虎林、安达、集贤、密山、萝北、宁安、呼玛、嘉

■ 北黄花菜

花

花序

植株

荫、牡丹江、海林；吉林省汪清、珲春、安图、前郭；辽宁省大连、金州、铁岭、西丰、法库、兴城、彰武、北镇、海城；内蒙古自治区额尔古纳、牙克石、科尔沁右翼前旗、阿尔山、克什克腾旗、科尔沁左翼后旗、扎鲁特旗等地。

花可作蔬菜，嫩苗也可食。根及根状茎有清热利尿、凉血止血作用。全株有毒。

（7b）橘黄北黄花菜（变型）（东北草本植物志）

Hemerocallis lilio-asphodelus f. *aurantiaca* (Bar. et Skv.) Kitag. in Neo-Lineam. Fl. Mansh.: 174. 1979; 东北草本植物志12: 75. 1998.

生山坡、草地。东北东部有记录。

053. 石蒜科 Amaryllidaceae

Amaryllidaceae J. St.-Hil., Expos. Fam. Nat. 1: 134. 1805, *nom. cons.*

木贼门、木贼亚门、木兰纲、百合亚纲、天门冬超目、天门冬目（Asparagales）。

多年生草本。具鳞茎，稀具根状茎。叶基生，常为带状。伞形花序生于花葶顶端，有花一至多数，开放前被膜质佛焰状的总苞所包；花被片和雄蕊均为6枚，排成2轮；子房上位（百子莲亚科和葱亚科）或下位（石蒜亚科），3室，中轴胎座。蒴果。

本科全世界有79属1460种，分布于温带地区。中国产6属161种，南北均有分布。东北地区产3属32种1亚种5变种1变型，其中栽培5种2变种。

分属检索表

1. 大部分种具葱蒜气味；子房上位，或花被与子房分离 ························ 1. 葱属 Allium
1. 植株无葱蒜气味。
  2. 子房上位 ························ 2. 百子莲属 Agapanthus
  2. 子房下位 ························ 3. 水仙属 Narcissus

1 葱属 *Allium* L.

Allium L., Sp. Pl. ed. 1, 294. 1755.

多年生草本。叶基生，扁平狭线形到卵圆形，实心或空心，基部直接与闭合的叶鞘相连，无叶柄或少数种类叶片基部收狭为叶柄。花葶从鳞茎基部长出；伞形花序生于花葶的顶端；花梗无关节；花两性，极少退化为单性；花被片6，排成两轮，分离或基部靠合成管状；雄蕊6，排成两轮，花丝离生或基部连合或与花被合生，钻状或基部扩大，大小相等或内轮3枚较宽，花药长圆形，背着；子房3室，沿腹缝线基部具各种蜜腺；花柱单一，丝状，柱状全缘或3裂。蒴果膜质，室背开裂。种子多棱形或近球形，扁平，黑色。

本属全世界约有660种，分布于北半球，主要分布于亚洲、非洲和中美洲，南美洲也有一些种。中国有38种，主要分布在东北、华北、西北和西南地区。东北地区产30种1亚种5变种1变型，其中栽培3种2变种。

分种检索表

1. 植株无葱蒜味；花梗长4.5～11厘米；花被片基部彼此靠合呈管状，花紫红色（偶见白花）
……………………………………………………………………………………1. **长梗合被韭 A. neriniflorum** (Herbert) Baker
1. 植株具葱蒜味；花梗长不超过4.5厘米；花被片分离。
  2. 叶2～3枚，椭圆形、披针形或卵圆形，鳞茎外皮呈丝网状。
    3. 叶广椭圆形至披针形，基部楔形 ……………………………………………………2. **茖葱 A. victorialis** L.
    3. 叶片椭圆形至卵圆形，基部圆形至心形 ……………………………………………3. **对叶山葱 A. listera** Stearn
  2. 叶非上述形状。
    4. 伞形花序简化，仅有花1～2（～4）朵……………………………………………4. **单花韭 A. monanthum** Maxim.
    4. 伞形花序有数朵花以上，或为珠芽所代替。
      5. 鳞茎球形，具2～10或更多的肉质瓣状的小鳞茎紧密排列而成 …………………………5. **蒜 A. sativum** L.
      5. 鳞茎不分瓣。
        6. 鳞茎外皮纤维破裂呈网状或近网状。
          7. 子房基部具凹陷的蜜穴；鳞茎外皮的纤维呈明显的网状。
            8. 花白色或稍带黄色；花丝略长于花被片或长为其1.5倍 ………6. **白头韭 A. leucocephalum** Turcz.
            8. 花紫红色、淡紫红色或红色；花丝与花被片近等长或略较长 …………7. **辉韭 A. strictum** Schrader
          7. 子房基部不具凹陷的蜜穴；鳞茎外皮的纤维近网状破裂。
            9. 叶线形，扁平或三棱状线形，宽1.5～8毫米；花白色，稀淡红色；花丝为狭长的三角形；子房外壁具细的疣状突起。
              10. 叶线形，扁平，实心；花被片常具绿色中脉 ……………8. **韭 A. tuberosum** Rottler ex Spreng
              10. 叶三棱状线形，背面呈龙骨状隆起，中空；花被片常具红色中脉 ………9. **野韭 A. ramosum** L.
            9. 叶半圆柱状至圆柱状，宽0.5～1.5毫米；花紫红色或淡红色、稀白色；内轮花丝基部扩大成卵形，具齿或无；子房外壁无疣状突起。
              11. 内轮花丝基部扩大，每侧各具1齿，稀无齿；花丝等于或略长于花被；花梗基部具小苞片
              ……………………………………………………………………10. **碱韭 A. polyrhizum** Turcz. ex Regel
              11. 内轮花丝基部扩大成卵形，无齿；花丝短于花被片；花梗基部无小苞片
              …………………………………………………………………………11. **蒙古韭 A. mongolicum** Regel
        6. 鳞茎外皮膜质、薄革质或革质，不破裂或破裂成片状或条状，或仅顶端呈纤维状。
          12. 鳞茎球形、狭卵状或卵状。
            13. 内轮花丝基部扩大，每侧各具1齿；叶为中空的圆筒状；花葶中下部膨大为圆筒状（**12. 洋葱 A. cepa** L.）。
              14. 植株单生或仅2～3株聚生，抽葶开花；以种子繁殖；鳞茎粗大，近球状至扁球状或狭卵状圆柱形。
                15. 鳞茎球状至扁球状；伞形花序无珠芽；花被片粉白色，具绿色中脉
                ……………………………………………………………………12a. **洋葱 A. cepa** var. **cepa**
                15. 鳞茎卵状至卵状矩圆形；伞形花序具大量珠芽，间有数花，常常珠芽在花序上就发出幼叶；花被片白色，具淡红色中脉……12b. **楼子葱 A. cepa** var. **proliferum** (Moench) Regel
              14. 植株密集丛生，不抽葶开花；以鳞茎繁殖；鳞茎聚生，矩圆状卵形、狭卵形或卵状圆柱形
              ……………………………………………………………12c. **火葱 A. cepa** var. **aggregatum** G. Don
            13. 内轮花丝基部无齿。

（接上表）

16. 叶宽线形，宽1～3厘米；伞形花序球状，直径6～7厘米；花梗长约3厘米；花被片紫色，披针形；雄蕊比花被长 ………………………………………………… **13. 大花葱 A. giganteum** Regel
16. 叶半圆柱形或三棱状线形。
    17. 鳞茎狭卵状或卵状，外皮顶端常破裂成纤维状；伞形花序无珠芽；花丝长为花被片的1.5倍。
        18. 鳞茎基部常有小鳞茎；植株高70～140厘米；小花梗长短不一 ……………………………………………………………… **14. 朝鲜薤 A. sacculiferum** Maxim.
        18. 鳞茎基部无小鳞茎；植株高30～70厘米；小花梗近等长 ……………………………………………………………………**15. 球序韭 A. thunbergii** G. Don
    17. 鳞茎近球形，外皮不破裂；伞形花序无珠芽或有珠芽；花丝比花被片稍长（**16. 薤白 A. macrostemon** Bunge）。
        19. 花瓣均为淡紫色或淡红色，中脉颜色略深；花药紫色（**16a. 薤白A. macrostemon** subsp. **macrostemon**）。
            20. 伞形花序花少而疏，具珠芽 …… **16aa. 薤白 A. macrostemon** var. **macrostemon**
            20. 伞形花序花多而密，无肉质珠芽 …………… **16ab. 密花小根蒜 A. macrostemon** var. **uratense** (Franch.) Airy-Shaw
        19. 花瓣仅中脉为紫色或粉色，其余部分均为白色；花药黄色 ……………………… **16b. 白花薤白 A. macrostemon** subsp. **albiflorum** S. M. Zhang

12. 鳞茎圆柱状、卵状圆柱形或近圆锥状。
    21. 花丝短于花被片。
        22. 子房基部具小的凹陷蜜穴；外轮花被片披针形，长圆状披针形或长圆形，长7～11毫米，先端渐尖，呈尾状 ……………………………………………………… **17. 北葱 A. schoenoprasum** L.
        22. 子房基部无凹陷的蜜穴。
            23. 花丝略短于花被片（**18. 砂韭 A. bidentatum** Fisch. ex Prokh.）。
                24. 内轮花丝扩大部分每侧各具1钝齿 ………… **18a. 砂韭 A. bidentatum** var. **bidentatum**
                24. 内轮花丝无齿 …………………… **18b. 丝韭 A. bidentatum** var. **andanense** Q. S. Sun
            23. 花丝为花被片长的2/3。
                25. 花梗近等长 …………………………………………………… **19. 细叶韭 A. tenuissimum** L.
                25. 花梗不等长（**20. 矮韭 A. anisopodium** Ledeb.）。
                    26. 花梗、花葶和叶纵脉均光滑 ……… **20a. 矮韭 A. anisopodium** var. **anisopodium**
                    26. 花梗、花葶和叶纵脉均具明显的细糙齿 ……… **20b. 糙葶韭 A. anisopodium** var. **zimmermannianum** (Gilg) Wang et Tang
    21. 花丝长于花被片或与花被片近等长
        27. 叶线形，扁平。
            28. 内轮花丝基部扩大部分每侧各具1长齿 ………… **21. 雾灵韭 A. stenodon** Nakai & Kitaga.
            28. 内轮花丝无齿。
                29. 小花梗纤细；花浅粉红色；花药淡黄色 ……………………………………**22. 假山韭 A. pseudosenescens** H. J. Choi & B. U. Oh
                29. 小花梗较粗；花紫红色至淡紫色，有时白色；花药紫红色或淡紫色（**23. 山韭 A. senescens** L.）。

（接上表）

30. 花淡红色至紫红色 ………………………… **23a. 山韭** A. senescens f. senescens

30. 花白色 ……………………… **23b. 白花山韭** A. senescens f. albiflorum Q. S. Sun

27. 叶管状、圆柱状或半圆柱状。

31. 内轮花丝基部无齿或每侧各具1齿；花天蓝色 …………… **24. 天蓝韭** A. cyaneum Regel

31. 内轮花丝无齿。

32. 花淡紫色、淡紫红色或紫红色。

33. 鳞茎单生或2枚聚生；叶5～9枚，半圆柱状；花被片长圆形至长圆状卵形，长3～5.5毫米；鳞茎外皮近革质，淡褐色 …… **25. 蒙古野韭** A. prostratum Trevir.

33. 鳞茎数枚聚生；叶1～2枚，半圆柱状或圆柱状；花被片披针形至卵状披针形，长4～10毫米；鳞茎外皮薄革质至革质，灰色或灰褐色。

34. 植株高15～25厘米；花葶和叶纤细；花丝稍短于花被片或近等长 ………………………………………………… **26. 马葱** A. maximowiczii Regel

34. 植株高30～70厘米；花葶和叶较粗；花丝长于花被片 ……………………………………………… **27. 硬皮葱** A. ledebourianum Roem.

32. 花白色或黄色。

35. 花黄色；花梗基部具小苞片；子房基部有带帘的蜜穴；鳞茎外皮红褐色，有光泽 ……………………………………………… **28. 黄花葱** A. condensatum Turcz.

35. 花白色或稍带黄色；花梗基部无小苞片；子房基部具不明显的缝状蜜穴。

36. 鳞茎外皮红褐色，薄革质；花白色稍带黄色 …**29. 阿尔泰葱** A. altaicum Pall.

36. 鳞茎外皮白色，膜质；花白色 ………………………… **30. 葱** A. fistulosum L.

（1）长梗合被韭（Flora of China）；长梗韭（辽宁植物志，黑龙江省植物志，内蒙古植物志，东北植物检索表，东北草本植物志，中国植物志）；长梗葱（大连地区植物志，内蒙古植物志）

Allium neriniflorum (Herbert) Baker in Encycl. Pl. Suppl. 2: 1342. 1855; 中国植物志14: 271. 图版100. 1980; 辽宁植物志（下册）: 724. 图版323: 4～7. 1992; 内蒙古植物志（第二版）5: 508. 图版211. 1994; 东北植物检索表（第二版）: 751. 图版379: 6. 1995; 东北草本植物志12: 138. 图版59: 4～7. 1998; Fl. China 24: 202. 2000; 黑龙江省植物志10: 97. 图版40: 4～7. 2002; 内蒙古植物志（第三版）6: 455. 2020.——*A. neriniflorum* f. *albiflorum* (Kitag.) Q. S. Sun, 东北植物检索表（第二版）: 751. 1995.

■ 长梗合被韭

花侧面观

花正面观

白花

白花株

■ 长梗合被韭

基生叶

花序

居群

生山坡、湿地、草地或海边沙地。产黑龙江省安达、齐齐哈尔、肇东、大庆、杜尔伯特；吉林省浑江、镇赉、双辽、前郭；辽宁省大连、金州、北镇、兴城、盖州、彰武、凌源、法库、葫芦岛、长海；内蒙古自治区科尔沁右翼前旗、科尔沁右翼中旗、科尔沁左翼后旗、扎鲁特旗、扎赉特旗、赤峰、大青沟、巴林右旗、克什克腾旗、阿鲁科尔沁旗、翁牛特旗、喀喇沁旗、乌兰浩特、东乌珠穆沁旗、西乌珠穆沁旗、锡林浩特、多伦等地。

花开时观赏价值较高。鳞茎药用，主治胸胁刺痛、心绞痛、咳喘痰多、痢疾。

（2）茖葱（辽宁植物志，黑龙江省植物志，内蒙古植物志，东北植物检索表，东北草本植物志，中国植物志，Flora of China）

■ 茖葱

基生叶

果序一部分

根部

花序

Allium victorialis L., Sp. Pl. 295. 1753; 中国植物志14: 203. 图版25. 1980; 辽宁植物志（下册）: 713. 图版319. 1992; 内蒙古植物志（第二版）5: 480. 图版198: 1 ~ 4. 1994; 东北植物检索表（第二版）: 747. 图版377: 1. 1995; 东北草本植物志12: 114. 图版49. 1998; Fl. China 24: 172. 2000; 黑龙江省植物志10: 79. 图版34: 1 ~ 4. 2002.

多生阴湿山坡、林下、草地或沟边。产黑龙江省东部林区、小兴安岭；吉林省安图、珲春；辽宁省凤城、宽甸、丹东；内蒙古自治区克什克腾旗、喀喇沁旗、宁城、巴林右旗、正镶白旗等地。

嫩叶可供食用。全草治跌打损伤、瘀血肿痛、衄血、咳嗽痰多、原发性高血压病。

（3）对叶山葱（Flora of Chian）；对叶韭（东北植物检索表，东北草本植物志，中国植物志）

Allium listera Stearn in Bull. Fan Mem. Inst. Biol. 5: 326 1934; Fl. China 24: 172. 2000.——*A. victorialis* L. var. *listera* (Stearn) J. M. Xu, 中国植物志14: 204. 1980; 东北植物检索表（第二版）: 747. 1995; 东北草本植物志12: 116. 1998.

生林下。产吉林省东丰、东辽；辽宁省建昌、凌源等地。

嫩叶可供食用。全草治跌打损伤、瘀血肿痛、衄血、咳嗽痰多、原发性高血压病。

■ 对叶山葱

果序

基生叶

居群

（4）单花韭（辽宁植物志，黑龙江省植物志，东北植物检索表，东北草本植物志，中国植物志，Flora of China）；多花韭（植物研究）

Allium monanthum Maxim. in Bull. Acad. Imp. Sci. Saint-Pétersbourg 31: 109. 1887; 中国植物志14: 267. 1980; 辽宁植物志（下册）: 722. 图版323: 1 ~ 3. 1992; 东北植物检索表（第二版）: 747. 图版379: 5. 1995;

■ 单花韭

根部

花序

居群

东北草本植物志12: 136. 图版: 1 ~ 3. 1998; Fl. China 24: 202. 2000; 黑龙江省植物志10: 95. 图版40: 1 ~ 3. 2002.——*A. monanthum* var. *floribundum* Z. J. Zhong & X. T. Huang, 植物研究(17) 1: 53. 1997.

生山坡或林下。产黑龙江省尚志、宁安、虎林、伊春；吉林省九台、长白；辽宁省鞍山、本溪、桓仁、西丰、凤城、宽甸等地。

嫩苗和鳞茎可食。

（5）蒜（辽宁植物志，黑龙江省植物志，内蒙古植物志，东北植物检索表，东北草本植物志，中国植物志，Flora of China）；大蒜

Allium sativum L., Sp. Pl. 296. 1753; 中国植物志14: 268. 图版96. 1980; 辽宁植物志（下册）: 724. 1992; 内蒙古植物志（第二版）5: 506. 1994; 东北植物检索表（第二版）: 747. 1995; 东北草本植物志12: 138. 图96. 1998; Fl. China 24: 200. 2000; 黑龙江省植物志10: 95. 2002.

原产亚洲西部或欧洲。东北各地栽培。

幼苗、花葶、叶、鳞茎均可做蔬菜或调味品。鳞茎有健胃、止咳、杀菌、驱虫作用。

■ 蒜

总苞具长喙

花期

植株

（6）白头韭（内蒙古植物志，东北植物检索表，东北草本植物志，中国植物志，Flora of China）；白头葱（内蒙古植物志）

Allium leucocephalum Turcz. in Komarov, Fl. URSS. 4: 146. 1935; 中国植物志14: 218. 图版42. 1980; 内蒙古植物志（第二版）5: 482. 图版200: 1 ~ 3. 1994; 东北植物检索表（第二版）: 747. 图版378: 8. 1995; 东北

■ 白头韭

花序

植株

草本植物志12: 116. 图版50: 1 ~ 3. 1998; Fl. China 24: 182. 2000; 内蒙古植物志（第三版）6: 440. 2020.

生沙地。产内蒙古自治区海拉尔、满洲里、陈巴尔虎旗、新巴尔虎左旗、新巴尔虎右旗、阿鲁科尔沁旗、东乌珠穆沁旗、锡林浩特等地。

（7）辉韭（黑龙江省植物志，内蒙古植物志，东北植物检索表，东北草本植物志，中国植物志，Flora of China）；辉葱

Allium strictum Schrader in Hort. Gott. 7. 1809; 中国植物志14: 220. 图版45. 1980; 内蒙古植物志（第二版）5: 484. 图版200: 4 ~ 6. 1994; 东北植物检索表（第二版）: 747. 图版378: 9. 1995; 东北草本植物志12: 116. 图版50: 4 ~ 6. 1998; Fl. China 24: 181. 2000; 黑龙江省植物志10: 81. 图版34: 5 ~ 7. 2002.

生山坡、林下、湿地或草地上。产黑龙江省呼玛、尚志、宝清、虎林、安达、黑河；吉林省抚松、珲春、安图；辽宁省庄河、本溪；内蒙古自治区额尔古纳、牙克石、鄂伦春、鄂温克、陈巴尔虎旗、巴林右旗、克什克腾旗、阿尔山、科尔沁右翼前旗、锡林浩特等地。

嫩株可食。种子用于积食腹胀、消化不良、风寒湿痹、痈疮疔毒、皮肤炭疽。

■ 辉韭

根部

花序

居群

（8）韭（辽宁植物志，黑龙江省植物志，内蒙古植物志，东北植物检索表，东北草本植物志，中国植物志，Flora of China）；韭菜

Allium tuberosum Rottler ex Spreng in Syst. Veg. 2: 38. 1825; 中国植物志14: 221. 图版47. 1980; 辽宁植物志（下册）: 713. 1992; 内蒙古植物志（第二版）5: 488. 1994; 东北植物检索表（第二版）: 747. 1995; 东北草本植物志12: 118. 1998; Fl. China 24: 179. 2000; 黑龙江省植物志10: 81. 图版34: 8 ~ 9. 2002.

■ 韭

花序侧面观

花序

■ 韭

野生居群

栽培居群

生于山坡上。产黑龙江省人庆、孙吴、宁安；吉林省双辽；辽宁省各地；内蒙古自治区科尔沁右翼前旗。东北各地普遍栽培。

叶食用。根、鳞茎有温中、行气、散瘀作用；种子有温补肝肾、暖腰膝、壮阳作用。

（9）野韭（辽宁植物志，黑龙江省植物志，内蒙古植物志，东北植物检索表，东北草本植物志，中国植物志，Flora of China）

Allium ramosum L., Sp. Pl. 296. 1753; 中国植物志14: 222. 1980; 辽宁植物志（下册）: 714. 1992; 内蒙古植物志（第二版）5: 488. 图版203: 1 ~ 3. 1994; 东北植物检索表（第二版）: 747. 1995; 东北草本植物志12: 119. 1998; Fl. China 24: 180. 2000; 黑龙江省植物志10: 82. 图版35: 1 ~ 3. 2002.

■ 野韭

花侧面观

花序侧面观

基生叶

居群

生向阳山坡、草坡或草地上。产黑龙江省哈尔滨、伊春、密山、齐齐哈尔、孙吴、安达、阿城；吉林省珲春、九台、通榆；辽宁省大连、沈阳、丹东、东港、凤城、彰武、凌源、喀左；内蒙古自治区海拉尔、额尔古纳、陈巴尔虎旗、鄂伦春、新巴尔虎左旗、新巴尔虎右旗、扎莱特旗、巴林右旗、克什克腾旗、喀喇沁旗、宁城、东乌珠穆沁旗、锡林浩特、多伦等地。

叶、花葶和花均可作野菜食用。

（10）碱韭（黑龙江省植物志，内蒙古植物志，东北植物检索表，东北草本植物志，中国植物志，Flora of China）；碱葱（内蒙古植物志）

Allium polyrhizum Turcz. ex Regel in Trudy Imp. S.–Peterburgsk. Bot. Sada 3(2): 162. 1875; 中国植物志14: 223. 图版48. 1980; 内蒙古植物志（第二版）5: 489. 图版203: 4 ~ 6. 1994; 东北植物检索表（第二版）: 747. 图版378: 2. 1995; 东北草本植物志12: 119. 图版51: 1 ~ 3. 1998; Fl. China 24: 184. 2000; 黑龙江省植物志10: 84. 图版35: 4 ~ 6. 2002; 内蒙古植物志（第三版）6: 444. 2020.

生向阳山坡或草地上。产黑龙江省大庆、安达、肇东、肇州；吉林省通榆、双辽、镇赉；辽宁省大连、阜蒙；内蒙古自治区海拉尔、鄂温克、陈巴尔虎旗、新巴尔虎左旗、新巴尔虎右旗、科尔沁右翼中旗、苏尼特左旗、苏尼特右旗、镶黄旗等地。

种子用于积食腹胀、消化不良、风寒湿痹、痈疮疔毒、皮肤炭疽。

■ 碱韭

居群下部

全株

花丝内轮基部扩大

花序

居群

（11）蒙古韭（辽宁植物志，内蒙古植物志，东北植物检索表，东北草本植物志，中国植物志，Flora of China）；蒙古葱（内蒙古植物志）

Allium mongolicum Regel in Trudy Imp. S.–Peterburgsk. Bot. Sada 3(2): 160. 1875; 中国植物志14: 224. 图版48: 1 ~ 3. 1980; 辽宁植物志（下册）: 714. 1992; 内蒙古植物志（第二版）5: 489. 图版204: 1 ~ 3. 1994; 东北植物检索表（第二版）: 747. 图版378: 1. 1995; 东北草本植物志12: 121. 图版51: 4 ~ 5. 1998; Fl. China 24: 183. 2000; 内蒙古植物志（第三版）6: 441. 2020.

生荒漠、沙地或干旱山坡。产辽宁省西部地区；内蒙古自治区新巴尔虎右旗、科尔沁右翼前旗、乌兰浩特、克什克腾旗、苏尼特左旗、苏尼特右旗、阿巴嘎旗、镶黄旗等地。

叶、花葶和花均可作野菜食用。

■ 蒙古韭

花序

植株下部

居群

（12）洋葱（辽宁植物志，黑龙江省植物志，内蒙古植物志，东北植物检索表，中国植物志，Flora of China）；圆葱

Allium cepa L., Sp. Pl. 300. 1753; 中国植物志14: 257. 图版81. 1980; 辽宁植物志（下册）: 720. 1992; 内蒙古植物志（第二版）5: 504. 1994; 东北植物检索表（第二版）: 749. 1995; Fl. China 24: 193. 2000; 黑龙江省植物志10: 92. 2002.

（12a）洋葱（原变种）

Allium cepa var. *cepa*

原产亚洲西部。东北各地常见栽培。

鳞茎除食用外，尚可入药，捣烂后可治创伤、溃疡。

■ 洋葱

植株下部

花序

鳞茎

植株

（12b）楼子葱（变种）（Flora of China）；红葱（内蒙古植物志，中国植物志）；楼子葱

Allium cepa var. *proliferum* (Moench) Regel, Mélanges Biol. Bull. Phys.-Math. Acad. Imp. Sci. Saint-Pétersbourg. 3(2): 93. 1875; 中国植物志14: 228. 1980; Fl. China 24: 193. 2000; 内蒙古植物志（第三版）6: 462. 2020.

辽宁西部和内蒙古自治区有栽培。

■ 楼子葱

花序上珠芽萌发出幼叶

植株

（12c）火葱（变种）（中国植物志，Flora of China）；毛葱（黑龙江省植物志）

Allium cepa var. *aggregatum* G. Don in Mem. Wern. Nat. Hist. Soc. 6: 27 1827; Fl. China 24: 193. 2000; 黑龙江省植物志10: 92. 2002.——*A. ascalonicum* auct. non L. : 中国植物志14: 258. 1980.

原产亚洲西部。辽宁省各地栽培。

■ 火葱

鳞茎

植株

（13）大花葱（大连植物彩色图谱）

Alliumgiganteum Regel in Gartenflora 32: 91. 1883.

原产亚洲中部。辽宁省大连、沈阳有栽培。

花色艳丽，管理简便，很少发生病虫害，是花境、岩石园或草坪旁装饰和美化的好品种。

■ 大花葱

花序

花序侧面观

居群

（14）朝鲜薤（Flora of China）；野葱（东北植物检索表）；毓泉韭、毓泉薤（内蒙古植物志）

Allium sacculiferum Maxim., Mém. Acad. Imp. Sci. St.–Pétersbourg Divers Savans. 9: 281. 1859; 东北植物检索表: 570. 1959; Fl. China 24: 196. 2000.——*Allium yuchuanii* Y. Z. Zhao et J. Y. Chao, 内蒙古大学学报（自然科学版）: 20(2): 241. 图1. 1989; 内蒙古植物志（第二版）5: 506. 图版210. 1994; 内蒙古植物志（第三版）6: 457. 2020.

生草地、河边、湖边。产内蒙古自治区科尔沁左翼后旗、正镶白旗。黑龙江、吉林及辽宁省瓦房店龙潭山也有记录。

■ 朝鲜薤

根部

花序

植株

（15）球序韭（辽宁植物志，黑龙江省植物志，内蒙古植物志，东北植物检索表，东北草本植物志，中国植物志，Flora of China）；球序薤（内蒙古植物志）

Allium thunbergii G. Don in Mem. Wern. Nat. Hist. Soc. 6: 84. 1827; 中国植物志14: 261. 图版87. 1980; 辽宁植物志（下册）: 721. 图版322: 1 ~ 3. 1992; 内蒙古植物志（第二版）5: 505. 图版202: 1 ~ 5. 1994; 东北植物检索表（第二版）: 749. 图版379: 3. 1995; 东北草本植物志12: 134. 图版58: 1 ~ 3. 1998; Fl. China 24: 197. 2000; 黑龙江省植物志10: 92. 图版39: 1 ~ 3. 2002; 内蒙古植物志（第三版）6: 457. 2020.

生山坡、草地、湿地、林下。产黑龙江省宁安、鸡东、哈尔滨、佳木斯、虎林、安达、大庆、密山、饶河、萝北；吉林省吉林、九台、浑江、抚松、通化、安图、九台、和龙、汪清；辽宁省各地；内蒙古自治区科尔沁右翼前旗、科尔沁右翼中旗、扎赉特旗、突泉、克什克腾旗、翁牛特旗、喀喇沁旗、宁城、敖汉、多伦等地。

花序具有较好的观赏性。嫩苗和鳞茎可食。

■ 球序韭

根部

花序

基生叶

植株

（16）薤白（辽宁植物志，黑龙江省植物志，内蒙古植物志，东北植物检索表，东北草本植物志，中国植物志，Flora of China）；小根蒜

Allium macrostemon Bunge in Enum. Pl. China Bor. 65. 1833; 中国植物志14: 265. 图版92. 1980; 辽宁植物志（下册）: 721. 图版322: 4 ~ 5. 1992; 内蒙古植物志（第二版）5: 505. 图版209: 4 ~ 6. 1994; 东北植物检索表（第二版）: 749. 图版379: 4. 1995; 东北草本植物志12: 134. 图版58: 4 ~ 5. 1998; Fl. China 24: 199. 2000; 黑龙江省植物志10: 94. 图版39: 4 ~ 5. 2002.

（16a）薤白（原亚种）

Allium macrostemon subsp. *macrostemon*

（16aa）薤白（原变种）

Allium macrostemon var. *macrostemon*

生干燥草地、田野间或林缘。产黑龙江省各地；吉林省桦甸、磐石、永吉、双辽、吉林；辽宁省沈阳、鞍山、大连、瓦房店、铁岭、昌图、清原、丹东、宽甸、东港、本溪、桓仁、北镇、兴城、绥中；内蒙古自治区科尔沁左翼后旗、喀喇沁旗、敖汉旗、翁牛特旗、科尔沁右翼中旗、扎拉特旗、宁城等地。

嫩苗和鳞茎可食，且为健胃理肠药，有理气、宽胸、散结、祛痰作用。

■ 薤白

花序

居群

（16ab）密花小根蒜（变种）（辽宁植物志，黑龙江省植物志，东北植物检索表，东北草本植物志）

Allium macrostemon var. *uratense* (Franch.) Airy-Shaw in Notes Roy. Bot. Gard. Edinburgh 16: 136. 1931; 辽宁植物志（下册）: 722. 1992; 东北植物检索表（第二版）: 749. 1995; 东北草本植物志12: 136. 图版59: 1 ~ 3. 1998; 黑龙江省植物志10: 95. 2002.

生干燥草地、田野间或林缘。产黑龙江省宁安、牡丹江；辽宁省大连、鞍山、昌图、西丰、新宾、岫岩、本溪等地。

■ 密花小根蒜

花

花序

全株

居群

（16b）白花薤白（亚种）（辽宁植物）

Allium macrostemon subsp. *albiflorum* S. M. Zhang

产沟谷林缘。产辽宁省阜蒙县（海棠山）。

■ 白花薤白

花序

花序一部分

居群

（17）北葱（东北植物检索表，东北草本植物志，中国植物志，Flora of China）；虾夷葱

Allium schoenoprasum L., Sp. Pl. 301. 1753; 中国植物志14: 253. 图版76. 1980; 东北植物检索表（第二版）: 749. 图版379: 7. 1995; 东北草本植物志12: 128. 图版55: 4 ~ 6. 1998; Fl. China 24: 195. 2000.

生潮湿的草地、河谷、山坡或草甸。产内蒙古自治区宁城等地。辽宁省大连有栽培。

叶常用作调味料。全草有通气发汗、散寒解表作用。

■ 北葱

花序正面观

花序侧面观

植株下部

栽培居群

（18）砂韭（辽宁植物志，黑龙江省植物志，内蒙古植物志，东北植物检索表，东北草本植物志，中国植物志，Flora of China）；砂葱（内蒙古植物志）

Allium bidentatum Fisch. ex Prokh. in Mat. Comm. Étude Rep. Mongol. Tannou–Touva 2: 83. 1929; 中国植物志14: 226. 图版50. 1980; 辽宁植物志（下册）: 716. 1992; 内蒙古植物志（第二版）5: 491. 图版204: 4 ~ 6. 1994; 东北植物检索表（第二版）: 749. 图版378: 4. 1995; 东北草本植物志12: 121. 图版52: 1 ~ 3. 1998; Fl. China 24: 184. 2000; 黑龙江省植物志10: 84. 图版36: 1 ~ 3. 2002.

（18a）砂韭（原变种）

Allium bidentatum var. *bidentatum*

生向阳山坡或草原上。产黑龙江省安达、大庆、龙江；吉林省临江、洮南、通榆；辽宁省凌源、建平、海城；内蒙古自治区海拉尔、额尔古纳、牙克石、满洲里、陈巴尔虎旗、新巴尔虎左旗、巴林右旗、扎鲁特旗、翁牛特旗、科尔沁右翼中旗、克什克腾旗、锡林浩特等地。

■ 砂韭

花序

居群下部

居群

（18b）丝韭（变种）（黑龙江省植物志，东北草本植物志）

Allium bidentatum var. *andanense* Q. S. Sun, 植物研究15(3): 332. 1995; 东北草本植物志12: 121. 图版52: 4. 1998; 黑龙江省植物志10: 86. 图版36: 4. 2002.

生草甸、碱性草地。产黑龙江省安达、大庆（模式标本采集地）；吉林省洮南、双辽等地。

■ 丝韭

花序

花序一部分

居群

（19）细叶韭（辽宁植物志，黑龙江省植物志，内蒙古植物志，东北植物检索表，东北草本植物志，中国植物志，Flora of China）；细叶葱（内蒙古植物志）

Allium tenuissimum L., Sp. Pl. 301. 1753; 中国植物志14: 237. 图版49: 1 ~ 3. 1980; 辽宁植物志（下册）: 716. 图版320: 1 ~ 2. 1992; 内蒙古植物志（第二版）5: 495. 图版206: 1 ~ 3. 1994; 东北植物检索表（第二版）: 749. 1995; 东北草本植物志12123. 图版53.: 1 ~ 2. 1998; Fl. China 24: 185. 2000; 黑龙江省植物志10: 86. 图版37: 1 ~ 2. 2002.

■ 细叶韭

花序正面观

花序侧面观

花期植株

■ 细叶韭

根部

果期植株

居群

生山坡、草地或沙丘。产黑龙江省大庆、安达、呼玛、杜尔伯特、宁安、嫩江、哈尔滨、伊春；吉林省吉林、镇赉、双辽；辽宁省大连、金州、鞍山、西丰、铁岭、开原、康平、彰武、葫芦岛、北镇、法库、喀左、建平；内蒙古自治区海拉尔、额尔古纳、满洲里、牙克石、陈巴尔虎旗、新巴尔虎左旗、新巴尔虎右旗、科尔沁右翼前旗、科尔沁右翼中旗、科尔沁左翼后旗、扎赉特旗、扎鲁特旗、巴林右旗、赤峰、克什克腾旗、喀喇沁旗、宁城、东乌珠穆沁旗、西乌珠穆沁旗、锡林浩特、苏尼特右旗等地。

解毒植物，当牲口误食醉马豆等有毒植物后，可喂食此类植物以解毒。

（20）矮韭（辽宁植物志，黑龙江省植物志，内蒙古植物志，东北植物检索表，东北草本植物志，中国植物志，Flora of China）；矮葱（内蒙古植物志）

Allium anisopodium Ledeb. in Fl. Ross. 4: 183. 1852; 中国植物志14: 237. 图版49: 4 ~ 6. 1980; 内蒙古植物志（第二版）5: 497. 图版207: 1 ~ 3. 1994; Fl. China 24: 185. 2000; 内蒙古植物志（第三版）6: 444. 2020.——*A. tenuissimum* var. *anisopodium* (Ledeb.) Regel in Trudy Imp. S.-Peterburgsk. Bot. Sada 3(2): 157. 1875; 辽宁植物志（下册）: 717. 图版320: 3 ~ 5. 1992; 东北植物检索表（第二版）: 749. 图版378: 6. 1995; 东北草本植物志12: 125. 图版53: 3 ~ 5. 1998; 黑龙江省植物志10: 87. 图版37: 3 ~ 5. 2002.

■ 矮韭

根部

花序侧面观

花序正面观

花

居群下部

居群上部

（20a）矮韭（原变种）

Allium anisopodium var. *anisopodium*

生山坡、草地或沙丘。产黑龙江省安达、黑河、嫩江、伊春、大庆、杜尔伯特、呼玛、宁安；吉林省吉林、镇赉、双辽；辽宁省大连、北镇、凌源、义县、西丰、康平、法库、绥中、兴城、建平、彰武；内蒙古自治区海拉尔、额尔古纳、牙克石、满洲里、科尔沁右翼前旗、科尔沁右翼中旗、扎赉特旗、扎鲁特旗、通辽、新巴尔虎左旗、巴林右旗、克什克腾旗、喀喇沁旗、东乌珠穆沁旗、锡林浩特等地。

（20b）糙葶韭（变种）（辽宁植物志，黑龙江省植物志，东北植物检索表，东北草本植物志，中国植物志，Flora of China）；糙葶葱（内蒙古植物志）

Allium anisopodium var. *zimmermannianum* (Gilg) Wang et Tang in Contr. Inst. Bot. Natl. Acad. Peiping 2 ~ 8: 260. 1934; 中国植物志14: 239. 图版49: 7.1980; 内蒙古植物志（第二版）5: 497. 图版207: 4. 1994; Fl. China 24: 185. 2000.——*A. tenuissimum* var. *anisopodium* f. *zimmermannianum* (Gilg) Q. S. Sun, 辽宁植物志（下册）: 717. 图版320: 6. 1992; 东北植物检索表（第二版）: 749. 图版378: 7. 1995; 东北草本植物志12: 125. 图版53: 6. 1998; 黑龙江省植物志10: 87. 图版37: 6. 2002.

生山坡、草地。产黑龙江省松嫩平原；辽宁省大连（大黑石）、瓦房店、锦州；内蒙古自治区额尔古纳、牙克石、满洲里、科尔沁右翼前旗、阿尔山、克什克腾旗等地。

■ 糙葶韭

花正面观

花序

花葶有齿

花梗有齿

根部

果序

居群

（21）雾灵韭（内蒙古植物志，东北植物检索表，中国植物志，Flora of China）；雾灵葱（内蒙古植物志，东北植物检索表）

Allium stenodon Nakai & Kitaga., Rep. Exped. Manchoukuo Sect. Ⅳ, Pt. 2, Contr. Cogn. Fl. Manshuricae. 1: 18. 1934; 东北植物检索表: 569. 图版213: 4. 1959; Fl. China 24: 179. 2000; 内蒙古植物志（第三版）6: 449.

2020.——*Allium plurifoliatum* var. *stenodon* (Nakai et Kitag.) J. M. Xu, 中国植物志14: 233. 1980; 内蒙古植物志（第二版）5: 493. 图版205: 4 ~ 6. 1994.——*Allium cyaneum* f. *stenodon* (Nakai & Kitag.) Kitag. in J. Jap. Bot. 40: 138 1965; 东北植物检索表（第二版）: 749. 1995.

生森林草原带的山地林缘、草甸。产内蒙古自治区克什克腾旗、喀喇沁旗、宁城、西乌珠穆沁旗、巴林右旗等地。

■ 雾灵韭

花序正面观

花序侧面观

植株

居群

（22）假山韭（新拟）

Allium pseudosenescens H. J. Choi & B. U. Oh in Brittonia. 62(3): 199 ~ 205. Figs. 1, 2. 2010.

生开阔的草地和干旱的山坡上。产黑龙江省塔河（模式标本采集地）。

（23）山韭（辽宁植物志，黑龙江省植物志，内蒙古植物志，东北植物检索表，东北草本植物志，中国植物志，Flora of China）；山葱（内蒙古植物志）

Allium senescens L., Sp. Pl. 299. 1753; 中国植物志14: 241. 图版65. 1980; 辽宁植物志（下册）: 717. 图版321. 1992; 内蒙古植物志（第二版）5: 499. 图版206: 5 ~ 7. 1994; 东北植物检索表（第二版）: 749. 图版379: 1. 1995; 东北草本植物志12: 126. 图版54: 4 ~ 7. 1998; Fl. China 24: 187. 2000; 黑龙江省植物志10: 87. 图版38: 4 ~ 7. 2002; 内蒙古植物志（第三版）6: 453. 2020.

（23a）山韭（原变型）

Allium senescens f. *senescens*

生山坡、草地、路旁。产黑龙江省嫩江、鸡西、鸡东、大庆、绥芬河、哈尔滨、伊春、黑河、萝北、泰来、阿城、克山、虎林、密山、齐齐哈尔、逊克、宁安；吉林省长春、浑江、蛟河、汪清、敦化、安图、前郭、镇赉、通榆、珲春；辽宁省法库、新宾、清原、凤城、桓仁、本溪、大连、庄河、金

■ 山韭

果序

花

植株

居群

州、长海、开原、北镇、彰武；内蒙古自治区海拉尔、额尔古纳、满洲里、新巴尔虎左旗、鄂伦春、科尔沁右翼前旗、突泉、扎鲁特旗、大青沟、翁牛特旗、阿鲁科尔沁旗、克什克腾旗、喀喇沁旗、东乌珠穆沁旗、锡林浩特、镶黄旗、多伦等地。

嫩苗可食。

（23b）白花山韭（变型）（黑龙江省植物志，东北草本植物志）

Allium senescens f. *albiflorum* Q. S. Sun, 植物研究15(3): 332. 1995; 东北草本植物志12: 128. 1998; 黑龙江省植物志10: 90. 2002.

生林下、山坡。产黑龙江省桦川（模式标本采集地）；辽宁省辽阳；内蒙古自治区突泉等地。

■ 白花山韭

花序

花序一部分

根部

居群

（24）天蓝韭（东北植物检索表，东北草本植物志，中国植物志，Flora of China）

Allium cyaneum Regel, Mélanges Biol. Bull. Phys.–Math. Acad. Imp. Sci. Saint–Pétersbourg. 3(2): 174. 1875; 中国植物志14: 229. 图版54. 1980; 东北植物检索表（第二版）: 749. 1995; 东北草本植物志12: 123. 图54. 1998; Fl. China 24: 178. 2000.

生海拔2100～5000米的山坡、草地、林下或林缘。产内蒙古自治区兴安盟阿尔山。

■ 天蓝韭

花序

植株下部

植株

（25）蒙古野韭（内蒙古植物志，东北植物检索表，东北草本植物志，中国植物志，Flora of China）；蒙古野葱（内蒙古植物志）

Allium prostratum Trevir. in Allii Sp. 16. 1822; 中国植物志14: 239. 1980; 内蒙古植物志（第二版）5: 499. 1994; 东北植物检索表（第二版）: 751. 图版379: 2. 1995; 东北草本植物志12: 125. 图版54: 1 ~ 2. 1998; Fl. China 24: 186. 2000.

生多石山坡。产辽宁省金州、旅顺口；内蒙古自治区满洲里等地。

嫩苗可食用，花腌制后也可食。

（26）马葱（Flora of China）；姜葱（内蒙古植物志，东北植物检索表，东北草本植物志）

Allium maximowiczii Regel, Mélanges Biol. Bull. Phys.–Math. Acad. Imp. Sci. Saint–Pétersbourg. 3(2): 153. 1875; Fl. China 24: 195. 2000; 内蒙古植物志（第三版）6: 459. 2020.——*Allium ledebourianum* var. *maximowiczii* (Regel) Q. S. Sun, 东北植物检索表（第二版）: 751. 1995; 东北草本植物志12: 130. 图版56: 4 ~ 5. 1998.

生干旱山坡。产黑龙江省呼玛；内蒙古自治区大兴安岭。

（27）硬皮葱（黑龙江省植物志，内蒙古植物志，东北植物检索表，东北草本植物志，中国植物志，Flora of China）

Allium ledebourianum Roem. in Roemer & Schultes, Syst. Veg. 7: 1029. 1830; 中国植物志14: 254. 图版77. 1980; 内蒙古植物志（第二版）5: 501. 图版208: 4 ~ 6. 1994; 东北植物检索表（第二版）: 751. 图版377: 2. 1995; 东北草本植物志12: 130. 图版56，图1 ~ 3. 1998; Fl. China 24: 196. 2000; 黑龙江省植物志10: 90. 图版38: 1 ~ 3. 2002.

生海拔1800米以下的湿润草地、沟边、河谷、山坡及沙地。产黑龙江省海林、大庆、北安、黑河、逊克、尚志；吉林省抚松、安图；内蒙古自治区海拉尔、额尔古纳、牙克石、鄂伦春、阿尔山、克什克腾旗、东乌珠穆沁旗、锡林浩特、宝格达山等地。

■ 硬皮葱

花序

生湿润草地

植株一部分

（28）黄花葱（辽宁植物志，黑龙江省植物志，内蒙古植物志，东北植物检索表，东北草本植物志，中国植物志，Flora of China）

Allium condensatum Turcz. in Bull. Soc. Imp. Naturalistes Moscou 27(2): 121. 1854; 中国植物志14: 248. 图

版73. 1980; 辽宁植物志（下册）: 719. 1992; 内蒙古植物志（第二版）5: 500. 图版208: 1 ~ 3. 1994; 东北植物检索表（第二版）: 751. 图版379: 8. 1995; 东北草本植物志12: 128. 图版55: 1 ~ 3. 1998; Fl. China 24: 192. 2000; 黑龙江省植物志10: 91. 图版36: 5 ~ 7. 2002.

生山地草甸上。产黑龙江省大庆、伊春、虎林、密山、牡丹江、鸡西、肇东、呼玛、宁安、萝北、依兰、安达；吉林省蛟河、镇赉、双辽；辽宁省大连、金州、凤城、葫芦岛、北镇、法库、凌海、凌源、喀左、建平；内蒙古自治区海拉尔、鄂温克、陈巴尔虎旗、新巴尔虎左旗、新巴尔虎右旗、扎鲁特旗、巴林右旗、扎赉特旗、敖汉旗、阿鲁科尔沁旗、克什克腾旗、东乌珠穆沁旗、锡林浩特、正蓝旗、多伦、正镶白旗、镶黄旗等地。

花序具有较好的观赏性。嫩苗和鳞茎可食，但味道不佳。

■ 黄花葱

花序正面观

花序侧面观

根部

花侧面观

植株

（29）阿尔泰葱（内蒙古植物志，东北植物检索表，东北草本植物志，中国植物志，Flora of China）

Allium altaicum Pall., Reise Russ. Reich. 2: 737. 1773; 中国植物志14: 256. 图版79. 1980; 内蒙古植物志（第二版）5: 501. 图版209: 1 ~ 3. 1994; 东北植物检索表（第二版）: 751. 图版377: 4. 1995; 东北草本植物志12: 130. 图版57. 1998; Fl. China 24: 192. 2000.

生乱石山坡或草地。产内蒙古自治区额尔古纳、巴林右旗、西乌珠穆沁旗等地。

鳞茎和叶可食用。

■ 阿尔泰葱

根部

花序

植株

居群1

居群2

（30）葱（辽宁植物志，黑龙江省植物志，内蒙古植物志，东北植物检索表，东北草本植物志，中国植物志，Flora of China）

Allium fistulosum L., Sp. Pl. 301. 1753; 中国植物志14: 256. 图版80. 1980; 辽宁植物志（下册）: 720. 1992; 内蒙古植物志（第二版）5: 504. 1994; 东北植物检索表（第二版）: 751. 1995; 东北草本植物志12: 133. 图80. 1998; Fl. China 24: 193. 2000; 黑龙江省植物志10: 91. 2002.

原产俄罗斯。东北各地普遍栽培。

■ 葱

花序

花期植株

居群

除食用外，鳞茎能促进消化液分泌，有发表、活血、解毒作用。种子有补肾明目作用。

2 百子莲属 *Agapanthus* L'Hér.

Agapanthus L'Hér., Sert. Angl. 17. 1789.

多年生宿根草本。基生叶狭长，多数。花多数，组成顶生伞形花序；总苞片2，大型，早落。花漏斗状，裂片约与花被管等长或较长；雄蕊6，着生花被管喉部，花丝丝状，花药丁字状着生；子房每室胚珠多数，花柱丝状。蒴果背裂。

本属全世界约15种，产南部非洲。中国有引种1种或多种。东北地区栽培1种。

百子莲（拉汉种子植物名称）；南非百子莲

Agapanthus africanus Hoffmanns., Verz. Pfl.-Kult. 35. 1824.

多年生草本，具鳞茎。叶线状披针形或带形，近革质，从根状茎上抽生而出；花葶粗壮，直立，花10 ~ 50排成顶生伞形花序，花被合生，漏斗状，鲜蓝色，花被裂片长圆形，与筒部等长或稍长；蒴果。原产非洲南部。辽宁省沈阳有栽培。

花色优雅，花形秀丽，适合公园、绿地、庭院、路边、山石边、墙垣处栽培观赏，也可盆栽用于阳台、天台等处装饰。

■ 百子莲

花序

植株

3 水仙属 *Narcissus* L.

Narcissus L., Sp. Pl. 289. 1753.

多年生草本。具膜质有皮鳞茎。基生叶线形或圆筒形，与花茎同时抽出。花茎实心。伞形花序有花数朵，少有仅1朵；佛焰苞状总苞膜质，下部管状；花直立或下垂；花被高脚碟状；花被管较短，圆筒状或漏斗状，花被裂片6，几乎相等，直立或反卷；副花冠长管状，似花被，或短缩成浅杯状；雄蕊着生于花被管内，花药基着；子房每室具胚珠多数，花柱丝状，柱头小，3裂。蒴果室背开裂；种子近球形。

本属全世界约有60种，分布于地中海、中欧及亚洲。中国常见栽培有2种及1变种。东北地区栽培1种。

黄水仙（中国植物志）；洋水仙

Narcissus pseudo-narcissus L., Sp. Pl. 289. 1753; 中国植物志16(1): 28. 图版8: 3 ~ 4. 1985.

鳞茎球形；叶4～6枚，宽线形；花茎高约30厘米，顶端生花1朵；佛焰苞状总苞长3.5～5厘米；花被管倒圆锥形，花被裂片长圆形，淡黄色、黄色等；副花冠稍短于花被或近等长。原产欧洲。辽宁省大连有栽培。

早春优良观花植物。

■ 黄水仙

花蕾期

花期

054. 天门冬科 Asparagaceae

Asparagaceae Juss., Gen. Pl. [Jussieu] 40. 1789, *nom. cons.*

木贼门、木贼亚门、木兰纲、百合亚纲、天门冬超目、天门冬目（Asparagales）。

多年生草本，有时为乔木状或灌木状。具鳞茎、球茎或根状茎。总状、穗状、圆锥或聚伞花序，若为伞形花序，则地下茎为球茎且无葱蒜气味，可与石蒜科区别；花被片6，稀为4，离生或不同程度合生；雄蕊6，稀为4或3，子房上位，稀为下位，3室，中轴胎座。蒴果或浆果。

本科全世界有169属，2240～2390种（所包含的种类被传统分类划分在广义百合科中），除北极外，广布世界各地。中国产25属，约258种，南北均有分布。东北地区产10属34种4变种，其中栽培5种。

分属检索表

1. 浆果；具根状茎，不具鳞茎。
  2. 叶退化为鳞片状；具叶状枝 ………… 1. 天门冬属 Asparagus
  2. 叶正常发育，不为鳞片状；无叶状枝。
    3. 茎木质化；叶近簇生茎或枝的顶端，条状披针形至长条形，常厚实、坚挺而具刺状顶端，边缘有细齿或丝裂；圆锥花序从叶丛抽出；花近钟形 ………… 2. 丝兰属 Yucca
    3. 草本植物。
      4. 花被片离生或仅基部合生 ………… 3. 舞鹤草属 Maianthemum
      4. 花被片合生，仅上部分离，花冠呈筒状或钟状。
        5. 叶4至多枚茎生，无基生叶；花生叶腋或腋出的总花梗上 ………… 4. 黄精属 Polygonatum
        5. 叶2～3枚基生；花生侧生的花梗上排成总状花序 ………… 5. 铃兰属 Convallaria
1. 蒴果；具鳞茎或根状茎。

（接上表）

6. 具鳞茎。
   9. 花被合生，栽培 …………………………………………………………………………… 6. 蓝壶花属 Muscari
   9. 花被离生，野生 …………………………………………………………………………… 7. 绵枣儿属 Barnardia
6. 具根状茎，不具鳞茎。
   7. 蒴果未成熟时果皮早期破裂，露出种子，种子因种皮肉质而呈浆果状 ……………………… 8. 山麦冬属 Liriope
   7. 蒴果正常开裂，种子不呈浆果状。
      8. 花被下部合生至大部分合生，上部分离 ……………………………………………………… 9. 玉簪属 Hosta
      8. 花被片离生或基部稍合生，宿存 ………………………………………………………… 10. 知母属 Anemarrhena

1 天门冬属 *Asparagus* L.

Asparagus L., Sp. Pl. ed. 1, 313. 1753.

多年生草本或半灌木。叶状枝扁平、锐三棱形或近圆柱形而有几条棱或槽，常多枚成簇；在茎、分枝和叶状枝上有时有透明的乳突状细齿（软骨质齿）。叶退化成鳞片状，基部延伸成距或刺。花每1～4朵腋生或多朵排成总状花序或伞形花序，两性或单性，有时杂性；花梗一般有关节；花被钟形、宽圆筒形或近球形；花被片离生，少有基部稍合生；雄蕊着生于花被片基部，通常内藏，花丝全部离生或部分贴生于花被片上；花药矩圆形、卵形或圆形；花柱明显，柱头3裂；子房3室。浆果较小，球形，基部有宿存的花被片，有1至数颗种子。

本属全世界160～300种，除美洲外，全世界温带至热带地区都有分布。中国有31种，广布于全国各地。东北地区产7种。

分种检索表

1. 茎攀缘；小枝或叶状枝具软骨质齿；花梗长4～6毫米；花紫褐色 ………… 1. 攀援天门冬 A. brachyphyllus Turcz.
1. 茎直立。
   2. 茎中部以上强烈回折状 ………………………………………………………… 2. 曲枝天门冬 A. trichophyllus Bunge
   2. 茎不呈回折状。
      3. 叶状枝上部因扁平而呈叶状；花梗长0.5～1毫米 ……………………………… 3. 龙须菜 A. schoberioides Kunth
      3. 叶状枝圆柱形或稍压扁；花梗长3～20毫米。
         4. 花小，雄花长3～4毫米，雌花长约1.5毫米；花梗长3～7毫米；叶状枝通常单一或2～3簇生，稀达5～6枚 ……………………………………………………………………………… 4. 兴安天门冬 A. dauricus Fisch. ex Link
         4. 花较大，雄花长5～9毫米，雌花长3～3.5毫米；花梗长5～20毫米；叶状枝3枚以上簇生。
            5. 小枝、叶状枝疏生或密生软骨质齿；花梗长6～12毫米 …………… 5. 长花天门冬 A. longiflorus Franch.
            5. 小枝、叶状枝不具软骨质齿，或嫩时偶见；花梗长1.5～2厘米。
               6. 植株较挺直，茎与分枝伸直；叶状枝较硬，具3棱状突起，常（3～）5～12枚簇生，长15～30毫米，粗约0.5毫米；花梗长1.5～2厘米 ……………………………………… 6. 南玉带 A. oligoclonos Maxim.
               6. 植株较柔弱，茎与分枝常稍弧曲或俯垂；叶状枝通常纤细，横断面近圆形，常3～6枚或更多簇生，长8～13（～20）毫米，粗0.2～0.3毫米；花梗长8～14毫米 …………………… 7. 石刁柏 A. officinalis L.

（1）攀援天门冬（辽宁植物志，东北植物检索表，东北草本植物志，中国植物志，Flora of China）；海滨天冬（辽宁植物志）；攀缘天门冬（植物智网站）

Asparagus brachyphyllus Turcz. in Bull. Soc. Imp. Naturalistes Moscou 13: 78. 1840; 中国植物志15: 116. 图版37: 1 ~ 3. 1978; 辽宁植物志（下册）: 749. 图版335. 1992; 内蒙古植物志（第二版）5: 525. 图版220: 1 ~ 2. 1994; 东北植物检索表（第二版）: 753. 图版380: 4. 1995; 东北草本植物志12: 173. 图版76: 1 ~ 4. 1998; Fl. China 24: 213. 2000.

生山坡、田边或灌丛中。产吉林省白城、乾安；辽宁省旅顺口、金州、长海、大洼、营口；内蒙古自治区敖汉旗、新巴尔虎左旗。

根用于风湿性腰背关节痛、局部性水肿、瘙痒性渗出性皮肤病。

■ 攀援天门冬

果实成熟前

花侧面观

花枝

果枝

植株

（2）曲枝天门冬（辽宁植物志，内蒙古植物志，东北植物检索表，东北草本植物志，中国植物志，Flora of China）

■ 曲枝天门冬

花枝

果枝

植株一部分

植株

Asparagus trichophyllus Bunge in Enum. Pl. China Bor. 65. 1833; 中国植物志15: 117. 图版39: 4 ~ 5. 1978; 辽宁植物志（下册）: 752. 图版336: 1 ~ 4. 1992; 内蒙古植物志（第二版）5: 529. 图版221: 2. 1994; 东北植物检索表（第二版）: 751. 图版380: 6. 1995; 东北草本植物志12: 175. 图版77: 1 ~ 4. 1998; Fl. China 24: 214. 2000.

生山地、路旁、田边或荒地上。产辽宁省凌源、建平；内蒙古自治区巴林右旗、翁牛特旗、镶黄旗等地。

根有祛风除湿作用，用于风湿腰腿痛、局部性水肿等。

（3）龙须菜（辽宁植物志，黑龙江省植物志，内蒙古植物志，东北植物检索表，东北草本植物志，中国植物志，Flora of China）；雉隐天冬（东北植物检索表）

Asparagus schoberioides Kunth in Enum. Pl. 5: 70. 1850; 东北植物检索表572, 图版215, 图8: 1959; 中国植物志15: 106 图版33: 4 ~ 5. 1978; 辽宁植物志（下册）: 748. 图版334: 1 ~ 4. 1992; 内蒙古植物志（第二版）5: 525. 图版219. 1994; 东北植物检索表（第二版）: 751. 图版380: 2. 1995; 东北草本植物志12: 171. 图版75: 1 ~ 4. 1998; Fl. China 24: 211. 2000; 黑龙江省植物志10: 122. 图版51: 1 ~ 4. 2002.

生林间或林内。产黑龙江省牡丹江、哈尔滨、伊春、黑河、尚志、牡丹江、密山、饶河、宁安、依兰；吉林省浑江、珲春、安图、和龙、抚松、桦甸、蛟河、磐石；辽宁省沈阳、鞍山、本溪、清原、北镇、凤城、普兰店、大连、桓仁、朝阳、庄河、营口、兴城、西丰；内蒙古自治区鄂伦春、鄂温克、扎赉特旗、科尔沁右翼前旗、科尔沁左翼后旗、克什克腾旗、阿鲁科尔沁旗、喀喇沁旗、宁城、东乌珠穆

■ 龙须菜

花枝

小枝

果枝

植株

沁旗、西乌珠穆沁旗、锡林浩特等地。

根状茎和根有润肺降气、下痰止咳作用。全草有止血利尿作用。嫩苗可食。

（4）兴安天门冬（辽宁植物志，黑龙江省植物志，内蒙古植物志，东北植物检索表，东北草本植物志，中国植物志，Flora of China）

Asparagus dauricus Fisch. ex Link in Enum. Hort. Berol. Alt. 1: 348. 1821; 中国植物志15: 112. 图版36: 4. 1978; 辽宁植物志（下册）: 749. 图版334: 5 ~ 8. 1992; 内蒙古植物志（第二版）5: 529. 图版222: 1. 1994; 东北植物检索表（第二版）: 751. 图版380: 3. 1995; 东北草本植物志12: 173. 图版75: 5 ~ 8. 1998; Fl. China 24: 212. 2000; 黑龙江省植物志10: 124. 图版51: 5 ~ 8. 2002.

生沙丘、多沙坡地和干燥山坡上。产黑龙江省大庆、肇源、肇东、阿城、富裕、宁安、海林、哈尔滨；吉林省镇赉、双辽、长岭；辽宁省新民、清原、绥中、兴城、喀左、锦州、凌源、北镇、义县、彰武、建昌、盖州、瓦房店、大连、长海；内蒙古自治区海拉尔、满洲里、额尔古纳、牙克石、扎兰屯、鄂伦春、鄂温克、新巴尔虎左旗、新巴尔虎右旗、科尔沁右翼前旗、科尔沁右翼中旗、扎赉特旗、乌兰浩特、通辽、翁牛特旗、敖汉旗、巴林右旗、阿鲁科尔沁旗、扎鲁特旗、克什克腾旗、喀喇沁旗、宁城、多伦等地。

根有清热解毒、止咳平喘、利尿作用。

■ 兴安天门冬

花枝

果枝

植株一部分

叶状枝

植株

（5）长花天门冬（黑龙江省植物志，东北植物检索表，东北草本植物志，中国植物志，Flora of China）

Asparagus longiflorus Franch. in Nouv. Arch. Mus. Hist. Nat. Ⅱ, 7: 110. 1884; 中国植物志15: 117. 1978; 东北植物检索表（第二版）: 753. 图版380: 5. 1995; 东北草本植物志12: 175. 图版76: 5 ~ 7. 1998; Fl. China 24: 213. 2000; 黑龙江省植物志10: 124. 图版52: 1 ~ 3. 2002.

生山坡、林下或灌丛中。产黑龙江省阿城、牡丹江；内蒙古自治区科尔沁右翼前旗、阿尔山、巴林右旗、乌兰浩特等地。

根有清热解毒、止咳平喘、利尿作用。嫩苗可食。

（6）南玉带（辽宁植物志，黑龙江省植物志，内蒙古植物志，东北植物检索表，东北草本植物志，中国植物志，Flora of China）

Asparagus oligoclonos Maxim. in Mém. Acad. Imp. Sci. St.–Pétersbourg, Divers Savans 9: 286. 1859; 中国植物志15: 118. 图版39: 2 ~ 3. 1978; 辽宁植物志（下册）: 752. 图版336: 5 ~ 7. 1992; 内蒙古植物志（第二版）5: 531. 图版222: 2. 1994; 东北植物检索表（第二版）: 753. 图版380: 7. 1995; 东北草本植物志12: 177. 图版77: 5 ~ 7. 1998; Fl. China 24: 214. 2000; 黑龙江省植物志10: 126. 图版52: 4 ~ 6. 2002.

生山坡、林下、灌丛间。产黑龙江省牡丹江、宁安、海林、虎林、大庆、安达、密山；吉林省长春、双辽、安图、汪清、珲春、磐石；辽宁省沈阳、法库、辽阳、鞍山、西丰、昌图、本溪、新宾、清原、丹东、东港、宽甸、兴城、北镇、建平、凤城、盖州、彰武、大连、庄河、长海；内蒙古自治区牙克石、科尔沁右翼前旗、扎赉特旗、科尔沁左翼后旗、奈曼旗、乌兰浩特、巴林右旗、锡林浩特等地。

根有清热解毒、止咳平喘、利尿作用。嫩苗可食。

■ 南玉带

花侧面观

花正面观

植株

植株一部分

花期植株

果期植株

（7）石刁柏（辽宁植物志，黑龙江省植物志，东北植物检索表，东北草本植物志，中国植物志，Flora of China）

Asparagus officinalis L., Sp. Pl. 313. 1753; 中国植物志15: 118. 图版39: 1. 1978; 辽宁植物志（下册）: 752. 图版336: 8. 1992; 东北植物检索表（第二版）: 753. 图版380: 8. 1995; 东北草本植物志12: 177. 图版77: 8. 1998; Fl. China 24: 214. 2000; 黑龙江省植物志10: 126. 图版52: 7. 2002.

中国仅新疆西北部有野生。黑龙江省、辽宁省有栽培。

嫩茎作为保健蔬菜食用，含多种保健物质。

■ 石刁柏

果实

分枝

茎

花枝

植株一部分

植株

2 丝兰属 *Yucca* L.

Yucca L., Sp. Pl. ed. 1, 319. 1753.

茎很短或长而木质化，有时有分枝。叶近簇生于茎或枝的顶端，条状披针形至长条形，常厚实、坚挺而具刺状顶端，边缘有细齿或作丝裂。圆锥花序从叶丛抽出；花近钟形；花被片6，离生；雄蕊6，短于花被片；花丝粗厚，上部常外弯；花药较小，箭形，丁字状着生；花柱短或不明显，柱头3裂；子房近矩圆形，3室。果实为不裂或开裂的蒴果，或为浆果。种子多数，扁平，薄，常具黑色种皮。

本属全世界35～40种，分布于中美洲至北美洲。中国有引种栽培。东北地区栽培1种。

凤尾丝兰（中国植物志）；凤尾兰（大连植物彩色图谱）

Yucca gloriosa L., Sp. Pl. 319. 1753; 中国植物志14: 273. 1980.

常绿灌木，茎通常不分枝或分枝很少；叶片剑形，顶端尖硬，螺旋状密生茎上，叶质较硬，有白粉，边缘光滑或老时有少数白丝；圆锥花序高1米多；花朵杯状，下垂；花瓣6片，乳白色；蒴果椭圆状卵形。原产南北美洲。辽宁省大连市有栽培。

良好的庭园观赏树木，也可作绿篱栽植。叶纤维洁白、强韧、耐水湿，可作缆绳。

■ 凤尾丝兰

花正面观

花序一部分

植株

3 舞鹤草属 *Maianthemum* F. H. Wigg.

Maianthemum F. H. Wigg., Prim. Fl. Holsat. 14. 1780.

多年生直立草本。根状茎短，直生或匍匐状。茎下部有膜质鞘，上部具互生叶。叶通常矩圆形或椭圆形，具柄或无柄。圆锥花序或总状花序顶生；花小，两性或雌雄异株；花被片4或6，离生，较少合生成高脚碟状；雄蕊4或6，花丝常有不同程度的贴生，长或极短；花药球形或椭圆形，基着，内向纵裂；子房近球形，3室，每室有1～2个胚珠；花柱长或短，柱头3浅裂或深裂。浆果球形，具1至数颗种子。

本属全世界约35种，主要分布于东亚和北美洲，也分布于北亚、中美洲和北欧。中国有19种。东北地区产6种。

分种检索表

1. 花4数性。
  2. 叶背面及花轴有凸起的柱状毛；叶缘具微细的锯状齿；叶多为2枚 …… **1. 舞鹤草 M. bifolium** (L.) F. W. Schmidt.
  2. 叶及花轴平滑；叶缘具半圆形的小凸起；叶2～3枚 …… **2. 北方舞鹤草 M. dilatatum** (Alph. Wood) A. Nelson & J. F. Macbr.
1. 花3数性。
  3. 总状花序；叶无柄或近无柄。
    4. 叶2～4枚；总状花序上的花单生 …… **3. 三叶鹿药 M. trifolium** (L.) Sloboda
    4. 叶7～14枚；总状花序上的花2～4朵簇生 …… **4. 兴安鹿药 M. dahuricum** (Turcz. ex Fisch. & C. A. Mey.) LaFrankie
  3. 圆锥花序；叶具短柄。
    5. 花轴被少量毛；花黄绿色或绿色，后逐渐变为紫色 …… **5. 两色鹿药 M. bicolor** (Nakai) Cubey
    5. 花轴密被毛；花白色 …… **6. 鹿药 M. japonicum** (A. Gray) LaFrankie

（1）舞鹤草（大连地区植物志，内蒙古植物志，中国植物志，Flora of China）；二叶舞鹤草（辽宁植物志，黑龙江省植物志，东北植物检索表，东北草本植物志）

Maianthemum bifolium (L.) F. W. Schmidt. in Fl. Boëm. 4: 55. 1794; 中国植物志15: 41. 图版9: 6～7. 1978;

辽宁植物志（下册）: 730. 1992; 内蒙古植物志（第二版）5: 512. 图版212: 1 ~ 3. 1994; 东北植物检索表（第二版）: 761. 图版384: 4. 1995; 东北草本植物志12: 147. 图版64: 1 ~ 4. 1998; Fl. China 24: 218. 2000; 黑龙江省植物志10: 104. 图版43: 1 ~ 4. 2002.

生高山阴坡林下。产黑龙江省牡丹江、伊春、密山、尚志、海林、黑河、饶河、虎林、宁安、呼玛、嘉荫；吉林省敦化、通化、吉林、抚松、长白、浑江、和龙、安图、蛟河；辽宁省开原、凤城、宽甸、本溪、桓仁、清原、抚顺；内蒙古自治区额尔古纳、根河、牙克石、鄂伦春、科尔沁右翼前旗、克什克腾旗、阿尔山、宁城、巴林右旗、宝格达山等地。

全草有凉血、止血作用，用于外伤出血。

■ 舞鹤草

花序

果序

叶背面观

居群

（2）北方舞鹤草（植物智网站）；舞鹤草（黑龙江省植物志，东北植物检索表，东北草本植物志）

■ 北方舞鹤草

花序

全株

植株上部

Maianthemum dilatatum (Alph. Wood) A. Nelson & J. F. Macbr. in Bot. Gaz. 61: 30. 1916; 东北植物检索表（第二版）: 761. 图版384: 4. 1995; 东北草本植物志12: 149. 图版64: 5 ~ 6. 1998; 黑龙江省植物志10: 104. 图版43: 5 ~ 6. 2002.

生针叶林及针阔混交林中。产黑龙江省伊春、海林；吉林省敦化、浑江、汪清、抚松、安图、吉林等地；辽宁省风城。

（3）三叶鹿药（黑龙江省植物志，内蒙古植物志，东北植物检索表，东北草本植物志，中国植物志，Flora of China）

Maianthemum trifolium (L.) Sloboda in Rostlinnictví 192. 1852; Fl. China 24: 221. 2000.——*Smilacina trifolia* (L.) Desf. in Ann. Mus. Natl. Hist. Nat. 9: 52. 1807; 中国植物志15: 30. 图版11: 3 ~ 4. 1978; 内蒙古植物志（第二版）5: 512. 图版213: 4 ~ 6. 1994; 东北植物检索表（第二版）: 762. 图版385: 2. 1995; 东北草本植物志12: 144. 图版62: 4 ~ 5. 1998; 黑龙江省植物志10: 101. 图版42: 3 ~ 4. 2002.

生海拔400 ~ 700米的林下。产黑龙江省伊春、呼玛；吉林省靖宇、长白；内蒙古自治区额尔古纳、根河、牙克石等地。

■ 三叶鹿药

果序

基生叶

植株

（4）兴安鹿药（辽宁植物志，黑龙江省植物志，内蒙古植物志，东北植物检索表，东北草本植物志，中国植物志，Flora of China）

Maianthemum dahuricum (Turcz. ex Fisch. & C. A. Mey.) La Frankie in Taxon 35: 588. 1986; Fl. China 24: 220. 2000.——*Smilacina dahurica* Turcz. ex Fisch in Index Seminum (LE) 1: 38. 1835; 中国植物志15: 29. 图版10: 1 ~ 3. 1978; 辽宁植物志（下册）: 728. 图版326: 5. 1992; 内蒙古植物志（第二版）5: 512. 图版213: 1 ~ 3. 1994; 东北植物检索表（第二版）: 762. 图版385: 1. 1995; 东北草本植物志12: 143. 图版62: 1 ~ 3. 1998; 黑龙江省植物志10: 101. 图版42: 5 ~ 6. 2002.

生林下。产黑龙江省宁安、海林、尚志、北安、呼玛、伊春、虎林；吉林省浑江、抚松、靖宇、安图、汪清；辽宁省义县、抚顺；内蒙古自治区额尔古纳、根河、牙克石、鄂伦春、宁城等地。

全草主治虚痨、阳痿、头痛、风湿骨痛、月经不调、跌打损伤、乳痈、痈疖肿毒。

■ 兴安鹿药

果序

花序

植株

（5）两色鹿药（丹东地区野生动植物原色图鉴，热带亚热带植物学报）

Maianthemum bicolor (Nakai) Cubey in Plantsman n.s., 4: 219. 2005；热带亚热带植物学报24(5): 503 ~ 507. 2016.——*Smilacina bicolor* Nakai in Repert. Spec. Nov. Regni Veg. 13: 247. 1914; 丹东地区野生动植物原色图鉴植物分册（一）: 251. 2012.

■ 两色鹿药

花序上部

花序下部

茎

根部

植株

生林下多石砾地。产吉林省通化；辽宁省宽甸、凤城、桓仁等地。

幼苗可以食用。

（6）鹿药（辽宁植物志，黑龙江省植物志，东北植物检索表，东北草本植物志，中国植物志，Flora of China）；山糜子（俗称）

Maianthemum japonicum (A. Gray) La Frankie in Taxon 35: 588. 1986; Fl. China 24: 219. 2000.——*Smilacina japonica* A. Gray in Narr. Exped. China Japan 2: 321. 1857; 中国植物志15: 34. 图版11: 1 ~ 2. 1978; 辽宁植物志（下册）: 730. 图版326: 1 ~ 4. 1992; 东北植物检索表（第二版）: 762. 图版385: 3. 1995; 东北草本植物志12: 144. 图版63. 1998; 黑龙江省植物志10: 103. 图版42: 1 ~ 2. 2002.

生林下阴湿处或岩缝中。产黑龙江省海林、饶河、嘉荫、宁安、海林、哈尔滨、伊春、尚志；吉林省浑江、安图、蛟河、抚松、舒兰、通化、长白；辽宁省大连、鞍山、开原、本溪、桓仁、凤城、宽甸、凌源、义县等地。

根状茎和根入药，治风湿骨痛、神经性头痛；外用治乳腺炎、痈疖肿毒。嫩苗可食。

■ 鹿药

花序

果序

植株

4 黄精属 *Polygonatum* Mill.

Polygonatum Mill., Gard. Dict. Abridg. ed. 4, 1754.

多年生直立草本。具根状茎。茎不分枝，基部具膜质的鞘，或上端向一侧弯拱而叶偏向另一侧，或上部有时作攀缘状。叶互生、对生或轮生，全缘。花生叶腋间，通常集生成类似伞形、伞房或总状花序；花被片6，下部合生成筒，裂片顶端外面通常具乳突状毛，花被筒基部与子房贴生，成小柄状，并与花梗间有一关节；雄蕊6，内藏；花丝下部贴生于花被筒，上部离生，似着生于花被筒中部上下，丝状或两侧扁，花药矩圆形至条形，基部2裂，内向开裂；子房3室，每室有2 ~ 6颗胚珠，花柱丝状，多数不伸出花被外，少有稍伸出花被外，柱头小。浆果近球形。

本属全世界约有60种，广布于北温带地区，主要分布于喜马拉雅至日本。中国有39种。东北地区产10种。

分种检索表

1. 叶轮生，间有互生或对生；花被片长6～13毫米。
  2. 叶先端弯曲成钩或拳卷；花梗长（2.5～）4～10毫米；浆果黑色 ························ **1. 黄精 P. sibiricum** Redoute
  2. 叶先端直伸或略弯。
    3. 花被淡黄色或淡紫色；总花梗和花梗均极长，前者长4～5毫米，后者长8～10毫米；浆果红色 ························ **2. 轮叶黄精 P. verticillatum** (L.) All.
    3. 花被白色；总花梗和花梗均极短，前者长3～4毫米，后者长1～2毫米；浆果黑色 ························ **3. 狭叶黄精 P. stenophyllum** Maxim.
1. 叶互生，长圆形或广卵形；花被片长13～30毫米。
  4. 苞片广卵形或披针形，绿色，纸质，长1～3厘米，具10～30条脉。
    5. 苞片广卵形，长2～3厘米，宽1～3厘米，成对包着花 ························ **4. 二苞黄精 P. involucratum** Maxim.
    5. 苞片披针形，长1.5～2.8厘米，宽0.3～0.7厘米，不包着花 ························ **5. 长苞黄精 P. desoulavyi** Kom.
  4. 无苞片或苞片披针形、钻形或线状披针形，近白色，膜质，长1.2厘米以下，无脉或具3～5脉。
    6. 花筒里面具短绵毛；叶具长5～15毫米的柄。
      7. 植株高大，高50～100厘米；根状茎粗4～10毫米；叶5～9枚，长8～16厘米；苞片长4～10毫米，具3～5脉，着生花梗基部 ························ **6. 毛筒玉竹 P. inflatum** Kom.
      7. 植株矮小，高20～30厘米；根状茎粗3～5毫米；叶4～5枚，长5～9厘米；苞片长约3毫米，无脉，着生花梗上部 ························ **7. 五叶黄精 P. acuminatifolium** Kom.
    6. 花筒无毛；叶无柄或具短柄。
      8. 叶背面具短糙毛；根状茎粗1.5～5毫米 ························ **8. 小玉竹 P. humile** Fiseh. ex Maxim.
      8. 叶背面无毛；根状茎粗4～20毫米。
        9. 花序具（3～）5～12（～17）朵花，总花梗长3～5厘米 ························ **9. 热河黄精 P. macropodium** Turcz.
        9. 花序具1～2（～4）朵花，总花梗长1～1.5厘米 ························ **10. 玉竹 P. odoratum** (Mill.) Druee

（1）黄精（辽宁植物志，黑龙江省植物志，内蒙古植物志，东北植物检索表，东北草本植物志，中国植物志，Flora of China）；东北黄精（辽宁植物志）

■ 黄精

果序

植株上部

植株

■ 黄精

花序

根状茎

Polygonatum sibiricum Delar. ex Redoute in Liliac. 6: t. 315. 1811; 中国植物志15: 78. 图版26: 1 ~ 3. 1978; 辽宁植物志（下册）: 742. 图版332: 4 ~ 5. 1992; 内蒙古植物志（第二版）5: 521. 图版218. 1994; 东北植物检索表（第二版）: 761. 图版384: 8. 1995; 东北草本植物志12: 164. 图版72: 4 ~ 5. 1998; Fl. China 24: 231. 2000; 黑龙江省植物志10: 117. 图版48: 1 ~ 3. 2002.

生向阳草地、山坡、灌丛附近及林下。产黑龙江省龙江、泰来、杜尔伯特、肇东、肇州；吉林省双辽、镇赉；辽宁省大连、长海、鞍山、本溪、盖州、彰武、凌源、建昌、法库；内蒙古自治区海拉尔、额尔古纳、牙克石、满洲里、新巴尔虎左旗、扎赉特旗、科尔沁右翼前旗、阿尔山、科尔沁左翼后旗、大青沟、奈曼旗、巴林右旗、翁牛特旗、克什克腾旗、宁城、锡林浩特、苏尼特左旗、多伦等地。

根茎具补脾润肺、益气养阴作用。嫩苗可食。

（2）轮叶黄精（内蒙古植物志，中国植物志，Flora of China）；红果黄精（中药志）

Polygonatum verticillatum (L.) All., Fl. Pedem. 1: 131. 1875; 中国植物志15: 72. 图版24: 1 ~ 2. 1978; 内蒙古植物志（第二版）5: 519. 图版217: 1 ~ 4. 1994; Fl. China 24: 230. 2000.

生林下或山坡草地，海拔2100 ~ 4000米。产内蒙古自治区科尔沁右翼前旗。

根状茎也作黄精用。

■ 轮叶黄精

花序

植株一部分

花正面观

植株

（3）狭叶黄精（辽宁植物志，黑龙江省植物志，内蒙古植物志，东北植物检索表，东北草本植物志，中国植物志，Flora of China）

Polygonatum stenophyllum Maxim. in Prim. Fl. Amur. 274. 1859; 中国植物志15: 76. 图版26: 4. 1978; 辽宁植物志（下册）: 742. 图版332: 1 ~ 3. 1992; 内蒙古植物志（第二版）5: 519. 图版214: 5 ~ 8. 1994; 东北植

物检索表（第二版）: 761. 图版384: 9. 1995; 东北草本植物志12: 164. 图版72: 1～3. 1998; Fl. China 24: 231. 2000; 黑龙江省植物志10: 115. 图版48: 4. 2002.

生林下、林缘、草甸或灌丛中。产黑龙江省镜泊湖、尚志、依兰、宁安、林口、哈尔滨；吉林省磐石；辽宁省北镇、昌图、开原、本溪、桓仁、清原、凤城、庄河；内蒙古自治区扎兰屯、鄂伦春、科尔沁右翼前旗、科尔沁左翼后旗、突泉、大青沟等地。

根茎为滋补强壮药，具有养阴润燥、生津止渴作用。嫩苗可食。

■ 狭叶黄精

花序

果实

果期植株一部分

植株

（4）二苞黄精（辽宁植物志，黑龙江省植物志，内蒙古植物志，东北植物检索表，东北草本植物志，中国植物志，Flora of China）

Polygonatum involucratum (Franch. et Sav.) Maxim. in Bull. Acad. Imp. Sci. Saint-Pétersbourg 29: 205. 1883; 中国植物志15: 58. 图版18: 1～2. 1978; 辽宁植物志（下册）: 737. 图版328: 5～6. 1992; 内蒙古植物志（第二版）5: 516. 图版215: 1～3. 1994; 东北植物检索表（第二版）: 762. 图版384: 15. 1995; 东北草本植物志12: 156. 图版68: 1～3. 1998; Fl. China 24: 225. 2000; 黑龙江省植物志10: 109. 图版45: 1～3. 2002.

生林下或阴湿山坡。产黑龙江省牡丹江、宁安、海林、尚志；吉林省珲春、靖宇、安图、蛟河、通化；辽宁省本溪、桓仁、鞍山、丹东、宽甸、凤城、庄河、清原、凌海、绥中、义县、西丰；内蒙古自治区宁城、喀喇沁旗等地。

根茎为滋补强壮药，具有养阴润燥、生津止渴作用。嫩苗可食。

■ 二苞黄精

花序

植株一部分

植株

（5）长苞黄精（辽宁植物志，黑龙江省植物志，东北植物检索表，东北草本植物志，中国植物志，Flora of China）

Polygonatum desoulayi Kom. in Key Pl. Far East. Reg. URSS 1: 378. pl. 117. 1931; 中国植物志15: 58.

1978; 辽宁植物志（下册）: 737. 1992; 东北植物检索表（第二版）: 762. 图版384: 16. 1995; 东北草本植物志12: 156. 图版68: 4 ~ 5. 1998; Fl. China 24: 225. 2000; 黑龙江省植物志10: 111. 图版45: 4 ~ 5. 2002.

生林下。产黑龙江省伊春、尚志；辽宁省凤城、本溪等地。

■ 长苞黄精

植株一部分

居群

（6）毛筒玉竹（辽宁植物志，黑龙江省植物志，东北植物检索表，东北草本植物志，中国植物志，Flora of China）；小苞黄精（俗称）

Polygonatum inflatum Kom. in Trudy Imp. S.–Peterburgsk. Bot. Sada 18: 442. 1901; 中国植物志15: 60. 图版19: 4 ~ 5. 1978; 辽宁植物志（下册）: 738. 图版329. 1992; 东北植物检索表（第二版）: 761. 图版384: 10. 1995; 东北草本植物志12: 156. 图版69: 4 ~ 5. 1998; Fl. China 24: 225. 2000; 黑龙江省植物志10: 111. 图版46: 4 ~ 5. 2002.

生林下或林边。产黑龙江省尚志；吉林省浑江、通化、桦甸、蛟河、安图、抚松、靖宇、和龙；辽宁省庄河、鞍山、本溪、凤城、宽甸、岫岩、清原、西丰等地。

根茎为滋补营养药，具有养阴润燥、生津止渴作用。嫩苗可食。

■ 毛筒玉竹

花序

花

植株一部分

植株

（7）五叶黄精（辽宁植物志，黑龙江省植物志，东北植物检索表，东北草本植物志，中国植物志，Flora of China）

Polygonatum acuminatifolium Kom. in Izv. Glavn. Bot. Sada R. S. F. S. R. 16: 157. 1916; 中国植物志15: 60. 1978; 辽宁植物志（下册）: 738. 1992; 东北植物检索表（第二版）: 761. 图版384: 11. 1995; 东北草本植物志12: 158. 图版69: 1 ~ 3. 1998; Fl. China 24: 226. 2000; 黑龙江省植物志10: 111. 图版46: 1 ~ 3. 2002.

生林下。产黑龙江省尚志、五常；吉林省浑江、蛟河；辽宁省大连、西丰、清原等地。

根茎为滋补营养药，具有养阴润燥、生津止渴作用。嫩苗可食。

■ 五叶黄精

花序

植株

植株侧面观

（8）小玉竹（辽宁植物志，黑龙江省植物志，内蒙古植物志，东北植物检索表，东北草本植物志，中国植物志，Flora of China）

Polygonatum humile Fisch. ex Maxim. in Prim. Fl. Amur. 275. 1859; 中国植物志15: 60. 1978; 辽宁植物志（下册）: 738. 图版330: 1 ~ 3. 1992; 内蒙古植物志（第二版）5: 517. 图版215: 4 ~ 6. 1994; 东北植物检索表（第二版）: 761. 图版384: 12. 1995; 东北草本植物志12: 160. 图版70: 1 ~ 3. 1998; Fl. China 24: 226. 2000; 黑

■ 小玉竹

花侧面观

花正面观

果实

叶背面观

居群

龙江省植物志10: 113. 图版47: 1 ~ 3. 2002.

生林下、林缘、山坡、草地。产黑龙江省牡丹江、宁安、海林、呼玛、密山、嘉荫、伊春、阿城；吉林省珲春、汪清、蛟河、九台、通化、安图、和龙、桦甸、抚松、双辽、集安；辽宁省大连、凤城、宽甸、本溪、清原、新宾、法库、沈阳、岫岩、西丰；内蒙古自治区额尔古纳、牙克石、鄂伦春、鄂温克、阿荣旗、科尔沁右翼前旗、突泉、奈曼旗、克什克腾旗、巴林右旗、喀喇沁旗、奈曼旗、宁城、东乌珠穆沁旗（宝格达山）、西乌珠穆沁旗、多伦等地。

根茎有养阴润燥、生津止渴作用，用于干咳少痰、心烦心悸、糖尿病等。

（9）热河黄精（辽宁植物志，内蒙古植物志，东北植物检索表，东北草本植物志，中国植物志，Flora of China）；多花黄精（大连地区植物志，东北植物检索表）

Polygonatum macropodium Turcz. in Bull. Soc. Imp. Naturalistes Moscou 5: 205. 1832; 东北植物检索表: 580, 图版218: 8. 1959; 中国植物志15: 62. 1978; 辽宁植物志（下册）: 741. 图版331. 1992; 内蒙古植物志（第二版）5: 519. 图版216: 5. 1994; 东北植物检索表（第二版）: 762. 图版384: 14. 1995; 东北草本植物志 12: 162. 图版71. 1998; Fl. China 24: 227. 2000.

生林下或林缘草地。产辽宁省大连、瓦房店、鞍山、岫岩、本溪、桓仁、阜新、朝阳、建昌、凌源、建平、绥中、义县、北镇；内蒙古自治区翁牛特旗、赤峰、喀喇沁旗等地。

根状茎为滋补营养药，具有养阴润燥、生津止渴作用。嫩苗可食。

■ 热河黄精

花序侧面观

花序正面观

果序

植株

（10）玉竹（辽宁植物志，黑龙江省植物志，内蒙古植物志，东北植物检索表，东北草本植物志，中国植物志，Flora of China）

Polygonatum odoratum (Mill.) Druce in Ann. Scott. Nat. Hist. 1906: 226. 1906; 中国植物志15: 61. 图版19: 1～3. 1978; 辽宁植物志（下册）: 740. 图版330: 4～7. 1992; 内蒙古植物志（第二版）5: 517. 图版216: 1～4. 1994; 东北植物检索表（第二版）: 761. 图版384: 13. 1995; 东北草本植物志12: 160. 图版70: 4～7. 1998; Fl. China 24: 226. 2000; 黑龙江省植物志10: 113. 图版47: 4～7. 2002.

生向阳山坡、林内、灌丛中。产黑龙江省各地；吉林省浑江、长春、通化、安图、和龙、汪清、珲春、敦化、蛟河、九台；辽宁省沈阳、法库、鞍山、本溪、桓仁、新宾、铁岭、昌图、西丰、大连、庄河、普兰店、盖州、营口、丹东、凤城、宽甸、东港、岫岩、凌海、绥中、北镇、义县、建平、建昌、凌源、阜新；内蒙古自治区海拉尔、额尔古纳、牙克石、满洲里、鄂伦春、科尔沁右翼前旗、科尔沁右翼中旗、科尔沁左翼后旗、突泉、扎鲁特旗、巴林右旗、奈曼旗、阿鲁科尔沁旗、林西、阿尔山、克什克腾旗、锡林浩特、正蓝旗、多伦等地。

根状茎为滋补营养药，具有养阴润燥、生津止渴的功能。嫩苗可食。

■ 玉竹

花正面观

花侧面观

植株一部分

植株

5 铃兰属 *Convallaria* L.

Convallaria L., Sp. Pl. ed. 1. 314. 1753

多年生草本。根状茎粗短，常发出1～2条细长的匍匐茎；根较细。叶通常2～3枚，具弧形脉，叶柄与鞘互相套叠成茎状，外面有膜质鞘状鳞片。花葶侧生于鞘状鳞片的腋部，顶端为总状花序；苞片膜质；花俯垂，偏向一侧，短钟状；花被顶端6浅裂；雄蕊6，着生于花被筒基部，内藏；花丝短；花药基着，内向纵裂；子房3室，卵状球形，每室有胚珠数颗。浆果球形，肉质，具数颗较小的种子。

本属全世界仅1种，广泛分布于北温带地区。中国有分布。东北地区有分布。

铃兰（辽宁植物志，黑龙江省植物志，内蒙古植物志，东北植物检索表，东北草本植物志，中国植物志，Flora of China）

Convallaria keiskei Miq. in Ann. Mus. Bot. Lugduno-Batavi 3: 148. 1867; 辽宁植物志（下册）: 726. 图版324. 1992; 东北植物检索表（第二版）: 753. 图版380: 10. 1995; 东北草本植物志12: 139. 图版60. 1998.——*C. majalis* auct. non L.: 中国植物志15: 2. 图版2: 1～3. 1978; 内蒙古植物志（第二版）5: 508. 图版197: 3～4. 1994; Fl. China 24: 235. 2000; 黑龙江省植物志10: 98. 图版41: 5～7. 2002.

多年生草本；叶椭圆形或卵状披针形，叶柄长8～20厘米；总状花序；苞片膜质；花白色，俯垂，偏向一侧，短钟状，花被顶端6浅裂；浆果球形，熟后红色。生林下、林缘。产黑龙江省牡丹江、宁安、穆棱、嘉荫、萝北、集贤、勃利、伊春、呼玛、佳木斯、齐齐哈尔、阿城、塔河、尚志、虎林、密山、黑河；吉林省通化、浑江、九台、安图、抚松、蛟河、敦化、汪清、珲春；辽宁省丹东、东港、凤城、本溪、桓仁、新宾、清原、鞍山（千山）、西丰、开原、铁岭、北镇、建平、庄河、沈阳；内蒙古自治区根河、额尔古纳、牙克石、扎兰屯、鄂伦春旗、鄂温克、科尔沁右翼前旗、阿尔山、科尔沁左翼后旗、巴林右旗、克什克腾旗、扎赉特旗、东乌珠穆沁旗等地。

全草为强心利尿剂。花含芳香油可提取制作香精。全草有毒。

■ 铃兰

花序

花

果序

植株

6 蓝壶花属 *Muscari* Miller

Muscari Miller, Gard. Dict. Abr., ed. 4 vol. 2. 1754.

多年生草本。有鳞茎。基生叶狭长，略呈肉质。花序总状或穗状；花小，下垂，常蓝色。花被合生成坛状、球状或长圆状，顶端6裂或为齿状，裂齿弯曲或反卷；雄蕊6，着生在花被筒内，近筒口成上下2轮，花药丁字状着生；子房每室胚珠多数，花柱不裂或顶端3浅裂。蒴果成凹面三棱状，背裂。

本属全世界约有30种，分布于欧洲温带、北非、西南亚，世界各地引种。中国引进栽培多种。东北地区栽培1种。

葡萄风信子（植物智网站）；葡萄麝香兰（江苏植物志）；蓝瓶花（俗称）

Muscari botryoides Mill. in Gard. Dict. ed. 8: 1. 1768.

多年生草本；鳞茎卵圆形，皮膜白色；叶基生，线形，稍肉质，暗绿色，边缘常内卷；花茎自叶丛中抽出，1 ~ 3支；总状花序，小花多数密生而下垂；花冠小坛状，顶端紧缩，蓝色、白色等，单瓣或重瓣。原产欧洲中部的法国、德国及波兰南部。辽宁省大连栽培。

园林常用于疏林下、路边、山石边片植观赏，也可用于花境或草坪的镶边植物或用于岩石园点缀；盆栽可用于居室美化。

■ 葡萄风信子

花序一部分

植株一部分

植株

7 绵枣儿属 *Barnardia* Lindley

Barnardia Lindley, Bot. Reg. 12: t. 1029. 1826.

多年生草本。鳞茎具膜质鳞茎皮。叶基生，条形或卵形。花葶不分枝，直立，具总状花序；花梗有关节，有时由于关节位于顶端而不明显；花被片6，离生或基部稍合生；雄蕊6，着生于花被片基部或中部，花药卵形至矩圆形，背着，内向开裂；子房3室，通常每室具1 ~ 2个胚珠，较少达8 ~ 10个胚珠，花柱丝状，柱头很小。蒴果室背开裂，近球形或倒卵形，通常具少数黑色种子。

本属全世界有2种，分布于中国、日本、朝鲜、俄罗斯、北非、欧洲西南部。中国产1种1变种，东北均有分布。

分种下单位检索表

1. 花紫红色、粉红色 ·························· a. 绵枣儿 B. japonic var. japonica
1. 花白色 ·························· b. 白花绵枣儿 B. japonica var. albiflorus

绵枣儿（辽宁植物志，黑龙江省植物志，内蒙古植物志，东北植物检索表，东北草本植物志，中国植物志，Flora of China）

Barnardia japonica (Thunb.) Schult. & Schult. f. in Syst. Veg. 7(2): 555. 1829; Fl. China 24: 203. 2000.——*Scilla sinensis* (Lour.) Merr. in Philipp. J. Sci. 15: 229. 1919; 辽宁植物志（下册）: 710. 1992; 东北植物检索表（第二版）: 762. 图版384: 17.1995; 东北草本植物志12: 111. 图版48. 1998.——*S. scilloides* (Lindl.) Druce in Bot. Soc. Exch. Club Brit. Isles 4: 464. 1916; 中国植物志14: 166. 图版22. 1980; 内蒙古植物志（第二版）5: 475. 图版197: 1 ~ 2. 1994; 黑龙江省植物志10: 75. 图版33. 2002.

多年生草本。叶基生，线形，通常短于花葶。顶生总状花序；花紫红色、粉红色；花被片6，长24毫米，开展，基部稍合生而呈盘状。蒴果倒卵形，直立，室背开裂。

（a）绵枣儿（原变种）

Barnardia japonic var. *japonica*

生多石质山坡草地或林缘。产黑龙江省安达、牡丹江、杜尔伯特、林甸、龙江、大庆、齐齐哈尔；吉林省镇赉、双辽；辽宁省大连、瓦房店、庄河、长海、丹东、东港、凌源、葫芦岛、彰武、绥中、北镇、凌海、义县、法库、盖州、开原、西丰；内蒙古自治区扎兰屯、鄂伦春、扎赉特旗、突泉、科尔沁左翼中旗、科尔沁右翼中旗、翁牛特旗、敖汉旗等地。

鳞茎或全草有活血解毒、消肿止痛作用。全草有毒，鳞茎毒性较大。

■ 绵枣儿

花序

果序一部分

基生叶

群落

（b）白花绵枣儿（变种）（安徽农业大学学报）

Barnardia japonica var. *albiflorus* (C. L. Mi) S. M. Zhang, 辽宁省维管束植物名称考证: 447. 2019; 辽宁植物: 1733. 2020.——*Scilla scilliodes* var. *albiflorus* C. L. Mi in Journal of Anhui Agri. Sci. 36(10): 4077 ~ 4078. 2008.

■ 白花绵枣儿

花序一部分

花序

植株

生林下。产辽宁省大连。

8 山麦冬属 *Liriope* Lour.

Liriope Lour., Fl. Cochinch. 200. 1790.

多年生草本。根状茎很短，有的具地下匍匐茎；根细长，有时近末端呈纺锤状膨大。茎很短。叶基生，密集成丛，禾叶状，基部常为具膜质边缘的鞘所包裹。花葶从叶丛中央抽出，通常较长，总状花序具多数花；花簇生于苞片腋内；苞片小，干膜质；小苞片很小，位于花梗基部；花梗直立，具关节；花被片6，分离，两轮排列，淡紫色或白色；雄蕊6枚，着生于花被片基部；花丝稍长，狭条形；花药基着，2室，近于内向开裂；子房上位，3室，每室具2胚珠；花柱三棱柱形，柱头小，略具三齿裂。果实在发育的早期外果皮即破裂，露出种子。种子浆果状，球形或椭圆形，早期绿色，成熟后常呈暗蓝色。

本属全世界约有8种，分布于越南、菲律宾、日本和中国。中国有6种，主产秦岭以南各省区。东北地区产2种。

分种检索表

1. 叶宽1～3毫米；总状花序长1～3厘米，花少数，5～10朵；花梗长2～3毫米
……………………………………………………………………………… 1. 矮小山麦冬 L. minor (Maxim.) Makino

1. 叶宽3～7毫米；总状花序长5～10厘米，花多数，20～30朵或更多；花梗长3～5毫米
……………………………………………………………………………………… 2. 山麦冬 L. spicata (Thunb.) Lour.

（1）矮小山麦冬（辽宁植物志，东北植物检索表，东北草本植物志，中国植物志，Flora of China）

Liriope minor (Maxim.) Makino in Bot. Mag. (Tokyo) 7: 323. 1893; 中国植物志15: 124. 图版41: 1～2. 1978; 辽宁植物志（下册）: 754. 图版337: 1～2. 1992; 东北植物检索表（第二版）: 759. 图版384: 1. 1995; 东北草本植物志12: 178. 图版78: 1～2. 1998; Fl. China 24: 250. 2000.

生山坡。产辽宁省旅顺口、长海。

块根有生津解渴、润肺止咳作用。

■ 矮小山麦冬

花序

果序

植株

（2）山麦冬（辽宁植物志，东北植物检索表，东北草本植物志，中国植物志，Flora of China）

Liriope spicata Lour. in Fl. Cochinch. 201. 1790; 中国植物志15: 128. 图版42: 1～2. 1978; 辽宁植物志（下

册）: 755. 图版337: 3～4. 1992; 东北植物检索表（第二版）: 759. 图版384: 2. 1995; 东北草本植物志12: 180. 图版78: 3～4. 1998; Fl. China 24: 251. 2000.

生山坡、山谷林下、路旁或湿地。产辽宁省大连、旅顺口、长海等沿海地区。

四季常绿，可用于当地园林绿化。块根有养阴润肺、清心除烦、益胃生津作用。

■ 山麦冬

果序一部分

块根

花序一部分

植株

9 玉簪属 *Hosta* Tratt.

Hosta Tratt., Arch. Gewachsk. 1: 55, t. 89. 1812, nom. conserv.

多年生草本，通常具粗短的根状茎，有时有走茎。叶簇生于基部。花葶从叶丛中央抽出，常生有1～3枚苞片状叶，顶端具总状花序；花通常单生，极少2～3朵簇生，常平展，具绿色或白色苞片；花被近漏斗状，下半部窄管状，上半部近钟状；钟状部分上端有6裂片；雄蕊6，离生或下部贴生于花被管上，稍伸出花被之外；花丝纤细；花药背部有凹穴，作丁字状着生，2室；子房3室，每室具多数胚珠；花柱细长，柱头小而伸出雄蕊外。蒴果近圆柱状，常有棱，室背开裂。种子多数，黑色，有扁平的翅。

本属全世界约45种，分布于亚洲温带与亚热带地区，主要分布于日本。中国有4种，多数见于长江流域诸省。东北地区产4种2变种，其中栽培3种。

分种检索表

1. 花白色；常具内、外2种苞片，外苞片长2.5～7厘米，内苞片很小 ········ **1. 玉簪 H. plantaginea** (Lam.) Aschers.

1. 花紫色或淡紫色；具1种苞片。

 2. 叶柄仅在靠近叶片基部处有狭翅，翅宽1～2毫米；叶片具4～5对侧脉 ·· **2. 紫玉簪 H. albo-marginata** (Hook.) Ohwi

 2. 叶柄的上半部或大部分都具有狭翅，翅宽2～5毫米（每侧）；叶片具5～8对侧脉。

  3. 叶心状卵形、卵形或卵圆形，基部心形或近截形，侧脉7～11对；苞片长10～20毫米 ·· **3. 紫萼 H. ventricosa** (Salisb.) Stearn.

  3. 叶矩圆状披针形、狭椭圆形至卵状椭圆形，基部楔形或钝，侧脉4～8对；苞片长5～10毫米（**4. 东北玉簪 H. ensata** F. Mackawa）。

   4. 叶皆为基生，花茎上无叶。

    5. 叶披针形或长圆状披针形 ·· **4a. 东北玉簪 H. ensata** var. **ensata**

（接上表）

5. 叶卵形或卵状椭圆形 …………………………	4b. 卵叶玉簪 H. ensata var. normalis (F. Maekawa) Q. S. Sun
4. 除基生叶外，花茎上生有1～3枚茎生叶 ………………………	4c. 安图玉簪 H. ensata var. foliata Q. S. Sun

（1）玉簪（辽宁植物志，东北植物检索表，东北草本植物志，中国植物志，Flora of China）；白玉簪（俗称）

Hosta plantaginea (Lam.) Aschers. in Bot. Zeitung (Berlin) 21: 53. 1863; 中国植物志14: 49. 图版12: 4. 1980; 辽宁植物志（下册）: 684. 1992; 东北植物检索表（第二版）: 757. 1995; 东北草本植物志12: 72. 1998; Fl. China 24: 205. 2000.

分布中国西南、华东地区。东北各地有栽培。

绿化与观赏。花具清咽、利尿、通经作用；根、叶有清热解毒、消肿止痛作用。

有金边玉簪cv. 'Green Gold'。

■ 玉簪

果序

花序

金边玉簪叶

金边玉簪

植株

（2）紫玉簪（中国植物志）；狭叶玉簪（俗称）

Hosta albo-marginata (Hook.) Ohwi in Act. Phytotax. et Geobot. 11: 265. 1942; 中国植物志14: 52. 1980.

原产日本。辽宁有栽培。

■ 紫玉簪

基生叶

花序下部

花序

植株一部分

植株

（3）紫萼（大连地区植物志，黑龙江省植物志，东北植物检索表，东北草本植物志，中国植物志，Flora of China）；紫萼玉簪（辽宁植物志）

Hosta ventricosa (Salisb.) Stearn. in Gard. Chron. Ⅲ, 90: 27. 1931; 中国植物志14: 50. 图版12: 1 ~ 3. 1980; 辽宁植物志（下册）: 684. 1992; 东北植物检索表（第二版）: 757. 1995; 东北草本植物志12: 72. 1998; Fl. China 24: 205. 2000; 黑龙江省植物志10: 47. 图版20: 1 ~ 3. 2002.

产华东、华南、西南地区。黑龙江省、辽宁省有栽培。

绿化与观赏。全草药用，治胃痛、跌打损伤；外用治虫、蛇咬伤和痈肿疔疮。

■ 紫萼

叶

花序

植株

（4）东北玉簪（辽宁植物志，黑龙江省植物志，东北植物检索表，东北草本植物志，中国植物志，Flora of China）

Hosta ensata F. Mackawa in J. Jap. Bot. 13: 900. 1937; 中国植物志14: 50 图版12: 5 ~ 6. 1980; 辽宁植物志（下册）: 682. 图版306: 1 ~ 3. 1992; 东北植物检索表（第二版）: 757. 图版382: 7. 1995; 东北草本植物志12: 70. 图版27: 1 ~ 3. 1998; Fl. China 24: 205. 2000; 黑龙江省植物志10: 47. 图版20: 4 ~ 6. 2002.——*H. ensata* F. Mackawa var. *foliate* P. Y. Fu et Q. S. Sun, 辽宁植物志（下册）: 684. 图版306: 5 ~ 6. 1992; 东北植物检索表（第二版）: 757. 图版382: 9. 1995; 东北草本植物志12: 70. 图版27: 5 ~ 6. 1998.

（4a）东北玉簪（原变种）

Hosta ensata var. *ensata*

生林缘、灌丛、阴湿山地。产黑龙江省依兰、海林；吉林省桦甸、浑江、集安、抚松、安图、通化；辽宁省辽阳、庄河、本溪、凤城、宽甸、桓仁、清原、北镇等地。

根、叶有清热解毒、消肿止痛作用；花有清咽、利尿、通经作用。嫩苗可食。

■ 东北玉簪

花序

基生叶

居群

（4b）卵叶玉簪（变种）（辽宁植物志，东北植物检索表，东北草本植物志）

Hosta ensata var. *normalis* (F. Maekawa) Q. S. Sun, 辽宁植物志（下册）: 682. 图版306: 4. 1992; 东北植物检索表（第二版）: 757. 图版382: 8. 1995; 东北草本植物志12: 70. 图版27: 4. 1998.

生林缘、疏林下。产吉林省长白；辽宁省凤城、本溪、桓仁等地。

■ 卵叶玉簪

叶

苗期植株

花期植株

（4c）安图玉簪（变种）（东北草本植物志）

Hosta ensata var. *foliata* Q. S. Sun in Bull. Bot. Res. XV, 3: 333. 1995; 东北草本植物志12: 70. 图版27: 5 ~ 6. 1998; 东北植物分布图集: 1247. 2019.

生路旁湿地、灌丛中。产吉林省安图（模式标本采集地）；辽宁省桓仁等地。

■ 安图玉簪

植株一部分

花序

居群

10 知母属 *Anemarrhena* Bunge

Anemarrhena Bunge in Mem. Acad. Sci. Petersb. Sav. Etrang. 2: 140. 1831.

多年生草本。根状茎横走，具较粗的根。叶基生，禾叶状。花葶从叶丛中或一侧抽出，直立。花2～3朵簇生，排成总状花序；花被片6，在基部稍合生；雄蕊3，生于内花被片近中部；花丝短，扁平；花药近基着，内向纵裂；子房小，3室，每室具2枚胚珠；花柱与子房近等长，柱头小。蒴果室背开裂，每室具1～2颗种子。种子黑色，具3～4条纵狭翅。

本属全世界仅1种，产中国、朝鲜。东北地区有分布。

知母（辽宁植物志，黑龙江省植物志，内蒙古植物志，东北植物检索表，东北草本植物志，中国植物志，Flora of China）

Anemarrhena asphodeloides Bunge in Mém. Acad. Imp. Sci. St.–Pétersbourg, Sér. 6, Sci. Math. Ⅵ, 2: 140. 1831; 中国植物志14: 40. 图版9: 1～3. 1980; 辽宁植物志（下册）: 680. 图版305. 1992; 内蒙古植物志（第二版）5: 462. 图版188: 4～6. 1994; 东北植物检索表（第二版）: 751. 图版380: 1. 1995; 东北草本植物志12: 69. 图版26. 1998; Fl. China 24: 208. 2000; 黑龙江省植物志10: 45. 图版19. 2002.

多年生草本；根状茎于地下横走，粗壮；叶基生，线形；花葶自叶丛间生出，总状花序，花淡紫红

■ 知母

根部

花序一部分

果序一部分

植株

色或淡黄白色；蒴果长卵形，顶端有短喙，室背开裂。生山坡、草地。产黑龙江省肇东、肇州、肇源、杜尔伯特、安达、泰来、龙江、富裕、讷河、阿城、哈尔滨、大庆；吉林省镇赉、通榆、洮南、双辽；辽宁省大连、瓦房店、盖州、营口、沈阳、铁岭、法库、北镇、彰武、葫芦岛、义县、凌海、朝阳、凌源；内蒙古自治区莫力达瓦达斡尔旗、科尔沁右翼前旗、科尔沁右翼中旗、乌兰浩特、大青沟、通辽、扎鲁特旗、库伦旗、翁牛特旗、巴林右旗、克什克腾旗、喀喇沁旗、宁城、东乌珠穆沁旗、锡林浩特、镶黄旗、阿巴嘎旗等地。

根状茎有滋阴降火、润燥滑肠、利大小便作用。

055. 鸭跖草科 Commelinaceae

Commelinaceae Mirb., Hist. Nat. Pl. 8: 177. 1804.

木贼门、木贼亚门、木兰纲、百合亚纲、鸭跖草超目、鸭跖草目（Commelinales）。

一年生或多年生草本。茎有明显的节和节间。叶互生，有明显的叶鞘。聚伞花序单生或集成圆锥花序，有的退化为单花，顶生或腋生。花两性，极少单性。萼片3枚，分离或仅在基部连合，常为舟状或龙骨状，有的顶端盔状。花瓣3枚，分离，少数种花瓣在中段合生成筒，而两端仍然分离。雄蕊6枚，全育或仅2～3枚能育而有1～3枚退化雄蕊；子房3室，或退化为2室，每室有1至数颗直生胚珠。果实大多为室背开裂的蒴果，稀为浆果状不裂。种子大，数量少。

本科全世界约有41属，约650种，主产热带地区，少数种分布到亚热带地区，温带稀少。中国产15属59种，主产云南、广东、广西、海南等省区。东北地区产4属5种2变型，其中栽培1种。

分属检索表

1. 能育雄蕊6。
 2. 缠绕草本；叶具长柄 ……………………………………………………… 1. 竹叶子属 Streptolirion
 2. 茎直立或匍匐；叶无柄 ……………………………………… 2. 紫露草属（紫背万年青属）Tradescantia
1. 能育雄蕊3（偶见2），具1～3退化雄蕊。
 3. 总苞片不为佛焰苞状；花瓣近同形、近等大 ……………………………… 3. 水竹叶属 Murdannia
 3. 总苞片佛焰苞状；花瓣不同形、不等大，其中2枚明显较大，1枚较小 ……………… 4. 鸭跖草属 Commelina

1 竹叶子属 *Streptolirion* Edgew.

Streptolirion Edgew. in Proc. L. Soc. 1: 254. 1845.

缠绕草本。叶具长柄，基部成膜质叶鞘；叶片卵状心形或心形，全缘。花2至数朵，排成顶生或腋生的蝎尾状聚伞花序；萼片椭圆形或长圆形，分离；花瓣3，线形，分离；雄蕊6，均能育，花丝有毛；子房3室，每室有2枚迭生胚珠，花柱细长。蒴果具3棱，先端有尖喙，室背开裂。种子表面不平，有皱纹或凸起。

本属全世界仅1种，分布于亚洲东南部。中国有分布。东北地区有分布。

竹叶子（辽宁植物志，内蒙古植物志，东北植物检索表，东北草本植物志，中国植物志，Flora of China）

Streptolirion volubile Edgew. in Proc. L. Soc. 1: 254. 1845; 辽宁植物志（下册）: 798. 图版357: 1～3. 1992; 内

蒙古植物志（第二版）5: 439. 图版180: 1 ~ 5. 1994; 东北植物检索表（第二版）: 784. 图版397: 1. 1995; 中国植物志13(3): 77. 图版21: 1 ~ 3. 1997; 东北草本植物志12: 28. 图版12: 1 ~ 3. 1998; Fl. China 24: 20. 2000.

一年生缠绕草本，茎柔弱；叶柄连鞘长4 ~ 11厘米，鞘口通常有毛；叶片卵状心形或心形；聚伞花序具1至数朵花；萼片3，长圆形；花瓣3，线形，白色；蒴果广椭圆状三棱形。生山沟石砬子边或水沟阴湿地。产吉林省集安、长白；辽宁省鞍山、岫岩、庄河、西丰、昌图、本溪、桓仁、宽甸、凤城；内蒙古自治区科尔沁右翼中旗、科尔沁左翼中旗、科尔沁左翼后旗、大青沟。

全草药用，用于跌打损伤、风湿骨痛、肺痨、白带。

■ 竹叶子

花序

果序

植株

2 紫露草属（紫背万年青属） *Tradescantia* L.

Tradescantia L., Sp. Pl. 1: 288. 1753.

多年生草本。无根茎。茎下倾、上升或直立；叶2列或螺旋排列；蝎尾状聚伞花序假顶生或侧生，单生、簇生或形成圆锥花序，无梗；总苞片多佛焰苞状；苞片丝状；花辐射对称；萼片离生或基部合生，舟状；花瓣离生或爪部基部合生，白或粉色；雄蕊6，近等大或对瓣的3个较短，药室椭圆状或长圆状，纵裂；子房3室，每室2胚珠。蒴果3裂，卵状；种子每爿1 ~ 2颗，近金字塔状，多皱，具网纹。

本属全世界约70种，主要分布于美洲热带。中国栽培2种。东北地区栽培1种。

无毛紫露草（大连植物彩色图谱）；紫露草（中国中药资源志要）

Tradescantia virginiana L., Sp. Pl. 288. 1753; 大连植物彩色图谱: 1753. 2013.

■ 无毛紫露草

花侧面观

花正面观

植株

多年生草本；叶螺旋状排列，无梗；叶片线形披针形，先端渐尖；花序顶生或少数腋生；苞片叶状，不为囊状，疏生到密被柔毛；萼片常膨大，具腺柔毛；花瓣离生，蓝色到紫色，偶有玫瑰色或白色，宽卵形，不具爪。原产北美洲。辽宁省大连有栽培。

观赏植物，可布置花坛，也可成片栽植。

3 水竹叶属 *Murdannia* Royle

Murdannia Royle, Illustr. Bot. Himal. 403. tab. 95. fig. 3. 1839.

多年生或一年生草本。茎单一或多分枝。通常具狭长、带状的叶子，许多种的主茎不育而叶密集呈莲座状。聚伞花序腋生或顶生，常排成圆锥花序；萼片3，分离；花瓣3，近相等；能育雄蕊2～3枚，与萼片对生；退化雄蕊3枚，稀2、1或0，与花瓣对生。蒴果3室，每室具种子2至数粒。

本属全世界约50种，广布于全球热带及亚热带地区。中国有20种，大多数产南方，个别种达到长江以北。东北地区产1种。

疣草（辽宁植物志，黑龙江省植物志，内蒙古植物志，东北植物检索表，东北草本植物志，中国植物志，Flora of China）

Murdannia keisak (Hassak.) Hand.–Mazz. in Symb. Sin. 7: 1243. 1936; 辽宁植物志（下册）: 801. 图版357: 7～8. 1992; 内蒙古植物志（第二版）5: 441. 图版181. 1994; 东北植物检索表（第二版）: 784. 图版397: 3. 1995; 中国植物志13(3): 96. 图版25: 4. 1997; 东北草本植物志12: 29. 图版12: 7～8. 1998; Fl. China 24: 27. 2000; 黑龙江省植物志10: 175. 图版71: 4～5. 2002.

一年生草本；茎基部匍匐、多分枝；叶2列互生，线状披针形；聚伞花序有花1～3朵；苞片披针形；萼片3枚，长圆形；花瓣3枚，倒卵圆形，蓝紫色或淡红色；蒴果长圆形，不明显三棱，先端锐尖。生水边湿地或水沟旁。产黑龙江省尚志；吉林省珲春；辽宁省沈阳、新民、辽中、北镇、本溪、桓仁、凤城、宽甸、庄河、普兰店；内蒙古自治区扎赉特旗等地。

根有清热解毒、利尿消肿作用，用于小便淋痛、瘰疬、蛇咬伤。

■ 疣草

花枝

植株一部分

4 鸭跖草属 *Commelina* L.

Commelina L., Sp. Pl. 1: 60. 1753.

一年生或多年生草本，肉质或稍呈肉质。茎柔弱，多分枝，下部常匍匐地上。花少数，组成聚伞花序，具佛焰苞状总苞片；萼片3，膜质，内侧2枚分离或合生；花瓣3，蓝色，分离，不等大，其中2枚常较另1枚大；能育雄蕊3枚；子房2～3室，如为3室，其中2室各有1～2粒胚珠，另1室有胚珠1粒或缺。蒴果藏于总苞片内，通常2～3爿裂至基部。种子椭圆状或金字塔状，黑色或褐色。

本属全世界约170种，广布于全世界，主产热带、亚热带地区。中国有8种，主产南方，仅鸭跖草1种广布。东北地区产2种2变型。

分种检索表

1. 佛焰苞因下缘连合而呈漏斗状或风帽状；叶片卵形至宽卵形，长不超过7厘米，明显具柄 …… 1. **饭包草** C. benghalensis L.

1. 佛焰苞边缘分离；叶片卵状披针形、披针形，长3～9厘米，基部下延成膜质抱茎的叶鞘（2. **鸭跖草** C. communis L.）。

  2. 花瓣深蓝色 …… 2a. **鸭跖草** C. communis f. communis

  2. 花瓣白色或粉红色。

    3. 花瓣白色 …… 2b. **白花鸭跖草** C. communis f. albiflora Makino

    3. 花瓣粉红色 …… 2c. **粉花鸭跖草** C. communis f. caeruleopurpurascens Makino

（1）饭包草（中国植物志，Flora of China）

Commelina benghalensis L., Sp. Pl. 1: 41. 1753; 中国植物志13(3): 128. 图版31: 3～4. 1997; Fl. China 24: 37. 2000.

生长在阴湿地或林下潮湿的地方。产辽宁省大连、金州、长海、旅顺口等地。

本种中国山东、河北、河南、陕西、四川、云南、广西、海南、广东、湖南、湖北、江西、安徽、江苏、浙江、福建和台湾等省区有自然分布，无意带入东北地区。全草可作猪饲料，还有药用价值，具清热解毒、消肿利尿之效。

■ 饭包草

地上果

地下果

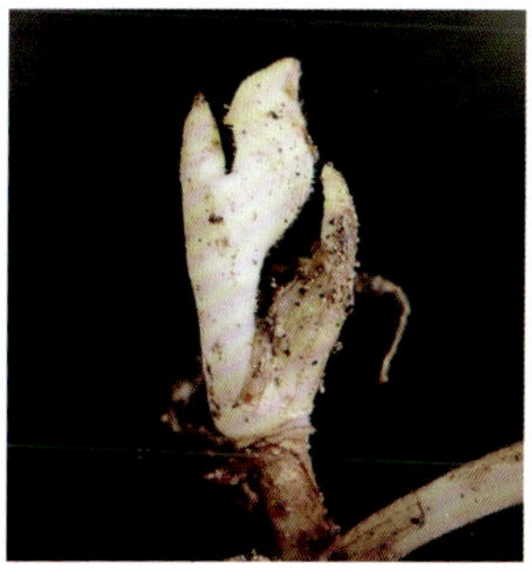
地下闭锁花

花侧面观

花序

地下部分

植株

（2）鸭跖草（辽宁植物志，黑龙江省植物志，内蒙古植物志，东北植物检索表，东北草本植物志，中国植物志，Flora of China）

Commelina communis L., Sp. Pl. 1: 40. 1753; 辽宁植物志（下册）: 799. 图版357: 4 ~ 6. 1992; 内蒙古植物志（第二版）5: 441. 图版180: 6 ~ 11. 1994; 东北植物检索表（第二版）: 784. 图版397: 2. 1995; 中国植物志13(3): 127. 图版29: 6 ~ 7. 1997; 东北草本植物志12: 31. 图版12: 4 ~ 6.1998; Fl. China 24: 36. 2000; 黑龙江省植物志10: 177. 图版71: 1 ~ 3. 2002.

（2a）鸭跖草（原变型）

Commelina communis f. *communis*

生路旁、田边、山沟湿地。产东北地区各地；内蒙古自治区鄂伦春、牙克石、扎兰屯、莫力达瓦达斡尔旗、科尔沁左翼后旗、科尔沁右翼前旗、喀喇沁旗、宁城等地。

全草有清热解毒、利水消肿作用，另对睑腺炎、咽炎、扁桃体炎、宫颈糜烂、腹蛇咬伤有良好疗效。嫩茎叶可食，也可作饲料。

■ 鸭跖草

花序侧面观

花序

植株

（2b）白花鸭跖草（变型）（植物研究）

Commelina communis f. *albiflora* Makino in Bot. Mag. (Tokyo) 24: 33. 1910.——*Commelina communis* f. *alba* Ti Chen in Bull. Bot. Res., Harbin 14(1): 80. 1994.

生境同正种。产辽宁省庄河、大连、北镇等地。

■ 白花鸭跖草

花序

花蕾

生境

（2c）粉花鸭跖草（变型）（辽宁植物）

Commelina communis f. *caeruleopurpurascens* Makino in J. Jap. Bot. 7: 4. 1931.

生境同正种。产辽宁省庄河、北镇等地。

■ 粉花鸭跖草

花侧面观

花枝

植株

056. 雨久花科 Pontederiaceae

Pontederiaceae Kunth, Nov. Gen. Sp. [H. B. K.] 1(3): 265. 1816.

木贼门、木贼亚门、木兰纲、百合亚纲、鸭跖草超目、鸭跖草目（Commelinales）。

多年生或一年生草本，沉水、浮水、挺水或沼生。根状茎或匍匐茎通常有分枝，富海绵质和通气组织；营养茎短，粗壮。叶基生呈莲座状或在茎上互生，2列；叶柄明显，有时膨大，通常有叶鞘；叶片出水或沉水，具平行脉。花茎直立，单生，顶端生一佛焰苞状叶及花序。花序为圆锥花序、总状花序、穗状花序、伞形花序或单花，被一佛焰苞状或筒状的叶鞘所托；花两性，通常辐射对称，有时两侧对称；花被片6，花瓣状，排成2轮，分离；雄蕊通常6，稀3或1，2轮或稀1轮，不等长或不等大；子房上位，3室，中轴胎座，或1室，侧膜胎座，花柱1，柱头头状或3裂。果为蒴果，成熟室背开裂为3瓣或不裂。种子小，有纵肋或平滑。

本科全世界有6属，约40种，广布热带、亚热带地区。中国有3属6种。东北地区产3属4种，其中栽培2种。

分属检索表

1\. 花序超过50花；果为囊状，具1枚种子 ………………………………………… 1. 梭鱼草属 Pontederia

1\. 花序少于30朵花；果为蒴果，具多数种子。

  2\. 花无梗，两侧对称，基部合生成花被管；雄蕊6，3长3短 ……………………… 2. 凤眼蓝属（凤眼莲属）Eichhornia

  2\. 花有梗，辐射对称，不形成花被管；雄蕊6，5枚具短花丝，1枚具长花丝或长花药 …… 3. 雨久花属 Monochoria

1 梭鱼草属 *Pontederia* L.

Pontederia L., Sp. Pl. 1: 288. 1753.

一年或多年生挺水草本。不育茎从水下伸至水面，或为地下茎；花茎从水下伸至或伸出水面。基生叶无柄，莲座状，叶片薄；浮于水面和挺出水面的叶具叶柄，叶片心形至肾形，顶端钝或渐尖。穗状花序，有花50朵以上；佛焰苞折叠，顶端急尖至渐尖，花序轴被腺毛或柔毛。花被淡紫色、蓝色或白色，漏斗状，裂片椭圆形至倒披针形，被腺毛或柔毛，顶端钝或渐尖；雄蕊6，3长3短，花丝紫色，被腺毛，花药黄色；子房3室，仅1室发育。胞果卵状，具刺状、齿状或光滑的纵棱。种子1，卵形，光滑。

本属全世界有6种，分布西半球。中国广泛栽培1种。东北地区有栽培。

梭鱼草（辽宁省维管束植物名称考证）

Pontederia cordata L., Sp. Pl. 288. 1753.

多年生挺水或湿生草本植物；叶柄绿色，圆筒形，横切断面具膜质物；叶片光滑，呈橄榄色，倒卵状披针形；穗状花序顶生；小花密集，蓝紫色带黄斑点；花被裂片6枚，近圆形，裂片基部连接为筒状；蒴果，成熟后褐色。原产北美洲。辽宁省大连、沈阳等地有栽培。

适宜栽植于河道两侧、池塘四周、人工湿地。

■ 梭鱼草

花序

花序一部分

植株

2 凤眼蓝属（凤眼莲属） *Eichhornia* Kunth

Eichhornia Kunth, Enum. Pl. 4: 129. 1843.

一年生或多年生浮水草本，节上生根。叶基生，莲座状或互生，倒卵形、心形或肾形，浮于水面；叶柄中部以下膨胀成气囊。花排成短穗状花序或很少为圆锥花序；花被漏斗状，有长或短的花被管，雄蕊6，着生于花被管上，3枚短的藏于花被管内，3枚较长的伸出管外，子房无柄，3室，有多数胚珠，花柱丝状。蒴果卵形、长圆形至线形，包藏于凋存的花被筒内，室背开裂；果皮膜质。种子多数，卵形，有棱。

本属全世界约7种，分布于美洲和非洲的热带和暖温带地区。通常生长于池塘、河川或沟渠中。中国引进1种。东北地区有栽培。

凤眼蓝（中国植物志，Flora of China）；凤眼莲（辽宁植物志，东北植物检索表，东北草本植物志）；水葫芦（中国外来入侵生物）

Eichhornia crassipes Solms-Laub. in Monogr. Phan. 4: 527. 1883; 辽宁植物志（下册）: 767. 1992; 东北植物检索表（第二版）: 768. 1995; 中国植物志13(3): 139. 图版33. 1997; 东北草本植物志12: 35. 1998; Fl. China 24: 41. 2000.

多年生浮水草本或泥沼植物；叶基生，莲座状；叶柄中下部膨大成气囊；叶片倒卵状圆形或肾圆形；短穗状花序；花蓝紫色；花被片6，淡紫色，中央具黄色斑点；蒴果卵形。多生池塘、沟渠中。原产南美洲。辽宁省金州、普兰店、庄河、盘锦、沈阳等地有栽培，夏季有逸生，冬季室内越冬。

全草为家畜、家禽饲料；嫩叶及叶柄可作蔬菜；全株也可供药用，有清凉解毒、除湿祛风热等功效，可用于外敷热疮；可监测水中是否有砷存在，还可净化水中汞、镉、铅等有害物质。

■ 凤眼蓝

花序

花

植株

叶

3 雨久花属 *Monochoria* Presl

Monochoria Presl, Rel. Haenk. 1: 128. 1827.

多年生沼泽或水生草本。茎直立或斜上，从根状茎发出。叶基生或单生于茎枝上，具长柄；叶片具弧状脉。花序排列成总状或近伞形状花序，从最上部的叶鞘内抽出，基部托以鞘状总苞片；花被片6枚，深裂几乎达基部，白色、淡紫色或蓝色；雄蕊6枚，着生于花被片的基部，较花被片短，其中有1枚较大，其花丝的一侧具斜伸的裂齿，花药较大，蓝色，其余5枚相等，具较小的黄色花药；子房3室，每室有胚珠多颗；花柱线形；柱头近全缘或微3裂。蒴果室背开裂成3瓣。种子小，多数。

本属全世界约4种，分布于非洲东北部、亚洲东南部至澳大利亚南部。中国产3种。东北地区产2种。

分种检索表

1. 叶卵状披针形、披针形、广披针形或三角状卵形，基部圆形或广心形；花序不超出叶，具花1～6朵 ……………… 1. 鸭舌草 *M. vaginalis* (Bunm. f.) Presl.
1. 叶广卵状心形、心形或广卵形，基部心形或圆形；花序超出叶，具花7～10朵或更多 ……………… 2. 雨久花 *M. korsakowii* Regel et Maack

（1）鸭舌草（辽宁植物志，黑龙江省植物志，内蒙古植物志，东北植物检索表，东北草本植物志，中国植物志，Flora of China）

Monochoria vaginalis (Bunm. f.) Presl. in Reliq. Haenk. 1: 128. 1827; 辽宁植物志（下册）: 767. 图版342: 3. 1992; 内蒙古植物志（第二版）5: 444. 图版182: 7. 1994; 东北植物检索表（第二版）: 770. 图版394: 2. 1995; 中国植物志13(3): 138. 图版32: 1～6. 1997; 东北草本植物志12: 33. 图版13: 2.1998; Fl. China 24: 41. 2000; 黑龙江省植物志10: 135. 图版56: 2. 2002.

生稻田、沟旁、浅水池塘等水湿处。产黑龙江省密山、宁安、虎林；吉林省安图、吉安；辽宁省康平、沈阳、盖州、彰武；内蒙古自治区扎赉特旗等地。

嫩茎和叶可做蔬菜。全草有清热解毒作用。

■ 鸭舌草

花序

基生叶

植株

（2）雨久花（辽宁植物志，黑龙江省植物志，内蒙古植物志，东北植物检索表，东北草本植物志，中国植物志，Flora of China）

Monochoria korsakowii Regel et Maack in Mém. Acad. Imp. Sci. Saint Pétersbourg, Sér. 7 Ⅶ, 4(4): 155. 1861; 辽宁植物志（下册）: 766. 图版342: 1～2. 1992; 内蒙古植物志（第二版）5: 442. 图版182: 1～6. 1994; 东北植物检索表（第二版）: 770. 图版394: 1. 1995; 中国植物志13(3): 135. 图版32: 7～10. 1997; 东北草本植物志12: 32. 图版13: 1.1998; Fl. China 24: 40. 2000; 黑龙江省植物志10: 135. 图版56: 1. 2002.

生池塘和稻田中。产黑龙江省齐齐哈尔、哈尔滨、尚志、依兰、牡丹江、伊春、宁安、密山、萝北；吉林省四平、九台、安图、珲春；辽宁省新民、彰武、康平、开原、西丰、沈阳、凤城、营口、庄河、普兰店、大连；内蒙古自治区莫力达瓦达斡尔旗、科尔沁右翼前旗、扎赉特旗、科尔沁右翼前旗、

■ 雨久花

花序

基生叶

植株

大青沟、敖汉旗等地。

嫩茎叶可食。全草可作饲草，也入药，具有清热、祛湿、定喘、解毒作用。

057. 美人蕉科 Cannaceae

Cannaceae Juss., Gen. Pl. [Jussieu] 62. 1789, *nom. cons.*

木贼门、木贼亚门、木兰纲、百合亚纲、鸭跖草超目、姜目（Zingiberales）。

多年生直立草本，有块状的地下茎。叶互生，有明显的羽状平行脉，具叶鞘。花两性，不对称，排成顶生的穗状花序、总状花序或狭圆锥花序，有苞片；萼片3枚，绿色，宿存；花瓣3枚，萼状，通常披针形，下部合生成一管并常和退化雄蕊群连合；退化雄蕊花瓣状，基部连合，红色或黄色，3～4枚；发育雄蕊的花丝亦增大呈花瓣状，旋卷，边缘有1枚1室的花药室，基部或一半和增大的花柱连合；子房下位，3室，每室有胚珠多颗；花柱扁平或棒状。果为一蒴果，3瓣裂，具3棱，有小瘤体或柔刺；种子球形。

本科全世界仅1属，约55种，产美洲的热带和亚热带地区。中国常见栽培约6种。东北地区栽培1属2种。

美人蕉属 *Canna* L.

Canna L., Sp. Pl. 1. 1753.

属的特征和地理分布与科同。

分种检索表

1. 花大黄色、红色、白色等；退化雄蕊长5～10厘米，宽2～3.5厘米 ………………… 1. 大花美人蕉 C. generalis Bailey
1. 花较小，红色；退化雄蕊长3.5～5.5厘米，宽不过1厘米 ………………………………………… 2. 美人蕉 C. indica L.

（1）大花美人蕉（中国植物志）

Canna generalis Bailey in Hortus 118. 1930; 中国植物志16(2): 155. 图版55: 1～2. 1981.

■ 大花美人蕉

果序

花序

植株

原产美洲热带和亚热带。辽宁省大连有栽培。

花大而美，色多而艳，可植于花坛中心，也可在庭园种植，布置花境、盆栽也很好。

（2）美人蕉（中国植物志，Flora of China）；小花美人蕉

Canna indica L., Sp. Pl. 1. 1753; 中国植物志16(2): 157. 1981; Fl. China 24: 378. 2000.

原产印度。辽宁省大连有栽培。

常见观赏植物。根茎清热利湿，舒筋活络，治黄疸肝炎、风湿麻木、外伤出血、跌打、子宫下垂、心气痛等；茎叶纤维可制人造棉、织麻袋、搓绳，其叶提取芳香油后的残渣还可作造纸原料。

■ 美人蕉

种子

蒴果

花序

植株

058. 竹芋科 Marantaceae

Marantaceae R. Br., Voy. Terra Austral. 2: 575. 1814, *nom. cons.*

木贼门、木贼亚门、木兰纲、百合亚纲、鸭跖草超目、姜目（Zingiberales）。

多年生草本，有根茎或块茎。叶具羽状平行脉，通常2列，具柄，柄的顶部增厚，有叶鞘。花两性，不对称，常成对生于苞片中，组成顶生的穗状、总状或疏散的圆锥花序，或花序单独由根茎抽出；萼片3枚，分离；花冠管短或长，裂片3，外方的1枚通常大；退化雄蕊4~2枚，外轮的1~2枚（有时无）花瓣状，较大，内轮的2枚中一为兜状，包围花柱，一为硬革质；发育雄蕊1枚，花瓣状，花药1室，生于一侧；子房下位，1~3室；每室有胚珠1颗；花柱偏斜、弯曲、变宽，柱头3裂。果为蒴果或浆果状；种子1~3，坚硬，有胚乳和假种皮。

本科全世界约27属，约550种，分布于热带地区，主产美洲。中国有4属8种。东北地区栽培1属1种。

水竹芋属（再力花属） *Thalia* L.

Thalia L., Sp. Pl. 2: 1193. 1753.

多年生直立草本，水生。有根状茎。叶全部基生或单叶茎生。叶鞘海绵质，其内有明显的空腔；叶片纯绿色，卵形到椭圆形。花序细长，穗轴节间显著曲折；先出叶不呈明显的龙骨状，膜质。花冠和雄蕊淡紫色至深紫色；萼片在果期宿存，膜质；花冠下部具筒，花冠裂片近等长至强烈不等长；外侧退化雄蕊1，花瓣状；胼胝质退化雄蕊常为肉质，边缘窄尖花瓣状；兜状的退化雄蕊有2附属物，近顶生，指状；

花柱具1个附属物，细长。蒴果近球状至椭圆状，果皮薄，不裂。种子暗褐色，近球状或椭圆状，光滑。

本属全世界有6种，分布温带至热带，北美洲东南部、墨西哥、西印度、中美洲、南美洲和西非均有分布。中国广泛引进栽培1种。东北地区有栽培。

再力花（大连植物彩色图谱）；水竹芋

Thalia dealbata Fraser in Thaiszia t. 1. 1794.

多年生挺水草本；全株附有白粉；叶卵状披针形，浅灰蓝色，边缘紫色；复总状花序，花柄可高达2米以上，花小，紫堇色。原产美国南部和墨西哥。辽宁省沈阳、大连有栽培。

株形美观洒脱，叶色翠绿可爱，是水景绿化的上品花卉。

■ 再力花

叶

花

花序

居群

059. 姜科 Zingiberaceae

Zingiberaceae Martinov, Tekhno-Bot. Slovar 682. 1820, *nom. cons.*

木贼门、木贼亚门、木兰纲、百合亚纲、鸭跖草超目、姜目（Zingiberales）。

多年生稀一年生草本，通常具有芳香、匍匐或块状的根状茎。地上茎有或无，基部通常具鞘。叶基生或茎生，通常2行排列，少数螺旋状排列，叶片通常为披针形或椭圆形。花单生或组成穗状、总状或圆锥花序；花两性（罕杂性），通常二侧对称，具苞片；花被片6枚，2轮，外轮萼状，通常合生成管，一侧开裂及顶端齿裂，内轮花冠状，基部合生成管状，上部具3裂片；退化雄蕊2或4枚；发育雄蕊1枚，花丝具槽，花药2室；子房下位，3室或1室；花柱1枚，丝状，柱头漏斗状，具缘毛。果为室背开裂或不规则开裂的蒴果，或肉质不开裂，呈浆果状；种子圆形或有棱角，有假种皮。

本科全世界约有59属1300种，主产亚洲、美洲。中国有20属216种。东北地区栽培1属1种。

姜属 *Zingiber* Boehm.

Zingiber Boehm. in Ludwig, Def. Gen. Pl. 89. 1760.

多年生草本；根茎块状，平生，分枝，具芳香；地上茎直立。叶2列，叶片披针形至椭圆形。穗状花序球果状；总花梗被鳞片状鞘；苞片绿色或其他颜色，覆瓦状排列；小苞片佛焰苞状；花萼管状，具3齿，通常一侧开裂；花冠管顶部常扩大，裂片中后方的一片常较大，内凹，直立，白色或淡黄色；侧生退化雄蕊常与唇瓣相连合，形成具有3裂片的唇瓣，罕无侧裂片，唇瓣外翻，全缘，微凹或短2裂，皱波状；花丝短，花药2室，药隔附属体延伸成长喙状，并包裹住花柱；子房3室；花柱细弱，柱头近球形。

蒴果3瓣裂或不整齐开裂，种皮薄；种子黑色，被假种皮。

本属全世界100～150种，分布于亚洲的热带、亚热带地区。中国有42种，产西南部至东南部。

姜（中国植物志，Flora of China）

Zingiber officinale Rosc. in Trans. L. Soc. London 8: 348. 1807; 中国植物志16(2): 141. 图版50: 1～6. 1981; Fl. China 24: 325. 2000.

根茎肥厚，多分枝，有芳香及辛辣味；叶片披针形或线状披针形，无柄；穗状花序球果状；苞片卵形，淡绿色或边缘淡黄色，顶端有小尖头；花冠黄绿色，裂片披针形。中国中部、东南部至西南部广为栽培。辽宁省庄河、大连等地有栽培。

根茎作调料，也可药用，有发表散寒、温中止呕、解毒作用。

■ 姜

植株

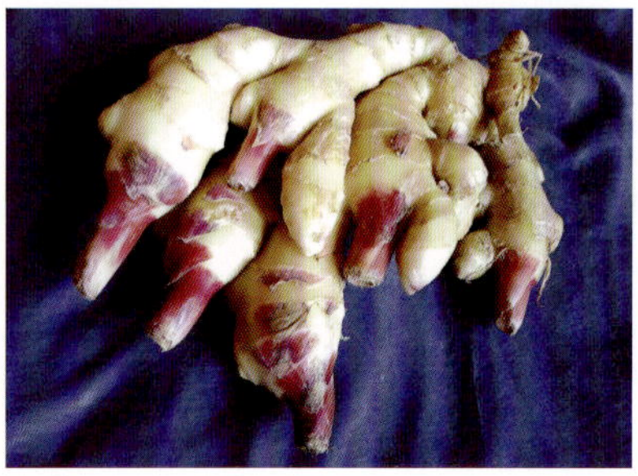
块茎

居群

060. 香蒲科 Typhaceae

Typhaceae Juss., Gen. Pl. [Jussieu] 25. 1789, *nom. cons.*

木贼门、木贼亚门、木兰纲、百合亚纲、鸭跖草超目、禾本目（Poales）。

多年生水生或沼生草本，具根状茎。茎直立或倾斜，挺水或浮水。叶2列，条形。花序穗状、圆锥状或总状；花单性，雌雄同株；花被片有或无；雄花雄蕊1～3枚；雌花子房1室，胚珠1枚，倒生。果实不裂或开裂。

本科全世界有2属30余种，广布于世界各地。中国产2属23种，南北均产，以温带地区种类较多。东北地区产2属18种1亚种。

分属检索表

1. 花序圆锥状、总状或穗状；雄花和雌花均有花被片 …………………………………… 1. 黑三棱属 Sparganium
1. 花序穗状；雄花和雌花均无花被 ………………………………………………………………… 2. 香蒲属 Typha

1 黑三棱属 *Sparganium* L.

Sparganium L., Sp. Pl. 971. 1753.

多年生草本，水生或沼生。全株无毛，具纤维状根和匍匐的根状茎。茎直立或浮水。叶线形，2列排列，基部有叶鞘，直立或浮水，茎上部的叶过渡为花序的苞片。花单性，密聚成头状花序，再组成圆锥花序。果实具棱或无棱，外果皮较厚，海绵质，内果皮坚纸质。种子具薄膜质种皮。

本属全世界约19种，北半球温带或寒带，仅1或2种分布于东南亚、澳大利亚和新西兰等地。中国有11种。东北地区产8种1亚种。

分种检索表

1. 叶扁平或中下部背面呈半月形隆起，决不呈三棱形，亦无龙骨状凸起，或仅近基部微有凸起；植株浮水，极少直立。
   2. 叶宽4～7毫米。
      3. 叶宽约4毫米；雄头状花序1～2个，与雌花序相连 …… 1. 矮黑三棱 S. natans L.
      3. 叶宽5～7毫米；雄头状花序5～7个，与雌花序有间隔 …… 2. 日本黑三棱 S. japonicum Rothert
   2. 叶宽1～3毫米。
      4. 花柱极短或几无；果实阔倒卵形；叶片横切面近半月形 …… 3. 无柱黑三棱 S. hyperboreum Laest. ex Beurl.
      4. 花柱长约2毫米；果实纺锤形至椭圆形；叶片横切面薄而扁平 …… 4. 线叶黑三棱 S. angustifolium Michx.
1. 叶至少中下部背面呈三棱形或具龙骨状突起，决不扁平；植株直立。
   5. 圆锥花序开展，侧枝和主枝一样有雄头花序和雌头状花序；子房和果下部收缩无柄。
      6. 叶宽6毫米以上；圆锥花序具3个以上的侧枝，雌头状花序径10～20毫米；果实明显有棱，内果皮具6～10条纵肋 …… 5b. 黑三棱 S. eurycarpum subsp. coreanum (H. Lév.) C. D. K. Cook & M. S. Nicholls
      6. 叶宽2～3毫米；圆锥花序常有0～1个侧枝，雌头状花序径约7毫米；果实无棱或有棱，内果皮无明显的纵肋 …… 6. 狭叶黑三棱 S. subglobosum Morong
   5. 圆锥花序收缩，侧枝上无雄头状花序而有1个雌头状花序；子房和果有短柄。
      7. 雄头状花序1～2个，与雌头状花序紧接在一起 …… 7. 短序黑三棱 S. glomeratum Least. ex Beurl.
      7. 雄头状花序3～5个，与雌头状花序远离。
         8. 叶宽不超过5毫米 …… 8. 阿穆尔黑三棱 S. rothertii Tzvel.
         8. 叶宽5～9毫米 …… 9. 小黑三棱 S. emersum Rehm.

（1）矮黑三棱（黑龙江省植物志，内蒙古植物志，东北植物检索表，东北草本植物志，中国植物志，Flora of China）

Sparganium natans L., Sp. Pl. 971. 1753; Fl. China 23: 160. 2010; 内蒙古植物志（第三版）6: 14.

■ 矮黑三棱

果序

居群

2020.——*S. minimum* Wallr. in Erst. Beitr. Fl. Hercyn. 2: 297. 1840; 中国植物志8: 30. 图版8: 19 ~ 21. 1992; 黑龙江省植物志11: 15. 图版5: 1 ~ 2. 1993; 内蒙古植物志（第二版）5: 9. 图版4: 6 ~ 7. 1994; 东北植物检索表（第二版）: 845. 图版424: 5. 1995; 东北草本植物志10: 14. 图版5: 5 ~ 6. 2004.

生高寒地带水域中，海拔高达3441米。产黑龙江省东宁、呼玛、伊春、牡丹江；内蒙古自治区牙克石、额尔古纳等地。

（2）日本黑三棱（植物研究，黑龙江省植物志）

Sparganium japonicum Rothert in Fedtsch. Fl. As. Ross1: 26. 1913; 植物研究12(3): 260. 图6. 1992; 黑龙江省植物志11: 15. 1993.

生水塘、河流或水沟边及沼泽中。产黑龙江省宁安等地。

（3）无柱黑三棱（中国植物志，Flora of China）

Sparganium hyperboreum Laest. ex Beurl. in Oefvers. Kongl. Vet.-Akad. Foerh. 9: 192. 1853; 中国植物志8: 31. 图版8: 22 ~ 24. 1992; Fl. China 23: 161. 2010.

生于海拔约1500米或更高的湖泊、沼泽、水泡子等水域中，低海拔水域罕见。产黑龙江省、吉林省，地点不详。

在2021年公布的《国家重点保护野生植物名录》中，本种被列为二级保护植物。

（4）线叶黑三棱（内蒙古植物志，东北植物检索表，东北草本植物志，中国植物志，Flora of China）

Sparganium angustifolium Michx., Fl. Bor.-Amer. 2: 189. 1803; 中国植物志8: 30. 1992; 内蒙古植物志（第二版）5: 9. 图版4: 1 ~ 5. 1994; 东北植物检索表（第二版）: 845. 1995; 东北草本植物志10: 12. 2004; Fl. China 23: 160. 2010.

生湖泊、沼泽、河沟等1500米以上的高山水域中。产黑龙江省集贤；吉林省长白、安图；内蒙古自治区扎兰屯、阿尔山等地。

（5）广裂黑三棱（新拟）

Sparganium eurycarpum Engelmann in A. Gray, Manual ed. 2. 430. 1856.

（5a）广裂黑三棱（原亚种）

Sparganium eurycarpum subsp. *eurycarpum*

中国不产。

（5b）黑三棱（亚种）（辽宁植物志，黑龙江省植物志，内蒙古植物志，东北植物检索表，东北草本植物志，中国植物志，Flora of China）

Sparganium eurycarpum subsp. *coreanum* (H. Lév.) C. D. K. Cook & M. S. Nicholls in Bot. Helv. 97: 28. 1987.——*S. coreanum* Levl. in Repert. Spec. Nov. Regni Veg. 10: 441. 1912; 辽宁植物志（下册）: 1008. 图版456: 1 ~ 4. 1992; 东北植物检索表（第二版）: 845. 图版424: 1. 1995; 东北草本植物志10: 9. 图版4: 1 ~ 4. 2004.——*S. stoloniferum* auct. non (Graebn.) Buch.-Ham. ex Juz.: 中国植物志8: 25. 图版8: 1 ~ 4. 1992; 黑龙江省植物志11: 18. 图版6: 4 ~ 6. 1993; 内蒙古植物志（第二版）5: 6. 图版3: 1 ~ 3. 1994; Fl. China 23: 158. 2010.

生水塘、河流或水沟边及沼泽中。产黑龙江省富裕、齐齐哈尔、富锦、依兰、萝北、集贤、哈尔滨；吉林省扶余；辽宁省凌源、彰武、康平、开原、铁岭、抚顺、新民、辽阳、丹东、宽甸、桓仁、金州、大连、普兰店；内蒙古自治区额尔古纳、新巴尔虎右旗、新巴尔虎左旗、科尔沁右翼前旗、扎赉特旗、科尔沁左翼后旗、大青沟、巴林右旗、阿鲁科尔沁旗、锡林浩特等地。

块茎有破血、行气、消积、止痛作用。

■ 黑三棱

头状果序

果实倒圆锥形

花序

果序

植株

群落

（6）狭叶黑三棱（辽宁植物志，黑龙江省植物志，东北植物检索表，东北草本植物志，中国植物志，Flora of China）

Sparganium subglobosum Morong in Bull. Torrey Bot. Club 15: 81. 1888; Fl. China 23: 159. 2010.——*S. stenophyllum* Maxim. ex Meinsh. in Bull. Soc. Imp. Naturalistes Moscou 3: 171. 1889; 中国植物志8: 26. 1992; 辽宁植物志（下册）: 1008. 图版456: 5 ~ 9. 1992; 黑龙江省植物志11: 16. 图版6: 1 ~ 3. 1993; 东北植物检索表（第二版）: 845. 图版424: 2. 1995; 东北草本植物志10: 9. 图版4: 5 ~ 9. 2004.

■ 狭叶黑三棱

花序

花期植株

果期植株

生水塘、河沟、积水湿地等地。产黑龙江省富锦、萝北、密山、虎林、牡丹江；吉林省抚松；辽宁省彰武、新宾；内蒙古自治区科尔沁左翼后旗等地。

块茎有破血、行气、消积、止痛作用，主治闭经、瘀血作痛、腹胀或有积块。

（7）短序黑三棱（黑龙江省植物志，内蒙古植物志，中国植物志，Flora of China）；密序黑三棱（东北植物检索表，东北草本植物志）；旋序黑三棱（黑龙江省植物志）；东北黑三棱（黑龙江省植物志）

Sparganium glomeratum Least. ex Beurl. in Arsberätt. Bot. Arbeten Upptäckter 1851: 221. 1855; 中国植物志8: 28. 图版8: 9 ~ 10. 1992; 黑龙江省植物志11: 14. 1993; 内蒙古植物志（第二版）5: 7. 图版3: 8 ~ 9. 1994; 东北植物检索表（第二版）: 845. 图版424: 4. 1995; 东北草本植物志10: 12. 图版5: 4. 2004; Fl. China 23: 160. 2010.——*Sparganium glehnii* Meinsh. in Bull. Acad. Imp. Sci. Saint-Pétersbourg 36: 34 1895; 黑龙江省植物志11: 14. 1993.——*Sparganium manshuricum* D. Yu, 植物研究12(3): 255. 图1. 1992; 黑龙江省植物志11: 15. 1993.

生湖边、河湾处、山间沼泽、水塘等水域中，海拔约1200米或更高。产黑龙江省黑河、伊春、哈尔滨、孙吴；吉林省抚松、安图、长白；辽宁省桓仁；内蒙古自治区牙克石、扎兰屯等地。

■ 短序黑三棱

花序

雄头状花序

果序

植株

（8）阿穆尔黑三棱（东北植物检索表，东北草本植物志）

Sparganium rothertii Tzvel. in Novosti Sist. Vyssh. Rast. 21: 234. 1984.; 东北植物检索表（第二版）: 845. 1995; 东北草本植物志10: 11. 2004.

生湖边浅水中。产内蒙古自治区海拉尔。

（9）小黑三棱（辽宁植物志，黑龙江省植物志，内蒙古植物志，东北植物检索表，东北草本植物志，中国植物志，Flora of China）

Sparganium emersum Rehm. in Verh. Naturf. Vereins Brünn 10: 80. 1871; 辽宁植物志（下册）: 1009. 1992; 东北植物检索表（第二版）: 845. 图版424: 3. 1995; 东北草本植物志10: 11. 图版5: 1 ~ 3. 2004; Fl. China 23: 159. 2010.——*S. simplex* Huds. in Fl. Angl. ed. 2: 401. 1778; 中国植物志8: 28. 1992; 黑龙江省植物志11: 16. 图版5: 3 ~ 6. 1993; 内蒙古植物志（第二版）5: 7. 图版3: 4 ~ 7. 1994.

生沼泽或水沟、水塘及缓流的河边。产黑龙江省北安、呼玛、黑河、伊春、萝北、虎林、阿城；吉林省吉林；辽宁省大连、北票、桓仁、宽甸、本溪、丹东；内蒙古自治区额尔古纳、海拉尔、扎兰屯、鄂温克、通辽、科尔沁右翼前旗、扎赉特旗、锡林浩特等地。

地下部分有破血功效。

■ 小黑三棱

果序

花序

居群

花序下部之雌花序

花序上部之雄花序

2 香蒲属 *Typha* L.

Typha L., Sp. 971. 1753.

多年生草本，沼生、水生或湿生。叶线形，腹面扁平，背面微半圆形凸起，具叶鞘。穗状花序，圆柱形，稀果穗成椭圆形，雄花穗在上，雌花穗在下，有时雌花穗分隔成2个；花未开放时雄、雌花穗各具1～2叶状的苞片，开放时脱落；雄花有雄蕊1～3（～8）枚；雌花仅有雌蕊及柄上簇生长毛或膜质鳞片；子房披针形，有长柄，花柱长，柱头匙形、披针形或扁线形，有的有不育雌蕊，子房上位，1室。果实纺锤形、椭圆形，果皮膜质，透明，或灰褐色，具条形或圆形斑点。种子椭圆形，褐色或黄褐色，光滑或具凸起。

本属全世界约有16种，分布于热带至温带地区，主要分布于欧亚大陆和北美洲，大洋洲有3种。中国有12种，南北广泛分布，以温带地区种类较多。东北地区产10种。

分种检索表

1. 雌、雄花穗相接；雄花穗径6～11毫米。

 2. 雌蕊柄上的长毛明显短于柱头；柱头披针形；花粉粒为四合体 ………………………… 1. 宽叶香蒲 T. latifolia L.

（接上表）

2. 雌蕊柄上的长毛比花柱长而较柱头稍短、等长或稍长；柱头匙形；花粉粒单一 …… 2. **香蒲** T. **orientalis** Presl.
1. 雌、雄花穗离生；雄花穗径小于6毫米。
3. 植株高大，通常高1.5米以上；叶宽5毫米以上；果穗圆柱形，长8厘米以上。
4. 雄花序轴上具稀疏白色或黄褐色柔毛，毛不分叉，花药长约1.4毫米；柱头宽于花柱 …… 3. **长苞香蒲** T. **domingensis** Pers.
4. 雄花序轴多毛，毛单出或分叉，花药长约2毫米；柱头约与花柱等宽。
5. 雄花序轴上具弯曲白色丝状毛；花丝片状；雌花无小苞片 …… 4. **长白香蒲** T. **changbaishanensis** M. J. Wu et Y. T. Zhao
5. 雄花序轴具褐色扁柔毛；花丝短而细弱；雌花具小苞片 …… 5. **水烛** T. **angustifolia** L.
3. 植株较矮小，高通常1米左右；叶宽5毫米以下；果穗长圆形、椭圆形至短圆柱形，长6厘米以下。
6. 植株高1米以上，基部无鞘状叶，白色丝状毛先端不呈圆形。
7. 雌花具匙形小苞片；柱头条形或披针形；雄性花序轴光滑 …… 6. **达香蒲** T. **davidiana** (Kronf.) Hand.–Mazz.
7. 雌花无小苞片；柱头匙形；雄性花序轴具白色、灰白色、黄褐色柔毛 … 7. **无苞香蒲** T. **laxmannii** Lepech.
6. 植株高约0.8米或更矮，基部具无叶片的鞘状叶，白色丝状毛先端膨大呈圆形。
8. 植株具二型叶，叶片长于花序，宽2～4毫米；雄花序轴基部具弯曲白柔毛 …… 8. **短序香蒲** T. **lugdunensis** P. Chabert
8. 植株通常只有鞘状叶，如叶片存在，则不长于花序，宽1～2毫米；雄花序轴无毛。
9. 雌花基部的毛先端不膨大，且与花柱近等长 …… 9. **球序香蒲** T. **pallida** Pob.
9. 雌花基部的毛先端膨大，且短于花柱 …… 10. **小香蒲** T. **minima** Funk

（1）宽叶香蒲（辽宁植物志，黑龙江省植物志，内蒙古植物志，东北植物检索表，东北草本植物志，中国植物志，Flora of China）

Typha latifolia L., Sp. Pl. 971. 1753; 中国植物志8: 4. 图版1: 4～7. 1992; 辽宁植物志（下册）: 1011. 图版457: 1～6. 1992; 黑龙江省植物志11: 21. 图版7: 4～6. 1993; 内蒙古植物志（第二版）5: 1. 图版1: 1～3.

■ 宽叶香蒲

花序

居群

1994; 东北植物检索表（第二版）: 847. 图版425: 1. 1995; 东北草本植物志10: 2. 图版1: 1～4. 2004; Fl. China 23: 161. 2010.

生水泡边及沼泽中。产黑龙江省密山、虎林、嘉荫、阿城、哈尔滨、伊春、呼玛、北安；吉林省汪清、珲春、安图、蛟河、辉南、临江、抚松、长白；辽宁省桓仁、本溪、宽甸、清原、新宾、北票、沈阳；内蒙古自治区牙克石、扎赉特旗、赤峰等地。

花粉有止血作用；叶片用于造纸等；幼叶基部和根状茎先端可食。

（2）香蒲（辽宁植物志，东北植物检索表，东北草本植物志，中国植物志，Flora of China）；东方香蒲（黑龙江省植物志，内蒙古植物志）

Typha orientalis Presl in Epimel. Bot. 239. 1851; 中国植物志8: 3. 图版1: 1～3. 1992; 辽宁植物志（下册）: 1011. 图版457: 7～11. 1992; 黑龙江省植物志11: 23. 1993; 内蒙古植物志（第二版）5: 2. 图版1: 4. 1994; 东北植物检索表（第二版）: 847. 图版425: 2. 1995; 东北草本植物志10: 1. 图版1: 5～8. 2004; Fl. China 23: 161. 2010.

生池塘、沟渠、河流缓流带。产黑龙江省伊春、安达、依兰、饶河、阿城、哈尔滨、密山、齐齐哈尔、萝北；吉林省蛟河、安图、双辽、镇赉、珲春；辽宁省大连、铁岭、西丰、沈阳、彰武、辽阳、本溪、东港；内蒙古自治区海拉尔、牙克石、科尔沁左翼后旗、通辽等地。

花粉有止血作用；叶片用于造纸等；幼叶基部和根状茎先端可食。

■ 香蒲

花序

居群

（3）长苞香蒲（辽宁植物志，东北草本植物志，中国植物志，Flora of China）；大苞香蒲（东北植物检索表）

Typha domingensis Pers. in Syn. Pl. 2: 532. 1807; Fl. China 23: 162. 2010.——*Typha angustifolia* var. *angustata* (Bory & Chaub.) Jord. Izv. Bot. Inst. (Sofia) 24: 123. 1973; 辽宁植物志（下册）: 1013. 图版458: 6～9. 1992; 东北植物检索表（第二版）: 847. 图版425: 6. 1995; 东北草本植物志10: 4. 图版2: 7～8. 2004.——*T. angustata* Bory et Chaubard in Nouv. Fl. Pélop. 4. 1838; 中国植物志8: 8. 图版2: 8～10. 1992.

生河流、池塘浅水处及湿地。产黑龙江省哈尔滨、虎林、密山；辽宁省西丰、铁岭、彰武、北镇、沈阳、本溪、新宾、台安、海城、盘锦；内蒙古自治区海拉尔、科尔沁左翼后旗、翁牛特旗等地。

花粉有止血作用；叶片用于造纸等；幼叶基部和根状茎先端可食。

■ 长苞香蒲

花序

居群

（4）长白香蒲（Flora of China）；长白山香蒲（木本植物研究）

Typha changbaiensis M. J. Wu et Y. T. Zhao, 木本植物研究20(3): 251 ~ 252. 2000; Fl. China 23: 162. 2010.

生海拔1000米。产吉林省长白山。辽宁省大连有栽培。

花粉有止血作用；叶片用于造纸等；幼叶基部和根状茎先端可食。

■ 长白香蒲

雄花序轴密生白毛

雄花序一部分

植株下部

植株上部

（5）水烛（内蒙古植物志，中国植物志，Flora of China）；狭叶香蒲（辽宁植物志，黑龙江省植物志，东北植物检索表，东北草本植物志）

Typha angustifolia L., Sp. Pl. 971. 1753; 中国植物志8: 7. 图版2: 6 ~ 7. 1992; 辽宁植物志（下册）: 1013. 图版458: 1 ~ 5. 1992; 黑龙江省植物志11: 20. 1993; 内蒙古植物志（第二版）5: 2. 图版1: 5 ~ 7. 1994; 东北植物检索表（第二版）: 847. 图版425: 5. 1995; 东北草本植物志10: 4. 图版2: 1 ~ 6. 2004; Fl. China 23: 162. 2010.

生河流、池塘浅水处及湿地。产黑龙江省伊春、哈尔滨；吉林省双辽、安图；辽宁省彰武、盘山、沈阳、新民、台安、抚顺、桓仁、宽甸、盘锦；内蒙古自治区牙克石、额尔古纳、鄂伦春、科尔沁右翼前旗、科尔沁右翼中旗、扎赉特旗、翁牛特旗、敖汉旗、巴林右旗、苏尼特右旗等地。

花粉有止血、化瘀、通淋作用。全草用于小便不利、乳痈。幼叶基部和根状茎先端可食。

■ 水烛

雌花序

雄花序一部分

花期

果期

（6）达香蒲（辽宁植物志，东北植物检索表，东北草本植物志，中国植物志，Flora of China）；蒙古香蒲（黑龙江省植物志）

Typha davidiana (Kronf.) Hand.-Mazz. in Oesterr. Bot. Z. 87: 133. 1938; 中国植物志8: 9. 图版2: 11. 1992; 黑龙江省植物志11: 21. 图版7: 1～3. 1993; Fl. China 23: 163. 2010.——*T. laxmanni* Lepech. var. *davidiana* (Krnf.) C. F. Fang, 辽宁植物志（下册）: 1014. 图版459: 1～6. 1992; 东北植物检索表（第二版）: 847. 1995; 东北草本植物志10: 6. 2004.

生河边、水洼边。产黑龙江省伊春、佳木斯、萝北、哈尔滨、阿城、密山、虎林；吉林省白城、珲春、安图；辽宁省北票、新宾、新民、沈阳、辽阳、台安、盘锦、大连、长海；内蒙古自治区额尔古纳、海拉尔、牙克石、新巴尔虎左旗、科尔沁右翼前旗、科尔沁右翼中旗、通辽等地。

花粉即蒲黄入药；叶片用于编织、造纸等；根状茎、嫩花穗和嫩苗可食。

■ 达香蒲

植株

居群

（7）无苞香蒲（中国植物志，Flora of China）；短穗香蒲（东北植物检索表，东北草本植物志）；拉氏香蒲（内蒙古植物志）

Typha laxmannii Lepech. in Nova Acta Acad. Petrop. 12: 84, 335. t. 4. 1801; 中国植物志8: 5. 图版1: 11～13. 1992; 内蒙古植物志（第二版）5: 4. 图版2: 4～6. 1994; 东北植物检索表（第二版）: 847. 图版425: 3. 1995; 东北草本植物志10: 6. 图版3: 1～5. 2004; Fl. China 23: 162. 2010; 东北植物分布图集: 1423. 2019.

生水甸及湿润的河泛地或静水湖、河、水洼边。产黑龙江省呼玛、哈尔滨、伊春、宁安；吉林省白城、镇赉；辽宁省长海、铁岭、法库、本溪、抚顺、辽阳；内蒙古自治区额尔古纳、牙克石、鄂伦春、鄂温克、科尔沁右翼前旗、扎赉特旗、科尔沁左翼后旗、大青沟、克什克腾旗、通辽、翁牛特旗、敖汉旗、巴林右旗、东乌珠穆沁旗、锡林浩特等地。

花粉有止血作用；叶片用于造纸等；幼叶基部和根状茎先端可食。

■ 无苞香蒲

雄花序

植株上部

（8）短序香蒲（中国植物志，Flora of China）

Typha lugdunensis P. Chabert, Bull. Soc. Hort. Prat. Dép. Rhône. 1850: 149. 1850; Fl. China 23: 163. 2010.——*Typha gracilis* Jord., Catal. Gratianop. 28. 1848; 中国植物志8: 10. 图版2: 17 ~ 18. 1992.

生沟边、沼泽、低洼湿地等地。产内蒙古自治区通辽。

花粉即蒲黄有止血作用；叶片用于编织、造纸等；根状茎、嫩花穗和嫩苗可食。

（9）球序香蒲（新疆植物检索表，内蒙古植物志，中国植物志，Flora of China）

Typha pallida Pob. in Not. Syst. Herb. Inst. Bot. Acad. Sci. URSS Ⅱ: 16. 17. f. 3. 1949; 新疆植物检索表1: 58, 60. 1982; 中国植物志8: 10. 图版2: 15 ~ 16. 1992; Fl. China 23: 163. 2010; 内蒙古植物志（第三版）6: 5. 2020.

生河沟、塘边、水塘、沼泽或低洼湿地等。产内蒙古自治区克什克腾旗达里诺尔湖。

花粉即蒲黄有止血作用；叶片用于编织、造纸等；根状茎、嫩花穗和嫩苗可食。

■ 球序香蒲

花序

植株上部

植株

（10）小香蒲（辽宁植物志，黑龙江省植物志，内蒙古植物志，东北植物检索表，中国植物志，Flora of China）

Typha minima Funck in Bot. Taschenb. Anfänger Wiss. Apothekerkunst 5: 187. 1794; 中国植物志8: 9. 图版2: 12～14. 1992; 辽宁植物志（下册）: 1015. 图版459: 7～10. 1992; 黑龙江省植物志11: 23. 图版8: 1～3. 1993; 内蒙古植物志（第二版）5: 2. 图版2: 1～3. 1994; 东北植物检索表（第二版）: 847. 图版425: 4. 1995; Fl. China 23: 163. 2010.

生沙丘间湿地及河滩低湿地。产黑龙江省哈尔滨、安达、萝北；吉林省白城、镇赉、双辽；辽宁省彰武、铁岭、桓仁、宽甸、东港；内蒙古自治区海拉尔、通辽、科尔沁左翼后旗、翁牛特旗、巴林右旗等地。

花粉即蒲黄有止血作用；叶片用于编织、造纸等；根状茎、嫩花穗和嫩苗可食。

■ 小香蒲

雌花序

叶鞘状

061. 谷精草科 Eriocaulaceae

Eriocaulaceae Martinov, Tekhno-Bot. Slovar 237. 1820, *nom. cons.*

木贼门、木贼亚门、木兰纲、百合亚纲、鸭跖草超目、禾本目（Poales）。

一年生或多年生草本，沼生或水生。根密生于茎的下部，须状或索状。茎短，稀伸长。叶狭窄，螺旋状着生在茎的基部，无叶柄；叶片条状或带状，扁平，基部扩展成鞘状，边缘全缘。花葶常高出叶；头状花序球形至卵球形，白色、灰色或铅灰色；总苞片通常短于花序，一至多列，覆瓦状排列；苞片一般每花1片，较总苞片狭，周边花无苞片；花小，向心式开放，多数，单性，集中着生在花序托上，通常雌花和雄花同序，很少雌雄花异序，3或2基数；花被有花萼和花瓣之分，很少无花瓣。雄花：萼片2～3，常合生成佛焰苞状，花瓣常合生成圆筒状或漏斗状，顶端2或3裂，雄蕊（2～）4～6枚，1～2轮，着生在花瓣基部，花丝丝状，分离，花药基部着生，2室，纵裂。雌花：萼片2～3，分离或合生；花瓣2～3，常分离，稀无花瓣；子房上位。蒴果，室背开裂。种子椭圆体形，棕红色或黄色，表面有六角形网纹或横格。

本科全世界有7属1100～1200种，主要分布于热带和亚热带地区。中国有1属35种，主产西南部和南部。东北地区产1属4种。

谷精草属 *Eriocaulon* L.

Eriocaulon L., Sp. Pl. [Linnaeus] 1: 87. 1753.

多年生或一年生草本，沼生或水生。茎极短缩。叶基生，狭窄。花单性，雌花与雄花混生，于枝端聚为头状或球形花序；花被片2轮，雄花外轮花被片2～3枚，分离或合生，多呈佛焰苞状，内轮花被片2～3枚，分离或有时各式结合，顶部具黑色腺点，花药通常黑色，稀白色；雌花花被片外轮多离生或有时合生，内轮离生且多为倒披针形，稀缺如，子房2～3室，每室有1颗胚珠，柱头2～3裂。蒴果室背开裂，每室含1种子。种子常椭圆形，橙红色或黄色，表面常具横格及各种形状的凸起。

本属全世界约400种，广布于热带、亚热带地区，以亚洲热带为分布中心，在非洲和南美也有很丰富的代表，仅有1种分布达北美洲东部和欧洲西部。中国有35种，主产西南部和南部。东北地区产4种。

分种检索表

1. 总苞片长圆形，显著长于总苞内的头状花序；雌、雄花的内、外花被片均各为2枚；雄蕊4；子房2室，花柱2裂 ……………… 1. 长苞谷精草 E. decemflorum Maxim.
1. 总苞片广椭圆形、近圆形或长圆形，比头状花序稍短、显著短或等长；花被片均为3数性；雄蕊6；子房3室，花柱3裂。
  2. 雌、雄花的苞片、外花被片及子房均明显带黑色或近黑色 ……………… 2. 黑谷精草 E. atrum Nakai
  2. 雌、雄花的苞片、外花被片及子房均带淡黄色、淡褐色或淡绿色等。
    3. 总苞片比头状花序短2～4倍 ……………… 3. 高山谷精草 E. alpestre Hook. f. & Thomson ex Körn.
    3. 总苞片与头状花序近等长 ……………… 4. 乌苏里谷精草 E. ussuriense Körn. ex Regel

（1）长苞谷精草（辽宁植物志，黑龙江省植物志，东北植物检索表，东北草本植物志，中国植物志，Flora of China）

Eriocaulon decemflorum Maxim. in Diagn. Pl. Nov. Asiat. 8: 7. 1893; 辽宁植物志（下册）: 802. 图版358: 1～4. 1992; 东北植物检索表（第二版）: 787. 图版397: 5. 1995; 中国植物志13(3): 60. 图版16: 1～10. 1997; 东北草本植物志12: 24. 图版11: 1～4. 1998; Fl. China 24: 17. 2000; 黑龙江省植物志10: 178. 图版72: 1～4. 2002.

生湿地、水边、河谷等处。产黑龙江省萝北；吉林省敦化、蛟河、桦甸；辽宁省鞍山、海城、东港、沈阳、绥中、大连等地。

花序或全草有清热祛风、清肝明目之功，用以治疗各种眼疾。

（2）黑谷精草（黑龙江省植物志，东北植物检索表，东北草本植物志）

Eriocaulon atrum Nakai in Repert. Spec. Nov. Regni Veg. 9: 466. 1911; 东北植物检索表（第二版）: 787. 1995; 东北草本植物志12: 27. 1998; 黑龙江省植物志10: 180. 2002.

生湿地。产黑龙江省虎林、萝北、穆棱等地。

（3）高山谷精草（中国植物志，Flora of China）；宽叶谷精草（辽宁植物志，黑龙江省植物志，内蒙古植物志，东北植物检索表，东北草本植物志，中国植物志，Flora of China）

Eriocaulon alpestre Hook. f. & Thomson ex Körn. in Ann. Mus. Bot. Lugduno-Batavi 3: 163. 1867; 中国植物志13(3): 55. 图版15: 10～11. 1997; Fl. China 24: 15. 2000.——*E. robustium* (Maxim.) Makino in Journ. Jap. Bot. 3: (7) 27. 1926; 辽宁植物志（下册）: 803. 图版358: 5～8. 1992; 内蒙古植物志（第二版）5: 437. 图版179. 1994; 东北植物检索表（第二版）: 787. 图版397: 4. 1995; 中国植物志13(3): 56. 图版15: 15～16. 1997; 东北草本植物志12: 26. 图版11: 5～8. 1998; Fl. China 24: 15. 2000; 黑龙江省植物志10: 180. 图版72: 5～8. 2002.

生河滩水边。产黑龙江省哈尔滨、虎林、萝北；辽宁省丹东、庄河；内蒙古自治区扎兰屯、扎赉特旗（保安沼）等地。

全草有疏散风热、明目退翳作用。

■ 高山谷精草

基生叶

果序

植株

（4）乌苏里谷精草（黑龙江省植物志，东北植物检索表，东北草本植物志）

Eriocaulon ussuriense Körn. ex Regel in Tent. Fl. Ussur. 157. 1861; 东北植物检索表（第二版）: 787. 1995; 东北草本植物志12: 26. 1998; 黑龙江省植物志10: 181. 2002.

生潮湿地。产黑龙江省密山等地。

062. 灯心草科（灯芯草科） Juncaceae

Juncaceae Juss., Gen. Pl. 43. 1789, *nom. cons.*

木贼门、木贼亚门、木兰纲、百合亚纲、鸭跖草超目、禾本目（Poales）。

多年生或一年生草本，极稀为灌木状。根状茎直立或横走，具纤维状的须根。茎多丛生，不分枝，圆柱形或压扁。叶全部基生或同时茎生，有时仅基生。叶片扁平至圆柱形、披针形、条形，稀为毛鬃状，有时退化成芒刺状或仅存叶鞘。花序为圆锥花序、伞房花序、聚伞花序或单花，顶生、腋生或假侧生，或由单花或小穗状或小头状花簇组成聚伞花序，或仅为顶生的穗状或头状花簇；头状花簇下常有数枚苞片，最下面1枚常比花长；整个花序下常有1～2枚叶状总苞片，花序分枝基部各具2枚膜质苞片；花小，两性或稀为单性异株，多为风媒花；花被片3或6枚，排列成2轮或内轮退化，长圆形、披针形或钻形；雄蕊3或6枚或内轮退化而只有3枚，与外轮花被片对生，花丝分离，线形或圆柱形，花药长圆形、卵形或线形，2室，基部着生；雌蕊由3心皮组成，子房上位，1室或3室，或为不完全三隔膜，花柱1，柱头3，线形，多扭曲，具乳头状小凸起。蒴果，室背开裂为1～3瓣，稀不开裂。种子多数或3枚。

本科全世界约8属，约400种，广布于两半球温带和寒冷地区，热带则分布于高纬度区。中国有2属92种。东北地区产2属21种4变种。

分属检索表

1. 叶鞘开裂；叶缘无毛；蒴果3室或1室，种子多数 ························ 1. 灯心草属 Juncus
1. 叶鞘闭合；叶缘有白色长毛；蒴果1室，种子3 ························ 2. 地杨梅属 Luzula

1 灯心草属 *Juncus* L.

Juncus L., Sp. Pl. 325. 1753.

二年生或多年生草本。茎多簇生于匍匐的根状茎上。有须根。具基生叶和茎生叶或无叶。叶片圆柱状线形或稍扁平，有时鞘状或鳞片状，叶鞘边缘开裂。花单生或集成头状、穗状或聚伞花序。花小，两性，常具2枚小苞片；花被片6枚，成2轮交互排列，外轮中脉隆起；雄蕊6枚或有时3枚，与花被片对生；子房1室或具隔膜成3室，侧膜胎座或中轴胎座，花柱单一，柱头3裂。蒴果，3瓣裂。种子多数。

本属全世界约240种，广泛分布于世界各地。主产温带和寒带。中国有76种，南北各地均产，尤以西南地区种类较多。东北地区产15种1变种。

分种检索表

1. 无正常开展的叶片。
  2. 茎稍扁，径0.5～1毫米；花序具数朵至10余朵花；雄蕊6；花被片长3～4毫米 ………… **1. 滨灯心草 *J. haenkei*** E. Mey.
  2. 茎圆柱形，径1～3毫米；花序具数十朵花；雄蕊3（极稀6）；花被片长2～3毫米 ……… **2. 灯心草 *J. effusus*** L.
1. 叶基生和茎生，叶片扁平或圆筒状。
  3. 花序假侧生。
    4. 花序具1～5朵花 ………… **3. 长苞灯心草 *J. brachyspathus*** Maxim.
    4. 花序具3～10朵花………… **4. 丝状灯心草 *J. filiformis*** L.
  3. 花序顶生。
    5. 花序为2～8朵花组成的单一的头状花序。
      6. 花被片赤褐色、锈褐色至黑褐色 ………… **5. 贴苞灯心草 *J. triglumis*** L.
      6. 花被片淡绿白色、白色或黄白色。
        7. 叶比茎短一半；头状花序具3～8朵花；内花被片短于外花被片；雄蕊与花被片等长或稍超出花被片 …………**6. 北亚灯心草 *J. schischkinii*** Kryl. et Sumn.
        7. 叶与茎等长或稍长于茎或稍短于茎；头状花序具2～3朵花；内外花被片近等长；雄蕊稍超出至明显超出花被片 ………… **7. 长白灯心草 *J. maximowiczii*** Buch.
    5. 花序为聚伞花序或为由多数头状花序所组成的聚伞花序。
      8. 花单生，集成聚伞花序。
        9. 一年生；植株高4～30厘米；花被片长4～7毫米，外花被片比内花被片长 ………… **8. 小灯心草 *J. bufonius*** L.
        9. 多年生；植株高15～60厘米；花被片长2～4毫米，内外花被片近等长，少有内片微短。
          10. 花被片长约2毫米，先端钝圆；雄蕊6；蒴果比花被片长 ……… **9. 扁茎灯心草 *J. compressus*** Jacq.
          10. 花被片长3～4毫米，先端锐尖或微钝；雄蕊3；蒴果比花被片短 ………… **10. 洮南灯心草 *J. taonanensis*** Satake et Kitag.
      8. 每二至数朵花集生成头状花序，各头状花序再组成聚伞花序。
        11. 蒴果长6～9毫米；花被片长5～7毫米 ………… **11. 栗花灯心草 *J. castaneus*** smith
        11. 蒴果长2.5～4毫米；花被片长2～4毫米。
          12. 雄蕊3枚；蒴果顶端渐尖、急尖或骤凸尖。

（接上表）

13. 头状花序具2～4朵花；蒴果披针状三棱锥形，顶端渐尖 …………………………………………………… **12. 乳头灯心草 J. papillosus** Franch. et Sav.

13. 头状花序具3～8朵花；蒴果三棱状长圆形，顶端急尖至骤凸尖 ………………………………………………………… **13. 针灯心草 J. wallichianus** Laharpe

12. 雄蕊6枚或在同株上也杂有3～5枚的；蒴果顶端骤凸尖。

14. 花序下方的总苞叶长于全花序；花被片长3～4毫米，先端渐尖 …………………………………………………… **14. 短喙灯心草 J. krameri** Franch. et Say.

14. 花序下方的总苞叶明显短于全花序；花被片长2～2.6毫米，先端锐尖（**15. 尖被灯心草 J. turczaninowii** (Bueh.) Freyn）。

15. 头状花序具6～10朵花 ………………… **15a. 尖被灯心草 J. turczaninowii** var. **turczaninowii**

15. 头状花序具2～6朵花 …………………… **15b. 热河灯心草 J. turczaninowii** var. **jeholensis** (Satake) K. F. Wu et Ma

（1）滨灯心草（东北植物检索表，东北草本植物志）

Juncus haenkei E. Mey. in Syn. Junc. 10. 1822; 东北植物检索表（第二版）: 775. 图版391: 4. 1995; 东北草本植物志12: 42. 图版17: 4～5. 1998.

生湿草地、亚高山草地、湖岸湿地。产黑龙江省兴凯湖附近；吉林省安图县（长白山）。

■ 滨灯心草

植株一部分

植株

（2）灯心草（辽宁植物志，黑龙江省植物志，东北植物检索表，东北草本植物志，中国植物志，Flora of China）

Juncus effusus L., Sp. Pl. 326. 1753; 辽宁植物志（下册）: 792. 图版354: 1～4. 1992; 东北植物检索表（第二版）: 775. 图版391: 3. 1995; 中国植物志13(3): 160. 图版35: 5～8. 1997; 东北草本植物志12: 42. 图版17: 1～3. 1998; Fl. China 24: 48. 2000; 黑龙江省植物志10: 161. 图版65: 1～3. 2002.

生水边、湿地及林下沟旁。产黑龙江省各地；吉林省通化、浑江、靖宇、抚松、安图、长白、和龙、珲春、汪清、桦甸、通榆；辽宁省清原、本溪、桓仁、凤城、宽甸、丹东、鞍山、兴城、瓦房店、普兰店、大连、长海、铁岭等地。

纤维细长，可造纸，又是人造棉的良好原料。髓有利尿、清凉、镇静作用。

■ 灯心草

果序

花序

居群

（3）长苞灯心草（东北植物检索表，东北草本植物志）

Juncus brachyspathus Maxim. in Mém. Acad. Imp. Sci. Saint-Pétersbourg, Sér. 6, Sci. Math., Seconde Pt. Sci. Nat. 9: 293 1859; 东北植物检索表（第二版）: 775. 图版392: 3. 1995; 东北草本植物志12: 40. 图版16: 4 ~ 5.1998.

生河边、浅滩、湿草地。产黑龙江省尚志、嘉荫；吉林省安图等地。

（4）丝状灯心草（黑龙江省植物志，中国植物志，Flora of China）

Juncus filiformis L. in Sp. Pl. 326. 1753; 中国植物志13(3): 159. 图版37: 1 ~ 4. 1997; Fl. China 24: 48. 2000; 黑龙江省植物志10: 161. 2002.

生海拔1859 ~ 2650米的河谷水旁、路边。产黑龙江省宁安；辽宁省本溪。

■ 丝状灯心草

花序

植株一部分

植株

（5）贴苞灯心草（东北植物检索表，东北草本植物志，中国植物志，Flora of China）

Juncus triglumis L., Sp. Pl. 1: 328. 1753; 东北植物检索表（第二版）: 777. 1995; 中国植物志13(3): 196. 图版46: 1 ~ 4. 1997; 东北草本植物志12: 45. 1998; Fl. China 24: 55. 2000.

生山坡、河旁。东北东部曾有记录，未见标本。

（6）北亚灯心草（东北植物检索表，东北草本植物志）

Juncus schischkinii Kryl. et Sumn. in Animad. Herb. Univ. Tomsk.7. 1928; Neo-Lineam. Fl. Mansh. 163. 1979; 东北植物检索表（第二版）: 777. 1995; 东北草本植物志12: 44. 1998.

大兴安岭地区有记录，生境、产地不详。

（7）长白灯心草（东北植物检索表，东北草本植物志，中国植物志，Flora of China）

Juncus maximowiczii Buch., Bot. Jahrb. Syst. 12: 394. 1890; 东北植物检索表（第二版）: 777. 图版391: 1. 1995; 中国植物志13(3): 203. 图版49: 3 ~ 6. 1997; 东北草本植物志12: 45. 图版14: 4 ~ 6. 1998; Fl. China 24: 57. 2000.

生高山冻原。产吉林省安图（长白山）。

（8）小灯心草（辽宁植物志，黑龙江省植物志，内蒙古植物志，东北植物检索表，东北草本植物志，中国植物志，Flora of China）

Juncus bufonius L., Sp. Pl. 328. 1753; 辽宁植物志（下册）: 792. 图版354: 5 ~ 7. 1992; 内蒙古植物志（第二版）5: 449. 图版184: 1 ~ 5. 1994; 东北植物检索表（第二版）: 777. 图版391: 2. 1995; 中国植物志13(3): 172. 图版39: 8 ~ 11. 1997; 东北草本植物志12: 37. 图版14: 1 ~ 3. 1998; Fl. China 24: 51. 2000; 黑龙江省植物志10: 163. 图版66: 1 ~ 3. 2002.

生水边湿地、山坡草地、河套沙质地及碱泡子等处。产黑龙江省牡丹江、大庆、黑河、密山、虎林、伊春、北安、哈尔滨、呼玛、绥芬河、塔河；吉林省双辽、珲春、和龙、安图、汪清；辽宁省沈阳、清原、宽甸、丹东、建平、北镇、彰武、大连、长海；内蒙古自治区额尔古纳、海拉尔、牙克石、新巴尔虎右旗、科尔沁右翼前旗、科尔沁左翼后旗、巴林右旗、扎赉特旗、通辽、赤峰、突泉、扎鲁特旗、克什克腾旗、翁牛特旗等地。

■ 小灯心草

植株

花序

全株

（9）扁茎灯心草（中国植物志，Flora of China）；细灯心草（辽宁植物志，黑龙江省植物志，内蒙古植物志，东北植物检索表，东北草本植物志）

Juncus compressus Jacq. in Enum. Stirp. Vindob. 60: 235. 1762; 中国植物志13(3): 163. 图版37: 5 ~ 8. 1997.——*J. gracillimus* (Buchen.) Krecz. et Gontsch in Fl. URSS 3: 528. 1935; 辽宁植物志（下册）: 793. 图版355: 5. 1992; 内蒙古植物志（第二版）5: 449. 图版184: 6 ~ 10. 1994; 东北植物检索表（第二版）: 777. 图版392: 4. 1995; 东北草本植物志12: 37. 图版15: 1 ~ 2.1998; Fl. China 24: 48. 2000; 黑龙江省植物志10: 163. 图版67. 2002.

生湿草地、山沟旁湿地、水沟中及海滩湿地。产黑龙江省黑河、伊春、哈尔滨、尚志、海林、牡丹江、安达；吉林省双辽、白城、安图；辽宁省北镇、彰武、建平、绥中、沈阳、清原、辽阳、盖州、大连、长海；内蒙古自治区海拉尔、额尔古纳、牙克石、满洲里、新巴尔虎右旗、科尔沁右翼前旗、巴林右旗、科尔沁左翼后旗、通辽、扎鲁特旗、克什克腾旗等地。

纤维可造纸。全草有清热解毒、利水消肿、安神镇惊作用。

■ 扁茎灯心草

花序一部分

花序

果序一部分

果序

植株

（10）洮南灯心草（内蒙古植物志，东北植物检索表，东北草本植物志，中国植物志，Flora of China）

Juncus taonanensis Satake et Kitag., Bot. Mag. (Tokyo) . 48: 610. 1934; 内蒙古植物志（第二版）5: 451. 图版185: 1 ~ 2. 1994; 东北植物检索表（第二版）: 777. 图版392: 5. 1995; 中国植物志13(3): 168. 图版39: 1 ~ 4. 1997; 东北草本植物志12: 40. 图版15: 3 ~ 4.1998; Fl. China 24: 50. 2000.

生河边、塘边湿地或湿草甸。产黑龙江省哈尔滨、依兰、伊春；吉林省洮南（模式标本产地）、安图等地。内蒙古自治区突泉县可能有分布。

■ 洮南灯心草

花序一部分

花序

植株

（11）栗花灯心草（东北植物检索表，东北草本植物志，中国植物志，Flora of China）

Juncus castaneus Smith, Fl. Brit. 1: 383. 1800; 内蒙古植物志（第二版）5: 451. 图版185: 3～5. 1994; 东北植物检索表（第二版）: 777. 图版392: 6. 1995; 中国植物志13(3): 227. 图版55: 5～8. 1997; 东北草本植物志12: 44. 图版16: 1～3.1998; Fl. China 24: 63. 2000; 黑龙江省植物志10: 166. 图版65: 4～6. 2002.

生海拔2100～3100米的山地湿草甸、沼泽地。产黑龙江省大兴安岭；吉林省安图县（长白山）；内蒙古自治区额尔古纳、根河、科尔沁右翼前旗、阿尔山、克什克腾旗、宝格达山等地。

■ 栗花灯心草

花序

植株上部

居群

（12）乳头灯心草（辽宁植物志，黑龙江省植物志，内蒙古植物志，东北植物检索表，东北草本植物志，中国植物志，Flora of China）

Juncus papillosus Franch. et Sav. in Enum. Pl. Jap. 2: 98, 532. 1876; 辽宁植物志（下册）: 794. 图版355: 1～2. 1992; 内蒙古植物志（第二版）5: 455. 图版187: 6～8. 1994; 东北植物检索表（第二版）: 777. 图版392: 2. 1995; 中国植物志13(3): 186. 图版43: 1～2. 1997; 东北草本植物志12: 47. 图版18: 1～2. 1998; Fl. China 24: 53. 2000; 黑龙江省植物志10: 166. 图版68: 1～2. 2002.

生路旁湿地、水边、湿草地和水甸子。产黑龙江省黑河、逊克、勃利、桦南、北安、伊春、萝北、牡丹江、密山、虎林、东宁、佳木斯、宁安；吉林省安图、抚松、延吉、敦化、汪清、珲春、和龙；辽宁省北镇、建平、黑山、新宾、清原、桓仁、宽甸、丹东、大连、长海；内蒙古自治区额尔古纳、海拉尔、扎兰屯、鄂伦春、科尔沁右翼前旗、扎赉特旗、突泉、科尔沁左翼后旗、扎鲁特旗、宁安、锡林浩特等地。

■ 乳头灯心草

叶上部

叶下部

花序一部分

根部

花

植株

（13）针灯心草（辽宁植物志，黑龙江省植物志，内蒙古植物志，东北植物检索表，东北草本植物志，中国植物志，Flora of China）

Juncus wallichianus Laharpe in Essai Monogr. Jonc. 51. 1825; 辽宁植物志（下册）: 794. 图版355: 3 ~ 4. 1992; 内蒙古植物志（第二版）5: 453. 图版187: 1 ~ 5. 1994; 东北植物检索表（第二版）: 777. 图版392: 1. 1995; 中国植物志13(3): 188. 图版43: 5 ~ 6. 1997; 东北草本植物志12: 47. 图版18: 3 ~ 5.1998; Fl. China 24: 54. 2000; 黑龙江省植物志10: 168. 图版68: 3 ~ 5. 2002.

生河边湿地。产黑龙江省尚志、伊春、萝北、密山、杜尔伯特、呼玛、加格达奇、塔河；吉林省安图、汪清、珲春、抚松、长白、浑江、集安；辽宁省本溪、桓仁、大连、庄河、长海、绥中、瓦房店、

2. 叶先端尖且非硬质，不为胼胝体状；花序枝纤纟
……………………………………………………

2. 叶先端钝且为硬质，呈胼胝体状；花序枝呈长花
红地杨梅 L. rufescens Fisch. ex E. Mey.）。
3. 蒴果长2.5～3毫米，与花被片等长、稍长或秆
3. 蒴果长4毫米，明显长于花被片 ……………
1. 每三至多朵花集成头状的花序，再由数个至多数头
4. 多数花紧密地集成1个（稀2～3个）较大的头状
……………………………………………………
4. 数个至较多个头状花序组成为聚伞花序，头状花
5. 种阜不明显或微小，为种子长的1/6以下；花衤
6. 花被片长1.7～2.2毫米；由4～15个头状花
端再二回分枝；总苞叶明显短于花序；头
或近等长 ……………………………………
6. 花被片长2～2.8毫米；由3～8个头状花序
苞叶比花序长或近等长；头状花序径4～5
……………………………………4b. 短序
5. 种阜明显，为种子长的1/4～1/2；花被片黄衤
7. 内外花被片等长 ……………………………
7. 外花被片长于内花被片（6. 淡花地杨梅 L.
8. 花被片淡黄褐色或黄白色，外轮者长2
丝与花药近等长 ……………………………
8. 花被片栗褐色，较大，外轮者长2.6～3
稍长于花丝 ……………………………………

（1）云间地杨梅（黑龙江省植物志，东北

Luzula wahlenbergii Rupr., Fl. Samojed. Cis
1995; 中国植物志13(3): 239. 图版58: 5～8. 199
66. 2000; 黑龙江省植物志10: 171. 图版70: 1～5

生海拔2400～2700米的山坡荒地。产黑龙

（2）火红地杨梅（辽宁植物志，黑龙江省
志，中国植物志，Flora of China）

Luzula rufescens Fisch. ex E. Mey. in Linn
1992; 内蒙古植物志（第二版）5: 446. 图版18
1995; 中国植物志13(3): 235. 图版57: 1～6. 199
65. 2000; 黑龙江省植物志10: 169. 图版69: 1～5

（2a）火红地杨梅（原变种）

Luzula rufescens var. *rufescens*

■ 针灯心草

植株一部分

花序

宽甸；内蒙古自治区根河、鄂伦春、科尔沁右翼前旗、扎赉特旗、突泉、科尔沁左翼后旗、扎鲁特旗、巴林右旗、喀喇沁旗、宁城等地。

纤维可造纸。髓入药治淋病、水肿、小便不利、心烦不寐，外用敷金疮。

（14）短喙灯心草（辽宁植物志，黑龙江省植物志，东北植物检索表，东北草本植物志，中国植物志，Flora of China）

Juncus krameri Franch. et Savat. in Enum. Pl. Jap. 2: 99. 1879; 辽宁植物志（下册）: 794. 1992; 东北植物检索表（第二版）: 777. 1995; 中国植物志13(3): 185. 图版42: 1～3. 1997; 东北草本植物志12: 46. 1998; Fl. China 24: 53. 2000; 黑龙江省植物志10: 168. 2002.

生山坡、路旁、河边、湿草地。产黑龙江省海林、尚志；吉林省东部；辽宁省沈阳、凤城等地。

■ 短喙灯心草

植株

花序

植株一部分

（15）尖被灯心草（黑龙江省植物志，内蒙古植物志，东北植物检索表，东北草本植物志，中国植物志，Flora of China）

Juncus turczaninowii (Bueh.) Freyn in Komarov, Fl. URSS. 3: 539. 1935; 内蒙古植物志（第二版）5: 451. 图版186: 1～6. 1994; 东北植物检索表（第二版）: 777. 图版391: 5. 1995; 中国植物志13(3): 182. 图版42:

4 ~ 6. 1997; 东北草本植物志12: 46. 1998; Fl.

（15a）尖被灯心草（原变种）

Juncus turczaninowii var. *turczaninowii*

生海拔720 ~ 1350米的河边湿草地、

鄂伦春、科尔沁右翼前旗、扎赉特旗、扎

■ 尖被灯心草

花序

（15b）热河灯心草（变种）（内蒙

Flora of China）

Juncus turczaninowii var. *jeholensis*

志（第二版）5: 453. 图版186: 7. 1994;

图版42: 7. 1997; 东北草本植物志12: 46.

生湿地和沼泽。产黑龙江省呼玛、

克什克腾旗、翁牛特旗、巴林右旗等地。

2 地杨梅属 *Luzula* DC.

Luzula DC. in Lam. et DC. Fl. Franc

多年生草本，丛生，具短根状茎。

毛，基部叶鞘闭合成圆筒状。花簇生或

缩成头状花序，每朵花下有1枚干膜质苞

无柄，1室，有3枚胚珠。蒴果成熟后3瓣

本属全世界约75种，广布于温带和

区。中国有16种，主产东北、华北、西

1. 聚伞花序上的花皆单生或其中也有一些是

生林缘湿草地、山坡路旁、田间、沼泽潮湿处。产黑龙江省黑河、伊春、尚志、呼玛、新林；吉林省安图、浑江、通榆；辽宁省凤城、本溪；内蒙古自治区额尔古纳、根河、牙克石、科尔沁右翼前旗、阿尔山等地。

■ 火红地杨梅

花序

植株

（2b）大果地杨梅（变种）（黑龙江省植物志，东北植物检索表，中国植物志，Flora of China）

Luzula rufescens var. *macrocarpa* Buchenau in Engler, Pflanzenr. 25 (Ⅳ. 36): 47. 1906; 东北植物检索表（第二版）: 781. 1995; 中国植物志13(3): 236. 图版57: 7 ~ 9. 1997; 东北草本植物志12: 50. 1998; Fl. China 24: 65. 2000; 黑龙江省植物志10: 171. 2002; 东北植物分布图集: 1295. 2019.

生山沟路旁、水边湿地。产黑龙江省大兴安岭；吉林省浑江；辽宁省本溪等地。

（3）地杨梅（东北植物检索表，东北草本植物志，中国植物志，Flora of China）；头序地杨梅（植物智网站）

Luzula campestris (L.) DC. in Lam. et DC. Fl. France ed. 3, 3: 161. 1805; 中国植物志13(3): 243. 图版59: 1 ~ 5. 1997; 东北草本植物志12: 52. 1998; Fl. China 24: 66. 2000.——*Luzula capitata* (Miq.) Nakai in Fl. Kamtschatka 1: 288 1927; 东北植物检索表（第二版）: 781. 1995.

生草地。产吉林省浑江。

（4）华北地杨梅（黑龙江省植物志，中国植物志，Flora of China）；长白地杨梅（东北植物检索表，东北草本植物志）

Luzula oligantha Sam., Fl. Kamtchatka. 1: 227. 1927; 东北植物检索表（第二版）: 781. 图版393: 5. 1995; 中国植物志13(3): 246. 图版60: 6 ~ 9. 1997; 东北草本植物志12: 53. 图版20: 4 ~ 6.1998; Fl. China 24: 67. 2000; 黑龙江省植物志10: 174. 图版70: 10 ~ 12. 2002.

（4a）华北地杨梅（原变种）

Luzula oligantha var. *oligantha*

常生海拔1900 ~ 3700米的山坡林下、荒草地。产黑龙江省牡丹江、密山、穆棱；吉林省安图、抚松、长白、吉林等地。

■ 华北地杨梅

植株下部

植株上部

植株

（4b）短序长白地杨梅（变种）（东北植物检索表，东北草本植物志）

Luzula oligantha var. *sudeticoides* P. Y. Fu et Y. A. Chen, 东北植物检索表（第二版）: 781. 图版393: 6. 1995; 东北草本植物志12: 55. 图版20: 7.1998.

生高山冻原及亚高山草地或林间。产吉林省安图、抚松等地。

■ 短序长白地杨梅

植株

植株一部分

（5）多花地杨梅（黑龙江省植物志，内蒙古植物志，东北植物检索表，东北草本植物志，中国植物志，Flora of China）

Luzula multiflora (Retz.) Lej., Fl. Spa. 1: 169. 1811; 内蒙古植物志（第二版）5: 447. 图版183: 7 ~ 11. 1994; 东北植物检索表（第二版）: 781. 1995; 中国植物志13(3): 243. 图版59: 6 ~ 9. 1997; 东北草本植物志12: 52. 1998; Fl. China 24: 67. 2000; 黑龙江省植物志10: 173. 图版70: 6 ~ 9. 2002.

生海拔2200 ~ 3600米的山坡草地、林缘水沟旁、溪边潮湿处。产黑龙江省牡丹江；内蒙古自治区牙克石、宝格达山等地。

（6）淡花地杨梅（辽宁植物志，黑龙江省植物志，东北植物检索表，东北草本植物志，中国植物志，Flora of China）

Luzula pallescens Swartz in Summa Veg. Scand. 13. 1814; 辽宁植物志（下册）: 796. 图版356: 1 ~ 2. 1992; 东北植物检索表（第二版）: 781. 图版391: 6. 1995; 中国植物志13(3): 248. 图版60: 10 ~ 12 1997; 东北草本植物志12: 53. 图版19: 6 ~ 8. 1998; Fl. China 24: 68. 2000; 黑龙江省植物志10: 173. 图版69: 6 ~ 8. 2002.

（6a）淡花地杨梅（原变种）

Luzula pallescens var. *pallescens*

生山坡林下、路边、荒草地。产黑龙江省哈尔滨、黑河、嫩江、嘉荫、穆棱、虎林、宝清、密山、东宁；吉林省汪清、安图、珲春；辽宁省本溪、清原、桓仁、新宾；内蒙古自治区额尔古纳、根河、牙克石、科尔沁右翼前旗、克什克腾旗等地。

■ 淡花地杨梅

花序一部分

花序

植株

（6b）安图地杨梅（变种）（华东师范大学学报，中国植物志，Flora of China）

Luzula pallescens var. *castanescens* K. F. Wu in Journ. E. China Normal Univ. (Nat. Sci.) no. 3, 99. 1992; 中国植物志13(3): 248. 1997; Fl. China 24: 68. 2000.

生林缘。产吉林。模式标本采自吉林安图。

063. 莎草科 Cyperaceae

Cyperaceae Juss., Gen. Pl. [Jussieu] 26. 1789, *nom. cons.*

木贼门、木贼亚门、木兰纲、百合亚纲、鸭跖草超目、禾本目（Poales）。

多年生草本，少为一年生草本；多数具根状茎，少有兼具块茎。大多数具有三棱形的秆。叶基生和秆生，一般具闭合的叶鞘和狭长的叶片，或有时仅有鞘而无叶片。花序多种多样，有穗状、总状、圆锥状、头状或长侧枝聚伞花序；小穗单生、簇生或排列成穗状或头状，具二至多数花，或退化至仅具1花；花两性或单性，雌雄同株，少有雌雄异株，着生于鳞片（颖片）腋间，鳞片覆瓦状螺旋排列或2列，无花被或花被退化成下位鳞片或下位刚毛，有时雌花为先出叶所形成的果囊所包裹；雄蕊3个，少有2或1个，花丝线形，花药底着；子房1室，具1个胚珠，花柱单一，柱头2～3个。果实为小坚果，三棱形，双凸状、平凸状或球形。

本科全世界约有90属，5000～5300种，广布于世界各地，主产北温带地区。中国产33属865种，广布于南北各地，主产西南和华南。东北地区产13属202种5亚种20变种2变型，其中栽培1种1变种。

分属检索表

1. 花单性；雄花包于鳞片内，雌花具先出叶形成果囊，稀不形成果囊…………………………………… 1. 薹草属 Carex
1. 花两性或单性；花包于鳞片腋内，不具先出叶形成的果囊。
 2. 小穗具少数花（多半减至1～2花），只有少数鳞片在小穗中部或上部着花，基部鳞片显著比中部或上部者小；花两性或单性 ……………………………………………………………………………… 2. 刺子莞属 Rhynchospora
 2. 小穗具多数花，所有鳞片都具花，很少下面几个鳞片中空无花，最下部鳞片常比上方者大；花两性。
  3. 鳞片成二行排列；无花被；小穗最下部鳞片与其他鳞片不同 ………………………………… 3. 莎草属 Cyperus
  3. 鳞片螺旋状排列；花被有或无；小穗最下部鳞片与其他鳞片相同。
   4. 花柱基部膨大。
    5. 全部叶退化成鞘 ………………………………………………………………………… 4. 荸荠属 Eleocharis
    5. 至少有的叶具发育很好的叶片。
     6. 花柱基脱落；花柱常有毛 …………………………………………………………… 5. 飘拂草属 Fimbristylis
     6. 花柱基宿存；花柱常光滑 …………………………………………………………… 6. 球柱草属 Bulbostylis
   4. 花柱基部不膨大。
    7. 下位刚毛多于6条，细长并呈绢丝状……………………………………………… 7. 羊胡子草属 Eriophorum
    7. 下位刚毛6条或较少，稀退化或缺如。
     8. 花序下苞片鳞片状，具1个顶生小穗 ……………………………………… 8. 蔺藨草属 Trichophorum
     8. 花序下具禾叶状苞片、秆状苞片或佛焰苞状苞片。
      9. 苞片禾叶状或佛焰苞状；花序顶生或侧生兼有。
       10. 小穗成两行排列于穗轴上；花序为穗状 ……………………………………… 9. 扁穗草属 Blysmus
       10. 小穗不成二行排列；花序为头状或长侧枝聚伞花序，有时仅有1小穗。
        11. 根状茎或长或短，但无球形块茎；小穗较小，长0.2～1.5厘米；鳞片背部无糙硬毛；小坚果长0.8～1毫米 ……………………………………………………………… 10. 藨草属 Scirpus
        11. 根状茎具地下匍匐枝，具球状块茎；小穗大，长1～2厘米；鳞片背部具糙硬毛；小坚果长3～4毫米 ………………………………………………………………… 11. 三棱草属 Bolboschoenus
      9. 苞片似秆之延长；花序假侧生。

（接上表）

12. 花序通常分枝，具2～8个辐射枝；根状茎长或具匍匐枝…………　**12. 水葱属 Schoenoplectus**
12. 花序通常头状，无辐射枝；根状茎极短……………………………　**13. 萤蔺属 Schoenoplectiella**

1 薹草属 *Carex* L.

Carex L., Gen. Pl. ed 1, 280, 1737.

多年生直立草本，具地下根状茎。秆三棱形。叶基生或兼具秆生叶，平张，少数边缘卷曲，条形或线形，少数为披针形，基部通常具鞘。苞片叶状，少数鳞片状或刚毛状。花单性，由1朵雌花或1朵雄花组成1个支小穗，雌性支小穗外面包以边缘完全合生的先出叶，即果囊，果囊内有的具退化小穗轴，基部具1枚鳞片；小穗由多数支小穗组成，单性或两性，两性小穗雄雌顺序或雌雄顺序，通常雌雄同株，少数雌雄异株，具柄或无柄，小穗柄基部具枝先出叶或无，鞘状或囊状，小穗一至多数，单一顶生或多数时排列成穗状、总状或圆锥花序；雄花具3枚雄蕊，少数2枚，花丝分离；雌花具1个雌蕊，花柱稍细长，有时基部增粗，柱头2～3个；果囊三棱形、平凸状或双凸状，具或长或短的喙。小坚果较紧或较松地包于果囊内，三棱形或平凸状。

本属全世界有2000多种，广布于世界各地。中国有527种，分布于全国各省区。东北地区产132种4亚种14变种1变型。

分种检索表

1. 雌花先出叶仅部分愈合而呈佛焰苞状。
  2. 小穗多数组成复穗状花序 ……………………………… **1. 丝叶嵩草 C. macroprophylla** (Y.C.Yang) S.R.Zhang
  2. 小穗单一顶生 ……………………………………………………………… **2. 嵩草 C. myosuroides** Vill.
1. 雌花先出叶除顶端外全部愈合成果囊。
  3. 枝先出叶存在；柱头通常3，稀2；小坚果三棱形，稀平凸状或双凸状；常具小穗柄。
    4. 柱头3；小坚果三棱形。
      5. 果囊为三棱形或膨大三棱形。
        6. 叶及叶鞘具横隔（但异穗薹草的鞘无横隔）；果囊喙口质硬，2齿或2深裂。
          7. 植株或果囊无毛，有时果囊边缘粗糙。
            8. 果囊膜质，具长喙。
              9. 果囊不膨大。
                10. 雌小穗矩圆形，长1.5～3厘米，宽1.5厘米，水平或斜开展；果囊不倒生，喙齿长，外弯呈双钩状 ……………………………… **3. 弓喙薹草 C. capricornis** Meinsh. ex Maxim.
                10. 雌小穗圆柱形，长3～6厘米，宽0.8～1厘米，下垂；果囊在穗轴上倒生，喙狭长，直立 ……………………………………………… **4. 似莎薹草 C. pseudo-cyperus** L.
              9. 果囊膨大。
                11. 喙口微缺，无明显裂齿 ……………………………… **5. 小穗薹草 C. dichroa** Freyn
                11. 喙口明显2齿裂。
                  12. 果囊斜开展，顶端渐狭为喙 ……………………… **6. 胀囊薹草 C. vesicaria** L.

（接上表）

12. 果囊水平开展或向下反折，顶端急缩为长喙。
13. 雄小穗1～2；果囊具弯生长柄 ……… **7. 柄薹草 C. mollissima** Christ. ex Scheutz
13. 雄小穗2～7；果囊具短柄或无柄。
14. 秆锐三棱形；叶宽6～15毫米，鲜绿色；雌小穗宽10～13毫米 ……………………………………………… **8. 大穗薹草 C. rhynchophysa** C. A. Mey.
14. 秆钝三棱形；叶宽3～5毫米，灰绿色；雌小穗宽6～9毫米。
15. 雌花鳞片矩圆状卵状披针形，短于果囊；果囊长约5毫米 ……………………………………………… **9. 褐黄鳞薹草 C. vesicata** Meinsh.
15. 雌花鳞片矩圆状披针形，与果囊近等长或稍短；果囊长约4毫米 ……………………………………… **10. 灰株薹草 C. rostrata** Stokes ex With.
8. 果囊木栓质，稀为厚革质状，无喙或具短喙。
16. 果囊厚革质，喙明显。
17. 秆基叶鞘褐色；叶背面密被乳头状突起；雌小穗卵形至长椭圆形，长8～18毫米；果囊近无脉 ……………………………………………………… **11. 异穗薹草 C. heterostachya** Bunge
17. 秆基叶鞘紫红色；叶背面无乳头状突起；雌小穗圆柱形或近长圆形，长1.5～4厘米；果囊具明显凸起脉。
18. 果囊暗血红色，有明显隆起的脉；喙口2齿叉开 …………**12. 叉齿薹草 C. gotoi** Ohwi
18. 果囊黄褐色，有稍隆起的脉；喙口2齿近直立 …**13. 准噶尔薹草 C. songarica** Kar. et Kir.
16. 果囊木栓质或海绵状厚革质，喙不显著。
19. 雌小穗接近生；秆节间短；叶成束状；果囊干后绿黄色，仅基部具明显脉 ………………………………………………………………… **14. 矮生薹草 C. pumila** Thunb.
19. 雌小穗远离生；秆节间长；叶不成束状；果囊干后灰褐色或黄褐色，具明显脉。
20. 果囊具凹下脉，喙粗糙；雌小穗长1.5～2厘米 …… **15. 糙叶薹草 C. scabrifolia** Steud.
20. 果囊具凸起脉，喙平滑；雌小穗长2～4厘米。
21. 果囊卵形，喙口浅裂；小坚果长约3.5毫米 ……… **16. 粗脉薹草 C. rugurosa** Kük.
21. 果囊披针形或长圆形，喙口深裂；小坚果长2毫米… **17. 显脉薹草 C. kirganica** Kom.
7. 植株或果囊有稀疏糙毛或密生毛。
22. 柱头2 ……………………………………………………**18. 湿薹草 C. humida** Y. L. Chang et Y. L. Yang
22. 柱头3。
23. 雄小穗单一；下部苞片鞘长仅0.5～1毫米 ……………… **19. 宽鳞薹草 C. latisquamea** Kom.
23. 雄小穗2～5个；下部苞片具长鞘。
24. 果囊具短喙，革质，密生茸毛，喙口半月状；叶片刚毛状，内折成沟状 ………………………………………………………………… **20. 毛薹草 C. lasiocarpa** Ehrh.
24. 果囊具长喙，草质至薄革质，疏生至密生糙毛，稀无毛，喙口2齿裂；叶片扁平。
25. 果囊薄革质，长圆状披针形或圆锥状卵形，无毛，稀边缘稍有毛；叶背面具颗粒状细点。
26. 果囊长圆状卵形，长6～8毫米……………… **21. 直穗薹草 C. atherodes** Spreng.
26. 果囊长圆状披针形，长8～10毫米 …………… **22. 锥囊薹草 C. raddei** Kfikenth.
25. 果囊草质，卵形，全部具糙毛、仅上部有毛或喙边缘具糙毛，稀无毛；叶背面无颗粒状细点。

（接上表）

27. 果囊疏生糙毛；苞片下部者具鞘，上部者无鞘；喙口较浅裂 ……………………………………… **23. 辽东薹草 *C. glabrescens*** (Kukenth.) Ohwi

27. 果囊无毛或仅边缘微粗糙；苞片通常具鞘；喙口2齿裂（**24. 野笠薹草 *C. drymophila*** Turez. ex Steud.）。

28. 叶鞘无毛或仅鞘口膜质部分被疏柔毛 ……………………………………… **24a. 野笠薹草 *C. drymophila*** var. ***drymophila***

28. 叶鞘具密毛 ……………**24b. 毛果野笠薹草 *C.drymophila*** var. ***abbreviata*** (Kukenth.) Ohwi.

6. 叶及叶鞘无横隔；果囊喙口膜质状，全缘或微二齿裂。

29. 苞片具长鞘或短鞘。

30. 叶广披针形，宽达3厘米（**25. 宽叶薹草 *C. siderosticta*** Hance）。

31. 小穗皆为雄雌顺序；果囊平滑无毛；秆高达30厘米；叶宽，扁平，边缘稍粗糙 ……………………………………………………… **25a. 宽叶薹草 *C. siderosticta*** var. ***siderosticta***

31. 顶生小穗为雄小穗，其余皆为雄雌顺序；果囊被白色柔毛；秆高达12厘米；叶狭，边缘波状，具纤毛 ………………… **25b. 毛缘宽叶薹草 *C. siderosticta*** var. ***pilosa*** Levl. ex Nakai

30. 叶长线形或丝状。

32. 顶生小穗为雄雌顺序或雌雄顺序，有时顶生小穗为雄小穗、其余为雌小穗；植株纤弱。

33. 果囊具长喙；顶生小穗为雄雌顺序… **26. 沟叶薹草 *C. sedakowii*** C. A. Mey. ex Meinsh.

33. 果囊具短喙；顶生小穗为雄小穗或雌雄顺序……… **27. 小粒薹草 *C. karoi*** (Freyn) Freyn

32. 顶生小穗为雄小穗，其余为雌小穗。

34. 果囊无毛。

35. 叶边缘内卷呈丝状；果囊近革质；雌小穗具2～3花 ……………………………………………………… **28. 乌苏里薹草 *C. ussuriensis*** Kom.

35. 叶扁平线形；果囊膜质状；雌小穗具多数花。

36. 果囊具短喙。

37. 果囊不膨大；小坚果紧密地包于果囊中；下方雌小穗常下垂 …………………………………………………… **29. 鸭绿薹草 *C. jaluensis*** Kom.

37. 果囊膨大；小坚果疏松地包于果囊中；小穗直立 …………………………………………………… **30. 亚澳薹草 *C. brownii*** Tuckerm.

36. 果囊具长喙。

38. 果囊小型，长2.5～4毫米；植株纤弱。

39. 顶生小穗不超出相邻雌小穗；果囊有光泽；叶为秆长1/3～1/2 ……………………………………………… **31. 细秆薹草 *C. capillaris*** L.

39. 顶生小穗超出相邻雌小穗；果囊无光泽；叶稍短于秆 ……………………………… **32. 细形薹草 *C. tenuiformis*** Levl. et Vant.

38. 果囊大型，长（5～）6～8毫米；植株粗壮。

40. 雌小穗圆柱形或长圆形，具多数花，花密生。

41. 雄小穗单一；果囊长圆状披针形；柱头宿存 ………………………**33. 卷柱头薹草 *C. bostrychostigma*** Maxim.

（接上表）

41. 雄小穗2～3个；果囊倒卵形至卵形；柱头脱落 ………………………… **34. 麻根薹草 C. arnellii** Christ ex Scheutz

40. 雌小穗线形，具4～10花，花疏生。

42. 秆基部具淡褐色的鞘，鞘常分裂成纤维状；果囊长4～6毫米（**35. 少花薹草 C. vaginata** Tausch）。

43. 叶片宽3～5毫米；果囊长4毫米左右 ………………………… **35a. 少花薹草 C. vaginata** var. **vaginata**

43. 叶片较宽5毫米以上；果囊较大，长5～6毫米 ………………………… **35b. 大少花薹草 C.vaginata** var. **petersii** (C. A. Mey. ex Schmidt) Akiyama

42. 秆基部具紫红色无叶的鞘，鞘不分裂。

44. 果囊长圆状卵形，长6～7毫米；叶无毛 ……………………**36b. 少囊薹草 C. filipes** var.**oligostachys** Kük.

44. 果囊倒卵形，长4～5毫米；叶边缘及两面具疏柔毛（**37. 毛缘薹草 C. pilosa** Scop.）。

45. 果囊及小穗柄光滑无毛 … **37a. 毛缘薹草 C. pilosa** var. **pilosa**

45. 果囊及小穗柄疏生毛 ……… **37b. 刺毛缘薹草 C. pilosa** var. **auriculata** Kukenth.

34. 果囊被短柔毛或糙毛，或至少喙边缘粗糙。

46. 果囊小型，长2～4（～5）毫米，无喙或具短喙，喙口微缺或二齿裂。

47. 小坚果顶端无帽状体或盘状附属物；果囊梨状倒卵形，近无喙；苞片通常佛焰苞状。

48. 果囊锐三棱形，无脉；喙明显或较长，直立或近直立。

49. 苞片的鞘顶端具叶片；雌小穗轴近直立，约具10花；雌花鳞片顶端截形或凹，具明显芒 … **38. 红鞘薹草 C. erythrobasis** H. Léveillé & Vaniot

49. 苞片的鞘顶端无叶片；雌小穗轴屈曲，通常具2～4花；雌花鳞片顶端广圆形，具骤尖 …………… **39. 四花薹草 C. quadriflora** (Kük.) Ohwi

48. 果囊钝三棱形，脉明显或否；喙不明显或极短，向外弯曲。

50. 苞片鞘绿色，顶端具发育的叶片，稀为刚毛状；雌小穗轴通常直。

51. 根状茎具地下匍匐枝；叶沟状内卷或刚毛状，宽0.3～0.5毫米 …………………………………… **40. 肋脉薹草 C. pachyneura** Kitag.

51. 根状茎无地下匍匐枝；叶扁平，宽1～5毫米（**41. 柄状薹草 C. pediformis** C. A. Mey.）。

52. 根状茎短；雄小穗不超出雌小穗 ………………… **41a. 柄状薹草 C. pediformis** var. **pediformis**

52. 根状茎长；雄小穗与相邻雌小穗等长或稍长 ……………… **41b. 柞薹草 C.pediformis** var. **pedunculata** Maxim.

50. 苞片腹侧非绿色，顶端通常无发育的叶片；雌小穗轴通常“之”字形弯曲、屈曲或不明显。

（接上表）

53. 秆高大，不隐藏于叶丛基部，与叶近等长或稍短；叶宽1～2.5毫米，粗糙；雄花鳞片长圆状披针形，长8～8.5毫米，顶端急尖（**42. 大披针薹草 C. lanceolata** Boott）。

54. 小穗彼此疏远；果囊具明显凸起脉；雌花鳞片披针形，顶端渐尖。

55. 植株高10～35厘米；侧生雌性小穗有5～10余朵疏生或稍密生的花；小穗轴微呈之字形曲折 …………… **42a. 大披针薹草 C. lanceolata** var. **lanceolata**

55. 植株较小；侧生雌性小穗仅具2～3朵疏生的花；小穗轴明显呈之字形弯曲 …………**42b. 少花大披针薹草 C. lanceolata** var. **laxa** Ohwi

54. 小穗稍接近生；果囊无脉或具极不明显脉；雌花鳞片椭圆形，顶端稍圆形，具芒状尖 ……**42c. 亚柄薹草 C. lanceolata** var. **subpediformis** Kukenth.

53. 秆极短，隐藏于叶丛基部，为叶长的1/2～1/6；叶宽0.8～2毫米，细如毛发；雄花鳞片披针形或长圆状卵形，长2.5～5毫米，顶端急尖或钝或截形。

56. 根状茎细长，斜升，疏松丛生；雄花鳞片披针形，顶端急尖，淡锈色，边缘白色膜质；雌花鳞片披针形（**43. 羊须草 C. callitrichos** V. Krecz.）。

57. 叶宽0.5～0.8毫米；雌小穗具1～3花 ………………… **43a. 羊须草 C. callitrichos** var. **callitrichos**

57. 叶宽1～2毫米；雌小穗具1～4花 … **43b. 兴安羊胡子薹草 C. callitrichos** var. **austrohinganica** Y. L. Chang et Y. L. Yang

56. 根状茎短，紧密丛生；雄花鳞片长圆状卵形，顶端钝或截形，背面紫褐色，两侧白色膜质；雌花鳞片卵形（**44. 低矮薹草 C. humilis** Leyss.）。

58. 雄小穗有多数花；雌小穗有2～4朵花。

59. 叶柔软，宽1～1.5毫米；雌小穗有2～4朵疏生的花；小穗2～3个 … **44a. 低矮薹草 C. humilis** var. **humilis**

59. 叶质稍硬，宽约2毫米；雌小穗具4～7花；小穗4～5个 ……**44b. 雏田薹草 C. humilis** var. **scirrobasis** (Kitag.) Y. L. Chang

58. 雄小穗具3～4花；雌小穗具1～2花；小穗2～4个 …**44c. 矮丛薹草 C. humilis** var. **nana** (Levl. et Vant.) Ohwi

47. 小坚果顶端具帽状体或盘状附属物，稀呈喙状；果囊卵形或倒卵形，具短喙；苞片叶状。

60. 小坚果顶端缢缩为盘状或帽状体。

61. 根状茎极短，无地下匍匐枝；紧密丛生；果囊喙口二齿裂。

62. 雄花鳞片苍白色或带绿色；雄小穗苍白色。

（接上表）

63. 雄小穗较小，贴生紧相邻雌小穗的侧方，常不高出或稍高出；小穗聚生；果囊小，长2～2.5毫米；雌花鳞片具长芒；苞片具短鞘或不明显鞘 …… **45. 青绿薹草 C. breviculmis** R. Br. Prodr.

63. 雄小穗较大，明显高出相邻雌小穗；小穗远离生；果囊大，长约3毫米；雌花鳞片具短芒；苞片具长鞘 …………………………… **46. 豌豆形薹草 C. pisiformis** Boott

62. 雄花鳞片黄褐色或红锈色；雄小穗锈色或锈褐色。

64. 果囊长2.5毫米，广倒卵形，顶端急收缩为喙 …………………………… **47. 绿囊薹草 C. hypochlora** Freyn.

64. 果囊长3.5～4毫米，长圆状倒卵形，顶端渐狭为喙… **48b. 褐穗薹草 C.umbrosa** subsp. **sabynensis** (Less. ex Kunth) Kük.

61. 根状茎短，具长的地下匍匐枝，稍丛生；果囊喙口背侧微缺，腹面近截形。

65. 果囊广倒卵形，具不明显的脉，顶端急缩为稍弯曲喙… **48c. 小苞叶薹草 C.umbrosa** subsp. **pseudosabynensis** T.V.Egorova

65. 果囊卵状椭圆形，具明显脉，顶端渐狭为圆锥状喙 …………………………… **49. 截嘴薹草 C. nervata** Franch. et Sav.

60. 小坚果顶端呈喙状。

66. 根状茎短，具地下长的匍匐枝，非丛生；小坚果基部具退化的小穗轴 …………………… **50. 轴薹草 C. rostellifera** Y. L. Chang et Y. L. Yang

66. 根状茎短，无地下匍匐枝，紧密丛生；小坚果基部无退化小穗轴（**51. 喙果薹草 C. pseudo-hypochlora** Y. L. Chang et Y. L. Yang）。

67. 果囊大，长4～6毫米，喙口具2短齿 …… **51a. 喙果薹草 C. pseudo-hypochlora** f. **pseudo-hypochlora**

67. 果囊小，长2～2.5毫米，喙口二齿裂……… **51b. 小齿喙果薹草 C. pseudo-hypochlora** f. **denticulata** Y. L. Chang et Y. L. Yang

46. 果囊大型，长6～8毫米，具长喙，喙口通常深裂。

68. 秆基叶鞘均具叶片……**52. 假长嘴薹草 C. nodaeana** A. I. Baranov & Skvortsov

68. 秆基部叶鞘无叶片。

69. 果囊喙口短二齿裂 …………………………… **53. 稗薹草 C. xiphium** Kom.

69. 果囊喙口深裂 ……………………**54. 长嘴薹草 C. longerostrata** C. A. Mey.

29. 苞片无鞘，叶状或鳞片状。

71. 顶生小穗为雄小穗，其余者为雌小穗。

72. 雌小穗长圆柱状或短圆柱状，下部者具短柄；小坚果疏松地包于果囊中；苞片明显为叶状；植株大型。

73. 秆三棱形，无翼；果囊小型，密被乳头状突起，具短喙 ………………………………………………………… **55. 米柱薹草 C. glauciformis** Meinsh.

73. 秆扁三棱形或锐三棱形，具翼；果囊较大，无乳头状突起，具长喙。

74. 果囊干后暗绿褐色，无光泽，顶端为弯曲的喙 ………………………………………… **56. 皱果薹草 C. dispalata** Boott ex A. Gray

（接上表）

74. 果囊干后淡绿色，有光泽，顶端具圆锥状喙。
75. 果囊斜向或水平开展，喙向背侧稍倾斜，平滑；上部雌小穗与雄小穗接近生；叶片宽5～10毫米 ………………………… **57. 扁秆薹草 C. planiculmis** Kom.
75. 果囊直立，喙直立，通常稍粗糙；小穗远离生；叶宽2～4毫米 ………………………………………………… **58. 日本薹草 C. japonica** Thunb.
72. 雌小穗球形或椭圆形，近无柄；小坚果紧密地包于果囊中；苞片通常为鳞片状，稀刚毛状或叶状；植株小型。
76. 果囊平滑无毛，有光泽，革质状，喙口斜截形……… **59. 黄囊薹草 C. korshinskyi** Kom.
76. 果囊具短柔毛或糙硬毛，无光泽，草质状，喙口微缺或稍二齿裂。
77. 果囊具明显脉。
78. 苞片鳞片状；叶疏生毛；根状茎短，紧密丛生；果囊长圆状椭圆形，长4～5毫米 ……………………………………………… **60. 卷叶薹草 C. ulobasis** V. Krecz.
78. 苞片叶状；叶无毛；根状茎斜升，疏丛生；果囊倒卵形，长2.2～3.2毫米 ……………………………………………………… **61. 玉簪薹草 C. globularis** L.
77. 果囊无脉或具不明显脉。
79. 苞片鳞片状，紫褐色，顶端无叶片；雄花鳞片紫褐色，顶端钝 ……………………………………………… **62. 鳞苞薹草 C. vanheurckii** Maell.
79. 苞片稍呈鞘状，绿色，顶端具叶片或呈刚毛状；雄花鳞片锈色，顶端急尖。
80. 果囊卵形，长3～3.5毫米；小坚果基部无退化小穗轴 ……………………………………**63. 球穗薹草 C. amgunensis** Fr. Schmidt
80. 果囊倒卵形，长2.5～2.8毫米；小坚果基部有时具小穗轴 ……………………………………………… **64. 兴安薹草 C. chinganensis** Litv.
71. 顶生小穗为雌雄顺序（但短鳞薹草除外），其余者为雌小穗。
81. 果囊密被乳头状突起；最下部小穗无柄。
82. 根状茎具长匍匐枝，稍疏丛生；基部叶鞘紫红色；雌花鳞片渐尖或具芒；果囊喙口2齿裂 ………………………………………………………… **65. 长鳞薹草 C. tarumensis** Franch.
82. 根状茎无匍匐枝，紧密丛生，形成踏头；基部叶鞘栗褐色；雌花鳞片钝；果囊的喙口全缘 ………………………………………………………………… **66. 乌拉草 C. meyeriana** Kunth
81. 果囊平滑；最下部小穗具柄。
83. 果囊无脉……………………………………………………………… **67. 黑穗薹草 C. atrata** L.
83. 果囊具脉。
84. 秆顶端的花序直立；雌花鳞片小，长1.5～2毫米，顶端钝或稍急尖；果囊小，长2～3毫米。
85. 顶生小穗通常为雄小穗，稀杂性。
86. 雌小穗狭圆柱形，长2～3厘米，宽3～5毫米，远离生；果囊淡灰绿色，具明显细脉 …………… **68. 短鳞薹草 C. angustinowiczii** Meinsh. ex Korsh.
86. 雌小穗矩圆形，长0.7～1.8厘米，宽0.8毫米，密集生，仅基部者远离；果囊黄绿色，上部带紫色，近无脉 …… **69. 青藏薹草 C. moorcroftii** Falc. ex Boott
85. 顶生小穗通常为雌雄顺序或者雄雌顺序。

（接上表）

87. 花序较大；顶生小穗为雌雄顺序或雄雌顺序，有时为雄小穗，长1～2.5厘米；叶片下面及果囊有细小乳头状凸起；果囊淡棕黄色或棕褐色；雌花鳞片明显长于且宽于果囊…………………… **70. 沙地薹草 C. sabulosa** Turczaninow ex Kunth

87. 花序较小；顶生小穗为雌雄顺序，长0.5～1厘米；叶片下面及果囊无细小乳头状突起；果囊黄绿色；雌花鳞片明显短于果囊……………………………………………………… **71. 圆穗薹草 C. media** R. Br.

84. 秆顶端的花序下倾；雌花鳞片大，长2.5～5.5毫米，顶端具芒或渐尖；果囊长3～5毫米。

88. 果囊长4～5毫米，扁三棱形，喙口近全缘或微缺；雌花鳞片具粗糙的长芒，长于果囊……………………………………… **72. 长芒薹草 C. gmelinii** Hook. et Arn.

88. 果囊长3～4毫米，膨大三棱形，喙口2齿裂；雌花鳞片渐尖或芒状渐尖，短于或等于果囊。

89. 小穗较长，花稍稀疏；果囊具明显凸起脉，顶端渐狭为喙；雌花鳞片长3～4毫米，苍白色至淡褐色，顶端渐狭为芒状；叶背面具乳头状凸起……………………………………………… **73. 白头山薹草 C. peiktusanii** Kom.

89. 小穗短，花密生；果囊具不明显脉，顶端急缩为喙；雌花鳞片长2.5～3毫米，紫褐色，顶端渐尖；叶背面无乳头状突起…………………………………………… **74. 点叶薹草 C. hancockiana** Maxim.

5. 果囊背腹扁，不呈三棱形，或由于小坚果膨大而使果囊中部稍隆起。

90. 果囊边缘具齿状翼；小穗远离生，几乎达秆之基部………… **75. 离穗薹草 C. eremopyroides** V. Krecz.

90. 果囊边缘无翼；小穗皆生秆之上部。

91. 果囊密被乳头状突起，革质状。

92. 下部苞片具短鞘或近无鞘；叶对折；雌花鳞片具小尖头，长于果囊… **76. 湿生薹草 C. limosa** L.

92. 下部苞片鞘长达2厘米；叶扁平；雌花鳞片钝，稍短于果囊 …… **77. 稀花薹草 C. laxa** Wahlenb.

91. 果囊平滑或具短刚毛，膜质状。

93. 果囊椭圆形，无毛；植株高大；叶宽4～5毫米………………………………………… **78. 扁囊薹草 C. coriophora** Fisch. et C. A. Mey. ex Kunth

93. 果囊长圆状披针形，具短刚毛；植株较矮；叶宽1～2.5毫米……………………………………………………………… **79. 冻原薹草 C. siroumensis** Koidz.

4. 柱头2；小坚果平凸状或双凹状。

94. 小穗具短柄至长柄，下垂；雌花鳞片顶端通常急尖或凹缺或有芒。

95. 雌小穗2～6个由苞片叶腋中生出；小坚果无缢缩…………………… **80. 图们薹草 C. tuminensis** Kom.

95. 雌小穗单一由苞片腋中生出；小坚果通常一侧缢缩。

96. 秆基部叶鞘明显细裂成网状；果囊厚膜质至革质。

97. 果囊长4～5毫米；雌花鳞片顶端稍钝，微短于果囊；秆基部叶鞘黄褐色……………………………………………………………… **81. 高鞘薹草 C. middendorffii** Fr. Schmidt

97. 果囊长3毫米；雌花鳞片顶端渐尖，长于果囊；秆基部叶鞘红褐色或紫褐色……………………………………………………………… **82. 隐果薹草 C. cryptocarpa** C. A. Mey.

96. 秆基部叶鞘不细裂成网状；果囊膜质。

（接上表）

98. 果囊不膨大，无乳头状突起，无脉；雌小穗宽5毫米；雌花鳞片顶端凹缺
…………………………………………………………… 83. **二形鳞薹草** C. **dimorpholepis** Steud.

98. 果囊膨大，密被乳头状突起，具细脉；雌小穗宽0.7～1厘米；雌花鳞片顶端急尖或圆形。

99. 果囊长4～4.2毫米；小穗柄纤细而不粗糙 …………… **84. 乳突薹草** C. **maximowiczii** Miq.

99. 果囊长2.5～3毫米；小穗柄粗糙 ……………………… **85. 绥芬河薹草** C.**suifunensis** Kom.

94. 小穗无柄或具短柄，直立；雌花鳞片顶端钝，有时可具小尖头。

100. 果囊具长喙，喙口2齿裂；秆基部叶鞘明显细裂成网状。

101. 果囊喙长1.2～1.5毫米，粗糙；根状茎短，形成踏头；秆紧密丛生
…………………………………………………………… **86. 溪水薹草** C. **forficula** Franch. et Sav.

101. 果囊喙长约0.5毫米，平滑；根状茎具长匍匐枝；秆疏丛生
…………………………………………………………………… **87. 异鳞薹草** C. **heterolepis** Bunge

100. 果囊无喙或具短喙，喙口全缘或凹缺；秆基部叶鞘网状细裂不明显。

102. 顶生小穗为雌雄顺序 ………………………………**88. 蟋蟀薹草** C. **eleusinoides** Turcz. ex Kunth

102. 秆上部具1～3个雄小穗。

103. 根状茎短，形成踏头，不具地下匍匐枝；秆紧密丛生。

104. 果囊具脉（**89. 灰脉薹草** C. **appendiculata** (Trautv.) Ktikenth.）。

105. 果囊椭圆形，长2.2～3毫米；雌花鳞片长1.6～2毫米
……………………………… **89a. 灰脉薹草** C. **appendiculata** var. **appendiculata**

105. 果囊倒卵圆形或近圆形，长1.8～2.3毫米；雌花鳞片长约1.5毫米…**89b. 小囊灰脉薹草** C. **appendiculata** var. **sacculiformis** Y. L.Chang et Y. L. Yang

104. 果囊无脉。

106. 果囊不膨大，平滑；雌小穗接近生；下部苞片刚毛状，与小穗等长
………………………………………………………… **90. 丛薹草** C. **caespitosa** L.

106. 果囊膨大，上部边缘常粗糙；雌小穗远离生；下部苞片叶状，与花序近等长 …
………………………………………………………**91. 瘤囊薹草** C. **schmidtii** Meinsh.

103. 根状茎短或伸长，不形成踏头，具明显地下匍匐枝；秆疏松丛生。

107. 果囊具脉。

108. 果囊椭圆形，长3～3.5毫米；雌花鳞片长2.5～2.8毫米；下部雌小穗具短柄
……………………………………………………… **92. 陌上菅** C. **thunbergii** Steud.

108. 果囊广倒卵形、卵形或椭圆形，长2～2.5毫米；雌花鳞片长1.5～1.7毫米；下部雌小穗无柄（**93. 双辽薹草** C. **platysperma** Y. L. Chang et Y. L. Yang）。

109. 果囊宽倒卵形或近圆形，顶端急缩成明显的短喙，喙口凹缺成2齿
…………………………… **93a. 双辽薹草** C. **platysperma** var. **platysperma**

109. 果囊卵形或椭圆形，顶端渐狭近无喙 … **93b. 松花江薹草** C. **platysperma** var. **sungareensis** Y. L. Chang et Y. L. Yang

107. 果囊无脉。

110. 果囊膨大；雌花鳞片长于果囊，顶端渐尖 ……… **94. 亚美薹草** C. **aperta** Boott

110. 果囊不膨大；雌花鳞片短于果囊，顶端钝。

111. 果囊广倒卵形或近圆形；雌花鳞片卵形，具1脉；秆基叶鞘紫红色

（接上表）

……………95. 北兴安薹草 C. borealihinganica Y. L. Chang & Y. L. Yang

111. 果囊卵形或椭圆形；雌花鳞片披针形，具3脉；秆基部叶鞘褐色。

112. 果囊卵形，顶端渐狭为不明显喙，喙口全缘 ……………………………… 96. 灰化薹草 C. cinerascens Kükenth.

112. 果囊椭圆形，顶端急缩为短喙，喙口稍凹缺 ……………………………… 97. 滑茎薹草 C. micrantha Kokenth.

3. 枝先出叶已退化不存在；柱头通常2，稀3；小坚果平凸状，稀三棱形；小穗无柄。

113. 小穗单一，顶生；雌雄同株或异株。

114. 雌雄异株；小穗单性；柱头2 ……………………………… 98. 异株薹草 C. gynocrates Wormskj

114. 雌雄同株；小穗两性；柱头3。

115. 雌花鳞片宿存；小坚果基部通常有退化小穗轴。

116. 果囊厚革质；雌花鳞片渐尖至锐尖；秆基部叶鞘紫红色；具长而匍匐的根状茎 ……………………………… 99. 北薹草 C. obtusata Zijebl.

116. 果囊近膜质；雌花鳞片顶端钝圆；秆基部具褐色叶鞘；具短而斜升的根状茎。

117. 果囊倒卵形至椭圆形，长2.5～3毫米；小穗长圆形；植株较大，秆平滑 ……………………………… 100. 额尔古纳薹草 C. argunensis Turcz. ex Trev.

117. 果囊长圆状卵形，长3～4毫米；小穗线形；植株较小，秆粗糙 ……………………………… 101. 石薹草 C. rupestris Bell. ex All.

115. 雌花鳞片后来脱落；小坚果基部无退化小穗轴。

118. 果囊无脉或具极不明显细脉或仅背侧基部具不明显脉。

119. 小穗雄花部分发育明显；果囊具明显短喙 ……………… 102. 松叶薹草 C.rara Boott

119. 小穗雄花部分发育不显著；果囊近无喙 ……………… 103. 针薹草 C. dahurica Kfikenth.

118. 果囊具明显脉。

120. 小穗雄花部分发育明显；果囊卵形至广卵形 ……… 104. 发秆薹草 C. capillacea Boott

120. 小穗雄花部分不显著；果囊卵状披针形或长圆形。

121. 果囊长约2毫米；秆4或5棱；叶丝状，有沟，宽0.5～0.8毫米 ……………………………… 105. 吉林薹草 C. kirinensis Wang et Y. L. Chang

121. 果囊长3～4毫米；秆三棱形；叶扁平，宽1～3毫米。

122. 秆平滑；小穗通常具10～15个果囊，果囊长3.5～4毫米 ……………………………… 106. 大针薹草 C. uda Maxim.

122. 秆粗糙；小穗具5～6个果囊，果囊长3～3.5毫米 ……………………………… 107. 针叶薹草 C. onoei Franch. et Savat.

113. 小穗二至多数，雄雌顺序或雌雄顺序，稀部分小穗为单性。

123. 小穗雄雌顺序（有时部分小穗皆为雄花或雌花），稀雌雄异株。

124. 柱头3，果囊长约10毫米；雌雄异株 ……………………………… 108. 筛草 C. kobomugi Ohwi

124. 柱头2，果囊长不超过7毫米；雌雄同株。

125. 根状茎短；秆丛生。

126. 果囊革质，边缘钝，无翅 ……………………………… 109. 圆锥薹草 C. diandra Schrank

126. 果囊膜质，边缘为锐角，具增厚的边或有翅。

（接上表）

127. 果囊基部心形，通常为穗状圆锥花序
……………………………………… **110. 海绵基薹草 C. stipata** Muhlenb. ex Willd.
127. 果囊基部圆形或渐尖，通常为穗状花序。
128. 果囊边缘具宽翅；苞片叶状，长于花序若干倍
…………………………………………… **111. 翼果薹草 C. neurocarpa** Maxim.
128. 果囊边缘无翅，具微增厚的边；苞片刚毛状或鳞片状，不明显或短于花序。
129. 苞片通常不明显，鳞片状，短于小穗；叶宽约1.3毫米；果囊无紫色小点，喙微粗糙；叶鞘膜质部分顶端半圆状凸出
…………………………………… **112. 假尖嘴薹草 C. laevissima** Nakai
129. 苞片通常明显，刚毛状，长于小穗；叶宽3～5毫米；果囊具紫色小点，喙平滑；叶鞘膜质部分顶端截形
………………………………… **113. 尖嘴薹草 C. leiorhyncha** C. A. Mey.
125. 根状茎长而匍匐或具地下匍匐枝；秆散生。
130. 果囊边缘具翅（或仅上部边缘具狭翅），喙口通常微深裂。
131. 根状茎具长的匍匐枝，长达1米余，其断面为三棱形
……………………………………… **114. 漂筏薹草 C. pseudo-curaica** Fr. Sehmidt
131. 具根状茎或短的地下匍匐枝，其断面近圆形。
132. 果囊平滑无毛……………………………… **115. 二柱薹草 C. lithophila** Turcz.
132. 果囊具疏毛。
133. 果囊薄革质，卵状披针形或披针形
…………………………………**116. 带岭薹草 C. dailingensis** Y. L. Chou
133. 果囊膜质，卵形或倒卵状长圆形。
134. 果囊倒卵状长圆形，基部楔形
……………………… **117. 帽儿山薹草 C. maorshanica** Y. L. Chou
134. 果囊卵形，基部圆形（**118. 疣囊薹草** pallida C. A. Mey）。
135. 秆高60～100厘米；叶宽2～4毫米；穗状花序长2～7.5厘米
……………………… **118a. 疣囊薹草 C. pallida** var. **pallida**
135. 植株纤细；叶宽1～2毫米；花序较短……… **118b. 狭叶疣囊薹草 C. pallida** var. **angustifolia** Y. L. Chang
130. 果囊边缘无翅，喙口通常斜裂或浅裂。
136. 果囊双凸状，边缘钝圆 ………………………… **119. 二籽薹草 C. disperma** Dew.
136. 果囊平凸状，边缘成锐角。
137. 果囊膜质状，背侧喙口2齿裂；根状茎具粗壮的匍匐枝。
138. 果囊平凸状，通常具不明显脉至无脉，喙粗糙；小坚果稍紧密地包于果囊中；叶片常扁平 ……………**120. 无脉薹草 C. enervis** C. A. Mey.
138. 果囊近双凸状至平凸状，通常具细脉至不明显脉，喙平滑；小坚果疏松地包于果囊中；叶细而内卷成针状
……………………… **121. 走茎薹草 C. reptabunda** (Trautv.) V. Krecz.
137. 果囊革质状，背侧喙口微缺；根状茎具纤细的地下匍匐枝。

（接上表）

139. 果囊长3.5～4.5毫米，卵形或卵状椭圆形，顶端渐狭为长喙 …………………… **122b. 砾薹草 C.stenophylla** subsp. **stenophylloides** (V. I. Krecz.) T. V. Egorova

139. 果囊长约3毫米，广卵形至近圆形，顶端急缩为短喙（**123. 寸草 C. duriuscula** C. A. Mey.）。

140. 雌花鳞片通常比果囊短，具狭的白色膜质边缘；花序淡褐色；叶片通常内卷成针状…**123a. 寸草 C. duriuscula** subsp. **duriuscula**

140. 雌花鳞片通常比果囊长或等长，具宽的白色膜质边缘；花序淡白色；叶片扁平… **123b. 白颖薹草 C. duriuscula** subsp. **rigescens** (Franch.) S. Y. Liang et Y. C. Tang

123. 小穗为雌雄顺序。

141. 柱头3 …………………………………………………………… **124. 穹隆薹草 C. gibba** Wahlenb.

141. 柱头2。

142. 花序下苞片叶状，明显长于花序。

143. 小穗之间有距离，构成间断长穗状花序 ……**125. 丝引薹草 C. remotiuscula** Wahlenb.

143. 小穗密集成圆头状 ……………………………………**126. 莎薹草 C. bohemica** Schreb.

142. 花序下具鳞片状苞片，稀下部者呈刚毛状。

144. 果囊无细点，具长喙，喙口2齿裂。

145. 果囊近直立，边缘具翅。

146. 植株丛生 …………………………………… **127. 卵果薹草 C. maackii** Maxim.

146. 植株1～3个在根状茎上排列而生………**128. 山林薹草 C. yamatsutana** Ohwi

145. 果囊成熟时极向外反折，边缘无翅。

147. 果囊长2.8～3.5毫米，两侧无脉至极不明显脉；喙边缘粗糙 ………………………………………………… **129. 小星穗薹草 C. basilata** Ohwi

147. 果囊长5毫米，具明显细脉；喙边缘平滑至微粗糙 ……………………………………**130. 星穗薹草 C. omiana** Franch. et Savat.

144. 果囊密被细点，具短喙，喙口近完整或微缺，稀深裂。

148. 雌花鳞片锈色；果囊自喙口下深裂至中部 ……**131. 二裂薹草 C.lachenalii** Schkuhr

148. 雌花鳞片苍白色或淡黄色；果囊的喙口近全缘或微缺。

149. 果囊具短喙，喙边缘粗糙…………………… **132. 白山薹草 C. canescens** L.

149. 果囊近无喙，喙平滑。

150. 小穗构成线形穗状花序；叶绿色；果囊具凸起脉；鳞片长约为果囊的1/2 ………………………………………… **133. 间穗薹草 C. loliacea** L.

150. 小穗密集成头状花序；叶灰绿色；果囊具细脉；鳞片与果囊近等长或稍短 ………………………… **134. 细花薹草 C. tenuiflora** Wahlenb.

（1）丝叶嵩草（中国植物志，Flora of China）；细叶嵩草（内蒙古植物志）

Carex macroprophylla (Y.C.Yang) S.R. Zhang, Bot. J. L. Soc. 179(1): 23. 2015.——*Kobresia filifolia* (Turcz.) C. B. Clarke in Journ. L. Soc. Bot. 20: 381, 1884; 内蒙古植物志（第二版）5: 319. 图版124: 6 ~ 10. 1994; 中国植物志12: 15. 图版3: 1 ~ 4. 2000; Fl. China 23: 274. 2010.

生山坡草地，海拔1700 ~ 2750米。产内蒙古自治区巴林右旗、翁牛特旗、克什克腾旗、锡林浩特等地。

■ 丝叶嵩草

植株

植株下部

花序

（2）嵩草（内蒙古植物志，东北植物检索表，东北草本植物志，中国植物志，Flora of China）

Carex myosuroides Vill., Prosp. Hist. Pl. Dauphiné 17. 1779.——*Kobresia myosuroides* (Vill.) Fiori in Fl. Italia 1: 125 1896; 中国植物志12: 32. 图版6: 5 ~ 7. 2000; Fl. China 23: 280. 2010.——*Kobresia bellardii* (All.) Degl. ex Loisel. in Fl. Gall. 2: 626 1807; 东北草本植物志11: 67. 图版27: 2 ~ 4. 1976; 内蒙古植物志（第二版）5: 314. 图版121: 1 ~ 6. 1994; 东北植物检索表（第二版）: 889. 图版434: 5. 1995.

生河漫滩、湿润草地、林下、沼泽草甸和灌丛草甸，海拔2600 ~ 4800米。产吉林省抚松、安图；内蒙古自治区牙克石、新巴尔虎左旗、科尔沁右翼前旗、阿尔山、巴林左旗、巴林右旗、克什克腾旗、宝格达山等地。

（3）弓喙薹草（中国植物志，Flora of China）；弓嘴薹草（黑龙江省植物志，东北植物检索表，东北草本植物志）；羊角薹草（辽宁植物志，内蒙古植物志）

Carex capricornis Meinsh. ex Maxim. in Bull. Acad. Imp. Sci. Saint-Pétersbourg 31: 119. 1887; 东北草本

■ 弓喙薹草

花序

植株

植物志11: 75. 图版31: 7 ~ 10.1976; 辽宁植物志（下册）: 1079. 图版485: 5 ~ 8. 1992; 黑龙江省植物志11: 53. 图版15: 1 ~ 4. 1993; 内蒙古植物志（第二版）5: 355. 图版139: 1 ~ 5. 1994; 东北植物检索表（第二版）: 866. 图版435: 5. 1995; 中国植物志12: 350. 图版73: 1 ~ 4. 2000; Fl. China 23: 401. 2010.

生河岸或沼泽湿地。产黑龙江省哈尔滨、虎林；吉林省和龙、延吉、镇赉；辽宁省彰武、沈阳、大连、清原；内蒙古自治区新巴尔虎左旗、科尔沁左翼后旗、大青沟等地。

茎叶为造纸原料或牧草；果实含淀粉，可磨粉食用或酿酒。

（4）似莎薹草（中国植物志，Flora of China）；假莎草薹草（内蒙古植物志）

Carex pseudo-cyperus L. Spec. Pl. ed. 1, 978, 1753; 东北植物检索表（第二版）: 542. 1959; 内蒙古植物志（第二版）5: 358. 图版140: 1 ~ 6. 1994; 中国植物志12: 352. 图版73: 5 ~ 8. 2000; Fl. China 23: 402. 2010.

生沟边或水边。产内蒙古自治区科尔沁左翼后旗、大青沟。

■ 似莎薹草

植株一部分

雌小穗

花序

（5）小穗薹草（中国植物志，Flora of China）；二色薹草（内蒙古植物志）

Carex dichroa Freyn in Osterr. Bot. Zeitschr 40: 304, 1890; 内蒙古植物志（第二版）5: 354. 图版138: 6 ~ 8. 1994; 中国植物志12: 360. 图版75: 5 ~ 8. 2000; Fl. China 23: 403. 2010.

■ 小穗薹草

植株

植株下部

花序

生沼泽地、湖边、河岸边的潮湿地。产内蒙古自治区巴林右旗、锡林浩特等地。

（6）胀囊薹草（中国植物志，Flora of China）；膜囊薹草（辽宁植物志，黑龙江省植物志，内蒙古植物志，东北植物检索表，东北草本植物志）

Carex vesicaria L., Sp. Pl. 979. 1753; 东北草本植物志11: 73. 图版30: 1 ~ 5.1976; 辽宁植物志（下册）: 1077. 图版485: 1 ~ 4. 1992; 黑龙江省植物志11: 140. 图版56: 6 ~ 10. 1993; 内蒙古植物志（第二版）5: 354. 图版136: 6 ~ 10. 1994; 东北植物检索表（第二版）: 863. 图版435: 3. 1995; 中国植物志12: 356. 2000; Fl. China 23: 403. 2010.

生河边、沼泽或草甸。产黑龙江省哈尔滨、嫩江、鸡东、塔河、呼玛、黑河、嘉荫、伊春、富锦；吉林省汪清、珲春、长春、敦化、舒兰、抚松；辽宁省彰武、沈阳、铁岭、宽甸、新宾；内蒙古自治区海拉尔、额尔古纳、牙克石、扎兰屯、鄂伦春、鄂温克、科尔沁右翼前旗、科尔沁右翼中旗、科尔沁左翼后旗、阿尔山、扎赉特旗、乌兰浩特、锡林浩特、宝格达山等地。

叶可作牧草。茎叶可作造纸原料。

■ 胀囊薹草

花序

雌小穗

植株

（7）柄薹草（内蒙古植物志，东北植物检索表，东北草本植物志，中国植物志，Flora of China）

Carex mollissima Christ. ex Scheutz, Kongl. Svenska Vetensk. Acad. Handl., n.s. 22(10) [Scheutz, Pl. Vasc. Jenis.]: 181. 1888; 东北草本植物志11: 70. 图版30: 6 ~ 9. 1976; 内蒙古植物志（第二版）5: 349. 图版136: 1 ~ 5. 1994; 东北植物检索表（第二版）: 863. 图版435: 4. 1995; 中国植物志12: 358. 2000; Fl. China 23: 404. 2010.

生高山沼泽地。产内蒙古自治区额尔古纳、根河、扎赉特旗等地。

（8）大穗薹草（黑龙江省植物志，内蒙古植物志，东北植物检索表，东北草本植物志，中国植物志，Flora of China）

Carex rhynchophysa C. A. Mey. in Fischer & Avé-Lallemant, Index Sem. Hort. Petrop. 9 (suppl.): 9. 1844; 东北草本植物志11: 70. 图版28: 1 ~ 6. 1976; 黑龙江省植物志11: 127. 图版50: 9 ~ 14. 1993; 内蒙古植物志（第二版）5: 351. 图版137: 1 ~ 5. 1994; 东北植物检索表（第二版）: 863. 图版435: 1. 1995; 中国植物志12: 354. 图版74: 1 ~ 4. 2000; Fl. China 23: 403. 2010.

生沼泽地、河边、湖边潮湿地。产黑龙江省伊春、宝清、呼玛、虎林、饶河、尚志、阿城；吉林省汪清、珲春、抚松、安图、浑江、和龙；辽宁省桓仁；内蒙古自治区额尔古纳、根河、牙克石、扎兰屯、满洲里、鄂伦春、鄂温克、科尔沁右翼前旗、扎赉特旗、阿尔山、巴林右旗、科尔沁右翼中旗、扎鲁特旗、克什克腾旗、宁城、西乌珠穆沁旗、宝格达山等地。

可作牧草，茎叶还可作造纸原料。

■ 大穗薹草

植株

雌小穗

雌小穗一部分

（9）褐黄鳞薹草（内蒙古植物志，中国植物志，Flora of China）

Carex vesicata Meinsh. in Acta Horti Petropol. 18 (3): 367, 1901; 中国植物志12: 362. 图版75: 9 ~ 12. 2000; Fl. China 23: 405. 2010; 内蒙古植物志（第三版）6: 350. 2020.

生河边、沟边潮湿处。产东北三省；内蒙古自治区额尔古纳、牙克石、阿尔山。

（10）灰株薹草（黑龙江省植物志，内蒙古植物志，东北植物检索表，东北草本植物志，中国植物志，Flora of China）

■ 灰株薹草

花序

植株

雌小穗

Carex rostrata Stokes ex With., Bot. Arr. Brit. Pl., ed. 2. 2: 1059. 1787; 东北草本植物志11: 70. 图版29: 1 ~ 4. 1976; 黑龙江省植物志11: 127. 图版51: 1 ~ 5. 1993; 内蒙古植物志（第二版）5: 351. 图版137: 6 ~ 10. 1994; 东北植物检索表（第二版）: 863. 图版435: 2. 1995; 中国植物志12: 360. 图版75: 1 ~ 4. 2000; Fl. China 23: 405. 2010.

生沼泽地或高山草甸，海拔2400米左右。产黑龙江省伊春、萝北；吉林省安图；内蒙古自治区额尔古纳、牙克石、扎兰屯、鄂温克、科尔沁右翼前旗、阿尔山、扎赉特旗、克什克腾旗、锡林浩特、宝格达山等地。

（11）异穗薹草（辽宁植物志，黑龙江省植物志，内蒙古植物志，东北植物检索表，东北草本植物志，中国植物志，Flora of China）

Carex heterostachya Bunge in Enum. Pl. China Bor. 69. 1833; 东北草本植物志11: 82. 图版35: 6 ~ 10. 1976; 辽宁植物志（下册）: 1116. 图版503: 5 ~ 8. 1992; 黑龙江省植物志11: 76. 图版27: 1 ~ 5. 1993; 内蒙古植物志（第二版）5: 358. 图版141. 1994; 东北植物检索表（第二版）: 866. 图版436: 6. 1995; 中国植物志12: 371. 图版77: 9 ~ 13. 2000; Fl. China 23: 408. 2010.

生干山坡或干草地。产黑龙江省哈尔滨；辽宁省沈阳、黑山、北镇、盖州、大连；内蒙古自治区科尔沁左翼后旗等地。

耐瘠薄，耐践踏，宜用作公园、风景区、庭园观赏草坪。也是牧畜之饲草。

■ 异穗薹草

果期

雌小穗一部分

根部

果序

花序

花期植株

（12）叉齿薹草（内蒙古植物志，中国植物志，Flora of China）；红穗薹草（辽宁植物志，黑龙江省植物志，东北植物检索表，东北草本植物志）

Carex gotoi Ohwi in Mem. Coll. Sci. Kyoto Imp. Univ., Ser. B, Biol. 5(3): 248. 1930; 东北草本植物志11: 85. 图版35: 1 ~ 5. 1976; 辽宁植物志（下册）: 1084. 图版487: 5 ~ 8. 1992; 黑龙江省植物志11: 72. 图版25: 1 ~ 5. 1993; 内蒙古植物志（第二版）5: 358. 图版142: 7 ~ 11. 1994; 东北植物检索表（第二版）: 866. 图版436: 5. 1995; 中国植物志12: 368. 图版77: 1 ~ 4. 2000; Fl. China 23: 407. 2010.

生河边湿地或草甸。产黑龙江省哈尔滨、尚志、伊春、甘南、富锦；吉林省白城、双辽；辽宁省昌图、彰武、凌源、兴城、葫芦岛、丹东、沈阳、本溪；内蒙古自治区海拉尔、额尔古纳、牙克石、陈巴

■ 叉齿薹草

根部

小花

雌小穗

花序

尔虎旗、鄂伦春、科尔沁右翼前旗、扎赉特旗、科尔沁左翼后旗、科尔沁左翼中旗、扎鲁特旗、喀喇沁旗等地。

（13）准噶尔薹草（内蒙古植物志，中国植物志，Flora of China）

Carex songarica Kar. et Kir. in Bull. Soc. Nat, Mosc. 15: 525. 1842; 内蒙古植物志（第二版）5: 361. 图版138: 1～5. 1994; 中国植物志12: 370. 图版77: 5～8. 2000; Fl. China 23: 407. 2010.

生盐碱草地。产内蒙古自治区科尔沁左翼后旗等地。

（14）矮生薹草（中国植物志，Flora of China）；栓皮薹草（辽宁植物志，内蒙古植物志，东北植物检索表，东北草本植物志）

Carex pumila Thunb. in Syst. Veg. ed. 14: 846. 1784; 东北草本植物志11: 85. 图版36: 1～5. 1976; 辽宁植物志（下册）: 1084. 图版488: 1～4. 1992; 内蒙古植物志（第二版）5: 363. 图版140: 7～11. 1994; 东北植物检索表（第二版）: 866. 图版436: 4. 1995; 中国植物志12: 373. 图版78: 1～4. 2000; Fl. China 23: 408. 2010.

生沙滩、河沟边。产辽宁省绥中、兴城、东港、盖州、瓦房店、金州、大连、长海；内蒙古自治区科尔沁左翼后旗、大青沟等地。

■ 矮生薹草

雌小穗成熟期

雌小穗

植株

基生叶

居群

（15）糙叶薹草（中国植物志，Flora of China）；钢草（辽宁植物志，东北植物检索表，东北草本植物志）

Carex scabrifolia Steud. in Syn. Pl. Glumac. 2: 237. 1855; 东北草本植物志11: 87. 图版37: 1 ~ 7. 1976; 辽宁植物志（下册）: 1086. 图版488: 5 ~ 8. 1992; 东北植物检索表（第二版）: 866. 图版436: 3. 1995; 中国植物志12: 371. 图版78: 5 ~ 8. 2000; Fl. China 23: 408. 2010.

生海滩沙地或沿海湿地。产辽宁省兴城、盘锦、营口、金州、大连、长海、丹东、东港等地。

植株纤维韧性强可制绳索。

■ 糙叶薹草

雌小穗

植株一部分

居群

（16）粗脉薹草（黑龙江省植物志，内蒙古植物志，东北植物检索表，东北草本植物志，中国植物志，Flora of China）

Carex rugulosa Kük., Bull. Herb. Boissier, sér. 2, 4: 58. 1903; 东北草本植物志11: 87. 图版38: 7 ~ 11. 1976; 黑龙江省植物志11: 129. 图版51: 6 ~ 10. 1993; 内蒙古植物志（第二版）5: 363. 图版143: 1 ~ 5. 1994; 东北植物检索表（第二版）: 866. 图版436: 1. 1995; 中国植物志12: 367. 图版76: 9 ~ 12. 2000; Fl. China 23: 407. 2010; 东北植物分布图集: 1485. 2019.

生河边，湖边草地或海滩上。产黑龙江省哈尔滨；吉林省白城、双辽；辽宁省盖州、彰武；内蒙古自治区扎赉特旗、科尔沁左翼后旗、科尔沁右翼前旗等地。

■ 粗脉薹草

雌花

花序

居群

雌小穗一部分

（17）显脉薹草（中国植物志，Flora of China）；长秆薹草（黑龙江省植物志，内蒙古植物志，东北植物检索表，东北草本植物志）

Carex kirganica Kom., Repert. Spec. Nov. Regni Veg. 13: 164. 1914; 东北草本植物志11: 90. 图版38: 1 ~ 6. 1976; 黑龙江省植物志11: 81. 图版29: 6 ~ 11. 1993; 内蒙古植物志（第二版）5: 364. 图版143: 6 ~ 10. 1994;

东北植物检索表（第二版）: 866. 图版436: 2. 1995; 中国植物志12: 365. 图版76: 1 ~ 4. 2000; Fl. China 23: 407. 2010.

生沼泽地和多沼泽的草原。产黑龙江省穆棱、哈尔滨、富锦；辽宁省昌图；内蒙古自治区额尔古纳、根河、牙克石、科尔沁右翼前旗、科尔沁左翼后旗、大青沟、宝格达山等地。

■ 显脉薹草

植株

花序

雌小穗

（18）湿薹草（黑龙江省植物志，内蒙古植物志，东北植物检索表，东北草本植物志，中国植物志，Flora of China）

Carex humida Y. L. Chang et Y. L. Yang, Fl. Pl. Herb. Chin. Bor.-Orient. 11: 204. 1976; 东北草本植物志11: 82. 图版34: 1 ~ 6. 1976; 黑龙江省植物志11: 78. 图版28: 1 ~ 6. 1993; 内蒙古植物志（第二版）5: 370. 图版142: 1 ~ 6. 1994; 东北植物检索表（第二版）: 869. 图版437: 4. 1995; 中国植物志12: 393. 2000; Fl. China 23: 415. 2010.

生沼泽地、沟谷等水边湿地。产黑龙江省哈尔滨、呼玛；内蒙古自治区额尔古纳模式标本采集地、牙克石、扎兰屯、鄂温克、新巴尔虎左旗、科尔沁右翼前旗、扎赉特旗、扎鲁特旗、巴林右旗、克什克腾旗、东乌珠穆沁旗、锡林浩特、宝格达山等地。

（19）宽鳞薹草（辽宁植物志，黑龙江省植物志，东北植物检索表，东北草本植物志，中国植物志，Flora of China）

Carex latisquamea Kom. in Trudy Imp. S.-Peterburgsk. Bot. Sada 18: 447. 1901; 东北草本植物志11: 80. 图版33: 7 ~ 14. 1976; 辽宁植物志（下册）: 1080. 图版486: 8 ~ 11. 1992; 黑龙江省植物志11: 90. 图版34: 7 ~ 14. 1993; 东北植物检索表（第二版）: 866. 图版437: 7. 1995; 中国植物志12: 60. 图版80: 9 ~ 12. 2000; Fl. China 23: 414. 2010.

生林下湿地或草甸地带。产黑龙江省伊春；吉林省长春、桦甸、安图；辽宁省沈阳等地。

■ 宽鳞薹草

花序

雌小穗

植株

（20）毛薹草（黑龙江省植物志，内蒙古植物志，东北植物检索表，东北草本植物志，中国植物志，Flora of China）

Carex lasiocarpa Ehrh., Hannover. Mag. 9: 132. 1784; 东北草本植物志11: 77. 图版31: 1 ~ 6.1976; 黑龙江省植物志11: 89. 图版34: 1 ~ 6. 1993; 内蒙古植物志（第二版）5: 364. 图版139: 6 ~ 10. 1994; 东北植物检索

■ 毛薹草

雌小穗

花序

居群

植株下部

植株

植株一部分

表（第二版）: 866. 图版437: 5. 1995; 中国植物志12: 386. 图版80: 5 ~ 8. 2000; Fl. China 23: 413. 2010.

生沼泽或沼泽化草甸。产黑龙江省伊春、尚志、富锦、虎林、穆棱、黑河；吉林省敦化；辽宁省彰武；内蒙古自治区额尔古纳、牙克石、科尔沁左翼后旗、科尔沁右翼前旗等地。

茎叶是造纸原料，亦可用作编篮子、草包和制绳子。

（21）直穗薹草（辽宁植物志，黑龙江省植物志，内蒙古植物志，东北植物检索表，东北草本植物志，中国植物志，Flora of China）

Carex atherodes Spreng. in Syst. Veg. 3: 828. 1826.——*C. orthostachys* C. A. Mey in Fl. Altaic. 4: 231. 1833; 东北草本植物志11: 80. 1976; 辽宁植物志（下册）: 1082. 图版486: 4 ~ 7. 1992; 黑龙江省植物志11: 110. 图版43: 7. 1993; 内蒙古植物志（第二版）5: 368. 图版145: 7 ~ 11. 1994; 东北植物检索表（第二版）: 866. 图版437: 6. 1995; 中国植物志12: 392. 图版82: 9 ~ 12. 2000; Fl. China 23: 415. 2010.—— *C. orthostachys* var. *spuria* Y. L. Chang er Y. L. Yang, 东北草本植物志11: 80, 204. 1976; 黑龙江省植物志11: 112. 1993; 东北植物检索表（第二版）: 866. 1995.

生林中湿地或河岸湿草地。产黑龙江省嫩江、伊春、哈尔滨、萝北、虎林、黑河；吉林省磐石、双辽；辽宁省彰武、沈阳、辽阳、瓦房店、大连；内蒙古自治区额尔古纳、根河、牙克石、科尔沁右翼前旗、通辽、扎赉特旗、大青沟、喀喇沁旗、东乌珠穆沁旗、西乌珠穆沁旗等地。

■ 直穗薹草

植株

雌小穗

雌花

雌小穗一部分

居群

根部

（22）锥囊薹草（内蒙古植物志，中国植物志，Flora of China）；河沙薹草（黑龙江省植物志，东北植物检索表，东北草本植物志）

Carex raddei Kukenth. in Bot. Centralbl. 77: 67, 1899; 东北草本植物志11: 78. 图版33: 1 ~ 6. 1976; 黑龙江省植物志11: 124. 图版49: 6 ~ 10. 1993; 内蒙古植物志（第二版）5: 368. 图版145: 1 ~ 6. 1994; 东北植物检索表（第二版）: 866. 图版437: 1. 1995; 中国植物志12: 390. 图版82: 5 ~ 8. 2000; Fl. China 23: 415. 2010.

生河边沙地、田边湿地或浅水中。产黑龙江省哈尔滨、黑河、佳木斯；吉林省双辽；辽宁省辽阳、海城、昌图；内蒙古自治区新巴尔虎左旗、科尔沁右翼前旗、扎赉特旗、乌兰浩特、科尔沁左翼中旗、大青沟、科尔沁左翼后旗、宁城、锡林浩特等地。

■ 锥囊薹草

根部

植株

雌小穗一部分

花序

（23）辽东薹草（辽宁植物志，东北植物检索表，东北草本植物志，中国植物志，Flora of China）

Carex glabrescens (Kukenth.) Ohwi in Mem. Coll. Sci. Kyoto Imp. Univ., Ser. B, Biol. 6(5): 245. 1931; 东北草本植物志11: 77. 1976; 辽宁植物志（下册）: 1080. 图版486: 1 ~ 3. 1992; 东北植物检索表（第二版）: 866. 图版437: 3. 1995; 中国植物志12: 386. 2000; Fl. China 23: 413. 2010.

生山坡林缘湿地。产黑龙江省伊春、嫩江；吉林省安图；辽宁省鞍山、凤城、丹东、大连、沈阳、西丰；内蒙古自治区科尔沁右翼前旗、通辽等地。

■ 辽东薹草

雌小穗一部分

花序

植株下部

（24）野笠薹草（黑龙江省植物志，内蒙古植物志，东北植物检索表，东北草本植物志，中国植物志，Flora of China）

Carex drymophila Turez. ex Steud., Syn. Pl. Glumac. 2: 238. 1855; 东北草本植物志11: 78. 1976; 黑龙江

省植物志11: 61. 图版18: 1 ~ 4. 1993; 内蒙古植物志（第二版）5: 366. 图版144: 1 ~ 4. 1994; 东北植物检索表（第二版）: 866. 1995; 中国植物志12: 394. 图版82: 13 ~ 16. 2000; Fl. China 23: 416. 2010.

（24a）野笠薹草（原变种）

Carex drymophila var. *drymophila*

生林区潮湿的草地。产黑龙江省伊春、萝北、呼玛、哈尔滨、虎林、黑河；吉林省安图、珲春；内蒙古自治区额尔古纳、牙克石、科尔沁右翼前旗等地。

嫩茎叶可作牲畜饲料。

■野笠薹草

居群

花序

植株下部

雄小穗

雌小穗

雌小穗一部分

（24b）毛果野笠薹草（变种）（Flora of China）；黑水薹草（黑龙江省植物志，内蒙古植物志，东北草本植物志，中国植物志）

Carex drymophila var. *abbreviata* (Kukenth.) Ohwi in Acta Phytotax. et Geobot. 12: 107. 1943; 东北草本植物志11: 78, 图版22, 图1 ~ 6, 1976; 内蒙古植物志8: 76, 图版32, 图5 ~ 6, 1985; 黑龙江省植物志11: 61. 图版19: 5 ~ 6. 1993; 内蒙古植物志（第二版）5: 366. 图版144: 5 ~ 6. 1994; 东北植物检索表（第二版）: 866. 1995; 中国植物志12: 394. 2000; Fl. China 23: 416. 2010.

生湖、河岸边潮湿处或沼泽地、草甸。产黑龙江省哈尔滨、海林、呼玛、虎林、嘉荫、黑河、尚志、伊春；吉林省安图、汪清、珲春；辽宁省彰武；内蒙古自治区根河、额尔古纳、牙克石、鄂伦春、科尔沁右翼前旗、扎赉特旗等地。

■ 毛果野笠薹草

雌小穗一部分

雌小穗

植株一部分

（25）宽叶薹草（辽宁植物志，黑龙江省植物志，内蒙古植物志，东北植物检索表，东北草本植物志，中国植物志，Flora of China）；金心宽叶薹草（武汉植物学研究）

Carex siderosticta Hance in J. L. Soc., Bot. 13: 89. 1873; 东北草本植物志11: 138. 图版63: 1 ~ 5. 1976; 辽宁植物志（下册）: 1109. 图版500: 1 ~ 3. 1992; 黑龙江省植物志11: 132. 图版52: 6 ~ 10. 1993; 内蒙古植物志（第二版）5: 370. 图版135: 1 ~ 4. 1994; 东北植物检索表（第二版）: 875. 图版442: 1. 1995; 中国植物志12: 216. 2000; Fl. China 23: 347. 2010.——*C. siderosticta* var. *variegata* Akiyama in Journ. Fac. Sci. Hokkaido Imp. Univ. Ser. V, 3: 5, 268, 1935, 武汉植物学研究16(1): 32. 图版1. 1998.

（25a）宽叶薹草（原变种）

Carex siderosticta var. *siderosticta*

生针阔混交林或阔叶林的腐殖土上。产黑龙江省哈尔滨、尚志、伊春；吉林省蛟河、安图、抚松；辽宁省新宾、沈阳、北镇、西丰、兴城、本溪、桓仁、丹东、凤城、宽甸、鞍山、庄河、长海、旅顺口、金州、普兰店、大连；内蒙古自治区喀喇沁旗、宁城等地。

根有活血化瘀、通经活络作用，用于妇人血气不足、五劳七伤。

■ 宽叶薹草

居群

植株一部分

花序一部分

（25b）毛缘宽叶薹草（变种）（辽宁植物志，东北植物检索表，东北草本植物志，中国植物志，Flora of China）

Carex siderosticta var. *pilosa* Levl. ex Nakai in J. Fac. Sci. Univ. Tokyo, Sect. 3, Bot. 8: 233. 1962; 中国植物志12: 217. 2000; Fl. China 23: 347. 2010. —*C. ciliato-marginata* Nakai in Repert. Spec. Nov. Regni Veg. 13: 244. 1914; 东北草本植物志11: 140. 图版63: 6 ~ 10.1976; 辽宁植物志（下册）: 1111. 图版500: 5 ~ 8. 1992; 东北植物检索表（第二版）: 875. 图版442: 2. 1995.

生山坡及林下。产辽宁省凤城、丹东、大连等地。

■ 毛缘宽叶薹草

植株一部分

植株上部

植株

（26）沟叶薹草（Flora of China）；细毛薹草（内蒙古植物志，东北植物检索表，东北草本植物志）

Carex sedakowii C. A. Mey. ex Meinsh. in Trudy Imp. S.-Peterburgsk. Bot. Sada 18: 360 1901; 东北草本植物志11: 94. 图版42: 1 ~ 6. 1976; 内蒙古植物志（第二版）5: 373. 图版147: 6 ~ 10. 1994; 东北植物检索表（第二版）: 874. 图版438: 8. 1995; Fl. China 23: 363. 2010.

生高山地区森林附近的沼泽中或高山冻原上。产吉林省抚松、安图；内蒙古自治区根河、额尔古纳、牙克石、科尔沁右翼前旗、阿尔山等地。

（27）小粒薹草（辽宁植物志，内蒙古植物志，东北植物检索表，中国植物志，Flora of China）

Carex karoi (Freyn) Freyn in Oesterr. Bot. Z. 40: 303. 1890; 辽宁植物志（下册）: 1090. 图版491: 1 ~ 5. 1992; 内蒙古植物志（第二版）5: 373. 图版148: 1 ~ 6. 1994; 东北植物检索表（第二版）: 875. 图版438: 5. 1995; 中国植物志12: 256. 图版49: 4 ~ 6. 2000; Fl. China 23: 364. 2010.

生灌丛中潮湿处、河边、溪旁、沼泽地。产辽宁省彰武；内蒙古自治区新巴尔虎左旗、科尔沁右翼中旗、巴林右旗、克什克腾旗、科尔沁左翼后旗、锡林浩特、多伦等地。

（28）乌苏里薹草（黑龙江省植物志，内蒙古植物志，东北植物检索表，东北草本植物志，中国植物志，Flora of China）

Carex ussuriensis Kom., Trudy Imp. S.-Peterburgsk. Bot. Sada. 18: 443. 1901; 东北草本植物志11: 112. 图版50: 7 ~ 12. 1976; 黑龙江省植物志11: 138. 图版56: 1 ~ 5. 1993; 东北植物检索表（第二版）: 869. 图版440: 1. 1995; 中国植物志12: 212. 图版42: 10 ~ 13. 2000; Fl. China 23: 345. 2010; 内蒙古植物志（第三版）6: 371. 2020; 东北植物分布图集: 1495. 2019.

生针叶树林下或阴湿处。产黑龙江省阿城、尚志、伊春；吉林省汪清、抚松、安图；辽宁省桓仁、凤城、大连、瓦房店；内蒙古自治区鄂伦春等地。

■ 乌苏里薹草

雌小穗

花序

居群

植株一部分

植株下部

（29）鸭绿薹草（辽宁植物志，黑龙江省植物志，东北植物检索表，东北草本植物志，中国植物志，Flora of China）

Carex jaluensis Kom. in Trudy Imp. S.–Peterburgsk. Bot. Sada 20: 369. 1901; 东北草本植物志11: 94. 图版41: 1 ~ 6 .1976; 辽宁植物志（下册）: 1088. 图版490: 1 ~ 4. 1992; 黑龙江省植物志11: 81. 图版30: 1 ~ 6. 1993; 东北植物检索表（第二版）: 869. 图版438: 3. 1995; 中国植物志12: 138. 图版28: 5 ~ 8. 2000; Fl. China 23: 316. 2010.

■ 鸭绿薹草

居群

花序

雌小穗一部分

生林中湿地或沟旁草地。产黑龙江省伊春；吉林省抚松、安图；辽宁省大连、鞍山、本溪、桓仁、西丰等地。

（30）亚澳薹草（中国植物志，Flora of China）；海洋薹草（辽宁植物志，东北植物检索表，东北草本植物志）

Carex brownii Tuckerm. in Enum. Meth. Caric. 21. 1843; 东北草本植物志11: 104. 图版47: 5 ~ 9. 1976; 辽宁植物志（下册）: 1095. 图版490: 5 ~ 8. 1992; 东北植物检索表（第二版）: 869. 图版438: 4. 1995; 中国植物志12: 288. 图版57: 1 ~ 3. 2000; Fl. China 23: 375. 2010.

生沟边、林下、洼地湿处。产辽宁省长海、旅顺口、庄河。

根有理气止痛、祛风除湿作用，用于小儿夜啼、风湿骨痛。

■ 亚澳薹草

植株下部

花序

花序一部分

（31）细秆薹草（中国植物志，Flora of China）；纤弱薹草（内蒙古植物志，东北植物检索表，东北草本植物志）

Carex capillaris L., Sp. Pl. 2: 977. 1753; 东北草本植物志11: 97. 图版42: 1 ~ 6. 1976; 内蒙古植物志（第二版）5: 375. 图版148: 7 ~ 10. 1994; 东北植物检索表（第二版）: 869. 图版438: 7. 1995; 中国植物志12: 257. 2000; Fl. China 23: 364. 2010.

生山坡或山顶草地、河滩、草甸或水沟边。产黑龙江省海林；吉林省长白、安图、抚松；辽宁省沈阳、长海、桓仁；内蒙古自治区海拉尔、巴林右旗、克什克腾旗、锡林浩特等地。

（32）细形薹草（黑龙江省植物志，内蒙古植物志，东北植物检索表，东北草本植物志，中国植物志，Flora of China）

Carex tenuiformis Levl. et Vant., Bull. Acad. Int. Géogr. Bot. 11: 104. 1902; 东北草本植物志11: 99. 图版44: 1 ~ 6. 1976; 黑龙江省植物志11: 135. 图版53: 5 ~ 9. 1993; 内蒙古植物志（第二版）5: 376. 图版149: 1 ~ 4. 1994; 东北植物检索表（第二版）: 869. 图版438: 6. 1995; 中国植物志12: 257. 图版49: 1 ~ 3. 2000; Fl. China

23: 364. 2010.

生林下、林缘草地或灌丛下，也见于山坡阳处。产黑龙江省黑河；吉林省安图；内蒙古自治区根河、额尔古纳、牙克石、科尔沁右翼前旗、阿尔山、克什克腾旗等地。

（33）卷柱头薹草（中国植物志，Flora of China）；柔薹草（辽宁植物志，黑龙江省植物志，东北植物检索表，东北草本植物志）

Carex bostrychostigma Maxim. in Bull. Acad. Imp. Sci. Saint-Pétersbourg 31: 118. 1887; 东北草本植物志11: 92. 图版40: 1 ~ 6 .1976; 辽宁植物志（下册）: 1088. 图版489: 5 ~ 8. 1992; 黑龙江省植物志11: 47. 图版12: 6 ~ 11. 1993; 东北植物检索表（第二版）: 869. 图版438: 2. 1995; 中国植物志12: 279. 图版55: 10 ~ 12. 2000; Fl. China 23: 372. 2010.

生沼泽地、水沟边、路边湿地。产黑龙江阿城、呼玛、尚志、伊春；吉林省蛟河、桦甸、磐石、安图；辽宁省沈阳、鞍山、岫岩、丹东、宽甸、凤城、本溪、清原、瓦房店、庄河等地。

■ 卷柱头薹草

花序

植株

花序一部分

雌小穗

（34）麻根薹草（辽宁植物志，黑龙江省植物志，内蒙古植物志，东北植物检索表，东北草本植物志，中国植物志，Flora of China）

Carex arnellii Christ ex Scheutz in Kongl. Svenska Vetensk. Acad. Handl. n.s., 22(10): 177. 1888; 东北草本植物志11: 90. 图版39: 1 ~ 6. 1976; 辽宁植物志（下册）: 1086. 图版489: 1 ~ 4. 1992; 黑龙江省植物志11: 41. 图版10: 1 ~ 6. 1993; 内蒙古植物志（第二版）5: 371. 图版147: 1 ~ 5. 1994; 东北植物检索表（第二版）: 869.

■ 麻根薹草

果囊

花序

雌花鳞片

■ 麻根薹草

叶

植株

图版438: 1. 1995; 中国植物志12: 270. 图版53: 5 ~ 9. 2000; Fl. China 23: 368. 2010.

生山坡、林下、草甸中或水边湿地。产黑龙江省哈尔滨、伊春、尚志、阿城、黑河；吉林省安图、桦甸；辽宁省开原、沈阳、凤城、丹东、清原；内蒙古自治区额尔古纳、扎兰屯、科尔沁右翼前旗、巴林右旗、克什克腾旗、宁城、锡林浩特等地。

（35）少花薹草（中国植物志，Flora of China）

Carex vaginata Tausch, Flora. 4: 557. 1821; Fl. China 23: 346. 2010.——*Carex sparsiflora* (Wahlenb.) Steud., Nomend. Bot. ed. 2, 1: 296, 1841; 中国植物志12: 214. 2000.

（35a）少花薹草（变种）

Carex vaginata var. *vaginata*

生林下湿处或草地边缘。产于黑龙江省伊春；辽宁省凌源。

■ 少花薹草

植株

雌小穗

花序

■ 少花薹草

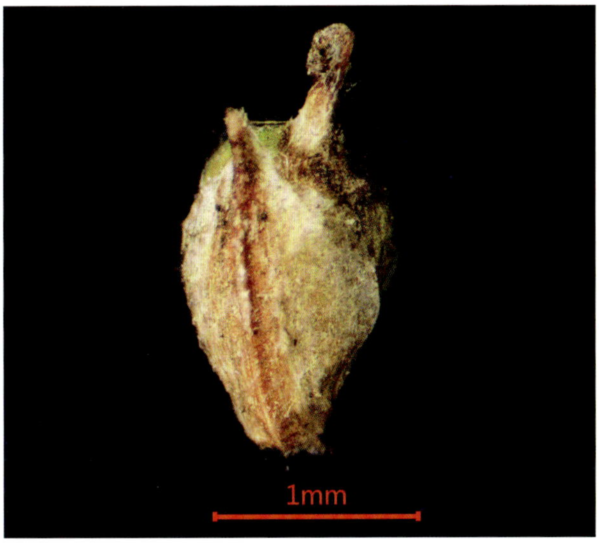

雌花

小坚果

（35b）大少花薹草（变种）（中国植物志，Flora of China）；镰薹草（黑龙江省植物志，内蒙古植物志，东北植物检索表，东北草本植物志）

Carex vaginata var. *petersii* (C. A. Mey. ex Schmidt) Akiyama in J. Jap. Bot. 11: 499 1935; Fl. China 23: 346. 2010.——*Carex falcata* Turcz. in Bull. Soc. Imp. Naturalistes Moscou 11: 104 1838; 东北草本植物志11: 138. 1976; 黑龙江省植物志11: 68. 图版23: 7 ~ 11. 1993; 内蒙古植物志（第二版）5: 376. 图版149: 1 ~ 4. 1994; 东北植物检索表（第二版）: 869. 图版439: 7. 1995.——*Carex sparsiflora* var. *petersii* (C.A.Mey. ex Schmidt) Kük. in Pflanzenr. Ⅳ, 20(38): 513. 1909; 中国植物志12: 215. 2000.

生林下、灌木丛下或草地。产黑龙江省伊春、尚志、黑河；吉林省安图；辽宁省本溪；内蒙古自治区额尔古纳、牙克石、科尔沁右翼前旗、阿尔山、巴林右旗、宝格达山等地。

■ 大少花薹草

植株

花序

雌小穗

（36）线柄薹草（中国植物志，Flora of China）

Carex filipes Franch. et Savat. Enum. Pl. Jap. 2: 148 et 576, 1879; 中国植物志12: 347. 2000; Fl. China 23: 400. 2010.

（36a）线柄薹草（原变种）

Carex filipes var. *filipes*

产安徽、福建、贵州、湖北、江苏、浙江等省。日本也有分布。东北地区不产。

（36b）少囊薹草（变种）（辽宁植物志，黑龙江省植物志，东北植物检索表，东北草本植物志，中国植物志，Flora of China）

Carex filipes var. *oligostachys* Kük. in Pflanzenr. Ⅳ, 20(38): 641. 1909; Fl. China 23: 400. 2010.——*C. egena* Levl. et Vant. in Repert. Spec. Nov. Regni Veg. 4: 227. 1907; 东北草本植物志11: 134. 图版61: 1 ~ 5. 1976; 辽宁植物志（下册）: 1107. 图版499: 1 ~ 4. 1992; 黑龙江省植物志11: 107. 图版42: 1 ~ 5. 1993; 东北植物检索表（第二版）: 869. 图版439: 4. 1995; 中国植物志12: 346. 2000.

生林下。产黑龙江省伊春；辽宁省西丰、宽甸、凤城、鞍山、庄河等地。

■ 少囊薹草

居群

植株一部分

花序

（37）毛缘薹草（辽宁植物志，黑龙江省植物志，东北植物检索表，东北草本植物志，中国植物志，Flora of China）

Carex pilosa Scop. in Fl. Carniol. ed. 2: 226. 1772; 东北草本植物志11: 136. 图版62: 1 ~ 6. 1976; 辽宁植物志（下册）: 1109. 图版499: 5 ~ 6. 1992; 黑龙江省植物志11: 117. 图版46: 1 ~ 5. 1993; 东北植物检索表（第二版）: 869. 图版439: 5. 1995; 中国植物志12: 344. 2000; Fl. China 23: 399. 2010.

（37a）毛缘薹草（原变种）

Carex pilosa var. *pilosa*

生林下。产黑龙江省哈尔滨、伊春、尚志；吉林省安图；辽宁省宽甸、凤城、桓仁等地。

■ 毛缘薹草

花序

雌小穗

植株

植株一部分

（37b）刺毛缘薹草（变种）（黑龙江省植物志，东北植物检索表，东北草本植物志，中国植物志，Flora of China）

Carex pilosa var. *auriculata* Kukenth. in Engl., Pflanzenr. Heft 38 (Ⅳ. 20): 637, 1909; 东北草本植物志11: 136, 1976; 黑龙江省植物志11: 117. 图版46: 6 ~ 9. 1993; 中国植物志12: 344. 2000; Fl. China 23: 399. 2010.

生林下。产黑龙江省伊春、尚志等地。

（38）红鞘薹草（东北植物检索表，东北草本植物志，中国植物志，Flora of China）

Carex erythrobasis H. Léveillé & Vaniot, Repert. Spec. Nov. Regni Veg. 5: 240. 1908; 东北草本植物志11: 121. 图版55: 1 ~ 5. 1976; 东北植物检索表（第二版）: 872. 图版440: 9. 1995; 中国植物志12: 191. 图版38: 5 ~ 7. 2000; Fl. China 23: 337. 2010.

生阔叶林和红松林下，海拔200 ~ 800米。产黑龙江省伊春；吉林省安图等地。

（39）四花薹草（辽宁植物志，黑龙江省植物志，东北植物检索表，东北草本植物志，中国植物志，Flora of China）

Carex quadriflora (Kük.) Ohwi in Acta Phytotax. Geobot. 1: 74. 1932; 东北草本植物志11: 123. 图版55: 6 ~ 10. 1976; 辽宁植物志（下册）: 1098. 图版495: 1 ~ 4. 1992; 黑龙江省植物志11: 123. 图版49: 1 ~ 5. 1993; 东北植物检索表（第二版）: 872. 图版440: 4. 1995; 中国植物志12: 189. 2000; Fl. China 23: 337. 2010.

生山坡柞树或红松林下。产黑龙江省哈尔滨、尚志、伊春；吉林省安图；辽宁省凤城、宽甸、东港、本溪、铁岭等地。

■ 四花薹草

花序一部分

植株一部分

居群

花序

（40）肋脉薹草（内蒙古植物志，东北植物检索表，东北草本植物志，中国植物志，Flora of China）

Carex pachyneura Kitag., Rep. Inst. Sci. Res. Manchoukuo. 4: 78. 1940; 东北草本植物志11: 117. 图版52: 7 ~ 11. 1976; 内蒙古植物志（第二版）5: 384. 图版153: 1 ~ 5. 1994; 东北植物检索表（第二版）: 872. 图版440: 3. 1995; 中国植物志12: 194. 图版38: 8 ~ 10. 2000; Fl. China 23: 338. 2010.

生草原地区山坡上。产辽宁省彰武、大连等地；内蒙古自治区根河、海拉尔、科尔沁右翼前旗、翁牛特旗、巴林右旗、通辽、乌兰浩特、克什克腾旗、锡林浩特等地。

■ 肋脉薹草

雄小穗

植株

雌小穗

■ 肋脉薹草

果囊与小坚果

花序

（41）柄状薹草（中国植物志，Flora of China）；脚薹草（黑龙江省植物志，内蒙古植物志，东北植物检索表，东北草本植物志）

Carex pediformis C. A. Mey., Mém. Acad. Imp. Sci. St.–Pétersbourg Divers Savans. 1: 219. 1831; 东北草本植物志11: 114. 图版52: 1 ~ 6. 1976; 黑龙江省植物志11: 114. 图版44: 7 ~ 11. 1993; 内蒙古植物志（第二版）5: 379. 图版152: 1 ~ 5. 1994; 东北植物检索表（第二版）: 872. 图版440: 2. 1995; 中国植物志12: 204. 图版41: 1 ~ 4. 2000; Fl. China 23: 342. 2010.

（41a）柄状薹草（原变种）

Carex pediformis var. *pediformis*

生草原、山坡、疏林下或林间坡地。产黑龙江省哈尔滨、呼玛、伊春、尚志、黑河、嘉荫；吉林省安图、桦甸；辽宁省沈阳、朝阳；内蒙古自治区海拉尔、额尔古纳、根河、牙克石、扎兰屯、满洲里、新巴尔虎左旗、鄂伦春、鄂温克、科尔沁右翼前旗、科尔沁右翼中旗、阿尔山、巴林右旗、扎赉特旗、克什克腾旗、东乌珠穆沁旗、西乌珠穆沁旗、锡林浩特、正蓝旗等地。

■ 柄状薹草

雄小穗

生境

花序

■ 柄状薹草

植株

雌小穗

（41b）柞薹草（变种）（东北植物检索表）；楔囊薹草（内蒙古植物志）

Carex pediformis var. *pedunculata* Maxim., Prim. Fl. Amur. 310, 1859; 东北草本植物志11: 116. 1976; 黑龙江省植物志11: 115. 图版45: 1 ~ 4. 1993; 东北植物检索表（第二版）: 872. 1995; 中国植物志12: 206. 2000.——*Carex reventa* V. Krecz. in Fl. URSS3: 614 et 367. 1935; 内蒙古植物志8: 92, 图版39, 图6 ~ 9, 1985; 内蒙古植物志（第二版）5: 381. 图版152: 6 ~ 9. 1994.

生森林下。产黑龙江省伊春；吉林省安图（长白山）；内蒙古自治区额尔古纳、牙克石、科尔沁右翼前旗、阿尔山等地。

（42）大披针薹草（中国植物志，Flora of China）；凸脉薹草（辽宁植物志，黑龙江省植物志，内蒙古植物志，东北植物检索表，东北草本植物志）

Carex lanceolata Boott in Narr. Exped. China Japan 2: 326. 1857; 东北草本植物志11: 117. 图版53: 1 ~ 6. 1976; 辽宁植物志（下册）: 1098. 图版495: 5 ~ 8. 1992; 黑龙江省植物志11: 87. 图版33: 3 ~ 8. 1993; 内蒙古植物志（第二版）5: 384. 图版153: 1 ~ 5. 1994; 东北植物检索表（第二版）: 872. 图版440: 5. 1995; 中国植物志12: 207. 图版41: 5 ~ 8. 2000; Fl. China 23: 343. 2010.

（42a）大披针薹草（原变种）

Carex lanceolata var. *lanceolata*

■ 大披针薹草

雌小穗

果期植株

生森林或林缘草地。产黑龙江省阿城、尚志、伊春、黑河、嘉荫、爱辉；吉林省安图、桦甸、蛟河、长白；辽宁省新宾、清原、凤城、宽甸、丹东、东港、本溪、桓仁、沈阳、鞍山、岫岩、瓦房店、大连；内蒙古自治区额尔古纳、海拉尔、根河、牙克石、阿荣旗、科尔沁右翼前旗、克什克腾旗等地。

茎叶可造纸，嫩时可作饲料。全草有理气止痛、祛风除湿、收敛止痒作用。

（42b）少花大披针薹草（变种）（中国植物志）；少花凸脉薹草（内蒙古植物志，东北植物检索表，东北草本植物志）

Carex lanceolata var. *laxa* Ohwi, Cyper. Japon. 1: 402, 1936; 东北草本植物志11: 117. 1976; 内蒙古植物志8: 95, 1985; 内蒙古植物志（第二版）5: 385. 1994; 中国植物志12: 208. 2000.

生森林附近的山坡岩石上。产内蒙古自治区科尔沁右翼前旗、阿尔山等地。

（42c）亚柄薹草（变种）（中国植物志，Flora of China）；早春薹草（辽宁植物志，内蒙古植物志，东北植物检索表，东北草本植物志）

Carex lanceolata var. *subpediformis* Kukenth. in Pflanzenr. Ⅳ, 20(38): 493. 1909; 中国植物志12: 208. 图版41: 9 ~ 11. 2000; Fl. China 23: 343. 2010.——*C. subpediformis* (Kukenth.) Suto et Suzuki in Bull. Coll. Agric. Utsunomiya Univ. 8: 11. 1933; 东北草本植物志11: 119. 图版53: 7 ~ 11. 1976; 辽宁植物志（下册）: 1100. 图版496: 1 ~ 4. 1992; 内蒙古植物志（第二版）5: 387. 图版154: 1 ~ 5. 1994; 东北植物检索表（第二版）: 872. 图版440: 6. 1995.

生草地或山坡草地。产黑龙江省呼玛；辽宁省凌源、沈阳、丹东、凤城、桓仁、清原、大连；内蒙古自治区根河、科尔沁右翼中旗等地。

嫩茎叶作饲料。全草有理气止痛、祛风除湿、收敛止痒作用。果实有凉血、止血作用。

■ 亚柄薹草

植株

雌小穗

花序

植株一部分

（43）羊须草（中国植物志，Flora of China）；羊胡子薹草（黑龙江省植物志，东北植物检索表，东北草本植物志）

Carex callitrichos V. Krecz. in Komarov, Fl. URSS. 3: 613. 1935; 东北草本植物志11: 119. 图版54: 6 ~ 10. 1976; 黑龙江省植物志11: 49. 图版13: 6 ~ 10. 1993; 东北植物检索表（第二版）: 872. 图版440: 8. 1995; 中国植物志12: 186. 图版37: 1 ~ 4. 2000; Fl. China 23: 335. 2010.

（43a）羊须草（原变种）

Carex callitrichos var. *callitrichos*

生红松林下，海拔800 ~ 1000米。产黑龙江省伊春、尚志；吉林省安图；内蒙古自治区科尔沁右翼前旗、宁城等地。

茎叶可造纸、搓绳及做包装填充之用。

■ 羊须草

春季植株

春季植株下部

雄花鳞片顶端急尖

夏季居群

（43b）兴安羊胡子薹草（变种）（内蒙古植物志，东北植物检索表，东北草本植物志）

Carex callitrichos var. *austrohinganica* Y. L. Chang et Y. L. Yang, 东北草本植物志11: 119, 205. 1976; 内蒙古植物志（第二版）5: 387. 图版155: 6 ~ 10. 1994; 东北植物检索表（第二版）: 872. 1995.

生落叶松林下。产内蒙古自治区科尔沁右翼前旗、阿尔山（模式标本采集地）。

（44）低矮薹草（内蒙古植物志，中国植物志，Flora of China）；低薹草（辽宁植物志，东北植物检索表，东北草本植物志）

Carex humilis Leyss. in Fl. Halens. 175. 1761; 东北草本植物志11: 121. 1976; 辽宁植物志（下册）: 1100. 1992; 东北植物检索表（第二版）: 872. 1995; 中国植物志12: 188. 2000; Fl. China 23: 336. 2010; 内蒙古植物志（第三版）6: 378. 2020.

（44a）低矮薹草（原变种）

Carex humilis var. *humilis*

生山坡或松树林中。产黑龙江省呼玛；辽宁省宽甸、丹东、东港、凤城、清原、岫岩、瓦房店、大连、铁岭、兴城、北镇、绥中等地。

■ 低矮薹草

植株一部分

植株

群落

雄花鳞片

花序

花序一部分

（44b）雏田薹草（变种）（辽宁植物志，东北植物检索表，东北草本植物志，中国植物志，Flora of China）

Carex humilis var. *scirrobasis* (Kitag.) Y. L. Chang, 东北草本植物志11: 121. 1976; 辽宁植物志（下册）:

■ 雏田薹草

植株

植株下部

■ 雏田薹草

雄花鳞片

花序一部分

雌小穗

1102. 1992; 东北植物检索表（第二版）: 872. 1995; 中国植物志12: 189. 2000; Fl. China 23: 336. 2010.

生海边荒山及干山坡或油松林下。产辽宁省沈阳、鞍山、金州、大连、东港等地。

（44c）矮丛薹草（变种）（辽宁植物志，黑龙江省植物志，内蒙古植物志，东北植物检索表，东北草本植物志，中国植物志，Flora of China）

Carex humilis var. *nana* (Levl. et Vant.) Ohwi in Cyper. Jap. 1: 399. 1936; 东北草本植物志11: 121. 图版54: 1 ~ 5.1976; 辽宁植物志（下册）: 1102. 图版496: 5 ~ 8. 1992; 黑龙江省植物志11: 78. 图版29: 1 ~ 5. 1993; 内蒙古植物志（第二版）5: 389. 图版155: 1 ~ 5. 1994; 东北植物检索表（第二版）: 872. 图版440: 7. 1995.——*Carex callitrichos* var. *nana* (H.Lév. & Vaniot) S.Yun Liang, L.K.Dai & Y.C.Tang, 中国植物志12: 186. 2000; Fl. China 23: 336. 2010.

生石质山坡、荒山、松树与柞树混交林或油松林下。产黑龙江省哈尔滨；辽宁省昌图、绥中、沈阳、凤城、大连；内蒙古自治区阿尔山、科尔沁右翼前旗等地。

■ 矮丛薹草

雌小穗

夏秋季植株

花序

■ 矮丛薹草

夏秋季居群

早春植株

植株下部

（45）青绿薹草（中国植物志，Flora of China）；等穗薹草（辽宁植物志，黑龙江省植物志，内蒙古植物志，东北植物检索表，东北草本植物志）

Carex breviculmis R. Br. Prodr. in Prodr. Fl. Nov. Holl. 242. 1810; 中国植物志12: 161. 图版33: 1 ~ 4. 2000; Fl. China 23: 326. 2010; 内蒙古植物志（第三版）6: 379. 2020.——*C. leucochlora* Bunge in Enum. Pl. China Bor. 68. 1833; 东北草本植物志11: 124. 图版56: 1 ~ 5. 1976; 辽宁植物志（下册）: 1103. 图版497: 1 ~ 4. 1992; 黑龙江省植物志11: 92. 图版35: 6 ~ 10. 1993; 内蒙古植物志（第二版）5: 389. 图版154: 6 ~ 9. 1994; 东北植

■ 青绿薹草

雌小穗一部分

植株一部分

花序

基生叶

植株

物检索表（第二版）: 874. 图版441: 6. 1995.

生山坡或草甸。产黑龙江尚志、呼玛、哈尔滨；吉林省安图、抚松；辽宁省绥中、建昌、北镇、兴城、清原、桓仁、本溪、凤城、丹东、宽甸、沈阳、鞍山、大连；内蒙古自治区扎兰屯、喀喇沁旗、宁城等地。

（46）豌豆形薹草（中国植物志，Flora of China）；白雄穗薹草（辽宁植物志，黑龙江省植物志，东北植物检索表，东北草本植物志）

Carex pisiformis Boott in Narr. Exped. China Japan 2: 324. 1857; 中国植物志12: 168. 2000; Fl. China 23: 328. 2010.——*C. polyschoenna* Levl. & Vant. ex Levl. in Bull. Acad. Int. Géogr. Bot. 12: 9. 1903; 东北草本植物志11: 124. 图版56: 6 ~ 11. 1976; 辽宁植物志（下册）: 1103. 图版497: 5 ~ 8. 1992; 黑龙江省植物志11: 121. 图版48: 1 ~ 5. 1993; 东北植物检索表（第二版）: 874. 图版441: 7. 1995.

生山坡林下、路边。产黑龙江省小兴安岭—老爷岭植物区；辽宁省凤城、丹东、东港、宽甸、桓仁、清原、鞍山、庄河、金州、瓦房店、大连、北镇、义县等地。

■ 豌豆形薹草

植株

花序

基生叶

雌小穗一部分

（47）绿囊薹草（辽宁植物志，黑龙江省植物志，内蒙古植物志，东北植物检索表，东北草本植物志，中国植物志，Flora of China）

Carex hypochlora Freyn. in Oesterr. Bot. Z. 53: 26. 1903; 东北草本植物志11: 126. 图版57: 1 ~ 5. 1976; 辽宁植物志（下册）: 1105. 图版498: 1 ~ 4. 1992; 黑龙江省植物志11: 76. 图版27: 6 ~ 10. 1993; 内蒙古植物志

■ 绿囊薹草

居群

花序

■ 绿囊薹草

雄小穗

根部

雌小穗

（第二版）5: 391. 图版156: 1 ~ 5. 1994; 东北植物检索表（第二版）: 874. 图版441: 5. 1995; 中国植物志12: 163. 2000; Fl. China 23: 326. 2010.

生沼泽、草甸及疏林内。产黑龙江省尚志、伊春；吉林省磐石、蛟河、安图；辽宁省沈阳、辽阳、鞍山、庄河、丹东、桓仁、本溪；内蒙古自治区科尔沁右翼前旗、科尔沁左翼后旗、阿尔山、大青沟等地。

（48b）褐穗薹草（亚种）（东北植物检索表，东北草本植物志）

Carex umbrosa subsp. *sabynensis* (Less. ex Kunth) Kük. in Pflanzenr.Ⅳ, 20(38): 468 1909.——*Carex sabynensis* Less. ex Kunth in Enum. Pl. 2: 440 1837; 东北草本植物志11: 126. 1976; 东北植物检索表（第二版）: 874. 1995.

生高山或亚高山草甸，苔藓沼泽，湿润的森林及沼泽地。产吉林省敦化。

（48c）小苞叶薹草（亚种）（黑龙江省植物志，内蒙古植物志，东北植物检索表，东北草本植物志，中国植物志，Flora of China）

Carex umbrosa subsp. *pseudosabynensis* T.V.Egorova in Novosti Sist. Vyssh. Rast. 17: 104 1980.——*C. lucidula* Franch. in Bull. Soc. Philom. Paris Ⅷ, 7: 48 1895; 黑龙江省植物志11: 98. 图版38: 1 ~ 3. 1993; 东北植物检索表（第二版）: 874. 图版441: 3. 1995.——*C. subebracteata* (Kük.) Ohwi in Mem. Coll. Sci. Kyoto Imp. Univ., Ser. B, Biol. 6(5): 252 1931; 东北草本植物志11: 128. 图版58: 5 ~ 7. 1976; 内蒙古植物志（第二版）5: 391. 图版156: 6 ~ 10. 1994; 中国植物志12: 166. 2000; Fl. China 23: 327. 2010.

生林中湿地或草甸。产黑龙江省伊春；内蒙古自治区科尔沁右翼前旗、阿尔山等地。

（49）截嘴薹草（黑龙江省植物志，内蒙古植物志，东北植物检索表，东北草本植物志，中国植物志，Flora of China）

Carex nervata Franch. et Sav., Enum. Pl. Jap. 2: 566. 1878; 东北草本植物志11: 128. 图版58: 8 ~ 10. 1976; 黑龙江省植物志11: 105. 图版40: 6 ~ 8. 1993; 内蒙古植物志（第二版）5: 393. 图版157: 1 ~ 4. 1994; 东北植物检索表（第二版）: 874. 图版441: 2. 1995; 中国植物志12: 170. 2000; Fl. China 23: 328. 2010.

生山坡草地、阔叶林中及灌丛下。产黑龙江省尚志、呼玛；吉林省安图；内蒙古自治区根河、牙克石、科尔沁右翼前旗、阿尔山等地。

（50）轴薹草（内蒙古植物志，东北植物检索表，东北草本植物志）

Carex rostellifera Y. L. Chang et Y. L. Yang, 东北草本植物志11: 130. 图版58: 1 ~ 4. 1976; 东北植物检索表（第二版）: 874. 图版441: 1. 1995; 内蒙古植物志（第二版）5: 393. 图版150: 1 ~ 4. 1994.

生阴湿的落叶松林下。产内蒙古自治区科尔沁右翼前旗、阿尔山（模式标本采集地）等地。

（51）喙果薹草（辽宁植物志，东北植物检索表，东北草本植物志）

Carex pseudo-hypochlora Y. L. Chang et Y. L. Yang, 东北草本植物志11: 130. 图版57: 6 ~ 9. 1976; 辽宁植物志（下册）: 1105. 图版498: 5 ~ 8. 1992; 东北植物检索表（第二版）: 874. 图版441: 4. 1995.

（51a）喙果薹草（变型）

Carex pseudo-hypochlora f. *pseudo–hypochlora*

生林下河边湿地。产辽宁省鞍山（模式标本采集地）。

（51b）小齿喙果薹草（变型）（黑龙江省植物志，东北植物检索表，东北草本植物志）

Carex pseudo-hypochlora f. *denticulata* Y. L. Chang et Y. L. Yang, 东北草本植物志11: 130, 205. 1976; 黑龙江省植物志11: 123. 1993; 东北植物检索表（第二版）: 874. 1995.

生森林附近的湿草地。产黑龙江省伊春（模式标本采集地）；吉林省安图。

（52）假长嘴薹草（东北植物检索表，东北草本植物志，中国植物志，Flora of China）

Carex nodaeana A. I. Baranov & Skvortsov, Quart. J. Taiwan Mus. XVIII. 225. 1965.——*C. pseudo–longerostrata* Y. L. Chang et Y. L. Yang, 东北草本植物志11: 131, 206. 图版59: 1 ~ 5. 1976; 东北植物检索表（第二版）: 874. 图版439: 1. 1995; 中国植物志12: 341. 图版71: 1 ~ 4. 2000; Fl. China 23: 390. 2010.

生高山冻原和草地以及疏林下草甸。产吉林省安图、抚松。模式标本采自长白山天池。

（53）稗薹草（东北植物检索表，东北草本植物志，中国植物志，Flora of China）

Carex xiphium Kom., Trudy Imp. S.–Peterburgsk. Bot. Sada. 18: 446. 1901; 东北草本植物志11: 134. 1976; 东北植物检索表（第二版）: 874. 图版439: 6. 1995; 中国植物志12: 341. 2000; Fl. China 23: 390. 2010.

生林下。产吉林省安图等地。

（54）长嘴薹草（黑龙江省植物志，东北植物检索表，东北草本植物志，中国植物志，Flora of China）；细穗薹草（东北植物检索表，东北草本植物志，东北植物分布图集）

■ 长嘴薹草

花序

植株下部

Carex longerostrata C. A. Mey. in Mem. Acad. Se.–Petersb. 1: 220. t. 1. 1831; 东北草本植物志11: 131. 图版60: 7 ~ 12. 1976; 黑龙江省植物志11: 96. 图版37: 7 ~ 12. 1993; 东北植物检索表（第二版）: 874. 图版439: 3. 1995; 中国植物志12: 340. 图版71: 5 ~ 8. 2000; Fl. China 23: 389. 2010.——*Carex tenuistachya* Nakai in Bot. Mag. (Tokyo) 36: 127. 1922; 东北草本植物志11: 131. 图版60: 1 ~ 6. 1976; 东北植物检索表（第二版）: 874. 图版439: 2. 1995; 东北植物分布图集: 1493. 2019.

生山坡草丛中、水边或林下。产黑龙江省尚志、阿城、伊春、嘉荫；吉林省安图、蛟河；辽宁省本溪、丹东、沈阳、铁岭等地。

（55）米柱薹草（辽宁植物志，黑龙江省植物志，内蒙古植物志，东北植物检索表，东北草本植物志，中国植物志，Flora of China）

Carex glauciformis Meinsh. in Act. Hort. Petrop. 18: 389. 1901; 东北草本植物志11: 106. 图版48: 7 ~ 11. 1976; 辽宁植物志（下册）: 1095. 图版494. 1992; 黑龙江省植物志11: 70. 图版24: 1 ~ 5. 1993; 内蒙古植物志（第二版）5: 396. 图版158: 6 ~ 9. 1994; 东北植物检索表（第二版）: 875. 图版443: 3. 1995; 中国植物志12: 119. 图版22: 9 ~ 12. 2000; Fl. China 23: 310. 2010.

生草甸、沼泽边湿地及山坡草地。产黑龙江省伊春、富锦、嫩江；吉林省前郭；辽宁省丹东、西丰、鞍山、凤城、凌源、沈阳、大连；内蒙古自治区额尔古纳、新巴尔虎左旗、科尔沁右翼前旗、扎赉特旗、巴林右旗、大青沟、通辽等地。

■ 米柱薹草

植株

雌小穗

花序

（56）皱果薹草（中国植物志，Flora of China）；薹草（辽宁植物志，东北植物检索表，东北草本植物志）；弯嘴薹草（黑龙江省植物志）；弯囊薹草（内蒙古植物志）

Carex dispalata Boott ex A. Gray in Narr. Exped. China Japan 2: 325. 1857; 东北草本植物志11: 104. 图版47: 1 ~ 4. 1976; 辽宁植物志（下册）: 1093. 图版493: 1 ~ 4. 1992; 黑龙江省植物志11: 57. 图版17: 7 ~ 10. 1993; 东北植物检索表（第二版）: 875. 图版443: 9. 1995; 中国植物志12: 293. 图版58: 4 ~ 6. 2000; Fl. China 23: 377. 2010.

生沼泽、河边湿地。产黑龙江省尚志、哈尔滨；吉林省浑江、抚松、桦甸、汪清、蛟河、安图；辽宁省开原、新宾、沈阳、丹东；内蒙古自治区大青沟等地。

嫩草可作家畜饲料，茎叶可制作蓑衣及雨笠，种子可食。

■ 皱果薹草

雌小穗一部分

居群

花序

（57）扁秆薹草（中国植物志，Flora of China）；阴地薹草（辽宁植物志，黑龙江省植物志，东北植物检索表，东北草本植物志）

Carex planiculmis Kom. in Trudy Imp. S.–Peterburgsk. Bot. Sada 17(1): 448. 1899; 东北草本植物志11: 101. 图版45: 1 ~ 6. 1976; 辽宁植物志（下册）: 1090. 图版492: 1 ~ 4. 1992; 黑龙江省植物志11: 119. 图版47: 1 ~ 5. 1993; 东北植物检索表（第二版）: 875. 图版443: 2. 1995; 中国植物志12: 308. 2000; Fl. China 23: 383. 2010.

生溪边、沟边或林下潮湿处。产黑龙江省尚志、伊春、海林；吉林省安图、抚松；辽宁省西丰、清原、宽甸、凤城、本溪、桓仁、开原等地。

■ 扁秆薹草

花序

花序一部分

小花

植株下部

（58）日本薹草（内蒙古植物志，中国植物志，Flora of China）；软薹草（辽宁植物志，东北植物检索表，东北草本植物志）

Carex japonica Thunb. in Syst. Veg. ed.14: 845. 1784; 东北草本植物志11: 101. 图版47: 1～5. 1976; 辽宁植物志（下册）: 1093. 图版492: 5～8. 1992; 内蒙古植物志（第二版）5: 395. 图版149: 5～8. 1994; 东北植物检索表（第二版）: 875. 图版443: 1. 1995; 中国植物志12: 304. 图版61: 14～16. 2000; Fl. China 23: 381. 2010.

生林下或林缘阴湿处或山谷沟旁湿地。产吉林省安图；辽宁省凤城、本溪、鞍山、岫岩；内蒙古自治区科尔沁左翼后旗、大青沟等地。

■ 日本薹草

花序

居群

雌小穗

（59）黄囊薹草（辽宁植物志，黑龙江省植物志，内蒙古植物志，东北植物检索表，东北草本植物志，中国植物志，Flora of China）

Carex korshinskyi Kom. in Trudy Imp. S.–Peterburgsk. Bot. Sada 20: 394. 1901; 东北草本植物志11: 112. 图版51: 1～5. 1976; 辽宁植物志（下册）: 1097. 图版493: 5～8. 1992; 黑龙江省植物志11: 85. 图版32: 6～10. 1993; 内蒙古植物志（第二版）5: 401. 图版162: 1～5. 1994; 东北植物检索表（第二版）: 879. 图版443: 8. 1995; 中国植物志12: 246. 图版25: 10～13. 2000; Fl. China 23: 313. 2010.

生草原、山坡或沙丘地带。产黑龙江省哈尔滨；吉林省安图；辽宁省沈阳、彰武；内蒙古自治区根河、海拉尔、额尔古纳、牙克石、满洲里、鄂温克、陈巴尔虎旗、新巴尔虎左旗、科尔沁左翼后旗、扎赉特旗、科尔沁右翼前旗、大青沟、巴林右旗、乌兰浩特、克什克腾旗、宁城、东乌珠穆沁旗、西乌珠穆沁旗、锡林浩特等地。

■ 黄囊薹草

居群

根部

雌小穗

■ 黄囊薹草

雌小穗一部分

花序具4个小穗

花序具3个小穗

（60）卷叶薹草（黑龙江省植物志，内蒙古植物志，东北植物检索表，东北草本植物志，中国植物志，Flora of China）

Carex ulobasis V. Krecz., Fl. URSS. 3: 608. 1935; 东北草本植物志11: 108. 图版49: 1 ~ 5. 1976; 黑龙江省植物志11: 138. 图版55: 7 ~ 11. 1993; 内蒙古植物志（第二版）5: 398. 图版160: 7 ~ 11. 1994; 东北植物检索表（第二版）: 875. 图版443: 6. 1995; 中国植物志12: 123. 图版23: 1 ~ 4. 2000; Fl. China 23: 311. 2010.

生山坡阳坡疏林下或灌丛下或草甸。产黑龙江省哈尔滨、五大连池；内蒙古自治区鄂伦春等地。

（61）玉簪薹草（黑龙江省植物志，东北植物检索表，东北草本植物志，中国植物志，Flora of China）

Carex globularis L., Sp. Pl. 2: 976. 1753; 东北草本植物志11: 108. 图版49: 6 ~ 11. 1976; 黑龙江省植物志

■ 玉簪薹草

花序

基生叶

植株

11: 70. 图版24: 6 ~ 11. 1993; 东北植物检索表（第二版）: 875. 图版443: 7. 1995; 中国植物志12: 121. 图版23: 5 ~ 8. 2000; Fl. China 23: 311. 2010.

生山坡草地、林下湿地或沼泽地。产黑龙江省呼玛、伊春、嘉荫；内蒙古自治区额尔古纳、根河、牙克石、鄂伦春、科尔沁右翼前旗、扎赉特旗等地。

（62）鳞苞薹草（辽宁植物志，内蒙古植物志，东北植物检索表，东北草本植物志，中国植物志，Flora of China）

Carex vanheurckii Muell. in Arg. Observ. Bot. 1: 30. 1870; 东北草本植物志11: 110. 1976; 辽宁植物志（下册）: 1097. 1992; 东北植物检索表（第二版）: 875. 1995; 中国植物志12: 125. 图版23: 9 ~ 12. 2000; Fl. China 23: 312. 2010; 内蒙古植物志（第三版）6: 386. 2020.

生空旷的林下或山坡草地。产内蒙古自治区大兴安岭。

（63）球穗薹草（内蒙古植物志，东北植物检索表，东北草本植物志，中国植物志，Flora of China）

Carex amgunensis Fr. Schmidt, Mém. Acad. Imp. Sci. Saint Pétersbourg, sér. 7. 12(2): 69. 1868; 东北草本植物志11: 110. 1976; 内蒙古植物志（第二版）5: 396. 图版159: 6 ~ 10. 1994; 东北植物检索表（第二版）: 875. 1995; 中国植物志12: 124. 图版22: 1 ~ 4. 2000; Fl. China 23: 311. 2010.

生山坡阴处或潮湿沼泽地。产内蒙古自治区额尔古纳、根河、牙克石、鄂伦春、科尔沁右翼前旗、扎赉特旗等地。

■ 球穗薹草

基生叶

花序

植株

（64）兴安薹草（内蒙古植物志，东北植物检索表，东北草本植物志，中国植物志，Flora of China）

Carex chinganensis Litv., Sched. Herb. Fl. Ross. 6: 135. 1908; 东北草本植物志11: 110. 图版50: 1 ~ 6. 1976; 内蒙古植物志（第二版）5: 398. 图版160: 1 ~ 6. 1994; 东北植物检索表（第二版）: 875. 图版443: 5. 1995; 中国植物志12: 124. 图版22: 5 ~ 8. 2000; Fl. China 23: 311. 2010.

生山地林下。内蒙古自治区牙克石、额尔古纳、科尔沁右翼前旗、阿尔山等地。

■ 兴安薹草

花序

（65）长鳞薹草（东北植物检索表，东北草本植物志，中国植物志）

Carex tarumensis Franch. in Bull. Soc. Philom. Paris Ⅷ, 7: 86. 1895; 东北草本植物志11: 150. 图版68: 1 ~ 7.1976; 东北植物检索表（第二版）: 879. 图版444: 7.1995; 中国植物志12: 101. 2000.

生林下草甸和湿地。产吉林省安图（长白山）。

（66）乌拉草（黑龙江省植物志，内蒙古植物志，东北植物检索表，东北草本植物志，中国植物志，Flora of China）

Carex meyeriana Kunth, Enum. Pl. 2: 438. 1837; 东北草本植物志11: 150. 图版67: 1 ~ 5. 1976; 黑龙江省植物志11: 103. 图版40: 1 ~ 5. 1993; 内蒙古植物志（第二版）5: 415. 图版165: 1 ~ 5. 1994; 东北植物检索表（第二版）: 879. 图版444: 5.1995; 中国植物志12: 103. 图版18: 5 ~ 8. 2000; Fl. China 23: 304. 2010.

生沼泽。产黑龙江省伊春、集贤、富锦；吉林省抚松、浑江、安图；内蒙古自治区额尔古纳、根河、牙克石、科尔沁右翼前旗、阿尔山等地。

■ 乌拉草

花序

果期花序

雌小穗

花期植株一部分

果期植株一部分

植株

（67）黑穗薹草（东北植物检索表，东北草本植物志，中国植物志，Flora of China）

Carex atrata L., Sp. Pl. 2: 976. 1753; 东北草本植物志11: 148. 图版67: 6 ~ 13.1976; 东北植物检索表（第二版）: 879. 图版444: 6. 1995; 中国植物志12: 113. 2000; Fl. China 23: 308. 2010.

生高山冻原上。产吉林省安图、长白、抚松等地。

■ 黑穗薹草

花序

植株

居群

（68）短鳞薹草（辽宁植物志，黑龙江省植物志，内蒙古植物志，东北植物检索表，中国植物志，Flora of China）

Carex augustinowiczii Meinsh. ex Korsh. in Trudy Imp. S.–Peterburgsk. Bot. Sada 12: 411. 1892; 辽宁植物志（下册）: 1111. 图版501: 1～4. 1992; 黑龙江省植物志11: 44. 图版11: 1～5. 1993; 内蒙古植物志（第二版）5: 403. 图版163: 7～11. 1994; 东北植物检索表（第二版）: 879. 图版444: 3. 1995; 中国植物志12: 106. 图版21: 5～8. 2000; Fl. China 23: 305. 2010.

生林下、河边或沙质湿地。产黑龙江省呼玛、伊春、尚志；吉林省浑江、抚松、珲春、安图；辽宁省本溪、凤城、西丰；内蒙古自治区喀喇沁旗、宁城等地。

■ 短鳞薹草

植株

花序

（69）青藏薹草（内蒙古植物志，中国植物志，Flora of China）

■ 青藏薹草

花序

植株下部

植株

Carex moorcroftii Falc. ex Boott in Trans. L. Soc. 20: 140, 1846; 内蒙古植物志（第二版）5: 405. 图版146: 1 ~ 5. 1994; 中国植物志12: 107. 图版18: 9 ~ 12. 2000; Fl. China 23: 305. 2010.

生高山灌丛草甸、高山草甸、湖边草地或低洼处。产内蒙古自治区克什克腾旗。

（70）沙地薹草（内蒙古植物志，Flora of China）

Carex sabulosa Turczaninow ex Kunth in Enum. Pl. 2: 432. 1837; 内蒙古植物志（第二版）5: 409. 图版166. 1994; Fl. China 23: 306. 2010.

生沙地、路旁或山坡下部沟谷中。产内蒙古自治区翁牛特旗、克什克腾旗、锡林浩特等地。

（71）圆穗薹草（中国植物志，Flora of China）；紫鳞薹草（黑龙江省植物志，内蒙古植物志，东北植物检索表，东北草本植物志）

Carex media R. Br. in Bot. App. 750 1823; 东北草本植物志11: 145. 图版66.1 ~ 5.1976; 黑龙江省植物志11: 99. 图版39: 6 ~ 10. 1993; 东北植物检索表（第二版）: 879. 图版444: 1. 1995.——*Carex angarae* Steud. in Syn. Pl. Glumac. 2: 190. 1855; 内蒙古植物志（第二版）5: 407. 图版164: 1 ~ 5. 1994; 中国植物志12: 111. 2000; Fl. China 23: 307. 2010.

生林下湿地或林缘草甸，海拔650 ~ 700米。产黑龙江省伊春、呼玛；吉林省安图；内蒙古自治区根河、额尔古纳、牙克石、科尔沁右翼前旗、阿尔山、扎赉特旗、喀喇沁旗、宁城、宝格达山等地。

（72）长芒薹草（东北植物检索表，东北草本植物志，中国植物志，Flora of China）

Carex gmelinii Hook. et Arn., Bot. Beechey Voy. 118. 1832; 东北草本植物志11: 147. 1976; 东北植物检索表（第二版）: 879. 1995; 中国植物志12: 108. 2000; Fl. China 23: 306. 2010.

生草地或海岸。产吉林省安图等地。

（73）白头山薹草（中国植物志，Flora of China）；长白薹草（辽宁植物志，黑龙江省植物志，东北植物检索表，东北草本植物志）

Carex peiktusanii Kom. in Trudy Imp. S.-Peterburgsk. Bot. Sada 18: 445. 1901; 东北草本植物志11: 148. 图版66: 6 ~ 8. 1976; 辽宁植物志（下册）: 1113. 图版501: 5 ~ 8. 1992; 黑龙江省植物志11: 115. 图版45: 5 ~ 7. 1993; 东北植物检索表（第二版）: 879. 图版444: 2. 1995; 中国植物志12: 114. 2000; Fl. China 23: 308. 2010.

生林下、河边。产黑龙江省尚志、北安；辽宁省凤城、新宾等地。

■ 白头山薹草

植株

花序

■ 白头山薹草

小花

花序一部分

雌小穗

（74）点叶薹草（中国植物志，Flora of China）；华北薹草（辽宁植物志，内蒙古植物志，东北植物检索表，东北草本植物志）

Carex hancockiana Maxim. in Bull. Soc. Imp. Naturalistes Moscou 54(1): 66. 1879; 东北草本植物志11: 147. 1976; 辽宁植物志（下册）: 1113. 1992; 内蒙古植物志（第二版）5: 405. 图版164: 6 ~ 10. 1994; 东北植物检索表（第二版）: 879. 1995; 中国植物志12: 112. 图版20: 1 ~ 4. 2000; Fl. China 23: 307. 2010.

生林中草地、水旁湿处和草甸。产辽宁省南部和西部；内蒙古自治区巴林右旗、喀喇沁旗、宁城等地。

■ 点叶薹草

花序一部分

花序

植株一部分

（75）离穗薹草（黑龙江省植物志，内蒙古植物志，东北植物检索表，东北草本植物志，中国植物志，Flora of China）

Carex eremopyroides V. Krecz. in Komarov, Fl. URSS. 3: 617. 1935; 东北草本植物志11: 106. 图版48: 1 ~ 6. 1976; 黑龙江省植物志11: 68. 图版23: 1 ~ 6. 1993; 内蒙古植物志（第二版）5: 409. 图版159: 1 ~ 5. 1994; 东

北植物检索表（第二版）: 879. 图版443: 4. 1995; 中国植物志12: 309. 图版63: 1 ~ 6. 2000; Fl. China 23: 384. 2010.

生沼泽地、湖、河岸边湿地。产黑龙江省哈尔滨、伊春；吉林省双辽；辽宁省彰武；内蒙古自治区海拉尔、新巴尔虎右旗、科尔沁左翼后旗、阿鲁科尔沁旗、克什克腾旗、通辽等地。

■ 离穗薹草

花序

花序上部

居群

雌小穗

（76）湿生薹草（中国植物志，Flora of China）；沼薹草（黑龙江省植物志，内蒙古植物志，东北植物检索表，东北草本植物志）

Carex limosa L., Sp. Pl. 2: 977. 1753; 东北草本植物志11: 140. 图版64: 1 ~ 6. 1976; 黑龙江省植物志11: 92. 图版36: 1 ~ 6. 1993; 内蒙古植物志（第二版）5: 412. 图版167: 1 ~ 5. 1994; 东北植物检索表（第二版）: 879. 图版442: 3. 1995; 中国植物志12: 213. 图版42: 1 ~ 5. 2000; Fl. China 23: 345. 2010.

常生沼泽地和水边草地。产黑龙江省伊春、哈尔滨、富锦；吉林省抚松、靖宇、双辽、安图、敦化、白城；内蒙古自治区科尔沁右翼前旗、阿尔山等地。

■ 湿生薹草

植株

雌小穗

花序

（77）稀花薹草（中国植物志，Flora of China）；疏薹草（内蒙古植物志，东北植物检索表，东北草本植物志）

Carex laxa Wahlenb., Kongl. Vetensk. Acad. Nya Handl. 24: 156. 1803; 东北草本植物志11: 142. 图版64: 7～12.1976; 内蒙古植物志（第二版）5: 412. 图版167: 6～10. 1994; 东北植物检索表（第二版）: 879. 图版442: 4. 1995; 中国植物志12: 213. 2000; Fl. China 23: 345. 2010.

生沼泽地和湖、河边的潮湿地。产吉林省安图（长白山）；内蒙古自治区科尔沁右翼前旗（塔格宾湖）、阿尔山等地。

（78）扁囊薹草（内蒙古植物志，东北植物检索表，东北草本植物志，中国植物志，Flora of China）

Carex coriophora Fisch. et C. A. Mey. ex Kunth, Enum. Pl. 2: 463, 1847; 东北草本植物志11: 142, 1976; 内蒙古植物志8: 122. 图版44: 5～9. 1985; 内蒙古植物志（第二版）5: 413. 图版157: 5～9. 1994; 东北植物检索表（第二版）: 881. 图版445: 5. 1995; 中国植物志12: 229. 图版45: 8～11. 2000; Fl. China 23: 353. 2010.

生河岸旁湿草地、沼泽地踏头上、山坡。产内蒙古自治区额尔古纳、牙克石、新巴尔虎左旗、扎鲁特旗、克什克腾旗、通辽、西乌珠穆沁旗、锡林浩特等地。

■ 扁囊薹草

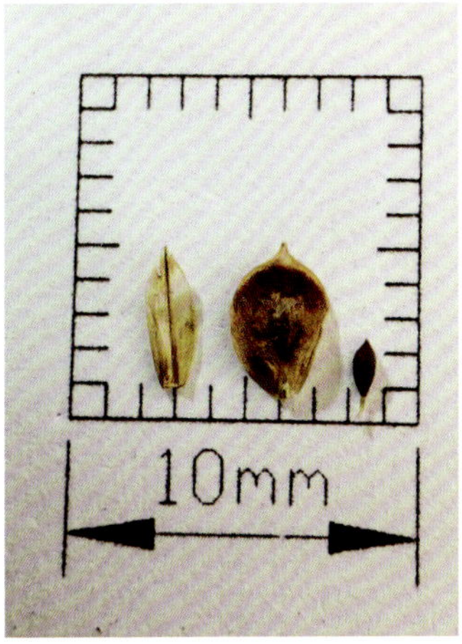

鳞片、果囊与小坚果

花序

（79）冻原薹草（东北植物检索表，东北草本植物志，中国植物志，Flora of China）

Carex siroumensis Koidz., Bot. Mag. (Tokyo) . 32: 54. 1918; 东北草本植物志11: 144. 图版7～11.1976; 东北植物检索表（第二版）: 881. 图版442: 6. 1995; 中国植物志12: 252. 图版48: 5～8. 2000; Fl. China 23: 362. 2010.

生高山草原或岩石陡壁的石缝中。产吉林省抚松、安图等地。

■ 冻原薹草

雌小穗

植株一部分

居群

（80）图们薹草（黑龙江省植物志，东北植物检索表，东北草本植物志，中国植物志，Flora of China）

Carex tuminensis Kom., Trudy Imp. S.–Peterburgsk. Bot. Sada. 18: 444. 1901; 东北草本植物志11: 152. 图版69: 1 ~ 5. 1976; 黑龙江省植物志11: 136. 图版54: 6 ~ 11. 1993; 东北植物检索表（第二版）: 881. 图版444: 4. 1995; 中国植物志12: 433. 图版86: 9 ~ 12. 2000; Fl. China 23: 431. 2010.

生水边潮湿处。产黑龙江省宁安、海林；吉林省抚松、安图、长白、汪清等地。

■ 图们薹草

雌小穗

花序

植株一部分

（81）高鞘薹草（黑龙江省植物志，东北植物检索表，东北草本植物志，中国植物志，Flora of China）

Carex middendorffii Fr. Schmidt, Mém. Acad. Imp. Sci. Saint Pétersbourg, sér. 7. 12(2): 70. 1868; 东北草本植物志11: 156. 1976; 黑龙江省植物志11: 104. 1993; 东北植物检索表（第二版）: 881. 1995; 中国植物志12: 432. 2000; Fl. China 23: 421. 2010.

生藓类沼泽中。产黑龙江省小兴安岭—老爷岭植物区。

（82）隐果薹草（东北植物检索表，东北草本植物志，中国植物志，Flora of China）

Carex cryptocarpa C. A. Mey., Mém. Acad. Imp. Sci. St.–Pétersbourg Divers Savans. 1: 226. 1831; 东北草本植物志11: 156. 1976; 东北植物检索表（第二版）: 881. 1995; 中国植物志12: 432. 2000; Fl. China 23: 421. 2010.

生沼泽、草甸和河边。产吉林省抚松。

（83）二形鳞薹草（辽宁植物志，东北草本植物志，中国植物志，Flora of China）；二形薹草（东北植物检索表）

Carex dimorpholepis Steud. in Syn. Pl. Glumac. 2: 214. 1855; 东北草本植物志11: 154. 1976; 辽宁植物志（下册）: 1115. 1992; 东北植物检索表（第二版）: 881. 1995; 中国植物志12: 429. 图版88: 1 ~ 4. 2000; Fl. China 23: 430. 2010.

生沟边潮湿处及路边、草地。产辽宁省长海等地。

■ 二形鳞薹草

花序一部分

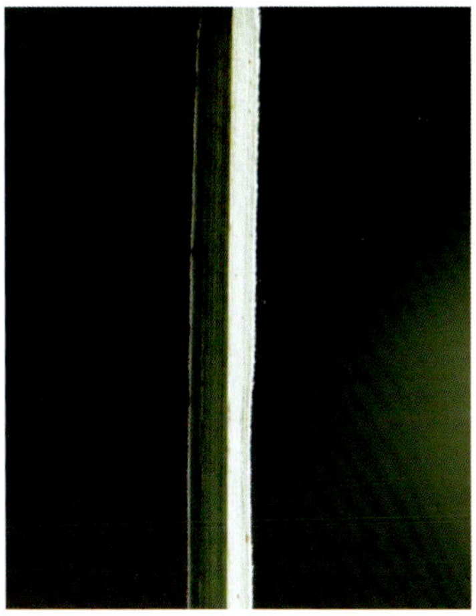
茎

花序

植株一部分

居群

（84）乳突薹草（中国植物志，Flora of China）；麦薹草（辽宁植物志，黑龙江省植物志，东北植物检索表，东北草本植物志）

Carex maximowiczii Miq. in Ann. Mus. Bot. Lugduno-Batavi 2: 180. 1866; 东北草本植物志11: 154. 图版70: 6 ~ 11.1976; 辽宁植物志（下册）: 1115. 图版502. 1992; 黑龙江省植物志11: 99. 图版39: 1 ~ 5. 1993; 东

■ 乳突薹草

植株下部

花序

■ 乳突薹草

植株上部

雌小穗

雄小穗

北植物检索表（第二版）: 881. 图版445: 3. 1995; 中国植物志12: 427. 图版88: 5 ~ 8. 2000; Fl. China 23: 430. 2010.

生湿草地。产吉林省安图；辽宁省丹东、长海等地。

茎叶纤维可作造纸原料，嫩时可作饲料。

（85）绥芬河薹草（黑龙江省植物志，东北植物检索表，东北草本植物志）

Carex suifunensis Kom. in Trudy Imp. S.–Peterburgsk. Bot. Sada 18: 445 1901; 东北植物检索表: 522. 1959.——*Carex maximowiczii* var. *suifunensis* (Kom.) Nakai in Rep. Veg. Quelpaert 18: 24 1914; 东北草本植物志11: 154. 1976; 黑龙江省植物志11: 101. 1993; 东北植物检索表（第二版）: 881. 1995.

生湿草地。产黑龙江省小兴安岭—老爷岭植物区。

（86）溪水薹草（辽宁植物志，东北植物检索表，东北草本植物志，中国植物志，Flora of China）

Carex forficula Franch. et Sav. in Enum. Pl. Jap. 2: 557. 1878; 东北草本植物志11: 157. 图版70: 1 ~ 5. 1976; 辽宁植物志（下册）: 1116. 图版503: 1 ~ 4. 1992; 东北植物检索表（第二版）: 881. 图版445: 2. 1995; 中国植物志12: 417. 2000; Fl. China 23: 425. 2010.

生山地森林溪流旁或湿地上。产吉林省安图；辽宁省鞍山、盖州、凤城、丹东、东港、本溪、北镇、大连等地。

■ 溪水薹草

花序一部分

植株上部

雌小穗一部分

（87）异鳞薹草（辽宁植物志，黑龙江省植物志，内蒙古植物志，东北植物检索表，东北草本植物志，中国植物志，Flora of China）

Carex heterolepis Bunge in Enum. Pl. China Bor. 69. 1833; 东北草本植物志11: 157. 图版71: 1 ~ 5. 1976; 辽宁植物志（下册）: 1116. 图版503: 5 ~ 8. 1992; 黑龙江省植物志11: 73. 图版26: 1 ~ 5. 1993; 内蒙古植物志（第二版）5: 417. 图版169: 1 ~ 4. 1994; 东北植物检索表（第二版）: 881. 图版445: 1. 1995; 中国植物志12: 418. 图版86: 5 ~ 8. 2000; Fl. China 23: 425. 2010.

生河边及沼泽地。产黑龙江省尚志；吉林省浑江、蛟河、安图；辽宁省建昌、北镇、大连、开原、沈阳、盖州、桓仁、凤城；内蒙古自治区额尔古纳、牙克石、扎兰屯、满洲里等地。

■ 异鳞薹草

雌小穗一部分

植株

雌小穗

雄小穗

（88）蟋蟀薹草（内蒙古植物志，东北植物检索表，东北草本植物志，中国植物志，Flora of China）

Carex eleusinoides Turcz. ex Kunth, Enum. Pl. 2: 407. 1837; 东北草本植物志11: 166. 图版76: 1 ~ 7. 1976; 内蒙古植物志（第二版）5: 423. 图版163: 1 ~ 6. 1994; 东北植物检索表（第二版）: 884. 图版446: 7. 1995; 中国植物志12: 396. 图版83: 9 ~ 12. 2000; Fl. China 23: 417. 2010.

生高山冻原上、水边，海拔1700 ~ 2500米。产吉林省长白、安图；内蒙古自治区根河、鄂伦春等地。

（89）灰脉薹草（黑龙江省植物志，内蒙古植物志，东北植物检索表，东北草本植物志，中国植物志，Flora of China）

Carex appendiculata (Trautv.) Ktikenth., Bull. Herb. Boissier, sér. 2, . 4: 54. 1903; 东北草本植物志11: 159. 图版72: 1 ~ 5.1976; 黑龙江省植物志11: 41. 图版9: 1 ~ 5. 1993; 内蒙古植物志（第二版）5: 417. 图版169: 5 ~ 8. 1994; 东北植物检索表（第二版）: 881. 图版445: 4. 1995; 中国植物志12: 408. 图版85: 5 ~ 8. 2000; Fl. China 23: 422. 2010.

（89a）灰脉薹草（原变种）

Carex appendiculata var. *appendiculata*

生湿地或沼泽，海拔590米。产黑龙江省爱辉、黑河、伊春、尚志、哈尔滨、富锦；吉林省抚松、安图、磐石；内蒙古自治区根河、额尔古纳、海拉尔、牙克石、满洲里、鄂伦春、鄂温克、科尔沁右翼前旗、扎鲁特旗、克什克腾旗、扎赉特旗、巴林右旗、阿鲁科尔沁旗、喀喇沁旗、锡林浩特。

■ 灰脉薹草

植株

雌小穗

花序

（89b）小囊灰脉薹草（变种）（东北植物检索表）；小囊灰脉薹草（内蒙古植物志，中国植物志）

Carex appendiculata var. *sacculiformis* Y. L. Chang et Y. L. Yang in Fl. Plant. Herb. Chin. Bor.-orient. 11: 161, 206. 1976; 内蒙古植物志（第二版）5: 419. 图版169: 9 ~ 11. 1994; 东北植物检索表（第二版）: 881. 1995; 中国植物志12: 410. 2000.

生沼泽和湿地。产内蒙古自治区根河、牙克石、鄂伦春、科尔沁右翼前旗等地。模式标本采自科尔沁右翼前旗。

（90）丛薹草（黑龙江省植物志，内蒙古植物志，东北植物检索表，东北草本植物志，中国植物志，Flora of China）

Carex caespitosa L., Sp. Pl. 2: 978. 1753; 东北草本植物志11: 161. 图版73: 1 ~ 5. 1976; 黑龙江省植物志11: 47. 图版13: 1 ~ 5. 1993; 内蒙古植物志（第二版）5: 419. 图版170: 5 ~ 8. 1994; 东北植物检索表（第二版）: 884. 图版446: 5. 1995; 中国植物志12: 412. 图版85: 9 ~ 12. 2000; Fl. China 23: 424. 2010.

生沼泽和湿地。产黑龙江省伊春、爱辉、尚志、黑河、哈尔滨、嘉荫；吉林省浑江、蛟河、敦化、

■ 丛薹草

花序

植株

雌小穗

安图、舒兰、柳河、抚松；内蒙古自治区根河、额尔古纳、牙克石、鄂伦春、新巴尔虎右旗、科尔沁右翼前旗、巴林右旗、克什克腾旗、西乌珠穆沁旗、锡林浩特等地。

（91）瘤囊薹草（中国植物志，Flora of China）；膨囊薹草（黑龙江省植物志，内蒙古植物志，东北植物检索表，东北草本植物志）

Carex schmidtii Meinsh., Beitr. Kenntn. Russ. Reiches. 26: 224. 1871; 东北草本植物志11: 161. 图版73: 6 ~ 10. 1976; 黑龙江省植物志11: 131. 图版52: 1 ~ 5. 1993; 内蒙古植物志（第二版）5: 419. 图版170: 1 ~ 4. 1994; 东北植物检索表（第二版）: 881. 图版446: 1. 1995; 中国植物志12: 412. 2000; Fl. China 23: 423. 2010.

生沼泽、溪边或林缘。产黑龙江省伊春、尚志、虎林、逊克、呼玛、富锦、黑河；吉林省安图、敦化；内蒙古自治区根河、牙克石、扎兰屯、额尔古纳、鄂伦春、鄂温克、科尔沁右翼前旗、阿尔山、科尔沁右翼中旗、巴林右旗、扎赉特旗、克什克腾旗、宁城等地。

■ 瘤囊薹草

雌小穗

植株

花序

（92）陌上菅（辽宁植物志，黑龙江省植物志，内蒙古植物志，东北植物检索表，东北草本植物志，中国植物志，Flora of China）

Carex thunbergii Steud. in Flora 29: 23. 1846; 东北草本植物志11: 163. 图版74: 1 ~ 5. 1976; 辽宁植物志

■ 陌上菅

雌小穗

植株

花序

（下册）: 1118. 图版504: 1 ~ 4. 1992; 黑龙江省植物志11: 135. 图版54: 1 ~ 5. 1993; 内蒙古植物志（第二版）5: 421. 图版171: 1 ~ 4. 1994; 东北植物检索表（第二版）: 884. 图版446: 3. 1995; 中国植物志12: 409. 2000; Fl. China 23: 422. 2010.

生水边湿地。产黑龙江省哈尔滨、黑河；辽宁省沈阳、彰武；内蒙古自治区额尔古纳、牙克石等地。

（93）双辽薹草（内蒙古植物志，东北植物检索表，东北草本植物志，中国植物志，Flora of China）

Carex platysperma Y. L. Chang et Y. L. Yang, 东北草本植物志11: 163, 206. 图版74: 6 ~ 9. 1976; 内蒙古植物志（第二版）5: 421. 图版172. 1994; 东北植物检索表（第二版）: 884. 图版446: 2. 1995; 中国植物志12: 405. 2000; Fl. China 23: 420. 2010.

（93a）双辽薹草（原变种）

Carex platysperma var. *platysperma*

生草原湿地。产吉林省双辽（郑家屯）；内蒙古自治区科尔沁左翼后旗等地。

■ 双辽薹草

植株

花序

雄小穗

雌小穗

（93b）松花江薹草（变种）（黑龙江省植物志，东北植物检索表，东北草本植物志，中国植物志）

Carex platysperma var. *sungareensis* Y. L. Chang et Y. L. Yang, 东北草本植物志11: 165, 206. 1976; 黑龙江省植物志11: 119. 1993; 东北植物检索表（第二版）: 884. 1995; 中国植物志12: 405. 2000.

生沼泽或湿地。产黑龙江省富锦（模式标本产地）。

（94）亚美薹草（黑龙江省植物志，东北植物检索表，东北草本植物志，中国植物志，Flora of China）

Carex aperta Boott in Hooker, Fl. Bor.-Amer. 2: 218. 1839; 东北草本植物志11: 165. 1976; 黑龙江省植物志11: 40. 1993; 东北植物检索表（第二版）: 884. 1995; 中国植物志12: 409. 2000; Fl. China 23: 422. 2010.

生草甸。产黑龙江省富锦、嘉荫、穆棱等地。

（95）北兴安薹草（黑龙江省植物志，东北植物检索表，东北草本植物志，中国植物志，Flora of China）

Carex borealihinganica Y. L. Chang & Y. L. Yang, Fl. Pl. Herb. Chin. Bor.–Orient. 11: 206. 1976; 东北草本植物志11: 166. 图版75: 1 ~ 5. 1976; 东北植物检索表（第二版）: 884. 图版446: 4. 1995; 中国植物志12: 400. 2000; Fl. China 23: 419. 2010.——*C. ensifolia* Turcz. ex Bess in Fl. 18 Bcibl. 1: 26. 1834; 黑龙江省植物志11: 65. 图版22: 1 ~ 5. 1993.

生山坡。产黑龙江省呼玛（模式标本采集地）等地。

（96）灰化薹草（中国植物志，Flora of China）；匍枝薹草（辽宁植物志，黑龙江省植物志，内蒙古植物志，东北植物检索表）

Carex cinerascens Kükenth. in Bull. Herb. Boissier Ⅱ, 2: 1017. 1902; 辽宁植物志（下册）: 1118. 图版504: 5 ~ 8. 1992; 黑龙江省植物志11: 53. 图版15: 5 ~ 10. 1993; 内蒙古植物志（第二版）5: 423. 图版171: 5 ~ 8. 1994; 东北植物检索表（第二版）: 884. 图版446: 6. 1995; 中国植物志12: 410. 2000; Fl. China 23: 423. 2010.

生湿地。产黑龙江省哈尔滨、黑河、伊春、嘉荫、爱辉；辽宁省沈阳、彰武、东港；内蒙古自治区额尔古纳、扎兰屯、科尔沁右翼前旗、扎赉特旗等地。

（97）滑茎薹草（黑龙江省植物志，东北植物检索表，东北草本植物志，中国植物志，Flora of China）

Carex micrantha Kokenth., Bull. Herb. Boissier, sér. 2, 2: 1018. 1902; 东北草本植物志11: 166. 1976; 黑龙江省植物志11: 104. 1993; 东北植物检索表（第二版）: 884. 1995; 中国植物志12: 411. 2000; Fl. China 23: 423. 2010.

生湿地或沼泽，海拔480米。产黑龙江省哈尔滨、富裕；吉林省安图等地。辽宁省大连有记载。

（98）异株薹草（东北植物检索表，东北草本植物志，中国植物志，Flora of China）

Carex gynocrates Wormskj, Naturhist. Tidsskr. 3: 434. 1841; 东北草本植物志11: 169. 图版77: 7 ~ 11. 1976; 东北植物检索表（第二版）: 884. 图版447: 2. 1995; 中国植物志12: 468. 2000; Fl. China 23: 444. 2010.

生森林沼泽，海拔900米。产吉林省抚松；内蒙古自治区通辽等地。

（99）北薹草（黑龙江省植物志，内蒙古植物志，东北植物检索表，东北草本植物志，中国植物志，Flora of China）

■ 北薹草

茎下部叶

植株

花序1

花序2

Carex obtusata Zijebl., Kongl. Vetensk. Acad. Nya Handl. 14: 69. 1793; 东北草本植物志11: 171. 图版78: 1 ~ 5. 1976; 黑龙江省植物志11: 107. 图版41: 7 ~ 11. 1993; 内蒙古植物志（第二版）5: 328. 图版125: 1 ~ 4. 1994; 东北植物检索表（第二版）: 884. 图版447: 3. 1995; 中国植物志12: 458. 2000; Fl. China 23: 440. 2010.

生林下或林缘草地。产黑龙江省黑河；内蒙古自治区根河、科尔沁右翼前旗（天池）、阿尔山、通辽、镶黄旗等地。

（100）额尔古纳薹草（内蒙古植物志，东北植物检索表，东北草本植物志，中国植物志，Flora of China）

Carex argunensis Turcz. ex Trev. in Fl. Ross. 4: 267 1852; 东北草本植物志11: 171. 图版77: 1 ~ 6. 1976; 内蒙古植物志（第二版）5: 327. 图版125: 5 ~ 8. 1994; 东北植物检索表（第二版）: 884. 图版447: 1. 1995; 中国植物志12: 457. 2000; Fl. China 23: 440. 2010.

生草原沙地或沙丘松林中，海拔500米。产内蒙古自治区额尔古纳、海拉尔、克什克腾旗等地。

■ 额尔古纳薹草

植株一部分

花序一部分

植株

居群

（101）石薹草（辽宁植物志，黑龙江省植物志，东北植物检索表，东北草本植物志）

Carex rupestris Bell. ex All. in Fl. Pedem. 2: 264. 1785; 东北草本植物志11: 171. 1976; 辽宁植物志（下册）: 1061. 1992; 黑龙江省植物志11: 129. 1993; 东北植物检索表（第二版）: 884. 1995.

生石质山坡上。产黑龙江省小兴安岭—老爷岭植物区；吉林省安图；辽宁省沈阳。

（102）松叶薹草（中国植物志，Flora of China）；假松叶薹草（黑龙江省植物志，东北植物检索表，东北草本植物志）

■ 松叶薹草

花序

植株一部分

Carex rara Boott, Proc. L. Soc. London. 1: 284. 184; 中国植物志12: 460. 图版94: 1～4. 20005; Fl. China 23: 441. 2010.——*Carex pseudo-biwensis* Kitag. in Rep. Inst. Sci. Res. Manchoukuo 6(4): 119. 1942; 东北草本植物志11: 177. 1976; 黑龙江省植物志11: 121. 1993; 东北植物检索表（第二版）: 886. 1995.

生林下、林缘、山溪旁、阴湿草地，海拔1000～3300米。产黑龙江省宁安、富锦等地。

（103）针薹草（内蒙古植物志，东北植物检索表，东北草本植物志，中国植物志，Flora of China）

Carex dahurica Kfikenth., Repert. Spec. Nov. Regni Veg. 8: 326. 1910; 东北草本植物志11: 177. 图版80: 1～5. 1976; 内蒙古植物志（第二版）5: 328. 图版126: 1～4. 1994; 东北植物检索表（第二版）: 886. 图版447: 7. 1995; 中国植物志12: 463. 2000; Fl. China 23: 442. 2010.

生森林地区乌拉草沼泽泥炭藓上。黑龙江省伊春；内蒙古自治区满洲里、科尔沁右翼前旗、阿尔山、克什克腾旗、锡林浩特。

■ 针薹草

雌花鳞片

花序

居群

（104）发秆薹草（中国植物志，Flora of China）；单穗薹草（辽宁植物志，黑龙江省植物志，东北植物检索表，东北草本植物志）

Carex capillacea Boott in Ill. Carex 1: 44. 1858; 东北草本植物志11: 173. 图版78: 6～12. 1976; 辽宁植物志（下册）: 1062. 图版479: 1～5. 1992; 黑龙江省植物志11: 51. 图版14: 6～12. 1993; 东北植物检索表（第二版）: 886. 图版447: 4. 1995; 中国植物志12: 460. 2000; Fl. China 23: 441. 2010.

■ 发秆薹草

花序

植株一部分

植株

生山坡、路边、湿地。产黑龙江省伊春；吉林省安图、抚松、靖宇、长白、临江、磐石；辽宁省沈阳、凤城、桓仁、长海、大连、旅顺口、金州、瓦房店等地。

（105）吉林薹草（黑龙江省植物志，东北植物检索表，东北草本植物志，中国植物志，Flora of China）

Carex kirinensis Wang et Y. L. Chang, Fl. Pl. Herb. Chin. Bor.-Orient. 11: 207. 1976; 东北草本植物志11: 174. 图版80: 6 ~ 11. 1976; 黑龙江省植物志11: 83. 图版32: 1 ~ 5. 1993; 东北植物检索表（第二版）: 886. 图版447: 8. 1995; 中国植物志12: 465. 2000; Fl. China 23: 442. 2010.

生针阔叶混交林下。产黑龙江省尚志；吉林省临江（模式标本采集地）；辽宁省凤城；内蒙古自治区牙克石、科尔沁右翼前旗等地。

（106）大针薹草（黑龙江省植物志，内蒙古植物志，东北植物检索表，东北草本植物志，中国植物志，Flora of China）

Carex uda Maxim., Mém. Acad. Imp. Sci. St.-Pétersbourg Divers Savans. 9: 303. 1859; 东北草本植物志11: 174. 图版79: 1 ~ 6. 1976; 黑龙江省植物志11: 136. 图版55: 1 ~ 6. 1993; 内蒙古植物志（第二版）5: 329. 图版126: 5 ~ 8. 1994; 东北植物检索表（第二版）: 886. 图版447: 5. 1995; 中国植物志12: 463. 图版94: 9 ~ 12. 2000; Fl. China 23: 441. 2010.

生阔叶红松林中水湿地。产黑龙江省伊春、尚志、哈尔滨；吉林省浑江；内蒙古自治区科尔沁左翼后旗、大青沟等地。

■ 大针薹草

花序

植株

（107）针叶薹草（中国植物志，Flora of China）；阴地针薹草（辽宁植物志，黑龙江省植物志，内蒙古植物志，东北植物检索表，东北草本植物志）

Carex onoei Franch. et Savat. in Enum. Pl. Jap. 2: 551. 1875; 东北草本植物志11: 174. 图版79: 7 ~ 12.1976; 辽宁植物志（下册）: 1062. 图版479: 6 ~ 10. 1992; 黑龙江省植物志11: 110. 图版43: 1 ~ 6. 1993; 内蒙古植物志（第二版）5: 329. 图版126: 9 ~ 12. 1994; 东北植物检索表（第二版）: 886. 图版447: 6. 1995; 中国植物志12: 464. 2000; Fl. China 23: 442. 2010.

生林下、湿草地或溪边。产黑龙江省哈尔滨、伊春、尚志、嘉荫；吉林省浑江、安图、蛟河、柳河、集安；辽宁省彰武、本溪、桓仁、清原、新宾、凤城、鞍山；内蒙古自治区科尔沁左翼后旗、大青沟等地。

■ 针叶薹草

花序

植株

（108）筛草（中国植物志，Flora of China）；砂砧薹草（辽宁植物志，黑龙江省植物志，东北植物检索表，东北草本植物志）

Carex kobomugi Ohwi in Mem. Coll. Sci. Kyoto Imp. Univ., Ser. B, Biol. 5(3): 281. 1930; 东北草本植物志11: 192. 图版87: 1 ~ 7. 1976; 辽宁植物志（下册）: 1065. 图版480: 1 ~ 5. 1992; 黑龙江省植物志11: 83. 图版31: 1 ~ 7. 1993; 东北植物检索表（第二版）: 887. 图版449: 4. 1995; 中国植物志12: 502. 2000; Fl. China 23: 455. 2010.

■ 筛草

雌花序

雄花序

果序

雌株

雄株

植株

生海边沙地。产黑龙江省密山、虎林；吉林省安图；辽宁省绥中、大连、长海等地。

茎叶为造纸原料；果实可磨粉食用或酿酒，有补虚损、温肠胃、止呕逆作用。

（109）圆锥薹草（内蒙古植物志，东北植物检索表，东北草本植物志，中国植物志，Flora of China）

Carex diandra Schrank, Cent. Bot. Anmerk. 49. 1781; 东北草本植物志11: 178. 图版81: 1 ~ 6.1976; 内蒙古植物志（第二版）5: 329. 图版127: 1 ~ 5. 1994; 东北植物检索表（第二版）: 886. 图版448: 2. 1995; 中国植物志12: 480. 2000; Fl. China 23: 448. 2010; 东北植物分布图集: 1440. 2019.

生高山湖泊或沼泽及沼泽化草甸。吉林省敦化；辽宁省东港、彰武；内蒙古自治区额尔古纳、科尔沁右翼前旗、阿尔山及天池、科尔沁右翼中旗、克什克腾旗等地。

■ 圆锥薹草

小穗

居群

花序

（110）海绵基薹草（东北植物检索表，东北草本植物志，中国植物志，Flora of China）

Carex stipata Muhlenb. ex Willd., Sp. Pl. 4: 233. 1805; 东北草本植物志11: 180. 图版82: 7 ~ 11.1976; 东北植物检索表（第二版）: 886. 图版448: 5. 1995; 中国植物志12: 481. 图版97: 1 ~ 5. 2000; Fl. China 23: 448. 2010.

生森林草甸或山沟林下，海拔780 ~ 1700米。产吉林省抚松（漫江）。

（111）翼果薹草（辽宁植物志，黑龙江省植物志，内蒙古植物志，东北植物检索表，东北草本植物志，中国植物志，Flora of China）

Carex neurocarpa Maxim. in Prim. Fl. Amur. 306. 1859; 东北草本植物志11: 180. 图版82: 1 ~ 6. 1976; 辽宁植物志（下册）: 1066. 图版481: 1 ~ 4. 1992; 黑龙江省植物志11: 105. 图版41: 1 ~ 6. 1993; 内蒙古植物志（第二版）5: 331. 图版127: 6 ~ 9. 1994; 东北植物检索表（第二版）: 886. 图版448: 6. 1995; 中国植物志12: 474. 图版96: 13 ~ 14. 2000; Fl. China 23: 446. 2010.

生湿地或草甸。产黑龙江省哈尔滨、齐齐哈尔、嫩江、伊春、尚志、阿城、萝北；吉林省珲春、双辽、怀德、公主岭、吉林；辽宁省锦州、盘山、沈阳、本溪、桓仁、凤城、宽甸、清原、新宾、庄河、瓦房店、长海；内蒙古自治区额尔古纳、牙克石、扎兰屯、科尔沁右翼前旗、扎赉特旗、乌兰浩特、扎鲁特旗等地。

茎叶为造纸原料；果实含淀粉，可磨粉食用或酿酒。

■ 翼果薹草

果序一部分

花序一部分

植株

花序

植株一部分

果序

（112）假尖嘴薹草（辽宁植物志，黑龙江省植物志，内蒙古植物志，东北植物检索表，东北草本植物志，中国植物志，Flora of China）

Carex laevissima Nakai in Repert. Spec. Nov. Regni Veg. 13: 245. 1914; 东北草本植物志11: 182. 图版83: 11～12. 1976; 辽宁植物志（下册）: 1067. 图版481: 9～12. 1992; 黑龙江省植物志11: 85. 图版33: 1～2. 1993; 内蒙古植物志（第二版）5: 334. 图版128: 5～7. 1994; 东北植物检索表（第二版）: 886. 图版448: 8. 1995; 中国植物志12: 479. 2000; Fl. China 23: 447. 2010.

生草甸及林缘草地。产黑龙江省哈尔滨、伊春、呼玛、尚志、密山、虎林、齐齐哈尔、漠河、嘉荫；吉林省吉林、浑江、蛟河、临江、安图、珲春、敦化；辽宁省开原、彰武、丹东、清原、鞍山、大连；内蒙古自治区额尔古纳、扎兰屯、鄂伦春、鄂温克、科尔沁右翼前旗、喀喇沁旗等地。

■ 假尖嘴薹草

基生叶

花序一部分

植株

茎叶为造纸原料；果实含淀粉，可磨粉食用或酿酒。

（113）尖嘴薹草（辽宁植物志，黑龙江省植物志，内蒙古植物志，东北植物检索表，东北草本植物志，中国植物志，Flora of China）

Carex leiorhyncha C. A. Mey. in Mém. Sav. Étr. Acad. St. Pétersbourg 1: 217. 1831; 东北草本植物志11: 182. 图版83: 6 ~ 10. 1976; 辽宁植物志（下册）: 1067. 图版481: 5 ~ 8. 1992; 黑龙江省植物志11: 90. 图版35: 1 ~ 5. 1993; 内蒙古植物志（第二版）5: 331. 图版128: 1 ~ 4. 1994; 东北植物检索表（第二版）: 886. 图版448: 7. 1995; 中国植物志12: 478. 图版96: 9 ~ 12. 2000; Fl. China 23: 447. 2010.

生湿地或森林地区草甸上。产黑龙江省哈尔滨、伊春、阿城、北安、尚志、黑河、呼玛、萝北、爱辉；吉林省浑江、长春、汪清、靖宇、抚松、安图、和龙、敦化、蛟河、长白；辽宁省清原、丹东、凤城、宽甸、本溪、桓仁、昌图、铁岭、西丰、兴城、北镇、义县、沈阳、鞍山、金州；内蒙古自治区根河、牙克石、扎兰屯、鄂伦春、鄂温克、科尔沁右翼前旗、科尔沁右翼中旗、扎赉特旗、扎鲁特旗、克什克腾旗、喀喇沁旗、乌兰浩特、阿尔山、宁城、东乌珠穆沁旗等地。

茎叶为造纸原料；果实含淀粉，可磨粉食用或酿酒。

■ 尖嘴薹草

花序一部分

植株

花序

（114）漂筏薹草（黑龙江省植物志，内蒙古植物志，东北植物检索表，东北草本植物志，中国植物志，Flora of China）

Carex pseudo-curaica Fr. Sehmidt, Mém. Acad. Imp. Sci. Saint Pétersbourg, sér. 7. 12(2): 67. 1868; 东北草本植物志11: 184. 图版83: 1 ~ 5. 1976; 黑龙江省植物志11: 121. 图版48: 6 ~ 10. 1993; 内蒙古植物志（第二版）5: 334. 图版129: 1 ~ 4. 1994; 东北植物检索表（第二版）: 886. 图版448: 1. 1995; 中国植物志12: 490. 图

■ 漂筏薹草

花序

植株一部分

地上匍匐茎水平伸长

版99: 1 ~ 4. 2000; Fl. China 23: 452. 2010.

生沼泽、湖边及水甸子浅水中或河岸泛滥的水中。产黑龙江省哈尔滨、伊春、萝北、富锦；吉林省抚松、安图、白山（富尔河）；内蒙古自治区扎兰屯、阿尔山、科尔沁右翼前旗、克什克腾旗等地。

（115）二柱薹草（辽宁植物志，黑龙江省植物志，内蒙古植物志，东北植物检索表，东北草本植物志，中国植物志，Flora of China）

Carex lithophila Turcz. in Bull. Soc. Imp. Naturali stes Moscou 28: 328. 1855; 东北草本植物志11: 186. 1976; 辽宁植物志（下册）: 1069. 图版482: 1 ~ 4. 1992; 黑龙江省植物志11: 94. 图版36: 7 ~ 11. 1993; 内蒙古植物志（第二版）5: 339. 图版130: 6 ~ 9. 1994; 东北植物检索表（第二版）: 887. 图版448: 3. 1995; 中国植物志12: 488. 2000; Fl. China 23: 451. 2010.

生沼泽、河岸湿地或草甸上。产黑龙江省哈尔滨、虎林、富锦、密山；吉林省双辽、白城、安图；辽宁省彰武、西丰、北镇、沈阳、本溪；内蒙古自治区海拉尔、额尔古纳、根河、牙克石、鄂伦春、阿荣旗、科尔沁右翼前旗、扎赉特旗、科尔沁左翼后旗、科尔沁左翼中旗、扎赉特旗、乌兰浩特、东乌珠穆沁旗等地。

■ 二柱薹草

花期

花序

苗期

居群

横走茎

（116）带岭薹草（黑龙江省植物志，中国植物志，Flora of China）

Carex dailingensis Y. L. Chou in Bull. Bot. Lab. North–Forest Inst. 4 (4): 42, t. 2, 1979; 黑龙江省植物志11: 55. 图版16: 1 ~ 7. 1993; 中国植物志12: 488. 2000; Fl. China 23: 451. 2010.

生亚高山带岳桦矮曲林带，海拔1100米。产黑龙江省小兴安岭—老爷岭植物区。

■ 带岭薹草

花序

植株一部分

（117）帽儿山薹草（黑龙江省植物志，中国植物志，Flora of China）

Carex maorshanica Y. L. Chou in Bull. Bot. Lab. North.–East. Forest Inst. 4 (4): 40, t. 1, 1979; 黑龙江省植物志11: 99. 图版38: 9 ~ 15. 1993; 中国植物志12: 487. 2000; Fl. China 23: 450. 2010.

生林下湿草甸。产黑龙江小兴安岭—老爷岭植物区。模式标本采自黑龙江省尚志县帽儿山。

（118）疣囊薹草（黑龙江省植物志，内蒙古植物志，东北植物检索表，东北草本植物志，中国植物志，Flora of China）

Carex pallida C. A. Mey in Mém. Sav. Étr. Acad. St. Pétersbourg 1: 215. 1831; 东北草本植物志11: 184. 图版84: 1 ~ 6. 1976; 黑龙江省植物志11: 112. 图版44: 1 ~ 6. 1993; 内蒙古植物志（第二版）5: 336. 图版130: 1 ~ 5. 1994; 东北植物检索表（第二版）: 887. 图版448: 4. 1995; 中国植物志12: 486. 图版99: 5 ~ 8. 2000; Fl. China 23: 450. 2010.

（118a）疣囊薹草（原变种）

Carex pallida var. *pallida*

生山坡林下或草甸。产黑龙江省伊春、哈尔滨、尚志、嘉荫、海林；吉林省桦甸、安图、汪清、珲春、长白；辽宁省清原、桓仁；内蒙古自治区额尔古纳、根河、牙克石、鄂伦春、科尔沁右翼前 旗、扎赉特旗等地。

■ 疣囊薹草

花序

居群

植株

（118b）狭叶疣囊薹草（变种）（黑龙江省植物志，内蒙古植物志，东北草本植物志，中国植物志）

Carex pallida var. *angustifolia* Y. L. Chang, 东北草本植物志11: 186, 207. 1976; 内蒙古植物志（第二版）5: 339. 1994; 中国植物志12: 487. 2000.—— *Carex pallida* f. *angustifolia* (Y. L. Chang) Y. L. Chou in Bull. Bot. Lab. North–East. Forest. Inst. No.4. 1979; 黑龙江省植物志11: 114. 1993.

生林下或林缘草地。产黑龙江省大兴安岭植物区，小兴安岭—老爷岭植物区；内蒙古自治区额尔古纳、根河（模式标本采集地）、牙克石、鄂伦春、科尔沁右翼前旗、扎赉特旗、阿尔山、东乌珠穆沁旗（宝格达山）等地。

（119）二籽薹草（黑龙江省植物志，内蒙古植物志，东北植物检索表，东北草本植物志，中国植物志，Flora of China）

Carex disperma Dew., Amer. J. Sci. Arts. 8: 266. 1824; 东北草本植物志11: 190. 图版86: 1 ~ 6. 1976; 黑龙江省植物志11: 59. 图版18: 1 ~ 6. 1993; 内蒙古植物志（第二版）5: 343. 图版132: 8 ~ 11. 1994; 东北植物检索表（第二版）: 886. 图版449: 9. 1995; 中国植物志12: 501. 图版102: 5 ~ 8. 2000; Fl. China 23: 455. 2010.

生沼泽和林下湿地。产黑龙江省伊春；吉林省浑江；内蒙古自治区科尔沁右翼前旗。

（120）无脉薹草（内蒙古植物志，东北植物检索表，东北草本植物志，中国植物志，Flora of China）

Carexenervis C. A. Mey. in Ledebour, Fl. Altaic. 4: 209. 1833; 东北草本植物志11: 190. 图版88: 1 ~ 5.1976; 内蒙古植物志（第二版）5: 343. 图版132: 1 ~ 4. 1994; 东北植物检索表（第二版）: 886. 图版449: 6. 1995; 中国植物志12: 409. 图版101: 5 ~ 8. 2000; Fl. China 23: 454. 2010.

生潮湿处、沼泽草地或草甸，海拔2460 ~ 4500米。产黑龙江省哈尔滨、齐齐哈尔；吉林省双辽；辽宁省彰武；内蒙古自治区新巴尔虎右旗、海拉尔、满洲里、牙克石、通辽、阿尔山、科尔沁右翼前旗、扎赉特旗、巴林左旗、巴林右旗、科尔沁左翼后旗、喀喇沁旗、东乌珠穆沁旗、西乌珠穆沁旗、锡林浩特等地。

（121）走茎薹草（辽宁植物志，内蒙古植物志，东北植物检索表，东北草本植物志，中国植物志，Flora of China）；牛毛薹草（黑龙江省植物志）

Carex reptabunda (Trautv.) V. Krecz. in Izv. Bot. Sada Akad. Nauk S.S.S.R. 30: 134. 1931; 东北草本植物志11: 189. 1976; 辽宁植物志（下册）: 1071. 图版480: 6 ~ 9. 1992; 黑龙江省植物志11: 126. 图版50: 6 ~ 8. 1993; 内蒙古植物志（第二版）5: 342. 图版132: 5 ~ 7. 1994; 东北植物检索表（第二版）: 887. 图版449: 5. 1995; 中国植物志12: 496. 2000; Fl. China 23: 453. 2010.——*C. heilongjiangensis* Y. L. Chou in Bull. Bot. Lab. N. E. Forest. Inst., Harbin 1980(9): 85. 1980; 黑龙江省植物志11: 73. 图版25: 6 ~ 13. 1993.

生盐碱性草地上。产黑龙江省哈尔滨；吉林省白城、双辽；辽宁省昌图、彰武；内蒙古自治区额尔古纳、海拉尔、牙克石、满洲里、新巴尔虎右旗（呼伦池）、科尔沁右翼前旗、科尔沁左翼后旗、锡林浩特等地。

（122b）砾薹草（亚种）（内蒙古植物志，东北植物检索表，东北草本植物志）

■ 砾薹草

花序

植株1

植株2

植株下部

Carex stenophylla subsp. *stenophylloides* (V. I. Krecz.) T. V. Egorova in Fl. Erevana 339 1972.——*Carex stenophylloides* V. I. Krecz. in Fl. Turkm. 1: 230 1932; 东北草本植物志11: 189. 图版85: 1 ~ 5. 1976; 内蒙古植物志（第二版）5: 342. 图版131: 6 ~ 8. 1994; 东北植物检索表（第二版）: 886. 图版449: 1. 1995.

生草原、河岸砾石地或沙地。产内蒙古自治区海拉尔、牙克石、新巴尔虎左旗、科尔沁右翼前旗、克什克腾旗、喀喇沁旗、锡林浩特、苏尼特左旗、苏尼特右旗、二连浩特、正蓝旗、镶黄旗等地。

（123）寸草（黑龙江省植物志，东北植物检索表，东北草本植物志，中国植物志，Flora of China）；寸薹草（内蒙古植物志）；细穗寸草（植物研究）

Carex duriuscula C. A. Mey. in Mém. Sav. Étr. Acad. St. Pétersbourg 1: 214. 1831; 东北草本植物志11: 187. 图版85: 6 ~ 11.1976; 黑龙江省植物志11: 63. 图版20: 1 ~ 6. 1993; 内蒙古植物志（第二版）5: 340. 图版131: 1 ~ 5. 1994; 东北植物检索表（第二版）: 887. 图版449: 2. 1995; 中国植物志12: 495. 图版101: 1 ~ 4. 2000; Fl. China 23: 453. 2010.——*Carex duriuscula* var. *tenuispica* X. Y. Yuan in Bull. Bot. 29. Res.5(4): 155.1985; 黑龙江省植物志11: 65. 图版21: 1 ~ 5. 1993.

（123a）寸草（原亚种）

Carex duriuscula subsp. *duriuscula*

生海拔500 ~ 600米的低山阴坡。产黑龙江省哈尔滨、安达、伊春、汤原、大庆、嫩江；吉林省汪清；辽宁省本溪、建平、凌源；内蒙古自治区根河、额尔古纳、海拉尔、牙克石、扎兰屯、满洲里、鄂温克、新巴尔虎右旗、科尔沁右翼前旗、科尔沁右翼中旗、乌兰浩特、通辽、大青沟、霍林郭勒、克什克腾旗、喀喇沁旗、巴林右旗、东乌珠穆沁旗、西乌珠穆沁旗、锡林浩特、二连浩特、苏尼特右旗、正蓝旗、多伦、镶黄旗等地。

■ 寸草

植株

果序

花序

（123b）白颖薹草（亚种）（辽宁植物志，黑龙江省植物志，东北植物检索表，东北草本植物志，中国植物志，Flora of China）

Carex duriuscula subsp. *rigescens* (Franch.) S. Y. Liang et Y. C. Tang in Acta Phytotax. Sin. 28: 155. 1990; 黑龙江省植物志11: 63. 图版20: 7 ~ 10. 1993; 中国植物志12: 496. 2000; Fl. China 23: 453. 2010.——*C. rigescens* (Franch.) V. Krecz. in Fl. URSS 3: 592. 1935; 东北草本植物志11: 187. 图版85: 12 ~ 15. 1976; 辽宁植物志（下册）: 1069. 图版482: 5 ~ 8. 1992; 东北植物检索表（第二版）: 887. 图版449: 3. 1995.

生草原、山坡、路边或河岸湿地。产黑龙江省哈尔滨、齐齐哈尔；吉林省四平、镇赉；辽宁省彰武、建昌、建平、凌源、北镇、兴城、绥中、沈阳、昌图、凤城、鞍山、盖州、庄河、大连、长海；内蒙古自治区海拉尔、新巴尔虎右旗、巴林右旗、克什克腾旗等地。

■ 白颖薹草

花序

植株

居群

（124）穹隆薹草（中国植物志，Flora of China）；穹窿薹草（辽宁植物志，东北植物检索表，东北草本植物志）

Carex gibba Wahlenb. in Kongl. Vetensk. Acad. Nya Handl. 24: 148. 1803; 东北草本植物志11: 192. 图版88: 11 ~ 14. 1976; 辽宁植物志（下册）: 1071. 图版483: 6 ~ 8. 1992; 东北植物检索表（第二版）: 887. 图版449: 8. 1995; 中国植物志12: 503. 图版102: 1 ~ 4. 2000; Fl. China 23: 456. 2010.

生山谷湿地、山坡草地或林下。产辽宁省沈阳。

全草用于风湿关节痛。

（125）丝引薹草（辽宁植物志，黑龙江省植物志，东北植物检索表，东北草本植物志，中国植物志，Flora of China）；疏穗薹草（中国高等植物图鉴）

■ 丝引薹草

植株

花序

Carex remotiuscula Wahlenb. in Kongl. Vetensk. Acad. Nya Handl. 1803: 147. 1803; 东北草本植物志11: 195. 图版88: 6 ~ 10. 1976; 辽宁植物志（下册）: 1073. 图版483: 1 ~ 4. 1992; 黑龙江省植物志11: 126. 图版50: 1 ~ 5. 1993; 东北植物检索表（第二版）: 889. 图版449: 7. 1995; 中国植物志12: 506. 图版102: 9 ~ 12. 2000; Fl. China 23: 456. 2010.

生山坡湿草地。产黑龙江省尚志（大锅盔山）、伊春、阿城；吉林省临江、安图；辽宁省清原、本溪等地。

（126）莎薹草（黑龙江省植物志，内蒙古植物志，东北植物检索表，东北草本植物志，中国植物志，Flora of China）

Carex bohemica Schreb. in Beschr. Graser 2: 52. 1772; 黑龙江省植物志11: 45. 图版12: 1 ~ 5. 1993; 内蒙古植物志（第二版）5: 345. 图版133: 6 ~ 9. 1994; 中国植物志12: 509. 图版104: 1 ~ 4. 2000; Fl. China 23: 457. 2010.——*C. cyperoides* Murr. ex L. in Syst. Veg. ed. 13: 703. 1774; 东北草本植物志11: 195. 图版89: 1 ~ 5. 1976; 东北植物检索表（第二版）: 889. 图版450: 1. 1995.

生河边沙地、湿地或沼泽旁。产黑龙江省密山、依兰、宁安、哈尔滨、呼玛、萝北、齐齐哈尔、伊春；吉林省吉林；辽宁省普兰店、庄河；内蒙古自治区根河、海拉尔、额尔古纳、牙克石、鄂伦春、科尔沁左翼后旗、大青沟等地。

■ 莎薹草

小穗

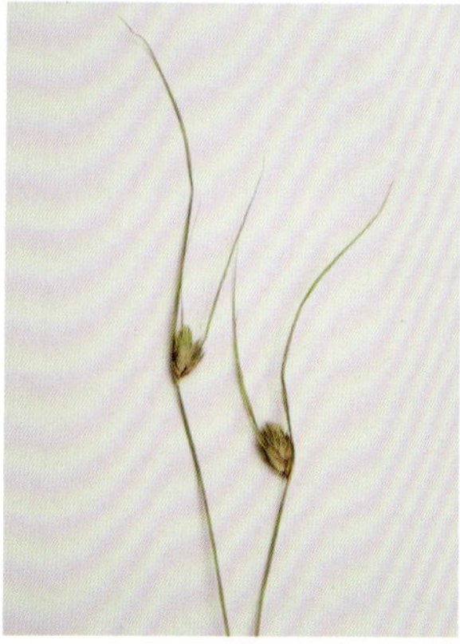
枝端

生境

植株一部分

花序

（127）卵果薹草（辽宁植物志，黑龙江省植物志，东北植物检索表，东北草本植物志，中国植物志，Flora of China）；翅囊薹草（中国高等植物图鉴）

Carex maackii Maxim. in Prim. Fl. Amur. 308. 1859; 东北草本植物志11: 197. 图版89: 6 ~ 10.1976; 辽宁植物志（下册）: 1074. 图版484: 1 ~ 4. 1992; 黑龙江省植物志11: 99. 图版38: 4 ~ 8. 1993; 东北植物检索表（第二版）: 889. 图版450: 2. 1995; 中国植物志12: 511. 图版104: 5 ~ 8. 2000; Fl. China 23: 458. 2010.

生溪边或湿地。产黑龙江省尚志、哈尔滨、嘉荫、伊春；吉林省磐石、安图；辽宁省沈阳等地。

■ 卵果薹草

花序一部分

花序

植株

（128）山林薹草（内蒙古植物志，东北植物检索表，东北草本植物志，中国植物志，Flora of China）；狭囊薹草（辽宁植物志，黑龙江省植物志，内蒙古植物志，东北植物检索表，东北草本植物志）

Carex yamatsutana Ohwi in Acta Phytotax. Geobot. 1: 72. 1932; 东北草本植物志11: 186. 1976; 内蒙古植物志（第二版）5: 339. 图版129: 5 ~ 6. 1994; 东北植物检索表（第二版）: 887. 1995; 中国植物志12: 490. 2000; Fl. China 23: 451. 2010.——*C. diplasiocarpa* V. Krecz. in Fl. URSS 3: 590. 1935; 东北草本植物志11: 197. 图版89: 11 ~ 16. 1976; 辽宁植物志（下册）: 1074. 图版484: 9 ~ 12. 1992; 黑龙江省植物志11: 57. 图版17: 1 ~ 6. 1993; 内蒙古植物志（第二版）5: 345. 图版133: 6 ~ 9. 1994; 东北植物检索表（第二版）: 889. 图版450: 3. 1995.

■ 山林薹草

植株

花序

生山地林下。产黑龙江省虎林、嫩江、黑河、富锦、哈尔滨、伊春；吉林省珲春、安图；辽宁省昌图、沈阳、抚顺；内蒙古自治区海拉尔、额尔古纳、根河、牙克石、鄂伦春、鄂温克、科尔沁右翼前旗、扎赉特旗、克什克腾旗、西乌珠穆沁旗等地。

（129）小星穗薹草（黑龙江省植物志，东北植物检索表，东北草本植物志，中国植物志，Flora of China）

Carex basilata Ohwi, Acta Phytotax. Geobot. 11: 258. 1942; Fl. China 23: 459. 2010.——*Carex angustior* auct. non Mack.：东北草本植物志11: 198. 图版90: 1 ~ 5. 1976; 黑龙江省植物志11: 38. 图版8: 4 ~ 8. 1993; 东北植物检索表（第二版）: 889. 图版450: 4. 1995; 中国植物志12: 514. 图版104: 9 ~ 12. 2000.

生高山草甸或溪旁湿地，海拔1710米。产黑龙江省小兴安岭—老爷岭植物区；吉林省抚松、安图等地。

（130）星穗薹草（辽宁植物志，东北植物检索表，东北草本植物志，中国植物志，Flora of China）

Carex omiana Franch. et Savat. in Enum. Pl. Jap. 2: 554. 1878; 东北草本植物志11: 198. 图版90: 6 ~ 8. 1976; 辽宁植物志（下册）: 1073. 图版484: 5 ~ 8. 1992; 东北植物检索表（第二版）: 889. 图版450: 5. 1995; 中国植物志12: 514. 图版105: 1 ~ 4. 2000; Fl. China 23: 459. 2010.

生湿地。产黑龙江省呼玛；辽宁省凤城。

■ 星穗薹草

雌小穗　花序　植株一部分　植株

（131）二裂薹草（黑龙江省植物志，东北植物检索表，东北草本植物志，中国植物志，Flora of China）

Carex lachenalii Schkuhr, Beschr. Riedgräs. 51. 1801; Fl. China 23: 460. 2010; 中国植物志12: 516. 2000.——*Carex bipartita* auct. non All.：东北草本植物志11: 200. 图版90: 9 ~ 12. 1976; 黑龙江省植物志11: 45. 图版11: 6 ~ 9. 1993; 东北植物检索表（第二版）: 889. 图版450: 6. 1995.

生高山冻原上。产黑龙江省小兴安岭—老爷岭植物区；吉林省抚松、安图等地。

（132）白山薹草（黑龙江省植物志，内蒙古植物志，东北植物检索表，东北草本植物志，中国植物志，Flora of China）

Carex canescens L., Sp. Pl. 974. 1753; 东北草本植物志11: 200. 图版91: 7 ~ 11.1976; 黑龙江省植物志11: 51. 图版14: 1 ~ 5. 1993; 内蒙古植物志（第二版）5: 347. 图版134: 1 ~ 4. 1994; Fl. China 23: 460. 2010.——

Carex cinerea Pollich in Hist. Pl. Palat. 2: 571 1777; 东北植物检索表（第二版）: 889. 图版450: 8. 1995.——*Carex curta* Gooden. in Trans. L. Soc. London 2: 145 1794; 中国植物志12: 57. 图版105: 5 ~ 8. 2000.

生沼泽或溪边湿地，海拔900 ~ 1000米。产黑龙江省牡丹江、伊春、尚志；吉林省安图、珲春；内蒙古自治区额尔古纳、科尔沁右翼前旗、阿尔山、锡林浩特等地。

■ 白山薹草

花序

植株

植株一部分

（133）间穗薹草（黑龙江省植物志，内蒙古植物志，东北植物检索表，东北草本植物志，中国植物志，Flora of China）

Carex loliacea L., Sp. Pl. 2: 974. 1753; 东北草本植物志11: 202. 图版91: 1 ~ 6.1976; 黑龙江省植物志11: 96. 图版37: 1 ~ 6. 1993; 内蒙古植物志（第二版）5: 349. 图版135: 5 ~ 8. 1994; 东北植物检索表（第二版）: 889. 图版450: 7. 1995; 中国植物志12: 518. 图版105: 9 ~ 12. 2000; Fl. China 23: 460. 2010.

生林下。产黑龙江省哈尔滨、伊春、尚志、呼玛；吉林省安图；内蒙古自治区额尔古纳等地。

■ 间穗薹草

花序

植株一部分

植株

（134）细花薹草（黑龙江省植物志，内蒙古植物志，东北植物检索表，东北草本植物志，中国植物志，Flora of China）

Carex tenuiflora Wahlenb., Kongl. Vetensk. Acad. Nya Handl. 24: 147. 1803; 东北草本植物志11: 202. 1976; 黑龙江省植物志11: 132. 图版53: 1 ~ 4. 1993; 内蒙古植物志（第二版）5: 347. 图版134: 5 ~ 8. 1994; 东北植物检索表（第二版）: 889. 1995; 中国植物志12: 518. 2000; Fl. China 23: 460. 2010.

生沼泽，海拔 900米。产黑龙江省呼玛；吉林省抚松；辽宁省铁岭；内蒙古自治区额尔古纳、牙克石、科尔沁右翼前旗、阿尔山等地。

■ 细花薹草

花序

花序一部分

植株一部分

2 刺子莞属 Rhynchospora Vahl

Rhynchospora Vahl, Enum. Pl. Ⅱ. 229. 1806.

多年生草本，丛生。秆三棱形或圆柱状。叶基生或秆生，扁平，有合生的鞘。苞片叶状，具鞘；圆锥花序由二至少数的长侧枝聚伞花序所组成，或有时为头状花序；鳞片紧包，下部的鳞片呈2列，质坚硬，上部的呈螺旋状覆瓦式排列，质薄，最下的3 ~ 4片鳞片内无花，上面的1 ~ 3片鳞片内各具1朵两性花（刺子莞 R. rubra为单性花）；通常具下位刚毛，下位刚毛具刺或不具刺；雄蕊3，罕2 ~ 1个；花柱长，基部膨大，柱头2。小坚果扁，具各种花纹或刺状突起，顶部具宿存而膨大的花柱基部。

本属全世界约有350种，生长在温带及热带地区，主要分布于热带美洲；中国有9种，多分布于华东、华中、华南以及西南地区。东北地区产1种。

白鳞刺子莞（东北植物检索表，东北草本植物志，中国植物志，Flora of China）

Rhynchospora alba (L.) Vahl, Enum. Pl. 2: 236. 1805; 中国植物志11: 113. 图版XXXVI: 11 ~ 13. 1961; 东北草本植物志11: 65. 图版27: 1. 1976; 东北植物检索表（第二版）: 863. 图版434: 1. 1995; Fl. China 23: 254. 2010.

秆近丛生；基部具鞘；叶狭线形，边缘内卷；苞片叶状，下面的具鞘，上面的不具鞘；圆锥花序由顶生和侧生缩成近头状的长侧枝聚伞花序所组成；小穗3 ~ 7个成簇，具5 ~ 6片鳞片，有花2朵；鳞片卵形至卵状披针形，初为黄白色，成熟时为淡褐色，背面具颜色较深的龙骨状突起，顶端急尖，具短尖；小坚果倒卵形，双凸状，黄绿色或绿褐色，表面具不甚明显的横皱纹，顶端具宿存的花柱基。生长在沼泽的地方。产吉林省浑江。

■ 白鳞刺子莞

果序

果期

果枝

花期

花序

小坚果

3 莎草属 *Cyperus* L.

Cyperus L., Sp. Pl. ed. 1 (1753) 44.

一年生或多年生草本。秆直立，仅于基部生叶。叶具鞘。长侧枝聚伞花序简单或复出，或有时短缩成头状，基部具叶状苞片数枚；小穗几个至多数，成穗状、指状、头状排列于辐射枝上端，小穗轴宿存，通常具翅；鳞片2列，极少为螺旋状排列，最下面1～2枚鳞片为空的，其余均具一朵两性花，有时最上面1～3朵花不结实；无下位刚毛；雄蕊3，少数1～2；花柱基部不增大，柱头3，极少2个，成熟时脱落。小坚果三棱形。

本属全世界约有600种，广布于温带、亚热带和热带地区。中国有62种，大多数分布于华南、华东、西南各省，少数种在东北、华北、西北一带亦常见到。东北地区产27种1变种1变型，其中栽培1种1变种。

分种检索表

1. 小穗轴具关节。
  2. 小穗具多朵两性花；柱头3。
    3. 小穗轴具多数关节；小穗具6～16朵花；生河岸、河床、稻田边缘 …………………… **1. 断节莎 C. odoratus** L.
    3. 小穗轴基部具关节；小穗具4～12朵花；生海边沙地 …… **2. 辐射穗砖子苗 C. radians Nees** et Meyen ex Nees
  2. 小穗具1朵两性花；柱头2或3。
    4. 一年生草本；柱头3 …………………………………… **3. 华湖瓜草 C. albescens** (Steud.) Larridon & Govaerts
    4. 多年生草本；柱头2（**4. 短叶水蜈蚣 C. brevifolius** (Rottb.) Endl. ex Hassk.）。
      5. 小穗长圆状披针形或披针形，压扁；鳞片背面的龙骨状突起上具刺，顶端延伸成外弯的短尖
        ……………………………………………………………… **4a. 短叶水蜈蚣 C. brevifolius** var. **brevifolius**
      5. 小穗较宽，稍肿胀；鳞片背面的龙骨状突起上无刺，顶端无短尖或具直的短尖
        ……………………………………………… **4b. 无刺鳞水蜈蚣 C. brevifolius** var. **gracillimus** (Miq.) Kukenth.
1. 小穗轴无关节。
  6. 小坚果两侧扁，棱向小穗轴着生。
    7. 小坚果表面具横纹；小穗宽3毫米，含少数花 ………………………………… **5. 东北扁莎 C. setiformis** Korsh.
    7. 小坚果表面具凸起细点；小穗宽1.5～3毫米。
      8. 鳞片两侧具宽槽；小穗含少数花，宽约3毫米 …………………………… **6. 红鳞扁莎 C. sanguinolentus** Vahl
      8. 鳞片两侧无宽槽；小穗含多数花，宽1.5～2.5毫米。
        9. 鳞片黄色或红棕色，狭卵形；花药线形；秆较粗壮 …………………… **7. 多枝扁莎 C. polystachyos** Rottb.
        9. 鳞片暗棕褐色，卵形；花药长圆形；秆细 ……………………………… **8. 球穗扁莎 C. flavidus** Retz.
  6. 小坚果背腹扁，面向小穗轴着生。
    10. 柱头2。
      11. 一年生；小穗宽1～1.2毫米；鳞片小；雄蕊2；小坚果长圆形 ……… **9. 沼生水莎草 C. limosus** Maxim.
      11. 多年生；小穗宽2毫米以上；鳞片大；雄蕊3；小坚果倒卵形或广椭圆形。
        12. 长侧枝聚伞花序短缩成头状，假侧生，无辐射枝；根状茎短；苞片直立
          ………………………………………………………………… **10. 花穗水莎草 C. pannonicus** Jacq.
        12. 长侧枝聚伞花序复出，通常具长的辐射枝；根状茎长；苞片开展
          ……………………………………………………………………… **11. 水莎草 C. serotinus** Rottb.
    10. 柱头3（稀2）。
      13. 小穗在辐射枝顶端排成穗状花序。
        14. 多年生，具短的根状茎或长的地下匍匐枝及块茎。
          15. 植株高大，具极短的根状茎；鳞片卵圆形，顶端具小尖头 …… **12. 高秆莎草 C. exaltatus** Retz.
          15. 植株较矮小，具地下匍匐枝及块茎；鳞片卵形，顶端钝。
            16. 鳞片紫红色，长3～3.5毫米，背部具脊 …………………………… **13. 香附子 C. rotundus** L.
            16. 鳞片黄褐色，长约2.8毫米，背部具多条凹沟
              ………………………………………………… **14b. 油莎草 C. esculentus** L. var. **sativus** Boeck.
        14. 一年生，无根状茎。
          17. 鳞片狭长圆形，具1脉；小坚果狭长圆形；秆粗壮肥厚；小穗极多，密集成头状
            ……………………………………………………………………… **15. 头状穗莎草 C. glomeratus** L.
          17. 鳞片广倒卵形或广椭圆形，具多数脉；小坚果倒卵形；秆稍细；小穗少数至多数，但不密集成头状。

（接上表）

18. 鳞片较大，长3～3.5毫米；小坚果长为鳞片的1/3；穗状花序轴较短，小穗排列紧密 ………………………………………………………………… **16. 扁穗莎草 C. compressus** L.

18. 鳞片短小，长1～1.5毫米；小坚果与鳞片近等长；穗状花序轴较长，小穗稀疏排列。

19. 穗状花序轴具缘毛；小穗紫红褐色；鳞片顶端无短尖（**17. 三轮草 C. orthostachyus** Franch. et Sav.）。

20. 上面2～3枚叶状苞片短于花序；穗状花序宽卵形或卵状长圆形；小穗排列稍疏松 …………………………………… **17a. 三轮草 C. orthostachyus** var. **orthostachyus**

20. 所有叶状苞片明显长于花序；穗状花序长圆形或长圆状圆柱形；小穗排列紧密 ………………… **17b. 长苞三轮草 C. orthostachyus** var. **longibracteatus** L. K. Dai

19. 穗状花序轴平滑无毛；小穗淡黄色或红褐色；鳞片顶端具短尖。

21. 长侧枝聚伞花序简单；小穗通常水平开展，褐色；鳞片具反曲短尖 ………………………………………………………… **18. 阿穆尔莎草 C. amuricus** Maxim.

21. 长侧枝聚伞花序复出；小穗直立或近斜上开展，淡黄色，有时带赤褐色；鳞片短尖不反曲。

22. 小穗轴具白色狭翼；鳞片具明显短尖，尖伸出鳞片外 ……………………………………………… **19. 具芒碎米莎草 C. microiria** Steud.

22. 小穗轴无翼；鳞片具极短小尖头，尖不凸出鳞片外 …… **20. 碎米莎草 C. iria** L.

13. 小穗在辐射枝的顶端呈指状排列或簇生。

23. 长侧枝聚伞花序简化为头状。

24. 鳞片2列 ……………………………………………………**21. 白鳞莎草 C. nipponicus** Franch. et Sav.

24. 鳞片螺旋状排列 ……………………………………………… **22. 旋鳞莎草 C. michelianus** (L.) Link

23. 长侧枝聚伞花序疏松。

25. 苞片5～20多枚。

26. 秆近圆柱形，基部包裹以无叶的鞘；叶状总苞片15～20，长度几乎相等 ……………………………………………………………… **23. 风车草 C. involucratus** Rottb.

26. 秆三棱到圆柱状，基部包裹以有叶的鞘；叶状总苞片5～12，长度不等 ………………………………………………………… **24. 密穗莎草 C. eragrostis** Lamarck

25. 苞片1～3枚。

27. 苞片1，如秆之延长；小穗绿色，鳞片具反曲短尖 ………… **25. 绿穗莎草 C. flaccidus** R. Br.

27. 苞片2～3枚，叶状；小穗红褐色，鳞片钝或圆。

28. 小穗多数，组成紧密的头状花序；鳞片排列稍松，近于扁圆形，顶端圆，中间淡黄色，两侧深红紫色或栗色 ……………………………………… **26. 异型莎草 C. difformis** L.

28. 小穗5～15个，组成疏散的头状花序；鳞片覆瓦状排列，宽卵形，顶端钝，中间黄绿色，两侧深紫褐色或褐色或灰棕色（**27. 褐穗莎草 C. fuscus** L.）。

29. 鳞片两侧深紫褐色或褐色 ………………………… **27a. 褐穗莎草 C. fuscus** f. **fuscus**

29. 鳞片两侧灰棕色 ………………… **27b. 北莎草 C. fuscus** f. **virescens** (Hoffm.) Vahl

（1）断节莎（中国植物志，Flora of China）

Cyperus odoratus L., Sp. Pl. 1: 46. 1753; Fl. China 23: 240. 2010.——*Torulinium ferax* (L. C. Rich.) Urb. Symb. Ant. Ill. Ⅱ. 165. 1900; 中国植物志11: 191. 图版LX: 6 ~ 8. 1961.

生河岸、河床、稻田边缘。产辽宁省沈阳（法库）。

■ 断节莎

果期

果序

果序一部分

花期

花序

（2）辐射穗砖子苗（Flora of China）；辐射砖子苗（中国植物志）

■ 辐射穗砖子苗

花序

花序一部分

居群

Cyperus radians Nees et Meyen ex Nees in Linnaea Ⅸ 285. 18353; Fl. China 23: 285. 2010.——*Mariscus radians* (Nees et Meyen) Tang et Wang, 中国植物志11: 177. 图版LIX. 9. 1961.

常生长于海边沙地上。产辽宁省长海。

全草或根入药，中药材名“大香附子”，具有祛风止痒、解郁调经之功效，用于皮肤瘙痒、月经不调、血崩。

（3）华湖瓜草（中国植物志，Flora of China）；湖瓜草（辽宁植物志，东北植物检索表，东北草本植物志）

Cyperus albescens (Steud.) Larridon & Govaerts, Kew Bull. 71(2) ~ 30: 1. 2016.——*Lipocarpha chinensis* (Osbeck) J. Kern in Blumea, Suppl. 4: 167. 1958; 东北草本植物志11: 64. 图版26: 6 ~ 9. 1976; Fl. China 23: 250. 2010.——*L. chinensis* (Osbeck) Tang et Wang, 中国植物志11: 194. 图版LXII: 10. 1961 .——*L. microcephala* (R. Br.) Kunth in Enum. Pl. 2: 268. 1837; 辽宁植物志（下册）: 1060. 图版475: 5 ~ 8. 1992; 东北植物检索表（第二版）: 860. 图版433: 2. 1995.

生河岸沙地或湿地。产辽宁省沈阳、本溪、金州、庄河、普兰店、盖州等地。

■ 华湖瓜草

花序

植株

植株上部

植株下部

（4）短叶水蜈蚣（中国植物志，Flora of China）；水蜈蚣（辽宁植物志，黑龙江省植物志，东北植物检索表，东北草本植物志）

Cyperus brevifolius (Rottb.) Endl. ex Hassk., Cat. Hort. Bot. Bogor. (Hasskarl) 24. 1844.——*Kyllinga brevifolia* Rottb. in Descr. Icon. Rar. Pl. 13. 1773; 中国植物志11: 187. 图版LXI: 4. 1961; 东北草本植物志11: 62. 图版26: 1 ~ 3. 1976; 辽宁植物志（下册）: 1058. 图版478: 1 ~ 3. 1992; 黑龙江省植物志11: 170. 图版66: 1 ~ 3. 1993; 东北植物检索表（第二版）: 860. 图版434: 6. 1995; Fl. China 23: 248. 2010.

（4a）短叶水蜈蚣（原变种）

Cyperus brevifolius var. *brevifolius*

生山坡、路旁、田边、溪边、海边沙滩上。产黑龙江省哈尔滨；吉林省吉林；辽宁省沈阳、本溪、凤城、宽甸、庄河、金州、普兰店、瓦房店、营口等地。

根状茎或全草有疏风解表、清热利湿、止咳化痰、祛瘀消肿作用。

■ 短叶水蜈蚣

花序一部分

花序

小穗

植株

（4b）无刺鳞水蜈蚣（变种）（中国植物志，Flora of China）；光颖水蜈蚣（辽宁植物志，东北植物检索表，东北草本植物志）

Cyperus brevifolius var. *gracillimus* (Miq.) Kukenth. in Engl. Pflanzenr. Heft 101, Ⅳ, 20.603.1935.——*Kyllinga brevifolia* Rottb. var. *leiolepis* (Franch. et Sav.) Hara in J. Jap. Bot. 14: 339. 1938; 中国植物志11: 189. 1961; 东北草本植物志11: 62. 图版26: 4～5. 1976; 辽宁植物志（下册）: 1058. 图版478: 4～5. 1992; 东北植物检索表（第二版）: 860. 图版434: 7. 1995; Fl. China 23: 249. 2010.

生湿地。产吉林省吉林市松花江边；辽宁省沈阳、金州、庄河、普兰店等地。

■ 无刺鳞水蜈蚣

花序

果序

花枝

■ 无刺鳞水蜈蚣

植株一部分

植株

（5）东北扁莎（辽宁植物志，黑龙江省植物志，内蒙古植物志，东北植物检索表，东北草本植物志，Flora of China）；单穗侧扁莎（辽宁植物志）

Cyperus setiformis Korsh., Trudy Imp. S.–Peterburgsk. Bot. Sada xii. 405. 1892.——*Pycreus setiformis* (Korsh.) Nakai in Bot. Mag. (Tokyo) 26: 201. 1912; 东北草本植物志11: 61. 图版25: 8 ~ 12. 1976; 辽宁植物志（下册）: 1055. 图版477: 1 ~ 3. 1992; 黑龙江省植物志11: 174. 图版67: 1 ~ 5. 1993; 内蒙古植物志（第二版）5: 311. 图版120: 5 ~ 8. 1994; 东北植物检索表（第二版）: 860. 图版434: 2. 1995; Fl. China 23: 246. 2010.

生沙丘湿地或草甸。产黑龙江省小兴安岭—老爷岭植物区；辽宁省大连；内蒙古自治区科尔沁左翼后旗。

■ 东北扁莎

植株

花序一部分

植株上部

花序

（6）红鳞扁莎（中国植物志，Flora of China）；槽鳞扁莎（辽宁植物志，黑龙江省植物志，内蒙古植物志，东北植物检索表，东北草本植物志）

Cyperus sanguinolentus Vahl, Enum. Ⅱ 351. 1806.——*Pycreus sanguinolentus* (Vahl) Nees in Linnaea 9: 283. 1834; 中国植物志11: 170. 图版LVIII: 12 ~ 15. 1961; Fl. China 23: 245. 2010; 内蒙古植物志（第三版）6: 314. 2020.——*P. korshinskyi* (Meinsh.) V. Krecz. in Bot. Mater. Gerb. Bot. Inst. Komarova Akad. Nauk S.S.S.R. 7:

■ 红鳞扁莎

花序

植株

花序一部分

27. 1937; 东北草本植物志11: 61. 图版25: 1 ~ 4. 1976; 辽宁植物志（下册）: 1055. 图版477: 4 ~ 6. 1992; 黑龙江省植物志11: 173. 图版66: 7 ~ 9. 1993; 内蒙古植物志（第二版）5: 309. 图版120: 9 ~ 12. 1994; 东北植物检索表（第二版）: 863. 图版434: 3. 1995.

生河岸沙地、湿地。产黑龙江省哈尔滨、牡丹江、尚志；吉林省浑江、九台，抚松、珲春、和龙、汪清、安图、集安；辽宁省本溪、桓仁、清原、凤城、岫岩、辽中、沈阳、西丰、建平、阜新、金州、瓦房店、大连；内蒙古自治区牙克石、新巴尔虎右旗、科尔沁右翼前旗、科尔沁右翼中旗、扎赉特旗、乌兰浩特、科尔沁左翼后旗、大青沟、阿鲁科尔沁旗、喀喇沁旗等地。

根用于肝炎。全草有清热解毒、除湿退黄作用。

（7）多枝扁莎（中国植物志，Flora of China）；扁莎（辽宁植物志，东北植物检索表，东北草本植物志）

Cyperus polystachyos Rottb., Descr. Pl. Rar. 21. 1772.——*Pycreus polystachyos* (Rottb.) P. Beauv. in Fl. Oware 2: 48. 1816; 中国植物志11: 169. 1961; 东北草本植物志11: 59. 1976; 辽宁植物志（下册）: 1057. 1992; 东北植物检索表（第二版）: 863. 1995; Fl. China 23: 244. 2010.

生海岸或湿地。产辽宁省旅顺口、沈阳、北镇。

■ 多枝扁莎

花序

花序一部分

（8）球穗扁莎（辽宁植物志，黑龙江省植物志，内蒙古植物志，东北植物检索表，东北草本植物志，中国植物志，Flora of China）

Cyperus flavidus Bojer, Hortus Maurit. 380. 1837.——*Pycreus flavidus* (Retz.) T. Koyamain J. Jap. Bot. 51: 316. 1976; Fl. China 23: 243. 2010; 内蒙古植物志（第三版）6: 315. 2020.——*P. globosus* (All.) Reichb. in Fl. Germ. Excurs. 140. 1831; 中国植物志11: 166. 图版LVIII. 7 ~ 10. 1961; 东北草本植物志11: 59. 图版25: 5 ~ 7. 1976; 辽宁植物志（下册）: 1057. 图版477: 7 ~ 9. 1992; 黑龙江省植物志11: 173. 图版66: 4 ~ 6. 1993; 内蒙古植物志（第二版）5: 311. 图版120: 1 ~ 4. 1994; 东北植物检索表（第二版）: 863. 图版434: 4. 1995.

生田边、沟边潮湿处及河岸沙地。产黑龙江省哈尔滨、密山；吉林省珲春、和龙、集安；辽宁省沈阳、康平、彰武、建平、营口、普兰店、大连；内蒙古自治区科尔沁右翼中旗、乌兰浩特、扎鲁特旗、科尔沁左翼后旗、大青沟、赤峰、喀喇沁旗、红山区等地。

全草有破血行气、止痛作用，用于小便不利、跌打损伤、吐血、风寒感冒、咳嗽等。

（9）沼生水莎草（黑龙江省植物志，东北植物检索表，中国植物志，Flora of China）；沼生莎草（东北草本植物志）

Cyperus limosus Maxim. in Prim. Fl. Amur. 294. 1859; Fl. China 23: 240. 2010.——*Juncellus limosus* (Maxim.) C. B. Clarke in Bull. Misc. Inform. Kew, Addit. Ser. 8: 3. 1908; 中国植物志11: 162. 图版LVII: 1 ~ 4. 1961; 东北草本植物志11: 57. 图版24: 5 ~ 8. 1976; 黑龙江省植物志11: 167. 图版65: 1 ~ 4. 1993; 东北植物检索表（第二版）: 860. 图版433: 3. 1995.

多生河边、湖边潮湿的沙土上。产黑龙江省哈尔滨等地。

（10）花穗水莎草（黑龙江省植物志，内蒙古植物志，东北植物检索表，东北草本植物志，中国植物志，Flora of China）

Cyperus pannonicus Jacq. in Fl. Austriac. 5: 29 1778; Fl. China 23: 240. 2010.——*Juncellus pannonicus* (Jacq.) C. B. Clarke in Bull. Misc. Inform. Kew, Addit. Ser. 8: 3 1908; 中国植物志11: 161. 图版LVII: 5 ~ 10. 1961; 东北草本植物志11: 57. 图版23: 5 ~ 8. 1976; 黑龙江省植物志11: 168. 图版65: 5 ~ 8. 1993; 内蒙古植物志（第二版）5: 309. 图版119: 5 ~ 8. 1994; 东北植物检索表（第二版）: 860. 图版433: 4. 1995; 东北植物分布图集: 1516. 2019.

■ **花穗水莎草**

花序

全株

种子

多生河旁、沟边、沼泽地，也常见于盐碱土上。产黑龙江省大庆；吉林省长岭；辽宁省北镇、凌海；内蒙古自治区科尔沁右翼中旗、扎赉特旗、乌兰浩特、巴林左旗、巴林右旗、赤峰地区、敖汉旗、林西、翁牛特旗、阿鲁科尔沁旗等地。

（11）水莎草（辽宁植物志，黑龙江省植物志，内蒙古植物志，东北植物检索表，东北草本植物志，中国植物志，Flora of China）

Cyperus serotinus Rottb. in Descr. Icon. Rar. Pl. 31. 1773; Fl. China 23: 240. 2010.——*Juncellus serotinus* (Rottb.) C. B. Clarke in Fl. Brit. India 6: 594. 1893; 中国植物志11: 159. 图版LVI: 1 ~ 6. 1961; 东北草本植物志11: 56. 图版24: 1 ~ 4. 1976; 辽宁植物志（下册）: 1052. 图版476. 1992; 黑龙江省植物志11: 168. 图版65: 9 ~ 12. 1993; 内蒙古植物志（第二版）5: 308. 图版119: 1 ~ 4. 1994; 东北植物检索表（第二版）: 860. 图版433: 5. 1995.

生浅水中及河边湿地。产黑龙江省哈尔滨、虎林、密山；吉林省吉林、长春、临江、抚松、珲春；辽宁省沈阳、法库、康平、彰武、凌源、建平、盘锦、盖州、大连、庄河、旅顺口、长海、瓦房店、丹东、本溪；内蒙古自治区牙克石、扎兰屯、科尔沁右翼中旗、乌兰浩特、科尔沁左翼后旗、大青沟、敖汉旗、巴林左旗、巴林右旗、阿鲁科尔沁旗、喀喇沁旗、扎鲁特旗等地。

■ 水莎草

花序一部分

植株一部分

（12）高秆莎草（东北植物检索表，东北草本植物志，中国植物志，Flora of China）

Cyperus exaltatus Retz., Observ. Bot. 5: 11. 1788; 中国植物志11: 130. 图版XLI : 1 ~ 6. 1961; 东北草本植物志11: 46. 1976; 东北植物检索表（第二版）: 857. 图版431: 3. 1995; Fl. China 23: 230. 2010.

生阴湿多水的地方。吉林省珲春等地。

秆可供编织席子。

（13）香附子（中国植物志，Flora of China）；莎草（辽宁植物志，东北植物检索表，东北草本植物志）

Cyperus rotundus L., Sp. Pl. 45. 1753; 中国植物志11: 134. 图版XLII: 1 ~ 6. 1961; 东北草本植物志11: 46. 1976; 辽宁植物志（下册）: 1043. 1992; 东北植物检索表（第二版）: 857. 图版431: 4. 1995; Fl. China 23: 232. 2010.

生河岸沙地及潮湿的盐渍土上。产辽宁省长海、大连等地。

地下部分为通经、镇痉、健胃、利尿药，茎叶有行气、开郁、祛风作用。

■ 香附子

花序

根部

居群

（14）地中海莎草（辽宁植物志）；黄香附（植物智网站）

Cyperus esculentus L., Sp. Pl. 45. 1753; 辽宁植物志（下册）: 1044. 1992.

（14a）地中海莎草（原变种）

Cyperus esculentus var. *esculentus*

中国不产。

（14b）油莎草（辽宁植物志，东北植物检索表）；油莎豆（辽宁植物志）

Cyperus esculentus var. *sativus* Boeck. in Linnaea 36: 290. 1870; 东北草本植物志11: 47. 1976; 辽宁植物志（下册）: 1044. 图版471: 1～3. 1992; 东北植物检索表（第二版）: 857. 图版431: 1. 1995.

原产地中海地区。黑龙江省、辽宁省有栽培，已经归化。

块茎含油23%～30%，为食用油、工业用油和精密机器用油的原料以及食品工业原料。

（15）头状穗莎草（中国植物志，Flora of China）；头穗莎草（辽宁植物志，黑龙江省植物志，内蒙古植物志，东北植物检索表，东北草本植物志）

Cyperus glomeratus L. in Cent. Pl. Ⅱ 5. 1756; 中国植物志11: 140. 图版XLIV: 1～4. 1961; 东北草本植物志11: 47. 图版20: 5～8. 1976; 辽宁植物志（下册）: 1044. 图版471: 4～7. 1992; 黑龙江省植物志11: 146. 图版58: 8～11. 1993; 内蒙古植物志（第二版）5: 304. 图版117: 1～4. 1994; 东北植物检索表（第二版）: 857. 图版431: 2. 1995; Fl. China 23: 234. 2010.

生草甸、河岸和稻田。产黑龙江省小兴安岭—老爷岭植物区的穆棱—三江平原植物亚区，松嫩平原植物区；辽宁省凌源、彰武、葫芦岛、沈阳、本溪、金州、普兰店；内蒙古自治区扎兰屯、科尔沁右翼

■ 头状穗莎草

植株一部分

小穗

花序

植株

前旗、乌兰浩特、科尔沁左翼后旗、大青沟、喀喇沁旗等地。

茎为造纸和人造棉原料。茎叶嫩时可作饲草。全草有止咳化痰作用。

（16）扁穗莎草（辽宁植物志，黑龙江省植物志，东北植物检索表，东北草本植物志，中国植物志，Flora of China）

Cyperus compressus L., Sp. Pl. 46. 1753; 中国植物志11: 147. 图版XLVIII: 1 ~ 6. 1961; 东北草本植物志11: 50. 1976; 辽宁植物志（下册）: 1046. 1992; 黑龙江省植物志11: 143. 图版57: 5 ~ 9. 1993; 东北植物检索表（第二版）: 857. 1995; Fl. China 23: 237. 2010.

生田野。产黑龙江省小兴安岭—老爷岭植物区；辽宁省丹东、大连。

全草有养心、调经行气作用，外用于跌打损伤。

■ 扁穗莎草

植株

植株一部分

（17）三轮草（中国植物志，Flora of China）；毛笠莎草（辽宁植物志，黑龙江省植物志，内蒙古植物志，东北植物检索表，东北草本植物志）

Cyperus orthostachyus Franch. et Sav. in Enum. Pl. Jap. 2: 539. 1878; 中国植物志11: 145. 图版XLVII: 7 ~ 9. 1961; 东北草本植物志11: 49. 图版20: 9 ~ 12. 1976; 辽宁植物志（下册）: 1046. 图版472: 1 ~ 4. 1992; 黑龙江省植物志11: 149. 图版59: 9 ~ 12. 1993; 内蒙古植物志（第二版）5: 304. 图版117: 5 ~ 8. 1994; 东北植物检索表（第二版）: 857. 图版432: 4. 1995; Fl. China 23: 236. 2010.

（17a）三轮草（原变种）

Cyperus orthostachyus var. *orthostachyus*

生河岸、沼泽旁湿地。产黑龙江省哈尔滨、宁安、萝北、尚志、密山、黑河、爱辉、虎林、呼玛、伊春、嘉荫；吉林省吉林、浑江、安图、和龙、珲春、蛟河、九台、汪清、抚松、集安；辽宁省西丰、沈阳、凌源、北镇、抚顺、清原、新宾、本溪、桓仁、凤城、宽甸、东港、岫岩、大连、金州、瓦房店、庄河、普兰店；内蒙古自治区扎兰屯、鄂伦春、科尔沁右翼前旗、阿尔山等地。

根用于妇科病。全草有祛风止痛、清热泻火作用。

■ 三轮草

花序

花序一部分

小穗

植株

（17b）长苞三轮草（变种）（中国植物志，Flora of China）

Cyperus orthostachyus var. *longibracteatus* L. K. Dai, 中国植物志11: 146. 1961; Fl. China 23: 237. 2010.

生沼泽地里。产黑龙江省伊春（模式标本采自带岭）；辽宁省大连、丹东等地。

■ 长苞三轮草

花序一部分

植株

（18）阿穆尔莎草（中国植物志，Flora of China）；黑水莎草（辽宁植物志，黑龙江省植物志，东北植物检索表，东北草本植物志）

Cyperus amuricus Maxim. in Prim. Fl. Amur. 296. 1859; 中国植物志11: 145. 图版XLVII: 10 ~ 12. 1961; 东北草本植物志11: 50. 图版21: 1 ~ 4. 1976; 辽宁植物志（下册）: 1046. 图版472: 5 ~ 8. 1992; 黑龙江省植物志11: 143. 图版57: 1 ~ 4. 1993; 东北植物检索表（第二版）: 857. 图版432: 3. 1995; Fl. China 23: 236. 2010.

生河岸沙地、湿地或水边。产黑龙江省小兴安岭—老爷岭植物区；吉林省临江、永吉；辽宁省凤城、铁岭、抚顺、本溪、桓仁、海城、庄河、普兰店、大连、金州、旅顺口等地。

全草用于风湿骨痛、瘫痪、麻疹。根状茎有疏表解热、调经止痛作用。

■ 阿穆尔莎草

小穗

花序

花序侧面观

花序一部分

居群

（19）具芒碎米莎草（中国植物志，Flora of China）；黄颖莎草（辽宁植物志，黑龙江省植物志，内蒙古植物志，东北植物检索表，东北草本植物志）

Cyperus microiria Steud. in Syn. Pl. Glumac. 2: 23. 1854; 中国植物志11: 144. 图版XLVII: 13 ~ 15. 1961; 东北草本植物志11: 50. 图版22: 1 ~ 4. 1976; 辽宁植物志（下册）: 1048. 图版473: 5 ~ 7. 1992; 黑龙江省植物志11: 148. 图版59: 1 ~ 4. 1993; 内蒙古植物志（第二版）5: 306. 图版117: 9 ~ 12. 1994; 东北植物检索表（第二版）: 857. 图版432: 5. 1995; Fl. China 23: 236. 2010.

生稻田或河岸湿地。产黑龙江省虎林；吉林省临江、集安；辽宁省沈阳、西丰、锦州、北镇、新民、丹东、宽甸、东港、鞍山、盖州、庄河、金州、普兰店、大连、长海；内蒙古自治区扎兰屯等地。

全草有利湿通淋、行气活血作用。

■ 具芒碎米莎草

小穗轴

小穗

植株下部

花序

植株上部

群落

（20）碎米莎草（辽宁植物志，东北植物检索表，东北草本植物志，中国植物志，Flora of China）

Cyperus iria L., Sp. Pl. 45. 1753; 中国植物志11: 143. 图版XLVII: 1～6. 1961; 东北草本植物志11: 49. 图版20: 1～4. 1976; 辽宁植物志（下册）: 1048. 图版473: 1～5. 1992; 东北植物检索表（第二版）: 857. 图版432: 6. 1995; Fl. China 23: 235. 2010.

生稻田或湿地。产吉林省安图；辽宁省北镇、桓仁、沈阳、瓦房店、大连、长海等地。

全草有祛风除湿、调经利尿作用，用于风湿筋骨痛、跌打损伤、痛经等。

■ 碎米莎草

花序一部分

花序

植株下部

植株

（21）白鳞莎草（辽宁植物志，黑龙江省植物志，东北植物检索表，东北草本植物志，中国植物志，Flora of China）

Cyperus nipponicus Franch. et Sav. in Enum. Pl. Jap. 2: 537. 1878; 中国植物志11: 158. 图版LV: 1～4. 1961; 东北草本植物志11: 54. 图版23: 1～4. 1976; 辽宁植物志（下册）: 1052. 图版475: 1～4. 1992; 黑龙江省植物志

11: 149. 图版59: 5 ~ 8. 1993; 东北植物检索表（第二版）: 860. 图版433: 1. 1995; Fl. China 23: 229. 2010.

生湿地、河岸沙地、田边、路边。产黑龙江省小兴安岭—老爷岭植物区的老爷岭亚区；吉林省磐石；辽宁省沈阳、本溪、大连等地。

■ 白鳞莎草

花序一部分

花序

花枝

植株一部分

居群

（22）旋鳞莎草（中国植物志，Flora of China）；头穗藨草（辽宁植物志，黑龙江省植物志，东北植物检索表，东北草本植物志）

Cyperus michelianus (L.) Link in Descr. Egypte, Hist. Nat. 3: 50. 1813; 中国植物志11: 157. 图版LIV: 1 ~ 6. 1961; Fl. China 23: 228. 2010.——*Scirpus michelianus* L., Sp. Pl. 52. 1753; 东北草本植物志11: 10. 图版5: 1 ~ 5.

■ 旋鳞莎草

花序

花序一部分

■ 旋鳞莎草

植株

植株一部分

1976; 辽宁植物志（下册）: 1025. 图版462: 1 ~ 3. 1992; 黑龙江省植物志11: 178. 图版68: 1 ~ 5. 1993; 东北植物检索表（第二版）: 855. 图版429: 6. 1995.

生河岸沙地或湿地。产黑龙江省哈尔滨、呼玛、漠河、嘉荫；吉林省吉林；辽宁省昌图、沈阳、大连、长海、北镇、本溪等地。

全草有养血、行气调经作用，用于痛经、月经不调。

（23）风车草（中国植物志，Flora of China）；旱伞草（俗称）

Cyperus involucratus Rottb. in Descr. Pl. Rar. 22. 1772; Fl. China 23: 223. 2010.——*C. alternifolius* subsp. *flabelliformis* (Rottb.) Kukenth. in Pflanzenr. Ⅳ, 20(101): 193. 1936; 中国植物志11: 246. 图版XLIX: 1 ~ 7. 1961.

原产非洲。辽宁省大连有露地栽培。

常作为观赏植物栽培。茎叶有行气活血、退黄解毒作用，用于瘀血作痛、蛇虫咬伤。

■ 风车草

花序一部分

花序

植株

（24）密穗莎草（Flora of China）

Cyperus eragrostis Lamarck, Tabl. Encycl. 1: 146. 1791; Fl. China 23: 230. 2010; The Checklist of the Naturalized Plants in China: 241. 2019.

原产北美洲、南美洲和太平洋岛。生海拔200米以下的潮湿草地或者海岸带。产吉林省安图。

（25）绿穗莎草（辽宁植物志，黑龙江省植物志，东北植物检索表，东北草本植物志）；短莎草（辽宁植物志）

Cyperus flaccidus R. Br. in Prodr. Fl. Nov. Holl. 213. 1810; 东北草本植物志11: 54. 1976; 辽宁植物志（下册）: 1050. 1992; 黑龙江省植物志11: 148. 1993; 东北植物检索表（第二版）: 860. 1995.

生湿地。产黑龙江省小兴安岭—老爷岭植物区的张广才岭植物亚区和老爷岭植物亚区；辽宁省丹东。

（26）异型莎草（中国植物志，Flora of China）；球穗莎草（辽宁植物志，黑龙江省植物志，内蒙古植物志，东北植物检索表，东北草本植物志）

Cyperus difformis L., Cent. Pl. Ⅱ 6. 1756; 中国植物志11: 152. 图版LI: 12 ~ 16. 1961; 东北草本植物志11: 52. 图版21: 5 ~ 7. 1976; 辽宁植物志（下册）: 1050. 图版474: 5 ~ 8. 1992; 黑龙江省植物志11: 145. 图版58: 1 ~ 3. 1993; 内蒙古植物志（第二版）5: 306. 图版118: 1 ~ 4. 1994; 东北植物检索表（第二版）: 860. 图版432: 2. 1995; Fl. China 23: 226. 2010.

生稻田或湿地。产黑龙江省宁安、密山、齐齐哈尔、哈尔滨、肇东、肇源；吉林省九台、浑江、前郭、安图、通榆、珲春、集安；辽宁省沈阳、本溪、瓦房店、大连、西丰、盖州；内蒙古自治区牙克石、乌兰浩特、科尔沁右翼中旗、翁牛特旗、赤峰、红山区等地。

全草有行气、活血、通淋、利小便作用，用于小便不利、跌打损伤、吐血等。

■ 异型莎草

植株

花序

头状花序

（27）褐穗莎草（中国植物志，Flora of China）；密穗莎草（辽宁植物志，黑龙江省植物志，内蒙古植物志，东北植物检索表，东北草本植物志）

Cyperus fuscus L., Sp. Pl. 46. 1753; 中国植物志11: 150. 图版LI: 8 ~ 11. 1961; 东北草本植物志11: 52. 图版22: 5 ~ 8. 1976; 辽宁植物志（下册）: 1050. 图版474: 1 ~ 4. 1992; 黑龙江省植物志11: 145. 图版58: 4 ~ 7. 1993; 内蒙古植物志（第二版）5: 306. 图版118: 5 ~ 6. 1994; 东北植物检索表（第二版）: 860. 图版432: 1. 1995; Fl. China 23: 226. 2010.

（27a）褐穗莎草（原变型）

Cyperus fuscus f. *fuscus*

生田野、河沟边湿地及河岸。产黑龙江省哈尔滨；吉林省长白；辽宁省凌源、建平、北镇、葫芦岛、沈阳、康平、大连、长海；内蒙古自治区额尔古纳、满洲里、新巴尔虎左旗、新巴尔虎右旗、突泉、科尔沁左翼后旗、大青沟、喀喇沁旗等地。

全草用于风寒感冒、高热、咳嗽。

■ 褐穗莎草

花序一部分

花序

植株

（27b）北莎草（变型）（黑龙江省植物志，东北草本植物志，中国植物志）

Cyperus fuscus f. *virescens* (Hoffm.) Vahl, Enum. Pl. Ⅱ: 336. 1806; 中国植物志11: 151. 1961; 东北草本植物志11: 52. 1976; 黑龙江省植物志11: 146. 1993.

生溪边、沟旁近水处。产黑龙江省哈尔滨等地。

4 荸荠属 *Eleocharis* R. Br.

Eleocharis R. Brown, Prodr. 224. 1810.

多年生或一年生草本。根状茎不发育或很短，通常具匍匐根状茎。秆丛生或单生，除基部外裸露。叶经减退后一般只有叶鞘而无叶片。苞片缺如；小穗1个，顶生，直立，极少从小穗基部生嫩枝，通常有多数两性花或有时仅有少数两性花；鳞片螺旋状排列，极少近2列，最下的1～2片鳞片中空无花，很少有花。下位刚毛4～8条，其上有或多或少倒刺，很少无下位刚毛；雄蕊1～3个；花柱细，花柱基膨大，不脱落，很少不膨大；柱头2～3个，丝状。小坚果倒卵形或圆倒卵形，三棱形或双凸状，平滑或有网纹，很少有洼穴。

本属全世界250多种，除两极外，广布于全球各地，热带地区、亚热带地区特别多。中国有35种。东北地区产10种。

分种检索表

1. 柱头3；小坚果钝三棱形。
  2. 秆毛发状；小坚果长圆状倒卵形，较狭，表面细胞具网纹
  ………………………………………………… 1. 牛毛毡 E. yokoscensis (Franch. et Savat.) Tang et Wang
  2. 秆较粗壮；小坚果倒卵形，较宽，表面细胞平滑。
    3. 小坚果较大，长1.2～2毫米；花柱基较大，长约1毫米；下位刚毛具扁刺，呈羽毛状，比小坚果长
    ………………………………………………… 2. 羽毛荸荠 E. wichurae Bockeler
    3. 小坚果较小，长0.9～1毫米；花柱基较小，长0.1～0.4毫米；下位刚毛具倒刺。
      4. 花柱基宽小于长；下位刚毛比小坚果长；小穗暗褐色或紫褐色，基部通常具穗生苗
      ………………………………………………… 3. 透明鳞荸荠 E.pellucid J. Presl & C. Presl
      4. 花柱基宽大于长；下位刚毛比小坚果短；小穗苍白色，基部通常不具穗生苗
      ………………………………………………… 4. 细秆荸荠 E. maximowiczii Zinserl.

（接上表）

1. 柱头2；小坚果双凸状。
 5. 小穗卵形或狭卵形；花柱基不为海绵质；植株无地下匍匐枝；一年生 …… **5. 卵穗荸荠 E. ovata** (Roth) Roem.
 5. 小穗圆柱形或长圆状椭圆形；花柱基为海绵质；植株通常具地下匍匐枝；多年生。
  6. 小穗基部具空鳞片1枚。
   7. 花柱基横长圆形，长为小坚果的1/7～1/6 ………………………… **6. 扁基荸荠 E. fennica** Palla ex Kneuck.
   7. 花柱基卵形至三角形，与小坚果近等长 …………………… **7. 大基荸荠 E. kamtschatica** (C. A. Mey.) Kom.
  6. 小穗基部具2～3空鳞片。
   8. 下位刚毛5条 ……………………………………………………… **8. 乌苏里荸荠 E. ussuriensis** G. Zinserl.
   8. 下位刚毛4条或无。
    9. 鳞片顶端钝；秆坚硬，具明显纵肋 ……………………………… **9. 槽秆荸荠 E. mitracarpa** Steud.
    9. 鳞片顶端锐尖；秆柔弱，具纵纹无明显肋 …………………… **10. 沼泽荸荠 E. palustris** (L.) Roem. & Schult.

（1）牛毛毡（辽宁植物志，内蒙古植物志，东北植物检索表，东北草本植物志，中国植物志，Flora of China）；长刺毛牛毡（黑龙江省植物志，东北植物检索表，东北草本植物志）

Eleocharis yokoscensis (Franch. et Savat.) Tang et Wang, 中国植物志11: 54. 图版XX: 10～13. 1961; 东北草本植物志11: 27. 图版13: 6. 1976; 辽宁植物志（下册）: 1033. 图版467: 4～6. 1992; 黑龙江省植物志11: 152. 图版60: 1～2. 1993; 东北植物检索表（第二版）: 849. 图版427: 3. 1995; Fl. China 23: 193. 2010.——*E. acicularis* var. *longiseta* Svensonin Rhodora 31: 189. 1929; 东北草本植物志11: 29. 图版13: 4～5. 1976; 东北植物检索表（第二版）: 852. 图版427: 2. 1995.—— *E. acicularis* subsp. *yokoscensis* (Franchet & Savatier) T. V. Egorova in Nov. Syst. Pl. Vasc.17: 69. 1980; 内蒙古植物志（第二版）5: 296. 图版114: 5～6. 1994.

多生长在水田中、池塘边或湿黏土中。产黑龙江省哈尔滨、富锦、爱辉、呼玛、虎林；吉林省吉林、靖宇、珲春、汪清、集安；辽宁省本溪、清原、沈阳、长海、大连、绥中；内蒙古自治区海拉尔、额尔古纳、牙克石、科尔沁右翼前旗、阿尔山、巴林右旗等地。

■ 牛毛毡

植株一部分

居群

（2）羽毛荸荠（辽宁植物志，黑龙江省植物志，内蒙古植物志，东北植物检索表，东北草本植物志，中国植物志，Flora of China）

Eleocharis wichurae Bockeler in Syhnops. 2: 80. 1855; 中国植物志11: 55. 图版XX: 17 ~ 19. 1961; 东北草本植物志11: 32. 图版14: 1 ~ 3. 1976; 辽宁植物志（下册）: 1035. 图版467: 1 ~ 3. 1992; 黑龙江省植物志11: 156. 图版62: 1 ~ 3. 1993; 内蒙古植物志（第二版）5: 296. 图版114: 3 ~ 4. 1994; 东北植物检索表（第二版）: 852. 图版427: 1. 1995; Fl. China 23: 194. 2010.

生沼泽、草甸。产黑龙江省呼玛、伊春、萝北、依兰、虎林、黑河、爱辉；吉林省汪清、珲春、敦化、蛟河；辽宁省大连、长海、凤城、新宾、凌源；内蒙古自治区鄂伦春、扎赉特旗（保安沼）、喀喇沁旗、阿荣旗等地。

■ 羽毛荸荠

花序　植株下部　全株　居群

（3）透明鳞荸荠（中国植物志，Flora of China）；穗生苗荸荠（辽宁植物志，东北植物检索表，东北草本植物志）

Eleocharis pellucida J. Presl & C. Presl in Reliq. Haenk. 1: 196. 1828; 中国植物志11: 57. 图版XXI: 5 ~ 7. 1961; 东北草本植物志11: 30. 图版14: 4 ~ 5. 1976; 辽宁植物志（下册）: 1035. 图版468: 1 ~ 3. 1992; 东北植物检索表（第二版）: 852. 图版427: 5. 1995; Fl. China 23: 194. 2010.

生水田、水沟边。产辽宁省庄河等地。

（4）细秆荸荠（黑龙江省植物志，东北植物检索表，东北草本植物志，Flora of China）

Eleocharis maximowiczii Zinserl. in Fl. URSS 3: 588. 1935; 东北草本植物志11: 31. 图版14: 6. 1976; 黑龙江省植物志11: 155. 图版61: 1. 1993; 东北植物检索表（第二版）: 852. 图版427: 8. 1995; Fl. China 23: 195.

■ 细秆荸荠

植株一部分　居群　植株

2010; 东北植物分布图集: 1506. 2019.

生沼泽或草甸。产黑龙江省萝北、穆棱；辽宁省瓦房店。

（5）卵穗荸荠（黑龙江省植物志，内蒙古植物志，东北植物检索表，东北草本植物志，中国植物志，Flora of China）

Eleocharis ovata (Roth) Roem., Syst. Veg. 2: 152. 1817; 东北草本植物志11: 32. 图版13: 1 ~ 3. 1976; 黑龙江省植物志11: 155. 图版61: 2 ~ 4. 1993; 内蒙古植物志（第二版）5: 296. 图版115: 1 ~ 3. 1994; 东北植物检索表（第二版）: 852. 图版427: 6. 1995; Fl. China 23: 196. 2010.——*Eleocharis soloniensis* (Dubois) Hara in Journ. Japon. Bot. XIV338. 1938; 中国植物志11: 60. 图版图版XXII: 1 ~ 4. 1961.

生草甸、沼泽或河岸湿地。黑龙江省哈尔滨、宝清、呼玛、密山、伊春；吉林省安图；内蒙古自治区根河、额尔古纳、科尔沁右翼前旗、科尔沁左翼后旗、通辽等地。

（6）扁基荸荠（内蒙古植物志，东北植物检索表，东北草本植物志，中国植物志，Flora of China）

Eleocharis fennica Palla ex Kneuck. in Allg. Bot. Z. Syst. 7: 212. 1901; 中国植物志11: 68. 图版XXIII: 6 ~ 8. 1961; 东北草本植物志11: 34. 图版15: 10. 1976; 内蒙古植物志（第二版）5: 296. 图版114: 7. 1994; 东北植物检索表（第二版）: 852. 图版427: 11. 1995; Fl. China 23: 199. 2010.

生湿地。产黑龙江省呼玛；内蒙古自治区满洲里、巴林右旗等地。

（7）大基荸荠（辽宁植物志，东北植物检索表，东北草本植物志，中国植物志，Flora of China）；无刚毛荸荠（辽宁植物志，东北植物检索表，东北草本植物志，中国植物志）

Eleocharis kamtschatica (C. A. Mey.) Kom. in Fl. Kamtschatka 1: 207 1927; 中国植物志11: 66. 1961; 东北草本植物志11: 35. 1976; 辽宁植物志（下册）: 1037. 1992; 东北植物检索表（第二版）: 852. 1995; Fl. China 23: 198. 2010.——*Eleocharis kamtschatica* (C. A. Mey.) Kom. f. *reducta* (Ohwi) Ohwi in Mem. Coll. Sci. Kyoto Imp. Univ., Ser. B, Biol. 18(1): 45. 1944; 中国植物志11: 66. 图版XXIII, 1 ~ 4. 1961; 东北草本植物志11: 35. 图版15: 11. 1976; 辽宁植物志（下册）: 1037. 图版468: 7 ~ 9. 1992; 东北植物检索表（第二版）: 852. 图版427: 7. 1995.

生湿地。产东北北部地区及辽宁省大连。

■ 大基荸荠

花序

全株

植株一部分

植株

（8）乌苏里荸荠（黑龙江省植物志，内蒙古植物志，东北草本植物志，Flora of China）；圆果乳头基荸荠（中国植物志）；乳头基荸荠（黑龙江省植物志，内蒙古植物志，东北植物检索表，东北草本植物志）

Eleocharis ussuriensis G. Zinserl. in Komarov, Fl. URSS. 3: 581. 1935; 东北植物检索表（第二版）: 550. 1959; Fl. China 23: 197. 2010; 内蒙古植物志（第三版）6: 303. 2020.——*Eleocharis mamillata* var. *cyclocarpa* Kitag., Lineam. Fl. Mansh. 119. 1939; 中国植物志11: 63. 图版XXIII: 9 ~ 11. 1961.——*Eleocharis mamillata* f. *ussuriensis* (Zinserl.) Y. L. Chang, 东北草本植物志11: 32. 1976; 黑龙江省植物志11: 155. 1993.——*Eleocharis mamillata* Lindb. f. in Exsicc. (Herb. Norm.) 44: 108. 1902; 东北草本植物志11: 32. 图版15: 1 ~ 5. 1976; 黑龙江省植物志11: 153. 图版60: 5 ~ 9. 1993; 内蒙古植物志（第二版）5: 300. 图版114: 8. 1994; 东北植物检索表（第二版）: 852. 图版427: 9. 1995.

生草原带的沼泽或沼泽化草甸。产黑龙江省富锦、穆棱、伊春、虎林、宁安、萝北；吉林省靖宇、汪清、安图、抚松；辽宁省宽甸；内蒙古自治区额尔古纳、海拉尔、满洲里、科尔沁右翼前旗、科尔沁右翼中旗、扎赉特旗。

■ 乌苏里荸荠

群落

花序

植株一部分

（9）槽秆荸荠（辽宁植物志，黑龙江省植物志，东北植物检索表，东北草本植物志，Flora of China）；木贼状荸荠（中国植物志）；具刚毛荸荠（内蒙古植物志，中国植物志，Flora of China）

Eleocharis mitracarpa Steud.in Syn. Pl. Glumac. 2: 77. 1854; Fl. China 23: 197. 2010.——*E. equisetiformis* (Meinsh.) B. Fedsob. in Rastit. Turkest. 165. 1915; 辽宁植物志（下册）: 1035. 图版468: 5 ~ 6. 1992; 黑龙江省植物志11: 156. 图版61: 5 ~ 6. 1993; 东北植物检索表（第二版）: 852. 图版427: 4. 1995.——*E. valleculosa* f. *setosa* (Ohwi) Kitag. in Lin. Fl. Manshur. 121. 1939; 中国植物志11: 65. 1961; 东北草本植物志11: 34. 图版15: 6 ~ 7. 1976.——*Eleocharis valleculosa* var. *setosa* Ohwi Acta Phytotax. Geobot. 2: 29. 1933; Fl. China 23: 198. 2010; 内蒙古植物志（第三版）6: 303. 2020.——*Eleocharis equisetina* J. et C. Presl in Reliq. Haenk. I. 195. 1830; 中国植物志11: 48. 图版XXIII: 6 ~ 8. 1961.

生湿地、水边。产黑龙江省哈尔滨；吉林省双辽、汪清、珲春；辽宁省大连、彰武、沈阳、长海、瓦房店、黑山、凌源；内蒙古自治区额尔古纳、科尔沁右翼前旗、科尔沁左翼后旗、敖汉旗、巴林右旗、阿鲁科尔沁旗、克什克腾旗、扎鲁特旗、东乌珠穆沁旗等地。

■ 槽秆荸荠

花序

植株

全株

（10）沼泽荸荠（Flora of China）；中间型荸荠（黑龙江省植物志，内蒙古植物志，东北植物检索表，东北草本植物志，中国植物志）

Eleocharis palustris (L.) Roem. & Schult. in Syst. Veg. 2: 151. 1817; Fl. China 23: 198. 2010; 内蒙古植物志（第三版）6: 305. 2020.——*E. intersita* Zinserl. in Fl. URSS. 3: 581. 1935; 中国植物志11: 67. 1961; 东北草本植物志11: 35. 图版15: 8 ~ 9. 1976; 黑龙江省植物志11: 152. 图版60: 3 ~ 4. 1993; 内蒙古植物志（第二版）5: 300. 图版115: 4 ~ 6. 1994; 东北植物检索表（第二版）: 852. 图版427: 10. 1995; 东北植物分布图集: 1504. 2019.—— *E. intersita* f. *acetosa* Tang et Wang, 中国植物志11: 67. 1961; 内蒙古植物志（第二版）5: 301. 1994.

生湿地、水边。产黑龙江省哈尔滨、爱辉、黑河、呼玛、安达、富锦、伊春；吉林省镇赉、安图、靖宇、白城；辽宁省凤城；内蒙古自治区海拉尔、额尔古纳、牙克石、满洲里、新巴尔虎左旗、新巴尔虎右旗、科尔沁右翼前旗、科尔沁右翼中旗、扎赉特旗、科尔沁左翼后旗、巴林左旗、巴林右旗、喀喇沁旗、克什克腾旗、宁城、东乌珠穆沁旗、锡林浩特等地。

■ 沼泽荸荠

花序

植株一部分

植株

5 飘拂草属 *Fimbristylis* Vahl

Fimbristylis Vahl, Enum. Pl. 2: 285. 1806.

一年生或多年生草本。秆较细。叶通常基生，有时仅有叶鞘而无叶片。花序顶生，为简单、复出或多次复出的长侧枝聚伞花序，少有集合成头状或仅具一个小穗。小穗单生或簇生，具几朵至多数两性花；鳞片常为螺旋状排列或下部鳞片为2列或近于2列，最下面1～2（～3）片鳞片内无花；无下位刚毛；雄蕊1～3个；花柱基部膨大，有时上部被缘毛，柱头2～3个，全部脱落。小坚果倒卵形、三棱形或双凸状，表面有网纹或疣状突起，或两者兼有。

本属全世界有200多种，广布于世界各地，集中分布区是亚洲东南部。中国有53种，广布于全国各省。东北地区产6种1亚种4变种。

分种检索表

1. 小坚果长圆形。
  2. 柱头2～3；鳞片淡棕褐色；小坚果呈不明显三棱状或双凸状，无乳头状凸起 ……………… **1. 烟台飘拂草 F. stauntonii** Debeaux et Franch.
  2. 柱头2；鳞黄绿色；小坚果呈圆柱状，两侧具乳头状突起 ……………… **2b. 疣果飘拂草 F. dipsacea var. verrucifera** (Maxim.) T. Koyama
1. 小坚果倒卵形或倒三角形。
  3. 柱头3；花柱三棱形，不具缘毛 ……………… **3. 水虱草 F. littoralis** Gaudichaud
  3. 柱头2；花柱扁平，具缘毛或具向下长毛。
    4. 小穗由于鳞片背脊隆起而有棱角。
      5. 花柱基部稍有短毛或毛不明显；鳞片顶端具短尖 ……………… **4. 夏飘拂草 F. aestivalis** (Retz.) Vahl
      5. 花柱基部具向下的长毛（5. 畦畔飘拂草 F. squarrosa Vahl）。
        6. 小穗单个着生第一次或第二次辐射枝顶端，鳞片顶端具反曲长尖，长0.5～1毫米 ……………… **5a. 畦畔飘拂草 F. squarrosa** var. **squarrosa**
        6. 小穗多数，鳞片顶端具直立短尖，长0.2～0.3毫米 ……………… **5b. 短尖飘拂草 F. squarrosa** var. **esquarrosa** Makino
    4. 小穗无棱角。
      7. 小坚果表面近平滑，柄长0.5～0.6毫米；花序有1～4小穗（多为1小穗） ……………… **6b. 双穗飘拂草 F. tristachya** var. **subbispicata** (Nees) T. Koyama
      7. 小坚果表面具明显网纹，无柄或具长约0.1毫米的极短柄；花序伞房状至有少数小穗。
        8. 植株无毛；小坚果表面细胞为六角形；鳞片较大，长约3.5毫米；小穗较大 ……………… **7. 长穗飘拂草 F. longispica** Steud.
        8. 植株有毛；小坚果表面细胞横长圆形；鳞片小，长2.2～2.5毫米；小穗较小（**8. 两歧飘拂草 F. dichotoma** (L.) Vahl）。
          9. 植株高15～50厘米；叶线形或狭线形（**8a. 两歧飘拂草 F. dichotoma** subsp. **dichotoma**）。
            10. 秆高15～50厘米；叶线形，略短于秆或与秆等长，宽1～2.5毫米；长侧枝聚伞花序复出，小穗单生辐射枝顶端 ……………… **8aa. 两歧飘拂草 F. dichotoma** var. **dichotoma**
            10. 秆高5～25厘米；叶狭线形，较秆为短，宽0.5～2毫米；长侧枝聚伞花序简单，小穗1～7个 ……………… **8ab. 线叶两歧飘拂草 F. dichotoma** var. **annua** (All.) Zavaro

（接上表）

9. 植株纤细；叶刚毛状；小穗1～3个

……………………………………… 8b. 矮两歧飘拂草 F. dichotoma subsp. depauperata (R. Br.) J. Kern

（1）烟台飘拂草（中国植物志，Flora of China）；光果飘拂草（辽宁植物志，东北植物检索表，东北草本植物志）

Fimbristylis stauntonii Debeaux et Franch. in Actes Soc. L. Bordeaux 31: t. 3. 1877; 中国植物志11: 78. 图版XXXII: 8～11. 1961; 东北草本植物志11: 44. 图版19: 1～4. 1976; 辽宁植物志（下册）: 1038. 图版469: 1～4. 1992; 东北植物检索表（第二版）: 853. 图版428: 1. 1995; Fl. China 23: 204. 2010.

生湿地。产辽宁省铁岭、凤城、沈阳、瓦房店、金州、大连等地。

■ 烟台飘拂草

花序一部分

花序

植株

（2）起绒飘拂草（中国植物志，Flora of China）

Fimbristylis dipsacea (Rottbøll) Bentham, Gen. Pl. 3: 1049. 1883.

（2a）起绒飘拂草（原变种）

Fimbristylis dipsacea var. *dipsacea*

中国产广东、广西、海南、云南等省区。东北地区不产。

（2b）疣果飘拂草（变种）（黑龙江省植物志，东北植物检索表，东北草本植物志，中国植物志，Flora of China）

Fimbristylis dipsacea var. *verrucifera* (Maxim.) T. Koyama in J. Fac. Sci. Univ. Tokyo, Sect. 3, Bot. 8: 118. 1961; Fl. China 23: 204. 2010.——*Fimbristylis verrucifera* (Maxim.) Makino in Bot. Mag. (Tokyo) 9: 259. 1895; 中国植物志11: 77. 1961; 东北草本植物志11: 44. 图版17: 4～6. 1976; 黑龙江省植物志11: 165. 图版64: 9～11. 1993; 东北植物检索表（第二版）: 853. 图版428: 8. 1995.

生湿地。产黑龙江省哈尔滨等地。

（3）水虱草（中国植物志 Flora of China）；日照飘拂草（东北植物检索表，东北草本植物志）

Fimbristylis littoralis Gaudichaud, Voy. Uranie. 10: 413. 1829; Fl. China 23: 208. 2010.——*Fimbristylis miliacea* (L.) Vahl in Enum. Pl. Obs. 2: 267. 1805; 中国植物志11: 85. 图版XXVIII: 8. 1961; 东北草本植物志11: 38. 图版17: 1～3. 1976; 东北植物检索表（第二版）: 853. 图版428: 9. 1995.

生湿地。吉林省集安县鸭绿江。

（4）夏飘拂草（黑龙江省植物志，东北植物检索表，东北草本植物志，中国植物志，Flora of China）

Fimbristylis aestivalis (Retz.) Vahl, Enum. Pl. 2: 288. 1805; 中国植物志11: 99. 图版XXXIII，9～12. 1961; 东北草本植物志11: 42. 图版19: 7～8. 1976; 黑龙江省植物志11: 164. 图版64: 1～2. 1993; 东北植物检索表（第二版）: 853. 图版428: 6. 1995; Fl. China 23: 214. 2010.

生荒草地、沼地以及稻田中，海拔1800～2200米。产黑龙江省哈尔滨等地。

（5）畦畔飘拂草（中国植物志，Flora of China）；曲芒飘拂草（黑龙江省植物志，东北植物检索表，东北草本植物志）

Fimbristylis squarrosa Vahl in Enum. Pl. II 289. 1806; 中国植物志11: 97. 图版XXXII: 4～7. 1961; 东北草本植物志11: 42. 1976; 黑龙江省植物志11: 164. 图版64: 3～6. 1993; 东北植物检索表（第二版）: 853. 图版428: 5. 1995; Fl. China 23: 214. 2010.

（5a）畦畔飘拂草（原变种）

Fimbristylis squarrosa var. *squarrosa*

生河岸湿沙地或湿地。产黑龙江省依兰；辽宁省大连。

■ 畦畔飘拂草

花序

植株

（5b）短尖飘拂草（变种）（黑龙江省植物志，东北植物检索表，东北草本植物志，中国植物志，Flora of China）

Fimbristylis squarrosa var. *esquarrosa* Makino, Bot. Mag. (Tokyo) . 17: 47. 1903; 东北草本植物志11: 42. 图版19: 5～6. 1976.; 黑龙江省植物志11: 165. 图版64: 7～8. 1993; 东北植物检索表（第二版）: 853. 1995; Fl. China 23: 214. 2010.——*Fimbristylis makinoana* Ohwi in Journ. Jap. Bot. XIV: 578. 1938; 中国植物志11: 98. 图版XXXII: 1～3. 1961.

生河岸沙地或湿地。产黑龙江哈尔滨、嫩江等地；辽宁省大连、瓦房店等地。

■ 短尖飘拂草

居群

小坚果

花序

■ 短尖飘拂草

花序一部分

小穗

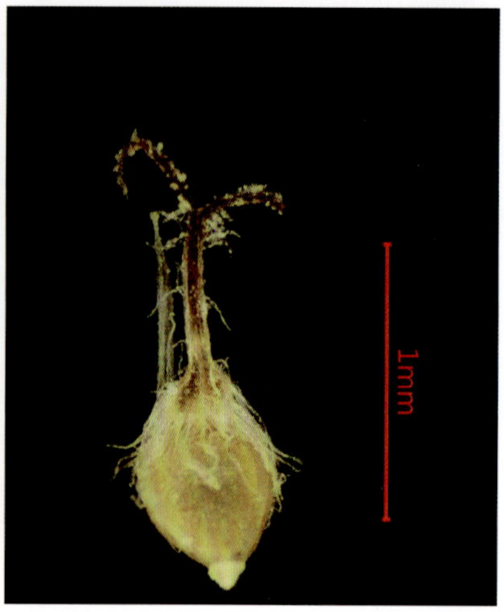

雌蕊

（6）三穗飘拂草（Flora of China）

Fimbristylis tristachya R. Brown, Prodr. 266. 1810.

（6a）三穗飘拂草（原变种）

Fimbristylis tristachya var. *tristachya*

中国产广东和海南。东北地区不产。

（6b）双穗飘拂草（变种）（中国植物志，Flora of China）；单穗飘拂草（辽宁植物志，东北植物检索表，东北草本植物志）

Fimbristylis tristachya var. *subbispicata* (Nees) T. Koyama in J. Fac. Sci. Univ. Tokyo, Sect. 3, Bot. 8: 114. 1961.——*F. subbispicata* Nees et Meyen in Nov. Actorum Acad. Caes. Leop.–Carol. Nat. Cur. 19(Suppl. 1): 75. 1843; 中国植物志11: 95. 图版XXXI: 5 ~ 8. 1961; 东北草本植物志11: 41. 图版18: 4 ~ 6. 1976; 辽宁植物志（下册）: 1038. 图版469: 5 ~ 7. 1992; 东北植物检索表（第二版）: 853. 图版428: 2. 1995; Fl. China 23: 213.

■ 双穗飘拂草

植株下部

小坚果

花序

2010.

生湿地。产辽宁省大连、金州、普兰店等地。

（7）长穗飘拂草（辽宁植物志，东北植物检索表，东北草本植物志，中国植物志，Flora of China）

Fimbristylis longispica Steud. in Syn. Pl. Glumac. 2: 118. 1855; 中国植物志11: 91. 图版XXIX: 5 ~ 8. 1961; 东北草本植物志11: 41. 图版18: 7. 1976; 辽宁植物志（下册）: 1040. 图版470: 5 ~ 6. 1992; 东北植物检索表（第二版）: 853. 图版428: 7. 1995; Fl. China 23: 211. 2010.

生湿地或海岸。产辽宁省旅顺口黄龙尾等地。

（8）两歧飘拂草（中国植物志，Flora of China）；飘拂草（辽宁植物志，内蒙古植物志，东北植物检索表，东北草本植物志）

Fimbristylis dichotoma (L.) Vahl in Enum. Pl. Obs. 2: 287. 1805; 中国植物志11: 89. 图版XXX: 1 ~ 5. 1961; 东北草本植物志11: 38. 图版18: 1 ~ 3. 1976; 辽宁植物志（下册）: 1040. 图版470: 1 ~ 3. 1992; 内蒙古植物志（第二版）5: 303. 图版116: 1 ~ 3. 1994; 东北植物检索表（第二版）: 853. 图版428: 3. 1995; Fl. China 23: 210. 2010.

（8a）两歧飘拂草（原亚种）

Fimbristylis dichotoma subsp. *dichotoma*

（8aa）两歧飘拂草（原变种）

Fimbristylis dichotoma var. *dichotoma*

生河岸湿沙地或湿地。产辽宁省建平、大连、丹东、凤城；内蒙古自治区科尔沁左翼后旗、喀喇沁旗等地。

全草有清热解毒、利尿消肿作用，用于小便不利、瘰疬。

■ 两歧飘拂草

小穗

花序

植株

（8ab）线叶两歧飘拂草（变种）（中国植物志）

Fimbristylis dichotoma var. *annua* (All.) Zavaro, Fontqueria 42: 199. 1995.——*Fimbristylis dichotoma* f. *annua* (All.) Ohwi in Mem. Coll. Sci. Kyoto Imp. Univ., Ser. B, Biol. 18(1): 81. 1944; 中国植物志11: 90. 1961.

生长在田中或浅水处。产辽宁省普兰店俭汤乡。

■ 线叶两歧飘拂草

花序一部分

花序

标本

（8b）矮两歧飘拂草（亚种）（中国植物志）；矮飘拂草（辽宁植物志，东北植物检索表，东北草本植物志）

Fimbristylis dichotoma subsp. *depauperata* (R. Br.) J. Kern in Fl. Males. 7: 576. 1974.—— *Fimbristylis dichotoma* f. *depauperata* (R. Br.) Ohwi in J. Jap. Bot. 14: 578. 1938; 中国植物志11: 90. 1961; 东北草本植物志11: 41. 1976; 辽宁植物志（下册）: 1040. 图版470: 4. 1992; 东北植物检索表（第二版）: 853. 1995.

生湿地。产辽宁省北镇、丹东、庄河等地。

■ 矮两歧飘拂草

居群

标本

小穗

花序

6 球柱草属 *Bulbostylis* Kunth

Bulbostylis Kunth, Enum. Pl. 2: 205. 1837.

一年生或多年生草本。秆丛生，细。叶基生，很细；叶鞘顶端有长柔毛或长丝状毛。长侧枝聚伞花序。简单或复出或呈头状，有时仅具1个小穗；苞片极细，叶状；小穗具多数花；花两性；鳞片覆瓦状排列，最下部的1～2片鳞片内无花；无下位刚毛；雄蕊1～3个；花柱细长，基部呈球茎状或盘状，柱头3，细尖，有附属物。小坚果倒卵形、三棱形。

本属全世界约有100种，分布于全世界热带至温带地区。中国有3种，分布于沿海、华中及西南各省。东北地区产2种。

分种检索表

1. 小穗成簇，排列成头状；鳞片锈色，带绿色，顶端具明显反曲短尖…… **1. 球柱草 B. barbata** (Rottb.) C. B. Clarke
1. 小穗单生，排列成简单或复出长侧枝聚伞花序；鳞片暗棕色，顶端具不明显的短尖 ………………………………………………………………………………… **2. 丝叶球柱草 B. densa** (Wall.) Hand.-Mazz.

（1）球柱草（辽宁植物志，内蒙古植物志，东北植物检索表，东北草本植物志，中国植物志，Flora of China）

Bulbostylis barbata (Rottb.) C. B. Clarke in Fl. Brit. India 6: 651. 1893; 中国植物志11: 71. 图版XXIV: 6～9. 1961; 东北草本植物志11: 37. 图版16: 1～3. 1976; 辽宁植物志（下册）: 1030. 图版465: 1～3. 1992; 内蒙古植物志（第二版）5: 301. 图版116: 4～6. 1994; 东北植物检索表（第二版）: 849. 图版426: 7. 1995; Fl. China

■ 球柱草

花序一部分

苞片2～3枚

植株

茎与叶

23: 219. 2010.

生海岸沙地或河岸沙地。产辽宁省沈阳、营口、庄河、金州；内蒙古自治区大青沟。

全草有止血、清热明目作用。

（2）丝叶球柱草（辽宁植物志，东北植物检索表，东北草本植物志，中国植物志，Flora of China）

Bulbostylis densa (Wall.) Hand.–Mazz. in Vegetationsbilder 20(7): 16. 1930; 中国植物志11: 70. 图版XXIV: 1 ~ 5. 1961; 东北草本植物志11: 35. 图版16: 4 ~ 6. 1976; 辽宁植物志（下册）: 1028. 图版465: 4 ~ 6. 1992; 东北植物检索表（第二版）: 849. 图版426: 8. 1995; Fl. China 23: 218. 2010.

生河边湿地。产辽宁省丹东、东港。

全草有清凉、解热作用，用于湿疹、中暑、腹泻、跌打肿痛、尿频。

■ 丝叶球柱草

花序

植株下部

顶生小穗无柄

侧生小穗有柄

7 羊胡子草属 *Eriophorum* L.

Eriophorum L., Sp. Pl. ed. l. 52. 1753.

多年生草本，丛生或近于散生，具根状茎，有时兼具匍匐根状茎。秆钝三棱柱状，具基生叶和秆生叶，秆生叶有时只有鞘而无叶片。苞片叶状、佛焰苞状或鳞片状；长侧枝聚伞花序。简单或复出，顶生，具几个至多数小穗，或只一个小穗；花两性；鳞片螺旋状排列，通常下面几个鳞片内无花；下位刚毛多数，丝状，极少只有6条，开花后延长为鳞片的许多倍；雄蕊2 ~ 3个；花柱单一，基部不膨大，柱头3。小坚果三棱形。

本属全世界有25种，大多分布于寒温带地区，高山和北半球的北极。中国有7种，多分布于东北、西北和西南各省。东北地区产4种。

分种检索表

1. 小穗单一，顶生；苞片鳞片状。
   2. 秆丛生成踏头，无地下匍匐枝；下位刚毛白色；小坚果上部边缘平滑 ……… **1. 白毛羊胡子草** E. vaginatum L.
   2. 秆散生，具地下匍匐枝；下位刚毛带褐红色；小坚果上部边缘具小刺 …… **2. 红毛羊胡子草** E. russeolum Fries
1. 小穗多数，排列为简单长侧枝聚伞花序；苞片佛焰苞状。

（接上表）

3. 鳞片通常仅1脉；秆较粗壮；叶片扁平（顶端三棱形），宽3～7毫米 …3. **东方羊胡子草 E. angustifolium** Honck.
3. 鳞片具多数脉；秆较细弱；叶片扁三棱形，宽约1毫米 ………………………… 4. **细秆羊胡子草 E. gracile** Koch

（1）白毛羊胡子草（中国植物志，Flora of China）；羊胡子草（黑龙江省植物志，内蒙古植物志，东北植物检索表，东北草本植物志）

Eriophorum vaginatum L., Sp. Pl. 1: 52. 1753; 中国植物志11: 38. 图版XV: 10～12. 1961; 东北草本植物志11: 26. 图版12: 1～8. 1976; 黑龙江省植物志11: 163. 图版63: 5～10. 1993; 内蒙古植物志（第二版）5: 289. 图版111: 1～3. 1994; 东北植物检索表（第二版）: 852. 图版426: 3. 1995; Fl. China 23: 176. 2010.

生湿润的旷野和水中。产黑龙江省逊克、伊春、穆棱、呼玛、孙吴；吉林省靖宇、安图；内蒙古自治区额尔古纳、牙克石、科尔沁右翼前旗、阿尔山、克什克腾旗等。

■ 白毛羊胡子草

植株

花序

（2）红毛羊胡子草（黑龙江省植物志，内蒙古植物志，东北植物检索表，东北草本植物志，中国植物志，Flora of China）

■ 红毛羊胡子草

种子

花序

居群

Eriophorum russeolum Fries, Handb. Skand. Fl., ed. 3. 13. 1838; 东北草本植物志11: 25. 图版12: 9 ~ 12. 1976; 黑龙江省植物志11: 159. 图版62: 6 ~ 9. 1993; 内蒙古植物志（第二版）5: 289. 图版111: 4 ~ 6. 1994; 东北植物检索表（第二版）: 853. 图版426: 4. 1995; Fl. China 23: 176. 2010.——*Eriophorum russeolum* var. *majus* Sommier in Nuovo Giorn. Bot. Ital. 25(2): 95 1893; 中国植物志11: 39. 图版XV: 5. 1961。

生潮湿处。产黑龙江省虎林、集贤、黑河、萝北；内蒙古自治区海拉尔、额尔古纳、牙克石、根河、阿尔山、科尔沁右翼前旗等地。

（3）东方羊胡子草（辽宁植物志，黑龙江省植物志，内蒙古植物志，东北植物检索表，东北草本植物志，Flora of China）；宽叶羊胡子草（中国植物志）

Eriophorum angustifolium Honck.in Verz. Gew. Teutschl. 1: 153. 1782; Fl. China 23: 175. 2010; 内蒙古植物志（第三版）6: 295. 2020.——*E. polystachion* L., Sp. Pl. 52. 1753; 东北草本植物志11: 24. 图版11: 1 ~ 6. 1976; 辽宁植物志（下册）: 1031. 图版466: 1 ~ 4. 1992; 黑龙江省植物志11: 161. 图版63: 1 ~ 4. 1993; 东北植物检索表（第二版）: 852. 图版426: 1. 1995.——*E. latifolium* auct. non Hoppe: 中国植物志11: 37. 图版XV: 1 ~ 4. 1961; 内蒙古植物志（第二版）5: 291. 图版112: 1 ~ 3. 1994.

生沼泽、湿地。产黑龙江省哈尔滨、伊春、呼玛、嫩江、黑河、爱辉、富锦、嘉荫、虎林、密山、尚志；吉林省敦化、汪清、珲春；辽宁省彰武、清原；内蒙古自治区海拉尔、额尔古纳、根河、牙克石、鄂温克、新巴尔虎左旗、科尔沁右翼前旗、科尔沁右翼中旗、克什克腾旗、阿尔山、喀喇沁旗等地。

■ 东方羊胡子草

花序

植株

（4）细秆羊胡子草（辽宁植物志，黑龙江省植物志，内蒙古植物志，东北植物检索表，东北草本植物志，中国植物志，Flora of China）

Eriophorum gracile Koch in Catal. Bot. 2(Add.): 259. 1799; 中国植物志11: 37. 图版XV: 6 ~ 9. 1961; 东北草本植物志11: 24. 图版11: 7 ~ 8. 1976; 辽宁植物志（下册）: 1031. 图版466: 5 ~ 6. 1992; 黑龙江省植物志11: 159. 图版62: 4 ~ 5. 1993; 内蒙古植物志（第二版）5: 291. 图版112: 4 ~ 5. 1994; 东北植物检索表（第二版）: 852. 图版426: 2. 1995; Fl. China 23: 176. 2010.

生沼泽。产黑龙江省尚志、宁安；吉林省抚松、敦化；辽宁省清原；内蒙古自治区科尔沁右翼前旗、阿尔山、通辽等地。

■ 细秆羊胡子草

植株

植株一部分

8 藨草属（针蔺属） *Trichophorum* Persoon

Trichophorum Persoon, Syn. Pl. 1: 69. 1805.

秆细而矮。苞片鳞片状，比小穗短，后来脱落；小穗1个，顶生；下位刚毛缺。小坚果三棱形。

本属全世界约10种，分布北极和亚北极地区，温带和亚热带高山区。中国有6种。东北地区产2种。

分种检索表

1. 下位刚毛无；小坚果倒卵形；叶片顶端不为棒状……………………… 1. 矮藨草 T. pumilum (Vahl) Schinz & Thell.
1. 下位刚毛6条；小坚果长圆状倒卵形；叶顶端为短小棒状物 ………………………… 2. 藨草 T. alpinum (L.) Pers.

（1）矮藨草（植物智网站）；矮针蔺（Flora of China）；矮藨草（内蒙古植物志，东北植物检索表，东北草本植物志，中国植物志）

Trichophorum pumilum (Vahl) Schinz & Thell. in Vierteljahrsschr. Naturf. Ges. Zürich 66: 265. 1921; Fl. China 23: 178. 2010; 内蒙古植物志（第三版）6: 293. 2020.——*Scirpus pumilus* Vahl in Enum. Pl. Obs. 2: 243. 1805; 中国植物志11: 32. 图版XIII: 9 ~ 12. 1961; 东北草本植物志11: 21. 图版10: 1 ~ 4. 1976; 内蒙古植物志（第二版）5: 288. 图版107: 1 ~ 4. 1994; 东北植物检索表（第二版）: 855. 图版430: 6. 1995.

生水沟边草地，湿润处，海拔1260米。产黑龙江省萝北、依兰；内蒙古自治区新巴尔虎左旗、扎赉特旗、通辽、锡林浩特、正蓝旗等地。

（2）藨草（植物智网站）；鳞苞针蔺（Flora of China）；鳞苞藨草（东北植物检索表，东北草本植物志）

Trichophorum alpinum (L.) Pers. in Syn. Pl. 1: 70. 1805; Fl. China 23: 177. 2010.——*Scirpus hudsonianus* (Michx.) Fernald in Rhodora 8: 161. 1906; 东北草本植物志11: 18. 图版9: 5 ~ 9. 1976; 东北植物检索表（第二版）: 855. 图版430: 5. 1995.

产高山冻原。产吉林省安图（长白山）。

■ 藨藨草

花序

居群

9 扁穗草属 *Blysmus* Panz.

Blysmus Panz. in Schultes, Mant. Ⅱ (1824) 41.

多年生草本，具匍匐根状茎。秆有节或无，三棱形，平滑或粗糙。叶基生或秆生。苞片叶状；小苞片呈鳞片状；穗状花序单一，顶生，具数个至10多个小穗，排成2列或近于2列；小穗具少数两性花；鳞片覆瓦状，近2列；下位刚毛存在或不发育，通常生倒刺；雄蕊3，药隔凸出于花药顶端；花柱基部不膨大，脱落，柱头2。小坚果平凸状。

本属全世界有4种，分布于北非、亚洲、欧洲和北美洲的温带地区。中国有3种，分布于内蒙古自治区、四川、云南、西藏等省区以及华北、西北等地。东北地区产2种。

分种检索表

1. 下位刚毛3～6条且高出小坚果约2倍 ………………………………… 1. 华扁穗草 B. sinocompressus Tang et Wang
1. 下位刚毛不存在或退化仅残留少许痕迹……………………………………………… 2. 内蒙古扁穗草 B. rufus (Huds.) Link

（1）华扁穗草（内蒙古植物志，东北植物检索表，中国植物志，Flora of China）

Blysmus sinocompressus Tang et Wang, Fl. Reipubl. Popularis Sin. 11: 224. 1961; 中国植物志11: 41. 图版

■ 华扁穗草

花序

植株一部分

居群

XVI: 1 ~ 4. 1961; 内蒙古植物志（第二版）5: 293. 图版113: 5 ~ 8. 1994; 东北植物检索表（第二版）: 849. 图版426: 6. 1995; Fl. China 23: 252. 2010.

生长在山溪边、河床、沼泽地、草地等潮湿地区。产内蒙古自治区克什克腾旗、正蓝旗等地。

（2）内蒙古扁穗草（内蒙古植物志，东北植物检索表，东北草本植物志，Flora of China）

Blysmus rufus (Huds.) Link in Hort. Berol. 1: 278. 1827; 东北草本植物志11: 22. 图版10: 6 ~ 10. 1976; 内蒙古植物志（第二版）5: 293. 图版113: 1 ~ 4. 1994; 东北植物检索表（第二版）: 849. 图版426: 5. 1995; Fl. China 23: 251. 2010.

生盐碱地附近的草地或湿沙地。产内蒙古自治区海拉尔、额尔古纳、新巴尔虎左旗、科尔沁右翼前旗、阿尔山、克什克腾旗、锡林浩特等地。

■ 内蒙古扁穗草

果序

花序

植株

10 藨草属 *Scirpus* L.

Scirpus L., Sp. Pl. 1: 47. 1753.

多年生草本。有时具匍匐根状茎或块茎。秆三棱形，少有圆柱状，有时叶片退化只余叶鞘。苞片为秆的延长或呈鳞片状或叶状；长侧枝聚伞花序伞房状或圆锥状，顶生；鳞片螺旋状覆瓦式排列，每个鳞片内具1朵两性花，或最下1至数个鳞片中空无花，极少最上1鳞片内具1雄花；下位刚毛2 ~ 6，很少7 ~ 9或不存在，常有倒刺；雄蕊1 ~ 3；柱头2 ~ 3。小坚果三棱形或双凸状。

本属全世界约有35种，大部分分布于北半球温带地区，集中分布区在北美洲。中国有12种。东北地区产5种。

分种检索表

1. 花序下具佛焰苞状苞片；花序具多数下垂小穗，呈伞形状 ………… **1. 佛焰苞藨草 S. maximowiczii** C. B. Clarke
1. 花序下具禾叶状苞片或秆状苞片；花序不同上。
  2. 小穗暗绿色或铅黑色；下位刚毛不伸出鳞片外；植株通常具匍匐枝。
    3. 下位刚毛比小坚果长2 ~ 3倍，通常平滑；辐射枝及小穗柄光滑；每个小穗柄具1个小穗 ………………………………………… **2. 东北藨草 S. radicans** Schkuhr

（接上表）

3. 下位刚毛与小坚果近等长，具倒生刺；辐射枝及小穗柄粗糙；每个小穗柄具1～3个小穗 ………………………………………… **3. 东方藨草** S. orientalis Ohwi

2. 小穗棕色；下位刚毛伸出鳞片外；植株丛生无匍匐枝。

4. 长侧枝聚伞花序顶生及侧生兼有；小穗长圆形 ……………… **4. 华东藨草** S. karuisawensis Makino

4. 长侧枝聚伞花序顶生；小穗近球形 ……………………………… **5. 庐山藨草** S. lushanensis Ohwi

（1）佛焰苞藨草（东北植物检索表，东北草本植物志，Flora of China）；日羊胡子草（中国植物志）

Scirpus maximowiczii C. B. Clarke in Bull. Misc. Inform. Kew, Addit. Ser. 8: 30. 1908; 东北草本植物志11: 20. 图版10: 1～5. 1976; 东北植物检索表（第二版）: 857. 图版430: 1. 1995; Fl. China 23: 174. 2010.——*Eriophorum japonicum* Maxim. in Mel. Biol. Ⅻ (1887) 558; Kom. in Act. Hort. Petrop. ⅩⅩ (1901) 339; 中国植物志11: 36. 图版ⅩⅤ: 13～18. 1961.

生高山冻原。产吉林省抚松、安图、长白等地。

■ 佛焰苞藨草

植株

小穗

花序

（2）东北藨草（中国植物志，Flora of China）；单穗藨草（辽宁植物志，黑龙江省植物志，内蒙古植物志，东北植物检索表，东北草本植物志）

■ 东北藨草

植株

花序一部分

花序

Scirpus radicans Schkuhr in Ann. Bot. (Usteri) 4: 49. 1793; 中国植物志11: 10. 图版Ⅱ: 1 ~ 6. 1961; 东北草本植物 11: 6. 图版3: 5 ~ 7. 1976; 辽宁植物志（下册）: 1021. 图版461: 5 ~ 7. 1992; 内蒙古植物志（第二版）5: 281. 图版108: 1 ~ 4. 1994; 黑龙江省植物志11: 181. 图版70: 5 ~ 7. 1993; 东北植物检索表（第二版）: 855. 图版429: 3. 1995; Fl. China 23: 172. 2010.

生长在水里。产黑龙江省哈尔滨、伊春、阿城、东宁、富锦、黑河、爱辉；辽宁省沈阳、彰武；内蒙古自治区根河、额尔古纳、科尔沁左翼后旗、大青沟、扎赉特旗、通辽等地。

（3）东方藨草（辽宁植物志，黑龙江省植物志，内蒙古植物志，东北植物检索表，东北草本植物志，Flora of China）；朔北林生藨草（中国植物志）

Scirpus orientalis Ohwi in Acta Phytotax. Geobot. 1: 76. 1932; 东北草本植物11: 9. 图版3: 1 ~ 4. 1976; 辽宁植物志（下册）: 1021. 图版461: 1 ~ 4. 1992; 内蒙古植物志（第二版）5: 283. 图版108: 5 ~ 7. 1994; 黑龙江省植物志11: 180. 图版70: 1 ~ 4. 1993; 东北植物检索表（第二版）: 855. 图版429: 4. 1995; Fl. China 23: 171. 2010.——*Scirpus sylvaticus* var. *maximowiczii* Rgl. Tent. Fl. Ussur. 161. 1816; 中国植物志11: 9. 图版Ⅱ: 7 ~ 10. 1961.

生积水处或沼泽地。产黑龙江省阿城、伊春、哈尔滨、尚志、爱辉、宁安、黑河；吉林省抚松、浑江、和龙、汪清、珲春、磐石、安图；辽宁省北镇、新宾、清原、本溪、桓仁、宽甸、丹东、东港、凤城、瓦房店；内蒙古自治区额尔古纳、海拉尔、牙克石、扎兰屯、鄂温克、科尔沁右翼前旗、巴林右旗、乌兰浩特、通辽、克什克腾旗、红山区、锡林浩特等地。

可作饲草，茎叶供编织、造纸用。

■ 东方藨草

植株

花序一部分

（4）华东藨草（辽宁植物志，东北植物检索表，东北草本植物志，中国植物志，Flora of China）；鸭绿江藨草（辽宁植物志）

Scirpus karuisawensis Makino in Bot. Mag. (Tokyo) 18: 119. 1904; 东北草本植物11: 9. 图版3: 6 ~ 10. 1976; 中国植物志11: 11. 图版Ⅲ: 6 ~ 10. 1961; 辽宁植物志（下册）: 1023. 1992; 东北植物检索表（第二版）: 855. 1995; Fl. China 23: 172. 2010.

生湿地。产辽宁省大连。

全草有清热解毒、凉血利尿作用。

■ 华东藨草

植株

花序一部分

植株一部分

（5）庐山藨草（Flora of China）；茸球藨草（辽宁植物志，东北植物检索表，东北草本植物志，中国植物志）

Scirpus lushanensis Ohwi in Acta Phytotax. Geobot. 7: 134 1938; Fl. China 23: 172. 2010.——*S. asiaticus* Beetle in Amer. J. Bot. 33: 662. 1946; 中国植物志11: 12. 图版Ⅲ: 1～5. 1961; 东北草本植物志11: 10. 图版4: 1～3. 1976; 辽宁植物志（下册）: 1023. 图版462: 4～6. 1992; 东北植物检索表（第二版）: 855. 图版429: 5. 1995.

生湿草甸和水边。产吉林省珲春、安图；辽宁省凤城、桓仁、丹东、庄河、大连等地。

根及种子有活血化瘀、清热利尿、止血作用。

■ 庐山藨草

小穗

植株下部

花序

植株

11 三棱草属 *Bolboschoenus* (Ascherson) Palla

Bolboschoenus (Ascherson) Palla in Hallier & Brand, Syn. Deut. Schweiz. Fl., ed. 3. 3: 2531. 1905.

多年生草本。具匍匐根状茎。秆基部膨大为球状块茎。秆单生，具多节，有多数秆生叶或同时具茎生叶。叶片线性，无叶舌。苞片叶状，长于花序，伸展；顶生长侧枝聚伞花序短缩，伞房状，常具较少辐射枝；小穗较大，具多数花；鳞片螺旋状排列，顶端有缺刻状撕裂并有一芒；下位刚毛6条或较少，针状，具倒刺；雄蕊3；花柱长，柱头2～3。小坚果倒卵形，双凸，三棱形，先端具喙。

本属全世界有8种，主要分布于北美洲和东亚。中国有4种。东北地区产2种。

分种检索表

1. 小坚果两侧扁，淡褐色；柱头2；长侧枝聚伞花序短缩成头状，稀具1～2辐射枝或有时仅1小穗；植株矮小 ………… 1. 扁秆荆三棱 B. planiculmis (F. Schmidt) T. V. Egorova
1. 小坚果正三棱形，黑褐色；柱头3；长侧枝聚伞花序疏松呈伞房状，常具6～8个辐射枝；植株高大 ………… 2. 荆三棱 B. yagara (Ohwi) Y. C. Yang & M. Zhan

（1）扁秆荆三棱（Flora of China）；扁秆藨草（辽宁植物志，黑龙江省植物志，内蒙古植物志，东北植物检索表，东北草本植物志，中国植物志）

Bolboschoenus planiculmis (F. Schmidt) T. V. Egorova in Trudy Bot. Inst. Akad. Nauk S.S.S.R., Ser. 1, Fl. Sist. Vyssh. Rast. 3: 20. 1967; Fl. China 23: 180. 2010; 内蒙古植物志（第三版）6: 286. 2020.——*Scirpus planiculmis* Fr. Schmidt in Reis. Amur-Land., Bot. 190. 1868; 中国植物志11: 7. 图版Ⅰ: 1～7. 1961; 东北草本植物志11: 5. 图版2: 1～8. 1976; 辽宁植物志（下册）: 1019. 图版460: 5～7. 1992; 内蒙古植物志（第二版）5: 281. 图版107: 5～7. 1994; 黑龙江省植物志11: 180. 图版69: 1～8. 1993; 东北植物检索表（第二版）: 853. 图版429: 2. 1995.

生湿地、河边、沼泽。产黑龙江省安达、大庆、哈尔滨；吉林省双辽、白城、靖宇、镇赉；辽宁省铁岭、北镇、彰武、葫芦岛、绥中、新民、沈阳、盖州、金州、大连、长海；内蒙古自治区各地。

块茎及根状茎含淀粉可造酒。全草有止咳、破血、通经、补气、消积、止痛作用。

■ 扁秆荆三棱

花序

植株上部

植株下部

（2）荆三棱（辽宁植物志，黑龙江省植物志，内蒙古植物志，东北植物检索表，东北草本植物志，东北草本植物志，中国植物志，Flora of China）

Bolboschoenus yagara (Ohwi) Y. C. Yang & M. Zhan in Acta Biol. Plateau Sin. 7: 14. 1987; Fl. China 23: 179. 2010; 内蒙古植物志（第三版）6: 285. 2020.——*Scirpus fluviatilis* (Torr.) A. Gray in Manual ed. 2: 500. 1856; 辽宁植物志（下册）: 1019. 图版460: 1～4. 1992; 东北植物检索表（第二版）: 853. 图版429: 1. 1995.——*S. yagara* Ohwi in Mem. Coll. Sci. Kyoto Imp. Univ., Ser. B, Biol. 18(1): 110. 1944; 中国植物志11: 7. 图版Ⅰ: 12～16. 1961; 东北草本植物志11: 3. 图1. 1976; 黑龙江省植物志11: 187. 图版72: 10～14. 1993; 内蒙

■ 荆三棱

花序一部分

植株

花序

古植物志（第二版）5: 279. 图版106: 1 ~ 4. 1994.

生湿地、河岸。产黑龙江省哈尔滨、依兰；吉林省小白山；辽宁省彰武、沈阳、长海、清原；内蒙古自治区扎赉特旗。

茎叶可作造纸、纺织原料。块茎有破血、行气、消积、止痛作用。

12 水葱属 *Schoenoplectus* (Reichenbach) Palla

Schoenoplectus (Reichenbach) Palla, Verh. K. K. Zool–Bot. Ges. Wien. 38 (Sitzungsber.): 49. 1888.

一年生或多年生草本。有匍匐根状茎。秆散生，三棱形或圆柱形，无节。叶退化为鞘状或仅有1鳞片状叶，位于最下部。苞片秆状；长侧枝聚伞花序简单，假侧生，有时复出；小穗具多数花；鳞片膜质，螺旋状排列，边缘具缺刻或微毛；下位刚毛1 ~ 6条或无，针状，有倒刺。雄蕊1 ~ 3；花柱基部不明显增厚。小坚果双凸状，平滑，先端具喙或无喙。

本属全世界约77种，广布世界各地。中国有22种。东北地区产4种。

分种检索表

1. 根状茎具球状小块茎；鳞片顶端无凹缺……………………………………… 1. **三江水葱 S. nipponicus** (Makino) Soják
1. 根状茎无球状小块茎；鳞片顶端凹缺。
  2. 苞片剑形，长15 ~ 25厘米 ……………………………………………… 2. **剑苞水葱 S. ehrenbergii** (Boeckeler) Soják
  2. 苞片不为剑形，长不超过15厘米。
    3. 秆锐三棱形；根状茎细长，紫红色；鳞片背面无小疣 ……………………… 3. **三棱水葱 S. triqueter** (L.) Palla
    3. 秆圆形；根状茎粗壮，褐色；鳞片背面通常具紫色小疣 …… 4. **水葱 S. tabernaemontani** (C.C.Gmel.) Palla

（1）三江水葱（内蒙古植物志）；三江藨草（黑龙江省植物志，内蒙古植物志，东北植物检索表，东北草本植物志）

Schoenoplectus nipponicus (Makino) Soják in Cas. Nár. Mus., Odd. Prír. 140: 127 1972; 内蒙古植物志（第三版）6: 291. 2020.——*Scirpus nipponicus* Makino in Bot. Mag. (Tokyo) 9: 311 1895; 东北草本植物志11: 12. 图版5: 6 ~ 9. 1976; 黑龙江省植物志11: 178. 图版68: 6 ~ 9. 1993; 内蒙古植物志（第二版）5: 283. 图版108: 5 ~ 7. 1994; 东北植物检索表（第二版）: 855. 图版429: 7. 1995.

生稻田中。产黑龙江省佳木斯、穆棱；内蒙古自治区扎赉特旗等地。

（2）剑苞水葱（内蒙古植物志）；剑苞藨草（内蒙古植物志，中国植物志，Flora of China）

Schoenoplectus ehrenbergii (Boeckeler) Soják in Cas. Nár. Mus., Odd. Prír. 140: 127 1972; 内蒙古植物志（第三版）6: 291. 2020.——*Scirpus ehrenbergii* Bocklr. in Linnaea XXXVI (1870) 712; 中国植物志11: 18. 图版Ⅶ: 1 ~ 4. 1961; 内蒙古植物志（第二版）5: 285. 图版109: 1 ~ 3. 1994.

生稻田、沼泽、浅水中。产内蒙古自治区扎赉特旗等地。

（3）三棱水葱（内蒙古植物志，Flora of China）；藨草（辽宁植物志，黑龙江省植物志，内蒙古植物志，东北植物检索表，东北草本植物志，中国植物志）

Schoenoplectus triqueter (L.) Palla in Bot. Jahrb. Syst. 10: 299. 1888; Fl. China 23: 183. 2010; 内蒙古植物志（第三版）6: 292. 2020.——*Scirpus triqueter* L. in Mant. Pl. 1: 29. 1767; 中国植物志11: 18. 图版Ⅷ: 11 ~ 15. 1961; 东北草本植物志11: 13. 图版6: 6 ~ 9. 1976; 辽宁植物志（下册）: 1025. 图版463: 4 ~ 6. 1992; 黑龙江省植物志11: 186. 图版72: 6 ~ 9. 1993; 内蒙古植物志（第二版）5: 285. 图版110: 1 ~ 3. 1994; 东北植物检索表（第二版）: 855. 图版430: 10. 1995.

生河岸、水边湿地。产黑龙江省哈尔滨；吉林省珲春、白城；辽宁省彰武、阜新、凌源、建平、北镇、沈阳、新民、法库、本溪、抚顺、新宾、东港、盖州、庄河、金州、普兰店、大连、鞍山；内蒙古自治区鄂温克、科尔沁右翼前旗、科尔沁右翼中旗、乌兰浩特、科尔沁左翼后旗、巴林右旗、敖汉旗、宁城等地。

茎为造纸、人造纤维、编织的原料。全草主治食积胀满、气滞呃逆。

■ 三棱水葱

茎

植株

花序一部分

花序

（4）水葱（辽宁植物志，黑龙江省植物志，内蒙古植物志，东北植物检索表，东北草本植物志，中国植物志，Flora of China）

Schoenoplectus tabernaemontani (C. C. Gmel.) Palla in Bot. Jahrb. Syst. 10: 299. 1888; Fl. China 23: 183. 2010; 内蒙古植物志（第三版）6: 289. 2020.——*Scirpus tabernaemontani* C.C.Gmel. in Fl. Bad. 1: 101. 1805; 东北草本植物志11: 15. 图版6: 1 ~ 5. 1976; 辽宁植物志（下册）: 1025. 图版463: 1 ~ 3. 1992; 黑龙江省植物志11: 184. 图版71: 4 ~ 8. 1993; 内蒙古植物志（第二版）5: 288. 图版110: 4 ~ 6. 1994; 东北植物检索表（第二版）: 855. 图版430: 9. 1995.——*Scirpus validus* Vahl in Enum. Pl. Obs. 2: 268. 1805; 中国植物志11: 19. 图版Ⅸ: 8 ~ 11. 1961.

生沼泽和浅水中。产黑龙江省哈尔滨、阿城、塔河、穆棱、孙吴、虎林、密山、黑河、爱辉、呼玛、伊春、萝北；吉林省双辽、白城、珲春、前郭、靖宇、九台、浑江、和龙、安图、敦化、汪清、磐石；辽宁省彰武、新宾、沈阳、本溪、大连、长海、盖州；内蒙古自治区海拉尔、额尔古纳、满洲里、鄂温克、新巴尔虎左旗、新巴尔虎右旗、科尔沁右翼前旗、乌兰浩特、阿尔山、扎赉特旗、扎鲁特旗、通辽等地。

茎可供编织、苫房及造纸用。全草治水肿胀满、小便不利。

■ 水葱

小穗

植株一部分

植株

13 萤蔺属 *Schoenoplectiella* Ley

Schoenoplectiella Lye, Lidia 6(1): 20. 2003.

多年生草本。匍匐根状茎不存在。秆丛下有很多须根。长侧枝聚伞花序聚缩成头状。小穗大或中等大；鳞片一般膜质；下位刚毛6条或较少，有倒刺。小坚果一般有皱纹。

本属全世界约有58种。东北地区产5种1变种。

分种检索表

1. 下位刚毛无；根状茎无；一年生……………………………… **1. 稻田萤蔺 S. lateriflora** (J. F. Gmel.) Lye

1. 下位刚毛存在；根状茎短；多年生。

  2. 秆具3或5棱。

    3. 秆粗壮，锐三棱形；小坚果近三棱形；花药长2毫米……… **2. 水毛花 S. mucronata** (L.) J. Jung & H. K. Choi

    3. 秆细弱，具3～5棱；小坚果双凸状；花药长1.2～1.5毫米……………………………… **3. 五棱萤蔺 S. trapezoidea** (Koidz.) J. Jung & H. K. Choi

  2. 秆无棱。

    4. 柱头2；小坚果小，平凸状，长1.2～1.5毫米……… **4. 吉林萤蔺 S. komarovii** (Roshev.) J. Jung & H. K. Choi

    4. 柱头3；小坚果大，三棱形，长2～2.5毫米（**5. 萤蔺 S. juncoides** (Roxb.) Lye）。

      5. 小穗（2～）3～5（～7）个聚成头状，卵形或长圆状卵形，宽3.5～4毫米；鳞片宽卵形或卵形，顶端骤缩成短尖；小坚果宽倒卵形或倒卵形，平凸状，长约2毫米……………… **5a. 萤蔺 S. juncoides** var. **juncoides**

      5. 小穗单生或2～3个聚集成头状，宽卵形或卵球形，宽3.5～6.5毫米；鳞片圆盘状倒卵形或近于圆形，顶端具短尖；小坚果三棱形，长2.5毫来…………… **5b. 细秆萤蔺 S. juncoides** var. **hotarui** (Ohwi) S. M. Zhang

（1）稻田萤蔺（植物智网站）；仰卧秆藨草（黑龙江省植物志，东北植物检索表，东北草本植物志）；稻田仰卧稈藨草（中国植物志）；稻田仰卧秆水葱（Flora of China）

Schoenoplectiella lateriflora (J. F. Gmel.) Lye in Lidia 6: 25. 2003.——*Schoenoplectus supinus* subsp. *lateriflorus* (J. F. Gmelin) Soják, Cas. Nár. Muz. Praze, Rada Prír. 141: 62. 1972; Fl. China 23: 188. 2010.——*Scirpus supinus* auct. non L. : 中国植物志11: 27. 1961; 东北草本植物志11: 18. 图版8: 1 ~ 3. 1976; 黑龙江省植物志11: 184. 图版71: 1 ~ 3. 1993; 东北植物检索表（第二版）: 855. 图版430: 4. 1995.

生河岸湿地。产黑龙江省萝北、依兰等地。

（2）水毛花（黑龙江省植物志，东北植物检索表，东北草本植物志，中国植物志，Flora of China）

Schoenoplectiella mucronata (L.) J. Jung & H. K. Choi in J. Pl. Biol. 53(3): 230 2010.——*Schoenoplectus mucronatus* (L.) Palla subsp. *robustus* (Miquel) T. Koyama, Fl. Taiwan. 5: 214. 1978; Fl. China 23: 184. 2010.——*Scirpus triangulatus* Roxb. in: Fl. Ind. 1: 219 1820; 中国植物志11: 21. 图版Ⅹ: 11 ~ 17. 1961; 东北草本植物志11: 15. 图版7: 8 ~ 13. 1976; 黑龙江省植物志11: 186. 图版72: 1 ~ 5. 1993; 东北植物检索表（第二版）: 855. 图版430: 2. 1995; 东北植物分布图集: 1529. 2019.

生水塘边、沼泽地、溪边牧草地、湖边等地。产黑龙江省虎林、密山、萝北、尚志；辽宁省葫芦岛、盘锦；内蒙古自治区科尔沁左翼后旗、扎赉特旗等地。

■ 水毛花

植株下部　群落　花序　居群

（3）五棱萤蔺（植物智网站）；五棱藨草（东北植物检索表，东北草本植物志）；五棱水葱（Flora of China）

Schoenoplectiella trapezoidea (Koidz.) J. Jung & H. K. Choi, Korean J. Pl. Taxon. 41(1): 27. 2011.——*Schoenoplectus trapezoideus* (Koidzumi) Hayasaka & H. Ohashi, J. Jap. Bot. 75: 224. 2000; Fl. China 23: 185. 2010.——*Scirpus trapezoideus* Koidz. in Bot. Mag. (Tokyo) 39: 26. 1925; 东北草本植物志11: 16. 图版7: 1 ~ 7. 1976; 东北植物检索表（第二版）: 855. 图版430: 7. 1995.

生湿地。产吉林省珲春等地。

（4）吉林萤蔺（新拟）；吉林水葱（内蒙古植物志，Flora of China）；吉林藨草（黑龙江省植物志，内蒙古植物志，东北植物检索表，东北草本植物志，中国植物志）

Schoenoplectiella komarovii (Roshev.) J. Jung & H. K. Choi in J. Pl. Biol. 53(3): 230 2010.——*Schoenoplectus komarovii* (Roshevitz) Soják, Cas. Nár. Muz. Praze, Rada Prír. 140: 127. 1972; Fl. China 23: 187. 2010; 内蒙古植物志（第三版）6: 290. 2020.——*Scirpus komarovii* Rosh. in Fl. URSS 3: 579. 1935; 中国植物志11: 2. 图版Ⅻ: 24 ~ 27. 1961; 东北草本植物志11: 17. 图版8: 4 ~ 7. 1976; 黑龙江省植物志11: 176. 图版67: 6 ~ 8. 1993; 内蒙古植物志（第二版）5: 288. 图版109: 4 ~ 7. 1994; 东北植物检索表（第二版）: 855. 图版

430: 3. 1995.

生水田或沼泽地。产黑龙江省哈尔滨、伊春、萝北、依兰、密山；吉林省安图、敦化、汪清、和龙；内蒙古自治区扎赉特旗等地。

■ 吉林萤蔺

花序

植株一部分

植株

（5）萤蔺（辽宁植物志，东北植物检索表，中国植物志，Flora of China）

Schoenoplectiella juncoides (Roxb.) Lye in Lidia 6: 25. 2003.——*Schoenoplectus juncoides* (Roxburgh) Palla in Bot. Jahrb. Syst. 10: 299. 1888; Fl. China 23: 185. 2010.——*Scirpus juncoides* Roxb. in Fl. Ind. 1: 218. 1820; 中国植物志11: 23. 图版XI: 1～4. 1961; 东北草本植物志11: 17. 图版8: 8～12. 1976; 辽宁植物志（下册）: 1027. 图版464. 1992; 东北植物检索表（第二版）: 855. 图版430: 8. 1995.

（5a）萤蔺（原变种）

Schoenoplectiella juncoides var. *juncoides*

生路旁湿地及水边湿地。产吉林省吉林；辽宁省大连、辽阳、铁岭、法库等地。

为编织和造纸原料。全草用于肺结核咯血、麻疹热毒、急性结膜炎、尿路感染。

■ 萤蔺

小穗

植株

花序

(5b) 细秆萤蔺 (变种) (东北草本植物志，大连地区植物志，中国植物志)

Schoenoplectiella juncoides var. *hotarui* (Ohwi) S. M. Zhang, 东北维管束植物考: 188. 2021.——*Scirpus juncoides* var. *hotarui* (Ohwi) Ohwi, Cyper. Jap. Ⅱ in Mem. Coll. Sci., Kyoto Imper.Univ., ser. B. XVIII 114. 1944; 中国植物志11: 24. 图版XI: 5 ~ 7. 1961; 东北草本植物志11: 17. 图版8: 8 ~ 12. 1976.——*Scirpus hotarui* Ohwi in Fedde, Repert. Nov.Sp. XXXVI 44. 1934; Lineam. Fl. Mansh.122. 1939.

生路旁湿地及水边湿地。产辽宁省大连。

064. 禾本科 Poaceae (Gramineae)

Poaceae Barnhart, Bull. Torrey Bot. Club 22(1): 7. 1895, *nom. cons.*

木贼门、木贼亚门、木兰纲、百合亚纲、鸭跖草超目、禾本目 (Poales)。

一年生或多年生草本，少为乔木或灌木。秆具节，通常中空，很少实心，草质或木质，节处通常膨大。叶通常秆生，很少基生，单叶，互生，2列，由叶鞘和叶片两部分组成；叶片通常平展或对折，有时内卷，全缘，具由基部向先端伸出的平行脉，很少兼有横脉。花序顶生或侧生，由多数小穗排列成圆锥花序、总状花序、穗状花序或穗形总状花序；小穗有小花一至多朵，排列在小穗轴上，基部有1至数枚不孕的苞片，称为颖；花常为两性，少为单性或中性，通常小，为外稃和内稃所包被；雄蕊(1 ~) 3(~ 6) 枚或更多，雌蕊1枚。果为颖果，少为囊果、浆果或坚果。

本科是单子叶植物中仅次于兰科的第二大科，全世界约有753属11000种，广布世界各地。中国产227属1797种，广布各省区。东北地区产88属260种13亚种41变种，其中栽培32种1亚种1变种。

分属检索表

1. 秆木质，多年生；主秆叶与普通叶明显不同，普通叶片具短柄，易自叶鞘上脱落 ······ 1. 刚竹属 (毛竹属) Phyllostachys

1. 秆草质稀为木质，多年生或一年生；主秆叶即普通叶，通常无叶柄，也不自叶鞘脱落。

　2. 小穗含多花或一花，多为两侧压扁，通常脱节于颖之上并常在各小花之间逐节断落；小穗轴常延伸至最上部小花内稃之后，呈细柄状或刚毛状。

　　3. 小穗仅一花结实；颖退化或仅在小穗柄间留有痕迹；成熟花的内、外稃边缘互相紧扣；内稃具3脉，中脉成脊，稀2脉而成2脊；多为水生植物。

　　　4. 小穗单性 ······ 2. 菰属 Zizania

　　　4. 小穗两性，两侧压扁而具脊。

　　　　5. 颖极退化呈半月形 ······ 3. 稻属 Oryza

　　　　5. 颖缺如 ······ 4. 假稻属 Leersia

　　3. 小穗一至多花结实；2颖或其中1颖常明显 (仅莎禾属无颖) ；成熟花的内、外稃边缘虽不互相紧扣，但外稃可紧包内稃；内稃具2脉而成2脊；多为陆生植物。

　　　6. 成熟花的外稃具3或1脉 (但九顶草属、獐毛属有7 ~ 9脉) ；叶舌通常有纤毛，或为一圈毛所代替。

　　　　7. 圆锥花序；小穗2至数花 (三芒草属为1花) ，至少于开花前常呈圆柱形或稍两侧压扁，有柄。

　　　　　8. 小穗1花；外稃顶生三叉的芒或3芒 ······ 5. 三芒草属 Aristida

　　　　　8. 小穗2至数花；外稃无芒或有一不分叉的芒。

　　　　　　9. 外稃无毛；基盘延长，密被丝状柔毛 ······ 6. 芦苇属 Phragmites

（接上表）

9. 外稃背面中部以下遍生丝状柔毛；基盘短小，两侧有毛 ……………………………… **7. 芦竹属** Arundo

7. 穗状、总状或圆锥花序；小穗一至多花，通常明显两侧压扁，稀背腹压扁或圆筒形，如无柄或近无柄则常排列于穗轴的一侧，亦可有柄。

10. 外稃7～9脉。

11. 外稃具9至多数常呈羽毛状的芒 ……………………………… **8. 九顶草属（冠芒草属）** Enneapogon

11. 外稃无芒；小穗近无柄，排列于穗轴一侧 ……………………………………… **9. 獐毛属** Aeluropus

10. 外稃（1）3（5）脉。

12. 小穗具（二）三至多数结实小花。

13. 小穗无柄，背部明显两侧扁，排列为穗状花序，再以数枚呈指状排列于秆顶 ……………………………………………………………………………………………… **10. 穇属** Eleusine

13. 小穗有柄，背部圆或两侧扁，排列为紧缩或开展的圆锥花序，稀为总状花序。

14. 小穗两侧扁，背部明显具脊；外稃常无芒，基盘无毛；小穗有柄，形成圆锥花序 ……………………………………………………………………… **11. 画眉草属** Eragrostis

14. 小穗背部圆，或微两侧扁而具脊；外稃通常具芒或于二裂齿间生一小尖头，基盘具短柔毛。

15. 叶片枯老后自叶鞘脱落；小穗具短柄；叶鞘内有隐藏的小穗 ……………………………………………………………… **12. 隐子草属** Cleistogenes

15. 叶片枯老后不自叶鞘脱落；小穗无柄或近无柄；叶鞘内无隐藏的小穗。

16. 穗状花序单生秆顶；外稃顶端具1或3芒 …………………… **13. 草沙蚕属** Tripogon

16. 穗状花序多数，呈总状排列于主轴上；外稃顶端常2齿裂，裂齿间生有小尖头或短芒 ……………………………………………………… **14. 千金子属** Leptochloa

12. 小穗仅1结实小花。

17. 小穗有柄，如无柄或近无柄时则不排列于穗轴一侧。

18. 圆锥花序开展或紧缩。

19. 小穗两侧扁或为细圆柱形；果实成熟时不外露。

20. 外稃有芒，基盘有毛；小穗脱节于颖上 ……………………………………………………… **15. 乱子草属** Muhlenbergia

20. 外稃无芒，基盘无毛；小穗脱节于颖下 ……………………………………………………… **16. 鼠尾粟属** Sporobolus

19. 小穗或为背腹或无颖；果实成熟时外露。

21. 多年生中型禾草；颖小 ……………………………………… **17. 龙常草属** Diarrhena

21. 一年生小型禾草；无颖 ……………………………………… **18. 莎禾属** Coleanthus

18. 穗状花序或穗形总状花序，或小穗簇生花序轴上，第一颖微小或缺如。

22. 小穗2～5簇生主轴上 ……………………………………… **19. 锋芒草属** Tragus

22. 小穗单生 ……………………………………………………… **20. 结缕草属** Zoysia

17. 小穗无柄或无柄，排列于穗轴一侧形成穗形总状花序，再排列圆锥状、总状或指状花序。

23. 花单性，雌雄同株或异株，植物体低矮具匍匐茎 …………………………………………… **21. 垂穗草属（格兰马草属）** Bouteloua

23. 花两性。

（接上表）

24. 穗状花序呈总状排列于穗轴上 ……………………………16. 鼠尾粟属 Sporobolus

24. 穗状花序呈指状排列。

25. 外稃无芒 ……………………………………………………22. 狗牙根属 Cynodon

25. 外稃有芒 …………………………………………………… 23. 虎尾草属 Chloris

6. 成熟花的外稃具5至多脉或在小穗含1花的种类中因质地坚硬而不明显（雀麦属、早熟禾属的某些种可少至3脉）；叶舌通常无纤毛，稀具疏纤毛。

26. 小穗无柄或几乎无柄，排列成穗状花序。

27. 小穗常2～4（～6）枚生穗轴各节。

28. 颖缺或极微小，并呈芒状或锥状，小穗排列稀疏，成熟时水平开展或上举，外稃具长芒 ……………………………………………………………………………24. 猬草属 Hystrix

28. 颖均存在，较第一小花短或微长。

29. 小穗含1小花，3个小穗同生一节，穗轴均具关节，常逐节断落 …… 25. 大麦属 Hordeum

29. 小穗含2至数小花，2至数个小穗生各节，穗轴无关节，不逐节断落。

30. 植物体具根状茎，基部常为枯老碎裂呈纤维状的叶鞘所包；外稃无芒或具极短的直芒；小穗2～3个生一起，稀5～6个生一起 ……………………… 26. 赖草属 Leymus

30. 植物体不具根状茎，基部不为碎裂成纤维状的叶鞘所包；外稃具长芒，芒常弯曲；小穗常2个生一起，稀基部3个、上部1个者 ……………………… 27. 披碱草属 Elymus

27. 小穗单生穗轴的各节。

31. 外稃无基盘；颖果与内外稃相分离；栽培植物。

32. 颖锥状，仅具1脉 ……………………………………………………28. 黑麦属 Secale

32. 颖卵形，具3至数脉 …………………………………………… 29. 小麦属 Triticum

31. 外稃有显著的基盘；颖果通常与内外稃相贴着；野生植物。

33. 小穗通常紧密排列于较短的穗轴上，顶生小穗不孕或退化；颖及外稃两侧压扁或背部显著具脊……………………………………………………………… 30. 冰草属 Agropyron

33. 小穗稀疏排列于延长的穗上，顶生小穗大部分发育正常；颖及外稃背部近圆形。

34. 植物体通常无地下根状茎；小穗脱节于颖上，小穗轴于各小花间折断 ……………………………………………………………… 27. 披碱草属 Elymus

34. 植物体通常具地下根状茎或匍匐茎；小穗脱节于颖下，小穗轴不于各小花间折断 ……………………………………………………………… 31. 偃麦草属 Elytrigia

26. 小穗有柄，稀无柄或近无柄，排列成开展或紧缩的圆锥花序。

35. 小穗二至多花，如为1花时则外稃有5条以上的脉。

36. 小穗的两性小花一至多数，位于不孕花的下方，稀位于小穗中部。

37. 第二颖通常短于第一小花；芒若存在时则直（稀反曲）而不扭转，通常自外稃顶端伸出，有时亦可在外稃顶端2裂齿间或裂隙的下方伸出。

38. 穗状花序 …………………………………………… 32. 黑麦草属（毒麦属）Lolium

38. 圆锥花序或总状花序。

39. 外稃通常有7或更多脉，稀3～5脉；叶鞘通常全部或下部闭合，稀不闭合。

40. 子房顶端有糙毛；内稃脊上亦有毛；颖果顶端具被毛的附属物或短喙。

41. 叶鞘不闭合或基部闭合；花柱顶生；小穗柄极短

（接上表）

……………………………………………… **33. 短柄草属** Brachypodium

41. 叶鞘闭合；花柱生子房前下方 ……………………… **34. 雀麦属** Bromus

40. 子房顶端无毛或偶有短柔毛；内稃脊上无毛或具短纤毛或柔毛；颖果顶端无附属物或喙，或有时有无毛的短喙。

42. 小穗在结实花的下方有2～3空虚外稃，外稃顶端延伸成长芒

……………………………………………………… **35. 扁穗茅属** Brylkinia

42. 小穗在结实花的下方无空虚外稃，外稃无芒或自裂齿间伸出芒。

43. 颖的脉不明显或仅有1脉，也可第二颖具3脉；外稃脉平行，不于顶端汇合；多为水生或湿生植物。

44. 外稃顶端呈不整齐齿状；基盘有毛 …… **36. 水茅属** Scolochloa

44. 外稃顶端常钝圆；基盘无毛 ……………… **37. 甜茅属** Glyceria

43. 第一颖具3脉，第二颖具5脉；外稃诸脉不平行并于顶端汇合；多为林下植物。

45. 小穗柄具关节，小穗于关节处整个脱落；外稃无毛；基盘无毛

……………………………………………………… **38. 臭草属** Melica

45. 小穗柄无关节，小穗脱节于颖上；外稃有毛；基盘有毛

……………………………………… **39. 裂稃茅属** Schizachne

39. 外稃3～5脉。

46. 外稃3脉；叶鞘闭合达1/2～3/4 …………………… **40. 沿沟草属** Catabrosa

46. 外稃（3～）5脉；叶鞘通常不闭合或仅基部闭合，边缘互相覆盖。

47. 外稃背部圆形 ……………………………………… **41. 碱茅属** Puccinellia

47. 外稃背部具脊。

48. 小穗近无柄 ……………………………………… **42. 鸭茅属** Dactylis

48. 小穗有柄。

49. 花单性，雌雄异株；外稃贴生微毛；子房顶端有短毛

……………………………………………… **43. 羊茅属** Festuca

49. 花两性，稀单性异株；外稃的脊与边脉通常贴生柔毛；子房通常无毛 ………………………………………… **44. 早熟禾属** Poa

37. 第二颖通常等于或长于第一小花；芒若存在则多屈曲而有扭转的芒柱，常由外稃背部或顶端裂齿间伸出。

50. 外稃无芒或顶端具小尖头，具3～5脉；圆锥花序紧密呈穗状 … **45. 涤草属** Koeleria

50. 外稃明显有芒，如无芒则圆锥花序不呈穗状。

51. 小穗长不及1厘米；子房无毛。

52. 外稃背部圆，顶端截形或不规则细齿裂，芒自外稃背部中部以下伸出

……………………………………………………… **46. 发草属** Deschampsia

52. 外稃背部有脊，顶端2齿裂，芒自外稃背部中部以上伸出

……………………………………………………… **47. 三毛草属** Trisetum

51. 小穗长超过1厘米；子房上部或全部有毛。

53. 一年生；小穗下垂；二颖近等长，具7～11脉 …………… **48. 燕麦属** Avena

（接上表）

53. 多年生；小穗直立或开展；二颖不等长，具1～7脉 ……………………………………………………**49. 异燕麦属** Helictotrichon

36. 小穗含3小花，其中仅1两性小花位于不孕花的上方，或因不孕花退化而使小穗仅含1小花。

54. 植株干燥后无香味；小穗下部2不孕花外稃空虚，退化为小鳞片状而无芒，远较顶生花的外稃为短，小穗明显两侧扁；二颖近等长；内稃具不明显2脉 …… **50. 虉草属** Phalaris

54. 植株干燥后有香味；小穗下部2不孕花外稃内有或无雄蕊。

55. 圆锥花序紧缩呈穗状；小穗几乎为圆筒形，黄色、绿色或带紫色，小穗下部2小花为中性 …………………………………………… **51. 黄花茅属** Anthoxanthum

55. 圆锥花序开展或结实时紧缩但不呈穗状；小穗微两侧扁，棕色，小穗下部2小花为雄性 ……………………………………………………… **52. 茅香属** Hierochloe

35. 小穗通常仅含1小花；外稃5脉，稀更少。

56. 外稃多为膜质，通常短于颖，或与颖略等长，如长于颖时则质地稍硬，成熟时疏松包着颖果或几乎不包围。

57. 圆锥花序开展或紧缩，但不呈圆柱形。

58. 小穗无柄，圆形，覆瓦状排列于穗轴的一侧组成圆锥花序 … **53. 菵草属** Beckmannia

58. 小穗具柄，长圆形，排列为开展或紧缩的圆锥花序。

59. 小穗脱节于颖之下 ……………………………… **54. 单蕊草属** Cinna

59. 小穗脱节于颖之上。

60. 外稃基盘无毛或仅有微毛……………………… **55. 剪股颖属** Agrostis

60. 外稃基盘有长柔毛…………………………… **56. 拂子茅属** Calamagrostis

57. 圆锥花序极紧密呈圆柱状或长圆形。

61. 小穗脱节于颖下；二颖在下部互相合生，外稃的边缘下部合生 ……………………………………………………**57. 看麦娘属** Alopecurus

61. 小穗脱节于颖上；颖及外稃的边缘不合生 ………………… **58. 梯牧草属** Phleum

56. 外稃质厚于颖，至少背部比颖坚硬，成熟后与内稃一起紧包着颖果。

62. 外稃无芒，基盘不明显；内、外稃均坚硬，平滑而有光泽 ……………**59. 粟草属** Milium

62. 外稃有芒，基盘明显。

63. 芒下部扭转且与外稃顶端成关节；外稃常有排列成纵行的短柔毛；内稃结果时不外露，常无毛 ………………………………………………… **60. 针茅属** Stipa

63. 芒下部扭转或否，不与外稃顶端成关节；外稃常有散生柔毛；内稃结果时外露，脊间有毛。

64. 小穗柄较粗壮，通常短于小穗；芒下部无毛或有毛 …**61. 芨芨草属** Achnatherum

64. 小穗柄呈毛细管状，明显长于小穗；芒全部被柔毛 …**62. 细柄茅属** Ptilagrostis

2. 小穗仅含2小花，下部花不孕而为雄性以至仅剩一外稃使小穗仅含1花，背腹扁或为圆筒形，稀两侧压扁，脱节于颖下；小穗轴从不延伸，在成熟花内稃之后从无柄状或似刚毛状物存在。

65. 第二小花的外稃及内稃通常质地坚韧而无芒。

66. 小穗成对，稀单生，脱于颖上；成熟花外稃多具芒，基盘亦常有毛 …………**63. 野古草属** Arundinella

66. 小穗单生或成对，脱节于颖下；成熟花外稃无芒，基盘亦无毛。

67. 花序中有不育小枝所成的刚毛。

（接上表）

68. 小穗脱落时，附于其下的刚毛宿存于花序上 ………………………………… **64. 狗尾草属 Setaria**
68. 小穗同刚毛一起脱落 ……………………………………………………………… **65. 蒺藜草属 Cenchrus**
67. 花序中无不育小枝形成的刚毛。
69. 小穗排列为开展或紧缩的圆锥花序。
70. 小穗脱节于颖之上 ………………………………………………………………… **66. 柳叶箬属 Isachne**
70. 小穗脱节于颖之下。
71. 圆锥花序通常紧缩呈穗状；小穗柄短而顶端呈盘状；第二颖膨大呈囊状 ……………………………………………………………………………………**67. 囊颖草属 Sacciolepis**
71. 圆锥花序开展；小穗柄延伸；第二颖不膨大为囊状 …………………… **68. 黍属 Panicum**
69. 小穗排列于穗轴的一侧，构成穗状或穗形总状花序，通常再由这些花序组成指状、总状或圆锥花序，稀单独存在。
72. 第二外稃膜质或软骨质，内稃稍露出；总状花序作指状排列 ……… **69. 马唐属 Digitaria**
72. 第二外稃骨质或革质，内稃明显露出；花序排列不同上。
73. 颖及第一外稃均无芒；小穗基部有环状或珠状基盘 …………… **70. 野黍属 Eriochloa**
73. 颖及外稃顶端有芒（稗属有的种无芒）；小穗无上述基盘。
74. 颖无芒或几乎无芒；叶片线形，无叶舌 ……………………… **71. 稗属 Echinochloa**
74. 颖有芒；叶片披针形，具叶舌 ……………………………… **72. 求米草属 Oplismenus**
65. 第二小花的外稃及内稃为膜质或透明膜质，具芒，稀无芒。
75. 小穗单性，雌小穗与雄小穗生不同的花序上或花序的不同部位。
76. 雌、雄小穗位于同一花序上…………………………………………………………**73. 薏苡属 Coix**
76. 雄小穗及雌小穗分别位于不同的花序上………………………………………… **74. 玉蜀黍属 Zea**
75. 小穗两性或结实小穗与不孕小穗同时混生穗轴上。
77. 成对小穗同型均成熟，或有柄小穗成熟并具长芒，而无柄小穗不孕且无芒。
78. 穗轴延续无关节，小穗均有柄而自柄上脱落。
79. 小穗无芒，形成一紧缩呈穗状圆锥花序；中型禾草，具延长根状茎 …**75. 白茅属 Imperata**
79. 小穗有芒，稀无芒，圆锥花序开展，花序分枝强壮；高大禾草 ………**76. 芒属 Miscanthus**
78. 穗轴具关节，各节连同其上无柄小穗一起脱落。
80. 总状花序以多数呈圆锥状排列于延长的主轴上；第一颖无明显脊；秆直立 ………………………………………………………………………… **77. 大油芒属 Spodiopogon**
80. 总状花序一至多数指状排列或簇生一短缩之主轴上；第一颖背部具2脊；秆蔓生 …………………………………………………………………………**78. 莠竹属 Microstegium**
77. 成对小穗并非均可成熟，无柄小穗成熟，有柄小穗退化。
81. 穗轴节间及小穗柄粗短。
82. 无柄小穗含2小花；第二外稃通常2裂且于裂齿间生芒；总状花序二枚合生且互相紧贴为一同柱形…………………………………………………… **79. 鸭嘴草属 Ischaemum**
82. 无柄小穗含1或2小花；第二外稃无芒。
83. 总状花序常单独顶生或数枚成束腋生 …………………………**80. 牛鞭草属 Hemarthria**
83. 总状花序数枚指状或伞房兼指状排列于秆顶，稀单生 ………**81. 束尾草属 Phacelurus**
81. 穗轴节间及小穗柄细长，有时上端变粗或膨胀。

（接上表）

84. 无柄小穗之第二外稃芒生稃体基部；叶片披针形，基部抱茎 ……… **82. 荩草属 Arthraxon**
84. 无柄小穗之芒不生稃体基部。
85. 总状花序呈圆锥状排列，若呈指状排列则穗轴节间及小穗柄边缘变厚而中部呈纵沟。
86. 无柄小穗第二外稃正常发育，2裂，裂齿间有芒；第一颖下部草质，平滑而具光泽 ……………………………………………………………………**83. 高粱属 Sorghum**
86. 无柄小穗第二外稃退化呈柄状，其上延伸成芒。
87. 总状花序多节至数节，呈指状至圆锥状排列 …… **84. 孔颖草属 Bothriochloa**
87. 总状花序5节或少至1节，呈圆锥状排列；花序分枝上的小枝常呈毛细管状 ……………………………………………………**85. 细柄草属 Capillipedium**
85. 总状花序成对或单生，稀呈指状排列，有时具佛焰苞的总状花序。
88. 总状花序单生秆顶或分枝的顶端，其下无舟状佛焰苞 ……………………………………………………… **86. 裂稃草属 Schizachyrium**
88. 总状花序为舟状佛焰苞所包。
89. 植株无香味， 每一佛焰苞中伸出单一总状花序；结实小穗背部圆形 ………………………………………………………… **87. 菅属 Themeda**
89. 植株有香味，每一佛焰苞中伸出成对的总状花序；结实小穗背部压扁 …………………………………………………… **88. 香茅属 Cymbopogon**

1 刚竹属（毛竹属） *Phyllostachys* Sieb. & Zucc.

Phyllostachys Sieb. & Zucc., Abh. Math.–Phys. Cl. Königl. Bayer. Akad. Wiss. 3: 745. 1843.

乔木至亚灌木状竹类。秆散生，圆筒形，大部分中空有节，很少实心，在分枝的一侧扁平或有沟槽，每节有2分枝。叶片披针形或狭披针形，有小横脉。花序由托以有叶或苞片的小穗丛组成，小穗具2～3花；小穗轴于小花间折断；颖13片，顶端小穗的颖常退化，第1颖小，似苞片，具3～5 脉，第2～3颖类似外稃，但较小，外稃纸质或近皮质，顶端锐尖，有7至多脉，内稃有2脊，顶端有2尖头；鳞被片3；雄蕊3；子房无毛，有柄，柱头3。颖果的果皮有时增厚而较坚硬。

本属全世界约51种，分布中国、印度、日本、缅甸。中国特产49种。东北地区栽培2种。

分种检索表

1. 箨鞘无箨耳；新秆均匀地被白粉，老秆节下有白粉环；每小枝2～3叶 ………………… **1. 淡竹 P. glauca** McClure
1. 箨鞘有明显箨耳；新秆、老秆均无白粉；每小枝初5～6叶，后2～3叶 ……**2. 桂竹 P. bambusoides** Sieb. et Zucc.

（1）淡竹（辽宁植物志，东北植物检索表，东北草本植物志，中国植物志，Flora of China）

Phyllostachys glauca McClure in J. Arnold Arbor. 37: 185. 1956; 辽宁植物志（下册）: 807. 1992; 东北植物检索表（第二版）: 789. 1995; 中国植物志9(1): 260. 图版69: 1～3. 1996; 东北草本植物志10: 60. 2004; Fl. China 22: 169. 2006.

分布中国黄河流域至长江流域各地。辽宁省大连有栽培。

笋可食。竹材可编织各种竹器，也可整材作农具柄等。内膜、竹沥、竹茹药用。

■ 淡竹

秆具白粉

居群

每小枝2～3叶

（2）桂竹（中国植物志，Flora of China）；刚竹（辽宁植物志，东北植物检索表，东北草本植物志）

Phyllostachys bambusoides Sieb. et Zucc. in Abh. Math.–Phys. Cl. Königl. Bayer. Akad. Wiss. 3: 745. 1843; 辽宁植物志（下册）: 806. 1992; 东北植物检索表（第二版）: 789. 1995; 中国植物志9(1): 292. 图版80. 1996; 东北草本植物志10: 59. 2004.——*P. reticulata* (Rupr.) K.Koch in Dendrologie 2: 356. 1873; Fl. China 22: 175. 2006.

分布中国黄河流域及其以南各地。辽宁省大连、金州、沈阳等地有栽培。

绿化材料。竹材可做建筑、造纸、扁担、农具柄等用材。根有祛风除湿作用。

■ 桂竹

植株

秆无白粉

每小枝5～6叶

2 菰属 *Zizania* L.

Zizania L., Sp. Pl. 991. 1753.

一年生或多年生水生草本，有时具长匍匐根状茎。秆高大、粗壮、直立，节生柔毛。叶舌长，膜质；叶片扁平，宽大。顶生圆锥花序大型，雌雄同株；小穗单性，含1小花；雄小穗两侧压扁，大都位于花序下部分枝上，脱节于细弱小穗柄之上；颖退化；外稃膜质，具5脉，紧抱其同质之内稃；雄蕊6枚，花药线形；雌小穗圆柱形，位于花序上部的分枝上，脱节于小穗柄之上，其柄较粗壮且顶端杯状；颖退化；外稃厚纸质，具5脉，中脉顶端延伸成直芒；内稃狭披针形，具3脉，顶端尖或渐尖；鳞被20。颖果圆柱形，为内外稃所包裹，胚位于果体中央，长约为果体之1/2。

本属全世界有4种，1种为广布种，主产东亚，其余产北美洲。中国有1种，近年从北美洲引种2种。东北地区产1种。

菰（辽宁植物志，黑龙江省植物志，内蒙古植物志，东北植物检索表，东北草本植物志，中国植物志，Flora of China）；菰茭笋（大连地区植物志）；茭白（俗称）

Zizania latifolia (Griseb.) Stapf. in Bull. Misc. Inform. Kew 1909: 385. 1909; 辽宁植物志（下册）: 809. 图版361. 1992; 内蒙古植物志（第二版）5: 50. 图版20: 1 ~ 4. 1994; 东北植物检索表（第二版）: 789. 图版398: 3. 1995; 黑龙江省植物志10: 185. 图版74. 2002; 中国植物志9(2): 17. 图版2: 5, 5a, 5b. 2002; 东北草本植物志10: 64. 图版27: 1 ~ 4. 2004; Fl. China 22: 186. 2006.——*Zizania caduciflora* (Turcz.) Hand.-Mazz. Symb. Anthophyta 3: 1278. 1936; Ohwi in Journ. Jap. Bot. 17: 499. 1941; 中国主要植物图说 · 禾本科634, 图574. 1959; 大连地区植物志下册: 866. 图1151. 1982.

多年生高大直立草本；叶鞘肥厚脉；叶片扁平；圆锥花序；花单性，花序上部为雌性，下部为雄性，每小穗含1小花；雄小穗长10 ~ 15毫米，带紫色；雌小穗长15 ~ 25毫米，外稃具长15 ~ 30毫米的芒；颖果圆柱形，长约12毫米。水生或沼生。产黑龙江省伊春、虎林、哈尔滨、密山；吉林省安图；辽宁省沈阳、新民、普兰店；内蒙古自治区额尔古纳、海拉尔、根河、科尔沁右翼前旗、扎赉特旗、科尔沁右翼后旗、大青沟等地。

秆基嫩茎被真菌寄生后，粗大肥嫩，称茭白，是蔬菜。颖果称菰米，供食用。

■ 菰

花序一部分

居群

■ 菰

植株上部

雄花

植株下部

3 稻属 *Oryza* L.

Oryza L., Sp. Pl. 333. 1753. et Gen. Pl. ed. 5: 155. 1754.

一年生或多年生草本。秆直立，丛生；叶鞘无毛；叶舌长膜质或具叶耳；叶片线形扁平，宽大。顶生圆锥花序疏松开展，常下垂。小穗含一两性小花，其下附有2枚退化外稃，两侧甚压扁；颖退化，仅在小穗柄顶端呈二半月形之痕迹；孕性外稃硬纸质，具小疣点或细毛，有5脉，顶端有长芒或尖头；内稃与外稃同质，有3脉，侧脉接近边缘而为外稃之2边脉所紧握；鳞被2；雄蕊6枚；柱头2，帚刷状，自小穗两侧伸出。颖果长圆形，平滑，胚小，长为果体的1/4。

本属全世界约24种。分布于两半球热带、亚热带、亚洲、非洲、大洋洲及美洲。中国有5种，引种栽培2种。东北地区栽培1种。

稻（辽宁植物志，黑龙江省植物志，内蒙古植物志，东北植物检索表，东北草本植物志，中国植物志，Flora of China）；水稻（俗称）

Oryza sativa L., Sp. Pl. 333. 1753; 辽宁植物志（下册）: 808. 图版359. 1992; 内蒙古植物志（第二版）5: 49. 1994; 东北植物检索表（第二版）: 789. 图版398: 2. 1995; 黑龙江省植物志10: 183. 图版73. 2002; 中国植物志9(2): 6. 图版1: 1～3. 2002; 东北草本植物志10: 62. 图版25: 1～3. 2004; Fl. China 22: 183. 2006.

一年生草本；叶线形；圆锥花序成熟时下垂；小穗长圆形，含1成熟花，颖退化成两半月形，退化外稃锥状，无毛，孕性外稃及内稃密被细毛，稀无毛，外稃5脉，有或无芒；内稃具3脉，边缘为外稃紧

■ 稻

植株上部

小穗

果序一部分

花序一部分

抱；颖果长圆形，平滑。水地栽培作物。东北地区各地及内蒙古自治区扎赉特旗、科尔沁右翼前旗、科尔沁右翼中旗、通辽等地均有栽培。

稻米除供食粮外，可制粉、酿酒；秆供编织、造纸。稻芽有消食和中、健脾开胃作用。

4　假稻属　*Leersia* Solander ex Swartz

Leersia Soland. ex Swartz. Prodr. Veg. Ind. Occ. 21. 1788, *nom. cons.*

多年生草本，水生、沼生，具长匍匐茎或根状茎。秆具多数节，节常生微毛，下部伏卧地面或漂浮水面，上部直立或倾斜。叶鞘多短于其节间；叶舌纸质；叶片扁平，线状披针形。顶生圆锥花序较疏松，具粗糙分枝；小穗含1小花，两侧极压扁，无芒，自小穗柄的顶端脱落；两颖完全退化；外稃硬纸质，舟状，具5脉，脊上生硬纤毛，边脉接近边缘而紧扣内稃之边脉；内稃与外稃同质，具3脉，脊上具纤毛；鳞被2；雄蕊6枚或1～3枚，花药线形。颖果长圆形，压扁，胚长约为果体之1/3。种脐线形。

本属全世界有20种，分布于两半球的热带至温暖地带。中国有4种。东北地区产1种。

蓉草（中国植物志，Flora of China）；稻李氏禾（辽宁植物志，黑龙江省植物志，东北草本植物志）；秕壳草（内蒙古植物志）；假稻（东北植物检索表）

Leersia oryzoides (L.) Sw. in Prodr. Veg. Ind. Occ. 21. 1788; 辽宁植物志（下册）: 809. 图版360. 1992; 内蒙古植物志（第二版）5: 50. 图版19. 1994; 东北植物检索表（第二版）: 789. 图版398: 1. 1995; 黑龙江省植物志10: 185. 2002; 中国植物志9(2): 12. 图版2: 3, 3a. 2002; 东北草本植物志10: 62. 图版26: 1～2. 2004; Fl. China 22: 184. 2006; 内蒙古植物志（第三版）6: 47. 2020.

多年生植物；秆下部倾卧，节着土生根，节生鬓毛，花序以下部分粗糙；叶鞘被倒生刺毛；叶片线状披针形，两面与边缘具小刺状，粗糙；圆锥花序疏展，分枝具3～5枚小枝；小穗长椭圆形，先端具短喙，基部具短柄；颖果长圆形，压扁。生河岸沼泽湿地。产黑龙江省阿城、绥化；辽宁省沈阳、大连、北镇；内蒙古自治区大青沟、敖汉旗等地。

全草有解表散寒、通经活络、利尿作用。

■ 蓉草

小穗

节生鬓毛

植株下部

■ 蓉草

植株上部

花序分枝

花序

5 三芒草属 *Aristida* L.

Aristida L., sp. Pl. 82. 1753.

一年生或多年生丛生草本。叶鞘平滑或被长柔毛。叶片通常纵卷，稀扁平。圆锥花序顶生，狭窄或开展；小穗含1小花，两性，线形，小穗轴倾斜，脱节于颖之上；颖片狭窄，膜质，长披针形，具1～5脉，近等长或不等长；外稃圆筒形，成熟后质较硬，具3脉，包着内稃，顶端有3芒，芒粗糙或被柔毛，芒柱直立或扭转，基盘尖锐或较钝圆，具短毛；内稃质薄而短小，或甚退化；鳞被2，较大；雄蕊30颖果圆柱形或长圆形。

本属全世界约有300种，广布于温带和亚热带的干旱地区。中国有10种。东北地区产1种。

三芒草（辽宁植物志，内蒙古植物志，东北植物检索表，东北草本植物志，中国植物志，Flora of China）；三枪茅

Aristida adscensionis L., Sp. Pl. 82. 1753; 中国植物志10(1): 120. 图版37: 3～6. 1990; 辽宁植物志（下册）: 815. 图版363. 1992; 内蒙古植物志（第二版）5: 58. 图版20: 5～6. 1994; 东北植物检索表（第二版）: 790. 图版398: 7. 1995; 东北草本植物志10: 69. 图版29: 1～2. 2004; Fl. China 22: 454. 2006.

一年生草本；秆基部分枝，丛生；叶鞘短于节间，光滑无毛；叶狭线形，表面具纤毛；圆锥花序长5～10厘米，小穗具1小花，带白色或带紫色；颖不等长，狭锥形；外稃狭线形，顶端具1个三叉的芒；颖果圆柱形或长圆形。生山坡、沙地。产吉林省通榆；辽宁省沈阳、锦州、北镇、凌源、朝阳；内蒙古自治区赤峰等地。

可作饲料；须根可作刷、帚等用具。

■ 三芒草

植株一部分

居群

花序

6 芦苇属 *Phragmites* Adanson

Phragmites Adanson, Fam. Pl. 2: 34, 559. 1763.

多年生草本，具发达根状茎的苇状沼生草本。茎直立，具多数节；叶鞘常无毛；叶舌厚膜质，边缘具毛；叶片宽大，披针形，大多无毛。圆锥花序大型密集，具多数粗糙分枝；小穗含3～7小花，小穗轴节间短而无毛，脱节于第一外稃与成熟花之间；颖不等长，具3～5脉，顶端尖或渐尖，均短于其小花；第一外稃通常不孕，含雄蕊或中性，小花外稃向上逐渐变小，狭披针形，具3脉，顶端渐尖或呈芒状，无毛，外稃基盘延长具丝状柔毛，内稃狭小，甚短于其外稃；鳞被2，雄蕊3，花药长1～3毫米。颖果与其稃体相分离，胚小型。

本属全世界有4～5种，分布于全球热带、大洋洲、非洲、亚洲。中国有3种。东北地区产3种1变种。

分种检索表

1. 叶及叶鞘具白色硬毛，秆节上具短柔毛……………………………………………………… 1. 毛芦苇 P. hirsuta Kitag.

1. 叶及叶鞘无毛，稀叶鞘具细毛。

  2. 地面无匍匐茎；小穗长12～17毫米，第一颖长等于或小于第一外稃1/2 ………… 2. 芦苇 P. australis (Clav.) Trin.

  2. 地面有匍匐茎；小穗长8～12毫米，第一颖长等于第一外稃1/2～2/3 (3. 日本苇 P. japonica Steud.) 。

    3. 地面具发达的匍匐茎；秆高约1.5米，约有16节；叶鞘与其节间等长或稍长；圆锥花序长约20厘米，宽5～8厘米；小穗柄长6～7毫米，散生柔毛并于基部具长约2毫米之柔毛；小穗含3～4小花 ……………………………………………………………………………………… 3a. 日本苇 P. japonica var. japonica

    3. 地面具十分发达的匍匐茎 (长可达10米或更长) ；秆高1.5～2米，具18～20节；叶鞘长于其节间；圆锥花序长13厘米，宽5厘米；小穗柄长2～3毫米，无毛；小穗含5～6花 ……………………………………………………………… 3b. 爬苇 P. japonicus var. prostrata (Makino) L. Liu

（1）毛芦苇（辽宁植物志，东北植物检索表，东北草本植物志）

Phragmites hirsuta Kitag. in J. Jap. Bot. 9: 108, 117. 1933; 辽宁植物志（下册）: 812. 图版362: 5. 1992; 东北植物检索表（第二版）: 790. 图版398: 6. 1995; 东北草本植物志10: 66. 图版28: 7. 2004.

■ 毛芦苇

花序

植株一部分

叶与叶舌

■ 毛芦苇

生境

居群

生沙地、干山坡。产辽宁省大连、阜新；内蒙古自治区扎鲁特旗、翁牛特旗等地。

为编织、造纸原料。根茎有清热生津、除烦、止呕、利尿作用。

（2）芦苇（辽宁植物志，黑龙江省植物志，内蒙古植物志，东北植物检索表，东北草本植物志，中国植物志，Flora of China）；热河芦苇（辽宁植物志，内蒙古植物志，东北植物检索表，东北草本植物志）

Phragmites australis (Clav.) Trin. in Nomencl. Bot. ed. 2, 2: 324. 1841; 辽宁植物志（下册）: 813. 图版362: 1 ~ 3. 1992; 内蒙古植物志（第二版）5: 54. 图版21: 1 ~ 6. 1994; 东北植物检索表（第二版）: 790. 图版398: 4. 1995; 黑龙江省植物志10: 187. 图版75. 2002; 中国植物志9(2): 27. 图版4: 3, 3a. 2002; 东北草本植物志10: 68. 图版28: 1 ~ 5. 2004; Fl. China 22: 449. 2006.——*Ph. jeholensis* Honda in Rep. Exped. Manchoukou Sect. Ⅳ 4: 10. 1936; 辽宁植物志（下册）: 813. 图版362: 4. 1992; 内蒙古植物志（第二版）5: 53. 图版21: 7 ~ 8. 1994; 东北植物检索表（第二版）: 790. 图版398: 5. 1995; 东北草本植物志10: 66. 图版28: 6. 2004.

生池沼、河旁，在沙丘边缘及盐碱地上亦可生长。产东北各地。

茎秆可供编织用；纤维为优良的造纸原料；根茎有清热生津、除烦、止呕、利尿作用。

■ 芦苇

花序一部分

茎

植株

（3）日本苇（中国植物志，Flora of China）；日本芦苇（辽宁植物志，东北植物检索表，东北草本植物志）

Phragmites japonicus Steud. in Syn. Pl. Glumac. 1: 196. 1854; 辽宁植物志（下册）: 813. 1992; 东北植物检索表（第二版）: 790. 1995; 中国植物志9(2): 26. 2002; 东北草本植物志10: 68. 2004; Fl. China 22: 449. 2006.

（3a）日本苇（原变种）

Phragmites japonicus var. *japonicus*

生水中或沼泽地。产吉林省珲春、安图、抚松；辽宁省金州、普兰店、宽甸、鞍山、海城、岫岩、凌源等地。

茎秆可供编织用；纤维为优良的造纸原料；根茎有清热生津、除烦、止呕、利尿作用。

■ 日本苇

植株一部分

节处生根

植株

（3b）爬苇（变种）（中国植物志）

Phragmites japonicus var. *prostrata* (Makino) L. Liu, 中国植物志9(2)：27. 2002.

生山区河滩沙石地、山间河岸等地下水位较高且土层较薄处。产辽宁省岫岩。

■ 爬苇

植株一部分

植株

7 芦竹属 *Arundo* L.

Arundo L., Sp. Pl. 81. 1753, et Gen. Pl. ed. 5: 35. 1754.

多年生草本，具长匍匐根状茎。秆直立，高大，粗壮，具多数节。叶鞘平滑无毛；叶舌纸质，背面及边缘具毛；叶片宽大，线状披针形。圆锥花序大型，分枝密生，具多数小穗。小穗含2～7花，两侧压扁；小穗轴脱节于孕性花之下；两颖近相等，约与小穗等长或稍短，披针形，具3～5脉；外稃宽披针形，厚纸质，背部近圆形，无脊，通常具3条主脉，中部以下密生白色长柔毛，基盘短小，顶端具尖头或短芒；内稃短，长为其外稃之半，两脊上部有纤毛；雄蕊3，花药长2～3毫米。颖果较小，纺锤形。

本属全世界3种，分布于地中海至中国。中国有2种。东北地区栽培1种。

芦竹（中国植物志，Flora of China）

Arundo donax L., Sp. Pl. 81. 1753; 中国植物志9(2): 20. 图版4: 4, 2a. 2002; Fl. China 22: 448. 2006.

多年生粗大直立草本；叶片扁平，上面与边缘微粗糙，基部白色，抱茎；圆锥花序极大型；小穗含2～4小花；外稃中脉延伸成1～2毫米之短芒，背面中部以下密生长柔毛；颖果细小黑色。分布热带、亚热带地区。辽宁省大连、旅顺口、瓦房店等有栽培。

秆为制管乐器中的簧片。茎是制优质纸浆和人造丝的原料。根状茎有清热利水作用。

■ 芦竹

植株下部

植株上部

植株一部分

花期

居群

8 九顶草属（冠芒草属） *Enneapogon* Desv. ex Beauv.

Enneapogon Desv. ex Beauv. Ess. Agrost. 81. 1812.

多年生直立草本，密丛生。叶狭。圆锥花序顶生，紧缩或呈穗状；小穗含2～3（～5）小花，上部小花退化，小穗轴脱节于颖之上，但不在各小花间断落；颖膜质，近等长，与小花等长或较长，具1至数脉，无芒；外稃短于颖，质厚，背部圆形，具9至多数脉，于顶端形成9至多数粗糙或具羽毛之芒，呈冠毛状；内稃与外稃近等长，具2脊，脊上具纤毛；鳞被2；雄蕊3；花柱短，分离，柱头羽毛状。

本属全世界28种，多生干旱地区。中国产2种。东北地区产1种。

九顶草（中国植物志，Flora of China）；冠芒草（辽宁植物志，内蒙古植物志，东北植物检索表，东北草本植物志）

Enneapogon desvauxii P. Beauv. in Ess. Agrostogr. 82. 1812; Fl. China 22: 456. 2006.——*E. borealis* (Griseb.) Honda in Rep. Exped. Manchoukou Sect. Ⅳ 4: 101. 1936; 中国植物志10(1): 2. 图版1: 1 ~ 6. 1990; 辽宁植物志（下册）: 817. 图版364. 1992; 内蒙古植物志（第二版）5: 221. 图版84: 1 ~ 3. 1994; 东北植物检索表（第二版）: 795. 图版399: 7. 1995; 东北草本植物志10: 71. 图版30: 1 ~ 4. 2004.

多年生密丛草本；基部鞘内常具隐藏小穗；秆节常屈曲，被柔毛；叶片多内卷，密生短柔毛，基生叶呈刺毛状；圆锥花序紧缩呈圆柱形，铅灰色；小穗通常含2 ~ 3小花；颖披针形，顶端尖；外稃长约2毫米，基盘被柔毛，顶端具9条直立羽毛状长芒。生干燥山坡及草地。产辽宁省朝阳、建平、喀左；内蒙古自治区各地。

■ 九顶草

茎

花序枝

植株

花序

居群

9 獐毛属 *Aeluropus* Trin.

Aeluropus Trin. Fund. Agrost. 143. 1820.

多年生草本。茎低矮，多分枝。叶片坚硬，常卷折呈针状。圆锥花序常紧密呈穗状或头状；小穗卵状披针形，含4至多数小花，无柄或几乎无柄，成2行排列于穗轴的一侧，小花紧密排列成覆瓦状，小穗轴脱节于颖之上及各小花之间；颖略不相等，革质，边缘干膜质，短于第一小花，第一颖具1～3脉，第二颖具5～7脉；外稃卵形，先端尖或具小尖头，具7～11脉；内稃几乎等长于外稃，顶端截平，脊上微粗糙或具纤毛；雄蕊3，花药线形。颖果卵形至长圆形。

本属全世界约10种，分布于地中海区域、小亚细亚、喜马拉雅和北部亚洲。中国有4种1变种。东北地区产1变种。

獐毛（辽宁植物志，内蒙古植物志，东北植物检索表，东北草本植物志，中国植物志，Flora of China）

Aeluropus littoralis var. *sinensis* Debeaux in Acta Soc. L. Bordeaux 33: 50. 1879; 辽宁植物志（下册）: 818. 图版365. 1992; 东北植物检索表（第二版）: 790. 图版399: 8. 1995; 东北草本植物志10: 71. 图版31: 1～4. 2004.——*A. sinensis* (Debeaux) Tzvel. Pl. As. Centr. 4: 128. 1968; 中国植物志10(1): 5. 图版2: 1～6. 1990; 内蒙古植物志（第二版）5: 224. 图版84: 4～6. 1994; Fl. China 22: 458. 2006.

多年生草本；秆直立或倾斜，有时匍匐，节上生根；叶鞘长于节间；叶片质硬，多卷折为针状；圆锥花序穗状；小穗卵状披针形，具4～10小花；第一颖3脉，第二颖5～7脉；第一外稃长3毫米；内稃与外稃近等长，脊上微具纤毛；颖果卵形至长圆形。生海边沙地或盐碱地。产辽宁省营口、盖州、瓦房店、旅顺口、长海；内蒙古自治区正蓝旗等地。

■ 獐毛

花序一部分

植株一部分

居群

10 穇属 *Eleusine* Gaertn.

Eleusine Gaertn. Fruct. Sem. Pl. 1: 7. 1788.

多年生或一年生草本。穗状花序生于秆顶，2至数枚成指状或近指状排列；小穗具数花，两侧压扁，无柄，成两行紧密地排列于穗轴的一侧，穗轴顶端不延伸至顶生小穗之后，小穗脱节于颖上及各小花之间；两颖不等长，第一颖较小，短于第一小花；外稃顶端尖，具3脉；内稃具2脊。雄蕊3；种子黑褐色，成熟时具波状花纹。

本属全世界9种，分布于热带和亚热带。中国有2种。东北地区产1种。

牛筋草（辽宁植物志，黑龙江省植物志，内蒙古植物志，东北植物检索表，东北草本植物志，中国植物志，Flora of China）

Eleusine indica (L.) Gaertn. in Fruct. Sem. Pl. 1: 8. 1788; 中国植物志10(1): 64. 图版18: 1 ~ 9. 1990; 辽宁植物志（下册）: 836. 图版374. 1992; 内蒙古植物志（第二版）5: 225. 图版85. 1994; 东北植物检索表（第二版）: 794. 图版401: 4. 1995; 黑龙江省植物志10: 199. 图版80. 2002; 东北草本植物志10: 91. 图版40: 1 ~ 4. 2004; Fl. China 22: 482. 2006.

一年生草本；秆丛生，基部倾斜；叶鞘扁平而具脊；叶片扁平或卷折；3至数枚穗状花序呈指状排列于秆顶；小穗含3 ~ 6小花；颖不等长，具1脉；第一外稃长3 ~ 3.5毫米，具脊，脊上具狭翼；内稃短于外稃；囊果卵形，基部下凹，具明显的波状皱纹。生路旁、杂草地或荒地。产黑龙江省哈尔滨、大庆、五常、牡丹江、东宁、海伦；吉林省珲春；辽宁省沈阳、朝阳、鞍山、海城、大连；内蒙古自治区南部。

全株可作饲料，又为优良保土植物，亦有祛风利湿、清热解毒、散瘀止血作用。

■ 牛筋草

小穗

居群

花序一部分

花序

11 画眉草属 *Eragrostis* Wolf

Eragrostis Wolf, Gen. Pl. Vocab. Char. Def. 23. 1776.

多年生或一年生草本。秆通常丛生。叶片线形。圆锥花序开展或紧缩；小穗两侧压扁，有数个至多数小花，小花常疏松地或紧密地覆瓦状排列；小穗轴常作“之”字形曲折，逐渐断落或延续而不折断；颖不等长，通常短于第一小花，具1脉，宿存，或个别脱落；外稃无芒，具3条明显的脉，或侧脉不明显；内稃具2脊，常作弓形弯曲，宿存，或与外稃同落。颖果与稃体分离，球形或压扁。

本属全世界约有350种，多分布于全世界的热带与温带区域。中国有32种。东北地区产7种，其中栽培1种。

分种检索表

1. 小穗柄及叶脉上具腺体；叶片常扁平，宽2.5 ~ 6毫米。
    2. 多年生；植株无鱼腥味；小穗紫黑色 ……………………………… **1. 知风草 E. ferruginea** (Thunb.) Beauv.
    2. 一年生；植株有鱼腥味；小穗铅绿色至绿白色。
        3. 秆粗壮，具3 ~ 5个节；叶片扁平，宽2 ~ 6毫米；圆锥花序长圆形或尖塔形，分枝腋间具柔毛；小穗墨绿色带淡绿色或黄褐色，含10 ~ 40小花 ……………………………… **2. 大画眉草 E. cilianensis** (All.) Link. ex Vign.
        3. 秆纤细，具3 ~ 4节；叶片平展或卷缩，宽2 ~ 4毫米；圆锥花序开展而疏松，分枝腋间无毛；小穗绿色或深绿色，含3 ~ 16小花……………………………… **3. 小画眉草 E. minor** Host

（接上表）

1. 小穗柄及叶脉上无腺体；叶片常内卷，宽1.5～2毫米。
   4. 多年生；颖长1.5～2.5毫米；叶片常弯作弓形；花序分枝腋间具细柔毛 ………… 4. 弯叶画眉草 E. curvula (Schrad.) Nees
   4. 一年生；颖长0.5～1.8毫米。
      5. 第一颖、第二颖均具1脉；外稃侧脉明显 ………… 5. 秋画眉草 E. autumnalis Keng
      5. 第一颖无脉，第二颖具1脉；外稃侧脉不明显。
         6. 花序分枝腋间无毛 ………… 6. 多秆画眉草 E. multicaulis Steudel
         6. 花序分枝腋间具柔毛 ………… 7. 画眉草 E. pilosa (L.) Beauv.

（1）知风草（辽宁植物志，东北植物检索表，东北草本植物志，中国植物志，Flora of China）

Eragrostis ferruginea (Thunb.) Beauv. in Ess. Agrostogr. 71. 1812; 中国植物志10(1): 22. 图版122: 8. 1990; 辽宁植物志（下册）: 830. 图版371: 1～2. 1992; 东北植物检索表（第二版）: 794. 图版400: 5. 1995; 东北草本植物志10: 85. 图版37: 1～2. 2004; Fl. China 22: 475. 2006.

生路旁、山坡草地。产辽宁省大连、长海等地。

为优良饲料。全草有舒筋散瘀作用，主治跌打内伤、筋骨疼痛。

■ 知风草

花序一部分

花序

居群

叶舌退化为一圈短毛

（2）大画眉草（辽宁植物志，黑龙江省植物志，内蒙古植物志，东北植物检索表，东北草本植物志，中国植物志，Flora of China）

Eragrostis cilianensis (All.) Link. ex Vign. in Mitt. Naturwiss. Vereins Univ. Wien 5: 110. 1907; 中国植物志10(1): 24 图版121: 4. 1990; 辽宁植物志（下册）: 833. 图版372: 1 ~ 4. 1992; 内蒙古植物志（第二版）5: 227. 图版86: 6 ~ 8. 1994; 东北植物检索表（第二版）: 794. 图版400: 2. 1995; 黑龙江省植物志10: 196. 图版79: 1 ~ 4. 2002; 东北草本植物志10: 87. 图版38: 1 ~ 4. 2004; Fl. China 22: 477. 2006.

生田边、路旁草地。产黑龙江省哈尔滨及草原区；吉林省和龙；辽宁省沈阳、新民、西丰、葫芦岛、朝阳、凌源、彰武、海城、营口、普兰店、金州、大连、盖州、岫岩；内蒙古自治区各地。

全草有利尿通淋、疏风清热作用，花有解毒、止痒作用。

■ 大画眉草

花序

鞘口具长柔毛

花序分枝腋间具柔毛

小穗

茎与叶

植株

（3）小画眉草（辽宁植物志，黑龙江省植物志，内蒙古植物志，东北植物检索表，东北草本植物志，中国植物志，Flora of China）

Eragrostis minor Host, Fl. Austriaca 1: 135. 1827; 中国植物志10(1): 25. 图版121: 5. 1990; 辽宁植物志（下册）: 830. 图版372: 5 ~ 6. 1992; 内蒙古植物志（第二版）5: 227. 图版86: 9 ~ 10. 1994; 东北植物检索表（第二版）: 794. 图版400: 3. 1995; 黑龙江省植物志10: 196. 图版79: 5 ~ 6. 2002; 东北草本植物志10: 85. 图版38: 5 ~ 6. 2004; Fl. China 22: 477. 2006.

生荒野、草地或路旁。产黑龙江省各地；吉林省洮南、镇赉；辽宁省彰武、沈阳、锦州、朝阳、建平、大连、长海、本溪、宽甸；内蒙古自治区各地。

为牛、马、羊喜食的饲料。全草有清热解毒、疏风利尿作用。

■ 小画眉草

花序

叶背面观

花序分枝腋间无毛

地上部分

花序一部分

植株

（4）弯叶画眉草（辽宁植物志，东北植物检索表，东北草本植物志，中国植物志，Flora of China）

Eragrostis curvula (Schrad.) Nees in Fl. Afr. Austral. Ill. 397. 1841; 中国植物志10(1): 17. 图版120: 9, 124: 1. 1990; 辽宁植物志（下册）: 833. 图版371: 3 ~ 4. 1992; 东北植物检索表（第二版）: 794. 图版400: 4. 1995; 东北草本植物志10: 87. 图版37: 3 ~ 4. 2004; Fl. China 22: 474. 2006.

原产非洲。辽宁省大连有栽培。

优良牧草；也可作为护坡草坪、高速公路草坪或粗放管理的一般草坪绿地的材料；或作为水土保持植被，用于水土流失严重的地方。

■ 弯叶画眉草

植株

花序

花序一部分

（5）秋画眉草（辽宁植物志，东北植物检索表，东北草本植物志，中国植物志，Flora of China）

Eragrostis autumnalis Keng in Contr. Biol. Lab. Sci. Soc. China, Bot. Ser. 10: 178. 1936; 中国植物志10(1): 24. 图版6: 4, 121: 3. 1990; 辽宁植物志（下册）: 833. 图版373: 3 ~ 4. 1992; 东北植物检索表（第二版）:

794. 图版400: 6. 1995; 东北草本植物志10: 89. 图版39: 3 ~ 4. 2004; Fl. China 22: 476. 2006.

生路旁草地。产辽宁省大连、铁岭；内蒙古自治区鄂伦春等地。

■ 秋画眉草

花序

小穗

示鞘口有长柔毛

花序一部分

植株一部分

居群

植株

（6）多秆画眉草（内蒙古植物志，Flora of China）；美丽画眉草（植物分类学报，中国植物志）；无毛画眉草（辽宁植物志，东北植物检索表，东北草本植物志，中国植物志）

Eragrostis multicaulis Steudel, Syn. Pl. Glumac. 1: 426. 1854; Fl. China 22: 476. 2006; 内蒙古植物志（第三版）6: 236. 2020.——*Eragrostis pulchra* S. C. Sun et H. Q. Wang in Acta Phytotax. Sinic 19 (4): 512. f. 1; 1. 1981; 中国植物志10(1): 23. 图版6: 1 ~ 3, 121: 2. 1990.——*E. pilosa* (L.) Beauv. var. *imberbis* Franch. in Pl. David. 1: 335. 1884; 中国植物志10(1): 23. 图版121: 1. 1990; 内蒙古植物志（第二版）5: 227. 1994.——*E. jeholensis* Honda in Rep. Exped. Manchoukou Sect. Ⅳ. 2: 6. 1935; 东北植物检索表: 466. 1959; 辽宁植物志（下册）: 835. 1992; 东北植物检索表（第二版）: 795. 1995; 东北草本植物志10: 91. 2004.

生荒野、路旁。产辽宁省沈阳、西丰等地；内蒙古自治区呼伦贝尔、赤峰等地。

（7）画眉草（辽宁植物志，黑龙江省植物志，内蒙古植物志，东北植物检索表，东北草本植物志，中国植物志，Flora of China）

Eragrostis pilosa (L.) Beauv. in Ess. Agrostogr. 71. 1812; 中国植物志10(1): 23. 图版122: 9. 1990; 辽宁植

物志（下册）: 835. 图版373: 1～2. 1992; 内蒙古植物志（第二版）5: 225. 图版86: 1～5. 1994; 东北植物检索表（第二版）: 794. 图版400: 7. 1995; 黑龙江省植物志10: 198. 图版79: 7～8. 2002; 东北草本植物志10: 89. 图版39: 1～2. 2004; Fl. China 22: 476. 2006.

生荒芜田野或路旁、园边。产黑龙江省伊春、孙吴、萝北、哈尔滨、虎林、宁安、尚志、安达、虎林、嫩江、呼玛、依兰、密山、肇东、阿城、加格达奇；吉林省珲春、汪清、安图、通榆、临江、延吉、和龙、白山、永吉；辽宁省彰武、锦州、桓仁、本溪、沈阳、铁岭、西丰、鞍山、盖州、普兰店、庄河、大连、长海；内蒙古自治区各地。

为优良饲草。全草有疏风清热、利尿作用；花序有解毒、止痒作用。

■ 画眉草

植株一部分

花序

花序一部分

12 隐子草属 *Cleistogenes* Keng

Cleistogenes Keng, Sinensia. 5: 147. 1934.

多年生丛生草本。秆常具多节。叶片线形或线状披针形，扁平或内卷，质较硬，与鞘口相接处有一横痕，易自此处脱落；叶鞘内常有隐生小穗。圆锥花序狭窄或开展，常具少数分枝；小穗含1至数小花，两侧压扁，具短柄；二颖不等长，质薄，近膜质，第一颖常具1脉或稀无脉，第二颖具3～5脉，先端尖或钝；外稃常具3～5脉，灰绿色被深绿色的花纹，亦常带紫色，先端具细短芒或小尖头；内稃稍长于或短于外稃，具2脊；雄蕊3枚，花药线形；柱头羽毛状，紫色。

本属全世界约13种，分布于欧洲南部以及亚洲中部和北部。中国有10种。东北地区产7种1变种。

分种检索表

1. 小穗含1～3小花。
  2. 秆直立，基部密生短小鳞芽；外稃长6～7毫米，芒长2～3毫米 ……………… **1. 薄鞘隐子草 *C. festucacea*** Honda
  2. 秆直立或铺散，基部无鳞芽；外稃长5～6毫米，芒长较稃体为短或近等长 ……………………………………………………………………………… **2. 糙隐子草 *C. squarrosa*** (Trin.) Keng
1. 小穗含2～7小花。
  3. 外稃芒长2～9毫米 ……………………………………………………… **3. 朝阳隐子草 *C. hackelii*** (Honda) Honda
  3. 外稃芒长0.5～2毫米。
    4. 叶鞘及鞘口均具疣毛；外稃芒长0.5～2毫米。

(接上表)

5. 叶舌短，先端裂成细毛；叶片宽3～8毫米；圆锥花序伸出鞘外 ……………………………… 4. **北京隐子草 C. hancei** Keng

5. 叶舌长约5毫米，具短纤毛；叶片宽2～4毫米；圆锥花序基部常为叶鞘所包 ……………………………… 5. **多叶隐子草 C. polyphylla** Keng

4. 叶鞘平滑无毛，鞘口有毛或无毛；外稃芒长0.5～1毫米或无芒或具短尖头。

6. 圆锥花序不偏于一侧；内稃与外稃近等长 ……………… 6. **丛生隐子草 C. caespitosa** Keng

6. 圆锥花序近偏于一侧；内稃与外稃不等长 ……………… 7. **凌源隐子草 C. kitagawae** Honda

（1）薄鞘隐子草（内蒙古植物志，Flora of China）；长花隐子草（中国植物志）；包鞘隐子草（内蒙古植物志，中国植物志）

Cleistogenes festucacea Honda, Rep. First Sci. Exped. Manchoukuo, Sect. Ⅳ. 4: 98. 1936; Fl. China 22: 462. 2006; 内蒙古植物志（第三版）6: 243. 2020.——*Cleistogenes longiflora* Keng, 中国主要植物图说禾本科293. 图238. 1959. nom. nud.; ex Keng f. et L. Liou in Acta Bot. Sin. 9(1): 69. 1960; 中国植物志10(1): 47. 1990.——*Cleistogenes kitagawae* var. *foliosa* (Keng) S. L. Chen et C. P. Wang, 中国植物志10(1): 50. 图版13: 1～5. 1990; 内蒙古植物志（第二版）5: 234. 图版89: 6～10. 1994.——*Kengia kitagawai* (Honda) Packer var. *foliosa* (Keng) H. Yu & N. X. Zhao inAnnales Botanici Fennici. 42(1): 47～55. 2005.

多生山坡草地、林缘灌丛。产辽宁省鞍山（千山）；内蒙古自治区额尔古纳、巴林右旗、大青沟等地。

■ 薄鞘隐子草

植株

花序

植株一部分

花期花序

（2）糙隐子草（辽宁植物志，黑龙江省植物志，内蒙古植物志，东北植物检索表，东北草本植物志，中国植物志，Flora of China）

Cleistogenes squarrosa (Trin.) Keng in Sinensia 5: 156. 1934; 中国植物志10(1): 45. 图版11: 7～12. 1990; 辽宁植物志（下册）: 823. 图版368: 1～6. 1992; 内蒙古植物志（第二版）5: 231. 图版87: 7～12. 1994; 东北植物检索表（第二版）: 794. 图版399: 4. 1995; 黑龙江省植物志10: 190. 图版77: 1～6. 2002; 东北草本植物志10: 79. 图版34: 1～6. 2004; Fl. China 22: 461. 2006.

生山坡及草地。产黑龙江省哈尔滨、安达、大庆、龙江；吉林省双辽、通榆、扶余、通化；辽宁省彰武、新民、喀左、绥中、北镇、金州区；内蒙古自治区各地。

■ 糙隐子草

植株一部分

花序

植株

（3）朝阳隐子草（中国植物志，Flora of China）；中华隐子草（辽宁植物志，黑龙江省植物志，内蒙古植物志，东北植物检索表，东北草本植物志，中国植物志）；宽叶隐子草（辽宁植物志，黑龙江省植物志，东北植物检索表，东北草本植物志，中国植物志，Flora of China）

Cleistogenes hackelii (Honda) Honda in Bot. Mag. (Tokyo) 50: 437. 1936; 中国植物志10(1): 52. 图版15: 13～18. 1990; Fl. China 22: 463. 2006.——*C. chinensis* (Maxim.) Keng in Sinensia 5: 152. 1934; 中国植物志10(1): 47. 1990; 辽宁植物志（下册）: 826. 图版368: 7～9. 1992; 内蒙古植物志（第二版）5: 234. 图版90: 1～5. 1994; 东北植物检索表（第二版）: 794. 图版399: 3. 1995; 黑龙江省植物志10: 193. 图版77: 7～9. 2002; 东北草本植物志10: 79. 图版34: 7～9. 2004.——*C. hackelii* var. *nakaii* (Keng) Ohwi in Bot. Mag. (Tokyo) 55: 309. 1941; 中国植物志10(1): 52. 1990; 内蒙古植物志（第二版）5: 239. 图版90: 6～10. 1994; Fl. China 22: 464. 2006.——*C. nakai* (Keng) Honda in Rep. Exped. Manchoukou Sect. Ⅳ 4: 99. 1936; 辽宁植物志（下册）: 823. 图版367: 1～5. 1992; 东北植物检索表（第二版）: 792. 图版399: 1. 1995; 黑龙江省植物志10: 193. 图版76: 6～7. 2002; 东北草本植物志10: 77. 图版33: 1～5. 2004.——*Kengia hacklii* (Honda) Packer var. *nakaii* (Keng) H. Yu & N. X. Zhao in Annales Botanici Fennici. 42(1): 47～55.2005.

多生山坡、丘陵、林缘草地。产黑龙江省牡丹江、镜泊湖、大庆、肇东、泰来、萝北、哈尔滨、安达、伊春、宁安；吉林省和龙、长春、双辽、通榆、镇赉；辽宁省西丰、沈阳、法库、北镇、锦州、喀

■ 朝阳隐子草

花序

茎叶

茎与叶鞘

■ 朝阳隐子草

植株

花序分枝

左、凌源、鞍山、清原、营口；内蒙古自治区额尔古纳、牙克石、根河、科尔沁左翼后旗、大青沟、赤峰、巴林右旗、阿鲁科尔沁旗、翁牛特旗等地。

（4）北京隐子草（辽宁植物志，内蒙古植物志，东北植物检索表，东北草本植物志，中国植物志，Flora of China）

Cleistogenes hancei Keng in Sinensia 11: 408. 1940; 中国植物志10(1): 52. 图版15: 7 ~ 12. 1990; 辽宁植物志（下册）: 821. 图版366: 6 ~ 7. 1992; 内蒙古植物志（第二版）5: 236. 图版91: 7 ~ 13. 1994; 东北植物检索表（第二版）: 792. 图版399: 5. 1995; 东北草本植物志10: 75. 图版32: 6 ~ 7. 2004; Fl. China 22: 464. 2006.

生山坡、路旁、林缘灌丛。产吉林省前郭；辽宁省建平、大连、清原、沈阳；内蒙古自治区根河、科尔沁右翼中旗、科尔沁左翼后旗、大青沟、阿鲁科尔沁旗、赤峰等地。

■ 北京隐子草

植株

花序

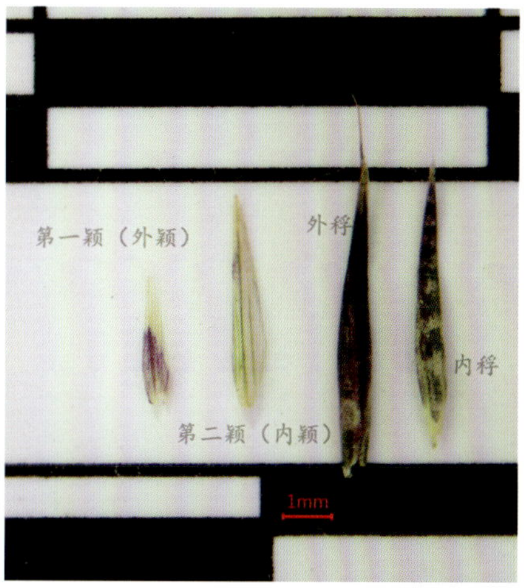

花解剖

■ 北京隐子草

植株一部分

花序一部分

（5）多叶隐子草（辽宁植物志，黑龙江省植物志，内蒙古植物志，东北植物检索表，东北草本植物志，中国植物志，Flora of China）

Cleistogenes polyphylla Keng ex P. C. Keng & L. Liu, Acta Bot. Sin. 9: 69. 1960; 中国植物志10(1): 50. 图版15: 1 ~ 6. 1990; 辽宁植物志（下册）: 821. 图版366: 1 ~ 5. 1992; 内蒙古植物志（第二版）5: 236. 图版91: 1 ~ 6. 1994; 东北植物检索表（第二版）: 792. 图版399: 6. 1995; 黑龙江省植物志10: 190. 图版76: 1 ~ 5. 2002; 东北草本植物志10: 77. 图版32: 1 ~ 5. 2004; Fl. China 22: 463. 2006.——*Kengia hancei* (Keng) Packer var. *jeholensis* (Kitag) H. Yu & N. X. Zhao in Annales Botanici Fennici. 42(1): 47 ~ 55.2005.

多生干燥山坡、沟岸、灌丛。产黑龙江省安达、泰来；吉林省双辽；辽宁省建平、凌源、锦州、北镇、庄河；内蒙古自治区额尔古纳、科尔沁右翼中旗、科尔沁左翼后旗、巴林左旗、正蓝旗等地。

本种为良好的山地牧草，家畜喜食。

■ 多叶隐子草

植株一部分

花序

植株

■ 多叶隐子草

茎与叶鞘

花序分枝

（6）丛生隐子草（辽宁植物志，内蒙古植物志，东北植物检索表，东北草本植物志，中国植物志，Flora of China）

Cleistogenes caespitosa Keng in Sinensia 5: 154. 1934; 中国植物志10(1): 49. 图版13: 6 ~ 10. 1990; 辽宁植物志（下册）: 826. 图版367: 6 ~ 7. 1992; 内蒙古植物志（第二版）5: 231. 图版89: 1 ~ 5. 1994; 东北植物检索表（第二版）: 794. 图版399: 2. 1995; 东北草本植物志10: 79. 图版33: 6 ~ 7. 2004; Fl. China 22: 462. 2006.

生干燥山坡、林缘灌丛。产黑龙江省萝北；吉林省双辽；辽宁省大连、锦州、桓仁、法库、北镇；内蒙古自治区阿鲁科尔沁旗、巴林右旗、赤峰等地。

■ 丛生隐子草

花序

叶鞘光滑无毛

花序一部分

（7）凌源隐子草（内蒙古植物志，中国植物志，Flora of China）

Cleistogenes kitagawae Honda in Rep. Exped. Manchoukou Sect. Ⅳ 4: 99. 1936; 中国植物志10(1): 49. 图版14: 1 ~ 5. 1990; Fl. China 22: 463. 2006; 内蒙古植物志（第三版）6: 242. 2020.

生山坡草地。产辽宁省凌源（模式标本产地）；内蒙古自治区牙克石、岭西、兴安南部。

■ 凌源隐子草

花序一部分

植株一部分

花序偏向一侧

植株

花序

13 草沙蚕属 *Tripogon* Roem. et Schult.

Tripogon Roem. et Schult. Syst. Veg. 2: 34. 1817.

多年生密丛细弱草本。叶片细长，通常内卷。穗状花序单独顶生；小穗含少数至多数小花，几无柄，成2行排列于纤细穗轴之一侧，小穗轴脱节于颖之上及各小花之间；颖具1脉，不等长，第一颖较小，通常紧贴穗轴之槽穴，窄狭，膜质，先端尖或具小尖头；外稃卵形，背部拱形，先端2～4裂，具3脉，中脉自裂片间延伸成芒，侧脉自外侧裂片顶部延伸成短芒或否，基盘具柔毛；内稃宽或狭窄，折叠，与外稃等长或较之为短；雄蕊3；花柱很短。

本属全世界约有30种，多数分布于亚洲和非洲，大洋洲有1种，美洲有2种。中国有11种。东北地区产1种。

中华草沙蚕（辽宁植物志，黑龙江省植物志，内蒙古植物志，东北植物检索表，东北草本植物志，中国植物志，Flora of China）

Tripogon chinensis (Franch.) Hack. in Bull. Herb. Boissier Ⅱ, 3: 503. 1903; 中国植物志10(1): 62. 图版17: 8 ~ 14. 1990; 辽宁植物志（下册）: 826. 图版369. 1992; 内蒙古植物志（第二版）5: 239. 图版92: 1 ~ 5. 1994; 东北植物检索表（第二版）: 795. 图版400: 8. 1995; 黑龙江省植物志10: 194. 图版78. 2002; 东北草本植物志10: 81. 图版35: 1 ~ 5. 2004; Fl. China 22: 467. 2006.

多年生密丛直立草本；秆细弱，光滑无毛；叶鞘仅鞘口处有白色长柔毛；叶舌膜质，具纤毛；叶片狭线形，常内卷成刺毛状，宽约1毫米；穗状花序细弱，穗轴微扭曲，多平滑无毛；小穗线状披针形，铅绿色，含3 ~ 5小花；外稃芒长1 ~ 2毫米。生多石质的山坡。产黑龙江省尚志、老爷岭、东宁、海伦；吉林省延吉；辽宁省北镇、大连、金州、长海、凌源；内蒙古自治区全区各山地。

■ 中华草沙蚕

花序

小穗侧面观

花序一部分

果期植株

花期植株

14　千金子属　*Leptochloa* P. Beauv.

Leptochloa P. Beauv., Ess. Agrostogr. 71. 1812.

一年生或多年生草本。叶片线形。圆锥花序由多数细弱穗形的总状花序组成；小穗含2至数小花，两侧压扁，无柄或具短柄，在穗轴的一侧呈两行覆瓦状排列，小穗轴脱节于颖之上和各小花之间；颖不等长，具1脉，无芒，或有短尖头，通常短于第一小花，偶有第二颖可长于第一小花；外稃具3脉，脉之下部具短毛，先端尖或钝，通常无芒；内稃与外稃等长或较之稍短，具2脊。

本属全世界有32种，主要分布于全球的温暖区域。中国有3种。东北地区产2种。

分种检索表

1. 小穗长圆形，多带紫色，长2～4毫米，含3～7小花；外稃背部具脊，先端钝圆而无芒
……………………………………1. 千金子 L. chinensis (L.) Nees
1. 小穗近圆柱形，灰绿色，长6～10毫米，含5～10小花；外稃背部近乎圆形，先端全缘或具2齿裂
……………………………………2. 双稃草 L. fusca (L.) Kunth

（1）千金子（禾本科图说，中国植物志，Flora of China）

Leptochloa chinensis (L.) Nees in Syll. Pl. Nov. Ratisb. 1: 4. 1824; 中国植物志10(1): 56. 图版16: 7～12. 1990; Fl. China 22: 470. 2006.

生湿地。产辽宁省瓦房店。

可作牧草。

■ 千金子

植株下部

花序

花序一部分

植株一部分

（2）双稃草（辽宁植物志，东北植物检索表，东北草本植物志，中国植物志，Flora of China）

Leptochloa fusca (L.) Kunth in Révis. Gramin. 1: 91. 1829; Fl. China 22: 469. 2006.——*Diplachne fusca* (L.)

■ 双稃草

花序一部分

植株

■ 双稃草

花序

茎一部分

小穗

Beauv. in Fl. Cap. 7: 591. 1900; 中国植物志10(1): 54. 图版16: 1 ~ 6. 1990; 辽宁植物志（下册）: 828. 图版370. 1992; 东北植物检索表（第二版）: 794. 图版400: 1. 1995; 东北草本植物志10: 83. 图版36: 1 ~ 4. 2004.

多年生草本，在湿地大量繁殖，有保护湿地、防止水土流失的作用。草质较软，可作家畜饲料。

15 乱子草属 *Muhlenbergia* Schreb.

Muhlenbergia Schreb. in L. Gen. Pl. ed. 8. 1: 44. 1789.

多年生草本，常具被鳞片的匍匐根茎。秆直立或基部倾斜、横卧。圆锥花序狭窄或开展；小穗细小，含1小花，脱节于颖之上；颖质薄，宿存，近于相等或第一颖较短，短于或近等于外稃，常具1脉或第一颖无脉；外稃膜质，具铅绿色蛇纹，下部疏生软毛，基部具微小而钝的基盘，先端尖或具2微齿，具3脉，主脉延伸成芒，其芒细弱，糙涩，劲直或稍弯曲；内稃膜质，与外稃等长，具2脉；鳞被2，小。颖果细长，圆柱形或稍扁压。

本属全世界约有155种，多数产于北美洲西南部和墨西哥，也产中美洲、南美洲和亚洲东部。中国有6种。东北地区产4种，其中栽培1种。

分种检索表

1. 栽培种；花序粉红色或紫红色……………………………………………… 1. 粉黛乱子草 M. capillaris Trin.
1. 野生种；花序不为粉红色或紫红色。
  2. 秆基部倾斜或横卧，常无根茎，稀具较短根茎；颖长为小花的3/5 ~ 2/3……… 2. 日本乱子草 M. japonica Steud.
  2. 秆基部直立或倾斜上升，具长的匍匐根茎。
    3. 颖卵形，先端钝，无脉，稀可第二颖具1脉，其长为小花的1/4 ~ 1/3 ……………… 3. 乱子草 M. huegelii Trin.
    3. 颖披针形，先端尖或渐尖，具1脉，其长为小花的1/2 ~ 4/5 ………4. 弯芒乱子草 M. curviaristata (Ohwi) Ohwi

（1）粉黛乱子草（植物智网站）

Muhlenbergia capillaris Trin., Gram. Unifl. Sesquifl. 191. 1824.

原产北美洲。辽宁省大连有栽培。

常作观赏草，花序粉紫色，远看如粉色云雾。

■ 粉黛乱子草

花序一部分

植株下部

植株

植株上部

景观

（2）日本乱子草（辽宁植物志，黑龙江省植物志，东北植物检索表，东北草本植物志，中国植物志，Flora of China）

Muhlenbergia japonica Steud. in Syn. Pl. Glumac. 1: 422. 1854; 中国植物志10(1): 104. 图版33: 1 ~ 3. 1990; 辽宁植物志（下册）: 840. 图版376: 4 ~ 5. 1992; 东北植物检索表（第二版）: 797. 图版401: 3. 1995; 黑龙江省植物志10: 201. 图版81: 4 ~ 5. 2002; 东北草本植物志10: 95. 图版42: 4 ~ 5. 2004; Fl. China 22: 486. 2006.

生山沟低湿地或山坡草地。产黑龙江省牡丹江、尚志、五常、东宁；吉林省安图、抚松；辽宁省沈阳、建昌、北镇、清原、本溪、桓仁、凤城、岫岩、海城、金州、普兰店、大连、庄河；内蒙古自治区科尔沁左翼后旗等地。

■ 日本乱子草

花序一部分

植株

(3) 乱子草 (辽宁植物志，黑龙江省植物志，东北植物检索表，东北草本植物志，中国植物志，Flora of China)

Muhlenbergia huegelii Trin. in Mem. Acad. Sic. St. Petersb. Sav. Etrang. 6 (2): 293. 1841; 中国植物志10(1): 106. 图版33: 7 ~ 9. 1990; 辽宁植物志（下册）: 839. 图版376: 1 ~ 3. 1992; 东北植物检索表（第二版）: 797. 图版401: 2. 1995; 黑龙江省植物志10: 201. 图版81: 1 ~ 3. 2002; 东北草本植物志10: 95. 图版42: 1 ~ 3. 2004; Fl. China 22: 486. 2006.

生山谷、河边湿地、林下和灌丛中。产黑龙江省尚志、五常、东宁；吉林省安图、抚松；辽宁省鞍山、本溪、桓仁、清原、沈阳等地。

■ 乱子草

植株一部分

花序

(4) 弯芒乱子草 (禾本科图说，中国植物志，Flora of China)；日本弯芒乱子草 (中国高等植物图鉴，大连地区植物志)

Muhlenbergia curviaristata (Ohwi) Ohwi in Bot. Mag. Tokyo 55: 397. 1941; 中国植物志10(1): 109. 图版34: 8 ~ 11. 1990; Fl. China 22: 487. 2006.——*Muhlenbergia curviaristata* Ohwi var. *nipponica* Ohwi in Bot. Mag. Tokyo 55: 397. 1941; 中国主要植物图说 禾本科565. 图495. 1959; 大连地区植物志下册859. 1982.

生海拔900 ~ 1400米的山坡草地、路旁潮湿处或林下草丛中。产吉林省安图；辽宁省大连、宽甸。

■ 弯芒乱子草

花序一部分

花序

植株一部分

16 鼠尾粟属 *Sporobolus* R. Br.

Sporobolus R.Br., Prodr. Fl. Nov. Holland. 169. 1810.

一年生或多年生草本。叶舌常极短，纤毛状；叶片狭披针形或线形，通常内卷。圆锥花序紧缩或开展。小穗含1小花，两性，近圆柱形或两侧压扁，脱节于颖之上；颖透明膜质，不等，具1脉或第一颖无脉，常比外稃短，稀等长，先端钝、急尖或渐尖；外稃膜质，具1～3脉，无芒，与小穗等长；内稃透明膜质，与外稃等长，较宽，具2脉，成熟后易自脉间纵裂；鳞被2，宽楔形；雄蕊2～3；花柱短，2分裂，柱头羽毛状。囊果成熟后裸露，易从稃体间脱落；果皮与种子分离，质薄。

本属全世界约有180种，广布于全球之热带地区，美洲产最多。中国约有10种，引种者3种。东北地区产3种。

分种检索表

1. 小穗有柄；圆锥花序紧缩成头状或穗状，腋生于宽广的苞片中 ………… **1. 隐花草 S. aculeatus** (L.) P.M.Peterson

1. 小穗无柄或近无柄；穗状花序呈总状排列于穗轴上。

  2. 小穗具柔毛，紧密重叠；叶片宽0.7～1厘米，略呈灰绿色；叶舌长约3毫米（含长约1.5毫米的白色纤毛）；株高0.1～0.5（～1.2）米 ……………………………… **2. 大米草 S. anglica** (C. E. Hubb.) P. M. Peterson & Saarela

  2. 小穗无毛（有时龙骨突上具短毛），几乎不重叠；叶片宽1～2厘米，草绿色；叶舌长约1毫米；株高（0.5～）1～2（～3）米 ……………………………………… **3. 互花米草 S. alterniflora** (Loisel.) P. M. Peterson & Saarela

（1）隐花草（辽宁植物志，东北植物检索表，东北草本植物志，中国植物志，Flora of China）；扎股草（内蒙古植物志）

Sporobolus aculeatus (L.) P. M. Peterson, Taxon 63(6): 1234. 2014.——*Crypsis aculeata* (L.) Ait. in Hort. Kew. 1: 48. 1789; 中国植物志10(1): 103. 图版32: 4～6. 1990; 辽宁植物志（下册）: 837. 图版375. 1992; 内蒙古植物志（第二版）5: 242. 图版93: 1～4. 1994; 东北植物检索表（第二版）: 795. 图版401: 1. 1995; 东北草本植物志10: 93. 图版41: 1～6. 2004; Fl. China 22: 485. 2006.

生河岸、沟旁及盐碱地。产黑龙江省哈尔滨；吉林省大安、通榆、扶余；辽宁省彰武、康平、旅顺口；内蒙古自治区新巴尔虎左旗、新巴尔虎右旗、科尔沁左翼后旗、翁牛特旗、赤峰等地。

■ 隐花草

花序

植株

（2）大米草（东北植物检索表，东北草本植物志，中国植物志，Flora of China）

Sporobolus anglicus (C. E. Hubb.) P. M. Peterson & Saarela, Taxon 63(6): 1236. 2014.——*Spartina anglica* C. E. Hubb., Grass. (ed. 2): 359. pl. f. 358. 1968; 中国植物志10(1): 90. 图版29. 1990; 东北植物检索表（第二版）: 792. 1995; 东北草本植物志10: 109. 2004; Fl. China 22: 494. 2006.

生海滨滩涂。原产欧洲。辽宁省沿海20世纪60年代引进栽培，现庄河、东港、兴城、龙港等已归化。

■ 大米草

花序

植株上部

根部

居群

小穗

本种为破坏严重的外来入侵植物，已经对中国近海生物栖息环境、滩涂养殖、航道运输等造成严重危害。可合理利用。为优良的海滨先锋植物，耐淹、耐盐、耐淤，在海滩上形成稠密的群落，有较好的促淤、消浪、保滩、护堤等作用；秆叶可饲养牲畜，也可作绿肥、燃料或造纸原料。

（3）互花米草（中国植物志，Flora of China，中国归化植物名录）

Sporobolus alterniflorus (Loisel.) P.M.Peterson & Saarela, Taxon 63(6): 1236. 2014.——*Spartina alterniflora* Loisel., Fl. Gail. 719. 1807; 中国植物志10(1): 90. 1990; Fl. China 22: 493. 2006.

原产于北美洲与南美洲的大西洋沿岸。生海滨滩涂。辽宁省大连市复州湾有星散分布，已铲除，今后需持续观察。

本种为破坏严重的外来入侵植物，已经对中国南方地区的近海生物栖息环境、滩涂养殖、航道运输等造成严重危害。可合理利用。其是优良的海滨先锋植物，秆叶还可饲养牲畜，作绿肥、燃料或造纸原料等。

■ 互花米草

花序一部分

小穗

群落

17 龙常草属 *Diarrhena* Beauv.

Diarrhena Beauv. Ess. Agrost. 142. 1812.

多年生草本，具短根状茎。秆直立，节与花序下部常被微毛或粗糙。叶鞘被短毛；叶舌短膜质；叶片线状披针形，基部渐窄或成柄状，散生短毛或粗糙。顶生圆锥花序开展，具粗糙分枝；小穗含2～4小花，上部小花退化，小穗轴脱节于颖之上与各小花间；颖微小，远短于小穗，具1 (3) 脉；外稃厚纸质，具3脉，脉平滑或微糙，无脊，顶端钝，无芒，基盘无毛；内稃等长或略短于外稃，脊具纤毛或粗糙；雄蕊2枚。颖果顶端具圆锥形之喙。

本属全世界有5种，1种产北美洲，3种产东亚。中国有3种。东北地区产2种。

分种检索表

1. 叶表面无毛；外稃脉上近平滑，第一外稃长3～3.5毫米；花序分枝可再分枝，各具4～13小穗 ……………… 1. 法利龙常草 D. fauriei (Hack.) Ohwi

1. 叶表面具短纤毛；外稃脉上粗糙，第一外稃长4～5.5毫米；花序分枝单纯，各具2～5小穗 ……………… 2. 龙常草 D. mandshurica Maxim.

（1）法利龙常草（中国植物志，Flora of China）；小果龙常草（辽宁植物志，黑龙江省植物志，内蒙古植物志，东北植物检索表，东北草本植物志）

Diarrhena fauriei (Hack.) Ohwi in Acta Phytotax. Geobot. 10: 135. 1941; 辽宁植物志（下册）: 842. 图版377: 5 ~ 6. 1992; 内蒙古植物志（第二版）5: 56. 图版22: 6 ~ 10. 1994; 东北植物检索表（第二版）: 797. 图版401: 6. 1995; 黑龙江省植物志10: 205. 图版82: 5 ~ 6. 2002; 中国植物志9(2): 294. 图版25: 2. 2002; 东北草本植物志10: 99. 图版43: 5 ~ 6. 2004; Fl. China 22: 224. 2006.

生林下及路边草地。产黑龙江省伊春、尚志、阿城；吉林省吉林；辽宁省清原、新宾、宽甸、凤城、本溪、沈阳、鞍山、铁岭；内蒙古自治区科尔沁左翼后旗、大青沟等地。

■ 法利龙常草

居群

花序

花序一部分

（2）龙常草（辽宁植物志，黑龙江省植物志，内蒙古植物志，东北植物检索表，东北草本植物志，中国植物志，Flora of China）

Diarrhena mandshurica Maxim. in Bull. Acad. Imp. Sci. Saint-Pétersbourg 32: 628. 1888; 辽宁植物志（下册）: 840. 图版377: 1 ~ 4. 1992; 内蒙古植物志（第二版）5: 56. 图版22: 1 ~ 5. 1994; 东北植物检索表（第二版）: 797. 图版401: 5. 1995; 黑龙江省植物志10: 203. 图版82: 1 ~ 4. 2002; 中国植物志9(2): 295. 图版25: 1, 1a. 2002; 东北草本植物志10: 97. 图版43: 1 ~ 4. 2004; Fl. China 22: 224. 2006.

生林下及荒草地。产黑龙江省伊春、饶河、宝清、铁力、海林、绥芬河、依兰、密山、宁安、东宁、尚志、阿城；吉林省珲春、汪清、抚松、敦化、安图；辽宁省沈阳、清原、桓仁、本溪、凤城、鞍山、庄河；内蒙古自治区科尔沁左翼后旗、大青沟、阿鲁科尔沁旗、巴林右旗、巴林左旗等地。

全草有清热解毒作用，用于痈肿疮毒、疔毒内攻所致耳目肿痛等病症。

■ 龙常草

植株

叶

花序

花序一部分

18 莎禾属 *Coleanthus* Seidl

Coleanthus Seidl in Roem et Schult. Syst. Veg. 2: 276. 1817, nom. conserv.

矮小的一年生草本。具短而呈镰刀形的叶片和小型圆锥花序，小穗含1小花；颖完全退化；外稃透明膜质，卵形，顶端具短芒；内稃宽，顶端具2齿裂，每裂齿顶端具芒状小尖头，其上微具刺毛；无鳞被；雄蕊2枚，花柱2。颖果长圆形，长于外稃。

本属全世界仅1种，产欧亚大陆的寒温地带。中国东北地区有分布。

莎禾（东北植物检索表，东北草本植物志，中国植物志，Flora of China）

Coleanthus subtilis (Tratt.) Seidl. in Roemer & Schultes, Syst. Veg. 2: 276. 1817; 中国植物志10(1): 169. 图版53. 1990; 东北植物检索表（第二版）: 795. 图版401: 7. 1995; 东北草本植物志10: 99. 图版44: 1 ~ 5. 2004; Fl. China 22: 340. 2006.

一年生矮小草本；秆直立，高约5厘米；叶片常向后弯曲为镰刀形，长约1厘米；花序长5 ~ 10毫米，其下托以苞片状的叶鞘；小穗含1小花；颖退化，外稃狭卵形，具1脉，顶端具芒尖；颖果狭长圆形，顶端渐尖，长于外稃，表面有小瘤状突起。多生河岸、湖泊边及沼泽等水湿地。产黑龙江省哈尔滨。

在2021年公布的《国家重点保护野生植物名录》中，本种被列为二级保护植物。

■ 莎禾

植株一部分

花序

植株

19 锋芒草属 *Tragus* Hall.

Tragus Hall. Hist. Stirp. Helv. 2: 203. 1768, *nom. cons.*

一年生或多年生草本。具扁平的叶片。花序顶生，通常2 ~ 5小穗聚集成簇，每一小穗簇近无柄或有短柄着生于花轴上，形成穗形总状花序，成熟后全簇小穗一起脱落；每一小穗簇中仅下方的2小穗为孕性，且互相结合为刺球体，其余1 ~ 3小穗退化而不孕；第一颖薄膜质，微小或完全退化，第二颖革质，背部圆形，具5 ~ 6肋，肋上生钩状刺，为二孕性小穗所形成的刺球体之半；外稃膜质，扁平，具3脉；内稃较外稃稍短，质地亦较薄，背部凸起，具不明显的2脉；雄蕊3枚，花丝细弱，花药卵圆形；花柱单一，柱头分叉，帚状。颖果细瘦而长，与稃体分离。

本属全世界7种，分布于非洲、欧洲、亚洲和美洲的温热地区。中国有2种。东北地区产2种。

分种检索表

1. 小穗长4～4.5毫米，通常3个簇生，其中有1个退化；第二颖顶端具明显伸出刺外的尖头 ………… 1. 锋芒草 T. mongolorum Ohwi
1. 小穗长2～3毫米，通常2个簇生，均能发育，稀仅1个发育；第二颖顶端无明显伸出刺外的尖头 ………… 2. 虱子草 T. berteronianus Schult.

（1）锋芒草（内蒙古植物志，东北植物检索表，东北草本植物志，中国植物志，Flora of China）

Tragus mongolorum Ohwi in Acta Phytotax. Geobot. 10: 268. 1941; Fl. China 22: 496. 2006.——*Tragus racemosus* auct. non (L.) All.：中国植物志10(1): 132. 图版41: 1～6. 1990; 内蒙古植物志（第二版）5: 244. 图版94: 1～5. 1994; 东北植物检索表（第二版）: 797. 图版402: 2. 1995; 东北草本植物志10: 104. 图版46: 3～4. 2004.

生荒野、路旁、丘陵和山坡草地中。产辽宁省凌源；内蒙古自治区科尔沁左翼后旗、科尔沁右翼中旗、翁牛特旗、巴林右旗、苏尼特左旗等地。

■ 锋芒草

花序

花序一部分

居群

（2）虱子草（辽宁植物志，东北植物检索表，东北草本植物志，中国植物志，Flora of China）

Tragus berteronianus Schult. in Mant. 2: 205. 1824; 中国植物志10(1): 132. 图版41: 7～10. 1990; 辽宁植物志（下册）: 846. 图版379. 1992; 东北植物检索表（第二版）: 797. 图版402: 1. 1995; 东北草本植物志10: 104. 图版46: 1～2. 2004; Fl. China 22: 496. 2006.

生山坡、路旁。产辽宁省朝阳、大连等地。

■ 虱子草

植株下部

小穗簇生

小穗一部分

■ 虱子草

花序

植株

茎叶

20 结缕草属 *Zoysia* Willd.

Zoysia Willd. in Ges. Naturf. Fr. Berl. Neue Schr. 3: 440. 1801. *nom. cons.*

多年生草本。具根状茎或匍匐枝。叶片质坚，常内卷而窄狭。总状花序穗形；小穗两侧压扁，以其一侧贴向穗轴，呈紧密的覆瓦状排列，或稍有距离，斜向脱节于小穗柄之上，小穗通常只含1两性花，极稀为单性者；第一颖完全退化或稍留痕迹，第二颖硬纸质，成熟后革质，无芒，或由中脉延伸成短芒，两侧边缘在基部连合，包裹膜质的外稃，内稃退化；无鳞被；雄蕊3枚，花柱2叉，分离或仅基部连合，柱头帚状，开花时伸出颖片外。颖果卵圆形，与稃体分离。

本属全世界约10种，分布于非洲、亚洲和大洋洲的热带和亚热带地区。中国有5种和1变种。东北地区产3种1变种。

分种检索表

1. 花序基部为叶鞘所包；小穗黄褐色或略带紫色………………………… **1. 大穗结缕草 Z. macrostachya** Franch. et Sav.
1. 花序基部伸出叶鞘外。
  2. 小穗柄短于小穗；小穗黄褐色或略带紫色 ……………………………………… **2. 中华结缕草 Z. sinica** Hance
  2. 小穗柄长于小穗（3. 结缕草 Z. japonica Steud.）。
    3. 小穗黑紫褐色 ……………………………………………………………… **3a. 结缕草 Z. japonica** var. **japonica**
    3. 小穗黄白色或绿色 ……………………………………… **3b. 青结缕草 Z. japonica** var. **pallida** Nakai ex Honda

（1）大穗结缕草（大连地区植物志，禾本科图说，中国植物志，Flora of China）

Zoysia macrostachya Franch. et Sav. Enum. Pl. Jap. 2: 608. 1879; 大连地区植物志下册: 880. 图1171. 1982; 中国植物志10(1): 126. 图版39: 1 ~ 2. 1990; Fl. China 22: 497. 2006.

生海滨沙地。产辽宁省大连。

■ 大穗结缕草

花序

居群

(2) 中华结缕草(辽宁植物志，东北植物检索表，东北草本植物志，中国植物志，Flora of China)；长花结缕草(中国植物志)

Zoysia sinica Hance in J. Bot. 7: 168. 1869; 中国植物志10(1): 126. 图版39: 3 ~ 4. 1990; 辽宁植物志(下册): 844. 图版378: 3 ~ 4. 1992; 东北植物检索表(第二版): 797. 图版402: 6. 1995; 东北草本植物志10: 101. 图版45: 3 ~ 4. 2004; Fl. China 22: 497. 2006.——*Zoysia sinica* var. *nipponica* Ohwi in Acta Phytotax. et Geobot. 10: 269. 1941 et Fl. Jap. 178. 1965; 中国植物志10(1): 128. 1990.

生河岸沙地或路旁。产辽宁省大连、长海。

植株低矮，分蘖力强，耐践踏，适宜作草坪，尤其宜作球场的草皮。

在2021年公布的《国家重点保护野生植物名录》中，本种被列为二级保护植物。

■ 中华结缕草

花序一部分

植株一部分

植株

(3) 结缕草(辽宁植物志，黑龙江省植物志，东北植物检索表，东北草本植物志，中国植物志，Flora of China)

Zoysia japonica Steud. in Syn. Pl. Glumac. 1: 414. 1854; 中国植物志10(1): 128. 图版40: 1 ~ 3. 1990; 辽宁植物志(下册): 844. 图版378: 1 ~ 2. 1992; 东北植物检索表(第二版): 797. 图版402: 5. 1995; 黑龙江省植

物志10: 206. 图版83. 2002; 东北草本植物志10: 103. 图版45: 1～2. 2004; Fl. China 22: 497. 2006.——*Zoysia japonica* f. *macrostachya* H. D. Dong & L. J. Gong, 植物研究17(4): 364. 1997.

（3a）结缕草（原变种）

Zoysia japonica var. *japonica*

生路旁、草地。产吉林省抚松；辽宁省兴城、绥中、鞍山、岫岩、本溪、凤城、丹东、东港、盖州、庄河、金州、瓦房店、长海、大连等地。黑龙江省有栽培。

不仅是优良的草坪植物，还是良好的固土护坡植物。鲜茎叶家畜喜食。

■ 结缕草

小穗

花序一部分

植株

（3b）青结缕草（变种）（辽宁植物志，东北植物检索表，东北草本植物志）

Zoysia japonica var. *pallida* Nakai ex Honda in Koryo-shikenrin-no-ippan 22. 1932; 辽宁植物志（下册）: 844. 1992; 东北植物检索表（第二版）: 797. 1995; 东北草本植物志10: 103. 2004.

生草地。产辽宁省鞍山、大连。

■ 青结缕草

花序

植株

植株一部分

花序下部

21 垂穗草属（格兰马草属） *Bouteloua* Lag.

Bouteloua Lag.in Varied. Cienc. Lit. et Art. 2 (4): 134. 1805.

多年生或一年生草本。秆直立丛生，低矮或较高。穗状花序二至多枚，总状排列于主轴上，有时亦可单生于秆顶，主轴顶端常裸露；小穗无柄，少数至多数栉齿状或较疏地两行排列于穗轴之一侧，含1孕性小花及1至数枚退化小花；颖渐尖或具短芒，1脉；第一颖较短且较狭窄；外稃等长或较长于第二颖，3脉，中脉延伸成短芒或小尖头，顶端常具裂片或裂齿；内稃具2脉，顶端有时裂开而具2短芒；不孕外稃多变化，常具3芒，芒可长于孕花。

本属全世界40多种，全部产于美洲，多数产北美洲。中国引种3种，作为牧草或者作为草坪。东北地区栽培1种。

野牛草（辽宁植物志，东北植物检索表，东北草本植物志，中国植物志，Flora of China）

Bouteloua dactyloides (Nutt.) Columbus, Aliso 18(1): 63. 1999.——*Buchloe dactyloides* (Nutt.) Engelm. in Trans. Acad. Sci. St. Louis 1: 432. 1859; 中国植物志10(1): 90. 图版28. 1990; 辽宁植物志（下册）: 846. 图版380. 1992; 东北植物检索表（第二版）: 790. 图版402: 3. 1995; 东北草本植物志10: 106. 图版47: 1～7. 2004; Fl. China 22: 495. 2006.

多年生草本，具长匍匐枝；叶鞘及叶两面疏生柔毛，叶片线形；雄花序2～3，排列成总状花序，雄小穗具2花，无柄；雌花序头状，常两个花序并生，为上部膨大的叶鞘所包，4～5个小穗簇生，雌小穗具1花。原产北美洲。黑龙江省及辽宁省各大城市栽培，有逸生。

本种为外来入侵植物，于20世纪50年代作为水土保持植物引入中国。匍匐茎发达，具有很强的侵占性；竞争力强，对本土物种的生态位构成威胁。可合理利用。其为良好的水土保持植物，常用以铺建草坪；也具良好的饲料价值，美国等常作为饲料植物栽种。

■ 野牛草

果序

花序

用野牛草铺建的草坪

花序一部分

茎与叶

植株一部分

22 狗牙根属 *Cynodon* Rich.

Cynodon Rich. in Pers. Syn. Pl. 1: 85. 1805.

多年生草本，常具根茎及匍匐枝。秆常纤细，一长节间与一极短节间交互生长，致使叶鞘近似对生；叶舌短或仅具一轮纤毛；叶片较短而平展。穗状花序2至数枚指状着生，覆瓦状排列于穗轴之一侧，无芒，含1 ~ 2小花；颖狭窄，先端渐尖，近等长，均为1脉或第二颖具3脉，全部或仅第一颖宿存；小穗轴脱节于颖之上并延伸至小花之后成芒针状或其上端具退化小花；第一小花外稃舟形，纸质兼膜质，具3脉，侧脉靠近边缘，内稃膜质，具2脉，与外稃等长；鳞被甚小；花药黄色或紫色；子房无毛，柱头红紫色。颖果长圆柱形或稍两侧压扁。

本属全世界约10种，分布于欧洲、亚洲的亚热带及热带。中国产2种及1变种。东北地区栽培1种。

狗牙根（中国植物志，Flora of China）

Cynodon dactylon (L.) Pers. in Syn. Pl. 1: 85. 1805; 中国植物志10(1): 82. 图版25: 1 ~ 6. 1990; Fl. China 22: 493. 2006.

多年生草本；秆细而坚韧，下部匍匐地面蔓延甚长，节上常生不定根；叶片线形；穗状花序2 ~ 6枚；小穗灰绿色或带紫色，仅含1小花；外稃舟形，具3脉，背部明显成脊，脊上被柔毛；内稃与外稃近等长；花药淡紫色；颖果长圆柱形。分布中国黄河以南各省。辽宁省大连栽培，有逸生。

根茎可喂猪，叶牛、马、兔、鸡等喜食；全草可入药，有清血、解热、生肌之效；其根茎蔓延力很强，广铺地面，为良好的固堤保土植物，常用以铺建草坪或球场。

■ 狗牙根

茎叶

花序一部分

花序

居群

植株一部分

23 虎尾草属　*Chloris* Sw.

Chloris Sw. in Prodr. Veg. Ind. Occ. 25. 1788.

一年生或多年生草本。具匍匐茎或无。叶片线形，扁平或对折；叶鞘常于背部具脊；叶舌短小，膜质。花序为少至多数穗状花序呈指状簇生于秆顶；小穗含2～3（～4）小花，第一小花两性，上部其余诸小花退化不孕而互相包卷成球形，小穗脱节于颖之上，不孕小花附着于孕性小花上不断离，许多小穗成2行覆瓦状排列于穗轴的一侧；颖狭披针形或具短芒，1脉，不等长，宿存；第一外稃两侧压扁，质较厚，先端尖或钝，全缘或2浅裂，中脉延伸成直芒，基盘被柔毛；内稃约等长于外稃，具2脊，脊上具短纤毛；不孕小花仅具外稃，无毛，先端截平或略尖，常具直芒。颖果长圆柱形。

本属全世界约55种，分布于热带至温带地区，美洲的种类最多。中国有5种。东北地区产1种。

虎尾草（辽宁植物志，黑龙江省植物志，内蒙古植物志，东北植物检索表，东北草本植物志，中国植物志，Flora of China）

Chloris virgata Swartz in Fl. Ind. Occid. 1: 203. 1797; 中国植物志10(1): 78. 图版22: 1～4, 125: 4. 1990; 辽宁植物志（下册）: 849. 图版381. 1992; 内蒙古植物志（第二版）5: 240. 图版92: 6～8. 1994; 东北植物检索表（第二版）: 792. 图版402: 4. 1995; 黑龙江省植物志10: 206. 图版84. 2002; 东北草本植物志10: 109. 图版48: 1～3. 2004; Fl. China 22: 489. 2006.

一年生草本；秆直立或基部屈曲；叶鞘具脊；叶片平滑，有时边缘粗糙；穗状花序，4～10余枚呈指状排列于秆顶；小穗具2～3小花；颖不等长，第二颖具短芒；第一外稃长3～4毫米，3脉，边脉具长柔毛，芒自顶端以下伸出，长5～15毫米；颖果纺锤形，淡黄色，光滑无毛而半透明。生路旁、荒野、河岸沙地等地。产黑龙江省哈尔滨、密山、尚志、五常、伊春、大庆、龙江、肇东、安达、齐齐哈尔；吉林省通榆、和龙、前郭、延吉、镇赉；辽宁省彰武、西丰、凌源、锦州、沈阳、宽甸、本溪、海城、营口、盖州、普兰店、金州、大连；内蒙古自治区各地。

为各种牲畜喜食的牧草。全草有祛风除湿、解毒杀虫作用。

■ 虎尾草

果序

植株

花序

24 猬草属 *Hystrix* Moench

Hystrix Moench, Meth. P1. 294. 1794.

多年生直立草本。叶片披针形。穗状花序细长，穗轴延续而无关节（不逐节断落）；小穗常孪生，稀单生，各以其背腹面对向穗轴的两侧棱（新鲜标本的排列位置），各含1～3小花，顶端小花多不育，小穗轴脱节于颖上，延伸于内稃之后而成细柄；颖退化成短小之芒或缺如；外稃披针形，背圆形，具5～7脉，顶端延伸成长芒；内稃具2脊，脊具小纤毛；雄蕊3，花柱极短。颖果狭长，顶端具毛，腹面具浅沟，与内稃黏合而不易分离。

本属全世界约有10种，分布于亚洲、新西兰、北美洲。中国有4种。东北地区产2种。

分种检索表

1. 外稃具疏柔毛，芒长1～1.5厘米……………………………………………………**1. 东北猬草 H. komarovii** (Rosh.) Ohwi
1. 外稃微粗糙，芒长2～3毫米 ……………………………………………………… **2. 高丽猬草 H. coreana** (Honda) Ohwi

（1）东北猬草（黑龙江省植物志，中国植物志，Flora of China）；柯马猬草（东北植物检索表，东北草本植物志）

Hystrix komarovii (Rosh.) Ohwi, Acta Phytotax. Geobot. 2: 31. 1933; 中国植物志9(3): 35. 图版9: 6～9. 1987; 东北植物检索表（第二版）: 828. 图版419: 4. 1995; 黑龙江省植物志10: 223. 图版91: 5～7. 2002; 东北草本植物志10: 135. 图版58: 1～4. 2004; Fl. China 22: 400. 2006; 东北植物分布图集: 1362. 2019.

生海拔1000～2000米的山谷林下。产黑龙江省牡丹江、宁安、伊春、海林；辽宁省本溪等地。模式标本采自黑龙江。

（2）高丽猬草（Flora of China）；朝鲜猬草（东北植物检索表）

Hystrix coreana (Honda) Ohwi in J. Jap. Bot. 12: 653 1936; 东北植物检索表（第二版）: 828. 1995; Fl. China 22: 400. 2006.

生河岸上的沙地。产黑龙江、吉林、辽宁（地点不详）。

25 大麦属 *Hordeum* L.

Hordeum L. Gen. Pl. ed. 5.37. 1754.

多年生或一年生草本。叶片扁平，常具叶耳。顶生穗状花序或穗状圆锥花序；小穗含1～2小花；穗轴扁平；三联小穗同型者皆无柄，可育，异型者中间的无柄，可育，两侧生的有柄；中间小穗以其腹面对向穗轴的扁平面，两侧小穗则转变方向以其腹面对向穗轴的侧棱；颖为细长弯软的细线形或为直硬的刺芒状，有的基部扩展形成披针形；侧生小穗的两颖同型或异型，位于外稃的两侧面，中间小穗的两颖皆同型，位于外稃的背面；外稃背部扁圆，具5条脉，先端延伸成芒或无芒；内稃与外稃近等长，脊平滑或上部粗糙。颖果腹面具纵沟，顶生茸毛，与稃体黏着或分离。

本属全世界30～40种，分布于全球温带或亚热带的山地或高原地区。中国有10种。东北地区产4种2变种，其中栽培1种1变种。

分种检索表

1. 一年生；小穗常无柄（1. 大麦 H. vulgare L.）。
  2. 颖果成熟时黏着于稃体，不脱出；外稃先端常延伸为8～14毫米的芒 ……………1a. 大麦 H. vulgare var. vulgare
  2. 颖果成熟时脱离稃体，不黏着；外稃具1直伸长芒 ……………………………… 1b. 青稞 H. vulgare var. coeleste L.
1. 多年生；侧生小穗有柄，中间小穗无柄。
  3. 颖为长5～6厘米弯软细芒状，长过小花的10倍 ………………………………………… 2. 芒颖大麦草 H. jubatum L.
  3. 颖短硬直伸，与小花近等长或长过小花1～2倍
    4. 外稃芒长3～5毫米 ……………………………………………………………………… 3. 紫大麦草 H. roshevitzii Bowd.
    4. 外稃芒长1～2毫米（4. 短芒大麦草 H. brevisubulatum (Trin.) Link）。
      5. 外稃背部无短刺毛 ……………………………………4a. 短芒大麦草 H. brevisubulatum var. brevisubulatum
      5. 外稃背部具短刺毛 ………………………… 4b. 刺稃大麦草 H. brevisubulatum var. hirtellum Chang et Skv.

（1）大麦（辽宁植物志，黑龙江省植物志，内蒙古植物志，东北植物检索表，东北草本植物志，中国植物志，Flora of China）；大麦草（内蒙古植物志）

Hordeum vulgare L., Sp. Pl. 84. 1753; 中国植物志9(3): 33. 1987; 辽宁植物志（下册）: 871. 图版390: 1～3. 1992; 内蒙古植物志（第二版）5: 156. 1994; 东北植物检索表（第二版）: 826. 图版417: 6. 1995; 黑龙江省植物志10: 225. 图版92: 1～3. 2002; 东北草本植物志10: 132. 图版57: 1～4. 2004; Fl. China 22: 399. 2006; 内蒙古植物志（第三版）6: 164. 2020.

（1a）大麦（原变种）

Hordeum vulgare var. *vulgare*

农作物。东北各地较为普遍栽培。

种子食用、饲用、工业用，亦可入药，有滋养强壮作用。麦秆可作编织及造纸用。

■ 大麦

植株

花序一部分

植株一部分

花序

（1b）青稞（变种）（中国植物志，Flora of China）；裸麦（植物学大辞典）

Hordeum vulgare var. *coeleste* L., Sp. Pl. [Linnaeus] 85. 1753; Fl. China 22: 399. 2006.——*Hordeum vulgare* var. *nudum* Hook. f., Fl. Brit. Ind. 7: 371. 1897; 中国植物志9(3): 34. 1987.

农作物。中国西北、西南各省常栽培。适宜高原清凉气候。辽宁省大连有栽培。

■ 青稞

小穗一部分

花序

花序一部分

植株下部

植株

（2）芒颖大麦草（辽宁植物志，黑龙江省植物志，内蒙古植物志，东北植物检索表，东北草本植物志，中国植物志，Flora of China）；芒麦草、松鼠尾草（大连地区植物志）

Hordeum jubatum L., Sp. Pl. 85. 1753; 中国植物志9(3): 27. 1987; 辽宁植物志（下册）: 871. 图版390: 4. 1992; 内蒙古植物志（第二版）5: 156. 图版60: 1～2. 1994; 东北植物检索表（第二版）: 828. 图版417: 7. 1995; 黑龙江省植物志10: 227. 图版92: 4. 2002; 东北草本植物志10: 134. 图版57: 5. 2004; Fl. China 22: 398. 2006.——*Critesion jubarum* (L.) Nevski in Kom. Fl. URSS 2: 721. 1934; 大连地区植物志下册: 850. 图1129. 1982.

生田野或路旁。原产北美洲。分布黑龙江省密山、哈尔滨；吉林省长安；辽宁省各地；内蒙古自治区各地。

本种为外来入侵植物，在东北地区的潮湿荒地泛滥成灾，严重影响本土生物多样性，也是麦类作物田间的主要杂草。可合理利用。其可作牧草和观赏草；具有较强的耐镁特性，可作为菱镁矿区撂荒地生态恢复的植物种。

■ 芒颖大麦草

居群

花序

（3）紫大麦草（中国植物志，Flora of China）；西伯利亚大麦（东北植物检索表）；西伯利亚野大麦（东北草本植物志）；小药大麦草（内蒙古植物志）

Hordeumroshevitzii Bowd. in Canad. J. Genet. Cytol. 7: 395 1965; 内蒙古植物志（第二版）5: 156. 图版60: 3. 1994; 东北植物检索表（第二版）: 828. 1995; 东北草本植物志10: 135. 2004; Fl. China 22: 397. 2006.——*Hordeum violaceum* auct. non Boiss. et Huet. : 内蒙古植物志7: 146. 图版56: 3. 1983; 中国植物志9(3): 28. 图版7: 3 ~ 4. 1987.

生河边、草地沙质土壤上。产内蒙古自治区额尔古纳、陈巴尔虎旗、鄂温克、扎赉特旗、科尔沁右翼中旗、科尔沁左翼后旗、霍林郭勒、克什克腾旗、翁牛特旗、敖汉旗、宁城、巴林右旗、扎赉特旗、扎鲁特旗、东乌珠穆沁旗、西乌珠穆沁旗、锡林浩特、正蓝旗、苏尼特右旗等地。

■ 紫大麦草

花序一部分

花序

植株上部

（4）短芒大麦草（辽宁植物志，黑龙江省植物志，东北植物检索表，东北草本植物志，中国植物志，Flora of China）

Hordeum brevisubulatum (Trin.) Link in Linnaea 17: 391. 1844; 中国植物志9(3): 28. 图版7: 5 ~ 6. 1987; 辽宁植物志（下册）: 872. 图版390: 5. 1992; 东北植物检索表（第二版）: 828. 图版417: 8. 1995; 黑龙江省植物志10: 227. 图版92: 5. 2002; 东北草本植物志10: 134. 图版57: 6. 2004; Fl. China 22: 396. 2006.

（4a）短芒大麦草（原变种）

Hordeum brevisubulatum var. *brevisubulatum*

生河边、草地较湿润的土壤上。产黑龙江省龙江、泰来、尚志、大庆、哈尔滨、伊春、杜尔伯特、克山、安达；吉林省白城、双辽、镇赉；辽宁省北镇、彰武；内蒙古自治区海拉尔、满洲里、新巴尔虎左旗、新巴尔虎右旗、翁牛特旗、通辽、阿尔山、科尔沁右翼前旗、乌兰浩特、克什克腾旗等地。

优良牧草，在青海、内蒙古自治区等省区有栽培。

■ 短芒大麦草

茎与叶

花序侧面观

花序正面观

三联小穗

植株

植株上部

植株下部

（4b）刺稃大麦草（变种）（辽宁植物志，东北植物检索表，东北草本植物志）

Hordeum brevisubulatum var. *hirtellum* Chang et Skv. in Liou et al. Clav. Pl. Chin. Bor.-Orient.478. 177. Fig.3. 1959; 辽宁植物志（下册）: 872. 1992; 东北植物检索表（第二版）: 828. 1995; 东北草本植物志10: 134. 2004.

生境同正种。产黑龙江省哈尔滨、伊春、克山；吉林省双辽；辽宁省铁岭；内蒙古自治区海拉尔、牙克石、扎兰屯、新巴尔虎左旗、新巴尔虎右旗、巴林右旗、乌兰浩特等地。

26 赖草属 *Leymus* Hochst.

Leymus Hochst. in Flora 31: 118. 1848.

多年生草本，具横走和直伸根茎。叶片常内卷且质地较硬。小穗常以1～5枚簇生于穗轴的每节，小穗轴扭转，颖与稃体不在同一面上，颖披针形变、窄披针形或锥刺状。小穗含2至数小花；颖具3～5脉，为锥刺状者仅具1脉；外稃披针形，先端渐尖，无芒或具小尖头；内稃的脊上具细刺毛或无毛；子房被毛。颖果扁长圆形。

本属全世界约有50种，分布于北半球温寒地带，多数种类产于亚洲中部，欧洲和北美洲也有些种类。中国产24种。东北地区产5种，其中栽培1种。

分种检索表

1. 颖长圆状披针形。
  2. 野生；叶绿色 ………………………………………………………… 1. 滨麦 L. mollis (Trin.) Hara
  2. 栽培；叶蓝绿色 ……………………………………………… 2. 蓝滨麦 L. condensatus (J.Presl) Á.Löve
1. 颖锥状或锥状披针形。
  3. 小穗1～2个生穗轴的每节上；外稃无毛 ……………………………… 3. 羊草 L. chinensis (Trin.) Tzvel.
  3. 小穗2～3（～4）个生穗轴的每节上；外稃边缘具毛或无毛。
    4. 小穗含3～5小花；颖等于或长于小穗；外稃边缘具纤毛
    ……………………………………………… 4. 华北赖草 L. humilis (S.L.Chen & H.L.Yang) Y. Z. Zhao
    4. 小穗含4～7（～10）小花；颖短于小穗；外稃边缘具膜质而不具纤毛 … 5. 赖草 L. secalinus (Georgi) Tzvel.

（1）滨麦（辽宁植物志，东北植物检索表，东北草本植物志，中国植物志，Flora of China）

Leymus mollis (Trin.) Hara in Bot. Jahrb. Syst. 74: 6. 1947; 中国植物志9(3): 18. 1987; 辽宁植物志（下册）: 868. 1992; 东北植物检索表（第二版）: 828. 图版419: 3. 1995; 东北草本植物志10: 129. 2004; Fl. China 22: 390. 2006.

生海岸沙地。产辽宁省长海、丹东、东港、绥中等地。

根状茎发达，有固定流沙的作用。幼嫩时可作饲料。

■ 滨麦

花序一部分

植株下部

植株上部

（2）蓝滨麦（植物智网站）

Leymus condensatus (J.Presl) Á.Löve, Taxon 29: 168. 1980.

原产加拿大。辽宁省沈阳等地有栽培。

观赏草，抗旱，抗空气污染，几乎无病虫害。

■ 蓝滨麦

植株

植株下部

花序

（3）羊草（辽宁植物志，黑龙江省植物志，内蒙古植物志，东北植物检索表，东北草本植物志，中国植物志，*Flora of China*）

Leymus chinensis (Trin.) Tzvel. in Trudy Bot. Inst. Akad. Nauk S.S.S.R., Rast. Tsentral. Azii 4: 205. 1968; 中国植物志9(3): 19. 1987; 辽宁植物志（下册）: 868. 图版389: 1～4. 1992; 内蒙古植物志（第二版）5: 151. 图版59: 1～4. 1994; 东北植物检索表（第二版）: 828. 图版419: 1. 1995; 黑龙江省植物志10: 231. 图版91: 1～4. 2002; 东北草本植物志10: 129. 图版56: 1～4. 2004; Fl. China 22: 392. 2006.

生草地、盐碱地、河岸及路旁。产黑龙江省密山、大庆、龙江、呼玛、齐齐哈尔、安达、哈尔滨、

■ 羊草

居群

植株上部

■ 羊草

花序每节小穗2枚

花序一部分

花序

黑河、虎林、佳木斯；吉林省镇赉、白城、梨树、双辽、通榆；辽宁省各地；内蒙古自治区各地。

富含各种营养物质，不论鲜草或干草，各种牲畜都喜食。

（4）华北赖草（内蒙古植物志）

Leymus humilis (S.L.Chen & H.L.Yang) Y. Z. Zhao in Class. Fl. Ecol. Geogr. Distr. Vasc. Pl. Inner Mongol. 647. 2012; 内蒙古植物志（第三版）6: 162. 2020.——*Leymus tianschanicus* var. *humilis* S.L.Chen & H.L.Yang, 内蒙古植物志（第二版）5: 154. 594. 1994.

生草原带或草原化荒漠带的沙地、田边、盐渍化草甸。产内蒙古自治区克什克腾旗、西乌珠穆沁。

（5）赖草（辽宁植物志，内蒙古植物志，东北植物检索表，东北草本植物志，中国植物志，Flora of China）

Leymus secalinus (Georgi) Tzvel. in Trudy Bot. Inst. Akad. Nauk S.S.S.R., Rast. Tsentral. Azii 4: 209. 1968; 中国植物志9(3): 20. 图版5: 7 ~ 11. 1987; 辽宁植物志（下册）: 870. 图版389: 5 ~ 8. 1992; 内蒙古植物志（第二版）5: 151. 图版59: 5 ~ 9. 1994; 东北植物检索表（第二版）: 828. 图版419: 2. 1995; 东北草本植物志10: 130. 图版56: 5 ~ 8. 2004; Fl. China 22: 391. 2006.

■ 赖草

花序一部分

居群

植株

生草地、盐碱地、沙质地及河岸、路旁。产辽宁省大连、沈阳、鞍山、建平、黑山、盖州、新民；内蒙古自治区全区各地。

幼嫩时为山羊、绵羊喜食。牛、骆驼终年喜食。根有清热、止血、利尿作用。

27 披碱草属 *Elymus* L.

Elymus L., Sp. Pl. 1: 83. 1753.

多年生草本，通常丛生而无根茎，稀少种类可具短根头。叶片扁平或内卷。穗状花序顶生，直立或弯曲、下垂；穗轴节间延长，不逐节断落，顶生小穗正常发育；小穗无柄，或可具极短的柄，含2～10朵小花；颖背部扁平或呈圆形而无脊，先端无芒或具短芒；外稃背部呈圆形而无脊，平滑、糙涩或被毛，先端无芒或往往延伸成长芒，芒直立或反曲；内稃具2脊，脊上粗糙或具纤毛；花药等于或短于内稃长度之1/2。颖果顶端具毛茸，腹面微凹陷或具浅沟。

本属全世界约170种，分布于两半球温带区，主要分布于亚洲。中国有88种。东北地区产16种1亚种5变种。

分种检索表

1. 小穗常2～4（6）枚生穗轴的各节，或在上、下两端每节可有单生者。
  2. 花序明显下垂；颖显著短于第一小花。
    3. 植株较细弱；叶长3～11.5厘米，宽不超过5毫米；穗状花序长5～12厘米，小穗排列较紧密，偏于一侧，含2～4小花，通常仅2～3小花发育 …… **1. 垂穗披碱草 E. nutans** Griseb.
    3. 植株较粗大；叶长9.5～23厘米，宽可达9毫米；穗状花序长12～18厘米，小穗排列疏松，不偏于一侧，含3～5小花，全部发育 …… **2. 老芒麦 E. sibiricus** L.
  2. 花序直立；颖稍短或等于第一小花。
    4. 颖先端具长1～4毫米的芒；外稃先端芒长5～10毫米，直立或稍开展 …… **3. 麦宾草 E. tangutorum** (Nevski) Hand.-Mazz.
    4. 颖先端具长5～7毫米的芒；外稃先端芒长11～40毫米，向外开展 ……**4. 披碱草 E. dahuricus** Turcz.
1. 小穗单生穗轴的各节。
  5. 外稃无芒或具远较稃体为短的芒 …… **5. 贫花披碱草 E. pauciflorus** (Schwein. ex Keating) Gould
  5. 外稃有芒。
    6. 外稃芒结实期向外反曲。
      7. 内稃仅为外稃长的2/3～3/4（**6. 纤毛披碱草 E. ciliaris** (Trin. ex Bunge) Tzvelev）。
        8. 叶鞘光滑无毛；外稃背部被粗毛，边缘具长而硬的纤毛。
          9. 叶两面及边缘无毛 ……**6a. 纤毛披碱草 E. ciliaris** var. **ciliaris**
          9. 叶两面及边缘密生柔毛 …… **6b. 毛叶纤毛草 E. ciliaris** var. **lasiophyllus** (Kitag.) S. L. Chen
        8. 下部叶鞘有毛，上部叶鞘无毛；外稃背部粗糙至具短刺毛，边缘具短纤毛；叶两面及边缘密生柔毛 …… **6c. 阿麦纤毛草 E. ciliaris** var. **amurensis** (Drobow) S. L. Chen
      7. 内稃与外稃等长或稍短。
        10. 外稃除脉上和边缘的上部具微硬毛外均无毛。
          11. 秆节上被微毛；下部叶鞘具倒生柔毛；叶片质软而扁平；小穗在穗轴上排列稍偏于一侧 …… **7. 吉林披碱草 E.nakaii** (Kitag.) S. L. Chen

(接上表)

11. 秆节上通常无毛；叶鞘光滑无毛；叶片质硬而通常内卷；小穗在穗轴上两侧排列 ……………………8. **肃草 E. strictus** (Keng) S. L. Chen

10. 外稃背部全部被硬毛。

12. 颖显著短于外稃，其长不超过外稃的1/2 ………9. **紫穗披碱草 E. purpurascens** (Keng) S. L. Chen

12. 颖与外稃近等长，或至少第一颖是第一外稃的2/3～3/4（**10. 真穗披碱草 E. gmelinii** (Ledeb.) Tzvelev）。

13. 秆较细瘦；两颖不等长 ……………… 10a. **真穗披碱草 E. gmelinii** var. **gmelinii**

13. 秆粗壮；两颖几乎等长 ……………… 10b. **大芒披碱草 E. gmelinii** var. **macratherus** (Ohwi) S. L. Chen & G. Zhu

6. 外稃的芒结实期劲直或稍屈曲。

14. 颖显著短于第一外稃。

15. 穗状花序直立或稍垂头或弯曲；外稃与颖不具膜质边缘或具狭膜质边缘；内稃脊上无翼，疏生粗纤毛 ……………… 11. **长芒披碱草 E. dolichatherus** (Keng) S. L. Chen

15. 穗状花序弯曲或下垂；外稃与颖具有宽膜质边缘；内稃脊上显著具翼，翼缘密生细纤毛 ……………… 12. **柯孟披碱草 E. tsukushiensis** Honda

14. 颖等长或稍短于第一外稃。

16. 外稃背部具贴生刺毛或柔毛，或粗糙而仅于近顶端处疏生短硬毛，边缘具长纤毛（**13. 缘毛披碱草 E. pendulinus** (Nevski) Tzvelev）。

17. 下部叶鞘常具倒毛；叶片无毛或近无毛；外稃背部全部粗糙或近顶端处疏生短硬毛 ……………… 13a. **缘毛披碱草 E. pendulinus** subsp. **pendulinus**

17. 叶鞘无毛；叶片表面疏生长柔毛，背面无毛；外稃背部全部或上半部显著有毛 ……………… 13b. **多秆缘毛草 E. pendulinus** subsp. **multiculmis** (Kitag.) A.Löve

16. 外稃背部无毛或贴生稀疏微毛。

18. 花序较紧密，小穗排列稍偏于穗轴一侧，外稃背部贴生微毛或呈点状粗糙或平滑无毛而在接近边缘处具微毛。

19. 秆具3～6节；叶片质较软而扁平；外稃平滑无毛而在接近边缘处具微毛；颖常具短小尖头 ……………… 14. **涞源披碱草 E. alienus** (Keng) S. L. Chen

19. 秆具2～3节；叶片质硬而常内卷；外稃背部贴生微毛；颖片具1～3毫米的短芒 ……………… 15b. **中间披碱草 E. sinicus** var. **medius** (Keng) S. L. Chen & G. Zhu

18. 花序疏松，小穗排列于穗轴两侧，外稃背部光滑。

20. 穗状花序略带紫色；小穗通常含5小花；内稃稍短于外稃 ……………… 16. **本田披碱草 E. hondae** (Kitag.) S. L. Chen

20. 穗状花序绿色；小穗含5～8小花；内稃几乎与外稃等长。

21. 秆节上密生白色柔毛；叶鞘外侧边缘具纤毛，下部叶鞘密生倒毛；叶片两面无毛 ……………… 17b. **毛节毛盘草 E. barbicallus** var. **pubinodis** (Keng) S. L. Chen

21. 秆节上无毛；叶鞘光滑；叶片上面被柔毛 ……………… 17c. **毛叶毛盘草 E. barbicallus** var. **pubifolius** (Keng) S. L. Chen

（1）垂穗披碱草（内蒙古植物志，中国植物志，Flora of China）

Elymus nutans Griseb. Nachr. Ges. Wiss. Gott. 3: 72. 1868; 中国植物志9(3): 9. 图版2: 9 ~ 13. 1987; 内蒙古植物志（第二版）5: 143. 图版56: 1 ~ 4. 1994; Fl. China 22: 406. 2006.

多生草原或山坡道旁和林缘。产辽宁省大连；内蒙古自治区科尔沁右翼前旗、东乌珠穆沁旗、西乌珠穆沁旗、锡林浩特。

■ 垂穗披碱草

花序

根部

花序一部分

居群

小穗

叶与叶舌

（2）老芒麦（辽宁植物志，内蒙古植物志，东北植物检索表，东北草本植物志，中国植物志，Flora of China）；垂披碱草（黑龙江省植物志）

Elymus sibiricus L., Sp. Pl.83. 1753; 中国植物志9(3): 7. 图版2: 1 ~ 6. 1987; 辽宁植物志（下册）: 865. 图版388: 1 ~ 4. 1992; 内蒙古植物志（第二版）5: 143. 图版56: 1 ~ 4. 1994; 东北植物检索表（第二版）: 826. 图版417: 3. 1995; 黑龙江省植物志10: 228. 图版93: 1 ~ 4. 2002; 东北草本植物志10: 125. 图版55: 1 ~ 4. 2004; Fl. China 22: 406. 2006.

多生路旁和山坡上。产黑龙江省伊春、新林、佳木斯、鹤岗、哈尔滨、黑河、宝清、密山、阿城、尚志、虎林、宁安、北安、加格达奇、铁力；吉林省珲春、和龙、白山、靖宇、安图、汪清、抚松、双

■ 老芒麦

花序

花序一部分

植株一部分

辽；辽宁省沈阳、建平、清原、凤城、桓仁、本溪；内蒙古自治区额尔古纳、根河、海拉尔、牙克石、扎兰屯、科尔沁右翼前旗、扎赉特旗、扎鲁特旗、克什克腾旗、巴林右旗、宁城等地。

富含蛋白质，为优良饲用植物。

（3）麦宾草（Flora of China）；麦賨草（内蒙古植物志，中国植物志）

Elymus tangutorum (Nevski) Hand.-Mazz. Symb. Sin. 7: 1292. 1936; 中国植物志9(3): 13. 图版3: 16 ~ 18. 1987; 内蒙古植物志（第二版）5: 146. 图版57: 13 ~ 15. 1994; Fl. China 22: 404. 2006.

多生山坡、草地。产内蒙古自治区科尔沁右翼中旗，赤峰、锡林浩特、阿巴嘎旗等地。

■ 麦宾草

花序一部分

小穗

花序

（4）披碱草（辽宁植物志，黑龙江省植物志，内蒙古植物志，东北植物检索表，东北草本植物志，中国植物志，Flora of China）；肥披碱草（辽宁植物志，黑龙江省植物志，内蒙古植物志，东北植物检索表，东北草本植物志，中国植物志）；圆柱披碱草（内蒙古植物志，东北植物检索表，东北草本植物志）

Elymus dahuricus Turcz. in Fl. Ross. 4: 331. 1852; 中国植物志9(3): 11. 图版3: 1 ~ 3. 1987; 辽宁植物志（下册）: 866. 图版388: 7. 1992; 内蒙古植物志（第二版）5: 144. 图版57: 1 ~ 4. 1994; 东北植物检索表（第二版）: 826. 图版417: 5. 1995; 黑龙江省植物志10: 230. 图版93: 7 ~ 11. 2002; 东北草本植物志10: 126. 图版55: 7. 2004; Fl. China 22: 405. 2006.——*E. excelsus* Turcz. in Bjull. Moskovsk. Obač. Isp. Prir., Otd. Biol. 29(1): 62. 1856; 中国植物志9(3): 13. 图版3: 4 ~ 6. 1987; 辽宁植物志（下册）: 865. 图版388: 5 ~ 6. 1992; 内蒙古植物志（第二版）5: 146. 图版57: 9 ~ 12. 1994; 东北植物检索表（第二版）: 826. 图版417: 4. 1995; 黑龙江省植物志10: 228. 图版93: 5 ~ 6. 2002; 东北草本植物志10: 126. 图版55: 5 ~ 6. 2004.——*E. franchetii* Kitag. in J. Jap. Bot. 43: 189 1968; 内蒙古植物志（第二版）5: 148. 图版57: 16 ~ 18. 1994; 东北植物检索表（第二版）: 826. 1995; 东北草本植物志10: 128. 2004.

生山坡、草地、路旁或河岸。产黑龙江省哈尔滨、安达、杜尔伯特、伊春、呼玛、佳木斯、黑河、依兰、宝清、密山、萝北、富裕、克山、肇东、阿城、虎林、宁安、尚志、北安、铁力；吉林省白城、双辽、蛟河、汪清、珲春、和龙、抚松、安图、通榆；辽宁省锦州、彰武、建平、北镇、沈阳、凤城、清原、桓仁；内蒙古自治区全区各地。

为中等品质的饲料，分蘖期各种家畜均喜采食。

■ 披碱草

花序一部分

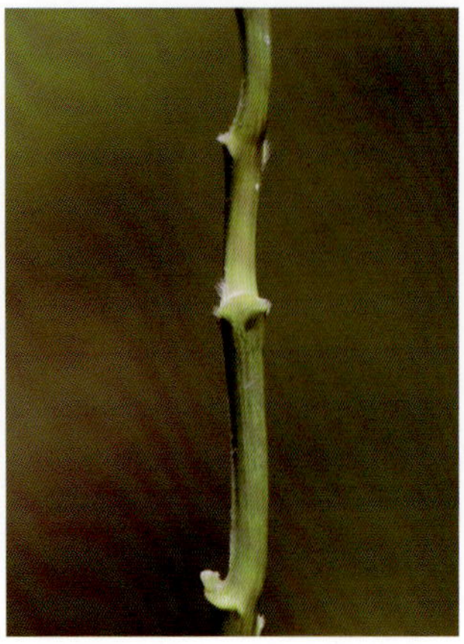
花序轴

花序

植株

（5）贫花披碱草（新拟）；贫花鹅观草（内蒙古植物志，中国植物志）

Elymus pauciflorus (Schwein. ex Keating) Gould, Madroño 9: 126. 1947.——*Roegneria pauciflora* (Schwein.) Hylander in Uppsala Iniv. Arsk. 7: 36, 89. 1945; 中国植物志9(3): 66. 图版17: 10 ~ 11. 1987; 内蒙古植物志（第三版）6: 137. 2020.

为栽培牧草。原产北美洲。内蒙古自治区呼伦贝尔、锡林郭勒有栽培。

（6）纤毛披碱草（Flora of China）；纤毛鹅观草（辽宁植物志，黑龙江省植物志，内蒙古植物志，东北植物检索表，东北草本植物志，中国植物志）；日本纤毛草（Flora of China）

Elymus ciliaris (Trin. ex Bunge) Tzvelev in Novosti Sist. Vyssh. Rast. 9: 61. 1972; Fl. China 22: 407. 2006.——*Roegneria ciliaris* (Trin.) Nevski in Trudy Bot. Inst. Akad. Nauk S.S.S.R., Ser. 1, Fl. Sist. Vyssh. Rast. 1: 14. 1933; 中国植物志9(3): 77. 图版19: 1 ~ 5. 1987; 辽宁植物志（下册）: 855. 图版383: 1 ~ 5. 1992; 内蒙古植物志（第二版）5: 125. 图版50: 11 ~ 14. 1994; 东北植物检索表（第二版）: 830. 图版418: 1. 1995; 黑龙江省植物志10: 211. 图版86: 6 ~ 10. 2002; 东北草本植物志10: 114. 图版50: 1 ~ 5. 2004.——*R. ciliaris* f. *eriocaulis* Kitag. in Rep. Inst. Sci. Res. Manchoukuo 2: 274. 1938; 辽宁植物志（下册）: 857. 1992; 东北植物检索表（第二版）: 830. 1995; 黑龙江省植物志10: 214. 2002.——*Elymus ciliaris* var. *hackelianus* (Honda) G.H.Zhu & S.L.Chen in Flora of China vol.22.409.2006.

（6a）纤毛披碱草（原变种）

Elymus ciliaris var. *ciliaris*

生路旁、山坡。产黑龙江省哈尔滨、尚志、佳木斯、牡丹江、密山、宁安、伊春、萝北；吉林省靖

■ 纤毛披碱草

居群

花序一部分

花序

■ 纤毛披碱草

叶鞘与叶舌

茎

小穗

宇、安图、汪清、磐石；辽宁省沈阳、法库、昌图、铁岭、长海、大连、丹东、本溪、清原、岫岩、盖州、兴城、绥中、北镇、凌源、建平、朝阳；内蒙古自治区扎赉特旗等地。

秆叶柔嫩时可作牲口的草料，至穗成熟时，秆叶粗韧，且有硬芒，不宜利用。

（6b）毛叶纤毛草（变种）（Flora of China）；粗毛鹅观草（辽宁植物志，内蒙古植物志，东北植物检索表，东北草本植物志）

Elymus ciliaris var. *lasiophyllus* (Kitag.) S. L. Chen in Fl. China 22: 409. 2006.——*Roegneria ciliaris* var. *lasiophylla* (Kitag.) Kitag in Rep. Inst. Sci. Res. Manchoukuo 2: 285. 1938; 辽宁植物志（下册）: 857. 1992; 内蒙古植物志（第二版）5: 125. 1994; 东北植物检索表（第二版）: 830. 1995; 东北草本植物志10: 115. 2004.

生山坡。产黑龙江省哈尔滨；辽宁省大连、长海、凌源；内蒙古自治区扎兰屯等地。

（6c）阿麦纤毛草（变种）（Flora of China）；毛叶鹅观草（辽宁植物志，黑龙江省植物志，内蒙古植物志，东北植物检索表，东北草本植物志，中国植物志）

Elymus ciliaris var. *amurensis* (Drobow) S. L. Chen in Novon 7: 228. 1997; Fl. China 22: 408. 2006.——*Roegneria amurensis* (Ledeb.) Nevski in Fl. URSS 2: 606. 1934; 中国植物志9(3): 79. 图版19: 13～15. 1987; 辽宁植物志（下册）: 855. 图版383: 6～7. 1992; 内蒙古植物志（第二版）5: 124. 图版50: 1～4. 1994; 东北植

■ 阿麦纤毛草

植株一部分

花序一部分

物检索表（第二版）: 828. 图版418: 2. 1995; 黑龙江省植物志10: 211. 图版85: 13 ~ 17. 2002; 东北草本植物志10: 114. 图50: 版6 ~ 7. 2004.

生山坡、河岸或草地。产黑龙江省哈尔滨、穆棱；吉林省汪清；辽宁省建平、盖州、铁岭、大连；内蒙古自治区海拉尔、扎兰屯等地。

抽穗前叶质较柔软，为牲畜及鹅的优良饲料。

（7）吉林披碱草（Flora of China）；中井鹅观草（东北植物检索表，东北草本植物志）；吉林鹅观草（内蒙古植物志，中国植物志）

Elymus nakaii (Kitag.) S. L. Chen in Fl. China 22: 411. 2006.——*Roegneria nakaii* Kitag. in J. Jap. Bot. 17: 236 1941; 中国植物志9(3): 83. 图版20: 7 ~ 11. 1987; 内蒙古植物志（第二版）5: 126. 图版51: 4 ~ 7. 1994; 东北植物检索表（第二版）: 830. 1995; 东北草本植物志10: 115. 2004.

生草地。产吉林省安图、抚松；辽宁省沈阳；内蒙古自治区额尔古纳、扎兰屯。模式标本采自吉林省长白山。

（8）肃草（内蒙古植物志，中国植物志，Flora of China）

Elymus strictus (Keng) S. L. Chen, Fl. China 22: 411. 2006.——*Roegneria stricta* Keng, 南京大学学报（生物学）1: 68. 1963; 中国植物志9(3): 84.图版20: 14 ~ 17. 1987; 内蒙古植物志（第三版）6: 130. 2020.

生山坡草地、山沟冲积地以及路旁干燥台地。产内蒙古自治区巴林右旗、喀喇沁旗。

（9）紫穗披碱草（Flora of China）；紫穗鹅观草（禾本科图说，内蒙古植物志，中国植物志）

Elymus purpurascens (Keng) S. L. Chen, Fl. China 22: 417. 2006.——*Roegneria purpurascens* Keng, 南京大学学报（生物学）1: 56. 1963; 中国植物志9(3): 93. 1987; 内蒙古植物志（第三版）6: 134. 2020.

生山坡。产内蒙古自治区赤峰。

（10）真穗披碱草（Flora of China）；直穗鹅观草（大连地区植物志，黑龙江省植物志，内蒙古植物志，东北植物检索表，东北草本植物志，中国植物志）

Elymus gmelinii (Ledeb.) Tzvelev in Trudy Bot. Inst. Komarova Akad. Nauk S. S. S. R., Rast. Tsentral. Azii 4: 216 1968; Fl. China 22: 410. 2006.——*Roegneria gmelinii* (Ledeb.) Kitag. in Rep. Inst. Sci. Res. Manchoukuo 3(App. 1): 91 1939; 东北植物检索表（第二版）: 830. 图版418: 3. 1995; 黑龙江省植物志10: 214. 图版86: 1 ~ 5. 2002; 东北草本植物志10: 115. 图版50: 8 ~ 9. 2004.——*Roegneria turczaninovii* (Drob.) Nevski in Kom. Fl. URSS 2: 607. 1934; 中国植物志9(3): 81. 图版20: 1 ~ 5. 1987; 内蒙古植物志（第二版）5: 129. 图版52: 1 ~ 4. 1994.——*R. turczaninovii* var. *tenuiseta* Ohwi in Acta Phytotax. et Geobot. 10 (2): 97. 1941; 中国植物志9(3): 83. 1987; 内蒙古植物志（第二版）5: 130. 1994.——*R. turczaninovii* var. *pohuashanensis* Keng, 南京大学学报（生物学）1: 67, 1963; 中国植物志9(3): 83. 1987; 内蒙古植物志（第二版）5: 130. 1994.

（10a）真穗披碱草（原变种）

Elymus gmelinii var. *gmelinii*

生海拔1350 ~ 2300米的山坡草地、林中沟边、平坡地。产黑龙江省哈尔滨、伊春、宝清、尚志、北安、呼玛、黑河、嫩江；吉林省通化、安图；辽宁省兴城、大连；内蒙古自治区海拉尔、额尔古纳、扎兰屯、满洲里、陈巴尔虎旗、科尔沁右翼前旗、科尔沁右翼中旗、通辽、克什克腾旗、巴林右旗、东乌珠穆沁旗、锡林浩特。

(10b) 大芒披碱草(变种)(Flora of China);大芒鹅观草(内蒙古植物志,中国植物志)

Elymus gmelinii var. *macratherus* (Ohwi) S. L. Chen & G. Zhu, Novon. 12: 426. 2002; Fl. China 22: 410. 2006.——*Roegneria turczaninovii* (Drob.) Nevski var. *macrathera* Ohwi in Acta Phytotax. et Geobot. 10 (2): 98. 1941; 中国植物志9(3): 81. 图版20: 6. 1987; 内蒙古植物志(第二版)5: 130. 图版52: 5 ~ 6. 1994.

生路旁。产辽宁省大连;内蒙古自治区东乌珠穆沁旗、西乌珠穆沁旗等地。模式标本采自内蒙古自治区东北部。

■ 大芒披碱草

植株

花序下部

花序中部

花序

茎

(11) 长芒披碱草(Flora of China);长芒鹅观草(禾本科图说,中国植物志)

Elymus dolichatherus (Keng) S. L. Chen, Fl. China 22: 423. 2006.——*Roegneria dolichathera* Keng, 南京大学学报(生物学)1: 19. 1963; 中国植物志9(3): 63. 1987.

生高海拔山地林下或低山坡地。产大连市小窑湾。

■ 长芒披碱草

根部

茎与叶

植株

花序

小穗

果序一部分

（12）柯孟披碱草（Flora of China）；鹅观草（辽宁植物志，黑龙江省植物志，内蒙古植物志，东北植物检索表，东北草本植物志，中国植物志）

Elymus tsukushiensis Honda in Bot. Mag. (Tokyo) 50: 391. 1936.——*E. kamoji* (Ohwi) S.L.Chen in Bull. Nanjing Bot. Gard. 1987: 9. 1988; Fl. China 22: 421. 2006.——*Roegneria kamoji* Ohwi in Acta Phytotax. et

■ 柯孟披碱草

居群

花序一部分

花序

■ 柯孟披碱草

植株一部分

小穗

Geobot. 11(3): 179. 1942; 中国植物志9(3): 59. 图版16: 1 ~ 5. 1987; 辽宁植物志（下册）: 853. 图版382: 10 ~ 12. 1992; 内蒙古植物志（第二版）5: 117. 图版49: 1 ~ 6. 1994; 东北植物检索表（第二版）: 828. 图版418: 5. 1995; 黑龙江省植物志10: 215. 图版85: 10 ~ 12. 2002; 东北草本植物志10: 113. 图版49: 10 ~ 12. 2004.

生山坡或草地。产黑龙江省哈尔滨、阿城、尚志、牡丹江；辽宁省北镇、兴城、沈阳、丹东、大连；内蒙古自治区海拉尔、科尔沁右翼前旗、喀喇沁旗、赤峰、东乌珠穆沁旗、锡林浩特、宝格达山等地。

孕穗前，茎叶柔嫩，马、牛、羊、兔、鹅均喜食。全草有清热、凉血、镇痛作用。

（13）缘毛披碱草（Flora of China）；缘毛鹅观草（辽宁植物志，黑龙江省植物志，内蒙古植物志，东北植物检索表，东北草本植物志，中国植物志）

Elymus pendulinus (Nevski) Tzvelev in Trudy Bot. Inst. Komarova Akad. Nauk S. S. S. R., Rast. Tsentral. Azii 4: 218. 1968; Fl. China 22: 428. 2006.——*Roegneria pendulina* Nevski in Fl. URSS 2: 616. 1934; 中国植物志9(3): 69. 图版18: 5 ~ 6. 1987; 辽宁植物志（下册）: 853. 图版382: 8 ~ 9. 1992; 内蒙古植物志（第二版）5: 120. 1994; 东北植物检索表（第二版）: 828. 图版418: 6. 1995; 黑龙江省植物志10: 215. 图版85: 8 ~ 9. 2002; 东北草本植物志10: 113. 图版49: 8 ~ 9. 2004.

（13a）缘毛披碱草（原亚种）

Elymus pendulinus subsp. *pendulinus*

生山坡、林缘、河边。产黑龙江省哈尔滨、尚志、加格达奇、阿穆尔（黑龙江流域）；吉林省靖宇、双辽；辽宁省抚顺、本溪、桓仁、建平、彰武、鞍山、长海、大连；内蒙古自治区海拉尔、牙克石、科尔沁右翼前旗、科尔沁左翼后旗、宁城、赤峰、正蓝旗等地。

抽穗前叶质柔软，为牲畜及鹅的优良饲料。

■ 缘毛披碱草

花序一部分

植株

植株下部

（13b）多秆缘毛草（亚种）（Flora of China）；多秆鹅观草（辽宁植物志，黑龙江省植物志，内蒙古植物志，东北植物检索表，东北草本植物志，中国植物志）

Elymus pendulinus subsp. *multiculmis* (Kitag.) Á. Löve in Feddes Repert. 95: 459. 1984; Fl. China 22: 428. 2006.——*Roegneria multiculmis* Kitag. in J. Jap. Bot. 17: 235. 1941; 中国植物志9(3): 69. 图版18: 7. 1987; 辽宁植物志（下册）: 852. 图版382: 1～7. 1992; 内蒙古植物志（第二版）5: 120. 1994; 东北植物检索表（第二版）: 828. 图版418: 4. 1995; 黑龙江省植物志10: 214. 图版85: 1～7. 2002; 东北草本植物志10: 111. 图版49: 1～7. 2004.

生于燥山坡或林下阴处荒芜地。产黑龙江省哈尔滨、嫩江、牡丹江、阿城、宁安；吉林省长春、双辽；辽宁省大连、鞍山、沈阳；内蒙古自治区赤峰、宁城等地。

抽穗前叶质柔软，为牲畜及鹅的优良饲料。

■ 多秆缘毛草

植株一部分

植株

■ 多秆缘毛草

小穗

茎

花序一部分

（14）涞源披碱草（Flora of China）；涞源鹅观草（禾本科图说，中国植物志）；多叶鹅观草（内蒙古植物志，中国植物志）

Elymus alienus (Keng) S. L. Chen, Novon. 7: 227. 1997; Fl. China 22: 426. 2006.——*Roegneria aliena* Keng, 南京大学学报（生物学）1: 31. 1963; 中国植物志9(3): 75. 1987.——*Roegneria foliosa* Keng, 南京大学学报（生物学）1: 32. 1963; 中国植物志9(3): 75. 1987; 内蒙古植物志（第三版）6: 125. 2020.

生岩石间阴暗处。产辽宁省（地点不详）；内蒙古自治区兴安北部东乌珠穆沁旗宝格达山。

（15）中间披碱草（Flora of China）；中间鹅观草（内蒙古植物志，中国植物志）

Elymus sinicus var. *medius* (Keng) S. L. Chen & G. Zhu, Novon. 12: 427. 2002; Fl. China 22: 424. 2006.——*Roegneria sinica* Keng var. *media* Keng, 耿以礼，陈守良, 南京大学学报（生物学）1: 35. 1963; 中国植物志9(3): 73. 1987; 内蒙古植物志（第三版）6: 127. 2020.

生路旁荒地。产内蒙古自治区巴林右旗。

（16）本田披碱草（Flora of China）；河北鹅观草（辽宁植物志，内蒙古植物志，东北植物检索表，东北草本植物志）；五龙山鹅观草（中国植物志）

Elymus hondae (Kitag.) S. L. Chen in Bull. Nanjing Bot. Gard. 1987: 9. 1988; Fl. China 22: 426. 2006.——*Roegneria hondai* Kitag. in Rep. Inst. Sci. Res. Manch. 6 (4): 118. 1942; 中国植物志9(3): 70. 图版18: 13 ~ 14. 1987; 辽宁植物志（下册）: 853. 1992; 内蒙古植物志（第二版）5: 119. 图版49: 13 ~ 14. 1994; 东北植物检

■ 本田披碱草

花序一部分

植株下部

花序

植株

索表（第二版）: 828. 1995; 东北草本植物志10: 113. 2004.

生山坡。产辽宁省北镇、大连；内蒙古自治区扎赉特旗等地。

（17）毛盘草（Flora of China）；毛盘鹅观草（中国植物志）

Elymus barbicallus (Ohwi) S. L. Chen, Bull. Nanjing Bot. Gard. 1987: 9. 1988; Fl. China 22: 425. 2006.——*Roegneria barbicalla* Ohwi in Acta Phytotax. et Geobot. 11 (4): 257. 1942; 中国植物志9(3): 71. 1987.

（17a）毛盘草（原变种）

Elymus barbicallus var. *barbicallus*

中国产河北、内蒙古自治区、宁夏、青海、山西等省区。东北地区不产。

（17b）毛节毛盘草（变种）（内蒙古植物志，中国植物志，Flora of China）

Elymus barbicallus var. *pubinodis* (Keng) S. L. Chen, Novon. 7: 227. 1997; Fl. China 22: 426. 2006.——*Roegneria barbicalla* Ohwi var. *pubinodis* Keng, 南京大学学报（生物学）1: 24. 1963; 中国植物志9(3): 71. 1987; 内蒙古植物志（第三版）6: 124. 2020.

生山坡、山沟。产内蒙古自治区科尔沁右翼前旗、巴林右旗、翁牛特旗、敖汉旗、锡林郭勒东部。

■ 毛节毛盘草

植株上部

花序一部分

茎

（17c）毛叶毛盘草（变种）（内蒙古植物志，中国植物志，Flora of China）

Elymus barbicallus var. *pubifolius* (Keng) S. L. Chen, Novon. 7: 227. 1997; Fl. China 22: 426. 2006.——*Roegneria barbicalla* Ohwi var. *pubifolia* Keng, 南京大学学报（生物学）1：25. 1963; 中国植物志9(3): 71. 1987; 内蒙古植物志（第三版）6: 125. 2020.

生山谷草地。产内蒙古自治区大兴安岭。

28 黑麦属 *Secale* L.

Secale L. Gen. Pl. ed. 36. 1754, et Sp. Pl. ed. 1. 84. 1753.

一年或多年生草本。秆直立，具顶生穗状花序。小穗具2个可育小花，无柄且单生穗轴的各节，两侧压扁，以其侧面对向穗轴之扁平面；小穗轴脱节于颖上，且延伸于第二小花之后而形成一棒状物，而在两朵可育小花间极为短缩；颖窄，常具1脉，两侧有膜质边，先端渐尖或延伸成芒，背部脊上常具细小纤毛；外稃具5脉，在边脉背部显著具脊，脊上具纤毛，先端渐尖或延伸成芒；内稃与外稃等长，具宽膜质边缘，两脊平滑或上端微粗糙；雄蕊3；子房顶端具毛。颖果具纵长腹沟，易与稃体分离。

本属全世界约有5种，产欧亚大陆温带地区。中国有3种。东北地区栽培1种。

黑麦（辽宁植物志，黑龙江省植物志，内蒙古植物志，东北植物检索表，东北草本植物志，中国植物志，Flora of China）

Secale cereale L., Sp. Pl. 84. 1753; 中国植物志9(3): 37. 1987; 辽宁植物志（下册）: 864. 图版387. 1992; 内蒙古植物志（第二版）5: 142. 1994; 东北植物检索表（第二版）: 830. 图版417: 2. 1995; 黑龙江省植物志 10: 220. 图版90. 2002; 东北草本植物志10: 123. 图版54: 1～3. 2004; Fl. China 22: 441. 2006.

二年生草本；秆较粗壮，花序以下部分密生柔毛；叶片宽5～10毫米；穗状花序；小穗含2花；外稃长圆状披针形，具5脉，中脉成锐利之脊，沿脊及边缘具刺状纤毛，先端有芒；内稃与外稃近等长；颖果长圆形，淡褐色，顶端具毛。模式标本采自欧洲。中国栽培于北方山区或在较寒冷地区。东北地区各地和内蒙古自治区有栽培。

可食用或作饲料。

29 小麦属 *Triticum* L.

Triticum L. Gen. Pl. ed. 5. 37. 1754.

一年或越年生草本。秆直立或因栽培品种不同而于苗期匍匐或半直立。穗状花序直立，顶生小穗发育或退化；小穗通常单生于穗轴各节，含（2～）3～9（～11）小花；颖革质或草质，卵形至长圆形或披针形，具3～7（～9）脉，具膜质边缘，背部具1～2条脊，或只有1脊且其下部渐变平坦，先端具1～2枚锐齿，或其1钝圆而至两齿均变钝圆，亦有延伸为芒状者；外稃背部扁圆或具脊，顶端有2裂齿或无裂齿，具芒或无芒，无基盘；内稃边缘内折。颖果卵圆形或长圆形，顶端具毛，腹面具纵沟，栽培种与稃体分离易于脱落，野生者紧密包裹于稃体不易脱落。

本属全世界约有25种，为重要粮食作物，欧亚大陆和北美洲广为栽培。中国常见4种和4变种。东北地区栽培1种。

普通小麦（中国植物志，Flora of China）；小麦（辽宁植物志，黑龙江省植物志，内蒙古植物志，东北植物检索表，东北草本植物志）

Triticum aestivum L., Sp. Pl. 85. 1753; 中国植物志9(3): 51. 图版13: 11～13. 1987; 辽宁植物志（下册）: 860. 图版386: 1～2, 3～6. 1992; 内蒙古植物志（第二版）5: 140. 1994; 东北植物检索表（第二版）: 830. 图版417: 1. 1995; 黑龙江省植物志10: 220. 图版89. 2002; 东北草本植物志10: 121. 图版53: 1～6. 2004; Fl. China 22: 443. 2006.

一年生草本，栽培状况下多为二年生；叶片长披针形；穗状花序直立；小穗单生轴各节上，含3～6小花；颖革质，顶部具脊，5～9脉，先端具短尖头；外稃厚纸质，具5～9脉，顶端通常有齿，有芒或无芒；内稃与外稃近等长；颖果长圆形，顶端具毛，腹面具纵沟。模式标本为欧洲的作物。中国南北各地广为栽培。东北各地栽培。

为中国重要的食粮。秆用以造纸或编织工艺品。干瘪颖果有养心安神、止虚汗作用。

■ 普通小麦

植株

花序

花序一部分

小穗

30 冰草属 *Agropyron* Gaertn.

Agropyron Gaertn. in Nov. Comm. Acad. Sci. Petrop. 14: 539. 1770.

多年生草本，根外常具砂套，通常不具根茎。秆仅具少数节，直立或基部常呈膝曲状。叶鞘紧密裹茎；叶舌膜质；叶片常内卷。穗状花序顶生，穗轴节间短缩，常密生毛，每节着生1枚小穗，顶生小穗常退化；小穗互相密接而呈覆瓦状，含3～11小花；颖具1～3脉（亦有具5～7脉者），两侧具宽膜质边缘，背部主脉形成明显的脊，先端具芒尖或短芒；外稃具5脉，中脉形成脊，尤以上部更为明显，先端常具芒尖或短芒，基盘明显；内稃略与外稃等长或稍长，先端常2裂；花药长为内稃之1/2。颖果与稃片黏合而不易脱落。

本属全世界约15种，大都分布于欧亚大陆温寒带区域之高草原及沙地上。中国有5种、4变种及1变型。东北地区产4种2变种。

分种检索表

1. 小穗排列疏松，穗轴节间长3～5毫米；颖通常长于第一外稃的1/2，先端无芒或具长1～2毫米的芒状尖头（**1. 沙芦草 A. mongolicum** Keng）。
  2. 颖和外稃无毛或具稀疏微毛；颖先端具长约1毫米的短尖头 ……… **1a. 沙芦草 A. mongolicum** var. **mongolicum**
  2. 颖及外稃均密被长柔毛；颖先端具长可达2毫米的短芒 … **1b. 毛沙芦草 A.mongolicum** var. **villosum** H. L. Yang
1. 小穗排列紧密，穗轴节间长不超过2毫米；颖通常长不超过第一外稃的1/2，先端有长2～4毫米的短芒。
  3. 花序狭窄而长，条形或距圆状条形；小穗向上斜升且不呈篦齿状 … **2. 沙生冰草 A. desertorum** (Fisch.) Schult.
  3. 花序粗壮而宽扁，矩圆形或卵状披针形；小穗整齐排列呈篦齿状2行或近于篦齿状而为覆瓦状排列。
    4. 植株具多分枝的匍匐根茎 ……………………………………………………… **3. 根茎冰草 A. michnoi** Roshev.
    4. 植株不具根茎（**4. 冰草 A. cristatum** (L.) Gaertn.）。

（接上表）

5. 颖与外稃均被有长柔毛 …………………………………………………… 4a. 冰草 A. cristatum var. cristatum

5. 颖与外稃全部平滑无毛或疏被0.1～0.2毫米的短刺毛

……………………………………………… 4b. 光穗冰草 A. cristatum var. pectinatum (M. Bieb.) B. Fedtsch.

（1）沙芦草（内蒙古植物志，东北植物检索表，东北草本植物志，中国植物志，Flora of China）；毛稃沙芦草（植物研究）

Agropyron mongolicum Keng, J. Wash. Acad. Sci. 28: 305. 1938; 中国植物志9(3): 113. 图版28: 1～3. 1987; 内蒙古植物志（第二版）5: 139. 图版55: 1～6. 1994; 东北植物检索表（第二版）: 826. 1995; 东北草本植物志10: 121. 2004; Fl. China 22: 438. 2006.——*Agropyron mongolicum* Keng var. *helinicum* L. Q. Zhao & J. Yang 植物研究26(3): 260. 2006.

（1a）沙芦草（原变种）

Agropyron mongolicum var. *mongolicum*

生干燥草原、沙地。产黑龙江省呼玛；吉林省镇赉；内蒙古自治区科尔沁右翼前旗、科尔沁左翼后旗、阿鲁科尔沁旗、翁牛特旗等地。

为良好的牧草，各种家畜均喜食。

（1b）毛沙芦草（变种）（内蒙古植物志，东北植物检索表，东北草本植物志，中国植物志，Flora of China）

Agropyron mongolicum var. *villosum* H. L. Yang, Bull. Bot. Res., Harbin. 4(4): 89. 1984; 中国植物志9(3): 115. 图版28: 4～6. 1987; 内蒙古植物志（第二版）5: 139. 1994; 东北植物检索表（第二版）: 826. 1995; 东北草本植物志10: 121. 2004; Fl. China 22: 438. 2006.

生沙地。产内蒙古自治区科尔沁左翼后旗、翁牛特旗等地。

（2）沙生冰草（内蒙古植物志，中国植物志，Flora of China）

Agropyron desertorum (Fisch.) Schult. in Mant. 2: 412. 1824; 中国植物志9(3)：113. 1987; 内蒙古植物志（第二版）5: 137. 图版54: 9～10. 1994; Fl. China 22: 438. 2006.

■ 沙生冰草

花序

基生叶

居群

植株

多生干燥草原、沙地、丘陵地、山坡及沙丘间低地。产内蒙古自治区全区。

为优良牧草，各种家畜均喜食。

（3）根茎冰草（内蒙古植物志，中国植物志，Flora of China）

Agropyron michnoi Roshev. in Bull. Jard. Bot. Princ. URSS. 28: 384. 1929; 中国植物志9(3)：116. 1987; 内蒙古植物志（第二版）5: 137. 图版54: 6 ~ 8. 1994; Fl. China 22: 438. 2006.

生沙地、坡地。产内蒙古自治区海拉尔、陈巴尔虎旗、新巴尔虎右旗、扎赉特旗、科尔沁右翼中旗、科尔沁左翼后旗、巴林右旗、克什克腾旗、东乌珠穆沁旗、西乌珠穆沁旗、锡林浩特、正蓝旗等地。

本种为牧草，马和羊喜食，亦可用作固沙。

（4）冰草（辽宁植物志，黑龙江省植物志，内蒙古植物志，东北植物检索表，东北草本植物志，中国植物志，Flora of China）；扁穗冰草（俗称）

Agropyron cristatum (L.) Gaertn. in Novi Comment. Acad. Sci. Imp. Petrop. 14(1): 540. 1770; 中国植物志9(3): 111. 图版27: 1 ~ 7. 1987; 辽宁植物志（下册）: 858. 图版385: 1 ~ 4. 1992; 内蒙古植物志（第二版）5: 136. 图版54: 1 ~ 5. 1994; 东北植物检索表（第二版）: 826. 图版418: 8. 1995; 黑龙江省植物志10: 218. 图版88. 2002; 东北草本植物志10: 119. 图版52: 1 ~ 5. 2004; Fl. China 22: 439. 2006.

（4a）冰草（原变种）

Agropyron cristatum var. *cristatum*

生沙地、草地或干山坡。产黑龙江省齐齐哈尔、呼玛、安达、密山、杜尔伯特、泰康、尚志、大庆；吉林省白城、通榆、吉林、抚松、镇赉、双辽；辽宁省大连、彰武；内蒙古自治区额尔古纳、根河、海拉尔、满洲里、牙克石、新巴尔虎右旗、新巴尔虎左旗、翁牛特旗、巴林右旗、克什克腾旗、阿尔山、扎鲁特旗、赤峰、通辽、科尔沁左翼后旗等地。

为优良牧草，各种家畜均喜食。根有止血、利尿作用。尚可用于小麦远缘杂交育种。

■ 冰草

果序一部分

花序

花序一部分

植株下部

（4b）光穗冰草（变种）（内蒙古植物志，东北植物检索表，东北草本植物志，中国植物志，Flora of China）；山冰草（辽宁植物志）

Agropyron cristatum var. *pectinatum* (M. Bieb.) B. Fedtsch. in Izv. Imp. Bot. Sada Petra Velikago 14(Suppl. 2): 97. 1915; 东北草本植物志10: 121. 图版52: 6 ~ 9. 2004; Fl. China 22: 439. 2006.—— *Agropyron cristatum* var. *pectiniforme* (Roem. et Schult.) H. L. Yang, 中国植物志9(3)：113. 图版27: 9. 1987; 辽宁植物志（下册）: 860. 图版385: 5 ~ 8. 1992; 内蒙古植物志（第二版）5: 137. 1994; 东北植物检索表（第二版）: 826. 图版418: 9. 1995.

生于山坡。产辽宁省彰武；内蒙古自治区额尔古纳、根河、新巴尔虎右旗等地。

■ 光穗冰草

花序

花序一部分

植株一部分

居群

31 偃麦草属 *Elytrigia* Desv.

Elytrigia Desv., in Nouv. Bull. Soc. Philom. ii. 190.1810.

多年生草本，具根状茎。穗状花序直立，小穗含3 ~ 10小花，两侧扁压，无柄，单生于穗轴之两侧，以其侧面对向穗轴的扁平面，顶生小穗则以其背腹面对向穗轴的扁平面；无芒或具短芒，成熟时通常自穗轴上整个脱落；颖披针形或长圆形，无脊，具(3 ~) 5 ~ 7(~ 11) 彼此接近的脉，光滑无毛或被柔毛，基部具横沟；外稃披针形，具5脉，基盘通常无毛。颖果长圆形，顶端有毛，腹面具纵沟。

本属全世界约有40种，分布于亚热带和暖温带地区；中国有2种。东北地区栽培5种。

分种检索表

1. 颖与外稃先端渐尖、突尖或具短尖头。
  2. 颖具5 ~ 7脉，边缘膜质，长10 ~ 15毫米（连同长1 ~ 2毫米的尖头）；外稃长于内稃约1毫米；叶片质软，基部叶鞘常具向下柔毛 ……… **1. 偃麦草 E. repens** (L.) Desvaux ex B. D. Jackson
  2. 颖具3 ~ 5脉，无膜质边缘，长8 ~ 13毫米（连同长1 ~ 4毫米的短芒）；外稃与内稃几乎等长；叶片质硬，基部叶鞘常无毛 ……… **2. 硬叶偃麦草 E. smithii** (Rydb.) Nevski
1. 颖与外稃先端截平或钝圆形。
  3. 颖先端平截；叶鞘边缘膜质且平滑无毛 ……… **3.长穗偃麦草 E. elongata** (Host) Nevski
  3. 颖先端钝圆或较平而偏斜；叶鞘边缘具纤毛。
    4. 颖先端钝圆，外稃长10 ~ 11毫米，颖及稃体密被糙毛 ……… **4.毛偃麦草 E. trichophora** (Link) Nevski
    4. 颖先端平截而偏斜，外稃长8 ~ 9毫米，颖及稃体平滑无毛 ……… **5.中间偃麦草 E. intermedia** (Host) Nevski

（1）偃麦草（辽宁植物志，黑龙江省植物志，内蒙古植物志，东北植物检索表，东北草本植物志，中国植物志，Flora of China）

Elytrigia repens (L.) Desvaux ex B. D. Jackson, Index Kew. 1: 836. 1893; 中国植物志9(3): 105. 图版25: 1 ~ 7. 1987; 辽宁植物志（下册）: 857. 图版384. 1992; 内蒙古植物志（第二版）5: 133. 图版53: 1 ~ 5. 1994; 东北植物检索表（第二版）: 826. 图版418: 7. 1995; 黑龙江省植物志10: 216. 图版87. 2002; 东北草本植物志10: 117. 图版51: 1 ~ 5. 2004; Fl. China 22: 430. 2006.

生沟谷、草甸、河边、滩地。产黑龙江省呼玛、肇东、林甸、密山、萝北、虎林、黑河、孙吴、哈尔滨；辽宁省沈阳、大连；内蒙古自治区额尔古纳、海拉尔、鄂温克、新巴尔虎左旗、根河、牙克石、海拉尔、阿尔山、东乌珠穆沁旗、锡林浩特等地。

本种营养价值高，适口性好，为优良牧草，最好在抽穗前收割，一方面这个时期植株蛋白质和脂肪含量较高，另一方面避免抽穗后造成的种子散落。

■ 偃麦草

花序一部分

花序

植株

小穗

横走茎

居群

（2）硬叶偃麦草（内蒙古植物志，中国植物志）

Elytrigia smithii (Rydb.) Nevski in Act. Inst. Bat. Acad. Sci. URSS 1: 25. 1933.禾本科图说410.图340. 1959; 中国植物志9(3): 105. 图版25: 8 ~ 13. 1987; 内蒙古植物志（第三版）6: 139. 2020.

原产北美洲。内蒙古自治区海拉尔等地有栽培。

（3）长穗偃麦草（内蒙古植物志，中国植物志）

Elytrigia elongata (Host) Nevski in Act. Inst. Bot. Acad. Sci. URSS 1, 2: 83. 1936; 禾本科图说411.图342. 1959; 中国植物志9(3): 107. 图版26: 6 ~ 9. 1987; 内蒙古植物志（第三版）6: 139. 2020.

原产地不详。中国引种栽培。内蒙古自治区呼伦贝尔等有栽培。

（4）毛偃麦草（禾本科图说，内蒙古植物志，中国植物志）

Elytrigia trichophora (Link) Nevski in Kom. Fl. URSS 2: 648. 1934; 禾本科图说411. 图341. 1959; 中国植物志9(3): 109. 图版25: 14 ~ 16. 1987; 内蒙古植物志（第三版）6: 139. 2020.

原产地不详。中国引种栽培。内蒙古自治区呼伦贝尔等有栽培。

（5）中间偃麦草（禾本科图说，内蒙古植物志，中国植物志）

Elytrigia intermedia (Host) Nevski in Act. Inst. Bot. Acad. Sci. URSS 1: 14. 1933, et Syst. Pl. Vasc. 1: 14. 1934; 禾本科图说412.图343. 1959; 中国植物志9(3): 109. 图版26: 10 ~ 14. 1987; 内蒙古植物志（第三版）6: 139. 2020.

原产地不详。中国引种栽培。内蒙古自治区呼伦贝尔等有栽培。

32 黑麦草属（毒麦属） *Lolium* L.

Lolium L., Sp. Pl. 83. 1953.

多年生或一年生草本。叶舌膜质，钝圆，常具叶耳；叶片扁平。穗状花序顶生，小穗含4 ~ 20小花，单生于穗轴的每节，两侧压扁，并以背面对向穗轴；除顶生小穗外，第一颖均退化，第二颖位于背轴的一方，具5 ~ 9脉，外稃背部圆形，具5脉；子房无毛。颖果腹面凹而中部具纵沟，与内稃黏合不易脱落。

本属全世界约有8种，主产地中海区域，分布于欧亚大陆的温带地区。中国有6种，多由国外输入。东北地区产5种1变种，其中栽培2种。

分种检索表

1. 颖片宽大，近等长于其小穗；颖果成熟后肿胀，厚约2毫米，长不超过宽的3倍（**1. 毒麦 L. temulentum** L.）。
  2. 外稃具长芒，芒粗糙，芒长12 ~ 18毫米；小穗长8 ~ 10毫米……………… **1a. 毒麦 L. temulentum** var. **temulentum**
  2. 外稃无芒，有时具细弱短芒，芒长2 ~ 3毫米；小穗长10 ~ 15毫米 ……………………………………………………………………… **1b. 田野黑麦草 L. temulentum** var. **arvense** Lilj.
1. 颖片短小，长约为小穗之半；颖果成熟后不肿胀，厚约0.5毫米（除疏花黑麦草 *L. remotum*较厚外），长超出宽的3倍。
  3. 外稃无芒；多年生或一年生。
    4. 多年生，花期具分蘖叶 ……………………………………………………… **2. 黑麦草 L. perenne** L.
    4. 一年生，花期不具分蘖叶 ……………………………………………… **3. 疏花黑麦草 L. remotum** Schrank
  3. 外稃有芒；一年生。
    5. 小穗含11 ~ 22小花，侧生穗轴上 ……………………………………… **4. 多花黑麦草 L. multiflorum** Lam.
    5. 小穗含3 ~ 10小花，略微嵌陷于穗轴中 ………………………… **5. 欧黑麦草 L. persicum** Boiss. et Hoh. ex Boiss.

（1）毒麦（辽宁植物志，黑龙江省植物志，东北植物检索表，东北草本植物志，中国植物志，Flora of China）

Lolium temulentum L., Sp. Pl. 83. 1753; 辽宁植物志（下册）: 907. 图版408: 1 ~ 3. 1992; 东北植物检索表（第二版）: 813. 图版414: 6. 1995; 黑龙江省植物志10: 232. 2002; 中国植物志9(2): 293. 图版33: 7. 2002; 东北草本植物志10: 197. 图版87: 1 ~ 3. 2004; Fl. China 22: 243. 2006.

（1a）毒麦（原变种）

Lolium temulentum var. *temulentum*

原产欧洲、中亚等地。辽宁省沈阳等曾有引种。黑龙江省也有记载。

本种为外来入侵植物。主要混生于麦田中，是中国进境植物检疫二类危险性杂草；籽实糊粉层受有毒真菌侵染后产生毒麦碱，人、畜食后均可中毒。茎叶无毒，可作牧草；国外有用其作为恢复植被、防止水土流失和污泥治理材料的研究。

■ 毒麦

花序一部分

植株

植株下部

（1b）田野黑麦草（中国植物志）

Lolium temulentum var. *arvense* Lilj. in Sv. Fl. 80. 1816; The Checklist of the Naturalized Plants in China: 228. 2019.——*Lolium arvense* With. in Nat. Arr. Brit. Pl. ed. 3, 2: 168. 1796; 中国植物志9(2): 292. 图版33: 5. 2002; Fl. China 22: 244. 2006.

原产欧洲、地中海地区、小亚细亚。黑龙江省有分布（地点不详）。

（2）黑麦草（内蒙古植物志，中国植物志，Flora of China）

Lolium perenne L., Sp. Pl. 83. 1753; 内蒙古植物志（第二版）5: 104. 图版45: 1 ~ 4. 1994; 中国植物志9(2): 289. 图版33: 6. 2002; Fl. China 22: 244. 2006.

■ 黑麦草

小穗开花

居群

居群上部

植株

小穗

■ 黑麦草

居群下部

花序一部分

母株（左）与分蘖枝（右）小穗对比

群落

生草甸草场、路旁、湿地。原产欧洲。分布辽宁省大连等地。内蒙古自治区锡林郭勒有栽培。

本种是外来入侵植物，为夏熟农作物的田间杂草和病原寄主，影响夏熟农作物产量和品质；也常混生于草坪，影响草坪美观。可合理利用，食草动物喜食。

（3）疏花黑麦草（新疆植物检索表，中国植物志）

Lolium remotum Schrank in Baier. Fl. 1: 382. 1789; 中国植物志9(2): 292. 图版33: 3. 2002; Fl. China 22: 244. 2006; The Checklist of the Naturalized Plants in China: 227. 2019.

生亚麻田间或路旁。原产俄罗斯西伯利亚、欧洲、地中海地区、小亚细亚。黑龙江省有分布。

（4）多花黑麦草（辽宁植物志，东北植物检索表，东北草本植物志，中国植物志，Flora of China）

Lolium multiflorum Lam. in Fl. France. 3: 621. 1778; 辽宁植物志（下册）: 906. 图版408: 4 ~ 6. 1992; 东北植物检索表（第二版）: 813. 图版414: 7. 1995; 中国植物志9(2): 290. 图版33: 2, 2a. 2002; 东北草本植物志10: 195. 图版87: 4 ~ 6. 2004; Fl. China 22: 244. 2006.

原产欧洲。辽宁省大连、沈阳及内蒙古自治区赤峰等地有栽培。

本种为外来入侵植物，是中国进境植物检疫三类危险性真菌禾谷类晕斑病菌、三类细菌鸭茅蜜穗病菌和牧草细菌性枯萎病菌等病害的寄主之一。可合理利用。其为优良牧草，青饲、青贮、调制青干草和放牧利用；可作为先锋草种或保护草种用于草坪。

■ 多花黑麦草

花序

花序一部分

小穗

（5）欧黑麦草（中国植物志）；欧毒麦（禾本科图说）

Lolium persicum Boiss. et Hoh. ex Boiss. in Diagn. Pl. Or. ser. 1, 13: 66. 1853; 中国植物志9(2): 290. 图版33: 1. 2002; Fl. China 22: 244. 2006; The Checklist of the Naturalized Plants in China: 227. 2019.

生河边、山坡、路旁、盐化草甸土上。原产伊朗、中亚、高加索、帕米尔。辽宁省大连有分布。

本种为外来入侵植物，最早于20世纪引种到中国西北地区，现已对经济、生态或社会等造成危害。可合理利用，食草动物喜食。

■ 欧黑麦草

植株

花序

植株一部分

花序一部分

小穗

小穗开花

小穗侧面观

33 短柄草属 *Brachypodium* Beauv.

Brachypodium Beauv. Ess. Agrost. 100. 1812.

多年生草本，或具长匍匐根状茎。秆直立，节生柔毛。叶片线形，扁平，粗糙或有毛。穗形总状花序顶生，具3～10枚小穗；小穗具短柄，被微毛，单生于穗轴之各节，含三至多数小花，两侧压扁或略呈圆柱形；小穗轴脱节于颖之上和各小花之间，粗糙或生短毛；颖片披针形，纸质，第一颖短小，有3～7脉，第二颖具5～9脉；外稃长圆状披针形，厚纸质，有5～9脉，背部圆形，顶端具短尖头或延伸成直芒；内稃等长或稍短于外稃，脊粗糙或具短纤毛，顶端截平或微凹；雄蕊3枚，花药长线形。颖果狭长圆形，顶端有毛茸，一具腹沟，分离或附着于内稃。

本属全世界约20种；大多分布于欧亚大陆温带地区，以及地中海地区、非洲和美洲热带高海拔山地。中国有7种。东北地区产2种。

分种检索表

1. 植株不具根状茎；外稃具长8～12毫米的芒，芒等长或稍短于其外稃 …… 1. 短柄草 B. sylvaticum (Huds.) Beauv.
1. 植株具发达的根状茎；外稃具长1～3（～5）毫米的短芒，芒短于其外稃 … 2. 羽状短柄草 B. pinnatum (L.) Beauv.

（1）短柄草（中国植物志，Flora of China）；东北短柄草（辽宁植物志，黑龙江省植物志，东北植物检索表，东北草本植物志）

Brachypodium sylvaticum (Huds.) Beauv. in Ess. Agrostogr. 101. 1812; 中国植物志9(2): 383. 图版44: 3. 2002; Fl. China 22: 369. 2006.——*B. manschuricum* Kitag. in J. Jap. Bot. 9: 108, 117. 1933; 辽宁植物志（下册）: 885. 1992; 东北植物检索表（第二版）: 810. 1995; 黑龙江省植物志10: 243. 2002; 东北草本植物志10: 157. 2004.

生山坡。产黑龙江省尚志、五常、海林；辽宁省旅顺口（蛇岛）、长海（獐子岛）等地。

■ 短柄草

花序一部分

花序

植株一部分

（2）羽状短柄草（中国植物志，Flora of China）；兴安短柄草（黑龙江省植物志，内蒙古植物志，东北植物检索表，东北草本植物志）

Brachypodium pinnatum (L.) Beauv., Ess. Agrostogr. 155. 1812; 内蒙古植物志（第二版）5: 114. 图版48. 1994; 黑龙江省植物志10: 244. 2002; 中国植物志9(2): 382. 图版44: 1, 1a. 2002; 东北草本植物志10: 158. 2004; Fl. China 22: 369. 2006; 东北植物检索表（第二版）: 810. 1995.

生云杉林、落叶林或针阔混交林缘，海拔2800～4300米。产黑龙江省尚志、牡丹江、五常；内蒙古自治区巴林右旗、东乌珠穆沁旗、西乌珠穆沁旗等地。

34 雀麦属 *Bromus* L.

Bromus L., Sp. Pl. 76. 1753.

一年生或多年生草本。叶鞘通常闭合；叶片扁平。圆锥花序紧缩或开展；小穗有数至多数小花，顶部小花常发育不全；小穗轴脱节于颖上和各小花之间；颖短于或等于第一小花，顶端尖至成芒状，第一颖具1～5脉，第二颖3～9脉；外稃背部圆或具脊，顶端全缘或有2齿，具5～9脉，稀为3脉，有芒，稀无芒；内稃狭，通常短于外稃，具2脊，脊上生纤毛，或稍粗糙。雄蕊3；子房顶端具毛，花柱生于其下方。颖果线状长圆形，有腹沟，成熟后紧贴于内外稃。

本属全世界约150种，分布于欧洲、亚洲、美洲的温带地区，非洲、亚洲、南美洲热带山地。中国有55种。东北地区产9种1变种，其中栽培1种。

分种检索表

1. 小穗两侧压扁，外稃具7～13脉，中脉显著成脊。
  2. 外稃具11脉，无芒或具长1毫米的芒尖；内稃长为其外稃的1/2……………………**1. 扁穗雀麦 B. catharticus** Vahl.
  2. 外稃具7～13脉，具长约1厘米的芒；内稃约等长于其外稃 ………………**2. 显脊雀麦 B. carinatus** Hook. et Arn.
1. 小穗呈圆筒形或两侧压扁，外稃具5～9脉，背部圆形或中脉成脊。
  3. 一年生，常无地下根状茎；颖具3～9脉，稀1～3脉。
    4. 颖及外稃均有毛 ……………………………………………………………**3. 旱雀麦 B. tectorum** L.
    4. 颖及外稃均无毛 ……………………………………………………………**4. 雀麦 B. japonicus** Thunb.
  3. 多年生，常具地下根状茎；第一颖1脉，第二颖3脉。
    5. 外稃无芒或仅具1～2毫米的短芒。
      6. 外稃（除第一小花外）基部两侧边缘均密被长柔毛；叶鞘通常被茸毛 ……**5. 甘蒙雀麦 B. korotkiji** Drobow
      6. 外稃无毛或基部疏被短柔毛；叶鞘通常无毛 ……………………………**6. 无芒雀麦 B. inermis** Leyss.
    5. 外稃明显具芒，芒长2毫米以上。
      7. 植株具短根状茎；小穗绿色，具黄褐色先端，含6～7小花（**7. 加拿大雀麦 B. ciliatus** L.）。
        8. 花序分枝较长，达15厘米；小穗长15～25毫米；外稃长9～14毫米
        ……………………………………………………………**7a. 加拿大雀麦 B. ciliatus** var. **ciliatus**
        8. 花序分枝较短，长约10厘米；小穗长20～40毫米；外稃长12～15毫米
        ………………………………………**7b. 耐酸草 B. ciliatus var. richardsonii** (Link) Y. Q. Jiang
      7. 植株具长横走根状茎。
        9. 小穗含9～13小花 …………………………………………**8. 紧穗雀麦 B. pumpellianus** Scribn.
        9. 小穗（紫色）含4～8小花 ……………………………………**9. 西伯利亚雀麦 B. sibiricus** Drob.

（1）扁穗雀麦（内蒙古植物志，中国植物志，Flora of China）

Bromus catharticus Vahl. in Symb. Bot. 2: 22. 1791; 内蒙古植物志7: 104. 图版43: 1～4. 1983; 内蒙古植物志（第二版）5: 110. 图版47: 1～4. 1994; 中国植物志9(2): 376. 图版41: 11. 2002; Fl. China 22: 386. 2006.

生山坡荫蔽沟边，常作短期牧草种植。原产美洲。内蒙古自治区有栽培。辽宁省大连、金州有

分布。

本种为外来入侵植物，在中国一些地方已经构成较为严重危害，一方面影响本土生物多样性，侵占农田和景观带后，还影响作物生长和景观效果；另一方面其还是某些农作物病虫害的宿主。

■ 扁穗雀麦

花序

植株

小穗

（2）显脊雀麦（中国植物志，Flora of China）

Bromus carinatus Hook. et Arn. in Bot. Beechey Voy. 403. 1840; 中国植物志9(2): 376. 2002; Fl. China 22: 386. 2006.

分布于欧洲西北部、北美洲。辽宁省金州草坪中有分布。

本种植物营养价值高，适口性好，可饲喂食草动物。

■ 显脊雀麦

植株

花序

花序一部分

（3）旱雀麦（辽宁植物志，内蒙古植物志，东北植物检索表，东北草本植物志，中国植物志，Flora of China）

Bromus tectorum L., Sp. Pl. 77. 1753; 辽宁植物志（下册）: 883. 图版395: 4 ~ 6. 1992; 内蒙古植物志（第二版）5: 111. 图版47: 9 ~ 12. 1994; 东北植物检索表（第二版）: 810. 图版408: 3. 1995; 中国植物志9(2): 356. 图版44: 7. 2002; 东北草本植物志10: 157. 图版67: 4 ~ 6.2004; Fl. China 22: 380. 2006.

生路边草地。产辽宁省大连。内蒙古自治区有栽培。

本种新疆、青海、宁夏、甘肃、陕西、四川、云南、西藏等省区有自然分布，被人无意带入东北地区。可用于饲喂食草动物，茎叶柔软，各种牲畜均喜采食，可刈制干草，也可作青贮料。

■ 旱雀麦

花序一部分

居群

（4）雀麦（辽宁植物志，内蒙古植物志，东北植物检索表，东北草本植物志，中国植物志，Flora of China）；山大麦（俗称）

Bromus japonicus Thunb. in Syst. Veg. ed. 14: 119. 1784; 辽宁植物志（下册）: 883. 图版395: 1 ~ 3. 1992; 内蒙古植物志（第二版）5: 110. 图版47: 5 ~ 8. 1994; 东北植物检索表（第二版）: 810. 图版408: 4. 1995; 中国植物志9(2): 368. 图版41: 4. 2002; 东北草本植物志10: 155. 图版67: 1 ~ 3.2004; Fl. China 22: 383. 2006.

生路旁、草地、沟边。产辽宁省大连、铁岭等地。内蒙古自治区有栽培，有逸生。

果实有止血、止汗、益肝、健脾作用。

■ 雀麦

小穗

果序

花序

植株下部

（5）甘蒙雀麦（中国植物志，Flora of China）；沙地雀麦（内蒙古植物志，中国植物志）

Bromus korotkiji Drobow, Trudy Bot. Muz. Imp. Akad. Nauk. 12: 238. 1914; 中国植物志9(2): 338. 2002; Fl. China 22: 377. 2006.——*Bromus ircutensis* Kom. in Not. Syst. Herb. Horti Petrop. (Bot. Mat.) 2: 130. 1921; 内蒙古植物志（第二版）5: 107. 图版46: 5 ~ 7. 1994; 中国植物志9(2): 345. 图版44: 8. 2002.

生固定和半固定沙丘上，多生小沙丘背风坡、沙丘边缘及流动沙丘上。产内蒙古自治区赤峰。

■ 甘蒙雀麦

植株

花序一部分

花序

（6）无芒雀麦（辽宁植物志，黑龙江省植物志，内蒙古植物志，东北植物检索表，东北草本植物志，中国植物志，Flora of China）

Bromus inermis Leyss. in Fl. Halens. 16. 1761; 辽宁植物志（下册）: 881. 图版394. 1992; 内蒙古植物志（第二版）5: 106. 图版46: 1～4. 1994; 东北植物检索表（第二版）: 810. 图版408: 1. 1995; 黑龙江省植物志10: 241. 图版97: 1～3. 2002; 中国植物志9(2): 343. 图版41: 2. 2002; 东北草本植物志10: 153. 图版66: 1～3. 2004; Fl. China 22: 376. 2006.

生山坡、路旁、沙地。产黑龙江省佳木斯、哈尔滨、密山、尚志、大庆、西部草原、牡丹江、虎林；吉林省公主岭；辽宁省彰武、沈阳；内蒙古自治区额尔古纳、根河、海拉尔、满洲里、牙克石、通辽、科尔沁右翼前旗、阿尔山、巴林右旗、克什克腾旗、宁城等地。

本种是著名优良牧草，营养价值高，产量大，适口性好，利用季节长，耐寒旱，耐放牧，适应性强，为建立人工草场和环保固沙的主要草种，是新疆和北方各地的重要草种。

■ 无芒雀麦

居群

基生叶

■ 无芒雀麦

花序一部分

花序

横走茎

（7）加拿大雀麦（中国植物志，Flora of China）；缘毛雀麦（内蒙古植物志）

Bromus ciliatus L., Sp. Pl. 1: 76. 1753; 内蒙古植物志（第二版）5: 108. 图版46: 8 ~ 10. 1994; Fl. China 22: 376. 2006.——*Bromus canadensis* Michx. in Fl. Bor. Amer. 1: 65. 1803; 中国植物志9(2): 342. 2002.

（7a）加拿大雀麦（原变种）

Bromus ciliatus var. *ciliatus*

生中山带、低湿林地、草甸。产内蒙古自治区额尔古纳、根河、牙克石、阿鲁科尔沁旗、翁牛特旗、克什克腾旗、宝格达山等地。

■ 加拿大雀麦

花序

小穗

稃片腹面观

■ 加拿大雀麦

居群

颖片

（7b）耐酸草（变种）（内蒙古植物志）

Bromus ciliatus var. *richardsonii* (Link) Y. Q. Jiang, 内蒙古植物志7: 104. 1983; 内蒙古植物志（第二版）5: 108. 1994.

生林缘草地及草甸。产辽宁省大连；内蒙古自治区额尔古纳、翁牛特旗等地。

（8）紧穗雀麦（黑龙江省植物志，东北植物检索表，东北草本植物志，Flora of China）；耐酸草（中国植物志）

Bromus pumpellianus Scribn., Bull. Torrey Bot. Club. 15: 9. 1888; 东北植物检索表（第二版）: 810. 图版408: 2. 1995; 黑龙江省植物志10: 241. 图版97: 4 ~ 6. 2002; 中国植物志9(2): 340. 图版41: 5. 2002; 东北草本植物志10: 155. 图版66: 4 ~ 5. 2004; Fl. China 22: 375. 2006.

生中山带草甸、河谷灌丛草地上，海拔1000 ~ 2500米。产黑龙江省伊春、塔河、呼玛、勃利、嫩江、黑河、牡丹江、镜泊湖、宁安、海林；吉林省安图、汪清；内蒙古自治区额尔古纳、根河、牙克石、鄂温克、科尔沁右翼前旗、阿尔山、巴林右旗、翁牛特旗、克什克腾旗等地。

■ 紧穗雀麦

花序

花序一部分

（9）西伯利亚雀麦（内蒙古植物志，中国植物志，Flora of China）

Bromus sibiricus Drob. in Trav. Mus. Bot. Ac. Sc. Petrogr. 12: 229. 1914; 中国植物志9(2): 341. 图版41: 1. 2002; Fl. China 22: 375. 2006; 内蒙古植物志（第三版）6: 113. 2020.

生平原草地。产内蒙古自治区鄂伦春、克什克腾旗。

■ 西伯利亚雀麦

花序

花序一部分

35 扁穗茅属 *Brylkinia* Fr. Schmidt

Brylkinia Fr. Schmidt, Mém. Acad. Imp. Sci. Saint Pétersbourg, sér. 7. 12: 199. 1868.

中型多年生禾草。叶鞘闭合，叶舌膜质，叶片细长扁平。小穗具短柄，下垂，疏松排列为一顶生总状花序；小穗轴于诸花间甚短，并延伸至上部小花之后而成一细柄；小穗柄具关节而使小穗整个脱落；小穗两侧压扁，顶生小花为孕性，下部2～3枚小花仅有空虚的外稃；颖片短于外稃，与不孕外稃均为草质，互相跨覆；不孕外稃顶端渐尖，孕性外稃草质兼厚纸质，先端延伸成长芒，无毛；内稃狭窄，较外稃短而质薄，具极接近的两脊；鳞被2，膜质；雄蕊3枚。子房无毛，花柱极短。颖果狭椭圆形，顶端无毛。

本属仅1种，分布于俄罗斯萨哈林岛（库页岛）、日本、中国东北和西部。

扁穗草（东北植物检索表，东北草本植物志，中国植物志，Flora of China）

Brylkinia caudata (Munro) Fr. Schmidt, Mém. Acad. Imp. Sci. Saint Pétersbourg, sér. 7. 12: 199. 1868; 中国植物志11: 88. 1961; 东北植物检索表（第二版）: 810. 1995; 东北草本植物志10: 151. 图版65: 1～3. 2004; Fl. China 22: 212. 2006.

多年生草本，疏丛生，具短根状茎；叶片质厚，扁平而边缘稍内卷，具横脉；总状花序长15～22厘米，含13～20小穗；穗轴节间角棱粗糙；小穗柄具刺毛；小穗长12～14毫米（芒除外）；颖狭披针形，先端渐尖，革质，脊上粗糙；孕性外稃长10～12毫米，脊之顶端具狭翼，翼缘粗糙，先端延伸成长10～15毫米的芒。多生林下。产吉林省安图（长白山）。

■ 扁穗草

花序一部分

花序

居群

36 水茅属 *Scolochloa* Link

Scolochloa Link, Hort. Bot. Berol. 1: 136. 1827, nom. gen. conserv.

多年生草本，具匍匐根状茎。叶片扁平，无毛。圆锥花序开展，具稍粗糙的分枝；小穗含3～4小花；小穗轴微粗糙，脱节于颖之上及诸小花之间；颖膜质，近相等，顶端撕裂状；第一颖具1～3脉，第二颖具3～5脉，几乎等长于小穗；外稃革质状厚膜质，宽披针形，背部圆，无脊，具5～7脉，顶端常有3枚具短芒的齿，基盘稍尖且较长，具髯毛；内稃具2脊，顶端具2尖齿；鳞被2；雄蕊3。

本属全世界有2种，分布于北半球温带区。中国产1种。东北地区有分布。

水茅（内蒙古植物志，东北植物检索表，东北草本植物志，中国植物志，Flora of China）

Scolochloa festucacea (Willd.) Link, Enum. Pl. 1: 137. 1827; 内蒙古植物志（第二版）5: 65. 图版27. 1994; 东北植物检索表（第二版）: 822. 图版402: 7. 1995; 中国植物志9(2): 332. 图版32: 5～8. 2002; 东北草本植物志10: 138. 图版59: 1～3. 2004; Fl. China 22: 245. 2006.

多年生草本；具长的横走根状茎；秆直立，基部节处生根；叶鞘光滑无毛；叶片扁平，两面平滑，边缘粗糙；圆锥花序；小穗含3～4小花；颖宽披针形，具长尖，具脊；外稃披针形，具5～7脉，无脊，上半部粗糙，顶端常具3齿，且具短芒。生水边、沼泽地。产内蒙古自治区海拉尔、锡林郭勒。

植株可刈割饲用，籽实为鸟食。

37 甜茅属 *Glyceria* R. Br.

Glyceria R. Br. Prodr. Fl. Nov. Holl. 1: 179. 1810, *nom. cons.*

多年生草本，水生或沼生。叶扁平，叶鞘通常闭合。圆锥花序开展或紧缩，分枝三棱形；小穗含三至多数花，两侧扁或稍圆筒形；小穗轴脱节于颖上及各小花之间；颖不等长，膜质，具1脉稀具3脉，比第一外稃短；外稃无芒，背部圆形，具5～11平行脉；内稃与外稃等长，有时稍长。颖果倒卵形至长圆形。

本属全世界约40种，分布于两半球温带地区，亚热带、热带山地也有少量分布。中国有10种1变种。东北地区产4种。

分种检索表

1. 颖锐尖，长3～4.5毫米；外稃长4～5毫米；叶片宽3～5毫米；花序分枝斜开展
……………… **1. 狭叶甜茅 G. spiculosa** (Fr. Schmidt) Rosh.
1. 颖钝或稍尖锐，长不超过3.5毫米；外稃长不超过4毫米；叶片宽常5毫米以上。
  2. 花药长1～2毫米；第二颖长2～3毫米；叶舌长3～6毫米；花序分枝开展或斜展
  ……………… **2. 东北甜茅 G. arundinacea** Kunth
  2. 花药长0.5～0.8毫米；第二颖长1.5～2.5毫米；叶舌长0.5～4毫米。
    3. 叶舌长0.5～1毫米；叶片宽5～10毫米；第二颖长2～2.5毫米；花序密集或疏松开展
    ……………… **3. 假鼠妇草 G. leptolepis** Ohwi
    3. 叶舌长2～4毫米；叶片宽3～8毫米；第二颖长1.5～1.8毫米；花序疏松开展
    ……………… **4. 两蕊甜茅 G.lithuanica** (Gorski) Gorski

（1）狭叶甜茅（辽宁植物志，黑龙江省植物志，内蒙古植物志，东北植物检索表，东北草本植物志，中国植物志，Flora of China）

Glyceria spiculosa (Fr. Schmidt) Rosh. in Fl. Transbaic. 85. 1929; 辽宁植物志（下册）: 874. 图版391: 1～4. 1992; 内蒙古植物志（第二版）5: 63. 图版25. 1994; 东北植物检索表（第二版）: 813. 图版410: 2. 1995; 黑龙江省植物志10: 233. 图版94: 1～4. 2002; 中国植物志9(2): 327. 图版39: 11～16. 2002; 东北草本植物志10: 140. 图版60: 1～4. 2004; Fl. China 22: 215. 2006.

生草甸、湿地、沼泽地。产黑龙江省哈尔滨、嫩江、黑河、富锦、虎林；辽宁省彰武、清原；内蒙古自治区额尔古纳、海拉尔、根河、科尔沁右翼前旗、扎赉特旗、大青沟、科尔沁左翼后旗、西乌珠穆沁旗、正蓝旗等地。

■ 狭叶甜茅

花序

植株一部分

植株

（2）东北甜茅（辽宁植物志，东北植物检索表，黑龙江省植物志，东北草本植物志，中国植物志，Flora of China）；水甜茅（内蒙古植物志）；散穗甜茅（黑龙江省植物志，东北植物检索表，东北草本植物志，中国植物志）

Glyceria arundinacea Kunthin Révis. Gramin. 1: 118. 1829.——*G. triflora* (Korsh.) Kom. in Fl. URSS 2:

758. 1934; 辽宁植物志（下册）: 876. 图版392. 1992; 内蒙古植物志（第二版）5: 63. 图版26: 1 ~ 8. 1994; 东北植物检索表（第二版）: 813. 图版410: 6. 1995; 黑龙江省植物志10: 235. 图版95. 2002; 中国植物志9(2): 325. 图版39: 6 ~ 10. 2002; 东北草本植物志10: 145. 图版61: 1 ~ 4. 2004; Fl. China 22: 215. 2006.——*Glyceria effusa* Kitag. in Bot. Mag. (Tokyo) 51: 152. 1937; 东北植物检索表（第二版）: 813. 图版410: 5. 1995; 黑龙江省植物志10: 235. 2002; 东北草本植物志10: 142. 图版61: 5 ~ 7. 2004.——*Glyceria triflora* var. *effusa* (Kitag.) Z.L.Wu in Fl. Reipubl. Popul. Sin. 9(2): 327 2002; 中国植物志9(2): 327. 2002.

生沼泽、溪边、湿地。产黑龙江省依安、黑河、萝北、宁安、虎林、哈尔滨、玉泉、阿城、集贤、尚志、密山、绥芬河、伊春、呼玛、大庆、塔河、北安；吉林省汪清、靖宇、临江、珲春、磐石、安图、和龙；辽宁省南票、北票、北镇、新宾、清原、桓仁、大连；内蒙古自治区额尔古纳、根河、牙克石、鄂伦春、新巴尔虎右旗、通辽、乌兰浩特、科尔沁右翼前旗、科尔沁右翼中旗、扎赉特旗、扎鲁特旗、克什克腾旗、喀喇沁旗、阿尔山、锡林浩特等地。

■ 东北甜茅

小穗

植株

植株一部分

居群

花序一部分

（3）假鼠妇草（辽宁植物志，黑龙江省植物志，内蒙古植物志，东北植物检索表，东北草本植物志，中国植物志，Flora of China）

Glyceria leptolepis Ohwi in Bot. Mag. (Tokyo) 45: 381. 1931; 辽宁植物志（下册）: 876. 图版391: 5 ~ 7. 1992; 内蒙古植物志（第二版）5: 65. 图版26: 9 ~ 14. 1994; 东北植物检索表（第二版）: 813. 图版410: 3. 1995; 黑龙江省植物志10: 235. 图版94: 5 ~ 7. 2002; 中国植物志9(2): 323. 2002; 东北草本植物志10: 140. 图版60: 5 ~ 7. 2004; Fl. China 22: 214. 2006.

生湿地及沼泽中。产黑龙江省伊春、海林、北安、尚志、阿城、呼玛、嘉荫、新林、黑河；吉林省通化、和龙、珲春、汪清、敦化、安图、抚松；辽宁省西丰、新宾、清原、本溪、普兰店、金州；内蒙古自治区根河、鄂温克、科尔沁右翼前旗、大青沟、克什克腾旗、锡林浩特等地。

■ 假鼠妇草

植株上部

叶与叶舌

植株下部

花序一部分

茎与叶

花序主枝上部粗糙

（4）两蕊甜茅（中国植物志，Flora of China）；细弱甜茅（东北植物检索表，东北草本植物志）

■ 两蕊甜茅

花序

花序一部分

植株

Glyceria lithuanica (Gorski) Gorski, Icon. Bot. Char. Cyper. Gram. Lith. t. 20. 1849; 东北植物检索表（第二版）: 813. 图版410: 4. 1995; 中国植物志9(2): 324. 图版39：1 ~ 5. 2002; 东北草本植物志10: 142. 图版62: 4 ~ 6. 2004; Fl. China 22: 215. 2006.

生海拔600 ~ 1800米的林下、林缘或溪流边。产黑龙江省哈尔滨、海林、尚志；吉林省浑江等地。

38 臭草属 *Melica* L.

Melica L., Sp. Pl. 66. 1753.

多年生草本。叶鞘几乎全部闭合，粗糙或被短毛。叶片扁平或内卷，常粗糙或被短柔毛。顶生圆锥花序紧密呈穗状，总状或开展；小穗柄细长，上部弯曲且被短柔毛，自弯转处折断，与小穗一同脱落；小穗含孕性小花1至数枚，上部1 ~ 3小花退化，仅具外稃，2 ~ 3枚者相互紧包成球形或棒状，脱节于颖之上，并在各小花之间断落；颖膜质或纸质，常有膜质的顶端和边缘，等长或第一颖较短，具1 ~ 5脉；外稃下部革质或纸质，顶端膜质，全缘，齿裂或2裂，具5 ~ 7（~ 9) 脉，背面圆形，无芒，稀有芒；内稃短于外稃，或上部者与外稃等长；雄蕊3。颖果倒卵形或椭圆形，具细长腹沟。

本属全世界约90种，分布于两半球的温带区域或亚热带、热带山区。中国有23种。东北地区产6种1变种。

分种检索表

1. 圆锥花序分枝细长，开展成金字塔形；小穗线状披针形，顶端不育外稃仅1枚，不形成粗棒状及小球形 ······ **1. 广序臭草 M. onoei** Franch. et Sav.

1. 圆锥花序分枝较短或稍长，常紧缩成穗状或总状；小穗广披针形或椭圆形，顶端数枚不育外稃聚集成粗棒状及小球形。

  2. 颖顶端钝或稍尖；外稃背部不具颗粒。

    3. 圆锥花序广而开展；外稃中部以下通常被糙毛 ······ **2. 大臭草 M. turczaninoviana** Ohwi

    3. 圆锥花序狭而呈总状；外稃无糙毛（**3. 大花臭草 M. grandiflora** (Hack.) Koidz.）。

      4. 颖淡绿色或有时带紫色 ······ **3a. 大花臭草 M. grandiflora** var. **grandiflora**

      4. 颖白色而有光泽 ······ **3b. 直穗臭草 M. grandiflora** var. **angyrolepis** (Kom.) S. M. Zhang

  2. 颖顶端尖；外稃背部具颗粒而粗糙。

    5. 两颖明显不等长；第一颖约为第一外稃的1/2 ······ **4. 抱草 M. virgata** Turcz. ex Trin.

    5. 两颖几乎等长；第一颖与第一外稃几乎等长。

      6. 小穗排列紧密 ······ **5. 臭草 M. scabrosa** Trin.

      6. 小穗甚稀疏 ······ **6. 细叶臭草 M. radula** Franch.

（1）广序臭草（中国植物志，Flora of China）；小野臭草（辽宁植物志，东北植物检索表，东北草本植物志）

Melica onoei Franch et Sav. in Enum. Pl. Jap. 2: 603. 1878; 辽宁植物志（下册）: 878. 1992; 东北植物检索表（第二版）: 813. 1995; 中国植物志9(2): 303. 2002; 东北草本植物志10: 146. 2004; Fl. China 22: 218. 2006.

生山沟或林下。辽宁省金州、兴城。

（2）大臭草（辽宁植物志，黑龙江省植物志，内蒙古植物志，东北植物检索表，东北草本植物志，中国植物志，Flora of China）

Melica turczaninowiana Ohwi in Acta Phytotax. Geobot. 1: 142. 1932; 辽宁植物志（下册）: 878. 图版393: 1 ~ 4. 1992; 内蒙古植物志（第二版）5: 58. 图版23: 1 ~ 4. 1994; 东北植物检索表（第二版）: 813. 图版419: 5. 1995; 黑龙江省植物志10: 239. 图版96: 1 ~ 4. 2002; 中国植物志9(2): 309. 图版35: 15 ~ 19. 2002; 东北草本植物志10: 146. 图版63: 1 ~ 4. 2004; Fl. China 22: 220. 2006.

生山地林缘、阴坡草丛中。产黑龙江省伊春、尚志、呼玛、虎林、黑河、萝北、密山、阿城、牡丹江；吉林省洮南；辽宁省大连；内蒙古自治区额尔古纳、根河、牙克石、鄂伦春、鄂温克、科尔沁右翼前旗、扎鲁特旗、扎赉特旗、巴林右旗、克什克腾旗、喀喇沁旗、阿尔山、宁城、东乌珠穆沁旗、西乌珠穆沁旗、锡林浩特等地。

■ 大臭草

植株上部

花序

植株一部分

（3）大花臭草（辽宁植物志，黑龙江省植物志，东北植物检索表，东北草本植物志，中国植物志，Flora of China）；鞘翅臭草（中国植物志）

Melica grandiflora (Hack.) Koidz. in Bot. Mag. (Tokyo) 39: 17. 1925; 中国植物志9(2): 310. 2002; Fl. China 22: 220. 2006.——*M. nutans* L., Sp. Pl. 66. 1753; 东北植物检索表470. 1959; 辽宁植物志（下册）: 880. 图版393: 5 ~ 6. 1992; 东北植物检索表（第二版）: 813. 图版419: 6. 1995; 黑龙江省植物志10: 239. 图版96: 5 ~ 12. 2002; 东北草本植物志10: 147. 图版63: 5 ~ 6. 2004.——*M. komarovii* Luczn. in Bull. Acad. sci. URSS 31: 124. f. 2. 1938; 中国植物志9(2): 310. 图版36: 5 ~ 6. 2002.

（3a）大花臭草（原变种）

Melica grandiflora var. *grandiflora*

生林下。产黑龙江省伊春、尚志、嘉荫、带岭；吉林省桦甸、安图；辽宁省沈阳、绥中、西丰、清原、新宾、本溪、桓仁、凤城；内蒙古自治区科尔沁右翼前旗等地。

■ 大花臭草

小穗开花

花序一部分

居群

花序

（3b）直穗臭草（变种）（辽宁植物志，黑龙江省植物志，东北植物检索表，东北草本植物志）

Melica grandiflora var. *angyrolepis* (Kom.) S. M. Zhang, 东北维管束植物考: 198. 2021.——*M. nutans* L. var. *argyrolepis* Kom. in Trudy Imp. S.–Peterburgsk. Bot. Sada 20: 298. 1901; 辽宁植物志（下册）: 880. 1992; 东北植物检索表（第二版）: 813. 1995; 黑龙江省植物志10: 240. 2002.东北草本植物志10: 147. 2004.

生林下或路旁。黑龙江省阿城、虎林、伊春、尚志、牡丹江；吉林省桦甸、抚松、集安、敦化、安图、临江；辽宁省本溪、鞍山、北镇、沈阳、绥中、盖州、开原、凤城；内蒙古自治区阿尔山等地。

（4）抱草（内蒙古植物志，东北植物检索表，东北草本植物志，中国植物志，Flora of China）

Melica virgata Turcz. ex Trin., Mém. Acad. Imp. Sci. St.–Pétersbourg, Sér. 6, Sci. Math. 1: 369. 1831; 内蒙古植物志（第二版）5: 59. 图版24: 7 ~ 12. 1994; 中国植物志9(2): 308. 图版35: 9 ~ 14. 2002; 东北草本植物志10: 147. 图版63: 7. 2004; Fl. China 22: 221. 2006; 东北植物检索表（第二版）: 816. 图版419: 7. 1995.

生海拔1000 ~ 3900米的山坡草地、阳坡多砾石处或沟底路旁。产辽宁省建昌；内蒙古自治区翁牛特旗、阿鲁科尔沁旗、巴林右旗、克什克腾旗、喀喇沁旗、锡林浩特、镶黄旗等地。

■ 抱草

花序

花序一部分

植株上部

植株一部分

（5）臭草（辽宁植物志，黑龙江省植物志，内蒙古植物志，东北植物检索表，东北草本植物志，中国植物志，Flora of China）

Melica scabrosa Trin. in Enum. Pl. China Bor. 72. 1833; 辽宁植物志（下册）: 880. 1992; 内蒙古植物志（第二版）5: 61. 图版24: 1～6. 1994; 东北植物检索表（第二版）: 816. 1995; 黑龙江省植物志10: 237. 图版96: 13～15. 2002; 中国植物志9(2): 305. 图版35: 1～5. 2002; 东北草本植物志10: 149. 2004; Fl. China 22: 221. 2006.

■ 臭草

花蕾期

果序一部分

花期

■ 臭草

花序

居群

茎

生山野或田边。产黑龙江省黑河、尚志、阿城、牡丹江；吉林省双辽；辽宁省沈阳、抚顺、铁岭、鞍山、北镇、建昌、盖州、大连、长海；内蒙古自治区满洲里、克什克腾旗、喀喇沁旗等地。

嫩时可作饲草。全草有利水通淋、清热作用。

（6）细叶臭草（禾本科图说，东北草本植物志，中国植物志，Flora of China）

Melica radula Franch. in Pl. Dsavid. 1: 336. 1884. et in Nour. Arch. Mus. Hist. Nat. Paris Ⅱ. 7: 1146. 1884; 中国主要植物图说•禾本科245, 图198. 1959; 中国高等植物图鉴5: 55. 1976; 秦岭植物志1(1): 93. 1976; 内蒙古植物志7: 56, 图版21. 图13 ~ 18. 1983; 中国植物志9(2): 305. 图版35: 1 ~ 5. 2002; 东北草本植物志10: 149. 2004; Fl. China 22: 221. 2006.——*Melica scabrosa* var. *radula* (Franch.) Papp in Acad. Rom. Memor. Sect. Stiintif. ser. 3, Tom. 12: 237. 1937; 东北草本植物志10: 149. 2004.

生沙质土沟边、石沙质土山坡或田野、路旁。据《东北草本植物志》，本种产地和分布区同臭草。待调查核实。

39 裂稃茅属 *Schizachne* Hack.

Schizachne Hack. in Fedde, Repert. Nov. Sp. 7: 322. 1909.

多年生草本，具短根茎；叶鞘闭合或部分闭合；叶片扁平或稍纵卷。顶生总状圆锥花序紧缩或稍开展，具粗糙的分枝；小穗含3 ~ 5小花，小穗轴粗糙，脱节于颖以上及各小花之间；颖膜质，不相等，宽披针形，短于第一小花，顶端锐尖或钝头，第一颖较小，具1 ~ 3脉，第二颖具5脉；外稃草质兼硬纸质，具7脉，沿脉粗糙，顶端有2个尖锐的齿，背部具直立或向外反折的芒，其芒长于稃体；基盘短钝，密被柔毛；内稃短于外稃，具2脊，脊上有柔软纤毛；雄蕊3；子房顶端无毛，花柱顶生。颖果长圆形，与内外稃分离。

本属全世界仅1种，分布于东亚至俄罗斯的欧洲部分和北美洲东部。东北地区产1亚种。

紫裂稃茅（新拟）

Schizachne purpurascens Swallen, J. Wash. Acad. Sci. 18: 204. 1928.

（a）紫裂稃茅（原亚种）

Schizachne purpurascens subsp. *purpurascens*

中国不产。

（b）裂稃茅（亚种）（黑龙江省植物志，东北植物检索表，东北草本植物志，中国植物志，Flora of China）

Schizachne purpurascens subsp. *callosa* (Turcz. ex Griseb.) T. Koyama & Kawano in Canad. J. Bot. 42: 862

1964; 黑龙江省植物志10: 240. 2002; Fl. China 22: 223. 2006.——*Schizachne callosa* (Turcz. ex Griseb.) Ohwi in Acta Phytotax. Geobot. 2: 279 1933; 中国植物志9(2): 87. 图版32: 14 ~ 17. 2002; 东北草本植物志10: 149. 图版64: 1 ~ 4. 2004; 东北植物检索表（第二版）: 822. 图版408: 6. 1995.

多年生草本；秆细弱，丛生；叶片线形，通常卷折，下面具横脉，上面生微柔毛；圆锥花序多成总状，通常具4 ~ 6小穗，伸展与主轴贴生；小穗含4 ~ 5小花；颖卵状披针形，顶端急尖，具宽膜质边缘；外稃披针形，具狭膜质边缘，顶端2浅裂或微凹陷，具7脉，芒直伸，粗糙。生阔叶针叶林的林下或路旁。产黑龙江省伊春、尚志、宁安、阿城；吉林省临江、抚松、安图；内蒙古自治区牙克石、科尔沁右翼前期、阿尔山、巴林右旗、克什克腾旗等地。

40 沿沟草属 *Catabrosa* Beauv.

Catabrosa Beauv. Ess. Agrost. 97, Pl. 19. f. 8. 1812.

多年生草本，常具匍匐地面或沉水的茎。叶鞘闭合达1/2 ~ 3/4；叶片线形，扁平且柔软，无毛。圆锥花序密集或疏展，分枝光滑；小穗含（1 ~ ）2（ ~ 3）小花，小穗轴光滑无毛，每个小花下具关节；颖膜质，不等长，近圆形至宽卵形，均短于小花，脉不清晰，顶端截平或呈蚀齿状；外稃草质，宽卵形至长圆形，顶端钝，干膜质，无芒，具3条明显的脉；基盘短，光滑无毛；内稃约等长于外稃，具2脊，平滑无毛；鳞被2; 雄蕊3。颖果的种脐宽椭圆形，短。

本属全世界2种，主要分布于欧亚大陆的温带地区。中国有2种1变种。东北地区产1种。

沿沟草（内蒙古植物志，中国植物志，Flora of China）

Catabrosa aquatica (L.) Beauv. in Ess. Agrost. 97, t. 19. f. 8. 1812; 内蒙古植物志（第二版）5: 67. 图版28. 19945; 中国植物志9(2): 281. 图版31: 1 ~ 4. 2002; Fl. China 22: 314. 2006.

多年生直立草本。秆质地柔软，基部有横卧或斜升的长匍匐茎，于节处生根。叶鞘闭合达中部，松弛而光滑；叶舌透明膜质，顶端钝圆，长2 ~ 5毫米；叶片柔软，扁平，长5 ~ 20厘米，宽4 ~ 8毫米，两面光滑无毛。圆锥花序开展；小穗柄长于0.5毫米；小穗绿色、褐绿色或褐紫色，含1 ~ 3小花。生河旁、池沼及水溪边。产内蒙古自治区兴安北部、呼伦贝尔、克什克腾旗、兴安南部。

■ 沿沟草

植株上部

植株下部

花序一部分

41 碱茅属 *Puccinellia* Parl.

Puccinellia Parl. Fl. Ital. 1: 366. 1848, *nom. cons.*

多年生直立草本。秆丛生。叶鞘平滑无毛；叶舌膜质；叶片线形，内卷粗糙或平滑无毛。圆锥花序开展或紧缩；小穗含2～8小花，两侧稍压扁或圆筒形；小穗轴无毛，脱节于颖之上与各小花之间；小花覆瓦状排成2列；颖披针形至宽卵形，纸质，不等长，均短于第一小花，顶端钝或尖，常为干膜质，第一颖较小，具1（～3）脉，第二颖具3脉；外稃长圆形、披针形或卵形，纸质，背部圆形，有平行的5脉，顶端钝或稍尖，膜质，具缘毛或不整齐的细齿裂，背部无毛或下部脉与脉间与基部两侧生短柔毛；内稃等长或稍短于其外稃；鳞被2，常2裂；雄蕊3，较小。颖果小，长圆形，无沟槽，与内外稃分离。

本属全世界约200种。分布于北半球温寒带。中国有50种。东北地区产10种。

分种检索表

1. 花药长0.3～0.8毫米。
  2. 小穗含2～4小花。
    3. 小穗含3～4小花，长4～6毫米；外稃长2.5～3.5毫米；花药长约0.8毫米 …… **1. 日本碱茅 P. nipponica** Ohwi
    3. 小穗含2～3小花，长2.5毫米；外稃长1.5～1.9毫米；花药长约0.5毫米 …**2. 微药碱茅 P. micrandra** (Keng) Keng
  2. 小穗含（5～）6～8小花。
    4. 第二颖长约1.2毫米；外稃先端钝圆形；花药长0.3～0.6毫米 … **3. 鹤甫碱茅 P. hauptiana** (V. Krecz.) V. Krecz.
    4. 第二颖长约1.4毫米；外稃先端钝或截平；花药长0.5～0.8毫米 …………………… **4. 碱茅 P. distans** (L.) Parl.
1. 花药长0.8～2.1毫米。
  5. 外稃无毛；小穗含2～4小花。
    6. 叶宽0.3～1毫米；花序分枝光滑；植株高20～30厘米 ……………………**5. 线叶碱茅 P. filifolia** (Trinius) Tzvelev
    6. 叶宽1～3毫米；花序分枝粗糙；植株高30～60厘米 ……… **6. 星星草 P. tenuiflora** (Griseb.) Scribn. et Merr.
  5. 外稃有毛，至少基部有毛；小穗含3～6小花，常为紫色。
    7. 外稃长2.5～3毫米。
      8. 花药长1.6～2.1毫米 ……………………………………………………… **7. 大药碱茅 P. macranthera** Krecz.
      8. 花药长1.3～1.8毫米 ………………………………………………………………**8. 热河碱茅 P. jeholensis** Kitag.
    7. 外稃长1.8～2毫米。
      9. 小穗长4～7毫米，含4～7小花；花药长1.2～1.5毫米 ……………………… **9. 朝鲜碱茅 P. chinampoensis** Ohwi
      9. 小穗长3～4毫米，含3～5小花；花药长0.8～1.3毫米 …………………… **10. 柔枝碱茅 P. manchuriensis** Ohwi

（1）日本碱茅（内蒙古植物志，中国植物志，Flora of China）

Puccinellia nipponica Ohwi in Bot. Mag. Tokyo 45: 379. 1931; 中国植物志9(2): 271. 2002; Fl. China 22: 254. 2006; 内蒙古植物志（第三版）6: 104. 2020.

生海岸沙石地、盐地、当涨潮时海水泥滥淹没的草地。产内蒙古自治区满洲里南部。辽宁也有记载。

（2）微药碱茅（辽宁植物志，黑龙江省植物志，东北植物检索表，东北草本植物志，中国植物志，Flora of China）

Puccinellia micrandra (Keng) Keng in Bull. Bot. Res., Harbin 14: 140. 1994; 辽宁植物志（下册）: 903.

■ 微药碱茅

花序一部分

居群

图版406: 1 ~ 4. 1992; 东北植物检索表（第二版）: 818. 图版414: 4. 1995; 黑龙江省植物志10: 265. 图版108: 1 ~ 4. 2002; 中国植物志9(2): 273. 图版29: 12. 2002; 东北草本植物志10: 192. 图版86: 1 ~ 4. 2004; Fl. China 22: 256. 2006.

生水边湿地、草丛。产黑龙江省哈尔滨、黑河、肇东、牡丹江；吉林省镇赉；辽宁省大连、长海；内蒙古自治区额尔古纳、科尔沁右翼前旗、阿尔山等地。

为盐碱地的优良牧草。

（3）鹤甫碱茅（辽宁植物志，黑龙江省植物志，内蒙古植物志，东北植物检索表，东北草本植物志，中国植物志，Flora of China）

Puccinellia hauptiana (V. Krecz.) V. Krecz. in Rep. Inst. Sci. Res. Manchoukuo 1: 255. 1937; 辽宁植物志（下册）: 906. 图版406: 5 ~ 8. 1992; 内蒙古植物志（第二版）5: 100. 图版44: 1 ~ 4. 1994; 东北植物检索表（第二版）: 818. 图版414: 5. 1995; 黑龙江省植物志10: 268. 图版108: 5 ~ 8. 2002; 中国植物志9(2): 273. 图版29: 2. 2002; 东北草本植物志10: 195. 图版86: 5 ~ 8. 2004; Fl. China 22: 255. 2006.

生河边、湿地及盐碱地。产黑龙江省哈尔滨、黑河、呼玛、安达、肇源、肇东、林甸、龙江、嫩江；吉林省磐石、双辽、镇赉；辽宁省铁岭、沈阳、北镇、金州、普兰店、大连、宽甸、绥中等地；内蒙古自治区额尔古纳、海拉尔、牙克石、鄂伦春、阿尔山、通辽、克什克腾旗、锡林浩特、正蓝旗

■ 鹤甫碱茅

花序一部分

花序

植株下部

等地。

各种家畜喜食的牧草，也是盐碱地改良的好草种。

（4）碱茅（内蒙古植物志，中国植物志，Flora of China）

Puccinellia distans (L.) Parl. in Fl. Ital. 1: 367. 1848; 内蒙古植物志（第二版）5: 100. 图版44: 5 ~ 8. 1994; 中国植物志9(2): 275. 图版28: 2. 2002; Fl. China 22: 255. 2006.

生轻度盐碱性湿润草地、田边、水溪、河谷、低草甸盐化沙地。产内蒙古自治区锡林浩特。

家畜喜食的牧草。

（5）线叶碱茅（内蒙古植物志，Flora of China）

Puccinellia filifolia (Trinius) Tzvelev, Novosti Sist. Vyssh. Rast. 1964: 18. 1964; Fl. China 22: 250. 2006; 内蒙古植物志（第三版）6: 99. 2020.

生草原带的盐化沙地。产内蒙古自治区海拉尔。

（6）星星草（黑龙江省植物志，内蒙古植物志，东北植物检索表，东北草本植物志，中国植物志，Flora of China）

Puccinellia tenuiflora (Griseb.) Scribn. et Merr. in Contr. U. S. Natl. Herb. 13: 78. 1910; 内蒙古植物志（第

■ 星星草

植株一部分

植株上部

花序一部分

叶与叶舌

植株下部

植株上部

二版）5: 100. 图版43: 1 ~ 4. 1994; 东北植物检索表（第二版）: 818. 图版414: 2. 1995; 黑龙江省植物志10: 265. 图版107: 5 ~ 8. 2002; 中国植物志9(2): 242. 图版28: 10, 10a. 2002; 东北草本植物志10: 190. 图版84: 1 ~ 4. 2004; Fl. China 22: 250. 2006.

生草原盐化湿地、固定沙滩、沟旁渠岸草地上。产黑龙江省哈尔滨、安达、肇东、肇源、肇州、大庆、林甸、四方山；吉林省白城、双辽；辽宁省北镇；内蒙古自治区额尔古纳、海拉尔、满洲里、鄂温克、科尔沁右翼前旗、科尔沁右翼中旗、扎赉特旗、科尔沁左翼后旗、翁牛特旗、敖汉旗、巴林右旗、锡林浩特、苏尼特右旗、正蓝旗、多伦等地。

茎叶含蛋白质较高，是家畜和骆驼喜食的优良牧草。

（7）大药碱茅（内蒙古植物志，中国植物志，Flora of China）

Puccinellia macranthera Krecz. in Kom. Fl. URSS 2: 471, 758. 1934; 内蒙古植物志（第二版）5: 102. 图版43: 5 ~ 8. 1994; 中国植物志9(2): 261. 图版30: 7. 2002; Fl. China 22: 249. 2006.

生盐化低湿地。产吉林省通榆；内蒙古自治区科尔沁右翼中旗、锡林浩特。

（8）热河碱茅（内蒙古植物志，中国植物志，Flora of China）；长稃碱茅（东北植物检索表，东北草本植物志）

Puccinellia jeholensis Kitag., Rep. First Sci. Exped. Manchoukuo, Sect. Ⅳ. 4: 102. 1936; 东北植物检索表（第二版）: 818. 图版414: 3. 1995; 中国植物志9(2): 261. 图版28: 9. 2002; 东北草本植物志10: 190. 图版84: 5 ~ 7.2004; Fl. China 22: 249. 2006; 内蒙古植物志（第三版）6: 100. 2020.

生湖边沉积土或缓坡沙地、盐化低湿草甸。产吉林省双辽、镇赉；辽宁省北镇、长海；内蒙古自治区海拉尔、满洲里、新巴尔虎右旗、新巴尔虎左旗、科尔沁右翼中旗等地。

为牲畜、绵羊、骆驼等喜食的牧草。

■ 热河碱茅

植株

花序一部分

小穗

（9）朝鲜碱茅（辽宁植物志，黑龙江省植物志，内蒙古植物志，东北植物检索表，东北草本植物志，中国植物志，Flora of China）

Puccinellia chinampoensis Ohwi in Acta Phytotax. Geobot. 4: 31. 1935; 辽宁植物志（下册）: 905. 图版407. 1992; 东北植物检索表（第二版）: 818. 图版414: 1. 1995; 黑龙江省植物志10: 268. 图版107: 1 ~ 4. 2002; 中国植物志9(2): 265. 图版29: 9. 2002; 东北草本植物志10: 192. 图版85: 1 ~ 4. 2004; Fl. China 22: 249. 2006; 内蒙古植物志（第三版）6: 103. 2020.

生较湿润的盐碱地、滨海的盐渍土上。产黑龙江省安达、肇东、大庆；吉林省双辽、通榆、洮南、

■ 朝鲜碱茅

花序一部分

花序

植株

镇赉、白城；辽宁省北镇、长海、营口；内蒙古自治区满洲里、鄂温克、克什克腾旗、海拉尔、阿尔山、牙克石、新巴尔虎右旗、乌兰浩特等地。

分蘖多，叶量大，茎叶柔嫩，适口性好，消化率高，牛、马、羊和猪喜食。

（10）柔枝碱茅（江苏植物志，内蒙古植物志，中国植物志，Flora of China）；东北碱茅（大连地区植物志）

Puccinellia manchuriensis Ohwi in Acta Phytotax. Geobot. (Kyoto) 4: 31. 1935; 大连地区植物志下册: 844. 图1122. 1982; 中国植物志9(2): 267. 2002; Fl. China 22: 250. 2006; 内蒙古植物志（第三版）6: 103. 2020.

生河边湿地、沙质海涂、盐土草甸。产黑龙江省萨尔图；吉林省安图、白城；内蒙古满洲里。

42 鸭茅属 *Dactylis* L.

Dactylis L., Sp. Pl. 71. 1753.

多年生草本。具开展或紧缩的圆锥花序；小穗仅含2至数花，两侧压扁，几乎无柄，紧密排列于圆锥花序分枝上端之一侧；小穗轴无毛，脱节于颖片之上及各小花之间；颖几乎相等，短于第一小花，具1～3脉，顶端尖或渐尖；外稃硬纸质，具5脉，顶端具短芒，脊粗糙或具纤毛；内稃短于外稃，脊具纤毛；雄蕊3枚，花柱顶生分离。颖果长圆而略呈三角形。

本属全世界仅1种，分布于欧亚大陆温带和北非。中国有分布。东北地区有栽培。

鸭茅（辽宁植物志，东北植物检索表，东北草本植物志，中国植物志，Flora of China）

Dactylis glomerata L., Sp. Pl. 71. 1753; 辽宁植物志（下册）: 885. 图版396. 1992; 东北植物检索表（第二版）: 812. 图版411: 1. 1995; 中国植物志9(2): 89. 图版13: 15～17. 2002; 东北草本植物志10: 158. 图版68: 1～6.2004; Fl. China 22: 310. 2006.

多年生草本；叶鞘无毛，通常闭合达中部以上；叶舌薄膜质，顶端撕裂；叶片扁平，长10～30厘米，宽4～8毫米；圆锥花序长5～15厘米，小穗密集；小穗长5～9毫米，含2～5小花；颖几等长；外稃与小穗近等长，顶端具1毫米的短芒；颖果长圆而略呈三角形。生山坡、草地及林下。辽宁省大连、沈阳、鞍山等地有栽培，有逃逸。

本种春季发芽早，生长繁茂，至晚秋尚青绿，含丰富的脂肪、蛋白质，为优良牧草，但适于抽穗前收割，花后质量降低。

■ 鸭茅

植株

花序一部分

花序

43 羊茅属 *Festuca* L.

Festuca L., Sp. Pl. 1: 73. 1753.

多年生草本。叶片扁平、对折或纵卷；叶舌膜质或革质；叶鞘开裂或新生枝叶鞘闭合但不达顶部。圆锥花序开展或紧缩，含多数小花，顶花常发育不全；小穗轴微粗糙或平滑，脱节于颖之上或诸小花之间；颖短于第一外稃，顶端钝或渐尖，第一颖较小，具1脉，第二颖具3脉；外稃背部圆形或略成圆形，光滑或微粗糙或被毛，草质兼硬纸质，具狭膜质的边缘，顶端或其裂齿间具芒或无芒，具5脉，脉常不明显；内稃等长或略短于外稃，脊粗糙或近于平滑；雄蕊3；子房顶端平滑或被毛。颖果长圆形或线形，腹面具沟槽或凹陷，分离或附着于内稃。

本属全世界约有450种，分布于全世界的温寒地带、温带及热带的高山地区。中国有55种。东北地区产15种1亚种，其中栽培1种。

分种检索表

1. 叶片扁平，宽3毫米以上；植株高大。
  2. 植株不具根茎；外稃顶端无芒或具长约0.5毫米的短尖；叶鞘下部粗糙 …… **1. 苇状羊茅 F. arundinacea** Schreb.
  2. 植株具根茎。
    3. 外稃无芒或具短尖；叶基部具镰状弯曲且边缘具短纤毛的叶耳 …………… **2. 草甸羊茅 F. pratensis** Huds.
    3. 外稃具长4～8毫米的芒；叶无叶耳 …………………………… **3. 远东羊茅 F. extremiorientalis** Ohwi
1. 叶片内卷或对折，宽3毫米以下；植株通常矮小。
  4. 栽培；叶蓝绿色且具银白霜 ………………………………………… **4. 蓝羊茅 F. glauca** Vill.
  4. 野生；叶多为绿色。
    5. 大多数小穗具珠芽 ………………………………………… **5. 珠芽羊茅 F. vivipara** (L.) Smith
    5. 大多数小穗无珠芽。

（接上表）

6. 外稃无芒或具1毫米以下短芒。
 7. 秆疏丛生；小穗绿色或带紫色；内稃沿脊具短刺 ……………………………… **6. 雅库羊茅 F. jacutica** Drob.
 7. 秆密丛生。
  8. 叶宽1～2毫米；雌雄异株；圆锥花序疏松，分枝粗糙；小穗含3～5花，淡绿色带褐色 ……………………………………………………………………… **7. 西伯利亚羊茅 F.sibirica** Hack. ex Boiss.
  8. 叶宽（0.6）0.8～1毫米；雌雄同株；圆锥花序较紧密，分枝边缘具纤毛，其余平滑；小穗含4～6花，淡绿色或淡紫色，成熟后淡褐色（**8. 达乌里羊茅 F. dahurica** (St.–Yves) V. I. Krecz. & Bobrov）。
   9. 株高30～60厘米；叶片宽0.8～1毫米；花序长6～8厘米；外稃长4.5～5.5毫米；花药长2.5～3毫米 ………………………………………………………… **8a. 达乌里羊茅 F. dahurica** subsp. **dahurica**
   9. 植株较矮小；叶片宽小于0.6毫米；花序长3～5厘米；外稃长4～5毫米；花药长约2毫米 ………………… **8b. 蒙古羊茅 F. dahurica subsp. mongolica** (Chang et Skv.) Sh. R. Liou et Ma
6. 外稃具长1毫米以上的芒。
 10. 植株常具地下根状茎；叶鞘闭合达鞘口……………………………………………………**9. 紫羊茅 F. rubra** L.
 10. 植株常无地下根状茎；叶鞘闭合常不超过1/2。
  11. 颖或外稃具纤毛或柔毛。
   12. 秆在花序下密被短毛 ……………………………………………… **10. 高山羊茅 F. auriculata** Drob.
   12. 秆光滑或仅在花序下具微毛。
    13. 叶舌撕裂状，长约1毫米；花序分枝被短毛，自基部即生小穗；小穗淡绿色，成熟后草黄色 …………………………………………………… **11. 东亚羊茅 F. litvinovii** (Tzvel.) E. Alexeev
    13. 叶舌截平，长约0.2毫米；花序分枝粗糙，离开基部生小穗；小穗淡绿色或紫红色 …………………………………………………………………………… **12. 羊茅 F. ovina** L.
  11. 颖及外稃无毛或具微毛。
   14. 花序下秆具柔毛；花序长2～5厘米；小穗长6～8毫米，外稃长3.5～4.5毫米 …………………………………………………………………………… **13. 矮羊茅 F. arioides** Lam.
   14. 花序下秆光滑或略微粗糙。
    15. 花序长4.5～8厘米；小穗长7～8毫米；外稃长4～5毫米，芒长2～3毫米；花药长约2毫米 …………………… **14. 沟叶羊茅 F. valesiaca subsp. sulcata** (Hackel) Schinz & R. Keller
    15. 花序长约3厘米；小穗长10毫米；外稃长6毫米，芒长3～4毫米；花药长约2.5毫米 ……………………………………………… **15. 假沟羊茅 F. mollissima** V. I. Krecz. & Bobrov.

（1）苇状羊茅（内蒙古植物志，中国植物志，Flora of China）

Festuca arundinacea Schreb. in Spicil. Fl. Lips. 57. 1771; 中国植物志9(2): 45. 2002; Fl. China 22: 233. 2006; The Checklist of the Naturalized Plants in China: 224. 2019; 内蒙古植物志（第三版）6: 72. 2020.

生河谷阶地、灌丛、林缘等潮湿处。分布于欧亚大陆温带地区。辽宁省大连市有栽培，也有逃逸。黑龙江省、吉林省、内蒙古自治区也有记录（地点不详）。

常作为优良地被植物引进，也可以作为牧草，青饲、青贮、调制青干草和放牧利用均可。

■ 苇状羊茅

植株

植株下部

花序一部分

花序

（2）草甸羊茅（辽宁植物志，黑龙江省植物志，东北植物检索表，东北草本植物志，中国植物志，Flora of China）

Festuca pratensis Huds. in Fl. Angl. 37. 1762; 辽宁植物志（下册）: 901. 图版404: 4 ~ 6. 1992; 东北植物检索表（第二版）: 812. 图版409: 4. 1995; 黑龙江省植物志10: 260. 图版105: 4 ~ 6. 2002; 中国植物志9(2): 44. 图版5: 9 ~ 11. 2002; 东北草本植物志10: 179. 图版78: 4 ~ 6. 2004; Fl. China 22: 233. 2006.

生山坡草地、河谷、水渠边。原产欧洲。分布黑龙江省哈尔滨、佳木斯、伊春、阿城、尚志、虎林、密山、汤原；吉林省磐石、靖宇、抚松、白山；辽宁省沈阳、清原、本溪、凤城等地。

（3）远东羊茅（辽宁植物志，黑龙江省植物志，内蒙古植物志，东北植物检索表，东北草本植物志，中国植物志，Flora of China）

Festuca extremiorientalis Ohwi in Bot. Mag. (Tokyo) 45: 194. 1931; 辽宁植物志（下册）: 901. 图版404: 1 ~ 3. 1992; 内蒙古植物志（第二版）5: 70. 图版29. 1994; 东北植物检索表（第二版）: 812. 图版409: 3. 1995; 黑龙江省植物志10: 260. 图版105: 1 ~ 3. 2002; 中国植物志9(2): 49. 2002; 东北草本植物志10: 179. 图版78: 1 ~ 3.2004; Fl. China 22: 232. 2006.

生林下、山谷、河边草丛中。产黑龙江省牡丹江、肇州、哈尔滨、伊春、尚志、阿城、密山、汤原；吉林省白山、磐石、抚松、靖宇、吉林、安图、汪清、长白；辽宁省庄河、沈阳、凤城、宽甸、本

■ 远东羊茅

花序

花序一部分

■ 远东羊茅

植株

植株一部分

溪、桓仁、清原、建昌、北镇；内蒙古自治区牙克石、科尔沁右翼前旗、科尔沁左翼后旗、阿尔山、巴林右旗等地。

（4）蓝羊茅（植物智网站）

Festuca glauca Vill., Hist. Pl. Dauphiné (Villars) 2: 99. 1787.

辽宁省大连园林有栽培，品种多为埃丽蓝羊茅Festuca glauca‘Elijah Blue’。

为观赏草，多用于布置花境，也可用于花坛、花带的镶边植物，也可丛植于园路边或一隅观赏。

■ 蓝羊茅

花序

植株下部

植株

花序一部分

（5）珠芽羊茅（东北植物检索表，东北草本植物志）

Festuca vivipara (L.) Smith in Comp. Fl. Brit. 1: 114 1800; 东北植物检索表（第二版）: 812. 图版409: 11. 1995; 东北草本植物志10: 181. 图版79: 1 ~ 2. 2004.

生高山冻原。产吉林省安图、长白。

（6）雅库羊茅（黑龙江省植物志，内蒙古植物志，东北植物检索表，东北草本植物志，中国植物志，Flora of China）

Festuca jacutica Drob., Trudy Bot. Muz. Imp. Akad. Nauk. 14: 163. 1915; 内蒙古植物志（第二版）5: 72. 图版31: 1 ~ 4. 1994; 东北植物检索表（第二版）: 812. 图版409: 10. 1995; 黑龙江省植物志10: 262. 2002; 中国植物志9(2): 75. 图版11: 1 ~ 3. 2002; 东北草本植物志10: 184. 图版79: 4 ~ 6.2004; Fl. China 22: 235. 2006.

生林下、林缘、山坡、高山草地、草甸等处。产黑龙江省黑河、牡丹江、嫩江、双山、海伦、北安、哈尔滨、双鸭山、尚志；内蒙古自治区牙克石、扎兰屯等地。

（7）西伯利亚羊茅（Flora of China）；银穗草（内蒙古植物志，东北植物检索表，东北草本植物志，中国植物志）

Festuca sibirica Hack. ex Boiss. in Fl. Orient. 5: 626. 1884; Fl. China 22: 230. 2006.——*Leucopoa albida* (Turcz.) Krecz. & Bobrov in Fl. URSS 2: 495. 1934; 内蒙古植物志（第二版）5: 79. 图版34. 1994; 东北植物检索表（第二版）: 813. 图版409: 12. 1995; 中国植物志9(2): 229. 图版8: 1 ~ 4; 25: 4. 2002; 东北草本植物志10: 177. 图版77: 1 ~ 3.2004.

生云杉林缘、山坡草原。产内蒙古自治区额尔古纳、满洲里、扎兰屯、科尔沁右翼前旗、突泉、翁牛特旗、巴林左旗、巴林右旗、阿鲁科尔沁旗、克什克腾旗、阿尔山、通辽、东乌珠穆沁旗、锡林浩特、宝格达山等地。

■ 西伯利亚羊茅

植株

花序

花序一部分

植株下部

（8）达乌里羊茅（辽宁植物志，内蒙古植物志，东北植物检索表，东北草本植物志，中国植物志，Flora of China）

Festuca dahurica (St.-Yves) V. I. Krecz. & Bobrov in Fl. URSS 2: 771. 1934; 辽宁植物志（下册）: 901. 图版405: 1 ~ 4. 1992; 内蒙古植物志（第二版）5: 74. 图版31: 5 ~ 8. 1994; 东北植物检索表（第二版）: 812. 图版409: 9. 1995; 中国植物志9(2): 77. 图版11: 9 ~ 12. 2002; 东北草本植物志10: 181. 图版80: 1 ~ 5. 2004; Fl. China 22: 237. 2006.

（8a）达乌里羊茅（原亚种）

Festuca dahurica subsp. *dahurica*

生石质山坡、草原、沙地。产黑龙江省大庆、安达、黑河；吉林省双辽、安图；辽宁省彰武；内蒙古自治区满洲里、海拉尔、扎兰屯、鄂温克、科尔沁左翼后旗、扎赉特旗、科尔沁右翼中旗、巴林右旗、克什克腾旗、新巴尔虎左旗、新巴尔虎右旗、乌兰浩特、科尔沁右翼前旗、通辽、扎鲁特旗、阿尔山、锡林浩特等地。

■ 达乌里羊茅

花序

小穗

花序一部分

果期植株

花期植株

植株

植株下部

（8b）蒙古羊茅（亚种）（东北植物检索表，内蒙古植物志，中国植物志，Flora of China）

Festuca dahurica subsp. *mongolica* (Chang et Skv.) Sh. R. Liou et Ma in Fl. Intramongol. 7: 261, 图版29. 1983; 内蒙古植物志（第二版）5: 74. 图版32. 1994; 中国植物志9(2): 77. 2002; Fl. China 22: 238. 2006.——*Festuca mongolica* (S. R. Liu & Ma) Y. Z. Zhao, 内蒙古自治区维管植物分类及其区系生态地理分布621. 2012;

■ 蒙古羊茅

植株

植株下部

小穗

内蒙古植物志（第三版）6: 68. 2020.——*Festuca mongolica* Chang et Skv., 东北植物检索表468. 1959, nom. inval.

生石质山坡、砾沙质丘陵、丘顶及山地草原。产辽宁省朝阳、大连；内蒙古自治区海拉尔、扎赉特旗、阿鲁科尔沁旗、巴林左旗、锡林浩特等地。

（9）紫羊茅（黑龙江省植物志，内蒙古植物志，东北植物检索表，东北草本植物志，中国植物志，Flora of China）

Festuca rubra L., Sp. Pl. 1: 74. 1753; 内蒙古植物志（第二版）5: 72. 图版30: 1 ~ 4. 1994; 东北植物检索表（第二版）: 812. 图版409: 6. 1995; 黑龙江省植物志10: 262. 图版106: 4 ~ 7. 2002; 中国植物志9(2): 82. 图版12: 23 ~ 25. 2002; 东北草本植物志10: 184. 图版81: 5 ~ 7.2004; Fl. China 22: 236. 2006.

生山坡草地、高山草甸、河滩、路旁、灌丛、林下等处。产黑龙江省富锦、伊春、密山、阿城、呼玛、新林、牡丹江；内蒙古自治区额尔古纳、牙克石、赤峰、阿尔山、宁城、锡林浩特、宝格达山等地。

（10）高山羊茅（东北植物检索表，东北草本植物志）

Festuca auriculata Drob. in Trudy Bot. Muz. Imp. Akad. Nauk 14: 159. 1915; 东北植物检索表（第二版）: 812. 图版409: 2. 1995; 东北草本植物志10: 186. 图版82: 6 ~ 10. 2004.

■ 高山羊茅

植株

花序

植株一部分

花序一部分

生高山草原。产黑龙江省尚志、海林；吉林省抚松、安图、长白；内蒙古自治区额尔古纳、根河、满洲里、牙克石、科尔沁右翼前旗、阿尔山等地。

（11）东亚羊茅（内蒙古植物志，东北植物检索表，东北草本植物志，中国植物志，Flora of China）

Festuca litvinovii (Tzvel.) E. Alexeev, Novosti Sist. Vyssh. Rast. 13: 31. 1976; 内蒙古植物志（第二版）5: 74. 图版33: 1 ~ 4. 1994; 东北植物检索表（第二版）: 812. 图版409: 5. 1995; 中国植物志9(2): 70. 图版10: 5 ~ 8. 2002; 东北草本植物志10: 186. 图版81: 1 ~ 4.2004; Fl. China 22: 241. 2006.

生山顶草地、山地草原、草甸草原、山坡草地、路旁。内蒙古自治区牙克石、扎兰屯、满洲里、科尔沁右翼前旗、巴林右旗、科尔沁左翼后旗、西乌珠穆沁旗等地。

■ 东亚羊茅

花序一部分

居群

居群下部

（12）羊茅（辽宁植物志，黑龙江省植物志，内蒙古植物志，东北植物检索表，东北草本植物志，中国植物志，Flora of China）

Festuca ovina L., Sp. Pl. 73. 1753; 辽宁植物志（下册）: 902. 图版405: 5 ~ 6. 1992; 内蒙古植物志（第二版）5: 77. 图版33: 5. 1994; 东北植物检索表（第二版）: 812. 图版409: 1. 1995; 黑龙江省植物志10: 262. 图版106: 1 ~ 3. 2002; 中国植物志9(2): 66. 图版9: 1 ~ 4. 2002; 东北草本植物志10: 184. 图版82: 1 ~ 5. 2004; Fl. China 22: 238. 2006.

■ 羊茅

花序一部分

小穗

植株下部

■ 羊茅

花序

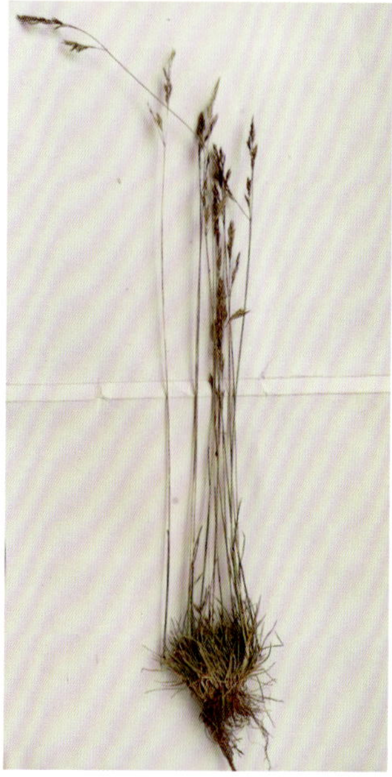
植株

根部

生林缘草地及干山坡。产黑龙江省牡丹江、镜泊湖、宁安；吉林省安图、抚松；辽宁省宽甸、凤城、大连；内蒙古自治区根河、海拉尔、额尔古纳、科尔沁右翼前旗、阿尔山、克什克腾旗、巴林右旗、东乌珠穆沁旗、西乌珠穆沁旗等地。

（13）矮羊茅（东北植物检索表，东北草本植物志）；高山羊茅（中国植物志）

Festuca arioides Lam. in Encycl. Meth. Bot. 2: 464. 1788; 东北植物检索表（第二版）: 812. 图版409: 8. 1995; 中国植物志9(2): 66. 图版9: 1 ~ 4. 2002; 东北草本植物志10: 186. 图版83: 1 ~ 4.2004.——*Festuca supina* Schur. in Enum. Pl. Trans. 784. 1866; 东北植物检索表468, 图版171. 图10. 1959; 植物分类学报16(2): 97. 图4. 1978.

生高山草甸、草原、河谷草地、高山灌丛。产吉林省安图、抚松等地。

（14）沟叶羊茅（内蒙古植物志，中国植物志，Flora of China）

Festuca valesiaca subsp. *sulcata* (Hackel) Schinz & R. Keller, Fl. Schweiz, ed. 2. 26. 1905; Fl. China 22: 241. 2006; 内蒙古植物志（第三版）6: 70. 2020.——*Festuca rupicola* Heuff. Verh. Zool.-Bot. Ges. Wien 8: 233. 1858; 中国植物志9(2): 740. 图版9: 15 ~ 18. 2002.——*Festuca subsulcata* Chang et Skv.东北植物检索表468, 图版171: 11. 1959. nom. nud.

生山坡草地、高山草甸、高山草原、灌丛草地、岩石缝中。产吉林省（地点不详）；内蒙古自治区海拉尔、阿鲁科尔沁旗。

（15）假沟羊茅（东北植物检索表，东北草本植物志）

Festuca mollissima V. I. Krecz. & Bobr., Fl. URSS 2: 512, 770. 1934; 东北植物检索表（第二版）: 813. 1995; 东北草本植物志10: 189. 图版83: 5 ~ 8. 2004.

生干山坡石缝中。产黑龙江省尚志、海林等地。

44 早熟禾属 *Poa* L.

Poa L., Sp. Pl. 1: 67. 1753.

多年生草本，少数为一年生草本。叶片扁平，对折或内卷。圆锥花序开展或紧缩；小穗含2～8小花，上部小花不育或退化；小穗轴脱节于颖之上及诸花之间；两颖不等或近相等，第一颖较短窄，具1脉或3脉，第二颖具3脉，均短于其外稃；外稃纸质或较厚，先端尖或稍钝，无芒，边缘膜质，具5脉，中脉成脊；内稃等长或稍短于其外稃。花鳞被2片；雄蕊3；花柱2个，柱头羽毛状；子房无毛。颖果长圆状纺锤形，与内外稃分离。

本属全世界有500多种，广布于全球温寒带以及热带、亚热带高海拔山地。中国有81种。东北地区产17种7亚种3变种，其中栽培1种。

分种检索表

1. 内稃脊上具细长丝状毛；一年生植物。
  2. 外稃基盘无绵毛；花序分枝光滑 ………………………………………… **1. 早熟禾 P. annua** L.
  2. 外稃的基盘具绵毛；花序分枝粗糙或微粗糙。
    3. 内稃沿两脊全具丝状毛；外稃长2～3毫米 ……………………… **2. 白顶早熟禾 P. acroleuca** Steud.
    3. 内稃沿两脊下部具纤毛或上部粗糙；外稃长3.5～3.8毫米
    ……………………………… **3b. 日本早熟禾 P. nepalensis var. nipponica** (Koidzumi) Soreng & G. Zhu
1. 内稃脊上粗糙或具短纤毛；多年生植物。
  4. 外稃基盘无绵毛或具少量绵毛。
    5. 植株具很短根状茎或仅具根头 …………………………… **4. 西伯利亚早熟禾 P. sibirica** Rosh.
    5. 植株具匍匐根状茎。
      6. 秆具5～6节；圆锥花序狭窄；两颖均具3脉；外稃长圆形………… **5. 加拿大早熟禾 P. compressa** L.
      6. 秆具2～3节；圆锥花序大型开展；第一颖具1脉，第二颖具3脉；外稃宽披针形
      ………………………………………………………… **6. 散穗早熟禾 P. subfastigiata** Trin.
  4. 外稃基盘具绵毛。
    7. 植株具地下根状茎。
      8. 花序分枝极粗糙。
        9. 花药长0.8～1毫米；叶鞘长于节间；叶舌长2.5～3毫米；小穗具2花
        ……………………………………………………………**7. 星早熟禾 P. xingkaiensis** Y. X. Ma
        9. 花药长1.2毫米以上；叶鞘短于其节间；叶舌长0.5～2毫米（**8. 乌苏里早熟禾 P. urssulensis**Trin.）。
          10. 小穗具3～5（～6）小花；花药长1.2毫米；外稃长3.5～4.5（～5）毫米，脊与边脉下部生柔毛，基盘有少量绵毛，5脉明显 ……………………… **8a. 乌苏里早熟禾 P. urssulensis** var. **urssulensis**
          10. 小穗含2～3花；花药长1.5～1.8毫米；外稃长3～3.5毫米，除脊下部有稀少柔毛外几乎近无毛，间脉不明显 ……………… **8b. 坎博早熟禾 P. urssulensis** var. **anboensis** (Ohwi) Olonova & G. Zhu
      8. 花序分枝微粗糙或下部平滑。
        11. 植株密丛生；叶鞘稍短于其节间而数倍长于其叶片；叶片狭线形，对折或扁平，宽约2毫米
        ………………………………………………………………… **9. 细叶早熟禾 P. angustifolia** L.
        11. 植株单生或疏丛生。
          12. 秆单生；叶片扁平或对折，宽1.5～2.5毫米；小穗常有珠芽 ……… **10. 极地早熟禾 P. arctica** R. Br.
          12. 植株疏丛生；叶片扁平或内卷，宽3～5毫米；小穗无珠芽（**11. 草地早熟禾 P. pratensis** L.）。

（接上表）

13. 小穗草绿色，含3～4小花 …………………… **11a. 草地早熟禾 P. pratensis** subsp. **pratensis**

13. 小穗紫色，含5～7小花 … **11b. 粉绿早熟禾 P. pratensis** subsp. **pruinosa** (Korotky) Dickoré

7. 植株不具根状茎或仅具根头。

14. 叶舌长度大部分在1毫米以下。

15. 外稃脊下部1/2与边脉基部1/3具柔毛；小穗轴具微毛；叶舌长0.5～1毫米 …………………… **12. 林地早熟禾 P. nemoralis** L.

15. 外稃脊下部2/3与边脉基部1/2具柔毛。

16. 小穗轴密被茸毛；叶舌长0.5～1（～1.5）毫米 … **13b. 毛轴早熟禾 P. lapponica** subsp. **pilipes** (Keng ex Shan Chen) Olonova & G. Zhu

16. 小穗轴无毛；叶舌长0.3～1（～3）毫米 ………………………… **14. 高株早熟禾 P. alta** Hitchc.

14. 叶舌长度大部分在1毫米以上。

17. 叶舌长度大部分为1～2毫米。

18. 小穗暗紫色或紫色。

19. 秆密丛生，具3～4节；顶生叶鞘长于其叶片；叶舌长1～3毫米 …… **15b. 堇色早熟禾 Poa araratica** subsp. **ianthina** (Keng ex Shan Chen) Olonova & G. Zhu

19. 秆疏丛生，具2节；顶生叶鞘短于其叶片；叶舌长（0.5～）1～2毫米 ………………… **15c. 贫叶早熟禾 P. araratica** subsp. **oligophylla** (Keng) Olonova & G. Zhu

18. 小穗绿色或黄绿色。

20. 外稃脊下部2/3和边脉1/2以下具柔毛，脉间下部1/3贴生微毛；秆高约20厘米，具2～3节；花药长2毫米 ………… **16b. 瑞沃达早熟禾 P. versicolor** subsp. **reverdattoi** (Roshevitz) Olonova & G. Zhu

20. 外稃脊中部以下与边脉下部1/3具柔毛。

21. 秆高约60厘米，具4～5节；花药长1毫米 ………………………… **16c. 低山早熟禾 P. versicolor** subsp. **stepposa** (Krylov) Tzvelev

21. 秆高30～40厘米，具3～4节；花药长1.2～1.5毫米 ……………………… **16d. 乌库早熟禾 P. versicolor** subsp. **ochotensis** (Trinius) Tzvelev

17. 叶舌长度大部分为2.5～8毫米。

22. 外稃边脉无毛，仅脊上具柔毛；叶舌长达5毫米 …………………… **17. 普通早熟禾 P. trivialis** L.

22. 外稃边脉有毛，至少边脉基部有毛。

23. 圆锥花序开展；外稃边脉下部具柔毛；小穗黄绿色；叶舌长1～3毫米 ……………………………………………………………… **18. 泽地早熟禾 P. palustris** L.

23. 圆锥花序紧缩。

24. 外稃边脉基部1/4具柔毛。

25. 小穗淡绿色；叶舌长3～8毫米 …………………… **19. 法氏早熟禾 P. faberi** Rendle

25. 小穗粉绿色，先端稍带紫色；叶舌长1.5～2.5毫米… **20. 渐尖早熟禾 P. attenuata** Trin.

24. 外稃边脉基部1/3具柔毛（**21. 硬质早熟禾 P. sphondylodes** Trin.）。

26. 叶鞘顶生者短于其叶片；叶舌长约4毫米；内稃等长于外稃；花药长约1毫米 ……………………………… **21a. 硬质早熟禾 P. sphondylodes** var. **sphondylodes**

26. 叶鞘顶生者与其叶片近等长；叶舌长1.5～2.5毫米；内稃稍短于外稃；花药长2毫米 ………………………… **21b. 多叶早熟禾 P. sphondylodes** var. **erikssonii** Melderis

（1）早熟禾（辽宁植物志，黑龙江省植物志，内蒙古植物志，东北植物检索表，东北草本植物志，中国植物志，Flora of China）

Poa annua L., Sp. Pl. 68. 1753; 辽宁植物志（下册）: 888. 图版397: 1 ~ 5. 1992; 内蒙古植物志（第二版）5: 98. 图版41: 8 ~ 11. 1994; 东北植物检索表（第二版）: 816. 图版411: 3. 1995; 黑龙江省植物志10: 245. 图版98: 5 ~ 10. 2002; 中国植物志9(2): 159. 图版22: 2. 2002; 东北草本植物志10: 161. 图版69: 1 ~ 5.2004; Fl. China 22: 263. 2006.

生路边及草地。产黑龙江省哈尔滨、尚志、大庆、新林；辽宁省沈阳；内蒙古自治区额尔古纳等地。

全草用于咳嗽、湿疹、跌打损伤。

■ 早熟禾

植株下部

植株

花序

（2）白顶早熟禾（辽宁植物志，东北植物检索表，东北草本植物志，中国植物志，Flora of China）

Poa acroleuca Steud. in Syn. Pl. Glumac. 1: 256. 1854; 辽宁植物志（下册）: 888. 图版397: 6 ~ 9. 1992; 东北植物检索表（第二版）: 816. 图版411: 4. 1995; 中国植物志9(2): 155. 图版22: 1. 2002; 东北草本植物志10: 161. 图版69: 6 ~ 9.2004; Fl. China 22: 288. 2006.

生林边或阴湿处。产吉林省临江、安图、抚松；辽宁省金州、凤城等地。

■ 白顶早熟禾

花序

花序一部分

植株下部

（3）尼泊尔早熟禾（中国植物志，Flora of China）

Poa nepalensis Wall. ex Duthie, Grass.N.W.Ind.40.1883; 中国植物志9(2): 148. 图版24: 16. 2002; Fl. China 22: 289. 2006.

（3a）尼泊尔早熟禾（原变种）

Poa nepalensis var. *nepalensis*

中国产西藏、四川。东北地区不产。

（3b）日本早熟禾（变种）（中国植物志，Flora of China）

Poa nepalensis var. *nipponica* (Koidzumi) Soreng & G. Zhu, Fl. China 22: 289. 2006.——*Poa nipponica*

■ 日本早熟禾

花序

花序一部分

植株

植株下部

Koidz. in Bot. Mag. Tokyo 31: 256. 1917; 中国主要植物图说•禾本科214, 图168, 1959; 中国植物志9(2): 154. 图版22: 8. 2002.

生阳坡灌丛湿地草甸中。辽宁省大连有栽培。

（4）西伯利亚早熟禾（辽宁植物志，黑龙江省植物志，内蒙古植物志，东北植物检索表，东北草本植物志，中国植物志，Flora of China）

Poa sibirica Rosh. in Izv. Imp. S.–Peterburgsk. Bot. Sada 12: 121. 1912; 辽宁植物志（下册）: 888. 图版

■ 西伯利亚早熟禾

花序

居群

花序一部分

398: 1 ~ 3. 1992; 内蒙古植物志（第二版）5: 85. 图版36: 11 ~ 14. 1994; 东北植物检索表（第二版）: 816. 图版412: 3. 1995; 黑龙江省植物志10: 247. 图版100: 1 ~ 3. 2002; 中国植物志9(2): 107. 图版15: 4. 2002; 东北草本植物志10: 163. 图版71: 1 ~ 4.2004; Fl. China 22: 272. 2006.

生山坡草地及林缘。产黑龙江省尚志、虎林、伊春；吉林省抚松；辽宁省大连、宽甸、岫岩；内蒙古自治区根河、额尔古纳、牙克石、鄂伦春、科尔沁右翼前旗、阿尔山、巴林右旗、克什克腾旗等地。

（5）加拿大早熟禾（中国植物志）

Poa compressa L., Sp. Pl. 69. 1753; 中国植物志9(2): 114. 图版15: 8. 2002; Fl. China 22: 263. 2006; The Checklist of the Naturalized Plants in China: 235. 2019.

生林带湿草地。欧洲、亚洲和北美洲广泛分布。辽宁省大连有栽培，吉林省有引种逃逸记录。

具有水土保持、绿化价值，也可饲喂食草动物。

■ 加拿大早熟禾

花序

居群

居群下部

花序一部分

（6）散穗早熟禾（黑龙江省植物志，内蒙古植物志，东北植物检索表，东北草本植物志，中国植物志，Flora of China）

Poa subfastigiata Trin. in Ledebour, Fl. Altaic. 1: 96. 1829; 内蒙古植物志（第二版）5: 82. 图版35: 1 ~ 5.

■ 散穗早熟禾

小穗

花序轴和分枝

花序

根部

植株

1994; 东北植物检索表（第二版）: 816. 图版411: 5. 1995; 黑龙江省植物志10: 247. 图版99. 2002; 中国植物志9(2): 94. 图版26: 1, 1a. 2002; 东北草本植物志10: 163. 图版70: 1 ~ 3.2004; Fl. China 22: 259. 2006.

生沙漠湖盆地带、河滩湿草地、盐渍化沙地和草甸。产黑龙江省呼玛、克山、哈尔滨、尚志、嫩江、齐齐哈尔；辽宁省沈阳、旅顺口；内蒙古自治区额尔古纳、牙克石、满洲里、新巴尔虎右旗、新巴尔虎左旗、阿尔山、通辽、科尔沁右翼前旗、科尔沁右翼中旗、扎赉特旗、乌兰浩特、巴林右旗、克什克腾旗、东乌珠穆沁旗等地。

饲用禾草，牛喜食。植株粗大，根状茎发达，具有很好的固沙作用。

（7）星早熟禾（Flora of China）；兴凯早熟禾（植物研究）

Poa xingkaiensis Y. X. Ma, 植物研究22(4): 387 ~ 388. 2002; Fl. China 22: 282. 2006.

生海拔400米。产黑龙江省牡丹江兴凯湖地区（模式标本采集地）。

（8）乌苏里早熟禾（辽宁植物志，黑龙江省植物志，内蒙古植物志，东北植物检索表，东北草本植物志，中国植物志，Flora of China）

Poa urssulensis Trin. in Mém. Acad. Imp. Sci. St.–Pétersbourg, Divers Savans 2: 528. 1835; 辽宁植物志（下册）: 891. 1992; 东北植物检索表（第二版）: 816. 1995; 黑龙江省植物志10: 250. 2002; 中国植物志9(2):

184. 图版18: 5. 2002; 东北草本植物志10: 166. 2004; Fl. China 22: 303. 2006; 内蒙古植物志（第三版）6: 88. 2020.

（8a）乌苏里早熟禾（原变种）

Poa urssulensis var. *urssulensis*

生林缘至高山草甸草原。产黑龙江省尚志、牡丹江；吉林省长白、抚松；辽宁省本溪、宽甸等地；内蒙古自治区东部。

（8b）坎博早熟禾（变种）（中国植物志，Flora of China）

Poa urssulensis var. *kanboensis* (Ohwi) Olonova & G. Zhu, Fl. China 22: 303. 2006.——*P. kanboensis* Ohwi in Acta Phytotax. Geobot. 10(2): 125. 1941; 中国植物志9(2): 174. 2002.

生山坡草地。产辽宁省沈阳。

（9）细叶早熟禾（辽宁植物志，黑龙江省植物志，内蒙古植物志，东北植物检索表，东北草本植物志，中国植物志，Flora of China）；绿早熟禾（辽宁植物志，黑龙江省植物志，东北植物检索表，东北草本植物志，中国植物志）

Poa angustifolia L., Sp. Pl. 67. 1753; 辽宁植物志（下册）: 893. 图版399: 5. 1992; 内蒙古植物志（第二版）5: 83. 图版36: 1 ~ 5. 1994; 东北植物检索表（第二版）: 816. 图版412: 5. 1995; 黑龙江省植物志10: 252. 图版101: 5. 2002; 中国植物志9(2): 99. 图版14: 1, 1a. 2002; 东北草本植物志10: 167. 图版72: 5 ~ 6. 2004.——*P. viridula* Palib. in Trudy Imp. S.–Peterburgsk. Bot. Sada 19: 135. 1902; 辽宁植物志（下册）: 898. 1992; 东北植物检索表（第二版）: 818. 1995; 黑龙江省植物志10: 257. 图版98: 1 ~ 4. 2002; 中国植物志9(2): 197. 图版15: 9. 2002; 东北草本植物志10: 173. 2004.——*P. pratensis* subsp.*angustifolia* (L.) Lejeun, Comp. Fl. Belg. 82. 1828; Fl. China 22: 276. 2006.

生草原、山坡或沟谷草甸。产黑龙江省哈尔滨、尚志、嫩江、伊春、富锦、黑河；吉林省通化、安图；辽宁省沈阳、本溪、桓仁、鞍山、大连、凤城；内蒙古自治区额尔古纳、海拉尔、鄂温克、新巴尔虎左旗、乌兰浩特、巴林右旗、科尔沁右翼前旗、阿尔山、科尔沁右翼中旗、克什克腾旗、东乌珠穆沁旗等地。

■ 细叶早熟禾

花序

植株一部分

（10）极地早熟禾（东北植物检索表，东北草本植物志，中国植物志，Flora of China）

Poa arctica R. Br. in Chlor. Melvill. 30. 1823; 内蒙古植物志（第二版）5: 97. 图版42: 6 ~ 10. 1994; 东北植物检索表（第二版）: 816. 图版411: 2. 1995; 中国植物志9(2): 123. 图版14: 9. 2002; 东北草本植物志10:

166. 图版70: 4 ~ 6. 2004.——*Poa arctica* R. Brown subsp. *caespitans*auct. non Simmons ex Nannfeldt: Fl. China 22: 279. 2006.

生山坡湿草甸、河滩沟谷阶地。产吉林省长白山。

（11）草地早熟禾（辽宁植物志，黑龙江省植物志，内蒙古植物志，东北植物检索表，东北草本植物志，中国植物志，Flora of China）

Poa pratensis L., Sp. Pl. 67. 1753; 辽宁植物志（下册）: 891. 图版399: 1 ~ 4. 1992; 内蒙古植物志（第二版）5: 82. 图版35: 6 ~ 10. 1994; 东北植物检索表（第二版）: 816. 图版412: 4. 1995; 黑龙江省植物志10: 250. 图版101: 1 ~ 4. 2002; 中国植物志9(2): 97. 图版14: 2. 2002; 东北草本植物志10: 167. 图版72: 1 ~ 4.2004; Fl. China 22: 275. 2006.

（11a）草地早熟禾（原亚种）

Poa pratensis subsp. *pratensis*

生林缘、林下、草地。产黑龙江省呼玛、宁安、克山、伊春、哈尔滨、嘉荫、尚志、黑河、大庆、北安、肇东、嫩江；吉林省长白、通化、安图、抚松、蛟河、桦甸、磐石；辽宁省沈阳、铁岭、西丰、建平、北镇、彰武、鞍山、清原、桓仁、本溪、凤城、东港、丹东、大连；内蒙古自治区额尔古纳、根河、海拉尔、牙克石、满洲里、鄂伦春、新巴尔虎左旗、新巴尔虎右旗、阿尔山、乌兰浩特、科尔沁左翼后旗、科尔沁右翼前旗、赤峰、克什克腾旗、宁城、东乌珠穆沁旗等地。

为重要牧草和草坪水土保持资源，世界各地普遍引种栽植。

■ 草地早熟禾

根部

花序

花序一部分

居群

基生叶

(11b) 粉绿早熟禾 (亚种) (中国植物志，Flora of China) ；密花早熟禾 (内蒙古植物志，中国植物志)

Poa pratensis subsp. *pruinosa* (Korotky) Dickoré, Stapfia. 39: 173. 1995; Fl. China 22: 277. 2006.——*Poa pachyantha* Keng in Fl. Intram. 7: 259. 1983; 内蒙古植物志7：79，图版33，图6 ~ 10. 1983; 内蒙古植物志 (第二版) 5: 83. 图版36: 6 ~ 10. 1994; 中国植物志9(2): 101. 图版14: 3. 2002.——*Poa pruinosa* Korotki in Fedde Repert. Sp. Nov. 13: 291. 1913 ~ 1915; Roshev. in Kom. Fl. URSS 2: 394. 1934; 中国植物志9(2): 131. 2002.

生山坡草地。产内蒙古自治区科尔沁右翼前旗、赤峰等地。

(12) 林地早熟禾 (辽宁植物志，黑龙江省植物志，东北植物检索表，东北草本植物志，中国植物志，Flora of China) ；尖颖早熟禾 (黑龙江省植物志，东北植物检索表，东北草本植物志，中国植物志，Flora of China)

Poa nemoralis L., Sp. Pl. 69. 1753; 辽宁植物志 (下册) : 893. 图版400: 1 ~ 4. 1992; 内蒙古植物志 (第二版) 5: 85. 图版37: 1 ~ 4. 1994; 东北植物检索表 (第二版) : 818. 图版413: 4. 1995; 黑龙江省植物志10: 253. 2002; 中国植物志9(2): 173. 图版19: 3, 3a. 2002; 东北草本植物志10: 169. 图版73: 1 ~ 4. 2004; Fl. China 22: 299. 2006.——*Poa acmocalyx* Keng f. & L.Liu, 东北植物检索表 (第二版) : 816. 1995; 黑龙江省植物志10: 252. 2002; 中国植物志9(2): 175. 图版24: 10. 2002; 东北草本植物志10: 169. 2004.——*Poa lapponica* subsp. *acmocalyx* (Keng ex L. Liu) Olonova & G. Zhu, Fl. China 22: 300. 2006.

生林缘、灌丛草地。产黑龙江省伊春、海林、哈尔滨、宁安、集贤、呼玛、富锦、黑河、伊春、尚志、带岭、新林、嘉荫、萝北、加格达奇；吉林省抚松、安图、白山、蛟河、汪清、珲春、吉林、桦甸、磐石、长白；辽宁省沈阳、本溪、桓仁、凤城、宽甸、丹东、清原、岫岩；内蒙古自治区根河、额尔古纳、海拉尔、牙克石、鄂伦春、阿荣旗、阿尔山、科尔沁右翼前旗、巴林右旗、克什克腾旗、宝格达山等地。

■ 林地早熟禾

植株

花序一部分

(13) 拉扒早熟禾 (Flora of China)

Poa lapponica Prokudin, Zhurn. Inst. Bot. Vseukraïns'k. Akad. Nauk. 20: 198. 1939.

(13a) 拉扒早熟禾 (原亚种)

Poa lapponica subsp. *lapponica*

东北地区不产。

（13b）毛轴早熟禾（亚种）（内蒙古植物志，中国植物志，Flora of China）

Poa lapponica subsp. *pilipes* (Keng ex Shan Chen) Olonova & G. Zhu, Fl. China 22: 300. 2006.——*Poa pilipes* Keng, 内蒙古植物志（第二版）5: 91, 594. 图版39. 1994; 中国植物志9(2): 178. 图版21: 7. 2002.

生山坡草地、高山草甸。产内蒙古自治区巴林右旗、克什克腾旗、锡林浩特等地。

（14）高株早熟禾（Flora of China，中国植物志）；李枝早熟禾（辽宁植物志，黑龙江省植物志，东北植物检索表，东北草本植物志）；蒙古早熟禾（内蒙古植物志，中国植物志）；假泽早熟禾（辽宁植物志，黑龙江省植物志，内蒙古植物志，东北植物检索表，东北草本植物志，中国植物志）

Poa alta Hitchc. in Proc. Biol. Soc. Wash. 43: 93. 1930; 中国植物志9(2): 184. 图版15: 6. 2002; Fl. China 22: 301. 2006.——*P. mongolica* (Rendle) Keng in Clav. Gen. Sp. Gram. Prim. Sin. 166. 1957; 辽宁植物志（下册）: 893. 图版400: 5 ~ 7. 1992; 内蒙古植物志（第二版）5: 89. 图版37: 9 ~ 10. 1994; 东北植物检索表（第二版）: 818. 图版413: 3. 1995; 黑龙江省植物志10: 253. 2002; 中国植物志9(2): 182. 图版20: 1, 1a. 2002; 东北草本植物志10: 169. 图版73: 5 ~ 7. 2004.—— *P. pseudo-palustris* Keng, Clav. Gen. Sp. Gram. Sin. 166. 1957; 辽宁植物志（下册）: 898. 图版403. 1992; 内蒙古植物志（第二版）5: 87. 图版38: 1 ~ 6. 1994; 东北植物检索表（第二版）: 818. 图版412: 1. 1995; 黑龙江省植物志10: 257. 图版104. 2002; 东北草本植物志10: 173. 图版76: 1 ~ 4. 2004.——*P. pseudo-palustris* Keng ex L. Liu, 中国植物志9(2): 193. 2002.

生潮湿草地。产黑龙江省嘉荫、虎林、密山、伊春、哈尔滨、尚志、牡丹江、阿城、海林、绥芬河、黑河、鹤岗；吉林省桦甸、磐石、抚松、安图、临江、集安、蛟河；辽宁省铁岭、西丰、昌图、北镇、沈阳、本溪、桓仁、岫岩、丹东、凤城、宽甸、鞍山；内蒙古自治区根河、额尔古纳、海拉尔、牙克石、鄂伦春、通辽、阿尔山、科尔沁右翼前旗、巴林右旗、扎鲁特旗、克什克腾旗、宁城、东乌珠穆沁旗等地。

■ 高株早熟禾

植株

花序一部分

（15）阿洼早熟禾（中国植物志，Flora of China）

Poa araratica Trautv. in Acta Horti Petrop. 2: 486. 1873; 中国植物志9(2): 208. 图版19: 11. 2002; Fl. China 22: 306. 2006.

（15a）阿洼早熟禾（原亚种）

Poa araratica subsp. *araratica*

中国产西藏、新疆。东北地区不产。

（15b）堇色早熟禾（亚种）（内蒙古植物志，中国植物志，Flora of China）

Poa araratica subsp. *ianthina* (Keng ex Shan Chen) Olonova & G. Zhu, Fl. China 22: 306. 2006.——*Poa ianthina* Keng ex H. L. Yang in Fl. Intram. 7: 86, pl. 36: 1 ~ 3. 1983; 内蒙古植物志（第二版）5: 91. 图版40: 1 ~ 3. 1994; 中国植物志9(2): 196. 图版18: 7. 2002.

生干燥山坡草地。产内蒙古自治区牙克石（乌尔旗汗）、科尔沁右翼前旗等地。

■ 堇色早熟禾

花序

植株

（15c）贫叶早熟禾（亚种）（内蒙古植物志，中国植物志，Flora of China）

Poa araratica subsp. *oligophylla* (Keng) Olonova & G. Zhu, Fl. China 22: 306. 2006.——*Poa oligophylla* Keng in Fl. Tsinling. 1(1): 83. 1976; 内蒙古植物志（第二版）5: 91. 图版40: 4 ~ 5. 1994; 中国植物志9(2): 176. 图版16: 3. 2002.

生山坡草地。产内蒙古自治区牙克石。

（16）变色早熟禾（横断山区维管植物，中国植物志，Flora of China）

Poa versicolor Boss. in Enum. Pl. Volhyn. 41. 1821; 中国植物志9(2): 189. 图版20: 6. 2002; Fl. China 22: 304. 2006.

（16a）变色早熟禾（原亚种）

Poa versicolor subsp. *versicolor*

中国产四川、青海。东北地区不产。

（16b）瑞沃达早熟禾（亚种）（Flora of China）；额尔古纳早熟禾（辽宁植物志，黑龙江省植物志，内蒙古植物志，东北植物检索表，东北草本植物志，中国植物志）

Poa versicolor subsp. *reverdattoi* (Roshevitz) Olonova & G. Zhu, Fl. China 22: 305. 2006.——*P. argunensis* Rosh. in Fl. URSS 2: 404. 1934; 辽宁植物志（下册）: 891. 图版398: 4 ~ 6. 1992; 内蒙古植物志（第二版）5: 97. 图版42: 1 ~ 5. 1994; 东北植物检索表（第二版）: 816. 图版412: 2. 1995; 黑龙江省植物志10: 250. 图版100: 4 ~ 6. 2002; 中国植物志9(2): 202. 图版16: 2. 2002; 东北草本植物志10: 166. 图版71: 5 ~ 7.2004.

生干草原。产黑龙江省尚志；辽宁省本溪、大连；内蒙古自治区额尔古纳、根河、海拉尔、牙克石、满洲里、新巴尔虎右旗、新巴尔虎左旗、科尔沁右翼前旗、通辽、扎赉特旗、翁牛特旗、锡林浩特、阿巴嘎旗等地。

■ 瑞沃达早熟禾

根部

花序一部分

小穗

花序轴

居群

（16c）低山早熟禾（亚种）（Flora of China）；葡系早熟禾（辽宁植物志，中国植物志）；华灰早熟禾（黑龙江省植物志，东北植物检索表，东北草本植物志）

Poa versicolor subsp. *stepposa* (Krylov) Tzvelev in Novosti Sist. Vyssh. Rast. 9: 51. 1972; Fl. China 22: 304. 2006.——*P. botryoides* Trin. in Fl. Zasauk 1: 83. 1929; 辽宁植物志（下册）: 895. 图版401: 5 ~ 7. 1992; 东北

■ 低山早熟禾

居群

小穗

花序一部分

■ 低山早熟禾

群落

花序

植物检索表（第二版）: 818. 图版413: 1. 1995; 黑龙江省植物志10: 259. 图版102: 5 ~ 7. 2002; 中国植物志9(2): 190. 图版16: 5. 2002; 东北草本植物志10: 176. 图版74: 5 ~ 7. 2004.

生山坡及草地。产黑龙江省呼玛、嫩江、五大连池、牡丹江、大庆、尚志、密山、虎林、集贤、宝清、哈尔滨、黑河；吉林省安图、双辽、磐石；辽宁省沈阳、阜蒙、北镇、兴城、长海、法库、盖州、本溪；内蒙古自治区额尔古纳、海拉尔、牙克石、满洲里、新巴尔虎右旗、新巴尔虎左旗、鄂伦春、科尔沁右翼前旗、阿尔山、乌兰浩特、通辽、科尔沁左翼后旗、扎赉特旗、克什克腾旗、宁城等地。

（16d）乌库早熟禾（亚种）（内蒙古植物志，中国植物志，Flora of China）

Poa versicolor subsp. *ochotensis* (Trinius) Tzvelev, Zlaki SSSR. 472. 1976; Fl. China 22: 306. 2006.——*Poa ochotensis* Trin. in Mem. Acad. Sci. Petersb. ser. 6, 1: 377. 1831; 中国沙漠植物志1: 154, 图版17: 1 ~ 4. 1985; 中国植物志9(2): 206. 图版16: 9. 2002; 内蒙古植物志（第三版）6: 81. 2020.

生山坡草地。产黑龙江省哈尔滨、尚志、宝清；吉林省（地点不详）；辽宁省（地点不详）；内蒙古自治区满洲里、额尔古纳。

（17）普通早熟禾（东北植物检索表，东北草本植物志，中国植物志，Flora of China）

Poa trivialis L., Sp. Pl. 1: 67. 1753; 东北植物检索表（第二版）: 818. 1995; 中国植物志9(2): 130. 图版15: 2. 2002; 东北草本植物志10: 171. 2004; Fl. China 22: 298. 2006.

生潮湿的山坡草地。辽宁省大连有栽培。

■ 普通早熟禾

植株下部

花序一部分

■ 普通早熟禾

花序

居群

（18）泽地早熟禾（辽宁植物志，黑龙江省植物志，内蒙古植物志，东北植物检索表，东北草本植物志，中国植物志，Flora of China）；沼早熟禾（辽宁植物志）

Poa palustris L. in Syst. Nat. ed. 10. 2: 874. 1759; 辽宁植物志（下册）: 895. 图版402. 1992; 内蒙古植物志（第二版）5: 87. 图版38: 7 ~ 10. 1994; 东北植物检索表（第二版）: 818. 图版413: 5. 1995; 黑龙江省植物志10: 254. 图版103. 2002; 中国植物志9(2): 185. 图版15: 3. 2002; 东北草本植物志10: 173. 图版75: 1 ~ 5. 2004; Fl. China 22: 300. 2006.

生河谷、沼泽草甸、林缘、路旁。产黑龙江省伊春、宁安、尚志、密山、虎林、饶河、哈尔滨、北安、齐齐哈尔；吉林省安图、汪清、磐石；辽宁省沈阳、本溪、鞍山、大连；内蒙古自治区额尔古纳、

■ 泽地早熟禾

小穗解剖

花序轴

小穗

■ 泽地早熟禾

植株一部分

植株

根部

牙克石、阿尔山、科尔沁右翼前旗等地。

具有保水固土作用。也可作饲草。

(19) 法氏早熟禾 (中国植物志, Flora of China); 细长早熟禾 (内蒙古植物志, 中国植物志); 少叶早熟禾 (内蒙古植物志, 中国植物志)

Poa faberi Rendle, J. L. Soc., Bot. 36: 423. 1904; 中国植物志9(2): 191. 图版15: 1. 2002; Fl. China 22: 302. 2006.——*Poa prolixior* Rendle in Journ. L. Soc. Bot. 36: 427. 1904; 内蒙古植物志 (第二版) 5: 87. 图版37:5 ~ 8. 1994;中国植物志9(2):191. 图版15:7. 2002.—— *Poa paucifolia* Keng, 中国主要植物图说·禾本科192. 图144. 1959; 内蒙古植物志 (第二版) 5: 93. 图版40: 6 ~ 9. 1994; 中国植物志9(2): 207. 2002.

生林地山坡草甸。产内蒙古自治区鄂伦春。

(20) 渐尖早熟禾 (中国植物志, Flora of China); 渐狭早熟禾 (内蒙古植物志)

Poa attenuata Trin. in Bunge, suppl. Fl. Alt. 9. 1830; 内蒙古植物志7: 89, 图版37.图4 ~ 7. 1983; 内蒙古植物志 (第二版) 5: 94. 图版41: 1 ~ 3. 1994; 中国植物志9(2): 206. 图版16: 1. 2002; Fl. China 22: 307. 2006.

生高山草甸、干旱草原。产内蒙古自治区额尔古纳、鄂伦春、扎赉特旗、科尔沁右翼前旗、克什克腾旗、翁牛特旗、宁城、西乌珠穆沁旗、锡林浩特等地。

(21) 硬质早熟禾 (辽宁植物志, 黑龙江省植物志, 内蒙古植物志, 东北植物检索表, 东北草本植物志, 中国植物志, Flora of China)

Poa sphondylodes Trin. in Enum. Pl. China Bor. 71. 1833; 辽宁植物志 (下册) : 895. 图版401: 1 ~ 4. 1992; 内蒙古植物志 (第二版) 5: 94. 图版41: 1 ~ 3. 1994; 东北植物检索表 (第二版) : 818. 图版413: 2. 1995; 黑龙江省植物志10: 254. 图版102: 1 ~ 4. 2002; 中国植物志9(2): 206. 图版16: 6, 6a. 2002; 东北草本植物志10: 171. 图版74: 1 ~ 4. 2004; Fl. China 22: 301. 2006.

(21a) 硬质早熟禾 (原变种)

Poa sphondylodes var. *sphondylodes*

生路旁、山坡或林边。产黑龙江省海林、哈尔滨、阿城、宁安、伊春、黑河、尚志、大庆、带岭、加格达奇、新林; 吉林省白城、双辽、磐石; 辽宁省铁岭、昌图、彰武、北镇、黑山、绥中、沈阳、抚顺、清原、本溪、丹东、凤城、鞍山、盖州、瓦房店、普兰店、庄河、大连、长海; 内蒙古自治区根河、额尔古纳、海拉尔、牙克石、满洲里、鄂伦春、科尔沁左翼后旗、科尔沁右翼前旗、阿尔山、科尔沁右翼中旗、扎赉特旗、翁牛特旗、克什克腾旗、红山区、西乌珠穆沁旗、锡林浩特等地。

全草有清热解毒、利尿通淋作用, 用于小便淋涩、黄水疮。

■ 硬质早熟禾

花序一部分

居群

花序

（21b）多叶早熟禾（变种）（内蒙古植物志，中国植物志，Flora of China）

Poa sphondylodes var. *erikssonii* Melderis in Norlindh, Fl. Mongol. Steppe. 1: 99. 1949; Fl. China 22: 302. 2006.——*Poa plurifolia* Keng in Fl. Tsinling. 1 (1): 436. 1976; 内蒙古植物志7: 88, 图版36: 6 ~ 9. 1983; 内蒙古植物志（第二版）5: 93. 图版40: 6 ~ 9. 1994; 中国植物志9(2): 193. 2002.——*Poa erikssonii* (Melderis) Y. Z. Zhao in Class. Fl. Ecol. Geogr. Distr. Vasc. Pl. Inner Mongol. 629. 2012; 内蒙古植物志（第三版）6: 96. 2020.

生山坡草地。产内蒙古自治区鄂伦春、科尔沁右翼前旗、克什克腾旗等地。

45 落草属 *Koeleria* Pers.

Koeleria Pers. Syn. Pl. 1: 97. 1805.

多年生密丛草本。叶鞘在基部分蘖者常闭合，秆上者常纵向裂开；叶片扁平或纵卷。顶生穗状圆锥花序紧密不开展，分枝常较短，被柔毛；小穗含2 ~ 4个两性小花，小穗轴被毛或无毛，脱节于颖以上，延伸于顶生内稃之后呈刺状；颖披针形或卵状披针形，稍不等，宿存，边缘膜质而有光泽，具1 ~ 3(~ 5)脉；外稃纸质，有光泽，边缘及先端宽膜质，具3 ~ 5脉，基盘钝圆，顶端尖或在近顶端处伸出1短芒；内稃与外稃几乎等长，膜质，具2脊；鳞被2；雄蕊3；子房无毛。

本属全世界多于35种，多分布于北温带地区。中国有4种。东北地区产3种。

分种检索表

1. 外稃背部顶端稍下1毫米处生长0.5 ~ 2.5毫米的芒；小穗轴被长0.5 ~ 1毫米的柔毛 ……**1. 芒落草 K. litvinowii** Dom.
1. 外稃背部无芒而仅顶端具小尖头；小穗轴无毛或具微毛。
  2. 小穗长3.5 ~ 4毫米；外稃背部被长柔毛；叶上面被短柔毛，下面被长柔毛 …**2. 阿尔泰落草 K. altaica** (Dom.) Kryl.
  2. 小穗长4 ~ 5毫米；外稃背部微粗糙；叶上面无毛，下面被短柔毛 ………**3. 落草 K. macrantha** (Ledeb.) Schult.

（1）芒落草（中国植物志，Flora of China）

Koeleria litvinowii Dom., Biblioth. Bot. 14(65): 116. 1907; 中国植物志9(3): 130. 图版33: 4 ~ 6. 1987; Fl. China 22: 331. 2006.

生山坡草地。产黑龙江省哈尔滨、泰康；辽宁省凤城、大连、鞍山等地。

■ 芒落草

花序轴密被毛

外稃具芒

花序

小穗

盛花期与花蕾期花序

居群

（2）阿尔泰落草（内蒙古植物志，Flora of China）

Koeleria altaica (Dom.) Kryl. in Fl. W. Sibir.2: 261. 1928; 内蒙古植物志（第二版）5: 161. 1994; Fl. China 22: 331. 2006.

生草原地带。产内蒙古自治区牙克石、翁牛特旗、克什克腾旗、锡林浩特等地。

（3）落草（辽宁植物志，黑龙江省植物志，内蒙古植物志，东北植物检索表，东北草本植物志，中国植物志，Flora of China）

Koeleria macrantha (Ledeb.) Schult. in Mant. 2: 345 1824; Fl. China 22: 331. 2006.——*K. cristata* (L.) Pers. in Syn. Pl. 1: 97. 1805; 中国植物志9(3): 130. 图版32: 1 ~ 5. 1987; 辽宁植物志（下册）: 909. 图版409. 1992; 内蒙古植物志（第二版）5: 161. 图版62: 1 ~ 6. 1994; 东北植物检索表（第二版）: 806. 图版406: 4. 1995; 黑龙江省植物志10: 269. 图版109: 4 ~ 6. 2002; 东北草本植物志10: 197. 图版88: 1 ~ 3. 2004.

生山坡、草地或路旁。产黑龙江省哈尔滨、鹤岗、嫩江、集贤、大庆、伊春、安达、黑河、孙吴、萝北、富锦、嘉荫、密山、杜尔伯特、阿城、龙江、加格达奇；吉林省安图、通化、双辽、磐石；辽宁省昌图、铁岭、彰武、北镇、黑山、建平、兴城、沈阳、法库、盖州、瓦房店、金州、大连、长海、东港；内蒙古自治区额尔古纳、新巴尔虎右旗、满洲里、根河、海拉尔、牙克石、科尔沁右翼前旗、科尔沁左翼右旗、扎赉特旗、扎鲁特旗、新巴尔虎左旗、乌兰浩特、阿尔山、通辽、翁牛特旗、克什克腾旗等地。

嫩时可作饲草。

■ 菭草

花期植株

果序

果序一部分

花序一部分

果期植株

46 发草属 *Deschampsia* Beauv.

Deschampsia Beauv. Ess. Agrost. 91. Pl. 18. f. 3. 1812.

多年生草本。叶片卷折或扁平。顶生圆锥花序紧缩呈穗状或疏松且开展。小穗常含2～3小花，稀3～5小花；小穗轴脱节于颖以上，具柔毛，并延伸于顶生内稃之后；颖膜质，几乎相等，长于、等于或略短于小穗，具1～3脉；外稃膜质，顶端常为啮蚀状，基盘具毛，芒自稃体背部伸出，直立或膝曲；内稃薄膜质，几乎等于外稃；鳞被2；雄蕊3；花柱短而不显著，柱头帚刷状。

本属全世界约有40种，多分布于北半球温带地区。中国有3种。东北地区产1种1亚种。

分种下单位检索表

1. 小穗长4~4.5毫米；芒自稃体基部伸出，短于或稍长于稃体 ………………… a. 发草 D. cespitosa subsp. cespitosa
1. 小穗长3~4毫米；芒自稃体中部或稍下处伸出，显著长于稃体 ……… b. 小穗发草 D. cespitosa subsp. orientalis

发草（黑龙江省植物志，内蒙古植物志，东北植物检索表，东北草本植物志，中国植物志，Flora of China）

Deschampsia cespitosa (L.) P. Beauv., Ess. Agrostogr. 91, 160, t. 18. f. 3. 1812; Fl. China 22: 332 2006.——*Deschampsia caespitosa* (L.) P. Beauv. in Ess. Agrostogr. 91. 1812; 中国植物志9(3): 153. 图版39: 1~3. 1987; 内蒙古植物志（第二版）5: 169. 图版65: 4~6. 1994; 东北植物检索表（第二版）: 806. 图版406: 7. 1995; 黑龙江省植物志10: 274. 图版109: 1~3. 2002; 东北草本植物志10: 202. 图版90: 1~3. 2004.

多年生草本。秆直立或基部稍膝曲，丛生。叶鞘无毛；叶舌膜质，先端渐尖或2裂，长5~7毫米；叶片质韧，常纵卷或扁平。圆锥花序疏松开展，常下垂；小穗草绿色或褐紫色，含2小花；小穗轴节间长约1毫米，被柔毛；颖不等；第一外稃长3~3.5毫米，顶端啮蚀状，基盘两侧毛长达稃体的1/3，芒自稃体基部1/5~1/4处伸出，劲直；花药长约2毫米。

（a）发草（原亚种）

Deschampsia cespitosa subsp. *cespitosa*

生海拔1500~4500米的河滩地、灌丛中及草甸草原。产黑龙江省新林、呼玛、塔河；吉林省长白、安图、抚松；内蒙古自治区额尔古纳、根河、牙克石、阿尔山、科尔沁右翼前旗、扎赉特旗、东乌珠穆沁旗（宝格达山）等地。

（b）小穗发草（亚种）（内蒙古植物志，中国植物志，Flora of China）；东方发草（云南植物志）

Deschampsia cespitosa subsp. *orientalis* Hultén, Kongl. Svenska Vetensk. Acad. Handl., ser. 3. 5: 109. 1927; Fl. China 22: 333 2006.——*Deschampsia caespitosa* var. *microstachya* Roshev. in Bull. Jard. Bot. Prin. URSS 28: 381. 1929; 中国植物志9(3): 153. 图版39: 4~7. 1987; 内蒙古植物志（第二版）5: 171. 图版65: 1~3. 1994.——*Deschampsia orientalis* (Hultén) B. S. Sun, 云南植物志(9): 341. 2002.

生海拔3150米的河滩草地。产内蒙古自治区科尔沁右翼前旗（白狼）。

47 三毛草属 *Trisetum* Pers.

Trisetum Pers. Syn. Pl. 1: 97. 1805.

多年生草本，丛生或单生。叶片窄狭而扁平。圆锥花序多开展或紧缩成穗状；小穗常含2~3小花，稀4~5小花，小穗轴节间具柔毛，并延伸于顶生内稃之后，呈刺状或具不育小花；颖草质或膜质，先端尖或渐尖，宿存，不等长，第一颖较第二颖短，具1~3脉；外稃披针形，两侧压扁，纸质而具膜质边缘，顶端常具2裂齿，基盘被微毛，自背部1/2以上处生芒；内稃透明膜质，等长或较短于外稃，具2脊，脊粗糙；鳞被2，透明膜质，长圆形或披针形，顶端常2裂或齿裂。

本属全世界有70余种，多分布于北半球的温带与极地。中国有12种。东北地区产3种。

分种检索表

1. 圆锥花序紧缩呈穗状，花序下的秆密生柔毛；植株高8～40厘米 ………………… 1. 穗三毛草 T. spicatum (L.) Richt.
1. 圆锥花序疏展，花序下的秆无毛；植株高50～150厘米。
   2. 小穗长4～5.5毫米，含1～2小花，干后仍为绿色，芒近直立 ……… 2. 绿穗三毛草 T. umbratile (Kitag.) Kitag.
   2. 小穗长5～10毫米，含2～3小花，干后不为绿色，芒极向下弯曲 ……… 3. 西伯利亚三毛草 T. sibiricum Rupr.

（1）穗三毛草（黑龙江省植物志，内蒙古植物志）；穗三毛（东北植物检索表，东北草本植物志，中国植物志，Flora of China）

Trisetum spicatum (L.) Richt., Pl. Eur. 1: 59. 1890; 中国植物志9(3): 140. 图版35: 4～6. 1987; 内蒙古植物志（第二版）5: 164. 1994; 东北植物检索表（第二版）: 806. 图版406: 5. 1995; 黑龙江省植物志10: 271. 图版110: 9～12. 2002; 东北草本植物志10: 200. 图版89: 4.2004; Fl. China 22: 326. 2006.

生海拔1900米以上的山坡草地和高山草原或高山草甸。产黑龙江省牡丹江、尚志、鸡西；吉林省长白、安图、抚松等地。

本种为良好牧草。

（2）绿穗三毛草（黑龙江省植物志，内蒙古植物志，东北植物检索表，东北草本植物志，中国植物志，Flora of China）

Trisetum umbratile (Kitag.) Kitag., J. Jap. Bot. 31: 302. 1956; 中国植物志9(3): 144. 1987; 内蒙古植物志（第二版）5: 164. 1994; 东北植物检索表（第二版）: 806. 1995; 黑龙江省植物志10: 274. 2002; 东北草本植物志10: 202. 2004; Fl. China 22: 329. 2006.

生森林阴湿地上。产黑龙江省牡丹江、哈尔滨、尚志、阿城；吉林省抚松、长春；内蒙古自治区额尔古纳、牙克石（乌尔其汗）等地。模式标本产吉林省长春市净月潭。

（3）西伯利亚三毛草（黑龙江省植物志，内蒙古植物志，东北植物检索表，东北草本植物志，中国植物志，Flora of China）

Trisetum sibiricum Rupr., Beitr. Pflanzenk. Russ. Reiches. 2: 65. 1845; 中国植物志9(3): 143. 图版36: 7～8. 1987; 内蒙古植物志（第二版）5: 162. 图版62: 7～12. 1994; 东北植物检索表（第二版）: 806. 图版406: 6.

■ 西伯利亚三毛草

花序一部分

花序

1995; 黑龙江省植物志10: 272. 图版110: 6 ~ 8. 2002; 东北草本植物志10: 200. 图版89: 1 ~ 3.2004; Fl. China 22: 329. 2006.

生山坡草地、草原上或林下、灌丛中潮湿处。产黑龙江省富锦、北安、鹤岗、伊春、海林、萝北、逊克、阿城、尚志、宁安、密山、集贤；吉林省安图、珲春、抚松、汪清；内蒙古自治区根河、额尔古纳、牙克石、巴林右旗、克什克腾旗、喀喇沁旗、西乌珠穆沁旗、锡林浩特等地。

本种为优良的饲料。

48 燕麦属 *Avena* L.

Avena L., Sp. Pl. 79. 1753.

一年生草本。须根多粗。秆直立或基部稍倾斜，常光滑无毛。圆锥花序顶生，常开展，分枝多纤细，粗糙；小穗含2至数小花，大都长过2厘米，其柄常弯曲；小穗轴节间被毛或光滑，脱节于颖之上与各小花之间，稀在各小花之间不具关节，所以不易断落；颖草质，具7 ~ 11脉，长于下部小花；外稃质地多坚硬，顶端软纸质，齿裂，裂片有时呈芒状，具5 ~ 9脉，常具芒，少数无芒，芒常自稃体中部伸出，膝曲而具扭转的芒柱；雄蕊3；子房具毛。

本属全世界约有25种，分布于欧亚大陆的温寒带。中国有7种，其中引种栽培5种。东北地区产3种，其中栽培2种。

分种检索表

1. 外稃背部有毛；小穗含2 ~ 3小花 ……………………………… 1. 野燕麦 A. fatua L.
1. 外稃背部无毛或仅基部有少量毛。
  2. 小穗含1 ~ 2小花；颖与小穗等长或稍长；小穗轴疏生短毛或近无毛，第一节间长不及5毫米 … 2. 燕麦 A. sativa L.
  2. 小穗含3 ~ 6小花；颖明显短于小穗；小穗轴无毛，第一节间长可达1厘米 ……………………………… 3. 莜麦 A. chinensis (Fisch. ex Roem. et Schult.) Metzg.

（1）野燕麦（黑龙江省植物志，内蒙古植物志，东北植物检索表，东北草本植物志，中国植物志，Flora of China）

Avena fatua L., Sp. Pl. 1: 80. 1753; 中国植物志9(3): 172. 图版44: 4 ~ 6. 1987; 内蒙古植物志（第二版）5: 168. 图版64: 7 ~ 12. 1994; 东北植物检索表（第二版）: 804. 图版406: 2. 1995; 黑龙江省植物志10: 275. 2002; 东北草本植物志10: 204. 图版91: 4 ~ 5.2004; Fl. China 22: 324. 2006.

■ 野燕麦

植株

花序

花序一部分

生荒芜田野或为田间杂草。产黑龙江省尚志、大庆、安达、牡丹江；辽宁省大连；内蒙古自治区科尔沁右翼前旗（白狼）、翁牛特旗等地。

本种为外来入侵植物，是麦类、玉米、高粱、马铃薯、油菜、大豆和胡麻等作物的田间杂草，也是中国进境植物检疫三类危险性真菌禾谷类晕斑病菌的寄主之一。可合理利用：种子可作为粮食食用；地上部分可作为牛、马的青饲料，还可作造纸原料。

（2）燕麦（黑龙江省植物志，内蒙古植物志，东北植物检索表，东北草本植物志，中国植物志，Flora of China）

Avena sativa L., Sp. Pl. ed. 1. 79. 1753; 中国植物志9(3): 173. 图版44: 9 ~ 11. 1987; 内蒙古植物志（第二版）5: 168. 图版64: 13 ~ 16. 1994; 东北植物检索表（第二版）: 806. 图版406: 1. 1995; 黑龙江省植物志10: 276. 2002; 东北草本植物志10: 206. 图版91: 1 ~ 3. 2004; Fl. China 22: 324. 2006.

原产欧洲。黑龙江省、吉林省、辽宁省、内蒙古自治区均有栽培或逸生。

谷粒供磨面食用，或作饲料，营养价值很高。

■ 燕麦

花序

植株

花序一部分

（3）莜麦（辽宁植物志，内蒙古植物志，东北植物检索表，东北草本植物志，中国植物志，Flora of China）；油麦（经济植物学）

Avena chinensis (Fisch. ex Roem. et Schult.) Metzg. in Eur. Cereal. 53. 1824; 中国植物志9(3): 170. 图版44: 1 ~ 3. 1987; 辽宁植物志（下册）: 909. 图版410. 1992; 内蒙古植物志（第二版）5: 168. 图版64: 1 ~ 6. 1994; 东北植物检索表（第二版）: 806. 图版406: 3. 1995; 东北草本植物志10: 204. 图版91: 6. 2004; Fl. China 22: 324. 2006.

中国西北、西南、华北和湖北等省区有栽培，也有野生山坡路旁、高山草甸及潮湿处。东北地区有栽培。

种仁可食，也药用，有下气宽中、补虚益气、除湿发汗、止泻作用。

■ 莜麦

花序一部分

果序一部分

植株

49 异燕麦属 *Helictotrichon* Bess.

Helictotrichon Bess. in Schult. et Schult. f. Syst. Veg. Mant. 3 (Add. 1): 526. 1827.

多年生草本。具开展或紧缩而有光泽的顶生圆锥花序；小穗含2至数小花，小穗轴节间具毛，脱节于颖之上及各小花之间；颖几乎相等，等长于或短于小花，具1～5脉，边缘宽膜质；外稃成熟时下部质较硬，上部薄膜质，常浅裂为2尖齿，背部为圆形，具数脉，常于中部附近着生扭转膝曲的芒，基盘钝而具毛；内稃2脊具纤毛；雄蕊3；子房有毛。

本属全世界约有100种，遍布于温带地区，主产欧亚大陆及热带非洲与南非洲，北美洲有少数几种分布。中国有14种、2变种。东北地区产3种1亚种。

分种检索表

1. 叶舌长2毫米以下；小穗长10～13毫米。
  2. 秆具3～4节；叶舌长约0.8毫米；圆锥花序；小穗长12～13毫米，具3～4(～5）小花，第一颖具1脉，第二颖具3脉 ……………… 1. 高异燕麦 H. altius (Hitchc.) Ohwi
  2. 秆具2～3节；叶舌长1.5～1.6毫米；总状花序；小穗长10～11毫米，具2～7花，第一颖3～5脉，第二颖5脉 ……………… 2. 镜泊异燕麦 H. jingpoensis Y. X. Ma
1. 叶舌长3毫米以上；小穗长11～25毫米。
  3. 叶片宽6～12毫米；小穗长达25毫米；秆粗糙；植株不丛生 ………… 3. 大穗异燕麦 H. dahuricum (Kom.) Kitag.
  3. 叶片宽2～4毫米；小穗长15毫米；秆光滑；植株丛生 ……………… 4b. 奢异燕麦 H. hookeri subsp. schellianum (Hackel) Tzvelev

（1）高异燕麦（黑龙江省植物志，中国植物志，Flora of China）；北异燕麦（东北植物检索表，东北草本植物志）

Helictotrichon altius (Hitchc.) Ohwi in J. Jap. Bot. 17: 440 1941; 中国植物志9(3): 158. 图版40: 13～15. 1987; 黑龙江省植物志10: 277. 2002; Fl. China 22: 320 2006.——*H. trisetoides* Kitag. in Rep. Inst. Sci. Res.

Manchoukuo 2: 282 1938; 东北植物检索表（第二版）: 806. 图版406: 10. 1995; 东北草本植物志10: 207. 图版92: 5 ~ 6.2004.

生海拔2100 ~ 3900米的湿润草坡、灌丛及云杉林下。产黑龙江省嫩江、北安；吉林省镇赉等地。

（2）镜泊异燕麦（植物研究）

Helictotrichon jingpoensis Y. X. Ma, 植物研究21(4): 506 ~ 507. 2001.

生地下森林。产黑龙江省牡丹江镜泊湖（模式标本采集地）。

（3）大穗异燕麦（黑龙江省植物志，内蒙古植物志，东北植物检索表，东北草本植物志，中国植物志，Flora of China）

Helictotrichon dahuricum (Kom.) Kitag., Rep. Inst. Sci. Res. Manchoukuo. 3: App. 1, 77. 1939; 中国植物志9(3): 156. 图版40: 5 ~ 8. 1987; 内蒙古植物志（第二版）5: 165. 图版69: 10 ~ 13. 1994; 东北植物检索表（第二版）: 806. 图版406: 9. 1995; 黑龙江省植物志10: 277. 2002; 东北草本植物志10: 207. 图版92: 4.2004; Fl. China 22: 318 2006.

生海拔700 ~ 975米的森林草地和灌丛中。产黑龙江省呼玛、新林；内蒙古自治区额尔古纳、牙克石、扎兰屯、鄂伦春、宁城等地。

（4）异燕麦（Flora of China）

Helictotrichon hookeri (Scribner) Henrard, Blumea. 3: 429. 1940.

（4a）异燕麦（原亚种）

Helictotrichon hookeri subsp. *hookeri*

产青海、四川、新疆、云南等省区。东北地区不产。

（4b）奢异燕麦（亚种）（Flora of China）；异燕麦（黑龙江省植物志，内蒙古植物志，东北植物检索表，东北草本植物志，中国植物志）

Helictotrichon hookeri subsp. *schellianum* (Hackel) Tzvelev, Novosti Sist. Vyssh. Rast. 8: 68. 1971; Fl. China 22: 319. 2006.——*Helictotrichon schellianum* (Hack.) Kitag. in Lineam. Fl. Mansh. 78. 1939; 中国植物志9(3): 156. 图版40: 1 ~ 4. 1987; 内蒙古植物志（第二版）5: 165. 图版63: 1 ~ 6. 1994; 东北植物检索表（第二版）: 806. 图版406: 8. 1995; 黑龙江省植物志10: 278. 图版110: 1 ~ 5. 2002; 东北草本植物志10: 207. 图版92: 1 ~ 3.2004.

生海拔160 ~ 3400米的山坡草原、林缘及高山较潮湿草地。产黑龙江省鹤岗、哈尔滨、黑河、五大连池、富锦、安达、大庆、牡丹江、萝北、萨尔图；内蒙古自治区额尔古纳、根河、海拉尔、扎兰屯、科尔沁右翼前旗、科尔沁右翼中旗、巴林左旗、宁城、喀喇沁旗、锡林浩特、正蓝旗等地。

50 虉草属 *Phalaris* L.

Phalaris L., Sp. Pl. 54. 1753.

一年生或多年生草本。圆锥花序紧缩成穗状；小穗两侧压扁，含1枚两性小花及附于其下的1 ~ 2枚退化为线形或鳞片状外稃；小穗轴脱节于颖之上，通常不延伸或很少延伸于内稃之后；颖草质，等长，披针形，有3脉，主脉成脊，脊常有翼；可育花的外稃短于颖，软骨质，无芒，有5条不明显的脉，内稃与外稃同质；鳞被2；子房光滑；花柱2；雄蕊3。颖果紧包于稃内。

本属全世界约18种，分布于北半球的温带地区，主产欧洲、美洲。中国有5种。东北地区产2种1变种，其中栽培1变种。

分种检索表

1. 颖片具宽翼；一年生植物，无根茎…………………………………………… 1. 加纳利虉草 P. canariensis L.
1. 颖片上部有极狭的翼；多年生植物，有根茎 (2. 虉草 P. arundinacea L.)。
    2. 叶片绿色无条纹 ………………………………………………… 2a. 虉草 P. arundinacea var. arundinacea
    2. 叶片有绿白相间的条纹 ………………………………………………… 2b. 丝带草 P. arundinacea var. picta L.

(1) 加纳利虉草 (Flora of China)

Phalaris canariensis L., Sp. Pl. 1: 54. 1753; Fl. China 22: 335. 2006.

生路旁或其他受干扰的地方。原产大西洋非洲沿岸加那利群岛。辽宁省大连有发现。

本种是广泛栽培的植物，其种子鸟类喜食，因此又名"金丝雀草"。

■ 加纳利虉草

根部

花序

植株

果序

(2) 虉草 (辽宁植物志，黑龙江省植物志，内蒙古植物志，东北植物检索表，东北草本植物志，中国植物志，Flora of China)

Phalaris arundinacea L., Sp. Pl. 55. 1753; 中国植物志9(3): 174. 1987; 辽宁植物志 (下册) : 914. 图版412. 1992; 内蒙古植物志 (第二版) 5: 175. 图版66: 9 ~ 14. 1994; 东北植物检索表 (第二版) : 808. 图版407: 4. 1995; 黑龙江省植物志10: 279. 图版111. 2002; 东北草本植物志10: 209. 图版93: 1 ~ 3. 2004; Fl. China 22: 335. 2006.

(2a) 虉草 (原变种)

Phalaris arundinacea var. *arundinacea*

生林下、潮湿草地或水湿处。产黑龙江省哈尔滨、伊春、塔河、萝北、牡丹江、佳木斯、鹤岗、北安、宁安、尚志、黑河、嘉荫、阿城；吉林省白山、安图、抚松、汪清、靖宇、双辽、镇赉；辽宁省彰武、建昌、清原、沈阳、鞍山；内蒙古自治区额尔古纳、扎兰屯、根河、牙克石、陈巴尔虎旗、鄂温克、科尔沁右翼前旗、扎赉特旗、扎鲁特旗、科尔沁右翼前旗、通辽等地。

优良牧草；秆可编织用具或造纸。全草用于带下病、月经不调。

■ 虉草

花序一部分

果序

花序

叶舌

居群

植株下部

（2b）丝带草（变种）（中国植物志，Flora of China）

Phalaris arundinacea var. *picta* L., Sp. Pl. 55. 1753; 中国植物志9(3): 175. 1987; Fl. China 22: 335. 2006.

园艺品种。辽宁省大连等地有栽培。

绿化材料，多用于水景园背景材料，也可点缀于桥、亭、榭四周。

■ 丝带草

花序一部分

花序

植株一部分

居群

51 黄花茅属 *Anthoxanthum* L.

Anthoxanthum L., Sp. Pl. 1: 28. 1753.

一年生或多年生具香气的草本。圆锥花序紧缩或开展；小穗含1顶生两性（具2雄蕊）花，及2侧生雄性（具3雄蕊）或中性花，两侧扁压，小穗轴脱节于颖之上；颖不等长，边缘宽膜质，第一颖较短，具1（3）脉，第二颖具3(5) 脉；不育（雄性或中性）花外稃略微变硬，短于或等长于第二颖，背部有芒，顶端常2裂；两性花外稃具5脉或无明显的脉，硬纸质，无芒；内稃具1脉或脉不明显；雄蕊2；雌蕊具长花柱，开花时由稃体顶端伸出；鳞被缺。

本属全世界约有50种，分布于北温带地区。中国有10种。东北地区产2种。

分种检索表

1. 小穗柄及颖均具短柔毛……………………………………………………………………1. 黄花茅 A. odoratum L.
1. 小穗柄及颖均平滑无毛………………………………………………………………… 2. 日本黄花茅 A.nipponicum Honda

（1）黄花茅（中国植物志，Flora of China）

Anthoxanthum odoratum L., Sp. Pl. 28. 1753; 中国植物志9(3): 180. 图版46: 9 ~ 12. 1987; Fl. China 22: 339. 2006; The Checklist of the Naturalized Plants in China: 215. 2019.

原产欧洲。吉林省有分布记录。

（2）日本黄花茅（东北植物检索表，东北草本植物志，中国植物志，Flora of China）

Anthoxanthum nipponicum Honda in Bot. Mag. (Tokyo) 40: 317 1926; 东北植物检索表（第二版）: 808. 图版407: 1. 1995; 东北草本植物志10: 215. 图版95: 1 ~ 4.2004.——*Anthoxanthum odoratum* subsp. *nipponicum* (Honda) Tzvelev in Spisok Rast. Gerb. Fl. S.S.S.R. Bot. Inst. Vsesojuzn. Akad. Nauk 17: 31 1967; 中国植物志9(3): 182. 图版46: 13 ~ 16. 1987.——*Anthoxanthum odoratum* subsp. *alpinum* (á. Löve & D. Löve) Tzvelev, Zlaki S. S. S. R. 354. 1976; Fl. China 22: 339. 2006.

多生海拔1600 ~ 2500米高山灌丛或高山草原带。产吉林省长白、安图、抚松。

52 茅香属 *Hierochloe* R. Br.

Hierochloe R. Br. in Prodr. Fl. Nov. Holl. 208. 1810. *nom. cons.*

多年生草本，植株有香气。圆锥花序卵形或金字塔形；小穗褐色有光泽，有1顶生两性小花和2侧生的雄性小花，两侧压扁；小穗轴脱节于颖之上，但不在小花间折断，3小花同时脱落；颖几乎等长，薄膜质，宽卵形，顶端尖，有1 ~ 5脉，雄性花含3雄蕊，外稃略微变硬，古铜色，均等长于颖片，舟形，边缘具纤毛，无芒或有芒；两性花含2雄蕊，外稃无芒或具短尖头，等长或稍短于雄花外稃，下部有光泽，上部有柔毛；内稃具1 ~ 2脉；鳞被2。

本属有20种，多分布于寒温地带和高山地区。中国有4种和1变种，产西南部至东北部。东北地区产3种1变种。

分种检索表

1. 第一雄花外稃具短芒，第二雄花外稃具长而屈曲的芒……………… 1. 高山茅香 H. alpina (Swartz) Roem et Schult.
1. 雄花外稃均无芒或仅具小尖头。
    2. 雄花外稃背部无毛（仅边缘具纤毛）；叶鞘密生短柔毛 ……………………………… 2. 光稃香草 H. glabra Trin.
    2. 雄花外稃背部具毛（3. 茅香 H. odorata (L.) Beauv.）。
        3. 叶鞘无毛或近无毛；小穗长5 ~ 6毫米 ……………………………………………………3a. 茅香 H. odorata var.odorata
        3. 叶鞘密生柔毛；小穗长3.5 ~ 5毫米 ………………………………………3b. 毛鞘茅香 H. odorata var. pubescens Kryl.

（1）高山茅香（黑龙江省植物志，东北植物检索表，中国植物志，Flora of China）

Hierochloe alpina (Swartz) Roem et Schult., Syst. Veg. 2: 515. 1817; 中国植物志9(3): 176. 图版45: 12 ~ 15. 1987; 东北植物检索表（第二版）: 808. 图版407: 2. 1995; 黑龙江省植物志10: 281. 图版112: 8 ~ 11. 2002; 东北草本植物志10: 211. 图版94: 1 ~ 3.2004.——*Anthoxanthum monticola* (Bigelow) Veldkamp, Blumea. 30: 347. 1985; Fl. China 22: 338. 2006.

常生海拔2300米左右的高山草原。产黑龙江省呼玛；吉林省安图、抚松、长白。

■ 高山茅香

花序一部分

居群

植株一部分

（2）光稃香草（中国植物志，Flora of China）；光稃茅香（辽宁植物志，黑龙江省植物志，内蒙古植物志，东北植物检索表，东北草本植物志）

Hierochloe glabra Trin. in Neue Entd. 2: 66. 1821; 中国植物志9(3): 178. 图版45: 4 ~ 7. 1987; 辽宁植物志（下册）: 912. 图版411. 1992; 内蒙古植物志（第二版）5: 173. 图版66: 6 ~ 8. 1994; 东北植物检索表（第二版）: 808. 1995; 黑龙江省植物志10: 283. 图版112: 1 ~ 3. 2002; 东北草本植物志10: 213. 图版94: 4 ~ 6. 2004.——*Anthoxanthum glabrum* (Trin.) Veldkamp in Blumea 30: 347. 1985; Fl. China 22: 337. 2006.

生山坡或湿润草地。产黑龙江省伊春、哈尔滨、虎林、尚志、阿城、密山、萝北；吉林省安图、双辽；辽宁省彰武、北镇、兴城、沈阳、庄河、大连、鞍山、盖州、新宾、本溪、桓仁、凤城、丹东、东港；内蒙古自治区海拉尔、满洲里、科尔沁右翼前旗、扎赉特旗、乌兰浩特、通辽、东乌珠穆沁旗、西乌珠穆沁旗、锡林浩特、阿巴嘎旗、正蓝旗等地。

可作牧草和草坪水土保持资源，且有园林绿化应用。

■ 光稃香草

花序一部分

花序

果序一部分

居群

（3）茅香（黑龙江省植物志，内蒙古植物志，东北植物检索表，东北草本植物志，中国植物志，Flora of China）

Hierochloe odorata (L.) Beauv. in Ess. Agrostogr. Atlas: t. 12, f. 5. 1812; 中国植物志9(3): 178. 图版45: 8 ~ 11. 1987; 内蒙古植物志（第二版）5: 173. 图版66: 1 ~ 5. 1994; 东北植物检索表（第二版）: 808. 图版407: 3. 1995; 黑龙江省植物志10: 281. 图版112：4 ~ 7. 2002; 东北草本植物志10: 213. 2004.——*Anthoxanthum nitens* (G. H.Weber) Y. Schouten & Veldkamp in Blumea 30: 348 1985; Fl. China 22: 336. 2006.

（3a）茅香（原变种）

Hierochloe odorata var. *odorata*

生阴坡、河漫滩或湿润草地。产黑龙江省呼玛、伊春；吉林省桦甸、安图；辽宁省庄河、桓仁、凌源；内蒙古自治区海拉尔、鄂温克、扎兰屯、陈巴尔虎旗、科尔沁右翼前旗、扎赉特旗、通辽、东乌珠穆沁旗、西乌珠穆沁旗、锡林浩特、阿巴嘎旗等地。

本种因含香豆素，可用作香草浸剂；根茎蔓延可巩固坡地以防止水土流失。

■ 茅香

居群

花序

植株一部分

（3b）毛鞘茅香（变种）（黑龙江省植物志，中国植物志）

Hierochloe odorata var. *pubescens* Kryl. Fl. Alt. 7: 1553. 1914; 中国植物志9(3): 179. 1987; 黑龙江省植物志10: 283. 2002.

生山坡或湿润草地。产辽宁省桓仁；黑龙江省牡丹江。

■ 毛鞘茅香

叶鞘密生柔毛

植株下部

居群

53 菵草属 *Beckmannia* Host

Beckmannia Host, Gram. Austr. 3: 5. t. 6. 1805.

一年生直立草本。圆锥花序狭窄，由多数简短贴生或斜升的穗状花序组成。小穗含1（～2）小花，几乎为圆形，两侧压扁，近无柄，成两行覆瓦状排列于穗轴之1侧，小穗脱节于颖之下，小穗轴亦不延伸于内稃之后；颖半圆形，等长，草质，具较薄而色白的边缘，有3脉；外稃披针形，具5脉，稍露出于颖外，先端尖或具短尖头；内稃稍短于外稃，具脊；雄蕊3。

本属全世界有2种，广布于世界之温寒地带。中国有1种1变种。东北地区有分布。

分种下单位检索表

1. 颖光滑 …………………………………………………… a. 菵草 B. syzigachne var. syzigachne
1. 颖上具硬毛 ……………………………………………… b. 毛颖菵草 B. syzigachne var. hirsutiflora

菵草（辽宁植物志，黑龙江省植物志，内蒙古植物志，东北植物检索表，东北草本植物志，中国植物志，Flora of China）；水稗子（俗名）

Beckmannia syzigachne (Steud.) Fernald in Rhodora 30: 27. 1928; 中国植物志9(3): 256. 图版62: 4～6. 1987; 辽宁植物志（下册）: 929. 图版421. 1992; 内蒙古植物志（第二版）5: 193. 图版73: 4～6. 1994; 东北植物检索表（第二版）: 802. 图版404: 2. 1995; 黑龙江省植物志10: 284. 图版113. 2002; 东北草本植物志10: 238. 图版107: 1～3. 2004; Fl. China 22: 364. 2006.

一年生草本。叶鞘无毛；叶舌透明膜质；叶片扁平，粗糙或下面平滑。圆锥花序，分枝稀疏，直立或斜升；小穗灰绿色，常含一小花；颖草质，边缘质薄，白色，背部灰绿色，具淡色的横纹；外稃披针形，常具伸出颖外之短尖头；花药黄色。颖果黄褐色，长圆形，长约1.5毫米，先端具丛生短毛。

（a）菵草（原变种）

Beckmannia syzigachne var. *syzigachne*

■ 菵草

植株

花序一部分

花序

生湿地、水沟边及浅的流水中。产黑龙江省伊春、哈尔滨、阿城、塔河、密山、宁安、克山、大庆、呼玛、嫩江、铁力、尚志、虎林、勃利、萝北、安达、黑河、孙吴；吉林省珲春、靖宇、安图、长白、磐石、敦化、临江、镇赉、双辽、公主岭、延吉、和龙；辽宁省彰武、绥中、兴城、北镇、盘锦、沈阳、抚顺、本溪、桓仁、清原、铁岭、丹东、大连、金州、长海；内蒙古自治区各地。

为质量较好的饲料。谷粒可食用，有滋养、健胃作用。

（b）毛颖菵草（变种）（黑龙江省植物志，东北植物检索表，东北草本植物志，中国植物志，Flora of China）

Beckmannia syzigachne var. *hirsutiflora* Rosh. in Kom. Fl. URSS 2: 288. 1934; 东北植物检索表 482. 图版 177: 12. 1959; 中国植物志9(3): 256. 1987; 东北植物检索表（第二版）: 802. 图版404: 3. 1995; 黑龙江省植物志10: 286. 2002; 东北草本植物志10: 240. 图版107: 4 ~ 5. 2004; Fl. China 22: 364. 2006.

生水边湿地。产黑龙江省哈尔滨、牡丹江；内蒙古自治区新巴尔虎左旗、新巴尔虎右旗、牙克石等地。

■ 毛颖菵草

花序一部分

植株

花序分枝部分

54 单蕊草属 *Cinna* L.

Cinna L., Sp. Pl. 1: 5. 1753.

多年生高大草本。圆锥花序开展。小穗含1小花，脱节于颖之下，小穗轴延伸于内稃之后如1短刺，有时顶端着生1个不育的小花；颖相等长或近于等长，具1 ~ 3脉；外稃等长或稍短于颖，具3脉，顶端之下着生短芒；内稃稍短于外稃，两侧压扁，似具1脊；雄蕊1；子房长圆形，花柱基部连合。

本属全世界约有4种，分布于北半球之温带地区。中国有1种。东北地区有分布。

单蕊草（辽宁植物志，黑龙江省植物志，内蒙古植物志，东北植物检索表，东北草本植物志，中国植物志，Flora of China）

Cinna latifolia (Trev.) Griseb. in Fl. Ross. 4: 435. 1852; 中国植物志9(3): 251. 图版62: 7 ~ 8. 1987; 辽宁植物志（下册）: 927. 图版420. 1992; 东北植物检索表（第二版）: 804. 图版404: 1. 1995; 黑龙江省植物志10: 287. 图版114. 2002; 东北草本植物志10: 238. 图版106: 1 ~ 3. 2004; Fl. China 22: 363. 2006; 内蒙古植物志

（第三版）6: 201. 2020.

多年生草本；秆无毛，粗糙；叶鞘粗糙；叶片扁平，宽8～12毫米，两面及边缘粗糙；圆锥花序疏松而开展，分枝下垂；小穗淡绿色，含1小花；颖近等长，比稃稍长；外稃顶端下具长1毫米的短芒；内稃稍短于外稃；颖果长圆形，长约2毫米。生林缘、林间空地及水边。产黑龙江省饶河、尚志、呼玛、海林、伊春、汤原；吉林省安图、抚松、长白、和龙、敦化；辽宁省本溪、桓仁、宽甸；内蒙古自治区巴林右旗、克什克腾旗等地。

■ 单蕊草

植株

植株一部分

花序一部分

55 剪股颖属 *Agrostis* L.

Agrostis L.Gen. Pl. ed. 5. 30. 1754.

多年生或一年生草本。叶片扁平或内卷为刚毛状，圆锥花序开展或紧缩；小穗两侧扁，具1小花，脱节于颖上，颖近等长，或第一颖稍长，膜质或纸质，比稃长，通常具1脉；外稃薄且短于颖，具3～5脉，脉常不明显，无芒或具一背生膝曲的芒，基盘无毛或微毛；内稃比外稃短，常很小。

本属全世界约200种，多分布于寒温地带，尤以北半球居多。中国有25种。东北地区产7种。

分种检索表

1. 内稃长小于外稃的1/3或无内稃。
  2. 外稃无芒 ……………… 1. 华北剪股颖 A. clavata Trin.
  2. 外稃具芒。
    3. 外稃具短芒，常藏于小穗或稍露出小穗 ……………… 2. 巨药剪股颖 A. macranthera Chang et Skv.
    3. 外稃具长3～3.5毫米的屈曲芒，常明显露出穗外 ……………… 3. 芒剪股颖 A.vinealis Schreb.
1. 内稃长为外稃的1/2～2/3。
  4. 内稃长仅及外稃的1/2 ……………… 4. 西伯利亚剪股颖 A. stolonifera L.
  4. 内稃长为外稃的3/5～2/3。
    5. 叶舌长0.5～1毫米 ……………… 5. 细弱剪股颖 A. capillaris Shishk.
    5. 叶舌长1.5～6毫米。
      6. 叶舌长5～6毫米；花序分枝基部可着生小穗；外稃无芒；花序稍疏展；小穗长2～3毫米，绿色或带紫色 ……………… 6. 巨序剪股颖 A. gigantea Roth
      6. 叶舌长1.5～2.5毫米；花序分枝基部不着生小穗；外稃有时具1个微细的直芒；花序广疏展；小穗长1.5～2毫米，暗紫色 ……………… 7. 歧序剪股颖 A. divaricatissima Mez.

（1）华北剪股颖（辽宁植物志，黑龙江省植物志，内蒙古植物志，东北植物检索表，东北草本植物志，中国植物志，Flora of China）

Agrostis clavata Trin. in Neue Entdeck. Pflanzenk. 2: 55. 1821; 中国植物志9(3): 241. 图版59: 1 ~ 4. 1987; 辽宁植物志（下册）: 925. 图版418. 1992; 内蒙古植物志（第二版）5: 191. 图版72: 5 ~ 8. 1994; 东北植物检索表（第二版）: 799. 图版403: 2. 1995; 黑龙江省植物志10: 305. 图版122. 2002; 东北草本植物志10: 233. 图版104: 1 ~ 3. 2004; Fl. China 22: 344. 2006.

生林缘、湿地。产黑龙江伊春、哈尔滨、尚志、密山、绥芬河、宁安、富裕、集贤、嘉荫、富锦、萝北、塔河、北安、黑河；吉林省珲春、汪清、和龙、安图、抚松、临江、磐石、靖宇、长白；辽宁省沈阳、法库、铁岭、桓仁、本溪、凤城、宽甸、清原、新宾、建平、彰武、北镇、瓦房店、岫岩；内蒙古自治区额尔古纳、海拉尔、牙克石、扎兰屯、根河、鄂伦春、新巴尔虎右旗、新巴尔虎左旗、科尔沁右翼前旗、阿尔山、克什克腾旗、赤峰、扎鲁特旗、东乌珠穆沁旗、西乌珠穆沁旗等地。

产量高，叶量大，各种家畜均喜食，为优良牧草。

■ 华北剪股颖

花序一部分

茎

花序

小穗

小穗轴

（2）巨药剪股颖（辽宁植物志，黑龙江省植物志，东北植物检索表，东北草本植物志）

Agrostis macranthera Chang et Skv. in Liou et al. Clav. Pl. Chin. Bor.–Orient. 488. tab.179. fig.4. 1959; 辽宁植物志（下册）: 925. 图版419. 1992; 东北植物检索表（第二版）: 799. 图版403: 7. 1995; 黑龙江省植物志10: 307. 图版120: 1 ~ 5. 2002; 东北草本植物志10: 236. 图版105: 1 ~ 3. 2004.

■ 巨药剪股颖

植株

花序一部分

花序

生湿草地及路旁草地。产黑龙江省哈尔滨（模式标本采集地）、阿城、北安、黑河、嫩江、齐齐哈尔；吉林省珲春、磐石、通化；辽宁省本溪、北镇、北票、沈阳、康平、法库；内蒙古自治区额尔古纳、根河、阿尔山、扎赉特旗、翁牛特旗、扎鲁特旗等地。

（3）芒剪股颖（黑龙江省植物志，内蒙古植物志，东北植物检索表，东北草本植物志，中国植物志，Flora of China）

Agrostis vinealis Schreb. in Spic. Fl. Lips. 47. 1771; Fl. China 22: 347. 2006; 内蒙古植物志（第三版）6: 199. 2020.——*Agrostis trinii* Turcz. in Bull. Soc. Imp. Naturalistes Moscou 29(1): 18 1856; 中国植物志9(3): 249. 图版61: 12 ~ 15. 1987; 内蒙古植物志（第二版）5: 191. 1994; 东北植物检索表（第二版）: 799. 图版403: 3. 1995; 黑龙江省植物志10: 307. 图版120: 11 ~ 15. 2002; 东北草本植物志10: 233. 图版104: 4 ~ 5. 2004.

生海拔1500 ~ 1700米的山坡、湿草地上。产黑龙江省海林、萝北、黑河、呼玛、嫩江；吉林省安图、抚松、磐石、长白；内蒙古自治区额尔古纳、根河、牙克石、扎兰屯、新巴尔虎右旗、科尔沁右翼前旗、巴林右旗、克什克腾旗、宁城、东乌珠穆沁旗、锡林浩特等地。

（4）西伯利亚剪股颖（黑龙江省植物志，内蒙古植物志，东北植物检索表，东北草本植物志，中国植物志，Flora of China）；匍茎剪股颖（辽宁植物志，黑龙江省植物志，东北植物检索表，东北草本植物志）

Agrostis stolonifera L., Sp. Pl. 62. 1753; 辽宁植物志（下册）: 925. 图版417. 1992; 东北植物检索表（第二版）: 799. 图版403: 4. 1995; 黑龙江省植物志10: 300. 图版119. 2002; 东北草本植物志10: 229. 图版102: 1 ~ 3. 2004; Fl. China 22: 342. 2006; 内蒙古植物志（第三版）6: 198. 2020.——*Agrostis sibirica* Petrov in Fl. Iakut. 1: 175. 1930; 中国植物志9(3): 287. 图版58: 1 ~ 4. 1987; 内蒙古植物志（第二版）5: 190. 图版72: 1 ~ 4. 1994; 东北植物检索表（第二版）: 799. 图版403: 5. 1995; 黑龙江省植物志10: 302. 图版120: 6 ~ 10. 2002; 东北草本植物志10: 230. 图版102: 4 ~ 6. 2004.

生湿草地。产黑龙江省哈尔滨、安达、尚志、阿城、牡丹江、加格达奇、伊春；辽宁省沈阳、新宾、宽甸、彰武、建平；内蒙古自治区额尔古纳、海拉尔、牙克石、科尔沁右翼前旗、科尔沁右翼中旗、扎赉特旗、赤峰、扎鲁特旗、巴林右旗、克什克腾旗等地。

■ 西伯利亚剪股颖

果序一部分

花序一部分

居群

（5）细弱剪股颖（内蒙古植物志，中国植物志，Flora of China）

Agrostis capillaris Shishk. in Kom. Fl. URSS. 2: 185. 1934; Fl. China 22: 344. 2006.—— *Agrostis tenuis* Sibth. Fl. Oxon.36. 1794; 中国植物志9(3): 235. 1987; 内蒙古植物志（第二版）5: 190. 1994.

生湿润草地，海拔1000～1500米。产内蒙古自治区科尔沁右翼前旗、扎赉特旗、东乌珠穆沁旗等地。

（6）巨序剪股颖（内蒙古植物志，中国植物志，Flora of China）；小糠草（大连地区植物志，黑龙江省植物志，东北植物检索表，东北草本植物志）

Agrostis gigantea Roth in Tent. Fl. Germ. 1: 31. 1788; 中国植物志9(3): 235. 1987; 内蒙古植物志（第二版）5: 188. 图版71: 1～5. 1994; 东北植物检索表（第二版）: 799. 图版403: 6. 1995; 黑龙江省植物志10: 302. 图版121. 2002; 东北草本植物志10: 230. 图版103: 1～3. 2004; Fl. China 22: 343. 2006.——*Agrostis alba* Auct. non L. : Rendle in Journ. L. Soc. Bot. 36: 389. 1904; Shishk. in Kom. Fl. URSS. 2: 179. 1934; 禾本科图说531.图457. 1959; 中国高等植物图鉴5: 110. 图7049. 1976; 大连地区植物志下册: 862. 图1145. 1982.

生潮湿山坡及山谷中。产黑龙江省大庆、牡丹江、哈尔滨、尚志、黑河、嫩江；内蒙古自治区各地。吉林省和辽宁省大连也有记载。

■ 巨序剪股颖

花序

小穗

花序一部分

花序枝

植株

植株一部分

（7）歧序剪股颖（内蒙古植物志，中国植物志，Flora of China）；多枝剪股颖（黑龙江省植物志，东北植物检索表，东北草本植物志）

Agrostis divaricatissima Mez., Repert. Spec. Nov. Regni Veg. 18: 4. 1922; 中国植物志9(3): 237. 图版57: 15 ~ 18. 1987; 内蒙古植物志（第二版）5: 188. 图版71: 6 ~ 9. 1994; 东北植物检索表（第二版）: 799. 图版403: 1. 1995; 黑龙江省植物志10: 305. 2002; 东北草本植物志10: 230. 图版103: 4 ~ 6. 2004; Fl. China 22: 343. 2006.

生海拔500 ~ 1500米的水旁、湖边、低洼地、沼泽草甸等多水潮湿的土壤上。产黑龙江省哈尔滨、呼玛、塔河；内蒙古自治区额尔古纳、海拉尔、满洲里、扎兰屯、新巴尔虎左旗、新巴尔虎右旗、科尔沁左翼后旗、科尔沁右翼前旗、科尔沁右翼中旗、阿鲁科尔沁旗、喀喇沁旗、巴林右旗、宁城、锡林浩特等地。

56 拂子茅属 *Calamagrostis* Adans.

Calamagrostis Adans. Fam. Pl. 2: 31. 1763.

多年生草本。叶片线形，先端长渐尖。圆锥花序紧缩或开展。小穗线形，常含1小花，小穗轴脱节于颖之上，通常不延伸于内稃之后，或稍有极短的延伸；两颖近于等长，有时第一颖稍长，锥状狭披针形，先端长渐尖，具1脉或第二颖具3脉；外稃透明膜质，短于颖片，先端有微齿或2裂，芒自顶端齿间或中部以上伸出，基盘密生长于稃体的丝状毛；内稃细小而短于外稃。

本属全世界约有20种，多分布于东半球的温带区域；中国有6种及4变种。东北地区产10种7变种。

分种检索表

1. 小穗轴不延伸或稍延伸至内稃之后，无毛或仅有几根长柔毛而不呈画笔状；外稃比颖短很多；基盘毛明显长于外稃。
  2. 小穗轴延伸到内稃之后长0.5 ~ 0.8毫米，具几根长柔毛；颖近等长，长6 ~ 7毫米 ………… **1. 东北拂子茅 *C. kengii*** T. F. Wang
  2. 小穗轴不延伸，无毛。
    3. 颖不等长；芒生外稃顶端 ………… **2. 假苇拂子茅 *C. pseudophragmites*** (Hall. f.) Koel.
    3. 颖等长或不等长；芒生外稃中部或中上部。
      4. 小穗长8 ~ 10毫米，颖不等长（**3. 大拂子茅 *C. macrolepis*** Litv.）。
        5. 第一颖长9 ~ 11毫米，第二颖长7 ~ 9毫米；外稃长4 ~ 5毫米，背部无倒刺状粗糙；小穗轴不延伸于内稃之后 ………… **3a. 大拂子茅 *C. macrolepis*** var. ***macrolepis***
        5. 第一颖长7.5 ~ 8（~ 10）毫米，第二颖长4 ~ 5 ~ 6（~ 8）毫米；外稃长4 ~ 4.5毫米，背部有倒刺状粗糙；小穗轴延伸于内稃之后0.1 ~ 0.4毫米 ………… **3b. 刺稃拂子茅 *C.macrolepis*** var. ***rigidula*** T. F. Wang
      4. 小穗长5 ~ 7毫米，颖几乎等长。
        6. 圆锥花序紧密或疏展，具间断。
          7. 圆锥花序长10 ~ 25（~ 30）厘米；小穗长5 ~ 7毫米，外稃芒长2 ~ 3毫米［**4. 拂子. *C. epigeios*** (L.) Roth］。
            8. 圆锥花序紧密，小穗轴不延伸于内稃之后或仅于内稃之基部残留1微小的痕迹 ………… **4a. 拂子茅 *C. epigeios*** var. ***epigeios***
            8. 圆锥花序疏展，延伸小穗轴长0.5 ~ 0.8毫米 … **4b. 林中拂子茅 *C. epigeios*** var. ***sylvatica*** T. F. Wang

（接上表）

7. 圆锥花序长6～9厘米；小穗长4～4.5毫米，外稃芒长1.5毫米
…………………………………………… **4c. 小花拂子茅 C. epigeios** var. **parviflora** Keng ex T. F. Wang

6. 圆锥花序更紧缩而密集，几乎无间断 …………………**4d. 密花拂子茅 C. epigeios** var. **densiflora** Griseb.

1. 小穗轴明显延伸到内稃之后，具长柔毛而呈画笔状；外稃比颖稍短；基盘毛等长或稍短于外稃。

9. 基盘毛与外稃近等长。

10. 秆具1～2节；芒微弯，长约3毫米 …………………………………… **5. 欧野青茅 C. lapponica** (Wahl.) Hartm.

10. 秆具3～6节；芒细直，长1～4毫米……………………………………………… **6. 大叶章 C.purpurea** (Trin.) Trin.

9. 基盘毛通常长不超过外稃的2/3，稀微超过。

11. 芒细直，不伸出小穗外 …………………… **7. 小花野青茅 C. neglecta** (Ehrh.) P. Gaertn., B. Mey. & Schreb.

11. 芒常屈曲，明显伸出小穗外。

12. 圆锥花序稀疏，具少数小穗……**8. 疏穗野青茅 C.effusiflora** (Rendle) P. C. Kuo & S. L. Lu ex J. L. Yang

12. 圆锥花序紧缩或稍疏松，具多数小穗。

13. 叶表面光滑无毛，叶关节处无毛或具微毛（**9. 兴安野青茅 C.korotkyi** Litv.）。

14. 圆锥花序紧密成穗状，分枝直立，长1～2厘米；第一颖长于第二颖约1毫米；外稃基盘两侧的柔毛约为稃体的1/3 ……………………………………………**9a. 兴安野青茅 C. korotkyi** var.**korotkyi**

14. 圆锥花序稍疏松，分枝直立斜升，长2～5厘米；两颖近等长；外稃基盘两侧的柔毛约为稃体的3/4 ……………………………**9b. 长毛野青茅 C. korotkyi** var. **nenjiangensis** (S. L. Lu) S. M. Zhang

13. 叶表面粗糙或具毛，叶关节处有毛（**10. 野青茅 C. arundinacea** (L.) Roth）。

15. 叶鞘无毛或鞘颈具柔毛 ………………………………**10a. 野青茅 C. arundinacea** var. **arundinacea**

15. 叶鞘疏生或密生柔毛。

16. 叶鞘疏生柔毛，基盘毛长为外稃的1/3～1/2
…………………………… **10b. 短毛野青茅 C. arundinacea** var. **brachytricha** (Steud.) Hack.

16. 叶鞘密生柔毛，基盘毛长为外稃的1/2 … **10c. 糙毛野青茅 C. arundinacea** var. **hirsuta** Hack.

（1）东北拂子茅（中国植物志，Flora of China）；耿氏拂子茅（黑龙江省植物志，东北植物检索表，东北草本植物志）

Calamagrostis kengii T. F. Wang, Acta Phytotax. Sin. 10: 312. 1965; 中国植物志9(3): 229. 图版56: 9～12. 1987; 东北植物检索表（第二版）: 802. 图版405: 5. 1995; 黑龙江省植物志10: 289. 2002; 东北草本植物志10: 219. 图版97: 5～6.2004; Fl. China 22: 361. 2006.

生林缘、林内沙质地、水湿处或撂荒地上均成片生长。产黑龙江省哈尔滨、尚志、密山、宁安、安达、肇东、齐齐哈尔；吉林省安图、抚松等地。

（2）假苇拂子茅（辽宁植物志，黑龙江省植物志，内蒙古植物志，东北植物检索表，东北草本植物志，中国植物志，Flora of China）

Calamagrostis pseudophragmites (Hall. f.) Koel. in Descr. Gramin. 106. 1802; 中国植物志9(3): 225. 1987; 辽宁植物志（下册）: 916. 图版413: 5～7. 1992; 内蒙古植物志（第二版）5: 180. 图版68: 7～9. 1994; 东北植物检索表（第二版）: 802. 图版405: 2. 1995; 黑龙江省植物志10: 289. 图版115: 5～7. 2002; 东北草本植物志10: 217. 图版96: 1～3. 2004; Fl. China 22: 360. 2006.

生河岸沙湿地或山坡草地。产黑龙江省哈尔滨、阿城、尚志、杜尔伯特；吉林省延吉、镇赉；辽宁

■ 假苇拂子茅

花序一部分

花序

居群

省大连、彰武、铁岭、沈阳、绥中、建平、义县、本溪；内蒙古自治区各地。

为中等偏低饲用植物。粗纤维含量达36%～40%，可作造纸及人造纤维原料。

（3）大拂子茅（辽宁植物志，内蒙古植物志，东北植物检索表，东北草本植物志，中国植物志，Flora of China）

Calamagrostis macrolepis Litv. in Bot. Mater. Gerb. Glavn. Bot. Sada R.S.F.S.R. 2: 125. 1921; 中国植物志9(3): 227. 图版56: 3～5. 1987; 辽宁植物志（下册）: 918. 图版414. 1992; 内蒙古植物志（第二版）5: 180. 图版68: 1～4. 1994; 东北植物检索表（第二版）: 802. 图版405: 3. 1995; 东北草本植物志10: 219. 图版97: 1～3. 2004; Fl. China 22: 360. 2006.

（3a）大拂子茅（原变种）

Calamagrostis macrolepis var. *macrolepis*

生河边沙地及湿草地。产黑龙江省大庆；吉林省长春、安图；辽宁省彰武、沈阳、盖州、瓦房店、长海、新宾；内蒙古自治区科尔沁右翼前旗、科尔沁右翼中旗、巴林右旗、克什克腾旗等地。

为牲畜喜食的牧草，秆可编席。

■ 大拂子茅

居群

花序一部分

(3b) 刺稃拂子茅 (变种) (中国植物志) ; 硬拂子茅 (东北植物检索表，东北草本植物志)

Calamagrostis macrolepis var. *rigidula* T. F. Wang in Act. Phytot. Sin. X, 4. 310. Pl. 57. 1965; 中国植物志9(3): 228. 1987; 东北植物检索表 (第二版) : 802. 图版405: 4. 1995; 东北草本植物志10: 219. 图版97: 4.2004; 东北植物分布图集: 1327. 2019.——*Calamagrostis rigidula* Bar. et Skv., in herb; 东北植物检索表490. 图版180: 7. 1959.

生山坡草地、撂荒地。产黑龙江省安达、泰来、肇东、杜尔伯特、哈尔滨；吉林省安图；辽宁省清原等地。模式标本采自黑龙江安达。

(4) 拂子茅 (辽宁植物志，黑龙江省植物志，内蒙古植物志，东北植物检索表，东北草本植物志，中国植物志，Flora of China)

Calamagrostis epigeios (L.) Roth. in Tent. Fl. Germ. 1: 34. 1788; 中国植物志9(3): 228. 1987; 辽宁植物志 (下册) : 918. 图版413: 1 ~ 4. 1992; 内蒙古植物志 (第二版) 5: 180. 图版68: 5 ~ 6. 1994; 东北植物检索表 (第二版) : 802. 图版405: 1. 1995; 黑龙江省植物志10: 291. 图版115: 1 ~ 4. 2002; 东北草本植物志10: 217. 图版96: 4 ~ 6. 2004; Fl. China 22: 360. 2006.

(4a) 拂子茅 (原变种)

Calamagrostis epigeios var. *epigeios*

生潮湿草地、林缘及林内草地。产东北各地。

为牲畜喜食的牧草，秆可编席。全草有催产助生作用，用于催产及产后止血。

■ 拂子茅

花序一部分

花序枝

居群

小穗

（4b）林中拂子茅（变种）（中国植物志）

Calamagrostis epigeios var. *sylvatica* T. F. Wang, 植物分类学报10: 309.图版59: 7 ~ 11. 1965; 中国植物志9(3): 229. 1987.

生林内草地、林缘或湿地。产黑龙江小兴安岭、张广才岭、完达山和吉林长白山林区。模式标本采自吉林临江县。

（4c）小花拂子茅（变种）（中国植物志，Flora of China）；远东拂子茅（东北植物检索表，东北草本植物志）

Calamagrostis epigeios var. *parviflora* Keng ex T. F. Wang, 植物分类学报10: 309.图版56: 7 ~ 11. 1965; 中国植物志9(3): 229. 图版56：6 ~ 8. 1987; Fl. China 22: 361. 2006.——*Calamagrostis epigeios* var. *extremiorientalis* (Tzvel.) Kitag. in Neo–Lineam. Fl. Manshur. 74. 1979; 东北植物检索表（第二版）: 802. 1995; 东北草本植物志10: 219. 图版96: 7. 2004.

生河边。产黑龙江省哈尔滨、阿城、密山、尚志、肇东；吉林省汪清、靖宇、安图、通榆、敦化、珲春、抚松、长白；辽宁省辽中；内蒙古自治区海拉尔、新巴尔虎右旗等地。模式标本采自黑龙江肇东四方山。

■ 小花拂子茅

花序一部分

植株一部分

（4d）密花拂子茅（变种）（黑龙江省植物志，中国植物志）

Calamagrostis epigeios var. *densiflora* Griseb. in Ledeb. Fl. Ross. 4: 433. 1853; 中国植物志9(3): 228. 1987; 黑龙江省植物志10: 292. 2002.

生河边。产黑龙江省哈尔滨、阿城、密山、尚志等地。

■ 密花拂子茅

花序一部分

植株一部分

花序

基部叶

居群

（5）欧野青茅（内蒙古植物志，中国植物志，Flora of China）；西伯利亚野青茅（黑龙江省植物志，东北植物检索表，东北草本植物志）

Calamagrostis lapponica (Wahl.) Hartm. in Gen. Gram. 5 1819; 东北植物检索表（第二版）: 804. 图版405: 14. 1995; 黑龙江省植物志10: 297. 图版117: 1 ~ 3. 2002; 东北草本植物志10: 225. 图版100: 4 ~ 5. 2004.——*Deyeuxia lapponica* (Wahlenb.) Kunth in Rev. Gram. 1: 76, 1929; 中国植物志9(3): 218. 图版53: 11 ~ 13. 1987; Fl. China 22: 356. 2006; 内蒙古植物志（第三版）6: 194. 2020.

生山坡草地、林下及河谷草丛。产黑龙江省集贤、绥芬河、克东；内蒙古自治区额尔古纳、根河等地。

（6）大叶章（辽宁植物志，黑龙江省植物志，内蒙古植物志，东北植物检索表，东北草本植物志，中国植物志，Flora of China）；小叶章（辽宁植物志，黑龙江省植物志，东北植物检索表，东北草本植物志，中国植物志）

Calamagrostis purpurea (Trin.) Trin.in Gram. Unifl. Sesquifl. 174. 1824; 内蒙古植物志7: 187. 1983.——*C. langsdorffii* (Link) Trin. in Gram. Unifl. Sesquifl. 225. 1824; 辽宁植物志（下册）: 923. 图版416: 1 ~ 4. 1992; 东北植物检索表（第二版）: 804. 图版405: 11. 1995; 黑龙江省植物志10: 299. 图版118: 1 ~ 4. 2002; 东北草本植物志10: 228. 图版101: 1 ~ 4. 2004.——*Deyeuxia langsdorffii* (Link) Kunth in Révis. Gramin. 1: 77. 1829;

中国植物志9(3): 221. 图版54: 8 ~ 10. 1987; 内蒙古植物志（第二版）5: 187. 图版70: 10 ~ 12. 1994.——*D. purpurea* (Trinius) Kunth, Révis. Gramin. 1: 77. 1829; Fl. China 22: 355. 2006.——*Calamagrostis angustifolia* Kom. in Bot. Mater. Gerb. Glavn. Bot. Sada R. S. F. S. R. 6: 1. 1926; 辽宁植物志（下册）: 920. 图版416: 5 ~ 6. 1992; 东北植物检索表（第二版）: 804. 图版405: 12. 1995; 黑龙江省植物志10: 297. 图版118: 5 ~ 6. 2002; 东北草本植物志10: 225. 图版101: 5 ~ 6. 2004.——*Deyeuxia angustifolia* (Kom.) Y. L. Chang in Clavis Pl. Chinae Bor.-Or. 492. 1959; 中国植物志9(3): 221. 1987.

生山坡草地、林下、沟谷潮湿草地。产黑龙江省鹤岗、伊春、牡丹江、哈尔滨、宁安、虎林、佳木斯、穆棱、汤原、富锦、尚志、阿城、北安、孙吴、集贤、呼玛、密山、嘉荫、海林、加格达奇、新林、龙江、黑河；吉林省珲春、汪清、靖宇、安图、临江、抚松、敦化、长白；辽宁省彰武、鞍山、新民、丹东、本溪、桓仁；内蒙古自治区根河、海拉尔、额尔古纳、牙克石、扎兰屯、陈巴尔虎旗、鄂伦春、鄂温克、科尔沁左翼后旗、科尔沁右翼前旗、科尔沁右翼中旗、巴林右旗、克什克腾旗、阿尔山、赤峰、扎赉特旗、扎鲁特旗、东乌珠穆沁旗、西乌珠穆沁旗、锡林浩特、阿巴嘎旗等地。

■ 大叶章

花序一部分

果序一部分

果序

花序

（7）小花野青茅（中国植物志，Flora of China）；忽略野青茅（黑龙江省植物志，内蒙古植物志，东北植物检索表，东北草本植物志）

Calamagrostis neglecta (Ehrh.) P. Gaertn., B. Mey. & Schreb. in Oekon. Fl. Wetterau 1: 94. 1799; 东北植物检索表（第二版）: 802. 图版405: 13. 1995; 黑龙江省植物志10: 292. 2002; 东北草本植物志10: 225. 图版

100: 1～3. 2004.——*Deyeuxia neglecta* (Ehrh.) Kunth in Rev. Gram. 1: 76. 1829; 内蒙古植物志（第二版）5: 184. 图版70: 1～3. 1994; Fl. China 22: 356. 2006; 中国植物志9(3): 215. 1987.

生林间草地及沟旁潮湿地。产黑龙江省呼玛、虎林、萝北、密山、牡丹江、镜泊湖、克山、伊春；吉林省敦化；内蒙古自治区额尔古纳、牙克石、科尔沁右翼前旗、克什克腾旗、阿尔山、东乌珠穆沁旗、阿巴嘎旗等地。

■ 小花野青茅

花序一部分

花序

植株

（8）疏穗野青茅（东北植物检索表，东北草本植物志，中国植物志，Flora of China）

Calamagrostis effusiflora (Rendle) P. C. Kuo & S. L. Lu ex J. L. Yang in Fl. Sichuanica 5(2): 88. 1988.——*Deyeuxia effusiflora* Rendle in Journ. L. Soc. Bot. 36: 392. 1904; Fl. China 22: 354. 2006; 中国植物志9(3): 197. 图版49: 1～3. 1987.——*Calamagrostis distantiflora* auct. non Luchnik: 东北植物检索表（第二版）: 802. 图版405: 7. 1995; 东北草本植物志10: 224. 图版98: 4～6. 2004.

生山谷、沟边潮湿之处，海拔600～2500米。产黑龙江省尚志；吉林省蛟河。

（9）兴安野青茅（黑龙江省植物志，内蒙古植物志，东北植物检索表，东北草本植物志，中国植物志，Flora of China）

Calamagrostis korotkyi Litv. in Spisok Rast. Gerb. Russk. Fl. Bot. Muz. Rossiisk. Akad. Nauk 8: 182 1922.——*Calamagrostis turczaninowii* Litv. in Bot. Mater. Gerb. Glavn. Bot. Sada R.S.F.S.R. 2: 115 1921; 东北植物检索表（第二版）: 802. 图版405: 6. 1995; 黑龙江省植物志10: 294. 图版117: 4～6. 2002.——*Deyeuxia korotkyi* (Litvinov) S. M. Phillips & Wen L. Chen, Novon. 13: 321. 2003; Fl. China 22: 353. 2006.——*Deyeuxia turczaninowii* (Litv.) Y. L. Chang, 东北植物检索表492. 图版181: 5. 1959; 中国植物志9(3): 205. 图版51: 3～5. 1987; 内蒙古植物志（第二版）5: 182. 图版69: 1～4. 1994; 东北草本植物志10: 221. 图版98: 1～3. 2004.

（9a）兴安野青茅（原变种）

Calamagrostis korotkyi var. *korotkyi*

生林缘、山坡及水边湿地。产黑龙江省黑河、呼玛、嫩江、爱辉、铁力、新林；内蒙古自治区额尔古纳、根河、牙克石、鄂伦春、科尔沁右翼前旗等地。

（9b）长毛野青茅（变种）（黑龙江省植物志，中国植物志）

Calamagrostis korotkyi var. *nenjiangensis* (S. L. Lu) S. M. Zhang, 东北维管束植物考: 225. 2021.——*Deyeuxia turczaninowii* var. *nenjiangensis* S. L. Lu, 高原生物学集刊2: 19. 1984; 中国植物志9(3): 207. 图版51: 6 ~ 8. 1987; 黑龙江省植物志10: 294. 2002.

生海拔750米的山岗顶上、路旁、山坡林缘。产黑龙江省嫩江、爱辉（模式标本采集地）；内蒙古自治区额尔古纳。

（10）野青茅（辽宁植物志，黑龙江省植物志，内蒙古植物志，东北植物检索表，东北草本植物志，中国植物志，Flora of China）

Calamagrostis arundinacea (L.) Roth in Tent. Fl. Germ. 1: 33. 1788; 辽宁植物志（下册）: 918. 图版415: 1 ~ 3. 1992; 东北植物检索表（第二版）: 802. 图版405: 8. 1995; 黑龙江省植物志10: 294. 图版117: 10 ~ 12. 2002; 东北草本植物志10: 221. 图版99: 1 ~ 3. 2004.——*Deyeuxia arundinacea* (L.) Beauv. Fss. Agrost. 160. 1812; 中国植物志9(3): 207. 图版51: 9 ~ 11. 1987; 内蒙古植物志（第二版）5: 184. 图版69: 5 ~ 7. 1994.——*D. pyramidalis* (Host) Veldkamp, Blumea. 37: 230. 1992; Fl. China 22: 354. 2006.

（10a）野青茅（原变种）

Calamagrostis arundinacea var. *arundinacea*

生山坡草地及湿地。产黑龙江省逊克、萝北、尚志、密山、虎林、饶河；吉林省安图、临江、白山、蛟河、抚松、敦化；辽宁省建平、凌源、建昌、本溪、清原、旅顺口；内蒙古自治区额尔古纳、根河、牙克石、鄂伦春、科尔沁右翼前旗、大青沟、翁牛特旗、阿尔山、宁城等地。

草质较柔软，适于作牧草。

■ 野青茅

叶鞘无毛

植株

花序一部分

（10b）短毛野青茅（变种）（辽宁植物志，黑龙江省植物志，东北植物检索表，东北草本植物志，中国植物志）

Calamagrostis arundinacea var. *brachytricha* (Steud.) Hack. in Bull. Herb. Boissier 7: 652. 1899; 辽宁植物志（下册）: 920. 图版415: 4 ~ 5. 1992; 东北植物检索表（第二版）: 802. 图版405: 9. 1995; 黑龙江省植物志10: 296. 2002; 东北草本植物志10: 224. 图版99: 4 ~ 5. 2004.——*Deyeuxia arundinacea* (L.) Beauv. var. *brachytricha* (Steud.) P. C. Kuo et S. L. Lu, 中国植物志9(3): 210. 1987.

生山坡草地、路旁。产黑龙江省虎林、密山、尚志、萝北、呼玛、伊春；吉林省集安、安图、敦化、和龙、长春、汪清；辽宁省西丰、开原、沈阳、法库、建平、建昌、葫芦岛、凤城、宽甸、本溪、桓仁、营口、鞍山、普兰店、大连；内蒙古自治区根河、科尔沁右翼前旗、翁牛特旗、巴林右旗、克什克腾旗等地。

■ 短毛野青茅

叶鞘疏生柔毛

植株一部分

植株

（10c）糙毛野青茅（变种）（辽宁植物志，黑龙江省植物志，东北植物检索表，东北草本植物志，中国植物志）

Calamagrostis arundinacea var. *hirsuta* Hack. in Bull. Herb. Boissier Ⅱ, 2: 502. 1902; 辽宁植物志（下册）: 920. 图版415: 6 ~ 7. 1992; 东北植物检索表（第二版）: 802. 图版405: 10. 1995; 黑龙江省植物志10: 297. 2002; 东北草本植物志10: 224. 图版99: 6 ~ 7. 2004.——*Deyeuxia arundinacea* (L.) Beauv. var. *hirsuta* (Hack.) P. C. Kuo et S. L. Lu, 中国植物志9(3): 210. 1987.

生山坡草地、路旁。产黑龙江省尚志、哈尔滨、伊春、宁安、阿城、萝北、汤源；吉林省磐石、吉林；辽宁省凌源、锦州、北镇、本溪、大连、长海；内蒙古自治区翁牛特旗等地。

■ 糙毛野青茅

叶鞘密生毛

植株一部分

57 看麦娘属 *Alopecurus* L.

Alopecurus L., Sp. Pl. 1: 60. 1753.

一年生或多年生直立草本。秆丛生或单生。圆锥花序圆柱形；小穗含1小花，两侧压扁，脱节于颖之下；颖等长，具3脉，常于基部连合；外稃膜质，具不明显5脉，中部以下有芒，其边缘于下部连合；内稃缺；子房光滑。颖果与稃分离。

本属全世界40～50种，分布于北半球之寒温带地区。中国有8种。东北地区产5种。

分种检索表

1. 一年生；小穗长2～3.5毫米；圆锥花序细圆柱状。
  2. 小穗长1.5～2.5毫米；芒长2～3毫米，隐藏或稍露出小穗外……………………… **1. 看麦娘 A. aequalis** Sobol.
  2. 小穗长2.5～3.5毫米；芒长6～10毫米，明显伸出小穗外……………………………………………………………………**2. 长芒看麦娘 A. longiaristatus** Maxim.
1. 多年生；小穗长3.5～6毫米；圆锥花序圆柱形或广椭圆形。
  3. 花序广椭圆形或短圆柱形，长1～4厘米；颖两侧脉间密被长柔毛……………………………………………………………… **3. 短穗看麦娘 A. brachystachyus** Bieb.
  3. 花序短圆柱形或长圆柱形，长3～8厘米；颖两侧无毛或疏生短毛。
    4. 颖顶端不向外反折，沿边缘具短纤毛；芒屈曲，长6～8毫米，生外稃基部 ……… **4. 大看麦娘 A. pratensis** L.
    4. 颖顶端向外反折，沿脊具长柔毛；芒直立，长1～5毫米，生外稃的中部 …**5. 苇状看麦娘 A. arundinaceus** Poiret

（1）看麦娘（辽宁植物志，黑龙江省植物志，内蒙古植物志，东北植物检索表，东北草本植物志，中国植物志，Flora of China）

Alopecurus aequalis Sobol. in Fl. Petrop. 16. 1799; 中国植物志9(3): 264. 图版64: 8～9. 1987; 辽宁植物志（下册）: 932. 图版423. 1992; 内蒙古植物志（第二版）5: 177. 图版67: 8～10. 1994; 东北植物检索表（第二版）: 799. 图版404: 5. 1995; 黑龙江省植物志10: 313. 图版125. 2002; 东北草本植物志10: 243. 图版109: 1～3. 2004; Fl. China 22: 366. 2006.

■ 看麦娘

花序

植株

植株一部分

生田边及潮湿之地。产黑龙江省各地；吉林省珲春、安图、磐石、桦甸、和龙、靖宇、长白；辽宁省绥中、兴城、北镇、沈阳、鞍山、铁岭、丹东、东港、凤城、本溪、桓仁、清原、新宾、盖州、长海、庄河；内蒙古自治区额尔古纳、海拉尔、牙克石、扎兰屯、科尔沁右翼前旗、阿尔山、扎赉特旗、扎鲁特旗、克什克腾旗、东乌珠穆沁旗、宝格达山等地。

全草有利湿、解毒、消肿作用，用于水肿、水痘、小儿消化不良、泄泻。

（2）长芒看麦娘（黑龙江省植物志，内蒙古植物志，东北植物检索表，东北草本植物志，中国植物志，Flora of China）；东北看麦娘（黑龙江省植物志，中国植物志）

Alopecurus longiaristatus Maxim., Prim. Fl. Amur. 327. 1859; 中国植物志9(3): 263. 1987; 内蒙古植物志（第二版）5: 179. 1994; 东北植物检索表（第二版）: 799. 图版404: 4. 1995; 黑龙江省植物志10: 311. 2002; 东北草本植物志10: 243. 图版109: 4 ~ 6. 2004; Fl. China 22: 366. 2006.——*Alopecurus mandshuricus* Litw. in Sched. Herb. Fl. Ross. 6: 138. 1908; 禾本科图说574.图507. 1959; 东北植物检索表488.图版179: 7. 1959; 中国高等植物图鉴5: 103. 1976; 中国植物志9(3): 263. 1987; 黑龙江省植物志10: 311. 图版124: 1 ~ 5. 2002.

生湿地。产黑龙江省哈尔滨、帽儿山；内蒙古自治区乌兰浩特等地。

（3）短穗看麦娘（黑龙江省植物志，内蒙古植物志，东北植物检索表，东北草本植物志，中国植物志，Flora of China）

Alopecurus brachystachyus Bieb. in Fl. Taur.–Cauc. 3: 56. 1819; 中国植物志9(3): 261. 图版64: 1 ~ 3. 1987; 内蒙古植物志（第二版）5: 176. 图版67: 1 ~ 3. 1994; 东北植物检索表（第二版）: 799. 图版404: 6. 1995; 黑龙江省植物志10: 313. 图版124: 6 ~ 10. 2002; 东北草本植物志10: 245. 图版110: 1 ~ 3. 2004; Fl. China 22: 365. 2006.

生草地、山坡、高山草地等稍湿润处。产黑龙江省哈尔滨、帽儿山、宝清、尚志、黑河；辽宁省大连；内蒙古自治区额尔古纳、牙克石、海拉尔、新巴尔虎右旗、科尔沁右翼前旗、扎赉特旗、扎鲁特旗、巴林右旗、翁牛特旗、克什克腾旗、东乌珠穆沁旗、阿巴嘎旗、正蓝旗、宝格达山等地。

■ 短穗看麦娘

花序一部分

植株上部

■ 短穗看麦娘

花序

植株

（4）大看麦娘（黑龙江省植物志，内蒙古植物志，东北植物检索表，东北草本植物志，中国植物志，Flora of China）

Alopecurus pratensis L., Sp. Pl. 1: 60. 1753; 中国植物志9(3): 262. 1987; 内蒙古植物志（第二版）5: 177. 图版67: 4 ~ 5. 1994; 东北植物检索表（第二版）: 799. 图版404: 8. 1995; 黑龙江省植物志10: 315. 图版126: 1 ~ 3. 2002; 东北草本植物志10: 245. 图版110: 4 ~ 5. 2004; Fl. China 22: 365. 2006.

■ 大看麦娘

花序一部分

花序

植株一部分

植株

生海拔约1700米高山草地、阴坡草地、谷地及林缘草地。产黑龙江省哈尔滨、尚志（帽儿山）；辽宁省新宾；内蒙古自治区科尔沁右翼前旗、阿尔山等地。

（5）苇状看麦娘（黑龙江省植物志，内蒙古植物志，东北植物检索表，东北草本植物志，中国植物志，Flora of China）

Alopecurus arundinaceus Poiret, Encycl. 8: 776. 1808; 中国植物志9(3): 262. 图版64: 4 ~ 5. 1987; 内蒙古植物志（第二版）5: 177. 图版67: 6 ~ 7. 1994; 东北植物检索表（第二版）: 802. 图版404: 7. 1995; 黑龙江省植物志10: 315. 图版126: 4 ~ 8. 2002; 东北草本植物志10: 247. 图版110: 6 ~ 7. 2004; Fl. China 22: 365. 2006.

生海拔约3000米以下山坡草地。产黑龙江省大兴安岭及西部草原；内蒙古自治区牙克石、科尔沁右翼前旗、阿尔山、通辽、克什克腾旗、东乌珠穆沁旗（宝格达山）、锡林浩特、阿巴嘎旗、正蓝旗等地。

■ 苇状看麦娘

花序

植株

花序一部分

植株下部

植株上部

58 梯牧草属 *Phleum* L.

Phleum L., Sp. Pl. 1: 59. 1753.

一年生或多年生草本，常具根茎。秆直立，丛生或单生。圆锥花序穗状，紧密；小穗含1小花，两侧压扁，几乎无柄，脱节于颖之上；颖相等，宿存或晚落，具3脉，中脉成脊，顶端具短芒或尖头；外稃质薄，短于颖，具3～7脉，钝头，具细齿，无芒；内稃短于外稃，脊上具微纤毛。雄蕊3；子房光滑，花柱细，柱头细而长，延伸于颖之外。

本属全世界约16种，分布于两半球寒温带地区。中国有4种。东北地区产3种，其中栽培1种。

分种检索表

1. 圆锥花序的分枝与主轴分离；小穗轴延伸到内稃之后；颖的脊粗糙 ………1. **假梯牧草** Ph. phleoides (L.) Korsten
1. 圆锥花序的分枝不与主轴分离；小穗轴不延伸到内稃之后；颖的脊具硬纤毛。
  2. 圆锥花序宽圆柱形或卵形，暗紫色；颖具长1.5～3毫米的芒 ………………………… 2. **高山梯牧草** Ph. alpinum L.
  2. 圆锥花序圆柱形，灰绿色；颖具长0.5～1毫米的尖头 …………………………………… 3. **梯牧草** Ph. pratense L.

（1）假梯牧草（黑龙江省植物志，内蒙古植物志，东北植物检索表，东北草本植物志，中国植物志，Flora of China）

Phleum phleoides (L.) Korsten, Deut. Fl. 374. 1880; 中国植物志9(3): 260. 1987; 内蒙古植物志（第二版）5: 175. 图版66: 15～18. 1994; 东北植物检索表（第二版）: 804 图版404: 11. 1995; 黑龙江省植物志10: 308. 图版123: 4～6. 2002; 东北草本植物志10: 240. 图版108: 6～7. 2004; Fl. China 22: 368. 2006.

生海拔800～2550米的山坡草地、灌丛及林缘。产黑龙江省绥芬河及大兴安岭地区；内蒙古自治区牙克石等地。

■ 假梯牧草

花序

示茎下部叶

植株

（2）高山梯牧草（黑龙江省植物志，东北植物检索表，东北草本植物志，中国植物志，Flora of China）

Phleum alpinum L., Sp. Pl. 1: 59. 1753; 中国植物志9(3): 258. 图版63: 1～3. 1987; 东北植物检索表（第二版）: 804 图版404: 10. 1995; 黑龙江省植物志10: 308. 图版123: 7～9. 2002; 东北草本植物志10: 241. 图版108: 4～5. 2004; Fl. China 22: 367. 2006.

常生海拔2500 ~ 3900米的高山草地、灌丛、水边。产黑龙江省北部高山地区及松花江沿岸；吉林省安图、抚松、靖宇、敦化、汪清等地。

■ 高山梯牧草

植株上部

植株

植株一部分

花序一部分

花序

（3）梯牧草（辽宁植物志，黑龙江省植物志，东北植物检索表，东北草本植物志，中国植物志，Flora of China）

Phleum pratense L., Sp. Pl. 59. 1753; 中国植物志9(3): 258. 1987; 辽宁植物志（下册）: 931. 图版422. 1992; 东北植物检索表（第二版）: 804 图版404: 9. 1995; 黑龙江省植物志10: 310. 图版123: 1 ~ 3. 2002; 东北草本植物志10: 241. 图版108: 1 ~ 3. 2004; Fl. China 22: 367. 2006.

原产欧洲，但也有学者认为我国新疆可能是其原产地之一。黑龙江省、吉林省、辽宁省均有栽培或逸生。

本种是中国进境检疫植物三类危险性细菌牧草细菌性枯萎病菌的寄主之一。可合理利用：饲用价值高，是家畜的好饲草，尤为骡、马最喜食；花粉可制作成花粉疫苗用来修补免疫系统，使身体不再对花粉产生反应。

■ 梯牧草

根部

基部叶

植株

花序一部分

茎、叶鞘、叶舌

花序

59 粟草属 *Milium* L.

Milium L., Sp. Pl. ed. 1. 61. 1753.

多年生草本。叶片扁平，质地较薄。圆锥花序顶生，稀疏开展。小穗含1小花，两性，背腹压扁，脱节于颖之上；颖草质，几乎等长，宿存，具3脉；外稃光滑无毛，略短于颖，在果实成熟时与内稃均变为软骨质，脉不明显，顶端无芒，基盘短而钝，边缘向内卷折扣裹同质内稃，其形状如黍的谷粒；雄蕊3；雌蕊具分离的花柱。

本属全世界有5种，分布于欧亚寒温地区。中国有1种。东北地区有分布。

粟草（辽宁植物志，黑龙江省植物志，东北植物检索表，东北草本植物志，中国植物志，Flora of China）

Milium effusum L., Sp. Pl. 61. 1753; 中国植物志9(3): 267. 1987; 辽宁植物志（下册）: 934. 图版424. 1992; 东北植物检索表（第二版）: 824. 图版404: 12. 1995; 黑龙江省植物志10: 317. 图版127. 2002; 东北草本植物志10: 249. 图版111. 2004; Fl. China 22: 311. 2006.

多年生草本；秆光滑无毛；叶鞘光滑无毛；叶片宽5~15毫米，边缘微粗糙；圆锥花序较开展，分枝细长，光滑；小穗椭圆形，含1小花；颖近等长，稍长于外稃。生林下及阴湿草地。产黑龙江省伊春、饶河、尚志、阿城、带岭；吉林省安图、抚松、白山；辽宁省新宾、清原、凤城、宽甸、本溪、桓仁、沈阳、开原、鞍山等地。

草质柔软，牲畜喜食；谷粒是家禽的优良饲料；秆为编织草帽的良好材料。

■ 粟草

植株

花序一部分

茎叶

60 针茅属 *Stipa* L.

Stipa L. Gen. Pl. ed. 5. 34. 1754.

多年生密丛草本。叶片通常内卷或对折。圆锥花序狭或开展，基部常为叶鞘所包；小穗具1小花，两性，脱节于颖上，具长而锐利的基盘；颖近等长，有时第一颖稍长，膜质，具3～5脉，通常长而狭窄；外稃圆筒形，革质，内卷，顶端具1宿存或脱落性的芒，芒与外稃衔接处具关节，下部扭转，一至二回膝曲，外稃常有排列为纵行的柔毛；内稃等长或短于外稃，紧密地包于外稃内而不外露。

本属全世界约有100种，分布于全世界温带地区，在干旱草原区尤多。中国有23种6变种，主产西部。东北地区产5种1变种。

分种检索表

1. 芒全部具柔毛，成羽状芒，一至二回膝曲。
  2. 芒二回膝曲 ………………………………………………………… 1. 短花针茅 S. breviflora Griseb.
  2. 芒一回膝曲 ………………………… 2b. 戈壁针茅 S. tianschanica var. gobica (Roshev.) P. C. Kuo et Y. H. Sun
1. 芒无毛或具微毛。
  3. 颖长9～15毫米；外稃长4.5～6毫米；芒长10厘米以下 ………………………………… 3. 长芒草 S. bungeana Trin.
  3. 颖长20～40毫米；外稃长10～17毫米；芒长10厘米以上。
    4. 芒长18～25厘米，第一芒柱长5.5～7.5厘米；外稃长14～17毫米；颖长3～4厘米；叶舌长3～5毫米 ………………………………………………………………………… 4. 大针茅 S. grandis P. Smirn.
    4. 芒长10～18（～20）厘米，第一芒柱长2～4.5（～5）厘米；外稃长9～15毫米；颖长1.8～3.3厘米。
      5. 外稃长12～16毫米；芒长13～18厘米，第一芒柱长3～4.5厘米；叶舌长1～2毫米 ………………………………………………………………………… 5. 狼针草 S. baicalensis Roshev.
      5. 外稃长9～11.5毫米；芒长10～15厘米，第一芒柱长2～3厘米；叶舌长2～5（～8）毫米 ………………………………………………………………………… 6. 西北针茅 S. krylovii Rosh.

（1）短花针茅（内蒙古植物志，东北植物检索表，东北草本植物志，中国植物志，Flora of China）

Stipa breviflora Griseb., Nachr. Königl. Ges. Wiss. Georg–Augusts–Univ. 3: 82. 1868; 中国植物志9(3): 278. 图版67: 1 ~ 5. 1987; 内蒙古植物志（第二版）5: 200. 图版75: 1 ~ 5. 1994; 东北植物检索表（第二版）: 824. 图版416: 2. 1995; 东北草本植物志10: 250. 图版112: 1 ~ 3. 2004; Fl. China 22: 201. 2006.

生石质山坡、干山坡或河谷阶地上。产内蒙古自治区赤峰、巴林左旗、敖汉旗、红山区、阿巴嘎旗、苏尼特左旗、苏尼特右旗等地。

为荒漠草原地区主要牧草，返青早。

■ 短花针茅

花序一部分

居群下部

居群

小穗

植株下部

（2）天山针茅（中国植物志，Flora of China）

Stipa tianschanica Roshev. in Fl. Asiat. Ross. 12: 149. 1916; 中国植物志9(3): 275. 1987; Fl. China 22: 199. 2006.

（2a）天山针茅（原变种）

Stipa tianschanica var. *tianschanica*

中国产甘肃、青海、西藏。东北地区不产。

（2b）戈壁针茅（变种）（内蒙古植物志，中国植物志，Flora of China）

Stipa tianschanica var. *gobica* (Roshev.) P. C. Kuo et Y. H. Sun, 中国植物志9(3): 277. 图版66: 1 ~ 5. 1987; Fl. China 22: 199. 2006.——*Stipa gobica* Roshev. in Not. Syst. Herb. Hort. Bot. Petrop. 5: 13. 1924; 内蒙古植物志（第二版）5: 203. 图版76: 4 ~ 5. 1994.

多生海拔300 ~ 4550米的石砾山坡或戈壁滩上。产内蒙古自治区赤峰市郊、正镶白旗、苏尼特左旗等地。

各种牲畜都喜欢采食。

■ 戈壁针茅

居群

花序

芒常劲直折曲

叶舌

（3）长芒草（辽宁植物志，内蒙古植物志，东北植物检索表，东北草本植物志，中国植物志，Flora of China）

Stipa bungeana Trin. in Enum. Pl. China Bor. 70. 1833; 中国植物志9(3): 270. 图版65: 1 ~ 5. 1987; 辽宁植物志（下册）: 935. 图版425: 1 ~ 3. 1992; 内蒙古植物志（第二版）5: 196. 图版74: 5. 1994; 东北植物检索表（第二版）: 824. 图版416: 5. 1995; 东北草本植物志10: 250. 图版113: 1 ~ 3. 2004; Fl. China 22: 197. 2006.

生路边草地及干山坡。产辽宁省大连、建平、兴城；内蒙古自治区西拉木伦河以南。

返青早，是草原或森林草原地区夏季草场的主要牧草。

■ 长芒草

植株

花序

花序一部分

（4）大针茅（辽宁植物志，黑龙江省植物志，内蒙古植物志，东北植物检索表，东北草本植物志，中国植物志，Flora of China）

Stipa grandis P. Smirn. in Repert. Spec. Nov. Regni Veg. 26: 267. 1929; 中国植物志9(3): 274. 图版65: 26 ~ 31. 1987; 辽宁植物志（下册）: 937. 图版425: 4 ~ 6. 1992; 内蒙古植物志（第二版）5: 198. 图版74: 1 ~ 4. 1994; 东北植物检索表（第二版）: 824. 图版416: 1. 1995; 黑龙江省植物志10: 320. 图版128: 9 ~ 15. 2002; 东北草本植物志10: 250. 图版113: 4 ~ 6. 2004; Fl. China 22: 199. 2006.

生干草原及干山坡。产黑龙江省哈尔滨、齐齐哈尔、杜尔伯特；吉林省通榆；辽宁省建平；内蒙古自治区根河、额尔古纳、海拉尔、牙克石、满洲里、新巴尔虎左旗、乌兰浩特、科尔沁左翼后旗、翁牛特旗、巴林左旗、巴林右旗、阿鲁科尔沁旗、克什克腾旗、喀喇沁旗、东乌珠穆沁旗、西乌珠穆沁旗、锡林浩特、阿巴嘎旗等地。

■ 大针茅

花序

植株

花序一部分

（5）狼针草（辽宁植物志，黑龙江省植物志，东北植物检索表，东北草本植物志，中国植物志，Flora of China）；贝加尔针茅（内蒙古植物志）

Stipa baicalensis Roshev. in Izv. Glavn. Bot. Sada S.S.S.R. 28: 380. 1929; 中国植物志9(3): 273. 图版65: 16 ~ 20. 1987; 辽宁植物志（下册）: 937. 图版426. 1992; 内蒙古植物志（第二版）5: 199. 1994; 东北植物检索表（第二版）: 824. 图版416: 4. 1995; 黑龙江省植物志10: 319. 图版128: 1 ~ 8. 2002; 东北草本植物志10: 253. 图版114: 1 ~ 3. 2004; Fl. China 22: 198. 2006.

生山坡草地或路旁。产黑龙江省嫩江、富锦、富裕、大庆、孙吴、依兰、安达、肇东、齐齐哈尔、肇源、肇州、杜尔伯特、林甸、龙江、依安、泰来、克山、拜泉；吉林省镇赉、双辽、前郭；辽宁省沈阳、北镇、建平；内蒙古自治区额尔古纳、根河、满洲里、海拉尔、牙克石、突泉、科尔沁右翼前旗、通辽、克什克腾旗、赤峰、扎鲁特旗、巴林右旗、翁牛特旗、阿尔山等地。

幼嫩时为干草原、草甸草原地区牲畜喜食之牧草。

■ 狼针草

植株

花序一部分

花序

（6）西北针茅（中国植物志，Flora of China）；阿尔泰针茅（东北植物检索表，东北草本植物志）；克氏针茅（内蒙古植物志）

Stipa krylovii Rosh. in Izv. Glavn. Bot. Sada S.S.S.R. 28: 379 1929; 禾本科图说610. 图550. 1959; 中国高等植物图鉴5. 122.图7073. 1976; 内蒙古植物志（第二版）5: 199. 1994; 东北植物检索表（第二版）: 824. 图版416: 3. 1995; 东北草本植物志10: 253. 图版112: 5 ~ 6. 2004.——*Stipa sareptana* Becker var. krylovii (Roshev.) P. C. Kuo et Y. H. Sun., 中国植物志9(3): 275. 图版65: 37 ~ 41. 1987; Fl. China 22: 198. 2006.

生草原及干山坡。产内蒙古自治区额尔古纳、海拉尔、满洲里、陈巴尔虎旗、新巴尔虎右旗、新巴尔虎左旗、通辽、翁牛特旗、敖汉旗、巴林右旗、阿鲁科尔沁旗、克什克腾旗、喀喇沁旗等地。

为草原地区冬季草场的主要牧草。

■ 西北针茅

小穗

花序

叶舌

植株一部分

居群

61 芨芨草属 *Achnatherum* Beauv.

Achnatherum Beauvois, Ess. Agrostogr. 19, 146. 1812.

多年生丛生草本。叶片通常内卷，稀扁平。圆锥花序顶生、狭窄或开展；小穗含1小花，两性，小穗轴脱节于颖之上；两颖近等长或略有差别，宿存，膜质或兼草质，先端尖或渐尖，稀钝圆；外稃较短于颖，圆柱形，厚纸质，成熟后略变硬，顶端具2微齿，背部被柔毛，芒从齿间伸出，膝曲而宿存，稀近于劲直而脱落，基盘钝或较尖，具髯毛；内稃具2脉，无脊，脉间具毛，成熟后背部裸露；鳞被3；雄蕊3，花药顶端具毫毛或无毛。

本属全世界50种，分布于欧、亚温寒地带。中国有14种。东北地区产5种。

分种检索表

1. 第一颖显著短于第二颖…………………………………………………………… **1. 芨芨草 A. splendens** (Triin) Nevski
1. 二颖近等长。
  2. 小穗长11～13毫米；花序开展；花药顶端具毫毛 ………………………… **2. 京芒草 A. pekinense** (Hance) Ohwi
  2. 小穗长5.5～10毫米；花序疏松或紧缩；花药有毛或无毛。
    3. 小穗长5.5～6.5毫米；花药顶端无毛或仅有1～3根毛；花序疏松 …**3. 朝阳芨芨草 A. nakaii** (Honda) Tateoka
    3. 小穗长8～10毫米；花药顶端有毫毛；花序紧缩或较紧缩。
      4. 叶片上面密生短柔毛，下面粗糙；小穗长为花药长的1.6～1.8倍；颖片背部贴生微毛
      ………………………………………………………………………………… **4. 毛颖芨芨草 A. pubicalyx** (Ohwi) Keng
      4. 叶片上面与边缘粗糙，下面平滑；小穗长为花药长的2～2.5倍；颖片背部平滑
      ……………………………………………………………………………………………… **5. 羽茅 A.sibiricum** (L.) Keng

（1）芨芨草（黑龙江省植物志，内蒙古植物志，东北植物检索表，东北草本植物志，中国植物志，Flora of China）

Achnatherum splendens (Triin) Nevski, Trudy Bot. Inst. Akad. Nauk S. S. S. R., Ser. 1, Fl. Sist. Vyssh. Rast. 4: 224. 1937; 中国植物志9(3): 320. 图版80: 1～3. 1987; 内蒙古植物志（第二版）5: 206. 图版78: 1～6. 1994; 东北植物检索表（第二版）: 822. 图版415: 7. 1995; 黑龙江省植物志10: 322. 图版129. 2002; 东北草本植物志10: 255. 图版115: 4. 2004; Fl. China 22: 207. 2006; 东北植物分布图集: 1303. 2019.——*Stipa splendens* Trin., Neue Entdeck. Pflanzenk. 2: 54. 1821.

生微碱性的草滩及沙土山坡上。产黑龙江省西部草原；吉林省大安、前郭；辽宁省长海；内蒙古自治区各地。

嫩时为牲畜良好的饲料；秆叶坚韧，长而光滑，为良好的纤维植物，供造纸及人造丝，又可编织筐、草帘、扫帚等；叶浸水后，韧性极大，可做草绳；又可改良碱地，保护渠道、保持水土。

■ 芨芨草

花序一部分

植株

居群

（2）京芒草（辽宁植物志，内蒙古植物志，东北植物检索表，东北草本植物志，中国植物志，Flora of China）；远东芨芨草（辽宁植物志，黑龙江省植物志，内蒙古植物志，东北植物检索表，中国植物志）

Achnatherum pekinense (Hance) Ohwi in Bull. Natl. Sci. Mus. Tokyo 33: 66. 1953; 中国植物志9(3): 327. 1987; 辽宁植物志（下册）: 939. 图版427. 1992; 内蒙古植物志（第二版）5: 210. 图版79: 11 ~ 14. 1994; 东北植物检索表（第二版）: 822. 图版415: 6. 1995; 东北草本植物志10: 257. 图版115: 1 ~ 3. 2004; Fl. China 22: 211. 2006.—— *A. extremiorientale* (Hara) Keng in Fl. Tsinlingensis 1(1): 153. 1976; 中国植物志9(3): 329. 1987; 辽宁植物志（下册）: 941. 图版428: 4 ~ 6. 1992; 内蒙古植物志（第二版）5: 213. 图版80: 10 ~ 13. 1994; 东北植物检索表（第二版）: 822. 图版415: 5. 1995; 黑龙江省植物志10: 322. 图版130: 10 ~ 17. 2002.

生于山坡及山坡草地。产黑龙江省伊春、哈尔滨、尚志、黑河、北安、虎林、阿城、密山、宁安、饶河、萝北；吉林省珲春、汪清、九台、磐石、抚松、长白、安图、和龙、临江、通化；辽宁省彰武、西丰、新民、北镇、建平、凌源、建昌、阜新、凤城、沈阳、抚顺、本溪、桓仁、营口、盖州、鞍山、金州、大连；内蒙古自治区海拉尔、牙克石、陈巴尔虎旗、鄂伦春、科尔沁右翼前旗、扎赉特旗、通辽、科尔沁左翼后旗、大青沟、翁牛特旗、克什克腾旗、宁城等地。

■ 京芒草

花序

小穗

花药

植株下部

花序一部分

（3）朝阳芨芨草（辽宁植物志，内蒙古植物志，东北植物检索表，东北草本植物志，中国植物志，Flora of China）

Achnatherum nakaii (Honda) Tateoka in J. Jap. Bot. 30: 208. 1955; 中国植物志9(3): 327. 1987; 辽宁植物志（下册）: 939. 图版428: 1 ~ 3. 1992; 内蒙古植物志（第二版）5: 210. 图版79: 6 ~ 10. 1994; 东北植物检索表（第二版）: 822. 图版415: 1. 1995; 东北草本植物志10: 257. 图版116: 1 ~ 3. 2004; Fl. China 22: 210. 2006.——*Stipa nakaii* Honda, Rep. Exped. Manchoukuo Sect. Ⅳ, Pt. 4, Index Fl. Jeholensis 104. 1936.

生山坡草地。产辽宁省大连、鞍山、阜新、朝阳、凌源、建平；内蒙古自治区扎兰屯、鄂温克、科尔沁右翼前旗、科尔沁右翼中旗、科尔沁左翼后旗、翁牛特旗、巴林左旗、巴林右旗、克什克腾旗、喀喇沁旗、宁城、林西、东乌珠穆沁旗、西乌珠穆沁旗等地。

■ 朝阳芨芨草

植株下部

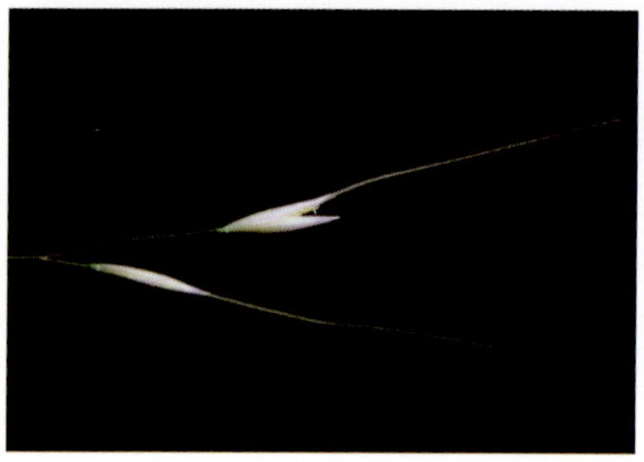
小穗

植株上部

（4）毛颖芨芨草（黑龙江省植物志，内蒙古植物志，东北植物检索表，东北草本植物志，中国植物志，Flora of China）

Achnatherum pubicalyx (Ohwi) Keng, Fl. Tsinling. 1(1): 153. 1976; 中国植物志9(3): 328. 1987; 内蒙古植物志（第二版）5: 212. 图版80: 1 ~ 6. 1994; 东北植物检索表（第二版）: 822. 图版415: 2. 1995; 黑龙江省植物志10: 325. 图版130: 1 ~ 9. 2002; 东北草本植物志10: 260. 图版117: 4 ~ 5. 2004; Fl. China 22: 210. 2006.

生山坡草地及林下，海拔600 ~ 2700米。产黑龙江省伊春、尚志、黑河、呼玛、塔河、加格达奇；内蒙古自治区额尔古纳、海拉尔、牙克石、科尔沁右翼前旗、扎赉特旗、阿鲁科尔沁旗、东乌珠穆沁旗、西乌珠穆沁旗、锡林浩特等地。

■ 毛颖芨芨草

颖片背部贴生微毛

花序

小穗

植株

■ 毛颖芨芨草

基生叶

果序

果序一部分

（5）羽茅（辽宁植物志，黑龙江省植物志，内蒙古植物志，东北植物检索表，东北草本植物志，中国植物志，Flora of China）；燕麦芨芨草（辽宁植物志，黑龙江省植物志，东北植物检索表）

Achnatherum sibiricum (L.) Keng in Probl. Ekol. Geobot. Bot. Geogr. Florist. 140. 1977; 中国植物志9(3): 328. 1987; 辽宁植物志（下册）: 942. 图版429: 1 ~ 3. 1992; 内蒙古植物志（第二版）5: 212. 图版80: 7 ~ 9. 1994; 东北植物检索表（第二版）: 822. 图版415: 4. 1995; 黑龙江省植物志10: 325. 图版131: 1 ~ 3. 2002; 东北草本植物志10: 258. 图版117: 1 ~ 3. 2004; Fl. China 22: 210. 2006.——*A. avenoides* (Honda) Chang in Clavis Pl. Chinae Bor.-Or. 486. 1959; 辽宁植物志（下册）: 942. 图版429: 4 ~ 5. 1992; 东北植物检索表（第二版）: 822. 图版415: 3. 1995; 黑龙江省植物志10: 327. 图版131: 4 ~ 5. 2002.

生山坡草地、林缘及路旁。产黑龙江省伊春、哈尔滨、杜尔伯特、肇源、肇东、宁安、大庆、牡丹江、齐齐哈尔、依兰、萝北、孙吴、密山、尚志、安达；吉林省珲春、安图、和龙、通榆、扶余、吉林、双辽、镇赉；辽宁省凤城、大连、本溪、桓仁、新宾、西丰、彰武、北镇、阜新、葫芦岛、建平、凌源、建昌、沈阳、鞍山、营口；内蒙古自治区额尔古纳、海拉尔、根河、满洲里、新巴尔虎左旗、新巴尔虎右旗、扎鲁特旗、克什克腾旗等地。

■ 羽茅

花序

花序一部分

基生叶

茎、叶与叶舌

小穗一部分

62 细柄茅属 *Ptilagrostis* Griseb.

Ptilagrostis Griseb. in Ledeb. Fl. Ross. 4: 447. 1853.

多年生禾草。叶片细丝状，圆锥花序开展或狭窄。小穗具细长的柄，含1小花，两性，颖膜质，近等长，基部常呈紫色；外稃纸质，被毛，顶端具2微齿，芒从齿间伸出，全部被柔毛，膝曲，芒柱扭转，基盘短钝，具柔毛；内稃膜质，具1～2脉，脉间具柔毛，背部圆形，常裸露于外稃之外；鳞被3；雄蕊3。

本属全世界约有11种，分布于亚洲北部至喜马拉雅。中国有7种。东北地区产1种。

细柄茅（禾本科图说，中国植物志，Flora of China）；毫毛细柄茅（东北植物检索表，东北草本植物志）

Ptilagrostis mongholica (Turcz. ex Trin.) Griseb. in Ledeb. Fl. Ross. 4: 447. 1853; 禾本科图说598.图536. 1959; 中国高等植物图鉴5: 123.图7075. 1976; 秦岭植物志1(1): 155.图123. 1976; 中国植物志9(3): 313.图版78: 1～5. 1987; Fl. China 22: 205. 2006.——*Ptilagrostis mongholica* (Turcz. ex Trin.) Griseb. var. *barbellata* Rosh. in Fl. URSS 2: 75. 1934; 东北植物检索表（第二版）: 824. 图版415: 8. 1995; 东北草本植物志10: 262. 图版118: 1～6. 2004.

多年生草本；叶片长 2～6 厘米，常为针状；圆锥花序，分枝细弱，呈毛发状；小穗带灰色或暗紫色；颖几乎等长；外稃顶端二齿裂，芒从裂齿间伸出，长 2～3.5 厘米，全部具柔毛或羽毛状。生高山冻原及高海拔草地。产黑龙江省海林；吉林省长白、安图、抚松等地。

■ 细柄茅

小穗

花序一部分

植株

63 野古草属 *Arundinella* Raddi

Arundinella Raddi. Agrost. Bras. 36. t. 1. f. 3. 1823.

多年生或一年生草本。小穗成对，稀单生，具2小花；小穗轴脱节于2花之间，颖及第一小花宿存或迟落；颖果3～5（～7）脉，第一颖较短，第二颖与小穗等长；第一小花雄性或中性，外稃膜质至硬纸质，与第一颖等长或稍长；第二小花两性，短于第一小花，为第一颖的1/2，甚易脱落，外稃膜质，成熟时近革质，内稃为外稃所包，等长于或稍短于外稃；鳞被2，雄蕊3，花柱2。

本属全世界约60种，广布于热带、亚热带；主产于亚洲，少数延伸至温带地区。中国有20种，除西北外各地均有，主产于西南及华南地区。东北地区产1种。

毛秆野古草（内蒙古植物志，中国植物志，Flora of China）；野古草（辽宁植物志，黑龙江省植物志，东北植物检索表，东北草本植物志，中国植物志）

Arundinella hirta (Thunb.) Koidz. in Bult. Sci. Fak. Terk. Kjusu Imp. Univ. 1: 208. 1925; 中国植物志10(1): 166. 图版52: 1～6. 1990; 辽宁植物志（下册）: 944. 图版430. 1992; 内蒙古植物志（第二版）5: 245. 图版94: 6～11. 1994; 东北植物检索表（第二版）: 839. 图版420: 5. 1995; 黑龙江省植物志10: 328. 图版132. 2002; 东北草本植物志10: 264. 图版119. 2004; Fl. China 22: 566. 2006.——*Arundinella anomala* Steud. Syn. Pl. Glum. 1: 116. 1854; 中国植物志10(1): 165. 图版52: 7～13. 1990.

多年生草本；秆单生，直立，质较坚硬；叶鞘仅边缘具纤毛或全部密生疣毛；叶片扁平或边缘稍内卷；圆锥花序；小穗灰绿色或带深红紫色，含2小花；颖不等长，具3～5脉；第一外稃顶端无芒，第二外稃无芒或具芒状小尖头；颖果长卵形至长椭圆形，背腹压扁。生于山坡草地及林荫潮湿处。产黑龙江省黑河、萝北、安达、大庆、呼玛、虎林、肇东、依兰、尚志、宁安、密山、杜尔伯特、肇源；吉林省汪清、安图、和龙、前郭、临江、通化、镇赉、九台、长春、通榆、靖宇、珲春；辽宁省各地；内蒙古自治区海拉尔、扎兰屯、鄂温克、陈巴尔虎旗、科尔沁右翼前旗、科尔沁右翼中旗、扎赉特旗、巴林右旗、扎鲁特旗、翁牛特旗、通辽、科尔沁左翼后旗、宁城、西乌珠穆沁旗等地。

全草有清热、凉血作用。幼嫩植株可作饲料；根茎密集，可作造纸原料。

■ 毛秆野古草

花序

茎

植株一部分

花序一部分

植株

花序分枝

64 狗尾草属 *Setaria* Beauv.

Setaria Beauv. Ess. Agrost. 51. pl. 13. f. 3. 1812.

一年生或多年生草本。圆锥花序为狭窄的圆柱状，很少开展，小穗1～2小花，椭圆形或披针形，单生或簇生，全部或部分小穗下托以1至数枚刚毛；小穗脱节于杯状的小穗柄上，常与宿存的刚毛分离；第一颖卵形或圆形，有3～5脉或无脉，长为小穗的1/4～1/2，第二颖短于或等于第一外稃，有5～7脉，第二外稃革质，背部隆起，平滑或有皱纹，包着同质之内稃。

本属全世界约有130种，广布于全世界热带和温带地区。甚至可分布至北极圈内，多数产于非洲。中国有14种。东北地区产6种1亚种1变种，其中栽培1种。

分种检索表

1. 谷粒自颖分离而易脱落……………………………… **1. 梁** S. italica (L.) Beauv.
1. 谷粒连同颖及第一外稃一起脱落。
  2. 花序主轴上每簇仅具1小穗，稀另具1不育小穗；第二颖长为谷粒的1/2。
    3. 小穗（2.2～）2.5～3.5毫米；下部小花通常雄性，其内稃卵形而与上部小花一样宽；上部小花外稃粗而具皱纹 ……………………… **2. 金色狗尾草** S.pumila (Poiret) Roemer & Schultes
    3. 小穗1.8～2.3（～2.5）毫米；下部小花中性，其内稃披针形而远比上部小花窄；上部小花外稃细而具皱纹 ……………………… **3. 幽狗尾草** S. parviflora (Poiret) Kergu é len
  2. 花序主轴上每簇常3至数个小穗；第二颖与谷粒等长或为谷粒长的2/3～3/4。
    4. 小穗长约3毫米，顶端尖，成熟后甚为肿胀；第二颖长约为谷粒的3/4 ……… **4. 大狗尾草** S. faberi Herrmann
    4. 小穗长约2毫米，顶端钝，成熟后微肿胀；第二颖与谷粒等长。
      5. 花序细圆柱形，小穗下具短刺毛；花序下部常间断而不连续 …………… **5. 断穗狗尾草** S. arenaria Kitag.
      5. 花序圆柱形，小穗下具长刺毛；花序下部连续不间断（**6. 狗尾草** S. viridis (L.) Beauv）。
        6. 秆高达80厘米，花序长1～8厘米（**6a. 狗尾草** S. viridis subsp. viridis）。
          7. 秆单生或疏丛生，直立或基部稍膝曲 ……………………6aa. **狗尾草** S. viridis var. viridis
          7. 秆密丛生，基部膝曲且铺散伏地 ……………………… **6ab. 偃狗尾草** S. viridis var. depressa (Honda) Kitag.
        6. 秆高达1米左右，花序长14～30厘米 …… **6b. 巨大狗尾草** S. viridis subsp. pycnocoma (Steud.) Tzvel.

（1）梁（中国植物志，Flora of China）；谷子（辽宁植物志，黑龙江省植物志，东北植物检索表，东北草本植物志）；粟（内蒙古植物志）；小米（俗称）

Setaria italica (L.) Beauv. in Ess. Agrostogr. 51. 1812; 中国植物志10(1): 353. 1990; 辽宁植物志（下册）: 948. 1992; 内蒙古植物志（第二版）5: 259. 图版99: 8～9. 1994; 东北植物检索表（第二版）: 841. 1995; 黑龙江省植物志10: 331. 图版133: 11～13. 2002; 东北草本植物志10: 269. 2004; Fl. China 22: 535. 2006.

广泛栽培于欧亚大陆的温带和热带。东北各地栽培。

谷粒供食用，也入药，有清热、清渴、滋阴、补脾肾、利小便、治水泻作用。茎叶是优等饲料。

■ 粱

花序一部分

植株

（2）金色狗尾草（辽宁植物志，黑龙江省植物志，内蒙古植物志，东北植物检索表，东北草本植物志，中国植物志，Flora of China）；金狗尾草（大连地区植物志）

Setaria pumila (Poiret) Roemer & Schultes, Syst. Veg. 2: 891. 1817; Fl. China 22: 534. 2006; 内蒙古植物志（第三版）6: 266. 2020.——*S. glauca* auct. non (L.) Beauv: 中国植物志10(1)：357. 1990; 辽宁植物志（下册）: 950. 图版432: 6. 1992; 内蒙古植物志（第二版）5: 261. 图版99: 10 ~ 15. 1994; 东北植物检索表（第二版）: 841. 图版421: 2. 1995; 黑龙江省植物志10: 332. 图版133: 6. 2002; 东北草本植物志10: 270. 图版121: 7. 2004.

■ 金色狗尾草

植株

花序一部分

谷粒具明显皱纹

小穗

苗期植株

居群

生荒野、路旁。产东北各地。

秆、叶可作牲畜饲料。全草有清热明目、止泻作用。种子可食。

（3）幽狗尾草（Flora of China）

Setaria parviflora (Poiret) Kerguélen, Lejeunia 120: 161. 1987; Fl. China 22: 535. 2006; The Checklist of the Naturalized Plants in China: 235. 2019.

原产北美洲。吉林省有分布记录。

（4）大狗尾草（辽宁植物志，黑龙江省植物志，东北植物检索表，东北草本植物志，中国植物志，Flora of China）；法氏狗尾草（大连地区植物志）

Setaria faberi Herrmann in Beitr. Biol. Pflanzen 10: 51. 1910; 中国植物志10(1): 356. 图版109: 12 ~ 19. 1990; 辽宁植物志（下册）: 949. 图版432: 7. 1992; 东北植物检索表（第二版）: 841. 图版421: 3. 1995; 黑龙江省植物志10: 332. 图版133: 7. 2002; 东北草本植物志10: 269. 图版121: 6. 2004; Fl. China 22: 535. 2006.

生山坡、路旁、田园或荒野。产黑龙江省黑河、嫩江、尚志、密山、虎林；辽宁省桓仁、宽甸、新宾、清原、长海、大连；内蒙古自治区阿鲁科尔沁旗、翁牛特旗等地。

秆、叶可作牲畜饲料。根有清热、消疳、杀虫止痒作用。种子可食。

■ 大狗尾草

花序一部分

生境

（5）断穗狗尾草（黑龙江省植物志，内蒙古植物志，东北植物检索表，东北草本植物志，中国植物志，Flora of China）

Setaria arenaria Kitag., Rep. Inst. Sci. Res. Manchoukuo. 4: 77. 1940; 中国植物志10(1): 351. 图版108: 1 ~ 10. 1990; 内蒙古植物志（第二版）5: 261. 图版99: 16. 1994; 东北植物检索表（第二版）: 841. 图版421: 5. 1995; 黑龙江省植物志10: 335. 图版134. 2002; 东北草本植物志10: 269. 图版121: 8. 2004; Fl. China 22: 536. 2006.

生海拔1000 ~ 1300米的沙丘阳坡。产黑龙江省大兴安岭；内蒙古自治区额尔古纳、根河、海拉尔、扎兰屯、科尔沁右翼前旗、赤峰、翁牛特旗、科尔沁左翼后旗、东乌珠穆沁旗、西乌珠穆沁旗、锡林浩特等地。

■ 断穗狗尾草

花序下部

植株

花序

（6）狗尾草（辽宁植物志，黑龙江省植物志，内蒙古植物志，东北植物检索表，东北草本植物志，中国植物志，Flora of China）；谷莠子（俗称）

Setaria viridis (L.) Beauv. in Ess. Agrostogr. 51. 1812; 中国植物志10(1): 348. 图版109: 1～11. 1990; 辽宁植物志（下册）: 949. 图版432: 1～5. 1992; 内蒙古植物志（第二版）5: 258. 图版99: 1～7. 1994; 东北植物检索表（第二版）: 841. 图版421: 4. 1995; 黑龙江省植物志10: 334. 图版133: 1～5. 2002; 东北草本植物志10: 270. 图版121: 1～4. 2004; Fl. China 22: 536. 2006.——*Setaria viridis* var. *purpurascens* Maxim. Prim. Fl. Amur. 330. 1859; 内蒙古植物志（第二版）5: 258. 图版99: 1～7. 1994.

（6a）狗尾草（原亚种）

Setaria viridis subsp. *viridis*

（6aa）狗尾草（原变种）

Setaria viridis var. *viridis*

生荒野、道旁，亦为田间杂草。产东北各地。

种子可食。小穗可提炼糠醛。全草有除热、祛湿、消肿作用。秆、叶可作饲料。

■ 狗尾草

花序

植株

花序分枝

花序一部分

（6ab）偃狗尾草（变种）（内蒙古植物志）

Setaria viridis var. *depressa* (Honda) Kitag. Rep. Inst. Sci. Res. Manch. 3 (App.I): 931. 1929; 内蒙古植物志（第二版）5: 259. 1994.

生草原、路边。产辽宁省大连市；内蒙古自治区锡林郭勒盟。

■ 偃狗尾草

植株下部

植株

（6b）巨大狗尾草（亚种）（黑龙江省植物志，内蒙古植物志，中国植物志，Flora of China）

Setaria viridis subsp. *pycnocoma* (Steud.) Tzvel. in Fed. Poaceae URSS 677. 1976; 中国植物志10(1): 349. 1990; 内蒙古植物志（第二版）5: 259. 1994; 黑龙江省植物志10: 334. 2002; Fl. China 22: 536. 2006.——*Setaria viridis* var. *giganta* (Franch. et Sav.) Franch. et Sav. ex Matsum. Cat. Pl. Herb. Sci. Coll. Imper. Univ. Tokyo 225. 1886; 内蒙古植物志（第二版）5: 259. 1994.

生山坡、路边、灌木林。产黑龙江省各地。

■ 巨大狗尾草

花序一部分

植株

65 蒺藜草属 *Cenchrus* L.

Cenchrus L. Gen. Pl. 470. 1750.

一年生或多年生草本。秆通常低矮且于下部分枝较多。叶片扁平。穗形总状花序顶生；小穗无柄；颖不等长，第一颖常短小或缺；第二颖通常短于小穗；第一小花雄性或中性，具3雄蕊，外稃薄纸质至膜质，内稃发育良好；第二小花两性，外稃成熟时质地变硬，通常肿胀，顶端渐尖，边缘薄而扁平，包卷同质的内稃；鳞被退化；雄蕊3，花药线形，顶端无毛或具毫毛；花柱2，基部连合。颖果椭圆状扁球形。

本属全世界约有105种，分布于全世界热带、亚热带地区和温带地区，主要在美洲和非洲温带的干旱地区，印度、亚洲南部和西部到澳大利亚有少数分布。中国有15种。东北地区产4种，其中栽培1种。

分种检索表

1. 刚毛互相连合成刺苞……………………………………………… 1. 长刺蒺藜草 C. longispinus (Hack. ex Kneuck.) Fernald
1. 刚毛分离而不形成刺苞。
  2. 一年生；刚毛等于或短于小穗 ……………………………………………… 2. 御谷 C. americanus (L.) Morrone
  2. 多年生；刚毛长于小穗。
    3. 小穗簇总梗不明显；花序主轴无柔毛 ……………………………………… 3. 白草 C. flaccidus (Griseb.) Morrone
    3. 小穗簇具长2～3毫米的总梗；花序主轴具疏柔毛 …………………………4. 狼尾草 C. alopecuroides (L.) Thunb.

（1）长刺蒺藜草（中国外来入侵植物志）；光梗蒺藜草（内蒙古植物志，中国植物志，Flora of China）；蒺藜草（辽宁植物志，东北植物检索表，东北草本植物志）；少花蒺藜草（中国外来入侵生物，中国口岸外来入侵生物彩色图鉴，东北地区入侵植物）

Cenchrus longispinus (Hack. ex Kneuck.) Fernald, Rhodora 45: 388. 1943; 中国外来入侵植物志5: 134. 2021.——*Cenchrus incertus* auct. non M. A. Curtis: Fl. China 22: 553. 2006; 中国外来入侵生物: 630. 2018; 中国口岸外来入侵生物彩色图鉴: 484. 2020.——*Cenchrus pauciflorus* auct. non Benth.: 东北地区入侵植物: 167. 2020.——*C. calyculatus* auct. non Cavan.: 中国植物志10(1): 376. 图版114: 1～11. 1990; 辽宁植物志（下册）: 947. 图版431: 1～2. 1992; 内蒙古植物志（第二版）5: 256. 图版98. 1994; 东北植物检索表（第二版）: 840. 图版421: 1. 1995; 东北草本植物志10: 268. 图版120: 1～2. 2004.

生沙地、荒野田边。原产北美洲。分布吉林省洮南、长岭；辽宁省彰武、阜新、朝阳、黑山、新民、康平、旅顺口、瓦房店；内蒙古自治区甘旗卡、大青沟等地。

本种为外来入侵植物，具有极强的适应性和侵占性强，为多种作物地和果园中的恶性杂草；其刺苞非常坚硬，可刺伤人和动物皮肤。

■ 长刺蒺藜草

果期植株

苗期根部

苗期植株

花序

（2）御谷（中国植物志，Flora of China）；豫谷（辽宁植物志，东北植物检索表，东北草本植物志）

Cenchrus americanus (L.) Morrone, Ann. Bot. (Oxford) n.s., 106(1): 127. 2010.——*Pennisetum glaucum* (L.) R. Br. in Prodr. Fl. Nov. Holl. 195. 1810; 辽宁植物志（下册）: 950. 图版431: 3～4. 1992; 东北植物检索表（第

二版）: 841. 图版421: 8. 1995; 东北草本植物志10: 272. 图版120: 3 ~ 4. 2004; Fl. China 22: 550. 2006.——*P. americarum* (L.) Leeke. in Z. Naturwiss. 79: 52. 1907; 中国植物志10(1): 374. 图版128: 16. 1990.

原产非洲。亚洲和美洲均已引种栽培作粮食。东北地区有栽培。

■ 御谷

花序一部分

居群

（3）白草（辽宁植物志，内蒙古植物志，东北植物检索表，东北草本植物志，中国植物志，Flora of China）；中亚白草（云南植物志）

Cenchrus flaccidus (Griseb.) Morrone, Ann. Bot. (Oxford) n.s., 106(1): 128. 2010.——*Pennisetum flaccidum* Griseb. in Nachr. Königl. Ges. Wiss. Georg-Augusts-Univ. 3: 86 1868; Fl. China 22: 550. 2006.——*P. centrasiaticum* Tzvel. in Trudy Bot. Inst. Akad. Nauk S.S.S.R., Rast. Tsentral. Azii 4: 3. 1968; 中国植物志10(1): 368. 图版 113: 1 ~ 14，128: 15. 1990; 辽宁植物志（下册）: 952. 图版433: 7. 1992; 内蒙古植物志（第二版）5: 262. 图版97: 10 ~ 16. 1994; 东北植物检索表（第二版）: 841. 图版421: 7. 1995; 东北草本植物志10: 274. 图版122: 7. 2004.

生山坡和较干燥之处。产黑龙江省密山；吉林省通榆、双辽；辽宁省建平、喀左、彰武、阜蒙、

■ 白草

花序一部分

初花期

■ 白草

盛花期

花序

凌源；内蒙古自治区海拉尔、陈巴尔虎旗、科尔沁右翼前旗、科尔沁右翼中旗、通辽、巴林右旗、巴林左旗、翁牛特旗、科尔沁左翼后旗、克什克腾旗、赤峰、宁城、突泉、扎鲁特旗、锡林浩特、正蓝旗等地。

为优良牧草。

（4）狼尾草（辽宁植物志，黑龙江省植物志，东北植物检索表，东北草本植物志，中国植物志，Flora of China）

Cenchrus alopecuroides (L.) Thunb., Prodr. Pl. Cap. 1: 24. 1794.——*Pennisetum alopecuroides* (L.) Spreng. in Syst. Veg. 1: 303. 1824; 中国植物志10(1): 366. 图版111: 1 ~ 4. 1990; 辽宁植物志（下册）: 952. 图版433: 1 ~ 6. 1992; 东北植物检索表（第二版）: 841. 图版421: 6. 1995; 黑龙江省植物志10: 337. 图版135. 2002; 东北草本植物志10: 272. 图版122: 1 ~ 6. 2004; Fl. China 22: 550. 2006.

生路旁、山坡、田岸、沟旁。产黑龙江省尚志、大庆；辽宁省绥中、葫芦岛、营口、金州、大连、长海等地。

可作饲料；也是编织或造纸的原料。全草有清肺止咳、凉血明目作用。

■ 狼尾草

花序一部分

小穗

植株

66 柳叶箬属 *Isachne* R. Br.

Isachne R. Br. Prodr. Fl. Nov. Holl. 196. 1810.

多年生或一年生草本。具扁平的叶片和疏散顶生的圆锥花序；小穗卵圆形或卵状球形，含2小花，均为两性，或第一小花为雄性、第二小花为雌性，无芒，两小花的节间甚短，常连同两小花一起脱落；两颖近等长，草质；小花的背部拱凸，腹面扁平，两小花的内外稃均为革质，或第一小花的内外稃为草质，第二小花为革质，无毛或被毛；鳞被2，雄蕊3枚，花柱2叉裂，柱头帚状。颖果椭圆形或近球形，与稃体分离。

本属全世界90余种，分布于全世界的热带或亚热带地区。中国现知有18种，主要分布于长江流域以南各省。东北地区产1种。

柳叶箬（辽宁植物志，东北植物检索表，东北草本植物志，中国植物志，Flora of China）

Isachne globosa (Thunb.) Kuntze in Revis. Gen. Pl. 2: 778. 1891; 中国植物志10(1): 188. 1990; 辽宁植物志（下册）: 954. 图版434: 8 ~ 9. 1992; 东北植物检索表（第二版）: 840. 图版420: 7. 1995; 东北草本植物志10: 274. 图版123: 8 ~ 9. 2004; Fl. China 22: 555. 2006.

多年生丛生草本；秆下部常倾斜；叶鞘光滑无毛，边缘有纤毛；叶片线状披针形，两面粗糙，边缘略成波状而质地稍厚；圆锥花序，小枝及小穗柄上均有黄色腺点；小穗光滑无毛；颖果近球形。生河边或山坡湿地。产辽宁省大连、庄河。

全草药用，用于小便淋痛、跌打损伤。

67 囊颖草属 *Sacciolepis* Nash

Sacciolepis Nash in Brit. Man. Fl. North. Stat. Canada 89. 1901.

一年生或多年生草本。秆直立或基部膝曲。叶片较狭窄。圆锥花序紧缩成穗状，小穗一侧偏斜，有2小花，自膨大似盘状的小穗柄顶端脱落；颖不等长，第一颖较短，具透明的狭边和数条粗脉；第二颖较宽，三角状卵形，背部圆凸呈浅囊状，具7 ~ 11脉，脉粗壮；第一小花雄性或中性；第一外稃较第二颖狭，但等长，平展或背部略呈圆凸状，具数脉；第一内稃狭，膜质透明；第二小花两性；第二外稃长圆形，厚纸质或薄革质，背部圆凸，边缘内卷，包裹着同质的内稃。鳞被2，阔楔形，折叠，具3脉；花柱自基部分离，种脐点状。

本属全世界约30种，分布于热带和温带地区，多数产于非洲。中国3种1变种。东北1种。

囊颖草（辽宁植物志，黑龙江省植物志，东北植物检索表，东北草本植物志，中国植物志，Flora of China）

Sacciolepis indica (L.) A. Chase in Proc. Biol. Soc. Wash. 21: 8. 1908; 中国植物志10(1): 224. 图版68: 1 ~ 7. 1990; 辽宁植物志（下册）: 954. 图版435: 6 ~ 11. 1992; 东北植物检索表（第二版）: 841. 图版420: 3. 1995; 黑龙江省植物志10: 337. 2002; 东北草本植物志10: 276. 图版124: 6 ~ 11. 2004; Fl. China 22: 511. 2006.

一年生草本；秆直立或基部屈曲；叶片扁平，线状披针形；圆锥花序较狭，呈柱状，密生小穗；小穗卵状披针形，背部弓形弯曲，灰绿色或带紫色；颖不等长，第二颖背部弓形弯曲，基部呈囊状；颖果椭圆形。生稻田旁或潮湿处。产黑龙江省五常、尚志、牡丹江；辽宁省本溪、大连、庄河、普兰店等地。

全草用于疮疡、跌打损伤。

■ 囊颖草

花序一部分

花序

植株

68 黍属 *Panicum* L.

Panicum L., Sp. Pl. ed. 1: 55. 1753 .

一年生或多年生草本。秆直立或基部膝曲或匍匐。叶片线形至卵状披针形，通常扁平；叶舌膜质或顶端具毛，甚至全由一列毛组成。圆锥花序顶生，分枝常开展，小穗具柄，成熟时脱节于颖下或第一颖先落，背腹压扁，含2小花；第一小花雄性或中性；第二小花两性；颖草质或纸质；第一颖通常较小穗短而小，有的种基部包着小穗；第二颖等长，且常常同形；第一内稃存在或退化甚至缺；第二外稃硬纸质或革质，有光泽，边缘包着同质内稃；鳞被2，其肉质程度、折叠、脉数等因种而异；雄蕊3；花柱2，分离，柱头帚状。

本属全世界约500种，分布于全世界热带和亚热带地区，少数分布达温带地区。中国有21种。东北地区产3种1变种，其中栽培1种。

分种检索表

1.叶鞘平滑有光泽；圆锥花序直立而疏松 ……………………………………………… 1. 洋野黍 P. dichotomiflorum Michx.

1. 叶鞘密生柔毛或仅边缘具毛。

　2. 鳞被膜质，具3～5脉；仅叶鞘边缘具毛；圆锥花序直立而疏松 ……………………… 2. 糠稷 P. bisulcatum Thunb.

　2. 鳞被纸质，多脉；叶鞘密生柔毛；圆锥花序开展或较紧密（3. 稷 P. miliaceum L.）。

　　3. 花序下垂而致密 ……………………………………………………………… 3a. 稷 P. miliaceum var. miliaceum

　　3. 花序直立而开展 ……………………………………………………… 3b. 野稷 P. miliaceum var. ruderale Kitag.

（1）洋野黍（中国植物志，Flora of China）；水生黍（华南经济禾草，中国植物志）

Panicum dichotomiflorum Michx. in Fl. Bot. Amer. 1: 48. 1803; 台湾植物志5: 572. 1978; 中国植物志10(1): 207. 1990; Fl. China 22: 506. 2006.——*Panicum paludosum* Roxb. Fl. Ind. 1: 310. 1820; 中国植物志10(1): 207. 图版62: 9～11. 1990.

原产北美洲。生河岸、水库枯水区、荒地。分布辽宁省辽阳、沈阳、金州、大连西郊等地。

本种为外来入侵植物，为玉米地等农田常见杂草，是中国进境植物检疫一类危险性病害玉米细菌性枯萎病菌的隐症寄主。可饲喂食草动物。

■ 洋野黍

果序一部分

根部

花序一部分

果序

植株

茎与叶鞘

叶舌

（2）糠稷（辽宁植物志，黑龙江省植物志，东北植物检索表，东北草本植物志，中国植物志，Flora of China）

Panicum bisulcatum Thunb. in Nova Acta Regiae Soc. Sci. Upsal. 7: 141. 1815; 中国植物志10(1): 213. 图版63: 1～9. 1990; 辽宁植物志（下册）: 957. 图版436: 1～8. 1992; 东北植物检索表（第二版）: 841. 图版

■ 糠稷

茎一部分

叶鞘仅边缘具毛

植株

花序一部分

420: 2. 1995; 黑龙江省植物志10: 339. 图版136: 1 ~ 8. 2002; 东北草本植物志10: 278. 图版125: 1 ~ 8. 2004; Fl. China 22: 506. 2006.

生荒野、草地。产黑龙江省密山、虎林、松花江沿岸；辽宁省沈阳、凤城、宽甸、丹东、大连、长海等地。

嫩时可作牧草。

（3）稷（中国植物志，Flora of China）；黍（辽宁植物志，黑龙江省植物志，内蒙古植物志，东北植物检索表，东北草本植物志）；黄米（俗称）

Panicum miliaceum L., Sp. Pl. 58. 1753; 中国植物志10(1): 202. 图版60: 1 ~ 10. 1990; 辽宁植物志（下册）: 957. 图版436: 9 ~ 11. 1992; 内蒙古植物志（第二版）5: 247. 1994; 东北植物检索表（第二版）: 841. 图版420: 1. 1995; 黑龙江省植物志10: 341. 图版136: 9 ~ 11. 2002; 东北草本植物志10: 278. 图版125: 9 ~ 11. 2004; Fl. China 22: 508. 2006.

（3a）稷（原变种）

Panicum miliaceum var. *miliaceum*

为人类最早的栽培谷物之一。东北各地均有栽培。

谷粒供食用或酿酒，并有益气补中作用；秆叶可做牲畜饲料，并有利尿作用。

由于长期栽培选育，品种繁多，大体分为黏或不黏两类。《本草纲目》称黏者为黍，不黏者为稷；民间又将黏的称黍，不黏的称糜。

■ 稷

花序

植株

花序一部分

（3b）野稷（变种）（辽宁植物志，黑龙江省植物志，东北植物检索表，东北草本植物志）

Panicum miliaceum var. *ruderale* Kitag. in Bot. Mag. (Tokyo) 51: 153. 1937; 辽宁植物志（下册）: 957.

■ 野稷

植株

叶鞘

植株一部分

花序一部分

1992; 东北植物检索表（第二版）: 841. 1995; 黑龙江省植物志10: 342. 2002; 东北草本植物志10: 280. 2004.

生于沙丘地。产黑龙江省镜泊湖；吉林省珲春、双辽；辽宁省朝阳、北票、建平、凌源、锦州、沈阳；内蒙古自治区赤峰等地。

69 马唐属 *Digitaria* Hall.

Digitaria Hall. Stirp. Helv. 2: 244. 1768, *nom. cons.*

一年生或多年生草本。秆通常丛生，直立或基部倾斜。总状花序细弱，二至多数呈指状排列或散生于秆顶；小穗具1两性小花，通常（1～）2～3（～4）小穗着生于穗轴的节上，无柄或有柄，成两行互生于穗轴的一侧；穗轴略呈三棱形，边缘有翼或无翼；第一颖微小或不存在，第二颖等长或短于第一外稃；第二外稃厚纸质或软骨质，顶端尖，背部凸起，边缘透明膜质，扁平，包着同质的内稃。颖果长圆状椭圆形，约占果体的1/3，种脐点状。

本属全世界250种，分布于全世界热带地区，中国有22种。东北地区产3种1变种。

分种检索表

1. 穗轴三棱形；小穗柄圆筒形、较平滑；小穗2～3枚簇生，长为其宽的1～2倍
    ……………………1. 止血马唐 D. ischaemum (Schreb.) Schreb.
1. 穗轴扁平；小穗柄三棱形、边缘粗糙；小穗孪生，长为其宽的3～4倍。
    2. 第一外稃的边脉具小刺状粗糙 ……………………2. 马唐 D. sanguinalis (L.) Scop.
    2. 第一外稃所有脉均平滑而无小刺状粗糙（3. 升马唐 D. ciliaris (Retz.) Koel.）
        3. 第一外稃脉间及边缘具柔毛 ……………………3a. 升马唐 D. ciliaris var. ciliaris
        3. 第一外稃边缘与侧脉间具柔毛与疣基长刚毛
            ……………………3b. 毛马唐 D. ciliaris var. chrysoblephara (Figari & De Notaris) R. R. Stewart

（1）止血马唐（辽宁植物志，黑龙江省植物志，内蒙古植物志，东北植物检索表，东北草本植物志，中国植物志，Flora of China）

Digitaria ischaemum (Schreb.) Schreb. ex Muhl. in Descr. Gram. 131. 1817; 中国植物志10(1): 314. 图版99: 6～10. 1990; 辽宁植物志（下册）: 959. 图版437: 9. 1992; 内蒙古植物志（第二版）5: 252. 图版97: 1～5.

■ 止血马唐

居群

花序1

花序1一部分

■ 止血马唐

花序2

花序2一部分

小穗柄圆筒形

1994; 东北植物检索表（第二版）: 840. 图版421: 16. 1995; 黑龙江省植物志10: 343. 图版137: 9. 2002; 东北草本植物志10: 280. 图版126: 9. 2004; Fl. China 22: 546. 2006.

多生河边、田野、路旁等地较湿润的地方。产黑龙江省哈尔滨、嫩江、阿城、杜尔伯特、密山、安达、尚志、虎林；吉林省珲春、安图、和龙、通榆、长岭、扶余；辽宁省彰武、葫芦岛、锦州、建平、沈阳、西丰、抚顺、清原、宽甸、鞍山、大连；内蒙古自治区额尔古纳、牙克石、鄂伦春、新巴尔虎左旗、莫力达瓦达斡尔旗、科尔沁右翼前旗、科尔沁右翼中旗、扎赉特旗、科尔沁左翼后旗、扎鲁特旗、奈曼旗、西乌珠穆沁旗、东乌珠穆沁旗、锡林浩特等地。

优良牧草。全草有凉血、止血、收敛作用。

（2）马唐（辽宁植物志，黑龙江省植物志，东北植物检索表，东北草本植物志，中国植物志，Flora of China）

Digitaria sanguinalis (L.) Scop. in Fl. Carniol. ed. 2, 1: 52. 1771; 中国植物志10(1): 329. 图版103: 7 ~ 9. 1990; 辽宁植物志（下册）: 960. 图版437: 1 ~ 7. 1992; 东北植物检索表（第二版）: 840. 图版421: 14. 1995; 黑龙江省植物志10: 344. 图版137: 1 ~ 7. 2002; 东北草本植物志10: 282. 图版126: 1 ~ 7. 2004; Fl. China 22: 542. 2006.

生山坡草地、荒野、路旁。黑龙江省（密山、尚志、哈尔滨、五常、大庆、肇东）、吉林省（珲春、白山、通榆）、辽宁省（彰武、西丰、铁岭、沈阳、庄河、金州、营口）均有记录。

优良牧草。全草有明目、润肺作用。

（3）升马唐（内蒙古植物志，中国植物志）；纤毛马唐（Flora of China）；毛马唐（辽宁植物志，黑龙江省植物志，东北植物检索表，东北草本植物志）；缘毛马唐（世界药用植物速查辞典）

Digitaria ciliaris (Retz.) Koel., Descr. Gramin. 27. 1802; 中国植物志10(1): 326. 图版102: 1 ~ 3. 1990; 辽宁植物志（下册）: 960. 图版437 : 8. 1992; 内蒙古植物志（第二版）5: 254. 图版97: 6 ~ 9. 1994; 东北植物检索表（第二版）: 840. 图版421: 15. 1995; 黑龙江省植物志10: 345. 图版137: 8. 2002; 东北草本植物志10: 282. 图版126: 8. 2004; Fl. China 22:543. 2006.

（3a）升马唐（原变种）

Digitaria ciliaris var. *ciliaris*

多生河边、田野、路旁等地较湿润的地方。产黑龙江省哈尔滨、嫩江、阿城、杜尔伯特、密山、安达、尚志、虎林；吉林省珲春、安图、和龙、通榆、长岭、扶余；辽宁省彰武、葫芦岛、锦州、建平、沈阳、西丰、抚顺、清原、宽甸、鞍山、大连；内蒙古自治区额尔古纳、牙克石、鄂伦春、新巴尔虎左旗、莫力达瓦达斡尔旗、科尔沁右翼前旗、科尔沁右翼中旗、扎赉特旗、科尔沁左翼后旗、扎鲁特旗、奈曼旗、西乌珠穆沁旗、东乌珠穆沁旗、锡林浩特等地。

■ 升马唐

花序

花序一部分

小穗柄三棱形

植株

（3b）毛马唐（变种）（中国植物志，Flora of China）

■ 毛马唐

小穗背面观

花序

■ 毛马唐

花序一部分

小穗腹面观

Digitaria ciliaris var. *chrysoblephara* (Figari & De Notaris) R. R. Stewart, Kew Bull. 29: 444. 1974; Fl. China 22:544. 2006. ——*Digitaria chrysoblephara* Fig. et De, Mem. Reale Accad. Sci. Torino II, 14: 364. 1853; 中国植物志10(1):327. 图版102:4 ~ 5. 1990.

生于路旁田野。产辽宁省旅顺口、沈阳、铁岭。黑龙江省、吉林省也有文献记录。

70 野黍属 *Eriochloa* Kunth

Eriochloa Kunth in Humb. et Bonpl. Nov. Gen. et Sp. 1: 94. 1816.

一年生或多年生草本。秆分枝。叶片平展或卷合。圆锥花序顶生而狭窄，由数枚总状花序组成；小穗背腹压扁，具短柄或近无柄，单生或孪生，成两行覆瓦状排列于穗轴之一侧，有2小花；第一颖极退化而与第二颖下之穗轴愈合膨大而呈环状或珠状的小穗基盘；第二颖与第一外稃等长于小穗，均近膜质；第一小花中性或雄性，外稃包藏一膜质内稃或有时内稃缺；第二小花两性，背着穗轴而生，第二外稃革质，边缘稍内卷，包着同质而钝头的内稃，鳞被2，折叠，具5 ~ 7脉；花柱基分离；种脐点状。

本属全世界约30种，分布于全世界热带与温带地区。中国2种。东北地区产1种。

野黍（辽宁植物志，黑龙江省植物志，内蒙古植物志，东北植物检索表，东北草本植物志，中国植物志，Flora of China）；唤猪草（种子植物名称）

Eriochloa villosa (Thunb.) Kunth in Révis. Gramin. 1: 30. 1829; 中国植物志10(1): 275. 图版83: 1 ~ 4. 1990; 辽宁植物志（下册）: 961. 图版435: 1 ~ 5. 1992; 内蒙古植物志（第二版）5: 252. 图版96. 1994; 东北植物检索表（第二版）: 840. 图版420: 4. 1995; 黑龙江省植物志10: 345. 图版138. 2002; 东北草本植物志10: 283. 图版124: 1 ~ 5. 2004; Fl. China 22: 525. 2006.

一年生草本；秆直立或基部蔓生，节上具髭毛；叶片扁平，边缘粗糙；圆锥花序，密生柔毛；小穗卵状披针形；颖果卵圆形。生旷野、山坡或潮湿地。产黑龙江省哈尔滨、阿城、呼兰、肇东、齐齐哈尔；吉林省汪清、蛟河、延吉、珲春；辽宁省彰武、北镇、西丰、开原、新宾、清原、本溪、桓仁、大连；内蒙古自治区海拉尔、扎兰屯、莫力达瓦达斡尔旗、鄂伦春、科尔沁右翼前旗、科尔沁右翼中旗、扎赉特旗、科尔沁左翼后旗、通辽等地。

作饲料用，果实淀粉可食用。全草用于目赤。

■ 野黍

花序一部分

植株一部分

居群

71 稗属 *Echinochloa* Beauv.

Echinochloa Beauv. Ess. Agrost. 53: 161. 1812.

一年生或多年生草本。叶片扁平，线形。圆锥花序由穗形总状花序组成；小穗含1～2小花，背腹压扁呈一面扁平，一面凸起，单生或2～3个不规则地聚集于穗轴的一侧，近无柄；颖草质；第一颖小，三角形，长为小穗1/3～1/2（～3/5）；第二颖与小穗等长或稍短；第一小花中性或雄性，其外稃革质或近革质，内稃膜质，罕或缺；第二小花两性，其外稃成熟时变硬，顶端具极小尖头，平滑，光亮，边缘厚而内抱同质的内稃，但内稃顶端外露；鳞被2，折叠，具5～7脉；花柱基分离；种脐点状。

本属全世界约35种，分布于全世界热带和温带地区。中国有8种。东北地区产2种5变种，其中栽培1种。

分种检索表

1. 花序分枝弯曲；第二颖稍短于小穗；小穗阔卵形，无芒，成熟时淡绿色，谷粒不易脱落 ………………………………………………………………………… **1. 湖南稗子 E. frumentacea** (Roxb.) Link

1. 花序分枝不弯曲；第二颖等长于小穗；小穗卵形、卵伏披针形或卵状椭圆形，有芒或无芒，成熟时绿色或紫色，谷粒易脱落（**2. 稗 E. crusgalli** (L.) Beauv.）。

  2. 第二外稃近革质或至少中间变革质，硬而光亮；植株直立而基部不向外开展；小穗无芒或具长仅0.5厘米的芒 ……………………………………………………………… **2. 水田稗 E. crusgalli** var. **oryzicola** (Vasing) Ohwi

  2. 第二外稃草质；植株基部常向外开展［**3. 稗 E. crusgalli** (L.) Beauv.］。

    3. 圆锥花序直立或仅直立；小穗无芒或芒长1.5厘米以下。

      4. 圆锥花序开展。

        5. 小穗脉上有疣基毛，顶端具有芒或无芒。

          6. 小穗芒长0.5～1.5厘米；花序分枝柔软，斜上举或贴向主轴 ………… **3a. 稗 E. crusgalli** var. **crusgalli**

          6. 小穗无芒或芒长不超过0.5毫米；花序分枝挺直，斜上举而开展

（接上表）

……………………………………………………… 3b. 无芒稗 E. crusgalli var. mitis (Pursh) Peterm.

5. 小穗脉上无疣基毛但疏生刺毛，顶端具小尖头但无芒

……………………………………………………… 3c. 西来稗 E. crusgalli var. zelayensis (H. B. K.) Hitchc.

4. 圆锥花序狭窄；小穗脉上具疣基毛或刺毛，顶端无芒或具极短的芒；植株基部常带紫色

……………………………………………………… 3d. 细叶旱稗 E. crusgalli var. praticola Ohwi

3. 圆锥花序柔软，稍下垂；小穗芒长1.5 ~ 5厘米 ……………3e. 长芒稗 E. crusgalli var. caudata (Rosh.) Kitag.

（1）湖南稗子（中国植物志，Flora of China）；稗子（辽宁植物志，东北植物检索表，东北草本植物志）；稗（黑龙江省植物志）；家稗（内蒙古植物志）

Echinochloa frumentacea (Roxb.) Link in Hort. Berol. 1: 204. 1827; 中国植物志10(1): 261. 1990; 辽宁植物志（下册）: 963. 图版438: 10 ~ 11. 1992; 内蒙古植物志（第二版）5: 251. 图版95: 6. 1994; 东北植物检索表（第二版）: 840. 图版421: 13. 1995; 黑龙江省植物志10: 347. 图版139: 10 ~ 11. 2002; 东北草本植物志10: 285. 图版127: 10 ~ 11. 2004; Fl. China 22: 516. 2006.

广泛栽培于亚洲热带及非洲温暖地区。东北地区有栽培。

种子是优良饲料或粮食。

■ 湖南稗子

花序一部分

植株

居群

（2）水田稗（辽宁植物志，黑龙江省植物志，东北植物检索表，东北草本植物志，中国植物志，Flora of China）

Echinochloa oryzoides (Ard.) Fritsch. in Verh. Zool.-Bot. Ges. Wien. 41: 742. 1891; 中国植物志10(1): 261. 1990; Fl. China 22:516. 2006.——*Echinochloa crusgalli* var. *oryzicola* (Vasing) Ohwi in Act. Phytotax. Geob. 11: 38. 1942; 辽宁植物志（下册）: 964. 图版438: 8. 1992;东北植物检索表（第二版）: 840. 图版421: 10. 1995; 黑龙江省植物志10: 349. 图版139: 8. 2002; 东北草本植物志10: 286. 图版127: 8. 2004.

生水田中及水湿处。产黑龙江省佳木斯、依兰、哈尔滨、呼玛、伊春；吉林省珲春、安图、镇赉；辽宁省清原、凌源、锦州、盖州；内蒙古自治区科尔沁右翼中旗、突泉、扎赉特旗、扎鲁特旗、科尔沁左翼后旗、奈曼旗、赤峰、宁城、巴林右旗等地。

可作饲草。种子磨粉可代粮。

（3）稗（内蒙古植物志，中国植物志，Flora of China）；野稗（辽宁植物志，黑龙江省植物志，东北植物检索表，东北草本植物志）；旱稗（内蒙古植物志，中国植物志）

Echinochloa crusgalli (L.) Beauv. in Ess. Agrost 53. 1812; 中国植物志10(1): 252. 图版77: 4 ~ 7. 1990; 辽宁植物志（下册）: 964. 图版438: 1 ~ 6. 1992; 内蒙古植物志（第二版）5: 248. 图版95: 1 ~ 3. 1994; 东北植物检索表（第二版）: 840. 图版421: 9. 1995; 黑龙江省植物志10: 349. 图版139: 1 ~ 6. 2002; 东北草本植物志10: 285. 图版127: 1 ~ 6. 2004; Fl. China 22: 517. 2006.——*Echinochloa hispidula* (Retz.) Nees in Royl. Bot. Himal. 416. 1839; Kossenko in Not. System. Komar. Herb. 11: 44 ~ 43. 1949; 中国植物志10(1): 258. 图版79. 1990; 内蒙古植物志（第二版）5: 249. 图版95: 4. 1994.——*Echinochloa crusgalli* var. *hispidula* (Retz.) Honda in Bot. Mag. Tokyo 37: 122. 1923; 中国主要植物图说 禾本科674. 1959.

（3a）稗（原变种）

Echinochloa crusgalli var. *crusgalli*

生沼泽、河岸、田边、沟旁及稻田内。产黑龙江省黑河、萝北、伊春、尚志、哈尔滨、密山、大庆、虎林、安达、佳木斯、宁安；吉林省和龙、安图、敦化、珲春、临江、通化、镇赉、九台、永吉、白城；辽宁省各地；内蒙古自治区海拉尔、扎鲁特旗、巴林右旗等地。

可作饲草。种子磨粉可代粮。全草有止血、生肌作用。

■ 稗

花序

花序一部分

居群

（3b）无芒稗（变种）（禾本科图说，中国植物志，Flora of China）；无芒野稗（辽宁植物志，黑龙江省植物志，内蒙古植物志，东北植物检索表，东北草本植物志）

■ 无芒稗

花序一部分

花序

Echinochloa crusgalli var. *mitis* (Pursh) Peterm. Fl. Lips. 82. 1838; 中国植物志10(1): 255. 图版77: 8 ~ 9. 1990; Fl. China 22: 518. 2006.——*Echinochloa crusgalli* var. *submutica* (Mey.) Kitag. in Bot. Mag. (Tokyo) 37: 121. 1923; 辽宁植物志（下册）: 964. 图版438: 9. 1992; 内蒙古植物志（第二版）5: 248. 图版95: 7. 1994; 东北植物检索表（第二版）: 840. 图版421: 11. 1995; 黑龙江省植物志10: 350. 图版139: 9. 2002; 东北草本植物志10: 286. 图版127: 9. 2004.

生路边及野草地。产黑龙江省哈尔滨、阿城、尚志；吉林省珲春、和龙、白山；辽宁省彰武、开原、西丰、铁岭、凌源、建平、葫芦岛、锦州、新宾、本溪、桓仁、营口、大连；内蒙古自治区全区各地。

（3c）西来稗（变种）（中国植物志，Flora of China）

Echinochloa crusgalli var. *zelayensis* (H. B. K.) Hitchc. in U. S. Dept. Agr. Bull. 772: 238. 1920; 中国植物志10(1): 255. 图版77: 10 ~ 11. 1990; Fl. China 22: 518. 2006.

生水边或稻田中。产辽宁省西部地区。

■ 西来稗

花序

植株

花序一部分

（3d）细叶旱稗（变种）（中国植物志，Flora of China）

Echinochloa crusgalli var. *praticola* Ohwi in Acta Phytotax. et Geobot. 11: 37. 1942; 中国植物志10(1): 253. 1990; Fl. China 22: 518. 2006.

生路边草丛中。产辽宁省西部地区。

■ 细叶旱稗

植株

花序

花序一部分

（3e）长芒稗（变种）（中国植物志，Flora of China）；长芒野稗（辽宁植物志，黑龙江省植物志，内蒙古植物志，东北植物检索表，东北草本植物志）

Echinochloa crusgalli var. *caudata* (Rosh.) Kitag. in Lineam. Fl. Mansh.73. 1939; 辽宁植物志（下册）:

964. 图版438: 7. 1992; 东北植物检索表（第二版）: 840. 图版421: 12. 1995; 黑龙江省植物志10: 350. 图版139: 7. 2002; 东北草本植物志10: 285. 图版127: 7. 2004.——*E. caudata* Roshev. in Trudy Bot. Inst. Akad. Nauk S.S.S.R., Ser. 1, Fl. Sist. Vyssh. Rast. 2: 91. 1934; 中国植物志10(1): 256. 图版78: 9. 1990; 内蒙古植物志（第二版）5: 249. 图版95: 5. 1994; Fl. China 22: 518. 2006.

多生田边、路旁及河边湿润处。产黑龙江省佳木斯、依兰、哈尔滨、阿城、密山、塔河；吉林省安图；辽宁省彰武、沈阳、辽中、大连；内蒙古自治区海拉尔、扎兰屯、新巴尔虎左旗、新巴尔虎右旗、科尔沁右翼前旗、科尔沁右翼中旗、扎赉特旗、科尔沁左翼后旗、科尔沁左翼中旗、翁牛特旗、正蓝旗等地。

■ 长芒稗

花序一部分

植株

72 求米草属 *Oplismenus* Beauv.

Oplismenus Beauv. Fl. Oware et Benin 2: 14. pl. 68. f. 1. 1807.

一年生或多年生草本。秆基部通常平卧地面而分枝。叶片薄，扁平，卵形至披针形，稀线状披针形。圆锥花序狭窄，分枝或不分枝而使小穗数枚聚生于主轴之一侧；小穗卵圆形或卵状披针形，两侧压扁，近无柄，孪生、簇生，少单生，含2小花；颖近等长，第一颖具长芒，第二颖具短芒或无芒；第一小花中性，外稃等长于小穗，无芒或具小尖头，内稃存在或缺；第二小花两性，外稃纸质后变坚硬，平滑光亮，顶端具微尖头，边缘质薄，内卷，包着同质的内稃；鳞被2，薄膜质，折叠，3脉；花柱基分离；种脐椭圆形。

本属全世界有5～9种，广布于全世界温带地区。中国4种11变种。东北地区产1种。

求米草（辽宁植物志，东北植物检索表，东北草本植物志，中国植物志，Flora of China）

Oplismenus undulatifolius (Arduino) Beauv. in Syst. Veg. 2: 482. 1817; 中国植物志10(1): 242. 图版74: 6～9. 1990; 辽宁植物志（下册）: 962. 图版434: 1～7. 1992; 东北植物检索表（第二版）: 841. 图版420: 6. 1995; 东北草本植物志10: 284. 图版123: 1～7. 2004; Fl. China 22: 501. 2006.

多年生草本；秆纤细，基部平卧地面，节处生根；叶鞘具疣基刺毛；叶片扁平，披针形，具横脉；圆锥花序；小穗卵圆形，被硬刺毛；第一颖顶端具长0.5～1.5厘米硬直芒；第二颖顶端芒长2～5毫米；第一外稃顶端芒长1～2毫米。生疏林下阴湿处。产辽宁省庄河、大连、旅顺口、绥中等地。

全草用于跌打损伤。

■ 求米草

植株一部分

居群

花序一部分

花序

73 薏苡属 *Coix* L.

Coix L., Sp. Pl. 972. 1753.

一年生或多年生草本。秆直立，常实心。叶片扁平宽大。总状花序腋生成束，通常具较长的总梗。小穗单性，雌雄小穗位于同一花序之不同部位；雄小穗含2小花，2～3枚生于一节，一无柄，一或二枚有柄，排列于一细弱而连续的总状花序之上部而伸出念珠状之总苞外；雌小穗常生于总状花序的基部而被包于一骨质或近骨质念珠状之总苞内，雌小穗2～3枚生于一节，常仅1枚发育，孕性小穗之第一颖宽，下部膜质，上部质厚渐尖；第二颖与第一外稃较窄；第二外稃及内稃膜质；柱头细长，自总苞之顶端伸出。颖果大，近圆球形。

本属全世界有4种，分布于热带亚洲。中国有2种。东北地区栽培1种1变种。

分种下单位检索表

1. 雌小穗外面包以骨质念珠状之总苞 ……………………………………… a. 薏苡 C. lacryma-jobi var. lacryma-jobi
1. 雌小穗外面包以甲壳质之总苞 …………………………………………………… b. 薏米 C. lacryma-jobi var. mayuen

薏苡（辽宁植物志，黑龙江省植物志，东北植物检索表，东北草本植物志，中国植物志，Flora of China）

Coix lacryma-jobi L., Sp. Pl. 972. 1753; 辽宁植物志（下册）: 988. 图版448: 3 ~ 4. 1992; 内蒙古植物志（第二版）5: 276. 图版104: 7 ~ 20. 1994; 东北植物检索表（第二版）: 839. 图版423: 9. 1995; 中国植物志10(2): 291. 图版73: 1 ~ 2; 80: 3. 1997; 黑龙江省植物志10: 362. 图版143: 3 ~ 4. 2002; 东北草本植物志10: 312. 图版138: 3 ~ 4. 2004; Fl. China 22: 648. 2006.

一年生粗壮草本。叶片扁平宽大，开展。总状花序腋生成束，直立或下垂。雌小穗位于花序之下部，外面包以骨质念珠状之总苞；雄蕊常退化；雌蕊具细长之柱头，从总苞之顶端伸出；颖果小。雄小穗2 ~ 3对，着生总状花序上部。

（a）薏苡（原变种）

Coix. lacryma–jobi var. *lacryma–jobi*

分布于亚洲东南部与太平洋岛屿，世界的热带、亚热带均有种植或逸生。东北各地栽培。

本种为念佛穿珠用的菩提珠子，总苞坚硬，美观，按压不破，有白、灰、蓝紫等各色，有光泽而平滑，基端之孔大，易于穿线成串，工艺价值大，但颖果小，质硬，淀粉少，不能食用。

■ 薏苡

雌小穗

花序

骨质总苞

雄小穗

植株

植株一部分

（b）薏米（变种）（中国植物志，Flora of China）

Coix lacryma–jobi var. *ma–yuen* (Rom. Caill.) Stapf in Fl. Brit. India 7: 100. 1896; Fl. China 22: 649. 2006.——*C. chinensis* Tod. in Ind. Sem. Hort. Bot. Pan. Ann. 5. 1861; 中国植物志10(2): 290. 图版73: 3. 1997.

辽宁省各地有栽培。

颖果又称薏苡仁，可食用，有健脾、利尿、清热、镇咳作用。叶与根均作药用。

■ 薏米

花序

植株一部分

种子

74　玉蜀黍属　*Zea* L.

Zea L., Sp. Pl. 971. 1753, et Gen. Pl. ed. 5. 419. 1754.

一年生直立草本。秆高大，粗壮，具多数节，实心，下部数节生有一圈支柱根。叶片阔线形，扁平。小穗单性，雌、雄异序；雄花序由多数总状花序组成大型的顶生圆锥花序；雄小穗含2小花，孪生于一连续的序轴上，一无柄，一具短柄或一长一短；颖膜质，先端尖，具多数脉；外稃及内稃皆透明膜质；雄蕊3枚；雌花序生于叶腋内，为多数鞘状苞片所包藏；雌小穗含1小花，极多数排成10 ~ 30纵行，紧密着生于圆柱状海绵质之序轴上；颖宽大，先端圆形或微凹；外稃透明膜质；雌蕊具细长之花柱，常呈丝状伸出于苞鞘之外。

本属全世界有5种，4种为原产中美洲的野生植物，1种为包括中国在内的全球广泛种植的谷物。东北地区常见栽培1种。

玉蜀黍（黑龙江省植物志，内蒙古植物志，中国植物志，Flora of China）；玉米（辽宁植物志，东北植物检索表，东北草本植物志）

Zea mays L., Sp. Pl. 971. 1753; 辽宁植物志（下册）: 989. 图版448: 1 ~ 2. 1992; 内蒙古植物志（第二版）5: 277. 图版104: 21 ~ 27. 1994; 东北植物检索表（第二版）: 839. 1995; 中国植物志10(2): 287. 图版72: 1 ~ 3; 80: 4. 1997; 黑龙江省植物志10: 362. 图版143: 1 ~ 2. 2002; 东北草本植物志10: 314. 图版138: 1 ~ 2. 2004; Fl. China 22: 650. 2006.

一年生高大草本；叶片宽大，线状披针形；雄圆锥花序顶生，小穗长达1厘米，含2小花；雌花序

■ 玉蜀黍

雄花序

雌花序

生植株中部；雌小穗双生，排列于粗壮穗轴上，第一小花不育，第二小花两性，雌蕊具极长而细弱的花柱；颖果多为马牙形。原产墨西哥高原。东北各地栽培。

粮食作物。种子食用或药用。花柱与柱头有平肝利胆、利尿、消肿作用。

75 白茅属 *Imperata* Cyrillo

Imperata Cyrillo, Pl. Rar. Neap. 2: 26. 1792.

多年生直立草本，具发达多节的长根状茎。秆常不分枝。叶片多数基生，线形；叶舌膜质。圆锥花序顶生，狭窄，紧缩呈穗状；小穗含1两性小花，基部围以丝状柔毛，具长、短不一的小穗柄，孪生于细长延续的总状花序轴上，两颖近相等，披针形，膜质或下部草质，具数脉，背部被长柔毛；外稃透明膜质，无脉，具裂齿和纤毛，顶端无芒；第一内稃不存在；第二内稃较宽，透明膜质，包围着雌、雄蕊；鳞被不存在；雄蕊2枚或1枚；花柱细长，下部连合；柱头2枚，线形，自小穗之顶端伸出。颖果椭圆形，胚大型，种脐点状。

本属全世界约10种，分布于全世界的热带和亚热带。中国有3种。东北地区产1种。

白茅（辽宁植物志，黑龙江省植物志，内蒙古植物志，中国植物志，Flora of China）；印度白茅（东北植物检索表，东北草本植物志）

Imperata cylindrica (L.) Beauv. in Nomencl. Bot. ed. 3: 10. 1797; 辽宁植物志（下册）: 967. 图版439: 7 ~ 9. 1992; 内蒙古植物志（第二版）5: 265. 图版100: 6 ~ 11. 1994; 东北植物检索表（第二版）: 833. 图版422: 5. 1995; 黑龙江省植物志10: 351. 图版133: 8 ~ 10. 2002; 中国植物志10(2): 31. 1997; 东北草本植物志10: 293. 图版129: 7 ~ 9. 2004; Fl. China 22: 584. 2006.

多年生草本；根状茎长，密生鳞片；秆丛生；叶片线形或线状披针形；圆锥花序圆柱形；小穗披针形；颖等长，内稃与外稃等长；颖果椭圆形。生路旁、山坡、草地、田边、沟岸等处。产黑龙江省哈尔滨、阿城、帽儿山；吉林省双辽；辽宁省彰武、绥中、北镇、兴城、昌图、沈阳、大连；内蒙古自治区科尔沁右翼前旗、扎赉特旗、科尔沁左翼后旗、科尔沁右翼中旗、阿鲁科尔沁旗等地。

根茎味甜可食，入药作清凉利尿剂。嫩芽和花序也可食。

■ 白茅

植株一部分

基生叶

花序

■ 白茅

花期植株

果期植株

76　芒属　*Miscanthus* Anderss.

Miscanthus Andersson, Öfvers. Kongl. Vetensk.–Akad. Förh. 12: 165. 1855.

多年生草本。秆粗壮，中空。叶片扁平宽大。顶生圆锥花序大型，由多数总状花序沿一延伸的主轴排列而成。小穗含一两性花，具不等长的小穗柄，孪生于连续的总状花序轴之各节，基盘具长于其小穗的丝状柔毛；两颖近相等，厚纸质至膜质，第一颖背腹压扁，顶端尖，边缘内折成2脊，有2～4脉；第二颖舟形，具1～3脉；外稃透明膜质，第一外稃内空；第二外稃具1脉，顶端2裂，微齿间伸出一扭转膝曲之芒；内稃微小；鳞被2，楔形，雄蕊3枚，先雌蕊而成熟；花柱2，甚短；柱头帚刷状，近小穗中部之两侧伸出。颖果长圆形，胚大型。

本属全世界约14种，主要分布于东南亚，在非洲也有少数种类。中国有7种。东北地区产3种。

分种检索表

1. 外稃无芒，或具短芒而芒不露出小穗外……………………………………1. 荻 M. sacchariflorus (Maxim.) Hack.
1. 外稃具长芒，芒露出小穗外。
　2. 总状花序仅5～15枚 ………………………………………………… 2. 金县芒 M. jinxianensis L. Liu
　2. 总状花序多达数十枚 ………………………………………………… 3. 芒 M. sinensis Anderss.

（1）荻（辽宁植物志，黑龙江省植物志，内蒙古植物志，东北植物检索表，东北草本植物志，中国植物志，Flora of China）

Miscanthus sacchariflorus (Maxim.) Hack. in Nat. Pflanzenfam. 2(2): 23. 1887; 辽宁植物志（下册）: 970. 图版440: 9. 1992; 内蒙古植物志（第二版）5: 263. 图版100: 1～5. 1994; 东北植物检索表（第二版）: 836. 图版422: 3. 1995; 黑龙江省植物志10: 352. 2002; 东北草本植物志10: 289. 图版128: 9. 2004; Fl. China 22: 582. 2006.——*Triarrhena sacchariflora* (Maxim.) Nakai in Journ. Jap. Bot. 25: 7. 1950; 中国植物志10(2): 26. 图版5. 1997.

生山坡或湿草地。产黑龙江省黑河、萝北、饶河、孙吴、勃利、密山、尚志、虎林；吉林省珲春、安图、和龙、蛟河、通榆、吉林；辽宁省西丰、锦州、凌源、北镇、沈阳、新民、抚顺、清原、本溪、宽甸、丹东、庄河、普兰店；内蒙古自治区科尔沁右翼前旗、科尔沁右翼中旗、新巴尔虎左旗、翁牛特旗、阿鲁科尔沁旗、突泉、科尔沁左翼后旗、通辽、开鲁、赤峰等地。

幼株茎叶柔嫩，适于放牧。抽穗后可作为造纸原料及其他工业用品，花序可做扫帚。

■ 荻

花序一部分

花序

茎

居群

孪生小穗

植株

（2）金县芒（中国植物志）

Miscanthus jinxianensis L. Liu in Pl. Res. Gram. 11: 36. 1989; 中国植物志10(2): 7. 图版1: 12 ~ 16. 1997.

多生山坡或灌丛间。产辽宁省金州。

■ 金县芒

茎

植株

■ 金县芒

花序

叶舌

花序一部分

（3）芒（辽宁植物志，黑龙江省植物志，东北植物检索表，东北草本植物志，中国植物志，Flora of China）；紫芒（辽宁植物志，东北植物检索表，东北草本植物志，中国植物志）

Miscanthus sinensis Anderss. in Öfvers. Förh. Kongl. Svenska Vetensk.–Akad. 12: 166. 1855; 辽宁植物志（下册）: 969. 图版440: 1 ~ 6. 1992; 东北植物检索表（第二版）: 836. 图版422: 1. 1995; 中国植物志10(2): 6. 图版1: 7 ~ 11. 1997; 黑龙江省植物志10: 353. 2002; 东北草本植物志10: 289. 图版128: 1 ~ 6. 2004; Fl. China 22: 582. 2006.——*M. purpurascens* Anderss. in Öfvers. Förh. Kongl. Svenska Vetensk.–Akad. 12: 167. 1855; 辽宁植物志（下册）: 969. 图版440: 7 ~ 8. 1992; 东北植物检索表（第二版）: 836. 图版422: 2. 1995; 中国植物志10(2): 8. 1997; 东北草本植物志10: 291. 图版128: 7 ~ 8. 2004.

多生山坡或灌丛间。产黑龙江省尚志、宁安、苇河、帽儿山、牡丹江、镜泊湖、饶河；吉林省蛟河、九台；辽宁省沈阳、西丰、新宾、桓仁、大连、金州、旅顺口、普兰店、瓦房店、长海；内蒙古自治区科尔沁左翼后旗等地。

幼株茎叶适于放牧。秆纤维用途较广，可作造纸原料等。茎、根状茎有清热解毒、利尿作用；花序有活血通经作用。

■ 芒

花序一部分

花序

■ 芒

居群

植株下部

茎

77 大油芒属 *Spodiopogon* Trin.

Spodiopogon Trin. Fund. Agrost. 192, pl. 17. 1820.

多年生草本。叶片线形或狭窄披针形；叶舌膜质。顶生圆锥花序开展，由多数具1～3节有梗的总状花序所组成；小穗孪生；总状花序轴节间及小穗柄的顶端膨大而呈棒状，成熟后逐节断落；小穗卵形，不明显压扁；颖草质，具多数显著的脉纹，背部具柔毛，基部生短髭毛；外稃透明膜质，大多无毛或边缘具细纤毛，有时具1～3脉，第一小花具3雄蕊或中性；第一外稃及其内稃均透明膜质；第二外稃深2裂，裂齿间伸出一扭转膝曲的芒；雄蕊3枚；柱头较长，帚刷状。颖果圆筒形，胚大，长为果体的1/2或2/3。

本属全世界约15种，分布于亚洲。中国有9种。东北地区产1种。

大油芒（辽宁植物志，黑龙江省植物志，内蒙古植物志，东北植物检索表，东北草本植物志，中国植物志，Flora of China）

Spodiopogon sibiricus Trin. in Fund. Agrost. 192. 1820; 辽宁植物志（下册）: 970. 图版441. 1992; 内蒙古植物志（第二版）5: 266. 图版101: 1～6. 1994; 东北植物检索表（第二版）: 836. 图版422: 6. 1995; 中国植物志10(2): 58. 1997; 黑龙江省植物志10: 354. 图版140. 2002; 东北草本植物志10: 293. 图版130: 1～8. 2004; Fl. China 22: 575. 2006.

多年生草本；叶片宽线形；圆锥花序长圆形，每节具2小穗；小穗灰绿色至草黄色，基部具短毛；两颖几等长；外稃稍短于小穗，顶端深裂几乎达基部，裂齿间伸出长1～1.5厘米的芒；颖果长圆状披针形，棕栗色。生山坡草丛。产黑龙江省绥芬河、依兰、哈尔滨、杜尔伯特、大庆、肇东、肇源、密山、宁安、安达、黑河、伊春、萝北；吉林省镇赉、吉林、前郭、安图、和龙、汪清、珲春、临江、抚松、通

■ 大油芒

花序一部分

居群

居群下部

榆、通化；辽宁省各地；内蒙古自治区额尔古纳、牙克石、鄂伦春、鄂温克、科尔沁右翼前旗、科尔沁右翼中旗、扎赉特旗、科尔沁左翼后旗、扎鲁特旗、霍林郭勒、巴林左旗、巴林右旗、克什克腾旗、喀喇沁旗、宁城、东乌珠穆沁旗、西乌珠穆沁旗、锡林浩特、正蓝旗等地。

早春草质幼嫩，马、牛、羊均喜食。

78 莠竹属 *Microstegium* Nees

Microstegium Nees in Lindl. Nat. Syst. Bot. ed. 2: 447. 1836.

多年生或一年生蔓性草本。秆多节，下部节着土后易生根，具分枝。叶片披针形，质地柔软，基部圆形，有时具柄。总状花序数枚至多数呈指状排列，稀为单生。小穗两性，孪生，一有柄，一无柄，偶有两者均具柄，无柄小穗连同穗轴节间及小穗柄一并脱落，有柄小穗自柄上掉落，基盘具毛；两颖等长于小穗，纸质，第一颖具4～6脉，边缘内折成2脊，脊上具纤毛或粗糙，背部扁平或有纵长凹沟；第二颖舟形，具1～3脉，中脉成脊，顶端尖或具短芒；第一小花雄性，第一外稃常不存在；第一内稃稍短于颖或不存在；第二外稃微小，顶端2裂或全缘，芒扭转膝曲或细直；鳞被2，楔形；柱头帚刷状，自小穗上部之两侧伸出。颖果长圆形，胚长约为果体之1/3，种脐点状。

本属全世界约20种，分布于东半球热带与暖温带地区。中国有13种。东北地区产1种。

莠竹（内蒙古植物志，东北草本植物志，中国植物志）；柔枝莠竹（辽宁植物志，内蒙古植物志，东北植物检索表，东北草本植物志，中国植物志，Flora of China）

■ 莠竹

花序

花序一部分

居群

植株一部分

Microstegium vimineum (Trinius) A. Camus, Ann. Soc. L. Lyon, N.S. 68: 201. 1921; 辽宁植物志（下册）: 973. 1992; 东北植物检索表（第二版）: 833. 1995; 中国植物志10(2): 76. 图版15: 5 ~ 7. 1997; 东北草本植物志10: 295. 2004; Fl. China 22: 596. 2006; 内蒙古植物志（第三版）6: 276. 2020.——*M. vimineum* (Trin.) A. Camus var. *imberbe* (Nees ex Steud.) Honda in J. Fac. Sci. Univ. Tokyo, Sect. 3, Bot. 3: 405. 1930; 辽宁植物志（下册）: 974. 图版439: 1 ~ 6. 1992; 内蒙古植物志（第二版）5: 268. 图版102. 1994; 东北植物检索表（第二版）: 833. 图版422: 3. 1995; 东北草本植物志10: 296. 图版129: 1 ~ 6. 2004.—— *M. nodosum* (Kom.) Tzvel. in Bot. Mater. Gerb. Bot. Inst. Komarova Akad. Nauk S.S.S.R. 21: 23. 1961; 中国植物志10(2): 75. 图版15: 8. 1997.

一年生草本；秆下部匍匐地面，节上生根，多分枝，无毛；叶片线状披针形，边缘粗糙，中脉白色；总状花序2 ~ 6枚，近指状排列于主轴上；无柄小穗长5 ~ 6毫米；有柄小穗相似无柄小穗或稍短，小穗柄短于穗轴节间；第二外稃具长达9毫米的芒；颖果长圆形。生阴湿草地。产吉林省蛟河；辽宁省建昌、新宾、清原、本溪、宽甸、鞍山、海城、大连；内蒙古自治区大青沟等地。

79 鸭嘴草属 *Ischaemum* L.

Ischaemum L. Gen. Pl. ed. 5. 469. 1754.

一年生或多年生草本。叶片披针形至线形。总状花序通常孪生且互相贴近而呈一圆柱形，亦可数枚指状排列于秆顶；总状花序轴增粗，节间多呈三棱形或稍压扁，具关节，成熟时易逐节断落；小穗孪生，一有柄，一无柄，背腹压扁，各含2小花；第一颖长圆形或披针形，坚纸质或下部革质，有时具各式横向皱纹或瘤，顶端常扁平呈鸭嘴状；第二颖舟形，质较薄，两小花之内外稃常透明膜质；第一小花雄性或中性；第二小花两性，外稃顶端常2齿裂，齿间具芒或否；鳞被2，倒楔形，上缘有齿缺；雄蕊3，花药线形。颖果长圆形。

本属全世界约70种，分布于全世界热带至温带南部，主产亚洲南部至大洋洲。中国有12种。东北地区产1变种。

鸭嘴草（辽宁植物志，东北植物检索表，东北草本植物志，中国植物志，Flora of China）

Ischaemum aristatum L. var. *glaucum* (Honda) Koyama in J. Jap. Bot. 37: 239. 1962; 辽宁植物志（下册）: 974. 图版442: 6 ~ 7. 1992; 东北植物检索表（第二版）: 833. 图版422: 9. 1995; 中国植物志10(2): 163. 1997; 东北草本植物志10: 296. 图版131: 6 ~ 7. 2004; Fl. China 22: 611. 2006.

多年生草本；叶鞘疏生疣基毛；叶片线状披针形，边缘粗糙；总状花序孪生秆顶呈圆柱形，穗轴三棱形；无柄小穗狭披针形；颖等长；第二外稃顶端二浅裂，裂齿间具一短芒；颖果长圆形。生溪边及沿海沙地上。产辽宁省长海。

80 牛鞭草属 *Hemarthria* R. Br.

Hemarthria R. Br. Prodr. Fl. Nov. Holl. 207. 1810.

多年生草本。秆直立丛生或铺散斜升，柔软或稍硬。叶片扁平，线形。总状花序圆柱形而稍扁，常单独顶生或数枚成束腋生；小穗孪生，同形或有柄小穗较窄小。无柄小穗嵌生于总状花序轴凹穴中；第一颖背部扁平，先端钝或渐尖，第二颖与总状花序轴贴生，先端渐尖至具尾尖；仅含1两性小花，内、外稃均为膜质，无芒；雄蕊3，花药常红色。颖果卵圆形或长圆形，稍压扁。

本属全世界14种，分布于旧大陆热带至温带地区。中国有6种，各地均产，但多数产南方地区。东北地区产1种。

大牛鞭草（内蒙古植物志，Flora of China）；牛鞭草（辽宁植物志，黑龙江省植物志，内蒙古植物志，东北植物检索表，东北草本植物志，中国植物志）

Hemarthria altissima (Poir.) Stapf et C. E. Hubb. in Bull. Misc. Inform. Kew 1934: 109. 1934; 中国植物志10(2): 262. 图版65: 7 ~ 8. 1997; 黑龙江省植物志10: 356. 图版141. 2002; Fl. China 22: 642. 2006; 内蒙古植物志（第三版）6: 275. 2020.——*H. sibirica* auct. non (Gand.) Ohwi: 辽宁植物志（下册）: 976. 图版442: 1 ~ 3. 1992; 东北植物检索表（第二版）: 833. 图版422: 7. 1995; 东北草本植物志10: 298. 图版131: 1 ~ 3. 2004.——*H. compressa* var. *fasciculata* (Lamk.) Keng, 中国主要植物图说. 禾本科800. 图750. 1959; 内蒙古植物志（第二版）5: 268. 图版101: 7 ~ 13. 1994.

多年生草本；叶舌短小，具一圈毛；叶片线形，两面无毛；总状花序单生或簇生；无柄小穗长6 ~ 8毫米；有柄小穗渐尖，与无柄小穗近等长；颖果卵圆形或长圆形，稍压扁。生河滩及草地。产黑龙江省依兰、哈尔滨、安达、大庆、萝北、密山、虎林、呼玛；吉林省镇赉；辽宁省葫芦岛、锦州、康平、沈阳、鞍山、盖州、大连、长海；内蒙古自治区扎兰屯、科尔沁右翼前旗、科尔沁左翼后旗、巴林左旗、巴林右旗、扎鲁特旗、翁牛特旗等地。

■ 大牛鞭草

花序一部分

花序上部

花序

植株

有柄小穗与无柄小穗

植株一部分

81　束尾草属　*Phacelurus* Griseb.

Phacelurus Grisebach, Spic. Fl. Rumel. 2: 423. 1846.

多年生草本。秆粗壮，具多节。叶舌常为厚膜质；叶片扁平，主脉显著。总状花序数枚指状或伞房兼指状排列于秆顶，稀单生；总状花序轴节间和小穗柄均为三棱形，无毛；脱节面平截；小穗孪生，同形，背腹压扁或有柄小穗近两侧压扁，均无芒。无柄小穗含2小花；第一小花雄性或中性，第二小花两性；第一颖膜质至革质，边缘内折呈2脊；第二颖常为舟形。有柄小穗退化。

本属全世界10种，分布于非洲东部、欧洲南部及亚洲东部及南部。中国有3种。东北地区产1种。

束尾草（中国植物志，Flora of China）；狭叶束尾草（辽宁植物志，东北植物检索表，东北草本植物志，中国植物志）

Phacelurus latifolius (Steudel) Ohwi, Acta Phytotax. Geobot. 4: 59. 1935; 中国植物志10(2): 260. 图版64: 6 ~ 7, 78: 3. 1997; Fl. China 22: 640. 2006.——*P. latifolius* (Steud.) Ohwi var. *angustifolius* (Debeaux) Kitag. in Rep. Inst. Sci. Res. Manchoukuo 3(Append. 1): 85. 1839; 辽宁植物志（下册）: 975. 图版442: 4 ~ 5. 1992; 东北植物检索表（第二版）: 836. 图版422: 8. 1995; 中国植物志10(2): 260. 1997; 东北草本植物志10: 298. 图版131: 4 ~ 5. 2004.

多年生草本；秆直立；叶鞘光滑无毛；叶片狭长，质硬，无毛；总状花序4 ~ 10枚，指状排列于秆顶，稀单生；小穗成对，一个有柄，一个无柄；无柄小穗披针形，具2小花，第一小花雄性，第二小花两性；有柄小穗雄性或不发育；颖果披针形。生海岸及河边。产辽宁省兴城（觉华岛）、丹东、营口、大连等地。

■ 束尾草

小穗

花序

花序一部分

82 荩草属 *Arthraxon* Beauv.

Arthraxon Beauv. Ess. Agrost. 111. 152. 1812.

一年生或多年生草本。叶片基部心形而抱茎。总状花序呈指状排列或簇生于秆顶，小穗孪生，一有柄，一无柄，有柄者雄性、中性或退化而残留有柄的痕迹，无柄者具1两性小花，多数有芒；第一颖近革质，通常脉上粗糙，边脉上有疣基钩毛，边缘稍内折，第二颖具3脉，内折而主脉成脊，顶端尖或具小尖头，第一小花的外稃透明膜质，无内稃及雌、雄蕊，第二小花的外稃透明膜质或基部稍厚有芒，内稃甚小或不存在。颖果细长而近线形。

本属全世界约26种，分布于东半球的热带与亚热带地区。中国有12种。东北地区产1种2变种。

分种下单位检索表

1. 叶片仅下部边缘生疣基毛。
   2. 穗轴节间无毛，节间长为小穗的2/3 ~ 3/4；小穗长3 ~ 5毫米，第一颖脉上粗糙至生疣基硬毛 ………… a. 荩草 A. hispidus var. hispidu
   2. 穗轴两侧具短纤毛，节间长为小穗的1/2；小穗长可达5.5毫米，第一颖脉上具短硬 ………… b. 虎氏荩草 A. hispidus var. hookeri
1. 叶片两面有毛 ………… c. 中亚荩草 A. hispidus var. centrasiaticus

荩草（辽宁植物志，黑龙江省植物志，内蒙古植物志，东北植物检索表，东北草本植物志，中国植物志，Flora of China）

Arthraxon hispidus (Thunb.) Makino in Bot. Mag. (Tokyo) 26: 214. 1912; 辽宁植物志（下册）: 976. 图版443: 1 ~ 5. 1992; 内蒙古植物志（第二版）5: 270. 图版103: 1 ~ 6. 1994; 东北植物检索表（第二版）: 832. 图版423: 3. 1995; 中国植物志10(2): 218. 图版54: 1 ~ 7. 1997; 黑龙江省植物志10: 358. 2002; 东北草本植物志10: 299. 图版132: 1 ~ 3. 2004; Fl. China 22: 619. 2006.

一年生草本。秆细弱，基部倾斜，具多节。叶片卵状披针形，基部心形，抱茎，除下部边缘生疣基毛外余均无毛。总状花序细弱，2 ~ 10枚呈指状排列或簇生秆顶；总状花序轴节间无毛，长为小穗的2/3 ~ 3/4；第二外稃近基部伸出一膝曲的芒。颖果长圆形，与稃体等长。

（a）荩草（原变种）

Arthraxon hispidus var. *hispidu*

多生山坡草地、路旁、荒野湿地。产黑龙江省哈尔滨、密山、肇东、尚志、虎林、齐齐哈尔；吉林省蛟河、扶余、和龙、珲春、抚松、敦化、九台、安图；辽宁省沈阳、西丰、鞍山、海城、大连、庄河、彰武、锦州、北镇、葫芦岛、营口、清原、本溪、桓仁、宽甸；内蒙古自治区额尔古纳、扎兰屯、科尔沁右翼前旗、科尔沁左翼后旗、喀喇沁旗、宁城、赤峰、翁牛特旗等地。

优良牧草，牛、马、羊均喜采食。有止咳、定喘、杀虫作用。

■ 荩草

叶背面观

植株一部分

■ 荩草

花序一部分

花序

居群

（b）虎氏荩草（变种）（辽宁植物志，东北植物检索表，东北草本植物志）

Arthraxon hispidus var. *hookeri* (Hack.) Honda in J. Fac. Sci. Univ. Tokyo, Sect. 3, Bot. 3: 329. 1930; 辽宁植物志（下册）: 978. 图版443: 6. 1992; 东北植物检索表（第二版）: 832. 图版423: 4. 1995; 东北草本植物志10: 301. 图版132: 6. 2004.

生山坡草地、湿草地。产辽宁省锦州、本溪、鞍山、海城等地。

（c）中亚荩草（变种）（辽宁植物志，东北植物检索表，东北草本植物志，中国植物志，Flora of China）

Arthraxon hispidus var. *centrasiaticus* (Griseb.) Honda in Bot. Mag. (Tokyo) 39: 278. 1925; 辽宁植物志（下册）: 978. 1992; 东北植物检索表（第二版）: 832. 1995; 中国植物志10(2): 219. 1997; 东北草本植物志10: 301. 2004; Fl. China 22: 620. 2006.

生湿草地、路旁湿地、山坡湿地。吉林省和龙、临江、抚松；辽宁省清原等地。

83 高粱属 *Sorghum* Moench

Sorghum Moench, Meth. Pl. 207. 1794, *nom. cons.*

一年生或多年生高大草本；具或不具根状茎。秆多粗壮而直立。叶片宽线形、线形至线状披针形。圆锥花序直立，稀弯曲，开展或紧缩，由多数含1～5节的总状花序组成；小穗孪生，一无柄，一有柄，总状花序轴节间与小穗柄线形，其边缘常具纤毛；无柄小穗两性，有柄小穗雄性或中性，无柄小穗之第一颖革质，背部凸起或扁平，成熟时变硬而有光泽，具狭窄而内卷的边缘，向顶端则渐内折；第二颖舟形，具脊；第一外稃膜质，第二外稃长圆形或椭圆状披针形，全缘，无芒，或具2齿裂，裂齿间具1长或短的芒。

本属全世界30余种，分布于全世界热带、亚热带和温带地区。中国有5种。东北地区产3种，其中栽培2种。

分种检索表

1. 多年生，具根状茎……………………………………………………………… 1. 石茅 S. halepense (L.) Pers.
1. 一年生，不具根状茎。
  2. 无柄小穗倒卵形或倒卵状椭圆形，长4.5～6毫米，宽3.5～4.5毫米；两颖均革质

（接上表）

………………………………………………………………………………… 2. 高粱 S. bicolor (L.) Moench

2. 无柄小穗长椭圆形或长椭圆状披针形，长6～7.5毫米，宽2～3毫米；第一颖纸质

……………………………………………………… 3. 苏丹草 S. × drummondii (Nees ex Steud.) Millsp. & Chase

（1）石茅（中国植物志，Flora of China）；宿根高粱（辽宁植物志，东北植物检索表，东北草本植物志）；假高粱（中国外来入侵植物）

Sorghum halepense (L.) Pers. in Syn. Pl. 1: 101. 1805; 辽宁植物志（下册）: 980. 1992; 东北植物检索表（第二版）: 836. 1995; 中国植物志10(2): 119. 图版28. 1997; 东北草本植物志10: 302. 图版133. 2004; Fl. China 22: 601. 2006.

生山谷、河边、荒野或耕地中。原产地中海沿岸各国。分布辽宁省大连。

本种为外来入侵植物，不但是农田难以清除的恶性杂草，而且体内含有少量氰氢酸，牲畜过多食用会中毒，还是中国进境植物检疫病虫害的寄主，为最重要的检疫杂草。秆、叶可作饲料，又可作造纸原科。

■ 石茅

茎

花序

根部

花序一部分

植株

叶一部分

（2）高粱（辽宁植物志，黑龙江省植物志，东北植物检索表，东北草本植物志，中国植物志，Flora of China）；蜀黍（内蒙古植物志）；多脉高粱、散穗高粱、甜高粱、工艺高粱（中国植物志）

Sorghum bicolor (L.) Moench in Methodus 207. 1794; 辽宁植物志（下册）: 980. 图版444: 1～2. 1992; 东北植物检索表（第二版）: 836. 图版423: 1. 1995; 中国植物志10(2): 128. 图版30: 5～7; 75: 4. 1997; 黑龙江省植物志10: 359. 图版142: 1～2. 2002; 东北草本植物志10: 302. 图版134: 1～2. 2004; Fl. China 22: 601.

2006.——*S. nervosum* Bess. ex Schult. in Mant. 3: 669. 1827; 中国植物志10(2): 124. 图版30: 1 ~ 4. 1997.——*S. nervosum* var. *flexibile* Snowden in Kew Bull. 1935: 232. 1935 et Cult. Rac. Sorgh. 84. 1936; 中国植物志10(2): 126. 1997.——*S. dochna* (Forssk.) Snowden in Bull. Misc. Inform. Kew 1935: 234. 1935; 中国植物志10(2): 126. 1997.——*S. dochna* var. *technicum* (Koern.) Snowden in Kew Bull. 1935: 235. 1935; 中国植物志10(2): 127. 1997.—— *S. vulgare* Pers Syn. Pl. 1: 101. 1805；中国主要植物图说•禾本科816. 1959; 海南植物志4: 470. 1977; 内蒙古植物志（第二版）5: 272. 图版103: 7 ~ 10. 1994.

农作物。东北各地均有栽培。

谷粒除供食用外，还可制饴糖及酿酒。柱头及叶可入药，治肾脏病。

■ 高粱

花序一部分

植株上部

（3）苏丹草（辽宁植物志，黑龙江省植物志，内蒙古植物志，东北植物检索表，东北草本植物志，中国植物志，Flora of China）

Sorghum × *drummondii* (Nees ex Steud.) Millsp. & Chase in Publ. Field Columb. Mus., Bot. Ser. 3: 21. 1903.——*S. sudanense* (Piper) Stapf in Fl. Trop. Afr. 9: 113. 1917; 辽宁植物志（下册）: 980. 图版444: 3 ~ 4. 1992; 内蒙古植物志（第二版）5: 272. 图版103: 11 ~ 15. 1994; 东北植物检索表（第二版）: 836. 图版423: 2. 1995; 中国植物志10(2): 124. 1997; 黑龙江省植物志10: 359. 图版142: 3 ~ 4. 2002; 东北草本植物志10: 302. 图版134: 3 ~ 4. 2004; Fl. China 22: 601. 2006.

■ 苏丹草

根部

植株一部分

花序

■ 苏丹草

花序一部分

孪生小穗

孪生小穗背面观

原产非洲。东北地区和内蒙古自治区有栽培。

本种是中国进境植物检疫一类危险性病害玉米细菌性枯萎病菌的隐症寄主，也是进境植物检疫二类危险性昆虫高粱瘿蚊和三类危险性细菌玉米细菌性萎蔫病菌的寄主之一。可作牧草，青饲、青贮或调制干草均可。

84 孔颖草属 *Bothriochloa* Kuntze

Bothriochloa Kuntze, Rev. Gen. Pl. 2: 762. 1891.

多年生草本。秆分枝或不分枝。总状花序在秆顶排成圆锥状或伞房状兼指状排列；小穗孪生，无柄者两性，有柄者雄性或中性；穗轴节间与小穗边缘加厚中有一纵沟，无柄小穗的脱落面几乎平截，基盘钝，有短髯毛；第一颖顶端尖或渐尖，边缘内折成二脊，第二颖舟形，具3脉，顶端尖；第一外稃透明膜质，无脉；第二外稃退化为线形，膜质，顶端延伸成一膝曲的芒。

本属全世界约30种，分布于世界温带和热带地区；中国有3种，分布几乎遍布全国，但以长江流域以南各省区为多。东北地区产1种。

白羊草（辽宁植物志，东北植物检索表，东北草本植物志，中国植物志，Flora of China）

Bothriochloa ischaemum (L.) Keng in Contr. Biol. Lab. Sci. Soc. China, Bot. Ser. 10: 201. 1936; 辽宁植物

■ 白羊草

花序

植株下部

群落

志（下册）: 982. 图版445: 1～6. 1992; 内蒙古植物志（第二版）5: 273. 图版104: 1～6. 1994; 东北植物检索表（第二版）: 832. 图版423: 5. 1995; 中国植物志10(2): 144. 1997; 东北草本植物志10: 305. 图版135: 1～6. 2004; Fl. China 22: 608. 2006.

多年生丛生草本，具短根状茎；叶片线形；总状花序4至多数着生秆顶呈指状；无柄小穗长4～5毫米，颖具2脊，第二外稃退化成线形，顶端延伸成长10～15毫米的芒；有柄小穗雄性，无芒。生向阳山坡或路旁。产辽宁省凌源、建平、建昌、喀左、葫芦岛、阜新、彰武、北镇、绥中、兴城、大连、长海等地。

根可制小刷子，幼嫩茎叶可作牧草。

85 细柄草属 *Capillipedium* Stapf

Capillipedium Stapf in Prain, Fl. Trop. Mr. 9: 169. 1917.

多年生草本。秆细弱或强壮。圆锥花序由1～5节的总状花序组成；小穗孪生，一有柄，一无柄，或3枚同生于总状花序的顶节，一无柄，二有柄；无柄小穗两性，有柄者雄性；穗轴节间与小穗柄极纤细，有纵沟，边缘变厚；无柄小穗脱落面几乎截平，基盘钝，有短髯毛；第一颖草质带硬纸质，边缘内折成二脊，第二颖舟形，背部具钝圆的脊，脊两侧凹；第一外稃透明膜质，第二外稃退化成线形，顶端延伸成一膝曲的芒。

本属全世界约14种，分布于旧大陆的温带、亚热带和热带地区。中国有5种。东北地区产1种。

细柄草（辽宁植物志，东北植物检索表，东北草本植物志，中国植物志，Flora of China）

Capillipedium parviflorum (R. Br.) Stapf. in Fl. Trop. Afr. 9: 169. 1917; 辽宁植物志（下册）: 982. 图版445: 7～8. 1992; 东北植物检索表（第二版）: 833. 图版433: 6. 1995; 中国植物志10(2): 151. 图版36: 7～11; 76: 4. 1997; 东北草本植物志10: 307. 图版135: 7～8. 2004; Fl. China 22: 606. 2006.

多年生簇生草本；叶片线形；圆锥花序长圆形，分枝簇生，通常紫色，分枝纤细；无柄小穗长3～5毫米，基盘具白色长柔毛；颖等长；第二外稃线形，顶端具屈曲长芒。生山坡草地、河边、灌丛中。产辽宁省葫芦岛、锦州、建昌、大连等地。

■ 细柄草

叶

植株一部分

花序

86 裂稃草属 *Schizachyrium* Nees

Schizachyrium Nees, Agrost. Bras. 331: 1829.

一年生或多年生草本。秆纤细，直立或平卧。叶片扁平或折叠，通常线形或线状长圆形。总状花序单生，顶生或腋生，基部有鞘状总苞，总状花序轴节间和小穗柄具短硬毛或稀无毛，通常于顶端增粗而具齿状附属物；小穗成对生于各节，一无柄，一具柄。无柄小穗背腹压扁，基盘稍尖锐或钝圆，具短髯毛，具2小花，第一小花退化仅存一外稃，第二小花两性；第一颖长圆状披针形，厚纸质或近革质，边缘窄内折而具2脊，无芒；第二颖窄舟形，质较第一颖薄；第一外稃透明膜质，具纤毛；第二外稃透明膜质，深2裂，裂齿间具1膝曲的芒；内稃缺或细小；鳞被2，细小，无毛；雄蕊3；柱头自两侧伸出。颖果狭线形。有柄小穗退化，常仅存一颖，其颖常具芒。

本属全世界约60种，遍布热带和亚热带地区。中国有4种。东北地区产1种。

裂稃草（辽宁植物志，东北植物检索表，东北草本植物志，中国植物志，Flora of China）

Schizachyrium brevifolium (Sw.) Nees ex Buse in Miq. Pl. Jungh. 359: 1854; 辽宁植物志（下册）: 984. 图版447: 4 ~ 10. 1992; 东北植物检索表（第二版）: 836. 图版423: 8. 1995; 中国植物志10(2): 210. 图版52: 1 ~ 10. 1997; 东北草本植物志10: 307. 图版137: 4 ~ 10. 2004; Fl. China 22: 622. 2006.

一年生草本；秆细弱，基部常平卧或倾斜；叶片线形或长圆形；总状花序纤细，下具鞘状苞片；无柄小穗长约3毫米，第一外稃边缘具小纤毛，第二外稃深裂几乎达基部，芒长1厘米，中部以下屈曲扭转；有柄小穗退化仅剩1颖，颖上具细直芒；颖果线形，扁平。多生阴湿地或山坡草地。产辽宁省丹东、庄河、普兰店等地。

■ 裂稃草

花序

植株

植株一部分

居群

87　菅属　*Themeda* Forssk.

Themeda Forssk. Fl. Aegpt-Arab. 178. 1775.

多年生或一年生草本。秆粗壮，由数枚短总状花序组成的伪圆锥花序为扇形，每一总状花序的基部具一佛焰苞，内具7 ~ 11个小穗，最下2对小穗为同性对，雄性或中性，均无柄，无芒，顶端具3小穗，两侧2枚为雄性或中性，均有柄，无芒，中央1枚小穗为两性，即无柄者为两性，有柄者为雄性或中性；无柄小穗圆柱形，通常具芒，稀无芒，倾斜脱落，基盘尖，具棕色柔毛；第一颖革质，边缘内卷，第二颖与第一颖等长；第二外稃短，具一长芒或无芒，内稃亦不存在。颖果线状倒卵形，具沟，胚乳约占其1/2。

本属全世界27种，分布于亚洲和非洲的温暖地区，大洋洲亦有分布；中国13种，主产西南和华南地区。东北地区产1种。

黄背草（辽宁植物志，内蒙古植物志，东北植物检索表，东北草本植物志，中国植物志，Flora of China）；阿拉伯黄背草（中国植物志）

Themeda triandra Forssk. in Fl. Aegypt.–Arab. 178. 1775; 中国植物志10(2): 252. 1997; Fl. China 22: 633. 2006.——*Th. japonica* (Will.) C. Tanaka in Bult. Sci. Fak. Terk. Kjusu Imp. Univ. 1(4): 194, 207. 1925; 辽宁植

物志（下册）: 986. 图版447: 1 ~ 3. 1992; 内蒙古植物志（第二版）5: 273. 图版105. 1994; 东北植物检索表（第二版）: 836. 图版423: 7. 1995; 中国植物志10(2): 253. 图版63: 1 ~ 11; 79: 3. 1997; 东北草本植物志10: 310. 图版137: 1 ~ 3. 2004.

多年生草本；秆粗壮，直立；叶片线形，中脉明显；伪圆锥花序由数枚总状花序组成，每一总状花序基部具一佛焰苞，内具7小穗。无柄小穗两性，常1枚，基盘具棕色柔毛，第二外稃具长5 ~ 6厘米的芒；有柄小穗2枚，雄性或中性，无芒；颖果长圆形。生干燥山坡草地。产吉林省集安、临江；辽宁省西丰、开原、凌源、建平、建昌、葫芦岛、锦州、北镇、喀左、兴城、绥中、凤城、丹东、宽甸、本溪、抚顺、营口、庄河、金州、普兰店；内蒙古自治区宁城等地。

全草、根、幼苗有活血调经、祛风除湿作用。抽穗以前是各种家畜的良好饲料。

■ 黄背草

居群

花序一部分

花序

88 香茅属 *Cymbopogon* Spreng.

Cymbopogon Spreng. Pl. Pugill. 2: 14. 1815.

多年生直立草本。鞘内或鞘外分裂。叶舌干膜质；叶片中富含香精油，宽线形至线形，基部圆心形至狭窄。总状花序成对由佛焰苞中伸出，组成伪圆锥花序；小穗成对着生，在基部有1 ~ 2个同性对（雄性或中性），均无芒，上部小穗则为异性对，两性小穗无柄，长圆形至披针形，雄性或中性小穗有柄，无芒；颖2，几乎等长；第一外稃膜质，长圆形，第二外稃狭窄，2裂，芒从裂齿处伸出，内稃很少或缺。颖果长圆形，背部扁平。

本属全世界70余种，分布于东半球热带与亚热带。中国有24种。东北地区产1种。

橘草（东北草本植物志，中国植物志，Flora of China）；桔草（辽宁植物志，东北植物检索表）

Cymbopogon goeringii (Steud.) A. Camus in Rev. Bot. Appl. Colon. 1: 286. 1921; 辽宁植物志（下册）: 985. 图版446. 1992; 东北植物检索表（第二版）: 833. 图版420: 8. 1995; 中国植物志10(2): 204. 图版51: 8 ~ 14. 1997; 东北草本植物志10: 308. 图版136. 2004; Fl. China 22: 629. 2006.

多年生直立草本，具根状茎；叶片线形；伪圆锥花序，分枝总状，带紫色，其下托以佛焰苞；无柄小穗长圆状披针形，基盘具微毛，第一外稃稍具2脊，第二外稃极狭，顶端有长8 ~ 10毫米的芒；有柄小穗长4 ~ 6毫米，雄性或中性；颖果长圆状披针形。生山坡草地。产辽宁省旅顺口。

本种为外来入侵植物，大量繁殖会侵占本土植物生态位，影响本土生物多样性。可合理利用。其嫩茎叶可作饲料，老茎叶可造纸、盖屋或提制芳香油；全草药用，具有止咳平喘、祛风除湿、通经止痛、止泻之功效；香茅油可合成羟基香茅醛、香叶醇和薄荷脑，也可用作杀虫剂、驱蚊药和皂用香料。

■ 橘草

花序一部分

花序

植株下部

植株一部分

065. 金鱼藻科 Ceratophyllaceae

Ceratophyllaceae Gray, Nat. Arr. Brit. Pl. 2: 395, 554. 1822.

木贼门、木贼亚门、木兰纲、金鱼藻亚纲、金鱼藻超目、金鱼藻目（Ceratophyllales）。

多年生草本，沉水，无根。茎纤细，有分枝。叶4～12枚轮生，1～4次二叉状分枝，丝状或线形，疏生刺状细齿。花单性，单生于叶腋，雌雄同株，雌雄花异节着生，近无梗；总苞有8～12萼状苞片，线形，全缘或有锯状齿；无花被；雄花具雄蕊10～20，花丝极短，花药外向纵裂，药隔延长成着色的粗大附属物，先端有2～3齿；雌花具雌蕊1，子房上位，1室，有1个悬垂直生胚珠。坚果革质，卵形或椭圆形，平滑或有疣状突起，边缘有翅或无，花柱宿存，长刺状，基部有2刺，有时上部两侧亦有2刺。种子1，具单层种皮。

本科全世界1属6种，广布于世界各地。中国有3种。东北地区产1属1种2亚种。

金鱼藻属 *Ceratophyllum* L.

Ceratophyllum L., Sp. Pl. 922. 1753.

属的特征与地理分布同科。

分种检索表

1. 叶三至四回二叉状分歧；果实具3刺，边缘有翅，表面有疣状突起 ……………… 1b. 粗糙金鱼藻 C. muricatum subsp. kossinskyi (Kuzen.) Les
1. 叶一至二回二叉状分歧；果实具3刺或5刺，边缘无翅，表面无疣状突起。
   2. 果实具3刺，顶生1个，基部以上2个 ……………… 2. 金鱼藻 C. demersum L.
   2. 果实具5刺，顶生1个，近顶端1/3处有2短刺，近基部有2长刺 ……………… 3b. 五刺金鱼藻 C. platyacanthum subsp. oryzetorum (Kom.) Les

（1）多叉金鱼藻（植物智网站）

Ceratophyllum muricatum Chamisso, Linnaea. 4: 504. 1829.

（1a）多叉金鱼藻（原亚种）

Ceratophyllum muricatum subsp. *muricatum*

中国不产。

（1b）粗糙金鱼藻（亚种）（Flora of China）；东北金鱼藻（辽宁植物志，黑龙江省植物志，内蒙古植物志，东北植物检索表，东北草本植物志，中国植物志）

Ceratophyllum muricatum subsp. *kossinskyi* (Kuzen.) Les in Syst. Bot. 13: 85. 1988; Fl. China 6: 121. 2001.——*C. manschuricum* (Miki) Kitag. in Lineam. Fl. Man. sh. 207. 1939; 东北草本植物志3: 87. 图版35. 1975; 中国植物志27: 18. 1979; 辽宁植物志（上册）: 565. 图版238. 1988; 内蒙古植物志（第二版）2: 422. 图版169: 4 ~ 6. 1990; 黑龙江省植物志5: 151. 图版52: 1 ~ 5.1992; 东北植物检索表（第二版）: 218. 图版102: 3. 1995.

生在小河或沼泽中。产黑龙江省齐齐哈尔；吉林省长春；辽宁省康平、铁岭、新民、营口、辽阳；内蒙古自治区科尔沁右翼中旗、乌兰浩特、科尔沁左翼中旗等地。

■ 粗糙金鱼藻

叶一部分

植株一部分

（2）金鱼藻（黑龙江省植物志，内蒙古植物志，东北植物检索表，东北草本植物志，中国植物志，Flora of China）

Ceratophyllum demersum L., Sp. Pl.992. 1753; 东北草本植物志3: 84.图版34: 5. 1975; 中国植物志27: 16. 图版6. 1979; 内蒙古植物志（第二版）2: 420. 图版167: 4～6. 1990; 黑龙江省植物志5: 149. 图版53: 5.1992; 东北植物检索表（第二版）: 218. 图版102: 1. 1995; Fl. China 6: 121. 2001.

生池塘、河沟。产黑龙江省安达一带；内蒙古自治区鄂伦春、扎赉特旗、科尔沁左翼后旗、翁牛特旗等地。

全草有止血作用，用于吐血、咳嗽。

■ 金鱼藻

植株

植株一部分

（3）扁金鱼藻（新拟）

Ceratophyllum platyacanthum Cham., Linnaea 4(4): 504. 1829.

（3a）扁金鱼藻（原变种）

Ceratophyllum platyacanthum subsp. *platyacanthum*

中国不产。

（3b）五刺金鱼藻（辽宁植物志，黑龙江省植物志，内蒙古植物志，中国植物志，Flora of China）；五针金鱼藻（东北植物检索表，东北草本植物志）

Ceratophyllum platyacanthum subsp. *oryzetorum* (Kom.) Lesin Syst. Bot. 13: 517. 1988; Fl. China 6: 121. 2001.——*C. oryzetorum* Kom. in Bull. Jard. Bot. Princ. URSS 30: 200. 1932; 中国植物志27: 17. 图版7. 1979; 辽宁植物志（上册）: 564. 图版237. 1988; 内蒙古植物志（第二版）2: 420. 图版169: 1～3. 1990; 黑龙江省植物志5: 151. 图版53: 1～4.1992; 东北植物检索表（第二版）: 218. 图版102: 2. 1995.——*C. demersum* L. var. *quadrispinum* Makino in Journ. Jap. Bot. 1: 21. 1927; 东北草本植物志 3: 84. 图版34: 1～4. 1975.

生在河沟或池沼中。产黑龙江省各地；吉林省双辽；辽宁省康平、铁岭、新民、沈阳、抚顺、宽甸、旅顺口、大连；内蒙古自治区新巴尔虎右旗、海拉尔、科尔沁右翼前旗、科尔沁左翼后旗等地。

全草用于痄腮。

■ 五刺金鱼藻

植株一部分

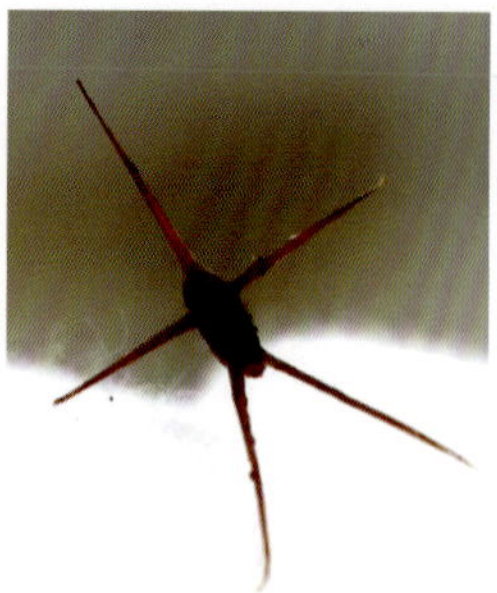
果实

植株

066. 罂粟科 Papaveraceae

Papaveraceae Juss., Gen. Pl. [Jussieu] 235. 1789, *nom. cons.*

木贼门、木贼亚门、木兰纲、蔷薇亚纲、毛茛超目、毛茛目（Ranunculales）。

一年生或多年生草本，稀为灌木或小乔木，常含乳汁、有色汁液或富含水分。单叶互生，稀对生或轮生，常分裂以至全裂如复叶状，无托叶。花两性，辐射对称或两侧对称，单生或排成聚伞花序或总状花序；萼片2（~3），早落。花瓣通常4，少为5~6，稀无瓣或具更多花瓣，通常离生，稀部分合生，有时外层1~2瓣基部成囊状或距；雄蕊或为多数离生，或为4枚各与花瓣对生，或为6枚合生成2束，每束顶端具3花药；子房上位，通常由2心皮合生而成，稀具3~20心皮，1（~2）室，有时具不完全的假隔膜，花柱长或甚短以至无花柱，柱头盘状、头状或二裂等，侧膜胎座，胚珠二至多数或有时仅有1颗基生胚珠。蒴果瓣裂，少为孔裂或横断裂，稀仅具1种子不开裂。种子小；胚乳丰富。

本科全世界有47属800多种，主产北温带地区，尤以地中海区、西亚、中亚至东亚及北美洲西南部为多。中国有19属443种，南北均产，但以西南部最为集中。东北地区产11属38种5变种，其中栽培7种1变种。

分属检索表

1. 植株无浆汁；雄蕊4或6，分离或合生。
  2. 花冠辐射对称，花瓣无距或囊状物；雄蕊4，分离，与花瓣对生 ………………………… **1. 角茴香属 Hypecoum**
  2. 花冠两侧对称，外侧花瓣有距或囊状物；雄蕊6，合生成2束。
    3. 花瓣下部合生；草质藤本 ………………………………………………… **2. 荷包藤属（合瓣花属）Adlumia**
    3. 花瓣离生或仅基部合生；茎直立或倾斜。
      4. 外层2花瓣基部成囊状 ……………………………………………………………**3. 荷包牡丹属 Lamprocapnos**
      4. 外层仅1花瓣基部成距 ……………………………………………………………………… **4. 紫堇属 Corydalis**
1. 植株具浆汁；雄蕊多数，分离。
  5. 花被3基数；雌蕊多至3心皮；花单个顶生，稀聚伞状排列；茎和叶裂片先端具刺；蒴果4~6瓣自先端微裂，疏生硬刺 ……………………………………………………………………………………**5. 蓟罂粟属 Argemone**
  5. 花被2基数或无花瓣；雌蕊2心皮，稀较多。

（接上表）

6. 花瓣无；花极多，排列成大型圆锥花序；亚灌木；叶宽卵形至近圆形，基部心形；蒴果狭倒卵形或近圆形 ······ 6. 博落回属 Macleaya

6. 花瓣4，稀较多。

7. 花通常排列成伞房花序或圆锥花序；种子具鸡冠状种阜。

8. 叶互生茎上下部；茎聚伞状分枝；蒴果近念珠状；花多数，排列成腋生的伞形花序 ······ 7. 白屈菜属 Chelidonium

8. 叶近对生茎先端；茎不分枝；蒴果不为念珠状；1～3花排列成伞房花序 ········ 8. 荷青花属 Hylomecon

7. 花单生或组成总状花序；种子无鸡冠状种阜。

9. 雌蕊三至多心皮；花单生或组成总状花序，稀圆锥状花序；蒴果顶孔开裂 ··········· 9. 罂粟属 Papaver

9. 雌蕊2心皮（稀4）；花单个顶生；蒴果2瓣裂。

10. 花药线形比花丝长；基生叶和茎生叶同形，均具柄；蒴果自基部向先端开裂 ······ 10. 花菱草属 Eschscholzia

10. 花药比花丝短；基生叶和茎生叶不同形，基生叶有柄，茎生叶无柄；蒴果自顶端开裂至近基部 ······ 11. 秃疮花属 Dicranostigma

1 角茴香属 *Hypecoum* L.

Hypecoum L., Sp. Pl. 124. 1753.

一年生草本，矮小，常呈灰绿色。茎直立，具分枝，分枝直立至平卧。基生叶近莲座状，二回羽状分裂，具叶柄。花排列成二歧式聚伞花序；萼片2，披针形或卵形，先端通常具细牙齿，早落；花瓣4，大多黄色，2轮排列，外面2枚3浅裂或全缘，基部楔形，里面2枚3深裂，极稀近全缘，侧裂片狭窄，中裂片匙形，常具柄，边缘被短缘毛；雄蕊4，花丝大多具翅，有时基部呈披针形；子房1室，2心皮。蒴果长圆柱形，大多具节。

本属全世界约18种，分布于地中海区至中亚及中国。中国有4种，主产北部、西北部至西南部。东北地区产1种。

角茴香（内蒙古植物志，东北植物检索表，东北草本植物志，中国植物志，Flora of China）

Hypecoum erectum L., Sp. Pl.1: 124. 1753; 东北草本植物志4: 13, 图版7. 1980; 内蒙古植物志（第二版）2: 592. 图版241: 1～8. 1990; 东北植物检索表（第二版）: 233. 图版108: 8. 1995; 中国植物志32: 81. 图版15:

■ 角茴香

基生叶

植株

花序

4 ~ 6. 1999; Fl. China 7: 289. 2008.

一年生小草本。花茎二歧状分枝。基生叶轮廓倒披针形，多回羽状细裂；叶柄细而基部扩大成鞘。二歧聚伞花序；花瓣淡黄色。蒴果长圆柱形，直立，先端渐尖，两侧稍压扁，成熟时分裂成2果瓣。种子近四棱形，两面均具十字形的凸起。生石砾质地、河岸沙地及沙丘。产内蒙古自治区海拉尔、额尔古纳、根河、满洲里、鄂伦春、科尔沁右翼中旗等地。

2 荷包藤属（合瓣花属） *Adlumia* Raf. ex DC.

Adlumia Raf. ex DC., Syst. Nat. 2: 111. 1821.

二年生或多年生草质藤本。叶片二至三回羽状全裂，小裂片卵形，先端2 ~ 3浅裂，基部楔形，顶生小叶柄卷须状。圆锥花序腋生，有2 ~ 12花，具小苞片。花纵轴两侧对称，下垂；萼片2，鳞片状；花瓣4，外轮2瓣和内轮2瓣连合成坛状花冠，喉部缢缩，外轮分离部分披针形，叉开，基部囊状，海绵质，内轮分离部分圆匙形，直立；雄蕊6枚，合成2束，与外轮花瓣对生；子房线状椭圆形，1室；花柱细，柱头具4个乳突。蒴果线状椭圆形，包以干枯、海绵质的花冠。

本属全世界2种，1种产北美洲东部，1种产朝鲜、日本、俄罗斯远东地区及中国东北部。

荷包藤（中国植物志，Flora of China）；合瓣花（黑龙江省植物志，东北植物检索表，东北草本植物志）

Adlumia asiatica Ohwi in Bot. Mag. (Tokyo) 45: 387. 1931; 东北草本植物志4: 15, 图版9. 1980; 黑龙江省植物志5: 189. 图版63: 1 ~ 7.1992; 东北植物检索表（第二版）: 228. 图版108: 10. 1995; 中国植物志32: 95. 图版18: 1 ~ 3. 1999; Fl. China 7: 291.2008.

草质藤本，全株无毛；叶三回近羽状全裂，背面有白粉；聚伞花序，花下垂；花瓣 4，白色，基部囊状，先端离生部分披针形，淡紫红色；蒴果宽线形，扁平。生林内及林缘。产黑龙江省伊春、绥棱等东部山区；吉林省安图、抚松、珲春等地。

■ 荷包藤

花序

植株

叶

植株一部分

3 荷包牡丹属 *Lamprocapnos* Endlicher

Lamprocapnos Endlicher, Gen. Suppl. 5: 32. 1850.

多年生直立草本。叶多回羽状分裂或为三出复叶。总状花序，有时呈聚伞状，稀单花，基生、顶生或腋生；具草质苞片。花纵轴两侧对称，直立或下垂；萼片2，鳞片状，早落；花瓣4，外面2瓣先端向外反曲，基部囊状或距状，里面2瓣较小，花瓣片提琴形或倒卵状圆形，先端黏合，背部具鸡冠状突起，基部具爪；雄蕊6枚，合成2束，与外面的花瓣对生；子房1室，线形或长圆状椭圆形；花柱线形，柱头四方形或长方形，具4个乳突。蒴果线形至椭圆形，2瓣裂。

本属全世界约12种，3种分布自西喜马拉雅至朝鲜、日本、俄罗斯（东西伯利亚、萨哈林岛），9种分布于北美洲。中国产2种。东北地区栽培1种。

荷包牡丹（辽宁植物志，黑龙江省植物志，东北植物检索表，东北草本植物志，中国植物志，Flora of China）

Lamprocapnos spectabilis (L.) Fukuhara in Pl. Syst. Evol. 206: 415. 1997; Fl. China 7: 290. 2008.——*Dicentra spectabilis* (L.) Lem. in Fl. Serres Jard. Eur. 3: t. 258. 1847; 东北草本植物志4: 13. 图版8. 1980; 辽宁植物志（上册）: 594. 图版251. 1988; 黑龙江省植物志5: 217. 图版74: 1 ~ 4.1992; 东北植物检索表（第二版）: 232. 图版108: 9. 1995; 中国植物志32: 85. 图版16: 4. 1999.

多年生草本；叶片二回三出全裂；总状花序弯垂；花2侧对称；花瓣4枚，外侧2枚蔷薇色，下部心形，囊状，上部变狭，向外反曲，内侧2枚狭长，白色，顶端内面紫红色，中部之上缢缩；蒴果细长。中国北部自然分布。东北各地均有栽培。

常作为观赏植物栽培。全草有镇痛、解痉、利尿作用。

■ 荷包牡丹

花枝

植株上部

植株下部

4 紫堇属 *Corydalis* DC.

Corydalis DC. in Lamarck et DC., Fl. Franc. ed. 3, 4: 657, 17 Sept. 1805.

一年生或多年生草本，或草本状半灌木，无乳汁。基生叶少数或多数；茎生叶一至多数，稀无叶。花序总状或伞房状或穗状至圆锥状，极稀形似单花腋生；萼片2枚；花冠两侧对称，花瓣4，上花瓣前端扩展成伸展的花瓣片，后部成圆筒形、圆锥形或短囊状的距，极稀于返祖现象中无距，下花瓣大多具爪，基部有时呈囊状或具小囊，两侧内花瓣同形，先端黏合，明显具爪，有时具囊，极稀成距状；雄蕊6，合生成2束；子房1室，2心皮；花柱伸长，柱头各式。果多为蒴果，通常线形或圆柱形，极稀圆而囊状、不裂。

本属全世界约468种，除北极地区外，广布于北温带地区，南至北非至印度沙漠区的边缘，个别种分布到东非的草原地区。中国有357种，南北各地均有分布，但以西南部最集中。东北地区产23种1变种。

分种检索表

1. 植株具圆锥形主根而不具根状茎或块茎。
  2. 花粉红色、紫色或紫蓝色。
    3. 蒴果卵圆形；二年生灰绿色草本；叶片二至三回羽状全裂，一回羽片3～5对；花较小，上花瓣长1.1～1.4厘米 …………………………………… **1. 地丁草 C. bungeana** Turcz.
    3. 蒴果线形；一年生灰绿色草本；叶片一至二回羽状全裂，一回羽片2～3对；花较大，上花瓣长1.5～2厘米 ……………………………………… **2. 紫堇 C. edulis** Maxim.
  2. 花黄色。
    4. 距短囊状，占上花瓣全长的1/5～1/3；蒴果常呈念珠状。
      5. 叶的末回裂片较狭；总状花序密具多花；花冠金黄色；种子边缘具密集的小点状印痕 …………………………………… **3. 珠果黄堇 C. speciosa** Maxim.
      5. 叶的末回裂片较宽展；总状花序疏具多花；花冠黄色、淡黄色或白色，先端淡黄色；种子表面密被圆锥状或疣状突起。
        6. 植株极多叶腋生枝条；花长16～18毫米，花冠白色，先端淡黄色；外花瓣先端具陡峭的鸡冠状突起；蜜腺短于距长的1/2 ……………………… **4. 长白山黄堇 C. changbaishanensis** M. L. Zhang et Y. W. Wang
        6. 茎1至多条发自基生叶腋枝；花长1.7～2.3厘米，花冠黄色至淡黄色；花被先端无鸡冠状突起，或有时仅外花被先端具浅鸡冠状突起；蜜腺体约占距长的2/3 ……………………… **5. 黄堇 C. pallida** (Thunb.) Pers.
    4. 距圆筒形，与瓣片等长或稍长，少数稍短于瓣片；蒴果不呈念珠状。
      7. 花长约10毫米，距比花瓣短近一半，初时距明显向上弯，而后近于伸直或稍向上弯；叶终裂片长圆状线形或线形。
        8. 苞片全缘不分裂；蒴果倒卵形，种子排成2列 ……………………………… **6. 北紫堇 C. sibirica** (L. f.) Pers.
        8. 苞片羽状分裂或有时花序上部的苞片不裂；蒴果线形或长圆状线形，种子排成1列 …………………………………… **7. 赛北紫堇 C. impatiens** (pall.) Fisch.
      7. 花长15～18毫米，距比花瓣稍短或等长，末端通常稍向下弯；叶终裂片倒卵形、椭圆形或有时为狭椭圆形。
        9. 总状花序长5～9厘米，有（5～）13～20花；苞片狭卵形至披针形；蒴果圆柱形，有1列种子 …………………………………… **8. 黄花地丁 C. raddeana** Regel
        9. 总状花序长3～5厘米，仅有4～6花；苞片宽卵形至卵形；蒴果狭倒披针形，有2列种子 …………………………………… **9. 黄紫堇 C. ochotensis** Turcz.
1. 植株具细长地下茎、根状茎或块茎。
  10. 植株具细长地下茎或根状茎而无球形块茎。
    11. 植株具细长地下茎而有兽角状突起。
      12. 叶二回三出，小叶不具锯状齿；茎无腋生块茎 ……………………… **10. 东紫堇 C. buschii** Nakai
      12. 叶三出，小叶具锯状齿；茎具腋生块茎 ……………………… **11. 三裂延胡索 C. ternata** (Nakai) Nakai
    11. 植株具根状茎而无兽角状突起。
      13. 花序不分枝或仅具1侧枝 ……………………… **12. 大花紫堇 C. macrantha** (Regel) M. Pop.
      13. 花序通常有数个分枝组成圆锥花序 ……………………… **13. 巨紫堇 C. gigantea** Trautv. et Mey.
  10. 植株具坚实的球形块茎。
    14. 蜜腺体末端钝。
      15. 苞片全缘或多数苞片全缘；小叶披针形，全缘；常具腋生块茎；花冠明显弯曲，外花瓣通常具齿，顶端凹陷处具短尖 ……………………… **14. 延胡索 C. yanhusuo** W. T. Wang ex Z. Y. Su et C. Y. Wu

（接上表）

15. 苞片分裂或多数苞片分裂；小叶形态多样。
16. 茎纤细柔软，基部常弯曲，分枝发自茎生叶腋；下部的叶柄鞘状宽展，无腋生块茎；花紫红色，稀蓝色，外花瓣瓣片全缘，顶端凹陷处无短尖或具不明显短尖 ………………………… **15. 北京延胡索 C. gamosepala** Maxim
16. 茎粗壮，直立，不分枝或仅鳞片内分枝；叶柄基部不鞘状宽展，有时具腋生块茎；花蓝色，外花瓣瓣片具齿，顶端微凹处具短尖 ………………………… **16. 齿瓣延胡索 C. turtschaninovii** Bess.
14. 蜜腺体末端急尖至渐尖。
17. 蜜腺体弯曲或末端折曲或膝曲。
18. 蜜腺体极短而弯曲，顶端尖锐；小叶多在顶端具1～5枚牙齿，花序苞片顶端有3～5枚小裂片 ………………………… **17. 鹤岗延胡索 C.hegangensis** W. T. Wang
18. 蜜腺体末端折曲或膝曲。
19. 蜜腺体约占距长1/3或更短，末端具折曲状短尖；叶二至三回三出分裂；距短于瓣片 ………………………… **18. 堇叶延胡索 C. fumariifolia** Maxim.
19. 蜜腺体贯穿距长的1/2～2/3，末端膝曲状渐尖。
20. 蒴果2列 ………………………… **19. 矮生延胡索 C. humilis** Oh et Kim
20. 蒴果1列 ………………………… **20. 临江延胡索 C. linjiangensis** Z. Y. Su ex Liden
17. 蜜腺体不弯曲、折曲或膝曲。
21. 花梗约与苞片等长；内花瓣鸡冠状突起不伸出顶端；花淡蓝紫色，下花瓣基部明显具囊；蒴果卵圆形至倒卵形，长约1厘米；蜜腺体纤细，长达距的1/2～2/3, 末端短渐尖 ………………………… **21. 囊瓣延胡索 C. saccata** Z. Y. Su et Liden
21. 花梗明显长于苞片；内花瓣鸡冠状突起伸出顶端。
22. 果实披针形至近线形，长约2厘米，直立或斜伸；蜜腺体贯穿距长的1/2～2/3 ………………………… **22. 胶州延胡索 C. kiautschouensis** V. Poelln.
22. 果实椭圆形至卵圆形，长6～10毫米，常随纤细弯曲的果梗俯垂；蜜腺体约贯穿距长的1/2（**23. C. repens** Mandl et Muhldorf.）。
23. 内花瓣鸡冠状突起半圆形，略伸出顶端………… **23a. 全叶延胡索 C. repens** var. **repens**
23. 内花瓣鸡冠状突起角状，伸出顶端很多 ………………………… **23b. 角瓣延胡索 C. repens** var. **watanabei** (Kitag.) Y. C. Chou

（1）地丁草（辽宁植物志，黑龙江省植物志，东北植物检索表，东北草本植物志，中国植物志，Flora of China）；紫堇（内蒙古植物志）

Corydalis bungeana Turcz. in Bull. Soc. Nat. Mosc. 19: 62. 1846; 东北草本植物志4: 34. 图版20. 1980; 辽宁植物志（上册）: 607. 图版259. 1988; 内蒙古植物志（第二版）2: 596. 图版242: 4～6. 1990; 黑龙江省植物志5: 201. 图版67: 1～4.1992; 东北植物检索表（第二版）: 232. 图版110: 8. 1995; 中国植物志32: 396. 图版96: 1～6. 1999; Fl. China 7: 427. 2008.

生山沟、溪旁、杂草丛中及砾石处。产黑龙江省张广才岭、老爷岭等山区；辽宁省大连、旅顺口、锦州、绥中、阜新、凌源、建昌、彰武、义县、北票等地。

全草有清热解毒、活血消肿作用。

■ 地丁草

居群

果序

植株

植株一部分

（2）紫堇（中国植物志，Flora of China）

Corydalis edulis Maxim. in Bull. Acad. Sci. St. Petersb. 24: 30. 1877; 中国高等植物图鉴 2: 23, 图1776, 1972; 秦岭植物志 1(2): 371, 图317, 1974; 中国植物志32: 393. 图版95: 1 ~ 8. 1999; Fl. China 7: 308.2008.

生丘陵、沟边或多石地。产辽宁（千山）。

全草有清热解毒、止痒、收敛、固精、润肺、止咳作用。

（3）珠果黄堇（中国植物志，Flora of China）；狭裂珠果紫堇（辽宁植物志，黑龙江省植物志，内蒙古植物志，东北植物检索表，东北草本植物志）

Corydalis speciosa Maxim. in Regel Gartenfl. 250. t. 3: 43. 1858; 中国植物志32: 437. 图版109: 7. 1999; Fl. China 7: 310. 2008.——*C. pallida* (Thunb.) Pers. var. *speciosa* (Maxim.) Kom. in Fl. Mansh. 2: 345. 1903; 东北草本植物志4: 30. 1980; 辽宁植物志（上册）: 604. 1988; 内蒙古植物志（第二版）2: 605. 1990; 黑龙江省植物志5: 208.1992; 东北植物检索表（第二版）: 232. 图版110: 4. 1995.

生林缘、路边或水边多石地。产黑龙江省张广才岭、完达山和老爷岭山地；吉林省舒兰、安图、桦甸、抚松；辽宁省鞍山、凤城、宽甸、桓仁、本溪、庄河、瓦房店、大连；内蒙古自治区科尔沁右翼前旗等地。

全草有行气止痛、活血散瘀作用。

■ 珠果黄堇

果序

花序

植株

（4）长白山黄堇（植物研究，Flora of China）

Corydalis changbaishanensis M. L. Zhang et Y. W. Wang, 植物研究23(4): 385 ~ 387. 2003; Fl. China 7: 310. 2008.

生潮湿林缘、农田边或河岸石坡。产吉林省安图（模式标本采集地）。

（5）黄堇（中国植物志，Flora of China）；珠果紫堇（辽宁植物志，东北植物检索表，东北草本植物志）；球果紫堇（黑龙江省植物志，内蒙古植物志）

Corydalis pallida (Thunb.) Pers. in Syn. Pl. 2: 270. 1807; 东北草本植物志4: 29. 图版17. 1980; 辽宁植物志（上册）: 604. 图版257. 1988; 内蒙古植物志（第二版）2: 603. 图版246: 1 ~ 3. 1990; 黑龙江省植物志5: 205. 图版70: 1 ~ 4.1992; 东北植物检索表（第二版）: 232. 图版110: 4. 1995; 中国植物志32: 435. 图版109: 1 ~ 6. 1999; Fl. China 7: 310. 2008.

生林间空地、火烧迹地、林缘、坡地、河滩石砾及铁路两旁沙质地。产黑龙江省尚志、密山、阿

■ 黄堇

果序

植株

叶

城、伊春等东部山地；吉林省磐石、汪清、安图、桦甸、浑江等地；辽宁省凤城、开原、绥中、凌源、宽甸、桓仁、本溪、金州、大连、鞍山；内蒙古自治区科尔沁右翼前旗、喀喇沁旗等地。

根有清热解毒、消肿之功效，民间用来治痈疖、无名肿毒、角膜充血等。

（6）北紫堇（黑龙江省植物志，内蒙古植物志，东北植物检索表，东北草本植物志，中国植物志，Flora of China）

Corydalis sibirica (L. f.) Pers. in Syn. Pl. 2: 270. 1806; 东北草本植物志 4: 30, 图版18: 1 ~ 4. 1980; 内蒙古植物志（第二版）2: 603. 图版245: 3 ~ 5. 1990; 黑龙江省植物志5: 209. 图版72: 1 ~ 4.1992; 东北植物检索表（第二版）: 232. 图版110: 6. 1995; 中国植物志32: 348. 图版79: 6 ~ 8. 1999; Fl. China 7: 340.2008.

生海拔1700 ~ 3900米的林下、林间或河滩石砾地。产黑龙江省呼玛等大兴安岭及小兴安岭北部地区；内蒙古自治区根河、牙克石、鄂伦春、科尔沁右翼前旗等地。

■ 北紫堇

花

花序

花序上部

花序下部

茎下部叶

植株

（7）赛北紫堇（黑龙江省植物志，内蒙古植物志，东北植物检索表，东北草本植物志，中国植物志，Flora of China）

Corydalis impatiens (pall.) Fisch. in DC. Syst 2: 124. 1821: in Prodr. 1: 128. 1824; 中国植物志32: 344. 图版79: 1 ~ 5. 1999; Fl. China 7: 340.2008.——*Corydalis sibirica* (L. f.) Pers. var. *imptiens* (Pall.) Repel in Bull. Soc. Nat. Mosc. 34 (1): 143. 1861; 东北草本植物志4: 32, 图18: 5 ~ 6. 1980; 内蒙古植物志（第二版）2: 603. 1990; 黑龙江省植物志5: 212. 图版72: 5 ~ 6.1992; 东北植物检索表（第二版）: 232. 图版110: 7. 1995.

生海拔1700米附近的林下、山坡灌丛下、草丛中或地边路旁。产黑龙江省呼玛等大兴安岭地区；内蒙古自治区鄂伦春、科尔沁右翼前旗、牙克石等地。

■ 赛北紫堇

果实

花序

果序

果序一部分

茎下部叶

植株

（8）黄花地丁（Flora of China）；小黄紫堇（辽宁植物志，黑龙江省植物志，内蒙古植物志，东北植物检索表，东北草本植物志，中国植物志）

Corydalis raddeana Regel in Pl. Radd. 1: 143, 145. 1861; 中国植物志32: 334. 图版76: 9 ~ 10. 1999; Fl. China 7: 337. 2008.——*C. ochotensis* Turcz. var. *raddeana* (Regel) Nakai in Bot. Mag. Tokyo 25: 234 ~ 235. 1911; 东北草本植物志4: 34. 图版19. 1980; 辽宁植物志（上册）: 606. 图版258. 1988; 内蒙古植物志（第二版）2: 601. 图版245: 1 ~ 2. 1990; 黑龙江省植物志5: 205. 图版69: 1 ~ 3.1992; 东北植物检索表（第二版）: 232. 图版110: 2. 1995.

生林内石砬子旁、杂木林下、溪流两旁、采伐迹地。产黑龙江省尚志、海林、呼玛、伊春；吉林

■ 黄花地丁

花

花序

茎下部叶

居群

蒴果

植株一部分

省安图、长白、抚松、蛟河、珲春、浑江；辽宁省岫岩、凤城、普兰店、西丰、宽甸、本溪、大连、丹东；内蒙古自治区鄂伦春等地。

（9）黄紫堇（黑龙江省植物志，东北植物检索表，东北草本植物志，中国植物志，Flora of China）

Corydalis ochotensis Turcz. in Bull. Soc. Nat. Mosc. 13: 62. 1840; 东北草本植物志4: 32. 图4. 1980; 黑龙江省植物志5: 204. 图版69: 4.1992; 东北植物检索表（第二版）: 232. 图版100: 3. 1995; 中国植物志32: 335. 图版76: 11 ~ 18. 1999; Fl. China 7: 337. 2008.

生杂木林下或水沟边。产黑龙江省小兴安岭南部至张广才岭和完达山；吉林省珲春、和龙、安图、汪清；辽宁省海城、旅顺口；内蒙古自治区宁城等地。

全草有清热解毒、止痢、止血作用。

■ 黄紫堇

茎下部叶

花序

（10）东紫堇（东北植物检索表，东北草本植物志，中国植物志，Flora of China）

Corydalis buschii Nakai in Bot. Mag. (Tokyo) 28: 328. 1914; 东北草本植物志4: 26, 图15. 1980; 东北植物检索表（第二版）: 228. 图版109: 12. 1995; 中国植物志32: 455. 图版113: 5 ~ 8. 1999; Fl. China 7: 312.2008.

生海拔460 ~ 1120米的林下阴湿地。产吉林省通化、抚松、浑江、临江；辽宁省丹东。

■ 东紫堇

根部

全株

花序

茎叶

（11）三裂延胡索（东北植物检索表，中国植物志，Flora of China）；朝鲜延胡索（黑龙江省植物志）

Corydalis ternata (Nakai) Nakai in Bot. Mag. Tokyo 28: 29. 1914; Z. Y. Su et C. Y. Wu in Act. Bot. Yunnan. 7 (3): 273. 1985; 黑龙江省植物志5: 212. 1992; 中国植物志32: 453. 1999; Fl. China7: 312. 2008.——*C. remota* var. *ternata* (Nakai) Makino in linuma, Somoku–dzusetzu ed. 3, 13: 4. f. 4. 1913; 东北植物检索表96. 1959.

生近水低地。产吉林临江；辽宁省凤城、丹东、宽甸等地。

（12）大花紫堇（中国植物志）；大花巨紫堇（黑龙江省植物志，东北植物检索表，东北草本植物志）

Corydalis macrantha (Regel) M. Pop. in Kom. Fl. URSS 7: 580, 682, t. 44, f. 7, 1937; 中国植物志32: 157. 图版30: 1 ~ 6. 1999.——*C. gigantea* var. *macrantha* Regel in Bull. Soc. Nat. Moscou 34 (4): 149. 1861 et Fl. Raddeanae 1: 49. 1861; 东北草本植物志4: 37. 图版16. 1980; 黑龙江省植物志5: 204. 图版68: 1 ~ 3.1992; 东北植物检索表（第二版）: 230. 图版110: 1. 1995.

生落叶阔叶红松混交林下或沟边。产黑龙江省伊春、带岭；吉林省临江、安图等地。

■ 大花紫堇

花序

茎下部叶

植株

（13）巨紫堇（黑龙江省植物志，东北植物检索表，东北草本植物志，中国植物志，Flora of China）

Corydalis gigantea Trautv. et Mey. in Fl. Ochot. 13. 1856; 东北草本植物志4; 27, 1980; 黑龙江省植物志5: 202. 图版68: 4.1992; 东北植物检索表（第二版）: 230. 1995; 中国植物志32: 159. 1999; Fl. China 7: 329.2008.

生红松林下或溪边。产黑龙江省伊春、带岭；吉林省临江等地。

全草含多种生物碱，根茎中含量高达2.35%。

■ 巨紫堇

花序

蒴果

花正面观

叶正反面对比

叶

（14）延胡索（黑龙江省植物志，中国植物志）；元胡（中药志）

Corydalis yanhusuo W. T. Wang ex Z. Y. Su et C. Y. Wu in Act. Bot. Yunnan. 7 (3): 260. 1985; 中国植物志32: 475. 图版116: 1 ~ 5. 1999.——*Corydalis ternate* f. *yanhusuo* (Y. H. Chou et C. C. Hsii) Y. C. Chi, 东北药用植物442. 1989; 黑龙江省植物志5: 212. 1992.

生丘陵草地。黑龙江省有栽培。

块茎为著名的常用中药，含20多种生物碱，用于行气止痛、活血散瘀、跌打损伤等。

（15）北京延胡索（中国植物志，Flora of China）；海岛延胡索（辽宁植物志，东北植物检索表，东北草本植物志）

Corydalis gamosepala Maxim. in Prim. Fl. Amur. 38. 1859; Fl. China 7: 318. 2008; 中国植物志32: 473. 图版120: 1 ~ 7. 1999.——*C. turtschaninovii* f. *haitaoensis* Y. H. Chou et Ch. Q. Xu, 东北草本植物志4: 20, 229. 图版11. 1980; 辽宁植物志（上册）: 599. 图版253. 1988; 东北植物检索表（第二版）: 230. 图版109: 5. 1995.

生山坡、灌丛或阴湿地。产辽宁省长海等地。

（16）齿瓣延胡索（辽宁植物志，黑龙江省植物志，内蒙古植物志，东北植物检索表，东北草本植物志，中国植物志，Flora of China）

Corydalis turtschaninovii Bess. in Flora 17, beibl. 1: 6. 1834; 东北草本植物志4· 17. 图版10. 1980; 辽宁植物志（上册）: 596. 图版252: 1 ~ 2. 1988; 内蒙古植物志（第二版）2: 596. 图版243: 1 ~ 2. 1990; 黑龙江省植物志5: 213. 图版73: 1 ~ 2.1992; 东北植物检索表（第二版）: 230. 图版109: 1. 1995; 中国植物志32: 471. 图版119: 1 ~ 10. 1999; Fl. China 7: 318. 2008.

生杂木林下、林缘、河漫滩及溪沟边。产黑龙江省勃利、阿城、伊春等东部山区；吉林省柳河、舒兰、永吉、蛟河、抚松；辽宁省绥中、金州、大连、宽甸；内蒙古自治区牙克石、鄂伦春、科尔沁右翼前旗等地。

块茎为良好的止痛药，对胃痛、关节痛、痛经、外伤肿痛均有效。

■ 齿瓣延胡索

花

白色花

果序

花侧面观

球茎

植株

（17）鹤岗延胡索（广西植物）

Corydalis hegangensis W. T. Wang, 广西植物37(9): 1083 ~ 1087. 2017.

生河岸草地。产黑龙江省鹤岗市鹤北（模式标本采集地）。

■ 鹤岗延胡索

植株

茎下部叶

花序

（18）堇叶延胡索（中国植物志，Flora of China）；线裂东北延胡索、齿裂东北延胡索、多裂东北延胡索（辽宁植物志，黑龙江省植物志，东北植物检索表，东北草本植物志）

Corydalis fumariifolia Maxim. in Prim. Fl. Amur. 37. 1859; 中国植物志32: 458. 图版115: 1 ~ 10. 1999; Fl. China 7: 315. 2008.——*C. ambigua* f. *fumariaefolia* (Maxim.) Kitag. in Rep. Inst. Sci. Res. Manchoukuo 3: 232. 1939; 黑龙江省植物志5: 198. 1992; 东北植物检索表（第二版）: 232. 图版109: 10. 1995.——*C. ambigua* f. *leneariloba* (Sieb. et Zucc.) Kitag. in Lineam. Fl. Mansh. 232. 1939; 东北草本植物志4: 25. 图9. 1980; 辽宁植物志（上册）: 602. 图版256: 9. 1988; 黑龙江省植物志5: 198. 图版66: 5.1992; 东北植物检索表（第二版）: 230. 图版109: 11. 1995.——*C. ambigua* f. *dentata* Y. H. Chou, 东北草本植物志4: 25, 229. 图8. 1980; 辽宁植物志（上册）: 602. 图版256: 8. 1988; 东北植物检索表（第二版）: 232. 图版109: 9. 1995.——*C. ambigua* f. *multifida* Y. H. Chou, 东北草本植物志4: 25, 229. 图9. 1980; 辽宁植物志（上册）: 603. 图版256: 10. 1988.

生海拔600米左右的林缘或灌木丛中。产黑龙江省伊春、尚志、铁力、哈尔滨；吉林省安图、柳河、舒兰、桦甸、临江、抚松、吉林、长春、通化；辽宁省本溪、桓仁、凤城、宽甸、丹东、瓦房店、鞍山、普兰店、大连、西丰；内蒙古自治区科尔沁右翼前旗等地。

■ 堇叶延胡索

花序正面观

果序

植株

花序侧面观

（19）矮生延胡索（中国植物志，Flora of China）

Corydalis humilis Oh et Kim in Korean Journ. Pl. Taxon. 17: 24. 1987; 中国植物志32: 462. 1999; Fl. China7: 316. 2008.

生落叶林下。产黑龙江省（地点不详）；吉林省（地点不详）；辽宁省凤城。

■ 矮生延胡索

花序

花序一部分

白色花

植株

茎下部叶

（20）临江延胡索（中国植物志，Flora of China）

Corydalis linjiangensis Z. Y. Su ex Liden in Willdenowia 26: 28. 1996; 中国植物志32: 458. 图版114: 6 ~ 10. 1999; Fl. China 7: 315. 2008.

生海拔990 ~ 1120米的林下。产吉林东南部；辽宁省风城。模式标本采自吉林省临江。

■ 临江延胡索

花

果序一部分

果序

■ 临江延胡索

植株1

植株2

（21）囊瓣延胡索（中国植物志，Flora of China）

Corydalis saccata Z. Y. Su et Liden in Act. Bot. Yunn. 19 (3): 231. Fig. 5. 1997; 中国植物志32: 462. 图版114: 1 ~ 5. 1999; Fl. China 7: 316. 2008.

生潮湿地。产辽宁省丹东。模式标本采自丹东大孤山。

本种是一个多型种，叶和下花瓣有较大的可塑性。

（22）胶州延胡索（中国植物志，Flora of China）

Corydalis kiautschouensis V. Poelln. in Fedde Repert. 45: 103. 1938; 中国植物志32: 464. 图版116: 6 ~ 7. 1999; Fl. China 7: 316. 2008.

生石间阴湿地或沙质土地。产吉林省左家、柳河、舒兰；辽宁省凤城、宽甸、本溪、桓仁、大连、鞍山、沈阳等地。

本种是一个多型种，在东北地区叶形变异尤其大，小叶有全缘至分裂至具线形和披针形的裂片等各种形态，且易与囊瓣延胡索和堇叶延胡索混同起来，但其花的构造和果实直立的特征是稳定的。

■ 胶州延胡索

植株

果序

花序

（23）全叶延胡索（辽宁植物志，黑龙江省植物志，东北植物检索表，东北草本植物志，中国植物志，Flora of China）

Corydalis repens Mandl et Muhldorf. in Bot. Kozl. 19: 90. 1921; 东北草本植物志4: 22. 图版12. 1980; 辽宁植物志（上册）: 600. 图版254. 1988; 黑龙江省植物志5: 208. 图版71: 1 ~ 2.1992; 东北植物检索表（第二版）: 230. 图版109: 6. 1995; 中国植物志32: 462. 1999; Fl. China 7: 316. 2008.

（23a）全叶延胡索（原变种）

Corydalis repens var. *repens*

生林下或林缘。产黑龙江省哈尔滨及东部山区；吉林省安图、舒兰、柳河、桦甸、抚松；辽宁省大连、凤城、宽甸、清原等地。

块茎有活血散瘀、理气止痛作用。

■ 全叶延胡索

白色花

紫色花

粉色花

堇色花

果序

叶

植株

（23b）角瓣延胡索（变种）（辽宁植物志，黑龙江省植物志，东北植物检索表，东北草本植物志，中国植物志）

Corydalis repens var. *watanabei* (Kitag.) Y. C. Chou, 东北草本植物志4: 23. 图版13. 1980; 东北植物检索表（第二版）: 230. 图版109: 7. 1995; 中国植物志32: 463. 1999.——*C. watanabei* Kitag. In Rep. Inst. Sci. Res. Manch.6: 122. 1942; 辽宁植物志（上册）: 600. 图版255. 1988; 黑龙江省植物志5: 216. 图版67: 5 ~ 6.1992.

生林缘或林间空地。产黑龙江省尚志；吉林省抚松、安图、柳河、桦甸、永吉、舒兰；辽宁省凤城、宽甸、清原等地。

■ 角瓣延胡索

植株

花序

花正面观

植株一部分

5 蓟罂粟属 *Argemone* L.

Argemone L., Sp. Pl. 508. 1753.

一至多年生有刺草本。叶羽状分裂，裂片具波状齿，齿端具刺。花单个顶生或成聚伞状排列；花托狭长圆锥状；萼片（2～）3，先端有角状附属物，早落；花瓣（4～）6，2轮排列，芽时扭转或覆瓦状；雄蕊多数，分离，花丝丝状或中部以下稍扩大，先端钻形，花药线形，近基部着生，2裂，外向，开裂后弯曲；子房卵形、圆锥状卵形或近椭圆形，心皮（3～）4～6，连合，胚珠多数，花柱极短或无，柱头与心皮同数，呈放射状，与胎座对生。蒴果被刺，极稀无刺，3～6瓣自顶端微裂，稀裂至近基部。

本属全世界29种，主产美洲。中国南北庭园栽培1种，在台湾、福建、广东沿海和云南等省逸为野生。东北地区有栽培。

蓟罂粟（中国植物志，Flora of China）

Argemone mexicana L., Sp. Pl.1: 508. 1753; 黑龙江省植物志5: 191. 图版64: 1～2.1992; 中国植物志32: 5. 图版1: 3～4. 1999; Fl. China 7: 262. 2008.

一年生草本；基生叶密聚，茎生叶互生，叶片均为倒卵形或椭圆形，边缘羽状深裂；花单生短枝顶；花瓣6，宽倒卵形，黄色或橙黄色；蒴果长圆形或宽椭圆形，疏被黄褐色的刺。原产中美洲和热带美洲。黑龙江省哈尔滨、辽宁省沈阳有栽培。

全草有消肿利胆、祛痰、止泻作用，种子有催吐、祛痰、消炎、止痛作用。

■ 蓟罂粟

果枝

花

植株

6 博落回属 *Macleaya* R. Br.

Macleaya R. Br., Narr. Travels Afric. 218. 1826.

多年生有毒草本。根匍匐。茎圆柱形，中空，草质，光滑，具白粉。叶互生，叶片宽卵形或近圆形，基部心形，通常7或9裂，表面绿色，背面多白粉；具叶柄。花多数，于茎和分枝先端排列成大型圆锥花序；花梗细长。萼片2，乳白色；花瓣无；雄蕊8～12或24～30，花丝丝状，等长于或短于花药，花药条形；子房1室，2心皮，胚珠1或4～6枚，基着或生缝线两侧，花柱极短，柱头2裂。蒴果狭倒卵形、倒披针形或近圆形，具短柄，2瓣裂。

本属全世界2种，分布于中国及日本。中国有2种。东北地区栽培2种。

分种检索表

1. 植物体含有黄色汁液；蒴果倒披针形或狭倒卵形，具4～6粒种子 …………… 1. 博落回 M. cordata (Willd.) R. Br.
1. 植物体含有红色汁液；蒴果近圆形，具1粒种子 ………………………2. 小果博落回 M. microcarpa (Maxim.) Fedde

（1）博落回（黑龙江省植物志，中国植物志，Flora of China）

Macleaya cordata (Willd.) R. Br. in App. Danh. et Clapp. Trav. North.–a. Centr.–Afric. 218. 1826; 黑龙江省植物志5: 221. 图版75: 1～2. 1992; 中国植物志32: 78. 图版14: 3～7. 1999; Fl. China 7: 287. 2008.

生海拔150～830米的丘陵或低山林中、灌丛中或草丛间。产长江中下游各省。黑龙江省药草园有栽培。

全草有大毒，不可内服，入药治跌打损伤、关节炎、汗斑、恶疮、蜂螫伤及麻醉镇痛、消肿；作农药可防治稻椿象、稻苞虫、钉螺等。

■ 博落回

植株

花序下部

花期

（2）小果博落回（黑龙江省植物志，中国植物志，Flora of China）

Macleaya microcarpa (Maxim.) Fedde in Engl. Bot. Hahrb. 36, Beibl. 82, 45. 1905; 黑龙江省植物志5: 223. 图版75: 3 ~ 5.1992; 中国植物志32: 79. 图版14: 8 ~ 10 . 1999; Fl. China 7: 287. 2008.

生海拔450 ~ 1600米的山坡路边草地或灌丛中。产山西、江苏、江西、河南、湖北、陕西、甘肃等省。黑龙江省、辽宁省的药草园有栽培。

全株有毒，有杀虫、祛风、解毒、散瘀消肿作用。也可作农药。

■ 小果博落回

蒴果近圆形

花序一部分

植株

果序分枝

7 白屈菜属 *Chelidonium* L.

Chelidonium L., Sp. Pl. 505. 1753.

多年生直立草本，植株蓝灰色，具黄色液汁。根茎褐色。茎直立，圆柱形，聚伞状分枝。基生叶具长柄，羽状全裂，裂片倒卵状长圆形、宽倒卵形或披针形，边缘圆齿状或齿状浅裂或近羽状全裂；茎生叶互生，具短柄，叶形同基生叶。花多数，排列成腋生的伞形花序；具苞片；花芽卵球形；萼片2，黄绿色；花瓣4，黄色，2轮；雄蕊多数；子房圆柱形，1室，2心皮，无毛，花柱明显，柱头2裂。蒴果狭圆柱形，近念珠状，成熟时自基部向先端开裂成2果瓣，柱头宿存。

本属全世界仅1种，分布于旧大陆温带地区，从欧洲到日本均有。中国广泛分布。东北广泛分布。

白屈菜（辽宁植物志，黑龙江省植物志，内蒙古植物志，东北植物检索表，东北草本植物志，中国植物志，Flora of China）

Chelidonium majus L., Sp. Pl.505. 1753; 东北草本植物志4: 3. 图版2. 1980; 辽宁植物志（上册）: 590. 图版249. 1988; 内蒙古植物志（第二版）2: 588. 图版239. 1990; 黑龙江省植物志5: 193. 图版65: 1 ~ 6.1992; 东北植物检索表（第二版）: 228. 图版108: 2. 1995; 中国植物志32: 74. 图版14: 1 ~ 2. 1999; Fl. China 7: 286. 2008.

多年生草本，含橘黄色乳汁；叶一至二回奇数羽状分裂；伞状聚伞花序；花瓣4枚，黄色；蒴果长角形，直立。生山谷湿润地、水沟边、住宅附近。产东北地区各地及内蒙古自治区根河、牙克石、科尔沁右翼前旗、扎赉特旗、大青沟、克什克腾旗等地。

全草有毒，有镇痛、止咳、消肿作用。

■ 白屈菜

植株

花序

果序

8 荷青花属 *Hylomecon* Maxim.

Hylomecon Maxim. in Mem. Acad. Lmp. Sci. St. Petersb. 9: 36. 1858.

多年生直立草本，具黄色液汁。茎柔弱，不分枝，下部无叶或稀具1 ~ 2叶。基生叶少数，具长柄，叶片羽状全裂，裂片2 ~ 3对，最下部1对较小；茎生叶2枚，生于茎上部，具短柄，对生或近互生，稀3枚，叶片同基生叶。花1 ~ 3朵，组成伞房状花序，顶生或腋生。萼片2，覆瓦状排列，极早落；花瓣4，黄色，具短爪；雄蕊多数，花药直立；子房圆柱状长圆形，无毛，1室，2心皮；花柱短，柱头2裂。蒴果狭圆柱形，自基部向上2瓣裂。

本属全世界仅1种，分布于中国东北、华北、华中、华东。日本、朝鲜、俄罗斯东西伯利亚有分布。

荷青花（辽宁植物志，黑龙江省植物志，东北植物检索表，东北草本植物志，中国植物志，Flora of China）

Hylomecon japonica (Thunb.) Prant. et Kundig in Engl. et Prantl Nat. Pflanzenfam.3(2): 139. 1889; 东北植物检索表（第二版）: 233. 图版108: 1. 1995; 中国植物志32: 72. 1999; Fl. China 7: 285. 2008.——*H. vernalis*

Maxim. in Mem. Sav. Etr. Petersb. 9: 36. 1858; 东北草本植物志4: 1. 图版1. 1980; 辽宁植物志（上册）: 588. 图版248. 1988; 黑龙江省植物志5: 220. 图版74: 5 ~ 7.1992.

多年生草本；叶羽状全裂，裂片2 ~ 3对；花1 ~ 3朵排列成伞房状；花黄色；蒴果，2瓣裂。生多阴的山地灌丛、林下、溪沟湿地。产黑龙江省尚志、逊克、阿城、哈尔滨、嘉荫；吉林省蛟河、安图、临江；辽宁省鞍山、本溪、凤城、宽甸、开原、庄河、西丰等地。

根茎有祛风湿、止血、止痛、舒筋活络、散瘀消肿作用。

■ 荷青花

叶

蒴果

居群

花

9 罂粟属 *Papaver* L.

Papaver L., Sp. Pl. ed. 1: 506. 1753.

一年生、二年生或多年生草本，稀亚灌木。茎具乳白色、恶臭的液汁。基生叶羽状浅裂、深裂、全裂或二回羽状分裂，有时为各种缺刻、锯状齿或圆齿，极稀全缘，表面通常具白粉，两面被刚毛，具叶柄；茎生叶若有，则与基生叶同形，但无柄，有时抱茎。花单生，稀为聚伞状总状花序；萼片2 ~ 3，开花前即脱落；花瓣4 ~ 6，二轮排列，常早落；雄蕊多数，花丝大多丝状，花药近球形或长圆形；子房1室，上位，通常卵珠形，稀圆柱状长圆形，心皮4 ~ 8，连合，花柱无，柱头4 ~ 18，辐射状，连合成扁平或尖塔形的盘状体盖于子房之上。蒴果狭圆柱形、倒卵形或球形，稀具刺。

本属全世界约100种，主产中欧、南欧至亚洲温带地区，少数种产美洲、大洋洲和非洲南部。中国有7种3变种和3变型，分布于东北部和西北部。东北产5种4变种，其中栽培2种1变种。

分种检索表

1. 一、二年生草本；有茎生叶。
    2. 茎叶无毛或有微毛；叶基部抱茎；花丝白色；蒴果球形或长圆状椭圆形 ……………… 1. 罂粟 *P. somniferum* L.
    2. 茎叶被刚毛；叶基部不抱茎；花丝紫红或深紫色；蒴果宽倒卵形 ……………………… 2. 虞美人 *P. rhoeas* L.
1. 多年生草本；无茎生叶。
    3. 植株高5 ~ 25厘米；花淡绿黄色；蒴果有毛 … 3b. 长白山罂粟 *P. radicatum* var. *pseudo-radicatum* (Kitag.) Kitag.
    3. 植株高25 ~ 60厘米；花白色、黄色、淡黄色、橙黄色、红色等；蒴果无毛或有毛（4. 野罂粟 *P. nudicaule* L.）。

（接上表）

4. 蒴果有毛。
5. 野生；花黄色、淡黄色、橙黄色。
6. 蒴果被灰白色硬毛 ……………………………………………… 4a. 野罂粟 P. nudicaule var. nudicaule
6. 蒴果伏生刚毛。
7. 叶羽状分裂，裂片很宽或稍稍再裂 ……… 4b. 粗毛野罂粟 P. nudicaule var. croceum (Ledeb.) Kitag.
7. 叶羽状全裂，裂片披针状线形 …… 4c. 兴安野罂粟 P. nudicaule var. rubro-aurantiacum Fisch. ex DC.
5. 栽培；花除黄色、淡黄色、橙黄色外，尚有白色、红色等
……………………………………………………………… 4d. 冰岛罂粟 P. nudicaule ‘Iceland Poppy Flower’
4. 蒴果无毛（4e. 光果野罂粟 P. nudicaule var. aquilegioides Fedde）。
8. 花黄色或橙黄色 ………………………………4ea. 光果野罂粟 P. nudicaule var. aquilegioides f. aquilegioides
8. 花白色 ……………………… 4eb. 黑水罂粟 P. nudicaule var. aquilegioides f. amurense (Busch) H. Chuang

（1）罂粟（辽宁植物志，黑龙江省植物志，东北植物检索表，东北草本植物志，中国植物志，Flora of China）

■ 罂粟

重瓣花

植株下部

植株

果实正面观

果实侧面观

Papaver somniferum L., Sp. Pl. ed. 1: 508. 1753; 东北草本植物志4: 11. 1980; 辽宁植物志（上册）: 592. 1988; 黑龙江省植物志5: 229.1992; 东北植物检索表（第二版）: 233. 图版108: 4. 1995; 中国植物志32: 52. 图版12: 4 ~ 5. 1999; Fl. China 7: 278. 2008.

原产欧洲。东北各地有少量栽培。

本种是提取海洛因的主要毒品源植物。重瓣品种花大、色艳，为庭园观赏植物。

（2）虞美人（辽宁植物志，黑龙江省植物志，东北植物检索表，东北草本植物志，中国植物志，Flora of China）

Papaver rhoeas L., Sp. Pl. ed. 1: 507. 1753; 东北草本植物志4: 11. 图版6. 1980; 辽宁植物志（上册）: 592. 图版250. 1988; 黑龙江省植物志5: 227. 图版77: 1 ~ 4.1992; 东北植物检索表（第二版）: 233. 图版108: 5. 1995; 中国植物志32: 53. 1999; Fl. China 7: 279. 2008.

原产欧洲。东北各地栽培，有逸生。

以观赏为目的人为引进，品种繁多，花色艳丽，适于花坛、花境栽植。花和全株含多种生物碱，有镇咳、止泻、镇痛、镇静等功效；种子含油40%以上。

■ 虞美人

果实

花侧面观

花蕾

茎叶

苗期

植株

（3）北极罂粟（植物智网站）

Papaver radicatum Rottbfll, Skr. Kifbenhavnske Selsk. Laerd. Elsk. 10: 455. 1770.

（3a）北极罂粟（原变种）

Papaver radicatum var. *radicatum*

中国不产。

（3b）长白山罂粟（变种）（中国植物志）；白山罂粟（东北植物检索表，东北草本植物志）

Papaver radicatum var. *pseudo-radicatum* (Kitag.) Kitag. in Neo-Lineam. Fl. Mansh. 325. 1979; 东北植物检索表（第二版）: 233. 图版108: 3. 1995; 中国植物志32: 59. 1999; Fl. China 7: 280. 2008.——*P. psdueo-radicatum* Kitag. in Rep. Inst. Sci. Res. Mansh. 6: 122, t. 3, fig. 1. 1942; 东北植物检索表 101. 1959; 东北草本植物志 4: 5, 图版3. 1980.

生海拔1000米以上的砾石地及高山冻原带。产吉林省安图、抚松、长白；辽宁省桓仁老秃顶子。

■ 长白山罂粟

花蕾期

花正面观

花期

基生叶

居群

（4）野罂粟（黑龙江省植物志，内蒙古植物志，东北植物检索表，东北草本植物志，中国植物志，Flora of China）

Papaver nudicaule L., Sp. Pl. ed. 1: 507. 1753; 东北草本植物志4: 6.图版4. 1980; 内蒙古植物志（第二版）2: 590. 图版240: 1～3. 1990; 黑龙江省植物志5: 226. 图版76: 1～2. 1992; 东北植物检索表（第二版）: 233. 图版108: 6. 1995; 中国植物志32: 56. 1999; Fl. China 7: 280. 2008.——*P. nudicaule* var. *chinense* Fedde, Pflanzenr. (Engler) Ⅳ. 104(Heft 40):384. 1909; 东北草本植物志 4: 8. 图版5: 2. 1980.——*P. nudicaule* var. *saxatile* Kitag. in J. Jap. Bot. 19(3): 70 1943; 东北草本植物志4: 8. 图版5: 1. 1980; 东北植物检索表（第二版）: 235. 图版108: 7. 1995.

（4a）野罂粟（原变种）

Papaver nudicaule var. *nudicaule*

生海拔500米以上的林下、林缘、山坡草地。产黑龙江省大兴安岭地区、黑河地区及小兴安岭北部；内蒙古自治区、科尔沁右翼前旗、翁牛特旗、巴林左旗、巴林右旗、阿鲁科尔沁旗、克什克腾旗、喀喇沁旗、西乌珠穆沁旗、锡林浩特、阿巴嘎旗、多伦等地。

■ 野罂粟

花

蒴果

花蕾

植株

植株一部分

（4b）粗毛野罂粟（变种）（东北药用植物志，黑龙江省植物志）

■ 粗毛野罂粟

蒴果

花侧面观

花正面观

基生叶

Papaver nudicaule var. *croceum* (Ledeb.) Kitag. in Neo–Lineam. Fl. Mansh. 325. 1979; 黑龙江省植物志5: 226. 1992.

生高山草地及石质山地。产黑龙江省大兴安岭地区。

（4c）兴安野罂粟（变种）（东北药用植物志，黑龙江省植物志）

Papaver nudicaule var. *rubro–aurantiacum* Fisch. ex DC. in Syst. Veget. 2: 70. 1821; 黑龙江省植物志5: 227. 1992.

生高山草地及石质山地。产黑龙江省大兴安岭地区。

■ 兴安野罂粟

植株

花

（4d）冰岛罂粟（栽培变种）（辽宁省维管束植物名称考证）

Papaver nudicaule cv. 'Iceland Poppy Flower'

■ 冰岛罂粟

植株侧面观

植株正面观

■ 冰岛罂粟

花

基生叶

原产两半球的北极区及中亚和北美洲等地。辽宁省大连等地有栽培。

花色丰富，花姿优美，可植于花坛、花境或草坪边缘。

（4e）光果野罂粟（变种）（东北植物检索表，中国植物志）

Papaver nudicaule var. *aquilegioides* Fedde in Engl. Pflanzenr. 4. 383. 1909; 中国植物志32: 58. 1999.——*Papaver nudicaule* var. *glabricarpum* P. Y. Fu in Bull. Bot. Res., Harbin 9(2): 17. 1989; 东北植物检索表（第二版）: 233. 1995.

（4ea）光果野罂粟（原变型）

Papaver nudicaule var. *aquilegioides* f. *aquilegioides*

生林缘、山坡草地、草原、草甸或沟谷。产黑龙江省黑河、塔河、呼玛；内蒙古自治区牙克石、扎兰屯、鄂伦春、科尔沁右翼前旗、喀喇沁旗、多伦等地。

■ 光果野罂粟

蒴果

植株

花

（4eb）黑水罂粟（变型）（黑龙江省植物志，东北植物检索表，东北草本植物志，中国植物志）

Papaver nudicaule var. *aquilegioides* f. *amurense* (Busch) H. Chuang, 中国植物志32: 58. 1999.——*Papaver amurense* (N. Busch) N. Busch ex Tolmatchev, Fl. Zabaic.4: 410. 1941; 黑龙江省植物志5: 224. 1992.——*Papaver nudicaule* subsp. *amurense* N. Busch in Fl. Sib. & Or. Extr. 1: 21 1913; 东北草本植物志4: 8. 1980; 东北植物检索表（第二版）: 235. 1995.

生山坡草地或砾石坡，田边、路旁也有。产黑龙江省呼玛、黑河、逊克、嘉荫、密山、宁安、北安、孙吴、牡丹江；吉林省汪清；内蒙古自治区科尔沁右翼前旗索伦、克什克腾旗、喀喇沁旗等地。

■ 黑水罂粟

花蕾

植株下部

植株上部

花背面观

花正面观

10 花菱草属 *Eschscholzia* Chami

Eschscholzia Chami in Nees Horae Phys. Berol. 73, t. 15. 1820.

多年生至一年生草本，稀为亚灌木，植株呈蓝灰色，具微透明的液汁。叶互生，三出多回羽状深裂，小裂片窄至线形。花单生于长花梗上，黄色或橙黄色；萼片2，通常草质，长圆形或圆锥形，先端急尖或渐尖；花瓣4，生于杯状花托边缘；花丝短，花药线形或长圆形，常比花丝长；子房线形，1室，2心皮；花柱极短，柱头2或更多，近宽丝状。蒴果长圆柱形，10脉，2瓣自基部向顶端开裂，并抛出种子，开裂后通常弯曲。

本属全世界约12种，分布北美洲太平洋沿岸的荒漠和草原区。中国引进栽培1种。东北地区有栽培。

花菱草（黑龙江省植物志，中国植物志，Flora of China）

Eschscholzia californica Cham. in Nees Horae phys. Berol. 73. t. 15. 1820; 黑龙江省植物志5: 218. 图版75: 6.1992; 中国植物志32: 60. 图版12: 1 ~ 3. 1999; Fl. China 7: 281. 2008.

多年生草本，栽培常为一年生；基生叶数枚，多回三出羽状细裂；花单生茎和分枝顶端；花瓣4，三角状扇形，黄色，基部具橙黄色斑点；蒴果狭长圆柱形。原产美国加利福尼亚州。辽宁省各大城市有栽培，有逃逸。

以观赏为目的人为引进，花色鲜艳夺目，是良好的花带、花境和盆栽材料，也可用于点缀草坪。

■ 花菱草

植株

花正面观

植株一部分

花侧面观

11 秃疮花属 *Dicranostigma* J. D. Hooker & Thomson

Dicranostigma J. D. Hooker & Thomson, Fl. Ind. 1: 255. 1855.

多年生草本，植株蓝灰色，常具黄色液汁。根木质，狭纺锤形。基生叶多数，具叶柄，羽状浅裂或深裂或二回羽状分裂，裂片疏离，边缘波状或具齿；茎生叶互生，无叶柄，羽状分裂或为不规则的大型粗齿。花单生或几朵于茎或分枝先端排成聚伞花序；萼片2，卵形或宽卵形，先端渐尖呈距状或为匙形；花瓣4，倒卵形或近圆形，黄色或橙黄色；雄蕊多数，花丝丝状，花药长圆形；子房1室，2心皮，圆柱形或狭圆柱形，疏被短柔毛或具瘤状突起；花柱极短，柱头头状。蒴果圆柱形或线形，自顶端2瓣开裂至近基部。

本属全世界3种，中国均产。东北地区产1种。

秃疮花（中国植物志，Flora of China）

Dicranostigma leptopodum (Maxim.) Fedde in Engl. Bot. Jahrb. 36. Beibl. 82: 45. 1905; 中国植物志32: 63. 1999; Fl. China 7: 282. 2008.

多年生草本，全体含淡黄色液汁；基生叶丛生，叶片狭倒披针形，羽状深裂；聚伞花序，花1～5朵；萼片先端渐尖成距；花瓣黄色；蒴果线形。生草坡或路旁，田埂、墙头、屋顶也常见。产辽宁省旅顺口、金州。

根及全草药用，有清热解毒、消肿镇痛、杀虫等功效，治风火牙痛、咽喉痛、扁桃体炎、淋巴结核、秃疮、疮疖疥癣、痈疽。

■ 秃疮花

花序

果序

植株

基生叶

花

067. 防己科 Menispermaceae

Menispermaceae Juss., Gen. Pl. [Jussieu] 284. 1789, *nom. cons.*

木贼门、木贼亚门、木兰纲、蔷薇亚纲、毛茛超目、毛茛目（Ranunculales）。

攀缘或缠绕藤本，稀直立灌木或小乔木。叶螺旋状排列，单叶，稀复叶，叶柄两端肿胀。聚伞花序，或由聚伞花序再作圆锥花序式、总状花序式或伞形花序式排列，极少退化为单花；花通常小而不鲜艳，单性，雌雄异株，通常两被，较少单被；萼片通常轮生，有时螺旋状着生；花瓣通常2轮，较少1轮。核果，外果皮革质或膜质，中果皮通常肉质，内果皮骨质或有时木质，较少革质，表面有皱纹或有各式凸起，较少平坦。

本科全世界约有74属，约450种，分布全世界的热带和亚热带地区，温带很少。中国有19属77种，主产长江流域及其以南各省区，尤以南部和西南部各省区为多，北部很少。东北地区产2属2种1变型。

分属检索表

1. 草质藤本……………………………………………… 1. 蝙蝠葛属 Menispermum
1. 木质藤本……………………………………………… 2. 木防己属 Cocculus

1 蝙蝠葛属 *Menispermum* L.

Menispermum L. Gen. 1131. 1737 .

落叶藤本。叶盾状，具掌状脉。圆锥花序腋生。雄花：萼片4～10，近螺旋状着生，通常凹；花瓣6～8或更多，近肉质，肾状心形至近圆形，边缘内卷；雄蕊12～18，很少更多，花丝柱状，花药近球状，纵裂。雌花：萼片和花瓣与雄花的相似；不育雄蕊6～12或更多，棒状；心皮2～4，具心皮柄，子房囊状半卵形，花柱短，柱头大而分裂，外弯。核果近扁球形，花柱残迹近基生。

本属全世界3～4种，分布北美洲、亚洲。中国有1种1变型。东北地区产1种1变型。

分种下单位检索表

1. 叶两面光滑无毛 ……………………………… a. 蝙蝠葛 M. dauricum f. dauricum
1. 叶两面及边缘密被毛 ………………………… b. 毛蝙蝠葛 M. dauricum f. pilosum

蝙蝠葛（辽宁植物志，黑龙江省植物志，内蒙古植物志，东北植物检索表，东北草本植物志，中国植物志，Flora of China）

Menispermum dauricum DC. in Syst. Veg. 1: 540. 1818; 东北草本植物志3: 225. 图版100: 1～9. 1975; 辽宁植物志（上册）: 554. 图版232. 1988; 内蒙古植物志（第二版）2: 583. 图版237. 1990; 黑龙江省植物志5: 132. 图版46: 1～9.1992; 东北植物检索表（第二版）: 214. 图版100: 1. 1995; 中国植物志30(1): 39. 图版8: 10～12. 1996; Fl. China 7: 15. 2008.

多年生缠绕性草本。叶螺旋状排列，叶柄盾状着生，叶片肾圆形，边缘多具5～7角或为浅裂。花序圆锥状，腋生；雄花小，淡黄绿色或淡绿色至乳白色，萼片4～6，狭倒卵形或倒披针形，花瓣6～8，近圆形或倒卵形。核果近球形，成熟时黑色，有光泽。

（a）蝙蝠葛（原变型）

M. dauricum f. *dauricum*

生林缘、沟谷、河边灌丛间或沙丘上。产黑龙江省嘉荫、尚志、伊春、哈尔滨、密山；吉林省吉林、安图；辽宁省北镇、彰武、清原、沈阳、鞍山、凤城、宽甸、桓仁、丹东、岫岩、金州、大连；内蒙古自治区海拉尔、牙克石、扎兰屯、鄂伦春、鄂温克、科尔沁右翼前旗、大青沟、奈曼旗、喀喇沁旗、宁城等地。

根、茎有清热解毒、祛风止痛作用，用于咽喉痛、泄泻、痢疾、蛇虫咬伤等。

■ 蝙蝠葛

根状茎褐色

雌花序

果序

雄花序

植株

植株一部分

叶背面观

（b）毛蝙蝠葛（变型）（辽宁植物志，黑龙江省植物志，东北植物检索表，东北草本植物志）

Menispermum dauricum f. *pilosum* (Schneid.) Kitag. in Journ. Jap. Bot. 34: 6. 1959; 东北草本植物志3: 225. 1975; 辽宁植物志（上册）: 556. 1988; 黑龙江省植物志5: 133.1992; 东北植物检索表（第二版）: 214. 1995.

生林缘。产黑龙江省伊春、饶河、尚志；吉林省吉林、磐石、抚松、安图、汪清、和龙；辽宁省义县、北镇、彰武、昌图、清原、沈阳、鞍山、营口、凤城、桓仁、盖州、大连；内蒙古自治区科尔沁右翼前旗、科尔沁左翼后旗等地。

■ 毛蝙蝠葛

植株

叶背面观

2 木防己属 *Cocculus* DC.

Cocculus DC. Syst. 1: 515. 1817.

木质藤本，很少直立灌木或小乔木。叶非盾状，全缘或分裂，具掌状脉。聚伞花序或聚伞圆锥花序，腋生或顶生。雄花：萼片6（或9），排成2（或3）轮，外轮较小，内轮较大而凹，覆瓦状排列；花瓣6，基部两侧内折呈小耳状，顶端2裂，裂片叉开；雄蕊6或9，花丝分离，药室横裂。雌花：萼片和花瓣与雄花的相似；退化雄蕊6或没有；心皮6或3，花柱柱状，柱头外弯伸展。核果倒卵形或近圆形，稍扁，花柱残迹近基生。

本属全世界约8种，广布于美洲中部和北部，非洲，亚洲东部、东南部和南部以及太平洋的某些岛屿上。中国有2种。东北地区产1种。

木防己（辽宁植物志，东北植物检索表，中国植物志，Flora of China）

Cocculus orbiculatus (L.) DC. in Syst. Nat. 1: 523. 1817; 中国植物志30(1): 32. 图版7: 1 ~ 8. 1996; Fl. China 7: 12. 2008.——*C. trilobus* (Thunb.) DC. in Syst. Nat. 1: 522 . 1818; 辽宁植物志（上册）: 556. 图版233. 1988; 东北植物检索表（第二版）: 214. 图版100: 2. 1995.

■ 木防己

果枝

雌花序

■ 木防己

花枝

雄花序

落叶木质藤本；叶形状变异极大，边全缘或3裂，有时掌状5裂；聚伞花序顶生或腋生，萼片6，花瓣6；核果近球形，红色至紫红色。生丘陵、山坡低地、路旁草地及低山灌木丛中。产辽宁省大连、旅顺口、长海等地。

根状茎有祛风止痛、行水消肿作用，用于风湿痛、神经痛、咽喉痛、水肿、毒蛇咬伤。

068. 小檗科　Berberidaceae

Berberidaceae Juss., Gen. Pl. [Jussieu] 286. 1789, *nom. cons.*

木贼门、木贼亚门、木兰纲、蔷薇亚纲、毛茛超目、毛茛目（Ranunculales）。

灌木或多年生草本，稀小乔木，常绿或落叶。茎具刺或无。叶互生，稀对生或基生，单叶或1～3回羽状复叶，叶脉羽状或掌状。花序顶生或腋生，花单生或簇生成总状花序、穗状花序、伞形花序、聚伞花序或圆锥花序；花两性，辐射对称，花被通常3基数，偶2基数，稀缺如；萼片6～9，常花瓣状，离生，2～3轮；花瓣6，扁平，盔状或呈距状，或变为蜜腺状。浆果、蒴果、蓇葖果或瘦果。种子一至多数。

本科全世界有19属650余种，主产北温带和亚热带高山地区。中国有11属303种。全国各地均有分布，但以四川、云南、西藏种类最多。东北地区产8属13种1变型，其中栽培3种。

分属检索表

1. 灌木。
　2. 叶为单叶 ………………………………………………………… 1. 小檗属 Berberis
　2. 叶为复叶。
　　3. 圆锥花序；叶为二至三回羽状复叶；小叶全缘 …………………………… 2. 南天竹属 Nandina
　　3. 总状花序；叶为奇数羽状复叶；小叶边缘具粗齿或细锯状齿，少有全缘 ……… 3. 十大功劳属 Mahonia
1. 多年生草本。

（接上表）

4. 叶基生，无茎生叶。
  5. 叶1～2枚；穗状花序，花白色 ………………………………………………………… **4. 裸花草属 Achlys**
  5. 叶1枚；花单生，淡紫色 …………………………………………………………… **5. 鲜黄连属 Plagiorhegma**
4. 有茎生叶；花成总状或聚伞状圆锥花序，有蜜腺。
  6. 花瓣有距，花4数 ……………………………………………………………………… **6. 淫羊藿属 Epimedium**
  6. 花瓣无距，花6数。
    7. 根状茎横生；聚伞状圆锥花序，花后心皮脱落，种子裸出 …… **7. 红毛七属（类叶牡丹属）Caulophyllum**
    7. 根状茎肥厚呈块状；总状花序，花后子房壁膨大，成熟时开裂而不脱落 ……**8. 牡丹草属 Gymnospermium**

1 小檗属 *Berberis* L.

Berberis L., Sp. Pl. 1: 330, 1753.

落叶或常绿灌木。枝通常具刺，单生或3～5分叉。单叶互生，着生于侧生的短枝上，通常具叶柄，叶片与叶柄连接处常有关节。花序为单生、簇生、总状、圆锥或伞形花序；花3数，小苞片通常3，早落；萼片通常6，2轮排列，稀3或9，1轮或3轮排列，黄色；花瓣6，黄色，内侧近基部具2枚腺体；雄蕊6，与花瓣对生，花药瓣裂，花粉近球形，具螺旋状萌发孔或为合沟，外壁具网状纹饰；子房含胚珠1～12，稀达15，基生，花柱短或缺，柱头头状。浆果通常红色或蓝黑色。

本属全世界约500种，主产北温带地区，是小檗科中唯一分布于热带非洲山区和南美洲的属。中国有250多种，主产西部和西南部。东北地区产6种，其中栽培1种。

分种检索表

1. 花单生。
  2. 叶先端钝圆；外萼片长约4毫米，内萼片长约4.5毫米；花瓣基部具2枚分离的腺体
  ………………………………………………………………………………… **1. 西伯利亚小檗 B. sibirica** Pall.
  2. 叶先端锐尖；外萼片长6.5～7毫米，内萼片长6～6.5毫米；花瓣基部具2枚靠合腺体
  ……………………………………………………………… **2. 兴安小檗 B. xinganensis** G. H. Liu et S. Q. Zhou
1. 花排列成总状花序。
  3. 刺明显叶状或掌状3～7分叉 ……………………………………………**3. 掌刺小檗 B. koreana** Palib.
  3. 刺单一或3分叉。
    4. 刺常3分叉，稀单一，粗大；叶缘具密的刺状细锯状齿；总状花序，具10～25花
    ………………………………………………………………………………**4. 黄芦木 B. amurensis** Rupr.
    4. 刺单一或为不显著的3叉状刺，细长或不显著；叶全缘或稀有不明显锯状齿；总状花序或成簇生状，花1～15。
      5. 刺单一，细而长达1.8厘米；叶倒卵形，长5～30毫米，全缘；短总状或簇生状花序，花1～5
      ……………………………………………………………………………**5. 日本小檗 B. thunbergii** DC.
      5. 刺缺如或单一或在短枝基部生3（～5）叉小刺，长约5毫米；叶倒披针形，长2～6（～10）厘米，全缘或稀有不明显锯状齿；总状花序，花4～15 ……………………………………… **6. 细叶小檗 B. poiretii** Schneid.

（1）西伯利亚小檗（中国植物志，Flora of China）；刺叶小檗（辽宁植物志，黑龙江省植物志，内蒙古植物志，东北植物检索表）

Berberis sibirica Pall. in Reise Prov. Russ. 2. Anh. 737. 1773; 辽宁植物志（上册）: 545. 图版227: 8. 1988; 内蒙古植物志（第二版）2: 579. 图版236: 10. 1990; 黑龙江省植物志5: 123. 图版42: 10.1992; 东北植物检索表（第二版）: 210. 图版98: 3. 1995; 中国植物志29: 90. 图版16: 9 ~ 14. 2001; Fl. China 19: 729. 2011.

生高山碎石坡、陡峭山坡、荒漠地区、林下。产黑龙江省齐齐哈尔；辽宁省朝阳；内蒙古自治区扎兰屯市柴河、科尔沁右翼前旗、正蓝旗等地。

根皮和茎皮入蒙药，有清热、解毒、止泻、止血、明目之功效。

■ 西伯利亚小檗

茎刺3-5-7分叉

植株

各种叶形

茎中部

茎上部

果序

植株下部

萌枝叶

（2）兴安小檗（内蒙古植物志）

Berberis xinganensis G. H. Liu et S. Q. Zhou, 内蒙古植物志（第二版）2: 579, 712. 图版236: 11 ~ 14. 1990.

生海拔1350米的落叶松偃松林下。产内蒙古自治区根河（大黑山）等地。

■ 兴安小檗

小枝

果枝

植株

（3）掌刺小檗（辽宁植物志，东北植物检索表）；朝鲜小檗（植物智网站）

Berberis koreana Palib. in Trudy Glavn. Bot. Sada 17: 22. 1899; 辽宁植物志（下册）: 1167. 图版524: 5. 1992; 东北植物检索表（第二版）: 210. 图版98: 2. 1995.

生山坡灌丛。产辽宁省建昌、凤城、桓仁、辽阳等地。

为观赏、水土保持良好树种。可作圆球或绿篱使用，也可片植、列植于花坛、草坪上。

■ 掌刺小檗

枝刺

植株一部分

果序

（4）黄芦木（内蒙古植物志，中国植物志，Flora of China）；大叶小檗（辽宁植物志，黑龙江省植物志，东北植物检索表）

Berberis amurensis Rupr. in Bull. Acad. Sci. St. Petersb. 15: 260. 1857; 辽宁植物志（上册）: 544. 图版227: 1 ~ 7. 1988; 内蒙古植物志（第二版）2: 581. 图版236: 7. 1990; 黑龙江省植物志5: 121. 图版42: 1 ~ 7.1992; 东北植物检索表（第二版）: 211. 图版98: 1. 1995; 中国植物志29: 189. 2001; Fl. China 19: 762. 2011.

生山地林缘、溪边或灌丛中。产黑龙江省尚志、海林、虎林、勃利、宁安、密山、伊春、嘉荫；吉林省抚松、长白、和龙、安图、临江；辽宁省本溪、凤城、盖州、桓仁、宽甸、庄河、大连、凌源、建平、朝阳；内蒙古自治区大青沟、克什克腾旗、喀喇沁旗、宁城、正镶白旗等地。

根及根皮有清热燥湿、泻火解毒、消炎止痛、健胃功效。嫩叶和果实可食。

■ 黄芦木

花

果枝

花序

植株

叶

（5）日本小檗（黑龙江省植物志，中国植物志，Flora of China）；小檗（辽宁植物志，东北植物检索表）

Berberis thunbergii DC. in Reg. Veg. Syst. 2: 9. 1821; 辽宁植物志（上册）: 546. 图版228: 3 ~ 4. 1988; 黑龙江省植物志5: 124. 图版42: 11 ~ 12.1992; 东北植物检索表（第二版）: 210. 图版98: 5. 1995; 中国植物志29: 155. 2001; Fl. China 19: 751. 2011.

原产日本。黑龙江省哈尔滨及辽宁省沈阳、大连等城市有栽培。

根皮药用，有清热燥湿、泻火解毒作用。嫩叶和果实可食。是优良的观叶、观花、观果树种，适于草坪、花坛、假山、池畔点缀，并可用作绿篱。

常见栽培紫叶小檗*B. thunbergii* cv. ‘Atropurea’，在阳光充足的情况下，叶常年紫红色。

■ 日本小檗

花期一部分

果期一部分

叶与茎刺

花序

植株

（6）细叶小檗（辽宁植物志，黑龙江省植物志，内蒙古植物志，东北植物检索表，中国植物志，Flora of China）

Berberis poiretii Schneid. in Mitt. Deutsch. Dendr. Ges. 180. 1906; 辽宁植物志（上册）: 546. 图版228: 1～2. 1988; 内蒙古植物志（第二版）2: 582. 图版236: 1～6. 1990; 黑龙江省植物志5: 123. 图版42: 8～9.1992; 东北植物检索表（第二版）: 210. 图版98: 4. 1995; 中国植物志29: 160. 2001; Fl. China 19: 753. 2011.

生山坡路旁或溪边。产吉林省集安、吉林、通化、梅河口；辽宁省沈阳、庄河、鞍山、本溪、凤城、宽甸、昌图、新宾、清原、凌源、建昌、兴城、锦州；内蒙古自治区克什克腾旗、喀喇沁旗、宁城、西乌珠穆沁旗、锡林浩特、正蓝旗等地。黑龙江省哈尔滨市有栽培。

根皮含小檗碱、小檗胺，有药用价值。嫩叶和果实可食。

■ 细叶小檗

花

果枝

花枝

■ 细叶小檗

植株

茎叶

2 南天竹属 *Nandina* Thunb.

Nandina Thunb. in Nov. Gen. Pl. 1: 14, 1781.

常绿灌木。叶互生，二至三回羽状复叶，叶轴具关节；小叶全缘，叶脉羽状；无托叶。大型圆锥花序顶生或腋生；花两性，3数，具小苞片；萼片多数，螺旋状排列，由外向内逐渐增大；花瓣6，较萼片大，基部无蜜腺；雄蕊6，1轮，与花瓣对生，花药纵裂，花粉长球形，具3孔沟，外壁具明显网状雕纹；子房倾斜椭圆形，近边缘胎座，花柱短，柱头全缘或偶有数小裂。浆果球形，红色或橙红色，顶端具宿存花柱。

本属全世界仅有1种，分布于中国和日本。东北地区有栽培。

南天竹（中国植物志，Flora of China）

Nandina domestica Thunb. in Fl. Jap. : 9. 1784; 中国植物志29: 52. 图版11. 2001; Fl. China 19: 715. 2011.

常绿小灌木；三回羽状复叶；圆锥花序，花白色；萼片多轮；浆果球形，熟时红色。分布中国长江流域及陕西、河北、山东、湖北等省。辽宁省大连有栽培。

常见观叶、观果植物。全株有毒。根、茎、叶、果实药用。

■ 南天竹

植株

植株一部分

■ 南天竹

果序

果序一部分

花序一部分

3 十大功劳属 *Mahonia* Nuttall

Mahonia Nuttall Gen. Amer. Pl. 1: 211, n. 307, 1818.

常绿灌木或小乔木。奇数羽状复叶，互生；小叶3～4对，侧生小叶通常无叶柄或具小叶柄；小叶边缘具粗疏或细锯状齿、或具牙齿，少有全缘。花序顶生，由(1～) 3～18个簇生的总状花序或圆锥花序组成，基部具芽鳞；花梗长1.5～2.4毫米；苞片较花梗短或长；花黄色；萼片3轮，9枚；花瓣2轮，6枚；雄蕊6枚，花药瓣裂；子房含基生胚珠1～7枚，花柱极短或无花柱，柱头盾状。浆果深蓝色至黑色。

本属全世界约60种，分布于东亚、东南亚、北美洲、中美洲和南美洲西部。中国有31种，主要分布四川、云南、贵州和西藏东南部。东北地区栽培1种。

阔叶十大功劳（大连地区植物志，中国植物志，Flora of China）

Mahonia bealei (Fort.) Carr. in Fl. de Serres 10: 1 66, 1854; 大连地区植物志上册: 229. 图277. 1981；中国植物志29: 235. 图版47: 1～8. 2001; Fl. China 19: 772. 2011.

常绿灌木或小乔木；叶狭倒卵形至长圆形，具4～10对小叶；小叶厚革质，边缘每边具2～6粗锯状齿；总状花序直立，通常3～9个簇生；花黄色；雄蕊长3.2～4.5毫米，药隔不延伸，顶端圆形至截形；子房长圆状卵形，长约3.2毫米，花柱短；浆果卵形，深蓝色，被白粉。产于浙江、安徽、江西、福建、湖南、湖北、陕西、河南、广东、广西、四川等省区。辽宁省大连有庭院栽培。

■ 阔叶十大功劳

花序

植株上部

植株下部

4 裸花草属 *Achlys* de Candolle

Achlys de Candolle, Syst. Nat. 2: 35. 1821.

多年生草本；叶全部根生，有小叶3枚；花微小，极多数，穗状花序式排列于一纤弱的花茎上，无花瓣；果极小，初时肉质，后变干燥。

本属全世界有3种，分布北美洲和亚洲。中国产1种。东北地区有分布。

裸花草（中国高等植物图鉴，北京林业大学学报）

Achlys japonica Maxim. in Bull. Acad. Sci. St. Petersb.12: 61. 1868; 中国高等植物图鉴1: 762. 图1523. 1972; 北京林业大学学报24(1): 97 ~ 98. 2002.

多年生草本；叶1 ~ 2枚，基生，轮廓为肾形，3深裂几乎达基部，或3全裂成3小叶状；穗状花序，花白色，无花被；果肉质，后干燥，含1粒种子。生桦树林下。产吉林省临江（桦树乡）等地。

5 鲜黄连属 *Plagiorhegma* Maxim.

Plagiorhegma Maim. in Prim. Fl. Amur. : 34. t 2. 1859.

多年生草本。根状茎细瘦，密生须根；地上茎缺如。叶基生，叶片近圆形，不分裂，基部深心形，掌状脉，叶柄长而无毛。花单生，淡紫色；萼片6，花瓣状；花瓣6；雄蕊6，与花瓣对生，花丝扁平；雌蕊1，柱头浅杯状，胚珠极多数，生于腹部。蒴果革质，纵斜开裂。种子多数，黑色。

本属全世界仅1种，分布于中国、朝鲜和俄罗斯阿穆尔河沿岸。东北地区有分布。

鲜黄连（辽宁植物志，黑龙江省植物志，东北植物检索表，东北草本植物志，中国植物志，Flora of China）

Plagiorhegma dubium Maxim. in Prim. Fl. Amur. 34. 1859; 中国植物志29: 251. 图版52: 1 ~ 2. 2001; Fl. China 19: 783. 2011.——*Jeffersonia dubia* (Maxim.) Benth. et Hook. in Journ. L. Soc. Bot. 17(102): 377. 1879; 东北草本植物志3: 221. 图版: 1 ~ 4. 1975; 辽宁植物志（上册）: 548. 图版229. 1988; 黑龙江省植物志5: 130. 图版45: 1 ~ 4.1992; 东北植物检索表（第二版）: 211. 图版98: 7. 1995.

多年生草本；叶基生，叶片近圆形，基部深心形，不规整的波状缘；花茎单一，顶端着生1朵花；

■ 鲜黄连

花侧面观

花期

花正面观

■ 鲜黄连

果实

果期

萼片4，卵形，紫红色，早落；花瓣6～8，天蓝色；蒴果纺锤形。生山坡灌丛间、针阔叶混交林下或阔叶林下。产黑龙江省宁安、东宁；吉林省浑江、蛟河、安图、抚松、集安、长白；辽宁省庄河、岫岩、本溪、凤城、桓仁、宽甸等地。

根及根状茎有清热解毒、健胃、止泻、明目作用。

6 淫羊藿属 *Epimedium* L.

Epimedium L., Sp. Pl. 117, 1753.

多年生草本。茎单生或数茎丛生，光滑，基部有褐色鳞片。叶成熟后通常革质；单叶或一至三回羽状复叶，基生或茎生，基生叶具长柄；小叶卵形、卵状披针形或近圆形，基部心形，两侧基部通常不对称，叶缘具刺毛状细齿。花茎具1～4叶，对生或少有互生。总状花序或圆锥花序顶生，具少数花至多数花；花两性；萼片8，两轮排列，内轮花瓣状，常有颜色；花瓣4，通常有距或囊，少有兜状或扁平；雄蕊4，与花瓣对生；子房上位，1室，花柱宿存，柱头膨大。蒴果背裂。

本属全世界约50种，产北非、意大利北部至黑海、西喜马拉雅、中国、朝鲜和日本，包括东北亚。中国约有40种，是该属的现代地理分布中心。东北地区产1种。

朝鲜淫羊藿（辽宁植物志，黑龙江省植物志，东北植物检索表，东北草本植物志，中国植物志，Flora of China）

Epimedium koreanum Nakai in Fl. Sylv. Kor. 21: 64. 1936; 东北草本植物志3: 221. 图版98: 1～4. 1975; 辽宁植物志（上册）: 550. 图版230. 1988; 黑龙江省植物志5: 127. 图版44: 1～4.1992; 东北植物检索表（第二版）: 211. 图版98: 6. 1995; 中国植物志29: 278. 图版62: 1～6. 2001; Fl. China 19: 792. 2011.

多年生草本；二回三出复叶基生或茎生，通常小叶9；总状花序顶端着生4～6朵花；萼片8，卵状披针形，带淡紫色；花瓣4，淡黄色或黄白色；蒴果狭纺锤形。生林下或灌丛间。产黑龙江省东宁、宁安；吉林省通化、抚松、临江、浑江、集安、长白、靖宇、辉南、柳河；辽宁省本溪、凤城、宽甸、桓仁、庄河、岫岩、丹东等地。

全草有补肝肾、益精、祛风湿作用，用于阳痿、遗精、早泄、四肢麻木等。

■ 朝鲜淫羊藿

居群

果序

植株一部分

7 红毛七属（类叶牡丹属） *Caulophyllum* Michx.

Caulophyllum Michx. in Fl. Bor. Amer. 1: 204. 1803.

多年生草本。茎直立，基部被鳞片。叶互生，二至三回三出复叶，轮廓阔卵形；小叶片卵形，倒卵形或阔披针形，全缘或分裂，边缘无齿，掌状脉或羽状脉；具柄或无柄。复聚伞花序顶生，花3数；小苞片3～4，早落；萼片6，花瓣状，黄色、红色、紫色或绿色；花瓣6，很小，蜜腺状，扇形；雄蕊6，离生，花药瓣裂；心皮单一，花柱短，柱头侧生，子房含2枚基生胚珠，花后子房开裂，露出2枚球形种子。

本属全世界3种，分布于北美洲和东亚。中国产1种。东北地区有分布。

红毛七（中国植物志，Flora of China）；类叶牡丹（辽宁植物志，黑龙江省植物志，东北植物检索表）；葳严仙（东北草本植物志）

Caulophyllum robustum Maxim. in Prim. Fl. Amur. : 33. 1859; 东北草本植物志3: 219 图版97: 1～4. 1975; 辽宁植物志（上册）: 551. 图版231: 1～5. 1988; 黑龙江省植物志5: 125. 图版43: 1～4.1992; 东北植物检索表（第二版）: 211. 图版99: 1. 1995; 中国植物志29: 304. 图版52: 3～5. 2001; Fl. China 19: 800. 2011.

多年生直立草本；叶互生，二至三回三出复叶；叶片长椭圆形，全缘或2～3浅裂至全裂；聚伞圆锥花序顶生，花绿黄色；萼片6，花瓣状；花瓣6，远较萼片小；浆果球形，成熟时呈黑蓝色，被白粉。生山坡阴湿肥沃地或针阔叶混交林下。产黑龙江省饶河、尚志、阿城、伊春等东部山区；吉林省珲春、汪清、安图、敦化、蛟河、浑江；辽宁省庄河、鞍山、本溪、凤城、桓仁、宽甸、清原、西丰等地。模式标本产黑龙江省。

全草入药，具有舒筋活血、祛风湿作用。嫩叶可食。

■ 红毛七

果序

果序一部分

花序

植株一部分

8 牡丹草属 *Gymnospermium* Spach

Gymnospermium Spach in Hist. Veg. Plan. 8: 66. 1839.

多年生草本。地上茎直立，草质，不分枝，全株无毛。茎具1叶，叶生茎顶，一回三出或二至三回羽状三出复叶，裂片薄质，微被白粉。总状花序顶生，具总梗，单一；花梗基部具苞片；花黄色；萼片6，花瓣状；花瓣6，退化成蜜腺状，远较萼片短；雄蕊6，分离，与花瓣对生，2瓣开裂；雌蕊单生，花柱短或细长，柱头平截，子房1室，胚珠2～4枚，基底着生。蒴果直径不超过8毫米，瓣裂。

本属全世界6～8种，星散分布于北温带地区。中国有3种，分布东北、西北和华东。东北地区产1种1变型。

分种下单位检索表

1. 植株较大，叶为三出或二回三出羽状复叶 ………………………… a. 牡丹草 G. microrrhynchum f. microrrhynchum
1. 植株矮小，叶一回三出 ……………………………………………………… b. 小牡丹草 G. microrrhynchum f. venosa

牡丹草（辽宁植物志，东北植物检索表，东北草本植物志，中国植物志，Flora of China）

Gymnospermium microrrhynchum (S. Moore) Takht. in. Bot. Zhurn. 55: 1192. 1970; 中国植物志29: 302. 图版68: 4. 2001; Fl. China 19: 799. 2011.——*Leontice microrrhyncha* S. Moore in Journ. L. Soc. Bot. 17: 377, Pl. 16, f. 3～4, 1879; Journ. Jap. Bot. 17: 678, 1941; 中国高等植物图鉴1: 763, 图1526, 1972; 东北草本植物志3: 224. 图版97: 5～8. 1975; 辽宁植物志（上册）: 553. 图版231: 6～10. 1988; 东北植物检索表（第二版）: 211. 图版99: 2. 1995.

多年生草本。地上茎直立，草质多汁，禾秆黄色，顶生1叶。叶为三出或二回三出羽状复叶，叶片3深裂至基部，裂片长圆形至长圆状披针形，全缘。总状花序顶生，具花5～10朵；花淡黄色；萼片5～6，倒卵形；花瓣6。蒴果扁球形。

（a）牡丹草（原变型）

Gymnospermium microrrhynchum f. *microrrhynchum*

生林中或林缘。产吉林省通化、集安；辽宁省凤城、宽甸、桓仁等地。

■ 牡丹草

花序

花期

果实

苗期

群落

（b）小牡丹草（变型）（辽宁植物志，东北植物检索表，东北草本植物志）

Gymnospermium microrrhynchum f. *venosa* (S. Moore) S. M. Zhang.——*Leontice microrrhyncha* f. *venosa* (S. Moore) Kitag. in Neo-Lineam. Fl. Mansh. 317. 1979; 辽宁植物志（上册）: 553. 1988; 东北植物检索表（第二版）: 211. 1995.——*Leontice microrrhyncha* var. *venosa* S. Moore in Journ. L. Soc. Bot. 17: 378. Pl. 16. fig. 5. 1879；东北草木植物志3: 224. 1975.

生林中或林缘。产辽宁省宽甸。

069. 毛茛科 Ranunculaceae

Ranunculaceae Juss., Gen. Pl. [Jussieu] 231. 1789.

木贼门、木贼亚门、木兰纲、蔷薇亚纲、毛茛超目、毛茛目（Ranunculales）。

多年生或一年生草本，少有灌木或木质藤本。叶通常互生或基生，少数对生，单叶或复叶，通常掌状分裂。花两性，少有单性，雌雄同株或雌雄异株，辐射对称，稀为两侧对称，单生或组成各种聚伞花序或总状花序。萼片下位，4～5，绿色，或花瓣不存在或特化成分泌器官时常较大，呈花瓣状，有颜色。花瓣存在或不存在，下位，4~5，或较多，常有蜜腺并常化成分泌器官，这时常比萼片小得多，呈杯状、筒状、二唇状，基部常有囊状或筒状的距。雄蕊下位，多数，有时少数，螺旋状排列。心皮分生，少有合生。果实为蓇葖或瘦果，少数为蒴果或浆果。种子具小的胚和丰富的胚乳。

本科全世界有60属2500余种，广布世界各洲，主要分布于北半球温带和寒温带地区。中国有38属921种，广布各地，大多数属、种分布于西南部山地。东北地区产19属144种2亚种44变种13变型，其中栽培6种。

分属检索表

1. 萼片或花瓣有距。
  2. 上萼片有距 …………………………………… **1. 翠雀属（翠雀花属）Delphinium**
  2. 下花瓣有距 …………………………………… **2. 耧斗菜属 Aquilegia**
1. 萼片或花瓣均无距。
  3. 花两侧对称 …………………………………… **3. 乌头属 Aconitum**
  3. 花辐射对称。
    4. 果实为浆果、蒴果或蓇葖果。
      5. 单叶。
        6. 叶圆状心形；萼片黄色，呈花瓣状；聚伞花序 …………………… **4. 驴蹄草属 Caltha**
        6. 掌状分裂
          7. 萼片橘黄色；花瓣橘黄色，线形；花下无总苞；植株高达1米 ……… **5. 金莲花属 Trollius**
          7. 萼片白色；花瓣白色，近匙形，先端2裂；花下有总苞；植株高10~20厘米 …… **6. 菟葵属 Eranthis**
      5. 复叶。
        8. 蒴果；花单生于茎或枝端 …………………………………… **7. 黑种草属 Nigella**
        8. 浆果或蓇葖果。
          9. 单花被，无花瓣；萼片白色，呈花瓣状；伞形花序 ……………… **8. 拟扁果草属 Enemion**
          9. 异花被，有花瓣。
            10. 总状花序；萼片白色 …………………………………… **9. 类叶升麻属 Actaea**
            10. 聚伞花序；萼片白色或淡黄色。
              11. 多年生草本；萼片白色 ………………………………… **10. 扁果草属 Isopyrum**
              11. 一年生草本；萼片淡黄色 ……………………………… **11. 蓝堇草属 Leptopyrum**
    4. 果实为瘦果。
      12. 叶通常对生；萼片镊合状排列；花柱在果期伸长呈羽毛状 ……………… **12. 铁线莲属 Clematis**
      12. 叶互生或基生；萼片覆瓦状排列。
        13. 有花瓣。
          14. 花瓣无蜜槽 ………………………………………………**13. 侧金盏花属 Adonis**
          14. 花瓣有蜜槽。
            15. 瘦果具纵肋；叶全部基生；茎匍匐 ……………………… **14. 碱毛茛属 Halerpestes**
            15. 瘦果无纵肋；有茎生叶；茎直立、斜升或有匍匐茎 ………… **15. 毛茛属 Ranunculus**
        13. 无花瓣，萼片通常呈花瓣状。
          16. 花下无总苞 …………………………………………… **16. 唐松草属 Thalictrum**
          16. 花下有总苞。

（接上表）

17. 总苞紧接于花下，呈花萼状；叶浅裂；花柱在果期不伸长 …………17. 獐耳细辛属 Hepatica
17. 总苞不紧接花下，着生花葶的中上部。
  18. 花柱在果期伸长成羽毛状 ……………………………………………18. 白头翁属 Pulsatilla
  18. 花柱在果期不伸长成羽毛状 ……………………………………… 19. 银莲花属 Anemone

1 翠雀属（翠雀花属） *Delphinium* L.

Delphinium L., Sp. Pl. 530. 1753.

一年生至多年生草本。叶为单叶，互生，有时均基生，掌状分裂，有时近羽状分裂。花序多为总状，有时伞房状，有苞片；花梗有2个小苞片；花两性，两侧对称；萼片5，花瓣状，紫色、蓝色、白色或黄色，卵形或椭圆形，上萼片有距，距囊形至钻形，2侧萼片和2下萼片无距；花瓣2，分生或合生，条形，生于上萼片与雄蕊之间，无爪，有距，黑褐色或与萼片同色，距伸到萼距中；雄蕊多数，花药椭圆球形，花丝披针状线形，有1脉；心皮3～5（～7）或1，花柱短，胚珠多数成二列生于子房室的腹缝线上。蓇葖有脉网，宿存花柱短。

本属全世界约有400种，广布于北温带地区，少数种分布于赤道非洲。中国有174种，除广东、台湾和海南以外，其他各省区均有分布。东北地区产9种2变种1变型，其中栽培2种。

分种检索表

1. 栽培；心皮1或3。
  2. 退化雄蕊不存在；花瓣2，合生；心皮1 …………………………… 1. 飞燕草 D. ajacis L.
  2. 退化雄蕊2，有爪；花瓣2，分生；心皮3 ………………………… 2. 高翠雀花 D. elatum L.
1. 野生；心皮3。
  3. 叶掌状多裂，裂片宽1～2毫米 ……………………………………… 3. 翠雀 D. grandiflorum L.
  3. 叶掌状3～5深裂，裂片较宽。
    4. 叶全部基生 ……………………………… 4. 基叶翠雀 D. crassifolium Schrad. ex Spreng.
    4. 叶基生及茎生。
      5. 茎被伸展的长柔毛。
        6. 花序无毛，苞片线形 ……………………… 5. 东北高翠雀花 D. korshinskyanum Nevski
        6. 花序密被毛，苞片椭圆形或卵形（6. 宽苞翠雀花 D. maackianum Regel）。
          7. 蓇葖果无毛（6a. 宽苞翠雀花 D. maackianum var. maackianum）。
            8. 花紫色 ……………………………… 6aa. 宽苞翠雀花 D. maackianum f. maackianum
            8. 花白色 ………………… 6ab. 白花翠雀 D. maackianum f. albiflorum S. H. Li et Z. F. Fang
          7. 蓇葖果被长柔毛 ……………… 6b. 毛果翠雀 D. maackianum var. lasiocarpum Regel
      5. 茎无毛或有稀疏短柔毛。
        9. 叶柄、花序轴及花梗均被短柔毛 ……… 7. 兴安翠雀花 D. hsinganense S. H. Li et Z. F. Fang
        9. 叶柄、花序轴及花梗无毛或仅花梗顶端被短柔毛。
          10. 萼片内、外两面均被短毛；总状花序短，花较密集 ………… 8. 毓泉翠雀花 D. yuchuanii Y. Z. Zhao

（接上表）

10. 萼片内面无毛；总状花序狭长，花稀疏（**9. 唇花翠雀花** D. cheilanthum Fisch. ex DC.）。
    11. 花梗仅在顶端被反曲短柔毛……………………… **9a. 唇花翠雀花** D. cheilanthum var. cheilanthum
    11. 花梗被黄色开展的短柔毛 …… **9b. 展毛唇花翠雀花** D. cheilanthum var. pubescens Y. Z. Zhao

（1）飞燕草（中国植物志）

Delphinium ajacis L., Sp. Pl. 531. 1753.——*Consolida ajacis* (L.) Schur in Verh. Sieb. Nat. ver: 4: 47. 1853; 中国植物志27: 463. 图版108: 4 ~ 7. 1979; The Checklist of the Naturalized Plants in China: 33. 2019.

原产欧洲南部和亚洲西南部。辽宁省（大连）和内蒙古自治区有栽培和逸生。

常作为观赏植物栽培。

■ 飞燕草

花粉红色

植株一部分

果序一部分

花紫色

（2）高翠雀花（中国植物志）；大花飞燕草（大连植物彩色图谱）

Delphinium elatum L., Sp. Pl. 531. 1753.

原产法国及西班牙山区以及亚洲西部一带。辽宁省大连等地有栽培。

用于花坛、花境、花带或草坪边缘。全草有祛风湿、止痛、镇惊作用。

■ 高翠雀花

花侧面观

花正面观

植株

■ 高翠雀花

果序

花序

植株下部

（3）翠雀（辽宁植物志，黑龙江省植物志，内蒙古植物志，东北植物检索表，东北草本植物志，中国植物志，Flora of China）

Delphinium grandiflorum L., Sp. Pl.531. 1753; 东北草本植物志3: 116. 图版46: 1 ~ 2. 1975; 中国植物志27: 445. 图版104: 1 ~ 5. 1979; 辽宁植物志（上册）: 490. 图版200: 1 ~ 2. 1988; 内蒙古植物志（第二版）2: 543.

■ 翠雀

花

蓇果

植株一部分

蓇果开裂期

被反曲而贴伏的短柔毛

茎上部叶

茎下部叶

图版221: 1 ~ 4. 1990; 黑龙江省植物志5: 67. 图版8: 7 ~ 8.1992; 东北植物检索表（第二版）: 195. 图版92: 4. 1995; Fl. China 6: 268. 2001.——*D. grandiflorum* var. *tigridium* Kitag. in Rep. Exped. Manchoukou Sect. Ⅳ 4: 17 1936; 东北植物检索表（第二版）: 195. 1995.—— *D. grandiflorum* f. *roseolum* Y. Z. Zhao in Acta Sci. Nat. Univ. Intramongol. 19: 677 1988; 内蒙古植物志（第二版）2: 545. 1990; 东北植物检索表（第二版）: 195. 1995.—— *D. grandiflorum* var. *pilosum* Y. Z. Zhao in Acta Sci. Nat. Univ. Intramongol. 19: 677 1988; 内蒙古植物志（第二版）2: 545. 图版221: 5. 1990; 东北植物检索表（第二版）: 195. 1995.

生山坡草地、固定沙丘、油松林下。产黑龙江省呼玛、爱辉、杜尔伯特、齐齐哈尔、安达、泰来、肇州、肇源、黑河；吉林省通榆、洮南、大安、吉林；辽宁省宽甸、桓仁、法库、康平、彰武、朝阳、建平、建昌、凌源、金州；内蒙古自治区海拉尔、额尔古纳、根河、牙克石、鄂伦春、鄂温克、陈巴尔虎旗、新巴尔虎左旗、莫力达瓦达斡尔旗、科尔沁右翼前旗、科尔沁右翼中旗、扎赉特旗、突泉、科尔沁左翼后旗、大青沟、扎鲁特旗、通辽、翁牛特旗、敖汉旗、巴林左旗、巴林右旗、阿鲁科尔沁旗、克什克腾旗、喀喇沁旗、宁城、赤峰、东乌珠穆沁旗、西乌珠穆沁旗、锡林浩特、多伦、太仆寺旗等地。

根有泻火止痛、杀虫作用，含漱用于风热牙痛。全草外用于疥癣。种子用于哮喘。

（4）基叶翠雀（黑龙江省植物志，东北植物检索表，东北草本植物志）；基叶翠雀花（内蒙古植物志）

Delphinium crassifolium Schrad. ex Spreng. in Gesch. Bot.2: 201. 1818; 东北草本植物志3: 112. 1975; 内蒙古植物志（第二版）2: 535. 图版216: 5. 1990; 黑龙江省植物志5: 66. 图版12: 4.1992; 东北植物检索表（第二版）: 195. 1995.

生林缘、山地草甸及灌丛间。产黑龙江省和内蒙古自治区大兴安岭地区。

（5）东北高翠雀花（中国植物志，Flora of China）；东北高翠雀（黑龙江省植物志，东北植物检索表，东北草本植物志）

Delphinium korshinskyanum Nevski in Fl. URSS 7: 724. 1937; 东北草本植物志3: 114, 图版45, 图1 ~ 7. 1975; 中国植物志27: 388. 1979; 黑龙江省植物志5: 67. 图版22: 1 ~ 7.1992; 东北植物检索表（第二版）: 195. 图版92: 2. 1995; Fl. China 6: 246.2001.

生河滩草甸及山地五花草甸。产黑龙江省黑河、嫩江、呼玛、尚志、哈尔滨等山地；内蒙古自治区额尔古纳、根河、牙克石、鄂伦春、鄂温克、科尔沁右翼前旗、宝格达山等地。

可作杀虫剂，能消灭苍蝇和蟑螂。

■ 东北高翠雀花

花正面观

花侧面观

■ 东北高翠雀花

居群

植株一部分

（6）宽苞翠雀花（中国植物志，Flora of China）；宽苞翠雀（辽宁植物志，黑龙江省植物志，东北植物检索表，东北草本植物志）

Delphinium maackianum Regel in Mem. Acad. Petersb. ser. 7: 9. 1861; 东北草本植物志3: 112. 图版45: 8 ~ 12. 1975; 中国植物志27: 383. 图版88: 4 ~ 9. 1979; 辽宁植物志（上册）: 489. 图版200: 3 ~ 7. 1988; 黑龙江省植物志5: 67. 图版22: 8 ~ 12.1992; 东北植物检索表（第二版）: 195. 图版92: 3. 1995; Fl. China 6: 243. 2001.

（6a）宽苞翠雀花（原变种）

Delphinium maackianum var. *maackianum*

（6aa）宽苞翠雀花（原变型）

Delphinium maackianum var. *maackianum* f. *maackianum*

生山地林边或草坡。产黑龙江省密山、伊春、宁安、萝北、虎林、穆棱；吉林省安图、汪清、珲春；辽宁省新宾、桓仁等地。

根用于月经痛。

■ 宽苞翠雀花

花序

茎叶

果序

（6ab）白花翠雀（变型）（东北植物检索表，东北草本植物志）

Delphinium maackianum f. *albiflorum* S. H. Li et Z. F. Fang, 东北草本植物志3: 114.图版45: 1 ~ 7. 1975; 东北植物检索表（第二版）: 195. 1995.

生林缘。产吉林省安图县（模式标本采自长白山）。

（6b）毛果翠雀（变种）（东北植物检索表，东北草本植物志）

Delphinium maackianum var. *lasiocarpum* Regel, Mem. Acad. Petersb. ser. 7: 9. 1861; 东北草本植物志3: 114. 1975; 东北植物检索表（第二版）: 195. 1995.

东北有记载，生境、产地不详。

（7）兴安翠雀花（内蒙古植物志，中国植物志，Flora of China）；兴安翠雀（东北植物检索表，东北草本植物志）

Delphinium hsinganense S. H. Li et Z. F. Fang, 东北草本植物志3: 114. 图版45a. 1975; 中国植物志27: 395. 1979; 内蒙古植物志（第二版）2: 539. 图版219: 1 ~ 4. 1990; 东北植物检索表（第二版）: 195. 图版92: 1. 1995; Fl. China 6: 248. 2001.

生林缘和高山顶部。产黑龙江省呼玛；辽宁省凤城白云山、本溪摩天岭；内蒙古自治区额尔古纳、根河、牙克石（模式标本采集地）等地。

■ 兴安翠雀花

花

茎叶

子房密被开展的短柔毛

（8）毓泉翠雀花（内蒙古植物志，Flora of China）

Delphinium yuchuanii Y. Z. Zhao, 内蒙古自治区大学学报(自然科学版) 20(2): 248. 图1. 1989; 内蒙古植物志（第二版）2: 543. 图版220. 1990; Fl. China 6: 248.2001.

生河边草甸。产内蒙古自治区克什克腾旗（白音敖包）等地。

（9）唇花翠雀花（内蒙古植物志，中国植物志，Flora of China）；唇花翠雀（东北植物检索表，东北草本植物志）

Delphinium cheilanthum Fisch. ex DC. in Syst. Nat. 1: 352. 1817; 东北草本植物志 3: 114, 图版46: 3 ~ 9. 1975; 中国植物志27: 396. 图版90: 7 ~ 11. 1979; 内蒙古植物志（第二版）2: 541. 图版219: 5. 1990; 东北植物检索表（第二版）: 195. 图版92: 5. 1995; Fl. China 6: 248.2001.

（9a）唇花翠雀花（原变种）

Delphinium cheilanthum var. *cheilanthum*

生林缘、林间草甸。产内蒙古自治区额尔古纳、根河等地。

（9b）展毛唇花翠雀花（变种）（内蒙古植物志）

Delphinium cheilanthum var. *pubescens* Y. Z. Zhao, 内蒙古植物志（第二版）2: 541. 1990.

生林缘。产内蒙古自治区额尔古纳等地。

2 耧斗菜属 *Aquilegia* L.

Aquilegia L., Sp. Pl. 533. 1753.

多年生直立草本。基生叶为二至三回三出复叶，有长柄，叶柄基部具鞘，小叶倒卵形或近圆形，中央小叶三裂，侧面小叶常二裂；茎生叶通常存在，比基生叶小，有短柄或近无柄。花序为单歧或二歧聚伞花序；花辐射对称；萼片5，花瓣状，紫色、堇色、黄绿色或白色；花瓣5，与萼片同色或异色，瓣片宽倒卵形、长方形或近方形，罕近缺如，下部常向下延长成距，距直或末端弯曲呈钩状，稀呈囊状或近不存在；雄蕊多数，花药椭圆形，黄色或近黑色，花丝狭线形，上部丝形，中央有1脉；退化雄蕊少数，线形至披针形，白膜质，位于雄蕊内侧；心皮5（～10），花柱长约为子房之1/2。蓇葖直立，顶端有细喙，表面有明显的网脉。

本属全世界约70种，分布于北温带地区。中国有13种，分布于西南、西北、华北及东北地区。东北地区产7种2变种2变型，其中栽培1种。

分种检索表

1. 栽培种；距细长直立，先端不弯曲或略弯曲；花色丰富……………………………… **1. 杂种耧斗菜 A. hybrida** Sims

1. 野生种。

  2. 距长约5毫米，比萼片短很多；花径1.5～2.5厘米；叶近革质，表面绿色，背面灰蓝色 ……………………………………………………………………………… **2. 小花耧斗菜 A. parviflora** Ledeb.

  2. 距长1厘米以上，与萼片近等长或稍短；花径2.5厘米以上。

    3. 距直，先端不弯或稍弯曲。

      4. 花梗无毛或疏被软毛；花淡紫蓝色，径3～5厘米；距长2～2.5厘米，粗2～3毫米 ……………………………………………………………… **3. 细距耧斗菜 A.turczaninowii** Kamelin & Gubanov

      4. 花梗被腺毛；花黄绿色或暗紫色，径约2.5厘米；距长约1.5厘米，粗约3毫米（**4. 耧斗菜 A. viridiflora** Pall.）。

        5. 萼片及花瓣黄绿色。

          6. 花3～7朵，萼片长1.2～1.5厘米；距长1.2～1.8厘米；蓇葖果成熟时有宿存花柱 …………………………………………………………………… **4a. 耧斗菜 A. viridiflora** var. **viridiflora**

          6. 花多数，比原变种小；距长约5毫米；蓇葖果成熟时无宿存花柱 ……………………………………………………… **4b. 兴安小花耧斗菜 A. viridiflora** var. **micrantha** Kitag.

        5. 萼片及花瓣暗紫色 ………………………… **4c. 紫花耧斗菜 A. viridiflora** var. **atropurpurea** (Willd.) Trevir.

    3. 距末端呈钩状至螺旋状卷曲。

      7. 萼片卵状椭圆形或狭卵形，顶端钝或近圆形；萼片与距蓝紫色 ……………………………………………………………………………**5. 白山耧斗菜 A. flabellate** Siebold & Zucc.

      7. 萼片长圆状披针形至卵状披针形，先端渐尖。

        8. 萼片与距紫色或淡黄色，花瓣淡黄色，花药黑色，退化雄蕊边缘不为皱波状；叶背面淡绿色，无毛（**6. 尖萼耧斗菜 A. oxysepala** Trautv. Et C. A. Mey.）。

          9. 萼片与距紫色，花瓣淡黄色 ………………………………… **6a. 尖萼耧斗菜 A. oxysepala** f. **oxysepala**

          9. 萼片、距及花瓣均为淡黄色 …………… **6b. 黄花尖萼耧斗菜 A. oxysepala** f. **pallidiflora** (Nakai) Kitag.

        8. 萼片、距及花瓣均为紫色或淡黄色，花药黄色，退化雄蕊边缘为皱波状；叶背面灰白色，被白色短伏毛，稀近无毛（**7. 华北耧斗菜 A. yabeana** Kitag.）。

（接上表）

10. 萼片、距及花瓣均为紫色	……7a. **华北耧斗菜** A. yabeana f. yabeana
10. 萼片、距及花瓣均为淡黄色	……7b. **黄花华北耧斗菜** A. yabeana f. luteola S. H. Li et Y. H. Huang

（1）杂种耧斗菜（大连植物彩色图谱）

Aquilegia hybrida Sims in Sp. Pl. 531. 1753.

由蓝耧斗菜（A. caerulea）与黄花耧斗菜（A. chrysantha）杂交而成。原产北美洲。东北各大城市常有栽培。

花姿玲珑，花色明快，适应性强，宜成片植于草坪上、疏林下。也可作切花。

■ 杂种耧斗菜

花正面观

蓇果

花侧面观

花序

植株

植株一部分

（2）小花耧斗菜（黑龙江省植物志，内蒙古植物志，东北植物检索表，东北草本植物志，中国植物志，Flora of China）

Aquilegia parviflora Ledeb. in Mém. Acad. Imp. Sci. St. Pétersbourg Hist. Acad. 5: 544.1815; 东北草本植物志3: 107, 图版44: 7～8. 1975; 中国植物志27: 495. 1979; 内蒙古植物志（第二版）2: 437. 图版176: 1～2. 1990; 黑龙江省植物志5: 34. 图版11: 5.1992; 东北植物检索表（第二版）: 191. 图版85: 6. 1995; Fl. China 6: 279.2001.

生林缘，开阔的坡地或林下。产黑龙江省漠河、嘉荫、呼玛；内蒙古自治区额尔古纳、根河、牙克石、扎兰屯、鄂伦春等地。

在黑龙江民间，本种的带根全草用以治妇女病。

■ 小花耧斗菜

花序

植株

花

（3）细距耧斗菜（黑龙江省植物志，内蒙古植物志，东北植物检索表，东北草本植物志）

Aquilegia turczaninowii Kamelin & Gubanov in Byull. Moskovsk. Obshch. Isp. Prir., Otd. Biol. n.s., 96(6): 114 1991.——*Aquilegia leptoceras* Fisch. in Index Seminum (LE) 4: 33. 1838; 东北草本植物志3: 108. 1975; 内蒙古植物志（第二版）2: 439. 1990; 黑龙江省植物志5: 32. 图版11: 6.1992; 东北植物检索表（第二版）: 191. 1995.

生山地森林。产大兴安岭。

（4）耧斗菜（辽宁植物志，黑龙江省植物志，内蒙古植物志，东北植物检索表，东北草本植物志，中国植物志，Flora of China）

Aquilegia viridiflora Pall. in Nov. Act. Acad. Petrop. 2: 260. t. 11. f. l. 1779; 东北草本植物志3: 108. 图版44: 1. 1975; 中国植物志27: 496. 图版118: 58. 1979; 辽宁植物志（上册）: 495. 图版203: 1. 1988; 内蒙古植物志（第二版）2: 439. 图版176: 3 ~ 5. 1990; 黑龙江省植物志5: 34. 图版11: 1.1992; 东北植物检索表（第二版）: 191. 图版85: 7. 1995; Fl. China 6: 279. 2001.

（4a）耧斗菜（原变种）

Aquilegia viridiflora var. *viridiflora*

生山坡石质地、湿草地。产黑龙江省哈尔滨、伊春、尚志、呼玛、黑河；吉林省浑江、安图；辽宁

■ 耧斗菜

蓇果

花

植株

省旅顺口、大连、长海；内蒙古自治区海拉尔、根河、牙克石、满洲里、科尔沁右翼前旗、扎赉特旗、翁牛特旗、巴林左旗、巴林右旗、克什克腾旗、红山区、西乌珠穆沁旗、镶黄旗等地。模式标本采自兴安岭。

嫩苗和花可食。全草有清热解毒、调经止血作用，用于月经不调、崩漏、咽喉痛、咳嗽、痢疾等。

（4b）兴安小花耧斗菜（变种）（东北植物检索表）；多花耧斗菜（黑龙江省植物志，东北草本植物志）

Aquilegia viridiflora var. *micrantha* Kitag. in Journ. Jap. Bot. XIX. 67. 1943; 东北草本植物志3: 110. 1975; 黑龙江省植物志5: 35.1992; 东北植物检索表（第二版）: 191. 1995.

生沟边多石处。产黑龙江省五大连池东龙门山；内蒙古自治区牙克石。

（4c）紫花耧斗菜（变种）（辽宁植物志，内蒙古植物志，中国植物志，Flora of China）；铁山耧斗菜（东北植物检索表，东北草本植物志）

Aquilegia viridiflora var. *atropurpurea* (Willd.) Trevir. in Index Seminum (WROCL) 1818: 1. 1818; Fl. China 6: 279. 2001.——*Aquilegia viridiflora* f. *atropurpurea* (Will.) Kitag. in Journ. Jap. Bot. 34: 6. 1959; 东北草本植物志3: 108. 1975; 中国植物志27: 497.1979; 辽宁植物志（上册）: 496. 1988; 内蒙古植物志（第二版）2: 440. 1990; 东北植物检索表（第二版）: 191. 1995.

生山谷林中或沟边多石处。产辽宁省大连、旅顺口、金州、长海、凌源；内蒙古自治区阿荣旗、苏尼特左旗等地。

■ 紫花耧斗菜

茎下部叶

蓇葖果

植株

花正面观

花侧面观

（5）白山耧斗菜（辽宁植物志，中国植物志，Flora of China）；阿穆尔耧斗菜（内蒙古植物志）；长白耧斗菜（东北植物检索表，东北草本植物志）；黑水耧斗菜（东北植物检索表）

Aquilegia flabellate Siebold & Zucc. in Abh. Math.-Phys. Cl. Königl. Bayer. Akad. Wiss. 4(2): 183 1845.——*A. flabellata* var. *pumila* Kudo in Rep. Exped. For. Kyushu Imp. Univ. 1: 65. 1931; 东北植物检索表（第二版）: 191. 图版85: 8. 1995.——*A. japonica* Nakai in Bot. Mag. Tokyo 49: 7. 1935; 东北草本植物志3: 111. 图版44: 6. 1975; 中国植物志27: 500. 1979; 辽宁植物志（下册）: 1165. 图版526: 2. 1992; Fl. China 6: 281. 2001.——*A. amurensis* auct. non Kom. : 内蒙古植物志（第二版）2: 443. 图版177: 5 ~ 6. 1990; 东北植物检索表（第二版）: 191. 1995.

生高山岩石上。产黑龙江省呼玛、海林；吉林省安图、抚松；辽宁省桓仁；内蒙古自治区根河（大黑山）等地。

■ 白山耧斗菜

蓇葖果

花正面观

花侧面观

茎下部叶

植株

（6）尖萼耧斗菜（辽宁植物志，黑龙江省植物志，内蒙古植物志，东北植物检索表，东北草本植物志，中国植物志，Flora of China）

Aquilegia oxysepala Trautv. et C. A. Mey. in Fl. Ochot. 10, f. 15. 1856; 东北草本植物志3: 110. 图版44: 2 ~ 4. 1975; 中国植物志27: 497. 图版118: 9 ~ 12. 1979; 辽宁植物志（上册）: 496. 图版203: 2 ~ 4. 1988; 内蒙古植物志（第二版）2: 442. 图版177: 5 ~ 6. 1990; 黑龙江省植物志5: 32. 图版11: 2 ~ 4.1992; 东北植物检索表（第二版）: 191. 图版85: 4. 1995; Fl. China 6: 280. 2001.

（6a）尖萼耧斗菜（原变型）

Aquilegia oxysepala f. *oxysepala*

生林下、林缘及山麓草地。产黑龙江省尚志、阿城、伊春；吉林省吉林、浑江、磐石、抚松、珲春、安图、桦甸、汪清；辽宁省本溪、凤城、宽甸、桓仁、岫岩、庄河、瓦房店；内蒙古自治区牙克石、鄂伦春等地。

嫩苗和花可食。全草有调经、活血作用，根有活血作用。

■ 尖萼耧斗菜

花侧面观

花序

蓇葖果

基生叶

（6b）黄花尖萼耧斗菜（变型）（辽宁植物志，内蒙古植物志，东北植物检索表，东北草本植物志，中国植物志）

Aquilegia oxysepala f. *pallidiflora* (Nakai) Kitag. in Lineam. FI. Mansh.214. 1939; 东北草本植物志3: 110. 1975; 中国植物志27: 498. 1979; 辽宁植物志（上册）: 497. 1988; 内蒙古植物志（第二版）2: 443. 1990; 东北植物检索表（第二版）: 191. 1995.

生林下、林缘及山麓草地。产吉林省浑江、安图、抚松、磐石；辽宁省本溪、凤城、岫岩、鞍山（千山）、清原、庄河、瓦房店、绥中；内蒙古自治区扎兰屯等地。

■ 黄花尖萼耧斗菜

花正面观

植株

花侧面观

（7）华北耧斗菜（辽宁植物志，内蒙古植物志，东北植物检索表，东北草本植物志，中国植物志，Flora of China）

Aquilegia yabeana Kitag. in Rep. lst Sci. Exp. Manch. 4 (4): 81. t. 1. 1936; 东北草本植物志3: 110. 图版44: 5. 1975; 中国植物志27: 499. 1979; 辽宁植物志（上册）: 497. 图版203: 5. 1988; 内蒙古植物志（第二版）2: 440. 图版177: 1 ~ 4. 1990; 东北植物检索表（第二版）: 191. 图版85: 5. 1995; Fl. China 6: 280. 2001.

（7a）华北耧斗菜（原变型）

Aquilegia yabeana f. *yabeana*

生山地草坡或林边。产辽宁省喀左、凌源、建昌；内蒙古自治区翁牛特旗、克什克腾旗、喀喇沁旗

■ 华北耧斗菜

花侧面观

花正面观

基生叶

植株

等地。

根含糖类，可做饴糖或酿酒。全草用于月经不调、痛经、瘰疬、疮疖、蛇咬伤等。

（7b）黄花华北耧斗菜（变型）（辽宁植物志，东北植物检索表，东北草本植物志，中国植物志）

Aquilegia yabeana f. *luteola* S. H. Li et Y. H. Huang, 东北草本植物志3: 111. 图版44: 6. 1975; 中国植物志27: 499. 1979; 辽宁植物志（上册）: 497. 1988; 东北植物检索表（第二版）: 191. 1995.

生阔叶林下。产辽宁省绥中（模式标本采集地）等地。

3 乌头属 *Aconitum* L.

Aconitum L. Gen. Pl. ed. 5, 236. 1754.

一年生至多年生草本。根为多年生直根，或由2至数个块根形成，或为一年生直根。茎直立或缠绕。叶为单叶，互生，有时均基生，掌状分裂，少有不分裂。花序通常总状；花梗有2小苞片。花两性，两侧对称。萼片5，花瓣状，紫色、蓝色或黄色，上萼片1，船形、盔形或圆筒形，侧萼片2，近圆形，下萼片2，较小，近长圆形。花瓣2枚，有爪，瓣片通常有唇和距。雄蕊多数，花药椭圆球形，花丝有1纵脉，下部有翅。心皮3～5（～6～13），花柱短，胚珠多数成二列生于子房室的腹缝线上。蓇葖有脉网，宿存花柱短。

本属全世界约400种，分布于北半球温带地区，主要分布于亚洲，其次分布于欧洲和北美洲。中国有211种，除海南外，各省区都有分布，大多数分布于云南北部、四川西部和西藏东部的高山地带。东北地区产29种1亚种16变种。

分种检索表

1. 根为直根；心皮3。
  2. 茎缠绕；叶掌状3中裂，侧裂片2浅裂（**1. 两色乌头 A. alboviolaceum** Kom.）。
    3. 萼片上部白色，下部淡紫色 ………………………………… **1a. 两色乌头 A. alboviolaceum** var. **alboviolaceum**
    3. 萼片全部白色或全部紫色。
      4. 萼片全部白色 …………… **1b. 白花乌头 A. alboviolaceum** var. **albiflorum** (S. H. Li et Y. H. Huang) S. H. Li
      4. 萼片全部紫色 ……………………………………… **1c. 紫花乌头 A. alboviolaceum** var. **purpurascens** Nakai
  2. 茎直立。
    5. 萼片紫色。
      6. 花序下部花梗长10毫米以下；叶5～7浅裂，两面被稍密的淡黄色短毛 …………………………………… **2. 高帽乌头 A. longecassidatum** Nakai
      6. 花序下部花梗长在12毫米以上；叶分裂至叶片长度的3/4～6/7处。
        7. 叶背面被长毛 ……………………………………… **3. 紫花高乌头 A. septentrionale** Koelle
        7. 叶背面被短卷毛 ……………………… **4b. 河北白喉乌头 A. leucostomum** var. **hopeiense** W. T. Wang
    5. 萼片黄色。
      8. 叶掌状5深裂；上萼片粗圆筒状，花瓣的距呈螺旋状弯曲 ………… **5. 草地乌头 A. umbrosum** (Korsh.) Kom.
      8. 叶掌状深裂至全裂。
        9. 上萼片高1～1.3厘米，花瓣的距稍呈环状弯曲；叶小，长3～5厘米，宽4～7厘米，裂片齿牙先端具腺 ………………………………… **6. 毛茛叶乌头 A. ranunculoides** Turcz.
        9. 上萼片高1.5～2.5厘米，花瓣的距短呈头状。
          10. 叶掌状3全裂或深裂。
            11. 叶3全裂 ……………………………………… **7. 吉林乌头 A. kirinense** Nakai
            11. 叶3深裂至本身长度的3/4稍多，但不为全裂 …………………… **8. 山地乌头 A. monticola** Steinb.
          10. 叶掌状5全裂（**9. 细叶黄乌头 A. barbatum** Pers.）。
            12. 叶的全裂片近细裂，较狭而端尖，末回裂片条形 …… **9a. 细叶黄乌头 A. barbatum** var. **barbatum**
            12. 叶的全裂片分裂程度小，较宽而端钝，末回裂片披针形或狭卵形。
              13. 茎下部的毛开展 …………………… **9b. 西伯利亚乌头 A. barbatum** var. **hispidum** (DC.) DC.
              13. 茎下部的毛贴伏 ……………………………… **9c. 牛扁 A. barbatum** var. **puberullum** Ledeb.
1. 根为块根；心皮3～8。
  14. 萼片黄色，稀粉色。
    15. 花序轴与花梗疏被反曲短柔毛；叶的全裂片宽，末回裂片披针形或狭卵形；上萼片高盔形；心皮5，无毛 ………………………………… **10. 五叉沟乌头 A. wuchagouense** Y. Z. Zhao
    15. 花序轴与花梗密被反曲短柔毛；叶的全裂片细裂，末回裂片条形或狭条形；上萼片船状盔形；心皮3，密被短柔毛（**11. 黄花乌头 A. coreanum** (Levl.) Rap.）。
      16. 萼片黄色 ……………………………………… **11a. 黄花乌头 A. coreanum** var. **coreanum**
      16. 萼片粉色 ………………………………… **11b. 粉花乌头 A. coreanum** var. **roseolum** S. M. Zhang

（接上表）

14. 萼片通常蓝紫色或紫色，稀白色；心皮3～8。
17. 茎缠绕或上部稍缠绕。
18. 裂片较宽，有柄，中裂片菱形或菱状卵形 ……………………………**12. 宽叶蔓乌头 A. sczukinii** Turcz.
18. 裂片再羽状分裂，终裂片披针形至卵状披针（**13. 蔓乌头 A. volubile** Pall. ex Koelle）。
19. 花序轴与花梗被伸展毛 …………………………………………… **13a. 蔓乌头 A. volubile** var. **volubile**
19. 花序轴与花梗被短卷毛 …………………………**13b. 卷毛蔓乌头 A. volubile** var. **pubescens** Regel
17. 茎直立，稀上部呈之字形弯曲或稍缠绕。
20. 花序轴与花梗被伸展毛或短卷毛。
21. 花序轴与花梗密被短卷毛，稀被伸展毛（如展毛乌头）。
22. 叶细裂，终裂片狭线形，宽1～3毫米；茎被短卷毛；上萼片具长喙；心皮（3～）5（～8），被长柔毛，稀无毛 …………………………………… **14. 细叶乌头 A. macrorhynchum** Turcz.
22. 叶掌状3～5全裂，终裂片线形或线状披针形，宽2～5毫米。
23. 茎上部有时缠绕或近直立；心皮5（**15. 白毛乌头 A. villosum** Rchb.）。
24. 茎上部有时缠绕，有伸展和反曲的柔毛；心皮上部疏被短柔毛 ………………………………………………… **15a. 白毛乌头 A. villosum** subsp. **villosum**
24. 茎近直立，下部无毛；心皮无毛…………………… **15b. 长白乌头 A. villosum** subsp. **tschangbaischanense** (S. H. Li et Y. H. Huang) S. H. Li
23. 茎直立；心皮3～5。
25. 子房无毛或疏被毛………………… **16. 大兴安岭乌头 A. daxinganlinense** Y. Z. Zhao
25. 子房疏或密被短柔毛，稀无毛（**17. 乌头 A. carmichaeli** Debx.）。
26. 花序轴与花梗密被反曲而紧贴的短柔毛 …**17a. 乌头 A. carmichaeli** var. **carmichaeli**
26. 花序轴和花梗有开展的柔毛 … **17b. 展毛乌头 A. carmichaelii** var. **truppelianum** (Ulbr.) W. T. Wang et Hsiao
21. 花序轴与花梗被伸展毛。
27. 聚伞状总状花序。
28. 花序非水平状，多花密集；心皮3～5，无毛 ………**18. 蛇岛乌头 A. fauriei** Levl. et Vant.
28. 花序水平开展或上升；心皮3～5，被毛或近无毛。
29. 叶的中全裂片分裂较深，二回裂片三角形至披针形；心皮（3～）5 …………………………………………………… **19. 圆锥乌头 A. paniculigerum** Nakai
29. 叶的中全裂片浅裂，边缘有粗疏齿；心皮3（～4）（**20. 鸭绿乌头 A. jaluense** Kom.）。
30. 花梗通常密被伸展的短毛。
31. 叶基部心形 ………………………… **20a. 鸭绿乌头 A. jaluense** var. **jaluense**
31. 叶基部截形 …… **20b. 截基鸭绿乌头 A. jaluense** var. **truncatum** S. H. Li et Y. H. Huang
30. 仅花梗顶部具伸展毛 …… **20c. 光梗鸭绿乌头 A. jaluense** var. **glabrescens** Nakai
27. 总状花序或圆锥花序。
32. 花梗长2～5厘米，被伸展毛；萼片暗紫堇色；心皮3，无毛 ………………………………………………………… **21. 贝加尔乌头 A. baicalense** Turcz. ex Rap.

（接上表）

32. 花梗长4～8.5厘米，中上部被伸展毛。

33. 花序近二叉状分枝；心皮3～5疏被毛………… **22. 敦化乌头 A. dunhuaense** S. H. Li

33. 花序不呈二叉状，总状花序顶生；心皮5，无毛 … **23. 抚松乌头 A. fusungense** S. H. Li

20. 花序轴与花梗无毛或仅花梗顶端被毛。

34. 茎上部缠绕或呈之字形弯曲，稀近直立。

35. 花梗顶端具大型叶状苞；心皮3～5，密被毛 ………………… **24. 大苞乌头 A. raddeanum** Regel

35. 花梗顶端无大型叶状苞；心皮3（～4）（**25. 薄叶乌头 A. fischeri** Rchb.）。

36. 顶生总状花序的花较多而侧生花序的花不多；花瓣的距短呈头状；心皮3（～4），无毛或疏被毛；叶较薄 ………………………………… **25a. 薄叶乌头 A. fischeri** var. **fischeri**

36. 顶生总状花序的花较少而侧生花序的花多而呈弓状弯曲；花瓣的距向下弯曲呈钩状；心皮3，无毛；叶较厚 ………… **25b. 弯枝乌头 A. fischeri** var. **arcuatum** (Maxim.) Regel

34. 茎直立。

37. 总状花序至圆锥花序，花密集排列多达40朵；叶裂片较宽；心皮（3～）5，通常无毛（**26. 北乌头 A. kusnezoffii** Reichb.）。

38. 叶三全裂，中央全裂片菱形，近羽状分裂，小裂片披针形。

39. 下部花梗长1.8～5厘米

40. 茎、花序轴和花梗均无毛 …………… **26a. 北乌头 A. kusnezoffii** var. **kusnezoffii**

40. 茎、花序轴和花梗或多或少有毛。

41. 花梗上部或顶部被短卷毛，有时花轴及花梗被短卷毛 ………………… **26b. 伏毛北乌头 A. kusnezoffii** var. **crispulum** W. T. Wang

41. 茎上部、花序轴及花梗疏被贴伏曲短柔毛或近无毛，或有时花梗毛较密 ……………………… **26c. 疏毛草乌头 A. kusnezoffii** var. **pilosa** Y. Z. Zhao

39. 花梗长达8厘米，向上呈弓状弯曲，花序稀疏 ……………… **26d. 带岭乌头 A. kusnezoffii** var. **birobidshanicum** (Worosch.) S. H. Li

38. 叶分裂程度较小，全裂片较宽，浅裂 ………………………… **26e. 宽裂北乌头 A. kusnezoffii** var. **gibbiferum** (Reichb.) Regel

37. 花单生或数花组成总状花序，花稀疏；叶裂片较狭。

42. 心皮3～5。

43. 单花，腋生；花序轴和花梗被极为稀疏的贴伏反曲短柔毛 ……………………………………………… **27. 白狼乌头 A. bailangense** Y. Z. Zhao

43. 总状花序稀疏，有（1～）3～5花；花序轴和花梗无毛 ……………………………………………………… **28. 兴安乌头 A. ambiguum** Rehb.

42. 心皮3（～4）。

44. 花单生至聚伞状总状花序；上萼片盔帽状，高2.5～3厘米 ………………………………………………… **29. 高山乌头 A. monanthum** Nakai

44. 总状花序；上萼片船形，高1.5～1.8厘米（**30. 热河乌头 A. jeholense** Nakai et Kitag.）。

45. 植株较小，高26～50（～56）厘米；总状花序具2～7花 ……………………………………………… **30a. 热河乌头 A. jeholense** var. **jeholense**

（接上表）

45. 植株高大，高70 ~ 120厘米；总状花序具10 ~ 35花
……………… 30b. 华北乌头 A. jeholense var. angustius (W. T. Wang) Y. Z. Zhao

（1）两色乌头（辽宁植物志，黑龙江省植物志，东北植物检索表，东北草本植物志，中国植物志，Flora of China）

Aconitum alboviolaceum Kom. in Act. Hort. Petrop. 18: 439. t. 5. 1901; 东北草本植物志3: 120图版47: 1 ~ 7. 1975; 中国植物志27: 167. 图版29: 67. 1979; 辽宁植物志（上册）: 475. 图版192: 1 ~ 6. 1988; 黑龙江省植物志5: 10. 图版2: 1 ~ 7.1992; 东北植物检索表（第二版）: 180. 图版81: 6. 1995; Fl. China 6: 163. 2001.

（1a）两色乌头（原变种）

Aconitum alboviolaceum var. *alboviolaceum*

生阔叶林下或灌丛中潮湿的腐殖土上。产黑龙江省伊春、宁安等地；吉林省抚松、安图、汪清、和龙、敦化、长白等地；辽宁省清原、新宾、本溪、宽甸、桓仁、岫岩、凤城、东港、庄河、大连等地。

根有散寒止痛作用，用于高血压、关节疼痛及寒邪所致的诸痛症。

■ 两色乌头

果序侧面观

花序

果序正面观

花

植株

茎叶

（1b）白花乌头（变种）（辽宁植物志，东北植物检索表，东北草本植物志）

Aconitum alboviolaceum var. *albiflorum* (S. H. Li et Y. H. Huang) S. H. Li, 东北草本植物志3: 120, 228. 1975; 辽宁植物志（上册）: 476. 1988; 东北植物检索表（第二版）: 180. 1995.

生阔叶林下、溪流旁。产吉林省安图等地；辽宁省丹东、桓仁、庄河、大连、岫岩（模式标本采集地）等地。

■ 白花乌头

植株

花序

花

（1c）紫花乌头（变种）（辽宁植物志，东北植物检索表，东北草本植物志）

Aconitum alboviolaceum var. *purpurascens* Nakai in J. Jap. Bot. 16: 399. 1937; 东北草本植物志3: 120. 1975; 辽宁植物志（上册）: 477. 1988; 东北植物检索表（第二版）: 180. 1995.

生林下。产吉林省通化等地；辽宁省本溪、桓仁、北镇等地。

■ 紫花乌头

花正面观

花侧面观

花序

植株一部分

（2）高帽乌头（辽宁植物志，东北植物检索表，东北草本植物志，中国植物志，Flora of China）

Aconitum longecassidatum Nakai in Journ. Coll. Sci. Tokyo 26: 27. t. 1. 1909; 东北草本植物志3: 122. 1975; 中国植物志27: 166. 图版26: 6. 1979; 辽宁植物志（上册）: 475. 1988; 东北植物检索表（第二版）: 180. 图版81: 7. 1995; Fl. China 6: 163. 2001.

生山地。产辽宁省大连（凌水寺）。

（3）紫花高乌头（内蒙古植物志，东北植物检索表，东北草本植物志，中国植物志，Flora of China）

Aconitum septentrionale Koelle in Spic. Observ. Aconit. 22 1787; Fl. China 6: 165.2001.——Aconitum excelsum Rchb. in Ill. Sp. Acon. Gen. t. 53 1825; 东北草本植物志3: 120. 1975; 中国植物志27: 171. 1979; 内蒙古植物志（第二版）2: 554. 图版224: 1 ~ 4. 1990; 东北植物检索表（第二版）: 180. 图版81: 9. 1995.

生海拔1700米山地桦木林中。产黑龙江西部；内蒙古自治区科尔沁右翼前旗、阿尔山和白狼、克什克腾旗、宁城等地。

（4）白喉乌头（中国植物志，Flora of China）

Aconitum leucostomum Voroschilov, Bull. Princ. Bot. Gard. Acad. Sci. URSS. 11: 62. 1952.

（4a）白喉乌头（原变种）

Aconitum leucostomum var. *leucostomum*

中国产新疆、甘肃。东北地区不产。

（4b）河北白喉乌头（变种）（内蒙古植物志，东北植物检索表，中国植物志，Flora of China）

Aconitum leucostomum var. *hopeiense* W. T. Wang, 植物分类学报, 增刊1: 62. 1965; 中国植物志27: 171. 图版29: 4 ~ 5. 1979; 内蒙古植物志（第二版）2: 554. 图版224: 5. 1990; 东北植物检索表（第二版）: 180. 1995; Fl. China 6: 165. 2001.

生海拔900 ~ 1550米山地林边或林下。产内蒙古自治区克什克腾旗、喀喇沁旗、宁城等地。

■ 河北白喉乌头

花

茎

花序

植株

茎下部叶

（5）草地乌头（辽宁植物志，黑龙江省植物志，内蒙古植物志，东北草本植物志，中国植物志，Flora of China）；白山乌头（东北植物检索表）

Aconitum umbrosum (Korsh.) Kom.in Act. Hort. Petrop. 22: 250. 1903; 中国植物志27: 173. 图版31: 9～11. 1979; 内蒙古植物志（第二版）2: 551. 图版222: 5～7. 1990; 黑龙江省植物志5: 24. 图版7: 7～12.1992; Fl. China 6: 166. 2001.——*A. paishanense* Kitag. in Rep. Inst. Sci. Res. Manch. 5: 152. 1941; 东北草本植物志3: 122. 图版48: 7～12. 1975; 辽宁植物志（上册）: 477. 1988; 东北植物检索表（第二版）: 180. 图版81: 2. 1995.

生山地杂木林或落叶松林中潮湿处。产黑龙江省伊春、尚志及大小兴安岭等地；吉林省抚松、敦化、安图、和龙等地；辽宁省宽甸、新宾、桓仁等地；内蒙古自治区大兴安岭。

根或全草用于祛风散寒、除湿止痛。

■ 草地乌头

茎下部叶

植株

花序一部分

花序

（6）毛茛叶乌头（内蒙古植物志，东北植物检索表，东北草本植物志，Flora of China）

Aconitum ranunculoides Turcz. in Bull. Soc. Imp. Naturalistes Moscou 15: 78. 1842; 东北草本植物志3: 124. 1975; 内蒙古植物志（第二版）2: 552. 图版223: 7～8. 1990; 东北植物检索表（第二版）: 180. 图版81: 8. 1995; Fl. China 6: 166.2001.

生落叶松林中。产内蒙古自治区根河（满归）等地。

（7）吉林乌头（辽宁植物志，黑龙江省植物志，东北植物检索表，东北草本植物志，中国植物志，Flora of China）

■ 吉林乌头

花序

茎下部叶

茎与蓇葖

Aconitum kirinense Nakai in Rep. lst. Sci. Exp. Manch. 4 (2): 147. 1935; 东北草本植物志3: 122. 图版48: 1 ~ 6. 1975; 中国植物志27: 174. 图版30. 1979; 辽宁植物志（上册）: 477. 图版192: 7 ~ 12. 1988; 黑龙江省植物志5: 19. 图版7: 1 ~ 6.1992; 东北植物检索表（第二版）: 180. 图版81: 1. 1995; Fl. China 6: 166. 2001.

生山地草坡、林边或红松林中。产黑龙江省伊春、宁安、萝北、爱辉、虎林、饶河等地；吉林省汪清、珲春、敦化、安图、长白等地；辽宁省西丰、新宾、本溪、凤城、宽甸、桓仁、海城、北镇等地。

块根用于腰背疼痛、风湿麻木、牙痛等。

（8）山地乌头（中国植物志，Flora of China）；旺业甸乌头（内蒙古植物志）

Aconitum monticola Steinb. in Fl. URSS 7: 209. 1937; 中国植物志27: 173. 图版24: 6 ~ 7. 1979; Fl. China 6: 165. 2001.——*Aconitum wangyedianense* Y. Z. Zhao, 植物研究3(1): 159. 1983; 内蒙古植物志（第二版）2: 552. 图版223: 1 ~ 6. 1990.

生山谷草甸。产内蒙古自治区喀喇沁旗（旺业甸）等地。

（9）细叶黄乌头（黑龙江省植物志，内蒙古植物志，东北植物检索表，东北草本植物志，中国植物志，Flora of China）

Aconitum barbatum Pers. in Syn. Pl. 2: 83. n.7, pl. 1. 1806; 东北草本植物志3: 124. 图版49: 1 ~ 5. 1975; 中国植物志27: 176. 图版31: 1 ~ 3. 1979; 内蒙古植物志（第二版）2: 549. 图版222: 1 ~ 4. 1990; 黑龙江省植物志5: 10. 图版3: 1 ~ 5.1992; 东北植物检索表（第二版）: 180. 图版81: 3. 1995; Fl. China 6: 167. 2001.

（9a）细叶黄乌头（原变种）

Aconitum barbatum var. *barbatum*

生山地草坡或多石处、林下或林缘草地。产黑龙江省西部地区；内蒙古自治区额尔古纳、根河、牙克石、鄂伦春、阿尔山等地。

■ 细叶黄乌头

果序　花序　茎下部叶　植株下部

（9b）西伯利亚乌头（变种）（内蒙古植物志，东北植物检索表，中国植物志，Flora of China）；镜泊乌头（黑龙江省植物志，东北草本植物志）

Aconitum barbatum var. *hispidum* (DC.) DC. in Prodr. 1: 58. 1824; 东北草本植物志3: 124. 图版49: 6 ~ 11. 1975; 中国植物志27: 176. 1979; 内蒙古植物志（第二版）2: 551. 1990; 黑龙江省植物志5: 12. 图版3: 6 ~ 11.1992; 东北植物检索表（第二版）: 180. 1995; Fl. China 6: 167. 2001.

生山地林下、林缘及中生灌丛。产黑龙江省牡丹江、宁安、密山；吉林省长白；辽宁省桓仁；内蒙古自治区喀喇沁旗、宁城等地。

■ 西伯利亚乌头

茎

茎生叶

花序

花序一部分

（9c）牛扁（变种）（内蒙古植物志，中国植物志，Flora of China）；牛扁乌头（辽宁植物志，东北植物检索表）；北方乌头（东北草本植物志）

Aconitum barbatum var. *puberullum* Ledeb. in Fl. Ross. 1: 67. 1842; 东北草本植物志3: 124. 1975; 中国植物志27: 178. 图版31: 4 ~ 8. 1979; 辽宁植物志（上册）: 478. 1988; 东北植物检索表（第二版）: 180. 1995; Fl. China 6: 167. 2001.

生山地疏林下或较阴湿处。产辽宁省朝阳等地。

根有祛风止痛、止咳平喘、化痰作用。

■ 牛扁

花

花序

基生叶

（10）五叉沟乌头（内蒙古植物志，Flora of China）

Aconitum wuchagouense Y. Z. Zhao, 植物分类学报23(1): 57. 图1. 1985; 内蒙古植物志（第二版）2: 556. 图版225: 1 ~ 3. 1990; Fl. China 6: 202. 2001.

生林缘草甸。产内蒙古自治区科尔沁右翼前旗（五叉沟）。

（11）黄花乌头（辽宁植物志，黑龙江省植物志，内蒙古植物志，东北植物检索表，东北草本植物志，中国植物志，Flora of China）

Aconitum coreanum (Levl.) Rap. in Nov. Kozl. 6: 154. 1907; 东北草本植物志3: 126. 图版47: 8 ~ 14. 1975; 中国植物志27: 323. 图版76: 4 ~ 7. 1979; 辽宁植物志（上册）: 485. 图版199. 1988; 内蒙古植物志（第二版）2: 556. 图版225: 4 ~ 6. 1990; 黑龙江省植物志5: 13. 图版4: 8 ~ 14.1992; 东北植物检索表（第二版）: 180. 图版81: 5. 1995; Fl. China 6: 221. 2001.

（11a）黄花乌头（原变种）

Aconitum coreanum var. *coreanum*

生山坡草地、灌丛及疏林中。产黑龙江省松花江以南东部山地；吉林省九台、吉林、长春、辽源、四平、永吉、东丰、集安等地；辽宁省各地；内蒙古自治区敖汉旗（大黑山）等地。

块根有大毒，炮制后有祛风、燥湿、化痰、止痛之功效。

■ 黄花乌头

花序

花

果序

植株

茎叶

（11b）粉花乌头（变种）（辽宁植物检索表）

Aconitum coreanum var. *roseolum* S. M. Zhang, 辽宁植物检索表: 86, 465. 2022.

生山坡草地。产辽宁省岫岩。

■ 粉花乌头

植株上部

花序

茎中部叶

茎下部叶

（12）宽叶蔓乌头（辽宁植物志，黑龙江省植物志，东北植物检索表，东北草本植物志，中国植物志，Flora of China）

Aconitum sczukinii Turcz. in Bull. Soc. Nat. Mosc. 13: 61. 1840; 东北草本植物志3: 129. 图版51: 1 ~ 2. 1975; 中国植物志27: 256. 图版55: 1 ~ 2. 1979; 辽宁植物志（上册）: 478. 图版193: 1 ~ 2. 1988; 黑龙江省植物志5: 24. 图版9: 1 ~ 2.1992; Fl. China 6: 198. 2001.——*A. volubile* Pall. ex Koelle var. *latisectum* Regel. in Index Seminum (LE) 1861: 43. 1861; 东北植物检索表（第二版）: 182. 图版82: 2. 1995.

生山地草坡或林中。产黑龙江省铁力、虎林、饶河、萝北、尚志、桦川、伊春；吉林省抚松、浑江、长白、珲春、和龙、安图、蛟河；辽宁省西丰、鞍山、本溪、桓仁、岫岩、庄河等地。

■ 宽叶蔓乌头

花序

花侧面观

花正面观

植株一部分

花序轴和蓇葖果

（13）蔓乌头（黑龙江省植物志，内蒙古植物志，东北植物检索表，中国植物志，Flora of China）；狭叶蔓乌头（辽宁植物志，东北草本植物志）

Aconitum volubile Pall. ex Koelle in Spicil. Acon. 21. 1788; 东北草本植物志3: 126. 图版51: 3 ~ 4. 1975; 中国植物志27: 258. 图版55: 3 ~ 5. 1979; 辽宁植物志（上册）: 480. 图版193: 3 ~ 5. 1988; 内蒙古植物志（第二版）2: 565. 图版229: 5 ~ 7. 1990; 黑龙江省植物志5: 26. 图版9: 3 ~ 5.1992; 东北植物检索表（第二版）: 180. 图版82: 1. 1995; Fl. China 6: 198. 2001.

（13a）蔓乌头（原变种）

Aconitum volubile var. *volubile*

生山地草坡或林中。产黑龙江省呼玛、海林、尚志、五常、铁力、牡丹江等东部山地；吉林省长白、蛟河；辽宁省本溪、桓仁；内蒙古自治区大兴安岭。

■ 蔓乌头

花

植株

茎叶

（13b）卷毛蔓乌头（辽宁植物志，黑龙江省植物志，内蒙古植物志，东北植物检索表，东北草本植物志，中国植物志，Flora of China）；缠绕白毛乌头（东北植物检索表，东北草本植物志，中国植物志，Flora of China）

Aconitum volubile var. *pubescens* Regel in Bull. Soc. Nat. Mosc. 34: 91. 1861; 中国植物志27: 259. 图版55: 6 ~ 8. 1979; 辽宁植物志（上册）: 480. 图版194. 1988; 内蒙古植物志（第二版）2: 567. 图版229: 8. 1990; 黑龙江省植物志5: 27. 图版9: 6 ~ 8.1992; Fl. China 6: 199. 2001.——*A. ciliare* DC. in Syst. 1: 371. 1818; 东北草本植物志3: 126. 图版50: 1 ~ 6. 1975; 东北植物检索表（第二版）: 182. 图版82: 3. 1995.——*Aconitum villosum* var. *amurense* (Nakai) S. H. Li et Y. H. Huang., 东北草本植物志3: 131, 图版52, 图7 ~ 11. 1975; 中国植物志27: 277. 1979；东北植物检索表（第二版）: 182. 图版82: 5.1995; Fl. China 6: 204. 2001.

生山地草坡或林中。产黑龙江省饶河；吉林省和龙、安图；辽宁省本溪、凤城、宽甸；内蒙古自治区大兴安岭。

（14）细叶乌头（黑龙江省植物志，内蒙古植物志，东北植物检索表，中国植物志，Flora of China）

Aconitum macrorhynchum Turcz. in Bull. Soc. Nat. Mosc. 15: 83. 1842; 中国植物志27: 277. 图版56:

5 ~ 6, 图版62: 5. 1979; 内蒙古植物志（第二版）2: 571. 图版233: 1 ~ 3. 1990; 黑龙江省植物志5: 20. 图版8: 1 ~ 5.1992; 东北植物检索表（第二版）: 182. 图版82: 8. 1995; Fl. China 6: 205.2001.——*A. macrorhynchum* f. *tenuissimum* (Nakai et Kitag.) S. H. Li et Y. H. Huang, 东北草本植物志3: 133, 图版53, 图6. 1975; 中国植物志27: 277. 1979; 内蒙古植物志（第二版）2: 573. 1990; 黑龙江省植物志5: 23. 图版8: 6.1992; 东北植物检索表（第二版）: 182. 1995.——*A. villosum* f. *psilocarpum* (Kitag.) Kitag., 东北植物检索表（第二版）: 182. 1995.

生海拔200 ~ 500米山地草甸或山坡上。产黑龙江省伊春、嘉荫、密山、宁安、虎林、饶河、萝北、漠河；吉林省蛟河、敦化、汪清；内蒙古自治区额尔古纳、根河、牙克石、扎兰屯、鄂伦春、科尔沁右翼前旗、阿尔山等地。模式标本采自大兴安岭。

■ 细叶乌头

蓇葖果

花正面观

花侧面观

植株

花序

（15）白毛乌头（内蒙古植物志，东北植物检索表，东北草本植物志，中国植物志，Flora of China）

Aconitum villosum Rchb. in Uebers. Aconitum 39. 1819; 东北草本植物志3: 129: 1 ~ 7. 1975; 中国植物志27: 275. 图版60. 1979; 内蒙古植物志（第二版）2: 571. 图版231: 5 ~ 7. 1990; 东北植物检索表（第二版）: 182. 图版82: 4. 1995; Fl. China 6: 204.2001.

（15a）白毛乌头（原亚种）

Aconitum villosum subsp. *villosum*

生山地草坡或林中。产黑龙江省呼玛；吉林省和龙、安图；内蒙古自治区大兴安岭。

■ 白毛乌头

果序

花侧面观

根部

花序

植株

茎叶

叶背面观

（15b）长白乌头（亚种）（东北植物检索表，东北草本植物志，中国植物志，Flora of China）

Aconitum villosum subsp. *tschangbaischanense* (S. H. Li et Y. H. Huang) S. H. Li, 东北植物检索表（第二版）: 182. 图版82: 6.1995.——*Aconitum tschangbaischanense* S. H. Li et Y. H. Huang, 东北草本植物志3: 131, 229. 图版53, 图7 ~ 11. 1975; 中国植物志27: 278. 图版61: 3 ~ 4; 图版62: 6. 1979; Fl. China 6: 205. 2001.

生针阔混交林的林缘或岳桦林边及草丛中。产吉林省安图（模式标本采集地）、临江、抚松、长白等地。

■ 长白乌头

植株

花序一部分

植株一部分

（16）大兴安岭乌头（内蒙古植物志，东北植物检索表，Flora of China）

Aconitum daxinganlinense Y. Z. Zhao, Acta Sci. Nat. Univ. Intramongol. 14(2): 223. 1983; 内蒙古植物志（第二版）2: 567. 图版230: 1 ~ 3. 1990; Fl. China 6: 204. 2001.——*Aconitum villosum* var. *daxinganlinense* (Y. Z. Zhao) S. H. Li, 东北植物检索表（第二版）: 182. 图版82: 7.1995.

生落叶松林下及其林缘沼泽。产黑龙江省塔河；内蒙古自治区大兴安岭（模式标本采自乌尔其汗）。

■ 大兴安岭乌头

花序一部分

花序

植株一部分

植株

（17）乌头（中国植物志，Flora of China）

Aconitum carmichaeli Debx. in Acta Soc. L. Bord. 33: 87. 1879; 中国植物志27: 264. 图版58: 1 ~ 5. 1979; Fl. China 6: 200. 2001.

（17a）乌头（原变种）

Aconitum carmichaelii var. *carmichaelii*

■ 乌头

花序

植株

花梗被反曲而紧贴短柔毛

花正面观

茎叶

子房被毛

生山地草坡或灌丛中。产辽宁南部。

块根有祛风湿、散寒、止痛作用。叶有清热、消炎、止痛作用。

（17b）展毛乌头（变种）（中国植物志，Flora of China）

Aconitum carmichaelii var. *truppelianum* (Ulbr.) W. T. Wang et Hsiao, 中国植物志27: 268. 1979; Fl. China 6: 201. 2001.

生山坡或山沟。产辽宁省南部（大连等地）。

■ 展毛乌头

花序轴和花梗被开展柔毛

花侧面观

花正面观

植株一部分

（18）蛇岛乌头（辽宁植物志，东北植物检索表）

■ 蛇岛乌头

心皮无毛

茎叶

花序

植株

Aconitum fauriei Levl. et Vant. in Bull. Soc. Agric. Sarthe 40: 77. 1905; 辽宁植物志（上册）: 483. 1988; 东北植物检索表（第二版）: 183. 1995.

生灌丛或草地。产辽宁省旅顺口、大连。

（19）圆锥乌头（中国植物志，Flora of China）；圆锥花乌头（东北草本植物志）；圆锥鸭绿乌头（东北植物检索表）

Aconitum paniculigerum Nakai in Bot. Mag. Tokyo 34: 41. 1920; 中国植物志27: 273. 图版59: 1 ~ 3; 图版62: 4. 1979; Fl. China 6: 203. 2001.——*A.paniculigerum* var. *leiocarpum* Nakai ex Kitag. in Rep. Sci. Res. Manch. 1: 322. 1937; 东北草本植物志3: 147, 图版63, 图1 ~ 5. 1975.——*A. jaluense* var. *paniculigerum* (Nakai) S. H. Li, 东北植物检索表（第二版）: 182. 图版83: 2. 1995.

生海拔600 ~ 1200米山地林边或林中。产吉林省安图、和龙、敦化；辽宁省庄河、鞍山、本溪、宽甸、桓仁等地。

■ 圆锥乌头

心皮

花侧面观

花蕾

花序

植株

（20）鸭绿乌头（辽宁植物志，黑龙江省植物志，东北植物检索表，东北草本植物志，中国植物志，Flora of China）

Aconitum jaluense Kom. in Acta Hort. Petrop. 18: 439. 1901; 东北草本植物志3: 144. 图版61: 1 ~ 7. 1975; 中国植物志27: 271. 图版59: 7 ~ 9. 1979; 辽宁植物志（上册）: 485. 图版197. 1988; 黑龙江省植物志5: 16. 图版6: 1 ~ 7.1992; 东北植物检索表（第二版）: 182. 图版83: 1. 1995; Fl. China 6: 202. 2001.

（20a）鸭绿乌头（原变种）

Aconitum jaluense var. *jaluense*

生红松阔叶林或阔叶林下。产黑龙江省萝北、尚志；吉林省临江、敦化；辽宁省本溪、桓仁、凤城、宽甸、丹东、岫岩、庄河等地。

（20b）截基鸭绿乌头（变种）（东北植物检索表，中国植物志，Flora of China）；截叶乌头（东北草本植物志）

Aconitum jaluense var. *truncatum* S. H. Li et Y. H. Huang, 东北草本植物志3: 147, 图版61, 图5. 1975; 中国植物志27: 271. 1979; 东北植物检索表（第二版）: 182. 1995; Fl. China 6: 203. 2001.

生阔叶林下。产吉林省白山市临江镇猫耳山（模式标本采集地）等地。

（20c）光梗鸭绿乌头（变种）（辽宁植物志，黑龙江省植物志，东北植物检索表，中国植物志，Flora of China）；东北乌头（黑龙江省植物志，东北草本植物志）

Aconitum jaluense var. *glabrescens* Nakai in Bot. Mag. Tokyo 43: 440. 1929; 中国植物志27: 273. 图版62: 3. 1979; 辽宁植物志（上册）: 485. 图版198. 1988; 东北植物检索表（第二版）: 182. 1995; Fl. China 6: 203. 2001.—— *Aconitum jaluense* f. *glabrescens* (Nakai) Kitag. in Journ. Jap. Bot. 40: 135. 1965; 黑龙江省植物志5: 16. 1992.——*A. manshuricum* Nakai, Bot. Mag. (Tokyo) 43: 440. 1929; 东北草本植物志3: 137, 图版56: 1 ~ 6. 1975.

生阔叶林下。产吉林省安图；辽宁省鞍山、本溪、宽甸、桓仁等地。

（21）贝加尔乌头（东北植物检索表）

Aconitum baicalense Turcz. ex Rap. in Növényt. Közlem. 6: 148 1907; 东北植物检索表（第二版）: 183. 1995.

生林缘、沼泽地或湿草甸子。大兴安岭有记录。

（22）敦化乌头（东北植物检索表，东北草本植物志，中国植物志，Flora of China）

Aconitum dunhuaense S.H.Li, 东北草本植物志3: 144: 1 ~ 6. 1975; 中国植物志27: 274. 1979; 东北植物检索表（第二版）: 183. 图版83: 3. 1995; Fl. China 6: 203.2001.

生山坡草地。产黑龙江省海林；吉林省敦化（模式标本采集地）等地。

（23）抚松乌头（东北植物检索表，东北草本植物志，中国植物志，Flora of China）

Aconitum fusungense S. H. Li, 东北草本植物志3: 142. 1975; 中国植物志27: 274. 图版59: 4 ~ 6. 1979; 东北植物检索表（第二版）: 183. 图版83: 5. 1995; Fl. China 6: 204.2001.

生海拔870米山地草坡。产吉林省抚松县漫江村附近（模式标本产地）。

（24）大苞乌头（黑龙江省植物志，东北植物检索表，东北草本植物志，中国植物志，Flora of China）

Aconitum raddeanum Regel in Index Seminum (LE) 1861: 43. 1861; 东北草本植物志3: 142: 12 ~ 15. 1975; 中国植物志27: 261. 图版56: 3 ~ 4. 1979; 黑龙江省植物志5: 23. 图版5: 11 ~ 14.1992; 东北植物检索表（第二版）: 183. 图版84: 3. 1995; Fl. China 6: 199.2001.

生山地路边。产黑龙江省伊春等地；吉林省敦化（马鹿沟）等地。模式标本采自黑龙江流域。

■ 大苞乌头

植株

花序

根部

花

茎无毛

叶正反面对比

（25）薄叶乌头（黑龙江省植物志，内蒙古植物志，东北植物检索表，东北草本植物志，中国植物志，Flora of China）

Aconitum fischeri Rchb. in Monogr. Acon. 22. 1820; 东北草本植物志3: 139: 1 ~ 5. 1975; 中国植物志27: 259. 1979; 内蒙古植物志（第二版）2: 558. 图版226: 1 ~ 5. 1990; 黑龙江省植物志5: 15. 图版5: 1 ~ 5.1992; 东北植物检索表（第二版）: 183. 图版84: 1. 1995; Fl. China 6: 199.2001.

（25a）薄叶乌头（原变种）

Aconitum fischeri var. *fischeri*

■ 薄叶乌头

花侧面观

花正面观

花序

根部

■ 薄叶乌头

植株

茎叶

生海拔420 ~ 800米山地桦树林中草地。产黑龙江省呼玛、黑河；内蒙古自治区根河、额尔古纳等地。

（25b）弯枝乌头（变种）（黑龙江省植物志，东北植物检索表，东北草本植物志，中国植物志，Flora of China）

Aconitum fischeri var. *arcuatum* (Maxim.) Regel in Index Seminum (LE) 1861: 44 1861; 东北草本植物志3: 139, 图版58：6 ~ 10. 1975; 中国植物志27: 261. 图版56: 1 ~ 2. 1979; 黑龙江省植物志5: 15. 图版5: 6 ~ 10.1992; Fl. China 6: 199.2001.——*A. fischeri* var. *arcuatum* f. *pilocarpum* S. H. Li et Y. H. Huang, 东北草本植物志3: 142. 图版58：11.1975; 黑龙江省植物志5: 16. 1992.——*Aconitum arcuatum* Maxim. in Prim. Fl. Amur. 27 1859; 东北植物检索表（第二版）: 183. 图版84: 2. 1995.

生低山林下或草坡上。产黑龙江省桦川、呼玛、漠河、伊春、饶河、镜泊湖、宁安；吉林省和龙、珲春、安图；内蒙古自治区根河等地。

■ 弯枝乌头

果序

花序

植株

植株一部分

（26）北乌头（辽宁植物志，东北植物检索表，中国植物志，Flora of China）；草乌（黑龙江省植物志）；草乌头（内蒙古植物志，东北草本植物志）

Aconitum kusnezoffii Reichb. in Ill. Sp. Gen. Acon. t. 21. 1823; 东北草本植物志(3): 135. 图版55: 1 ~ 7. 1975; 中国植物志27: 269. 图版58: 6 ~ 10. 1979; 辽宁植物志（上册）: 481. 图版195: 1 ~ 7. 1988; 内蒙古植物

志（第二版）2: 558. 图版226: 1～5. 1990; 黑龙江省植物志5: 19. 图版4: 1～7.1992; 东北植物检索表（第二版）: 183. 图版84: 4. 1995; Fl. China 6: 201. 2001.

（26a）北乌头（原变种）

Aconitum kusnezoffii var. *kusnezoffii*

生山坡、林缘或阔叶林下。产黑龙江省嘉荫、尚志、呼玛、饶河、虎林、密山、萝北、宁安、漠河、伊春；吉林省安图、汪清、蛟河、舒兰、集安；辽宁省各地；内蒙古自治区根河、牙克石、扎兰屯、鄂温克、新巴尔虎左旗、科尔沁右翼前旗伊尔施、科尔沁左翼后旗、克什克腾旗、喀喇沁旗、宁城、宝格达山、锡林浩特、正蓝旗等地。

块根有剧毒，经炮制后可入药，治风湿性关节炎、神经痛、牙痛、中风等症。

■ 北乌头

茎叶

花序

植株

（26b）伏毛北乌头（变种）（东北植物检索表，中国植物志）；伏毛草乌头（内蒙古植物志）

Aconitum kusnezoffii var. *crispulum* W. T. Wang, 植物分类学报, 增刊1: 92. 1965; 中国植物志27: 270. 1979; 内蒙古植物志（第二版）2: 561. 1990; 东北植物检索表（第二版）: 183. 1995.

生山地林缘及沟谷溪边。产黑龙江省密山；辽宁省凌源、瓦房店；内蒙古自治区大青沟、锡林浩特（东南部）。

■ 伏毛北乌头

花序一部分

果梗被毛

植株

茎叶

（26c）疏毛草乌头（变种）（内蒙古植物志）

Aconitum kusnezoffii var. *pilosa* Y. Z. Zhao, 内蒙古植物志（第二版）2: 561. 1990.

生林缘草甸、沟谷草甸及溪边。产内蒙古自治区大兴安岭、克什克腾旗、大青沟等地。

（26d）带岭乌头（变种）（黑龙江省植物志，东北植物检索表，东北草本植物志，中国植物志，Flora of China）

Aconitum kusnezoffii var. *birobidshanicum* (Worosch.) S. H. Li, 东北植物检索表（第二版）: 183. 图版84: 6. 1995.——*A. birobidshanicum* Worosch. in Ind. Sem. Inst. Exp. Pl. Offic. URSS 31. 1943; 东北草本植物志3:

142, 图版59, 图1 ~ 3. 1975; 中国植物志27: 270. 图版57: 7 ~ 9; 图版62: 2. 1979; 黑龙江省植物志5: 12. 图版2: 8 ~ 9.1992; Fl. China 6: 202.2001.

生山地草坡或桦树林边。产黑龙江省伊春、铁力等地。

■ 带岭乌头

植株上部

植株下部

花

果序

茎叶

（26e）宽裂北乌头（变种）（辽宁植物志，东北植物检索表，中国植物志，Flora of China）；宽裂草乌头（东北草本植物志）

Aconitum kusnezoffii var. *gibbiferum* (Reichb.) Regel in Ind. Sem. Hort. Petrop. 44. 1860; 东北草本植物志3: 137. 图版55: 8. 1975; 中国植物志27: 270. 1979; 辽宁植物志（上册）: 483. 图版195: 8. 1988; 东北植物检索

表（第二版）: 183. 图版84: 5. 1995; Fl. China 6: 202. 2001.

生山坡草地、林缘。产黑龙江省鸡西；辽宁省西丰、辽阳、鞍山、北镇、本溪；内蒙古自治区额尔古纳、科尔沁右翼前旗等地。

■ 宽裂北乌头

植株

蓇葖果

花序

茎下部叶

（27）白狼乌头（内蒙古植物志，Flora of China）

Aconitum bailangense Y. Z. Zhao, Acta Phytotax. Sin. 23: 58. 1985; 内蒙古植物志（第二版）2: 567. 图版230: 4 ~ 6. 1990; Fl. China 6: 202. 2001.

生草甸。产内蒙古自治区科尔沁右翼前旗（白狼）等地。

（28）兴安乌头（内蒙古植物志，东北植物检索表，东北草本植物志，中国植物志，Flora of China）

Aconitum ambiguum Rehb. in Uebers. Aconitum 43. 1819; 东北草本植物志3: 133.图版54：1 ~ 5. 1975; 中国植物志27: 287. 图版61: 1 ~ 2; 图版62: 1. 1979; 内蒙古植物志（第二版）2: 563. 图版226: 6 ~ 8. 1990; 东北植物检索表（第二版）: 185. 图版82: 9. 1995; Fl. China 6: 208.2001.——*A. ambigum* f. *multisectum* S. H. Li et Y. H. Huang, 东北草本植物志3: 135. 1975; 东北植物检索表（第二版）: 185. 1995.

生海拔400 ~ 450米山地林下或林边。产黑龙江省呼玛、黑河；内蒙古自治区根河、科尔沁右翼前旗（白狼）等地。

（29）高山乌头（辽宁植物志，东北植物检索表，中国植物志，Flora of China）

■ 高山乌头

花侧面观

花正面观

茎叶

植株

Aconitum monanthum Nakai in Bot. Mag. Tokyo 23: 58. 1914; 中国植物志27: 278. 图版61: 5 ~ 6, 62: 7. 1979; 辽宁植物志（下册）: 1162. 图版525: 1 ~ 4. 1992; 东北植物检索表（第二版）: 185. 图版82: 10. 1995; Fl. China 6: 205. 2001.

生海拔1000米以上的山坡草地。产吉林省安图、长白；辽宁省桓仁等地。

（30）热河乌头（内蒙古植物志，Flora of China）；华北乌头（东北植物检索表，东北草本植物志）；低矮华北乌头（中国植物志）

Aconitum jeholense Nakai et Kitag. in Rep. 1th Sci. Exp. Manch. sect. 4, 1: 24, t. 8. 1934; 东北草本植物志 3: 133. 1975; 内蒙古植物志（第二版）2: 563. 图版229: 4. 1990; 东北植物检索表（第二版）: 185. 1995; Fl. China 6: 218. 2001.——*A. soongaricum* Stapf. var. *jeholense* (Nakai et Kitag.) W. T. Wang, 植物分类学报增刊1: 91. 1965; 中国植物志27: 310. 1979.

（30a）热河乌头（原变种）

Aconitum jeholense var. *jeholense*

生山地草坡。产内蒙古自治区喀喇沁旗、巴林右旗等地。

■ 热河乌头

植株

花序

（30b）华北乌头（变种）（内蒙古植物志，Flora of China）；大华北乌头（东北植物检索表）

Aconitum jeholense var. *angustius* (W. T. Wang) Y. Z. Zhao, Acta Sci. Nat. Univ. Intramongol. 14(2): 222.

■ 华北乌头

茎叶

花侧面观

花正面观

花序

1983; 内蒙古植物志（第二版）2: 565. 图版229: 1～3. 1990; 东北植物检索表（第二版）: 185. 1995; Fl. China 6: 218. 2001.

生桦树林下、林缘及山地草甸。产内蒙古自治区新巴尔虎左旗、科尔沁右翼前旗、白狼、五叉沟、阿尔山、伊尔施、扎鲁特旗、克什克腾旗、东乌珠穆沁旗、西乌珠穆沁旗、锡林浩特等地。

4 驴蹄草属 *Caltha* L.

Caltha L., Sp. Pl. 558. 1753.

多年生草本植物，有须根。茎不分枝或具少数分枝。叶全部基生或同时茎生，茎生叶互生，叶片不分裂，稀茎上部叶掌状分裂，有齿或全缘，叶柄基部具鞘。花单独生茎顶端或2朵或较多朵组成简单的或复杂的单歧聚伞花序。萼片5片或较多，花瓣状，黄色、稀白色或红色，倒卵形或椭圆形，脱落。无花瓣，雄蕊多数，花药椭圆形，花丝狭线形。心皮少数至多数，无柄或具短柄，顶端渐狭成短花柱；胚珠多数，成2列生子房腹缝线上。蓇葖果开裂，稀不开裂。

本属全世界约10种，分布于南、北两半球温带或寒温带地区。中国约有4种，分布于西藏、云南、四川、青海、新疆、甘肃、陕西、山西、山东、河北、内蒙古自治区、辽宁、吉林、黑龙江、浙江等省区。东北地区产1种2变种。

分种检索表

1. 花白色，径6～10毫米 ………………………………………… **1. 白花驴蹄草 *C. natans*** Pall.
1. 花黄色，径2～4（～6）厘米。
  2. 叶质薄，干时色暗，叶缘具明显的牙齿 ……………………… **2b. 膜叶驴蹄草 *C. palustris*** var. ***membranacea*** Turcz.
  2. 叶质厚，干时绿色，叶缘仅基部具明显的牙齿或近全缘 …… **2c. 三角叶驴蹄草 *C. palustris*** var. ***sibirica*** Regel

（1）白花驴蹄草（黑龙江省植物志，内蒙古植物志，东北植物检索表，东北草本植物志，中国植物志，Flora of China）

Caltha natans Pall. in Reise Russ. Reich. 3: 248. 1776; 东北草本植物志3: 91. 图版37: 5～7.1975; 中国植物志27: 67. 图版12: 6～8. 1979; 内蒙古植物志（第二版）2: 424. 图版170. 1990; 黑龙江省植物志5: 50. 图版17: 5～7.1992; 东北植物检索表（第二版）: 191. 图版88: 5. 1995; Fl. China 6: 136.2001.

生湿草甸水中。产黑龙江省伊春、北安、勃利等山地；内蒙古自治区额尔古纳、根河、牙克石、鄂

■ 白花驴蹄草

植株一部分

花与叶

居群

伦春、科尔沁右翼前旗、扎赉特旗、克什克腾旗、西乌珠穆沁旗、锡林浩特等地。

（2）驴蹄草（中国植物志，Flora of China）

Caltha palustris L., Sp. Pl. 789. 1753; 中国植物志27: 61. 图版11: 1 ~ 5. 1979; Fl. China 6: 135. 2001.

（2a）驴蹄草（原变种）

Caltha palustris var. *palustris*

产西藏、云南、四川、浙江、甘肃、陕西、河南、山西、河北、内蒙古自治区、新疆等省区。东北地区不产。

（2b）膜叶驴蹄草（变种）（辽宁植物志，黑龙江省植物志，中国植物志，Flora of China）；薄叶驴蹄草（内蒙古植物志，东北植物检索表，东北草本植物志）

Caltha palustris var. *membranacea* Turcz.in Bull. Soc. Nat. Mosc. 15: 62. 1842; 中国植物志27: 63. 1979; 辽宁植物志（上册）: 464. 图版188: 1 ~ 3. 1988; 内蒙古植物志（第二版）2: 426. 1990; Fl. China 6: 135. 2001.——*C. membranacea* (Turcz.) Schipcz. in Not. Syst. Herb. Petrop. 2: 168. 1921; 东北草本植物志3: 93. 图版37: 8 ~ 9. 1975; 黑龙江省植物志5: 49. 图版17: 8 ~ 9.1992; 东北植物检索表（第二版）: 191. 图版88: 6. 1995.——*C. membranacea* var. *grandiflora* S. H. Li et Y. H. Huang, 东北草本植物志3: 229. 1975; 东北植物检索表（第二版）: 191. 1995.

生沼泽中、河边草地或山谷沟边或浅水中。产黑龙江省伊春、尚志、爱辉、呼玛等各山地和林区；吉林省浑江、通化、蛟河、汪清、安图；辽宁省本溪、凤城、桓仁、丹东；内蒙古自治区牙克石、根河、通辽等地。

全草有散风除寒作用，用于头昏目眩、周身痛，外用于烫伤、皮肤病。

■ 膜叶驴蹄草

花侧面观

花正面观

蓇葖果

果期

花期

叶

（2c）三角叶驴蹄草（变种）（辽宁植物志，黑龙江省植物志，内蒙古植物志，中国植物志，Flora of China）；驴蹄草（东北植物检索表）

Caltha palustris var. *sibirica* Regel in Bull. Soc. Nat. Mosc. 34: 53. 1861; 中国植物志27: 63. 图版11: 6. 1979; 辽宁植物志（上册）: 464. 图版188: 4. 1988; 内蒙古植物志（第二版）2: 426. 图版171: 2 ~ 3. 1990; 黑龙江省植物志5: 52. 图版17: 1 ~ 4.1992; 东北植物检索表（第二版）: 191. 图版88: 7. 1995; Fl. China 6: 136. 2001.

生沼泽草甸、盐化草甸、河岸。产黑龙江省哈尔滨、伊春、牡丹江、尚志等各山区和森林草原地带；吉林省安图、临江、蛟河、桦甸、靖宇、敦化、柳河；辽宁省本溪、凤城、宽甸、丹东；内蒙古自治区海拉尔、额尔古纳、根河、牙克石、科尔沁右翼前旗、扎赉特旗、科尔沁左翼后旗、翁牛特旗、克什克腾旗、喀喇沁旗、东乌珠穆沁旗、锡林浩特等地。

■ 三角叶驴蹄草

居群

叶

植株一部分

花

5 金莲花属 *Trollius* L.

Trollius L., Sp. Pl. 556. 1753.

多年生草本。叶为单叶，全部基生或同时在茎上互生，掌状分裂。花单独顶生或少数组成聚伞花序，规则；花托稍隆起。萼片5片至较多数，花瓣状，倒卵形，通常黄色，稀淡紫色，通常脱落，间或宿存。花瓣5片至多数，线形，具短爪，在接近基部处有蜜槽。雄蕊多数，螺旋状排列，花药椭圆形或长圆形，在侧面开裂，花丝狭线形。心皮5枚至多数，无柄；胚珠多数，成2列着生子房室的腹缝线上。蓇葖开裂，具脉网及短喙。种子近球形，种皮光滑。

本属全世界约30种，分布于北半球温带及寒温带地区。中国有16种，分布于西藏、云南、四川、青海、新疆、甘肃、陕西、山西、河南、河北、辽宁、吉林、黑龙江、内蒙古自治区、台湾等省区。东北地区产5种。

分种检索表

1. 萼片5片；花瓣与雄蕊近等长 ……………………………………………………………1. 长白金莲花 T. japonicus Miq.
1. 萼片5～20片；花瓣比雄蕊长。
 2. 花瓣匙形或匙状线形，宽2～3.5毫米；萼片10～15（～20）片；花瓣比萼片稍短；果喙长0.5～1.5毫米 ………………………………………………………………………………………… 2. 宽瓣金莲花 T. asiaticus L.
 2. 花瓣线形，宽1～2毫米。
  3. 萼片5～7片；花瓣比萼片长或与萼片近等长；果喙长3.5～4毫米 …3. 长瓣金莲花 T. macropetalus Fr. Schmidt
  3. 萼片5～19片；花瓣比萼片短或稍长或与之近等长；果喙长约1毫米。
   4. 萼片5～8片；花瓣比萼片短 ……………………………………………… 4. 短瓣金莲花 T. ledebourii Reichb.
   4. 萼片（6～）10～15（～19）片；花瓣比萼片稍长或稍短或与之近等长 ……5. 金莲花 T. chinensis Bunge

（1）长白金莲花（辽宁植物志，东北植物检索表，中国植物志，Flora of China）；山地金莲花（东北草本植物志）

Trollius japonicas Miq. in Ann. Mus. Bot. Lugd.–Batav. 3: 6. 1876; 东北草本植物志3: 96, 图版38, 图10～12. 1975; 中国植物志27: 83. 1979; 辽宁植物志（下册）: 1166. 图版526: 1. 1992; 东北植物检索表（第二版）: 210. 图版88: 4. 1995; Fl. China 6: 141. 2001.

生海拔1200～2300米潮湿草坡或疏林下。产吉林省长白、安图、抚松山；辽宁省桓仁等地。

花有清热解毒、明目作用。

■ 长白金莲花

茎叶

花

植株

（2）宽瓣金莲花（黑龙江省植物志，东北植物检索表，东北草本植物志，中国植物志，Flora of China）

Trollius asiaticus L., Sp. Pl.1: 557. 1753; 东北草本植物志3: 96. 图版38: 5 ~ 6.1975; 中国植物志27: 85. 1979; 黑龙江省植物志5: 116. 图版41: 5 ~ 6.1992; 东北植物检索表（第二版）: 210. 图版88: 2. 1995; Fl. China 6: 142.2001.

生湿草甸、林间草地或林下。产黑龙江省尚志、阿城、哈尔滨等地。

可用于治疗眼疾、夜盲、黄疸病。花可提取橙色染料。

■ 宽瓣金莲花

植株一部分

花侧面观

花序

（3）长瓣金莲花（辽宁植物志，黑龙江省植物志，东北植物检索表，东北草本植物志，中国植物志，Flora of China）

Trollius macropetalus Fr. Schmidt in Mem. Acad. Sci. St.–Petersb. 7 (12): 88. 1868; 东北草本植物志3: 94. 图版38: 7 ~ 9. 1975; 中国植物志27: 87. 图版16: 7 ~ 9. 1979; 辽宁植物志（上册）: 468. 图版189: 5 ~ 7. 1988; 黑龙江省植物志5: 119. 图版41: 7 ~ 9.1992; 东北植物检索表（第二版）: 207. 图版88: 3. 1995; Fl. China 6: 142. 2001.

生海拔450 ~ 600米湿草地、林缘、林间草地。产黑龙江省尚志、伊春、阿城、集贤；吉林省桦甸、靖宇、汪清、敦化、安图；辽宁省新宾等地。

花有清热解毒作用，用于乳蛾、急性中耳炎、疔疮。种子含油脂，可制肥皂和油漆。

■ 长瓣金莲花

植株下部

花

植株上部

（4）短瓣金莲花（辽宁植物志，黑龙江省植物志，内蒙古植物志，东北植物检索表，东北草本植物志，中国植物志，Flora of China）

Trollius ledebourii Reichb. in Ic. Pl. Crit. 3: 63. 1825; 东北草本植物志3: 94. 图版38: 1 ~ 4. 1975; 中国植物志27: 85. 图版16: 10 ~ 11. 1979; 辽宁植物志（上册）: 466. 图版189: 1 ~ 4. 1988; 内蒙古植物志（第二版）2: 429. 图版172: 4 ~ 5. 1990; 黑龙江省植物志5: 117. 图版41: 1 ~ 4.1992; 东北植物检索表（第二版）: 210. 图版88: 1. 1995; Fl. China 6: 141. 2001.

生海拔110 ~ 900米湿草地或林间草地或河边。产黑龙江省伊春、嫩江、萝北、密山、爱辉、集贤、安达、北安；吉林省安图；辽宁省清原、宽甸、凤城；内蒙古自治区额尔古纳、根河、牙克石、鄂伦春、鄂温克、科尔沁右翼前旗、扎赉特旗、东乌珠穆沁旗（宝格达山）等地。

花入药，治慢性扁桃体炎、急性中耳炎、急性结膜炎等症。

■ 短瓣金莲花

蓇葖果

花侧面观

植株

花序

花正面观

茎叶

（5）金莲花（辽宁植物志，东北植物检索表，内蒙古植物志，东北草本植物志，中国植物志，Flora of China）

Trollius chinensis Bunge in Mem. Acad. Sci. St. Petersb. 2: 77. 1833; 中国植物志27: 86. 图版16: 1 ~ 6. 1979; 辽宁植物志（上册）: 466. 1988; 内蒙古植物志（第二版）2: 428. 图版172: 1 ~ 3. 1990; 东北植物检索表（第二版）: 210. 1995; Fl. China 6: 142. 2001.——*T. asiaticus* L. var. *chinensis* Maxim. Enum. Fl. Mong. 25. 1889; 东北草本植物志 3: 96. 1975.

生海拔1000 ~ 2200米山地草坡或疏林下。产辽宁省西部；内蒙古自治区翁牛特旗、巴林右旗、阿鲁科尔沁旗、克什克腾旗、喀喇沁旗、红山区、东乌珠穆沁旗、锡林浩特等地。

花入药，治慢性扁桃体炎、急性中耳炎、急性结膜炎等症。

■ 金莲花

茎叶

花

花蕾

居群

6 菟葵属 *Eranthis* Salisb.

Eranthis Salisb. in Trans. L. Soc. 8: 303. 1807.

多年生小草本，有块状根状茎。叶1～2个或不存在，基生，有长柄，掌状分裂。花葶不分枝；苞片数个，轮生，形成一总苞；花单生，辐射对称；萼片5～8片，花瓣状，黄色、白色或粉红色，长圆形、椭圆形或卵形，脱落；花瓣小，5～8个，筒形，有短柄，顶端微凹或二裂，有时具花药；雄蕊10枚至多数，花药椭圆形或圆形，花丝狭线形，具1脉；心皮4～9枚，稀较多，常有柄，子房有多数胚珠。蓇葖果有多数种子。

本属全世界约有8种，分布于欧洲和亚洲。中国有3种，分布于四川省西部和东北地区。东北地区产1种。

菟葵（辽宁植物志，黑龙江省植物志，东北植物检索表，东北草本植物志，中国植物志，Flora of China）

Eranthis stellata Maxim. in Prim. Fl. Amur. 22. 1859; 东北草本植物志3: 97. 图版39: 6～9. 1975; 中国植物志27: 111. 图版23: 1～5. 1979; 辽宁植物志（上册）: 472. 图版191: 1～4. 1988; 黑龙江省植物志5: 72. 图版24: 6～9.1992; 东北植物检索表（第二版）: 198. 图版89: 1. 1995; Fl. China 6: 149. 2001.

■ 菟葵

花

花期植株

果期植株

■ 菟葵

菁葵果成熟期

菁葵果

多年生草本；叶片圆状肾形，3全裂；萼片通常5，花瓣状，白色；花瓣8～12，漏斗形；菁葵果呈星状，被短柔毛。生阔叶林下、林缘、红松林采伐迹地。产黑龙江省尚志、伊春、哈尔滨、汤原；吉林省安图、临江、舒兰；辽宁省鞍山、庄河、桓仁、宽甸、风城等地。模式标本采自黑龙江流域。

7 黑种草属 *Nigella* L.

Nigella L., Sp. Pl. 543. 1753.

一年生草本。叶互生，通常为二至三回羽状复叶，稀不分裂。花单生于茎或枝端，辐射对称；萼片5片，花瓣状，黄色、白色或蓝色，卵形，常有爪，脱落；花瓣5～8个，有短柄，唇形，上唇较短，下唇有蜜槽；雄蕊多数，花药椭圆形，花丝丝形；心皮3～10枚，无柄，合生，子房有多数胚珠。果为蒴果，在各心皮腹缝线的上部开裂。种子有棱，常有皱纹或疣状突起。

本属全世界约有20种，主要分布于地中海地区。中国栽培2种。东北地区栽培1种。

黑种草（中国植物志）

Nigella damascena L., Sp. Pl. 753. 1753; 中国植物志27: 112. 1979.

■ 黑种草

果序

花侧面观

■ 黑种草

花正面观

植株

植株全部无毛；茎不分枝或上部分枝；叶为二至三回羽状复叶，末回裂片狭线形或丝形；花直径约2.8厘米，下面有叶状总苞；萼片蓝色；花瓣约8，有短爪，上唇比下唇稍短，披针形，下唇二裂超过中部，顶端近球状变粗，基部有蜜槽；心皮通常5；蒴果椭圆球形。原产欧洲南部。辽宁省大连市有栽培。

以观赏为目的人为引进。种子可提取生物碱和芳香油；花朵艳丽，为蜜源植物。

8 拟扁果草属 *Enemion* Raf.

Enemion Raf. in Journ. Phys. 91: 70. 1820.

多年生草本。根状茎短而不明显，生多数细长的根。叶基生和茎生，为二回三出复叶。花辐射对称，单生或数朵组成伞形花序，花序下有总苞。萼片5，花瓣状，白色，椭圆形。无花瓣。雄蕊多数，花药椭圆形，花丝丝形，但在上部变宽。心皮3～6。蓇葖椭圆形，花柱宿存，形成短喙；种子少数，卵形至椭圆形，种皮具褶皱。

本属全世界有6种，分布于北美洲，亚洲东北部。中国有1种，分布于东北地区。

拟扁果草（黑龙江省植物志，东北植物检索表，中国植物志，Flora of China）；假扁果草（辽宁植物志）；东北假扁果草（东北草本植物志）

Enemion raddeanum Regel in Bull. Soc. Nat. Mosc. 34 (2): 61, t. 2, f. 3. 1861; 东北草本植物志3: 99. 图版40: 1～5. 1975; 中国植物志27: 466. 图版109: 1～5. 1979; 辽宁植物志（上册）: 491. 图版201: 1～5. 1988; 黑龙江省植物志5: 70. 图版23: 1～5.1992; 东北植物检索表（第二版）: 198. 图版89: 4. 1995; Fl. China 6: 275. 2001.

多年生草本；基生叶1枚，早落，二回三出复叶；茎生叶通常仅1枚，为一回三出复叶，叶片轮廓三角形；伞形花序顶生或腋生，总苞叶状；萼片5，花瓣状，白色；蓇葖果长倒卵形，花柱宿存，微弯。生山地林下。产黑龙江省伊春、尚志、嘉荫等东部山地；吉林省蛟河、浑江、临江、抚松、安图、舒兰、通化；辽宁省凤城、宽甸、本溪、桓仁等地。

■ 拟扁果草

花期

果期

花

蓇葖果

9 类叶升麻属 *Actaea* L.

Actaea L., Sp. Pl. 504. 1753.

多年生直立草本。根状茎粗壮。茎单一。基生叶鳞片状，茎生叶互生，为二回或三回三出复叶，有长柄。花序为简单或分枝的总状花序；花辐射对称；萼片常4～5，花瓣状，早落；花瓣无或匙形，无蜜腺；雄蕊多数，花药宽椭圆形、卵球形，花丝狭线形至丝形；心皮1～8，有柄或无柄。果实为浆果或蓇葖果。种子卵形，褐色或黑色。

本属全世界约26种，分布于北温带地区。中国有10种，分布于西南、西北、华北、东北等地。东北地区产5种。

分种检索表

1. 果实为浆果。
  2. 花梗在果期不增粗，粗约0.6毫米；果实红色 ………………………………… 1. 红果类叶升麻 A. erythrocarpa Fisch.
  2. 花梗在果期增粗，粗约1毫米；果实黑色 ……………………………………………………… 2. 类叶升麻 A. asiatica Hara
1. 果实为蓇葖果。
  3. 花序多分枝；花单性，雌雄异株 ……………………………… 3. 兴安升麻 A. dahurica Turcz. ex Fisch.&C. A. Mey.
  3. 花序不分枝或稍分枝；花两性。
    4. 花序具2～9条分枝；花梗长2～4毫米；心皮无毛 ………… 4. 大三叶升麻 A. heracleifolia (Kom.) J.Compton
    4. 花序不分枝或在基部有少数短分枝；花梗长5～8毫米；心皮密被灰色短绒毛
    …………………………………………………………………5. 单穗升麻 A. simplex (DC.) Wormsk. ex Prantl

（1）红果类叶升麻（辽宁植物志，黑龙江省植物志，内蒙古植物志，东北植物检索表，东北草本植物志，中国植物志，Flora of China）

Actaea erythrocarpa Fisch. in Ind. Sem. Hort. Bot. Petrop. 1: 20. 1835; 中国植物志27: 105. 1979; 辽宁植物志（上册）: 472. 1988; 内蒙古植物志（第二版）2: 436. 图版175: 6. 1990; 黑龙江省植物志5: 28. 1992; 东北植物检索表（第二版）: 185. 1995; Fl. China 6: 147. 2001.——*A. spicata* var. *erythrocarpa* (Fisch.) Turcz. ap. Ledeb. in Fl. Ross. 1: 71. 1842; 东北草本植物志3: 105. 1975.

生海拔700～1500米的山地林下或路旁。产黑龙江省伊春、铁力、萝北、呼玛；吉林省抚松、汪清、长白、安图；辽宁省鞍山、清原、庄河东部山区；内蒙古自治区额尔古纳、根河、科尔沁右翼前旗、克什克腾旗等地。

■ 红果类叶升麻

果序

花序一部分

花序

植株

（2）类叶升麻（辽宁植物志，黑龙江省植物志，内蒙古植物志，东北植物检索表，东北草本植物志，中国植物志，Flora of China）

Actaea asiatica Hara in Journ. Jap. Bot. 15: 313. 1939; 中国植物志27: 103. 图版21. 1979; 辽宁植物志（上册）: 471. 图版191: 5～7. 1988; 内蒙古植物志（第二版）2: 436. 图版175: 1～5. 1990; 黑龙江省植物志5: 27. 图版10: 5～7.1992; 东北植物检索表（第二版）: 185. 图版85: 1. 1995; Fl. China 6: 147. 2001.——*A. spicata* L. var. *asiatica* (Hara) S. H. Li et Y. H. Huang, 东北草本植物志 3: 105. 图版43: 5～7. 1975.

生林缘草地、山坡、林下。产黑龙江省伊春、尚志、哈尔滨、嘉荫等东部山地；吉林省吉林、安图、和龙、蛟河、临江、抚松、集安；辽宁省西丰、宽甸、桓仁、鞍山、岫岩、庄河；内蒙古自治区阿尔山等地。

茎、叶可作土农药。根状茎或全草有祛风止咳、清热解毒作用。

■ 类叶升麻

花

花序

果序

花期

果期

（3）兴安升麻（辽宁植物志，黑龙江省植物志，内蒙古植物志，东北植物检索表，中国植物志，Flora of China）；升麻（东北草本植物志）

Actaea dahurica Turcz. ex Fisch.&C.A.Mey., Index Seminum [St.Petersburg (Petropolitanus)] i. 21. 1835.——*Cimicifuga dahurica* (Turcz.) Maxim. in Prim. Fl. Amur. 28. 1859; 东北草本植物志3: 103. 图版42: 8 ~ 12. 1975; 中国植物志27: 102. 图版20: 1 ~ 4. 1979; 辽宁植物志（上册）: 471. 图版190: 8 ~ 11. 1988; 内蒙古植物志（第二版）2: 431. 图版173. 1990; 黑龙江省植物志5: 53. 图版18: 8 ~ 12.1992; 东北植物检索表（第二版）: 191. 图版89: 6. 1995; Fl. China 6: 146. 2001.

生林缘灌丛、草甸、疏林下或山坡草地。产黑龙江省伊春、海伦、德都等全省各山地；吉林省安图、通化、抚松、汪清、蛟河、临江；辽宁省抚顺、新宾、清原、本溪、宽甸、桓仁、庄河、鞍山、岫岩、凌源、建昌；内蒙古自治区根河、牙克石、鄂伦春、科尔沁右翼前旗、扎赉特旗、罕山、敖汉旗、巴林右旗、阿鲁科尔沁旗、克什克腾旗、喀喇沁旗、宁城、东乌珠穆沁旗、西乌珠穆沁旗等地。模式标本采自大兴安岭。

根状茎入药，主治麻疹、斑疹不透、胃火牙痛等症。嫩苗可食。全株有毒。

■ 兴安升麻

雌花序一部分

雄花序一部分

花序

果序一部分

茎下部叶

植株

（4）大三叶升麻（辽宁植物志，黑龙江省植物志，东北植物检索表，东北草本植物志，中国植物志，Flora of China）

Actaea heracleifolia (Kom.) J. Compton, Taxon 47(3): 624. 1998.——*Cimicifuga heracleifolia* Kom. in Act. Hort. Peteop. 18: 435. 1901; 东北草本植物志3: 101. 图版42. 图13～15 . 1975; 中国植物志27: 99. 1979; 辽宁植物志（上册）: 470. 图版190: 13～15. 1988; 黑龙江省植物志5: 55. 图版18: 13～15.1992; 东北植物检索表（第二版）: 193. 图版89: 7. 1995; Fl. China 6: 145. 2001.

生林下、灌丛或山坡草地。产黑龙江省密山、萝北、绥芬河等东部山区；吉林省集安；辽宁省抚顺、本溪、丹东、岫岩、大连、庄河、金州、普兰店等地。

根状茎有透疹、解毒作用。嫩苗可食。

■ 大三叶升麻

花序

花序一部分

■ 大三叶升麻

果序一部分

植株

（5）单穗升麻（辽宁植物志，黑龙江省植物志，内蒙古植物志，东北植物检索表，东北草本植物志，中国植物志，Flora of China）

Actaea simplex (DC.) Wormsk. ex Prantl Bot. Jahrb. Syst. 9: 246. 1888.——*Cimicifuga simplex* Wormsk ex DC. in DC. Prodr. 1: 64. 1824; 东北草本植物志3: 103. 图版42: 1 ~ 7. 1975; 中国植物志27: 97. 图版20: 5 ~ 6.

■ 单穗升麻

花序

花

心皮

茎下部叶

居群

1979; 辽宁植物志（上册）: 469. 图版190: 1 ~ 7. 1988; 内蒙古植物志（第二版）2: 433. 图版174. 1990; 黑龙江省植物志5: 56. 图版18: 1 ~ 7.1992; 东北植物检索表（第二版）: 193. 图版89: 5. 1995; Fl. China 6: 144. 2001.

生林缘、草甸或河岸湿草地。产黑龙江省伊春、密山、虎林、宁安、尚志、桦川、北安等山地；吉林省蛟河、抚松、和龙、安图、敦化、长白；辽宁省本溪、桓仁、宽甸、岫岩、庄河、西丰、新宾；内蒙古自治区根河、鄂伦春、科尔沁右翼前旗、扎鲁特旗、克什克腾旗、喀喇沁旗、东乌珠穆沁旗（宝格达山）等地。

根状茎有散风解毒、升阳发表作用，用于伤风咳嗽。嫩苗可食。

10 扁果草属 *Isopyrum* L.

Isopyrum L. Gen. Pl. ed. 2, 245. 1742.

多年生草本，具根状茎。茎直立，光滑，无毛。叶基生及茎生，为二回三出复叶，基生叶有长柄，茎生叶的柄较短，基部围有白色的膜质鞘。花序为单歧聚伞花序；苞片三浅裂或三全裂。花辐射对称，较小。萼片5，白色，花瓣状，椭圆形或卵形。花瓣5枚，具极短的柄，远较萼片为小，椭圆形，下部席卷状或合生成管状，基部浅囊状。雄蕊20 ~ 50，花药宽椭圆形，黄色，花丝狭线形，具1条脉。心皮5 ~ 1，分生，狭卵形，直立；胚珠多数，排成二列着生腹缝线上。蓇葖5 ~ 1，椭圆状卵形，扁平，表面具横脉，顶端具内弯的细喙，近水平状展开。

本属全世界4种，分布于亚洲和欧洲。中国有2种，分布于西部和东北部。东北地区产1种。

东北扁果草（辽宁植物志，黑龙江省植物志，东北植物检索表，东北草本植物志，中国植物志，Flora of China）

Isopyrum manshuricum Kom. in Not. Syst. Herb. Hort. Bot. USSR. 6: 5. 1926; 东北草本植物志3: 97. 图版39: 1 ~ 5. 1975; 中国植物志27: 470. 图版111: 1 ~ 4. 1979; 辽宁植物志（上册）: 493. 图版201: 6 ~ 9. 1988; 黑龙江省植物志5: 76. 图版24: 1 ~ 5.1992; 东北植物检索表（第二版）: 198. 图版89: 2. 1995; Fl. China 6: 275. 2001.

多年生草本；叶基生，少数，二回三出复叶，小叶近扇形，3深裂，裂片具钝齿；花1 ~ 3，萼片5，白色，椭圆形；花瓣倒卵状椭圆形，下部合生呈浅杯状；蓇葖果具数粒种子。生海拔800米左右的山地针阔混交林下的湿地。产黑龙江省哈尔滨、尚志、阿城；吉林省安图；辽宁省本溪、宽甸、桓仁等地。模

■ 东北扁果草

花背面观

花

■ 东北扁果草

基生叶

植株

式标本采自哈尔滨。

块根有散结消肿、解毒作用。

11 蓝堇草属 *Leptopyrum* Rchb.

Leptopyrum Rchb., Consp. Regn. Veg. [H.G.L.Reichenbach] 192. 1828.

一年生草本。直根不分枝，具少数侧根。茎数条，无毛或近无毛。叶为一至二回三出复叶，小叶再一至二回细裂，基生叶具长柄，茎生叶的柄较短。花序为简单或复杂的单歧聚伞花序；苞片叶状，形状及分裂情况似茎生叶。花小，辐射对称，具细长的花梗。萼片5，花瓣状，淡黄色，椭圆形。花瓣2～3，小，比萼片短3～4倍，近二唇形。雄蕊10～15，花药近球形，花丝近丝形。心皮6～20，无毛。蓇葖线状长椭圆形，顶端具一细喙，表面具凸起的网脉。

本属全世界仅1种，分布于亚洲北部和欧洲。中国分布于东北至西北。

蓝堇草（辽宁植物志，黑龙江省植物志，内蒙古植物志，东北植物检索表，东北草本植物志，中国植物志，Flora of China）

Leptopyrum fumarioides (L.) Reichb. in Consp. 192. 1828; 东北草本植物志(第三卷）101. 图版41: 1～4. 1975; 中国植物志27: 472. 图版110: 6～10. 1979; 辽宁植物志（上册）: 493. 图版202. 1988; 内蒙古植物志（第二版）2: 446. 图版180. 1990; 黑龙江省植物志5: 77. 图版26: 1～4.1992; 东北植物检索表（第二版）: 198. 图版89: 3. 1995; Fl. China 6: 276. 2001.

■ 蓝堇草

果序

茎下部叶

植株

■ 蓝堇草

花侧面观

花枝

花正面观

一年生草本；基生叶多数，叶片轮廓三角状卵形，三全裂；花序为聚伞状；苞叶叶状；花小，辐射对称；萼片5，花瓣状，淡黄色；花瓣2~3，近2唇形，比萼片短；蓇葖果狭披针形，表面具凸起的网脉。生田边、路边或干燥草地上。产黑龙江省哈尔滨、尚志；吉林省长春；辽宁省凌源、沈阳、辽阳；内蒙古自治区海拉尔、根河、扎兰屯、新巴尔虎旗、科尔沁右翼前旗、敖汉旗、克什克腾旗、喀喇沁旗、西乌珠穆沁旗、锡林浩特等地。

全草药用，可治疗心血管疾病、胃肠道疾病等。

12 铁线莲属 *Clematis* L.

Clematis L., Sp. Pl. 1: 543. 1753.

木质或草质藤本，或为直立灌木或草本。叶对生，或与花簇生，偶尔茎下部叶互生，三出复叶至二回羽状复叶或二回三出复叶，少数为单叶；叶片或小叶片全缘、有锯状齿、牙齿或分裂；叶柄存在，有时基部扩大而连合。花两性，稀单性；聚伞花序或为总状、圆锥状聚伞花序，有时花单生或1至数朵与叶簇生；萼片4，或6~8，直立成钟状、管状，或开展，无花瓣；雄蕊多数；心皮多数。瘦果，宿存花柱伸长呈羽毛状，或不伸长而呈喙状。

本属全世界约300种，各大洲都有分布，主要分布于热带及亚热带地区，寒带地区有少量分布。中国有147种，全国各地都有分布，尤以西南地区种类较多。东北地区有15种5变种1变型，其中栽培1种。

分种检索表

1. 直立草本或半灌木。
  2. 叶为单叶，叶片卵圆形至菱状椭圆形，全缘，无柄，基部抱茎；单花顶生下垂，萼片紫红色、蓝色或白色 ……………… **1. 全缘铁线莲** C. integrifolia L.
  2. 叶为三出复叶或一至二回羽状分裂。
    3. 叶为三出羽状复叶，顶生小叶椭圆状卵形、卵形至近圆形；花萼蓝紫色，下部连合成筒状（**2. 大叶铁线莲** C. heracleifolia DC.）。

（接上表）

4. 花萼中上部不反卷；花丝比花药短 ……………………… **2a. 大叶铁线莲 C. heracleifolia** var. **heracleifoli**
4. 萼片中上部反卷；花丝比花药短 … **2b. 卷萼铁线莲 C. heracleifolia** var. **davidiana** (Dcne. ex Verlot) O. Kuntze
3. 叶一至二回羽状分裂，裂片长圆状披针形；花萼白色，萼片开展（**3. 棉团铁线莲 C. hexapetala** Pall.）。
5. 叶两面或沿叶脉疏生长柔毛；萼片外面密被白色毛（**3a. 棉团铁线莲 C. hexapetala** var.**hexapetala**）。
6. 叶裂片宽达2厘米…………………………………………… **3aa. 棉团铁线莲 C. hexapetala** f. **hexapetala**
6. 叶裂片宽1～3毫米 ……………………… **3ab. 小叶棉团铁线莲 C. hexapetala** f. **breviloba** (Freyn) Nakai
5. 叶片两面无毛或下面疏生长柔毛；萼片除外面边缘有毛外，其余无毛 ………………………………………… **3b. 长冬草 C. hexapetala** var. **tchefouensis** (Debeaux) S. Y. Hu
1. 茎攀缘或基部直立而上部攀缘。
7. 外轮雄蕊退化成花瓣状。
8. 三出复叶 …………………………………………………………… **4. 朝鲜铁线莲 C. koreana** Kom.
8. 二回三出复叶。
9. 退化雄蕊与萼片近等长或稍短 …………………………………… **5. 长瓣铁线莲 C. macropetala** Ledeb.
9. 退化雄蕊比萼片短约一半。
10. 萼片披针形；退化雄蕊钻形；小叶卵形，羽状分裂、具少数缺刻状齿或全缘 ……………………………………………………………… **6. 高山铁线莲 C. nobilis** Nakai
10. 萼片长方椭圆形或狭卵形；退化雄蕊条形；小叶长圆状披针形，边缘具整齐或不整齐的齿（7. 西伯利亚铁线莲 C. sibirica (L.) Mill.）。
11. 萼片白色或黄白色 ………………………………… **7a. 西伯利亚铁线莲 C. sibirica** var. **sibirica**
11. 萼片蓝紫色 ………… **7b. 半钟铁线莲 C. sibirica** var. **ochotensis** (Pallas) S. H. Li & Y. H. Huang
7. 雄蕊全部能育。
12. 小叶通常全缘。
13. 花单生，大型，萼片8～10，淡黄色或白色；小叶边缘及表面沿叶脉被黄褐色毛 …………………………………………………………… **8. 转子莲 C. patens** Morr. et Decne.
13. 聚伞花序或圆锥花序，花较小，萼片4～6；小叶无毛或散生毛。
14. 圆锥花序多花，萼片白色，长1～1.5厘米，宽1.5～6毫米；小叶全缘 …………………………………… **9b. 辣蓼铁线莲 C. terniflora** var. **mandshurica** (Rupr.) Ohwi
14. 聚伞花序1～3花，萼片褐色或红紫色，长2～3厘米，宽8～13毫米，外面被褐色茸毛或无毛；小叶全缘或近基部小叶具2～3缺刻（**10. 褐毛铁线莲 C. fusca** Turcz.）。
15. 花梗及萼片外面被褐色毛，萼片褐色 ……………………… **10a. 褐毛铁线莲 C. fusca** var. **fusca**
15. 花梗及萼片外面无毛或近无毛，萼片红紫色 … **10b. 紫花铁线莲 C. fusca** var. **violacea** Maxim.
12. 小叶边缘具齿或分裂。
16. 复聚伞花序成圆锥状；雄蕊无毛。
17. 二回羽状复叶；萼片4，开展 ………………………………… **11. 短尾铁线莲 C. brevicaudata** DC.
17. 一回羽状复叶；萼片4，先端微外卷 ……………………………… **12. 羽叶铁线莲 C. pinnata** Maxim.
16. 聚伞花序；雄蕊有毛。
18. 叶二至三回或三至四回羽状分裂，终裂片披针条形至椭圆状披针形；花萼淡黄色（**13. 芹叶铁线莲 C. aethusifolia** Turcz.）。
19. 叶为三至四回羽状细裂，终裂片披针条形，宽0.5～2毫米

（接上表）

……………………………………………………… 13a. 芹叶铁线莲 C. aethusifolia var. aethusifolia

19. 叶为二至三回羽状中裂至深裂，终裂片椭圆形至椭圆状披针形，宽1.5～4毫米

…………………………………………… 13b. 宽芹叶铁线莲 C. aethusifolia var. latisecta Maxim.

18. 叶一至二回三出复叶或羽状复叶；花萼黄色或紫色。

20. 二回三出复叶，小叶卵状披针形，边缘具不整齐的齿牙；萼片里面被长毛

……………………………………………………………………… 14. 齿叶铁线莲 C. serratifolia Rehd.

20. 一至二回三出羽状复叶，小叶2～3裂，裂片线状披针形，全缘或具少数齿牙；萼片里面无毛

……………………………………………………………………… 15. 黄花铁线莲 C. intricata Bunge

（1）全缘铁线莲（中国植物志，Flora of China）

Clematis integrifolia L., Sp. Pl. 544. 1753; 中国植物志28: 89. 图版23. 1980; Fl. China 6: 384. 20015.

产于新疆北部（阿尔泰，海拔1200～2000米）。辽宁省沈阳有栽培。

■ 全缘铁线莲

花蕊

花正面观

茎叶

花侧面观

（2）大叶铁线莲（辽宁植物志，内蒙古植物志，东北植物检索表，东北草本植物志，中国植物志，Flora of China）

Clematis heracleifolia DC. in Syst. 1: 138. 1818; 东北草本植物志3: 175. 图版76: 1 ~ 4. 1975; 中国植物志28: 93. 图版3. 1980; 辽宁植物志（上册）: 521. 图版215: 1 ~ 4. 1988; 内蒙古植物志（第二版）2: 520. 图版210: 6 ~ 7. 1990; 东北植物检索表（第二版）: 193. 图版90: 3. 1995; Fl. China 6: 370. 2001.

（2a）大叶铁线莲（原变种）

Clematis heracleifolia var. *heracleifolia*

生山坡、灌丛、阔叶林下、沟谷。产吉林省敦化；辽宁省铁岭、沈阳、长海、庄河、岫岩、海城、本溪、凤城、宽甸、丹东、朝阳、喀左；内蒙古自治区敖汉旗等地。

全草及根可入药，治关节疼痛。

■ 大叶铁线莲

果序

花序

植株一部分

植株上部

茎叶

（2b）卷萼铁线莲（变种）（辽宁植物志，东北植物检索表，东北草本植物志）

Clematis heracleifolia var. *davidiana* (Dcne. ex Verlot) O. Kuntze in Journ. L. Soc. Bot. 23: 4. 1886; 东北草本植物志3: 175. 图版76: 5 ~ 6. 1975; 辽宁植物志（上册）: 522. 图版215: 5 ~ 6. 1988; 东北植物检索表（第二版）: 193. 图版90: 4. 1995.

生山坡、灌丛、阔叶林下、沟谷。产辽宁省鞍山、海城、凤城、丹东、锦州、绥中、朝阳、建平、建昌等地。

■ 卷萼铁线莲

花序

花正面观

植株

花侧面观

（3）棉团铁线莲（辽宁植物志，黑龙江省植物志，内蒙古植物志，东北植物检索表，东北草本植物志，中国植物志，Flora of China）

Clematis hexapetala Pall. in Reise 3: 735. pl. Q, f. 2. 1776; 东北草本植物志3: 172. 图版73: 5 ~ 8. 1975; 中国植物志28: 156. 图版46: 1 ~ 4. 1980; 辽宁植物志（上册）: 525. 图版218: 5 ~ 8. 1988; 内蒙古植物志（第二版）2: 519. 图版210: 4 ~ 5. 1990; 黑龙江省植物志5: 61. 图版19: 5 ~ 8.1992; 东北植物检索表（第二版）: 193. 图版91: 2. 1995; Fl. China 6: 362. 2001.

（3a）棉团铁线莲（原变种）

Clematis hexapetala var. *hexapetala*

（3aa）棉团铁线莲（原变型）

Clematis hexapetala f. *hexapetala*

生山坡草地、林缘、固定沙丘。产黑龙江省各地；吉林省各地；辽宁省各地；内蒙古自治区自治区额尔古纳、牙克石、鄂伦春、鄂温克、陈巴尔虎旗、新巴尔虎左旗、科尔沁右翼前旗、科尔沁左翼后旗、大青沟、奈曼旗青龙山、敖汉旗、巴林左旗、巴林右旗、阿鲁科尔沁旗、克什克腾旗、喀喇沁旗、

■ 棉团铁线莲

果期植株

花侧面观

花期植株

花正面观

茎叶

瘦果与宿存花柱

宁城、东乌珠穆沁旗、西乌珠穆沁旗、锡林浩特、镶黄旗、太仆寺旗、多伦等地。

根有祛风湿、通络止痛作用；作农药，对马铃薯疫病和红蜘蛛有良好作用。

（3ab）小叶棉团铁线莲（变型）（东北植物检索表，东北草本植物志）

Clematis hexapetala f. *breviloba* (Freyn) Nakai in J. Jap. Bot. 20(4): 191. 1944; 东北草本植物志3: 172. 1975; 东北植物检索表（第二版）: 193.1995.

生山坡草地、固定沙丘。产黑龙江省安达；吉林省双辽、镇赉；辽宁省北镇、彰武等地。

■ 小叶棉团铁线莲

茎叶

花正面观

花侧面观

植株

（3b）长冬草（变种）（中国植物志，Flora of China）

Clematis hexapetala var. *tchefouensis* (Debeaux) S. Y. Hu in Journ. Arn. Arb. 35 (2): 193. 1954; 中国植物志28: 158. 图版46: 5. 1980; Fl. China 6: 362. 2001.

生山坡草地。产辽宁省瓦房店。

■ 长冬草

花序

花正面观

花背面观

（4）朝鲜铁线莲（辽宁植物志，东北植物检索表，东北草本植物志，中国植物志，Flora of China）

Clematis koreana Kom. in Act. Hort. Petrop. 18: 438. 1901; 东北草本植物志3: 179. 图版78: 8. 1975; 中国植物志28: 135. 图版39. 1980; 辽宁植物志（上册）: 519. 图版214: 1 ~ 3. 1988; 东北植物检索表（第二版）: 195. 图版90: 5. 1995; Fl. China 6: 384. 2001.

生红松林及针阔混交林内和灌木丛中。产吉林省抚松、安图；辽宁省本溪、桓仁、宽甸、凤城、庄河等地。

果实上的柔毛压成粉末能治疮及痔疮；根有祛风湿、通经络作用。

■ 朝鲜铁线莲

茎叶

萼片黄色

萼片粉红色

花侧面观

果序

植株

植株一部分

（5）长瓣铁线莲（辽宁植物志，内蒙古植物志，东北植物检索表，东北草本植物志，中国植物志，Flora of China）

Clematis macropetala Ledeb. in Ic. Pl. Ross. 1: 5, tab. 2. 1829; 东北草本植物志3: 181. 图版78: 6 ~ 7. 1975; 中国植物志28: 138. 图版14. 1980; 辽宁植物志（上册）: 519. 图版214: 4 ~ 5. 1988; 内蒙古植物志（第二版）2: 525. 图版212: 1 ~ 3. 1990; 东北植物检索表（第二版）: 195. 图版90: 6. 1995; Fl. China 6: 386. 2001.

生荒山坡、草坡岩石缝中及林下。产黑龙江省呼玛；吉林省安图；辽宁省建昌、凌源；内蒙古自治区自治区鄂伦春、科尔沁右翼前旗、阿鲁科尔沁旗、克什克腾旗、赤峰市红山区等地。

茎有利尿通淋作用。全草有消食健胃、散结作用。

■ 长瓣铁线莲

植株一部分

居群

花序一部分

（6）高山铁线莲（东北植物检索表，东北草本植物志）

Clematis nobilis Nakai in Bot. Mag. (Tokyo) 28: 303. 1914; 东北草本植物志3: 179. 图9. 1975; 东北植物检索表（第二版）: 195. 图版90: 7. 1995.

生高山冻原或岳桦林缘。产吉林省长白山。

■ 高山铁线莲

基生叶

花

植株

居群

（7）西伯利亚铁线莲（黑龙江省植物志，内蒙古植物志，东北植物检索表，东北草本植物志，中国植物志，Flora of China）

Clematis sibirica (L.) Mill. in Gard. Dict. ed. 8: 12. 1768 9; 东北草本植物志3: 179, 图版78: 1 ~ 5. 1975; 中国植物志28: 135. 图版40. 1980; 内蒙古植物志（第二版）2: 524. 图版211: 5 ~ 8. 1990; 黑龙江省植物志5: 65. 图版20: 6 ~ 10.1992; 东北植物检索表（第二版）: 195. 图版90: 8. 1995; Fl. China 6: 385.2001.

（7a）西伯利亚铁线莲（原变种）

Clematis sibirica var. *sibirica*

■ 西伯利亚铁线莲

果序

植株

花正面观

花背面观

茎叶

生林边、路边及云杉林下。产黑龙江省伊春、海林、呼玛、嘉荫、逊克、尚志；吉林省安图；内蒙古自治区自治区根河、牙克石、鄂伦春、科尔沁右翼前旗（白狼）等地。

（7b）半钟铁线莲（变种）（黑龙江省植物志，内蒙古植物志，东北植物检索表，东北草本植物志，中国植物志，Flora of China）

Clematis sibirica var. *ochotensis* (Pallas) S. H. Li & Y. H. Huang, 东北草本植物志3: 179. 1975; 内蒙古植物志（第二版）2: 524. 1990; Fl. China 6: 385. 2001.——*C. ochotensis* (Pall.) Poir. in Encycl. Meth. Suppl. 2:

■ 半钟铁线莲

枝叶

果序

花

■ 半钟铁线莲

植株一部分

植株

298. 1812; 中国植物志28: 137. 图版13. 1980; 黑龙江省植物志5: 64. 图版16: 7 ~ 10.1992; 东北植物检索表（第二版）: 195. 1995.

生海拔600 ~ 1200米的山谷、林边及灌丛中。产黑龙江省哈尔滨、阿城、伊春、呼玛；吉林省安图、敦化；辽宁省凌源；内蒙古自治区牙克石、科尔沁右翼前旗、克什克腾旗、宁城等地。

（8）转子莲（中国植物志，Flora of China）；大花铁线莲（辽宁植物志，东北植物检索表，东北草本植物志）

Clematis patens Morr. et Decne. in Bull. Acad. Brux. 3: 173. 1836; 东北草本植物志3: 177. 图版77: 7 ~ 11. 1975; 中国植物志28: 200. 图版63. 1980; 辽宁植物志（上册）: 528. 图版219. 1988; 东北植物检索表（第二版）: 193. 图版90: 2. 1995; Fl. China 6: 371. 2001.

生山坡开阔地或灌丛。产辽宁省丹东、东港、凤城、宽甸、普兰店、金州、庄河；内蒙古自治区敖汉旗大黑山等地。

花大且观赏性好。根有祛瘀、利尿、解毒作用。

■ 转子莲

花背面观

花正面观

■ 转子莲

植株

植株一部分

（9）圆锥铁线莲（中国植物志，Flora of China）；黄药子（植物名实图考）

Clematis terniflora DC. Syst. 1: 137. 1818; 中国植物志28: 170. 1980; Fl. China 6: 357. 2001.

（9a）圆锥铁线莲（原变种）

Clematis terniflora var. *terniflora*

中国产陕西、河南、山西等省。东北地区不产。

（9b）辣蓼铁线莲（变种）（辽宁植物志，黑龙江省植物志，内蒙古植物志，东北植物检索表，东北草本植物志，中国植物志，Flora of China）

Clematis terniflora var. *mandshurica* (Rupr.) Ohwi in Act. Phytotax. Geobot. 7: 43. 1938; 中国植物志28: 170. 1980; Fl. China 6: 357. 2001.——*C. mandshurica* Rupr. in Bull. Cl. Phys.–Math. Acad. Imp. Sci. Saint–Pétersbourg 15: 258. 1857; 东北草本植物志3: 169. 图版74: 1 ~ 4. 1975; 辽宁植物志（上册）: 525. 图版217. 1988; 内蒙古植物志（第二版）2: 522. 图版211: 4. 1990; 黑龙江省植物志5: 62. 图版21: 1 ~ 4.1992; 东北植物检索表（第二版）: 193. 图版91: 3. 1995.

生林缘、山坡灌丛、阔叶林下。产黑龙江省哈尔滨、绥芬河、集贤、嫩江、鸡西、密山、虎林、穆棱、黑河、富锦、宁安、萝北、伊春、逊克、嘉荫、鹤岗；吉林省安图、靖宇、和龙、汪清、珲春、桦甸、通化、长春、吉林；辽宁省沈阳、抚顺、西丰、清原、昌图、鞍山、本溪、凤城、宽甸、桓仁、丹东、庄河、长海、大连、北镇、锦州；内蒙古自治区莫力达瓦达斡尔等地。

根及根茎有祛风止痛、通络作用。嫩苗可食。

■ 辣蓼铁线莲

苗期植株

果序

花序

（10）褐毛铁线莲（辽宁植物志，黑龙江省植物志，内蒙古植物志，东北植物检索表，东北草本植物志，中国植物志，Flora of China）

Clematis fusca Turcz. in Bull. Soc. Nat. Mosc. 14: 60. 1840; 东北草本植物志3: 175, 图版77: 1 ~ 4.1975; 中国植物志28: 89. 图版24. 1980; 辽宁植物志（上册）: 522. 1988; 内蒙古植物志（第二版）2: 527. 图版212: 4 ~ 6. 1990; 黑龙江省植物志5: 58. 图版20: 1 ~ 4.1992; 东北植物检索表（第二版）: 193. 图版90: 1. 1995; Fl. China 6: 384. 2001.——*C. fusca* f. *obtusifoliola* Kuntze in Verh. Bot. Ver. Brand. 26: 132. 1885; 东北草本植物志3: 177, 图版77: 6. 1975.

（10a）褐毛铁线莲（原变种）

Clematis fusca var. *fusca*

生山坡草地、林缘、灌丛。产黑龙江省伊春、萝北、集贤、密山、虎林、饶河、尚志、爱辉、嫩江；吉林省长春、蛟河、抚松、靖宇、汪清、安图；辽宁省辽阳、瓦房店、大连、庄河、岫岩、风城、清原、义县、北镇、凌源；内蒙古自治区扎兰屯、鄂伦春、阿荣旗、扎赉特旗等地。

全草有活血祛瘀、消肿止痛作用。

■ 褐毛铁线莲

果序

花

植株一部分

（10b）紫花铁线莲（变种）（辽宁植物志，黑龙江省植物志，内蒙古植物志，东北植物检索表，东北草本植物志，中国植物志，Flora of China）

Clematis fusca var. *violacea* Maxim. in Prim. Fl. Amur. 11. 1859; 东北草本植物志3: 177, 图版77: 5.1975; 中国植物志28: 91. 1980; 辽宁植物志（上册）: 523. 1988; 内蒙古植物志（第二版）2: 527. 1990; 黑龙江省植物志5: 61. 图版20: 5.1992; 东北植物检索表（第二版）: 193. 1995; Fl. China 6: 384. 2001.

生山坡和灌丛。产黑龙江省哈尔滨、伊春、黑河、尚志、嫩江、爱辉；吉林省靖宇县等东南部地区；辽宁省本溪、宽甸、桓仁、新宾、清原、建昌、瓦房店、庄河；内蒙古自治区鄂伦春等地。模式标本采自黑龙江。

■ 紫花铁线莲

蓇葖果

花

植株一部分

（11）短尾铁线莲（辽宁植物志，黑龙江省植物志，内蒙古植物志，中国植物志，Flora of China）；林地铁线莲（东北植物检索表，东北草本植物志）

Clematis brevicaudata DC. in Syst. 1: 138. 1818; 东北草本植物志3: 169. 图版73: 1 ~ 4. 1975; 中国植物志28: 188. 图版26. 1980; 辽宁植物志（上册）: 527. 图版218: 1 ~ 4. 1988; 内蒙古植物志（第二版）2: 522. 图版211: 1 ~ 3. 1990; 黑龙江省植物志5: 57. 图版19: 1 ~ 4. 1992; 东北植物检索表（第二版）: 195. 图版91: 1. 1995; Fl. China 6: 350. 2001.

生山坡灌丛、林缘、林下。产黑龙江省尚志、依兰、孙吴、哈尔滨、伊春；吉林省前郭、蛟河、扶余、长白、安图；辽宁省新民、海城、营口、朝阳、凌源、建昌、瓦房店、金州、庄河、普兰店；内蒙古自治区鄂伦春、鄂温克、科尔沁右翼前旗、科尔沁右翼中旗、扎赉特旗、科尔沁左翼后旗、大青沟、翁牛特旗、敖汉旗、巴林右旗、阿鲁科尔沁旗、克什克腾旗、喀喇沁旗、林西、多伦、太仆寺旗等地。

藤条药用，主治尿道感染、尿频、尿道痛、心烦尿赤、口舌生疮、大便秘结等。

■ 短尾铁线莲

果序

花序

叶

植株一部分

（12）羽叶铁线莲（中国植物志，Flora of China）

Clematis pinnata Maxim. in Bull. Acad. Sci. St.–Petersb. 22: 216. 1876; 中国植物志28: 180. 1980; 沈阳农学院学报2: 72 ~ 74. 1984; Fl. China 6: 370. 2001.

生山坡上。产辽宁省沈阳（东陵、辉山）。

■ 羽叶铁线莲

植株一部分

花正面观

花侧面观

（13）芹叶铁线莲（内蒙古植物志，东北植物检索表，东北草本植物志，中国植物志，Flora of China）

Clematis aethusifolia Turcz. in Bull. Soc. Nat. Mosc. 5: 181. 1832; 中国植物志28: 115. 图版10. 1980; 内蒙古植物志（第二版）2: 528. 图版213: 1 ~ 3. 1990; 东北植物检索表（第二版）: 193. 1995; Fl. China 6: 381. 2001.

（13a）芹叶铁线莲（原变种）

Clematis aethusifolia var. *aethusifolia*

生山坡及水沟边。产内蒙古自治区莫力达瓦达斡尔、科尔沁右翼前旗、克什克腾旗等地。

全草有健胃、消食作用，治胃包囊虫和肝包囊虫，外用除疮、排脓。

（13b）宽芹叶铁线莲（变种）（内蒙古植物志，东北植物检索表，中国植物志，Flora of China）；芹叶铁线莲（东北草本植物志）

Clematis aethusifolia var. *latisecta* Maxim. Prim. Fl. Amur. 12. 1859; 东北草本植物志3: 172. 图版75: 1 ~ 3. 1975; 中国植物志28: 116. 1980; 内蒙古植物志（第二版）2: 528. 图版213: 4. 1990; 东北植物检索表（第二版）: 193. 图版71: 6.1995; Fl. China 6: 381. 2001.

生海拔1500 ~ 2000米的山坡灌丛中。产黑龙江省呼玛、黑河；内蒙古自治区根河、莫力达瓦达斡尔旗、克什克腾旗、扎赉特旗等地。

■ 宽芹叶铁线莲

花

植株

植株一部分

（14）齿叶铁线莲（辽宁植物志，东北植物检索表，东北草本植物志，中国植物志，Flora of China）

Clematis serratifolia Rehd. in Mitt. Deutsch. Dendr. Ges. 248. 1910; 东北草本植物志3: 173. 图版75: 4 ~ 7. 1975; 中国植物志28: 143. 图版16. 1980; 辽宁植物志（上册）: 523. 图版216: 1 ~ 4. 1988; 东北植物检索表

（第二版）: 193. 图版91: 5. 1995; Fl. China 6: 366. 2001.

生山坡、林下、山沟溪流旁灌丛及河套。产黑龙江省东宁、尚志；吉林省抚松、汪清、珲春、和龙、安图、敦化；辽宁省抚顺、新宾、清原、西丰、本溪、宽甸、桓仁、凤城、岫岩、丹东、庄河、凌源等地。

地上部分治慢性胃病、消化不良等。

■ 齿叶铁线莲

花

植株一部分

（15）黄花铁线莲（辽宁植物志，内蒙古植物志，东北植物检索表，东北草本植物志，中国植物志，Flora of China）

Clematis intricata Bunge in Mem. Acad. S.–Petersb. Sav. Etr. 2: 75. 1833; 东北草本植物志3: 173. 图版75: 8. 1975; 中国植物志28: 142. 图版15. 1980; 辽宁植物志（上册）: 523. 图版216: 5 ~ 6. 1988; 内蒙古植物志（第二版）2: 531. 图版214: 3 ~ 5. 1990; 东北植物检索表（第二版）: 193. 图版91: 4. 1995; Fl. China 6: 367. 2001.

生山坡、路旁或灌丛中。产辽宁省本溪、宽甸、桓仁、凌源等地。

全草入藏药，用于胃寒、消化不良、寒性肿瘤、水肿等。

■ 黄花铁线莲

果期植株

花期植株

植株一部分

13 侧金盏花属　*Adonis* L.

Adonis L. Gen. Pl. 166. 1737.

多年生或一年生草本。茎不分枝或分枝。叶基生并茎生，基生叶和茎下部叶常退化成鳞片状，茎生叶互生，数回掌状或羽状细裂。花单生于茎或分枝顶端，两性；萼片5～8，淡黄绿色或带紫色，长圆形或卵形；花瓣5～24，黄色、白色或蓝色，倒卵形、倒披针形或长圆形，无蜜腺；雄蕊多数，花药长圆形或椭圆形，花丝狭线形或近丝形；心皮多数，螺旋状着生于圆锥状的花托上，子房卵形，有1颗胚珠，花柱短，柱头小。瘦果倒卵球形或卵球形，通常有隆起的脉网，宿存花柱短。

本属全世界约30种，分布于亚洲和欧洲。中国有10种，分布于西南、西北、东北和山西等省区。东北地区产3种。

分种检索表

1. 萼片黄绿色；花直径4～4.5厘米；全株除心皮外均无毛 ………………… 1. 北侧金盏花 A. sibirica Patr. et Ledeb.
1. 萼片淡灰紫色或灰紫色；花直径2.5～4厘米；茎顶部有或无稀疏短柔毛。
  2. 萼片4～10，与花瓣等长或稍长；茎下部叶有长柄，中部以上叶有稍长柄或短柄 ……………………………………………………………………………… 2. 侧金盏花 A. amurensis Regel et Radde
  2. 萼片4～5，近乎花瓣一半长；茎生叶无柄或近无柄 ………………………… 3. 辽吉侧金盏花 A. ramosa Franch.

（1）北侧金盏花（内蒙古植物志，东北植物检索表，东北草本植物志，中国植物志，Flora of China）

Adonis sibirica Patr. et Ledeb. in Index Seminum (TU) 1824(Suppl.): 2 1824; 东北草本植物志3: 201. 1975; 中国植物志28: 252. 图版84: 6～7. 1980; 内蒙古植物志（第二版）2: 480. 图版194: 3～4. 1990; 东北植物检索表（第二版）: 185. 1995; Fl. China 6: 390.2001.

生林缘草甸。产黑龙江省大兴安岭地区；内蒙古自治区根河、新巴尔虎左旗等地。

■ 北侧金盏花

花

居群

植株

（2）侧金盏花（辽宁植物志，黑龙江省植物志，东北植物检索表，东北草本植物志，中国植物志，Flora of China）

Adonis amurensis Regel et Radde in Bull. Soc. Nat. Mosc. 33 (1): 35. 1861; 东北草本植物志3: 201. 图版43: 1～4. 1975; 中国植物志28: 250. 图版84: 1～3. 1980; 辽宁植物志（上册）: 529. 图版220: 1～4. 1988; 黑龙江省植物志5: 29. 图版10: 1～4.1992; 东北植物检索表（第二版）: 185. 图版85: 2. 1995; Fl. China 6: 390. 2001.

生针阔混交林、阔叶林内及林缘、山坡、路旁及灌丛中。产黑龙江省阿城、伊春、尚志等山地；吉林省安图；辽宁省西丰、新宾、鞍山、本溪、凤城、宽甸、桓仁、丹东、开原、庄河等地。模式标本采自黑龙江下游地区。

全草有强心、利尿作用。全草有毒，根毒性较大。

■ 侧金盏花

果序

果期植株

花侧面观

花期植株

（3）辽吉侧金盏花（辽宁植物志，东北植物检索表，中国植物志，Flora of China）

Adonis ramose Franch. in Bull. Annuel Soc. Philom. Paris Ⅷ 6: 91. 1894; 东北植物检索表（第二版）: 185. 图版85: 3. 1995; Fl. China 6: 390. 2001.——*A. pseudoamurensis* W. T. Wang, 中国植物志28: 252. 图版83: 11～12. 1980; 辽宁植物志（上册）: 531. 图版220: 5. 1988.

生山坡阳处。产吉林省辉南；辽宁省庄河、凤城、宽甸、桓仁等地。

全草有强心利尿作用。

■ 辽吉侧金盏花

果期植株

果序

花侧面观

花期植株

14 碱毛茛属 *Halerpestes* E. L. Greene

Halerpestes E. L. Greene in Pittonia 4: 207. 1900.

多年生草本。匍匐茎伸长，横走，节处生根并簇生数叶。叶多数基生，单叶全缘，有齿或3裂，有时多回细裂，大多质地较厚而无毛；叶柄基部变宽成鞘。花葶单一或上部分枝，无叶或有苞片；花单朵顶生；萼片绿色，5，草质，脱落；花瓣黄色，5～12枚，基部有爪；雄蕊多数，花药卵圆形，花丝细长；花托圆柱形，密生白色短毛。聚合果球形至长圆形；瘦果多数，斜倒卵形，两侧扁或稍鼓起，有3～5(～7)条分歧的纵肋，边缘有窄棱，果皮薄，喙短，直或外弯。

本属全世界有10种，分布于温寒地带和热带高山地区。中国有5种，分布于西藏、四川、西北、华北和东北地区。东北地区产2种1变种1变型。

分种检索表

1. 叶片近圆形；花瓣5，花径6～8毫米；聚合果椭圆状球形（1. 碱毛茛 H. sarmentosa (Adams) Komarov & Alissova）。
   2. 叶缘有3～10个圆齿 ………………………… 1a. 碱毛茛 H. sarmentosa var. sarmentosa

（接上表）

2. 叶掌状3～5深裂，裂片长倒卵状楔形或长匙形且具圆齿

……………………………… **1b. 裂叶碱毛茛** H. sarmentosa var. multisecta (S. H. Li & Y. H. Huang) W. T. Wang

1. 叶片卵形或长圆形；花瓣7～13，花径1.5～2厘米；聚合果卵球形（**2. 长叶碱毛茛** H. ruthenica (Jacq.) Ovcz.）。

3. 叶顶端具3～5钝齿；植株高15～22厘米 ……………………………… **2a. 长叶碱毛茛** H. ruthenica f. ruthenica

3. 叶缘具多数不整齐的牙齿；植株较高大 … **2b. 齿叶碱毛茛** H. ruthenica f. multidentatus S. H. Li et Y. H. Huang

（1）碱毛茛（Flora of China）；水葫芦苗（内蒙古植物志，中国植物志）；圆叶碱毛茛（辽宁植物志，黑龙江省植物志，东北植物检索表）；圆叶硷毛茛（东北草本植物志）

Halerpestes sarmentosa (Adams) Komarov & Alissova, Key Pl. Far East. URSS. 1: 550. 1931; Fl. China 6: 437. 2001.——*Halerpestes cymbalaria* (Pursh) Green in Pittonia 4: 207. 1900; 中国植物志28: 335. 图版105: 4～7. 1980; 黑龙江省植物志5: 73. 图版25: 1～2.1992.——*Ranunculus cymbalaria* Pursh in Fl. Amer. Sept. 2: 392. 1813; 东北草本植物志3: 185. 1975; 辽宁植物志（上册）: 540. 图版225: 4～5. 1988; 东北植物检索表（第二版）: 202. 图版94: 10. 1995.——*Halerpestes sarmentosa* auct. non (Adams) Kom. & Aliss.; 内蒙古植物志（第二版）2: 487. 图版197: 1～2. 1990.

（1a）碱毛茛（原变种）

Halerpestes sarmentosa var. *sarmentosa*

生山谷溪流旁、海岸沙地、盐碱性湿草地。产黑龙江省哈尔滨、尚志、克山、富裕、佳木斯；吉林省白城、双辽、通榆；辽宁省铁岭、法库、康平、沈阳、盘锦、阜新、黑山、葫芦岛、绥中、建平、凌源、丹东；内蒙古自治区海拉尔、额尔古纳、根河、牙克石、满洲里、新巴尔虎左旗、新巴尔虎右旗、科尔沁右翼前旗、科尔沁右翼中旗、扎赉特旗、科尔沁左翼后旗、扎鲁特旗、通辽、翁牛特旗、阿鲁科尔沁旗、克什克腾旗、喀喇沁旗、赤峰市红山区、东乌珠穆沁旗、锡林浩特等地。

■ 碱毛茛

基生叶

花

植株

（1b）裂叶碱毛茛（变种）（辽宁植物志，东北植物检索，Flora of China）；裂叶硷毛茛（东北草本植物志）

Halerpestes sarmentosa var. *multisecta* (S. H. Li & Y. H. Huang) W. T. Wang in Guihaia 15: 102. 1995; Fl. China 6: 437. 2001.——*Ranunculus cymbalaria Pursh* f. *multisecta* S. H. Li et Y. H. Huang, 东北草本植物志3: 187, 230. 图版80: 7. 1975; 辽宁植物志（上册）: 540. 图版225: 6. 1988; 东北植物检索表（第二版）: 202. 1995.

生湿草地。产辽宁省北镇（模式标本采自沟帮子）等地。

（2）长叶碱毛茛（辽宁植物志，东北植物检索表，中国植物志，Flora of China）；黄戴戴（内蒙古植物志）；长叶硷毛茛（东北草本植物志）

Halerpestes ruthenica (Jacq.) Ovcz. in Fl. URSS. 7: 331. 1937; 中国植物志28: 336. 图版105: 1 ~ 3. 1980; 内蒙古植物志（第二版）2: 487. 图版197: 3 ~ 4. 1990; Fl. China 6: 437. 2001.——*Ranunculus ruthenicus* Jacq. in Hort. Vindob. 3: 19. 1776; 东北草本植物志3: 187. 图版80: 1 ~ 3. 1975; 辽宁植物志（上册）: 540. 图版225: 1 ~ 3. 1988; 东北植物检索表（第二版）: 202. 图版94: 9. 1995.

（2a）长叶碱毛茛（原变型）

Halerpestes ruthenica f. *ruthenica*

生盐碱沼泽地或湿草地。产吉林省双辽、镇赉、通辽；辽宁省彰武、康平、建平；内蒙古自治区海拉尔、额尔古纳、根河、满洲里、鄂温克、科尔沁右翼前旗、扎赉特旗、科尔沁左翼后旗、通辽、翁牛特旗、敖汉旗、巴林右旗、阿鲁科尔沁旗、赤峰、东乌珠穆沁旗、西乌珠穆沁旗、锡林浩特等地。

全草、种子有解毒、温中止痛作用。

■ 长叶碱毛茛

叶背面观

基生叶

花

（2b）齿叶碱毛茛（变型）（东北草本植物志）

Halerpestes ruthenica f. *multidentatus* S. H. Li et Y. H. Huang, 东北草本植物志3: 187. 80: 4. 1975.

生湿地。产内蒙古自治区海拉尔、新巴尔虎左旗（模式标本采集地）、新巴尔虎右旗等地。

■ 齿叶碱毛茛

基生叶

果实

居群

15 毛茛属 *Ranunculus* L.

Ranunculus L. Syst. ed. 1. 1735.

多年生草本，少数为一年生草本，陆生或水生。茎直立、斜升或有匍匐茎。叶大多基生并茎生，单叶或三出复叶，3浅裂至3深裂，或全缘及有齿；叶柄伸长，基部扩大成鞘状。花单生或成聚伞花序；花两性，整齐，萼片5，绿色，草质；花瓣5，有时6～10枚，黄色或白色，基部有爪；雄蕊通常多数，向心发育；心皮多数，离生。聚合果球形或长圆形；瘦果平滑或具明显的横皱纹，喙直伸或外弯。

本属全世界约有550种，广布全世界温寒地带，多数分布于亚洲和欧洲。中国有125种，广布各地，多数种分布于西北和西南高山地区。东北地区产26种1亚种6变种1变型。

分种检索表

1. 水生；花瓣白色或下部黄色；瘦果具明显的横皱纹。
  2. 叶柄长2～5厘米，无毛 ························ **1. 长叶水毛茛 R. kauffmanii** Clerc
  2. 叶柄长0～2厘米，有密或疏的短糙毛。
    3. 叶片显著短于节间 ························ **2. 硬叶水毛茛 R. foeniculaceus** Gilib.
    3. 叶片等长或稍短于节间。
      4. 叶柄长1～2厘米；茎长30厘米以上 ························ **3. 水毛茛 R. bungei** Steud.
      4. 叶柄长0～2.5毫米，如达5～15毫米则茎长不超过6厘米。
        5. 叶无柄 ························**4. 镜泊水毛茛 R. jingpoensis** (G. Y. Zhang, Chen Wang & X. Jun Liu) Luferov
        5. 有叶柄（**5. 毛柄水毛茛 R. trichophyllus** Chaix. ex Vill.）。
          6. 叶柄长2～2.5毫米 ························**5a. 毛柄水毛茛 R. trichophyllus** subsp. **trichophyllus**
          6. 叶柄长5～15毫米 ························**5b. 小水毛茛 R. trichophyllus** subsp. **eradicatus** (Laest.) C. D. K. Cook
1. 陆生，稀水生；花瓣黄色；瘦果平滑或具刺或具瘤状突起。
  7. 叶全缘，稀具1～2小齿。
    8. 茎丝状匍匐；叶片狭线形至丝状，长3.5～5.5厘米，宽1～2毫米；花直径约1厘米··· **6. 松叶毛茛 R. reptans** L.
    8. 茎直立或斜升。
      9. 叶片披针形，长2～7厘米，宽5～15毫米；花直径1～1.3厘米 ······ **7. 长茎毛茛 R. longicaulis** C. A. Mey.
      9. 叶片线状披针形，长7～14厘米，宽3～7毫米；花直径1.7～2.5厘米 ······ **8. 披针毛茛 R. amurensis** Kom.
  7. 叶分裂。
    10. 水生或沼泽植物。
      11. 聚合果径2～3毫米；叶片近圆形，掌状细裂，终裂片线形，宽约1毫米 ···**9. 小掌叶毛茛 R. gmelinii** DC.
      11. 聚合果径3～8毫米；叶片近肾状圆形或肾形，深裂或浅裂，终裂片倒卵状楔形或钝圆，裂片宽1.5～8毫米。
        12. 叶片肾状圆形，3～5深裂、中裂或浅裂；花直径7～13毫米；聚合果径3～5毫米 ························ **10. 沼地毛茛 R. radicans** C. A. Mey.
        12. 叶片肾形，3～5浅裂，裂片钝圆；花直径5～8毫米；聚合果径3～8毫米。
          13. 植株高20厘米以上；花托散生短毛；花直径7～8毫米；聚合果径6～8毫米 ························ **11. 浮毛茛 R. natans** C. A. Mey.
          13. 植株高3～5厘米；花托无毛；花直径5毫米；聚合果径3～4毫米 ························ **12. 内蒙古毛茛 R. intramongolicus** Y. Z. Zhao

（接上表）

10. 陆生植物
14. 茎直立，被开展的长硬毛；花较小，直径6～15毫米。
15. 多年生草本；聚合果近球形，直径8～9毫米，果喙长约1.5毫米 ………………………………………… **13. 长嘴毛茛 *R. tachiroei*** Franch. et Sav.
15. 一年生草本；聚合果椭圆形，长10～13毫米，宽7～8毫米，果喙长约0.2毫米 ………………………………………… **14. 茴茴蒜 *R. chinensis*** Bunge
14. 茎斜升或直立，无毛或被柔毛（稀被短糙毛）；花较大，直径10～25毫米（石龙芮除外）。
16. 具匍匐枝，节上生根；花直径15～25毫米（**15. 匍枝毛茛 *R. repens*** L.）。
17. 花单瓣 ………………………………………… **15a. 匍枝毛茛 *R. repens*** f. ***repens***
17. 花重瓣 ………………………… **15b. 重瓣毛茛 *R. repens*** f. ***polypetalus*** S. H. Li et Y. H. Huang
16. 无匍匐枝。
18. 瘦果两面鼓凸，被短毛或无毛。
19. 基生叶1～2，基部有2枚膜质鞘 ………………………… **16. 单叶毛茛 *R. monophyllus*** Ovcz.
19. 基生叶3～10，基部无膜质鞘。
20. 茎基部有枯叶；基生叶基部心形或浅心形。
21. 瘦果无毛；基生叶卵圆形，边缘有5～11深齿裂或为7～13掌状深裂，裂片宽披针形；花直径1～1.5厘米 ……………… **17. 掌裂毛茛 *R. rigescens*** Turez. ex Ovcz.
21. 瘦果有毛；基生叶近圆形或心状五角形，掌状7～15深裂，裂片线状披针形，有不等齿裂；花直径2～2.5厘米 … **18. 裂叶毛茛 *Ranunculus pedatifidus*** J. E. Smith
20. 茎基部无枯叶；基生叶3深裂或不裂而具齿或缺刻。
22. 瘦果倒卵状椭圆形，无毛，果喙直；基生叶边缘具3～5齿或缺刻；茎近直立 ………………………………………… **19. 美丽毛茛 *R. pulchellus*** C. A. Mey.
22. 瘦果近球形，密被短毛，果喙先端钩状弯曲；基生叶3深裂；茎柔弱，斜升 ………………………………………… **20. 深山毛茛 *R. franchetii*** De Boiss.
18. 瘦果两面扁或稍扁，无毛。
23. 聚合果长圆形；瘦果长约1毫米；叶片3～5深裂；花直径6～8毫米 ………………………………………… **21. 石龙芮 *R. sceleratus*** L.
23. 聚合果近球形；瘦果长2毫米以上。
24. 花直径8～12毫米；叶三出具宽裂片，茎疏生伏毛 … **22. 钩柱毛茛 *R. silerifolius*** H. Lév.
24. 花直径15～25毫米。
25. 根状茎发达而横走；叶片基部楔形，3深裂（**23. 楔叶毛茛 *R. cuneifolius*** Maxim.）。
26. 叶中裂片上部最宽处宽4～7毫米，上部边缘具2枚齿牙；茎基部被伏毛；花2～5朵 ………………………… **23a. 楔叶毛茛 *R. cuneifolius*** var. ***cuneifolius***
26. 叶中裂片上部最宽处宽1.5～2厘米，上部边缘具10枚左右的不整齐牙齿；茎基部被伸展毛；花20～30朵 ……… **23b. 宽楔叶毛茛 *R. cuneifolius*** var. ***latisectus*** S. H. Li et Y. H. Huang
25. 根状茎短而不发达。
27. 有地下匍匐枝；基生叶约5；叶柄6～22.5厘米，具糙伏毛；叶片3半裂，心形，纸质，具糙伏毛（**24. 大毛茛 *R. grandis*** Honda）。

（接上表）

28. 叶长3～8厘米，宽4.8～14厘米 …… **24a. 大毛茛** R. grandis var. grandis
28. 叶长6～12厘米，宽8～15厘米 ……………………… **24b. 帽儿山毛茛** R. grandis var. manshuricus Hara
27. 无地下匍匐枝。
29. 茎基部具枯叶纤维；茎及叶柄被褐色长毛；基生叶大而呈圆心形，深裂几乎达基部………………………………………**25. 兴安毛茛** R. smirnovii Ovcz.
29. 茎基部无枯叶纤维。
30. 花托被毛；基生叶片圆心形，长与宽为3～4厘米，中裂片菱状楔形，边缘有不规则齿牙 …………… **26. 棱边毛茛** R. submarginatus Ovcz.
30. 花托无毛；基生叶片圆心形或五角形，长及宽为3～10厘米，中裂片倒卵状楔形或宽卵圆形或菱形，边缘有粗齿或缺刻（**27. 毛茛** R. japonicus Thunb.）。
31. 茎及叶柄被开展毛或伏毛，有时近无毛。
32. 植株较壮，茎较粗，花较大；叶两面贴生柔毛，下面或幼时的毛较密 …………… **27a. 毛茛** R. japonicus var. japonicus
32. 植株纤细，茎细，花小。
33. 植株纤细矮小；叶两面密被小粗毛 ……… **27b. 白山毛茛** R. japonicus var. monticola Kitag.
33. 植株纤细较高；叶毛少，有时茎下部及叶近无毛 ……… **27c. 草地毛茛** R. japonicus var. pratensis Kitag.
31. 茎、叶柄、叶背面密被绢毛 ……**27d. 银叶毛茛** R. japonicus var. hsinganensis (Kitag.) W.T. Wang

（1）长叶水毛茛（黑龙江省植物志，内蒙古植物志，东北植物检索表，东北草本植物志，中国植物志，Flora of China）

Ranunculus kauffmanii Clerc in Bull. Soc. Oural. Amat. Sci. Nat. 4: 107. 1878; 东北草本植物志3:

■ 长叶水毛茛

花

叶

■ 长叶水毛茛

植株

叶长于节间

183. 1975; 中国植物志28: 340. 1980; 东北植物检索表（第二版）: 200. 图版94: 5. 1995.——*Batrachium kauffmanii* (Clerc) Krecz. in Fl. URSS 7: 343, pl. 21, f. 5 1937; 内蒙古植物志（第二版）2: 484. 图版195: 5 ~ 6. 1990; 黑龙江省植物志5: 47.1992; Fl. China 6: 432.2001.

生水中。产黑龙江省尚志；吉林省抚松、安图、和龙、汪清；内蒙古自治区牙克石、科尔沁右翼前旗、克什克腾旗、科尔沁左翼后旗等地。

（2）硬叶水毛茛（黑龙江省植物志，内蒙古植物志，东北植物检索表，东北草本植物志，中国植物志，Flora of China）

Ranunculus foeniculaceus Gilib. in Fl. Lit. Inch. 5: 261 1782; 东北草本植物志3: 185. 1975; 东北植物检索表（第二版）: 200. 图版94: 4. 1995.——*Batrachium foeniculaceum* (Gilib.) Krecz. in Fl. URSS 7: 338 1937; 中国植物志28: 342. 图版106：1 ~ 2. 1980; 内蒙古植物志（第二版）2: 484. 图版195: 5 ~ 6. 1990; 黑龙江省植物志5: 46. 图版16: 1 ~ 2.1992; Fl. China 6: 433.2001.

生浅水中。产黑龙江省哈尔滨及大兴安岭高山湖沼；内蒙古自治区鄂伦春、扎赉特旗、乌兰浩特等地。

（3）水毛茛（内蒙古植物志，东北植物检索表，中国植物志，Flora of China）；扇叶水毛茛（辽宁植物志，东北草本植物志）

■ 水毛茛

花期

植株一部分

■ 水毛茛

茎叶

花

花侧面观

Ranunculus bungei Steud. in Nom. Bot. 2: 432. 1841; 东北草本植物志3: 185. 1975; 辽宁植物志（上册）: 540. 图版226: 1 ~ 3. 1988; 东北植物检索表（第二版）: 200. 图版94: 7. 1995.——*Batrachium bungei* (Steud.) L. Liou, 中国植物志28: 341. 图版106: 5 ~ 8. 1980; 内蒙古植物志（第二版）2: 486. 图版196: 3 ~ 4. 1990; Fl. China 6: 432. 2001.

生山谷溪流、河滩积水地或水塘中。产辽宁省凌源、建昌；内蒙古自治区牙克石（乌尔其汗）。

（4）镜泊水毛茛（植物研究，Flora of China）

Ranunculus jingpoensis (G. Y. Zhang, Chen Wang & X. Jun Liu) Luferov′ Novosti Sist. Vyssh. Rast. 45: 147. 2014.——*Batrachium trichophyllum* var. *jingpoense* (G.Y.Chang et al.) W.T.Wang, Phytologia 79(5): 387. 1996; Fl. China 6: 433. 2001.——*Batrachium jingpoense* G. Y. Chang, Bull. Bot. Res., Harbin 12: 241. 1992.

生沼泽水中。产黑龙江省宁安镜泊湖（模式标本采集地）。

（5）毛柄水毛茛（辽宁植物志，黑龙江省植物志，内蒙古植物志，东北植物检索表，中国植物志，Flora of China）

Ranunculus trichophyllus Chaix. ex Vill. in Hist. pl. Dauph. 1: 335. 1786; 辽宁植物志（上册）: 542. 图版226: 4 ~ 6. 1988; 东北植物检索表（第二版）: 200. 图版94: 6. 1995.——*R. flaccidus* Pers. in Usteri, Ann. 14: 39, 1795; 东北草本植物志3: 183, 图版79: 1 ~ 3. 1975.——*Batrachium trichophyllum* (Chaix) Bossche in Proar. Fl. Bat. 7. 1850; 中国植物志28: 341. 1980; 内蒙古植物志（第二版）2: 486. 图版196: 3 ~ 4. 1990; 黑龙江省植物志5: 47. 图版16: 4 ~ 6.1992; Fl. China 6: 433. 2001.

（5a）毛柄水毛茛（原亚种）

Ranunculus trichophyllus subsp. *trichophyllus*

生河边水中或沼泽水中。产黑龙江省哈尔滨、齐齐哈尔、伊春、北安；辽宁省康平、彰武；内蒙古自治区通辽等地。

■ 毛柄水毛茛

花

叶

植株一部分

聚合果

植株

（5b）小水毛茛（亚种）（黑龙江省植物志，内蒙古植物志，东北植物检索表，东北草本植物志，中国植物志，Flora of China）

Ranunculus trichophyllus subsp. *eradicatus* (Laest.) C.D.K.Cook in Mitt. Bot. Staatssamml. München 6: 622 1967.——*Ranunculus eradicatus* (Laest.) Johans. in Canad. Field-Naturalist 48: 127 1934; 东北草本植物志3: 185. 1975; 内蒙古植物志（第二版）2: 482. 图版195: 3 ~ 4. 1990; 东北植物检索表（第二版）: 200. 图版94: 3. 1995.——*Batrachium eradicatum* (Laest.) Fr. in Bot. Not. 1843: 114. 1843; 中国植物志28: 342. 图版106: 3 ~ 4. 1980; 黑龙江省植物志5: 46. 图版16: 3.1992; Fl. China 6: 433.2001.

生浅水中或潮湿的岸边。产黑龙江省呼玛、漠河；内蒙古自治区额尔古纳、牙克石、新巴尔虎右旗等地。

（6）松叶毛茛（黑龙江省植物志，内蒙古植物志，东北植物检索表，东北草本植物志，中国植物志，Flora of China）

Ranunculus reptans L., Sp. Pl.549. 1753; 东北草本植物志3: 189, 图版81, 图1, 2. 1975; 中国植物志28: 308. 图版94：9 ~ 10. 1980; 内蒙古植物志（第二版）2: 504. 图版203: 3 ~ 4. 1990; 黑龙江省植物志5: 98. 图

版30: 1～2.1992; 东北植物检索表（第二版）: 202. 图版95: 3. 1995; Fl. China 6: 421.2001.

生河边湿地。产黑龙江省呼玛、漠河；内蒙古自治区额尔古纳、根河、牙克石等地。

■ 松叶毛茛

植株下部

植株一部分

花

植株

（7）长茎毛茛（东北植物检索表，中国植物志，Flora of China）

Ranunculus longicaulis C. A. Mey. in Tent. Suppl. 15. 1828; 中国植物志28: 267. 图版86：6. 1980; 东北植物检索表（第二版）: 202. 1995.——*Ranunculus nephelogenes* var. *longicaulis* (Trautv.) W.T.Wang in Bull. Bot. Res., Harbin 7(2): 110. 1987; Fl. China 6: 412.2001.

多生海拔1800～2600米的沼泽水旁草地。据北川政夫报道，东北地区有分布，未见标本，待调查核实。

（8）披针毛茛（黑龙江省植物志，内蒙古植物志，东北植物检索表，中国植物志，Flora of China）；长叶毛茛（黑龙江省植物志，东北草本植物志）

Ranunculus amurensis Kom. in Trudy Imp. S.-Peterburgsk. Bot. Sada 22(1): 294–295. 1904; 东北草本植物志3: 187. 1975; 中国植物志28: 306. 图版95：4～5. 1980; 内蒙古植物志（第二版）2: 502. 图版203: 1～2. 1990; 黑龙江省植物志5: 88. 图版30: 8～12.1992; 东北植物检索表（第二版）: 202. 图版95: 5. 1995; Fl.

■ 披针毛茛

茎叶

花

植株

China 6: 420.2001.

生沼泽化草甸或草甸中水塘周围的湿地上。产黑龙江省富锦、密山、鸡西、集贤、北安；内蒙古自治区鄂伦春、扎赉特旗等地。

（9）小掌叶毛茛（黑龙江省植物志，内蒙古植物志，中国植物志，Flora of China）；小叶毛茛（东北植物检索表，东北草本植物志）

Ranunculus gmelinii DC. in Syst. Nat. 1: 303. 1817; 东北草本植物志3: 189, 图版82, 图6 ~ 10. 1975; 中国植物志28: 305. 图版94：7 ~ 8. 1980; 内蒙古植物志（第二版）2: 504. 图版204: 1 ~ 2. 1990; 黑龙江省植物志5: 92. 图版32: 1 ~ 5.1992; 东北植物检索表（第二版）: 202. 图版94: 2. 1995; Fl. China 6: 420.2001.

生沼泽地或水沟中。产黑龙江省伊春、尚志、呼玛；吉林省珲春、汪清、靖宇；内蒙古自治区海拉尔、额尔古纳、根河、牙克石、扎兰屯、鄂伦春、鄂温克、科尔沁右翼前旗、扎赉特旗、锡林浩特、宝格达山等地。

■ 小掌叶毛茛

植株

花序

植株一部分

（10）沼地毛茛（黑龙江省植物志，内蒙古植物志，东北植物检索表，东北草本植物志，中国植物志）；沼地毛茛（Flora of China）

Ranunculus radicans C. A. Mey. in Fl. Altaic. 2: 316. 1830; 东北草本植物志3: 189. 1975; 中国植物志28:

■ 沼地毛茛

居群

植株一部分

303. 图版94：5 ~ 6. 1980; 内蒙古植物志（第二版）2: 506. 图版205: 1. 1990; 黑龙江省植物志5: 96. 图版32: 8 ~ 9.1992; 东北植物检索表（第二版）: 202. 图版94: 8. 1995; Fl. China 6: 419.2001.

生河边水中或沼泽湿地。产黑龙江省北安、伊春、汤原；内蒙古自治区新巴尔虎右旗、科尔沁右翼前旗、阿尔山、克什克腾旗等地。

（11）浮毛茛（辽宁植物志，黑龙江省植物志，内蒙古植物志，东北植物检索表，中国植物志，Flora of China）

Ranunculus natans C. A. Mey. in Ledeb. Fl. Alt. 2: 315. 1830; 中国植物志28: 303. 图版94：1 ~ 4. 1980; 辽宁植物志（上册）: 533. 1988; 内蒙古植物志（第二版）2: 506. 图版204: 3 ~ 4. 1990; 黑龙江省植物志5: 96.1992; 东北植物检索表（第二版）: 202. 图版94: 1. 1995; Fl. China 6: 420. 2001.

生山谷溪沟浅水中或沼泽湿地。产黑龙江省呼玛；吉林省通榆；辽宁省金州、普兰店；内蒙古自治区额尔古纳、海拉尔、根河、阿尔山、克什克腾旗、科尔沁右翼前旗等地。

■ 浮毛茛

花

植株一部分

植株

（12）内蒙古毛茛（植物研究，东北植物检索表，Flora of China）

Ranunculus intramongolicus Y. Z. Zhao, Bull. Bot. Res., Harbin. 9(1): 69. 1989; 内蒙古植物志（第二版）2: 506. 图版205: 2 ~ 3. 1990; Fl. China 6: 420.2001.——*Ranunculus natans* var. *intromongolicus* (Y. Z. Zhao) S. H. Li, 东北植物检索表（第二版）: 202. 1995.

生湖水中。产内蒙古自治区额尔古纳、根河、牙克石、新巴尔虎右旗、科尔沁右翼前旗、克什克腾旗等地。

（13）长嘴毛茛（辽宁植物志，东北植物检索表，东北草本植物志，中国植物志，Flora of China）；长喙毛茛（内蒙古植物志）

Ranunculus tachiroei Franch. et Sav. in Enum. pl. Jap. 2: 267. 1876; 东北草本植物志3: 198. 图版86: 4 ~ 6. 1975; 中国植物志28: 326. 图版101：5 ~ 8. 1980; 辽宁植物志（上册）: 538. 图版223: 4 ~ 6. 1988; 内蒙古植物志（第二版）2: 513. 图版208: 3 ~ 4. 1990; 东北植物检索表（第二版）: 202. 图版95: 1. 1995; Fl. China 6: 429. 2001.

生水边湿地。产吉林省珲春、安图；辽宁省丹东、宽甸、桓仁、本溪；内蒙古自治区根河、牙克石、鄂温克、陈巴尔虎旗、宝格达山等地。

■ 长嘴毛茛

聚合果

花序

茎叶

（14）茴茴蒜（黑龙江省植物志，中国植物志，Flora of China）；回回蒜毛茛（辽宁植物志，东北植物检索表，东北草本植物志）；回回蒜（内蒙古植物志）

Ranunculus chinensis Bunge in Enum. pl. Chin. Bor. 3. 1831; 东北草本植物志3: 197. 图版81: 3～7. 1975; 中国植物志28: 327. 图版102: 4～6. 1980; 辽宁植物志（上册）: 538. 图版224. 1988; 内蒙古植物志（第二版）2: 513. 图版208: 1～2. 1990; 黑龙江省植物志5: 89. 图版30: 3～7.1992; 东北植物检索表（第二版）: 202. 图版95: 4. 1995; Fl. China 6: 429. 2001.

生山谷、溪流旁、路旁湿草地。产黑龙江省萝北、伊春、哈尔滨、牡丹江；吉林省汪清、磐石、靖宇、双辽、浑江、长春、白城等地；辽宁省沈阳、西丰、彰武、北镇、凌源、鞍山、大连、庄河、岫岩；内蒙古自治区额尔古纳、扎兰屯、鄂伦春、科尔沁右翼前旗、科尔沁左翼中旗、科尔沁左翼后旗、扎鲁特旗、敖汉旗、巴林右旗、阿鲁科尔沁旗、喀喇沁旗、宁城、锡林浩特等地。

全草有消炎退肿作用，外用治牛皮癣，内服治肝炎、疟疾。全草有毒。

■ 茴茴蒜

果期植株

植株下部

花期植株

聚合果

茎叶

花序

（15）匍枝毛茛（辽宁植物志，黑龙江省植物志，内蒙古植物志，东北植物检索表，东北草本植物志，中国植物志，Flora of China）

Ranunculus repens L., Sp. Pl.554. 1753; 东北草本植物志3: 198. 图版86: 1 ~ 3. 1975; 中国植物志28: 326. 图版96: 5 ~ 7. 1980; 辽宁植物志（上册）: 536. 图版223: 1 ~ 3. 1988; 内蒙古植物志（第二版）2: 512. 图版207: 3 ~ 4. 1990; 黑龙江省植物志5: 98. 图版34: 5 ~ 7.1992; 东北植物检索表（第二版）: 204. 图版95: 2. 1995; Fl. China 6: 429. 2001.

（15a）匍枝毛茛（原变型）

Ranunculus repens f. *repens*

生沟边草地。产黑龙江省伊春、哈尔滨、阿城、克山、北安、尚志；吉林省安图、磐石、靖宇、浑江、长白、辉南、吉林、临江；辽宁省本溪、桓仁、抚顺、新宾；内蒙古自治区额尔古纳、根河、牙克石、鄂伦春、鄂温克、科尔沁右翼前旗、阿尔山、克什克腾旗等地。

全草有利湿、消肿、止痛、截疟、杀虫作用。

■ 匍枝毛茛

花

花侧面观

果序

叶

植株

（15b）重瓣毛茛（变型）（内蒙古植物志，东北草本植物志）

Ranunculus repens f. *polypetalus* S. H. Li et Y. H. Huang, 东北草本植物志3: 200. 1975; 内蒙古植物志（第二版）2: 513. 图版207: 3 ~ 4. 1990.

生河滩湿草地。产辽宁省桓仁；内蒙古自治区科尔沁右翼前旗（模式标本采集地）等地。

■ 重瓣毛茛

花正面观

植株

花侧面观

植株一部分

（16）单叶毛茛（黑龙江省植物志，内蒙古植物志，东北植物检索表，东北草本植物志，中国植物志，Flora of China）

Ranunculus monophyllus Ovcz. in Not. Syst. Petrop. 3: 54. 1922; 东北草本植物志3: 191 图版83: 1 ~ 3. 1975; 中国植物志28: 274. 图版87: 1 ~ 3. 1980; 内蒙古植物志（第二版）2: 496. 图版199: 4 ~ 5. 1990; 黑龙江省植物志5: 95. 图版33: 1 ~ 3.1992; 东北植物检索表（第二版）: 204. 图版95: 7. 1995; Fl. China 6: 413. 2001.

生踏头甸子、林边灌丛或溪边湿草甸中。产黑龙江省哈尔滨、尚志、呼玛；辽宁省庄河；内蒙古自治区牙克石、科尔沁右翼前旗、阿尔山、白狼、克什克腾旗等地。

■ 单叶毛茛

植株上部

基生叶

果序

居群

全株

（17）掌裂毛茛（黑龙江省植物志，内蒙古植物志，东北植物检索表，中国植物志，Flora of China）

Ranunculus rigescens Turez. ex Ovcz. in Fl. URSS 7: 389. 1937; 中国植物志28: 285. 图版92：3 ~ 4. 1980; 内蒙古植物志（第二版）2: 498. 图版201: 1 ~ 3. 1990; 黑龙江省植物志5: 99. 图版33: 4 ~ 6.1992; 东北植物检索表（第二版）: 204. 图版95: 8. 1995; Fl. China 6: 400.2001.——*Ranunculus pedatifidus* auct. non J. E. Smith: 东北草本植物志3: 193, 图版83, 图4 ~ 6. 1975.

生河谷沟边草地。产黑龙江省哈尔滨、逊克、阿城；内蒙古自治区额尔古纳、扎兰屯、牙克石、克什克腾旗等地。

■ 掌裂毛茛

花序

植株一部分

植株

（18）裂叶毛茛（内蒙古植物志，中国植物志，Flora of China）

Ranunculus pedatifidus J. E. Smith, Cycl. 29: Ranunculus no. 72. 1815; 中国植物志28: 285. 1980; 内蒙古植物志（第二版）2: 500. 图版201: 4 ~ 6. 1990; Fl. China 6: 400. 2001; 内蒙古植物志（第三版）2: 157. 2020.

生荒漠区高山带的山地草甸。产黑龙江省阿城；内蒙古自治区扎兰屯。

（19）美丽毛茛（内蒙古植物志，东北植物检索表，东北草本植物志，中国植物志，Flora of China）

Ranunculus pulchellus C. A. Mey. in Fl. Altaic. 2: 333. 1830; 东北草本植物志 3: 193, 图版84, 图3 ~ 4. 1975; 中国植物志28: 270. 图版86：1 ~ 2. 1980; 内蒙古植物志（第二版）2: 491. 图版198: 1 ~ 2. 1990; 东北植物检索表（第二版）: 205. 图版95: 9. 1995; Fl. China 6: 411.2001.

生山坡沟边及河岸湿地。产内蒙古自治区科尔沁右翼前旗（五岔沟北山）等地。

■ 美丽毛茛

植株

植株一部分

瘦果

聚合果

（20）深山毛茛（辽宁植物志，黑龙江省植物志，东北植物检索表，东北草本植物志，中国植物志，Flora of China）

Ranunculus franchetii De Boiss. in Bull. Herb. Boiss. 7：591. 1899; 东北草本植物志3: 193. 图版84: 1 ~ 2. 1975; 中国植物志28: 286. 图版92: 5 ~ 6. 1980; 辽宁植物志（上册）: 532. 图版221: 1 ~ 2. 1988; 黑龙江省植

物志5: 91. 图版32: 6 ~ 7.1992; 东北植物检索表（第二版）: 205. 图版95: 10. 1995; Fl. China 6: 400. 2001.

生杂木林缘、灌丛下或沟边湿地。产黑龙江省阿城、伊春、呼玛、尚志；吉林省吉林、蛟河、桦甸、浑江、临江、安图、桦甸；辽宁省本溪、桓仁、宽甸、凤城等地。

■ 深山毛茛

植株

花序

（21）石龙芮（黑龙江省植物志，内蒙古植物志，东北草本植物志，中国植物志，Flora of China）；石龙芮毛茛（辽宁植物志，东北植物检索表）

Ranunculus sceleratus L., Sp. Pl.551. 1753; 东北草本植物志3: 195. 图版81: 8 ~ 12. 1975; 中国植物志28: 310. 图版96: 1 ~ 4. 1980; 辽宁植物志（上册）: 534. 图版221: 3 ~ 7. 1988; 内蒙古植物志（第二版）2: 502. 图版202: 3 ~ 4. 1990; 黑龙江省植物志5: 101. 图版34: 1 ~ 4.1992; 东北植物检索表（第二版）: 204. 图版95: 6. 1995; Fl. China 6: 421. 2001.

生山沟湿地、河边湿地。产黑龙江省哈尔滨、牡丹江、黑河、嫩江、漠河、爱辉、呼玛；吉林省磐石、桦甸；辽宁省沈阳、新宾、长海、庄河、普兰店、金州、大连；内蒙古自治区海拉尔、额尔古纳、根河、牙克石、新巴尔虎左旗、新巴尔虎右旗、科尔沁右翼前旗、科尔沁左翼后旗、通辽、翁牛特旗、克什克腾旗、赤峰市红山区、锡林浩特、正蓝旗等地。

全草有消肿、拔毒散结、截疟作用。全草有毒，花毒性较大。

■ 石龙芮

基生叶

植株上部

（22）钩柱毛茛（Flora of China）；济州岛毛茛（东北植物检索表）

Ranunculus silerifolius H. Lév. in Repert. Spec. Nov. Regni Veg. 7(146 ~ 148): 257. 1909; Fl. China 6: 428.2001.——*Ranunculus quelpaertensis* (Levl.) Nakai in Enum. Pl. Corea 160. 1922; 东北植物检索表（第二版）: 204. 1995.

生溪流、森林、草坡。北川政夫报道，东北地区有分布，未见标本，待调查核实。

（23）楔叶毛茛（辽宁植物志，黑龙江省植物志，内蒙古植物志，东北植物检索表，东北草本植物志，中国植物志，Flora of China）

Ranunculus cuneifolius Maxim. in Bull. Acad. Sci. St.–Petersb. 23: 306. 1877; 东北草本植物志3: 200. 图版85: 3 ~ 4. 1975; 中国植物志28: 314. 图版98：4 ~ 7. 1980; 辽宁植物志（上册）: 536. 图版222: 3 ~ 4. 1988; 内蒙古植物志（第二版）2: 508. 图版206: 1 ~ 2. 1990; 黑龙江省植物志5: 89. 图版31: 3 ~ 4.1992; 东北植物检索表（第二版）: 204. 图版95: 12. 1995; Fl. China 6: 426. 2001.——*R. cuneifolius* var. *latisectus* S. H. Li et Y. H. Huang, 东北草本植物志3: 200. 1975.

（23a）楔叶毛茛（原变种）

Ranunculus cuneifolius var. *cuneifolius*

生潮湿草地。产黑龙江省集贤、克山、肇东；辽宁省新民、康平、庄河；内蒙古自治区科尔沁右翼前旗、扎赉特旗等地。

■ 楔叶毛茛

花

植株

茎叶

（23b）宽楔叶毛茛（变种）（辽宁植物志，东北植物检索表，东北草本植物志）

Ranunculus cuneifolius var. *latisectus* S. H. Li et Y. H. Huang, 东北草本植物志3: 200. 1975; 辽宁植物志（上册）: 536. 1988; 东北植物检索表（第二版）: 204. 1995.

生潮湿草地。产辽宁省葫芦岛（模式标本采集地）等地。

（24）大毛茛（Flora of China）

Ranunculus grandis Honda in Bot. Mag. (Tokyo) 43: 657 1929; Fl. China 6: 425.2001

（24a）大毛茛（原变种）

Ranunculus grandis var. *grandis*

生低洼地，山谷中潮湿的地方，海拔1700米以下。产吉林省珲春等地。

（24b）帽儿山毛茛（变种）（Flora of China）；东北大叶毛茛（东北植物检索表）

Ranunculus grandis var. *manshuricus* Hara in J. Jap. Bot. 19(12): 425. 1943; Fl. China 6: 425.2001; 东北植物检索表（第二版）: 204. 1995.

生低洼地，山谷中潮湿的地方，海拔1700米以下。产黑龙江省阿城、尚志等地。

（25）兴安毛茛（中国植物志，Flora of China）；褐毛毛茛（东北植物检索表）；大叶毛茛（内蒙古植物志，东北草本植物志）

Ranunculus smirnovii Ovcz. in Fl. URSS 7: 745 ~ 746, 467. 1937; 东北草本植物志3: 197. 1975; 内蒙古植物志（第二版）2: 508. 图版206: 5. 1990; 东北植物检索表（第二版）: 204. 1995; Fl. China 6: 424.2001.——*Ranunculus japonicus* var. *smirnovii* (Ovcz.) L. Liou in Fl. Reipubl. Popularis Sin. 28: 314. 1980; 中国植物志28: 312. 1980.

生林缘及草原湿地。产内蒙古自治区根河、扎兰屯、鄂温克、陈巴尔虎旗、科尔沁右翼前旗、巴格达山等地。

（26）棱边毛茛（内蒙古植物志，中国植物志，Flora of China）

Ranunculus submarginatus Ovcz. in Fl. URSS. 7: 439, 745, t. 24, f. 3, a ~ c. 1937; 中国植物志28: 317. 图版100: 4 ~ 6. 1980; 内蒙古植物志（第二版）2: 512. 图版207: 1 ~ 2. 1990; Fl. China 6: 425. 2001.

生森林区沼泽草甸。产内蒙古自治区牙克石（乌尔其汗）。

（27）毛茛（辽宁植物志，黑龙江省植物志，内蒙古植物志，东北植物检索表，东北草本植物志，中国植物志，Flora of China）

Ranunculus japonicas Thunb. in Trans. L. Soc. 2: 337. 1794; 东北草本植物志3: 195, 图版85: 1 ~ 2. 1975; 中国植物志28: 312. 图版97: 1 ~ 4. 1980; 辽宁植物志（上册）: 534. 图版222: 1 ~ 2. 1988; 内蒙古植物志（第二版）2: 510. 图版206: 3 ~ 4. 1990; 黑龙江省植物志5: 92. 图版31: 1 ~ 2.1992; 东北植物检索表（第二版）: 204. 图版95: 11. 1995; Fl. China 6: 423. 2001.——*R. japonicus* Thunb. var. *latissimus* Kitag. in Journ. Jap. Bot. 19: 68. 1943; 东北草本植物志3: 197. 1975.

（27a）毛茛（原变种）

Ranunculus japonicus var. *japonicus*

生湿草地、水边、沟谷、山坡、林下。产东北三省各地；内蒙古自治区根河、牙克石、扎兰屯、鄂伦春、鄂温克、新巴尔虎右旗、阿荣旗、科尔沁右翼前旗、扎赉特旗、科尔沁左翼后旗、扎鲁特旗、翁牛特旗、敖汉旗、巴林左旗、阿鲁科尔沁旗、克什克腾旗、喀喇沁旗、宁城、东乌珠穆沁旗、锡林浩

■ 毛茛

花

基生叶

植株

■ 毛茛

花侧面观

花乳白色

果序

特、正蓝旗等地。

根有毒。全草为外用发泡药，治疟疾、黄疸病等；也可作土农药。

（27b）白山毛茛（变种）（东北植物检索表，东北草本植物志，中国植物志，Flora of China）

Ranunculus japonicus var. *monticola* Kitag. in Rep. Inst. Sci. Res. Manch. 5: 153. 1941; 东北草本植物志 3: 197. 1975; 中国植物志28: 314. 1980; 东北植物检索表（第二版）: 204. 1995.——*Ranunculus paishanensis* Kitag., Rep. Inst. Sci. Res. Manchoukuo. 5: 153. 1941; Fl. China 6: 424. 2001.

生高山潮湿草地、河边、林下、林缘。产吉林省安图、抚松、临江等地。

■ 白山毛茛

茎上部叶

植株一部分

■ 白山毛茛

植株

居群

（27c）草地毛茛（变种）（辽宁植物志，东北植物检索表，东北草本植物志）

Ranunculus japonicas var. *pratensis* Kitag. in Fl. Mansh. 224. 1939; 东北草本植物志3: 197. 1975; 辽宁植物志（上册）: 536. 1988; 东北植物检索表（第二版）: 204. 1995.

生草地。产黑龙江省黑河、哈尔滨；吉林省双辽；辽宁省沈阳、铁岭、本溪、丹东、凤城；内蒙古自治区牙克石、海拉尔、科尔沁右翼前旗、乌兰浩特等地。

（27d）银叶毛茛（变种）（Flora of China）；兴安毛茛（东北植物检索表）

Ranunculus japonicus var. *hsinganensis* (Kitag.) W.T. Wang in Bull. Bot. Res., Harbin 15(3): 306 1995; Fl. China 6: 423.2001.——*Ranunculus hsinganensis* Kitag. in J. Jap. Bot. 22(10 ~ 12): 175. 1948; 东北植物检索表（第二版）: 204. 1995.

生林缘及草原湿地。产黑龙江省哈尔滨、尚志；内蒙古自治区牙克石、根河、阿尔山、科尔沁右翼前旗、宁城、通辽、扎鲁特旗等地。

16 唐松草属 *Thalictrum* L.

Thalictrum L. Gen. Pl. 164. 1737.

多年生草本植物。叶基生并茎生，少有全部基生或茎生，为一至五回三出复叶；小叶通常掌状浅裂，有少数牙齿，少有不分裂；叶柄基部稍变宽成鞘。单歧聚伞花序，花数目很多时呈圆锥状，少有为总状花序；花通常两性，有时单性，雌雄异株；萼片4 ~ 5，椭圆形或狭卵形，通常较小，早落，黄绿色或白色，有时较大，粉红色或紫色，呈花瓣状；无花瓣；雄蕊多数或少数，花丝狭线形；心皮2 ~ 20(~ 68)；花柱短或长。瘦果椭圆球形或狭卵形，常稍两侧扁，有时扁平，有纵肋。

本属全世界约有150种，分布于亚洲、欧洲、非洲、北美洲和南美洲。中国约有76种，在全国各省区均有分布，多数分布于西南部。东北地区产14种6变种2变型。

分种检索表

1. 叶片圆状盾形，一至三回三出复叶……………………………………… **1. 盾叶唐松草 T. ichangense** Lecoyer ex Oliv.
1. 叶非盾状，二至四回三出羽状复叶。

（接上表）

2. 小叶丝状（2. 丝叶唐松草 T. foeniculaceum Bunge）。
3. 花单瓣 ………………………………………………… **2a. 丝叶唐松草 T. foeniculaceum** f. **foeniculaceum**
3. 花重瓣 ………………………………………… **2b. 重瓣丝叶唐松草 T. foeniculaceum** f. **plenum** S. M. Zhang
2. 小叶近圆形、卵形或披针形。
4. 瘦果具棱翼 ………………………………………… **3b. 唐松草 T. aquilegiifolium** var. **sibiricum** Regel et Tiling
4. 瘦果无翼。
5. 花丝上部逐渐加粗成棒状，比花药粗；瘦果有梗或无梗。
6. 瘦果无梗；基生叶为二至四回三出羽状复叶，顶生小叶长3～12毫米（**4. 瓣蕊唐松草 T. petaloideum** L.）。
7. 小叶近圆形、披针形至倒卵形，先端2～3浅裂，裂片边缘不反卷
………………………………………………………… **4a. 瓣蕊唐松草 T. petaloideum** var. **petaloideum**
7. 小叶狭卵状披针形或披针形，全缘或2～3深裂，裂片边缘反卷
………………………… **4b. 狭裂瓣蕊唐松草 T. petaloideum** var. **supradecompositum** (Nakai) Kitag.
6. 瘦果有梗；基生叶为二至三回三出羽状复叶，顶生小叶长0.7～5厘米。
8. 茎生叶对生。
9. 茎生叶为单叶，无柄（稀具短柄），叶片广卵形或近圆形；瘦果梗长约1毫米；根状茎横走
………………………………………………………………………… **5. 花唐松草 T. filamentosum** Maxim.
9. 茎生叶为一至二回三出复叶，有柄，小叶卵形至倒卵状菱形；瘦果梗长1.5～2.5毫米；根有多数纺锤状块根 ………………………………………………………… **6. 深山唐松草 T. tuberiferum** Maxim.
8. 茎生叶互生。
10. 瘦果膨大，球状倒卵形，长约3毫米，具凸起的网状脉；小果梗长0.5～1毫米；小叶长1.5～5厘米（**7. 贝加尔唐松草 T. baicalense** Turcz.）。
11. 瘦果有8条纵肋 ………………………………… **7a. 贝加尔唐松草 T. baicalense** f. **baicalense**
11. 瘦果脉纹不明显 ………………………… **7b. 光果唐松草 T. baicalense** f. **levicarpum** Tamura
10. 瘦果不膨大而稍扁，半倒卵形、近半圆形或歪倒卵形，长约5毫米，具明显的弓形脉；小果梗长1.5～3毫米；小叶长0.5～2毫米。
12. 圆锥花序紧密，多花；果梗长4～8毫米，直立；瘦果歪倒卵形
………………………………………………………………… **8. 长柄唐松草 T. przewalskii** Maxim.
12. 圆锥花序松散，花较少；果梗长15～30毫米，先端呈钩状弯曲；瘦果半倒卵形或近半圆形 …
………………………………………… **9. 散花唐松草 T. sparsiflorum** Turcz. ex Fisch. et C. A. Mey.
5. 花丝不加粗，比花药细；瘦果无梗。
13. 植株被短腺毛………………………………………………………… **10. 腺毛唐松草 T. foetidum** L.
13. 植株无毛。
14. 心皮1～5。
15. 心皮3～5；瘦果长3毫米，具8条粗纵脉；叶均为基生，二回三出羽状复叶，小叶圆菱形；花带红褐色 ………………………………………………………………… **11. 高山唐松草 T. alpinum** L.
15. 心皮1～3；瘦果长6～8毫米，具8～12条弓形纵脉；叶集生茎中部，二至四回三出羽状复叶，小叶卵形或广倒卵形；花淡黄绿色 …………… **12. 展枝唐松草 T. squarrosum** Steph. ex Willd.
14. 心皮（3～）4～8（稀更多）。
16. 叶三至四回三出羽状复叶，小叶倒卵形至近圆形（**13. 亚欧唐松草 T. minus** L.）。

（接上表）

17. 花梗长3～8毫米。

18. 小叶长宽0.4～1.3厘米，背面淡绿色 ·················· **13a. 亚欧唐松草 T. minus** var. **minus**

18. 小叶长宽1.5～4厘米，背面粉绿色

······················ **13b. 东亚唐松草 T. minus** var. **hypoleucum** (Sieb. et Zucc.) Miq.

17. 花梗长1～3厘米；小叶背面灰绿色

·· **13c. 长梗亚欧唐松草 T. minus** var. **kemense** (Fries) Trel.

16. 叶二至三回三出羽状复叶，小叶圆状菱形至倒卵形；花梗长2～7毫米（**14. 箭头唐松草 T. simplex** L.）。

19. 植株全部无毛。

20. 小叶圆状菱形至倒卵形，基部近圆形 ········· **14a. 箭头唐松草 T. simplex** var. **simplex**

20. 小叶楔形，基部狭楔形。

21. 花梗长4～7毫米 ······ **14b. 锐裂箭头唐松草 T. simplex** var. **affine** (Ledeb.) Regel

21. 花梗长1～4毫米 ·····················**14c. 短梗箭头唐松草 T. simplex** var. **brevipes** Hara

19. 茎、叶柄、叶片、花序都有极短的腺毛

································· **14d. 腺毛箭头唐松草 T. simplex** var. **glandulosum** W. T. Wang

（1）盾叶唐松草（辽宁植物志，中国植物志，Flora of China）；朝鲜唐松草（东北植物检索表）；盾叶白蓬草（东北草本植物志）

Thalictrum ichangense Lecoyer ex Oliv. in Hook. Ic. Pl. 18: t. 1765. 1888; 东北草本植物志3: 209. 图版91: 1～3. 1975; 中国植物志27: 555. 图版119，120: 12；图版138：6～8. 1979; 辽宁植物志（上册）: 502. 图版205: 5～7. 1988; Fl. China 6: 292. 2001.——*Th. ichangense* var. *coreanum* (Levl.) Levl. ex Tamura in Acta Phytotax. Geobot. 15(3): 83. 1953; 东北植物检索表（第二版）: 205. 图版96: 2. 1995.

生山地溪流旁石砬子上、阔叶林下阴湿岩石上。产辽宁省沈阳、鞍山、庄河、岫岩、丹东、凤城、宽甸、本溪、清原、新宾等地。

全草有清火化痰、止咳、散风湿作用。

■ 盾叶唐松草

果序

植株下部

花序

（2）丝叶唐松草（辽宁植物志，东北植物检索表，中国植物志，Flora of China）；丝叶白蓬草（东北草本植物志）

Thalictrum foeniculaceum Bunge in Mem. Sav. Etrang. Acad. Sci. St.–Petersb. 2: 76. 1833; 东北草本植物志3: 218. 图版96: 1 ~ 6. 1975; 中国植物志27: 564. 图版121: 19；图版119，120: 22；图版142: 5 ~ 8. 1979; 辽宁植物志（上册）: 504. 图版207. 1988; 东北植物检索表（第二版）: 205. 图版97: 5. 1995; Fl. China 6: 290. 2001.

（2a）丝叶唐松草（原变型）

Thalictrum foeniculaceum f. *foeniculaceum*

生干燥山坡、沙地或多石砾处。产辽宁省大连。

■ 丝叶唐松草

蓇葖果成熟期

花背面观

花

植株一部分

花枝

蓇葖果

（2b）重瓣丝叶唐松草（变型）（辽宁植物检索表）

Thalictrum foeniculaceum f. *plenum* S. M. Zhang, 辽宁植物检索表: 094, 465. 2022.

生干燥山坡、沙地或多石砾处。产辽宁省大连。

■ 重瓣丝叶唐松草

花正面观

花序

花背面观

（3）欧洲唐松草（辽宁植物志）

Thalictrum aquilegifolium L., Sp. Pl. 547. 1753; 辽宁植物志（上册）: 500. 1988.

（3a）欧洲唐松草（原变种）

Thalictrum aquilegiifolium var. *aquilegiifolium*

中国不产。

（3b）唐松草（变种）（辽宁植物志，黑龙江省植物志，中国植物志，Flora of China）；翼果唐松草（内蒙古植物志，东北植物检索表）；翼果白蓬草（东北草本植物志）

Thalictrum aquilegiifolium var. *sibiricum* Regel et Tiling in Fl. Ajan. 23. 1858; 东北草本植物志3: 202. 图版87: 1 ~ 4. 1975; 中国植物志27: 547. 图版121: 17，图版119，图版120: 14；图版134. 1979; 辽宁植物志（上册）: 500. 图版204. 1988; 内蒙古植物志（第二版）2: 451. 图版181: 4 ~ 6. 1990; 黑龙江省植物志5: 103. 图版35: 1 ~ 4.1992; 东北植物检索表（第二版）: 205. 图版96: 3. 1995; Fl. China 6: 286. 2001.

生山坡灌丛、溪流旁、林缘草地、阔叶林下。产黑龙江省尚志、鹤岗、伊春、北安、集贤、富锦、密山、孙吴、呼玛；吉林省浑江、抚松、安图、汪清、珲春、双辽；辽宁省西丰、本溪、凤城、宽甸、

■ 唐松草

花序一部分

果序一部分

■ 唐松草

茎叶

植株

桓仁、新宾、岫岩、庄河；内蒙古自治区额尔古纳、根河、牙克石、扎兰屯、鄂伦春、鄂温克、科尔沁右翼前旗、扎赉特旗、巴林右旗、阿鲁科尔沁旗、克什克腾旗、喀喇沁旗、宁城、东乌珠穆沁旗（宝格达山）等地。

嫩苗可食。根可治痈肿疮疖、黄疸型肝炎、腹泻等症。

（4）瓣蕊唐松草（辽宁植物志，内蒙古植物志，中国植物志，Flora of China）；肾叶唐松草（黑龙江省植物志，东北植物检索表）；肾叶白蓬草（东北草本植物志）

Thalictrum petaloideum L., Sp. Pl. ed. 2: 771. 1762; 东北草本植物志3: 211. 图版92: 1～5. 1975; 中国植物志27: 544. 图版121: 16; 图版119, 120: 10; 图版133. 1979; 辽宁植物志（上册）: 500. 1988; 内蒙古植物志（第二版）2: 453. 图版183: 1～6. 1990; 黑龙江省植物志5: 108. 图版39: 1～5.1992; 东北植物检索表（第二版）: 207. 图版97: 6. 1995; Fl. China 6: 295. 2001.

（4a）瓣蕊唐松草（原变种）

Thalictrum petaloideum var. *petaloideum*

生山坡草地。产黑龙江省哈尔滨、牡丹江、安达；吉林省吉林、长春；辽宁省宽甸；内蒙古自治区额尔古纳、根河、牙克石、扎兰屯、科尔沁右翼前旗、克什克腾旗、宁城、东乌珠穆沁旗、西乌珠穆沁旗、锡林浩特等地。

根有健胃消食、清肝明目、清热解毒作用，用于黄疸、泄泻、痢疾、渗出性皮炎。

■ 瓣蕊唐松草

果序

初花期

茎叶

盛花期

（4b）狭裂瓣蕊唐松草（变种）（中国植物志，Flora of China）；卷叶唐松草（辽宁植物志，内蒙古植物志，东北植物检索表）；卷边唐松草（黑龙江省植物志）；卷叶白蓬草（东北草本植物志）

Thalictrum petaloideum var. *supradecompositum* (Nakai) Kitag. in Lineam. Fl. Mansh. 227. 1939; 东北草本植物志3: 211.图版92: 6. 1975; 中国植物志27: 544. 1979; 辽宁植物志（上册）: 500. 图版205: 1 ~ 4. 1988; 内蒙古植物志（第二版）2: 455. 图版183: 7. 1990; 黑龙江省植物志5: 111. 图版39: 6.1992; 东北植物检索表（第二版）: 207. 图版97: 7. 1995; Fl. China 6: 295. 2001.

生低山干燥山坡或草原多沙草地或田边。产黑龙江省大庆、安达、北安；吉林省双辽、洮南、白城、镇赉；辽宁省建平；内蒙古自治区新巴尔虎左旗、新巴尔虎右旗、科尔沁右翼前旗、扎赉特旗、科尔沁左翼后旗、翁牛特旗、敖汉旗、巴林左旗、阿鲁科尔沁旗、克什克腾旗、喀喇沁旗、宁城、东乌珠穆沁旗、西乌珠穆沁旗、锡林浩特、多伦、镶黄旗等地。

■ 狭裂瓣蕊唐松草

茎叶

花序

植株

果序

（5）花唐松草（黑龙江省植物志，东北植物检索表，中国植物志，Flora of China）；花白蓬草（东北草本植物志）

Thalictrum filamentosum Maxim. in Mém. Acad. Imp. Sci. St.–Pétersbourg Divers Savans 9: 13–14. 1859; 东北草本植物志3: 209, 图版90, 图5 ~ 7. 1975; 中国植物志27: 556. 图版136: 7 ~ 8. 1979; 黑龙江省植物志5: 107. 图版37: 5 ~ 7.1992; 东北植物检索表（第二版）: 205. 图版96: 5. 1995; Fl. China 6: 289.2001.

生山地林下或灌丛下。产黑龙江省宝清、饶河；吉林省安图、珲春等地。

■ 花唐松草

花序一部分

花枝

花序

植株

（6）深山唐松草（辽宁植物志，黑龙江省植物志，东北植物检索表，中国植物志，Flora of China）；深山白蓬草（东北草本植物志）

Thalictrum tuberiferum Maxim. in Bull. Acad. St.–Petersb. 22: 227. 1876; 东北草本植物志3: 206. 图版90: 1 ~ 4. 1975; 中国植物志27: 556. 图版138: 1 ~ 5. 1979; 辽宁植物志（上册）: 502. 图版206. 1988; 黑龙江省植物志5: 115. 图版37: 1 ~ 4.1992; 东北植物检索表（第二版）: 205. 图版96: 4. 1995; Fl. China 6: 300. 2001.

生山地草坡或灌丛边。产黑龙江省宁安等东部山区；吉林省抚松、长白、敦化、安图、汪清、珲春、通化；辽宁省岫岩、本溪、凤城、宽甸、桓仁等地。

根有清热、消炎作用。

■ 深山唐松草

植株

花序

(7)贝加尔唐松草(辽宁植物志,黑龙江省植物志,中国植物志,Flora of China);球果唐松草(内蒙古植物志,东北植物检索表);球果白蓬草(东北草本植物志)

Thalictrum baicalense Turcz. in Bull. Soc. Nat. Mosc. 11: 85. 1838; 东北草本植物志3: 206. 图版89: 1 ~ 4. 1975; 中国植物志27: 542. 图版119, 120: 16; 图版132. 1979; 辽宁植物志(上册): 499. 1988; 内蒙古植物志(第二版)2: 451. 图版182: 4 ~ 6. 1990; 黑龙江省植物志5: 103. 图版36: 1 ~ 5.1992; 东北植物检索表(第二版): 205. 图版96: 1. 1995; Fl. China 6: 286. 2001.

(7a)贝加尔唐松草(原变型)

Thalictrum baicalense f. *baicalense*

生山地林下或湿润草坡。产黑龙江省哈尔滨、伊春、尚志、呼玛、嘉荫;吉林省安图、和龙、珲春、抚松、长白;辽宁省铁岭、法库、宽甸、桓仁;内蒙古自治区额尔古纳、根河、牙克石、鄂伦春、科尔沁右翼前旗、扎赉特旗、敖汉旗、东乌珠穆沁旗(宝格达山)等地。

根含小檗碱,可代替黄连用。根及根状茎有清热燥湿、解毒作用。

■ 贝加尔唐松草

花

茎叶一部分

植株

果序

幼苗

花序

(7b)光果唐松草(变型)(东北植物检索表);光果贝加尔唐松草(黑龙江省植物志);光果白蓬草(东北草本植物志)

Thalictrum baicalense f. *levicarpum* Tamura in Act. Phytotax. Gcobot.15: 85. 1953; 东北草本植物志3: 206. 1975; 黑龙江省植物志5: 104.1992; 东北植物检索表(第二版): 205. 1995.

生山地林下或湿润草坡。产黑龙江省伊春;吉林省和龙、安图等地。

（8）长柄唐松草（中国植物志，Flora of China）；直梗唐松草（内蒙古植物志，东北植物检索表）；直梗白蓬草（东北草本植物志）

Thalictrum przewalskii Maxim. in Bull. Acad. Sci. St.-Petersb. 23: 305. 1877; 东北草本植物志3: 204. 图版88: 1 ~ 3. 1975; 中国植物志27: 548. 图版135：1 ~ 4. 1979; 内蒙古植物志（第二版）2: 453. 图版182: 1 ~ 3. 1990; 东北植物检索表（第二版）: 205. 图版96: 6. 1995; Fl. China 6: 295. 2001.

生山地灌丛边、林下或草坡上。产辽宁省西部；内蒙古自治区喀喇沁旗、宁城等地。

花和果可治肝炎、肝大等症；根有祛风作用。

（9）散花唐松草（黑龙江省植物志，东北植物检索表，中国植物志，Flora of China）；散花白蓬草（东北草本植物志）

Thalictrum sparsiflorum Turcz. ex Fisch. et C. A. Mey. in Index Sem. (St. Petersburg) 1: 40. 1835; 东北草本植物志 3: 204, 图版88, 图4 ~ 5. 1975; 中国植物志27: 548. 图版135: 5 ~ 6. 1979; 黑龙江省植物志5: 115. 图版25: 3 ~ 4.1992; 东北植物检索表（第二版）: 207. 图版96: 7. 1995; Fl. China 6: 298.2001.

生山地草坡、林边或落叶松林中。产黑龙江省伊春、呼玛；吉林省珲春、敦化、安图、长白等地。

■ 散花唐松草

果序

植株一部分

茎叶

（10）腺毛唐松草（东北植物检索表，中国植物志，Flora of China）；腺毛白蓬草（东北草本植物志）；香唐松草（内蒙古植物志）

Thalictrum foetidum L., Sp. Pl.545. 1753; 东北草本植物志 3: 211, 图版93. 1975; 中国植物志27: 580. 图版119, 120: 26；图版147: 4 ~ 5. 1979; 内蒙古植物志（第二版）2: 457. 图版184: 3 ~ 4. 1990; 东北植物检索表（第二版）: 207. 图版97: 4. 1995; Fl. China 6: 290.2001.

生山地草坡或高山多石砾处。产黑龙江铁力；内蒙古自治区根河、牙克石、满洲里、布特哈旗、新巴尔虎左旗、科尔沁右翼前旗、突泉、敖汉旗、锡林浩特等地。

■ 腺毛唐松草

茎叶

果序

茎叶一部分

■ 腺毛唐松草

蓇葖果

植株被短腺毛

植株

根可治结膜炎、传染性肝炎、痈肿疮疖等症。

（11）高山唐松草（内蒙古植物志，东北植物检索表，中国植物志，Flora of China）

Thalictrum alpinum L., Sp. Pl.545. 1753; 中国植物志27: 589. 图版121: 21；图版119，120: 28. 1979; 内蒙古植物志（第二版）2: 449. 图版181: 1～3. 1990; 东北植物检索表（第二版）: 207. 1995; Fl. China 6: 285.2001.

生高山草地、山谷阴湿处或沼泽地。产吉林省，地点不详；内蒙古自治区赤峰。

■ 高山唐松草

花序

茎叶

植株

（12）展枝唐松草（辽宁植物志，黑龙江省植物志，内蒙古植物志，东北植物检索表，中国植物志，Flora of China）；展叶白蓬草（东北草本植物志）

Thalictrum squarrosum Steph. ex Willd. in Sp. Pl. 2: 1299. 1799; 东北草本植物志3: 211. 图版94: 1～4. 1975; 中国植物志27: 586. 图版148. 1979; 辽宁植物志（上册）: 508. 图版209. 1988; 内蒙古植物志（第二版）2: 457. 图版184: 1～2. 1990; 黑龙江省植物志5: 112. 图版40: 1～7.1992; 东北植物检索表（第二版）: 207. 图版97: 1. 1995; Fl. China 6: 299. 2001.

生沙地、林下。产黑龙江省哈尔滨、大庆、宁安、安达、肇源、肇东；吉林省临江、长白、通榆、前郭、安图、抚松、集安、通化、辉南；辽宁省彰武、宽甸、桓仁、清原；内蒙古自治区海拉尔、牙克石、满洲里、陈巴尔虎旗、新巴尔虎左旗、科尔沁右翼前旗、敖汉旗、巴林右旗、阿鲁科尔沁旗、克什克腾旗、喀喇沁旗、赤峰、东乌珠穆沁旗、锡林浩特、正蓝旗、多伦、太仆寺旗、镶黄旗等地。

全草有清热解毒、健胃制酸、发汗作用。嫩苗和叶可作野菜食用。

■ 展枝唐松草

植株

瘦果

茎叶

花序

（13）亚欧唐松草（东北植物检索表，中国植物志，Flora of China）；欧亚唐松草（内蒙古植物志）

Thalictrum minus L., Sp. Pl.546. 1753; 中国植物志27: 583. 1979; 内蒙古植物志（第二版）2: 460. 图版186: 1～2. 1990; 东北植物检索表（第二版）: 207. 1995; Fl. China 6: 293. 2001.

（13a）亚欧唐松草（原变种）

Thalictrum minus var. *minus*

生海拔1400 ~ 2700米山地草坡、田边、灌丛中或林中。产黑龙江省伊春、密山、宁安、黑河、呼玛等山地；内蒙古自治区额尔古纳、根河、鄂伦春、鄂温克、科尔沁右翼前旗、科尔沁右翼中旗、克什克腾旗、喀喇沁旗、阿鲁科尔沁旗、巴林左旗、巴林右旗、翁牛特旗、西乌珠穆沁旗、锡林浩特等地。

■ 亚欧唐松草

果实

花序一部分

花序

叶背面观

植株

植株一部分

（13b）东亚唐松草（变种）（辽宁植物志，黑龙江省植物志，内蒙古植物志，东北植物检索表，中国植物志，Flora of China）；小果白蓬草（东北草本植物志，大连地区植物志）

Thalictrum minus var. *hypoleucum* (Sieb. et Zucc.) Miq. in Ann. Mus. Bot. Lugd.–Bat. 3: 3. 1867; 中国植物志27: 583. 图版149: 5 ~ 9. 1979; 辽宁植物志（上册）: 506. 图版208: 5 ~ 7. 1988; 内蒙古植物志（第二版）2: 462. 图版186: 3 ~ 5. 1990; 黑龙江省植物志5: 107. 图版38: 5 ~ 7.1992; 东北植物检索表（第二版）: 207.

图版97: 2. 1995; Fl. China 6: 294. 2001.——*T. thunbergii* DC., Syst. 1: 183. 1818; 东北草本植物志3: 215.图版95: 5 ~ 7. 1975; 大连地区植物志上册: 218. 图259. 1981.

生丘陵或山地林边或山谷沟边。产黑龙江省漠河、哈尔滨、伊春、密山、宁安、黑河、呼玛；吉林省临江、集安、安图、抚松、汪清、珲春；辽宁省沈阳、鞍山、瓦房店、大连、庄河、桓仁、凤城、清原、西丰、北镇、葫芦岛、建平、建昌、凌源；内蒙古自治区根河、满洲里、科尔沁右翼前旗、扎赉特旗、敖汉旗、阿鲁科尔沁旗、喀喇沁旗、宁城、西乌珠穆沁旗、锡林浩特、多伦等地。

根可治牙痛、急性皮炎、湿疹等症。

■ 东亚唐松草

花序一部分

植株

茎叶

花序

果序

（13c）长梗亚欧唐松草（变种）（内蒙古植物志，东北植物检索表，中国植物志，Flora of China）

Thalictrum minus var. *kemense* (Fries) Trel. in Proc. Bort. Soc. Nat. Hist. 23: 300. 1888; Fl. China 6: 294. 2001.——*Thalictrum minus* var. *stipellatum* (C. A. Mey.) Tamura in Acta Phytotax. Geobot. 15: 87. 1953; 中国植物志27: 583. 1979; 内蒙古植物志（第二版）2: 462. 图版186: 6 ~ 7. 1990; 东北植物检索表（第二版）: 207. 1995.

生桦树林下、山地草甸、沟谷草甸。产内蒙古自治区额尔古纳、根河、克什克腾旗等地。

■ 长梗亚欧唐松草

果序一部分

花序一部分

植株

（14）箭头唐松草（辽宁植物志，黑龙江省植物志，内蒙古植物志，东北植物检索表，中国植物志，Flora of China）；箭头白蓬草（东北草本植物志）

Thalictrum simplex L. in Mant. 1: 78. 1767; 东北草本植物志(3): 215. 图版95: 1 ~ 4. 1975; 中国植物志 27: 584. 1979; 辽宁植物志（上册）: 506. 图版208: 1 ~ 4. 1988; 内蒙古植物志（第二版）2: 458. 图版185: 1. 1990; 黑龙江省植物志5: 111. 图版39: 6.1992; 东北植物检索表（第二版）: 207. 1995; Fl. China 6: 298. 2001.

（14a）箭头唐松草（原变种）

Thalictrum simplex var. *simplex*

生山坡草地、沟谷湿地、林缘草地。产黑龙江省伊春、安达、哈尔滨、阿城、萝北、集贤、密山、东宁、爱辉、孙吴、呼玛；吉林省吉林、白城、珲春、汪清、安图；辽宁省沈阳、开原、彰武、北镇、鞍山、岫岩、本溪、宽甸、东港、长海、大连；内蒙古自治区牙克石、根河、满洲里、海拉尔；科尔沁右翼前旗、科尔沁右翼中旗、科尔沁左翼后旗、大青沟、东乌珠穆沁旗（宝格达山）等地。

根有清湿热、解毒作用。嫩苗可食。

■ 箭头唐松草

花序一部分

叶

■ 箭头唐松草

果序

植株

（14b）锐裂箭头唐松草（变种）（内蒙古植物志，中国植物志，Flora of China）

Thalictrum simplex var. *affine* (Ledeb.) Regel in Bull. Soc. Nat. Mosc. 34: 44. 1861; 中国植物志27: 585. 1979; 内蒙古植物志（第二版）2: 460. 图版185: 5. 1990; Fl. China 6: 298. 2001.

生山坡草地或湿草地。产黑龙江省伊春；吉林省东部；内蒙古自治区根河、牙克石、鄂伦春、鄂温克等地。

（14c）短梗箭头唐松草（变种）（黑龙江省植物志，内蒙古植物志，东北植物检索表，中国植物志，Flora of China）

Thalictrum simplex var. *brevipes* Hara in Journ. Fac. Sci. Univ. Tokyo, sect. 3, 4: 56. 1952; 中国植物志27: 585. 图版147: 1～3. 1979; 内蒙古植物志（第二版）2: 460. 图版185: 2～4. 1990; 黑龙江省植物志5: 112. 1992; 东北植物检索表（第二版）: 207. 图版97: 3. 1995; Fl. China 6: 298. 2001.

生山坡草地、湿草地。产黑龙江省黑河、呼玛、依兰、孙吴、集贤、安达、密山、伊春、虎林、萝北、哈尔滨；吉林省安图、汪清、双辽、吉林、和龙、珲春；辽宁省鞍山、沈阳；内蒙古自治区海拉尔、额尔古纳、鄂伦春、鄂温克、新巴尔虎左旗、科尔沁右翼前旗、克什克腾旗、喀喇沁旗、东乌珠穆沁旗（宝格达山）、锡林浩特、正蓝旗等地。

■ 短梗箭头唐松草

花序

茎叶

果序

植株

（14d）腺毛箭头唐松草（变种）（黑龙江省植物志，中国植物志，Flora of China）

Thalictrum simplex var. *glandulosum* W. T. Wang, 中国植物志27: 585. 1979; 黑龙江省植物志5: 112. 1992; Fl. China 6: 298. 2001.

生山坡草地。产黑龙江省肇东等地。

17 獐耳细辛属 *Hepatica* Mill.

Hepatica Mill. Gard. Dict. Abridg. ed. 4. 1754.

多年生草本，有短根状茎。叶基生，为单叶，有长柄，不明显或明显的三至五浅裂，裂片边缘全缘或有齿牙。花葶不分枝；苞片3，轮生，形成总苞，分生，与花靠近而呈萼片状。花单生花葶顶端，两性；萼片5～10，稀更多，花瓣状，狭倒卵形或长圆形；无花瓣；雄蕊多数，花药椭圆形，花丝狭线形；心皮多数，有短花柱，子房有1颗胚珠。瘦果卵球形。

本属全世界约7种，分布于北半球温带地区。中国有2种。东北地区产1种。

獐耳细辛（辽宁植物志，东北植物检索表，东北草本植物志，中国植物志，Flora of China）

Hepatica nobilis Schreb. var. *asiatica* (Nakai) Hara in Journ. Fac. Sci. Univ. Tokyo, sect. 3, 6: 51. 1952; 中国植物志28: 58. 图版17: 4. 1980; Fl. China 6: 328. 2001.——*H. asiatica Nakai* in J. Jap. Bot. 13: 237. 1937; 东北草本植物志3: 160. 图版69: 1～4. 1975; 辽宁植物志（上册）: 513. 图版212: 1～4. 1988; 东北植物检索表（第二版）: 198. 图版87: 1. 1995.

多年生草本；叶基生，叶片三角状广卵形，基部深心形，3浅裂至3中裂；花葶密被开展的白色长毛；苞叶3，狭卵形；萼片6～11，白色、粉色至紫色；瘦果卵球形，花柱宿存。生山地杂木林内或草坡石下阴处。产辽宁省本溪、凤城、宽甸、桓仁、东港等地。

根状茎治劳伤、筋骨痛等症。全草治肺结核、热性疾病、淋病。

■ 獐耳细辛

白色花

果期植株

果序

花侧面观

花期植株

紫色花

18 白头翁属 *Pulsatilla* Adans.

Pulsatilla Adans. Fam. 2: 460. 1763.

多年生草本，有根状茎，常有长柔毛。叶均基生，有长柄，掌状或羽状分裂，有掌状脉。花葶有总苞；苞片3，分生，有柄或无柄，基部合生成筒，掌状细裂。花单生花葶顶端，两性；花托近球形。萼片5～6，花瓣状，卵形、狭卵形或椭圆形，蓝紫色或黄色；雄蕊多数，花药椭圆形，花丝狭线形，有1条纵脉，雄蕊全部发育或最外层的转变成小的退化雄蕊；心皮多数，子房有1颗胚珠，花柱长，丝形，有柔毛。聚合果球形；瘦果小，近纺锤形，有柔毛，宿存花柱强烈增长，羽毛状。

本属全世界约33种，主要分布于欧洲和亚洲。中国有11种，分布于云南、四川、青海、新疆、甘肃、陕西、江苏、安徽、河南、山西、山东、河北、内蒙古自治区、辽宁、吉林、黑龙江等省区。东北地区产10种3变种2变型。

分种检索表

1. 叶三全裂或三出羽状分裂［**1. 白头翁 P. chinensis** (Bunge) Regel］。
    2. 叶三全裂（**1a. 白头翁 P. chinensis** var. **chinensis**）。
        3. 花暗紫色 ········ **1aa. 白头翁 P. chinensis** f. **chinensis**
        3. 花乳白色 ········ **1ab. 白花白头翁 P. chinensis** f. **alba** D. K. Zang
    2. 叶三出羽状分裂 ········ **1b. 金县白头翁 P. chinensis** var. **kissii** (Mandl) S. H. Li et Y. H. Huang
1. 叶掌状或羽状分裂。
    4. 叶掌状3全裂，裂片再细裂，终裂片线状披针形，宽1～2毫米；花蓝紫色，开展 ········ **2b. 掌叶白头翁 P. patens** subsp. **multifida** (Pritz.) Zämelis
    4. 叶羽状分裂。
        5. 叶二至三回羽状分裂，终裂片细。
            6. 花黄色，萼片长1～2厘米；总苞羽状分裂 ········ **3. 黄花白头翁 P. sukaczevii** Juz.
            6. 花蓝紫色，萼片长2～4厘米；总苞掌状分裂。
                7. 第一回叶裂片有细柄；叶近羽状分裂，羽片2对；叶片轮廓较宽（卵形），表面近无毛、背面有稀疏长柔毛；宿存花柱长2.5～3厘米 ········ **4. 蒙古白头翁 P. ambigua** Turez. ex Pritz.
                7. 第一回叶裂片全部无柄或仅下部有柄；叶二至三回羽状分裂，羽片3～6对。
                    8. 第一回叶裂片全部无柄；叶片轮廓较狭（狭矩圆形），两面被星散长柔毛；宿存花柱长2～2.5厘米 ········ **5. 细裂白头翁 P. tenuiloba** (Turcz.) Juz.
                    8. 第一回叶裂片仅下部有柄；叶片轮廓较宽（卵形），表面变无毛、背面疏被柔毛；宿存花柱长3～6厘米（**6. 细叶白头翁 P. turczaninovii** Kryl. et Serg.）。
                        9. 花萼6，蓝紫色，花梗长1.5厘米。
                            10. 外轮花萼不裂 ········ **6a. 细叶白头翁 P. turczaninovii** var. **turczaninovii**
                            10. 外轮花萼不等2裂 ········ **6b. 裂萼细叶白头翁 P. turczaninovii** var. **fissasepalum** J.H.Yu
                        9. 花萼多数，淡粉红色，花梗长5～7厘米 ··· **6c. 呼伦白头翁 P. turczaninovii** var. **hulunensis** L.Q.Zhao
        5. 叶一至二回羽状分裂或基生叶三出羽状分裂，终裂片宽。
            11. 花期叶未完全展开；花红紫色 ········ **7. 朝鲜白头翁 P. cernua** (Thunb.) Bercht. et Opiz
            11. 花期叶展开；花蓝紫色或淡蓝紫色、淡紫色至带白色。
                12. 叶背被柔毛；花蓝紫色或花淡蓝紫色、淡紫色至带白色；柱头紫色。

（接上表）

13. 花淡蓝紫色、淡紫色至带白色；基生叶三出羽状分裂 …………………………………………………… 8. **岩生白头翁** P. saxatilis L. Xu & T.G. Kang
13. 花蓝紫色；基生叶二回羽状分裂 ……………………… 9. **延边白头翁** P. × yanbianensis H. Z. LV
12. 叶背无毛或沿脉疏被柔毛；花淡蓝紫色或灰白蓝色；柱头灰白色（10. **兴安白头翁** P. dahurica (Fisch. ex DC.) Spreng.）。
14. 花单瓣 …………………………………………………… 10a. **兴安白头翁** P. dahurica var. dahurica
14. 花重瓣 …………………………10b. **重瓣白头翁** P. dahurica f. pleniflora S. H. Li et Y. H. Huang

（1）白头翁（辽宁植物志，黑龙江省植物志，内蒙古植物志，东北植物检索表，东北草本植物志，中国植物志，Flora of China）

Pulsatilla chinensis (Bunge) Regel. in Tent. Fl. Ussur. 5, t. 2, f. B. 1861; 东北草本植物志3: 162. 图版69: 5～7. 1975; 中国植物志28: 65. 图版20: 1～4. 1980; 辽宁植物志（上册）: 515. 1988; 内蒙古植物志（第二版）2: 471. 图版190: 1～3. 1990; 黑龙江省植物志5: 82. 图版28: 1～4.1992; 东北植物检索表（第二版）: 198. 图版93: 1. 1995; Fl. China 6: 330. 2001.

（1a）白头翁（原变种）

Pulsatilla chinensis var. *chinensis*

（1aa）白头翁（原变型）

Pulsatilla chinensis f. *chinensis*

生山坡草地、林缘。产黑龙江省各地；吉林省通榆；辽宁省昌图、沈阳、抚顺、新宾、清原、彰武、锦州、葫芦岛、建平、绥中、鞍山、金州、大连、庄河、宽甸、丹东；内蒙古自治区阿荣旗、科尔

■ 白头翁

苞片

花期植株

果期植株

植株

叶

沁右翼前旗、科尔沁右翼中旗、奈曼旗、巴林左旗、敖汉旗、喀喇沁旗、宁城等地。

根有清热解毒、凉血止痢作用，茎叶有暖腰膝、强心作用。花用于疟疾寒热。

（1ab）白花白头翁（变型）（植物研究）

Pulsatilla chinensis f. *alba* D. K. Zang, 植物研究13(4): 340 ~ 341. 1993.

生境同原变型。产辽宁省葫芦岛市南票区。

■ 白花白头翁

花侧面观

植株

果序

（1b）金县白头翁（变种）（辽宁植物志，东北植物检索表，东北草本植物志，中国植物志）；大连白头翁（东北植物分布图集）

Pulsatilla chinensis var. *kissii* (Mandl) S. H. Li et Y. H. Huang, 东北草本植物志3: 162. 1975; 中国植物志28: 65. 1980; 辽宁植物志（上册）: 516. 1988; 东北植物检索表（第二版）: 198. 1995.——*P. kissii* Mandl in Oesterr. Bot. Zeitschr. 178. 1922.

生于山坡、山沟溪流旁。产辽宁省瓦房店、金州、大连等地。

■ 金县白头翁

叶

花正面观

植株

花侧面观

（2）肾叶白头翁（中国植物志，Flora of China）

Pulsatilla patens (L.) Mill. Gard. Dict. Ⅷ: n. 4. 1768; 中国植物志28: 68.1980; Fl. China 6: 331. 2001.

（2a）肾叶白头翁（原亚种）

Pulsatilla patens subsp. *patens*

中国产新疆北部。东北地区不产。

（2b）掌叶白头翁（亚种）（黑龙江省植物志，内蒙古植物志，东北植物检索表，东北草本植物志，中国植物志，Flora of China）；白花掌叶白头翁（内蒙古植物志，东北植物检索表）

Pulsatilla patens subsp. *multifida* (Pritz.) Zämelis in Acta Horti Bot. Univ. 1: 98. 1926; Fl. China 6: 331.2001; 内蒙古自治区维管植物分类及其区系生态地理分布164.2012.——*Pulsatilla patens* var. *multifida* (Pritz.) S.H.Li & Y.H.Huang, 东北草本植物志3: 163, 图版70, 图1 ~ 3. 1975; 中国植物志28: 68. 图版20: 7. 1980; 内蒙古植物志（第二版）2: 471. 图版190: 4 ~ 5. 1990; 黑龙江省植物志5: 83. 图版27: 4 ~ 5.1992; 东北植物检索表（第二版）: 200. 图版93: 2. 1995.——*Pulsatilla patens* f. *albifiora* X. F. Zhao ex Y. Z. Zhao, 内蒙古植物志（第二版）2: 473, 713. 1990 publ. 1991; 东北植物检索表（第二版）: 200. 1995.

生山坡草地。产黑龙江省黑河、呼玛、哈尔滨、北安、嫩江、尚志、爱辉；内蒙古自治区根河、牙克石、鄂伦春、科尔沁右翼前旗、扎赉特旗、宝格达山等地。

■ 掌叶白头翁

果序

花期植株

果期植株下部

白花侧面观

白花居群

群落

果期居群

花

（3）黄花白头翁（内蒙古植物志，东北植物检索表，东北草本植物志，中国植物志，Flora of China）

Pulsatilla sukaczevii Juz. in Fl. URSS 7: 301, 741. 1937; 东北草本植物志3: 163, 图版70: 4 ~ 7. 1975; 中国植物志28: 70. 图版16: 6. 1980; 内蒙古植物志（第二版）2: 479. 图版191: 1 ~ 6. 1990; 东北植物检索表（第二版）: 200. 图版93: 3. 1995; Fl. China 6: 332.2001.

生丘陵多沙砾山坡。产内蒙古自治区陈巴尔虎旗、满洲里、东乌珠穆沁旗、阿巴嘎旗等地。

■ 黄花白头翁

植株下部

植株上部

（4）蒙古白头翁（黑龙江省植物志，内蒙古植物志，中国植物志，Flora of China）；北白头翁（东北植物检索表，东北草本植物志）

Pulsatilla ambigua Turez. ex Pritz. in Fl. URSS 7: 307. 1937; 东北草本植物志3: 163. 1975; 中国植物志28: 68. 图版19: 3 ~ 5；20：10 ~ 11. 1980; 内蒙古植物志（第二版）2: 473. 图版191: 7. 1990; 黑龙江省植物志5: 80. 图版27: 5. 1992; 东北植物检索表（第二版）: 200. 1995; Fl. China 6: 331.2001.

生高山草地。产黑龙江省肇东、尚志；内蒙古自治区满洲里、扎赉特旗等地。

■ 蒙古白头翁

花侧面观

基生叶

花正面观

根状茎和茎可药用，对阿米巴性痢疾有显著疗效，但新鲜时有毒，如误食易引起胃肠炎和便血；可作土农药，常用来杀虫蛹。

（5）细裂白头翁（内蒙古植物志，东北植物检索表，Flora of China）

Pulsatilla tenuiloba (Turcz.) Juz. in Fl. URSS 7: 298. 1937; 内蒙古植物志（第二版）2: 477. 图版193: 4 ~ 5. 1990; 东北植物检索表（第二版）: 200. 1995; Fl. China 6: 332.2001.

生多岩石的草原。产内蒙古自治区新巴尔虎右旗克鲁伦河北部中蒙国境线处。

■ 细裂白头翁

果期植株

基生叶

花

花期植株

果序

（6）细叶白头翁（辽宁植物志，黑龙江省植物志，内蒙古植物志，东北植物检索表，东北草本植物志，中国植物志，Flora of China）

Pulsatilla turczaninovii Kryl. et Serg. in Animadv. Syst. ex Herb. Univ. Tomsk. n. 5 ~ 6: 1. 1830; 东北草本植物志3: 163. 图版71: 1 ~ 3. 1975; 中国植物志28: 69. 图版19: 11. 1980; 辽宁植物志（上册）: 516. 图版213: 1 ~ 3. 1988; 内蒙古植物志（第二版）2: 477. 图版193: 1 ~ 3. 1990; 黑龙江省植物志5: 85. 图版29: 1 ~ 3.1992; 东北植物检索表（第二版）: 200. 图版93: 4. 1995; Fl. China 6: 332. 2001.

（6a）细叶白头翁（原变种）

Pulsatilla turczaninovii var. *turczaninovii*

生草原或山地草坡或林边。产黑龙江省哈尔滨、北安、安达；吉林省双辽；辽宁省彰武；内蒙古自治区海拉尔、额尔古纳、牙克石、扎兰屯、鄂温克、陈巴尔虎旗、新巴尔虎左旗、科尔沁右翼前旗、扎赉特旗、扎鲁特旗、宁城、东乌珠穆沁旗、西乌珠穆沁旗、锡林浩特等地。模式标本采自大兴安岭。

根状茎有清热凉血、解毒作用，全草可治风湿性关节炎。

■ 细叶白头翁

花后植株

花期叶

花期一部分

花期植株

（6b）裂萼细叶白头翁（变种）（植物研究）

Pulsatilla turczaninovii var. *fissasepalum* J.H.Yu, 植物研究30(6): 648. 2010.

生干燥山坡。产内蒙古自治区大兴安岭北部莫尔道嘎（模式标本采集地）。

（6c）呼伦白头翁（变种）（西北植物学报，呼伦贝尔草原植物图鉴，内蒙古植物志）

Pulsatilla turczaninovii var. *hulunensis* L.Q.Zhao, 西北植物学报31(10): 2131 ~ 2132. 2011.——*Anemone turczaninovii* var. *hulunensis* (L.Q.Zhao) Nan Jiang&W.B.Yu，Nordic J. Bot. 33(4): 470. 2015.——*Pulsatilla hulunensis* (L. Q. Zhao) L. Q. Zhao et Y. Z. Zhao in Key Vasc. Pl. Inn. Mongol. 74. 2014；呼伦贝尔草原植物图鉴: 135. 2019; 内蒙古植物志（第三版）2: 138. 2020.

生草原区花岗岩石质丘陵草地上。产内蒙古自治区呼伦贝尔陈巴尔虎旗（模式标本采集地）。

■ 呼伦白头翁

基生叶

花

植株

（7）朝鲜白头翁（辽宁植物志，黑龙江省植物志，内蒙古植物志，东北植物检索表，东北草本植物志，中国植物志，Flora of China）；灰花白头翁（植物研究）

Pulsatilla cernua (Thunb.) Bercht. et Opiz. in Rostl. I. Ranuncul. 22. 1820; 东北草本植物志3: 166. 图版72: 1 ~ 2. 1975; 中国植物志28: 65. 图版20: 8 ~ 9. 1980; 辽宁植物志（上册）: 516. 图版213: 4 ~ 5. 1988; 内蒙古植物志（第二版）2: 475. 图版192: 3. 1990; 黑龙江省植物志5: 80. 图版27: 1 ~ 3.1992; 东北植物检索表（第二版）: 200. 图版93: 5. 1995; Fl. China 6: 330. 2001.——*Pulsatilla cernua* f. *plumbea* J.X. Ji & Y.T. Zhao, 植物研究9(4): 69 ~ 70. 1989.

生山坡草地、灌丛间。产黑龙江省虎林、饶河、伊春、萝北；吉林省蛟河、安图、抚松、长春；辽宁省沈阳、本溪、桓仁、宽甸、凤城、清原、新宾、鞍山、丹东、普兰店、瓦房店、金州；内蒙古自治区科尔沁右翼前旗、扎赉特旗、喀喇沁旗、赤峰市红山区等地。

资源价值同白头翁。

■ 朝鲜白头翁

叶

叶一部分

植株

（8）岩生白头翁（中国实验方剂学杂志）；白云山白头翁（丹东地区野生动植物原色图鉴）

Pulsatilla saxatilis L. Xu & T.G. Kang in Phytotaxa 539 (2): 195 ~ 202. 2022.(中国实验方剂学杂志23(5): 203 ~ 209. 2017, nom. inval.) ——*Pulsatilla baiyunshanensis* Z. Y. Lee, 丹东地区野生动植物原色图鉴植物分册（二）60. 2013, nom. inval.

生高山峭壁岩石缝中。产辽宁省凤城（模式标本采自白云山）、辽阳（大黑山）。

■ 岩生白头翁

花

植株

基生叶

柱头紫色

（9）延边白头翁（延边大学硕士学位论文）

Pulsatilla×*yanbianensis* H.Z. LV in Korean. J. Pl. Taxon. 41(4): 365 ~ 369. 2011.

生山地草坡。产吉林省延吉市小营镇、图们市长安镇（苇子沟）、安图县（模式标本采集地）；辽宁省昌图。

■ 延边白头翁

柱头紫色

花正面观

■ 延边白头翁

叶

植株

（10）兴安白头翁（黑龙江省植物志，内蒙古植物志，东北植物检索表，东北草本植物志，中国植物志，Flora of China）

Pulsatilla dahurica (Fisch. ex DC.) Spreng. in Syst. Veget. 2: 663. 1825; 东北草本植物志3: 166. 图版72: 3. 1975; 中国植物志28: 67. 图版20: 5 ~ 6. 1980; 内蒙古植物志（第二版）2: 475. 图版192: 1 ~ 2. 1990; 黑龙江省植物志5: 83. 图版28: 5 ~ 6.1992; 东北植物检索表（第二版）: 200. 图版93: 6. 1995; Fl. China 6: 330. 2001.

（10a）兴安白头翁（原变型）

Pulsatilla dahurica f. *dahurica*

生山地草坡。产黑龙江省伊春、呼玛、哈尔滨、黑河、尚志、爱辉；吉林省安图、汪清；内蒙古自治区额尔古纳、扎兰屯、科尔沁右翼前旗、扎赉特旗等地。

根状茎药用，治疗阿米巴痢疾功效显著。

■ 兴安白头翁

花侧面观

叶

植株

■ 兴安白头翁

花正面观

居群

（10b）重瓣白头翁（变型）（东北草本植物志）

Pulsatilla dahurica f. *pleniflora* S. H. Li et Y. H. Huang, 东北草本植物志3: 165: 4 ~ 5. 1975.

生河滩草地。产内蒙古自治区科尔沁右翼前旗（模式标本采自索伦）。

19 银莲花属 *Anemone* L.

Anemone L. Syst. ed. 1. 1735.

多年生草本，有根状茎。叶基生，少数至多数，有时不存在，或为单叶，有长柄，掌状分裂，或为三出复叶，叶脉掌状。花葶直立或渐升；花序聚伞状或伞形，或只有1花；苞片或数个，对生或轮生，形成总苞，与基生叶相似，或小，掌状分裂或不分裂。花规则；萼片5至多数，花瓣状，白色、蓝紫色；无花瓣；雄蕊通常多数；心皮多数或少数，子房有毛或无毛，花柱存在或不存在。瘦果多为卵球形或近球形，少有两侧压扁。

本属全世界约有150种，各大洲均有分布，主产亚洲和欧洲。中国有53种，除广东、海南外，各省区均有分布，多数分布于西南部高山地区。东北地区产12种1亚种3变种，其中栽培1种。

分种检索表

1\. 栽培；花径4 ~ 10厘米，有红色、粉色、蓝色、橙色、白色等色及复色 ……………… 1. 欧洲银莲花 A. coronaria L.

1\. 野生；花径1.5 ~ 6厘米，白色或乳白色。

  2\. 茎上部叉状分歧；茎生叶着生分歧处，对生，无柄，3深裂，裂片长圆形；花径2 ~ 4厘米，花梗长7 ~ 30厘米 ……………… 2. 二歧银莲花 A. dichotoma L.

  2\. 茎不为叉状分歧。

    3\. 花径3.5 ~ 6厘米；聚合果呈棉团状 ……………… 3. 大花银莲花 A. sylvestris L.

    3\. 花径1.5 ~ 3厘米；聚合果不呈棉团状。

      4\. 聚伞花序稀伞形花序；茎基部具枯叶纤维。

        5\. 聚伞花序1 ~ 3回分枝，花径约1.5厘米，苞叶具鞘状柄 ……………… 4b. 小花草玉梅 A. rivularis var. floreminore Maxim.

        5\. 花2 ~ 5朵组成伞形花序，花径2 ~ 3厘米，苞叶无柄。

（接上表）

6. 除叶柄基部有较密长柔毛外，其他部分有稀疏柔毛或无毛 …………… **5. 银莲花 A. cathayensis** Kitag.
6. 花葶与叶柄被长柔毛，心皮无毛 ………… **6b. 长毛银莲花 A. narcissiflora** subsp.**crinita** (Juz.) Kitag.
4. 花仅1（2）朵；茎基部无枯叶纤维。
7. 萼片10～15 …………………………………………………………………… **7. 多被银莲花 A. raddeana** Regel
7. 萼片5～9。
8. 总苞叶3～5深裂，无柄或近无柄。
9. 萼片反曲，宽1～1.5毫米 ………………………………………………… **8. 反萼银莲花 A. reflexa** Steph.
9. 萼片不反曲，宽4～9毫米（**9. 毛果银莲花 A. baicalensis** Turcz.）。
10. 花葶和叶柄被伸展毛；萼片倒卵形；心皮6～16。
11. 心皮密被伏毛 ………………………………… **9a. 毛果银莲花 A. baicalensis** var. **baicalensis**
11. 心皮无毛或近无毛 ……………………… **9b. 光果银莲花 A. baicalensis** var. **glabrata** Maxim.
10. 花葶和叶柄无毛；萼片椭圆形或卵形；心皮7～8 ……………………………………… **9c. 细茎银莲花 A. baicalensis** var. **rossii** (S. Moore) Kitag.
8. 总苞叶三出，具柄。
12. 具细长的匍匐茎；叶3～5全裂，裂片再分裂成多数线状小裂片；萼片通常5 ……………………………………………………………………… **10. 匐枝银莲花 A. stolonifera** Maxim.
12. 无匍匐茎。
13. 总苞叶柄具翼；二回三出复叶，小叶再分裂；萼片6～9 ……………………………………………………… **11. 黑水银莲花 A. amurensis** (Korsh.) Kom.
13. 总苞叶柄无翼。
14. 萼片6～7枚，下垂 ……………………………… **12. 垂萼银莲花 A. pendulisepala** Y. N. Lee
14. 萼片5，不下垂。
15. 萼片倒卵形或卵形；总苞叶柄长2.5厘米，苞叶倒卵形；花径3～3.5厘米 …………………………………………**13. 乌德银莲花 A. udensis** Trautv. et C. A. Mey.
15. 萼片椭圆形或卵状椭圆形；总苞叶柄长1～2厘米，苞叶菱形；花径1.7～2.5厘米 ……………………………………………………**14. 阴地银莲花 A. umbrosa** C. A. Mey.

（1）欧洲银莲花（大连植物彩色图谱）

■ 欧洲银莲花

粉花

白花

红花

聚合果

■ 欧洲银莲花

基生叶

聚合果成熟期

居群

Anemone coronaria L., Sp. Pl. 539. 1753.

原产地中海地区。辽宁省大连、沈阳有栽培。

花朵硕大，色彩艳丽丰富，适宜于布置岩石园及花坛。

（2）二歧银莲花（黑龙江省植物志，内蒙古植物志，东北植物检索表，中国植物志，Flora of China）；草玉梅（东北草本植物志）

Anemone dichotoma L., Sp. Pl.540. 1753; 东北草本植物志3: 156. 1975; 中国植物志28: 56. 图版16: 1 ~ 4. 1980; 内蒙古植物志（第二版）2: 463. 图版187: 1 ~ 2. 1990; 黑龙江省植物志5: 37. 图版14: 1 ~ 5.1992; 东北植物检索表（第二版）: 189. 图版87: 4. 1995; Fl. China 6: 310.2001.

生丘陵或山坡湿草地或林中。产黑龙江省哈尔滨、伊春、阿城、宁安、爱辉、虎林、饶河、黑河；吉林省磐石、敦化；内蒙古自治区海拉尔、额尔古纳、根河、牙克石、扎兰屯、鄂伦春、科尔沁右翼前旗、扎赉特旗、宝格达山等地。

■ 二歧银莲花

居群

植株

花瓣5

花瓣6

（3）大花银莲花（黑龙江省植物志，内蒙古植物志，东北植物检索表，东北草本植物志，中国植物志，Flora of China）

Anemone sylvestris L., Sp. Pl.540. 1753; 东北草本植物志3: 156. 1975; 中国植物志28: 33. 图版6: 7 ~ 9. 1980; 内蒙古植物志（第二版）2: 465. 图版187: 3 ~ 5. 1990; 黑龙江省植物志5: 41. 图版15: 3 ~ 5.1992; 东北植物检索表（第二版）: 189. 图版86: 6. 1995; Fl. China 6: 317.2001.

生山谷草坡或桦树林边、草原或多沙山坡。产黑龙江省爱辉、黑河等小兴安岭北部山地；内蒙古自治区海拉尔、额尔古纳、牙克石、陈巴尔虎旗、科尔沁右翼前旗、克什克腾旗、喀喇沁旗、宁城、正镶白旗、正蓝旗等地。

■ 大花银莲花

植株

居群

花

（4）草玉梅（植物名实图考，中国植物志，Flora of China）

Anemone rivularis Buch.–Ham. ex DC. Syst. 1: 211. 1818; 中国植物志28: 22. 图版5: 1 ~ 5. 1980; Fl. China 6: 316. 2001.

（4a）草玉梅（原变种）

Anemone rivularis var. *rivularis*

中国产西藏、云南、广西、贵州、湖北、四川、甘肃、青海等省区。东北地区不产。

（4b）小花草玉梅（内蒙古植物志，东北草本植物志，中国植物志，Flora of China）；小花银莲花（东北植物检索表）

Anemone rivularis var. *floreminore* Maxim. in Fl. Tang. 6. 1889; 东北草本植物志3: 158. 1975; 中国植物志28: 24. 1980; 内蒙古植物志（第二版）2: 465. 图版188: 3 ~ 4. 1990; 东北植物检索表（第二版）: 189. 1995; Fl. China 6: 316. 2001.

生山地林边或草坡上。产内蒙古自治区克什克腾旗、喀喇沁旗、宁城等地。

根状茎药用，治肝炎、筋骨疼痛等症。

■ 小花草玉梅

花瓣6

植株

■ 小花草玉梅

花瓣5

茎叶

（5）银莲花（东北植物检索表，中国植物志，Flora of China）

Anemone cathayensis Kitag. in Lineam. Fl. Mansh. 213. 1039; 中国植物志28: 54. 图版15: 5 ~ 9. 1980; 东北植物检索表（第二版）: 189. 图版87: 3. 1995; Fl. China 6: 320. 2001.

生山坡草地、山谷沟边或多石砾坡地。产黑龙江省完达山地区；辽宁省凤城（白云山）、辽阳（大黑山）。

全草用于风湿骨痛、跌打损伤。

■ 银莲花

植株

基生叶

花序

（6）水仙银莲花（Flora of China）

Anemone narcissiflora L., Sp. Pl. 1: 542. 1753; Fl. China 6: 321. 2001.

（6a）水仙银莲花（原亚种）

中国不产。

（6b）长毛银莲花（亚种）（黑龙江省植物志，内蒙古植物志，东北植物检索表，东北草本植物志，中国植物志，Flora of China）；重瓣长毛银莲花（内蒙古植物志）

Anemone narcissiflora subsp. *crinita* (Juz.) Kitag., Lin. Fl. Manshur. 213 1939; Fl. China 6: 321. 2001.——*A. narcissiflora* var. *crinita* (Juz.) Tamura in Act. Phytotax. Geobot. 17: 115. 1958; 东北草本植物志3: 158. 图版

68: 1 ~ 5. 1975; 中国植物志28: 48. 图版13: 8. 1980; 黑龙江省植物志5: 40. 图版13: 1 ~ 4.1992; 东北植物检索表（第二版）: 189. 图版87: 2. 1995.—— *A. crinita* Juz. in Fl. URSS 7: 274. 1937; 内蒙古植物志（第二版）2: 468. 图版189: 6 ~ 8. 1990.——*A. narcissiflora* f. plena Y. Z. Zhao, 内蒙古植物志（第二版）2: 470. 1990.

生山地草坡或林下。产黑龙江省尚志；吉林省安图；辽宁省凌源；内蒙古自治区额尔古纳、根河、牙克石、扎兰屯、科尔沁右翼前旗、翁牛特旗、巴林右旗、阿鲁科尔沁旗、克什克腾旗、喀喇沁旗、西乌珠穆沁旗、宝格达山等地。

■ 长毛银莲花

蓇葖果

初花期花序

果序

基生叶

盛花期花序

茎

植株

（7）多被银莲花（辽宁植物志，黑龙江省植物志，东北植物检索表，东北草本植物志，中国植物志，Flora of China）

Anemone raddeana Regel in Bull. Soc. Nat. Mosc. 34: 16. 1861; 东北草本植物志3: 152. 图版65: 1 ~ 2. 1975; 中国植物志28: 12. 图版2: 1 ~ 3. 1980; 辽宁植物志（上册）: 509. 图版212: 5 ~ 6. 1988; 黑龙江省植物志5: 40. 图版15: 1 ~ 2.1992; 东北植物检索表（第二版）: 189. 图版86: 4. 1995; Fl. China 6: 315. 2001.

生山地林中或草地阴湿处。产黑龙江省尚志市等东部山地；吉林省浑江、桦甸、安图；辽宁省西丰、本溪、桓仁、凤城、宽甸、庄河等地。模式标本采自黑龙江流域。

根有祛风湿、散寒、消肿作用，可治风湿性关节炎、伤风感冒、疮痒痈毒。

■ 多被银莲花

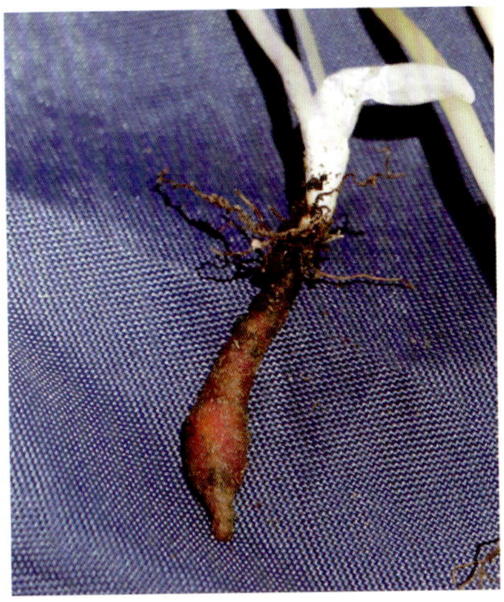
根部

蓇葖果

植株

居群

花

（8）反萼银莲花（辽宁植物志，东北植物检索表，东北草本植物志，中国植物志，Flora of China）

Anemone reflexa Steph. in Willd. Sp. pl. 2: 1282. 1797; 东北草本植物志3: 158. 1975; 中国植物志28: 15. 图版2: 16 ~ 18. 1980; 辽宁植物志（下册）: 1165. 图版525: 5. 1992; 东北植物检索表（第二版）: 189. 图版87: 6. 1995; Fl. China 6: 315. 2001.

生山地谷中灌丛下。产吉林省安图县长白山；辽宁省桓仁等辽东山区。

根状茎有开窍、祛痰、祛风化湿、健胃、解毒作用。

■ 反萼银莲花

花

蓇葖果

植株

（9）毛果银莲花（辽宁植物志，黑龙江省植物志，东北植物检索表，东北草本植物志，中国植物志，Flora of China）

Anemone baicalensis Turcz. in Bull. Soc. Nat. Mosc. 15: 42. 1842; 东北草本植物志3: 154. 图版66: 1～2. 1975; 中国植物志28: 20. 图版4: 1～6. 1980; 辽宁植物志（上册）: 513. 图版211: 1～2. 1988; 黑龙江省植物志5: 37. 图版13: 5～6.1992; 东北植物检索表（第二版）: 189. 图版86: 7. 1995; Fl. China 6: 311. 2001.

（9a）毛果银莲花（原变种）

Anemone baicalensis var. *baicalensis*

生山地林下、灌丛中或阴坡湿地。产黑龙江省尚志；吉林省安图、敦化；辽宁省本溪、凤城、宽甸、桓仁等地。模式标本采自贝加尔湖南岸。

叶有解毒、杀虫作用。

■ 毛果银莲花

居群

花

子房

（9b）光果银莲花（变种）（黑龙江省植物志，东北植物检索表，东北草本植物志，中国植物志）

Anemone baicalensis var. *glabrata* Maxim. Prim. Fl. Amur. 18. 1859; Hand.–Mazz. in Act. Hort. Gothob. 13: 175. 1939; 东北草本植物志 3: 156. 1975; 中国植物志28: 20. 图版4: 7～9. 1980; 黑龙江省植物志5: 37. 图版13: 7.1992; 东北植物检索表（第二版）: 189. 图版86: 8. 1995.

生山地云杉林边或红松林中。产黑龙江省伊春；吉林省珲春等地。

（9c）细茎银莲花（变种）（辽宁植物志，中国植物志，Flora of China）；小银莲花（东北植物检索表）

■ 细茎银莲花

居群

叶

Anemone baicalensis var. *rossii* (S. Moore) Kitag. in Rep. Inst. Sci. Res. Manchoukuo 4(7): 81. 1940; Fl. China 6: 312. 2001.——*A. rossii* S. Moore in Journ. L. Soc. Bot. 17: 376, t. 16, f. 1 ~ 2. 1879; 中国植物志28: 18. 图版16: 5. 1980; 辽宁植物志（上册）: 511. 图版211: 3 ~ 4. 1988; 东北植物检索表（第二版）: 189. 图版87: 5. 1995.

生阔叶林下。产吉林省桦甸、安图、柳河；辽宁省新宾、桓仁、宽甸、凤城、庄河等地。

该植物体内含有桦皮醇、桦皮酸和齐墩果酸等药用成分。

（10）匐枝银莲花（黑龙江省植物志，东北植物检索表，东北草本植物志，中国植物志，Flora of China）

Anemone stolonifera Maxim. in Bull. Acad. Imp. Sci. Saint-Pétersbourg Ⅲ, 22: 225. 1877; 东北草本植物志3: 154. 1975; 中国植物志28: 10. 1980; 黑龙江省植物志5: 44. 图版15: 6 ~ 7.1992; 东北植物检索表（第二版）: 189. 图版86: 5. 1995; Fl. China 6: 312.2001.

生山地阔叶林下。产黑龙江省黑河、尚志等东部山地；吉林省抚松。

■ 匐枝银莲花

植株

植株一部分

（11）黑水银莲花（辽宁植物志，黑龙江省植物志，东北植物检索表，东北草本植物志，中国植物志，Flora of China）

Anemone amurensis (Korsh.) Kom. in Act. Hort. Petrop. 22: 262. 1903; 东北草本植物志3: 150. 图版64: 1 ~ 2. 1975; 中国植物志28: 15. 图版2: 7 ~ 9. 1980; 辽宁植物志（上册）: 511. 图版210: 1 ~ 2. 1988; 黑龙江省植物志5: 36. 图版12: 1 ~ 2.1992; 东北植物检索表（第二版）: 189. 图版86: 3. 1995; Fl. China 6: 314. 2001.

生山地林下或灌丛下。产黑龙江省带岭、阿城、伊春、尚志、铁力、哈尔滨；吉林省安图、柳河、浑江、蛟河、桦甸；辽宁省本溪、桓仁、宽甸、凤城等地。

根茎用于麻痹、月经不调、胃痛、百日咳。

■ 黑水银莲花

果序

植株

居群

粉花

茎叶

（12）垂萼银莲花（西北植物学报）

Anemone pendulisepala Y. N. Leein D. C. Son, D. H. Lee & K. S. Chang, Phytotaxa 311(2): 200. 2017; 西北植物学报38(3): 0579 ~ 0581. 2018; Bull. Korea Pl. Res. 3: 2 (~ 4; figs) (2003), nom. inval.

生山地疏林下。产吉林省白山市湾沟镇和平街道东山。

■ 垂萼银莲花

植株

居群

（13）乌德银莲花（中国植物志，Flora of China）；大叶银莲花（黑龙江省植物志，东北植物检索表，东北草本植物志）

Anemone udensis Trautv. et C. A. Mey. in Fl. Ochot. 6. 1856; 东北草本植物志3: 152. 1975; 中国植物志28: 14. 图版2: 13 ~ 15. 1980; 黑龙江省植物志5: 44. 图版15: 6 ~ 7.1992; 东北植物检索表（第二版）: 189. 图版86: 1. 1995; Fl. China 6: 314.2001.

生山地林边或灌丛中或针阔混交林下较阴处。产黑龙江省伊春、尚志、饶河、穆棱、东宁、牡丹江、嘉荫等地。

■ 乌德银莲花

茎叶

花

植株

（14）阴地银莲花（辽宁植物志，东北植物检索表，东北草本植物志，中国植物志，Flora of China）

Anemone umbrosa C. A. Mey. in Ledeb. Pl. Alt. 2: 361. 1830; 东北草本植物志3: 152. 图版64: 4. 1975; 中国植物志28: 14. 图版2: 10 ~ 12. 1980; 辽宁植物志（上册）: 511. 图版210: 3 ~ 4. 1988; 东北植物检索表（第二版）: 189. 图版86: 2. 1995; Fl. China 6: 315. 2001.

生低山阴坡草地或林下阴处。产吉林省桦甸、蛟河、安图、临江、抚松；辽宁省西丰、本溪、桓仁、宽甸、丹东、鞍山等地。

■ 阴地银莲花

花背面观

花正面观

■ 阴地银莲花

居群

叶

070. 莲科 Nelumbonaceae

Nelumbonaceae A.Rich., Dict. Class. Hist. Nat. [Bory] 11: 492. 1827, *nom. cons.*

木贼门、木贼亚门、木兰纲、蔷薇亚纲、山龙眼超目、山龙眼目（Proteales）。

多年生草本，水生；根状茎沉水生。叶漂浮于水面或伸出水面，互生，全缘；叶脉放射状；叶柄及花梗常有刺。花大，美丽，萼片4～5枚，花瓣多数，二者不同形，皆脱落；雄蕊多数，具外向药；心皮离生，嵌生在倒圆锥状花托的穴内，子房上位，每心皮具1～2胚珠。坚果不裂；种子无胚乳。

本科有1属2种，分布于亚洲东部和南部，澳大利亚北部，美国中部和北部。中国有1种。东北地区有分布。

莲属 *Nelumbo* Adanson

Nelumbo Adanson, Fam. Pl. 2: 76, 582. 1763.

属的特征和地理分布同科。

莲（辽宁植物志，黑龙江省植物志，东北植物检索表，东北草本植物志，中国植物志，Flora of China）；荷花（通称）

Nelumbo nucifera Gaertn. in Fruct. et Semin. Pl. 1: 73. 1788; 东北草本植物志3: 78 . 图版31. 1975; 中国植物志27: 3. 图版1. 1979; 辽宁植物志（上册）: 560. 图版235. 1988; 黑龙江省植物志5: 140. 图版49: 1～6.1992; 东北植物检索表（第二版）: 216. 图版101: 2. 1995; Fl. China 6: 114. 2001.

多年生水生草本；叶基生，叶片圆盾形，伸出水面，波状近全缘；花顶生，大形，直径10～24厘米，粉红色或白色，花瓣多数；坚果椭圆形或卵圆形。自生或栽培于池塘内。产黑龙江省五常、虎林、富锦、宝清、汤原、依兰、方正、木兰、宁安、肇源；辽宁省桓仁、金州、普兰店、海城、辽阳、辽中、新民、台安、绥中、彰武、沈阳；内蒙古自治区科尔沁左翼后旗等地。

水生观赏植物。藕及莲子为营养品。藕节、荷叶、荷梗、莲房、雄蕊及莲子均药用。

在2021年公布的《国家重点保护野生植物名录》中，本种被列为二级保护植物。

■莲

花解剖

花侧面观

花正面观

植株

花托（莲房）

071. 悬铃木科 Platanaceae

Platanaceae T.Lestib., Botanogr. Élém. 526. 1826, *nom. cons.*

木贼门、木贼亚门、木兰纲、蔷薇亚纲、山龙眼超目、山龙眼目（Proteales）。

落叶乔木。叶互生，单叶，有长柄，具掌状脉，掌状分裂，偶有羽状脉而全缘。花单性，雌雄同株，排成紧密球形的头状花序，雌雄花序同形，生于不同的花枝上，雄花头状花序无苞片，雌花头状花序有苞片。果为聚合果，由多数狭长倒锥形的小坚果组成，基部围以长毛，每个坚果有种子1个；种子线形，胚乳薄，胚有不等形的线形子叶。

本科全世界只有1属，有8～11种，分布于北美洲、东南欧、西亚及越南北部。中国南北各地栽培3种，东北地区也有栽培。

悬铃木属 *Platanus* L.

Platanus L. in Gen. Pl. ed. 1. 986. 1754.

属的特征和地理分布同科。

分种检索表

1. 叶深裂，中裂片长大于宽；每果枝具3～6个球状果序，小坚果下部的长毛比果长，凸出于果序外
…………………………………………………………………………………………… 1. 三球悬铃木 P. orientalis L.
1. 叶深裂或浅裂，中裂片长不大于宽；每果枝具球状果序1～3，小坚果下部的长毛不比果长，不凸出于果序外。
  2. 叶中裂片长宽近等；每果枝具球状果序（1～）2～3，小坚果下部的长毛与果等长或稍短
  ………………………………………………………………………………… 2. 二球悬铃木 P. acerifolia (Aiton) Willd.
  2. 叶中裂片宽大于长；每果枝具球状果序1～2，小坚果下部的长毛仅为果的1/2长…3. 一球悬铃木 P. occidentalis L.

（1）三球悬铃木（辽宁植物志，东北植物检索表，中国植物志，Flora of China）

Platanus orientalis L., Sp. Pl.417. 1753; 中国植物志35(2): 120. 1979; 辽宁植物志（上册）: 671. 1988; 东北植物检索表（第二版）: 262. 图版123: 3. 1995; Fl. China 9: 44. 2003.

原产欧洲东南部及亚洲西部。辽宁省大连有栽培。

树干高大，枝叶茂盛，生长迅速，耐修剪，为优良行道树种。

■ 三球悬铃木

果序

叶

果枝

（2）二球悬铃木（辽宁植物志，东北植物检索表，中国植物志，Flora of China）

Platanus acerifolia (Aiton) Willd. in Sp. Pl. 4: 474. 1797; 中国植物志35(2): 120. 图版26. 1979; Fl. China 9:

■ 二球悬铃木

植株

果枝

植株一部分

44. 2003.——*P. hispanica* Muenchh. in Hausvater 5: 229. 1770; 辽宁植物志（上册）: 671. 图版283. 1988; 东北植物检索表（第二版）: 262. 图版123: 1. 1995.

原产欧洲。辽宁省大连、丹东、鞍山等地有栽培。

树干高大，枝叶茂盛，生长迅速，耐修剪，为优良行道树种。

（3）一球悬铃木（辽宁植物志，东北植物检索表，中国植物志，Flora of China）

Platanus occidentalis L., Sp. Pl.417. 1753; 中国植物志35(2): 121. 1979; 辽宁植物志（上册）: 673. 1988; 东北植物检索表（第二版）: 263. 图版123: 2. 1995; Fl. China 9: 45. 2003.

原产欧洲东南部及亚洲西部。辽宁省大连有栽培。

树干高大，枝叶茂盛，生长迅速，耐修剪，为优良行道树种。

■ 一球悬铃木

果期

头状花序

花期

植株一部分

植株

072. 黄杨科 Buxaceae

Buxaceae Dumort., Commentat. Bot. (Dumort.) 54. 1822, *nom. cons.*

木贼门、木贼亚门、木兰纲、蔷薇亚纲、黄杨超目、黄杨目（Buxales）。

常绿灌木、小乔木或草本。单叶，互生或对生，羽状脉或离基三出脉。花小，整齐，无花瓣，单性，雌雄同株或异株；花序总状或密集的穗状，有苞片；雄花萼片4，雌花萼片多为6；雄蕊多为4；雌蕊由2～3心皮组成，子房上位，2～3室，花柱2～3，常分离，宿存，具向下延伸的柱头。果实为室背裂开的蒴果，或肉质的核果状果。

本科全世界有6属约100种，分布非洲、亚洲、欧洲。中国有3属28种，分布于西南部、西北部、中部、东南部，直至台湾省。东北地区栽培1属2种1变种。

黄杨属 *Buxus* L.

Buxus L. Syst. Nat. 9. 1735.

常绿灌木或小乔木；小枝四棱形。叶对生，革质或薄革质，全缘，羽状脉，常有光泽，具短叶柄。花单性，雌雄同株，花序腋生或顶生，总状、穗状或密集的头状，有苞片多片，雌花一朵，生花序顶端，雄花数朵，生花序下方或四周。雄花：萼片4，分内外两列，雄蕊4，和萼片对生，不育雌蕊1。雌花；萼片6，子房3室，花柱3，柱头常下延。果实为蒴果，球形或卵形，熟时沿室背裂为3片，宿存花柱角状，每片两角上各有半爿花柱。

本属约有100种，分布于亚洲、欧洲、热带非洲以及古巴、牙买加等地区。中国有17种，主要分布于中国西部和西南部。

分种检索表

1. 叶面侧脉明显，叶片广倒卵形、广椭圆形或卵状椭圆形，长1.5～3.5厘米，大多数中部最宽 ………… 1. 黄杨 B. sinica (Rehd. et Wils.) M. Cheng.
1. 叶面侧脉不明显，叶片倒卵形、椭圆形或长卵形，长0.6～3厘米，中部或中下部最宽。
   2. 雄花不育雌蕊高度约为萼片长度的2/3或与萼片近等长 ………… 2b. 朝鲜黄杨 B. microphylla var. koreana Nakai ex Wils.
   2. 雄花不育雌蕊高度仅为萼片长度的1/2 ………… 3. 锦熟黄杨 B. sempervirens L.

（1）黄杨（辽宁植物志，东北植物检索表，中国植物志，Flora of China）；瓜子黄杨（中国植物志）；黄杨木（植物名实图考）

Buxus sinica (Rehd. et Wils.) M. Cheng, 中国植物志45(1): 37. 1980; 辽宁植物志（上册）: 1113. 图版478: 1～3. 1988; 东北植物检索表（第二版）: 407. 图版201: 1. 1995; Fl. China11: 327. 2008.

产中国中部。辽宁省大连、熊岳等有栽培。

庭院栽培作绿篱。茎有祛风除湿、理气止痛作用，根、叶、果实也药用。

■ 黄杨

叶背面观

植株

花枝

果枝

花

叶正面观

（2）小叶黄杨（辽宁树木志，东北植物检索表）

Buxus microphylla Sieb. et Zucc., Abh. Math.–Phys. Cl. Königl. Bayer. Akad. Wiss. 4(2): 142. 1846; 东北植物检索表（第二版）: 407. 图版201: 2. 1995; 辽宁树木志（下册）: 519. 2018.

（2a）小叶黄杨（原变种）

Buxus microphylla var. *microphylla*

原产朝鲜，日本长期栽培。辽宁省有栽培记录，但我们目前未见特征吻合的，故暂不正式收录。

（2b）朝鲜黄杨（辽宁植物志，辽宁树木志）

Buxus microphylla var. *koreana* Nakai ex Wils. in Journ. Arn. Arb. 1: 35. 1919; Ill. Fl. Kor. 514. fig. 2053. 1979; 辽宁树木志（下册）: 520. 2018.——*B. sinica* var. *koreana* (Nakai ex Rehd.) Q. L. Wang, 辽宁植物志（上册）: 1113. 图版478: 4. 1988.

■ 朝鲜黄杨

果枝

果实成熟期

■ 朝鲜黄杨

小枝

绿篱

原产朝鲜中部和南部。辽宁省大连、盖州有栽培。

可用于绿篱、魔纹花坛、灌球以及各种图案造型。原变种为药用植物。

（3）锦熟黄杨（大连地区植物志）

Buxus sempervirens L., Sp. Pl. 983. 1753; 大连地区植物志: 441. 图570. 1982.

原产中欧。辽宁省大连有栽培。

庭院栽培做绿篱。

■ 锦熟黄杨

叶背面

植株一部分

花序

花与叶

国家出版基金项目
NATIONAL PUBLICATION FOUNDATION

"十四五"国家重点图书出版规划项目

东北植物检索图志

DONGBEI ZHIWU JIANSUO TUZHI

DONGBEI
ZHIWU
JIANSUO
TUZHI

张淑梅 主编

第2卷

北方联合出版传媒（集团）股份有限公司
辽宁科学技术出版社

内容提要

全书分4卷，共计收录东北地区野生及常见露地栽培维管束植物175科1073属3619种105亚种664变种178变型，其中，野生2946种99亚种552变种127变型，栽培673种6亚种112变种51变型。仅从种级分类单元（不含种下单位）的收录量看，本书超出迄今东北最权威的植物分类学资料【《东北植物检索表》（傅沛云，1995）】516个，超出率为16.63%。

本卷为第2卷，收录被子植物真双子叶植物超蔷薇类分支（蔷薇超目），计48科282属1016种25亚种240变种72变型，其中，野生743种21亚种172变种33变型，栽培273种4亚种68变种39变型。

图书在版编目（CIP）数据

东北植物检索图志 / 张淑梅主编. —沈阳：辽宁科学技术出版社，2024. 3
ISBN 978-7-5591-3182-9

Ⅰ. ①东… Ⅱ. ①张… Ⅲ. ①植物—目录索引—东北地区 Ⅳ. ①Q948. 523

中国国家版本馆CIP数据核字（2023）第160967号

出 品 人：陈 刚
出版发行：辽宁科学技术出版社
（地址：沈阳市和平区十一纬路 25 号 邮编：110003）
印 刷 者：辽宁鼎籍数码科技有限公司
经 销 者：各地新华书店
幅面尺寸：210mm × 285mm
总 印 张：218.5
插 页：16
总 字 数：4600千字
出版时间：2024年3月第1版
印刷时间：2024年3月第1次印刷
责任编辑：陈广鹏 乔志雄 胡嘉思
殷 欣 张 永 孙 东
封面设计：周 洁
责任校对：栗 勇 王玉宝

书 号：ISBN 978-7-5591-3182-9
定 价：2000.00元（全4卷）

联系电话：024-23280036
邮购热线：024-23284502
http://www.lnkj.com.cn

CONTENTS 目 录

073. 芍药科 Paeoniaceae …… 980
芍药属 *Paeonia* L. …… 980
074. 蕈树科 Altingiaceae …… 984
枫香树属 *Liquidambar* L. …… 985
075. 茶藨子科 Grossulariaceae …… 985
茶藨子属（茶藨属） *Ribes* L. …… 986
076. 虎耳草科 Saxifragaceae …… 1004
1. 鬼灯檠属 *Rodgersia* Gray …… 1005
2. 落新妇属 *Astilbe* Buch.-Ham. ex D. Don …… 1006
3. 大叶子属（山荷叶属） *Astilboides* Engl. …… 1007
4. 独根草属 *Oresitrophe* Bunge …… 1009
5. 金腰属（金腰子属） *Chrysosplenium* L. …… 1009
6. 唢呐草属 *Mitella* L. …… 1016
7. 虎耳草属 *Saxifraga* Tourn. ex L. …… 1017
8. 岩白菜属 *Bergenia* Moench …… 1023
9. 矾根属（肾形草属） *Heuchera* L. …… 1024
10. 槭叶草属 *Mukdenia* Koidz. …… 1025
077. 景天科 Crassulaceae …… 1026
1. 青锁龙属（东爪草属） *Crassula* L. …… 1027
2. 八宝属 *Hylotelephium* H. Ohba …… 1028
3. 瓦松属 *Orostachys* (DC.) Fisch. …… 1033
4. 红景天属 *Rhodiola* L. …… 1037
5. 费菜属 *Phedimus* Rafinesque …… 1041
6. 景天属 *Sedum* L. …… 1047
078. 扯根菜科 Penthoraceae …… 1049
扯根菜属 *Penthorum* Gronov. ex L. …… 1049
079. 小二仙草科 Haloragaceae …… 1050
狐尾藻属 *Myriophyllum* L. …… 1050
080. 葡萄科 Vitaceae …… 1054
1. 葡萄属 *Vitis* L. …… 1054
2. 地锦属（爬山虎属） *Parthenocissus* Planch. …… 1058
3. 蛇葡萄属 *Ampelopsis* Michaux …… 1060
4. 乌蔹莓属 *Cayratia* Juss. …… 1065
081. 蒺藜科 Zygophyllaceae …… 1065
蒺藜属 *Tribulus* L. …… 1065
082. 豆科 Fabaceae（Leguminosae） …… 1066
1. 合欢属 *Albizia* Durazz. …… 1070
2. 紫荆属 *Cercis* L. …… 1072
3. 皂荚属 *Gleditsia* L. …… 1073
4. 番泻决明属 *Senna* Miller …… 1077
5. 山扁豆属 *Chamaecrista* Moench …… 1080
6. 野决明属 *Thermopsis* R. Br. …… 1082
7. 马鞍树属 *Maackia* Rupr. et Maxim. …… 1083
8. 槐属 *Styphnolobium* Schott …… 1085
9. 苦参属 *Sophora* L. …… 1089
10. 落花生属 *Arachis* L. …… 1090
11. 合萌属（田皂角属） *Aeschynomene* L. …… 1091
12. 斧荚豆属 *Securigera* DC. …… 1091
13. 长柄山蚂蝗属 *Hylodesmum* H. Ohashi & R. R. Mill …… 1092
14. 驴食草属（驴豆属） *Onobrychis* Mill. …… 1094
15. 岩黄耆属 *Hedysarum* L. …… 1095

16. 羊柴属（山竹子属）
Corethrodendron Fischer & Basiner ········ 1098
17. 鸡眼草属 *Kummerowia* Schindl. ············ 1101
18. 胡枝子属 *Lespedeza* Michx. ················· 1103
19. 杭子梢属 *Campylotropis* Bunge ·············· 1113
20. 毒豆属 *Laburnum* Fabr. ······················ 1114
21. 羽扇豆属 *Lupinus* L. ························· 1115
22. 猪屎豆属（野百合属） *Crotalaria* L. ········ 1115
23. 车轴草属 *Trifolium* L. ························· 1117
24. 草木犀属 *Melilotus* (L.) Mill. ················ 1121
25. 胡卢巴属 *Trigonella* L. ······················· 1124
26. 苜蓿属 *Medicago* L. ·························· 1126
27. 大豆属 *Glycine* Willd. ························ 1130
28. 两型豆属 *Amphicarpaea* Elliot ·············· 1134
29. 刀豆属 *Canavalia* DC. ························ 1135
30. 葛属 *Pueraria* DC. ···························· 1136
31. 菜豆属 *Phaseolus* L. ························· 1137
32. 扁豆属 *Lablab* Adanson ······················ 1139
33. 豇豆属 *Vigna* Savi ···························· 1140
34. 锦鸡儿属 *Caragana* Fabr. ··················· 1146
35. 野豌豆属 *Vicia* L. ···························· 1156
36. 山黧豆属 *Lathyrus* L. ························ 1175
37. 豌豆属 *Pisum* L. ······························ 1182
38. 木蓝属 *Indigofera* L. ························· 1183
39. 紫穗槐属 *Amorpha* L. ························ 1185
40. 补骨脂属 *Cullen* Medikus ··················· 1186
41. 鹰嘴豆属 *Cicer* L. ··························· 1187
42. 紫藤属 *Wisteria* Nutt. ························ 1188
43. 刺槐属 *Robinia* L. ···························· 1190
44. 田菁属 *Sesbania* Scop. ······················ 1192
45. 鱼鳔槐属 *Colutea* L. ························· 1193
46. 苦马豆属 *Sphaerophysa* DC. ················ 1194
47. 膨果豆属 *Phyllolobium* Fischer ············· 1195
48. 甘草属 *Glycyrrhiza* L. ························ 1196
49. 百脉根属 *Lotus* L. ···························· 1198
50. 棘豆属 *Oxytropis* DC. ······················· 1199
51. 黄耆属 *Astragalus* L. ························ 1211
52. 米口袋属 *Gueldenstaedtia* Fisch. ··········· 1226
083. 远志科 Polygalaceae ······················ 1228
远志属 *Polygala* L. ······························· 1228
084. 蔷薇科 Rosaceae ··························· 1232
1. 假升麻属 *Aruncus* L. ························· 1234
2. 白鹃梅属 *Exochorda* Lindl. ···················· 1235
3. 珍珠梅属 *Sorbaria* (Ser.) A. Br. ex Aschers. ··· 1237
4. 绣线梅属 *Neillia* D. Don ························ 1239
5. 风箱果属 *Physocarpus* (Cambess.) Maxim. ··· 1241
6. 绣线菊属 *Spiraea* L. ···························· 1244
7. 栒子属 *Cotoneaster* B. Ehrhart ················· 1263
8. 火棘属 *Pyracantha* Roem. ······················ 1269
9. 山楂属 *Crataegus* L. ···························· 1270
10. 石楠属 *Photinia* Lindl. ························· 1276
11. 花楸属 *Sorbus* L. ······························· 1278
12. 涩石楠属（腺肋花楸属） *Aronia* Medikus ··· 1283
13. 木瓜属 *Pseudocydonia* (C. K. Schneid.)
C. K. Schneid. ······································ 1284
14. 木瓜海棠属 *Chaenomeles* Lindl. ·············· 1285
15. 唐棣属 *Amelanchier* Medic. ···················· 1287
16. 梨属 *Pyrus* L. ··································· 1288
17. 苹果属 *Malus* Mill. ····························· 1295
18. 扁核木属 *Prinsepia* Royle ······················ 1302
19. 李属 *Prunus* L. ·································· 1304
20. 蔷薇属 *Rosa* L. ·································· 1339
21. 地榆属 *Sanguisorba* L. ·························· 1360
22. 龙芽草属（龙牙草属） *Agrimonia* L. ········· 1366
23. 鸡麻属 *Rhodotypos* Sieb. et Zucc. ············ 1368
24. 棣棠花属 *Kerria* DC. ··························· 1369
25. 金露梅属 *Dasiphora* Raf. ······················· 1371
26. 悬钩子属 *Rubus* L. ····························· 1374
27. 仙女木属 *Dryas* L. ····························· 1384
28. 地蔷薇属 *Chamaerhodos* Bunge ··············· 1385
29. 蚊子草属 *Filipendula* Mill. ···················· 1387
30. 路边青属（水杨梅属） *Geum* L. ·············· 1392
31. 草莓属 *Fragaria* L. ····························· 1395
32. 山莓草属 *Sibbaldia* L. ························· 1397
33. 沼委陵菜属 *Comarum* L. ······················· 1399
34. 蕨麻属 *Argentina* Hill. ························· 1400
35. 委陵菜属 *Potentilla* L. ························· 1401
085. 胡颓子科 Elaeagnaceae ····················· 1426
1. 沙棘属 *Hippophae* L. ··························· 1426
2. 胡颓子属 *Elaeagnus* L. ························· 1427
3. 野牛果属（水牛果属） *Shepherdia* Nutt. ···· 1429
086. 鼠李科 Rhamnaceae ························· 1430
1. 鼠李属 *Rhamnus* L. ···························· 1430
2. 枣属 *Ziziphus* Mill. ····························· 1439

087. 榆科 Ulmaceae ………… 1443
1. 刺榆属 *Hemiptelea* Planch. ………… 1443
2. 榉属 *Zelkova* Spach ………… 1444
3. 榆属 *Ulmus* L. ………… 1446
088. 大麻科 Cannabaceae ………… 1456
1. 大麻属 *Cannabis* L. ………… 1456
2. 葎草属 *Humulus* L. ………… 1457
3. 朴属 *Celtis* L. ………… 1459
4. 青檀属 *Pteroceltis* Maxim. ………… 1463
089. 桑科 Moraceae ………… 1464
1. 水蛇麻属 *Fatoua* Gaud. ………… 1464
2. 构属 *Broussonetia* L'Hert. ex Vent. ………… 1465
3. 桑属 *Morus* L. ………… 1466
4. 橙桑属（柘属、柘树属） *Maclura* Nuttall ………… 1471
5. 榕属 *Ficus* L. ………… 1472
090. 荨麻科 Urticaceae ………… 1473
1. 荨麻属 *Urtica* L. ………… 1473
2. 艾麻属 *Laportea* Gaudich. ………… 1477
3. 蝎子草属 *Girardinia* Gaudich. ………… 1478
4. 墙草属 *Parietaria* L. ………… 1479
5. 冷水花属 *Pilea* Lindl. ………… 1480
6. 苎麻属 *Boehmeria* Jacq. ………… 1483
091. 壳斗科（山毛榉科） Fagaceae ………… 1484
1. 栗属 *Castanea* Mill. ………… 1485
2. 栎属 *Quercus* L. ………… 1487
092. 胡桃科 Juglandaceae ………… 1498
1. 枫杨属 *Pterocarya* Kunth ………… 1498
2. 胡桃属 *Juglans* L. ………… 1499
093. 桦木科 Betulaceae ………… 1502
1. 桦木属 *Betula* L. ………… 1503
2. 桤木属（赤杨属） *Alnus* Mill. ………… 1515
3. 鹅耳枥属 *Carpinus* L. ………… 1519
4. 虎榛子属 *Ostryopsis* Decne. ………… 1521
5. 榛属 *Corylus* L. ………… 1522
094. 葫芦科 Cucurbitaceae ………… 1525
1. 栝楼属 *Trichosanthes* L. ………… 1526
2. 赤瓟属 *Thladiantha* Bunge ………… 1528
3. 盒子草属 *Actinostemma* Griff. ………… 1529
4. 假贝母属 *Bolbostemma* Franquet ………… 1530
5. 裂瓜属 *Schizopepon* Maxim. ………… 1531
6. 葫芦属 *Lagenaria* Ser. ………… 1532
7. 刺果瓜属（刺瓜藤属、野胡瓜属） *Sicyos* L. ………… 1535
8. 刺囊瓜属（刺瓜属） *Echinocystis* Torr. & A. Gray ………… 1537
9. 南瓜属 *Cucurbita* L. ………… 1538
10. 苦瓜属 *Momordica* L. ………… 1540
11. 丝瓜属 *Luffa* Mill. ………… 1541
12. 冬瓜属 *Benincasa* Savi ………… 1543
13. 黄瓜属（甜瓜属） *Cucumis* L. ………… 1544
14. 西瓜属 *Citrullus* Schrad. ………… 1545
095. 秋海棠科 Begoniaceae ………… 1546
秋海棠属 *Begonia* L. ………… 1547
096. 卫矛科 Celastraceae ………… 1549
1. 梅花草属 *Parnassia* L. ………… 1549
2. 卫矛属 *Euonymus* L. ………… 1550
3. 雷公藤属 *Tripterygium* Hook. f. ………… 1560
4. 南蛇藤属 *Celastrus* L. ………… 1561
097. 酢浆草科 Oxalidaceae ………… 1563
酢浆草属 *Oxalis* L. ………… 1564
098. 金丝桃科 Hypericaceae ………… 1567
1. 金丝桃属 *Hypericum* L. ………… 1568
2. 三腺金丝桃属 *Triadenum* Raf. ………… 1571
099. 沟繁缕科 Elatinaceae ………… 1572
沟繁缕属 *Elatine* L. ………… 1572
100. 堇菜科 Violaceae ………… 1573
堇菜属 *Viola* L. ………… 1574
101. 杨柳科 Salicaceae ………… 1604
1. 山桐子属 *Idesia* Maxim. ………… 1605
2. 柳属 *Salix* L. ………… 1606
3. 杨属 *Populus* L. ………… 1637
102. 大戟科 Euphorbiaceae ………… 1656
1. 大戟属 *Euphorbia* L. ………… 1657
2. 蓖麻属 *Ricinus* L. ………… 1674
3. 地构叶属 *Speranskia* Baill. ………… 1676
4. 铁苋菜属 *Acalypha* L. ………… 1677
103. 亚麻科 Linaceae ………… 1679
亚麻属 *Linum* L. ………… 1680
104. 叶下珠科 Phyllanthaceae ………… 1684
1. 叶下珠属（油柑属） *Phyllanthus* L. ………… 1684
2. 白饭树属（叶底珠属） *Flueggea* Willd. ………… 1685
3. 雀舌木属 *Leptopus* Decne. ………… 1687
105. 牻牛儿苗科 Geraniaceae ………… 1688
1. 天竺葵属 *Pelargonium* L'Her. ………… 1688
2. 老鹳草属 *Geranium* L. ………… 1690

3. 牻牛儿苗属 *Erodium* L'Her. ······ 1701
106. 千屈菜科 Lythraceae ······ 1703
1. 石榴属 *Punica* L. ······ 1704
2. 紫薇属 *Lagerstroemia* L. ······ 1705
3. 萼距花属 *Cuphea* Adans. ex P. Br. ······ 1707
4. 千屈菜属 *Lythrum* L. ······ 1707
5. 菱属 *Trapa* L. ······ 1709
6. 节节菜属 *Rotala* L. ······ 1712
7. 水苋菜属 *Ammannia* L. ······ 1713
107. 柳叶菜科 Onagraceae ······ 1715
1. 露珠草属 *Circaea* L. ······ 1715
2. 山桃草属 *Gaura* L. ······ 1719
3. 丁香蓼属 *Ludwigia* L. ······ 1721
4. 月见草属 *Oenothera* L. ······ 1722
5. 柳兰属 *Chamerion* (Raf.) Raf. ex Holub ······ 1727
6. 柳叶菜属 *Epilobium* L. ······ 1728
108. 省沽油科 Staphyleaceae ······ 1736
省沽油属 *Staphylea* L. ······ 1736
109. 白刺科 Nitrariaceae ······ 1737
1. 白刺属 *Nitraria* L. ······ 1737
2. 骆驼蓬属 *Peganum* L. ······ 1739
110. 漆树科 Anacardiaceae ······ 1740
1. 黄连木属 *Pistacia* L. ······ 1740
2. 黄栌属 *Cotinus* (Tourn.) Mill. ······ 1741
3. 漆属 *Toxicodendron* (Tourn.) Mill. ······ 1744
4. 盐肤木属 *Rhus* L. ······ 1745
111. 无患子科 Sapindaceae ······ 1748
1. 枫属（槭属） *Acer* L. ······ 1748
2. 七叶树属 *Aesculus* L. ······ 1765
3. 文冠果属 *Xanthoceras* Bunge ······ 1768
4. 倒地铃属 *Cardiospermum* L. ······ 1769
5. 栾树属 *Koelreuteria* Laxm. ······ 1771
112. 芸香科 Rutaceae ······ 1772
1. 拟芸香属（芸香草属）
Haplophyllum A. Juss. ······ 1773
2. 白鲜属（白藓属） *Dictamnus* L. ······ 1774
3. 芸香属 *Ruta* L. ······ 1776
4. 黄檗属 *Phellodendron* Rupr. ······ 1776
5. 四数花属 *Tetradium* Loureiro ······ 1778
6. 榆橘属（榆桔属） *Ptelea* L. ······ 1779
7. 柑橘属 *Citrus* L. ······ 1780
8. 花椒属 *Zanthoxylum* L. ······ 1780
113. 苦木科 Simaroubaceae ······ 1784
1. 臭椿属 *Ailanthus* Desf. ······ 1784
2. 苦木属（苦树属） *Picrasma* Bl. ······ 1786
114. 楝科 Meliaceae ······ 1787
1. 楝属 *Melia* L. ······ 1788
2. 香椿属 *Toona* Roem. ······ 1789
115. 锦葵科 Malvaceae ······ 1790
1. 扁担杆属 *Grewia* L. ······ 1791
2. 椴树属（椴属） *Tilia* L. ······ 1793
3. 刺蒴麻属 *Triumfetta* L. ······ 1801
4. 田麻属 *Corchoropsis* Sieb. et Zucc. ······ 1802
5. 梧桐属 *Firmiana* Marsili ······ 1803
6. 苘麻属 *Abutilon* Miller ······ 1804
7. 黄花棯属（黄花稔属） *Sida* L. ······ 1806
8. 盘果苘属（单花葵属、阿洛葵属）
Anoda Cavanilles ······ 1807
9. 锦葵属 *Malva* L. ······ 1808
10. 蜀葵属 *Alcea* L. ······ 1813
11. 棉属 *Gossypium* L. ······ 1814
12. 木槿属 *Hibiscus* L. ······ 1815
13. 秋葵属 *Abelmoschus* Medicus ······ 1820
116. 瑞香科 Thymelaeaceae ······ 1821
1. 草瑞香属（粟麻属） *Diarthron* Turcz. ······ 1822
2. 狼毒属 *Stellera* L. ······ 1823
3. 荛花属 *Wikstroemia* Endl. ······ 1825
4. 瑞香属 *Daphne* L. ······ 1825
117. 旱金莲科 Tropaeolaceae ······ 1826
旱金莲属 *Tropaeolum* L. ······ 1827
118. 木樨草科（木犀草科） Resedaceae ······ 1827
木樨草属（木犀草属） *Reseda* L. ······ 1828
119. 白花菜科 Cleomaceae ······ 1829
1. 羊角菜属 *Gynandropsis* Candolle ······ 1829
2. 醉蝶花属 *Tarenaya* Rafinesque ······ 1829
120. 十字花科 Brassicaceae（Cruciferae） ······ 1830
1. 荠属 *Capsella* Medic. ······ 1833
2. 独行菜属 *Lepidium* L. ······ 1834
3. 亚麻荠属 *Camelina* Crantz. ······ 1842
4. 沙芥属 *Pugionium* Gaertn. ······ 1843
5. 菘蓝属 *Isatis* L. ······ 1844
6. 球果荠属（球果芥属） *Neslia* Desv. ······ 1846
7. 匙荠属 *Bunias* L. ······ 1846
8. 香雪球属 *Lobularia* Desv. ······ 1848

9. 屈曲花属 *Iberis* L. ································ 1848
10. 菥蓂属（遏蓝菜属） *Thlaspi* L. ·············· 1849
11. 蔊菜属 *Rorippa* Scop. ························· 1852
12. 辣根属（马萝卜属）
Armoracia P. Gaertn. et al. ···················· 1857
13. 葶苈属 *Draba* L. ································ 1859
14. 庭荠属 *Alyssum* L. ····························· 1862
15. 曙南芥属 *Stevenia* Adamset Fisch··········· 1866
16. 团扇荠属 *Berteroa* DC.·························· 1868
17. 离子芥属（离子草属）
Chorispora R. Br. ex DC. ······················· 1868
18. 萝卜属 *Raphanus* L. ··························· 1869
19. 诸葛菜属 *Orychophragmus* Bunge ········· 1871
20. 白芥属 *Sinapis* L. ······························· 1873
21. 芸苔属 *Brassica* L. ····························· 1874
22. 二行芥属（二列芥属） *Diplotaxis* DC. ······ 1884
23. 芝麻菜属 *Eruca* Mill. ·························· 1886
24. 香花芥属 *Hesperis* L. ·························· 1888
25. 大蒜芥属 *Sisymbrium* L. ······················· 1890
26. 花旗杆属（花旗竿属）
Dontostemon Andrz. ex C. A. Meyer ······ 1894
27. 山嵛菜属 *Eutrema* R. Br. ······················· 1898
28. 播娘蒿属 *Descurainia* Webb et Berth. ······ 1899
29. 糖芥属 *Erysimum* L. ···························· 1900
30. 芹叶荠属（裂叶芥属）
Smelowskia C. A. Mey. ·························· 1905
31. 山芥属 *Barbarea* R. Br.·························· 1906
32. 紫罗兰属 *Matthiola* R. Br. ···················· 1907
33. 拟南芥属 *Arabidopsis* Heynh. ················ 1908
34. 垂果南芥属
Catolobus (C. A. Mey.) Al-Shehbaz ········ 1911
35. 南芥属 *Arabis* L. ································ 1913
36. 旗杆芥属 *Turritis* L. ···························· 1915
37. 针喙芥属 *Acirostrum* Y. Z. Zhao ·············· 1915
38. 香芥属 *Clausia* Kornuch-Trotzky ············ 1916
39. 豆瓣菜属 *Nasturtium* R. Br. ··················· 1917
40. 碎米荠属 *Cardamine* L. ························ 1918

第四章

被子植物

(Angiosperms)

073. 芍药科 Paeoniaceae

Paeoniaceae Raf., Anal. Nat. 176. 1815, *nom. cons.*

木贼门、木贼亚门、木兰纲、蔷薇亚纲、蔷薇超目、虎耳草目（Saxifragales）。

多年生草本或灌木。叶互生，无托叶，三出或羽状复叶；叶柄基部呈鞘状。单花或数花生于枝顶或茎上部叶腋；苞片叶状；萼片3～5，绿色，大小不等，花后不脱落；花瓣5～10（～13），比萼片大，不分泌蜜，离生；雄蕊多数，离心发育，花丝细线形，花药黄色，纵裂；花盘肉质或革质，杯状或盘状，包被心皮；雌蕊2～8，稀更多，离生，子房上位，子房壁厚。蓇葖果，成熟时沿腹缝线开裂，果皮里面红色；种子球形，黑色或暗褐色。

本科全世界有1属，约33种，分布于亚洲、欧洲和北美洲西部的温带至亚热带地区。中国产1属15种，分布于北部山区。东北地区产1属4种1变种，其中栽培2种。

芍药属 *Paeonia* L.

Paeonia L. Gen Pl. 678. 1737.

属的特征和地理分布同科。

分种检索表

1. 灌木。
  2. 叶通常为二回三出复叶（偶尔近枝顶的叶为3小叶），顶生小叶3裂，侧生小叶2～3浅裂或不裂；花瓣内面基部无深紫色斑 …… 1. 牡丹 P. suffruticosa Andr.
  2. 叶通常为二至三回羽状复叶，小叶不分裂，稀不等2～4浅裂；花瓣内面基部具深紫色斑 …… 2. 紫斑牡丹 P. rockii (S. G. Haw & Lauener) T. Hong & J. J. Li
1. 多年生草本。
  3. 小叶卵形，革质，边缘具骨质小细齿；花通常数朵顶生（3. 芍药 P. lactiflora Pall.）。
    4. 心皮无毛 …… 3a. 芍药 P. lactiflora var. lactiflora
    4. 心皮密生柔毛 …… 3b. 毛果芍药 P. lactiflora var. trichocarpa (Bunge) Stern
  3. 小叶倒卵形，纸质，全缘；花单生茎顶 …… 4. 草芍药 P. obovata Maxim.

（1）牡丹（辽宁植物志，黑龙江省植物志，东北植物检索表，中国植物志，Flora of China）

Paeonia suffruticosa Andr. in Bot. Rep. 6: t. 373. 1804; 中国植物志27: 41. 图版1: 1～3. 1979; 辽宁植物志（上册）: 576. 图版243. 1988; 黑龙江省植物志5: 172. 1992; 东北植物检索表（第二版）: 220. 图版104: 4. 1995; Fl. China 6: 128. 2001.

原产陕西。黑龙江省哈尔滨、辽宁省各地常见栽培。

花大美丽，是著名的观赏植物。根皮有清热凉血、活血散瘀作用。

■ 牡丹

白花株

心皮

紫花株

果序

果枝

花枝

（2）紫斑牡丹（中国植物志，Flora of China）

Paeonia rockii (S. G. Haw & Lauener) T. Hong & J. J. Li ex D. Y. Hong, Acta Phytotax. Sin. 36(6): 539. 1998.——*Paeonia rockii* (S. G. Haw & Lauener) T. Hong & J. J. Li, Bull. Bot. Res., Harbin. 12: 227. 1992; Fl. China 6: 129. 2001.——*Paeonia suffruticosa* var. *papaveracea* (Andr.) Kerner in Hort. Semperv. 5: t. 473. 1816; 中国植物志27: 45. 图版3: 1 ~ 3. 1979.

原产陕西。辽宁省有栽培。

在2021年公布的《国家重点保护野生植物名录》中，本种被列为一级保护植物。

■ 紫斑牡丹

花

植株

（3）芍药（辽宁植物志，黑龙江省植物志，内蒙古植物志，东北植物检索表，东北草本植物志，中国植物志，Flora of China）

Paeonia lactiflora Pall. in Reise 3: 286. 1776; 东北草本植物志3: 87. 图版36: 1 ~ 4. 1975; 中国植物志27: 51. 图版7: 1 ~ 4. 1979; 辽宁植物志（上册）: 579. 图版244: 1. 1988; 内蒙古植物志（第二版）2: 574. 图版234: 1 ~ 5. 1990; 黑龙江省植物志5: 168. 图版58: 1 ~ 4. 1992; 东北植物检索表（第二版）: 220. 图版104: 1. 1995; Fl. China 6: 131. 2001.

（3a）芍药（原变种）

Paeonia lactiflora var. *lactiflora*

常见栽培，偶见野生山坡、阔叶林下。产黑龙江省伊春、嫩江、集贤、爱辉、呼玛；吉林省大安、和龙、临江；辽宁省沈阳、鞍山、西丰、彰武、建平、凌源、兴城、宽甸；内蒙古自治区海拉尔、额尔古纳、根河、牙克石、扎兰屯、鄂伦春、陈巴尔虎旗、科尔沁右翼前旗、扎赉特旗、科尔沁左翼后旗、大青沟、翁牛特旗、敖汉旗、巴林左旗、巴林右旗、阿鲁科尔沁旗、克什克腾旗、喀喇沁旗、宁城、赤峰、东乌珠穆沁旗、西乌珠穆沁旗、锡林浩特、多伦等地。

根药用，有镇痛、镇痉、祛瘀、通经作用；种子含油率约25%，供制皂和涂料用。

■ 芍药

心皮无毛

叶

植株

植株一部分

重瓣花

重瓣株

（3b）毛果芍药（变种）（黑龙江省植物志，内蒙古植物志，东北植物检索表，东北草本植物志，中国植物志）

Paeonia lactiflora var. *trichocarpa* (Bunge) Stern in Journ. Roy. Hort. Soc. 68: 129. 1943; 东北草本植物志3: 89. 图版36: 5. 1975; 中国植物志27: 51. 1979; 内蒙古植物志（第二版）2: 576. 图版234: 6. 1990; 黑龙江省植物志5: 169. 1992; 东北植物检索表（第二版）: 220. 图版104: 2. 1995.

生山坡、阔叶林下。产黑龙江省萝北；吉林省汪清；辽宁省岫岩、凤城；内蒙古自治区鄂温克等地。

■ 毛果芍药

花侧面观

花正面观

心皮有毛

植株

植株一部分

（4）草芍药（辽宁植物志，东北植物检索表，中国植物志，Flora of China）；卵叶芍药（黑龙江省植物志，内蒙古植物志，东北草本植物志）；山芍药（东北植物检索表）；白花草芍药（辽宁植物志，黑龙江省植物志）

Paeonia obovata Maxim. in Mem. Acad. Sci. St-Petersb. 9: 29. 1859; 东北草本植物志3: 89. 图版36: 6 ~ 7. 1975; 中国植物志27: 48. 图版6: 2 ~ 4. 1979; 辽宁植物志（上册）: 578. 图版244: 2. 1988; 内蒙古植物志（第二版）2: 576. 图版234: 6. 1990; 黑龙江省植物志5: 171. 图版58: 5 ~ 6. 1992; 东北植物检索表（第二版）: 220. 1995; Fl. China 6: 130. 2001.——*Paeonia japonica* (Makino) Miyabe et Takeda in Gard. Chron. Ⅲ 48: 366. 1910; 东北植物检索表（第二版）: 220. 图版104: 3. 1995.——*P. obovata* Maxim. var. *japonica* Makino in Bot. Mag. (Tokyo) 12: 302. 1898; 辽宁植物志（上册）: 579. 1988; 黑龙江省植物志5: 171. 1992.

生阔叶林或针阔混交林下或林缘。产黑龙江省伊春、尚志等全省山地；吉林省集安、柳河、靖宇、汪清、临江、浑江、桦甸、蛟河、珲春、安图、抚松、长白；辽宁省抚顺、西丰、清原、新宾、岫岩、本溪、宽甸、桓仁、凤城、丹东、庄河、营口、鞍山、凌源；内蒙古自治区克什克腾旗、喀喇沁旗、宁城等地。

根有活血化瘀、泻肝清热、利尿、止痛作用。嫩苗可食，根淀粉酿酒。

■ 草芍药

白花株

粉花株

果期植株

■ 草芍药

白花花丝红色

蓇葖

果实

粉花

粉花花丝绿色

074. 蕈树科 Altingiaceae

Altingiaceae Horan., Osnov. Bot. 271. 1841, *nom. cons.*

木贼门、木贼亚门、木兰纲、蔷薇亚纲、蔷薇超目、虎耳草目（Saxifragales）。

落叶乔木。叶互生，有长柄，掌状分裂，具掌状脉，边缘有锯状齿。花单性，雌雄同株，无花瓣。雄花多数，排成头状或穗状花序，再排成总状花序；每一雄花头状花序有苞片4个，无萼片及花瓣；雄蕊多而密集，花丝与花药等长，花药卵形，先端圆而凹入，2室，纵裂。雌花多数，聚生在圆球形头状花序上，有苞片1个；萼筒与子房合生，萼裂针状，宿存，有时或缺；退化雄蕊有或无；子房半下位，2室，藏在头状花序轴内，花柱2个，柱头线形，有多数细小乳头状突起；胚珠多数，着生于中轴胎座。头状果序圆球形，有蒴果多数；蒴果木质，室间裂开为2片，果皮薄，有宿存花柱或萼齿；种子多数，在胎座最下部的数个完全发育，有窄翅，种皮坚硬，胚乳薄，胚直立。

本科全世界有1属15～17种，分布于中国、小亚细亚、北美洲、中美洲。中国有2种。东北地区栽培1属1种。

枫香树属 *Liquidambar* L.

Liquidambar L., Sp. Pl. 1: 999. 1753.

属的形态特征和地理分布同科。

北美枫香（辽宁木本植物志）

Liquidambar styraciflua L., Sp. Pl. 999. 1753; 辽宁木本植物志: 188. 2018.

落叶乔木；叶片5～7裂；无花被，雄蕊4～10，花柱2，柱头内向弯曲；头状果序圆球形，有蒴果多数；蒴果木质，有宿存花柱及萼齿。原产北美洲。辽宁省大连有栽培。

树脂及茎、叶、果实可供药用。树脂为苏合香或其代用品。

■ 北美枫香

果实

果枝

叶

小枝

植株

075. 茶藨子科 Grossulariaceae

Grossulariaceae DC., Fl. Franc. ed. 3, 4(2): 405. 1805, *nom. cons.*

木贼门、木贼亚门、木兰纲、蔷薇亚纲、蔷薇超目、虎耳草目（Saxifragales）。

落叶灌木，稀常绿或半常绿；枝平滑无刺或有刺。叶具柄，单叶互生，稀丛生，常3～5（～7）掌状分裂，稀不分裂。花两性或单性而雌雄异株，（4～）5数；总状花序，有时花数朵组成伞房花序或几乎无总梗的伞形花序，或花数朵簇生，稀单生；萼筒辐状、碟形、钟形等，下部与子房合生，上部直接转变为萼片；萼片4～5，常呈花瓣状，直立、开展或反折，多数与花瓣同色；花瓣4～5，与萼片互生，有时退化为鳞片状，稀缺花瓣；雄蕊4～5，与萼片对生，与花瓣互生，着生于萼片的基部或稍下方，花丝分离，花药2室；花柱通常先端2浅裂或深裂至中部或中部以下，稀不分裂；子房下位，极稀半下位，具短柄，1室具2个侧膜胎座，含多数胚珠。果实为多汁的浆果，顶端具宿存花萼，成熟时从果梗脱落；种子多数，具胚乳。

本科全世界有1属150～160种，主要分布于北半球温带和较寒冷地区，少数种类延伸到亚热带和热带山地，直至南美洲的南端。中国产1属59种，分布于温带地区。东北地区产1属20种9变种，其中栽培3种。

茶藨子属（茶藨属） *Ribes* L.

Ribes L., Sp. Pl. 200. 1753 .

属的形态特征和地理分布同科。

分种检索表

1\. 枝有刺。
  2\. 花两性。
    3\. 小枝节上有1～3粗刺；叶近圆形，3～5浅裂；浆果有毛 ······ **1. 欧洲醋栗 R. reclinatum** L.
    3\. 小枝密生细针刺。
      4\. 叶两面被短毛；花单生或1～3朵簇生；浆果紫黑色，多黄色细刺 ······ **2. 刺果茶藨子 R. burejense** Fr. Schmidt
      4\. 叶两面散生刺毛；总状花序具5～7花；浆果黑色，散生腺毛 ······ **3. 密刺茶藨子 R. horridum** Rupr. ex Maxim.
  2\. 花单性，雌雄异株；小枝节上有1对刺。
    5\. 叶倒卵状楔形，3浅裂；花淡黄绿色 ······ **4. 双刺茶藨子 R. diacanthum** Pall.
    5\. 叶近圆形，掌状3～5深裂。
      6\. 花淡红色；浆果无毛（**5. 美丽茶藨子 R. pulchellum** Turcz.）。
        7\. 叶基部近截形至浅心脏形；叶柄、叶两面及花序具短柔毛 ······ **5a. 美丽茶藨子 R. pulchellum** var. **pulchellum**
        7\. 叶基部为宽楔形；叶柄、叶两面及花序的毛较少或近无毛 ······ **5b. 东北小叶茶藨子 R. pulchellum** var. **manshuricum** Wang et Li
      6\. 花黄绿色；浆果密被腺质刺毛或近无毛（**6. 陕西茶藨子 R. giraldii** Jancz.）。
        8\. 叶柄、叶两面和花序轴上密被茸毛、腺毛或硬毛；果实具腺毛 ······ **6a. 陕西茶藨子 R. giraldii** var. **giraldii**
        8\. 叶柄、叶两面和花序上的腺毛较原变种稀少；果实无腺毛。
          9\. 叶基部楔形 ······ **6b. 滨海茶藨子 R. giraldii** var. **cuneatum** Wang et Li
          9\. 叶基部宽楔形至近截形 ······ **6c. 旅顺茶藨子 R. giraldii** var. **polyanthum** Kitag.
1\. 枝无刺。
  10\. 花单性，雌雄异株。
    11\. 伞形花序；浆果红褐色；叶掌状3～5裂

（接上表）

………………………………………………………………7b. **华蔓茶藨子** R. fasciculatum var. chinense Maxim.

11. 总状花序。

12. 叶两面被粗伏毛；侧生裂片较大，先端急尖；花萼黄褐色，萼筒碟形；浆果广椭圆形或倒卵形 ……………………………………………………………………… 8. **尖叶茶藨子** R. maximowiczianum Kom.

12. 叶两面无毛但被疏生腺毛；侧生裂片较小，先端圆钝；花萼绿色，萼筒杯形；浆果近球形（9. **长白茶藨子** R. komarovii A. Pojark.）。

13. 叶基部近圆形至截形 ……………………………………9a. **长白茶藨子** R. komarovii var. komarovii

13. 叶基部广楔形 ………………………………9b. **楔叶长白茶藨子** R. komarovii var. cuneifolium Liou

10. 花两性。

14. 小枝、叶及浆果散生黄色腺点，稀浆果无腺点。

15. 枝直立；叶掌状3～5浅裂。

16. 花萼浅红色或苍白色，具短柔毛和黄色腺体，萼筒近钟形；花柱先端2裂；子房和果实疏生腺体 ………………………………………………………………………………… 10. **黑茶藨子** R. nigrum L.

16. 花萼浅黄白色，具短柔毛且无腺体，萼筒钟状短圆筒形；花柱不裂或仅柱头2浅裂；子房和果实无腺体 ……………………………………………………………… 11. **美洲茶藨子** R. americanum Mill.

15. 枝横卧或斜升。

17. 花萼暗紫色；果实成熟时暗紫褐色……………………………… 12. **水葡萄茶藨子** R. procumbens Pall.

17. 花萼白色；果实成熟时紫色或深棕色 ……………………………… 13. **白花茶藨子** R. fragrans Pall.

14. 小枝、叶及浆果均无腺点。

18. 枝横卧或斜升。

19. 枝斜升；花黄绿色；叶背面密被毛………………………………… 14. **毛茶藨子** R. spicatum Robs.

19. 枝横卧；花带红色；叶两面无毛或下面沿叶脉被疏密不等的短柔毛（15. **矮茶藨子** R. triste Pall.）。

20. 叶质薄，长3.5～6厘米，宽4～7（8）厘米；叶柄长3～6厘米 ……………………………………………………………… 15a. **矮茶藨子** R. triste var. triste

20. 叶较厚而小，长3～4.5厘米，宽3～5厘米；叶柄长1.5～2.5厘米 ……………………………………… 15b. **伏生茶藨子** R. triste var. repens (Baranov) L. T. Lu

18. 枝直立或近直立。

21. 萼筒长管状；浆果黑色；花萼黄色，花瓣红色…………………… 16. **香茶藨子** R. odoratum Wendl.

21. 萼筒钟形或平展；浆果红色、紫黑色或紫红黑色。

22. 总状花序可达10厘米以上。

23. 花萼暗紫红色，萼裂片直立；雄蕊内藏；叶背面密被短茸毛 ……………………………………………………………… 17. **阔叶茶藨子** R. latifolium Jancz.

23. 花萼浅绿色或带黄色，萼裂片反卷；雄蕊外露［18. **东北茶藨子** R. mandshuricum (Maxim.) Kom.］。

24. 叶幼时两面被灰白色毛，下面甚密 ……………………………18a. **东北茶藨子** R. mandshuricum var. mandshuricum

24. 叶背面灰绿色，仅叶脉疏生毛 …………………………18b. **光叶东北茶藨子** R. mandshuricum var. subglabrum Kom

（接上表）

22. 总状花序长3～8厘米。
  25. 萼筒盆形或浅杯形。
    26. 花萼污紫色，径4～5毫米；浆果暗紫色 ………………… **19. 红茶藨子 R. rubrum** L.
    26. 花萼黄绿色，径约3毫米；浆果红色 …… **20. 英吉利茶藨子 R. palczewskii** (Janch.) Pojark.
  25. 萼筒钟形或钟状短圆筒形。
    27. 萼片反折 ………………………………… **21. 高茶藨子 R. altissimum** Turcz. ex Pojark.
    27. 萼片直立（**22. 糖茶藨子 R. himalense** Royle ex Decne.）。
      28. 总状花序长5～10厘米；花梗长1.5～3毫米；果实熟后紫黑色 ………………………………………… **22a. 糖茶藨子 R. himalense** var. **himalense**
      28. 总状花序长2.5～5厘米；花近无梗；果实熟后红色 …………………… **22b. 瘤糖茶藨子 R. himalense** var. **verruculosum** (Rehder) L. T. Lu

（1）欧洲醋栗（中国植物志，Flora of China）；圆茶藨（东北植物检索表）；圆醋栗茶藨（辽宁植物志）；圆醋李（黑龙江省植物志）；鹅莓（内蒙古植物志）

Ribes reclinatum L., Sp. Pl. 201. 1753; 中国植物志34(2): 295. 1992; Fl. China 8: 434. 2001.——*R. grossularia* L., Sp. Pl. 201. 1753; 辽宁植物志（上册）: 730. 1988; 内蒙古植物志（第二版）3: 40. 图版16: 9. 1989; 东北植物检索表（第二版）: 280. 图版131: 11. 1995; 黑龙江省植物志6: 63. 图版32: 11～13. 1998.

原产欧洲。黑龙江省哈尔滨等地，辽宁省大连、丹东、法库、西丰、鞍山、海城等地及其他东北多地常见栽培。

果实供生食或制作果酱、果酒及饮料等，也是优良的绿化观赏植物。

■ 欧洲醋栗

果序

果枝

花序

小枝

植株

植株一部分

（2）刺果茶藨子（中国植物志，Flora of China）；刺果茶藨（辽宁植物志，东北植物检索表）；刺醋李（黑龙江省植物志）；刺李（东北木本植物图志）；刺梨（内蒙古植物志）

Ribes burejense Fr. Schmidt. in Mem. Acad. Sci. St. Petersb. Sav. Etrang. ser. 7. 12 (2): 42. 1868; 辽宁植物志（上册）: 729. 图版312: 5～7. 1988; 内蒙古植物志（第二版）3: 38. 图版14: 5. 1989; 中国植物志34(2): 293. 1992; 东北植物检索表（第二版）: 279. 图版131: 10. 1995; 黑龙江省植物志6: 61. 图版32: 1～3. 1998; Fl. China 8: 435. 2001.——*Grossularia burejensis* (Fr. Schmidt) Berger, Taxon. Rev. Curr. Gooseb. 112. 1924; 东北木本植物图志263. 图版94. 图170. 1955.

生山地针阔混交林中或溪流旁。产黑龙江省小兴安岭、铁力、带岭、哈尔滨、尚志、老爷岭；吉林省安图、抚松、漫江、松江、长白山；辽宁省沈阳、大连；内蒙古自治区喀喇沁旗（旺业甸）等地。

果实可食，可制果酱、果汁或酿酒。茎枝、果实有清热燥湿、利水、调经作用。

■ 刺果茶藨子

果实

花侧面观

花枝

果枝

花正面观

植株一部分

（3）密刺茶藨子（中国植物志，Flora of China）；刺腺茶藨（东北植物检索表）

Ribes horridum Rupr. ex Maxim. in Mem. Div. Sav. Acad. Sci. St. Petersb. 9: 117 (Prim. Fl. Amur.) 1859; Fl. China 8: 434. 2001; 中国植物志34(2): 328. 1992; 东北植物检索表（第二版）: 279. 图版131: 9. 1995.

生岳桦林下或针叶林内及林缘，海拔1500～2100米。产吉林省安图（长白山）。

■ 密刺茶藨子

果序

花

花枝

叶背面观

植株

植株一部分

（4）双刺茶藨子（中国植物志，Flora of China）；楔叶茶藨（黑龙江省植物志，内蒙古植物志，东北植物检索表）

Ribes diacanthum Pall. in Reise Russ. Reich. 3: 722. tab. 1. fig. 2. 1776; 内蒙古植物志（第二版）3: 38. 图版16: 5 ~ 8. 1989; 中国植物志34(2): 355. 图版73: 1 ~ 2. 1992; 东北植物检索表（第二版）: 279. 图版131: 5.

■ 双刺茶藨子

小枝节上有1对刺

植株

植株一部分

■ 双刺茶藨子

果序1

果序2

叶

1995; 黑龙江省植物志6: 61. 图版32: 4～6. 1998; Fl. China 8: 447. 2001.

生沙丘、沙质草原及河岸边。产黑龙江省大兴安岭加格达奇一带；吉林省长白山、漫江、靖宇；内蒙古自治区海拉尔、额尔古纳、扎兰屯、鄂伦春、鄂温克、科尔沁右翼前旗、克什克腾旗、西乌珠穆沁旗、锡林浩特、正蓝旗等地。黑龙江省哈尔滨市有栽培。

（5）美丽茶藨子（中国植物志，Flora of China）；美丽茶藨（东北植物检索表）；小叶茶藨（内蒙古植物志）

Ribes pulchellum Turcz. in Bull. Soc. Nat. Moscou 5: 191. 1832; 内蒙古植物志（第二版）3: 40. 图版16: 1～4. 1989; 中国植物志34(2): 358. 1992; 东北植物检索表（第二版）: 279. 图版131: 6. 1995; Fl. China 8: 446. 2001.

（5a）美丽茶藨子（原变种）

Ribes pulchellum var. *pulchellum*

生多石砾山坡、沟谷、黄土丘陵或阳坡灌丛中。产吉林省前郭；辽宁省法库；内蒙古自治区科尔沁右翼中旗、扎赉特旗、大青沟、巴林左旗、巴林右旗、克什克腾旗、锡林浩特、正蓝旗、正镶白旗、太仆寺旗等地。

可栽培供观赏；果实可供食用；木材可制作手杖等。

■ 美丽茶藨子

花枝

小枝

叶

植株一部分

（5b）东北小叶茶藨子（变种）（东北木本植物图志，中国植物志，Flora of China）；东北美丽茶藨（东北植物检索表）

Ribes pulchellum var. *manshuricum* Wang et Li, 东北木本植物图志255. 562. 1955; 中国植物志34(2): 359. 1992; 东北植物检索表（第二版）: 279. 1995; Fl. China 8: 447. 2001.

生山沟，常与榆树混生。产内蒙古自治区满洲里市（模式标本采集地）。

（6）陕西茶藨子（中国植物志，Flora of China）；腺毛茶藨（辽宁植物志，东北植物检索表）；老铁山腺毛茶藨（黑龙江省植物志）

Ribes giraldii Jancz. in Bull. Intern. Acad. Sci. Cracovie Cl. Sci. Math. Nat. 1906; 辽宁植物志（上册）: 725. 图版312: 1 ~ 4. 1988; 中国植物志34(2): 359. 图版73: 5 ~ 7. 1992; 东北植物检索表（第二版）: 279. 图版131: 7. 1995; 黑龙江省植物志6: 63. 图版32: 7 ~ 10. 1998; Fl. China 8: 446. 2001.

（6a）陕西茶藨子（原变种）

Ribes giraldii var. *giraldii*

生山坡、沟谷或海岸岩石上。产辽宁省金州、大连、旅顺口、阜蒙等地。黑龙江省森林植物园有栽培。

果实可酿酒或做果酱。果期观赏价值较高。

■ 陕西茶藨子

果实有腺毛

花枝

小枝

叶

（6b）滨海茶藨子（变种）（中国植物志，Flora of China）；楔叶腺毛茶藨（辽宁植物志）

Ribes giraldii var. *cuneatum* Wang et Li, 东北木本植物图志254. 562. 1955; 辽宁植物志（上册）: 725. 1988; 中国植物志34(2): 360. 1992; Fl. China 8: 446. 2001.

生滨海荒山林下。产辽宁省大连（模式标本采集地）。

■ 滨海茶藨子

果序无腺毛

叶

植株一部分

（6c）旅顺茶藨子（变种）（中国植物志，Flora of China）；老铁山腺毛茶藨（东北木本植物图志）

Ribes giraldii var. *polyanthum* Kitag. in Bot. Mag. Tokyo 49: 226. 1935; 东北木本植物图志254. 图版91. 图157. 1955; 中国植物志34(2): 360. 1992; Fl. China 8: 446. 2001.

生山坡、沟谷。产辽宁省旅顺口、大连、熊岳、法库等地。

■ 旅顺茶藨子

果实成熟期

果序

果枝

小枝

（7）簇花茶藨子（中国高等植物图鉴，中国植物志，Flora of China）

Ribes fasciculatum Sieb. et Zucc. in Abh. Bayer. Akad. Wiss. Math. Phys. 4 (2): 189 (Fam. Nat. Fl. Jap. 1: 81) 1845; 中国植物志34(2): 361. 1992; Fl. China 8: 444. 2001.

（7a）簇花茶藨子（原变种）

Ribes fasciculatum var. *fasciculatum*

中国产江苏、浙江、安徽。东北地区不产。

（7b）华蔓茶藨子（变种）（中国植物志，Flora of China）；华茶藨（辽宁植物志，东北植物检索表）

Ribes fasciculatum var. *chinense* Maxim. in Bull. Acad. Sci. St. Petersb. 19: 264. 1874; 辽宁植物志（上册）: 725. 图版309. 1988; 中国植物志34(2): 362. 1992; 东北植物检索表（第二版）: 277. 图版131: 8. 1995; Fl. China 8: 444. 2001.

生山坡灌木林下。产辽宁省旅顺口。

观赏花木。果实可酿酒或做果酱。

■ 华蔓茶藨子

雌花枝

果序

雄花

■ 华蔓茶藨子

雄花枝

植株一部分

（8）尖叶茶藨子（中国植物志，Flora of China）；尖叶茶藨（辽宁植物志，黑龙江省植物志，东北植物检索表）

Ribes maximowiczianum Kom. in Acta Hort. Petrop. 22: 443. 1903; 辽宁植物志（上册）: 723. 图版308: 1～3. 1988; 中国植物志34(2): 342. 图版70: 9～10. 1992; 东北植物检索表（第二版）: 277. 图版131: 4. 1995; 黑龙江省植物志6: 68. 图版33: 4～6. 1998; Fl. China 8: 451. 2001.

生混交林中或林下。产黑龙江省伊春、海林、勃利、宁安、呼玛、尚志；吉林省安图、和龙、汪清、临江、抚松、长白；辽宁省本溪、桓仁、宽甸、凤城等地。

浆果可食，味酸，可制果酱、果汁或酿酒。也可供庭园观赏。

■ 尖叶茶藨子

叶背面观

植株一部分

（9）长白茶藨子（中国植物志，Flora of China）；长白茶藨（辽宁植物志，黑龙江省植物志，东北植物检索表）

Ribes komarovii A. Pojark. in Acta Inst. Bot. Acad. Sci. USSR ser. 1, 2: 209. fig. 16. 1936; 辽宁植物志（上册）: 723. 图版308: 4 ~ 6. 1988; 中国植物志34(2): 341. 1992; 东北植物检索表（第二版）: 277. 图版131: 2. 1995; 黑龙江省植物志6: 63. 图版33: 1 ~ 3. 1998; Fl. China 8: 450. 2001.

（9a）长白茶藨子（原变种）

Ribes komarovii var. *komarovii*

生山坡阔叶林中或林缘。产黑龙江省尚志、哈尔滨、绥芬河、东宁；吉林省集安、通化、临江、安图、和龙、蛟河、汪清；辽宁省清原、本溪、凤城、宽甸、桓仁、庄河等地。

可作庭园绿化树种。浆果可以酿酒或制果酱。

■ 长白茶藨子

果序

叶

植株一部分

（9b）楔叶长白茶藨子（变种）（中国植物志，Flora of China）；楔叶长白茶藨（辽宁植物志，东北植物检索表）

Ribes komarovii var. *cuneifolium* Liou in Ill. Fl. Lign. Pl. N.–E. Chin. 259. 图版93: 164. 1955; 辽宁植物志（上册）: 723. 图版308: 7. 1988; 中国植物志34(2): 342. 1992; 东北植物检索表（第二版）: 277. 图版131: 3. 1995; Fl. China 8: 451. 2001.

生阔叶林中或林缘。产吉林省安图、珲春、抚松；辽宁省清原、本溪、凤城、桓仁等地。

■ 楔叶长白茶藨子

叶

植株一部分

（10）黑茶藨子（中国植物志，Flora of China）；黑果茶藨（辽宁植物志，黑龙江省植物志，东北植物检索表）；兴安茶藨（内蒙古植物志，东北植物检索表）

Ribes nigrum L., Sp. Pl. 201. 1753; 辽宁植物志（上册）: 727. 图版310: 4 ~ 5. 1988; 中国植物志34(2): 321. 图版68: 1 ~ 3. 1992; 东北植物检索表（第二版）: 277. 图版132: 4. 1995; 黑龙江省植物志6: 69. 图版33: 1 ~ 3. 1998; Fl. China 8: 438. 2001.——*Ribes pauciflorum* Turcz. ex Pojark. in Flora Rossica 2: 200. 1844; 内蒙古植物志（第二版）3: 35. 图版14: 2 ~ 4. 1989.

生湿润谷底、沟边或坡地云杉林、落叶松林或针、阔混交林下。产黑龙江省呼玛、漠河、塔河；内蒙古自治区额尔古纳、根河、牙克石、鄂伦春、科尔沁右翼前旗、阿尔山、宝格达山等地。辽宁省沈阳、西丰、开原、抚顺、新宾、本溪、桓仁、喀左等地及其他东北多地常有栽培。

果实富含多种维生素、糖类和有机酸等，尤其维生素C含量较高，可供制作果酱、果酒及饮料等。

■ 黑茶藨子

花侧面观

花序

叶

果实

果枝

植株

（11）美洲茶藨子（中国植物志，Flora of China）；美国茶藨（东北植物检索表）

Ribes americanum Mill. in Gard. Dict. Abridg. ed. 8. 1768; 中国植物志34(2): 322. 1992; 东北植物检索表（第二版）: 277. 图版132: 9. 1995; Fl. China 8: 438. 2001.

原产北美洲。东北有庭园栽植。

■ 美洲茶藨子

果实

植株一部分

（12）水葡萄茶藨子（中国植物志，Flora of China）；水葡萄茶藨（黑龙江省植物志，内蒙古植物志，东北植物检索表）；乌苏里茶藨（黑龙江省植物志，东北植物检索表）

Ribes procumbens Pall. in Fl. Ross. 1(2): 35, pl. 65. 1788; 内蒙古植物志（第二版）3: 35. 图版14: 1. 1989; 中国植物志34(2): 325. 1992; 东北植物检索表（第二版）: 277. 图版132: 3. 1995; 黑龙江省植物志6: 72. 图版34: 3 ~ 6. 1998; Fl. China 8: 436. 2001.——*Ribes ussuriense* Jancz., Bull. Acad. Cracovie12. 1906; 东北植物检索表（第二版）: 277. 1995; 黑龙江省植物志6: 75. 图版36: 4 ~ 5. 1998.

生低海拔地区落叶松林下、杂木林内阴湿处及河岸旁。产黑龙江省呼玛、漠河、塔河、密山、虎林；内蒙古自治区额尔古纳、根河、牙克石、科尔沁右翼前旗、阿尔山。

■ 水葡萄茶藨子

果实

小枝

植株一部分

（13）白花茶藨子（南京林业大学学报）；臭茶藨子（西北植物学报）

Ribes fragrans Pall., Nova Acta Acad. Sci. Imp. Petrop. Hist. Acad. 10: 377. 1797; 南京林业大学学报45(2): 231 ~ 233. 2021.——*Ribes graveolens* auct. non Bunge: 西北植物学报34(5): 1064 ~ 1066. 2014.

生于偃松林隙及林缘。产内蒙古自治区大兴安岭呼伦贝尔额尔古纳国家级自然保护区。

■ 白花茶藨子

果枝

花序

花枝

（14）毛茶藨子（中国植物志，Flora of China）；毛茶藨（黑龙江省植物志，东北植物检索表）；密花茶藨（黑龙江省植物志）；密穗茶藨（东北植物检索表）

Ribes spicatum Robs. in Arr. Brit. Pl. ed. 3. 2: 265. 1796; 东北植物检索表（第二版）: 279. 图版132: 1. 1995; 黑龙江省植物志6: 74. 图版35: 4～5. 1998.——*Ribes pubescens* (Hartm.) Hedl. in Bot. Not. 1901: 100. 1901; Fl. China 8: 440. 2001; 中国植物志34(2): 312. 1992.——*Ribes liouanum* Kitag. in Neo-Lineam. Fl. Manshur. 355. 1979; 东北植物检索表（第二版）: 279. 图版132: 5. 1995; 黑龙江省植物志6: 65. 图版34: 1～2. 1998.

生土壤干旱和瘠薄的山坡灌丛和岩石裸露的山顶。产黑龙江省大兴安岭地区；内蒙古自治区额尔古纳、根河、牙克石、阿尔山等地。

（15）矮茶藨子（中国植物志，Flora of China）；矮茶藨（黑龙江省植物志，东北植物检索表）

Ribes triste Pall. in Nov. Acta Acad. Sci. Petrop. 10. 1 (Hist.): 238. 1797; 中国植物志34(2): 319. 1992; 东北植物检索表（第二版）: 279. 图版132: 7. 1995; 黑龙江省植物志6: 74. 图版38: 3～4. 1998; Fl. China 8: 436. 2001.

（15a）矮茶藨子（原变种）

Ribes triste var. *triste*

生云杉、冷杉林下或针、阔叶混交林下及杂木林内。产黑龙江省呼玛、尚志、伊春；吉林省安图、抚松；内蒙古自治区额尔古纳、牙克石、阿尔山、科尔沁右翼前旗等地。

■ 矮茶藨子

植株

植株一部分

■ 矮茶藨子

果序

果枝

叶背面观

（15b）伏生茶藨子（变种）（中国植物志，Flora of China）；伏生矮茶藨（黑龙江树木志，黑龙江省植物志）

Ribes triste var. *repens* (Baranov) L. T. Lu, 中国植物志34(2): 320. 1992; Fl. China 8: 437. 2001.——*R. triste* f. *repens* (Baranov) Y. L. Chou, 黑龙江树木志267. 1986; 黑龙江省植物志6: 74. 1998.

生被苔藓覆盖的岩石坡地或落叶松林下及林缘。产黑龙江省尚志；吉林省安图、长白山；内蒙古自治区满洲里等地。模式标本采自内蒙古自治区满洲里北部。

■ 伏生茶藨子

果枝

花枝

小枝

（16）香茶藨子（中国植物志，Flora of China）；香茶藨（辽宁植物志，黑龙江省植物志，东北植物检索表）

Ribes odoratum Wendl. in Bartling & Wendl., Beitr. Bot. 2: 15. 1825; 辽宁植物志（上册）: 729. 图版311. 1988; 中国植物志34(2): 297. 图版68: 4～5. 1992; 东北植物检索表（第二版）: 279. 图版131: 1. 1995; 黑龙江省植物志6: 69. 图版37: 1～4. 1998; Fl. China 8: 437. 2001.

原产美国。黑龙江省森林植物园及辽宁省沈阳、熊岳、大连等地有栽培。

优良园林观赏树种。果实可食。

■ 香茶藨子

花序

植株一部分

植株

（17）阔叶茶藨子（中国植物志，Flora of China）；大叶茶藨（东北植物检索表）

Ribes latifolium Jancz. in Bull. Int. Acad. Sci. Cracovie, Cl. Sci. Math. 1906: 4. 1906; Fl. China 8: 440. 2001; 中国植物志34(2): 308. 图版65: 1 ~ 3. 1992; 东北植物检索表（第二版）: 279. 1995.

生落叶松林下、林缘或路边。产吉林省长白山区。

■ 阔叶茶藨子

花序

花枝

植株

（18）东北茶藨子（中国植物志，Flora of China）；东北茶藨（辽宁植物志，黑龙江省植物志，内蒙古植物志，东北植物检索表）；疏毛山麻子（大连地区植物志）

Ribes mandshuricum (Maxim.) Kom. in Acta Hort. Petrop. 22: 437. 1903; 辽宁植物志（上册）: 727. 图版310: 1 ~ 3. 1988; 内蒙古植物志（第二版）3: 40. 图版17: 1. 1989; 中国植物志34(2): 315. 图版67: 1 ~ 4. 1992; 东北植物检索表（第二版）: 277. 图版132: 2. 1995; 黑龙江省植物志6: 65. 图版35: 1 ~ 3. 1998; Fl. China 8: 439. 2001.

（18a）东北茶藨子（原变种）

Ribes mandshuricum var. *mandshuricum*

生阔叶林或针阔叶混交林下。产黑龙江省尚志、依兰、虎林、哈尔滨、密山、饶河、宁安、海林、黑河、伊春；吉林省集安、通化、抚松、靖宇、临江、柳河、辉南、长白、安图、汪清、蛟河、吉林；辽宁省西丰、清原、本溪、宽甸、桓仁、丹东、凌源、普兰店、庄河；内蒙古自治区巴林右旗、阿鲁科尔沁旗等地。

种子可榨油。果实可食用、制果酱或酿酒；也可药用，有解表作用，用于感冒。

■ 东北茶藨子

果序

花序一部分

植株一部分

叶

叶背面观

（18b）光叶东北茶藨子（变种）（中国植物志，Flora of China）；光叶东北茶藨（辽宁植物志，黑龙江省植物志，东北植物检索表）；朝鲜茶藨（大连树木图鉴）

Ribes mandshuricum var. *subglabrum* Kom in Acta Hort. Petrop. 22: 439. 1903; 辽宁植物志（上册）: 729. 1988; 中国植物志34(2): 317. 1992; 东北植物检索表（第二版）: 277. 1995; 黑龙江省植物志6: 68. 1998; Fl. China 8: 439. 2001.

生山坡林下或沟谷。产黑龙江省尚志、宝清、哈尔滨、呼玛、饶河、伊春；吉林省吉林、安图、汪清、蛟河、桦甸、临江、抚松、长白；辽宁省西丰、鞍山、本溪、桓仁、凤城、清原、新宾；内蒙古自治区克什克腾旗等地。

■ 光叶东北茶藨子

叶正面观

叶背面观

（19）红茶藨子（中国植物志，Flora of China）；紫花茶藨（内蒙古植物志，东北植物检索表）

Ribes rubrum L., Sp. Pl. 200. 1753; Fl. China 8: 442. 2001; 中国植物志34(2): 314. 1992.——*Ribes atropurpureum* C. A. Mey. in Fl. Altaic. 1: 268. 1829; 内蒙古植物志（第二版）3: 43. 图版17: 2 ~ 3. 1989; 东北植物检索表（第二版）: 279. 1995.

生山地阴坡林下。产内蒙古自治区科尔沁右翼前旗（白狼）、阿尔山等地。黑龙江省、辽宁省有栽培。

本种是寒冷地区优良的绿化观赏植物。

（20）英吉利茶藨子（内蒙古植物志，中国植物志，Flora of China）；英吉里茶藨（黑龙江省植物志，东北植物检索表，植物智网站）

Ribes palczewskii (Janch.) Pojark. in Trudy Prikl. Bot. 22(3): 341 1929; 内蒙古植物志（第二版）3: 42. 图版17: 4 ~ 6. 1989; 中国植物志34(2): 313. 图版67: 9. 1992; 东北植物检索表（第二版）: 279. 图版132: 8. 1995; 黑龙江省植物志6: 72. 图版38: 1 ~ 2. 1998; Fl. China 8: 437. 2001.

生山坡落叶松林下、水边杂木林及灌丛中，或以红松为主的针阔叶混交林下。产黑龙江省漠河、塔河、呼玛、伊春、黑河、孙吴；内蒙古自治区额尔古纳、根河、牙克石、鄂伦春、科尔沁右翼前旗、宝格达山等地。

本种是庭园绿化观赏树种。果实供食用及加工。

■ 英吉利茶藨子

果枝

植株一部分

（21）高茶藨子（中国树木志，中国植物志，Flora of China）

Ribes altissimum Turcz. ex Pojark. in Acta Inst. Bot. Acad. Sci. USSR ser. 1, 2: 179. 1936; 中国植物志34(2): 310. 图版66: 4 ~ 6. 1992; Fl. China 8: 439. 2001; 东北林业大学学报50(2): 135 ~ 137. 2020.

生山坡针叶林或针阔混交林下或林缘。产黑龙江省塔河、伊春大平台乡。

■ 高茶藨子

果枝

花序

花枝

茎

植株

（22）糖茶藨子（中国植物志，Flora of China）；糖茶藨（内蒙古植物志，东北植物检索表）

Ribes himalense Royle ex Decne. in Voy. Inde 4(Bot.): 66, pl. 77. 1844; Fl. China 8: 440. 2001; 中国植物志34(2): 303. 1992.——*Ribes emodense* Rehder in J. Arnold Arbor. 5(3): 161. 1924; 内蒙古植物志（第二版）3: 42. 图版15: 1 ~ 3. 1989; 东北植物检索表（第二版）: 279. 1995.

（22a）糖茶藨子（原变种）

Ribes himalense var. *himalense*

生山谷、河边灌丛及针叶林下和林缘。产内蒙古自治区科尔沁右翼中旗、翁牛特旗、阿鲁科尔沁旗、克什克腾旗、喀喇沁旗等地。

■ 糖茶藨子

花序

植株一部分

（22b）瘤糖茶藨子（变种）（中国植物志，Flora of China）；瘤糖茶藨（内蒙古植物志）

Ribes himalense var. *verruculosum* (Rehder) L. T. Lu, 中国植物志34(2): 306. 1992; Fl. China 8: 441. 2001; 内蒙古植物志（第三版）2: 371. 2020.

生山坡路边灌丛内、山谷云杉林和高山栎林下及林缘。产内蒙古自治区科尔沁右翼中旗、阿鲁科尔沁旗、克什克腾旗、翁牛特旗。

■ 瘤糖茶藨子

果序

植株一部分

076. 虎耳草科 Saxifragaceae

Saxifragaceae Juss., Gen. Pl. [Jussieu] 308. 1789, *nom. cons.*

木贼门、木贼亚门、木兰纲、蔷薇亚纲、蔷薇超目、虎耳草目（Saxifragales）。

草本。茎丛生或单一。单叶或复叶，互生，稀对生。花序聚伞状、圆锥状或总状，稀单花；花两性，稀单性；双被，稀单被；花被片4～5（～10），萼片花瓣状；花冠辐射对称，稀两侧对称；花瓣常离生，稀无花瓣；雄蕊（4～）5～10，花丝离生，花药2室；心皮2，稀3～5，稍微合生；子房多室具中轴胎座，或1室具侧膜胎座，胚珠多数，花柱离生或稍合生。蒴果，稀蓇葖果；种子多数，胚乳丰富。

本科全世界有34属500～540种，广布于世界各地，主产北温带地区。中国产14属，约268种，南北均有分布，主产西南地区。东北地区产10属26种3变种，其中栽培3种。

分属检索表

1. 叶为复叶。
  2. 叶为掌状或羽状复叶；花两性，无花瓣，心皮合生 ……………………………… 1. 鬼灯檠属 Rodgersia
  2. 叶为三出羽状复叶；花两性或单性，有花瓣，心皮仅基部合生 ………………………… 2. 落新妇属 Astilbe
1. 叶为单叶。
  3. 叶圆盾状，大型 ……………………………………………………………… 3. 大叶子属（山荷叶属）Astilboides
  3. 叶非盾状。
    4. 无花瓣。
      5. 花萼5～7裂，呈花瓣状；雄蕊10～14；无苞片 ………………………………… 4. 独根草属 Oresitrophe
      5. 花萼4裂；雄蕊8，稀4；苞片叶状 ……………………… 5. 金腰属（金腰子属）Chrysosplenium
    4. 有花瓣。
      6. 花瓣羽状分裂，裂片丝状，子房1室……………………………………………… 6. 唢呐草属 Mitella
      6. 花瓣近全缘或有小齿，子房2室。
        7. 花瓣5，雄蕊10。
          8. 叶草质、纸质或近革质，多有锯状齿，两面被柔毛；花梗草质 ………………… 7. 虎耳草属 Saxifraga
          8. 叶革质，多全缘，两面无毛；花梗肉质 …………………………………… 8. 岩白菜属 Bergenia
        7. 花瓣5～6，雄蕊5～6。
          9. 雄蕊5；花序瘦长；栽培 …………………………………… 9. 矾根属（肾形草属）Heuchera
          9. 雄蕊5～6；花序短；野生 ………………………………………………… 10. 槭叶草属 Mukdenia

1 鬼灯檠属 *Rodgersia* Gray

Rodgersia Gray in Mem. Amer. Acad. Ser. 2. 6(1) : 389. 1858.

多年生草本。根状茎粗壮，具鳞片，通常横走。掌状复叶或羽状复叶具长柄；小叶3～9（～10），先端通常短渐尖，边缘有重锯状齿，基部近无柄；托叶膜质。聚伞花序圆锥状，无苞片，具多花；萼片（4～）5～6（～7），开展，白色、粉红色或红色；花瓣通常不存在，稀1～2或5；雄蕊10（～14）；子房近上位，稀半下位，2～3室，中轴胎座，胚珠多数；花柱2～3。蒴果2～3室。

本属全世界有5种，分布于东亚和喜马拉雅地区。中国有4种，产东北、西北、华中和西南地区，主产西南地区。东北地区产1种。

鬼灯檠（辽宁植物志，东北植物检索表，东北草本植物志，中国植物志，Flora of China）

Rodgersia podophylla Gray in Mem. Amer. Acad. Ser. 2. 6(1) : 389. 1858; 东北草本植物志4: 203. 1980; 辽宁植物志（上册）: 696. 1988; 中国植物志34(2): 9. 图版3: 1～4. 1992; 东北植物检索表（第二版）: 280. 1995; Fl. China 8: 273. 2001.

多年生草本；基生叶掌状复叶，具5小叶，小叶长倒卵形，边缘具不整齐锐锯状齿；复聚伞状圆锥花序；花萼筒短，5裂；无花瓣；蒴果。生山坡阴湿处。产吉林省长白山及辽宁省鸭绿江边。

■ 鬼灯檠

小叶片

植株一部分

2 落新妇属 *Astilbe* Buch.–Ham. ex D. Don

Astilbe Buchanan–Hamilton ex D. Don, Prodr. Fl. Nepal. 210. 1825.

多年生草本。根状茎粗壮。茎基部具褐色膜质鳞片状毛或长柔毛。叶互生，二至四回三出复叶，稀单叶，具长柄；托叶膜质；小叶片披针形、卵形、阔卵形至阔椭圆形，边缘具齿。圆锥花序顶生，具苞片；花白色、淡紫色或紫红色，两性或单性，稀杂性或雌雄异株；萼片通常5，稀4；花瓣通常1～5，有时更多或不存在；雄蕊通常8～10，稀5；心皮2（～3），合生或离生；子房近上位或半下位，2（～3）室，具中轴胎座，或为1室，具边缘胎座；胚珠多数。蒴果或蓇葖果；种子小。

本属全世界约18种，分布于亚洲（主要是东亚）和北美洲。中国有7种，南北均产，主产华东、华中和西南地区。东北地区产2种。

分种检索表

1. 花白色或淡粉紫色，花序较宽，密被腺毛；小叶卵状披针形至广卵形 …… **1. 大落新妇 A. grandis** Stapf ex Wils.
1. 花紫色，花序较狭，密被短卷毛；小叶卵状长圆形至卵形 ……………**2. 落新妇 A. chinensis** (Maxim.) Franch et Sav.

（1）大落新妇（黑龙江省植物志，中国植物志，Flora of China）；朝鲜落新妇（辽宁植物志，东北植物检索表，东北草本植物志）

Astilbe grandis Stapf ex Wils. in Gard. Chron. Ser. 3. 38: 426. 1905; 中国植物志34(2): 16. 图版5: 8～14. 1992; 黑龙江省植物志6: 39. 图版21: 5～6. 1998; Fl. China 8: 275. 2001.——*A. koreana* (Kom.) Nakai in Veg. Diamond Mts. 174. 1918; 辽宁植物志（上册）: 694. 1988; 东北植物检索表（第二版）: 271. 图版128: 2. 1995.——*A. chinensis* (Maxim.) Franch. var. *koreana* Kom. in Trudy Imp. S.–Peterburgsk. Bot. Sada 22: 409. 1903; 东北草本植物志4: 203. 1980.

生阔叶林下或灌丛中。产黑龙江省依兰、饶河、密山、宁安、尚志、伊春、牡丹江；吉林省抚松、蛟河、安图、浑江、通化；辽宁省庄河、瓦房店、铁岭、清原、本溪、凤城、宽甸、岫岩、桓仁、丹东、北镇等地。

根状茎入药，治筋骨酸痛等症。嫩苗可食。

■ 大落新妇

花序枝

基生叶

花序

（2）落新妇（辽宁植物志，黑龙江省植物志，东北植物检索表，东北草本植物志，中国植物志，Flora of China）；红升麻（内蒙古植物志）

Astilbe chinensis (Maxim.) Franch et Sav. in Enum. Pl. Jap. 1: 144. 1875; 东北草本植物志4: 201. 图版114. 1980; 辽宁植物志（上册）: 694. 图版293. 1988; 内蒙古植物志（第二版）3: 21. 图版8. 1989; 中国植物志34(2): 15. 图版5: 1 ~ 7. 1992; 东北植物检索表（第二版）: 271. 图版128: 1. 1995; 黑龙江省植物志6: 37. 图版21: 1 ~ 4. 1998; Fl. China 8: 275. 2001.

生山谷溪边或林边。产黑龙江省依兰、饶河、密山、宁安、尚志、阿城、孙吴、伊春；吉林省安图、抚松、蛟河、桦甸、汪清、珲春；辽宁省铁岭、西丰、清原、凤城、宽甸、本溪、桓仁、丹东、鞍山、凌源、庄河、瓦房店；内蒙古自治区科尔沁左翼后旗、敖汉旗、喀喇沁旗、宁城等地。

全草有祛风、清热、止咳作用。嫩苗可食。

■ 落新妇

花序

茎下部叶

居群

3 大叶子属（山荷叶属） *Astilboides* Engl.

Astilboides Engl. in Engl. et Prantl, Nat. Pflanzenfam. ed. 2. 18a: 116. 1928.

多年生草本。根状茎粗壮。基生叶很大，具长柄，盾状，掌状浅裂。圆锥花序顶生；花白色；萼片4 ~ 5；花瓣4 ~ 5，倒卵状长圆形；雄蕊6 ~ 8，花丝丝状；心皮2 ~ 4，合生；子房半下位，2 ~ 4室，胚珠多数；花柱2～4。蒴果2～4室；种子具翅。

本属全世界仅1种，分布于中国和朝鲜。东北地区有分布。

大叶子（中国植物志，Flora of China）；山荷叶（辽宁植物志，东北植物检索表，东北草本植物志）

Astilboides tabularis (Hemsl.) Engler et Irmsch. in Engl. Pflanzenr. 69 (Ⅳ. 117) : 675. 1919; 东北草本植物志4: 214. 图版122. 1980; 辽宁植物志（上册）: 707. 图版300. 1988; 中国植物志34(2): 6. 图版2: 1～5. 1992; 东北植物检索表（第二版）: 271. 图版128: 3. 1995; Fl. China 8: 272. 2001.

多年生草本；基生叶1片，近圆形，边缘有大牙齿状缺刻；茎生叶掌状3～5浅裂；顶生圆锥花序，花白色或微带紫色；蒴果2～4室。生山坡阔叶林下或山谷沟边。产吉林省长白、抚松、浑江、柳河、通化、集安、靖宇；辽宁省凤城、宽甸、本溪、抚顺、岫岩、庄河等地。

嫩芽和叶柄可食。根状茎有活血化瘀、解毒消肿作用；全株有收涩、固肠止泻作用。

■ 大叶子

果序一部分

野生株

花序

居群

栽培株

4 独根草属 *Oresitrophe* Bunge

Oresitrophe Bunge in Mem. Sav. Etr. Acad. St.–Petersb. 2: 10, 1835.

多年生草本。根状茎粗壮，有鳞片。叶基生，具柄，卵形至心形，边缘有不规则齿牙。多歧聚伞花序圆锥状，无苞片；托杯内壁之基部与子房愈合；萼片5～7，花瓣状；无花瓣；雄蕊10～14；心皮2，下部合生；子房近上位，1室，具2侧膜胎座，胚珠少数。蒴果革质，1室，具2喙。

本属全世界仅1种，为中国特有，分布于辽宁、河北和山西。

独根草（辽宁植物志，东北植物检索表，东北草本植物志，中国植物志，Flora of China）

Oresitrophe rupifraga Bunge in Enum. Pl. China Bor. 31. 1833; 东北草本植物志4: 214. 图版123. 1980; 辽宁植物志（上册）: 700. 图版301: 1～3. 1988; 中国植物志34(2): 23. 图版6: 14～17. 1992; 东北植物检索表（第二版）: 275. 图版128: 6. 1995; Fl. China 8: 277. 2001.

多年生草本；叶基生，叶片卵状心形，有锯状齿；复聚伞花序圆锥状；萼裂片5～7，花瓣状；无花瓣；蒴果革质，具2喙。生山谷或悬崖石缝中。产辽宁省凌源、庄河等地。

全草有清热利湿作用，用于小儿肠炎、泄泻。

■ 独根草

花期植株

无叶期花序

基生叶

有叶期花序

5 金腰属（金腰子属） *Chrysosplenium* L.

Chrysosplenium L., Sp. Pl. ed. 1. 1: 398. 1753.

多年生草本。植株柔弱，肉质状。根状茎细，有时有匍匐枝，稀有珠芽。叶有柄，互生或对生，边缘有牙齿或圆齿，无托叶。花茎直往往由基部生出不育枝，不育枝先端丛生莲座状叶。聚伞花序，苞片稍呈叶状，在苞片腋部着生1朵小花，无花瓣；花萼绿色或黄色，有时白色，钟形或碟形；萼筒杯形或漏斗形，至少基部与子房愈合，萼裂片4，花蕾时相对2片覆盖另2片；雄蕊8，有时为4；花药2室；子房下位或上位，1室，侧膜胎座；心皮2，下部合生，花柱短，离生。蒴果薄而扁压，2裂；种子多数，卵形或椭圆形。

本属全世界有65种，亚洲、欧洲、非洲、美洲均有分布，但主产亚洲温带地区。中国有35种，南北均产，主产陕西、甘肃、四川、云南和西藏。东北地区产7种2变种。

分种检索表

1. 叶互生。
  2. 鞭匐枝出自基生叶之腋部；茎无毛；茎生叶3～4枚，近扁圆形 ………… **1. 蔓金腰** C. flagelliferum Fr. Schmidt
  2. 鞭匐枝生于地下或无鞭匐枝而有珠芽。
    3. 植株基部有珠芽；茎疏生柔毛；茎生叶1～3个；苞片及花呈绿色 ……………………………………………………………………… **2. 日本金腰** C. japonicum (Maxim.) Makino
    3. 植株于地下生鞭匐枝而无珠芽；茎无毛或基部稍有锈色毛；茎生叶通常1枚（稀不存在）；苞片和花呈鲜黄色 ……………………………………………………………………… **3. 五台金腰** C. serreanum Hand.
1. 叶对生。
  4. 植株无毛或仅在不孕枝的叶丛叶腋有锈色毛 ……………………………………… **4. 中华金腰** C. sinicum Maxim.
  4. 植株有毛。
    5. 花萼碟状，裂片平展，花盘暗紫红色；叶边缘有扁平而内曲的齿牙，齿端被短毛 ……………………………………………………………………… **5. 多枝金腰** C. ramosum Maxim.
    5. 花萼钟状，裂片直立，花盘黄绿色；叶边缘有圆齿或波状齿。
      6. 叶扇形；种子无肋状突起，有稀疏小乳头状突起 ……………………… **6. 林金腰** C. lectus-cochleae Kitag.
      6. 叶近圆形；种子有多数纵列肋状突起，沿肋有乳头状突起（**7. 毛金腰** C. pilosum Maxim.）。
        7. 株高14～16厘米；花枝叶背面不呈暗紫色。
          8. 茎生叶和苞叶边缘具不明显之波状圆齿，两面均无毛；种子之纵沟较深 ……………………………………………………………………… **7a. 毛金腰** C. pilosum var. pilosum
          8. 茎生叶和苞叶边缘具明显钝齿，腹面无毛，背面和边缘具褐色柔毛；种子之纵沟较浅 ……………………………………………… **7b. 柔毛金腰** C. pilosum var. valdepilosum Ohwi
        7. 株高7～11厘米；花枝叶背面带暗紫色 ……………… **7c. 娇金腰** C. pilosum var. amabile (Kitag.) Kitag.

（1）蔓金腰（东北植物检索表，中国植物志，Flora of China）；蔓金腰子（辽宁植物志，黑龙江省植物志，内蒙古植物志，东北草本植物志）

■ 蔓金腰

花期植株

花期植株一部分

花序

■ 蔓金腰

果期植株

果期植株一部分

果序一部分

Chrysosplenium flagelliferum Fr. Schmidt, Reis. Amur. U. Sachal. 134. 1868; 东北草本植物志4: 223. 图版127: 3 ~ 4. 1980; 辽宁植物志（上册）: 703. 图版298: 3 ~ 4. 1988; 中国植物志34(2): 261. 图版67: 20 ~ 26. 1992; 东北植物检索表（第二版）: 273. 图版129: 5. 1995; 黑龙江省植物志6: 40. 图版22: 1 ~ 4. 1998; Fl. China 8: 353. 2001.

生林缘下潮湿地或溪流旁湿润地。产黑龙江省伊春、尚志、呼玛；吉林省浑江、桦甸、安图；辽宁省庄河、本溪、凤城、宽甸、桓仁等地。

（2）日本金腰（中国植物志，Flora of China）；珠芽金腰子（辽宁植物志，东北草本植物志）；珠芽金腰（东北植物检索表）

Chrysosplenium japonicum (Maxim.) Makino in Bot. Mag. Tokyo 23: 70. 1909; 东北草本植物志4: 224. 1980; 辽宁植物志（上册）: 706. 图版299: 1 ~ 3. 1988; 中国植物志34(2): 258. 图版67: 8 ~ 12. 1992; 东北植物检索表（第二版）: 273. 图版129: 6. 1995; Fl. China 8: 352. 2001.

生林下或山谷湿地。产吉林省抚松；辽宁省鞍山、凤城、宽甸等地。

全草有清热解毒、祛风解表作用，用于疔疮。

■ 日本金腰

植株

叶互生

苞片和花均为绿色

（3）五台金腰（中国植物志，Flora of China）；互叶金腰（内蒙古植物志，东北植物检索表）；金腰子（辽宁植物志，黑龙江省植物志，东北草本植物志）

Chrysosplenium serreanum Hand. in Oester. Bot. Zeitschr. 80: 341. 1931; 中国植物志34(2): 243. 图版61: 14 ~ 17. 1992; Fl. China 8: 348. 2001.——*C. alternifolium* auct. non L. : 东北草本植物志4: 226. 1980; 辽宁植物志（上册）: 707. 图版299: 4 ~ 5. 1988; 内蒙古植物志（第二版）3: 31. 图版13: 1 ~ 2. 1989; 东北植物检索表（第二版）: 273. 图版129: 7. 1995; 黑龙江省植物志6: 40. 图版20: 5 ~ 6. 1998.

生林区湿地或溪畔。产黑龙江省海林、尚志、嘉荫、呼中、北安、伊春；吉林省临江、柳河、通化、集安、抚松；辽宁省西丰、本溪、宽甸、桓仁、鞍山；内蒙古自治区额尔古纳、根河、牙克石、鄂伦春、科尔沁右翼前旗、喀喇沁旗等地。

■ 五台金腰

果序

花序

植株

茎叶

（4）中华金腰（中国植物志，Flora of China）；华金腰子（辽宁植物志，黑龙江省植物志，内蒙古植物志，东北草本植物志）；异叶金腰（东北植物检索表）

Chrysosplenium sinicum Maxim. in Bull. Acad. St.–Petersb. 23: 348. 1877; 东北草本植物志4: 222. 图版126. 1980; 辽宁植物志（上册）: 703. 图版297. 1988; 中国植物志34(2): 268. 图版70: 1 ~ 4. 1992; 黑龙江省植物志6: 46. 图版25: 1 ~ 2. 1998; Fl. China 8: 355. 2001.——*C. pseudofauriei* Levl. in Fedde, Repert. Sp. Nov. 8: 282. 1910; 东北植物检索表（第二版）: 273. 图版129: 4. 1995.

生林下或山沟阴湿处。产黑龙江省伊春、阿城、尚志、哈尔滨；吉林省汪清、抚松、安图、浑江、长白、靖宇、集安、通化、桦甸；辽宁省西丰、本溪、凤城、宽甸、桓仁等地。

全草有清热解毒、退黄、排石作用，用于黄疸、砂淋、石淋、疔疮等。

■ 中华金腰

植株

植株一部分

茎叶

（5）多枝金腰（东北植物检索表，中国植物志，Flora of China）；多枝金腰子（辽宁植物志，黑龙江省植物志，东北草本植物志）

Chrysosplenium ramosum Maxim. in Prim. Fl. Amur. 121. 185; 东北草本植物志4: 220. 图版125. 1980; 辽宁植物志（上册）: 702. 图版296. 1988; 中国植物志34(2): 275. 图版72: 1 ~ 5. 1992; 东北植物检索表（第二版）: 273. 图版129: 3. 1995; 黑龙江省植物志6: 44. 图版24: 1 ~ 4. 1998; Fl. China 8: 357. 2001.

生林下湿地。产黑龙江省尚志、海林、伊春、虎林、饶河；吉林省浑江、抚松、蛟河、柳河；辽宁省西丰、宽甸、桓仁等地。

■ 多枝金腰

居群

花序

植株一部分

（6）林金腰（东北植物检索表，中国植物志，Flora of China）；林金腰子（辽宁植物志，黑龙江省植物志，内蒙古植物志，东北草本植物志）

Chrysosplenium lectus-cochleae Kitag. in Bot. Mag. Tokyo 48: 909. f. 25. 1934; 东北草本植物志4: 218. 1980; 辽宁植物志（上册）: 701. 1988; 中国植物志34(2): 269. 图版70: 5 ~ 10. 1992; 东北植物检索表（第二版）: 271. 图版129: 1. 1995; 黑龙江省植物志6: 42. 图版22: 5 ~ 8. 1998; Fl. China 8: 355. 2001.

生林下湿地或林内洼地。产黑龙江省阿城、尚志、哈尔滨、依兰；吉林省浑江、桦甸、安图、柳河；辽宁省本溪、凤城、宽甸、鞍山等地。

■ 林金腰

植株

植株一部分

花序

（7）毛金腰（内蒙古植物志，东北植物检索表，中国植物志，Flora of China）；毛金腰子（辽宁植物志，黑龙江省植物志，东北草本植物志）

Chrysosplenium pilosum Maxim. in Prim. Fl. Amur. 122. 1859; 东北草本植物志4: 218. 图版124. 1980; 辽宁植物志（上册）: 701. 图版298: 1 ~ 2. 1988; 内蒙古植物志（第二版）3: 33. 图版13: 3. 1989; 中国植物志34(2): 272. 图版71: 1 ~ 6. 1992; 东北植物检索表（第二版）: 271. 图版129: 2. 1995; 黑龙江省植物志6: 42. 图版23: 1 ~ 2. 1998; Fl. China 8: 356. 2001.

（7a）毛金腰（原变种）

Chrysosplenium pilosum var. *pilosum*

生林下阴湿地及北坡阴处。产黑龙江省尚志、哈尔滨、依兰；吉林省安图；辽宁省凤城、宽甸、庄河、丹东；内蒙古自治区鄂伦春等地。

■ 毛金腰

果序

花序

果序一部分

■ 毛金腰

茎

茎叶

植株

（7b）柔毛金腰（变种）（中国植物志，Flora of China）；柔毛金腰子（秦岭植物志）

Chrysosplenium pilosum var. *valdepilosum* Ohwi in Fedde Repert. Sp. Nov. 36: 52. 1934; 中国高等植物图鉴 2: 146. 图2022. 1972; 秦岭植物志1 (2): 430. 1974; 中国植物志34(2): 273. 图版71: 7 ~ 12. 1992; Fl. China 8: 356. 2001.

生海拔1500 ~ 3500米的林下阴湿处或山谷石隙。产黑龙江省伊春；内蒙古自治区宁城。

■ 柔毛金腰

果序

茎叶

茎叶背面观

植株

（7c）娇金腰（变种）（东北植物检索表）

Chrysosplenium pilosum var. *amabile* (Kitag.) Kitag. in Neo-Lineam. Fl. Manshur. 350. 1979; 东北植物检索表（第二版）: 271. 1995.

生山阴坡腐殖质厚处。产辽宁省本溪草河掌。

6 唢呐草属 *Mitella* L.

Mitella L., Sp. Pl. ed. 1. 1: 406. 1753.

多年生草本，具根状茎。单叶通常基生，具长柄，心形、卵状心形至肾状心形，具缺刻或浅裂；茎生叶少或无；托叶干膜质。总状花序顶生，具苞片；花小；萼片5；花瓣5，通常羽状分裂，稀全缘，有时不存在；雄蕊5或10；2心皮大部合生，子房上位或近下位，1室，具2侧膜胎座；花柱2。蒴果之2果瓣最上部离生；种子多数，卵球形，通常具小瘤。

本属全世界约有20种，分布于西伯利亚、东亚和北美洲。中国产2种。东北地区产1种。

唢呐草（辽宁植物志，黑龙江省植物志，内蒙古植物志，东北植物检索表，东北草本植物志，中国植物志，Flora of China）

Mitella nuda L., Sp. Pl. ed. 1: 406. 1753; 东北草本植物志4: 217. 图版127: 1 ~ 2. 1980; 内蒙古植物志（第二版）3: 27. 图版9: 4 ~ 6. 1989; 中国植物志34(2): 232. 图版9: 15 ~ 17. 1992; 辽宁植物志（下册）: 1167. 图版528: 1 ~ 2. 1992; 东北植物检索表（第二版）: 275. 图版129: 9. 1995; 黑龙江省植物志6: 54. 图版29: 3 ~ 4. 1998; Fl. China 8: 345. 2001.

多年生草本；基生叶2 ~ 4，叶片肾状心形或卵状心形，边缘具圆齿，两面被伏毛；总状花序，被腺毛；花瓣羽状细裂，裂片丝状；蒴果被腺毛。生海拔700 ~ 1100米的林下或水边。产黑龙江省伊春、呼玛、黑河、海林、尚志；吉林省长白、抚松、安图、汪清、靖宇；辽宁省桓仁；内蒙古自治区额尔古纳、根河、牙克石、科尔沁右翼前旗、阿尔山等地。

■ 唢呐草

果序一部分

植株

居群

花序一部分

7 虎耳草属 *Saxifraga* Tourn. ex L.

Saxifraga Tourn. ex L., Sp. Pl. ed. I. 1: 398. 1753.

一至多年生草本。单叶全部基生或兼茎生，叶片全缘、具齿或分裂；茎生叶通常互生，稀对生。花通常两性，有时单性，辐射对称，稀两侧对称，多组成聚伞花序，有时单生，具苞片；花托杯状，或扁平；萼片5；花瓣5，通常全缘，脉显著；雄蕊10，花丝棒状或钻形；心皮2，通常下部合生，有时近离生；子房近上位至半下位，通常2室。通常为蒴果，稀蓇葖果；种子多数。

本属全世界450余种，分布于北极、北温带和南美洲（安第斯山）。中国有216种，南北均产，主产西南地区和青海、甘肃等省的高山地区。东北地区产9种1变种，其中栽培1种。

分种检索表

1. 基生叶线状披针形或匙形。
  2. 叶全部基生；叶片通常匙形，长1.3～3厘米，宽0.4～1厘米，腹面被腺柔毛、背面无毛 …… **1. 长白虎耳草 S. laciniata** Nakai et Takeda
  2. 叶基生和茎生；叶片线状披针形或线形，长5.2～9毫米，宽0.8～1.6毫米，两面无毛，边缘具软骨质睫状毛 …… **2. 刺虎耳草 S. bronchialis** L.
1. 基生叶近圆形、肾形、长圆形或广椭圆形。
  3. 叶腋具珠芽 …… **3. 零余虎耳草 S. cernua** L.
  3. 叶腋无珠芽或仅基部叶腋具珠芽。
    4. 地下具小球茎；花序具2～4（～7）花；茎中上部叶具5～9个圆齿或浅裂片 …… **4. 球茎虎耳草 S. sibirica** L.
    4. 地下无球茎。
      5. 基部叶腋具珠芽 …… **5. 兴安虎耳草 S. rivularis** L.
      5. 所有叶腋均无珠芽。
        6. 花不整齐；基生叶圆状肾形或近圆形，宽3～12厘米；花瓣长10～15毫米 …… **6b. 镜叶虎耳草 S. fortunei** var. **koraiensis** Nakai
        6. 花整齐。
          7. 花序紧密，密被腺毛，萼裂片线形，花瓣倒披针形；叶肾形，长4～8厘米，宽5～11厘米 …… **7. 腺毛虎耳草 S. manshuriensis** (Engler) Kom.
          7. 花序疏展。
            8. 栽培；花红色、粉红、白色等；叶掌状，3～7深裂，叶两面均被毛 …… **8. 蔷薇虎耳草 S. rosacea** Moench
            8. 野生。
              9. 萼片卵形，花瓣卵状长圆形，白色或淡紫红色；叶肾形，长2～4厘米，宽3～6厘米 …… **9. 斑点虎耳草 S. nelsoniana** D. Don
              9. 萼片狭卵形，花瓣倒披针形，白色；叶长圆形或广椭圆形，稀近圆形，长3～7厘米，宽2～5厘米 …… **10. 长叶虎耳草 S. oblongifolia** Nakai

（1）长白虎耳草（辽宁植物志，东北植物检索表，东北草本植物志，中国植物志，Flora of China）

Saxifraga laciniata Nakai et Takeda in Bot. Mag. Tokyo 28: 305. 1914; 东北草本植物志4: 106. 图版117. 1980; 中国植物志34(2): 80. 图版17: 1 ~ 6. 1992; 辽宁植物志（下册）: 1170. 图版528: 3 ~ 4. 1992; 东北植物检索表（第二版）: 280. 图版133: 6. 1995; Fl. China 8: 284. 2001.

生高山草甸或石隙。产吉林省安图、抚松、长白；辽宁省桓仁。

■ 长白虎耳草

基生叶

植株

花序

（2）刺虎耳草（黑龙江省植物志，内蒙古植物志，东北植物检索表，东北草本植物志，中国植物志，Flora of China）

Saxifraga bronchialis L., Sp. Pl. ed. 1: 400. 1753; 东北草本植物志4: 210. 图版119. 1980; 内蒙古植物志（第二版）3: 28. 图版11: 1 ~ 3. 1989; 中国植物志34(2): 159. 图版40: 17 ~ 25. 1992; 东北植物检索表（第二版）: 280. 图版133: 1. 1995; 黑龙江省植物志6: 48. 图版26: 1 ~ 5. 1998; Fl. China 8: 287. 2001.

生海拔850 ~ 1460米的山坡石隙。产黑龙江省呼中、呼玛、漠河、黑河；内蒙古自治区额尔古纳、根河、牙克石等地。

■ 刺虎耳草

花序

花序一部分

植株

（3）零余虎耳草（东北植物检索表，中国植物志，Flora of China）；点头虎耳草（内蒙古植物志，东北草本植物志）

Saxifraga cernua L., Sp. Pl. ed. 1: 403. 1753; 东北草本植物志4: 208. 1980; 内蒙古植物志（第二版）3: 30. 图版12: 1～3. 1989; 中国植物志34(2): 77. 图版16: 8～16. 1992; 东北植物检索表（第二版）: 280. 图版133: 3. 1995; Fl. China 8: 337. 2001.

生海拔2200～5550米的林下、林缘、高山草甸和高山碎石隙。产黑龙江省呼玛；吉林省抚松；内蒙古自治区额尔古纳、根河、科尔沁右翼前旗、锡林浩特等地。

■ 零余虎耳草

叶

植株一部分

居群

（4）球茎虎耳草（黑龙江省植物志，内蒙古植物志，东北植物检索表，东北草本植物志，中国植物志，Flora of China）

Saxifraga sibirica L., Sp. Pl. ed. 2. 577. 1762; 东北草本植物志4: 208. 图版118: 1～2. 1980; 内蒙古植物志（第二版）3: 30. 图版11: 7～9. 1989; 中国植物志34(2): 76. 图版16: 1～7. 1992; 东北植物检索表（第二版）: 280. 图版133: 4. 1995; 黑龙江省植物志6: 48. 图版27: 1～2. 1998; Fl. China 8: 337. 2001.——*S. sibirica* var. *bockiana* Engl. in Bot. Jahrb. Syst. 29(3–4): 364 1900; 东北草本植物志4: 208. 1980; 东北植物检索表（第二版）: 280. 1995.——*S. sibirica* var. *pekinensis* (Maxim.) Engl. & Irmsch. in Pflanzenr. 67(Ⅳ. 117): 266. 1916; 东北草本植物志4: 208. 1980; 东北植物检索表（第二版）: 280. 1995.

生林下、灌丛、高山草甸和石隙。产黑龙江省爱辉、黑河、呼玛、杜尔伯特；辽宁省凌源、阜蒙等辽西地区；内蒙古自治区牙克石、扎兰屯、科尔沁右翼前旗、扎赉特旗、喀喇沁旗等地。

■ 球茎虎耳草

植株下部

花序正面观

植株

■ 球茎虎耳草

植株一部分

花序侧面观

（5）兴安虎耳草（东北植物检索表）

Saxifraga rivularis L., Sp. Pl. 404. 1753; Neo-Lineam. Fl. Manshur. 359. 1979; 东北植物检索表（第二版）: 280. 1995.

生高山溪流旁岩石上。大兴安岭有记录，未见标本，待调查核实。

（6）齿瓣虎耳草（植物分类学报，中国植物志，Flora of China）；华中虎耳草（中国高等植物图鉴）

Saxifraga fortunei Hook. f. in Curtis′s Bot. Mag. t. 5377. 1863; Diels in Bot. Jahrb. 29: 365. 1901; 中国植物志34(2): 70. 1992; Fl. China 8: 286. 2001.

（6a）齿瓣虎耳草（原变种）

Saxifraga fortunei var. *fortunei*

产湖北和四川。东北地区不产。

（6b）镜叶虎耳草（辽宁植物志，东北植物检索表，东北草本植物志，中国植物志，Flora of China）

Saxifraga fortunei var. *koraiensis* Nakai in Journ. Jap. Bot. 16: 277. 1938; 东北草本植物志4: 212. 图版120.

■ 镜叶虎耳草

花正面观

花侧面观

■ 镜叶虎耳草

基生叶

叶背面观

植株

1980; 中国植物志34(2): 72. 图版14: 5 ~ 8. 1992; 辽宁植物志（上册）: 696. 图版294. 1988; 东北植物检索表（第二版）: 280. 图版133: 7. 1995; Fl. China 8: 286. 2001.

生阴湿的山坡岩石缝间及林下岩石缝间。产黑龙江省尚志；吉林省集安；辽宁省本溪、凤城、宽甸、桓仁、岫岩、庄河、丹东等地。

（7）腺毛虎耳草（东北植物检索表，东北草本植物志，中国植物志，Flora of China）

Saxifraga manshuriensis (Engler) Kom. in Acta Hort. Petrop. 22: 415. 1903; 东北草本植物志4: 204. 图版116. 1980; 中国植物志34(2): 61. 图版10: 8 ~ 13. 1992; 东北植物检索表（第二版）: 280. 图版133: 2. 1995; Fl. China 8: 282. 2001.

生林下、湿草甸或山坡石隙。产吉林省珲春等地。

■ 腺毛虎耳草

花葶

植株

花序

叶背面观

（8）蔷薇虎耳草（大连植物彩色图谱）；紫红虎耳草（植物智网站）

Saxifraga rosacea Moench in Methodus 106. 1794.

原产欧洲西部、中部。辽宁省大连有栽培。

用作地被或布置岩石园。也可盆栽。

■ 蔷薇虎耳草

粉花株

白花株

花

（9）斑点虎耳草（黑龙江省植物志，内蒙古植物志，东北植物检索表，东北草本植物志，中国植物志，Flora of China）

Saxifraga nelsoniana D. Don, Trans. L. Soc. London, Bot. 13: 355. 1822; Fl. China 8: 281. 2001.——*S. punctata* auct. non L.：东北草本植物志4: 204. 图版115. 1980; 内蒙古植物志（第二版）3: 31. 图版12: 4. 1989; 中国植物志34(2): 64. 图版11: 6～10. 1992; 东北植物检索表（第二版）: 280. 图版133: 5. 1995; 黑龙江省植物志6: 48. 图版28: 1～6. 1998.

生红松林下或林缘、山谷溪边或石山。产黑龙江省伊春、尚志、海林、呼玛；吉林省抚松、安图、长白；内蒙古自治区牙克石等地。

全草有解毒消肿作用，可治疗胆囊炎、月经过多。

■ 斑点虎耳草

花序

植株

（10）长叶虎耳草（东北植物检索表）

Saxifraga oblongifolia Nakai in J. Bot. (Morot) 26(1): 218. 1909; Neo–Lineam. Fl. Manshur. 358. 1979; 东北植物检索表（第二版）: 280. 1995.

东北地区有记录，生境、产地不详。

8 岩白菜属 *Bergenia* Moench

Bergenia Moench, Meth. 664. 1794, nom. cons.

多年生草本。根状茎粗壮，肉质，具鳞片。单叶，均基生，厚而大，全缘或具齿，具小腺窝；叶柄基部具宽展的托叶鞘。聚伞花序圆锥状，具苞片；花较大，白色、红色或紫色；托杯内壁几乎与子房不愈合；萼片5；花瓣5；雄蕊10；心皮2，基部合生；子房近上位，基部2室，具中轴胎座，顶部1室，具2边缘胎座，胚珠多数，花柱2。蒴果，先端2瓣裂；种子黑色，具棱。

本属全世界有9种，星散分布于亚洲，主要在东亚、南亚北部和中亚东南部。中国有6种，产西北和西南地区，主产四川、云南和西藏。东北地区栽培1种。

岩白菜（中国植物志，Flora of China）；滇岩白菜（经济植物手册）

Bergenia purpurascens (Hook. f. et Thoms.) Engl. in Bot. Zeit. 26: 841. 1868; 中国植物志34(2): 28. 图版8: 9 ~ 15. 1992; Fl. China 8: 278. 2001.

多年生草本。叶均基生；叶片革质，多为倒卵形、狭倒卵形至近椭圆形，先端钝圆，边缘具波状齿至近全缘，基部楔形，两面具小腺窝；叶柄长2 ~ 7厘米。聚伞花序圆锥状；萼片革质，近狭卵形，腹面和边缘无毛，背面密被具长柄之腺毛；花瓣紫红色。产四川西南部、云南北部及西藏南部和东部。辽宁省沈阳世博园有栽培。

全草含岩白菜素（bergenin）等香豆精类。根状茎入药，治虚弱头晕、劳伤咳嗽、吐血、咯血、淋浊、白带及肿毒等。外感发热体虚者慎用。

■ 岩白菜

果序一部分

花序

植株

■ 岩白菜

果序

基生叶

栽培居群

9 矾根属（肾形草属） *Heuchera* L.

Heuchera L., Sp. Pl. 1: 226. 1753.

多年生草本，有时有匍匐茎；根状茎或根状茎粗壮，通常分枝，有鳞。花茎直立或上升，无叶或具1～5茎生叶。叶在基部莲座状丛生；有托叶；叶柄无毛或有具柄腺体；叶片肾形、圆形、卵形、心形、长圆形或多边形，掌状3～9裂，基部楔形或心形至截形，叶缘有尖齿或圆齿，有缘毛或腺缘毛，先端圆形或钝或锐尖至渐尖，表面无毛或有具柄腺，掌状脉。聚伞圆锥花序，有时散生（类似圆锥花序）或密生（类似穗状花序）；萼片5～6，绿色、白色、奶油色、黄色、粉红色、紫色或红色，通常有绿色或红色的晕染；花瓣（1～）5（～6），有时很小或无，绿色、白色、奶油色、粉红色或紫色；雄蕊5～6，与萼片对生，花丝圆柱状或基部宽，花药橙色或黄色；子房1/2下位，心皮合生，1室；花柱2，柱头2～3。蒴果有2喙；种子深棕色或黑色，卵球形、椭圆形、纺锤形等，多有刺。

本属全世界约37种，分布于北美洲和墨西哥。中国栽培数种。东北地区栽培1种。

美洲矾根（大连植物彩色图谱，植物智网站）

Heuchera americana L., Sp. Pl. 226. 1753.

多年生草本，枝叶被毛；叶互生，叶片圆卵形，基部心形，叶缘有明显锯状齿，叶色丰富；总状花序，花朵小，粉红色，铃形下垂。原产北美洲中部和东部。辽宁省大连有栽培。

观叶植物，可植于花坛、花境或疏林下。

■ 美洲矾根

基生叶

花序

10 槭叶草属 *Mukdenia* Koidz.

Mukdenia Koidz. in Acta Phytolax. Geobot. 4: 120. 1935.

多年生草本。根状茎粗壮，具鳞片。叶均基生，具长柄，阔卵形至近圆形，基部心形：不分裂或3～7（～9）裂，裂片边缘有锯状齿。聚伞花序被柔毛，无苞片；托杯内壁仅基部与子房愈合；萼片5～6；花瓣5～6（～7），披针形，短于萼片；雄蕊5～6（～7），与花瓣互生，短于花瓣；心皮2，下部合生；子房半下位，下部1室，顶部1室。蒴果；种子多数。

本属全世界有2种，分布于中国东北和朝鲜。

分种检索表

1. 叶掌状5～7中裂至深裂 ………………………………………… 1. 槭叶草 M. rossii (Oliv.) Koidz.
1. 叶不分裂或3浅裂 ………………………………………………… 2. 岩槭叶草 M. acanthifolia Nakai

（1）槭叶草（辽宁植物志，东北植物检索表，东北草本植物志，中国植物志，Flora of China）

Mukdenia rossii (Oliv.) Koidz. in Acta Phytotax. Geobot. 4: 120. 1935; 东北草本植物志4: 212. 图版121. 1980; 辽宁植物志（上册）: 698. 图版295: 1～2. 1988; 中国植物志34(2): 25. 图版7: 1～3. 1992; 东北植物检索表（第二版）: 275. 图版128: 4. 1995; Fl. China 8: 277. 2001.

生湿润的石褶子缝或山谷石缝间。产吉林省浑江、集安；辽宁省本溪、凤城、宽甸、丹东、岫岩等地。

根状茎可提取对脑缺血损伤有良好保护作用的槭叶草黄酮。嫩苗可食。

■ 槭叶草

叶

花

植株

（2）岩槭叶草（辽宁植物志，东北植物检索表）；齿叶槭叶草（大连地区植物志）

Mukdenia acanthifolia Nakai in J. Jap. Bot. 17: 684. 1941; 辽宁植物志（上册）: 698. 图版295: 3. 1988; 东北植物检索表（第二版）: 275. 图版128: 5. 1995.

生山崖岩石缝间。产辽宁省庄河、本溪等地。

■ 岩槭叶草

果期植株

花期植株

花序

077. 景天科 Crassulaceae

Crassulaceae J.St.-Hil., Expos. Fam. Nat. 2: 123. 1805, *nom. cons.*

木贼门、木贼亚门、木兰纲、蔷薇亚纲、蔷薇超目、虎耳草目（Saxifragales）。

草本、半灌木或灌木，常有肥厚而肉质的茎叶。叶互生、对生或轮生，常为单叶，全缘或稍有缺刻，稀浅裂或单数羽状复叶；不具托叶。花常为聚伞花序或伞房状、穗状、总状或圆锥花序，有时花单生；花两性或单性而雌雄异株，稀雌雄同株，辐射对称，花各部常为5基数，稀3、4或6～32数或更多；萼片自基部分离，稀基部以上合生，宿存；花瓣分离或合生；雄蕊1～2轮，与萼片或花瓣同数或为其2倍，分离，或与花瓣或花冠筒部稍合生；心皮常与萼片或花瓣同数，分离或基部合生，常在基部外侧有腺状鳞片；花柱钻形，柱头头状或不显著。蓇葖果，稀为蒴果；种子小，长椭圆形。

本科全世界有35属1400余种，广布于热带至温带地区。中国产12属，约232种，南北均有分布，主产西南地区。东北地区产6属28种4变种，其中栽培1种。

分属检索表

1. 雄蕊与花瓣同数，1轮；花3～5基数；叶对生 ……………… 1. 青锁龙属（东爪草属）Crassula
1. 雄蕊常为花瓣的2倍，2轮；花4～20基数；叶互生、对生或轮生。
  2. 心皮有柄或基部渐狭，全部分离，直立。
    3. 基生叶不形成莲座状；花瓣分离 ……………… 2. 八宝属 Hylotelephium
    3. 基生叶形成莲座状；花瓣基部合生 ……………… 3. 瓦松属 Orostachys
  2. 心皮无柄，基部不渐狭，常在基部合生。
    4. 基生叶鳞片状；心皮直立；花单性或两性 ……………… 4. 红景天属 Rhodiola
    4. 基生叶非鳞片状；心皮顶端反曲；花两性
      5. 叶片扁平，边缘有锯状齿或圆齿；种皮具纵肋或近平滑 ……………… 5. 费菜属 Phedimus
      5. 叶非扁平，边缘全缘；种皮网状或具乳突状 ……………… 6. 景天属 Sedum

1 青锁龙属（东爪草属） *Crassula* L.

Crassula L., Sp. Pl. 128. 1753.

小型植物，多为一年生，常近水生。叶对生，线形或圆柱形，全缘。花小，不明显，腋生，单生或成聚伞花序，或成顶生圆锥花序；萼3～5裂，花瓣3～5片；雄蕊3～5，花丝丝状；鳞片3～5，或缺；心皮3～5，分离，花柱顶生，心皮内胚珠1至多粒。

本属全世界250种，分布于全球。中国有4种。东北地区产1种。

东爪草（黑龙江省植物志，内蒙古植物志，东北植物检索表，东北草本植物志，中国植物志，Flora of China）

Crassula aquatica (L.) Schönland in Nat. Pflanzenfam. 3(2): 37. 1891.——*Tillaea aquatica* L., Sp. Pl. 128. 1753; 东北草本植物志4: 175. 图版102. 1980; 中国植物志34(1): 33. 1984; 内蒙古植物志（第二版）3: 1. 图版1: 1～4. 1989; 东北植物检索表（第二版）: 269. 图版126: 1. 1995; 黑龙江省植物志6: 2. 图版1: 1～3. 1998; Fl. China 8: 203. 2001.

一年生小草，高2～6厘米；茎自基部分枝；叶对生，线状披针形，基部合生；花单生于叶腋，无梗；花瓣4，白色；蓇葖果腹缝开裂。生河边湿地及路旁草地。产黑龙江省漠河、黑河、爱辉、呼玛；内蒙古自治区牙克石、扎兰屯等地。

■ 东爪草

植株

花

茎叶

居群

生境

2 八宝属 *Hylotelephium* H. Ohba

Hylotelephium H. Ohba in Bot. Mag. Tokyo 90: 46. 1977.

多年生草本。根状茎肉质、短。叶互生、对生或3～5叶轮生，不具距，扁平，无毛。花序为复伞房状、伞房圆锥状等；花两性，5基数，少为4基数或退化为单性；萼片常较花瓣为短，基部稍合生；花瓣通常离生，先端通常不具短尖；雄蕊10，较花瓣长或短，对瓣雄蕊着生在花瓣近基部处；成熟心皮几乎直立，分离，腹面不隆起，基部狭，近有柄。蓇葖种子多数，有狭翅。

本属全世界约33种，分布于欧亚大陆及北美洲。中国有16种。东北地区产7种1变种。

分种检索表

1. 植株高不及20厘米；茎倾斜或直立；叶宽1.2～7毫米，边缘有疏齿至浅裂 …… **1. 华北八宝 H. tatarinowii** (Maxim.) H. Ohba
1. 植株高在30厘米以上；茎直立；叶宽0.7～5厘米，全缘或边缘有齿。
  2. 叶常为3～5轮生，有时下部为对生；子房稍呈倒卵形。
    3. 叶比节间长 …… **2. 轮叶八宝 H. verticillatum** (L.) H. Ohba
    3. 叶比节间短 …… **3. 珠芽八宝 H. viviparum** (Maxim.) H. Ohba
  2. 叶对生或互生；子房椭圆形。
    4. 叶常为互生，椭圆状倒卵形、椭圆状披针形至长圆状卵形；花药黄色。
      5. 花白色；根部为胡萝卜状 …… **4. 白八宝 H. pallescens** (Freyn) H. Ohba
      5. 花紫色；块根多数并呈胡萝卜状 …… **5. 紫八宝 H. telephium** L.
    4. 叶对生，稀3叶轮生，广卵形至长圆状广卵形；花药紫色。
      6. 花白色或粉红色；雄蕊不比花冠长 …… **6. 八宝 H. erythrostictum** (Miq.) H. Ohba
      6. 花紫红色；雄蕊比花冠长［**7. 长药八宝 H. spectabile** (Boreau) H. Ohba］。
        7. 叶全缘或有少数微波状齿 …… **7a. 长药八宝 H. spectabile** var. **spectabile**
        7. 叶边缘有齿 …… **7b. 狭叶长药八宝 H. spectabile** var. **angustifolium** (Kitag.) S. H. Fu

（1）华北八宝（内蒙古植物志，中国植物志，Flora of China）；华北景天（内蒙古植物志）

Hylotelephium tatarinowii (Maxim.) H. Ohba in Bot. Mag. Tokyo 90: 52. f. 3a. 1977; 中国植物志34(1): 52. 1984; 内蒙古植物志（第二版）3: 7. 图版3: 1～3. 1989; Fl. China 8: 210. 2001.——*Sedum tatarinowii* Maxim. in Bull. Acad. Sci. St. Petersb. 29: 134. 1883; 内蒙古植物志3: 7. 图版3, 图4～6. 1977.

生海拔1000～3000米处山地石缝中。产内蒙古自治区科尔沁右翼前旗、巴林右旗、克什克腾旗、喀喇沁旗、太仆寺旗等地。

■ 华北八宝

花序一部分

植株

花期植株

（2）轮叶八宝（东北植物检索表，中国植物志，Flora of China）；轮叶景天（黑龙江省植物志，辽宁植物志，东北草本植物志）

Hylotelephium verticillatum (L.) H. Ohba in Bot. Mag. Tokyo 90: 54. f. 3f. 1977; 中国植物志34(1): 53. 1984; 东北植物检索表（第二版）: 263. 图版124: 3. 1995; Fl. China 8: 211. 2001.——*Sedum verticillatum* L., Sp. Pl. 430. 1753; 东北草本植物志4: 180. 1980; 辽宁植物志（上册）: 675. 图版284: 1 ~ 2. 1988; 黑龙江省植物志6: 8. 图版4: 1 ~ 2. 1998.

生山坡草丛中或沟边阴湿处。产黑龙江省呼玛、宁安；吉林省桦甸、敦化、安图；辽宁省庄河、本溪、新宾、岫岩等地。

根可治跌打损伤、劳伤身痛；全草捣烂外敷用于鸡眼、外伤出血。

■ 轮叶八宝

植株

植株一部分

花序

（3）珠芽八宝（东北植物检索表，中国植物志，Flora of China）；珠芽景天（辽宁植物志，黑龙江省植物志，东北草本植物志）；零余子景天（大连地区植物志）

Hylotelephium viviparum (Maxim.) H. Ohba in Bot. Mag. Tokyo 90: 55. f. 3e. 1977; 中国植物志34(1): 54. 图版15: 6 ~ 10. 1984; 东北植物检索表（第二版）: 263. 图版124: 4. 1995; Fl. China 8: 211. 2001.——*Sedum viviparum* Maxim. in Bull. Acad. Sci. St. Petersb. 29: 137. 1883; 东北草本植物志4: 182. 图版104: 1 ~ 3. 1980; 辽宁植物志（上册）: 675. 图版284: 3. 1988; 黑龙江省植物志6: 8. 图版5: 1 ~ 3. 1998.

生混交林内、阴湿的石砬子处及沙质地。产黑龙江省海林；吉林省抚松、安图、和龙、集安、汪清；辽宁省庄河、丹东、本溪、凤城、北镇、辽阳等地。

全草药用，治劳伤，外用治鸡眼。

■ 珠芽八宝

植株

茎叶

花序

（4）白八宝（内蒙古植物志，东北植物检索表，中国植物志，Flora of China）；白景天（辽宁植物志，黑龙江省植物志，东北草本植物志）

Hylotelephium pallescens (Freyn) H. Ohba in Bot. Mag. Tokyo 90: 51. 1977; 中国植物志34(1): 57. 1984; 内蒙古植物志（第二版）3: 9. 图版4: 1～2. 1989; 东北植物检索表（第二版）: 263. 图版124: 5. 1995; Fl. China 8: 213. 2001.——*Sedum pallescens* Freyn in. Ost. Bot. Zeitschr. 45: 317. 1895; 东北草本植物志4: 183. 图版104: 4～5. 1980; 辽宁植物志（上册）: 677. 图版286: 1. 1988; 黑龙江省植物志6: 14. 图版5: 4～5. 1998.

生河边石砾滩及林下草地上。产黑龙江省爱辉、萝北、饶河、密山、虎林、宁安、呼玛、黑河、伊春；吉林省蛟河、和龙、安图、抚松、汪清；辽宁省桓仁、清原、沈阳、西丰；内蒙古自治区额尔古纳、根河、海拉尔、科尔沁右翼前旗、科尔沁右翼中旗等地。

■ 白八宝

花序一部分

植株一部分

花序

植株

（5）紫八宝（内蒙古植物志，东北植物检索表，中国植物志，Flora of China）；紫景天（辽宁植物志，黑龙江省植物志，东北草本植物志）

Hylotelephium telephium L., Sp. Pl. 430. 1753.——*H. triphyllum* (Haworth) Holub, Folia Geobot. Phytotax. 18, 2: 204. 1983; Fl. China 8: 213. 2001.——*H. purpureum* (L.) Holub in Preslia 51: 281. 1979; 中国植物志34(1): 58. 图版16: 1～5. 1984; 内蒙古植物志（第二版）3: 10. 图版4: 3～5. 1989; 东北植物检索表（第二版）: 263. 图版124: 1. 1995.——*Sedum purpureum* L. in Oestr. Fl. ed. 2. 1: 686. 1814; 东北草本植物志4: 185.

■ 紫八宝

植株一部分

植株

花

花序

图版105. 1980; 辽宁植物志（上册）: 679. 图版285: 1 ~ 3. 1988; 黑龙江省植物志6: 14. 图版8: 1 ~ 5. 1998.

生山坡草原上或林下阴湿山沟边。产黑龙江省呼玛、漠河、密山、爱辉、尚志、宁安、大兴安岭；吉林省敦化、九台；辽宁省西丰；内蒙古自治区海拉尔、额尔古纳、根河、牙克石、扎兰屯、科尔沁右翼前旗、扎鲁特旗等地。

全草有止血、清热解毒、镇痛作用，用于痈疽疮肿、瘰疬、感冒、风湿痛。

（6）八宝（内蒙古植物志，东北植物检索表，中国植物志，Flora of China）；景天（黑龙江省植物志，东北草本植物志）

Hylotelephium erythrostictum (Miq.) H. Ohba in Bot. Mag. (Tokyo) 90: 50. 1977; 中国植物志34(1): 54. 图版15: 11 ~ 15. 1984; 内蒙古植物志（第二版）3: 7. 图版3: 4 ~ 6. 1989; 东北植物检索表（第二版）: 263. 1995; Fl. China 8: 212. 2001.——*Sedum erythrostictum* Miq. in Ann. Mus. Bot. Lugd.-Bat. 2: 155. 1865; 东北草本植物志4: 182. 1980; 黑龙江省植物志6: 11. 图版6: 1 ~ 5. 1998.

生山坡草地或沟边。产黑龙江省萝北、哈尔滨、阿城；吉林省靖宇、安图；内蒙古自治区海拉尔、扎兰屯、鄂伦春、克什克腾旗、喀喇沁旗、宁城、东乌珠穆沁旗、锡林浩特等地。

全草有清热解毒、散瘀消肿之效，治喉炎、热疖及跌打损伤。也可作观赏植物栽培。

■ 八宝

花

植株

花序一部分

茎叶

（7）长药八宝（内蒙古植物志，东北植物检索表，中国植物志，Flora of China）；长药景天（辽宁植物志，黑龙江省植物志，东北草本植物志）；心叶八宝（中国植物志，Flora of China）；心叶景天（东北林学院植物研究室汇刊）

Hylotelephium spectabile (Boreau) H. Ohba in Bot. Mag. Tokyo 90: 52. f. lc. 1977; 中国植物志34(1): 55. 图版14: 16～21. 1984; 内蒙古植物志（第二版）3: 9. 图版3: 7～8. 1989; 东北植物检索表（第二版）: 263. 图版124: 2. 1995; Fl. China 8: 212. 2001.——*Hylotelephium pseudospectabile* (Praeg.) S. H. Fu, 东北林学院植物研究室汇刊 6: 73. 1980; 中国植物志34(1): 56. 1984; Fl. China 8: 212. 2001.——*Sedum spectabile* Boreau in Mem. Soc. Acad. Maine-et-Loire 20: 116. 1866; 东北草本植物志4: 182. 1980; 辽宁植物志（上册）: 677. 图版285: 4～6. 1988; 黑龙江省植物志6: 11. 图版7: 1～3. 1998.

（7a）长药八宝（原变种）

Hylotelephium spectabile var. *spectabile*

生多石山坡及干石墙隙。产黑龙江省尚志、海林、五常、宁安、庆安、铁力；吉林省吉林、和龙、安图、集安；辽宁省本溪、桓仁、鞍山、西丰、普兰店、大连、旅顺口、金州、北镇；内蒙古自治区满洲里、喀喇沁旗等地。

可用以布置花境、岩石园、地被。全草有活血止血、清热解毒作用。嫩苗可食。

■ 长药八宝

植株

植株一部分

叶

花序一部分

（7b）狭叶长药八宝（变种）（东北植物检索表，中国植物志，Flora of China）；狭叶长药景天（辽宁植物志，东北草本植物志）

■ 狭叶长药八宝

花序

叶

■ 狭叶长药八宝

植株

植株一部分

Hylotelephium spectabile var. *angustifolium* (Kitag.) S. H. Fu, 东北林学院植物研究室汇刊 no. 6: 73. 1980; 中国植物志34(1): 56. 1984; 东北植物检索表（第二版）: 263. 1995; Fl. China 8: 212. 2001.——*Sedum. spectabile* Boreau var. *angustifolium* Kitag. in Rep. First Sci. Exped. Manch. Sect. Ⅳ. Pt. 4: 86. 1936; 东北草本植物志4: 183. 1980; 辽宁植物志（上册）: 677. 1988.

生石质山坡、林边。产吉林省吉林、汪清；辽宁省鞍山、金州、长海、旅顺口；内蒙古自治区克什克腾旗等地。

3 瓦松属 *Orostachys* (DC.) Fisch.

Orostachys (DC.) Fisch. Cat. Hort. Gorenk. 99. 1808.

二年生或多年生草本。第一年叶呈莲座状，线形至卵形，多具暗紫色腺点。第二年自莲座中央长出不分枝的花茎；花几乎无梗或有梗，有多花，成密集的聚伞圆锥花序或聚伞花序伞房状，外表呈狭金字塔形至圆柱形；花5基数；萼片基部合生，常较花瓣为短；花瓣基部稍合生，披针形，直立；雄蕊1～2轮；子房上位，心皮有柄，基部渐狭，直立，花柱细。蓇葖分离，先端有喙，种子多数。

本属全世界13种，分布于中国、朝鲜、日本、蒙古至俄罗斯。中国有8种。东北地区产6种。

分种检索表

1. 全部叶不具刺尖 ………………………………………… **1. 钝叶瓦松** O. malacophylla (Pall.) Fisch.
1. 茎生叶具刺尖。
  2. 花白色。
    3. 莲座叶顶端具白色软骨质附属物；雄蕊较花瓣短，花药暗灰色 ………… **2. 狼爪瓦松** O. cartilaginea A. Bor.
    3. 莲座叶顶端无白色软骨质附属物；雄蕊与花瓣等长或稍长，花药暗红色 ………………………………………… **3. 晚红瓦松** O. japonicus (Maxim.) A. Berger
  2. 花红色或黄绿色。
    4. 花黄绿色；花药黄色 ………………………………………… **4. 黄花瓦松** O. spinosa (L.) C. A. Mey.
    4. 花红色或淡红色；花药紫色。
      5. 植株较大，高10～40厘米；莲座叶顶端软骨质附属物具流苏状锯齿 …… **5. 瓦松** O. fimbriata (Turcz.) A. Berger
      5. 植株矮小，高2～6厘米；莲座叶顶端附属物全缘 …………………… **6. 小瓦松** O. minuta (Kom.) A. Berger

（1）钝叶瓦松（辽宁植物志，黑龙江省植物志，内蒙古植物志，东北植物检索表，东北草本植物志，中国植物志，Flora of China）

Orostachys malacophylla (Pall.) Fisch. in Mem. Soc. Nat. Moscou 2: 274. 1809; 东北草本植物志4: 194. 图版111: 1 ~ 2. 1980; 中国植物志34(1): 41. 图版13: 7 ~ 12. 1984; 辽宁植物志（上册）: 686. 图版290: 1 ~ 2. 1988; 内蒙古植物志（第二版）3: 3. 图版2: 1 ~ 3. 1989; 东北植物检索表（第二版）: 266. 图版125: 4. 1995; 黑龙江省植物志6: 27. 图版16: 1 ~ 2. 1998; Fl. China 8: 207. 2001.

生山坡林下及多石山坡和沙岗。产黑龙江省爱辉、萝北、密山、呼玛、讷河；吉林省浑江、安图、和龙、汪清；辽宁省彰武；内蒙古自治区海拉尔、满洲里、鄂温克、牙克石、新巴尔虎左旗、新巴尔虎右旗、赤峰、克什克腾旗、赤峰市红山区、东乌珠穆沁旗、锡林浩特、正蓝旗、镶黄旗、太仆寺旗等地。

■ 钝叶瓦松

植株

花期植株

居群

（2）狼爪瓦松（辽宁植物志，黑龙江省植物志，内蒙古植物志，东北植物检索表，东北草本植物志，中国植物志，Flora of China）

Orostachys cartilaginea A. Bor. in Kom. Fl. URSS. 9: 112. Add. 8: 482. 1939; 东北草本植物志4: 198. 1980; 中国植物志34(1): 46. 1984; 辽宁植物志（上册）: 689. 图版291: 3. 1988; 内蒙古植物志（第二版）3: 6. 图版1: 7 ~ 8. 1989; 东北植物检索表（第二版）: 266. 图版125: 3. 1995; 黑龙江省植物志6: 32. 图版19: 1 ~ 3. 1998;

■ 狼爪瓦松

居群

莲座叶附属物

■ 狼爪瓦松

植株

茎叶

花序一部分

Fl. China 8: 209. 2001.

生瓦房顶、固定沙丘、干山坡等处。产黑龙江省宁安、尚志、海林、大兴安岭、绥芬河、黑河、鸡东；吉林省乾安、和龙、蛟河、集安；辽宁省阜新、彰武、西丰、鞍山、庄河、岫岩、盖州、金州、普兰店、大连；内蒙古自治区牙克石、科尔沁右翼前旗、巴林右旗、扎鲁特旗等地。

地上部分有止血通经、止痢敛疮等功效。

（3）晚红瓦松（中国植物志，Flora of China）；日本瓦松（辽宁植物志，东北植物检索表）

Orostachys japonicus (Maxim.) A. Berger in Nat. Pflanzenfam. (ed. 2) 18(a): 464. 1930; 辽宁植物志（上册）: 691. 1988; 东北植物检索表（第二版）: 266. 1995; Fl. China 8: 207. 2001.——*Orostachys erubescens* (Maxim.) Ohwi in Act. Phytotax. Geobot. 11: 249, sub nota. 1942; 中国植物志34(1): 42. 1984.

生干山坡岩石上。产辽宁省鞍山、凤城、庄河等地。

全草有止血、活血、敛疮作用，有毒，须慎用。亦可作为农药用。

■ 晚红瓦松

植株

植株上部

植株下部

（4）黄花瓦松（辽宁植物志，黑龙江省植物志，内蒙古植物志，东北植物检索表，东北草本植物志，中国植物志，Flora of China）

Orostachys spinosa (L.) C. A. Mey. in Ledeb. Reise 496. 1830; 东北草本植物志（第四卷）: 197. 1980; 中国植物志34(1): 44. 图版13: 20 ~ 26. 1984; 辽宁植物志（上册）: 688. 图版291: 4. 1988; 内蒙古植物志（第二版）3: 5. 图版1: 5 ~ 6. 1989; 东北植物检索表（第二版）: 266. 图版125: 2. 1995; 黑龙江省植物志6: 29. 图版18: 1 ~ 7. 1998; Fl. China 8: 208. 2001.

生山坡石缝中、林下岩石上及屋顶上。产黑龙江省孙吴、饶河、呼玛、尚志、绥芬河；吉林省安图、蛟河、吉林；辽宁省金州、瓦房店、庄河、鞍山、营口、东港、新宾、清原、西丰；内蒙古自治区海拉尔、额尔古纳、根河、牙克石、扎兰屯、满洲里、鄂伦春、鄂温克等地。

全草有止血、止痢、敛疮作用，治便血、痔疮出血、泻痢等。

■ 黄花瓦松

莲座丛

植株下部

花序一部分

植株

（5）瓦松（辽宁植物志，黑龙江省植物志，内蒙古植物志，东北植物检索表，东北草本植物志，中国植物志，Flora of China）

Orostachys fimbriata (Turcz.) A. Berger in Engl. et Prantl, Nat. Pflanzenfam. 2. Aufl. 18a: 464. 1930; 东北草本植物志4: 195. 图版112. 1980; 中国植物志34(1): 42. 图版13: 13 ~ 19. 1984; 辽宁植物志（上册）: 688. 图版291: 1 ~ 2. 1988; 内蒙古植物志（第二版）3: 5. 图版2: 4 ~ 7. 1989; 东北植物检索表（第二版）: 266. 图版125: 1. 1995; 黑龙江省植物志6: 29. 图版17: 1 ~ 4. 1998; Fl. China 8: 208. 2001.

生石质山坡、岩石上及屋顶上。产黑龙江省尚志；辽宁省鞍山、清原、金州、大连、旅顺口、普兰店、瓦房店、凌源、阜新、清原、建昌、建平；内蒙古自治区各地。

全草有止血、活血、敛疮作用，有毒，须慎用。亦可作为农药用。

■ 瓦松

花侧面观

居群

植株一部分

花序

（6）小瓦松（辽宁植物志，黑龙江省植物志，东北植物检索表，东北草本植物志，中国植物志，Flora of China）

Orostachys minuta (Kom.) A. Berger in Engl. et Prantl, Nat. Pflanzenfam. 2. Aufl. 18a: 464. 1930; 东北草本植物志4: 198. 图版111: 3 ~ 8. 1980; 中国植物志34(1): 44. 图版14: 1 ~ 5. 1984; 辽宁植物志（上册）: 689. 图版290: 3 ~ 7. 1988; 东北植物检索表（第二版）: 266. 图版125: 5. 1995; 黑龙江省植物志6: 32. 图版16: 3 ~ 8. 1998; Fl. China 8: 208. 2001.

生林下、屋顶上。产黑龙江省宁安；辽宁省鞍山、岫岩、庄河等地。

可植于岩石园供观赏。全草治疗便血、子宫功能性出血、月经不调。

■ 小瓦松

植株

植株一部分

居群

4 红景天属 *Rhodiola* L.

Rhodiola L., Sp. Pl. 1035. 1753.

多年生草本。根颈肉质，被基生叶或鳞片状叶，先端部分通常出土。花茎发自基生叶或鳞片状叶的腋部。茎生叶互生，厚，无托叶，不分裂。花序顶生，通常为复出或简单的伞房状或二歧聚伞状，少有螺状聚伞花序，更少有花单生，通常有苞片，有总梗及花梗。花辐射对称，雌雄异株或两性；萼（3 ~ ）4 ~ 5（ ~ 6）裂；花瓣几乎分离，与萼片同数；雄蕊2轮，常为花瓣数的2倍，对瓣雄蕊贴生在花瓣下部，花药2室，底着，极少有背着的，一般在开花前花药紫色，花药开裂后黄色；心皮基部合生，与花瓣同数，子房上位。蓇葖有种子多数。

本属全世界90种，分布于北半球高寒地带。中国有55种。东北地区产5种。

分种检索表

1. 花瓣红色或白色；叶线形至宽线形，长7 ~ 10毫米，宽1 ~ 2毫米，全缘
   ………………………… 1. 小丛红景天 Rh. dumulosa (Franch.) S. H. Fu
1. 花瓣黄色、黄绿色或浅黄色。
   2. 地面上的根颈伸长，被以大量残留老茎枝；叶宽1 ~ 2毫米，全缘或在上部有1 ~ 2齿
      ………………………… 2. 长白红景天 Rh. angusta Nakai

（接上表）

2. 根颈少有伸出地面，不具宿存老茎枝；叶宽4毫米以上，叶缘上部有齿或全缘。
 3. 心皮为短的长圆形，长为宽的2倍；叶披针形至线状披针形，长3～5厘米，宽6～8毫米，叶缘上部有粗而深的锯齿 ………………………………………… **3. 兴安红景天 Rh. stephanii** (Chain.) Trautv. et C. A. Mey.
 3. 心皮为长的长圆形，长为宽的3倍以上。
  4. 植株高20～30厘米；叶长圆形至椭圆状倒披针形或长圆状宽卵形，长7～35毫米，宽5～18毫米，全缘或上部有少数牙状齿 ……………………………………………………………… **4. 红景天 Rh. rosea** L.
  4. 植株高10～15厘米；叶长圆状匙形、长圆状菱形或长圆状披针形，长7～40毫米，宽4～9毫米，边缘上部有粗的牙状齿 ………………………………………………… **5. 库页红景天 Rh. sachalinensis** A. Boriss.

（1）小丛红景天（东北植物检索表，东北草本植物志，中国植物志，内蒙古植物志，Flora of China）

Rhodiola dumulosa (Franch.) S. H. Fu in Acta Phytotax. Sin., Addit. 1: 119. 1965; 东北草本植物志4: 177. 图版103. 1980; 中国植物志34(1): 170. 1984; 内蒙古植物志（第二版）3: 12. 图版5: 1～3. 1989; 东北植物检索表（第二版）: 266. 图版126: 4. 1995; Fl. China 8: 256. 2001.

生海拔1600～3900米的山坡石上。产内蒙古自治区科尔沁右翼前旗等地。

在2021年公布的《国家重点保护野生植物名录》中，本种被列为二级保护植物。

根颈药用，有补肾、养心安神、调经活血、明目之效。

■ 小丛红景天

植株

植株一部分

花序

（2）长白红景天（黑龙江省植物志，东北植物检索表，东北草本植物志，中国植物志，Flora of China）

■ 长白红景天

初花期植株一部分

植株一部分

初花期植株

■ 长白红景天

盛花期植株

花序

Rhodiola angusta Nakai in Bot. Mag. (Tokyo) 28(335): 304. 1914; 东北草本植物志4: 177. 图版100. 1980; 中国植物志34(1): 182. 图版37: 1 ~ 13. 1984; 东北植物检索表（第二版）: 266. 图版126: 3. 1995; 黑龙江省植物志6: 4. 图版2: 1 ~ 4. 1998; Fl. China 8: 259. 2001.

生海拔1700 ~ 2600米的高山草原上或山坡石上。产黑龙江省尚志（苇河大秃顶子山顶北石砬子一带）；吉林省抚松、安图。

在2021年公布的《国家重点保护野生植物名录》中，本种被列为二级保护植物。

（3）兴安红景天（东北植物检索表，中国植物志，内蒙古植物志，Flora of China）

Rhodiola stephanii (Chain.) Trautv. et C. A. Mey. in Middendorf, Reise Sib. 1(2): 39. 1856; 中国植物志34(1): 202. 1984; 内蒙古植物志（第二版）3: 13. 1989; 东北植物检索表（第二版）: 266. 1995; Fl. China 8: 265. 2001.

生境不详。产内蒙古自治区呼伦贝尔光头山。

（4）红景天（东北植物检索表，中国植物志，内蒙古植物志，Flora of China）

Rhodiola rosea L., Sp. Pl. 1035. 1753; 中国植物志34(1): 188. 1984; 内蒙古植物志（第二版）3: 12. 图版5: 4 ~ 6. 1989; 东北植物检索表（第二版）: 266. 图版126: 5. 1995; Fl. China 8: 261. 2001.

生海拔1800 ~ 2700米的山坡林下或草坡上。产内蒙古自治区克什克腾旗等地。

在2021年公布的《国家重点保护野生植物名录》中，本种被列为二级保护植物。

■ 红景天

果期

花期

■ 红景天

果序

上部叶

花序

（5）库页红景天（内蒙古植物志，中国植物志，Flora of China）；高山红景天（黑龙江省植物志，东北植物检索表，东北草本植物志）

Rhodiola sachalinensis A. Boriss. in Kom. FL. URSS. 9: 26. Add. 8: 473. pl. 3. f. 2a ~ b. 1939; 东北草本植物志4: 179. 1980; 中国植物志34(1): 190. 1984; 内蒙古植物志（第二版）3: 13. 图版5: 7 ~ 9. 1989; 东北植物

■ 库页红景天

果序

叶有齿

花序

居群

植株

检索表（第二版）: 266. 图版126: 2. 1995; 黑龙江省植物志6: 4. 图版3: 1～6. 1998; Fl. China 8: 261. 2001.

生海拔1600～2500米的山坡林下、碎石山坡及高山冻原。产黑龙江省尚志、宁安、海林、牡丹江、镜泊湖；吉林省抚松、安图、长白；内蒙古自治区扎兰屯（柴河）等地。

在2021年公布的《国家重点保护野生植物名录》中，本种被列为二级保护植物。

5 费菜属 *Phedimus* Rafinesque

Phedimus Rafinesque, Amer. Monthly Mag. & Crit. Rev. 1: 438. 1817.

常为多年生草本。根颈粗而木质。叶比较大，先端钝或稍钝，少有渐尖的，互生。花序伞房状，常呈蝎尾状，花密生，无梗或有短梗，最上部的叶及稍大的苞片常形成总苞；花5～6基数；花瓣有短尖，基部1～2毫米合生，黄色；心皮1～2.5毫米合生；成熟的心皮半叉开至水平星芒状排列，花柱短。蓇葖腹面在合生的基部以上浅囊状。蓇葖种子多数；种子平滑，有狭翅。

本属全世界约20种，分布于亚洲、欧洲。中国有8种。东北地区产6种3变种，其中栽培1种。

分种检索表

1. 植株被柔毛 ………… 1. 灰毛费菜 Ph. selskianus (Regel & Maack) 't Hart
1. 植株无毛或仅在茎上具微乳头状突起。
  2. 根状茎长，匍匐，不具胡萝卜状块根；植株高达40厘米；花序不呈平顶或稍平顶，花疏生。
    3. 叶线状匙形，宽3～5毫米 ………… 2. 吉林费菜 Ph. middendorffianus (Maxim.) 't Hart
    3. 叶倒卵形至匙形，宽0.5～3厘米。
      4. 茎斜上，不分枝，无不育茎；萼片三角形或下部卵形、上半部线形；蓇葖星芒状开裂；叶倒披针形、匙形至倒卵形 ………… 3. 堪察加费菜 Ph. kamtschaticus (Fisch.) 't Hart
      4. 茎横走，分枝，有不育茎；萼片线形至狭长圆形；蓇葖果时半直立；叶匙状椭圆形至倒卵形 ………… 4. 杂交费菜 Ph. hybridus (L.) 't Hart
  2. 根状茎短粗，具胡萝卜状块根；植株高达80厘米；花序平顶，花密生。
    5. 心皮8，稀更多 ………… 5. 兴安费菜 Ph.hsinganicus (Y. C. Chu ex S. H. Fu & Y. Hui Huang) H. Ohba & al.
    5. 心皮5［6. 费菜 Ph. aizoon (L.) 't Hart］。
      6. 全株无毛。
        7. 叶狭披针形、椭圆状披针形、卵状倒披针形、广倒卵形，宽1.2～3厘米。
          8. 叶狭披针形、椭圆状披针形、卵状倒披针形，宽1.2～2厘米 ………… 6a. 费菜 Ph. aizoon var. aizoon
          8. 叶广倒卵形，宽达3厘米 ………… 6b. 宽叶费菜 Ph. aizoon var. latifolius (Maximowicz) H. Ohba et al.
        7. 叶狭长圆状楔形，宽不及5毫米 ………… 6c. 狭叶费菜 Ph. aizoon var. yamatutae (Kitagawa) H. Ohba et al.
      6. 植株被微乳头状突起；叶狭，先端钝 ………… 6d. 乳毛费菜 Ph. aizoon var. scabrus (Maximowicz) H. Ohba et al.

（1）灰毛费菜（Flora of China）；毛景天（辽宁植物志，黑龙江省植物志，东北植物检索表，东北草本植物志）；灰毛景天（内蒙古植物志，中国植物志）

Phedimus selskianus (Regel & Maack) 't Hart in Evol. & Syst. Crassulac. 169. 1995; Fl. China 8: 219. 2001.——*Sedum selskianum* Regel et Maack in Mem. Acad. Sci. St. Petersb. Ⅶ. 4 (4): 66. pl. 6. f. 9～10. 1861; 东北草本植物志4: 185. 图版106. 1980; 中国植物志34(1): 127. 图版18: 14～18. 1984; 辽宁植物志（上册）:

679. 图版287: 5～7. 1988; 内蒙古植物志（第二版）3: 15. 图版7: 5～7. 1989; 东北植物检索表（第二版）: 269. 图版127: 6. 1995; 黑龙江省植物志6: 16. 图版10: 1～6. 1998.

生山坡石上。产黑龙江省集贤、依兰、饶河、密山、虎林、抚远、宁安、东宁；吉林省珲春、汪清；辽宁省东港；内蒙古自治区赤峰、赤峰市红山区等地。

■ 灰毛费菜

植株

植株一部分

花枝

果序

（2）吉林费菜（Flora of China）；细叶景天（辽宁植物志，黑龙江省植物志，东北植物检索表，东北草本植物志）；吉林景天（中国植物志）

Phedimus middendorffianus (Maxim.)'t Hart in Evol. & Syst. Crassulac. 169. 1995; Fl. China 8: 220. 2001.——*Sedum middendorffianum* Maxim. in Mem. Acad. Sci. St. Patersb. Sav. Etrang. 9: 116. 1859; 东北草本植物志4: 189. 图版109: 1～6. 1980; 中国植物志34(1): 130. 图版29: 6～11. 1984; 辽宁植物志（上册）: 680. 图版288: 1～3. 1988; 东北植物检索表（第二版）: 269. 图版127: 1. 1995; 黑龙江省植物志6: 21. 图版13: 1～6. 1998.

生山坡岩石上及林下石缝间。产黑龙江省龙江、甘南；吉林省浑江、长白、蛟河、和龙、安图、抚松；辽宁省桓仁、法库、沈阳、绥中；内蒙古自治区阿尔山等地。

全草有清热解毒、止痢作用，用于痢疾、瘰疬、小儿丹毒、蛇咬伤。

■ 吉林费菜

果序

茎叶

花序

植株一部分

（3）堪察加费菜（Flora of China）；北景天（辽宁植物志，黑龙江省植物志，东北植物检索表，东北草本植物志）；堪察加景天（内蒙古植物志，中国植物志）

Phedimus kamtschaticus (Fisch.) 't Hart in Evol. & Syst. Crassulac. 168. 1995; Fl. China 8: 220. 2001.——*Sedum kamtschaticum* Fisch in Ind. Sem. Hort. Petropol. 7: 54. 1840; 东北草本植物志4: 192. 1980; 中国植物志34(1): 132. 1984; 辽宁植物志（上册）: 683. 图版288: 4 ~ 5. 1988; 内蒙古植物志（第二版）3: 20. 图版6: 9 ~ 12. 1989; 东北植物检索表（第二版）: 269. 图版127: 7. 1995; 黑龙江省植物志6: 21. 图版14. 1998.

生多石质山坡岩石上。产黑龙江省大兴安岭；吉林省珲春、汪清、集安；辽宁省大连、瓦房店、金州、北镇、宽甸；内蒙古自治区满洲里、新巴尔虎右旗、科尔沁右翼前旗等地。

全草有散瘀、止血、安神作用。

■ 堪察加费菜

植株一部分

花序一部分

植株

（4）杂交费菜（Flora of China）；杂交景天（中国植物志）；杂种景天（经济植物手册）

Phedimus hybridus (L.) 't Hart in't Hart & Eggli, Evol. & Syst. Crassulac. 168. 1995; Fl. China 8: 221. 2001.——*Sedum hybridum* L., Sp. Pl. 431. 1753; 中国植物志34(1): 133. 图版29: 17 ~ 21. 1984.

自然生于海拔1400 ~ 2500米的林下山坡石缝中。产新疆。辽宁省常见栽培。

常作观赏植物或食用植物栽培。

■ 杂交费菜

花序

花侧面观

根部

■ 杂交费菜

作为蔬菜种植

茎叶

作为观赏植物种植

（5）兴安费菜（Flora of China）；兴安景天（黑龙江省植物志，内蒙古植物志，东北植物检索表，东北草本植物志，中国植物志）

Phedimus hsinganicus (Y. C. Chu ex S. H. Fu & Y. Hui Huang) H. Ohba & al. in Novon 10(4): 402. 2000; Fl. China 8: 220. 2001.——*Sedum hsinganicum* Chu, 东北植物检索表124. 图版33. 图5. 1959; 东北草本植物志4: 189. 图版108. 1980; 中国植物志34(1): 130. 1984; 内蒙古植物志（第二版）3: 18. 图版7: 8 ~ 9. 1989; 东北植物检索表（第二版）: 269. 图版127: 8. 1995; 黑龙江省植物志6: 21. 图版12: 1 ~ 7. 1998.

生海拔760米处石山坡上。产黑龙江省宁安；内蒙古自治区额尔古纳（模式标本采集地）、根河等地。

（6）费菜（辽宁植物志，黑龙江省植物志，内蒙古植物志，东北植物检索表，东北草本植物志，中国植物志，Flora of China）；土三七（大连地区植物志）

Phedimus aizoon (L.) 't Hart in Evol. & Syst. Crassulac. 168. 1995; Fl. China 8: 219. 2001.——*Sedum aizoon* L. in Bull. Acad. Sci. St. Petersb. 29: 143. 1883; 东北草本植物志4: 187. 图版107: 1 ~ 3. 1980; 中国植物志34(1): 128. 图版29: 1 ~ 5. 1984; 辽宁植物志（上册）: 681. 图版287: 1 ~ 4. 1988; 内蒙古植物志（第二版）3: 17. 图版7: 1 ~ 4. 1989; 东北植物检索表（第二版）: 269. 图版127: 2. 1995; 黑龙江省植物志6: 16. 图版11: 1 ~ 3. 1998.

（6a）费菜（变种）

Phedimus aizoon var. *aizoon*

生多石质山坡、灌丛间、草甸子及沙岗上。产黑龙江省绥芬河、哈尔滨、阿城、尚志、伊春、虎林、密山、宁安、牡丹江、黑河、大兴安岭；吉林省安图、汪清、珲春、蛟河、桦甸、临江、抚松、靖宇、吉林、九台、通榆；辽宁省各地；内蒙古自治区额尔古纳、根河、牙克石、扎兰屯、陈巴尔虎旗、科尔沁右翼前旗、科尔沁左翼后旗、喀喇沁旗、东乌珠穆沁旗、锡林浩特等地。

全草有散瘀、止血、安神作用。嫩苗可食。

■ 费菜

果序

果实开裂期

根部

■ 费菜

植株

茎叶

花侧面观

（6b）宽叶费菜（变种）（辽宁植物志，黑龙江省植物志，内蒙古植物志，东北植物检索表，东北草本植物志，中国植物志，Flora of China）

Phedimus aizoon var. *latifolius* (Maximowicz) H. Ohba et al., Novon. 10: 401. 2000; Fl. China 8: 219. 2001.——*Sedum aizoon* L. var. *latifolium* Maxim. in Mem. Acad. Sci. St. Petersb. Sav. Etrang. 9: 115. 1859; 东北草本植物志4: 189. 图版107: 5. 1980; 中国植物志34(1): 129. 1984; 辽宁植物志（上册）: 681. 1988; 内蒙古植物志（第二版）3: 18. 1989; 东北植物检索表（第二版）: 269. 1995; 黑龙江省植物志6: 20. 图版11: 5. 1998.

生山坡阴地。产黑龙江省五常、尚志；辽宁省丹东、凤城；内蒙古自治区阿荣旗等地。

■ 宽叶费菜

茎叶

花序

植株

（6c）狭叶费菜（变种）（辽宁植物志，黑龙江省植物志，内蒙古植物志，东北植物检索表，东北草本植物志，中国植物志，Flora of China）

Phedimus aizoon var. *yamatutae* (Kitagawa) H. Ohba et al., Novon. 10: 401. 2000; Fl. China 8: 219. 2001.——*Sedum aizoon* L. f. *angustifolium* Franch. in Nuov. Arch. Mus. Hist. Nat. Paris Ⅱ. 6: 9. 1883; 中国植物志34(1): 129. 1984; 内蒙古植物志（第二版）3: 17. 1989.——*S. aizoon* L. var. *angustifolium* Franch. in Nuov. Arch. Mus. Hist. Nat. Paris Ⅱ. 6: 9. 188; 东北草本植物志4: 188. 图版107: 4. 1980; 辽宁植物志（上册）: 683. 1988; 东北植物检索表（第二版）: 269. 1995; 黑龙江省植物志6: 20. 图版11: 4. 1998.

生山坡阴地。产黑龙江省哈尔滨、杜尔伯特、伊春、鹤岗；吉林省通榆、吉林；辽宁省北镇、长海、西丰；内蒙古自治区海拉尔、额尔古纳、根河、牙克石、满洲里、科尔沁右翼前旗、扎赉特旗、锡林浩特等地。

■ 狭叶费菜

植株一部分

植株

花序

（6d）乳毛费菜（变种）（内蒙古植物志，中国植物志，Flora of China）

Phedimus aizoon var. *scabrus* (Maximowicz) H. Ohba et al., Novon. 10: 401. 2000; Fl. China 8: 219. 2001.——*Sedum aizoon* L. var. *scabrum* Maxim. in Bull. Acad. Sci. St. Petersb. 29: 144. 1884; 中国植物志34(1): 130. 1984; 内蒙古植物志（第二版）3: 18. 1989.

生海拔3600米以下石山坡草地上。产内蒙古自治区陈巴尔虎旗、海拉尔、满洲里、巴林左旗、巴林右旗、科尔沁左翼后旗、扎鲁特旗、赤峰、克什克腾旗、锡林浩特、镶黄旗、正蓝旗等地。

■ 乳毛费菜

植株

植株一部分

6 景天属 *Sedum* L.

Sedum L., Sp. Pl. 430. 1753.

一年生或多年生草本，少有茎基部呈木质，肉质，直立或外倾的，有时丛生或藓状。叶各式，对生、互生或轮生，全缘或有锯状齿，少有线形的。花序聚伞状或伞房状，腋生或顶生；花白色、黄色、红色、紫色；常为两性，稀退化为单性；常为不等5基数，少有4～9基数；花瓣分离或基部合生；雄蕊通常为花瓣数的2倍，对瓣雄蕊贴生在花瓣基部或稍上处；鳞片全缘或有微缺；心皮分离，或在基部合生，基部宽阔，无柄，花柱短。蓇葖有种子多数或少数。

本属全世界约470种，主要分布于北半球，一部分分布于南半球的非洲和拉丁美洲。中国有121种，西南地区种类繁多。东北地区产3种。

分种检索表

1. 植株被腺毛；茎直立 ……………………………… 1. 火焰草 S. stellariifolium Franch.
1. 植株无毛；茎匍匐或斜上。
 2. 叶3片轮生；萼为花瓣长的1/2或更长 ……………… 2. 垂盆草 S. sarmentosum Bunge
 2. 叶互生；萼为花瓣长的1/4～1/3……………………… 3. 藓状景天 S. polytrichoides Hemsl.

（1）火焰草（辽宁植物志，黑龙江省植物志，东北草本植物志，中国植物志，Flora of China）；繁缕叶景天（东北植物检索表）

Sedum stellariifolium Franch. in Nuov. Arch. Mus. Hist. Nat. Paris Ⅱ 7: 10. 1883; 东北草本植物志4: 185. 1980; 中国植物志34(1): 79. 图版19: 13～18. 1984; 辽宁植物志（上册）: 679. 图版286: 2～3. 1988; 东北植物检索表（第二版）: 266. 图版127: 4. 1995; 黑龙江省植物志6: 16. 图版9: 1～6. 1998; Fl. China 8: 223. 2001.

生山坡或山谷土上或石缝中。产黑龙江省哈尔滨；辽宁省凤城、凌源等地。

全草治疗黄疸肝炎；外治跌打损伤、烧烫伤。

■ 火焰草

植株

花序一部分

茎叶

（2）垂盆草（辽宁植物志，黑龙江省植物志，东北植物检索表，东北草本植物志，中国植物志，Flora of China）；卧茎景天（东北植物检索表）

Sedum sarmentosum Bunge in Mem. Acad. Sci. St. Petersb. Sav. Etrang. 2: 104. 1833; 东北植物检索表: 124. 图版33: 3. 1959; 东北草本植物志4: 192. 图版110. 1980; 中国植物志34(1): 146. 1984; 辽宁植物志（上册）: 683. 图版289: 1 ~ 2. 1988; 黑龙江省植物志6: 25. 图版15: 1 ~ 4. 1998; Fl. China 8: 250. 2001.

生山坡岩石上。产黑龙江省大兴安岭地区；辽宁省海城、鞍山、辽阳、本溪、义县、大连、庄河、普兰店等地。

有清热解毒、消肿排脓作用，主治咽喉肿痛、口腔溃疡、痢疾。

■ 垂盆草

植株一部分

小枝

植株

（3）藓状景天（辽宁植物志，黑龙江省植物志，东北植物检索表，东北草本植物志，中国植物志，内蒙古植物志，Flora of China）

Sedum polytrichoides Hemsl. in Journ. L., Soc. Bot. 23: 286. pl. 7B. f. 4. 1887; 东北草本植物志4: 192. 图版109: 7 ~ 8. 1980; 中国植物志34(1): 142. 图版31：19 ~ 24. 1984; 辽宁植物志（上册）: 683. 图版289: 3 ~ 4. 1988; 内蒙古植物志（第二版）3: 20. 图版6: 5 ~ 8. 1989; 东北植物检索表（第二版）: 269. 图版127: 5. 1995; 黑龙江省植物志6: 25. 图版13: 7 ~ 8. 1998; Fl. China 8: 244. 2001.

生海拔1000米左右山坡石上。产黑龙江省完达山脉；吉林省蛟河；辽宁省宽甸、本溪、庄河；内蒙古自治区额尔古纳等地。

根有清热解毒、止血作用。

■ 藓状景天

植株

花序

植株一部分

078. 扯根菜科 Penthoraceae

Penthoraceae Rydb. ex Britton, Man. Fl. N. States [Britton] 475. 1901, *nom. cons.*

木贼门、木贼亚门、木兰纲、蔷薇亚纲、蔷薇超目、虎耳草目（Saxifragales）。

多年生草本。茎直立。叶互生，膜质，狭披针形或披针形。螺状聚伞花序；花两性，多数，小型；萼片5～8；花瓣5～8，或不存在；雄蕊2轮，10～16；心皮5～8，下部合生，花柱短，胚珠多数。蒴果5～8，浅裂，裂瓣先端喙形，成熟后喙下环状横裂；种子多数，细小。

本科全世界有1属2种，间断分布于东亚和北美洲。中国产1属1种，南北各省区均产，东北地区也有分布。

扯根菜属 *Penthorum* Gronov. ex L.

Penthorum Gronov. ex L., Sp. Pl. ed. 1. 1: 432. 1753.

属的形态特征和地理分布同科。

扯根菜（辽宁植物志，黑龙江省植物志，东北植物检索表，东北草本植物志，中国植物志，内蒙古植物志，Flora of China）

Penthorum chinense Pursh in Fl. Amer. Sept. 1: 323. 1814; 东北草本植物志4: 199. 图版113. 1980; 辽宁植物志（上册）: 692. 图版292. 1988; 内蒙古植物志（第二版）3: 22. 图版9: 1～8. 1989; 中国植物志34(2): 2. 图版1: 1～4. 1992; 东北植物检索表（第二版）: 275. 图版128: 7. 1995; 黑龙江省植物志6: 35. 图版20: 1～4. 1998; Fl. China 8: 272. 2001.

多年生草本；叶线状披针形，边缘有锯状齿；聚伞花序；花小，黄绿色；花萼5深裂；无花瓣；蒴果红紫色，具5～6个短喙。多生长在水边湿地。产黑龙江省伊春、依兰、密山、哈尔滨；吉林省珲春、汪清、安图、吉林；辽宁省新民、抚顺、新宾、西丰、铁岭、康平、本溪、桓仁、凤城、宽甸、海城、庄河、大连、旅顺口；内蒙古自治区乌兰浩特、扎赉特旗等地。

苗叶可食。全草入药，具利水除湿、行疹止痛作用，主治黄疸、水肿、跌打损伤。

■ 扯根菜

居群

植株一部分

■ 扯根菜

果序

果序一部分

花序

079. 小二仙草科 Haloragaceae

Haloragaceae R.Br., Voy. Terra Austral. 2: 549. 1814, *nom. cons.*

木贼门、木贼亚门、木兰纲、蔷薇亚纲、蔷薇超目、虎耳草目（Saxifragales）。

陆生或水生草本。叶互生、对生或轮生，生于水中者常为轮生，篦齿状深裂；无托叶。花小，两性或单性，腋生、单生、簇生或成顶生穗状花序、圆锥花序或伞房花序；萼筒与子房合生，萼片2～4或缺；花瓣2～4或缺；雄蕊2～8，稀1；子房下位，1～4室，花柱1～4，胚珠与花柱同数，倒垂生于室的顶端。核果或坚果，有时具翅，不开裂或稀为瓣裂。

本科全世界约有9属，145～150种，主要分布于南半球，尤其是澳大利亚。中国有2属13种。东北地区产1属4种1变种，其中栽培1种。

狐尾藻属 *Myriophyllum* L.

Myriophyllum L., Sp. Pl. 1: 992. 1753.

水生或半湿生草本。叶互生或轮生，无柄或近无柄，线形至卵形。花水上生，无柄，单生叶腋或轮生，少有成穗状花序；苞片2，全缘或分裂。花单性同株或两性，稀雌雄异株。雄花：具短萼筒，先端2～4裂或全缘；花瓣2～4，早落；退化雌蕊存在或缺；雄蕊2～8，分离，花丝丝状；花药线状长圆形，基着生，纵裂。雌花：萼筒与子房合生，具4深槽，萼裂4或不裂；花瓣小，早落或缺；退化雄蕊存在或缺；子房下位，4室，稀2室；花柱4（2）裂，通常弯曲；柱头羽毛状。果实成熟后分裂成4（2）小坚果状的果瓣。

本属全世界约35种，广布于全世界，大多数分布于澳大利亚。中国有11种，产南北各省区。东北地区产4种1变种，其中栽培1种。

分种检索表

1. 花为顶生轮生穗状花序；果实球形（1. **穗状狐尾藻** M. spicatum L.）。
   2. 分果光滑 ······ 1a. **穗状狐尾藻** M. spicatum var. spicatum
   2. 分果边缘具小瘤状突起 ······ 1b. **瘤果狐尾藻** M. spicatum var. muricatum Maxim.

（接上表）

1. 花单生于水上叶的叶腋；果实广卵形。
  3. 出水叶蓝绿色；花梗长达4毫米 ······································· **2. 粉绿狐尾藻 M. aquaticum** (Vell.) Verdc.
  3. 出水叶鲜绿色；花无梗。
    4. 茎具分枝；羽状叶片较长；雌雄同株 ······································· **3. 狐尾藻 M. verticillatum** L.
    4. 茎单一；羽状叶片短；雌雄异株 ······································· **4. 乌苏里狐尾藻 M. ussuriense** (Regel) Maxim.

（1）穗状狐尾藻（辽宁植物志，黑龙江省植物志，东北植物检索表，东北草本植物志，中国植物志，Flora of China）；狐尾藻（内蒙古植物志）

Myriophyllum spicatum L., Sp. Pl. 992. 1753; 东北草本植物志6: 163. 图版65: 1 ~ 2. 1977; 辽宁植物志（上册）: 1250. 图版536: 1 ~ 2. 1988; 内蒙古植物志（第二版）3: 580. 图版229: 1 ~ 3. 1989; 东北植物检索表（第二版）: 447. 图版222: 1. 1995; 中国植物志53(2): 136. 图版27: 1 ~ 3. 2000; 黑龙江省植物志7: 266. 图版136: 1 ~ 2. 2003; Fl. China 13: 430. 2007.

（1a）穗状狐尾藻（原变种）

Myriophyllum spicatum var. *spicatum*

生池塘或河流较缓的水中。产黑龙江省哈尔滨；辽宁省大连、瓦房店、普兰店、辽中、新民、北镇、盘锦、康平、法库、彰武；内蒙古自治区各地。

全草有清凉、解毒、止痢作用，治慢性下痢。可作为猪、鱼、鸭的饲料。

■ 穗状狐尾藻

穗状花序下部雌花

穗状花序上部雄花

花蕾期花序

叶轮生

居群

植株

（1b）瘤果狐尾藻（变种）（辽宁植物志，黑龙江省植物志）；瘤果狐尾藻（东北植物检索表，中国植物志）

Myriophyllum spicatum var. *muricatum* Maxim. in Bull. Acad. Imp. Sci. Saint ~ Petersbourg 19: 182. 1873; 辽宁植物志（上册）: 1250. 1988; 东北植物检索表（第二版）: 447. 1995; 中国植物志53(2): 137. 2000; 黑龙江省植物志7: 266. 2003.

生池塘或河流较缓的水中。产黑龙江省（地点不详）；辽宁省大连、辽中、新民等地。

■ 瘤果狐尾藻

分果具小瘤状突起

居群

（2）粉绿狐尾藻（中国外来入侵生物，中国口岸外来入侵生物彩色图鉴）

Myriophyllum aquaticum (Vell.) Verdc., Kew Bull. 28(1): 36. 1973; 中国外来入侵生物: 399. 2018; 中国口岸外来入侵生物彩色图鉴: 256. 2020.

原产南美洲。辽宁省大连市金石滩植物园作为观赏水草栽培。

本种为优良的水生植物，园林中多用于公园、风景区等水体或水岸边湿地成片种植，景观效果极佳；但生长快，有一定的入侵性，须加强监管。

■ 粉绿狐尾藻

植株

居群

■ 粉绿狐尾藻

植株一部分

叶

（3）狐尾藻（辽宁植物志，黑龙江省植物志，内蒙古植物志，东北植物检索表，东北草本植物志，中国植物志，Flora of China）；轮叶狐尾藻（内蒙古植物志）

Myriophyllum verticillatum L., Sp. Pl. 2: 992. 1753; 东北草本植物志6: 163. 图版65: 3 ~ 4. 1977; 辽宁植物志（上册）: 1250. 图版536: 3 ~ 4. 1988; 内蒙古植物志（第二版）3: 581. 图版229: 4 ~ 6. 1989; 东北植物检索表（第二版）: 447. 图版222: 2. 1995; 中国植物志53(2): 137. 图版27: 4 ~ 6. 2000; 黑龙江省植物志7: 268. 图版136: 5 ~ 6. 2003; Fl. China 13: 430. 2007.

生池塘。产黑龙江省伊春、密山、萝北、阿城、哈尔滨、齐齐哈尔；吉林省双辽、浑江、安图、珲春；辽宁省瓦房店、普兰店、旅顺口、沈阳、辽中、新民、法库、康平、彰武、凌源、北镇；内蒙古自治区海拉尔、扎兰屯、通辽、赤峰等地。

可作猪、鱼、鸭的饲料。

■ 狐尾藻

植株一部分

植株

水下部分

（4）乌苏里狐尾藻（中国植物志，Flora of China）；三裂狐尾藻（黑龙江省植物志，东北植物检索表，东北草本植物志）

Myriophyllum ussuriense (Regel) Maxim. in Bull. Acad. Imp. Sci. Saint-Pétersbourg 19: 182 1874; 东北草本植物志6: 165. 图版65: 5. 1977; 东北植物检索表（第二版）: 447. 图版222: 3. 1995; 黑龙江省植物志7: 268. 图版136: 3 ~ 4. 2003; Fl. China 13: 431. 2007.——*Myriophyllum propinquum* auct. non A. Cunn. : 中国植物志53(2): 137. 图版27: 4 ~ 6. 2000.

生小池塘或沼泽水中。产黑龙江省萝北等地。

在2021年公布的《国家重点保护野生植物名录》中，本种被列为二级保护植物。

■ 乌苏里狐尾藻

植株上部

植株中部

居群

080. 葡萄科 Vitaceae

Vitaceae Juss., Gen. Pl. [Jussieu] 267. 1789, *nom. cons.*

木贼门、木贼亚门、木兰纲、蔷薇亚纲、蔷薇超目、葡萄目（Vitales）。

攀缘木质藤本，稀草质藤本，具有卷须，或直立灌木，无卷须。单叶、羽状或掌状复叶，互生。花小，两性或杂性同株或异株，排列成伞房状多歧聚伞花序、复二歧聚伞花序或圆锥状多歧聚伞花序，4～5基数；花瓣与萼片同数，分离或凋谢时呈帽状黏合脱落；雄蕊与花瓣对生，在两性花中雄蕊发育良好，在单性花雌花中雄蕊常较小或极不发达，败育；子房上位。果实为浆果，有种子1至数颗。

本科全世界有16属，约950种，主要分布于热带和亚热带地区，少数种类分布于温带地区。中国有8属146种，南北各省均产，野生种类主要集中分布于华中、华南及西南各省区，东北、华北各省区种类较少。东北地区产4属9种1亚种4变种1变型，其中栽培4种。

分属检索表

1. 圆锥花序 ………………………………………… 1. 葡萄属 Vitis
1. 聚伞花序。
  2. 卷须顶端膨大成吸盘状 ………………………………… 2. 地锦属 Parthenocissus
  2. 卷须发达而两歧，但顶端不膨大成吸盘状。
    3. 花5数 ………………………………………… 3. 蛇葡萄属 Ampelopsis
    3. 花4数 ………………………………………… 4. 乌蔹莓属 Cayratia

1 葡萄属 *Vitis* L.

Vitis L., Sp. Pl. 293. 1753.

木质藤本，有卷须。叶为单叶、掌状或羽状复叶；有托叶，通常早落。花5数，通常杂性异株，稀两性，排成聚伞圆锥花序；萼呈碟状，萼片细小；花瓣凋谢时呈帽状黏合脱落；花盘明显，5裂；雄蕊与花瓣对生，在雌花中不发达，败育；子房2室，每室有2颗胚珠；花柱纤细，柱头微扩大。果实为一肉质浆果，有种子2～4颗。

本属全世界有60余种，分布于温带或亚热带地区。中国有37种。东北地区产3种1亚种1变种，其中栽培2种。

分种检索表

1. 栽培植物；果实紫色、红色、黄色、白色、绿色等，较大。
  2. 叶上面绿色，下面白色或浅红色，密被茸毛；卷须连续性（每节具卷须或花序，与叶对生）；果肉有狐臭味，与种子不容易分离 ……………………………… 1. 美洲葡萄 V. labrusca L.
  2. 叶上面绿色，下面浅绿色，无毛或被疏柔毛；卷须断续性（卷须每隔2节间断，与叶对生）；果肉无狐臭味，与种子容易分离 ……………………………… 2. 葡萄 V. vinifera L.
1. 野生植物；果实蓝黑色，较小（3. 山葡萄 V. amurensis Rupr.）。
  3. 叶背面初时疏被蛛丝状绒毛，以后脱落（3a. 山葡萄 V. amurensis subsp. amurensis）。
    4. 叶3稀5浅裂或中裂或不分裂；果实直径1～1.5厘米 ……………… 3aa. 山葡萄 V. amurensis var. amurensis
    4. 叶3～5深裂；果实直径0.8～1厘米 ……………… 3ab. 深裂山葡萄 V. amurensis var. dissecta Skvorts.
  3. 叶背面初时密被紧贴叶面的蛛丝状毛，以后不脱落或部分脱落 ……………… 3b. 毛叶山葡萄 V. amurensis subsp. pubescens S. M. Zhang

（1）美洲葡萄（内蒙古植物志）

Vitis labrusca L., Sp. Pl. 1: 203. 1753; 内蒙古植物志（第二版）3: 496. 1989.

原产加拿大南部。辽宁省、内蒙古自治区有栽培。

果实可食。可以作为藤架绿化材料。

■ 美洲葡萄

叶

绿化藤架

■ 美洲葡萄

叶背面观

植株一部分

（2）葡萄（辽宁植物志，黑龙江省植物志，东北植物检索表，中国植物志，Flora of China）；欧洲葡萄（内蒙古植物志）

Vitis vinifera L. in Fl. Sp. 293. 1753; 辽宁植物志（上册）: 1129. 图版485: 5～6. 1988; 内蒙古植物志（第二版）3: 494. 图版194: 1～3. 1989; 东北植物检索表（第二版）: 411. 图版105: 4. 1995; 中国植物志48(2): 166. 1998; 黑龙江省植物志7: 128. 图版66. 2003; Fl. China 12: 219. 2007.

原产亚洲西部。东北各地普遍栽培。

果实为著名的果品，药用能祛湿利尿；根和藤也可药用，主治风湿骨痛、水肿。

■ 葡萄

小枝

花序一部分

植株一部分

（3）山葡萄（辽宁植物志，黑龙江省植物志，内蒙古植物志，东北植物检索表，中国植物志，Flora of China）；野葡萄（黑龙江树木志）；阿穆尔葡萄（江苏南部种子植物手册）

Vitis amurensis Rupr. in Bull. Acad. Sci. St. Petersb. 15: 266. 1857; 辽宁植物志（上册）: 1128. 图版485: 1～4. 1988; 内蒙古植物志（第二版）3: 494. 图版194: 4～8. 1989; 东北植物检索表（第二版）: 411. 图版105: 5. 1995; 中国植物志48(2): 165. 1998; 黑龙江省植物志7: 126. 图版65. 2003; Fl. China12: 218. 2007.

（3a）山葡萄（原亚种）

Vitis amurensis subsp. *amurensis*

（3aa）山葡萄（原变种）

Vitis amurensis var. *amurensis*

生山坡、沟谷林中或灌丛。产黑龙江省尚志、依兰、伊春、萝北、密山；吉林省长春、蛟河、通化、临江、抚松、靖宇、长白、珲春、和龙、汪清、安图；辽宁省各地；内蒙古自治区科尔沁右翼前旗、扎赉特旗、大青沟、敖汉旗、喀喇沁旗、宁城、多伦等地。

果实生食或酿酒；种子榨油。果、根、藤入药，果主治烦热口渴、尿路感染、小便不利；根、藤主治多种疼痛。还可作培育葡萄的砧木。嫩茎叶可食。

■ 山葡萄

果枝

果序

花序

叶

叶背面观

植株一部分

（3ab）深裂山葡萄（中国植物志，Flora of China）

Vitis amurensis var. *dissecta* Skvorts. in Chin. Journ. Sci. Arts. 15: 200. 1931; 中国植物志48(2): 166. 1998; Fl. China12: 219. 2007.

生林中。产黑龙江、吉林、辽宁。模式标本采自黑龙江（大兴安岭）。

■ 深裂山葡萄

叶

植株

（3b）毛叶山葡萄（亚种）（辽宁木本植物志）

Vitis amurensis subsp. *pubescens* S. M. Zhang, 辽宁木本植物志: 439. 2018.

生山坡、灌丛中。产辽宁省旅顺口（模式标本产地）。

■ 毛叶山葡萄

小枝

叶背面观

叶缘

植株一部分

2 地锦属（爬山虎属） *Parthenocissus* Planch.

Parthenocissus Planch. in DC. Monogr. Phan. 5: 447. 1887.

木质藤本。卷须总状多分枝，嫩时顶端膨大或细尖微卷曲而不膨大，后遇附着物扩大成吸盘。叶为单叶、3小叶或掌状5小叶，互生。花5数，两性，组成圆锥状或伞房状疏散多歧聚伞花序；花瓣展开，各自分离脱落；雄蕊5；花盘不明显或偶有5个蜜腺状的花盘；花柱明显；子房2室，每室有2个胚珠。浆果球形，有种子1～4颗。

本属全世界约13种，分布于亚洲和北美洲。中国有9种。东北地区产2种，其中栽培1种。

分种检索表

1. 叶为单叶，3裂或部分叶不裂或幼株及基部枝上叶较小且成掌状3小叶 ………………………………………… 1. 地锦 *P. tricuspidata* (Sieb. et Zucc.) Planch.

1. 叶为复叶，具掌状5小叶 ………………………………………… 2. 五叶地锦 *P. quinquefolia* (L.) Planch.

（1）地锦（中国植物志，Flora of China）；爬山虎（辽宁植物志，黑龙江省植物志，东北植物检索表）

Parthenocissus tricuspidata (Sieb. et Zucc.) Planch. in DC. Monogr. Phan. 5: 452. 1887; 辽宁植物志（上册）: 1135. 图版488: 1 ~ 2. 1988; 东北植物检索表（第二版）: 411. 图版203: 7. 1995; 中国植物志48(2): 21. 图版4: 1 ~ 6. 1998; 黑龙江省植物志7: 123. 图版64. 2003; Fl. China12: 175. 2007.

常攀缘于墙壁或岩石上。产辽宁省丹东、凤城、桓仁、营口、庄河、瓦房店、金州、大连等地。黑龙江省哈尔滨市有栽培。

攀缘绿化效果极佳，常栽植供观赏。根、茎入药，有活血、祛风、止痛作用，主治产后血瘀、腹中有块、风湿筋骨疼痛、偏头痛等；果可酿酒。

■ 地锦

花

果序

居群

叶形1

叶形2

叶形3

（2）五叶地锦（辽宁植物志，黑龙江省植物志，东北植物检索表，中国植物志，Flora of China）；五叶爬山虎（黑龙江省植物志）；美国爬山虎（俗称）

Parthenocissus quinquefolia (L.) Planch. in DC. Monogr. Phan. 5: 448. 1887; 辽宁植物志（上册）: 1136. 图版488: 3. 1988; 东北植物检索表（第二版）: 411. 图版203: 8. 1995; 中国植物志48(2): 20. 1998; 黑龙江省植物志7: 123. 图版63. 2003; Fl. China 12: 176. 2007.

原产北美洲。东北各地常见栽培。

园林观赏植物，常用于墙角、栅栏和高速公路的绿化，也可用于棚架、楼顶和阳台的绿化。

■ 五叶地锦

花

果序

茎叶

3 蛇葡萄属 *Ampelopsis* Michaux

Ampelopsis Michaux, Fl. Bor.–Am. 1: 159. 1803.

木质藤本。卷须2～3分枝。叶为单叶、羽状复叶或掌状复叶，互生。花5数，两性或杂性同株，组成伞房状多歧聚伞花序或复二歧聚伞花序；花瓣5，展开，各自分离脱落，雄蕊5，花盘发达，边缘波状浅裂；花柱明显，柱头不明显扩大；子房2室，每室有2个胚珠。浆果球形，有种子1～4颗。

本属全世界30余种，分布于亚洲、北美洲和中美洲。中国有17种，南北均产。东北地区产3种3变种1变型。

分种检索表

1. 果实成熟时为鲜蓝色；单叶。
  2. 小枝及叶有毛；叶质较薄，边缘有粗钝或急尖锯齿 ……………… 1b. 东北蛇葡萄 A. glandulosa var. brevipedunculata (Maxim.) Momiy.
  2. 幼枝及叶平滑无毛或近无毛；叶质稍厚，3～5中裂，裂隙具圆弯缺 ……………… 1c. 光叶蛇葡萄 A. glandulosa var. hancei (Planch.) Momiy.
1. 果实成熟时白色、淡黄色至橘红色；复叶或单叶。
  3. 果实成熟时白色；掌状复叶，叶轴及小叶柄有狭翅 ……………… 2. 白蔹 A. japonica (Thunb.) Makino
  3. 果实成熟时淡黄色至橘红色。
    4. 单叶，3～5中裂至深裂或3全裂（3. 葎叶蛇葡萄 A. humulifolia Bunge）。
      5. 叶3～5中裂至深裂 ……………… 3a. 葎叶蛇葡萄 A. humulifolia f. humulifolia
      5. 叶3全裂 ……………… 3b. 三叶白蔹 A. humulifolia f. trisecta (Nakai) Kitag.
    4. 掌状复叶（4. 乌头叶蛇葡萄 A. aconitifolia Bunge）。
      6. 叶为掌状5小叶，小叶3～5羽裂 ……………… 4a. 乌头叶蛇葡萄 A. aconitifolia var. aconitifolia
      6. 叶为掌状3或5小叶，小叶大多不分裂 ……………… 4b. 掌裂草葡萄 A. aconitifolia var. palmiloba (Carr.) Rehd.

（1）蛇葡萄（Flora of China）

Ampelopsis glandulosa (Wallich) Momiyama, Bull. Univ. Mus. Univ. Tokyo. 2: 78. 1971; Fl. China12: 179. 2007.

（1a）蛇葡萄（原变种）

Ampelopsis glandulosa var. *glandulosa*

产中国安徽、福建、广东、广西、贵州、河北、河南、江西、四川、台湾、云南、浙江。东北地区不产。

（1b）东北蛇葡萄（中国植物志，Flora of China）；蛇葡萄（辽宁植物志，黑龙江省植物志，东北植物检索表）

Ampelopsis glandulosa var. *brevipedunculata* (Maxim.) Momiy. in J. Jap. Bot. 52: 30. 1977; Fl. China12: 180. 2007.——*A. heterophylla* (Thunb.) Sieb. & Zucc. var. *brevipedunculata* (Regel) C. L. Li in Chin. J. Appl. Envirn. Biol. 2 (1): 47. 1996; 中国植物志48(2): 38. 1998.——*A. brevipedunculata* (Maxim.) Trautv. in Acta Hort. Petrop. 8: 176. 1883; 辽宁植物志（上册）: 1130. 图版486: 1～2. 1988; 东北植物检索表（第二版）: 411. 图版203: 4. 1995; 黑龙江省植物志7: 117. 图版60. 2003.

生山坡及林下。产黑龙江省（地点不详）；吉林省梅河口、集安、通化、柳河、临江、抚松、靖宇、敦化、安图；辽宁省抚顺、沈阳、葫芦岛、建昌、建平、北镇、大连、金州、普兰店、瓦房店、庄河、长海、盖州、岫岩、桓仁、西丰；内蒙古自治区宁城等地。

果实可酿酒；根茎入药，能清热解毒、消肿祛湿。

■ 东北蛇葡萄

果序

花序

小枝及叶有毛

植株一部分

（1c）光叶蛇葡萄（变种）（辽宁植物志，黑龙江省植物志，东北植物检索表，中国植物志，Flora of China）

Ampelopsis glandulosa var. *hancei* (Planch.) Momiy. in J. Jap. Bot. 52: 30. 1977; Fl. China12: 180. 2007.——*A. heterophylla* (Thunb.) Sieb. & Zucc. var. hancei Planch. in DC. Monogr. Phan. 5: 457. 1887; 中国植物志48(2): 37. 1998.——*A. brevipedunculata* (Maxim.) Trautv. var. *maximowiczii* (Regel.) Rehd. in Bail. Gent. Herb. 1: 36. 1920; 辽宁植物志（上册）: 1131. 1988; 东北植物检索表（第二版）: 411. 1995; 黑龙江省植物志7: 117. 2003.

生山坡及林下。产黑龙江省（地点不详）；辽宁省鞍山、大连、盖州、西丰、清原、沈阳、北镇、建昌、凌源等地。

■ 光叶蛇葡萄

幼枝及叶无毛

植株一部分

叶

（2）白蔹（辽宁植物志，黑龙江省植物志，东北植物检索表，中国植物志，Flora of China）；五爪藤

Ampelopsis japonica (Thunb.) Makino in Tokyo Bot. Mag. 17: 113. 1903; 辽宁植物志（上册）: 1133. 图版487: 1 ~ 3. 1988; 东北植物检索表（第二版）: 411. 图版203: 1. 1995; 中国植物志48(2): 46. 图版6: 3 ~ 8. 1998; 黑龙江省植物志7: 121. 图版62. 2003; Fl. China12: 182. 2007.

生山坡地边、灌丛或草地。产黑龙江省哈尔滨、依兰；吉林省双辽；辽宁省沈阳、大连、金州、瓦房店、普兰店、抚顺、凌源、法库、昌图、营口等地。

全株及块根有清热解毒、消肿止痛作用；外用可治烫伤、冻疮，又可作农药。

■ 白蔹

花序

茎下部叶

果序

（3）葎叶蛇葡萄（辽宁植物志，黑龙江省植物志，内蒙古植物志，东北植物检索表，中国植物志，Flora of China）

Ampelopsis humulifolia Bunge in Mem. Div. Sav. Acad. Sci. St. Petersb. 2: 86. 1835; 辽宁植物志（上册）: 1131. 图版486: 3 ~ 4. 1988; 内蒙古植物志（第二版）3: 497. 图版195: 5. 1989; 东北植物检索表（第二版）: 411. 图版203: 6. 1995; 中国植物志48(2): 41. 图版6: 2. 1998; 黑龙江省植物志7: 119. 图版61: 1 ~ 3. 2003; Fl. China 12: 181. 2007.

（3a）葎叶蛇葡萄（原变型）

Ampelopsis humulifolia f. *humulifolia*

生山沟地边或灌丛林缘或林中。产黑龙江省（地点不详）；辽宁省大连、瓦房店、旅顺口、金州、鞍山、本溪、凌源、建平、建昌、绥中、北镇、开原、阜新、彰武、营口、盖州；内蒙古自治区科尔沁左翼后旗、敖汉旗、巴林左旗、宁城等地。

根皮有活血散瘀、解毒、生肌长骨、祛风除湿作用，用于跌打损伤、骨折、疮疖肿痛、风湿关节痛。

■ 葎叶蛇葡萄

叶背面观

小枝

果序

（3b）三叶白蔹（变型）（辽宁植物志，黑龙江省植物志，东北植物检索表）

Ampelopsis humulifolia f. *trisecta* (Nakai) Kitag. in J. Jap. Bot. 34: 7. 1957.—— *Ampelopsis humulifolia* var. *trisecta* Nakai in Rep. First Sci. Exped. Manch. Sect. 4(1): 8. 1934; 辽宁植物志（上册）: 1131. 图版486: 5. 1988; 东北植物检索表（第二版）: 411. 图版203: 5. 1995; 黑龙江省植物志7: 119. 图版61: 4. 2003.

■ 三叶白蔹

枝叶

果序

植株一部分

灌丛林缘或林中。产黑龙江省富裕；吉林省双辽、通榆；辽宁省彰武、法库；内蒙古自治区乌兰浩特等地。

（4）乌头叶蛇葡萄（辽宁植物志，内蒙古植物志，东北植物检索表，中国植物志，Flora of China）

Ampelopsis aconitifolia Bunge in Mem. Div. Sav. Acad. Sci. St. Petersb. 2: 86. 1835; 辽宁植物志（上册）: 1132. 图版487: 4～5. 1988; 内蒙古植物志（第二版）3: 496. 图版195: 1～3. 1989; 东北植物检索表（第二版）: 411. 图版203: 2. 1995; 中国植物志48(2): 45. 1998; Fl. China 12: 182. 2007.

（4a）乌头叶蛇葡萄（原变种）

Ampelopsis aconitifolia var. *aconitifolia*

生沙质地、荒野或干燥山坡。产吉林省双辽；辽宁省金州、瓦房店、沈阳、法库、彰武；内蒙古自治区科尔沁右翼前旗、扎鲁特旗、科尔沁左翼后旗、阿鲁科尔沁旗、翁牛特旗等地。

根皮有散瘀消肿、祛腐生肌作用，用于骨折、跌打损伤、痈肿、风湿关节痛。

■ 乌头叶蛇葡萄

植株一部分

果序一部分

茎叶

（4b）掌裂草葡萄（变种）（中国植物志，Flora of China）；掌叶蛇葡萄（辽宁植物志，东北植物检索表）；掌裂蛇葡萄（内蒙古植物志）

Ampelopsis aconitifolia var. *palmiloba* (Carr.) Rehd. in Nitt. Deutsch. Ges. 21: 190. 1912; 中国植物志48(2): 46. 1998; Fl. China 12: 182. 2007.——*Ampelopsis aconitifolia* var. *glabra* Diels. in Bot. Jahrb. Syst. 29: 465. 1900; 辽宁植物志（上册）: 1133. 图版487: 6. 1988; 内蒙古植物志（第二版）3: 497. 图版195: 4. 1989; 东北植物检索表（第二版）: 411. 图版203: 3. 1995.

生山坡、沟边和荒地。产吉林省通榆；辽宁省彰武；内蒙古自治区科尔沁右翼前旗、扎赉特旗、大青沟、敖汉旗、喀喇沁旗、宁城等地。

■ 掌裂草葡萄

果序

枝上部叶

枝中部

4 乌蔹莓属 *Cayratia* Juss.

Cayratia Juss. in Dict. Sci. Nat. 10: 103. 1818.

木质藤本。卷须通常2～3叉分枝，稀总状多分枝。叶为3小叶或鸟足状5小叶，互生。花4数，两性或杂性同株，伞房状多歧聚伞花序或复二歧聚伞花序；花瓣展开，各自分离脱落；雄蕊5；花盘发达，边缘4浅裂或波状浅裂；花柱短，柱头微扩大或不明显扩大；子房2室，每室有2个胚珠。浆果球形或近球形，有种子1～4颗。

本属全世界有60多种，分布于亚洲、大洋洲和非洲。中国有17种，南北均有分布。东北地区栽培1种。

乌蔹莓（中国植物志，Flora of China）

Cayratia japonica (Thunb.) Gagnep. in Lecomte, Not. Syst. 1: 349. 1911; 中国植物志48(2): 78. 图版12: 4～9. 1998; Fl. China12: 192. 2007.

落叶草质藤本；叶为鸟足状5小叶，中央小叶长椭圆形或椭圆披针形；复二歧聚伞花序，花瓣4；浆果近球形，黑色。分布于河南、山东、安徽、江苏、浙江、湖北、湖南、福建等地。辽宁省大连有栽培。

全草入药，有凉血解毒、利尿消肿之功效；垂直绿化效果好，可作为藤本绿化材料。

■ 乌蔹莓

果序一部分

花序一部分

植株一部分

081. 蒺藜科 Zygophyllaceae

Zygophyllaceae R.Br., Voy. Terra Austral. 2: 545. 1814, *nom. cons.*

木贼门、木贼亚门、木兰纲、蔷薇亚纲、蔷薇超目、蒺藜目（Zygophyllales）。

草本、半灌木或灌木。单叶、2小叶或羽状复叶，小叶常对生，有时互生，肉质。花单生叶腋，有时为总状花序，或为聚伞花序；花两性，辐射对称或两侧对称；萼片和花瓣均4～5，覆瓦状或镊合状排列；雄蕊与花瓣同数，或为花瓣的2～3倍，花丝下部常具鳞片状附属物；心皮合生，子房上位，3～5室，稀2～12室，常为中轴胎座，胚珠1至多数。开裂蒴果，或为分裂果，少数为核果。

本科全世界约有25属，240～285种，分布于热带、亚热带和温带，主要在亚洲、非洲、欧洲、美洲和澳大利亚。中国有3属22种，主要生于西北干旱区的沙漠、戈壁和低山。东北地区产1属1种。

蒺藜属 *Tribulus* L.

Tribulus L., Sp. Pl. 386. 1753.

草本植物，植株平卧。偶数羽状复叶。花单生于叶腋；萼片5；花瓣5，覆瓦状排列，开展；花盘环状，10裂；雄蕊10，外轮5枚较长，与花瓣对生，内轮5枚较短，基部有腺体；子房由5个心皮组成，每室

3～5种子。果由不开裂的果瓣组成，具锐刺；种子斜悬，无胚乳，种皮薄膜质。

本属全世界约15种，主要分布于热带和亚热带地区，若干种类作为杂草广布于两半球热带和温带地区。中国有2种。东北地区产1种。

蒺藜（辽宁植物志，内蒙古植物志，东北植物检索表，东北草本植物志，中国植物志，Flora of China）

Tribulus terrestris L., Sp. Pl. 386. 1753; 东北草本植物志6: 22. 图版8. 1977; 辽宁植物志（上册）: 1006. 图版424. 1988; 内蒙古植物志（第二版）3: 428. 图版163: 7～8. 1989; 东北植物检索表（第二版）: 381. 图版189: 5. 1995; 中国植物志43(1): 142. 图版42: 1～2. 1998; Fl. China11: 49. 2008.

一年生草本，全株密被白色丝状毛。茎由基部分枝，平卧。偶数羽状复叶；小叶3～8对。花单生叶腋；萼片5，卵状披针形，膜质状，宿存；花瓣5，黄色。果扁球形，果瓣5，分离，每果瓣具长短棘刺各1对，背面有短硬毛及瘤状突起。生石砾质地、沙质地、路旁、河岸、荒地、田边。产黑龙江省哈尔滨、齐齐哈尔、阿城、泰来；吉林省辽源、白城、通榆、镇赉、洮安；辽宁省各地；内蒙古自治区海拉尔、满洲里、新巴尔虎左旗、新巴尔虎右旗、科尔沁右翼前旗、扎鲁特旗、科尔沁左翼前旗、赤峰、巴林左旗、翁牛特旗、乌兰浩特、阿鲁科尔沁旗、宁城等地。

果实有平肝明目作用，全草的半提取物有止咳平喘作用。

■ 蒺藜

植株一部分

果枝

植株

082. 豆科 Fabaceae（Leguminosae）

Fabaceae Lindl., Intr. Nat. Syst. Bot., ed. 2. 148. 1836, *nom. cons.* Leguminosae Juss., Gen. Pl. [Jussieu] 345. 1789.

木贼门、木贼亚门、木兰纲、蔷薇亚纲、蔷薇超目、豆目（Fabales）。

乔木、灌木、亚灌木或草本，直立或攀缘。叶通常互生，稀对生，常为一回或二回羽状复叶，少数为掌状复叶或3小叶、单小叶，或单叶。花两性，稀单性，辐射对称或两侧对称，通常排成总状花序、聚伞花序、穗状花序、头状花序或圆锥花序；花被2轮；萼片（3～）5（～6），分离或连合成管，有时二唇形，稀退化或消失；花瓣（0～）5（～6），常与萼片的数目相等，稀较少或无；雄蕊通常10枚，有时5枚或多数；雌蕊通常由单心皮所组成，稀较多且离生；子房上位，1室；花柱和柱头单一，顶生。果为荚果，成熟后沿缝线开裂或不裂，或断裂成含单粒种子的荚节；种子通常具革质或有时膜质的种皮。

本科全世界有800属19325～19560种，广布于世界各地。中国有167属1673种。东北地区产52属188种6亚种28变种21变型，其中栽培17种3亚种2变型。

分属检索表

1. 花辐射对称，花瓣镊合状排列；雄蕊多数且无定数 …………………………………………………… **1. 合欢属** Albizia
1. 花两侧对称，花瓣覆瓦状排列；雄蕊有定数。
    2. 花冠不为蝶形，最上面1花瓣在最里面，各瓣形状相似；雄蕊通常分离。
        3. 单叶且全缘；花在老干上簇生或呈总状花序 …………………………………………………… **2. 紫荆属** Cercis
        3. 羽状复叶。
            4. 乔木，通常有粗壮、分歧的刺；叶为一至二回偶数羽状复叶；雄蕊6～10，近等长 … **3. 皂荚属** Gleditsia
            4. 乔木、灌木或草本，通常无刺；叶为一回偶数羽状复叶；雄蕊正常数为10，但通常上面3～5个不存在或为退化雄蕊，最下面3个雄蕊的花药常最长。
                5. 总花梗顶端无小苞片；花瓣近等长；荚果不裂或不规则开裂 ……………………… **4. 番泻决明属** Senna
                5. 总花梗顶端有小苞片；花瓣不等长；荚果弹性开裂，裂片卷曲 …………… **5. 山扁豆属** Chamaecrista
    2. 花冠蝶形，各花瓣极不相似；雄蕊通常合生成二体或单体，少有分离。
        6. 雄蕊10，分离或仅基部合生。
            7. 掌状复叶具3小叶 …………………………………………………………………………… **6. 野决明属** Thermopsis
            7. 奇数羽状复叶。
                8. 荚果扁平，含1至数粒种子 ………………………………………………………………… **7. 马鞍树属** Maackia
                8. 荚果圆筒形，含少数至多数种子。
                    9. 乔木；荚果呈明显串珠状 ……………………………………………………………… **8. 槐属** Styphnolobium
                    9. 灌木；荚果呈不明显的串珠状 ……………………………………………………………… **9. 苦参属** Sophora
        6. 雄蕊10，合生成单体或二体。
            10. 荚果如含有种子2粒以上时，在种子间横裂或紧缩为2至数节，各荚节含1粒种子而不开裂，或有时荚节退化而仅具1节1粒种子。
                11. 萼具细长的花梗状的萼管；花后子房因雌蕊柄延长而伸入地下结实 ………… **10. 落花生属** Arachis
                11. 萼不具细长的花梗状的萼管；花后子房不伸入地中结实。
                    12. 雄蕊10，连合成（5+5）的二体 ………………………… **11. 合萌属（田皂角属）** Aeschynomene
                    12. 雄蕊10，连合成（9+1）二体，有时其单一的雄蕊与雄蕊筒的一部分合生或大部分合生或有时合生成单体。
                        13. 花聚为腋生而有长梗的伞形花序；所有的花丝或至少有数条花丝于顶部膨大 …………………………………………………………………………… **12. 斧荚豆属** Securigera
                        13. 花通常为腋生的总状或穗状花序，也有时仅1至数朵花生于叶腋，少为伞形花序、圆锥花序等；花丝不于顶部膨大。
                            14. 荚果有2～5节，各节荚的边缘一侧较短而直、另一侧边缘较长呈弓形弯曲 …………………………………………………………… **13. 长柄山蚂蝗属** Hylodesmum
                            14. 荚果仅具1节或1至数节，各节荚的两侧边缘略均等。
                                15. 叶为具多数小叶的奇数羽状复叶（稀为具3～7小叶或仅具1小叶）。
                                    16. 荚果具1节，荚节半圆形或肾形 …………… **14. 驴食草属（驴豆属）** Onobrychis
                                    16. 荚果具2至数节，荚节近圆形或方形。
                                        17. 多年生草本；龙骨瓣背脊呈钝角状；荚果扁平… **15. 岩黄芪属** Hedysarum
                                        17. 半灌木；龙骨瓣背脊呈弧形弯曲状；荚果球形或明显鼓凸 …………………………………… **16. 羊柴属（山竹子属）** Corethrodendron

（接上表）

15. 叶具3小叶；荚果仅具1节、1粒种子。
18. 一年生草本；托叶大型，膜质 ……………………… **17. 鸡眼草属 Kummerowia**
18. 灌木或半灌木；托叶细小，呈锥形。
19. 花梗无关节；每苞片腋内生有2花，每花有2小苞片 ……………………………………………………… **18. 胡枝子属 Lespedeza**
19. 花梗有关节；每苞片腋内有1花，小苞片常脱落 ……………………………………………… **19. 杭子梢属 Campylotropis**
10. 荚果如含有种子2粒以上时，不在种子间裂成节荚，通常2瓣裂或不开裂。
20. 花药长、短两型交互而生。
21. 小乔木；掌状三出复叶，小叶全缘 ………………………………………… **20. 毒豆属 Laburnum**
21. 草本、亚灌木或灌木。
22. 掌状复叶，小叶5个以上 ………………………………………………… **21. 羽扇豆属 Lupinus**
22. 单叶或三出复叶 ……………………………………………**22. 猪屎豆属（野百合属）Crotalaria**
20. 花药通常均为一式。
23. 叶通常为具3小叶的复叶。
24. 小叶边缘通常均有锯状齿；托叶常与叶柄相连合；子房基部无鞘状花盘。
25. 叶为具3小叶的掌状复叶，稀为具5～7小叶；瓣爪与雄蕊筒相连，花枯后不脱落；荚果小，几乎完全包于萼内 ……………………………………………… **23. 车轴草属 Trifolium**
25. 叶为具3小叶的羽状复叶；瓣爪不与雄蕊筒相连，花脱落。
26. 总状花序细长而稍稀疏 ……………………………………………**24. 草木犀属 Melilotus**
26. 多花排列成较密的短总状花序或密集成近头状，或1至数花腋生。
27. 荚果直或弧曲，通常线形，先端具直喙；小叶边缘几乎全部具尖齿 ……………………………………………………… **25. 胡卢巴属 Trigonella**
27. 荚果两缝不等长，镰形至螺旋形，先端具内贴短喙；小叶先端或基部以上具锯状齿 ……………………………………………………… **26. 苜蓿属 Medicago**
24. 小叶全缘或具裂片；托叶不与叶柄相连合；子房基部常有鞘状花盘以包围之。
28. 花有时单生或簇生，但通常为短总状花序，其花轴延续一致，无节与瘤；花柱光滑无毛。
29. 花同为一种类型；荚果也是一型，皆为地上结实 ……………… **27. 大豆属 Glycine**
29. 花有两种类型，有花瓣与无花瓣；荚果也有两型，有地下结实和地上结实 ……………………………………………………… **28. 两型豆属 Amphicarpaea**
28. 花常为总状花序，其花轴于花着生处常凸出为节或隆起如瘤；花柱有毛或无毛。
30. 花柱无毛。
31. 一年生或多年生草本，茎缠绕、平卧或近直立 ………… **29. 刀豆属 Canavalia**
31. 木质藤本 ………………………………………………………… **30. 葛属 Pueraria**
30. 花柱上部于后方具纵列的须毛或于柱头周围有毛。
32. 龙骨瓣先端卷曲半圈至数圈 ………………………………… **31. 菜豆属 Phaseolus**
32. 龙骨瓣先端钝或具喙，但不卷曲。
33. 柱头顶生；荚果扁，镰刀形、半圆形或少为带形

（接上表）

………………………………………………………………**32. 扁豆属 Lablab**

33. 柱头侧生而倾斜；荚果呈线状圆柱形，细长 …………… **33. 豇豆属 Vigna**

23. 叶通常为具4至多枚小叶的复叶（稀仅有1～3小叶）。

34. 叶为偶数羽状复叶。

35. 木本植物；叶轴先端为针刺状 ………………………………… **34. 锦鸡儿属 Caragana**

35. 草本植物；叶轴先端为卷须或有时为刚毛状或稍呈刺状。

36. 花柱圆柱形，在其上部四周被长柔毛或顶端具1束髯毛；雄蕊筒顶端倾斜

……………………………………………………………………… **35. 野豌豆属 Vicia**

36. 花柱扁，在其上部里面被刷状长柔毛；雄蕊筒顶端截形或近截形。

37. 花柱无纵褶；托叶不为叶状，比小叶小 ………………… **36. 山黧豆属 Lathyrus**

37. 花柱向外面纵褶；托叶叶状，比小叶大 ……………………… **37. 豌豆属 Pisum**

34. 叶为奇数羽状复叶、指状3小叶或为单叶。

38. 植株具贴生的丁字毛；药隔顶端具腺体或延伸成小毫毛 ………… **38. 木蓝属 Indigofera**

38. 植株不具贴生的丁字毛（仅黄芪属有时植株被丁字毛）；药隔顶端不具任何附属体。

39. 叶具腺点或腺毛。

40. 花仅有旗瓣，翼瓣及龙骨瓣不存在 ………………………**39. 紫穗槐属 Amorpha**

40. 花不仅有旗瓣，还有翼瓣及龙骨瓣。

41. 草本或小灌木，植株具黑或红色腺点 ………………… **40. 补骨脂属 Cullen**

41. 多年生或一年生草本，植株具腺毛 …………………… **41. 鹰嘴豆属 Cicer**

39. 叶不具腺点或腺毛。

42. 木质藤本植物 ……………………………………………………… **42. 紫藤属 Wisteria**

42. 草本、灌木或乔木，不为木质藤本。

43. 荚果扁平或为细长圆柱形。

44. 小叶通常10对以下，托叶常变成刺；荚果扁平，腹缝线上具窄翅，种子间不具横隔；乔木或灌木 ……………………… **43. 刺槐属 Robinia**

44. 小叶通常20对以上，托叶不变成刺；荚果细长，缝线增厚无翅，种子间具横隔；多为草本，少为灌木或乔木 ……… **44. 田菁属 Sesbania**

43. 荚果膨大或不同程度膨胀，或为圆筒形。

45. 花柱后方具纵列的须毛；旗瓣常较宽而开展或向后翻。

46. 灌木；荚果膨胀如膀胱状 …………………… **45. 鱼鳔槐属 Colutea**

46. 草本或半灌木。

47. 荚果膨胀近球形…………………… **46. 苦马豆属 Sphaerophysa**

47. 荚果狭椭圆形到卵球形…………… **47. 膨果豆属 Phyllolobium**

45. 花柱通常光滑无毛；旗瓣直立或开展。

48. 药室于顶端连合；植株常有腺毛或腺点 …**48. 甘草属 Glycyrrhiza**

48. 药室不于顶端连合。

49. 龙骨瓣顶端具一凸出的喙状尖。

50. 通常5小叶，下方2枚（托叶状），上方3枚

…………………………………………… **49. 百脉根属 Lotus**

（接上表）

50. 小叶对生、互生或轮生 …………… **50. 棘豆属 Oxytropis**

49. 龙骨瓣顶端不具凸出的喙状尖。

51. 龙骨瓣比旗瓣稍短或有时近等长；常有地上茎，少地上茎无或短缩；花序通常为腋生总状花序或密集如头状或穗状，少为1至数花，极稀为伞形花序 …………………………………… **51. 黄芪属 Astragalus**

51. 龙骨瓣长为旗瓣的1/3～1/2或更小；地上茎无或极短缩，自基生叶间抽出总花梗，在总花梗顶端通常有2～8花排列成伞形花序 ……………… **52. 米口袋属 Gueldenstaedtia**

1 合欢属 *Albizia* Durazz.

Albizia Durazz. Mag. Tosc. 3: 10. 1772.

乔木或灌木，稀为藤本。二回羽状复叶，互生，通常落叶；羽片1至多对；总叶柄及叶轴上有腺体；小叶对生，1至多对。花小，常两型，5基数，两性，稀杂性，组成头状花序、聚伞花序或穗状花序，再排成腋生或顶生的圆锥花序；花萼钟状或漏斗状，具5齿或5浅裂；花瓣常在中部以下合生成漏斗状，上部具5裂片；雄蕊20～50枚，花丝凸出于花冠之外，基部合生成管，花药小。荚果带状，扁平，果皮薄，种子间无间隔，不开裂或迟裂；种子圆形或卵形，扁平，无假种皮，种皮厚，具马蹄形痕。

本属全世界120～140种，产亚洲、非洲、大洋洲及美洲的热带、亚热带地区。中国有16种，大部分产西南部、南部及东南部各省区。东北地区产2种，其中栽培1种。

分种检索表

1. 花粉红色；羽片4～20对；小叶10～30对，线形至长圆形，长6～12毫米，宽1～4毫米 ………………………………………… **1. 合欢 A. julibrissin** Durazz.

1. 花初白后黄；羽片2～4对；小叶5～14对，长圆形或长圆状卵形，长1.8～4.5厘米，宽7～20毫米 ………………………………………… **2. 山槐 A. kalkora** (Roxb.) Prain.

（1）合欢（辽宁植物志，东北植物检索表，中国植物志，Flora of China）；芙蓉树（俗称）

Albizia julibrissin Durazz. in Mag. Tosc. 3: 11. 1772; 中国植物志39: 65. 图版23: 1～4. 1988; 辽宁植物志（上册）: 881. 图版370. 1988; 东北植物检索表（第二版）: 334. 图版162: 1. 1995; Fl. China 10: 65. 2010.

辽宁省长海、大连偶见野生，其他地方栽培。

本种生长迅速且耐沙质土及干燥气候，常植为城市行道树或观赏树；心材黄灰褐色，边材黄白色，耐久，多用于制家具；嫩叶可食，老叶可以洗衣服；树皮供药用，有驱虫之效。

夏季观花树种。树皮及花有安神、活血、止痛、驱虫作用。嫩叶和花均可食。

■ 合欢

果枝

花期植株

花序一部分

叶一部分

（2）山槐（中国植物志，Flora of China）；山合欢（中国高等植物图鉴）

Albizia kalkora (Roxb.) Prain. in Journ. As. iat Soc. Bengal 66: 661. 1897; 中国植物志39: 62. 图版22: 1 ~ 3. 1988; Fl. China 10: 64. 2010.

分布华北、西北、华东、华南至西南部各省区。辽宁省大连有栽培。

木材耐水湿。花美丽，可植为风景树。未展开的幼芽可食用。根、树皮、花有舒筋活血、止痛作用。

■ 山槐

叶

花序

植株一部分

2 紫荆属 *Cercis* L.

Cercis L., Sp. Pl. 374. 1753.

灌木或乔木。叶互生，单叶，全缘或先端微凹，具掌状叶脉。花两侧对称，两性，紫红色或粉红色，具梗，排成总状花序，通常先于叶开放；花萼短钟状，微歪斜，红色，喉部具一短花盘，先端不等的5裂，裂齿短三角状；花瓣5，近蝶形，具柄，不等大，旗瓣最小，位于最里面；雄蕊10枚，分离，花丝下部常被毛，花药背部着生，药室纵裂；子房具短柄，有胚珠2～10颗；花柱线形，柱头头状。荚果扁狭长圆形，种子2至多颗。

本属全世界约11种，分布于北美洲、欧洲东部和南部及中国。中国有5种。东北地区栽培1种1变型。

分种下单位检索表

1. 花玫瑰红色 …………………………………………………………… a. **紫荆** C. chinensis f. chinensis
1. 花白色 ………………………………………………………………… b. **白花紫荆** C. chinensis f. alba

紫荆（辽宁植物志，东北植物检索表，中国植物志，Flora of China）

Cercis chinensis Bunge in Mem. Acad. Sci. St. petersb. Sav. Etrang. 2: 95. 1833; 中国植物志39: 144. 图版22: 5～7. 1988; 辽宁植物志（上册）: 884. 1988; 东北植物检索表（第二版）: 346. 图版162: 4. 1995; Fl. China 10: 6. 2010.

乔木，经栽培常成为灌木。单叶互生；叶片近圆形，先端急尖，基部深心形，全缘。花先于叶开放，4～10朵花簇生老枝上；小苞2枚，广卵形；花玫瑰红色。荚果长圆形，扁平，长10厘米左右，宽约1厘米，具网状脉纹，有2～8粒种子。

（a）紫荆（原变型）

C. chinensis f. *chinensis*

分布华北、华东、西南及华中。辽宁省大连栽培。

观赏花木。树皮、花梗可入药，有解毒消肿作用；种子可制农药，有驱杀害虫作用，还具有清热凉血、祛风解毒、活血通经、消肿止痛等功效。

■ 紫荆

叶

果期

花期

荚果

（b）白花紫荆（变型）（中国植物志）

Cercis chinensis f. *alba* Hsu in Acta Phytotax. Sin. 11: 193. 1966; 中国植物志39: 145. 1988.

辽宁省大连有栽培。

■ 白花紫荆

花序

植株

3 皂荚属 *Gleditsia* L.

Gleditsia L., Sp. Pl. 1056. 1753.

落叶乔木或灌木；干和枝通常具分枝的粗刺。叶互生，常簇生，一回和二回偶数羽状复叶常并存于同一植株上；叶轴和羽轴具槽；小叶多数，近对生或互生，边缘具细锯状齿或钝齿，少有全缘。花杂性或单性异株，淡绿色或绿白色，组成腋生或少有顶生的穗状花序或总状花序，稀为圆锥花序；萼裂片3～5，近相等；花瓣3～5，稍不等，与萼裂片等长或稍长；雄蕊6～10，伸出，花丝中部以下稍扁宽并被长曲柔毛，花药背着；花柱短，柱头顶生。荚果扁，劲直、弯曲或扭转，不裂或迟开裂；种子1至多颗，卵形或椭圆形，扁或近柱形。

本属全世界约16种。分布于亚洲中部和东南部、南北美洲。中国产6种2变种，广布于南北各省区。东北地区产3种2变型，其中栽培1种1变型。

分种检索表

1. 小叶长6～24毫米，全缘；荚果长3～6厘米，具1～3颗种子…………**1. 野皂荚 G. microphylla** Gordon ex Y. T. Lee
1. 小叶长2.5厘米以上，边缘具不规则齿牙；荚果长6厘米以上，具多颗种子。
  2. 小叶11～18对，椭圆状披针形，顶端急尖；子房被灰白色茸毛
  ………………………………………………………… **2b. 无刺美国皂荚 G. triacanthos f. inermis** (L.) C.K. Schneid.
  2. 小叶3～10对，卵形或椭圆形，顶端钝；子房无毛或仅缝线处和基部被柔毛。
    3. 荚果挺直、不扭转；枝刺圆柱形 ………………………………………………… **3. 皂荚 G. sinensis** Lam.
    3. 荚果扭转；枝刺扁平（**4. 山皂荚 G. japonica** Miq.）。
      4. 枝及茎上有刺 ………………………………………………………… **4a. 山皂荚 G. japonica** f. **japonica**
      4. 枝及茎上无刺 ………………………………………………… **4b. 无刺山皂荚 G. japonica** f. **inarmata** Nakai

（1）野皂荚（中国植物志，Flora of China）；短荚皂角（河北习见树木图说）

Gleditsia microphylla Gordon ex Y. T. Lee in Journ. Arn. Arb. 57: 29. 1976; 中国植物志39: 82. 1988; Fl. China 10: 37. 2010.

生山坡阳处或路边。产辽宁省凌源。

■ 野皂荚

果序

花序一部分

茎

居群

植株一部分

（2）美国皂荚（中国树木分类学，中国植物志，Flora of China）

Gleditsia triacanthos L., Sp. Pl. 1056. 1753; 中国植物志39: 85. 1988; Fl. China 10: 38. 2010. .

（2a）美国皂荚（原变型）

Gleditsia triacanthos f. *triacanthos*

原产美国。中国上海等有栽培。东北地区未见栽培。

（2b）无刺美国皂荚（变型）（辽宁木本植物志）

Gleditsia triacanthos f. *inermis* (L.) C. K. Schneid. in Ill. Handb. Laubholzk. 2: 12. 1907; 辽宁木本植物志: 326. 2018.

原产美国。辽宁省大连栽培。

供观赏，也作绿篱和行道树。荚果含有29%的糖分，牲畜喜食。木材坚实，纹理较粗，颇耐用，为建筑、车辆、支柱等用材。

■ 无刺美国皂荚

叶

植株一部分

树干

（3）皂荚（东北植物检索表，中国植物志，Flora of China）；皂角（中国高等植物图鉴）

Gleditsia sinensis Lam. in Encycl. 2: 465. 1786; 中国植物志39: 86. 图版29: 6 ~ 10. 1988; 东北植物检索表（第二版）: 348. 1995; Fl. China 10: 38. 2010.

分布华北、西北、华东、华南地区。辽宁省大连有栽培。

木材作家具、车辆用材；荚果煎汁可代肥皂；荚瓣、种子有祛痰通窍作用；刺有消肿排脓、杀虫治癣作用。

■ 皂荚

果期植株一部分

刺

（4）山皂荚（黑龙江省植物志，东北植物检索表，中国植物志，Flora of China）；山皂角（辽宁植物志）

Gleditsia japonica Miq. in Ann. Mus. Bot. Lugd.-Bat. 3: 53. 1867; 中国植物志39: 88. 图版29: 1 ~ 5. 1988; 辽宁植物志（上册）: 885. 图版372. 1988; 东北植物检索表（第二版）: 348. 图版162: 5. 1995; 黑龙江省植物志6: 220. 图版95: 1 ~ 2. 1998; Fl. China 10: 38. 2010.

（4a）山皂荚（原变型）

Gleditsia japonica f. *japonica*

生山沟、阔叶林、山坡。产吉林省公主岭、集安；辽宁省沈阳、鞍山、海城、本溪、凤城、宽甸、桓仁、丹东、大连、北镇、绥中等地。黑龙江省哈尔滨、佳木斯等地及辽宁省各地常见栽培。

木材作家具、车辆用材；荚果煎汁可代肥皂；荚瓣、种子入药，有祛痰通窍作用，岫岩民间还用荚果煮水喝治痔疮；刺入药，有消肿排脓、杀虫治癣作用。嫩芽可食。豆荚、种子、叶及茎皮有毒。

■ 山皂荚

果枝

刺

花序

树干

植株

（4b）无刺山皂荚（变型）（东北植物检索表）

Gleditsia japonica f. *inarmata* Nakai in J. Jap. Bot. 27: 130. 1952; 东北植物检索表（第二版）: 348. 1995.

辽宁省大连有野生，也有栽培。

■ 无刺山皂荚

树干

植株

4 番泻决明属 *Senna* Miller

Senna Miller, Gard. Dict. Abr., ed. 4. 1754.

草本、灌木或小乔木。叶螺旋状排列，偶数羽状复叶，小叶对生。总状花序腋生或者顶生；萼裂片5，花瓣5，常黄色，近相等；雄蕊10，有时全部都能育，有时上部3枚退化。荚果不开裂或缓慢从一侧或两侧开裂；种子多数，种脐丝状。

本属全世界约260种，泛热带分布。中国有15种。东北地区栽培4种。

分种检索表

1. 小叶仅有3对；荚果近四棱柱形 ………………………… **1. 决明** S. tora (L.) Roxb.
1. 小叶3～10对；荚果圆筒形、圆柱状或镰形。
  2. 小叶5～10对；荚果近圆筒形 ………………………… **2. 槐叶决明** S. sophera (L.) Link.
  2. 小叶3～5对。
    3. 小叶3～4对；荚果圆柱状，直或微曲 ………………………… **3. 双荚决明** S. bicapsularis Roxb.
    3. 小叶4～5对；荚果带状镰形，压扁 ………………………… **4. 望江南** S. occidentalis (L.) Link

（1）决明（辽宁植物志，东北植物检索表，东北草本植物志，中国植物志，Flora of China）；假花生

■ 决明

花侧面观

小叶仅有3对

花正面观

植株

植株一部分

Senna tora (L.) Roxb. in Fl. Ind., ed. 2: 340. 1832; Fl. China 10: 32. 2010.—— *Cassia tora* L., Sp. Pl. 211. 1753; 东北草本植物志5: 61. 图版27: 3 ~ 5. 1976; 中国植物志39: 126. 1988; 辽宁植物志（上册）: 887. 图版373: 3 ~ 5. 1988; 东北植物检索表（第二版）: 346. 图版170: 1. 1995.

原产美洲热带地区。辽宁省大连、瓦房店、兴城等地有栽培。

种子叫决明子，有清肝明目、利水通便之功效，同时还可提取蓝色染料；苗、叶和嫩果可食。

（2）槐叶决明（中国植物志，Flora of China）；茳芒决明（俗名）

Senna sophera (L.) Roxb., Fl. Ind., ed. 1832. 2: 347. 1832; Fl. China 10: 31. 2010.—— *Cassia sophera* L., Sp. Pl. 379. 1753; 中国植物志39: 125. 1988.

分布中国中部、南部各省区。辽宁省大连、沈阳等有栽培。

嫩叶和嫩荚供食用；种子为解热药。

■ 槐叶决明

荚果

花

植株

花序

茎叶

（3）双荚决明（中国植物志，中国外来入侵植物志）

Senna bicapsularis Roxb., Fl. Ind. 2. 342. 1832; 中国外来入侵植物志2: 139. 2021.——*Cassia bicapsularis* L., Sp. Pl. 376. 1753; 中国植物志39: 125. 图版45: 1～3. 1988.

原产美洲热带地区，现广布于全世界热带地区。辽宁省大连有栽培。

本种可作绿肥、绿篱，也可以作为观赏植物栽培。

■ 双荚决明

花

叶

植株一部分

植株

（4）望江南（中国植物志，Flora of China）

Senna occidentalis (L.) Link, Handb. 2: 140. 1831; Fl. China 10: 30. 2010; The Checklist of the Naturalized Plants in China: 66. 2019.——*Cassia occidentalis* L., Sp. Pl. 377. 1753; 中国植物志39: 125. 1988.

原产美洲热带地区，现广布于全世界热带和亚热带地区。黑龙江省哈尔滨、辽宁省大连及内蒙古自治区有栽培或逸生。常生村边荒地、河边滩地、旷野或丘陵的灌木林或疏林中。

在医药上作缓泻剂，种子炒后治疟疾；根有利尿功效；鲜叶捣碎治毒蛇、毒虫咬伤。

■ 望江南

花正面观

花侧面观

植株

植株一部分

5 山扁豆属 *Chamaecrista* Moench

Chamaecrista Moench, Methodus. 272. 1794.

草本、灌木或小乔木。偶数羽状复叶，小叶对生，叶常具腺体。小苞片2；黄色或红色；萼裂片5；花瓣5；雄蕊5～10枚能育，花丝直形，花药缝线处具短柔毛，花药常从顶部孔或狭缝裂开。荚果弹裂，瓣膜卷曲；种子光滑或具麻点。

本属全世界约270种，大部分种分布于美洲，少数种分布于亚洲热带地区。中国有3种。东北地区产2种，其中栽培1种。

分种检索表

1. 一年生草本；小叶8～28对；雄蕊4～5枚……………………………… 1. 豆茶决明 C. nomame (Sieb.) H. Ohashi
1. 一年生或多年生亚灌木状草本；小叶20～50对；雄蕊10枚 ………………… 2. 山扁豆 C. mimosoides (L.) Greene

（1）豆茶决明（辽宁植物志，东北植物检索表，东北草本植物志，中国植物志，Flora of China）；豆茶山扁豆（多识植物百科）

Chamaecrista nomame (Makino) H. Ohashi, J. Jap. Bot. 64(7): 215. 1989.——*Senna nomame* (Makino) T. C. Chen in Fl. China 10: 31. 2010.——*Cassia nomame* (Sieb.) Kitag. in Rep. Inst. Sci. Res. Manchoukuo 3 (App. 1): 283. 1939; 东北草本植物志5: 61. 图版27: 1～2. 1976; 中国植物志39: 128. 图版42: 5. 1988; 辽宁植物志（上册）: 887. 图版373: 1～2. 1988; 东北植物检索表（第二版）: 346. 图版170: 2. 1995.

生向阳草地、山坡、河边及荒地。产吉林省集安；辽宁省西丰、清原、新宾、沈阳、桓仁、本溪、凤城、宽甸、丹东、岫岩、普兰店、庄河、金州、大连、锦州、葫芦岛等地。

■ 豆茶决明

花侧面观

花正面观

荚果弹性开裂

植株

茎叶

植株一部分

（2）山扁豆（Flora of China）；含羞草决明（中国植物志）；含羞草山扁豆（植物智网站）

Chamaecrista mimosoides (L.) Greene, Pittonia. 4: 27. 1897; Fl. China 10: 33. 2010.——*Cassia mimosoides* L., Sp. Pl. 379. 1753; 中国植物志39: 126. 图版42: 1～4. 1988; The Checklist of the Naturalized Plants in China: 50. 2019.

原产美洲热带地区。黑龙江、辽宁有栽培或逸生记录，但我们查到多份标本均为豆茶决明*Chamaecrista nomame* (Makino) H.Ohashi的错误鉴定，野外也未见。尚需进一步核实。

本种是良好的覆盖植物和改土植物，同时又是良好的绿肥；其幼嫩茎叶可以代茶；根治痢疾。

6 野决明属 *Thermopsis* R. Br.

Thermopsis R. Br. in Ait. Hort. Kew. ed. 2, 3: 3. 1811.

多年生草本，具匍匐根状茎。掌状三出复叶，具柄；托叶叶状，分离，通常大。总状花序顶生，单一，或偶为2～3枝；花大，轮生或对生，偶互生；苞片3（～6）枚，稀1枚，叶状，近基部连合，宿存；萼钟形，外侧稍呈囊状隆起或不隆起，基部钝圆或狭尖，萼齿5，上方2齿合生；花冠黄色，稀紫色，花瓣均具瓣柄，旗瓣卵圆，先端凹缺，翼瓣长圆形，比龙骨瓣窄或等宽，龙骨瓣前缘稍连合；雄蕊10枚，花丝扁平，全部分离；子房线形，胚珠4～22粒，花柱长，稍弯曲，通常密被毛，柱头点状。荚果线形、长圆形或卵形，扁平，偶膨胀。

本属全世界25种，产北美洲、西伯利亚、朝鲜、日本、蒙古国、中亚细亚和中国。中国有12种，分布于北部、西北和西南部。东北地区产2种。

分种检索表

1\. 花对生或轮生；叶柄明显短于托叶 ……………… **1. 披针叶野决明** T. lanceolata R. Br.
1\. 花互生；叶柄与托叶几乎等长 ……………… **2. 野决明** T. fabacea (Pall.) DC.

（1）披针叶野决明（黑龙江省植物志，中国植物志，Flora of China）；牧马豆（辽宁植物志，东北植物检索表，东北草本植物志）；披针叶黄华（内蒙古植物志）

Thermopsis lanceolata R. Br. in Air. Hort. Kew. ed. 2, 3: 3. 1811; 东北草本植物志5: 63. 图版28: 4～7. 1976; 辽宁植物志（上册）: 897. 图版376: 4～7. 1988; 内蒙古植物志（第二版）3: 190. 图版76. 1989; 东北植物检索表（第二版）: 368. 图版170: 5. 1995; 中国植物志42(2): 402. 1998; Fl. China 10: 103. 2010.

生草原沙丘、河岸和砾滩。产黑龙江省杜尔伯特、安达、尚志、哈尔滨；吉林省镇赉；辽宁省建平；内蒙古自治区各地。

全草有祛痰止咳作用，用于咳嗽痰喘。

■ 披针叶野决明

苗期

茎叶

■ 披针叶野决明

花

荚果及种子

果序

植株一部分

植株

（2）野决明（中国主要植物图说 · 豆科，中国植物志，Flora of China）

Thermopsis fabacea (Pall.) DC. in Prodr. 2: 99. 1825; 中国主要植物图说 · 豆科 160. 1955; 云南植物研究 23(1): 41 ~ 42. 2001.——*T. lupinoides* (L.) Link in Enum. Hort. Berol. 1: 401. 1821; 中国植物志42(2): 399. 图版103: 1 ~ 6. 1998; Fl. China 10: 103. 2010.

生河口滩地及滨海沙滩。产内蒙古自治区陈巴尔虎旗。

常作蔬菜栽培。

7　马鞍树属　*Maackia* Rupr. et Maxim.

Maackia Rupr. et Maxim. in Bull. Phys.–Math. Acad. Imp. Sci. St. Petersb. 15: 143. 1856.

落叶乔木或灌木。奇数羽状复叶，互生；小叶对生或近对生，全缘；小叶柄短。总状花序单一或在基部分枝；花两性，多数，密集；每花有1枚早落苞片；花萼膨大，钟状，5齿裂；花冠白色，旗瓣倒卵形、长椭圆状倒卵形或倒卵状楔形，瓣片反卷，瓣柄增厚，翼瓣斜长椭圆形，基部戟形，龙骨瓣稍内弯，斜半箭形，背部稍叠生；雄蕊10，花丝基部稍连合，着生于花萼筒上，花药背着，椭圆形；子房密被毛，花柱稍内弯，柱头小，顶生。荚果扁平，长椭圆形至线形，有种子1～5粒；种子长椭圆形，压扁，种皮薄，褐色或褐黄色，平滑。

本属全世界约12种，产东亚。中国有7种。东北地区产1种1变种。

分种下单位检索表

1. 小叶7～11枚，幼叶两面密被灰白色毛，后脱落，稀下面中脉下部有疏长毛 ………… a. 朝鲜槐 M. amurensis var. amurensis
1. 小叶7～15枚，下面密被灰褐色柔毛 ………… b. 毛叶山槐 M. amurensis var. buergeri

朝鲜槐（中国植物志，Flora of China）；櫰槐（辽宁植物志，东北植物检索表）；山槐（黑龙江省植物志）

Maackia amurensis Rupr. et Maxim. in Bull. Phys.–Math. Acad. Imp. Sci. Petersb. 15: 128, 143. 1856; 辽宁植物志（上册）: 894. 图版375: 1～5. 1988; 中国植物志40: 59. 图版18: 1～5. 1994; 东北植物检索表（第二版）: 357. 图版181: 1. 1995; 黑龙江省植物志6: 287. 图版127: 1～6. 1998; Fl. China 10: 96. 2010.

落叶乔木。奇数羽状复叶互生；小叶对生或近对生，7～11枚。总状或复总状花序顶生，花密；萼钟状，5浅裂；花冠白色，长约10毫米。荚果扁平，线状长圆形，褐色，沿缝线开裂。

（a）朝鲜槐（原变种）

Maackia amurensis var. *amurensis*

生阔叶林内、林边、溪流、灌木丛间。产黑龙江省宁安、孙吴、萝北、伊春、密山、集贤；吉林省安图、临江、抚松、和龙、汪清、长白、蛟河、公主岭、敦化、珲春；辽宁省庄河、瓦房店、绥中、凌源、桓仁、盖州、沈阳、抚顺等地。

木质坚硬，可做家具、车轮、马鞍，并可作建筑及细木工用材；树叶可洗涤衣服；树皮可提取黄色染料；种子可榨油。嫩茎叶可食。茎皮有毒。枝用于风湿病。

■ 朝鲜槐

叶

树干

花序一部分

■ 朝鲜槐

果序

花枝

叶背面观

（b）毛叶山槐（变种）（黑龙江省植物志）

Maackia amurensis var. *buergeri* (Maxim.) Schneid. Ill. Handb. Laubh. 2: 16. 1907; 黑龙江省植物志6: 289. 1998.

生境与分布同原变种。

8 槐属 *Styphnolobium* Schott

Styphnolobium Schott, Wiener Z. Kunst 1830(3): 844. 1830.

乔木，稀灌木。奇数羽状复叶；小叶多数，全缘；有托叶和小托叶。花序圆锥状，顶生、腋生或与叶对生；花白色、黄色或紫色；苞片小，线形，或缺如，常无小苞片；花萼钟状或杯状，萼齿5；旗瓣形状、大小多变，翼瓣单侧生或双侧生，形状与大小多变，龙骨瓣与翼瓣相似；雄蕊10，分离或基部有不同程度的连合，花药卵形或椭圆形，丁字着生；子房具柄或无；花柱直或内弯，柱头棒状或点状，稀被长柔毛，呈画笔状。荚果圆柱形或稍扁，串珠状；种子1至多数。

本属全世界约4种。中国有2种。东北地区产1种3变种2变型，其中栽培3变种2变型。

分种下单位检索表

1. 当年生枝条绿色；叶绿色。
  2. 花冠各部位均为黄白色（a. 槐 S. japonicum var. japonicum）。
    3. 大枝不弯曲，小枝不下垂。
      4. 小叶4～7对，组成羽状复叶 …… aa. 槐 S. japonicum f. japonicum
      4. 小叶1～2对，集生叶轴先端成为掌状，或仅为规则的掌状分裂 …… ab. 五叶槐 S. japonicum f. oligophylla
    3. 大枝弯曲扭转，小枝下垂 …… ac. 龙爪槐 S. japonicum f. pendula
  2. 翼瓣和龙骨瓣紫色，旗瓣白色或先端带有紫红脉纹 …… b. 堇花槐 S. japonicum var. violacea
1. 当年生枝条金黄色或黄绿色；叶嫩时黄色，后变黄绿色。
  5. 当年生枝条黄色或黄绿色 …… c. 金叶国槐 S. japonicum cv. 'Chrysophylla'
  5. 当年生枝条金黄色 …… d. 金枝国槐 S. japonicum cv. 'Chrysoclada'

槐（辽宁植物志，内蒙古植物志，东北植物检索表，中国植物志，Flora of China）；槐树（黑龙江省植物志）；国槐（俗称）

Styphnolobium japonicum (L.) Schott in Wiener Z. Kunst 3: 844. 1830.——*Sophora japonica* L. in Mant. 1: 68. 1767; 辽宁植物志（上册）: 892. 图版374: 7 ~ 12. 1988; 内蒙古植物志（第二版）3: 188. 图版75: 7 ~ 12. 1989; 中国植物志40: 92. 图版27: 13 ~ 18. 1994; 东北植物检索表（第二版）: 365. 图版181: 4. 1995; 黑龙江省植物志6: 318. 1998; Fl. China 10: 92. 2010.

落叶乔木。奇数羽状复叶互生；小叶7 ~ 15对。圆锥花序顶生；花冠蝶形，黄白色。圆锥花序顶生；萼钟状，先端5浅裂；花冠蝶形，黄白色。荚果种子间缢缩而呈念珠状，下垂。

（a）槐（原变种）

Styphnolobium. japonicum var. *japonicum*

（aa）槐（原变型）

Styphnolobium. japonicum f. *japonicum*

生山坡、林缘肥沃湿润土壤。产辽宁省绥中、凌源、朝阳、建平、喀左、兴城、葫芦岛等地。黑龙江省哈尔滨及东北多地常见栽培。

木材可供建筑及家具用。花可提炼黄色染料；果实、花、枝叶、树皮供药用。花、叶、茎皮和荚果有毒。

■ 槐

树干

果序

花序

植株

叶

（ab）五叶槐（变型）（中国植物志）；蝴蝶槐

Styphnolobium japonicum f. *oligophylla* (Franch.) H. Ohashi.——*Sophora japonica* f. *oligophylla* Franch. in Nouv. Arch. Mus. Hist. Nat. Paris ser. 3, 5: 25. 1883; 中国植物志40: 93. 1994.

辽宁省大连等地有栽培。

■ 五叶槐

果序

植株

叶

（ac）龙爪槐（变型）（辽宁植物志，东北植物检索表，中国植物志）

Styphnolobium japonicum f. *pendula* (Hort. apud Loud.) S. M. Zhang, 东北维管束植物考：351. 2021.——*Sophora japonica* f. *pendula* Hort. apud Loud. in Arb. Brit. 2: 564. 1838; 中国植物志40: 93. 1994.—— *Sophora japonica* var. *pendula* Loudon ex Swee in Hort. Brit. 107. 1827; 辽宁植物志（上册）: 894. 1988; 东北植物检索表（第二版）: 365. 1995.

辽宁省各地广泛栽培。

■ 龙爪槐

居群

植株

植株一部分

（b）堇花槐（变种）（中国植物志）

Styphnolobium japonicum var. *violacea* (Carr.) S. M. Zhang, 东北维管束植物考：351. 2021.——*Sophora japonica* var. *violacea* Carr. in Rev. Hort. 465. 1865; 中国植物志40: 94. 1994.

辽宁省有栽培。

■ 堇花槐

植株

花序一部分

（c）金叶国槐（栽培变种）

Styphnolobium japonicum cv. 'Chrysophylla'

辽宁省有栽培。

■ 金叶国槐

植株

植株一部分

（d）金枝国槐（栽培变种）

Styphnolobium japonicum cv. 'Chrysoclada'

辽宁省有栽培。

■ 金枝国槐

冬季居群

夏季居群

■ 金枝国槐

小枝

植株一部分

9 苦参属 *Sophora* L.

Sophora L., Sp. Pl. 373. 1753.

小乔木、灌木、亚灌木或草本。奇数羽状复叶；小叶多数，全缘；叶柄基部不膨大。花序总状，稍近圆锥状，顶生、腋生或与叶对生；花白色、黄色或紫色；苞片小，线形，或缺如；花萼钟状或杯状，萼齿5；旗瓣形状、大小多变，翼瓣单侧生或双侧生，龙骨瓣与翼瓣相似；雄蕊10，分离或基部有不同程度的连合，花药卵形或椭圆形，丁字着生；子房具柄或无；花柱直或内弯，柱头棒状或点状，稀被长柔毛，呈画笔状。荚果圆柱形或稍扁，串珠状。

本属全世界约有70种，广泛分布于两半球的热带至温带地区。中国有19种，主要分布于西南、华南和华东地区，少数种分布到华北、西北和东北地区。东北地区产1种。

苦参（辽宁植物志，黑龙江省植物志，内蒙古植物志，东北植物检索表，中国植物志，Flora of China）；地槐（本草纲目）

■ 苦参

果序

植株

花序

Sophora flavescens Ait. in Alt. Hort. Kew ed. 1, 2: 43. 1789; 辽宁植物志（上册）: 892. 图版374: 1 ~ 6. 1988; 内蒙古植物志（第二版）3: 188. 图版74: 7 ~ 12. 1989; 中国植物志40: 81. 图版25: 1 ~ 6. 1994; 东北植物检索表（第二版）: 368. 图版181: 5. 1995; 黑龙江省植物志6: 316. 图版141: 1 ~ 8. 1998; Fl. China 10: 90. 2010.

落叶直立灌木或半灌木；主根粗壮，味苦；奇数羽状复叶互生，小叶6 ~ 12对；总状花序顶生并于顶部腋生，比叶长；花瓣淡黄色或黄白色；荚果圆筒状，种子间缢缩。多生长在山坡草地、沙地及河岸砾质地等处。产黑龙江省哈尔滨、齐齐哈尔、虎林、肇东、宁安、密山、鸡西、安达、黑河、孙吴、嘉荫、鹤岗、萝北；吉林省双辽、吉林、通榆、白城、临江、珲春、汪清；辽宁省各地；内蒙古自治区额尔古纳、根河、牙克石、扎兰屯、鄂伦春、科尔沁右翼前旗、乌兰浩特、扎赉特旗、科尔沁左翼后旗、宁城等地。

根供药用，有清热燥湿、祛风杀虫作用，还可作农业杀虫剂。茎皮纤维可作纺织原料。根和种子有毒。

10 落花生属 *Arachis* L.

Arachis L., Sp. Pl. 741. 1753.

一年生草本。偶数羽状复叶具小叶2 ~ 3对。花单生或数朵簇生于叶腋内，无柄；花萼膜质，萼管纤弱，裂片5，上部4裂片合生，下部1裂片分离；花冠黄色，旗瓣近圆形，具瓣柄，无耳，翼瓣长圆形，具瓣柄，有耳，龙骨瓣内弯；雄蕊10，单体，花药二型，长短互生；花柱细长，胚珠受精后子房柄逐渐延长，下弯成一坚强的柄，将尚未膨大的子房插入土下，并于地下发育成熟。荚果长椭圆形，有凸起的网脉，不开裂，通常于种子之间缢缩，有种子1 ~ 4颗。

本属全世界约22种，分布于热带美洲。中国栽培2种。东北各地常见栽培1种。

落花生（辽宁植物志，黑龙江省植物志，内蒙古植物志，东北植物检索表，东北草本植物志，中国植物志，Flora of China）；花生（俗称）

Arachis hypogaea L., Sp. Pl. 741. 1753; 东北草本植物志5: 128. 1976; 辽宁植物志（上册）: 946. 1988; 内蒙古植物志（第二版）3: 347. 图版135: 7 ~ 10. 1989; 东北植物检索表（第二版）: 336. 1995; 中国植物志41: 361. 图版58: 6 ~ 12. 1995; 黑龙江省植物志6: 229. 图版98: 1 ~ 5. 1998; Fl. China 10: 132. 2010.

一年生草本；偶数羽状复叶，小叶2对；花黄色或金黄色，花后因子房柄延长而伸入地下结实；荚果长圆形，具明显网纹，种子间通常缢缩。原产巴西。东北各地常见栽培。

油料作物。叶有安神作用；种子有补脾润肺、止血作用；种皮有止血作用。

■ 落花生

植株

花

荚果

11 合萌属（田皂角属） *Aeschynomene* L.

Aeschynomene L., Sp. Pl. 2: 713. 1753.

草本或小灌木。奇数羽状复叶具小叶多对，互相紧接并容易闭合。花小，数朵组成腋生的总状花序；苞片托叶状，成对，宿存，边缘有小齿；小苞片卵状披针形，宿存；花萼膜质，通常二唇形，上唇2裂，下唇3裂；花易脱落；旗瓣大，圆形，具瓣柄；翼瓣无耳；龙骨瓣弯曲而略有喙；雄蕊二体（5+5）或基部合生成一体，花药一式，肾形；子房具柄，线形，有胚珠多颗，花柱丝状，向内弯曲，柱头顶生。荚果有果颈，扁平，具荚节4～8，各节有种子1颗。

本属全世界约150种，分布于全世界热带和亚热带地区。中国有2种。东北地区产1种。

合萌（中国植物志，Flora of China）；田皂角（辽宁植物志，东北植物检索表，东北草本植物志）

Aeschynomene indica L., Sp. Pl. 2: 713. 1753; 东北草本植物志5: 126. 图版56: 1～7. 1976; 辽宁植物志（上册）: 944. 图版399: 1～7. 1988; 东北植物检索表（第二版）: 334. 图版161: 4. 1995; 中国植物志41: 351. 图版84: 7～11. 1995; Fl. China 10: 132. 2010.

一年生直立草本；奇数羽状复叶；小叶互相紧接并容易闭合，全缘；短总状花序腋生；花冠黄色或稍带紫色；荚果线状长圆形。生湿地、河岸边的沙土地。产吉林省集安、梅河口、靖宇；辽宁省沈阳、抚顺、营口、盖州、丹东、大连等地。

全草治小便不利、黄疸、夜盲症、支气管炎等。还可作兽药。

■ 合萌

居群

花

植株一部分

12 斧荚豆属 *Securigera* DC.

Securigera DC., Fl. Franc. [de Candolle & Lamarck], ed. 3. 4: 609. 1805.

一年生、多年生草本或矮小灌木。奇数羽状复叶，具小叶3～5至多数，全缘。伞形花序腋生；苞片小，着生于花梗的基部，披针形，宿存；小苞片着生于花萼的基部，披针状，宿存；花有黄色、紫色或白色，明显有淡紫红色脉纹，下垂；花萼膜质，短钟状，偏斜，二唇形，萼齿5；花冠伸出萼外，旗瓣近圆形或扁圆形，有瓣柄，无耳，翼瓣倒卵形或长圆形，有瓣柄和耳，雄蕊二体（1+9）；子房具柄，线形，花柱丝状，向内弯曲，柱头顶生。荚果细瘦，近圆柱形并有纵脊或棱角4条，不开裂，有节，各荚节长圆形而稍扁，内具种子1颗。

本属全世界约55种，多分布于加那列群岛、欧洲北部和中部、地中海地区、非洲东北部、亚洲西部。中国栽培2种。东北地区栽培1种。

绣球小冠花（辽宁植物志，东北植物检索表，东北草本植物志，中国植物志）

Securigera varia (L.) Lassen, Svensk Bot. Tidskr. 83(2): 86. 1989.——*Coronilla varia* L., Sp. Pl. 743. 1753; 东北草本植物志5: 128. 图版56: 8 ~ 14. 1976; 辽宁植物志（上册）: 944. 图版399: 8 ~ 14. 1988; 东北植物检索表（第二版）: 348. 图版161: 3. 1995; 中国植物志42(2): 229. 图版60: 1 ~ 7. 1998.

多年生草本；奇数或偶数羽状复叶；花12 ~ 20朵集成球状；总花梗与叶近等长，疏生小刺；花冠蔷薇色、白色或紫色；荚果线形，略扁而有四棱，先端具小喙。原产欧洲。辽宁省大连等地有栽培。

优良观赏植物；具有强心利尿的药用功效；可作绿肥。

■ 绣球小冠花

果序

花序

叶

植株

13 长柄山蚂蝗属 *Hylodesmum* H. Ohashi & R. R. Mill

Hylodesmum H. Ohashi & R. R. Mill, Edinburgh J. Bot. 57: 173. 2000.

多年生草本或亚灌木状。根茎略呈木质。叶为羽状复叶；小叶3 ~ 7，全缘或浅波状；有托叶和小托叶。花序顶生或腋生，或有时从能育枝的基部单独发出，总状花序，少为稀疏的圆锥花序；具苞片，通常无小苞片，每节通常着生2 ~ 3花；花梗通常有钩状毛和短柔毛；花萼宽钟状，5裂，上部2裂片完全合生而成4裂或先端微2裂，裂片较萼筒长或短；旗瓣宽椭圆形或倒卵形，具短瓣柄，翼瓣、龙骨瓣通常狭椭圆形，有瓣柄或无；雄蕊单体，少有近单体；子房具细长或稍短的柄。荚果具细长或稍短的果颈（子房柄），有荚节2 ~ 5。

本属全世界约14种，主产亚洲，少数种类产美洲。中国有10种，南北均产。东北地区产1种1亚种。

分种检索表

1. 羽状复叶具3枚小叶；荚果具1～2节
 …………………………………… 1b. **宽卵叶长柄山蚂蝗 H. podocarpum** subsp. **fallax** (Schindl.) H.Ohashi & R.R.Mill
1. 羽状复叶具5～7枚小叶；荚果具1～3节 …………… 2. **羽叶长柄山蚂蝗 H. oldhamii** (Oliver) H. Ohashi & R. R. Mill

（1）长柄山蚂蝗（中国植物志，Flora of China）

Hylodesmum podocarpum (Candolle) H. Ohashi & R. R. Mill, Edinburgh J. Bot. 57: 181. 2000; Fl. China 10: 281. 2010.——*Podocarpium podocarpum* (DC.) Yang et Huang in Bull. Bot. Lab. North-East Forest. Inst. no. 4: 7. 1979; 中国植物志41: 52. 1995.

（1a）长柄山蚂蝗（原亚种）

Hylodesmum podocarpum subsp. *podocarpum*

中国产河北、江苏、浙江、安徽、江西、山东、河南、湖北、湖南、广东、广西、四川、贵州、云南、西藏、陕西、甘肃等省区。东北地区不产。

（1b）宽卵叶长柄山蚂蝗（亚种）（黑龙江省植物志，中国植物志，Flora of China）；东北山马蝗（辽宁植物志，东北植物检索表，东北草本植物志）

Hylodesmum podocarpum subsp. *fallax* (Schindl.) H. Ohashi & R. R. Mill in Edinburgh J. Bot. 57: 182. 2000; Fl. China 10: 281. 2010.——*Desmodium fallax* Schindl. var. *mandshuricum* (Maxim.) Nakai in Bot. Mag. Tokyo 44: 32. 1930; 东北草本植物志5: 129. 图版47: 4～6. 1976; 辽宁植物志（上册）: 947. 图版400: 4～6. 1988; 东北植物检索表（第二版）: 348. 图版161: 2. 1995.——*Podocarpium podocarpum* (DC.) Yang et Huang var. *fallax* (Schindl.) Yang et Huang in Bull. Bot. Lab. North-East Forrest. Inst. no 4: 8. 1979; 中国植物志41: 54. 图版9: 3. 1995; 黑龙江省植物志6: 310. 图版138: 4～6. 1998.

生林缘、疏林下或灌丛中。产黑龙江省尚志；吉林省安图、抚松、浑江、集安、柳河、辉南、靖宇、梅河口、长白、珲春；辽宁省庄河、清原、本溪、桓仁等地。

全草可为家畜饲料。根及全草有健脾化湿、祛风止痛、破瘀消肿作用。

■ 宽卵叶长柄山蚂蝗

果序

花序

植株一部分

（2）羽叶长柄山蚂蝗（黑龙江省植物志，中国植物志，Flora of China）；羽叶山马蝗（辽宁植物志，东北植物检索表，东北草本植物志）

Hylodesmum oldhamii (Oliver) H. Ohashi & R. R. Mill in Edinburgh J. Bot. 57: 180. 2000; Fl. China 10: 279. 2010.——*Desmodium oldhamii* Oliver in Journ. L. Soc. Bot 9: 165. 1865; 东北草本植物志5: 129. 图版57: 1 ~ 3. 1976; 辽宁植物志（上册）: 948. 图版400: 1 ~ 3. 1988; 东北植物检索表（第二版）: 348. 图版161: 1. 1995.——*Podocarpium oldhami* (Oliv.) Yang et Huang in Bot. Lab. North-East Forest. Inst. no. 4. 6. 1979; 中国植物志41: 49. 1995; 黑龙江省植物志6: 312. 图版138: 1 ~ 3. 1998.

生山谷、沟边、灌丛中。产黑龙江省尚志；吉林省集安、吉林（龙潭山）、靖宇、梅河口、龙井、通化；辽宁省庄河、鞍山、凤城、岫岩、本溪、桓仁等地。

根及全株有祛风活血、利尿、杀虫作用。

■ 羽叶长柄山蚂蝗

植株

花序

叶

果序一部分

14 驴食草属（驴豆属） *Onobrychis* Mill.

Onobrychis Mill. Gard. Dict. Arb. ed. 4. 2. 1754.

一年生或多年生草本，有时为具刺的小灌木。叶为奇数羽状复叶；托叶干膜质，离生或合生；小叶全缘，无小托叶。总状花序腋生或有时花序呈穗状；苞片暗棕色，干膜质；具长的总花梗；小苞片2，钻状，着生萼筒基部或无苞片；花萼钟状，5齿裂，萼齿披针状线形；花冠紫红、玫瑰紫色或淡黄色，旗瓣倒卵形或倒心形，翼瓣短小，龙骨瓣等于、长于或短于旗瓣；雄蕊为9+1的二体，分离的1枚雄蕊在中部与雄蕊管黏着，花药同型；子房无柄，1 ~ 2枚胚珠，花柱丝状，上部与雄蕊同时内弯，柱头头状，顶生。荚果通常1节，节荚半圆形或鸡冠状，两侧膨胀，不开裂，脉纹隆起，通常具皮刺。

本属全世界约130种。主要分布于北非、西亚和中亚以及欧洲等。中国有3种（含1栽培种）。东北地区栽培1种。

驴食草（中国植物志，Flora of China）；红豆草（内蒙古植物志）；驴食豆（植物智网站）

Onobrychis viciifolia Scop. Fl. Carn. 2: 76. 1772; 中国主要植物图说 · 豆科460. 图451. 1955; 中国植物志42(2): 221. 1998; Fl. China 10: 526. 2010; 内蒙古植物志（第三版）3: 191. 2020.

多年生草本；小叶13 ~ 19；总状花序腋生，明显超出叶层；花冠玫瑰紫色；子房密被贴伏柔毛；荚果具1个节荚，节荚半圆形，上部边缘具或尖或钝的刺。原产欧洲。内蒙古自治区呼伦贝尔有栽培。

可作牧草。

■ 驴食草

植株

果序

花序

花序一部分

居群

15 岩黄芪属 *Hedysarum* L.

Hedysarum L., Sp. Pl. 2: 745. 1753.

多年生草本。叶为奇数羽状复叶，托叶2，干膜质，与叶对生，基部合生或分离；小叶全缘，上面通常具亮点，无小托叶。花序总状，腋生：苞片卵形、披针形或钻状，干膜质，小苞片2，干膜质，刚毛状，着生于花萼基部；花萼钟状或斜钟状，萼齿5，常不等长，萼筒基部具2小苞片；花冠紫红色、玫瑰红色、黄色或白色；旗瓣比龙骨瓣稍长或稍短；龙骨瓣通常较翼瓣长2～4倍，背脊呈钝角状；雄蕊为9+1的二体，雄蕊管上部膝曲，花药同型；子房线形，花柱丝状，包于雄蕊管内，柱头小而顶生。荚果通常有1～6荚节，不开裂。

本属全世界约有160种，主要分布于北温带的欧洲、亚洲、北美洲和北非。中国有41种。东北地区产5种。

分种检索表

1. 花淡黄色。
  2. 小叶长圆形，长10～25毫米，宽3～6毫米；荚节广椭圆形，两面凸，长3～4毫米，表面被白色短毛和短刺 ………………………………… **1. 刺岩黄芪 H. dahuricum** Turcz. ex B. Fedtsch.
  2. 小叶卵形至长卵形，长10～22毫米，宽5～11毫米；荚节倒卵状圆形或圆形，扁平，长6～9毫米，表面无毛及刺 ………………………………… **2. 拟蚕豆黄芪 H. vicioides** Turcz.
1. 花紫红色或红紫色。
  3. 茎短缩或不发育；叶基生 ………………………………… **3. 短茎岩黄芪 H. setigerum** Turcz
  3. 地上茎明显；叶茎生。
    4. 茎（有时短缩至3厘米以下）直立或斜升，被白色柔毛；龙骨瓣与旗瓣近等长或稍短；荚果表面被毛和刺 ………………………………… **4. 华北岩黄芪 H. gmelinii** Ledeb.
    4. 茎直立，无毛；龙骨瓣比旗瓣和翼瓣显著长；荚果表面无毛和刺 ………………… **5. 山岩黄芪 H. alpinum** L.

（1）刺岩黄芪（植物智网站）；刺岩黄耆（东北植物检索表，东北草本植物志，中国植物志，Flora of China）；达乌里岩黄芪（内蒙古植物志）

Hedysarum dahuricum Turcz. ex B. Fedtsch. in Kom. Fl. URSS 13: 290. 1948; 东北草本植物志5: 124. 图版11～14. 1976; 中国植物志42(2): 205. 图版53：1～6. 1998; 东北植物检索表（第二版）: 352. 图版172: 3. 1995; Fl. China 10: 522. 2010; 内蒙古植物志（第三版）3: 182. 2020.

生干旱的砾石质山坡和草原，为针茅草原的伴生种。产内蒙古自治区满洲里等地。

本种的地上全草为优良牧草，各类家畜喜食。

（2）长白岩黄芪（植物智网站）；长白岩黄耆（东北植物检索表，东北草本植物志）；拟蚕豆黄耆（中国植物志，Flora of China）

Hedysarum ussurense Schisch. et Kom. in Not. Syst. Herb. Bot. URSS. 6 (1): 11. 1926; 东北草本植物志5: 124. 图版1～10. 1976; 东北植物检索表（第二版）: 352. 图版172: 1. 1995; Fl. China 10: 518. 2010.——*H. vicioides* Turcz. in Bull. Soc. Nat. Mosc. 13: 69. 1840; 中国植物志42(2): 190. 1998.

生山地砾石山坡和岳桦林下、林缘、亚高山和高山草甸、岩壁和古老冰碛物上。产黑龙江省呼玛；吉林省安图、抚松、长白等地。

■ 长白岩黄芪

叶

植株一部分

植株

花序一部分

(3) 短茎岩黄芪 (内蒙古植物志) ; 短茎岩黄耆 (东北植物草本植物志，中国植物志，Flora of China)

Hedysarumsetigerum Turcz in Fisch. Et Mey. Ind. Sem. Hort. Petrop. I: 29. 1835; 东北草本植物志5: 126. 1976; 中国植物志42(2): 210. 1998; Fl. China 10: 523. 2010; 内蒙古植物志 (第三版) 3: 185. 2020.

生草原带的石质坡地或岩石处。产内蒙古自治区满洲里。

■ 短茎岩黄芪

果序

植株

叶

花序

(4) 华北岩黄芪 (植物智网站) ; 华北岩黄耆 (内蒙古植物志，东北植物检索表，中国植物志，Flora of China)

Hedysarum gmelinii Ledeb. in Mem. Acad. St. Petersb. 5: 551. 1812; 中国植物志42(2): 207. 图版53: 7 ~ 12. 1998; 东北植物检索表 (第二版) : 352. 1995; Fl. China 10: 522. 2010; 内蒙古植物志 (第三版) 3: 183. 2020.

生草原或山地草原的砾石质山坡和沙砾质干河滩。产内蒙古自治区满洲里、敖汉旗、巴林右旗、克什克腾旗、东乌珠穆沁旗、锡林浩特、正蓝旗等地。

■ 华北岩黄芪

花正面观

花侧面观

■ 华北岩黄芪

植株

植株一部分

（5）山岩黄芪（黑龙江省植物志）；山岩黄耆（内蒙古植物志，东北植物检索表，东北草本植物志，中国植物志，Flora of China）

Hedysarum alpinum L., Sp. Pl. 750. 1753; 东北草本植物志5: 124. 图版1 ~ 8. 1976; 内蒙古植物志（第二版）3: 342. 图版133. 1989; 中国植物志42(2): 192. 1998; 东北植物检索表（第二版）: 350. 图版172: 2. 1995; 黑龙江省植物志6: 261. 图版114: 1 ~ 8. 1998; Fl. China 10: 519. 2010.

生河谷草甸和泛滥地林下，沼泽化的针、阔叶林。产黑龙江省漠河、呼玛；内蒙古自治区额尔古纳、根河、牙克石、鄂伦春、鄂温克、陈巴尔虎旗、科尔沁右翼前旗、扎鲁特旗、巴林右旗、阿鲁科尔沁旗、克什克腾旗、东乌珠穆沁旗、西乌珠穆沁旗等地。

■ 山岩黄芪

果序

植株

植株一部分

花序

16 羊柴属（山竹子属） *Corethrodendron* Fischer & Basiner

Corethrodendron Fischer & Basiner, Bull. Cl. Phys.-Math. Acad. Imp. Sci. Saint-Pétersbourg. 4: 315. 1845.

半灌木。茎直立或斜升，有分枝。单数羽状复叶，托叶膜质。总状花序腋生，多花；苞片宿存或脱落；萼齿常不等长，萼筒基部具2小苞片；花通常紫红色；旗瓣比龙骨瓣稍长或稍短；龙骨瓣通常较翼瓣长2～4倍，背脊呈弧形弯曲；雄蕊10，为9+1的二体，花柱丝状，常屈曲。通常有1～4荚节，不开裂；荚节膨胀、球形或明显鼓凸，表面具网状脉，有毛或无毛，有时有针刺。

本属全世界约5种，分布于中国、巴基斯坦、蒙古国、俄罗斯。中国有5种。东北地区产2种1变种。

分种检索表

1. 花序常超出叶；子房和荚果无毛和刺 ……………………1. 木羊柴 C. lignosum (Trautvetter) L. R. Xu & B. H. Choi
1. 花序与叶近等高；幼果密被短柔毛，后逐渐变疏（2. 羊柴 C. fruticosum (Pallas) B. H. Choi & H. Ohashi）。
   2. 成熟荚果具细长的刺 ……………………………………………………… 2a. 羊柴 C. fruticosum var. fruticosum
   2. 成熟荚果无刺或仅少量有刺 ………………………………………… 2b. 蒙古羊柴 C. fruticosum var. mongolicum

（1）木羊柴（植物智网站）；木山竹子（Flora of China）；木岩黄耆（辽宁植物志，内蒙古植物志，东北植物检索表，东北草本植物志，中国植物志）；羊柴（内蒙古植物志）

Corethrodendron lignosum (Trautvetter) L. R. Xu & B. H. Choi, Fl. China. 10: 514. 2010.——*Corethrodendron fruticosum* var. *lignosum* (Trautv.) Y. Z. Zhao, 内蒙古植物志（第三版）3: 189. 2020.——*Hedysarum fruticosum* var. *lignosum* (Trautv.) Kitag. in Rep. First Sci Exped. Manch. Sect. IV. 4: 89. 1936; 东北草本植物志5: 122. 图版54: 16. 1976; 内蒙古植物志（第二版）3: 335. 图版130: 1～5. 1989; 中国植物志42(2): 183. 1998; 东北植物检索表（第二版）: 350. 1995.——*H. mongolicum* Turcz. var. *lignosum* (Trautv.) Kitag. in Rep. First Sci Exped. Manch. Sect. IV. 4: 89. 1936; 辽宁植物志（上册）: 943. 图版398: 8. 1988.

生固定或半固定沙丘和沙地。产吉林省扶余，前郭；辽宁省彰武；内蒙古自治区海拉尔、额尔古纳、满洲里、鄂温克、新巴尔虎左旗、科尔沁左翼后旗、扎鲁特旗、翁牛特旗、敖汉旗、巴林右旗、阿鲁科尔沁旗、克什克腾旗、赤峰、东乌珠穆沁旗、锡林浩特、正蓝旗、镶黄旗、多伦等地。

■ 木羊柴

植株

花

植株一部分

果序

（2）羊柴（植物智网站）；山竹子（Flora of China）；山竹岩黄耆（内蒙古植物志，东北草本植物志，中国植物志）

Corethrodendron fruticosum (Pallas) B. H. Choi & H. Ohashi, Taxon. 52: 573. 2003; Fl. China 10: 5134. 2010.——*Hedysarum fruticosum* Pall. Reise Ross Reich. 3: 752. 1776; 东北草本植物志5: 122. 图版54: 9 ~ 15. 1976; 内蒙古植物志（第二版）3: 335. 图版130: 1 ~ 5. 1989; 中国植物志42(2): 182. 1998.

半灌木或小半灌木。茎直立，幼枝被灰白色柔毛，或脱落。叶轴被短柔毛，小叶11 ~ 19，被短柔毛，小叶片椭圆形或长圆形。总状花序腋生，花序轴被短柔毛，具4 ~ 14朵花。荚果2 ~ 3节；节荚椭圆形，两侧膨胀，具细网纹，幼时密被短柔毛，后渐变疏。种子肾形，黄褐色。

（2a）羊柴（原变种）

Corethrodendron fruticosum var. *fruticosum*

生于草原带沿河、湖沙地、沙丘或古河床沙地。产内蒙古自治区呼伦贝尔。

本种为优良的饲料植物，为天然放牧场重要豆科植物；亦可引种为固沙植物，用于固定沿河、湖的移动沙丘。

■ 羊柴

花枝

荚果

花

（2b）蒙古羊柴（变种）（植物智网站）；蒙古山竹子（Flora of China）；山竹岩黄耆（辽宁植物志，东北植物检索表）；蒙古岩黄耆（中国植物志）

Corethrodendron fruticosum var. *mongolicum* (Turcz.) Turcz. ex Kitagawa, Lin. Fl. Manshur. 285. 1939; Fl. China 10: 514. 2010.——*Hedysarum fruticosum* var. *mongolicum* Turcz. in Act. Hort. Petrop. 19: 211. 1902; 中国植物志42(2): 183. 图版46: 7 ~ 11. 1998; 东北植物检索表（第二版）: 350. 图版172: 4. 1995.——*H. mongolicum* Turcz. in Bull. Soc. Nat. Mosc. 15: 781. 1842; 辽宁植物志（上册）: 942. 图版398: 1 ~ 7. 1988.

生半固定沙丘、流动沙丘及沙质草地。产黑龙江省安达以西地区；辽宁省彰武县章古台；内蒙古自治区海拉尔、额尔古纳、根河、鄂温克、陈巴尔虎旗、科尔沁右翼前旗、科尔沁左翼后旗、奈曼旗、东乌珠穆沁旗、西乌珠穆沁旗、锡林浩特、苏尼特左旗、苏尼特右旗等地。

■ 蒙古羊柴

果序

植株

花序

17 鸡眼草属 *Kummerowia* Schindl.

Kummerowia Schindl. in Fedde, Repert. Sp. Nov. 10: 403. 1912.

一年生草本，常多分枝。叶为三出羽状复叶；托叶膜质，大而宿存，通常比叶柄长。花通常1～2朵簇生于叶腋，稀3朵或更多，小苞片4枚生于花萼下方，其中有一枚较小；花小，旗瓣与翼瓣近等长，通常均较龙骨瓣短，正常花的花冠和雄蕊管在果时脱落，闭锁花或不发达的花的花冠、雄蕊管和花柱在成果时与花托分离连在荚果上、至后期才脱落；雄蕊二体（9+1）；子房有1胚珠。荚果扁平，具1节，1种子，不开裂。

本属全世界有2种，产俄罗斯（西伯利亚）至中国、朝鲜、日本。东北地区均有分布。

分种检索表

1. 枝上的毛向上；小叶倒卵形或广倒卵形，先端微凹；荚果比萼长1.5～3倍，先端圆形；苞及小苞具1～3脉 ……………… 1. 长萼鸡眼草 K. stipulacea (Maxim.) Makino

1. 枝上的毛向下；小叶长圆形或倒卵形，先端通常圆形；荚果比萼稍长或长达1倍，先端锐尖；苞及小苞具5～7脉 ……………… 2. 鸡眼草 K. striata (Thunb.) Schindl.

（1）长萼鸡眼草（内蒙古植物志，中国植物志，Flora of China）；短萼鸡眼草（辽宁植物志，黑龙江省植物志，东北植物检索表，东北草本植物志）

Kummerowia stipulacea (Maxim.) Makino in Bot. Mag. Tokyo 28: 107. 1914; 东北草本植物志5: 133. 图版58: 7～9. 1976; 辽宁植物志（上册）: 957. 图版404: 7～9. 1988; 内蒙古植物志（第二版）3: 359. 图版139: 10～18. 1989; 东北植物检索表（第二版）: 352. 图版161: 6. 1995; 中国植物志41: 160. 1995; 黑龙江省植物志6: 267. 图版117: 7～9. 1998; Fl. China 10: 311. 2010.

生路旁、山坡、河岸草地、沙质地及稍潮湿草地。产黑龙江省哈尔滨、依兰、黑河、萝北；吉林省各地；辽宁省各地；内蒙古自治区扎兰屯、鄂伦春、科尔沁右翼前旗、翁牛特旗、敖汉旗、巴林右旗、阿鲁科尔沁旗、喀喇沁旗、宁城等地。

■ 长萼鸡眼草

花

叶

植株

植株一部分

（2）鸡眼草（辽宁植物志，黑龙江省植物志，内蒙古植物志，东北植物检索表，东北草本植物志，中国植物志，Flora of China）；掐不齐（俗称）

Kummerowia striata (Thunb.) Schindl. in Fedde, Repert. Sp. Nov. 10: 403. 1912; 东北草本植物志5: 131. 图版58: 1 ~ 6. 1976; 辽宁植物志（上册）: 957. 图版404: 1 ~ 6. 1988; 内蒙古植物志（第二版）3: 359. 1989; 东北植物检索表（第二版）: 352. 图版161: 5. 1995; 中国植物志41: 159. 1995; 黑龙江省植物志6: 267. 图版117: 1 ~ 6. 1998; Fl. China 10: 311. 2010.

■ 鸡眼草

植株一部分

茎

花序

植株

生山坡、路旁、田边及山脚下草地。东北地区各地；内蒙古自治区科尔沁左翼后旗、大青沟等地。

全草有利尿、通淋、解热作用。枝叶可作绿肥和饲料。嫩苗可食。

18 胡枝子属 *Lespedeza* Michx.

Lespedeza Michx. Fl. Bor. Amer. 2: 70. t. 39. 1803.

多年生草本、半灌木或灌木。羽状复叶具3小叶；小叶全缘，先端有小刺尖，网状脉。花2至多数组成腋生的总状花序或花束；花常二型，一种有花冠，结实或不结实；另一种为闭锁花，花冠退化而不伸出花萼，结实；花萼钟形，5裂，上方2裂片通常下部合生，上部分离；花冠超出花萼，花瓣具瓣柄，旗瓣倒卵形或长圆形，翼瓣长圆形，龙骨瓣钝头、内弯；雄蕊10，二体（9+1）；子房上位，具1胚珠，花柱内弯，柱头顶生。荚果卵形、倒卵形或椭圆形，稀稍呈球形，双凸镜状，常有网纹。

本属全世界60余种，分布于东亚至澳大利亚东北部及北美洲。中国有25种，除新疆外，广布于全国各省区。东北地区产10种3变种3变型。

分种检索表

1. 不具无瓣花。
  2. 总状花序比叶短，总花梗短缩或近无总花梗 ……………… **1. 短梗胡枝子 L. cyrtobotrya** Miq.
  2. 总状花序比叶长，总花梗显著。
    3. 小叶先端急尖至长渐尖，上面被疏短毛，下面贴生短柔毛；花萼5裂至中部 ……………… **2. 宽叶胡枝子 L. maximowiczii** Schneid.
    3. 小叶先端钝圆或微凹，上面无毛，下面被疏柔毛，老时渐无毛；花萼5浅裂（**3. 胡枝子 L. bicolor** Turcz.）。
      4. 花冠红紫色（**3a. 胡枝子 L. bicolor** var. **bicolor**）。
        5. 枝条直立或斜展 ……………… **3a. 胡枝子 L. bicolor** f. **bicolor**
        5. 枝条明显下垂 ……………… **3b. 垂枝胡枝子 L. bicolor** f. **pendula** Tung et Lu
      4. 花冠白色 ……………… **3c. 白花胡枝子 L. bicolor** f. **albiflora** Matsum.
1. 具无瓣花。
  6. 总花梗纤细。
    7. 花紫色；总花梗稍粗、不为毛发状 ……………… **4. 多花胡枝子 L. floribunda** Bunge
    7. 花黄白色；总花梗毛发状（**5. 细梗胡枝子 L. virgata** (Thunb.) DC.）。
      8. 总花梗纤细如毛发状，被白色伏柔毛；小叶椭圆形、长圆形或卵状长圆形，稀近圆形，长0.6～3厘米，宽4～15毫米；花萼长4～6毫米 ……………… **5a. 细梗胡枝子 L. virgata** var. **virgata**
      8. 总花梗较粗壮，被开展的毛；小叶质卵状长圆形，长3～3.5厘米，宽10～15毫米；花萼长约7毫米 ……………… **5b. 大细梗胡枝子 L. virgata** var. **macrovirgata** (Kitag.) Kitag.
  6. 总花梗粗壮。
    9. 萼裂片狭披针形，花萼长为花冠的1/2以上。
      10. 植株密被黄褐色茸毛；小叶质厚，椭圆形或卵状长圆形；无瓣花簇生于叶腋呈球形 ……………… **6. 绒毛胡枝子 L. tomentosa** (Thunb.) Sieb. ex Maxim.
      10. 植株被粗硬毛或柔毛（**7. 兴安胡枝子 L. davurica** (Laxm.) Schindl.）。
        11. 茎通常稍斜升，不分枝或远离基部分枝；小叶下面被贴伏的短柔毛；花序较叶短或与叶近等长 ……………… **7a. 兴安胡枝子 L. davurica** var. **davurica**

（接上表）

11. 茎斜升或平卧，常自基部多分枝；小叶下面被灰白色粗硬毛；花序明显超出叶 ………………………………………………… 7b. **牛枝子** L.davurica var. prostrata Wang et Fu

9. 萼裂片披针形或三角形，花萼长不及花冠的1/2。

12. 小叶较狭，长为宽约10倍 ……………………………………… 8. **长叶胡枝子** L. caraganae Bunge

12. 小叶较宽，长为宽5倍以下。

13. 小叶长1～2.5厘米，宽0.5～1.5厘米，先端钝圆或微凹，基部宽楔形或圆形；总状花序与叶近等长；花冠白色，旗瓣基部带紫斑，花期反卷；荚果倒卵形，短于宿存萼 ………………………………………………… 9. **阴山胡枝子** L. inschanica (Maxim.) Schindl.

13. 小叶长1.5～3.5厘米，宽2～7毫米，先端稍尖或钝圆，有小刺尖，基部渐狭；总状花序稍超出叶；花冠白色或淡黄色，旗瓣基部带紫斑或不带紫斑，花期不反卷或稀反卷；荚果宽卵形，稍超出宿存萼（10. **尖叶铁扫帚** L. juncea (L. f.) Pers.）。

14. 旗瓣基部带紫斑，花冠白色或淡黄色 ……………………… 10a. **尖叶铁扫帚** L. juncea f. juncea

14. 旗瓣基部不带紫斑。

15. 花冠白色 …………………………… 10b. **白花尖叶胡枝子** L. juncea f. albiflorum S. M. Zhang

15. 花冠紫色 ………………………… 10c. **紫花尖叶胡枝子** L. juncea f. purpureum S. M. Zhang

（1）短梗胡枝子（辽宁植物志，东北植物检索表，中国植物志，Flora of China）

Lespedeza cyrtobotrya Miq. in Ann. Mus. Bot. Lugd.–Bat. 3: 47. 186; 辽宁植物志（上册）: 950. 图版401: 9～14. 1988; 东北植物检索表（第二版）: 355. 图版175: 2. 1995; 中国植物志41: 133. 图版32: 1～7. 1995; Fl. China 10: 304. 2010.

生于山坡、灌丛中或杂木林中。产吉林省集安、长春；辽宁省西丰、彰武、抚顺、岫岩、宽甸、凤城、丹东、盖州、兴城、金州、大连、庄河、普兰店、瓦房店等地。

茎皮纤维可制人造棉或造纸，枝条可作饲料及绿肥。嫩芽和种子可食。叶用于水肿。

■ 短梗胡枝子

植株一部分

植株

花序

（2）宽叶胡枝子（东北植物检索表，中国植物志，Flora of China）

Lespedeza maximowiczii Schneid. in Ill. Handb. Laubh. 2: 113. fig. 70i. 71h–i. 1907; 东北植物检索表（第二版）: 355. 1995; 中国植物志41: 139. 图版33: 8. 1995; Fl. China 10: 305. 2010.

生山坡或杂木林下。产辽宁省长海、金州。

资源价值同胡枝子。

■ 宽叶胡枝子

花序

花序一部分

荚果

叶

叶背面观

植株一部分

（3）胡枝子（辽宁植物志，黑龙江省植物志，内蒙古植物志，东北植物检索表，中国植物志，Flora of China）

Lespedeza bicolor Turcz. in Bull. Soc. Nat. Mosc. 13: 69. 1840; 辽宁植物志（上册）: 950. 图版401: 1 ~ 8. 1988; 内蒙古植物志（第二版）3: 349. 图版136: 1 ~ 9. 1989; 东北植物检索表（第二版）: 355. 图版175: 1. 1995; 黑龙江省植物志6: 283. 图版125: 1 ~ 4. 1998; 中国植物志41: 143. 图版34: 1 ~ 8. 1995; Fl. China 10: 306. 2010.

（3a）胡枝子（原变型）

Lespedeza bicolor f. *bicolor*

生荒山坡的灌木丛或杂木林间。产黑龙江省各林区；吉林省东部山区及中部半山区；辽宁省各地；内蒙古自治区牙克石、扎兰屯、鄂伦春、科尔沁右翼前旗、科尔沁左翼后旗、扎鲁特旗、巴林左旗、巴林右旗、阿鲁科尔沁旗、克什克腾旗、喀喇沁旗、宁城、镶黄旗、太仆寺旗、多伦、苏尼特右旗等地。

可作绿肥及饲料，也是水土保持的良好树种。根为清热解毒药，治疮疖、蛇咬伤。嫩芽和种子可食。

■ 胡枝子

花序一部分

花序

叶

植株

（3b）垂枝胡枝子（变型）（植物研究，东北植物检索表）

Lespedeza bicolor f. *pendula* Tung et Lu in Bull. Bot. Res. in Harbin 8(4): 102. 1988; 东北植物检索表（第二版）: 355. 1995.

生荒山坡的灌木丛或杂木林间。产辽宁省大连等地。

■ 垂枝胡枝子

花枝

植株

（3c）白花胡枝子（变型）（辽宁木本植物志）

Lespedeza bicolor f. *albiflora* Matsum., Bot. Mag. (Tokyo) 16: 69. 1902; 辽宁木本植物志: 358. 2018.

生荒山坡的灌木丛或杂木林间。产辽宁省长海（大长山岛）、瓦房店（交流岛）。

■ 白花胡枝子

花序

果序

植株

（4）多花胡枝子（辽宁植物志，内蒙古植物志，东北植物检索表，中国植物志，Flora of China）

Lespedeza floribunda Bunge in Pl. Mongh.-Chin. 1: 13. 1835; 辽宁植物志（上册）: 952. 图版402: 9. 1988; 内蒙古植物志（第二版）3: 351. 图版136: 10～19. 1989; 东北植物检索表（第二版）: 355. 图版175: 5. 1995; 中国植物志41: 148. 图版38: 1～8. 1995; Fl. China 10: 307. 2010.

生山坡与旷野。产辽宁省大连、旅顺口、金州、瓦房店、阜新、朝阳、凌源、喀左、建平、北镇、锦州、葫芦岛；内蒙古自治区赤峰、翁牛特旗、巴林左旗等地。

可作饲料及绿肥；亦为水土保持植物。全草味涩，性凉，有消积、散瘀作用。

■ 多花胡枝子

叶

植株

花序

果序

（5）细梗胡枝子（辽宁植物志，东北植物检索表，中国植物志，Flora of China）

Lespedeza virgata (Thunb.) DC. in Prodr. 2: 350. 1825; 辽宁植物志（上册）: 952. 图版402: 8. 1988; 东北植物检索表（第二版）: 355. 图版175: 4. 1995; 中国植物志41: 148. 图版38: 9～11. 1995; Fl. China 10: 307. 2010.

（5a）细梗胡枝子（原变种）

Lespedeza virgata var. *virgata*

生石山山坡。产辽宁省大连、长海、旅顺口。

全草有清热、止血、截疟、镇咳作用，用于疟疾、中暑。

■ 细梗胡枝子

花序

植株

花枝

（5b）大细梗胡枝子（变种）（辽宁植物志，东北植物检索表，中国植物志，Flora of China）

Lespedeza virgata var. *macrovirgata* (Kitag.) Kitag. in Lineam. Fl. Mansh. 289. 1839; 辽宁植物志（上册）: 952. 1988; 东北植物检索表（第二版）: 355. 1995; 中国植物志41: 150. 1995; Fl. China 10: 308. 2010.

生石山山坡。模式标本采自辽宁省旅顺口。

■ 大细梗胡枝子

花序侧面观

植株

花序正面观

植株一部分

（6）绒毛胡枝子（辽宁植物志，黑龙江省植物志，内蒙古植物志，东北植物检索表，中国植物志，Flora of China）；山豆花（大连地区植物志）；球序绒毛胡枝子（植物研究）

Lespedeza tomentosa (Thunb.) Sieb. ex Maxim. in Act. Hort. Petrop. 2: 376. 1873; 辽宁植物志（上册）: 952. 图版402: 1～7. 1988; 内蒙古植物志（第二版）3: 352. 图版138: 1～5. 1989; 东北植物检索表（第二版）: 357. 图版175: 3. 1995; 中国植物志41: 150. 图版39: 8～9. 1995; 黑龙江省植物志6: 285. 图版126: 2～8. 1998; Fl. China 10: 308. 2010.——*L. tomentosa* var. *globiracemosa* S. L. Tung & Z. Lu, 植物研究8(4): 101. 图版2: 1. 1988.

生干旱的山坡及干草地。产黑龙江省大兴安岭山区；吉林省集安、九台；辽宁省西丰、开原、法库、阜新、朝阳、建昌、北镇、葫芦岛、北票、绥中、沈阳、抚顺、本溪、丹东、鞍山、营口、庄河、金州、大连；内蒙古自治区巴林右旗、敖汉旗、宁城等地。

可作饲料和绿肥。根有清热、止血、镇咳、滋补作用；嫩枝、叶也药用。

■ 绒毛胡枝子

叶

花序

植株

植株一部分

（7）兴安胡枝子（辽宁植物志，黑龙江省植物志，内蒙古植物志，东北植物检索表，中国植物志，Flora of China）；达乌里胡枝子（内蒙古植物志）；达呼里胡枝子（大连地区植物志）

Lespedeza davurica (Laxm.) Schindl. in Fedde, Repert. Sp. Nov. 22: 274. 1926; 辽宁植物志（上册）: 954. 图版403: 1 ~ 5. 1988; 内蒙古植物志（第二版）3: 351. 图版137: 1 ~ 8. 1989; 东北植物检索表（第二版）: 357. 图版175: 6. 1995; 中国植物志41: 151. 图版39: 1 ~ 7. 1995; 黑龙江省植物志6: 283. 图版125: 5 ~ 9. 1998; Fl. China 10: 308. 2010.

（7a）兴安胡枝子（原变种）

Lespedeza davurica var. *davurica*

生干山坡、草地、路旁及海滨沙地。产黑龙江省呼玛、安达、哈尔滨、密山、肇东、依兰、萝北；吉林省安图、吉林、通榆、长春、九台、珲春、镇赉；辽宁省西丰、法库、彰武、凌源、喀左、建昌、建平、北镇、兴城、绥中、沈阳、抚顺、本溪、金州、大连；内蒙古自治区陈巴尔虎旗、新巴尔虎左旗、新巴尔虎右旗、扎兰屯、科尔沁右翼前旗、扎赉特旗、科尔沁左翼后旗、巴林右旗、阿鲁科尔沁旗、克什克腾旗、林西、锡林浩特、多伦等地。

为优质饲用植物；耐干旱，可作水土保持及固沙植物。嫩芽和种子可食。

■ 兴安胡枝子

植株一部分

花序侧面观

植株

（7b）牛枝子（变种）（东北木本植物图志，内蒙古植物志，东北植物检索表，中国植物志，Flora of China）；短序牛枝子（植物研究）

Lespedeza davurica var. *prostrata* Wang et Fu, 东北木本植物图志 346. 1955; 内蒙古植物志（第二版）3: 352. 图版137: 9 ~ 15. 1989.——*L. daurica* (Laxm.) Schindl. f. *prostrata* (Wang et Fu) Kitagawa, Neo-Lineam. Fl. Mansh. 405. 1979.——*L. potaninii* V. N. Vassil. in Not. Syst. Herb. Inst. Bot. Acad. Sci. USSR 9: 202. 1946; 东北植物检索表（第二版）: 357. 图版175: 9. 1995; 中国植物志41: 153. 图版39: 10 ~ 11. 1995; Fl. China 10: 309. 2010; 内蒙古植物志（第三版）3: 196. 2020.——*L. potaninii* f. *breviracemi* S. L. Tung & Z. Lu, 植物研究8(4): 101. 图版2: 4. 1988.——*L. potaninii* V. N. Vassil. var. *breviracemi* (MS. L. Tung & Z. Lu) X. Y. Zhu in Legumes of China: A Checklist. 185. 2007.

生荒漠草原、草原带的沙质地、砾石地、丘陵。产吉林省通榆；辽宁省昌图、凌源、北镇、北票、大连；内蒙古自治区赤峰、翁牛特旗、巴林右旗、镶黄旗、二连浩特等地。

■ 牛枝子

植株

植株一部分

花序

花侧面观

（8）长叶胡枝子（东北植物检索表，中国植物志，Flora of China）；长叶铁扫帚（内蒙古植物志）

Lespedeza caraganae Bunge in Pl. Mongh.-Chin. 11. 1935; 内蒙古植物志（第二版）3: 354. 图版138: 6 ~ 10. 1989; 东北植物检索表（第二版）: 357. 1995; 中国植物志41: 155. 1995; Fl. China 10: 309. 2010.

生山坡上。产辽宁省大连、长海等地。

资源价值同兴安胡枝子。

■ 长叶胡枝子

果枝

花枝

植株

植株一部分

（9）阴山胡枝子（辽宁植物志，内蒙古植物志，东北植物检索表，中国植物志，Flora of China）；白指甲花（大连地区植物志）；黄花阴山胡枝子（植物研究）

Lespedeza inschanica (Maxim.) Schindl. in Engl. Bot. Jahrb. 49: 603. 1913; 辽宁植物志（上册）: 955. 1988; 内蒙古植物志（第二版）3: 354. 图版138: 11 ~ 14. 1989; 东北植物检索表（第二版）: 357. 图版175: 8. 1995; 中国植物志41: 158. 图版41: 11. 1995; Fl. China 10: 310. 2010.——*L. inschanica* var. *flava* S. L. Tung & Z. Lu, 植物研究8(4): 101. 图版2: 2 ~ 3. 1988.

生于山坡。产黑龙江省呼玛、嘉荫、伊春；辽宁省法库、北票、凌源、建昌、锦州、北镇、绥中、抚顺、鞍山、本溪、丹东、庄河、金州、大连；内蒙古自治区锡林浩特。

全草有活血、利水、止痛作用。

■ 阴山胡枝子

植株

花正面观

花侧面观

叶

（10）尖叶铁扫帚（中国植物志，Flora of China）；尖叶胡枝子（黑龙江省植物志，辽宁植物志，内蒙古植物志，东北植物检索表）

Lespedeza juncea (L. f.) Pers. in Syn. 2: 318. 1807; 辽宁植物志（上册）: 954. 图版403: 6. 1988; 内蒙古植物志（第二版）3: 355. 图版139: 1 ~ 9. 1989; 东北植物检索表（第二版）: 357. 图版175: 7. 1995; 中国植物志41: 156. 图版41: 1 ~ 8. 1995; 黑龙江省植物志6: 285. 图版126: 1. 1998; Fl. China 10: 310. 2010.

（10a）尖叶铁扫帚（原变型）

Lespedeza juncea f. *juncea*

生山坡灌丛间。产黑龙江省呼玛、伊春、安达、密山、宁安、肇东、依兰、萝北、东宁、哈尔滨、克山；吉林省九台、通榆、长春、吉林、镇赉、长白、临江、和龙、珲春、抚松；辽宁省西丰、开原、铁岭、彰武、朝阳、建平、凌源、建昌、葫芦岛、沈阳、本溪、清原、新宾、抚顺、鞍山、庄河、普兰店、金州；内蒙古自治区海拉尔、额尔古纳、根河、牙克石、扎兰屯、鄂伦春、鄂温克、新巴尔虎左旗、新巴尔虎右旗、科尔沁右翼前旗、扎赉特旗、科尔沁左翼后旗、扎鲁特旗、克什克腾旗、喀喇沁旗、林西、西乌珠穆沁旗、锡林浩特、镶黄旗等地。

资源价值同兴安胡枝子。

■ 尖叶铁扫帚

植株

植株一部分

花序

叶

（10b）白花尖叶胡枝子（变型）（辽宁木本植物志）

Lespedeza juncea f. *albiflorum* S. M. Zhang, 辽宁木本植物志: 363. 2018.

生干山坡。产辽宁省北镇。

■ 白花尖叶胡枝子

植株

植株一部分

（10c）紫花尖叶胡枝子（变型）（辽宁木本植物志）

Lespedeza juncea f. *purpureum* S. M. Zhang, 辽宁木本植物志: 363. 2018.

生于山坡。产辽宁省大连。

■ 紫花尖叶胡枝子

植株

植株一部分

19 杭子梢属 *Campylotropis* Bunge

Campylotropis Bunge, Pl. Mongholico-Chin. 6. 1835.

落叶灌木或半灌木。羽状复叶具3小叶；叶柄通常有毛；顶生小叶通常比侧生小叶稍大而形状相似。花序多为总状；每枚苞片腋内生有1花，花易从花梗顶部关节处脱落；花萼通常为钟形，5裂；旗瓣顶端通常锐尖，基部常狭窄、具很短的瓣柄，翼瓣基部常有耳及细瓣柄，龙骨瓣瓣片上部向内弯成直角、钝角或锐角，向先端变细，通常锐尖如喙状，瓣片基部有耳或呈截形，具细瓣柄；雄蕊二体（9+1），对着旗瓣的一枚雄蕊在花期不同程度地与雄蕊管连合，果期则多分离至中下部以至近基部；子房通常具短柄，1室，花柱丝状，向内弯曲，具小而顶生的柱头。荚果压扁，两面凸，有时近扁平。

本属全世界约37种，分布于缅甸、老挝、泰国、越南、印度北部、尼泊尔、不丹，最南达印度尼西亚爪哇岛，西达克什米尔，北至中国的华北北部。中国有32种，多数种则集中于中国的西南部。东北地区产1种。

杭子梢（内蒙古植物志，中国植物志，Flora of China）

Campylotropis macrocarpa (Bunge) Rehd. in Sargent, Pl. Wils. 2: 113. 1914, in nota; Kitagawa, Lineam. Fl. Mansh. 282. 1939; 东北木本植物图志431. 图版116. 图254. 1955; 秦岭植物志1(3): 85. 图67. 1981; 中国植物志41: 113. 1995; Fl. China 10: 298. 2010; 内蒙古植物志（第三版）3: 200. 2020.

灌木；羽状复叶具3小叶；小叶椭圆形或宽椭圆形或长圆形；总状花序腋生并顶生，花序轴密生毛；花冠紫红色或近粉红色；荚果长圆形或椭圆形。生山坡、灌丛、林缘、山谷沟边及林中。产吉林省；内蒙古自治区科尔沁。《辽宁树木志》记载，辽宁省阜新、本溪、抚顺也有分布，待调查核实。

■ 杭子梢

花序

荚果

植株一部分

20 毒豆属 *Laburnum* Fabr.

Laburnum Fabr. Enum. Meth. Pl. 228. 1759.

落叶乔木或小乔木。掌状三出复叶，具叶柄；小叶全缘；托叶小。总状花序顶生于无叶枝端，下垂；苞片和小苞片均小；萼近二唇形或不对称的钟形，萼齿不明显；花冠黄色，旗瓣卵形或圆形，翼瓣倒卵形，龙骨瓣弯曲，短于翼瓣，瓣柄均分离；雄蕊单体，合生成闭合的雄蕊筒，花药两型，长短交互，底着和背着；子房具柄；花柱无毛，上弯，柱头顶生。荚果线形，扁平，具颈，缝线增厚，2瓣裂。

本属全世界4种，产欧洲、北非、西亚。中国栽培1种。东北地区有栽培。

毒豆（中国植物志）；金链花（俗称）

Laburnum anagyroides Medic. in Vorles. Churpf. Phys.–Okon. Gem 2: 363. 1787; 中国植物志42(2): 417. 图版108: 16～17. 1998.

落叶小乔木；掌状三出复叶；圆锥花序长达30～45厘米；花冠黄色，下唇裂片微凹，内面有2条黄色脉纹及淡紫褐色斑点；蒴果，成熟时2瓣裂。原产美国中部。辽宁省大连有栽培。

是受欢迎的庭园植物，宜用于景观长廊绿化、点缀草坪或作行道树。

■ 毒豆

叶

树干

花正面观

花序

21 羽扇豆属 *Lupinus* L.

Lupinus L., Sp. Pl. 721. 1753.

一年生或多年生草本，偶为半灌木，被毛。掌状复叶，互生，具长柄；小叶全缘，长圆形至线形，近无柄。总状花序；苞片通常早落；花轮生或互生；花萼二唇形，萼齿4～5，短尖，上下萼齿不等长，萼筒短，上侧常呈囊状隆起；旗瓣圆形或卵形，翼瓣先端常连生，包围龙骨瓣，龙骨瓣弯头，并具尖喙；雄蕊单体，形成闭合的雄蕊筒，花药二型，长短交互；子房无柄或近无柄，被毛；花柱上弯，无毛，柱头顶生，下侧常具1圈须毛。荚果线形，稍扁平，种子间呈斜向凹陷的分隔，稍缢缩，2瓣裂。

本属全世界约200种，主要分布于北美洲，其次分布于南美洲、地中海区域和非洲。中国约有7种，均为引进栽培。东北地区栽培1种。

多叶羽扇豆（中国植物志）；鲁冰花

Lupinus polyphyllus Lindl. in Bot. Reg. 13: t. 1096. 1827; 中国植物志42(2): 413. 图版107: 1～8. 1998.

多年生草本；掌状复叶，小叶5～18枚，全缘；总状花序远长于复叶，花多而稠密；花冠蓝色至堇青色；荚果长圆形，密被绢毛。原产美国西部。辽宁省大连有栽培。

株形特别，花色丰富，是园林植物造景中较为难得的配置材料。

■ 多叶羽扇豆

叶

花序一部分

居群

果序一部分

22 猪屎豆属（野百合属） *Crotalaria* L.

Crotalaria L., Sp.Pl. 714. 1753.

草本、亚灌木或灌木。单叶或三出复叶。总状花序；花萼二唇形或近钟形；花冠黄色或深紫蓝色，旗瓣通常为圆形或长圆形，翼瓣长圆形或长椭圆形，龙骨瓣中部以上通常弯曲，具喙，雄蕊连合成单体，花药二型，一为长圆形，以底部附着花丝，一为卵球形，以背部附着花丝；子房有柄或无柄；花柱长，基部弯曲，柱头小，斜升。荚果长圆形、圆柱形或卵状球形，稀四角菱形，膨胀。

本属全世界约550种，分布于美洲、非洲、大洋洲及亚洲热带、亚热带地区。中国产40种3变种。东北地区产2种，其中栽培1种。

分种检索表

1. 花冠紫色或蓝紫色 …………………………………… 1. 紫花野百合 *C. sessiliflora* L.
1. 花冠黄色 …………………………………………………… 2. 菽麻 *C. juncea* L.

（1）紫花野百合（植物智网站）；野百合（辽宁植物志，东北植物检索表，东北草本植物志，中国植物志，Flora of China）；农吉利（中草药学）

Crotalaria sessiliflora L., Sp. Pl. ed. 2, 1004. 1763; 东北草本植物志5: 65. 图版29. 1976; 辽宁植物志（上册）: 898. 图版377. 1988; 东北植物检索表（第二版）: 348. 图版170: 3. 1995; 中国植物志42(2): 366. 图版92: 12 ~ 14. 1998; Fl. China 10: 113. 2010.

生路边、山坡、荒地等处。产吉林省集安；辽宁省抚顺、鞍山、桓仁、宽甸、凤城、丹东、庄河、普兰店、金州、大连、长海等地。

全草有滋阴益肾作用，用于耳鸣、耳聋、头目眩晕。有抗肿瘤作用，对鳞状上皮癌、基底细胞癌疗效较好。还可作牧草。

■ 紫花野百合

花序

果实

植株

花

（2）菽麻（中国植物志，Flora of China）；太阳麻（中国高等植物图鉴）

Crotalaria juncea L., Sp. Pl. 714. 1753; 中国植物志42(2): 359. 图版90: 17 ~ 23. 1998; Fl. China 10: 111. 2010.

原产印度。辽宁省曾有栽培，沈阳见逸生。

本种可供药用，常作为解毒及麻醉的有效药；茎枝纤维可用于制作绳索、麻袋，也可以作为造纸的原料；因含有丰富的氮、磷、钾，又可作绿肥，有改良土壤之效。

■ 菽麻

植株

叶

花序

23 车轴草属 *Trifolium* L.

Trifolium L., Sp. Pl. 764. 1753.

一年生或多年生草本。掌状复叶，小叶通常3枚，偶为5～9枚；托叶显著，通常全缘，部分合生于叶柄上；小叶具锯状齿。花具梗或近无梗，集合成头状或短总状花序，偶为单生，花序腋生或假顶生；萼筒形或钟形，萼齿等长或不等长，萼筒具脉纹；旗瓣离生或基部和翼瓣、龙骨瓣连合，后二者相互贴生；雄蕊10枚，二体，上方1枚离生，全部或5枚花丝的顶端膨大，花药同型；子房无柄或具柄，胚珠2～8粒。荚果不开裂，包藏于宿存花萼或花冠中，稀伸出。

本属全世界约250种，分布于欧亚大陆、非洲、南美洲、北美洲的温带，以地中海区域为中心。中国有13种1变种。东北地区产6种1变种，其中栽培4种。

分种检索表

1. 小叶（3～）5（～7）（1. 野火球 T. lupinaster L.）。
  2. 花淡红色至红色 ……………… 1a. 野火球 T. lupinaster var. lupinaster
  2. 花乳白色 ……………… 1b. 白花野火球 T. lupinaster var. albiflorum Ser.
1. 小叶3。
  3. 花1朵或2～3朵着生于腋出的总花梗顶端呈伞形；茎细长平卧并上升；小叶长5～18毫米 ……………… 2. 延边车轴草 T. gordeievii (Kom.) Z. Wei
  3. 花多数密集着生于腋出或顶生的总花梗顶端呈头状。
    4. 花长大于12毫米，无苞片，近无花梗，萼喉内有1多毛的加厚环。
      5. 花序无总花梗，包于顶生叶的托叶内，卵球形；萼被长柔毛；托叶离生部分渐尖 … 3. 红车轴草 T. pratense L.
      5. 花序有总花梗，在花期继续伸长，长筒形；萼密被长硬毛；托叶离生部分钝三角形 ……………… 4. 绛车轴草 T. incarnatum L.
    4. 花较长小于12毫米，具苞片，有花梗，萼喉无毛。
      6. 茎平卧或匍匐；萼齿比萼筒短，脉纹10条；花白色或稍带粉红色 ……………… 5. 白车轴草 T. repens L.
      6. 茎通常上升；萼齿比萼筒长或等长，脉纹5条；花淡红色或白色 ……………… 6. 杂种车轴草 T. hybridum L.

（1）野火球（辽宁植物志，黑龙江省植物志，内蒙古植物志，东北植物检索表，东北草本植物志，中国植物志，Flora of China）；红五叶（中国植物志）

Trifolium lupinaster L., Sp. Pl. 776. 1753; 东北草本植物志5: 77. 图版34: 1～7. 1976; 辽宁植物志（上册）: 908. 图版382: 1～7. 1988; 内蒙古植物志（第二版）3: 203. 图版80: 1～5. 1989; 东北植物检索表（第二版）: 368. 图版182: 1. 1995; 黑龙江省植物志6: 323. 图版145: 1～7. 1998; 中国植物志42(2): 330. 图版84: 1～3. 1998; Fl. China 10: 549. 2010.

（1a）野火球（原变种）

Trifolium lupinaster var. *lupinaster*

生山地灌丛中。产黑龙江省哈尔滨、伊春、鹤岗、阿城、北安、密山、爱辉、嫩江；吉林省珲春、汪清、安图、和龙、抚松、吉林、白山、松原；辽宁省瓦房店、彰武、西丰、新宾、海城；内蒙古自治区额尔古纳、牙克石、海拉尔、满洲里、鄂温克、科尔沁右翼前旗、阿尔山、扎鲁特旗、克什克腾旗、宁城、东乌珠穆沁旗、锡林浩特等地。

良好的饲用植物和蜜源植物。全草有镇静安神、止咳止血作用。嫩苗可食。

■ 野火球

花序

茎叶

植株

植株一部分

（1b）白花野火球（变种）（内蒙古植物志，东北草本植物志，中国植物志）

Trifolium lupinaster var. *albiflorum* Ser. in DC. Prodr. 2: 204. 1825; Ledeb. Fl. Air. 3: 258. 1831; 内蒙古植物志（第二版）3: 204. 1989; 中国植物志42(2): 332. 1998.

生境同正种。产内蒙古自治区额尔古纳、锡林浩特等地。

（2）延边车轴草（黑龙江省植物志，东北植物检索表，中国植物志，Flora of China）

Trifolium gordeievii (Kom.) Z. Wei in Bull. Bot. Lab. North–East. Foc. Inst. 9: 82. 1980; 东北植物检索表（第二版）: 368. 1995; 黑龙江省植物志6: 321. 图版143: 1 ~ 9. 1998; 中国植物志42(2): 334. 图版84: 4 ~ 5. 1998; Fl. China 10: 549. 2010.

生寒温带湿润针叶林下或溪沟边岩石缝间，海拔500 ~ 800米。产黑龙江省绥芬河一带；吉林省珲春等地。

（3）红车轴草（辽宁植物志，内蒙古植物志，东北植物检索表，东北草本植物志，中国植物志，Flora of China）；红三叶（黑龙江省植物志）

Trifolium pratense L., Sp. Pl. 2: 768. 1753; 东北草本植物志5: 79. 图版35: 1 ~ 7. 1976; 辽宁植物志（上册）: 909. 图版383. 1988; 内蒙古植物志（第二版）3: 206. 图版80: 7. 1989; 东北植物检索表（第二版）: 368. 图版182: 3. 1995; 黑龙江省植物志6: 323. 图版144: 1 ~ 7. 1998; 中国植物志42(2): 339. 图版84: 8 ~ 9.

1998; Fl. China 10: 551. 2010.

原产欧洲中部。黑龙江省牡丹江、尚志、哈尔滨等地及东北其他地区有栽培，并见逸生林缘、路旁等处。

本种为优良地被和观赏植物；也是良好的绿肥、牲畜饲料；全草可药用，有用花、植株、种子及根部制软膏、膏药、糊剂、煎剂或泡茶饮用，作为抗肿瘤药之报道；也可用于恢复矿业废弃地。

■ 红车轴草

植株

白花株一部分

花序

叶

白花株

（4）绛车轴草（中国植物志，Flora of China）；绛三叶、地中海三叶草（中国植物志）

Trifolium incarnatum L., Sp. Pl. 769. 1753; 中国植物志42(2): 338. 图版84: 6 ~ 7. 1998; Fl. China 10: 551. 2010; The Checklist of the Naturalized Plants in China: 71. 2019.

原产欧洲地中海沿岸。黑龙江、吉林、辽宁、内蒙古自治区有栽培或逸生记录。

（5）白车轴草（辽宁植物志，内蒙古植物志，东北植物检索表，东北草本植物志，中国植物志，Flora of China）；白三叶（黑龙江省植物志）

Trifolium repens L., Sp. Pl. 767. 1753; 东北草本植物志5: 79. 图版34: 8 ~ 14. 1976; 辽宁植物志（上册）: 908. 图版382: 8 ~ 14. 1988; 内蒙古植物志（第二版）3: 204. 图版80: 6. 1989; 东北植物检索表（第二版）: 368. 图版182: 2. 1995; 黑龙江省植物志6: 326. 图版145: 8 ~ 14. 1998; 中国植物志42(2): 334. 图版85: 8 ~ 10.

1998; Fl. China 10: 550. 2010.

原产欧洲。东北地区常见栽培，并逸生河岸、路旁等处。

本种为外来入侵植物，是我国进境植物一类检疫危险性病菌苜蓿黄萎病菌的隐症寄主，也是我国进境检疫三类危险性昆虫紫苜蓿叶象、欧洲鳃金龟和三叶草叶象的寄主之一。为优良牧草，还可作绿肥、堤岸防护草种、草坪装饰以及蜜源和药材等使用。

■ 白车轴草

花正面观

花侧面观

叶

植株

（6）杂种车轴草（东北植物检索表，东北草本植物志，中国植物志，Flora of China）；杂三叶（黑龙江省植物志）

Trifolium hybridum L., Sp. Pl. 2: 766. 1753; 东北草本植物志5: 81. 图版35: 8 ~ 9. 1976; 东北植物检索表（第二版）: 368. 图版182: 4. 1995; 黑龙江省植物志6: 321. 图版144: 8 ~ 9. 1998; 中国植物志42(2): 335. 图版85: 11 ~ 12. 1998; Fl. China 10: 550. 2010.

原产欧洲。中国东北地区有引种，黑龙江省尚志、吉林省白山、辽宁省大连等地见逸生林缘、河旁草地等处。

具有观赏性，也是良好的绿肥、饲料，全草可药用，也可用于恢复矿业废弃地的生态环境。

■ 杂种车轴草

花序

植株

叶

24 草木犀属 *Melilotus* (L.) Mill.

Melilotus (L.) Mill., Gard. Dict. Abr., ed. 4. 1754.

一、二年生或短期多年生草本。叶互生；羽状三出复叶。总状花序细长；萼钟形，萼齿5，近等长，具短梗；花冠黄色或白色，偶带淡紫色晕斑，花瓣分离，旗瓣长圆状卵形，先端钝或微凹，基部几乎无瓣柄，翼瓣狭长圆形，等长或稍短于旗瓣，龙骨瓣阔镰形，钝头，通常最短；雄蕊二体，上方1枚完全离生或中部连合于雄蕊筒，其余9枚花丝合生成雄蕊筒，花丝顶端不膨大，花药同型；子房具胚珠2～8粒；花柱细长，先端上弯，果时常宿存，柱头点状。荚果阔卵形、球形或长圆形，伸出萼外，表面具网状或波状脉纹或褶皱。

本属全世界20余种，分布于欧洲地中海区域，东欧和亚洲。中国有4种1亚种。东北地区产4种。

分种检索表

1. 花白色 ……………………………………………… 1. 白花草木犀 M. albus Desr.
1. 花黄色。
  2. 托叶披针形，基部戟形并裂成数齿或缺刻；小叶边缘具密的细锯状齿 ……………………………………………… 2. 细齿草木犀 M. dentatus (Waldst. et Kit.) Pers.
  2. 托叶长锥形，基部全缘或有1～3细齿；小叶边缘具疏锯状齿。
    3. 托叶基部边缘非膜质，偶具1齿；花长3.5～7毫米，花梗与苞片等长或稍长；荚果卵形，长3毫米以上 ……………………………………………… 3. 草木犀 Melilotus officinalis (Linn.) Pall.
    3. 托叶基部边缘膜质且呈小耳状，偶具2～3细齿；花长不到3毫米，花梗甚短；荚果球形，长约2毫米 ……………………………………………… 4. 印度草木犀 M. indica (L.) All.

（1）白花草木犀（辽宁植物志，东北植物检索表，东北草本植物志，中国植物志，Flora of China）；白花草木樨（黑龙江省植物志，内蒙古植物志）

Melilotus albus Desr. in Lam. Encycl. Meth. 4: 63. 1797; 东北草本植物志5: 77. 1976; 辽宁植物志（上册）: 907. 1988; 内蒙古植物志（第二版）3: 201. 图版79: 8～9. 1989; 东北植物检索表（第二版）: 359.

1995; 黑龙江省植物志6: 294. 1998; 中国植物志42(2): 298. 图版77: 1 ~ 4. 1998; Fl. China 10: 552. 2010.

生路旁、田边、草地。原产亚洲西部。分布东北三省各地；内蒙古自治区鄂伦春、科尔沁右翼前旗、科尔沁左翼后旗、克什克腾旗、翁牛特旗、赤峰、锡林浩特等地。

本种为外来入侵植物，是中华人民共和国进境植物一类检疫危险性病菌苜蓿黄萎病菌的隐症寄主，也是我国进境检疫三类危险性昆虫三叶草叶象和三类危险性真菌草木樨轮纹病菌的寄主之一。可用作防风固沙、水土保持、改良盐碱地的先锋植物；地上部分可用作绿肥、青贮饲料；荚果入药。

■ 白花草木犀

花序

花序一部分

叶

植株

（2）细齿草木犀（辽宁植物志，东北植物检索表，东北草本植物志，中国植物志，Flora of China）；细齿草木樨（黑龙江省植物志，内蒙古植物志）

Melilotus dentatus (Waldst. et Kit.) Pers. in Syn. Pl. 2: 348. 1807; 东北草本植物志5: 75. 图版33: 9 ~ 11. 1976; 辽宁植物志（上册）: 905. 图版381: 9 ~ 11. 1988; 内蒙古植物志（第二版）3: 201. 图版79: 6 ~ 7. 1989; 东北植物检索表（第二版）: 359. 图版176: 2. 1995; 黑龙江省植物志6: 295. 图版130: 1 ~ 3. 1998; 中国植物志42(2): 301. 图版77: 7 ~ 8. 1998; Fl. China 10: 553. 2010.

生草地、林缘及盐碱草甸。原产欧洲。分布黑龙江省哈尔滨、大庆、安达；吉林省靖宇；辽宁省沈阳、葫芦岛、新民、大连；内蒙古自治区额尔古纳、海拉尔、根河、牙克石、新巴尔虎右旗、满洲里、克什克腾旗、扎鲁特旗等地。

本种为外来入侵植物，大量繁殖会侵占本土植物生态位，影响本土生物多样性。香豆素含量较少，味较甜，适口性好，是草木犀属中较好的牧草。

■ 细齿草木犀

叶

植株上部

（3）草木犀（辽宁植物志，东北植物检索表，东北草本植物志，中国植物志，Flora of China）；草木樨（黑龙江省植物志，内蒙古植物志）

Melilotus officinalis (Linn.) Pall. Reise 3: 537. 1776; 中国植物志42(2): 300. 图版77: 5 ~ 6. 1998; Fl. China 10: 552. 2010.——*Melilotus suaveolens* Ledeb. in Ind. Sem. Hort. Dorp. Suppl. 2: 5. 1824; 东北草本植物志5: 75. 图版33: 12. 1976; 辽宁植物志（上册）: 906. 图版381: 12. 1988; 内蒙古植物志（第二版）3: 200. 图版79: 1 ~ 5. 1989; 东北植物检索表（第二版）: 359. 图版176: 3. 1995; 黑龙江省植物志6: 295. 图版130: 4. 1998.

生草地、林缘、路旁、田野、海滨沙地。原产欧洲。分布黑龙江省密山、萝北、哈尔滨、宁安、尚志、北安、佳木斯、伊春、呼玛、安达；吉林省安图（长白山）、和龙、汪清、珲春、临江、镇赉、九台；辽宁省凌源、彰武、岫岩、锦州、沈阳、鞍山、大连；内蒙古自治区额尔古纳、根河、海拉尔、满洲里、鄂伦春、鄂温克、科尔沁左翼后旗、扎鲁特旗、赤峰、翁牛特旗、东乌珠穆沁旗、锡林浩特、苏尼特左旗等地。

■ 草木犀

果序

花序

■ 草木犀

托叶

叶

本种为外来入侵植物，大量繁殖会侵占本土植物生态位，影响本土生物多样性。可用作防风固沙、水土保持、改良盐碱地的先锋植物；地上部分为常见牧草。

（4）印度草木犀（中国植物志）；小花草木犀（广州植物志）

Melilotus indica (L.)All. Fl. Pedem. 1: 308. 1785; 中国植物志42(2): 302. 图版77: 9 ~ 12. 1998; 中国归化植物名录: 59. 2019.

生旷地、路旁及盐碱性土壤。原产印度，现世界各地引种试验，在南美洲、北美洲已沦为农田杂草。辽宁省宽甸、鞍山、昌图等地有栽培或逸生。

本种为外来入侵植物，大量繁殖会侵占本土植物生态位，影响本土生物多样性。抗碱力强，味苦不适口，通常作保土植物，改良后也用作牧草。

■ 印度草木犀

花序一部分

叶

花序

花枝

25 胡卢巴属 *Trigonella* L.

Trigonella L., Sp. Pl. 776. 1753.

一年生或多年生草本，有特殊香气。羽状三出复叶，顶生小叶通常稍大，具柄；小叶边缘具锯状齿或缺刻状；托叶具明显脉纹，全缘具或齿裂。花序腋生，呈短总状、伞状、头状或卵状，偶为1 ~ 2朵着生叶腋；总花梗发达或不发达，在果期与花序轴同时伸长；花梗短，通常不到5毫米，纤细，花后增粗，挺直；萼钟形，偶为筒形，萼齿5枚，近等长，稀上下近二唇形；雄蕊二体，与花瓣分离，花丝顶端不膨大，花药小，同型。荚果线形、线状披针形或圆锥形，直或弧形弯曲，呈半月形，但不呈螺旋状转曲，膨胀或稍扁平。

本属全世界约55种，分布于地中海沿岸、中欧、南北非洲、西南亚、中亚和大洋洲。中国有8种。东北地区栽培2种。

分种检索表

1. 荚果圆柱形；花1～2朵腋生，花冠黄白色或淡黄色 ………………………………… 1. 胡卢巴 T. foenum-graecum L.
1. 荚果卵形；花10～25朵密集成头状或卵状，花冠蓝色 ……………………………… 2. 蓝胡卢巴 T. coerulea (L.) Ser.

（1）胡卢巴（辽宁植物志，黑龙江省植物志，内蒙古植物志，东北植物检索表，东北草本植物志，中国植物志，Flora of China）

Trigonella foenum-graecum L., Sp. Pl. 777. 1753; 东北草本植物志5: 67. 图版30: 1～2. 1976; 辽宁植物志（上册）: 900. 图版378. 1988; 内蒙古植物志（第二版）3: 192. 图版77: 1～5. 1989; 东北植物检索表（第二版）: 370. 图版177: 3. 1995; 黑龙江省植物志6: 327. 图版146: 1～2. 1998; 中国植物志42(2): 311. 图版76: 11～16. 1998; Fl. China 10: 559. 2010.

分布于地中海东岸、中东、伊朗高原以至喜马拉雅地区。东北各地常有栽培。

可作饲料；嫩茎、叶可作蔬菜食用；种子供药用，能补肾壮阳，祛痰除湿；茎、叶或种子晒干磨粉可作增香剂掺入面粉中蒸食；干全草可驱除害虫；适应性强，抗寒，生长迅速，鲜草含氮量在0.6%左右，翻压土中对后熟作物有明显增产效果。

■ 胡卢巴

果序

花序

植株

（2）蓝胡卢巴（中国植物志，Flora of China）；卢豆（黑龙江省植物志，东北草本植物志）

Trigonella coerulea (L.) Ser. in DC. Prodr. 2: 181. 1825; 东北草本植物志5: 67. 图版30: 1～2. 1976; 黑龙江省植物志6: 327. 图版146: 3～4. 1998; 中国植物志42(2): 311. 图版76: 8～10. 1998; Fl. China 10: 559. 2010.

原产地不详。黑龙江省呼玛、汤原等地有栽培，有逸生荒地。

26 苜蓿属 *Medicago* L.

Medicago L., Sp. Pl. 778. 1753.

一年生或多年生草本，稀灌木。羽状复叶，互生；托叶部分与叶柄合生，全缘或齿裂；小叶3，边缘通常具锯状齿，侧脉直伸至齿尖。总状花序腋生，有时呈头状或单生，花小，一般具花梗；萼钟形或筒形，萼齿5，等长；旗瓣倒卵形至长圆形，基部窄，常反折，翼瓣长圆形，一侧有齿尖凸起与龙骨瓣的耳状体互相钩住，授粉后脱开，龙骨瓣钝头；雄蕊二体，花丝顶端不膨大，花药同型；花柱短，锥形或线形，两侧略扁，柱头顶生，子房线形。荚果螺旋形转曲、肾形、镰形或近于挺直，比萼长，背缝常具棱或刺。

本属全世界约85种，分布于地中海区域、西南亚、中亚和非洲。中国有15种。东北地区产5种1亚种，其中栽培2种1亚种。

分种检索表

1. 荚果螺旋状卷曲；花紫色、黄白色或各色。
  2. 一、二年生草本；荚果盘形，顺时针方向紧旋1.5～2.5（～6）圈，每圈具棘刺或瘤突15枚；花黄色 ………………………………………… **1. 南苜蓿 M. polymorpha** L.
  2. 多年生草本（**2. 紫苜蓿 M. sativa** L.）。
    3. 荚果旋转2～4（～6）圈，中央无孔或近无孔；花紫色或各色…………… **2a. 紫苜蓿 M. sativa** subsp. **sativa**
    3. 荚果旋转1～1.5圈，中央有孔；花黄白色或各色 ……**2b. 杂交苜蓿 M. sativa** subsp. **varia** (Martyr) Arcangeli
1. 荚果非螺旋状卷曲；花黄色或黄色带紫色。
  4. 荚果长圆形（顶部具弯曲的喙，两面有网状脉纹）；花黄色带紫色 …………**3. 花苜蓿 M. ruthenica** (L.) Trautv.
  4. 荚果镰刀形或肾形；花黄色。
    5. 荚果肾形，长1.8～2.8毫米，具1粒种子；小叶广倒卵形或倒卵形 ………………… **4. 天蓝苜蓿 M. lupulina** L.
    5. 荚果通常弯曲成镰刀形，长1～1.5厘米，具2～4粒种子；小叶通常为长圆状倒卵形 … **5. 野苜蓿 M. falcata** L.

（1）南苜蓿（中国植物志，Flora of China）

Medicago polymorpha L., Sp. Pl. 779. 1753; 中国植物志42(2): 327. 图版80: 6～9. 1998; Fl. China 10: 557. 2010; The Checklist of the Naturalized Plants in China: 57. 2019.

欧洲南部、西南亚，以及整个旧大陆均有分布，并引种到美洲、大洋洲。黑龙江、辽宁、内蒙古自治区有栽培逃逸记录。

为优良牧草，亦可作绿肥，也是优良蜜源植物；嫩茎叶可作为野菜食用；能在沙滩上生长，可作为水土保持植物。

（2）紫苜蓿（黑龙江省植物志，中国植物志，Flora of China）；苜蓿（辽宁植物志，东北植物检索表，东北草本植物志）；紫花苜蓿（内蒙古植物志）

Medicago sativa L., Sp. Pl. 778. 1753; 东北草本植物志5: 74. 图版32: 1～8. 1976; 辽宁植物志（上册）: 902. 图版380: 1～8. 1988; 内蒙古植物志（第二版）3: 196. 图版78: 1～5. 1989; 东北植物检索表（第二版）: 357. 图版176: 4. 1995; 黑龙江省植物志6: 293. 图版128: 1～8. 1998; 中国植物志42(2): 323. 图版83: 5～9. 1998; Fl. China 10: 556. 2010.

（2a）紫苜蓿（原亚种）

Medicago sativa subsp. sativa

多生路旁、田边、草地。原产欧洲。东北各地栽培，常见自生或半自生。

本种为外来入侵植物，是我国进境检疫三类危险性昆虫烟粉虱和紫苜蓿叶象的寄主之一；也是三类危险性真菌草木樨轮纹病菌和三类危险性病毒烟草脆裂病毒的寄主之一。全草为优良的饲料或牧草，亦可作绿肥，也是优良蜜源植物；能在沙滩上生长，可作为水土保持植物；也可作轮作倒茬的重要作物加以利用；嫩茎叶可食；全草有健脾益胃、利大小便、下膀胱结石和舒筋活络的功效。

■ 紫苜蓿

果序

花序

叶

植株一部分

（2b）杂交苜蓿（亚种）（中国植物志，Flora of China）

Medicago sativa subsp. *varia* (Martyr) Arcangeli, Comp. Fl. Ital. 160. 1882.——*M. varia* Martyn, Fl. Rustica 3: 87. 1792; 中国植物志42(2): 324. 图版83: 10 ~ 17. 1998; Fl. China 10: 556. 2010.

杂交种。辽宁省大连、金州、彰武等地有栽培，有逃逸。

本种为外来入侵植物，根系粗壮、发达，具有强大的侵占本土生物生态位的能力。资源价值同紫苜蓿。

■ 杂交苜蓿

植株

果序

花序

（3）花苜蓿（黑龙江省植物志，中国植物志，Flora of China）；扁蓿豆（辽宁植物志，内蒙古植物志，东北植物检索表，东北草本植物志）；辽西扁蓿豆（辽宁植物志，东北植物检索表，东北草本植物志）

Medicago ruthenica (L.) Trautv. in Bull. Acad. Sci. Petersb. 8: 270. 1841; 黑龙江省植物志6: 291. 图版129:

■ 花苜蓿

花序

荚果

花序

荚果

1 ~ 8. 1998; 中国植物志42(2): 318. 图版82: 1 ~ 9. 1998; Fl. China 10: 554. 2010.——*Melissitus ruthenica* (L.) C. W. Chang in Fl. Tsinling. 1(3): 23. 1981; 辽宁植物志（上册）: 900. 图版379: 12 ~ 14. 1988; 内蒙古植物志（第二版）3: 194. 图版77: 6 ~ 10. 1989; 东北植物检索表（第二版）: 359. 图版177: 1. 1995.—— *Melissitus liaosiensis* (P. Y. Fu & Y. A. Chen) P. Y. Fu & Y. A. Chen, 辽宁植物志（上册）: 901. 图版379: 1 ~ 11. 1988; 东北植物检索表（第二版）: 359. 图版177: 2. 1995.——*Melissitus ruthenica* var. *inschanica* (H. C. Fu & Y. Q. Jiang) H. C. Fu & Y. Q. Jiang, 内蒙古植物志（第二版）3: 196. 1989 —— *Melissitus ruthenica* var. *liaosiensis* (P. Y. Fu et Y. A. Chen) H. C. Fu et Y. Q. Jiang, 内蒙古植物志（第二版）3: 195. 图版77: 12. 1989.——*Melissitus ruthenica* var. *oblongifolia* (Fr.) H. C. Fu et Y. Q. Jiang, 内蒙古植物志（第二版）3: 195. 图版77: 11. 1989.——*Pocockia ruthenica* (L.) Boiss. Fl. Orient. 2: 90. 1872; 东北草本植物志5: 70. 图版31: 12 ~ 14. 1976.——*Pocockia liaosionsis* P. Y. Fu et Y. A. Chen; 东北草本植物志5: 70, 176. 图版31: 1 ~ 11. 1976.——*Medicago liaosiensis* (P. Y. Fu &Y. A. Chen) X. Y. Zhu & Y. F. Du in Legumes of China: A Checklist. 603. 2007.

生草原、沙质地、河岸沙砾地、干山坡等处。产黑龙江省北安、孙吴、哈尔滨、安达、克山、杜尔伯特；吉林省安图、洮南、镇赉、长春、白城、通榆、公主岭（怀德）；辽宁省大连、兴城、彰武、凤城；内蒙古自治区海拉尔、额尔古纳、牙克石、满洲里、鄂温克、新巴尔虎右旗、科尔沁右翼中旗、巴林右旗、克什克腾旗等地。

为优良牧草，各种家畜终年均喜食。种子可榨油。全草治肠胃病及高血压。

（4）天蓝苜蓿（辽宁植物志，黑龙江省植物志，内蒙古植物志，东北植物检索表，东北草本植物志，中国植物志，Flora of China）

Medicago lupulina L., Sp. Pl. 779. 1753; 东北草本植物志5: 72. 图版32: 11 ~ 12. 1976; 辽宁植物志（上册）: 902. 图版380: 9 ~ 10. 1988; 内蒙古植物志（第二版）3: 198. 图版78: 6 ~ 7. 1989; 东北植物检索表（第二版）: 357. 图版176: 6. 1995; 黑龙江省植物志6: 291. 图版129: 9 ~ 10. 1998; 中国植物志42(2): 314. 图版80: 1 ~ 3. 1998; Fl. China 10: 554. 2010.

生湿草地、路旁、田边。产黑龙江省依兰、宁安、哈尔滨、富裕、克山；吉林省汪清；辽宁省大连、长海、鞍山、凌源、彰武；内蒙古自治区额尔古纳、鄂温克、科尔沁右翼前旗、巴林右旗、克什克腾旗、锡林浩特等地。

为优良牧草。全草有清热利湿、凉血止血、舒筋活络作用。嫩苗可食。

■ 天蓝苜蓿

果序

花期植株

■ 天蓝苜蓿

花序

苗期植株

（5）野苜蓿（黑龙江省植物志，东北植物检索表，东北草本植物志，中国植物志，Flora of China）；黄花苜蓿（内蒙古植物志）

Medicago falcata L., Sp. Pl. 779. 1753; 东北草本植物志5: 74. 图版32: 9 ~ 10. 1976; 内蒙古植物志（第二版）3: 199. 图版78: 8. 1989; 东北植物检索表（第二版）: 357. 图版176: 5. 1995; 黑龙江省植物志6: 289. 图版128: 9 ~ 10. 1998; 中国植物志42(2): 321. 图版83: 1 ~ 2. 1998; Fl. China 10: 555. 2010.

生沙质偏旱耕地、山坡、草原及河岸杂草丛中。产黑龙江省西部草原地区；辽宁省抚顺、彰武；内蒙古自治区海拉尔、牙克石、满洲里、新巴尔虎右旗、新巴尔虎左旗、鄂温克、科尔沁右翼前旗、扎赉特旗、巴林右旗、克什克腾旗、东乌珠穆沁旗、锡林浩特、正镶白旗等地。

本种是营养价值很高的牧草。全草有宽中下气、健脾补虚、利尿作用。

■ 野苜蓿

花序

植株

27 大豆属 *Glycine* Willd.

Glycine Willd. Sp. Pl. ed. 4, 3: 1053. 1802.

一年生或多年生草本。茎缠绕、攀缘、匍匐或直立。羽状复叶通常具3小叶，罕为4 ~ 5（~ 7）。总状花序；花萼膜质，钟状，有毛，深裂为近二唇形，上部2裂片通常合生，下部3裂片披针形至刚毛状；

花冠微伸出萼外，通常紫色、淡紫色或白色，各瓣均具长瓣柄，旗瓣大，近圆形或倒卵形，基部有不很显著的耳，翼瓣狭，与龙骨瓣稍贴连，龙骨瓣钝，比翼瓣短，先端不扭曲；雄蕊单体（10）或对旗瓣的1枚离生而成二体（1+9）；花柱微内弯，柱头顶生，头状。荚果线形或长椭圆形，扁平或稍膨胀，直或弯镰状，具果颈，种子间有隔膜，果瓣于开裂后扭曲。

本属全世界约9种，分布于东半球热带、亚热带至温带地区。中国产6种。东北地区产3种2变种2变型，其中栽培1种。

分种检索表

1. 茎粗壮而直立 ……………………………………………………………1. **大豆 G. max** (L.) Merr.
1. 茎细弱而缠绕或平卧。
  2. 主茎较分枝粗壮；茎、小枝密生淡黄色长硬毛；托叶披针形至线形，被灰白色长柔毛；花冠紫色、淡紫色或白色（**2. 宽叶蔓豆 G. gracilis** Skv.）。
    3. 花淡红紫色 ……………………………………………………………2. **宽叶蔓豆 G. gracilis** Skv.
    3. 花为白色 …………………………………………… 2b. **白花宽叶蔓豆 G. gracilis** var. **nigra Skvortsov**
  2. 主茎纤细以至于与分枝的区别不明显；全株疏被褐色长硬毛；托叶卵状披针形，被黄色柔毛；花冠淡红紫色或白色（**3. 野大豆 G. soja** Sieb. et Zucc.）。
    4. 花淡红紫色（**3a. 野大豆 G. soja** var. **soja**）。
      5. 小叶卵状椭圆形、卵形至狭卵形 ………………………………………… 3aa. **野大豆 G. soja** f. **soja**
      5. 小叶狭，披针形、线状披针形至线形 …3ab. **狭叶野大豆 G. soja** f. **lanceolata** (Skv.) P. Y. Fu et Y. A. Chen
    4. 花白色（**3b. 白花野大豆 G. soja** var. **albiflora** P. Y. Fu et Y. A. Chen）。
      6. 小叶卵状椭圆形、卵形至狭卵形 ……………………………3ba. **白花野大豆 G. soja** var. **albiflora** f. **albiflora**
      6. 小叶披针形、狭披针形或线形
      ………………………………… 3bb. **狭叶白花野大豆 G. soja** var. **albiflora** f. **angustifolia** P. Y. Fu et Y. A. Chen

（1）大豆（辽宁植物志，黑龙江省植物志，内蒙古植物志，东北植物检索表，东北草本植物志，中国植物志，Flora of China）；黄豆（俗称）

Glycine max (L.) Merr. in Interpr. Rumph. Herb. Amb. 274. 1917; 东北草本植物志5: 161. 1976; 辽宁植物志（上册）: 981. 1988; 内蒙古植物志（第二版）3: 388. 1989; 东北植物检索表（第二版）: 348. 1995; 中国

■ 大豆

果序

花序

植株

花

植物志41: 234. 图版58: 1～10. 1995; 黑龙江省植物志6: 253. 图版110: 1～4. 1998; Fl. China 10: 251. 2010.

原产中国。东北各地常见栽培。

油料作物和经济作物。种子（淡豆豉）有解表、除烦、宣发郁热作用。

（2）宽叶蔓豆（辽宁植物志，黑龙江省植物志，东北植物检索表，东北草本植物志，中国植物志，Flora of China）；细茎大豆（中国主要植物图说·豆科）

Glycine gracilis Skv. in Soy Bean-Wild & Cult. East As. 8. 1927; 东北草本植物志5: 163. 图版71: 3～8. 1976; 辽宁植物志（上册）: 981. 图版413: 3～8. 1988; 东北植物检索表（第二版）: 350. 图版163: 4. 1995; 中国植物志41: 237. 1995; 黑龙江省植物志6: 251. 图版109: 3～8. 1998; Fl. China 10: 251. 2010.

（2a）宽叶蔓豆（原变种）

Glycine gracilis var. *gracilis*

生田边、路旁、沟边及宅旁的草地上或稍湿草地上。产黑龙江省哈尔滨、大庆、尚志、宁安、依兰；吉林省安图、珲春、通化；辽宁省各地；内蒙古自治区翁牛特旗等地。

■ 宽叶蔓豆

果枝

花枝

居群

植株一部分

（2b）白花宽叶蔓豆（变种）（东北植物检索表，东北草本植物志）

Glycine gracilis var. *nigra* Skvortsov in Soy Bean-Wild & Cult. East. As. 8 1927; 东北草本植物志5: 163. 图版71: 3～8. 1976; 东北植物检索表（第二版）: 350. 图版163: 4. 1995.

生耕地旁、路边。产辽宁省铁岭。

(3) 野大豆 (辽宁植物志，黑龙江省植物志，内蒙古植物志，东北植物检索表，东北草本植物志，中国植物志，Flora of China)

Glycine soja Sieb. et Zucc. in Abh. Akad. Wiss. Muenchen 4(2): 119. 1843; 东北草本植物志5: 161. 图版71: 1 ~ 2. 1976; 辽宁植物志 (上册) : 979. 图版413: 1 ~ 2. 1988; 内蒙古植物志 (第二版) 3: 388. 图版148: 12 ~ 15. 1989; 东北植物检索表 (第二版) : 350. 图版163: 3. 1995; 中国植物志41: 236. 图版59: 10 ~ 18. 1995; 黑龙江省植物志6: 253. 图版109: 2. 1998; Fl. China 10: 251. 2010.

(3a) 野大豆 (原变种)

Glycine soja var. *soja*

(3aa) 野大豆 (原变型)

Glycine soja f. *soja*

多生山野及河流沿岸、湿草地附近。产黑龙江省各地；吉林省安图、九台、吉林、珲春、蛟河；辽宁省各地；内蒙古自治区科尔沁右翼前旗、乌兰浩特、科尔沁左翼中旗、敖汉旗、巴林右旗、阿鲁科尔沁旗、克什克腾旗、喀喇沁旗、宁城等地。

嫩苗和种子可食。全株入药，主治盗汗、肝炎、目疾、黄疸、小儿疳积等。为大豆近缘种，在大豆育种上有价值。

在2021年公布的《国家重点保护野生植物名录》中，本种被列为二级保护植物。

■ 野大豆

植株

果枝

植株一部分

花枝

（3ab）狭叶野大豆（变型）（辽宁植物志，东北植物检索表）

Glycine soja f. *lanceolata* (Skv.) P. Y. Fu et Y. A. Chen, 东北草本植物志5: 161. 1976; 辽宁植物志（上册）: 980. 1988; 东北植物检索表（第二版）: 350. 1995.

生湿草地。产黑龙江省虎林、依兰、萝北；吉林省双辽；辽宁省铁岭、沈阳；内蒙古自治区翁牛特旗等地。

■ 狭叶野大豆

植株一部分

植株

（3b）白花野大豆（变种）（东北植物检索表）

Glycine soja var. *albiflora* P. Y. Fu et Y. A. Chen in Bull. Bot. Res. Harbin 6(2): 119. 1986; 东北植物检索表（第二版）: 350. 1995.

（3ba）白花野大豆（原变型）

Glycine soja var. *albiflora* f. *albiflora*

生湿草地。产辽宁省彰武、盖州、凌源等地。

（3bb）狭叶白花野大豆（变型）（东北植物检索表）

Glycine soja var. *albiflora* f. *angustifolia* P. Y. Fu et Y. A. Chen in Bull. Bot. Res. Harbin 6(2): 120. 1986; 东北植物检索表（第二版）: 350. 1995.

生湿草地、沼泽。产辽宁省彰武、海城等地。

28 两型豆属 *Amphicarpaea* Elliot

Amphicarpaea Elliot in Journ. Acad. Philad. 1: 372. 1818.

缠绕草本。叶为羽状复叶，互生，有小叶3片，托叶和小托叶常有脉纹。花两性，常两型。闭锁花生于茎下部，无花瓣，于地下结实，果通常圆形或椭圆形，不开裂，具1种子。正常花生于茎上部，通常3～7朵排成腋生的短总状花序；花萼管状，4～5裂；花冠伸出于萼外，各瓣近等长，旗瓣倒卵形或倒卵状椭圆形，具瓣柄和耳，龙骨瓣略镰状弯曲；雄蕊二体（9+1），花药一式；子房无柄或近无柄，基部具鞘状花盘，花柱无毛，柱头小，顶生；荚果线状长圆形，扁平，微弯，不具隔膜，有种子多粒，开裂。

本属全世界约5种，分布于东亚、北美洲以及非洲东南部等地。中国有3种。东北地区产1种。

两型豆（辽宁植物志，内蒙古植物志，东北植物检索表，东北草本植物志，中国植物志，Flora of China）；三籽两型豆（黑龙江省植物志）

Amphicarpaea edgeworthii Benth. in Miq. Pl. Jungh. 231. 1851; 中国植物志41: 257. 图版62: 1 ~ 5. 1995; Fl. China 10: 249. 2010.——*A. trisperma* (Miq.) Baker ex Jack. in Ind. Kew 1: 111. 1893; 东北草本植物志5: 163. 图版72. 1976; 辽宁植物志（上册）: 982. 图版414. 1988; 内蒙古植物志（第二版）3: 386. 图版148: 7 ~ 11. 1989; 东北植物检索表（第二版）: 336. 图版163: 1. 1995; 黑龙江省植物志6: 227. 图版97: 1 ~ 11. 1998.

一年生缠绕性草本；羽状复叶，小叶3；花异型：由地上茎生出的花为短总状，花冠淡紫色；闭锁花无花瓣；荚果亦为异型：茎上部花结的荚果为长圆形或倒卵状长圆形，被淡褐色柔毛；由闭锁花伸入地下结的荚果呈椭圆形或近球形。生林缘、疏林下、灌丛草地。产黑龙江省勃利、伊春；吉林省九台、安图、吉林、和龙、蛟河、珲春、临江、通化；辽宁省各地；内蒙古自治区赤峰、科尔沁右翼中旗、敖汉旗等地。

家禽饲料。可作农药，杀大豆蚜虫。嫩苗和种子可食。地下茎治哮喘、支气管炎。

■ 两型豆

地下荚果

花序

果序

植株

植株一部分

29 刀豆属 *Canavalia* DC.

Canavalia DC. Prodr. 2: 403. 1825.

一年生或多年生草本。茎缠绕、平卧或近直立。羽状复叶具3小叶。有小托叶。总状花序腋生；花稍大，紫堇色、红色或白色，单生或2 ~ 6朵簇生于花序轴的节上；花梗极短；萼钟状或管状，顶部二唇形，上唇大，截平或具2裂齿，下唇小，全缘或具3裂齿；花冠伸出于萼外；雄蕊单体，对旗瓣的1枚雄蕊基部离生，中部与其他雄蕊合生，花药同形；子房具短柄，有胚珠多颗，花柱内弯，无髯毛。荚果大，带形或长椭圆形，扁平或略膨胀，近腹缝线的两侧通常有隆起的纵脊或狭翅，2瓣裂，果瓣革质，内果皮纸质；种子椭圆形或长圆形，种脐线形。

本属全世界约50种，产热带及亚热带地区。中国连引入栽培的共6种，产西南部至东南部。东北地区栽培1种。

刀豆（本草纲目，中国植物志，Flora of China）；挟剑豆（酉阳杂俎）

Canavalia gladiata (Jacq.) DC. Prodr. 2: 404. 1825; 中国植物志41: 208. 图版51: 1 ~ 9. 1995; Fl. China 10: 198. 2010.

缠绕草本，长达数米。羽状复叶具3小叶，小叶卵形，两面薄被微柔毛或近无毛。总状花序；花萼稍被毛，上唇约为萼管长的1/3，具2枚阔而圆的裂齿，下唇3裂，齿小；花冠白色或粉红；子房线形，被毛。荚果带状，略弯曲，长20 ~ 35厘米，宽4 ~ 6厘米；种子椭圆形或长椭圆形，长约3.5厘米，种皮红色或褐色。热带与亚热带地区常见栽培。辽宁省瓦房店、旅顺口等有栽培。

■ 刀豆

种子

花序

植株一部分

30 葛属 *Pueraria* DC.

Pueraria DC. in Ann. Sci. Nat. Ser. 1, 9: 97. 1825.

缠绕藤本，茎草质或基部木质。叶为具3小叶的羽状复叶。总状花序或圆锥花序；花通常数朵簇生于花序轴的每一节上；花萼钟状，上部2枚裂齿部分或完全合生；花冠伸出于萼外，天蓝色或紫色，旗瓣基部有附属体及内向的耳，翼瓣狭，长圆形或倒卵状镰刀形，通常与龙骨瓣中部贴生，龙骨瓣与翼瓣相等大；子房无柄或近无柄；花柱丝状，上部内弯，柱头小，头状。荚果线形，稍扁或圆柱形，2瓣裂。

本属全世界约20种，分布于印度至日本，南至马来西亚。中国有10种，主要分布于西南部、中南部至东南部，长江以北少见。东北地区产1变种。

葛（Flora of China)

Pueraria montana (Loureiro) Merrill, Trans. Amer. Philos. Soc., ser. 2. 24(2): 10, 210. 1935; Flora of China 10: 246. 2010.

(a) 葛（原变种）

Pueraria montana var. *montana*

中国产福建、广东、广西、贵州、湖北、湖南、江西、四川、台湾、浙江。东北地区不产。

(b) 葛麻姆（变种）(Flora of China)；野葛（辽宁植物志，东北植物检索表）；葛（中国植物志）

Pueraria montana var. *lobata* (Willd.) Sanjappa & Pradeep in Sanjappa Legumes India. 288. 1992; Flora of China 10: 246. 2010.——*P. lobata* (Willd.) Ohwi in Bull. Tokyo Sci. Mus. 18: 16. 1947; 辽宁植物志（上册）: 984. 图版385: 7. 1988; 东北植物检索表（第二版）: 365. 图版181: 7. 1995; 中国植物志41: 224. 图版55: 1 ~ 10. 1995.

三出羽状复叶互生；总状花序腋生，总花梗贴生白色短柔毛，密花；花冠紫色；荚果长圆形，扁平，密被黄褐色长硬毛。生山坡、草丛、路旁等处。产吉林省通化、集安、抚松、和龙、敦化、珲春；辽宁省本溪、桓仁、鞍山、宽甸、丹东、大连、凌源等地。

茎皮纤维可作纺织及造纸原料；块根可制葛粉食用；葛粉与花入药，能解热透疹、生津止渴、解毒、止泻；种子可榨油。葛花有解酒作用，也可食用。

■ 葛麻姆

果序

植株一部分

花枝

31 菜豆属 *Phaseolus* L.

Phaseolus L., Sp. Pl. 723. 1753.

缠绕或直立草本，常被钩状毛。羽状复叶具3小叶。总状花序腋生；花生于花序的中上部；花萼5裂，二唇形，上唇微凹或2裂，下唇3裂；旗瓣圆形，反折，瓣柄的上部常有一横向的槽，翼瓣阔，倒卵形，稀长圆形，顶端兜状；龙骨瓣狭长，顶端喙状，并形成一个1 ~ 5圈的螺旋；雄蕊二体，对旗瓣的1枚雄蕊离生，其余的雄蕊部分合生；子房长圆形或线形；花柱下部纤细，顶部增粗，柱头偏斜，不呈画笔状。荚果线形或长圆形，有时镰状，压扁或圆柱形，有时具喙。

本属全世界约50种，分布于全世界的温暖地区，尤以热带美洲为多。中国引种3种，南北均有分布。东北地区栽培2种1变种。

分种检索表

1. 总状花序比叶长；小苞片长圆状披针形；花大红色或白色；茎长而缠绕 ……………… 1. 荷包豆 P. coccineus L.
1. 总状花序比叶短；小苞片卵形；花白色、淡红色或紫色（2. 菜豆 P. vulgaris L.）。
    2. 茎长而缠绕 ……………………………………………………………………… 2a. 菜豆 P. vulgaris var. vulgaris
    2. 茎矮小而直立 ………………………………………………… 2b. 龙牙豆 P. vulgaris var. humilis (Hassk.) Alef.

（1）荷包豆（中国植物志，Flora of China）；多花菜豆（东北植物检索表）；红花菜豆（黑龙江省植物志，内蒙古植物志）

Phaseolus coccineus L., Sp. Pl. 724. 1753; 内蒙古植物志（第二版）3: 390. 1989; 东北植物检索表（第二版）: 365. 1995; 中国植物志41: 298. 1995; 黑龙江省植物志6: 306. 图版136: 6 ~ 8. 1998; Fl. China 10: 261. 2010.

原产中美洲，全世界温带、热带地区有栽培。东北各地常见栽培。

垂直绿化的好材料。荚果食用，药用则有补胃下气、健脾利水作用。

■ 荷包豆

果序

花序

白花

叶

植株

植株一部分

（2）菜豆（辽宁植物志，黑龙江省植物志，内蒙古植物志，东北植物检索表，东北草本植物志，中国植物志，Flora of China）；芸豆、豆角（辽宁植物志）

Phaseolus vulgaris L., Sp. Pl. 723. 1753; 东北草本植物志5: 165. 图版73: 1 ~ 5. 1976; 辽宁植物志（上册）: 986. 图版415: 1 ~ 5. 1988; 内蒙古植物志（第二版）3: 389. 图版149: 1 ~ 5. 1989; 东北植物检索表（第二版）: 365. 图版180: 3. 1995; 中国植物志41: 296. 图版71. 1995; 黑龙江省植物志6: 306. 图版136: 1 ~ 5. 1998; Fl. China 10: 260. 2010.

(2a) 菜豆 (原变种)

Phaseolus vulgaris var. *vulgaris*

原产南美洲。东北各地常见栽培。

种子有清凉利尿、消肿作用。嫩荚果为蔬菜。

品种丰富，荚果的外形、种子形状和颜色等多种多样，花的颜色、茎缠绕与否、结果期的早晚等也都有很多差异，做菜食用的味道也不同。

■ 菜豆

花

植株一部分

植株

(2b) 龙牙豆 (中国植物志) ；五月鲜 (黑龙江省植物志) ；矮菜豆 (中国主要植物图说 豆科)

Phaseolus vulgaris var. *humilis* (Hassk.) Alef., 中国植物志41: 298. 1995; 黑龙江省植物志6: 306. 图版136: 1 ~ 5. 1998.

黑龙江省、辽宁省有栽培。

■ 龙牙豆

花序

植株

植株一部分

32 扁豆属 *Lablab* Adanson

Lablab Adanson Fam. Pl. 2: 325. 1763.

多年生缠绕藤本或近直立。羽状复叶具3小叶；托叶反折，宿存；小托叶披针形。总状花序腋生，花序轴上有肿胀的节；花萼钟状，裂片二唇形，上唇全缘或微凹，下唇3裂；花冠紫色或白色，旗瓣圆形，常反折，具附属体及耳，龙骨瓣弯成直角；对旗瓣的1枚雄蕊离生或贴生；花柱弯曲不逾90°，一侧扁平，基部无变细部分，近顶部内缘被毛，柱头顶生。荚果长圆形或长圆状镰形，顶冠以宿存花柱，有时上部边缘具疣状体。

本属全世界仅1种，产非洲，全世界热带地区均有栽培。中国南北各地广泛栽培。东北地区常见栽培。

扁豆（辽宁植物志，黑龙江省植物志，内蒙古植物志，东北植物检索表，东北草本植物志，中国植物志，Flora of China）；白眉豆（辽宁植物志）

Lablab purpureus (L.) Sweet in Brit. ed. 1. 481. 1827; 中国植物志41: 271. 1995; 黑龙江省植物志6: 269. 图版118: 1 ~ 10. 1998; Fl. China 10: 253. 2010.——*Dolichos lablab* L., Sp. Pl. 725. 1753; 东北草本植物志5: 170. 图版76. 1976; 辽宁植物志（上册）: 991. 图版418. 1988; 内蒙古植物志（第二版）3: 394. 图版151. 1989; 东北植物检索表（第二版）: 348. 图版163: 2. 1995.

一年生草本；茎缠绕；羽状复叶互生，小叶3；花序总状腋生，花白色或淡紫红色；荚果扁，镰刀状半月形或长圆形，边缘弯曲。原产印度。东北各地常见栽培。

嫩果作蔬菜食用。种子或花入药，主治暑热呕吐、口渴、腹泻、白带等。

■ 扁豆

花

果序

花序

叶

植株

33 豇豆属 *Vigna* Savi

Vigna Savi in Pisa Nuov. Giorn. Lett. 8: 113. 1824.

缠绕或直立草本，稀为亚灌木。羽状复叶具3小叶。总状花序或1至多花的花簇腋生或顶生；花萼5裂，二唇形，下唇3裂，中裂片最长，上唇中2裂片完全或部分合生；旗瓣圆形，基部具附属体，翼瓣远较旗瓣为短，龙骨瓣与翼瓣近等长；雄蕊二体，对旗瓣的一枚雄蕊离生，其余合生；子房无柄；花柱线形，柱头侧生。荚果线形或线状长圆形，圆柱形或扁平，直或稍弯曲，二瓣裂。

本属全世界约100种，分布于热带地区。中国有14种，产东南部、南部至西南部。东北地区产4种3亚种，其中栽培2种3亚种。

分种检索表

1. 荚果被粗硬毛；托叶卵形（**1. 绿豆 V. radiata** (L.) Wilczek）。
  2. 种子光滑 ………………………………………………………………………… **1a. 绿豆 V. radiata** var. **radiata**
  2. 种子有条状排列的黑色凸起状细点 …………… **1b. 三裂叶绿豆 V. radiata** var. **sublobata** (Roxburgh) Verdcourt
1. 荚果无毛或有微柔毛；托叶箭头形或披针形至卵状披针形。
  3. 托叶长约4毫米，披针形；野生 ………………………………………… **2. 贼小豆 V. minima** (Roxb.) Ohwi et Ohashi
  3. 托叶长1～1.7厘米，箭头形或披针形；栽培。
    4. 托叶长约1.7厘米，箭头形 …………………………………………… **3. 赤豆 V. angularis** (Willd.) Ohwi et Ohashi
    4. 托叶长约1厘米，披针形至卵状披针形（**4. 豇豆 V. unguiculata** (L.) Walp.）。
      5. 茎缠绕或直立，长不超或略超1米；荚果柱形，长10～30厘米。
        6. 茎缠绕；荚果线状圆柱形，长20～30厘米 ………… **4a. 豇豆 V. unguiculata** subsp. **unguiculata** Verdc.
        6. 茎直立；荚果柱形，长10～16厘米 …………………**4b. 眉豆 V. unguiculata** subsp. **cylindrica** (L.) Verdc.
      5. 茎攀缘，长2～4米；荚果线形，长30～90厘米 … **4c. 长豇豆 V. unguiculata** subsp. **sesquipedalis** (L.) Verdc.

（1）绿豆（辽宁植物志，黑龙江省植物志，内蒙古植物志，东北植物检索表，东北草本植物志，中国植物志，Flora of China）；青小豆

Vigna radiata (L.) Wilczek in Fl. Congo Belge 6: 386. 1954; 中国植物志41: 284. 1995; 黑龙江省植物志6: 349. 图版157: 1～7. 1998; Fl. China 10: 257. 2010.——*Phaseolus radiatus* L., Sp. Pl. 2: 725. 1753; 东北草本植物志5: 169. 图版74: 1～7. 1976; 辽宁植物志（上册）: 988. 图版416: 1～7. 1988; 内蒙古植物志（第二版）3: 390. 图版150: 1～7. 1989; 东北植物检索表（第二版）: 365. 图版180: 1. 1995.

（1a）绿豆（原变种）

Vigna radiata var. *radiata*

东北各地常见栽培。

种子可食可药，有清热解毒、消暑利水作用。叶治吐泻、斑疹等；花解酒毒。

■ 绿豆

果期植株

种子

■ 绿豆

花期

花序

（1b）三裂叶绿豆（变种）（Flora of China）；黑种豇豆（中国植物志）；海绿豆（大连地区植物志，辽宁植物志，东北植物检索表，东北草本植物志）

Vigna radiata var. *sublobata* (Roxburgh) Verdcourt, Kew Bull. 24: 559. 1970; Fl. China 10: 257. 2010.——*Vigna stipulata* Hayata in Journ. Coll. Sci. Tokyo 30: 83. 1911; 中国植物志41: 285. 1995.——*Vigna demissus* (Kitag.) S. M. Zhang, 辽宁省维管束植物名称考证: 194. 2019; 辽宁植物: 735. 2021.——*Phaseolus demissus* Kitag. in Journ. Jap. Bot. 19: 108. 1943; 东北草本植物志5: 167. 1976; 大连地区植物志: 381. 1982; 辽宁植物志（上册）: 988. 1988; 东北植物检索表（第二版）: 365. 1995.

■ 三裂叶绿豆

植株

花序

托叶

居群

种子腹面观

■ 三裂叶绿豆

果序

荚果一部分

生海边丘陵岩石缝隙间或盐渍性沙地上或受干扰的荒地。产辽宁省大连、金州、旅顺口等地。

种子可食，煮粥或发豆芽均可。

（2）贼小豆（中国植物志，Flora of China）；野小豆（辽宁植物志，东北植物检索表，东北草本植物志）；山绿豆（大连地区植物志）

Vigna minima (Roxb.) Ohwi et Ohashi in Journ. Tap. Bot. 44: 30. 1969; 东北草本植物志5: 167. 图版74: 8 ~ 9. 1976; 中国植物志41: 284. 1995; Fl. China 10: 258. 2010.——*Phaseolus minimus* Roxb. in Fl. Ind. iii. 290. 1832; 辽宁植物志（上册）: 986. 图版416: 8 ~ 9. 1988; 东北植物检索表（第二版）: 365. 图版180: 2. 1995.

生山坡、灌丛、湿润的沙质地。产辽宁省抚顺、桓仁、东港、大连、鞍山等地。

种子有清湿热、利尿、消肿作用。

■ 贼小豆

荚果

花

植株

种子

植株一部分

（3）赤豆（内蒙古植物志，中国植物志，Flora of China）；小豆（辽宁植物志，黑龙江省植物志，东北植物检索表，东北草本植物志）

Vigna angularis (Willd.) Ohwi et Ohashi in Journ. Jap. Bot. 44: 29. 1969; 中国植物志41: 287. 1995; 黑龙江省植物志6: 346. 图版155: 1 ~ 5. 1998; Fl. China 10: 259. 2010.——*Phaseolus angularis* (Willd.) W. F. Wight in U. S. Dept. Agr. Bur. Pl. Ind. Bull. 137: 17. 1909; 东北草本植物志5: 169. 图版73: 6 ~ 10. 1976; 辽宁植物志（上册）: 988. 图版415: 6 ~ 10. 1988; 内蒙古植物志（第二版）3: 392. 图版149: 6 ~ 10. 1989; 东北植物检索表（第二版）: 365. 图版180: 4. 1995.

原产亚洲热带。东北各地常见栽培。

种子主要食用，入药有利水消肿、解毒排脓作用。

■ 赤豆

托叶

花序

花期植株

植株

种子

（4a）豇豆（原亚种）（辽宁植物志，黑龙江省植物志，内蒙古植物志，东北植物检索表，东北草本植物志，中国植物志，Flora of China）；饭豆（中国植物志）

Vigna unguiculata subsp. *unguiculata* Verdc. in Kew Bull. 24: 543. 1970; 中国植物志41: 290. 1995; 黑龙江省植物志6: 349. 图版158: 1 ~ 7. 1998; Fl. China 10: 258. 2010.——*V. sinensis* (L.) Endl. in Gen. Plant. No 6675. 1836 ~ 1840; 东北草本植物志5: 170. 图版75. 1976; 辽宁植物志（上册）: 989. 图版417. 1988; 内蒙古植物志（第二版）3: 392. 图版150: 8 ~ 14. 1989; 东北植物检索表（第二版）: 374. 图版180: 5. 1995.

东北各地常见栽培。

嫩荚果和种子作蔬菜。种子为咖啡代用品，并作消痰、利尿药。植株可作饲料。

■ 豇豆

花序

托叶

植株一部分

（4b）眉豆（亚种）（Flora of China）；饭豇豆（辽宁植物志，东北植物检索表）；短豇豆（中国植物志）

Vigna unguiculata subsp. *cylindrica* (L.) Verdc. in Kew Bull. 24: 544. 1970; 中国植物志41: 292. 1995; Fl. China 10: 259. 2010.——*V. cylindrica* (L.) Skeels in U. S. Dept. Agr. Bur. Pl. Ind. Bull. 282: 32. 1913; 辽宁植物志（上册）: 991. 1988; 东北植物检索表（第二版）: 374. 1995; 黑龙江省植物志6: 346. 图版156: 1 ~ 7. 1998.

原产亚洲。东北各地常见栽培。

种子供食用，还有健胃、补气作用，治胃虚寒、肾气不足、久咳久泻、漆毒瘙痒。

■ 眉豆

植株一部分

种子

花序

（4c）长豇豆（亚种）（辽宁植物志，东北植物检索表，中国植物志，Flora of China）；线豆（民间）

Vigna unguiculata subsp. *sesquipedalis* (L.) Verdc. in Davies, Fl. Turkey 3: 266. 1970; 中国植物志41: 290.

■ 长豇豆

叶

植株

花序

图版89. 1995; Fl. China 10: 259. 2010.——*V. sesquipedalis* (L.) Fruw. in Unbu Huelsenfruchr. 254. 1898; 辽宁植物志（上册）: 991. 1988; 东北植物检索表（第二版）: 374. 1995.

东北各地常见栽培。

嫩豆荚供食用。

34 锦鸡儿属 *Caragana* Fabr.

Caragana Fabr. Enum. ed. 2, 421. 1763.

灌木，稀为小乔木。偶数羽状复叶或假掌状复叶，有2～10对小叶；叶轴顶端常硬化成针刺；托叶宿存并硬化成针刺，稀脱落；小叶全缘，先端常具针尖状小尖头。花梗单生、并生或簇生叶腋，具关节；花萼管状或钟状，基部偏斜，囊状凸起或不为囊状，萼齿5，常不相等；花冠黄色，少有淡紫色、浅红色，有时旗瓣带橘红色或土黄色，各瓣均具瓣柄，翼瓣和龙骨瓣常具耳；二体雄蕊；子房无柄，稀有柄，胚珠多数。荚果筒状或稍扁。

本属全世界100余种，主要分布于亚洲和欧洲的干旱和半干旱地区，北由俄罗斯远东地区、西伯利亚，东达中国，南达中亚、高加索、巴基斯坦、尼泊尔、印度，西至欧洲。中国有66种，主产中国东北、华北、西北、西南各省区。东北地区产12种2变种，其中栽培1种。

分种检索表

1. 小叶线形或线状披针形 ……………… **1. 狭叶锦鸡儿 C. stenophylla** Pojark.
1. 小叶为倒卵状长圆形、椭圆形、长圆形等。
  2. 小叶2～3对。
    3. 小叶羽状排列；花黄色 ……………… **2. 乌苏里锦鸡儿 C. ussuriensis** (Regel) Pojark.
    3. 小叶假掌状。
      4. 花黄色，不带红色或稍带红色，但后期不变红色，旗瓣为广椭圆状倒卵形 ……………… **3. 黄刺条锦鸡儿 C. frutex** (L.) K. Koch
      4. 花黄色，稍带红色或红色不明显但后期渐变红色，旗瓣狭倒卵形或近倒卵形或宽倒卵形。
        5. 全株无毛；树皮绿褐色或灰褐色 ……………… **4. 红花锦鸡儿 C. rosea** Turcz.
        5. 嫩枝、叶、花梗、萼、子房、荚果均被灰白色短柔毛；树皮深褐色 … **5. 毛掌叶锦鸡儿 C. leveillei** Kom.
  2. 小叶4～10对成羽状排列。
    6. 萼筒钟状，长宽近相等，萼齿短钝；小叶长通常在10毫米以上。
      7. 花梗长8～1.5毫米（**6. 极东锦鸡儿 C. fruticosa** (Pall.) Bess.）。
        8. 每节上有花1朵 ……………… **6a. 极东锦鸡儿 C. fruticosa** var. **fruticosa**
        8. 每节上有花3或4朵 ……………… **6b. 多花极东锦鸡儿 C. fruticosa** var. **multiflora** H. Xie. et Y. T. Zhao
      7. 花梗长1～5厘米。
        9. 花梗常单生 ……………… **7. 东北锦鸡儿 C. manshurica** Kom.
        9. 花梗2～5簇生 ……………… **8. 树锦鸡儿 C. arborescens** (Amm.) Lam.
    6. 萼筒管状钟形或管状，长显著大于宽，萼齿尖；小叶长通常在10毫米以下。
      10. 子房被绢毛；荚果密被柔毛……………… **9. 北京锦鸡儿 C. pekinensis** Kom.
      10. 子房无毛；荚果光滑无毛。
        11. 托叶刺长10～13毫米；翼瓣柄长为瓣片的1/3；花梗于中下部有关节

（接上表）

……………………………………………………………………… 10. 金州锦鸡儿 C. litwinowii Kom.

11. 托叶刺长3～10毫米；翼瓣柄长为瓣片的1/2或近等长；花梗近中部或中上部有关节。

12. 花梗关节在中上部；荚果扁……………………………………… 11. 柠条锦鸡儿 C. korshinskii Kom.

12. 花梗关节近中部；荚果圆筒形且稍扁（12. 小叶锦鸡儿 C. microphylla Lam.）。

13. 小叶绿色，幼时被短柔毛后渐脱落……… 12a. 小叶锦鸡儿 C. microphylla var. microphylla

13. 小叶灰色至灰绿色，两面密生绢毛… 12b. 多毛小叶锦鸡儿 C. microphylla var. daurica Kom.

（1）狭叶锦鸡儿（内蒙古植物志，中国植物志，Flora of China）；细叶锦鸡儿（东北植物检索表）

Caragana stenophylla Pojark. in Kom. Fl. USSR 11: 397, 344. 1955; 内蒙古植物志（第二版）3: 220. 图版86: 6～12. 1989; 中国植物志42(1): 54. 图版14: 8～14. 1993; 东北植物检索表（第二版）: 343. 图版168: 5. 1995; Fl. China 10: 541. 2010.—— *C. stenophylla* var. *parviflora* Zhan Wang & H. C. Fu., 东北木本植物图志350. 563. 1955; 内蒙古植物志（第二版）3: 222. 1989.

生沙地、黄土丘陵、低山阳坡。产内蒙古自治区满洲里、新巴尔虎左旗、新巴尔虎右旗、巴林右旗、锡林浩特、镶黄旗、苏尼特右旗等地。

耐干旱，为良好的固沙和水土保持植物。

■ 狭叶锦鸡儿

花侧面观

花枝

果枝

植株

（2）乌苏里锦鸡儿（中国植物志，Flora of China）；松东锦鸡儿（黑龙江省植物志，东北植物检索表）

Caragana ussuriensis (Regel) Pojark. in Kom. Fl. USSR 11: 385. t. 23 (1): 1945; 中国植物志42(1): 19. 图版4: 8～14. 1993; 东北植物检索表（第二版）: 343. 图版168: 3. 1995; 黑龙江省植物志6: 250. 图版108: 8. 1998; Fl. China 10: 532. 2010.

生山坡。产黑龙江省饶河、哈尔滨等地。

■ 乌苏里锦鸡儿

叶

花枝

枝

植株

植株一部分

（3）黄刺条锦鸡儿（Flora of China）；金雀锦鸡儿（辽宁植物志，黑龙江省植物志，东北植物检索表）；黄刺条（内蒙古植物志，中国植物志）

Caragana frutex (L.) K. Koch in Deutsch. Dendr. 1: 48. 1869; 辽宁植物志（上册）: 919. 1988; 内蒙古植物志（第二版）3: 223. 图版88: 6 ~ 9. 1989; 中国植物志42(1): 65. 图版4: 1 ~ 7. 1993; 东北植物检索表（第二版）: 343. 图版168: 1. 1995; 黑龙江省植物志6: 246. 图版108: 1 ~ 7. 1998; Fl. China 10: 544. 2010.

生于山坡、林间。产新疆。黑龙江省、吉林省、辽宁省、内蒙古自治区的一些地方有栽培。

庭园栽培供观赏。

■ 黄刺条锦鸡儿

叶

植株一部分

花

（4）红花锦鸡儿（辽宁植物志，内蒙古植物志，东北植物检索表，中国植物志，Flora of China）

Caragana rosea Turcz. in Prim. Fl. Amur. 470. 1859; 辽宁植物志（上册）: 919. 图版387: 7. 1988; 内蒙古植物志（第二版）3: 222. 图版88: 1 ~ 5. 1989; 中国植物志42(1)：60. 图版4: 22 ~ 29. 1993; 东北植物检索表（第二版）: 343. 图版168: 2. 1995; Fl. China 10: 542. 2010.

生山坡、山脊及灌丛中。产辽宁省北镇、黑山、凌源、旅顺口（蛇岛）；内蒙古自治区喀喇沁旗、宁城、赤峰、翁牛特旗等地。辽宁省大连、沈阳、盖州等地有栽培。

庭园栽培供观赏。根有健脾强胃、活血催乳、利尿通经作用。

■ 红花锦鸡儿

果枝

植株一部分

花枝

（5）毛掌叶锦鸡儿（东北植物检索表，中国植物志，Flora of China）

Caragana leveillei Kom. in Acta Hort. Petrop. 29: 207. t. 5 (A). 1909; 东北植物检索表（第二版）: 343. 图版168: 4. 1995; 中国植物志42(1): 59. 图版17: 1 ~ 7. 1993; Fl. China 10: 542. 2010.

生干山坡及山顶部。产辽宁省大连、辽阳。

果实有清热解毒作用；花有养血安神作用；根有祛风止痛、祛痰止咳作用。

■ 毛掌叶锦鸡儿

果期叶

花枝

花期植株一部分

花期叶

荚果成熟期

荚果一部分

■ 毛掌叶锦鸡儿

植株

果柄关节

（6）极东锦鸡儿（东北植物检索表，中国植物志，Flora of China）

Caragana fruticosa (Pall.) Bess. in Cat. Pl. Hort. Cremen. 116. 1816; 中国植物志42(1)：39. 图版10: 22 ~ 28. 1993; 东北植物检索表（第二版）: 346. 图版169: 1. 1995; 黑龙江省植物志6: 249. 图版107: 4. 1998; Fl. China 10: 537. 2010.

（6a）极东锦鸡儿（原变种）

Caragana fruticosa var. *fruticosa*

生山坡灌丛。产黑龙江省尚志（帽儿山）、宝清、饶河；辽宁省宽甸、法库、凌源。

■ 极东锦鸡儿

果枝

植株一部分

（6b）多花极东锦鸡儿（变种）（武汉植物学研究）

Caragana fruticosa var. *multiflora* H. Xie. et Y. T. Zhao, 武汉植物学研究12(2): 127 ~ 128. 1994.

生山林中。产吉林省旺起松花湖附近（模式标本采集地）。

（7）东北锦鸡儿（东北植物检索表，中国植物志，Flora of China）

Caragana manshurica Kom. in Acta Hort. Petrop. 29: 336. t. 16 (A). 1909; 中国植物志42(1): 42. 1993; 东北植物检索表（第二版）: 346. 1995; Fl. China 10: 538. 2010.

生干山坡及林缘。产辽宁省抚顺，其他地区也有栽培。

资源价值同树锦鸡儿。

■ 东北锦鸡儿

花侧面观

花正面观

植株

植株一部分

（8）树锦鸡儿（辽宁植物志，黑龙江省植物志，内蒙古植物志，东北植物检索表，中国植物志，Flora of China）；蒙古锦鸡儿（中国主要植物图说·豆科，大连地区植物志）

Caragana arborescens (Amm.) Lam. in Encycl. 1: 615. 1783; 辽宁植物志（上册）: 921. 图版388. 1988; 内蒙古植物志（第二版）3: 232. 图版92: 6 ~ 10. 1989; 中国植物志42(1)：40. 图版11: 8 ~ 14. 1993; 东北植物检索表（第二版）: 343. 图版169: 4. 1995; 黑龙江省植物志6: 246. 图版107: 1 ~ 3. 1998; Fl. China 10: 537. 2010.——*Caragana sibirica* Medik., Vorles. Churpfälz. Phys.–Öcon. Ges. ii. 365. 1787; 世界锦鸡儿属植物分类及其区系地理: 15. 2009.

生林间、林缘。产黑龙江宝清、饶河、尚志；辽宁省西北部努鲁儿虎山；内蒙古自治区海拉尔。辽宁省大连、沈阳、盖州等地有栽培。

为中国北方水土保持和固沙造林树种。种子含油率10% ~ 14%，油可制肥皂和油漆。根皮入药，有通乳、利湿作用。

■ 树锦鸡儿

植株

荚果

植株一部分

树干

花

叶

叶背面观

（9）北京锦鸡儿（中国植物志，世界锦鸡儿属植物分类及其区系地理，Flora of China）；灰叶黄刺条（河北）

Caragana pekinensis Kom., Trudy Imp. S.–Peterburgsk. Bot. Sada. 29: 339. 1909; 中国主要植物图说・豆科349. 图343. 1955; 中国高等植物图鉴2: 411. 图2552. 1972; 中国植物志42(1): 44. 图版12: 1～5. 1993; 世界锦鸡儿属植物分类及其区系地理: 19. 2009; Fl. China 10: 539. 2010.——*Caragana zahlbruckneri* var. *pekinensis* (Kom.) Yakovlev, Bot. Zhurn. (Moscow & Leningrad) 71(4): 482. 1986.

生低山山坡或黄土丘陵。产辽宁省金州、葫芦岛。

（10）金州锦鸡儿（辽宁植物志，东北植物检索表，中国植物志，Flora of China）

Caragana litwinowii Kom. in Acta Hort. Petrop. 29: 340. t. 16 (C). 1909; 辽宁植物志（上册）: 920. 图版387: 6. 1988; 中国植物志42(1): 46. 图版10: 15 ~ 21. 1993; 东北植物检索表（第二版）: 346. 图版169: 2. 1995; Fl. China 10: 539. 2010.

生山坡及山顶。产辽宁省金州（模式标本采自大黑山）、葫芦岛。

可作观赏花木栽培，用于山坡绿化。

■ 金州锦鸡儿

当年枝

花

荚果

居群

叶

植株一部分

（11）柠条锦鸡儿（内蒙古植物志，中国植物志，Flora of China）；中间锦鸡儿（内蒙古植物志）

Caragana korshinskii Kom. in Acta Hort. Petrop. 29: 351. t. 13. 1909; 中国高等植物图 2: 412. 图2554. 1972; 内蒙古植物志3: 177. 图版89 (10 ~ 15). 1977; 中国植物志42(1): 49. 图版13: 2 ~ 8. 1993; Fl. China 10: 540. 2010.——*Caragana intermedia* Kuang et H. C. Fu, 内蒙古植物志3: 287, 178. 图版90. 1977; 中国沙漠植物志2: 229. 1987; 中国植物志42(1): 47. 图版13: 9 ~ 16. 1993.

生半固定和固定沙地。产辽宁省西部；内蒙古自治区锡林郭勒盟。

优良的固沙植物和水土保持植物。

■ 柠条锦鸡儿

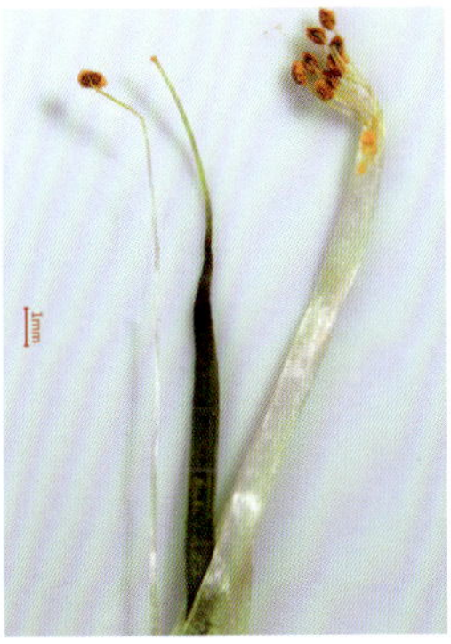
花蕊

花

托叶刺

■ 柠条锦鸡儿

叶背面观

花梗关节

植株

植株一部分

（12）小叶锦鸡儿（辽宁植物志，黑龙江省植物志，内蒙古植物志，东北植物检索表，中国植物志，Flora of China）

Caragana microphylla Lam. in Encycl. 1: 615. 1783; 辽宁植物志（上册）: 921. 图版387: 1 ~ 5. 1988; 内蒙古植物志（第二版）3: 234. 图版93: 1 ~ 5. 1989; 中国植物志42(1): 46. 图版13: 1. 1993; 东北植物检索表（第二版）: 346. 图版169: 3. 1995; 黑龙江省植物志6: 249. 1998; Fl. China 10: 539. 2010.

（12a）小叶锦鸡儿（原变种）

Caragana microphylla var. *microphylla*

■ 小叶锦鸡儿

果枝

植株一部分

■ 小叶锦鸡儿

植株

花枝

生山坡、沙丘与干燥坡地。产吉林省大安；辽宁省大连、长海、沈阳、义县、建平；内蒙古自治区海拉尔、满洲里、新巴尔虎右旗、科尔沁右翼前旗、科尔沁右翼中旗、科尔沁左翼后旗、翁牛特旗、敖汉旗、巴林右旗、阿鲁科尔沁旗、克什克腾旗、东乌珠穆沁旗、西乌珠穆沁旗、锡林浩特、正蓝旗、苏尼特左旗等地。黑龙江省森林植物园及一些庭院有栽培。

固沙植物和观赏植物。嫩茎叶可食。全草、果实有清热解毒、滋阴养血作用。

（12b）多毛小叶锦鸡儿（变种）（辽宁植物志）；毛小叶锦鸡儿（黑龙江省植物志）；兴安锦鸡儿（中国植物志）

Caragana microphylla var. *daurica* (Kom.) Kom. in Act. Hort. Petrop. 29(2): 348. 1909; 辽宁植物志（上册）: 921. 1988; 黑龙江省植物志6: 250. 1998.——*Caragana microphylla* f. *daurica* Kom. 1. c. 22: 582. 1903; 东北木本植物图志: 354. 1955; 中国植物志42(1): 47. 1993.

生沙丘与干燥坡地。产黑龙江省（地点不详）；内蒙古自治区通辽。辽宁省彰武、沈阳有栽培。

■ 多毛小叶锦鸡儿

叶

果梗

果枝

叶背面观

植株

35 野豌豆属 *Vicia* L.

Vicia L., Sp. Pl. 734. 1753.

一、二年生或多年生草本。茎细长，攀缘、蔓生或匍匐，稀直立。偶数羽状复叶，叶轴先端具卷须或短尖头；小叶（1～）2～12对，全缘。花序腋生，总状或复总状；花萼近钟状，基部偏斜，上萼齿通常短于下萼齿；旗瓣先端微凹，下方具较大的瓣柄，翼瓣与龙骨瓣耳部相互嵌合，二体雄蕊（9+1），雄蕊管上部偏斜，花药同型；子房近无柄，胚珠2～7，花柱圆柱形。荚果扁（蚕豆除外），两端渐尖。

本属全世界约160种，产北半球温带至南美洲温带和东非，为北温带（全温带）间断分布，但以地中海地域为中心。中国有40种，广布于全国各省区，以西北、华北、西南较多。东北地区产19种5变种7变型，其中栽培1种。

分种检索表

1. 荚果近圆柱形，种子间有横隔膜；小叶1～3对，叶轴末端为刺状 ………………………………… **1. 蚕豆 V. faba** L.
1. 荚果稍扁或扁平，种子之间无横隔膜。
  2. 花1～2朵腋生，不超出叶 ……………………………………………………………………… **2. 救荒野豌豆 V. sativa** L.
  2. 花5～10朵腋生（稀更少），超出叶（稀不超出叶）。
    3. 叶轴末端为刺状。
      4. 小叶1对。
        5. 总状花序缩短呈头状（**3. 头序歪头菜 V. ohwiana** Hosokawa）。
          6. 花冠蓝紫色 ……………………………………………………… **3a. 头序歪头菜 V. ohwiana** f. **ohwiana**
          6. 花冠白色 ………………………………………… **3b. 白花歪头菜 V. ohwiana** f. **alba** (Kitag.) S. M. Zhang
        5. 总状花序比叶长（**4. 歪头菜 V. unijuga** A. Br.）。
          7. 小叶边缘具小齿状 ……………………………………………………… **4a. 歪头菜 V. unijuga** var. **unijuga**
          7. 小叶上部明显2～4浅裂至中裂 ……… **4b. 裂叶歪头菜 V. unijuga** var. **tricuspidata** Z. S. M. et Y. L. M.
      4. 小叶2～4对。
        8. 小叶条状披针形或线形，稀近披针形，长25～90毫米，宽1～13毫米（**5. 柳叶野豌豆 V. venosa** (Willd.) Maxim.）。
          9. 植株高40～80厘米；小叶条状披针形、条形或近披针形，长40～90毫米, 宽4～10毫米 ……………………………………………………………………… **5a. 柳叶野豌豆 V. venosa** var. **venosa**
          9. 植株高20～40厘米；小叶线形，长25～60毫米，宽1～3毫米 …………………………………………………… **5b. 狭柳叶野豌豆 V. venosa** var. **ich-hsinganica** Soyolt
        8. 小叶卵状椭圆形、卵形或卵状披针形，长30～80毫米，宽15～30毫米。
          10. 总状花序常比叶短；萼齿丝状或线形，与萼筒近等长 ………………………………………… **6. 千山野豌豆 V. chianshanensis** (P. Y. Fu et Y. A. Chen) Xia
          10. 复总状圆锥花序比叶长或略等长或略短；萼齿三角形，比萼筒短5～6倍（**7. 北野豌豆 V. ramuliflora** (Maxim.) Ohwi）。
            11. 花序轴上部有2～3分支，通常短于叶。
              12. 花序轴及其分支的花梗较长，花序复总状近圆锥状 ………………………………………………… **7a. 北野豌豆 V. ramuliflora** f. **ramuliflora**
              12. 花序轴及其分支的花梗缩短，花簇生于叶腋或聚集成头状

(接上表)

……………………………… **7b. 辽野豌豆 V. ramuliflora** f. **abbreviata** P. Y. Fu et Y. A. Chen

11. 花序轴不分枝，比叶长或稍短 …………………… **7c. 贝加尔野豌豆 V. ramuliflora** f. **baicalensis** (Turcz.) P. Y. Fu et Y. A. Chen

3. 叶轴末端具卷须。

13. 总状花序具2～3（～5）朵花，花长18～25毫米。

14. 一年生草本；小叶长圆形、倒卵形或倒卵状长圆形，先端截形或微凹或为不整齐的牙齿状，长10～25毫米，宽2.5～6（～8.5）毫米；子房沿腹背缝线有毛 ……… **8. 大花野豌豆 V. bungei** Ohwi

14. 多年生草本；小叶狭线形，先端钝，长20～30毫米，宽1.5～3毫米；子房无毛 ……………………………………………………………………… **9. 索伦野豌豆 V. geminiflora** Trautv.

13. 总状花序具5～10余朵花或更多，花长18毫米以下。

15. 植株各部分被长柔毛 ……………………………………………… **10. 长柔毛野豌豆 V. villosa** Roth

15. 植株各部分不被柔毛或仅部分被柔毛。

16. 小叶椭圆形、长圆形、卵形或长卵形，宽6～25（～35）毫米（山野豌豆的变种除外）。

17. 小叶侧脉极密而明显，与主脉近成直角（60° ～85° ）；花长8～10（～11）毫米（**11. 黑龙江野豌豆 V. amurensis** Oett.）。

18. 花冠蓝紫色 ………………………………**11a. 黑龙江野豌豆 V. amurensis** f. **amurensis**

18. 花冠白色 …………………………**11b. 三河野豌豆 V. amurensis** f. **alba** Ohasi et Tateishi

17. 小叶侧脉较稀疏，与主脉成锐角（通常在60° 以下）；花长10～16毫米。

19. 托叶长4～7（～9）毫米，2深裂至近基部，裂片线形；小叶椭圆形、卵形、长圆形至长卵形，背面带苍白色或淡绿色，贴生细柔毛……… **12. 东方野豌豆 V. japonica** A. Gray

19. 托叶长8～16（～25）毫米，半箭头形或半戟形，通常具一至数个锯状齿。

20. 小叶侧脉不达到叶缘；旗瓣瓣片比瓣爪稍短（**13. 大叶野豌豆 V. pseudorobus** Fisch. et C. A. Mey.）。

21. 花冠蓝紫色。

22. 总状花序长于叶，花序轴单一，长于叶 ………………………… **13a. 大叶野豌豆 V. pseudorobus** f. **pseudorobus**

22. 花序比叶短或近等长，总花梗自近基部分枝，生出数个或多数短花枝，有时如簇生状 … **13b. 短序大野豌豆 V. pseudorobus** f. **breviramea** P. Y. Fu et Y. A. Chen

21. 花冠白色 …… **13c. 白花大叶野豌豆 V. pseudorobus** f. **albiflora** (Nakai) P. Y. Fu et Y. A. Chen

20. 小叶侧脉末端通常达叶边缘；旗瓣瓣片比瓣爪稍长或等长（**14. 山野豌豆 V. amoena** Fisch. ex DC.）。

23. 植株被疏柔毛，稀近无毛。

24. 小叶椭圆形至卵披针形 ………… **14a. 山野豌豆 V. amoena** var. **amoena**

24. 小叶狭长圆形或长圆状线形，有时近线形 …………………… **14b. 狭叶山野豌豆 V. amoena** var. **oblongifolia** Rege

23. 全株密被绢毛，呈灰色；小叶长圆形至线形（**14c. 绢毛山野豌豆 V. amoena** var. **sericea** Kitag.）。

（接上表）

25. 花冠蓝紫色 ……… **14ca. 绢毛山野豌豆 V. amoena** var. **sericea** f. **sericea**

25. 花冠白色，全株密被绢毛，呈灰色 … **14cb. 白花绢毛山野豌豆 V. amoena** var. **sericea** f. **albiflora** P. Y. Fu et Y. A. Chen

16. 小叶长圆状线形、线形、线状披针形或长圆形，宽4～6毫米或更窄。

26. 龙骨瓣与旗瓣近等长或微短。

27. 花紫红色，干后变为褐色；小叶披针形至条形；茎单一 …………………………………………………… **15. 大龙骨野豌豆 V. megalotropis** Ledeb.

27. 花紫色或蓝紫色，干后不变褐色；小叶线形至长圆形；茎数个至多数丛生 ………………………………………………………… **16. 多茎野豌豆 V. multicaulis** Ledeb.

26. 龙骨瓣比旗瓣显著短小。

28. 茎直立或上升，坚韧；小叶两端钝圆，被稀疏贴伏长柔毛，最下面的一对侧脉向上延伸达叶缘上部；花长12～16毫米，旗瓣瓣片长于瓣柄 … **17. 细叶野豌豆 V. tenuifolia** Roth

28. 茎匍匐或蔓生，柔软；小叶两端锐尖，被疏柔毛，最下面的一对侧脉向上展至叶中部以上；花长8～15毫米，旗瓣瓣片与瓣柄近等长（**18. 广布野豌豆 V. cracca** L.）。

29. 花冠蓝紫色。

30. 仅茎被柔毛，其他部位无毛或有极不明显的毛 ……………………………………………… **18a. 广布野豌豆 V. cracca** var. **cracca**

30. 植株、小叶两面密生长柔毛，呈灰白色 ………… **18b. 灰野豌豆 V. cracca** var. **canescens** Maxim. ex Franch. et Sav.

29. 花冠白色 …………………… **18c. 白花广布野豌豆 V. cracca** var. **albiflorum** Z. S. M.

（1）蚕豆（辽宁植物志，黑龙江省植物志，内蒙古植物志，东北植物检索表，东北草本植物志，中国植物志，Flora of China）

Vicia faba L., Sp. Pl. 737. 1753; 东北草本植物志5: 149. 1976; 辽宁植物志（上册）: 968. 1988; 内蒙古植物志（第二版）3: 377. 1989; 东北植物检索表（第二版）: 372. 1995; 黑龙江省植物志6: 336. 图版153: 3～8. 1998; 中国植物志42(2): 269. 1998; Fl. China 10: 571. 2010.

■ 蚕豆

花期一部分

植株

■ 蚕豆

花

荚果

托叶

原产欧洲南部至非洲北部。黑龙江省哈尔滨等地及东北其他地方有少量栽培。

鲜嫩豆粒可作蔬菜。荚果、种子、花、叶均有止血、利尿、解毒、消肿作用。

（2）救荒野豌豆（黑龙江省植物志，内蒙古植物志，东北植物检索表，东北草本植物志，中国植物志，Flora of China）；大巢菜（中国外来入侵生物）

Vicia sativa L., Sp. Pl. 736. 1753; 东北草本植物志5: 149. 图版1～2. 1976; 内蒙古植物志（第二版）3: 377. 图版144: 12. 1989; 东北植物检索表（第二版）: 372. 图版184: 1. 1995; 黑龙江省植物志6: 341. 图版152: 1～2. 1998; 中国植物志42(2): 268. 图版69：10～17. 1998; Fl. China 10: 571. 2010; 中国外来入侵生物: 320. 2018.

生海拔50～3000米荒山、田边草丛及林中。原产欧洲南部、亚洲西部。黑龙江省哈尔滨、肇东及内蒙古自治区的一些地方有栽培或逸生。

本种为绿肥原料及优良牧草；全草药用，花果期植株及种子提取物作抗肿瘤药。

■ 救荒野豌豆

植株

植株一部分

（3）头序歪头菜（中国植物志，Flora of China）；短序歪头菜（辽宁植物志，东北植物检索表，东北草本植物志）；长齿歪头菜（东北植物检索表，东北草本植物志）

Vicia ohwiana Hosokawa in Contr. Herb. Taihoku Univ. 288. 1933; 中国植物志42(2): 261. 图版67: 13～14. 1998; Fl. China 10: 569. 2010.——*V. unijuga* A. Br. var. *apoda* Maxim. in Bull. Acad. Sci. St.-Petersb. 18: 395. 1873; 东北草本植物志5: 147. 图版65: 5. 1976; 辽宁植物志（上册）: 968. 图版408: 3. 1988; 东北植物检索表（第二版）: 372. 图版185: 8. 1995.——*V. unijuga* A. Br. var. *ohwiaua* (Hosokawa) Nakai in Bot. Mag. Tokyo 49: 349. 1935; 东北草本植物志5: 149. 图版65: 3～4. 1976; 东北植物检索表（第二版）: 372. 图版185: 7. 1995.

（3a）头序歪头菜（原变型）

Vicia ohwiana f. *ohwiana*

生向阳山坡、灌丛、草地和林缘。产黑龙江省哈尔滨、萝北、密山、宁安；吉林省安图、蛟河、临江、抚松、和龙、珲春、吉林；辽宁省凌源、西丰、本溪、凤城、岫岩、丹东、鞍山、营口、大连等地。

嫩时可作为蔬菜。全草有补虚、调肝、理气、止痛等功效。

■ 头序歪头菜

植株中部

植株上部

花序

（3b）白花歪头菜（变型）（东北植物检索表，东北草本植物志）；白花短序歪头菜（辽宁植物志）

■ 白花歪头菜

植株上部

花序

Vicia ohwiana f. *alba* (Kitag.) S. M. Zhang, 辽宁省维管束植物名称考证: 201. 2019; 辽宁植物: 760. 2020.——*V. unijuga* A. Br. var. *apoda* f. *albiflora* Kitag. in Lineam. Fl. Mansh. 295. 1939; 东北草本植物志5: 149. 1976; 辽宁植物志（上册）: 968. 1988; 内蒙古植物志（第二版）3: 377. 1989; 东北植物检索表（第二版）: 372. 1995.

生林缘、林下、山坡草地、路旁。产辽宁省大连、宽甸、本溪等地。

（4）歪头菜（辽宁植物志，黑龙江省植物志，内蒙古植物志，东北植物检索表，东北草本植物志，中国植物志，Flora of China）

Vicia unijuga A. Br. in Ind. Sem. Hart. Berol. 12. 1853; 东北草本植物志5: 147. 图版65: 1 ~ 2. 1976; 辽宁植物志（上册）: 967. 图版408: 1 ~ 2. 1988; 内蒙古植物志（第二版）3: 376. 图版144: 6 ~ 11. 1989; 东北植物检索表（第二版）: 372. 图版185: 6. 1995; 黑龙江省植物志6: 341. 图版153: 1 ~ 2. 1998; 中国植物志42(2): 259. 图版67: 1 ~ 11. 1998; Fl. China 10: 569. 2010.

（4a）歪头菜（原变种）

Vicia unijuga var. *unijuga*

生山坡草地、灌丛、林下等处。黑龙江省呼玛、安达、北安、嫩江、宁安、尚志、黑河、伊春、鹤岗；吉林省安图、和龙、汪清、珲春、抚松、长白；辽宁省建平、凌源、建昌、义县、北镇、法库、清原、桓仁、本溪、鞍山、海城、岫岩、庄河、大连；内蒙古自治区科尔沁右翼前旗、巴林右旗、锡林浩特、宝格达山等地。

嫩时可作为蔬菜。全草有补虚、调肝、理气、止痛等功效。

■ 歪头菜

果期植株一部分

花期植株一部分

苗期植株

（4b）裂叶歪头菜（变种）（辽宁师范大学学报）

Vicia unijuga var. *tricuspidata* Z. S. M. et Y. L. M., 辽宁师范大学学报40(3): 361 ~ 365. 2017.

生林下。产辽宁省庄河。

■ 裂叶歪头菜

植株一部分

植株

(5)柳叶野豌豆(黑龙江省植物志,内蒙古植物志,东北植物检索表,东北草本植物志,中国植物志,Flora of China)

Vicia venosa (Willd.) Maxim. in Bull. Acad. Sci. St.-Petersb. 18: 395. 1873; 东北草本植物志5: 145. 图版64. 1976; 内蒙古植物志(第二版)3: 374. 图版144: 5. 1989; 东北植物检索表(第二版): 372. 图版185: 5. 1995; 黑龙江省植物志6: 345. 图版154: 1 ~ 9. 1998; 中国植物志42(2): 256. 1998; Fl. China 10: 568. 2010.

(5a)柳叶野豌豆(原变种)

Vicia venosa var. *venosa*

生海拔600 ~ 1800米山脚、针阔叶混交林下湿草地。产黑龙江省伊春等大兴安岭、小兴安岭地区;吉林省抚松县(长白山);内蒙古自治区额尔古纳、根河、牙克石、科尔沁右翼前旗、阿尔山、巴林右旗、克什克腾旗等地。

本种生长旺盛,牛羊喜食,亦可作绿肥。

■ 柳叶野豌豆

花序

植株

植株上部

（5b）狭柳叶野豌豆（变种）（内蒙古自治区师大学报）

Vicia venosa var. *ich-hsinganica* Soyolt, 内蒙古自治区师大学报29(2): 135 ~ 136. 2000.

生林缘草甸。产内蒙古自治区兴安盟科尔沁右翼前旗（模式标本采集地）。

（6）千山野豌豆（辽宁植物志，东北植物检索表，东北草本植物志，中国植物志，Flora of China）

Vicia chianshanensis (P. Y. Fu et Y. A. Chen) Xia in Acta Phytotax. Sin. 34 (4): 433. 1996; 中国植物志42(2): 256. 图版66: 9 ~ 10. 1998; Fl. China 10: 568. 2010.——*V. ramuliflora* (Maxim.) Ohwi f. *chianshanensis* P. Y. Fu et Y. A. Chen, 东北草本植物志5: 145. 图版63: 6. 1976; 辽宁植物志（上册）: 967. 图版407: 6. 1988; 东北植物检索表（第二版）: 372. 图版185: 4. 1995.

生山坡杂木林中、坡地及路旁。产辽宁省鞍山市千山（模式标本采集地）。

全草有散风祛湿、活血止痛作用。嫩苗和果实可食。

■ 千山野豌豆

植株一部分

花侧面观

（7）北野豌豆（辽宁植物志，黑龙江省植物志，内蒙古植物志，东北植物检索表，东北草本植物志，中国植物志，Flora of China）

Vicia ramuliflora (Maxim.) Ohwi in Jour. Jap. Bot. 12: 331. 1936; 东北草本植物志5: 143. 图版63: 1 ~ 3. 1976; 辽宁植物志（上册）: 965. 图版407: 1 ~ 3. 1988; 内蒙古植物志（第二版）3: 374. 图版144: 1 ~ 4. 1989; 东北植物检索表（第二版）: 372. 图版185: 1. 1995; 黑龙江省植物志6: 340. 图版148: 1 ~ 3. 1998; 中国植物志42(2): 257. 图版66: 1 ~ 6. 1998; Fl. China 10: 568. 2010.

（7a）北野豌豆（原变型）

Vicia ramuliflora f. *ramuliflora*

多散生林下、林缘及林间草甸。产黑龙江省伊春（带岭）、尚志（帽儿山）、饶河、宁安、呼玛；吉林省汪清、抚松、敦化、珲春、安图；辽宁省新宾、本溪、桓仁、宽甸、鞍山、庄河；内蒙古自治区额尔古纳、根河、牙克石、科尔沁右翼前旗、克什克腾旗、宝格达山等地。

全草有散风祛湿、活血止痛作用。嫩苗和果实可食。

■ 北野豌豆

果期植株

果序

花期植株一部分

花序一部分

（7b）辽野豌豆（变型）（辽宁植物志，东北植物检索表，东北草本植物志，中国植物志）

Vicia ramuliflora f. *abbreviata* P. Y. Fu et Y. A. Chen, 东北草本植物志5: 145, 177. 图版63: 6. 1976; 辽宁植物志（上册）: 965. 图版407: 5. 1988; 东北植物检索表（第二版）: 372. 图版185: 3. 1995; 中国植物志42(2): 257. 图版66: 7 ~ 8. 1998.

生林下、灌丛及林缘、水边。产辽宁省岫岩、凤城、本溪等地。模式标本采自辽宁省凤城。

■ 辽野豌豆

花期植株

花序

（7c）贝加尔野豌豆（变型）（辽宁植物志，黑龙江省植物志，东北植物检索表，东北草本植物志）

Vicia ramuliflora f. *baicalensis* (Turcz.) P. Y. Fu et Y. A. Chen, 东北草本植物志5: 145. 图版63: 4. 1976; 辽宁植物志（上册）: 967. 图版407: 4. 1988; 东北植物检索表（第二版）: 372. 图版185: 2. 1995.——*Vicia baicalensis* (Turcz.) B. Fedtsch. in Kom. Fl. URSS13: 424. 1948; 黑龙江省植物志6: 332. 图版148: 4. 1998.

散生林下、林缘及林间草甸。产黑龙江省伊春、尚志、饶河、虎林；吉林省安图、抚松、珲春、浑江；辽宁省清原、本溪、桓仁；内蒙古自治区额尔古纳、牙克石、科尔沁右翼前旗、阿尔山等地。

■ 贝加尔野豌豆

花序

果期植株一部分

植株

（8）大花野豌豆（辽宁植物志，内蒙古植物志，东北植物检索表，东北草本植物志，中国植物志，Flora of China）；三齿萼野豌豆（大连地区植物志）

Vicia bungei Ohwi in Journ. Jap. Bot. 12: 330. 1936; 东北草本植物志5: 141. 图版62: 4 ~ 10. 1976; 辽宁植物志（上册）: 964. 图版409: 4 ~ 10. 1988; 内蒙古植物志（第二版）3: 373. 1989; 东北植物检索表（第二版）: 372. 图版184: 4. 1995; 中国植物志42(2): 263. 图版68: 1 ~ 10. 1998; Fl. China 10: 570. 2010.

生田边、路旁、湿地、荒地。产辽宁省大连、长海、盖州、沈阳及辽西地区。内蒙古自治区有记录，待调查核实。

家禽喜食。嫩苗和果实可食。

■ 大花野豌豆

花侧面观

植株

植株一部分

（9）索伦野豌豆（内蒙古植物志，东北植物检索表，东北草本植物志，中国植物志，Flora of China）

Vicia geminiflora Trautv. in Act. Hort. Petrop 3: 42. 1875; 东北草本植物志5: 141. 图版3. 1976; 内蒙古植物志（第二版）3: 373. 1989; 东北植物检索表（第二版）: 372. 图版184: 5. 1995; 中国植物志42(2): 262. 1998 Fl. China 10: 569. 2010.

生河岸柳丛间草地。产内蒙古自治区科尔沁右翼前旗（索伦附近）、陈巴尔虎旗、突泉等。

■ 索伦野豌豆

花

叶

植株一部分

（10）长柔毛野豌豆（内蒙古植物志，中国植物志，Flora of China）

Vicia villosa Roth in Tent. Fl. Germ. 2 (2): 182. 1793; 中国高等植物图鉴2: 479. 图2688. 1972; 内蒙古植物志（第二版）3: 364. 图版 141: 6 ~ 10, 1989; 中国植物志42(2): 241. 图版61: 27 ~ 32. 1998; Fl. China 10: 564. 2010; 植物资源与环境学报22(2): 119 ~ 220. 2013.

原产欧洲、中亚、伊朗。产黑龙江完达山地区。内蒙古自治区有引种栽培。

本种为外来入侵植物，是夏熟作物田里和田埂的常见杂草，对麦子和豆类有一定的危害。为优良牧草及绿肥作物，也是优良蜜源植物；种子可提取植物凝血素应用于免疫学、肿瘤生物学、细胞生物学及发育生物学。

■ 长柔毛野豌豆

叶轴顶端卷须有2 ~ 3分支

果序

植株一部分

（11）黑龙江野豌豆（辽宁植物志，内蒙古植物志，东北植物检索表，东北草本植物志，中国植物志，Flora of China）；龙江野豌豆（黑龙江省植物志）

Vicia amurensis Oett. in Act. Hort. Bot. Univ. Jurjev. 6: 143. 1905; 东北草本植物志5: 138. 图版60: 10 ~ 11. 1976; 辽宁植物志（上册）: 963. 图版406: 8 ~ 9. 1988; 内蒙古植物志（第二版）3: 372. 图版143: 10 ~ 11. 1989; 东北植物检索表（第二版）: 370. 图版183: 2. 1995; 黑龙江省植物志6: 332. 图版147: 10 ~ 11. 1998; 中国植物志42(2): 246. 1998; Fl. China 10: 565. 2010.

（11a）黑龙江野豌豆（原变型）

Vicia amurensis f. *amurensis*

生林缘、灌丛、草甸、山坡、路旁等处。产黑龙江省黑河、呼玛、宁安、哈尔滨、饶河、密山、虎

■ 黑龙江野豌豆

小叶

果枝

花序

林；吉林省安图、抚松、吉林、和龙、珲春、汪清、通化、靖宇；辽宁省昌图、西丰、清原、新宾、沈阳、抚顺、本溪、桓仁、岫岩、营口、瓦房店、普兰店、大连、凌源、建昌、绥中；内蒙古自治区额尔古纳、根河、牙克石、鄂伦春、鄂温克、陈巴尔虎旗、翁牛特旗、科尔沁右翼前旗等地。

可作饲料，并可入药，治热毒，外用洗风湿毒疮等。嫩苗和果实可食。

（11b）三河野豌豆（变型）（内蒙古植物志，中国植物志）

Vicia amurensis f. *alba* Ohasi et Tateishi in Journ. Jap. Bot. 52 (1): 106. 1977; 中国植物志42(2): 247. 1998.——*Vicia amurensis* Oett. f. *sanheensis* Y. Q. Jiang et S. M. Fu, 内蒙古植物志（第二版）3: 372, 673. 1989.

生森林草原石质山坡或林缘、草地阴处。产黑龙江省大兴安岭地区；内蒙古自治区额尔古纳。

■ 三河野豌豆

花序

植株一部分

叶

（12）东方野豌豆（黑龙江省植物志，内蒙古植物志，东北植物检索表，东北草本植物志，中国植物志，Flora of China）

Vicia japonica A. Gray in Mem. Amer. Acad. Sci. 385. 1859; 东北草本植物志5: 139. 图版8 ~ 9. 1976; 内蒙古植物志（第二版）3: 372. 图版143: 6 ~ 9. 1989; 东北植物检索表（第二版）: 370. 图版183: 3. 1995; 黑龙江省植物志6: 336. 图版147: 8 ~ 9. 1998; 中国植物志42(2): 248. 1998; Fl. China 10: 566. 2010.

生海拔600 ~ 3700米山崖、河谷、坡地、林下。产黑龙江省伊春、爱辉、黑河、嫩江、宁安、萝北、尚志、哈尔滨、阿城、呼玛；吉林省靖宇、汪清、珲春、安图、临江；辽宁省庄河、大连、沈阳、长海、丹东；内蒙古自治区额尔古纳、根河、牙克石、鄂伦春、科尔沁右翼前旗、扎赉特旗、巴林右旗、翁牛特旗等地。

■ 东方野豌豆

小叶背面观

花序

植株

果序

植株一部分

（13）大叶野豌豆（辽宁植物志，黑龙江省植物志，内蒙古植物志，东北植物检索表，东北草本植物志，中国植物志，Flora of China）；假香野豌豆（大连地区植物志）

Vicia pseudorobus Fisch. et C. A. Mey. in Index Sem. Hort. Bot. Petrop. 1: 41. 1835; 东北草本植物志5: 134. 图版59: 1 ~ 9. 1976; 辽宁植物志（上册）: 960. 图版405: 1 ~ 8. 1988; 内蒙古植物志（第二版）3: 368. 图版142: 6 ~ 10. 1989; 东北植物检索表（第二版）: 370. 图版183: 5. 1995; 黑龙江省植物志6: 337. 图版151: 1 ~ 9. 1998; 中国植物志42(2): 242. 图版63: 1 ~ 8. 1998; Fl. China 10: 564. 2010.

（13a）大叶野豌豆（原变型）

Vicia pseudorobus f. *pseudorobus*

生林缘、灌丛、山坡草地、路旁。产黑龙江省呼玛、伊春、安达、哈尔滨、鸡东、克山、饶河、尚志、萝北、虎林、密山、宁安；吉林省安图、汪清、珲春、吉林、九台、桦甸；辽宁省各地；内蒙古自治区额尔古纳、根河、海拉尔、牙克石、鄂伦春、扎赉特旗、扎鲁特旗、巴林右旗、克什克腾旗、宁城、锡林浩特、正蓝旗、太仆寺旗等地。

全草上部嫩茎叶曾用作清热解毒药。嫩苗和果实可食。

■ 大叶野豌豆

托叶正面观

花序

果序

小叶背面观

小叶正面观

托叶背面观

植株

叶

（13b）短序大野豌豆（变型）（中国植物志）；短序大叶野豌豆（黑龙江省植物志，东北草本植物志）

Vicia pseudorobus f. *breviramea* P. Y. Fu et Y. A. Chen, 东北草本植物志5: 136, 177. 图版59: 10. 1976; 黑龙江省植物志6: 340. 图版151: 10. 1998; 中国植物志42(2): 244. 1998.

生向阳山坡。产黑龙江省宁安、尚志；吉林省吉林、九台；辽宁省鞍山。模式标本采自吉林市龙潭山。

（13c）白花大野豌豆（变型）（中国植物志）；白花大叶野豌豆（辽宁植物志，东北植物检索表，东北草本植物志）

Vicia pseudorobus f. *albiflora* (Nakai) P. Y. Fu et Y. A. Chen, 东北草本植物志5: 136, 177. 1976; 辽宁植物志（上册）: 960. 1988; 东北植物检索表（第二版）: 370. 1995; 中国植物志42(2): 244. 1998.

生杂木林缘。产黑龙江省呼玛；吉林省浑江（三岔子及花砬子附近）；辽宁省西丰、新宾、清原等地。

■ 白花大野豌豆

果序

花序

植株一部分

（14）山野豌豆（辽宁植物志，黑龙江省植物志，内蒙古植物志，东北植物检索表，东北草本植物志，中国植物志，Flora of China）

Vicia amoena Fisch. ex DC. in Prodr. 2: 355. 1825; 东北草本植物志5: 136. 图版60: 1 ~ 7. 1976; 辽宁植物志（上册）: 961. 图版406: 1 ~ 7. 1988; 内蒙古植物志（第二版）3: 368. 图版142: 11 ~ 16. 1989; 东北植物检索表（第二版）: 370. 图版183: 1. 1995; 黑龙江省植物志6: 330. 图版147: 1 ~ 7. 1998; 中国植物志42(2): 244. 图版64: 17 ~ 25. 1998; Fl. China 10: 564. 2010.

（14a）山野豌豆（原变种）

Vicia amoena var. *amoena*

生山坡、灌丛、林缘、草地等处。产东北三省各地；内蒙古自治区额尔古纳、海拉尔、牙克石、扎兰屯、科尔沁右翼前旗、科尔沁左翼后旗、扎鲁特旗、克什克腾旗、阿尔山、通辽、巴林右旗、宁城、东乌珠穆沁旗、锡林浩特等地。

为家畜喜食的饲料。嫩苗可食。茎叶有祛风湿、活血、舒筋、止痛作用。

■ 山野豌豆

果序

花期植株

托叶

■ 山野豌豆

小叶背面观

小叶正面观

叶

（14b）狭叶山野豌豆（变种）（辽宁植物志，黑龙江省植物志，内蒙古植物志，东北植物检索表，东北草本植物志，中国植物志）

Vicia amoena var. *oblongifolia* Regel in Tent. Fl. Ussur. 132. 1861; 东北草本植物志5: 138. 1976; 辽宁植物志（上册）: 962. 1988; 内蒙古植物志（第二版）3: 369. 1989; 东北植物检索表（第二版）: 370. 1995; 黑龙江省植物志6: 332. 1998; 中国植物志42(2): 245. 图版64: 28. 1998.

生河滩、岸边、山坡、林缘、灌丛湿地。产黑龙江省大庆、安达、齐齐哈尔、哈尔滨、黑河、尚志、呼玛、杜尔伯特；吉林省扶余、镇赉、通榆、珲春；辽宁省彰武、凌源、喀左、昌图、沈阳、丹东、营口、东港、普兰店、金州；内蒙古自治区海拉尔、鄂温克、科尔沁右翼前旗、阿尔山、扎鲁特旗、翁牛特旗、巴林右旗、锡林浩特等地。

■ 狭叶山野豌豆

花枝

托叶

叶背面观

（14c）绢毛山野豌豆（变种）（辽宁植物志，黑龙江省植物志，内蒙古植物志，东北植物检索表，东北草本植物志，中国植物志）

Vicia amoena var. *sericea* Kitag. in Rep. Inst. Res. Mansh. 4: 83, t. 3: 1. 1940; 东北草本植物志5: 138. 1976; 辽宁植物志（上册）: 962. 1988; 内蒙古植物志（第二版）3: 369. 1989; 东北植物检索表（第二版）: 370. 1995; 黑龙江省植物志6: 332. 1998; 中国植物志42(2): 245. 图版64: 26 ~ 27. 1998.

（14ca）绢毛山野豌豆（原变型）

Vicia amoena var. *sericea* f. *sericea*

生海拔600 ~ 1650米丘陵、山坡、田埂、灌丛及固定沙丘或沙地。产黑龙江省安达、大庆；辽宁省新民、彰武；内蒙古自治区扎兰屯、科尔沁左翼后旗、赤峰、翁牛特旗、扎鲁特旗等地。

■ 绢毛山野豌豆

小叶背面观

植株一部分

（14cb）白花山野豌豆（变型）（东北植物检索表，东北草本植物志，中国植物志）；白花绢毛山野豌豆（辽宁植物志）

Vicia amoena var. *sericea* f. *albiflora* P. Y. Fu et Y. A. Chen, 东北草本植物志 5: 138, 177. 1976; 辽宁植物志（上册）: 962. 1988; 东北植物检索表（第二版）: 370. 1995; 中国植物志42(2): 245. 1998.

生山坡草地。产辽宁省彰武（模式标本采集地）。

（15）大龙骨野豌豆（中国植物志，Flora of China）

Vicia megalotropis Ledeb. Fl. Alt. 3: 334. 1831; 中国植物志42(2): 238: 19 ~ 27. 1998; Fl. China 10: 563. 2010; 内蒙古植物志（第三版）3: 141. 2020.

生岩缝、沙地。产内蒙古自治区陈巴尔虎旗。

（16）多茎野豌豆（黑龙江省植物志，内蒙古植物志，东北植物检索表，东北草本植物志，中国植物志，Flora of China）

Vicia multicaulis Ledeb. in Fl. Alt. 3: 345. 1831; 东北草本植物志5: 139. 图版61: 1 ~ 10. 1976; 内蒙古植物志（第二版）3: 366. 图版142: 1 ~ 5. 1989; 东北植物检索表（第二版）: 370. 图版184: 2. 1995; 黑龙江省植

■ 多茎野豌豆

叶背面观

果序

植株一部分

花序

物志6: 337. 图版150: 1 ~ 10. 1998; 中国植物志42(2): 247. 图版68: 11 ~ 18. 1998; Fl. China 10: 565. 2010.

生石砾、沙地、草甸、丘陵、灌丛。产黑龙江省大兴安岭及西部草原地区；辽宁省凌源、庄河、金州；内蒙古自治区海拉尔、额尔古纳、根河、牙克石、满洲里、陈巴尔虎旗、鄂温克（红花尔基）、科尔沁右翼前旗、阿尔山、科尔沁左翼中旗、巴林右旗、翁牛特旗、克什克腾旗、锡林浩特等地。

全草有发汗除湿、活血止痛作用，用于风湿关节痛、黄疸、带下病、鼻衄等。

（17）细叶野豌豆（东北植物检索表，东北草本植物志，中国植物志，Flora of China）

Vicia tenuifolia Roth, Tent. Fl. Germ. 1: 309. 1788; 东北草本植物志 5: 143. 1976; 东北植物检索表（第二版）: 372. 1995; 中国植物志42(2): 236. 图版61: 10 ~ 18. 1998; Fl. China 10: 563. 2010.

生干旱草原、坡地、草甸或林中。产黑龙江省齐齐哈尔附近。

■ 细叶野豌豆

果序

花序

茎叶

植株一部分

枝端

（18）广布野豌豆（辽宁植物志，黑龙江省植物志，内蒙古植物志，东北植物检索表，东北草本植物志，中国植物志，Flora of China）

Vicia cracca L., Sp. Pl. 2: 735. 1753; 东北草本植物志5: 141. 图版61: 11 ~ 17. 1976; 辽宁植物志（上册）: 964. 图版405: 9 ~ 16. 1988; 内蒙古植物志（第二版）3: 370. 图版143: 1 ~ 5. 1989; 东北植物检索表（第二版）: 372. 图版184: 3. 1995; 黑龙江省植物志6: 334. 图版149: 1 ~ 7. 1998; 中国植物志42(2): 236. 图版61: 1 ~ 9. 1998; Fl. China 10: 562. 2010.

（18a）广布野豌豆（原变种）

Vicia cracca var. *cracca*

生山坡、林缘、灌丛、草地等处。产黑龙江省五常、塔河、尚志、漠河、呼玛、依兰、宝清、伊春、宁安、密山、虎林、鹤岗、萝北、哈尔滨、黑河、嘉荫、鸡东；吉林省抚松、安图、珲春、蛟河、磐石、九台、汪清、和龙、通化、临江、靖宇；辽宁省西丰、清原、本溪、凤城、桓仁、丹东、庄河、长海；内蒙古自治区额尔古纳、根河、海拉尔、牙克石、满洲里、陈巴尔虎旗、鄂温克、扎赉特旗、翁牛特旗、巴林右旗、克什克腾旗、宁城、东乌珠穆沁旗、锡林浩特等地。

地上部茎叶柔软，家畜均喜食。叶入药，治热毒、风湿毒疮等。嫩苗和果实可食。

■ 广布野豌豆

叶

果序

植株

（18b）灰野豌豆（变种）（黑龙江省植物志，内蒙古植物志，东北草本植物志，中国植物志）

Vicia cracca var. *canescens* Maxim. ex Franch. et Sav. Enum. Pl. Jap. 1: 104. 1874; 内蒙古植物志（第二版）3: 370. 1989; 中国植物志42(2): 236. 1998.——*Vicia cracca* f. *canescens* Maxim. in Prim. Fl. Amur. 82. 1859; 东北草本植物志5: 143. 1976; 黑龙江省植物志6: 336. 1998.

生林间草地、草甸、灌丛。产黑龙江省漠河、呼玛、黑河；内蒙古自治区额尔古纳、根河、海拉尔、牙克石、鄂伦春、鄂温克、科尔沁右翼前旗、克什克腾旗、宝格达山等。

■ 灰野豌豆

小叶背面观

托叶

植株

（18c）白花广布野豌豆（变种）（辽宁师范大学学报）

Vicia cracca var. *albiflorum* Z. S. M., 辽宁师范大学学报41(3): 368 ~ 372. 2018.

生林缘。产辽宁省鞍山（千山）。

■ 白花广布野豌豆

花序

植株一部分

36 山黧豆属 *Lathyrus* L.

Lathyrus L., Sp. Pl. 729. 1753.

一年生或多年生草本，具根状茎或块根。茎直立、上升或攀缘。偶数羽状复叶，具1至数小叶，稀无小叶而叶轴增宽叶化或托叶叶状，叶轴末端具卷须或针刺；小叶椭圆形、卵形、卵状长圆形、披针形或线形，具羽状脉或平行脉；托叶通常半箭形，稀箭形，偶为叶状。总状花序腋生，具1至多花；花紫色、粉红色、黄色或白色，有时具香味；萼钟状，萼齿不等长或稀近相等；雄蕊（9+1）二体；花柱先端通常扁平，线形或增宽成匙形，近轴一面被刷毛。荚果通常压扁，开裂。

本属全世界约有160种，分布于欧洲、亚洲及北美洲的北温带地区，南美洲及非洲也有少量分布。中国有18种，主要分布于东北、华北、西北及西南地区，华东也有少量分布。东北地区产9种1亚种1变型，其中栽培1种。

分种检索表

1. 叶轴末端为刺状。
　2. 茎不具翼；小叶具脉网状 ……………………………… **1. 东北山黧豆 L. vaniotii** Levl.
　2. 茎有狭翼；小叶具平行脉3～5条 ……………………………… **2. 三脉山黧豆 L. komarovii** Ohwi
1. 叶轴末端为卷须。
　3. 花柱扭转；小叶1对。
　　4. 小叶线状披针形或披针状线形；花长12～15（～20）毫米 ……………… **3. 家山黧豆 L. sativus** L.
　　4. 小叶椭圆形、长圆形或长圆状卵形；花长20～30毫米 ……………… **4. 香豌豆 L. odoratus** L.
　3. 花柱不扭转；小叶1～4（～6）对。
　　5. 小叶1对，花黄色 ……………………………… **5. 牧地山黧豆 L. pratensis** L.
　　5. 小叶2～6对。
　　　6. 花黄色 ……………………………… **6. 大山黧豆 L. davidii** Hance
　　　6. 花粉红色、红紫色、紫色或蓝紫色。
　　　　7. 托叶箭头形，宽0.9～1.8厘米；茎伏卧，上部斜上；花长19～26毫米（**7. 海滨山黧豆 L. maritimus** (L.) Bigelow）。

（接上表）

8. 全株光滑无毛 ………………………………………………… 7a. 海滨山黧豆 L. maritimus f. maritimus

8. 植株各部明显被毛 ………… 7b. 毛海滨山黧豆 L. japonicus f. pubescens (Hartm.) Ohashi et Tateishi

7. 托叶半箭头状，宽1厘米以下；茎直立或攀缘；花长13～15（～20）毫米。

9. 茎直立；小叶卵形或椭圆形；小叶叶脉网状；卷须单一不分歧或稍分歧
……………………………………………………………………… 8. 矮山黧豆 L. humilis (Ser.) Spreng.

9. 茎攀缘；小叶披针形、近长圆形至线状披针形或线形。

10. 小叶叶脉不甚明显；卷须时常分歧 …… 9b. 毛山黧豆 L. palustris subsp. pilosus (Cham.) Hulten

10. 小叶具5条明显凸出的纵脉；卷须单一不分歧
………………………………………………10. 山黧豆 L. quinquenervius (Miq.) Litv. ex Kom. et Alis.

（1）东北山黧豆（辽宁植物志，黑龙江省植物志，东北植物检索表，东北草本植物志，中国植物志，Flora of China）；东北香豌豆（大连地区植物志）

Lathyrus vaniotii Levl. in Fedde, Repert. Sp. Nov. 7: 230. 1909; 东北草本植物志5: 159. 图版68: 1. 1976; 辽宁植物志（上册）: 976. 图版412: 1. 1988; 东北植物检索表（第二版）: 355. 图版173: 2. 1995; 黑龙江省植物志6: 282. 图版119: 1. 1998; 中国植物志42(2): 278. 1998; Fl. China 10: 574. 2010.

生沟旁、山脚下草地及林缘。产黑龙江省阿城（小岭）、尚志（帽儿山）；辽宁省鞍山、本溪、凤城、庄河、金州、大连、瓦房店等地。

■ 东北山黧豆

托叶

果期植株

花

花期植株

叶背面观

叶正面观

果序

（2）三脉山黧豆（辽宁植物志，黑龙江省植物志，内蒙古植物志，东北植物检索表，中国植物志，Flora of China）

Lathyrus komarovii Ohwi in Journ. Jap. Bot. 12: 329. 1936; 东北草本植物志5: 159. 图版67: 1. 1976; 辽宁植物志（上册）: 976. 图版410: 1. 1988; 内蒙古植物志（第二版）3: 384. 图版146: 13 ~ 16. 1989; 东北植物检索表（第二版）: 355. 图版174: 2. 1995; 黑龙江省植物志6: 275. 图版121: 1. 1998; 中国植物志42(2): 282. 1998; Fl. China 10: 575. 2010.

生林下及草地等处。产黑龙江省宁安、伊春、密山、虎林、饶河、呼玛、黑河、嘉荫；吉林省安图、汪清、敦化、临江；辽宁省本溪；内蒙古自治区额尔古纳、鄂伦春等地。

■ 三脉山黧豆

叶

植株一部分

花

花序

（3）家山黧豆（黑龙江省植物志，东北植物检索表，东北草本植物志，中国植物志，Flora of China）

Lathyrus sativus L., Sp. Pl. 730. 1753; 东北草本植物志5: 157. 1976; 内蒙古植物志（第二版）3: 379. 图版145: 1 ~ 5. 1989; 东北植物检索表（第二版）: 352. 1995; 黑龙江省植物志6: 280. 图版124: 1 ~ 10. 1998; 中国植物志42(2): 284. 1998; Fl. China 10: 576. 2010.

欧亚各国常栽培。黑龙江省集贤等地曾有引种。

中国北方常作为猪、牛饲料而栽培，但花期植株及种子有毒。

（4）香豌豆（辽宁植物志，黑龙江省植物志，东北植物检索表，东北草本植物志，中国植物志，Flora of China）

Lathyrus odoratus L., Sp. Pl. 732. 1753; 东北草本植物志5: 157. 1976; 辽宁植物志（上册）: 976. 1988; 东北植物检索表（第二版）: 352. 1995; 黑龙江省植物志6: 275. 图版121: 4 ~ 5. 1998; 中国植物志42(2): 285. 19 98; Fl. China 10: 576. 2010.

原产意大利。黑龙江省有温室栽培。辽宁省有少量露地栽培。

常作为观赏植物栽培。植株及种子有毒。

（5）牧地山黧豆（黑龙江省植物志，东北植物检索表，东北草本植物志，中国植物志，Flora of China）

Lathyrus pratensis L., Sp. Pl. 733. 1753; 东北草本植物志5: 154. 图版69. 1976; 东北植物检索表（第二版）: 352. 图版173: 4. 1995; 黑龙江省植物志6: 277. 图版123: 1 ~ 7. 1998; 中国植物志42(2): 285. 1998; Fl.

China 10: 576. 2010.

生山坡草地、疏林下、路旁阴处。产黑龙江省哈尔滨、牡丹江、宁安；吉林省安图、长白等地。

可作为饲料及蜜源植物。

■ 牧地山黧豆

花序

植株一部分

居群

植株

（6）大山黧豆（辽宁植物志，黑龙江省植物志，内蒙古植物志，东北植物检索表，东北草本植物志，中国植物志，Flora of China）；茳芒香豌豆（大连地区植物志）

Lathyrus davidii Hance in Journ. Bot. Brit. & For. 9: 130. 1871; 东北草本植物志5: 154. 图版68: 2 ~ 10. 1976; 辽宁植物志（上册）: 974. 图版412: 2 ~ 10. 1988; 内蒙古植物志（第二版）3: 379. 图版145: 6 ~ 11. 1989; 东北植物检索表（第二版）: 352. 图版173: 1. 1995; 黑龙江省植物志6: 272. 图版119: 2 ~ 10. 1998; 中国植物志42(2): 272. 1998; Fl. China 10: 573. 2010.

生林缘、疏林下灌丛、草坡或林间溪流附近。产东北地区各地；内蒙古自治区牙克石、敖汉旗等地。

种子有镇痛作用，可治子宫及月经痛。嫩茎叶可作野菜。

■ 大山黧豆

果序

花序

花枝

托叶

叶

植株一部分

（7）海滨山黧豆（辽宁植物志，东北植物检索表，东北草本植物志，中国植物志，Flora of China）；海滨香豌豆（大连地区植物志）

Lathyrus japonicus Willd. In Sp. Pl. 3: 1092. 1802; 东北草本植物志5: 157. 图版70. 1976; 中国植物志42(2): 275. 1998: Fl. China 10: 573. 2010.——*L. maritimus* (L.) Bigelow in Fl. Boston. ed. 2. 268. 1824; 辽宁植物志（上册）: 974. 图版411. 1988; 东北植物检索表（第二版）: 355. 图版173: 3. 1995.

（7a）海滨山黧豆（原变型）

Lathyrus japonicus f. *japonicus*

生海滨沙地。产辽宁省金州、长海、丹东。

■ 海滨山黧豆

果序

叶

荚果

花序侧面观

种子

花序正面观

植株

托叶

（7b）毛海滨山黧豆（变型）（中国植物志）

Lathyrus japonicus f. *pubescens* (Hartm.) Ohashi et Tateishi in Journ. Jap. Bot. 52 (7): 234. 1977; 中国植物志42(2): 276. 1998.

生沿海沙滩上。产辽宁省旅顺口。

（8）矮山黧豆（辽宁植物志，黑龙江省植物志，内蒙古植物志，东北植物检索表，东北草本植物志，中国植物志，Flora of China）

Lathyrus humilis (Ser.) Spreng. in Syst. Veg. 3: 363. 1826; 东北草本植物志5: 150. 图版66. 1976; 辽宁植物志（上册）: 970. 图版409: 1 ~ 3. 1988; 内蒙古植物志（第二版）3: 381. 图版145: 12 ~ 16. 1989; 东北植物检索表（第二版）: 355. 图版174: 1. 1995; 黑龙江省植物志6: 272. 图版120: 1 ~ 3. 1998; 中国植物志42(2): 274. 1998; Fl. China 10: 573. 2010.

生草甸、灌丛及林缘。产黑龙江省黑河、伊春、呼玛、嘉荫；吉林省白城、汪清、安图；辽宁省丹沈铁路沿线；内蒙古自治区根河、牙克石、扎兰屯、科尔沁右翼前旗、克什克腾旗、东乌珠穆沁旗、锡林浩特等地。

可以作家畜饲料。

■ 矮山黧豆

植株一部分

叶

植株

（9）欧山黧豆（植物研究，中国植物志，Flora of China）

Lathyrus palustris L., Sp. Pl. 753. 1753; 中国植物志42(2): 279. 1998; Flora of China 10. 574. 2010.

（9a）欧山黧豆（原亚种）

Lathyrus palustris subsp. *palustris*

中国不产。

（9b）毛山黧豆（亚种）（中国植物志）；山黧豆（辽宁植物志，黑龙江省植物志，内蒙古植物志，东北植物检索表，东北草本植物志，大连地区植物志）

Lathyrus palustris subsp. *pilosus* (Cham.) Hulten in Fl. Aleut, Isl. 236. 1937; 中国植物志42(2): 281. 图版73: 8 ~ 11. 1998.——*L. palustris* var. *pilosus* (Cham) Ledeb. in Fl. Ross. 1: 686. 1842; 东北草本植物志5: 152. 图版67: 5 ~ 12. 1976; 辽宁植物志（上册）: 972. 图版410: 4 ~ 12. 1988; 内蒙古植物志（第二版）3: 382. 图版146: 7 ~ 12. 1989; 东北植物检索表（第二版）: 355. 图版174: 4. 1995; 黑龙江省植物志6: 277. 图版122: 1 ~ 9. 1998; Flora of China 10. 575. 2010.

多生湿草地、林缘草地及河岸。产黑龙江省小兴安岭以东、以南各地；吉林省各山区；辽宁省各山区；内蒙古自治区海拉尔、莫力达瓦达斡尔旗、牙克石、扎兰屯、新巴尔虎左旗、科尔沁右翼前旗、扎赉特旗、科尔沁左翼后旗、克什克腾旗、东乌珠穆沁旗、锡林浩特、阿巴嘎旗等地。

■ 毛山黧豆

托叶

茎

植株一部分

叶

花序

（10）山黧豆（内蒙古植物志，中国植物志，Flora of China）；五脉山黧豆（辽宁植物志，黑龙江省植物志，东北植物检索表，东北草本植物志）

Lathyrus quinquenervius (Miq.) Litv. ex Kom. et Alis., Opred. Rast. Dalnje.–Vost. Kraja 2: 683. 1932; 东北草本植物志5: 152. 图版67: 2 ~ 3. 1976; 辽宁植物志（上册）: 972. 图版410: 2 ~ 3. 1988; 内蒙古植物志（第二版）3: 381. 图版146: 1 ~ 6. 1989; 东北植物检索表（第二版）: 355. 图版174: 3. 1995; 黑龙江省植物志6: 280. 图版121: 2 ~ 3. 1998; 中国植物志42(2): 282. 1998; Fl. China 10: 575. 2010.

生林缘、草甸、沙地、山坡。产黑龙江省安达、哈尔滨、尚志、富锦、集贤；吉林省安图、靖宇、敦化、汪清、镇赉、洮安、双辽、桦甸、浑江；辽宁省长海、昌图、彰武、建平、沈阳；内蒙古自治区海拉尔、牙克石、扎兰屯、陈巴尔虎旗、科尔沁右翼前旗、扎赉特旗、巴林右旗、阿鲁科尔沁旗、宁城、锡林浩特等地。

全草有祛风湿、止痛作用，治疗风湿关节痛、头痛、白带异常、痛经。嫩苗可食。

■ 山黧豆

花序

茎与托叶

荚果

叶背面观

植株

37 豌豆属 *Pisum* L.

Pisum L., Sp. Pl. 727. 1753.

一年生或多年生柔软草本。茎方形、空心、无毛。叶具小叶2~6片，卵形至椭圆形，全缘或有锯状齿，下面被粉霜；托叶大，叶状；叶轴顶端具羽状分枝的卷须；花白色或多色，单生或数朵排成总状花序，腋生，具柄；萼钟状，偏斜或在基部为浅束状，萼片呈叶片状；花冠蝶形，旗瓣扁倒卵形，翼瓣稍与龙骨瓣连生，雄蕊（9+1）二体；子房近无柄，有胚珠多颗，花柱内弯，压扁，内侧面有纵列的髯毛。荚果肿胀，长椭圆形，顶端斜急尖；种子数颗，球形。

本属全世界有2~3种，产欧洲及亚洲。中国各地常见栽培1种，含东北地区。

豌豆（辽宁植物志，黑龙江省植物志，内蒙古植物志，东北植物检索表，东北草本植物志，中国植物志，Flora of China）；荷兰豆（台湾府志）

Pisum sativum L., Sp. Pl. 727. 1753; 东北草本植物志5: 160. 图版33: 1~8. 1976; 辽宁植物志（上册）: 978. 图版381: 1~8. 1988; 内蒙古植物志（第二版）3: 384. 图版147. 1989; 东北植物检索表（第二版）: 365. 图版176: 1. 1995; 中国植物志42(2): 287. 1998; 黑龙江省植物志6: 308. 图版137: 1~8. 1998; Fl. China 10: 577. 2010.

一年生攀缘草本；全株被粉霜；偶数羽状复叶，小叶4～6片；花单生或数朵排列为总状花序；花冠多为白色和紫色；荚果长椭圆形。原产亚洲西部、地中海地区和埃塞俄比亚、小亚细亚西部。东北各地有栽培。

种子及嫩荚、嫩苗可食用。种子有强壮、利尿、止泻作用；茎叶有清凉解暑作用。

■ 豌豆

花期植株

果期植株

花

38 木蓝属 *Indigofera* L.

Indigofera L., Sp. Pl. 751. 1753.

灌木或草本，稀小乔木。奇数羽状复叶，偶为掌状复叶、三小叶或单叶；小叶通常对生，稀互生，全缘。总状花序腋生，少数成头状、穗状或圆锥状；花萼钟状或斜杯状，萼齿5,近等长或下萼齿常稍长；花冠紫红色至淡红色，偶为白色或黄色，早落或旗瓣留存稍久，旗瓣卵形或长圆形，先端钝圆，微凹或具尖头，基部具短瓣柄，翼瓣较狭长，具耳，龙骨瓣常呈匙形；雄蕊二体，花药同型；子房无柄，花柱线形，柱头头状。荚果线形或圆柱形，稀长圆形或卵形或具4棱，内果皮通常具红色斑点。

本属全世界750余种，广布于亚热带与热带地区，以非洲占多数。中国有79种。东北地区产2种1变种。

分种检索表

1. 花长4～5毫米；小叶2～4对，长0.5～1.5厘米；总状花序比叶长 …………………… **1. 河北木蓝** I. bungeana Walp.
1. 花长15～18毫米；小叶3～5对，长1.5～5厘米；总状花序比叶短或近等长（**2. 花木蓝** I. kirilowii Maxim. ex Palib.）。
    2. 花冠粉红色 …………………… **2a. 花木蓝** I. kirilowii var. kirilowii
    2. 花冠白色 …………………… **2b. 白花花木蓝** I. kirilowii var. alba Q. Zh. Han

（1）河北木蓝（中国植物志，Flora of China）；铁扫帚（辽宁植物志，内蒙古植物志，东北植物检索表）

Indigofera bungeana Walp. in Linnaea 13: 525. 1839; 辽宁植物志（上册）: 911. 1988; 内蒙古植物志（第二版）3: 210. 图版82: 8～13. 1989; 中国植物志40: 306. 图版92: 9～12. 1994; 东北植物检索表（第二版）: 352. 1995; Fl. China 10: 158. 2010.

生山坡、草地或河滩地。产辽宁省凌源、朝阳、北镇、长海、瓦房店；内蒙古自治区喀喇沁旗、宁城、赤峰等地。

全草有清热止血、消肿生肌作用，用于创伤、肿毒、口疮、吐血。

■ 河北木蓝

花期植株

果期植株

叶

（2）花木蓝（辽宁植物志，黑龙江省植物志，内蒙古植物志，东北植物检索表，中国植物志，Flora of China）

Indigofera kirilowii Maxim. ex Palib. in Act. Hort. Petrop. 17: 62. t. 4. 1898; 辽宁植物志（上册）: 912. 图版375: 6 ~ 10. 1988; 内蒙古植物志（第二版）3: 208. 图版82: 1 ~ 7. 1989; 中国植物志40: 264. 图版79: 3 ~ 6. 1994; 东北植物检索表（第二版）: 352. 图版181: 2. 1995; 黑龙江省植物志6: 265. 图版116: 1 ~ 8. 1998; Fl. China 10: 146. 2010.

（2a）花木蓝（原变种）

Indigofera kirilowii var. *kirilowii*

生向阳山坡、山脚或岩隙间。产吉林省梅河口、集安；辽宁省凌源、朝阳、阜新、建平、北镇、义县、葫芦岛、沈阳、本溪、鞍山、岫岩、盖州、大连、旅顺口、金州；内蒙古自治区科尔沁沙地、敖汉旗等地。黑龙江省森林植物园有栽培。

茎皮纤维可制人造棉或造纸；枝条可编筐；种子含油、淀粉，可食用或酿酒。根有消炎镇痛、舒筋活络作用，用于疮毒、风湿关节痛。

■ 花木蓝

果期

花期

（2b）白花花木蓝（辽宁植物志，东北植物检索表）

Indigofera kirilowii var. *alba* Q. Zh. Han in Bull. Bot. Lab. North-East. Forest. Inst. No. 8: 108. 1980; 辽宁植物志（上册）: 912. 1988; 东北植物检索表（第二版）: 352. 1995.

生向阳山坡、山脚。产辽宁省旅顺口、沈阳、凌源等地。

■ 白花花木蓝

花序

植株一部分

39 紫穗槐属 *Amorpha* L.

Amorpha L., Sp. Pl. 713. 1753.

落叶灌木或亚灌木，有腺点。叶互生，奇数羽状复叶，小叶多数，小，全缘，对生或近对生。穗状花序；苞片钻形，早落；花萼钟状，5齿裂，近等长或下方的萼齿较长，常有腺点；蝶形花冠退化，仅存旗瓣1枚，蓝紫色，向内弯曲并包裹雄蕊和雌蕊，翼瓣和龙骨瓣不存在；雄蕊10，下部合生成鞘，上部分裂，成熟时花丝伸出旗瓣，花药一式；子房无柄，有胚珠2颗，花柱外弯，柱头顶生。荚果短，长圆形，镰状或新月形，不开裂，表面密布疣状腺点。

本属全世界约15种，主产于北美洲。中国引种1种。东北地区有栽培。

紫穗槐（辽宁植物志，黑龙江省植物志，内蒙古植物志，东北植物检索表，中国植物志，Flora of China）

Amorpha fruticosa L., Sp. Pl. 713. 1753; 辽宁植物志（上册）: 912. 图版384. 1988; 内蒙古植物志（第二版）3: 210. 图版83: 1 ~ 4. 1989; 中国植物志41: 346. 图版83: 9 ~ 15. 1995; 东北植物检索表（第二版）: 334. 图版162: 2. 1995; 黑龙江省植物志6: 225. 图版96: 1 ~ 4. 1998; Fl. China 10: 120. 2010.

落叶灌木；奇数羽状复叶，小叶11 ~ 25，卵状长圆形或长圆形；总状花序密花；花冠蓝紫色或暗紫色；荚果长圆形，弯曲，表面有多数凸起的瘤状腺点。原产北美洲。黑龙江省哈尔滨、辽宁省铁岭以南及吉林省、内蒙古自治区的一些地区历史上有栽培，现有野生或半野生状态。

■ 紫穗槐

果序一部分

花序

花序一部分

■ 紫穗槐

植株一部分

植株

本种为外来入侵植物，根系发达，侵占本土植物生态位，影响本土生物多样性。为优良绿肥和蜜源植物；枝叶作绿肥、家畜饲料；茎皮可提取栲胶，枝条编制篓筐；果实含芳香油，种子含油率10%，可作油漆、甘油和润滑油之原料；栽植于河岸、河堤、沙地、山坡及铁路沿线，有护堤防沙、防风固沙的作用。

40 补骨脂属 *Cullen* Medikus

Cullen Medikus, Vorles. Churpfälz. Phys.–Öcon. Ges. 2: 381. 1787.

草本或小灌木，有黑色或红色透明腺点，尤以花萼上更明显。叶为奇数羽状复叶，指状3小叶或为单叶；小叶全缘或有锯状齿。花排成腋生头状花序、穗状花序、总状花序或簇生花序，稀单生；花萼5裂，裂片等大或下方的较大，上方2裂片常合生，外面密布黑色腺点和疏被柔毛；花冠紫色、蓝色、粉红或白色，稍伸出萼外，瓣片均具瓣柄，旗瓣卵形或圆形，基部渐狭成瓣柄，有小而内折的耳，翼瓣长圆形，长于龙骨瓣，龙骨瓣钝头，顶端微向内弯，瓣片黏合至中部；雄蕊10，单体或二体，花药一式或微二式，交互基着和丁字着生。荚果卵形，不开裂，具宿存萼，果皮常与种皮粘连。

本属全世界约33种，主产于非洲南部、南北美洲和澳大利亚，少数产于亚洲和温带欧洲，中国有1种，东北地区有栽培。

补骨脂（中国植物志，Flora of China）；破故纸（中国植物志）

Cullen corylifolium (L.) Medikus, Vorles. Churpfälz. Phys.–Öcon. Ges. 2: 381. 1787; Fl. China 10: 312. 2010.——*Psoralea corylifolia* L., Sp. Pl. 764. 1753; 中国植物志41: 344. 图版83: 1 ~ 8. 1995; 黑龙江省植物志6: 312. 图版139: 1 ~ 2. 1998.

一年生直立草本；单叶互生，有时有1片侧生小叶；密集的总状或小头状花序；花冠黄色或蓝色；荚果卵形，具小尖头，黑色。产云南、四川。黑龙江省哈尔滨，辽宁省大连、沈阳等地的药草园有栽培。

果实有温肾助阳、纳气、止泻作用，用于阳痿遗精、腰膝冷痛、白癜风、斑秃等。

■ 补骨脂

植株

花序

植株一部分

41 鹰嘴豆属 *Cicer* L.

Cicer L., Sp. Pl. 738. 1753; Hutch. Flow. Gen. Pl. 1: 452. 1964.

多年生或一年生草本，植株具腺毛。托叶大，通常有齿；叶互生，2列，奇数羽状复叶有时叶轴末端成卷须或刺；小叶3至多数，具锯状齿，直行脉；花单生或2～5朵组成腋生总状花序；花白色或带紫色；花萼筒偏斜或正直，萼齿披针形；翼瓣与龙骨瓣分离，旗瓣宽大；雄蕊10，（9+1）二体，全部或大部花丝先端膨大，花药等大。花柱内弯，无毛；柱头顶生。荚果膨胀，含种子1～10粒，被腺毛；种子具喙，二裂至近球形；种皮平滑到具疣状突起或具刺。

本属全世界约40种，主要分布于中亚。中国引种2种。东北地区引种或逸生1种。

鹰嘴豆（内蒙古植物志，中国植物志，Flora of China）

Cicer arietinum L., Sp. Pl. 738. 1753; 中国主要植物图说•豆科, 600. f. 579. 1955; 中国高等植物图鉴2: 476. f. 2681. 1972; 内蒙古植物志3: 259. 1977; 中国植物志42(2): 288. 图版74: 1～4. 1998; Fl. China 10: 546. 2010.

一年生草或多年生攀缘草本，被白色腺毛。托叶呈叶状，或具3～5个不整齐的锯状齿或下缘有疏锯状齿；叶具小叶7～17片，狭椭圆形，边缘具密锯状齿。花于叶腋单生或双生，花冠白色或淡蓝色、紫红色；萼浅钟状，5裂，裂片披针形。荚果卵圆形，膨胀，下垂，成熟后淡黄色，被白色短柔毛和腺毛。种子被白色短柔毛，黑色或褐色，具皱纹，一端具细尖。分布于地中海、亚洲、非洲、美洲等地。内蒙古自治区有栽培。辽宁省大连有逸生。

种子、嫩荚、嫩苗均可供食用。

■ 鹰嘴豆

托叶

叶

植株

42 紫藤属 *Wisteria* Nutt.

Wisteria Nutt. Gen. Amer. 2: 115. 1818.

落叶大藤本。奇数羽状复叶互生；小叶全缘。总状花序顶生，下垂；花多数，散生于花序轴上；花萼杯状，萼齿5，略呈二唇形；花冠蓝紫色或白色，通常大，旗瓣圆形，基部具2胼胝体，花开后反折，翼瓣长圆状镰形，有耳，与龙骨瓣离生或先端稍黏合，龙骨瓣内弯，钝头；雄蕊二体，对旗瓣的1枚离生或在中部与雄蕊管黏合，花丝顶端不扩大，花药同型；子房具柄，花柱无毛，圆柱形，上弯，柱头小，点状，顶生。荚果线形，伸长，具颈。

本属全世界约6种，分布于东亚、北美洲和大洋洲。中国有4种。东北地区栽培3种。

分种检索表

1. 小叶5～9对；花序长30～90厘米；花自花序轴基部向花序轴顶部依次开放 ……… 1. 多花紫藤 W. floribunda DC.

1. 小叶3～6对；花序长15～35厘米。

  2. 花自花序轴基部向花序轴顶部依次开放 ……………………………………………… 2. 藤萝 W. villosa Rehd.

  2. 花自花序轴基部至花序轴顶部几同时开放 …………………………………………… 3. 紫藤 W. sinensis (Sims) Sweet

（1）多花紫藤（中国植物志）

Wisteria floribunda DC. in Prodr. 2: 390. 1825; 中国植物志40: 188. 图版56: 6. 1994.

原产日本，中国长江以南普遍栽培。辽宁省大连有栽培。

树皮纤维可供编织，还可药用，具有杀虫、止痛、祛风通络等功效，可治筋骨疼、风痹痛、蛲虫病等；种子有小毒，含有氰化物，可治筋骨疼，炒研末撒入酒中还能防止酒腐变质；是优良的棚架绿化材料。

■ 多花紫藤

白花侧面观

花自下而上顺序开放

茎右旋

■ 多花紫藤

小叶6～9对

白花株

（2）藤萝（中国植物志）；藤䔕（Flora of China）

Wisteria villosa Rehd. in Journ. Arn. Arb. 7: 162. 1926; 中国主要植物图说•豆科 298. 1955; 中国植物志40: 186. 图版56: 7. 1994; Fl. China 10: 188. 2010.

分布于河北、山东、江苏、安徽、河南。辽宁省旅顺口有栽培。

资源价值参紫藤。

■ 藤萝

荚果

花序

植株

叶

（3）紫藤（辽宁植物志，东北植物检索表，中国植物志，Flora of China）

Wisteria sinensis (Sims) Sweet in Hort. Brit. 121. 1827; 辽宁植物志（上册）: 914. 图版385: 1～6. 1988; 中国植物志40: 184. 图版56: 1～5. 1994; 东北植物检索表（第二版）: 374. 图版181: 6. 1995; Fl. China 10: 188. 2010.

分布于华北、西北、华东、华中、华南及西南地区。辽宁省大连、沈阳、丹东等地有栽培。

■ 紫藤

叶

花期植株

果期植株

优良庭院观赏树。树皮纤维可供编织；嫩叶及花可食；种子有小毒，可治筋骨疼。茎或茎皮具有杀虫、止痛、祛风通络等功效。

43 刺槐属 *Robinia* L.

Robinia L., Sp. Pl. 722. 1753.

乔木或灌木。奇数羽状复叶；托叶刚毛状或刺状；小叶全缘；具小叶柄及小托叶。总状花序腋生，下垂；花萼钟状，5齿裂，上方2萼齿近合生；花冠白色、粉红色或玫瑰红色，花瓣具柄，旗瓣大，反折，翼瓣弯曲，龙骨瓣内弯，钝头；雄蕊二体，对旗瓣的1枚分离，其余9枚合生，花药同型，2室纵裂；子房具柄，花柱钻状，顶端具毛，柱头小，顶生，胚珠多数。荚果扁平，沿腹缝浅具狭翅，果瓣薄，有时外面密被刚毛。

本属全世界4～10种，分布于北美洲至中美洲。中国栽培2种2变种。东北地区栽培2种2变种1变型。

分种检索表

1. 灌木；小枝密被刺毛；花冠蔷薇紫色 ……………… **1. 毛洋槐** R. hispida L.
1. 乔木；小枝无毛或幼时微有柔毛（**2. 刺槐** R. pseudoacacia L.）。
  2. 植株有刺（**2a. 刺槐** R. pseudoacacia var. pseudoacacia）。
    3. 花冠白色 ……………… **2aa. 刺槐** R. pseudoacacia f. pseudoacacia
    3. 花冠粉红色 ……………… **2ab. 红花洋槐** R. pseudoacacia f. decaisneana Vass.
  2. 植株无刺。
    4. 树冠近球形 ……………… **2b. 伞形洋槐** R. pseudoacacia var. umbraculifera DC.
    4. 树冠不呈球形 ……………… **2c. 无刺洋槐** R. pseudoacacia var. ineimis (Mirbel) Rehd.

（1）毛洋槐（中国植物志，Flora of China）；毛刺槐（东北植物检索表）；红花刺槐（俗称）

Robinia hispida L. in Mant. 101. 1767; 中国植物志40: 229. 图版71: 9～17. 1994; 东北植物检索表（第二版）: 365. 1995; Fl. China 10: 320. 2010.

原产美国东南部。辽宁省大连等地有栽培。

耐寒、耐旱，生长快，耐修剪，萌蘖力强，抗盐碱能力强，是园林绿化的好树种。

■ 毛洋槐

植株一部分

花枝

植株

（2）刺槐（辽宁植物志，黑龙江省植物志，内蒙古植物志，东北植物检索表，中国植物志，Flora of China）；洋槐（中国树木分类学）

Robinia pseudoacacia L., Sp. Pl. 722. 1753; 辽宁植物志（上册）: 916. 图版386. 1988; 内蒙古植物志（第二版）3: 212. 图版83: 5 ~ 9. 1989; 中国植物志40: 228. 图版71: 1 ~ 8. 1994; 东北植物检索表（第二版）: 365. 图版181: 3. 1995; 黑龙江省植物志6: 314. 图版140: 1 ~ 6. 1998; Fl. China 10: 320. 2010.

（2a）刺槐（原变种）

Robinia pseudoacacia var. *pseudoacacia*

（2aa）刺槐（原变型）

Robinia pseudoacacia f. *pseudoacacia*

原产北美洲。东北各地常见栽培，以辽宁省栽培最为集中。

本种为外来入侵植物，是我国进境植物检疫二类危险性昆虫美国白蛾的寄主之一，具有很强的繁殖能力，有使树种单一化的趋势。为优良固沙保土树种、荒山绿化树种及习见行道树；材质硬重，抗腐耐磨，宜作枕木、车辆、建筑、矿柱等多种用材；生长快，萌芽力强，是速生薪炭林树种；也是优良的蜜源植物和观赏植物；花可食。

■ 刺槐

花序

植株

小枝

果枝

（2ab）红花洋槐（变型）（辽宁木本植物志）；红花刺槐、紫花刺槐（植物智网站）

Robinia pseudoacacia f. *decaisneana* (Carr.) Vass.——*Robinia pseudoacacia* var. *decaisneana* Carr.

原产北美洲。辽宁省各地栽培。

■ 红花洋槐

植株

花序

植株一部分

（2b）伞形洋槐（变种）（中国植物志）；伞洋槐（辽宁植物志）

Robinia pseudoacacia var. *umbraculifera* DC. in Moller′s Deutsch. Gartn.-Zeit. 18: 630 (h). 1903; 中国植物志40: 229. 1994; 辽宁植物志（上册）: 917. 1988.

辽宁省大连有栽培。

（2c）无刺洋槐（变种）（辽宁植物志，东北植物检索表）

Robinia pseudoacacia var. *ineimis* (Mirbel) Rehd. in Cat. Hort. Mopspel. 136. 1813; 辽宁植物志（上册）: 917. 1988; 东北植物检索表（第二版）: 365. 1995.

大连、沈阳有栽培。

■ 无刺洋槐

植株一部分

植株无刺

44 田菁属 *Sesbania* Scop.

Sesbania Scop. Introd. 308. 1777.

草本或落叶灌木，稀乔木状。偶数羽状复叶；叶柄和叶轴上面常有凹槽；小叶多数，全缘；具小柄。总状花序腋生于枝端；花梗纤细；花萼阔钟状，萼齿5,近等大，稀近二唇形；花冠黄色或具斑点，稀白色、红色或紫黑色，伸出萼外，无毛，旗瓣宽，瓣柄上有2个胼胝体，翼瓣镰状长圆形，龙骨瓣弯曲，下缘合生，与翼瓣均具耳，瓣柄均较旗瓣的长；雄蕊二体，花药同型；子房线形，具柄，花柱细长弯曲，柱头小，头状顶生。荚果常为细长圆柱形，先端具喙，基部具果颈。

本属全世界约50种，分布于全世界热带至亚热带地区。中国有5种。东北地区产2种。

分种检索表

1. 植株一些部位有毛 ………………………… 1. 田菁 S. cannabina (Retz.) Poir.
1. 全株光滑无毛 ………………………… 2. 无毛田菁 S. herbacea (Miller) McVaugh

（1）田菁（中国植物志，Flora of China）

Sesbaniacannabina (Retz.)Poir. in Lam. Encycl. 7: 130. 1806; 中国植物志40: 232. 图版72: 9 ~ 15. 1994; Fl. China 10: 313. 2010; The Checklist of the Naturalized Plants in China: 68. 2019.

通常生水田、水沟等潮湿低地。可能原产于大洋洲和西南太平洋岛屿。产辽宁省沈阳。

本种可作绿肥用；种子为许多鸟类或者其他动物喜欢的食物，有时被当作野生动物的食物种植。

（2）无毛田菁（中国归化植物名录）

Sesbania herbacea (Miller) McVaugh, Fl. Novo–Galiciana 5: 695. 1987; The Checklist of the Naturalized Plants in China: 68. 2019.

原产美国。产辽宁省大连。

■ 无毛田菁

植株一部分

植株

45 鱼鳔槐属　*Colutea* L.

Colutea L., Sp. Pl. 723. 1753.

灌木或小灌木。奇数羽状复叶，稀羽状3小叶；小叶全缘，对生。总状花序腋生，具长总花梗；花萼钟状，萼齿5，外面被毛；花冠多为黄色或淡褐红色；旗瓣近圆形，在瓣柄上方具二折或胼胝体；翼瓣狭镰状长圆形，具短瓣柄；龙骨瓣宽，多内弯，先端钝，具长而合生的瓣柄；雄蕊二体，上方1枚分离，其余9枚合生成管，花药同形；子房具柄，具多数胚珠；花柱内弯，沿上部腹面有髯毛，柱头内卷或钩曲。荚果膨胀如膀胱状，先端尖或渐尖。

本属全世界约28种，分布于欧洲南部，非洲东北部，亚洲西部至中部。中国有4种。东北地区栽培1种。

鱼鳔槐（辽宁植物志，东北植物检索表，中国植物志，Flora of China）

Colutea arborescens L., Sp. Pl. 723. 1753; 辽宁植物志（上册）: 918. 1988; 中国植物志42(1): 3. 图版1: 8 ~ 15. 1993; 东北植物检索表（第二版）: 346. 图版162: 3. 1995; Fl. China 10: 504. 2010.

落叶灌木；羽状复叶，小叶7 ~ 13片，长圆形至倒卵形；总状花序生6 ~ 8花；花冠鲜黄色；荚果长卵形，两端尖，带绿色或近基部稍带红色。原产欧洲。辽宁省大连、盖州有栽培。

花、果均有较好的观赏性，应用于花坛、花境中作配衬植物。

■ 鱼鳔槐

果序

植株一部分

46 苦马豆属 *Sphaerophysa* DC.

Sphaerophysa DC. Prodr. 2: 270. 1825.

小灌木或多年生草本。奇数羽状复叶；小叶3至多数，全缘。总状花序腋生；花萼具5齿，萼齿近等大或上边2齿靠拢；花冠红色，旗瓣圆形，边缘反折，露出里面，翼瓣镰状长圆形，龙骨瓣先端内弯而钝；雄蕊二体，花药同形；子房具长柄；胚珠多数；花柱内弯，近轴面具纵列髯毛，柱头顶生，头状或偏斜。荚果膨胀，近无毛，几乎不开裂，基部具长果颈，腹缝线稍内凹，果瓣膜质或革质。

本属全世界2种，主要分布于西亚、中亚、东亚及西伯利亚。中国产1种。东北地区有分布。

苦马豆（辽宁植物志，内蒙古植物志，东北植物检索表，东北草本植物志，中国植物志，Flora of China）

Sphaerophysa salsula (Pall.) DC. in Prodr. 2: 271. 1825; 东北草本植物志5: 82. 图版28: 1～3. 1976; 内蒙古植物志（第二版）3: 213. 图版84: 1～5. 1989; 中国植物志42(1): 7. 图版2: 8～14. 1993; Fl. China 10: 505. 2010.——*Swainsonia salsula* (Pall.) Taub. in Prodr. 2: 271. 1825; 辽宁植物志（上册）: 917. 图版376: 1～3.

■ 苦马豆

果序

花序

植株一部分

1988; 东北植物检索表（第二版）: 368. 图版171: 3. 1995.

落叶半灌木或多年生草本；奇数羽状复叶，小叶11 ~ 21片；总状花序，花冠初呈鲜红色，后变紫红色；荚果椭圆形至卵圆形，膨胀，外面疏被白色柔毛。生山坡、草原、荒地、沙滩、沟渠旁及盐池周围。产黑龙江省齐齐哈尔；吉林省通榆；辽宁省彰武、朝阳；内蒙古自治区科尔沁右翼中旗、科尔沁左翼后旗、扎鲁特旗、翁牛特旗、敖汉旗、巴林右旗、阿鲁科尔沁旗、克什克腾旗、正蓝旗等地。

植株作绿肥及饲料。地上部分用于产后出血、子宫松弛及降血压等。

47 膨果豆属 *Phyllolobium* Fischer

Phyllolobium Fischer in Sprengel, Novi Provent. 33. 1818.

多年生草本。茎常发达，具单毛。托叶分离，稀基部合生。花组成腋生的总状花序；总花梗发达；具苞片；有或无小苞片；花萼钟状；旗瓣宽，圆形，顶端微凹，瓣柄短，翼瓣与龙骨瓣不黏合；子房有柄，柱头下具画笔状簇毛，有时簇毛下延至花柱上部内侧。荚果1室、不燃气假2室或假2室。

本属全世界22种，主要分布中国，极个别种分布喜马拉雅和塔吉克斯坦。中国有21种。东北地区产1种。

背扁膨果豆（Flora of China）；扁茎黄耆（东北植物检索表）；扁茎黄芪（黑龙江省植物志，内蒙古植物志）；夏黄耆（辽宁植物志，东北草本植物志）；背扁黄耆（中国植物志）

Phyllolobium chinense Fischer in Sprengel Novi Provent. 33. 1818; Fl. China 10: 324. 2010.——*Astragalus complanatus* R. Br. ex Bunge in Mem. Acad. Sci. St. Petersb. VII. 11 (16): 4. 1868; 东北草本植物志5: 106. 图版47. 1976; 辽宁植物志（上册）: 934. 图版395. 1988; 内蒙古植物志（第二版）3: 266. 图版103: 7 ~ 13. 1989; 中国植物志42(1): 110. 图版29: 7 ~ 11. 1993; 东北植物检索表（第二版）: 343. 图版164: 4. 1995.

多年生草本；茎平卧，有棱；奇数羽状复叶；总状花序生3 ~ 7花，较叶长；总花梗疏被粗伏毛；花冠乳白色或带紫红色；荚果略膨胀，狭长圆形，两端尖，背腹压扁，微被褐色短粗伏毛，有网纹。生路边、沟岸、草坡及干草场。产黑龙江省哈尔滨；吉林省洮安、通榆、镇赉；辽宁省凌源、朝阳、北票、海城、阜新、彰武、沈阳；内蒙古自治区科尔沁右翼中旗、奈曼旗、巴林右旗、喀喇沁旗、赤峰红山区等地。

全株可作绿肥、饲料。种子有温补肝肾、固精、缩尿、明目作用。

■ 背扁膨果豆

果序

花序

■ 背扁膨果豆

茎叶

植株

48 甘草属 *Glycyrrhiza* L.

Glycyrrhiza L. Gen. Pl. ed. 5. 330. 1754.

多年生直立草本。叶为奇数羽状复叶；小叶3～17枚，全缘或具刺毛状的细齿。总状花序腋生；花萼钟状或筒状，萼齿5枚，上部的2齿部分连合；花冠白色、黄色、紫色、紫红色，旗瓣具短爪，翼瓣短于旗瓣，龙骨瓣连合；雄蕊（1+9）二体，花丝长短交错，花药2型，药室顶端连合；子房1室，无柄；含2～10个胚珠。荚果圆形，卵圆形、矩圆形至线形，少有念珠状，被鳞片状腺点、刺毛状腺体、瘤状突起或硬刺，极少光滑。

本属全世界约20种，遍布各大洲，以欧亚大陆为多，又以亚洲中部的分布最为集中。中国有8种，主要分布于黄河流域以北各省区，个别种见于云南西北部。东北地区产2种1变型。

分种检索表

1. 荚果线状长圆形且弯曲成镰状或环状，表面刺长1～2毫米；根有甜味；小叶卵形、倒卵形或广卵形 ………………………………………… 1. **甘草** G. uralensis Fisch.

1. 荚果卵形或椭圆形，表面刺长3～5毫米；根无甜味；小叶椭圆形或椭圆状披针形（2. **刺果甘草** G. pallidiflora Maxim.）。

  2. 花淡紫董色 ……………………………… 2a. **刺果甘草** G. pallidiflora f. pallidiflora

  2. 花白色 ……………………………… 2b. **白花刺果甘草** G. pallidiflora f. albiflorum S. M. Zhang

（1）甘草（辽宁植物志，黑龙江省植物志，内蒙古植物志，东北植物检索表，东北草本植物志，中国植物志，Flora of China）；甜根子（中国植物志）

Glycyrrhiza uralensis Fisch. in DC. Prodr. 2: 248. 1825; 东北草本植物志5: 119. 图版53: 1～2. 1976; 辽宁植物志（上册）: 940. 图版397: 1～2. 1988; 内蒙古植物志（第二版）3: 246. 图版98: 1～6. 1989; 东北植物检索表（第二版）: 350. 图版179: 4. 1995; 中国植物志42(2): 169. 图版44: 1～4. 1998; 黑龙江省植物志6: 257. 图版111: 1～2. 1998; Fl. China 10: 509. 2010.

生干旱沙地、河岸沙质地、山坡草地及盐渍化土壤中。产黑龙江省肇州、泰来、肇源、林甸、肇东、安达、杜尔伯特；吉林省前郭、农安、扶余、乾安、通榆、长岭、大安、洮安；辽宁省建平、北票、阜新、黑山、彰武、康平；内蒙古自治区全区。

根和根状茎用于肺热咳嗽、咽喉肿痛、口干呕吐、血液病、食物中毒等。

在2021年公布的《国家重点保护野生植物名录》中，本种被列为二级保护植物。

■ 甘草

果序

果枝

花序

植株

花枝

（2）刺果甘草（辽宁植物志，黑龙江省植物志，内蒙古植物志，东北植物检索表，东北草本植物志，中国植物志，Flora of China）；头序甘草（辽宁植物志）

Glycyrrhiza pallidiflora Maxim. in Prim. Fl. Amur. 79. 1859; 东北草本植物志5: 119. 图版53: 6. 1976; 辽宁植物志（上册）: 940. 图版397: 3. 1988; 内蒙古植物志（第二版）3: 248. 图版98: 7 ~ 10. 1989; 东北植物检索表（第二版）: 350. 图版179: 3. 1995; 中国植物志42(2): 174. 图版45: 1 ~ 4. 1998; 黑龙江省植物志6: 255. 图版111: 3. 1998; Fl. China 10: 510. 2010.

（2a）刺果甘草（原变型）

Glycyrrhiza pallidiflora f. *pallidiflora*

生湿草地、荒地及河谷坡地。产黑龙江省宁安、依兰、哈尔滨、呼玛；吉林省扶余、大安；辽宁省彰武、清原、沈阳、本溪、抚顺、鞍山、营口、庄河、大连；内蒙古自治区科尔沁右翼中旗、科尔沁右翼前旗、扎鲁特旗、乌兰浩特、敖汉旗、巴林右旗、阿鲁科尔沁旗、科尔沁左翼后旗等地。

根含甘草甜素，是优良的甜味剂资源，还有杀虫作用。果实有催奶作用。

■ 刺果甘草

花序

花期植株

果期植株

（2b）白花刺果甘草（变型）（辽宁植物检索表）

Glycyrrhiza pallidiflora f. *albiflorum* S. M. Zhang, 辽宁植物检索表: 173, 465. 2022.

生湿地。产辽宁省沈阳。

■ 白花刺果甘草

果序

花序

植株一部分

49 百脉根属 *Lotus* L.

Lotus L., Sp. Pl. 773. 1753.

一年生或多年生草本。羽状复叶通常具5小叶；小叶全缘，下方2枚常和上方3枚不同形，基部的一对呈托叶状。花序具花1至多数，呈伞形，基部有1～3枚叶状苞片，也有单生于叶腋；萼钟形，萼齿5，等长或下方1齿稍长，稀呈二唇形；花冠黄色、玫瑰红色或紫色，稀白色，龙骨瓣具喙，弧曲；雄蕊（1+9）二体，花丝顶端膨大；花柱渐窄或上部增厚，内侧有细齿状凸起，柱头顶生或侧生。荚果开裂，圆柱形至长圆形，直或略弯曲。

本属全世界约125种，分布于地中海区域、欧亚大陆、南北美洲和大洋洲温带地区。中国有8种1变种，主产西北地区。东北地区栽培1种。

百脉根（中国植物志，Flora of China）；五叶草（中国植物志）

Lotus corniculatus L., Sp. Pl. 775. 1753; 中国植物志42(2): 223. 图版59: 1. 1998; Fl. China 10: 318. 2010.

多年生草本；茎丛生，近四棱形；奇数羽状复叶，小叶5枚；伞形花序；花冠黄色或金黄色；荚果直，线状圆柱形，褐色，二瓣裂，扭曲。分布于西北、西南和长江中上游各省区。辽宁省大连、长海、彰武等地有栽培。

本种为良好的饲料，茎叶柔软多汁，碳水化合物含量丰富，质量超过苜蓿和车轴草，但由于花中含有苦味苷和氢氰酸，故盛花期时牲畜不愿啃食，但干草或经青贮处理后，毒性即可消失。也具有良好的观赏性和地被效果。

■ 百脉根

花序

花序侧面观

果序

茎叶

植株

植株一部分

50 棘豆属　*Oxytropis* DC.

Oxytropis DC. Astrag. 53. 1802 .

多年生草本、半灌木或矮灌木，稀垫状小半灌木。茎发达、缩短或成根颈状。植物体多被毛、腺毛或腺点。奇数羽状复叶；叶轴有时硬化成刺状；小叶对生、互生或轮生，全缘。总状花序、穗形总状花序、头形总状花序或伞形花序；花萼筒状或钟状，萼齿5，近等长；旗瓣直立，卵形或长圆形，翼瓣长圆形；龙骨瓣与翼瓣等长或较短，直立；雄蕊（9+1）二体，花药同型；花柱线状，柱头头状。荚果长圆形、线状长圆形或卵状球形，膨胀。

本属全世界有310余种。主产中亚五国，亦分布于东亚、欧洲、非洲和北美洲。中国有133种，多分布于内蒙古自治区和新疆的山地、荒漠和草原地带，也分布于青藏高原和西南横断山脉地区以及东北和华北等地。东北地区产16种3变种2变型。

分种检索表

1. 小叶对生。
  2. 荚果单室、内无假隔膜。
    3. 复叶有小叶3～6对；小叶片线形，宽1～2毫米 ……………………………… **1. 山泡泡 O. leptophylla** (Pall.) DC.
    3. 复叶有小叶8～20对。
      4. 花冠长6～7毫米；小叶披针形、线状披针形或卵状披针形，长4～6毫米，宽1～2毫米 ……………………………………………………………………………………………… **2. 线棘豆 O. filiformis** DC.
      4. 花冠长近10毫米；小叶长圆状披针形或卵形，长7～15毫米，宽2～6毫米（**3. 蓝花棘豆 O. coerulea** (Pall.) DC.）。
        5. 花冠紫红色或蓝紫色 ………………………………………………………**3a. 蓝花棘豆 O. coerulea** f. **coerulea**
        5. 花冠白色 ………………………… **3b. 白花棘豆 O. coerulea** f. **albiflora** (H. C. Fu) X. Y. Zhu & H. Ohashi
  2. 荚果内具假隔膜、成不完全2室。
    6. 复叶有小叶4～9对。
      7. 小叶 5 ～ 7 对；花冠乳白色；荚果膜质且泡囊状膨胀，卵形，被白色和黑色柔毛 …………………………………………………………………………………… **4. 丛棘豆 O. caespitosa** Pers.
      7. 小叶4～9对；花冠红紫色；荚果革质，长圆形，被贴伏白色柔毛 ………………**5. 硬毛棘豆 O. hirta** Bunge
    6. 复叶有小叶7～22对。
      8. 荚果卵状长圆形或长卵形，不膨大；叶长圆状披针形，长10～15毫米，宽5～7毫米；花长20～30毫米…… ……………………………………………………………………………… **6. 大花棘豆 O. grandiflora** (Pall.) DC.
      8. 荚果卵形，膨大。
        9. 花冠乳黄白色，龙骨瓣先端带紫色；花萼表面密生鳞片状腺体…… **7. 鳞萼棘豆 O. squammulosa** Candolle
        9. 花冠蓝紫色、紫红色或白色；花萼表面被毛。
          10. 小叶广椭圆形或长圆形，长10～30毫米，宽4～17毫米；花冠长15～18毫米，紫红色或蓝紫色 …………………………………………………………………………… **8. 林棘豆 O. sylvatica** (Pall.) DC.
          10. 小叶卵形、卵状披针形或长圆形，长5～15毫米，宽2～3毫米；花冠长18～22毫米（**9. 长白棘豆 O. anertii** Nakai ex Kitag.）。
            11. 花冠淡蓝紫色 ……………………………………………………**9a. 长白棘豆 O. anertii** var. **anertii**
            11. 花冠白色 ………………………**9b. 白花长白棘豆 O. anertii** var. **albiflora** Zh. J. Zong & X. R. He
1. 小叶轮生。
  12. 花黄色或白色，稀蓝紫色（**10. 黄毛棘豆 O. ochrantha** Turcz.）。
    13. 苞片长15～21毫米，与花等长（**10a. 黄毛棘豆 O. ochrantha** var. **ochrantha**）。
      14. 花黄色或白色 ……………………………………………………… **10aa. 黄毛棘豆 O. ochrantha** f. **ochrantha**
      14. 花蓝紫色 ……………………… **10ab. 异色黄穗棘豆 O. ochrantha** f. **diversicolor** H. C. Fu et Y. C. Ma
    13. 苞片长20～25毫米，明显长于花………**10b. 长苞黄毛棘豆 O. ochrantha** var. **longibracteata**Tang et Wang
  12. 花红紫色、蓝紫色、粉红色，稀白色。
    15. 花长2～10毫米（**11. 砂珍棘豆 O. racemosa** Turcz.）。
      16. 花冠红紫色、蓝紫色、粉红色 ………………………………… **11a. 砂珍棘豆 O. racemosa** f. **racemosa**
      16. 花冠白色 ………… **11b. 白花砂珍棘豆 O. racemosa** f. **albiflora** (P. Y. Fu et Y. A. Chen) C. W. Chang
    15. 花长14～25毫米。
      17. 小叶3～8轮，每轮2～6枚，线状披针形、长圆状披针形或线形，边缘常反卷，两面密被绢状长柔毛

(接上表)

……………………………………………………………………………… 12. 尖叶棘豆 O. oxyphylla (Pallas) Candolle

17. 小叶8 ~ 32轮。

18. 小叶8 ~ 17轮。

19. 植株外倾；小叶8 ~ 14轮，对生或4片轮生，线形或线状披针形；荚果长圆形，密被白色长柔毛 ……………………………………………………………………… 13. 地角儿苗 O. bicolor Bunge

19. 植株平卧；小叶10 ~ 17轮，2 ~ 4轮生，狭矩圆形；荚果弯曲，光滑 ……………………………………………………………………14. 平卧棘豆 O. prostrata (Pall.) DC.

18. 小叶15 ~ 32轮。

20. 小叶15 ~ 20轮，每轮2 ~ 4枚，条状披针形或镰状披针形 ……………………………………………… 15. 安达棘豆 O. andaensis P. H. Huang et L. H. Zhou

20. 小叶25 ~ 32轮，每轮4 ~ 10枚，线形等 ……………… 16. 多叶棘豆 O. myriophylla (Pall.) DC.

（1）山泡泡（东北植物检索表，东北草本植物志，中国植物志，Flora of China）；薄叶棘豆（内蒙古植物志）

Oxytropis leptophylla (Pall.) DC. in Astrag. 61. 1802; 东北草本植物志5: 113. 图版50: 1 ~ 9. 1976; 内蒙古植物志（第二版）3: 321. 图版125: 1 ~ 6. 1989; 东北植物检索表（第二版）: 362. 图版178: 2. 1995; 黑龙江省植物志6: 301. 图版134: 1 ~ 9. 1998; 中国植物志42(2): 117. 图版30: 12 ~ 18. 1998; Fl. China 10: 483. 2010.

■ 山泡泡

花期

果期

花

叶

荚果

生砾石质丘陵坡地及向阳干旱山坡。产黑龙江省肇东一带；吉林省镇赉；辽宁省喀左等辽西地区；内蒙古自治区鄂温克、新巴尔虎右旗、科尔沁右翼前旗、扎赉特旗、乌兰浩特、翁牛特旗、东乌珠穆沁旗、锡林浩特、阿巴嘎旗、正蓝旗、镶黄旗、化德等地。

（2）线棘豆（内蒙古植物志，东北植物检索表，东北草本植物志，中国植物志，Flora of China）

Oxytropis filiformis DC. in Astrag. 64. t. 4. 1802; 东北草本植物志5: 109. 图版48. 1976; 内蒙古植物志（第二版）3: 328. 图版127: 7 ~ 12. 1989; 东北植物检索表（第二版）: 359. 图版178: 5. 1995; 中国植物志42(2): 62. 图版19: 11 ~ 20. 1998; Fl. China 10: 489. 2010.

生石质山坡、草甸或丘陵坡地。产内蒙古自治区满洲里、科尔沁右翼前旗、扎鲁特旗、巴林右旗、克什克腾旗、宁城、东乌珠穆沁旗、西乌珠穆沁旗、锡林浩特等地。

绵羊和山羊于夏季和秋季最喜采食。

■ 线棘豆

叶一部分

果序

植株

花序

（3）蓝花棘豆（东北草本植物志，中国植物志，Flora of China）；紫花棘豆（中国植物志）；密丛棘豆（东北植物检索表）；东北棘豆（内蒙古植物志）

Oxytropis coerulea (Pall.) DC., Astrag. 54. 1802; 东北草本植物志5: 108. 1976; 中国植物志42(2): 62. 1998; Fl. China 10: 490. 2010.——*Oxytropis subfalcata* Hance in Journ. L. Soc. Bot. 13: 78. 1873; 中国植物志42(2): 63. 图版19: 1 ~ 10. 1998.——*Oxytropis coerulea* subsp. *subfalcata* (Hance) Cheng f. in Fl. Chinae Intramongolicae 3: 230, 291, pl. 115, f. 9–16. 1978; 东北植物检索表（第二版）: 359. 1995.——*O. mandshurica* Bunge in Bull. Nat. Mesccu39: 2. 1866; 内蒙古植物志（第二版）3: 326. 图版127: 1 ~ 6. 1989.

（3a）蓝花棘豆（原变型）

Oxytropis coerulea f. *coerulea*

生海拔1200 ~ 3000米的山顶、山坡（阳坡）、石质山坡、路旁、沟谷阴湿处、草地、灌丛中及疏林下。产内蒙古自治区科尔沁右翼前旗、巴林右旗、克什克腾旗、喀喇沁旗、宁城、霍林格勒、西乌珠穆沁旗、正蓝旗等地。

■ 蓝花棘豆

果序一部分

花序一部分

植株

（3b）白花棘豆（变型）（中国植物志）；白花东北棘豆（内蒙古植物志）

Oxytropis coerulea f. *albiflora* (H. C. Fu) X. Y. Zhu & H. Ohashi, China checklist of higher plants, 2023.——*O. mandshurica* f. *albiflora* H. C. Fu, 内蒙古植物志（第二版）3: 328. 1989.——*Oxytropis subfalcata* var. *albiflora* C. W. Chang in Act. Bot. Bor.-Occ. Sin. 13 (4): 322. 1993; 中国植物志42(2): 65. 1998.

生干山坡草地。产内蒙古自治区克什克腾旗等地。

（4）丛棘豆（西北植物学报，呼伦贝尔草原植物图鉴，内蒙古植物志）

Oxytropis caespitosa Pers., Syn. Pl. 2(2): 333. 1807; 西北植物学报33(5): 1051～1053. 2013; 呼伦贝尔草原植物图鉴: 288. 2019; 内蒙古植物志（第三版）3: 48. 2020.

生河谷林缘草地。产内蒙古自治区呼伦贝尔市额尔古纳黑山头沙米娜。

■ 丛棘豆

植株一部分

植株

（5）硬毛棘豆（辽宁植物志，黑龙江省植物志，内蒙古植物志，东北植物检索表，东北草本植物志，中国植物志，Flora of China）

Oxytropis hirta Bunge in Mem. Acad. Sci. St Petersb. Sav. Etrang. 2: 91. 1833; 东北草本植物志5: 117. 图版52. 1976; 辽宁植物志（上册）: 939. 1988; 内蒙古植物志（第二版）3: 319. 图版124: 8 ~ 14. 1989; 东北植物检索表（第二版）: 362. 图版179: 1. 1995; 黑龙江省植物志6: 301. 图版133: 1 ~ 12. 1998; 中国植物志42(2): 135. 图版35: 11 ~ 14. 1998; Fl. China 10: 480. 2010.

生山坡草地或干山坡地。产黑龙江省肇东、安达以西草原地区；吉林省双辽、乾安、前郭；辽宁省凌源、建平、北镇、阜新、沈阳、兴城、盖州、金州、旅顺口；内蒙古自治区海拉尔、扎兰屯、新巴尔虎右旗、阿荣旗、鄂温克、科尔沁右翼前旗、乌兰浩特、科尔沁右翼中旗、扎赉特旗、克什克腾旗、巴林左旗、巴林右旗、西乌珠穆沁旗、锡林浩特、正蓝旗等地。

地上部分用于丹毒、腮腺炎、麻疹、创伤、抽筋、鼻出血、吐血等。

■ 硬毛棘豆

居群

花序

白花

叶一部分

植株

植株一部分

（6）大花棘豆（内蒙古植物志，东北植物检索表，东北草本植物志，中国植物志，Flora of China）

■ 大花棘豆

果序

花序一部分

■ 大花棘豆

叶

植株

Oxytropis grandiflora (Pall.) DC. in Astrag. 57. 1802; 东北草本植物志5: 109. 图版49: 1 ~ 9. 1976; 内蒙古植物志（第二版）3: 323. 图版125: 13 ~ 17. 1989; 东北植物检索表（第二版）: 362. 图版178: 3. 1995; 中国植物志42(2): 91. 图版25: 17 ~ 26. 1998; Fl. China 10: 494. 2010.

生山坡、丘顶、山地草原、石质山坡等处。产黑龙江省嫩江；吉林省双辽；辽宁省凤城；内蒙古自治区海拉尔、额尔古纳、根河、牙克石、满洲里、科尔沁右翼前旗、扎赉特旗、扎鲁特旗、翁牛特旗、巴林右旗、克什克腾旗、东乌珠穆沁旗、西乌珠穆沁旗、锡林浩特、正蓝旗等地。

（7）鳞萼棘豆（内蒙古植物志，Flora of China）

Oxytropis squammulosa Candolle, Astragalogia. 79. 1802; Fl. China 10: 468. 2010; 内蒙古植物志（第三版）3: 64. 2020.

生荒漠草原带和草原带的砾石山坡和丘陵、沙砾质河谷阶地薄层的沙质土上。产内蒙古自治区呼伦贝尔、锡林郭勒。

■ 鳞萼棘豆

果期植株

花侧面观

■ 鳞萼棘豆

果实

花期植株一部分

花期植株

（8）林棘豆（东北植物检索表，东北草本植物志）

Oxytropis sylvatica (Pall.) DC. in Astrag. 68. 1802; 东北草本植物志5: 112. 1976; 东北植物检索表（第二版）: 362. 1995.

中国东北西部地区有记录。

（9）长白棘豆（辽宁植物志，东北植物检索表，东北草本植物志，中国植物志，Flora of China）

Oxytropis anertii Nakai ex Kitag. in Rep. First Sci. Exped. Manch. sect. 4 (2): 125. f. 17. 1935; 东北草本植物志5: 112. 图版49: 10 ~ 18. 1976; 辽宁植物志（下册）: 1170. 图版529: 4 ~ 11. 1992; 东北植物检索表（第二版）: 362. 图版178: 4. 1995; 中国植物志42(2): 109. 图版29: 9 ~ 18. 1998; Fl. China 10: 484. 2010.

（9a）长白棘豆（原变种）

Oxytropis anertii var. *anertii*

生高山冻原、高山草甸、高山石缝、林缘和阳山坡。产吉林省安图、抚松、长白；辽宁省桓仁等地。

全草用于痈疮肿毒。

■ 长白棘豆

植株

植株一部分

（9b）白花长白棘豆（变种）（植物研究，中国植物志）

Oxytropis anertii var. *albiflora* Zh. J. Zong & X. R. He, 植物研究13(3): 224. 1993; 中国植物志42(2): 111. 1998.——*Oxytropis anertii* f. *albiflora* (Zh. J. Zong & X. R. He) X. Y. Zhu & H. Ohashi in Cathaya (vol. 11 ~ 12 1999 ~ 2000): 123. 2000.

生高山冻原。产吉林省长白山（模式标本采集地）。

（10）黄毛棘豆（内蒙古植物志，东北植物检索表，中国植物志，Flora of China）

Oxytropis ochrantha Turcz. in Bull. Soc. Nat. Mosc. 5: 108. 1832; 内蒙古植物志（第二版）3: 306. 图版119: 1 ~ 8. 1989; 东北植物检索表（第二版）: 362. 1995; 中国植物志42(2): 124. 图版33: 14 ~ 22. 1998; Fl. China 10: 466. 2010.

（10a）黄毛棘豆（原变种）

Oxytropis ochrantha var. *ochrantha*

（10aa）黄毛棘豆（原变型）

Oxytropis ochrantha f. *ochrantha*

生海拔1500 ~ 2700米的山坡草地或林下。产内蒙古自治区敖汉旗、阿鲁科尔沁旗、克什克腾旗、西乌珠穆沁旗、锡林浩特、正蓝旗、苏尼特左旗等地。

■ 黄毛棘豆

花序

花序一部分

叶

植株

（10ab）异色黄穗棘豆（变型）（内蒙古植物志，中国植物志）

Oxytropis ochrantha f. *diversicolor* H. C. Fu et Y. C. Ma, 内蒙古植物志3: 232, 290. 1977; 内蒙古植物志（第二版）3: 307. 1989; 中国植物志42(2): 124. 1998.

生草原。产内蒙古自治区克什克腾旗、锡林郭勒盟。模式标本采自内蒙古自治区。

（10b）长苞黄毛棘豆（变种）（内蒙古植物志）

Oxytropis ochrantha var. *longibracteata* Tang et Wang, 内蒙古植物志（第二版）3: 307. 1989.

生山坡上。产内蒙古自治区克什克腾旗。

（11）砂珍棘豆（辽宁植物志，内蒙古植物志，东北植物检索表，东北草本植物志，中国植物志，Flora of China）

Oxytropis racemosa Turcz. in Bull. Soc. Nat. Mosc. 5: 187. 1832; 中国植物志42(2): 137. 图版36: 1 ~ 9. 1998; Fl. China 10: 467. 2010.——*O. psammocharis* Hance in Journ. L. Soc. 78: 1873; 东北草本植物志5: 116. 图版48: 1 ~ 7. 1976; 辽宁植物志（上册）: 937. 图版396: 1 ~ 7. 1988; 东北植物检索表（第二版）: 362. 图版178: 6. 1995.——*O. gracillima* Bunge in Linnaea 17: 5. 1843. in nota; 内蒙古植物志（第二版）3: 309. 图版120: 1 ~ 5. 1989.

（11a）砂珍棘豆（原变型）

Oxytropis racemosa f. *racemosa*

生沙丘。产辽宁省彰武县章古台；内蒙古自治区新巴尔虎左旗、新巴尔虎右旗、科尔沁左翼后旗、通辽、翁牛特旗、阿鲁科尔沁旗、克什克腾旗、锡林浩特、正蓝旗、正镶黄旗、苏尼特左旗等地。

为牧草，牛、羊、马、骆驼皆可采食。全草有消食健脾作用。

■ 砂珍棘豆

果序

花序

叶

植株

（11b）白花砂珍棘豆（变型）（辽宁植物志，内蒙古植物志，东北植物检索表）；白花砂珍棘豆（中国植物志）

Oxytropis racemosa f. *albiflora* (P. Y. Fu et Y. A. Chen) C. W. Chang, 中国植物志42(2): 139. 1998.——*O. psammocharis* Hance f. *albiflora* P. Y. Fu et Y. A. Chen, 东北草本植物志5: 176. 116, 176. 1976; 辽宁植物志（上册）: 937. 1988; 东北植物检索表（第二版）: 362. 1995.——*O. gracillima* f. *albiflora* (P. Y. Fu et Y. A. Chen) H. C. Fu; 内蒙古植物志（第二版）3: 310. 1989.

生固定沙丘。产辽宁省彰武（模式标本采自章古台）；内蒙古自治区科尔沁左翼后旗。

（12）尖叶棘豆（Flora of China）；山棘豆（东北植物检索表，东北草本植物志）；海拉尔棘豆（黑龙江省植物志，内蒙古植物志，中国植物志）

Oxytropis oxyphylla (Pallas) Candolle, Astragalogia. 84. 1802; Fl. China 10: 467. 2010.——*Oxytropis hailarensis* Kitag. in Bot. Mag. Tokyo 48: 907. f. 23, 24. 1934; 东北草本植物志5: 113. 图版51. 1976; 内蒙古植物志（第二版）3: 310. 图版120: 12 ~ 17. 1989; 东北植物检索表（第二版）: 362. 图版179: 2. 1995; 黑龙江省植物志6: 299. 图版132: 1 ~ 7. 1998; 中国植物志42(2): 125. 图版32: 1 ~ 10. 1998.——*Oxytropis hailarensis* f. *leiocarpa* (H. C. Fu) P. Y. Fu et Y. A. Chen, 东北草本植物志5: 113. 1976; 内蒙古植物志（第二版）3: 312.

■ 尖叶棘豆

花序

植株

居群

果序

1989; 东北植物检索表（第二版）: 362. 1995; 中国植物志42(2): 127. 1998.

生石砾地、草原，常散生，有时在沙丘下部或沙丘间低地形成小群聚。产黑龙江省兴凯湖一带及西部草原地区；内蒙古自治区海拉尔（模式标本采集地）、满洲里、新巴尔虎右旗、新巴尔虎左旗、鄂温克、克什克腾旗、巴林右旗、锡林浩特等地。

（13）地角儿苗（中国植物志，Flora of China）；二色棘豆（内蒙古植物志，东北植物检索表）

Oxytropis bicolor Bunge in Mem. Acad. Sci. St. Petersb. 2: 91. 1833; 内蒙古植物志（第二版）3: 313. 图版122: 1 ~ 5. 1989; 东北植物检索表（第二版）: 362. 1995; 中国植物志42(2): 129. 图版33: 1 ~ 9. 1998; Fl. China 10: 466. 2010.

生山坡、沙地、路旁及荒地上。产辽宁省建平；内蒙古自治区巴林右旗、苏尼特左旗等地。

（14）平卧棘豆（呼伦贝尔草原植物图鉴，内蒙古植物志）

Oxytropis prostrata (Pall.) DC., Astragalogia 85 (ed. quarto), no. 22. 1802; 呼伦贝尔草原植物图鉴: 281. 2019; 内蒙古植物志（第三版）3: 58. 2020.

生草原带的湖边砾石质滩地。产内蒙古自治区新巴尔虎右旗。

■ 平卧棘豆

植株

植株一部分

花

（15）安达棘豆（黑龙江省植物志）

Oxytropis andaensis P. H. Huang et L. H. Zhou, 植物研究14(4): 343. 1994; 黑龙江省植物志6: 297. 图版131: 1 ~ 7. 1998

生沙质草地。产黑龙江省安达。

（16）多叶棘豆（辽宁植物志，黑龙江省植物志，内蒙古植物志，东北植物检索表，东北草本植物志，中国植物志，Flora of China）；狐尾藻棘豆（中国主要植物图说·豆科）

Oxytropis myriophylla (Pall.) DC. in Astrag. 70. 1802; 东北草本植物志5: 116. 图版50: 10 ~ 19. 1976; 辽宁植物志（上册）: 938. 图版396: 8 ~ 17. 1988; 内蒙古植物志（第二版）3: 307. 图版119: 9 ~ 15. 1989; 东北植物检索表（第二版）: 362. 图版178: 1. 1995; 黑龙江省植物志6: 304. 图版135: 1 ~ 10. 1998; 中国植物志42(2): 133. 图版35: 1 ~ 10. 1998; Fl. China 10: 465. 2010.

生沙地、草原、干河沟、丘陵地等地。产黑龙江省安达以西草原地区；吉林省前郭、镇赉；辽宁省彰武、建平；内蒙古自治区海拉尔、新巴尔虎左旗、新巴尔虎右旗、满洲里、鄂伦春、鄂温克、阿荣旗、科尔沁右翼前旗、扎赉特旗、乌兰浩特、科尔沁左翼后旗、扎鲁特旗、克什克腾旗、赤峰、东乌珠穆沁旗、西乌珠穆沁旗、锡林浩特、正蓝旗、镶黄旗等地。

全草有清热解毒、祛风除湿、止血作用，用于感冒、咽喉痛、痈疮中毒、创伤等。

■ 多叶棘豆

果序

花序

叶

植株

51 黄芪属 *Astragalus* L.

Astragalus L., Sp. Pl. 2: 755. 1753.

草本，稀为小灌木或半灌木。茎发达或短缩，稀无茎或不明显。羽状复叶，稀三出复叶或单叶；小叶全缘。总状花序或密集呈穗状、头状与伞形花序式，稀花单生；苞片通常小，膜质；小苞片极小或缺，稀大型；花萼管状或钟状，萼筒基部近偏斜，具5齿；花瓣近等长或翼瓣和龙骨瓣较旗瓣短；雄蕊二体，极稀单体，均能育，花药同型；花柱丝形，柱头头形。荚果形状多样，由线形至球形，一般肿胀，先端喙状，1室。

本属全世界约3000种，分布于北半球、南美洲及非洲，稀见于北美洲和大洋洲。中国有401种，南北各省区均产，但主要分布于中国西藏（喜马拉雅山区）、亚洲中部和东北等地。东北地区产23种1变种。

分种检索表

1. 植株被丁字毛。
　2. 无地上茎或有极短的地上茎，稀有较短近平卧的地上茎；叶基生或近基生。
　　3. 具总花梗 ··························· 1. 糙叶黄芪 *A. scaberrimus* Bunge
　　3. 无总花梗。

（接上表）

4. 小叶4～6对，长圆形或狭长圆形，有时披针形或近椭圆形，表面无毛，背面伏生白色短毛 …………………………………………………………………………………………**2. 乳白黄芪 *A. galactites*** Pall.

4. 小叶5～14对，椭圆形、宽椭圆形、倒卵形或近圆形，两面被较开展的毛。

5. 小叶5～13对，宽椭圆形、倒卵形或近圆形；萼齿长为萼筒的1/2或与其近等长；花冠略带紫色，干燥后黄棕色 …………………………………………………………………………… **3. 荒漠黄芪 *A. grubovii*** Sanchir

5. 小叶7～14对，椭圆形或倒卵形；萼齿长为萼筒的1/4～1/3；花冠白带淡黄色 ……………………………………………………………… **4. 新巴黄芪 *A. hsinbaticus*** P. Y. Fu et Y. A. Chen

2. 具发达的地上茎；叶茎生。

6. 总状花序稀疏或较稀疏；花长7～8毫米；小叶2～5对，狭线形；荚果线状长圆形 …………………………………………………………………………………… **5. 细弱黄芪 *A. miniatus*** Bunge

6. 总状花序紧密成头状至长圆状；花长11～19毫米；小叶5～16对，椭圆形至狭长圆形或卵形等；荚果卵形、椭圆形或长圆形。

7. 花红紫色或蓝紫色（**6. 斜茎黄芪 *A. laxmannii*** Jacq.）。

8. 茎上升、斜上或近平卧，高15～50厘米；总状花序具10～20朵花或更多，旗瓣倒卵状匙形 ………………………………………………………………………… **6a. 斜茎黄芪 *A. laxmannii*** var. ***laxmannii***

8. 茎直立，高1～2米；总状花序具20～70朵花或更多，旗瓣菱状匙形 ……………………………………………………………… **6b. 沙打旺 *A. laxmannii*** cv. 'Shadawang' S. M. Zhang

7. 花白色、淡黄色或为苍白绿色稍带黄色。

9. 花白色，长15～19毫米；荚果被黑色毛及白色毛 ……………………… **7. 海滨黄芪 *A. marinus*** Boriss.

9. 花淡黄色或为苍白绿色或带黄色，长13～15毫米。

10. 花淡黄色；花萼钟形，长7～8毫米；荚果卵形，长约9毫米，被黑色伏毛；株高15～35厘米 ………………………………………………………………………… **8. 北黄芪 *A. inopinatus*** Boriss.

10. 花苍白绿色稍带黄色；花萼筒状，长7～11毫米；荚果长圆形、膨胀，长9～13毫米，无毛；株高30～90厘米 ……………………………………………………………… **9. 湿地黄芪 *A. uliginosus*** L.

1. 植株被单毛。

11. 荚果坚果状，果皮坚而厚，近软骨质或硬革质；花黄色，翼瓣比龙骨瓣明显短小 …… **10. 华黄芪 *A. chinensis*** L. f.

11. 荚果不为坚果状，果皮薄，膜质或近革质。

12. 花堇色，3～4朵组成伞形花序；小叶4～5对，线状披针形………… **11. 辽西黄芪 *A. sciadophorus*** Franch.

12. 花白色、淡紫色或粉红色，多朵组成总状或穗状花序。

13. 荚果椭圆形或卵状球形，径或宽2～4毫米，长2～6毫米；花小，形成细长稀疏的总状花序，翼瓣顶端2裂。

14. 荚果卵状球形，长4～6毫米；小叶3～7，卵形至长卵形或倒卵形至广倒卵形，长8～18毫米，宽4～10毫米 ……………………………………………… **12. 草珠黄芪 *A. capillipes*** Fisch. ex Bunge

14. 荚果为宽的倒卵球形或椭圆形，长及宽在2～3.5毫米；小叶3～5或7～15，线状披针形、线状长圆形、近长圆形或线形，长10～20毫米，宽0.5～3毫米。

15. 小叶7～15，无毛或近无毛 ……………………………………… **13. 小米黄芪 *A. satoi*** Kitag.

15. 小叶3～5，两面散生白色短毛。

16. 小叶3～5，长圆状楔形或线状长圆形，宽约1.5～3毫米；分枝不呈扫帚状 …………………………………………………………… **14. 草木樨状黄芪 *A. melilotoides*** Pall.

(接上表)

16. 小叶3，稀5，狭线形或丝状，宽约0.5毫米；分枝密而呈扫帚状
………………………………………………………… **15. 细叶黄芪 A. tenuis** Turcz.

13. 荚果、花及花序不同于上述特征。

17. 植株呈垫状丛生；叶基生；总状花序具极短的总花梗或近无总花梗；花白色，密集于叶丛基部
………………………………………………………… **16. 草原黄芪 A. dalaiensis** Kitag.

17. 植株不为垫状丛生；叶茎生；总状花序具较长的总花梗。

18. 花黄色、淡黄色或绿黄色。

19. 茎外倾；荚果卵圆形，密生粗长毛，顶端有长喙；花近无梗，花冠绿黄色或淡黄色
………………………………………………………… **17. 鹰嘴紫云英 A. cicer** L.

19. 茎直立；荚果半椭圆形，被黑色或近白色细短伏毛或光滑无毛，顶端具细短喙；花有梗，花冠初期黄色或淡黄色、后期带有粉色。

20. 小叶通常倒卵形或椭圆状倒卵形，先端微凹或平截，基部楔形，排列较疏松
………………………………………… **18. 北蒙古黄芪 A. borealimongolicus** Y.Z.Zhao

20. 小叶通常椭圆形，先端钝圆，基部圆形至宽楔形，排列紧密
………………………………………… **19. 黄芪 A.membranaceus** (Fisch.) Bunge

21. 株高可达1米；羽状复叶有13～27片小叶；荚果两面被白色或黑色细短柔毛
………………………………… **19a. 黄芪 A. membranaceus** var. **membranaceu**

21. 植株矮小；羽状复叶有13～17片小叶；荚果平滑无毛
……… **19b. 蒙古黄芪 A. membranaceus** var. **mongholicus** (Bunge) P. K. Hsiao

18. 花红紫色、紫色、淡紫色、天蓝色或近白色等。

22. 一或二年生草本；荚果线形、呈镰形弯曲，长约为宽的10倍
………………………………………………………… **20. 达乌里黄芪 A. dahuricus** (Pall.) DC.

22. 多年生草本；荚果长圆形、卵形、椭圆状卵形或近纺锤形等，长为宽的5～6倍或以下。

23. 荚果1室，长3～7毫米；小叶长2～8毫米；花长6～8毫米。
………………………………………………………… **21. 小黄芪 A. zacharensis** Bunge

23. 荚果2室或不完全2室，长8～12毫米；小叶长8～20毫米；花长8～17毫米。

24. 花近无梗，苞长2～4毫米，显著长于花梗；荚果2室，长约8毫米，果梗明显短于萼；花长13～17毫米 ………………………… **22. 丹麦黄芪 A. danicus** Retz.

24. 花梗长1～1.5毫米，苞长1毫米以下，比花梗短或等长；荚果不完全2室，长9～12毫米，果梗与萼等长或超出；花长8～9毫米
………………………………………………………… **23. 高山黄芪 A. alpinus** L.

（1）糙叶黄芪（黑龙江省植物志，内蒙古植物志）；糙叶黄芪（辽宁植物志，东北植物检索表，东北草本植物志，中国植物志，Flora of China）

Astragalus scaberrimus Bunge in Mem. Acad. Sci. St. Petersb. Sav. Etrang. 2: 91. 1833; 东北草本植物志 5: 101. 图版44. 1976; 辽宁植物志（上册）: 933. 图版394. 1988; 内蒙古植物志（第二版）3: 283. 图版110: 1～6. 1989; 中国植物志42(1): 291. 图版76: 1～9. 1993; 东北植物检索表（第二版）: 336. 图版164: 1. 1995; 黑龙江省植物志6: 242. 图版105: 1～11. 1998; Fl. China 10: 438. 2010.

生山坡石质草地、河沙地。产黑龙江省西北部；吉林省双辽；辽宁省大连、金州、建平、凌源、彰武；

内蒙古自治区海拉尔、新巴尔虎左旗、新巴尔虎右旗、满洲里、乌兰浩特、科尔沁右翼前旗、赤峰等地。

为优良牧草。种子有补肾益肝、固精明目作用。

■ 糙叶黄芪

叶

荚果

花序

植株一部分

植株

植株下部

（2）乳白黄芪（植物智网站）；乳白花黄耆（Flora of China）；白花黄耆（东北植物检索表，东北草本植物志）；白花黄芪（黑龙江省植物志，内蒙古植物志）；乳白黄耆（中国植物志）；乳白花黄芪（内蒙古植物志）

Astragalus galactites Pall., Spec. Astrag. 85. t. 69. 1800; 东北草本植物志5: 103. 图版45. 1976; 内蒙古植物志（第二版）3: 287. 图版112: 1 ~ 6. 1989; 中国植物志42(1): 298. 图版76: 10 ~ 16. 1993; 东北植物检索表（第二版）: 336. 图版164: 3. 1995; 黑龙江省植物志6: 236. 图版102: 1 ~ 8. 1998; Fl. China 10: 433. 2010; 内蒙古植物志（第三版）3: 105. 2020.

生海拔1000 ~ 3500米的草原沙质土上及向阳山坡。产黑龙江省大庆、富裕、安达（萨尔图）、杜

■ 乳白黄芪

花

植株一部分

植株

尔伯特；吉林省双辽、镇赉、白城；内蒙古自治区海拉尔、新巴尔虎左旗、新巴尔虎右旗、满洲里、科尔沁右翼前旗、扎赉特旗、乌兰浩特、科尔沁左翼后旗，赤峰、锡林浩特、正蓝旗、镶黄旗、苏尼特左旗、苏尼特右旗等地。

（3）荒漠黄芪（植物智网站）；荒漠黄耆（内蒙古植物志，中国植物志，Flora of China）；卵果黄芪（内蒙古植物志）

Astragalus grubovii Sanchir in Bot. Zhurn. (Moscow & Leningrad). 59: 367. 1974; 内蒙古植物志（第二版）3: 289. 图版112: 7 ~ 12. 1989; Fl. China 10: 434. 2010.——*Astragalus alaschanensis* H. C. Fu, 内蒙古植物志3: 288. 图版102. 1977; 中国植物志42(1): 302. 1993.—— *A. dengkouensis* H. C. Fu, 内蒙古植物志（第二版）3: 290. 图版114: 6 ~ 11. 1989.

生荒漠区的沙荒地带。产内蒙古自治区新巴尔虎右旗、苏尼特左旗、苏尼特右旗等地。

■ 荒漠黄芪

花

果期植株

花期植株

叶

荚果

（4）新巴黄芪（植物智网站）；新巴黄耆（东北植物检索表，东北草本植物志，中国植物志，Flora of China）

■ 新巴黄芪

植株

植株一部分

Astragalus hsinbaticus P. Y. Fu et Y. A. Chen, 东北草本植物志5: 103, 175. 图版46. 1976; 中国植物志42(1): 297. 图版74: 1 ~ 8. 1993; 东北植物检索表（第二版）: 336. 图版164: 2. 1995; Fl. China 10: 434. 2010.

多生于草原沙质土上。产辽宁彰武；内蒙古自治区新巴尔虎右旗（模式标本采集地）。

可作牧草。

（5）细弱黄芪（内蒙古植物志）；细弱黄耆（中国植物志）；细茎黄耆（东北植物检索表，东北草本植物志）

Astragalus miniatus Bunge in Mem. Acad. Sci. St. Petersb. Ⅶ. 11 (16): 98. 1868 et 15 (1): 169. 1869; 东北草本植物志5: 98. 图版10 ~ 17. 1976; 内蒙古植物志（第二版）3: 273. 图版105: 6 ~ 10. 1989; 中国植物志42(1): 264. 图版63: 10 ~ 16. 1993; 东北植物检索表（第二版）: 336. 图版165: 1. 1995.

生于山坡向阳草地或草原。产内蒙古自治区满洲里、新巴尔虎左旗、新巴尔虎右旗、扎赉特旗、东乌珠穆沁旗、锡林浩特、正蓝旗、苏尼特左旗等地。

可作牧草。

■ 细弱黄芪

植株

植株一部分

花序

（6）斜茎黄芪（黑龙江省植物志，内蒙古植物志）；斜茎黄耆（辽宁植物志，东北植物检索表，东北草本植物志，中国植物志，Flora of China）

Astragalus laxmannii Jacq. in Hort Bot. Vindob. 3: 22. 1776; Fl. China 10: 409. 2010.——*A. adsurgens* Pall. in Spec. Astrag. 40. t. 31. 1800; 东北草本植物志5: 100. 图版41: 11 ~ 20. 1976; 辽宁植物志（上册）: 933. 图版391: 7 ~ 16. 1988; 内蒙古植物志（第二版）3: 280. 图版109: 1 ~ 6. 1989; 中国植物志42(1): 271. 图版67: 1 ~ 8. 1993; 东北植物检索表（第二版）: 340. 图版166: 1. 1995; 黑龙江省植物志6: 231. 图版99: 1 ~ 10. 1998.

（6a）斜茎黄耆（原变种）

Astragalus laxmannii var. *laxmannii*

生向阳草地、山坡、灌丛、林缘。产黑龙江省哈尔滨、肇东、肇源、大庆、依兰、集贤、漠河、克山、呼玛、安达、伊春；吉林省通化、汪清、安图、靖宇、抚松、通榆、镇赉、洮南；辽宁省金州、瓦房店、沈阳、彰武；内蒙古自治区额尔古纳、满洲里、海拉尔、牙克石、扎兰屯、新巴尔虎右旗、新巴尔虎左旗、鄂温克、翁牛特旗、扎鲁特旗、克什克腾旗、通辽、赤峰等地。

优良的绿肥、固沙保土植物。可作饲草，牲畜喜食。种子有补肝肾、固精、明目作用。

■ 斜茎黄耆

花序

荚果

植株

植株一部分

（6b）沙打旺（栽培变种）（内蒙古植物志，东北植物检索表）

Astragalus laxmannii cv. 'Shadawang' S. M. Zhang, 东北维管束植物考: 379. 2021.——*A. adsurgens* Pall. cv. 'Shadawang', 内蒙古植物志（第二版）3: 281. 1989.——*Astragalus huangheensis* H. C. Fu et Y. H. Liu, 东北植物检索表（第二版）: 340. 1995.

内蒙古自治区通辽、赤峰有栽培。

■ 沙打旺

植株

植株一部分

（7）海滨黄芪（黑龙江省植物志）；海滨黄耆（东北植物检索表，东北草本植物志）

Astragalus marinus Boriss. in Not. Syst. Herb. Inst. Bot. Acad. Sci. URSS X. 1946; 东北草本植物志5: 101. 1976, 东北植物检索表（第二版）: 340. 1995; 黑龙江省植物志6: 238. 1998.

产乌苏里江以东、以南直至沿海一带及额尔古纳。兴凯湖附近有记载，待调查核实。

■ 海滨黄芪

果序

花序

植株

（8）北黄芪（内蒙古植物志）；北黄耆（东北植物检索表，东北草本植物志）

Astragalus inopinatus Boriss. in Not. Syst. Herb. Inst. Bot. Acad. Sci. X. 1946; 东北草本植物志5: 100. 1976; 内蒙古植物志（第二版）3: 280. 图版108: 7 ~ 11. 1989; 东北植物检索表（第二版）: 336. 1995.

生落叶松林的林缘草甸。产内蒙古自治区根河、牙克石、额尔古纳。

（9）湿地黄芪（黑龙江省植物志，内蒙古植物志）；湿地黄耆（东北植物检索表，东北草本植物志，中国植物志）

Astragalus uliginosus L., Sp. Pl. 1: 757. 1753; 东北草本植物志5: 100. 图版1 ~ 9. 1976; 内蒙古植物志（第二版）3: 278. 图版108: 1 ~ 6. 1989; 中国植物志42(1): 259. 1993; 东北植物检索表（第二版）: 336. 图版165: 2. 1995; 黑龙江省植物志6: 242. 图版106: 1 ~ 9. 1998.

生林下湿草地及沼泽地带。产黑龙江省萝北、密山、虎林、饶河、阿城、伊春、牡丹江；吉林省安图、汪清、抚松、珲春；内蒙古自治区额尔古纳、牙克石、陈巴尔虎旗、科尔沁右翼前旗五岔沟、索伦、锡林浩特等地。

■ 湿地黄芪

果序

花序

植株

植株一部分

（10）华黄芪（黑龙江省植物志，内蒙古植物志）；中国黄耆（Flora of China）；华黄耆（辽宁植物志，东北植物检索表，东北草本植物志，中国植物志）

■ 华黄芪

果期植株一部分

荚果

■ 华黄芪

果序

花期植株一部分

花序

Astragalus chinensis L. f. in Decas Pl. Rar. Hort. Ups. 1: t. 3. 1762; 东北草本植物志5: 92. 图版42: 7 ~ 12. 1976; 辽宁植物志（上册）: 929. 图版392: 7 ~ 12. 1988; 内蒙古植物志（第二版）3: 255. 图版99: 1 ~ 7. 1989; 中国植物志42(1): 175. 图版44: 10 ~ 18. 1993; 东北植物检索表（第二版）: 340. 图版165: 3. 1995; 黑龙江省植物志6: 233. 图版101: 7 ~ 12. 1998; Fl. China 10: 355. 2010.

生向阳山坡、路旁沙地和草地上。产黑龙江省哈尔滨、佳木斯、依兰；吉林省双辽、长春、德惠；辽宁省盘锦、营口、铁岭；内蒙古自治区新巴尔虎右旗、满洲里、科尔沁右翼前旗、乌兰浩特、科尔沁左翼后旗、奈曼旗、通辽、锡林浩特、正镶白旗等地。

种子有补肝肾、固精、明目作用。

（11）辽西黄芪（植物智网站）；辽西黄耆（中国植物志，Flora of China）；伞花黄耆（辽宁植物志，东北植物检索表，东北草本植物志）

Astragalus sciadophorus Franch. in Nouv. Arch. Mus. Hist. Nat. Paris II. 5: 236. 1883; 东北草本植物志5: 106. 1976; 辽宁植物志（上册）: 935. 1988; 中国植物志42(1): 89. 1993; 东北植物检索表（第二版）: 340. 1995; Fl. China 10: 394. 2010.

生河边沙地上。模式标本产辽宁省建平、朝阳和义县一带。

（12）草珠黄芪（植物智网站）；草珠黄耆（辽宁植物志，内蒙古植物志，东北植物检索表，东北草本植物志，中国植物志，Flora of China）

Astragalus capillipes Fisch. ex Bunge in Mem. Acad. Sci. St. Petersb. Ⅶ. 15 (1): 21. 1869; 东北草本植物志5: 92. 图版40: 7. 1976; 辽宁植物志（上册）: 929. 图版393: 7. 1988; 内蒙古植物志（第二版）3: 260. 图版101: 1. 1989; 中国植物志42(1): 166. 图版43: 15 ~ 23. 1993; 东北植物检索表（第二版）: 340. 图版166: 5. 1995; Fl. China 10: 371. 2010.

生河谷沙地、向阳山坡及路旁草地。产辽宁省西部地区；内蒙古自治区宁城等地。

（13）小米黄芪（内蒙古植物志）；小米黄耆（东北植物检索表，东北草本植物志，中国植物志）

Astragalus satoi Kitag. in Bot. Mag. Tokyo 48: 99. f. 12. 1934; 东北草本植物志5: 92. 图版8. 1976; 内蒙古植物志（第二版）3: 263. 图版101: 8. 1989; 中国植物志42(1): 168. 图版43: 13 ~ 22. 1993; 东北植物检索表

（第二版）: 340. 图版166: 6. 1995.

生山地草甸草原中或灌丛间。产黑龙江省呼玛；内蒙古自治区牙克石、满洲里、宁城等地。

（14）草木樨状黄芪（植物智网站）；草木樨状黄耆（内蒙古植物志，中国植物志，Flora of China）；草木犀黄耆（辽宁植物志，东北植物检索表，东北草本植物志）；草木樨黄耆（黑龙江省植物志）

Astragalus melilotoides Pall. in It. Ⅲ. App. 748. t. d (1 ~ 2). 1776; 东北草本植物志5: 94. 图版40: 1 ~ 6. 1976; 辽宁植物志（上册）: 931. 图版393: 1 ~ 6. 1988; 内蒙古植物志（第二版）3: 261. 图版101: 2 ~ 7. 1989; 中国植物志42(1): 168. 图版43: 1 ~ 11. 1993; 东北植物检索表（第二版）: 340. 图版166: 3. 1995; 黑龙江省植物志6: 238. 图版103: 1 ~ 6. 1998; Fl. China 10: 372. 2010.

生向阳干山坡或路旁草地。产黑龙江省大兴安岭、哈尔滨以西草原地区；吉林省镇赉；辽宁省康平、法库、彰武、建平、凌源、沈阳、锦州；内蒙古自治区额尔古纳、海拉尔、牙克石、满洲里、科尔沁右翼前旗、赤峰等地。

全草有祛风湿作用。种子有补肾益肝、固精明目作用。

■ 草木樨状黄芪

叶

植株一部分

荚果

（15）细叶黄芪（内蒙古植物志）；细叶黄耆（黑龙江省植物志，内蒙古植物志，东北植物检索表，东北草本植物志，中国植物志，Flora of China）

Astragalus tenuis Turcz., Bull. Soc. Imp. Naturalistes Moscou. 15: 768. 1842; Fl. China 10: 372. 2010; 内蒙古植物志（第三版）3: 78. 2020.——*Astragalus melilotoides* var. *tenuis* Ledeb. Fl. Ross. 1: 618. 1842; 东北草本植物志5: 94. 图版40(9). 1976; 内蒙古植物志（第二版）3: 261. 1989; 中国植物志42(1): 169. 图版43: 12. 1993; 黑龙江省植物志6: 240. 图版103: 7. 1998.

生向阳山坡、路旁草地或草甸草地。产黑龙江省哈尔滨、齐齐哈尔、肇东、安达；吉林省通榆；辽宁省阜蒙、彰武、北镇；内蒙古自治区额尔古纳、赤峰、克什克腾旗、通辽等地。

■ 细叶黄芪

果期一部分

花期一部分

植株

（16）草原黄芪（植物智网站）；草原黄耆（内蒙古植物志，东北植物检索表，东北草本植物志，中国植物志，Flora of China）

Astragalus dalaiensis Kitag. in Journ. Jap. Bot. 22: 172. 1948; 东北草本植物志5: 91. 1976; 内蒙古植物志（第二版）3: 257. 1989; 中国植物志42(1): 147. 1993; 东北植物检索表（第二版）: 340. 1995; Fl. China 10: 356. 2010.

生干旱草地。产内蒙古自治区新巴尔虎右旗（呼伦池达赉湖附近）、科尔沁右翼前旗、阿尔山等地。

（17）鹰嘴紫云英（植物智网站）；鹰嘴黄耆（辽宁省维管束植物名称考证，辽宁师范大学学报）

Astragalus cicer L., Sp. Pl. 1753; 辽宁师范大学学报: 自然科学版43(3): 368 ~ 371. 2020.

生河流、沟渠等湿地。原产欧洲，辽宁、北京、山西、陕西、河南、浙江、云南、甘肃等地有引种。辽宁省朝阳市大凌河沿岸有野生群落。

■ 鹰嘴紫云英

托叶

花序

果序

叶背面观

植株一部分

本种为外来入侵植物，大量繁殖会侵占本土植物生态位，影响本土生物多样。可合理利用：为优良牧草，具有产草量高、营养丰富、牧草品质好以及不会引起家畜膨胀病等优点；还是很好的水土保持植物，适应性广，抗寒、抗旱、耐盐性，草层覆盖度高，固氮能力强。

（18）北蒙古黄芪（内蒙古植物志）

Astragalus borealimongolicus Y. Z. Zhao in Bull. Bot. Res. Harbin 26(5) 536. 2006; 内蒙古植物志（第三版）3: 76. 2020.

生草原带的沙地、沙质草原、山地灌丛及林缘。产内蒙古自治区满洲里南山。

■ 北蒙古黄芪

果序

花序

植株

（19）黄芪（黑龙江省植物志，内蒙古植物志）；黄耆（辽宁植物志，东北植物检索表，东北草本植物志，中国植物志）；膜荚黄芪（中华人民共和国药典）

Astragalus membranaceus (Fisch.) Bunge in Mem. Acad. Sci. St. Petersb. VII. 11(16): 25. 1868; 中国主要植物图说豆科: 414: 1955; 东北草本植物志5: 87. 图版38: 1 ~ 6. 1976; 辽宁植物志（上册）: 927. 图版391: 1 ~ 6. 1988; 内蒙古植物志（第二版）3: 259. 图版100: 7 ~ 12. 1989; 中国植物志42(1): 131. 图版34: 1 ~ 8. 1993; 东北植物检索表（第二版）: 340. 图版167: 2. 1995; 黑龙江省植物志6: 240. 图版104: 1 ~ 6. 1998.

■ 黄芪

果序一部分

植株

花序一部分

（19a）黄芪（原变种）

Astragalus membranaceus var. *membranaceus*

生林缘、灌丛、林间草地、疏林下、山坡草地等处。产黑龙江省大兴安岭、小兴安岭及完达山一带山区；吉林省安图、和龙、汪清、敦化、珲春；辽宁省鞍山、本溪、岫岩、丹东、凤城、清原、庄河；内蒙古额尔古纳、牙克石、阿荣旗、巴林右旗、乌兰浩特、克什克腾旗、科尔沁右翼前旗等地。分布中国东北。

根有强壮、消肿、排脓、止汗、利尿作用。

（19b）蒙古黄芪（变种）（植物智网站）；蒙古黄耆（东北草本植物志，中国植物志，Flora of China）；膜荚黄耆（中国主要植物图说豆科）

Astragalus membranaceus var. *mongholicus* (Bunge) P. K. Hsiao in Acta Pharmac. Sinica 11: 117. 1964; 中国主要植物图说豆科: 414: 1955; 东北草本植物志5: 89. 图版38: 7 ~ 8. 1976; 内蒙古植物志（第二版）3: 259. 图版100: 13. 1989; 中国植物志42(1): 133. 1993; 黑龙江省植物志6: 242. 图版104: 7 ~ 8. 1998.——*A. mongholicus* Bunge, Mém. Acad. Imp. Sci. Saint Pétersbourg, Sér. 7, 11(16): 25. 1868; Fl. China 10:343. 2010.

生于向阳草地及山坡上。产内蒙古呼伦贝尔盟。分布中国华北及内蒙古（模式标本采自内蒙古乌拉山）。俄罗斯、蒙古也有分布。

根有强壮、消肿、排脓、止汗、利尿作用。

（20）达乌里黄芪（内蒙古植物志）；达乌里黄耆（中国植物志，Flora of China）；兴安黄耆（辽宁植物志，东北植物检索表，东北草本植物志）；兴安黄芪（黑龙江省植物志）；黄甫川黄芪（西北植物学报）

Astragalus dahuricus (Pall.) DC. in Prodr. 2: 285. 1825; 东北草本植物志5: 95. 图版42: 1 ~ 6. 1976; 辽宁植物志（上册）: 931. 图版362: 1 ~ 6. 1988; 内蒙古植物志（第二版）3: 269. 图版104: 1 ~ 6. 1989; 中国植物志42(1): 240. 图版58: 6 ~ 12. 1993; 东北植物检索表（第二版）: 340. 图版165: 4. 1995; 黑龙江省植物志6: 236. 图版101: 1 ~ 6. 1998; Fl. China 10: 335. 2010.——*Astragalus dahuricus* (Pall.) DC. f. *huangfuchuanensis* L. Q. Zhao, 西北植物学报29(5): 1046 ~ 1049. 2009.

生向阳山坡、河岸沙砾地、路旁等处。产黑龙江省阿城、依兰、哈尔滨、齐齐哈尔；吉林省珲春、汪清、和龙、长春、吉林、通化；辽宁省新宾、康平、法库、彰武、凌源、朝阳、沈阳、海城、盖州、金州、旅顺口；内蒙古自治区科尔沁右翼前旗（索伦）、扎鲁特旗、莫力达瓦达斡尔旗、翁牛特旗、赤

■ 达乌里黄芪

果序一部分

植株

花序

峰、宁城、克什克腾旗等地。

可以作家畜饲料。种子有补肾益肝、固精明目作用。

（21）小黄芪（植物智网站）；小果黄耆（辽宁植物志，东北植物检索表，东北草本植物志，中国植物志，Flora of China）；皱黄耆（内蒙古植物志）；察哈尔黄芪（内蒙古植物志）；小叶黄耆（东北植物检索表，东北草本植物志，中国植物志）

Astragalus zacharensis Bunge, Mém. Acad. Imp. Sci. Saint Pétersbourg, Sér. 7, 11(16): 23. 1868; Fl. China 10: 388. 2010; 内蒙古植物志（第三版）3: 81. 2020.——*A. tataricus* Franch. in Nouv. Arch. Mus. Paris 5: 239. 1883; 东北草本植物志5: 91. 1976; 辽宁植物志（上册）: 931. 1988; 内蒙古植物志（第二版）3: 265. 图版102: 6 ~ 10. 1989; 中国植物志42(1): 183, 图版47: 1 ~ 8. 1993; 东北植物检索表（第二版）: 343. 1995.——*Astragalus hulunensis* P. Y. Fu et Y. A. Chen, 东北草本植物志5: 89, 175. 图版39: 1 ~ 8. 1976; 中国植物志42(1): 189. 1993; 东北植物检索表（第二版）: 343. 图版167: 1. 1995.

生山坡草地或沙地上。产辽宁省西部；内蒙古自治区满洲里、克什克腾旗、西乌珠穆沁旗、锡林浩特、阿巴嘎旗、正蓝旗、镶黄旗等地。

■ 小黄芪

植株

果序1

果序2

花序1

花序2

花序3

■ 小黄芪

居群

植株一部分

（22）丹麦黄芪（植物智网站）；丹麦黄耆（中国植物志，Flora of China）；丹黄耆（内蒙古植物志，东北植物检索表，东北草本植物志）

Astragalus danicus Retz. in Obs. Rot. 3: 41. 1781; 东北草本植物志5: 95. 图版1 ~ 10. 1976; 内蒙古植物志（第二版）3: 257. 图版100: 1 ~ 6. 1989; 中国植物志42(1): 228. 图版57: 8 ~ 17. 1993; 东北植物检索表（第二版）: 343. 图版166: 2. 1995; Fl. China 10: 364. 2010.

生草地或向阳的山坡上。产内蒙古自治区牙克石（伊列克得）等地。

茎、叶可作牲畜饲料。

■ 丹麦黄芪

果序

果期

花期

花序侧面观

叶

花序正面观

（23）高山黄芪（植物智网站）；高山黄耆（内蒙古植物志，东北植物检索表，东北草本植物志，中国植物志，Flora of China）

Astragalus alpinus L., Sp. Pl. 760. 1753; 东北草本植物志5: 91. 图版9 ~ 17. 1976; 内蒙古植物志（第二版）3: 268. 图版103: 1 ~ 6. 1989; 中国植物志42(1): 195. 图版49: 8 ~ 14. 1993; 东北植物检索表（第二版）: 343. 图版167: 4. 1995; Fl. China 10: 359. 2010.

生海拔1800 ~ 2200米的山坡草地。产黑龙江省呼玛；内蒙古自治区根河、额尔古纳、牙克石等地。

■ 高山黄芪

叶

花序

果序

植株

植株一部分

52 米口袋属 *Gueldenstaedtia* Fisch.

Gueldenstaedtia Fisch. in Mem. Soc. Nat. Mosc. 6: 170. 1823.

多年生草本。奇数羽状复叶具多对全缘的小叶，着生于缩短的分茎上而呈莲座丛状；小叶卵形、披针形、椭圆形、长圆形和线形，稀近圆形。伞形花序具3 ~ 8（~ 12）朵花；花紫堇色、淡红色及黄色；花萼钟状，密被贴伏白色长柔毛，萼齿5，上方二齿较长而宽；旗瓣卵形或近圆形，基部渐狭成瓣柄，顶端微凹，翼瓣斜倒卵形，离生，稍短于旗瓣，龙骨瓣钝头，卵形，极短小，约为翼瓣长之半；雄蕊（9+1）二体。子房圆筒状，花柱内卷，柱头钝，圆形。荚果圆筒形，1室，无假隔膜，具多数种子。

本属全世界有12种，分布于亚洲大陆。中国有3种，东北地区均产。

分种检索表

1. 花长6 ~ 9毫米；小叶长圆形至线形或春季小叶常为近卵形、秋季小叶变狭长；全株有长柔毛 ……………………………………………………1. 狭叶米口袋 G. stenophylla Bunge
1. 花长10 ~ 14毫米；小叶椭圆形、长圆形、卵形、倒卵形或披针形。
   2. 全株无毛；花长10 ~ 11.5毫米 ……………………………………2. 光滑米口袋 G. maritima Maxim.
   2. 全株密生毛；花长12 ~ 14毫米 ………………………………… 3. 少花米口袋 G. verna (Georgi) Boriss.

（1）狭叶米口袋（辽宁植物志，黑龙江省植物志，内蒙古植物志，东北植物检索表，东北草本植物志，中国植物志）

Gueldenstaedtia stenophylla Bunge in Mem. Acad. Sci. St. Petersb. Sav. Etrang. 2: 98. 1833; 东北草本植物志5: 83. 图版37. 1976; 辽宁植物志（上册）: 923. 图版389. 1988; 内蒙古植物志（第二版）3: 245. 图版97: 1 ~ 6. 1989; 东北植物检索表（第二版）: 350. 图版171: 1. 1995; 黑龙江省植物志6: 258. 图版112: 1 ~ 10. 1998; 中国植物志42(2): 156. 图版40: 25 ~ 31. 1998.

生向阳山坡、草地等处。产黑龙江省泰来、杜尔伯特；辽宁省建平、绥中、凌源；内蒙古自治区新巴尔虎右旗、锡林浩特等地。

全草有清热解毒、消痈肿作用。

■ 狭叶米口袋

果序

秋季植株

花期植株

（2）光滑米口袋（中国植物志）；海滨米口袋（辽宁植物志，东北植物检索表，东北草本植物志）

Gueldenstaedtia maritima Maxim. in Bull. Soc. Nat. Moscou 54: 7. 1879; 东北草本植物志5: 83. 1976; 辽宁植物志（上册）: 923. 1988; 东北植物检索表（第二版）: 350. 1995; 中国植物志42(2): 154. 图版40: 9 ~ 16. 1998.

生沿海丘陵地及海滨沙地。辽宁省大连沿海地区有记录，待调查核实。

（3）少花米口袋（黑龙江省植物志，内蒙古植物志，东北植物检索表，中国植物志，Flora of China）；米口袋（辽宁植物志，内蒙古植物志，东北植物检索表，东北草本植物志，中国植物志）

Gueldenstaedtia verna (Georgi) Boriss in Sched. Herb. Fl. URSS 12. Fasc. 75: 122. 1953; 东北草本植物志5: 83. 图版37. 1976; 辽宁植物志（上册）: 925. 图版390. 1988; 内蒙古植物志（第二版）3: 243. 图版97: 7 ~ 10. 1989; 东北植物检索表（第二版）: 350. 图版171: 2. 1995; 黑龙江省植物志6: 258. 图版113: 1 ~ 8. 1998; Fl. China 10: 506. 2010.——*G. verna* (Georgi) Boriss subsp. *multiflora* (Bunge) Tsui, 中国植物志42(2): 150. 图版

39: 1 ~ 6. 1998.——*G. multifora* Bunge in Mem. Acad. St. Petersb. Sav. Etrang. 2: 98. 1883; 内蒙古植物志（第二版）3: 242. 图版96: 8 ~ 12. 1989.

生向阳草地、干山坡、沙质地、路旁等处。产黑龙江省桦川、依兰、海林、尚志、哈尔滨、泰来；吉林省长春；辽宁省彰武、凌源、建昌、黑山、绥中、昌图、沈阳、台安、大连；内蒙古自治区额尔古纳、海拉尔、牙克石、满洲里、新巴尔虎左旗、新巴尔虎右旗、科尔沁右翼前旗、科尔沁右翼中旗、乌兰浩特、阿荣旗、扎赉特旗、巴林右旗、克什克腾旗、敖汉旗、赤峰、宁城等地。

全草有清热解毒作用。

■ 少花米口袋

果序

植株

花序

083. 远志科 Polygalaceae

Polygalaceae Hoffmanns. & Link, Fl. Portug. [Hoffmannsegg] 1: 62. 1809, *nom. cons.*

木贼门、木贼亚门、木兰纲、蔷薇亚纲、蔷薇超目、豆目（Fabales）。

一年生或多年生草本，或为灌木、藤本或小乔木。单叶互生，稀对生或轮生，全缘，通常无托叶。花两性，两侧对称，单生或总状、穗状或圆锥花序；萼片5，不等长，内方2枚常为花瓣状，覆瓦状排列；花瓣5或3，不等大，下方1枚常为龙骨状，上方2枚若存在则狭小如鳞片状；雄蕊3 ~ 8，花丝下部合生成鞘；子房上位，1 ~ 3室，每室有1胚珠。果为蒴果、坚果或核果；种子常有毛或有假种皮，有种阜及胚乳；胚直立。

本科全世界有30属，约950种，广布于全世界，尤以热带和亚热带地区最多。中国有5属53种，南北均产，而以西南和华南地区最盛。东北地区产1属4种。

远志属 *Polygala* L.

Polygala L. Gen. Pl. ed. 5, 315. 1754.

一年生或多年生草本、灌木或小乔木。单叶互生，稀对生或轮生，叶片全缘。总状花序顶生、腋生或腋外生；花两性，左右对称，具苞片1 ~ 3枚；萼片5，不等大，2轮排列，外面3枚小，里面2枚大，常花瓣状；花瓣3，侧瓣与龙骨瓣常于中部以下合生，龙骨瓣舟状，兜状或盔状，顶端背部具鸡冠状附属物；雄蕊8，花丝连合成一开放的鞘，并与花瓣贴生，花药基部着生，顶孔开裂；子房2室，两侧扁；花柱直立或弯曲，柱头1或2。果为蒴果，两侧压扁，有种子2粒。

本属全世界约500种，广布于全世界。中国有44种，广布于全国各地，而以西南和华南地区最盛。东北地区产4种。

分种检索表

1. 一年生；叶具柄；花序顶生；蒴果顶端无凹缺 ……………………………………………1. 小扁豆 P. tatarinowii Regel
1. 多年生；叶无柄或稍有柄；花序腋生或顶生；蒴果顶端有凹缺。
  2. 叶狭线形至线状披针形，宽0.8 ~ 1.5（~ 3）毫米 …………………………………………… 2. 远志 P. tenuifolia Willd.
  2. 叶线状披针形至长圆形，宽3 ~ 15毫米。
    3. 全部叶较宽，宽5 ~ 12（~ 15）毫米，卵状披针形、卵圆形、长圆形至披针形或纺锤形；花序腋生，比茎稍短；花丝近全部合生 ………………………………………………………………… 3. 瓜子金 P. japonica Houtt.
    3. 上部叶较狭，宽3 ~ 6（~ 11）毫米，披针形、线状披针形或卵状披针形（稀卵圆形或长圆形）；花序腋生或顶生，比茎稍长或略等长；花丝上部1/3离生 ……………………………………………4. 西伯利亚远志 P. sibirica L.

（1）小扁豆（中国植物志，Flora of China）；小远志（辽宁植物志，东北植物检索表，东北草本植物志）

Polygala tatarinowii Regel in Pl. Radd. 1: 278, t. 7, fig. 10 ~ 11. 1861; 东北草本植物志6: 30. 图版11: 1 ~ 3. 1977; 辽宁植物志（上册）: 1058. 图版450: 1 ~ 3. 1988; 东北植物检索表（第二版）: 393. 图版195: 1. 1995; 中国植物志43(3): 170. 1997; Fl. China 11: 150. 2008.

生山坡草地、杂木林下或路旁草丛中。产辽宁省清原、新宾、本溪、桓仁、丹东、宽甸、岫岩、庄河等地。

全草有安神、止咳、清热、截疟、补虚弱作用，用于失眠、咳嗽发热、疟疾。

■ 小扁豆

叶背面观

植株

花序下部

花序上部

（2）远志（辽宁植物志，内蒙古植物志，东北植物检索表，东北草本植物志，中国植物志，Flora of China）；细叶远志（内蒙古植物志）

Polygala tenuifolia Willd. in Sp. Pl. 3: 879. 1800; 东北草本植物志6: 30. 图版11: 4 ~ 7. 1977; 辽宁植物志（上册）: 1060. 图版450: 4 ~ 7. 1988; 内蒙古植物志（第二版）3: 438. 图版168: 1 ~ 5. 1989; 东北植物检索表（第二版）: 393. 图版195: 2. 1995; 中国植物志43(3): 181. 图版45: 10 ~ 18. 1997; Fl. China11: 153. 2008.

生多石砾山坡和路旁、灌丛及杂木林中。产黑龙江省黑河、密山、宁安、富锦、爱辉、集贤、萝北、宝清、安达、阿城、哈尔滨；吉林省白城、镇赉、双辽、汪清、安图、洮南；辽宁省凌源、建平、义县、彰武、绥中、葫芦岛、北镇、昌图、开原、西丰、桓仁、本溪、沈阳、营口、盖州、瓦房店、普兰店、大连；内蒙古自治区全区。

根有安神镇惊、清热化痰、补心肾作用。叶亦可药用，煎汁外用治疮肿等症。

■ 远志

果序一部分

根部

花序

植株一部分

植株

（3）瓜子金（辽宁植物志，黑龙江省植物志，东北植物检索表，东北草本植物志，中国植物志，Flora of China）；日本远志（东北植物检索表）

Polygala japonica Houtt. in Handl. 10: 89, t. 62. fig. 1. 1779; 东北植物检索表: 206. 图版67: 5. 1959; 东北草本植物志6: 31. 图版12: 1～6. 1977; 辽宁植物志（上册）: 1060. 图版451: 1～6. 1988; 东北植物检索表（第二版）: 393. 图版195: 4. 1995; 中国植物志43(3): 177. 1997; 黑龙江省植物志7: 61. 图版33. 2003; Fl.

■ 瓜子金

花序

蒴果

植株

植株一部分

China 11: 152. 2008.

生多石砾草地、干山坡及杂木林下。产黑龙江省密山、虎林；吉林省桦甸；辽宁省丹东、本溪、凤城、新宾、沈阳、岫岩、庄河、大连等地。

全草或根有活血散瘀、化痰止咳作用，用于咽喉痛、吐血、便血、崩漏、流脑等。

（4）西伯利亚远志（辽宁植物志，黑龙江省植物志，东北植物检索表，东北草本植物志，中国植物志，Flora of China）；卵叶远志（内蒙古植物志）

Polygala sibirica L., Sp. Pl. ed 2: 702. 1753; 东北草本植物志6: 31. 图版12: 7 ~ 13. 1977; 辽宁植物志（上册）: 1062. 图版451: 7 ~ 13. 1988; 内蒙古植物志（第二版）3: 439. 图版168: 6 ~ 7. 1989; 东北植物检索表（第二版）: 395. 图版195: 3. 1995; 中国植物志43(3): 193. 1997; 黑龙江省植物志7: 64. 图版34. 2003; Fl. China 11: 156. 2008; 内蒙古植物志（第三版）3: 246. 2020.

生山坡、干草地及柞树林旁。产黑龙江省爱辉、黑河、宝清、富锦、呼玛、安达、伊春；吉林省桦甸、通化、梅河口；辽宁省凌源、绥中、义县、北镇、金州、庄河、瓦房店、大连、长海；内蒙古自治

■ 西伯利亚远志

花

果枝

全株

植株

花枝

区根河、牙克石、扎兰屯、鄂伦春、科尔沁右翼前旗、扎赉特旗、奈曼旗、翁牛特旗、巴林右旗、喀喇沁旗、宁城、锡林浩特等地。

根有安神益智、祛痰、消肿作用，用于失眠多梦、健忘惊悸等。叶亦可药用。

084. 蔷薇科 Rosaceae

Rosaceae Juss., Gen. Pl. [Jussieu] 334. 1789, *nom. cons.*

木贼门、木贼亚门、木兰纲、蔷薇亚纲、蔷薇超目、蔷薇目（Rosales）。

草本、灌木或乔木，落叶或常绿。叶互生，稀对生，单叶或复叶，有显明托叶，稀无托叶。花两性，稀单性，通常整齐，周位花或上位花；花轴上端发育成花托，在花托边缘着生萼片、花瓣和雄蕊；萼片和花瓣同数，通常4～5，覆瓦状排列，稀无花瓣，萼片有时具副萼；雄蕊5至多数，稀1或2；心皮1至多数，花柱与心皮同数。蓇葖果、瘦果、梨果或核果，稀蒴果。

本科全世界有95～125属，2825～3500种，广布于世界各地，北温带地区较多。中国有55属950种，广布全国各地。东北地区产35属199种68变种17变型，其中栽培62种16变种12变型。

分属检索表

1. 果实为蓇葖果，稀为蒴果；叶无托叶或有托叶。
  2. 多年生草本；一至三回羽状复叶；心皮离生；蓇葖果 ………………………… **1. 假升麻属** Aruncus
  2. 落叶灌木。
    3. 果实为蒴果；种子有翅；花径2厘米以上；单叶，无托叶 ………………………… **2. 白鹃梅属** Exochorda
    3. 果实为蓇葖果；种子无翅；花径不超过2厘米。
      4. 奇数羽状复叶，有托叶；心皮5，基部合生 ………………………… **3. 珍珠梅属** Sorbaria
      4. 单叶。
        5. 心皮1～2；有托叶，早落 ………………………… **4. 绣线梅属** Neillia
        5. 心皮5，稀（1～）3～4；有托叶或无。
          6. 心皮基部合生；蓇葖果膨大，沿背腹两缝线开裂；有托叶 ………………………… **5. 风箱果属** Physocarpus
          6. 心皮离生；蓇葖果不膨大，沿腹缝线开裂；无托叶 ………………………… **6. 绣线菊属** Spiraea
1. 果实为梨果、核果或瘦果；叶有托叶。
  7. 梨果或浆果状，稀小核果状梨果；子房下位、周位，稀上位。
    8. 心皮成熟时变为坚硬骨质小核状，1～5枚。
      9. 叶全缘；枝无刺 ………………………… **7. 栒子属** Cotoneaster
      9. 叶有锯状齿或裂片；枝通常有刺。
        10. 叶常绿；心皮5，各有成熟的胚珠2枚 ………………………… **8. 火棘属** Pyracantha
        10. 叶凋落，稀半常绿；心皮1～5，各有成熟的胚珠1枚 ………………………… **9. 山楂属** Crataegus
    8. 心皮成熟时变为革质或纸质；梨果。
      11. 复伞房花序或圆锥花序，有花多朵。
        12. 单叶常绿，稀凋落；总花梗及花梗常有瘤状突起 ………………………… **10. 石楠属** Photinia
        12. 单叶或复叶，均凋落；总花梗及花梗无瘤状突起。
          13. 单叶或复叶；心皮2～4，稀5，全部或大部分与花托合生 ………………………… **11. 花楸属** Sorbus

（接上表）

13. 单叶；心皮5，仅下部与花托合生 ………………………………… **12. 涩石楠属（腺肋花楸属）Aronia**

11. 伞形总状花序或总状花序或簇生状，有时单花。

14. 每心皮内含多数种子；花单生或簇生。

15. 小乔木；枝无刺；花单生，后叶开放，萼片反折；托叶膜质 ………… **13. 木瓜属 Pseudocydonia**

15. 灌木；枝有刺；花簇生，先叶或与叶同时开放，萼片直立；托叶草质 ………………………………………………………………………………… **14. 木瓜海棠属 Chaenomeles**

14. 每心皮含1～2种子；花序伞形总状或总状。

16. 花序总状，稀花单生；子房和果实有不完全的6～10室，每室具种子1 … **15. 唐棣属 Amelanchier**

16. 花序伞形总状；子房和果实2～5室，每室具种子2。

17. 花柱离生；果实具多数石细胞 ……………………………………………… **16. 梨属 Pyrus**

17. 花柱基部合生；果实多无石细胞 ………………………………………… **17. 苹果属 Malus**

7. 不为梨果；子房上位，稀下位。

18. 核果，萼片通常脱落；心皮1，稀2或5；单叶。

19. 枝具腋生青灰色的枝刺，髓心片状；花柱侧生，胚珠直立 ……………………… **18. 扁核木属 Prinsepia**

19. 枝无刺，稀有刺但不为腋生，髓心充实；花柱顶生，胚珠下垂 ……………………… **19. 李属 Prunus**

18. 瘦果或小核果，萼片宿存；心皮多数；复叶，稀单叶。

20. 瘦果生于坛状、杯状或管状花托内。

21. 灌木；茎或枝有刺；瘦果多数，生于坛状花托内 ……………………………… **20. 蔷薇属 Rosa**

21. 多年生草本；茎无刺。

22. 穗状或头状花序，花紫色、淡紫色或白色，无副萼和花瓣；心皮1；瘦果单生于管状花托内；花托无钩状刺毛 ……………………………………………………………… **21. 地榆属 Sanguisorba**

22. 总状花序，花黄色，有副萼及花瓣；心皮2；瘦果生于杯状花托内；花托上有钩状刺毛 ……………………………………………………………… **22. 龙芽草属（龙牙草属）Agrimonia**

20. 瘦果或核果生于扁平、凸起或微凹的花托上。

23. 灌木，稀草本；单叶或复叶。

24. 叶对生；花4数；果为小核果 ……………………………………………… **23. 鸡麻属 Rhodotypos**

24. 叶互生；花5数。

25. 花无副萼，花瓣黄色；茎无刺；果为瘦果 ………………………………… **24. 棣棠花属 Kerria**

25. 花有副萼。

26. 茎无刺；花瓣黄色或白色；果为瘦果 ……………………………… **25. 金露梅属 Dasiphora**

26. 茎有刺，稀无刺；花瓣白色或红色；果为核果，聚生在花托上而成浆果状聚合果 ………………………………………………………………………… **26. 悬钩子属 Rubus**

23. 多年生草本或半灌木；复叶，稀单叶。

27. 花无副萼。

28. 萼片与花瓣各为8～9；常绿半灌木；单叶，不分裂 …………………… **27. 仙女木属 Dryas**

28. 萼片与花瓣各为5；草本；单叶，分裂或为复叶。

29. 雄蕊5；叶羽状分裂，裂片线形 ……………………………… **28. 地蔷薇属 Chamaerhodos**

29. 雄蕊多数；叶为间断的羽状分裂或为复叶，顶生裂片大 …… **29. 蚊子草属 Filipendula**

27. 花有副萼。

（接上表）

30. 花柱顶生或近顶生，在果期延长，常有钩刺或羽状毛 ··· **30. 路边青属（水杨梅属）Geum**
30. 花柱侧生或基生或近顶生，在果期不延长或稍微延长。
31. 果熟时花托肉质 ·· **31. 草莓属 Fragaria**
31. 果熟时花托干燥，有时海绵质（如蛇莓）。
32. 雄蕊4、5或10；小叶3～5，先端常3裂 ····················· **32. 山莓草属 Sibbaldia**
32. 雄蕊多数。
33. 花紫色，花瓣先端锐尖，短于萼片 ·················· **33. 沼委陵菜属 Comarum**
33. 花黄色或白色，花瓣先端钝或微缺，长于萼片。
34. 花单生于叶腋；羽状复叶，小叶6～11对 ········· **34. 蕨麻属 Argentina**
34. 花多数排成顶生聚伞花序，稀为腋生总状花序；花如单生于叶腋，则叶为掌状复叶，小叶3～5 ····························· **35. 委陵菜属 Potentilla**

1 假升麻属 *Aruncus* L.

Aruncus L., Opera Var. 259. 1758.

多年生草本，根茎粗大。叶互生，大型，一至三回羽状复叶，稀掌状复叶，小叶边缘有锯状齿，不具托叶。花单性，雌雄异株，成大型穗状圆锥花序，无梗或近于无梗；萼筒杯状，5裂；花瓣5，白色；雄蕊15～30，花丝细长，约为花瓣的1倍，雌花中具有短花丝和不发育的花药；心皮3～4，稀5～8，与萼片互生，子房1室，雄花中有退化雌蕊。蓇葖果沿腹缝开裂，通常具棍棒状种子2，有少量胚乳。

本属全世界有3～6种，分布于北半球冷温带地区。中国产2种。东北地区产1种1变型。

分种下单位检索表

1. 叶为二至三回羽状复叶，小叶边缘有不规则的尖锐重锯状齿 ························ **a. 假升麻 A. sylvester f. sylvester**
1. 叶为三回三出羽状复叶，小叶边缘深缺刻状且具不规则细锯状齿 ··············· **b. 深裂假升麻 A. sylvester f. incisus**

假升麻（辽宁植物志，黑龙江省植物志，内蒙古植物志，东北植物检索表，东北草本植物志，中国植物志，Flora of China）

Aruncus sylvester Kostel. in Ind. Hort. Prag. 5. 1844; 中国植物志36: 71. 图版10: 1～5. 1974; 东北草本植物志5: 1. 图版1. 1976; 辽宁植物志（上册）: 752. 图版322. 1988; 内蒙古植物志（第二版）3: 51. 图版21. 1989; 东北植物检索表（第二版）: 283. 图版136: 9. 1995; 黑龙江省植物志6: 103. 图版50: 1～7. 1998; Fl. China 9: 74. 2003.

多年生高大草本，基部木质化。大型二至三回羽状复叶互生；小叶片3～9，菱状卵形等，边缘有不规则的尖锐重锯齿。圆锥花序，花多数，单性，雌雄异株；花冠白色，花瓣5；雄蕊多数，明显超出花冠。蓇葖果下垂。

（a）假升麻（原变型）

Aruncus sylvester f. *sylvester*

生山沟、山坡杂木林下。产黑龙江省呼玛、黑河、尚志、宝清、宁安、密山、伊春、爱辉、萝北、虎林；吉林省浑江、安图、抚松、蛟河、珲春、靖宇、长白、辉南、柳河、通化、汪清；辽宁省庄河、丹东、岫岩、凤城、本溪、鞍山；内蒙古自治区额尔古纳、根河、牙克石、鄂伦春、鄂温克、科尔沁右翼前旗、阿尔山、克什克腾旗、东乌珠穆沁旗（宝格达山）等地。

根用于跌打损伤、劳伤、筋骨痛。

■ 假升麻

花序

花序一部分

果序

居群

茎下部叶

（b）深裂假升麻（变型）（东北草本植物志）

Aruncus sylvester f. *incisus* Liou et C. Y. Li, 东北草本植物志5: 3. 1976.

生岳桦林下。产吉林省安图。

2 白鹃梅属 *Exochorda* Lindl.

Exochorda Lindl. in Gard. Chron. 1858: 925. 1858.

落叶灌木。单叶互生，全缘或有锯状齿，有叶柄，不具托叶或具早落性托叶。顶生总状花序；萼筒钟状，萼片5，短而宽；花瓣5，白色，宽倒卵形，有爪，覆瓦状排列；雄蕊15～30，花丝较短，着生在花盘边缘；心皮5，合生，花柱分离，子房上位。蒴果具5脊，倒圆锥形，5室，沿背腹两缝开裂，每室具种子1～2粒；种子扁平有翅。

本属全世界4种，产亚洲中部到东部。中国有3种。东北地区产2种，其中栽培1种。

分种检索表

1. 叶全缘；花梗长5毫米以上；雄蕊15～20……………………………………………… 1. 白鹃梅 E. racemosa (Lindl.) Rehd.
1. 叶缘中部以上有锯状齿；花梗长不及5毫米；雄蕊25 ………………………… 2. 齿叶白鹃梅 E. serratifolia S. Moore

（1）白鹃梅（辽宁植物志，东北植物检索表，中国植物志，Flora of China）

Exochorda racemosa (Lindl.) Rehd. in Sarg. Pl. Wils. 1: 456. 1913; 中国植物志36: 99. 图版16: 1～3. 1974; 辽宁植物志（上册）: 761. 图版326: 3. 1988; 东北植物检索表（第二版）: 284. 图版134: 4. 1995; Fl. China 9: 83. 2003.

分布山西、河南、安徽等省。辽宁省大连、盖州、沈阳有栽培。

优良观赏树木。花蕾用开水烫后晒干可作蔬菜。根皮、树皮用于腰骨酸痛。

■ 白鹃梅

果枝

植株

花枝

（2）齿叶白鹃梅（辽宁植物志，东北植物检索表，中国植物志，Flora of China）

Exochorda serratifolia S. Moore in Hook. Ic. Pl. 13: t. 1255. 1877; 中国植物志36: 100. 图版16: 8～10. 1974; 辽宁植物志（上册）: 762. 图版326: 1～2. 1988; 东北植物检索表（第二版）: 284. 图版134: 5. 1995; Fl. China 9: 83. 2003.

■ 齿叶白鹃梅

果序

植株一部分

花

生山坡、河边、灌木丛中。产辽宁省朝阳、北票、建平、喀左、凌源、铁岭、鞍山等地。

优良观赏花木。嫩叶可食。

3 珍珠梅属 *Sorbaria* (Ser.) A. Br. ex Aschers.

Sorbaria (Ser.) A. Br. ex Aschers. Fl. Brandenb. 177. 1860.

落叶灌木。羽状复叶，互生，小叶有锯状齿，具托叶。顶生圆锥花序；萼筒钟状，萼片5，反折；花瓣5，白色，覆瓦状排列；雄蕊20～50；心皮5，基部合生，与萼片对生。蓇葖果沿腹缝线开裂，含种子数枚。

本属全世界约有9种，分布于亚洲。中国约有3种，产东北、华北至西南各省区。东北地区产2种1变种。

分种检索表

1. 雄蕊20～25，约与花瓣等长；圆锥花序宽短而疏松 ·························· **1. 华北珍珠梅 S. kirilowii** (Regel) Maxim.

1. 雄蕊40～50，长为花瓣1.5～2倍；圆锥花序狭长而紧密（**2. 珍珠梅 S. sorbifolia** (L.) A. Br.）。

  2. 小叶背面无毛或近无毛，具侧脉12～16对 ······································ **2a. 珍珠梅 S. sorbifolia** var. **sorbifolia**

  2. 小叶背面具或疏或密星状毛，具侧脉18～22对 ························ **2b. 星毛珍珠梅 S. sorbifolia** var. **stellipila** Maxim.

（1）华北珍珠梅（辽宁植物志，内蒙古植物志，东北植物检索表，中国植物志，Flora of China）

Sorbaria kirilowii (Regel) Maxim. in Acta Hort. Petrop. 6: 225. 1879; 中国植物志36: 77. 图版1: 3～6. 1974; 辽宁植物志（上册）: 756. 图版324. 1988; 内蒙古植物志（第二版）3: 68. 图版27: 1～4. 1989; 东北植物检索表（第二版）: 284. 图版134: 1. 1995; Fl. China 9: 76. 2003.

生山坡阳处、杂木林中。产辽宁省北镇、义县、鞍山；内蒙古自治区喀喇沁旗等地。

夏季优良的观花灌木。根、叶、果实有清热凉血、祛痰、消肿、止痛作用。

■ 华北珍珠梅

叶

花序

（2）珍珠梅（辽宁植物志，黑龙江省植物志，内蒙古植物志，东北植物检索表，中国植物志，Flora of China）

Sorbaria sorbifolia (L.) A. Br. in Aschers. Fl. Brandenb. 177. 1864; 中国植物志36: 75. 图版11: 1 ~ 2. 1974; 辽宁植物志（上册）: 754. 图版323: 1 ~ 3. 1988; 内蒙古植物志（第二版）3: 68. 图版27: 5 ~ 7. 1989; 东北植物检索表（第二版）: 284. 图版134: 3. 1995; 黑龙江省植物志6: 99. 图版48: 1 ~ 4. 1998; Fl. China 9: 75. 2003.

（2a）珍珠梅（原变种）

Sorbaria sorbifolia var. *sorbifolia*

生山坡疏林、山脚、溪流沿岸。产黑龙江省呼玛、哈尔滨、饶河、海林、宝清、密山、尚志、伊春、黑河、萝北；吉林省集安、抚松、靖宇、长白、安图、珲春、敦化、蛟河、汪清、和龙；辽宁省营口、海城、庄河、岫岩、凤城、宽甸、本溪、桓仁、新宾、清原、西丰；内蒙古自治区额尔古纳、根河、牙克石、鄂伦春、科尔沁右翼前旗、突泉、东乌珠穆沁旗（宝格达山）等地。

优良观赏花木。茎皮有活血祛瘀、消肿止痛作用。

■ 珍珠梅

叶背面观

花序一部分

叶正面观

植株

（2b）星毛珍珠梅（变种）（辽宁植物志，黑龙江省植物志，东北植物检索表，Flora of China）；珍珠梅星毛变种（中国植物志）

Sorbaria sorbifolia var. *stellipila* Maxim. in Acta Hort. Petrop. 6: 223. 1879; 中国植物志36: 76. 1974; 辽宁植物志（上册）: 756. 图版323: 4. 1988; 东北植物检索表（第二版）: 284. 图版134: 2. 1995; 黑龙江省植物志6: 101. 1998; Fl. China 9: 76. 2003.

多生山地灌木丛中。产黑龙江省带岭、宁安；吉林省抚松、安图、蛟河；辽宁省岫岩、本溪、清原、西丰、盖州等地。

■ 星毛珍珠梅

叶背面观

叶

居群

4 绣线梅属 *Neillia* D. Don

Neillia D. Don, Prodr. Fl. Nepal. 228. 1825.

落叶灌木，稀亚灌木。单叶互生，常呈2行排列，边缘有重锯状齿或分裂，常有显著托叶。顶生总状花序或圆锥花序，两性花；萼筒钟状至筒状或筒杯状，萼片5，直立；花瓣5，白色或粉红色，约与萼片等长；雄蕊10～30，生于萼筒边缘；心皮1（～2～5），具2～10（～12）胚珠，花柱直立。蓇葖果藏于宿存萼筒内，成熟时沿腹缝线开裂，内有种子1～12粒；种子倒卵球形，种皮有光泽，胚乳丰富，子叶平凸或圆形。

本属全世界约有22种，主要分布于中国、朝鲜、印度和印度尼西亚。中国有17种。东北地区产2种。

分种检索表

1. 萼筒钟状至筒状；蓇葖果有2粒种子 ………………………… 1. 东北绣线梅 N. uekii Nakai
1. 萼筒杯状；蓇葖果有1粒种子 ………………………… 2. 小米空木 N. incisa (Thunb.) S.H.Oh

（1）东北绣线梅（辽宁植物志，东北植物检索表，中国植物志，Flora of China）

Neillia uekii Nakai in Bot. Mag. Tokyo 26: 3. 1912; 中国植物志36: 90. 图版13: 9～10. 1974; 辽宁植物志（上册）: 758. 1988; 东北植物检索表（第二版）: 284. 图版135: 1. 1995; Fl. China 9: 80. 2003.

生于山坡灌丛中。产吉林省集安；辽宁省桓仁、宽甸。

可用于园林绿化。

■ 东北绣线梅

花序一部分

植株一部分

叶

（2）小米空木（辽宁植物志，东北植物检索表，中国植物志，Flora of China）

Neillia incisa (Thunb.) S. H. Oh, Novon 16(1): 92. 2006.——*Stephanandra incisa* (Thunb.) Zabel in Gart.-Zeit. (Wittmack) 4: 510. f. 1885; 中国植物志36: 96. 图版15: 9 ~ 11. 1974; 辽宁植物志（上册）: 759. 图版325: 3 ~ 4. 1988; 东北植物检索表（第二版）: 289. 图版135: 4. 1995; Fl. China 9: 82. 2003.

生于山坡灌丛中或沟边溪流旁草地。产辽宁省岫岩、桓仁、宽甸、凤城、东港、长海等地。

根药用，治咽喉痛。

■ 小米空木

枝叶

花侧面观

花正面观

花序

花蕾序

植株

5 风箱果属 *Physocarpus* (Cambess.) Maxim.

Physocarpus (Cambess.) Maxim. in Acta Hort. Petrop. 6: 219. 1879.

落叶灌木。单叶互生，边缘有锯状齿，通常基部3裂，叶脉三出，有叶柄和托叶。花序顶生，伞形总状；萼筒杯状，萼片5，镊合状排列；花瓣5，略长于萼片，白色或稀粉红色；雄蕊20～40；雌蕊1～5，基部合生，子房1室。蓇葖果常膨大，沿背腹两缝开裂，内有种子2～5粒。

本属全世界约有20种，主产北美洲。中国有2种及多个栽培变种，东北地区产2种2栽培变种，其中栽培1种2变种。

分种检索表

1. 叶基部楔形至宽楔形；花梗和花萼无毛或有稀疏柔毛；蓇葖果无毛 …… 1. 无毛风箱果 P. opulifolius (L.) Maxim.
1. 叶基部心形或近心形；花梗、花萼密被星状毛；蓇葖果微被星状毛（2. 风箱果 P. amurensis (Maxim.) Maxim.）。
  2. 叶绿色 ……………………………………………… 2a. 风箱果 P. amurensis var. amurensis
  2. 叶紫色或金色。
    3. 叶紫色 ……………………………………… 2b. 紫叶风箱果 P. amurensis cv. 'Summer wine'
    3. 叶金色 ……………………………………… 2c. 金叶风箱果 P. amurensis cv. 'Darts gold'

（1）无毛风箱果（黑龙江省植物志，东北植物检索表）

Physocarpus opulifolius (L.) Maxim. in Trudy Imp. S.–Petersburgsk. Bot. Sada. 6: 220. 1879; 东北植物检索表（第二版）: 284. 图版135: 2. 1995; 黑龙江省植物志6: 103. 图版49: 4～6. 1998.

原产北美洲。黑龙江省哈尔滨及辽宁省大连、瓦房店、旅顺口、金州、长海、丹东等地有栽培。

叶、花、果均有观赏价值，适合庭院观赏，也可作路篱、镶嵌材料和带状花坛背衬等。

■ 无毛风箱果

果序

花序

■ 无毛风箱果

花序侧面观

植株一部分

（2）风箱果（辽宁植物志，黑龙江省植物志，东北植物检索表，中国植物志，Flora of China）

Physocarpus amurensis (Maxim.) Maxim. in Acta Hort. Petrop. 6: 221. 1879; 中国植物志36: 81. 图版15: 1～4. 1974; 辽宁植物志（上册）: 757. 图版325: 1～2. 1988; 东北植物检索表（第二版）: 284. 图版135: 3. 1995; 黑龙江省植物志6: 101. 图版49: 1～3. 1998; Fl. China 9: 77. 2003.

（2a）风箱果（原变种）

Physocarpus amurensis var. *amurensis*

生山沟中阔叶林边。产黑龙江省尚志市帽儿山和小兴安岭南部。各地有栽培。

观赏树种，可植于亭台周围、丛林边缘及假山旁边。

■ 风箱果

果序

花序侧面观

果序

植株一部分

（2b）紫叶风箱果（栽培变种）

Physocarpus amurensis cv. ‘Summer wine’

■ 紫叶风箱果

花枝

果枝

植株

植株一部分

（2c）金叶风箱果（栽培变种）

Physocarpus amurensis cv. ‘Darts gold’

■ 金叶风箱果

植株一部分

花枝

枝叶

6 绣线菊属 *Spiraea* L.

Spiraea L., Sp. Pl. 489. 1753.

落叶灌木。单叶互生，边缘有锯状齿或缺刻，有时分裂，稀全缘，羽状叶脉，或基部有3～5出脉，通常具短叶柄，无托叶。花两性，稀杂性，成伞形、伞形总状、伞房或圆锥花序；萼筒钟状；萼片5，通常稍短于萼筒；花瓣5，常圆形，较萼片长；雄蕊15～60，着生在花盘和萼片之间；心皮3～8，多为5，离生。蓇葖果5，常沿腹缝线开裂，内具数粒细小种子。

本属全世界有80～100种，分布于北半球温带至亚热带山区。中国有70种。东北地区产25种8变种，其中栽培7种3变种。

分种检索表

1. 圆锥花序塔形或长圆形，生于当年生长枝顶端；花粉红色；叶长圆状披针形至披针形。
  2. 叶缘密生锐锯状齿或重锯状齿（1. 绣线菊 S. salicifolia L.）。
    3. 边缘密生锐锯状齿 ………… **1a. 绣线菊 S. salicifolia** var. **salicifolia**
    3. 叶具缺刻状重锯状齿 ………… **1b. 巨齿绣线菊 S. salicifolia** var. **grosseserrata** Liou
  2. 叶全缘或仅中部以上疏生极浅锯状齿 ………… **1c. 贫齿绣线菊 S. salicifolia** var. **oligodonta** Yu
1. 复伞房花序、伞形花序、伞房花序或伞形总状花序。
  4. 复伞房花序。
    5. 花序较小，于上一年生短枝上侧生；花白色。
      6. 叶至少近顶部有锯状齿，背面密被长柔毛；花序被长柔毛；小枝圆形 …… **2. 翠蓝绣线菊 S. henryi** Hemsl.
      6. 叶全缘或中部以上有少数锯状齿，背面无毛或被短柔毛；花序被短柔毛；小枝有棱角。
        7. 叶卵状长圆形至倒卵状长圆形，长1.2～4厘米，全缘，两面无毛；叶柄长2～6毫米 ………… **3. 毛果绣线菊 S. trichocarpa** Nakai
        7. 叶卵形至倒卵形，长1～2厘米，中部以上有钝齿，背面被短柔毛；叶柄长2毫米 ………… **4. 楔叶绣线菊 S. canescens** D. Don
    5. 花序大，生于当年生直立新枝顶端。
      8. 花粉红色；小枝细长，近圆柱形，无光泽（**5. 粉花绣线菊 S. japonica** L.）。
        9. 花序被短柔毛。
          10. 叶背面被短柔毛 ………… **5a. 粉花绣线菊 S. japonica** var. **japonica**
          10. 叶背面无毛 ………… **5b. 光叶绣线菊 S. japonica** var. **fortune** (Planchon) Rehd.
        9. 花序及叶均无毛 ………… **5c. 无毛绣线菊 S. japonica** var. **glabra** (Regel) Koidz.
      8. 花大多为白色，也见粉色；枝条较粗壮，具明显条棱，有光泽（**6. 华北绣线菊 S. fritschiana** Schneid.）。
        11. 花白色。
          12. 叶上面无毛，稀沿叶脉有稀疏短柔毛，下面具短柔毛，基部宽楔形 ………… **6a. 华北绣线菊 S. fritschiana** var. **fritschiana**
          12. 两面无毛，基部圆形。
            13. 叶片长圆卵形，长2.5～8厘米，宽1.5～3厘米 ………… **6b. 大叶华北绣线菊 S. fritschiana** var. **angulata** (Schneid.) Rehd.
            13. 叶宽卵形、卵状椭圆形或近圆形，长1.5～3厘米，宽1～2厘米 ………… **6c. 小叶华北绣线菊 S. fritschiana** var. **parvifolia** Liou

（接上表）

11. 花粉色 ………………………………… **6d. 粉花华北绣线菊 S. fritschiana** var. **roseolum** S. M. Zhang

4. 伞形花序、伞房花序或伞形总状花序。

14. 花序为无总梗的伞形花序或伞房花序，基部无叶或具极少数叶。

15. 叶缘有多数尖锐锯状齿；雄蕊短于花瓣。

16. 叶背面无毛 ………………………………………………**7. 珍珠绣线菊 S. thunbergii** Sieb. ex Blume

16. 叶背面被短柔毛（8. 李叶绣线菊 S. prunifolia Sieb. & Zucc.）。

17. 花重瓣 ……………………………………………… **8a. 李叶绣线菊 S. prunifolia** var. **prunifolia**

17. 花单瓣 ………………………………… **8b. 单瓣李叶绣线菊 S. prunifolia** var. **simpliciflora** Nakai

15. 叶全缘或近先端有少数圆钝锯状齿；雄蕊与花瓣等长、近等长或长于花瓣。

18. 雄蕊长于花瓣 ………………………………… **9. 沙地绣线菊 S. arenari** Y. Z. Zhao et T. J. Wang

18. 雄蕊与花瓣等长或近等长。

19. 幼枝、叶背面及果均被短柔毛 ……………………… **10. 海拉尔绣线菊 S. hailarensis** Liou

19. 幼枝、叶及果均无毛 ……………………………………… **11. 金丝桃叶绣线菊 S. hypericifolia** L.

14. 花序为具总梗的伞形或伞形总状花序，基部常具叶。

20. 冬芽具2枚外露鳞片；叶缘有锯状齿；雄蕊长于花瓣；萼片于果期反折。

21. 叶广卵形，边缘有重锯状齿或不规则缺刻状锯状齿…………**12. 石蚕叶绣线菊 S. chamaedryfolia** L.

21. 叶长圆形至长卵圆形，中部以上有单锯状齿（**13. 曲萼绣线菊 S. flexuosa** Fisch. ex Cambess）。

22. 叶背面有稀疏短柔毛或无毛，基部楔形；花序无毛
……………………………………………………… **13a. 曲萼绣线菊 S. flexuosa** var. **flexuosa**

22. 叶背面具短柔毛，基部圆形；花序被稀疏柔毛
……………………………………………… **13b. 柔毛曲萼绣线菊 S. flexuosa** var. **pubescens** Liou

20. 冬芽具数枚外露鳞片。

23. 叶全缘或仅先端有不整齐锯状齿。

24. 叶、小枝及花序无毛或近无毛，果无毛或仅腹缝有毛；萼片反折；叶长椭圆形或线状披针形，长0.9～2.5厘米，宽2.5～7毫米 ………………………… **14. 窄叶绣线菊 S. dahurica** Maxim.

24. 叶、小枝及果被毛，花序无毛或被稀疏柔毛；萼片不反折。

25. 小枝密被柔毛；叶背面密被长绢毛 ……………………… **15. 绢毛绣线菊 S. sericea** Turcz.

25. 小枝近无毛；叶背面被稀疏柔毛 ………………………… **16. 欧亚绣线菊 S. media** Schmidt

23. 叶有锯状齿或缺刻，有时分裂。

26. 伞房花序；雄蕊长于花瓣（稀近等长）；果被短柔毛；叶长圆状椭圆形至披针状椭圆形，中部以上有不整齐锯状齿，背面脉腋间被短柔毛 ………………**17. 美丽绣线菊 S. elegans** Pojark.

26. 伞形花序；雄蕊短于花瓣或等长。

27. 叶、花序和果均无毛。

28. 叶先端急尖或短渐尖。

29. 叶菱状长卵形至菱状倒卵形，常3～5浅裂，3～5出脉
……………………………………… **18. 菱叶绣线菊 S. vanhouttei** (Briot) Zabel

29. 叶菱状披针形至菱状倒披针形，不分裂，羽状脉
…………………………………………………… **19. 麻叶绣线菊 S. cantoniensis** Lour.

28. 叶先端圆钝。

（接上表）

30. 叶近圆形，常3裂 ………………………………………… **20. 三裂绣线菊 S. trilobata** L.

30. 叶菱状卵形至倒卵圆形，中部以上具圆钝缺刻状齿或不明显3～5浅裂 ………………………………………………………………… **21. 绣球绣线菊 S. blumei** G. Don

27. 叶背面被毛、花序和果有毛或无毛。

31. 花序无毛、果仅腹缝有毛；叶菱状卵形至椭圆形，先端急尖，基部广楔形（**22. 土庄绣线菊 S. pubescens** Turcz.）。

32. 叶背面淡绿色，被灰色短柔毛 …………………………………………… **22a. 土庄绣线菊 S. pubescens** var. **pubescens**

32. 叶背面灰白色，被白色蛛丝状柔毛 ………………………… **22b. 白背土庄绣线菊 S. pubescens** var. **hypoleuca** Nakai

31. 花序和果均有毛。

33. 叶片下面被短柔毛；叶菱状卵形至椭圆形，稀倒卵形，先端常3裂，裂片有锯状齿 ……………………………………………………… **23. 金州绣线菊 S. nishimurae** Kitag.

33. 叶片下面密被茸毛。

34. 萼片三角形或卵状三角形；叶片菱状卵形，下面密被白色茸毛 ……………………………………………………… **24. 毛花绣线菊 S. dasyantha** Bunge

34. 萼片卵状披针形；叶片菱状卵形至倒卵形，下面密被黄色茸毛 ……………………………………………………… **25. 中华绣线菊 S.chinensis** Maxim.

（1）绣线菊（东北植物检索表，中国植物志，Flora of China）；柳叶绣线菊（辽宁植物志，黑龙江省植物志，内蒙古植物志）

Spiraea salicifolia L., Sp. Pl. 489. 1753; 中国植物志36: 9. 图版1: 1～3. 1974; 辽宁植物志（上册）: 735. 图版313. 1988; 内蒙古植物志（第二版）3: 53. 图版22: 1～3. 1989; 东北植物检索表（第二版）: 284. 图版136: 8. 1995; 黑龙江省植物志6: 95. 图版47: 1～4. 1998; Fl. China 9: 50. 2003.

（1a）绣线菊（原变种）

Spiraea salicifolia var. *salicifolia*

■ 绣线菊

果序

植株一部分

花序

植株

生山坡下、路旁、河流岸旁。产黑龙江省伊春、尚志、哈尔滨、萝北、虎林、勃利、密山、鸡东、集贤、饶河、宁安、呼玛、黑河、嘉荫；吉林省集安、通化、临江、长白、安图、蛟河、靖宇、吉林、汪清、珲春、抚松、敦化、和龙；辽宁省宽甸、桓仁、本溪、新宾、清原、庄河；内蒙古自治区额尔古纳、根河、牙克石、鄂伦春、科尔沁右翼前旗、扎赉特旗、克什克腾旗、喀喇沁旗、东乌珠穆沁旗（宝格达山）等地。

优良观赏植物和蜜源植物。根或全草治跌打损伤、关节疼痛、周身疼痛、咳嗽痰多。

（1b）巨齿绣线菊（变种）（黑龙江省植物志，东北植物检索表，Flora of China）；绣线菊巨齿变种（中国植物志）

Spiraea salicifolia var. *grosseserrata* Liou, Ill. Fl. Lign. Pl. N. E. China. 278, 564. 1955; 中国植物志36: 10. 1974: 东北植物检索表（第二版）: 284. 1995; 黑龙江省植物志6: 97. 1998; Fl. China 9: 51. 2003.

生河岸旁。产黑龙江省勃利；吉林省安图、蛟河（模式标本产地）；内蒙古自治区大兴安岭。模式标本采自大兴安岭。

（1c）贫齿绣线菊（变种）（黑龙江省植物志，东北植物检索表，Flora of China）；贫齿柳叶绣线菊（内蒙古植物志）；绣线菊贫齿变种（中国植物志）

Spiraea salicifolia var. *oligodonta* Yu, Acta Phytotax. Sin. 8: 215. 1963; 中国植物志36: 10. 1974; 内蒙古植物志（第二版）3: 54. 1989; 东北植物检索表（第二版）: 284. 1995; 黑龙江省植物志6: 95. 图版47: 5. 1998; Fl. China 9: 51. 2003.

生山脚下水甸旁，海拔700米。产黑龙江省密山、伊春；内蒙古自治区牙克石（模式标本产地）、鄂温克、鄂伦春、克什克腾旗等地。

（2）翠蓝绣线菊（辽宁植物志，东北植物检索表，中国植物志，Flora of China）

Spiraea henryi Hemsl. in Journ. L. Soc. Bot. 23: 225. t. 6. 1887; 中国植物志36: 23. 图版3: 5 ~ 10. 1974; 辽宁植物志（上册）: 752. 1988; 东北植物检索表（第二版）: 288. 1995; Fl. China 9: 55. 2003.

自然分布于陕西、甘肃、湖北、四川、贵州、云南。辽宁省沈阳、熊岳有栽培。

为优良观赏花木和蜜源植物。

（3）毛果绣线菊（辽宁植物志，黑龙江省植物志，内蒙古植物志，东北植物检索表，中国植物志，Flora of China）

Spiraea trichocarpa Nakai in Journ. Coll. Sci. Univ. Tokyo 26 (1): 173. 1909; 中国植物志36: 31. 图版3:

■ 毛果绣线菊

花序侧面观

果序

■ 毛果绣线菊

花序一部分

植株一部分

18～19. 1974; 辽宁植物志（上册）: 740. 图版316: 1～3. 1988; 内蒙古植物志（第二版）3: 56. 图版22: 7～8. 1989; 东北植物检索表（第二版）: 288. 图版136: 6. 1995; 黑龙江省植物志6: 98. 图版42: 3～5. 1998; Fl. China 9: 60. 2003.

常生河岸及溪流旁的杂木林中。产吉林省长春；辽宁省桓仁、本溪、丹东、宽甸、凤城、沈阳、大连；内蒙古自治区额尔古纳、根河、满洲里等地。黑龙江省哈尔滨及辽宁省丹东等地有栽培。

为优良观赏花木和蜜源植物。

（4）楔叶绣线菊（辽宁植物志，黑龙江省植物志，东北植物检索表，中国植物志，Flora of China）

Spiraea canescens D. Don in Prodr. Fl. Nepal. 227. 1825; 中国植物志36: 30. 1974; 辽宁植物志（上册）: 740. 图版316: 4～5. 1988; 东北植物检索表（第二版）: 288. 图版136: 5. 1995; 黑龙江省植物志6: 83. 图版42: 1～2. 1998; Fl. China 9: 59. 2003.

自然分布于西藏南部及东南部。黑龙江省哈尔滨、辽宁省沈阳有栽培。

为优良观赏花木和蜜源植物。

■ 楔叶绣线菊

枝叶

花序

植株一部分

（5）粉花绣线菊（辽宁植物志，东北植物检索表，中国植物志，Flora of China）

Spiraea japonica L. in Suppl. Pl. 262. 1781; 中国植物志36: 12. 1974; 辽宁植物志（上册）: 736. 图版314: 1 ~ 2. 1988; 东北植物检索表（第二版）: 288. 图版136: 7. 1995; Fl. China 9: 51. 2003.

（5a）粉花绣线菊（原变种）

Spiraea japonica var. *japonica*

原产日本、朝鲜。辽宁省各地栽培。

枝叶茂密，开花繁盛，可布置草坪及小路角隅等处，或种植于门庭两侧，或布置花坛、花径，也可配置花篱。

■ 粉花绣线菊

叶背面观

花序

栽培居群

（5b）光叶绣线菊（变种）（Flora of China）；光叶粉花绣线菊（辽宁植物志，东北植物检索表）；粉花绣线菊光叶变种（中国植物志）

Spiraea japonica var. *fortune* (Planchon) Rehd. in Bailey, Cycl. Am. Hort. 1703; 中国植物志36: 14. 1974; 辽宁植物志（上册）: 736. 图版314: 4. 1988; 东北植物检索表（第二版）: 288. 1995; Fl. China 9: 52. 2003.

辽宁省盖州有栽培。

■ 光叶绣线菊

植株一部分

叶背面观

（5c）无毛绣线菊（变种）（Flora of China）；无毛粉花绣线菊（辽宁植物志，东北植物检索表）；粉花绣线菊无毛变种（中国植物志）

Spiraea japonica var. *glabra* (Regel) Koidz. in Bot. Mag. Tokyo 23: 167. 1909; 中国植物志36: 14. 1974; 辽宁植物志（上册）: 736. 图版314: 3. 1988; 东北植物检索表（第二版）: 288. 1995; Fl. China 9: 52. 2003.

辽宁省沈阳、盖州有栽培。

■ 无毛绣线菊

果序

叶背面观

（6）华北绣线菊（辽宁植物志，黑龙江省植物志，东北植物检索表，中国植物志，Flora of China）

Spiraea fritschiana Schneid. in Bull. Herb. Boiss. ser. 2. 5: 347. 1905; 中国植物志36: 16. 1974; 辽宁植物志（上册）: 738. 图版315: 1 ~ 3. 1988; 东北植物检索表（第二版）: 288. 图版136: 1. 1995; 黑龙江省植物志6: 90. 图版45: 1 ~ 3. 1998; Fl. China 9: 53. 2003.

（6a）华北绣线菊（原变种）

Spiraea fritschiana var. *fritschiana*

生杂木林中、林缘、多石砾地等处。产辽宁省凌源、北镇、建昌、建平、朝阳、喀左、义县、鞍山、海城、盖州等地。黑龙江省哈尔滨市有栽培。

为园林观赏植物和蜜源植物。根、果实有清热止咳作用。

■ 华北绣线菊

植株

花序

植株一部分

（6b）大叶华北绣线菊（变种）（黑龙江省植物志，内蒙古植物志，东北木本植物图志，Flora of China）；华北绣线菊大叶变种（中国植物志）

Spiraea fritschiana var. *angulata* (Schneid.) Rehd. in Sarg. Pl. Wils. 1: 453. 1913; 中国植物志36: 17. 1974; 内蒙古植物志（第二版）3: 54. 图版22: 4 ~ 6. 1989; 黑龙江省植物志6: 90. 图版45: 4. 1998; Fl. China 9: 54. 2003.——*S. fritschiana* Schneid. var. *latifolia* Liou, 东北木本植物图志278. 563. 图版98: 185. 1955.

生山坡杂木林内、林缘或悬崖多石地。产黑龙江省老爷岭山区；辽宁省鞍山、熊岳；内蒙古自治区敖汉旗（大黑山林场）等地。

（6c）小叶华北绣线菊（变种）（辽宁植物志，东北木本植物图志，东北植物检索表，Flora of China）；华北绣线菊小叶变种（中国植物志）

Spiraea fritschiana var. *parvifolia* Liou, 东北木本植物图志: 279, 563. 图版98: 186. 1955; 中国植物志36: 17. 1974; 辽宁植物志（上册）: 739. 图版315: 4. 1988; 东北植物检索表（第二版）: 288. 图版136: 2. 1995; Fl. China 9: 54. 2003.

生干燥山坡地，海拔800～950米。产辽宁省建平、建昌、凌源、喀左、义县、北镇等地。

■ 小叶华北绣线菊

枝叶

花序

花序侧面观

（6d）粉花华北绣线菊（变种）（辽宁植物检索表）

Spiraea fritschiana var. *roseolum* S. M. Zhang, 辽宁植物检索表: 135, 465. 2022.

生山涧河岸边。产辽宁省宽甸下露河镇川沟。

■ 粉花华北绣线菊

叶背面观

植株

■ 粉花华北绣线菊

花序侧面观

花序一部分

茎叶

（7）珍珠绣线菊（辽宁植物志，黑龙江省植物志，东北植物检索表，中国植物志，Flora of China）

Spiraea thunbergii Sieb. ex Blume in Bijdr. Fl. Nederl. Ind. 1115. 1826; 中国植物志36: 60. 1974; 辽宁植物志（上册）: 751. 图版321: 1 ~ 5 1988; 东北植物检索表（第二版）: 289. 图版138: 3. 1995; 黑龙江省植物志 6: 97. 图版40: 3 ~ 6. 1998; Fl. China 9: 70. 2003.

原产华东。黑龙江哈尔滨，辽宁省大连、沈阳、熊岳、丹东等地有栽培。

花朵密集如积雪，叶片薄细如鸟羽，甚为美丽。根用于咽喉痛。

■ 珍珠绣线菊

果序

花序

叶背面观

植株

（8）李叶绣线菊（辽宁植物志，东北植物检索表，中国植物志，Flora of China）

Spiraea prunifolia Sieb. & Zucc. in Fl. Jap. 1: 131. t. 70. 1835; 中国植物志36: 59. 1974; 辽宁植物志（上册）: 750. 1988; 东北植物检索表（第二版）: 289. 1995; Fl. China 9: 70. 2003.

（8a）李叶绣线菊（原变种）

Spiraea prunifolia var. *prunifolia*

自然分布于陕西、湖北、湖南、山东、江苏、浙江、江西、安徽等地。辽宁省大连、沈阳等地有栽培。

各地庭园习见栽培供观赏。根用于咽喉痛。

（8b）单瓣李叶绣线菊（变种）（辽宁植物志，东北植物检索表，Flora of China）；李叶绣线菊单瓣变种（中国植物志）

Spiraea prunifolia var. *simpliciflora* Nakai in Fl. Sylv. Kor. 4: 18. f. 7. 1916; 中国植物志36: 60. 1974; 辽宁植物志（上册）: 750. 图版: 321: 6. 1988; 东北植物检索表（第二版）: 289. 图版138: 4. 1995; Fl. China 9: 70. 2003.

生坡地或石岩上。产湖北、湖南、江苏、浙江、江西、福建等地。辽宁省大连、沈阳、丹东等地有栽培。

（9）沙地绣线菊（植物研究，内蒙古植物志）

Spiraea arenari Y. Z. Zhao et T. J. Wang, 植物研究20(4): 361 ~ 362. 图版1. 2000; 内蒙古植物志（第三版）2: 389. 2020.

生沙地上。产内蒙古自治区海拉尔西山（模式标本产地）。

（10）海拉尔绣线菊（东北木本植物图志，黑龙江省植物志，内蒙古植物志，东北植物检索表，中国植物志，Flora of China）

Spiraea hailarensis Liou, 东北木本植物图志281. 563. 图版99: 190. 1955; 中国植物志36: 65. 1974; 内蒙古植物志（第二版）3: 57. 图版23: 4 ~ 7. 1989; 东北植物检索表（第二版）: 289. 图版135: 6. 1995; 黑龙江省植物志6: 92. 图版40: 2. 1998; Fl. China 9: 72. 2003.

生沙丘坡地上。产黑龙江省大兴安岭西部；内蒙古自治区海拉尔西山（模式标本产地）。

（11）金丝桃叶绣线菊（黑龙江省植物志，东北植物检索表，中国植物志，Flora of China）；耧斗叶绣线菊（内蒙古植物志，东北植物检索表）；耧斗菜叶绣线菊（黑龙江省植物志，中国植物志）

Spiraea hypericifolia L. in Species plantarum, edition 1 Species plantarum, edition 1; 489. 1753; Fl. China 9: 72. 2003; 中国植物志36: 65. 1974; 东北植物检索表（第二版）: 289. 1995; 黑龙江省植物志6: 92. 图版46: 1 ~ 4. 1998.——*Spiraea aquilegiifolia* Pall. in Reise Russ. Reich. 3: 734. t. 8. f. 3. 1776. Anh.; 中国植物志36: 66. 1974; 内蒙古植物志（第二版）3: 56. 图版23: 1 ~ 3. 1989; 东北植物检索表（第二版）: 289. 图版135: 5. 1995; 黑龙江省植物志6: 81. 图版40: 1. 1998.

生干旱地区向阳坡地或灌木丛中。产黑龙江省大兴安岭山区及松嫩草原地区；吉林省镇赉；内蒙古自治区额尔古纳、海拉尔、鄂伦春、鄂温克、满洲里、陈巴尔虎旗、科尔沁右翼前旗、翁牛特旗、阿尔山、扎鲁特旗、巴林左旗、巴林右旗、阿鲁科尔沁旗、克什克腾旗、西乌珠穆沁旗、锡林浩特、阿巴嘎旗、正蓝旗等地。

（12）石蚕叶绣线菊（辽宁植物志，黑龙江省植物志，内蒙古植物志，东北植物检索表，中国植物志，Flora of China）

Spiraea chamaedryfolia L., Sp. Pl. 489. 1753; 中国植物志36: 55. 1974; 辽宁植物志（上册）: 749. 图版320: 1 ~ 2. 1988; 内蒙古植物志（第二版）3: 61. 图版24: 9 ~ 10. 1989; 东北植物检索表（第二版）: 289. 图版138: 5. 1995; 黑龙江省植物志6: 86. 图版43: 1. 1998; Fl. China 9: 68. 2003.

生山坡杂木林或针阔混交林中。产黑龙江省尚志、勃利、海林、宁安、虎林、穆棱、饶河、伊春；吉林省安图、汪清、集安、临江、珲春、抚松；辽宁省清原、本溪、宽甸；内蒙古自治区喀喇沁旗、根河、海拉尔、科尔沁右翼前旗、巴林右旗、克什克腾旗等地。

为优良观赏花木和蜜源植物。

■ 石蚕叶绣线菊

植株一部分

花序侧面观

小枝

（13）曲萼绣线菊（辽宁植物志，黑龙江省植物志，内蒙古植物志，东北植物检索表，中国植物志，Flora of China）

Spiraea flexuosa Fisch. ex Cambess in Ann. Sci. Nat. 1: 365. t. 26. 1824; 中国植物志36: 54. 1974; 辽宁植物志（上册）: 747. 图版320: 3 ~ 4. 1988; 内蒙古植物志（第二版）3: 60. 图版24: 4 ~ 6. 1989; 东北植物检索表（第二版）: 289. 图版138: 6. 1995; 黑龙江省植物志6: 89. 图版44: 6 ~ 7. 1998; Fl. China 9: 68. 2003.

（13a）曲萼绣线菊（原变种）

Spiraea flexuosa var. *flexuosa*

■ 曲萼绣线菊

小枝

果枝

生针叶阔叶混合林下或林边、河岸以及沙丘、岩石坡地。产黑龙江省伊春；吉林省汪清、安图；辽宁省本溪；内蒙古自治区根河（满归）、喀喇沁旗（旺业甸林场）等地。

为优良观赏花木和蜜源植物。花有生津止渴、利水作用。

（13b）柔毛曲萼绣线菊（东北植物检索表，Flora of China）；曲萼绣线菊柔毛变种（中国植物志）

Spiraea flexuosa var. *pubescens* Liou, 东北木本植物图志: 288. 图版102: 200. 1955; 中国植物志36: 55. 1974; 东北植物检索表（第二版）: 289. 1995; Fl. China 9: 68. 2003.

生杂木林中。产辽宁省本溪；吉林省临江、敦化、安图。模式标本采自吉林省临江三岔子。

■ 柔毛曲萼绣线菊

果序

果序一部分

（14）窄叶绣线菊（黑龙江省植物志，内蒙古植物志，东北植物检索表，中国植物志，Flora of China）

Spiraea dahurica Maxim. in Acta Hort. Petrop. 6: 190. 1879; 中国植物志36: 50. 1974; 内蒙古植物志（第二版）3: 63. 图版25: 3～5. 1989; 东北植物检索表（第二版）: 289. 图版138: 7. 1995; 黑龙江省植物志6: 86. 图版44: 1～2. 1998; Fl. China 9: 68. 2003.

生山坡或石坡上，海拔1000米。产黑龙江省呼玛；内蒙古自治区根河、额尔古纳等地。

■ 窄叶绣线菊

果序

植株一部分

（15）绢毛绣线菊（辽宁植物志，黑龙江省植物志，内蒙古植物志，东北植物检索表，中国植物志，Flora of China）

Spiraea sericea Turcz. in Fl. Baic.-Dah. 1: 358. 1842; 中国植物志36: 53. 1974; 辽宁植物志（上册）: 747. 图版319: 4. 1988; 内蒙古植物志（第二版）3: 65. 图版25: 9 ~ 11. 1989; 东北植物检索表（第二版）: 289. 图版138: 2. 1995; 黑龙江省植物志6: 97. 图版46: 8. 1998; Fl. China 9: 66. 2003.

生干燥山坡、杂木林内或林缘草地上。产黑龙江省黑河、呼玛、塔河、密山、饶河、宁安、伊春、嘉荫、萝北、宝清；吉林省长白、抚松、安图、汪清、珲春；辽宁省凤城、桓仁；内蒙古自治区额尔古纳、根河、巴林右旗、阿鲁科尔沁旗等地。

为优良观赏花木和蜜源植物。茎、叶用于湿疹。

■ 绢毛绣线菊

花序

花序侧面观

枝叶

植株一部分

（16）欧亚绣线菊（辽宁植物志，内蒙古植物志，东北植物检索表，中国植物志，Flora of China）；石棒绣线菊（黑龙江省植物志）

Spiraea media Schmidt, Oesterr. Baumz. 1: 53. t. 54. 1792; 中国植物志36: 52. 图版6: 1 ~ 7. 1974; 辽宁植物志（上册）: 746. 图版319: 1 ~ 3. 1988; 内蒙古植物志（第二版）3: 65. 图版25: 6 ~ 8. 1989; 东北植物检索表（第二版）: 289. 图版138: 1. 1995; 黑龙江省植物志6: 94. 图版46: 5 ~ 7. 1998; Fl. China 9: 66. 2003.

生多石山地、山坡草原或疏密杂木林内。产黑龙江省宝清、呼玛、嫩江、伊春；吉林省抚松、和龙；辽宁省桓仁、宽甸；内蒙古自治区额尔古纳、根河、牙克石、鄂伦春、鄂温克、科尔沁右翼前旗、巴林右旗、阿鲁科尔沁旗、东乌珠穆沁旗（宝格达山）等地。

为优良观赏花木和蜜源植物。根、叶、种子有祛风湿、健脾驱虫作用，用于吐泻、蛔虫病、风湿关节痛等。

■ 欧亚绣线菊

果序

花枝

果序侧面观

小枝

叶背面观

植株

（17）美丽绣线菊（黑龙江省植物志，内蒙古植物志，东北植物检索表，中国植物志，Flora of China）

Spiraea elegans Pojark. in Fl. URSS 9: 293. t. 17: 7. Addenda 8. 490. 1939; 中国植物志36: 48. 1974; 内蒙古植物志（第二版）3: 63. 图版25: 1～2. 1989; 东北植物检索表（第二版）: 289. 图版137: 5. 1995; 黑龙江省植物志6: 89. 图版44: 3～5. 1998; Fl. China 9: 64. 2003.

生向阳山坡或岩石上。产黑龙江省伊春、塔河、呼玛、嫩江、黑河；吉林省集安；内蒙古自治区额尔古纳、根河（阿龙山）、牙克石（乌尔其汗）、扎兰屯、阿尔山、科尔沁右翼前旗（白狼、五叉沟）等地。

■ 美丽绣线菊

小枝

花序

■ 美丽绣线菊

叶背面观

植株一部分

（18）菱叶绣线菊（辽宁植物志，东北植物检索表，中国植物志，Flora of China）

Spiraea vanhouttei (Briot) Zabei in Garten-Zeit. (Wittmack) 3: 496. 1884; 中国植物志36: 34. 图版4: 9 ~ 10. 1974; 辽宁植物志（上册）: 743. 图版317: 6. 1988; 东北植物检索表（第二版）: 288. 图版137: 6. 1995; Fl. China 9: 63. 2003.

分布中国山东、江苏、广东、广西、四川等省区。辽宁省大连、盖州等地有栽培。

为优良观赏花木和蜜源植物。

■ 菱叶绣线菊

枝叶

花序侧面观

花序正面观

（19）麻叶绣线菊（辽宁植物志，东北植物检索表，中国植物志，Flora of China）

Spiraea cantoniensis Lour. in Fl. Cochinch. 1: 322. 1790; 中国植物志36: 33. 图版4: 16 ~ 17. 1974; 辽宁植物志（上册）: 740. 图版317: 5. 1988; 东北植物检索表（第二版）: 288. 图版137: 7. 1995; Fl. China 9: 62. 2003.

自然分布于广东、广西、福建、浙江、江西。辽宁省大连市有栽培。

庭园栽培供观赏。根、叶、果实有清热、凉血、祛瘀、消肿止痛作用。

（20）三裂绣线菊（辽宁植物志，黑龙江省植物志，内蒙古植物志，东北植物检索表，中国植物志，Flora of China）

Spiraea trilobata L. in Mant. Pl. 2: 244. 1771; 中国植物志36: 34. 图版4: 5 ~ 8. 1974; 辽宁植物志（上册）: 743. 图版317: 1 ~ 4. 1988; 内蒙古植物志（第二版）3: 58. 图版23: 8. 1989; 东北植物检索表（第二版）: 288. 图版137: 4. 1995; 黑龙江省植物志6: 98. 图版42: 3 ~ 5. 1998; Fl. China 9: 63. 2003.

生向阳山坡或灌木丛中。产黑龙江省东宁、宁安；辽宁省凌源、建平、北镇、绥中、大连、旅顺口、长海；内蒙古自治区敖汉旗、巴林右旗、克什克腾旗、锡林浩特、正蓝旗等地。

为优良观赏花木和蜜源植物。叶、果实有活血祛瘀、消肿止痛作用。

■ 三裂绣线菊

果序

花序侧面观

枝叶

植株一部分

（21）绣球绣线菊（辽宁植物志，黑龙江省植物志，内蒙古植物志，东北植物检索表，中国植物志，Flora of China）

Spiraea blumei G. Don in Gen. Hist. Dichlam. Pl. 2: 518. 1832; 中国植物志36: 37. 图版4: 18 ~ 21. 1974; 辽宁植物志（上册）: 743. 图版317: 7 ~ 8. 1988; 内蒙古植物志（第二版）3: 58. 图版23: 9 ~ 10. 1989; 东北植物检索表（第二版）: 288. 图版137: 8. 1995; 黑龙江省植物志6: 83. 图版41: 1 ~ 3. 1998; Fl. China 9: 63. 2003.

■ 绣球绣线菊

植株一部分

花序侧面观

枝叶

生向阳山坡、杂木林内或路旁。产黑龙江省呼玛；辽宁省建昌、建平、凌源、海城、本溪、凤城、开原；内蒙古自治区科尔沁右翼前旗、敖汉旗（大黑山）等地。黑龙江省哈尔滨市有栽培。

为优良观赏花木和蜜源植物。叶可代茶。根有调气止痛、散瘀、利湿作用，用于瘀血、腹胀满、跌打内伤、疮毒等。

（22）土庄绣线菊（辽宁植物志，黑龙江省植物志，内蒙古植物志，东北植物检索表，中国植物志，Flora of China）

Spiraea pubescens Turcz. in Bull. Soc. Nat. Moscou 5: 190. 1832; 中国植物志36: 38. 图版4: 1 ~ 4. 1974; 辽宁植物志（上册）: 744. 图版318: 1 ~ 3. 1988; 内蒙古植物志（第二版）3: 60. 图版24: 1 ~ 3. 1989; 东北植物检索表（第二版）: 288. 图版137: 1. 1995; 黑龙江省植物志6: 94. 图版43: 2 ~ 4. 1998; Fl. China 9: 62. 2003.

（22a）土庄绣线菊（原变种）

Spiraea pubescens var. *pubescens*

生向阳多石山坡灌丛中及林间空地。产黑龙江省张广才岭南部及老爷岭山区；吉林省集安、通化、临江、抚松、吉林、桦甸、安图、汪清、蛟河、长白；辽宁省各地；内蒙古自治区满洲里、扎兰屯、鄂伦春、科尔沁右翼前旗、科尔沁右翼中旗、扎赉特旗、突泉、科尔沁左翼后旗、大青沟、扎鲁特旗、敖汉旗、巴林右旗、阿鲁科尔沁旗、克什克腾旗、喀喇沁旗、宁城、西乌珠穆沁旗、锡林浩特、阿巴嘎旗、正蓝旗等地。

优良观赏花木。茎髓有药用价值，用于水肿。

■ 土庄绣线菊

果序一部分

叶背面观

花序

植株一部分

（22b）白背土庄绣线菊（变种）（辽宁植物志，东北植物检索表）

Spiraea pubescens var. *hypoleuca* Nakai in Jour. Jap. Bot. 19: 361. 1943; 辽宁植物志（上册）: 744. 1988; 东北植物检索表（第二版）: 288. 1995.

生向阳多石山坡。产辽宁省北镇、凌源等地。

■ 白背土庄绣线菊

枝叶背面观

植株一部分

（23）金州绣线菊（辽宁植物志，东北植物检索表，中国植物志，Flora of China）

Spiraea nishimurae Kitag. in Bot. Mag. Tokyo 48: 610. 1934; 中国植物志36: 39. 图版4: 11 ~ 15. 1974; 辽宁植物志（上册）: 745. 图版318: 4 ~ 5. 1988; 东北植物检索表（第二版）: 289. 图版137: 2. 1995; Fl. China 9: 60. 2003.

生山坡半阳处岩石上或疏林下。产辽宁省金州（模式标本采自大黑山）、盖州等地。

为优良观赏花木。

■ 金州绣线菊

果序侧面观

花序正面观

果序一部分

花枝

枝叶

叶背面观

■ 金州绣线菊

植株

植株一部分

（24）毛花绣线菊（辽宁植物志，东北植物检索表，中国植物志，Flora of China）

Spiraea dasyantha Bunge in Mem. Div. Sav. Acad. Sci. St. Petersb. 2: 97. 1835; 中国植物志36: 42. 1974; 辽宁植物志（上册）: 746. 图版318: 6. 1988; 东北植物检索表（第二版）: 289. 图版137: 3. 1995; Fl. China 9: 61. 2003.

生向阳干燥坡地。产辽宁省凌源等地。

为优良观赏花木和蜜源植物。

■ 毛花绣线菊

花枝

果序

叶背面观

花序

（25）中华绣线菊（辽宁植物志，中国植物志，Flora of China）

Spiraea chinensis Maxim. in Acta Hon. Petrop. 6: 193. 1879; 中国植物志36: 41. 1974; 辽宁植物志（上册）: 752. 1988; Fl. China 9: 61. 2003.

■ 中华绣线菊

花序

花序侧面观

■ 中华绣线菊

叶背面观

植株一部分

自然分布于西北、西南等地区。辽宁省熊岳树木园有栽培。

为优良观赏花木。

7 栒子属 *Cotoneaster* B. Ehrhart

Cotoneaster B. Ehrhart, Oecon, Pflanzenhist. 10: 170. 1761.

落叶、常绿或半常绿灌木或小乔木状。叶互生，有时成两列状，柄短，全缘。花单生，2～3朵或多朵成聚伞花序，腋生或着生在短枝顶端；萼筒钟状、筒状或陀螺状，有短萼片5；花瓣5，白色、粉红色或红色，直立或开张；雄蕊5～25。常20；花柱2～5，离生，心皮背面与萼筒连合，腹面分离；子房下位或半下位。果实小型梨果状，红色、褐红色至紫黑色，先端有宿存萼片，内含1～5小核；小核骨质，常具1种子；种子扁平，子叶平凸。

本属全世界有90余种，分布于亚洲、欧洲和北非的温带地区。中国有59种，主产西部和西南部。东北地区产9种，其中栽培2种。

分种检索表

1. 花单生，稀2～3（～7）朵簇生；果实红色；叶片多小型，长不足2厘米。

 2. 平铺矮生灌木；花1～2朵；果实近无柄，小核2～3 ·································· **1. 平枝栒子 C. horizontalis** Dcne.

 2. 直立灌木；花2～3（～4）朵；果实有短柄，2小核 ·························**2. 散生栒子 C. divaricatus** Rehd. & Wils.

1. 花序有花3～15朵，极稀到20朵；果实红色或黑色；叶片中形。

 3. 花瓣平展，白色；果红色；叶背面有毛或无毛。

  4. 花梗和萼筒外面有稀疏柔毛；叶背面有短柔毛 ·····························**3. 毛叶水栒子 C. submultiflorus** Popov

  4. 花梗和萼筒均无毛；叶背面无毛 ··· **4. 水栒子 C. multiflorus** Bge.

 3. 花瓣直立，粉红色或略带粉红色；果红色或黑色；叶背面密被茸毛。

  5. 果黑色、蓝黑色或紫黑色。

   6. 叶片下面被灰白色绒毛；果实蓝黑色有蜡粉 ···································**5. 黑果栒子 C. melanocarpus** Lodd.

   6. 叶片两面被长柔毛；果实紫黑色 ·· **6. 灰栒子 C. acutifolius** Turcz.

  5. 果红色。

（接上表）

7. 花序长约与叶片相等，花直径6～7毫米；萼片外面无毛，内面先端沿边缘有白色柔毛	**7. 细弱栒子 C. gracilis** Rehd. & Wils.
7. 花序长不及叶片的1/2，花直径7～8毫米。	
8. 萼筒、萼片全无毛	**8. 全缘栒子 C. integerrimus** Medic.
8. 萼筒、萼片均被柔毛	**9. 西北栒子 C. zabelii** Schneid.

（1）平枝栒子（中国植物志，Flora of China）

Cotoneaster horizontalis Dcne. in Fl. Serr. 22: 168. 1877; 中国植物志36: 172. 图版22: 4～9. 1974; Fl. China 9: 105. 2003.

自然分布于陕西、甘肃、湖北、湖南、四川、贵州、云南等地。辽宁省大连等地有栽培。

花和果实及深秋的红叶均有观赏价值。根、全草有清热化湿、止血止痛作用。

■ 平枝栒子

花序

果序

白花

植株

植株一部分

花期植株一部分

（2）散生栒子（中国植物志，Flora of China）

Cotoneaster divaricatus Rehd. & Wils. in Sarg. Pl. Wils. 1: 157. 1912; 中国植物志36: 173. 1974; Fl. China 9: 106. 2003.

生多石砾坡地及山沟灌木丛中。辽宁省沈阳有栽培。

■ 散生栒子

叶

植株一部分

小枝

（3）毛叶水栒子（内蒙古植物志，中国植物志，Flora of China）

Cotoneaster submultiflorus Popov in Bull. Soc. Nat. Moscou. n. ser. 44: 126. 1935; 中国植物志36: 132. 1974; 内蒙古植物志（第二版）3: 71. 图版28: 4. 1989; Fl. China 9: 94. 2003.

生岩石缝间或灌木丛中。产辽宁省朝阳、大连等地。

春季密生白花，秋季红果累累，供观赏。枝叶用于烫伤、烧伤。

■ 毛叶水栒子

花序

叶背面观

植株一部分

（4）水栒子（辽宁植物志，黑龙江省植物志，内蒙古植物志，东北植物检索表，中国植物志，Flora of China）

Cotoneaster multiflorus Bunge in Ledeb. Fl. Alt. 2: 220. 1830; 中国植物志36: 131. 图版21: 1 ~ 3. 1974; 辽宁植物志（上册）: 852. 图版360: 5. 1988; 内蒙古植物志（第二版）3: 70. 图版28: 1 ~ 3. 1989; 东北植物检索表（第二版）: 317. 图版153: 9. 1995; 黑龙江省植物志6: 107. 图版51: 4. 1998; Fl. China 9: 94. 2003.

■ 水栒子

花序

叶背面观

植株一部分

生山坡灌丛、杂木林中。产黑龙江省东宁、宁安；辽宁省朝阳、建平、大连、金州；内蒙古自治区克什克腾旗、翁牛特旗等地。

春季密生白花，秋季红果累累，供观赏。可作苹果矮化砧木。枝叶用于烫伤、烧伤。

（5）黑果栒子（辽宁植物志，黑龙江省植物志，内蒙古植物志，东北植物检索表，中国植物志，Flora of China）

Cotoneaster melanocarpus Lodd. in Bot. Cab. 16: t. 1531. 1828; 中国植物志36: 156. 1974; 辽宁植物志（上册）: 855. 1988; 内蒙古植物志（第二版）3: 75. 图版30: 1 ~ 3. 1989; 东北植物检索表（第二版）: 317. 图版153: 7. 1995; 黑龙江省植物志6: 107. 图版51: 3. 1998; Fl. China 9: 98. 2003.

生山坡、疏林间或灌木丛中。产黑龙江省大兴安岭；吉林省长白山；内蒙古自治区额尔古纳、根河、牙克石、敖汉旗、巴林右旗、阿鲁科尔沁旗、克什克腾旗、锡林浩特、太仆寺旗等地。辽宁省沈阳有栽培。

枝叶、果实有祛风湿、止血、消炎作用，用于风湿痹痛、刀伤出血。

■ 黑果栒子

果实与叶

植株一部分

植株

（6）灰栒子（内蒙古植物志，中国植物志，Flora of China）

Cotoneaster acutifolius Turcz. in Bull. Soc. Nat. Moscou 5: 190. 1832; 中国植物志36: 144. 图版: 20: 6 ~ 9. 1974; 内蒙古植物志（第二版）3: 75. 图版30: 4 ~ 5. 1989; Fl. China 9: 99. 2003.

生山坡、山麓、山沟及丛林中，海拔1400 ~ 3700米。产内蒙古自治区巴林右旗、克什克腾旗、锡林浩特、阿巴嘎旗、正蓝旗、太仆寺旗等地。

■ 灰栒子

叶背面观

花

果序

■ 灰栒子

果实成熟期

花枝

（7）细弱栒子（辽宁植物志，中国植物志，Flora of China）

Cotoneaster gracilis Rehd. & Wils. in Sarg. Pl. Wils. 1: 167. 1912; 中国植物志36: 148. 1974; 辽宁植物志（上册）: 853. 图版360: 1. 1988; Fl. China 9: 97. 2003.

生海拔较高的山坡或河滩地灌丛中。产辽宁省凌源。

叶、果实有止血、接骨作用。

■ 细弱栒子

果实

果枝

花枝

叶背面观

（8）全缘栒子（辽宁植物志，黑龙江省植物志，内蒙古植物志，东北植物检索表，中国植物志，Flora of China）

Cotoneaster integerrimus Medic. in Gesch. Bot. 85. 1793; 中国植物志36: 147. 1974; 辽宁植物志（上册）: 853. 图版360: 2 ~ 4. 1988; 内蒙古植物志（第二版）3: 73. 图版28: 5. 1989; 东北植物检索表（第二版）: 317. 图版153: 8. 1995; 黑龙江省植物志6: 106. 图版51: 1 ~ 2. 1998; Fl. China 9: 97. 2003.

生山坡。产黑龙江省大兴安岭；吉林延边（龙井）；内蒙古自治区额尔古纳、海拉尔、鄂温克、新巴尔虎左旗、新巴尔虎右旗、牙克石、科尔沁右翼前旗、巴林右旗、克什克腾旗、西乌珠穆沁旗、锡林浩特等地。辽宁省沈阳、大连有栽培。

枝叶、果实有祛风湿、止血、消炎作用。

■ 全缘栒子

叶背面观

植株一部分

植株

（9）西北栒子（中国植物志，Flora of China）

Cotoneaster zabelii Schneid., Ill. Handb. Laubholzk. 1: 749. 1906; 中国植物志36: 149. 图版23: 9 ~ 12. 1974; Fl. China 9: 95. 2003.

生灌木丛中。产辽宁省朝阳、凌源。

■ 西北栒子

果期植株一部分

花期植株一部分

■ 西北栒子

花序

花序一部分

8 火棘属 *Pyracantha* Roem.

Pyracantha Roem. Fam. Nat. Reg. Veg. Syn. 3: 104. 219. 1847.

常绿灌木或小乔木，常具枝刺。单叶互生，具短叶柄，边缘有圆钝锯状齿、细锯状齿或全缘；托叶细小，早落。花白色，成复伞房花序；萼筒短，萼片5；花瓣5，近圆形，开展；雄蕊15～20，花药黄色；心皮5，在腹面离生，在背面约1/2与萼筒相连，每心皮具2胚珠，子房半下位。梨果小，球形，顶端萼片宿存，内含小核5粒。

本属全世界有10种，产亚洲东部至欧洲南部。中国有7种。东北地区栽培1种。

火棘（中国植物志，Flora of China）

Pyracantha fortuneana (Maxim.) Li in Journ. Arn. Arb. 25: 420. 1944; 中国植物志36: 180. 1974; Fl. China 9: 109. 2003.

常绿灌木；叶互生，倒卵形，边缘有钝锯状齿；复伞房花序，花瓣白色；梨果近球形，橘红色或深红色。分布于陕西、河南、江苏、浙江、福建、湖北、湖南、广西等地。辽宁省大连有栽培。

果实磨粉可食。根有清热凉血作用，叶有清热解毒作用，果实有消积止痢作用。

■ 火棘

果枝

花序

■ 火棘

植株

植株一部分

9 山楂属 *Crataegus* L.

Crataegus L., Sp. Pl. 475. 1753.

落叶稀半常绿灌木或小乔木，通常具刺，很少无刺。单叶互生，有锯状齿，深裂或浅裂，稀不裂，有叶柄与托叶。伞房花序或伞形花序，极少单生；萼筒钟状，萼片5；花瓣5，白色或粉红色；雄蕊5～25；心皮1～5，大部分与花托合生，仅先端和腹面分离，子房下位至半下位，每室具2胚珠，其中1个常不发育。梨果，先端有宿存萼片；心皮熟时为骨质，各具1种子。

本属全世界至少1000种，广泛分布于北半球，北美洲种类很多。中国有18种。东北地区产7种3变种，其中栽培3种2变种。

分种检索表

1. 叶羽状深裂，侧脉达裂片先端或裂片分裂处。
  2. 果径0.6～1.4厘米，小核2～3 ……………………………………………………… **1. 欧洲山楂 C. laevigata** (Poir.) DC.
  2. 果径1.5～2.5厘米，小核3～5（2. 山楂C. pinnatifida Bunge）。
    3. 果径1.5厘米左右；叶片两侧各有3～5羽状深裂片；野生。
      4. 叶片、总花梗和花梗均被柔毛 ………………………………………… **2a. 山楂 C. pinnatifida** var. **pinnatifida**
      4. 叶片、花梗和总花梗均无毛 ……………………………… **2b. 无毛山楂 C. pinnatifida** var. **psilosa** C. K. Schn.
    3. 果径可达2.5厘米；叶片分裂较浅；栽培 ………………………… **2c. 山里红 C. pinnatifida** var. **major** N. E. Br.
1. 叶羽状浅裂，侧脉达裂片先端，分裂处无侧脉。
  5. 幼枝、叶背面、花梗及总花梗均密被柔毛。
    6. 枝刺长达4.5厘米；托叶边缘具锐齿；果熟时黑色 ……………………………**3. 绿肉山楂 C.chlorosarca** Maxim.
    6. 枝刺长1.5～3.5厘米；托叶边缘具腺齿；果熟时红色 ……………………… **4. 毛山楂 C. maximowiczii** Schneid.
  5. 花梗及总花梗无毛；幼枝、叶背面被微毛或无毛。
    7. 叶基部楔形；果径约1厘米，小核3（～5）…………………………………………… **5. 辽宁山楂 C. sanguinea** Pall.
    7. 叶基部截形或广楔形；果径小于1厘米。
      8. 叶无裂片或仅有1～3对浅裂片；小核3 ………………………………………………… **6. 冬绿王山楂 C. viridis** L.

（接上表）

8. 叶有3～7对浅裂片；小核2～4。
   9. 子房顶端有柔毛；叶广卵形，有5～7对浅裂片；果实红色，直径8～10毫米，小核2～3 ……7. **甘肃山楂 C. kansuensis** Wils.
   9. 子房顶端无毛；叶菱状卵形或椭圆状卵形，具3～5对浅裂片；果实橘红色，直径6～8毫米，小核2～4 ……8. **光叶山楂 C. dahurica** Koehne ex C. K. Schneid.

（1）欧洲山楂（园林树木1600种）；纯裂叶山楂（植物智网站）

Crataegus laevigata (Poir.) DC. in Prodr. 2: 630. 1825; 园林树木1600种: 260. 2010.

原产欧洲、西亚及北非。辽宁省金州有引种，生长良好。

用于园林观赏。果可食。

■ 欧洲山楂

果枝

植株

植株一部分

花序

（2）山楂（辽宁植物志，黑龙江省植物志，内蒙古植物志，东北植物检索表，中国植物志，Flora of China）

Crataegus pinnatifida Bunge in Mem. Div. Sav. Acad. Sci. St. Petersb. 2: 100. 1835; 中国植物志36: 189. 图版26: 9 ~ 10. 1974; 辽宁植物志（上册）: 856. 图版361: 1. 1988; 内蒙古植物志（第二版）3: 78. 图版31: 1 ~ 2. 1989; 东北植物检索表（第二版）: 317. 图版153: 2. 1995; 黑龙江省植物志6: 112. 图版52: 3. 1998; Fl. China 9: 112. 2003.

（2a）山楂（原变种）

Crataegus pinnatifida var. *pinnatifida*

生山坡林缘及灌丛中。产黑龙江省哈尔滨、黑河、依兰、密山；吉林省临江、吉林、九台、敦化、桦甸、珲春、和龙；辽宁省各地；内蒙古自治区海拉尔、根河、科尔沁右翼前旗、扎赉特旗、科尔沁左翼后旗、大青沟、敖汉旗、巴林左旗、阿鲁科尔沁旗、喀喇沁旗、宁城等地。

为山里红（大果山楂）的砧木。果实生食或做果酱，入药有健胃、消积化滞、舒气散瘀作用。

■ 山楂

果实

粉色花

花枝

叶

（2b）无毛山楂（变种）（辽宁植物志，黑龙江省植物志，东北植物检索表，Flora of China）；山楂无毛变种（中国植物志）

Crataegus pinnatifida var. *psilosa* C. K. Schn. in Ill. Handb. Laubb. 1: 769. 1906; 中国植物志36: 191. 1974; 辽宁植物志（上册）: 857. 图版361: 2 ~ 3. 1988; 东北植物检索表（第二版）: 317. 图版153: 3. 1995; 黑龙江

■ 无毛山楂

叶

果实

果枝

花侧面观

花正面观

省植物志6: 114. 图版53: 3. 1998; Fl. China 9: 113. 2003.

生灌丛、沙地。产黑龙江省哈尔滨、密山、宁安；吉林省抚松、珲春、桦甸、磐石、吉林、九台；辽宁省宽甸、凤城、桓仁、本溪、鞍山、新宾、西丰、北镇；内蒙古自治区科尔沁左翼后旗等地。

（2c）山里红（变种）（内蒙古植物志，中国植物志，Flora of China）；大果山楂（辽宁植物志，东北植物检索表）

Crataegus pinnatifida var. *major* N. E. Br. in Gard. Chron. n. ser. 26: 621. f. 121. 1886; 中国植物志36: 190. 1974; 辽宁植物志（上册）: 857. 图版361: 4. 1988; 内蒙古植物志（第二版）3: 78. 图版31: 8. 1989; 东北植物检索表（第二版）: 317. 图版153: 4. 1995; Fl. China 9: 112. 2003.

东北各地常见栽培。

■ 山里红

果枝

果实成熟期

植株

（3）绿肉山楂（中国植物志，Flora of China）；毛黑山楂（辽宁植物志，东北植物检索表）

Crataegus chlorosarca Maxim. in Bull. Soc. Nat. Moscou 54 (1): 20. 1879; 中国植物志36: 205. 1974; Fl. China 9: 117. 2003.——*C. jozana* Schneid. in Ill. Handb. Laubh. 1: 774. 1906; 辽宁植物志（上册）: 859. 图版362: 2. 1988; 东北植物检索表（第二版）: 317. 1995.

辽宁省熊岳有栽培。

花可欣赏。果实可食用。

■ 绿肉山楂

叶

果序

果肉绿色

（4）毛山楂（辽宁植物志，黑龙江省植物志，内蒙古植物志，东北植物检索表，中国植物志，Flora of China）；北票山楂（植物研究）

Crataegus maximowiczii Schneid. in Ill. Handb. Laubh. 1: 771. f. 437 a ~ b. 438 a ~ c. 1906; 中国植物志36: 197. 1974; 辽宁植物志（上册）: 857. 图版362: 1. 1988; 内蒙古植物志（第二版）3: 77. 图版31: 5. 1989; 东北植物检索表（第二版）: 317. 图版153: 6. 1995; 黑龙江省植物志6: 110. 图版52: 2. 1998; Fl. China 9: 115. 2003.——*C. maximowiczii* var. *ninganensis* S. Q. Nie et B. J. Jen in Bull. Bot. Res. 2(1): 159. 1982; 黑龙江省植物志6: 112. 图版52: 3. 1998.——*C. beipiaogensis* S. L. Tung & X. J. Tian, 植物研究8(4): 99. 图版1. 1988.

生杂木林中或林边、河岸沟边及路边。产黑龙江省呼玛、黑河、萝北、密山、穆棱、宁安、富锦、哈尔滨、虎林；吉林省抚松、长白、临江、安图、珲春、汪清；内蒙古自治区额尔古纳、巴林右旗、鄂温克、克什克腾旗、科尔沁右翼前旗、锡林浩特等地。黑龙江省森林植物园及辽宁省北票等地有栽培。

果可食，还有消积、降压、开胃作用，用于肉食积滞、高血压症、脾胃虚弱。

■ 毛山楂

幼果序

成熟果序

小枝

（5）辽宁山楂（黑龙江省植物志，内蒙古植物志，中国植物志，Flora of China）；血红山楂（东北植物检索表）

Crataegus sanguinea Pall. in Fl. Ross. 1 (1): 25. 1784; 中国植物志36: 199. 1974; 东北植物检索表（第二版）: 318. 图版153: 1. 1995; 黑龙江省植物志6: 114. 图版53: 3. 1998; Fl. China 9: 115. 2003.

生山坡或河沟旁杂木林中。产黑龙江省黑河、哈尔滨、呼玛、宁安、东宁；吉林省抚松；辽宁省开原；内蒙古自治区海拉尔、额尔古纳、根河、鄂伦春、科尔沁右翼前旗（白狼）及阿尔山、阿鲁科尔沁旗、克什克腾旗、东乌珠穆沁旗、西乌珠穆沁旗、锡林浩特、正蓝旗、多伦等地。

常栽培作绿篱。果实有健胃消食作用。

■ 辽宁山楂

植株一部分

果枝

植株

（6）冬绿王山楂（辽宁木本植物志）

Crataegus viridis L., Sp. Pl. 1: 476. 1753; 辽宁木本植物志: 299. 2018.

原产北美洲。辽宁省大连有栽培。

用于园林观赏。果可食。

■ 冬绿王山楂

果序

果枝

花序

（7）甘肃山楂（辽宁植物志，东北植物检索表，中国植物志，Flora of China）

Crataegus kansuensis Wils. in Journ. Arn. Arb. 9: 58. 1928; 中国植物志36: 201. 图版26: 1 ~ 4. 1974; 辽宁植物志（上册）: 859. 1988; 东北植物检索表（第二版）: 318. 1995; Fl. China 9: 116. 2003.

产甘肃、山西、河北、陕西、贵州、四川。辽宁省沈阳有栽培。

果实有消食化滞、散瘀止血作用，用于消化不良。

■ 甘肃山楂

花序侧面观

花枝

叶

（8）光叶山楂（辽宁植物志，黑龙江省植物志，内蒙古植物志，东北植物检索表，中国植物志，Flora of China）

Crataegus dahurica Koehne ex C. K. Schneid. in Ill. Handb. Laubh. 1: 773. f. 437 n ~ o. 438 g ~ i. 1906; 中国植物志36: 199. 1974; 辽宁植物志（上册）: 859. 1988; 内蒙古植物志（第二版）3: 81. 1989; 东北植物检索表（第二版）: 318. 图版153: 5. 1995; 黑龙江省植物志6: 109. 图版52: 1. 1998; Fl. China 9: 115. 2003.

生河岸林间草地或沙丘坡上。产黑龙江省呼玛、黑河、嘉荫、哈尔滨；吉林省抚松、磐石；内蒙古自治区额尔古纳、海拉尔、根河、牙克石、鄂温克、科尔沁右翼前旗（白狼）等地。辽宁省沈阳有栽培。

果实有健胃消食作用。

■ 光叶山楂

果序

叶

花枝

10 石楠属 *Photinia* Lindl.

Photinia Lindl. in Trans. L. Soc. 13: 103. t. 10. 1822.

落叶或常绿乔木或灌木。叶互生，革质或纸质，多数有锯状齿，稀全缘，有托叶。花两性，多数，成顶生伞形、伞房或复伞房花序，稀成聚伞花序；萼筒杯状、钟状或筒状，有短萼片5；花瓣5，开展，在芽中成覆瓦状或卷旋状排列；雄蕊20，稀较多或较少；心皮2，稀3 ~ 5，花柱离生或基部合生，子房半下位，2 ~ 5室。果实为2 ~ 5室小梨果，微肉质，成熟时不裂开，先端或1/3部分与萼筒分离，有宿存萼片，每室有1 ~ 2种子。

本属全世界有60余种，分布于亚洲东部及南部。中国有43种。东北仅辽宁栽培2种。

分种检索表

1. 下部叶绿色或带紫色，上部嫩叶鲜红色或紫红色 ·· 1. 红叶石楠 P. × fraseri Dress
1. 叶为绿色 ·· 2. 石楠 P. serratifolia (Desfontaines) Kalkman

（1）红叶石楠（辽宁木本植物志）

Photinia × *fraseri* Dress, Baileya ix. 101. 1961; 辽宁木本植物志: 301. 2018.

为石楠 *P. serratifolia* (Desf.) Kalkman与光叶石楠 *P. glabra* (Thunb.) Maxim. 的天然杂交种。辽宁省大连常见栽培。

观叶植物，常用于城市绿化。

■ 红叶石楠

植株

叶

花侧面观

花枝

花正面观

（2）石楠（中国植物志，Flora of China）；凿木（中国种子植物科属辞典）

Photinia serratifolia (Desfontaines) Kalkman, Blumea. 21: 424. 1973; Fl. China 9: 125. 2003.——*Photinia serrulata* Lindl. in Trans. L. Soc. 13: 103. 1822; 中国高等植物图鉴2: 208. 图2145. 1972; 中国植物志36: 220. 图版28: 1 ~ 6. 1974.

生杂木林中。产陕西、甘肃、河南、江苏、安徽、浙江、江西、湖南、湖北、福建、台湾、广东、广西、四川、云南、贵州等地。辽宁省大连市有少量栽培。

常作观赏树种栽培；木材坚密，可制车轮及器具柄；叶和根供药用为强壮剂、利尿剂，有镇静解热等作用；又可作土农药防治蚜虫，并对马铃薯病菌孢子发芽有抑制作用；种子榨油供制油漆、肥皂或润滑油用；可作枇杷的砧木。

■ 石楠

树干

果序

果序一部分

植株

植株一部分

11 花楸属 *Sorbus* L.

Sorbus L., Sp. Pl. 477. 1753.

落叶乔木或灌木。叶互生，有托叶，单叶或奇数羽状复叶，在芽中为对折状，稀席卷状。花两性，多数成顶生复伞房花序；萼片和花瓣各5；雄蕊15 ~ 25；心皮2 ~ 5，部分离生或全部合生；子房半下位或下位，2 ~ 5室，每室具2胚珠。果实为2 ~ 5室小型梨果，子房壁成软骨质，各室具1 ~ 2种子。

本属全世界约有100种，分布于北半球的亚洲、欧洲、北美洲。中国有67种。东北地区产6种2变种，其中栽培3种。

分种检索表

1. 单叶［**1. 水榆花楸 S. alnifolia** (Sieb. et Zucc.) K. Koch］。

  2. 叶缘有不整齐的尖锐重锯状齿，有时微浅裂 ………………………………… **1a. 水榆花楸 S. alnifolia** var. **alnifolia**

  2. 叶缘具浅裂片和重锯状齿……**1b. 裂叶水榆花楸 S. alnifolia** var. lobulata (Koidz.) Rehd.

1. 奇数羽状复叶。

  3. 果实白色或黄色 ……………………………………………………………… **2. 北京花楸 S. discolor** (Maxim.) Maxim.

（接上表）

3. 果实红色或橙红色。
    4. 小叶缘细密重锯状齿 ………………………………………………………… 3. 欧亚花楸 S. commixta Hedl.
    4. 小叶缘单锯状齿。
        5. 叶背中脉显著凸起（4. 花楸树 S. pohuashanensis (Hance) Hedl.）。
            6. 叶轴有白色绒毛 ……………………………………4a. 花楸树 S. pohuashanensis var. pohuashanensis
            6. 叶下面及花序无毛或有疏毛
            …………………………… 4b. 无毛花楸 S. pohuashanensis var. amurensis (Koehne) Y. L. Chou et Tung
        5. 叶背中脉凸起不明显。
            7. 主枝开张角度大；树冠卵圆形或倒卵圆形；小叶缘粗锯状齿 ……………… 5. 欧洲花楸 S. aucuparia L.
            7. 主枝开张角度小；树冠长卵形；小叶缘锐锯状齿或中上部有锯状齿，基部全缘
            ………………………………………………………………………… 6. 西伯利亚花楸 S. sibirica Hedl.

（1）水榆花楸（辽宁植物志，黑龙江省植物志，东北植物检索表，中国植物志，Flora of China）；水榆（吉林树木图志）

Sorbus alnifolia (Sieb. et Zucc.) K. Koch. in Ann. Mus. Bot. Lugd. ~ Bat. 1: 249. 1864; 中国植物志36: 298. 1974; 辽宁植物志（上册）: 861. 图版363: 3. 1988; 东北植物检索表（第二版）: 320. 图版156: 2. 1995; 黑龙江省植物志6: 121. 图版56: 1. 1998; Fl. China 9: 164. 2003.

（1a）水榆花楸（原变种）

Sorbus alnifolia var. *alnifolia*

生山坡、山沟或山顶混交林或灌木丛中，也见栽培。产黑龙江省哈尔滨、尚志、宁安；吉林省长白区各地；辽宁省各地。

木材供建筑家具等用；树皮可提制栲胶，纤维可造纸。初夏白花密集，秋季红果累累，深秋叶变红色，因而是优良的园林风景树。果实可食用和酿酒，药用治肾炎、关节疼痛。

■ 水榆花楸

果序

花枝

果枝

（1b）裂叶水榆花楸（变种）（辽宁植物志，东北植物检索表，Flora of China）；水榆花楸裂叶变种（中国植物志）

Sorbus alnifolia var. *lobulata* (Koidz.) Rehd. in Sarg. Pl. Wils. 2: 275. 1915; 中国植物志36: 299. 1974; 辽宁植物志（上册）: 861. 图版363: 4. 1988; 东北植物检索表（第二版）: 320. 图版156: 3. 1995; Fl. China 9: 164. 2003.

生林中。产辽宁省金州、绥中等地。

■ 裂叶水榆花楸

果枝

叶

（2）北京花楸（内蒙古植物志，中国植物志，Flora of China）；白果花楸（经济植物手册）；北平花楸树（中国树木分类学）

Sorbus discolor (Maxim.) Maxim. in Bull. Acad. Sci. St. Petersb. 19: 173. 1873; 中国高等植物图鉴2: 226. 图2182. 1972; 中国植物志36: 322. 1974; Fl. China 9: 149. 2003; 内蒙古植物志（第三版）2: 417. 2020.

生山地阳坡阔叶混交林中。产吉林省永吉、敦化；内蒙古自治区喀喇沁旗。

（3）欧亚花楸（辽宁树木志）

Sorbus commixta Hedl., Kongl. Svenska Vetensk.-Akad. Handl. XXXV. No. 1, 38. 1901; 辽宁树木志: 368. 图375: 1～2. 2018.

产日本、朝鲜。沈阳、大连有栽培。

■ 欧亚花楸

果序一部分

果枝

树干

■ 欧亚花楸

小叶

叶

（4）花楸树（黑龙江省植物志，内蒙古植物志，东北植物检索表，中国植物志，Flora of China）；花楸（辽宁植物志）

Sorbus pohuashanensis (Hance) Hedl. in Svensk. Vet. Akad. Handl. 35: 33. 1901; 中国植物志36: 325. 1974; 辽宁植物志（上册）: 861. 图版363: 1 ~ 2. 1988; 内蒙古植物志（第二版）3: 81. 图版32. 1989; 东北植物检索表（第二版）: 320. 图版156: 1. 1995; 黑龙江省植物志6: 121. 图版56: 2 ~ 4. 1998; Fl. China 9: 150. 2003.

（4a）花楸树（原变种）

Sorbus pohuashanensis var. *pohuashanensis*

生山坡、山谷杂木林中。产黑龙江省尚志、塔河、呼玛、嘉荫、伊春、桦川、哈尔滨、黑河；吉林省集安、长白、抚松、通化、安图、蛟河、珲春、和龙、汪清、临江、敦化；辽宁省桓仁、宽甸、凤城、本溪、新宾、岫岩、庄河、盖州、营口、鞍山；内蒙古自治区额尔古纳、根河、牙克石、科尔沁右翼前旗、阿尔山、扎鲁特旗、突泉、巴林右旗、巴林左旗、阿鲁科尔沁旗、克什克腾旗、喀喇沁旗、林西、宁城。

果实可食，且有健胃补虚作用；茎、茎皮有清肺止咳作用。

■ 花楸树

果序

花序

叶

■ 花楸树

叶背面观

植株

（4b）无毛花楸（变种）（黑龙江省植物志）；黑水花楸（东北药用植物志）

Sorbus pohuashanensis var. *amurensis* (Koehne) Y. L. Chou et Tung, 黑龙江树木志: 335. 1986; 黑龙江省植物志6: 123. 1998.

生山谷杂木林中。产黑龙江省大、小兴安岭；内蒙古自治区大兴安岭。

（5）欧洲花楸（辽宁树木志）；北欧花楸

Sorbus aucuparia L., Sp. Pl. 1: 477. 1753; 辽宁树木志: 370. 图378: 1 ~ 2. 2018.

原产欧洲。辽宁省大连有栽培。

■ 欧洲花楸

果序

果枝

植株

（6）西伯利亚花楸（辽宁树木志）

Sorbus sibirica Hedl., Kongl. Svenska Vetensk.–Akad. Handl. XXXV. no. 1, 44. 1901; 辽宁树木志: 370. 图377: 1 ~ 5. 2018.

原产俄罗斯。大连有栽培。

■ 西伯利亚花楸

小叶正面观

小叶背面观

植株

花序一部分

叶

果枝

花序

12 涩石楠属（腺肋花楸属） *Aronia* Medikus

Aronia Medikus, Philos. Bot. 1: 140, 155. 1789.

落叶灌木。茎直立，树皮灰色或棕色，光滑。单叶互生；托叶宿存，狭三角形，边缘腺状；叶片椭圆形至倒卵圆形，边缘细锯齿状，羽状脉。伞房花序侧生或顶生，具腺柔毛；苞片和小苞片变为腺体；花5～12（～20）朵，有花梗；萼筒钟状，萼片5，直立，三角形；花瓣5，白色或淡粉色，椭圆形至球形；雄蕊16～22，与花瓣等长；心皮5，下部与花托合生，有毛；子房下位。梨果红色或黑色，倒卵形或近球形，直径6～9（～11）毫米；萼筒与萼片宿存；每个梨果有种子1～8个。

本属全世界有2种，分布于北美洲。中国引种1种。东北地区栽培1种。

黑果腺肋花楸（大连植物彩色图谱，辽宁木本植物志）；黑涩楠（植物智网站）

■ 黑果腺肋花楸

果枝

植株

■ 黑果腺肋花楸

花序

花正面观

花侧面观

Aronia melanocarpa Elliot in Sketch Bot. S. Carolina 1(6): 557. 1821; 辽宁木本植物志: 303. 2018.

落叶灌木；叶互生，卵圆形；复伞房花序，花白色；梨果球形，成熟时紫黑色。原产美国东北部。辽宁省大连、沈阳、熊岳等有栽培。

新品园林绿化树种。果实可用于加工果汁、果酒、果酱、罐头、果脯等食品和饮料。

13 木瓜属 *Pseudocydonia* (C. K. Schneid.) C. K. Schneid.

Pseudocydonia (C.K.Schneid.) C.K.Schneid., Repert. Spec. Nov. Regni Veg. 3: 180. 1906.

落叶或半常绿小乔木。枝无刺。单叶互生，具齿或全缘，有短柄与托叶，托叶膜质。花单生；后叶开放；萼片5，反折，全缘或有齿；花瓣5；雄蕊20或多数排成两轮；花柱5，基部合生，子房5室，每室具有多数胚珠排成两行。梨果大形，萼片脱落，花柱常宿存，内含多数褐色种子；种皮革质，无胚乳。

本属全世界仅1种，原产中国。东北地区栽培1种。

木瓜（辽宁植物志，东北植物检索表，中国植物志，Flora of China）

Pseudocydonia sinensis (Thouin) Schneid. in Fedde, Repert. Sp. Nov. 3: 181. 1906; Nakai, Fl. Sylv. Kor. 4: 44. t. 16. 3916.——*Chaenomeles sinensis* (Thouin) Koehne in Gatt. Pomac. 29. 1890; 中国植物志36: 350. 1974; 辽宁植物志（上册）: 865. 1988; 东北植物检索表（第二版）: 317. 1995; Fl. China 9: 172. 2003.

■ 木瓜

树干

果枝

花枝

植株

落叶灌木或小乔木。枝无刺。叶互生，椭圆卵形，边缘有芒状锯状齿。花单生叶腋，后叶开放；花梗长5 ~ 10毫米；花直径2.5 ~ 3厘米；萼片反折；花瓣倒卵形，淡粉红色。梨果长椭圆形，暗黄色，木质味芳香，果梗短。原产中国。辽宁省大连、旅顺口、金州有栽培。

春可赏花，秋可观果。果实有和脾敛肺、平肝舒筋、清暑消毒、祛风湿作用。

14 木瓜海棠属 *Chaenomeles* Lindl.

Chaenomeles Lindl. in Trans L. Soc. 13: 97. 1822.

落叶或半常绿灌木。枝有刺。单叶互生，具齿或全缘，有短柄与托叶，托叶草质。花簇生，先于叶开放或与叶同时开放；萼片5，直立，全缘或有齿；花瓣5；雄蕊20或多数排成两轮；花柱5，基部合生，子房5室，每室具有多数胚珠排成两行。梨果大形，萼片脱落，花柱常宿存，内含多数褐色种子；种皮革质，无胚乳。

本属全世界约有4种，产亚洲东部，中国均产。东北地区栽培3种。

分种检索表

1. 叶椭圆形至披针形，叶缘有芒状细尖锯状齿，幼时背面密被褐色茸毛；花柱基部被柔毛或绵毛
   ………………………………………………………………………… 1. 毛叶木瓜 Ch. cathayensis (Hemsl.) Schneid.
1. 叶卵形、倒卵形、匙形或长椭圆形，叶缘具有尖锐锯状齿或圆钝锯状齿，幼时背面无毛或有短柔毛；花柱基部无毛或微具毛。
   2. 株高不及1米；叶缘有钝齿，齿尖向内合拢……………………… 2. 日本木瓜 Ch. japonica (Thunb.) Lindl. ex Spach
   2. 株高可达2米；叶缘具有锐齿，齿尖开展 ……………………………… 3. 皱皮木瓜 Ch. speciosa (Sw.) Nakai

（1）毛叶木瓜（辽宁植物志，东北植物检索表，中国植物志，Flora of China）

Chaenomeles cathayensis (Hemsl.) Schneid. in Ill. Handb. Laubh. 1: 730. 1906; 中国植物志36: 352. 1974; 辽宁植物志（上册）: 865. 1988; 东北植物检索表（第二版）: 317. 1995; Fl. China 9: 172. 2003.

产陕西、甘肃、江西、湖北、湖南、四川、云南、贵州、广西。辽宁省大连有栽培。

观赏花木。果实治消化不良、胃溃疡。

■ 毛叶木瓜

植株一部分

花枝

（2）日本木瓜（中国植物志）；日本海棠（辽宁树木志）；倭海棠（中国树木分类学）

Chaenomeles japonica (Thunb.) Lindl. ex Spach, Hist. Nat. Veg. Phan. 2: 159. 1834. p. p. quoad. basonym.; 中国树木分类学: 427. 1937; 中国植物志36: 351. 图版48: 15. 1974; Fl. China 9: 173. 2003; 辽宁树木志：356. 图361: 12. 2018.

原产日本。辽宁省沈阳、大连有栽培。

■ 日本木瓜

花侧面观

花正面观

果枝

叶

植株

植株一部分

（3）皱皮木瓜（辽宁植物志，东北植物检索表，中国植物志，Flora of China）

Chaenomeles speciosa (Sw.) Nakai in Jap. Journ. Bot. 4: 331. 1929; 中国植物志36: 351. 图版48: 15. 1974; 辽宁植物志（上册）: 862. 图版364. 1988; 东北植物检索表（第二版）: 317. 图版156: 4. 1995; Fl. China 9: 172. 2003.

产陕西、甘肃、四川、贵州、云南、广东。辽宁省大连、盖州等地有栽培。

观赏花木。果实有平肝舒筋、和胃化湿作用。

■ 皱皮木瓜

果实

花

花序

■ 皱皮木瓜

托叶

叶

植株

15 唐棣属 *Amelanchier* Medic.

Amelanchier Medic. Philos. Bat. 1: 135. 155. 1789.

落叶灌木或乔木。单叶互生，有锯状齿或全缘，有叶柄和托叶。花序顶生总状，稀单生；苞片早落；萼筒钟状，萼片5，全缘；花瓣5，长圆形或披针形，白色；雄蕊10～20；花柱2～5，基部合生或离生，子房下位或半下位，2～5室，每室具2胚珠，有时室背生假隔膜，子房形成4～10室，每室1胚珠。梨果近球形，浆果状，具宿存、反折的萼片和膜质的内果皮；种子4～10，直立，子叶平凸。

本属全世界约有25种，多分布于北美洲。中国有2种，产华东、华中和西北等地区。东北地区产2种，其中栽培1种。

分种检索表

1. 叶缘全部有锯状齿；花梗、总花梗及嫩叶下面均密被茸毛 …1. 东亚唐棣 A. asiatica (Sieb. & Zucc.) Endl. ex Walp.

1. 叶缘仅上半部有锯状齿；花梗及总花梗无毛，嫩叶下面仅在中脉附近稍具柔毛 … 2. 唐棣 A. sinica (Schneid.) Chun

（1）东亚唐棣（辽宁植物志，东北植物检索表，中国植物志，Flora of China）

Amelanchier asiatica (Sieb. & Zucc.) Endl. ex Walp. in Rep. Bot. Syst. 2: 55. 1843; 中国植物志36: 404. 1974; 辽宁植物志（上册）: 879. 1988; 东北植物检索表（第二版）: 317. 1995; Fl. China 9: 190. 2003.

产浙江、安徽、江西。资料记载辽宁省凤城凤凰山有自然分布。大连、盖州有栽培。

观花观果的好树种。树皮有益肾、散瘀、止痛作用。果实可食。

■ 东亚唐棣

叶正反面对比

果枝

植株

■ 东亚唐棣

花正面观

花侧面观

树干

花序

（2）唐棣（中国植物志，Flora of China）

Amelanchier sinica (Schneid.) Chun in Chin. Econ. Trees 168. f. 62. 1921; 中国植物志36: 403. 图版55: 1～4. 1974; Fl. China 9: 190. 2003.

产河南、甘肃、陕西、湖北、四川。辽宁省沈阳有栽培。

美丽观赏树木，花穗下垂，花瓣细长，白色而有芳香，栽培供观赏；树皮供药用。

■ 唐棣

叶背面观

植株下部

植株一部分

植株

16 梨属 *Pyrus* L.

Pyrus L., Sp. Pl. 479. 1753.

落叶乔木或灌木，稀半常绿乔木，有时具刺。单叶互生，有锯状齿或全缘，稀分裂，在芽中呈席卷状，有叶柄与托叶。花先于叶开放或同时开放，伞形总状花序；萼片5，反折或开展；花瓣5，具爪，白色稀粉红色；雄蕊15～30，花药通常深红色或紫色；花柱2～5，离生，子房2～5室，每室有2胚珠。梨果，果肉多汁，富石细胞，子房壁软骨质；种子黑色或黑褐色，种皮软骨质，子叶平凸。

本属全世界约有25种，分布于亚洲、欧洲至北非。中国有14种。东北地区产9种，其中栽培6种。

分种检索表

1. 萼片宿存；花柱4～5。
   2. 叶缘锯状齿圆钝；花柱5；果黄色，直径2～7厘米，果梗长2.5～4厘米 ……………… 1. 西洋梨 P. communis L.

（接上表）

2. 叶缘锯状齿尖锐刺芒状。

3. 果褐色，直径1.5～2.5厘米，果梗长1.5～3厘米；叶缘刺芒短；花柱4 …………… 2. 河北梨 P. hopeiensis Yu

3. 果黄色、黄绿色或带红晕，直径2～6厘米，果梗长1～2厘米；叶缘刺芒长；花柱5 …………… 3. 秋子梨 P. ussuriensis Maxim.

1. 萼片脱落；花柱2～5。

4. 叶缘锯状齿尖锐短刺芒状，齿尖向内靠贴；花柱4～5。

5. 果黄色；叶基部广楔形 …………… 4. 白梨 P. bretschneideri Rehd.

5. 果褐色；叶基部圆形或近心形 …………… 5. 沙梨 P. pyrifolia (Burm. f.) Nakai

4. 叶缘锯状齿尢刺芒，齿尖开展；花柱2～5。

6. 果实近球形，2～3室，直径0.5～1厘米；花柱2～3。

7. 幼枝、花序和叶片下面均无毛；小枝无刺；叶卵形至椭圆形，缘有钝锯状齿；果黑褐色 …………… 6. 豆梨 P. calleryana Dcne.

7. 幼枝、花序和叶片下面均被茸毛；小枝具刺；叶菱状长卵形，缘有粗尖锯状齿；果暗褐色 ……………7. 杜梨 P. betulifolia Bunge

6. 果实球形或卵形，3～4室，直径1.2～2.5厘米；花柱（2～）3～4（～5）。

8. 果实直径2.0～2.5厘米；幼枝、花序和叶柄、叶片下面具茸毛 …………… 8. 褐梨 P. phaeocarpa Rehd.

8. 果实直径1.2～1.5厘米；幼枝、花序和叶柄、叶片下面均光滑无毛 ……… 9. 和尚梨 P. corymbifera Nakai

（1）西洋梨（辽宁植物志，内蒙古植物志，中国植物志）；洋梨（东北植物检索表）

Pyrus communis L., Sp. Pl. 459. 1753; 中国植物志36: 361. 1974; 辽宁植物志（上册）: 866. 1988; 内蒙古植物志（第二版）3: 84. 图版34: 6～8. 1989; 东北植物检索表（第二版）: 320. 1995.

原产欧洲及亚洲西部。辽宁省大连有少量栽培。

■ 西洋梨

果实测量

花

果实

叶背面观

叶正面观

植株一部分

果实后熟后可食用，芳香多汁，品味佳良。

大连金石滩尚见栽培重瓣品种，花重瓣。

（2）河北梨（辽宁植物志，东北植物检索表，中国植物志，Flora of China）

Pyrus hopeiensis Yu, 植物分类学报8: 232. 1963; 中国植物志36: 359. 图版49: 6～10. 1974; 辽宁植物志（上册）: 866. 图版365: 3. 1988; 东北植物检索表（第二版）: 320. 图版155: 2. 1995; Fl. China 9: 174. 2003.

生山坡丛林边。产吉林省集安；辽宁省凌源、阜新、盖州等地。

果实可食。花期观赏性强。

■ 河北梨

果实侧面观

果实正面观

叶缘

果枝

成熟期果实

（3）秋子梨（辽宁植物志，内蒙古植物志，东北植物检索表，中国植物志，Flora of China）；花盖梨（东北植物检索表，黑龙江省植物志，吉林树木图志）

Pyrus ussuriensis Maxim. in Bull. Acad. Sci. St. Petersb. 15: 132. 1857; 东北植物检索表: 166. 图版54: 6. 1959; 中国植物志36: 356. 图版49: 1～2. 1974; 辽宁植物志（上册）: 865. 图版365: 1～2. 1988; 内蒙古植物志（第二版）3: 83. 图版33: 5～7. 1989; 东北植物检索表（第二版）: 320. 图版155: 1. 1995; 黑龙江省植物志6: 118. 图版55: 1～2. 1998; Fl. China 9: 174. 2003.

生山脊和河谷的杂木林中。产黑龙江省小兴安岭、完达山脉、张广才岭、老爷岭等山区；吉林省东部山区及中部半山区各地；辽宁省各地；内蒙古自治区鄂伦春、科尔沁左翼后旗、大青沟、敖汉旗、巴林右旗、喀喇沁旗、宁城等地。

果实供鲜食或加工用，药用于胸闷胀满、消化不良、呕吐、热泻。木材供雕刻。幼苗可作梨的抗寒砧木。

栽培品种很多，常见的有香水梨、南果梨、红消梨、花盖梨、京白梨等。

■ 秋子梨

叶

果序

花序

（4）白梨（辽宁植物志，内蒙古植物志，东北植物检索表，中国植物志，Flora of China）

Pyrus bretschneideri Rehd. in Proc. Am. Acad. Arts Sci. 50: 231. 1915; 中国植物志36: 364. 1974; 辽宁植物志（上册）: 868. 图版366: 3. 1988; 内蒙古植物志（第二版）3: 87. 图版34: 1 ~ 5. 1989.

适宜生长在干旱寒冷的地区或山坡阳处。产河北、河南、山东、山西、陕西、甘肃、青海。辽宁省、内蒙古自治区常见栽培。

果实品质良好，鲜食或加工用。果实熬成的膏有止咳平喘、养阴清肺作用。

主要栽培品种有鸭梨、雪花梨、莱阳梨、明月梨等。

■ 白梨

果期

花

树干

叶基部广楔形

叶缘尖齿向内靠贴

幼果

（5）沙梨（辽宁植物志，内蒙古植物志，东北植物检索表，中国植物志，Flora of China）

Pyrus pyrifolia (Burm. f.) Nakai in Bot. Mag. Tokyo 40: 564. 1926; 中国植物志36: 365. 1974; 辽宁植物志（上册）: 868. 图版366: 1. 1988; 内蒙古植物志（第二版）3: 87. 图版35. 1989; 东北植物检索表（第二版）: 320. 图版155: 5. 1995; Fl. China 9: 177. 2003.

适宜生长在温暖而多雨的地区。产安徽、江苏、浙江、江西、湖北、湖南、贵州、四川、云南、广东、广西、福建。东北地区有栽培。

■ 沙梨

叶

叶缘

果实

植株一部分

果枝

（6）豆梨（中国树木分类学，中国植物志，Flora of China）

Pyrus calleryana Dcne. Jard. Fruit. 1: 329. 1871 ~ 1872; 中国树木分类学414. 1937; 中国高等植物图鉴2: 233. 图2196. 1972; 中国植物志36: 367. 图版50: 5 ~ 7. 1974; Fl. China 9: 178. 2003; 辽宁树木志：376. 2018.

■ 豆梨

果序侧面观

花背面观

果序正面观

■ 豆梨

花序

树干

叶

产山东、河南、江苏、浙江、江西、安徽、湖北、湖南、福建、广东、广西。沈阳、大连有栽培。

（7）杜梨（辽宁植物志，内蒙古植物志，东北植物检索表，中国植物志，Flora of China）

Pyrus betulifolia Bunge in Mem. Div. Sav. Acad. Sci. St. Petersb. 2: 101. 1835; 中国植物志36: 366. 图版50: 1～4. 1974; 辽宁植物志（上册）: 869. 图版366: 2. 1988; 内蒙古植物志（第二版）3: 87. 图版33: 1～4. 1989; 东北植物检索表（第二版）: 320. 图版155: 3. 1995; Fl. China 9: 177. 2003.

分布中国华北、西北及华中地区。吉林省、辽宁省、内蒙古自治区有栽培。

幼苗可作梨的砧木。木材致密，可做家具。枝叶用于霍乱、吐泻、反胃吐食等。树皮用于皮肤溃疡。果实有消食止痢作用。

■ 杜梨

果枝

花

花序有毛

小枝有刺

叶缘

植株

（8）褐梨（中国植物志，Flora of China）

Pyrus phaeocarpa Rehd. in Proc. Am. Acad. Arts Sci. 50: 235. 1915; 中国植物志36: 367. 1974; Fl. China 9: 177. 2003.

分布于河北、山东、山西、陕西、甘肃。辽宁省有少量栽培。

果实形小，品质不佳，常作梨的砧木。

■ 褐梨

果实侧面观

果实测量

果实正面观

叶

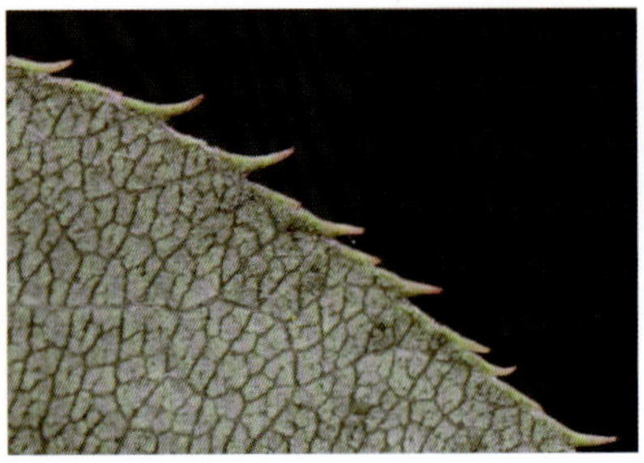
叶背面观

叶缘

（9）和尚梨（辽宁植物志，东北植物检索表）

Pyrus corymbifera Nakai in Bot. Mag. Tokyo 49: 345. 1935; 辽宁植物志（上册）: 869. 1988; 东北植物检索表（第二版）: 320. 1995.

生山坡。产辽宁省金州大黑山（模式标本产地）。

■ 和尚梨

果实横切

果实测量

小枝

树干

花序

叶背面观

17 苹果属 *Malus* Mill.

Malus Mill. Gard. Dict. abridg. ed. 4. 1754.

乔木或灌木，落叶，稀半常绿，通常不具刺。单叶互生，叶片有齿或分裂，在芽中呈席卷状或对折状，有叶柄和托叶。伞形总状花序；花瓣近圆形或倒卵形，白色、浅红至艳红色；雄蕊15～50，花药黄色，花丝白色；花柱3～5，基部合生，无毛或有毛，子房下位，3～5室，每室有2胚珠。梨果，通常不具石细胞或少数种类有石细胞，萼片宿存或脱落，子房壁软骨质，3～5室，每室有1～2粒种子；种皮褐色或近黑色，子叶平凸。

本属全世界约有55种，广泛分布于北温带，亚洲、欧洲和北美洲均产。中国有25种。东北地区产12种，其中栽培9种。

分种检索表

1. 萼片宿存；花柱4（5）；果径通常2厘米以上。
  2. 萼片先端急尖，比萼筒短或等长于萼筒；果实基部不下陷 ……………………**1. 海棠花 M. spectabilis** (Ait.) Borkh.
  2. 萼片先端渐尖，比萼筒长；果实基部下陷。
    3. 叶缘锯状齿钝；果实扁球形至球形，萼洼下陷 …………………………………………… **2. 苹果 M. pumila** Mill.
    3. 叶缘锯状齿尖锐；果实卵形，萼洼微凸。
      4. 果径4～5厘米，果梗长不过2厘米 ……………………………………………………**3. 花红 M. asiatica** Nakai
      4. 果径2～2.5厘米，果梗长2～3.5厘米 ………………………………………… **4. 楸子 M. prunifolia** (Willd.) Borkh.
1. 萼片脱落；花柱3～5；果径不超过1.5厘米。
  5. 叶通常分裂，稀有不裂，在芽中呈对折状。
    6. 叶3～5浅裂或不裂，基部圆形或广楔形；萼片三角状卵形，与萼筒等长或稍长；花淡粉红色，花柱基部有长柔毛；果实无石细胞 ……………………………………………………………… **5. 三叶海棠 M. sieboldii** (Regel) Rehd.
    6. 叶通常5裂，基部心形或近心形；萼片三角状披针形，比萼筒长；花白色，花柱基部无毛；果实有少数石细胞 ……………………………………………………………………………… **6. 山楂海棠 M. komarovii** (Sarg.) Rehd.
  5. 叶不分裂，在芽中呈席卷状。
    7. 萼片三角状卵形，与萼筒等长或稍短。
      8. 叶缘锯状齿细钝；萼片先端钝；花柱4或5；果梨形或倒卵形 ………………**7. 垂丝海棠 M. halliana** Koehne
      8. 叶缘锯状齿细锐；萼片先端急尖或渐尖；花柱3或4；果椭圆形或近球形 ……………………………………………………………………………… **8. 湖北海棠 M. hupehensis** (Pamp.) Rehd.
    7. 萼片披针形，稀卵形，长于萼筒。
      9. 花粉红色；萼片多数脱落，部分宿存 ………………………………………… **9. 西府海棠 M. micromalus** Makino
      9. 花白色或淡粉色；萼片完全脱落。
        10. 花淡粉色；果倒卵球形，紫红色 ………………**10. 金县山荆子 M. jinxianensis** J.Q. Deng & J.Y. Hong
        10. 花白色。
          11. 果实椭圆形或倒卵形，红色，径8～12毫米；叶柄、叶脉、花梗及萼筒外部均被疏柔毛 …………………………………………………… **11. 毛山荆子 M. mandshurica** (Maxim.) Kom. ex Juz.
          11. 果实近球形，红色或黄红色，径1厘米以下；叶柄、叶脉、花梗及萼筒外部均无毛 ……………………………………………………………………… **12. 山荆子 M. baccata** (L.) Borkh.

（1）海棠花（东北植物检索表，中国植物志，Flora of China）；海棠（辽宁植物志）

Malus spectabilis (Ait.) Borkh. in Theor.–Prakt. Handb. Forst. 2: 1279. 1803; 中国植物志36: 385. 1974; 辽宁植物志（上册）: 876. 1988; 东北植物检索表（第二版）: 320. 1995; Fl. China 9: 185. 2003.

分布华北、华东等地区。辽宁省大连有栽培。

本种为中国著名观赏树种，果实可食。

■ 海棠花

果期

花期

（2）苹果（辽宁植物志，黑龙江省植物志，内蒙古植物志，东北植物检索表，中国植物志，Flora of China）

Malus pumila Mill. in Gard. Dict. ed. 8. M. no. 3. 1768; 中国植物志36: 381. 1974; 辽宁植物志（上册）: 874. 图版368: 1 ~ 2. 1988; 内蒙古植物志（第二版）3: 93. 图版38: 1 ~ 3. 1989; 东北植物检索表（第二版）: 318. 图版154: 4. 1995; 黑龙江省植物志6: 117. 图版54: 3 ~ 4. 1998; Fl. China 9: 183. 2003.

原产欧洲及亚洲中部。黑龙江省西部平原地区及东北其他地方常见栽培。

著名果树，果实生食或加工，还可酿酒。观赏价值也较高。

■ 苹果

果枝

花侧面观

花枝

（3）花红（辽宁植物志，内蒙古植物志，东北植物检索表，中国植物志，Flora of China）

Malus asiatica Nakai in Matsumura in Ic. Pl. Koisik. 3: t. 155. 1915; 中国植物志36: 383. 1974; 辽宁植物志（上册）: 874. 1988; 内蒙古植物志（第二版）3: 95. 图版38: 4 ~ 5. 1989; 东北植物检索表（第二版）: 320. 1995; Fl. China 9: 184. 2003.

适宜生长山坡阳处、平原沙地。辽宁省大连等地有栽培。

果食用，且可药用，有止渴、化滞、涩精作用，用于消渴、泄泻、遗精。

■ 花红

叶

果枝

果实

植株

叶缘

（4）楸子（辽宁植物志，内蒙古植物志，东北植物检索表，中国植物志，Flora of China）

Malus prunifolia (Willd.) Borkh. in Theor.–Prakt. Handb. Forst. 2: 1278. 1803; 中国植物志36: 384. 1974; 辽宁植物志（上册）: 876. 图版368: 3. 1988; 内蒙古植物志（第二版）3: 93. 图版37: 1 ~ 2. 1989; 东北植物检索表（第二版）: 320. 图版154: 5. 1995; Fl. China 9: 184. 2003.

■ 楸子

果期

花期

■ 楸子

小枝

果实

花蕾

生山坡、平地或山谷梯田边。辽宁省各地及内蒙古自治区常见栽培。

早春观花、秋季观果植物，也是苹果的优良砧木。果实可供食用及加工。

（5）三叶海棠（辽宁植物志，东北植物检索表，中国植物志，Flora of China）

Malus sieboldii (Regel) Rehd. in Sarg. Pl. Wils. 2: 293. 1915; 中国植物志36: 388. 图版52: 1～3. 1974; 辽宁植物志（上册）: 877. 图版369. 1988; 东北植物检索表（第二版）: 318. 图版154: 7. 1995; Fl. China 9: 186. 2003.

生山坡杂木林或灌木丛中。辽宁省旅顺口、金州、丹东、盖州等地有栽培。

本种常作为苹果砧木。也可供观赏。

早春观花、秋季观果植物。果实有消食健胃作用，主治饮食积滞。

■ 三叶海棠

果期

果枝

花期

（6）山楂海棠（东北植物检索表，中国植物志，Flora of China）

Malus komarovii (Sarg.) Rehd. in Journ. Arn. Arb. 2: 51. 1920; Fl. China 9: 186. 2003; 中国植物志36: 390. 1974; 东北植物检索表（第二版）: 320. 图版154: 8. 1995.

生林缘、疏林、灌木丛中。产吉林省安图、珲春、和龙、长白、抚松等地。

在2021年公布的《国家重点保护野生植物名录》中，本种被列为二级保护植物。

■ 山楂海棠

果实

花序侧面观

花序正面观

叶

花枝

（7）垂丝海棠（辽宁植物志，东北植物检索表，中国植物志，Flora of China）

Malus halliana Koehne in Gatt. Pomac. 27. 1890; 中国植物志36: 380. 图版51: 16 ~ 17. 1974; 辽宁植物志（上册）: 872. 图版367: 4. 1988; 东北植物检索表（第二版）: 318. 图版154: 3. 1995; Fl. China 9: 183. 2003.

产江苏、浙江、安徽、陕西、四川、云南等地。辽宁省大连有栽培。

典型的早春观花、秋季观果植物。花有调经活血作用。

■ 垂丝海棠

树干

花侧面观

花枝

（8）湖北海棠（东北植物检索表，中国植物志，Flora of China）

Malus hupehensis (Pamp.) Rehd. in Journ. Arn. Arb. 14: 207. 1933; Fl. China 9: 182. 2003; 中国植物志36: 378. 图版51: 12 ~ 15. 1974; 东北植物检索表（第二版）: 320. 1995.

产湖北、湖南、江西、江苏、浙江、安徽、福建、广东、甘肃、陕西、河南、山西、山东、四川、云南、贵州等地。辽宁省大连有栽培。

典型的早春观花、秋季观果植物。花有调经活血作用。

■ 湖北海棠

果序

花侧面观

花枝

树干

植株

植株一部分

（9）西府海棠（辽宁植物志，内蒙古植物志，东北植物检索表，中国植物志，Flora of China）

Malus micromalus Makino in Bot. Mag. Tokyo 22: 69. 1908; 中国植物志36: 386. 1974; 辽宁植物志（上册）: 877. 图版368: 4. 1988; 内蒙古植物志（第二版）3: 90. 图版37: 3 ~ 5. 1989; 东北植物检索表（第二版）: 318. 图版154: 6. 1995; Fl. China 9: 185. 2003.

分布于中国华北、西北地区。辽宁省大连及内蒙古自治区多地有栽培。

■ 西府海棠

果序

花枝

植株

树干

为园林观赏佳品。果味酸甜，可供鲜食及加工，药用于泻痢。

栽培品种很多，果实形状、大小、颜色和成熟期均有差别。

（10）金县山荆子（东北植物检索表，Flora of China）

Malus jinxianensis J. Q. Deng & J. Y. Hong in Acta Phytotax. Sin. 25(4): 326. pl. 1. 1987; Fl. China 9: 181. 2003.——*M. baccata* (L.) Borkh. var. *jinxianensis* (J. Q. Deng et T. Y. Hong) C. Y. Li, 东北植物检索表（第二版）: 318. 1995.

生山坡杂木林中。产辽宁省旅顺口、金州（模式标本采自九里村）等地。

资源价值同山荆子。

■ 金县山荆子

果枝

花正面观

花侧面观

（11）毛山荆子（辽宁植物志，黑龙江省植物志，东北植物检索表，中国植物志，Flora of China）

Malus mandshurica (Maxim.) Kom. ex Juz. in Fl. URSS 9: 371. 1939; 中国植物志36: 376. 图版51: 4～7. 1974; Fl. China 9: 181. 2003.——*M. baccata* (L.) Borkh. var. *mandshurica* (Maxim.) Schneid. in Ill. Handb. Laubholzk. 1: 721. f. 397. 1906; 辽宁植物志（上册）: 872. 图版367: 3. 1988; 东北植物检索表（第二版）: 318. 图版154: 2. 1995; 黑龙江省植物志6: 117. 图版54: 2. 1998.

生山坡杂木林中、山顶、山沟。产黑龙江省哈尔滨、尚志、宁安、呼玛；吉林省临江、通化、柳河、梅河口、辉南、集安、抚松、靖宇、长白、安图；辽宁省大连、旅顺口、普兰店、瓦房店、庄河、长海、沈阳、盖州、凤城；内蒙古自治区牙克石、通辽、喀喇沁旗等地。

资源价值同山荆子。

■ 毛山荆子

果序

花

花萼

（12）山荆子（辽宁植物志，黑龙江省植物志，内蒙古植物志，东北植物检索表，中国植物志，Flora of China）

Malus baccata (L.) Borkh. in Handb. Forst. 2: 1280. 1803; 中国植物志36: 375. 图版5: 1 ~ 3. 1974; 辽宁植物志（上册）: 872. 图版367: 1 ~ 2. 1988; 内蒙古植物志（第二版）3: 90. 图版36. 1989; 东北植物检索表（第二版）: 318. 图版154: 1. 1995; 黑龙江省植物志6: 115. 图版54: 1. 1998; Fl. China 9: 181. 2003.——*Malus pallasiana* Juzep. in Fl. URSS 9: 370. t. 22: 4. 1939; 刘慎谔等, 东北木本植物图志303. 图版105: 215. 1955.

生山坡、山谷杂木林中及溪流旁。产黑龙江省黑河、呼玛、萝北、嘉荫、孙吴、齐齐哈尔、宁安、尚志、伊春、哈尔滨、虎林；吉林省东部长白山区和中部半山区各地；辽宁省各地；内蒙古自治区海拉尔、额尔古纳、牙克石、鄂伦春、鄂温克、科尔沁右翼前旗、突泉、科尔沁左翼后旗、大青沟、敖汉旗、巴林左旗、巴林右旗、阿鲁科尔沁旗、克什克腾旗、喀喇沁旗、宁城、东乌珠穆沁旗、西乌珠穆沁旗、锡林浩特、阿巴嘎旗、正蓝旗等地。东部各地常见栽培。

优良的观赏树种和蜜源植物。幼苗作苹果、花红和海棠果的嫁接砧木。木材纹理通直、结构细致，用于印刻雕版、细木工、工具把等。果实可食或酿酒、制作饮料，也有药用价值。

■ 山荆子

果序

花侧面观

花枝

叶

花正面观

18 扁核木属 *Prinsepia* Royle

Prinsepia Royle Ill. Pll. Himal. 206. t. 38. f. 1. 1835.

落叶灌木。茎直立或攀缘，有枝刺，枝具片状髓部。单叶互生或簇生，有短柄；叶片全缘或有细齿；托叶小型，早落。花两性，排成总状花序或簇生和单生，生于叶腋或侧枝顶端；萼筒宿存，杯状，具有圆形不相等的裂片；花瓣5，白色或黄色，近圆形，有短爪，着生在萼筒的喉部；雄蕊10或多数，分数轮，着生在萼筒口部花盘边缘，花丝较短，药囊分开，常不相等；花柱近顶生或侧生，柱头头状。核果椭圆形或圆筒形，肉质；核革质，平滑或稍有纹饰。

本属全世界有5种，分布于喜马拉雅山区、不丹、锡金。中国有4种。东北地区产2种，其中栽培1种。

分种检索表

1. 花簇生稀单生，花瓣黄色；花梗长1～1.8厘米；叶片卵状披针形至披针形
…………………………………………………………………… 1. 东北扁核木 P. sinensis (Oliv.) Oliv. ex Bean

1. 花单生或2～3朵簇生于叶丛内，花瓣白色；花梗长3～5毫米；叶片长圆披针形或狭长圆形
……………………………………………………………………………………… 2. 蕤核 P. uniflora Batal.

（1）东北扁核木（辽宁植物志，黑龙江省植物志，内蒙古植物志，东北植物检索表，中国植物志，Flora of China）；东北蕤核（拉汉种子植物名称）；辽宁扁核木（中国树木分类学）

Prinsepia sinensis (Oliv.) Oliv. ex Bean in Kew Bull. 1909: 354. 1909; 中国植物志38: 6. 1986; 辽宁植物志（上册）: 821. 图版349. 1988; 内蒙古植物志（第二版）3: 167. 1989; 东北植物检索表（第二版）: 324. 图版157: 1. 1995; 黑龙江省植物志6: 124. 图版57: 1～5. 1998; Fl. China 9: 390. 2003.

生山沟杂木林及林缘灌丛中。产黑龙江省尚志、哈尔滨；吉林省长白、靖宇、临江、辉南、通化、安图；辽宁省庄河、宽甸、凤城、桓仁、本溪、清原；内蒙古自治区宁城（黑里河林场）。

材质坚实细腻，有一定工艺价值。果实酸甜，可食。种子有清肝明目作用。

■ 东北扁核木

果序

果实

枝刺

树皮片状剥落

植株一部分

花序

（2）蕤核（内蒙古植物志，中国植物志，Flora of China）；扁核木（辽宁植物志，东北植物检索表）

Prinsepia uniflora Batal. in Act. Hort. Petrop. 12: 167. 1892; 中国植物志38: 6. 图版1: 4～5. 1986; 辽宁植物志（上册）: 823. 1988; 内蒙古植物志（第二版）3: 166. 图版67. 1989; 东北植物检索表（第二版）: 324. 1995; Fl. China 9: 389. 2003.

自然分布于河南、山西、陕西、内蒙古自治区、甘肃和四川等地。辽宁省熊岳有栽培记录。

果实可酿酒、制醋或食用，种子可入药。

■ 蕤核

果枝

花枝

19 李属 *Prunus* L.

Prunus L., Sp. Pl. 473. 1753.

落叶或常绿乔木或灌木。枝无刺，稀有刺但不为腋生。单叶互生，叶片边缘有锯状齿，稀全缘，基部或叶柄上通常有腺体。花两性，单生、簇生或数朵排列成伞房花序、总状花序，与叶同时或先于叶开放；苞片早落或宿存；萼筒杯状、钟状或管状，萼裂片5，脱落，稀宿存；花瓣5，白色至红色；雄蕊15～50枚，多着生于萼筒边缘；心皮1，子房上位，具1～2下垂胚珠，花柱顶生，柱头头状或扁平。果实为核果，中果皮肉质，稀干燥；果核平滑、具沟槽或皱纹；种子1。

本属全世界约250种，分布于北美洲、墨西哥、中美洲、南美洲、欧洲、非洲、澳大利亚，大多数种类分布于北半球。中国有86种。东北地区产30种21变种9变型，其中栽培18种12变种9变型。

分种检索表

1. 果实无纵沟，无白霜。
  2. 叶初生时绿色，后逐渐变成紫色；花瓣2～7毫米；萼片长度等于宽度 ……………… 1. 紫叶稠李 P. virginiana L.
  2. 叶始终为绿色；花瓣5～9毫米；萼片长度大于宽度。
    3. 叶背面散生褐色腺点；花序基部通常不具叶；雄蕊与花瓣近等长；树皮黄褐色且有光泽 ……………… 2. 斑叶稠李 P. maackii Rupr.

（接上表）

3. 叶背面无褐色腺点；花序基部具数枚叶片；雄蕊长约为花瓣的1/2；树皮灰黑色（3. **稠李** P. padus L.）。

4. 叶背面无白粉。

5. 叶片边缘有不规则锐锯状齿。

6. 叶两面无毛

7. 小枝幼时被短绒毛，以后脱落无毛；花序、总花梗和花梗通常无毛；叶柄幼时被短绒毛，以后脱落近无毛 ……………………………………………………………… 3a. **稠李** P. padus var. padus

7. 小枝、花序、花梗、总花梗均被短柔毛 ………………………………… 3b. **北亚稠李** P. padus var. asiatica (Kom.) Y. H. Tong & N. H. Xia

6. 叶背面主、侧脉密被锈色毛 ……………… 3c. **锈毛稠李** P. padus var. rufo-ferruginea Nakai ex Mori

5. 叶片边缘为开展或贴生重锯状齿，或为不规则近重锯状齿，齿披针形；小枝、叶片下面、叶柄和花序基部均密被棕褐色长柔毛 …………………………… 3d.**毛叶稠李** P. padus var. pubescens Reget et Tiling

4. 叶背面有白粉，嫩时更明显 ……………………………………………… 3e. **粉叶稠李** P. padus var. glauca Nakai

1. 果实有纵沟，常被茸毛或白霜；如果果实无纵沟，无白霜，则花单生、簇生或为伞形花序或10花以下成伞房总状花序。

8. 果实无纵沟，无白霜。

9. 灌木；腋芽3枚并立，中间为叶芽，两侧为花芽。

10. 小枝及叶两面均密被茸毛；叶宽大；萼筒管状，长为宽的2倍以上；子房有毛（4. **毛樱桃** P. tomentosa Thunb.）。

11. 果实成熟时红色；萼片红色稍待绿色 ……………………… 4a. **毛樱桃** P. tomentosa var. tomentosa

11. 果实成熟时乳白色或白色；萼片绿色 ……………………………… 4b. **白果樱桃** P. tomentosa var. leueocorpa (Kehder.) S. M. Zhang

10. 小枝及叶均无毛或被微茸毛；叶狭小；萼筒钟形或杯状，长宽近相等；子房无毛或被疏毛。

12. 叶倒卵状披针形或长圆状披针形，中部或中部以上最宽，基部楔形。

13. 叶倒卵状狭披针形或倒卵状椭圆形，长2.5～4.5厘米，宽0.7～1.5厘米，叶柄长1～2毫米；小枝被短柔毛；花单瓣 ……………………………………………………………… 5. **欧李** P. humilis Bunge

13. 叶椭圆状披针形或卵状长圆形，长3～8厘米，宽（1～）1.5～3厘米，叶柄长3～6毫米；小枝无毛；花重瓣。

14. 花白色 ……………………… 6b. **白花重瓣麦李** P. glandulosa f. albo-plena (Pers.) Koehne

14. 花粉色 ………………………… 6c. **粉花重瓣麦李** P. glandulosa f. siensis (Pers.) Koehne

12. 叶卵形、椭圆状卵形至卵状披针形，中部以下最宽，基部圆形、心形至浅心形（7. **郁李** P. japonica Thunb.）。

15. 叶基部圆形。

16. 叶柄长2～3毫米；花梗长5～12毫米 ……………………… 7a. **郁李** P. japonica var. japonica

16. 叶柄长3～5毫米；花梗长1～2厘米 …… 7b. **长梗郁李** P. japonica var. nakaii (Levl.) Yu et Li

15. 叶基部心形至浅心形；花梗长10～15（～20）毫米 ……………………………………………………… 7c. **东北郁李** P. japonica var. engleri Koehne

9. 乔木；腋芽单生。

17. 伞房总状花序；苞片果期宿存或脱落。

18. 每花序有花3～10，苞片大，绿色，宿存；叶长3.5～9厘米，边缘有粗锐重锯状齿

（接上表）

……………………………………………………………………………… 8. **黑樱桃** P. *maximowiczii* Rupr.

18. 每花序有花3～6，苞片小，绿褐色，脱落；叶长1.3～3.5厘米，边缘有圆钝细锯状齿 ……………………………………………………………………………………… 9. **圆叶樱桃** P. *mahaleb* L.

17. 花单生、簇生、伞形或近伞形花序；苞片果期脱落。

19. 花柱基部有短毛。

20. 叶两面无毛或仅背面沿脉被疏毛；总花梗短而常不露于总苞片之外；萼筒管状；花单瓣……………………………………………………………………………… 10. **东京樱花** P. *yedoensis* Matsum.

20. 叶两面均被短柔毛，背面毛更密；总花梗长1～2.5厘米；萼筒钟状；花重瓣 ………………………………………………………………………………11. **南殿樱** P. *sieboldii* (Carr.) Wittm.

19. 花柱无毛。

21. 叶缘锯状齿长刺芒状，总花梗长1～3厘米；花单瓣或重瓣，白色或粉红色（12. **山樱花** P. *serrulata* Lindl.）。

22. 叶柄、花梗、总花梗及花萼均无毛或花梗疏被毛 …… 12a. **山樱花** P. *serrulata* var. *serrulata*

22. 叶柄、花梗、总花梗及花萼均被短柔毛 …………………………………… 12b. **毛叶山樱花** P. *serrulata* var. *pubescens* (Makino) Wils.

21. 叶缘锯状齿非刺芒状或具短刺芒，总花梗短或无。

23. 花梗、萼筒均被短柔毛，稀无毛。

24. 伞形花序无总梗或梗极短；花先叶开放；花序有花3～5，花瓣粉红色（13. **大叶早樱** P. *subhirtella* Miq.）。

25. 枝条直立或斜升 …………………………13a. **大叶早樱** P. *subhirtella* var. *subhirtella*

25. 枝条下垂 ………… 13b. **垂枝大叶早樱** P. *subhirtella* var. *pendula* (Maxim.) Tanaka

24. 伞形或近伞形花序，总花梗长1厘米以下，短于总苞；花与叶同时开放；花序有花1～3，花瓣初时白色带粉、后变白色…………………………… 14. **霞樱** P. *leveilleana* Koehne

23. 花梗与萼筒均无毛。

26. 叶缘有锐重锯状齿，稍具短芒；萼片直立；无总梗或近无总梗；花蔷薇色 ……………………………………………………………………… 15. **大山樱** P. *sargentii* Rehd.

26. 叶缘有圆钝锯状齿；萼片反折；总花梗短；花白色。

27. 叶背面无毛；萼片边缘有腺齿；花序基部常有叶状苞片；果味酸 ……………………………………………………… 16. **欧洲酸樱桃** P. *cerasus* Ledeb.

27. 叶背面被短柔毛；萼片全缘；花序无叶状苞片；果味甜 ……………………………………………………………… 17. **欧洲甜樱桃** P. *avium* (L.) L.

8. 果实有纵沟，常被茸毛或白霜。

28. 叶芽单生；幼叶于芽内常席卷状；子房及果实无毛或有毛；花单生或2～3朵簇生。

29. 子房或果实无毛，有白霜；花梗细长。

30. 叶片下面被短柔毛；果红色、紫色或黄色和绿色，被蓝黑色果粉……… 18. **欧洲李** P. *domestica* L.

30. 叶片下面无毛或有微柔毛或沿中脉被柔毛；果黄色或红色，不被蓝黑色果粉。

31. 花通常3朵簇生，稀2；叶绿色。

32. 果实直径1.5～2.5厘米；叶片下面被柔毛 ……… 19. **东北李** P. *ussuriensis* Kov. et Kost.

32. 果实直径5～7厘米；叶片光滑或脉腋间具柔毛。

（接上表）

33. 叶片长圆倒卵形、长椭圆形，稀长圆卵形；果梗长1～2厘米；核卵圆形或长圆形，有皱纹 ………………………………………………………… **20. 李 P. salicina** Lindl.

33. 叶椭圆形或倒卵状椭圆形；果梗长0.4～1.2厘米；核扁圆形，表面有浅网状纹 ……… ………**21. 李梅杏 P. limeixing** (J. Y. Zhang & Z. M. Wang) Y. H. Tong & N. H. Xia

31. 花单生或2朵并生；叶红紫色或绿色。

34. 花直径1.0～1.5厘米；叶红紫色 ……**22. 紫叶矮樱 P. × cistena** N. E. Hansen ex Koehne

34. 花直径2.0～2.5厘米（23. 樱桃李P. cerasifera Ehrhart）。

35. 叶绿色 ………………………………………… **23a. 樱桃李 P. cerasifera** f. **cerasifera**

35. 叶红紫色 …………………… **23b. 紫叶李 P. cerasifera** f. **atropurpurea** (Jacq.) Rehd.

29. 子房及果实被茸毛；花近无梗或梗极短。

36. 叶紫红色；花重瓣；花梗长1.5厘米左右 ……………………………**24. 樱李梅 P. × blireana** André

36. 叶绿色；花单瓣或重瓣；花梗无或6毫米以下。

37. 一年生枝绿色；叶边具小而锐的锯状齿，幼时两面具短柔毛，老时仅下面脉腋间有短柔毛；果实黄色或绿白色，具短梗或几乎无梗；核具蜂窝状孔穴 ……………………………………………………………… **25. 梅 P.mume** (Sieb.) Sieb. et Succ.

37. 一年生枝灰褐色至红褐色。

38. 叶缘具重锯状齿；花梗长5～6毫米；乔木，高达15米［**26. 东北杏 P. mandshurica** (Maxim.) Koehne］。

39. 叶片幼时两面具毛，老时仅下面脉腋间具柔毛 ………………………………………… **26a. 东北杏 P. mandshurica** var. **mandshurica**

39. 叶片两面均无毛 ………………… **26b. 光叶东北杏 P. mandshurica** var. **glabra** Nakai

38. 叶缘具单锯状齿；花近无梗。

40. 灌木或小乔木，高1.5～3米；叶卵形或近圆形，先端尾状渐尖；果肉干燥，熟时开裂（**27. 山杏 P. sibirica** L.）。

41. 花单瓣；果核表面较平滑。

42. 枝不下垂 …………………………………… **27a. 山杏 P. sibirica** var. **sibirica**

42. 枝下垂 ………… **27b. 垂枝杏 P. sibirica** var. **davidiana** (Carr.) Y. L. Chou

41. 花重瓣，约30片；果核表面粗糙 … **27c. 辽梅杏 Prunus sibirica** var. **pleniflora** (J. Y. Zhang et al.) Y. H. Tong & N. H. Xia

40. 乔木，高达10米；叶广卵形或椭圆状卵形，先端极尖或短渐尖；果肉多汁，熟时不开裂（**28. 杏 P. armeniaca** L.）。

43. 花单瓣。

44. 叶基部圆形至近心形；花单生，白色或带红色；果实白色、黄色至黄红色，常具红晕。

45. 叶片两面无毛，或下面脉腋间具簇生柔毛；叶柄长2～3厘米，无毛 … ……………………………………… **28a. 杏 P. armeniaca** var. **armeniaca**

45. 叶片下面沿叶脉密被黄褐色柔毛；叶柄较短，也密被柔毛 ………………………**28b. 熊岳大扁杏 P. armeniaca** var. **xiongyueensis** (T. Z. Li et al.) Y. H. Tong & N. H. Xia

（接上表）

44. 叶片基部楔形或宽楔形；花常2朵，淡红色；果实红色 ······································· 28c. 野杏 P. armeniaca var. ansu Maxim.

43. 花重瓣，花瓣约70片，雄蕊百余枚，柱头较长　28d. 陕梅杏 P. armeniaca var. meixianeensis (T. Z. Li et al.) Y. H. Tong & N.H. Xia

28. 腋芽并生（两侧为花芽，中间为叶芽）；幼叶于芽内对折；子房及果实均被茸毛；花1～2朵。

46. 灌木；果核表面无孔穴，仅有浅沟纹；叶先端短渐尖，有时3裂，背面被柔毛（29. 榆叶梅 P. triloba Lindl.）。

47. 花单瓣 ··· 29a. 榆叶梅 P. triloba f. triloba

47. 花重瓣。

48. 萼裂片常在10枚以上；花梗比萼筒长··· 29b. 重瓣榆叶梅 P. triloba f. multiplex (Bunge) Rehder

48. 萼裂片10枚；花梗约与萼筒等长············29c. 兰枝 P. triloba f. petzoldii (K. Koch) Q. L. Wang

46. 乔木；果核表面有沟纹和孔穴；叶先端渐尖或长渐尖，不分裂，两面无毛。

49. 树皮光滑，暗紫红色；叶缘锯状齿细而尖锐；萼片外面无毛；果小，果肉薄而干燥（30. 山桃 P. davidiana (Carr.) Franch.）。

50. 小枝不扭曲。

51. 花单瓣。

52. 野生；花淡粉红色 ··································· 30a. 山桃 P. davidiana var. davidiana

52. 栽培；花白色或深粉红色。

53. 花白色 ·· 30b. 白花山桃 P. davidiana cv. 'Alba'

53. 花深粉红色 ··································· 30c. 红花山桃 P. davidiana cv. 'Rubra'

51. 花重瓣，白色 ·································30d. 白花山碧桃 P. davidiana cv. 'Alba-plena'

50. 小枝自然扭曲。

54. 花淡粉红色 ·· 30e. 曲枝山桃 P. davidiana cv. 'Tortuosa'

54. 花白色 ······································· 30f. 白花曲枝山桃 P. davidiana cv. 'Alba Tortuosa'

49. 树皮粗糙，暗红褐色；叶缘锯状齿圆钝；萼片外被短柔毛；果大，多汁（31. 桃 P. persica (L.) Batsch.）。

55. 不坐果或坐果，果实卵形、宽椭圆形；核大，椭圆形或近圆形，表面具纵、横沟纹和孔穴（31a. 桃 P. persica var. persica）。

56. 花单瓣 ·· 31aa. 桃 P. persica f. persica

56. 花半重瓣或重瓣。

57. 花半重瓣。

58. 花白色或间有红色或有红色条纹。

59. 花纯白色 ········ 31ab. 千瓣白桃 P. persica f. alba-plena (Schneid) S. M. Zhang

59. 花白色，有时一枝上之花兼有红色和白色，或白花而有红色条纹 ···················· 31ac. 撒金碧桃 P. persica f. versicolor (Voss.) S. M. Zhang

58. 花桃红色。

60. 叶绿色 ········ 31ad. 红花碧桃 P. persica f. rubro-plena (Schneid) S. M. Zhang

60. 叶紫红色 ······ 31ae. 紫叶碧桃 P. persica f. atropurpurea (Schneid) S. M. Zhang

57. 花重瓣，菊花形，花瓣30枚左右 ······ 31b. 菊花桃 P. persica cv. 'Chrysanthemoides'

55. 坐果，果实扁平；核小，圆形，有深沟纹 ··· 31c. 蟠桃 P. persica var. compressa (Loud.) Bean

（1）紫叶稠李（辽宁树木志，植物智网站）

Prunus virginiana L., Sp. Pl. 1: 473. 1753.——*Padus virginiana* (L.) Mill., Gard. Dict., ed. 8. n. 3. 1768; 辽宁树木志: 400. 图418: 1 ~ 4. 2018.

原产于北美洲。辽宁省各地常见栽培。

彩叶树种，常见于城市绿化。

■ 紫叶稠李

小枝

植株

花侧面观

花序

成熟果序

幼果序

（2）斑叶稠李（辽宁植物志，东北植物检索表，中国植物志，Flora of China）；山桃稠李（黑龙江省植物志）；披针形斑叶稠李（中国植物志）

Prunus maackii Rupr. in Bull. Acad. Sci. St. Petersb. 15: 361. 1857; 辽宁植物志（上册）: 343. 图版357: 3. 1988; 东北植物检索表（第二版）: 324. 图版157: 4. 1995; 黑龙江省植物志6: 131. 图版60: 1 ~ 2. 1998.——*Padus maackii* (Rupr.) Kom. f. *lanceolata* Yu et Ku, 中国植物志38: 95. 1986.——*Padus maackii* (Rupr.) Kom. in Kom. & Klobukova-Alison, Key Pl. Far. East. Reg. URSS 2: 657. 1932; 中国植物志38: 94. 图版16: 6 ~ 7. 1986; Fl. China 9: 422. 2003.

生林中溪流旁、林缘。产黑龙江省海林、尚志、伊春、密山、虎林、哈尔滨；吉林省集安、通化、靖宇、抚松、长白、临江、汪清、蛟河、敦化、安图、和龙；辽宁省庄河、桓仁、本溪、宽甸等地。

木材纹理细，可用于细木工。良好的蜜源植物。果实可食。

■ 斑叶稠李

植株

树干

花

叶背面观

植株一部分

花序

果序

（3）稠李（辽宁植物志，黑龙江省植物志，内蒙古植物志，东北植物检索表，中国植物志，Flora of China）

Prunus padus L., Sp. Pl. 473. 1753; 辽宁植物志（上册）: 845. 图版357: 1. 1988; 内蒙古植物志（第二版）3: 169. 图版68. 1989; 东北植物检索表（第二版）: 324. 图版157: 2. 1995; 黑龙江省植物志6: 136. 图版60: 3. 1998.——*Padus avium* Mill. in Gard. Dict. (ed. 8) no. 1. 1778; Flora of China 9: 423. 2003.——*P. racemosa* (Lam.) Gilib. in Pl. Rar. Comm. Lithuan. 74. 310. 1785; 中国植物志38: 96. 1986.

（3a）稠李（原变种）

Prunus padus var. *padus*

生山中溪流沿岸及沟谷地带。产黑龙江省海林、尚志、哈尔滨、黑河、伊春、呼玛；吉林省安图、

■ 稠李

树干

叶背面观

果序

叶柄基部腺体

■ 稠李

花正面观

花侧面观

花枝

抚松、柳河、蛟河、临江、长白、桦甸、珲春、汪清；辽宁省丹东、宽甸、凤城、桓仁、本溪、沈阳、鞍山、庄河、凌源；内蒙古自治区海拉尔、额尔古纳、牙克石、鄂伦春、鄂温克、科尔沁右翼前旗、科尔沁左翼后旗、大青沟、阿鲁科尔沁旗、克什克腾旗、西乌珠穆沁旗、锡林浩特、宝格达山、正蓝旗等地。

木材供建筑、家具或器具制作；叶入药，有镇咳之效；果可食。良好的观花、观叶、观果树种。也是一种蜜源植物。

（3b）北亚稠李（变种）（中国植物志，Flora of China）

Prunus padus var. *asiatica* (Kom.) Y. H. Tong & N. H. Xia, 生物多样性24(6): 714 ~ 718. 2016.——*Padus avium* var. *asiatica* (Kom.) T. C. Ku & B. M. Barthol. in Flora of China 9: 423. 2003.——*P. racemosa* (Lam.) Gilib. var. *asiatica* (Kom.) Yu et Ku, 中国植物志38: 98. 1986.——*Padus asiatica* Kom. Fl. URSS 10: 578. 1941; 东北木本植物图志: 322. 图版111. 236. 图版CXI: 236. 1955.

生山坡、林缘或阔叶林中以及丘陵或河岸等处，海拔800米以上。产黑龙江省依兰、尚志、带岭；吉林省桦甸、抚松、长白、安图；辽宁省沈阳、千山、桓仁、凤城。

（3c）锈毛稠李（变种）（东北植物检索表）

Prunus padus var. *rufoferruginea* Nakai ex Mori, Enum. Pl. Corea 209. 1922, nom. inval.; 东北植物检索表（第二版）: 324. 1995.

产内蒙古自治区。辽宁有栽培。

■ 锈毛稠李

果序

果枝

叶背面观

叶正反面对比

（3d）毛叶稠李（变种）（中国植物志，Flora of China）；多毛稠李（辽宁植物志，黑龙江省植物志，东北植物检索表）

Prunus padus var. *pubescens* Reget et Tiling in Nouv. Mém. Soc. Imp. Naturalistes Moscou 11: 79. 1858; 辽宁植物志（上册）: 845. 图版357: 2. 1988; 东北植物检索表（第二版）: 324. 图版157: 3. 1995.——*Prunus padus* f. *pubescens* (Regel) Kitag. in Neo–Lineam. Fl. Mansh. 379. 1979; 黑龙江省植物志6: 137. 1998.——*Padus avium* var. *pubescens* (Regel & Tiling) T. C. Ku & B. M. Barthol. in Flora of China 9: 423. 2003.——*P. racemosa* (Lam.) Gilib. var. *pubescens* (Regel & Tiling) Schneid. in Ill. Flandb. Laubh. 1: 640. 1906; 中国植物志38: 97. 1986.

生山坡林中和河谷溪流旁。产黑龙江省张广才岭至老爷岭山区；辽宁省凤城、本溪、宽甸、西丰等地。

■ 毛叶稠李

叶背面观

叶

果序

（3e）粉叶稠李（变种）（东北植物检索表）

Prunus padus var. *glauca* Nakai in Tokyo Bot. Mag. 31: 98. 1917; 东北植物检索表（第二版）: 324. 1995.

生境不详。黑龙江省、内蒙古自治区有分布。

（4）毛樱桃（辽宁植物志，黑龙江省植物志，内蒙古植物志，东北植物检索表，中国植物志，Flora of China）

Prunus tomentosa Thunb. in Gl. Jap. 203. 1784; 辽宁植物志（上册）: 846. 图版351: 1 ~ 3. 1988; 内蒙古植物志（第二版）3: 178. 图版71: 4 ~ 5. 1989; 东北植物检索表（第二版）: 326. 图版159: 5. 1995; 黑龙江省植物志6: 141. 图版64: 1 ~ 2. 1998.——*Cerasus tomentosa* (Thunb.) Wall. in Numer. List. n. 715. 1829; 中国植物志38: 86. 图版15: 1 ~ 2. 1986; Fl. China 9: 406. 2003.

（4a）毛樱桃（原变种）

Prunus tomentosa var. *tomentosa*

生山坡灌丛中。产吉林省延边、通化；辽宁省丹东、宽甸、桓仁、本溪、庄河、大连、瓦房店、金州、鞍山、北镇、义县、沈阳；内蒙古自治区喀喇沁旗、宁城、正镶白旗等地。黑龙江省各地常见栽培。

果实可食，也可酿酒，还可入药，能调中益气；核仁有润肠利尿作用。花朵密集，可供观赏。也作为榆叶梅的嫁接砧木。

■ 毛樱桃

花枝

果枝

花序

果期

植株

（4b）白果樱桃（变种）（辽宁木本植物志）

Prunus tomentosa var. *leueocorpa* (Kehder.) S. M. Zhang, 辽宁木本植物志: 274. 2018.——*Cerasus tomentosa* var. *leueocorpa* Kehder.

生山坡灌丛中。产吉林省（地点不详）；辽宁省大连、凌源等地。尚有园林栽培。

■ 白果樱桃

果枝

花侧面观

■ 白果樱桃

花正面观

植株

（5）欧李（辽宁植物志，黑龙江省植物志，内蒙古植物志，东北植物检索表，中国植物志，Flora of China）

Prunus humilis Bunge in Mem. Acad. Sci. St. Petersb. 2: 97. 1835; 辽宁植物志（上册）: 850. 图版359: 1 ~ 2. 1988; 内蒙古植物志（第二版）3: 178. 图版72. 1989; 东北植物检索表（第二版）: 326. 图版159: 3. 1995; 黑龙江省植物志6: 129. 图版59: 1 ~ 2. 1998.——*Cerasus humilis* (Bunge) Sok. in Cep. Kyct. CCCP 3: 751. 1954; 中国植物志38: 83. 图版14: 1 ~ 3. 1986; Fl. China 9: 408. 2003.

生荒山坡或沙丘边。产黑龙江省依兰；吉林省双辽、前郭、通榆；辽宁省建昌、建平、朝阳、兴城、葫芦岛、绥中、彰武、北镇、义县、法库、铁岭、沈阳、鞍山、盖州、瓦房店、大连、金州、旅顺口、凤城；内蒙古自治区科尔沁左翼后旗、大青沟、克什克腾旗、科尔沁右翼中旗、巴林右旗、扎赉特旗、多伦等地。

果肉可食，仁可入药，茎可作饲料和编织材料。

■ 欧李

果枝

花枝

花

小枝

植株

（6）麦李（中国树木分类学，中国植物志，Flora of China）

Prunus glandulosa Thunb. Fl. Jap. 202. 1784; 陈嵘, 中国树木分类学481. 1937; 中国高等植物图鉴2: 309. 图2348. 1972; 湖北植物志2: 225. 1979.——*Cerasus glandulosa* (Thunb.) Lois. in Duham. Trait. Arb. Arbust. ed. augm. 5: 33. 1812; 中国果树分类学76. 图29. 1979; 中国植物志38: 83. 图版14: 5. 1986; Fl. China 9: 408. 2003.

（6a）麦李（原变型）

Prunus glandulosa f. *glandulosa*

中国产陕西、河南、山东、江苏、安徽、浙江、福建、广东、广西、湖南、湖北、四川、贵州、云南等地。东北地区不产。

（6b）白花重瓣麦李（变型）（中国植物志）；重瓣白花麦李（辽宁植物志）；重瓣麦李（东北植物检索表）

Prunus glandulosa f. *albo-plena* (Pers.) Koehne in Sarg. Pl. Wils. 1: 264. 1912; 辽宁植物志（上册）: 849. 1988; 东北植物检索表（第二版）: 326. 1995.

分布于中国长江流域及其以南地区。东北各地栽培。

常见栽培观赏，宜于草坪、路边、假山旁及林缘丛栽，也可作基础栽植。

■ 白花重瓣麦李

植株一部分

植株

（6c）粉花重瓣麦李（变型）（中国植物志）；重瓣粉红麦李（辽宁植物志）；重瓣麦李（东北植物检索表）

■ 粉花重瓣麦李

植株

植株一部分

Prunus glandulosa f. *siensis* (Pers.) Koehne in Sarg. Pl. Wils. 1: 265. 1912; 辽宁植物志（上册）: 848. 图版359: 3. 1988; 东北植物检索表（第二版）: 326. 图版159: 4. 1995.

分布于中国长江流域及其以南地区。东北各地栽培。

常见栽培观赏，宜于草坪、路边、假山旁及林缘丛栽，也可作基础栽植。

（7）郁李（辽宁植物志，黑龙江省植物志，东北植物检索表，中国植物志，Flora of China）

Prunus japonica Thunb. in Fl. Jap. 201. 1784; 辽宁植物志（上册）: 847. 图版358: 1 ~ 2. 1988; 东北植物检索表（第二版）: 328. 图版159: 1. 1995; 黑龙江省植物志6: 129. 图版59: 3 ~ 4. 1998.——*Cerasus japonica* (Thunb.) Lois. in Duham. Trait. Arb. Arbust. ed. augm. 5: 33. 1812; 中国植物志38: 85. 1986; Fl. China 9: 407. 2003.

（7a）郁李（原变种）

Prunus japonica var. *japonica*

生山坡灌丛。产黑龙江省完达山脉、张广才岭山区；吉林省集安、长白、吉林；辽宁省西丰、桓仁、本溪、凤城等地。

核仁有健胃润肠、利水消肿作用。也可栽培观赏。果实可食。

■ 郁李

果枝

果实成熟期

花枝

叶

（7b）长梗郁李（变种）（黑龙江省植物志，东北植物检索表，中国植物志，Flora of China）

Prunus japonica var. *nakaii* (Levl.) Yu et Li in Jouen. Arn. Arb. 3: 29. 1921; 东北植物检索表（第二版）: 328. 1995.——*Prunus nakaii* Levi. in Fedde, Repert. Sp. Nov. 7: 198. 1908.; 黑龙江省植物志6: 136. 图版59: 5. 1998.——*Cerasus japonica* (Thunb.) Lois. var. nakaii (Levl.) Yu et Li, 中国植物志38: 86. 1986; Fl. China 9:

■ 长梗郁李

小枝

花正面观

花侧面观

花枝

407. 2003.——*C. nakaii* (H. Léveillé) A. I. Baranov & Liou, 东北木本植物图志: 328. 1955.——*C. nakaii* var. *porphyrea* Takenouch ex S. Q. Nie, 植物研究2(1): 160. 图版1 ~ 1. 1982.

生山地向阳山坡。产黑龙江省小兴安岭、完达山脉、张广才岭及平原地区。辽宁省沈阳有栽培。

（7c）东北郁李（变种）（辽宁植物志，东北植物检索表）

Prunus japonica var. *engleri* Koehne in Fedde. Repert. 8: 23. 1910; 辽宁植物志（上册）: 848. 图版358: 3. 1988; 东北植物检索表（第二版）: 328. 图版159: 2. 1995.

生山坡灌丛。产黑龙江省东宁、宁安；辽宁省庄河、岫岩、本溪、凤城、宽甸等地。

■ 东北郁李

叶

果枝

（8）黑樱桃（辽宁植物志，黑龙江省植物志，东北植物检索表，中国植物志，Flora of China）

Prunus maximowiczii Rupr. in Bull. Phys.-Math. Acad. Sci. St. Petersb. 15: 131. 1857; 辽宁植物志（上册）: 842. 图版356: 1 ~ 3. 1988; 东北植物检索表（第二版）: 324. 图版157: 5. 1995; 黑龙江省植物志6: 133. 图版62: 1 ~ 3. 1998.——*Cerasus maximowiczii* (Rupr.) Kom. in Kom. et Klob. ~ Alis. Key pl. Par. East Reg. URSS 2: 567. 1932; 中国植物志38: 50. 图版6: 12 ~ 13. 1986; Fl. China 9: 408. 2003.

生阳坡杂木林中或有腐殖质土石坡上。产黑龙江省小兴安岭、完达山脉、张广才岭、老爷岭等山区；吉林省抚松、临江、安图、敦化、和龙、珲春；辽宁省本溪、桓仁、宽甸、鞍山等地。

观赏树种，花果期均有较高的观赏性。树皮可提取染料。木材可供细木工用。果实可食，有收敛止汗作用，还可治咽喉炎。

■ 黑樱桃

树干

花序

果序

植株一部分

（9）圆叶樱桃（中国植物志，Flora of China）；马哈利樱桃（辽宁植物志）；少花圆叶樱桃（东北植物检索表）

Prunus mahaleb L., Sp. Pl. 1: 474. 1753.——*P. mahaleb* var. *cupaniana* (Guss.) Friori et Paol. in Fl. Analyt d' Italia 1: 561. 1896; 辽宁植物志（上册）: 843. 图版356: 4. 1988; 东北植物检索表（第二版）: 324. 图版157: 6. 1995.——*Cerasus mahaleb* (L.) Mill. in Gard. Dict. ed. 8. c. no. 4. 1759; 中国植物志38: 67. 1986; Fl. China 9: 413. 2003.

原产欧洲及西亚。辽宁省大连有栽培。

可用作樱桃砧木。木材可用于制作烟斗。

■ 圆叶樱桃

果序正面观

花侧面观

果序侧面观

植株一部分

植株

■ 圆叶樱桃

树干

花序

花正面观

（10）东京樱花（辽宁植物志，东北植物检索表，中国植物志，Flora of China）

Prunus yedoensis Matsum. in Tokyo Bot. Mag. 15: 100. 1901; 辽宁植物志（上册）: 836. 图版354: 1 ~ 3. 1988; 东北植物检索表（第二版）: 324. 图版158: 1. 1995.——*Cerasus yedoensis* (Matsum.) Yu et Li, 中国植物志38: 74. 1986; Fl. China 9: 414. 2003.

原产日本。辽宁省大连、丹东等地有栽培。

园林观花树种，花大而芳香，盛开时繁花似锦，适宜丛植、群植、列植等。

■ 东京樱花

叶缘

花柱基部

植株

树干

花序

果期

花期

（11）南殿樱（辽宁植物志，东北植物检索表）

Prunus sieboldii (Carr.) Wittm. in Gartenfl. 51: 272. 1902; 辽宁植物志（上册）: 836. 图版354: 4 ~ 5. 1988; 东北植物检索表（第二版）: 324. 图版158: 2. 1995.

原产日本。辽宁省丹东、旅顺口栽培。

园林观花树种，适宜丛植、群植、列植等。

（12）山樱花（中国植物志，Flora of China）；樱花（辽宁植物志，东北植物检索表）；山樱桃（黑龙江省植物志）

Prunus serrulata Lindl. in Trans. Hort. Soc. Lond. 7: 238. 1828; 辽宁植物志（上册）: 839. 1988; 东北植物检索表（第二版）: 326. 1995; 黑龙江省植物志6: 139. 图版62: 4 ~ 5. 1998.——*P. serrulata* Lindl. var. *spontanea* (Maxim.) Wils. in Cherries Jap. 28. 1916; 辽宁植物志（上册）: 839. 1988; 东北植物检索表（第二版）: 326. 1995.——*P. serrulata* Lindl. f. *fugenzo* (Makino) Makino in Bot. Mag. Tokyo 23: 73. 1909; 辽宁植物志（上册）: 840. 图版355: 5 ~ 7. 1988; 东北植物检索表（第二版）: 326. 图版158: 5. 1995.——*Cerasus serrulata* (Lindl.) G. Don ex London in Hort. Brit. 480. 1830; 中国植物志38: 74. 图版9: 3 ~ 4. 1986; Fl. China 9: 416. 2003.

（12a）山樱花（原变种）

Prunus serrulata var. *serrulata*

生山沟、溪旁及杂木林中。产黑龙江省宁安、东宁、绥芬河等地；吉林省通化等地；辽宁省大连等地。栽培品种有重瓣花、粉红重瓣花等。

观赏，并可作樱桃、日本樱花的砧木。种子有解毒、利尿、透疹作用。

■ 山樱花

花枝

粉红重瓣花

植株一部分

花序正面

花序侧面

重瓣花

（12b）毛叶山樱花（中国植物志，Flora of China）；毛樱花（辽宁植物志）；毛山樱花（东北植物检索表）

Prunus serrulata var. *pubescens* (Makino) Wils. in Cherries Japan 31. 1916; 辽宁植物志（上册）: 840. 1988; 东北植物检索表（第二版）: 326. 1995.——*Cerasus serrulata* var. *pubescens* (Makino) Yu et Li in Cherries Japan 31. 1916; 中国植物志38: 75. 1986; Fl. China 9: 417. 2003.

原产于我国。黑龙江省（哈尔滨）、辽宁省（大连、熊岳）有栽培。

（13）大叶早樱（中国植物志，Flora of China）；日本早樱（辽宁植物志，东北植物检索表）

Prunus subhirtella Miq. in Ann. Mus. Lugd-Bat. 2: 91. 1865; 辽宁植物志（上册）: 835. 1988; 东北植物检索表（第二版）: 326. 1995.——*Cerasus subhirtella* (Miq.) Sok. in Ann. Mus. Lugd-Bat. 2: 91. 1865; 中国植物志38: 73. 1986; Fl. China 9: 414. 2003.

（13a）大叶早樱（原变种）

Prunus subhirtella var. *subhirtella*

原产日本。辽宁省丹东、大连、旅顺口有栽培。

优良的园林观赏植物。树皮和新鲜嫩叶可药用。

■ 大叶早樱

花序

花正面观

（13b）垂枝大叶早樱（变种）（中国植物志）；垂枝早樱（辽宁植物志，东北植物检索表）

Prunus subhirtella var. *pendula* (Maxim.) Tanaka in Useful Pl. Jap. 70. no. 620. 1891; 辽宁植物志（上册）: 835. 1988; 东北植物检索表（第二版）: 326. 1995.——*Cerasus subhirtella* (Miq.) Sok. var. *pendula* (Tanaka) Yu et Li, 中国植物志38: 74. 1986.

辽宁省旅顺口等地有栽培。

■ 垂枝大叶早樱

植株

花枝

花序

（14）霞樱（植物智网站）；山樱桃（辽宁植物志，东北植物检索表）；辽东山樱（辽宁植物志）

Prunus leveilleana Koehne in Pl. Wilson. 1(2): 250. 1912.——P. verecunda (Koidz.) Koehne Feddes Repert. 11: 271. 1912; 辽宁植物志（上册）: 837. 图版355: 1 ~ 4. 1988; 东北植物检索表（第二版）: 326. 图版158: 4. 1995.——Prunus serrulata auct. non Lindl. : 中国高等植物图鉴2: 312. 1972.

生山坡阔叶林中、山谷溪流沿岸。产黑龙江省饶河；吉林省集安；辽宁省东港、丹东、凤城、宽甸、桓仁、本溪、大连、瓦房店、沈阳、盖州等地。

本种被选作欧洲甜樱桃的嫁接砧木。果实可食。

■ 霞樱

果序

花侧面观

花枝

树干

植株一部分

（15）大山樱（辽宁植物志，东北植物检索表）

Prunus sargentii Rehd. in Mitt. Deutsch. Dendrol. Ges. 159. 1908; 辽宁植物志（上册）: 837. 图版354: 6 ~ 7. 1988; 东北植物检索表（第二版）: 326. 图版158: 3. 1995.

原产日本、俄罗斯。辽宁省旅顺口、大连有栽培。

花大而色艳，为樱花类的上品。

■ 大山樱

叶

花序

植株一部分

（16）欧洲酸樱桃（东北植物检索表，中国植物志，Flora of China）

Prunus cerasus L., Sp. Pl. 474. 1753; 东北植物检索表（第二版）: 326. 1995.——*Cerasus vulgaris* Mill. in Gard. Dict. ed. 8. C. no. 1768; 中国植物志38: 57. 1986; Fl. China 9: 409. 2003.

■ 欧洲酸樱桃

果枝

花侧面观

花正面观

小枝

原产欧洲和西亚。辽宁省大连、沈阳、鞍山等地有栽培。

果实食用。核有发表、透疹作用，叶有平喘、杀虫作用，果实有益气、祛风湿作用。

（17）欧洲甜樱桃（辽宁植物志，东北植物检索表，中国植物志，Flora of China）

Prunus avium (L.) L. in Fl. Suec. ed. 2. 165. 1755; 辽宁植物志（上册）: 842. 1988; 东北植物检索表（第二版）: 326. 1995.——*Cerasus avium* (L.) Moench in Meth. Pl. 672. 1794; 中国植物志38: 57. 1986; Fl. China 9: 409. 2003.

原产欧洲和西亚。辽宁省大连、绥中、沈阳等地有栽培。

果实食用；药用有生津、开胃、利尿作用。木材轻柔，褐色，磨光好，可制家具等。

■ 欧洲甜樱桃

花侧面观

花期

果期

（18）欧洲李（中国植物志，Flora of China）；西洋李、洋李（俗名）；西梅（商品名）

Prunus domestica L., Sp. Pl. 475. 1753; 中国植物志38: 38. 图版5: 3. 1986; Fl. China 9: 402. 2003.

原产西亚和欧洲。辽宁省大连等地有栽培。

果实可食，还可用于感冒发烧、烦渴不安、泻痢等。种子有活血散瘀、利水生津作用。

■ 欧洲李

果枝

植株一部分

（19）东北李（辽宁植物志，黑龙江省植物志，东北木本植物图志，东北植物检索表，中国植物志，Flora of China）

Prunus ussuriensis Kov. et Kost. in Bull. Appl. Bot. Genet. Pl. Breed. ser. 8. n 4: 75. 1935; 中国植物志38: 40. 1986; Fl. China 9: 403. 2003.——*P. salicina* Lindl. var. *mandshurica* (Skv.) Skv. et Bar., 东北木本植物图志: 330. 1955; 辽宁植物志（上册）: 833. 图版353: 4～5. 1988; 东北植物检索表（第二版）: 328. 图版160: 7. 1995; 黑龙江省植物志6: 139. 图版63: 4～5. 1998.

生沟谷溪流沿岸及林缘。产黑龙江省张广才岭山区；吉林省安图、临江、长白；辽宁省凤城、本溪、清原、西丰等地。

抗寒性好，可作各种李的抗寒砧木。果实可食。

■ 东北李

果实成熟期

花枝

幼果与枝条

（20）李（辽宁植物志，黑龙江省植物志，东北植物检索表，中国植物志，Flora of China）；中国李（内蒙古植物志）

Prunus salicina Lindl. in Trans Hort. Soc. Lond. 7: 239. 1828; 中国植物志38: 39. 图版5: 4 ~ 5. 1986; 辽宁植物志（上册）: 833. 图版353: 1 ~ 3. 1988; 内蒙古植物志（第二版）3: 175. 图版71: 1 ~ 3. 1989; 东北植物检索表（第二版）: 328. 图版160: 6. 1995; 黑龙江省植物志6: 137. 图版63: 1 ~ 3. 1998; Fl. China 9: 403. 2003.

原产中国西北。东北各地栽培。

果实食用。叶、种子、果实有药用价值。

■ 李

果期

花侧面观

花期

（21）李梅杏（植物分类学报，Flora of China，生物多样性）

Prunus limeixing (J. Y. Zhang & Z. M. Wang) Y. H. Tong & N. H. Xia, 生物多样性24(6): 714 ~ 718. 2016.——*Armeniaca limeixing* J. Y. Zhang & Z. M. Wang, Acta Phytotax. Sin. 37(1): 107, f. 2. 1999; Fl. China 9: 397. 2003.

栽培种。模式产地是辽宁省熊岳。黑龙江省、吉林省、辽宁省普遍栽培。

（22）紫叶矮樱（辽宁木本植物志）

Prunus × *cistena* N. E. Hansen ex Koehne in 1918. 66. Abb. 16A. 1918; 辽宁木本植物志: 280. 2018.

是紫叶李和矮樱的杂交种。辽宁省各地有栽培。

优良园林绿化树种，观叶观花效果均佳。

■ 紫叶矮樱

花背面观

花正面观

植株一部分

植株

（23）樱桃李（中国果树分类学，中国植物志，Flora of China）；樱李（俗名）

Prunus cerasifera Ehrhart, Beitr. Naturk 4: 17. 1789: 中国果树分类学 58. f. 20. 1979; 中国植物志38: 38. 1986; Fl. China 9: 402. 2003.

（23a）樱桃李（原变型）

Prunus cerasifera f. *cerasifera*

产新疆。辽宁熊岳有栽培。

在2021年公布的《国家重点保护野生植物名录》中，本种被列为二级保护植物。

■ 樱桃李

花枝

果枝

花

（23b）紫叶李（变型）（辽宁植物志，东北植物检索表，中国植物志，Flora of China）

Prunus cerasifera f. *atropurpurea* (Jacq.) Rehd. in Bibl. Cult. Trees and Shrubs 320. 1949; 中国植物志38: 39. 1986; 辽宁植物志（上册）: 834. 图版353: 6. 1988; 东北植物检索表（第二版）: 328. 图版160: 8. 1995; Fl. China 9: 402. 2003.

东北各地常见栽培。

整个生长季节叶子都为紫红色，为良好的观叶树种。果实可食。

■ 紫叶李

果期

花期

植株

（24）樱李梅（植物智网站）；美人梅（辽宁木本植物志）

Prunus × *blireana* André, Rev. Hort. (Paris) 77: 273. 1905.——*Prunus* × *blireana* cv. ‘Meiren’; 辽宁木本植物志: 280. 2018.

■ 樱李梅

果枝

花枝

植株

植株一部分

由重瓣粉型梅花与红叶李杂交而成。辽宁省大连、长海等地有栽培。

优良的园林观赏、环境绿化树种。果皮鲜紫红，梅肉可鲜食。

（25）梅（中国植物志，Flora of China）

Prunus mume (Sieb.) Sieb. et Succ. in Fl. Jap. 1: 29. pl. 11. 1836.——*Armeniaca mume* Sieb. in Verh. Batav. Genoot. Kunst. Wetensch. 12(1): 69. 1830; 中国植物志38: 31. 图版4: 11 ~ 12. 1986; Fl. China 9: 400. 2003.

■ 梅

单瓣株果实

单瓣株一部分

单瓣花

单瓣花枝

■ 梅

绿萼梅花

果枝

重瓣花株一部分

重瓣花侧面观

分布中国长江以南各地。辽宁省大连有栽培，栽培较多的是其变种杏梅Prunus mume var. bungo Makino

花蕾有开郁和中、化痰、解毒作用。果实可食，且有敛肺、涩肠、生津、安蛔作用。

（26）东北杏（辽宁植物志，黑龙江省植物志，东北植物检索表，中国植物志，Flora of China）

Prunus mandshurica (Maxim.) Koehne in Dents. Dendr. 318. 1893; 辽宁植物志（上册）: 831. 图版352: 1～2. 1988; 东北植物检索表（第二版）: 328. 图版160: 3. 1995; 黑龙江省植物志6: 133. 图版61: 1～3. 1998.——*Armeniaca mandshurica* (Maxim.) Skv. in Bull. App. Bot. Genet. 22. 3: 223. f. 7～9. 1929; 中国植物志38: 30. 1986; Fl. China 9: 399. 2003.

（26a）东北杏（原变种）

Prunus mandshurica var. *mandshurica*

生向阳山坡林下。产黑龙江省东宁、宁安、穆棱、林口、五常、阿城、哈尔滨；吉林省抚松、桦甸；辽宁省庄河、鞍山、盖州、营口、丹东、凤城、桓仁、宽甸、本溪、清原等地。

耐寒力强，可作栽培杏的砧木，是培育抗寒杏的优良原始材料。木材坚实，纹理美观，可制作各种家具。也作观赏植物和固沙树种栽培。种子有降气、止咳平喘、润肠通便作用。

■ 东北杏

树干

花

叶

■ 东北杏

果序

花期植株一部分

（26b）光叶东北杏（变种）（中国植物志，Flora of China）

Prunus mandshurica var. *glabra* Nakai in Journ. Jap. Bot. 15: 679. 1939.——*Armeniaca mandshurica* (Maxim.) Skv. var. *glabra* (Nakai) Yu et Lu, 中国植物志38: 31. 1986; Fl. China 9: 400. 2003.

生低海拔的山地。产黑龙江省公主岭；吉林省通化；辽宁省东港、熊岳。

■ 光叶东北杏

叶

叶缘

（27）山杏（黑龙江省植物志，中国植物志，Flora of China）；西伯利亚杏（辽宁植物志，内蒙古植物志，东北植物检索表）

Prunus sibirica L., Sp. Pl. 474. 1753; 辽宁植物志（上册）: 829. 图版352: 3 ~ 4. 1988; 内蒙古植物志（第二版）3: 173. 图版70: 1 ~ 3. 1989; 东北植物检索表（第二版）: 328. 图版160: 4. 1995; 黑龙江省植物志6: 140. 图版61: 4. 1998.——*Armeniaca sibirica* (L.) Lam. in Encycl. Meth. Bot. 1: 3. 1783; 中国植物志38: 27. 图版4: 4 ~ 5. 1986; Fl. China 9: 398. 2003.

（27a）山杏（原变种）

Prunus sibirica var. *sibirica*

生阳坡杂木林中、固定沙丘上。产黑龙江省安达、大庆、哈尔滨；吉林省梅河口、长春、双辽；辽宁省北镇、阜新、建平、凌源、建昌、绥中、金州、沈阳；内蒙古自治区海拉尔、额尔古纳、牙克石、鄂温克、科尔沁右翼前旗、科尔沁左翼后旗、大青沟、巴林右旗、克什克腾旗、东乌珠穆沁旗、锡林浩特等地。

常用作坡地造林树种和园林绿化树种。杏仁食用或药用，有降气、止咳平喘、润肠通便作用。

■ 山杏

叶

花侧面观

花枝

果枝

（27b）垂枝杏（变种）（黑龙江省植物志）

Prunus sibirica var. *davidiana* (Carr.) Y. L. Chou, 东北植物检索表（第二版）: 328. 图版160: 4. 1995; 黑龙江省植物志6: 141. 1998。

生阳坡杂木林中。产黑龙江省西部松嫩草原区；吉林省抚松、和龙。

（27c）辽梅杏（变种）（Flora of China）；辽海杏（植物研究，东北植物检索表，生物多样性）

Prunus sibirica var. *pleniflora* (J. Y. Zhang et al.) Y. H. Tong & N. H. Xia 生物多样性24(6): 714 ~ 718. 2016.——*Armeniaca sibirica* var. *pleniflora* J. Y. Zhang et al., 植物研究9(3): 65. 图版1. 1989; 东北植物检索表（第二版）: 328. 1995; Fl. China 9: 398. 2003.

生山坡。产辽宁省北票（大黑山）、凌源。

■ 辽梅杏

植株

花期植株一部分

花枝

果枝

（28）杏（辽宁植物志，黑龙江省植物志，内蒙古植物志，东北植物检索表，中国植物志，Flora of China）

Prunus armeniaca L., Sp. Pl. 474. 1753; 辽宁植物志（上册）: 830. 图版352: 5. 1988; 内蒙古植物志（第二版）3: 173. 图版70: 6 ~ 7. 1989; 东北植物检索表（第二版）: 328. 图版160: 5. 1995; 黑龙江省植物志6: 127. 图版58: 1 ~ 3. 1998.——*Armeniaca vulgaris* Lam. in Encycl. Meth. Bot. 1: 2. 1783; 中国植物志38: 25. 图版4: 1 ~ 3. 1986; Fl. China 9: 396. 2003.

（28a）杏（原变种）

Prunus armeniaca var. *armeniaca*

原产亚洲西部，中国西藏有野生。东北各地栽培。

果实可食。杏仁食用或药用，有润肺止咳、平喘、滑肠作用。材质坚硬，可用作小零件及旋工用材等。根系宽大，可作为固沙树种。

■ 杏

树干

果实成熟期

花期

植株

植株一部分

（28b）熊岳大扁杏（变种）（Flora of China，生物多样性）

Prunus armeniaca var. *xiongyueensis* (T. Z. Li & al.) Y. H. Tong & N. H. Xia, 生物多样性24(6): 714 ~ 718. 2016.——*Armeniaca vulgaris* var. *xiongyueensis* T. Z. Li et al., 植物研究9(3): 66. 图版2. 1989.

辽宁省熊岳栽培。

（28c）野杏（变种）（中国植物志，Flora of China）；山杏（内蒙古植物志，东北植物检索表）

Prunus armeniaca var. *ansu* Maxim. in Bull. Acad. Sci. St. Petersb. 29: 87. 1883; 东北植物检索表（第二版）: 328. 1995.——*Prunus ansu* Kom. in Acta Hort. Petrop. 22: 541. 1904; 内蒙古植物志 3: 125. 图版65: 6 ~ 10. 1977; 内蒙古植物志（第二版）3: 175. 图版70: 4 ~ 5. 1989.——*Armeniaca vulgaris* var. *ansu* (Maxim.) Yu et Lu, 中国植物志38: 26. 1986; Fl. China 9: 397. 2003.

多散生向阳石质山坡，栽培或野生。产内蒙古自治区南部。

（28d）陕梅杏（变种）（植物研究，Flora of China，生物多样性）

Prunus armeniaca var. *meixianeensis* (T. Z. Li et al.) Y. H. Tong & N. H. Xia, 生物多样性24(6): 714 ~ 718. 2016.——*Armeniaca vulgaris* var. *meixianensis* J. Y. Zhang et al., 植物研究9(3): 66. 图版3. 1989; Fl. China 9: 397. 2003.

产陕西眉县。辽宁省熊岳、大连有栽培。

■ 陕梅杏

花侧面观

花期

花正面观

植株

植株一部分

（29）榆叶梅（辽宁植物志，黑龙江省植物志，内蒙古植物志，东北植物检索表，中国植物志，Flora of China）；截叶榆叶梅（大连地区植物志）

Prunus triloba Lindl. in Gard. Chron. 1857: 268. 1857; 辽宁植物志（上册）: 827. 图版351: 4 ~ 6. 1988; 内蒙古植物志（第二版）3: 176. 1989; 东北植物检索表（第二版）: 330. 图版159: 6. 1995; 黑龙江省植物志 6: 141. 图版64: 3 ~ 5. 1998.——*P. triloba* var. *truncate* Kom. in Fl. Mansh. 2: 539. 1904; 大连地区植物志上册: 347. 1982; 黑龙江省植物志6: 143. 图版64: 6. 1998.——*Amygdalus triloba* (Lindl.) Ricker in Proc. Biol. Soc. Wash. 30: 18. 1917; 中国植物志38: 14. 1986; Fl. China 9: 392. 2003.

（29a）榆叶梅（原变型）

Prunus triloba var. *triloba*

生低至中海拔的坡地或沟旁林下或林缘。产辽宁省凌源、建平、阜新等地。东北各地城镇常见栽培。

北方常见早春花木。种子有润燥、滑肠、下气、利水作用。枝条治黄疸、小便不利。

■ 榆叶梅

果枝

花侧面观

花正面观

■ 榆叶梅

花枝

植株

（29b）重瓣榆叶梅（变型）（辽宁植物志，东北植物检索表）

Prunus triloba f. *multiplex* (Bunge) Rehd. in Journ. Arn. Arb. 5: 216. 1924; 辽宁植物志（上册）: 829. 1988; 东北植物检索表（第二版）: 330. 1995.

■ 重瓣榆叶梅

花侧面观

花正面观

植株

（29c）兰枝（变型）（辽宁植物志，东北植物检索表）

Prunus triloba f. *petzoldii* (K. Koch) Q. L. Wang, 辽宁植物志（上册）: 829. 1988; 东北植物检索表（第二版）: 330. 1995.

■ 兰枝

花枝

植株

（30）山桃（黑龙江省植物志，内蒙古植物志，中国植物志，Flora of China）；山毛桃（辽宁植物志，东北植物检索表）；北京桃（俗称）

Prunus davidiana (Carr.) Franch. in Nouv. Arch. Mus. Hist. Nat. Paris, ser. 2. 5: 255. 1883; 辽宁植物志（上册）: 826. 图版350: 1 ~ 3. 1988; 内蒙古植物志（第二版）3: 171. 图版69: 1 ~ 3. 1989; 东北植物检索表（第二版）: 330. 图版260: 1. 1995; 黑龙江省植物志6: 127. 图版58: 4 ~ 6. 1998.——*Amygdalus davidiana* (Carr.) de Vos ex Henry in Rev. Hort 290. f. 120. 1902; 中国植物志38: 20. 图版3: 1 ~ 3. 1986; Fl. China 9: 394. 2003.

（30a）山桃（原变种）

Prunus davidiana var. *davidiana*

生山坡、山谷、荒野疏林及灌丛内。产辽宁省凌源。东北各城市常见栽培。

早春开花树种。种仁含油率45%，出油率34.46%，可供制肥皂、润滑油等；种仁还供药用，能破血行瘀、润燥滑肠。

■ 山桃

植株

果实

果枝

花枝

（30b）白花山桃（栽培变种）

Prunus davidiana cv. ‘Alba’

东北各城市常见栽培。

■ 白花山桃

花丝

花正面观

花侧面观

（30c）红花山桃（栽培变种）

Prunus davidiana cv. ‘Rubra’

东北各城市常见栽培。

■ 红花山桃

花

树干

植株上部

（30d）白花山碧桃（栽培变种）

Prunus davidiana cv. ‘Alba-plena’

辽宁省有栽培。

（30e）曲枝山桃（栽培变种）

Prunus davidiana cv. ‘Tortuosa’

辽宁省有栽培。

（30f）白花曲枝山桃（栽培变种）

Prunus davidiana cv. ‘Alba Tortuosa’

辽宁省有栽培。

■ 白花山碧桃

树干

花

植株

（31）桃（辽宁植物志，内蒙古植物志，东北植物检索表，中国植物志，Flora of China）

Prunus persica (L.) Batsch. in Beytr. Entw. Pragm. Gesch. Natur. 1: 30. 1801; 辽宁植物志（上册）: 825. 图版350: 4 ~ 5. 1988; 内蒙古植物志（第二版）3: 171. 图版69: 4 ~ 5. 1989; 东北植物检索表（第二版）: 328. 图版160: 2. 1995.——*Amygdalus persica* L., Sp. Pl. 677. 1753; 中国植物志38: 17. 1986; Fl. China 9: 394. 2003.

（31a）桃（原变种）

Prunus persica var. *persica*

（31aa）桃（原变型）

Prunus persica f. *persica*

原产中国。东北常见栽培。

果实食用。桃仁有镇咳祛痰作用，花能利尿泻下，枝叶、树胶和根均可入药。

■ 桃

果期

果实

■ 桃

花正面观

花期

花侧面观

（31ab）千瓣白桃（变型）（中国植物志）；白碧桃（俗称）

Prunus persica f. *alba-plena* (Schneid) S. M. Zhang——*Amygdalus persica* f. *albo-plena* Schneid.

东北常见栽培。

优良观花品种。

■ 千瓣白桃

植株一部分

花枝

（31ac）撒金碧桃（变型）（中国植物志）

Prunus persica f. *versicolor* (Voss.) S. M. Zhang——*Amygdalus persica* f. *versicolor* (Sieb.) Voss

东北常见栽培。

优良观花品种。

■ 撒金碧桃

花枝

植株一部分

（31ad）红花碧桃（变型）（中国植物志）；红碧桃（俗称）

Prunus persica f. *rubro-plena* (Schneid) S. M. Zhang——*Amygdalus persica* f. *rubroplena* Schneid.

东北常见栽培。

优良观花品种。

■ 红花碧桃

花枝

植株一部分

（31ae）紫叶碧桃（变型）（中国植物志）

Prunus persica f. *atropurpurea* (Schneid) S. M. Zhang——*Amygdalus persica* f. *atropurpurea* Schneid.

东北常见栽培。

优良观花品种。

■ 紫叶碧桃

植株

植株一部分

（31b）菊花桃（栽培变种）（辽宁木本植物志）

Prunus persica cv. 'Chrysanthemoides' 辽宁木本植物志: 274. 2018.

辽宁省大连、沈阳等有栽培。

优良观花品种。

■ 菊花桃

花正面观

植株一部分

花侧面观

（31c）蟠桃（变种）

Prunus persica var. *compressa* (Loud.) Bean, Trees & Shrubs Brit. Isl. 2: 248. 1914.——*Amygdalus persica* L. var. *compressa* (Loud.) Yu et Lu, 中国植物志38: 19. 1986.

辽宁省大连等有栽培。

优质食用桃品种。

■ 蟠桃

果实

植株一部分

20 蔷薇属 *Rosa* L.

Rosa L., Sp. Pl. 491. 1753.

落叶或常绿灌木。茎直立、弯垂或伏卧，通常具皮刺，稀无刺，皮刺直立或弯曲，无毛或有毛。奇数羽状复叶，稀单叶互生；具叶柄和托叶；小叶片边缘有锯齿。花两性，单花或多花，成伞房花序生于枝顶；花梗下部具苞片或无；花托壶状，稀为杯状；萼裂片5，稀4，全缘或分裂，开展或反折，宿存或脱落；花瓣5，稀4，白色、黄色或红色；雄蕊多数；心皮多数，离生，包于膨大中空的花托内，子房1室，花柱分离或合生，露出花托口外或不露出。花托成熟时变为肉质浆果状，名为蔷薇果，内含数枚骨质瘦果。

本属全世界约有200种，广泛分布于亚洲、欧洲、北非、北美寒温带至亚热带地区。中国有95种。东北地区产18种13变种5变型，其中栽培11种4变种3变型。

分种检索表

1. 萼筒杯状；瘦果着生在基部凸起的花托上；花瓣重瓣至半重瓣，淡红色或粉红色；果扁球形，绿红色，外面密生针刺 ………… **1. 缫丝花** R. roxburghii Tratt.
1. 萼筒坛状；瘦果着生在萼筒边周及基部。
  2. 伞形花序；花瓣白色或黄色，单瓣或重瓣 ………… **2. 木香花** R. banksiae Ait.
  2. 伞房花序或圆锥花序或花单生或花2至多朵集生。
    3. 托叶篦齿状或有不规则锯状齿；花柱合生，伸出花托口外，与雄蕊近等长；多花，成伞房花序或圆锥花序（**3. 伞花蔷薇** R. maximowicziana Regel）。
      4. 托叶有不规则锯状齿，不为篦齿状；小叶两面无毛；枝具皮刺和刺毛；伞房花序。
        5. 花萼及萼片光滑 ………… **3a. 伞花蔷薇** R. maximowicziana f. maximowicziana
        5. 花萼及萼片被腺毛 ………… **3b. 腺萼伞花蔷薇** R. maximowicziana f. adenocalyx Nakai
      4. 托叶篦齿状；小叶背面被柔毛；枝仅具皮刺，无刺毛；圆锥花序（**4. 野蔷薇** R. multiflora Thunb.）。
        6. 花单瓣。
          7. 花白色 ………… **4a. 野蔷薇** R. multiflora var. multiflora
          7. 花粉红色 ………… **4b. 粉团蔷薇** R. multiflora var. cathayensis Rehd. et Wils.
        6. 花重瓣。
          8. 花白色，直径2～3厘米 ………… **4c. 白玉堂** R. multiflora var. albo-plena Yu et Ku et Ku
          8. 花粉红色至紫红色，直径3～4厘米 ………… **4d. 七姊妹** R. multiflora var. carnea Rehd. et Wils
    3. 托叶全缘或具细腺齿；花柱离生，短于雄蕊；花单生或2～3朵集生，稀数朵集生。
      9. 花柱伸出花托口外，长约为雄蕊之半或近等长；小叶通常3～5，无毛；萼片常羽裂。
        10. 蔓性或攀缘藤本植物 ………… **5. 藤本月季** R. hybrida ‘Climbing’
        10. 直立灌木（6. 月季花R. chinensis Jacq.）。
          11. 花重瓣 ………… **6a. 月季花** R. chinensis var. chinensis
          11. 花单瓣 ………… **6b. 单瓣月季花** R. chinensis var. spontanea (Rehd. et Wils.) Yu et Ku
      9. 花柱不伸出花托口外，或微露出形成头状。
        12. 花黄色。
          13. 小叶9～15（稀7），小叶片椭圆形、椭圆倒卵形至长椭圆形，边缘有重锯齿，两面均无毛，下面密被腺点；叶轴、叶柄疏被腺 ………… **7. 樱草蔷薇** R. primula Bouleng.
          13. 小叶7～13，小叶片宽卵形或近圆形，边缘有单锯状齿，上面无毛、下面幼嫩时有稀疏柔毛，下面不被腺点；叶轴、叶柄疏被柔毛和小皮刺。（**8. 黄刺玫** R. xanthina Lindl.）。
            14. 花重瓣 ………… **8a. 黄刺玫** R. xanthina f. xanthina
            14. 花单瓣 ………… **8b. 单瓣黄刺玫** R. xanthina f. normalis Rehd. et Wils.
        12. 花白色、粉红色或紫红色。
          15. 花瓣4，白色；小叶9～13；果亮红色，熟时果梗肥厚，萼片宿存，直立 ………… **9. 峨眉蔷薇** R. omeiensis Rolfe
          15. 花瓣5（紫花重瓣玫瑰除外），白色、粉红色或紫红色。
            16. 萼片羽状分裂，果实成熟时多数脱落；花粉红色。
              17. 小叶长2厘米以上，背面无腺体；花梗、花萼无腺毛 ………… **10. 犬蔷薇** R. canina L.
              17. 小叶长不超过1.5厘米，背面密被腺体；花梗、花萼有腺毛 ……**11. 锈红蔷薇** R. rubiginosa L.

（接上表）

16. 萼片不分裂，果实成熟时宿存；花白色、粉红色或紫红色。
18. 小叶7～13，长不超过1.5厘米，背面被疏柔毛；花白色或带粉色，萼片不分裂；果熟时萼片宿存，果纺锤形或长卵圆形（**12. 长白蔷薇 R. koreana** Kom.）。
19. 小叶边缘有带腺尖锐锯状齿，背面、齿尖、叶轴、叶柄无腺毛 ……………………………………………… **12a. 长白蔷薇 R. koreana** var. **koreana**
19. 小叶边缘具重锯状齿，背面、齿尖、叶轴、叶柄均密被腺毛 …………………………… **12b. 腺叶长白蔷薇 R. koreana** var. **glandttlosa** Yu et Ku
18. 小叶3～9，长2厘米以上；花紫红色（稀白色）。
20. 小枝和皮刺密被茸毛；小叶质厚，表面有明显皱纹；果扁球形；皮刺密集（**13. 玫瑰 R. rugosa** Thunb.）。
21. 皮刺多而密；小叶宽，表面皱纹明显（**13a. 玫瑰 R. rugosa** var. **rugosa**）。
22. 花单瓣。
23. 花紫红色 ………………………………… **13aa. 玫瑰 R. rugosa** f. **rugosa**
23. 花白色 ……………**13ab. 白花单瓣玫瑰 R. rugosa** f. **alba** (Ware) Rehd.
22. 花重瓣，紫红色 …… **13ac. 紫花重瓣玫瑰 R. rugosa** f. **plena** (Regel) Rehd.
21. 皮刺稀少；小叶狭，表面皱纹不甚明显 …………………………… **13b. 稀刺玫瑰 R. rugosa** var. **chamissoniana** Mey.
20. 小枝和皮刺均无毛，或仅幼时被疏柔毛；小叶质较薄，表面无明显皱纹；果球形、卵球形、椭圆形、纺锤形等。
24. 小叶背面有白霜和腺体（深山蔷薇除外）；枝干下部常无针刺或少有针刺；花白色或粉红色。
25. 皮刺直；花单生，白色；蔷薇果椭圆形 ……**14. 腺齿蔷薇 R. albertii** Regei
25. 皮刺稍弯；花单生或2～3朵集生，粉红色；蔷薇果球形、扁球形、卵球形、纺锤形、倒卵状长椭圆形至卵状长椭圆形（**15. 山刺玫 R. davurica** Pall.）。
26. 小叶背面有白霜和腺体。
27. 小枝上皮刺常稀疏。
28. 小叶长1.5～3.5厘米，下面灰绿色，有腺点和稀疏短柔毛。
29. 果近球形 ………… **15a. 山刺玫 R. davurica** var. **davurica**
29. 果纺锤形、倒卵状长椭圆形至卵状长椭圆形 ………………………… **15b. 长果山刺玫 R. davurica** var. **ellipsoidea** Nakai
28. 小叶较原变种稍大，长可达4厘米，下面无粒状腺体，通常无毛，仅沿脉有短柔毛 ……………… **15c. 光叶山刺玫 R. davurica** var. **glabra** Liou
27. 小枝上密生大小不等的皮刺；小叶下面有或无粒状腺体，通常无毛，仅在下面沿脉上有短柔毛 …………………… **15d. 多刺山刺玫 R. davurica** var. **setacea** Liou
26. 小叶背面无白霜和腺体

（接上表）

······················ 15e. **深山蔷薇 R. davurica** var. **alpestris** (Nakai) M. Kitag.

24. 小叶背面无白霜和腺体；枝干下部常有密集针刺；花粉红色。

30. 花梗长5～10毫米；托叶下部常有一对皮刺；小叶（5～）7～9；果椭圆状卵球形，直径1～1.5厘米，顶端有短颈，猩红色，有腺毛 ······································ 16. **美蔷薇 R. bella** Rehd. et Wils.

30. 花梗长10毫米以上；托叶下部常无成对的皮刺（**17. 刺蔷薇 R. acicularis** Lindl.）。

31. 果实无腺毛或刺毛。

32. 托叶背面、叶柄及叶背面无腺点，仅有柔毛（**17a. 刺蔷薇 R. acicularis** var. **acicularis**）

33. 花粉红色 ·················· 17aa. **刺蔷薇 R. acicularis** f. **acicularis**

33. 花白色 ······················ 17ab. **白花刺蔷薇 R. acicularis** f. **alba** Z. Wang et Q. L. Wang

32. 托叶背面、叶柄及叶背面密被腺点及柔毛 ······················· 17b. **腺叶刺蔷薇 R. acicularis** var. **glandulifolia** Y. B. Chang

31. 果实有腺毛或刺毛。

34. 果密被腺毛 ······ 17c. **腺果刺蔷薇 R. acicularis** var. **glandulosa** Liou

34. 果密被长刺毛，枝上刺较少 ························ 17d. **刺果刺蔷薇 R. acicularis** var. **setacea** Liou

（1）缫丝花（中国植物志，Flora of China）；刺麋（植物名实图考）

Rosa roxburghii Tratt. in Ros. Monogr. Z: 233. 1823; 中国植物志37: 452. 1985; Fl. China 9: 381. 2003.

自然分布于西北、西南、华东等地区。辽宁省长海有栽培。

花朵美丽，栽培供观赏用。果实有解暑、消食作用。

■ 缫丝花

果期植株

果枝

■ 缫丝花

花枝

植株

（2）木香花（辽宁植物志，东北植物检索表，中国植物志，Flora of China）

Rosa banksiae Ait., Hort. Kew. ed 2. 3: 258. 1811; 中国植物志37: 445. 1985; 辽宁植物志（上册）: 790. 1988; 东北植物检索表（第二版）: 307. 1995; Fl. China 9: 378. 2003.

自然分布于四川、云南。辽宁省大连、沈阳有栽培。

观赏花木。根皮有收敛、止痛、止血作用。

（3）伞花蔷薇（辽宁植物志，东北植物检索表，中国植物志，Flora of China）

Rosa maximowicziana Regel. in Acta Hort. Petrop. 5: 378. 1878; 中国植物志37: 435. 图版69: 5～6. 1985; 辽宁植物志（上册）: 789. 图版336: 4～6. 1988; 东北植物检索表（第二版）: 307. 图版146: 3. 1995; Fl. China 9: 373. 2003.

（3a）伞花蔷薇（原变型）

Rosa maximowicziana f. *maximowicziana*

生林缘和灌木丛中。产辽宁省宽甸、凤城、丹东、岫岩、庄河、长海、普兰店、瓦房店、绥中等地。

优良庭园观赏花木，也可作嫁接月季的砧木。果实供药用。

■ 伞花蔷薇

花

花蕾

果序

■ 伞花蔷薇

托叶

叶

植株一部分

（3b）腺萼伞花蔷薇（变型）（辽宁植物志，东北植物检索表）

Rosa maximowicziana f. *adenocalyx* Nakai in Bot. Mag. Tokyo 30: 235. 1916; 辽宁植物志（上册）: 790. 图版336: 8. 1988; 东北植物检索表（第二版）: 307. 1995.

生林缘和灌木丛中。产辽宁省庄河、岫岩、绥中等地。

■ 腺萼伞花蔷薇

花萼

（4）野蔷薇（辽宁植物志，东北植物检索表，中国植物志，Flora of China）；多花蔷薇（大连地区植物志）

Rosa multiflora Thunb. in Fl.Jap. 214. 1784; 中国植物志37: 428. 1985; 辽宁植物志（上册）: 787. 图版336: 1 ~ 3. 1988; 东北植物检索表（第二版）: 307. 图版146: 1. 1995; Fl. China 9: 370. 2003.

（4a）野蔷薇（原变种）

Rosa multiflora var. *multiflora*

产江苏、山东、河南等省。辽宁省各地常见栽培。

本种花洁白而芳香，为优良庭园观赏花木；花、果及根均可入药，具有利尿、收敛活血、通络祛风等功效；根可提制栲胶；花可供提取香精。

观赏花木。花、果及根均可入药，具有利尿、收敛活血、通络祛风等功效。

■ 野蔷薇

叶

花侧面观

托叶

■ 野蔷薇

植株

花期

果序

（4b）粉团蔷薇（变种）（中国植物志）

Rosa multiflora var. *cathayensis* Rehd. et Wils. in Sara. Pl. Wils. 2: 304. 1915; 中国植物志37: 429. 图版68: 1 ~ 3. 1985; Fl. China 9: 370. 2003.

多生山坡、灌丛或河边等处。产河北、河南、山东、安徽、浙江、甘肃、陕西、江西、湖北、广东、福建。辽宁省大连有栽培。

具有较好的观赏性，常见栽培作绿篱、护坡及棚架绿化材料；根含鞣质23% ~ 25%，可提制栲胶；鲜花含有芳香油，可提制香精用于化妆品工业；根、叶、花和种子均入药，根能活血、通络、收敛，叶外用治肿毒，种子能峻泻、利水通经。

■ 粉团蔷薇

花枝

花序

花蕾侧面观

（4c）白玉堂（变种）（辽宁植物志，东北植物检索表，中国植物志）

Rosa multiflora var. *albo-plena* Yu et Ku et Ku in Bull. Bot. Res. 1(4): 12. 1981; 中国植物志37: 429. 1985.——*R. multiflora* f. *albo-plena* Yu et Redoute in Bull. Bot. Res. Harbin1(4): 12. 1981; 辽宁植物志（上册）: 788. 图版336: 7. 1988; 东北植物检索表（第二版）: 307. 图版146: 2. 1995.

东北各地有栽培。

■ 白玉堂

植株一部分

花序

花侧面观

（4d）七姊妹（变种）（中国植物志）；荷花蔷薇（辽宁植物志，东北植物检索表）

Rosa multiflora var. *carnea* Rehd. et Wils in Redoute, Roses, 2: 67. t. 1821; 中国植物志37: 429. 1985; 辽宁植物志（上册）: 788. 1988; 东北植物检索表（第二版）: 307. 1995.——*Rosa multiflora* var. *platyphylla* Thory in Redoute, Roses 2: 69. tab. 1821; 辽宁植物志（上册）: 788. 1988.

东北各地有栽培。

■ 七姊妹

品种1

品种2

（5）藤本月季（植物智网站）

Rosa hybrida ‘Climbing’

辽宁省各地常见栽培。

良好的攀缘绿化材料。

■ 藤本月季

红花株

花序

黄花株

（6）月季花（辽宁植物志，内蒙古植物志，中国植物志，Flora of China）；月季（东北植物检索表）

Rosa chinensis Jacq. in Obs. Bot. 3: 7. t. 55. 1768; 中国植物志37: 422. 图版67: 4 ~ 7. 1985; 辽宁植物志（上册）: 786. 1988; 内蒙古植物志（第二版）3: 100. 1989; 东北植物检索表（第二版）: 307. 图版146: 4. 1995; Fl. China 9: 368. 2003.

（6a）月季花（原变种）

Rosa chinensis var. *chinensis*

原产中国。东北各地常见栽培其杂交后代现代月季［*Rosa hybrida* E. H. L. Krause, Deutschl. Fl. (Sturm), ed. 2. 8: 150, in obs. 1904.］。

月季花有“花中皇后”之美誉。花及根有活血祛瘀、拔毒消肿之效。

■ 月季花

果实

多色花组合

萼片

果实解剖

花

植株

（6b）单瓣月季花（变种）（中国植物志，Flora of China）

Rosa chinensis var. *spontanea* (Rehd. et Wils.) Yu et Ku, 中国植物志37: 423. 1985; Fl. China 9: 368. 2003.

产湖北、四川、贵州，为月季花原始种。辽宁省大连等地有栽培。

在2021年公布的《国家重点保护野生植物名录》中，本变种被列为二级保护植物。

■ 单瓣月季花

托叶

花枝

花萼

（7）樱草蔷薇（东北植物检索表，中国植物志，Flora of China）

Rosa primula Bouleng. in Bull. Jard. Bot. Bruxell. 14: 121. 1936; 中国植物志37: 379. 1985; 东北植物检索表（第二版）: 310. 1995; Fl. China 9: 352. 2003.

自然分布于河北、河南、山西、甘肃、陕西、四川等地。辽宁省大连、沈阳等地有栽培。

观赏花木。

■ 樱草蔷薇

叶一部分

植株一部分

（8）黄刺玫（辽宁植物志，黑龙江省植物志，内蒙古植物志，东北植物检索表，中国植物志，Flora of China）

Rosa xanthina Lindl. in Ros. Monogr. 132. 1820; 中国植物志37: 378. 图版57: 5 ~ 6. 1985; 辽宁植物志（上册）: 775. 图版331. 1988; 内蒙古植物志（第二版）3: 98. 1989; 东北植物检索表（第二版）: 307. 图版146: 6. 1995; 黑龙江省植物志6: 152. 图版68: 1 ~ 2. 1998; Fl. China 9: 352. 2003.

（8a）黄刺玫（原变型）

Rosa xanthina f. *xanthina*

东北各地常见栽培。

观赏花木。果实可酿酒或作果酱，并可用于医疗工业；花可提取芳香油。

■ 黄刺玫

二年生枝

复叶

花枝

小叶背面观

植株一部分

（8b）单瓣黄刺玫（变型）（辽宁植物志，东北植物检索表，中国植物志）

Rosa xanthina f. *normalis* Rehd. et Wils. in Sarg. Pl. Wils. 2: 342. 1915; 中国植物志37: 378. 1985; 辽宁植物志（上册）: 777. 图版331: 3. 1988; 内蒙古植物志（第二版）3: 98. 图版40: 5 ~ 7. 1989; 东北植物检索表（第二版）: 307. 图版146: 7. 1995; 黑龙江省植物志6: 154. 图版68: 3. 1998.

生落叶阔叶林区及草原带的山地。产内蒙古自治区喀喇沁旗。东北各地常见栽培。

■ 单瓣黄刺玫

果枝

果实

■ 单瓣黄刺玫

花枝

枝刺

（9）峨眉蔷薇（东北植物检索表，中国植物志，Flora of China）

Rosa omeiensis Rolfe in Curtis's Bot. Mag. 138: t. 8471. 1912; Fl. China 9: 354. 2003; 中国植物志37: 383. 图版57：7 ~ 10. 1985; 东北植物检索表（第二版）: 307. 图版147: 2. 1995.

多生山坡、山脚下或灌丛中。产云南、四川、湖北、陕西、宁夏、甘肃、青海、西藏。东北地区有栽培。

根皮含鞣质16%，可提制栲胶。果实味甜可食，也可酿酒，晒干磨粉掺入面粉可制作食品，还可入药，有止血、止痢、涩精之效。

■ 峨眉蔷薇

托叶

果实

枝刺

植株一部分

小枝

（10）犬蔷薇（辽宁植物志，东北植物检索表）

Rosa canina L., Sp. Pl. 1: 491. 1753; 辽宁植物志（上册）: 786. 1988; 东北植物检索表（第二版）: 307. 图版147: 3. 1995.

原产欧洲。辽宁省沈阳、熊岳、大连、旅顺口等地有栽培，旅顺口地区已经归化。

本种具有较好的观赏性，常见栽培作绿篱、护坡及棚架绿化材料；鲜花含有芳香油，可提制香精用于化妆品工业；果实光滑，可以熬制饮料或酿酒。

■ 犬蔷薇

花（果）萼

托叶

果实

叶

叶背面观

植株一部分

（11）锈红蔷薇（辽宁木本植物志）；白玉山蔷薇（辽宁植物志，东北植物检索表，Flora of China）；香叶蔷薇（植物智网站）

Rosa rubiginosa L. in Mant. Pl. Altera 564. 1771; 辽宁木本植物志: 252. 2018; 植物科学学报37(6): 726～730. 2019.——*R. baiyushanensis* Q. L. Wang in Bull. Bot. Res. Harbin 4(4): 207. f. 1. 1984; 辽宁植物志（上册）: 784. 图版335. 1988; 东北植物检索表（第二版）: 307. 图版147: 1. 1995; Fl. China 9: 365. 2003.

原产欧洲和西亚。辽宁省旅顺口有栽培，并已归化。

本种具有较好的观赏性，常见栽培作绿篱、护坡及棚架绿化材料；鲜花含有芳香油，可提制香精用于化妆品工业。

■ 锈红蔷薇

果实

花侧面观

花正面观

■ 锈红蔷薇

托叶

叶

植株一部分

（12）长白蔷薇（黑龙江省植物志，东北植物检索表，中国植物志，Flora of China）

Rosa koreana Kom. in Acta Hort. Petrop. 18: 434. 1901; 中国植物志37: 374. 图版58: 3 ~ 4. 1985; 东北植物检索表（第二版）: 277. 图版131: 2. 1995; 黑龙江省植物志6: 151. 图版65: 3 ~ 4. 1998; Fl. China 9: 351. 2003.

（12a）长白蔷薇（原变种）

Rosa koreana var. *koreana*

生阴湿而排水良好的针叶林或针阔混交林下。产黑龙江省黑河、铁力、伊春、海林、尚志、北安；吉林省抚松、安图；辽宁省凤城、庄河等地。

果实含维生素C，可供药用，又可制果酱等食品；花瓣含芳香油，可食用。

■ 长白蔷薇

小枝

花

茎

花序

叶

花侧面观

植株

（12b）腺叶长白蔷薇（变种）（东北植物检索表，中国植物志，Flora of China）

Rosa koreana var. *glandttlosa* Yu et Ku in Bull. Bot. Res. 1(4): 6. 1981; 中国植物志37: 375. 图版58: 3 ~ 4. 1985; 东北植物检索表（第二版）: 277. 图版131: 3. 1995; Fl. China 9: 351. 2003.

生林缘。产吉林省抚松（模式标本采集地）等地。

（13）玫瑰（辽宁植物志，黑龙江省植物志，内蒙古植物志，东北植物检索表，中国植物志，Flora of China）

Rosa rugosa Thunb. in Fl. Jap. 213. 1784; 中国植物志37: 401. 1985; 辽宁植物志（上册）: 777. 图版332: 1 ~ 2. 1988; 内蒙古植物志（第二版）3: 97. 图版40: 1 ~ 4. 1989; 东北植物检索表（第二版）: 307. 图版148: 1. 1995; 黑龙江省植物志6: 151. 图版67: 4 ~ 7. 1998; Fl. China 9: 358. 2003.

（13a）玫瑰（原变种）

Rosa rugosa var. *rugosa*

（13aa）玫瑰（原变型）

Rosa rugosa f. *rugosa*

生低地及海岛。产吉林省珲春；辽宁省庄河、长海、金州、大连、东港、营口（鲅鱼圈）等地。各地有栽培。

观赏花木。花蕾有行气解郁、和血、止痛作用。

在2021年公布的《国家重点保护野生植物名录》中，本种被列为二级保护植物。

■ 玫瑰

果枝

果期植株

花序

植株

（13ab）白花单瓣玫瑰（中国植物志）；白玫瑰（辽宁植物志，东北植物检索表）

Rosa rugosa f. *alba* (Ware) Rehd. in Bibl. Cult. Trees and Shrubs 306. 1949; 中国植物志37: 402. 1985; 辽宁植物志（上册）: 778. 1988; 东北植物检索表（第二版）: 307. 1995.

生沿海低地及海岛。辽宁省沈阳有栽培。

■ 白花单瓣玫瑰

花枝

植株一部分

（13ac）紫花重瓣玫瑰（中国植物志）；重瓣紫玫瑰（辽宁植物志，东北植物检索表）

Rosa rugosa f. *plena* (Regel) Rehd. in J. Arnold Arbor. 10(2): 98. 1929; 中国植物志37: 402. 1985; 辽宁植物志（上册）: 778. 图版332: 4 ~ 5. 1988; 东北植物检索表（第二版）: 307. 图版148: 3. 1995.

生沿海低地及海岛。产辽宁省金州、葫芦岛、北镇。东北各地常见栽培。

■ 紫花重瓣玫瑰

花枝

植株

（13b）稀刺玫瑰（变种）（辽宁植物志，东北植物检索表）

Rosa rugosa var. *chamissoniana* Mey. in Mem. Acad. Sci. St. Petersb. Ser. 6. (6): 34. 184. 1847; 辽宁植物志（上册）: 778. 图版332: 3. 1988; 东北植物检索表（第二版）: 310. 图版148: 2. 1995.

生沿海低地及海岛。产辽宁省金州、北镇、庄河。辽宁省沈阳、鞍山有栽培。

（14）腺齿蔷薇（新疆树木学讲义，中国植物志，Flora of China）；俄罗斯大果蔷薇（辽宁树木志）

Rosa albertii Regei in Acta Hort. Petrop. 8: 278. 1883; 中国植物志37: 393. 图版60: 4 ~ 5. 1985; Fl. China 9: 356. 2003; 辽宁树木志: 345. 图345: 1 ~ 4. 2018. .

原产俄罗斯。辽宁省沈阳、大连有栽培。

■ 腺齿蔷薇

托叶

叶

果实

小枝

植株

（15）山刺玫（内蒙古植物志，东北植物检索表，中国植物志，Flora of China）；刺玫蔷薇（辽宁植物志，黑龙江省植物志）

Rosa davurica Pall. in Fl. Ross. 1, 2: 61. 1788; 中国植物志37: 402. 图版62: 1 ~ 3. 1985; 辽宁植物志（上册）: 779. 图版333: 1 ~ 3. 1988; 内蒙古植物志（第二版）3: 100. 图版41: 3. 1989; 东北植物检索表（第二版）: 310. 图版148: 4. 1995; 黑龙江省植物志6: 148. 图版67: 1 ~ 3. 1998; Fl. China 9: 359. 2003.

（15a）山刺玫（原变种）

Rosa davurica var. *davurica*

■ 山刺玫

植株一部分

果序

■ 山刺玫

叶背面观

小枝

花

生山坡、山脚及路旁灌丛中。产黑龙江省呼玛、黑河、嘉荫、虎林、牡丹江、密山、哈尔滨、尚志、鸡西、鸡东、伊春、宁安、富锦、绥芬河、宝清、鹤岗、萝北；吉林省临江、通化、抚松、靖宇、蛟河、安图、吉林、九台、和龙、珲春、汪清、长春、桦甸；辽宁省各地；内蒙古自治区额尔古纳、牙克石、鄂伦春、鄂温克、科尔沁右翼前旗、扎赉特旗、科尔沁左翼后旗、大青沟、敖汉旗、克什克腾旗、喀喇沁旗、宁城、西乌珠穆沁旗、锡林浩特、正蓝旗等地。

果实可作果酱、果酒料；花制玫瑰酱或提取香精等。花、果实均可药用。

（15b）长果山刺玫（变种）（东北植物检索表）；长果刺玫蔷薇（辽宁植物志）

Rosa davurica var. *ellipsoidea* Nakai in Chong. Ill. Man. Kor. Trees and Shrubs 318. tab. 476. 1943; 辽宁植物志（上册）: 780. 图版333: 4. 1988; 东北植物检索表（第二版）: 310. 图版148: 5. 1995.

生山坡、山脚及路旁灌丛中。产辽宁省桓仁、本溪、岫岩等地。

■ 长果山刺玫

果序

叶

植株一部分

（15c）光叶山刺玫（变种）（中国植物志，Flora of China）

Rosa davurica var. *glabra* Liou, 东北木本植物图志: 314. 1955; 中国植物志37: 403. 1985; Fl. China 9: 359. 2003.

生山坡、山脚及路旁灌丛中。产黑龙江省饶河；吉林省抚松、靖宇、长白、安图（模式标本采集地）；辽宁省凤城；内蒙古额尔古纳。

（15d）多刺山刺玫（变种）（中国植物志，Flora of China）

Rosa davurica var. *setacea* Liou, 东北木本植物图志: 314. 1955; 中国植物志37: 402. 1985; Fl. China 9: 359. 2003.

生山坡。产黑龙江省富锦、塔河等地；吉林省抚松（模式标本采集地）、安图等地；辽宁省鞍山、沈阳等地；内蒙古牙克石、额尔古纳等地。

■ 多刺山刺玫

植株一部分

萼片

（15e）深山蔷薇（变种）（辽宁植物志，东北植物检索表）；无腺刺蔷薇（黑龙江省植物志）

Rosa davurica var. *alpestris* (Nakai) M. Kitag. in Neo-lineamenta florae Manshuricae 382. 1979; 黑龙江省植物志6: 148. 1998.——*R. marretii* Level. in Fedde. Repert. 8: 281. 1910; 辽宁植物志（上册）: 780. 图版334: 4 ~ 5. 1988; 东北植物检索表（第二版）: 310. 图版148: 7. 1995.

生林中、林缘。产黑龙江省尚志；吉林省靖宇、抚松、长白、安图、蛟河、临江、通化；内蒙古自治区牙克石、额尔古纳等地。辽宁省盖州等地有栽培。

■ 深山蔷薇

小枝

花萼

花序

■ 深山蔷薇

植株

花侧面观

（16）美蔷薇（内蒙古植物志，中国植物志，Flora of China）；美丽蔷薇（辽宁植物志，东北植物检索表）

Rosa bella Rehd. et Wils. in Sarg. Pl. Wils. 2: 341. 1915; 中国植物志37: 407. 1985; 辽宁植物志（上册）: 784. 1988; 内蒙古植物志（第二版）3: 100. 图版41: 1 ~ 2. 1989; 东北植物检索表（第二版）: 310. 1995; Fl. China 9: 361. 2003.

多生灌丛中、山脚下或河沟旁等处。辽宁省沈阳、大连、瓦房店等地有栽培。

果实可作果酱、果酒料；花制玫瑰酱或提取香精等。花、果实均可药用。

■ 美蔷薇

花萼

托叶和小叶

果实

叶背面观

植株一部分

（17）刺蔷薇（辽宁植物志，黑龙江省植物志，东北植物检索表，中国植物志，Flora of China）；大叶蔷薇（内蒙古植物志）

Rosa acicularis Lindl. in Ros. Monogr. 44. 1820; 中国植物志37: 403. 图版62: 4 ~ 5. 1985; 辽宁植物志（上册）: 782. 图版334: 1 ~ 3. 1988; 内蒙古植物志（第二版）3: 102. 图版41: 4. 1989; 东北植物检索表（第二版）: 310. 图版148: 6. 1995; 黑龙江省植物志6: 145. 图版65: 1 ~ 2. 1998; Fl. China 9: 360. 2003.

（17a）刺蔷薇（原变种）

Rosa acicularis var. *acicularis*

（17aa）刺蔷薇（原变型）

Rosa acicularis f. *acicularis*

生海拔800米以上山坡及山顶林中。产黑龙江省呼玛、黑河、伊春、富锦、穆棱、萝北、尚志、海林、嘉荫；吉林省抚松、临江、长白、安图、敦化、珲春、汪清、和龙；辽宁省庄河、宽甸、桓仁、本溪；内蒙古自治区额尔古纳、海拉尔、满洲里、牙克石、阿尔山、巴林右旗、克什克腾旗等地。

花和果实可食，也可作染料。叶大花艳，可栽培观赏。

■ 刺蔷薇

花萼

花正面观

果实

花枝

托叶

植株一部分

（17ab）白花刺蔷薇（变型）（黑龙江省植物志，东北植物检索表）

Rosa acicularis f. *alba* Z. Wang et Q. L. Wang, 东北植物检索表（第二版）: 310. 1995.——*Rosa acicularis* var. *albifloris* X. Lin et Y. L. Lin in Bull. Bot. Res. 12(4). 1992; 黑龙江省植物志6: 147. 1998.

生境同正种。产黑龙江省双鸭山；吉林省长白山。

（17b）腺叶刺蔷薇（变种）（黑龙江省植物志，东北植物检索表）；腺叶大叶蔷薇（俗名）

Rosa acicularis var. *glandulifolia* Y. B. Chang in Bull. Bot. Res. 1(3): 96. 图版2 ~ 1. 1981; 东北植物检索表（第二版）: 310. 1995; 黑龙江省植物志6: 147. 图版66: 6 ~ 7. 1998.

生林下、林缘。产黑龙江省漠河、林口等地；辽宁省凤城（凤凰山）；内蒙古自治区额尔古纳等地。

（17c）腺果刺蔷薇（变种）（东北植物检索表）；腺果大叶蔷薇（东北木本植物图志）

Rosa acicularis var. *glandulosa* Liou in Illustrated Flora of the Ligneous Plants of N. E. China. 564. pl. 109, f. 230. 1955.; 东北植物检索表（第二版）: 310. 1995.

生林下、林缘。产吉林省安图、临江；辽宁省宽甸。

（17d）刺果刺蔷薇（变种）（黑龙江省植物志，东北植物检索表）；刺果大叶蔷薇（东北木本植物图志）

Rosa acicularis var. *setacea* Liou, 东北木本植物志图志316. 1955; 东北植物检索表（第二版）: 310. 1995; 黑龙江省植物志6: 147. 图版66: 1～5. 1998.

生林缘。产黑龙江省孙吴、逊克、伊春；吉林省安图（长白山）。

■ 腺果刺蔷薇

果实

21 地榆属 *Sanguisorba* L.

Sanguisorba L., Sp. Pl. 116. 1753.

多年生草本或半灌木。茎直立。奇数羽状复叶，具基生叶及茎生叶，叶互生；托叶与叶柄合生。穗状花序或头状花序；花小。两性或单性；无副萼及花瓣；萼片4，花瓣状，稀5～12；花柱纤细，柱头头状或流苏状，心皮1～3，瘦果单生，包于宿存干燥的管状花托内。

本属全世界30余种，分布于欧洲、亚洲及北美洲。中国有7种，南北各省均有分布。东北地区产4种5变种。

分种检索表

1. 穗状花序自基部开始向上逐渐开放；花序长圆柱形，直立；花白色、有时稍带紫红色…… **1. 大白花地榆 S. canadensis** L.
1. 穗状花序自顶端开始向下逐渐开放；花序椭圆形、圆柱形或长圆柱形，直立或下垂；花紫红色、红色、粉红色或白色。
  2. 花丝显著扁平扩大，比萼片长0.5～2倍。
    3. 基生叶小叶卵形、椭圆形或长圆形，基部心形，边有粗大圆钝锯状齿 …… **2. 宽蕊地榆 S. applanata** Yu et Li
    3. 基生叶小叶片带状披针形，基部圆形、微心形至斜宽楔形，边有缺刻状急尖锯状齿（**3. 细叶地榆 S. tenuifolia** Fisch. ex Link）。
      4. 花红色或淡红带白，花丝比萼片长1/2～1倍 …………………………… **3a. 细叶地榆 S. tenuifolia** var. **tenuifolia**
      4. 花白色，花丝比萼片长1～2倍 ………………………… **3b. 小白花地榆 S. tenuifolia** var. **alba** Trautv. et Mey.
  2. 花丝呈丝状，与萼片近等长或稍长（**4. 地榆 S. officinalis** L.）。
    5. 花丝与萼片近等长。
      6. 基生小叶卵形或长圆状卵形，基部心形至微心形。
        7. 花紫红色、红色或淡紫色。
          8. 小叶两面无毛，有时仅叶柄基部或茎基部有稀疏腺毛 …………… **4a. 地榆 S. officinalis** var. **officinalis**
          8. 小叶下面被疏柔毛，叶柄基部或茎基部有稀疏腺毛 ……………………………………………… **4b. 腺地榆 S. officinalis** var. **glandulosa** (Komarov) Voroschilov
        7. 花粉红色或白色 …………………………… **4c. 粉花地榆 S. officinalis** var. **carnea** (Fisch.) Regel ex Maxim.
      6. 基生小叶带状长圆形至带状披针形，基部微心形、圆形至宽楔形 ………………………………………………………… **4d. 长叶地榆 S. officinalis** var. **longifolia** (Bertol.) Yu et Li
    5. 花丝伸出萼片外面 ………………………………… **4e. 长蕊地榆 S . officinalis** var. **longifila** (Kitag.) Yu et Li

（1）大白花地榆（黑龙江省植物志，东北植物检索表，东北草本植物志，中国植物志，Flora of China）

Sanguisorba canadensis L. in Species plantarum, edition 1. 117. 1753.——*S. stipulata* Raf. in Herbarium rafinesquianum 47. 1833; 东北植物检索表（第二版）: 312. 图版151: 3. 1995; Fl. China 9: 388. 2003.——*S. sitchensis* C. A. Mey. in Trautv. et C. A. Mey. Fl. ochot. 34. 1856; 东北草本植物志5: 52. 图版23: 1 ~ 3. 1976; 中国植物志37: 472. 图版77: 1 ~ 3. 1985; 黑龙江省植物志6: 175. 图版77: 1 ~ 3. 1998.

生海拔1000米以上的山地、山谷、湿地、疏林下及林缘。产吉林省抚松、长白、安图等地。

资源价值同地榆。

■ 大白花地榆

花序1

花序2

植株

植株下部

（2）宽蕊地榆（中国植物志，Flora of China）

Sanguisorba applanata Yu et Li, 植物分类学报17 (1): 11. 1979; 中国植物志37: 469. 图版76: 3 ~ 4. 1985; Fl. China 9: 387. 2003.

生山沟阴湿处、溪边或疏林下。产辽宁省长海等地。

嫩苗和根淀粉可食。

■ 宽蕊地榆

茎下部叶

花序

（3）细叶地榆（内蒙古植物志，中国植物志，Flora of China）；垂穗粉花地榆（辽宁植物志，黑龙江省植物志，东北植物检索表，东北草本植物志）

Sanguisorba tenuifolia Fisch. ex Link in Enum. Hort. Berol. 1: 144. 1809; 东北草本植物志5: 56. 图版25: 1 ~ 4. 1976; 中国植物志37: 468. 1985; 辽宁植物志（上册）: 819. 图版348: 1 ~ 4. 1988; 内蒙古植物志（第二版）3: 112. 图版44: 1 ~ 5. 1989; 东北植物检索表（第二版）: 314. 图版152: 5. 1995; 黑龙江省植物志6: 173. 图版76: 5 ~ 7. 1998; Fl. China 9: 386. 2003.

（3a）细叶地榆（原变种）

Sanguisorba tenuifolia var. *tenuifolia*

生山坡草地、草甸及林缘。产黑龙江省萝北、克山、安达、伊春、大庆、呼玛、漠河、新林；吉林省汪清、珲春、蛟河、安图；辽宁省彰武、法库、锦州；内蒙古自治区额尔古纳、牙克石、鄂伦春、鄂温克、扎鲁特旗等地。

根治中毒性泄泻、子宫颈糜烂、乳腺癌，还有凉血、止血作用。

■ 细叶地榆

茎下部叶

花

花序

植株一部分

（3b）小白花地榆（变种）（辽宁植物志，黑龙江省植物志，东北植物检索表，东北草本植物志，中国植物志，Flora of China）

Sanguisorba tenuifolia var. *alba* Trautv. et Mey. in Fl. Ochot. 35. 1856; 中国植物志37: 468. 1985; 内蒙古植物志（第二版）3: 112. 1989; Fl. China 9: 386. 2003.——*S. parviflora* (Maxim.) Takeda in Journ. L. Soc., Bot.

■ 小白花地榆

茎叶

花序

植株上部

xlii: 462. 1914; 东北草本植物志5: 52. 图版23: 4 ~ 7. 1976; 辽宁植物志（上册）: 817. 图版348: 5 ~ 8. 1988; 东北植物检索表（第二版）: 312. 图版151: 4. 1995; 黑龙江省植物志6: 175. 图版77: 4 ~ 7. 1998.

生湿地、草甸、林缘及林下。产黑龙江省爱辉、虎林、宁安、尚志、伊春（带岭）、密山、黑河、依兰、集贤、哈尔滨、塔河；吉林省浑江、抚松、和龙、珲春、安图、汪清、蛟河、长白；辽宁省大连、彰武；内蒙古自治区额尔古纳、海拉尔、牙克石、鄂伦春、鄂温克、科尔沁左翼后旗、大青沟等地。

（4）地榆（辽宁植物志，黑龙江省植物志，内蒙古植物志，东北植物检索表，东北草本植物志，中国植物志，Flora of China）；腺地榆（东北植物检索表，东北草本植物志）

Sanguisorba officinalis L., Sp. Pl. 116. 1753; 东北草本植物志5: 54. 图版24: 1 ~ 4. 1976; 中国植物志37: 465. 1985; 辽宁植物志（上册）: 818. 1988; 内蒙古植物志（第二版）3: 107. 图版45: 1 ~ 3. 1989; 东北植物检索表（第二版）: 312. 图版151: 1. 1995; 黑龙江省植物志6: 171. 图版75: 1 ~ 4. 1998; Fl. China 9: 385. 2003.——*S. officinalis* L. var. *longa* Kitagawa in Rep. Fist. Sci. Exped. Manch. sect. 4. 4: 25. 26. 1936; 东北植物检索表 158. 图版50: 5. 1959; 东北草本植物志5: 54. 1976; 东北植物检索表（第二版）: 312. 1995.——*S. officinalis* var. *latifoliata* Liou et C. Y. Li, 东北草本植物志5: 54. 1976; 辽宁植物志（上册）: 818. 1988; 东北植物检索表（第二版）: 312. 1995.——*S. officinalis* var. *dilutiflora* (Kitag.) Liou et C. Y. Li, 东北草本植物志5: 54. 1976; 辽宁植物志（上册）: 818. 1988; 东北植物检索表（第二版）: 312. 1995.——*S. officinalis* var. *microcephala* Kitag. in Bot. Mag. Tokyo 48: 98. 1934; 东北草本植物志5: 54. 1976; 辽宁植物志（上册）: 819. 1988; 东北植物检索表（第二版）: 312. 1995.——*S. glandulosa* Kom. in Bot. Mater. Gerb. Glavn. Bot. Sada S. S. S. R. vi. 10. 1926; 东北草本植物志5: 56. 图版5 ~ 9. 1976; 东北植物检索表（第二版）: 312. 图版151: 2. 1995; 黑龙江省植物志6: 173. 图版75: 5 ~ 9. 1998.

（4a）地榆（原变种）

Sanguisorba officinalis var. *officinalis*

生干山坡、柞林缘、草甸及灌丛间。产黑龙江省依兰、哈尔滨、尚志、大庆、漠河、穆棱、密山、虎林；吉林省安图、临江、长白、九台、吉林、长春、前郭、汪清、珲春；辽宁省各地；内蒙古自治区额尔古纳、海拉尔、满洲里、新巴尔虎右旗、新巴尔虎左旗、鄂伦春、科尔沁左翼后旗、科尔沁右翼前旗、阿鲁科尔沁旗、翁牛特旗、巴林右旗、克什克腾旗、宁城、赤峰等地。

根有收敛、止血、消炎作用。嫩苗可食，也可代茶饮。

■ 地榆

幼苗

根部

■ 地榆

基生叶

植株

穗状花序

（4b）腺地榆（变种）（内蒙古植物志，东北植物检索表，东北草本植物志，中国植物志，Flora of China）

Sanguisorba officinalis var. *glandulosa* (Komarov) Voroschilov, Fl. Far East URSS. 265. 1966; 中国植物志37: 466. 1985; 内蒙古植物志（第二版）3: 109. 图版45: 4. 1989; Fl. China 9: 386. 2003.——*Sanguisorba glandzdsa* Kom. in Not. Syst. Herb. Inst. Bot. URSS 6: 10. 1926; 东北植物检索表 156. 1959; 东北草本植物志 5: 54. 图版24: 5 ~ 9. 1976.

生山谷阴湿处林缘。产黑龙江省虎林；内蒙古自治区额尔古纳、鄂伦春等地。

（4c）粉花地榆（变种）（内蒙古植物志，中国植物志，Flora of China）

Sanguisorba officinalis var. *carnea* (Fisch.) Regel ex Maxim. in Mem. Biol. 9: 153. 1873; 中国植物志37: 467. 1985; 内蒙古植物志（第二版）3: 111. 1989; Fl. China 9: 386. 2003.

生山体的阴坡。产辽宁省朝阳；内蒙古自治区翁牛特旗等地。

■ 粉花地榆

穗状花序

植株下部

（4d）长叶地榆（变种）（内蒙古植物志，中国植物志，Flora of China）

Sanguisorba officinalis var. *longifolia* (Bertol.) Yu et Li, 植物分类学报 17(1): 9. 图版1: 1. 1979; 中国植物志37: 467. 1985; 内蒙古植物志（第二版）3: 111. 图版45: 5. 1989; Fl. China 9: 386. 2003.

生山坡草地、溪边、灌丛中、湿草地及疏林中。产辽宁省大连、辽阳、彰武等地；内蒙古自治区陈巴尔虎旗等地。

■ 长叶地榆

小叶

穗状花序

茎下部叶

（4e）长蕊地榆（变种）（中国植物志，Flora of China）；直穗粉花地榆（辽宁植物志，黑龙江省植物志，内蒙古植物志，东北植物检索表，东北草本植物志）

Sanguisorba officinalis var. *longifila* (Kitag.) Yu et Li, 植物分类学报17(1): 10. 1979; 中国植物志37: 467. 1985; 内蒙古植物志（第二版）3: 111. 图版45: 6. 1989; Fl. China 9: 386. 2003.——*S. grandiflora* (Maxim.) Makino in Enum. Pl. Hort. Berol. 1: 144. 1809; 东北草本植物志5: 56. 图版25: 5 ~ 7. 1976; 辽宁植物志（上册）: 819. 1988; 东北植物检索表（第二版）: 314. 图版152: 4. 1995; 黑龙江省植物志6: 173. 图版76: 5 ~ 7. 1998.

■ 长蕊地榆

花序

植株上部

茎叶

生沟边及草原湿地。产黑龙江省大庆、绥芬河、呼玛、安达、虎林、密山；吉林省珲春、安图、通榆；辽宁省大连、彰武、凌源；内蒙古自治区额尔古纳、根河、牙克石、鄂伦春、陈巴尔虎旗、科尔沁右翼前旗、阿尔山等地。

22 龙芽草属（龙牙草属） *Agrimonia* L.

Agrimonia L., Sp. Pl. 418. 1753.

多年生草本。根状茎倾斜，常有地下芽，奇数羽状复叶，有托叶。花小，两性，成顶生穗状总状花序；萼筒陀螺状，有棱，顶端有数层钩刺，花后靠合、开展或反折；萼片5，覆瓦状排列；花瓣5，黄色；花盘边缘增厚，环绕萼筒口部；雄蕊5～15或更多，成一列着生在花盘外面；雌蕊通常2枚，包藏在萼筒内，花柱顶生，丝状，伸出萼筒外，柱头微扩大。瘦果1～2，包藏在具钩刺的萼筒内。

本属全世界有10余种，分布于北温带和热带高山及拉丁美洲。中国有4种，分布于南北各省。东北地区产2种1变种。

分种检索表

1. 托叶扇形或宽卵形，边缘齿圆钝；花极为疏离，间距为1.5～4厘米；雄蕊17～24枚；果实钩刺向外开展，连钩刺长8～10毫米 ………………………… **1. 托叶龙芽草 A. coreana** Nakai

1. 托叶镰形或半圆形，边缘齿急尖；花彼此靠近，间距小于1厘米；雄蕊5～15枚；果实钩刺幼时直立，老时向内靠合，连钩刺长7～8毫米（**2. 龙芽草 A. pilosa** Ledeb.）。

  2. 茎被疏柔毛及短柔毛（稀下部被稀疏长硬毛）；叶上面脉上被疏柔毛（稀脱落几无毛），脉间几无毛或有疏柔毛。

    3. 小叶倒卵形或倒卵披针形，先端渐尖、急尖至圆钝 ………………… **2a. 龙芽草 A. pilosa** var. **pilosa**

    3. 小叶近圆形或卵状圆形，先端钝圆 ………………… **2b. 圆叶龙牙草 A. pilosa** var. **rotundifolia** Liou et C. Y. Li

  2. 茎下部密被粗硬毛；叶上面脉上被长硬毛或微硬毛，脉间密被柔毛或绒毛状柔毛 ………………… **2c. 黄龙尾 A. pilosa** var. **nepalensis** (D. Don) Nakai

（1）托叶龙芽草（中国植物志，Flora of China）；朝鲜龙牙草（辽宁植物志，东北植物检索表，东北草本植物志）

Agrimonia coreana Nakai in Rep. Veget. Diana. Mt. 71. 1918; 中国植物志37: 459. 图版74: 4～5. 1985; Fl.

■ 托叶龙芽草

叶背面观

花序

植株

China 9: 383. 2003.——*A. pilosa* Ledeb. var. *coreana* (Nakai) Liou et Cheng in Fl. Pl. Med. Chin. Bor. 94. 1959; 东北草本植物志5: 51. 1976; 辽宁植物志（上册）: 814. 1988; 东北植物检索表（第二版）: 293. 1995.

生林缘及山坡灌丛旁。产吉林省抚松、珲春；辽宁省庄河、鞍山、凤城、本溪、新宾、绥中等地。

全草有收敛、止血、消炎作用。嫩苗可食。

（2）龙芽草（黑龙江省植物志，中国植物志，Flora of China）；龙牙草（辽宁植物志，内蒙古植物志，东北植物检索表，东北草本植物志）

Agrimonia pilosa Ledeb. in Ind. Sern. Hort. Dorpat. Suppl. 1. 1823; 东北草本植物志5: 49. 图版22: 1 ~ 7. 1976; 中国植物志37: 457. 1985; 辽宁植物志（上册）: 814. 图版346: 3 ~ 6. 1988; 内蒙古植物志（第二版）3: 105. 图版43. 1989; 东北植物检索表（第二版）: 293. 图版139: 1. 1995; 黑龙江省植物志6: 164. 图版72: 1 ~ 4. 1998; Fl. China 9: 382. 2003.

（2a）龙芽草（原变种）

Agrimonia pilosa var. *pilosa*

生荒山坡草地、路旁、草甸、林下、林缘及山下河边等地。产黑龙江省呼玛、虎林、集贤、尚志、哈尔滨、伊春、萝北、汤原、黑河、宁安、密山、鸡西；吉林省和龙、安图、九台、临江、抚松、靖宇、长白、永吉、汪清、珲春；辽宁省各地；内蒙古自治区额尔古纳、根河、海拉尔、牙克石、鄂伦春、鄂温克、科尔沁右翼前旗、科尔沁左翼后旗、大青沟、喀喇沁旗、巴林右旗、阿鲁科尔沁旗、扎鲁特旗、宁城、锡林浩特、宝格达山等地。

全草有收敛、止血、消炎作用。嫩苗可食。

■ 龙芽草

茎叶　植株　花序　果序一部分

（2b）圆叶龙牙草（变种）（辽宁植物志，东北植物检索表，东北草本植物志）

Agrimonia pilosa var. *rotundifolia* Liou et C. Y. Li, 东北草本植物志5: 51. 1976; 辽宁植物志（上册）: 814. 1988; 东北植物检索表（第二版）: 293. 图版139: 2. 1995.

生草甸、河边湿草地。产辽宁省大连、庄河、建昌；内蒙古自治区新巴尔虎右旗（模式标本采集地）等地。

■ 圆叶龙牙草

植株

花序一部分

花序

（2c）黄龙尾（变种）（中国植物志，Flora of China）；尼泊尔龙芽草（秦岭植物志）

Agrimonia pilosa var. *nepalensis* (D. Don) Nakai in Bot. hlag. Tokyo 47: 247. 1933;秦岭植物志1 (2): 561. 1974;中国植物志37:458. 1985;Fl. China 9:383. 2003.

生溪边、山坡草地及疏林中。产辽宁省金州、旅顺口等地。

■ 黄龙尾

23 鸡麻属 *Rhodotypos* Sieb. et Zucc.

Rhodotypos Sieb. et Zucc. Fl. Jap. 1: 185.1835.

灌木。单叶对生，卵圆形，边缘具尖锐重锯状齿；托叶膜质，带形，离生。花两性，单生于枝顶；萼筒碟形，萼片4，叶状，覆瓦状排列，有小型副萼片4枚，与萼片互生；花瓣4，白色，倒卵形，有短爪；雄蕊多数，排列成数轮，插生于花盘周围，花盘肥厚，顶端缩缢盖住雌蕊；雌蕊4，花柱细长，柱头头状；每心皮有2胚珠，下垂。核果1～4，外果皮光滑干燥；种子1，倒卵球形，子叶平凸，有3脉。

本属全世界仅1种，产中国、日本、朝鲜。东北地区有分布。

鸡麻（辽宁植物志，东北植物检索表，中国植物志，Flora of China）

Rhodotypos scandens (Thunb.) Makino in Bot. Mag. Tokyo 27: 126. 1913; 中国植物志37: 4. 1985; 辽宁植物志（上册）: 764. 图版328. 1988; 东北植物检索表（第二版）: 305. 图版149: 3. 1995; Fl. China 9: 192.

■ 鸡麻

植株一部分

植株

花侧面观

花正面观

果序

2003.

落叶灌木；叶卵形，边缘有尖锐重锯状齿；花单生新枝顶端，花瓣4，白色；核果1～4，近斜椭圆形，褐黑色，有光泽，包于宽大宿存的萼片中。生山沟林中。产辽宁省长海县（海洋岛）。辽宁省沈阳、北镇等地有栽培。

观赏花木。果实入药，治血虚肾亏。

24 棣棠花属 *Kerria* DC.

Kerria DC. in Trans. L. Soc. 12: 156. 1817.

灌木。单叶互生，具重锯状齿；托叶钻形，早落；花两性，大而单生；萼筒短，碟形，萼片5，覆瓦状排列；花瓣黄色，长圆形或近圆形，具短爪；雄蕊多数，排列成数组，花盘环状，被疏柔毛；雌蕊5～8，分离，生于萼筒内；花柱顶生，直立，细长，顶端截形；每心皮有1胚珠，侧生于缝合线中部。瘦果侧扁，无毛。

本属全世界仅有1种1变型，产中国和日本。东北地区栽培1种1变种。

分种下单位检索表

1. 花单瓣 ………………………………………………… a. 棣棠花 *K. japonica* f. *japonica*
1. 花重瓣 ………………………………………………… b. 重瓣棣棠花 *K. japonica* f. *plena*

棣棠花（辽宁植物志，东北植物检索表，中国植物志，Flora of China）

Kerria japonica (L.) DC. in Trans. L. Soc. 12: 157. 1817; 中国植物志37: 3. 1985; 辽宁植物志（上册）: 764. 图版327: 1 ~ 4. 1988; 东北植物检索表（第二版）: 295. 图版149: 1. 1995; Fl. China 9: 192. 2003.

形态特征同属。

（a）棣棠花（原变型）

Kerria. japonica f. *japonica*

生山坡灌丛中。产甘肃、陕西、山东、河南、湖北、江苏、安徽、浙江、福建、江西、湖南、四川、贵州、云南。辽宁省大连、盖州有栽培。

观赏花木。枝叶、花有止咳化痰、健脾、祛风、清热解毒作用。

■ 棣棠花

果序

枝叶

花侧面观

植株一部分

花枝

（b）重瓣棣棠花（变型）（辽宁植物志，东北植物检索表，中国植物志）

Kerria japonica f. *plena* C. K. Schneid in Illustriertes Handbuch der Laubholzkunde Illustriertes Handbuch der Laubholzkunde: 502. f. 305b. 1905; 辽宁植物志（上册）: 764. 图版327: 5. 1988; 东北植物检索表（第二版）: 298. 图版149: 2. 1995.——*K. japonica* f. *pleniflora* (Witte) Rehd. in Bibliography of cultivated trees and shrubs Bibliography of cultivated trees and shrubs: 284. 1949; 中国植物志37: 3. 1985.

湖南、四川和云南有野生。辽宁省大连、盖州有栽培。

■ 重瓣棣棠花

植株

植株一部分

25 金露梅属 *Dasiphora* Raf.

Dasiphora Raf., Autik. Bot. 167. 1840.

灌木。羽状复叶，小叶2～3对，稀3小叶；小叶全缘，与叶柄结合处有关节；托叶膜质。单花或数朵顶生；萼片5，宿存，镊合状；副萼片5；花瓣5，黄色或白色；心皮多数，着生在微凸起的花托上，彼此分离，花柱近基生，柱头扩大，子房密被柔毛。瘦果多数，着生在干燥的花托上；种子1，种皮膜质。

本属全世界有3种，分布于亚洲、欧洲和北美洲。中国均产，分布于东北、西北和西南地区。东北地区产3种3变种。

分种检索表

1. 花黄色；小叶5～9，稀3。
  2. 小叶5～9，线形或线状披针形，下面2对常密集似轮生，两面密被白色绢毛，边缘反卷；花径1～1.2厘米 ………………………… **1. 小叶金露梅 D. parvifolla** (Fisch.) Juzep.
  2. 小叶5，稀3，长圆形，明显羽状排列，表面被伏毛，背面无毛，边缘稍反卷或平展；花径1.5～3厘米（**2. 金露梅 D. fruticosa** (L.) Rydb.）。
    3. 小叶5，稀3，长圆形，两面疏被绢毛或柔毛；副萼片与萼片近等长 ……**2a. 金露梅 D. fruticosa** var. **fruticosa**
    3. 小叶3枚，茎下部少数为5枚，上部少数为1枚，椭圆状长圆形，上面有绢毛，下面无毛或仅脉上有微毛；副萼片远较萼片大 ……………………… **2b. 三叶金老梅 D. fruticosa** var. **rigida** (Wall. ex Lehm.) S. M. Zhang
1. 花白色；小叶3～5。
  4. 花梗较粗，密被白色绢状柔毛；小叶上面伏生白色绢毛，下面疏被白色绢毛或脱落几乎无毛 ………………………… **3. 伏毛银露梅 D. × veitchii** (E.H.Wilson) Sojάk
  4. 花梗细长，被疏柔毛（4. 银露梅D. davunrica (Nestl.) Kom. et Klob.）。
    5. 小叶两面被疏柔毛或几乎无毛 ………………… **4a. 银露梅 D. davunrica** var. **davunrica**
    5. 小叶上面或多或少伏生柔毛，下面密被白色绒毛或绢毛 ……………… **4b. 白毛银露梅 D. davurica** var. **mandshurica** (Maxim.) Verloove&Lambinon

（1）小叶金露梅（内蒙古植物志，东北植物检索表，中国植物志，Flora of China）；小叶金老梅（黑龙江省植物志）

Dasiphora parvifolla (Fisch.) Juzep. in Fl. URSS 10: 71. 1941; 东北木本植物图志309. 图版107. 图221. 1955; 中国高等植物图鉴2：288. 图2305. 1972.——*Potentilla parvifolia* Fisch. ap. Lehm. in Nov. Stirp. Pugill. 3: 6. 1831; 中国植物志37: 249. 图版36: 7 ~ 10. 1985; 内蒙古植物志（第二版）3: 128. 图版50: 3. 1989; 东北植物检索表（第二版）: 298. 图版142: 10. 1995; 黑龙江省植物志6: 216. 图版93: 7 ~ 8. 1998; Fl. China 9: 294. 2003.——*Pentaphylloides parvifolia* (Fisch.) Soják, Folia Geobot. Phytotax. iv. 208 . 1969; 内蒙古植物志（第三版）2: 460. 2020.

生干燥山坡、岩石缝中、林缘及林中。产黑龙江省大兴安岭西部；内蒙古自治区满洲里、巴林右旗、西乌珠穆沁旗、阿巴嘎旗、太仆寺旗等地。辽宁省有栽培。

■ 小叶金露梅

叶

植株一部分

花侧面观

（2）金露梅（内蒙古植物志，东北植物检索表，中国植物志，Flora of China）；金老梅（黑龙江省植物志）

Dasiphora fruticosa (L.) Rydb. Monogr. N. Am. Potent. 188. 1898; 东北木本植物图志 309. 图版107. 图222. 1955; 中国高等植物图鉴 2: 287. 图2304. 1972.——*Potentilla fruticosa* L., Sp. Pl. 495. 1753; 中国植物志37: 244. 图版36: 1 ~ 2. 1985; 内蒙古植物志（第二版）3: 126. 图版50: 1 ~ 2. 1989; 东北植物检索表（第二版）: 298. 图版142: 9. 1995; 黑龙江省植物志6: 215. 图版93: 4 ~ 6. 1998; Fl. China 9: 292. 2003.——*Pentaphylloides fruticosa* (L.) O. Schwarz, Mitt. Thüring. Bot. Ges. 1: 105. 1949; 内蒙古植物志（第三版）2: 459. 2020.

（2a）金露梅（原变种）

Dasiphora fruticosa var. *fruticosa*

生山坡草地、砾石坡、灌丛及林缘。产黑龙江省呼玛、黑河、牡丹江（镜泊湖）；吉林省抚松、长白、安图、和龙；内蒙古自治区额尔古纳、根河、牙克石、鄂伦春、科尔沁右翼前旗、翁牛特旗、阿鲁科尔沁旗、克什克腾旗、东乌珠穆沁旗、西乌珠穆沁旗、锡林浩特、正蓝旗等地。辽宁省大连有栽培。

叶、果可提制栲胶。叶有清暑热、益脑、清心、调经、健胃作用。

■ 金露梅

花序

植株一部分

（2b）三叶金老梅（变种）（黑龙江省植物志）

Dasiphora fruticosa var. *rigida* (Wall. ex Lehm.) S. M. Zhang, 东北维管束植物考; 422. 2021.——*Potentilla fruticosa* var. *rigida* (Wall. ex Lehm.) Th. Wolf. in Bibl. Bot. 71: 57. 1908; 黑龙江省植物志6: 216. 1998.

生山坡草地、砾石坡、灌丛及林缘。产黑龙江省大兴安岭；吉林省长白山。

（3）伏毛银露梅（中国植物志，Flora of China）；毛叶银老梅（黑龙江省植物志）

Dasiphora × veitchii (E. H. Wilson) Soják, Čas. Nár. Muz. Praze, Rada Přír. 152(1): 19. 1983.——*Potentillaglabra* var. *veitchii* (Wils.) Hand.-Mazz. in Acta Hort. Gothob. 13: 298. 1939; 中国植物志37: 249. 1985; 黑龙江省植物志6: 215. 1998; Fl. China 9: 294. 2003.

生高山草地、开阔地、岩石边及林缘。黑龙江省哈尔滨市有栽培。

（4）银露梅（东北植物检索表，中国植物志，Flora of China）；银老梅（黑龙江省植物志）

Dasiphora davunrica (Nestl.) Kom. et Klob., Alls. Key Pl. Far East. Reg. URSS 2: 641. 1932 (quoad nomen); 东北木本植物图志 310. 图版107. 图223. 1955.——*Potentilla glabra* Lodd. in Bot. Cab. 10: t. 914. 1824; 中国植物志37: 247. 1985; 内蒙古植物志（第二版）3: 128. 1989; 东北植物检索表（第二版）: 298. 1995; 黑龙江省植物志6: 213. 图版93: 1 ~ 3. 1998; Fl. China 9: 293. 2003.——*Pentaphylloides davurica* (Nestl.) Ikonn., Novosti Sist. Vyssh. Rast. 6: 269, in adnot. 1970.——*Pentaphylloides glabra* (Lodd.) Y. Z. Zhao in Class. Fl. Ecol. Geogr. Distr. Vasc. Pl. Inner Mongol. 256. 2012; 内蒙古植物志（第三版）2: 461. 2020.

（4a）银露梅（原变种）

Dasiphora davurica var. *davurica*

生山坡草地、河谷岩石缝中、灌丛及林中。产黑龙江省呼玛；内蒙古自治区额尔古纳、根河、牙克石、科尔沁右翼前旗、扎赉特旗、巴林左旗、巴林右旗、翁牛特旗、克什克腾旗、宁城、西乌珠穆沁旗等地。辽宁省沈阳市有栽培。

叶治牙病和黄水病。花治牙病、肺病、胸肋胀痛。

■ 银露梅

花

叶

（4b）白毛银露梅（变种）（中国植物志，Flora of China）；东北银老梅（黑龙江省植物志）；华西银露梅（内蒙古植物志）

Dasiphora davurica var. *mandshurica* (Maxim.) Verloove & Lambinon, New J. Bot. 1(1): 39. 2011.——*Potentilla glabra* var. *mandshurica* (Maxim.) Hand.–Mazz. in Acta Hort. Gothob. 13: 297. 1939; 内蒙古植物志 3: 85. 图版42: 1 ~ 3. 1977; 中国植物志37: 249. 1985; 黑龙江省植物志6: 215. 1998; Fl. China 9: 294. 2003.——*Pentaphylloides glabra* var. *mandshurica* (Maxim.) Y. Z. Zhao in Class. Fl. Ecol. Geogr. Distr. Vasc. Pl. Inner Mongol. 256. 2012; 内蒙古植物志（第三版）2: 462. 2020.

生于旱山坡、沟谷、岩石坡、灌丛及杂木林中。产黑龙江省大兴安岭；内蒙古自治区大青山、乌拉山。

26 悬钩子属 *Rubus* L.

Rubus L., Sp. Pl. 482. 1753 .

灌木、半灌木或多年生匍匐草本。叶互生，单叶、掌状复叶或羽状复叶，边缘常具锯状齿或裂片，有叶柄。花两性，稀单性而雌雄异株，组成聚伞状圆锥花序、总状花序、伞房花序或数朵簇生及单生；花萼5裂，稀3 ~ 7裂；萼片直立或反折，果时宿存；花瓣5，稀缺，直立或开展，白色或红色；雄蕊多数，直立或开展，着生在花萼上部；花柱近顶生，子房1室，每室2胚珠。果实为小核果集生于花托上形成聚合果，或与花托连合成一体而实心，或与花托分离而空心，多浆或干燥，红色、黄色或黑色。

本属全世界700余种，分布于全世界，主产地在北半球温带，少数分布到热带和南半球。中国有208种。东北地区产11种3变种1变型，其中栽培1种。

分种检索表

1. 单叶。
  2. 草本；托叶与叶柄离生。
    3. 雌雄同株；全株有小皮刺和刺毛；叶近圆形或心状圆形，边缘有3（~5）深裂，先端急尖或短渐尖 ………………………………………………………………………………… **1. 矮悬钩子 *R. humilifolius*** C. A. Mey.
    3. 雌雄异株；全株无皮刺而具柔毛和疏短腺毛；叶片肾形，边缘3 ~ 5浅裂，先端钝圆

（接上表）

……………………………………………………………………………… 2. 兴安悬钩子 R. chamaemorus L.

2. 灌木；托叶与叶柄合生。

4. 叶片不分裂或3浅裂，基部通常掌状三出脉，两面被细柔毛；花单生或少数生于短枝上；花瓣长于萼片；果实密被细柔毛 ……………………………………………………………… 3. 山莓 R. corchorifolius L. f.

4. 叶片3～5掌状分裂，基部通常掌状五出脉，两面疏被毛；花数朵簇生或组成短总状花序；花瓣几乎与萼片等长；果实无毛而有光泽（4. 牛叠肚 R. crataegifolius Bunge）。

5. 枝条、叶脉有皮刺 …………………………………………… 4a. 牛叠肚 R. crataegifolius f. crataegifolius

5. 枝条、叶脉无皮刺 ……………………………… 4b. 光枝山植叶悬钩子 R. crataegifolius f. inermis D. Z. Lu

1. 复叶。

6. 草本植物。

7. 叶菱形或菱状倒卵形，边缘有细锐锯状齿或不规则重锯状齿；茎、叶被短柔毛而无针刺；花梗及花萼有腺毛和柔毛；花紫红色，单生；聚合果有小核果20枚……………………………………… 5. 北悬钩子 R. arcticus L.

7. 叶卵状菱形至长圆状菱形，边缘有粗重锯状齿；茎、叶被柔毛和小针刺；花梗与花萼无腺毛；花白色，2～10朵构成伞房花序；聚合果有小核果5～6枚 ……………………………………… 6. 石生悬钩子 R. saxatilis L.

6. 灌木。

8. 掌状复叶，小叶（3～）5（～7）……………………………………………7. 黑莓 R. allegheniensis Porter

8. 羽状复叶。

9. 小叶常5～7枚，稀3或9枚；托叶小而呈线形；枝上针刺较稀少；花白色 ……………………………………………………………… 8b. 香莓 R. pungens var. oldhamii (Miq.) Maxim.

9. 小叶3～5；托叶与叶柄合生。

10. 叶背面绿色，无茸毛，仅沿主脉被疏柔毛；植株被刺毛和针刺，偶有腺毛 ……………………………………………………………… 9. 绿叶悬钩子 R. komarovii Nakai

10. 叶背面灰绿色，密被白色或灰白色茸毛。

11. 植株密被刺毛、针刺和腺毛；小叶3～5；花白色，常5～9朵成伞房花序；果密被柔毛（10. 库页悬钩子 R. sachalinensis H. Lév.）。

12. 花梗、花托、花萼均被腺毛………………10a. 库页悬钩子 R. sachalinensis var. sachalinensis

12. 花梗、花托、花萼均无腺毛 ……………………… 10b. 无腺里白悬钩子 R. sachalinensis var. eglandulatus Y. B. Chang

11. 植株被刺毛和柔毛，无腺毛。

13. 茎伏卧或匍匐；小叶3，菱状卵圆形至倒卵形，先端圆钝或急尖；花粉红色或紫红色；果无毛 ……………………………………………………………… 11. 茅莓 R. parvifolius L.

13. 茎直立；小叶3～5，卵状椭圆形，先端短渐尖至渐尖或急尖；花白色；果实被柔毛（12. 复盆子 R. idaeus L.）。

14. 枝、叶柄和花梗均有毛和腺毛 ………………………… 12a. 复盆子 R. idaeus var. idaeus

14. 枝、叶柄和花梗均无毛和腺毛 …………12b. 无毛复盆子 R. idaeus var. glabratus Yu et Lu

（1）矮悬钩子（东北植物检索表）；葎草叶悬钩子（内蒙古植物志）

Rubus humilifolius C. A. Mey. in Beitr. Pfl. Russ. Reich. 57. 1848; 内蒙古植物志（第二版）3: 116. 图版47: 10. 1989; 东北植物检索表（第二版）: 312. 图版150: 4. 1995.

■ 矮悬钩子

果序

植株

生林下、林缘。产黑龙江省呼玛；内蒙古自治区牙克石（乌尔其汗）、额尔古纳等地。

（2）兴安悬钩子（黑龙江省植物志，东北植物检索表，中国植物志，Flora of China）

Rubus chamaemorus L., Sp. Pl. 494. 1753; 中国植物志37: 218. 图版31: 7 ~ 10. 1985; 东北植物检索表（第二版）: 312. 1995; 黑龙江省植物志6: 155. 图版69: 6. 1998; Fl. China 9: 285. 2003.

生林中，埋在苔藓层下。产黑龙江省大兴安岭山区；吉林省长白山区；内蒙古自治区大兴安岭。

果实味美，可供食用。

■ 兴安悬钩子

果序

植株一部分

（3）山莓（内蒙古植物志，中国植物志，Flora of China）

Rubus corchorifolius L. f., Suppl. Pl. 263. 1782; 中国植物志37: 112. 1985; Fl. China 9: 234. 2003; 内蒙古植物志（第三版）2: 447. 2020.

生阔叶林的向阳山坡、灌丛、溪边、山谷。黑龙江、吉林、辽宁、内蒙古自治区均有记载，待调查核实。

果味甜美，含糖、苹果酸、柠檬酸及维生素 C 等，可供生食、制果酱及酿酒。果、根及叶入药，有活血、解毒、止血之效；根皮、茎皮、叶可提取栲胶。

（4）牛叠肚（内蒙古植物志，中国植物志，Flora of China）；山楂叶悬钩子（辽宁植物志，东北植物检索表）；托盘（黑龙江省植物志）

Rubus crataegifolius Bunge in Enum. Pl. China Bor. 24. 1833; 中国植物志37: 117. 1985; 辽宁植物志（上册）: 767. 图版329: 1 ~ 2. 1988; 内蒙古植物志（第二版）3: 117. 图版47: 9. 1989; 东北植物检索表（第二版）: 312. 图版150: 3. 1995; 黑龙江省植物志6: 157. 图版70: 1 ~ 2. 1998; Fl. China 9: 236. 2003.

（4a）牛叠肚（原变型）

Rubus crataegifolius f. *crataegifolius*

生山坡灌木丛或林边。产黑龙江省哈尔滨、尚志、萝北、虎林、勃利、密山；吉林省临江、抚松、磐石、安图、珲春、汪清、和龙；辽宁省各地；内蒙古自治区扎兰屯、喀喇沁旗、宁城等地。

果实生食，也可制果酱、果酒。果和根补肝肾，祛风湿；叶治疗关节炎、癫痫。

■ 牛叠肚

果枝

花序

植株一部分

叶

（4b）光枝山楂叶悬钩子（变型）（北京林业大学学报）

Rubus crataegifolius f. *inermis* D. Z. Lu, 北京林业大学学报24(1): 97 ~ 98. 2002.

生山坡灌木丛。产黑龙江省铁力等地。

（5）北悬钩子（黑龙江省植物志，内蒙古植物志，东北植物检索表，中国植物志，Flora of China）

Rubus arcticus L., Sp. Pl. 708. 1753; 中国植物志37: 211. 1985; 内蒙古植物志（第二版）3: 116. 图版47: 5. 1989; 东北植物检索表（第二版）: 310. 图版150: 1. 1995; 黑龙江省植物志6: 155. 图版69: 1 ~ 5. 1998; Fl. China 9: 283. 2003.

生海拔1200米左右的山坡、林下及沟旁。产黑龙江省伊春、呼玛、海林；吉林省安图；内蒙古自治区额尔古纳、根河、牙克石、鄂伦春、科尔沁右翼前旗、阿尔山、克什克腾旗等地。

■ 北悬钩子

花侧面观

花正面观

植株

枝叶

果枝

（6）石生悬钩子（黑龙江省植物志，内蒙古植物志，东北植物检索表，中国植物志，Flora of China）

Rubus saxatilis L., Sp. Pl. 494. 1753; 中国植物志37: 212. 图版30: 1 ~ 2. 1985; 内蒙古植物志（第二版）3: 117. 图版47: 6. 1989; 东北植物检索表（第二版）: 310. 图版150: 2. 1995; 黑龙江省植物志6: 160. 图版69: 7.

■ 石生悬钩子

果期植株

花期植株

花序

1998; Fl. China 9: 284. 2003.

生高海拔石砾地，灌丛或针、阔叶混交林下。产黑龙江省伊春、富锦、黑河、呼玛、嘉荫；吉林省安图；内蒙古自治区额尔古纳、根河、牙克石、鄂伦春、鄂温克、科尔沁右翼前旗、阿鲁科尔沁旗、巴林右旗、克什克腾旗、喀喇沁旗、宁城、西乌珠穆沁旗等地。

果实有补肾固精、助阳明目、缩小便作用。全草有补肝健胃、祛风止痛作用。

（7）黑莓（辽宁木本植物志）；阿勒格尼黑莓（植物智网站）

Rubus allegheniensis Porter in Bull. Torrey Bot. Club 23(4): 153. 1896; 辽宁木本植物志: 241. 2018.

原产北美洲。辽宁省旅顺口、金州、沈阳等地有栽植。

优良小浆果，多汁、甜酸。

■ 黑莓

叶

果枝

花

植株一部分

花枝

（8）针刺悬钩子（中国植物志，Flora of China）

Ruhus pungens Camb. in Jacq. Vog. Bot. 4: 48. t. 59. 1843; 中国植物志37: 891. 1985; 植物研究13(3): 225～226. 1993; Fl. China 9: 223. 2003.

（8a）针刺悬钩子（原变种）

Rubus pungens var. *pungens*

中国产陕西、甘肃、四川、云南、西藏。东北地区不产。

（8b）香莓（变种）（中国植物志，Flora of China）；刺叶悬钩子（植物研究）

Rubus pungens var. *oldhamii* (Miq.) Maxim. in Mel. Biol. 8: 386. 1871; 中国植物志37: 891. 1985; 植物研究13(3): 225 ~ 226. 1993; Fl. China 9: 223. 2003.

生山谷半阴处潮湿地或山地疏密林中。产吉林省长白山。

根供药用，有清热解毒、活血止痛之效。

（9）绿叶悬钩子（辽宁植物志，黑龙江省植物志，东北植物检索表，中国植物志，Flora of China）

Rubus komarovii Nakai in Chosenshokubutsu 1: 304. 1914; 中国植物志37: 64. 1985; Fl. China 9: 210. 2003.——*R. kanayamensis* Levl in Bull. Soc. Bot. France 53: 549. 1906; 辽宁植物志（上册）: 772. 1988; 东北植物检索表（第二版）: 312. 1995; 黑龙江省植物志6: 157. 图版70: 3. 1998.

生海拔500 ~ 1500米的山坡林缘、石坡和林间采伐迹地。产黑龙江尚志、伊春、呼玛；吉林省安图、抚松、长白等地。辽宁省大连、沈阳有栽培。

果实可鲜食，有补肾、明目功效。

■ 绿叶悬钩子

植株一部分

叶背面观

花序

（10）库页悬钩子（辽宁植物志，内蒙古植物志，东北植物检索表，中国植物志，Flora of China）；毛叶悬钩子（黑龙江省植物志）；毛托盘（小兴安岭木本植物）

Rubus sachalinensis H. Lév. in Fedde, Repert. Sp. Nov. 6: 332. 1909; 中国植物志37: 59. 1985; 内蒙古植物志（第二版）3: 119. 图版47: 1 ~ 4. 1989; Fl. China 9: 207. 2003.——*R. matsumuranus* Levl. et Vant. in Bull. Soc. Agric. Sci. Arts Sarthe 40: 66. 1905; 辽宁植物志（上册）: 769. 图版330: 1 ~ 3. 1988; 东北植物检索表（第二版）: 310. 图版149: 5. 1995; 黑龙江省植物志6: 159. 图版70: 4 ~ 6. 1998.

（10a）库页悬钩子（原变种）

Rubus sachalinensis var. *sachalinensis*

生山坡湿地密林下、疏林内、林间草地。产黑龙江省海林、嫩江、黑河、伊春、宁安、呼玛、饶河；吉林省抚松、靖宇、长白、安图、汪清；辽宁省宽甸、岫岩、凤城；内蒙古自治区牙克石、鄂伦春、鄂温克、科尔沁右翼前旗、克什克腾旗、喀喇沁旗、西乌珠穆沁旗等地。

果供食用及制果酱。根、全草有解毒、止血、止带、祛痰、消炎作用。

■ 库页悬钩子

果序

植株一部分

花序一部分

叶背面观

（10b）无腺里白悬钩子（植物研究，黑龙江省植物志，Flora of China）

Rubus sachalinensis var. *eglandulatus* (Y. B. Chang) L. T. Lu, Acta Phytotax. Sin. 38: 280. 2000; Fl. China 9: 207. 2003.——*Rubus sachalinensis* var. *eglandulatus* Y. B. Chang, 植物研究1(3): 97. 图版1 ~ 2. 1981; 黑龙江省植物志6: 160. 1998.

生林下。产黑龙江省伊春（带岭区凉水林场）；吉林省抚松。

（11）茅莓（中国植物志，Flora of China）；茅莓悬钩子（辽宁植物志，东北植物检索表）

Rubus parvifolius L., Sp. Pl. 1197. 1753; 中国植物志37: 68. 1985; 辽宁植物志（上册）: 768. 图版329: 3 ~ 5. 1988; 东北植物检索表（第二版）: 312. 图版149: 4. 1995; Fl. China 9: 213. 2003.

生山坡灌丛、山沟多石质地以及杂木林中和林缘。产吉林省集安、通化；辽宁省西丰、宽甸、本溪、桓仁、凤城、丹东、东港、庄河、长海、大连、金州、瓦房店、盖州、营口、绥中等地。

果实可食。全株有舒筋活血、消肿止痛、祛风收敛及清热解毒等功效。

■ 茅莓

叶

花

花托

■ 茅莓

花枝

果序

（12）复盆子（中国植物志，Flora of China）；覆盆子（东北植物检索表）

Rubus idaeus L., Sp. Pl. 492. 1753; 中国植物志37: 55. 1985; 东北植物检索表（第二版）: 312. 图版149: 6. 1995; Fl. China 9: 208. 2003.

（12a）复盆子（原变种）

Rubus idaeus var. *idaeus*

■ 复盆子

果序

花序

叶

植株一部分

生林缘、灌丛、荒地。产黑龙江省伊春、饶河、尚志；吉林省安图、抚松、临江。辽宁省凤城、宽甸等地有栽培。

果供食用，又可入药，有明目、补肾作用。

（12b）无毛复盆子（变种）（中国植物志，Flora of China）；无毛覆盆子（东北植物检索表）

Rubus idaeus var. *glabratus* Yu et Lu, 植物分类学报20(3): 297. 1982; 中国植物志37: 56. 1985; 东北植物检索表（第二版）: 312. 1995; Fl. China 9: 209. 2003.

生路边杂木林下。产黑龙江省齐齐哈尔（模式标本采自试验场栽培株）。

■ 无毛复盆子

植株一部分

叶背面观

植株

花序一部分

花序

27 仙女木属 *Dryas* L.

Dryas L., Sp. Pl. 148. 1753.

矮小常绿半灌木；茎丛生或稍匍匐地面。单叶互生，边缘外卷，全缘至近羽状浅裂，下面白色；托叶贴生于叶柄，宿存。花茎细，直立，仅生1朵两性花，少为杂性花；萼筒短，凹下，有腺毛6～10，宿存；花瓣（6～）8（～10），白色，有时黄色，倒卵形；雄蕊多数，离生，成2轮；花盘和萼筒结合；心皮多数，离生，花柱顶生，胚珠1个。瘦果多数，顶端有白色羽毛状宿存花柱。

本属全世界3～14种，分布于北半球温带高山及寒带。中国产1种。东北地区产1变种。

仙女木（经济植物手册，中国植物志）

Dryas octopetala L., Sp. Pl. 501. 1753; 中国植物志37: 219. 1985.

（a）仙女木（原变种）

Dryas octopetala var. *octopetala*

产亚洲、欧洲和北美洲高山地带。中国不产。

（b）东亚仙女木（变种）（中国植物志，Flora of China）；宽叶仙女木（辽宁植物志，东北植物检索表，东北草本植物志）

Dryas octopetala var. *asiatica* (Nakai) Nakai in Fl. Sylv. Kor. 7: 47. t. 17. 1918; 东北草本植物志5: 44. 图版2: 9～11. 1976; 中国植物志37: 219. 图版32: 1～5. 1985; 辽宁植物志（下册）: 1170. 图版529: 1～3. 1992; 东北植物检索表（第二版）: 293. 图版140: 3. 1995; Fl. China 9: 286. 2003.

常绿半灌木；茎丛生，匍匐，基部多分枝；叶亚革质，椭圆形或近圆形，边缘外卷，有圆钝锯状

■ 东亚仙女木

花期

果期

居群

植株一部分

植株

齿；花茎密生毛；花瓣倒卵形，白色；瘦果矩圆卵形，褐色，有长柔毛。生高山草原。产吉林省抚松、安图、长白；辽宁省桓仁；内蒙古自治区乌兰浩特等地。

28 地蔷薇属 *Chamaerhodos* Bunge

Chamaerhodos Bunge in Ldh. Fl. Alt. 1: 429. 1829 .

草本或亚灌木，具腺毛及柔毛。叶互生，三裂或二至三回全裂，裂片条形；托叶膜质，贴生于叶柄。花茎直立，纤细；聚伞、伞房或圆锥花序，少有花单生；花萼宿存，萼筒钟形、筒形或倒圆锥形，萼片5，直立；花瓣5，白色或紫色；雄蕊5，与花瓣对生；花盘围绕萼筒基部，边缘肥厚，具长刚毛；心皮4～10或更多，花柱基生，脱落，柱头头状。瘦果卵形，无毛，包裹在宿存花萼内。

本属全世界约8种，分布于亚洲和北美洲。中国产5种。东北地区产3种。

分种检索表

1. 一年生或二年生草本；茎单一；花瓣短于萼片或与之等长或稍长……………………**1. 地蔷薇 Ch. erecta** (L.) Bunge
1. 多年生草本；茎丛生；花瓣长于萼片。
    2. 茎高（10～）20～30厘米；基生叶二回三出羽状全裂，密被毛 ……… **2. 灰毛地蔷薇 Ch. canescens** J. Krause
    2. 茎高5～15厘米；基生叶2～3全裂，疏被毛……………………………… **3. 三裂地蔷薇 Ch. trifida** Ledeb.

（1）地蔷薇（辽宁植物志，黑龙江省植物志，内蒙古植物志，东北植物检索表，东北草本植物志，中国植物志，Flora of China）

Chamaerhodos erecta (L.) Bunge in Ldb. Fl. Alt. 1: 430. 1829; 东北草本植物志5: 40. 图版18: 1～5. 1976; 中国植物志37: 346. 图版54: 1～4. 1985; 辽宁植物志（上册）: 812. 图版345: 1～4. 1988; 内蒙古植物志（第二版）3: 161. 图版65: 1～3. 1989; 东北植物检索表（第二版）: 293. 图版139: 5. 1995; 黑龙江省植物志6: 161. 图版71: 1～5. 1998; Fl. China 9: 334. 2003.

生山坡、丘陵或干旱河滩。产黑龙江省黑河、呼玛、泰来；辽宁省凌源、建平、北镇；内蒙古自治区牙克石、鄂伦春、鄂温克、科尔沁右翼前旗、扎赉特旗、克什克腾旗、喀喇沁旗、宁城、东乌珠穆沁

■ 地蔷薇

花

花序

植株一部分

■ 地蔷薇

茎叶

植株

旗、锡林浩特、阿巴嘎旗等地。

全草有祛风除湿作用，用于黄疸、风湿关节痛。

（2）灰毛地蔷薇（黑龙江省植物志，中国植物志，Flora of China）；毛地蔷薇（辽宁植物志，内蒙古植物志，东北植物检索表，东北草本植物志）

Chamaerhodos canescens J. Krause. in Fedde, Repert. Sp. Nov. Beih. 12: 411. 1922; 东北草本植物志5: 40. 图版18: 8～11. 1976; 中国植物志37: 347. 图版54: 9. 1985; 辽宁植物志（上册）: 813. 图版345: 5～6. 1988; 内蒙古植物志（第二版）3: 164. 图版65: 7～10. 1989; 东北植物检索表（第二版）: 293. 图版139: 4. 1995;

■ 灰毛地蔷薇

花期基生叶

果期基生叶

花序

植株

全株

黑龙江省植物志6: 161. 图版71: 6 ~ 8. 1998; Fl. China 9: 334. 2003.

生于山坡。产黑龙江省泰来；辽宁省大连、喀左、凌源、建平；内蒙古自治区海拉尔、扎兰屯、扎鲁特旗、翁牛特旗、巴林右旗、喀喇沁旗、林西、锡林浩特、多伦等地。

（3）三裂地蔷薇（黑龙江省植物志，内蒙古植物志，Flora of China）；矮地蔷薇（东北植物检索表，东北草本植物志）；三裂地薇（中国植物志）

Chamaerhodos trifida Ledeb. in Ldb. Fl. Alt. 1: 430. 1829; 东北草本植物志5: 40. 图版6 ~ 7. 1976; 中国植物志37: 350. 图版54: 10. 1985; 内蒙古植物志（第二版）3: 164. 图版65: 4 ~ 6. 1989; 东北植物检索表（第二版）: 293. 图版139: 3. 1995; 黑龙江省植物志6: 162. 图版71: 9. 1998; Fl. China 9: 335. 2003.

生草原或山坡。产黑龙江省完达山；内蒙古自治区满洲里、新巴尔虎右旗、克什克腾旗、东乌珠穆沁旗、西乌珠穆沁旗、锡林浩特等地。

29 蚊子草属 *Filipendula* Mill.

Filipendula Mill. Gard. Dict. ed 4. 1. 1754.

多年生草本。根茎短而斜走。叶常为羽状复叶或掌状分裂，通常顶生小叶扩大，分裂；托叶大，常近心形。花两性，极稀单性而雌雄异株，聚伞花序呈圆锥状或伞房状，中央花序梗常缩短；萼片5，花后宿存反折；花瓣白色或红花，基部有爪，覆瓦状排列；雄蕊20 ~ 40枚，花丝细长；雌蕊5 ~ 15枚，着生在扁平或微凸起的花托上，彼此分裂；花柱顶生，柱头头状。果实不裂，瘦果直立以基部着生在花托上，或螺旋状以腹部横着在花托上。

本属全世界10余种，分布于北半球温带至寒温带地区。中国约7种，主要分布于东北和西北，华北、云南及台湾也有分布。东北地区产4种1变种。

分种检索表

1. 瘦果无柄或有短柄，通常10枚；顶生小叶裂片狭，线形或披针形。
  2. 叶背面密被灰白色短柔毛，基生叶背面有时无毛；瘦果有短柄，边缘具长睫状毛 ······ 1. **翻白蚊子草 F. intermedia** (Glehn) Juz.
  2. 叶背面无毛；瘦果无柄，无毛或有毛 ······ 2. **细叶蚊子草 F. angustiloba** (Turcz.) Maxim.
1. 瘦果有柄；顶生小叶裂片较宽，长圆形或菱状长圆形。
  3. 叶背面绿色，侧牛小叶通常不分裂；花粉红色，稀白色；瘦果5 ~ 6枚 ······ 3. **槭叶蚊子草 F.glaberrima** Nakai
  3. 叶背面灰白色，侧生小叶通常3裂；花白色；瘦果6 ~ 8枚［**4. 蚊子草 F. palmata** (Pall.) Maxim.］。
    4. 叶背面密被灰白色短茸毛 ······ 4a. **蚊子草 F. palmata** var. **palmata**
    4. 叶背面无毛 ······ 4b. **光叶蚊子草 F. palmata** var. **glabra** Ldb. ex Kom.

（1）翻白蚊子草（黑龙江省植物志，内蒙古植物志，东北植物检索表，东北草本植物志，中国植物志，Flora of China）

Filipendula intermedia (Glehn) Juz. in Fl. URSS 10: 284. 1941; 东北草本植物志5: 47. 1976; 中国植物志37: 9. 1985; 内蒙古植物志（第二版）3: 115. 图版46: 7 ~ 8. 1989; 东北植物检索表（第二版）: 295. 图版141: 2. 1995; 黑龙江省植物志6: 178. 1998; Fl. China 9: 194. 2003.

生山岗灌丛、草甸及河岸边。产黑龙江省佳木斯、爱辉、密山、哈尔滨、黑河、萝北；吉林省安

■ 翻白蚊子草

果期植株

花序一部分

花期植株

果序

叶正反面对比

苗期植株

图；内蒙古自治区额尔古纳、根河、牙克石、鄂伦春、鄂温克、莫力达瓦达斡尔旗、科尔沁左翼后旗等地。

（2）细叶蚊子草（黑龙江省植物志，内蒙古植物志，东北植物检索表，东北草本植物志，中国植物志，Flora of China）

Filipendula angustiloba (Turcz.) Maxim. in Acta Hort. Petrop. 6: 250. 1879; 东北草本植物志5: 47. 图版21. 1976; 中国植物志37: 9. 图版1: 9～10. 1985; 内蒙古植物志（第二版）3: 115. 图版46: 9～10. 1989; 东北植物检索表（第二版）: 295. 图版141: 4. 1995; 黑龙江省植物志6: 179. 图版79: 1～4. 1998; Fl. China 9: 194. 2003.

生草甸、河边、林区湿地，海拔600～1300米。产黑龙江省海拉尔、爱辉、集贤、阿城、北安、佳木斯、哈尔滨、黑河、密山；吉林省长春；内蒙古自治区额尔古纳、牙克石、鄂伦春、陈巴尔虎旗、新巴尔虎左旗、科尔沁右翼前旗、扎赉特旗、大青沟等地。

■ 细叶蚊子草

花序一部分

果序

果期

花期

果序一部分

茎叶

植株下部

（3）槭叶蚊子草（辽宁植物志，黑龙江省植物志，东北植物检索表，东北草本植物志，中国植物志，Flora of China）

Filipendula glaberrima Nakai in Repert. Spec. Nov. Regni Veg. 13: 274. 1914; Fl. China 9: 194. 2003.——*F.*

■ 槭叶蚊子草

果序一部分

花蕾序

花序

■ 槭叶蚊子草

植株

花序一部分

茎叶

茎叶背面观

植株一部分

purpurea auct. non Maxim.：东北草本植物志5: 45. 1976; 中国植物志37: 7. 1985; 辽宁植物志（上册）: 773. 1988; 东北植物检索表（第二版）: 295. 图版141: 3. 1995; 黑龙江省植物志6: 178. 1998.

生林缘、林下及湿草地。产黑龙江省宁安、伊春（带岭）、尚志、阿城、宝清、加格达奇、松岭、呼中；吉林省抚松、浑江、长白、安图、汪清、珲春；辽宁省新宾、清原、凤城、桓仁、宽甸、本溪等地。

全草治泄泻、小便不利、类风湿。

（4）蚊子草（辽宁植物志，黑龙江省植物志，内蒙古植物志，东北植物检索表，东北草本植物志，中国植物志，Flora of China）

Filipendula palmata (Pall.) Maxim. in Acta Hort. Petrop. 6: 250. 1879; 东北草本植物志5: 45. 图版20. 1976; 中国植物志37: 6. 1985; 辽宁植物志（上册）: 773. 1988; 内蒙古植物志（第二版）3: 113. 图版46: 11～12. 1989; 东北植物检索表（第二版）: 295. 图版141: 1. 1995; 黑龙江省植物志6: 178. 图版78: 1～5. 1998; Fl. China 9: 193. 2003.

（4a）蚊子草（原变种）

Filipendula palmate var. *palmate*

生山坡草地、河岸湿地及草甸。产黑龙江省爱辉、饶河、宁安、虎林、萝北、尚志、海林、密山、

■ 蚊子草

花序一部分

果序一部分

花序

嫩枝叶

叶

伊春、新林；吉林省靖宇、长白、安图、珲春、汪清、抚松；辽宁省彰武、西丰、桓仁、凤城、岫岩；内蒙古自治区额尔古纳、牙克石、鄂伦春、鄂温克、科尔沁右翼前旗、扎赉特旗、大青沟、翁牛特旗、克什克腾旗、喀喇沁旗、宁城、西乌珠穆沁旗、宝格达山等地。

根、茎和叶含鞣质，可提制栲胶。辽宁用作妇科止血药，效果良好。

（4b）光叶蚊子草（变种）（辽宁植物志，内蒙古植物志，东北植物检索表，中国植物志，Flora of China）；绿叶蚊子草（内蒙古植物志）

Filipendula palmate var. *glabra* Ldb. ex Kom. in Alis. Key Pl. Far. East. Reg. URSS 2: 650. 1932; 东北草本植物志5: 45. 1976; 中国植物志37: 6. 1985; 辽宁植物志（上册）: 773. 1988; 东北植物检索表（第二版）: 295. 1995; Fl. China 9: 193. 2003.——*Filipendula nuda* Grub. in Not. Syst. Herb. Inst. Bot. 12: 112. 1950; 内蒙古植物志（第二版）3: 113. 图版46: 1 ~ 6. 1989

生山谷溪边、灌丛下。产黑龙江省黑河、尚志；吉林省靖宇、长白、安图、临江；辽宁省桓仁；内蒙古自治区额尔古纳、根河、阿鲁科尔沁旗、喀喇沁旗等地。

■ 光叶蚊子草

茎叶下部

茎叶

叶背面观

花序一部分

30 路边青属（水杨梅属） *Geum* L.

Geum L., Sp. Pl. 500. 1753.

多年生草本。基生叶为奇数羽状复叶，顶生小叶特大，或为假羽状复叶，茎生叶数较少，常三出或单出如苞片状；托叶常与叶柄合生。花两性，单生或成伞房花序；萼筒陀螺形或半球形，萼片5，镊合状排列，副萼片5，较小，与萼片互生；花瓣5，黄色、白色或红色；雄蕊多数，花盘在萼筒上部，平滑或有凸起；雌蕊多数，着生在凸出的花托上，彼此分离；花柱丝状，花盘围绕萼筒口部；心皮多数，花柱丝状，柱头细小，上部扭曲，成熟后自弯曲处脱落。瘦果形小，有柄或无柄，果喙顶端具钩。

本属全世界70余种，广泛分布于南北两半球温带地区。中国有3种，分布南北各省区。东北地区产2种2变型。

分种检索表

1. 瘦果不超过6枚，花柱脱落；三出复叶 ······ **1. 林石草 G. ternatum** (Stephan) Smedmark
1. 瘦果多数，花柱宿存，上部钩状弯曲；羽状复叶或深裂（**2. 路边青 G. aleppicum** Jacq）。
  2. 花单瓣 ······ **2a. 路边青 G. aleppicum** f. **aleppicum**
  2. 花重瓣。
    3. 花黄色，重瓣或半重瓣 ······ **2b. 重瓣水杨梅 G. aleppicum** f. **plenum** Yang et P. H. Huang
    3. 花橘黄色，重瓣或半重瓣 ······ **2c. 桔黄重瓣水杨梅 G. aleppicum** f. **aurantiaco-plenum** Yang et L. H. Zhuo

（1）林石草（东北植物检索表，东北草本植物志，Flora of China）；光叶林石草（中国植物志）

Geum ternatum (Stephan) Smedmark, Bot. Jahrb. Syst. 126(4): 415. 2006.——*Waldsteinia ternata* (Stephan) Fritsch in Sp. Pl. 168. 1889; 东北草本植物志 5: 42. 图版12. 图4 ~ 5. 1976; Fl. China 9: 291. 2003.——*Waldsteinia ternata* var. *glabriuscula* T. T. Yu & C. L. Li, 中国植物志37: 233. 图版32: 6 ~ 9. 1985; 东北植物检索表（第二版）: 314. 图版152: 1. 1995.

生林下湿草地。产吉林安图、临江、敦化。

■ 林石草

花侧面观

花正面观

植株1

植株一部分

植株2

（2）路边青（中国植物志，Flora of China）；水杨梅（辽宁植物志，黑龙江省植物志，内蒙古植物志，东北植物检索表，东北草本植物志）

Geum aleppicum Jacq in Ic. Pl. Rar. 1: 10. tab. 93. 1781; 东北草本植物志5: 42. 图版18：1 ~ 8. 1976; 中国植物志37: 221. 1985; 辽宁植物志（上册）: 815. 图版347: 1 ~ 4. 1988; 内蒙古植物志（第二版）3: 120. 图版48. 1989; 东北植物检索表（第二版）: 295. 图版140: 5. 1995; 黑龙江省植物志6: 181. 图版80: 1 ~ 4. 1998; Fl. China 9: 287. 2003.

（2a）路边青（原变型）

Geum aleppicum f. *aleppicum*

生山坡半阴处或路边、河边。产东北地区各地；内蒙古自治区额尔古纳、牙克石、鄂伦春、鄂温克、科尔沁右翼前旗、扎赉特旗、巴林左旗、克什克腾旗、喀喇沁旗、宁城、锡林浩特、宝格达山等地。

全草有利尿作用，还可治疗神经病、风湿症、头痛、失眠。嫩苗可食。

■ 路边青

花背面观

聚合果

花正面观

茎下部叶

基生叶

植株

（2b）重瓣水杨梅（变型）（黑龙江省植物志，东北植物检索表）

Geum aleppicum f. *plenum* Yang et P. H. Huang，东北植物检索表（第二版）: 295. 1995; 黑龙江省植物志6: 181. 1998.

生山坡半阴处、河边。产黑龙江省伊春（带岭）；吉林省敦化；辽宁省桓仁、岫岩等地。

■ 重瓣水杨梅

花侧面观

花正面观

（2c）桔黄重瓣水杨梅（变型）（东北植物检索表）

Geum aleppicum f. *aurantiaco-plenum* Yang et L. H. Zhuo，东北植物检索表（第二版）: 295. 1995.

生山坡半阴处。产吉林省敦化；辽宁省桓仁等地。

31 草莓属 *Fragaria* L.

Fragaria L., Sp. Pl. 494. 1753.

多年生草本。通常具匍枝，常被开展或紧贴的柔毛。叶为三出或羽状五小叶；托叶膜质，褐色，基部与叶柄合生，鞘状。花两性或单性，杂性异株，数朵成聚伞花序，稀单生；萼筒倒卵圆锥形或陀螺形，裂片5，镊合状排列，宿存，副萼片5，与萼片互生；花瓣白色，稀淡黄色，倒卵形或近圆形；雄蕊18～24枚，花药2室；雌蕊多数，着生在凸出的花托上，彼此分离；花柱自心皮腹面侧生，宿存。瘦果小型，硬壳质，成熟时着生在球形或椭圆形肥厚肉质花托凹陷内。

本属全世界20余种，分布于北半球温带至亚热带地区，欧洲、亚洲习见，个别种分布向南延伸到拉丁美洲。中国有9种。东北地区产4种，其中栽培1种。

分种检索表

1. 花梗被紧贴的毛；叶正面绿色、疏被短柔毛，背面淡绿色、被短柔毛或有时脱落几无毛；果径0.5～1.5厘米 ………… 1. 野草莓 F. vesca L.
1. 花梗密被展开的毛。
 2. 叶质厚而近革质，背面淡绿色；果径2～3厘米 ………… 2. 草莓 F. × ananassa Duchesnes
 2. 叶质薄，背面灰白色；果径0.5～1.5厘米。
  3. 二倍体；花两性，雌雄同株 ………… 3. 吉林草莓 F. mandshurica Staudt
  3. 四倍体；花单性，常雌雄异株 ………… 4. 东方草莓 F. orientalis Lozinsk.

（1）野草莓（中国植物志，Flora of China）；绿叶东方草莓（东北植物检索表，东北草本植物志）

Fragaria vesca L., Sp. Pl. 494. 1753; 中国植物志37: 351. 图版55: 1～2. 1985; Fl. China 9: 336. 2003.——

■ 野草莓

果序

居群

Fragaria orientalis var. *concolor* (Kitag.) Liou & C. Y. Li., 东北草本植物志5: 4. 1976; 东北植物检索表（第二版）: 295. 1995——*Fragaria concolor* Kitag. in Rep. inst. Sci. Res. Manch. 155. 1941; 东北植物检索表48. 1959.

生山坡草地、林下。产吉林省安图、抚松。

（2）草莓（辽宁植物志，黑龙江省植物志，内蒙古植物志，东北植物检索表，东北草本植物志，中国植物志，Flora of China）

Fragaria × ananassa Duchesnes in Hist. Nat. des Fraisiers 190. 1766; 东北草本植物志5: 4. 1976; 中国植物志37: 355 1985; 辽宁植物志（上册）: 811. 1988; 内蒙古植物志（第二版）3: 122. 图版49: 4. 1989; 东北植物检索表（第二版）: 295. 1995; 黑龙江省植物志6: 170. 图版74: 5. 1998; Fl. China 9: 337. 2003.

由原产南美的智利草莓［F. chiloensis (L.) Duch.］和原产北美的弗州草莓（F. virginiana Duch.）杂交而来。东北各地常见栽培。

果实可生食或制果酱、果酒，还有生津、利痰、健脾、解酒、补血、化脂作用。

■ 草莓

花序

植株

植株一部分

（3）吉林草莓（植物智网站）；东北草莓（果树学报）

Fragaria mandshurica Staudt in Bot. Jaarb. 124(4): 401 ~ 403. Pl. 1. 2003. (果树学报18(6): 337 ~ 340. 2001, nom. Inval.)

生山坡草地。模式标本产地吉林省。辽宁省凤城（白云山）也有分布。

果实可生食或供制果酒、果酱，药用有止渴生津、祛痰作用。

■ 吉林草莓

花序

植株

果序

叶背面观

（4）东方草莓（辽宁植物志，黑龙江省植物志，内蒙古植物志，东北植物检索表，东北草本植物志，中国植物志，Flora of China）

Fragaria orientalis Lozinsk. in Bull. Jard. Bot. Princ. URSS 25: 70. f. 5. 1926; 东北草本植物志5: 4. 图版2: 4～8. 1976; 中国植物志37: 353. 1985; 辽宁植物志（上册）: 810. 1988; 内蒙古植物志（第二版）3: 122. 图版49: 1～8. 1989; 东北植物检索表（第二版）: 295. 图版140: 2. 1995; 黑龙江省植物志6: 168. 图版74: 1～4. 1998; Fl. China 9: 336. 2003.

生山坡草地或林下。产黑龙江省爱辉、虎林、饶河、尚志、伊春、依兰、勃利；吉林省汪清、珲春、抚松、安图、浑江、长白、靖宇、集安、和龙；辽宁省宽甸；内蒙古自治区额尔古纳、牙克石、鄂伦春、鄂温克、科尔沁右翼前旗、克什克腾旗、西乌珠穆沁旗、宝格达山等地。

果实可生食或供制果酒、果酱，药用有止渴生津、祛痰作用。

■ 东方草莓

果序

花

居群

叶

植株

32 山莓草属 *Sibbaldia* L.

Sibbaldia L., Sp. Pl. 284. 1753.

多年生草本。常具木质化根茎。叶为羽状或掌状复叶，小叶边缘或顶端有齿，稀全缘。花通常两性，成聚伞花序或单生；萼筒碟形或半球形，萼片5，稀4；副萼片5，稀4，与萼片互生；花瓣黄色，紫色或白色；花盘通常明显宽阔，稀不明显，雄蕊（4）～5～（10），花药2室，花丝或长或短；雌蕊4～20，彼此分离；花柱侧生近基生或顶生。瘦果少数，着生于干燥凸起的花托上，萼片宿存，种子1颗。

本属全世界20余种，分布于北半球北极及高山地区。中国13种，分布于华北、西北及西南高山地带。东北地区产3种。

分种检索表

1\. 基生叶为掌状复叶（小叶3片）；花瓣5，黄色，短于萼片 ………………………… **1. 山莓草 S. procumbens** L.

1\. 基生叶为羽状复叶。

  2\. 顶端小叶片先端常具3齿，小叶上面疏被绢毛（稀近无毛）、下面疏被绢毛；花瓣5稀4，黄色或白色，与萼片近等长或较短 ……………………………………………………………………… **2. 伏毛山莓草 S. adpressa** Bunge

  2\. 全部小叶片全缘，小叶两面密被绢毛；花瓣4或5，白色，比萼片长 … **3. 绢毛山莓草 S. sericea** (Grub.) Sojak.

（1）山莓草（东北植物检索表，东北草本植物志，中国植物志，Flora of China）

Sibbaldia procumbens L., Sp. Pl. 307. 1753; 东北草本植物志5: 39. 图版6 ~ 7. 1976; 中国植物志37: 336. 1985; 东北植物检索表（第二版）: 314. 图版152: 2. 1995; Fl. China 9: 330. 2003.

生湖畔草原或干旱山坡，海拔2400 ~ 2600米。产吉林省长白、安图、抚松。

（2）伏毛山莓草（黑龙江省植物志，内蒙古植物志，东北植物检索表，中国植物志，Flora of China）

Sibbaldia adpressa Bunge in Ldb. Fl. Alt. 1: 428. 1829; 中国植物志37: 341. 图版53: 11. 1985; 内蒙古植物志（第二版）3: 159. 图版64: 1 ~ 3. 1989; 东北植物检索表（第二版）: 314. 图版152: 3. 1995; 黑龙江省植物志6: 166. 图版73: 1 ~ 3. 1998; Fl. China 9: 332. 2003.

生农田边、山坡草地、砾石地及河滩地。产黑龙江省黑河、虎林、集贤、萝北、尚志、伊春、带岭、依兰；内蒙古自治区新巴尔虎左旗、新巴尔虎右旗、满洲里、海拉尔、克什克腾旗、锡林浩特、苏尼特左旗、阿巴嘎旗、正蓝旗等地。

■ 伏毛山莓草

花正面观

花侧面观

植株

（3）绢毛山莓草（内蒙古植物志，中国植物志，Flora of China）

Sibbaldia sericea (Grub.) Sojak. in Folia Geobot. Phytot. (Praha) 4: 79. 1969; 中国植物志37: 343. 图版53: 10. 1985; 内蒙古植物志（第二版）3: 159. 图版64: 4 ~ 6. 1989; Fl. China 9: 333. 2003.

生山坡或荒漠草原。产内蒙古自治区新巴尔虎右旗、阿巴嘎旗、苏尼特左旗等地。

■ 绢毛山莓草

叶

植株

居群

33 沼委陵菜属 *Comarum* L.

Comarum L., Sp. Pl. 502. 1753.

多年生草本或亚灌木；根茎匍匐；茎直立。叶为互生羽状复叶。花两性，中等大，成聚伞花序；副萼和萼片各5，宿存；花托平坦或微呈碟状，在果期半球形，稍隆起，如海绵质；花瓣5，红色、紫色或白色；雄蕊15～25，花丝丝状，宿存，花药扁球形，侧面裂开；心皮多数，花柱侧生，丝状。瘦果无毛或有毛。

本属全世界约5种，产北半球温带地区。中国产2种。东北地区产1种。

沼委陵菜（黑龙江省植物志，内蒙古植物志，中国植物志，Flora of China）；东北沼委陵菜（东北植物检索表，东北草本植物志）

Comarum palustre L., Sp. Pl. 502. 1753; 东北草本植物志5: 7. 图版2: 1～3. 1976; 中国植物志37: 332. 图版51: 1～2. 1985; 内蒙古植物志（第二版）3: 157. 图版63: 1～3. 1989; 东北植物检索表（第二版）: 293. 图版140: 1. 1995; 黑龙江省植物志6: 184. 图版81: 1～3. 1998; Fl. China 9: 329. 2003.

多年生草本；奇数羽状复叶，小叶片5～7个；聚伞花序；萼片深紫色，三角状卵形；副萼片披针形至线形；花瓣卵状披针形，深紫色；瘦果着生在膨大半球形花托上。生沼泽地。产黑龙江省密山、黑河、依兰、勃利、哈尔滨、尚志、新林、呼玛、呼中、爱辉、萝北、伊春（带岭）；吉林省临江、浑江、敦化、安图；内蒙古自治区鄂温克、额尔古纳、根河、牙克石、科尔沁右翼前旗、阿尔山（天池）

■ 沼委陵菜

聚合果

花

植株

■ 沼委陵菜

叶正面观

叶背面观

等地。

全草有止血、止泻作用。可以用于草莓杂交育种。

34 蕨麻属 *Argentina* Hill.

Argentina Hill, Brit. Herb. (Hill) 6. 1756.

多年生草本，稀一年生草本。奇数羽状或掌状复叶；托叶耳着生于叶柄腹面。花通常两性，单花、聚伞花序或聚伞圆锥花序；萼筒下凹，多呈半球形；萼片5，镊合状；副萼片5；花瓣5；雄蕊通常11～30枚；心皮多数，着生在微凸起的花托上，彼此分离，花柱侧生，每心皮胚珠1，胚珠倒生、横生或近直生。瘦果多数，着生在干燥或海绵质的花托上，萼片宿存；种子1，种皮膜质。

本属全世界有60余种，主要分布于喜马拉雅地区和新几内亚。中国有32种。东北地区产1种1变种。

分种下单位检索表

1. 叶上面绿色，叶柄被伏生或半开展疏柔毛 ………………………………………… a. 蕨麻 A. anserina var. anserina
1. 叶上面灰白色或灰绿色，叶柄被平展白色绢状柔毛 ………………………… b. 灰叶蕨麻 A. anserina var. sericea

蕨麻（中国植物志，Flora of China）；鹅绒委陵菜（辽宁植物志，黑龙江省植物志，内蒙古植物志，东北植物检索表，东北草本植物志）

Argentina anserina (L.) Rydb., Mem. Dept. Bot. Columbia Coll. 2: 159, pl. 98. 1898.——*Potentilla anserina* L., Sp. Pl. 495. 1753; 东北草本植物志5: 9. 图版3: 1. 1976; 中国植物志37: 275. 1985; 辽宁植物志（上册）: 792. 图版337: 1～2. 1988; 内蒙古植物志（第二版）3: 137. 图版54: 1～3. 1989; 东北植物检索表（第二版）: 298. 图版142: 1. 1995; 黑龙江省植物志6: 188. 图版82: 1～2. 1998; Fl. China 9: 305. 2003.

多年生草本。茎匍匐，细长。羽状复叶互生，表面绿色，背面密被灰白色绢毛。花单生叶腋；萼片卵形，副萼片先端常3～5裂或全缘，与萼片近等长，萼片与副萼片背面均被灰白色稍有光泽的茸毛；花瓣黄色。瘦果椭圆形，微被毛。

（a）蕨麻（原变种）

Argentina anserina var. *anserina*

生湿沙地、湿草地、水边。产黑龙江省哈尔滨、爱辉、富裕、尚志、双城、哈尔滨、肇东、嘉荫；吉林省双辽、长白、集安、扶余、镇赉、白城；辽宁省黑山、彰武、凌源、建平、绥中、新宾、沈阳、长海、东港；内蒙古自治区满洲里、海拉尔、牙克石、莫力达瓦达斡尔、科尔沁右翼前旗、扎鲁特旗等地。

果实有补肾固精、助阳明目、缩小便作用。全草有补肝健胃、祛风止痛作用。

■ 蕨麻

茎匍匐

花侧面观

花正面观

叶背面观

植株

（b）灰叶蕨麻（变种）（中国植物志）；灰叶鹅绒委陵菜（黑龙江省植物志）

Argentina anserina var. *sericea* (Hayne) Piper, Fl. S. E. Washington (Piper & Beattie) 142. 1914.——*Potentilla anserina* var. *sericea* Hayne, Arzneneigw. 4: 31. 1816; 中国植物志37: 276. 1985; 黑龙江省植物志6: 188. 1998.

生山坡草地、草甸、阴湿处。产内蒙古自治区海拉尔。黑龙江省也有记载。

35 委陵菜属 *Potentilla* L.

Potentilla L., Sp. Pl. 495. 1753.

多年生草本，稀一年生。奇数羽状或掌状复叶；托叶耳着生于叶柄两侧。花通常两性，单花、聚伞花序或聚伞圆锥花序；萼筒下凹，多呈半球形；萼片、副萼片、花瓣均为5；雄蕊通常11～30枚；心皮多数，着生在微凸起的花托上，彼此分离，花柱常近顶生或基生，每心皮胚珠1，胚珠倒生、横生或近直生。瘦果多数，着生在干燥或海绵质的花托上，萼片宿存；种子1，种皮膜质。

本属全世界300～430种，大多分布于北半球温带、寒带及高山地区，极少数种类接近赤道。中国有86种，全国各地均产，但主要分布于东北、西北和西南各省区。东北地区产33种12变种。

分种检索表

1. 果熟时花托肉质；小叶3；花单生于叶腋；副萼片大，先端3裂 ……………………**1. 蛇莓 P. indica** (Andy.) Wolf
1. 果熟时花托干燥，有时海绵质。
  2. 花单生于叶腋；茎匍匐、斜升或半卧生。
    3. 小叶3；茎斜升、半卧生或匍匐。
      4. 小叶近无柄，小叶片边缘具粗圆状牙齿或缺刻状牙齿；茎密被柔毛 ………**2. 等齿委陵菜 P. simulatrix** Wolf
      4. 小叶明显具柄，小叶片边缘疏具浅齿；茎无毛或疏被毛 ………………**3. 蛇莓委陵菜 P. centigrana** Maxim.
    3. 小叶5；茎匍匐。
      5. 小叶广倒卵形或菱形，宽2～3厘米 ………………**4b. 绢毛匍匐委陵菜 P. reptans** var. **sericophylla** Franch.
      5. 小叶披针形或长圆状披针形，宽1～1.2厘米 ……………………**5. 匍枝委陵菜 P. flagellaris** Willd. ex Schlecht
  2. 花多数，排成顶生聚伞花序，稀为腋生总状花序。
    6. 掌状复叶，小叶4～5。
      7. 茎斜升或平卧；小叶倒卵形或长圆状卵形，先端圆形；花直径8～10毫米 ………………………………………………………………………**6. 蛇含委陵菜 P. kleiniana** Wight et Arn.
      7. 茎直立或斜升；小叶长圆形，先端微尖；花直径15～25毫米 ……………**7. 黄花委陵菜 P. chrysantha** Trev.
    6. 三出复叶或羽状复叶。
      8. 三出复叶。
        9. 小叶背面密被灰色或白色茸毛。
          10. 小叶边缘中部以上有齿，两面密被星状毛及茸毛，表面黄绿色，背面灰绿色 ………………………………………………………………………**8. 星毛委陵菜 P. acaulis** L.
          10. 小叶边缘均有齿。
            11. 小叶长圆形或椭圆形；花直径1.5厘米 ………………………………**9. 雪白委陵菜 P. nivea** L.
            11. 小叶长圆状披针形或披针形；花直径7～10毫米（**10. 白萼委陵菜 P. betonicifolia** Poir.）。
              12. 基生叶小叶3 ………………………………**10a. 白萼委陵菜 P. betonicifolia** var. **betonicifolia**
              12. 基生叶小叶5，掌状或近掌状，基部两小叶较小 …………………………**10b. 五叶白叶委陵菜 P. betonicifolia** var. **pentaphyll** Liou et C. Y. Li
        9. 小叶背面无毛或有毛但不为灰色或白色茸毛。
          13. 全株密被刺状刚毛；小叶广卵形或近菱形 ………………………**11. 刚毛委陵菜 P. asperrima** Turcz.
          13. 全株无刺状刚毛。
            14. 茎直立或斜升。
              15. 茎高达1米，粗壮，无毛；小叶卵状披针形或长圆状披针形，先端渐尖或长渐尖 ………………………………………………………………**12. 狼牙委陵菜 P. cryptotaeniae** Maxim.
              15. 茎高10～25厘米，较细，全株密被开展长茸毛；小叶广倒卵状楔形，先端钝 ………………………………………………………**13. 楔叶委陵菜 P. fragiformis** Willd. ex Schlecht
            14. 茎半卧生，细弱。
              16. 无根状茎，具匍匐枝；小叶卵状菱形或倒卵状菱形… **14. 曲枝委陵菜 P. rosulifera** H. Lév.
              16. 根状茎粗壮（横生或斜升，念珠状），无匍匐枝；小叶长圆形或卵状长圆形

（接上表）

……………………………………………………………… **15. 三叶委陵菜 P. freyniana** Bornm.

8. 羽状复叶。

17. 小叶表面绿色（疏被毛或无毛）、背面灰白色（密被茸毛、绵毛或毡毛）。

18. 小叶边缘有齿，不分裂。

19. 植株疏被柔毛（**16. 皱叶委陵菜 P. ancistrifolia** Bunge）。

20. 小叶3～7，表面有粗皱纹，上面绿色或暗绿色，伏生疏柔毛，下面灰色或灰绿色，密生柔毛 ……………………………………… **16a. 皱叶委陵菜 P. ancistrifolia** var. **ancistrifolia**

20. 小叶7～9，表面无皱纹，两面绿色，被稀疏柔毛或脱落几乎无毛 ……………… **16b. 薄叶皱叶委陵菜 P. ancistrifolia** var. **dickinsii** (Franch. et Sav.) Koidz.

19. 植株密被白色绵毛；小叶7～9。

21. 基生叶小叶长2～4（～7）厘米，宽0.5～1.5（～2）厘米，表面疏被白色绵毛，背面密被灰白色茸毛 …………………………………………………… **17. 翻白草 P. discolor** Bunge

21. 基生叶小叶长4～8厘米，宽2厘米，表面无毛，背面密被紧贴的白色毡毛 …………………………………………………… **18. 假翻白委陵菜 P. pannifolia** Liou et C. Y. Li

18. 小叶羽状分裂或轮生。

22. 基生叶小叶轮生或近轮生，线形，宽1毫米，先端微尖或钝，边缘反卷（**19. 轮叶委陵菜 P. verticillaris** Steph. ex Willd.）。

23. 小叶宽1毫米。

24. 小叶非接近生………………………… **19a. 轮叶委陵菜 P. verticillaris** var. **verticillaris**

24. 小叶接近生，上部小叶裂片羽状深裂，下部小叶分裂少或全缘，裂片爪状线状或鸟爪状披针形 ……… **19b. 爪轮叶委陵菜 P. verticillaris** var. **pedatiaecta** Liou et C. Y. Li

23. 小叶宽1.5～3毫米…………**19c. 宽轮叶委陵菜 P. verticillaris** var. **latiaecta** Liou et C. Y. Li

22. 基生叶小叶对生，羽状浅裂至全裂。

25. 花茎和叶柄或多或少被相互交织的白色绒毛或茸毛，稀脱落 …………………………………………………………………… **20. 茸毛委陵菜 P. strigosa** Pall.

25. 花茎和叶柄被绢毛、长柔毛、曲柔毛或短柔毛，不被绒毛。

26. 小叶片下面绒毛为绢毛所覆盖或全部为绢毛…………… **21. 绢毛委陵菜 P. sericea** L.

26. 小叶片下面沿脉被白色绢毛，其余绒毛可见。

27. 花直径1.2～1.5厘米，萼片花后增大，直立，副萼片长3～5毫米，长于萼片1/2或与萼片近等长。

28. 小叶中裂或浅裂，裂片三角长圆形、三角披针形至带状长圆形，边缘向下反卷或有时不明显；植株显著散生开展白色长柔毛，毛长达3～4毫米 ……………………………………………**22. 大萼委陵菜 P. conferta** Bunge

28. 小叶通常分裂较深，几乎达中脉，裂片带形至带状披针形，边缘明显向下反卷；植株伏生短柔毛或斜展绢状柔毛，毛长不超过2毫米，稀脱落（**23. 多裂委陵菜 P. multifida** L.）。

29. 茎生叶小叶5，向上减少，小叶片对生稀互生，羽状深裂几乎达中脉 ………………………………… **23a. 多裂委陵菜 P. multifida** var. **multifida**

29. 茎生叶小叶5，羽状深裂紧密排列在叶柄顶端，有时近似掌状

（接上表）

…23b. **掌叶多裂委陵菜** P. multifid var. ornithopoda (Tausch) Th. Wolf

27. 花直径0.8～1.2厘米，萼片花后不增大，紧贴果实，副萼片比萼片 细小，狭长。

30. 小叶裂片带形，排列整齐，直展，边缘平坦或稍微反卷；茎生叶托叶通常全缘；花茎被白色长柔毛…………………**24. 多茎委陵菜** P. multicaulis Bunge

30. 小叶裂片三角形或带形，多少向外开展，边缘极为反卷；茎生叶托叶通常呈齿牙状分裂；花茎被白色绢状长柔毛（**25. 委陵菜** P. chinensis Ser.）。

31. 小叶裂片宽，三角卵形、三角状披针形、长圆状三角形或长圆披针形。

32. 小叶质厚，裂片三角卵形、三角状披针形或长圆披针形 …………………………… **25a. 委陵菜** P. chinensis var. chinensis

32. 小叶质薄，裂片长圆状三角形 ………**25b. 薄叶委陵菜** P. chinensis var. platyloba Liou et C. Y. Li

31. 小叶裂片狭，线形 ……………… **25c. 细裂委陵菜** P. chinensis var. lineariloba Franch. et Sav.

17. 叶两面均为绿色。

33. 花白色；植株被柔毛和腺毛……………………………………………………**26. 石生委陵菜** P.rupestris L.

33. 花黄色。

34. 小叶先端通常2裂，偶有3裂或不裂。

35. 株高约7厘米，全株密被绢状伏毛；瘦果成熟后有脉纹 ………………………………………………………**27. 覆瓦委陵菜** P. imbricata Kar. & Kir.

35. 株高可达20～25厘米，全株有毛或无毛；瘦果表面光滑（**28. 二裂委陵菜** P. bifurca L.）。

36. 近伞房状聚伞花序；植株较高；小叶先端通常2裂。

37. 株高5～20厘米，密被疏柔毛或微硬毛 …**28a. 二裂委陵菜** P. bifurca var. bifurca

37. 株高5～25厘米，全株近无毛，有时疏被伏毛 ………………………………**28b. 长叶二裂委陵菜** P. bifurca var. major Ledeb.

36. 花常单生；植株矮小铺散，花茎长7厘米以下；小叶大多全缘，偶有顶端二裂者 ……………… **28c. 矮生二裂委陵菜** P. bifurca var. humilior Rupr. et Osten-Sacken

34. 小叶先端不为2裂。

38. 总状花序，腋生（**29. 朝天委陵菜** P. supina L.）。

39. 小叶7～9，长7～12毫米，宽5～8毫米；植株较粗壮 ………………………………………………**29a. 朝天委陵菜** P. supina var. supina

39. 小叶3～5，长5～8毫米，宽3～4毫米；植株细弱 ……………………………………**29b. 三叶朝天委陵菜** P. supina var. ternata Peterm.

38. 聚伞花序，顶生。

40. 伞房花序集生于花茎顶端；植株被短柔毛、长柔毛及腺体 …………………………………… **30. 腺毛委陵菜** P. longifolia Willd. ex Schlecht.

40. 花序开展或稍开展。

41. 植株无毛，但被腺毛 …………… **31. 北委陵菜** P. sanguisorba Willd. ex Schltdl.

41. 植株被毛，但不为腺毛。

42. 基生叶小叶2～4对，顶生3小叶明显大；全株被开展长柔毛

（接上表）

………………………………………………… 32. **莓叶委陵菜** P. fragarioides L.

42. 基生叶小叶5～9对，顶生小叶稍大；植株下部被糙硬毛或茸毛。

43. 花少数，花萼径7～8毫米；基生叶小叶5～7对，羽轴无小裂片

……………………… 33. **红茎委陵菜** P. nudicaulis Willd. ex Schlecht.

43. 花多数，花萼径约5毫米；基生叶小叶6～9对，羽轴常具小裂片（34. **菊叶委陵菜** P. tanacetifolia Willd. ex Schlecht.）。

44. 小叶披针形，边缘具细锐锯状齿

………………… 34a. **菊叶委陵菜** P. tanacetifolia var. tanacetifolia

44. 小叶长圆形，边缘具浅圆齿 …34b. **浅齿蒿叶委陵菜** P. tanacetifolia var. crenato-serrata Liou et C. Y. Li

（1）蛇莓（辽宁植物志，东北植物检索表，东北草本植物志，中国植物志，Flora of China）

Potentilla indica (Andy.) Wolf in Asch. et Gr. Syn. 6: 661. 1904.——*Duchesnea indica* (Andr.) Focke in Engler & Prantl, Nat. Pflanzenfam. 3 (3): 33. 1888; 东北草本植物志5: 6. 1976; 中国植物志37: 358. 图版56: 1～3. 1985; 辽宁植物志（上册）: 810. 1988; 东北植物检索表（第二版）: 293. 图版140: 4. 1995; Fl. China 9: 338. 2003.

■ 蛇莓

花

果实侧面观

果实

花枝

植株

生山坡、路旁、沟边或田埂杂草中。产吉林省集安、辉南、靖宇；辽宁省桓仁、宽甸、凤城、鞍山、大连等地。

全草有清热解毒、凉血、通经作用。水浸液可治农业害虫，还能杀蛆、灭孑孓。

（2）等齿委陵菜（内蒙古植物志，东北植物检索表，中国植物志，Flora of China）

Potentilla simulatrix Wolf in Bibl. Bot. 71: 663. 1908; 中国植物志37: 330. 1985; 内蒙古植物志（第二版）3: 130. 图版50: 6. 1989; 东北植物检索表（第二版）: 298. 1995; Fl. China 9: 328. 2003.

生林下溪边阴湿处。产吉林省安图；辽宁省沈阳、朝阳（凤凰山）；内蒙古自治区喀喇沁旗、宁城、镶黄旗、正镶白旗等地。

■ 等齿委陵菜

花枝

植株下部

植株一部分

（3）蛇莓委陵菜（辽宁植物志，黑龙江省植物志，东北植物检索表，东北草本植物志，中国植物志，Flora of China）

Potentilla centigrana Maxim. in Bull. Acad. Sci. St. Petersb. 18: 163. 1874; 东北草本植物志5: 9. 图版19: 9 ~ 11. 1976; 中国植物志37: 317. 1985; 辽宁植物志（上册）: 794. 图版347: 5 ~ 7. 1988; 东北植物检索表（第二版）: 298. 图版142: 8. 1995; 黑龙江省植物志6: 189. 图版81: 4 ~ 6. 1998; Fl. China 9: 322. 2003.

■ 蛇莓委陵菜

根部

居群

花侧面观

叶侧面观

叶正面观

植株一部分

生林下、草甸、路旁湿地、河边、村旁等处。产黑龙江省尚志、阿城；吉林省长春、浑江、蛟河、靖宇、抚松、安图、汪清；辽宁省沈阳、西丰、开原、清原、本溪、新宾、岫岩、庄河等地。

（4）匍匐委陵菜（中国高等植物图鉴，中国植物志，Flora of China）

Potentilla reptans L., Sp. Pl. 499. 1753; 中国植物志37: 329. 1985; Fl. China 9: 327. 2003.

（4a）匍匐委陵菜（原变种）

Potentilla reptans var. *reptans*

产中国新疆。东北地区不产。

（4b）绢毛匍匐委陵菜（变种）（中国植物志，Flora of China）；深齿匍匐委陵菜（辽宁植物志，东北植物检索表）；深齿委陵菜（东北草本植物志）；绢毛细蔓委陵菜（内蒙古植物志）

Potentilla reptans var. *sericophylla* Franch. in Pl. David. 1: 113. 1884; 中国植物志37: 330. 1985; 内蒙古植物志（第二版）3: 130. 图版51: 1～3. 1989; Fl. China 9: 327. 2003.——*P. reptans* L. var. *incisa* Franch. in Pl. David. 1: 113. 1884; 东北草本植物志5: 11. 1976; 辽宁植物志（上册）: 794. 1988; 东北植物检索表（第二版）: 298. 图版142: 3. 1995.

生山坡、田边潮湿处。产辽宁省大连、本溪等地。

块根有生津止渴、滋阴、补虚作用。全草有发表、止咳作用。

■ 绢毛匍匐委陵菜

花正面观

花侧面观

叶

植株

（5）匍枝委陵菜（内蒙古植物志，中国植物志，Flora of China）；蔓委陵菜（辽宁植物志，黑龙江省植物志，东北植物检索表，东北草本植物志）

Potentilla flagellaris Willd. ex Schlecht. in Mag. Ges. Naturf. Fr. Ferl. 7: 291. 1816; 东北草本植物志5: 11. 图版4: 1 ~ 3. 1976; 中国植物志37: 331. 1985; 辽宁植物志（上册）: 794. 图版337: 3 ~ 5. 1988; 内蒙古植物志（第二版）3: 129. 图版50: 4 ~ 5. 1989; 东北植物检索表（第二版）: 298. 图版142: 2. 1995; 黑龙江省植物志6: 189. 图版82: 3 ~ 5. 1998; Fl. China 9: 328. 2003.

生草甸、山谷和路旁。产黑龙江省佳木斯、哈尔滨、阿城、大庆、安达、双城、伊春；吉林省扶余、磐石、通榆；辽宁省建平、凌源、北镇、沈阳、凤城、昌图、金州、长海、大连；内蒙古自治区额尔古纳、牙克石、扎兰屯、鄂伦春、鄂温克、陈巴尔虎旗、科尔沁右翼前旗、阿尔山、巴林右旗、突泉、扎鲁特旗、乌兰浩特、科尔沁左翼后、翁牛特旗、扎赉特旗等地。

嫩苗可食。全草有清热解毒作用，还有治胃胀、胃痛、尿道炎、高血压作用。

■ 匍枝委陵菜

叶

植株一部分

植株

（6）蛇含委陵菜（辽宁植物志，东北植物检索表，东北草本植物志，中国植物志，Flora of China）

Potentilla kleiniana Wight et Arn. in Prodr. Fl. Penins. Ind. Orient. 300. 1894; 东北草本植物志5: 13. 图版9: 4 ~ 7. 1976; 中国植物志37: 315. 1985; 辽宁植物志（上册）: 795. 图版339: 4 ~ 7. 1988; 东北植物检索表（第二版）: 300. 图版142: 6. 1995; Fl. China 9: 321. 2003.

生山坡、草地、河边。产吉林省柳河、辉南、梅河口、通化；辽宁省北镇、岫岩、瓦房店、庄河、沈阳、鞍山等地。

全草有清热、解毒、镇痛、消肿、化痰、止咳作用。

■ 蛇含委陵菜

植株一部分

花序

（7）黄花委陵菜（东北植物检索表，中国植物志，Flora of China）

Potentillachrysantha Trev., Ind. Sem. Hort. Vratisl. 5. 1818; Fl. China 9: 324. 2003; 中国植物志37: 321. 1985; 东北植物检索表（第二版）: 300. 1995.

生林缘、草地、河谷、水渠边，海拔1000 ~ 2200米。黑龙江、内蒙古自治区有记录，未见标本记录，待调查核实。

（8）星毛委陵菜（东北植物检索表，内蒙古植物志，中国植物志，Flora of China）；无茎委陵菜（黑龙江省植物志，东北草本植物志）

Potentillaacaulis L., Sp. Pl. 500. 1753; 东北草本植物志5: 13, 图版4. 图4 ~ 7. 1976; 中国植物志37: 325. 图版50: 4 ~ 6. 1985; 内蒙古植物志（第二版）3: 132. 图版51: 4 ~ 6. 1989; 东北植物检索表（第二版）: 300. 图版142: 4. 1995; 黑龙江省植物志6: 191. 图版83: 1 ~ 4. 1998; Fl. China 9: 326. 2003.

生山坡草地、沙原草滩、黄土坡、多砾石瘠薄山坡。产黑龙江省嫩江流域；内蒙古自治区额尔古纳、海拉尔、满洲里、新巴尔虎右旗、新巴尔虎左旗、克什克腾旗、科尔沁右翼中旗、巴林右旗、锡林浩特、阿巴嘎旗等地。

■ 星毛委陵菜

植株一部分

叶背面观

植株

（9）雪白委陵菜（内蒙古植物志，中国植物志，Flora of China）；假雪委陵菜（东北植物检索表，东北草本植物志）

■ 雪白委陵菜

花序

叶背面观

Potentilla nivea L., Sp. Pl. 499. 1753; 东北草本植物志5: 14. 图版5: 7～11. 1976; 中国植物志37: 296. 1985; 内蒙古植物志（第二版）3: 133. 图版52: 1～2. 1989; Fl. China 9: 315. 2003.——*P. nivea* L. var. *camtschatica* Chant. & Schlecht. in Linnaea 2: 21. 1827; 东北植物检索表（第二版）: 300. 图版142: 5. 1995.

生高山灌丛边、山坡草地及沼泽边缘。产吉林省安图（长白山）；辽宁省凤城（白云山）；内蒙古自治区额尔古纳、科尔沁右翼前旗、克什克腾旗、宝格达山等地。

根有清热利湿、止痛、补虚作用。

（10）白萼委陵菜（中国植物志，Flora of China）；白叶委陵菜（辽宁植物志，黑龙江省植物志，东北植物检索表，东北草本植物志）；三出委陵菜（内蒙古植物志）

Potentilla betonicifolia Poir. in Encycl. Method. Bot. 5: 601. 1804; 中国植物志37: 297. 图版45: 7～8. 1985; 内蒙古植物志（第二版）3: 133. 图版52: 3～5. 1989; Fl. China 9: 315. 2003.——*P. leucophylla* Pall. in Reise3: 194. 1776; 东北草本植物志5: 14. 图版5 图版5: 1～5. 1976; 辽宁植物志（上册）: 795. 1988; 东北植物检索表（第二版）: 300. 图版142: 7. 1995; 黑龙江省植物志6: 191. 图版83: 5～10. 1998.

（10a）白萼委陵菜（原变种）

Potentilla betonicifolia var. *betonicifolia*

生山坡草地及岩石缝间。产黑龙江省安达、杜尔伯特、肇东、哈尔滨；吉林省双辽；辽宁省大连、建平、凌源、喀左；内蒙古自治区额尔古纳、海拉尔、牙克石、扎兰屯、鄂温克、新巴尔虎左旗、新巴尔虎右旗、科尔沁右翼前旗、扎赉特旗、扎鲁特旗、克什克腾旗、锡林浩特、阿巴嘎旗、镶黄旗等地。

全草有消肿利水作用，用于各种水肿。

■ 白萼委陵菜

花侧面观

叶背面观

叶正面观

植株

花序

（10b）五叶白叶委陵菜（变种）（东北植物检索表，东北草本植物志）

Potentilla betonicifolia var. *pentaphyll* Liou et C. Y. Li, 东北草本植物志5: 16, 174. 1976; 东北植物检索表（第二版）: 300. 1995.

生山坡草地及岩石缝间。产辽宁省大连、凌源；内蒙古自治区牙克石等地（模式标本采集地）。

■ 五叶白叶委陵菜

植株一部分

植株

叶背面观

（11）刚毛委陵菜（黑龙江省植物志，东北植物检索表，东北草本植物志，中国植物志，Flora of China）

Potentilla asperrima Turcz. in Bull. Soc. Nat. Mosc. 16: 609. 1843; 东北草本植物志5: 16. 图版4 ~ 5. 1976; 中国植物志37: 319. 1985; 东北植物检索表（第二版）: 300. 图版143: 4. 1995; 黑龙江省植物志6: 193. 1998; Fl. China 9: 323. 2003.

生沙地、林缘及草甸。产黑龙江省德都（五大连池）。

■ 刚毛委陵菜

叶正面观

叶背面观

花序

植株

（12）狼牙委陵菜（辽宁植物志，黑龙江省植物志，东北植物检索表，东北草本植物志，中国植物志，Flora of China）

Potentilla cryptotaeniae Maxim. in Bull. Acad. Sci. St. Petersb. 18: 162. 1874; 中国植物志37: 318. 1985; 东北草本植物志5: 16. 1976; 辽宁植物志（上册）: 796. 1988; 东北植物检索表（第二版）: 300. 图版143: 6. 1995; 黑龙江省植物志6: 193. 1998; Fl. China 9: 323. 2003.——*P. cryptotacniae* Maxim. var. *obovaia* Wolf in Bibl. Bot. 71: 406. 1908; 东北植物检索表（第二版）: 300. 1995.

生林缘、路边和草地上。产黑龙江省伊春、阿城、宝清、萝北、宁安、牡丹江、汤原；吉林省珲春、和龙、汪清、安图、通化、蛟河、抚松、靖宇、九台；辽宁省本溪、凤城、宽甸、桓仁、新宾、鞍山、沈阳、瓦房店、普兰店、庄河、大连等地。

全草及根有抗菌消炎、止血、驱虫、解毒作用，治外伤出血和蛔虫病。

■ 狼牙委陵菜

花枝

茎叶

花序

（13）楔叶委陵菜（东北植物检索表）

Potentilla fragiformis Willd. ex Schlecht in Mag. Neuesten Entdeck. Gesammten Naturk. Ges. Naturf. Freunde Berlin7: 294. 1816; 东北植物检索表（第二版）: 300. 1995.

生砾石地。黑龙江省有记录，地点不详，待调查核实。

（14）曲枝委陵菜（中国植物志，Flora of China）；匐枝委陵菜（辽宁植物志，东北植物检索表，东北草本植物志）

Potentilla rosulifera H. Lév. in Repert. Spec. Nov. Regni Veg. 7: 198. 1909; Fl. China 9: 327. 2003.——*P. yokusaiana* Makino in Bot. Mag. Tokyo 142. 1910; 东北草本植物志5: 18. 图版7: 5 ~ 9. 1976; 中国植物志37: 329. 1985; 辽宁植物志（上册）: 796. 图版338: 3 ~ 7. 1988; 东北植物检索表（第二版）: 300. 图版143: 8. 1995.

生林下、石砾质地、干山坡及草甸。产辽宁省庄河、凤城、本溪；内蒙古自治区牙克石、鄂伦春、陈巴尔虎旗、科尔沁右翼前旗、突泉、科尔沁左翼后旗、锡林浩特、宝格达山等地。

东北地区民间全草入药，水煮可治痢疾泻肚。

■ 曲枝委陵菜

基生叶

植株

■ 曲枝委陵菜

花序侧面观

花序

根部

（15）三叶委陵菜（辽宁植物志，黑龙江省植物志，内蒙古植物志，东北植物检索表，东北草本植物志，中国植物志，Flora of China）

Potentilla freyniana Bornm. in Mitt. Thiir. Bot. Ver. N. F. 20: 12. 1904; 东北草本植物志5: 18. 图版7: 1～4. 1976; 中国植物志37: 328. 1985; 辽宁植物志（上册）: 797. 图版338: 1～2. 1988; 内蒙古植物志（第二版）3: 135. 图版53: 4. 1989; 东北植物检索表（第二版）: 300. 图版143: 7. 1995; 黑龙江省植物志6: 194. 图版84: 1～2. 1998; Fl. China 9: 326. 2003.

生山坡草地、溪边及疏林下阴湿处。产黑龙江省伊春、尚志、嘉荫；吉林省磐石、安图、蛟河、浑江；辽宁省凤城、本溪、鞍山、沈阳；内蒙古自治区科尔沁左翼后旗等地。

根有清热解毒、敛疮止血作用。全草有清热解毒、散瘀止血作用。

■ 三叶委陵菜

基生叶

全株

植株

花序

（16）皱叶委陵菜（东北植物检索表，中国植物志，Flora of China）；钩叶委陵菜（辽宁植物志，黑龙江省植物志，东北草本植物志）

Potentillaancistrifolia Bunge in Mem. Acad. Sci. St. Petersb. 2: 99. 1833; 东北草本植物志5: 18. 图版8: 3～6. 1976; 中国植物志37: 255. 1985; 辽宁植物志（上册）: 798. 图版340: 1～2. 1988; 东北植物检索表（第二版）: 302. 图版143: 1. 1995; 黑龙江省植物志6: 194. 图版84: 3～4. 1998; Fl. China 9: 296. 2003.——*P. ancistrifolia* var. *ruguloea* (Kitag.) Liou et C. Y. Li, 东北草本植物志5: 21. 图版44，图6. 1976; 黑龙江省植物志6: 196. 1998.

（16a）皱叶委陵菜（原变种）

Potentilla ancistrifolia var. *ancistrifolia*

生山坡草地和岩石缝间。产黑龙江省伊春、依兰、尚志、阿城；吉林省蛟河、集安、敦化；辽宁省鞍山、营口、大连、金州、普兰店、瓦房店、本溪、宽甸、凤城、岫岩、新宾、清原等地。

■ 皱叶委陵菜

植株

植株一部分

（16b）薄叶皱叶委陵菜（变种）（Flora of China）；薄皱叶委陵菜（东北植物检索表）；同色钩叶委陵菜（辽宁植物志，东北草本植物志）；薄叶委陵菜（中国植物志）

Potentilla ancistrifolia var. *dickinsii* (Franch. et Sav.) Koidz. in Bot. Mag. Tokyo 23: 177. 1909; 中国植物志37: 256. 1985; 东北植物检索表（第二版）: 302. 1995; Fl. China 9: 297. 2003.——*Potentilla ancistrifolia* var. *concolor* Liou et C. Y. Li, 东北草本植物志5: 21, 174. 1976; 辽宁植物志（上册）: 799. 1988.

生山坡岩石缝中、沟边、草地及林下。产辽宁省凌源、绥中等地。

■ 薄叶皱叶委陵菜

叶

植株

（17）翻白草（黑龙江省植物志，内蒙古植物志，中国植物志，Flora of China）；翻白委陵菜（辽宁植物志，东北植物检索表，东北草本植物志）

Potentilla discolor Bunge in Mem. Acad. Sci. St. Petersb. 2: 99. 1833; 东北草本植物志5: 23. 图版10: 1 ~ 5. 1976; 中国植物志37: 291. 1985; 辽宁植物志（上册）: 800. 图版340: 3 ~ 5. 1988; 内蒙古植物志（第二版）3: 145. 图版58: 1 ~ 2. 1989; 东北植物检索表（第二版）: 302. 图版143: 5. 1995; 黑龙江省植物志6: 198. 图版86: 1 ~ 3. 1998; Fl. China 9: 313. 2003.

生丘陵、路旁和沟边。产黑龙江省哈尔滨、杜尔伯特、大庆、安达；吉林林省安图、梅河口、靖宇、通化；辽宁省凌源、建昌、绥中、沈阳、鞍山、庄河、瓦房店、长海、凤城、丹东；内蒙古自治区扎兰屯、鄂伦春、科尔沁右翼前旗、扎赉特旗、科尔沁左翼后旗等地。

■ 翻白草

叶背面观

植株

花序

花序一部分

全草有清热、解毒、消肿、止血作用。嫩苗可食，块根含淀粉亦可生食。

（18）假翻白委陵菜（黑龙江省植物志，东北植物检索表，东北草本植物志）

Potentilla pannifolia Liou et C. Y. Li, 东北草本植物志5: 23. 图版6 ~ 8. 1976; 东北植物检索表（第二版）: 302. 图版143: 9. 1995; 黑龙江省植物志6: 200. 图版86: 4 ~ 6. 1998.

生草原。产黑龙江省泰康县喇嘛甸子（模式标本采集地）。

（19）轮叶委陵菜（辽宁植物志，内蒙古植物志，东北植物检索表，东北草本植物志，中国植物志，Flora of China）

Potentilla verticillaris Steph. ex Willd. in Sp. Pl. 2: 1096. 1800; 东北草本植物志5: 27. 图版12: 1 ~ 3. 1976; 中国植物志37: 287. 图版43: 5. 1985; 辽宁植物志（上册）: 803. 图版345: 7 ~ 8. 1988; 内蒙古植物志（第二版）3: 147. 图版58: 5. 1989; 东北植物检索表（第二版）: 302. 图版144: 3. 1995; Fl. China 9: 311. 2003.

（19a）轮叶委陵菜（原变种）

Potentilla verticillaris var. *verticillaris*

生干旱山坡、河滩沙地、草原及灌丛下。产黑龙江省阿城、哈尔滨、齐齐哈尔、安达；吉林省通榆；辽宁省黑山、朝阳、建平、彰武、阜蒙；内蒙古自治区海拉尔、科尔沁右翼前旗、扎赉特旗、科尔沁左翼后旗、锡林浩特、阿巴嘎旗等地。

■ 轮叶委陵菜

叶

花

植株

（19b）爪轮叶委陵菜（变种）（东北植物检索表，东北草本植物志）

Potentilla verticillaris var. *pedatiaecta* Liou et C. Y. Li, 东北草本植物志5: 27, 175. 1976.

生山坡、草原。产黑龙江省杜尔伯特、哈尔滨、肇东、齐齐哈尔；内蒙古自治区科尔沁右翼前旗、翁牛特旗、乌兰浩特等地。

（19c）宽轮叶委陵菜（变种）（东北植物检索表，东北草本植物志）

Potentilla verticillaris var. *latiaecta* Liou et C. Y. Li, 东北草本植物志5: 27, 175. 1976.

生草原。产黑龙江省安达、大庆（模式标本采集地）；内蒙古自治区翁牛特旗、科尔沁右翼前旗、科尔沁左翼后旗、扎赉特旗、乌兰浩特等地。

（20）茸毛委陵菜（内蒙古植物志，中国植物志，Flora of China）；灰白委陵菜（黑龙江省植物志，东北植物检索表，东北草本植物志）

Potentilla strigosa Pall. in Fl. Am. Sept. 1: 356. 1814; 东北草本植物志5: 25. 图版4 ~ 5. 1976; 中国植物志37: 290. 1985; 内蒙古植物志（第二版）3: 155. 图版62: 1 ~ 2. 1989; 东北植物检索表（第二版）: 302. 图版144: 2. 1995; 黑龙江省植物志6: 200. 图版86: 4 ~ 6. 1998; Fl. China 9: 313. 2003.

生沙丘、山坡草地，海拔600 ~ 700米。产黑龙江省松嫩平原；内蒙古自治区额尔古纳、海拉尔、满洲里、牙克石、新巴尔虎右旗、新巴尔虎左旗、鄂温克、巴林右旗、克什克腾旗、锡林浩特等地。

（21）绢毛委陵菜（内蒙古植物志，中国植物志，Flora of China）；毛叶委陵菜（黑龙江省植物志，东北植物检索表，东北草本植物志）

Potentillasericea L. in Species plantarum, edition 1 Species plantarum, edition 1; 495. 1753; 中国植物志37: 285. 图版43: 7. 1985; 内蒙古植物志（第二版）3: 148. 图版59: 1 ~ 3. 1989; Fl. China 9: 310. 2003.——*Potentilla dasyphylla* Bunge in Flora altaica 1829. 243. 1830; 东北草本植物志5: 30. 图版5 ~ 7. 1976; 东北植物检索表（第二版）: 302. 图版144: 5. 1995; 黑龙江省植物志6: 205. 图版89: 6 ~ 8. 1998.

生山坡草地、沙地、草原、河漫滩及林缘。产黑龙江省松嫩平原；内蒙古自治区满洲里、新巴尔虎右旗、新巴尔虎左旗、科尔沁右翼前旗、科尔沁左翼后旗、东乌珠穆沁旗、锡林浩特等地。

（22）大萼委陵菜（内蒙古植物志，中国植物志，Flora of China）；大头委陵菜（黑龙江省植物志，东北植物检索表，东北草本植物志）

Potentilla conferta Bunge in Ldb. Fl. Alt. 2: 240. 1830; 东北草本植物志5: 25. 图版11: 1 ~ 3. 1976; 中国植物志37: 289. 1985; 内蒙古植物志（第二版）3: 150. 图版60: 1 ~ 3. 1989; 东北植物检索表（第二版）: 302. 图版144: 6. 1995; 黑龙江省植物志6: 200. 图版87: 1 ~ 3. 1998; Fl. China 9: 312. 2003.

生耕地边、山坡草地、沟谷、草甸及灌丛中。产黑龙江省哈尔滨、尚志、大庆、五大连池；内蒙古自治区海拉尔、鄂伦春、鄂温克、新巴尔虎右旗、科尔沁右翼前旗、东乌珠穆沁旗、锡林浩特、阿巴嘎旗、太仆寺旗等地。

根有清热、凉血、止血作用。

（23）多裂委陵菜（内蒙古植物志，中国植物志，Flora of China）；细叶委陵菜（黑龙江省植物志，东北植物检索表，东北草本植物志）

Potentilla multifida L., Sp. Pl. 496. 1753; 东北草本植物志5: 30. 图版14: 1 ~ 5. 1976; 中国植物志37: 281. 图版43: 6. 1985; 内蒙古植物志（第二版）3: 148. 图版60: 4. 1989; 东北植物检索表（第二版）: 302. 图版144: 1. 1995; 黑龙江省植物志6: 205. 图版89: 1 ~ 5. 1998; Fl. China 9: 309. 2003.

（23a）多裂委陵菜（原变种）

Potentilla multifida var. *multifid*

生高海拔山坡草地、沟谷及林缘。产黑龙江省爱辉、哈尔滨、呼玛；吉林省安图；辽宁省西部；内蒙古自治区额尔古纳、根河、海拉尔、牙克石、鄂伦春、鄂温克、新巴尔虎右旗、科尔沁右翼前旗、扎鲁特旗、东乌珠穆沁旗、锡林浩特等地。

■ 多裂委陵菜

花

叶背面观

叶正面观

果期植株

花期植株

带根全草有清热利湿、止血、杀虫作用。

（23b）掌叶多裂委陵菜（变种）（黑龙江省植物志，内蒙古植物志，中国植物志，Flora of China）；爪细叶委陵菜（东北草本植物志）

Potentilla multifida var. *ornithopoda* (Tausch) Th. Wolf in Bibl. Bot. 71: 156. 1908; 东北草本植物志5: 32. 1976; 中国植物志37: 281. 1985; 内蒙古植物志（第二版）3: 150. 1989; 黑龙江省植物志6: 206. 1998; Fl. China 9: 309. 2003.

生山坡草地、河滩、沟边、草甸及林缘，海拔700 ~ 4800米。产黑龙江省尚志、嫩江；内蒙古自治区鄂温克、巴林右旗、科尔沁左翼后旗、东乌珠穆沁旗、锡林浩特等地。

（24）多茎委陵菜（辽宁植物志，内蒙古植物志，东北植物检索表，东北草本植物志，中国植物志，Flora of China）

Potentilla multicaulis Bunge in Mem. Acad. Sci. St. Peterb. 2: 99. 1833; 东北草本植物志5: 27. 图版6: 1 ~ 3. 1976; 中国植物志37: 282. 1985; 辽宁植物志（上册）: 802. 图版341: 1 ~ 3. 1988; 内蒙古植物志（第二版）3: 151. 图版59: 4 ~ 6. 1989; 东北植物检索表（第二版）: 302. 图版144: 7. 1995; Fl. China 9: 309. 2003.

■ 多茎委陵菜

花枝

基生叶背面观

花序

植株

基生叶正面观

生向阳山坡、草地和路边。产辽宁省黑山、北镇、彰武、盖州、沈阳、大连；内蒙古自治区锡林浩特、镶黄旗等地。

全草药用，用于阿米巴痢疾。

（25）委陵菜（辽宁植物志，黑龙江省植物志，内蒙古植物志，东北植物检索表，东北草本植物志，中国植物志，Flora of China）

Potentilla chinensis Ser. in DC. Prodr. 2: 581. 1825; 东北草本植物志5: 27. 图版13: 1 ~ 4. 1976; 中国植物志37: 288. 1985; 辽宁植物志（上册）: 803. 图版341: 4 ~ 8. 1988; 内蒙古植物志（第二版）3: 153. 图版61. 1989; 东北植物检索表（第二版）: 302. 图版144: 4. 1995; 黑龙江省植物志6: 203. 图版88: 3 ~ 7. 1998; Fl. China 9: 312. 2003.

（25a）委陵菜（原变种）

Potentilla chinensis var. *chinensis*

生山坡草地、沟谷、林缘、灌丛或疏林下。产东北三省各地；内蒙古自治区扎兰屯、鄂伦春、鄂温克、阿荣旗、科尔沁右翼前旗、扎赉特旗、科尔沁左翼后旗、阿鲁科尔沁旗、宁城、多伦等地。

全草有清热、解毒、消炎、止血作用。嫩苗可食。

■ 委陵菜

花序

叶正反面对比

基生叶

植株

（25b）薄叶委陵菜（变种）（黑龙江省植物志，东北草本植物志）

Potentilla chinensis var. *platyloba* Liou et C. Y. Li, 东北草本植物志5: 30, 174. 1976; 黑龙江省植物志6: 204. 1998.

生山坡石质地。产黑龙江省伊春（模式标本采集地）。

（25c）细裂委陵菜（变种）（中国植物志，Flora of China）；线叶委陵菜（辽宁植物志，黑龙江省植物志，东北植物检索表，东北草本植物志）

Potentilla chinensis var. *lineariloba* Franch. et Sav. in Fnuxu. Fl. Jap. 2: 339. 1879; 东北草本植物志5: 30. 1976; 中国植物志37: 289. 1985; 辽宁植物志（上册）: 804. 1988; 东北植物检索表（第二版）: 302. 1995; 黑龙江省植物志6: 203. 1998; Fl. China 9: 312. 2003.

生向阳山坡、草地、草甸、荒山草丛中。产黑龙江省哈尔滨、萝北、宝清、依兰、肇东、杜尔伯特、黑河、鸡西、绥芬河、密山、安达、集贤、宁安、克山；吉林省珲春、和龙、安图、汪清、镇赉、通榆、吉林、抚松、九台、蛟河、临江；辽宁省西丰、桓仁、普兰店、金州、新民、葫芦岛、锦州；内蒙古自治区海拉尔、扎兰屯、科尔沁右翼前旗、翁牛特旗、克什克腾旗、科尔沁左翼后旗、扎鲁特旗、宁城等地。

■ 细裂委陵菜

基生叶

植株

花序

（26）石生委陵菜（黑龙江省植物志，内蒙古植物志，中国植物志，Flora of China）；白花委陵菜（东北植物检索表，东北草本植物志，大连地区植物志）

Potentilla rupestris L., Sp. Pl. 711. 1753; 中国植物志37: 260. 图版39: 7. 1985; 内蒙古植物志（第二版）3: 141. 图版56: 4. 1989.——*P. inquinans* Turcz. in Bull. Soc. Nat. Mosc. 16: 624. 1843; 东北草本植物志5: 21. 图版1 ~ 2. 1976; 东北植物检索表（第二版）: 302. 图版143: 2. 1995; 黑龙江省植物志6: 196. 图版85: 1 ~ 2. 1998; Fl. China 9: 298. 2003.

生砾石坡上，海拔1000 ~ 1100米。产黑龙江省安达、杜尔伯特、肇东、哈尔滨；吉林省抚松；内蒙古自治区额尔古纳、根河、科尔沁右翼前旗等地。

■ 石生委陵菜

基生叶

植株上部

植株下部

（27）覆瓦委陵菜（中国植物志，Flora of China）；毛叉叶委陵菜（辽宁植物志，东北植物检索表，东北草本植物志）

Potentilla imbricate Kar. & Kir. in Bull. Soc. Imp. Naturalistes Moscou 14: 416. 1841; 中国植物志37: 253. 1985; Fl. China 9: 295. 2003.——*P. bifurca* L. var. *canescens* Bong. et Mey. in Alter. Fl. Alt. Suppl. 32. 1841; 东北草本植物志5: 32. 1976; 辽宁植物志（上册）: 804. 1988; 东北植物检索表（第二版）: 305. 1995.

生干旱砾质灰钙土、河滩及阴湿草地。产辽宁省北镇、凌源等辽西地区；内蒙古自治区海拉尔、巴林右旗等地。

（28）二裂委陵菜（内蒙古植物志，中国植物志，Flora of China）；叉叶委陵菜（东北植物检索表）；鸡冠茶（植物智网站）

Potentilla bifurca L., Sp. Pl. 497. 1753; 东北植物检索表1486图版43. 图 5. 1959; 中国植物志37: 250. 图版37: 1 ~ 2. 1985; 内蒙古植物志（第二版）3: 137. 图版54: 4 ~ 5. 1989; Fl. China 9: 295. 2003.

（28a）二裂委陵菜（原变种）

Potentilla bifurca var. *bifurca*

生地边、道旁、沙滩、山坡草地、黄土坡上、半干旱荒漠草原及疏林下。产黑龙江省齐齐哈尔、虎林、萨尔图；内蒙古自治区各地。

全草入药能止血，主治功能性子宫出血、产后出血过多。又为中等饲料植物，羊与骆驼均喜食。

（28b）长叶二裂委陵菜（变种）（中国植物志，Flora of China）；光叉叶委陵菜（辽宁植物志，黑龙江省植物志，东北植物检索表，东北草本植物志）；高二裂委陵菜（内蒙古植物志）

Potentilla bifurca var. *major* Ledeb. in Fl. Ross. 2: 43. 1843; 中国植物志37: 251. 1985; 内蒙古植物志（第二版）3: 139. 1989; Fl. China 9: 295. 2003.——*P. bifurca* L. var. *glabrata* Lehm. in Revis. Potentill. 34. 1856; 东北草本植物志5: 32. 图版14: 6 ~ 7. 1976; 辽宁植物志（上册）: 804. 图版346: 1 ~ 2. 1988; 东北植物检索表

（第二版）: 305. 图版145: 3. 1995; 黑龙江省植物志6: 206. 图版90: 1 ~ 2. 1998.

生地边、道旁、沙滩、山坡、半干旱荒漠草原及疏林下。产黑龙江省伊春、宁安、富裕、尚志、佳木斯、齐齐哈尔、哈尔滨、呼玛、安达；吉林省吉林、汪清；辽宁省凌源、建平、彰武、东港；内蒙古自治区额尔古纳、海拉尔、牙克石、满洲里、鄂温克、新巴尔虎左旗、科尔沁右翼前旗、克什克腾旗、东乌珠穆沁旗、西乌珠穆沁旗、锡林浩特、多伦等地。

■ 二裂委陵菜

植株

花序

■ 长叶二裂委陵菜

基生叶

花序

植株

（28c）矮生二裂委陵菜（变种）（中国植物志，Flora of China）；小叉叶委陵菜（东北植物检索表）

Potentilla bifurca var. *humilior* Rupr. et Osten-Sacken, Sert. Tianschan, 45. 1868; 中国植物志37: 251. 1985; 东北植物检索表（第二版）: 305. 1995; Fl. China 9: 295. 2003.

生山坡草地、河滩沙地及干旱草原。产内蒙古自治区满洲里、翁牛特旗、赤峰等地。

（29）朝天委陵菜（中国植物志，Flora of China）；伏委陵菜（辽宁植物志，黑龙江省植物志，东北植物检索表，东北草本植物志）；铺地委陵菜（内蒙古植物志）

Potentilla supina L., Sp. Pl. 497. 1753; 中国植物志37: 316. 1985; 内蒙古植物志（第二版）3: 139. 图版55: 1 ~ 4. 1989; Fl. China 9: 322. 2003.——*P. paradoxa* Nutt. in Fl. N. Am. 1: 437. 1840; 东北草本植物志5: 33. 图版15: 1 ~ 2. 1976; 辽宁植物志（上册）: 805. 图版342: 1 ~ 2. 1988; 东北植物检索表（第二版）: 305. 图版145: 4. 1995; 黑龙江省植物志6: 209. 图版90: 3 ~ 4. 1998.

（29a）朝天委陵菜（原变种）

Potentilla supina var. *supina*

生荒地、路旁、村边、河边及林缘湿地。产黑龙江省呼玛、杜尔伯特、萝北、密山、虎林、伊春、双城、鹤岗、哈尔滨、密山、黑河、嫩江；吉林省双辽、安图、桦甸、吉林、浑江、集安、梅河口、柳河、辉南、通化、扶余、白城、汪清、和龙；辽宁省丹东、鞍山、盖州、沈阳、西丰、葫芦岛、北镇、彰武、凌源、大连；内蒙古自治区海拉尔、扎兰屯、牙克石、新巴尔虎右旗、科尔沁右翼前旗、阿尔山、扎鲁特旗等地。

地上部分有补肾阳、止血痢、乌须发、固牙齿、外伤止血等作用。嫩苗可食。

■ 朝天委陵菜

茎叶

花序

植株

（29b）三叶朝天委陵菜（变种）（中国植物志，Flora of China）；东北委陵菜（辽宁植物志，黑龙江省植物志，东北植物检索表，东北草本植物志）

Potentilla supina var. *ternata* Peterm. in Anal. Pfl.-Schlüss. 125. 1846; 中国植物志37: 317. 1985; Fl. China 9: 322. 2003.——*P. amurensis* Maxim. in Prim. Fl. Amur. 98. 1859; 东北草本植物志5: 33. 图版15: 3 ~ 4. 1976;

■ 三叶朝天委陵菜

茎上部叶

植株一部分

植株

辽宁植物志（上册）: 805. 图版342: 3 ~ 4. 1988; 东北植物检索表（第二版）: 305. 图版145: 5. 1995; 黑龙江省植物志6: 209. 图版91: 7 ~ 8. 1998.

生荒地、路旁、村边、河边及林缘湿地。产黑龙江省虎林、哈尔滨；辽宁省沈阳、大连、凤城等地。

（30）腺毛委陵菜（内蒙古植物志，中国植物志，Flora of China）；黏委陵菜（辽宁植物志，黑龙江省植物志，东北植物检索表，东北草本植物志）

Potentilla longifolia Willd. ex Schlecht. in Mao. Ges. Naturt. Fr. Berl. 7: 287. 1816; 中国植物志37: 310. 1985; 内蒙古植物志（第二版）3: 143. 图版57. 1989; Fl. China 9: 321. 2003.——*P. viscosa* J. in Don. Revis. Potent. 57. 1856; 东北草本植物志5: 37. 图版17. 1976; 辽宁植物志（上册）: 806. 图版343. 1988; 东北植物检索表（第二版）: 305. 图版145: 1. 1995; 黑龙江省植物志6: 213. 图版92: 4 ~ 8. 1998.

生固定沙丘、林缘草地、沙质草地。产黑龙江省密山、克山、宁安、东宁；吉林省珲春、汪清、安图、长白、和龙；辽宁省大连、彰武；内蒙古自治区海拉尔、额尔古纳、牙克石、科尔沁右翼前旗、扎赉特旗、科尔沁左翼后旗、大青沟、东乌珠穆沁旗、锡林浩特等地。

根、全草有收敛止血、解毒作用。

■ 腺毛委陵菜

花序

茎下部叶

植株

（31）北委陵菜（东北植物检索表，东北草本植物志）

Potentilla sanguisorba Willd. ex Schltdl. in Mag. Ges. Naturt. Fr. Berlin VII: 286. 1816; 东北草本植物志5: 35. 1976; 东北植物检索表（第二版）: 305. 1995.

生岩石上。产东北北部。

（32）莓叶委陵菜（辽宁植物志，黑龙江省植物志，内蒙古植物志，东北植物检索表，东北草本植物志，中国植物志，Flora of China）

Potentilla fragarioides L., Sp. Pl. 496. 1753; 东北草本植物志5: 21. 图版9: 1 ~ 3. 1976; 中国植物志37: 327. 1985; 辽宁植物志（上册）: 799. 图版339: 1 ~ 3. 1988; 内蒙古植物志（第二版）3: 141. 图版55: 5 ~ 8. 1989; 东北植物检索表（第二版）: 305. 图版143: 3. 1995; 黑龙江省植物志6: 196. 图版85: 3 ~ 5. 1998; Fl. China 9: 326. 2003.

生沟边、草地、灌丛及疏林下。产黑龙江省哈尔滨、尚志、虎林、阿城、伊春、黑河、呼玛、嘉荫、密山；吉林省浑江、抚松、安图、通化、桦甸、柳河、敦化、蛟河；辽宁省凌源、建昌、朝阳、绥中、凤城、庄河、桓仁、丹东、东港、瓦房店、盖州、西丰、开原、鞍山、沈阳；内蒙古自治区额尔古纳、根河、牙克石、扎兰屯、鄂伦春、阿荣旗、科尔沁右翼前旗、科尔沁左翼后旗、扎赉特旗、巴林右旗、宝格达山等地。

根有补阴虚和止血作用，治疝气、月经过多、功能性子宫出血、产后出血。嫩苗可食。

■ 莓叶委陵菜

花序

植株

基生叶

（33）红茎委陵菜（黑龙江省植物志，东北植物检索表，东北草本植物志）

Potentilla nudicaulis Willd. ex Schlecht., Mag. Neuesten Entdeck. Gesammten Naturk. Ges. Naturf. Freunde Berlin 7: 287. 1816; 东北植物检索表: 152. 图版45: 4. 1959; 东北草本植物志5: 37. 图版3: 3 ~ 5. 1976; 东北植物检索表（第二版）: 305. 图版145: 6. 1995; 黑龙江省植物志6: 212. 图版92: 1 ~ 3. 1998.

生于山坡、林下、荒地、草原。产黑龙江省安达、呼玛；内蒙古自治区额尔古纳、根河、海拉尔、牙克石等地。

（34）菊叶委陵菜（内蒙古植物志，中国植物志，Flora of China）；蒿叶委陵菜（辽宁植物志，黑龙江省植物志，东北植物检索表，东北草本植物志）

Potentilla tanacetifolia Willd. ex Schlecht. in Mag. Ges. Naturf. Fr. Berl. 7: 286. 1816; 东北草本植物志5: 35. 图版16. 1976; 中国植物志37: 310. 图版47: 1 ~ 2. 1985; 辽宁植物志（上册）: 808. 图版344. 1988; 内蒙古植物志（第二版）3: 143. 图版56: 1 ~ 3. 1989; 东北植物检索表（第二版）: 305. 图版145: 2. 1995; 黑龙江省植物志6: 209. 图版91: 1 ~ 6. 1998; Fl. China 9: 320. 2003.

（34a）菊叶委陵菜（原变种）

Potentilla tanacetifolia var. *tanacetifolia*

生山坡草地、低洼地、沙地、草原、丛林边及黄土高原。产黑龙江省呼玛、黑河、齐齐哈尔、哈尔滨、杜尔伯特、肇东、肇源、爱辉、萝北；吉林省镇赉、通榆；辽宁省建平、凌源、喀左、建昌、昌图；内蒙古自治区海拉尔、牙克石、满洲里、鄂伦春、鄂温克、新巴尔虎左旗、新巴尔虎右旗、科尔沁右翼前旗、扎赉特旗、科尔沁左翼后旗、大青沟、克什克腾旗、西乌珠穆沁旗、锡林浩特、正蓝旗、多伦等地。

全草有清热解毒、消炎止血作用。

■ 菊叶委陵菜

基生叶

叶一部分

花侧面观

花正面观

花序

植株

（34b）浅齿蒿叶委陵菜（变种）（辽宁植物志，东北植物检索表，东北草本植物志）

Potentilla tanacetifolia var. *crenato-serrata* Liou et C. Y. Li, 东北草本植物志5: 37, 175. 1976; 辽宁植物志（上册）: 808. 1988; 东北植物检索表（第二版）: 305. 1995.

生沙地、向阳山坡及山脚下。产辽宁省彰武（模式标本采集地）、北镇、大连；内蒙古自治区赤峰等地。

■ 浅齿蒿叶委陵菜

叶正面观

植株

叶背面观

085. 胡颓子科 Elaeagnaceae

Elaeagnaceae Juss., Gen. Pl. [Jussieu] 74. 1789, *nom. cons.*

木贼门、木贼亚门、木兰纲、蔷薇亚纲、蔷薇超目、蔷薇目（Rosales）。

直立灌木或攀缘藤本，稀乔木，全体被银白色或褐色至锈盾形鳞片或星状茸毛，常绿或落叶。单叶互生，稀对生或轮生，全缘，羽状叶脉，具柄，无托叶。花两性或单性，稀杂性。单生或数花组成叶腋生的伞形总状花序，通常整齐，白色或黄褐色，具香气，虫媒花；花萼常连合成筒，顶端4裂，稀2裂，在子房上面通常明显收缩，花蕾时镊合状排列；无花瓣。果实为瘦果或坚果，为增厚的萼管所包围，核果状，红色或黄色。

本科全世界约3属90种，分布于北半球和热带地区。中国有2属74种。东北地区产3属4种1亚种，其中栽培2种。

分属检索表

1. 花单性；花萼2裂 ······ 1. 沙棘属 Hippophae
1. 花两性或杂性；花萼4裂。
  2. 雄蕊4 ······ 2. 胡颓子属 Elaeagnus
  2. 雄蕊8 ······ 3. 野牛果属（水牛果属）Shepherdia

1 沙棘属 *Hippophae* L.

Hippophae L., Sp. Pl. 1023 1753.

落叶直立灌木或小乔木，具刺。幼枝密被鳞片或星状绒毛，老枝灰黑色。单叶互生，对生或三叶轮生，线形或线状披针形，两端钝形，两面具鳞片或星状柔毛，成熟后上面通常无毛，侧脉无或不明显；叶柄长1～2毫米。单性花，雌雄异株；雌株花序轴发育成小枝或棘刺，雄株花序轴花后脱落；雄花先开放，生于早落苞片腋内，无花梗，花萼2裂，雄蕊4，2枚与花萼裂片互生，2枚与花萼裂片对生，花丝短，花药矩圆形；雌花单生叶腋，具短梗，花萼囊状，顶端2齿裂，子房上位，1心皮，花柱短，微伸出花外，急尖。果实为坚果，为肉质化的萼管包围，核果状，近圆形或长矩圆形。

本属全世界有7种，分布于亚洲和欧洲的温带地区。中国有7种，分布于北部、西部和西南地区。东北地区产1亚种。

沙棘（中国树木分类学，中国植物志，Flora of China）

Hippophae rhamnoides L., Sp. Pl. 1023. 1753; 中国植物志52(2): 64. 1983; Fl. China 13: 271. 2007.

（a）沙棘（原亚种）

Hippophae rhamnoides subsp. *rhamnoides*

产欧洲北部海滨地带。中国不产。

（b）中国沙棘（亚种）（内蒙古植物志，中国植物志，Flora of China）；沙棘（辽宁植物志，黑龙江省植物志，东北植物检索表）

Hippophae rhamnoides subsp. *sinensis* Rousi in Ann. Bot. Fennici 8: 212. fig. 22. 1971; 中国植物志52(2): 64. 1983; 内蒙古植物志（第二版）3: 558. 图版220: 5～7. 1989; Fl. China 13: 271. 2007.——*Hippophae rhamnoides* auct. non L.: 辽宁植物志（上册）: 1162. 1988; 东北植物检索表（第二版）: 418. 1995; 黑龙江

■ 中国沙棘

果序

果期植株

小枝

省植物志7: 156. 图版79. 2003.

落叶灌木或乔木，棘刺多而粗壮；叶狭披针形或矩圆状披针形，上面绿色，下面银白色或淡白色，被鳞片；单性花，雌雄异株；果实为坚果，为膨大肉质化的萼管所包围，呈核果状，圆球形，橙黄色或橘红色。常生谷地、干涸河床地或山坡。产辽宁省建平、凌源、彰武；内蒙古自治区克什克腾旗、敖汉旗、喀喇沁旗、巴林左旗、巴林右旗、正蓝旗。东北各地有栽培。

耐旱，抗风沙，广泛用于水土保持，也是园林绿化的好树种。果实广泛应用于食品、医药等领域。果实有化痰止咳、消食化滞、活血散瘀作用。

2 胡颓子属 *Elaeagnus* L.

Elaeagnus L., Sp. Pl. 12l. 1753 .

常绿或落叶灌木或小乔木，直立或攀缘，全体被银白色或褐色鳞片或星状绒毛。单叶互生，披针形、椭圆形或卵形，全缘，稀波状。花两性，稀杂性，单生或1 ~ 7花簇生于叶腋或叶腋短小枝上，成伞形总状花序；通常具花梗；花萼筒状，上部4裂，下部紧包围子房，在子房上面通常明显收缩；雄蕊4，着生于萼筒喉部，与裂片互生，花丝极短，花药矩圆形或椭圆形，丁字药，内向，2室纵裂；花柱单一，细弱伸长，顶端常弯曲，柱头偏向一边膨大或棒状。果实为坚果，为膨大肉质化的萼管所包围，呈核果状，矩圆形或椭圆形、稀近球形、红色或黄红色。

本属全世界约有90种，广布于亚洲东部及东南部的亚热带和温带，少数种类分布于亚洲其他地区及欧洲温带地区，北美洲也有。中国有67种，全国各地均产，但长江流域及以南地区更为普遍。东北地区产3种，其中栽培1种。

分种检索表

1. 乔木或大灌木；果大，黄色，无汁，粉质或干棉质；叶椭圆状披针形至狭披针形 ……… 1. 沙枣 E. angustifolia L.
1. 灌木；果小，红色，多汁。
  2. 果椭圆形，长12 ~ 14毫米；萼筒圆筒形；叶椭圆形或卵形 ……………………………2. 木半夏 E. multiflora Thunb.
  2. 果卵圆形，长5 ~ 7毫米；萼筒漏斗状；叶椭圆形至倒卵状披针形 ………………… 3. 牛奶子 E. umbellata Thunb.

（1）沙枣（辽宁植物志，黑龙江省植物志，内蒙古植物志，东北植物检索表，中国植物志，Flora of China）；银柳胡颓子（东北木本植物图志）；银柳（辽宁熊岳）

Elaeagnus angustifolia L., Sp. Pl. 176. 1753; 中国植物志52(2): 40. 1983; 辽宁植物志（上册）: 1160. 图

版498: 1 ~ 5. 1988; 内蒙古植物志（第二版）3: 559. 图版220: 1 ~ 4. 1989; 东北植物检索表（第二版）: 418. 图版206: 1. 1995; 黑龙江省植物志7: 154. 图版78. 2003; Fl. China 13: 264. 2007.

分布中国东北、华北、西北等地。黑龙江省及辽宁省大连、盖州、沈阳、丹东等地有栽培。

果实食用、酿酒等，还有强壮、健胃等作用。叶有清热解毒作用。花有止咳平喘作用。花可提取芳香油，亦是优良蜜源。木材坚韧细密，可作家具、农具，亦可作燃料。

■ 沙枣

果序

果枝

花枝

植株一部分

（2）木半夏（辽宁植物志，东北植物检索表，中国植物志，Flora of China）

Elaeagnus multiflora Thunb. in Fl. Jap. 66. 1784; 中国植物志52(2): 55. 图版16: 1 ~ 3. 1983; 辽宁植物志（上册）: 1162. 图版498: 8 ~ 9. 1988; 东北植物检索表（第二版）: 418. 图版206: 3. 1995; Fl. China13: 268. 2007.

生山坡、路旁。辽宁省大连有记载，但我们仅见到1份无花无果的标本，待进一步核实。

果实、根、叶可治跌打损伤、痢疾、哮喘。果实在医药上亦作收敛用，食品工业上可作果酒和饴糖等。

（3）牛奶子（辽宁植物志，东北植物检索表，中国植物志，Flora of China）；秋胡颓子（辽宁植物志）

Elaeagnus umbellata Thunb. in Fl. Jap. 66. t. 14. 1784; 中国植物志52(2): 51. 1983; 辽宁植物志（上册）: 1160. 图版498: 6 ~ 7. 1988; 东北植物检索表（第二版）: 418. 图版206: 2. 1995; Fl. China 13: 267. 2007.

生向阳疏林或灌丛中。产辽宁省葫芦岛、庄河、长海、金州、大连、东港；内蒙古自治区赤峰等地。

果实食用或酿酒。叶作土农药杀棉蚜虫。根、叶、果实有清热利湿、止血作用。

■ 牛奶子

成熟期果实

果序与叶背面观

果期

花序

花期

3 野牛果属（水牛果属） *Shepherdia* Nutt.

Shepherdia Nutt., Gen. N. Amer. Pl. [Nuttall]. 2: 240. 1818.

灌木或小乔木，具刺，被银色鳞片或星状茸毛。单叶互生，全缘，上面幼时散生银白色或褐色鳞片或星状柔毛。花两性，稀杂性，生叶腋或叶腋短小枝上。雄花：花萼杯状4裂，无花冠，内藏雄蕊8，交替互生，有8个腺体。雌花：花萼杯状4裂，钟状，花萼长在子房顶部。花柱1，柱头斜。浆果，内含1枚种子。

本属全世界有3种。中国引进栽培1种。东北地区有栽培。

银水牛果（辽宁木本植物志）

Shepherdia argentea Nurr. in Gen. N. Amer. Pl. 2: 240. 1818; 辽宁木本植物志: 460. 2018.

落叶灌木；枝白色，有少许刺；叶椭圆形，银色；雌雄异株，花黄色，花萼杯状，4裂，无花冠；浆果血红或金黄色，具有银色斑点。原产美国北部。辽宁省大连有栽培。

果实酸，可作为肉类的调味品，也可以制果冻，储存一段时间后也可直接食用。

■ 银水牛果

果实与枝刺

植株一部分

086. 鼠李科 Rhamnaceae

Rhamnaceae Juss., Gen. Pl. [Jussieu] 376. 1789, *nom. cons.*

木贼门、木贼亚门、木兰纲、蔷薇亚纲、蔷薇超目、蔷薇目（Rosales）。

灌木、藤状灌木或乔木，稀草本，通常具刺。单叶互生或近对生；托叶小，早落或宿存，或有时变为刺。花小，整齐，两性或单性，稀杂性，雌雄异株，常排成聚伞花序、穗状圆锥花序、聚伞总状花序、聚伞圆锥花序，或有时单生或数个簇生，通常4基数，稀5基数。核果、浆果状核果、蒴果状核果或蒴果，1～4室，具2～4个分核，每分核具1种子。

本科全世界约有65属，约925种，广泛分布于温带至热带地区。中国有13属，137种，全国各省区均有分布，以西南和华南地区的种类最为丰富。东北地区产2属13种3变种1变型，其中栽培1种1变种2变型。

分属检索表

1. 叶具羽状脉，托叶不成刺状，枝端常成刺状；浆质核果，具2～4核 ································ 1. 鼠李属 Rhamnus
1. 叶具基生三出脉，通常具托叶刺，枝端不成刺状；肉质核果，内具1核 ································ 2. 枣属 Ziziphus

1 鼠李属 *Rhamnus* L.

Rhamnus L. Gen. Pl. ed. 1. 58. 1737.

灌木或乔木，无刺或小枝顶端常变成针刺。叶互生或近对生，稀对生，具羽状脉，边缘有锯状齿，稀全缘。花小，两性，或单性、雌雄异株，稀杂性，单生或数个簇生，或排成腋生聚伞花序、聚伞总状或聚伞圆锥花序，黄绿色；花萼钟状或漏斗状，4～5裂；花瓣4～5，短于萼片，兜状，基部具短爪，顶端常2浅裂，稀无花瓣；雄蕊4～5枚，与花瓣等长或短于花瓣；子房上位，球形，着生于花盘上，2～4室，花柱2～4裂。浆果状核果倒卵状球形或圆球形，基部为宿存萼筒所包围，具2～4分核，分核各有1种子。

本属全世界约150种，分布于温带至热带地区，主要集中于亚洲东部和北美洲的西南部，少数也分布于欧洲和非洲。中国有57种和14变种，分布于全国各省区，其中以西南和华南地区种类最多。东北地区产12种。

分种检索表

1. 枝端具明显的顶芽，有时仅在枝分叉处有短刺。
  2. 叶缘锯状齿齿尖为刺芒状；顶芽长卵形，鳞片紫黑色 ……………………………… 1. 锐齿鼠李 R. arguta Maxim.
  2. 叶缘锯状齿齿尖不为刺芒状；顶芽及腋芽卵圆形，鳞片淡褐色 ………………………… 2. 鼠李 R. davurica Pall.
1. 枝端具针刺，有时有少量顶芽。
  3. 叶互生，稀兼近对生。
    4. 叶线形或线状披针形，宽0.3～1厘米 ………………………………………… 3. 柳叶鼠李 R. erythroxylon Pall.
    4. 叶不为线形或线状披针形，宽2厘米以上。
      5. 花萼、花梗被疏短柔毛；叶两面有密毛 ………………………………… 4. 朝鲜鼠李 R. koraiensis Schneid.
      5. 花萼、花梗无毛；叶表面伏生糙毛或短毛，背面沿脉及脉腋有疏毛或无毛 ……………………………………………………………………………… 5. 东北鼠李 R. yoshinoi Makino
  3. 叶对生或近对生，稀兼互生。
    6. 全株无毛或近无毛。
      7. 叶倒披针形或倒卵状披针形 ……………………………… 6. 蒙古鼠李 R. mongolica Y.Z.Zhao & L.Q.Zhao
      7. 叶狭椭圆形或狭长圆形或近圆形。
        8. 小枝暗紫色，平滑而有光泽；叶近圆形、卵圆形、菱状倒卵形或菱状卵形，长1～6厘米 ……………………………………………………………………… 7. 金刚鼠李 R. diamantiaca Nakai
        8. 小枝灰褐色，无光泽；叶狭椭圆形或狭长圆形，稀披针状椭圆形或椭圆形，长2～12厘米 ………………………………………………………………… 8. 乌苏里鼠李 R. ussuriensis J. Vass.
    6. 全株或多或少被毛。
      9. 叶长不超过1厘米；植株矮小，分枝密集…………………………………… 9. 土默特鼠李 R. tumetica Grub.
      9. 叶长超过1厘米；植株较高，分枝松散。
        10. 小枝及叶柄密被短柔毛；叶长2～6厘米，宽1.2～4厘米，近圆形或倒卵状圆形，背面全部或沿脉被柔毛，侧脉3～4对，表面凹下，背面凸出；叶柄长6～10毫米 …………10. 圆叶鼠李 R. globosa Bunge
        10. 小枝及叶柄有微细柔毛；叶长1.2～4厘米，宽0.8～2.5厘米，卵形、菱状倒卵形或菱状椭圆形；叶柄长4～15毫米。
          11. 小枝灰色；叶纸质，卵形或卵状披针形，背面沿脉或脉腋被白色短柔毛；种子背面具长为种子4/5的宽沟 ………………………………………………………… 11. 卵叶鼠李 R. bungeana J. Vass.
          11. 小枝褐色；叶厚纸质，菱状倒卵形或菱状椭圆形，背面脉腋窝孔内被疏短柔毛；种子背侧具长为种子4/5的狭沟……………………………………………… 12. 小叶鼠李 R. parvifolia Bunge

（1）锐齿鼠李（辽宁植物志，内蒙古植物志，东北植物检索表，中国植物志，Flora of China）

Rhamnus arguta Maxim. in Mem. Acad. Sci. St. Petersb. ser. 7, 10: 11. 1866; 中国植物志48(1): 58. 1982; 辽宁植物志（上册）: 1121. 图版481. 1988; 内蒙古植物志（第二版）3: 484. 图版190: 1 ~ 2. 1989; 东北植物检索表（第二版）: 407. 图版202: 1. 1995; Fl. China 12: 152. 2007.

常生山坡灌丛中。产辽宁省铁岭、沈阳、抚顺、北镇、锦州、义县、北票、建平、建昌、大连；内蒙古自治区额尔古纳、科尔沁右翼中旗、扎鲁特旗、科尔沁左翼后旗、敖汉旗、巴林右旗、喀喇沁旗、翁牛特旗、赤峰、宁城等地。

种子榨油，可作润滑油；茎叶及种子有毒，熬成液汁可作杀虫剂。

■ 锐齿鼠李

叶

植株一部分

果枝

（2）鼠李（辽宁植物志，内蒙古植物志，东北植物检索表，中国植物志，Flora of China）

Rhamnus davurica Pall. in Reise Russ. Reich. 3, append. 721. 1776; 中国植物志48(1): 67. 1982; 辽宁植物志（上册）: 1119. 图版480. 1988; 内蒙古植物志（第二版）3: 482. 图版189: 1 ~ 2. 1989; 东北植物检索表（第二版）: 407. 图版202: 3. 1995; Fl. China 12: 155. 2007.

生山间沟旁、杂木林中及灌丛中。产黑龙江省哈尔滨、尚志、黑河、孙吴、伊春、萝北、宝清、宁安；吉林省磐石、桦甸、集安、临江、抚松、靖宇、长白、敦化、珲春、汪清、安图；辽宁省凤城、丹东、桓仁、宽甸、本溪、瓦房店、庄河；内蒙古自治区根河、海拉尔、扎兰屯、牙克石、新巴尔虎左旗、鄂伦春、阿尔山、突泉、科尔沁右翼前旗、扎赉特旗、科尔沁左翼后旗、喀喇沁旗、宁城、阿鲁科尔沁旗、巴林右旗、克什克腾旗、翁牛特旗、敖汉旗、正蓝旗等地。

种子榨油作润滑油；果肉药用，解热、泻下及治瘰疬等；树皮和叶可提取栲胶；树皮和果实可提制黄色染料；木材坚实，可供制家具及雕刻之用。

■ 鼠李

花期植株一部分

果序

果期植株一部分

■ 鼠李

花序

枝端为顶芽

（3）柳叶鼠李（内蒙古植物志，东北植物检索表，中国植物志，Flora of China）

Rhamnus erythroxylum Pall. in Relse Russ. Reich. 3. Append. 722. 1776; 中国植物志48(1): 69. 1982; 内蒙古植物志（第二版）3: 489. 图版191: 1～2. 1989; 东北植物检索表（第二版）: 407. 1995; Fl. China 12: 156. 2007.

生干旱沙丘、荒坡乱石中或山坡灌丛中。产内蒙古自治区新巴尔虎右旗、翁牛特旗、锡林浩特、阿巴嘎旗等地。

叶有浓香味，在陕西民间用以代茶。

■ 柳叶鼠李

叶

果枝

花枝

植株

植株一部分

（4）朝鲜鼠李（辽宁植物志，内蒙古植物志，东北植物检索表，中国植物志，Flora of China）

Rhamnus koraiensis Schneid. in Notizbl. Bot. Gart. Mus. Berl. 5: 77. 1908; 中国植物志48(1): 81. 图版22: 1～2. 1982; 辽宁植物志（上册）: 1123. 图版483. 1988; 内蒙古植物志（第二版）3: 490. 图版193: 3～4. 1989; 东北植物检索表（第二版）: 407. 1995; Fl. China 12: 160. 2007.

生低海拔的杂木林或灌丛中。产吉林省吉林；辽宁省本溪、桓仁、宽甸、丹东、凤城、岫岩；内蒙古自治区喀喇沁旗、宁城等地。

种子油可作润滑油；果实可作紫色染料。

■ 朝鲜鼠李

果序

小枝

叶背面观

叶柄

（5）东北鼠李（辽宁植物志，黑龙江省植物志，东北植物检索表，中国植物志，Flora of China）；长梗鼠李（辽宁植物志，中国植物志，Flora of China）

Rhamnus yoshinoi Makino in Bot. Mag. (Tokyo) 18: 97. 1904; 东北植物检索表（第二版）: 407. 图版202: 6. 1995; 黑龙江省植物志7: 113. 图版59. 2003.——*R. schneideri* L. et V. in Fedde, Rep. Sp. Nov. 6: 265. 1908; 中国植物志48(1): 87. 图版18: 1～2. 1982; 辽宁植物志（上册）: 1127. 1988; Fl. China12: 162. 2007.——*R. schneiberi* L. et V. var. *manshurica* Nakai in Bot. Mag. Tokyo 31：274. 1917; 中国植物志48(1): 88. 1982; 辽宁植物志（上册）: 1127. 图版484. 1988; Fl. China 12: 162. 2007.

生向阳山坡或灌丛中。产黑龙江省哈尔滨、伊春、宁安；吉林省长春、九台、吉林、集安、临江、长白、汪清、安图；辽宁省沈阳、凌源、西丰、新宾、清原、本溪、桓仁、宽甸、丹东、凤城、东港、

■ 东北鼠李

果序

叶背面观

小枝

叶正面观

植株一部分

岫岩、鞍山、大连、瓦房店、庄河、长海、盖州、北镇、义县、建昌等地。

芽和嫩叶可食；树皮及果实可作黄色染料，也可入药。

（6）蒙古鼠李（内蒙古植物志）

Rhamnus mongolica Y. Z. Zhao & L. Q. Zhao, Novon 16(1): 158. 2006; 内蒙古植物志（第三版）3: 294. 2020.

生草原带的山地沟谷。产内蒙古自治区科尔沁右翼前旗、林西县、多伦县等地。

（7）金刚鼠李（辽宁植物志，黑龙江省植物志，内蒙古植物志，东北植物检索表，中国植物志，Flora of China）

Rhamnus diamantiaca Nakai in Bot. Mag. Tokyo 31: 98. 1917; 中国植物志48(1): 65. 图版18: 3 ~ 4. 1982; 辽宁植物志（上册）: 1123. 1988; 内蒙古植物志（第二版）3: 484. 图版190: 3 ~ 4. 1989; 东北植物检索表（第二版）: 409. 图版202: 7. 1995; 黑龙江省植物志7: 108. 图版56. 2003; Fl. China 12: 155. 2007.

生沟边或林中。产黑龙江省哈尔滨、尚志、黑河、伊春、萝北、宝清、虎林、密山；吉林省前郭、吉林、蛟河、桦甸、双辽、集安、临江、靖宇、珲春、和龙、汪清、安图；辽宁省抚顺、清原、新宾、桓仁、宽甸、本溪、凤城、鞍山、海城；内蒙古自治区扎兰屯、扎赉特旗、通辽、科尔沁左翼后旗、翁牛特旗、喀喇沁旗、宁城等地。

■ 金刚鼠李

果枝

叶

叶背面观

叶正面观

枝端

植株一部分

（8）乌苏里鼠李（辽宁植物志，黑龙江省植物志，内蒙古植物志，东北植物检索表，中国植物志，Flora of China）

Rhamnus ussuriensis J. Vass. in Not. Syst. Inst. Bot. Acad. Sci. URSS 8: 115. 1940; 中国植物志48(1): 67. 1982; 辽宁植物志（上册）: 1118. 图版479. 1988; 内蒙古植物志（第二版）3: 487. 图版189: 3 ~ 5. 1989; 东北植物检索表（第二版）: 407. 图版202: 5. 1995; 黑龙江省植物志7: 113. 图版58. 2003; Fl. China 12: 155. 2007.

常生河边、山地林中或山坡灌丛。产黑龙江省哈尔滨、尚志、黑河、伊春、萝北、汤原、密山、宁安；吉林省长春、九台、吉林、磐石、桦甸、集安、通化、临江、抚松、敦化、珲春、和龙、汪清、安图；辽宁省开原、西丰、昌图、铁岭、沈阳、彰武、北镇、锦州、新宾、清原、抚顺、鞍山、岫岩、本溪、桓仁、宽甸、瓦房店、庄河、凤城、丹东；内蒙古自治区海拉尔、额尔古纳、扎兰屯、科尔沁右翼前旗、扎赉特旗、突泉、科尔沁左翼后旗、翁牛特旗、喀喇沁旗、宁城、锡林浩特、正蓝旗、多伦等地。

枝、叶有毒，可作农药。木材坚硬，可作车辆、辘轳、细工雕刻等用。

■ 乌苏里鼠李

植株一部分

果序

（9）土默特鼠李（内蒙古植物志）

Rhamnus tumetica Grub. in Not. Syst. Inst. Bot. Acad. Sci. URSS 12: 129. 1950; 内蒙古植物志（第三版）3: 293. 2020.——*Rhamnus parvifolia* var. *tumetica* (Grub.) E. W. Ma., 内蒙古植物志4: 74. 1979; 内蒙古植物志（第二版）3: 487. 1989.

生草原带的山谷沟地。产辽宁省葫芦岛；内蒙古自治区锡林郭勒。

■ 土默特鼠李

植株

植株一部分

花枝

（10）圆叶鼠李（辽宁植物志，内蒙古植物志，东北植物检索表，中国植物志，Flora of China）；金县鼠李（东北木本植物图志，内蒙古植物志，大连地区植物志）；辽东鼠李（东北木本植物图志，东北植物检索表，大连地区植物志）

Rhamnus globosa Bunge in Mem. Sav. Etr. Acad. Sci. St. Petersb. 2: 88. 1833; 中国植物志48(1): 59. 1982; 辽宁植物志（上册）: 1121. 1988; 内蒙古植物志（第二版）3: 489. 图版192: 4 ~ 6. 1989; 东北植物检索表（第二版）: 409. 图版202: 4. 1995; Fl. China 12: 152. 2007.——*R. viridifolia* Liou, 东北木本植物图志402, 565. 图版130: 310. 1955; 内蒙古植物志（第二版）3: 493. 图版193: 1 ~ 2. 1989.——*R. meyeri* Schn. in Sarg. Pl. Wils. 2: 249. 1914; 东北木本植物图志401. 图版CXXIX: 309. 1955; 东北植物检索表219. 1959.

生山坡、林下或灌丛中。产辽宁省金州、大连、法库、葫芦岛、北镇；内蒙古自治区科尔沁左翼后旗、大青沟等地。

果实烘干、捣碎和红糖水煎服可治肿毒。根皮、茎、叶用于瘰疬、哮喘等。

■ 圆叶鼠李

果序

核果

花序

■ 圆叶鼠李

花枝

叶背面观

植株一部分

（11）卵叶鼠李（中国植物志，Flora of China）

Rhamnus bungeana J. Vass. in Not. Syst. Inst. Bot. Acad. Sci. URSS 8: 123. 1940; 中国植物志48(1): 55. 图版19: 1～3. 1982; Fl. China 12: 151. 2007.

常生山坡阳处或灌丛中。产黑龙江省哈尔滨；辽宁省大连；内蒙古自治区克什克腾旗。

叶及树皮含绿色染料，可染布。

■ 卵叶鼠李

花序

植株

植株一部分

花枝

（12）小叶鼠李（辽宁植物志，黑龙江省植物志，内蒙古植物志，东北植物检索表，中国植物志，Flora of China）；琉璃枝（大连地区植物志）

Rhamnus parvifolia Bunge in Enum. Pl. China Bor. 14. 1831; 中国植物志48(1): 57. 1982; 辽宁植物志（上册）: 1121. 图版482. 1988; 内蒙古植物志（第二版）3: 486. 图版191: 4 ~ 6. 1989; 东北植物检索表（第二版）: 409. 图版202: 2. 1995; 黑龙江省植物志7: 111. 图版57. 2003; Fl. China12: 152. 2007.

生向阳山坡。产黑龙江省尚志及张广才岭以南山区；吉林省双辽；辽宁省丹东、大连、沈阳、法库、阜新、彰武、北镇、朝阳、锦州、义县、北票、建平、建昌、凌源、喀左、绥中、兴城；内蒙古自治区扎兰屯、科尔沁右翼前旗、扎赉特旗、科尔沁左翼后旗、奈曼旗、巴林左旗、巴林右旗、阿鲁科尔沁旗、克什克腾旗、喀喇沁旗、宁城、锡林浩特、多伦、正蓝旗、镶黄旗等地。

果实有清热泻下、消瘰疬作用，主治腹满便秘、疹癣瘰疬。

■ 小叶鼠李

果枝

植株一部分

2 枣属 *Ziziphus* Mill.

Ziziphus Mill. Gard. Dict. ed. 4, 3. 1754.

落叶或常绿乔木，或藤状灌木；枝常具皮刺。叶互生，具柄，边缘具齿，稀全缘，具基生三出脉，稀五出脉；托叶通常变成针刺。花小，黄绿色，两性，5基数，常排成腋生具总花梗的聚伞花序，或腋生或顶生聚伞总状或聚伞圆锥花序；萼片卵状三角形或三角形，内面有凸起的中肋；花瓣具爪，倒卵圆形或匙形，有时无花瓣，与雄蕊等长；子房球形，下半部或大部藏于花盘内，且部分合生，2室，稀3 ~ 4室，花柱2，稀3 ~ 4浅裂或半裂，稀深裂。核果圆球形或矩圆形，不开裂，顶端有小尖头，基部有宿存的萼筒。

本属全世界约100种，主要分布于亚洲和美洲的热带和亚热带地区，少数种在非洲和两半球温带也有分布。中国有12种，3变种，主产于西南和华南地区。东北地区产1种3变种1变型，其中栽培1种1变种2变种。

分种下单位检索表

1. 枝具棘刺。
  2. 主干、枝条、叶柄、叶片、果实均不扭曲。
    3. 果长1.5 ~ 5厘米，果核尖锐（a. 枣 Z. jujuba var. jujuba）。

（接上表）

4. 矩圆形或长卵圆形	aa. 枣 Z. jujuba f. jujuba
4. 果实中部以上缢细而呈葫芦状	ab. 葫芦枣 Z. jububa f. lageniformis
3. 果长0.7～1.5厘米，果核钝头	b. 酸枣 Z. jujuba var. spinosa
2. 主干、枝条均扭曲生长，甚至叶柄、叶片、果实也扭曲	c. 龙爪枣 Z. jujuba cv. 'Tortuosa'
1. 枝无棘刺	d. 无刺枣 Z. jujuba var. inemmis

枣（辽宁植物志，东北植物检索表，中国植物志，Flora of China）

Ziziphus jujuba Mill. in Gard. Dict. ed. 8, no. 1. 1768; 中国植物志48(1): 133. 1982; 辽宁植物志（上册）: 1115. 1988; 东北植物检索表（第二版）: 409. 1995; Fl. China 12: 120. 2007.

落叶小乔木或呈灌木状。枝折曲，具托叶刺。单叶互生；叶片近革质，卵形等。花蜡黄色或微带绿色，具短梗，2～8花簇生叶腋或单生；肉质花盘5裂；花柱2裂。核果卵形至柱状长卵形，熟时暗红色或淡栗褐色，果肉味甘美。

（a）枣（原变种）

Ziziphus. jujuba var. *jujuba*

（aa）枣（原变型）

Ziziphus. jujuba f. *jujuba*

■ 枣

果枝

花枝

小枝

植株一部分

原产中国。吉林省、辽宁省、内蒙古自治区有栽培。

果实食用，有养胃、健脾、益血、滋补、强身作用。花期较长，芳香多蜜，为良好的蜜源植物。

（ab）葫芦枣（变型）（中国植物志）

Ziziphus jububa f. *lageniformis* (Nakai) Kitag. Lineam Fl. Mansh. 313. 1939; 中国植物志48(1): 136. 1982.——*Z. sativa* Gaertn. var. *lageniformis* Nakai in Rep. First Sci. Exped. Manch. sect. 4, 1: 8. 1934.

辽宁省大连有少量栽培。

■ 葫芦枣

植株一部分

果枝一部分

（b）酸枣（变种）（辽宁植物志，内蒙古植物志，东北植物检索表，中国植物志，Flora of China）

Ziziphus jujuba var. *spinosa* (Bunge) Hu ex H. F. Chow. in Fam. Trees Hopei 307, f. 118. 1934; 中国植物志48(1): 135. 1982; 内蒙古植物志（第二版）3: 479. 图版188: 1～4. 1989; 辽宁植物志（上册）: 1116. 1988; 东北植物检索表（第二版）: 409. 1995; Fl. China 12: 121. 2007.

生向阳或干燥山坡、山谷、丘陵等地。产辽宁省大连、瓦房店、普兰店、庄河、盖州、海城、阜新、北镇、锦州、兴城、绥中、朝阳、北票、建平、建昌、喀左、凌源；内蒙古自治区库伦旗等地。

酸枣仁入药，有镇定安神作用。花芳香多蜜腺，为华北地区的重要蜜源植物之一；枝具锐刺，常用作绿篱。种子有小毒。

■ 酸枣

花

枝与托叶刺

■ 酸枣

植株

果核

植株一部分

（c）龙爪枣（栽培变种）（中国植物志）

Ziziphus jujuba cv. ‘Tortuosa’，中国植物志48(1): 136. 1982.

辽宁省大连有栽培。

■ 龙爪枣

植株

植株一部分

花枝

（d）无刺枣（变种）（辽宁植物志，内蒙古植物志，东北植物检索表，中国植物志，Flora of China）

Ziziphus jujuba var. *inemmis* (Bunge) Rehd. in Journ. Arn. Arb. 3: 22. 1922; 中国植物志48(1): 135. 1982; 辽宁植物志（上册）: 1116. 1988; 内蒙古植物志（第二版）3: 480. 图版188: 5 ~ 7. 1989; 东北植物检索表（第二版）: 409. 1995; Fl. China 12: 120. 2007.

辽宁省有栽培。

■ 无刺枣

小枝

果枝

植株

087. 榆科 Ulmaceae

Ulmaceae Mirb., Elém. Physiol. Vég. Bot. 2: 905. 1815, *nom. cons.*

木贼门、木贼亚门、木兰纲、蔷薇亚纲、蔷薇超目、蔷薇目（Rosales）。

乔木或灌木。单叶，常互生，基部偏斜或对称，羽状脉；托叶早落。单被花，两性或单性，雌雄异株或同株，花被裂片4～8；雄蕊常与花被裂片同数而对生；子房上位，通常1室，胚珠1枚，倒生。果常为翅果，稀为核果或带翅的坚果。

本科全世界有7属，约60种，分布于北半球温带，主产亚洲。中国产3属25种，南北均产。东北地区产3属15种4变种，其中栽培8种。

分属检索表

1. 枝有刺 ……………………………………………… 1. 刺榆属 Hemiptelea
1. 枝无刺。
  2. 核果 ……………………………………………… 2. 榉属 Zelkova
  2. 翅果 ……………………………………………… 3. 榆属 Uimus

1 刺榆属 *Hemiptelea* Planch.

Hemiptelea Planch. Comp. Rend. Acad. Sci. Paris 74: 131. 1872.

落叶乔木。小枝坚硬，有棘刺。叶互生，有钝齿，具羽状脉；托叶早落。花杂性，具梗，与叶同时开放，单生或2～4朵簇生于当年生枝的叶腋；花被4～5裂，呈杯状，雄蕊与花被片同数，雌蕊具短花柱，柱头2，条形，子房侧向压扁，1室，具1倒生胚珠。小坚果偏斜，两侧扁，在上半部具鸡头状的翅，基部具宿存的花被；胚直立，子叶宽。

本属全世界仅1种，分布于中国及朝鲜。东北地区有分布。

刺榆（辽宁植物志，黑龙江省植物志，内蒙古植物志，东北植物检索表，中国植物志，Flora of China）

Hemiptelea davidii (Hance) Planch. in Compt. Rend. Acad. Sci. Paris 74: 132. 1872; 辽宁植物志（上册）: 273. 图版105: 1～4. 1988; 内蒙古植物志（第二版）2: 115. 图版43: 1～3. 1990; 黑龙江省植物志4: 154. 图版39: 1～4. 1992; 东北植物检索表（第二版）: 106. 图版45: 1. 1995; 中国植物志22: 378. 图版118. 1998; Fl. China 5: 9. 2003.

落叶小乔木；叶椭圆形或椭圆状长圆形；花杂性，1～4杂生于新枝的叶腋；翅果扁，花萼宿存。生村旁路边及山坡次生林中。产吉林省长白、靖宇、集安、辉南、通化、磐石等地；辽宁省彰武、葫芦岛、沈阳、鞍山、海城、大连、丹东、凤城、庄河等地；内蒙古自治区科尔沁左翼后旗等地。黑龙江省森林植物园有引种。

木材可供建筑、器具、车辆及农具等用，茎皮纤维可制绳、编织袋和人造棉，种子可榨油。也是干旱瘠薄地带的重要绿化树种，也作绿篱应用。嫩叶可食。根皮、树皮有解毒消肿作用。叶用于痈肿、水肿、毒蛇咬伤。

■ 刺榆

果序

植株

叶

果枝

枝刺

2 榉属 *Zelkova* Spach

Zelkova Spach, Ann. Sci. Nat. ser. 2. 15: 356. 1841.

落叶乔木。叶互生，具短柄，叶缘有齿，羽状脉，脉端直达齿尖。花杂性，几乎与叶同时开放，雄花数朵簇生于幼枝的下部叶腋，雌花或两性花通常单生，稀2～4朵簇生于幼枝的上部叶腋；雄花的花被钟形，4～7浅裂，雄蕊与花被裂片同数，花丝短而直立，退化子房缺；雌花或两性花的花被4～6深裂，裂片覆瓦状排列，退化雄蕊缺或略发育，稀具发育的雄蕊，子房无柄，花柱短，柱头2，条形，偏生，胚珠倒垂，稍弯生。果为核果，偏斜，宿存的柱头呈喙状，在背面具龙骨状突起，内果皮坚硬；种子上下略压扁，顶端凹陷。

本属全世界有5种，分布于地中海东部至亚洲东部。中国有3种，分布辽东半岛至西南以东的广大地区。东北地区栽培2种。

分种检索表

1. 当年生枝灰色或灰褐色，密生灰白色柔毛；叶背密生柔毛，叶面被糙毛 ……**1. 大叶榉树 Z. schneideriana** Hang.-Mazz.

1. 当年生枝紫褐色或棕褐色，无毛或疏被短柔毛；叶两面光滑无毛，或在背面沿脉疏生柔毛，在叶面疏生短糙毛 …………………………………… **2. 榉树 Z. serrata** (Thunb.) Makino

（1）大叶榉树（中国植物志，Flora of China）

■ 大叶榉树

果实与叶背面观

植株

小枝

树干

Zelkovas chneideriana Hang.–Mazz. in Symb. Sin. 7: 104. 1929; 中国植物志22: 385. 图版120: 3 ~ 5. 1998; Fl. China 5: 10. 2003.

产淮河流域、长江中下游及其以南各省。辽宁省大连有栽培。

优良的行道树种、景观树种和防护林树种。树皮有清热、利水作用。

在2021年公布的《国家重点保护野生植物名录》中，本种被列为二级保护植物。

（2）榉树（中国植物志，Flora of China）；光叶榉（辽宁植物志，东北植物检索表）

Zelkova serrata (Thunb.) Makino in Bot. Mag. Tokyo 17: 13. 1903; 辽宁植物志（上册）: 275. 图版106: 1 ~ 3. 1988; 东北植物检索表（第二版）: 111. 图版44: 5. 1995; 中国植物志22: 383. 图版120: 1 ~ 2. 1998; Fl. China 5: 10. 2003.

生河谷、溪边疏林中。辽宁省大连、沈阳有栽培。

木材供建筑、桥板、栏杆、雕刻、门柱、器械及车辆等使用。树体高大，枝叶稠密，树冠丰满，在园林中可作庭荫树和行道树。树皮下水气，止热痢，安胎；叶治肿烂恶疮。

■ 榉树

小枝

树干下部

植株

植株一部分

3 榆属 *Ulmus* L.

Ulmus L. Gen. Pl. ed. 5, 106. 1754.

乔木，稀灌木。叶互生，2列，边缘具重锯状齿或单锯状齿。花两性，春季先叶开放，稀秋季或冬季开放；花被钟形，稀较长而下部渐窄成管状，或花被上部杯状，下部急缩成管状，4～9浅裂或裂至杯状花被的基部或近基部，裂片等大或不等大，膜质，先端常丝裂，宿存；雄蕊与花被裂片同数而对生，花丝细直，扁平，外伸，花药矩圆形，先端微凹，基部近心脏形，中下部着生，外向，2室，纵裂；子房扁平，1～2室，花柱极短，稀较长而2裂，柱头2。果为扁平的翅果。

本属全世界40余种，分布于北半球。中国有21种，分布遍及全国，以长江流域以北较多。东北地区产12种4变种，其中栽培6种。

分种检索表

1. 花梗、果梗长4～20毫米，不等长，下垂。
  2. 叶中部或中下部较宽，先端渐尖，叶背常有疏生毛，脉腋处有簇生毛；冬芽卵圆形；花序常有花10余朵；花被筒圆；花梗长4～10毫米；果梗长达15毫米……………… **1. 美国榆 U. americana** L.
  2. 叶中上部较宽，先端短急尖，叶面有毛或仅主侧脉的近基部有疏毛；冬芽纺锤形；花序常有花20～30朵；花被筒扁；花梗长6～20毫米；果梗长达30毫米……………… **2. 欧洲白榆 U. laevis** Pall.
1. 花梗、果梗长一般不超过5毫米，近等长，不下垂。
  3. 秋季开花；叶革质，较小，长2～5.5厘米，宽1～3厘米 ……………… **3. 榔榆 U. parvifolia** Jacq.
  3. 春季开花；叶纸质，较大。
    4. 叶先端常3～7裂，稀不裂 ……………… **4. 裂叶榆 U. laciniata** (Trautv.) Mayr.
    4. 叶不裂。
      5. 果核（种子）位于翅果的上部或中部，上端接近缺口。
        6. 叶长达7厘米，上面稍有皱纹，椭圆形、椭圆状卵形 ……………… **5. 圆冠榆 U. densa** Litw.
        6. 叶长达12厘米，上面粗糙且被粗硬毛，倒卵状椭圆形（**6. 黑榆 U. davidiana** Planch.）。
          7. 翅果的果核部分常被毛，果翅无毛或疏被毛 ………………**6a. 黑榆 U. davidiana** var. **davidiana**
          7. 翅果除顶端柱头被毛外，余处无毛 ……………… **6b. 春榆 U. davidiana** var. **japonica** (Rehd.) Nakai
      5. 果核（种子）位于翅果的中部或近中部，上端不接近缺口。
        8. 翅果两面及边缘有密毛（光秃大果榆除外）。
          9. 小枝无木栓质翅；叶表面有毛而通常无毛迹，背面微粗糙（成叶仅中脉及叶柄有柔毛）；叶缘兼有单锯状齿和重锯状齿；树皮灰色或淡灰色，不规则开裂，裂片呈薄片状脱落；翅果长圆形至圆形 ……………… **7. 脱皮榆 U. lamellosa** C. Wang & S. L. Chang
          9. 小枝（尤其幼枝）常有对生而扁平的木栓质翅；叶表面常有凸起的毛迹，背面密被短糙毛且粗糙；叶缘具大而浅钝的重锯状齿，或兼有单锯状齿；树皮灰褐色，浅纵裂，裂片表层易脱落；翅果广倒卵状圆形或近圆形（**8. 大果榆 U. macrocarpa** Hance）。
            10. 翅果两面及边缘有密毛 ………………**8a. 大果榆 U. macrocarpa** var. **macrocarpa**
            10. 翅果光滑无毛 ……………… **8b. 光秃大果榆 U. macrocarpa** var. **glabra** S. Q. Nie & K. Q. Huang
        8. 翅果除顶端柱头被毛外，其他部分完全无毛（毛果旱榆除外）。
          11. 翅果近圆形，直径8～17毫米；叶通常椭圆形，稀卵形至卵状披针形，基部常偏斜（**9. 榆树 U. pumila** L.）。

（接上表）

12. 枝向上或斜展 ······························ 9a. 榆树 U. pumila var. pumila

12. 枝细而下垂 ······························ 9b. 垂枝榆 U. pumila cv. 'Tenue'

11. 翅果卵圆形或倒卵形至倒卵状圆形，长15～25毫米；叶倒卵状椭圆形或倒卵形或卵形。

13. 翅果广椭圆状卵形；叶卵形，基部圆形，叶缘具钝而整齐的单锯状齿或近单锯状齿（10. 旱榆 U. glaucescens Franch.）。

14. 翅果除顶端缺口柱头面有毛外，余处无毛 ··· 10a. 旱榆 U. glaucescens var. glaucescens

14. 翅果幼时密生柔毛，熟时有散生毛 ··· 10b. 毛果旱榆 U. glaucescens var. lasiocarpa Rehd.

13. 翅果倒卵状椭圆形或倒卵形。

15. 叶倒卵形，较小，长2～5.5厘米，叶缘近单锯状齿；翅果倒卵形 ······························ 11. 哈尔滨榆 U. harbinensis S. Q. Nie et K. Q. Huang

15. 叶倒卵状椭圆形，较大，长4～9厘米，叶缘重锯状齿；翅果倒卵状椭圆形 ······························ 12. 假春榆 U. pseudo-propinqua Wang et Li

（1）美国榆（中国植物志）

Ulmus americana L., Sp. Pl. 1: 226. 1753; 中国植物志22: 342. 图版105: 1～3. 1998.

原产美国。辽宁省旅顺口、大连、沈阳有栽培。

木材具光泽，结构细而均匀，强度中等，可用于室内装饰装修。也是优良的绿化遮阴树种。

■ 美国榆

果枝

植株一部分

（2）欧洲白榆（辽宁植物志，黑龙江省植物志，内蒙古植物志，东北植物检索表，中国植物志）

Ulmus laevis Pall. in Fl. Ross. 1 (1): 75. t. 48. f. F. 1784; 辽宁植物志（上册）: 269. 图版104: 8. 1988; 内蒙古植物志（第二版）2: 108. 图版39: 1. 1990; 黑龙江省植物志4: 163. 图版41: 3. 1992; 东北植物检索表（第二版）: 106. 图版45: 4. 1995; 中国植物志22: 342. 图版105: 4～6. 1998.

原产欧洲。黑龙江省森林植物园、辽宁省熊岳有栽培。

■ 欧洲白榆

叶

树干

植株

果序

（3）榔榆（辽宁植物志，东北植物检索表，中国植物志，Flora of China）

Ulmus parvifolia Jacq. in Pl. Rar. Hort. Schoenbr. 3: 6. t. 262. 1798; 辽宁植物志（上册）: 271. 图版105: 5. 1988; 东北植物检索表（第二版）: 106. 图版45: 2. 1995; 中国植物志22: 376. 图版108: 9 ~ 11. 1998; Fl. China 5: 9. 2003.

生平原、丘陵、山坡及谷地。辽宁省熊岳、大连、旅顺口有栽培。黑龙江省、吉林省也有栽培。

■ 榔榆

翅果

树干

花枝

果枝

花序

材质坚韧，纹理直，耐水湿，可供家具、车辆、造船、器具、农具、船橹等用材。树皮纤维纯细，杂质少，可作蜡纸及人造棉原料，或织麻袋、编绳索。可选作造林树种。树皮或根皮有利水、通淋、消痈作用。茎叶用于疮肿、腰背酸痛、牙痛。

（4）裂叶榆（辽宁植物志，黑龙江省植物志，内蒙古植物志，东北植物检索表，中国植物志，Flora of China）

Ulmus laciniata (Trautv.) Mayr. in Fremdl. Wald–Parkbaume fur. Europa 523. t. 243. 1906; 辽宁植物志（上册）: 268. 图版104: 7. 1988; 内蒙古植物志（第二版）2: 110. 图版41: 1 ~ 2. 1990; 黑龙江省植物志4: 161. 图版41: 1. 1992; 东北植物检索表（第二版）: 108. 图版46: 1. 1995; 中国植物志22: 352. 图版109. 1998; Fl. China 5: 5. 2003.

生溪流旁或山坡上。产黑龙江省饶河、哈尔滨、尚志、伊春、嘉荫等地；吉林省靖宇、辉南、集安、柳河、长白、抚松、通化、安图、和龙等地；辽宁省大连、沈阳、鞍山、本溪、桓仁、宽甸、凤城等地；内蒙古自治区喀喇沁旗等地。

树皮纤维可代麻制绳、麻袋或人造棉。木材可制器具、车辆和农具。嫩芽、嫩果及内皮磨成的粉可食。果实可杀虫。

■ 裂叶榆

果序

花枝

小枝

（5）圆冠榆（黑龙江省植物志，中国植物志）

Ulmus densa Litw. in Sched. Herb. Fl. Ross. 6: 163. no 1991. t. 1 ~ 2. 1908; 黑龙江省植物志4: 158. 1992; 中国植物志22: 370. 图版115: 10 ~ 14. 1998.

原产苏联。黑龙江省森林植物园有引种。

木材可用于家具等。

（6）黑榆（辽宁植物志，黑龙江省植物志，东北植物检索表，中国植物志，Flora of China）

Ulmus davidiana Planch. in Comp. Rend. Acad. Sci. Paris 74(1): 1498. 1872; 辽宁植物志（上册）: 266. 图版104: 1 ~ 4. 1988; 黑龙江省植物志4: 157. 图版40: 8 ~ 11. 1992; 东北植物检索表（第二版）: 108. 图版45: 3. 1995; 中国植物志22: 365. 图版114: 5 ~ 9. 1998; Fl. China 5: 7. 2003.

（6a）黑榆（原变种）

Ulmus davidiana var. *davidiana*

生石灰岩山地及谷地。产吉林省桦甸、双辽、蛟河等地；辽宁省旅顺口、鞍山、盖州、凤城等地。黑龙江省哈尔滨市有栽培。

木材纹理直或斜行，结构粗，重量和硬度适中，有香味，力学强度较高，弯绕性较好，有美丽的花纹。可作家具、器具、室内装修、车辆、造船、地板等用材；枝皮可代麻制绳，枝条可编筐。可选作造林树种。枝、叶有利水消肿、清热、驱虫作用。

■ 黑榆

果序

果实

果枝

树干

（6b）春榆（变种）（辽宁植物志，黑龙江省植物志，内蒙古植物志，东北植物检索表，中国植物志，Flora of China）

Ulmus davidiana var. *japonica* (Rehd.) Nakai in Fl. Sylv. Kor. 19: 26. t. 9. 1932; 内蒙古植物志（第二版）2: 113. 图版42: 3 ~ 4. 1990; 中国植物志22: 366. 图版115: 1 ~ 9. 1998; Fl. China 5: 7. 2003.——*U. japonica* (Rehd.) Sarg. in Trees & Shrubs 2(1): 11. 1907; 辽宁植物志（上册）: 267. 图版104: 5. 1988; 黑龙江省植物志4: 160. 图版41: 4. 1992; 东北植物检索表（第二版）: 108. 图版46: 4. 1995.——*U. japonica* (Rehd.) Sarg. var. *suberosa* (Turcz.) S. D. Zhao, 辽宁植物志（上册）: 268. 1988; 黑龙江省植物志4: 161. 图版41: 2. 1992; 东北植物检索表（第二版）: 108. 1995——*U. japonica* (Rehd.) Sarg. var. *laevigata* Schneid. in Sarg. Pl. Wils. 3: 260. 1917; 辽宁植物志（上册）: 268. 1988; 黑龙江省植物志4: 161. 1992; 东北植物检索表（第二版）: 108. 1995.

生山地及谷地。产黑龙江省各山地等地；吉林省抚松、靖宇、临江、长白、蛟河、桦甸、安图、珲春等地；辽南、辽东各地；内蒙古自治区根河、牙克石、扎兰屯、大青沟、喀喇沁旗、宁城等地。

■ 春榆

果序

树干

叶背面观

植株一部分

（7）脱皮榆（辽宁植物志，内蒙古植物志，东北植物检索表，中国植物志，Flora of China）

Ulmus lamellosa C. Wang & S. L. Chang in Acta Phytotax. Sin. 17: 47. f. 2. 1979; 辽宁植物志（上册）: 269. 1988; 内蒙古植物志（第二版）2: 110. 图版40. 1990; 东北植物检索表（第二版）: 108. 图版46: 3. 1995; 中国植物志22: 348. 图版107: 1 ~ 3. 1998; Fl. China 5: 4. 2003.

自然分布于河北、山西等地。辽宁省熊岳树木园（模式标本采集地）有栽培。

■ 脱皮榆

小枝

树干

果序

（8）大果榆（辽宁植物志，黑龙江省植物志，内蒙古植物志，东北植物检索表，中国植物志，Flora of China）；黄榆（中国经济植物志，东北植物分布图集）

Ulmus macrocarpa Hance in Journ. Bot. 6: 332. 1868; 辽宁植物志（上册）: 270. 图版104: 6. 1988; 内蒙古植物志（第二版）2: 108. 图版39: 3～4. 1990; 黑龙江省植物志4: 164. 图版42: 1～2. 1992; 东北植物检索表（第二版）: 108. 图版46: 2. 1995; 中国植物志22: 345. 图版106: 2～5. 1998; Fl. China 5: 3. 2003.——*U. macrocarpa* var. *mongolica* Liou et Li, 东北木本植物图志230. 561. 图版85. 图135. 1955; 东北植物检索表（第二版）: 108. 1995.——*U. macrocarpa* var. *nana* Liou et Li, 东北木本植物图志230. 561. 1955; 东北植物检索表（第二版）: 108. 1995.

（8a）大果榆（原变种）

Ulmus macrocarpa var. *macrocarpa*

生山地、丘陵及固定沙丘上。产东北各地。

木材具有韧性强、弯绕性良好及耐磨损等特点，可制车辆、器械、家具等。也是园林绿化、防风固沙、水土保持和盐碱地造林的重要树种。果实有杀虫、消积作用。

■ 大果榆

果枝

小枝

果实

植株一部分

植株

（8b）光秃大果榆（变种）（中国植物志，Flora of China）；光果黄榆（东北植物检索表）；光叶黄榆（黑龙江省植物志）

Ulmus macrocarpa var. *glabra* S. Q. Nie & K. Q. Huang, Bull. Bot. Res., Harbin. 7(1): 153. 1987; 黑龙江省植物志4: 165. 1992; 东北植物检索表（第二版）: 104. 1995; 中国植物志22: 348. 1998; Fl. China 5: 4. 2003.

生天然杂木林中。仅产黑龙江省哈尔滨。模式标本采自哈尔滨儿童公园榆树林中。

（9）榆树（辽宁植物志，黑龙江省植物志，东北植物检索表，中国植物志，Flora of China）；家榆（内蒙古植物志）

Ulmus pumila L., Sp. Pl. 326. 1753; 辽宁植物志（上册）: 272. 1988; 内蒙古植物志（第二版）2: 112. 图版41: 3 ~ 6. 1990; 黑龙江省植物志4: 166. 图版42: 4 ~ 8. 1992; 东北植物检索表（第二版）: 108. 图版45: 5. 1995; 中国植物志22: 356. 图版112: 1 ~ 6. 1998; Fl. China 5: 6. 2003.

（9a）榆树（原变种）

Ulmus pumila var. *pumila*

多生山麓、丘陵、沙地上，常见栽培。产东北各地。

木材坚重耐用，可供建筑、桥梁、车辆、农具、家具及器具等用；嫩果、幼叶可食或作饲料；种子可榨油；果实、树皮和叶入药，有安神作用。

■ 榆树

树干

花枝

果枝

小枝

植株一部分

（9b）垂枝榆（栽培变种）（辽宁植物志，东北植物检索表，中国植物志）

Ulmus pumila cv. ‘Tenue’, 中国植物志22: 360. 1998.——*U. pumila* L. f. *tenue* S. Y. Wang, nom. cum descr. chinen., 河南农林科技45: 29. 1978; 河南植物志1: 264. 1981.——*U. pumila* var. *pendula* auct. non (Kirchr.) Rehd. : 辽宁植物志（上册）: 272. 1988; 东北植物检索表（第二版）: 108. 1995.

常见栽培。东北地区常见栽培。

辽宁省尚有栽培金叶榆*Ulmus pumila* cv. ‘jinye’。

■ 垂枝榆

植株

植株一部分

（10）旱榆（辽宁植物志，内蒙古植物志，东北植物检索表，中国植物志，Flora of China）

Ulmus glaucescens Franch. in Nouv. Arch. Mus. Hist. Nat., sér. 2, 7: 76 ~ 77, pl. 6, f. A76. 1884; 辽宁植物志（上册）: 273. 1988; 内蒙古植物志（第二版）2: 113. 图版42: 1 ~ 2. 1990; 东北植物检索表（第二版）: 108. 图版46: 5. 1995; 中国植物志22: 361. 图版113: 3 ~ 10. 1998; Fl. China 5: 6. 2003.

（10a）旱榆（原变种）

Ulmus glaucescens var. *glaucescens*

生山坡。产辽宁省朝阳县凤凰山。

木材坚实、耐用。可作器具、农具、家具等用材。耐干旱、寒冷，可作荒山造林及防护林树种。

■ 旱榆

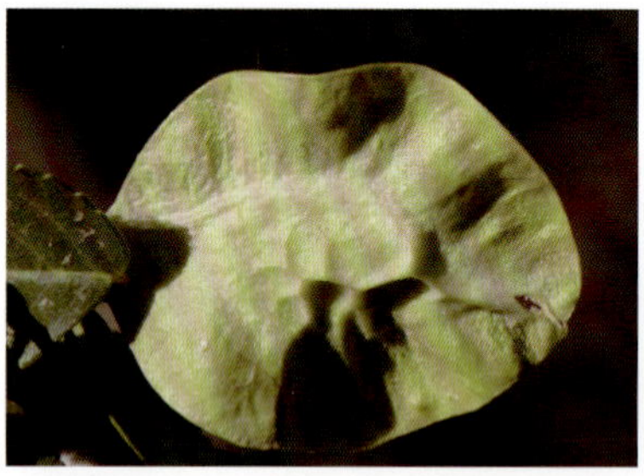
翅果

果序

分枝

叶

植株

（10b）毛果旱榆（变种）（树木学，内蒙古植物志，中国植物志，Flora of China）

Ulmus glaucescens var. *lasiocarpa* Rehd. in Journ. Arn. Arb. 11: 157. 1930; 中国高等植物图鉴1: 463. 1972; 傅立国, 东北林学院学报1980(3): 20. 1980; 内蒙古植物志1: 247. 1985; 河北植物志1: 272. 1986; 中国植物志22: 362. 1998; Fl. China 5: 6. 2003.

生山坡。产辽宁省朝阳县凤凰山、凌源。

■ 毛果旱榆

果枝

植株一部分

翅果

（11）哈尔滨榆（黑龙江省植物志，中国植物志，Flora of China）

Ulmus harbinensis S. Q. Nie et K. Q. Huang in Bull. Bot. Res. 7(1): 151. 1987; 黑龙江省植物志4: 158. 图版40: 1 ~ 7. 1992; 中国植物志22: 360. 1998; Fl. China5: 6. 2003.

生土层深厚、肥沃的杂木林中。仅见于黑龙江省哈尔滨市动物园（模式标本产地）。

（12）假春榆（黑龙江省植物志，东北植物检索表，中国植物志，Flora of China）

Ulmus pseudo-propinqua Wang et Li in Ill. Fl. Lign. Pl. N.–E. China 231, 561. 1955; 黑龙江省植物志4: 166. 图版42: 3. 1992; 东北植物检索表（第二版）: 108. 1995; 中国植物志22: 361. 图版111: 3 ~ 5. 1998; Fl. China5: 6. 2003.

本种可能是春榆与榆树或大果榆的自然杂交种。黑龙江省哈尔滨（模式标本产地）有栽培；辽宁省凌源等地有栽培，大连、旅顺口有野生记录。

■ 假春榆

植株一部分

果序

植株

088. 大麻科 Cannabaceae

Cannabaceae Martinov, Tekhno-Bot. Slovar 99. 1820, *nom. cons.*

木贼门、木贼亚门、木兰纲、蔷薇亚纲、蔷薇超目、蔷薇目（Rosales）。

乔木或灌木，稀为草本或草质藤本。单叶互生或对生，基部偏斜或对称，羽状脉、基出3脉或掌状分裂；托叶早落，有时形成托叶环；单被花，两性或单性，雌雄同株或异株；花被裂片（0～）4～8；雄蕊常与花被裂片同数而对生；子房上位，通常1室，胚珠1枚，倒生，花柱2，柱头丝状。果常为核果，稀为瘦果或带翅的坚果。

本科全世界约有140种，间断分布于除南极洲外的热带至温带地区。中国产7属25种，分布于南北各地。东北地区产4属9种，其中栽培4种。

分属检索表

1. 草本。
  2. 一年生直立草本，无钩刺；叶互生，掌状全裂 …………………………… 1. 大麻属 Cannabis
  2. 多年生攀缘性草本，具钩刺；叶对生，掌状3～7裂或不裂 ………………… 2. 葎草属 Humulus
1. 木本。
  3. 核果 …………………………………………………………………… 3. 朴属 Celtis
  3. 翅果 …………………………………………………………………… 4. 青檀属 Pteroceltis

1 大麻属 *Cannabis* L.

Cannabis L., Sp. Pl. 1: 1027. 1953.

一年生直立草本。叶互生或下部叶对生，掌状全裂，上部叶具裂片1～3，下部叶具裂片5～11，通常裂片为狭披针形，边缘有锯状齿；托叶侧生，分离。花单性异株，稀同株；雄花为疏散大圆锥花序，腋生或顶生；小花柄纤细，下垂；花被片5，覆瓦状排列；雄蕊5，花丝极短，退化子房小。雌花丛生于叶腋，每花有1叶状苞片；花被退化成膜质，贴生于子房；子房无柄，花柱2，柱头丝状，早落，胚珠悬垂。瘦果单生于苞片内，卵形，两侧扁平，宿存花被紧贴，外包以苞片；种子扁平。

本属全世界1～2种，原产亚洲。中国南北各地栽培1种。东北地区有栽培。

大麻（辽宁植物志，黑龙江省植物志，内蒙古植物志，东北植物检索表，东北草本植物志，中国植物志，Flora of China）；野大麻（辽宁植物志，黑龙江省植物志，内蒙古植物志，东北植物检索表，东北草本植物志）

Cannabis sativa L., Sp. Pl. 1: 1027. 1753; 东北草本植物志2: 2. 图2. 1959; 辽宁植物志（上册）: 288. 图版111: 1～4. 1988; 内蒙古植物志（第二版）2: 124. 图版46: 1～3. 1990; 黑龙江省植物志4: 170. 图版43: 1～3. 1992; 东北植物检索表（第二版）: 112. 图版48: 1. 1995; 中国植物志23(1): 223. 图版57: 1～2. 1998; Fl. China 5: 75. 2003.——*C. sativa* var. *ruderalis* (Janisch.) S. Z. Liou, 辽宁植物志（上册）: 289. 图版111: 5～6. 1988; 东北植物检索表（第二版）: 112. 图版48: 2. 1995.—— *C. sativa* f. *ruderalis* (Janisch.) Chu, 东北草本植物志2: 3. 1959; 内蒙古植物志（第二版）2: 124. 图版46: 4～5. 1990; 黑龙江省植物志4: 172. 1992.

一年生直立草本；叶掌状全裂，裂片3～11；花单性，雌雄异株；雄花序圆锥状，雄花黄绿色，花被片5；雌花序短，生叶腋，球形或穗形，雌花绿色，花被退化；瘦果扁卵形。原产中亚及印度。东北各地曾经普遍栽培，现少见栽培，多为野生。

本种为外来入侵植物，大量繁殖会侵占本土植物生态位。可合理利用：茎皮纤维长而坚韧，可用以织麻布、纺线、制绳索、造纸等；种子含油率30%，榨油可供制油漆，涂料等，油渣可作饲料；有药用价值，果实主治大便燥结，花主治恶风、经闭、健忘，果壳和苞片治劳伤、破积、散脓，叶含麻醉性树脂可以配制麻醉剂。

注：大麻有二亚种，中国各地通常栽培原亚种ssp. *sativa*，具较高而细长稀疏分枝的茎和长而中空的节间，用于生产纤维和油；另有一亚种为ssp. *indica*（Lamarck）Small et Cron-quist，植株较小，多分枝而具短而实心的节间，用于生产违禁品——“大麻烟”，中国禁止栽培。

■ 大麻

雌花侧面观

雌花正面观

雄花背面观

雄株一部分

植株

雄花正面观

2 葎草属 *Humulus* L.

Humulus L., Sp. Pl. 1: 1028. 1753.

一年生或多年生草本。茎粗糙，具棱。叶对生，3~7裂。花单性，雌雄异株；雄花为圆锥花序式的总状花序；花被5裂，雄蕊5，在花芽时直立，雌花少数，生于宿存覆瓦状排列的苞片内，排成一假柔荑花序，结果时苞片增大，变成球果状体，每花有一全缘苞片包围子房，花柱2。果为扁平的瘦果。

本属全世界有3种，主要分布于北半球温带及亚热带地区。中国均产，主要分布于东南部和西南部。东北地区产2种，其中栽培1种。

分种检索表

1\. 叶掌状5裂；雌穗果期不胀大；苞片卵状披针形 ……………………………… 1. 葎草 H. scandens (Lour.) Merr.
1\. 叶卵形，不裂或3～5裂；雌穗膨大成球果状；苞片卵形 ……………………………… 2. 啤酒花 H. lupulus L.

（1）葎草（辽宁植物志，黑龙江省植物志，内蒙古植物志，东北植物检索表，中国植物志，东北草本植物志，Flora of China）

Humulus scandens (Lour.) Merr. in Trans. Amer. Philos. Soc. n. s., 24(2): 138. 1935; 东北草本植物志2: 3. 1959; 辽宁植物志（上册）: 289. 图版112. 1988; 内蒙古植物志（第二版）2: 123. 图版45: 2～5. 1990; 黑龙江省植物志4: 174. 图版44: 1～3. 1992; 东北植物检索表（第二版）: 112. 图版48: 4. 1995; 中国植物志23(1): 220. 图版57: 5～7. 1998; Fl. China 5: 75. 2003.

生沟边、路旁、田野间、石砾质沙地及灌丛间。产黑龙江省各地；吉林省安图、九台等地；辽宁省各地；内蒙古自治区牙克石、科尔沁右翼前旗、突泉、科尔沁左翼后旗、大青沟、宁城等地。

全草有消热解毒、利尿消肿作用。嫩苗可食。

■ 葎草

雄花序

植株一部分

雌花序

叶

茎

植株

（2）啤酒花（辽宁植物志，黑龙江省植物志，内蒙古植物志，东北植物检索表，中国植物志，Flora of China）

Humulus lupulus L., Sp. Pl. 1028. 1753; 辽宁植物志（上册）: 292. 图版113. 1988; 内蒙古植物志（第二版）2: 121. 图版45: 1. 1990; 黑龙江省植物志4: 173. 图版44: 4 ~ 7. 1992; 东北植物检索表（第二版）: 113. 图版48: 5. 1995; 中国植物志23(1): 221. 图版57: 8 ~ 9. 1998; Fl. China 5: 74. 2003.

原产欧洲。分布于中国新疆、四川北部。东北三省及内蒙古自治区有栽培。

果穗用于啤酒生产，还可药用，有健胃消食、安神、利尿作用。嫩叶和嫩芽可食。

■ 啤酒花

雌花序

雄花序

果序

各种叶形

雌株一部分

植株

3 朴属 *Celtis* L.

Celtis L., Sp. Pl. 1043. 1754.

乔木。叶互生，常绿或落叶，有锯状齿或全缘，具三出脉或3 ~ 5对羽状脉。花两性或单性，有柄，集成小聚伞花序或圆锥花序，或因总梗短缩而成簇状，或因退化而花序仅具一两性花或雌花；花序生于当年生小枝上，雄花序多生于小枝下部无叶处或下部的叶腋，在杂性花序中，两性花或雌花多生于花序顶端；花被片4 ~ 5，仅基部稍合生，脱落；雄蕊与花被片同数，着生于通常具柔毛的花托上；雌蕊具短花柱，柱头2，线形，先端全缘或2裂，子房1室，具1倒生胚珠。核果，种子充满核内。

本属全世界约60种，广布于全世界热带和温带地区。中国有11种2变种，产辽东半岛以南广大地区。东北地区产5种，其中栽培2种。

分种检索表

1. 叶大，近圆形，长6～12厘米，宽4～9厘米，先端有齿状裂片，尾状尖毛……………**1. 大叶朴 C. koraiensis** Nakai
1. 叶的先端非上述情况。
  2. 果梗短于至1.5（～2）倍长于其邻近的叶柄 ……………………………………**2. 朴树 C. sinensis** Pers.
  2. 果梗（1.5～）2～4倍长于其邻近的叶柄。
    3. 果径10～13毫米，熟时紫红色；叶卵状椭圆形 ………………………………**3. 美洲朴 C. occidentalis** Magnifica
    3. 果径6～8毫米，熟时黑紫色；叶卵形或卵状披针形。
      4. 叶中部以下全缘，两面无毛 ……………………………………………………**4. 黑弹树 C. bungeana** Bl.
      4. 叶基部全缘，两面有毛 …………………………………………………………**5. 狭叶朴 C. jessoensis** Koidz.

（1）大叶朴（辽宁植物志，黑龙江省植物志，东北植物检索表，中国植物志，Flora of China）

Celtis koraiensis Nakai in Bot. Mag. Tokyo 23: 191. 1909; 辽宁植物志（上册）: 278. 图版107: 3. 1988; 黑龙江省植物志4: 153. 图版38: 1～4. 1992; 东北植物检索表（第二版）: 106. 图版44: 2. 1995; 中国植物志22: 409. 图版127: 5～6. 1998; Fl. China 5: 17. 2003.

生山坡或沟谷杂木林中。产辽宁省沈阳、北镇以南各地。黑龙江省、吉林省有引种，有冻害，生长不良。

木材可供建筑及器具；枝皮纤维脱胶后可作麻类代用品，亦可作造纸、人造棉原料；果可榨油，供制肥皂及润滑剂。还可栽植为庭园观赏树。根、茎、叶有止咳、平喘作用。

■ 大叶朴

树干

果实

小枝

（2）朴树（中国植物志，Flora of China）

Celtis sinensis Pers. in Syn. 1: 292. 1805; 中国植物志22: 410. 图版118: 1～2. 1998; Fl. China 5: 18. 2003.

多生路旁、山坡、林缘。产山东、河南、江苏、安徽、浙江、福建、江西、湖南、湖北、四川、贵州、广西、广东、台湾。辽宁省大连、金州、旅顺口有栽培。

叶治痢疾、跌打损伤；果实治咽喉炎、扁桃腺炎。

■ 朴树

植株

树干

果实

叶背面观

植株一部分

叶正面观

（3）美洲朴（辽宁木本植物志）

Celtis occidentalis Magnifica in Sp. Pl. 1044. 1753; 辽宁木本植物志: 139. 2018.

原产美洲。辽宁省彰武有栽培。

果实味甜可食。

■ 美洲朴

树干

叶

小枝

（4）黑弹树（辽宁植物志，黑龙江省植物志，内蒙古植物志，东北植物检索表）；小叶朴（中国植物志，Flora of China）

Celtis bungeana Bl. in Mus. Bot. Lugd.-Bat. 2: 71. 1852; 辽宁植物志（上册）: 277. 图版107: 1 ~ 2. 1988; 内蒙古植物志（第二版）2: 116. 图版43: 4. 1990; 黑龙江省植物志4: 151. 图版38: 5 ~ 7. 1992; 东北植物检索表（第二版）: 106. 图版44: 1. 1995; 中国植物志22: 411. 图版128: 5 ~ 6. 1998; Fl. China 5: 18. 2003.

生路旁、山坡、灌丛中或林边。产吉林省前郭等地；辽宁省大连、凌源、彰武、建昌、北镇、沈阳、鞍山、凤城等地；内蒙古自治区大青沟、宁城等地。黑龙江省森林植物园有引种。

树皮纤维可代麻用或作为造纸和人造棉原料，木材供建筑用，树干可药用，主治支气管哮喘及慢性气管炎。亦可引作庭园观赏树。

■ 黑弹树

果枝

树干

花序

叶背面观

叶正面观

植株

（5）狭叶朴（辽宁植物志，东北植物检索表，辽宁木本植物志）

Celtis jessoensis Koidz. in Bot. Mag. (Tokyo) 27: 183. 1913; 辽宁植物志（上册）: 278. 图版107: 4. 1988; 东北植物检索表（第二版）: 106. 图版44: 3. 1995; 辽宁木本植物志: 138. 2018.

■ 狭叶朴

小枝

果枝

生向阳湿润的山坡。产辽宁省沈阳、鞍山、本溪、建昌、北镇等地。

木材可供建筑、器具用材，果实可食。

4 青檀属 *Pteroceltis* Maxim.

Pteroceltis Maxim. Bull. Acad. St. Petersb. 18: 292. 1873.

落叶乔木。叶互生，有锯状齿，基部3出脉；托叶早落。花单性，同株；雄花数朵簇生于当年生枝的下部叶腋，花被5深裂，裂片覆瓦状排列，雄蕊5，花丝直立，花药顶端有毛，退化子房缺；雌花单生于当年生枝的上部叶腋，花被4深裂，裂片披针形，子房侧向压扁，花柱短，柱头2，条形，胚珠倒垂。坚果具长梗，近球状，围绕以宽的翅，内果皮骨质；种子具很少胚乳，胚弯曲，子叶宽。

本属全世界仅1种，特产中国东北、华北、西北和中南。

青檀（辽宁植物志，东北植物检索表，中国植物志，Flora of China）

Pteroceltis tatarinowii Maxim. in Bull. Acad. Sci. St. Petersb. 18: 293. cum fig. 1873; 辽宁植物志（上册）: 276. 图版106: 4. 1988; 东北植物检索表（第二版）: 106. 图版44: 4. 1995; 中国植物志22: 380. 图版119. 1998; Fl. China 5: 10. 2003.

落叶乔木；叶广卵形；花单性，雌雄同株；雄花簇生叶腋，花被5深裂；雌花单生，花被4深裂；翅果状坚果近圆形或近四方形，直径10～17毫米，果实外面无毛或被曲柔毛。生山谷溪边石灰岩山地疏林

■ 青檀

幼果

雄花序

叶

树干

果枝

居群

中。产辽宁省旅顺口区蛇岛。

树皮纤维为制宣纸的主要原料；木材坚硬细致，是供作农具、车轴、家具和建筑用的上等木料；茎、叶有祛风、止血、止痛作用。

089. 桑科 Moraceae

Moraceae Gaudich., Gen. Pl. [Trinius] 13. 1835, *nom. cons.*

木贼门、木贼亚门、木兰纲、蔷薇亚纲、蔷薇超目、蔷薇目（Rosales）。

乔木、灌木或藤本，稀为草本。植株具乳汁，有刺或无刺。单叶，极稀为羽状复叶，互生，稀对生，全缘或具锯状齿，分裂或不分裂；托叶2，通常早落，有时形成托叶痕；花序腋生，总状、圆锥状、头状或穗状，花序托有时增厚封闭而成隐头花序；单被花，单性，雌雄同株或异株；花被片通常4，分离或合生；雄蕊通常与花被片同数且对生；子房1～2室，上位、下位或半下位，每室胚珠1枚；瘦果，或围以肉质宿存花被而呈核果状，集成聚花果。

本科全世界有37～43属，1100～1400种，主产热带、亚热带地区，少数种分布于温带地区。中国有9属144种。东北地区产5属7种3变种，其中栽培2种2变种。

分属检索表

1. 草本；雌雄同株；雄蕊在芽中内折；花柱侧生；叶不分裂 ………… **1. 水蛇麻属 Fatoua**
1. 乔木或灌木。
  2. 雄蕊在花芽时内折，花药外向。
    3. 雌花序头状球形，花被筒状合生；聚花果球形，熟时红色，子房柄伸长 ………… **2. 构属 Broussonetia**
    3. 雌花序为柔荑花序，花被片4；聚花果长圆形，熟时暗紫红色，子房柄不伸长 ………… **3. 桑属 Morus**
  2. 雄蕊在芽时直立稀内折，花药内向稀外向。
    4. 雌雄花序均为球形头状花序；植物体具刺 ………… **4. 橙桑属（柘属、柘树属）Maclura**
    4. 花生于壶形花序托内壁，雄蕊1～3枚或更多；植物体不具刺 ………… **5. 榕属 Ficus**

1 水蛇麻属 *Fatoua* Gaud.

Fatoua Gaud. in Freyc. Voy. 509. 1826; Miq. Fl. Ind. Bat. 1. Pars 2.282. 1859.

草本。叶互生，边缘具锯状齿。花单性同株，雌雄花混生，组成腋生头状聚伞花序，具小苞片；雄花，花被片4深裂，裂片镊合状排列；雄蕊4枚，花丝在花芽时内折；退化雌蕊很小；雌花；花被4～6裂，裂片排列与雄花同，子房歪斜，花柱稍侧生，柱头2裂，丝状，胚珠倒生。瘦果小，斜球形，微扁，为宿存花被包围，果皮稍壳质。

本属全世界有2种，分布于亚洲东部、东南亚至大洋洲北部及新喀里多尼亚等地。中国有2种，东南部、南部和中部常见，西南部少见。东北地区产1种。

水蛇麻（东北植物检索表，中国植物志，Flora of China）

Fatoua villosa (Thunb.) Nakai in Bot. Mag. (Tokyo) 41: 516. 1927; 东北植物检索表（第二版）: 112. 图版48: 3. 1995; 中国植物志23(1): 003. 图版1: 1～5. 1998; Fl. China 5: 22. 2003.

一年生草本；叶卵圆形至宽卵圆形，先端急尖，基部心形至楔形，边缘锯状齿三角形，两面被粗糙贴伏柔毛；叶柄被柔毛；花单性，聚伞花序腋生，直径约5毫米；瘦果略扁，具三棱，表面散生细小瘤体。生园圃中、路旁及荒地。吉林省、辽宁省有记载，待调查核实。

2 构属 *Broussonetia* L'Hert. ex Vent.

Broussonetia L'Hert. ex Vent. Tableau Regn. Veget. 3: 547. 1799.

乔木或灌木，或为攀缘藤状灌木；有乳液。叶互生，分裂或不分裂，边缘具锯状齿，基生叶脉三出，侧脉羽状；托叶侧生，分离，卵状披针形，早落。雌雄异株或同株；雄花为下垂柔荑花序或球形头状花序，花被片4或3裂，雄蕊与花被裂片同数而对生，在花芽时内折，退化雄蕊小；雌花密集成球形头状花序，苞片棍棒状，宿存，花被管状，顶端3～4裂或全缘，宿存，子房内藏，具柄，花柱侧生，线形，胚珠自室顶垂悬。聚花果球形，胚弯曲，子叶圆形，扁平或对折。

本属全世界约4种，分布于亚洲东部和太平洋岛屿。中国均产，主要分布于西南部至东南部各省区。东北地区产1种。

构树（辽宁植物志，东北植物检索表，中国植物志，Flora of China）；构（植物智网站）

Broussonetia papyrifera (L.) L'Herit. ex Vent. in Tableau Regn. Veget. 3: 458. 1799; 辽宁植物志（上册）: 283. 图版109. 1988; 东北植物检索表（第二版）: 112. 图版47: 1. 1995; 中国植物志23(1): 24. 图版7: 1～5. 1998; Fl. China 5: 26. 2003.

■ 构树

萌枝一部分

雌花序

雄花序一部分

雄株一部分

植株

落叶乔木；叶歪卵形至广卵形，不分裂或3 ~ 5深裂；雌雄异株；雄花序圆柱形下垂；雌花穗球形，雌花花被筒状，花柱丝状，红紫色，柱头长于花被；聚花果球形，肉质多汁，小核果橙红色。生山坡、山谷或平原。产辽宁省长海。辽宁省大连、盖州等地有栽培。

城乡绿化树种之一。茎皮可造纸。木材可制家具。乳汁可作糊料。叶子用于畜禽饲料。果可食用或酿酒，且有消肿、壮筋骨、明目、健胃作用。

3 桑属 *Morus* L.

Morus L., Sp. Pl. 986. 1753.

落叶乔木或灌木，无刺。叶互生，边缘具锯状齿，全缘至深裂，基生叶脉三至五出，侧脉羽状；托叶侧生，早落。花雌雄异株或同株，或同株异序，雌雄花序均为穗状；雄花，花被片4，覆瓦状排列，雄蕊4枚，与花被片对生，在花芽时内折，退化雌蕊陀螺形；雌花，花被片4，覆瓦状排列，结果时增厚为肉质，子房1室，花柱有或无，柱头2裂，内面被毛或为乳头状突起。聚花果为多数包藏于内质花被片内的核果组成，外果皮肉质，内果皮壳质；种子近球形。

本属全世界约16种，主要分布于北温带地区，但在亚洲热带山区达印度尼西亚，在非洲南达热带地区，在美洲可达安第斯山。中国产11种，各地均有分布。东北地区产3种3变种，其中栽培2变种。

分种检索表

1. 叶缘锯状齿先端为刺芒状（1. 蒙桑 M. mongolica (Bureau) Schneid.）。
  2. 幼枝及叶两面均无毛 ······ 1a. 蒙桑 M. mongolica var. mongolica
  2. 幼枝及叶两面均有密毛 ······ 1b. 毛蒙桑 M. mongolica var. diabolica Koidz.
1. 叶缘锯状齿先端锐或稍钝，无芒尖。
  3. 叶缘有不整齐的锐深锯状齿和重锯状齿，叶先端尾状，表面粗糙，密生短刺毛，背面疏被粗毛；花柱明显，几乎与柱头等长 ······ 2. 鸡桑 M. australis Poir.
  3. 叶缘为单锯状齿，叶先端短尖，表面无毛，背面沿脉有疏毛，脉腋有簇毛；无花柱，柱头2裂，向外反卷（3. 桑 M. alba L.）。
    4. 枝不扭曲。
      5. 叶长5 ~ 15厘米，表面不为泡状皱缩；聚花果卵状椭圆形，长1 ~ 2.5厘米，成熟时红色或暗紫色 ······ 3a. 桑 M. alba var. alba
      5. 叶长可达30厘米，表面泡状皱缩；聚花果圆筒状，长1.5 ~ 2厘米，成熟时白绿色或紫黑色 ······ 3b. 鲁桑 M. alba var. multlcaulls (Perrott.) Loud.
    4. 枝条扭曲 ······ 3c. 龙桑 M. alba ‘Tortuosa’

（1）蒙桑（辽宁植物志，黑龙江省植物志，内蒙古植物志，东北植物检索表，中国植物志，Flora of China）；蒙古桑（黑龙江省植物志）

Morus mongolica (Bureau) Schneid. in Sarg. Pl. Wils. 3: 296. 1916; 辽宁植物志（上册）: 283. 图版108: 8 ~ 9. 1988; 内蒙古植物志（第二版）2: 120. 图版44: 4 ~ 5. 1990; 黑龙江省植物志4: 177. 图版45: 6 ~ 7. 1992; 东北植物检索表（第二版）: 113. 图版47: 5. 1995; 中国植物志23(1): 17. 图版4: 4 ~ 6. 1998; Fl. China 5: 25. 2003.

（1a）蒙桑（原变种）

Morus mongolica var. *mongolica*

生向阳山坡及低地。产吉林省双辽等地；辽宁省凌源、建平、义县、北镇、鞍山、金州、大连等地；内蒙古自治区科尔沁右翼中旗、科尔沁左翼后旗、敖汉旗、巴林右旗等地。黑龙江省哈尔滨市有栽培。

除叶不宜作养蚕饲料外，其他用途均与桑相同。

■ 蒙桑

雌花序

叶裂

叶不裂

雄花枝

果序

叶背面观

植株

（1b）毛蒙桑（变种）（东北植物检索表）；山桑（内蒙古植物志）

Morus mongolica var. *diabolica* Koidz. in Bot. Mag. (Tokyo) 31: 36. 1917; 内蒙古植物志（第二版）2: 121. 1990; 东北植物检索表（第二版）: 113. 1995.

生向阳山坡及低地。产辽宁省朝阳、大连等地；内蒙古自治区科尔沁右翼中旗、科尔沁右翼前旗等地。

■ 毛蒙桑

小枝

叶背面观

叶正面观

植株一部分

（2）鸡桑（辽宁植物志，东北植物检索表，中国植物志，Flora of China）

■ 鸡桑

果实

果枝

■ 鸡桑

雌花序

叶背面观

叶缘

Morus australis Poir. in Encycl. Meth. 4: 380. 1796; 辽宁植物志（上册）: 282. 图版108: 6 ~ 7. 1988; 东北植物检索表（第二版）: 113. 图版47: 4. 1995; 中国植物志23(1): 20. 图版4: 7 ~ 8. 1998; Fl. China 5: 25. 2003.

生石灰岩山地或林缘及荒地。产辽宁省本溪、凤城、宽甸、旅顺口（蛇岛）等地。

韧皮纤维可以造纸，果食成熟时味甜可食。根皮、叶有清热解表作用，用于感冒咳嗽。

（3）桑（辽宁植物志，内蒙古植物志，东北植物检索表，中国植物志，Flora of China）；野桑（黑龙江省植物志）

Morus alba L., Sp. pl. ed 1: 986. 1753; 辽宁植物志（上册）: 282. 图版108: 1 ~ 5. 1988; 内蒙古植物志（第二版）2: 118. 图版44: 1 ~ 3. 1990; 黑龙江省植物志4: 176. 图版45: 1 ~ 5. 1992; 东北植物检索表（第二版）: 113. 图版47: 3. 1995; 中国植物志23(1): 7. 图版2: 1 ~ 3. 1998; Fl. China 5: 23. 2003.

（3a）桑（原变种）

Morus alba var. *alba*

■ 桑

雌花序

果实

叶

■ 桑

植株一部分

雄花序

生山坡疏林中，常见栽培。产黑龙江省西部草原地区及东部地区；吉林省大安、东丰、双辽、和龙、珲春等地；辽宁省黑山、彰武、法库、沈阳、辽阳、鞍山、本溪、凤城、宽甸、庄河、金州、大连、长海等地；内蒙古自治区科尔沁右翼中旗、科尔沁左翼后旗、大青沟等地。

木质坚硬，纹理美观，可作家具、乐器、农具及细木工用材。树皮可造纸，桑叶可饲蚕，果实可生食或酿酒。根皮、桑枝、桑椹、桑叶均可药用。

（3b）鲁桑（变种）（中国树木分类学，中国植物志，Flora of China）

Morus alba var. *multlcaulls* (Perrott.) Loud. Arb. Frut. Brit. 3: 1348. 1838; 中国树木分类学270. 1937; 中国植物志23(1): 9. 1998; Fl. China 5: 23. 2003.

辽宁省大连有栽培。

■ 鲁桑

果实

叶

植株一部分

（3c）龙桑（栽培变种）（园林树木1600种）

Morus alba 'Tortuosa', 园林树木1600种: 116. 2010.

辽宁省大连有栽培。

■ 龙桑

果序

植株

果期

植株一部分

4 橙桑属（柘属、柘树属） *Maclura* Nuttall

Maclura Nuttall, Gen. N. Amer. Pl. [Nuttall]. 2: 233. 1818.

乔木或小乔木，或为攀缘藤状灌木，有乳液，具无叶的腋生刺。叶互生，全缘；托叶2枚，侧生。花雌雄异株，均为具苞片的球形头状花序，花被片通常为4，稀为3或5，分离或下半部合生，每枚具2 ~ 7个埋藏的黄色腺体，覆瓦状排列；雄花，雄蕊与花被片同数，芽时直立，退化雌蕊锥形或无；雌花，无梗，花被片肉质，盾形，顶部厚，分离或下部合生，花柱短，2裂或不分裂；子房有时埋藏于花托的陷穴中。聚花果肉质；小核果卵圆形，果皮壳质，为肉质花被片包围。

本属全世界约12种，分布于大洋洲至亚洲。中国产5种，主产西南部至东南与海南，只有1种北达华北地区。东北地区栽培1种。

柘（中国植物志，Flora of China）；柘树（辽宁植物志，东北植物检索表）

Maclura tricuspidata Carrière in Rev. Hort. 1864: 390. pl. 37. 1864; Fl. China 5: 36. 2003.——*Cudrania tricuspidata* (Carr.) Bur. ex Lavall. in Arb. Segrez. 243. 1877; 辽宁植物志（上册）: 286. 图版110. 1988; 东北植物检索表（第二版）: 112. 图版47: 2. 1995; 中国植物志23(1): 63. 图版16: 6. 1998.

落叶灌木或小乔木；叶卵形，全缘或3裂；花单性，雌雄花序皆头状，单一或成对腋生；聚花果近球

■ 柘

树干

枝叶

■ 柘

成熟期果实

果枝

萌枝

形，肉质，黄色至红色。生阳光充足的山地或林缘。产华北、华东、中南、西南各省区。辽宁省大连、盖州、丹东有栽培。

木材是雕刻工艺品和制作高档家具的上乘材料。茎皮是造纸原料。木材为黄色染料。叶饲蚕。果食用和酿酒。根皮有止咳化痰、祛风利湿、散瘀止痛作用。

5 榕属 *Ficus* L.

Ficus L., Sp. Pl. 1059. 1753.

乔木或灌木，有时为攀缘状，或为附生，具乳液。叶互生，稀对生。花雌雄同株或异株，生于肉质壶形花序托内壁；雄花花被片2～6，雄蕊1～3，稀更多，花在花芽时直立，退化雌蕊缺；雌花花被片与雄花同数或不完全或缺，子房直生或偏斜，花柱顶生或侧生；瘿花相似于雌花。榕果腋生或生于老茎，口部苞片覆瓦状排列，基生苞片3，早落或宿存，有时苞片侧生，有或无总梗。

本属全世界约1000种，主要分布于热带、亚热带地区。中国约99种。东北地区栽培1种。

无花果（中国植物志，Flora of China）

Ficus carica L., Sp. Pl. 2: 1059. 1753; 中国植物志23(1): 124. 图版27: 1～4. 1998; Fl. China 5: 52. 2003.

落叶灌木；叶广卵圆形，长宽近相等，通常3～5裂；雌雄异株，雄花和瘿花同生一榕果内壁，雄花生内壁口部，花被片4～5；雌花花被与雄花同；榕果单生叶腋，梨形。产欧洲地中海沿岸和中亚地区。

■ 无花果

果实

果枝

植株

辽宁省大连有栽培。

果实可食，药用有健胃清肠、消肿解毒作用。根、叶有散瘀消肿、止泻作用。

090. 荨麻科　Urticaceae

Urticaceae Juss., Gen. Pl. [Jussieu] 400. 1789, *nom. cons.*

木贼门、木贼亚门、木兰纲、蔷薇亚纲、蔷薇超目、蔷薇目（Rosales）。

草本，稀为木本。有螫毛或无。单叶互生或对生。花绿色，单性，稀两性，雌雄同株或异株；花序聚伞状，成各种花序式排列，稀为单花，腋生，稀近顶生；雄花花被片4～5，稀3～1，覆瓦状或镊合状排列，雄蕊与花被片同数且对生，花丝在芽时内折，花药2室，纵裂，常具退化雌蕊；雌花花被片4～5，稀3～1，果期增大，宿存，退化雄蕊鳞片状，或缺，子房上位，具1室，无柄或有短柄，花柱1，柱头头状、羽毛状等，胚珠1，直立。瘦果或肉质核果。

本科全世界有58属1300余种，分布于两半球热带与温带地区。中国有25属341种，分布全国各地，以长江流域以南亚热带和热带地区分布最多。东北地区产6属11种2亚种1变种。

分属检索表

1. 植株有螫毛；雌花被片4或2，无退化雄蕊。
  2. 叶对生；雌花被片4，柱头具多数放射式的细毛，形如画笔状 ……………………………………1. 荨麻属 Urtica
  2. 叶互生；雌花被片4或2，柱头线形或钻形。
    3. 叶缘具锯状齿或全缘；叶腋有珠芽；雌花被片4；瘦果扁平 …………………………………… 2. 艾麻属 Laportea
    3. 叶缘具缺刻状大齿；叶腋无珠芽；雌花被片2；瘦果两面凸 ………………………………… 3. 蝎子草属 Girardinia
1. 植株无螫毛；雌花被片2～5，有退化雄蕊。
  4. 叶互生，全缘 ……………………………………………………………………………… 4. 墙草属 Parietaria
  4. 叶对生，边缘有锯状齿或分裂。
    5. 托叶合生；柱头画笔状；花序为聚伞花序；雌花被片3或5，离生或基部合生 ……………… 5. 冷水花属 Pilea
    5. 托叶离生；柱头丝状；花序为穗状团聚伞花序；雌花被管状，具2～4齿 …………………… 6. 苎麻属 Boehmeria

1　荨麻属　*Urtica* L.

Urtica L., Sp. Pl. 983. 1753.

一年生或多年生草本，稀灌木，具刺毛。茎常具4棱。叶对生，边缘有齿或分裂，基出脉3～5（～7）条；托叶侧生于叶柄间，分生或合生。花单性，雌雄同株或异株；花序单性或雌雄同序，成对腋生，数朵花聚集成小的团伞花簇，在序轴上排列成穗状、总状或圆锥状，稀头状；雄花花被片4，裂片覆瓦状排列，内凹，雄蕊4，退化雌蕊常杯状或碗状，透明；雌花花被片4，离生或合生，不等大，内面2片较大，紧包子房，花后显著增大，紧包被着果实，外面2片较小，常开展；子房直立，花柱无或很短，柱头画笔头状。瘦果直立，两侧压扁。

本属全世界约有30种，主要分布于北半球温带和亚热带地区，少数分布于热带和南半球温带地区。中国产14种，主产北部和西南部。东北地区产4种1亚种。

分种检索表

1. 叶掌状全裂，裂片成缺刻状羽状深裂 …… 1. 麻叶荨麻 U. cannabina L.
1. 叶不分裂，边缘有锯状齿。
  2. 雌、雄花混生于同一花序上；叶广椭圆状卵形 …… 2. 欧荨麻 U. urens L.
  2. 有雌花序及雄花序之别；叶卵形至广椭圆状卵形或披针形至狭卵形。
    3. 叶长圆状披针形、披针形或卵状披针形 …… 3. 狭叶荨麻 U. angustifolia Fisch ex Hornem.
    3. 叶广椭圆状卵形、广卵形或卵形（4. 宽叶荨麻 U. laetevirens Maxim.）。
      4. 雌雄同株 …… 4a. 宽叶荨麻 U. laetevirens var. laetevirens
      4. 雌雄异株 …… 4b. 乌苏里荨麻 U. laetevirens subsp. cyanescens (Kom.) C. J. Chen

（1）麻叶荨麻（辽宁植物志，黑龙江省植物志，内蒙古植物志，东北植物检索表，东北草本植物志，中国植物志，Flora of China）

Urtica cannabina L., Sp. Pl. 984. 1753; 东北草本植物志2: 12. 1959; 辽宁植物志（上册）: 294. 图版114. 1988; 内蒙古植物志（第二版）2: 127. 图版47: 6 ~ 7. 1990; 黑龙江省植物志4: 193. 图版49: 10. 1992; 东北植物检索表（第二版）: 119. 图版50: 2. 1995; 中国植物志23(2): 11. 图版1: 9. 1995; Fl. China 5: 80. 2003.

生坡地、河漫滩、溪旁等处。产黑龙江省黑河、肇东等地；吉林省白城；辽宁省沈阳、朝阳、凌源、北镇等地；内蒙古自治区海拉尔、扎兰屯、牙克石、新巴尔虎右旗、鄂伦春、科尔沁右翼前旗、扎赉特旗、科尔沁左翼后旗、扎鲁特旗、克什克腾旗、赤峰、宁城、东乌珠穆沁旗、西乌珠穆沁旗、锡林浩特、正蓝旗、正镶白旗、太仆寺旗等地。

全草有祛风除湿、解痉、活血作用。刺毛会刺痛皮肤。

■ 麻叶荨麻

茎叶

植株下部

花序

（2）欧荨麻（辽宁植物志，东北植物检索表，东北草本植物志，中国植物志，Flora of China）

Urtica urens L., Sp. Pl. 984. 1753; 东北草本植物志2: 14. 1959; 辽宁植物志（上册）: 296. 图版115: 1 ~ 4. 1988; 东北植物检索表（第二版）: 119. 图版50: 3. 1995; 中国植物志23(2): 9. 图版1: 4. 1995; Fl. China 5: 79. 2003.

生庭院附近、杂草地及路旁。原产欧洲。分布于辽宁省清原、桓仁、鞍山（千山龙泉寺）。

本种为外来入侵植物，大量繁殖会侵占本土植物生态位。茎皮纤维可作纺织原料；嫩茎叶可作野菜食用。

■ 欧荨麻

植株

果序

（3）狭叶荨麻（辽宁植物志，黑龙江省植物志，内蒙古植物志，东北植物检索表，东北草本植物志，中国植物志，Flora of China）

Urtica angustifolia Fisch ex Hornem. in Suppl. Hort. Hafn. 107. 1819; 东北草本植物志2: 12. 图10. 1959; 辽宁植物志（上册）: 298. 图版116: 3 ~ 7. 1988; 内蒙古植物志（第二版）2: 128. 图版47: 1 ~ 5. 1990; 黑龙江省植物志4: 192. 图版49: 1 ~ 5. 1992; 东北植物检索表（第二版）: 119. 图版50: 6. 1995; 中国植物志23(2): 15. 图版1: 20 ~ 22. 1995; Fl. China 5: 81. 2003.

生林下、林缘湿地、水沟子边。产黑龙江省哈尔滨、尚志、兴凯湖、饶河、带岭、伊春、呼玛、塔河、宝清、宁安、密山、黑河等地；吉林省抚松、临江、磐石、桦甸、九台、和龙、安图、汪清、珲春等地；辽宁省沈阳、鞍山、宽甸、桓仁、大连等地；内蒙古自治区根河、牙克石、扎兰屯、鄂伦春、鄂温克、科尔沁右翼前旗、扎赉特旗、科尔沁左翼后旗、克什克腾旗、东乌珠穆沁旗等地。

全草有催吐、泻下、解毒的功能。嫩苗可食。刺毛有毒。

■ 狭叶荨麻

雌花序

雄株

雄花序

雌株

（4）宽叶荨麻（辽宁植物志，黑龙江省植物志，内蒙古植物志，东北植物检索表，东北草本植物志，中国植物志，Flora of China）

Urtica laetevirens Maxim. in Bull. Acad. Sci. St. Petersb. 22: 236. 1877; 东北草本植物志2: 14. 1959; 辽宁植物志（上册）: 296. 图版115: 5. 1988; 内蒙古植物志（第二版）2: 128. 图版48: 6 ~ 7. 1990; 黑龙江省植物志4: 195. 1992; 东北植物检索表（第二版）: 119. 图版50: 4. 1995; 中国植物志23(2): 13. 图版1: 13 ~ 19. 1995; Fl. China 5: 81. 2003.

（4a）宽叶荨麻（原亚种）

Urtica laetevirens subsp. *laetevirens*

生山沟林下、林缘、溪流旁。产黑龙江省尚志、饶河、伊春等地；吉林省临江、安图、汪清、靖宇、长白、抚松等地；辽宁省清原、西丰、鞍山、凤城、宽甸、桓仁、庄河等地。

全草主治风湿、糖尿病等，并能解虫蛇咬伤之毒。嫩苗可食。

■ 宽叶荨麻

花序

果序一部分

植株

（4b）乌苏里荨麻（亚种）（辽宁植物志，黑龙江省植物志，东北植物检索表，东北草本植物志，中国植物志，Flora of China）

Urtica laetevirens subsp. *cyanescens* (Kom.) C. J. Chen in Bull. Bot. Res., Harbin 3(2): 115. 1983; 中国植物志23(2): 14. 1995; Fl. China 5: 81. 2003.——*U. cyanescens* Kom. in Fl. URSS 5: 714. 1936; 东北草本植物志2: 13. 图11. 1959; 辽宁植物志（上册）: 296. 图版116: 1 ~ 2. 1988; 黑龙江省植物志4: 195. 图版49: 6 ~ 9. 1992; 东北植物检索表（第二版）: 119. 图版50: 5. 1995.

生红松林或混交林下和溪谷阴湿处。产黑龙江省伊春、五常、翠峦、乌敏河、带岭、饶河等地；吉林省临江、和龙、安图、汪清等地；辽宁省鞍山（千山）。

■ 乌苏里荨麻

花序

茎叶

植株

2 艾麻属 *Laportea* Gaudich.

Laportea Gaudich. in Freyc. Voy. Monde Bot. 498. 1826.

草本或半灌木，稀灌木，有刺毛。叶互生，具柄，边缘有齿，基出3脉或具羽状脉。花单性，雌雄同株，稀雌雄异株；花序聚伞圆锥状，稀总状或穗状。雄花：花被片4～5，近镊合状排列；雄蕊4～5；退化雌蕊明显。雌花：花被片4，极不等大，离生，有时下部合生，侧生2枚最大，同形等大，背腹2枚异形，其中腹生的1枚最小；退化雄蕊缺；子房先直立、后偏斜，柱头丝形、舌形，稀分枝，具雌蕊柄。瘦果偏斜，两侧压扁，在基部常紧缩成柄，着生于雌蕊柄上，宿存柱头向下弯折；花柄两侧或背腹侧扩大成翅状，稀无翅。

本属全世界约28种，分布于热带和亚热带地区，少数种分布于温带地区。中国有7种，主要分布于长江流域以南省区。东北地区产1种。

珠芽艾麻（辽宁植物志，黑龙江省植物志，东北植物检索表，东北草本植物志，中国植物志，Flora of China）

Laportea bulbifera (Sieb. et Zucc.) Wedd. in Monogr. Urtic. 139. 1856; 东北草本植物志2: 6. 图5. 1959; 辽宁植物志（上册）: 300. 图版117. 1988; 黑龙江省植物志4: 183. 图版47: 1～4. 1992; 东北植物检索表（第二版）: 117. 图版50: 1. 1995; 中国植物志23(2): 32. 图版5: 1～5. 1995; Fl. China 5: 86. 2003.

■ 珠芽艾麻

珠芽

果序

花序

花期植株

苗期植株

多年生草本；茎有棱，具短毛或疏生螯毛；叶腋生有珠芽；雌雄同株；雄花序圆锥状，生茎上部叶腋，呈水平状开展；雌花序圆锥状，近顶生，具总梗，直而斜上，向一侧分出短枝；瘦果扁平，平滑，淡黄色。生山地林下或林边。产黑龙江省尚志、五常、海林、密山、虎林、饶河等地；吉林省抚松、蛟河、集安、靖宇、敦化、长白、安图、临江、桦甸、磐石、永吉、舒兰等地；辽宁省本溪、凤城、宽甸、桓仁、丹东、大连、新宾、清原、西丰等地。

嫩苗可食。块根用于风湿关节痛、皮肤瘙痒、月经不调。全草用于疳积。

3 蝎子草属 *Girardinia* Gaudich.

Girardinia Gaudich., Voy. Uranie, Bot. 498. 1830.

一年生或多年生高大草本，具刺毛。叶互生，边缘有齿或分裂。花单性，雌雄同株或异株；花序成对生于叶腋，雄花序穗状，二叉状分枝或圆锥状；雌团伞花序密集或稀疏呈蝎尾状着生于序轴上，排列成穗状、圆锥状或蝎尾状，受精后急剧增长，小团伞花序轴上密生刺毛。雄花：花被片4～5，裂片镊合状排列；雄蕊4～5；退化雌蕊球状、杯状或短柱状。雌花：花被片3～4，其中2～3枚在背面合生成近管状或盔状，顶端（2～）3齿；柱头线形，花后下弯，宿存。果为瘦果，压扁，稍偏斜，宿存花被包被着增粗的雌蕊柄。

本属全世界约有2种，产亚洲和非洲的北部及马达加斯加。中国有1种，分布于西南、华东和东北地区。东北地区产1亚种。

大蝎子草（中国经济植物志，中国植物志，Flora of China）

Girardinia diversifolia (Link) Friis in Kew Bull. 36 (1): 145, f. 3～4. 1981; 中国植物志23(2): 54. 图版9: 1～3. 1995 Fl. China 5: 91. 2003.

（a）大蝎子草（原亚种）

Girardinia diversifolia subsp. *diversifolia*

中国产西藏、云南、贵州、四川、湖北。东北地区不产。

（b）蝎子草（亚种）（辽宁植物志，黑龙江省植物志，内蒙古植物志，东北植物检索表，东北草本植物志，中国植物志，Flora of China）

Girardinia diversifolia subsp. *suborbiculata* (C. J. Chen) C. J. Chen & Friis in Fl. China 5: 91. 2003.——

■ 蝎子草

居群

植株一部分

G. suborbiculata C. J. Chen in Acta Phytotax. Sin. 30: (5): 476. 1992; 中国植物志23(2): 54. 图版10: 1 ~ 4. 1995.——*G. cuspidate* Wedd. in Prodr. 16(1): 103. 1869; 东北草本植物志2: 5. 图3. 1959; 辽宁植物志（上册）: 300. 图版118. 1988; 内蒙古植物志（第二版）2: 133. 图版48: 1 ~ 5. 1990; 黑龙江省植物志4: 182. 图版47: 8 ~ 10. 1992; 东北植物检索表（第二版）: 117. 图版49: 3. 1995.

一年生草本；茎具条棱，伏生糙硬毛及螫毛；叶片卵圆形，边缘具缺刻状大齿；花单性，雌雄同株，花序腋生；雄花序生茎下部；雌花为穗状二歧聚伞花序；瘦果广卵形，双凸镜状，密着于果序的一侧。生山坡阔叶疏林内。产黑龙江省东部山区；吉林省集安、通化、辉南、和龙等地；辽宁省庄河、普兰店、鞍山、凤城、宽甸、岫岩、朝阳等地；内蒙古自治区扎兰屯、科尔沁右翼前旗、扎赉特旗等地。

全草有止痛作用。刺毛有毒，被刺后引起烧痛、红肿。

4 墙草属 *Parietaria* L.

Parietaria L., Sp. Pl. 1052. 1753.

草本，稀亚灌木。叶互生，全缘，具基出三脉或离基三出脉。聚伞花序腋生，常有少数几朵花组成，具短梗或无梗；苞片萼状，条形。花杂性。两性花：花被片4深裂，镊合状排列，雄蕊4。雄花：花被片4，雄蕊4。雌花：花被片4，合生成管状，4浅裂；子房直立；花柱短或无；柱头画笔头状或匙形；退化雄蕊不存在。瘦果卵形，稍压扁，果皮壳质，有光泽，包藏于宿存的花被内；种子具胚乳，子叶长圆状卵形。

本属全世界约20种，分布于温带和亚热带地区。中国有1种，产除华东与华南地区外的省区。东北地区有分布。

墙草（辽宁植物志，东北植物检索表，中国植物志，Flora of China）；小花墙草（黑龙江省植物志，内蒙古植物志，东北草本植物志）

Parietaria micrantha Ledeb. in Ic. Pl. Ross. Alt. 1: 7. t. 22. 1829; 东北草本植物志2: 7. 图6. 1959; 辽宁植物志（上册）: 310. 1988; 内蒙古植物志（第二版）2: 134. 图版49: 6 ~ 9. 1990; 黑龙江省植物志4: 186. 图版47: 5 ~ 7. 1992; 东北植物检索表（第二版）: 117. 图版49: 8. 1995; 中国植物志23(2): 400. 图版87: 1 ~ 5. 1995; Fl. China 5: 189. 2003.

■ 墙草

植株

植株一部分

一年生细弱草本；叶片广卵形或菱状卵形，全缘；花杂性同株，聚伞花序腋生，具3～5花，分枝细而扁，两性花生花序下部，雌花居上部，花白色；瘦果广卵形，稍扁，黑褐色，有光泽，包于宿存花被内，长于花被。生石砬子裂缝间、岩石下阴湿地上。产黑龙江省呼玛、尚志等地；吉林省和龙；辽宁省桓仁、岫岩、大连、凌源、建昌、北镇等地；内蒙古自治区牙克石、扎兰屯、科尔沁右翼前旗、扎赉特旗、林西、锡林浩特等地。

全草有拔脓消肿作用。

5 冷水花属 *Pilea* Lindl.

Pilea Lindl. Collect. Bot. ad t. 4. 1821.

草本或亚灌木，稀灌木，无刺毛。叶对生，边缘具齿或全缘，具三出脉，稀羽状脉。雌雄同株或异株，花单性，稀杂性，花序聚伞状、穗状、串珠状、头状等。雄花4～5基数，稀2基数：花被片合生至中部或基部；雄蕊与花被片同数；退化雌蕊小。雌花通常3基数，有时4～5或2基数，花被片分生或稍合生，在果时增大，常不等大，有时近等大；退化雄蕊内折，鳞片状，花后常增大；柱头呈画笔头状。瘦果卵形或近圆形，稀长圆形，稍压扁。

本属全世界约有400种，分布于美洲热带地区，亚洲东南部热带与亚热带地区，非洲热带地区，巴布亚新几内亚。中国约有80种，主要分布长江以南省区，少数可分布东北、甘肃等地。东北地区产3种1变种。

分种检索表

1. 叶全缘或具微波状锯状齿，背面有褐色斑点；雌花花被片2（其中一片大）
 …………………………………………………………………… **1. 苔水花 P. peploides** (Gaud.) Hook. et Arn.
1. 叶具粗钝锯状齿，背面无褐色斑点；雌花花被片5或3。
 2. 叶缘具1～4对粗钝锯状齿；雌花花被片5 ………………………… **2. 山冷水花 P. japonica** (Maxim.) Hand.-Mazz.
 2. 叶缘具多数锯状齿；雌花花被片3（**3. 透茎冷水花 P. pumila** (L.) A. Gray）。
  3. 雌花花被片近等长，比瘦果短；花序长1～3厘米 ……………………… **3a. 透茎冷水花 P. pumila** var. **pumila**
  3. 雌花花被片不等长，其中2枚特大，比瘦果长或近等长；花序长0.5～2厘米
  ……………………………………………………… **3b. 荫地冷水花 P. pumila** var. **hamaoi** (Makino) C. J. Chen

（1）苔水花（Flora of China）；矮冷水花（辽宁植物志，黑龙江省植物志，东北植物检索表，东北草本植物志，中国植物志）

Pilea peploides (Gaud.) Hook. et Arn. in Bot. Beech. Voy. 96. 1832; 东北草本植物志2: 10. 1959; 辽宁植物志（上册）: 303. 图版119: 5～7. 1988; 黑龙江省植物志4: 189. 1992; 东北植物检索表（第二版）: 117. 图版49: 4. 1995; 中国植物志23(2): 149. 1995; Fl. China 5: 119. 2003.

生山坡阴湿地、湿润石砬子缝。产黑龙江省小兴安岭南部带岭一带；辽宁省新民、凤城、宽甸、庄河、岫岩等地。

全草有清热解毒、祛瘀止痛作用，用于跌打损伤、骨折、痈疖肿毒。

■ 苔水花

居群

植株

（2）山冷水花（辽宁植物志，黑龙江省植物志，东北植物检索表，东北草本植物志，中国植物志，Flora of China）

Pilea japonica (Maxim.) Hand.-Mazz. in Symb. Sin. 7: 141. 1929; 东北草本植物志2: 9. 图8. 1959; 辽宁植物志（上册）: 303. 图版119: 1 ~ 4. 1988; 黑龙江省植物志4: 188. 图版48: 10 ~ 13. 1992; 东北植物检索表（第二版）: 117. 图版49: 5. 1995; 中国植物志23(2): 70. 图版11: 1 ~ 7. 1995; Fl. China 5: 93. 2003.

生山顶石砬子下背阴地、裂缝间，阔叶林下。产黑龙江省东部山区；吉林省安图、磐石；辽宁省本溪、桓仁、凤城、大连、鞍山等地。

全草有清热解毒、渗湿利尿、调经作用，用于乳蛾、小便淋痛、宫颈糜烂、带下病。

■ 山冷水花

植株背面观

植株一部分

居群

（3）透茎冷水花（辽宁植物志，黑龙江省植物志，内蒙古植物志，东北植物检索表，东北草本植物志，中国植物志，Flora of China）

Pilea pumila (L.) A. Gray in Man. Bot. North. Un. St. ed. 1. 437. 1848; 内蒙古植物志（第二版）2: 132. 图版49: 1 ~ 5. 1990; 中国植物志23(2): 134. 图版29: 10 ~ 14. 1995; Fl. China 5: 115. 2003.——*P. mongolica* Wedd. in Prodr. 16(1): 135. 1869; 东北草本植物志2: 10. 图9. 1959; 辽宁植物志（上册）: 305. 图版120: 1 ~ 4. 1988; 黑龙江省植物志4: 189. 图版48: 5 ~ 9. 1992; 东北植物检索表（第二版）: 117. 图版49: 6. 1995.

（3a）透茎冷水花（原变种）

Pilea pumila var. *pumila*

生林下、林缘、河边草甸。产黑龙江省尚志、伊春及哈尔滨附近松花江河谷地带等地；吉林省吉林、蛟河、安图、扶余、长白、集安、敦化、和龙等地；辽宁省沈阳、鞍山、本溪、桓仁、庄河、金州等地；内蒙古自治区科尔沁右翼中旗、科尔沁左翼后旗等地。

根、茎药用，有清热、利尿、安胎作用。嫩苗可食。

■ 透茎冷水花

居群

带花被的瘦果

雄花

植株一部分

（3b）荫地冷水花（变种）（辽宁植物志，黑龙江省植物志，内蒙古植物志，东北植物检索表，东北草本植物志，中国植物志，Flora of China）

■ 荫地冷水花

植株

果期植株一部分

花期植株一部分

Pilea pumila var. *hamaoi* (Makino) C. J. Chen in Bull. Bot. Res. (Harbin) 2 (3): 103. 1982; 内蒙古植物志（第二版）2: 132. 图版49: 1 ~ 5. 1990; 中国植物志23(2): 135. 1995; Fl. China 5: 115. 2003.——*P. hamaoi* Makino in Bot. Mag. (Tokyo) 10: 364. 1896; 东北草本植物志2: 8. 图7. 1959; 辽宁植物志（上册）: 305. 图版120: 5 ~ 6. 1988; 黑龙江省植物志4: 187. 图版48: 1 ~ 4. 1992; 东北植物检索表（第二版）: 117. 图版49: 7. 1995.

生湿润而多荫的林下、山坡、岩石间。产黑龙江省宁安、伊春等地；吉林省蛟河、安图、珲春等地；辽宁省宽甸、桓仁等地；内蒙古自治区科尔沁左翼后旗等地。

6 苎麻属 *Boehmeria* Jacq.

Boehmeria Jacq. Enum. Pl. Carib. 9. 1760.

灌木、小乔木、亚灌木或多年生草本。叶互生或对生，边缘有齿，不分裂，稀2 ~ 3裂，表面平滑或粗糙，基出脉3条；托叶通常分生，脱落。团伞花序生于叶腋，或排列成穗状花序或圆锥花序。雄花：花被片（3 ~ ）4（ ~ 5 ~ 6），镊合状排列，下部常合生，椭圆形；雄蕊与花被片同数；退化雌蕊椭圆球形或倒卵球形。雌花：花被管状，顶端缢缩，有2 ~ 4个小齿，在果期稍增大，通常无纵肋；子房通常卵形，包于花被中，柱头丝形，密被柔毛，通常宿存。瘦果通常卵形，包于宿存花被之中。

本属全世界约65种，分布于热带或亚热带地区，少数分布到温带地区。中国有25种，自西南、华南至东北广布，多数分布于西南和华南地区。东北地区产2种。

分种检索表

1. 叶片卵形或宽卵形，顶端具3个骤尖或3浅裂 ………………………………… 1. 赤麻 B. silvestrii (Pamp.) W. T. Wang
1. 叶片卵圆形，顶端具1个骤尖 ……………………………………………………………… 2. 小赤麻 B. japonica (L.f.) Miq.

（1）赤麻（中国植物志，Flora of China）；三裂苎麻（辽宁植物志，东北植物检索表）；长白苧麻（东北草本植物志）；长白苎麻（黑龙江省植物志）

Boehmeria silvestrii (Pamp.) W. T. Wang in Acta Phytotax. Sin. 20 (2): 204. 1982; 辽宁植物志（上册）: 308. 图版122. 1988; 黑龙江省植物志4: 180. 图版46: 1 ~ 4. 1992; 东北植物检索表（第二版）: 113. 图版49:

■ 赤麻

居群

植株一部分

2. 1995; 中国植物志23(2): 360. 图版78: 1 ~ 2. 1995; Fl. China 5: 172. 2003.——*B. tricuspis* (Hance) Makino in Bot. Mag. (Tokyo) 26: 387. 1912; 东北草本植物志(第二卷): 5. 图3. 1959.

生沟边草地、林下或山坡路旁。产黑龙江省宁安、东宁的老爷岭山地等地；吉林省辉南、和龙等地；辽宁省宽甸、本溪、桓仁等地。

全草用于跌打损伤。

（2）小赤麻（Flora of China）；细穗苎麻（辽宁植物志，东北植物检索表）；细野麻（中国植物志）；东北苧麻（东北草本植物志）

Boehmeria japonica (L. fil.) Miq. in Ann. Mus. Bot. Lugduno ~ Batavi 3: 131. 1867.——*Boehmeria spicata* (Thunb.) Thunb. in Trans. L. Soc. London 2: 330. 1794; Fl. China 5: 173. 2003.——*B. gracilis* C. H. Wright in Journ. L. Soc. Bot. 26: 485. 1899; 辽宁植物志（上册）: 307. 图版121. 1988; 东北植物检索表（第二版）: 113. 图版49: 1. 1995; 中国植物志23 (2): 346. 图版78: 5 ~ 6. 1995.——*B. tricuspis* var. *unicuspis* Makino ex Ohwi in Fl. Jap. 441. 1956; 东北草本植物志2: 5. 图3. 1959.

生山坡草地及沟旁草地。产辽宁省鞍山、桓仁、本溪、凤城、大连等地。

全草有清热解毒、除风止痒、利湿作用，用于皮肤发痒、湿毒。

■ 小赤麻

花序

植株

茎叶

091. 壳斗科（山毛榉科） Fagaceae

Fagaceae Dumort., Anal. Fam. Pl. 11. 1829.

木贼门、木贼亚门、木兰纲、蔷薇亚纲、蔷薇超目、壳斗目（Fagales）。

常绿或落叶乔木，稀灌木。单叶互生，极少轮生。花单性同株，稀异株，或同序，风媒或虫媒。雄花序下垂或直立，整序脱落；雌花序直立，花单朵散生或3至数朵聚生成簇，分生于总花序轴上成穗状，有时1 ~ 3花腋生。壳斗脆壳质、木质、角质或木栓质，包着坚果底部至全包坚果；坚果有棱角或浑圆。

本科全世界有10属，900 ~ 1000种，除热带非洲和南非地区不产外，几乎遍布世界各地，以亚洲的种类最多。中国有7属294种。东北地区产2属14种1亚种4变种2变型，其中栽培5种。

分属检索表

1. 枝无顶芽；雄花序直立；果全部为刺状总苞所包围 ………………………………… 1. 栗属 Castanea
1. 枝具顶芽；雄花序下垂；果部分为壳斗所包围 ……………………………………… 2. 栎属 Quercus

1 栗属 *Castanea* Mill.

Castanea Mill. Gard. Dict. abridg. ed. 4, 1. 1754.

落叶乔木，稀灌木。叶互生，叶缘有锐裂齿，羽状侧脉直达齿尖，齿尖常呈芒状。花单性同株或为混合花序；穗状花序直立；花被5～6裂；雄花1～5朵聚生成簇，每簇有3片苞片，每朵雄花有雄蕊10～12枚，中央有被长绒毛的不育雌蕊，花丝细长，花药细小，2室；雌花1～7朵聚生于壳斗内，花柱9或6枚，子房9或6室，每室有顶生的胚珠2颗，仅1室1胚珠发育，柱头与花柱等粗，细点状；壳斗外壁在授粉后不久即长出短刺，刺随壳斗的增大而增长且密集；壳斗4瓣裂，有栗褐色坚果1～5个；每果有种子1～3，种皮红棕色至暗褐色，被伏贴的丝光质毛。

本属全世界约12种，分布于亚洲、欧洲南部及其以东地区、非洲北部、北美洲东部；在亚洲，东至日本、朝鲜，西至伊朗，南部稍越过北回归线以南。中国有5种，其东北自吉林、西北至甘肃南部，东至台湾、南至广州近郊，均有分布。东北地区栽培3种。

分种检索表

1. 每壳斗有坚果1个；叶片顶部长渐尖至尾状长尖 ……………………… 1. 锥栗 C. henryi (Skan) Rehd. et Wils.
1. 每壳斗有坚果1～3个；叶片顶部短尖或渐尖。
  2. 一年生枝粗壮，灰色或灰褐色，被疏长毛及鳞腺；坚果脐部小而狭，长椭圆形，不占坚果的全部基底 ……………………………………………………………………… 2. 栗 C. mollissima Blume
  2. 一年生枝细长，紫褐色或红褐色，无长毛；坚果脐部大而宽，广椭圆形，近占坚果的全部基底 ……………………………………………………………… 3. 日本栗 C. crenata Sieb. et Zucc.

（1）锥栗（中国植物志，Flora of China）

Castanea henryi (Skan) Rehd. et Wils. in Sarg. Pl. Wils. 3: 196. 1916; 中国植物志22: 11. 1998; Fl. China 4: 316. 1999.

■ 锥栗

小枝

果枝

叶正反面对比

广布于秦岭南坡以南、五岭以北各地。辽宁省经济林研究所基地有栽培。

优良速生树种。叶、壳斗用于湿热、泄泻。种子用于肾虚、痿弱、消瘦。

（2）栗（中国植物志，Flora of China）；板栗（辽宁植物志，东北植物检索表）

Castanea mollissima Blume in Mus. Lugd. Bat. 1: 286. 1850; 辽宁植物志（上册）: 255. 图版99. 1988; 东北植物检索表（第二版）: 102. 图版42: 1. 1995; 中国植物志22: 9. 1998; Fl. China 4: 316. 1999.

产黄河流域中下游地区。辽宁省海城、盖州、丹东、庄河、瓦房店、金州、大连等地有栽培。

木材坚硬，耐湿，可作建筑、造船、坑木、车辆、农具、地板等用材；种子可食，能健胃；叶可饲蚕；各部分均含单宁，可提制栲胶；花、果、果壳、壳斗、树皮及根均可入药。

■ 栗

雌花

果枝

一年生枝灰色

雄花序

（3）日本栗（辽宁植物志，东北植物检索表，中国植物志，Flora of China）

Castanea crenata Sieb. et Zucc. in Abh. Math.-Phys. Cl. Akad. Wiss. Munch. 4(3): 224. 1846; 辽宁植物志（上册）: 256. 1988; 东北植物检索表（第二版）: 102. 1995; 中国植物志22: 11. 1998; Fl. China 4: 316. 1999.

原产日本。辽宁省丹东、大连栽培。

资源价值同栗。

■ 日本栗

果实

一年生枝

叶

果枝

植株

2 栎属 *Quercus* L.

Quercus L., Sp. Pl. 1: 994. 1753.

常绿、落叶乔木，稀灌木。叶螺旋状互生。花单性，雌雄同株。雄花序为下垂柔荑花序，花单朵散生或数朵簇生于花序轴下；花被杯形，4～7裂或更多；雄蕊与花被裂片同数或较少，花丝细长，花药2室，纵裂，退化雌蕊细小。雌花单生、簇生或排成穗状，单生于总苞内，花被5～6深裂，有时具细小退化雄蕊，子房3室，稀2或4室，每室有2胚珠；花柱与子房室同数，柱头侧生带状或顶生头状。壳斗包着坚果一部分，稀全包坚果。壳斗外壁的小苞片鳞形、线形或钻形，覆瓦状排列；每壳斗内有1个坚果。

本属全世界约300种，广布于亚洲、非洲、欧洲、美洲。中国有35种。分布全国各省区。东北地区产11种1亚种4变种2变型，其中栽培2种。

分种检索表

1. 叶柄长1～3（～5）厘米（短柄枹栎除外，栓皮栎有时叶柄短于1厘米）。
  2. 叶边缘有缺刻状羽裂。
    3. 叶片卵形到椭圆形或倒卵形，基部宽楔形到几乎截形，边缘具7～11裂片和12～50刺芒状齿；壳斗碟状至杯状，果实1/4～1/3包在壳斗内 ………… **1. 红槲栎 Q. rubra** L.
    3. 叶片椭圆形到长圆形，基部楔形到宽钝或截形，边缘具5～7裂片和10～30刺芒状齿；壳斗杯形，果实1/4包在壳斗内 ………… **2. 沼生栎 Q. palustris** Muench.
  2. 叶边缘为刺芒状锯状齿或粗锯状齿或锐锯状齿。
    4. 叶边缘为刺芒状锯状齿。
      5. 叶背面浅绿色，无毛或仅脉腋有毛；树皮暗灰色或黑灰色，木栓层不发达 ……**3. 麻栎 Q. acutissima** Carr.
      5. 叶背面灰白色，密被星状毛；树皮暗灰褐色或黑褐色，木栓层较发达 ……**4. 栓皮栎 Q. variabilis** Bl.
    4. 叶边缘为粗锯状齿或锐锯状齿。
      6. 叶片倒卵形或倒卵状椭圆形，长7～17厘米，宽3～9厘米，顶端渐尖或急尖，叶缘有腺状锯状齿，叶背面被白色平伏毛；壳斗杯状，包着坚果1/4～1/3（**5. 枹栎 Q. serrata** Thunb.）。
        7. 叶柄长1～3厘米；叶倒卵形或倒卵状椭圆形，长7～17厘米，宽3～9厘米；叶缘齿不内弯 ………… **5a. 枹栎 Q. serrata** var. **serrata**
        7. 叶柄长2～5毫米；叶长椭圆状倒卵形或卵状披针形，长5～11厘米，宽1.5～5厘米，常聚生于枝顶；叶缘具内弯浅锯状齿 ………… **5b. 短柄枹栎 Q. serrata** var. **brevipetiolata** (A. DC.) Nakai
      6. 叶片长椭圆状倒卵形至倒卵形，长10～20（～30）厘米，宽5～14（～16）厘米，顶端微钝或短渐尖，叶缘具波状钝齿，叶背被灰棕色细绒毛；壳斗杯状，包着坚果1/2～3/4（**6. 槲栎 Q. aliena** Bl.）。
        8. 叶片长10～20（～30）厘米，叶背被灰棕色细绒毛；壳斗包着坚果1/2。
          9. 叶缘具波状钝齿 ………… **6a. 槲栎 Q. aliena** var. **aliena**
          9. 叶缘具粗大锯状齿，齿端尖锐，内弯 ………… **6b. 锐齿槲栎 Q. aliena** var. **acuteserrata** Maxim.
        8. 叶片长5～11（～13）厘米，叶背无毛或被疏毛；壳斗包着坚果1/2～3/4（**6c. 北京槲栎 Q. aliena** var. **pekingensis** Schott）。
          10. 壳斗包着坚果约1/2，小苞片扁平，有时小苞片在壳斗顶端向内卷曲，形成厚缘壳斗 ………… **6ca. 北京槲栎 Q. aliena** var. **pekingensis** f. **pekingensis**
          10. 壳斗包着坚果3/4以上，小苞片背部呈瘤状突起 ……… **6cb. 高壳槲栎 Q. aliena** var. **pekingensis** f. **jeholensis** (Liou et Li) H. W. Jen et L. M. Wang
1. 叶柄长2～8毫米（金州栎、柞槲栎有时略超1厘米）。
  11. 壳斗鳞片线状披针形。
    12. 壳斗鳞片长0.3～0.6厘米，近直立；小枝近无毛 ……**7. 金州栎 Q. maccormickii** Carr.
    12. 壳斗鳞片长约1厘米或更长，开展或反卷；小枝被毛或无毛。
      13. 小枝较细，柔毛较少或近无毛；叶较小，长9～12厘米，背面无毛或仅沿叶脉有星状毛 ………… **8. 柞槲栎 Q. × mongolico-dentata** Nakai
      13. 小枝粗壮，密被黄褐色短柔毛；叶较大，长10～20（～30）厘米，背面密被星状毛（**9. 槲树 Q. dentata** Thunb.）。
        14. 叶长10～20厘米 ………… **9a. 槲树 Q. dentata** f. **dentata**
        14. 叶长20～30厘米 ……**9b. 大叶槲树 Q. dentata** f. **grandifolia** (Koidz.) Kitag.
  11. 壳斗鳞片疣状或鳞状。

（接上表）

15. 叶较小，波状齿5～7对，侧脉5～10对；壳斗鳞片扁平微凸起 ………… **10. 辽东栎 Q. wutaishanica** Mayr

15. 叶较大，波状齿7～10对，侧脉7～13（～18）对；壳斗鳞片疣状突起显著，少见鳞片密而不为疣状（**11. 蒙古栎 Q. mongolica** Fisch. ex Turcz.）。

16. 叶侧脉7～13对，叶缘具波状齿；壳斗鳞片疣状突起显著（**11a. 蒙古栎 Q. mongolica** subsp. **mongolica**）。

17. 壳斗直径1.5～1.8厘米；坚果直径1.3～1.8厘米；叶片长7～19厘米；宽3～11厘米 ………………………………………………………………… **11aa. 蒙古栎 Q. mongolica** var. **mongolica**

17. 壳斗直径2.2～2.8厘米；坚果径1.8～2.3厘米；叶片长15～23厘米，宽6～14厘米 ……………………………**11ab. 大果蒙古栎 Q. mongolica** var. **macrocarpa** H.Wei Jen & L.M.Wang

16. 叶侧脉通常14～18对，叶缘具向上弯曲粗锯状齿；壳斗鳞片密，不为疣状 ……………………………………… **11b. 粗齿蒙古栎 Q. mongolica** subsp. **crispula** (Blume) Menitsky

（1）红槲栎（东北植物检索表）；北美红栎（俗名）

Quercus rubra L., Sp. Pl. 996. 1753; 东北植物检索表（第二版）: 104. 图版43: 2. 1995.

原产美国东部。辽宁省大连、熊岳等地有栽培。

优良观赏树种。木材供枕木、船舶、车辆、器具等用。

■ 红槲栎

秋叶

果实

树干

植株一部分

植株

（2）沼生栎（中国植物志，Flora of China）

Quercus palustris Muench. in Hausvater 5: 253. 1770; 中国植物志22: 239. 1998; Fl. China 4: 375. 1999.

原产美洲。辽宁省熊岳、大连有栽培。

优良观赏树种。耐水湿。坚果含淀粉46.1%，单宁10.6%，油脂12.6%，蛋白质7.4%。

■ 沼生栎

果实

秋叶

树干

叶

植株一部分

（3）麻栎（辽宁植物志，东北植物检索表，中国植物志，Flora of China）

Quercus acutissima Carr. in Journ. L. Soc. Bot. 6: 33. 1862; 辽宁植物志（上册）: 258. 1988; 东北植物检索表（第二版）: 104. 图版42: 2. 1995; 中国植物志22: 219. 图版68: 1. 1998; Fl. China 4: 372. 1999.

生低山缓坡土层深厚肥沃处。产吉林省集安等地；辽宁省海城、盖州、金州、大连等地。

■ 麻栎

果实

树干

植株

■ 麻栎

植株一部分

叶正反面对比

木材坚硬，供船舶、车辆、枕木和机械用材。种子含淀粉，可酿酒或作饲料；果入药，有涩肠止泻作用，也能消乳肿；各部分均含单宁，可提制栲胶；叶可饲养蚕。

（4）栓皮栎（辽宁植物志，东北植物检索表，中国植物志，Flora of China）

Quercus variabilis Bl. in Mus. Bot. Lugd.–Bat. 1: 297. 1850; 辽宁植物志（上册）: 258. 图版100. 1988; 东北植物检索表（第二版）: 104. 图版42: 3. 1995; 中国植物志22: 222. 图版68: 2. 1998; Fl. China 4: 372. 1999.

■ 栓皮栎

果实

果枝

树干

叶正反面对比

叶背面观

常生向阳坡地或杂木林内。产辽宁省丹东、东港、庄河、大连、金州、兴城、绥中等地。

木材供作车、船、器具等用材。枝桠材、壳斗、坚果等用途与本属其他树种相同。树皮木栓发达，剥取可制软木塞、软木板、隔音板等。种子含淀粉，可酿酒或作饲料。壳斗或果实有健胃、收敛、止血痢、止咳、涩肠作用。

（5）枹栎（辽宁植物志，东北植物检索表，中国植物志，Flora of China）

Quercus serrata Thunb. in Fl. Jap. 176. 1784; 东北植物检索表（第二版）: 104. 图版43: 4. 1995; 中国植物志22: 233. 图版73: 3 ~ 5. 1998; Fl. China 4: 374. 1999.——*Quereus glandulifera* Blume in Mus. Bot. Lugd.–Bat. 1: 295. 1850; 中国高等植物图鉴1: 459. 1972; 辽宁植物志（上册）: 261. 1988.

（5a）枹栎（原变种）

Quercus serrata var. *serrata*

生山地或沟谷林中。产辽宁省本溪、凤城、宽甸、桓仁等地。

木材坚硬，供建筑、车辆等用材；种子富含淀粉，供酿酒和做饮料；树皮可提取栲胶，叶可饲养柞蚕。

（5b）短柄枹栎（变种）（辽宁植物志，中国植物志）

Quercus serrata var. *brevipetiolata* (A. DC.) Nakai in Bot. Mag. Tokyo 40: 165. 1926; 中国植物志22: 235. 图版73: 6 ~ 8. 1998.——*Q. glandulifera* Bl. var. *brevipetiolata* (A. DC.) Nakai in Journ. Arn. Arb. 5: 76. 1924; 中国高等植物图鉴1: 459. 图917. 1972; 中国树木志2: 2341. 1985; 辽宁植物志（上册）: 261. 1988.

生山地。产辽宁南部。

（6）槲栎（辽宁植物志，东北植物检索表，中国植物志，Flora of China）

Quercus aliena Bl. in Mus. Bot. Lugd.–Bat. 1: 298. 1850; 辽宁植物志（上册）: 260. 图版101. 1988; 东北植物检索表（第二版）: 104. 图版43: 3. 1995; 中国植物志22: 230. 图版72: 1 ~ 4. 1998; Fl. China 4: 373. 1999.

（6a）槲栎（原变种）

Quercus aliena var. *aliena*

生杂木林内。产辽宁省抚顺、新宾、本溪、桓仁、鞍山、宽甸、凤城、丹东、庄河、金州、大连等地。

枝叶稠密，叶形奇特，适宜浅山风景区造景用。木材供建筑、枕木、农具等用；叶可饲蚕；种子含淀粉，可酿酒或制凉粉等。叶、树皮和壳斗含单宁，可提制栲胶。

■ 槲栎

树干

果实

■ 槲栎

雄花序

植株一部分

（6b）锐齿槲栎（变种）（中国植物志，Flora of China）；尖齿槲栎（辽宁植物志，东北植物检索表）

Quercus aliena var. *acuteserrata* Maxim. in Jahrb. Bot. Gart. Mus. Berl. 4: 219. 1886; 辽宁植物志（上册）: 261. 1988; 东北植物检索表（第二版）: 104. 1995; 中国植物志22: 230. 图版72: 10 ~ 13. 1998; Fl. China 4: 374. 1999.

生杂木林内。产辽宁省庄河、岫岩及东部山区。

■ 锐齿槲栎

叶缘

植株一部分

（6c）北京槲栎（变种）（中国植物志，Flora of China）

Quercus aliena var. *pekingensis* Schott in Bot. Jahrb. 47: 636. 1911; 中国植物志22: 231. 图版72: 5 ~ 9. 1998; Fl. China 4: 374. 1999.

（6ca）北京槲栎（原变型）

Quercus aliena var. *pekingensis* f. *pekingensis*

生杂木林内。产辽宁省丹东等地。

■ 北京槲栎

果实

植株一部分

（6cb）高壳槲栎（变型）（中国植物志）；热河槲栎（辽宁植物志）

Quercus aliena var. *pekingensis* f. *jeholensis* (Liou et Li) H. W. Jen et L. M. Wang in Journ. Beij. Forest. Univ. 15(4): 44. 1993; 中国植物志22: 233. 1998.——*Q. aliena var. jeholensis* Liou et S. X. Li, 东北木本植物图志: 219, 561. 1955; 辽宁植物志（上册）: 261. 1988.

生杂木林内。产辽宁省风城等地。

（7）金州栎（东北植物检索表）；风城栎（东北植物检索表，中国植物志）

Quercus maccormickii Carr. in Journ. L. Soc. Bot. 6: 32. 1862; 东北植物检索表（第二版）: 104. 图版43: 7. 1995.——*Q. fenchengensis* H. W. Jen et L. M. Wang in Bull. Bot. Res. 4(4): 196. f. 2. 1984; 东北植物检索表（第二版）: 104. 1995; 中国植物志22: 225. 1998.

生山坡杂木林中。产辽宁省金州、风城等地。

（8）柞槲栎（辽宁植物志，东北植物检索表，中国植物志）

Quercus × *mongolico-dentata* Nakai in Bot. Mag. Tokyo 40: 164. 1926; 辽宁植物志（上册）: 265. 1988; 东北植物检索表（第二版）: 104. 1995; 中国植物志22: 226. 图版74: 4 ~ 6. 1998.

生海拔100 ~ 200米的山坡。产辽宁省金州、鞍山（千山）、丹东等地。

资源价值同蒙古栎。

■ 柞槲栎

叶背面观

果序

植株一部分

（9）槲树（辽宁植物志，黑龙江省植物志，东北植物检索表，中国植物志，Flora of China）

Quercus dentata Thunb. in Fl. Jap. 177. 1784; 辽宁植物志（上册）: 262. 图版102. 1988; 黑龙江省植物志 4: 145. 图版37: 1 ~ 2. 1992; 东北植物检索表（第二版）: 104. 图版43: 1. 1995; 中国植物志22: 222. 图版69: 1. 1998; Fl. China 4: 372. 1999.

（9a）槲树（原变型）

Quercus dentata f. *dentata*

常生山麓阳坡的杂木林内。产黑龙江省东南部山地，依兰、桦南、勃利、密山、林口、穆棱、宁安、鸡东等地；吉林省磐石、珲春、通化、长白等地；辽宁省各地。

木材坚硬，纹理直，结构粗，供建筑、造船、枕木、器具等用材。种子含淀粉，可作饲料。壳斗和树皮含单宁。嫩叶可饲柞蚕。种子、树皮、叶均可入药。

■ 槲树

果实

雄花序

叶背面观

植株一部分

（9b）大叶槲树（变型）（东北植物检索表）

Quercus dentata f. *grandifolia* (Koidz.) Kitag. in Neo-Lineam. Fl. Manshur. 218. 1979; 东北植物检索表（第二版）: 104. 图版43: 1. 1995.

常生山麓阳坡的杂木林内。产辽宁省大连等地。

（10）辽东栎（辽宁植物志，黑龙江省植物志，内蒙古植物志，中国植物志）；辽宁栎（东北植物检索表）

Quercus wutaishanica Mayr in Fremdl. Wald-Parkbaume fur. Europa 504. 1906; 中国植物志22: 238. 图版74: 3. 1998.——*Q. liaotungensis* Koidzumi in Bot. Mag. (Tokyo) 26: 166. 1912; 辽宁植物志（上册）: 263. 图版103: 3 ~ 4. 1988; 黑龙江省植物志4: 146. 图版37: 3. 1992; 东北植物检索表（第二版）: 104. 图版43: 5. 1995.——*Q. mongolica* var. *liaotungensis* (Koidz.) Nakai in Bot. Mag. Tokyo 29: 58. 1915; 内蒙古植物志（第二版）2: 104. 图版38: 1. 1990.

生低山向阳坡地杂木林中。产黑龙江省穆棱、宁安、东宁等地；吉林省长春、东丰、吉林等地；辽宁铁岭、清原、沈阳、抚顺、新宾、本溪、桓仁、宽甸、凤城、岫岩、丹东、金州、大连等地；内蒙古自治区额尔古纳、科尔沁右翼前旗、扎鲁特旗、翁牛特旗、宁城、克什克腾旗、科尔沁左翼后旗等地。

木材供枕木、船舶、车辆、器具等用，种子含淀粉，树皮和壳斗含单宁，叶可饲柞蚕。果实经浸泡后猪喜食。叶干枯后粉碎牛喜食，落叶山羊喜食。

■ 辽东栎

果实

果枝

壳斗

叶

植株一部分

（11）蒙古栎（辽宁植物志，黑龙江省植物志，东北植物检索表，中国植物志）；蒙栎（Flora of China）

Quercus mongolica Fisch. ex Turcz. in Fl. Ross. 3(2): 589. 1850; 辽宁植物志（上册）: 263. 图版103: 1 ~ 2. 1988; 黑龙江省植物志4: 146. 图版37: 4. 1992; 东北植物检索表（第二版）: 104. 图版43: 6. 1995; 中国植物志22: 236. 图版74: 1 ~ 2. 1998; Fl. China 4: 374. 1999.

（11a）蒙古栎（原亚种）

Quercus mongolica subsp. *mongolica*

（11aa）蒙古栎（原变种）

Quercus mongolica var. *mongolica*

生阳坡。产黑龙江省鹤岗、虎林、哈尔滨、依兰、萝北、宁安、呼玛、黑河、密山、伊春、尚志等地；吉林省安图、抚松、临江、和龙、九台、汪清、珲春、蛟河、集安等地；辽宁省各地；内蒙古自治区阿荣旗、扎兰屯、鄂伦春、扎赉特旗、科尔沁左翼后旗、大青沟、扎鲁特旗、翁牛特旗、巴林右旗、克什克腾旗、宁城、多伦等地。

木材可作车船、建筑、坑木、桥梁、器具等用材。树皮、壳斗可提取单宁；叶可饲养柞蚕；枝材供薪炭用或培养食用菌。嫩叶和果仁淀粉可食。树皮、根皮、叶、果实均有药用价值。

■ 蒙古栎

果序

果枝

树干

植株一部分

（11ab）大果蒙古栎（变种）（植物研究，东北植物检索表，中国植物志）

Quercus mongolica var. *macrocarpa* H. Wei Jen & L. M. Wang in Bull. Bot. Res., Harbin 4: 198. 1984; 东北植物检索表（第二版）: 104. 1995; 中国植物志22: 238. 1998.

生海拔300米处。产辽宁省风城、熊岳（模式标本采集地）。

（11b）粗齿蒙古栎（亚种）（黑龙江省植物志，东北植物检索表，中国植物志）

Quercus mongolica subsp. *crispula* (Blume) Menitsky in Novosti Sist. Vyssh. Rast. 10: 114. 1973.——*Q. mongolica* var. *grosseserrata* (Blume) Rehd. et Wils. in Pl. Wilson. 3: 231. 1916; 黑龙江省植物志4: 149. 1992; 东北植物检索表（第二版）: 104. 1995; 中国植物志22: 238. 1998.

生境、产地同原亚种。

092. 胡桃科 Juglandaceae

Juglandaceae DC. ex Perleb, Vers. Arzneikr. Pfl. 143. 1818, *nom. cons.*

木贼门、木贼亚门、木兰纲、蔷薇亚纲、蔷薇超目、壳斗目（Fagales）。

落叶或半常绿乔木或小乔木，具树脂，有芳香。叶互生，稀对生，奇数羽状复叶，稀偶数羽状复叶。花雌雄同株或杂性同株；雄花序常为葇荑状，单独或数条成束；雌花序穗状，顶生，具少数雌花而直立，或有多数雌花而成下垂的葇荑花序。果实为假核果或坚果状；外果皮肉质、革质或膜质；内果皮坚硬，骨质。

本科全世界有10属60多种，主要分布于北半球温带和亚热带。中国有7属20种。东北地区产2属6种，其中栽培4种。

分属检索表

1. 果实为坚果，具翅；叶轴具翅 ………………………………………… 1. 枫杨属 Pterocarya
1. 果实为核果，无翅；叶轴无翅 ………………………………………… 2. 胡桃属 Juglans

1 枫杨属 *Pterocarya* Kunth

Pterocarya Kunth in Ann. Sci. Nat. 2: 345. 1824.

落叶乔木。叶互生，常集生于小枝顶端，奇数（稀偶数）羽状复叶，边缘有细齿。葇荑花序单性。雄花序长而具多数雄花，下垂，单独生于小枝上端的叶丛下方；雄花无柄，两侧对称或常不规则，具显明凸起的线形花托，4枚花被片中仅1～3枚发育，雄蕊9～15枚。雌花序单独生于小枝顶端，具极多雌花，开花时俯垂，果时下垂；雌花无柄，辐射对称，花被片4枚，贴生于子房，在子房顶端与子房分离，子房下位，花柱短，柱头2裂，裂片羽状。坚果基部具1宿存的鳞状苞片，具2革质翅。

本属全世界有6种，分布于东亚和西南亚。中国有5种。东北地区产1种。

枫杨（辽宁植物志，黑龙江省植物志，内蒙古植物志，东北植物检索表，中国植物志，Flora of China）

Pterocarya stenoptera DC. in Ann. Sci. Nat. ser 4, 18: 34. 1852; 中国植物志21: 23. 图版7: 1～3. 1979; 辽宁植物志（上册）: 179. 图版68. 1988; 内蒙古植物志（第二版）2: 79. 图版29. 1990; 黑龙江省植物志4: 6. 图版2: 1～6. 1992; 东北植物检索表（第二版）: 77. 图版27: 5. 1995; Fl. China 4: 281. 1999.

落叶乔木；叶互生，偶数羽状复叶；雄葇荑花序生上年枝的叶痕上；雌葇荑花序顶生；果序长达40厘米；小坚果球状椭圆形，果翅长圆形或线状长圆形。生河滩或山涧溪谷两岸。产辽宁省大连、庄河、丹东、东港、岫岩、宽甸、本溪、沈阳、盖州等地。黑龙江省植物园有栽培。

■ 枫杨

果枝

果序一部分

植株

木材白色，轻软，极易加工，可作家具、火柴杆等。叶、树皮有毒，能杀虫。树皮强韧，纤维可制绳，并含单宁，可提制栲胶。果实可作饲料和酿酒，种子可榨油。

2 胡桃属 *Juglans* L.

Juglans L., Sp. Pl. 997. 1753.

落叶乔木。奇数羽状复叶互生；小叶具锯状齿，稀全缘。雌雄同株。雄性葇荑花序具多数雄花，无花序梗，下垂，单生于去年生枝条的叶痕腋内；雄花具短梗，花被片3枚，雄蕊4～40枚。雌花序穗状，直立，顶生于当年生小枝；雌花无梗，花被片4枚，子房下位，柱头2。果序直立或俯垂；果为假核果，外果皮由苞片及小苞片形成的总苞及花被发育而成，未成熟时肉质，不开裂，完全成熟时常不规则裂开；果核不完全2～4室，内果皮硬，骨质，壁内及隔膜内常具空隙。

本属全世界约20种，分布于两半球温、热带区域。中国产5种1变种，南北普遍分布。东北地区产5种，其中栽培4种。

分种检索表

1. 小叶5～7（～9），全缘；雌花序具1～4花；核壳薄，易开裂……1. 胡桃 J. regia L.
1. 小叶9～23，边缘具锯状齿；雌花序具5～20花；核壳厚，不易开裂。
  2. 果核表面光滑……2. 心胡桃 J. subcordiformis Dode
  2. 果核表面有6～8条棱线。
    3. 小叶15～23枚；果序长，具果实5～7……3. 胡桃楸 J. mandshurica Maxim.
    3. 小叶7～19（～23）枚；果序短，具果实1～3。
      4. 小叶（9～）15～19（～23）枚……4. 黑核桃 J. nigra L.
      4. 小叶7～15枚……5. 麻核桃 J. hopeiensis Hu

（1）胡桃（辽宁植物志，内蒙古植物志，东北植物检索表，中国植物志，Flora of China）

Juglans regia L., Sp. Pl. 997. 1753; 中国植物志21: 31. 图版9: 7～10. 1979; 辽宁植物志（上册）: 180. 图版69: 1～5. 1988; 内蒙古植物志（第二版）2: 75. 图版28: 1～2. 1990; 东北植物检索表（第二版）: 75. 图版

■ 胡桃

雄花序枝

植株上部

雌花

果序

果枝

27: 2. 1995; Fl. China 4: 282. 1999.

生山坡及丘陵地带。产内蒙古自治区宁城。辽宁南部和西部常见栽培。

木材可制家具、枪托等。核桃仁是很好的滋补强壮剂。树皮可提制栲胶，鞣皮革用。果壳可制活性炭。外果皮及叶可制农药。根、根皮、树皮有小毒。

（2）心胡桃（东北植物检索表）；心形胡桃（辽宁植物志）

Juglans subcordiformis Dode in Bull. Soc. Dendr. Prance 43. 1909; 东北植物检索表（第二版）: 77. 图版27: 4. 1995.——*J. cordiformis* Maxim in Bull. Soc. Dendr. France43. 1909; 辽宁植物志（上册）: 182. 图版69:

■ 心胡桃

小叶

果核

叶

7. 1988.

原产日本。辽宁省大连有栽培。

良好的果、材兼用树种，也是育种的亲本和嫁接的优良砧木。

（3）胡桃楸（辽宁植物志，内蒙古植物志，东北植物检索表，中国植物志，Flora of China）；核桃楸（黑龙江省植物志）

Juglans mandshurica Maxim. in Bull. Phys.–Math. Acad. Petersb. 15: 127. 1856; 中国植物志21: 32. 图版9: 5 ~ 6. 1979; 辽宁植物志（上册）: 183. 图版70. 1988; 内蒙古植物志（第二版）2: 77. 图版28: 3 ~ 6. 1990; 黑龙江省植物志4: 2. 图版1: 1 ~ 7. 1992; 东北植物检索表（第二版）: 75. 图版27: 1. 1995; Fl. China 4: 283. 1999.

生阔叶林或沟谷。产黑龙江省哈尔滨、宁安等地；吉林省安图、抚松、桦甸等地；辽宁省各山区；内蒙古自治区科尔沁左翼后旗、大青沟、乌兰浩特、喀喇沁旗、宁城等地。

种子油供食用，种仁可食；木材可作枪托、车轮、建筑等材料。树皮、叶及外果皮含鞣质，可提取栲胶；树皮纤维可作造纸等原料；枝、叶、皮可作农药。

■ 胡桃楸

果枝

雌花序

（4）黑胡桃（植物智网站）；北美黑胡桃、美国黑核桃（俗名）

■ 黑胡桃

果核

树干

植株一部分

Juglans nigra L., Sp. Pl. [Linnaeus] 2: 997. 1753.

原产北美洲。辽宁省大连、熊岳有栽培。

果材兼用树种，坚果食用，木材常被用于高档家具、建材装饰和雕刻艺术等多个领域。

（5）麻核桃（中国植物志）

Juglans hopeiensis Hu, 静生汇报5: 305. 1934; 中国植物志21: 32. 1979.

产北京、河北。辽宁省普兰店、熊岳有栽培。

木材坚硬，可作军工用材。果核可以做工艺品。

■ 麻核桃

果核

花序

果枝

093. 桦木科 Betulaceae

Betulaceae Gray, Nat. Arr. Brit. Pl. 2: 222, 243. 1822, *nom. cons.*

木贼门、木贼亚门、木兰纲、蔷薇亚纲、蔷薇超目、壳斗目（Fagales）。

落叶乔木或灌木。单叶互生，叶脉羽状。花单性，雌雄同株，风媒；雄花序顶生或侧生；雌花序为球果状、穗状、总状或头状，直立或下垂，具多数苞鳞，每苞鳞内有雌花2～3朵。果序球果状、穗状、总状或头状；果苞木质、革质、厚纸质或膜质，宿存或脱落。果为小坚果或坚果。

本科全世界有6属150～200种，主要分布于亚洲、欧洲、南美洲和北美洲。中国有6属89种。东北地区产5属27种5变种，其中栽培3种。

分属检索表

1. 雄花2～6朵生于每一苞鳞的腋间，有4枚膜质花被；雌花无花被；果为具翅的小坚果，连同果苞排列为球果状或穗状；小枝常具树脂疣或黏质。

　2. 果苞革质，成熟后脱落，具3裂片，每果苞内有3枚小坚果；果序呈穗状；雄蕊2枚；叶2列排列 …… **1. 桦木属 Betula**

　2. 果苞木质，宿存，具5裂片，每果苞内具2枚小坚果；果序呈球果状；雄蕊4枚；叶螺旋状排列 …………………………………… **2. 桤木属（赤杨属）Alnus**

（接上表）

1. 雄花单生于每一苞鳞的腋间，无花被；雌花具花被；果为坚果或小坚果，连同果苞排列为总状或头状；小枝无树脂疣。
 3. 果序总状且下垂；叶有9对以上侧脉 ·· 3. 鹅耳枥属 Carpinus
 3. 果序簇生呈头状；叶有9对以下侧脉。
  4. 果为小坚果，全部为果苞所包；果苞囊状；花药药室不分离，顶端无毛 ··············· 4. 虎榛子属 Ostryopsis
  4. 果为坚果，大部或全部为果苞所包；果苞钟状或管状；花药药室分离，顶端具簇毛 ············ 5. 榛属 Corylus

1 桦木属 *Betula* L.

Betula L., Sp. Pl. 982. 1753.

落叶乔木或灌木。单叶互生。花单性，雌雄同株。雄花序2～4簇生于枝顶或腋生；苞鳞覆瓦状排列，每苞鳞内具2枚小苞片及3朵雄花；雄蕊通常2枚，花丝短，顶端叉分，花药具2个完全分离的药室。雌花序1～5枚生于短枝的顶端，圆柱状、矩圆状或近球形，直立或下垂；苞鳞覆瓦状排列，每苞鳞内有3朵雌花；雌花无花被，子房扁平，2室，花柱2枚，分离。果苞革质，鳞片状，脱落，由3枚苞片愈合而成，具3裂片，内有3枚小坚果。小坚果小，扁平，具或宽或窄的膜质翅，顶端具2枚宿存的柱头；种子单生，具膜质种皮。

本属全世界50～60种，主要分布于北温带地区，少数种类分布至北极区内。中国产32种，全国均有分布。东北地区产16种3变种，其中栽培1种。

分种检索表

1. 灌木，稀小乔木。
 2. 叶倒卵形，先端钝圆；果序向下倾斜。
  3. 直立灌木；叶两面无毛；果苞中裂片先端钝圆，微长于侧裂片
  ·· 1. 扇叶桦 B. middendorffii Trautv. & C.A.Mey.
  3. 匍匐状灌木；叶表面疏生长柔毛；果苞中裂片先端尖，长为侧裂片的3倍 ········ 2. 瘦桦 B. glandulosa Michx.
 2. 叶不为倒卵形，先端尖；果序直立或斜展。
  4. 侧脉6～10对；果苞中裂片长为侧裂片2倍以上。
   5. 叶背面无或沿叶脉偶有腺点；果苞中裂片披针形或线状披针形，顶端尖；小坚果具狭翅，但不呈角状伸出
   ·· 3. 坚桦 B. chinensis Maxim.
   5. 叶背面密生明显的腺点；果苞中裂片线形，顶端圆；小坚果翅狭叶状，其上部1/3呈二角状向上伸出
   ·· 4. 角翅桦 B. ceratoptera G. H. Liu et Ma
  4. 侧脉7对以下；果苞中裂片长不超过侧裂片的2倍。
   6. 小坚果狭倒卵形，果翅为果宽的1.5～2倍；果苞侧裂片斜展至横展 ············ 5. 砂生桦 B. gmelinii Bunge
   6. 小坚果椭圆形，果翅为果宽的1/3～1/2；果苞侧裂片微开展至斜展，稀直立。
    7. 叶缘具不规则的粗锯状齿；果序梗长1～3毫米 ······································ 6. 甸生 B. humilis Schrank
    7. 叶缘具细而密的锯状齿；果序梗长3～10毫米。

（接上表）

8. 幼枝密被腺体或极短的柔毛、幼叶两面无毛；果苞侧裂片微开展至斜展（稀近直立）……………… 7. **柴桦** B. fruticosa Pall.
8. 幼枝及幼叶的两面均密被长柔毛；果苞之侧裂片多为直立 …………………… 8. **油桦** B. ovalifolia Rupr.

1. 乔木。
9. 叶脉通常在8对以下。
10. 树皮黑褐色，龟裂；叶卵形或椭圆状卵形，稀菱状卵形；果翅为小坚果宽的1/2或更小……………… 9. **黑桦** B. dahurica Pall.
10. 树皮白色、灰色或黄白色，成层片状剥裂；叶三角状卵形、三角状菱形、三角形，稀卵状菱形或宽卵形；果翅为小坚果宽1倍或近与小坚果等宽。
11. 枝条细长，通常下垂；小坚果之翅较果宽1倍 ………………………………… 10. **垂枝桦** B. pendula Roth.
11. 枝条斜上，通常不下垂；小坚果之翅与果近等宽（11. **白桦** B. platyphylla Suk.）。
12. 树皮灰白色，成层剥裂；叶柄、叶下面无毛；叶上面幼时疏被腺点，成熟后无腺点，叶背面密生腺点 ………………………………… 11a. **白桦** B. platyphylla var. platyphylla
12. 树皮具厚的灰色木栓层，纵沟裂（似黄檗皮）；叶柄、叶下面沿脉及叶缘具疏或密的柔毛；叶两面无腺点 ……………………………… 11b. **栓皮白桦** B. platyphylla var. phellodendroides Tung
9. 叶脉通常在8对以上。
13. 树皮红褐色或暗红褐色；果序单生或同时有2～4枚排成总状。
14. 树皮暗红褐色；小枝褐色；叶背面沿脉密被长柔毛，脉腋间具密髯毛 …… 12. **糙皮桦** B. utilis D. Don
14. 树皮淡红褐色或紫红色；小枝紫红色；叶背面沿脉疏被长柔毛或无毛，脉腋间通常无髯或具较少髯毛……………… 13. **红桦** B. albo-sinensis Burk
13. 树皮黄褐色、黑褐色或灰白色；果序全部单生。
15. 树皮黄褐色，呈纸状剥裂；叶长卵形，先端长渐尖，侧脉9～16对；果翅为果宽的1/2至与果宽近等……………… 14. **硕桦** B. costata Trautv.
15. 树皮黑褐色或灰白色，具浅裂纹或大片状剥裂；叶卵形或广卵形，先端渐尖或短渐尖，侧脉8～12对；果翅不及果宽1/2或近无翅。
16. 树皮黑褐色，具浅裂纹；小枝黑褐色，叶质厚；小坚果近无翅……… 15. **赛黑桦** B. schmidtii Regel
16. 树皮灰白色，大片状剥裂；小枝褐色，叶质较薄；果翅为果宽的1/3～1/2（16. **岳桦** B. ermanii Cham.）。
17. 果序矩圆形……………… 16a. **岳桦** B. ermanii var. ermanii
17. 果序近圆形。
18. 序梗长达6毫米 …………… 16b. **英吉里岳桦** B. ermanii var. yingkiliensis Liou & Z. Wang
18. 序梗几乎不明显 ……………… 16c. **帽儿山岳桦** B. ermanii var. macrostrobila Liou

（1）扇叶桦（黑龙江省植物志，内蒙古植物志，东北植物检索表，中国植物志，Flora of China）

Betula middendorffii Trautv. & C. A. Mey. in Fl. Ochot. 84. 1856; Fl. China 4: 313. 1999; 中国植物志21: 129. 图版29: 11～15. 1979; 内蒙古植物志（第二版）2: 85. 图版32: 1～3; 35: 3. 1990; 黑龙江省植物志4: 131. 图版32: 4～7. 1992; 东北植物检索表（第二版）: 100. 图版41: 8. 1995.

生海拔600～1200米的沼泽地中。产黑龙江省呼玛、塔河等地；内蒙古自治区额尔古纳、根河、牙克石等地。

■ 扇叶桦

果序

叶

植株一部分

主干和枝条

果枝

植株

（2）瘦桦（黑龙江省植物志，东北植物检索表）

Betula glandulosa Michx. in Fl. Bor.-Amer. 2: 180. 1803.——*Betula exilis* Sukaczev in Trudy Bot. Muz. Imp. Akad. Nauk 8: 213 1911; 黑龙江省植物志4: 125. 图31: 1 ~ 4. 1992; 东北植物检索表（第二版）: 100. 1995.

生海拔1300米以上的山顶。产黑龙江省呼玛（白蛤喇山），为黑龙江省特有种。

（3）坚桦（辽宁植物志，黑龙江省植物志，内蒙古植物志，东北植物检索表，中国植物志，Flora of China）

Betula chinensis Maxim. in Bull. Soc. Nat. Moscou 54 (1): 47. 1879; 中国植物志21: 134. 图版30: 1 ~ 3. 1979; 辽宁植物志（上册）: 244. 图版95: 1. 1988; 内蒙古植物志（第二版）2: 92. 图版34: 6 ~ 7; 35: 10. 1990; 黑龙江省植物志4: 117. 图版28: 1 ~ 5. 1992; 东北植物检索表（第二版）: 100. 图版41: 6. 1995; Fl. China 4: 308. 1999.

生山脊、干旱山坡或多石地。产辽宁省清原、抚顺、新宾、本溪、桓仁、宽甸、凤城、岫岩、庄河、北票、朝阳、建平、凌源、喀左、建昌等地；内蒙古自治区宁城、敖汉旗等地。黑龙江省森林植物园及安达市有栽培。

木材坚重、致密，心材赤褐色，边材淡黄白色，纹理通直，刨平后有光泽，可作车辆、器具、家具、农具、机械等用材。树皮可作染料。

■ 坚桦

树干

果枝

雄花序枝

（4）角翅桦（内蒙古植物志，东北植物检索表）

Betula ceratoptera G. H. Liu et Ma in Bull. Bot. Res., Harbin 9(4): 55. 1989; 内蒙古植物志（第二版）2: 95. 图版34: 1 ~ 5; 35: 11. 1990; 东北植物检索表（第二版）: 100. 1995.

生山坡林中。产内蒙古自治区宁城等地。

（5）砂生桦（内蒙古植物志，东北植物检索表，中国植物志，Flora of China）；沙生桦（黑龙江省植物志）

Betula gmelinii Bunge in Mem. Sav. ttr. Acad. Sci. St. Petersb. 2: 607. 1835; 中国植物志21: 128. 图版29: 10 ~ 12. 1979; 内蒙古植物志（第二版）2: 87. 图版32: 4 ~ 6; 35: 4. 1990; 黑龙江省植物志4: 128. 图版32: 1 ~ 3. 1992; 东北植物检索表（第二版）: 100. 图版41: 9. 1995; Fl. China 4: 313. 1999.

生沙丘间或沙地上。产黑龙江省呼玛等地；辽宁省北部；内蒙古自治区科尔沁左翼后旗、库伦旗、翁牛特旗、克什克腾旗、西乌珠穆沁旗、锡林浩特、正蓝旗等地。

■ 砂生桦

果枝

植株一部分

■ 砂生桦

树干

植株

（6）甸生桦（东北植物检索表，中国植物志，Flora of China）；矮桦（黑龙江省植物志）

Betula humilis Schrank in Baier. Fl. 1: 420. 1789; Fl. China 4: 312. 1999; 中国植物志21: 128. 图版29: 7 ~ 9. 1979; 黑龙江省植物志4: 129. 图版32: 8 ~ 12. 1992; 东北植物检索表（第二版）: 100. 1995.

生海拔1400 ~ 1800米的林区草甸中和湿润阶地。产黑龙江省伊春等地。

■ 甸生桦

花枝

叶

■ 甸生桦

植株

植株一部分

（7）柴桦（黑龙江省植物志，内蒙古植物志，东北植物检索表，中国植物志，Flora of China）；枣叶桦（内蒙古植物志，东北植物检索表）

Betula fruticosa Pall. in Reise Russ. Reich. 3: 758. 1776; 中国植物志21: 127. 图版29: 4 ~ 6. 1979; 内蒙古植物志（第二版）2: 88. 图版32: 7 ~ 9; 35: 5. 1990; 黑龙江省植物志4: 126. 图31: 5 ~ 7. 1992; 东北植物检索表（第二版）: 100. 图版41: 7. 1995; Fl. China 4: 312. 1999; 东北植物分布图集: 121. 2019.——*B. fruticosa* var. *ruprechtiana* Trautv. in Prim. Fl. Amur. 254. 1859; 内蒙古植物志（第二版）2: 88. 图版32: 10 ~ 12; 35: 5a. 1990; 黑龙江省植物志4: 128. 1992; 东北植物检索表（第二版）: 100. 1995.——*B. gmelinii* var. *zyzyphifolia* (C. Wang et Tung) G. H. Liu et Ma, 内蒙古植物志（第二版）2: 87. 图版35: 4a. 1990; 东北植物检索表（第二版）: 100. 1995.—— *B. fruticosa* var. *fusenensis* (Nakai) Liou, 东北木本植物图志: 205. 图版75: 110. 1955; 黑龙江省植物志4: 128. 1992.

生老林林缘的沼泽地或水甸子，或沙丘间地，或沙地上。产黑龙江省呼玛、黑河、伊春、五大连池、虎林、饶河、穆棱、萝北、鹤岗等地；吉林省安图、敦化等地；辽宁省本溪等地；内蒙古自治区额尔古纳、根河、牙克石、扎兰屯、科尔沁右翼前旗、翁牛特旗等地。

■ 柴桦

果枝

植株

植株一部分

（8）油桦（东北木本植物图志，东北植物检索表，中国植物志）；卵叶柴桦（黑龙江省植物志）

Betul aovalifolia Rupr. in Bull. Acad. Sci. St. Petersb. 15: 378. 1857; 中国植物志21: 126. 图版29: 1 ~ 3. 1979; Fl. China 4: 312. 1999.—— *B. fruticosa* var. *ovalifolia* (Rupr.) Tung. in Bull. Bor. Res. 1(1 ~ 2): 132. 图版5: 4 ~ 7. 1981; 内蒙古植物志1: 229. 图版69: 10 ~ 12. 1985; 黑龙江省植物志4: 128. 图31: 8 ~ 11. 1992; 东北植物检索表（第二版）: 100. 1995.

生海拔500 ~ 1200米的潮湿地区、苔藓沼泽区以及沿河湿地。产黑龙江省伊春等地；吉林省安图、抚松、靖宇、和龙、敦化等地；内蒙古自治区额尔古纳、根河、牙克石、扎兰屯、鄂伦春、科尔沁右翼前旗等地。

■ 油桦

果枝

花枝

小枝

植株

群落

植株一部分

（9）黑桦（辽宁植物志，黑龙江省植物志，内蒙古植物志，东北植物检索表，中国植物志，Flora of China）

Betula dahurica Pall. in Reise Prov. Russ. Reich. 3: 224. not. 321. 421. t. K(k). fig. 4(a ~ b). 1776; 中国植物志21: 118. 图版28: 10 ~ 12. 1979; 辽宁植物志（上册）: 244. 1988; 内蒙古植物志（第二版）2: 84. 图版31: 1 ~ 3; 35: 2. 1990; 黑龙江省植物志4: 120. 图版29: 1 ~ 4. 1992; 东北植物检索表（第二版）: 100. 图版41: 5. 1995; Fl. China 4: 312. 1999.——*Betula dahurica* var. *oblongifolia* Liou, 东北木本植物图志196, 560. 图版67: 96; 68: Ⅱ ~ Ⅲ: 10. 1955.——*Betula dahurica* var. *tiliaefolia* Liou, 东北木本植物图志196, 560. 图版68: Ⅲ: 9. 1955.—— *Betula dahurica* var. *ovalifolia* Liou, 东北木本植物图志196, 560. 图版68: Ⅲ: 10; 图版69: 97. 1955.—— *Betula dahurica* f. *oblongifolia* (Liou) Tung. in Bull. Bot. Res. 1(1 ~ 2): 130. Pl. 4: 6. 1981, 黑龙江省植物志4: 121. 图版29: 5. 1992.—— *Betula dahurica* f. *tiliaefolia* (Liou) Tung. in Bull. Bot. Res. 1(1 ~ 2): 130. Pl. 4: 1 ~ 4. 1981, 黑龙江省植物志4: 123. 图版29: 6 ~ 8. 1992.—— *Betula dahurica* f. *ovalifolia* (Liou) Tung. in Bull. Bot. Res. 1(1 ~ 2): 130. Pl. 4: 5. 1981, 黑龙江省植物志4: 123. 图版29: 9 ~ 11. 1992.

生低山向阳山坡、山麓较干燥处或杂木林内。产黑龙江省漠河、呼玛、五大连池、嫩江、伊春、饶河、密山、嘉荫、汤原、鸡西、绥芬河、宁安等地；吉林省安图、临江、汪清、九台、吉林等地；辽宁省清原、抚顺、新宾、本溪、桓仁、宽甸、凤城、岫岩、旅顺口、金州、庄河等地；内蒙古自治区额尔古纳、根河、牙克石、扎兰屯、鄂伦春、科尔沁右翼前旗、扎鲁特旗、翁牛特旗、巴林左旗、巴林右旗、克什克腾旗、喀喇沁旗、宁城、林西、东乌珠穆沁旗、多伦等地。

木材供建筑、火车车厢、车轴、车辕、胶合板、家具等用，种子可榨油。树皮烧成炭治痢疾、腹泻；芽治胆囊炎、肾炎。

■ 黑桦

树干

果序

雌花序

植株一部分

雄花序

果翅约为小坚果宽之半

（10）垂枝桦（中国植物志，Flora of China）

Betula pendula Roth. in Tentan. Fl. Germ. 1: 405. 1788; 中国植物志21: 115. 图版26: 12 ~ 14. 1979; Fl. China 4: 311. 1999.

产欧洲和中国新疆。辽宁省大连有栽培。

木质坚实，可作细木工、家具等用材。树形优美，为优良的绿化观赏树种。树皮有清热解毒、止咳作用，用于痢疾、咳嗽气喘、乳痈。

■ 垂枝桦

果枝

树干

植株

（11）白桦（辽宁植物志，黑龙江省植物志，内蒙古植物志，东北植物检索表，中国植物志，Flora of China）；东北白桦（辽宁植物志，黑龙江省植物志，内蒙古植物志）

Betula platyphylla Suk. in Trav. Mus. Bot. Acad. Imp. Sci. St. Petersb. 8: 220. t. 3. 1911; 中国植物志21: 112. 图版25. 1979; 辽宁植物志（上册）: 243. 1988; 内蒙古植物志（第二版）2: 81. 图版30; 35: 1. 1990; 黑龙江省植物志4: 132. 图版33: 1～5. 1992; 东北植物检索表（第二版）: 100. 图版41: 4. 1995; Fl. China 4: 310. 1999.——*B. platyphylla* Suk. var. *mandshurica* (Regel) Hara in Journ. Jap. Bot. 13: 385. 1937; 辽宁植物志（上册）: 243. 1988; 黑龙江省植物志4: 134. 图版33: 6. 1992.

（11a）白桦（原变种）

Betula platyphylla var. *platyphylla*

散生山地中上部杂木林内。产黑龙江省密山、呼玛、哈尔滨、伊春、海林、桦南、牡丹江、五大连池、虎林、萝北、宁安、尚志等地；吉林省临江、抚松、安图、蛟河、敦化、汪清、珲春、长白等地；辽宁省桓仁、宽甸、建昌等地；内蒙古自治区额尔古纳、根河、牙克石、扎兰屯、鄂伦春、鄂温克、科尔沁右翼前旗、扎鲁特旗、翁牛特旗、巴林右旗、阿鲁科尔沁旗、克什克腾旗、喀喇沁旗、宁城、林西、锡林浩特等地。

■ 白桦

树干

叶

果序

居群

可用于园林绿化。木材黄白色，材质松软，可作一般家具、器具、箱板等用材，树皮可提取桦树油。树皮有清热利湿、祛痰止咳、解毒消肿作用。

（11b）栓皮白桦（变种）（黑龙江省植物志）

Betula platyphylla var. *phellodendroides* Tung in Bull. Bot. Res. 1(1 ~ 2): 136. Pl. 9. 1981; 黑龙江省植物志4: 134. 图版33: 7 ~ 9. 1992.

生杂木林中。特产于黑龙江省塔河（模式标本采自蒙克山）。

■ 栓皮白桦

居群

树干上部

树干下部

植株

（12）糙皮桦（内蒙古植物志，东北植物检索表，中国植物志，Flora of China）

Betula utilis D. Don in Prodr. Fl. Nepal. 58. 1825; 中国植物志21: 120. 图版27: 1 ~ 5. 1979; 内蒙古植物志（第二版）2: 89. 图版33: 1 ~ 3; 35: 6. 1990; 东北植物检索表（第二版）: 98. 1995; Fl. China 4: 309. 1999.

生山坡杂木林中。产内蒙古自治区宁城等地。

木材坚韧，断面有光泽，供建筑用。

■ 糙皮桦

果序

果枝

树干

（13）红桦（内蒙古植物志，东北植物检索表，中国植物志，Flora of China）

Betula albo-sinensis Burk in J. L. Soc., Bot. 26: 497. 1899; Fl. China 4: 309. 1999; 中国植物志21: 121. 图版27: 5 ~ 6. 1979; 内蒙古植物志（第二版）2: 89. 图版33: 4 ~ 6; 35: 7. 1990; 东北植物检索表（第二版）: 98. 1995.

生山坡杂木林中。产内蒙古自治区宁城等地。

木材可作用具或胶合板，树皮可做帽子或作包装用。

■ 红桦

居群

树干

小枝

植株一部分

（14）硕桦（辽宁植物志，内蒙古植物志，中国植物志，Flora of China）；风桦（东北植物检索表）；枫桦（黑龙江省植物志）

Betula costata Trautv. in Mem. Sav. Etr. Acad. Sci. St. Petersb. 9: 253. 1859; 中国植物志21: 124. 图版28: 7 ~ 9. 1979; 辽宁植物志（上册）: 239. 图版92. 1988; 内蒙古植物志（第二版）2: 90. 图版31: 7 ~ 9; 35: 8. 1990; 黑龙江省植物志4: 118. 图版28: 6 ~ 8. 1992; 东北植物检索表（第二版）: 98. 图版41: 2. 1995; Fl. China 4: 310. 1999.

生山腰及上部的杂木林内。产黑龙江省伊春、饶河、海林、尚志等地；吉林省敦化、汪清、安图、抚松、临江、长白等地；辽宁省清原、抚顺、新宾、本溪、桓仁、宽甸、凤城、岫岩、庄河等地；内蒙古自治区喀喇沁旗、宁城等地。

秋叶金黄，是重要的观干赏叶风景树。心材淡黄褐色，边材白色或带黄色，材质粗松，干燥后易开裂，可作箱板及一般用材。

■ 硕桦

树干

小枝

果枝

（15）赛黑桦（辽宁植物志，东北植物检索表，中国植物志，Flora of China）

Betula schmidtii Regel in Bull. Soc. Nat. Moscou 38 (2): 412. t. 6. fig. 14 ~ 20. 1865; 中国植物志21: 132. 图版30: 11 ~ 13. 1979; 辽宁植物志（上册）: 241. 图版94. 1988; 东北植物检索表（第二版）: 98. 图版41: 3. 1995; Fl. China 4: 308. 1999.

常生向阳山坡或多岩石处。产吉林省临江、集安等地；辽宁省本溪、凤城、宽甸等地。

心材赤褐色，边材淡黄褐色，质坚重，可供雕刻、机械、器具、家具、建筑等用材。

■ 赛黑桦

果枝

叶

树干

植株一部分

（16）岳桦（辽宁植物志，内蒙古植物志，东北植物检索表，中国植物志，Flora of China）

Betula ermanii Cham. in Linnaea 6: 537. 1831; 中国植物志21: 123. 图版26: 15 ~ 17. 1979; 辽宁植物志（上册）: 239. 图版93. 1988; 内蒙古植物志（第二版）2: 90. 图版31: 4 ~ 6; 35: 9. 1990; 黑龙江省植物志4: 123. 图版31: 1 ~ 3. 1992; 东北植物检索表（第二版）: 100. 图版41: 1. 1995; Fl. China 4: 310. 1999.

（16a）岳桦（原变种）

Betula ermanii var. *ermanii*

生山坡林中。产黑龙江省呼玛、伊春、海林、尚志等地；吉林省安图、长白、抚松、敦化、汪清等地；辽宁省庄河、新宾、本溪、桓仁、宽甸、凤城、岫岩等地；内蒙古自治区根河、科尔沁右翼前旗等地。

木材可供建筑。树皮、芽有清热解毒、化痰、利湿作用，用于疮疡。

■ 岳桦

果序

居群

树干

叶

（16b）英吉里岳桦（变种）（内蒙古植物志，东北木本植物图志，东北植物检索表，中国植物志，Flora of China）

Betula ermanii var. *yingkiliensis* Liou & Z. Wang, 东北木本植物图志 200. 1955; 中国植物志21: 124. 1979; 内蒙古植物志（第二版）2: 92. 1990; 黑龙江省植物志4: 125. 图版31: 4 ~ 5. 1992; 东北植物检索表（第二版）: 100. 1995; Fl. China 4: 310. 1999.

生亚高山带或高山脊，常与兴安落叶松混生。产黑龙江省呼玛等地；内蒙古自治区根河等地。模式标本采自大兴安岭英吉里山。

（16c）帽儿山岳桦（变种）（东北木本植物图志，中国植物志，Flora of China）

Betula ermanii var. *macrostrobila* Liou, 东北木本植物图志 200. 1955; 中国植物志21: 124. 1979; Fl. China 4: 310. 1999.

生针阔混交林。产黑龙江省尚志（帽儿山）。模式标本采自黑龙江省帽儿山。

2 桤木属（赤杨属） *Alnus* Mill.

Alnus Mill. Gard. dict. ed. 4. 1754.

落叶乔木或灌木。单叶互生。花单性，雌雄同株。雄花序生枝顶，圆柱形；雄花每3朵生于一苞鳞内；花被4枚，雄蕊多为4枚，花丝甚短，花药卵圆形。雌花序单生或聚成总状或圆锥状，秋季出自叶腋或着生于少叶的短枝上；苞鳞覆瓦状排列，每个苞鳞内具2朵雌花；雌花无花被；子房2室，每室具1枚倒生胚珠；花柱短，柱头2。果序球果状；果苞木质，鳞片状，宿存，每个果苞内具2枚小坚果。小坚果扁平，具膜质或厚纸质翅；种子单生，具膜质种皮。

本属全世界有40余种，分布于亚洲、非洲、欧洲及北美洲，最南分布于南美洲的秘鲁。中国有10种，分布于东北、华北、华东、华南、华中及西南地区。东北地区产5种1变种，其中栽培1种。

分种检索表

1. 球穗状果序单生；果梗长约2厘米 ………………………………………………… **1. 旅顺桤木 A. sieboldiana** Matsum.
1. 球穗状果序2至多数排列成总状或圆锥状；果梗较短或几乎无梗。
  2. 叶圆形，稀近卵形，常为浅裂，边缘具钝齿 ………………………………… **2. 辽东桤木 A. hirsuta** (Spach) Rupr.
  2. 叶广椭圆形或长椭圆形，不分裂，边缘具锯状齿。
    3. 叶椭圆形至长椭圆形，边缘具尖锯状齿，基部楔形或广楔形；芽具短柄，芽鳞2～3；小坚果近无翅［**3. 日本桤木 A. japonica** (Thunb.) Steud.］。
      4. 叶柄幼时疏被短柔毛，后渐无毛 ………………………………………… **3a. 日本桤木 A. japonica** var. **japonica**
      4. 叶柄密被淡棕褐色长毛，至秋冬也不脱落 … **3b. 毛枝日本桤木 A. japonica** var. **villosa** L. Zhao et D. Chen
    3. 叶卵圆形、广椭圆形或广卵形，边缘具尖细齿牙状锯状齿，基部广楔形、圆形或近心形；芽无柄，芽鳞3～6；小坚果具翅。
      5. 叶圆形至阔卵形，先端锐尖，基部近圆形，常不对称；叶柄长0.5～1厘米；果序柄长1厘米左右 ……………………………………………………………………………………… **4. 矮桤木 A. fruticosa** Rupr.
      5. 叶卵形或卵圆形，先端钝尖，基部楔形或近心形，常对称；叶柄长1～2厘米；果序柄长1～2厘米 ……………………………………………………………… **5. 东北桤木 A. mandshurica** (Call.) Hand.-Mazz.

（1）旅顺桤木（中国植物志）；旅顺赤杨（东北植物检索表）

Alnus sieboldiana Matsum. in Journ. Coll. Sci. Univ. Tokyo 16: art. 5. 2. t. 1. 1902; 中国植物志21: 103. 1979; 东北植物检索表（第二版）: 98. 图版40: 2. 1995.

原产日本。辽宁省旅顺口有栽培。

（2）辽东桤木（辽宁植物志，中国植物志，Flora of China）；水冬瓜赤杨（内蒙古植物志，东北植物检索表）；色赤杨（东北植物检索表）；毛赤杨（黑龙江省植物志）

Alnus hirsuta (Spach) Rupr. in Bull. Cl. Phys.-Math. Acad. Imp. Sci. Saint-Pétersbourg 15: 376. 1857; Fl. China 4: 303. 1999.——*A. sibirica* Fisch ex Turcz. in Bull. Soc. Nat. Moscou 11: 101. 1838; 中国植物志21: 99. 图版23: 7～9. 1979; 辽宁植物志（上册）: 248. 1988; 内蒙古植物志（第二版）2: 96. 图版36: 1～3. 1990; 黑龙江省植物志4: 115. 图版27: 2～7. 1992; 东北植物检索表（第二版）: 98. 1995.——*A. sibirica* Fisch. var. *hirsuta* Koidzumi in Bot. Mag. Tokyo 27: 144. 1913; 东北植物检索表（第二版）: 98. 1995.——*A. tinctoria* Sarg. In Gard. & Forest 10: 472 1897; 东北植物检索表（第二版）: 98. 1995.

生林中湿地、河岸。产黑龙江省勃利、宁安、饶河、呼玛、尚志、伊春等地；吉林省安图、汪清、珲春、临江、抚松、长春、和龙、九台等地；辽宁省瓦房店、庄河（铁岭、抚顺、本溪、凤城、丹东等地有栽培）；内蒙古自治区根河、牙克石、鄂伦春等地。

木材供建筑、家具及火柴杆等；树皮含单宁，可提制栲胶。生长快速，是湿润地区及溪流两岸的优良园林绿化树种。树皮治气管炎。

■ 辽东桤木

雄花序

植株一部分

果序

（3）日本桤木（辽宁植物志，中国植物志，Flora of China）；日本赤杨（黑龙江省植物志，东北植物检索表）

Alnus japonica (Thunb.) Steud. in Nomemcl. Bot. ed. 2. 55. 1840; 中国植物志21: 98. 1979; 辽宁植物志（上册）: 245. 图版95: 4. 1988; 黑龙江省植物志4: 113. 图版27: 1. 1992; 东北植物检索表（第二版）: 98. 图版40: 3. 1995; Fl. China 4: 303. 1999.

（3a）日本桤木（原变种）

Alnus japonica var. *japonica*

生河、溪岸旁。产吉林省珲春等地；辽宁省营口、岫岩、丹东、瓦房店、金州、大连等地。黑龙江省森林植物园有栽培。

为低湿地护堤岸及改良土壤的造林树种。树皮、叶、果有止血作用。果实及花序治泄泻、肺炎。

■ 日本桤木

雄花序

果枝

成熟期果实

■ 日本桤木

叶背面观

植株一部分

（3b）毛枝日本桤木（变种）（辽宁植物志）

Alnus japonica var. *villosa* L. Zhao et D. Chen, 辽宁植物志（上册）: 247. 1988.

生林缘。产辽宁省岫岩、凤城、庄河等地。

■ 毛枝日本桤木

叶背面观

叶柄

（4）矮桤木（内蒙古植物志）；矮赤杨（黑龙江省植物志）

■ 矮桤木

果序

果枝

植株一部分

Alnus fruticosa Rupr. in C. A. Mey. Beitr. Pfl. Russ. 2: 53. 1845; 黑龙江树木志180. 图版44: 1 ~ 2. 1986; 内蒙古植物志（第二版）2: 96. 图版36: 4 ~ 7. 1990; 黑龙江省植物志4: 110. 图版26: 1 ~ 2. 1992.

生海拔700 ~ 800米的山坡、林边及溪流两岸、泉源附近。产黑龙江省大兴安岭山区；内蒙古自治区根河、牙克石、鄂伦春等地。

（5）东北桤木（辽宁植物志，中国植物志，Flora of China）；东北赤杨（黑龙江省植物志，东北植物检索表）

Alnus mandshurica (Call.) Hand.–Mazz. in Oesterr. Bot. Zeit. 81: 306. 1932; 中国植物志21: 101. 图版23: 16 ~ 18. 1979; 辽宁植物志（上册）: 247. 图版96. 1988; 东北植物检索表（第二版）: 98. 图版40: 4. 1995; Fl. China 4: 303. 1999.——*A. fruticosa* Rupr. var. *mandshurica* Callier ex Schneid., Ill. Handb. Laubholzk 1: 121. 1904; 黑龙江省植物志4: 112. 1992.

生林边、河岸或山坡的林中。产黑龙江省尚志、呼玛等地；吉林省安图、抚松、长白等地；辽宁省宽甸、桓仁、凤城等地；内蒙古自治区根河、鄂伦春、额尔古纳、牙克石等地。

树皮、果实有清热解毒、收敛作用。

■ 东北桤木

叶

果序

植株一部分

3 鹅耳枥属 *Carpinus* L.

Carpinus L., Gen. Pl. 292. 1737.

乔木或小乔木，稀灌木；树皮平滑。单叶互生。花单性，雌雄同株。雄花序生上一年枝条上；苞鳞覆瓦状排列，每苞鳞内具1朵雄花；雄花无花被，具3 ~ 13枚雄蕊；花丝短，顶端分叉；花药2室，药室分离，顶端有一簇毛。雌花序生于上部的枝顶或腋生于短枝上，单生；苞鳞覆瓦状排列，每苞鳞内具2朵雌花；花被与子房贴生，顶端具不规则的浅裂；子房下位；花柱2；果苞叶状，3裂、2裂或不明显2裂。小坚果微扁，着生于果苞之基部，顶端具宿存花被，有数肋；果皮坚硬，不开裂；种子1，子叶厚，肉质。

本属全世界约50种，分布于北温带及北亚热带地区。中国有33种，分布于东北、华北、西北、西南、华东、华中及华南地区。东北地区产2种。

分种检索表

1. 叶长2 ~ 5厘米，基部圆形，侧脉7 ~ 14对；果序松散，长2 ~ 3厘米；小坚果卵形 …	1. 鹅耳枥 C. turczaninowii Hance
1. 叶长7 ~ 12厘米，基部心形，侧脉5 ~ 21对；果序较紧密，长6 ~ 10厘米；小坚果椭圆形 …	2. 千金榆 C. cordata Blume

（1）鹅耳枥（辽宁植物志，东北植物检索表，中国植物志，Flora of China）

Carpinus turczaninowii Hance in Journ. L. Soc, Bot. 10: 203. 1869; 中国植物志21: 71. 图版19: 4 ~ 14. 1979; 辽宁植物志（上册）: 253. 1988; 东北植物检索表（第二版）: 102. 图版40: 5. 1995; Fl. China 4: 294. 1999.

生山坡或山谷林中。产辽宁省朝阳、建平、喀左、凌源、建昌、丹东、东港、长海、大连等地。

木材红褐色、黄褐色，纹理美丽，木质坚韧均匀，扭曲不易裂开，可供家具、农具、手杖及雨伞柄等用。种子含油，可供食用或工业用。树皮、叶用于跌打损伤。

■ 鹅耳枥

居群

果序

果实

雄花枝

植株一部分

（2）千金榆（辽宁植物志，黑龙江省植物志，东北植物检索表，中国植物志，Flora of China）；千金鹅耳枥（东北植物分布图集）

Carpinus cordata Blume in Mus. Bot. Lugd.-Bat. 1: 309. 1850; 中国植物志21: 63. 图版15: 1 ~ 3. 1979; 辽宁植物志（上册）: 252. 图版98. 1988; 黑龙江省植物志4: 135. 图版34: 1 ~ 4. 1992; 东北植物检索表（第二版）: 102. 图版40: 6. 1995; Fl. China 4: 292. 1999.

生杂木林内。产黑龙江省宁安、东宁、尚志等地；吉林省和龙、安图、通化、抚松、临江、靖宇、柳河、集安、辉南、敦化、汪清等地；辽宁省抚顺、新宾、本溪、桓仁、凤城、宽甸、岫岩、庄河等地。

木材坚硬，可作机械、车辆、农具等用材。果穗有健胃消食作用，根皮用于劳倦疲乏、跌打损伤、痈肿、淋证。

■ 千金榆

果序

植株一部分

4 虎榛子属 *Ostryopsis* Decne.

Ostryopsis Decne. in Bull. Soc. France 20. 155. 1873.

矮灌木。单叶互生，叶缘具不规则的重锯状齿或浅裂。花单性，雌雄同株。雄花序葇荑花序状；苞鳞覆瓦状排列，每苞鳞内具1朵雄花，无小苞片；雄花无花被，具4～8枚插生于苞鳞基部之雄蕊；花丝短，顶端分叉，花药2室，药室分离，纵裂，顶端具毛。雌花序排成总状，直立或斜展；苞鳞成对生于花序轴上，膜质，每苞鳞内具2朵雌花；雌花的基部具1枚苞片与2枚小苞片；花被膜质，与子房贴生；子房2室，每室具1枚倒生胚珠，花柱2枚。果苞厚纸质，囊状，顶端3裂。小坚果宽卵圆形，稍扁，完全为果苞所包，外果皮木质；种子1。

本属全世界有2种，为中国特有，分布于北方及西南地区。东北地区产1种。

虎榛子（辽宁植物志，黑龙江省植物志，内蒙古植物志，东北植物检索表，中国植物志，Flora of China）

Ostryopsis davidiana Deene. in Bull. Soc. Bot. France 20: 155. 1873; 中国植物志21: 55. 图版14: 1～2.

■ 虎榛子

雄花序

叶

果序

果枝

1979; 辽宁植物志（上册）: 254. 1988; 内蒙古植物志（第二版）2: 100. 图版37: 7 ~ 8. 1990; 黑龙江省植物志4: 142. 图版36: 1 ~ 8. 1992; 东北植物检索表（第二版）: 102. 图版42: 4. 1995; Fl. China 4: 289. 1999.

落叶丛生灌木；叶卵形或椭圆状卵形，基部近心形，先端短渐尖，边缘具较钝重锯状齿，中部以上有浅裂，两面被短柔毛；花序顶生于当年枝上，花4 ~ 7朵簇生；小坚果卵形，包藏于果苞内。常生干旱山坡。产黑龙江省龙江至杜尔伯特一带；辽宁省建平、凌源、喀左、建昌等地；内蒙古自治区扎赉特旗、扎鲁特旗、克什克腾旗、西乌珠穆沁旗、太仆寺旗、正蓝旗等地。

树皮及叶含鞣质，可提取栲胶；种子含油，供食用和制肥皂；枝条可编农具，经久耐用。果实有清热利湿作用。

5 榛属 *Corylus* L.

Corylus L., Gen. Pl. 730. 1753.

落叶灌木或小乔木，少为乔木。单叶互生，边缘具重锯状齿或浅裂。花单性，雌雄同株。雄花序每2 ~ 3枚生于上一年的侧枝的顶端，下垂；苞鳞覆瓦状排列，每个苞鳞内具2枚与苞鳞贴生的小苞片及1朵雄花；雄花无花被，具雄蕊4 ~ 8枚；花丝短，分离；花药2室。雌花序为头状；每个苞鳞内具2枚对生的雌花，每朵雌花具1枚苞片和2枚小苞片；花被顶端有4 ~ 8枚不规则的小齿；子房下位，2室；花柱2枚，柱头钻状。果苞钟状或管状，一部分种类果苞的裂片硬化呈针刺状。坚果球形，大部或全部为果苞所包，外果皮木质或骨质；种子1枚，子叶肉质。

本属全世界约20种，分布于亚洲、欧洲及北美洲。中国有7种3变种，分布于东北、华北、西北及西南地区。东北地区产3种1变种，其中栽培1种。

分种检索表

1. 果苞管状，长为坚果的3 ~ 6倍 ………………………………………… **1. 毛榛 C. mandshurica** Maxim. et Rupr.
1. 果苞钟状，与果等长或稍长。
  2. 叶片近圆形，先端不凹、不平截 …………………………………………………………… **2. 欧榛 C. avellana** L.
  2. 叶轮廓为矩圆形或宽倒卵形，先端微凹或平截，中央常突尖（**3. 榛 C. heterophylla** Fisch. ex Trautv.）。
    3. 果苞钟状，稍短于果或长于果1倍以下 ………………………………… **3a. 榛 C. heterophylla** var. **heterophylla**
    3. 果苞管状钟形，长为坚果的2 ~ 3倍 …… **3b. 长苞榛 C. heterophylla** var. **shenyangensis** L. Zhao & D. Chen

（1）毛榛（辽宁植物志，黑龙江省植物志，内蒙古植物志，东北植物检索表，中国植物志，Flora of China）

Corylus mandshurica Maxim. et Rupr. in Bull. Acad. Sci. St. Petersb. 15: 137. 1856; 中国植物志21: 54. 图版13: 11 ~ 12. 1979; 辽宁植物志（上册）: 251. 1988; 黑龙江省植物志4: 139. 图版35: 3. 1992; 东北植物检索表（第二版）: 102. 图版42: 6. 1995; Fl. China 4: 288. 1999.——*C. mandshurica* var. *brevituba* Nakai in Neo-Lineam. Fl. Manshur. 217. 1979; 内蒙古植物志（第二版）2: 99. 图版37: 5 ~ 6. 1990; 黑龙江省植物志4: 141. 图版35: 4. 1992; 东北植物检索表（第二版）: 102. 1995.——*C. mandshurica* f. *glandulosa* Tung in Bull. Bot. Res. 1(1 ~ 2): 138. 1981; 黑龙江省植物志4: 141. 1992.

散生低山地的林内或灌丛中。产黑龙江省伊春、黑河、虎林、宝清、哈尔滨、尚志、饶河等地；吉林省敦化、珲春、临江、长白、和龙、安图、抚松、汪清等地；辽宁省抚顺、新宾、本溪、桓仁、宽甸、凤城、北镇、朝阳、建平、凌源、建昌、瓦房店、庄河等地；内蒙古自治区喀喇沁旗、宁城等地。

嫩叶晒干后可作牛羊等草食家畜与猪的饲料。开花时也是蜂的蜜源。木材坚硬、耐腐，可做伞柄、手杖等。果仁可食，也有调中、开胃、明目作用。

■ 毛榛

果序1

果序2

果枝

（2）欧榛（辽宁木本植物志）

Corylus avellana L., Sp. Pl. 998. 1753; 辽宁木本植物志: 110. 2018.

原产中亚、西亚以及欧洲地中海沿岸。辽宁省经济林研究所有试验栽培。各地常见其杂交种大榛子。

大型坚果品种适于利用其果实。

■ 欧榛

果实

小枝

植株

植株一部分

（3）榛（辽宁植物志，内蒙古植物志，东北植物检索表，中国植物志，Flora of China）；榛子（黑龙江省植物志）

Corylus heterophylla Fisch. ex Trautv. in Pl. Imag. Descr. Fl. Ross. 10. t. 4. 1844; 中国植物志21: 50. 图版13: 3 ~ 4. 1979; 辽宁植物志（上册）: 249. 1988; 内蒙古植物志（第二版）2: 98. 图版37: 1 ~ 4. 1990; 黑龙江省植物志4: 138. 图版35: 1 ~ 2. 1992; 东北植物检索表（第二版）: 102. 图版42: 5. 1995; Fl. China 4: 288. 1999.

（3a）榛（原变种）

Corylus heterophylla var. *heterophylla*

常丛生裸露向阳坡地或林缘低平处。产黑龙江省哈尔滨、呼玛、尚志、饶河、宁安、黑河、萝北、密山、伊春、集贤等地；吉林省安图、珲春、吉林、集安、抚松、汪清、通化等地；辽宁省各地；内蒙古自治区牙克石、鄂伦春、科尔沁右翼前旗、扎赉特旗、大青沟、喀喇沁旗等地。

木材可做伞柄、手杖等细木工；嫩叶可喂猪；树皮含单宁。坚果可食，亦可榨油，并能止咳。

■ 榛

雌花

花序

雄花序一部分

果枝

居群

幼株

（3b）长苞榛（变种）（辽宁植物志，东北植物检索表）

Corylus heterophylla var. *shenyangensis* L. Zhao & D. Chen, 辽宁植物志（上册）: 250. 图版97. 1988; 东北植物检索表（第二版）: 102. 1995.

生低山林内、灌丛。产辽宁省沈阳（模式标本采集地）、凤城、新宾等地。

■ 长苞榛

果枝

果序

094. 葫芦科 Cucurbitaceae

Cucurbitaceae Juss., Gen. Pl. [Jussieu] 393. 1789, *nom. cons.*

木贼门、木贼亚门、木兰纲、蔷薇亚纲、蔷薇超目、葫芦目（Cucurbitales）。

一年生或多年生草质或木质藤本，或为攀缘性草本。茎匍匐、缠绕或攀缘，常有沟棱，通常具卷须。叶互生，通常为掌状分裂的单叶，少为复叶。花单性，极稀两性，雌雄同株或异株，辐射对称，单生、簇生或排成各式花序；雄花萼筒漏斗状、钟状或筒状，裂片5，花冠着生于花萼筒檐部，筒状或钟状，5裂或完全分离，全缘或成流苏状；雄蕊3或5，分离或各式合生；雌花花萼与花冠同雄花，萼筒与子房合生，花冠裂片5；子房下位或半下位，通常由3心皮合生而成，1～3室，常3室，花柱单一或顶端3裂，稀完全分离，柱头膨大，2～3裂。果实为瓠果、浆果，稀为蒴果；种子多数，稀少数或1枚，通常扁平，无胚乳。

本科全世界有102属，940～980种，大多数分布于热带和亚热带地区，少数种类散布到温带地区。中国有35属151种，主要分布于西南部和南部，少数散布到北部。东北地区产14属20种5变种，其中栽培13种5变种。

分属检索表

1. 花冠裂片流苏状，花白色 ······ 1. 栝楼属 Trichosanthes
1. 花冠裂片全缘或近全缘，花黄色、白色等。
  2. 雄蕊5，药室卵形而通直。
  3. 花较大，花冠裂片长约2厘米；果实浆果状，不开裂 ······ 2. 赤瓟属 Thladiantha
    3. 花较小，花冠裂片长不及1厘米；果熟后盖裂。
      4. 叶心状戟形、心状卵形至披针状三角形，基部无腺体；果熟后由近中部盖裂；种子无翅 ······ 3. 盒子草属 Actinostemma

（接上表）

4. 叶近圆形，基部裂片顶端有1～2对凸出的腺体；果熟后由顶端盖裂；种子顶端有膜质翅 ······ **4. 假贝母属 Bolbostemma**

2. 雄蕊（2～）3，若雄蕊5则药室折曲。

5. 花白色或淡黄色。

6. 萼筒杯状或钟状，裂片5，披针形或钻形；果实卵状或圆锥状，平滑或有小疣状突起，先端成喙状 ······ **5. 裂瓜属 Schizopepon**

6. 萼筒阔钟形、碟形或半球形或筒状或漏斗状。

7. 萼筒长，筒状或漏斗状；花大，白色 ······ **6. 葫芦属 Lagenaria**

7. 萼筒短，阔钟形、碟形或半球形；花小，白色或淡黄色。

8. 雄花总状或伞房状；雌花序也为总状；子房卵圆形、纺锤形或钻形，1室；胚 珠1枚 ······ **7. 刺果瓜属（刺瓜藤属、野胡瓜属）Sicyos**

8. 雄花序总状或圆锥状；雌花单生；子房卵形或球形，1室、不完全2室或假4室；胚珠每室（1～）2枚 ······ **8. 刺囊瓜属（刺瓜属）Echinocystis**

5. 花黄色。

9. 花冠钟状，5中裂 ······ **9. 南瓜属 Cucurbita**

9. 花冠辐状或钟状，5深裂。

10. 花梗上有盾状苞片；果实表面常有明显的瘤状突起，成熟后由顶端3瓣裂 ······ **10. 苦瓜属 Momordica**

10. 花梗上无盾状苞片。

11. 雄花生于总状或聚伞花序上；果实细长圆柱状 ······ **11. 丝瓜属 Luffa**

11. 雄花单生或簇生。

12. 叶两面密被硬毛；花萼裂片叶状，有锯状齿，反折 ······ **12. 冬瓜属 B enincasa**

12. 叶两面被柔毛状硬毛；花萼裂片钻形，近全缘，不反折。

13. 卷须不分叉；叶3～7浅裂 ······ **13. 黄瓜属（甜瓜属）Cucumis**

13. 卷须2～3分叉；叶羽状深裂 ······ **14. 西瓜属 Citrullus**

1 栝楼属 *Trichosanthes* L.

Trichosanthes L., Sp. Pl. 1008. 1753.

多年生或一年生攀缘草本。根通常为块状；卷须2～5分叉。叶互生，全缘或掌状3～9裂。花单性，雌雄异株或同株，白色。雄花成腋生的总状花序或单生；花萼长管状，5裂，裂片披针形，全缘或撕裂状；花冠辐状，5裂至近基部，裂片边缘细裂成流苏状；雄蕊3，花丝短，药隔狭，药室S形折曲，退化雌蕊3。雌花单生，稀为总状花序；花萼、花冠与雄花相似，子房下位，位于萼筒基部，1室，胎座3，胚珠多数，平展或稍下垂，花柱线形，柱头3～6裂；无退化雄蕊。果实卵形、球形或长椭圆形，不开裂；种子多数，扁平，椭圆状。

本属全世界约100种，分布于亚洲和澳大利亚北部。中国有34种，分布于全国各地，以华南和西南地区最多。东北地区产2种，其中栽培1种。

分种检索表

1. 多年生草质藤本；具圆柱状块根；雌雄异株；果实近圆球形且光滑，黄褐色 ………… 1. 栝楼 T. kirilowii Maxim.
1. 一年生草质藤本；无块根；雌雄同株；果实细长圆柱状且旋扭，绿白色 …………………… 2. 蛇瓜 T. anguina L.

（1）栝楼（辽宁植物志，黑龙江省植物志，内蒙古植物志，东北植物检索表，东北草本植物志，中国植物志，Flora of China）；药瓜（中国植物志）

Trichosanthes kirilowii Maxim. in Prim. Fl. Amur. 482. 1859; 中国植物志73(1): 244. 1986; 辽宁植物志（上册）: 1223. 图版525. 1988; 内蒙古植物志（第二版）4: 423. 图版167: 4 ~ 7. 1993; 东北植物检索表（第二版）: 438. 图版216: 2. 1995; 黑龙江省植物志7: 229. 图版119. 2003; 东北草本植物志8: 226. 图88. 2005; Fl. China 19: 39. 2011.

生山谷疏林中。产辽宁省大连、金州、长海等地。各地有栽培。

根有清热生津、解毒消肿作用。果实、种子和果皮有清热化痰、润肺止咳、滑肠作用。

■ 栝楼

果实

花

叶深裂

植株一部分（叶浅裂）

居群

（2）蛇瓜（辽宁植物志，黑龙江省植物志，东北植物检索表，东北草本植物志，中国植物志，Flora of China）

Trichosanthes anguina L., Sp. Pl. 2: 1008. 1753; 中国植物志73(1): 248. 图版61: 1 ~ 3. 1986; 辽宁植物志（上册）: 1223. 1988; 东北植物检索表（第二版）: 436. 1995; 黑龙江省植物志7: 229. 图版118. 2003; 东北草本植物志8: 226. 2005; Fl. China 19: 38. 2011.

原产印度。东北各地栽培。

果实可作蔬菜，药用有消渴作用，也能治黄疸；根和种子有止泻、杀虫作用。

■ 蛇瓜

花正面观

花侧面观

果实

植株

2 赤瓟属 *Thladiantha* Bunge

Thladiantha Bunge, Enum. Pl. Chin. Bor. 29. 1833.

多年生或一年生草质藤本。茎草质，攀缘或匍匐生，具纵向棱沟。卷须单一或2歧；叶多为单叶，心形，边缘有锯状齿，稀掌状分裂或呈鸟趾状3 ~ 7小叶。雌雄异株。雄花序总状或圆锥状，稀为单生；花萼筒短钟状或杯状，裂片5，1 ~ 3脉；花冠钟状，黄色，5深裂；雄蕊5，分离，通常4枚两两成对，第5枚分离，花丝短，花药长圆形或卵形，全部1室；退化子房腺体状。雌花单生、双生或3 ~ 4朵簇生于一短梗上，花萼和花冠同雄花；子房卵形、长圆形或纺锤形，花柱3裂，柱头2裂，肾形。果实浆质，不开裂。

本属全世界有23种10变种，主要分布于中国西南部，少数种分布到黄河流域以北地区；个别种也分布到朝鲜、日本、印度半岛东北部、中南半岛和大巽他群岛。东北地区产1种。

赤瓟（辽宁植物志，黑龙江省植物志，内蒙古植物志，东北植物检索表，东北草本植物志，中国植物志，Flora of China）

Thladiantha dubia Bunge in Mém. Sav. Étr. Acad. St. Pétersbourg 2: 108. 1835; 中国植物志73(1): 146. 1986; 辽宁植物志（上册）: 1209. 图版520: 1 ~ 5. 1988; 内蒙古植物志（第二版）4: 421. 图版166: 1 ~ 3. 1993; 东北植物检索表（第二版）: 436. 图版214: 3. 1995; 黑龙江省植物志7: 227. 图版117. 2003; 东北草本植物志8: 210. 图版82: 1 ~ 5. 2005; Fl. China19: 23. 2011.

攀缘草质藤本；根块状；叶片宽卵状心形，边缘浅波状；花单性，雌雄异株；花冠鲜黄色，5深裂；浆果卵状长圆形，鲜红色。生居民区附近、山坡、林缘、田边。产黑龙江省哈尔滨；吉林省吉林、通化、珲春；辽宁省沈阳、大连、长海、盖州、鞍山、岫岩、丹东、凤城、宽甸、本溪、桓仁、新宾、彰武、北镇、西丰；内蒙古自治区扎兰屯、科尔沁右翼中旗、扎赉特旗、科尔沁左翼大青沟、扎鲁特旗、敖汉旗等地。

嫩苗、果实和块根均可食，且可药用，其中块根有活血化瘀、清热解毒、通乳作用。

■ 赤瓟

果实

块茎

叶

雌花

雄花

植株

3 盒子草属 *Actinostemma* Griff.

Actinostemma Griff., Pl. Cantor. 24, t. 3. 1837.

纤细攀缘草本。叶有柄，叶片心状戟形、宽卵形、披针状三角形等，不分裂或3～5裂，边缘有齿或微波状；卷须分2叉，稀单一。花单性，雌雄同株或稀两性。雄花序总状或圆锥状，稀单生或双生；花萼辐状，筒部杯状，裂片线状披针形；花冠辐状，裂片披针形，尾状渐尖；雄蕊5～6，离生，花丝短，丝状，花药近卵形。雌花单生，簇生，稀雌雄同序，花萼和花冠与雄花同型；子房卵珠形，常具疣状突起，1室，花柱短，柱头3，肾形。果实卵状，自中部以上环状盖裂，顶盖圆锥状，具2～4枚种子。

本属全世界仅1种，分布于东亚（从日本到东喜马拉雅）。中国南北普遍分布。东北也产。

盒子草（辽宁植物志，黑龙江省植物志，内蒙古植物志，东北植物检索表，东北草本植物志，中国植物志，Flora of China）

Actinostemma tenerum Griff. in Pl. Cantor. 25. 1837; 中国植物志73(1): 90. 图版29: 1～8. 1986; 辽宁植物

志（上册）: 1207. 图版519: 1～4. 1988; 内蒙古植物志（第二版）4: 418. 图版165: 1～4. 1993; 东北植物检索表（第二版）: 432. 图版213: 1. 1995; 黑龙江省植物志7: 199. 图版100. 2003; 东北草本植物志8: 207. 图版81: 1～4. 2005; Fl. China 19: 18. 2011.

一年生缠绕性草本；叶片质薄，戟形，三角状披针形或卵状心形；雄花序腋生，总状圆锥花序；雌花单生雄花花序基部叶腋内，或雌雄同序；花小，黄绿色；蒴果卵形，疏生暗绿色鳞片状突起，自近中部盖裂。生水边草丛中。产黑龙江省哈尔滨、阿城、齐齐哈尔、伊春；吉林省长春、吉林、安图、临江、扶余；辽宁省沈阳、新民、彰武、抚顺、本溪、辽阳、营口、铁岭、开原、大连；内蒙古自治区扎赉特旗、科尔沁左翼后旗、大青沟等地。

叶、种子或全草有利尿消肿、清热解毒、祛湿作用，用于水肿、湿疹、蛇咬伤等。

■ 盒子草

雄花序

花枝

种子

雌花

幼果

果实成熟期

苗期植株

4 假贝母属 *Bolbostemma* Franquet

Bolbostemma Franquet in Bull. Mus. Hist. Nat. Par. Ser. 2, 2: 325. 1930.

攀缘草本。叶近圆形或心形，波状5浅裂或掌状5深裂，基部小裂片顶端有2凸出的腺体；卷须单一或分2叉。雌雄异株；雄花序为疏散的圆锥花序，雌花生于疏散的圆锥花序上，有时单生或簇生。雄花：花萼辐状，裂片5，线状披针形；花冠辐状，裂片5，狭披针形，尾状渐尖；雄蕊5，花丝分离，或者两两成对在花丝中部以下联合，其余1枚单生，花药卵形。雌花：花萼和花冠同雄花；子房近球形，3室，花柱短粗，柱头3，2裂。果实圆柱形，上部环状盖裂，果盖圆锥形，连同胎座一起脱落，具4～6枚种子。

本属全世界有2种、1变种，为中国特有，间断分布于华北平原、黄土高原向西南到四川、云南和湖南西北部。东北地区产1种。

假贝母（辽宁植物志，东北植物检索表，东北草本植物志，中国植物志，Flora of China）；土贝母（辽宁植物志）

Bolbostemma paniculatum (Maxim.) Franquet in Bull. Mus. Natl. Hist. Nat. Ⅱ, 2: 327. 1930; 中国植物志73(1): 93. 图版30: 1 ~ 5. 1986; 辽宁植物志（上册）: 1208. 图版519: 5 ~ 7. 1988; 东北植物检索表（第二版）: 432. 图版213: 2. 1995; 东北草本植物志8: 208. 图版81: 5 ~ 7. 2005; Fl. China 19: 17. 2011.

叶掌状5深裂，裂片再3 ~ 5浅裂；花小，花萼及花冠裂片长仅约2.5毫米；雄蕊5枚，分离药隔不伸出于花药；子房表面布稀疏的不明显的疣状突起；果实表面较平滑，无刺。生山沟林下及阳坡林间草甸。产吉林省临江；辽宁省沈阳、大连、鞍山等地。

鳞茎有清热解毒、散结消肿作用，用于淋巴结结核、骨结核、乳腺炎、疮疡肿毒等症。

■ 假贝母

花序

花正面观

植株一部分

5 裂瓜属 *Schizopepon* Maxim.

Schizopepon Maxim., Mem. Acad. Sc. St.–Petersb. Sav. Etrang. 9: 110. 1859.

攀缘草本。茎卷须2分叉。叶互生，有长柄，叶片心形或卵状心形，薄质，边缘有疏锯齿。花小，两性或单性，雌雄同株或异株，单生或成总状花序；花萼5裂，辐状，裂片广披针形；花冠辐状，5深裂，裂片长椭圆形；雄蕊3，分生，花丝短，药室直立；子房卵形，3室，每室具1胚珠，稀2胚珠，花柱短，自中部3裂，柱头3，先端2裂。浆果卵形，成熟后由顶端向基部3瓣裂，果皮边缘内卷；种子1 ~ 3。

本属全世界8种2变种，分布于亚洲东部至喜马拉雅。中国全部种类均产，分布东北、华北、华中到西南，以西南部种类最多。东北地区产1种。

裂瓜（辽宁植物志，黑龙江省植物志，内蒙古植物志，东北植物检索表，东北草本植物志，中国植物志，Flora of China）

Schizopepon bryoniifolius Maxim. in Mém. Acad. Imp. Sci. St.–Pétersbourg Divers Savans 111. t. 6. 1859; 中国植物志73(1): 182. 图版48: 7 ~ 10. 1986; 辽宁植物志（上册）: 1210. 图版520: 6 ~ 8. 1988; 内蒙古植物志（第二版）4: 423. 图版166: 4 ~ 6. 1993; 东北植物检索表（第二版）: 436. 图版214: 2. 1995; 黑龙江省植物志7: 225. 图版116. 2003; 东北草本植物志8: 211. 图版82: 6 ~ 9. 2005; Fl. China19: 31. 2011.

一年生攀缘草本；叶片卵状圆形或阔卵状心形，边缘有3 ~ 7个角或不规则波状浅裂；冠辐状，白色；蒴果阔卵形，成熟后由顶端向基部3瓣裂。生山沟林下或水沟旁。产黑龙江省尚志、宁安、伊春、汤原；吉林省敦化、九台、临江、抚松、靖宇、汪清、安图；辽宁省庄河、沈阳、本溪、桓仁、清原、西丰；内蒙古自治区科尔沁右翼前旗、阿鲁科尔沁旗、喀喇沁旗、宁城、西乌珠穆沁旗等地。

嫩苗可食。

■ 裂瓜

叶

果实

果实初期

花序

果期

花期

6 葫芦属 *Lagenaria* Ser.

Lagenaria Ser., Mom. Soc. Phys. Geneve 3 (1): 25. t. 2. 1825.

攀缘草本；植株被黏毛。叶柄顶端具1对腺体；叶片卵状心形或肾状圆形。卷须2歧。雌雄同株，花白色。雄花：花梗长；花萼筒狭钟状或漏斗状，裂片5；花冠裂片5，长圆状倒卵形，微凹；雄蕊3，花丝离生；花药内藏，稍靠合，长圆形，1枚1室，2枚2室，药室折曲，药隔不伸出；退化雌蕊腺体状。雌花：花梗短；花萼筒盂状，花萼和花冠同雄花；子房卵状或圆筒状或中间缢缩，3胎座，花柱短，柱头3，2浅裂。果实形状多型，不开裂，嫩时肉质，成熟后果皮木质，中空。

本属全世界6种，主要分布于非洲热带地区。中国栽培1种3变种。东北地区均有栽培。

分种下单位检索表

1. 果实中间缢缩，上下部膨大，顶部大于基部。
   2. 植株较壮；结实较少，果长可达数十厘米 …………………………………… a. 葫芦 L. siceraria var. siceraria
   2. 植株细弱；结实较多，果长12厘米以下 …………………………………… b. 小葫芦 L. siceraria var. microcarpa
1. 果实中间不缢缩。
   3. 果实扁球形或广卵形，直径达30厘米 ……………………………………………c. 瓠瓜 L. siceraria var. depresses
   3. 果实圆柱状，长60～80厘米 ………………………………………………………… d. 瓠子 L. siceraria var. hispida

葫芦（辽宁植物志，黑龙江省植物志，内蒙古植物志，东北植物检索表，东北草本植物志，中国植物志，Flora of China）

Lagenaria siceraria (Molina) Standl. in Publ. Field Mus. Nat. Hist., Bot. Ser. 3: 435. 1930; 中国植物志73(1): 216. 1986; 辽宁植物志（上册）: 1212. 1988; 内蒙古植物志（第二版）4: 428. 图版167: 1～3. 1993; 东北植物检索表（第二版）: 433. 图版215: 1. 1995; 黑龙江省植物志7: 214. 图版109. 2003; 东北草本植物志8: 222. 图版87. 2005; Fl. China 19: 53. 2011.

一年生攀缘草本。单叶互生；叶片心状卵圆形，不分裂或稍有浅裂。花白色，单生叶腋；雄花花梗较叶柄长，花托漏斗状；雌花花梗与叶柄近等长和稍短，花萼5裂，被柔毛，花冠5全裂，被柔毛或黏毛。瓠果，中间缢细，上下部膨大，顶部大于基部。

（a）葫芦（原变种）

Lagenaria. siceraria var. *siceraria*

■ 葫芦

雌花

果实

花期植株

雄花

广泛栽培于世界热带到温带地区。东北各地栽培。

成熟果实的果皮可作容器。果皮、种子有利尿、消肿、散结作用。果皮嫩时可作蔬菜。

（b）小葫芦（变种）（辽宁植物志，黑龙江省植物志，内蒙古植物志，东北植物检索表，东北草本植物志，中国植物志）

Lagenaria siceraria var. *microcarpa* (Naud.) Hara in Bot. Mag. Tokyo 61: 5. 1948; 中国植物志73(1): 217. 1986; 辽宁植物志（上册）: 1212. 1988; 内蒙古植物志（第二版）4: 429. 1993; 东北植物检索表（第二版）: 433. 1995; 黑龙江省植物志7: 216. 图版112. 2003; 东北草本植物志8: 224. 2005.

东北各地作为儿童玩具或工艺口栽培。

■ 小葫芦

成熟期果实

植株一部分

（c）瓠瓜（变种）（辽宁植物志，黑龙江省植物志，内蒙古植物志，东北植物检索表，东北草本植物志，中国植物志）

Lagenaria siceraria var. *depresses* (Ser.) Hara in Bot. Mag. Tokyo 61: 5. 1948; 中国植物志73(1): 217. 1986; 辽宁植物志（上册）: 1212. 1988; 内蒙古植物志（第二版）4: 429. 1993; 东北植物检索表（第二版）: 433. 1995; 黑龙江省植物志7: 216. 图版110. 2003; 东北草本植物志8: 224. 2005.

东北各地作为工艺品栽培。

■ 瓠瓜

果枝

植株

成熟期果实

（d）瓠子（变种）（辽宁植物志，黑龙江省植物志，内蒙古植物志，东北植物检索表，东北草本植物志，中国植物志）

Lagenaria siceraria var. *hispida* (Thunb.) Hara in Bot. Mag. Tokyo 61: 5. 1948; 中国植物志73(1): 217. 1986; 辽宁植物志（上册）: 1212. 1988; 内蒙古植物志（第二版）4: 428. 1993; 东北植物检索表（第二版）: 433. 1995; 黑龙江省植物志7: 216. 图版111. 2003; 东北草本植物志8: 224. 2005.

东北各地作为蔬菜栽培。

■ 瓠子

植株一部分

植株

7 刺果瓜属（刺瓜藤属、野胡瓜属） *Sicyos* L.

Sicyos L., Sp. Pl. 1010. 1753.

攀缘或匍匐草本。叶膜质，多角形、心形或分裂，稀3～5深裂。卷须2至多裂。花雌雄同株，常簇生或伞房状排列成圆锥花序或总状花序。雄花多而排列成总状或伞房状，萼筒阔钟形、碟形或半球形，萼齿5；花冠辐状，5深裂，裂片三角形至卵圆形或卵状披针形；花丝合生成短的合蕊柱；花药2～5，贴在合蕊柱上，合生成头状或分离，药室弯曲或 S 形或 Z 形；雌花单生或双生，或多而排列成总状；花萼和花冠与雄花相同；子房卵圆形、纺锤形或钻形，有时具长喙、刚毛或多刺，1室；花柱短，柱头3；胚珠1枚，悬垂于室顶。果实革质或肉质，有刺或无刺；种子形状与子房室同形，种皮膜质。

本属全世界约41种，分布美国、太平洋岛屿、澳大利亚、新西兰及热带非洲。中国产2种，其中栽培1种，东北地区均有分布。

分种检索表

1. 果实具皮刺，果小，革质或稍木质；野生 ························ 1. 刺果瓜 S. angulatus L.
1. 果实无皮刺，果中等大小，肉质；栽培 ···························· 2. 佛手瓜 S. edulis Jacq.

（1）刺果瓜（西北植物学报）；刺瓜藤（俗称）

■ 刺果瓜

雌花序

雄花序

植株

果序

Sicyos angulatus L. in Sp. Pl. 2: 1013. 1753; 西北植物学报（25）6: 1227 ~ 1229. 2005.

原产北美洲。分布辽宁省大连、庄河、长海、昌图、丹东、盖州等地。

本种为外来入侵植物，生长速度极快，不但与本地物种竞争生存空间，还能分泌化学物质抑制其他植物生长。幼苗和嫩茎叶可以作为野菜食用；作为黄瓜砧木则能提高黄瓜对枯萎病和根结线虫等病虫害的抗性。

（2）佛手瓜（东北草本植物志，中国植物志，Flora of China）

Sicyos edulis Jacq., Enum. Pl. Carib. 32. 1760.——*Sechium edule* (Jacq.) Swartz in Fl. Ind. Occ. 2: 150. 1800; 中国植物志73(1): 277. 图版65: 5 ~ 8. 1986; 东北草本植物志8: 231. 2005; Fl. China19: 46. 2011.

原产南美洲。辽宁省沈阳、大连有栽培。

果实可作蔬菜，有健脾消食、行气止痛作用。叶用于疮疡肿毒。

■ 佛手瓜

雄花序

果实

雄花

植株

雌花

8 刺囊瓜属（刺瓜属） *Echinocystis* Torr. & A. Gray

Echinocystis Torr. & A. Gray, Fl. N. Amer. (Torr. & A. Gray) 1(3): 542. 1840.

一年生或多年生攀缘草本，有卷须。卷须单生，或2～5分叉。叶掌状深裂或浅裂。花较小，白色，雌雄同株；雄花花序总状或圆锥状，花萼筒宽钟状，萼齿5～6，钻形或线形，花冠辐状，5～6深裂，裂片长圆形或线状长圆形，具乳头状突起，雄蕊3枚，花丝贴合成柱状，花药分离或贴合；雌花单生，或与雄花一起集生于叶腋，萼片和花冠同雄花，退化雄蕊缺如，或为刚毛状，子房卵形或球形，具皮刺，1室或不完全2室，或为假4室，花柱很短，柱头半球形，分裂，或2～3全裂，每室具2胚珠，或仅1枚胚珠。果实成熟时肉质或干燥，囊状，具长皮刺，干时候顶端不规则开裂，或为1～2孔裂。具1～10颗黑褐色种子，种子扁而平滑。

本属全世界约35种，分布于北美洲至南美洲。中国东北归化1种。

刺瓜（植物分类学报）；刺囊瓜（植物智网站）

Echinocystis lobata Torr. & A. Gray, Fl. N. Amer. (Torr. & A. Gray) 1(3): 542. 1840; 植物分类学报40 (5): 462～464. 2002.

一年生攀缘草本；叶近圆形或宽卵形，掌状5～7裂，基部心形或成半圆形弯缺，两面被粗糙小疣点；花雌雄同株异序，白色；果卵球形，囊状，表面密生长皮刺，内含种子1～6颗。原产北美洲，后传入欧洲和俄罗斯远东地区。黑龙江省漠河、内蒙古自治区额尔古纳有栽培，也有逃逸。

■ 刺瓜

花序一部分

果实

居群

植株一部分

本种为外来入侵植物，大量繁殖会侵占本土植物生态位。可合理利用：为棚架绿化的好材料；种仁可食。

9 南瓜属 *Cucurbita* L.

Cucurbita L., Sp. Pl. ed. 1. 1010. 1753.

一年生蔓性草本。茎、枝稍粗壮。叶具浅裂，基部心形。卷须2至多歧。雌雄同株；花单生，黄色。雄花：花萼筒钟状，稀伸长，裂片5，披针形或顶端扩大成叶状；花冠合瓣，钟状，5裂仅达中部；雄蕊3枚，花丝离生，花药靠合成头状，1枚1室，其他2室，药室线形，折曲，药隔不伸长；无退化雌蕊。雌花：花梗短；花萼和花冠同雄花，退化雄蕊3，短三角形；子房长圆状或球状，具3胎座；花柱短，柱头3，具2浅裂或2分歧。果实通常大型，肉质，不开裂。

本属全世界约30种，分布于热带及亚热带地区，温带地区广泛栽培。中国栽培3种。东北地区栽培3种。

分种检索表

1. 叶3～7中裂或深裂；果梗具深棱沟，与果实接触处渐粗并膨大成五裂状 ……………………………1. 西葫芦 C. pepo L.
1. 叶浅裂或不裂；果梗有浅棱沟或无棱沟，与果实接触处不扩大或扩大成喇叭状。
  2. 花萼裂片线形，先端扩大成叶状；果梗具浅棱沟，与果实接触处扩大成喇叭状；果实表面有纵沟和隆起 ……… ………………………………………………………………… 2. 南瓜 C. moschata (Duch. ex Lam.) Duch. ex Poiret
  2. 花萼裂片披针形，先端不扩大成叶状；果梗圆柱形无棱，与果实接触处不扩大；果实表面平滑 ………………………………………………………………………………………3. 笋瓜 C. maxima Duch. ex Lam.

（1）西葫芦（辽宁植物志，黑龙江省植物志，内蒙古植物志，东北植物检索表，东北草本植物志，中国植物志，Flora of China）；搅瓜、美洲南瓜（辽宁植物志）

Cucurbita pepo L., Sp. Pl. ed. 1. 1010. 1753; 中国植物志73(1): 260. 图版64: 11～12. 1986; 辽宁植物志（上册）: 1221. 1988; 内蒙古植物志（第二版）4: 426. 图版168: 6～7. 1993; 东北植物检索表（第二版）: 433. 1995; 黑龙江省植物志7: 211. 图版108. 2003; 东北草本植物志8: 229. 2005; Fl. China 19: 55. 2011.

原产欧洲。东北各地常见栽培。

果实作蔬菜。

■ 西葫芦

花

植株

植株一部分

（2）南瓜（辽宁植物志，黑龙江省植物志，内蒙古植物志，东北植物检索表，东北草本植物志，中国植物志，Flora of China）；倭瓜、番瓜、饭瓜（中国植物志）

Cucurbita moschata (Duch. ex Lam.) Duch. ex Poiret in Dict. Sc. Nat. 11: 234. 1818; 中国植物志73(1): 262. 图版64: 1 ~ 7. 1986; 辽宁植物志（上册）: 1219. 图版523. 1988; 内蒙古植物志（第二版）4: 425. 图版168: 1 ~ 2. 1993; 东北植物检索表（第二版）: 433. 图版213: 3. 1995; 黑龙江省植物志7: 211. 图版107. 2003; 东北草本植物志8: 229. 图89. 2005; Fl. China19: 56. 2011.

原产墨西哥到中美洲一带。东北各地常见栽培。

果作肴馔。种子清热、除湿、驱虫，藤清热，瓜蒂安胎，根可治牙痛。

■ 南瓜

果梗

果期植株

花期植株

（3）笋瓜（黑龙江省植物志，东北植物检索表，东北草本植物志，中国植物志，Flora of China）；玉瓜（辽宁植物志）；大瓜（内蒙古植物志）

Cucurbita maxima Duch. ex Lam. in Encycl. 2: 151. 1786; 中国植物志73(1): 260. 图版64: 8 ~ 10. 1986; 辽宁植物志（上册）: 1221. 图版524. 1988; 内蒙古植物志（第二版）4: 426. 图版168: 3 ~ 5. 1993; 东北植物检索表（第二版）: 433. 图版216: 1. 1995; 黑龙江省植物志7: 209. 图版106. 2003; 东北草本植物志8: 231. 图90. 2005; Fl. China 19: 55. 2011.

原产印度。东北各地常见栽培。

果实作蔬菜，种子含油。

■ 笋瓜

品种1果梗

品种2果实

品种1果实

■ 笋瓜

植株一部分

品种2

10 苦瓜属 *Momordica* L.

Momordica L., Sp. Pl. ed. 1. 1009. 1753.

一年生或多年生攀缘草本。卷须单生或分叉。叶全缘或分裂，或具3～9鸟足状深裂的小叶片。花雌雄同株或异株，总梗上具一显著苞叶；雄花单生或排成总状花序，花萼钟形，基部有鳞片2～3，萼裂片5；花冠辐状或广钟形，黄色或白色，多深裂至近基部；雄蕊3，稀2或5，花丝短，分离，花药离生，药室扭曲；雌花花萼、花冠与雄花相同；子房长椭圆形或纺锤形，具3胎座，柱头3，有时各2裂。果实长椭圆形或纺锤形，常具瘤状突起；种子少数或多数，椭圆形，两面有雕纹。

本属全世界约80种，多数种分布于非洲热带地区，少数种类在温带地区有栽培。中国产4种，主要分布于南部和西南部，个别种南北普遍栽培。东北地区栽培1种1变种。

分种下单位检索表

1. 果实圆柱形，长10～20厘米，瘤状突起明显 ······ a. 苦瓜 M. charantia var. charantia
1. 果实纺锤形，长度为6～10厘米，瘤状突起十分明显 ······ b. 癞瓜 M. charantia var. abbreviate

苦瓜（黑龙江省植物志，东北草本植物志，中国植物志，Flora of China）

Momordica charantia L., Sp. Pl. ed. 1: 1009. 1753; 中国植物志73(1): 189. 1986; 黑龙江省植物志7: 222. 图版114. 2003; 东北草本植物志8: 212. 2005; Fl. China19: 29. 2011.

一年生攀缘状柔弱草本。单叶互生；叶片卵状肾形，5～7深裂。雌雄同株。雄花：花梗纤细；花萼裂片卵状披针形，被白色柔毛；花冠黄色；雄蕊3，离生。雌花：子房纺锤形，密生瘤状突起，柱头3，膨大，2裂。果实肉质浆果状，圆柱形，多瘤皱，成熟后橙黄色。

（a）苦瓜（原变种）

Momordica charantia var. *charantia*

广泛栽培于世界热带到温带地区。黑龙江省、辽宁省有栽培。

■ 苦瓜

叶

花

植株

植株一部分

（b）癞瓜（变种）（辽宁植物志，黑龙江省植物志，东北植物检索表，东北草本植物志）

Momordica charantia var. *abbreviate* Ser. in Prodr. 3: 311. 1828; 辽宁植物志（上册）: 1213. 图版521. 1988; 东北植物检索表（第二版）: 436. 图版213: 4. 1995; 黑龙江省植物志7: 222. 图版115. 2003; 东北草本植物志8: 214. 图版83. 2005.

东北各地栽培。

■ 癞瓜

果实

植株

植株一部分

种子

11 丝瓜属 *Luffa* Mill.

Luffa Mill., Gard. Dict. ed. 4. 1754.

一年生攀缘草本。卷须2歧或多歧。叶片5～7裂。花黄色或白色，雌雄异株。雄花生于伸长的总状花序上；花萼筒倒锥形，裂片5，三角形或披针形；花冠裂片5，离生，开展，全缘或啮蚀状；雄蕊3或5，离生，药室线形，多回折曲，药隔通常膨大；退化雌蕊缺或稀为腺体状。雌花单生，具长或短的花梗；花被与雄花同；退化雄蕊3（4～5）；子房圆柱形，柱头3。果实长圆形或圆柱状，熟时由顶端盖裂。

本属全世界约8种，分布于东半球热带和亚热带地区。中国通常栽培2种。东北地区栽培2种。

分种检索表

1. 雄蕊3，1枚1室，2枚2室；果实外面具8～10条纵向的棱 ··························**1. 广东丝瓜 L. acutangula** (L.) Roxb.

1. 雄蕊通常5，全部为1室；果实表面无棱 ··· **2. 丝瓜 L. aegyptiaca** Mill.

（1）广东丝瓜（东北草本植物志，中国植物志，Flora of China）；棱角丝瓜（中国高等植物图鉴）

Luffa acutangula (L.) Roxb., Hort. Beng. 70. 1814; 中国植物志73(1): 196. 图版50: 11 ~ 15. 1986; 东北草本植物志8: 216. 2005; Fl. China19: 35. 2011.

东北偶见栽培。

果嫩时作菜蔬，成熟后网状纤维即丝瓜络药用，能通经络。

■ 广东丝瓜

植株一部分

（2）丝瓜（辽宁植物志，黑龙江省植物志，内蒙古植物志，东北植物检索表，东北草本植物志，中国植物志，Flora of China）

Luffa aegyptiaca Mill. in Gard. Dict. ed. 8. 1768; Fl. China 19: 35. 2011.——*L. cylindrical* (L.) Roem. in Syn. Mon. 2: 63. 1846; 中国植物志73(1): 194. 图版50: 1 ~ 10. 1986; 辽宁植物志（上册）: 1215. 图版522. 1988; 内蒙古植物志（第二版）4: 429. 图版169: 3. 1993; 东北植物检索表（第二版）: 436. 图版214: 1. 1995; 黑龙江省植物志7: 220. 图版113. 2003; 东北草本植物志8: 214. 图版84. 2005.

广泛栽培于世界温带、热带地区，云南南部有野生。东北各地常见栽培。

嫩果为蔬菜，干燥成熟果实的维管束可药用，能通络、活血，用于胸胁胀闷、肢体酸痛、乳汁不通。

■ 丝瓜

叶

植株一部分

■ 丝瓜

雄花

雌花侧面观

雌花正面观

12 冬瓜属 *Benincasa* Savi

Benincasa Savi, Bibl. Ital. 9: 158. 1818.

一年生蔓性草本。卷须具分枝；全株有毛。叶掌状5裂。花雌雄同株，单生于叶腋，雄花具长梗，花萼广钟形，裂片5，呈叶状，花冠辐状，5裂至基部，裂片倒卵形，雄蕊3，分离，着生于花冠筒部，花药2室，药室扭曲；雌花有短梗或近无梗，花萼、花冠与雄花相同；子房1室，胎座3，花柱粗短，柱头3，呈迂回状，胚珠多数，水平生。果实肥硕，有粗毛，乳白色，不裂；种子多数，卵状长圆形，扁平。

本属全世界仅1种，栽培于世界热带、亚热带和温带地区。中国各地普遍栽培。东北也常见栽培。

冬瓜（辽宁植物志，黑龙江省植物志，东北植物检索表，东北草本植物志，中国植物志，Flora of China）

Benincasa hispida (Thunb.) Cogn. in Monogr. Phan. 3: 513. 1881; 中国植物志73(1): 198. 图版51. 1986; 辽宁植物志（上册）: 1216. 1988; 东北植物检索表（第二版）: 432. 1995; 黑龙江省植物志7: 201. 图版101. 2003; 东北草本植物志8: 218. 图版84. 2005; Fl. China 19: 55. 2011.

一年生蔓生草本；叶广卵形或肾状近圆形，5～7浅裂或中裂；花单性，雌雄同株，花冠黄色；果实长椭圆形或近球形，幼时绿色、密被粗毛，成熟后有蜡质白粉。云南南部（西双版纳）有野生者。中国含东北在内各地常见栽培。

果实除作蔬菜外，也可浸渍为各种糖果；果皮和种子有消炎、利尿、消肿作用。

■ 冬瓜

雄花

植株一部分

雌花

13 黄瓜属（甜瓜属） *Cucumis* L.

Cucumis L., Sp. Pl. ed. 1, 1011. 1753.

一年生攀缘或蔓性草本。茎、枝有棱沟，密被白色或稍黄色的糙硬毛。卷须纤细，不分歧。叶片近圆形、肾形或心状卵形，不分裂或3 ~ 7浅裂，具锯状齿，两面粗糙，被短刚毛。雌雄同株，稀异株。雄花：簇生或稀单生；花萼筒钟状或近陀螺状，5裂；花冠辐状或近钟状，黄色，5裂；雄蕊3，离生，着生在花被筒上，花丝短，花药长圆形；退化雌蕊腺体状。雌花单生，稀簇生；花萼和花冠与雄花相同；退化雄蕊缺如；子房纺锤形或近圆筒形，具3 ~ 5胎座，花柱短，柱头3 ~ 5，靠合。果实多形，肉质或质硬，通常不开裂。

本属全世界约70种，分布于世界热带到温带地区，以非洲种类较多。中国有4种3变种。东北地区栽培2种1变种。

分种检索表

1. 叶三角状广卵形；果实狭长圆形或圆柱状，常有带刺尖的瘤状突起 ………………………………… 1. 黄瓜 C. sativus L.
1. 叶近圆形或肾形；果实形状因品种而异，均无带刺尖的瘤状突起（2. 甜瓜 C. melo L.）。
   2. 果实的形状、颜色因品种而异，通常为球形或长椭圆形，有香甜味 …………………… 2a. 甜瓜 C. melo var. melo
   2. 果实通常为微弧曲的长圆状圆柱形或近棒状，无香甜味 …… 2b. 菜瓜 C. melo var. conomon (Thunb.) Makino

（1）黄瓜（辽宁植物志，黑龙江省植物志，内蒙古植物志，东北植物检索表，东北草本植物志，中国植物志，Flora of China）

Cucumis sativus L., Sp. Pl. 1012. 1753; 中国植物志73(1): 205. 图版52: 11. 1986; 辽宁植物志（上册）: 1218. 1988; 内蒙古植物志（第二版）4: 432. 图版170: 2. 1993; 东北植物检索表（第二版）: 433. 图版215: 2. 1995; 黑龙江省植物志7: 205. 图版105. 2003; 东北草本植物志8: 220. 图版85. 2005; Fl. China 19: 49. 2011.

原产印度。东北常见栽培。

果实为蔬菜。茎藤有消炎、祛痰、镇痉作用。

■ 黄瓜

雄花

雌花侧面观

植株一部分

（2）甜瓜（东北草本植物志，中国植物志，Flora of China）；香瓜（辽宁植物志，黑龙江省植物志，内蒙古植物志，东北植物检索表）

Cucumis melo L., Sp. Pl. 1011. 1753; 中国植物志73(1): 202. 图版52: 1 ~ 9. 1986; 辽宁植物志（上册）: 1218. 1988; 内蒙古植物志（第二版）4: 432. 图版170: 1. 1993; 东北植物检索表（第二版）: 433. 图版215: 3. 1995; 黑龙江省植物志7: 204. 图版103. 2003; 东北草本植物志: 220. 图版86. 2005; Fl. China 19: 49. 2011.

（2a）甜瓜（原变种）

Cucumis melo var. *melo*

世界温带至热带地区广泛栽培。东北常见栽培。

果实食用。瓜蒂有毒，有催吐作用；种子有清热、排脓作用。

■ 甜瓜

雌花侧面观

雄花

植株

（2b）菜瓜（辽宁植物志，黑龙江省植物志，内蒙古植物志，东北植物检索表，东北草本植物志，中国植物志，Flora of China）

Cucumis melo var. *conomon* (Thunb.) Makino in Bot. Mag. (Tokyo) 16: 16. 1902; 中国植物志73(1): 203. 图版52: 10. 1986; 辽宁植物志（上册）: 1219. 1988; 内蒙古植物志（第二版）4: 433. 图版170: 3. 1993; 东北植物检索表（第二版）: 433. 1995; 黑龙江省植物志7: 205. 图版104. 2003; 东北草本植物志8: 222. 2005.——*Cucumis melo* subsp. *agrestis* (Naudin) Pangalo in Zhukovskii, Zemledel'ch. Turtsiya. 534. 1933; Fl. China 19: 49. 2011.

东北常见栽培。

果肉白色或淡绿色，无香甜味，适合作为蔬菜食用。

14 西瓜属 *Citrullus* Schrad.

Citrullus Schrad. Enum. Pl. Afric. Austral. 2: 279. 1836.

一年生或多年生蔓性草本。茎、枝稍粗壮，粗糙。卷须2 ~ 3歧，稀不分歧，极稀变为刺状。叶片圆形或卵形，3 ~ 5深裂，裂片又羽状或二回羽状浅裂或深裂。雌雄同株。雌、雄花单生或稀簇生，黄色。雄花：花萼筒宽钟形，裂片5；花冠辐状或宽钟状，深5裂；雄蕊3，花丝短，离生，花药稍靠合；退化雌蕊腺体状。雌花：花萼和花冠与雄花同；退化雄蕊3，刺毛状或舌状；子房卵球形，花柱短，柱状，柱头3，肾形，2浅裂。果实球形至椭圆形，果皮平滑，肉质，不开裂。

本属全世界9种，分布于地中海东部、非洲热带、亚洲西部。中国栽培1种。东北地区有栽培。

西瓜（辽宁植物志，黑龙江省植物志，内蒙古植物志，东北植物检索表，东北草本植物志，中国植物志，Flora of China）

Citrullus lanatus (Thunb.) Matsum. et Nakai in Gat. Sem. Spor. Hort. Bot. Univ. Imp. Tokyo 30: 854. 1916; 中国植物志73(1): 200. 1986; 辽宁植物志（上册）: 1217. 1988; 内蒙古植物志（第二版）4: 430. 图版169: 1～2. 1993; 东北植物检索表（第二版）: 433. 1995; 黑龙江省植物志7: 201. 图版102. 2003; 东北草本植物志8: 219. 2005; Fl. China 19: 53. 2011.

一年生蔓生藤本；叶，三角状卵形，两面具短硬毛；雌雄同株，花冠淡黄色；果实球形或椭圆形，肉质浆果状，果皮光滑，色泽及纹饰多样。原产非洲。东北常见栽培。

果实食用。种子作消遣食品。果皮有清热、利尿、降血压作用。

■ 西瓜

花期植株

果期植株

雌花正面观

雄花背面观

卷须

095. 秋海棠科 Begoniaceae

Begoniaceae C.Agardh, Aphor. Bot. 200. 1824, *nom. cons.*

木贼门、木贼亚门、木兰纲、蔷薇亚纲、蔷薇超目、葫芦目（Cucurbitales）。

多年生草本，常呈肉质，稀为亚灌木。茎直立或匍匐状，稀攀缘状，或仅具根状茎、球茎或块茎。单叶互生或基生，叶缘全缘、有齿或分裂，基部歪斜。花单性，雌雄同株，聚伞花序腋生或顶生。雄花被片2～7，外花被片2枚较大，内花被片窄小；雄蕊多数，花丝分离或基部合生，花药2室，药隔延伸或否。雌花被片2～5，外轮2枚较大；子房下位，1～4室，通常为3室，中轴胎座，少数为侧膜胎座，花柱与心皮同数，分离或基部联合，柱头球形、半月形或分歧呈螺旋状扭曲。蒴果或浆果状，通常具3枚不等大的翅，或有棱，室背开裂或不规则开裂；种子细小，多数，近球形，种皮网状。

本科全世界2～3属1400多种，广布于热带和亚热带地区。中国仅有1属173种，主要分布南部和中部。东北地区产1属2种1亚种，其中栽培2种。

秋海棠属 *Begonia* L.

Begonia L. Gen. Pl. ed. 2. 516. 1742.

多年生肉质草本，极稀亚灌木。单叶，稀掌状复叶，互生或全部基生；叶片常偏斜，基部两侧不相等，稀几乎相等；叶柄较长，柔弱。花单性，多雌蕊同株，极稀异株，（1～）2～4至数朵组成聚伞花序，有时呈圆锥状；花被片花冠状。雄花：花被片2～4，2对生或4交互对生，通常外轮大，内轮小，雄蕊多数，花丝离生或仅基部合生，稀合成单体，花药2室，顶生或侧生，纵裂。雌花：花被片2～5（～6～8）；雌蕊由2～3～4（～5～7）心皮形成；子房下位，柱头膨大，扭曲呈螺旋状或U字形，稀头状和近肾形，常有带刺状乳头。蒴果，有时浆果状。

本属全世界1400多种，广布于热带和亚热带地区，尤以中、南美洲最多。中国有173种，分布长江流域以南各省区，以云南东南部和广西西南部最集中，极少数种广布到华北地区和甘肃、陕西南部。

分种检索表

1. 茎基部具纤维根；茎直立，较矮，肉质，分枝多从基部分出 ………………………… **1. 四季海棠 B. cucullata** Willd.

1. 茎基部具圆球形的块茎（**2. 秋海棠 B. grandis** Dry.）。

  2. 茎多分枝，粗壮；叶较大，长10～18厘米，宽7～14厘米 ……………… **2a. 秋海棠 B. grandis** subsp. **grandis**

  2. 茎很少分枝，较细弱；叶较小，长5～12厘米，宽3～8厘米 ………………………………………………………… **2b. 中华秋海棠 B. grandis** subsp. **sinensis** (A. DC.) Irmsch.

（1）四季海棠（大连地区植物志）；四季秋海棠（植物智网站）；玻璃翠（俗称）

Begonia cucullata Willd. in Sp. Pl. 4: 414. 1805.——*B. semperflorens* Link et Otto. in Icon. Pl. Rar. 9. 1829; 大连地区植物志: 503. 1982.

原产巴西。辽宁省大连广泛栽培。

观赏植物，用于庭园、花坛等。

■ 四季海棠

花序

植株

（2）秋海棠（中国植物志，Flora of China）

Begonia grandis Dry. in Trans. L. Soc. London 1: 163. 1791; 中国植物志52(1): 163. 图版32: 1 ~ 2. 1999; Fl. China 13: 175. 2007.

（2a）秋海棠（原亚种）

Begonia grandis subsp. *grandis*

分布华北、西南、华东等地。辽宁省大连有栽培。

果实治疗吐血、衄血、咳血、跌打损伤等。全草有健胃、行血、消肿、驱虫、治蛇伤作用。

■ 秋海棠

茎叶

植株

花序

（2b）中华秋海棠（亚种）（辽宁植物志，东北植物检索表，中国植物志，Flora of China）

Begonia grandis subsp. *sinensis* (A. DC.) Irmsch. in Mitt. Inst. Allg. Bot. Hamburg 10: 497. 1939; 中国植物志52(1): 165. 1999; Fl. China13: 176. 2007.——*B. sinensis* A. DC. in Ann. Sci. Nat., Bot. IV, 11: 125. 1859; 辽宁植物志（上册）: 1204. 图版518. 1988; 东北植物检索表（第二版）: 430. 图版212: 3. 1995.

生山谷阴湿岩石上、滴水的石灰岩边、疏林阴处等地。产辽宁省凌源等地。

果实治疗吐血、衄血、咯血、白带异常、月经不调、跌打损伤；全草治疮毒、胃痛。

■ 中华秋海棠

果序

花序

植株

茎叶

096. 卫矛科 Celastraceae

Celastraceae R.Br., Voy. Terra Austral. 2: 554. 1814, *nom. cons.*

木贼门、木贼亚门、木兰纲、蔷薇亚纲、蔷薇超目、卫矛目（Celastrales）。

乔木或灌木，稀草本，偶具刺。单叶对生或互生。有限聚伞花序，顶生或腋生；具小苞片；花常两性，有时单性或杂性，辐射对称；花萼4～5裂，宿存；花瓣4～5；雄蕊3～5，与花瓣互生，着生于花盘上；花药基着或背着，1～2室，纵裂；子房上位或半下位，中轴胎座，（1～）2～5（～10）室，与花盘分离或藏于其内；胚珠1至多数；花柱全缘或3～5裂。蒴果、分果、核果或浆果，常具橙色至红色翅或假种皮；种子1至多数。

本科全世界有102属1280～1400种，主产热带和亚热带地区，温带有少量分布。中国产15属257种，南北各地均有分布。东北地区产4属13种8变种，其中栽培1种4变种。

分属检索表

1. 多年生草本 ……………………………………………… 1. 梅花草属 Parnassia
1. 木本植物。
  2. 灌木或乔木；叶对生；聚伞花序或单生，花盘扁平；蒴果4～5裂 ……………… 2. 卫矛属 Euonymus
  2. 藤本；叶互生；总状或圆锥花序，花盘杯状。
    3. 蒴果有3翅而不开裂 ……………………………… 3. 雷公藤属 Tripterygium
    3. 蒴果，室背3裂 ……………………………… 4. 南蛇藤属 Celastrus

1 梅花草属 *Parnassia* L.

Parnassia L., Sp. Pl. ed. 1. 273. 1753.

多年生草本，全株无毛。基生叶2至数片或较多呈莲座状；具长柄，有托叶，叶片全缘；茎生叶（苞叶）无柄，常半抱茎。单花顶生，白色或淡黄色，两性；花萼5裂，基部与子房合生，宿存；花瓣5，全缘或睫毛状；雄蕊5，与花瓣互生，退化雄蕊通常生于花瓣基部；心皮3～4，合生，子房上位至半下位，1室，侧膜胎座，花柱短。蒴果；种子多数。

本属全世界70余种，分布于北温带高山地区，亚洲东南部和中部较为集中，其次为北美洲，极少数分布到欧洲。中国有63种。东北地区产1变种。

梅花草（中国高等植物图鉴，中国植物志，Flora of China）

Parnassia palustris L., Sp. Pl. ed. 1. 273. 1753; 中国植物志34(2): 64. 1992; Fl. China 8: 379. 2001.

（a）梅花草（原变种）

Parnassia palustris var. *palustris*

中国产新疆。东北地区不产。

（b）多枝梅花草（变种）（中国植物志，Flora of China）；梅花草（辽宁植物志，黑龙江省植物志，内蒙古植物志，东北植物检索表，东北草本植物志）

Parnassia palustris var. *multiseta* Ledeb. in Fl. Ross. 1: 263. 1842; 中国植物志34(2): 65. 1992; Fl. China 8: 379. 2001.——*P. palustris* auct. non L. : 东北草本植物志4: 228. 图版129: 3～4. 1980; 辽宁植物志（上册）: 709. 图版301: 4～5. 1988; 内蒙古植物志（第二版）3: 25. 图版10: 1～4. 1989; 东北植物检索表（第二版）:

275. 图版129: 8. 1995; 黑龙江省植物志6: 52. 图版29: 1 ~ 2. 1998.

多年生草本；基生叶丛生，有柄，卵圆形；茎生叶1，无柄；花单生茎顶，白色，花瓣5，雄蕊5，退化雄蕊分枝（11 ~ ）13 ~ 23条；蒴果卵圆形。生林下潮湿地或水沟旁及山坡湿地。产黑龙江省宁安、海林、密山、萝北、虎林、饶河、孙吴、新林、加格达奇；吉林省蛟河、安图、抚松、长白、和龙、敦化、乾安；辽宁省新民、彰武、凌源、新宾、抚顺、本溪、凤城、桓仁、庄河；内蒙古自治区额尔古纳、根河、牙克石、鄂伦春、鄂温克、科尔沁右翼前旗、大青沟、翁牛特旗、敖汉旗、巴林左旗、巴林右旗、阿鲁科尔沁旗、克什克腾旗、宁城、东乌珠穆沁旗、锡林浩特、正蓝旗等地。

全草有消肿解毒、清热凉血、化痰止咳作用，用于黄疸、痢疾、咽喉痛等。

■ 多枝梅花草

花正面观

植株

基生叶

花侧面观

2 卫矛属 *Euonymus* L.

Euonymus L. Gen. Pl. ed 5, 91. 1754.

常绿、半常绿或落叶灌木或小乔木，或倾斜、披散以至藤本。叶对生，极少为互生或3叶轮生。花为三出至多次分枝的聚伞圆锥花序；花两性；花部4 ~ 5数；花萼绿色，多为宽短半圆形；花瓣白绿色或黄绿色，偶为紫红色；花盘发达，肥厚扁平，圆或方，有时4 ~ 5浅裂；雄蕊着生花盘上面，花丝细长或短或仅呈凸起状；子房半沉于花盘内，4 ~ 5室，花柱单1，柱头细小或小圆头状。蒴果近球状、倒锥状，不分裂或上部4 ~ 5浅凹，或4 ~ 5深裂至近基部，果皮平滑或被刺突或瘤突。

本属全世界约有130种，分布于东西两半球的亚热带和温暖地区，仅少数种类向北延伸至寒温带地区。中国有90种。东北地区产10种6变种，其中栽培1种4变种。

分种检索表

1. 常绿或半常绿灌木或小乔木。
  2. 半常绿灌木，稍蔓生；叶广椭圆形或倒卵形 ································1. **扶芳藤 E. fortunei** (Turcz.) Hand.-Mazz.
  2. 常绿灌木或小乔木，直立；叶倒卵形或椭圆形（**2. 冬青卫矛 E. japonicus** Thunb.）。
    3. 灌木，高达3米。
      4. 叶中脉无黄斑。
        5. 叶缘绿色 ··· **2a. 冬青卫矛 E. japonicus** var. **japonicus**
        5. 叶缘非绿色。

（接上表）

6. 叶片边缘金色 ………………………………… **2b. 金边黄杨 E. japonicus** cv. 'Aurea-marginatus'

6. 叶片边缘银色 ………………………………… **2c. 银边黄杨 E. japonicus** cv. 'Albomarginatus'

4. 叶片沿中脉有黄斑 ……………………………… **2d. 金心大叶黄杨 E. japonicus** cv. 'Aureomarginatus'

3. 小乔木，高达8～10米……………………………………………… **2e. 北海道黄杨 E. japonicus** cv. 'Cuzhi'

1. 落叶灌木或小乔木。

7. 花通常5基数。

8. 蒴果无翅；叶卵形 ……………………………………………………… **3. 垂丝卫矛 E. oxyphyllus** Miq.

8. 蒴果具三角形短翅；叶倒卵形 ……………………………… **4. 东北卫矛 E. sachalinensis** (F. Schmidt) Maxim.

7. 花通常4基数。

9. 枝有多数小黑瘤；叶倒卵形或长圆形 …………………………………… **5. 少花瘤枝卫矛 E. verrucosus** Scop.

9. 枝无小黑瘤。

10. 枝有木栓翅，稀无翅；叶椭圆形或倒卵形（**6. 卫矛 E. alatus** (Thunb.) Sieb.）。

11. 叶两面无毛 ……………………………………………………………………… **6a. 卫矛 E. alatus** var. **alatus**

11. 叶背面沿脉有毛 ……………………………………………… **6b. 毛脉卫矛 E. alatus** var. **pubescens** Maxim.

10. 枝无翅。

12. 蒴果有4个长翅；叶长倒卵形 ………………………………………………… **7. 黄心卫矛 E. macropterus** Rupr.

12. 蒴果无翅。

13. 种皮紫红色。

14. 叶片卵状椭圆形、卵圆形或窄椭圆形，基部楔形，先端渐尖；蒴果长不超过1厘米；种皮棕黄色 ………………………………………………………………………………… **8. 白杜 E. maackii** Rupr.

14. 叶片长方椭圆形、卵状椭圆形或椭圆状披针形，基部圆，先端尖；蒴果长1～1.5厘米；种皮暗褐色 …………………………………………………………………… **9. 西南卫矛 E. hamiltonianus** Wall.

13. 种皮白色或淡红色（**10. 白杜卫矛 E. bungeanus** Maxim.）。

15. 叶片卵形或椭圆形，基部广楔形 ……………… **10a. 白杜卫矛 E. bungeanus** var. **bungeanus**

15. 叶片广椭圆形至卵状三角形，基部广楔形至截形 ………………………………………… **10b. 蒙古卫矛 E. bungeanus** var. **mongolicus** (Nakai) Kitag.

（1）扶芳藤（中国植物志，Flora of China）；胶州卫矛（中国植物志）；胶东卫矛（辽宁植物志，东北植物检索表）

■ 扶芳藤

花

茎一部分

果枝

■ 扶芳藤

野生株

栽培株

植株一部分

Euonymus fortunei (Turcz.) Hand.–Mazz. in Symb. Sin. 7: 660. 1933; 中国植物志45(3): 9. 1999; Fl. China 11: 452. 2008.——*E. kiautschovicus* Loes. in Engl. Bot. Jahrb. 30: 453. 1902; 辽宁植物志（上册）: 1099. 图版471: 3. 1988; 东北植物检索表（第二版）: 403. 图版200: 10. 1995; 中国植物志45(3): 9. 1999.

生山谷林中多岩石处。产辽宁省大连、长海、旅顺口（蛇岛）等地。

常用于园林绿化。茎、叶有散痛止血、舒筋活络作用，用于鼻衄、脱疽、风湿痛、跌打损伤、漆疮。

（2）冬青卫矛（辽宁植物志，黑龙江省植物志，东北植物检索表，中国植物志，Flora of China）；大叶黄杨

Euonymus japonicus Thunb. in Nov. Act. Soc. Sci. Upsal. 3: 218. 1781; 辽宁植物志（上册）: 1099. 图版471: 1 ~ 2. 1988; 东北植物检索表（第二版）: 403. 图版200: 11. 1995; 中国植物志45(3): 14. 图版1: 1 ~ 3. 1999; 黑龙江省植物志7: 97. 图版50. 2003; Fl. China11: 452. 2008.

（2a）冬青卫矛（原变种）

Euonymus japonicus var. *japonicus*

分布中国中部和日本。黑龙江省、辽宁省各大城市常有栽培。

庭院观赏树种。树皮含硬橡胶，亦有利尿、强壮作用。

■ 冬青卫矛

花序

植株

果序

（2b）金边黄杨（栽培变种）

Euonymus japonicus cv. ‘Aurea–marginatus’

■ 金边黄杨

植株一部分

植株

（2c）银边黄杨（栽培变种）

Euonymus japonicus cv. 'Albomarginatus'

■ 银边黄杨

绿篱

植株一部分

（2d）金心大叶黄杨（栽培变种）

Euonymus japonicus cv. 'Aureomarginatus'

■ 金心大叶黄杨

植株

植株一部分

（2e）北海道黄杨（栽培变种）

Euonymus japonicus cv. 'Cuzhi'

■ 北海道黄杨

果枝

居群

（3）垂丝卫矛（中国植物志，Flora of China）；球果卫矛（辽宁植物志，东北植物检索表）

Euonymus oxyphyllus Miq. in Ann. Mus. Bat. Lugd.-Bot. 2: 86. 1865; 辽宁植物志（上册）: 1106. 图版475: 1. 1988; 东北植物检索表（第二版）: 405. 图版200: 7. 1995; 中国植物志45(3): 78. 图版15: 3. 1999; Fl. China11: 443. 2008.

生低山坡地杂木林内。产辽宁省大连、庄河。

■ 垂丝卫矛

果枝

树干

（4）东北卫矛（Flora of China）；短翅卫矛（辽宁植物志，黑龙江省植物志，东北植物检索表）；凤城卫矛（中国植物志）

Euonymus sachalinensis (F. Schmidt) Maxim. in Bull. Acad. Imp. Sci. Saint-Pétersbourg Ⅲ, 27: 446 1881; Fl. China 11: 443. 2008.——*E. planipes* (Koehne.) Koehne. in Mitt. Deutsch. Dendrol. Ges. 15: 62. 1906; 辽宁植物志（上册）: 1106. 图版474: 1 ~ 3. 1988; 东北植物检索表（第二版）: 405. 图版200: 6. 1995; 黑龙江省植物志7: 104. 图版52: 4 ~ 6. 2003.——*E. maximowiczianus* (Prokh.) Varosh in Seed List State Bot. Gard. Acad. Sci. USSR 9: 612. 1954; 中国植物志45(3): 79. 1999.

生阔叶林或针阔混交林中。产黑龙江省（地点不详）；吉林省长白；辽宁省西丰、清原、本溪、凤城、宽甸、岫岩、鞍山、盖州、营口、庄河等地。

果实多为五角星形，成熟后变红，酷似红五星，产地百姓称其为“五星树”。可作观果树种栽培。

■ 东北卫矛

果实

果枝

花序

（5）少花瘤枝卫矛（中国植物志，Flora of China）；瘤枝卫矛（辽宁植物志，黑龙江省植物志，东北植物检索表）

■ 少花瘤枝卫矛

花枝

果枝

果实

小枝

花

Euonymus verrucosus Scop. in Fl. Carniol. ed. 2, 1: 166. 1771; Fl. China 11: 462. 2008.——*E. verrucosus* Scop. var. *pauciflorus* (Maxim.) Regel in Fl. Ussur. 41. 1861; 中国植物志45(3): 54. 1999.——*E. pauciflorus* Maxim. in Prim. Fl. Amur. 74. 1859; 辽宁植物志（上册）: 1106. 图版475: 2～4. 1988; 东北植物检索表（第二版）: 405. 图版200: 4. 1995; 黑龙江省植物志7: 101. 图版53. 2003.

生山地灌丛中。产黑龙江省哈尔滨、尚志、伊春、宝清、饶河、宁安；吉林省吉林、临江、抚松、靖宇、长白、珲春、和龙、安图；辽宁省西丰、新宾、本溪、宽甸、桓仁、凤城、庄河等地。

树皮含硬橡胶，种子可榨油。

（6）卫矛（辽宁植物志，黑龙江省植物志，东北植物检索表，中国植物志，Flora of China）

Euonymus alatus (Thunb.) Sieb. in Verh. Batav. Genoot. Kunst. Wetensch. 12: 49. 1830; 辽宁植物志（上册）: 1101. 图版472: 1～3. 1988; 东北植物检索表（第二版）: 403. 图版200: 3. 1995; 中国植物志45(3): 63. 图版11: 5～7. 1999; 黑龙江省植物志7: 95. 图版49: 1～3. 2003; Fl. China 11: 448. 2008.

（6a）卫矛（原变种）

Euonymus alatus var. *alatus*

生针阔混交林中、林缘及山坡草地。产黑龙江省哈尔滨、富锦、勃利、宝清、宁安、尚志、虎林、饶河、密山、伊春；吉林省和龙、安图、敦化、汪清、珲春、长白、吉林、抚松、蛟河、桦甸、通化、集安；辽宁省鞍山、瓦房店、大连、庄河、东港、桓仁、沈阳；内蒙古自治区巴林右旗、克什克腾旗、喀喇沁旗、宁城、科尔沁左翼后旗等地。

带栓翅的枝条入中药，叫“鬼箭羽”，有破血、止痛、通经、泻下、杀虫等功效；种子油作工业用油。秋季叶色鲜红，是良好的观叶树种。嫩芽可食。

■ 卫矛

果序

小枝

花枝

叶背面观

植株

（6b）毛脉卫矛（变种）（辽宁植物志，黑龙江省植物志，内蒙古植物志，东北植物检索表，中国植物志）

Euonymus alatus var. *pubescens* Maxim. in Bull. Acta Sci. St Petersb. 27: 454. 1881; 辽宁植物志（上册）: 1101. 图版472: 4 ~ 5. 1988; 内蒙古植物志（第二版）3: 463. 图版181: 1 ~ 2. 1989; 东北植物检索表（第二版）: 403. 1995; 中国植物志45(3): 63. 图版11: 8. 1999; 黑龙江省植物志7: 97. 图版49: 4 ~ 5. 2003.

生针阔混交林中、林缘及山坡草地。产黑龙江省饶河、尚志、哈尔滨、嘉荫、宁安；吉林省桦甸、吉林、安图、临江、永吉、敦化、集安；辽宁省铁岭、西丰、沈阳、抚顺、清原、新宾、桓仁、宽甸、凤城、丹东、庄河、岫岩、本溪、鞍山、北镇、喀左；内蒙古自治区额尔古纳、大青沟、克什克腾旗、喀喇沁旗、宁城、西乌珠穆沁旗、正镶白旗、多伦等地。

■ 毛脉卫矛

叶背面观

茎与枝

蒴果

（7）黄心卫矛（中国植物志，Flora of China）；翅卫矛（辽宁植物志，黑龙江省植物志，东北植物检索表）

Euonymus macropterus Rupr. in Bull. Phys.-Math. Acad. Petersb. 15: 359. 1875; 辽宁植物志（上册）: 1103. 图版474: 4 ~ 6. 1988; 东北植物检索表（第二版）: 405. 图版200: 5. 1995; 中国植物志45(3): 85. 1999; 黑龙江省植物志7: 98. 图版52: 1 ~ 3. 2003; Fl. China11: 443. 2008.

生山地林中。产黑龙江省哈尔滨、尚志、勃利、海林、宁安；吉林省蛟河、柳河、临江、长白、和龙、安图；辽宁省清原、本溪、宽甸、桓仁、丹东、庄河等地。

树皮含硬橡胶，种子可榨油。

■ 黄心卫矛

植株一部分

花序

果实

（8）白杜（中国植物志，Flora of China）；华北卫矛（辽宁植物志，黑龙江省植物志，内蒙古植物志，东北植物检索表）

Euonymus maackii Rupr. in Bull. Phy.–Math Acad Sc. St.–Petersb. 15: 358. 1857; 辽宁植物志（上册）: 1101. 图版473: 1 ~ 3. 1988; 内蒙古植物志（第二版）3: 463. 图版180. 1989; 东北植物检索表（第二版）: 403. 图版200: 8. 1995; 中国植物志45(3): 47. 1999; 黑龙江省植物志7: 98. 图版51: 1 ~ 3. 2003; Fl. China 11: 459. 2008.——*Euonymus maackii* var. *trichophyllus* Y. B. Chang, 植物研究1(3): 95. 图版1 ~ 1. 1981.

生河岸、溪谷、杂木林中或坡地。产黑龙江省嫩江、虎林、饶河、依兰、富锦、逊克、黑河、伊春、萝北、密山、宁安、哈尔滨；吉林省长春、扶余、双辽、洮南、安图、抚松、敦化；辽宁省彰武、阜新、义县、葫芦岛、沈阳、西丰、抚顺、鞍山、营口、金州、大连、庄河、桓仁、丹东、本溪；内蒙古自治区额尔古纳、海拉尔、鄂温克、科尔沁右翼前旗、大青沟、敖汉旗、巴林右旗、奈曼旗等地。

种子含油49%，供工业用；木材黄白色，致密，稍硬，可供器具及细木工雕刻；根皮含硬橡胶；嫩叶可代茶。根、树皮有止痛作用，主治膝关节痛；枝叶解毒，外用治漆疮。

■ 白杜

果期

花期

（9）西南卫矛（中国植物志，Flora of China）；短柄卫矛（黑龙江省植物志，东北植物检索表）

Euonymus hamiltonianus Wall. in Fl. Ind. ed. Carey. 403. 1762; 中国植物志45(3): 48. 1999; Fl. China 11: 457. 2008.——*E. sieboldianus* Blume in Bijdr. 1147. 1827; 东北植物检索表（第二版）: 403. 1995; 黑龙江省植物志7: 104. 图版51: 4. 2003.

生海岸带山林中或一般山林中。产辽宁省长海、旅顺口（蛇岛）、新宾、本溪等地。黑龙江省、辽宁省有栽培。

■ 西南卫矛

小枝

果序

花序

■ 西南卫矛

植株一部分

植株

（10）白杜卫矛（辽宁植物志，东北植物检索表）；桃叶卫矛（内蒙古植物志）；丝绵木

Euonymus bungeanus Maxim. in Prim. Fl. Amur. 470. 1859; 辽宁植物志（上册）: 1103. 图版473: 4 ~ 5. 1988; 内蒙古植物志（第二版）3: 461. 图版179: 1 ~ 3. 1989; 东北植物检索表（第二版）: 405. 图版200: 9. 1995.

（10a）白杜卫矛（原变种）

Euonymus bungeanus var. *bungeanus*

生林边、路旁或山坡肥沃湿润土壤中。产黑龙江省哈尔滨、逊克、五大连池；吉林省长春、汪清；辽宁省沈阳、西丰、鞍山、普兰店、大连、彰武、阜新、朝阳、建昌、凌源；内蒙古自治区科尔沁左翼后旗、奈曼旗、扎赉特旗、翁牛特旗、宁城、正蓝旗、多伦等地。

庭院栽培供观赏。根、树皮有止痛作用，主治膝关节痛；枝叶解毒，外用治漆疮。

■ 白杜卫矛

果期

果实

花

花期

外果皮、内果皮与种子

植株

（10b）蒙古卫矛（变种）（辽宁植物志，东北植物检索表）

Euonymus bungeanus var. *mongolicus* (Nakai) Kitag. in Rep. Inst. Sci. Res. Manchoukuo 3(App. 1): 307. 1939; 辽宁植物志（上册）: 1103. 图版473: 6. 1988; 东北植物检索表（第二版）: 405. 1995.

生山坡阔叶林中。产辽宁省大连、北镇、凌源等地。

■ 蒙古卫矛

叶

植株一部分

3 雷公藤属 *Tripterygium* Hook. f.

Tripterygium Hook. f. Hook. f., Gen. Pl. [Bentham & Hooker f.]1(1): 368. 1868.

藤本灌木；小枝常有4～6锐棱，表皮密被细点状与表皮同色的皮孔，密被锈色毡毛状毛或光滑无毛。叶互生，有柄，托叶细小早落。圆锥聚伞花序，常单歧分枝，小聚伞有2～3花，花序梗及分枝均较粗壮，小花梗通常纤细；花杂性，5数，白色、绿色或黄绿色，较小，一般直径3～5毫米，多为两性；萼片5；花瓣5；花盘扁平，全缘或极浅5裂；雄蕊5，着生花盘外缘，花丝细长，花药侧裂；子房下部与花盘愈合，上部三角锥状，不完全3室，每室有2胚珠，只1室1胚珠发育成种子，花柱通常圆柱状，柱头常稍膨大。蒴果细窄，具3膜质翅包围果体；种子1，细窄，无假种皮。

本属全世界有2种，分布于东亚，中国均产。东北地区产1种。

雷公藤（中国植物志，Flora of China）；东北雷公藤（辽宁植物志，东北植物检索表，中国植物志）

Tripterygium wilfordii Hook. f. in Gen. Pl. 1: 368. 1862; 中国植物志45(3): 178. 图版45: 1～6. 1999; Fl. China 11: 486. 2008.——*T. regelii* Sprague et Takeda in Kew Bull. 1912: 223. 1912; 辽宁植物志（上册）: 1172. 图版530: 1～3. 1992; 东北植物检索表（第二版）: 405. 图版200: 12. 1995; 中国植物志45(3): 181. 图版45: 12～16. 1999; 黑龙江省植物志7: 105. 图版54. 2003.

灌木状藤本。单叶互生；叶纸质，椭圆形或长方卵形，边缘有明显圆齿；叶柄长1～1.5厘米，被短毛。聚伞圆锥花序，花序梗、分枝及小花梗均密被短毛；花白绿色或白色。蒴果，翅较薄，近方形，果体窄卵形或线形，长达果翅2/3，侧脉与主脉平行。生山地林缘。产黑龙江省伊春、宁安、东宁；吉林省集安、通化、辉南、临江、抚松、靖宇、长白、和龙、安图；辽宁省桓仁、丹东、岫岩、凤城。

根、叶、花、果实有大毒，有祛风解毒、杀虫作用，用于风湿关节痛、腰腿痛、末梢神经炎、麻风、骨髓炎、手指疔疮等。

■ 雷公藤

果序

植株一部分

4 南蛇藤属 *Celastrus* L.

Celastrus L. Gen. Pl. ed 1. 59. 1737.

落叶或常绿藤状灌木。单叶互生，边缘具各种锯状齿，叶脉为羽状网脉。花通常功能性单性，异株或杂性，稀两性，聚伞花序成圆锥状或总状，有时单出或分枝；花黄绿色或黄白色，小花梗具关节；花5数；雄蕊着生花盘边缘，稀出自扁平花盘下面，花丝一般丝状，在雌花中花丝短，花药不育；子房上位，与花盘离生或微连合，通常3室，稀1室，柱头3裂，每裂常又2裂，在雄花中雌蕊小而不育。蒴果类球状，通常黄色，顶端常具宿存花柱，基部有宿存花萼，熟时室背开裂。

本属全世界30余种，分布于亚洲、大洋洲、南北美洲及马达加斯加的热带及亚热带地区。中国有25种，除青海、新疆尚未见记载外，各省区均有分布，而长江以南为最多。东北地区产2种1变种。

分种检索表

1. 托叶钩刺状，不脱落 ………………………………………… 1. 刺苞南蛇藤 C. flagellaris Rupr.
1. 托叶不为钩刺状，脱落（2. 南蛇藤 C. orbiculatus Thunb.）。
    2. 两面光滑无毛或叶背脉上具稀疏短柔毛；蒴果径8～10毫米，3裂 … 2a. 南蛇藤 C. orbiculatus var. orbiculatus
    2. 叶背面沿叶脉疏被粗毛；蒴果径10～12毫米，3～4瓣裂 ………………………………………… 2b. 热河南蛇藤 C. orbiculatus var. jeholensis (Nakai) Kitag.

（1）刺苞南蛇藤（中国植物志，Flora of China）；刺南蛇藤（辽宁植物志，东北植物检索表）

Celastrus flagellaris Rupr. in Bull. Acad. Sci. St. Petersb. 15: 357. 1857; 辽宁植物志（上册）: 1109. 图版476: 1～2. 1988; 东北植物检索表（第二版）: 403. 图版200: 1. 1995; 中国植物志45(3): 117. 图版24: 3～4. 1999; Fl. China 11: 471. 2008.

生林下、河边、石坡上。产吉林省抚松、长白；辽宁省清原、本溪、宽甸、丹东、大连、长海、瓦房店、岫岩等地。

根、茎、果有祛风湿、活血止痛作用；种子含油51%，供工业用。

■ 刺苞南蛇藤

叶背面观

植株

托叶钩刺状

花序

果序

（2）南蛇藤（辽宁植物志，黑龙江省植物志，内蒙古植物志，东北植物检索表，中国植物志，Flora of China）

Celastrus orbiculatus Thunb. in Fl. Jap. 42. 1784; 辽宁植物志（上册）: 1108. 图版476: 3～4. 1988; 内蒙古植物志（第二版）3: 465. 图版181: 3～4. 1989; 东北植物检索表（第二版）: 403. 图版200: 2. 1995; 中国植物志45(3): 112. 图版24: 1～2. 1999; 黑龙江省植物志7: 93. 图版48. 2003; Fl. China11: 471. 2008.

（2a）南蛇藤（原变种）

Celastrus orbiculatus var. *orbiculatus*

生丘陵、山沟或多石灰质山坡的灌丛中。产黑龙江省哈尔滨、集贤；吉林省集安；辽宁省各地；内蒙古自治区大青沟等地。

根皮为优质纤维；种子含油46%，供工业用。根、藤、叶能祛风活血、消肿止痛、解毒；果实能安神镇静。也是优良的绿化用藤本植物。全株有毒。

■ 南蛇藤

花枝

果枝

成熟期果实

（2b）热河南蛇藤（辽宁植物志，东北植物检索表）

Celastrus orbiculatus var. *jeholensis* (Nakai) Kitag. in Journ. Jap. Bot. 29: 170. 1954; 辽宁植物志（上册）: 1109. 1988; 东北植物检索表（第二版）: 403. 1995; 黑龙江省植物志7: 93. 2003.

生丘陵、山沟或多石灰质山坡的灌丛中。产辽宁省凌源等地。

■ 热河南蛇藤

植株一部分

果序

097. 酢浆草科 Oxalidaceae

Oxalidaceae R.Br., Narr. Exped. Zaire 433. 1818, *nom. cons.*

木贼门、木贼亚门、木兰纲、蔷薇亚纲、蔷薇超目、酢浆草目（Oxalidales）。

一年生或多年生草本，极少为灌木或乔木。根茎或鳞茎状块茎，通常肉质，或有地上茎。指状或羽状复叶或小叶萎缩而成单叶，小叶通常全缘。花两性，辐射对称，单花或多花组成近伞形花序或伞房花序等；萼片5，离生或基部合生，覆瓦状排列，少数为镊合状排列；花瓣5，有时基部合生，旋转排列；雄蕊10枚，2轮，5长5短，外转与花瓣对生，花丝基部通常连合，有时5枚无药，花药2室，纵裂；雌蕊由5枚合生心皮组成，子房上位，5室，每室有1至数颗胚珠，花柱5枚，离生，宿存，柱头通常头状，有时浅裂。果为开裂的蒴果或为肉质浆果；种子通常为肉质，干燥时产生弹力的外种皮。

本科全世界6～8属，780种，主要分布于两半球的热带和亚热带地区，延伸到温带地区。中国有3属13种。东北地区产1属6种，其中栽培2种。

酢浆草属 *Oxalis* L.

Oxalis L., Sp. Pl. 433. 1753

一年生或多年生草本。茎匍匐或披散。叶互生或基生，指状复叶，通常有3小叶。花基生或为聚伞花序式，总花梗腋生或基生；萼片5，覆瓦状排列；花瓣5，覆瓦状排列，有时基部微合生；雄蕊10，长短互间，全部具花药，花丝基部合生或分离；子房5室，每室具1至多数胚珠，花柱5，常2型或3型，分离。果为室背开裂的蒴果，果瓣宿存于中轴上。

本属全世界约700种，广布于世界各地，但主要分布于南美洲和南非，特别是好望角。中国有8种。东北地区产6种，其中栽培2种。

分种检索表

1. 花黄色。
  2. 茎伏卧，多分歧；托叶长圆形，与叶柄贴生 ……………… 1. 酢浆草 *O. corniculata* L.
  2. 茎直立，单一或分歧；托叶无或不明显 ……………… 2. 直酢浆草 *O. stricta* L.
1. 花白色或紫红色。
  3. 花白色。
    4. 小叶倒心形，顶部心形或深心形；小苞位于花梗中部或中部稍上处；蒴果近球形，各室有1～2粒种子 ……………… 3. 白花酢浆草 *O. acetosella* L.
    4. 小叶广倒三角形，顶部截形或近截形；小苞位于花梗上部近花基部；蒴果长圆锥形，各室有4～5粒种子 ……………… 4. 三角酢浆草 *O. obtriangulata* Maxim.
  3. 花紫红色或粉红色。
    5. 花喉部粉紫色；地下具块茎 ……………… 5. 关节酢浆草 *O. articulata* Savigny
    5. 花喉部绿色；地下不具块茎 ……………… 6. 红花酢浆草 *O. corymbosa* DC.

（1）酢浆草（辽宁植物志，黑龙江省植物志，东北植物检索表，东北草本植物志，中国植物志，Flora of China）

Oxalis corniculata L., Sp. Pl. 435. 1753; 东北草本植物志6: 1. 图版1: 1～5. 1977; 辽宁植物志（上册）: 993. 图版419: 1～5. 1988; 内蒙古植物志（第二版）3: 396. 图版152: 1～2. 1989; 东北植物检索表（第二版）: 374. 图版186: 1. 1995; 中国植物志43(1): 11. 图版3: 1～4. 1998; 黑龙江省植物志7: 3. 图版2. 2003; Fl. China 11: 3. 2008.

■ 酢浆草

果序

植株一部分

植株

生林下、山坡、路旁、荒地。产黑龙江省各地；吉林省临江、柳河、梅河口、辉南、集安、抚松、靖宇、长白；辽宁省北镇、新民、沈阳、抚顺、鞍山、本溪、桓仁、宽甸、凤城、岫岩、大连、金州、旅顺口等地。

全草主治感冒、尿路感染、尿路结石、白带、黄疸型肝炎、肠炎等。

（2）直酢浆草（辽宁植物志，东北植物检索表，东北草本植物志，中国植物志，Flora of China）

Oxalis stricta L., Sp. Pl. 435. 1753; 东北草本植物志6: 3. 图版1: 6. 1977; 辽宁植物志（上册）: 994. 图版419: 6. 1988; 东北植物检索表（第二版）: 374. 图版186: 4. 1995; Fl. China 11: 4. 2008.——*O. corniculata* L. var. *stricta* (L.) Huang et L. R. Xu, 中国植物志43(1): 13. 1998.

生山坡、林下、山沟、路旁、河谷及山区田边。产吉林省吉林；辽宁省沈阳、鞍山、本溪、凤城、丹东、岫岩、庄河、金州、大连等地。

全草主治感冒、尿路感染、尿路结石、白带、黄疸型肝炎等。

■ 直酢浆草

花

植株

全株

（3）白花酢浆草（中国植物志，Flora of China）；山酢浆草（辽宁植物志，黑龙江省植物志，东北植物检索表，东北草本植物志）

Oxalis acetosella L., Sp. Pl. 433. 1753; 东北草本植物志6: 4. 图版2: 1. 1977; 辽宁植物志（上册）: 994. 图版420: 1. 1988; 东北植物检索表（第二版）: 374. 图版186: 2. 1995; 中国植物志43(1): 7. 图版2: 3 ~ 4. 1998; 黑龙江省植物志7: 1. 图版1. 2003; Fl. China11: 5. 2008.

■ 白花酢浆草

花

蒴果

植株

生针叶林、针阔混交林、阔叶林下及灌丛下阴湿地。产黑龙江省伊春、尚志、海林；吉林省汪清、珲春、安图、抚松、浑江；辽宁省本溪、桓仁、宽甸、凤城、盖州、庄河等地。

全草主治小便淆淋及赤白带下，捣涂治烫伤、蛇蝎咬伤。嫩苗可食用。

（4）三角酢浆草（辽宁植物志，东北植物检索表，东北草本植物志，中国植物志，Flora of China）

Oxalis obtriangulata Maxim. in Bull. Acad. Sci. Petersb. 12: 62. 1867; 东北草本植物志6: 4. 图版2: 2 ~ 5. 1977; 辽宁植物志（上册）: 996. 图版420: 2 ~ 5. 1988; 东北植物检索表（第二版）: 374. 图版186: 3. 1995; Fl. China 11: 5. 2008.——*O. acetosella* L. subsp. *japonica* Hara in Journ. Fac. Sci. Univ. Tokyo, 6: 82. 1952; 中国植物志43(1): 9. 图版2: 1 ~ 2. 1998.

生林下腐殖土层较厚及杂木林、灌丛及溪流旁。产吉林省珲春、安图、浑江、柳河、梅河口、辉南、集安、抚松、靖宇、长白、通化；辽宁省本溪、桓仁、清原、凤城、丹东、宽甸、庄河等地。

全草主治感冒、尿路感染、尿路结石、白带、黄疸型肝炎等。

■ 三角酢浆草

蒴果

花

基生叶

（5）关节酢浆草（植物智网站）

Oxalis articulata Savigny in J. Lamarck et al., Encycl. 4(2): 686. 1798.——*O. articulata* subsp. *rubra* (A. St.–Hil.) Lourteig, Phytologia 50: 137. 1982.——*O. rubra* A.St.–Hil., Fl. Bras. Merid. (A. St.–Hil.). 1: 124. 1825.

■ 关节酢浆草

花

根部

植株

原产南美洲。辽宁省大连有栽培。

优良的地被花卉，适合在花坛、花境、疏林地及林缘大片种植。

（6）红花酢浆草（中国植物志，Flora of China）；铜锤草（拉汉英种子植物名称，大连地区植物志）

Oxalis corymbosa DC. prodr. 1: 696. 1824; 中国植物志43(1): 10. 1998; Fl. China 11: 4. 2008; The Checklist of the Naturalized Plants in China: 75. 2019.

生低海拔的山地、路旁、荒地或水田中。原产南美洲热带地区。黑龙江、吉林、辽宁、内蒙古自治区有作为观赏植物引入，有逸生记录。

本种多作为观赏植物栽培。全草入药，治跌打损伤、赤白痢，止血。

■ 红花酢浆草

花

植株

098. 金丝桃科 Hypericaceae

Hypericaceae Juss., Gen. Pl. [Jussieu] 254. 1789, *nom. cons.*

木贼门、木贼亚门、木兰纲、蔷薇亚纲、蔷薇超目、金虎尾目（Malpighiales）。

草本、灌木或小乔木。叶对生，有时轮生，无柄或具短柄，具透明或黑色腺点。聚伞花序顶生、腋生或花单生，花两性，通常黄色，稀为粉红色或紫红色；萼片5；花瓣5，旋卷状；雄蕊多数，离生或基部成3～5束合生；子房上位，1室或3～5室，花柱3～5，分离或合生，胚珠多数。果实为蒴果，稀为浆果；种子圆柱形。

本科全世界约有10属540种，主要分布于热带地区。中国有8属95种。东北地区产2属4种1亚种1变种。

分属检索表

1. 花黄色 ·· 1. 金丝桃属 Hypericum
1. 花淡红色 ·· 2. 三腺金丝桃属 Triadenum

1 金丝桃属 *Hypericum* L.

Hypericum L., Sp. Pl. 783. 1753.

灌木或多年生至一年生草本，具透明或常为暗淡、黑色或红色的腺体。叶对生，全缘，具柄或无柄。花序为聚伞花序，1至多花，顶生或有时腋生，常呈伞房状；花两性；萼片（4～）5，等大或不等大，覆瓦状排列；花瓣（4～）5，黄至金黄色，偶有白色；雄蕊联合成束或明显不规则且不联合成束，花丝纤细，几乎分离至基部，花药背着或基着，纵向开裂，药隔上有腺体；无退化雄蕊及不育的雄蕊束；子房3～5室，或全然为1室；花柱（2～）3～5，离生或部分至全部合生，纤细；柱头小或呈头状。果为一室间开裂的蒴果。

本属全世界460余种，除南北两极地或荒漠地及大部分热带低地外，广布世界各地。中国有64种，几乎产于全国各地，主要集中在西南地区。东北地区产3种1亚种1变种。

分种检索表

1. 柱头、心皮及雄蕊束均为3数。
  2. 雄蕊8～10；花柱长0.5～1毫米；全株无腺点；萼片顶端钝；花序有1～3花；叶广卵形；茎高5～35厘米，具4棱线 ……………… **1. 地耳草 H. japonicum** Thunb. ex Murray
  2. 雄蕊多数；花柱长4～5毫米；茎、叶、萼片、花瓣及花药散生黑腺点；萼片顶端尖；花序有3～7花；叶卵状披针形至长圆状卵形；茎高30～70厘米，具2棱线 ……………… **2. 赶山鞭 H. attenuatum** Choisy
1. 柱头、心皮及雄蕊束均为5数（3. 黄海棠H. ascyron L.）。
  3. 花直径4～8厘米；萼片卵形，顶端钝圆；种子一侧具狭翼（**3a. 黄海棠 H. ascyron subsp. ascyron**）。
    4. 花柱与子房略等长，近中部5裂 ……………… **3aa. 黄海棠 H. ascyron var. ascyron**
    4. 花柱通常长为子房的1.5倍，于上部1/3处5裂 ……… **3ab. 东北长柱金丝桃 H. ascyron** var. **longistylum** Maxim.
  3. 花直径2.5～4厘米；萼片卵状长圆形或卵状披针形，顶端渐尖；种子一侧具翼且一端宽大；花柱长为子房的1/2，于基部5裂 ……………… **3b. 短柱金丝桃 H. ascyron subsp. gebleri** (Ledeb.) N. Robson

（1）地耳草（中国植物志，Flora of China）；小金丝桃（辽宁植物志，东北植物检索表，东北草本植物志）

Hypericum japonicum Thunb. ex Murray in Syst. Veg. ed. 14: 702. 1784; 中国植物志50(2): 47. 图版9: 7～11. 1990; Fl. China 13: 34. 2007.——*H. laxum* (Blume) Koedz. in Bot. Mag. (Tokyo) 40: 344. 1926; 东北草本植物志6: 75. 1977; 辽宁植物志（上册）: 586. 图版247: 5. 1988; 东北植物检索表（第二版）: 223. 1995.

生田边、沟边、草地以及撂荒地上。辽宁省丹东有记载，待调查核实。

全草有清热解毒、止血消肿作用，治肝炎、跌打损伤及疮毒。

（2）赶山鞭（中国植物志，Flora of China）；乌腺金丝桃（辽宁植物志，黑龙江省植物志，内蒙古植物志，东北植物检索表，东北草本植物志）

Hypericum attenuatum Choisy in Prodr. Hyperic. 47. t. 6. 1812; 东北草本植物志6: 73. 图版28: 1～4. 1977; 辽宁植物志（上册）: 586. 图版247: 1～4. 1988; 内蒙古植物志（第二版）3: 515. 图版203: 1～3. 1989; 中国植物志50(2): 69. 图版15: 5～8. 1990; 黑龙江省植物志5: 179. 图版61: 1～4. 1992; 东北植物检索表（第二版）: 223. 图版106: 6. 1995; Fl. China 13: 30. 2007.

生田野、半湿草地、山坡草地、林下及石砾地。产黑龙江省集贤、依兰、北安、哈尔滨等山地及森林草原地带；吉林省汪清、九台、吉林、长春、抚松；辽宁省凌源、北镇、建平、本溪、桓仁、凤城、清原、瓦房店、沈阳、阜新、鞍山、丹东、大连；内蒙古自治区海拉尔、根河、牙克石、扎兰屯、鄂伦春、鄂温克、科尔沁右翼前旗、扎赉特旗、扎鲁特旗、翁牛特旗、敖汉旗、巴林左旗、巴林右旗、阿鲁科尔沁旗、克什克腾旗、喀喇沁旗、宁城、东乌珠穆沁旗、西乌珠穆沁旗、锡林浩特等地。

全草入药，捣烂治跌打损伤或煎服作蛇药用。叶可代茶。

■ 赶山鞭

植株中部

果序

植株上部

花

（3）黄海棠（中国植物志，Flora of China）；长柱金丝桃（辽宁植物志，黑龙江省植物志，内蒙古植物志，东北植物检索表，东北草本植物志）

Hypericum ascyron L., Sp. Pl. 783. 1753; 东北草本植物志6: 71. 图版27: 1 ~ 7. 1977; 辽宁植物志（上册）: 584. 图版246: 1 ~ 7. 1988; 内蒙古植物志（第二版）3: 513. 图版203: 4 ~ 8. 1989; 中国植物志50(2): 43. 图版8: 1 ~ 3. 1990; 黑龙江省植物志5: 178. 图版60: 1 ~ 7. 1992; 东北植物检索表（第二版）: 223. 图版106: 4. 1995; Fl. China 13: 20. 2007.

（3a）黄海棠（原亚种）

Hypericum ascyron subsp. *ascyron*

（3aa）黄海棠（原变种）

Hypericum ascyron var. *ascyron*

生山坡林缘及草丛中、向阳山坡及河岸湿地。产黑龙江省哈尔滨、伊春、阿城、尚志、虎林、饶河、依兰、爱辉；吉林省长春、浑江、蛟河、抚松、安图；辽宁省各地；内蒙古自治区根河、牙克石、扎兰屯、鄂伦春、鄂温克、阿荣旗、科尔沁右翼前旗、扎赉特旗、科尔沁左翼后旗、大青沟、扎鲁特旗、敖汉旗、巴林左旗、巴林右旗、阿鲁科尔沁旗、克什克腾旗、喀喇沁旗、宁城、东乌珠穆沁旗（宝格达山）等地。

花大色艳，可供观赏。全草药用，具有凉血止血、清热解毒作用，主治吐血、子宫出血、外伤出血、疮疖痈肿、风湿、痢疾以及月经不调等症；种子泡酒服，可治胃病，并可解毒和排脓。全草也是烤胶原料。嫩苗可食。叶可作茶叶代用品。

■ 黄海棠

花

果序

花蕊

植株一部分

（3ab）东北长柱金丝桃（变种）（辽宁植物志，黑龙江省植物志，东北植物检索表）

Hypericum ascyron var. *longistylum* Maxim. in Prim. Fl. Amur. 64. 1859; 东北草本植物志6: 71. 图版27: 8. 1977; 辽宁植物志（上册）: 584. 图版246: 8. 1988; 黑龙江省植物志5: 179. 图版60: 8. 1992; 东北植物检索表

■ 东北长柱金丝桃

果实

花蕊

植株

（第二版）: 223. 图版106: 5. 1995.

生山坡林缘及草丛中、向阳山坡及河岸湿地。产黑龙江省依兰、虎林、爱辉、北安、伊春；吉林省吉林、通化 、蛟河、集安、汪清、珲春；辽宁省丹东、凤城、桓仁、西丰、凌源；内蒙古自治区额尔古纳等地。

（3b）短柱金丝桃（亚种）（辽宁植物志，黑龙江省植物志，内蒙古植物志，东北植物检索表，东北草本植物志）

Hypericum ascyron subsp. *gebleri* (Ledeb.) N. Robson in Bull. Nat. Hist. Mus. (Lond.) Bot. 31(2): 57. 2001.——*Hypericum gebleri* Ledeb. in Fl. Altaic. 3: 364. 1831; 东北草本植物志6: 73. 图版27: 9 ~ 13. 1977; 辽宁植物志（上册）: 584. 图版246: 9 ~ 13. 1988; 内蒙古植物志（第二版）3: 513. 图版204. 1989; 黑龙江省植物志5: 182. 图版60: 9 ~ 13. 1992; 东北植物检索表（第二版）: 223. 图版106: 3. 1995.

生山坡林缘及草丛中、向阳山坡及河岸湿地。产黑龙江省各地；吉林省抚松、安图、珲春、长白、汪清、临江；辽宁省北镇、绥中、凤城、鞍山；内蒙古自治区根河市满归、科尔沁右翼前旗等地。

■ 短柱金丝桃

花

花蕊

果序

2 三腺金丝桃属 *Triadenum* Raf.

Triadenum Raf. in Fl. Teller. 3: 78. 1837.

多年生草本，全株无毛。叶对生，全缘，具透明及偶有暗黑色腺点。花序聚伞状，短小，具1 ~ 5花；花两性；花萼钟状，萼片5，覆瓦状排列，全缘，具透明腺条；花瓣5，粉红至紫红或白色，覆瓦状排列，两侧近相等，花后脱落；雄蕊3束，每束有3枚雄蕊，花丝纤细，1/2 ~ 2/3处合生，花药丁字着生，纵向开一裂，药隔上有腺体；下位腺体3，与雄蕊束互生，不分裂，肉质；子房3室；花柱3，分离，纤细；柱头呈头状。果为一室间开裂的蒴果，果爿有含树脂的腺条。

本属全世界约6种，分布于印度，经中国至日本、朝鲜、俄罗斯远东地区、美国东部及加拿大。中国有2种。东北地区产1种。

红花金丝桃（中国植物志，Flora of China）；地耳草（黑龙江省植物志，东北植物检索表，东北草本植物志）

Triadenum japonicum (Blume) Makino in Nippon Shokobutsu-Zukwan 326, f. 629. 1925; 东北草本植物志6: 75. 1977; 中国植物志50(2): 73. 1990; 黑龙江省植物志5: 183. 图版61: 5 ~ 10. 1992; 东北植物检索表（第二版）: 223. 图版106: 7. 1995; Fl. China13: 36. 2007.

多年生草本；茎通常红色；叶无柄，叶片长圆状披针形、卵状长圆形至长圆形，稍抱茎，边缘全缘而内卷；聚伞花序具1～3花；花瓣粉红色；雄蕊束3；花柱3，分离；蒴果长圆锥形，先端急尖，3爿裂。生丘陵、草甸湿地及沼泽地。产黑龙江省虎林、伊春、带岭等东部山地；吉林省敦化、蛟河等地；内蒙古自治区鄂伦春。

■ 红花金丝桃

叶

果序

花期植株

果期植株

099. 沟繁缕科 Elatinaceae

Elatinaceae Dumort., Anal. Fam. Pl. 44, 49 (1829), *nom. cons.*

木贼门、木贼亚门、木兰纲、蔷薇亚纲、蔷薇超目、金虎尾目（Malpighiales）。

半水生或陆生矮小草本或亚灌木。单叶对生或轮生，全缘或具锯状齿；有成对托叶。花小，两性，辐射对称，单生、簇生或组成腋生的聚伞花序；萼片2～5，覆瓦状排列，分离或稍连合，薄膜质或具近透明的边缘；花瓣2～5，分离，膜质，在花芽时呈覆瓦状排列；雄蕊与萼片同数或为其2倍，分离，花药背着，2室；子房上位，2～5室，胚珠多数，花柱2～5，分离，短，柱头头状。蒴果，膜质、革质或脆壳质，果瓣与中轴及隔膜分离，为室间开裂；种子多数，小，直或弯曲，种皮常有皱纹，无胚乳。

本科全世界有2属35种，分布于温带至热带地区。中国产2属，约6种，分布东北、东南至西南地区。东北地区产1属2种。

沟繁缕属 *Elatine* L.

Elatine L., Sp. Pl. 367. 1753.

水生草本植物。茎纤细，匍匐状，节上生根。叶小型，对生或轮生，通常全缘，具短柄。花极小，腋生，通常每节只有1花；萼片2～4，基部合生，膜质、钝尖；花瓣2～4，比萼片长，钝头；雄蕊与花瓣同数或为其2倍；子房上位，球形，压扁，顶端截平，2～4室，胚珠多数，花柱2～4，柱头头状。蒴果膜质，2～4瓣裂，隔膜于果开裂后脱落或附着于中轴上。

本属全世界约25种，分布于热带、亚热带和温带地区。中国产3种。

分种检索表

1. 萼片及花瓣4；雄蕊8；子房4室；种子弯曲呈马蹄形……………………………… 1. 马蹄沟繁缕 E. hydropiper L.
1. 萼片2（～3），花瓣3；雄蕊3；子房3室；种子直至微弯曲………………………2. 三蕊沟繁缕 E. triandra Schkuhr

（1）马蹄沟繁缕（黑龙江省植物志，东北植物检索表，东北草本植物志，中国植物志，Flora of China）

Elatine hydropiper L., Sp. Pl. 369. 1753; 东北草本植物志6: 78. 图版29: 1 ~ 6. 1977; 辽宁植物志（上册）: 1202. 图版517. 1988; 中国植物志50(2): 135. 图版37: 1 ~ 6. 1990; 东北植物检索表（第二版）: 429. 图版106: 1. 1995; 黑龙江省植物志7: 196. 图版99. 2003; Fl. China 13: 56. 2007.

生河流沿岸水中及池沼中。产黑龙江省呼玛等地。

（2）三蕊沟繁缕（中国植物志，Flora of China）；沟繁缕（辽宁植物志，黑龙江省植物志，东北植物检索表，东北草本植物志）

Elatine triandra Schkuhr in Bot. Handb. 1: 345. 1790; 东北草本植物志6: 78. 图版29: 7 ~ 11. 1977; 辽宁植物志（上册）: 1202. 图版517. 1988; 内蒙古植物志（第二版）3: 517. 图版205: 3 ~ 7. 1989; 中国植物志50(2): 137. 图版37: 7 ~ 11. 1990; 东北植物检索表（第二版）: 429. 图版106: 2. 1995; Fl. China 13: 56. 2007.

生水田、池沼和溪流等地方。产黑龙江省（地点不详）；吉林省汪清；辽宁省沈阳、新民；内蒙古自治区扎赉特旗（保安沼）等地。

■ 三蕊沟繁缕

居群

植株

植株一部分

100. 堇菜科　Violaceae

Violaceae Batsch, Tab. Affin. Regni Veg. 57. 1802, *nom. cons.*

木贼门、木贼亚门、木兰纲、蔷薇亚纲、蔷薇超目、金虎尾目（Malpighiales）。

多年生草本、半灌木或小灌木，稀为一年生草本、攀缘灌木或小乔木，草本皆具根状茎。单叶互生，稀对生。花两性，稀杂性，两侧对称或辐射对称，单生或成圆锥花序，有小苞片，有时另有闭锁花；萼片5，覆瓦状排列；花瓣5，多不等大，最下者常大而有距，覆瓦状或回旋状排列；雄蕊5，花药直立，分离或围绕子房成环状靠合，药隔延伸于药室外，花丝短或无，下方2雄蕊常有距状的蜜腺；子房上位，1室，由2 ~ 5（常3）心皮构成，花柱单生，稀分裂，柱头有多种形状。蒴果或浆果状，开裂；种子具肉质胚乳；胚直立。

本科全世界约有29属，1000 ~ 1100种，广布于世界各洲，温带、亚热带及热带地区均产。中国有3属101种。东北地区产1属37种1亚种7变种4变型，其中栽培2种。

堇菜属 *Viola* L.

Viola L., Sp. Pl. 933. 1753.

多年生或二年生草本，稀为半灌木，具根状茎。地上茎发达或缺少，有时具匍匐枝。单叶互生或基生，全缘、具齿或分裂；托叶叶状。花两性，两侧对称，单生，稀为2花，生于春季者有花瓣，生于夏季者无花瓣（名闭锁花）。花梗腋生，有2枚小苞片；萼片5，略同形；花瓣5，异形，稀同形，下方（远轴）1瓣通常稍大且基部延伸成距；雄蕊5，花丝极短；子房1室，3心皮；花柱棍棒状，基部较细，通常稍膝曲，顶端浑圆、平坦或微凹，有各种不同的附属物。蒴果球形、长圆形或卵圆状，成熟时3瓣裂。

本属全世界500余种，广布于温带、热带及亚热带；主要分布于北半球的温带地区。中国有96种，南北各省区均有分布，大多数种类分布于西南地区，东北、华北地区种类也较多。

分种检索表

1. 有地上茎。
  2. 花径1.5～4.5厘米，通常有三色。
    3. 花径1.5～2.5厘米，形偏长；花中间无深色圆点，只有猫胡须一样的黑色直线。原产欧洲。辽宁有栽培 ………… **1. 角堇 V. cornuta** L.
    3. 花径3.5～4.5厘米，形偏圆；花中间有深色圆点。原产欧洲。东北各地栽培 ………… **2. 三色堇 V. tricolor** L.
  2. 花径0.8～2.5厘米，通常单色。
    4. 花黄色或乳白色。
      5. 花瓣黄色或乳白色，显著短于萼片或与萼片近等长 ………… **3. 野生堇菜 V. arvensis** Murray
      5. 花瓣鲜黄色，显著长于萼片。
        6. 侧瓣里面无须毛；茎生叶及基生叶通常肾形，稀近圆形 ………… **4. 双花堇菜 V. biflora** L.
        6. 侧瓣里面有须毛；茎生叶卵形、广卵形，有时卵圆形或广椭圆形，少有肾形。
          7. 根状茎细长，横生，长数厘米至10厘米；基生叶心形或肾形，两面疏被白色细毛，但下面脉上毛较密；花较大，下瓣连距长2～2.5厘米；花梗无毛 ………… **5. 大黄花堇菜 V. muehldorfii** Kiss.
          7. 根状茎粗，通常斜升，长0.5～5厘米；基生叶叶片卵形、宽卵形或椭圆形，上面几乎无毛，下面被短毛；花较小，下瓣连距长1～1.5（～2）厘米；花梗被白色细毛，有时无毛 ………… **6. 东方堇菜 V. orientalis** (Maxim.) W. Beck.
    4. 花堇色、蓝紫色、淡紫色、白色等。
      8. 叶披针形或长圆状狭三角形。
        9. 叶长圆状狭三角形，渐尖，基部箭形或微心形 ………… **7. 立堇菜 V. raddeana** Regel
        9. 叶披针形或倒披针形，基部楔形 ………… **8. 蓼叶堇菜 V. websteri** Hemsl.
      8. 叶肾形、圆形、肾状广椭圆形、广卵形及卵形等。
        10. 托叶全缘或近全缘。
          11. 花紫堇色、淡紫色或暗紫色。
            12. 叶片肾状广椭圆形、肾形或近心形，基部心形且基部两端常向内卷，先端短突尖、微渐尖或钝圆，边缘具圆齿 ………… **9. 奇异堇菜 V. mirabilis** L.
            12. 叶片卵形到肾形，基部心形或近截形，先端圆形或锐尖或钝，边缘具圆齿或细锯齿 ………… **10. 堪察加堇菜 V. langsdorffii** Fischer ex Gingins
          11. 花白色、苍白色或带淡黄色 ………… **11. 如意草 V. arcuata** Blume

（接上表）

10. 托叶羽状深裂或边缘具细尖牙齿。
13. 托叶羽状深裂；花近白色或淡紫色或紫色，下瓣连距长10～15毫米；根状茎上无暗褐色鳞片（**12. 鸡腿堇菜 V. acuminata** Ledeb.）。
14. 花近白色或淡紫色…………………………………… **12a. 鸡腿堇菜 V. acuminata** var. **acuminata**
14. 花紫色……………………………… **12b. 紫花鸡腿堇菜 V. acuminata** var. **purpureum** Z. S. M.
13. 托叶边缘具细尖牙齿；花淡紫色，下瓣连距长约17毫米；根状茎上常被暗褐色鳞片（**13. 库页堇菜 V. sacchalinensis** H. Boiss.）。
15. 植株高约20厘米；根状茎细；侧瓣里面基部有须毛，柱头有乳头状附属物 ……………………………………………… **13a. 库页堇菜 V. sacchalinensis** var. **sacchalinensis**
15. 植株高4～7厘米；根状茎粗而长（长3～7厘米，粗达8毫米）；侧瓣无毛，柱头面上无乳头状毛 …………………… **13b. 长白山堇菜 V. sacchalinensis** var. **alpicola** P. Y. Fu & Y. C. Teng
1. 无地上茎。
16. 叶分裂或有不整齐的大小缺刻与缺刻状牙齿。
17. 叶掌状5全裂 ………………………………………………………… **14. 掌叶堇菜 V. dactyloides** Roem.
17. 叶掌状3～5全裂或深裂并再裂，或近羽状深裂，或叶不深裂，仅叶缘为不整齐的缺刻状浅裂至中裂。
18. 花淡紫堇色至紫堇色（白花裂叶堇菜除外）；萼片附属物极短，长1～1.5毫米；叶最终裂片线形（**15. 裂叶堇菜 V. dissecta** Ledeb.）。
19. 叶掌状3～5全裂或深裂并再裂或近羽状深裂。
20. 花淡紫堇色至紫堇色（**15a. 裂叶堇菜 V. dissecta** var. **dissecta**）。
21. 花梗、叶柄、叶片的后期均无毛 ………………… **15aa. 裂叶堇菜 V. dissecta** f. **dissecta**
21. 花梗、叶柄、叶片幼时和后期均被短柔毛，有时叶片仅在叶脉及叶缘有毛 ……………………………… **15ab. 短毛裂叶堇菜 V. dissecta** f. **pubescens** (Regel) Kitag.
20. 花白色 ……………………………… **15b. 白花裂叶堇菜 V. dissecta** var. **albiflorum** Z. S. M.
19. 叶缘为不整齐的缺刻状浅裂至中裂 … **15c. 总裂叶堇菜 V. dissecta** var. **incisa** (Turcz.) Y. S. Chen
18. 花白色、浅黄色或淡紫色；萼片附属物发达，长4～6毫米；叶最终裂片卵圆状披针形、披针形、线状披针形或长圆形…………………………………… **16. 南山堇菜 V. chaerophylloides** (Regel) W. Bckr.
16. 叶缘较整齐或为不整齐的浅裂至中裂、裂片具不整齐的锯状齿。
22. 根状茎细长，横走，于节处生叶或残存有褐色托叶，节间长 … **17. 溪堇菜 V. epipsiloides** Á. Löve & D. Löve
22. 根状茎不同上。
23. 蒴果球形，密被毛或微被毛，果梗向下弯曲，常使果实与地面接触（**18. 球果堇菜 V. collina** Bess.）。
24. 叶片、叶柄和萼片密被毛 ……………………………………… **18a. 球果堇菜 V. collina** var. **collina**
24. 叶片、叶柄和萼片光滑无毛 ……… **18b. 光叶球果堇菜 V.collina** var. **intramongolica** C. J. Wang
23. 蒴果不同上。
25. 花堇色、紫色、淡紫色、蓝紫色等（仅兴安圆叶堇菜花为淡紫色，近白色）。
26. 托叶不与叶柄合生，花期叶缘两侧向内卷 ……………………… **19. 辽宁堇菜 V. rossii** Hemsl.
26. 托叶与叶柄大部分或一部分合生。
27. 叶柄密生或疏生白色细长毛，常如蛛丝状毛（花期显著） ………………………………………………………………… **20. 毛柄堇菜 V. hirtipes** S. Moore

（接上表）

27. 叶柄毛与上不同或无毛。
28. 叶片狭长，长圆形、舌形、披针形、卵状长圆形、匙形等。
29. 花小，下瓣连距长（8～）10～14毫米；根状茎长5～15（～23）毫米 ·· **21. 兴安堇菜** V. gmeliniana Roem. et Schult.
29. 花较大，下瓣连距长14～23毫米；根状茎长3～10毫米。
30. 根赤褐色；侧瓣有明显的须毛（**22. 东北堇菜** V. mandshurica W. Becker）。
31. 花堇色至蓝紫色········· **22a. 东北堇菜** V. mandshurica f. mandshurica
31. 花白色，花瓣有紫色脉········· **22b. 白花东北堇菜** V. mandshurica f. albiflora P. Y. Fu et Y. C. Teng
30. 根白色至淡黄褐色；侧瓣无须毛或稍有须毛······ **23. 紫花地丁** V. philippica Cav.
28. 叶片较宽，卵形、广卵形、圆形、卵圆形或长圆状卵形等。
32. 下瓣连距长约8毫米；叶通常心状圆形 ··· **24. 兴安圆叶堇菜** V. brachyceras Turcz.
32. 下瓣连距长14～22毫米。
33. 根状茎长，长1～10厘米，粗1～6毫米。
34. 叶近圆形或广卵形，基部深心形，被细伏毛；根状茎细，长1至数厘米或更长，粗1～1.5毫米，常具稀疏的结节 ··· **25. 深山堇菜** V. selkirkii Pursh
34. 叶椭圆状卵形或广卵形，基部为较平的浅心形，两面无毛或稍有微毛；根状茎粗，长2～6厘米或更长，粗2～6毫米 ································ **26. 北京堇菜** V. pekinensis (Regel) W. Beck.
33. 根状茎短而粗，长2～10（～15）毫米，粗2～8毫米，有密结节。
35. 子房有毛；蒴果稍有毛或无毛；花堇色；叶基部微心形（花期） ···**27. 茜堇菜** V. phalacrocarpa Maxim.
35. 子房无毛；蒴果无毛。
36. 叶表面沿叶脉具明显的白斑，花期尤显著（**28. 斑叶堇菜** V. variegata Fisch. ex Link）。
37. 叶背面带红紫色···**28a. 斑叶堇菜** V. variegata f. variegata
37. 叶两面绿色······**28b. 绿斑叶堇菜** V. variegata f. viridis (Kitag.) P. Y. Fu et Y. C. Teng
36. 叶脉不具白斑。
38. 叶长圆状卵形或卵形，基部通常钝圆，叶柄具明显的稍宽的翼 ································· **29. 早开堇菜** V. prionantha Bunge
38. 叶卵形、广卵形或卵圆形，基部微心形或心形，叶柄近无翼或上端微具狭翼（**30. 细距堇菜** V. tenuicornis W. Becker）。
39. 叶片无毛或沿叶脉及叶缘有微柔毛；叶柄无毛；萼片无毛；侧方花瓣里面基部稍有须毛或无毛；子房无毛 ··············· **30a. 细距堇菜** V. tenuicornis subsp. tenuicornis
39. 叶片被短柔毛及颗粒状突起；叶柄具向下短毛；萼片边缘被白色柔毛；侧方花瓣基部具较多须毛；子房被短毛 ···**30b. 毛萼堇菜** V. tenuicornis subsp. trichosepala W. Beck

（接上表）

25. 花白色或近白色（朝鲜堇菜种下单位有淡紫色或粉色）。
40. 根暗赤褐色；花距长1.5～3毫米；叶椭圆形至长圆形或卵状椭圆形至卵状长圆形 …………………………………………………………… **31. 白花地丁 V. patrinii** DC. ex Ging.
40. 根不为赤褐色；花距长4～7毫米。
41. 花距长1.5～3毫米；根带黑色或深褐色；叶椭圆形至长圆形或卵状椭圆形至卵状长圆形 …………………………………………………………… **32. 白花堇菜 V. lactif** Lora
41. 花距长4～8毫米；根不带黑色或不为深褐色（北京堇菜除外）。
42. 托叶不与叶柄合生；叶通常单一，较大，有时2～3枚（果期）；花距长约4毫米…… ………………………………………………………… **33. 大叶堇菜 V. diamantiaca** Nakai
42. 托叶至少在下部1/2与叶柄合生；叶数枚以上；花距长4～7毫米。
43. 全株被短毛；萼基部附属物发达，长3～4毫米，末端有不整齐的大尖齿，通常具睫状毛；根状茎长0.5～2厘米 ………… **34. 阴地堇菜 V. yezoensis** Maxim.
43. 全株近无毛。
44. 根状茎长3～7毫米；花下瓣连距长1.8～2.2厘米；萼附属物长3～4毫米；叶无白斑，叶缘锯状齿通常不十分整齐（**35. 朝鲜堇菜 V. albida** Palibin）。
45. 叶片不裂，边缘具内弯的钝锯状齿；花白色 ………………………………………… **35a. 朝鲜堇菜 V. albida** var. **albida**
45. 叶片边缘浅裂至中裂，裂片具不整齐的锯状齿；花白色或淡紫色 ………………… **35b. 菊叶堇菜 V. albida** var. **takahashii** (Nakai) Nakai
44. 根状茎长（0.5～）1～4厘米或更长；花下瓣连距长1.4～1.8（～2）厘米；萼附属物长2～2.5（～3）毫米。
46. 根状茎长0.5～2厘米。
47. 叶卵形、长卵形或广卵形，先端稍呈尾状渐尖，基部深心形，花期沿叶脉稍有白斑 …**37b. 凤凰堇菜 V. tokubuchiana** var. **takedana** (Makino) F. Maekawa
47. 叶广卵形、广卵状心形、心形或椭圆状心形，先端钝或尖，基部浅心形或心形，花期沿叶脉无白斑。
46. 根状茎长1～4厘米或更长；叶广卵状心形、心形或椭圆状心形，先端钝或尖，基部浅心形或心形，通常具去年残叶（**38. 蒙古堇菜 V. mongolica** Franch.）。
48. 根深褐色；根状茎长0.5～2厘米 … **38. 西山堇菜 V. hancockii** W. Beck.
48. 根白色；根状茎长1～4厘米或更长（**39. 蒙古堇菜 V. mongolica** Franch.）。

（1）角堇（辽宁植物）

Viola cornuta L., Sp. Pl. ed. 2. 1325. 1763.

原产欧洲。辽宁省大连、沈阳等地有栽培。

花期长，色彩丰富，是布置花坛的优良材料。

■ 角堇

植株

蒴果

植株下部

花

黄花株

黄花

（2）三色堇（辽宁植物志，黑龙江省植物志，内蒙古植物志，东北植物检索表，东北草本植物志，中国植物志，Flora of China）

Viola tricolor L., Sp. Pl. ed. 1. 935. 1753; 东北草本植物志6: 126. 图版50. 1977; 辽宁植物志（上册）: 1198. 图版515. 1988; 内蒙古植物志（第二版）3: 534. 1989; 中国植物志51: 127. 图版25: 7～9. 1991; 东北植物检索表（第二版）: 421. 图版207: 5. 1995; 黑龙江省植物志7: 185. 图版93. 2003; Fl. China13: 111. 2007.

原产欧洲。东北各地常见栽培。

优良花坛材料。全草有清热解毒、散瘀、止咳、利尿作用。

■ 三色堇

花

居群

（3）野生堇菜（广西植物，中国归化植物名录）；田野堇菜（植物智网站）

Viola arvensis Murray, Prodr. Stirp. Gott. 73. 1770; 广西植物36(5): 632 ~ 634. 2016; The Checklist of the Naturalized Plants in China: 97. 2019.

原产于非洲北部、亚洲西南部和欧洲。黑龙江省哈尔滨市帽儿山镇和伊春市嘉荫县有分布。

全草用于饲喂食草动物；嫩苗可以当野菜食用。

■ 野生堇菜

居群

花

植株

（4）双花堇菜（黑龙江省植物志，内蒙古植物志，东北植物检索表，东北草本植物志，中国植物志，Flora of China）

■ 双花堇菜

花

果实

花枝

植株一部分

植株

Viola biflora L., Sp. Pl. ed. 1. 936. 1753; 东北草本植物志6: 122. 图版48. 1977; 内蒙古植物志（第二版）3: 535. 图版212: 1 ~ 2. 1989; 中国植物志51: 117. 图版22: 14 ~ 17. 1991; 东北植物检索表（第二版）: 421. 图版207: 2. 1995; 黑龙江省植物志7: 162. 图版82. 2003; Fl. China 13: 108. 2007.

生高山及亚高山地带草甸、灌丛或林缘、岩石缝隙间。产黑龙江省尚志；吉林省抚松、安图、长白；辽宁省宽甸、凤城；内蒙古自治区牙克石、扎兰屯、科尔沁右翼前旗、敖汉旗、喀喇沁旗、宁城等地。

全草民间药用，治跌打损伤、吐血。

（5）大黄花堇菜（黑龙江省植物志，东北植物检索表，东北草本植物志，中国植物志，Flora of China）

Viola muehldorfii Kiss. in Bot. Kozlem. 19: 92. 1921; 东北草本植物志6: 126. 图版49: 4 ~ 5. 1977; 中国植物志51: 126. 图版24: 1 ~ 7. 1991; 东北植物检索表（第二版）: 421. 图版207: 6. 1995; 黑龙江省植物志7: 177. 图版85: 3 ~ 4. 2003; Fl. China13: 110. 2007.

生针阔混交林林下或林缘腐殖质较丰富的湿润土壤上，或生溪边。产黑龙江省伊春（带岭）、尚志（帽儿山）；吉林省临江；辽宁省桓仁、宽甸。

■ 大黄花堇菜

花正面观

居群

花侧面观

植株

（6）东方堇菜（东北植物检索表，东北草本植物志，中国植物志，Flora of China）；黄花堇菜（辽宁植物志，黑龙江省植物志，东北植物检索表，东北草本植物志）

Viola orientalis (Maxim.) W. Beck. in Beih. Bot. Centralbl. 34 (2): 265. 1916; 东北草本植物志6: 124. 1977; 中国植物志51: 123. 图版24: 8 ~ 14. 1991; 东北植物检索表（第二版）: 421. 1995; Fl. China 13: 109.

■ 东方堇菜

果期植株一部分

根部

■ 东方堇菜

花

居群

2007.——*V. xanthopetala* Nakai in Bot. Mag. Tokyo 36: 29. 1922; 东北草本植物志6: 124. 图版49: 1 ~ 3. 1977; 辽宁植物志（上册）: 1195. 图版514. 1988; 东北植物检索表（第二版）: 421. 图版207: 7. 1995; 黑龙江省植物志7: 188. 图版96. 2003.

多生山坡草地、灌丛、林缘、阔叶林下及腐殖土层较厚处。产黑龙江省哈尔滨；吉林省安图、珲春；辽宁省本溪、桓仁、宽甸、凤城、丹东、东港、庄河等地。

全草有清热解毒、止咳、止血作用。嫩苗可食。

（7）立堇菜（黑龙江省植物志，内蒙古植物志，东北植物检索表，东北草本植物志，中国植物志，Flora of China）；直立堇菜（拉汉种子植物名称）

Viola raddeana Regel in Bull. Soc. Nat. Mosc. 34 (2): 463, 501. 1861; 东北草本植物志6: 120. 图版47: 3. 1977; 内蒙古植物志（第二版）3: 535. 图版213: 4. 1989; 中国植物志51: 110. 1991; 东北植物检索表（第二版）: 421. 图版207: 4. 1995; 黑龙江省植物志7: 181. 图版85: 5. 2003; Fl. China 13: 79. 2007.

生河流两岸的灌丛林下或湿草地。产黑龙江省逊克、爱辉、黑河、嫩江、哈尔滨；内蒙古自治区扎兰屯等地。

（8）蓼叶堇菜（东北植物检索表，东北草本植物志，中国植物志，Flora of China）

■ 蓼叶堇菜

花侧面观

植株

植株一部分

Viola websteri Hemsl. in Journ. L. Soc. 23: 56. 1886; 东北草本植物志6: 87. 图版30: 3. 1977; 中国植物志51: 34. 图版6: 14. 1991; 东北植物检索表（第二版）: 421. 图版208: 2. 1995; Fl. China 13: 80. 2007.

生山地疏林下。产吉林省桦甸、安图、集安（鸭绿江畔之老岭，模式标本采集地）；辽宁省宽甸。

（9）奇异堇菜（辽宁植物志，黑龙江省植物志，内蒙古植物志，东北植物检索表，东北草本植物志，中国植物志，Flora of China）

Viola mirabilis L., Sp. Pl. ed. 1: 936. 1753; 东北草本植物志6: 85. 图版31. 1977; 辽宁植物志（上册）: 1167. 图版500. 1988; 内蒙古植物志（第二版）3: 537. 图版212: 3 ~ 4. 1989; 中国植物志51: 26. 图版5: 1 ~ 10. 1991; 东北植物检索表（第二版）: 421. 图版208: 3. 1995; 黑龙江省植物志7: 172. 图版87. 2003; Fl. China13: 78. 2007.

生阔叶林或针阔混交林下、林缘、山地灌丛及草坡等处。产黑龙江省呼玛、富锦、萝北、伊春；吉林省九台、长春、安图、龙井；辽宁省沈阳、凤城、宽甸、本溪、桓仁；内蒙古自治区根河、牙克石、鄂伦春、陈巴尔虎旗、科尔沁右翼前旗、乌兰浩特、克什克腾旗、东乌珠穆沁旗等地。

■ 奇异堇菜

植株

花侧面观

植株一部分

（10）堪察加堇菜（黑龙江省植物志，东北植物检索表）

Viola langsdorffii Fischer ex Gingins in A. P. de Candolle and A. L. P. P. de Candolle, Prodr. 1: 296. 1824.——*Viola kamtschadalorum* W. Becker & Hult. in Ark. Bot. 22A: 6. 1928; 东北植物检索表（第二版）: 421. 1995; 黑龙江省植物志7: 170. 2003.

生林缘、灌丛、山坡草地。产黑龙江省漠河等地。

（11）如意草（中国植物志，Flora of China）；堇菜（辽宁植物志，黑龙江省植物志，内蒙古植物志，东北植物检索表，东北草本植物志，中国植物志）；额穆尔堇菜（黑龙江省植物志，东北植物检索表，东北草本植物志，中国植物志）

Viola arcuata Blume in Bijdr. Fl. Ned. Ind. 2: 58. 1825; Fl. China 13: 78. 2007.——*V. hamiltoniana* D. Don, Prodr. Fl. Nepl. 206. Feb. 1825; 中国植物志51: 105. 1991.——*V. verecunda* A. Gray in Mem. Amer. Acad. Nat. Sci. n. ser. 6: 382. 1858; 东北草本植物志6: 118. 图版46. 1977; 辽宁植物志（上册）: 1195. 图版513. 1988; 内蒙古植物志（第二版）3: 538. 图版213: 2 ~ 3. 1989; 中国植物志51: 106. 图版21: 1 ~ 7. 1991; 东北植物检索表（第二版）: 423. 图版207: 1. 1995; 黑龙江省植物志7: 188. 图版95. 2003.——*V. amurica* W. Becker in Beih. Bot. Centralbl. 34(2): 230 ~ 231 1916; 东北草本植物志6: 120. 图版47: 1 ~ 2. 1977; 中国植物志51: 110. 1991; 东北植物检索表（第二版）: 421. 图版207: 3. 1995; 黑龙江省植物志7: 162. 图版81: 1 ~ 2. 2003.

生湿草地、山坡草丛、灌丛、林缘、田野、宅旁等处。产黑龙江省伊春、饶河、尚志、方正、汤原、虎林、密山、穆棱、宁安、东宁、林口、安达；吉林省舒兰、通化、安图、敦化、抚松、靖宇、浑江；辽宁省桓仁、凤城、宽甸、丹东；内蒙古自治区额尔古纳等地。

全草有清热解毒、散瘀、止咳作用，用于疖肿、肺热咳嗽、目赤、毒蛇咬伤等。

■ 如意草

花正面观

植株一部分

花侧面观

植株

（12）鸡腿堇菜（辽宁植物志，黑龙江省植物志，内蒙古植物志，东北植物检索表，东北草本植物志，中国植物志，Flora of China）

Viola acuminata Ledeb. in Fl. Ross. 1: 252. 1842; 东北草本植物志6: 88. 图版32: 2 ~ 3. 1977; 辽宁植物志（上册）: 1169. 图版499: 3 ~ 5. 1988; 内蒙古植物志（第二版）3: 538. 图版213: 1. 1989; 中国植物志51: 35. 图版5: 21 ~ 30. 1991; 东北植物检索表（第二版）: 423. 图版208: 6. 1995; 黑龙江省植物志7: 160. 图版80. 2003; Fl. China 13: 80. 2007.

（12a）鸡腿堇菜（原变种）

Viola acuminata var. *acuminata*

生杂木林林下、林缘、灌丛、山坡草地或溪谷湿地等处。黑龙江省哈尔滨、黑河、饶河、呼玛、漠河、伊春、嘉荫、宝清、尚志、阿城、伊春；吉林省长白、珲春、和龙、汪清、安图、抚松、靖宇、桦甸、梅河口、集安、蛟河、九台、浑江、通化、辉南、柳河、吉林；辽宁省各地；内蒙古自治区额尔古

■ 鸡腿堇菜

花

托叶

植株

纳、牙克石、扎兰屯、鄂伦春、科尔沁右翼前旗、科尔沁左翼后旗、科尔沁左翼中旗、敖汉旗、阿鲁科尔沁旗、克什克腾旗、喀喇沁旗、宁城、赤峰市红山区、东乌珠穆沁旗等地。

全草主治肺热咳嗽、跌打损伤、疮疖肿毒等。嫩叶作蔬菜。

（12b）紫花鸡腿堇菜（变种）（辽宁师范大学学报）

Viola acuminata var. *purpureum* Z. S. M., 辽宁师范大学学报41(3): 368 ~ 372. 2018.

生境同正种。产辽宁省桓仁、宽甸等地。

■ 紫花鸡腿堇菜

花

托叶

植株

（13）库页堇菜（内蒙古植物志，东北植物检索表，东北草本植物志，中国植物志）；库叶堇菜（Flora of China）

Viola sacchalinensis H. Boiss. in Bull. Soc. Bot. France 57: 188. 1910; 东北草本植物志6: 85. 图版33: 1. 1977; 内蒙古植物志（第二版）3: 537. 图版212: 5. 1989; 中国植物志51: 32. 1991; 东北植物检索表（第二版）: 423. 图版208: 7. 1995; Fl. China13: 82. 2007.

（13a）库页堇菜（原变种）

Viola sacchalinensis var. *sacchalinensis*

生山地林下或林缘。产黑龙江省伊春、宁安、呼玛；吉林省安图、抚松、长白、浑江；辽宁省凤城、宽甸；内蒙古自治区海拉尔、额尔古纳、牙克石、科尔沁右翼前旗、克什克腾旗、东乌珠穆沁旗等地。

■ 库页堇菜

植株一部分

植株

花侧面观

花正面观

（13b）长白山堇菜（变种）（Flora of China）；高山库页堇菜（东北植物检索表，东北草本植物志）

Viola sacchalinensis var. *alpicola* P. Y. Fu & Y. C. Teng, 东北草本植物志6: 87, 291. 1977; 东北植物检索表（第二版）: 423. 1995; Fl. China13: 82. 2007.

生高山冻原。产吉林省安图、长白、抚松（模式标本采集地）。

（14）掌叶堇菜（黑龙江省植物志，内蒙古植物志，东北植物检索表，东北草本植物志，中国植物志，Flora of China）

Viola dactyloides Roem. In Syst. Veg. 5: 351. 1819; 东北草本植物志6: 101. 图版39: 7. 1977; 内蒙古植物志（第二版）3: 540. 图版214: 1. 1989; 中国植物志51: 84. 图版16: 15. 1991; 东北植物检索表（第二版）: 423. 图版210: 6. 1995; 黑龙江省植物志7: 167. 图版81: 5. 2003; Fl. China 13: 92. 2007.

生山地落叶阔叶林及针阔混交林林下或林缘腐殖质层较厚的土壤上；在灌丛或岩石阴处缝隙中也有生长。产黑龙江省伊春（五营）、北安（五大连池）、呼玛；吉林省安图县长白山；内蒙古自治区牙克石、扎兰屯、鄂温克、科尔沁右翼前旗、赤峰市红山区等地。

■ 掌叶堇菜

植株

花

居群

（15）裂叶堇菜（辽宁植物志，黑龙江省植物志，内蒙古植物志，东北植物检索表，东北草本植物志，中国植物志，Flora of China）；裂叶白斑堇菜（黑龙江省植物志，东北植物检索表）

Viola dissecta Ledeb. in Fl. Alt. 1: 255. 1829; 东北草本植物志6: 116. 图版45: 1 ~ 3. 1977; 辽宁植物志（上册）: 1192. 图版512: 1 ~ 3. 1988; 内蒙古植物志（第二版）3: 540. 图版214: 2 ~ 3. 1989; 中国植物志51: 80. 图版17: 11 ~ 16. 1991; 东北植物检索表（第二版）: 423. 图版209: 4. 1995; 黑龙江省植物志7: 167. 图版84: 1 ~ 7. 2003; Fl. China 13: 92. 2007.——*V. lii* Kitag., 东北植物检索表（第二版）: 423. 1995; 黑龙江省植物志7: 170. 2003.

（15a）裂叶堇菜（原变种）

Viola dissecta var. *dissecta*

（15aa）裂叶堇菜（原变型）

Viola dissecta f. *dissecta*

生向阳山坡草地、林下、林缘。产黑龙江省哈尔滨、齐齐哈尔、安达、呼玛、泰来、大庆、五大连池；吉林省安图、长白、通榆、长春、九台、大安、乾安、抚松、靖宇；辽宁省清原、本溪、海城、庄河、瓦房店、金州、大连、法库、凌源、建平；内蒙古自治区根河、牙克石、扎兰屯、陈巴尔虎旗、科尔沁右翼前旗、扎赉特旗、突泉、乌兰浩特、扎鲁特旗、克什克腾旗等地。

全草有清热解毒、消痈肿作用，用于痈疮疔毒、淋浊、无名肿毒。嫩苗可食。

■ 裂叶堇菜

植株

基生叶

花萼与雌蕊

花正面观

花侧面观

蒴果

（15ab）短毛裂叶堇菜（变型）（辽宁植物志，黑龙江省植物志，内蒙古植物志，东北植物检索表，东北草本植物志）

Viola dissecta f. *pubescens* (Regel) Kitag. in Rep. Exped. Manchoukuo Sect. IV. 2: 296. 1938; 东北草本植物志6: 116. 1977; 辽宁植物志（上册）: 1193. 1988; 内蒙古植物志（第二版）3: 542. 1989; 东北植物检索表（第二版）: 423. 1995; 黑龙江省植物志7: 167. 2003.

生向阳山坡草地。产吉林省九台、伊通、吉林、安图；辽宁省清原、建平、大连；内蒙古自治区海拉尔、扎兰屯、科尔沁右翼前旗、克什克腾旗、东锡林浩特等地。

■ 短毛裂叶堇菜

植株一部分

植株

（15b）白花裂叶堇菜（变种）（辽宁师范大学学报）

Viola dissecta var. *albiflorum* Z. S. M., 辽宁师范大学学报41(3): 368 ~ 372. 2018.

生境同正种。产辽宁省凌源等地。

■ 白花裂叶堇菜

花侧面观

花正面观

植株

（15c）总裂叶堇菜（变种）（辽宁植物志，黑龙江省植物志，内蒙古植物志，东北植物检索表，东北草本植物志，中国植物志，Flora of China）

Viola dissecta var. *incisa* (Turcz.) Y. S. Chen in Fl. China 13: 93. 2007.——*V. fissifolia* Kitag. in Bot. Mag. Tokyo 49: 226. f. 2. 1935; 东北草本植物志6: 118. 图版45: 5 ~ 8. 1977; 辽宁植物志（上册）: 1193. 图版512: 5 ~ 8. 1988; 内蒙古植物志（第二版）3: 543. 图版214: 4. 1989; 中国植物志51: 80. 图版16: 1 ~ 7. 1991; 东北植物检索表（第二版）: 423. 图版209: 6. 1995; 黑龙江省植物志7: 169. 图版84: 8 ~ 11. 2003.

生山地林缘、采伐迹地的草地、山间荒坡草地。产黑龙江省杜尔伯特、爱辉、黑河；吉林省九台、伊通；辽宁省金州、大连、凌源；内蒙古自治区扎兰屯、科尔沁左翼后旗等地。

■ 总裂叶堇菜

植株一部分

植株

花侧面观

（16）南山堇菜（辽宁植物志，内蒙古植物志，东北植物检索表，东北草本植物志，中国植物志，Flora of China）

Viola chaerophylloides (Regel) W. Bckr. in Bull. Herb. Boiss. ser. 2 (2): 856. 1902; 东北草本植物志6: 99. 图版39: 1 ~ 6. 1977; 辽宁植物志（上册）: 1178. 图版506. 1988; 内蒙古植物志（第二版）3: 542. 1989; 中国植物志51: 83. 图版17: 6 ~ 10. 1991; 东北植物检索表（第二版）: 423. 图版210: 5. 1995; Fl. China 13: 93. 2007.

生阔叶林下或林缘、溪谷阴湿处、阳坡灌丛及草坡。产辽宁省清原、本溪、宽甸、凤城、东港、庄河、瓦房店、普兰店、大连、鞍山；内蒙古自治区翁牛特旗等地。

全草主治肺热咳嗽、跌打损伤、疮疖肿毒等。嫩叶作蔬菜。

■ 南山堇菜

花期植株

花

果期植株

（17）溪堇菜（黑龙江省植物志，内蒙古植物志，东北植物检索表，东北草本植物志，中国植物志，Flora of China）

Viola epipsiloides Á. Löve & D. Löve in Bot. Not. 128: 516. 1975; Fl. China 13: 86. 2007.——*V. epipsila* auct. non Ledeb.: 东北草本植物志6: 89. 图版33: 1 ~ 2. 1977; 内蒙古植物志（第二版）3: 543. 图版214: 5. 1989; 中国植物志51: 38. 图版7: 1 ~ 4. 1991; 东北植物检索表（第二版）: 423. 图版208: 4. 1995; 黑龙江省植物志7: 169. 图版81: 6 ~ 7. 2003.

生针叶林下、林缘、灌丛、草地或溪谷湿地苔藓群落中。产黑龙江省尚志、伊春、呼玛；吉林省敦化、安图；辽宁省庄河、宽甸；内蒙古自治区牙克石、科尔沁右翼前旗等地。

■ 溪堇菜

花

植株

（18）球果堇菜（辽宁植物志，黑龙江省植物志，内蒙古植物志，东北植物检索表，东北草本植物志，中国植物志，Flora of China）；毛果堇菜（大连地区植物志）

Viola collina Bess. in Catal. Hort. Cremen. 151. 1816; 东北草本植物志6: 82. 图版30: 1 ~ 2. 1977; 辽宁植物志（上册）: 1166. 图版499: 1 ~ 2. 1988; 内蒙古植物志（第二版）3: 543. 图版215: 1. 1989; 中国植物志51: 22. 图版3: 11 ~ 14. 1991; 东北植物检索表（第二版）: 424. 图版208: 1. 1995; 黑龙江省植物志7: 165. 图版83. 2003; Fl. China 13: 84. 2007.

（18a）球果堇菜（原变种）

Viola collina var. *collina*

生林下、山坡草地、阴湿的草地。产黑龙江省哈尔滨、伊春、阿城、尚志、宁安；吉林省抚松、磐石、梅河口、集安、通化、辉南、柳河、临江、靖宇、长白、珲春、安图；辽宁省桓仁、本溪、凤城、庄河、瓦房店、金州、大连、营口、鞍山、岫岩、沈阳；内蒙古自治区扎兰屯、扎赉特旗、乌兰浩特、敖汉旗、克什克腾旗、喀喇沁旗、宁城、赤峰市红山区、东乌珠穆沁旗等地。

全草入药，主治刀伤、跌打、疮毒等。幼苗可作野菜食用。

■ 球果堇菜

果期植株

植株下部

果实

■ 球果堇菜

花期植株

花

（18b）光叶球果堇菜（变种）（内蒙古植物志，中国植物志，Flora of China）

Viola collina var. *intramongolica* C. J. Wang, Acta Bot. Yunnan. 13: 257. 1991; 中国植物志51: 23. 1991; Fl. China 13: 85. 2007; 内蒙古植物志（第三版）3: 345. 2020.

生落叶松林下。产内蒙古自治区阿尔山。

（19）辽宁堇菜（辽宁植物志，东北植物检索表，东北草本植物志，中国植物志，Flora of China）

Viola rossii Hemsl. ex Forb. et Hemsl. in Journ. L. Soc. 23: 54. 1886; 东北草本植物志6: 91. 图版34. 1977; 辽宁植物志（上册）: 1169. 图版501. 1988; 中国植物志51: 85. 图版7: 5 ~ 11. 1991; 东北植物检索表（第二版）: 424. 图版211: 1. 1995; Fl. China 13: 91. 2007.

生针阔混交林或阔叶林林下或林缘、灌丛、山坡草地。产辽宁省本溪、桓仁、丹东、凤城、宽甸、鞍山、岫岩、庄河；内蒙古自治区科尔沁左翼后旗等地。

全草有清热解毒、止血作用，用于疮疖肿毒、针眼、毒蛇咬伤等。嫩叶作蔬菜。

■ 辽宁堇菜

花侧面观

花期植株

■ 辽宁堇菜

花正面观

植株

（20）毛柄堇菜（辽宁植物志，东北植物检索表，东北草本植物志，中国植物志，Flora of China）

Viola hirtipes S. Moore in Journ. L. Soc. Bot. 17: 379. t. 16. f. 6. 1879; 东北草本植物志6: 106. 图版41: 1. 1977; 辽宁植物志（上册）: 1184. 图版508: 1. 1988; 中国植物志51: 58. 图版11: 16 ~ 22. 1991; 东北植物检索表（第二版）: 424. 图版210: 2. 1995; Fl. China 13: 102. 2007.

生阔叶林林下、林缘或灌丛、山坡草地等处。产吉林省柳河、安图；辽宁省桓仁、本溪、鞍山、凤城、东港、丹东、宽甸、大连、庄河等地。

全草主治肺热咳嗽、跌打损伤、疮疖肿毒等。嫩叶作蔬菜。

■ 毛柄堇菜

植株一部分

植株

花

（21）兴安堇菜（黑龙江省植物志，内蒙古植物志，东北植物检索表，东北草本植物志，中国植物志，Flora of China）

Viola gmeliniana Roem. et Schult. in Syst. Veg. 5: 354 1819; 东北草本植物志6: 115. 图版43: 8 ~ 9. 1977; 内蒙古植物志（第二版）3: 544. 图版215: 2. 1989; 中国植物志51: 72. 图版13: 9 ~ 15. 1991; 东北植物检索表（第二版）: 424. 图版209: 3. 1995; 黑龙江省植物志7: 170. 图版85: 1 ~ 2. 2003; Fl. China 13: 94. 2007.

生山坡灌丛、河岸灌丛及沙地或沙丘草地。产黑龙江省黑河、密山、呼玛、爱辉；内蒙古自治区海拉尔、额尔古纳、牙克石、扎兰屯、陈巴尔虎旗、科尔沁右翼前旗、乌兰浩特等地。

（22）东北堇菜（辽宁植物志，黑龙江省植物志，内蒙古植物志，东北植物检索表，东北草本植物志，中国植物志，Flora of China）

Viola mandshurica W. Becker in Bot. Jahrb. 54, Beibl. 120: 179. 1917; 东北草本植物志6: 113. 图版44. 1977; 辽宁植物志（上册）: 1190. 图版511. 1988; 内蒙古植物志（第二版）3: 546. 图版215: 3 ~ 4. 1989; 中国植物志51: 66. 图版13: 16 ~ 23. 1991; 东北植物检索表（第二版）: 424. 图版209: 1. 1995; 黑龙江省植物志7: 172. 图版86. 2003; Fl. China 13: 95. 2007.

（22a）东北堇菜（原变型）

Viola mandshurica f. *mandshurica*

生草地、草坡、灌丛、林缘、疏林下、田野荒地及河岸沙地等处。产黑龙江省哈尔滨、阿城、尚志、齐齐哈尔、大庆、伊春、嘉荫、萝北、呼玛、安达；吉林省珲春、桦甸、蛟河、梅河口、集安、通化、辉南、柳河、临江、抚松、靖宇、长白、安图；辽宁省西丰、开原、新宾、桓仁、宽甸、本溪、凤城、东港、岫岩、庄河、瓦房店、长海、北镇、沈阳、鞍山、大连、丹东；内蒙古自治区额尔古纳、根河、牙克石、扎兰屯、科尔沁右翼前旗、乌兰浩特、科尔沁左翼后旗、宁城等地。

全草有清热解毒、除脓消炎作用。嫩苗可食。

■ 东北堇菜

花

蒴果

根部

果期植株

花期植株

（22b）白花东北堇菜（变型）（辽宁植物志，黑龙江省植物志，东北植物检索表，东北草本植物志，中国植物志）

Viola mandshurica f. *albiflora* P. Y. Fu et Y. C. Teng, 东北草本植物志6: 115, 293. 1977; 中国植物志51: 68. 1991; 辽宁植物志（上册）: 1192. 1988; 东北植物检索表（第二版）: 424. 1995; 黑龙江省植物志7: 172. 2003.

生山地路旁或河边沙地。产黑龙江省（地点不详）；吉林省安图；辽宁省凤城（模式标本采自凤凰山）、长海等地。

（23）紫花地丁（辽宁植物志，黑龙江省植物志，内蒙古植物志，东北植物检索表，东北草本植物志，中国植物志，Flora of China）

Viola philippica Cav. in Icons et Descr. Pl. Hisp. 6: 19. 1801; 中国植物志51: 63. 图版12: 4 ~ 5. 1991; Fl. China 13: 99. 2007.——*V. yedoensis* Makino in Bot. Mag. (Tokyo) 26(305): 148. 1912; 东北草本植物志6: 110. 图版41: 2 ~ 5. 1977; 辽宁植物志（上册）: 1188. 图版508: 2 ~ 5. 1988; 内蒙古植物志（第二版）3: 546. 图版216: 1. 1989; 东北植物检索表（第二版）: 424. 图版210: 1. 1995; 黑龙江省植物志7: 191. 图版97. 2003.——*V. yedoensis* f. *intermedia* Kitag. in Bot. Mag. Tokyo 48: 102. 1934; 东北草本植物志6: 111. 1977; 辽宁植物志（上册）: 1188. 1988; 东北植物检索表（第二版）: 424. 1995; 黑龙江省植物志7: 193. 2003.——*V. yedoensis* f. *candida* Kitag. in Op. Cit. 130. 1934; 东北草本植物志6: 111. 1977; 辽宁植物志（上册）: 1188. 1988; 东北植物检索表（第二版）: 424. 1995; 黑龙江省植物志7: 193. 2003.

生田间、荒地、山坡草丛、林缘或灌丛中。产黑龙江省哈尔滨、阿城、杜尔伯特、呼玛；吉林省梅河口、集安、通化、辉南、柳河、抚松、靖宇、汪清、长白、九台、乾安、通榆、浑江、长春；辽宁省各地；内蒙古自治区扎兰屯、乌兰浩特、科尔沁左翼后旗、科尔沁右翼前旗、突泉、翁牛特旗、克什克腾旗、喀喇沁旗等地。

全草有清热解毒、凉血消肿作用。嫩叶可作野菜。

■ 紫花地丁

花侧面观

根部

植株

（24）兴安圆叶堇菜（黑龙江省植物志，内蒙古植物志，东北植物检索表，东北草本植物志，中国植物志，Flora of China）

Viola brachyceras Turcz. in Bull. Soc. Imp. Naturalistes Moscou 15: 301 1842; 东北草本植物志6: 89. 图版33: 3 ~ 4. 1977; 内蒙古植物志（第二版）3: 550. 图版216: 6. 1989; 中国植物志51: 38. 1991; 东北植物检索表（第二版）: 424. 图版208: 5. 1995; 黑龙江省植物志7: 165. 图版81: 3 ~ 4. 2003; Fl. China 13: 86. 2007.

生落叶松林林下、林区河岸或水甸子。产黑龙江省伊春、密山；吉林省蛟河、安图；内蒙古自治区额尔古纳、根河、牙克石、科尔沁右翼前旗等地。

■ 兴安圆叶堇菜

花正面观

基生叶

花侧面观

植株

（25）深山堇菜（辽宁植物志，黑龙江省植物志，内蒙古植物志，东北植物检索表，东北草本植物志，中国植物志，Flora of China）

Viola selkirkii Pursh ex Goldie. in Edinb. Phil. Journ. 6: 324. 1822; 东北草本植物志6: 93. 图版35: 1 ~ 3. 1977; 辽宁植物志（上册）: 1171. 图版502: 1 ~ 3. 1988; 内蒙古植物志（第二版）3: 550. 图版216: 5. 1989; 中国植物志51: 41. 图版11: 1 ~ 6. 1991; 东北植物检索表（第二版）: 424. 图版211: 2. 1995; 黑龙江省植物志7: 181. 图版91. 2003; Fl. China 13: 102. 2007.

生针阔混交林、落叶阔叶林、溪谷、沟旁阴湿处等地。产黑龙江省伊春、嘉荫、饶河、依兰；吉林省珲春、抚松、安图；辽宁省法库、铁岭、本溪、桓仁、宽甸、凤城、大连、金州、鞍山、北镇、绥中；内蒙古自治区科尔沁右翼前旗、扎赉特旗、扎鲁特旗、科尔沁左翼后旗等地。

全草有清热解毒、消暑、消肿作用，用于无名肿毒、暑热。嫩叶作蔬菜。

■ 深山堇菜

花侧面观

植株

（26）北京堇菜（内蒙古植物志，中国植物志，Flora of China）；辽西堇菜（辽宁植物志，东北植物检索表，东北草本植物志）

Viola pekinensis (Regel) W. Beck. in Beih. Bot. Centralbl. 34 (2): 251. 1916; 内蒙古植物志（第二版）3: 551. 1989; 中国植物志51: 49. 图版15: 9 ~ 16. 1991; Fl. China 13: 101. 2007.——*V. liaosiensis* P. Y. Fu et Y. C. Teng, 东北草本植物志6: 95, 292. 图版36. 1977; 辽宁植物志（上册）: 1172. 图版503. 1988; 东北植物检索表（第二版）: 424. 图版211: 3. 1995.

生山麓及山坡草地。产辽宁省建平、凌源、阜新、绥中、建昌；内蒙古自治区大青沟等地。

■ 北京堇菜

叶正面观

叶背面观

花侧面观

花正面观

植株

（27）茜堇菜（辽宁植物志，黑龙江省植物志，东北植物检索表，东北草本植物志，中国植物志，Flora of China）

Viola phalacrocarpa Maxim. in Mel. Biol. 9: 726. 1876; 东北草本植物志6: 106. 图版40: 2 ~ 5. 1977; 辽宁植物志（上册）: 1183. 图版507: 2 ~ 5. 1988; 中国植物志51: 56. 图版11: 7 ~ 15. 1991; 东北植物检索表（第二版）: 424. 图版210: 4. 1995; 黑龙江省植物志7: 179. 图版94: 1 ~ 10. 2003; Fl. China 13: 102. 2007.

生向阳山坡、草地、灌丛及林间、林缘、采伐迹地等处。产黑龙江省尚志；吉林省安图、蛟河、永

■ 茜堇菜

植株

全株

植株一部分

吉、柳河、抚松；辽宁省桓仁、本溪、凤城、东港、庄河、北镇、绥中、建平、凌源、锦州、沈阳、丹东、大连；内蒙古自治区喀喇沁旗等地。

全草主治肺热咳嗽、跌打损伤、疮疖肿毒等。嫩叶作蔬菜。

（28）斑叶堇菜（辽宁植物志，黑龙江省植物志，内蒙古植物志，东北植物检索表，东北草本植物志，中国植物志，Flora of China）

Viola variegata Fisch. ex Link. in Enum. Hort. Berol. 1: 240. 1821; 东北草本植物志6: 103. 图版40: 1. 1977; 辽宁植物志（上册）: 1181. 图版507: 1. 1988; 内蒙古植物志（第二版）3: 548. 图版217: 1 ~ 4. 1989; 东北植物检索表（第二版）: 428. 图版210: 3. 1995; 中国植物志51: 45. 图版8: 13 ~ 17. 1991; 黑龙江省植物志7: 185. 图版94: 11. 2003; Fl. China 13: 96. 2007.

（28a）斑叶堇菜（原变型）

Viola variegata f. *variegata*

生草地、撂荒地、草坡及山坡的石质地、疏林地或灌丛间。产黑龙江省萝北、阿城、哈尔滨、尚志、齐齐哈尔、大庆、呼玛、安达；吉林省柳河、临江、珲春、安图、磐石；辽宁省西丰、开原、铁岭、本溪、桓仁、宽甸、凤城、岫岩、绥中、建平、抚顺、丹东、庄河、金州、大连；内蒙古自治区额尔古纳、海拉尔、牙克石、扎兰屯、鄂温克、科尔沁右翼前旗、乌兰浩特、阿鲁科尔沁旗、克什克腾旗、喀喇沁旗、宁城、赤峰市红山区、东乌珠穆沁旗、锡林浩特等地。

全草有清热解毒、止血作用，用于创伤出血。嫩叶作蔬菜。

■ 斑叶堇菜

花正面观

植株

花侧面观

叶正反面对比

（28b）绿斑叶堇菜（变型）（辽宁植物志，内蒙古植物志，东北草本植物志）

■ 绿斑叶堇菜

植株

叶正反面对比

Viola variegata f. *viridis* (Kitag.) P. Y. Fu et Y. C. Teng, 东北草本植物志6: 105. 1977; 辽宁植物志（上册）: 1181. 1988; 内蒙古植物志（第二版）3: 550. 1989.

生疏林间。产辽宁省建昌；内蒙古自治区科尔沁右翼前旗等地。

（29）早开堇菜（辽宁植物志，黑龙江省植物志，内蒙古植物志，东北植物检索表，东北草本植物志，中国植物志，Flora of China）；毛花早开堇菜（中国植物志）

Viola prionantha Bunge in Mem. Acad. Sci. St. Petersb. Sav. Etrang. 2: 82. 1833; 东北草本植物志6: 108. 图版42. 1977; 辽宁植物志（上册）: 1184. 图版509. 1988; 内蒙古植物志（第二版）3: 551. 图版216: 2～4. 1989; 中国植物志51: 59. 图版12: 1～3. 1991; 东北植物检索表（第二版）: 428. 图版210: 7. 1995; 黑龙江省植物志7: 179. 图版90. 2003; Fl. China 13: 104. 2007.—— *V. prionantha* Bunge var. *trichantha* C. J. Wang in Acta Bot. Yunnan. 13(3): 262. 1991; 中国植物志62. 1991.

生向阳草地、山坡、荒地、路旁。产东北三省各地；内蒙古自治区海拉尔、牙克石、扎兰屯、科尔沁右翼前旗、科尔沁右翼中旗、扎赉特旗、敖汉旗、喀喇沁旗、宁城等地。

全草为清热解毒药。嫩茎叶可为野菜。

■ 早开堇菜

蒴果开裂

植株

花正面观

花侧面观

（30）细距堇菜（辽宁植物志，黑龙江省植物志，内蒙古植物志，东北植物检索表，东北草本植物志，中国植物志，Flora of China）

Viola tenuicornis W. Becker in Beih. Bot. Centralbl. 34 (2): 248. 1916; 东北草本植物志6: 105. 1977; 辽宁植物志（上册）: 1181. 1988; 内蒙古植物志（第二版）3: 552. 图版218: 1. 1989; 中国植物志51: 47. 图版9: 1～7. 1991; 东北植物检索表（第二版）: 428. 1995; 黑龙江省植物志7: 183. 图版92. 2003; Fl. China 13: 96. 2007.

（30a）细距堇菜（原亚种）

Viola tenuicornis subsp. *tenuicornis*

生山坡草地较湿润处，灌木林中、林下或林缘。产黑龙江省尚志、哈尔滨、呼玛；吉林省长春、桦甸、蛟河；辽宁省本溪、盖州、瓦房店、金州、绥中、凌源、建平、大连、鞍山、沈阳、阜新、朝阳；内蒙古自治区牙克石、扎兰屯、大青沟等地。

■ 细距堇菜

植株

植株一部分

（30b）毛萼堇菜（亚种）（中国植物志，Flora of China）

Viola tenuicornis subsp. *trichosepala* W. Beck in Beih. Bot. Centralbl. 34 (2): 249. 1916; 中国植物志51: 49. 1991; Fl. China 13: 97. 2007.

生山地阳坡或旷野较干旱的环境。产黑龙江省东南部；吉林省中部；辽宁省凌源、瓦房店等地。

■ 毛萼堇菜

蒴果

花解剖

植株一部分

花正面观

花侧面观

叶背面观

（31）白花地丁（辽宁植物志，黑龙江省植物志，内蒙古植物志，东北植物检索表，东北草本植物志）；白花堇菜（中国植物志，Flora of China）

Viola patrinii DC. ex Ging. in Prodr. 1: 293. 1824; 东北草本植物志6: 111. 图版43: 1 ~ 7. 1977; 辽宁植物志（上册）: 1189. 图版510. 1988; 内蒙古植物志（第二版）3: 552. 图版218: 2 ~ 3. 1989; 中国植物志51: 64. 图版13: 1 ~ 8. 1991; 东北植物检索表（第二版）: 428. 图版209: 2. 1995; 黑龙江省植物志7: 177. 图版89. 2003; Fl. China 13: 95. 2007.

生草甸、河岸湿地、灌丛及林缘较阴湿地带。产黑龙江省哈尔滨、尚志、齐齐哈尔、伊春、嘉荫、萝北、呼玛、阿城；吉林省安图、抚松、桦甸、蛟河、通化、柳河、临江；辽宁省桓仁、凤城、大连、庄河、沈阳；内蒙古自治区海拉尔、根河、牙克石、扎兰屯、阿荣旗、扎赉特旗、乌兰浩特、东乌珠穆沁旗等地。

全草供药用，能清热解毒、消肿化瘀，外敷治疖疮肿痛。

■ 白花地丁

花

根部

花正面观

植株

（32）白花堇菜（中国植物志，Flora of China）；宽叶白花堇菜（辽宁植物志，东北植物检索表，东北草本植物志）

Viola lactiflora Nakai in Bot. Mag. (Tokyo) 28(336): 329. 1914; 东北草本植物志6: 115. 1977; 辽宁植物志（上册）: 1192. 1988; 中国植物志51: 68. 图版14: 8 ~ 14. 1991; 东北植物检索表（第二版）: 428. 1995; Fl. China13: 101. 2007.

生草地。产辽宁省大连。

全草用于五劳七伤，全身疼痛。

■ 白花堇菜

植株一部分

植株

全株

（33）大叶堇菜（辽宁植物志，东北植物检索表，东北草本植物志，中国植物志，Flora of China）

Viola diamantiaca Nakai in Bot. Mag. (Tokyo) 33(395): 205. 1919; 东北草本植物志6: 91. 1977; 辽宁植物志（上册）: 1171. 1988; 中国植物志51: 86. 1991; 东北植物检索表（第二版）: 428. 1995; Fl. China13: 86. 2007.

生林下及边缘地。产吉林省靖宇；辽宁省本溪、桓仁、宽甸、凤城、岫岩、庄河等地。

全草主治肺热咳嗽、跌打损伤、疮疖肿毒等。嫩叶作蔬菜。

■ 大叶堇菜

花侧面观

居群

花

（34）阴地堇菜（辽宁植物志，内蒙古植物志，东北植物检索表，东北草本植物志，中国植物志）

Viola yezoensis Maxim. in Bull. Acad. Imp. Sci. Saint-Petersbourg 23(2): 325. 1877; 东北草本植物志6: 97. 图版37: 7 ~ 11. 1977; 辽宁植物志（上册）: 1175. 图版504: 7 ~ 11. 1988; 内蒙古植物志（第二版）3: 554. 图版218: 4 ~ 6. 1989; 中国植物志51: 44. 图版12: 7 ~ 8. 1991; 东北植物检索表（第二版）: 428. 图版211: 5. 1995.

■ 阴地堇菜

植株

植株一部分

花

果期植株一部分

生阔叶林林下、山地灌丛间及山坡草地。产辽宁省金州、大连、凌源、建昌、西丰、本溪、鞍山；内蒙古自治区牙克石、扎兰屯、扎鲁特旗等地。

全草主治肺热咳嗽、跌打损伤、疮疖肿毒等。嫩苗作蔬菜。

（35）朝鲜堇菜（辽宁植物志，东北植物检索表，中国植物志，Flora of China）

Viola albida Palibin in Trudy Imp. S.–Peterburgsk. Bot. Sada 17(1): 30 ~ 31. 1899; 辽宁植物志（上册）: 1177. 图版505: 1 ~ 3. 1988; 中国植物志51: 76. 图版17: 1 ~ 5. 1991; 东北植物检索表（第二版）: 428. 图版211: 6. 1995; Fl. China13: 93. 2007.

（35a）朝鲜堇菜（原变种）

Viola albida var. *albida*

生阔叶林或灌丛下。产辽宁省凤城、本溪、宽甸、庄河等地。

全草供药用，主治肺热咳嗽、跌打损伤、疮疖肿毒等。嫩叶作蔬菜。

■ 朝鲜堇菜

植株

花

（35b）菊叶堇菜（变种）（辽宁植物志，东北植物检索表，东北草本植物志，中国植物志，Flora of China）；辽东堇菜（辽宁植物志，东北植物检索表，东北草本植物志，中国植物志）；菊叶朝鲜堇菜（东北师大科研通报）

■ 菊叶堇菜

白花株

白花株一部分

■ 菊叶堇菜

叶

紫花植株

紫花

Viola albida var. *takahashii* (Nakai) Nakai in Bot. Mag. (Tokyo) 36(424): 84. 1922; Fl. China 13: 94. 2007.——*Viola* × *takdhashii* (Nakai) Taken. ex P. Y. Fu et Y. C. Teng, 东北草本植物志6: 101. 图版38: 4 ~ 10. 1977; 辽宁植物志（上册）: 1180. 图版505: 4 ~ 10. 1988; 中国植物志51: 77. 1991; 东北植物检索表（第二版）: 423. 图版211: 7. 1995.——*V. savatieri* auct. non Makino: 东北草本植物志6: 116. 图版45: 4. 1977; 辽宁植物志（上册）: 1193. 图版512: 4. 1988; 中国植物志51: 77. 图版16: 8 ~ 14. 1991; 东北植物检索表（第二版）: 423. 图版209: 5. 1995.

生阔叶林林下含腐殖质的土壤上。产辽宁省凤城、庄河等地。

（36）西开普堇菜（新拟）

Viola tokubuchiana Makino, Bot. Mag. (Tokyo) 16: 129. 1902.

（36a）西开普堇菜（原变种）

Viola tokubuchiana var. *tokubuchiana*

产日本。中国不产。

（36b）凤凰堇菜（变种）（辽宁植物志，东北植物检索表，东北草本植物志，Flora of China）；维西堇菜（中国植物志）

Viola tokubuchiana var. *takedana* (Makino) F. Maekawa in H. Hara, Enum. Spermatophytarum Japon. 3: 28.1954; Fl. China 13: 103. 2007.——*V. funghuangensis* P. Y. Fu et Y. C. Teng, 东北草本植物志6: 95, 292. 图版35: 4 ~ 9. 1977; 辽宁植物志（上册）: 1172. 图版502: 4 ~ 9. 1988; 东北植物检索表（第二版）: 429. 1995.——*V. monbeigii* auct. non W. Becker: 中国植物志51: 55. 图版10: 1 ~ 5. 1991.

■ 凤凰堇菜

花侧面观

花正面观

植株

生林缘、向阳山坡、腐殖土层较厚的林缘。产吉林省抚松、安图；辽宁省西丰、清原、宽甸、本溪、凤城、庄河、岫岩、鞍山（千山）等地。

全草主治肺热咳嗽、跌打损伤、疮疖肿毒等。嫩叶作蔬菜。

（37）西山堇菜（中国植物志，Flora of China）

Viola hancockii W. Beck. in Bull. Misc. Inform. Kew 1928(6): 249. 1928; 中国植物志51: 44. 1991; Fl. China13: 100. 2007.

生阴坡阔叶林林下、林缘、山村附近水沟边。产辽宁省庄河、凤城。

全草主治肺热咳嗽、跌打损伤、疮疖肿毒等。嫩叶作蔬菜。

■ 西山堇菜

花正面观

花侧面观

植株

（38）蒙古堇菜（辽宁植物志，黑龙江省植物志，内蒙古植物志，东北植物检索表，东北草本植物志，中国植物志，Flora of China）；长距堇菜（云南植物研究，中国植物志，东北植物分布图集）

Viola mongolica Franch. in Pl. David. 1: 42. 1884; 东北草本植物志6: 97. 图版37: 1 ~ 6. 1977; 辽宁植物志（上册）: 1175. 图版504: 1 ~ 6. 1988; 内蒙古植物志（第二版）3: 554. 图版217: 5. 1989; 中国植物志51: 42. 图版10: 11 ~ 16. 1991; 东北植物检索表（第二版）: 429. 图版211: 4. 1995; 黑龙江省植物志7: 175. 图版88. 2003; Fl. China 13: 100. 2007.——*Viola dolichoceras* C. J. Wang in Acta Bot. Yunnan. 13 (3): 258. 1991; 中国植物志51: 40. 1991.

（38a）蒙古堇菜（原变型）

Viola mongolica f. *mongolica*

■ 蒙古堇菜

植株一部分

花侧面观

植株

生山坡草地、石砾地及路旁草地。产黑龙江省哈尔滨、伊春、呼玛；辽宁省西丰、新宾、本溪、凤城、东港、丹东、鞍山、庄河、瓦房店、金州、大连、绥中、喀左；内蒙古自治区扎兰屯、科尔沁右翼前旗、科尔沁右翼中旗、突泉、乌兰浩特、翁牛特旗、喀喇沁旗、东乌珠穆沁旗等地。

全草主治肺热咳嗽、跌打损伤、疮疖肿毒等。嫩叶作蔬菜。

（38b）长萼蒙古堇菜（变型）（辽宁植物志，黑龙江省植物志，东北植物检索表）

Viola mongolica f. *longisepala* P. Y. Fu et Y. C. Teng, 东北草本植物志6: 97, 292. 1977; 辽宁植物志（上册）: 1175. 1988; 东北植物检索表（第二版）: 429. 1995; 黑龙江省植物志7: 177. 2003.

生山坡草地。产辽宁省庄河（模式标本采自步云山）、东港、凤城等地。

■ 长萼蒙古堇菜

花侧面观

植株

全株

101. 杨柳科 Salicaceae

Salicaceae Mirb., Elém. Physiol. Vég. Bot. 2: 905. 1815, *nom. cons.*

木贼门、木贼亚门、木兰纲、蔷薇亚纲、蔷薇超目、金虎尾目（Malpighiales）。

落叶乔木或直立、垫状和匍匐灌木。单叶互生，稀对生，不分裂或浅裂。花具苞片，常为单性，有时为两性，常雌雄异株，罕有杂性；总状花序或穗状花序，常为柔荑花序，直立或下垂；花瓣有或缺，或退化为腺体或不分泌花蜜的花盘；雄蕊1至多数；雌蕊由2～4（～5）心皮合成，子房1室，侧膜胎座，胚珠多数。多为蒴果，2～4（～5）瓣裂，种子有时有种毛。

本科全世界有58属1350余种，广布于世界各地，主产北温带地区。中国产13属，约385种，广布于南北各地，主产西南地区。东北地区产3属69种25变种15变型，其中栽培20种8变种12变型。

分属检索表

1. 顶生圆锥花序；花萼3～6片；浆果 ………………………………………… 1. 山桐子属 Idesia
1. 柔荑花序；花无花萼；蒴果。
  2. 萌枝髓心圆形；叶柄短；雌花序直立或斜展，雄花序下垂或直立，苞片全缘，无杯状花盘 ……… 2. 柳属 Salix
  2. 萌枝髓心常五角状；叶柄较长；雌、雄花序均下垂，苞片先端分裂，花盘杯状 ……………………3. 杨属 Populus

1 山桐子属 *Idesia* Maxim.

Idesia Maxim. in Bull. Acad. Sc. St. Petersb. ser. 3, 10: 485. 1866.

落叶乔木。单叶互生，大型，边缘有锯状齿；叶柄细长，有腺体；托叶小，早落。雌雄异株或杂株；顶生圆锥花序；花瓣通常无。雄花：花萼3 ~ 6片，绿色，有柔毛；雄蕊多数，着生在花盘上，花丝纤细，有软毛，花药椭圆形，2室，纵裂，有退化子房。雌花：花萼3 ~ 6片，淡紫色，两面有密柔毛；有多数退化雄蕊；子房1室，有（3 ~ ）5（ ~ 6）个侧膜胎座，柱头膨大。浆果。

本属全世界仅1种1变种，分布于中国、日本和朝鲜。东北地区均有栽培。

分种下单位检索表

1. 叶下面有白粉，脉腋有丛毛；叶柄无毛；浆果扁圆形，紫红色 ……………… a. 山桐子 I . polycarpa var. polycarpa
1. 叶下面有密的柔毛，无白粉而为棕灰色，脉腋无丛毛；叶柄有短毛；浆果长圆球形至圆球状，血红色 ……………… b. 毛叶山桐子 I. polycarpa var. vestita

山桐子（中国植物志，Flora of China）

Idesia polycarpa Maxim. in Bull. Acad. Sci. St. Petersb. Ser. 3, 10: 485. 1866; 中国植物志52(1): 56. 图版13: 1 ~ 5. 1999; Fl. China 13: 124. 2007.

特征同属。

（a）山桐子（原变种）

Idesia polycarpa var. *polycarpa*

产甘肃、陕西、山西、河南、台湾，西南、中南、华东、华南等省区。辽宁省熊岳树木园栽培。

木材松软，可供建筑、家具、器具等的用材；为山地营造速生混交林和经济林的优良树种；花多芳香，有蜜腺，为养蜂业的蜜源资源植物；树形优美，为山地、园林的观赏树种；果实、种子均含油。

■ 山桐子

树干

叶背面观

植株一部分

花序

（b）毛叶山桐子（变种）（中国植物志，Flora of China）

Idesia polycarpa var. *vestita* Diels in Bot. Jahrb. 39: 478. 1900; 中国植物志52(1): 58. 图版13: 6 ~ 7. 1999; Fl. China 13: 125. 2007.

生海拔900 ~ 3000米的深山区和浅山区的落叶阔叶林中。产陕西、甘肃、河南，华东、中南、华南及西南等省区。辽宁省大连有栽培。

■ 毛叶山桐子

植株一部分

叶背面观

2 柳属 *Salix* L.

Salix L., Sp. Pl. 1015 1753.

乔木或灌木。叶互生，稀对生，通常狭而长，多为披针形，羽状脉；叶柄短；托叶多有锯状齿，常早落，稀宿存。葇荑花序直立、斜展或下垂，先叶开放，或与叶同时开放，稀后叶开放；苞片全缘，宿存，稀早落；雄蕊2至多数，花丝离生或部分或全部合；腺体1～2；雌蕊由2心皮组成，子房无柄或有柄，花柱有或缺，单1或分裂，柱头1～2。蒴果2瓣裂；种子多暗褐色。

本属全世界520余种，主产北半球温带地区，寒带次之，亚热带和南半球极少。中国有257种。东北地区产44种17变种7变型，其中栽培4种6变种6变型。

分种检索表

1. 雄花序下垂，花无腺体（或雌花残留有不甚发育的小腺），花丝下部与苞片合生 …… **1. 钻天柳 S. arbutifolia** Pall.
1. 雄花序直立，花有腺体，花丝与苞片离生。
  2. 匍匐或高不超过50厘米的小灌木。
    3. 小灌木，有时伏卧；叶较大，长圆形；子房有毛 **2b. 长圆叶柳 S. divaricata** var. **meta-formosa** (Nakai) Kitag.
    3. 匍匐小灌木；叶小，圆形、卵圆形或广椭圆形；子房无毛。
      4. 花序具10～20花，雌花有背、腹腺，雄花腹、背腺常分裂 …………… **3. 多腺柳 S. nummularia** Anderss.
      4. 花序仅5～8（～15）花，雌花仅1腹腺，雄花背、腹腺不分裂 …………… **4. 圆叶柳 S. rotundifolia** Trautv.
  2. 株高60厘米以上的灌木或乔木。
    5. 苞片黄绿色；雄花有背、腹腺，雌花仅有腹腺。
      6. 果期苞片宿存；雄蕊2；子房无柄或近无柄；叶披针形至狭卵状披针形。
        7. 小枝下垂。
          8. 雌、雄花的苞片披针形，子房无毛或仅基部稍有毛；叶基部楔形，一般中下部最宽 …………………………………… **5. 垂柳 S. babylonica** L.
          8. 雌、雄花的苞片卵形，子房中部以下有毛；叶基部狭楔形，通常下部最宽，微呈镰刀形（**6. 朝鲜垂柳 S. pseudo-lasiogyne** Leveille）。

（接上表）

9. 花药黄色。
10. 树皮污暗黑灰色；叶先端不分叉 …… **6a. 朝鲜垂柳 S. pseudo-lasiogyne** var. **pseudo-lasiogyne**
10. 树皮青色有光泽；极个别的叶尖端二叉分裂 ………………………… **6b. 垦绥垂柳 S. pseudolasiogyne** var. **bilofolia** J. Q. Wang & D. M. Li
9. 花药红色 ……………………… **6c. 红花朝鲜垂柳 S. pseudo-lasiogyne** var. **erythrantha** C. F. Fang
7. 小枝直立或开展（绦柳例外）。
11. 雌株。
12. 子房有毛。
13. 雌花仅有腹腺 ……………………………………………………… **7. 白皮柳 S. pierotii** Miq.
13. 雌花有背、腹腺。
14. 小枝黄灰色或黄褐色；花序有梗；苞片长圆形，先端圆形、钝或微凹；幼叶背面带蓝绿色 ……………………………………………………… **8. 长柱柳 S. eriocarpa** Franch. et Sav.
14. 小枝灰褐色、褐色或褐栗色；花序近无梗；苞片卵状长圆形或卵形，先端急尖或钝；幼叶背面苍白色（**9. 朝鲜柳 S. koreensis** Anderss.）。
15. 花柱较长，柱头2～4裂，红色……………… **9a. 朝鲜柳 S. koreensis** var. **koreensis**
15. 花柱短至近无……… **9b. 短柱朝鲜柳 S. koreensis** var. **brevistyla** Y. L. Chou et Skv
12. 子房无毛
16. 雌花仅有腹腺 …………………………………………… **10. 圆头柳 S. capitata** Y. L. Chou et Skv.
16. 雌花有背、腹腺（**11. 旱柳 S. matsudana** Koidz.）。
17. 雌花有2腹腺，雌花苞片基部有短柔毛（**11a. 旱柳 S. matsudana** var. **matsudana**）。
18. 小枝不下垂 ………………………………… **11aa. 旱柳 S. matsudana** f. **matsudana**
18. 小枝长而下垂 ……………………… **11ab. 绦柳 S. matsudana** f. **pendula** Schneid.
17. 雌花仅1腹腺，雌花苞片无毛……**11b. 旱垂柳 S. matsudana** var. **pseudo-matsudana** (Y. L. Chou et Skv.) Y. L. Chou
11. 雄株及枝叶（花序或果序已经脱落）。
19. 雄花或具幼叶。
20. 雄蕊2，花丝完全合生 ………………………………………………… **7. 白皮柳 S. pierotii** Miq.
20. 雄蕊2，稀混有3枚，花丝离生，有时下部合生。
21. 小枝淡褐绿色 ……………………………………………………… **12. 爆竹柳 S. fragilis** L.
21. 小枝不为淡褐绿色。
22. 雄花序有短梗，苞片卵形（**11. 旱柳 S. matsudana** Koidz.）。
23. 小枝不卷曲。
24. 花药黄色；苞片黄绿色 ………… **11aa. 旱柳 S. matsudana** f. **matsudana**
24. 花药红色；苞片黄色 ……………… **11ac. 红花龙须柳 S. matsudana** f. **rubriflora** C. F. Fang
23. 小枝卷曲 ………………**11ad. 龙爪柳 S. matsudana** f. **tortuosa** (Vilm.) Rehd.
22. 雄花序近无梗，苞片卵状长圆形。
25. 花丝多半合生，黄色；幼叶背面带蓝绿色 ………………………………………………… **8. 长柱柳 S. erioearpa** Franch. et Sav.

（接上表）

25. 花丝离生，稀基部合生，白色；幼叶背面苍白色 ………………………………………………… **9. 朝鲜柳 S. koreensis** Anderss.

19. 枝叶(花序或果序已经脱落)。

26. 小枝淡褐绿色，较粗壮；叶表面暗绿色或沿中脉有短柔毛，背面苍白色，无毛 ……………………………………………………………………………………… **12. 爆竹柳 S. fragilis** L.

26. 小枝为其他色泽；叶亦不同上述特征。

27. 叶背面淡绿色或带蓝绿色 ………………………… **8. 长柱柳 S. eriocarpa** Franch. et Sav.

27. 叶背面苍白色或带白色。

28. 叶柄较短，长2～4毫米 …………………… **10. 圆头柳 S. capitata** Y. L. Chou et Skv.

28. 叶柄较长，超过4毫米以上。

29. 叶背面有残存的毛；小枝先端嫩叶密被柔毛 ……… **7. 白皮柳 S. pierotii** Miq.

29. 叶背面无毛；小枝先端嫩叶稍有柔毛。

30. 叶长通常为宽的3.5～4.5倍，先端渐尖，背面苍白色，沿中脉有密柔毛 ………………………………………………… **9. 朝鲜柳 S. koreensis** Anderss.

30. 叶长通常为宽的5倍以上，先端长渐尖，背面带白色，沿中脉近无毛（**11. 旱柳 S. matsudana** Koidz.）。

31. 树皮暗灰黑色，有裂沟；叶披针形，基部窄圆形或楔形，表面绿色（**11a. 旱柳 S. matsudana** var. **matsudana**）。

32. 小枝不下垂。

33. 小枝不卷曲。

34. 树冠广圆形…… **11aa. 旱柳 S. matsudana** f. **matsudana**

34. 树冠半圆形 … **11ae. 馒头柳 S. matsudana** f. **umbraculifera** Rehd.

33. 小枝卷曲 … **11ad. 龙爪柳 S. matsudana** f. **tortuosa** (Vilm.) Rehd.

32. 小枝长而下垂 … **11ab. 绦柳 S. matsudana** f.**pendula** Schneid.

31. 树皮淡灰色，有规则的细沟裂；叶线状披针形，基部楔形，表面暗绿色 ……**11c. 旱快柳 S. matsudana** var. **nshanensis** C. Wang et J. Z. Yan

6. 果期苞片脱落（三蕊柳组有例外）；雄蕊3或3枚以上；子房近无柄至长柄；叶披针形、狭长圆形至近圆形。

35. 雄蕊3；雌花有背、腹腺（稀背腺缺），花柱极短或无；叶通常宽1.5厘米以下 ……………………………………………………………………… **13. 日本三蕊柳 S. nipponica** Franch. & Sav

35. 雄蕊（4～）5以上；雌花有1至多腺，若仅为1腹腺，花柱明显；叶通常宽2厘米以上。

36. 苞片膜质；雌花序及果序细长，下垂，果期柱头连同部分花柱常脱落；雄蕊贴生于苞片基部；叶通常长8厘米以上，卵状披针形或微卵状长圆形，背面白色，脉纹明显 ……………………………………………………………………… **14. 大白柳 S. maximowiczii** Kom.

36. 苞片草质；雌花序向上斜展，果序常下垂，柱头不脱落；雄蕊不贴生在苞片上；叶长一般不超过8厘米，椭圆形至近圆形，背面淡绿色或稍发白色。

37. 子房柄长1～3毫米；雄花序疏花（花盛开期），直径约8毫米；叶边缘的腺锯状齿不反卷或微反卷，幼叶无黏质 ……………………………………… **15. 腺柳 S. chaenomeloides** Kimura

（接上表）

37. 子房柄无或短；雄花序密花，直径1～1.2厘米；叶缘腺锯状齿常向背面反卷，幼叶有黏质。
38. 子房有毛 ······························ **16. 呼玛柳 S. humaensis** Y. L. Chou et R. C. Chou
38. 子房无毛。
39. 叶两面绿色（**17. 五蕊柳 S. pentandra** L.）。
40. 苞片披针形、长圆形或椭圆形，先端圆或钝；雄蕊（5～）6～9（～12）
·· **17a. 五蕊柳 S. pentandra** var. **pentandra**
40. 苞片三角状倒卵形或倒卵状长圆形，先端钝或近截形；雄蕊通常6（～7）
································· **17b. 卵苞五蕊柳 S. pentandra** var. **obovata** C. Y. Yu
39. 叶背面发白 ······················· **17c. 白背五蕊柳 S. pentandra** var. **intermedia** Nakai
5. 苞片黑色或棕褐色，或仅先端边缘带紫色，下部黄绿色；雌、雄花都只有1腹腺。
41. 叶长圆状椭圆形至近圆形，长为宽的2～3倍。
42. 苞片仅先端发紫色，黄绿色，有疏长毛；叶长2.5厘米以下，无托叶；小枝细，直径不足1.5毫米；雄花与叶同时开放；植株高不超过1米（**18. 越桔柳 S. myrtilloides** L.）。
43. 幼叶两面无毛 ·· **18a. 越桔柳 S. myrtilloides** var. **myrtilloides**
43. 幼叶有白色或黄色绢毛 ······················ **18b. 东北越桔柳 S. myrtilloides** var. **mandshurica** Nakai
42. 苞片上部褐色或黑色，密被长毛；叶长3厘米以上，在萌枝或小枝上部托叶发达；小枝较粗，直径2毫米以上；雄花多先叶开放；植株通常高1米以上。
44. 子房无毛；雄花序通常圆柱形；托叶半圆形，先端钝或圆形······ **19. 鹿蹄柳 S. pyrolifolia** Ledeb.
44. 子房被密毛；雄花序通常椭圆形至近球形；托叶歪肾形或半圆形，先端急尖。
45. 雌花序近无梗；雌、雄花序粗1.5厘米以上；叶长6～8厘米或更大，质厚，表面皱（**20. 大黄柳 S. raddeana** Lacksch. ex Nasarowisa）。
46. 叶背面密被茸毛。
47. 雌花子房单生 ································· **20a. 大黄柳 S. raddeana** var. **raddeana**
47. 雌花子房孪生
······**20b. 凉水柳 S. raddeana** var. **lianghuiensis** (Y. L. Chou et C. Y. King) Y. L. Chou
46. 叶背面近无毛 ········ **20c. 稀毛大黄柳 S. raddeana** var. **subglabra** Y. L. Chang et Skv.
45. 雌花序有梗；雄花序粗约1厘米。
48. 一年生小枝有毛；叶背面被茸毛或绢毛。
49. 叶表面皱，背面被茸毛，叶片长3～4厘米
·· **21. 兴安柳 S. hsinganica** Y. L. Chang et Skv.
49. 叶表面不皱，背面多被绢毛，叶片长4～6厘米 ············**22. 崖柳 S. floderusii** Nakai
48. 一年生小枝无毛；幼叶背面有或无柔毛，成熟叶背面无毛（**23. 谷柳 S. taraikensis** Kimura）。
50. 椭圆状倒卵形或椭圆状卵形或椭圆形或宽椭圆形或圆形。
51. 叶椭圆状倒卵形或椭圆状卵形，上面绿色
·· **23a. 谷柳 S. taraikensis** var. **taraikensis**
51. 椭圆形、宽椭圆形或近圆形，上面暗绿色
································· **23b. 宽叶谷柳 S. taraikensis** var. **latifolia** Kimura
50. 叶倒披针形

（接上表）

……… 23c. **倒披针叶谷柳 S. taraikensis** var. **oblanceolata** C. Wang et C. F. Fang

41. 叶线形至披针形，稀倒卵状长圆形或长圆形，长为宽的3.5倍以上。

52. 叶背面有绢毛，如无毛，则边缘浅波状。

53. 小枝叶通常长6厘米以上；花柱明显可见。

54. 子房中、下部有毛，蒴果仅下部有毛或疏柔毛 …………… **24. 密齿柳 S. characta** Schneid.

54. 子房上及果全部被毛。

55. 叶最宽处在中部以上 ……………………………………… **25. 毛枝柳 S. dasyclados** Wimm.

55. 叶最宽处在中部以下。

56. 叶较狭，狭披针形或线状披针形，下面为银白色绢毛。

57. 子房无柄 ………………………………………………**26. 蒿柳 S. schwerinii** E. L. Wolf

57. 子房有柄 ………………… **27. 带岭柳 Salix dailingensis** Y. L. Chou et C. Y. King

56. 叶较宽，阔披针形、披针形或长圆状披针形，下面有短柔毛或近无毛或有疏毛。

58. 小枝和叶下面近无毛或有疏毛；叶缘波状，近全缘

……………………………………………………… **28. 卷边柳 S. siuzevii** Seemen

58. 小枝和叶下面均有短柔毛；叶缘近全缘 …… **29. 龙江柳 S. sachalinensis** Fr. Schmidt

53. 小枝中下部的叶通常长不超过6厘米。

59. 叶倒披针形、倒卵状长圆形或倒卵状狭椭圆形；花柱长；雄蕊合生为1，花药红色

…………………………………………………………………**30. 细柱柳 S. gracilistyla** Miq.

59. 叶线形至线状披针形，或长圆状披针形；花柱短或近无。

60. 叶被疏毛，边缘有不明显的锯状齿，稀全缘；子房无毛（**31. 小穗柳 S. microstachya** Turcz. apud Trautv.）。

61. 小枝淡黄色或黄褐色；花药黄色 … **31a. 小穗柳 S. microstachya** var. **microstachya**

61. 小枝灰紫褐色，稀灰绿色；花药红色…… **31b. 小红柳 S. microstachya** var. **bordensis** (Nakai) C. F. Fang

60. 叶背面密被褐色或白色绢毛，全缘；子房被密毛。

62. 雄蕊的花丝合生 ………………………………… **32. 乌柳 S. cheilophila** Schneid.

62. 雄蕊的花丝离生（**33. 细叶沼柳 S. rosmarinifolia** L.）。

63. 叶背面苍白色，干后变黑。

64. 叶先端和基部渐狭 …… **33a. 细叶沼柳 S. rosmarinifolia** var. **rosmarinifolia**

64. 叶先端长渐尖，下部最宽，基部圆形

…… **33b. 东北细叶沼柳 S. rosmarinifolia** var. **tunbeiana** Y. L. Chou et Skv.

63. 叶背被黄褐色茸毛，干后不变黑色

……… **33c. 沼柳 S. rosmarinifolia** var. **brachypoda** (Trautv et Mey.) Y. L. Chou

52. 叶无毛，稀有柔毛，边缘有齿或全缘，但不为浅波状。

65. 叶线形，细长；子房无毛或近无毛；雄蕊2，花药黄色；小枝黄色

……………………………………………………… **34. 黄柳 S. gordejevii** Y. L. Chang et Sky.

65. 叶线状披针形、披针形、倒披针形或倒卵状长圆形。

66. 花柱长于或等于子房；雄蕊2，花丝离生，花药黄色，稀黄红色；芽长1厘米以上；子房有毛或无毛。

（接上表）

67. 二年生小枝常有白粉；子房无毛；托叶卵圆形（**35. 粉枝柳 S. rorida** Laksch.）。

68. 雌、雄花的苞片近基部两侧边缘有3～4腺点；托叶正常发育 ……………………**35a. 粉枝柳 S. rorida** var. **rorida**

68. 雌、雄花的苞片近基部两侧无腺点；托叶不发达 …………………… **35b. 伪粉枝柳 S. rorida** var. **roridaeformis** (Nakai) Ohwi

67. 小枝无白粉；子房有毛（光果江界柳除外）；托叶披针形或卵状披针形。

69. 叶背面无毛 …………………… **36. 司氏柳 S. skvortzovii** Y. L. Chang et Y. L. Chou

69. 叶背面有白柔毛（**37. 江界柳 S. kangensis** Nakai）。

70. 子房有毛 …………………… **37a. 江界柳 S. kangensis** var. **kangensi**

70. 子房无毛，仅子房柄有短柔毛 … **37b. 光果江界柳 S. kangensis** var.**leiocarpa Kitag.**

66. 花柱短或无，长不超过子房的1/3；雄蕊的花丝部分合生或合生为1，花药红色；芽长不超过8毫米；子房密被毛。

71.叶倒披针形至倒卵状长圆形，稀披针形，长2～3厘米（萌枝及小枝端部的叶除外）。

72. 叶对生，萌枝叶有三叶轮生，稀互生 …………………… **38. 杞柳 S. integra** Thunb.

72. 叶互生 …………………… **39. 沙杞柳 S. kochiana** Trautv.

71. 叶线状披针形、披针形，长5厘米以上，通常上部较宽。

73. 叶、花序对生，少互生，花先叶开放 …………………… **40. 尖叶紫柳 S. koriyanagi** Kimura ex Goerz

73. 叶、花序互生，花与叶几乎同时开放。

74. 花柱明显；雌、雄花序无梗，基部鳞状小叶常脱落；叶较宽大，一般长8～12厘米，宽8～12毫米。

75. 花序粗通常3～5毫米（雄花未计花丝部分）；叶柄长8～12毫米 …………………… **41. 筐柳 S. linearistipularis** (Franch.) Hao

75. 花序粗5毫米（雄花未计花丝部分）；叶柄长1～3（～5）毫米（**42. 松江柳 S. sungkianica** Y. L. Chou et Skv.）。

76. 雄花序长4～4.5厘米，雌花序长4～6厘米 …………………… **42a. 松江柳 S. sungkianica** f. **sungkianica**

76. 雄花序长2～3.5厘米，雌花序长3～3.5厘米 …… **42b. 短序松江柳 S. sungkianica** f. **brevistachys** Y. L. Chou et Tung

74. 花柱极短或缺；雌、雄花序有梗，梗上的小叶不脱落；叶较狭长。

77. 苞片无毛或仅有疏毛；叶长8厘米以上，宽多为3～4毫米 ……………………**43. 细枝柳 S. gracilior** (Siuz.) Nakai

77. 苞片有白柔毛；叶长3～6厘米，宽7～10毫米。

78. 叶常倒披针形，边缘有密细锯状齿；子房柄无或不明显，花柱短或无 …………………… **44. 白河柳 S. yanbianica** C. F. Fang et Ch. Y. Yang

78. 叶线状披针形，边缘有疏钝锯状齿；子房有柄，花柱无 …………………… **45. 东沟柳 S. donggouxianica** C. F. Fang

（1）钻天柳（辽宁植物志，黑龙江省植物志，内蒙古植物志，东北植物检索表，中国植物志，Flora of China）

Salix arbutifolia Pall. Fl. Ross. 1 (2): 79, 1788.——*Chosenia arbutifolia* (Pall.) A. Akv. in Not. Syst. Herb. Inst. Bot. Kom. Acad. Sci. URSS, 18: 43. 1957; 中国植物志20(2): 79. 图版24. 1984; 辽宁植物志（上册）: 203. 图版77. 1988; 内蒙古植物志（第二版）2: 36. 图版13: 1 ~ 5. 1990; 黑龙江省植物志4: 10. 图版3: 1 ~ 8. 1992; 东北植物检索表（第二版）: 77. 1995; Fl. China 4: 162. 1999.

生林区溪流旁的河滩地上。产黑龙江省呼玛、伊春、尚志、萝北等地；吉林省和龙、通化、临江、梅河口、靖宇、抚松、长白、汪清、集安、安图等地；辽宁省西丰、桓仁、宽甸、凤城等地；内蒙古自治区根河、牙克石、扎兰屯、鄂伦春、阿尔山等地。

可作为观赏和绿化树种。木材质软，边材白色，心材淡红色，供建筑、制作家具、造纸等用。叶有清热平喘、止咳化痰作用。

■ 钻天柳

果序

叶正面观

叶背面观

树干

（2）叉枝柳（中国植物志）

Salix divaricata Pall. Ross. 1(2): 80. 1788; 中国植物志20(2): 293. 1984.

（2a）叉枝柳（原变种）

Salix divaricata var. *divaricata*

中国不产。

（2b）长圆叶柳（东北植物检索表，中国植物志，Flora of China）

■ 长圆叶柳

果序正面观

叶

植株

Salix divaricata var. *meta-formosa* (Nakai) Kitag. in Neo–Lineam. Fl. Mansh. 204. 1979; 中国植物志20(2): 293. 1984; 东北植物检索表（第二版）: 84. 图版33: 8. 1995; Fl. China 4: 245. 1999.

生高山冻原、林下、林缘、山地阴湿处及路旁。产黑龙江省呼玛等地；吉林安图、抚松、长白等地；内蒙古自治区牙克石等地。

（3）多腺柳（东北木本植物图志，东北植物检索表，中国植物志，Flora of China）；长白柳（东北木本植物图志，中国植物志）

Salix nummularia Anderss. in Prodr. 16(2): 298 1868; 东北植物检索表（第二版）: 84. 图版33: 2. 1995; Fl. China 4: 240. 1999.——*Salix polyadenia* Hand.–Mazz. in Oesterr. Bot. Z. 81: 306 1932; 东北木本植物图志, 145. 图版35: 上1 ~ 6. 图版36: 53. 1955; 中国植物志20(2): 273. 图版78: 5 ~ 9. 1984.——*S. polyadenia* var. *tschanbaischanica* (Y. L. Chou et Y. L. Chang) Y. L. Chou, 中国植物志20(2): 275. 1984.——*S. tschanbaischanica* Y. L. Chou et Y. L. Chang, 东北木本植物图志, 557. 146. 图版35: 下1 ~ 8, 图版36: 54. 1955.

生高山苔原。产吉林省抚松、安图等地。模式标本采自长白山高山苔原带。

（4）圆叶柳（辽宁植物志，东北植物检索表，中国植物志）

Salix rotundifolia Trautv. in Nouv. Soc. Nat. Mosc. 8: 304, t. 11. 1832; 中国植物志20(2): 275. 图版78: 1 ~ 4. 1984; 辽宁植物志（下册）: 1162. 图版524: 1 ~ 4. 1992; 东北植物检索表（第二版）: 84. 图版33: 1. 1995.

生山顶草地。产吉林省抚松、安图、长白等地；辽宁省桓仁等地。

可为野生动物饲料。

■ 圆叶柳

果枝

花枝

植株

（5）垂柳（辽宁植物志，黑龙江省植物志，内蒙古植物志，东北植物检索表，中国植物志，Flora of China）

Salix babylonica L., Sp. Pl. 1017. 1753; 中国植物志20(2): 138. 图版38: 1 ~ 3. 1984; 辽宁植物志（上册）: 213. 图版82: 1 ~ 3. 1988; 内蒙古植物志（第二版）2: 46. 图版14: 6 ~ 7. 1990; 黑龙江省植物志4: 68. 图版15: 1 ~ 3. 1992; 东北植物检索表（第二版）: 84. 图版34: 1. 1995; Fl. China 4: 186. 1999.

自然分布长江流域及其以南各省区。黑龙江省哈尔滨市及东北各地栽培。

可用作行道树、庭荫树、固岸护堤树及平原造林树种。木材可制家具，枝条可编筐，树皮可提取栲胶。叶、皮有小毒。

■ 垂柳

雌花序

植株一部分

雄花序

（6）朝鲜垂柳（辽宁植物志，东北植物检索表，中国植物志，Flora of China）

Salix pseudo-lasiogyne Leveille in Fedde, Rep. Sp. Nov. 10: 436. 1912; 中国植物志20(2): 138. 1984; 辽宁植物志（上册）: 219. 图版83: 3 ~ 5. 1988; 东北植物检索表（第二版）: 87. 图版34: 8. 1995; Fl. China 4: 187. 1999.

（6a）朝鲜垂柳（原变种）

Salix pseudolasiogyne var. *pseudolasiogyne*

为朝鲜特产。吉林省通榆，辽宁省沈阳、大连等地有栽培。

（6b）垦绥垂柳（变种）（植物研究）

Salix pseudolasiogyne var. *bilofolia* J. Q. Wang & D. M. Li, 植物研究 22(1): 9. 2002.

栽培种。产黑龙江省绥滨农场（模式产地）。

（6c）红花朝鲜垂柳（变种）（辽宁植物志，东北植物检索表）

Salix pseudo-lasiogyne var. *erythrantha* C. F. Fang in Bull. Bot. Res. 4(1): 125. tab. 12 ~ 15. 1984; 辽宁植物志（上册）: 220. 图版83: 6 ~ 10. 1988; 东北植物检索表（第二版）: 87. 1995.

辽宁省沈阳（模式标本采集地）等地有栽培。

（7）白皮柳（辽宁植物志，黑龙江省植物志，东北植物检索表，中国植物志，Flora of China）

Salix pierotii Miq. in. Ann. Mus. Bot. Lugd.-Batav. 3: 37. 1867; 中国植物志20(2): 147. 1984; 辽宁植物志（上册）: 219. 图版81: 7 ~ 8. 1988; 黑龙江省植物志4: 87. 图版20: 20 ~ 24. 1992; 东北植物检索表（第二版）: 87. 图版34: 4. 1995; Fl. China 4: 189. 1999.

沿河岸生长。产黑龙江省张广才岭等地；吉林省柳河、集安、抚松、临江等地；辽宁省本溪等地。

枝条供编织用；为护岸和观赏树种。

（8）长柱柳（辽宁植物志，黑龙江省植物志，东北植物检索表，中国植物志，Flora of China）

Salix eriocarpa Franch. et Sav. in Enum. Pl. Jap. 1: 459. 1875; 中国植物志20(2): 141. 1984; 辽宁植物志（上册）: 214. 图版81: 4 ~ 6. 1988; 黑龙江省植物志4: 72. 图版16: 9 ~ 15. 1992; 东北植物检索表（第二版）: 87. 图版34: 7. 1995; Fl. China 4: 187. 1999.

多沿河边生长。产黑龙江省哈尔滨、尚志、穆棱等地；吉林省长春、安图、临江、通化、集安等地；辽宁省桓仁、宽甸、丹东、东港、凤城、沈阳、鞍山、海城、岫岩、庄河、普兰店等地。

木材质软，供建筑及制作薪炭、小农具等用；又为固堤绿化的树种。

■ 长柱柳

雄花序

叶背面观

雌花序

叶正面观

（9）朝鲜柳（辽宁植物志，黑龙江省植物志，内蒙古植物志，东北植物检索表，中国植物志，Flora of China）

Salix koreensis Anderss in DC. Prodr. 16 (2): 271. 1868; 中国植物志20(2): 143. 图版38: 7 ~ 10. 1984; 辽宁植物志（上册）: 214. 图版82: 4 ~ 7. 1988; 内蒙古植物志（第二版）2: 47. 图版15: 5 ~ 9. 1990; 黑龙江省植物志4: 78. 图版18: 4 ~ 8. 1992; 东北植物检索表（第二版）: 87. 图版34: 6. 1995; Fl. China 4: 188. 1999.

（9a）朝鲜柳（原变种）

Salix koreensis var. *koreensis*

生河边、路旁和山坡。产黑龙江省哈尔滨、尚志、伊春、密山、方正、黑河等地；吉林省蛟河、安图、吉林、临江、通化、汪清、集安等地；辽宁省北票、北镇、丹东、凤城、本溪、新宾、清原、鞍山、沈阳、盖州、普兰店、庄河等地；内蒙古自治区额尔古纳、根河、牙克石、扎兰屯、科尔沁右翼前旗、大青沟等地。

■ 朝鲜柳

叶背面观

雄花序

叶正面观

木材供建筑、器具、火柴杆、造纸、薪柴等用；嫩枝可编织；树皮含单宁，可提取栲胶。可作行道树、防护林及庭院树。

（9b）短柱朝鲜柳（变种）（辽宁植物志，中国植物志，Flora of China）

Salix koreensis var. *brevistyla* Y. L. Chou et Skv, 东北木本植物图志：152, 558. 1955; 中国植物志20(2): 144. 1984; 辽宁植物志（上册）: 216. 1988; Fl. China 4: 188. 1999.

绿化树种。模式标本采自黑龙江省哈尔滨。吉林省、辽宁省也有栽培。

（10）圆头柳（辽宁植物志，内蒙古植物志，东北植物检索表，中国植物志，Flora of China）

Salix capitata Y. L. Chou et Skv. in Ill. Fl. Lign. Pl. N.–E. China 551. pl. 39. f. 58. 1955; 中国植物志20(2): 140. 1984; 辽宁植物志（上册）: 217. 图版83: 1 ~ 2. 1988; 内蒙古植物志（第二版）2: 46. 1990; 黑龙江省植物志4: 69. 图版15: 7 ~ 10. 1992; 东北植物检索表（第二版）: 88. 图版34: 3. 1995; Fl. China 4: 187. 1999.

生海拔100 ~ 300米。黑龙江省（模式标本采自哈尔滨）、吉林省及内蒙古自治区各城市及辽宁省沈阳、鞍山、盖州、大连、兴城等地引种。

木材可供建筑器具之用，为生长较快的绿化树种。

（11）旱柳（辽宁植物志，黑龙江省植物志，内蒙古植物志，东北植物检索表，中国植物志，Flora of China）

Salix matsudana Koidz. in Tokyo Bot. Mag. 29: 312. 1915; 中国植物志20(2): 132. 图版38: 4 ~ 6. 1984; 辽宁植物志（上册）: 216. 图版82: 8 ~ 10. 1988; 内蒙古植物志（第二版）2: 47. 图版15: 1 ~ 4. 1990; 黑龙江省植物志4: 80. 图版19: 5 ~ 7. 1992; 东北植物检索表（第二版）: 87, 88. 图版34: 2. 1995; Fl. China 4: 185. 1999.

（11a）旱柳（原变种）

Salix matsudana var. *matsudana*

（11aa）旱柳（原变型）

Salix matsudana f. *matsudana*

生河流、水塘岸边。产东北各地，平原地区普遍栽培。

木材白色，质轻软，供制造建筑器具、纸张、人造棉、火药等；细枝可编筐；叶为冬季羊饲料。枝、叶有祛风、利尿、清热、止痛作用。

■ 旱柳

雌花枝

植株

叶背面观

（11ab）绦柳（变型）（辽宁植物志，东北植物检索表，中国植物志）；倒栽柳（黑龙江省植物志）

Salix matsudana f. *pendula* Schneid. in Bailey, Gentes Herb. 1: 18. 1920; 中国植物志20(2): 133. 1984; 辽宁植物志（上册）: 216. 1988; 黑龙江省植物志4: 82. 1992; 东北植物检索表（第二版）: 87. 1995.

多作绿化树种栽培。产黑龙江省平原地区；吉林省各地；辽宁省沈阳等地。

（11ac）红花龙须柳（变型）（辽宁植物志）

Salix matsudana f. *rubriflora* C. F. Fang in Bull. Bot. Res. 4(1): 126. 1984; 辽宁植物志（上册）: 217. 1988.

多作绿化树种栽培。辽宁省庄河（模式标本采自仙人洞林场）有栽培。

（11ad）龙爪柳（变型）（辽宁植物志，黑龙江省植物志，中国植物志）

Salix matsudana f. *tortuosa* (Vilm.) Rehd. in J. Arnold Arbor. 6: 206. 1925; 中国植物志20(2): 133. 1984; 辽宁植物志（上册）: 216. 1988; 黑龙江省植物志4: 82. 1992.

多作为绿化树种栽于庭院。黑龙江省平原地区、吉林省、辽宁省常见栽培。

■ 龙爪柳

植株一部分

植株

（11ae）馒头柳（变型）（大连树木图鉴，中国植物志）

Salix matsudana f. *umbraculifera* Rehd. in Journ. Arn. Arb. 6: 205. 1925; 中国植物志20(2): 134. 1984.

辽宁省旅顺口有引种。

（11b）旱垂柳（变种）（辽宁植物志，黑龙江省植物志，东北植物检索表，中国植物志）

Salix matsudana var. *pseudo-matsudana* (Y. L. Chou et Skv.) Y. L. Chou, 中国植物志20(2): 134. 1984等地; Fl. China 4: 185. 1999; 辽宁植物志（上册）: 217. 1988; 黑龙江省植物志4: 82. 图版19: 8. 1992; 东北植物检索表（第二版）: 87. 1995.

自生或引种。产黑龙江省哈尔滨等地；辽宁省桓仁、东港、北镇、彰武等地。

（11c）旱快柳（变种）（辽宁植物志）

Salix matsudana var. *anshanensis* C. Wang et J. Z. Yan in Bull. Bot. Res. 1(1 ~ 2): 175. 1981; 辽宁植物志（上册）: 217. 1988.

辽宁省多地有引种，模式标本采自海城。

（12）爆竹柳（辽宁植物志，黑龙江省植物志，内蒙古植物志，东北植物检索表，中国植物志，Flora of China）

Salix fragilis L., Sp. Pl. 1017. 1753; 中国植物志20(2): 130. 图版35: 1 ~ 3. 1984; 辽宁植物志（上册）: 213. 图版81: 1 ~ 3. 1988; 内蒙古植物志（第二版）2: 47. 1990; 黑龙江省植物志4: 74. 图版16: 1 ~ 5. 1992; 东北植物检索表（第二版）: 87. 图版34: 5. 1995; Fl. China 4: 184. 1999.

原产欧洲。黑龙江省各城市及辽宁省沈阳、北镇、鞍山、大连等地和内蒙古自治区都有栽培，已归化。

绿化树种。木材质较软，供建筑用。

（13）日本三蕊柳（辽宁植物志，中国植物志，Flora of China）；三蕊柳（黑龙江省植物志，内蒙古植物志，东北植物检索表）

Salix nipponica Franch. & Sav. in Enum. Pl. Jap. 1: 495. 1875; 东北植物检索表（第二版）: 88. 图版32: 5. 1995; Fl. China 4: 180. 1999.——*S. triandra* L. var. *nipponica* (Franch. et Sav.) Seemen in Salic. Jap. 27. t. 2: e ~ j. 1903; 中国植物志20(2): 121. 1984; 辽宁植物志（上册）: 211. 图版80: 6. 1988; 黑龙江省植物志4: 102. 图版24: 6 ~ 11. 1992.——*S. triandra* auct. non L. : 辽宁植物志（上册）: 210. 图版80: 1 ~ 5. 1988; 内蒙古植物志（第二版）2: 45. 图版14: 1 ~ 5. 1990; 黑龙江省植物志4: 101. 图版24: 12 ~ 18. 1992.

生溪流或河流两岸。产黑龙江省呼玛、爱辉、密山、虎林、穆棱、富裕、富锦、依兰、伊春、尚志、阿城、哈尔滨等地；吉林省安图、通化、永吉、蛟河、桦甸、汪清、长春等地；辽宁省桓仁、本溪、沈阳、新民、凤城、东港、海城、台安、盖州、庄河、普兰店、大连等地；内蒙古自治区扎兰屯、海拉尔、科尔沁右翼前旗、科尔沁左翼后旗等地。

为早春蜜源树，又为护岸用绿化树种。木材质密，供薪炭，含单宁4.6%；树皮和嫩叶可做黄色染料。

■ 日本三蕊柳

植株

果序

叶

花序

（14）大白柳（辽宁植物志，黑龙江省植物志，东北植物检索表，中国植物志，Flora of China）

Salix maximowiczii Kom. in Act. Hort. petrop. 18: 442. 1901; 中国植物志20(2): 99. 图版26. 1984; 辽宁植物志（上册）: 207. 图版78. 1988; 黑龙江省植物志4: 83. 图版19: 1 ~ 4. 1992; 东北植物检索表（第二版）: 88. 图版32: 2. 1995; Fl. China 4: 171. 1999.

生林区河流或溪流边。产黑龙江省伊春、方正、依兰、尚志、海林等地；吉林省临江、汪清、安图等地；辽宁省桓仁、宽甸、岫岩、庄河等地。

木材质软，用作火柴杆；又为蜜源植物及观赏树种。

■ 大白柳

叶背面观

小枝

叶正面观

（15）腺柳（辽宁植物志，东北植物检索表，中国植物志，Flora of China）

Salix chaenomeloides Kimura in Sci. Rep. Tohoku Imp. Univ. ser. 4. Biol. 13: 77. 1938; 中国植物志20(2): 105. 图版28: 10 ~ 11. 1984; 辽宁植物志（上册）: 210. 图版79. 1988; 东北植物检索表（第二版）: 88. 图版32: 3. 1995; Fl. China 4: 175. 1999.

多生山沟水旁。产辽宁省丹东。辽宁省盖州有栽培。

■ 腺柳

果序

植株一部分

（16）呼玛柳（黑龙江省植物志，东北植物检索表，中国植物志，Flora of China）

Salix humaensis Y. L. Chou et R. C. Chou in Acta Phytotax. Sin. 12(1): 5 ~ 6, pl. 2. 1974; 中国植物志20(2): 119. 1984; 黑龙江省植物志4: 75. 图版17: 6 ~ 10. 1992; 东北植物检索表（第二版）: 88. 1995; Fl. China 4: 179. 1999.

生大兴安岭北部海拔270 ~ 350米的河流、溪流边。产黑龙江省漠河、塔河、呼玛等地。模式标本采自呼玛县十八至十九站间。为黑龙江省特产种。

（17）五蕊柳（黑龙江省植物志，内蒙古植物志，东北植物检索表，中国植物志，Flora of China）

Salix pentandra L., Sp. Pl. 2: 1016. 1753; 中国植物志20(2): 115. 图版31. 1984; 内蒙古植物志（第二版）2: 43. 图版13: 6 ~ 9. 1990; 黑龙江省植物志4: 86. 图版20: 6 ~ 12. 1992; 东北植物检索表（第二版）: 88. 图版32: 4. 1995; Fl. China 4: 178. 1999.

（17a）五蕊柳（原变种）

Salix pentandra var. *pentandra*

生水甸子或山间溪流旁和湿地。产黑龙江省黑河、呼玛、伊春、萝北、嘉荫、集贤、汤原、饶河、绥芬河等地；吉林省安图、和龙、长白等地；内蒙古自治区额尔古纳、根河、牙克石、扎兰屯、鄂伦春、科尔沁右翼前旗、克什克腾旗、喀喇沁旗、东乌珠穆沁旗、正蓝旗、多伦等地。

木材可制小农具或作柴薪用，树皮及叶均可提制栲胶，也是蜜源树种。根有祛风除湿作用；枝、叶有清热解毒、散瘀消肿作用；花序有止泻作用。

■ 五蕊柳

叶背面观

叶正面观

果枝

植株

（17b）卵苞五蕊柳（变种）（东北林学院植物研究室汇刊，东北植物检索表，中国植物志，Flora of China）

Salix pentandra var. *obovata* C. Y. Yu, 东北林学院植物研究室汇刊, 9: 30. 1980; 中国植物志20(2): 117. 1984; 东北植物检索表（第二版）: 88. 1995; Fl. China 4: 178. 1999.

生海拔1700米左右的山沟、山梁上。产内蒙古自治区翁牛特旗大石马场（模式标本产地）。

（17c）白背五蕊柳（变种）（东北植物检索表，中国植物志，Flora of China）

Salix pentandra var. *intermedia* Nakai, Fl. Sylv. Kor. 18: 80. t. 10. 1930; 中国植物志20(2): 115. 1984; 东北植物检索表（第二版）: 88. 1995; Fl. China 4: 178. 1999.

多生林区积水的草甸或沼泽地。产黑龙江省南部；吉林省安图、敦化、和龙等地；内蒙古根河。

（18）越桔柳（黑龙江省植物志，内蒙古植物志，东北植物检索表，中国植物志，Flora of China）

Salix myrtilloides L., Sp. Pl. 1019. 1753; 中国植物志20(2): 277. 图版79: 1 ~ 4. 1984; 内蒙古植物志（第二版）2: 52. 图版17: 1 ~ 3. 1990; 黑龙江省植物志4: 85. 图版20: 16 ~ 19. 1992; 东北植物检索表（第二版）: 90. 图版33: 3. 1995; Fl. China 4: 240. 1999.

（18a）越桔柳（原变种）

Salix myrtilloides var. *myrtilloides*

常在林区沼泽化草甸内成丛生长。产黑龙江省尚志、伊春、汤原、密山、萝北、黑河、呼玛、虎林等地；吉林省靖宇、临江、抚松、安图、敦化、和龙等地；内蒙古自治区额尔古纳、根河、牙克石、鄂伦春、科尔沁右翼前旗、宝格达山等地。

嫩叶可为家畜或野生动物的饲料。

■ 越桔柳

果序

小枝

植株一部分

雌花序

（18b）东北越桔柳（变种）（东北木本植物图志，东北植物检索表，中国植物志，Flora of China）；毛越桔柳（黑龙江省植物志）

Salix myrtilloides var. *mandshurica* Nakai, Fl. Sylv. Kor. 18: 154. t. 35. 1930; 东北木本植物图志, 156. 1955; 中国植物志20(2): 278. 图版79: 5. 1984; 黑龙江省植物志4: 86. 1992; 东北植物检索表（第二版）: 90. 图版33: 4. 1995; Fl. China 4: 240. 1999.

生塔头甸子。产黑龙江省伊春等地；吉林省安图等地。

■ 东北越桔柳

植株

植株一部分

叶背面和小枝

（19）鹿蹄柳（黑龙江省植物志，内蒙古植物志，东北植物检索表，中国植物志，Flora of China）

Salix pyrolifolia Ledeb. in Cat. Pl. Helv. ed. 3: 26. 1815; 中国植物志20(2): 287. 图版83: 1 ~ 4. 1984; 内蒙古植物志（第二版）2: 54. 图版18: 1. 1990; 黑龙江省植物志4: 89. 图版20: 13 ~ 15. 1992; 东北植物检索表

（第二版）: 90. 图版33: 7. 1995; Fl. China 4: 243. 1999.

生海拔1300～1700米的山地河谷和林缘，大兴安岭上升至森林冻土带。产黑龙江省呼玛等地；内蒙古自治区额尔古纳、根河、牙克石等地。

■ 鹿蹄柳

雄花序

雌花序

雌花枝

植株

雌花序一部分

群落

（20）大黄柳（辽宁植物志，黑龙江省植物志，内蒙古植物志，东北植物检索表，中国植物志，Flora of China）

Salix raddeana Lacksch. ex Nasarowis in Fl. URSS 5: 707. 1936; 中国植物志20(2): 304. 图版88: 1～2. 1984; 辽宁植物志（上册）: 221. 图版85. 1988; 内蒙古植物志（第二版）2: 56. 1990; 黑龙江省植物志4: 90. 图版21: 6～11. 1992; 东北植物检索表（第二版）: 90. 图版35: 1. 1995; Fl. China 4: 248. 1999.

（20a）大黄柳（原变种）

Salix raddeana var. *raddeana*

■ 大黄柳

小枝

叶背面观

雄花枝

生山坡、林缘。产黑龙江省哈尔滨、汤原、饶河、尚志、虎林、伊春、萝北、海林、呼玛、嘉荫等地；吉林省敦化、临江、抚松、安图、蛟河、桦甸、汪清、珲春、和龙、长白、柳河、集安等地；辽宁省凤城、本溪、抚顺、沈阳、北票、北镇、鞍山、海城、盖州等地；内蒙古自治区海拉尔、额尔古纳、根河、牙克石、鄂伦春、科尔沁右翼前旗、喀喇沁旗等地。

可以用于绿化和水土保持。民间用树叶治疗口腔炎。

（20b）凉水柳（变种）（黑龙江省植物志）

Salix raddeana var. *lianghuiensis* (Y. L. Chou et C. Y. King) Y. L. Chou, 黑龙江树木志157. 1980; 黑龙江省植物志4: 91. 1992.

生小兴安岭山麓较湿地段。产黑龙江省伊春（小兴安岭）等地。

（20c）稀毛大黄柳（变种）（辽宁植物志，黑龙江省植物志，东北植物检索表，中国植物志，Flora of China）

Salix raddeana var. *subglabra* Y. L. Chang et Skv. in Ill. Man. Woody Pl. N.–E. Prov. 558. 1955; 中国植物志20(2): 304. 1984; 辽宁植物志（上册）: 222. 1988; 黑龙江省植物志4: 91. 1992; 东北植物检索表（第二版）: 90. 1995; Fl. China 4: 249. 1999.

生山坡。产黑龙江省阿城（模式标本采自东北农学院林场）等地；吉林省长白山等地；辽宁省鞍山、抚顺、清原等地。

■ 稀毛大黄柳

叶正面观

植株一部分

叶背面观

（21）兴安柳（内蒙古植物志，东北木本植物图志，东北植物检索表，中国植物志，Flora of China）；山柳（黑龙江省植物志）

Salix hsinganica Y. L. Chang et Skv., 东北木本植物志566, 图版55: 78; 56: 1–4. 1955; 中国植物志20(2): 299. 图版85: 4 ~ 7. 1984; 内蒙古植物志（第二版）2: 54. 图版19: 4. 1990; 东北植物检索表（第二版）: 90. 图版35: 3. 1995; Fl. China 4: 247. 1999.——*Salix xerophila* Flod. in Bot. Not. 344. 1930; 黑龙江省植物志4: 105. 图版25: 1 ~ 4. 1992.——*Salix xerophila* var. *ilectica* (Y. L. Chou) Y. L. Chou

生林间隙地或森林破坏后的草原湿润斜坡。产黑龙江省呼玛、漠河、伊春、密山、黑河等地；内蒙古自治区额尔古纳、根河、牙克石、扎兰屯、科尔沁右翼前旗、东乌珠穆沁旗、西乌珠穆沁旗等地。

■ 兴安柳

植株一部分

叶

果序

（22）崖柳（辽宁植物志，内蒙古植物志，东北植物检索表，中国植物志，Flora of China）

Salix floderusii Nakai in Fl. Sylv. Kor. 18: 123. t. 23. 1930; 中国植物志20(2): 297. 图版85: 3. 1984; 辽宁植物志（上册）: 221. 图版84: 1 ~ 4. 1988; 内蒙古植物志（第二版）2: 61. 图版21: 3 ~ 4. 1990; 东北植物检索表（第二版）: 90. 图版35: 2. 1995; Fl. China 4: 247. 1999.

生山坡林缘或林区较干燥的地方。产黑龙江省哈尔滨、尚志、伊春、饶河、密山、萝北、嘉荫、呼玛、塔河、黑河、宁安、虎林等地；吉林省九台、吉林、桦甸、安图、敦化、抚松、和龙、临江、通化、集安等地；辽宁省西丰、北票、新民、沈阳、本溪、抚顺、桓仁、鞍山、海城、岫岩、庄河、盖州等地；内蒙古自治区额尔古纳、根河、扎兰屯、牙克石、科尔沁右翼前旗、克什克腾旗等地。

■ 崖柳

果序一部分

果序

果枝

小枝

叶背面观

（23）谷柳（辽宁植物志，东北植物检索表，中国植物志，Flora of China）；波纹柳（黑龙江省植物志，内蒙古植物志）

Salix taraikensis Kimura in Journ. Fac. Agricult. Hokk. Univ. Sapp. 26 (4): 419. 1934; 中国植物志20(2): 296. 1984; 辽宁植物志（上册）: 222. 图版84: 5 ~ 9. 1988; 东北植物检索表（第二版）: 90. 图版35: 4. 1995; Fl. China 4: 247. 1999.—— *S. livida* Whlb. in Fl. Lapp. 272. t. 16. f. 7. 1812; 内蒙古植物志（第二版）2: 56. 图版19: 1 ~ 3. 1990.——*S. starkeana* auct. non Willd. : 东北木本植物图志, 171. 图版54: 上1 ~ 5. 1955; 内蒙古植物志（第二版）2: 59. 图版20: 5 ~ 7. 1990; 黑龙江省植物志4: 99. 图22: 6 ~ 10. 1992.

（23a）谷柳（变种）

Salix taraikensis var. *taraikensis*

生湿润的山沟、林内或山坡林缘。产黑龙江省尚志、伊春、穆棱、萝北、塔河、黑河、宝清、宁安、呼玛、嫩江、哈尔滨等地；吉林省临江、抚松、敦化、安图、蛟河、桦甸、汪清、和龙、靖宇等地；辽宁省清原、宽甸、凤城、东港、本溪、抚顺、沈阳、铁岭、北镇、北票、凌源、鞍山、盖州等地；内蒙古自治区额尔古纳、牙克石、扎兰屯、科尔沁右翼前旗等地。

■ 谷柳

小枝

叶背面观

枝条

萌枝叶有齿缘

植株一部分

（23b）宽叶谷柳（变种）（东北植物检索表，中国植物志，Flora of China）

Salix taraikensis var. *latifolia* Kimura in Journ. Fac. Agricult. Hokk. Univ. Sapp. 26 (4): 421. 1934; 中国植物志20(2): 297. 1984; Fl. China 4: 247. 1999.

生山坡。产黑龙江、吉林。

（23c）倒披针叶谷柳（变种）（辽宁植物志，东北植物检索表）

Salix taraikensis var. *oblanceolata* C. Wang et C. F. Fang in Bull. Bot. Res. 4(1): 126. tab. 11. 1984; 辽宁植物志（上册）: 224. 1988; 东北植物检索表（第二版）: 90. 1995.

生林中。产辽宁省沈阳（模式标本采自东陵）等地。

（24）密齿柳（内蒙古植物志，中国植物志，Flora of China）；陇山柳（秦岭植物志）

Salix characta Schneid. in Sarg. Pl. Wils. 3: 125. 1916; 中国植物志20(2): 320. 图版22: 1～3. 1984; 内蒙古植物志（第二版）2: 49. 图版22: 1～3. 1990; Fl. China 4: 254. 1999.

生山坡及山谷中。产内蒙古自治区宁城等地。

■ 密齿柳

植株一部分

叶正反面对比

（25）毛枝柳（辽宁植物志，黑龙江省植物志，东北植物检索表，中国植物志，Flora of China）

Salix dasyclados Wimm. in Flora 32: 35. 1849; 中国植物志20(2): 324. 图版87: 10～12. 1984; 辽宁植物志（上册）: 225. 图版87: 1～2. 1988; 黑龙江省植物志4: 71. 图版16: 6～8. 1992; 东北植物检索表（第二版）: 92. 图版36: 4. 1995; Fl. China 4: 255. 1999.

■ 毛枝柳

小枝一部分

小枝

叶背面观

多生水边湿地。产黑龙江省尚志、伊春等地；吉林省安图、临江等地；辽宁省桓仁、凤城、丹东等地。

枝条可编筐，又为护岸树种。

（26）蒿柳（辽宁植物志，黑龙江省植物志，内蒙古植物志，东北植物检索表，中国植物志，Flora of China）

Salix schwerinii E. L. Wolf in Mitt. Deutsch. Dendrol. Ges. 407. 1929; 东北植物检索表（第二版）: 90. 图版36: 1. 1995; Fl. China 4: 256. 1999.——*S. viminalis* auct. non L. : 中国植物志20(2): 327. 图版96: 1 ~ 5. 1984; 辽宁植物志（上册）: 229. 图版88: 1 ~ 5. 1988; 内蒙古植物志（第二版）2: 65. 图版23: 1 ~ 5. 1990; 黑龙江省植物志4: 104. 图版25: 5 ~ 10. 1992.

生溪流旁、河边、林缘水湿地。产黑龙江省哈尔滨、富锦、五大连池、方正、虎林、饶河、尚志、伊春、黑河、密山、萝北、宝清、呼玛等地；吉林省安图、抚松、长白、蛟河、双辽、扶余、珲春、通化、集安、敦化、临江、桦甸等地；辽宁省西丰、桓仁、新宾、沈阳、抚顺、鞍山、海城、盖州、普兰店、大连、本溪、宽甸、凤城、丹东、东港、岫岩、庄河等地；内蒙古自治区额尔古纳、根河、牙克石、鄂伦春、科尔沁右翼前旗、喀喇沁旗、宁城、宝格达山等地。

可作为护岸树种。枝条可供编筐，叶可饲蚕。

■ 蒿柳

叶背面观

雌花序

小枝

植株一部分

（27）带岭柳（黑龙江省植物志）

Salix dailingensis Y. L. Chou et C. Y. King, 植物分类学报12(1): 9 ~ 10. 图版3. 1974; 黑龙江省植物志4: 71. 图15: 4 ~ 6. 1992.

生海拔500米以下沟谷、低湿地段至雨季积水地。模式标本采自黑龙江省小兴安岭之带岭，为黑龙江省特有种。

（28）卷边柳（辽宁植物志，黑龙江省植物志，内蒙古植物志，东北植物检索表，中国植物志，Flora of China）

Salix siuzevii Seemen in Fedde, Rep. Sp. Nov. 5: 17. 1908; 中国植物志20(2): 320. 图版92: 6 ~ 9. 1984; 辽宁植物志（上册）: 227. 图版87: 7 ~ 10. 1988; 内蒙古植物志（第二版）2: 62. 1990; 黑龙江省植物志4: 98. 图版23: 5 ~ 9. 1992; 东北植物检索表（第二版）: 90. 图版36: 2. 1995; Fl. China 4: 255. 1999.

生河边、沟塘或山坡上。产黑龙江省尚志、饶河、哈尔滨、黑河、密山、萝北、宝清、伊春、呼玛、绥芬河等地；吉林省安图、抚松、蛟河、和龙、长白、通化、集安、临江、汪清、敦化等地；辽宁省沈阳、本溪、海城、盖州、庄河等地；内蒙古自治区额尔古纳、扎兰屯、鄂伦春、科尔沁右翼前旗、宝格达山等地。

枝条供编织；为早春蜜源植物；又为护岸树种。

■ 卷边柳

叶

植株

雌花序

雌花序一部分

（29）龙江柳（辽宁植物志，黑龙江省植物志，东北植物检索表，中国植物志，Flora of China）

Salix sachalinensis Fr. Schm. in Mem. Acad. Sci. St. Petersb. ser. 7 (12): 173. 1868; 中国植物志20(2): 326. 1984; 辽宁植物志（上册）: 227. 图版87: 3 ~ 6. 1988; 黑龙江省植物志4: 96. 图23. 1992; 东北植物检索表（第二版）: 92. 图版36: 3. 1995; Fl. China 4: 256. 1999.

沿河生长。产黑龙江省呼玛、黑河、爱辉、逊克、伊春、尚志等地；吉林省安图等地；辽宁省桓仁、本溪等地。

枝条可编筐；又可为护岸的树种。

■ 龙江柳

植株一部分

叶背面观

当年枝

（30）细柱柳（辽宁植物志，黑龙江省植物志，东北植物检索表，中国植物志，Flora of China）

Salix gracilistyla Miq. in Ann. Mus. Bot. Lugd. ~ Bat. 3: 26. 1867; 中国植物志20(2): 342. 图版101: 1 ~ 5. 1984; 辽宁植物志（上册）: 230. 图版89: 1 ~ 5. 1988; 黑龙江省植物志4: 74. 图版17: 1 ~ 5. 1992; 东北植物检索表（第二版）: 92. 图版39: 1. 1995; Fl. China 4: 261. 1999.

生山区溪流旁。产黑龙江省尚志、饶河、萝北、宝清、伊春、海林、哈尔滨、穆棱、密山、黑河、孙吴、依兰等地；吉林省珲春、安图、和龙、敦化、临江、舒兰、抚松、靖宇、通化、集安等地；辽宁省宽甸、桓仁、新宾、丹东、凤城、本溪、东港、沈阳、新民、鞍山、盖州、庄河、瓦房店、普兰店、大连等地；内蒙古自治区海拉尔、额尔古纳等地。

可作护堤、观赏、编织等用。

■ 细柱柳

叶

植株

雄花序

雄花枝

（31）小穗柳（内蒙古植物志，东北木本植物图志，东北植物检索表，中国植物志，Flora of China）

Salix microstachya Turcz. apud Trautv. in Mem. Pres. Acad. Petersb. Div. Sav. 3: 628. 1837; 东北木本植物图志: 178. 图版59: 83, 图版60: 上1 ~ 9. 1955; 中国植物志20(2): 355. 1984; 内蒙古植物志（第二版）2: 71. 图版27: 5 ~ 6. 1990; 东北植物检索表（第二版）: 91. 1995; Fl. China 4: 265. 1999.

（31a）小穗柳（原变种）

Salix microstachya var. *microstachya*

生沙漠地区的河边或沙丘间低地。产内蒙古自治区海拉尔、新巴尔虎右旗、巴林右旗、克什克腾旗等地。

（31b）小红柳（变种）（辽宁植物志，内蒙古植物志，东北植物检索表，中国植物志，Flora of China）

Salix microstachya var. *bordensis* (Nakai) C. F. Fang, 中国植物志20(2): 355. 1984; 辽宁植物志（上册）: 232. 图版91: 5 ~ 9. 1988; 内蒙古植物志（第二版）2: 73. 1990; 东北植物检索表（第二版）: 92. 图版37: 1. 1995; Fl. China 4: 265. 1999.—— *S. microstachya* auct. non Turcz. apud Trautv. : 东北木本植物图志: 178. 1955.

生固定沙丘间湿地或河边低湿地。产吉林省扶余、通榆等地；辽宁省彰武等地；内蒙古自治区海拉尔、奈曼旗、科尔沁右翼中旗、翁牛特旗、巴林右旗、科尔沁左翼后旗、克什克腾旗、通辽、新巴尔虎左旗、阿鲁科尔沁旗等地。

可固沙，枝条细软，耐弯曲，不易断折，可供编筐等用。根皮有清热消肿、祛风、顺气作用，用于黄疸、牙痛、急性腰扭伤。

■ 小红柳

叶背面观

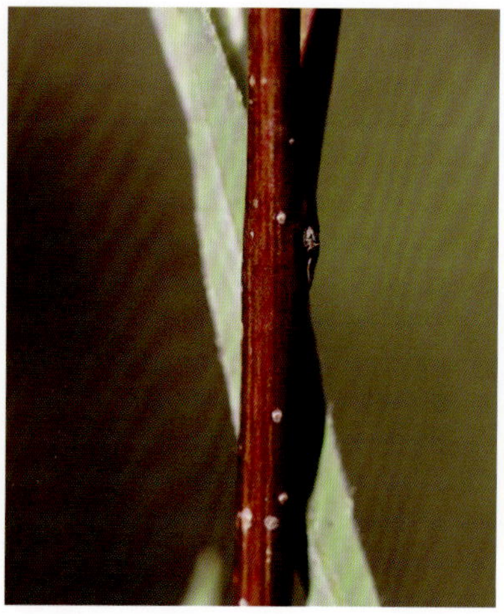

小枝

叶正面观

居群

植株一部分

果序

（32）乌柳（内蒙古植物志，中国植物志，Flora of China）；筐柳（中国树木分类学）

Salix cheilophila Schneid. in Sarg. Pl. Wils. 3: 69, 1916; 中国树木分类学, 130. 1937; 中国植物志20(2): 353. 图版105: 1 ~ 4. 1984; 内蒙古植物志（第二版）2: 71. 图版27: 1 ~ 4. 1990; Fl. China 4: 264. 1999.

生河流、溪沟两岸及沙丘间低湿地。产内蒙古自治区克什克腾旗等地。

（33）细叶沼柳（黑龙江省植物志，内蒙古植物志，东北植物检索表，中国植物志，Flora of China）

Salix rosmarinifolia L., Sp. Pl. 1020. 1753; 中国植物志20(2): 330. 1984; 内蒙古植物志（第二版）2: 67. 图版24: 4 ~ 6. 1990; 黑龙江省植物志4: 94. 图版22: 1 ~ 5. 1992; 东北植物检索表（第二版）: 92. 图版33: 6. 1995; Fl. China 4: 257. 1999.

（33a）细叶沼柳（原变种）

Salix rosmarinifolia var. *rosmarinifolia*

生有积水的沟塘附近、较湿润的灌丛和草甸。产黑龙江省密山、虎林、伊春、呼玛等地；吉林省和龙、安图等地；辽宁省桓仁等地；内蒙古自治区海拉尔、牙克石、鄂伦春、科尔沁右翼前旗，通辽、宁城、宝格达山等地。

为固沙树种。叶可为饲料；枝可编筐；树皮含单宁8.92%。

■ 细叶沼柳

叶背面观

雌花序

小枝

（33b）东北细叶沼柳（变种）（东北木本植物图志，黑龙江省植物志，东北植物检索表，中国植物志，Flora of China）

Salix rosmarinifolia var. *tunbeiana* Y. L. Chou et Skv., 东北木本植物图志161, 556. 图版46: 2, 7. 1955; 中国植物志20(2): 333. 1984; 黑龙江省植物志4: 96. 1992; 东北植物检索表（第二版）: 92. 1995; Fl. China 4: 257. 1999.

生海拔500米以下的沼泽地。产黑龙江省伊春（模式标本采集地）等地。

（33c）沼柳（变种）（黑龙江省植物志，内蒙古植物志，东北植物检索表，中国植物志，Flora of China）

Salix rosmarinifolia var. *brachypoda* (Trautv et Mey.) Y. L. Chou, 中国高等植物图鉴补编1: 53. 图8410. 1982; 中国植物志20(2): 331. 图版97. 1984; 内蒙古植物志（第二版）2: 67. 图版24: 1～3. 1990; 黑龙江省植物志4: 96. 1992; 东北植物检索表（第二版）: 92. 图版33: 5. 1995; Fl. China 4: 257. 1999.

生沼泽地。产黑龙江省伊春、黑河、呼玛、嫩江等地；吉林省和龙、安图、抚松等地；内蒙古自治区根河、牙克石、扎兰屯、科尔沁右翼前旗、通辽、宁城、宝格达山等地。

（34）黄柳（辽宁植物志，内蒙古植物志，东北植物检索表，中国植物志，Flora of China）

Salix gordejevii Y. L. Chang et Skv. in Ill. Man. Woody Pl. N. ～E. Prov. 553. pl. 62, f. 87, pl. 63, f. 1–10. 1955; 中国植物志20(2): 380. 图版112. 1984; 辽宁植物志（上册）: 236. 图版91: 1～4. 1988; 内蒙古植物志（第二版）2: 69. 图版25: 5～8. 1990; 东北植物检索表（第二版）: 96. 图版38: 5. 1995; Fl. China 4: 274. 1999.

生流动沙丘上。产吉林省扶余等地；辽宁省彰武、新民、台安等地；内蒙古自治区海拉尔西山、牙

■ 黄柳

雌花序

居群

植株一部分

克石、新巴尔虎左旗、新巴尔虎右旗、科尔沁右翼前旗、大青沟、克什克腾旗等地。模式标本采自辽宁省彰武县章古台（雌株）和内蒙古东部呼伦池附近（雄株）。

极佳的固沙树种。

（35）粉枝柳（辽宁植物志，黑龙江省植物志，内蒙古植物志，东北植物检索表，中国植物志，Flora of China）

Salix rorida Laksch. in Sched. Herb. Fl. Ross. 7: 131. 1911; 中国植物志20(2): 312. 图版90: 1 ~ 3. 1984; 辽宁植物志（上册）: 224. 图版86: 7 ~ 9. 1988; 内蒙古植物志（第二版）2: 61. 图版17: 4 ~ 7. 1990; 黑龙江省植物志4: 91. 图版21: 1 ~ 5. 1992; 东北植物检索表（第二版）: 96. 图版39: 2. 1995; Fl. China 4: 252. 1999.

（35a）粉枝柳（原变种）

Salix rorida var. *rorida*

生林区山地及溪流旁。产黑龙江省哈尔滨、尚志、汤原、饶河、伊春、穆棱、嫩江、黑河、宝清、宁安、呼玛等地；吉林省靖宇、安图、临江、抚松、蛟河、汪清、珲春、集安、长白等地；辽宁省西丰、凤城、本溪、沈阳、盖州、大连等地；内蒙古自治区额尔古纳、根河、鄂伦春、科尔沁右翼前旗、宝格达山等地。

木材质轻，供建筑、器具等用。细枝可编土筐。花序繁茂，为早春蜜源树。

■ 粉枝柳

雄花序

植株

小枝

雄花枝

（35b）伪粉枝柳（变种）（辽宁植物志，黑龙江省植物志，东北植物检索表，中国植物志，Flora of China）

Salix rorida var. *roridaeformis* (Nakai) Ohwi in Fl. Jap. 405. 1956; 中国植物志20(2): 313. 1984; 辽宁植物志（上册）: 225. 1988; 黑龙江省植物志4: 92. 1992; 东北植物检索表（第二版）: 96. 1995; Fl. China 4: 252. 1999.

生林区低海拔山地林缘或疏灌丛中。产黑龙江省小兴安岭、完达山脉、张广才岭等山区；吉林省安图、临江、集安等地；辽宁省凤城、沈阳等地。

（36）司氏柳（辽宁植物志，黑龙江省植物志，东北植物检索表，中国植物志，Flora of China）

Salix skvortzovii Y. L. Chang et Y. L. Chou, 小兴安岭木本植物86. 图版19: 4. 1955; 中国植物志20(2): 313.

图版90: 4 ~ 8. 1984; 辽宁植物志（上册）: 225. 图版86: 1 ~ 6. 1988; 黑龙江省植物志4: 99. 图版23: 1 ~ 4. 1992; 东北植物检索表（第二版）: 96. 图版39: 3. 1995; Fl. China 4: 252. 1999.

生林缘较湿处或河边。产黑龙江尚志、虎林、哈尔滨、方正带岭（模式标本采集地）等地；吉林省安图、和龙、临江、集安等地。辽宁省新民、沈阳、盖州等地有栽培。

枝条可供编织；蜜源植物。

■ 司氏柳

雄花序

植株一部分

植株

（37）江界柳（辽宁植物志，黑龙江省植物志，东北植物检索表，中国植物志，Flora of China）

Salix kangensis Nakai in Tokyo Bot. Mag. 30: 275. 1916; 中国植物志20(2): 315. 1984; 辽宁植物志（上册）: 224. 1988; 黑龙江省植物志4: 77. 图版18: 1 ~ 3. 1992; 东北植物检索表（第二版）: 96. 图版39: 4. 1995; Fl. China 4: 252. 1999.

（37a）江界柳（原变种）

Salix kangensis var. *kangensis*

生林区内低海拔河岸或溪流边。产黑龙江省宁安及东宁山地等地；吉林省长白等地；辽宁省东港等地。

（37b）光果江界柳（变种）（辽宁植物志，东北植物检索表，中国植物志，Flora of China）

Salix kangensis var. *leiocarpa* Kitag. in Rep. Inst. Sci. Res. Manch. 1: 263. 1937; 中国植物志20(2): 315. 1984; 辽宁植物志（上册）: 224. 1988; 东北植物检索表（第二版）: 96. 1995; Fl. China 4: 253. 1999.

生河边。产辽宁省凤城等地。

（38）杞柳（辽宁植物志，黑龙江省植物志，内蒙古植物志，东北植物检索表，中国植物志，Flora of China）

Salix integra Thunb. in Fl. Jap. 24. 1784; 中国植物志20(2): 347. 1984; 辽宁植物志（上册）: 231. 图版89: 6 ~ 9. 1988; 内蒙古植物志（第二版）2: 69. 图版26: 1 ~ 2. 1990; 黑龙江省植物志4: 77. 图版18: 9 ~ 13. 1992; 东北植物检索表（第二版）: 96. 图版37: 2. 1995; Fl. China 4: 262. 1999.

生山地、河边及水甸子。产黑龙江省哈尔滨、嫩江、宝清、宁安、尚志、依兰、汤原、伊春、呼玛等地；吉林省蛟河、安图、临江、通化、集安等地；辽宁省西丰、新宾、桓仁、宽甸、本溪、沈阳、抚顺、新民、北镇、阜新、丹东、东港、岫岩、盖州、庄河、大连等地；内蒙古自治区大青沟等地。

重要的护岸树、风景林。茎可作编筐材料。

■ 杞柳

雄花序

雄花枝

叶背面观

叶正面观

（39）沙杞柳（内蒙古植物志，东北木本植物图志，东北植物检索表，中国植物志，Flora of China）；砂杞柳（东北植物分布图集）

Salix kochiana Trautv. in Mem. Acad. Sci. St. Petersb. Par. Div. Sav. 3: 632. 1837; 东北木本植物图志, 174. 图版57: 1.; 59: 80. 1955; 中国植物志20(2): 347. 图版102: 1 ~ 2. 1984; 内蒙古植物志（第二版）2: 69. 图版26: 3 ~ 4. 1990; 东北植物检索表（第二版）: 96. 图版37: 3. 1995; Fl. China 4: 262. 1999.

生沙丘低湿地及林区灌丛沼泽。产内蒙古自治区海拉尔、牙克石、克什克腾旗、巴林右旗等地。

■ 沙杞柳

植株一部分

果枝

当年枝

（40）尖叶紫柳（辽宁植物志，东北植物检索表，中国植物志，Flora of China）

Salix koriyanagi Kimura ex Goerz in Salic. Asiat. 1: 17. 1831; 中国植物志20(2): 370. 1984; 辽宁植物志（上册）: 232. 图版89: 10 ~ 11. 1988; 东北植物检索表（第二版）: 92. 图版37: 4. 1995; Fl. China 4: 271. 1999.

生山坡湿地及河边。产吉林省临江、安图、蛟河、通化、集安等地；辽宁省桓仁、新宾、宽甸、沈阳、北镇、盖州、庄河、大连等地；内蒙古自治区牙克石等地。

河滩固沙树种。

（41）筐柳（辽宁植物志，内蒙古植物志，东北植物检索表，中国植物志，Flora of China）；蒙古柳（黑龙江省植物志）

Salix linearistipularis (Franch.) Hao in Fedde，Rep. Beih. 93: 102. 1936; 中国植物志20(2): 374. 图版109: 6 ~ 8. 1984; 辽宁植物志（上册）: 234. 图版90: 6 ~ 8. 1988; 内蒙古植物志（第二版）2: 73. 图版25: 1 ~ 4. 1990; 东北植物检索表（第二版）: 92. 图版38: 1. 1995; Fl. China 4: 272. 1999.——*Salix mongolica* Siuzew in Trudy Bot. Muz. Imp. Akad. Nauk 9: 90 1912; 黑龙江省植物志4: 84. 图20: 1 ~ 5. 1992.

生山地、河流、水泡岸边及草原地带的低丘间低地。产黑龙江省西部草原地区及东部山区；吉林省吉林、延吉等地；辽宁省北票、沈阳、盖州、东港、大连等地；内蒙古自治区扎兰屯、科尔沁右翼前旗、科尔沁左翼后旗、翁牛特旗、多伦等地。

枝条细柔，可供编织。适应性强，可作固沙、护堤及能源树种。树皮、枝有消肿、收敛作用。

■ 筐柳

小枝

叶正面观

叶背面观

（42）松江柳（黑龙江省植物志，东北植物检索表，中国植物志，Flora of China）

Salix sungkianica Y. L. Chou et Skv. in Liou et al., Ill. Man. Woody Pl. N.–E. China. 552. 1955; 中国植物志20(2): 375. 1984; 黑龙江省植物志4: 101. 图版24: 1 ~ 5. 1992; 东北植物检索表（第二版）: 92. 图版38: 2. 1995; Fl. China 4: 273. 1999.——*S. sungkianica* f. *brevistachys* Y. L. Chou et Tung, 东北植物检索表（第二版）: 92. 1995.

（42a）松江柳（原变型）

Salix sungkianica f. *sungkianica*

生江岸湿沙地。产黑龙江省哈尔滨（模式标本采集地）、尚志、望奎、伊春等地。

（42b）短序松江柳（变型）（黑龙江省植物志）

Salix sungkianica f. *brevistachys* Y. L. Chou et Tung in Bull. Bot. Res. 6(3): 134. 1986; 黑龙江省植物志4: 101. 1992.

生草甸或沼泽草甸。产黑龙江省拜泉（模式标本采集地）、富裕、克山（嫩江流域）等地。

（43）细枝柳（辽宁植物志，东北植物检索表，中国植物志，Flora of China）；狭叶蒙古柳（东北木本植物图志，黑龙江省植物志）

Salix gracilior (Siuz.) Nakai in Rep. Exped. Manchoukuo Sect. Ⅳ 4(4): 7. 1936; 中国植物志20(2): 369. 图版109: 1 ~ 5. 1984; 辽宁植物志（上册）: 234. 图版90: 1 ~ 5. 1988; 东北植物检索表（第二版）: 96. 图版38: 3. 1995; Fl. China 4: 271. 1999.——*Salix mongolica* (Franchet) Siuzev f. *gracilior* Siuzev, Trudy Bot. Muz. Imp. Akad. Nauk 9: 90. 1912; 东北木本植物图志, 180. 1955; 黑龙江省植物志4: 85. 1992.

生河边、沟渠边、沙区低湿地。产黑龙江省哈尔滨、伊春、富锦、富裕、大庆、杜尔伯特旗、宝清、密山、黑河等地；吉林省德惠、双辽、前郭、安图、长春、临江、通化、镇赉、延吉等地；辽宁省彰武、凌源、北镇、新民、抚顺、西丰、桓仁、新宾、鞍山、台安、海城、岫岩、盖州、庄河、普兰店、大连等地；内蒙古自治区扎兰屯、海拉尔、额尔古纳、满洲里、牙克石、新巴尔虎右旗、鄂伦春、科尔沁右翼前旗、扎鲁特旗、翁牛特旗等地。

用作固岸、固沙造林树种；枝条供编织。

■ 细枝柳

叶正面观

叶背面观

小枝

（44）白河柳（黑龙江省植物志，东北植物检索表，中国植物志，Flora of China）

Salix yanbianica C. F. Fang et Ch. Y. Yang, 东北林学院植物研究室汇刊9: 103. 1980; 中国植物志20(2): 370. 1984; 东北植物检索表（第二版）: 96. 图版37: 5. 1995; Fl. China 4: 271. 1999.——*Salix mongolica* var. *yanbianica* (C. F. Fang et Ch. Y. Yang) Y. L. Chou, 黑龙江树木志151. 1986; 黑龙江省植物志4: 84. 1992.

生河流附近空旷地。产黑龙江省爱辉、尚志、牡丹江、哈尔滨等地；吉林省安图县二道白河（模式标本采自长白山）、临江、通化、集安等地。

（45）东沟柳（辽宁植物志，东北植物检索表，Flora of China）

■ 东沟柳

雌花序

雄花枝

植株

雄花序

Salix donggouxianica C. F. Fang in Bull. Bot. Res. 4(1): 124. Tab. 1 ~ 10. 1984; 辽宁植物志（上册）: 232. 1988; 东北植物检索表（第二版）: 96. 图版38: 4. 1995; Fl. China 4: 272. 1999.

生河滩沙地上。产辽宁省东港（模式标本采集地）。

枝条可供编织和柴薪用，并可固定沙滩。

3 杨属 *Populus* L.

Populus L., Sp. Pl. 1034. 1753.

乔木。树干多端直，总状分枝，树皮多灰白色；芽鳞多数，常有黏脂，枝有长、短枝之分。叶互生，边缘多有齿。葇荑花序下垂，花常先于叶开放，风媒花；苞片棕色，先端尖裂或条裂，膜质，早落；花盘斜杯状；雄蕊4至多数，着生于花盘内，花药暗红色，花丝短，离生；花柱短，柱头2 ~ 4裂。蒴果2 ~ 4裂，种子小，多数；子叶椭圆形。

本属全世界100多种，广泛分布于欧洲、亚洲、北美洲，一般在北纬30° ~ 72° 范围，垂直分布多在海拔3000米以下。中国有71种，其中本土分布有47种。东北地区产23种9变种7变型，其中栽培14种3变种5变型。

分种检索表

1. 叶缘分裂或有波形锯状齿。
  2. 叶背面密被茸毛，在长枝与萌枝的叶中更明显，成熟的短枝叶有或无毛。
    3. 叶缘不分裂而具波状齿 …………………………………………………………… 1. 毛白杨 P. tomentosa Carr.
    3. 叶3 ~ 5（ ~ 7）裂（2. 银白杨 P. alba L.）。
      4. 叶的侧裂片不对称；树皮灰白色；枝条斜展；树冠宽大 ……………………… 2a. 银白杨 P. alba var. alba
      4. 叶的侧裂片对称；树皮灰绿色；枝直立；树冠圆柱形 ………… 2b. 新疆杨 P. alba var. pyramidalis Bunge
  2. 叶背面无毛，或长枝叶和萌枝叶背面有毛。
    5. 叶卵形，稀近圆形，边缘有深波状粗齿，齿端常内弯，短枝叶幼时背面被茸毛
    ………………………………………………………………………………… 3. 河北杨 P. hopeiensis Hu et Chow
    5. 叶三角状圆形或圆形，边缘有浅波状齿，短枝叶幼时无毛（4. 山杨 P. davidiana Dode）。
      6. 小枝不下垂。
        7. 叶三角状卵圆形或近圆形，基部圆形、截形或浅心形 ………………… 4a. 山杨 P. davidiana f. davidiana
        7. 叶卵圆形、广菱状圆形，基部广楔形 …………………… 4b. 楔叶山杨 P. davidiana f. iaticuneata Nakai
      6. 小枝下垂 ……………………………………… 4c. 垂枝山杨 P. davidiana f. pendula (Sky.) C. Wang et Tung
1. 叶缘有锯状齿或叶全缘。
  8. 叶缘有半透明的狭边（小钻杨有时不明显），叶背面淡绿色，叶柄侧扁或近上部侧扁（中东杨与小黑杨例外）。
    9. 叶柄圆柱形或中上部侧扁；叶卵形、菱状卵形或菱状椭圆形，先端长渐尖或尾状尖。
      10. 小枝圆柱形，微有棱；短枝叶卵形，边缘具锯状齿；苗期放叶时叶腋内有白色乳液
      ………………………………………………………………………… 5. 北京杨 P. × beijingensis W. Y. Hsu
      10. 小棱明显具棱；短枝叶菱状卵形，稀卵形，边缘具圆锯状齿；苗期放叶时叶腋内含黄色乳液。
        11. 叶柄扁或先端侧扁或先端微扁；叶先端短渐尖、长渐尖、突尖或长尾状（6. 小黑杨 P. × xiaohei T. S. Hwang et Liang）。
          12. 长枝叶基部微心形或广楔形，短枝叶基部楔形或阔楔形；叶柄扁或仅先端侧扁

（接上表）

……………………………………………………………………6a. **小黑杨** ***P.* × *xiaohei* var. *xiaohei***

12. 长枝叶基部广楔形至圆形，短枝叶基部楔形至广楔形；叶柄圆柱形但先端微扁 ……………………………6b. **小钻杨** ***P.* × *xiaohei* var. *xiaozhuanica*** (W. Y. Hsu & Y. Liang) C.Shang

11. 叶柄圆形；叶先端长渐尖，基部圆形或广楔形 ………………………7. **中东杨** ***P.* × *berolinensis*** Dipp.

9. 叶柄侧扁；叶三角形、三角状卵形或菱状卵圆形，先端短渐尖。

13. 短枝叶三角形，边缘有极细短的缘毛；蒴果2～3瓣裂 …………………… 8. **加杨** ***P. canadensis*** Moench

13. 短枝叶菱状卵圆形或菱状三角形和菱形，边缘无毛；蒴果2瓣裂（9. **黑杨** ***P. nigra*** L.）。

14. 长短枝叶同型，叶柄与叶片近等长；雌花序长10厘米。

15. 树冠阔椭圆形；树皮暗灰色，老时沟裂；叶在长短枝上同形，菱形、菱状卵圆形或三角形 ……………………………………………………………………… 9a. **黑杨** ***P. nigra* var. *nigra***

15. 树冠比钻天杨狭窄；树皮灰白色，光滑；长枝叶三角形，长宽近相等 ……………………………………………………… 9b. **箭杆杨** ***P. nigra* var. *thevestina*** (Dode) Bean

14. 长短枝叶异型，叶柄较叶片短1/3～1/2；雌花序长于10厘米 ……………………………………………………… 9c. **钻天杨** ***P. nigra* var. *italica*** (Moench) Koehne

8. 叶缘无半透明的边缘，叶背面蓝绿色、淡黄绿色或苍白色，叶柄圆柱形（胡杨除外）。

16. 叶背面蓝绿色，萌枝与长枝叶全缘；花盘膜质…………………………………… 10. **胡杨** ***P. euphratica*** Oliv.

16. 叶背面苍白色，萌枝与长枝叶有锯状齿；花盘不为膜质。

17. 叶最宽处在中下部。

18. 果有毛 …………………………………………………………… 11. **黑龙江杨** ***P. amurensis*** Kom.

18. 果无毛。

19. 短枝叶基部楔形。

20. 叶缘仅上半部具疏钝齿；雄蕊3～10；花序轴和果穗轴均有毛；蒴果2瓣裂 ………………………………………………………12. **科尔沁杨** ***P. keerqinensis*** T. Y. Sun

20. 叶缘中部及其以下具齿；雄蕊20～30；花序轴和果穗轴无毛；蒴果2～3瓣裂 ………………………………………………………………13. **小青杨** ***P. pseudo-simonii*** Kitag.

19. 短枝叶基部圆形或近心形（楔叶东北杨除外）。

21. 叶两面的叶脉均隆起，背面更明显，常有3～5（～7）条脉 ……………………………………………………………… 14. **青杨** ***P. cathayana*** Rehd.

21. 叶仅背面的叶脉隆起或不隆起。

22. 叶柄无毛；叶多圆状心形 ………………… 15. **兴安杨** ***P. hsinganica*** C. Wang et Skv.

22. 叶柄有毛。

23. 叶卵圆形至卵状披针形，长4～6.5（～7）厘米，宽1.5～2.3厘米，基部近心形；叶柄和果序轴被密毛 ……………………………………16. **玉泉杨** ***P. nakaii*** Skv.

23. 叶广卵形至长卵形，长6.5～9厘米，宽2.8～6厘米；叶柄微有短柔毛，果序轴无毛（17. **东北杨** ***P. girinensis*** Skv.）。

24. 叶基部近心形；芽微有短柔毛 …… 17a. **东北杨** ***P. girinensis* var. *girinensis***

24. 叶基部楔形；芽无毛 … 17b. **楔叶东北杨** ***P. girinensis* var. *ivaschkevitchii*** Skv.

17. 叶最宽处在中部或中上部。

25. 短枝叶基部圆形、心形或圆楔形，叶较宽。

（接上表）

26. 短枝叶圆形，稀卵圆形或卵形，长宽近相等；蒴果2瓣裂（**18. 哈青杨 P. charbinensis** C. Wang et Skv.）。
27. 树皮灰绿色，光滑，老树有沟裂；短枝、成熟叶柄上面无短柔毛 ……………………………………………… **18a. 哈青杨 P. charbinensis** var. **charbinensis**
27. 树干基部皮厚，分裂深；短枝、成熟叶柄上面均有短柔毛 …………………………**18b. 厚皮哈青杨 P. charbinensis** var. **pachydermis** C. Wang et Tung
26. 短枝叶不为圆形；蒴果不为2瓣裂。
28. 小枝无毛；叶表面有皱纹（背面白色或稍呈粉红色）；蒴果2～4瓣裂 …………………………………………………………………… **19. 香杨 P. koreana** Rehd.
28. 小枝具毛或微有毛；叶表面无皱纹。
29. 小枝微有毛；蒴果3瓣裂 ……………………………… **20. 甜杨 P. suaveolens** Fisch.
29. 小枝密被短柔毛；蒴果3～4瓣裂。
30. 小枝有棱；叶干后背面常变黑色；果序轴被毛 ………………………………………………………… **21. 大青杨 P. ussuriensis** Kom.
30. 小枝圆柱形；叶干后背面常为赤褐色；果序轴无毛 ……………………………………………… **22. 辽杨 P. maximowiczii** A. Henry
23. 短枝叶基部楔形或广楔形，叶较窄（**23. 小叶杨 P. simonii** Carr.）。
31. 叶两面光滑无毛。
32. 叶倒卵形菱状卵形至菱状椭圆形，纸质（**23a. 小叶杨 P. simonii** var. **simonii**）。
33. 小枝不下垂。
34. 长枝叶与短枝叶中部以上最宽。
35. 树冠伞状圆形。
36. 种子具白色长 …………………… **23aa. 小叶杨 P. simonii** f. **simonii**
36. 种子具短毛，成熟时不飞絮 …**23ab. 短毛小叶杨 P. simonii** f. **brachy-ehaeta** P. Yu et C. F. Fang
35. 树冠狭卵形或尖塔形。
37. 树冠呈狭卵形… **23ac. 扎鲁小叶杨 P. simonii** f. **robusta** C. Wang et Tung
37. 树冠尖塔形……… **23ad. 塔形小叶杨 P. simonii** f. **fastigiata** Schneid.
34. 长枝叶与短枝叶中部或中部以下最宽，叶菱形或卵状菱形，树冠卵形 ………**23ae. 菱叶小叶杨 P. simonii** f. **rhombifolia** (Kitag.) C. Wang et Tung
33. 小枝较细长且下垂 ……………**23af. 垂枝小叶杨 P. simonii** f. **pendula** Schneid.
32. 叶圆形，稀倒卵形，革质 ……………… **23b. 圆叶小叶杨 P. simonii** var. **rotundifolia** S.C. Lu ex C. Wang et Tung
31. 叶上面沿主侧脉有柔毛。
38. 叶柄有稀柔毛；果序轴有短柔毛；蒴果具有短柔毛的短柄 …… **23c. 辽东小叶杨 P. simonii** var. **liaotungensis** (C. Wang et Sky.) C. Wang et Tung
38. 叶柄两端有毛；果序、蒴果均不同上；当年生枝有毛 ……………………………… **23d. 宽叶小叶杨 P. simonii** var. **latifolia** C. W. ang et Tung

（1）毛白杨（辽宁植物志，东北植物检索表，中国植物志，Flora of China）

Populus tomentosa Carr. in Rev. Hort. 867: 340. 1867; 中国植物志20(2): 17. 图版3: 1 ~ 6. 1984; 辽宁植物志（上册）: 190. 图版73: 1 ~ 6. 1988; 东北植物检索表（第二版）: 77. 图版28: 3. 1995; Fl. China 4: 146. 1999.

喜生海拔1500米以下的温和平原地区。以黄河流域中下游为中心分布区。辽宁省丹东、盖州、大连等地有栽培。

木材白色，质地松软，纹理匀细，供建筑、家具、造纸、火柴杆、胶合板、人造纤维及雕刻等用，也可作防护林、观赏树及行道树。树皮有清热利湿、止咳化痰作用。

■ 毛白杨

叶

树干

（2）银白杨（辽宁植物志，黑龙江省植物志，内蒙古植物志，东北植物检索表，中国植物志，Flora of China）

Populus alba L., Sp. Pl. 1034. 1753; 中国植物志20(2): 7. 图版1: 1 ~ 4. 1984; 辽宁植物志（上册）: 187. 图版71: 1 ~ 4. 1988; 内蒙古植物志（第二版）2: 15. 图版2: 4 ~ 5. 1990; 黑龙江省植物志4: 16. 图版4: 1 ~ 3. 1992; 东北植物检索表（第二版）: 77. 图版28: 1. 1995; Fl. China 4: 143. 1999.

（2a）银白杨（原变种）

Populus alba var. *alba*

■ 银白杨

树干

叶正反面对比

中国新疆有野生天然林分布。黑龙江省哈尔滨、肇东等地，辽宁省大连、盖州等地及吉林省、内蒙古自治区的一些地区有栽培。

木材供建筑、造纸、家具、器具、雕刻及火柴杆等用。叶可作饲料。可作庭荫树、行道树、荒山造林树种等。树皮有小毒。树皮、枝用于风湿麻木。花用于泄泻。

（2b）新疆杨（变种）（辽宁植物志，黑龙江省植物志，内蒙古植物志，东北植物检索表，中国植物志，Flora of China）

Populus alba var. *pyramidalis* Bunge in Mem. Div. Sav. Acad. Sci. St. Petersb. 7: 498. 1854; 中国植物志20(2): 9. 图版1: 5 ~ 6. 1984; 辽宁植物志（上册）: 187. 图版71: 5 ~ 6. 1988; 内蒙古植物志（第二版）2: 17. 1990; 黑龙江省植物志4: 17. 图版4: 4 ~ 5. 1992; 东北植物检索表（第二版）: 77. 图版28: 2. 1995; Fl. China 4: 143. 1999.

中国北方各省区常栽培，以新疆为普遍。黑龙江省哈尔滨，辽宁省大连、盖州、鞍山、彰武等地及吉林省、内蒙古自治区也有栽培。

为优良的风景树、行道树及绿化树种，但耐寒性不如银白杨。

■ 新疆杨

叶背面观

萌枝叶

树干

叶正面观

植株

（3）河北杨（内蒙古植物志，东北植物检索表，中国植物志，Flora of China）

Populus × *hopeiensis* Hu et Chow in Bull. Fan Mem. Inst. Biol. 5 (6): 305. 1934; 中国植物志20(2): 14. 图版2: 4 ~ 5. 1984; 内蒙古植物志（第二版）2: 17. 图版3: 6 ~ 8. 1990; 东北植物检索表（第二版）: 79. 图版28: 5. 1995; Fl. China 4: 144. 1999.

生海拔700 ~ 1600米的河流两岸、沟谷阴坡及冲积阶地上。产华北、西北各省区。东北地区有栽培。

材质轻软致密，韧而富于弹性，可供建筑、农具、箱板等用，做蒸笼材更为合适。水土保持或用材林造林树种。也为庭院、行道优良树种。

■ 河北杨

叶背面观

顶芽

树干

叶正面观

小枝

植株一部分

（4）山杨（辽宁植物志，黑龙江省植物志，内蒙古植物志，东北植物检索表，中国植物志，Flora of China）；晚叶山杨（植物研究）

Populus davidiana Dode in Bull. Soc. Hist. Nat. Autun 18: 189. pl. 11. f. 31. 1905; 中国植物志20(2): 11. 图版2: 1 ~ 3. 1984; 辽宁植物志（上册）: 189. 图版72. 1988; 内蒙古植物志（第二版）2: 19. 图版3: 1 ~ 5. 1990; 黑龙江省植物志4: 32. 图版8: 1 ~ 3. 1992; 东北植物检索表（第二版）: 79. 图版28: 4. 1995; Fl. China 4: 144. 1999.——*Populus davidiana* f. *foliotardus* X. S. Zhang & H. Y. Jiang, 植物研究23(1): 4 ~ 5. 2003.

（4a）山杨（原变型）

Populus davidiana f. *davidiana*

■ 山杨

果枝

叶

树干

果序一部分

生山地阳坡。产东北各地山区。

木材白色，轻软，富弹性，供造纸、火柴杆、车立柱及民房建筑等用；幼枝和叶可为动物饲料。根皮、树皮、枝、叶有清热解毒、祛风、止咳、行瘀凉血、驱虫作用。

（4b）楔叶山杨（变型）（辽宁植物志，东北植物检索表，中国植物志）

Populus davidiana f. *laticuneata* Nakai in Fl. Sylv. Kor. 18: 191. 1930; 中国植物志20(2): 12. 1984; 辽宁植物志（上册）: 190. 1988; 东北植物检索表（第二版）: 79. 1995.

生山坡林中。产黑龙江省哈尔滨、汤原、黑河等地；辽宁省清原等地。

■ 楔叶山杨

植株一部分

叶

（4c）垂枝山杨（变型）（辽宁植物志，东北植物检索表，中国植物志）

Populus davidiana f. *pendula* (Skv.) C. Wang et Tung, 中国植物志20(2): 12. 1984.——*P. davidiana* Dode var. *pendula* Skv. in Not. Trees & Shrubs 339. 1929; 辽宁植物志（上册）: 190. 1988; 东北植物检索表（第二版）: 79. 1995.

栽培种。黑龙江省哈尔滨（模式标本采集地），吉林省长春，辽宁省沈阳、盖州有栽培。

■ 垂枝山杨

叶

植株一部分

（5）北京杨（辽宁植物志，黑龙江省植物志，东北植物检索表，中国植物志，Flora of China）

Populus × *beijingensis* W. Y. Hsu, 植物研究2 (2): 111. 1982; 中国植物志20(2): 67. 图版22: 6. 1984; 辽宁植物志（上册）: 200. 1988; 黑龙江省植物志4: 19. 图版5: 1. 1992; 东北植物检索表（第二版）: 79. 图版29: 4. 1995; Fl. China 4: 160. 1999.

人工杂交种。黑龙江省嫩江平原地区、绥化地区、合江地区、牡丹江地区、松花江地区及哈尔滨，辽宁省沈阳、新民、辽中、台安、鞍山等地均有栽培。吉林省也有栽培。

绿化树种，大树可供建筑用材。

■ 北京杨

果序

树干

叶背面

植株一部分

（6）小黑杨（辽宁植物志，黑龙江省植物志，东北植物检索表，中国植物志，Flora of China）

Populus × *xiaohei* T. S. Hwang et Liang，植物研究2(2): 109. 1982; 中国植物志20(2): 66. 图版22: 4 ~ 5. 1984; 辽宁植物志（上册）: 198. 图版76: 4. 1988; 黑龙江省植物志4: 51. 图版14: 1 ~ 3. 1992; 东北植物检索表（第二版）: 79. 1995; Fl. China 4: 160. 1999.

（6a）小黑杨（原变种）

Populus × *xiaohei* var. *xiaohei*

人工杂交种。黑龙江省平原地区、部分东部山地及辽宁省各地均有栽培。

材质细密，色白，心材不明显；木材供造纸、纤维、火柴杆和民用建筑等用，是东北、华北及西北平原地区绿化树种。

■ 小黑杨

果序一部分

叶背面观

树干

（6b）小钻杨（辽宁植物志，黑龙江省植物志，东北植物检索表，中国植物志，Flora of China）

Populus × *xiaohei* var. *xiaozhuanica* (W. Y. Hsu & Y. Liang) C.Shang, Phytotaxa 253(2): 177. 2016.——*Populus* × *xiaozhuanica* W. Y. Hsu et Liang, 植物研究2(2): 107. 1982; 中国植物志20(2): 62. 图版22: 7. 1984; 辽宁植物志（上册）: 198. 图版76: 5. 1988; 黑龙江省植物志4: 53. 图版14: 4 ~ 6. 1992; 东北植物检索表（第二版）: 81. 图版29: 6. 1995; Fl. China 4: 159. 1999.

是小叶杨P. simonii Carr.与钻天杨P. nigra L. var. italica（Moench.）Koehne的自然杂交种。东北各地常有栽培，模式标本采自赤峰。

耐干旱、耐寒冷、耐盐碱，抗病虫害能力强，材质良好，生长快，适应性强，适于营造用材林或农田防护林，也是四旁绿化的优良树种。

（7）中东杨（辽宁植物志，黑龙江省植物志，内蒙古植物志，东北植物检索表，中国植物志，Flora of China）

Populus × *berolinensis* Dipp. in Mandb. Laubh. Berlin 2: 210. 1892; 中国植物志20(2): 69. 图版22: 1 ~ 2. 1984; 辽宁植物志（上册）: 201. 1988; 内蒙古植物志（第二版）2: 19. 图版4: 6. 1990; 黑龙江省植物志4: 21. 图版6: 1 ~ 4. 1992; 东北植物检索表（第二版）: 79. 图版29: 5. 1995; Fl. China 4: 161. 1999.

是苦杨*P. laurifolia* Ledeb和钻天杨*P. laulifolia* Ledeb. × *P. nigra* L. var. *italica*（Moench.）Koehne的杂交种。黑龙江省平原地区，辽宁省熊岳、大连等地，内蒙古自治区均有栽培。吉林省也有栽培。

适应性强，耐干旱寒冷，生长快，为东北北部及西部干寒地带造林的较好树种。材质软，供建筑、造纸等用。也可作庭园观赏和绿化树种。

■ 中东杨

叶柄

树干

植株一部分

（8）加杨（辽宁植物志，黑龙江省植物志，内蒙古植物志，东北植物检索表，中国植物志，Flora of China）

Populus canadensis Moench. in Verz. Ausl. Baume Weissent. 81. 1785; 中国植物志20(2): 71. 图版22: 3. 1984; 辽宁植物志（上册）: 201. 图版76: 1～3. 1988; 内蒙古植物志（第二版）2: 19. 图版4: 1～3. 1990; 黑龙江省植物志4: 23. 图版6: 5. 1992; 东北植物检索表（第二版）: 79. 图版29: 1. 1995; Fl. China 4: 161. 1999.

原产北美洲东部。东北各地普遍栽培。

木材供箱板、家具、火柴杆和造纸等用；树皮含鞣质，可提制栲胶，也可作黄色染料。也是良好的绿化树种。

■ 加杨

雄花序一部分

树干

叶

果枝

植株一部分

（9）黑杨（黑龙江省植物志，东北植物检索表，中国植物志，Flora of China）

Populus nigra L., Sp. Pl. 1034. 1753; 中国植物志20(2): 63. 图版20: 1～2. 1984; 黑龙江省植物志4: 40. 图版11: 1～2. 1992; 东北植物检索表（第二版）: 79. 1995; Fl. China 4: 159. 1999.

（9a）黑杨（原变种）

Populus nigra var. *nigra*

生河岸、河湾，少在沿岸沙丘。产中国新疆。黑龙江省植物园、辽宁省旅顺口有栽培。

木材供家具和建筑用；皮可提取单宁，并可作黄色染料；芽药用。也是杨树育种的优良亲本之一。

■ 黑杨

树干

叶背面观

叶正面观

小枝

植株一部分

（9b）箭杆杨（变种）（辽宁植物志，黑龙江省植物志，内蒙古植物志，东北植物检索表，中国植物志，Flora of China）

Populus nigra var. *thevestina* (Dode) Bean Not. in Trees & Shrubs 2: 217. 1914; 中国植物志20(2): 64. 图版

■ 箭杆杨

小枝淡黄色

叶柄侧扁

■ 箭杆杨

植株

叶

树干

20: 3～4. 1984; 辽宁植物志（上册）: 200. 1988; 黑龙江省植物志4: 43. 1992; 东北植物检索表（第二版）: 79. 图版29: 3. 1995; 内蒙古植物志（第二版）2: 20. 图版4: 4～5. 1990; Fl. China 4: 160. 1999.

为青杨和小叶杨的杂交种。黑龙江省西部平原地区及吉林省、辽宁省、内蒙古自治区均有栽培。模式标本采自黑龙江省哈尔滨。

（9c）钻天杨（变种）（辽宁植物志，黑龙江省植物志，内蒙古植物志，东北植物检索表，中国植物志，Flora of China）

Populus nigra var. *italica* (Moench.) Koehne in Deut. Dendrol. 81. 1893; 中国植物志20(2): 64. 图版20: 5. 1984; 辽宁植物志（上册）: 199. 1988; 黑龙江省植物志4: 41. 图版11: 3. 1992; 东北植物检索表（第二版）: 79. 图版29: 2. 1995; 内蒙古植物志（第二版）2: 20. 1990; Fl. China 4: 160. 1999.

起源不详，有人认为是黑杨的无性系。黑龙江省哈尔滨及吉林省、辽宁省和内蒙古自治区的部分地区有栽培。

（10）胡杨（黑龙江省植物志，内蒙古植物志，东北植物检索表，中国植物志，Flora of China）

Populus euphratica Oliv. in Voy. Emp. Othoman 3: 449 1807; 中国植物志20(2): 76. 图版23: 1～2. 1984; 内

■ 胡杨

萌枝

苗期植株

萌枝叶

蒙古植物志（第二版）2: 15. 图版2: 1 ~ 3. 1990; 黑龙江省植物志4: 34. 图版9: 1 ~ 5. 1992; 东北植物检索表（第二版）: 81. 1995; Fl. China 4: 162. 1999.

自然分布于内蒙古自治区西部、甘肃、青海、新疆。黑龙江省西部杨树试验场和内蒙古自治区有引种。

本种是西北干旱盐碱地带的优良绿化树种。木材供建筑、桥梁、农具、家具等用；木纤维是很好的造纸原料。

（11）黑龙江杨（黑龙江省植物志，东北植物检索表，中国植物志，Flora of China）

Populus amurensis Kom. in Bot. Zhurn. SSSR 5: 510. 1934; 中国植物志20(2): 39. 1984; 黑龙江省植物志4: 19. 图版5: 2 ~ 5. 1992; 东北植物检索表（第二版）: 81. 图版30: 6. 1995; Fl. China 4: 153. 1999.

生山地溪边。产黑龙江省东北部大、小兴安岭交界山地。黑龙江省哈尔滨市及内蒙古自治区东部扎兰屯一带有栽培。

木材可作板材、器具及火柴杆等用。

（12）科尔沁杨（内蒙古植物志，Flora of China）

Populus keerqinensis T. Y. Sun，内蒙古植物志: 177. 图版47. 1985; 内蒙古植物志（第二版）2: 32. 图版11. 1990; Fl. China 4: 151. 1999.

生沟谷潮湿沙土地。产内蒙古自治区科尔沁左翼后旗大青沟等地。

（13）小青杨（辽宁植物志，黑龙江省植物志，内蒙古植物志，东北植物检索表，中国植物志，Flora of China）

Populus pseudo-simonii Kitag. in Bull. Inst. Sci. Res. Manch. 3: 601. 1939; 中国植物志20(2): 29. 图版8: 10 ~ 11. 1984; 辽宁植物志（上册）: 193. 图版74: 7 ~ 8. 1988; 内蒙古植物志（第二版）2: 32. 图版12: 1 ~ 4. 1990; 黑龙江省植物志4: 44. 图版12: 7. 1992; 东北植物检索表（第二版）: 81. 图版31: 1. 1995; Fl. China 4: 149. 1999.

生山坡、山沟和河流两岸。产黑龙江省哈尔滨、密山、肇东、富裕、虎林等地；吉林省通化、梅

■ 小青杨

叶

植株一部分

河口、柳河、长白、桦甸、磐石、汪清、前郭、长春、吉林、白城等地；辽宁省铁岭、彰武、盖州、绥中、大连、沈阳、台安等地；内蒙古自治区科尔沁右翼前旗、赤峰、翁牛特旗、扎兰屯等地。东北各地有栽培。

质较软，可作一般建筑用材。

（14）青杨（辽宁植物志，内蒙古植物志，东北植物检索表，中国植物志，Flora of China）

Populus cathayana Rehd. in Journ. Arn. Arb. 7: 59. 1931; 中国植物志20(2): 31. 图版7: 1 ~ 4. 1984; 辽宁植物志（上册）: 195. 图版73: 7 ~ 10. 1988; 内蒙古植物志（第二版）2: 29. 图版7: 1 ~ 3. 1990; 东北植物检索表（第二版）: 81. 图版31: 2. 1995; Fl. China 4: 150. 1999.

生沟谷、河岸和阴坡山麓。辽宁省大连、丹东、盖州等地有栽培。

木材纹理直，结构细，质轻柔，加工易，可做家具、箱板及建筑用材，为四旁绿化及防护林树种。根皮、树皮、枝叶有祛风、散瘀作用。

■ 青杨

植株一部分

树干

（15）兴安杨（黑龙江省植物志，内蒙古植物志，东北植物检索表，中国植物志，Flora of China）

Populus hsinganica C. Wang et Skv., 东北木本植物图志124. 图版26: 1 ~ 3, 27: 4 ~ 6. 1955; 中国植物志20(2): 37. 图版8: 7 ~ 8. 1984; 内蒙古植物志（第二版）2: 25. 图版7: 4 ~ 5. 1990; 黑龙江省植物志4: 37. 图版7: 7 ~ 9. 1992; 东北植物检索表（第二版）: 81. 图版31: 3. 1995; Fl. China 4: 152. 1999.

常生河边。产黑龙江省大兴安岭南部山地；内蒙古自治区牙克石、大兴安岭巴林站等地。多地有栽培。模式标本采自内蒙古自治区扎兰屯市巴林站雅鲁河谷。

木材可供建筑、造船、造纸、火柴杆等用。

（16）玉泉杨（黑龙江省植物志，东北植物检索表，中国植物志，Flora of China）

Populus nakaii Skv. in Not. Trees & Shrubs 10: 336, f. 6 1929; 中国植物志20(2): 35. 图版8: 1 ~ 2. 1984; 黑龙江省植物志4: 39. 图版7: 1 ~ 4. 1992; 东北植物检索表（第二版）: 81. 图版31: 4. 1995; Fl. China 4: 151.

1999.

黑龙江省玉泉、哈尔滨市及西部平原地区栽培。模式标本采自哈尔滨市玉泉。

本种为东北林区用材树种之一，木材轻软，材质白色，致密，耐朽力强，可供建筑、舟船、造纸、火柴杆等用。

（17）东北杨（黑龙江省植物志，东北植物检索表，中国植物志，Flora of China）

Populus girinensis Skv. in China J. 10: 337, f. 7 1929; 中国植物志20(2): 34. 图版8: 3 ~ 4. 1984; 黑龙江省植物志4: 36. 图版7: 5 ~ 6. 1992; 东北植物检索表（第二版）: 81. 图版31: 6. 1995; Fl. China 4: 151. 1999.

（17a）东北杨（原变种）

Populus girinensis var. *girinensis*

生境不详。为黑龙江省特有种，产哈尔滨市及西部干旱地区。吉林省、内蒙古自治区有栽培。模式标本采自黑龙江哈尔滨。

本种生长快，可供造林用。

（17b）楔叶东北杨（变种）（东北木本植物图志，东北植物检索表，中国植物志）

Populus girinensis var. *ivaschkevitchii* Skv., 东北木本植物图志, 127, 551. 图版31: 4. 1955; 中国植物志20(2): 35. 1984; 东北植物检索表（第二版）: 81. 图版31: 7. 1995.

生山坡。模式标本采自黑龙江省阿城玉泉山地。吉林省、辽宁省有栽培。

（18）哈青杨（黑龙江省植物志，东北植物检索表，中国植物志，Flora of China）

Populus charbinensis C. Wang et Skv., 东北木本植物图志120, 550. 1955; 中国植物志20(2): 30. 图版8: 5 ~ 6. 1984; 黑龙江省植物志4: 30. 图版7: 10 ~ 11. 1992; 东北植物检索表（第二版）: 81. 图版31: 5. 1995; Fl. China 4: 149. 1999.

（18a）哈青杨（原变种）

Populus charbinensis var. *charbinensis*

为小叶杨P. simonii Call. 与中东杨P. × berolinensis Dipp. 的杂交种。黑龙江省哈尔滨市及中部与西部平原地区栽培。模式标本采自哈尔滨。

具有抗寒、耐干旱、抗盐碱、抗病虫害能力强、材质好、生长快的特点，为优良造林树种。

（18b）厚皮哈青杨（变种）（辽宁植物志，黑龙江省植物志，东北植物检索表，中国植物志，Flora of China）

Populus charbinensis var. *pachydermis* C. Wang et Tung, 植物研究2 (2): 117. 1982; 中国植物志20(2): 31. 1984; 辽宁植物志（上册）: 195. 1988; 黑龙江省植物志4: 32. 1992; 东北植物检索表（第二版）: 81. 1995; Fl. China 4: 149. 1999.

黑龙江省林甸、辽宁省北部有栽培。模式标本采自黑龙江省林甸县龙山村。

（19）香杨（辽宁植物志，黑龙江省植物志，内蒙古植物志，东北植物检索表，中国植物志，Flora of China）

Populus koreana Rehd. in Journ. Arn. Arb. 3: 226. 1922; 中国植物志20(2): 37. 图版9: 5 ~ 6. 1984; 辽宁植物志（上册）: 196. 图版75: 1 ~ 4. 1988; 内蒙古植物志（第二版）2: 22. 图版5: 2. 1990; 黑龙江省植物志4: 37. 图版10: 1 ~ 5. 1992; 东北植物检索表（第二版）: 81. 图版30: 3. 1995; Fl. China 4: 152. 1999.

多生河岸、溪边谷地。产黑龙江省哈尔滨、尚志、伊春、黑河、海林等地；吉林省柳河、梅河口、辉南、集安、靖宇、长白、安图、磐石、抚松、临江、通化、珲春、汪清等地；辽宁桓仁、宽甸等东部山区；内蒙古自治区额尔古纳等地。

木材轻软致密，耐腐力强，供建筑、舟船、造纸、火柴杆及胶合板等用。嫩芽可食。枝条或树皮用于清热解毒、消炎、行瘀，治脚气、湿疹、跌打损伤。

■ 香杨

小枝

树干

果序一部分

小枝光滑

成熟期果实

叶正反面对比

（20）甜杨（黑龙江省植物志，内蒙古植物志，东北植物检索表，中国植物志，Flora of China）

Populus suaveolens Fisch. in Allg. Gartenzeitung 9: 404. 1841; 中国植物志20(2): 35. 图版8: 9. 1984; 内蒙古植物志（第二版）2: 22. 图版6: 3 ~ 4. 1990; 黑龙江省植物志4: 48. 图版13: 1 ~ 3. 1992; 东北植物检索表（第二版）: 81. 图版30: 5. 1995; Fl. China 4: 151. 1999.

■ 甜杨

树干

雄花枝

■ 甜杨

叶基部

叶正面观

叶背面观

雌花枝

植株

多生河流两岸。产黑龙江省大兴安岭、小兴安岭等地；内蒙古自治区根河、额尔古纳、牙克石、扎兰屯、海拉尔、鄂伦春、宁城、科尔沁右翼前旗、科尔沁右翼中旗等地。

木材可作板材、器具及火柴杆等用。

（21）大青杨（辽宁植物志，黑龙江省植物志，东北植物检索表，中国植物志，Flora of China）

Populus ussuriensis Kom. in Journ. Bot. URSS, 19: 510. 1934; 中国植物志20(2): 39. 图版9: 3 ~ 4. 1984; 辽宁植物志（上册）: 197. 图版75: 6 ~ 7. 1988; 黑龙江省植物志4: 51. 图版13: 4 ~ 7. 1992; 东北植物检索表（第二版）: 81. 图版30: 4. 1995; Fl. China 4: 152. 1999.

生河岸边、沟谷坡地的针阔混交林中。产黑龙江省哈尔滨、尚志、伊春、饶河、黑河、五大连池等地；吉林省安图、临江、抚松、汪清、和龙、集安等地；辽宁省本溪、凤城、桓仁、盖州东部林区等地；内蒙古自治区牙克石、扎兰屯等地。

本种为东北东部山地森林更新主要树种之一，也是东北林区用材树种之一，木材轻软，材质白色，致密，耐朽力强，可供建筑、舟船、造纸、火柴杆等用。

■ 大青杨

树干

植株一部分

植株

（22）辽杨（辽宁植物志，内蒙古植物志，东北植物检索表，中国植物志，Flora of China）

Populus maximowiczii A. Henry in Gard. Chron. Ser. 3, 53: 198. f. 89. 1913; 中国植物志20(2): 38. 图版9: 1 ~ 2. 1984; 辽宁植物志（上册）: 196. 图版75: 5. 1988; 内蒙古植物志（第二版）2: 20. 图版5: 1. 1990; 东北植物检索表（第二版）: 81. 图版30: 2. 1995; Fl. China 4: 152. 1999.

生溪谷林内。产黑龙江省海林、饶河、哈尔滨、尚志等地；吉林省集安、安图、抚松、临江等地；辽宁省本溪、桓仁、宽甸、盖州等地。内蒙古自治区有栽培。

森林更新的主要树种之一。木材白色，轻软，纹理直，致密耐腐，供建筑、造船、造纸、火柴杆等用。

（23）小叶杨（辽宁植物志，黑龙江省植物志，内蒙古植物志，东北植物检索表，中国植物志，Flora of China）

Populus simonii Carr. in Rev. Hort. 1867: 360. 1867; 中国植物志20(2): 23. 图版6: 5 ~ 7. 1984; 辽宁植物志（上册）: 192. 图版74: 1 ~ 5. 1988; 内蒙古植物志（第二版）2: 34. 图版12: 5 ~ 7. 1990; 黑龙江省植物志4: 46. 图版12: 1 ~ 6. 1992; 东北植物检索表（第二版）: 79. 图版30: 1. 1995; Fl. China 4: 148. 1999.

（23a）小叶杨（原变种）

Populus simonii var. *simonii*

（23aa）小叶杨（原变型）

Populus simonii f. *simonii*

黑龙江省西部草原地区，辽宁省凌源地区，内蒙古自治区通辽有自生。各地常见栽培。

树形美观，叶片秀丽，生长快速，适应性强，为良好的防风、固沙、护堤固岸和绿化树种。木材供建筑、器具、火柴杆、造纸等用。

■ 小叶杨

树干

成熟果序

果序一部分

小枝正面

小枝背面

（23ab）短毛小叶杨（变型）（植物研究，内蒙古植物志，东北植物检索表）

Populus simonii f. *brachy-ehaeta* P. Yu et C. F. Fang, 植物研究4(1): 123. 1984; 内蒙古植物志（第二版）2: 35. 1990; 东北植物检索表（第二版）: 79. 1995.

生沙丘间小溪旁。产内蒙古自治区库伦旗（模式标本采集地）。

（23ac）扎鲁小叶杨（变型）（植物研究，东北植物检索表，中国植物志）

Populus simonii f. *robusta* C. Wang et Tung, 植物研究, 2(2): 117. 1982; 中国植物志20(2): 26. 1984; 东北植物检索表（第二版）: 79. 1995.

栽培种。模式标本采自内蒙古自治区扎鲁特旗。

（23ad）塔形小叶杨（变型）（东北木本植物图志，东北植物检索表，中国植物志）；塔杨（中国树木分类学）

Populus simonii f. *fastigiata* Schneid. in Sarg. Pl. Wils. 3: 22. 1916; 中国树木分类学: 118. 1937; 东北木本植物图志, 119. 1955; 中国植物志20(2): 26. 1984; 东北植物检索表（第二版）: 79. 1995.

辽宁省盖州有栽培。

（23ae）菱叶小叶杨（变型）（黑龙江省植物志，内蒙古植物志，东北木本植物图志，东北植物检索表，中国植物志）

Populus simonii f. *rhombifolia* (Kitag.) C. Wang et Tung, 中国植物志20(2): 27. 1984; 内蒙古植物志（第二版）2: 35. 1990; 黑龙江省植物志4: 48. 1992; 东北植物检索表（第二版）: 79. 1995.——*P. simonii* Carr. var. *rhombifolia* Kitag. in Rep. Inst. Sci. Res. 3: 158 (Lineam. Fl. Mansh.). t. 5. 1939; 东北木本植物图志, 119. 1955.

模式标本采自辽宁省金州大黑山。内蒙古自治区有栽培。

（23af）垂枝小叶杨（变型）（东北植物检索表，中国植物志）；垂杨（中国树木分类学）

Populus simonii f. *pendula* Schneid. in Sarg. Pl. Wils. 3: 22. 1916; 中国树木分类学: 118. 1937; 中国植物志20(2): 26. 1984; 东北植物检索表（第二版）: 79. 1995.

东北有栽培。

（23b）圆叶小叶杨（变种）（植物研究，内蒙古植物志，东北植物检索表，中国植物志）

Populus simonii var. *rotundifolia* S. C. Lu ex C. Wang et Tung, 植物研究, 2(2): 116. 1982; 中国植物志20(2): 27. 1984; 内蒙古植物志（第二版）2: 35. 1990; 东北植物检索表（第二版）: 79. 1995.

生森林草原区沙地。产内蒙古自治区科尔沁左翼后旗大青沟、赤峰（模式标本采集地）等地。

（23c）辽东小叶杨（变种）（黑龙江省植物志，东北植物检索表，中国植物志）；辽东杨（东北木本植物图志）

Populus simonii var. *liaotungensis* (C. Wang et Skv.) C. Wang et Tung, 中国植物志20(2): 27. 1984; 黑龙江省植物志4: 48. 1992; 东北植物检索表（第二版）: 79. 1995.——*P. liaotungensis* C. Wang et Skv., 东北木本植物图志: 119. 图版19: 1 ~ 4, 图版22: 40. 1955.——*P. simonii* Carr. f. *liaotungensis* (C. Wang et Skv.) Kitag. Neo-Lineam. Fl. Mansh. 203. 1979.

常在河滩沙地上生长。模式标本采自辽宁省金州。

（23d）宽叶小叶杨（变种）（植物研究，东北植物检索表，中国植物志）

Populussimonii var. *latifolia* C. Wang et Tung, 植物研究, 2 (2): 116. 1982; 中国植物志20(2): 27. 1984; 东北植物检索表（第二版）: 79. 1995.

产辽宁省鞍山（模式标本采集地）、盖州。

102. 大戟科 Euphorbiaceae

Euphorbiaceae Juss., Gen. Pl. [Jussieu] 384. 1789, *nom. cons.*

木贼门、木贼亚门、木兰纲、蔷薇亚纲、蔷薇超目、金虎尾目（Malpighiales）。

乔木、灌木或草本。叶螺旋状着生、互生或对生，叶片卷叠式多样，叶脉羽状，叶柄先端常叶枕状；托叶有或无；萼片（2 ~ ）3 ~ 6（ ~ 12）；蜜腺盘状，或无蜜腺；雄花花药内向开裂，退化雌蕊无；雌花退化雄蕊无，雌蕊2 ~ 3（至多数），心皮合生，柱头显著，常分枝或具近轴的沟；种子内胚乳丰富，胚绿色或白色。蒴果，稀核果或浆果状；种子常有种阜，胚乳丰富，子叶宽而扁。

本科全世界有224属5600 ~ 6400种。中国连引入栽培约有70余属、460余种，广布于全国，主产西南至台湾。东北地区产4属24种4变种3变型，其中栽培4种。

分属检索表

1. 植株具有白色汁液 ……………………………………………………………………… 1. 大戟属 Euphorbia
1. 植物体无乳汁。
  2. 叶大而掌状深裂；聚伞状圆锥花序；花丝分枝 ……………………………………… 2. 蓖麻属 Ricinus
  2. 叶较小而不分裂；花单生或数朵排成穗状或总状花序；花丝不分枝。
    3. 叶无柄；总状花序顶生；花瓣鳞片状 ……………………………………… 3. 地构叶属 Speranskia
    3. 叶有柄；穗状花序腋生，稀顶生；花无花瓣 ……………………………………… 4. 铁苋菜属 Acalypha

1 大戟属 *Euphorbia* L.

Euphorbia L., Sp. Pl. 450. 1753.

一年生、二年生或多年生草本，灌木或乔木；植物体具乳汁。叶常互生或对生，少轮生，常全缘，少分裂或具齿或不规则。杯状聚伞花序，单生或组成复花序；每个杯状聚伞花序由1枚位于中间的雌花和多枚位于周围的雄花同生于1个杯状总苞内而组成。雄花无花被，仅有1枚雄蕊，花丝与花梗间具不明显的关节。雌花常无花被，少数具退化的且不明显的花被；子房3室，每室1个胚株；花柱3，常分裂或基部合生；柱头2裂或不裂。蒴果，成熟时分裂为3个2裂的分果爿。

本属全世界约2000种，是被子植物中特大属之一，遍布世界各地，其中非洲和中南美洲较多。中国有77种，南北均产，但以西南的横断山区和西北的干旱地区较多。东北地区产20种3变种3变型，其中栽培3种。

分种检索表

1. 总苞叶白色或花期边缘变白色。
  2. 总苞叶纯白色；蒴果光滑 ……………………………………… 1. 禾叶大戟 E. graminea Jacquin
  2. 总苞叶绿色具白色边；蒴果被柔毛 ……………………………………… 2. 银边翠 E. marginata Pursh.
1. 总苞叶绿色。
  3. 一或二年生草本。
    4. 叶互生、交互对生或轮生，基部不偏斜。
      15. 苞叶不轮生；二年生草本；叶交互对生，线状披针形，全缘……………………… 3. 续随子 E. lathyris L.
      15. 苞叶轮生；一年生草本；叶互生，倒卵形或匙形，先端具牙齿……………………… 4. 泽漆 E. helioscopia L.
    4. 叶对生，基部偏斜。
      5. 茎直立或斜升。
        11. 植株较壮，茎直立，直径2～5毫米。
          12. 叶线形、卵形等，边缘全缘、浅裂至波状齿裂 ……………………… 5. 齿裂大戟 E. dentata Michx.
          12. 叶卵状椭圆形，边缘具明显而具短尖的细锯状齿 ………………… 6. 细齿大戟 E. bifida Hook. & Arn.
        11. 植株较弱，茎直立或斜升，直径约1毫米。
          13. 茎幼时密被短毛 ……………………………………………………… 7. 大地锦 E. nutans Lag.
          13. 茎平滑无毛。
            14. 叶面无紫斑 ………………………………………………………… 8. 通奶草 E. hypericifolia L.

（接上表）

14. 叶面具数个紫色斑点 ……………………………………………………9. **紫斑大戟 E. hyssopifolia** L.

5. 茎平卧。

6. 叶表面中央有一紫斑；蒴果被稀疏柔毛 ……………………………………………… **10. 斑地锦 E. maculata** L.

6. 叶表面中央无紫斑。

7. 蒴果有毛。

8. 茎被绒毛；子房和果实的棱上被绒毛 …………………………………………… **11. 匍匐大戟 E. prostrata** Ait.

8. 茎被柔毛；子房和果实密被柔毛 ………………………………………………… **12. 千根草 E. thymifolia** L.

7. 蒴果无毛（**13. 地锦 E. humifusa** Willd.）。

9. 茎和叶或多或少被毛。

10. 茎及叶被疏柔毛 ………………………………………………**13a. 地锦草 E. humifusa** f. **humifusa**

10. 茎及叶多毛 ……………………………… **13b. 毛地锦 E. humifusa** f. **pilosa** (Thell.) S. Z. Liou

9. 全株无毛 ……………………………………………… **13c. 光地锦 E. humifusa** f. **glabra** (Thell.) S. Z. Liou

3. 多年生草本。

16. 茎上部叶轮生，中部叶轮生或互生，下部叶鳞片状；根粗大肉质（**14. 狼毒 E. fischeriana** Steud.）。

17. 花柱长3～4毫米（**14a. 狼毒 E. fischeriana** var. **fischeriana**）。

18. 全株除生殖器官外无毛……………………………………………**14aa. 狼毒 E. fischeriana** f. **fischeriana**

18. 全株有毛……………………………………… **14ab. 毛狼毒大戟 E. fischeriana** f. **pilosa** (Regel) Y. C. Chu

17. 花柱长1.5～2毫米 ………………… **14b. 短柱狼毒大戟 E. fischeriana** var. **komaroviana** (Prokh.) Y. C. Chu

16. 茎上部叶互生，下部叶通常不为鳞片状或仅于基部有鳞片状叶；根不为粗大的肉质根。

19. 蒴果有瘤；叶缘具微锯状齿或呈浅波状或几乎全缘。

20. 苞片及小苞片淡黄色，通常全缘；叶全缘或边缘稍呈微波状；蒴果表面瘤呈圆锥形小凸起 ………………………………………………………………………………… **15. 大戟 E. pekinensis** Rupr.

20. 苞片及小苞片绿色，边缘具微锯状齿；叶缘具微锯状齿；蒴果表面瘤通常连成鸡冠状凸起………… ……………………………………………………………………………… **16. 林大戟 E. lucorum** Rupr.

19. 蒴果无瘤；叶全缘。

21. 杯状总苞腺体两端附属物呈长锥形，先端锐尖……… **17. 钩腺大戟 E. sieboldiana** Morr. & Decne.

21. 杯状总苞腺体两端附属物较短，先端短角状或钝圆。

22. 叶卵状长圆形或近卵形，宽0.8～2厘米；伞梗不具无性枝 … **18. 东北大戟 E. mandshurica** Maxim.

22. 叶线形或披针形，宽0.1～0.7厘米；伞梗有无性枝。

23. 茎通常少数；伞梗5～6，有时具2次分叉小梗；苞片大，下部苞片与上部苞片相等或稍大；稀有无性枝；叶宽2～4毫米 ………………………… **19. 猫眼大戟 E. lunulata** Bunge

23. 茎通常多数；伞梗5～10，具2～4次分叉小梗；下部苞片大，上部苞片甚小；通常有繁茂的无性枝（**20. 乳浆大戟 E. esula** L.）。

24. 叶宽6毫米以下。

26. 植株较高；叶披针形，宽2～6毫米 …………… **21a. 乳浆大戟 E. esula** var. **esula**

26. 植株较矮；叶狭线形，宽1～2毫米 ……………………………… **21b. 松叶乳浆大戟 E. esula** var. **cyparissioides** Boiss.

24. 叶宽1～2.5厘米，长倒卵形、广倒披针形或长圆形 ………………………………………… **20c. 宽叶乳浆大戟 E. esula** var. **latifolia** Ledeb.

（1）禾叶大戟（亚热带植物科学）

Euphorbia graminea Jacquin, Select. Stirp. Amer. Hist. 151. 1763; 亚热带植物科学47(4): 377 ~ 379. 2009.

原产于墨西哥至南美洲北部地区，在太平洋岛屿、尼日利亚、意大利和中国台湾等地归化为杂草。辽宁省大连有栽培。

观叶植物，可用于花境、切花、盆栽、吊篮、岩石园、屋顶绿化等。

■ 禾叶大戟

植株

花序正面观

花序侧面观

（2）银边翠（辽宁植物志，黑龙江省植物志，东北植物检索表，中国植物志，Flora of China）

Euphorbia marginata Pursh. in Fl. Amer. Sept. 2: 607. 1814; 辽宁植物志（上册）: 1019. 图版430: 3 ~ 7. 1988; 东北植物检索表（第二版）: 385. 图版192: 3. 1995; 中国植物志44(3): 55. 图版13: 1 ~ 4. 1997; 黑龙江省植物志7: 42. 图版23. 2003; Fl. China 11: 297. 2008.

■ 银边翠

花序1

花序2

杯状聚伞花序

秋季株

夏季株

原产北美洲南部草原。黑龙江省、辽宁省常见栽培。

本种多作观赏植物栽培，适宜布置花丛、花坛、花境，也可作隙地绿化用，还可作插花配叶。也作药用植物栽培，有拔毒消肿作用。

（3）续随子（辽宁植物志，黑龙江省植物志，内蒙古植物志，东北植物检索表，中国植物志，Flora of China）；千金子（中国经济植物志）

Euphorbia lathyris L., Sp. Pl. 457. 1753; 辽宁植物志（上册）: 1020. 图版431. 1988; 内蒙古植物志（第二版）3: 454. 图版174: 3 ~ 6. 1989; 东北植物检索表（第二版）: 385. 图版192: 4. 1995; 中国植物志44(3): 69. 图版18: 1 ~ 3. 1997; 黑龙江省植物志7: 35. 图版19. 2003; Fl. China 11: 301. 2008.

原产欧洲。东北各地药草园栽培。

种子有利尿、泻下和通经作用，外用治癣疮类。全草有毒。

■ 续随子

蒴果

植株一部分

植株

（4）泽漆（东北植物检索表，东北草本植物志，中国植物志，Flora of China）；泽漆大戟（辽宁植物志）

Euphorbia helioscopia L., Sp. Pl. 459. 1753; 东北草本植物志6: 38. 图版14: 5 ~ 7. 1977; 辽宁植物志（上册）: 1016. 图版429. 1988; 东北植物检索表（第二版）: 385. 图版191: 3. 1995; 中国植物志44(3): 71. 1997; Fl. China11: 301. 2008.

生山沟、路旁、荒野和山坡，较常见。产辽宁省沈阳、营口、丹东、庄河、长海等地。

本种为外来入侵植物，是我国进境检疫三类危险性昆虫荷兰石竹卷叶蛾和三类危险性细菌香豌豆

■ 泽漆

植株一部分

花序

植株

束茎病菌的寄主之一；乳汁有毒，直接接触会致皮肤发红、甚至发炎溃烂，误服鲜草或汁液则会造成口腔、食管胃黏膜发炎或糜烂。可合理利用：全草有清热、祛痰、利尿消肿及杀虫之效；体内含泽漆皂苷、泽漆醇和泽漆萜等多种成分，有抗癌及治疗神经系统疾病之功效；种子含油率达30%，提炼后可供工业用；茎叶滤液可防治小麦吸浆虫、麦蚜虫、红蜘蛛及棉蚜虫等。

（5）齿裂大戟（中国植物志，Flora of China）

Euphorbia dentata Michx. in Fl. Bor. Amer. 2: 211. 1803; 中国植物志44(3): 68. 图版16: 4 ~ 6. 1997; Fl. China 11: 298. 2008.

生杂草丛、路旁及沟边。原产北美洲。分布辽宁大连、金州、庄河等地。

本种为外来入侵植物，被列入《中华人民共和国进境植物检疫潜在危害性病、虫、杂草名录的通知》中，有毒，对农业生产和人畜健康都有严重危害。

■ 齿裂大戟

花序一部分

花序

植株

植株上部

（6）细齿大戟（中国植物志，Flora of China）

Euphorbia bifida Hook. & Arn. Bot. Cap. Beechey Voy. 5: 213. 1837; 中国植物志44(3): 53. 图版8: 1 ~ 4. 1997; Fl. China 11: 293. 2008.

生山坡、灌丛、路旁及林缘。辽宁省锦州岩井寺附近有记载。

（7）大地锦（辽宁植物志，东北植物检索表，中国外来入侵生物）；美洲地锦草（中国归化植物名录）

Euphorbia nutans Lag. in Gen. Sp. Pl. 17. 1816; 中国外来入侵生物: 173. 2011.——*E. maculata* auct. non L.: 辽宁植物志（下册）: 1172. 图版527: 4 ~ 5. 1992; 东北植物检索表（第二版）: 385. 图版192: 2. 1995.

生田野、路边、荒地等处。原产北美洲。分布辽宁省大连、葫芦岛、凌源等地。

本种为外来入侵植物。大量繁殖会侵占本土植物生态位，影响本土生物多样性；侵入农田和景观带后，则可影响作物生长和景观效果。国外报道较多的是危害草场、草坪、果园等，国内见于危害秋熟旱作物。

■ 大地锦

蒴果平滑无毛

植株

花序

植株一部分

（8）通奶草（东北植物检索表，中国植物志，Flora of China）；通奶草大戟（辽宁植物志）

Euphorbia hypericifolia L., Sp. Pl. 454. 1753; 中国植物志44(3): 41. 1997; Fl. China 11: 293. 2008.——*E. indica* auct. non Lam. : 辽宁植物志（上册）: 1019. 图版430: 1 ~ 2. 1988; 东北植物检索表（第二版）: 383. 图版192: 1. 1995.

生田间、路旁。产辽宁省岫岩、瓦房店、大连等地。

本种为外来入侵植物，为旱作物田间杂草，常见于苗圃、菜地和草坪中，生态适应能力强，耗水、耗肥能力极强。可合理利用：全草有清热解毒、散血止血、利水、通奶作用，用于水肿、泄泻、痢疾、皮炎等。

■ 通奶草

花序

茎叶

植株

植株一部分

（9）紫斑大戟（中国植物志，Flora of China）

Euphorbia hyssopifolia L. in Syst. Nat. ed 10, 2: 1048. 1759; 中国植物志44(3): 40. 图版7: 5 ~ 10. 1997; Fl. China 11: 293. 2008.

生田野、路边、荒地等处。原产美洲热带和亚热带等地。近年发现于辽宁省铁岭。

本种为外来入侵植物，大量繁殖会侵占本土植物生态位，影响本土生物多样性。

■ 紫斑大戟

花序

植株

植株一部分

（10）斑地锦（东北植物检索表，中国植物志，Flora of China）；斑地锦草（植物智网站）

Euphorbia maculata L., Sp. Pl. 455. 1753; 中国植物志44(3): 53. 图版12: 1 ~ 5. 1997; Fl. China 11: 296. 2008.——*E. supina* Raf. in Amer. Month. Mag. 2: 119. 1817; 东北植物检索表（第二版）: 383. 1995.

生平原或低山坡的路旁。原产北美洲。分布辽宁省各地。

本种为外来入侵植物，是我国进境检疫三类危险性昆虫荷兰石竹卷叶蛾的寄主之一。常见于苗圃、菜地和草坪中，其化感物质可抑制其他植物的生长；全株有毒，能促进已发生诱变的细胞组织癌变。全草可供药用，具有清湿热、止血、通乳的功效，常用以治疗痢疾、疳积、外伤出血、痈肿疮毒。

■ 斑地锦

花枝

植株

（11）匍匐大戟（中国植物志，Flora of China）；铺地草（福建植物志）

Euphorbia prostrata Ait. Hort. Kew 2: 139. 1789; 中国植物志44(3): 51. 图版10: 5 ~ 8. 1997; Fl. China 11: 295. 2008.

■ 匍匐大戟

植株一部分

居群

生路旁、荒地。原产美洲热带和亚热带地区，归化于旧大陆的热带和亚热带。辽宁省大连有分布。

本种为外来入侵植物，常见于苗圃、菜地和草坪中，其化感物质可抑制其他植物的生长；全株有毒。可合理利用：可以用于修复铅污染和高盐的土壤。全草具有抗炎、镇痛、降血糖、驱虫、平喘等作用。

（12）千根草（东北植物检索表，中国植物志，Flora of China）；千根草大戟（辽宁植物志）

Euphorbia thymifolia L., Sp. Pl. 454. 1753; 辽宁植物志（上册）: 1016. 图版428: 5 ~ 9. 1988; 东北植物检索表（第二版）: 383. 图版191: 1. 1995; 中国植物志44(3): 52. 图版11: 6 ~ 11. 1997; Fl. China 11: 296. 2008.

生田间、村旁和路旁等处。产辽宁省大连。

全草有清热利湿、收敛止痒作用，用于疟疾、痢疾、泄泻、湿疹、乳痈、痔疮。

■ 千根草

植株

植株一部分

（13）地锦草（植物智网站）；地锦（黑龙江省植物志，内蒙古植物志，东北植物检索表，东北草本植物志，中国植物志，Flora of China）；地锦大戟（辽宁植物志）

Euphorbia humifusa Willd. ex Schlecht. in Enum. Pl. Hort. Berol. suppl. 27. 1814; 东北草本植物志6: 36. 图版14: 3 ~ 4. 1977; 辽宁植物志（上册）: 1015. 图版428: 1 ~ 4. 1988; 内蒙古植物志（第二版）3: 455. 1989; 东北植物检索表（第二版）: 383. 图版191: 2. 1995; 中国植物志44(3): 49. 1997; 黑龙江省植物志7: 33. 图版18. 2003; Fl. China11: 295. 2008.

（13a）地锦（原变型）

Euphorbia humifusa f. *humifusa*

生原野荒地、路旁、田间、山坡等地。产黑龙江省安达、哈尔滨、宁安；吉林省镇赉、抚松、汪清、蛟河、和龙、安图；辽宁省各地；内蒙古自治区各地。

全草有清热解毒、活血、止血、利湿、通乳作用。

■ 地锦草

植株

植株一部分背面观

植株一部分

植株一部分正面观

（13b）毛地锦（变型）（辽宁植物志）

Euphorbia humifusa f. *pilosa* (Thell.) S. Z. Liou, 辽宁植物志（上册）: 1016. 1988.

生原野荒地、路旁、田间、山坡等地。产辽宁省凌源、建平、葫芦岛、新宾、西丰、抚顺、岫岩、普兰店、金州、大连等地。

■ 毛地锦

植株一部分背面观

植株

植株一部分正面观

（13c）光地锦（变型）（辽宁植物志）

Euphorbia humifusa f. *glabra* (Thell.) S. Z. Liou, 辽宁植物志（上册）: 1016. 1988.

生原野荒地、路旁、田间、山坡等地。产辽宁省庄河、大连、彰武等地。

■ 光地锦

植株

植株一部分背面观

植株一部分

植株一部分正面观

（14）狼毒（中国植物志，Flora of China）；狼毒大戟（辽宁植物志，黑龙江省植物志，内蒙古植物志，东北植物检索表，东北草本植物志）

Euphorbia fischeriana Steud. in Nomencl. Bot. ed 2, 611. 1840; 东北草本植物志6: 40. 图版15: 1 ~ 4. 1977; 内蒙古植物志（第二版）3: 454. 图版176. 1989; 东北植物检索表（第二版）: 385. 图版191: 4. 1995; 中国植物志44(3): 89. 图版26: 4 ~ 7. 1997; Fl. China 11: 305. 2008.——*E. pallasii* Turcz. in Bull. Soc. Nat. Mosc. 11, 12: 1004, 1838; 辽宁植物志（上册）: 1022. 图版432. 1988; 黑龙江省植物志7: 42. 图版23. 2003.

（14a）狼毒（原变种）

Euphorbia fischeriana var. *fischeriana*

（14aa）狼毒（原变型）

Euphorbia fischeriana f. *fischeriana*

生干燥丘陵坡地、多石砾干山坡及阳坡稀疏林下。产黑龙江省安达、哈尔滨；吉林省安图、桦甸；辽宁省大连、瓦房店、庄河、建平、沈阳、凤城、岫岩；内蒙古自治区额尔古纳、牙克石、扎兰屯、鄂伦春、科尔沁右翼前旗、科尔沁右翼中旗、阿尔山、通辽、科尔沁左翼后旗、克什克腾旗、巴林右旗、阿荣旗等地。

根有大毒，能破积杀虫、除湿止痒。茎叶之浸液作土农药。

■ 狼毒

花序

根部

蒴果

植株

（14ab）毛狼毒大戟（变型）（黑龙江省植物志，内蒙古植物志，东北植物检索表，东北草本植物志）

Euphorbia fischeriana f. *pilosa* (Regel) Y. C. Chu, 东北植物检索表（第二版）: 385. 1995.——*E. pallasii* Turcz. var. *pilosa* Regel in Lineam. Fl. Mansh. 303. 1939; 东北草本植物志6: 40. 1977; 黑龙江省植物志7: 45. 2003.

生境同原变型。产辽宁省庄河。黑龙江、内蒙古也有记载。

（14b）短柱狼毒大戟（变种）（黑龙江省植物志，东北植物检索表，东北草本植物志）

Euphorbia fischeriana var. *komaroviana* (Prokh.) Y. C. Chu, 东北草本植物志6: 40. 图版15: 5. 1977; 东北植物检索表（第二版）: 385. 1995; 黑龙江省植物志7: 45. 2003.

生于山坡。产吉林省桦甸、安图等地。

（15）大戟（辽宁植物志，黑龙江省植物志，东北植物检索表，东北草本植物志，中国植物志，Flora of China）；京大戟（内蒙古植物志，中华人民共和国药典）

Euphorbia pekinensis Rupr. in Maxim. Prim. Fl. Amur. 239. 1859; 东北草本植物志6: 42. 图版16: 5 ~ 7.

■ 大戟

花枝

茎

■ 大戟

植株

植株一部分

1977; 辽宁植物志（上册）: 1024. 图版433: 5 ~ 8. 1988; 内蒙古植物志（第二版）3: 453. 图版175. 1989; 东北植物检索表（第二版）: 385. 图版191: 6. 1995; 中国植物志44(3): 105. 图版33: 1 ~ 4. 1997; 黑龙江省植物志7: 45. 图版25. 2003; Fl. China 11: 309. 2008.

生山沟旁石砾地、干山坡、丘陵坡地、田边。产黑龙江省哈尔滨；吉林省长春、安图；辽宁省凌源、绥中、葫芦岛、昌图、西丰、本溪、大连、庄河、金州、长海等地。

根有逐水通便、消肿散结作用，有毒，孕妇及体弱者忌服。

（16）林大戟（辽宁植物志，黑龙江省植物志，东北植物检索表，东北草本植物志，中国植物志，Flora of China）

Euphorbia lucorum Rupr. in Maxim. Prim. Fl. Amur. 239. 1859; 东北草本植物志6: 42. 图版16: 5 ~ 7. 1977; 辽宁植物志（上册）: 1023. 图版433: 1 ~ 4. 1988; 东北植物检索表（第二版）: 385. 图版191: 5. 1995; 中国植物志44(3): 103. 图版32: 4 ~ 7. 1997; 黑龙江省植物志7: 35. 图版20. 2003; Fl. China 11: 308. 2008.

生林下、林缘、灌丛间、草甸子、背阴山坡等地。产黑龙江省虎林、富锦、尚志、密山、伊春、哈尔滨；吉林省汪清、珲春、安图、抚松、蛟河、浑江、通化、长春；辽宁省大连、凌源、沈阳、鞍山、

■ 林大戟

植株一部分

果枝

■ 林大戟

茎

花枝

植株

凤城、本溪、桓仁、宽甸、丹东、新宾等地。

根有清热解毒作用，外用于牛皮癣。

（17）钩腺大戟（辽宁植物志，东北植物检索表，中国植物志，Flora of China）；锥腺大戟（辽宁植物志，黑龙江省植物志，内蒙古植物志，东北植物检索表，东北草本植物志）

Euphorbia sieboldiana Morr. & Decne. in Bull. Acad. Brux. 3: 174. 1836; 辽宁植物志（上册）: 1024. 1988; 东北植物检索表（第二版）: 385. 1995; 中国植物志44(3): 122. 图版40: 1 ~ 7. 1997; Fl. China 11: 312. 2008.——*E. savaryi* Kiss. in Bot. Kozl. 19: 91. 1921; 东北草本植物志6: 43. 图版17: 1 ~ 4. 1977; 辽宁植物志（上册）: 1026. 图版434: 1 ~ 4. 1988; 内蒙古植物志（第二版）3: 449. 图版173: 1 ~ 2. 1989; 东北植物检索表（第二版）: 385. 图版192: 5. 1995; 黑龙江省植物志7: 47. 图版26. 2003.

生山坡林下、林缘。产吉林省浑江；辽宁省本溪、凤城、桓仁、瓦房店、庄河、长海；内蒙古自治区额尔古纳、巴林右旗、科尔沁右翼前旗、东乌珠穆沁旗（宝格达山）等地。

根状茎入药，具泻下和利尿作用；煎水外用洗疥疮。有毒，宜慎用。

■ 钩腺大戟

果期植株

果枝

■ 钩腺大戟

花期植株

花序一部分

（18）东北大戟（辽宁植物志，黑龙江省植物志，东北植物检索表，东北草本植物志）；山猫眼（俗称）

■ 东北大戟

果序

花序

植株

植株一部分

Euphorbia mandshurica Maxim. in Bull. Acad. Imp. Sci. Saint–Pétersbourg 29: 203. 1883; 东北草本植物志6: 43. 图版17: 5 ~ 8. 1977; 辽宁植物志（上册）: 1026. 图版434: 5 ~ 8. 1988; 东北植物检索表（第二版）: 385. 图版192: 6. 1995; 黑龙江省植物志7: 40. 图版22. 2003.

生河边沙丘及沙质地、河岸湿地、灌丛间、向阳山坡的石砾质地及林缘。产黑龙江省哈尔滨、伊春；吉林省安图、汪清；辽宁省沈阳、本溪、凤城、丹东、岫岩、鞍山、大连；内蒙古自治区海拉尔、科尔沁右翼前旗等地。

全草有利尿消肿、拔毒止痒作用。

（19）猫眼大戟（辽宁植物志，黑龙江省植物志，东北植物检索表）；猫眼草（东北草本植物志）；耳叶大戟（辽宁植物志）

Euphorbia lunulata Bunge in Enum. Pl. China Bor. 59. 1833; 东北草本植物志6: 47. 1977; 辽宁植物志（上册）: 1030. 图版436: 1 ~ 2. 1988; 东北植物检索表（第二版）: 386. 图版191: 7. 1995; 黑龙江省植物志7: 38. 图版21: 1 ~ 2. 2003.

生山坡草地、山沟河岸向阳地。产黑龙江省安达；辽宁省沈阳、铁岭、北镇、本溪、沈阳、大连、丹东、法库、建昌、凌源、北镇；内蒙古自治区海拉尔、科尔沁右翼前旗、阿尔山等地。

全草有利尿消肿、拔毒止痒作用，有毒。

■ 猫眼大戟

花序一部分

植株一部分

植株

（20）乳浆大戟（辽宁植物志，黑龙江省植物志，内蒙古植物志，东北植物检索表，东北草本植物志，中国植物志，Flora of China）

Euphorbia esula L., Sp. Pl. 461. 1753; 东北草本植物志6: 45. 图版18: 1 ~ 4. 1977; 辽宁植物志（上册）: 1028. 图版435: 1 ~ 4. 1988; 内蒙古植物志（第二版）3: 447. 图版172. 1989; 东北植物检索表（第二版）: 385. 图版192: 7. 1995; 中国植物志44(3): 125. 图版38: 5 ~ 9. 1997; 黑龙江省植物志7: 31. 图版17: 1 ~ 4. 2003; Fl. China 11: 313. 2008.

（20a）乳浆大戟（原变种）

Euphorbia esula var. *esula*

生干燥沙质地、海边沙地、草原、干山坡及山沟。产黑龙江省安达、哈尔滨、爱辉、密山、伊春、嘉荫、呼玛、黑河；吉林省双辽、磐石、镇赉；辽宁省凌源、建昌、建平、朝阳、黑山、彰武、新民、沈阳、本溪、丹东、大连、长海、瓦房店、金州、普兰店；内蒙古自治区海拉尔、满洲里、新巴尔虎右旗、科尔沁右翼前旗、扎赉特旗、科尔沁左翼后旗、扎鲁特旗等地。

全草有利尿消肿、拔毒止痒作用，用于四肢水肿、小便淋痛不利、疟疾等。

■ 乳浆大戟

果序

花期

植株

（20b）松叶乳浆大戟（变种）（辽宁植物志，黑龙江省植物志，东北植物检索表，东北草本植物志）

Euphorbia esula var. *cyparissioides* Boiss. in Dc. Prodr. 15: 161. 1866; 东北草本植物志6: 45. 图版18: 5 ~ 6. 1977; 辽宁植物志（上册）: 1028. 图版435: 5 ~ 6. 1988; 内蒙古植物志（第二版）3: 447. 1989; 东北植物检索表（第二版）: 385. 图版192: 8. 1995; 黑龙江省植物志7: 31. 图版17: 5 ~ 6. 2003.

生于山坡。产吉林省双辽；辽宁省彰武、盖州、金州、大连；内蒙古自治区海拉尔、满洲里、新巴尔虎右旗、乌兰浩特、翁牛特旗等地。

■ 松叶乳浆大戟

根部

秋季

花枝

果序

植株一部分

居群

（20c）宽叶乳浆大戟（变种）（辽宁植物志，黑龙江省植物志，东北植物检索表，东北草本植物志）

Euphorbia esula var. *latifolia* Ledeb. in Fl. Ross. 3: 576. 1850; 东北草本植物志6: 47. 图版18: 7. 1977; 辽宁植物志（上册）: 1029. 图版435: 7. 1988; 东北植物检索表（第二版）: 386. 图版192: 9. 1995; 黑龙江省植物志7: 33. 图版17: 7. 2003.

生山沟、海边沙地等地。产黑龙江省（地点不详）；辽宁省大连、长海、凤城、本溪（平顶山）等地。

■ 宽叶乳浆大戟

植株

植株一部分

2 蓖麻属 *Ricinus* L.

Ricinus L., Sp. Pl. 1007. 1753.

一年生草本或草质灌木。叶互生，纸质，掌状分裂，盾状着生，叶缘具锯状齿；叶柄的基部和顶端均具腺体。花雌雄同株，无花瓣，花盘缺；圆锥花序顶生，后变为与叶对生，雄花生于花序下部，雌花生于花序上部，均多朵簇生于苞腋；花梗细长。雄花：花萼花蕾时近球形，萼裂片3～5枚，镊合状排列；雄蕊极多，花丝合生成雄蕊束，花药2室；无不育雌蕊。雌花：萼片5枚，镊合状排列，花后凋落，3室，花柱3枚，基部稍合生，顶部各2裂，密生乳头状突起。蒴果，具3个分果爿。

本属全世界仅1种，广泛栽培于世界热带地区。中国大部分省区均有栽培。东北也有栽培。

蓖麻（辽宁植物志，黑龙江省植物志，内蒙古植物志，东北植物检索表，东北草本植物志，中国植物志，Flora of China）

Ricinus communis L., Sp. Pl. 1007. 1753; 东北草本植物志6: 51. 图版20. 1977; 辽宁植物志（上册）: 1032. 图版437. 1988; 内蒙古植物志（第二版）3: 445. 图版171. 1989; 东北植物检索表（第二版）: 386. 图版190: 4. 1995; 中国植物志44(2): 88. 1996; 黑龙江省植物志7: 51. 图版28. 2003; Fl. China 11: 248. 2008.

一年生草本；叶片盾状圆形，掌状5～11裂；花单性，雌雄同株；雄花萼裂片3～5，雄蕊多数，密集，淡黄色；雌花较小，子房卵形，3室，密被软刺，花柱3，2裂，深红色，粗糙；蒴果具软刺或平滑。原产非洲索马里、肯尼亚等地。东北各地均有栽培。

多作为油脂作物、药用植物或观赏植物栽培。种子可榨油，供工业和医药用；油粕可作肥料、饲料以及活性炭和胶卷的原料；茎皮纤维可制绳索和造纸；叶可饲养蓖麻蚕；种子和叶可作农药；全株入药，有祛湿通络、消肿、拔毒之效。

■ 蓖麻

雄花

果序

雌花

花序

叶

植株

栽培品种有多个，一般依生长期，茎节数量，茎、叶呈红色或绿色，果具软刺或无，种子的大小和斑纹颜色等区分。东北常见栽培以下2个品种。

红色蓖麻：为优良观赏植物，茎、叶、果穗均为红色。

■ 红色蓖麻

果序

植株

光果蓖麻：又叫“香油蓖麻”，蒴果平滑无刺，炒熟后榨油可以作为食用油。

■ 光果蓖麻

果序

植株

3 地构叶属 *Speranskia* Baill.

Speranskia Baill. Etud. Gen. Euphorb. 388. 1858.

多年生直立草本。茎基部常木质。叶互生，边缘具粗齿。花雌雄同株；总状花序顶生，雄花常生于花序上部，雌花生于花序下部，有时雌雄花同聚生于苞腋内；通常雄花生于雌花两侧。雄花：花萼裂片5，膜质，镊合状排列；花瓣5枚，有爪，有时无花瓣；花盘5裂或为5个离生的腺体；雄蕊8～10（～15）枚，2～3轮排列于花托上，花丝离生，花药2室，无不育雌蕊。雌花：花萼裂片5；花瓣5或缺；花盘盘状；子房3室，花柱3，2裂几乎达基部，裂片呈羽状撕裂。蒴果具3个分果爿。

本属全世界3种，中国特有，除东部和西部外，各省区均产。东北地区产1种。

地构叶（辽宁植物志，内蒙古植物志，东北植物检索表，东北草本植物志，中国植物志，Flora of China）

Speranskia tuberculata Baill. in Etud. Gen. Euphorb. 389. 1858; 东北草本植物志6: 51. 图版13: 5～9. 1977; 辽宁植物志（上册）: 1036. 图版438: 6～10. 1988; 内蒙古植物志（第二版）3: 442. 图版170. 1989; 东北植物检索表（第二版）: 389. 图版190: 6. 1995; 中国植物志44(2): 8. 图版2: 9～13. 1996; Fl. China 11: 223. 2008.

■ 地构叶

果实

花序

花序上部

花序下部

■ 地构叶

植株一部分

植株

多年生草本；茎基部木质化；叶无柄或近无柄，卵状披针形；花单性，雌雄同株，总状花序顶生，花序上部生雄花，下部生雌花，花淡绿近白色；蒴果扁球状，表面具鸡冠状凸起。生草原沙质地及山坡、路旁等干燥沙质地。产吉林省镇赉、扶余、双辽；辽宁省大连、旅顺口、彰武、喀左；内蒙古自治区科尔沁右翼前旗、大青沟、乌兰浩特、扎鲁特旗、科尔沁左翼后旗、巴林右旗、翁牛特旗、喀喇沁旗、赤峰等地。

全草有散风祛湿、解毒止痛、活血、舒筋作用，用于风湿关节痛，外用疮疡肿毒。

4 铁苋菜属　*Acalypha* L.

Acalypha L., Sp. Pl. 1003. 1753.

一年生或多年生草本，灌木或小乔木。叶互生，通常膜质或纸质，叶缘具齿或近全缘，具基出脉3～5条或为羽状脉。雌雄同株，稀异株；雄花序穗状，雄花多朵簇生于苞腋或在苞腋排成团伞花序；雌花序总状或穗状花序，通常每苞腋具雌花1～3朵，雌花的苞片具齿或裂片；雌花和雄花同序，通常雄花生于花序的上部，呈穗状，雌花1～3朵，位于花序下部；花无花瓣，无花盘。雄花：花萼花蕾时闭合，花萼裂片4枚，镊合状排列；雄蕊通常8枚，花丝离生，花药2室；不育雌蕊缺。雌花：萼片3～5枚，覆瓦状排列，近基部合生；子房3或2室，花柱离生或基部合生，撕裂为多条线状的花柱枝。蒴果，通常具3个分果爿，果皮具毛或软刺。

本属全世界约450种，广布于世界热带、亚热带地区。中国有18种，除西北地区外，各省区均有分布。东北地区产2种1变种。

分种检索表

1. 雌花苞片3～5枚，掌状深裂；花序长不及1厘米 ………………………………………… **1. 裂苞铁苋菜 A.supera** Forssk.
1. 雌花苞片1～2（～4）枚，不裂而具齿；花序长于1厘米（**2. 铁苋菜 A. australis** L.）。
　2. 植株被柔毛；叶长卵形、近菱状卵形或阔披针形，顶端短渐尖，边缘具圆锯状齿 ……………………………………………………………………………… **2a. 铁苋菜 A. australis** var. **australis**
　2. 植株无毛；叶披针形，顶端钝，边缘有波状牙齿或钝牙齿 … **2b. 光茎铁苋菜 A. australis** var. **lanceolata** Hayata

（1）裂苞铁苋菜（中国植物志，Flora of China）

Acalypha supera Forssk. Fl. Aegypt.–Arab. 162. 1775; Fl. China 11: 252. 2008.——*Acalypha brachystachya* Hornem. Enum. Pl. Hort. Hafn. 1. 1807; 中国植物志44(2): 103. 图版25: 1 ~ 5. 1996.

生山坡、路旁湿润草地或溪畔、林间小道旁。产抚顺（新抚区）、沈阳（生态所树木园）。

■ 裂苞铁苋菜

居群

植株一部分

植株

花序

（2）铁苋菜（辽宁植物志，黑龙江省植物志，东北植物检索表，东北草本植物志，中国植物志，Flora of China）

Acalypha australis L., Sp. Pl. 1004. 1753; 东北草本植物志6: 34. 图版13: 1 ~ 4. 1977; 辽宁植物志（上册）: 1033. 图版438: 1 ~ 5. 1988; 东北植物检索表（第二版）: 383. 图版190: 1. 1995; 中国植物志44(2): 100. 图版24: 1 ~ 6. 1996; 黑龙江省植物志7: 28. 图版16. 2003; Fl. China 11: 252. 2008.

（2a）铁苋菜（原变种）

Acalypha australis var. *australis*

生田间路旁、荒地、河岸沙砾地、山沟山坡林下。产黑龙江省哈尔滨、宁安、伊春；吉林省蛟河、汪清、临江、长白；辽宁省各地；内蒙古自治区扎兰屯、敖汉旗、翁牛特旗等地。

全草有清热解毒、利湿、收敛止血作用。可为家畜饲料。嫩苗可食。

■ 铁苋菜

雄花序

花序

果序

■ 铁苋菜

植株

植株一部分

（2b）光茎铁苋菜（变种）（辽宁植物志，黑龙江省植物志，东北植物检索表，东北草本植物志）

Acalypha australis var. *lanceolata* Hayata in J. Coll. Sci. Imp. Univ. Tokyo 20(3): 51. 1904; 东北草本植物志6: 34. 1977; 辽宁植物志（上册）: 1033. 1988; 东北植物检索表（第二版）: 383. 1995; 黑龙江省植物志7: 30. 2003.

生田间路旁、荒地、河岸沙砾地、山沟山坡林下。产辽宁省大连、金州等地。

■ 光茎铁苋菜

植株

植株上部

103. 亚麻科 Linaceae

Linaceae DC. ex Perleb, Vers. Arzneikr. Pfl. 107. 1818, *nom. cons.*

木贼门、木贼亚门、木兰纲、蔷薇亚纲、蔷薇超目、金虎尾目（Malpighiales）。

多年生或一年生草本，稀灌木。叶互生，稀对生或轮生，托叶有或无。花整齐，两性，聚伞状总状花序或圆锥花序，花基数4～5，萼片及花瓣均离生或仅基部合生；雄蕊5或10，花丝基部合生，与花瓣互生，有时有退化雄蕊，有蜜腺，子房上位，通常5室，稀6～10室，每室有1～2胚珠，花柱5，离生。蒴果或核果；种子有或无胚乳。

本科全世界约有18属，约255种，广布世界各地，但主要分布于温带地区。中国4属14种，广布全国各地，主要分布于亚热带地区，草本类群主要分布于温带，特别是干旱和高寒地区。东北地区产1属6种，其中栽培2种。

亚麻属 *Linum* L.

Linum L., Sp. Pl. 277. 1753.

草本或茎基部木质化。单叶对生、互生或散生，无柄，1脉或3～5脉，全缘，上部叶缘有时具腺睫状毛。聚伞花序或蝎尾状聚伞花序；花5数；萼片全缘或边缘具腺睫状毛；花瓣长于萼，红色、白色、蓝色或黄色，基部具爪，早落；雄蕊5，花丝下部具睫状毛，基部合生；退化雄蕊5，呈齿状；子房5室；花柱5。蒴果卵球形或球形，开裂，果瓣10，通常具喙。

本属全世界约180种，主要分布于温带和亚热带山地，地中海区分布较为集中。中国约9种，主要分布于西北、东北、华北和西南等地区。东北地区产6种，其中栽培1种。

分种检索表

1. 花鲜红色或桃红色 ………… 1. 红花亚麻 L. grandiflorum Desf.
1. 花蓝色、蓝紫色、淡蓝色。
  2. 萼片边缘具腺毛；一年生或二年生草本；花瓣长为萼片的2倍 ………… 2. 野亚麻 L. stelleroides Planch
  2. 萼片边缘无腺毛。
    3. 一年生栽培植物；果实假隔膜边缘具缘毛 ………… 3. 亚麻 L. usitatissimum L.
    3. 多年生野生植物；果实假隔膜边缘不具缘毛。
      4. 花柱与雄蕊不等长；叶1～3脉 ………… 4. 宿根亚麻 L. perenne L.
      4. 花柱与雄蕊等长；叶具1脉。
        5. 茎上部叶较疏生，通常无不育枝，叶边缘反卷 …………5. 垂果亚麻 L. nutans Maxim.
        5. 茎上部叶较密集，具长的不育枝，叶边缘不反卷 ………… 6. 黑水亚麻 L. amurense Alet.

（1）红花亚麻（辽宁省维管束植物名称考证）

Linum grandiflorum Desf. in Fl. Atlant. 1: 278. 1798.

■ 红花亚麻

植株一部分

花正面观

花侧面观

原产地不详。辽宁省大连有栽培。

观赏植物。

（2）野亚麻（辽宁植物志，黑龙江省植物志，内蒙古植物志，东北植物检索表，东北草本植物志，中国植物志，Flora of China）

Linum stelleroides Planch. in Lond. Journ. Bot. 5: 178. 1848; 东北草本植物志6: 19. 图版7: 1 ~ 3. 1977; 辽宁植物志（上册）: 1008. 图版425: 1 ~ 2. 1988; 内蒙古植物志（第二版）3: 411. 图版157: 1 ~ 4. 1989; 东北植物检索表（第二版）: 381. 图版189: 1. 1995; 中国植物志43(1): 101. 1998; 黑龙江省植物志7: 24. 图版14. 2003; Fl. China11: 36. 2008.

生干燥的山坡、向阳草地、荒地、灌丛。产黑龙江省阿城、萝北、密山、饶河、黑河、爱辉、肇东、肇源、安达、杜尔伯特、宁安、哈尔滨；吉林省长春、吉林、浑江、九台、通榆、珲春、汪清、辉南、靖宇、通化、柳河；辽宁省各地；内蒙古自治区海拉尔、陈巴尔虎旗、新巴尔虎左旗、科尔沁右翼中旗、扎赉特旗、科尔沁左翼后旗、阿鲁科尔沁旗、克什克腾旗、翁牛特旗、巴林右旗、喀喇沁旗、敖汉旗、宁城等地。

种子可供榨油，又可入药，治便秘、皮肤瘙痒、荨麻疹。鲜草外敷可治疗疔疮肿毒。

■ 野亚麻

花侧面观

植株一部分

植株

苗期

（3）亚麻（黑龙江省植物志，内蒙古植物志，东北植物检索表，东北草本植物志，中国植物志，Flora of China）

■ 亚麻

花正面观

花侧面观

植株一部分

Linum usitatissimum L., Sp. Pl. 277. 1753; 东北草本植物志6: 21. 图版7: 4 ~ 5. 1977; 内蒙古植物志（第二版）3: 412. 1989; 东北植物检索表（第二版）: 381. 图版189: 4. 1995; 中国植物志43(1): 102. 1998; 黑龙江省植物志7: 24. 图版15. 2003; Fl. China 11: 36. 2008.

原产地中海地区，欧、亚温带多有栽培。黑龙江省和内蒙古自治区有栽培。

为重要的纤维、油料和药用植物。韧皮部纤维为最优良纺织原料，用以纺织夏布、网系绳索和麻袋等及造纸；全草及种子可入药；种子榨亚麻籽油，药用、食用或用作印刷墨、润滑剂等。

（4）宿根亚麻（内蒙古植物志，中国植物志，Flora of China）；多年生亚麻（英拉汉植物名称）

Linum perenne L., Sp. Pl. 277. 1753; 内蒙古植物志（第二版）3: 412. 图版157: 5 ~ 6. 1989; 中国植物志43(1): 103. 图版30: 3 ~ 6. 1998; Fl. China11: 36. 2008.

生干旱草原、沙砾质干河滩和干旱的山地阳坡疏灌丛或草地。产内蒙古自治区额尔古纳、海拉尔、新牙克石、满洲里、新巴尔虎左旗、新巴尔虎右旗、鄂温克、突泉、科尔沁右翼前旗、科尔沁右翼中旗、科尔沁左翼后旗、巴林右旗、克什克腾旗、锡林浩特、正蓝旗等地。其他地方常见栽培。

观赏价值较高。花及种子有通经利尿作用，用于子宫瘀血、经闭、身体虚弱。

■ 宿根亚麻

果序一部分

植株一部分

花序

（5）垂果亚麻（中国植物志，Flora of China）；贝加尔亚麻（黑龙江省植物志，东北植物检索表，东北草本植物志）

■ 垂果亚麻

植株一部分

果序一部分

Linum nutans Maxim. in Bull. Acad. Imp. Sci. Saint–Pétersbourg 26: 430. 1880; Fl. China 11: 37. 2008; 中国植物志43(1): 104. 图版31：1. 1998.——*Linum baicalense* Juz. in Fl. URSS 14: 715. 1949; 东北草本植物志6: 21. 图版7: 6. 1977; 东北植物检索表（第二版）: 381. 图版189: 2. 1995; 黑龙江省植物志7: 22. 图版13: 2. 2003.

生沙质草原和干山坡。产黑龙江省黑河；吉林省白城、镇赉；辽宁省凌源；内蒙古自治区满洲里、海拉尔、额尔古纳、牙克石、扎鲁特旗、巴林右旗、赤峰、通辽、翁牛特旗、克什克腾旗等地。

（6）黑水亚麻（黑龙江省植物志，东北植物检索表，东北草本植物志，中国植物志，Flora of China）

Linum amurense Alet. in Bot. Zeit. 25: 251. 1867; 东北草本植物志6: 21. 1977; 东北植物检索表（第二版）: 381. 图版189: 3. 1995; 中国植物志43(1): 103. 1998; 黑龙江省植物志7: 22. 图版13: 1. 2003; Fl. China 11: 37. 2008.

生草原、山地干山坡、干河床沙砾地等地。产黑龙江省杜尔伯特；吉林省白城地区；内蒙古自治区海拉尔、满洲里、新巴尔虎左旗、新巴尔虎右旗等地。

■ 黑水亚麻

果序一部分

花正面观

花侧面观

根部

植株一部分

植株

104. 叶下珠科 Phyllanthaceae

Phyllanthaceae Martinov, Tekhno-Bot. Slovar 369. 1820, *nom. cons.*

木贼门、木贼亚门、木兰纲、蔷薇亚纲、蔷薇超目、金虎尾目（Malpighiales）。

乔木、灌木或草本。植株无内生韧皮部及乳汁管，稀有乳汁管组织，乳汁呈红色或淡红色。单叶，稀三出复叶。花序各式；萼片通常5，多数分离，通常覆瓦状排列；有花瓣及花盘，或只有花瓣，稀花瓣及花盘均缺；雄蕊少数至多数，通常分离；花粉粒双核；通常有退化雌蕊；子房3～12室，每室有2颗胚珠。果实为蒴果、核果或浆果状，爿裂或不开裂；种子无种阜，胚乳丰富，肉质，胚直立，子叶宽而扁。

本科全世界有71属2100种以上，广布于热带地区，少数种分布至温带地区。中国产15属128种，广布南北各地。东北地区产3属3种。

分属检索表

1. 子房每室1颗胚珠；植株通常存在内生韧皮部；叶柄上部或叶片基部通常具有腺体；花通常单生，无花瓣 …………………………………………………… 1. 叶下珠属（油柑属）Phyllanthus

1. 子房每室2颗胚珠；植株无内生韧皮部；叶柄和叶片均无腺体。

  2. 灌木；雌雄异株；无花瓣；雄花多朵簇生；有宿存果轴 …………………… 2. 白饭树属（叶底珠属）Flueggea

  2. 亚灌木；雌雄同株；有花瓣；雄花2～4朵簇生；无宿存果轴 ………………………… 3. 雀舌木属 Leptopus

1 叶下珠属（油柑属） *Phyllanthus* L.

Phyllanthus L., Sp. Pl. 1981. 1753.

灌木或草本，少数为乔木。单叶互生，通常在侧枝上排成2例，呈羽状复叶状，全缘，羽状脉，具短柄。花单性，雌雄同株或异株，单生、簇生或组成聚伞、团伞、总状或圆锥花序；花梗纤细；无花瓣。雄花：萼片（2～）3～6，离生，1～2轮，覆瓦状排列；雄蕊2～6，花丝离生或合生成柱状，花药2室，外向；无退化雌蕊。雌花：萼片与雄花的同数或较多；子房通常3室，稀4～12室，花柱与子房室同数，分离或合生，顶端全缘或2裂。蒴果，通常基顶压扁呈扁球形，成熟后常开裂3个2裂的分果爿。

本属全世界750～800种，主要分布于世界热带及亚热带地区，少数为北温带地区。中国产32种，主要分布于长江以南各省区。东北地区产1种。

黄珠子草（中国植物志，Flora of China）；东北油柑（辽宁植物志，黑龙江省植物志，东北植物检索表，东北草本植物志）

Phyllanthus virgatus Forst. in Fl. Ins. Austr. Prodr. 65. 1786; 中国植物志44(1): 91. 图版25: 5～9. 1994; Fl. China 11: 185. 2008.——*P. ussuriensis* auct. non Rupr. et Maxim. : 东北草本植物志6: 49. 图版19. 1977; 辽宁植物志（上册）: 1036. 图版439. 1988; 东北植物检索表（第二版）: 386. 图版190: 3. 1995; 黑龙江省植物志7: 49. 图版27. 2003.

一年生草本；单叶互生；叶片近革质，线状披针形、长圆形或狭椭圆形，几乎无叶柄；通常2～4朵雄花和1朵雌花同簇生叶腋；蒴果扁球形，紫红色，有鳞片状突起。生山地草坡、沟边草丛或路旁灌丛中。产黑龙江省依兰；辽宁省沈阳、鞍山、抚顺、本溪、海城、普兰店、庄河、旅顺口、东港等地。

根或全草有补脾胃、消食退翳作用，用于淋证、骨鲠 喉、疳积。

■ 黄珠子草

果枝侧面观

果枝正面观

花枝

植株

2 白饭树属（叶底珠属） *Flueggea* Willd.

Flueggea Willd., Sp. Pl., ed. 4 [Willdenow] 4: 637, 757. 1806.

落叶灌木。单叶互生，2列，全缘，有短柄，具托叶。花小，单性，雌雄异株或同株，通常腋生，黄绿色，无花瓣；雄花多朵簇生；萼片5；雄蕊5，较萼片长，生于5裂花盘的基部，退化子房小，2～3裂；雌花单生或数朵簇生，有梗，萼片5，宿存；花盘近全缘；子房3室，每室有2胚珠，花柱3，2裂。蒴果球形，微扁，3棱状，开裂后果轴和萼片宿存；种子3～6粒。

本属全世界约13种，分布于亚洲、美洲、欧洲及非洲的热带至温带地区。中国产4种，除西北外，全国各省区均有分布。东北地区产1种。

一叶萩（黑龙江省植物志，内蒙古植物志，中国植物志，Flora of China）；叶底珠（辽宁植物志，东北植物检索表）

Flueggea suffruticosa (Pall.) Baill. in Etud. Gen. Euphorb. 502. 1858; 中国植物志44(1): 69. 图版19: 4～9. 1994; Fl. China 11: 178. 2008.——*Securinega suffruticosa* (Pall.) Rechder in Journ. Arn. Arb. 13: 338. 1932; 辽宁植物志（上册）: 1012. 图版427. 1988; 内蒙古植物志（第二版）3: 441. 图版169. 1989; 东北植物检索表（第二版）: 386. 图版190: 5. 1995; 黑龙江省植物志7: 53. 图版29. 2003.

落叶灌木；叶片椭圆形、长圆形或倒卵状椭圆形；花小，单性，雌雄异株，淡黄色；雄花数朵簇生叶腋；雌花单生或2～5簇生；蒴果三棱状扁球形，红褐色，3浅裂。生于山坡灌丛中及山坡向阳处。产黑龙江省伊春、黑河、呼玛、密山、哈尔滨、通河、依兰、安达；吉林省汪清、珲春、抚松、靖宇、通化、长春、扶余、九台、前郭、双辽、通榆、吉林、集安；辽宁省各地；内蒙古自治区额尔古纳、鄂伦春、鄂温克、科尔沁右翼前旗、大青沟、扎鲁特旗、奈曼旗、巴林右旗、宁城、林西、西乌珠穆沁旗、锡林浩特、太仆寺旗等地。

叶、花有祛风活血、补肾强筋作用。较嫩的茎叶可食用。全株有毒。

■ 一叶萩

果序

雄花枝

雌花枝

植株一部分

植株

3 雀舌木属 *Leptopus* Decne.

Leptopus Decne. in Jacquem. Voy. Ind. Bot. 4: 155, tab. 156. 1844.

灌木，稀多年生草本。单叶互生，全缘，羽状脉；叶柄通常较短。花雌雄同株，稀异株，单生或簇生于叶腋；花梗纤细，稍长；花瓣通常比萼片短小；萼片、花瓣、雄蕊和花盘腺体均为5，稀6。雄花：萼片覆瓦状排列，离生或基部合生；花盘腺体扁平，离生或与花瓣贴生，顶端全缘或2裂；花丝离生，花药内向，纵裂；退化雌蕊小或无。雌花：萼片较雄花的大，花瓣小，有时不明显；花盘腺体与雄花的相同；子房3室，花柱3，2裂，顶端常呈头状。蒴果，成熟时开裂为3个2裂的分果爿。

本属全世界9种，分布自喜马拉雅山北部至亚洲东南部，经马来西亚至澳大利亚。中国有6种，除新疆、内蒙古自治区、福建和台湾外，全国各省区均有分布。东北地区产1种。

雀儿舌头（辽宁植物志，东北植物检索表，中国植物志，Flora of China）

Leptopus chinensis (Bunge) Pojark. in Not. Syst. Herb. Inst. Bot. Acad. Sci. URSS. 20: 274. 1960; 辽宁植物志（上册）: 1012. 图版426. 1988; 中国植物志44(1): 18. 图版3: 1～3. 1994; 东北植物检索表（第二版）: 386. 图版190: 2. 1995; Fl. China11: 172. 2008.

落叶小灌木；叶片卵状椭圆形或卵状披针形；花单性，雌雄同株，稀异株，单生或2～4朵簇生叶腋；雄花花瓣5，白色；雌花花瓣小，不足1毫米；蒴果扁球形，棕黄色，果梗下垂。生山坡阴处。产辽宁省建昌、绥中、兴城、大连等地。

■ 雀儿舌头

果实

花

果枝

花枝

植株

植株一部分

株型紧凑，为水土保持林优良的林下植物，也可做庭园绿化灌木。未开花的幼嫩枝叶有毒性，羊多食可致死。根入药，有理气止痛的功效。叶可杀虫。

105. 牻牛儿苗科 Geraniaceae

Geraniaceae Juss., Gen. Pl. [Jussieu] 268. 1789, *nom. cons.*

木贼门、木贼亚门、木兰纲、蔷薇亚纲、蔷薇超目、牻牛儿苗目（Geraniales）。

草本，稀为亚灌木或灌木。叶互生或对生，叶片通常掌状或羽状分裂，具托叶。聚伞花序腋生或顶生，稀花单生；花两性，整齐，辐射对称或稀为两侧对称；萼片、花瓣通常5，稀为4，覆瓦状排列；雄蕊10～15，2轮，外轮与花瓣对生，花丝基部合生或分离，花药丁字着生，纵裂；蜜腺通常5，与花瓣互生；子房上位，心皮2～3（～5），通常3～5室，每室具1～2倒生胚珠，花柱与心皮同数，通常下部合生，上部分离。蒴果，室间开裂或稀不开裂，每果瓣具1种子；种子具微小胚乳或无胚乳，子叶折叠。

本科全世界约6属，约835种，主要分布于温带、亚热带和热带山区。中国有2属54种（不含栽培属、种）。东北地区产3属16种1变种1变型，其中栽培2种。

分属检索表

1. 花稍两侧对称，花萼具距 ……………………………………………………………… 1. 天竺葵属 Pelargonium
1. 花辐射对称，花萼无距。
   2. 雄蕊10，通常全有花药；果成熟时果瓣与中轴分离，喙部通常反卷，但不为螺旋状卷曲 … 2. 老鹳草属 Geranium
   2. 雄蕊10，外轮5枚无花药；果成熟时果瓣与中轴分离，喙部由下而上呈螺旋状卷曲 …… 3. 牻牛儿苗属 Erodium

1 天竺葵属 *Pelargonium* L'Her.

Pelargonium L'Her. in Ait. Hort. Kew. 2: 417. 1789.

草本、亚灌木或灌木，具浓裂香气。茎略呈肉质。叶对生或互生；叶片圆形、肾圆形或扇形，不分裂或掌状分裂，边缘波状，具齿。伞形或聚伞花序，稀为花单生，总花梗腋生或与叶对生；花通常两侧对称，萼片5，覆瓦状排列，基部合生，近轴1枚延伸成长距并与花梗合生；花瓣5，覆瓦状排列，上方2枚较大而同形，下方3枚同形；雄蕊10，花丝基部通常合生或偏生；子房合生，5心皮，5室，花柱分枝5。蒴果具喙，5裂。

本属全世界约250种，主要分布于热带地区，特别集中分布于南非。中国已知较为普遍引种的约5种，无野生种。东北地区栽培2种。

分种检索表

1. 叶有香味，表面无暗红色马蹄形环纹，叶缘具不规则的锐锯状齿或3～5浅裂；茎略为木质 ……………………………………………………………… 1. 家天竺葵 P. domesticum Bailey
1. 叶有鱼腥味，表面有暗红色马蹄形环纹，叶缘具浅钝锯状齿或齿裂；茎肥厚肉质 … 2. 天竺葵 P. hortorum Bailey

（1）家天竺葵（中国植物志）；大花天竺葵（中国高等植物图鉴）

Pelargonium domesticum Bailey in Stand. Cycl. Hort. 2532. 1916; 中国植物志43(1): 85. 图版25: 9. 1998.

原产南非。辽宁省大连有栽培。

宜用于花坛、花境，也是优良的室内盆栽植物。

■ 家天竺葵

花序

植株

（2）天竺葵（中国植物志）；洋绣球、臭海棠（俗称）

Pelargonium hortorum Bailey in Stand. Cyl. Hort. 2531. 1916; 中国植物志43(1): 85. 图版25: 4 ~ 8. 1998.

原产南非。辽宁省大连有栽培。

可布置花坛。花有清热解毒作用，用于中耳炎。

■ 天竺葵

多花色组合栽培

花序

■ 天竺葵

花序侧面观

植株

2 老鹳草属 *Geranium* L.

Geranium L., Sp. Pl. 676. 1753.

草本，稀为亚灌木或灌木，通常被倒向毛。茎具明显的节。叶对生或互生，具托叶，通常具长叶柄；叶片通常掌状分裂，稀二回羽状或仅边缘具齿。花序聚伞状或单生，每总花梗通常具2花，稀为单花或多花；花整齐，花萼和花瓣均为5，覆瓦状排列，腺体5，每室具2胚珠。蒴果具长喙，5果瓣。

本属全世界约380种，世界广布，但主要分布于温带及热带山区。中国约50种，全国广布，但主要分布于西南、内陆山地和温带落叶阔叶林区。东北地区产12种1变种。

分种检索表

1. 花径1厘米以下。
  2. 茎生叶片3裂；植株有时具腺毛；花序梗具2花 ……………… **1. 老鹳草 *G. wilfordii*** Maxim.
  2. 茎生叶片5裂或仅上部叶3裂；植株无腺毛；花序梗具1花或2花。
    3. 花序梗具2花，稀具1花 ……………… **2. 尼泊尔老鹳草 *G. nepalense*** Sweet
    3. 花序梗通常具1花，稀具2花 ……………… **3. 鼠掌老鹳草 *G. sibiricum*** L.
1. 花径1.5～3厘米。
  4. 花径约1.5厘米（**4. 粗根老鹳草 *G. dahuricum*** DC.）。
    5. 茎直立；基生叶花期常枯萎；叶长3～4厘米，宽5～7厘米；花柱比花柱分枝短 ……………… **4a. 粗根老鹳草 *G. dahuricum*** var. ***dahuricum***
    5. 茎伏卧；基生叶花期宿存；叶长1.5～2厘米，宽2～3厘米；花柱与花柱分枝近等长或稍长 ……………… **4b. 长白老鹳草 *G. dahuricum*** var. ***paishanense*** (Y. L. Cheng) Huang et L. R. Xu
  4. 花径2～3厘米。
    6. 花柱长4～7毫米，比花柱分枝明显长；花梗、萼片、蒴果均被腺毛或混生腺毛。
      7. 花梗果期弯曲；叶分裂几乎达基部，裂片羽状分裂或羽状缺刻 ……………… **5. 草地老鹳草 *G. pratense*** L.
      7. 花梗果期直立；叶掌状中裂或略深裂，裂片宽而不分裂。

（接上表）

8. 叶分裂为全长的3/4，裂片边缘具不整齐深缺刻状大牙齿 ……………… 6. 东北老鹳草 G. erianthum DC.

8. 叶分裂达全长的1/2或略深，裂片边缘具浅缺刻状牙齿或圆形粗牙齿 ……………………………………………………………………7. 毛蕊老鹳草 G. eriostemon Fisch. ex DC.

6. 花柱长1～3毫米，为花柱分枝长的1/3或近等长；花梗、花萼、蒴果均被单毛，无腺毛。

9. 叶分裂常达基部，裂片羽状分裂或2～3深裂。

10. 花梗果期下弯，花淡红色或苍白色；叶裂片2～3深裂，小裂片具缺刻或粗锯状齿 ……………………………………………………………………8. 突节老鹳草 G. krameri Franch. et Sav.

10. 花梗果期直立，花鲜紫红色；叶裂片羽状分裂，小裂片线形 …… 9. 线裂老鹳草 G. soboliferum Kom.

9. 叶浅裂或裂至2/3，但不达基部，裂片具牙齿状缺刻或不整齐牙齿。

11. 叶浅裂或近中裂，背面无毛或仅沿脉稍被伏毛，裂片广卵形，边缘具不整齐牙齿 …………………………………………………………………… 10. 朝鲜老鹳草 G. koreanum Kom.

11. 叶分裂达2/3，背面被短柔毛，裂片菱形，边缘具牙齿状缺刻，顶端近3裂。

12. 花丝基部扩大部分及背部被白色长毛；全株被灰白色短柔毛 ……………………………………………………………11. 灰背老鹳草 G. wlassovianum Fisch. ex Link

12. 仅花丝基部扩大部分具缘毛，背部无毛；全株被开展的长毛 …………………………………………………… 12. 兴安老鹳草 G. maximowiczii Regel et Maack

（1）老鹳草（辽宁植物志，黑龙江省植物志，内蒙古植物志，东北植物检索表，中国植物志，Flora of China）；老观草（东北草本植物志）

Geranium wilfordii Maxim. in Bull. Acad. Sci. St. Petersb. 26: 453. 1880; 东北草本植物志6: 18. 图版6: 5. 1977; 辽宁植物志（上册）: 1002. 图版422: 5. 1988; 内蒙古植物志（第二版）3: 408. 图版156: 4. 1989; 东北植物检索表（第二版）: 378. 图版188: 3. 1995; 中国植物志43(1): 32. 1998; 黑龙江省植物志7: 17. 图版11. 2003; Fl. China 11: 14. 2008.

生林缘、灌丛或阔叶林中。产黑龙江省哈尔滨、汤原、齐齐哈尔、阿城；吉林省蛟河、集安；辽宁省西丰、沈阳、鞍山、本溪、新宾、庄河；内蒙古自治区大青沟、宁城等地。

全草有祛风湿、通经络、止泻痢作用。

■ 老鹳草

白花

花侧面观

花正面观

■ 老鹳草

植株下部

植株上部

（2）尼泊尔老鹳草（内蒙古植物志，中国植物志，Flora of China）

Geranium nepalense Sweet, Ceran. 1: tab. 12. 1820 ~ 1822; 中国植物志43(1): 33. 图版8: 2. 1998; Fl. China 11: 15. 2008; 内蒙古植物志（第三版）3: 215. 2020.

生山地阔叶林林缘、灌丛、荒山草坡。产辽宁省大连、鞍山；内蒙古自治区锡林郭勒集宁区。

全草入药，具强筋骨、祛风湿、收敛和止泻之效。

■ 尼泊尔老鹳草

根部

单瓣株

花侧面观

同株6个花序

重瓣花

花正面观

■ 尼泊尔老鹳草

重瓣株

植株一部分

（3）鼠掌老鹳草（辽宁植物志，黑龙江省植物志，内蒙古植物志，东北植物检索表，中国植物志，Flora of China）；鼠掌老观草（东北草本植物志）

Geranium sibiricum L., Sp. Pl. 683. 1753; 东北草本植物志6: 16. 图版6: 3. 1977; 辽宁植物志（上册）: 1002. 图版422: 3. 1988; 内蒙古植物志（第二版）3: 407. 图版156: 1. 1989; 东北植物检索表（第二版）: 378. 图版188: 4. 1995; 中国植物志43(1): 33. 图版8: 1. 1998; 黑龙江省植物志7: 14. 图版9. 2003; Fl. China 11: 15. 2008.

生杂草地、河岸、林缘。产黑龙江省哈尔滨、伊春、齐齐哈尔、依兰、尚志、呼玛、克山、密山、萝北、富裕；吉林省抚松、敦化、靖宇、九台、安图、和龙、汪清、珲春、浑江、前郭；辽宁省朝阳、

■ 鼠掌老鹳草

花正面观

茎叶

花侧面观

植株

植株一部分

建平、喀左、建昌、葫芦岛、北镇、西丰、沈阳、抚顺、桓仁、鞍山、海城、大连、金州；内蒙古自治区海拉尔、额尔古纳、牙克石、扎兰屯、新巴尔虎左旗、鄂伦春、科尔沁右翼前旗、科尔沁右翼中旗、科尔沁左翼后旗、扎鲁特旗、奈曼旗、巴林左旗、巴林右旗、克什克腾旗、宁城、西乌珠穆沁旗、锡林浩特、镶黄旗、正蓝旗等地。

全草有祛风活血、清热解毒作用。

（4）粗根老鹳草（辽宁植物志，黑龙江省植物志，内蒙古植物志，东北植物检索表，中国植物志，Flora of China）；粗根老观草（东北草本植物志）

Geranium dahuricum DC. in Prodr. 1: 642. 1824; 东北草本植物志6: 15. 图版6: 1. 1977; 辽宁植物志（上册）: 1001. 图版422: 1. 1988; 内蒙古植物志（第二版）3: 408. 图版156: 2 ~ 3. 1989; 东北植物检索表（第二版）: 378. 图版188: 1. 1995; 中国植物志43(1): 64. 图版19: 1 ~ 2. 1998; 黑龙江省植物志7: 8. 图版4. 2003; Fl. China 11: 24. 2008.

（4a）粗根老鹳草（原变种）

Geranium dahuricum var. *dahuricum*

生山地草甸或亚高山草甸。产黑龙江省鸡西、宁安、黑河、北安、伊春、鹤岗、爱辉、萝北、集贤、嘉荫、呼玛；吉林省安图、珲春、汪清、和龙、抚松；辽宁省清原、桓仁；内蒙古自治区海拉尔、额尔古纳、根河、牙克石、鄂伦春、鄂温克、新巴尔虎左旗、科尔沁右翼前旗、科尔沁右翼中旗、科尔沁左翼后旗、扎鲁特旗、库伦旗、奈曼旗、巴林左旗、克什克腾旗、喀喇沁旗、宁城、东乌珠穆沁旗、西乌珠穆沁旗、正蓝旗等地。

■ 粗根老鹳草

花

植株

根部

（4b）长白老鹳草（变种）（辽宁植物志，东北植物检索表，中国植物志）；长白老观草（东北草本植物志）

Geranium dahuricum var. *paishanense* (Y. L. Cheng) Huang et L. R. Xu, 中国植物志43(1): 64. 1998.——*G. paishanense* Y. L. Chang, 东北草本植物志6: 16, 291. 图版6: 2 . 1977; 辽宁植物志（上册）: 1001. 图版422: 2. 1988; 东北植物检索表（第二版）: 378. 图版188: 2. 1995.

生山地。产黑龙江省海林；吉林省抚松（模式标本采集地）、安图、长白；辽宁省宽甸、桓仁、本溪等地。

■ 长白老鹳草

花

根部

基生叶

植株

（5）草地老鹳草（中国植物志，Flora of China）；草甸老鹳草（黑龙江省植物志，东北植物检索表）；草原老鹳草（内蒙古植物志）；草甸老观草（东北草本植物志）；大花老鹳草（内蒙古植物志，东北植物检索表）；大花老观草（东北草本植物志）

Geranium pratense L., Sp. Pl. 681. 1753; 东北草本植物志6: 11. 1977; 内蒙古植物志（第二版）3: 402. 图版154: 4. 1989; 东北植物检索表（第二版）: 377. 1995; 中国植物志43(1): 58. 1998; 黑龙江省植物志7: 14. 图版8. 2003; Fl. China 11: 22. 2008.——*Geranium transbaicalicum* Serg. in Sist. Zametki Mater. Gerb. Krylova

■ 草地老鹳草

花正面观

花侧面观

植株

Tomsk. Gosud. Univ. Kuybysheva 1934(1): 4. 1934; 东北草本植物志6: 11. 图版4: 3. 1977; 内蒙古植物志（第二版）3: 404. 图版154: 5. 1989; 东北植物检索表（第二版）: 377. 图版187: 3. 1995.

生山地草甸和亚高山草甸。产黑龙江省呼玛、伊春；内蒙古自治区海拉尔、牙克石、陈巴尔虎旗、鄂温克、科尔沁右翼前旗、科尔沁左翼后旗、巴林右旗、巴林左旗、克什克腾旗、西乌珠穆沁旗、锡林浩特、正蓝旗等地。

（6）东北老鹳草（中国植物志，Flora of China）；北方老鹳草（辽宁植物志，东北植物检索表）；北方老观草（东北草本植物志）

Geranium erianthum DC. in Prodr. 1: 641. 1824; 东北草本植物志6: 9. 图版4: 2. 1977; 辽宁植物志（上册）: 1000. 1988; 东北植物检索表（第二版）: 377. 图版187: 2. 1995; 中国植物志43(1): 60. 图版17: 1 ~ 5. 1998; Fl. China 11: 20. 2008.

生林下、林缘草地。产黑龙江省海林、尚志、呼玛；吉林省抚松、长白、安图；辽宁省本溪、宽甸、桓仁；内蒙古自治区克什克腾旗、宁城等地。

全草有祛风、活血、通络、清热作用。

■ 东北老鹳草

茎叶

植株一部分

花序

（7）毛蕊老鹳草（黑龙江省植物志，内蒙古植物志，东北植物检索表，中国植物志，Flora of China）；毛蕊老观草（东北草本植物志）

Geranium platyanthum Duthie in Gard. Chron. ser. 3. 39: 52. 1906; 东北植物检索表（第二版）: 377. 图版187: 1. 1995; 中国植物志43(1): 42. 图版11: 1 ~ 5. 1998; Fl. China 11: 21. 2008.——*G. eriostemon* Fisch. ex DC. in Prodr. 1: 641. 1824; 东北草本植物志 6: 9. 图版4: 1. 1977; 内蒙古植物志（第二版）3: 401. 图版154: 1 ~ 3. 1989; 黑龙江省植物志7: 8. 图版5. 2003.

■ 毛蕊老鹳草

花序

根部

果序

■ 毛蕊老鹳草

茎下部叶

植株

生山地林下、灌丛和草甸。产黑龙江省宁安、尚志、伊春、萝北、呼玛、嘉荫、黑河、爱辉；吉林省安图、抚松、桦甸、汪清、珲春、通化；辽宁省桓仁、岫岩；内蒙古自治区额尔古纳、根河、牙克石、扎兰屯、鄂伦春、鄂温克、陈巴尔虎旗、科尔沁右翼前旗、科尔沁右翼中旗、扎赉特旗、科尔沁左翼后旗、扎鲁特旗、克什克腾旗、东乌珠穆沁旗、锡林浩特、正蓝旗等地。

（8）突节老鹳草（辽宁植物志，黑龙江省植物志，内蒙古植物志，东北植物检索表，中国植物志，Flora of China）；突节老观草（东北草本植物志）

Geranium krameri Franch. et Sav. in Enum. Pl. Jap. 306. 1879; 辽宁植物志（上册）: 1000. 图版422: 4. 1988; 东北植物检索表（第二版）: 377. 图版188: 5. 1995; 中国植物志43(1): 64. 图版20: 6 ~ 11. 1998; 黑龙江省植物志7: 11. 图版6. 2003; Fl. China 11: 25. 2008.——*G. japonicum* auct. non Franch. et Sav: 东北草本植物志6: 12. 图版6: 4. 1977; 内蒙古植物志（第二版）3: 404. 图版155: 8. 1989.

生草甸、灌丛、荒地、路边等处。产黑龙江省虎林、密山、依兰、鹤岗、克山、呼玛；吉林省九台、蛟河、永吉、珲春、汪清；辽宁省西丰、开原、抚顺、新宾、清原、本溪、鞍山、桓仁、凤城、海城、丹东、普兰店、庄河；内蒙古自治区鄂伦春、鄂温克、科尔沁右翼前旗、科尔沁右翼中旗、扎赉特旗等地。

植物体内含有槲皮素、鞣质等药用成分，有药用开发价值。

■ 突节老鹳草

根部

花

■ 突节老鹳草

花序

茎节部稍膨大

茎叶

（9）线裂老鹳草（黑龙江省植物志，东北植物检索表，中国植物志，Flora of China）；线裂老观草（东北草本植物志）

Geranium soboliferum Kom. in Act. Hort. Petrop. 18: 433. 1901; 东北草本植物志6: 12. 图版5: 4. 1977; 东北植物检索表（第二版）: 377. 图版187: 6. 1995; 中国植物志43(1): 66. 图版20: 1 ~ 5. 1998; 黑龙江省植物志7: 17. 图版10. 2003; Fl. China 11: 25. 2008.

生中低山草甸和阔叶林下。产黑龙江省萝北、尚志、宁安、伊春；吉林省蛟河、安图、敦化、珲春、汪清等地。

■ 线裂老鹳草

花序

花正面观

茎叶

植株

（10）朝鲜老鹳草（辽宁植物志，东北植物检索表，中国植物志，Flora of China）；朝鲜老观草（东北草本植物志）

Geranium koreanum Kom. in Act. Hort. Petrop. 18: 34. 1901; 东北草本植物志6: 15. 图版5: 3. 1977; 辽宁植物志（上册）: 1001. 1988; 东北植物检索表（第二版）: 378. 图版188: 6. 1995; 中国植物志43(1): 76. 图版17: 6 ~ 11. 1998; Fl. China11: 25. 2008.

生阔叶林中。产辽宁省桓仁、本溪、宽甸、庄河、丹东、岫岩等地。

■ 朝鲜老鹳草

花序

茎叶

根部

（11）灰背老鹳草（黑龙江省植物志，内蒙古植物志，东北植物检索表，中国植物志，Flora of China）；灰背老观草（东北草本植物志）

Geranium wlassovianum Fisch. ex Link in Enum. Hort. Berol. 2, 197. 1822; 东北草本植物志6: 14. 图版5: 2. 1977; 内蒙古植物志（第二版）3: 406. 图版155: 1 ~ 2. 1989; 东北植物检索表（第二版）: 377. 图版187: 4. 1995; 中国植物志43(1): 77. 图版23: 6 ~ 12. 1998; 黑龙江省植物志7: 20. 图版12. 2003; Fl. China 11: 26. 2008.

生低、中山的山地草甸、林缘等处。产黑龙江省伊春、北安、密山、爱辉、阿城、宁安、依兰、呼玛；吉林省抚松、靖宇、敦化、汪清、安图、通化、和龙；辽宁省凤城；内蒙古自治区额尔古纳、牙克石、扎兰屯、鄂伦春、鄂温克、新巴尔虎左旗、科尔沁右翼前旗、科尔沁右翼中旗、突泉、科尔沁左翼后旗、扎鲁特旗、赤峰、巴林左旗、巴林右旗、阿鲁科尔沁旗、克什克腾旗、喀喇沁旗、宁城、东乌珠

■ 灰背老鹳草

花正面观

花侧面观

植株上部

■ 灰背老鹳草

茎下部叶

植株

穆沁旗、西乌珠穆沁旗、锡林浩特、正蓝旗等地。

全草有祛风、活血、通络、清热作用。

（12）兴安老鹳草（黑龙江省植物志，内蒙古植物志，东北植物检索表，中国植物志，Flora of China）；兴安老观草（东北草本植物志）

Geranium maximowiczii Regel et Maack in Tent. Fl. Ussur. 39. 1861; 东北草本植物志6: 14. 图版5: 1. 1977; 内蒙古植物志（第二版）3: 406. 图版155: 4. 1989; 东北植物检索表（第二版）: 378. 图版187: 5. 1995; 中国植物志43(1): 79. 图版23: 1 ~ 5. 1998; 黑龙江省植物志7: 11. 图版7. 2003; Fl. China 11: 26. 2008.

■ 兴安老鹳草

花侧面观

雌蕊

茎叶

根部

花序

基生叶

植株

生林下。产黑龙江省虎林、嫩江、宝清、呼玛、饶河、伊春、宁安；吉林省汪清；辽宁省营口；内蒙古自治区额尔古纳、牙克石、陈巴尔虎旗、科尔沁右翼前旗、科尔沁右翼中旗等地。

3 牻牛儿苗属 *Erodium* L′Her.

Erodium L′Her. in Aiton, Hort. Kew. 2: 414. 1789.

草本，稀为亚灌木状。茎分枝或无茎，常具膨大的节。叶对生或互生，羽状分裂；托叶淡棕色干膜质。总花梗腋生，通常伞形花序，稀仅具2花；花对称或稍不对称；萼片、花瓣均为5，覆瓦状排列；蜜腺5，与花瓣互生；雄蕊10，2轮，外轮无药，与花瓣对生，内轮具药，与花瓣互生，花丝中部以下扩展，基部稍合生；子房5裂，5室，每室具2胚珠，花柱5。蒴果5室，具5果瓣，每果瓣具1种子，成熟时由基部向顶端螺旋状卷曲或扭曲，果瓣内面具长糙毛；种子无胚乳。

本属全世界约75种，主要分布于欧亚温带、地中海地区、非洲、澳大利亚和南美。中国已知有4种，为典型的温带分布，主要分布于长江中下游以北的东北、华北、西北、四川西北和西藏等地。东北地区产2种1变型。

分种检索表

1. 一年生或二年生草本；叶片轮廓矩圆形或披针形；总花梗被白色早落长腺毛，每梗具2～10花；花梗与总花梗相似且长为花3～4倍 ………………………………………… 1. 芹叶牻牛儿苗 E. cicutarium (L) L′ Her. ex Ait.
1. 多年生草本；叶片轮廓卵形或三角状卵形；总花梗被开展长柔毛和倒向短柔毛，每梗具2～5花；花梗与总花梗相似且等于或稍长于花（2. 牻牛儿苗 E. stephanianum Willd.）。
   2. 花瓣淡紫蓝色 ………………………………………… 2a. 牻牛儿苗 E. stephanianum f. stephanianum
   2. 花瓣呈浓黑紫色 ……………………… 2b. 紫牻牛儿苗 E. stephanianum f. atranthum (Nakai et Kitag.) Kitag.

（1）芹叶牻牛儿苗（内蒙古植物志，中国植物志，Flora of China）

Erodium cicutarium (L) L′Her. ex Ait. in Hort. Kew. ed. 1. 2: 412. 1789; 内蒙古植物志（第二版）3: 400. 图版153: 3～4. 1989; 中国植物志43(1): 21. 图版5: 3. 1998; Fl. China 11: 30. 2008.

生山地沙砾质山坡、沙质平原草地、荒地等处。产黑龙江漠河；辽宁省大连；内蒙古自治区喀喇沁旗、宁城县。

■ 芹叶牻牛儿苗

茎叶

果序

居群

■ 芹叶牻牛儿苗

花序

花侧面观

（2）牻牛儿苗（辽宁植物志，黑龙江省植物志，内蒙古植物志，东北植物检索表，东北草本植物志，中国植物志，Flora of China）

Erodium stephanianum Willd. in Sp. Pl. 3: 625. 1800; 东北草本植物志6: 6. 图版3. 1977; 辽宁植物志（上册）: 998. 图版421. 1988; 内蒙古植物志（第二版）3: 398. 图版153: 1～2. 1989; 东北植物检索表（第二版）: 377. 图版186: 5. 1995; 中国植物志43(1): 22. 图版5: 4～9. 1998; 黑龙江省植物志7: 5. 图版3. 2003; Fl. China 11: 30. 2008.

（2a）牻牛儿苗（原变型）

Erodium stephanianum f. *stephanianum*

生山坡或河岸沙地，也见荒地。产黑龙江省哈尔滨、杜尔伯特、安达；吉林省镇赉、和龙、通榆、安图、延吉；辽宁省凌源、建平、北镇、兴城、彰武、阜新、沈阳、大连；内蒙古自治区各盟。

嫩茎叶可食。全草有祛风、活血、清热解毒作用。

■ 牻牛儿苗

花

植株

果实

（2b）紫牻牛儿苗（变型）（辽宁植物志，黑龙江省植物志，东北植物检索表，东北草本植物志）

Erodium stephanianum f. *atranthum* (Nakai et Kitag.) Kitag. in Journ. Jap. Bot. 34: 7. 1959; 东北草本植物志6: 8. 1977; 辽宁植物志（上册）: 999. 1988; 东北植物检索表（第二版）: 377. 1995; 黑龙江省植物志7: 7. 2003.

生山坡草地、河边沙地。产黑龙江省（地点不详）；辽宁省大连、长海、凌源、沈阳、阜新等地；内蒙古自治区罕山林场。

■ 紫栊牛儿苗

花序

植株

花

106. 千屈菜科 Lythraceae

Lythraceae J.St.–Hil., Expos. Fam. Nat. 2: 175. 1805, *nom. cons.*

木贼门、木贼亚门、木兰纲、蔷薇亚纲、蔷薇超目、桃金娘目（Myrtales）。

草本、灌木或乔木。枝通常四棱形，有时具棘状短枝。叶对生，稀轮生或互生，全缘，叶片下面有时具黑色腺点。花单生或簇生，或组成顶生或腋生的穗状、总状或圆锥花序；花两性，辐射对称，稀左右对称；花萼筒状或钟状，平滑或有棱，有时有距，与子房分离而包围子房，多3～6裂，镊合状排列；花瓣与萼裂片同数或无花瓣，花瓣着生萼筒边缘；雄蕊通常为花瓣的倍数，着生于萼筒上，并位于花瓣的下方，花丝长短不一，花药2室，纵裂；子房上位，2～16室，每室具倒生胚珠多数，着生于中轴胎座上，花柱单生，长短不一，柱头头状，稀2裂。蒴果革质或膜质，2～6室，稀1室，室间开裂或室背开裂，或不开裂；种子多数，胚直生，无胚乳。

本科全世界有29属，约600种，广布于热带和亚热带地区，温带地区也有分布。中国产11属45种，广布南北各地。东北地区产7属10种2变种1变型，其中栽培3种1变种1变型。

分属检索表

1. 灌木或乔木。
  2. 浆果球形；花瓣5～9，多褶皱，覆瓦状排列 ………………………… 1. 石榴属 Punica
  2. 蒴果；花瓣6，卷曲，有长爪 ………………………… 2. 紫薇属 Lagerstroemia
1. 草本或亚灌木。
  3. 花6基数。
    4. 花左右对称，萼筒斜生，基部背面有圆形的距 ………………………… 3. 萼距花属 Cuphea
    4. 花辐射对称，萼筒直生，基部无距 ………………………… 4. 千屈菜属 Lythrum
  3. 花4～5基数。
    5. 花瓣4，白色；萼片4，其中2片或全部演变成刺；果实坚果状，有刺状角2或4个，稀无角，顶端有短喙 ………………………… 5. 菱属 Trapa
    5. 花瓣不明显或无；萼筒钟形或球形；果实为蒴果。
      6. 蒴果2～4瓣裂，果壁在新鲜时有密横条纹；花单生或组成穗状或总状花序 …………… 6. 节节菜属 Rotala
      6. 蒴果不规则开裂，果壁无横条纹；花单生或组成腋生的聚伞花序或稠密花束 …… 7. 水苋菜属 Ammannia

1 石榴属 *Punica* L.

Punica L., Sp. Pl.472. 1753.

落叶乔木或灌木。单叶，通常对生或簇生，有时呈螺旋状排列。花顶生或近顶生，单生或几朵簇生或组成聚伞花序，两性，辐射对称；萼革质，萼管与子房贴生，且高于子房，近钟形，裂片5～9，镊合状排列，宿存；花瓣5～9，多皱褶，覆瓦状排列；雄蕊生萼筒内壁上部，多数，花丝分离，子房下位或半下位。浆果球形，顶端有宿存花萼裂片，果皮厚。

本属全世界有2种。中国引入栽培1种。东北地区有栽培。

石榴（中国植物志，Flora of China）

Punica granatum L., Sp. Pl. 1: 472. 1753; 中国植物志52(2): 120. 1983; Fl. China13: 283. 2007.

落叶灌木或乔木。单叶对生，矩圆状披针形，全缘。花1～5朵生枝顶；萼筒通常红色或淡黄色，裂片略外展，卵状三角形；花瓣红色、黄色或白色；花丝长达13毫米；花柱长超过雄蕊。浆果近球形，淡黄褐色或淡黄绿色。

原产亚洲中部。辽宁省大连有栽培。

肉质的外种皮供食用。果皮有涩肠止血作用；根皮有毒，可驱绦虫和蛔虫。

■ 石榴

花侧面观

花枝

果枝

我国栽培石榴的历史可上溯至汉代，现有品种约120个，其中观赏品种10余个，多根据花的颜色以及花瓣数量等特征划分，如：

月季石榴 *Punica granatum* cv. 'Nana'

丛生矮小灌木，枝、叶、花均小；花红色，也有粉色、浅黄、白色等品种。花期长，易结果。是盆栽观赏的好材料。

千瓣月季石榴 *Punica granatum* cv. 'Nana Plena'

植株矮小，性状同月季石榴，惟花重瓣。是盆栽观赏的好材料。

千瓣红花石榴 *Punica granatum* cv. 'Plena'（'Pleniflora'）

花红色，重瓣。

■ 千瓣红花石榴

花

植株一部分

花蕾

2 紫薇属 *Lagerstroemia* L.

Lagerstroemia L., Syst. ed. 10. 1076. 1759.

落叶或常绿灌木或乔木。叶对生、近对生或聚生于小枝的上部，全缘。圆锥花序顶生或腋生；花两性，辐射对称；花梗在小苞片着生处具关节；花萼半球形或陀螺形，革质，常具棱或翅，5～9裂；花瓣通常6，或与花萼裂片同数，基部有细长的爪，边缘波状或有皱纹；雄蕊6至多数，着生于萼筒近基部，花丝细长，长短不一；子房无柄，3～6室，花柱长，柱头头状。蒴果木质，基部有宿存的花萼包围，与萼黏合，成熟时室背开裂为3～6果瓣。

本属全世界约55种，分布于亚洲东部、东南部，南部的热带、亚热带地区，大洋洲也产。中国有15种，主要分布于西南至台湾省。东北地区栽培1种1变型。

分种下单位检索表

1. 花淡红色或紫色 ……………………………………………… a. 紫薇 L. indica f. indica
1. 花白色 ……………………………………………………… b. 银薇 L. indica f. alba

紫薇（中国植物志，Flora of China）；痒痒树（俗称）

Lagerstroemia indica L. in Syst. Nat. ed. 10 2: 1076. 1759; 中国植物志52(2): 94. 图版24: 1～2. 1983; Fl. China 13: 279. 2007.

落叶灌木或小乔木。单叶互生或有时对生，椭圆形，全缘。花淡红色或紫色，直径3～4厘米；花萼外面平滑无棱，裂片6；花瓣6，皱缩，具长爪；雄蕊36～42，外面6枚着生花萼上。蒴果椭圆状球形。

（a）紫薇（原变型）

Lagerstroemia indica f. *indica*

分布于中国华东、华南和西南各省区。辽宁省大连、丹东有栽培。

优良庭园观赏树。木材坚硬、耐腐，可作农具、家具、建筑等用材；茎、叶有祛风利湿、凉血散瘀作用，花有活血止血、清热作用。

■ 紫薇

果序

枝叶

树干

花

植株

（b）银薇（变型）（中国植物志）

Lagerstroemia indica f. *alba* (Nichols.) Rehd.; 中国植物志52(2): 94. 1983

分布中国华东、华南和西南各省区。辽宁省大连有少量栽培。

■ 银薇

植株一部分

花

3 萼距花属 *Cuphea* Adans. ex P. Br.

Cuphea Adans. ex P. Br., Nat. Hist. Jamaic. 216. 1756.

草本或灌木。叶对生或轮生，稀互生。花左右对称，单生或组成总状花序，生于叶柄之间，稀腋生或腋外生；小苞片2枚；萼筒延长而呈花冠状，有颜色，有棱12条，基部有距或驼背状凸起，口部偏斜，有6齿或6裂片，具同数的附属体；花瓣6，不相等，稀只有2枚或缺；雄蕊11，稀9、6或4枚，内藏或凸出，不等长，2枚较短，花药2裂或矩圆形；子房通常上位，无柄，基部有腺体，具不等的2室，花柱细长，柱头头状，2浅裂。蒴果长椭圆形，包藏于萼管内，侧裂。

本属全世界约300种，分布于美洲和夏威夷群岛。中国引种7种。东北地区栽培1种。

萼距花（中国植物志）

Cuphea hookeriana Walp. in Repert. Bot. Syst. 2: 107. 1843; 中国植物志52(2): 85. 图版21: 7 ~ 8. 1983.

常绿灌木或亚灌木状草本；叶披针形；花梗纤细；花萼基部上方具短距，带红色，密被黏质的柔毛或茸毛；花瓣6，深紫色，上方2枚特大而显著。原产墨西哥。辽宁省大连有少量栽培。

具有较强的绿化功能和观赏价值。植株易成形，耐修剪；枝繁叶茂，叶色浓绿有光泽，花色美丽花期长。

■ 萼距花

植株

花序一部分

4 千屈菜属 *Lythrum* L.

Lythrum L., Gen. Pl. 138. 1737.

一年生或多年生草本，稀灌木。小枝常具4棱。叶交互对生或轮生，稀互生，全缘。花单生叶腋或组成穗状花序、总状花序或歧伞花序；花辐射对称或稍左右对称，4 ~ 6基数；萼筒长圆筒形，稀阔钟形，有8 ~ 12棱，裂片4 ~ 6；花瓣4 ~ 6，稀8枚或缺；雄蕊4 ~ 12，成1 ~ 2轮，长、短各半，或有长、中、短三型；子房2室，花柱线形，亦有长、中、短三型。蒴果完全包藏于宿存萼内，通常2瓣裂，每瓣或再2裂。

本属全世界约35种，广布于世界各地，中国有2种。东北地区产1种1变种。

分种下单位检索表

1\. 全株略被粗毛或密被绒毛 ……………………………………………………………a. 千屈菜 L. salicaria var. salicaria

1\. 植株仅叶状苞片边缘具纤毛，其他部位无毛 …………………………………b. 无毛千屈菜 L. salicaria var. glabrum

千屈菜（辽宁植物志，黑龙江省植物志，内蒙古植物志，东北植物检索表，东北草本植物志，中国植物志，Flora of China）

Lythrum salicaria L., Sp. Pl. 1: 446. 1753; 东北草本植物志6: 132. 图版52: 4～5. 1977; 中国植物志52(2): 79. 图版20: 1～5. 1983; 辽宁植物志（上册）: 1225. 图版526: 4～5. 1988; 内蒙古植物志（第二版）3: 561. 图版221. 1989; 东北植物检索表（第二版）: 438. 图版212: 1. 1995; 黑龙江省植物志7: 232. 图版120. 2003; Fl. China13: 282. 2007.

多年生草本。茎多分枝，四棱形或六棱形，被白色柔毛或仅上部有毛。单叶对生或三叶轮生，披针形或阔披针形，顶端钝形或短尖，基部圆形或心形，有时略抱茎，全缘，无柄。总状花序顶生；花淡紫红色；苞片披针形；萼带紫色，具毛，6裂；花瓣6；雄蕊12。蒴果扁圆形，包于萼内。

（a）千屈菜（原变种）

Lythrum salicaria var. *salicaria*

生河边、沼泽湿地。产黑龙江省萝北、饶河、鸡西、宁安、密山、虎林；吉林省镇赉、敦化、安图、长白、珲春、蛟河、集安、汪清、和龙、抚松、吉林；辽宁省凌源、喀左、大连、瓦房店、普兰店、长海；内蒙古自治区牙克石、扎兰屯、鄂伦春、科尔沁右翼前旗、大青沟、克什克腾旗、喀喇沁旗等地。

全草治肠炎、痢疾、便血、外伤出血。嫩苗可食。

■ 千屈菜

果序一部分

花侧面观

茎叶

花期植株

花正面观

（b）无毛千屈菜（变种）（辽宁植物志，黑龙江省植物志，东北植物检索表，东北草本植物志）；中型千屈菜（中国植物志）；光千屈菜（中国植物志）

Lythrum salicaria var. *glabrum* Ledeb. in Fl. Ross. 2: 127. 1843; 东北草本植物志6: 134. 1977; 辽宁植物志（上册）: 1226. 1988; 东北植物检索表（第二版）: 438. 1995; 黑龙江省植物志7: 234. 2003.——*Lythrum intermedium* Ledeb. ex. Colla, Herb. Pedem. 2: 79. 图版60: 2 ~ 7. 1834; 中国植物志52(2): 79. 图版20: 1 ~ 5. 1983.——*Lythrum anceps* (Koehne) Mak. in Sot. Mag. Tokyo 22: 169. 1908; 中国植物志52(2): 81. 图版20: 8 ~ 9. 1983.

生湿草地。产黑龙江省虎林、友谊、爱辉、安达、萝北、饶河、呼玛、伊春、哈尔滨；吉林省镇赉、蛟河、安图；辽宁省绥中、凌源、彰武、葫芦岛、铁岭、法库、西丰、清原、鞍山、大连；内蒙古自治区额尔古纳、扎兰屯、科尔沁右翼前旗、扎鲁特旗等地。

■ 无毛千屈菜

花萼

花序一部分

5 菱属 *Trapa* L.

Trapa L., Sp. Pl. 120. 1753.

水生草本，根生泥中。茎细长，出水后节间缩短。叶二型，浮水叶近轮生，形成菱盘；叶柄通常上部具海绵质气囊；另一为沉水叶，对生，羽状丝裂。花两性，整齐，单生于叶腋，萼片4，其中2片或全部演变成刺；花瓣4，白色；雄蕊4；子房半下位，二室；花柱细，柱头头状。果实坚果状，有刺状角2或4个，稀无角，顶端有短喙；种子1。

本属全世界有2种，分布于非洲亚热带和温带地区，亚洲，欧洲，引种到澳大利亚和北美洲。中国2种均有分布，东北也全有分布。

分种检索表

1. 植株粗壮，茎直径2.5 ~ 6毫米；叶片三角菱形，（4 ~ 6）厘米 ×（4 ~ 8）厘米；果三角形或扁菱形，具2 ~ 4刺角 ······ **1. 欧菱 T. natans** L.
1. 植物小，茎直径1 ~ 2.5毫米；叶片三角状菱圆形，（1.5 ~ 3）厘米 ×（2 ~ 4）厘米；果三角形，具4刺角 ······ **2. 细果野菱 T. incisa** Siebold & Zucc.

（1）欧菱（Flora of China）；丘角菱、东北菱、格菱（辽宁植物志，黑龙江省植物志，内蒙古植物志，东北植物检索表，东北草本植物志，中国植物志）；越南菱（中国植物志）；耳菱（辽宁植物志，黑龙江省植物志，内蒙古植物志，东北植物检索表，东北草本植物志）；黑水菱、弓角菱（黑龙江省植物志，东北植物检索表，东北草本植物志，中国植物志）；冠菱（黑龙江省植物志，内蒙古植物志，东北植物检索表，东北草本植物志，中国植物志）；菱（中国植物志）

Trapa natans L., Sp. Pl. 120. 1753; Fl. China13: 291. 2007.——*T. japonica* Fler. in Izv. Glavn. Bot. Sada R. S. F. S. R. 24: 39. 1925; 东北草本植物志6: 139. 图版54: 7 ~ 8; 图版55; 图版56: 2 ~ 3. 1977; 辽宁植物志（上册）: 1230. 图版528: 1 ~ 3. 1988; 内蒙古植物志（第二版）3: 563. 图版222: 1 ~ 2. 1989; 东北植物检索表（第二版）: 440. 图版217: 2, 218: 4. 1995; 中国植物志53(2): 20. 图版6: 1 ~ 2. 2000; 黑龙江省植物志7: 238. 图版122. 2003.——*T. manshurica* Flerow in Bull. Jard. Bot. Princip. 24: 39. 1925; 东北草本植物志6: 135. 图版53; 图版54: 1 ~ 2; 图版56: 1. 1977; 内蒙古植物志（第二版）3: 565. 图版222: 5 ~ 6. 1989; 中国植物志53(2): 11. 图版2: 3 ~ 4. 2000; 黑龙江省植物志7: 240. 图版123: 1 ~ 3. 2003.——*T. manshurica* Fler. f. *komarovi* (Skvortzov) S. H. Li & Y. L. Chang, 东北草本植物志6: 137. 1977; 辽宁植物志（上册）: 1229. 图版527: 1. 1988; 东北植物检索表（第二版）: 440. 1995; 黑龙江省植物志7: 240. 图版123: 4. 2003.——*T. pseudoincisa* Nakai in J. Jap. Bot. 18(8): 436. pl. 3g, pl. 5, f. 8. 1942; 东北草本植物志6: 141. 图版54: 9 ~ 10; 图版56: 11 ~ 12. 1977; 辽宁植物志（上册）: 1233. 图版528: 4 ~ 5. 1988; 内蒙古植物志（第二版）3: 564. 图版222: 3. 1989; 东北植物检索表（第二版）: 440. 图版217: 7, 218: 5. 1995; 中国植物志53(2): 12. 图版4: 1. 2000; 黑龙江省植物志7: 244. 图版125: 6 ~ 9. 2003.——*T. bicornis* Osbeck var. *cochinchinensis* (Lour.) H. Gluck ex Steenis in Osbeck. Dagb. Ostind. Resa 101. 1757; 中国植物志53(2): 26. 图版8: 7. 2000.——*T. potaninii* V. Vassil. in Schischkin et Bobr. Fl. URSS. 15: 693. tab. 32 (3). 1949; 东北草本植物志6: 139. 图版54: 4 ~ 6; 图版56: 6 ~ 7. 1977; 辽宁植物志（上册）: 1230. 图版527: 3 ~ 5. 1988; 内蒙古植物志（第二版）3: 565. 图版222: 7. 1989; 东北植物检索表（第二版）: 440. 图版217: 4, 218: 3. 1995; 黑龙江省植物志7: 242. 图版125: 1 ~ 5. 2003.——*Trapa amurensis* Fler. in Bull Jard. Bot. Princip. 24: 39. 1925; 东北植物检索表（第二版）: 440. 1995; 黑龙江

■ 欧菱

花

花侧面观

果期植株

花期植株

植株一部分

省植物志7: 236. 2003.——*Trapa litwinowii* V. Vassil, Schischk. et Bobrov in Fl. URSS 15: 694. tab. 32 (7). 1949; 东北草本植物志6: 139. 1977; 内蒙古植物志（第二版）3: 564. 图版222: 4. 1989; 东北植物检索表440. 图版217: 6; 218: 6. 1995; 中国植物志53(2): 19. 图版6: 3. 2000; 黑龙江省植物志7: 238. 图版121: 5 ~ 7. 2003.——*Trapa arcuata* S. H. Li et Y. L. Chang, 东北草本植物志6: 141. 图版54: 13 ~ 14, 图版56: 4 ~ 5. 291. 1977; 东北植物检索表440. 图版217: 3; 218: 7. 1995; 黑龙江省植物志7: 236. 图版121: 1 ~ 4. 2003; 中国植物志53(2): 20. 图版8: 9. 2000.——*Trapa bispinosa* Roxb. Corom. Pl. 234. 1789; et in Carey & Wall., 1: 449. 1820; et in Carey, Fl. Ind. 428, 1832; 中国高等植物图鉴2: 1012, 图3753. 1972; 中国植物志53(2): 22. 图版7: 1 ~ 4. 2000.

生水塘及水塘中。产黑龙江省哈尔滨、密山、依兰、齐齐哈尔、宁安（镜泊湖）、肇源、东宁；吉林省珲春、安图、扶余；辽宁省庄河、普兰店、沈阳、新民、凌海、北镇、开原、铁岭、丹东、海城；内蒙古自治区鄂伦春、科尔沁右翼前旗、扎赉特旗、乌兰浩特市乌兰哈达苏木、科尔沁左翼后旗、科尔沁左翼中旗等地。

嫩苗、根可食。果实富含淀粉，可生食或提制淀粉，药用有补脾、止泻、止渴作用。

（2）细果野菱（辽宁植物志，黑龙江省植物志，东北植物检索表，东北草本植物志，中国植物志，Flora of China）；四角刻叶菱（中国植物志）

Trapa incisa Siebold & Zucc. in Abh. Math.-Phys. Cl. Königl. Bayer. Akad. Wiss. 4(2): 134. 1846; 中国植物志53(2): 16. 图版5: 1 ~ 4. 2000; Fl. China 13: 290. 2007.——*T. maximowiczii* Korsh. in Trudy Imp. S.-Peterburgsk. Bot. Sada 12: 336. 1892; 东北草本植物志6: 137. 图版54: 3; 图版56: 8 ~ 9. 1977; 辽宁植物志（上册）: 1230. 图版527: 2. 1988; 东北植物检索表（第二版）: 440. 图版217: 5, 218: 2. 1995; 中国植物志53(2): 16. 2000; 黑龙江省植物志7: 242. 图版124. 2003.

■ 细果野菱

沉水叶

植株一部分

花

果实

浮水叶

多生水塘中。产黑龙江省尚志；吉林省扶余（陶赖昭）；辽宁省开原、普兰店等地。

果实较小，但如同欧菱富含淀粉。

在2021年公布的《国家重点保护野生植物名录》中，本种被列为二级保护植物。

6 节节菜属 *Rotala* L.

Rotala L., Mant. 2: 75. 1771.

一年生草本，少有多年生草本，无毛或近无毛。叶交互对生或轮生，稀互生，无柄或近无柄。花小，3～6基数，辐射对称，单生叶腋，或组成顶生或腋生的穗状花序或总状花序，常无花梗；小苞片2枚；萼筒钟形至半球形或壶形，干膜质，稀革质，3～6裂，裂片间无附属体，或有而成刚毛状；花瓣3～6，细小或无，宿存或早落；雄蕊1～6；子房2～5室，花柱短或细长，柱头盘状。蒴果不完全为宿存的萼管包围，室间开裂成2～5瓣。

本属全世界约46种，主产亚洲及非洲热带地区，少数种产大洋洲、欧洲及美洲。中国有10种，多产于南方。东北地区产2种。

分种检索表

1. 叶对生；有花瓣 ………………………………………… 1. 节节菜 R. indica (Willd.) Koehne
1. 叶轮生；无花瓣 ……………………………… 2. 轮叶节节菜 R. mexicana Chamisso & Schlechtendal

（1）节节菜（辽宁植物志，东北植物检索表，东北草本植物志，中国植物志，Flora of China）

Rotala indica (Willd.) Koehne in Bot. Jahrb. Syst. 1(2): 172. 1880; 东北草本植物志6: 131. 图版52: 1～3. 1977; 中国植物志52(2): 73. 图版19: 1～4. 1983; 辽宁植物志（上册）: 1226. 图版526: 1～3. 1988; 东北植物检索表（第二版）: 438. 图版212: 2. 1995; Fl. China 13: 285. 2007.

生稻田中或湿地上。产吉林长白山区；辽宁省沈阳、铁岭。

本种是夏秋季水稻田中常见的杂草，嫩苗可食。

■ 节节菜

植株

花枝

植株一部分

（2）轮叶节节菜（东北植物检索表，中国植物志，Flora of China）；轮叶水松叶（辽宁植物志，东北草本植物志）

Rotala mexicana Chamisso & Schlechtendal, Linnaea. 5: 567. 1830; 中国植物志52(2): 77. 图版19: 18. 1983; 东北植物检索表（第二版）: 438. 图版212: 2. 1995; Fl. China 13: 284. 2007.——*Rotala pusilla* Tul., Ann. Sci. Nat., Bot. Ⅳ, 6: 128 1856; 东北草本植物志6: 132. 1977; 辽宁植物志（上册）: 1227. 1988.

生浅水湿地中。鸭绿江流域有记载。

■ 轮叶节节菜

花侧面观

根部

植株

植株一部分

7 水苋菜属 *Ammannia* L.

Ammannia L., Gen. Pl. ed. 1. 337. 1737.

一年生直立草本。茎柔弱而多分枝，枝通常具4棱。叶对生或互生，有时轮生，全缘；近无柄。花小，4基数，辐射对称，单生或组成腋生的聚伞花序或稠密花束；苞片通常2枚；萼筒钟形或管状钟形，花后常变为球形或半球形，4～6裂；花瓣与萼裂片同数，细小，贴生于萼筒上部，位于萼裂片之间，有时无花瓣；雄蕊2～8，通常4；子房矩圆形或球形，包藏于萼管内，2～4室，花柱直立，柱头头状。蒴果球形或长椭圆形，膜质，下半部为宿存萼管包围，成熟时横裂或不规则周裂。

本属全世界约25种，广布于热带和亚热带地区，主产于非洲和亚洲。中国有4种，产西南至东部。东北地区产3种。

分种检索表

1. 茎下部叶的基部楔形；花柱长约为子房的1/2；蒴果直径约1.5毫米；花15朵以上簇生于叶腋；总花梗短，长约2毫米 ………… 1. 多花水苋菜 A. multiflora Roxb.
1. 叶基部全为耳形；花柱与子房等长或略长；蒴果直径2～5毫米。
  2. 花2～7朵簇生于叶腋；无总花梗 ………… 2. 长叶水苋菜 A. coccinea Rottboell
  2. 花3～15朵（通常7朵）簇生于叶腋；总花梗长约5毫米 ………… 3. 耳基水苋菜 A. auriculata Willd.

（1）多花水苋菜（东北植物检索表，Flora of China）；多花水苋（中国植物志）

Ammannia multiflora Roxb. in Fl. Ind. 1: 447. 1820; 中国植物志52(2): 70. 图版18: 8～9. 1983; 东北植物检索表（第二版）: 438. 图版212: 5. 1995; Fl. China 13: 275. 2007.

生湿地或水田中。产辽宁省瓦房店。

■ 多花水苋菜

植株

枝端

腋生聚伞花序及果实

植株一部分

（2）长叶水苋菜（Flora of China，中国外来入侵植物志）

Ammannia coccinea Rottboell, Descr. Icon. Rar. Pl. 7. 1773; Fl. China13: 276. 2007; 中国外来入侵植物志3: 42. 2021. .

生湿地和水稻田中。原产美洲。辽宁省鞍山（千山）有分布。

本种为外来入侵植物，是稻田有害杂草之一，在美国加利福尼亚等地区已经对水稻产量造成严重影响。在东北地区目前尚未造成严重的生态灾害，但要防患于未然。

■ 长叶水苋菜

花

枝端

花序无总花梗

植株

植株一部分

（3）耳基水苋菜（东北植物检索表，Flora of China）；耳基水苋（中国植物志）

Ammannia auriculata Willd. in Hort. Berol. 1: 7. 1806; Fl. China13: 276. 2007.——*A. arenaria* H. B. K. in Nov. Gen. Sp. 6: 190. 1824; 中国植物志52(2): 70. 图版18: 5 ~ 7. 1983; 东北植物检索表（第二版）: 438. 图版212: 6. 1995.

生湿地和水稻田中。产辽宁省（地点不详）。

全草用于小便淋痛、带下病。

107. 柳叶菜科 Onagraceae

Onagraceae Juss., Gen. Pl. [Jussieu] 317. 1789, *nom. cons.*

木贼门、木贼亚门、木兰纲、蔷薇亚纲、蔷薇超目、桃金娘目（Myrtales）。

一年生或多年生草本，稀灌木，陆生或水生。叶对生或互生，全缘或有齿，不分裂，无托叶或有时托叶早落。花两性，辐射对称或两侧对称，通常单生于叶腋或组成总状或穗状花序；萼片2～6；花瓣（2～）4（～6）或无；雄蕊与花瓣同数或为其2倍；子房下位，2～6室，胚珠1至多数，中轴胎座，柱头头状，棍棒状或4裂。果为蒴果，稀为坚果或浆果；种子小，多数。

本科全世界约有22属，650～680种，广布于温带和亚热带地区。中国有6属64种。东北地区产6属20种5亚种1变种，其中栽培4种。

分属检索表

1. 果为坚果状。
  2. 萼片、花瓣、雄蕊各为2；果有钩状毛 ……………… 1. 露珠草属 Circaea
  2. 萼片、花瓣各为4，雄蕊8；果有棱 ……………… 2. 山桃草属 Gaura
1. 果为蒴果。
  3. 蒴果珠孔开裂或室轴开裂；萼片、花瓣、雄蕊各为3～5；萼片果期宿存；花托不伸出子房；有小苞片 ……………… 3. 丁香蓼属 Ludwigia
  3. 蒴果室间开裂；萼片、花瓣各为4，雄蕊8；萼片果期脱落；花托于子房上部伸长；无小苞片。
    4. 种子无种缨；花辐射对称，单生于叶腋 ……………… 4. 月见草属 Oenothera
    4. 种子具种缨。
      5. 花两侧对称；雄蕊1轮 ……………… 5. 柳兰属 Chamerion
      5. 花辐射对称；雄蕊2轮 ……………… 6. 柳叶菜属 Epilobium

1 露珠草属 *Circaea* L.

Circaea L., Sp. Pl. 8. 1753.

多年生草本。叶对生，边缘具齿或近全缘，具柄。总状花序顶生或腋生；花小，白色或粉红色；萼筒卵形，有2裂片；花瓣2，倒卵形，先端凹；雄蕊2，与花瓣互生；子房1～2室，每室具胚珠1～2；花柱细，柱头头状，顶端凹。果实坚果状，倒卵形或近球形，果皮近革质，不开裂，密生软钩刺毛；每室具种子1～2。

本属全世界有8种，分布于北半球温带地区。中国有7种。东北地区产3种2亚种。

分种检索表

1. 果实棍棒状或长圆状倒卵形，无沟，1室，具1种子；萼片与花瓣近等长；植株矮小，高5～30厘米（**1. 高山露珠草 C. alpina** L.）。
    2. 茎高30～50厘米；茎、叶无毛；花瓣白色 ………………………………… **1a. 高山露珠草 C. alpina** subsp. **alpina**
    2. 茎高10～30厘米；茎具倒向弯曲短毛，叶表面通常被短柔毛；花瓣红色或粉红色 ……………………………………………………………… **1b. 深山露珠草 C. alpina** subsp. **caulescens** (Kom.) Tatewaki
1. 果实倒卵状球形或倒卵形，通常具沟，2室，每室具1种子；萼片比花瓣长；植株较高大，通常高(30～)40～80厘米。
    3. 叶卵状心形或广卵形，基部心形或微心形至圆形；果实倒卵状球形 …………………… **2. 露珠草 C. cordata** Royle
    3. 叶狭卵形或卵状披针形，基部楔形，稀圆形；果实倒卵形。
        4. 茎、叶及花序轴均密被弯曲短柔毛；萼片淡绿色或带白色 …………… **3. 南方露珠草 C. mollis** Sieb. et Zucc.
        4.茎、叶背面及花序轴均无毛（仅叶表面沿脉及边缘微被弯曲短毛）表面沿脉及边缘微被弯曲短毛；萼紫红色 ……………………………………………………… **4b. 水珠草 C. canadensis** subsp. **quadrisulcata** (Maxim.) Boufford

（1）高山露珠草（辽宁植物志，黑龙江省植物志，内蒙古植物志，东北植物检索表，东北草本植物志，中国植物志，Flora of China）

Circaea alpina L., Sp. Pl. 9 1753; 东北草本植物志6: 160. 图版64: 3～4. 1977; 辽宁植物志（上册）: 1235. 图版529: 1～2. 1988; 内蒙古植物志（第二版）3: 567. 1989; 东北植物检索表（第二版）: 443. 图版219: 5. 1995; 中国植物志53(2): 52. 2000; 黑龙江省植物志7: 249. 图版127: 1～2. 2003; Fl. China 13: 406. 2007.

（1a）高山露珠草（原亚种）

Circaea alpina subsp. *alpina*

生阔叶林下阴湿地或苔藓层上。产黑龙江省黑河、饶河、海林、伊春、宁安、呼玛；吉林省安图、长白、抚松、敦化；辽宁省庄河、鞍山、岫岩、宽甸、清原、本溪、桓仁、新宾、建昌；内蒙古自治区额尔古纳、根河、牙克石、科尔沁右翼前旗、突泉、巴林右旗、喀喇沁旗、宁城、东乌珠穆沁旗、西乌珠穆沁旗、宝格达山等地。

全草有清热解毒、拔脓生肌作用，用于脓肿、黄癣、湿疣。

■ 高山露珠草

花序一部分

居群

植株

花序

（1b）深山露珠草（亚种）（辽宁植物志，黑龙江省植物志，内蒙古植物志，东北植物检索表，东北草本植物志，中国植物志，Flora of China）

Circaea alpina subsp. *caulescens* (Kom.) Tatewaki in Veg. Shikotan Is. 44. 1940; 中国植物志53(2): 53. 2000; Fl. China 13: 407. 2007.——*C. alpina* L. var. *caulescens* Kom. in Fl. Manshur. 3: 99. 1905; 东北草本植物志6: 162. 1977; 辽宁植物志（上册）: 1235. 图版529: 3. 1988; 内蒙古植物志（第二版）3: 568. 1989; 东北植物检索表（第二版）: 443. 1995; 黑龙江省植物志7: 249. 图版127: 3. 2003.

■ 深山露珠草

花序

居群

生潮湿处和苔藓覆盖的岩石及木头上。产黑龙江省伊春、黑河、宁安、尚志、饶河、桦川；吉林省抚松、长白、珲春、和龙、敦化、汪清、安图；辽宁省宽甸、桓仁、本溪；内蒙古自治区鄂伦春、扎赉特旗、喀喇沁旗、宁城等地。

（2）露珠草（辽宁植物志，黑龙江省植物志，内蒙古植物志，东北植物检索表，东北草本植物志，中国植物志，Flora of China）；牛泷草（大连地区植物志）；曲毛露珠草（辽宁植物志，东北植物检索表，东北草本植物志）

Circaea cordata Royle in Ill. Bot. Himal. Mts. 211. 1835; 东北草本植物志6: 158. 图版63. 1977; 辽宁植物志（上册）: 1235. 图版529: 4 ~ 6. 1988; 内蒙古植物志（第二版）3: 568. 1989; 东北植物检索表（第二版）: 443. 图版219: 1. 1995; 中国植物志53(2): 44. 图版12: 1 ~ 3. 2000; 黑龙江省植物志7: 251. 图版128. 2003; Fl. China 13: 405. 2007.——*C. hybrida* Hand.-Mazz. in Symb. Sin. 7: 605. 1933; 东北草本植物志6: 158. 1977; 辽宁植物志（上册）: 1237. 1988; 东北植物检索表（第二版）: 443. 图版219: 2. 1995.

生山坡灌丛下及路旁草地。产黑龙江省伊春、饶河、尚志、哈尔滨、阿城、虎林、宁安；吉林省临江、安图、和龙、珲春；辽宁省庄河、凤城、宽甸、本溪、桓仁、西丰、新宾、清原、鞍山、沈阳、朝

■ 露珠草

花序下部

花序

花序上部

■ 露珠草

居群

植株上部

阳；内蒙古自治区敖汉旗等地。

全草有小毒，有清热解毒、生肌作用，用于疥疮、脓疮、刀伤。嫩苗可食。

（3）南方露珠草（辽宁植物志，东北植物检索表，东北草本植物志，中国植物志，Flora of China）

Circaea mollis Sieb. et Zucc. in Abh. Math.-Phys. Cl. Königl. Bayer. Akad. Wiss. 4: 134. 1847; 东北草本植物志6: 158. 1977; 辽宁植物志（上册）: 1237. 1988; 东北植物检索表（第二版）: 443. 图版219: 3. 1995; 中国植物志53(2): 46. 图版13: 1 ~ 4. 2000; Fl. China 13: 405. 2007.

生灌丛中及路旁草地。产吉林省磐石；辽宁省丹东、庄河等地。

全草有清热解毒、理气止痛、生肌杀虫作用，用于风湿关节痛、内伤、毒蛇咬伤等。

■ 南方露珠草

花序

植株一部分

植株

（4）加拿大露珠草（新拟）

Circaea canadensis (Hill) L., Veg. Syst. 10: 21. 1765.

（4a）加拿大露珠草（原亚种）

Circaea canadensis subsp. *canadensis*

产加拿大。中国不产。

（4b）水珠草（亚种）（辽宁植物志，黑龙江省植物志，内蒙古植物志，东北植物检索表，东北草本植物志，中国植物志，Flora of China）

Circaea canadensis subsp. *quadrisulcata* (Maxim.) Boufford in Harvard Pap. Bot. 9: 256. 2005; Fl. China 13: 405. 2007.——*C. quadrisulcata* (Maxim.) Franch. et Sav. in Enum. Pl. Jap. 1: 169. 1873; 东北草本植物志 6: 160. 图版64: 1～2. 1977; 辽宁植物志（上册）: 1238. 图版530: 1～2. 1988; 内蒙古植物志（第二版）3: 568. 1989; 东北植物检索表（第二版）: 443. 图版219: 4. 1995; 黑龙江省植物志7: 251. 图版129. 2003.——*C. quadrisulcata* f. *viridicalyx* (Hara) Kitag. in Fl. Mansh. 328. 1939; 东北草本植物志6: 160. 1977; 辽宁植物志（上册）: 1238. 1988; 东北植物检索表（第二版）: 443. 1995; 黑龙江省植物志7: 254. 2003.——*C. lutetiana* L. subsp. *quadrisulcata* (Maxim.) Asch. & Magnus in Bot. Zeitung (Berlin) 28: 787. 1870; 中国植物志53(2): 48. 图版13: 5. 2000.

生针阔叶混交林下、灌丛间、河岸或林下阴湿地、山坡草地。产黑龙江省哈尔滨、阿城、伊春、宁安、呼玛、宝清；吉林省抚松、敦化、珲春、汪清、安图、蛟河、九台；辽宁省庄河、普兰店、瓦房店、岫岩、凤城、宽甸、新宾、清原、本溪、桓仁、鞍山、西丰、铁岭、建昌；内蒙古自治区科尔沁右翼前旗、科尔沁右翼中旗、扎赉特旗、大青沟、敖汉旗等地。

全草有清热、解毒、生肌作用，用于疥疮、脓疮、刀伤。嫩苗可食。

■ 水珠草

花序下部

居群

花序上部

2　山桃草属　*Gaura* L.

Gaura L., Sp. Pl. 1: 347. 1753.

一、二年生或多年生草本。单叶互生，全缘或有齿。花白色或粉红色，有柄或无柄。穗状或总状花序顶生；花萼筒倒圆锥形，脱落，较子房长，萼裂片4，反曲；花瓣4，具爪，不等长；雄蕊8，花丝基部具1鳞片状附属物；柱头4裂，被一杯状体所围绕，子房1室，每室具1胚珠。果实坚果状，具棱；种子1～4。

本属全世界21种，产墨西哥。中国栽培3种，并逸为野生杂草。东北地区产2种，其中栽培1种。

分种检索表

1. 花瓣长12～15毫米 ……………………………… **1. 山桃草 G. lindheimeri** Engelm. et Gray
1. 花瓣长不过3毫米 ……………………………… **2. 小花山桃草 G. parviflora** Dougl.

（1）山桃草（中国植物志）

Gaura lindheimeri Engelm. et Gray in Boston J. Nat. Hist. 5: 217. 1845; 中国植物志53(2): 59. 2000.

生沿海沙滩。原产北美洲。辽宁省大连栽培，并有逸生。

作为观赏植物引进，花形似桃花，供花坛、花境、地被、盆栽、草坪点缀。

■ 山桃草

植株

花正面观

茎叶

花侧面观

（2）小花山桃草（中国植物志，Flora of China）

Gaura parviflora Dougl. in Hook., Fl. Bor.-Amer. 1: 208. 1833; 中国植物志53(2): 58. 图版11: 1～3. 2000; Fl. China13: 427. 2007.——*Gaura parviflora* var. *lachnocarpa* Weath. in Rhodora 27: 14. 1925; 沈阳农业大学学报17(4): 66. 1986.——*Gaura lindheimeri* auct. non Engelm. et Gray: 辽宁植物志（上册）: 1238. 图版530: 3～5. 1988; 东北植物检索表（第二版）: 447. 1995; 黑龙江省植物志7: 260. 图版133. 2003.

生沿海地带。原产北美洲。分布辽宁省旅顺口、大连、金州等地。

本种为外来入侵植物。生命力强，适应性广泛，繁殖迅速，在入侵地往往形成单优群落，占据本土植物生态位，影响本土生物多样性；释放化感物质抑制农作物生长，对入侵地农林业与生物多样性带来极大危害；侵入农田会抑制萝卜、小麦和白菜种子萌发。

■ 小花山桃草

植株

花序

花序下部

3 丁香蓼属 *Ludwigia* L.

Ludwigia L., Sp. Pl. 1: 118. 1753.

多年生直立或匍匐草本。水生植物的茎常膨胀成海绵状；节上生根，常束生白色海绵质根状浮水器。叶互生或对生，稀轮生，常全缘。花单生于叶腋，或组成顶生的穗状花序或总状花序，有小苞片2枚，（3～）4～5数；萼片（3～）4～5，花后宿存；花瓣与萼片同数，黄色，稀白色；雄蕊与萼片同数或为萼片的2倍；柱头头状，常浅裂，裂片数同子房室数；子房室数与萼片数相等。蒴果开裂或不裂。

本属全世界约82种，广布于泛热带地区，少数种可分布到温带地区。中国有9种，产华东、华南与西南热带与亚热带地区，少数种可分布到温带地区。东北地区产1种。

假柳叶菜（中国植物志，Flora of China）；丁香蓼（辽宁植物志，黑龙江省植物志，东北植物检索表，东北草本植物志）；柳叶菜状丁香蓼（内蒙古植物志）

Ludwigia epilobioides Maxim. in Mém. Acad. Imp. Sci. St.–Pétersbourg Divers Savans 9: 104. 1859; 内蒙古植物志（第二版）3: 577. 图版228. 1989; 中国植物志53(2): 33. 图版9: 4～7. 2000; Fl. China 13: 402.

■ 假柳叶菜

花瓣4

花瓣5

花侧面观

植株一部分

植株

2007.——*L. prostrata* auct. non Roxb.：东北草本植物志6: 143. 图版61: 4. 1977; 辽宁植物志（上册）: 1246. 图版534: 4. 1988; 东北植物检索表（第二版）: 447. 图版221: 3. 1995; 黑龙江省植物志7: 262. 图版134. 2003.

一年生草本；茎四棱形，带紫红色，多分枝；叶狭椭圆形至狭披针形，全缘；花瓣黄色；蒴果近无梗，初时具4～5棱，表面瘤状隆起。生湖、塘、稻田、溪边等湿润处。产黑龙江省哈尔滨；辽宁省沈阳、庄河、普兰店；内蒙古自治区扎赉特旗等地。

嫩枝叶可作饲料，全草入药，有清热利水之效，治痢疾效果显著。

4 月见草属 *Oenothera* L.

Oenothera L., Sp. Pl. 1: 346. 1753.

一年生、二年生或多年生草本。叶在未成年植株常具基生叶，以后具茎生叶，螺旋状互生，有柄或无柄，边缘有齿或羽状深裂或全缘。花4数，辐射对称，排成穗状花序、总状化序或伞房花序；花管发达；萼片4，反折，绿色、淡红或紫红色；花瓣4，黄色，紫红色或白色，有时基部有深色斑，常倒心形或倒卵形；雄蕊8，近等长或对瓣的较短；子房4室；柱头深裂成4线形裂片。蒴果圆柱状，常具4棱或翅，直立或弯曲。

本属全世界约121种，分布于北美洲、南美洲及中美洲温带至亚热带地区。本属全世界约121种，分布北美洲、南美洲及中美洲温带至亚热带地区。中国有10种，均为归化或栽培种。东北地区产6种，其中栽培3种。

分种检索表

1. 花粉色 ………………………………………… 1. **美丽月见草 O. speciosa** Nutt
1. 花黄色。
  2. 种子椭圆状或近球状，不具棱角，表面具整齐洼点；柱头围以花药；花瓣长1.5～2.7厘米 ………………………………………… 2. **待宵草 O. stricta** Ledeb. et Link
  2. 种子短楔形或棱形，具棱角，表面具不整齐洼点。
    3. 柱头高过花药；花瓣长4～5厘米 ………………………… 3. **黄花月见草 O. glazioviana** Mich.
    3. 柱头围以花药；花瓣长不过3厘米。
      4. 花瓣长2.5～3厘米；茎、叶、花萼被曲柔毛与伸展长毛；叶侧脉12～15对 ………… 4. **月见草 O. biennis** L.
      4. 花瓣长不过2厘米。
        5. 茎、叶、花萼密被贴生曲柔毛与长柔毛；叶侧脉10～12对 ……………… 5. **长毛月见草 O. villosa** Thunb.
        5. 茎、叶、花萼疏被曲柔毛，有时在茎上部花序与花萼还疏生具疱状基部的长毛与腺毛；叶侧脉6～8对 ………………………………………… 6. **小花月见草 O. parviflora** L.

（1）美丽月见草（大连植物彩色图谱）；粉花月见草；粉晚樱草

Oenothera speciosa Nutt in J. Acad. Nat. Sci. Philadelphia 2: 119. 1821.

原产美国南部地区。辽宁省大连有栽培。

观赏。根有消炎、降血压作用。

■ 美丽月见草

花正面观

茎

花侧面观

植株一部分

植株

（2）待宵草（中国植物志）；月见草（云南植物志）

Oenothera stricta Ledeb. et Link, Enum Pl. Hort. Berol. 1: 377. 1821; 中国植物志53(2): 69. 2000; The Checklist of the Naturalized Plants in China: 108. 2019.——*Oenothera odorata* auct. non Jacq. : 中国高等植物图鉴2: 1018, 图3765. 1972; 秦岭植物志1 (3): 356. 1981; 江苏植物志, 下册549, 图1633. 1982; 河北植物志2: 225, 图1130. 1988; 安徽植物志3: 556, 图1593. 1988; 贵州植物志4: 282. 1989; 福建植物志4: 139. 1989; 浙江植物志4: 313, 图4 ~ 397. 1993; 山东植物志, 下册781, 图670. 1997.

原产南美洲。黑龙江、吉林、辽宁有栽培或逸生记录。

本种常栽培观赏用。花可提制芳香油；种子可榨油食用和药用；茎皮纤维可制绳；根为解热药，可治感冒、喉炎等。

（3）黄花月见草（中国植物志，Flora of China）；红萼月见草（经济植物手册）

Oenothera glazioviana Mich. in Martius, Fl. Brasil. 13 (2): 178. 1875; 中国植物志53(2): 64. 图版16: 1 ~ 4. 2000; Fl. China 13: 424. 2007; The Checklist of the Naturalized Plants in China: 106. 2019.——*Oenothera erythrosepala* (Borb.) Borb, Magyar Bot. Lap. 2: 245. 1903; 江苏南部种子植物手册529. 1959; 江苏植物志, 下册549. 图1632. 1982; 河北植物志2: 226. 1988; 福建植物志4: 138, 图118. 1989; 安徽植物志3: 556, 图1592. 1988; 浙江植物志4: 312, 图4～396. 1993; 山东植物志, 上册, 图669. 1997.

生开阔荒地、田园路边。原产欧洲。黑龙江、吉林、辽宁、内蒙古自治区有栽培逃逸记录。

本种作为药用植物或观赏植物人为引进。花大而美丽，且花期长，具有较好的观赏性；种子可榨油供食用与药用。

■ 黄花月见草

苗期植株

花侧面观

花正面观

花期植株

（4）月见草（辽宁植物志，黑龙江省植物志，东北植物检索表，东北草本植物志，中国植物志，Flora of China）；夜来香（内蒙古植物志）

Oenothera biennis L., Sp. Pl. 346. 1753; 东北草本植物志6: 155. 图版62. 1977; 辽宁植物志（上册）: 1248. 图版535. 1988; 内蒙古植物志（第二版）3: 577. 图版227. 1989; 东北植物检索表（第二版）: 447. 图版221: 1. 1995; 中国植物志53(2): 62. 2000; 黑龙江省植物志7: 262. 图版135. 2003; Fl. China 13: 424. 2007.

生山坡、草地、沙质地、荒地或河岸沙砾地。原产北美洲。分布黑龙江省尚志、依兰、密山；吉林省蛟河、通化、临江、抚松、靖宇、珲春、汪清、安图；辽宁省各地；内蒙古自治区乌兰浩特、赤峰等地。各地有栽培。

本种为外来入侵植物，是豆科植物毁灭性病害三叶草核盘菌的寄主之一。可合理利用：嫩苗和嫩根均可以作为野菜食用；种子含油率达25.1%，其中含 γ-亚麻酸达8.1%，可用于提炼食用油；花具有观赏性，且可提制芳香油；茎皮纤维可制绳；根为解热药，可治感冒、喉炎等。

■ 月见草

植株

花侧面观

蒴果

花正面观

■ 月见草

居群

种子

(5) 长毛月见草(中国植物志,Flora of China)

Oenothera villosa Thunb. in Prodr. Pl. Cap. 75. 1794; 中国植物志53(2): 62. 2000; Fl. China 13: 424. 2007.

常生开阔田园边、荒地、沟边较湿润处。原产北美洲。分布东北各地。

■ 长毛月见草

一年生株

花侧面观

花正面观

居群

叶背面观

■ 长毛月见草

叶正面观

种子

本种为外来入侵植物，是豆科植物毁灭性病害三叶草核盘菌的寄主之一。可合理利用：嫩苗和嫩根均可以作为野菜食用；种子含油率较高，可用于提炼食用或药用油；花具有观赏性，且可提制芳香油；茎皮纤维可制绳；根可酿酒，并有强筋骨、祛风湿作用。

（6）小花月见草（中国植物志，Flora of China）

Oenothera parviflora L. Syst. Nat. ed. 10. 998. 1759; 中国植物志53(2): 66. 2000; Fl. China 13: 425. 2007.

生荒坡、沟边湿润处。原产美国东部与中部。辽宁省有逸生。

资源价值同月见草。

■ 小花月见草

花

花序一部分

花序

茎叶

植株

5 柳兰属 *Chamerion* (Raf.) Raf. ex Holub

Chamerion (Raf.) Raf. ex Holub, Folia Geobot. Phytotax. 7: 85. 1972.

多年生草本或半灌木。叶互生或对生，全缘或有锯状齿。顶生或腋生总状花序；花两侧对称，蔷薇色、紫红色或白色；萼筒短，4深裂，呈十字形，裂片线形；花瓣倒卵形或倒卵状心形；雄蕊8，1轮，4枚较长，花丝基部加宽，弯曲；花柱1，柱头4裂。蒴果细长，四棱形；种子多数，具种缨。

本属全世界有8种，广泛分布于亚洲和欧洲。中国有4种。东北地区产1种1亚种。

分种下单位检索表

1. 茎无毛；叶无柄，基部钝圆或有时宽楔形，两面无毛，边缘近全缘或稀疏浅小齿；花瓣长9～15（～19）毫米，宽3～9（～11）毫米 ……………………a. 柳兰 C. angustifolium subsp. angustifolium
1. 茎中上部周围被曲柔毛；叶柄长2～7毫米，基部楔形，下面脉上有短柔毛，边缘具浅牙齿；花瓣长12～23毫米，宽7～13毫米 ……………………b. 毛脉柳兰 C. angustifolium subsp. circumvagum

柳兰（辽宁植物志，黑龙江省植物志，内蒙古植物志，东北植物检索表，东北草本植物志，中国植物志，Flora of China）；白花柳兰（植物研究）

Chamerion angustifolium (L.) Holub in Folia Geobot. Phytotax. 7: 86. 1972; Fl. China13: 411. 2007.——*Chamaenerion angustifolium* (L.) Scop. in Enum. Pl. Transsilv. 213. 1866; 东北草本植物志6: 155. 图版61: 1～3. 1977; 辽宁植物志（上册）: 1245. 图版534: 1～3. 1988; 东北植物检索表（第二版）: 443. 图版221: 2. 1995; 黑龙江省植物志7: 247. 图版126. 2003.——*Chamaenerion angustifolium* (L.) Scop. var. *albium* Y. Zhang & J. Y. Ma, 植物研究 23(4): 390. 2003.——*Epilobium angustifolium* L., Sp. Pl. 347. 1753; 内蒙古植物志（第二版）3: 570. 图版223: 1～3. 1989; 中国植物志53(2): 84. 图版17: 3～7. 2000.

多年生直立草本。单叶互生，近无柄；叶片披针形，两面被微毛，全缘或具疏细锯齿。总状花序；苞线形；花大，两性，紫红色；萼片4，花瓣4，雄蕊8；花柱基部弯曲，被短柔毛，柱头4裂。蒴果圆柱状，稍呈四棱，密被毛。

（a）柳兰（原亚种）

Chamerion angustifolium subsp. *angustifolium*

生开阔地、林缘、山坡或河岸及山谷的沼泽地。产黑龙江省哈尔滨、伊春、虎林、尚志、嘉荫、爱

■ 柳兰

植株一部分

植株

群落

■ 柳兰

果序

花侧面观

花正面观

辉、鹤岗、密山、宁安、萝北、集贤；吉林省梅河口、集安、通化、辉南、柳河、临江、抚松、敦化、汪清、靖宇、长白、珲春、和龙、安图；辽宁省瓦房店、凌源、桓仁、宽甸、岫岩；内蒙古自治区海拉尔、根河、牙克石、扎兰屯、鄂伦春、科尔沁右翼前旗、翁牛特旗、敖汉旗、巴林右旗、阿鲁科尔沁旗、克什克腾旗、喀喇沁旗、宁城、东乌珠穆沁旗、锡林浩特等地。

嫩苗可食。根状茎能消炎止痛；全草用于月经不调、乳汁不下、关节扭伤、挫伤等。

（b）毛脉柳兰（亚种）（中国植物志，Flora of China）

Chamerion angustifolium subsp. *circumvagum* (Mosquin) Hoch, Fl. Jap. (Iwatsuki et al., eds.) 2c: 241. 1999; Fl. China13: 411. 2007.——*Epilobiumangustifolium* L. subsp. *circumvagum* Mosquin in Brittonia 18: 167. 1966; 中国植物志53(2): 85. 图版17: 8. 2000

生境同柳兰。产黑龙江省哈尔滨、尚志、鹤岗、萝北、集贤、伊春、嘉阴、宁安、黑河、嫩江、北安、五大连池、海伦、大兴安岭、呼玛；吉林省蛟河、抚松、靖宇、长白、临江、敦化、珲春、和龙、汪清、安图；辽宁省本溪；内蒙古巴林右旗、克什克腾旗、宁城、扎鲁特、牙克石、根河、兴安、科尔沁右翼前旗。

6 柳叶菜属 *Epilobium* L.

Epilobium L., Sp. Pl. 1: 347. 1753.

多年生草本，稀一年生草本。茎直立或匍匐。叶对生或上部互生，全缘或具锯状齿。花辐射对称，腋生，单一或成总状或穗状花序，紫色、紫红色、红色或白色；萼筒管状，短，深裂，裂片4，花后脱落；花瓣4，先端微凹或呈2瓣状；雄蕊8，4长4短，呈2轮；子房下位，4室，胚珠多数，直立，花柱圆柱形，柱头头状或4裂。蒴果线形，具4棱，从顶端室背开裂成4瓣，各瓣反卷；种子多数，倒卵形或椭圆形，被小乳头状突起，顶端具种缨。

本属全世界约165种，为温带植物区系成分，广泛分布于寒带、温带与热带高山，北半球与南半球均有，北半球更多。中国37种，4亚种，除海南外，全国各省区均产，尤以北方及西南高山种类较多。东北地区产7种2亚种1变种。

分种检索表

1. 柱头4裂。
   2. 叶基部半抱茎；花瓣长9～20毫米；柱头花时伸出高过花药……………………………… 1. 柳叶菜 E. hirsutum L.

（接上表）

2. 叶基部抱茎；花瓣长5～8毫米；柱头花时围以外轮花药 ……………………2. **小花柳叶菜 E. parviflorum** Schreber

1. 柱头不分裂，头状或棍棒状。

3. 叶全缘或近全缘；茎通常无棱线。

4. 植株基部无匍匐枝；种子长1～1.4毫米，顶端无附属物；花长3.5～4（～5）毫米 ………………………………………………………………… 3. **多枝柳叶菜 E. fastigiatoramosum** Nakai

4. 植株基部具匍匐枝；种子长1.5～1.8毫米，顶端有附属物；花长5～7毫米（**4. 沼生柳叶菜 E. palustre** L.）。

5. 茎高20～70厘米，多分枝；花长5～9毫米 ………………………… 4a. **沼生柳叶菜 E. palustre** var. **palustre**

5. 茎高15～30厘米，单一，有时上部有少数短分枝；花长3～5毫米 ……………………………………………………………4b. **单茎柳叶菜 E. palustre** var. **fischerianum** Hausskn.

3. 叶具明显锯状齿或牙齿；茎通常具棱线。

6. 柱头头状（**5. 毛脉柳叶菜 E. amurense** Hausskn.）。

7. 茎不分枝或有少数分枝，上部有曲柔毛与腺毛；叶卵形或卵状披针形，基部近圆形 ……………………………………………………………… 5a. **毛脉柳叶菜 E. amurense** subsp. **amurense**

7. 茎常多分枝，上部仅有曲柔毛，无腺毛；叶披针形或长圆状披针形，基部楔形………5b. **光滑柳叶菜 E. amurense** subsp. **cephalostigma** (Hausskn.) C. J. Chen

6. 柱头圆柱形或棍棒状。

8. 叶长圆状披针形，基部楔形 ………………………………………… 6. **细籽柳叶菜 E. minutiflorum** Hausskn.

8. 叶披针形或广披针形，基部近圆形、圆形至微心形（**7. 东北柳叶菜 E. ciliatum** Raf.）。

9. 叶具明显短柄；节间较长；叶基部近圆形 …………………… 7a. **东北柳叶菜 E. ciliatum** subsp. **ciliatum**

9. 叶无柄或近无柄；节间较短；叶基部圆形至微心形 ……………………………… 7b. **密叶柳叶菜 E. ciliatum** subsp. **glandulosum** (Lehm.) Hoch & P. H. Raven

（1）柳叶菜（辽宁植物志，内蒙古植物志，东北植物检索表，东北草本植物志，中国植物志，Flora of China）

■ 柳叶菜

果序一部分

花序一部分

植株

Epilobium hirsutum L., Sp. Pl. 347. 1753; 东北草本植物志6: 145. 图版57: 2 ~ 3. 1977; 辽宁植物志（上册）: 1240. 图版531: 1 ~ 2. 1988; 内蒙古植物志（第二版）3: 572. 图版225: 1 ~ 3. 1989; 东北植物检索表（第二版）: 445. 图版220: 5. 1995; 中国植物志53(2): 87. 图版18: 1 ~ 5. 2000; Fl. China 13: 414. 2007 .

生山沟溪流旁、沟边和沼泽地等湿地。吉林省汪清、前郭；辽宁省桓仁、彰武、西丰、凌源、大连、金州、辽阳；内蒙古自治区大青沟等地。

嫩苗、嫩叶可食用；根或全草有消炎止痛、祛风除湿、活血止血、生肌作用。

（2）小花柳叶菜（内蒙古植物志，中国植物志，Flora of China）

Epilobium parviflorum Schreber, Spicil. Fl. Hips. 146, 155. 1771; 内蒙古植物志（第二版）3: 573. 图版225: 1 ~ 3. 1989; 中国植物志53(2): 89. 图版18: 6. 2000; Fl. China 13: 414. 2007.

生山区河谷、溪流、湖泊湿润地及向阳及荒坡草地。产内蒙古自治区克什克腾旗等地。

■ 小花柳叶菜

果实

植株

花序

植株上部

（3）多枝柳叶菜（辽宁植物志，黑龙江省植物志，内蒙古植物志，东北植物检索表，东北草本植物志，中国植物志，Flora of China）

Epilobium fastigiatoramosum Nakai in Bot. Mag. (Tokyo) 33: 9. 1919; 东北草本植物志6: 149. 1977; 辽宁

■ 多枝柳叶菜

花

茎

花序

■ 多枝柳叶菜

根部

植株一部分

植物志（上册）: 1243. 图版532: 5 ~ 6. 1988; 内蒙古植物志（第二版）3: 574. 图版225: 4 ~ 6. 1989; 东北植物检索表（第二版）: 445. 图版220: 4. 1995; 中国植物志53(2): 126. 图版25: 6 ~ 7. 2000; 黑龙江省植物志7: 256. 图版130: 3 ~ 4. 2003; Fl. China 13: 421. 2007.

生潮湿地或湿地。产黑龙江省尚志、依兰、大庆、杜尔伯特、安达、伊春、虎林、饶河；吉林省大安、抚松、珲春、和龙、汪清、安图、长白；辽宁省普兰店、庄河、鞍山、岫岩、凤城、宽甸、本溪、桓仁、西丰、凌源、彰武、绥中、抚顺、新宾；内蒙古自治区额尔古纳、新巴尔虎右旗、科尔沁右翼前旗、科尔沁右翼中旗、科尔沁左翼后旗、宁城等地。

（4）沼生柳叶菜（内蒙古植物志，中国植物志，Flora of China）；水湿柳叶菜（辽宁植物志，黑龙江省植物志，东北植物检索表，东北草本植物志）

Epilobium palustre L., Sp. Pl. 348. 1753; 东北草本植物志6: 147. 图版58: 1 ~ 4. 1977; 辽宁植物志（上册）: 1243. 图版532: 1 ~ 4. 1988; 内蒙古植物志（第二版）3: 574. 图版226: 5 ~ 8. 1989; 东北植物检索表（第二版）: 445. 图版220: 7. 1995; 中国植物志53(2): 123. 图版25: 1 ~ 5. 2000; 黑龙江省植物志7: 256. 图版131. 2003; Fl. China 13: 421. 2007.

（4a）沼生柳叶菜（原变种）

Epilobium palustre var. *palustre*

■ 沼生柳叶菜

植株一部分

全株

花序一部分

生水塘、沼泽、河谷、溪沟旁。产黑龙江省哈尔滨、黑河、依兰、伊春、密山、宁安、呼玛；吉林省珲春、安图、扶余、蛟河、抚松、敦化；辽宁省绥中、西丰、本溪、大连；内蒙古自治区各地。

全草有疏风清热、镇咳、止泻作用，用于风热咳嗽、声嘶、咽喉肿痛、泄泻。

（4b）单茎柳叶菜（变种）（黑龙江省植物志，东北植物检索表，东北草本植物志）

Epilobium palustre var. *fischerianum* Hausskn., Monogr. Epilobium 133. 1884; 东北草本植物志6: 149. 1977; 东北植物检索表（第二版）: 445. 1995; 黑龙江省植物志7: 258. 2003.

生水塘、沼泽、河谷、溪沟旁。产黑龙江省呼玛；吉林省抚松、安图；内蒙古自治区牙克石、额尔古纳、根河等地。

■ 单茎柳叶菜

植株

茎叶

根部

果序

花序一部分

（5）毛脉柳叶菜（内蒙古植物志，东北植物检索表，东北草本植物志，中国植物志，Flora of China）；稀花柳叶菜（东北植物检索表，东北草本植物志）

Epilobium amurense Hausskn. in Oesterr. Bot. Z. 29: 55. 1879; 东北草本植物志6: 151. 图版59: 1～2. 1977; 内蒙古植物志（第二版）3: 575. 图版226: 3～4. 1989; 东北植物检索表（第二版）: 445. 图版220: 2. 1995; 中国植物志53(2): 112. 图版23: 5～8. 2000; Fl. China 13: 418. 2007.——*Epilobium tenue* Kom. in Trudy Imp. S.-Peterburgsk. Bot. Sada 25: 95 1905; 东北草本植物志6: 147. 图版58: 5. 1977; 东北植物检索表（第二版）: 445. 图版220: 1. 1995.

（5a）毛脉柳叶菜（原亚种）

Epilobium amurense subsp. *amurense*

■ 毛脉柳叶菜

植株一部分

花

花枝

根部

植株

生山区溪沟边、沼泽地、草坡、林缘湿润处。产黑龙江省海林；吉林省长白、抚松、安图；辽宁省本溪、桓仁、清原、新宾；内蒙古自治区鄂伦春、克什克腾旗、喀喇沁旗（旺业甸）等地。

全草有收敛止血、止痢作用，用于泄泻、痢疾、月经过多、带下病。

（5b）光滑柳叶菜（亚种）（中国植物志，Flora of China）；光华柳叶菜（辽宁植物志，东北植物检索表，东北草本植物志）；无毛柳叶菜（辽宁植物志，东北植物检索表，东北草本植物志）；小花柳叶菜（东北植物检索表，东北草本植物志）

Epilobium amurense subsp. *cephalostigma* (Hausskn.) C. J. Chen in Syst. Bot. Monogr. 34: 127. 1992; 中国植物志53(2): 114. 图版23: 9 ~ 13. 2000; Fl. China13: 419. 2007.——*E. cephalostigma* Hausskn. in Oesterr. Bot. Z. 29: 57. 1879; 东北草本植物志6: 149. 图版59: 3 ~ 4. 1977; 辽宁植物志（上册）: 1244. 图版533: 1 ~ 2. 1988; 东北植物检索表（第二版）: 445. 图版220: 3. 1995.——*E. angulatum* Kom. in Trudy Imp. S.–Peterburgsk. Bot. Sada 18: 432. 1901; 东北草本植物志6: 145. 图版57: 1. 1977; 辽宁植物志（上册）: 1242. 图版531: 3 ~ 4. 1988; 东北植物检索表（第二版）: 445. 图版220: 6. 1995.——*E. nudicarpum* Kom. in Trudy Imp. S.–Peterburgsk. Bot. Sada 18: 432 1901; 东北草本植物志6: 145. 1977; 东北植物检索表（第二版）: 444. 1995.

生中低山河谷与溪沟边、林缘、草坡湿润处。产吉林省安图、汪清、抚松；辽宁庄河、岫岩、宽甸、抚顺、新宾、清原、本溪、桓仁、西丰等地。

■ 光滑柳叶菜

花序

花期植株

果期植株

（6）细籽柳叶菜（内蒙古植物志，中国植物志，Flora of China）；异叶柳叶菜（辽宁植物志，东北植物检索表，东北草本植物志）

Epilobium minutiflorum Hausskn. in Oesterr. Bot. Z. 29: 55. 1879; 内蒙古植物志（第二版）3: 575. 图版226: 1 ~ 2. 1989; 中国植物志53(2): 127. 图版25: 8 ~ 10. 2000; Fl. China 13: 421. 2007.——*E. propinquum* Haussk. in Monogr. Epilobium 213. 1884; 东北草本植物志6: 153. 图版60: 5. 1977; 辽宁植物志（上册）: 1245. 图版533: 3 ~ 4. 1988; 东北植物检索表（第二版）: 445. 图版221: 5. 1995.

生山区溪沟边、河床两岸及荒坡湿处。产吉林省长白、汪清；辽宁省建平、凌源、桓仁；内蒙古自治区额尔古纳、科尔沁右翼前旗、科尔沁右翼中旗、科尔沁左翼后旗、阿巴嘎旗等地。

■ 细籽柳叶菜

花序

植株

植株一部分

（7）东北柳叶菜（黑龙江省植物志，东北植物检索表，东北草本植物志，中国植物志，Flora of China）

Epilobium ciliatum Raf. in Med. Repos. II. 5: 361. 1808; Fl. China 13: 422. 2007; 中国植物志53(2): 129. 2000.——*E. cylindrostigma* auct. non Kom. : 东北草本植物志6: 151. 图版60: 1 ~ 3. 1977; 东北植物检索表（第二版）: 445. 图版221: 4. 1995; 黑龙江省植物志7: 255. 图版130: 1 ~ 2. 2003.

（7a）东北柳叶菜（原亚种）

Epilobium ciliatum subsp. *ciliatum*

生溪沟旁、河床滩地、泉坑边、草坡等湿处。产黑龙江省通河、黑河、嘉荫、宁安、勃利、伊春；吉林省珲春、清汪、敦化、抚松、长白、安图等地。

■ 东北柳叶菜

花枝

茎、叶与果实

植株一部分

（7b）密叶柳叶菜（亚种）（东北植物检索表，东北草本植物志）

Epilobium ciliatum subsp. *glandulosum* (Lehm.) Hoch & P. H. Raven in Ann. Missouri Bot. Gard. 64: 136. 1977.——*Epilobium glandulosum* Lehm. in Fl. Bor.-Amer. 1: 206 1832; 东北草本植物志6: 153. 图版64: 4. 1977; 东北植物检索表（第二版）: 445. 图版221: 6. 1995.

生林区湿草地、温泉旁。产吉林省安图、抚松等地。

108. 省沽油科 Staphyleaceae

Staphyleaceae Martinov, Tekhno-Bot. Slovar 598. 1820, *nom. cons.*

木贼门、木贼亚门、木兰纲、蔷薇亚纲、蔷薇超目、缨子木目（Crossosomatales）。

乔木或灌木。叶对生或互生，奇数羽状复叶，稀为单叶，小叶有锯状齿。圆锥花序；花整齐，两性或杂性，稀为雌雄异株；萼片5，分离或连合，覆瓦状排列；花瓣5，覆瓦状排列；雄蕊5，互生；花盘通常明显，稍有裂片，有时缺；子房上位，2～4室。果实蒴果状，常为稍分离的蓇葖果或不裂的核果或浆果；种子数枚，肉质或角质。

本科全世界有5属45～50种，产热带亚洲和美洲及北温带地区。中国有3属20种，主产南方各省。东北地区产1属1种。

省沽油属 *Staphylea* L.

Staphylea L., Sp.Pl. ed. 1: 270. 1753.

落叶灌木或小乔木。叶对生，小叶3～5或羽状分裂。圆锥花序或腋生总状花序；花白色，下垂，整齐，两性；花萼5，等大，脱落，覆瓦状排列；花瓣5，直立，与花萼近等大，覆瓦状排列，边缘具不相连的裂齿；雄蕊5，等大，直立；子房基部2～3裂，裂片全裂，或稀叉齿状；花柱多数，分离或连合，柱头头状。蒴果薄膜质，小泡状膨大，2～3裂。

本属全世界约13种，产欧洲、印度、尼泊尔至中国及日本、北美洲。中国有6种。

省沽油（辽宁植物志，东北植物检索表，中国植物志，Flora of China）

Staphylea bumalda DC. in Prodr. 2: 2. 1825; 中国植物志46: 20. 图版5: 1～3. 1981; 辽宁植物志（上册）: 1111. 图版477. 1988; 东北植物检索表（第二版）: 405. 图版201: 3. 1995; Fl. China 11: 499. 2008.

落叶灌木；奇数羽状复叶对生，具三小叶，小叶椭圆形、卵圆形或卵状披针形；圆锥花序顶生，直立，花白色。蒴果膀胱状。生路旁、山地或丛林中。产吉林省集安、柳河；辽宁省庄河、本溪、凤城、桓仁、宽甸等地。

种子含油17.57%，种子油可制肥皂及油漆。茎皮可作纤维。花期具有较好的观赏性。根药用，用于产后瘀血不净。果实也入药，用于干咳。嫩芽可食。

■ 省沽油

果序

叶

花序

■ 省沽油

花枝

植株一部分

109. 白刺科 Nitrariaceae

Nitrariaceae Lindl. 1830, *nom. cons.*

木贼门、木贼亚门、木兰纲、蔷薇亚纲、蔷薇超目、无患子目（Sapindales）。

草本或灌木。叶互生或簇生，全缘或羽状分裂；托叶小或呈叶片状。花单生或排成聚伞花序；萼片5，有时4，覆瓦状或镊合状排列；花瓣4～5；雄蕊与花瓣同数，或比花瓣多1～3倍，通常长短相间；子房常3～5室，稀2～12室。果实为分裂果、核果或浆果。

本科全世界有4属，约20种，分布于北非至东亚一带，澳大利亚西南部和墨西哥东部的干旱地区。中国产2属8种，主产西北地区。东北地区产2属2种1变种。

分属检索表

1. 灌木；浆果状核果 ………… 1. 白刺属 Nitraria
1. 多年生草本；蒴果 ………… 2. 骆驼蓬属 Peganum

1 白刺属 *Nitraria* L.

Nitraria L., Sp. Pl. 1022. 1753.

灌木，高0.5～2米。枝先端常成硬针刺。单叶质厚、肉质、全缘或顶端齿裂；托叶小。顶生或腋生聚伞花序，蝎尾状；花小，白色或黄绿色；萼片5，花瓣5；雄蕊10～15；子房上位，3室，柱头卵形。浆果状核果，外果皮薄，中果皮肉质多浆，内果皮骨质。

本属全世界11种，分布于亚洲、欧洲、非洲和大洋洲。中国有5种，主要分布于西北各省。东北地区产1种1变种。

分种下单位检索表

1. 浆果状核果椭圆形 ………… a. 小果白刺 N. sibirica var. sibirica
1. 浆果状核果球状 ………… b. 球果白刺 N. sibirica var. globicaarpa

小果白刺（内蒙古植物志，中国植物志，Flora of China）；白刺（辽宁植物志，东北植物检索表）

Nitraria sibirica Pall. in Fl. Ross. 1: 80. 1784; 辽宁植物志（上册）: 1004. 图版423. 1988; 内蒙古植物志（第二版）3: 415. 图版158: 1 ~ 3. 1989; 东北植物检索表（第二版）: 378. 图版189: 6. 1995; 中国植物志 43(1): 120. 图版35: 3 ~ 4, 9B. 1998; Fl. China 11: 42. 2008.

落叶矮小灌木，株高0.5 ~ 1米。小枝灰白色，先端刺状，嫩时具白绢毛。叶在嫩枝上2 ~ 3（~4）片簇生；叶片质厚，倒卵状长圆形，基部狭楔形，先端圆钝，具小突尖，全缘，无柄。花小，黄绿色，排成顶生聚伞花序。核果浆果状，椭圆形，熟时深紫红色。

（a）小果白刺（原变种）

Nitraria sibirica var. *sibirica*

生盐渍低洼地、海边沙地、荒漠地。产吉林省通榆；辽宁省锦州、葫芦岛、盘锦、大连；内蒙古自治区海拉尔、新巴尔虎左旗、新巴尔虎右旗、科尔沁右翼中旗、阿鲁科尔沁旗、扎赉特旗、翁牛特旗、克什克腾旗、东乌珠穆沁旗、锡林浩特、苏尼特左旗、苏尼特右旗、二连浩特等地。

抗盐碱、固沙植物。枝、叶、果实可作饲料。果实酸甜可食，还可入药，有健脾胃、助消化、安神、解表、下乳之功效。

■ 小果白刺

花枝

果实

果枝

植株

植株一部分

（b）球果白刺（变种）（辽宁植物志，东北植物检索表）

Nitraria sibirica var. *globicaarpa* (Kitag.) Kitag. in Neo–Lineam. Fl. Mansh. 421. 1979; 辽宁植物志（上册）: 1005. 1988; 东北植物检索表（第二版）: 378. 1995.

生盐渍低洼地、海边沙地。产辽宁省大洼、长海等地。

■ 球果白刺

植株一部分

果实成熟期

植株

2　骆驼蓬属　*Peganum* L.

Peganum L., Sp. Pl. 444. 1753.

多年生草本。叶分裂为条状裂片。萼片5，由基部分裂成不规则条形裂片，果期宿存；花瓣5；雄蕊15，花丝由基部扩大；花柱上部三棱状。蒴果3室，种子多数。

本属全世界6种，分布于地中海沿岸、中亚、蒙古国、北美洲。中国有3种。东北地区产1种。

多裂骆驼蓬（内蒙古植物志，东北植物检索表，中国植物志，Flora of China）

Peganum multisectum (Maxim.) Bobrov in Fl. URSS 14: 149 1949; Fl. China 11: 43. 2008; 中国植物志 43(1): 125. 图版36: 10 ~ 13. 1998.——*Peganum harmala* var. *multisectum* Maxim. in Fl. Tangut. 1: 103 1889; 内蒙古植物志（第二版）3: 418. 图版159: 4. 1989; 东北植物检索表（第二版）: 381. 1995.

生荒漠或草原化荒漠地带。产内蒙古自治区巴林左旗。

植物体有臭味，青鲜时家畜不吃。在放牧过度的草场常为群落中的优势种。固沙作用较强。

■ 多裂骆驼蓬

花正面观

叶

花侧面观

■ 多裂骆驼蓬

果枝

植株

110. 漆树科 Anacardiaceae

Anacardiaceae R.Br., Narr. Exped. Zaire 431. 1818, *nom. cons.*

木贼门、木贼亚门、木兰纲、蔷薇亚纲、蔷薇超目、无患子目（Sapindales）。

乔木或灌木，稀为木质藤本或亚灌木状草本。叶互生，稀对生，单叶，掌状三小叶或奇数羽状复叶。花辐射对称，两性或多为单性或杂性，排列成顶生或腋生的圆锥花序；通常为双被花，稀为单被或无被花；花瓣3～5，分离或基部合生，脱落或宿存。果实为核果、坚果，中果皮具有树脂；种子无胚乳，胚大而多肉质、弯曲，子叶厚。

本科全世界有83属600～800种，大部分分布于热带和亚热带地区，少数分布至温带地区。中国产17属55种，主产长江流域及其以南地区。东北地区产4属6种4变种，其中栽培2种3变种。

分属检索表

1. 花为单被花 ………………………………………… 1. 黄连木属 Pistacia
1. 花有花萼和花瓣。
    2. 单叶；果序上有多数不孕花 ………………………………………… 2. 黄栌属 Cotinus
    2. 奇数羽状复叶或羽状三小叶；果序上无不孕花。
        3. 叶轴通常无翅；圆锥花序腋生；果无毛或疏被微柔毛或刺毛，成熟后黄绿色 …………3. 漆属 Toxicodendron
        3. 叶轴通常具狭翅；圆锥花序顶生；果被腺毛和具节柔毛或单色，成熟后红色 ………………… 4. 盐肤木属 Rhus

1 黄连木属 *Pistacia* L.

Pistacia L. Gen. Pl. 1108. 1754.

落叶或常绿乔木或灌木，具树脂。叶互生，无托叶，奇数或偶数羽状复叶，稀单叶或3小叶；小叶全缘。总状花序或圆锥花序腋生；雌雄异株。雄花：苞片1；花被片3～9；雄蕊3～5（～7），花丝极短，花药长圆形，药隔伸出，细尖；不育雌蕊存在或无。雌花：苞片1；花被片4～10，膜质，半透明，无不育雄蕊；心皮3，合生，子房近球形或卵形，1室，花柱短，柱头3裂。核果近球形，无毛。

本属全世界约10种，分布于地中海沿岸、阿富汗，亚洲中部、东部和东南部，菲律宾至中美墨西哥和南美危地马拉。中国有2种。东北地区产1种。

黄连木（中国植物志，Flora of China）；木黄连（中国植物志）

Pistacia chinensis Bunge in Mem. Div. Acad. St. Petersb. 2: 89 (Enum. Pl. Chin. Bor. 15). 1833; 中国植物志 45(1): 92. 图版28: 1 ~ 4. 1980; Fl. China 11: 345. 2008.

落叶乔木；偶数或奇数羽状复叶生，小叶5 ~ 9对；花单性异株，先花后叶，圆锥花序腋生；花小，雄花花被片2 ~ 4，雌花花被片7 ~ 9；核果倒卵状球形，成熟时紫红色。生海岸带山林中。产辽宁省旅顺口区。

叶芽可作蔬菜，并可代茶，药用有清热解毒、止渴作用。木材鲜黄色，可提黄色染料，材质坚硬致密，可供家具和细工用材。种子榨油可作润滑油或制皂。

■ 黄连木

果序一部分

雌花序

雄花序

植株一部分

2 黄栌属 *Cotinus* (Tourn.) Mill.

Cotinus (Tourn.) Mill. Gard. Dict. Abridg. ed. 4. 1754.

落叶灌木或小乔木，木材黄色，树汁液有臭味。单叶互生，全缘，叶柄细长。聚伞状圆锥花序顶生；花杂性，同株；花萼5齿裂，卵状披针形；花瓣5，长约为萼片的2倍，长圆形；雄花5，1室，具1胚珠；花柱3，侧生，果序上有多数不孕花，花梗伸长成羽毛状。核果小，暗红色，肾形或斜长卵形，具残存花柱；种子肾形。

本属全世界约5种，分布于南欧、亚洲东部和北美洲温带地区。中国有3种，除东北外其余省区均有。东北地区产4变种，其中栽培3变种。

分种下单位检索表

1. 叶绿色。
  2. 圆锥花序无毛或近无毛，果序上无伸长成紫色羽毛状不孕性花梗；叶背面尤其沿脉密被灰白色绢状柔毛 ……………… b. 毛黄栌 C. coggygria var. pubescens
  2. 圆锥花序有柔毛，果序上有许多伸长成紫色羽毛状不孕性花梗；叶两面或背面被灰色柔毛 ……………… c. 灰毛黄栌 C. coggygria var. cinerea
1. 叶紫色。
  3. 叶紫红色，秋叶鲜红色 ……………… d. 美国红栌 C. coggygria cv. 'Royal Purple'
  3. 叶深紫色，有金属光泽 ……………… e. 紫叶黄栌 C. coggygria cv. 'Purpureus'

黄栌（中国植物志，Flora of China）

Cotinus coggygria Scop. Fl. Carn. ed. 2, 1: 220. 1772; 中国植物志45(1): 96. 1980; Fl. China 11: 344. 2008.

灌木。叶片宽椭圆形到倒卵形，两面被灰色短柔或背面更明显，基部圆形到宽楔形，全缘，先端圆形到微凹，侧脉6～11对。圆锥花序，被短柔毛；花梗长7～10毫米；花直径约3毫米；花萼无毛，裂片卵形三角形；花瓣卵形到卵状披针形；雄蕊长约1.5毫米，花药卵球形，长度等于花丝；花盘5浅裂，紫棕色；子房近球形，直径约0.5毫米；花柱3，不等长。核果肾形，约4.5毫米×2.5毫米，无毛。

（a）黄栌（原变种）

Cotinus coggygria var. *coggygria*

产匈牙利和捷克斯洛伐克，中国不产。

（b）毛黄栌（变种）（辽宁植物志，东北植物检索表，中国植物志，Flora of China）

Cotinus coggygria var. *pubescens* Engl. in Bot. Jahrb. 1: 403. 1881; 中国植物志45(1): 97. 1980; 辽宁植物志（上册）: 1067. 图版454. 1988; 东北植物检索表（第二版）: 395. 1995; Fl. China 11: 344. 2008.

生阴湿的石缝或溪沟边。产辽宁省朝阳，大连、盖州、沈阳等地有栽培。

叶秋季变红，为著名的红叶树种。木材黄色，古代作黄色染料。树皮和叶可提取栲胶。叶含芳香油，为调香原料。嫩芽可炸食。

■ 毛黄栌

花序无毛

花序一部分

叶背面观

■ 毛黄栌

植株

植株一部分

（c）灰毛黄栌（变种）（Flora of China）；光叶黄栌（辽宁植物志）；红叶（东北植物检索表，中国植物志）

Cotinus coggygria var. *cinerea* Engl. in Bot. Jahrb. 1: 403. 1881; 中国植物志45(1): 97. 1980; 辽宁植物志（上册）: 1067. 图版455. 1988; 东北植物检索表（第二版）: 395. 图版198: 2. 1995; Fl. China11: 344. 2008.

辽宁省大连、盖州、沈阳等地有栽培。

资源价值同上。

■ 灰毛黄栌

叶背面观

果序

花序

植株

植株一部分

（d）美国红栌（栽培变种）

Cotinus coggygria cv. ‘Royal Purple’

辽宁省大连等地有栽培。

生长季均具有观赏价值。

■ 美国红栌

花序一部分

侧枝

植株

（e）紫叶黄栌（栽培变种）

Cotinus coggygria cv. ‘Purpureus’

辽宁省大连等地有栽培。

生长季均具有观赏价值。

3 漆属 *Toxicodendron* (Tourn.) Mill.

Toxicodendron (Tourn.) Mill. Gard. Dist. Abridg. ed. 4. 1754.

落叶乔木或灌木，稀为木质藤本，具白色乳汁，干后变黑，有臭气。叶互生，奇数羽状复叶或掌状3小叶；小叶对生。聚伞圆锥状或聚伞总状花序腋生，果期通常下垂或花序轴粗壮而直立；花小，单性异株；花萼5裂，裂片覆瓦状排列，宿存；花瓣5，覆瓦状排列，通常具褐色羽状脉纹，开花时先端常外卷。核果近球形或侧向压扁，无毛或被微柔毛或刺毛，但不被腺毛。

本属全世界20余种，分布于亚洲东部和北美洲至中美洲。中国有16种，主要分布于长江以南各省区。东北地区产2种。

分种检索表

1. 叶柄长4～8厘米，小叶侧脉15～25对，表面中脉密被卷曲柔毛而余处被平伏柔毛，背面密被柔毛或仅脉上较密；圆锥花序长8～15厘米；核果极偏斜，长大于宽 ………………… **1. 木蜡树 T. sylvestre** (Sieb. et Zucc.) O. Kuntze

1. 叶柄长7～14厘米，小叶侧脉10～15对，表面通常无毛或仅沿中脉疏被柔毛，背面沿脉被平展柔毛或近无毛；圆锥花序长15～30厘米；核果对称，宽大于长或近等于长 ……………………**2. 漆 T. vernicifluum** (Stokes) F. A. Barkl.

（1）木蜡树（东北植物检索表，中国植物志，Flora of China）；山漆树（中国植物志）

Toxicodendron sylvestre (Sieb. et Zucc.) O. Kuntze in Rev. Gea. Pl. 154. 1891; 中国植物志45(1): 118. 图版34: 4 ~ 5. 1980; 东北植物检索表（第二版）: 395. 1995; Fl. China11: 351. 2008.

生林中。辽宁省普兰店俭汤乡有记载，待调查核实。

（2）漆（辽宁植物志，东北植物检索表，中国植物志，Flora of China）；大木漆（中国植物志）

Toxicodendron vernicifluum (Stokes) F. A. Barkl. in Ann. Midl. Nat. 24: 680. 1940; 中国植物志45(1): 111. 图版31: 1 ~ 3. 1980; 辽宁植物志（上册）: 1063. 图版452. 1988; 东北植物检索表（第二版）: 395. 图版198: 3. 1995; Fl. China11: 351. 2008.

生向阳山坡林内。产辽宁省旅顺口、普兰店、庄河、岫岩、本溪、宽甸、新宾、桓仁等地。

中国最重要的特用经济树种之一，生漆为优良涂料，防腐性能好；果皮可提取蜡；叶、根可做土农药；木材可制家具、乐器及装饰品；干漆做中药，有通经、驱虫、镇咳功效。

■ 漆

叶

花序

果序

果实

4 盐肤木属 *Rhus* L.

Rhus L., Sp. Pl. 1: 265. 1753.

落叶灌木或乔木。叶互生，奇数羽状复叶、3小叶或单叶。顶生聚伞圆锥花序或复穗状花序；花杂性或单性异株；花萼5裂，裂片覆瓦状排列，宿存；花瓣5，覆瓦状排列；雄蕊5，着生在花盘基部，在雄花中伸出，花药卵圆形，背着药，内向纵裂；花盘环状；子房无柄，1室，1胚珠，花柱3，基部稍合生。核果球形，略压扁，被腺毛或单毛，成熟时红色。

本属全世界约250种，分布于亚热带和暖温带地区。中国有6种，除黑龙江、吉林、内蒙古自治区、青海和新疆外均有分布。东北地区产3种，其中栽培2种。

分种检索表

1. 小叶7 ~ 13，叶轴具狭翅 ······ 1. 盐肤木 R. chinensis Mill.
1. 小叶9 ~ 13，叶轴无翅。
  2. 小叶边缘具细锯状齿而非羽裂 ······ 2. 火炬树 R. typhina L.
  2. 小叶羽状深裂或全裂 ······ 3. 羽裂火炬树 R. dissecta Thunb.

（1）盐肤木（辽宁植物志，东北植物检索表，中国植物志，Flora of China）；五倍子树（中国植物志）；盐麸木（植物智网站）

Rhus chinensis Mill. in Gard. Dict. ed. 8, 7. 1768; 中国植物志45(1): 100. 1980; 辽宁植物志（上册）: 1065. 图版453. 1988; 东北植物检索表（第二版）: 395. 图版198: 1. 1995; Fl. China11: 346. 2008.

生山坡、沟谷、杂木林中。产辽宁省绥中、沈阳、盖州、金州、大连、庄河、长海、普兰店、本溪、丹东、宽甸、桓仁等地。

果泡水代醋用，生食酸咸止渴。种子可榨油。根、叶、花及果均可供药用。

■ 盐肤木

果序一部分

雌花序一部分

果枝

花枝

雄花序一部分

枝叶

（2）火炬树（辽宁植物志，东北植物检索表）；鹿角漆（俗称）

Rhus typhina L. in Cent. Pl. II14. 1756; 辽宁植物志（上册）: 1065. 1988; 东北植物检索表（第二版）: 395. 1995.

原产北美洲。辽宁省各地栽培。

本种为外来入侵植物，具有强大的种间竞争优势，还有化感作用，能抑制其他植物生长，严重危害本地生态系统；其茎叶分泌物能引起过敏反应；产生花粉量大，是人类花粉过敏源之一。可合理利用：

■ 火炬树

果序

花序

植株

■ 火炬树

雌花序一部分

果序一部分

雄花序一部分

可作护坡、固堤、封滩固沙树种；树皮、叶含有单宁，是制取鞣酸的原料；果实含有柠檬酸和维生素C，可作饮料；种子含油蜡，可制肥皂和蜡烛；木材黄色，纹理致密美观，可雕刻、旋制工艺品。

（3）羽裂火炬树（宁夏植物志，辽宁木本植物志）；深裂叶火炬树（俗称）

Rhus dissecta Thunb. in Phytogr. Bl. 1: 29. 1803; 辽宁木本植物志: 382. 2018.——*Rhus typhina* f. *dissecta* Rehder, Rhodora 9(no. 103): 115. 1907; 宁夏植物志: 529. 2007.

■ 羽裂火炬树

小叶背面观

雄花序

雄花序一部分

枝叶

原产北美洲。辽宁省大连有少量栽培或逸生。

与火炬树具有同样的入侵能力和资源价值。

111. 无患子科 Sapindaceae

Sapindaceae Juss., Gen. Pl. [Jussieu] 246. 1789, *nom. cons.*

木贼门、木贼亚门、木兰纲、蔷薇亚纲、蔷薇超目、无患子目（Sapindales）。

乔木、灌木或藤本。复叶或单叶，轮生或对生；基部小叶常呈假托叶状，木本种类中多数末端小叶退化。聚伞圆锥花序顶生或腋生，或为茎花；花常4～5基数，辐射对称或两侧对称，单性，稀杂性或两性；花瓣常白色或淡黄色，有附属物；雄蕊（3～）5～8（～30）；雌花具不育雄蕊，心皮（1～）3（～8）。果实为室背开裂或室轴开裂，蒴果、翅状分果、无翼的双悬果、浆果或核果；每室具种子1～2或更多，常具显著肉质假种皮。

本科全世界有143属1700～1900种。中国有28属200余种。东北地区产5属27种1亚种3变种1变型，其中栽培14种2变种1变型。

分属检索表

1. 子房2室；果为具2枚长翅的小坚果 ……………… 1. 枫属（槭属）Acer
1. 子房3室，稀1或4室；果为无翅蒴果或为浆果状、核果状。
  2. 果为胞背3裂的蒴果；掌状复叶对生 ……………… 2. 七叶树属 Aesculus
  2. 果为室背开裂的蒴果，或呈不开裂浆果状或核果状；羽状复叶或掌状复叶互生，偶有单叶。
    3. 灌木或乔木；果不膨大，果皮厚而木栓质 ……………… 3. 文冠果属 Xanthoceras
    3. 草质藤本或乔木；果膨大呈囊状，果皮膜质或纸质。
      4. 草质藤本；花白色 ……………… 4. 倒地铃属 Cardiospermum
      4. 乔木；花黄色 ……………… 5. 栾树属 Koelreuteria

1 枫属（槭属） *Acer* L.

Acer L., Sp. Pl. ed. 1.1054 .1753.

落叶或常绿乔木或灌木。叶对生，单叶或复叶，不裂或分裂。花序由着叶小枝的顶芽生出，下部具叶，或由小枝旁边的侧芽生出，下部无叶；花整齐，雄花与两性花同株或异株，稀单性，雌雄异株；萼片与花瓣均5或4，稀缺花瓣；花盘环状或微裂，稀不发育；雄蕊4～12，通常8，生于花盘内侧、外侧，稀生于花盘上；子房2室，花柱2裂稀不裂，柱头通常反卷。果实系2枚相连的小坚果，凸起或扁平，侧面有长翅，张开成各种角度。

本属全世界约有129种，分布于亚洲、欧洲及美洲。中国有99种。东北地区产18种1亚种3变种1变型，其中栽培8种2变种1变型。

分种检索表

1. 叶为复叶。
  2. 小叶3～7（～9）；花单性，雌雄异株，雄花组成聚伞花序，雌花排成总状 ……………… **1. 复叶枫 A. negundo** L.
  2. 小叶3；花杂性，雄花与两性花异株，伞房花序。
    3. 叶缘具疏锯状齿；花3～5；翅果长3～3.5厘米，无毛 …………………… **2. 东北枫 A. mandshuricum** Maxim.
    3. 叶具2～3粗齿，稀近全缘；花3；翅果长4～4.5厘米，被粗毛（**3. 三花枫 A. triflorum** Kom.）。
      4. 叶质薄，下面略有白粉而无乳头状突起 ……………………………… **3a. 三花枫 A. triflorum** var. **triflorum**
      4. 叶革质或近于革质，下面有小的乳头状突起 ……………**3b. 革叶三花槭 A. triflorum** var. **aubcoriacea** Kom.
1. 叶为单叶。
  5. 叶掌状5～13裂。
    6. 叶裂不少于9。
      7. 叶直径9～12厘米，嫩时有白色绢毛；子房有长柔毛；栽培 ……………… **4. 羽扇枫 A. japonicum** Thunb.
      7. 叶直径6～10厘米，嫩时有白色绒毛；子房有疏柔毛；野生（**5. 紫花枫 A. pseudo-sieboldianum** (Pax.) Kom.）。
        8. 翅果连同小坚果长2～2.5厘米，张开成钝角 ……………………………………………… **5a. 紫花枫 A. pseudo-sieboldianum** var. **pseudo-sieboldianum**
        8. 翅果连同小坚果长约1.5厘米，张开近平角 ……………………………………………… **5b. 小果紫花槭 A. pseudo-sieboldianum** var. **koreanum** Nakai
    6. 叶状5～9裂，叶柄和花梗无毛；花紫色，翅果张开呈钝角或平角（**6. 鸡爪枫 A. palmatum** Thunb.）。
      9. 叶裂片长圆卵形，先端锐尖或长锐尖（**6a. 鸡爪枫 A. palmatum** var. palmatum）。
        10. 上面深绿色，下面淡绿色 ……………………………………… **6aa. 鸡爪枫 A. palmatum** f. **palmatum**
        10. 叶两面嫩时红色，后期紫红色 …… **6ab. 红槭 A. palmatum** f. **atropurpureum** (Van Houtte) Schewerim
      9. 叶裂片披针形，先端尾状 …………………………… **6b. 羽毛槭 A. palmatum** var. **dissectum** (Thunb.) K. Koch
  5. 叶掌状3～7裂。
    11. 裂片通常无锯状齿。
      12. 叶3裂。
        13. 叶基部近于圆形或楔形，常自叶片中段以上3裂，裂片全缘；翅果张开成锐角或近于直立 ……………………………………………………………………………**7. 三角枫 A. buergerianum** Miq.
        13. 叶基部近于截形，深3裂几乎达于叶片长度的4/5，裂片全缘或中段以上有2～3枚粗锯状齿；翅果张开近于直角 ………………………………… **8b. 细裂枫 A. pilosum var. stenolobum** (Rehder) W. P. Fang
      12. 叶5裂或7裂。
        14. 枝条有木栓质的翼；叶掌状5中裂 …………………………………………… **9. 瘤枝槭 A. campestre** L.
        14. 枝条无木栓质的翼；叶5裂或7裂。
          15. 叶基部浅心形或近截形；翅长为小坚果的2～3倍，宽5～10毫米 … **10. 色木枫 A. mono** Maxim.
          15. 叶基部截形或微心形；翅与小坚果近等长，宽10～12毫米 …… **11. 元宝枫 A. truncatum** Bunge
    11. 裂片有锯状齿。
      16. 花红色；叶掌状3～5裂 ……………………………………………………… **12. 美国红枫 A. rubrum** L.
      16. 花黄色。
        17. 叶背面或沿叶脉密被毛。

（接上表）

18. 叶5（～7）裂，背面密被茸毛；总状花序长8～10厘米，直立，花多而密集；翅果小（长1.2～2厘米），张开呈直角或锐角 ………… **13. 花楷枫 A. ukurunduense** Trautv. et C. A. Mey.

18. 叶（3～）5裂，背面疏生毛或沿脉密被毛；短总状花序，下垂，花少；翅果较大，张开呈钝角。

19. 叶背面及中脉上被带黄色的毛，边缘疏生粗齿牙；翅果长3.5～4厘米，小坚果有粗脉棱 ……………………………………………………………… **14. 簇毛枫 A. barbinerve** Maxim.

19. 叶背面仅沿叶脉密被灰褐色毡毛，边缘具齿牙状重锯状齿；翅果长2.5～3厘米，小坚果无粗脉棱 ……………………………………………………… **15. 小楷枫 A. komarovii** Pojark.

17. 叶无毛。

20. 叶5裂，边缘具缺刻状深锯状齿。

21. 叶长宽近相等 ……………………………………………………… **16. 挪威枫 A. platanoides** L.

21. 叶长大于宽 ……………………………………………………… **17. 银白槭 A. saccharinum** L.

20. 叶3裂，边缘具不规则的缺刻状重锯状齿。

22. 叶卵状三角形，长3～7厘米，3（～5）裂，中裂片比侧裂片大；幼枝带紫红色；翅果张开呈锐角或直角 ………………… **18b. 茶条枫 A. tataricum** subsp. **ginnala** (Maxim.) Wesm.

22. 叶近圆形，长7～15厘米，宽7～13厘米，3～5浅裂；幼枝绿色；翅果张开呈钝角或近平角 ……………………………………………………… **19. 青楷枫 A. tegmentosum** Maxim.

（1）复叶枫（Flora of China）；梣叶槭（辽宁植物志，黑龙江省植物志，内蒙古植物志，东北植物检索表，中国植物志）；复叶槭（经济植物手册）；美国槭（华北济植物志要）；白蜡槭（中国树木分类学）；糖槭（东北木本植物图志）

Acer negundo L., Sp. Pl. ed. 1. 1056. 1753; 中国植物志46: 272. 图版82: 2. 1981; 辽宁植物志（上册）: 1086. 图版465. 1988; 内蒙古植物志（第二版）3: 471. 图版182: 4～6. 1989; 东北植物检索表（第二版）: 399. 图版197: 5. 1995; 黑龙江省植物志7: 72. 图版39. 2003; Fl. China 11: 553. 2008.

原产北美洲。东北各地常见栽培。

以绿化、观赏为目的引进。早春开花，花蜜很丰富，是很好的蜜源植物；生长迅速，树冠广阔，可作行道树或庭园树；树皮中汁液可以制糖；叶中含有丰富的黄酮类化合物，具有药用开发价值；作为诱饵树以防治天牛；木质坚硬，质地光泽，用作制地板、家具、书柜和乐器等。

■ 复叶枫

羽状复叶

雌花序

果序

雄花序

■ 复叶枫

植株一部分

树干

（2）东北枫（Flora of China）；东北槭（辽宁植物志，黑龙江省植物志，东北植物检索表，中国植物志）；关东槭（中国树木分类学）；满洲槭（静生生物调查所汇报），白牛槭（东北木本植物图志）

Acer mandshuricum Maxim. in Bull. Acad. Sc. St.–Petersb. 22: 238. 1867; 中国植物志46: 267. 图版79: 3. 1981; 辽宁植物志（上册）: 1084. 图版464. 1988; 东北植物检索表（第二版）: 399. 图版197: 3. 1995; 黑龙

■ 东北枫

叶

翅果成熟期

翅果

雄花序

两性花

江省植物志7: 70. 图版37. 2003; Fl. China 11: 552. 2008.

生杂木林中。产黑龙江省尚志、宁安、哈尔滨、勃利；吉林省蛟河、安图、和龙、临江、珲春、敦化；辽宁省辽阳、新宾、清原、桓仁、庄河等地。

入秋后叶色变红，鲜艳夺目，为点缀庭园的良好观叶树种。材质坚韧，可做家具。

（3）三花枫（Flora of China）；三花槭（辽宁植物志，黑龙江省植物志，东北植物检索表，中国植物志）；伞花槭（中国树木分类学）；拧筋槭（东北木本植物图志）

Acer triflorum Kom. in Act Hort. Petrop. 18: 430. 1901; 中国植物志46: 264. 1981; 辽宁植物志（上册）: 1083. 图版463: 1 ~ 2. 1988; 东北植物检索表（第二版）: 399. 图版197: 4. 1995; 黑龙江省植物志7: 80. 图版42. 2003; Fl. China11: 551. 2008.

（3a）三花枫（原变种）

Acer triflorum var. *triflorum*

生针阔混交林中或阔叶杂木林中。产黑龙江省宁安、东宁；吉林省安图、抚松、靖宇、临江；辽宁省新宾、宽甸、桓仁、凤城、本溪、庄河等地。

入秋后叶色变红，鲜艳夺目，为点缀庭园的良好观叶树种。

■ 三花枫

翅果

果枝

叶背面观

花序

树干

（3b）革叶三花槭（变种）（辽宁植物志，中国植物志）

Acer triflorum var. *aubcoriacea* Kom. in Acta Hort. Petrop. 22：730. 1904; 中国植物志46: 266. 1981; 辽宁植物志（上册）: 1083. 图版463: 3～4. 1988.

生海拔400～1000米的林边或石质山坡。产黑龙江省宁安；吉林省永吉、桦甸、抚松、靖宇、临江、和龙、安图；辽宁省清原、桓仁、新宾、本溪、凤城、沈阳、西丰、凌源。

■ 革叶三花槭

叶

（4）羽扇枫（Flora of China）；羽扇槭（中国植物志）；日本槭（经济植物手册）

Acer japonicum Thunb. Fl. Jap. 161. 1784;中国植物志46:121. 图版30:1～2. 1981; Fl. China 11:524. 2008.

原产日本和朝鲜。辽宁省大连有引种。

树形优美，叶形漂亮，为受欢迎的绿化树种。

■ 羽扇枫

金叶品种

植株

植株一部分

（5）紫花枫（Flora of China）；紫花槭（辽宁植物志，黑龙江省植物志，东北植物检索表，中国植物志）

Acer pseudo-sieboldianum (Pax.) Kom. in. Acta Hort. Petrop. 22: 725. 1904; 中国植物志46: 121. 图版30: 3～4. 1981; 辽宁植物志（上册）: 1074. 图版458: 1～2. 1988; 东北植物检索表（第二版）: 397. 图版196: 1. 1995; 黑龙江省植物志7: 75. 图版41: 1～2. 2003; Fl. China 11: 524. 2008.

（5a）紫花枫（原变种）

Acer pseudo-sieboldianum var. *pseudo-sieboldianum*

生阔叶林、针阔混交林及林缘。产黑龙江省东南部；吉林省安图、抚松、靖宇、临江、长白、珲春；辽宁省宽甸、桓仁、凤城、清原、本溪、抚顺、沈阳、盖州、北镇、鞍山、岫岩、瓦房店、庄河等地。

中国东北最美丽的红叶树种。木材细密，供建筑及器具等用；种子可榨油，含油率8.28%；树皮及叶可提取栲胶。

■ 紫花枫

花序

果序

翅果

果枝

秋色

（5b）小果紫花槭（变种）（辽宁植物志，黑龙江省植物志，东北植物检索表，中国植物志）

Acer pseudo-sieboldianum var. *koreanum* Nakai in Journ. Coll. Sc. Tokyo 26 (1): 136. t. 10, f. 1. 1909; 中国植物志46: 123. 1981; 辽宁植物志（上册）: 1076. 图版458: 3. 1988; 东北植物检索表（第二版）: 397. 1995; 黑龙江省植物志7: 77. 图版41: 3. 2003.

生林缘。产黑龙江省东南部；吉林省安图、抚松、珲春；辽宁省本溪、桓仁、凤城、岫岩等地。

■ 小果紫花槭

叶

果序

（6）鸡爪枫（Flora of China）；鸡爪槭（辽宁植物志，黑龙江省植物志，东北植物检索表，中国植物志）

Acer palmatum Thunb. in Nova Acta Reg. Soc. Sc. Upsal. 4: 40. 1783; 中国植物志46: 129. 图版32: 4. 1981; 辽宁植物志（上册）: 1076. 图版459: 1 ~ 2. 1988; 东北植物检索表（第二版）: 397. 1995; 黑龙江省植物志7: 75. 图版40. 2003; Fl. China11: 526. 2008.

（6a）鸡爪枫（原变种）

Acer palmatum var. *palmatum*

（6aa）鸡爪枫（原变型）

Acer palmatum f. *palmatum*

分布长江流域各省。辽宁省大连有栽培。

秋季红叶树种之一。枝叶有止痛、解毒作用，用于腹痛，外用于背疽、痈疮。

■ 鸡爪枫

植株一部分

叶

花

花序一部分

植株

（6ab）红槭（变型）（辽宁植物志，中国植物志）

Acer palmatum f. *atropurpureum* (Van Houtte) Schewerim in Gard. Chron. n. s., 16: 137. 1881; 中国植物志46: 129. 181; 辽宁植物志（上册）: 1076. 图版459: 3. 1988.

辽宁省大连有栽培。

■ 红槭

植株

植株一部分

（6b）羽毛槭（变种）（中国植物志）

Acer palmatum var. *dissectum* (Thunb.) K. Koch in Arch. Néerl. Sci. Exact. Nat. 2: 449. 1867; 中国植物志 46: 129. 1981.

辽宁省大连有栽培。

■ 羽毛槭

叶

植株

树干

翅果

果序

（7）三角枫（Flora of China）；三角槭（中国植物志）

Acer buergerianum Miq. in Ann. Mus. Lugd. Bat. 2: 88. 1865; 中国植物志46: 183. 图版55: 1. 1981; Fl. China 11: 534. 2008.

分布山东、河南、江苏、浙江、安徽、江西、湖北等省。辽宁省大连、长海有栽培。

夏季浓荫覆地，入秋叶色暗红，宜孤植、丛植作庭荫树，也可作行道树及护岸树。

■ 三角枫

果枝

果序

树干

植株

（8）疏毛槭（植物分类学报）；秦陇槭（中国树木分类学）；陇秦槭（华北经济植物志要）

Acer pilosum Maxim. in Bull. Acad. Sc: St. Petersb. Ⅲ. 26: 436, 445. 1880.

（8a）疏毛槭（原变种）

Acer pilosum var. *pilosum*

中国产甘肃南部。东北地区不产。

（8b）细裂枫（变种）（Flora of China）；细裂槭（中国植物志）

■ 细裂枫

叶背面观

小枝

树干

Acer pilosum var. *stenolobum* (Rehder) W. P. Fang, Acta Phytotax. Sin. 11: 163. 1966; Fl. China11: 538. 2008.——*A. stenolobum* Rehd. in J. Arnold Arbor. 3: 216. 1922; 中国植物志46: 176. 1981.

产内蒙古、自治区山西、宁夏、陕西和甘肃。辽宁省沈阳有栽培。

（9）瘤枝槭（大连植物彩色图谱，辽宁木本植物志）；栓皮槭（东北植物检索表）

Acer campestre L., Sp. Pl. 1055. 1753; 东北植物检索表: 215. 1959; 辽宁木本植物志: 389. 2018.

原产欧洲。辽宁省大连有栽培。

生长迅速，树冠广阔，可作行道树或庭园树。

■ 瘤枝槭

小枝

叶

树干

（10）色木枫（Flora of China）；色木槭（辽宁植物志，黑龙江省植物志，内蒙古植物志，东 北植物检索表，中国植物志）

Acer mono Maxim. in Bull. Phys.–Math. Acad. Sc. St. Petersb. 15: 126. 1857; 中国植物志46: 94. 图版19: 1. 1981; 辽宁植物志（上册）: 1073. 图版457. 1988; 东北植物检索表（第二版）: 397. 图版196: 4. 1995; 黑龙江省植物志7: 72. 图版38. 2003.——*A. pictum* subsp. *mono* (Maxim.) H. Ohashi in J. Jap. Bot. 68: 321 1993; Fl. China 11: 522. 2008.——*A. truncatum* subsp. *mono* (Maxim.) E. Murr. Kalmia 1: 7. 1969; 内蒙古植物志（第二版）3: 468. 1989.

生林中、林缘及河岸两旁。产黑龙江省桦川、伊春、哈尔滨、宝清、密山、宁安、饶河、尚志、虎林、嘉荫；吉林省九台、蛟河、敦化、珲春、吉林、安图、抚松、靖宇、临江；辽宁省丹东、凤城、桓仁、本溪、新宾、岫岩、建昌、凌源、清原、鞍山、绥中、兴城、北镇、朝阳、彰武、大连、沈阳、法库、西丰、海城；内蒙古自治区科尔沁左翼后旗、乌兰浩特、喀喇沁旗、翁牛特旗、科尔沁右翼中旗、林西、巴林左旗、巴林右旗、克什克腾旗、宁城、正镶白旗、正蓝旗等地。

中国北方重要观叶树种、还是良好的蜜源植物。木材坚韧，供制家具、农具等；嫩叶可代茶和菜；枝叶入药，有祛风除湿、活血化瘀作用。

■ 色木枫

翅果

两性花

雄花

植株一部分

（11）元宝枫（Flora of China）；元宝槭（辽宁植物志，黑龙江省植物志，内蒙古植物志，东北植物检索表，中国植物志）；平基槭（经济植物手册）

Acer truncatum Bunge in Mem. Acad. Sc. St. Petersb. Sav. Etr. 2: 84 1835; 中国植物志46: 93. 图版18: 2. 1981; 内蒙古植物志（第二版）3: 467. 图版182: 1 ~ 3. 1989; 辽宁植物志（上册）: 1071. 图版456. 1988; 东北植物检索表（第二版）: 397. 图版196: 5. 1995; 黑龙江省植物志7: 80. 图版43. 2003; Fl. China 11: 521. 2008.

生林中。产黑龙江省哈尔滨；吉林省安图、抚松、临江、双辽；辽宁省新宾、沈阳、盖州、凤城、宽甸、东港、庄河、朝阳、北镇、彰武；内蒙古自治区宁城、翁牛特旗、扎鲁特旗、科尔沁左翼后旗等地。

园林绿化的好树种，秋季叶变红，尤为绚丽。还是良好的蜜源植物。种仁含油率达50%，为优质食用油；木材坚硬，供建筑、家具等；根皮入药，祛风除湿、舒筋活络。

■ 元宝枫

树干

翅果

两性花序

幼果

雄花序

植株

植株一部分

（12）美国红枫（大连植物彩色图谱，辽宁木本植物志）；红花槭（植物智网站）

Acer rubrum L., Sp. Pl. 1055. 1753; 辽宁木本植物志: 391. 2018.

■ 美国红枫

叶背面观

植株一部分

植株

■ 美国红枫

花序

叶

果序

树干

原产美国北部以及加拿大大部分地区。辽宁省大连有栽培。

在园林绿化中被广泛应用，常用作彩色行道树、干旱地防护林树种和风景林树种。

（13）花楷枫（Flora of China）；花楷槭（辽宁植物志，黑龙江省植物志，东北植物检索表，中国植物志）；长白花楷槭（植物研究）

Acer ukurunduense Trautv. et C. A. Mey. in Middendorf. Reise Sibir. 1: 24. 1856; 中国植物志46: 143. 图版39: 3 ~ 4. 1981; 辽宁植物志（上册）: 1078. 图版460: 1. 1988; 东北植物检索表（第二版）: 397. 图版196: 2. 1995; 黑龙江省植物志7: 83. 图版44: 1. 2003; Fl. China 11: 546. 2008.——*A. ukurunduense* var. *changbaishanense* W. Cao, 植物研究16(4): 426 ~ 427. 1996.

生海拔500 ~ 1500米的疏林中。产黑龙江省海林、勃利、饶河、伊春、尚志；吉林省安图、抚松、和龙、蛟河、汪清、临江、长白、珲春、敦化；辽宁省桓仁、本溪、宽甸、凤城、新宾、庄河等地。

■ 花楷枫

果序一部分

叶背面观

花枝

果枝

（14）簇毛枫（Flora of China）；髭脉槭（辽宁植物志，黑龙江省植物志，东北植物检索表，中国植物志）

Acer barbinerve Maxim. in Mel. Biol. 6: 368. 1868; 中国植物志46: 241. 图版71: 1 ~ 2. 1981; 辽宁植物志（上册）: 1080. 图版462: 1. 1988; 东北植物检索表（第二版）: 397. 图版196: 6. 1995; 黑龙江省植物志7: 67. 图版35: 1. 2003; Fl. China11: 543. 2008.

生海拔500～1200米的疏林中或林边。产黑龙江省尚志、饶河、宁安、勃利；吉林省抚松、和龙、安图、汪清、敦化、蛟河、临江、长白；辽宁省新宾、桓仁、宽甸、本溪、凤城、庄河等地。

■ 簇毛枫

植株一部分

果序

叶背面观

（15）小楷枫（Flora of China）；小楷槭（辽宁植物志，黑龙江省植物志，东北植物检索表，中国植物志）

Acer komarovii Pojark. in Fl. URSS 14: 611. 1949; 中国植物志46: 227. 图版66: 1～4. 1981; 辽宁植物志（上册）: 1078. 图版460: 2～3. 1988; 东北植物检索表（第二版）: 397. 图版196: 3. 1995; 黑龙江省植物志7: 68. 图版44: 2～3. 2003; Fl. China 11: 542. 2008.

生海拔800～1200米的疏林中。产黑龙江省（地点不详）；吉林省临江、抚松、安图；辽宁省新宾、桓仁、本溪、宽甸、凤城、庄河等地。

■ 小楷枫

叶背面观

果枝

花枝

果序

植株一部分

（16）挪威枫（植物智网站）；挪威槭（大连植物彩色图谱，辽宁木本植物志）

Acer platanoides L., Sp. Pl. 1055. 1753; 辽宁木本植物志: 392. 2018.

原产欧洲。辽宁省大连有栽培。

树形美观，树荫浓密，是良好的行道树。

注：尚有紫叶挪威槭、金边挪威槭等品种。

■ 挪威枫

翅果

果枝

花序

苗圃

树干

叶

（17）银白槭（植物智网站）；银槭（辽宁植物志，黑龙江省植物志，东北植物检索表）

Acer saccharinum L., Sp. Pl. 1055. 1753; 辽宁植物志（上册）: 1083. 图版462: 2. 1988; 东北植物检索表（第二版）: 397. 1995; 黑龙江省植物志7: 79. 图版35: 2. 2003.

原产美国东部。辽宁省熊岳、沈阳有栽培。

在园林绿化中常用作行道树，秋色最美。

■ 银白槭

树干

叶

（18）鞑靼槭（植物智网站）

Acer tataricum L., Sp. Pl. 2: 1054. 1753.

（18a）鞑靼槭（原亚种）

Acer tataricum subsp. *tataricum*

中国不产。

（18b）茶条枫（亚种）（Flora of China）；茶条槭（辽宁植物志，黑龙江省植物志，内蒙古植物志，东北植物检索表，中国植物志）

Acer tataricum subsp. *ginnala* (Maxim.) Wesm. in Bull. Soc. Roy. Bot. Belgique 29: 31 1890; Fl. China 11: 545. 2008.——*A. ginnala* Maxim. in Bull. Phys.–Math. Acad. Sc. St. Petersb. 15: 126. 1856; 中国植物志46: 136. 图版36: 1. 1981; 辽宁植物志（上册）: 1077. 图版461: 3 ~ 6. 1988; 内蒙古植物志（第二版）3: 468. 图版183. 1989; 东北植物检索表（第二版）: 397. 图版197: 2. 1995; 黑龙江省植物志7: 68. 图版36: 1 ~ 4. 2003.

生山坡、稀疏林下及林缘。产黑龙江省宁安、尚志、密山、哈尔滨、伊春、萝北、饶河、黑河、嘉荫、虎林；吉林省安图、靖宇、抚松、临江、长白、吉林、永吉、珲春、桦甸、蛟河；辽宁省西丰、抚顺、清原、本溪、凤城、桓仁、庄河、瓦房店、营口；内蒙古自治区科尔沁左翼后旗、巴林右旗、克什克腾旗、西乌珠穆沁旗、锡林浩特等地。

良好的庭园观赏树，也可作绿篱及小型行道树。叶、芽有清热明目作用，用于肝热目赤、视物昏花。

■ 茶条枫

秋季植株一部分

果枝

花枝

（19）青楷枫（Flora of China）；青楷槭（辽宁植物志，黑龙江省植物志，东北植物检索表，中国植物志）；辽东槭（中国树木分类学）

Acer tegmentosum Maxim. in Bull. Phys. Math. Acad. Sc. St. Petersb. 15: 125. 1856; 中国植物志46: 236. 图版69: 3 ~ 4. 1981; 辽宁植物志（上册）: 1080. 图版461: 1 ~ 2. 1988; 东北植物检索表（第二版）: 397. 图版197: 1. 1995; 黑龙江省植物志7: 79. 图版36: 5 ~ 6. 2003; Fl. China11: 540. 2008.

生海拔500 ~ 1000米的疏林中。产黑龙江省伊春、尚志、嘉荫、萝北；吉林省靖宇、抚松、汪清、安图、和龙、临江、敦化、珲春、蛟河、长白；辽宁省新宾、本溪、凤城、桓仁、宽甸、庄河；内蒙古自治区科尔沁左翼后旗等地。

树干极具观赏性，可作观赏树木栽培。

■ 青榨槭

植株一部分

果序

树干

雌花序

雄花序

2 七叶树属 *Aesculus* L.

Aesculus L., Sp. Pl. 1: 344. 1753.

落叶乔木或灌木。掌状复叶对生；小叶3～9枚，长圆形、倒卵形或披针形，边缘有锯状齿。聚伞圆锥花序顶生，直立，侧生小花序系蝎尾状聚伞花序。花杂性，雄花与两性花同株；花萼钟形或管状，上段4～5裂，大小不等，排列成镊合状；花瓣4～5，基部爪状，大小不等；雄蕊5～8，着生于花盘的内部；子房上位，花柱细长，不分枝，柱头扁圆形。蒴果1～3室，平滑，稀有刺，胞背开裂。

本属全世界约12种，广布于亚洲、欧洲、美洲。中国有4种，以西南部的亚热带地区为分布中心，北达黄河流域，东达江苏和浙江，南达广东北部。东北地区栽培4种。

分种检索表

1. 小叶有显著的小叶柄；花序窄小近于圆柱形；蒴果平滑 ……………………………… **1. 七叶树 A. chinensis** Bunge

1. 小叶无小叶柄或近于无小叶柄；花序粗大如尖塔形；蒴果有刺或疣状突起。

  2. 小叶下面略有白粉，边缘有圆齿；蒴果阔倒卵圆形，有疣状突起 …………… **2. 日本七叶树 A. turbinata** Blume

  2. 小叶下面绿色，边缘有钝形的重锯状齿；蒴果近于球形，有刺。

    3. 花深粉红色，有黄色斑纹 ………………………………………………………… **3. 红花七叶树 A. × carnea** Zeyh.

    3. 花瓣白色，有红色斑纹 ……………………………………………………… **4. 欧洲七叶树 A. hippocastanum** L.

（1）七叶树（辽宁植物志，东北植物检索表，中国植物志，Flora of China）

Aesculus chinensis Bunge in Mém. Acad. Imp. Sci. St.–Pétersbourg, Divers Savans 2: 84. 1832; 中国植物志46: 276. 图版83: 1 ~ 5. 1981; 辽宁植物志（上册）: 1091. 图版468. 1988; 东北植物检索表（第二版）: 401. 图版199: 2. 1995; Fl. China12: 2. 2007.

中国秦岭有野生。辽宁省大连、盖州有栽培。

树干端直，花繁叶茂，可作庭园树或行道树。种子有理气宽中、和胃止痛作用。

■ 七叶树

花侧面观

花正面观

花枝

果序

苗圃栽培

叶

（2）日本七叶树（辽宁植物志，东北植物检索表，中国植物志，Flora of China）

Aesculus turbinata Blume in Rumphia 3: 195. 1847; 中国植物志46: 288. 1981; 辽宁植物志（上册）:

■ 日本七叶树

植株

叶

树干

1093. 1988; 东北植物检索表（第二版）: 401. 1995; Fl. China 12: 4. 2007.

原产日本。辽宁省丹东、沈阳、大连有栽培。

树冠广阔，可作行道树和庭园树；木材细密，供制造器具和建筑用。

（3）红花七叶树（大连植物彩色图谱，辽宁木本植物志）；变色木（俗称）

Aesculus × *carnea* Zeyh. in Verz. Gew. Gart. Schwezingen 12. 1818; 辽宁木本植物志: 408. 2018.

原产北美洲大陆。辽宁省大连有栽培。

良好的观花观叶园林树种，适用于人行步道、公园、广场绿化。

■ 红花七叶树

叶

花枝

植株

（4）欧洲七叶树（中国植物志，Flora of China）

Aesculus hippocastanum L., Sp, Pl. 344. 1953; 中国植物志46: 288. 1981; Fl. China 12: 4. 2007.

■ 欧洲七叶树

叶背面观

树干

叶正面观

植株一部分

原产阿尔巴尼亚和希腊。辽宁省沈阳有引种。

树冠广阔，可作行道树和庭园树；木材可制造各种器具。

3 文冠果属 *Xanthoceras* Bunge

Xanthoceras Bunge, Enum. Pl. China Bor. Coll. 11. 1831.

灌木或乔木。奇数羽状复叶，小叶有锯状齿。总状花序；苞片较大，卵形；花杂性，雄花和两性花同株，但不在同一花序上，辐射对称；萼片5，长圆形，覆瓦状排列；花瓣5，阔倒卵形，具短爪；雄蕊8，内藏，花药椭圆形；子房椭圆形，3室，花柱顶生，直立，柱头乳头状。蒴果近球形或阔椭圆形，有3棱角，室背开裂为3果瓣，3室。

本属全世界仅1种，产中国北部和朝鲜。东北地区产1种。

文冠果（辽宁植物志，黑龙江省植物志，内蒙古植物志，东北植物检索表，中国植物志，Flora of China）

Xanthoceras sorbifolium Bunge in Enum. Pl. China Bor. Coll. 11. 1831; 中国植物志47: 72. 图版26. 1985; 辽宁植物志（上册）: 1089. 图版467. 1988; 内蒙古植物志（第二版）3: 473. 图版185. 1989; 东北植物检索表（第二版）: 399. 图版198: 4. 1995; 黑龙江省植物志7: 85. 图版45. 2003; Fl. China 12: 7. 2007.

落叶灌木或小乔木。奇数羽状复叶互生，小叶4～8对，披针形或近卵形。两性花的花序顶生，雄花序腋生；萼片两面被灰色绒毛；花瓣白色，基部紫红色或黄色，有清晰的脉纹，爪之两侧有须毛；花盘的角状附属体橙黄色。蒴果近球形，种子黑色而有光泽。生丘陵山坡等处。产吉林省双辽；辽宁省凌源、彰武等西部地区；内蒙古自治区科尔沁左翼后旗、大青沟、通辽、扎鲁特旗、赤峰、宁城、翁牛特旗、喀喇沁旗等地。各地有栽培。

木本油料植物，也是观花小乔木和蜜源植物。种子嫩时白色可食，风味似板栗。木材坚实致密，纹理美，是制作家具及器具的好材料。木材或枝叶有祛风除湿、消肿止痛、收敛作用。

尚有栽培紫花文冠果cv. ‘Purpurea’，花瓣初为黄绿色，后渐变为紫红色。

■ 文冠果

种子

花侧面观

树干与两性花序

■ 文冠果

两性花

雄花序腋生

果枝

叶

植株

■ 紫花文冠果

植株

果实

花

4 倒地铃属 *Cardiospermum* L.

Cardiospermum L., Sp. Pl. 1: 366. 1753.

草质或木质攀缘藤本，少为灌木状。叶互生，通常为二回三出复叶或二回三裂；小叶分裂或有齿缺，常有透明腺点。圆锥花序腋生；苞片和小苞片钻形；花单性，雌雄同株或异株，两侧对称，具细长、有关节的花梗；萼片4或5，覆瓦状排列，外面2片较小；花瓣4，两两成对；雄蕊8，比花瓣稍长；子房椭圆形，有3棱角，3室，花柱短。蒴果膨胀，囊状，3室。

本属全世界约12种，多数分布于美洲热带地区，少数种广布于全世界热带和亚热带地区。中国有1种。东北地区栽培1种。

倒地铃（东北植物检索表，中国植物志，Flora of China）

Cardiospermum halicacabum L., Sp. Pl. 1: 366. 1753; 中国植物志47: 4. 图版1. 1985; 东北植物检索表（第二版）: 399. 1995; Fl. China 12: 24. 2007.

草质攀缘藤本。二回三出复叶；小叶近无柄，薄纸质，顶生叶斜披针形或近菱形，侧生叶稍小，卵形或长椭圆形，边缘有疏锯状齿或羽状分裂。圆锥花序少花；萼片4，被缘毛；花瓣乳白色，倒卵形。蒴果梨形至球形，褐色，被短柔毛。广布于全世界的热带和亚热带地区。辽宁省大连、沈阳有栽培。

全草有清热利水、凉血解毒和消肿等功效，用于黄疸、淋病、疔疮、蛇咬伤等。

■ 倒地铃

花

种子

植株一部分

果实

果序

5 栾树属 *Koelreuteria* Laxm.

Koelreuteria Laxm. in Nov. Comm. Acad. Sci. Imp. Petrop. 16: 561, t. 18. 1772.

落叶乔木或灌木。一回或二回奇数羽状复叶互生；小叶互生或对生，通常有锯状齿或分裂，偶全缘。聚伞圆锥花序；花杂性同株或异株，两侧对称；萼片5，少有4片，镊合状排列，外面2片较小；花瓣4，少有5，略不等长，具爪，瓣片内面基部有深2裂的小鳞片；雄蕊通常8枚，有时较少，着生于花盘之内，花丝分离，常被长柔毛；子房3室，花柱短或稍长，柱头3裂或近全缘。蒴果膨胀，卵形、长圆形或近球形，具3棱，室背开裂为3果瓣。

本属全世界4种，3种及1变种产中国，1种产斐济。东北地区产2种，其中栽培1种。

分种检索表

1. 二回羽状复叶，小叶边缘有锯状小齿或全缘，无缺刻；蒴果椭圆形、阔卵形或近球形，顶端圆或钝 ………… 1. 复羽叶栾树 K. bipinnata Franch.

1. 一回或不完全的二羽状复叶，小叶边缘有稍粗大、不规则的钝锯状齿，近基部的齿常疏离而呈深缺刻状；蒴果圆锥形，顶端渐尖 ………… 2. 栾树 K. paniculata Laxm.

（1）复羽叶栾树（中国植物志，Flora of China）

Koelreuteria bipinnata Franch. in Bull. Soc. Bot. France 33: 463. Pl. 29 ~ 30. 1886; 中国植物志47: 56. 图

■ 复羽叶栾树

花

果瓣与种子

植株

果序

叶

植株一部分

版19: 6. 1985; Fl. China 12: 9. 2007.——*K. bipinnata* var. *integrifoliola* (Merr.) T. Chen in Acta Phytotax. Sinica 17: 38. 1979; 中国植物志47: 56. 1985.

产云南、贵州、四川、湖北、湖南、广西、广东等省区。辽宁省大连有栽培。

速生树种，常栽培于庭园供观赏。花能清肝明目、清热止咳，又为黄色染料。

（2）栾树（辽宁植物志，东北植物检索表，中国植物志，Flora of China）；栾（植物智网站）

Koelreuteria paniculata Laxm. in Nov. Comm. Akad. Sci. Petrop. 16: 561 ~ 564. t. 18. 1772; 中国植物志47: 55. 图版19: 1 ~ 5. 1985; 辽宁植物志（上册）: 1088. 图版466. 1988; 东北植物检索表（第二版）: 399. 图版198: 5. 1995; Fl. China 12: 9. 2007.

生山坡杂木林中。产辽宁省旅顺口（蛇岛）、瓦房店、凌源等地。大连、沈阳、丹东、鞍山等地有栽培。

观赏植物和蜜源植物。木材制家具，纤维可造纸。花果有清肝明目、清热止咳作用，还能做黄色染料。嫩芽可食。

■ 栾树

花

果序

春芽

花序

叶

植株

112. 芸香科 Rutaceae

Rutaceae Juss., Gen. Pl. [Jussieu] 296. 1789, *nom. cons.*

木贼门、木贼亚门、木兰纲、蔷薇亚纲、蔷薇超目、无患子目（Sapindales）。

常绿或落叶乔木、灌木或草本，稀攀缘性灌木，有时植株具枝刺。叶互生或对生，稀轮生。单叶或复叶，小叶具透明油腺点。有限花序，少数为单花；花两性或单性，稀杂性同株；萼片4或5片，离生或部分合生；花瓣4或5片，很少2 ~ 3片，离生，极少下部合生，极少无花瓣与萼片之分；雄蕊常8 ~ 10，花丝常离生；心皮常4或5至多数，常合生，子房上位，每室有胚珠1至多数；具蜜腺盘，生雄蕊内。果为蓇葖、蒴果、翅果、核果或浆果；种子1至多数。

本科全世界约有149属，约2100种，全世界分布，主产热带和亚热带地区，少数分布至温带地区。中国有22属126种，分布于全国各地，主产西南和南部。东北地区产8属10种1变种，其中栽培5种。

分属检索表

1. 多年生草本。
  2. 单叶；聚伞花序或单花；花黄色 ………………………………… 1. 拟芸香属（芸香草属）Haplophyllum
  2. 羽状复叶。
    3. 花淡紫红色 ………………………………………………………………… 2. 白鲜属（白蘚属）Dictamnus
    3. 花黄色 ………………………………………………………………………………………… 3. 芸香属 Ruta
1. 乔木或灌木。
  4. 叶对生，羽状复叶。
    5. 浆果状核果，内有种子2～5 ………………………………………………… 4. 黄檗属 Phellodendron
    5. 蓇葖果，每果瓣有种子1～2 ………………………………………………… 5. 四数花属 Tetradium
  4. 叶互生，羽状复叶或指状三出复叶。
    6. 茎枝无刺；指状三出复叶；翅果 ……………………………………… 6. 榆橘属（榆桔属）Ptelea
    6. 茎枝有刺。
      7. 茎枝具皮刺；指状三出复叶；柑果 ……………………………………………… 7. 柑橘属 Citrus
      7. 茎枝具棘刺；羽状复叶；蓇葖果 …………………………………………… 8. 花椒属 Zanthoxylum

1 拟芸香属（芸香草属） *Haplophyllum* A. Juss.

Haplophyllum A. Juss. in Mem. Mus. Hist. Nat. Paris 12: 464. 528, t. 17, no. 10. 1825.

多年生宿根草本或为矮小灌木。茎基部木质，各部密生透明油点，分枝多。单叶，叶全缘，几乎无柄，支脉不明显。花黄色，两性，顶生聚伞花序，很少单花顶生；萼片及花瓣均5片；萼片基部合生，细小；花瓣全缘，覆瓦状排列；雄蕊10或8枚，等长，花丝中部以下增宽，被疏长毛，药隔顶端有1油点；子房由2～5个心皮组成，通常2～4室，花柱细长，柱头小圆球状，花盘小。成熟果开裂为2～5个分果瓣。

本属全世界约65种，分布于欧洲南部地中海沿岸，中亚，中国西北及东北的西部。中国约有3种。东北地区产1种。

北芸香（内蒙古植物志，中国植物志，Flora of China）；假芸香（黑龙江省植物志，东北植物检索表，东北草本植物志）

Haplophyllum dauricum (L.) G. Don in Gen. Syst. 1: 781. 1831; 东北草本植物志6: 26. 图版10. 1977; 内蒙古植物志（第二版）3: 432. 图版165: 1～7. 1989; 东北植物检索表（第二版）: 390. 图版194: 1. 1995; 中国植物志43(2): 85. 图版19：1～7. 1997; 黑龙江省植物志7: 57. 图版31. 2003; Fl. China 11: 73. 2008.

多年生草本；茎细，丛生；叶线状披针形，灰绿色，两面有腺点；花集生于茎顶，花瓣5，黄色，有粗大透明腺点；蒴果卵状球形，顶部开裂。生山坡、沙质土及干燥草原。产黑龙江省安达、泰来；吉林省前郭、镇赉、通榆；内蒙古自治区额尔古纳、海拉尔、满洲里、鄂温克、陈巴尔虎旗、新巴尔虎左旗、新巴尔虎右旗、科尔沁右翼前旗、扎赉特旗、乌兰浩特、巴林右旗、克什克腾旗、翁牛特旗、东乌珠穆沁旗、锡林浩特、阿巴嘎旗、正蓝旗、镶黄旗、多伦、苏尼特右旗等地。

饲用植物，家畜喜食。

■ 北芸香

花序一部分

果序一部分

植株

植株一部分

居群

2 白鲜属（白藓属） *Dictamnus* L.

Dictamnus L., Sp. Pl. ed. 1, 383. 1753.

多年生宿根草本，有浓烈特殊气味。叶互生，奇数羽状复叶，小叶对生，密生透明油点。总状花序顶生，花梗基部有苞片1枚；萼片5，基部合生；花瓣5片，两侧稍对称，下面1片向下垂，其余4片向上斜展；雄蕊10枚，着生于花盘基部四周，花丝分离；雌蕊由5个心皮组成，花柱线形，柱头略增粗。成熟果（蓇葖）开裂为5个分果瓣，分果瓣2瓣裂，其顶部有尖长的喙，内有种子2～3粒。

本属全世界约5种，分布于欧亚大陆，东至中国东北，东南至中国江西省北部。中国有1种。东北地区有分布。

白鲜（内蒙古植物志，东北草本植物志，中国植物志，Flora of China）；白藓（辽宁植物志，黑龙江省植物志，东北植物检索表）；八股牛（中国植物志）

Dictamnus dasycarpus Turcz. in Bull. Soc. Nat. Mosc. 15: 637. 1842; 辽宁植物志（上册）: 1045. 图版443. 1988; 东北植物检索表（第二版）: 389. 图版193: 1. 1995; 中国植物志43(2): 91. 图版22. 1997; 黑龙江省植物志7: 55. 图版30. 2003; Fl. China 11: 75. 2008.——*D. albus* var. *dasycarpus* (Turcz.) T. N. Liu et Y. H. Chang; 东北草本植物志6: 24. 图版9. 1977.—— *D. albus* subsp. *dasycarpus* (Turcz.) Kitag., 东北植物检索表202. 图67: 1. 1959; 内蒙古植物志（第二版）3: 434. 图版166. 1989.

多年生草本；奇数羽状复叶互生；总状花序；花瓣5，淡红色或紫红色，稀为白色，有红紫色条纹；蒴果密被黑紫色腺点和白柔毛，裂瓣顶端具尖喙。生山坡及丛林中。产黑龙江省哈尔滨、集贤、汤原、庆安、黑河、爱辉、伊春、嘉荫、萝北、友谊、密山、尚志；吉林省磐石、蛟河、安图、长白；辽宁省各地；内蒙古自治区海拉尔、额尔古纳、牙克石、扎兰屯、鄂伦春、鄂温克、科尔沁右翼前旗、扎赉特旗、大青沟、翁牛特旗、敖汉旗、巴林左旗、克什克腾旗、喀喇沁旗、宁城、西乌珠穆沁旗等地。

叶可提取芳香油；根茎有毒，可制农药；根皮有祛热、解毒、利尿、杀虫作用。

■ 白鲜

花侧面观

果序

蓇葖果侧面观

花序一部分

茎下部叶

植株

3 芸香属 *Ruta* L.

Ruta L., Sp. Pl. ed. 1, 383. 1753; Gen. Pl. ed. 5, 180. 1754.

茎基部木质的多年生草本，有浓烈气味，各部有甚多油点。叶互生，羽状复叶。聚伞花序或伞房花序，花黄色；萼片4～5片，基部合生，花后增大且宿存，花瓣4～5片，覆瓦状排列，边缘撕裂如流苏状；雄蕊8～10枚，长短相间，着生于大而明显的花盘基部四周；雌蕊由4～5个上部分离、下部靠合的心皮组成，花柱底着，柱头不增大，4～5室。成熟果（蓇葖）开裂为4～5个分果瓣。

本属全世界约10种，分布于加那利群岛、地中海沿岸及亚洲西南部。中国引进栽培2种。东北地区栽培1种。

芸香（中国植物志）

Ruta graveolens L., Sp. Pl. ed. 1, 383. 1753; 中国植物志43(2): 88. 图版20. 1997.

多年生草本；二至三回羽状复叶互生，灰绿或带蓝绿色；花金黄色，萼片4，花瓣4；果皮有凸起的油点。原产地中海沿岸地区。辽宁省沈阳、辽阳等有栽培。

全草有清热解毒、散瘀止痛作用。种子为镇痉剂及驱虫剂。

■ 芸香

茎叶

苗期植株

果实

花期植株

花

4 黄檗属 *Phellodendron* Rupr.

Phellodendron Rupr. in Bull. Cl. Phys.–Math. Imp. Sci. St.–Petersb. 15: 353. 1857.

落叶乔木。老树树皮有厚栓皮层。顶芽无，侧芽密被锈色茸毛，包于叶柄基内。奇数羽状复叶对生，小叶叶缘常有锯齿，齿缝处有油斑。聚伞状圆锥花序或伞房状圆锥花序，顶生，花单性，雌雄异株；萼片、花瓣均为5。雄花雄蕊5，较花瓣长，花药大，宽椭圆形或卵形，背着、内向，纵裂；退化雌蕊细小，钻形，先端5裂。雌花的退化雄蕊5～6，呈鳞片状；子房有短柄，5室，花柱短，柱头5浅裂。果实为浆果状核果，近圆球形，黑色，有特殊香气与苦味；种子外种皮为半透明的软骨质，内种皮黑色，厚骨质。

本属全世界2～4种，主产亚洲东部。中国有2种及1变种，由东北至西南均有分布，东南至台湾，西南至四川西南部，南至云南东南部，海南不产。东北地区产1种1变种。

分种下单位检索表

1. 叶背仅中脉基部被白色软毛或无毛，秋季落叶前毛被大多脱落 ………………… a. 黄檗 P. amurense var. amurense
1. 叶背面中脉及侧脉两侧从基部至中部以上均具较明显的短柔毛，秋季落叶前毛被也不脱落 ………………………………………………………………………………………… b. 毛黄檗 P. amurense var. molle

黄檗（辽宁植物志，黑龙江省植物志，内蒙古植物志，东北植物检索表，中国植物志，Flora of China）；黄波罗（辽宁植物志）；关黄柏（全国中草药汇编）

Phellodendron amurense Rupr. in Bull. Phys. Math. Acad. Sci. St.–Petersb. 15: 353. 1857; 辽宁植物志（上册）: 1049. 图版446: 1 ~ 6. 1988; 内蒙古植物志（第二版）3: 430. 图版164. 1989; 东北植物检索表（第二版）: 390. 图版194: 2. 1995; 中国植物志43(2): 100. 1997; 黑龙江省植物志7: 59. 图版32. 2003; Fl. China 11: 76. 2008.

落叶乔木。木栓层发达，柔软，内皮鲜黄色。奇数羽状复叶对生，小叶5 ~ 13，叶面无毛，叶背仅基部中脉两侧有白色软毛或无毛，秋季落叶前毛被大多脱落。花单性，雌雄异株，聚伞状圆锥花序；花瓣5，黄绿色。浆果状核果，圆球形，成熟后黑色。

（a）黄檗（原变种）

Phellodendron amurense var. *amurense*

生山坡杂木林中或山间谷地。产黑龙江省集贤、虎林、宝清、尚志、伊春、黑河、嫩江、密山、哈尔滨；吉林省珲春、汪清、和龙、安图、临江、抚松、蛟河、桦甸；辽宁省各地；内蒙古自治区扎兰屯、鄂伦春、科尔沁左翼后旗、扎赉特旗、大青沟等地。

树皮有清热燥湿、泻火除蒸、解毒疗疮作用。木栓层可作软木塞、浮标、救生圈等；内皮可作染料。叶可提取芳香油。

在2021年公布的《国家重点保护野生植物名录》中，本种被列为二级保护植物。

■ 黄檗

花序一部分

植株一部分

果序

树干

（b）毛黄檗（变种）（辽宁植物志，东北植物检索表）

Phellodendron amurense var. *molle* (Nakai) S. H. Li et S. Z. Liou, 辽宁植物志（上册）: 1051. 图版446: 7. 1988; 东北植物检索表（第二版）: 390. 1995.

生山坡杂木林中或山间谷地。产黑龙江省伊春、尚志；辽宁省盖州、丹东、岫岩、鞍山等地。

■ 毛黄檗

植株一部分

叶轴与小叶正面观

小叶背面观

5 四数花属 *Tetradium* Loureiro

Tetradium Loureiro, Fl. Cochinch. 1: 91. 1790.

乔木或灌木。奇数羽状复叶。二歧聚伞花序，顶生，或顶生及腋生；花5基数，稀为4数；雌花的退化雄蕊短小，常呈鳞片状，插生于花盘基部四周；雄花的退化子房先端3～5裂，裂瓣常被短毛。成熟的心皮2～5，稀为1，每分果瓣有1粒种子。

本属全世界9种，分布于东亚、南亚和东南亚。中国有7种，主产中部以南及西南部。东北地区产1种。

臭檀吴萸（中国植物志，Flora of China）；臭檀（辽宁植物志）；臭檀吴茱萸（东北植物检索表）

Tetradium daniellii (Benn.) T. G. Hartley in Gard. Bull. Singapore 34: 105. 1981; Fl. China 11: 68. 2008.——*Evodia daniellii* (Benn.) Hemsl. in Journ. L. Soc. Bot. 22: 104. 1886; 辽宁植物志（上册）: 1043. 图版442. 1988; 东北植物检索表（第二版）: 390. 图版193: 2. 1995; 中国植物志43(2): 76. 1997.

落叶乔木；奇数羽状复叶；聚伞状圆锥花序顶生，雌雄异株；花小型，通常5数，白色；蓇葖果紫红

■ 臭檀吴萸

果序一部分

花序一部分

树干

■ 臭檀吴萸

花期

果期植株

色或红褐色，果皮布有透明腺点，分果先端有尖喙。生沟边及疏林，也见栽培。产辽宁省金州、大连、旅顺口、盖州、鞍山、凌源、绥中等地。

木材可供制家具及农具；果实药用及榨油；枝叶含芳香油；树皮含鞣质，均可提取利用。花期、果期观赏价值均很高。果实有止痛、开郁作用。

6 榆橘属（榆桔属） *Ptelea* L.

Ptelea L., Sp. Pl. ed. 1, 118. 1753.

落叶小乔木或灌木。叶互生，很少对生，指状3～5小叶，有透明油点，小叶无柄。聚伞花序，花单性或杂性；萼片及花瓣均5或4片；萼片基部合生；花瓣覆瓦状排列，外面有短细毛；雄花的雄蕊5或4枚，与花瓣互生，着生于花盘基部四周，花丝分离，退化雌蕊细小；雌花有退化雄蕊5或4枚，子房3或2室，每室有3胚珠，胚珠上下叠生，花柱短，纤细，柱头2或3浅裂，花盘明显。翅果扁圆形，有2～3膜质翅；每室有1种子。

本属全世界6～10种，产北美洲东部至加拿大南部。中国引进1种。东北地区有栽培。

榆橘（中国植物志）；榆桔（辽宁植物志，东北植物检索表）

■ 榆橘

花序

果序

树干

植株一部分

Ptelea trifoliata L., Sp. Pl. ed. 1, 118. 1753; 辽宁植物志（上册）: 1048. 图版445. 1988; 东北植物检索表（第二版）: 390. 图版194: 4. 1995; 中国植物志43(2): 103. 图版25. 1997.

落叶灌木；三出复叶互生，小叶无柄，卵形至长椭圆形；伞房状聚伞花序；花淡绿或黄白色；翅果外形似榆钱，扁圆，网脉明显。原产美国。辽宁省大连、熊岳有栽培。

树皮药用，是一种温和的强壮药。果实带苦味。

7 柑橘属 *Citrus* L.

Citrus L., Sp. Pl. ed. 1, 782. 1753.

小乔木。枝有刺，新枝扁而具棱。复叶，仅香橼为单叶，叶缘有细钝裂齿，少全缘，密生有芳香气味的透明油点。花两性，或因发育不全而趋于单性，单花腋生或数花簇生，或为少花的总状花序；花萼杯状，5～3浅裂，很少被毛；花瓣5片，覆瓦状排列，盛花时常向背卷，白色或背面紫红色，芳香；雄蕊20～25枚或更多，子房7～15室或更多，柱头大，花盘明显，有密腺。柑果。

本属全世界20～25种，原产亚洲东南部及南部。中国有16种，多数为栽培种。东北地区栽培1种。

枳（辽宁植物志，中国植物志，Flora of China）；枸枳（东北植物检索表）；枸橘（俗称）

Citrus trifoliata L., Sp. Pl. ed. 2 1101 1763; Fl. China11: 91. 2008.——*Poncirus trifoliata* (L.) Rafin. in Sylva Tellur. 143. 1838; 辽宁植物志（上册）: 1047. 图版444. 1988; 东北植物检索表（第二版）: 390. 图版194: 3. 1995; 中国植物志43(2): 165. 图版44. 1997.

落叶灌木或小乔木；分枝具棱角，密生粗长棘刺；三出复叶；叶柄长有翅；小叶近革质，倒卵形或椭圆形；花白色；柑果球形，密被短毛，有香气。产中国中部。辽宁省旅顺口偶见栽培。

花、叶、果皮、种子均可提取芳香油；果有疏肝、和胃、理气、止痛作用。

■ 枳

树干

枝刺

叶

果期

8 花椒属 *Zanthoxylum* L.

Zanthoxylum L., Sp. Pl. 1: 270. 1753.

常绿或落叶乔木、灌木或木质藤本。茎枝有皮刺（中国产）。叶互生，奇数羽叶复叶，稀单或3小叶，小叶互生或对生。圆锥花序或伞房状聚伞花序顶生或腋生；花单性；若花被片排列成一轮，则花被片4～8片，无萼片与花瓣之分；若花被片排成二轮，则外轮为萼片，内轮为花瓣，均4或5片；雄花的雄蕊4～10枚；花柱2～4裂，稀不裂；雌花无退化雄蕊，或有则呈鳞片或短柱状，极少有个别的雄蕊具花药，花盘细小，雌蕊由5～2个离生心皮组成，柱头头状。蓇葖果，外果皮红色，有油点；每分果瓣有种子1～2粒。

本属全世界200多种，广布于亚洲、非洲、大洋洲、北美洲的热带和亚热带地区，温带较少。中国有41种，自辽东半岛至海南，东南部自台湾至西藏东南部均有分布。东北地区产3种，其中栽培2种。

分种检索表

1. 皮刺细长；叶轴无翅；小叶13～21，椭圆状披针形；花被分化为萼片与花瓣，排成2轮，5数；果实蓝黑色 ……………… 1. 青花椒 *Z. schinifolium* Sieb. et Zucc.

1. 皮刺扁宽；叶轴具狭翅；小叶5～11，卵形或卵状长圆形；花被片5～8，排成1轮；果实褐红色或紫红色。

  2. 小叶叶缘有细裂齿，两面无腺点；雌蕊或成熟的果无子房柄；外果皮表面密生疣状突起腺点 ……………… 2. 花椒 *Z. bungeanum* Maxim.

  2. 小叶叶缘有疏离而浅的钝裂齿，两面密被透明腺点；雌蕊或成熟的果有伸出的子房柄；外果皮表面有粗大半透明、平伏或凸起的腺点 ……………… 3. 野花椒 *Z. simlans* Hance

（1）青花椒（中国植物志，Flora of China）；山花椒（辽宁植物志，东北植物检索表）；崖椒（俗称）

Zanthoxylum schinifolium Sieb. et Zucc. in Abh. Akad. Munchen 4: 137. 1846; 辽宁植物志（上册）: 1041. 图版441. 1988; 东北植物检索表（第二版）: 391. 图版193: 5. 1995; 中国植物志43(2): 39. 图版10: 10. 1997; Fl. China 11: 62. 2008.

■ 青花椒

小叶背面观

植株

花

花枝

枝刺

果皮裂开后

果序

生山坡疏林中。产辽宁省绥中、营口、凤城、宽甸、岫岩、庄河、金州、大连等地。

种子可榨油，供工业用。果皮既是调料，又主治胃腹冷痛、呕吐、泄泻、蛔虫病。嫩叶、嫩果和花均可食。

（2）花椒（辽宁植物志，东北植物检索表，中国植物志，Flora of China）

Zanthoxylum bungeanum Maxim. in Bull. Acad. Sci. St.–Petersb. 16: 212. 1871; 辽宁植物志（上册）: 1040. 图版440: 4 ~ 6. 1988; 东北植物检索表（第二版）: 391. 图版193: 4. 1995; 中国植物志43(2): 44. 图版10: 4. 1997; Fl. China 11: 64. 2008.

分布中国北部至西南地区。辽宁省大连、营口等地有栽培。

果实为调料，药用有温中止痛、杀虫止痒作用。嫩叶可食用，老叶可制农药。种子可榨油，供工业用。

■ 花椒

花序

枝刺

小枝

叶背面观

植株一部分

（3）野花椒（辽宁植物志，东北植物检索表，中国植物志，Flora of China）

Zanthoxylum simulans Hance. in Ann. Sci. Nat. Bot. ser. 5, 5: 208. 1866; 辽宁植物志（上册）: 1039. 图版440: 1～3. 1988; 东北植物检索表（第二版）: 391. 图版193: 3. 1995; 中国植物志43(2): 52. 图版8: 4～8, 10: 6. 1997; Fl. China 11: 65. 2008.

产青海、甘肃、山东、河南、安徽、江苏、浙江、湖北、江西、台湾、福建、湖南及贵州东北部。辽宁省凌源、熊岳、庄河、普兰店、大连等地有栽培。

本种果实药用，有温中除湿、祛风逐寒作用，有止痛、健胃、抗菌、驱蛔虫功效；台湾及江西民间有用其根治胃病；也可以作为调料使用。

■ 野花椒

叶

植株一部分

果枝

果序一部分

果序

113. 苦木科 Simaroubaceae

Simaroubaceae DC., Nouv. Bull. Sci. Soc. Philom. Paris 2: 209. 1811, *nom. cons.*

木贼门、木贼亚门、木兰纲、蔷薇亚纲、蔷薇超目、无患子目（Sapindales）。

落叶或常绿乔木或灌木。叶互生，有时对生，通常成羽状复叶，少数单叶或三小叶。总状、圆锥状、聚伞状或穗状花序顶生或腋生；花辐射对称，单性、杂性或两性；萼片3～5，镊合状或覆瓦状排列；花瓣3～5（～8），分离，少数退化，镊合状或覆瓦状排列；花盘环状或杯状；雄蕊与花瓣同数或为花瓣的2倍，花丝分离；子房2～5裂，花柱2～5，柱头头状。翅果、核果或蒴果。

本科全世界约有23属，约109种，主产热带和亚热带地区。中国有3属10种，主产长江以南地区。东北地区产2属2种1变种。

分属检索表

1. 小叶13～25，边缘仅基部有1～4粗齿；花序顶生；雄蕊10；翅果 ………………………………… 1. 臭椿属 Ailanthus
1. 小叶7～15，边缘有锯状齿；花序腋生；雄蕊4～5；小核果 ………………………… 2. 苦木属（苦树属）Picrasma

1 臭椿属 *Ailanthus* Desf.

Ailanthus Desf. Mem. Acad. Sci. Paris 1786: 265. 1788 (nom. cons.)

落叶或常绿乔木或小乔木。奇数羽状复叶或偶数羽状复叶互生；小叶13～41，对生或近对生，基部偏斜，先端渐尖，全缘或有锯状齿。花杂性或单性异株；萼片5，覆瓦状排列；花瓣5，镊合状排列；花盘10裂；雄蕊10，着生于花盘基部，但在雌花中的雄蕊不发育或退化；2～5个心皮分离或仅基部稍结合，花柱2～5，分离或结合，但在雄花中仅有雌花的痕迹或退化。翅果长椭圆形。

本属全世界约10种，分布于亚洲至大洋洲北部。中国有6种，主产西南部、南部、东南部、中部和北部各省区。东北地区产1种。

臭椿（辽宁植物志，内蒙古植物志，东北植物检索表，中国植物志，Flora of China）

Ailanthus altissima (Mill.) Swingle in Journ. Wash. Acad. Sci. 6: 459. 1916; 辽宁植物志（上册）: 1052. 图版447. 1988; 内蒙古植物志（第二版）3: 436. 图版167. 1989; 东北植物检索表（第二版）: 391. 图版194: 5. 1995; 中国植物志43(3): 4. 图版1: 1～7. 1997; Fl. China 11: 101. 2008.

落叶乔木；奇数羽状复叶；圆锥花序顶生，花白色带绿，雌雄异株；翅果长椭圆形。

生山坡或林中。产辽宁省鞍山、岫岩、盖州、瓦房店、普兰店、庄河、大连、凌源、建昌等地。内蒙古自治区大青沟有栽培。

木材供制车辆、农具等；叶可饲椿蚕；树皮可提取栲胶；种子油可作精密仪器润滑油。皮及果有清热利湿、收敛止痛之效；叶、树皮可作土农药。

尚有2个栽培变种。

红叶椿 *A. altissima* cv. 'Purpurata'

春季叶片均呈紫红色，5月中旬渐变为棕红色、棕绿色，6月中旬以后才完全转变为深绿色。花期以后随着秋梢的生长，枝条顶部的新生叶片仍呈鲜艳的紫红色。沈阳、大连等地有栽培。

千头椿 *A. altissima* cv. 'Umbraculifera'

树冠圆头形。沈阳、大连等地有栽培。

■ 臭椿

雌花

果期

果序

花期

雄花序

植株

■ 红叶椿

植株一部分

植株

■ 千头椿

果序

植株一部分

植株

2 苦木属（苦树属） *Picrasma* Bl.

Picrasma Bl., Bijdr. 247. 1825.

乔木，全株有苦味。叶为奇数羽状复叶；小叶对生或近对生，全缘或有锯状齿。花序腋生，由聚伞花序再组成圆锥花序；花单性或杂性，4～5基数，花梗下半部具关节；萼片分离或仅下半部结合，宿存；花瓣于芽中镊合状排列或近镊合状排列，先端具内弯的短尖，比萼片长，在雌花中的宿存；雄蕊4～5，着生于花盘的基部，花盘稍厚，全缘或4～5浅裂；心皮2～5，分离，在雄花中的退化或仅有痕迹，花柱基部合生，上部分离，柱头分离。核果。

本属全世界约9种，多分布于美洲和亚洲的热带和亚热带地区。中国产2种1变种，分布于南部、西南部、中部和北部各省区。东北地区产1种1变种。

分种下单位检索表

1. 叶背面仅幼时沿中脉和侧脉有柔毛，后变无毛；子房和果实均无毛 …… a. 苦树 P. quassioides var. quassioides
1. 叶背面密被柔毛；子房密生毛，果实微被短毛 ………………………… b. 毛果苦木 P. quassioides var. dasycarpa

苦树（中国植物志，Flora of China）；苦木（辽宁植物志，东北植物检索表）

Picrasma quassioides (D. Don) Benn. in Pl. Jav. Rar. 198. 1844; 辽宁植物志（上册）: 1054. 图版448: 1～4. 1988; 东北植物检索表（第二版）: 391. 图版194: 6. 1995; 中国植物志43(3): 7. 1997; Fl. China11: 102. 2008.

落叶乔木，全株有苦味。树皮紫褐色，平滑，有灰色斑纹。奇数羽状复叶互生；小叶9～15，边缘具不整齐的粗锯齿，叶面无毛，背面仅幼时沿中脉和侧脉有柔毛。雌雄异株；腋生复聚伞花序，花序轴密被黄褐色微柔毛；花瓣4～5，卵形。核果成熟后蓝绿色，萼宿存。

（a）苦树（原变种）

Picrasma quassioides var. *quassioides*

生山地杂木林中。产辽宁省长海、宽甸、桓仁、丹东等地。

木材供制车辆、农具等；叶可饲椿蚕；树皮可提取栲胶；种子油可作精密仪器润滑油。皮及果有清热利湿、收敛止痛之效；叶、树皮可作土农药。

■ 苦树

树干

果序

■ 苦树

叶背面观

植株一部分

（b）毛果苦木（变种）（辽宁植物志，东北植物检索表）

Picrasma quassioides var. *dasycarpa* (Kitag.) S. Z. Liou, 辽宁植物志（上册）: 1054. 图版448: 5 ~ 6. 1988; 东北植物检索表（第二版）: 393. 图版194: 7. 1995.

生山地杂木林中。产辽宁省大连、旅顺口、蛇岛、长海等地。

■ 毛果苦木

果序一部分

小叶背面观

小叶正面观

114. 楝科 Meliaceae

Meliaceae Juss., Gen. Pl. [Jussieu] 263. 1789, *nom. cons.*

木贼门、木贼亚门、木兰纲、蔷薇亚纲、蔷薇超目、无患子目（Sapindales）。

乔木或灌木，稀为亚灌木。叶互生，少对生，通常羽状复叶，少3小叶或单叶；小叶对生或互生。花两性或杂性异株，辐射对称，通常组成圆锥花序，间为总状花序或穗状花序；花瓣4 ~ 5，少有3 ~ 7，雄蕊4 ~ 10，花丝合生或分离；子房上位，1 ~ 5室；花柱单生或缺，柱头盘状或头状，顶部有槽纹或有小齿2 ~ 4个。蒴果、浆果或核果；种子有胚乳或无胚乳，常有假种皮。

本科全世界约56属650种，分布于热带和亚热带地区，少数至温带地区。中国产17属40种，主产长江以南各省区，少数分布至长江以北。东北地区栽培2属2种。

分属检索表

1. 果为核果 …………………………………………………… 1. 楝属 Melia
1. 果为蒴果 …………………………………………………… 2. 香椿属 Toona

1 楝属 *Melia* L.

Melia L., Gen. Pl. ed. 1. 127. 1737.

落叶乔木或灌木。一至三回羽状复叶互生；小叶具柄，通常有锯状齿或全缘。圆锥花序腋生，多分枝，由多个二歧聚伞花序组成；花两性；花萼5～6深裂，覆瓦状排列；花瓣白色或紫色，5～6片，分离，线状匙形，开展，旋转排列；雄蕊管圆筒形，管顶有10～12齿裂，管部有线纹10～12条，口部扩展，花药10～12枚，着生于雄蕊管上部的裂齿间，内藏或部分凸出；花盘环状；子房近球形，3～6室，花柱细长，柱头头状，3～6裂。果为核果，近肉质。

本属全世界约3种，产东半球热带和亚热带地区。中国产1种，黄河以南各省区普遍分布。东北地区栽培1种。

楝（中国植物志，Flora of China）；苦楝（俗称）

■ 楝

成熟果实

花序

果枝

叶

Melia azedarach L., Sp. Pl. 384. 1753; 中国植物志43(3): 100. 图版22: 6 ~ 7. 1997; Fl. China 11: 130. 2008.

落叶乔木；二至三回奇数羽状复叶；圆锥花序；花瓣淡紫色；核果球形至椭圆形。广布于亚洲热带和亚热带地区。辽宁省大连有栽培。

树皮及根皮有驱虫疗癣作用，果实有疏肝行气、止痛、驱虫作用。

2 香椿属 *Toona* Roem.

Toona Roem. Fam. Nat. Reg. Veg. Syn. 1: 131, 139. 1846.

乔木；羽状复叶互生；小叶全缘，少有疏齿。花两性，组成聚伞花序，再排列成顶生或腋生的大圆锥花序；花萼短管状，5齿裂或分裂为5萼片；花瓣5，远长于花萼，与花萼裂片互生，分离；雄蕊5，分离，花丝钻形，花药丁字着生，基部心形，退化雄蕊5或不存在，与花瓣对生；花盘厚，肉质，成一个具5棱的短柱；子房5室，花柱单生，线形，顶端具盘状的柱头。蒴果，革质或木质，5室，室轴开裂为5果瓣。

本属全世界约5种，分布于亚洲至大洋洲。中国产4种6变种，分布于南部、西南部和华北各地。东北仅辽宁栽培1种。

香椿（辽宁植物志，东北植物检索表，中国植物志，Flora of China）

■ 香椿

果枝

果期植株一部分

发芽期

花枝

花序

花期植株

树干

Toona sinensis (A. Juss.) Roem. in Fam. Nat. Reg. Veg. Syn. 1: 139. 1846; 辽宁植物志（上册）: 1056. 图版449. 1988; 东北植物检索表（第二版）: 393. 图版199: 1. 1995; 中国植物志43(3): 37. 图版9: 1 ~ 5. 1997; Fl. China 11: 113. 2008.

落叶乔木；偶数羽状复叶，有特殊气味；小叶5 ~ 10对；圆锥花序；花瓣5，白色；蒴果木质，成熟时5瓣裂。产华北、华东、中部、南部和西南部各省区。辽宁省大连、鞍山、北镇等地有栽培。

幼芽嫩叶芳香可口，供蔬食；木材黄褐色而具红色环带，纹理美丽，质坚硬，有光泽，耐腐力强，易施工，为家具、室内装饰品及造船的优良木材；根皮及果入药，有收敛止血、去湿止痛之功效。

115. 锦葵科 Malvaceae

Malvaceae Juss., Gen. Pl. [Jussieu] 271. 1789, *nom. cons.*

木贼门、木贼亚门、木兰纲、蔷薇亚纲、蔷薇超目、锦葵目（Malvales）。

乔木、灌木、藤本或草本。单叶互生，常掌状裂或掌状复叶；具托叶。顶生或腋生聚伞花序或圆锥花序，稀单花；花两性或单性，辐射对称；花萼5，离生至合生；花瓣5，稀缺少；雄蕊5至多数，有时着生在雌、雄蕊柄上，花丝离生或合生成柱；花药1 ~ 2室，纵裂；子房上位，2至多室，每室1至多个胚珠；花柱上部分枝或棒状，柱头头状或浅裂。蒴果、分果、坚果、聚合蓇葖果、核果或浆果等；种子1，肾形或倒卵形。

本科全世界有260属4300余种。中国有49属、约250种。东北地区产13属27种1亚种9变种5变型，其中栽培18种5变型。

分属检索表

1\. 雄蕊通常离生，稀为基部略连合，花药2室，顶孔裂开。
  2\. 木本植物；核果。
    3\. 花有花盘；花瓣基部有腺体；花序梗无贴生大苞片；灌木 ······ **1. 扁担杆属 Grewia**
    3\. 花无花盘；花瓣基部无腺体；花序梗贴生大苞片；乔木 ······ **2. 椴树属（椴属）Tilia**
  2\. 草本植物；蒴果。
    4\. 蒴果近球形，表面有刺或钩刺 ······ **3. 刺蒴麻属 Triumfetta**
    4\. 蒴果呈长角果状，表面无刺 ······ **4. 田麻属 Corchoropsis**
1\. 雄蕊常为各式连生，花药1室，稀2室，直裂。
  5\. 雄蕊常连成管状，花药2室，花粉光滑 ······ **5. 梧桐属 Firmiana**
  5\. 雄蕊连成单体，花药1室，花粉有杆状突起。
    6\. 果为分果；子房由几个离生心皮组成。
      7\. 子房每室含2或多个胚珠，心皮8或更多；无小苞片 ······ **6. 苘麻属 Abutilon**
      7\. 子房每室含1个胚珠。
        8\. 无小苞片。
          9\. 花冠黄色 ······ **7. 黄花棯属（黄花稔属）Sida**
          9\. 花冠紫色或淡紫色，很少白色 ······ **8. 盘果苘属（单花葵属、阿洛葵属）Anoda**
        8\. 小苞片2 ~ 9。
          10\. 小苞片2 ~ 3 ······ **9. 锦葵属 Malva**

（接上表）

10. 小苞片6～9 …………………………………………………………………………… 10. 蜀葵属 Alcea

6. 果为蒴果；子房由数个合生心皮组成。

11. 花柱棒状不分枝，有时顶端有5短而直的分枝；小苞片3，叶状；种子椭圆形，有长棉毛 ……………………………………………………………………………………… 11. 棉属 Gossypium

11. 花柱上部分枝，分枝长而开展；小苞片5～15；种子肾形。

12. 萼钟形或杯形，5裂或具5齿，宿存；果圆形至长圆形；种子有毛或腺状乳突 … 12. 木槿属 Hibiscus

12. 萼佛焰苞状，花后沿一侧裂开而早落；果长尖；种子无毛 ………………… 13. 秋葵属 Abelmoschus

1 扁担杆属 *Grewia* L.

Grewia L., Sp. Pl. 1: 964. 1753.

落叶乔木或灌木，嫩枝通常被星状毛。叶互生，具基出脉，叶缘有齿或浅裂。花两性或单性雌雄异株，通常3朵组成腋生的聚伞花序；花序柄及花柄通常被毛；萼片5片，分离；花瓣5片，比萼片短；腺体常为鳞片状，着生于花瓣基部，常有长毛；雌雄蕊柄短，秃净；雄蕊多数，离生；子房2～4室，每室有胚珠2～8颗，花柱单生，顶端扩大，柱头盾形，全缘或分裂。核果常有纵沟，收缩成2～4个分核，具假隔膜。

本属全世界90余种，分布于东半球热带。中国有27种，主产长江流域以南各地。东北地区产1种1变种。

分种下单位检索表

1. 叶两面有稀疏星状粗毛 ……………………………………………………… a. 扁担杆 G. biloba var. biloba

1. 叶下面密被软茸毛 ………………………………………………… b. 小花扁担杆 G. biloba var. parviflora

扁担杆（中国植物志，Flora of China）

Grewia biloba G. Don. in Gen. Hist. 1: 549. 1831; 中国植物志49(1): 94. 图版23. 1989; Fl. China 12: 254. 2007.

落叶灌木。单叶互生；叶片卵形或菱状卵形，薄革质，基部圆形至楔形，先端尖至狭尖，两面有稀疏星状粗毛。聚伞花序；花萼5，乳黄色；花瓣5，乳黄色，长度仅为萼片1/5～1/4；花有两种类型，一种雄蕊败育，一种雌蕊败育，前者花小而结果，后者花大而不结果，两种类型的花异株。核果，橙红色至红色，常呈完全结合的双球形，2～4裂。

（a）扁担杆（原变种）

Grewia biloba var. *biloba*

生山坡或山沟边。产辽宁省长海、金州等地。

果实生食或酿酒。根、枝、叶有健脾养血、祛风湿、消痞作用。

■ 扁担杆

花序

果枝

叶有稀疏星状毛

植株

（b）小花扁担杆（变种）（中国植物志，Flora of China）；扁担木（辽宁植物志，东北植物检索表）

Grewia biloba G. Don. var. *parviflora* (Bunge) Hand.–Mazz. in Symb. Sin. 7: 612. 1929; 中国植物志49(1): 94. 1989; Fl. China12: 254. 2007.——*G. parviflora* Bunge in Mem. Sav. Etr. Acad. Sci. St. Petersb. 2: 83. 1833; 辽宁植物志（上册）: 1144. 图版492. 1988; 东北植物检索表（第二版）: 413. 图版204: 11. 1995.

生山坡。产辽宁省长海、大连、旅顺口、金州、朝阳、凌源、绥中、沈阳、丹东等地。

■ 小花扁担杆

雌蕊败育的花序

果序

■ 小花扁担杆

雄蕊败育的花序

叶下面密被软茸毛

2 椴树属（椴属） *Tilia* L.

Tilia L., Sp. Pl. 1: 514. 1753.

落叶乔木。单叶互生，有长柄，基部常为斜心形，全缘或有锯状齿。聚伞花序；花两性，白色或黄色；萼片与花瓣均5片；雄蕊多数，离生或连合成5束；退化雄蕊呈花瓣状，与花瓣对生；子房5室，每室有胚珠2颗，花柱简单，柱头5裂。果实圆球形或椭圆形，核果状，稀为浆果状，有种子1～2颗。

本属全世界23～40种，主要分布于亚热带和北温带地区。中国有19种，主产黄河流域以南，五岭以北广大亚热带地区；只少数种类到达北回归线以南，华北及东北地区。东北地区产7种1亚种6变种，其中栽培4种。

分种检索表

1. 花有退化雄蕊。
  2. 小枝无毛，稀有长疏毛；叶背面无毛，仅脉腋处具簇毛。
    6. 叶缘具粗锯状齿；树皮有深色皱纹；小枝绿色 ………… **1. 美洲椴 T. americana** L.
    6. 叶缘具不整齐粗大锯状齿；树皮灰褐色；小枝黄褐色 ………… **2. 蒙椴 T. mongolica** Maxim.
  2. 小枝密被黄褐色星状毛；叶背面密被星状毛，边缘粗齿具芒状尖（**3. 辽椴 T. mandshurica** Rupr. et Maxim.）。
    3. 果实有5条不明显的棱。
      4. 果上无疣状突起。
        5. 果顶端无嘴状突起 ………… **3a. 辽椴 T. mandshurica** var. **mandshurica**
        5. 果顶端具明显嘴状突起 ………… **3b. 卵果辽椴 T. mandshurica** var. **ovalis** (Nakai) Liou et Li
      4. 果上有大的疣状突起 ………… **3c. 瘤果辽椴 T. mandshurica** var. **tuberculata** Liou et Li
    3. 果具明显5棱 ………… **3d. 棱果辽椴 T. mandshurica** var. **megaphylla** (Nakai) Liou et Li
1. 花无退化雄蕊。
  7. 叶长4～6厘米，宽4～5.5厘米（**4. 心叶椴 T. cordata** Mill）。
    8. 叶基部心形，稀截形；果实密被长绒毛 ………… **4a. 心叶椴 T. cordata** subsp. **cordata**
    8. 叶基部截形，稀浅心形或宽楔形；果实密被短绒毛 … **4b. 西伯利亚椴 T. cordata** subsp. **sibirica** (Bayer) Pigott

（接上表）

7. 叶长4.5～12厘米，宽4～12厘米，基部心形、斜心形，稀截形。

9. 叶基部斜心形或截形；果实有棱或无棱；当年生枝、叶柄及幼叶叶背有毛。

10. 叶长5～12厘米，宽4～12厘米；果具明显4～5棱，顶端有1短喙……… **5. 大叶欧椴 T. platyphyllos** Scop.

10. 叶长3～8厘米，宽3.5～7厘米；果无棱无喙 ……………………………………………6. **欧椴 T. europaea** L.

9. 叶基部心形；果实无棱无喙；当年生枝、叶柄无毛，或嫩枝初时有毛后渐脱落（**7. 紫椴 T. amurensis** Rupr.）。

11. 果实卵圆形。

12. 叶边缘有锯状齿，非3裂。

13. 嫩枝初时有白丝毛，很快变秃净；叶上面无毛，下面仅脉腋内有毛丛；叶长4.5～6厘米，宽4～5.5厘米 ……………………………………………………… **7a. 紫椴 T. amurensis** var. **amurensis**

13. 小枝及幼叶背面密被棕色星状毛，后渐脱落；叶亦较原变种小 ……………………………………………… **7b. 小叶紫椴 T. amurensis** var. **taquetii** (Schneid.) Liou et Li

12. 叶上部明显3裂 ……………………………… **7c. 裂叶紫椴 T. amurensis** var. **tricuspidata** Lion et Li

11. 果为梨形………………………………………………………………… **7d. 朝鲜紫椴 T. amurensis** var. **koreana** Nakai

（1）美洲椴（辽宁树木志）

Tilia americana L., Sp. Pl. 1: 514. 1753; 辽宁树木志: 602. 图632: 1～3. 2018.

原产美洲。辽宁省沈阳、大连、瓦房店有栽培。

■ 美洲椴

果序

花

花序

小枝绿色无毛

叶

叶缘

■ 美洲椴

植株

叶背面观

树干

（2）蒙椴（辽宁植物志，内蒙古植物志，东北植物检索表，中国植物志，Flora of China）；小叶椴（中国植物志）

Tilia mongolica Maxim. in Bull. Acad. Sci. Petersb. 26: 433. 1880; 辽宁植物志（上册）: 1141. 图版491: 1 ~ 3. 1988; 内蒙古植物志（第二版）3: 501. 图版196: 1 ~ 4. 1989; 中国植物志49(1): 62. 1989; 东北植物检索表（第二版）: 413. 图版204: 9. 1995; Fl. China 12: 246. 2007.

生向阳山坡及岩石间隙或沙丘上。产辽宁省北镇、朝阳、建昌、凌源、绥中、喀左、金州、大连、营口、盖州、法库、本溪、丹东地；内蒙古自治区科尔沁右翼前旗、科尔沁右翼中旗、翁牛特旗、巴林右旗、克什克腾旗、喀喇沁旗、多伦、太仆寺旗等地。

优良的行道树及庭院绿化树种，也是蜜源植物。枝条韧皮纤维可制麻袋等；木材可制家具、胶合板等；花入药；果可榨油。

■ 蒙椴

花序

花序一部分

植株一部分

（3）辽椴（中国植物志，Flora of China）；糠椴（辽宁植物志，黑龙江省植物志，内蒙古植物志，东北植物检索表）；大叶椴（黑龙江省植物检索表）

Tilia mandshurica Rupr. et Maxim. in Bull. Acad. Sci. St. Ptersb. 16: 124. 1856; 辽宁植物志（上册）: 1140. 图版490: 1 ~ 2. 1988; 内蒙古植物志（第二版）3: 499. 图版196: 5 ~ 11. 1989; 中国植物志49(1): 54. 图版12: 1 ~ 5. 1989; 东北植物检索表（第二版）: 413. 图版204: 5. 1995; 黑龙江省植物志7: 133. 图版68: 1 ~ 3. 2003; Fl. China 12: 242. 2007.

（3a）辽椴（原变种）

Tilia mandshurica var. *mandshurica*

生山间、沟谷、杂木林中。产黑龙江省尚志、依兰、伊春、饶河、勃利、虎林、密山；吉林省临江、抚松、长白、敦化、珲春、安图；辽宁省各山区；内蒙古自治区敖汉旗、克什克腾旗、喀喇沁旗、多伦、宁城等地。

优良的行道树及庭院绿化树种，也是蜜源植物。枝条韧皮纤维可制麻袋等。木材可制家具、胶合板等。果可榨油。嫩芽可食。花有发汗解热、抑菌作用，用于感冒、水肿、口腔破溃、咽喉肿痛。

■ 辽椴

小枝

叶

果序

花

花序

树干

（3b）卵果辽椴（变种）（中国植物志，Flora of China）；卵果糠椴（黑龙江省植物志，东北植物检索表）

Tilia mandshurica var. *ovalis* (Nakai) Liou et Li in Ill. Fl. Lign. Pl. N.–E. Chin. 1955; 中国植物志49(1): 56. 1989; 东北植物检索表（第二版）: 413. 图版204: 8. 1995; Fl. China 12: 243. 2007.

生针阔混交林及阔叶林中。产黑龙江省（地点不详）；吉林省安图；辽宁省桓仁。模式标本采自吉林安图县兴隆河村附近。

（3c）瘤果辽椴（变种）（中国植物志，Flora of China）；瘤果糠椴（辽宁植物志）；疣果糠椴（黑龙江省植物志，东北植物检索表）

Tilia mandshurica var. *tuberculata* Liou et Li, 东北木本植物图志: 565. 1955; 辽宁植物志（上册）: 1141. 图版490: 4. 1988; 中国植物志49(1): 56. 1989; 东北植物检索表（第二版）: 413. 图版204: 7. 1995; 黑龙江省植物志7: 135. 图版68: 6. 2003; Fl. China12: 242. 2007.

生山坡草地。产黑龙江省勃利；辽宁省抚顺、桓仁、铁岭、鞍山（模式标本采自千山）。

（3d）棱果辽椴（变种）（中国植物志，Flora of China）；棱果糠椴（辽宁植物志，黑龙江省植物志，东北植物检索表）

Tilia mandshurica var. *megaphylla* (Nakai) Liou et Li in Ill. Man. Woody Pl. N.–E. Prov. 418. 1955; 辽宁植物志（上册）: 1141. 图版490: 3. 1988; 中国植物志49(1): 56. 1989; 东北植物检索表（第二版）: 413. 图版204: 6. 1995; 黑龙江省植物志7: 135. 图版68: 4. 2003; Fl. China12: 243. 2007.

生山坡草地。产黑龙江省哈尔滨；辽宁省丹东。

（4）心叶椴（植物智网站）；欧洲小叶椴（百度百科）

Tilia cordata Mill., Gard. Dict., ed. 8. n. 1. 1768.

（4a）心叶椴（原亚种）

Tilia cordata subsp. *cordata*

原产自英国西部石灰石悬崖和潮湿的林地中。美国、法国、英国、德国、荷兰等国家均有引种栽培，中国新疆、南京、上海、青岛、北京及辽宁省沈阳、大连等地有引种栽培。

■ 心叶椴

果序

果枝

花序

花正面观

植株

子房

■ 心叶椴

小枝

树干

叶背面观

（4b）西伯利亚椴（亚种）（黑龙江省植物志，东北植物检索表）

Tilia cordata subsp. *sibirica* (Bayer) Pigott, Edinburgh J. Bot. 59(2): 245. 2002.——*Tilia sibirica* Fisch. ex Bayer in Verh. K. K. Zool.-Bot. Ges. Wien 12: 23. 1862; 东北植物检索表（第二版）: 413. 1995; 黑龙江省植物志7: 136. 图版68: 7. 2003.

生山坡。产黑龙江省黑河及大兴安岭和小兴安岭北坡的其他地方；吉林省西部；辽宁省西部；内蒙古自治区东部。

■ 西伯利亚椴

果序

果枝

花

植株一部分

叶背面观

（5）大叶欧椴（辽宁植物志，东北植物检索表）；阔叶椴

Tilia platyphyllos Scop. in Fl. Carniol. ed. 2, 1: 373. 1771; 辽宁植物志（上册）: 1141. 图版491: 4～5. 1988; 东北植物检索表（第二版）: 413. 图版204: 10. 1995.

原产欧洲。辽宁省大连有栽培。

优良的行道树及庭院绿化树种，也是蜜源植物。枝条韧皮纤维可制麻袋等；木材可制家具、胶合板等；花入药；果可榨油。

■ 大叶欧椴

植株

花枝

花序

叶柄有毛

叶背面有毛

植株一部分

（6）欧椴（辽宁树木志）

Tilia europaea L., Sp. Pl. 1: 514. 1753; 辽宁树木志: 599. 图628. 2018.

原产欧洲。辽宁省大连有栽培。

■ 欧椴

果序

植株一部分

（7）紫椴（辽宁植物志，黑龙江省植物志，内蒙古植物志，东北植物检索表，中国植物志，Flora of China）；毛紫椴（植物研究）

Tilia amurensis Rupr. in Fl. Cauc. 253. 1869; 辽宁植物志（上册）: 1138. 图版489: 1 ~ 3. 1988; 中国植

物志49(1): 63. 图版14: 5 ~ 8. 1989; 内蒙古植物志（第二版）3: 501. 图版197. 1989; 东北植物检索表（第二版）: 413. 图版204: 1. 1995; 黑龙江省植物志7: 131. 图版67: 1 ~ 4. 2003; Fl. China 12: 246. 2007.——*Tilia amurensis* var. *araneosa* C. Wang & S. D. Zhao, 植物研究1(4): 135 ~ 136. 1981.

（7a）紫椴（原变种）

Tilia amurensis var. *amurensis*

生山坡林中。产黑龙江省哈尔滨、尚志、黑河、嫩江、孙吴、大庆、伊春、萝北、宝清、勃利、密山、宁安、安达；吉林省蛟河、通化、临江、抚松、靖宇、长白、敦化、珲春、和龙、汪清、安图；辽宁省大连、瓦房店、普兰店、庄河、沈阳、铁岭、法库、朝阳、凌源、建昌、彰武、北镇、义县、绥中、清原、本溪、桓仁、鞍山、丹东、凤城、营口、盖州；内蒙古自治区科尔沁左翼后旗、扎鲁特旗、喀喇沁旗、宁城等地。

木材可供建筑、雕刻、细木工等用。树皮含大量纤维，可用来编席、制麻袋、制绳缆，也可以作家具、垫褥的填充料。优良的蜜源植物。嫩芽可食。花有发汗解热、抑菌作用。

在2021年公布的《国家重点保护野生植物名录》中，本种被列为二级保护植物。

■ 紫椴

树干

花

果序

叶背面观

植株一部分

（7b）小叶紫椴（变种）（辽宁植物志，黑龙江省植物志，东北植物检索表，中国植物志，Flora of China）

Tilia amurensis var. *taquetii* (Schneid.) Liou et Li, 东北木本植物图志: 420. 1955; 辽宁植物志（上册）: 1140. 图版489: 6. 1988; 中国植物志49(1): 63. 1989; 东北植物检索表（第二版）: 413. 图版204: 4. 1995; 黑龙江省植物志7: 133. 图版67: 6. 2003; Fl. China12: 247. 2007.

生山坡林中。产黑龙江省哈尔滨、伊春；吉林省临江、靖宇、安图；辽宁省东部山区。

（7c）裂叶紫椴（变种）（辽宁植物志，黑龙江省植物志，东北植物检索表，中国植物志）

Tilia amurensis var. *tricuspidata* Lion et Li, 东北木本植物图志: 565. 1955; 辽宁植物志（上册）: 1140. 图版489: 5. 1988; 中国植物志49(1): 65. 1989; 东北植物检索表（第二版）: 413. 图版204: 3. 1995; 黑龙江省植物志7: 133. 图版67: 7. 2003.

生山坡林中。产黑龙江省（地点不详）；辽宁省金州（模式标本采自大黑山）、盖州等地。

■ 裂叶紫椴

叶

植株一部分

（7d）朝鲜紫椴（变种）（辽宁植物志，黑龙江省植物志，东北植物检索表）

Tilia amurensis var. *koreana* Nakai in Bot. Mag.33: 61. 1919; 辽宁植物志（上册）: 1140. 图版489: 4. 1988; 东北植物检索表（第二版）: 413. 图版204: 2. 1995; 黑龙江省植物志7: 131. 图版67: 5. 2003.

生山坡林中。产黑龙江省阿城、尚志、伊春；吉林省安图；辽宁省金州。

3 刺蒴麻属 *Triumfetta* L.

Triumfetta L., Sp. Pl. 1: 444. 1753.

直立或匍匐草本或为亚灌木。叶互生，不分裂或掌状3～5裂，有基出脉，边缘有锯状齿。花两性，单生或数朵排成腋生或腋外生的聚伞花序；萼片5片，离生。镊合状排列，顶端常有凸起的角；花瓣与萼片同数，离生，内侧基部有增厚的腺体；雄蕊5枚至多数，离生，着生于肉质有裂片的雌雄蕊柄上；子房2～5室，花柱单一，柱头2～5浅裂。蒴果近球形，3～6爿裂开，或不开裂，表面具针刺；刺的先端尖细劲直或有倒钩。

本属全世界100～160种，广布于热带亚热带地区。中国有7种，产南部及东部各省区。东北地区栽培1种。

刺蒴麻（中国植物志，Flora of China）

Triumfetta rhomboidea Jacq. Enum. Pl. Carib. 22. 1760; 中国植物志49(1): 109. 图版20: 1～3. 1989; Fl. China 12: 260. 2007; The Checklist of the Naturalized Plants in China: 90. 2019.

亚灌木；嫩枝被灰褐色短茸毛；茎下部叶阔卵圆形，先端常3裂，基部圆形；茎上部叶长圆形；叶上面有疏毛，下面有星状柔毛，基出脉3～5条，边缘有不规则的粗锯状齿；聚伞花序数枝腋生；花瓣比萼片略短，黄色；果球形，被灰黄色柔毛，具长2毫米针刺。热带亚洲及非洲有分布。辽宁有栽培。

全株供药用，辛温，消风散毒，治毒疮及肾结石。

4 田麻属 *Corchoropsis* Sieb. et Zucc.

Corchoropsis Sieb. et Zucc. in Abh. Akad. Munchen. 3: 737. tab. 4. 1843.

一年生草本。茎被星状柔毛或平展柔毛。叶互生，叶缘具齿，被星状柔毛，基出三脉。花黄色，单生于叶腋；萼片5片，狭窄披针形；花瓣与萼片同数，倒卵形；雄蕊20枚，其中5枚无花药，与萼片对生，匙状条形，其余能育的15枚中每3枚连成一束；子房被短茸毛或无毛，3室，花柱近棒状，柱头顶端截平，3齿裂。蒴果角状圆筒形，3爿裂开；种子多数。

本属全世界仅1种1变种，分布于东亚。中国南北均产。东北地区产1种1变种。

分种下单位检索表

1. 蒴果有星状柔毛 ………… a. 田麻 C. tomentosa var. tomentosa
1. 蒴果无毛 ………… b. 光果田麻 C. tomentosa var. psilocarpa

田麻（辽宁植物志，东北植物检索表，东北草本植物志，中国植物志，Flora of China）

Corchoropsis tomentosa (Thunb.) Makino in Bot. Mag. Tokyo 17: 11. 1903; 东北草本植物志6: 60. 图版24: 1 ~ 5. 1977; 辽宁植物志（上册）: 1146. 图版493: 1 ~ 5. 1988; 中国植物志49(1): 81. 图版21. 1989; 东北植物检索表（第二版）: 413. 图版204: 12. 1995.——*C. crenata* Sieb. et Zucc. in Abh. Math.–Phys. Cl. Königl. Bayer. Akad. Wiss. 3(2): 737. 1843; Fl. China12: 326. 2007.

一年生草本，分枝有星状短柔毛。单叶互生；叶卵形或狭卵形，边缘有钝牙齿，两面均密生星状短柔毛。花有细柄，单生叶腋，直径1.5 ~ 2厘米；萼片5片，狭窄披针形；花瓣5片，黄色，倒卵形。蒴果角状圆筒形，有星状柔毛。

（a）田麻（原变种）

Corchoropsis tomentosa var. *tomentosa*

生山坡、林下或干燥石质地。产辽宁省大连、长海、金州、瓦房店、丹东、东港、凤城等地。

全草有平胆利湿、解毒作用，用于风湿痛、跌打损伤、黄疸。

■ 田麻

果实

花

植株

（b）光果田麻（变种）（辽宁植物志，东北植物检索表，东北草本植物志，中国植物志，Flora of China）

Corchoropsis tomentosa var. *psilocarpa* (Harms & Loes.) C. Y. Wu & Y. Tang in Acta Phytotax. Sin. 32: 256. 1994.——*C. psilocarpa* Harms. et Loes. in Engl. Bot. Jahrb. 34. Bebl ~ in. 75: 51. 1904; 东北草本植物志6: 60. 图版24: 6 ~ 9. 1977; 辽宁植物志（上册）: 1146. 图版493: 6 ~ 9. 1988; 中国植物志49(1): 83. 1989; 东北植物检索表（第二版）: 413. 图版204: 13. 1995.——*C. crenata* var. *hupehensis* Pamp. in Nuovo Giorn. Bot. Ital., n. s., 17: 431. 1910; Fl. China12: 326. 2007.

生山坡、林下、田野。产辽宁省金州、庄河、瓦房店、普兰店、鞍山、朝阳等地。

■ 光果田麻

植株

果实

5 梧桐属 *Firmiana* Marsili

Firmiana Marsili in Sagg. Sci. Lett. Acc. Padova 1: 106 ~ 116. 1786.

乔木或灌木。单叶掌状3 ~ 5裂或全缘。圆锥花序或总状花序腋生或顶生，花单性或杂性；萼（4 ~ ）5深裂几乎至基部，萼片向外卷曲；无花瓣；雄花的花药10 ~ 15个，聚集在雌雄蕊柄的顶端成头状，有退化雌蕊；雌花的子房5室，基部围绕着不育的花药，花柱在基部连合，柱头与心皮同数而分离。蓇葖果具柄，果皮膜质，在成熟前甚至早就开裂成叶状；每蓇葖有种子1个或多个，着生在叶状果皮的内缘。

本属全世界约有16种，分布于亚洲和非洲东部。中国有7种，主要分布于广东、广西和云南。东北地区栽培1种。

梧桐（中国植物志，Flora of China）

Firmiana simplex (L.) W. Wight in Bull. Bur. Pl. Industr. U. S. D. A. 142: 67 1909; Fl. China12: 311. 2007.——*F. platanifolia* (L. f.) Marsili in Sagg. Sci. Lett. Acc. Padova1: 106 ~ 116. 1786; 中国植物志49(2): 133. 图版37: 1 ~ 7. 1984.

落叶乔木；树皮青绿色，平滑；叶心形，掌状3 ~ 5裂；圆锥花序，花淡黄绿色；萼5深裂几乎至基部，萼片向外卷曲；蓇葖果膜质，成熟前开裂成叶状。中国从海南到华北均产。辽宁省大连、旅顺口有栽培。

庭园观赏树木。木材轻软，为制木匣和乐器的良材。种子炒熟可食或榨油。树皮的纤维洁白，可用以造纸和编绳等。

■ 梧桐

幼树干

老树干

植株

果序

蓇葖果开裂成叶状

花序

叶

6 苘麻属 *Abutilon* Miller

Abutilon Miller, Gard. Dict. Abr. ed. 4, 1, 1754.

草本、亚灌木状或灌木。叶互生，基部心形，掌状叶脉。花顶生或腋生，单生或排列成圆锥花序状；花萼钟状，裂片5；花冠钟形、轮形，很少管形，花瓣5，基部联合，与雄蕊柱合生；雄蕊柱顶端具多数花丝；子房具心皮8～20，花柱分枝与心皮同数。蒴果近球形，陀螺状、磨盘状或灯笼状，分果爿

8～20；种子肾形。

本属全世界约200种，分布于热带和亚热带地区。中国有9种，分布于南北各省区。东北地区栽培2种，并逸生。

分种检索表

1. 灌木；叶掌状3～5裂；花橘黄色具紫色条纹，花瓣长3～5厘米 ························ 1. 金铃花 A. striatum Dickson.
1. 一年生亚灌木状草本；叶圆心形；花黄色，花瓣长约1厘米 ································ 2. 苘麻 A. theophrasti Medic

（1）金铃花（中国植物志）

Abutilon striatum Dickson. in Bot Reg. Misc. 39, 1839; 中国植物志49(2): 33. 图版8: 2～3. 1984; The Checklist of the Naturalized Plants in China: 91. 2019.

原产南美洲的巴西、乌拉圭等地。辽宁省有栽培，以市内盆栽为主，仅夏季可室外栽培。

园林观赏植物，花形独特、花期较长、易于繁殖，可以布置花丛、花境，也可作盆栽，悬挂花篮等。

■ 金铃花

花侧面观

花正面观

植株

（2）苘麻（辽宁植物志，黑龙江省植物志，内蒙古植物志，东北植物检索表，东北草本植物志，中国植物志，Flora of China）

Abutilon theophrasti Medic in Malv. 28. 1787; 东北草本植物志6: 63. 1977; 中国植物志49(2): 36. 1984; 辽宁植物志（上册）: 1148. 1988; 内蒙古植物志（第二版）3: 510. 图版201. 1989; 东北植物检索表（第二版）: 415. 图版205: 7. 1995; 黑龙江省植物志7: 137. 图版69. 2003; Fl. China 12: 277. 2007.

生路旁、荒地、田野。原产印度。东北各地曾常见栽培，已经归化。

本种为外来入侵植物，是烟粉虱、烟草花叶病毒等病虫害的寄主，也是我国进境植物检疫三类危险性病毒棉花卷叶病毒和露湿漆斑菌的寄主之一。可合理利用：茎皮纤维色白，具光泽，可编织麻袋、搓绳索、编麻鞋等纺织材料；种子含油率15%～16%，榨油供制皂、油漆和工业用润滑油；种子为润滑性利尿剂，并有通乳汁、消乳腺炎、顺产等功效；全草药用，能祛风解毒；叶可作猪饲料。

■ 苘麻

叶

果实侧面观

果序

植株

花序

7 黄花棯属（黄花稔属） *Sida* L.

Sida L., Sp. Pl. 683, 1753.

草本或亚灌木，具星状毛。叶为单叶或稍分裂。花单生、簇生或几乎圆锥花序式，腋生或顶生；萼钟状或杯状，5裂；花瓣黄色，5片，分离，基部合生；雄蕊柱顶端着生多数花药；花柱枝与心皮同数，柱头头状，每心皮具1胚珠。蒴果盘状或球形，分果爿顶端具2芒或无芒，成熟时与中轴分离。

本属全世界有100～150种，分布于全世界，其中2/3分布于美国。中国有14种，产西南至华东各省区。东北地区产1种。

刺黄花稔（中国归化植物名录）

Sida spinosa L., Sp. Pl. 2: 683. 1753; The Checklist of the Naturalized Plants in China: 96. 2019.

一年生至多年生直立草本。茎被星状短毛。叶柄的基部有1～3枚多刺的小苞片；叶片披针形、卵形、长圆形或稍圆形，基部圆形，叶缘有锯状齿。花腋生，单生或在末端分枝处2～5朵簇生；花冠白色，超出花萼。果实扁球形，上面被短柔毛；分果爿5个，顶端有2枚叉开的芒。生路旁、牧场、人为干扰过的环境。原产美洲。分布辽宁省金州（开发区、大李家）、长海（广鹿岛）等地。

本种为外来入侵植物，大量繁殖可侵占本土植物生态位，影响本土生物多样性。

■ 刺黄花稔

花序

居群

植株上部

植株一部分

8 盘果苘属（单花葵属、阿洛葵属） *Anoda* Cavanilles

Anoda Cavanilles, Diss. 1: 38, plate 10, fig. 3; plate 11, figs. 1, 2. 1785.

一年生草本或亚灌木。茎直立到外倾，具糙硬毛或星状毛，后脱落。叶片通常线形、披针形、长圆形或卵形至三角形，有时浅裂，叶缘有齿或全缘。花单生叶腋，或多花顶生成总状花序或圆锥花序；花萼增大或不增大，有肋或无肋，基部圆形，裂片卵形至三角形，先端锐尖或渐尖；花冠黄色、淡紫色或略带紫色，很少白色；花柱5～19分枝，柱头通常头状。蒴果直立，不膨大，扁球形，有毛；分果爿5～19，不规则开裂；每分果爿有种子1。

本属全世界有23种，分布北美洲（墨西哥）、西印度群岛、中美洲、南美洲、大洋洲（澳大利亚）。中国有1归化种，东北地区有分布。

阿洛葵（植物检疫）；冠萼蔓锦葵（林业研究季刊）

Anoda cristata (L.) Schlecht. in Linnaea 11: 210. 1837; 植物检疫26(1): 36～39. 2012; 林业研究季刊34(4): 263～268. 2012.

一年生直立草本；茎叶散生硬毛；单叶互生，叶柄基部有托叶；叶片卵状三角形，3～5浅裂，边缘具锯状齿；花单生叶腋，白色、淡蓝至淡蓝紫色；蒴果由10～20分果爿组成。原产美洲。产辽宁省金州、大连。

本种为外来入侵植物，大量繁殖可侵占本土植物生态位，影响本土生物多样性。在墨西哥，本种是当地人喜食的传统食品和药物。

■ 阿洛葵

花

蒴果

植株

蒴果背面观

果枝

花枝

9 锦葵属 *Malva* L.

Malva L., Sp. Pl. 2: 687. 1753.

一年生、二年生或多年生草本。叶互生，钝圆裂或角裂，边缘呈锯齿状，有长柄。花单生或簇生于叶腋，无柄或有柄；小苞片2～3，线形或卵形，离生；萼5裂；花瓣5，先端微凹，与萼等长或明显超出，红紫色、淡紫色、蔷薇色或白色等；雄蕊多数，花丝合生，花药着生于顶端；子房由多数心皮组成，离生，每室含1胚珠，花柱与心皮数相等，柱头线形。果实为分果，成熟后与中轴分离脱落；种子肾形。

本属全世界约30种，分布于亚洲、欧洲和北非洲。中国有5种，产各地。东北地区产5种1变种，其中栽培4种。

分种检索表

1. 花大而鲜艳。
  2. 叶5 ~ 7深裂 …… 1. **麝香锦葵 M. moschata** L.
  2. 叶浅裂。
    3. 二年生或多年生直立草本；花3 ~ 11朵簇生 …… 2. **锦葵 M. cathayensis** M. G. Gilbert
    3. 一年生草本；花单生于叶腋间 …… 3. **三月花葵 M. trimestris** (L.) Salisb
1. 花小而不鲜艳。
  4. 小苞片丝状到线形；花瓣长3 ~ 4.5（~5）毫米；分生果边缘有具齿的狭翅 …… 4. **小花锦葵 M. parviflora** L.
  4. 小苞片线形、倒披针形或披针形；花瓣长5 ~ 13毫米；分生果边缘没有翅，有时有齿（5. **野葵 M. verticillata** L.）。
    5. 茎上部的叶裂片三角形；花紧密簇生；花梗均短，均被花或果实遮住 …… 5a. **野葵 M. verticillata** var. verticillata
    5. 茎上部的叶裂片圆形；花簇松散生于叶腋；花梗不等长，其中长的不被花或果实遮住 …… 5b. **中华野葵 M. verticillata** var. rafiqii Abedin

（1）麝香锦葵（维管束植物名称考证）

Malva moschata L., Sp. Pl. 690. 1753.

原产欧洲和亚洲西南部。辽宁省宽甸等地有栽培。

■ 麝香锦葵

植株

植株上部

茎叶

花序

花

（2）锦葵（内蒙古植物志，中国植物志，Flora of China）；大花葵（辽宁植物志，黑龙江省植物志，东北植物检索表，东北草本植物志）

Malva cathayensis M. G. Gilbert, Y. Tang & Dorr inFl. China12: 266. 2007.——*M. sinensis* Cavan. in Diss. 2: 77. t. 25. f. 4. 1786; 中国植物志49(2): 3. 图版1: 1 ~ 2. 1984; 内蒙古植物志（第二版）3: 505. 图版198. 1989.——*M. mauritiana* auct. non L. : 东北草本植物志6: 63. 图版25: 1. 1977; 辽宁植物志（上册）: 1149. 图版494: 1. 1988; 东北植物检索表（第二版）: 416. 图版205: 1. 1995; 黑龙江省植物志7: 147. 图版75: 1. 2003.

中国南北各城市常见的栽培植物，偶有逸生。东北各地常见栽培。

以观赏为目的引进，地植或盆栽均宜；也有药用价值。

■ 锦葵

果序

花序

植株

（3）三月花葵（中国植物志）

Malva trimestris (L.) Salisb. in Prodr. Stirp. Chap. Allerton 381. 1796.——*Lavatera trimestris* L., Sp. Pl. 692, 175; 中国植物志49(2): 8. 1984.

原产欧洲地中海沿岸。黑龙江、辽宁、内蒙古自治区有栽培。

主要供园林观赏用。

■ 三月花葵

花侧面观

白花株

■ 三月花葵

花正面观

植株

（4）小花锦葵（中国植物志）；小叶锦葵（中国归化植物名录）

Malva parviflora L., Demonstr. Pl. 18. 1753; 中国植物志49(2): 8. 1984; The Checklist of the Naturalized Plants in China: 94. 2019.

生于受干扰的温暖而干燥的环境。原产欧洲西南部和地中海地区的印度。内蒙古自治区通辽等地有栽培和逸生。

本种为外来入侵植物，大量繁殖会侵占本土植物生态位。另外，本种有被根结线虫侵染的证据。可合理利用：可饲喂食草动物；叶子和嫩苗可以食用。

■ 小花锦葵

苗期

花期植株

■ 小花锦葵

居群

栽培基地

（5）野葵（内蒙古植物志，中国植物志， Flora of China）；北锦葵（辽宁植物志，黑龙江省植物志，东北植物检索表，东北草本植物志）；冬葵（黑龙江省植物检索表）

Malva verticillata L., Sp. Pl. 689. 1753; 中国植物志49(2): 5. 图版1: 5 ~ 6. 1984; 内蒙古植物志（第二版）3: 506. 图版199: 1 ~ 2. 1989; Fl. China 12: 266. 2007.——*M. mohileviensis* Bow. in Bull. Soc. Imp. Naturalistes Moscou 34(1): 177. 1861; 东北草本植物志6: 65. 图版25: 2 ~ 3. 1977; 辽宁植物志（上册）: 1151. 图版494: 2. 1988; 东北植物检索表（第二版）: 416. 图版205: 2. 1995; 黑龙江省植物志7: 149. 图版75: 2. 2003.

（5a）野葵（原变种）

Malva verticillata var. *verticillata*

生杂草地、山坡、庭院和住宅附近。产黑龙江省哈尔滨、齐齐哈尔、富裕、黑河、萝北、宁安、安达；吉林省白城、镇赉、长白、和龙、汪清、安图；辽宁省金州、建平、凌源、彰武、清原、桓仁；内蒙古自治区各地。

叶子和嫩苗可以食用。

■ 野葵

花序

植株

■ 野葵

植株一部分

果序

（5b）中华野葵（变种）（中国植物志，Flora of China）

Malva verticillata var. *rafiqii* Abedin, Fl. W. Pakistan. 130: 45. 1979; Fl. China 12: 267. 2007.——*Malva verticillata* var. *chinensis* (Miller) S. Y. Hu Fl. China Family 153: 6, 1955; 中国植物志49(2): 7. 1984.

生杂草地、山坡、庭院和住宅附近。产黑龙江省齐齐哈尔；吉林省安图；辽宁省大连、凌源等地。

■ 中华野葵

果实侧面观

植株

果序

花序

10 蜀葵属 *Alcea* L.

Alcea L., Sp. Pl. 2: 687. 1753.

一年生至多年生直立草本，植株被长硬毛。叶近圆形，浅裂或深裂。花单生或多花排列成总状花序，顶生或腋生；小苞片6～9，杯状，裂片三角形，基部合生，密被绵毛和刺；萼钟形，5齿裂，基部合生，被绵毛和密刺；花冠漏斗形，各色，花瓣倒卵状楔形，爪被髯毛；雄蕊柱顶端着生有花药；子房室多数，每室具胚珠1个，花柱丝形，柱头近轴。果盘状，分果爿有30枚至更多，成熟时与中轴分离。

本属全世界60余种，分布于亚洲中、西部各温带地。中国有2种（包括栽培种），产新疆和西南各省。东北地区栽培1种。

蜀葵（辽宁植物志，内蒙古植物志，东北植物检索表，东北草本植物志，中国植物志，Flora of China）

Alcea rosea L., Sp. Pl. 687 1753; Fl. China12: 268. 2007.——*Althaea rosea* (L.) Cavan. in Diss. 2: 91. 1790; 东北草本植物志6: 66. 1977; 中国植物志49(2): 11. 图版3: 1 ~ 3. 1984; 辽宁植物志（上册）: 1151. 1988; 内蒙古植物志（第二版）3: 506. 图版200. 1989; 东北植物检索表（第二版）: 415. 图版205: 3. 1995.

二年生直立草本；叶近圆心形，掌状5 ~ 7浅裂或波状棱角；花腋生，直径6 ~ 10厘米，花色丰富，单瓣或重瓣；蒴果盘状，被短柔毛，分果爿近圆形。原产中国西南地区。东北各地常见栽培。

主要用于观赏；全草入药，有清热止血、消肿解毒之功，治吐血、血崩等症；茎皮含纤维可代麻用。

■ 蜀葵

花序

分果

果实

植株一部分

叶

11 棉属 *Gossypium* L.

Gossypium L., Sp. Pl. 693. 1753.

一年生或多年生草本，有时成乔木状。叶掌状分裂。花单生于枝端叶腋，白色、黄色，有时花瓣基部紫色；小苞片3 ~ 7，叶状，分离或连合，分裂或呈流苏状，具腺点；花萼杯状，近平截或5裂；花瓣5，芽时旋转排列；雄蕊柱有多数具花药的花丝，顶端平截；子房3 ~ 5室，每室具胚珠2至多颗。蒴果圆球形或椭圆形，室背开裂。

本属全世界约20种，分布于热带和亚热带。中国栽培4种2变种。东北地区栽培1种。

陆地棉（黑龙江省植物志，东北植物检索表，中国植物志，Flora of China）；草棉（辽宁植物志，东北草本植物志）

Gossypium hirsutum L., Sp. Pl. ed. 2: 975. 1763; 中国植物志49(2): 96. 图版25: 4. 1984; 东北植物检索表（第二版）: 415. 1995; 黑龙江省植物志7: 139. 图版70. 2003; Fl. China 12: 297. 2007.——*G. herbaceum* auct. non L.: 东北草本植物志6: 69. 1977; 辽宁植物志（上册）: 1155. 1988.

一年生草本至亚灌木；叶掌状5裂；花单生叶腋，黄色，内面基部紫色，直径5～7厘米；蒴果卵圆形。原产墨西哥。黑龙江省及辽宁南部和西部有栽培。

纤维是纺织工业中最主要的原料；种子可用以榨油。根、根皮、种子均可药用。

■ 陆地棉

蒴果室背开裂

花期植株

花

小苞片与蒴果

12 木槿属 *Hibiscus* L.

Hibiscus L., Sp. Pl. 2: 693, 1753.

草本、灌木或乔木。叶互生，掌状分裂或不分裂，具掌状叶脉，具托叶。花两性，5数，常单生于叶腋间；小苞片5或多数，分离或于基部合生；花萼钟状，很少为浅杯状或管状，5齿裂，宿存；花瓣5，各色，基部与雄蕊柱合生；雄蕊柱顶端平截或5齿裂，花药多数，生于柱顶；子房5室，花柱5裂，柱头头状。蒴果胞背开裂成5果爿；种子肾形，被毛或为腺状乳突。

本属全世界200余种，分布于热带和亚热带地区。中国有25种，遍布全国各地。东北地区产4种5变型，其中栽培3种5变型。

分种检索表

1. 草本。
  2. 多年生高大直立草本 ………………………………………………… 1. 芙蓉葵 H. moscheutos L.
  2. 一年生草本。
    3. 茎高1～3米，直立，具刺；萼革质；花冠黄色，基部红色 ……………………… 2. 大麻槿 H. cannabinus L.
    3. 茎高20～50厘米，常铺散伏地，被毛；萼膜质；花冠淡黄色，基部紫色 ………… 3. 野西瓜苗 H. trionum L.
1. 灌木或小乔木（4. 木槿 H. syriacus L.）。
  4. 花单瓣。
    5. 花淡紫色 ……………………………………………………………… 4a. 木槿 H. syriacus f. syriacus

（接上表）

5. 花桃红色或白色。
6. 花桃红色 ·· 4b. 大花木槿 H. syriacus f. grandiflorus Hort. ex Rehd.
6. 花纯白色 ·· 4c. 白花单瓣木槿 H. syriacus f. totus-albus T. Moore
4. 花重瓣。
7. 花白色 ·· 4d. 白花重瓣木槿 H. syriacus f. albus-plenus Loudon
7. 花粉紫色或粉红色。
8. 花粉紫色，花瓣内面基部洋红色 ························ 4e. 粉紫重瓣木槿 H. syriacus f. amplissimus Gagnep. f.
8. 花粉红色，花瓣内面基部无其他色彩 ···················· 4f. 雅致木槿 H. syriacus f. elegantissixnus Gagnep. f.

（1）芙蓉葵（中国植物志，Flora of China）；草芙蓉（俗称）

Hibiscus moscheutos L., Sp. Pl. 693. 1753; 中国植物志49(2): 81. 图版21: 1. 1984; Fl. China 12: 292. 2007.——*H. mutrabilis* auct. non L.; 黑龙江省植物志7: 141. 图版72. 2003.

原产美国东部。黑龙江省哈尔滨、辽宁省大连等地有栽培。

优良夏季花境植物。

■ 芙蓉葵

植株一部分

果序

花枝

（2）大麻槿（中国植物志，Flora of China）；洋麻（辽宁植物志，黑龙江省植物志，东北植物检索表，东北草本植物志）

Hibiscus cannabinus L. in Syst. ed. 10: 1149. 1759; 东北草本植物志6: 68. 1977; 中国植物志49(2): 88. 1984; 辽宁植物志（上册）: 1154. 1988; 东北植物检索表（第二版）: 416. 1995; Fl. China12: 293. 2007; 黑龙江省植物志7: 141. 图版71. 2003.

原产印度。东北地区有栽培。

茎皮纤维柔软，韧度大，富弹性，供织麻袋、麻布、渔网等。

（3）野西瓜苗（辽宁植物志，黑龙江省植物志，内蒙古植物志，东北植物检索表，东北草本植物志，中国植物志，Flora of China）

Hibiscus trionum L., Sp. Pl. 697. 1753; 东北草本植物志6: 68. 图版26. 1977; 中国植物志49(2): 86. 1984; 辽宁植物志（上册）: 1152. 图版495. 1988; 内蒙古植物志（第二版）3: 503. 图版198. 1989; 东北植物检索

表（第二版）: 416. 图版205: 4. 1995; 黑龙江省植物志7: 144. 图版74. 2003; Fl. China 12: 293. 2007.

生路旁、田埂、荒坡等地。原产非洲中部。分布黑龙江省宁安、萝北、爱辉、齐齐哈尔、阿城、哈尔滨；吉林省镇赉、汪清、珲春、敦化、安图、浑江、吉林；辽宁省各地；内蒙古自治区各地。

本种为外来入侵植物，大量繁殖会与本土植物竞争水分和养分，影响本土生物多样性，危害旱田作物和蔬菜。可合理利用：全草和果实、种子作药用，治烫伤、烧伤、急性关节炎等病症；茎韧皮纤维发达，可作纤维植物；乙醇提取物抑制小菜蛾的生长发育，对枸杞蚜虫有较高的触杀活性，可开发为植物源农药。

■ 野西瓜苗

植株

花侧面观

花正面观

果实

（4）木槿（辽宁植物志，黑龙江省植物志，东北植物检索表，中国植物志，Flora of China）

Hibiscus syriacus L., Sp. Pl. 695. 1753; 中国植物志49(2): 75. 图版19: 1～3. 1984; 辽宁植物志（上册）: 1152. 1988; 东北植物检索表（第二版）: 416. 图版205: 6. 1995; 黑龙江省植物志7: 144. 图版73. 2003; Fl. China 12: 291. 2007.

（4a）木槿（原变型）

Hibiscus syriacus f. *syriacus*

产中国中部各省。东北各地有栽培。

庭园观赏植物。茎皮纤维为人造纸或人造棉原料。全株有清热、凉血、利尿之功。嫩叶和白色花可食用。

■ 木槿

萼片与苞片

花侧面观

果序

■ 木槿

居群

小枝

（4b）大花木槿（变型）（中国植物志）

Hibiscus syriacus f. *grandiflorus* Hort. ex Rehd. in Manual Cut. Trees & Shrubs 619, 1927; Fl. China Family 153: 53, 1955; 中国植物志49(2): 78. 1984.

东北各地有栽培。

■ 大花木槿

花

植株

（4c）白花单瓣木槿（变型）（中国植物志）

Hibiscus syriacus f. *totus-albus* T. Moore in Gard. Chron. n. s. 10, 524, f. 91, 1878; Fl. China Family 153: 54, 1955; 云南植物志2: 230, 1979; 中国植物志49(2): 79. 1984.

东北各地有栽培。

（4d）白花重瓣木槿（变型）（中国植物志）

Hibiscus syriacus f. *albus-plenus* Loudon in Trees & Trees & Shrubs 62, 1875; Fl. China Family 153: 53, 1955; 云南植物志 2: 230, 1979; 中国植物志49(2): 78. 1984.

东北各地有栽培。

■ 白花重瓣木槿

植株一部分

花正面观

花序

（4e）粉紫重瓣木槿（变型）（中国植物志）

Hibiscus syriacus f. *amplissimus* Gagnep. f. in Rev. Hort. Paris 1861: 132, 1861; Fl. China Family 153: 53, 1955; 中国植物志49(2): 78. 1984.

东北各地有栽培。

■ 粉紫重瓣木槿

植株一部分

花

（4f）雅致木槿（变型）（中国植物志）

Hibiscus syriacus f. *elegantissixnus* Gagnep. f. in Rev. Hort. Paris 861: 132, 1861; Fl. China Family 153: 53, 1955; 中国植物志49(2): 78. 1984.

东北各地有栽培。

■ 雅致木槿

花枝

植株一部分

13 秋葵属 *Abelmoschus* Medicus

Abelmoschus Medicus, Malv. 45, 1787.

一年生、二年生或多年生草本。叶全缘或掌状分裂。花单生于叶腋；小苞片5～15，线形，少为披针形；花萼佛焰苞状，一侧开裂，先端具5齿，早落；花黄色或红色，漏斗形，花瓣5；雄蕊柱较花冠为短，基部具花药；子房5室，每室具胚珠多颗，花柱5裂。蒴果长尖，室背开裂，密被长硬毛。

本属全世界约15种，分布于东半球热带和亚热带地区。中国有6种和1变种（包括栽培种），产于东南至西南各省区。东北地区栽培2种。

分种检索表

1. 小苞片4～5，卵状披针形，宽达4～5毫米；蒴果卵状椭圆形，长4～5厘米，密被硬毛 ……………… 1. 黄蜀葵 A. manihot (L.) Medic.

1. 小苞片6～12，线形，宽1～3毫米；蒴果筒状尖塔形，长10～25厘米，疏被糙硬毛（根据果实颜色，分两个品种，果实绿色为黄秋葵，果实红色为红秋葵） ……………… 2. 咖啡黄葵 A. esculentus (L.) Moench

（1）黄蜀葵（辽宁植物志，东北植物检索表，东北草本植物志，中国植物志，Flora of China）

Abelmoschus manihot (L.) Medic. in Malv. 46. 1787; 东北草本植物志6: 69. 1977; 中国植物志49(2): 53. 图版13: 1. 1984; 辽宁植物志（上册）: 1154. 1988; 东北植物检索表（第二版）: 415. 1995; Fl. China 12: 284. 2007.

原产中国南方。辽宁省大连、沈阳、熊岳等地有栽培。

花大色艳，可供园林观赏用。根、茎、叶、花、种子均药用。

■ 黄蜀葵

果期植株

蒴果

花期植株

（2）咖啡黄葵（中国植物志，Flora of China）；黄秋葵（俗称）

Abelmoschus esculentus (L.) Moench in Meth. 617. 1794; 中国植物志49(2): 56. 图版13: 3. 1984; Fl. China 12: 285. 2007.

原产印度。辽宁省大连、沈阳、鞍山等地有栽培。

嫩果可食用。种子可作咖啡代用品。全株有清热解毒、润燥滑肠作用。

■ 咖啡黄葵

果实

花

植株

116. 瑞香科　Thymelaeaceae

Thymelaeaceae Juss., Gen. Pl. [Jussieu] 76. 1789, *nom. cons.*

木贼门、木贼亚门、木兰纲、蔷薇亚纲、蔷薇超目、锦葵目（Malvales）。

落叶或常绿灌木或小乔木，稀草本。单叶互生或对生，全缘，基部具关节，羽状叶脉。花辐射对称，两性或单性，雌雄同株或异株，头状、穗状、总状、圆锥或伞形花序，有时单生或簇生，顶生或腋生；花萼通常为花冠状，白色、黄色或淡绿色，稀红色或紫色，常连合成钟状、漏斗状、筒状的萼筒，裂片4～5；花瓣缺，或鳞片状，与萼裂片同数。浆果、核果或坚果，稀为2瓣开裂的蒴果，果皮膜质、革质、木质或肉质。

本科全世界有51属，约800种，广布于两半球各地。中国有9属115种。东北地区产4属5种。

分属检索表

1. 草本。
  2. 一年生；穗状花序疏散；花较小，下位花盘盘状 …………………………… 1. 草瑞香属（粟麻属）Diarthron
  2. 多年生；头状花序；花较大，下位花盘裂片状 ……………………………………… 2. 狼毒属 Stellera
1. 灌木。
  3. 下位花盘裂片状或狭舌状；总状花序；花萼筒内有鳞片 ……………………………… 3. 荛花属 Wikstroemia
  3. 下位花盘盘状或环形；头状花序或穗状花序；花萼筒内无鳞片 …………………………… 4. 瑞香属 Daphne

1 草瑞香属（粟麻属） *Diarthron* Turcz.

Diarthron Turcz. in Bull. Soc. Imp. Mosc. 5: 204. 1832.

一年生草本。叶互生，散生于茎上，线形。总状花序；花两性；花萼筒纤细，壶状，在子房上部收缩而成熟后环裂，上部脱落，下部包被果实，宿存，裂片4，直而稍开展；雄蕊4，着生于花萼筒的喉部，与裂片对生，或8枚，2轮，下轮与裂片互生，花药长圆形，近无柄；子房几乎无柄，无毛，1室；花柱侧生或近顶生，短，柱头近棒状，粗厚。坚果干燥，包藏于膜质花萼管的基部，花萼筒在果实时横断，果皮薄，种子1颗。

本属全世界有16种，分布于中亚。中国有4种，分布于西北至东北部。东北地区产1种。

草瑞香（辽宁植物志，黑龙江省植物志，内蒙古植物志，东北植物检索表，东北草本植物志，中国植物志，Flora of China）

■ 草瑞香

花后期暗红色

植株

■ 草瑞香

植株一部分

花初期白色

Diarthron linifolium Turcz. in Bull. Soc. Nat. Mosc. 5: 204. 1832; 东北草本植物志6: 128. 图版51: 1 ~ 4. 1977; 辽宁植物志（上册）: 1158. 图版497. 1988; 内蒙古植物志（第二版）3: 555. 图版219: 1 ~ 4. 1989; 东北植物检索表（第二版）: 416. 图版206: 6. 1995; 中国植物志52(1): 395. 图版73: 4 ~ 6. 1999; 黑龙江省植物志7: 150. 图版76. 2003; Fl. China13: 249. 2007.

一年生草本；叶线形至线状披针形；总状花序；花萼筒状，下端绿色，上端初始白色，后来变成暗红色，裂片4，卵状椭圆形；坚果卵形或圆锥状，黑色，为宿存的花萼筒所包围。生山坡草地、林缘及灌丛间。产黑龙江省哈尔滨、宁安、尚志、齐齐哈尔；吉林省吉林、集安；辽宁省各地；内蒙古自治区科尔沁右翼中旗、科尔沁左翼后旗、大青沟等地。

根皮、茎皮有活血止痛作用，用于风湿痛。

2 狼毒属 *Stellera* L.

Stellera L., Sp. Pl. 559. 1753.

多年生草本或灌木。叶散生，稀对生，披针形，边缘全缘。花白色、黄色或淡红色，顶生无梗的头状或穗状花序；花萼筒筒状或漏斗状，在子房上面有关节，果实成熟时横断，下部膨胀包围子房，果实成熟时宿存，裂片4，稀5 ~ 6，开展，大小近相等；无花瓣；雄蕊8，稀10或12，2轮，包藏于花萼筒内，稀上轮花药一部分伸出；子房几乎无柄，花柱短，柱头头状或卵形，具粗硬毛状凸起。小坚果干燥，基部为宿存的花萼筒所包围，果皮膜质。

本属全世界10 ~ 12种，分布于亚洲东部至西部的温带地区。中国有1种。东北地区有分布。

狼毒（辽宁植物志，黑龙江省植物志，内蒙古植物志，东北植物检索表，东北草本植物志，中国植物志，Flora of China）

Stellera chamaejasme L., Sp. Pl. 559. 1753; 东北草本植物志6: 130. 图版51: 5 ~ 7. 1977; 辽宁植物志（上册）: 1159. 1988; 内蒙古植物志（第二版）3: 556. 图版219: 5 ~ 7. 1989; 东北植物检索表（第二版）: 418. 图版206: 5. 1995; 中国植物志52(1): 397. 图版72: 5 ~ 7. 1999; 黑龙江省植物志7: 152. 图版77. 2003; Fl. China 13: 250. 2007.

多年生草本；叶披针形或长圆状披针形；头状花序圆球形，具绿色叶状总苞片；花白色、黄色至带紫色，芳香；小坚果圆锥形，上部或顶部有灰白色柔毛，为宿存的花萼筒所包围。生干燥向阳的高山草坡、草坪或河滩台地。产黑龙江省北安、安达、齐齐哈尔、黑河；吉林省镇赉、双辽；辽宁省建平、彰武；内蒙古自治区各地。

根有祛痰、消积、止痛之功能，外敷可治疥癣；毒性较大，可以杀虫。

■ 狼毒

根部

花序正面观

植株一部分

花序侧面观

植株

3 荛花属 *Wikstroemia* Endl.

Wikstroemia Endl. Prodr. Fl. Norfolk. 47. 1833.

乔木、灌木或亚灌木具木质根茎。叶对生或少有互生。花两性或单性，花序短总状、穗状或头状；萼筒管状、圆筒状或漏斗状，顶端通常4~5裂；无花瓣；雄蕊8枚，少有10枚，排列为2轮，花丝极短，花盘膜质，裂成鳞片状，1~5枚，分离或合生；子房具柄或无柄，1室，花柱短，柱头头状。核果干燥棒状或浆果状，萼筒凋落或在基部残存包果。

本属全世界约70种，分布于亚洲北部经喜马拉雅、马来西亚、大洋洲、波利尼西亚到夏威夷群岛。中国有49种，主产长江流域以南，西南及华南分布最多。东北记载1种。

河朔荛花（东北植物检索表，中国植物志，Flora of China）

Wikstroemia chamaedaphne Meisn. in DC. Prodr. 14: 547. 1857; 东北植物检索表（第二版）: 418. 1995; 中国植物志52(1): 322. 1999; Fl. China 13: 223. 2007.

落叶小灌木；单叶对生或近对生，无毛；穗状花序或圆锥花序，花黄色；浆果卵形。生山坡及路旁。辽宁省有记载，待调查核实。

茎叶可作土农药。花蕾有泻下逐水作用，用于水肿胀满、痰饮积聚、哮喘等。

4 瑞香属 *Daphne* L.

Daphne L., Sp. Pl. 256. 1753.

落叶或常绿灌木或亚灌木。叶互生，稀近对生，具短柄。花通常两性，稀单性；顶生头状花序，稀为圆锥、总状或穗状花序；花白色、玫瑰色、黄色或淡绿色；花萼筒钟形、筒状或漏斗状管形，顶端4~5裂；无花瓣；雄蕊8或10，2轮，不外露，有时花药部分伸出于喉部；子房1室，花柱短，柱头头状。浆果肉质或干燥而革质，通常为红色或黄色。

本属全世界约有95种，主要分布于欧洲经地中海、中亚到中国、日本，南到印度至印度尼西亚。中国有52种，主产于西南和西北部。东北地区产2种。

分种检索表

1. 叶互生；花带黄色 ······ 1. 东北瑞香 D. pseudo-mezereum A. Gray
1. 叶对生；花淡红色 ······ 2. 芫花 D. genkwa Sieb. et Zucc.

（1）东北瑞香（中国植物志，Flora of China）；长白瑞香（辽宁植物志，东北植物检索表）

Daphne pseudo-mezereum A. Gray, Bot. Jap. 404. 1859; 中国植物志52(1): 336. 图版62: 1~3. 1999; Fl. China 13: 237. 2007.——*D. koreana* Nakai in J. Jap. Bot. 13: 880. 1937; 辽宁植物志（上册）: 1156. 图版496. 1988; 东北植物检索表（第二版）: 416. 图版206: 4. 1995.

生海拔600~1800米的针阔混交林及针叶林的林下和林缘。产吉林省长白、临江、抚松、靖宇、和龙、安图；辽宁省桓仁、本溪、凤城等地。

全草及根茎有舒筋活络、活血化瘀作用，治关节酸痛、手足麻木、痛经等。

■ 东北瑞香

果序

花序

果枝

（2）芫花（辽宁植物志，东北植物检索表，中国植物志，Flora of China）

Daphne genkwa Sieb. et Zucc. in Fl. Jap. 1: 137. t. 75. 1835; 辽宁植物志（上册）: 1156. 1988; 东北植物检索表（第二版）: 416. 1995; 中国植物志52(1): 336. 图版54: 6 ~ 11. 1999; Fl. China13: 236. 2007.

生山坡。产辽宁省瓦房店、长海、旅顺口。

观赏植物。茎皮纤维柔韧，可作造纸和人造棉原料。花蕾有池水逐饮、解毒杀虫作用，根有消肿、活血、止痛作用。全株可作农药。

■ 芫花

花序侧面观

果枝

植株

117. 旱金莲科 Tropaeolaceae

Tropaeolaceae Juss. ex DC., Prodr. [A. P. de Candolle] 1: 683. 1824, *nom. cons.*

木贼门、木贼亚门、木兰纲、蔷薇亚纲、蔷薇超目、十字花目（Brassicales）。

一年生或多年生肉质草本，多浆汁。叶互生，盾状，全缘或分裂，具长柄。花两性，不整齐，有一长距；花萼5，二唇状，基部合生，其中一片延长成一长距；花瓣5或少于5，覆瓦状排列，异形；雄蕊8，二轮，分离，长短不等，花药2室，纵裂；子房上位，3室，3心皮，中轴胎座，每室有倒生胚珠1颗，花柱1枚，柱头线状，3裂。果为3个合生心皮，成熟时分裂为3个具1粒种子的瘦果；种子不含胚乳。

本科全世界约3属，约95种，分布于中美洲和南美洲。中国引进栽培1属1种，东北地区有栽培。

旱金莲属 *Tropaeolum* L.

Tropaeolum L., Sp. Pl. 345. 1753.

一年生或多年生肉质、匍匐状或攀缘状草本。叶圆盾形，全缘或浅裂，具长柄。花两性，左右对称，有一长距；萼片5，二唇状，覆瓦状排列，基部合生，其中一片延长成一长距；花瓣5或少于5，异形，着生于距开口处的3片较小，基部狭窄成爪，较大的2片与萼片的距相结合；雄蕊8，2轮，长短不等，花药2室，纵裂；子房上位，3心皮，3室，花柱1枚，柱头线状，3裂。果有3个合生心皮，成熟时分裂为3个具1粒种子的瘦果。

本属全世界约80种，分布于墨西哥、中美洲、南美洲。世界各地广泛引种。

旱金莲（中国植物志，Flora of China）；旱荷花（俗称）

Tropaeolum majus L., Sp. Pl. 345. 1753; 中国植物志43(1): 90. 图版27. 1998; Fl. China 11: 33. 2008.

一年生肉质草本，蔓生；单叶互生，叶柄着生叶片的近中心处；叶片圆形，有主脉9条；单花腋生，花黄色、紫色、橘红色或杂色；萼片5，其中一片延长成一长距；花瓣5，上部2片全缘，下部3片基部狭窄成爪；果扁球形。原产南美秘鲁、巴西等地。辽宁省大连有栽培。

观赏植物，用于垂直绿化、布置花坛等。全草有清热解毒、凉血止血作用。

■ 旱金莲

花侧面观

植株

花正面观

118. 木樨草科（木犀草科） Resedaceae

Resedaceae Martinov, Tekhno-Bot. Slovar 541.1820. *nom. cons.*

木贼门、木贼亚门、木兰纲、蔷薇亚纲、蔷薇超目、十字花目（Brassicales）。

一年生或多年生草本，少为灌木状。单叶互生或簇生，叶缘3裂、羽状分裂或全缘；托叶小型，线状。总状花序或穗状花序；花两性，稀单性，不整齐，具苞；萼宿存，4～7浅裂，覆瓦状排列；花瓣4～7片，稀2片，分离或稍连合，全缘，或2至多裂，有时基部具一鳞片，稀无花瓣；雄蕊3～40枚，分离或基部连合，常着生于不规则的肉质花盘上，花药2室，内向；雌蕊由2～6分离或结合的心皮所组成，顶端张开或闭合，每个心皮具1个柱头，无花柱，胚珠多枚或1枚，侧膜胎座或基底胎座。果实为顶端开口的蒴果，稀为浆果或蓇葖果；种子肾形或马蹄铁形，胚弯或折叠，子叶内弯。

本科全世界有8属95种，主产地中海区域；欧洲其他地区至亚洲西部、中国、印度、非洲、美洲北部亦有分布。中国有2属4种。东北地区产1属1种。

木樨草属（木犀草属） *Reseda* L.

Reseda L., Sp. Pl. 448. 1753.

一年生或多年生草本，少为灌木。叶不裂、分裂或羽状分裂；托叶小，腺状。总状花序，花下位，通常两性；花萼4～7裂；花瓣4～7片，常具瓣爪，不相等，2至多裂；雄蕊7～40枚，着生在花盘上；子房无柄或具柄，顶部常开裂，心皮3～6个，基部合生，胎座3～6个，具胚珠多数。蒴果1室，顶部开裂；种子多数。

本属全世界约60种，分布于地中海区域、欧洲其他地区至亚洲西部、印度、非洲北部和东部。中国有3种。东北地区产1种。

黄木犀草（东北植物检索表，中国植物志，Flora of China）；细叶木犀草（辽宁植物志，东北草本植物志）

Reseda lutea L., Sp. Pl. 449. 1753; 东北草本植物志4: 170. 图版99. 1980; 中国植物志34(1): 2. 图版1: 1～5. 1984; 辽宁植物志（上册）: 669. 图版282. 1988; 东北植物检索表（第二版）: 262. 图版107: 3. 1995; Fl. China 8: 194. 2001.

多年生草本；单叶互生，3～5深裂或全裂；总状花序；花黄绿色；萼片6枚，果期宿存；花瓣6枚，与萼片近等长，上部3裂；蒴果圆柱形，三棱状。生铁路沿线及附近的丘陵地区。原产欧洲及地中海地区。分布辽宁省大连、旅顺口、金州等地。

本种为外来入侵植物，大量繁殖会侵占本土植物生态位，影响本土生物多样性。因为其能够在重金属污染的土壤中生长，所以，可种植在重金属污染严重的地方以去除或减轻土壤重金属危害。

■ 黄木犀草

花序

花期植株

果序

苗期植株

茎叶

119. 白花菜科 Cleomaceae

Cleomaceae Horan., Prim. Lin. Syst. Nat. 92. 1834.

木贼门、木贼亚门、木兰纲、蔷薇亚纲、蔷薇超目、十字花目（Brassicales）。

直立草本或灌木。掌状复叶互生。花单生或多花组成总状花序或伞房花序；花两性，有时单性，辐射对称或稍左右对称；萼片4，离生或基部合生，宿存；花瓣4，离生，覆瓦状；花盘常存在，有蜜腺；雄蕊6（~32）；花丝离生或基部贴生于子房柄；花药纵向开裂；雌蕊1，具2心皮，侧膜胎座；子房上位；花柱1，柱头1，头状。蒴果细长；种子具细疣状或瘤状突起。

本科全世界有25属，约300种，广布于热带和温带地区。中国有5属5种。东北地区栽培2属2种。

分属检索表

1. 苞片三裂或在顶上不裂；花瓣长0.7~1.4厘米，花丝长0.5~3厘米 ························ 1. 羊角菜属 Gynandropsis
1. 苞片不裂；花瓣长1.5~4.5厘米，花丝长3~8.5厘米 ·· 2. 醉蝶花属 Tarenaya

1 羊角菜属 *Gynandropsis* Candolle

Gynandropsis Candolle, Prodr. 1: 237. 1824.

多为一年生草本。叶螺旋排列，互生；叶柄基部或顶端膨大为叶枕；掌状复叶，小叶3或5，小叶柄基部合生成枕状盘。总状花序；花萼4，每个萼片基部具1蜜腺；花冠4；雄蕊6，花丝与雌蕊柄下部合生为明显的雌雄蕊柄。蒴果，无假种皮；雌雄蕊柄上残留花丝和萼片脱落后的痕迹。

本属全世界2种，泛热带和暖温带分布。中国有1种。东北地区栽培1种。

羊角菜（Flora of China）；白花菜（黑龙江省植物志，中国植物志）

Gynandropsis gynandra (L.) Briqu et Annuaire in Conserv. Jard. Bot. Genève. 17: 382. 1914; Fl. China 7: 432. 2008.——*Cleome gynandra* L., Sp. Pl. 2: 671. 1753; 黑龙江省植物志5: 230. 图版78: 1~2. 1992; 中国植物志32: 533. 1999.

一年生草本；叶为掌状复叶，小叶3~7；总状花序；苞片由3枚小叶组成；花瓣白色，少有淡黄色或淡紫色；果圆柱形；斜举。全球热带与亚热带都有分布。黑龙江省有栽培。

偶有栽培以供蔬食，亦可腌食。种子碾粉功似芥末，供药用，有杀头虱、家畜及植物寄生虫之效；种子煎剂内服可驱肠道寄生虫，煎剂外用能疗创伤脓肿。全草入药，主治下气，煎水洗痔，捣烂敷风湿痹痛，擂酒饮止疟，制成混敷剂能疗头痛、局部疼痛及预防化脓累积；因有抗痉挛作用，亦为产科临床用药。

2 醉蝶花属 *Tarenaya* Rafinesque

Tarenaya Rafinesque, Sylva Tellur. 111. 1838.

一年生或多年生草本，稀为灌木。叶互生，掌状复叶，叶柄具刺，小叶（1~）3~7（~11），小叶柄基部合生成叶枕状盘。总状花序；花萼4，每个萼片基部具1蜜腺；花冠4，离生；雄蕊6，花丝着生于雌雄蕊柄上；心皮1。蒴果，无假种皮。

本属全世界约33种，分布于西非和南美。中国栽培1种。东北地区有栽培。

醉蝶花（中国植物志，Flora of China）

Tarenaya hassleriana (Chodat) H. H. Iltis in Novon 17(4): 450. 2007; Fl. China 7: 431. 2008.——*Cleome spinosa* auct. non L. : 中国植物志32: 534. 1999.

一年生草本；掌状复叶互生，小叶5～7枚，矩圆状披针形；总状花序顶生，花瓣披针形向外反卷，玫瑰色和白色；蒴果圆柱形。原产美洲热带地区和西印度群岛。东北各大城市有栽培。

以观赏为目的引进，花似蝴蝶，美丽而奇特，可植于花坛、花境、林缘或岩石园。还是极好的蜜源植物。

■ 醉蝶花

花序

叶

居群

蒴果

花期植株

果期植株

120. 十字花科　Brassicaceae（Cruciferae）

Brassicaceae Burnett, Outlines Bot. (Burnett) 854, 1093, 1123. 1835, *nom. cons.*

木贼门、木贼亚门、木兰纲、蔷薇亚纲、蔷薇超目、十字花目（Brassicales）。

一二年生或多年生草本，稀为半灌木。根肉质并膨大为肥厚的块状或非肉质而不膨大。单叶或羽状复叶，互生。总状花序；花两性，萼片4，排成2轮，相等或不等；花瓣4，稀无花瓣，通常有直立的瓣爪和开展的瓣片；雄蕊6，位于前方与后方的各2枚雄蕊较长，位于两侧的2枚雄蕊较短，很少为仅具4或2雄蕊，蜜腺或无；子房2室，稀1室。长角果或短角果，通常含多数种子，有时种子少数；种子无胚乳，胚充满种子。

本科全世界有340属3350～3660种，主产于北温带地区，尤以地中海区域分布较多。中国有103属414种，全国各地均有分布，以西南、西北、东北高山区及丘陵地带为多，平原及沿海地区较少。东北地区产40属109种4亚种21变种，其中栽培14种13变种。

分属检索表

1. 果实为短角果。
  2. 子叶背倚。
    3. 短角果不为坚果状。
      4. 短角果倒三角形，每室有多数种子 ………… 1. 荠属 Capsella
      4. 短角果圆形、卵形、倒卵形或椭圆形。
        5. 短角果圆形、卵形或椭圆形，每室有1粒种子 ………… 2. 独行菜属 Lepidium
        5. 短角果倒卵形，每室有2行、多数种子 ………… 3. 亚麻荠属 Camelina
    3. 短角果坚果状。
      6. 短角果有翅。
        7. 短角果两侧有尖刺状或短剑状坚硬刺；茎生叶基部非箭形 ………… 4. 沙芥属 Pugionium
        7. 短角果周围有翅；茎生叶基部箭形 ………… 5. 菘蓝属 Isatis
      6. 短角果周围无翅。
        8. 一年生草本。
          9. 叶全缘或具疏齿 ………… 6. 球果荠属（球果芥属）Nesli
          9. 叶羽状深裂或大头羽状深裂 ………… 7. 匙荠属 Bunias
        8. 多年生草本或半灌木；叶全缘 ………… 8. 香雪球属 Lobularia
  2. 子叶缘倚。
    10. 短角果具极狭的隔膜，隔膜比果瓣显著狭。
      11. 花瓣大小不等，2外花瓣常比2内花瓣大；茎生叶不抱茎 ………… 9. 屈曲花属 Iberis
      11. 花瓣大小相等；茎生叶抱茎 ………… 10. 菥蓂属（遏蓝菜属）Thlaspi
    10. 短角果具宽隔膜，隔膜与果瓣近等宽或至少与果实直径近相等。
      12. 植株无毛或有单毛；短角果球形或椭圆形，横断面为圆形。
        13. 花黄色；短角果不膨大，球形或广椭圆形；基生叶羽状分裂；根非肉质 ………… 11. 蔊菜属 Rorippa
        13. 花白色；短角果膨大，椭圆形；基生叶长圆形，不分裂；根肥大而肉质 ………… 12. 辣根属（马萝卜属）Armoracia
      12. 植株具分枝毛或星状毛，有时还有单毛；短角果压扁或稍凸起，横断面不为圆形。
        14. 短角果长圆形、线状长圆形或倒卵状长圆形 ………… 13. 葶苈属 Draba
        14. 短角果圆形、椭圆形、广椭圆形或椭圆状卵形。
          15. 花瓣黄色或淡黄色，顶端全缘或微缺 ………… 14. 庭荠属 Alyssum
          15. 花瓣白色。
            16. 花瓣顶端钝圆；花丝均无牙齿 ………… 15. 曙南芥属 Stevenia
            16. 花瓣2深裂；短雄蕊的花丝基部有牙齿 ………… 16. 团扇荠属 Berteroa
1. 果实为长角果。
  17. 果实为具节或种子间明显缢缩的长角果，不开裂。
    18. 子叶缘倚；长角果近圆柱形，种子间收缩呈念珠状或具横节，每节段含1～2粒种子 ………… 17. 离子芥属（离子草属）Chorispora
    18. 子叶纵折；长角果在种子间形成缢缩或具有横壁而成为单种子的节段 ………… 18. 萝卜属 Raphanus
  17. 果实为无节的长角果，开裂。
    19. 子叶纵折。

（接上表）

20. 种子成1行排列。
21. 花紫色或淡红色；长角果线形而有四棱；长雄蕊基部无蜜腺 …… **19. 诸葛菜属** Orychophragmus
21. 花黄色或淡黄色；长角果圆柱形或稍扁；长雄蕊基部有蜜腺。
22. 一年生草本，具单毛；果喙剑形且扁平，果瓣有3~7条均等的脉 ……… **20. 白芥属** Sinapis
22. 一年、二年或多年生草本，无毛或有单毛；果喙圆柱形，果瓣有1条明显脉或有时兼有2条不明显侧脉 ………………………………………………………………………… **21. 芸苔属** Brassica
20. 种子成2行排列。
23. 果喙圆柱形；花瓣无紫色脉纹；柱头较大，2浅裂，裂片分离 … **22. 二行芥属（二列芥属）** Diplotaxis
23. 果喙剑形；花瓣有明显的紫色脉纹；柱头小，2浅裂，裂片靠合 …………… **23. 芝麻菜属** Eruca
19. 子叶背倚或缘倚。
24. 子叶背倚。
25. 柱头长圆形，2深裂 ……………………………………………………………… **24. 香花芥属** Hesperis
25. 柱头头状，2浅裂。
26. 植株无毛或有单毛和腺毛。
27. 花黄色 ……………………………………………………………… **25. 大蒜芥属** Sisymbrium
27. 花白色、淡紫色或紫红色。
28. 花白色、淡紫色或紫红色；植株有单毛，并时常杂有腺毛 ……………………………………………………… **26. 花旗杆属（花旗竿属）** Dontostemon
28. 花白色；植株无毛 ………………………………………… **27. 山萮菜属** Eutrema R. Br.
26. 植株有二叉状毛、分枝毛、星状毛或混有腺毛或单毛。
29. 花黄色或橘黄色。
30. 叶羽状分裂 ………………………………………………………… **28. 播娘蒿属** Descurainia
30. 叶全缘或有浅波状牙齿 …………………………………………… **29. 糖芥属** Erysimum
29. 花白色、蔷薇色或粉紫色。
31. 多年生草本；叶羽状分裂；长雄蕊基部有蜜腺；长角果无毛 ……………………………………………………**30. 芹叶荠属（裂叶芥属）** Smelowskia
31. 一二年生草本；叶全缘；长雄蕊基部无蜜腺；长角果被星状毛 … **15. 曙南芥属** Stevenia
24. 子叶缘倚。
32. 花黄色。
33. 种子在长角果中排列成2行；长角果长圆形或圆柱形，幼果近圆柱形 … **11. 蔊菜属** Rorippa
33. 种子在长角果中排列成1行；长角果线状且近四棱形，幼果明显四棱形… **31. 山芥属** Barbarea
32. 花白色、蔷薇色、淡紫色或紫红色，稀为淡黄白色。
34. 植株被有分枝毛或星状毛，有时也混有单毛。
35. 柱头2深裂……………………………………………………………**32. 紫罗兰属** Matthiola
35. 柱头头状不分裂或稍微分裂。
36. 茎生叶无柄或有柄；角果圆筒状；种子无翅，湿时发黏，子叶背倚胚根 ……………………………………………………………… **33. 拟南芥属** Arabidopsis
36. 茎生叶无柄且半抱茎或抱茎；角果稍压扁；种子多有翅，湿时不发黏，子叶缘倚胚根。

（接上表）

37. 长角果水平伸展后向下弯垂 …………………………… 34. 垂果南芥属 Catolobus
37. 长角果直立且贴靠花序轴 ………………………………………… 35. 南芥属 Arabis
34. 植株无毛或有单毛，无分枝毛与星状毛。
38. 花淡黄白色或草黄色 ……………………………………………………36. 旗杆芥属 Turritis
38. 花白色、蔷薇色、淡紫色或紫红色。
39. 宿存花柱针状；茎花葶状；无茎生叶，基生叶莲座状且肉质 …37. 针喙芥属 Acirostrum
39. 宿存花柱非针状；茎非花葶状；有茎生叶，基生叶非莲座状。
40. 果瓣有明显中脉………………………………………………………… 38. 香芥属 Clausia
40. 果瓣无中脉
41. 无根状茎、鳞茎或珠芽；种子1～2行 …………… 39. 豆瓣菜属 Nasturtium
41. 有根状茎、鳞茎或珠芽；种子1行 ………………… 40. 碎米荠属 Cardamine

1 荠属 *Capsella* Medic.

Capsella Medic. Pflanzengatt. 85, 99. 1792.

一年生或二年生草本。基生叶莲座状，羽状分裂至全缘，有叶柄；茎上部叶无柄，叶边缘具弯缺牙齿至全缘，基部耳状，抱茎。总状花序伞房状，花疏生，果期延长；花梗丝状，果期上升；萼片近直立，长圆形，基部不成囊状；花瓣白色或带粉红色，匙形；花丝线形，花药卵形，子房2室，有12～24胚珠，花柱极短。短角果倒三角形或倒心状三角形，扁平。

本属全世界约5种，主产地中海地区、欧洲及亚洲西部。中国产1种。东北地区有分布。

荠（辽宁植物志，内蒙古植物志，中国植物志，Flora of China）；荠菜（黑龙江省植物志，东北植物检索表，东北草本植物志）

Capsella bursa-pastoris (L.) Medic. in Pflanzengatt. 1: 85. 1792; 东北草本植物志4: 71. 图版41. 1980; 中国植物志33: 85. 图版14: 1～3. 1987; 辽宁植物志（上册）: 631. 图版268: 1～6. 1988; 内蒙古植物志（第二

■ 荠

植株一部分

苗期植株

■荠

花序

茎叶

花期植株

果序

版）2: 646. 图版266. 1990; 黑龙江省植物志5: 277. 图版97: 1 ~ 5. 1992; 东北植物检索表（第二版）: 244. 图版115: 1. 1995; Fl. China 8: 43. 2001.

一、二年生草本；基生叶呈莲座状，叶片长圆形，羽状全裂至全缘；茎生长圆形或披针形，基部箭形，抱茎；总状花序初呈伞房状，花后伸长呈总状；花瓣倒卵形，白色；短角果倒三角状心形。生草地、田边、路旁、耕地或杂草地等处。产东北地区各地及内蒙古自治区呼伦贝尔、科尔沁右翼前旗、大青沟、翁牛特旗、克什克腾旗、喀喇沁旗等地。

全草有凉血止血、清热利尿的功能。嫩株为春季野菜。

2 独行菜属 *Lepidium* L.

Lepidium L., Sp. Pl. 2: 643. 1753.

一年生至多年生草本或为半灌木，植株常具单毛。叶楔状钻形至宽椭圆形，全缘或具锯状齿至羽状深裂，有叶柄或深心形抱茎；总状花序；萼片长椭圆形，基部不呈囊状；花瓣白色，少数带粉红色，有时退化或无；雄蕊6，常退化成2或4；种子卵形或椭圆形，子叶背倚胚根。

本属全世界约200种，全世界广布。中国约有18种，全国各地均有分布。东北地区产11种，其中栽培1种。

分种检索表

1. 短角果2裂 ……………………………… **1. 臭荠 L. didymum** L.
1. 短角果开裂或不裂，如开裂非2裂。
  2. 短角果不开裂 ……………………………… **2. 群心菜 L. draba** L.
  2. 短角果开裂。
    3. 多年生草本；基生叶不分裂；短角果先端近全缘。
      4. 基生叶全缘；茎生叶基部箭形，抱茎 ………… **3. 碱独行菜 L. cartilagineum** (J. Mey.) Thell.
      4. 基生叶边缘有锯状齿；茎生叶基部狭，不为箭形，亦不抱茎 ………… **4. 宽叶独行菜 L. latifolium** L.
    3. 一、二年生草本；基生叶大头羽裂、羽状分裂、浅裂或有缺刻；短角果先端微缺。
      5. 无花瓣或花瓣退化成丝状，比萼片短1/2。
        6. 基生叶2次羽状分裂；茎生叶通常为羽状分裂，裂片常少而小或生于茎顶部者有时全缘

（接上表）

……………………………………………………………………………… 5. 柱毛独行菜 L. ruderale L.

6. 基生叶有锯齿状缺刻或有时为羽状分裂；茎生叶不分裂，边缘有锯状齿或少为全缘。

7. 茎生叶一般基部较宽，无柄，时常稍呈耳状抱茎；茎、分枝、花轴上有棍棒状短柔毛；种子无透明边缘 ……………………………………………………………………………… 6. 独行菜 L. apetalum Willd.

7. 茎生叶基部多渐狭为柄；茎、分枝、花轴上有柱状短柔毛；种子边缘有极狭的透明白边 ……………………………………………………………………… 7. 密花独行菜 L. densiflorum Schrad.

5. 花瓣明显，比萼片长或等长。

8. 茎生叶基部抱茎。

9. 茎生叶卵形至近圆形，基部深心形，全缘；基生叶2～3次羽状分裂；花淡黄色 ……………………………………………………………………………… 8. 抱茎独行菜 L. perfoliatum L.

9. 茎生叶披针形或椭圆状披针形，基部箭形，边缘有波状小齿；基生叶大头羽裂或羽状浅裂；花白色 ……………………………………………………………………………… 9. 绿独行菜 L. campestre (L.) R. Br.

8. 茎生叶基部不抱茎。

10. 茎生叶边缘有锯状齿或全缘；基生叶羽状分裂或大头羽裂；植株无白粉 ……………………………………………………………………………… 10. 北美独行菜 L. virginicum L.

10. 茎生叶大部分为羽状分裂；基生叶1～2次羽状分裂；植株有白粉 ……… 11. 家独行菜 L. sativum L.

（1）臭荠（中国植物志，Flora of China）

Lepidium didymum L. Mantiss. 1: 92. 1767.——*Coronopus didymus* (L.) J. E. Smith in Fl. Brit. 2: 691. 1804; 中国植物志33: 58. 图版11: 1～3. 1987; Fl. China 8: 33. 2001.

生路旁或荒地。原产西亚至南欧。分布辽宁省大连、长海。

本种为外来入侵植物，大量发生可侵占本土植物生态位，影响本土生物多样性。可合理利用：可饲喂食草动物；幼苗和茎尖焯水浸泡后可食。

■ 臭荠

果序

茎叶

植株

（2）群心菜（辽宁植物志，东北植物检索表，东北草本植物志，中国植物志，Flora of China）

Lepidium draba L., Sp. Pl. 645. 1753.——*Cardaria draba* (L.) Desv. in Journ. Bot. Appl. 3: 163. 1814; 东北草本植物志4: 71. 图版40. 1980; 中国植物志33: 60. 1987; 辽宁植物志（上册）: 630. 图版267: 9～10. 1988; 东北植物检索表（第二版）: 246. 图版116: 1. 1995; Fl. China 8: 35. 2001.

生路旁、山坡、田边。产辽宁省大连、旅顺口。

本种在我国新疆有自然分布，在东北地区最早于1930年在辽宁省大连采集到标本，能够长期维持种群自我更替，且对经济、生态或社会等造成危害，为本土入侵植物。花朵繁茂，为早春辅助蜜源植物；民间用来治疗感冒、炎症和疮疖等；在地中海地区和中亚地区，用其茎、叶做色拉；种子具胡椒味，可作胡椒的代用品。

■ 群心菜

果序一部分

茎叶

居群

花序

（3）碱独行菜（内蒙古植物志，东北植物检索表，东北草本植物志，中国植物志，Flora of China）

Lepidium cartilagineum (J. Mey.) Thell. in Ill. Fl. Mitt.-Eur. 4: 88. 1913; 内蒙古植物志2: 312. 图版163. 1978; 东北草本植物志4: 63. 1980; 中国植物志33: 50. 1987; 内蒙古植物志（第二版）2: 629. 图版257. 1990; 东北植物检索表（第二版）: 253. 1995; Fl. China 8: 30. 2001.

生盐化低地及盐土上。产内蒙古自治区新巴尔虎左旗等地。

■ 碱独行菜

基生叶

植株

花序

（4）宽叶独行菜（黑龙江省植物志，内蒙古植物志，东北植物检索表，中国植物志，Flora of China）；北独行菜（辽宁植物志，东北草本植物志，大连地区植物志）；光果宽叶独行菜（中国植物志）

Lepidium latifolium L., Sp. Pl. 644. 1753; 中国植物志33: 51. 图版10: 5～7. 1987; 内蒙古植物志（第二版）2: 632. 图版258: 1～11. 1990; 东北植物检索表（第二版）: 253. 图版119: 5. 1995; Fl. China 8: 30. 2001.——*L. sibiricum* Schw in Enum. Pl. Hort. Regiom. 43. 1812; 东北草本植物志4: 65. 图版36. 1980; 辽宁植物志（上册）: 628. 图版266: 7～8. 1988.—— *Lepidium latifolium* L. var. *affine* C. A. Mey. in Ledeb. Fl. Alt.

3: 189. 1831; Kitag Neo–Lineam. Fl. Marsh. 334. 1979; 中国植物志33: 51. 1987; 黑龙江省植物志5: 323. 图版115: 1 ~ 3. 1992.——*L. latifolium* L. ssp. *affine* (Ledeb.) Kitag. Lineam. Fl. Mansh. 242. 1939.

生河边、海边盐碱地、沙地或荒地。产黑龙江省孙吴；辽宁省沈阳、营口、凌海、大洼、大连、长海；内蒙古自治区各地。

全草有清热燥湿作用，治菌痢、肠炎。

■ 宽叶独行菜

基生叶

短角果

花序

植株

植株一部分

（5）柱毛独行菜（黑龙江省植物志，东北植物检索表，中国植物志，Flora of China）；独行菜（东北草本植物志）

■ 柱毛独行菜

植株

花序

茎生叶

Lepidium ruderale L., Sp. Pl. 645. 1753; 东北草本植物志4: 65. 图版37. 1980; 中国植物志33: 56. 图版11: 4 ~ 7. 1987; 黑龙江省植物志5: 323. 图版113: 5 ~ 7. 1992; 东北植物检索表（第二版）: 253. 图版119: 4. 1995; Fl. China 8: 32. 2001.

生荒地。产黑龙江省各地；吉林省磐石；辽宁省鞍山、旅顺口、大连等地。

种子有止咳平喘、行气利水作用。

（6）独行菜（辽宁植物志，黑龙江省植物志，内蒙古植物志，东北植物检索表，中国植物志，Flora of China）；腺独行菜（东北草本植物志，大连地区植物志）

Lepidium apetalum Willd. in Sp. Pl. 3: 439. 1800; 东北草本植物志4: 68. 图版39. 1980; 中国植物志33: 57. 1987; 辽宁植物志（上册）: 629. 图版267: 5 ~ 8. 1988; 内蒙古植物志（第二版）2: 632. 图版259. 1990; 黑龙江省植物志5: 320. 图版113: 1 ~ 4. 1992; 东北植物检索表（第二版）: 253. 图版119: 7. 1995; Fl. China 8: 33. 2001.

生路旁、沟边、草地、耕地旁、庭园等处。原产北美洲。分布黑龙江省各地；吉林省镇赉、永吉、桦甸；辽宁省彰武、建平、建昌、北镇、开原、铁岭、沈阳、抚顺、本溪、鞍山、凤城、丹东、瓦房店、普兰店、金州、大连；内蒙古自治区各地。

种子入药，称“葶苈子”，有祛痰定喘、泻肺利水的功能。嫩茎叶及嫩荚供食用。

■ 独行菜

植株中部

花序下部

花序

植株下部

植株

（7）密花独行菜（辽宁植物志，黑龙江省植物志，东北植物检索表，东北草本植物志，中国植物志，Flora of China）

Lepidium densiflorum Schrad. in Ind. Sem. Hort. Gotting. 4. 1832; 东北草本植物志4: 68. 图版38. 1980; 中国植物志33: 56. 1987; 辽宁植物志（上册）: 628. 图版267: 1 ~ 4. 1988; 黑龙江省植物志5: 322. 图版114: 1 ~ 4. 1992; 东北植物检索表（第二版）: 253. 图版119: 6. 1995; Fl. China 8: 33. 2001.

生路旁、草地、耕地边。原产北美洲。分布黑龙江省哈尔滨、尚志；吉林省汪清、磐石、安图、长白；辽宁省大连、长海、庄河、沈阳、抚顺、清原、辽阳、鞍山、本溪、桓仁、盖州、丹东、东港、彰武等地。

本种为外来入侵植物，是十字花科霜霉病菌的寄主；家畜食用后尿液有怪味且颜色异常，奶牛食用后导致牛奶变成青绿色且带有辛辣味。可合理利用：全草可作饲料；种子有利尿、平喘作用。

■ 密花独行菜

果序

茎叶

基生叶

花序

居群

（8）抱茎独行菜（中国植物志，Flora of China）；穿叶独行菜（辽宁植物志，东北植物检索表，东北草本植物志）

Lepidium perfoliatum L., Sp. Pl. 643. 1753; 东北草本植物志4: 63. 图版35. 1980; 中国植物志33: 53. 图版9: 8. 1987; 辽宁植物志（上册）: 627. 图版266: 4 ~ 6. 1988; 东北植物检索表（第二版）: 253. 图版119: 3. 1995; Fl. China 8: 31. 2001.

生荒地、干燥沙滩。产辽宁省大连。

嫩苗可作为野菜食用；全草有利尿和抗维生素C缺乏病的作用；种子可榨油，用于照明。

■ 抱茎独行菜

植株

花序

茎叶

（9）绿独行菜（辽宁植物志，东北植物检索表，东北草本植物志，中国植物志，Flora of China）

Lepidium campestre (L.) R. Br. in Hortus Kew. 4: 88 1812; Fl. China 8: 29. 2001.——*L. campestre* f. *glabratum* (Lej & Court.) Thell in Neue Denksch. Schweiz. Gesell. Naturaw. 41: 94. 1906; 东北草本植物志4:

■ 绿独行菜

果序一部分

茎叶

花序正面观

苗期植株

花期植株

60. 图版33. 1980; 中国植物志33: 47. 1987; 辽宁植物志（上册）: 626. 图版266: 1 ~ 3. 1988; 东北植物检索表（第二版）: 253. 图版119: 2. 1995.

生山坡上。原产欧洲及小亚细亚。分布辽宁省大连、旅顺口、北镇等地。

本种为外来入侵植物，对果园、林木危害较大；是潜叶蝇、跳甲、小菜蛾及十字花科根肿病的传播媒介；家畜食用后尿液带有怪味且颜色异常，奶牛食用后导致牛奶变成青绿色且带有辛辣味。

（10）北美独行菜（中国植物志，Flora of China）

Lepidium virginicum L., Sp. Pl. 645. 1753; 中国植物志33: 54. 1987; Fl. China 8: 32. 2001.

生田边或荒地。原产美洲。分布辽宁省长海、金州、旅顺口、庄河。

本种为外来入侵植物，旱地发生严重，通过养分竞争、空间竞争和化感作用，影响小麦、玉米、大豆、花生、荞麦等作物的正常生长，也是棉蚜、麦蚜、潜叶蝇以及甘蓝霜霉病和白菜病毒等病虫害的寄主。可合理利用：种子有利水平喘功效；全草可作饲料。

■ 北美独行菜

植株一部分

植株

果序

花序

（11）家独行菜（黑龙江省植物志，东北植物检索表，东北草本植物志，中国植物志，Flora of China）

Lepidium sativum L., Sp. Pl. 644. 1753; 东北草本植物志4: 60. 图版34. 1980; 中国植物志33: 48. 图版9: 1 ~ 4. 1987; 黑龙江省植物志5: 326. 图版114: 5 ~ 7. 1992; 东北植物检索表（第二版）: 253. 图版119: 1. 1995;

■ 家独行菜

茎叶

植株

短角果

Fl. China 8: 29. 2001.

非洲北部及亚洲西部有分布，传播至欧洲及印度。东北地区栽培或逸为野生。产黑龙江省哈尔滨；吉林省抚松县（漫江）等地。

多作为蔬菜或药用植物引进。为新疆民族药，和蚯蚓配合治肠胃病；延边地区朝鲜族群众用来腌制咸菜。

3 亚麻荠属 *Camelina* Crantz.

Camelina Crantz, Stirp. Austr. 17. 1762.

一年生或二年生草本，植株常具单毛与分枝毛。茎生叶基部心形，无柄。萼片直立，内轮的基部不成囊状，近相等；花瓣黄色，爪不明显；雄蕊分离，花丝扁，无齿；侧蜜腺长肾形，位于短雄蕊两侧，有时二者前端联合，中蜜腺无；雌蕊花柱长，柱头钝圆。短角果倒卵形，2室，果瓣极膨胀，中脉多明显，隔膜膜质，透明。

本属全世界6～7种，分布于地中海地区和欧洲。中国有2种，东北地区均有分布。

分种检索表

1. 果瓣中脉最少可达果实1/3或更长；植株上的毛为分枝毛或单毛 ………………… **1. 小果亚麻荠 C. microcarpa** Andrz.
1. 果瓣中脉自基部通向顶端；植株无毛或茎上有以分叉毛为主的毛 …………………… **2. 亚麻荠 C. sativa** (L.) Crantz

（1）小果亚麻荠（辽宁植物志，黑龙江省植物志，内蒙古植物志，东北植物检索表，东北草本植物志，中国植物志，Flora of China）

Camelina microcarpa Andrz. in DC. Syst. Nat. 2: 517. 1821; 东北草本植物志4: 100. 图版56. 1980; 中国植物志33: 444. 图版125: 1～5. 1987; 辽宁植物志（上册）: 641. 图版271: 6～10. 1988; 内蒙古植物志（第二版）2: 639. 图版263: 3～4. 1990; 黑龙江省植物志5: 274. 图版96: 1～6. 1992; 东北植物检索表（第二版）: 242. 图版115: 5. 1995; Fl. China 8: 189. 2001.

生路旁沟边、铁道旁、山坡上。产黑龙江省哈尔滨；辽宁省旅顺口；内蒙古自治区额尔古纳、海拉尔、牙克石等地。

■ 小果亚麻荠

花序

茎

果序

果实

■ 小果亚麻荠

植株一部分

居群

（2）亚麻荠（辽宁植物志，黑龙江省植物志，内蒙古植物志，东北植物检索表，东北草本植物志，中国植物志，Flora of China）

Camelina sativa (L.) Crantz in Stirp. Austr. 1: 17. 1762; 东北草本植物志4: 98. 图版55. 1980; 中国植物志33: 443. 图版125: 6 ~ 9. 1987; 辽宁植物志（上册）: 640. 1988; 内蒙古植物志（第二版）2: 637. 图版262: 8 ~ 13. 1990; 黑龙江省植物志5: 275. 图版96: 7 ~ 10. 1992; 东北植物检索表（第二版）: 242. 图版115: 4. 1995; Fl. China 8: 189. 2001.——*C. glabrata* auct. non Fritsch ex N. Zinger: 内蒙古植物志2: 316. 1978.

生田边、撂荒地、山坡路旁或杂草地。产黑龙江省呼玛、哈尔滨、漠河；辽宁省大连；内蒙古自治区海拉尔、额尔古纳、牙克石、鄂伦春等地。

4 沙芥属 *Pugionium* Gaertn.

Pugionium Gaertn. De Frucht. et Sem. Pl. 2: 291. t. 142. 1791.

一年或二年生草本，全株无毛。茎多分枝，缠结成球形。叶肉质，茎下部叶羽状分裂，开花前枯萎，上部叶线形，全缘。总状花序具少数疏生花；萼片膜质，直立，长圆形，稍合生，基部成囊状；花瓣玫瑰红色或白色，窄匙形，长约为萼片的2倍，具细脉纹；一个长雄蕊和邻近短雄蕊等长，并合生达顶端，其他雄蕊离生；子房2室，每室有1胚珠，在果期1室及其中1胚珠败育，无花柱，柱头具长乳头状突起。短角果2子房室，压扁。

本属全世界3种，分布于中国及蒙古。中国有2种。东北地区产1种。

沙芥（内蒙古植物志，东北植物检索表，东北草本植物志，中国植物志，Flora of China）

Pugionium cornutum (L.) Gaertn. in Fruct. Sem. Pl. 2: 291, pl. 142. 1791; 东北草本植物志4: 81. 1980; 中国植物志33: 68. 图版13: 1 ~ 4. 1987; 内蒙古植物志（第二版）2: 613. 图版250. 1990; 东北植物检索表（第二版）: 255. 图版122: 6. 1995; Fl. China 8: 38. 2001.

一、二年生草本；茎粗壮，直径达3厘米，基部木质化；基生叶与茎下部叶羽状深裂或全裂；茎上部叶披针形或线形，全缘；圆锥花序；花淡黄色；短角果为广椭圆形，表面有凸起网纹及短刺，两侧各有1刺状长翅。生流动沙丘或丘间低地。产内蒙古自治区科尔沁沙地、翁牛特旗、克什克腾旗等地。

嫩叶作蔬菜或饲料；全草供药用，有止痛、消食、解毒作用。

■ 沙芥

花正面观

角果

植株

花侧面观

居群

花序

5 菘蓝属 *Isatis* L.

Isatis L., Sp. Pl. 670. 1753.

一年生、二年生或多年生草本。基生叶有柄，茎生叶无柄，叶基部箭形或耳形，抱茎或半抱茎，全缘。总状花序成圆锥花序状，果期延长；萼片近直立；花瓣黄色、白色或紫白色，长圆状倒卵形或倒披针形；子房1室，具1～2垂生胚珠，柱头几乎无柄，近2裂。短角果长圆形、长圆状楔形或近圆形，压扁，不开裂。

本属全世界约50种，分布于中欧、地中海地区、西亚及中亚。中国有4种。东北地区产3种，其中栽培1种。

分种检索表

1. 短角果先端渐狭且具短尖头 ………………………… **1. 长圆果菘蓝 I. oblongata** DC.
1. 短角果先端圆或微凹。
   2. 短角果长圆形，基部楔形而先端圆形或微凹，果瓣有1棱 ………………… **2. 欧洲菘蓝 I. tinctoria** L.
   2. 短角果长圆状倒卵形，两端圆形，果瓣有3棱 ………………… **3. 三肋菘蓝 I. costata** C. A. Mey.

（1）长圆果菘蓝（内蒙古植物志，东北植物检索表，中国植物志）；矩叶大青（辽宁植物志）；东亚菘蓝（东北草本植物志）

Isatis oblongata DC. in Syst. 2: 571. 1821 et Prodr. 1: 211. 1824; 中国植物志33: 65. 图版12: 13. 1987; 辽宁植物志（上册）: 634. 1988; 内蒙古植物志（第二版）2: 612. 图版248: 1 ~ 3. 1990; 东北植物检索表（第二版）: 253. 图版118: 2. 1995.——*I. oblongata* DC. var. *yezoensis* (Ohwi) Y. L. Chang, 东北草本植物志4: 78. 图版44. 1980; 辽宁植物志（上册）: 634. 图版269: 1 ~ 3. 1988.

生山坡草地。产辽宁省沈阳；内蒙古自治区满洲里等地。辽宁省昌图等地有栽培。

■ 长圆果菘蓝

果序一部分

植株

全株

（2）欧洲菘蓝（黑龙江省植物志，内蒙古植物志，东北植物检索表，中国植物志，Flora of China）；菘蓝（辽宁植物志，黑龙江省植物志，东北草本植物志，中国植物志）

Isatis tinctoria L., Sp. Pl. 670. 1753; 东北草本植物志4: 78. 图版45. 1980; 中国植物志33: 64. 1987; 辽宁植物志（上册）: 634. 图版269: 4 ~ 7. 1988; 内蒙古植物志（第二版）2: 608. 图版247: 3. 1990; 黑龙江省植物志5: 319. 图版111: 1 ~ 4. 1992; 东北植物检索表（第二版）: 253. 图版118: 1. 1995; Fl. China 8: 36. 2001.——*I. indigotica* Fortune in Journ. Hort. Soc. London 1: 269. cum ic. xylog. 1. 271. 1846; 中国植物志33: 65. 图版12: 1 ~ 3. 1987; 内蒙古植物志（第二版）2: 612. 图版248: 4. 1990; 黑龙江省植物志5: 318. 图版112: 3 ~ 7. 1992.

■ 欧洲菘蓝

果序

花序一部分

茎叶

植株

原产欧洲。东北各地药圃有栽培。

根称“板蓝根”，有清热解毒、凉血作用。叶可提取蓝色染料。

（3）三肋菘蓝（内蒙古植物志，中国植物志，Flora of China）；肋果菘蓝（辽宁植物志，东北植物检索表，东北草本植物志）

Isatis costata C. A. Mey. in Ledeb. Fl. Alt. 3: 204. 1831; 东北草本植物志4: 81. 1980; 中国植物志33: 66. 图版12: 10. 1987; 辽宁植物志（上册）: 636. 图版269: 8 ~ 9. 1988; 内蒙古植物志（第二版）2: 610. 图版247: 1 ~ 2. 1990; 东北植物检索表（第二版）: 253. 图版118: 3. 1995; Fl. China 8: 37. 2001.

生山坡。产辽宁省本溪；内蒙古自治区海拉尔、满洲里、新巴尔虎右旗等地。

叶可提取蓝色染料。

6 球果荠属（球果芥属） *Neslia* Desv.

Neslia Desv. Journ. Bot. Desvaux ser. 2. 3: 162. 1814.

一年生草本，被2叉或3叉毛。基生叶有柄，茎生叶无柄，叶基部箭头形。萼片直立，基部不呈囊状；花瓣黄色，具爪；雄蕊分离，花丝无齿；侧蜜腺不汇合，新月形，位于短雄蕊两侧，中蜜腺三角形，位于长雄蕊外侧；子房无柄，花柱长，子房以隔膜完整与否而成1室或2室。短角果呈小坚果状，不开裂，表面因具网状脉纹而呈蜂窝状。

本属全世界仅1种，分布北非、亚洲、欧洲。中国有分布。东北地区有分布。

球果荠（中国植物志，Flora of China）；球果芥（内蒙古植物志，东北植物检索表，东北草本植物志）

Neslia paniculata (L.) Desv. in J. Bot. Agric. 3: 162. 1814. publ. 1815; 东北草本植物志4: 83. 图版46. 1980; 中国植物志33: 116. 图版27: 10 ~ 12. 1987; 内蒙古植物志（第二版）2: 617. 图版252: 1 ~ 3. 1990; 东北植物检索表（第二版）: 255. 图版120: 8. 1995; Fl. China 8: 58. 2001.

一年生草本，全株被分枝毛；基生叶长圆形，基部渐狭成柄；茎生叶长圆状披针形，无柄，基部箭形，抱茎；总状花序；花黄色，直径1 ~ 2毫米；短角果近球形，表面具隆起的蜂窝状网纹，顶端有宿存花柱。生山坡草地。产黑龙江省孙吴；内蒙古自治区牙克石、扎兰屯、鄂伦春、鄂温克等地。

7 匙荠属 *Bunias* L.

Bunias L., Sp. Pl. 669. 1753.

一年生草本，被单毛与分枝毛。叶羽状深裂或大头羽状深裂。萼片直立，基部略成囊状；花瓣白色或黄色，雄蕊分离，花丝无翅或齿；侧蜜腺环状，外侧三浅裂，围绕短雄蕊，中蜜腺三角形，位于长雄蕊外侧，常与侧蜜腺汇合成封闭的环；子房无柄，花柱圆锥形，柱头2浅裂。短角果卵形，小坚果状，不开裂，果皮草质；子房2室，隔膜草质；每室有1种子；子叶旋转，背倚胚根。

本属全世界3种，分布北非、东亚和西南亚、欧洲。中国有2种，分布于东北与华北。东北地区产2种。

分种检索表

1. 花白色；短角果平滑；茎自基部分枝，不具瘤状突起，也无毛 ······················ 1. 匙荠 B. cochlearioides Murr.
1. 花黄色；短角果常有少数瘤状突起 (幼嫩果及子房较明显)；茎上部分枝，具瘤状突起，下部有倒生单毛 ······························ 2. 疣果匙荠 B. orientalis L.

（1）匙荠（黑龙江省植物志，内蒙古植物志，东北植物检索表，东北草本植物志，中国植物志，Flora of China）

Bunias cochlearioides Murr. in Com. Goett. 8: 42. tab. 3. 1777; 东北草本植物志4: 85. 图版48. 1980; 中国植物志33: 117. 1987; 内蒙古植物志（第二版）2: 622. 图版253. 1990; 黑龙江省植物志5: 272. 图版95: 1 ~ 2. 1992; 东北植物检索表（第二版）: 242. 图版115: 3. 1995; Fl. China 8: 59. 2001.

生沙质荒漠、草原、荒地等处。产黑龙江省大庆、安达、泰来、哈尔滨；吉林省镇赉；辽宁省台安、辽中；内蒙古自治区新巴尔虎右旗等地。

■ 匙荠

基生叶

果序一部分

花序一部分

茎叶基部

植株

（2）疣果匙荠（中国植物志，Flora of China）；瘤果匙荠（辽宁植物志，东北植物检索表，东北草本植物志）

Bunias orientalis L., Sp. Pl. 670. 1753; 东北草本植物志4: 85. 图版47. 1980; 中国植物志33: 117. 1987; 辽宁植物志（上册）: 636. 图版270: 11 ~ 14. 1988; 东北植物检索表（第二版）: 242. 图版115: 2. 1995; Fl. China 8: 58. 2001.

生田野、草地。产辽宁省沈阳、西丰等地。

8 香雪球属 *Lobularia* Desv.

Lobularia Desv. in Journ. de Bot. Appl. 3: 162. 1814.

多年生草本或半灌木，被“丁”字毛。叶全缘。萼片基部不呈囊状；花瓣白色，具爪；雄蕊花丝分离，无齿；侧蜜腺丝状，不汇合，位于短雄蕊两侧，中蜜腺分裂为2个，位于长雄蕊内侧，与侧蜜腺汇合；子房无柄，花柱短，柱头钝，2浅裂。短角果压扁，椭圆形。

本属全世界4种，分布于地中海地区。中国常见栽培1种。东北地区栽培1种。

香雪球（黑龙江省植物志，中国植物志，Flora of China）

Lobularia maritima (L.) Desv. in Journ. de Bot. 3: 162. 1814; 中国植物志33: 127. 1987; 黑龙江省植物志5: 327. 1992; Fl. China 8: 64. 2001.

多年生草本；叶条形或披针形，全缘；花序伞房状；花瓣淡紫色或白色；短角果椭圆形。原产地中海沿岸。黑龙江省哈尔滨、吉林省的一些地区、辽宁省大连等地有栽培。

多以观赏为目的引进，可植于花坛、花带、草坪边缘或疏林下。

■ 香雪球

植株一部分

花序一部分

植株

9 屈曲花属 *Iberis* L.

Iberis L., Sp. Pl. 649. 1753.

一年生或多年生草本或半灌木。叶线形或匙形，叶缘有齿或羽状半裂或全缘。总状花序伞房状；萼片近直立，宽卵形，有宽膜质边缘；花瓣白色、玫瑰紫色或紫色，外向的2片常比内向的2片大；花丝窄，花药长椭圆形，顶端钝；子房卵形，有2胚珠，花柱明显，约与子房等长，柱头半球形，2裂。短角果宽卵形、球形或横卵形，顶端深凹缺，基部圆形。

本属全世界27种，主产地中海地区。中国引进栽培2种。东北均有栽培。

分种检索表

1. 叶披针形，全缘或仅在先端有1～2齿；花瓣玫瑰紫色或紫色 ……………… 1. 披针叶屈曲花 I. intermedia Guersent
1. 上部叶披针形或长圆状楔形，每边有2～4疏生牙齿，下部叶全缘；花瓣白色或浅紫色 …… 2. 屈曲花 I. amara L.

（1）披针叶屈曲花（中国植物志）

Iberis intermedia Guersent in Bull. Soc. Philom. Paris 3: 269. 1811; 中国植物志33: 71. 1987.

原产欧洲。辽宁省大连栽培，有逸生。

■ 披针叶屈曲花

茎叶

花序

植株

花侧面观

（2）屈曲花（黑龙江省植物志，中国植物志）

Iberis amara L., Sp. Pl. 649. 1753; 黑龙江省植物志5: 315. 图版112: 1 ~ 2. 1992; 中国植物志33: 72. 图版13: 10 ~ 11. 1987.

原产西欧。黑龙江省和辽宁省有栽培，也见少量逸生。

■ 屈曲花

花序一部分

果序

植株

花序

10 菥蓂属（遏蓝菜属） *Thlaspi* L.

Thlaspi L., Sp. Pl. 645. 1753.

一年生、二年生或多年生草本。茎直立或近直立。基生叶莲座状，倒卵形或长圆形，有短叶柄；茎生叶多为卵形或披针形，基部心形，抱茎，全缘或有锯状齿。总状花序伞房状，在果期常延长；萼片直立，常有宽膜质边缘；花瓣白色、粉红色或带黄色，长圆状倒卵形，长为萼片的2倍，下部楔形；子房2室，有2 ~ 16胚珠，柱头头状，近2裂，花柱短或长。短角果倒卵状长圆形或近圆形，压扁。

本属全世界约75种，多产北温带欧洲及亚洲大陆，少数产北美洲和南美洲。中国有6种。东北地区产2种。

分种检索表

1. 多年生草本；花瓣长5～6毫米；短角果倒三角状楔形，长6～10毫米，宽3～6毫米；种子表面平滑 …………………………………………………………………………………………… 1. 山菥蓂 Th. cochleariforme DC.
1. 一年生草本；花瓣长3～3.5毫米；短角果广椭圆形或近圆形，长10～16毫米，宽8～12毫米；种子表面有多数弯沟 …… 2. 菥蓂 Th. arvense L.

（1）山菥蓂（东北植物检索表，中国植物志，Flora of China）；山遏蓝菜（黑龙江省植物志，内蒙古植物志，东北草本植物志）

Thlaspi cochleariforme DC. in Syst. Nat. 2: 381. 1821; 东北草本植物志4: 74. 图版42. 1980; 内蒙古植物志 2: 307. 图版160: 1～7. 1978; Fl. China 8: 43. 2001.——*Th. thlaspidioides* auct. non (Pall.) Kitag. : 中国植物志 33: 83. 1987; 内蒙古植物志（第二版）2: 628. 图版256: 8～13. 1990; 黑龙江省植物志5: 350. 图版124: 1～2. 1992; 东北植物检索表（第二版）: 259. 图版122: 2. 1995.

生山坡草地。产黑龙江省哈尔滨、齐齐哈尔；吉林省临江、集安、通化；辽宁省宽甸、彰武；内蒙

■ 山菥蓂

花期植株

果序

果期植株

花序

基生叶

茎叶

古自治区海拉尔、牙克石、陈巴尔虎旗、鄂温克、科尔沁右翼前旗、科尔沁右翼中旗、翁牛特旗、阿鲁科尔沁旗、克什克腾旗、东乌珠穆沁旗、锡林浩特、阿巴嘎旗、正蓝旗、镶黄旗、太仆寺旗等地。

（2）菥蓂（东北植物检索表，中国植物志，Flora of China）；遏蓝菜（辽宁植物志，黑龙江省植物志，内蒙古植物志，东北草本植物志）

Thlaspi arvense L., Sp. Pl. 646. 1753; 东北草本植物志4: 77. 图版43. 1980; 中国植物志33: 80. 图版17: 1～4. 1987; 辽宁植物志（上册）: 632. 图版268: 7～10. 1988; 内蒙古植物志（第二版）2: 626. 图版256: 1～7. 1990; 黑龙江省植物志5: 348. 图版123: 1～5. 1992; 东北植物检索表（第二版）: 262. 图版122: 1. 1995; Fl. China 8: 41. 2001.

■ 菥蓂

花序

茎叶

果序

苗期植株

植株

生草地、路旁、沟边、村庄附近。产黑龙江省哈尔滨；吉林省吉林、浑江、桦甸、磐石；辽宁省开原、沈阳、鞍山、抚顺、本溪、凤城、桓仁、丹东、东港、大连、长海、金州；内蒙古自治区海拉尔、科尔沁右翼前旗、克什克腾旗等地。

全草有舒筋活络、明目、利水作用。嫩苗可作野菜。

11 蔊菜属 *Rorippa* Scop.

Rorippa Scop. Fl. Carn. ed. 1. 520. 1760.

一年生、二年生或多年生草本。叶全缘或浅裂或羽状分裂。总状花序顶生，有时每花生于叶状苞片腋部；萼片4，开展，长圆形或宽披针形；花瓣黄色，4或有时缺，倒卵形，基部较狭，稀具爪；雄蕊6或较少。长角果多数呈细圆柱形，也有短角果呈椭圆形或球形的，直立或微弯，果瓣凸出，无脉或仅基部具明显的中脉，有时成4瓣裂；柱头全缘或2裂。

本属全世界约75种，广布于北半球的温暖地区。中国有9种，南北各省区均有分布。东北地区产8种。

分种检索表

1. 短角果球形或广椭圆形，长1～5毫米。
  2. 果球形，径1～2毫米，成熟时2瓣裂；果梗长7～9毫米；子房2室 ………… 1. 风花菜 R. globosa (Turcz.) Thell.
  2. 果广椭圆形，长3～5毫米，成熟时4瓣裂；果梗长8～12毫米；子房4室 ………… 2. 山芥叶蔊菜 R. barbareifolia (DC.) Kitag
1. 长角果长圆形、圆柱形或线形，长（4～）5～27毫米或更长。
  3. 总状花序在花下方有叶状苞片；果梗长1～3毫米；长角果圆柱形，长6～10毫米 ………… 3. 广州蔊菜 R. cantoniensis (Lour.) Ohwi
  3. 总状花序内不具苞片；果梗长5～10毫米。
    4. 长角果长10～27毫米或更长。
      5. 长角果长10～20毫米，宽1～1.5毫米；有花瓣；茎直立而粗壮，不分枝或少分枝 ………… 4. 蔊菜 R. indica (L.) Hiern
      5. 长角果长20～27毫米或更长，宽0.6～1毫米；无花瓣；茎细而柔弱，通常自基部多分枝 ………… 5. 无瓣蔊菜 R. dubia (Pers.) Hara
    4. 长角果长4～8毫米。
      6. 花瓣等于或稍短于萼片；叶大头羽状深裂 ………… 6. 沼生蔊菜 R. palustris (L.) Besser
      6. 花瓣长于萼片。
        7. 叶长椭圆形至短椭圆形，边缘有不整齐的锯状齿但不分裂 ………… 7. 两栖蔊菜 R. amphibia (L.) Besser
        7. 叶片椭圆形或卵形，羽状深裂 ………… 8. 欧亚蔊菜 R. sylvestris (L.) Bess.

（1）风花菜（中国植物志，Flora of China）；球果蔊菜（辽宁植物志，黑龙江省植物志，内蒙古植物志，东北植物检索表，东北草本植物志）

Rorippa globosa (Turcz.) Thell. in Beih. Bot. Centralbl. 27: 195. 1911; 东北草本植物志4: 130. 1980; 中国植物志33: 306. 图版85: 1～8. 1987; 辽宁植物志（上册）: 651. 图版275: 1～3. 1988; 内蒙古植物志（第二版）2: 624. 图版254: 3～5. 1990; 黑龙江省植物志5: 339. 图版120: 1～8. 1992; 东北植物检索表（第二版）:

257. 图版120: 6. 1995; Fl. China 8: 134. 2001.

生湿地或河岸。产黑龙江省哈尔滨、虎林、密山、泰来、呼玛、齐齐哈尔；吉林省安图、珲春、吉林、辉南、长白；辽宁省彰武、沈阳、鞍山、西丰、岫岩、凤城、庄河、大连、长海、普兰店、瓦房店、旅顺口；内蒙古自治区扎赉特旗、突泉、科尔沁右翼中旗、阿尔山等地。

嫩茎叶可作野菜或饲料。种子油可食。全草有补肾、凉血作用，用于乳痈。

■ 风花菜

茎叶

花序

植株

果序一部分

（2）山芥叶蔊菜（黑龙江省植物志，内蒙古植物志，东北植物检索表，东北草本植物志，中国植物志，Flora of China）

Rorippa barbareifolia (DC.) Kitag. in Journ. Jap. Bot. 13 (2): 137. 1937; 东北植物检索表116. 1959; Kitag. Neo-Lineam. Fl. Mansh. 338. 1979; 东北草本植物志4: 130. 1980; 中国植物志33: 307. 图版85: 9 ~ 11. 1987; 内蒙古植物志（第二版）2: 622. 图版254: 1 ~ 2. 1990; 黑龙江省植物志5: 338. 图版120: 9 ~ 11. 1992; 东北植物检索表（第二版）: 257. 图版120: 7. 1995; Fl. China 8: 135. 2001.

■ 山芥叶蔊菜

果序

果序一部分

植株

生林边路旁、河岸及潮湿地。产黑龙江省伊春、呼玛；内蒙古自治区海拉尔、额尔古纳、根河、牙克石、鄂伦春、科尔沁右翼前旗等地。

（3）广州蔊菜（中国植物志，Flora of China）；苞蔊菜（辽宁植物志，东北植物检索表，东北草本植物志）；细籽蔊菜（大连地区植物志）

Rorippa cantoniensis (Lour.) Ohwi in Acta Phytotax. et Geobot. 6: 55. 1937; 东北草本植物志4: 131. 图版76. 1980; 中国植物志33: 305. 图版86: 5 ~ 8. 1987; 辽宁植物志（上册）: 652. 图版275: 4 ~ 5. 1988; 东北植物检索表（第二版）: 257. 图版120: 1. 1995; Fl. China 8: 134. 2001.

生河滩、湿地或山坡路旁。产辽宁省辽阳、鞍山、庄河、大连、长海等地。

嫩苗可作饲料，也可食。全草有清热解毒、镇咳作用。

■ 广州蔊菜

角果

茎叶

花序

植株一部分

植株

（4）蔊菜（东北植物检索表，中国植物志，Flora of China）；印度蔊菜（辽宁植物志）

Rorippa indica (L.) Hiern in Cat. Afr. Pl. Welw. 1: 26. 1896; 中国植物志33: 301. 图版84: 1 ~ 3. 1987; 辽宁植物志（上册）: 655. 图版277. 1988; 东北植物检索表（第二版）: 257. 图版120: 5. 1995; Fl. China 8: 133. 2001.

生路旁、田边、园圃、河边、屋边墙脚等较潮湿处。产辽宁省大连、丹东等地。

全草有解表健胃、止咳化痰、平喘、清热解毒、散热消肿作用。幼苗及嫩茎叶可食。

■ 蔊菜

花序一部分

角果

花序

居群

植株

（5）无瓣蔊菜（东北植物检索表，中国植物志，Flora of China）

Rorippa dubia (Pers.) Hara in Journ. Jap. Bot. 30 (7): 196. 1955; 中国植物志33: 303. 图版84: 4 ~ 5. 1987; 东北植物检索表（第二版）: 257. 图版120: 4. 1995; Fl. China 8: 133. 2001.

生山坡路旁、山谷、河边湿地等较潮湿处。产辽宁省沈阳。

全草有止咳化痰、平喘、散瘀消肿、清热解毒作用。

■ 无瓣蔊菜

花序

植株一部分

居群

（6）沼生蔊菜（中国植物志，Flora of China）；风花菜（辽宁植物志，黑龙江省植物志，内蒙古植物志，东北植物检索表，东北草本植物志）

Rorippa palustris (L.) Besser in Enum. Pl. Volh. 27. 1821; Fl. China 8: 135. 2001.——*R. islandica* auct. non (Oed.) Borb.：东北草本植物志4: 131. 图版77. 1980; 中国植物志33: 309. 图版86: 1～4. 1987; 辽宁植物志（上册）: 652. 图版276: 1～5. 1988; 内蒙古植物志（第二版）2: 624. 图版255. 1990; 黑龙江省植物志5: 341. 图版121: 1～5. 1992; 东北植物检索表（第二版）: 257. 图版120: 2. 1995.

生潮湿环境或近水处、溪岸、路旁、田边、山坡草地及草场。产黑龙江省各地；吉林省吉林市、珲春、安图、磐石、靖宇、汪清、长白；辽宁省各地；内蒙古自治区各地。

嫩苗可食或作饲料。全草用于维生素缺乏病、肺结核。

■ 沼生蔊菜

花序一部分

植株一部分

植株

花序

（7）两栖蔊菜（热带亚热带植物学报，辽宁植物）

Rorippa amphibia (L.) Besser in Enum. Pl. Volh. 27. 1821; 热带亚热带植物学报17(2): 176～178. 2009.

喜生河岸边、河流冲积地、路边等地。原产北美洲。分布辽宁省大连、金州、旅顺口、鞍山、辽阳、铁岭、葫芦岛、北镇等地。

本种为外来入侵植物，既能有性繁殖，也能无性繁殖，且根系十分发达，能快速侵占本土植物生态位，形成单优群落，从而影响生物多样性，破坏生态系统稳定性。早春嫩茎叶适口性好，无毒，可以作为野菜食用；花期具有一定的观赏性。

■ 两栖蔊菜

花序

果序

植株

（8）欧亚蔊菜（中国植物志，Flora of China）；辽东蔊菜（辽宁植物志，东北植物检索表，东北草本植物志，中国植物志）

Rorippa sylvestris (L.) Bess. in Enum. Pl. Volh. 27. 1821; 中国植物志33: 301. 图版83: 1 ~ 5. 1987; Fl. China 8: 132. 2001.——*R. liaotungensis* X. D. Cui et Y. L. Chang, 东北草本植物志4: 135. 图版78. 1980; 中国植物志33: 309. 图版83: 6 ~ 8. 1987; 辽宁植物志（上册）: 653. 图版276: 6 ~ 8. 1988; 大连地区植物志（上册）: 250. 图303. 1982; 东北植物检索表（第二版）: 257. 图版120: 3. 1995.

生田边、水沟边及潮湿地。产欧洲、亚洲及中国新疆（伊宁）。分布辽宁省大连、旅顺口、金州、铁岭、沈阳等地。

本种为外来入侵植物，在日本、新西兰、澳大利亚等地已成为一种扩散能力极强、入侵危害极其严重杂草，美国等还将其列为检疫性杂草，其地下根和茎叶含有化感物质，对草坪及其他伴生植物的种子萌发和幼苗生长有抑制作用。可合理利用：早春嫩茎叶适口性好，无毒，可以作为野菜食用；花期具有一定的观赏性。

■ 欧亚蔊菜

植株

基生叶

茎叶

花序一部分

花序

12 辣根属（马萝卜属） *Armoracia* P. Gaertn. et al.

Armoracia P. Gaertn. et al., B. Mey. et Scherb. in Fl. Wetterau 2: 426. 1800.

多年生草本，全株光滑无毛。根肉质，肥大，分枝。茎直立，粗壮，多分枝。叶有基生与茎生，长圆形至长圆状披针形或条形，全缘或具圆齿或羽状浅裂，有长叶柄。花多数，排列成圆锥花序，花梗细；萼片直立，基部不为囊状；花瓣白色，有短爪，雄蕊6，分离；子房无柄，花柱短，柱头扁头状。短角果卵形、近球形至椭圆形，果瓣膨胀，无脉，宿存花柱短，柱头头状或浅2裂。

本属全世界约3种，分布欧洲与亚洲。中国引种栽培1种。东北地区有栽培。

辣根（黑龙江省植物志，中国植物志，Flora of China）；马萝卜（辽宁植物志，东北植物检索表，东北草本植物志）

Armoracia rusticana (Lam.) Gaertn. in Oekon. Fl. Wetterau 2: 426. 1800; 东北草本植物志4: 135. 图版79. 1980; 中国植物志33: 181. 图版43: 1 ~ 7. 1987; 辽宁植物志（上册）: 656. 1988; 黑龙江省植物志5: 245. 图版82: 1 ~ 3. 1992; 东北植物检索表（第二版）: 240. 图版111: 5. 1995; Fl. China 8: 86. 2001.

多年生直立草本；根肉质肥大，纺锤形，白色，下部分枝；基生叶长圆形或长圆状卵形，边缘具圆齿；茎下部叶长圆形至长圆状披针形，边缘通常羽状浅裂；圆锥花序，花白色；短角果卵圆形至椭圆形，有宿存短花柱及扁压状柱头。原产欧洲。黑龙江省哈尔滨，吉林省长春，辽宁省瓦房店、鞍山等地有栽培或者逸生。

作为药用植物或调味品引进。根有辛辣味，作调味品或食用；药用内服作兴奋剂，外用引赤；植株可作饲料。

■ 辣根

植株

根部

花序

基生叶叶缘

果序一部分

基生叶

茎下部叶

13 葶苈属 *Draba* L.

Draba L., Sp. Pl. 2: 642. 1753.

一年生至多年生草本。茎和叶通常有毛。基生叶常呈莲座状，有柄或无柄；茎生叶互生，通常无柄。总状花序短或伸长；外轮萼片长圆形或椭圆形，内轮较宽，顶端都为圆形或稍钝，边缘白色透明；花瓣黄色或白色，少有玫瑰色或紫色，倒卵楔形，顶端常微凹，基部大多成狭爪；雄蕊通常6枚（偶有4枚），花药卵形或长圆形；雌蕊瓶状，罕有圆柱形，无柄；花柱圆锥形或丝状，有的近于不发育，有的伸长；柱头头状或呈浅2裂。果实为短角果，卵形、披针形、长圆形或条形，直或弯，或扭转。

本属全世界约350种，主要分布于北半球北部高山地区。中国有48种，主要分布于西南、西北高山地区。东北地区产5种1变种。

分种检索表

1. 一、二年生草本；花黄色（1. 葶苈 D. nemorosa L.）。
  2. 短角果被单毛 ………………………………………………………… 1a. 葶苈 D. nemorosa var. nemorosa
  2. 短角果无毛 ……………………………………………………… 1b. 光果葶苈 D. nemorosa var. leiocarpa Lindbl.
1. 多年生草本；花白色。
  3. 花序下有苞片；果实条形 ………………………………………………………2. 苞序葶苈 D. ladyginii Pohle
  3. 花序下无苞片；果实狭披针形。
    4. 植株高5～12（～16）厘米；茎生叶2～3枚；果常扭曲 ………………… 3. 扭果葶苈 D. chamissonis G. Don
    4. 植株高15～30厘米或更高；茎生叶多数；果直或有时稍扭曲。
      5. 果实无毛，狭矩圆形，扁平或扭转；果序不伸长为鞭状 ………………… 4. 蒙古葶苈 D. mongolica Turcz.
      5. 果实被星状毛，狭披针形，直立；果序伸长为鞭状 …………………………… 5. 锥果葶苈 D.lanceolata Royle

（1）葶苈（辽宁植物志，黑龙江省植物志，内蒙古植物志，东北植物检索表，东北草本植物志，中国植物志，Flora of China）

Draba nemorosa L., Sp. Pl. 2: 642. 1973; 东北草本植物志4: 96. 图版54. 1980; 中国植物志33: 173. 1987; 辽宁植物志（上册）: 639. 图版271: 1～5. 1988; 内蒙古植物志（第二版）2: 641. 图版262: 1～6. 1990; 黑龙江省植物志5: 304. 图版107: 4～6. 1992; 东北植物检索表（第二版）: 250. 图版121: 4. 1995; Fl. China 8: 85. 2001.

（1a）葶苈（原变种）

Draba nemorosa var. *nemorosa*

生耕地旁、田间、路边、草地、山边及林下。产黑龙江省各地；吉林省安图、柳河；辽宁省开原、沈阳、辽阳、鞍山、抚顺、本溪、凤城、瓦房店、金州、庄河、大连、宽甸、丹东；内蒙古自治区额尔古纳、根河、牙克石、鄂伦春、鄂温克、海拉尔、科尔沁右翼前旗、克什克腾旗、巴林左旗、巴林右旗、通辽等地。

种子有清热祛痰、定喘、利尿作用。幼苗为早春野菜。

■ 葶苈

花序一部分

果序

角果有毛

植株

（1b）光果葶苈（辽宁植物志，内蒙古植物志，东北植物检索表，东北草本植物志，中国植物志）

Draba nemorosa var. *leiocarpa* Lindbl. in Linnaea 8: 33. 1839; 东北草本植物志4: 98. 1980; 中国植物志33: 175. 1987; 辽宁植物志（上册）: 640. 1988; 内蒙古植物志（第二版）2: 641. 图版262: 7. 1990; 黑龙江省植物志5: 304. 1992; 东北植物检索表（第二版）: 250. 1995.

生耕地旁、田间、路边、草地、山边及林下。产黑龙江省各地；吉林省安图、临江、蛟河、柳河、长春；辽宁省大连、普兰店、沈阳、本溪、鞍山、凤城、丹东、宽甸；内蒙古自治区海拉尔、牙克石、鄂伦春、鄂温克、科尔沁右翼前旗、克什克腾旗、东乌珠穆沁旗、西乌珠穆沁旗、锡林浩特等地。

■ 光果葶苈

花序

居群

角果光滑

（2）苞序葶苈（内蒙古植物志，中国植物志，Flora of China）

■ 苞序葶苈

角果

花序

茎叶

果序

■ 苞序葶苈

植株

植株上部

植株一部分

Draba ladyginii Pohle, Izv. Imp. Bot. Sada Petra Velikago. 14: 472. 1914; 中国植物志33: 171. 1987; Fl. China 8: 69. 2001; 内蒙古植物志（第三版）2: 280. 2020.

生草原带和荒漠带山地的路边湿地。产内蒙古自治区喀喇沁旗。

（3）扭果葶苈（东北植物检索表，东北草本植物志）

Draba chamissonis G. Don in Gen. Hist. 1: 184. 1831.——*Draba kamtschatica* (Ledeb.) N. Busch in Izv. Rossiisk. Akad. Nauk VI: 1639. 1918; 东北草本植物志4: 96. 1980; 东北植物检索表（第二版）: 250. 图版121: 5. 1995.

生高山山坡上。产吉林省安图（长白山）。

■ 扭果葶苈

花序

植株下部

居群

角果常扭曲

（4）蒙古葶苈（黑龙江省植物志，内蒙古植物志，东北植物检索表，东北草本植物志，中国植物志，Flora of China）

Draba mongolica Turcz. in Bull. Soc. Imp. Naturalistes Moscou 15: 256. 1842; 东北草本植物志4: 94. 图版53. 1980; 中国植物志33: 165. 1987; 内蒙古植物志（第二版）2: 643. 图版264: 6～7. 1990; 黑龙江省植物志5: 302. 图版107: 1～3. 1992; 东北植物检索表（第二版）: 250. 图版121: 6. 1995; Fl. China 8: 71. 2001.

生山顶岩石隙间或山顶草地、阳坡及河滩地，海拔2300～5000米。产黑龙江省大兴安岭；内蒙古自治区科尔沁右翼前旗、克什克腾旗等地。

■ 蒙古葶苈

角果

花序

植株一部分

居群

（5）锥果葶苈（内蒙古植物志，中国植物志，Flora of China）

Draba lanceolata Royle, Illustr. Bot. Himal. Mts. 1: 72. 1839; 中国高等植物图鉴2: 50. 图1829. 1972; 内蒙古植物志（第二版）2: 643. 图版264: 4 ~ 5. 1990; 中国植物志33: 169. 1987; Fl. China 8: 69. 2001.

生山坡岩石及路旁。产内蒙古自治区科尔沁右翼前旗（白狼鸡冠石）等地。

■ 锥果葶苈

角果

花序

植株

14 庭荠属 *Alyssum* L.

Alyssum L., Sp. Pl. 650. 1753.

一年、二年生或多年生草本或半灌木状，植株被稠密而伏贴的星状毛，有时杂有单毛。萼片直立或展开，基部不呈囊状；花瓣黄色或淡黄色，顶端全缘或微缺，向下渐窄成爪；花丝分离，有齿或翅，或有附片；侧蜜腺不愈合，位于短雄蕊两侧，三角形、圆锥形或柱形，中蜜腺无；子房无柄，花柱宿存，头状或微缺。短角果为双凸透镜形、宽卵形、圆形或椭圆形；果瓣上有不清楚的网状脉。

本属全世界约170种，主要分布于地中海及中东地区。中国有10种，主要分布于西北各省区。东北地区产6种1变种。

分种检索表

1. 半灌木。
  2. 茎禾秆色；果期时基生叶或茎下部叶不存在 ……………… 1. **达乌里庭荠 A. dahuricum** (Peschkova) Al-Shehbaz
  2. 茎绿色或略带紫色；果期时基生叶或茎下部叶存在 ………… 2. **细叶庭荠 A. tenuifolium** Stephan ex Willdenow
1. 草本。
  3. 一年生草本；花白色；萼片宿存；叶匙形或倒卵状长圆形 ………………………… 3. **欧洲庭荠 A. alyssoides** L.
  3. 多年生草本；花黄色；萼片脱落。
    4. 花瓣顶端2浅裂；栽培 ………………………………………………………………… 4. **山庭荠 A. montanum** L.
    4. 花瓣顶端钝圆；野生。
      5. 叶倒卵状椭圆形或匙形，通常灰白色；花瓣中部不缢缩；花梗只有整齐的小星状毛 ……………………………………………………… 5. **倒卵叶庭荠 A. obovatum** (C. A. Meyer) Turczaninow
      5. 叶长圆状线形或长圆状倒披针形，通常灰绿色；花瓣中部缢缩；花梗有长毛及星状毛 (**6. 北方庭荠 A. lenense** Adams) 。
        6. 果瓣上无毛 ………………………………………………………… 6a. **北方庭荠 A. lenense** var. **lenense**
        6. 果瓣上有星状毛 ………………………… 6b. **星毛庭荠 A. lenense** var. **dasycarpum** C. A. Mey. N. Busch

（1）达乌里庭荠（新拟）；达乌里燥原荠（植物分类学报）

Alyssum dahuricum (Peschkova) Al-Shehbaz, Novon 14(2): 153. 2004.——*Ptilotrichum dahuricum* Peschkova, Novosti Sist. Vyssh. Rast. 15: 230. 1979; 植物分类学报 47(3): 202 ~ 219. 2009.

生草原、草地。产黑龙江省（地点不详）；吉林省白城；内蒙古自治区满洲里。

（2）细叶庭荠（Flora of China）；薄叶燥原荠（内蒙古植物志）

Alyssum tenuifolium Stephan ex Willdenow, Sp. Pl. 3: 460. 1800; Fl. China 8: 62. 2001.—— *Ptilotrichum tenuifolium* (Stephan ex Willdenow) C. A. Meyer. in Ledeb. Fl. Alt. 3: 67. 1831; 内蒙古植物志（第二版）2: 650. 图版267: 1 ~ 6. 1990.

■ 细叶庭荠

植株

果枝

花枝

生草原带或荒漠化草原带的砾石山坡、高原草地、河谷。产内蒙古自治区牙克石、海拉尔、鄂温克、科尔沁右翼前旗、科尔沁右翼中旗、扎鲁特旗、锡林浩特、鄂托克旗、镶黄旗、多伦旗等地。

（3）欧洲庭荠（中国植物志，Flora of China）；欧庭荠（辽宁植物志，东北植物检索表，东北草本植物志）

Alyssum alyssoides L. in Syst. Nat. ed. 10, 2: 1130. 1759; 东北草本植物志4: 89. 图版49. 1980; 中国植物志33: 120. 1987; 辽宁植物志（上册）: 637. 图版270: 1 ~ 5. 1988; 东北植物检索表（第二版）: 238. 图版111: 2. 1995; Fl. China 8: 60. 2001.

生草地。分布于欧洲、亚洲西部，并传播至北美洲。辽宁省旅顺口有记载。

本种中国最早于1928在辽宁省大连市旅顺口采集到标本【佐藤润平654、656（IFP）】，但近些年野外未发现。种子亚麻酸、芥酸、亚油酸和油酸含量较高。

（4）山庭荠（辽宁植物）

Alyssum montanum L., Sp. Pl. 650. 1753; 辽宁植物（上册）: 521. 2020.

原产欧洲中南部至高加索。辽宁省大连有栽培。

花朵繁茂，花期长，具有较好的观赏价值。

■ 山庭荠

花序

植株

基生叶

（5）倒卵叶庭荠（Flora of China）；西伯利亚庭荠（黑龙江省植物志，内蒙古植物志，东北植物检索表，中国植物志）；庭荠（东北草本植物志）

Alyssum obovatum (C. A. Meyer) Turczaninow, Bull. Soc. Imp. Naturalistes Moscou. 10: 57. 1837; Fl. China 8: 61. 2001; 内蒙古植物志（第三版）2: 275. 2020.——*Alyssum sibiricum* auct. non Willd. : 东北草本植物志4: 87. 1980; 中国植物志33: 123. 1987; 内蒙古植物志（第二版）2: 646. 图版265: 13 ~ 22. 1990; 黑龙江省植物志5: 237. 图版79: 13 ~ 22. 1992; 东北植物检索表（第二版）: 238. 图版111: 3. 1995.

生长在草原、山坡、沙丘或砾石地。产黑龙江省齐齐哈尔；内蒙古自治区满洲里、海拉尔、额尔古纳、新巴尔虎右旗、牙克石等地。

■ 倒卵叶庭荠

花序侧面观

角果

植株

花序正面观

（6）北方庭荠（内蒙古植物志，中国植物志，Flora of China）；线叶庭荠（黑龙江省植物志，东北植物检索表，东北草本植物志）

Alyssum lenense Adams in Mém. Soc. Imp. Naturalistes Moscou 5: 110. 1817; 东北草本植物志4: 87. 图版49. 1980; 中国植物志33: 121. 图版29：1～4. 1987; 内蒙古植物志（第二版）2: 644. 图版265: 1～12. 1990; 黑龙江省植物志5: 236. 图版79: 1～2. 1992; 东北植物检索表（第二版）: 238. 1995; Fl. China 8: 62. 2001.——*Alyssum lenese* Adams var. *leiocarpum* (C. A. Mey.) N. Busch in Fl. Sib. et Or. Extr. VI: 545. 1931; 东北草本植物志4: 89. 图版49. 1980; 黑龙江省植物志5: 237. 1992; 东北植物检索表（第二版）: 238. 图版111: 1. 1995.

（6a）北方庭荠（原变种）

Alyssum lenense var. *lenense*

生长草坡、沙地。产黑龙江省齐齐哈尔、杜尔伯特；内蒙古自治区海拉尔、根河、新巴尔虎旗、科尔沁右翼前旗、西乌珠穆沁旗、锡林浩特、苏尼特左旗、镶黄旗等地。

■ 北方庭荠

茎叶

果序

花序

植株

（6b）星毛庭荠（变种）（内蒙古植物志，中国植物志）

Alyssum lenense var. *dasycarpum* C. A. Mey. N. Busch in Kom. Fl. URSS 8: 351. 1939; 中国植物志33: 123. 1987; 内蒙古植物志（第二版）2: 646. 1990.

生草坡、沙地。产内蒙古自治区海拉尔、根河、新巴尔虎旗、科尔沁右翼前旗、西乌珠穆沁旗、锡林浩特、苏尼特左旗、镶黄旗等地。

15 曙南芥属 *Stevenia* Adamset Fisch

Stevenia Adams et Fisch in Mem. Soc. Nat. Mosc. 5: 84. 1817.

二年生或多年生草本，全株被星状毛及分枝毛。茎直立，分枝。基生叶莲座状；茎生叶线形或长椭圆形，全缘，无柄。总状花序顶生；花萼渐尖，直立至伸展，基部呈囊状；花瓣白色、淡红色或淡紫色，倒卵形至长圆形，顶端钝，基部呈爪状；花丝分离，花药长圆形；侧生蜜腺半环形，中部向内凸出；雌蕊狭线形，具2～24胚珠；柱头明显浅2裂。长角果长椭圆形，果瓣扁平，近念珠状，弯曲或内卷，无中脉；种子每室1行，种子长椭圆形。

本属全世界有15种，分布于中国、日本、朝鲜、蒙古国、俄罗斯。中国有5种。东北地区产3种。

分种检索表

1. 小半灌木；果实为短角果；花瓣白色或玫瑰红色 ……………………… 1. 燥原荠 S. canescens (DC.) D.A.German
1. 草本；果实为长角果。
    2. 二年生或多年生草本；花瓣白色、淡红色或淡紫色；子叶缘倚 ……………… 2. 曙南芥 S. cheiranthoides DC.
    2. 一、二年生草本；花瓣淡紫色；子叶背倚 …… 3. 锥果芥 S. maximowiczii (Palib.) D.A.German & Al-Shehbaz

（1）燥原荠（黑龙江省植物志，内蒙古植物志，东北植物检索表，东北草本植物志，中国植物志）；灰毛庭荠（Flora of China）

Stevenia canescens (DC.) D. A. German, Key Pl. Tuva Republ. [ed. 2] 194. 2007.——*Ptilotrichum canescens* (DC.) C. A. Mey. in Fl. Altaic. 3: 66. 1831; 中国植物志33: 126. 图版30: 1～6. 1987; 内蒙古植物志（第二版）2: 648. 图版267: 7～11. 1990; 黑龙江省植物志5: 333. 图版118: 1～6. 1992.——*Ptilotrichum* cretaceum (Kotov) Ledeb. in Fl. Ross. 1: 143. 1841; 东北草本植物志4: 90. 图版51. 1980; 东北植物检索表（第二版）: 255. 图版122: 7. 1995.——*Alyssum canescens* de Candolle, Syst. Nat. 2: 322. 1821; Fl. China 8: 62. 2001.

生草原、石质山坡、草地。产黑龙江省富裕县；吉林省镇赉；内蒙古自治区海拉尔、满洲里、新巴尔虎右旗、扎鲁特旗、科尔沁右翼前旗等地。

■ 燥原荠

花序

茎叶

植株

植株一部分

（2）曙南芥（内蒙古植物志，东北植物检索表，东北草本植物志，中国植物志，Flora of China）；山葶苈（东北植物检索表，东北草本植物志，中国植物志）

Stevenia cheiranthoides DC. in Syst. Nat. 2: 210. 1821; 东北植物检索表118. 图版30. 8. 1959; 内蒙古植物志2: 362. 1978; 东北草本植物志4: 128. 图75. 1980; 中国植物志33: 288. 图版80：1 ~ 6. 1987; 内蒙古植物志（第二版）2: 704. 图版291: 8 ~ 12. 1990; 东北植物检索表（第二版）: 259. 图版122: 3. 1995; Fl. China 8: 126. 2001.——*Draba multiceps* Kitag. in Report First Sci. Exped. Manch. Sect. 4 Part 2: 18. f. 6. 1933; 东北草本植物志4: 94. 1980; 中国植物志33: 180. 1987; 东北植物检索表（第二版）: 250. 1995.

生山地石质坡地、岩石缝。产内蒙古自治区牙克石、扎兰屯、鄂温克、翁牛特旗、克什克腾旗、东乌珠穆沁旗、西乌珠穆沁旗等地。

■ 曙南芥

角果

花序

果序

植株一部分

（3）锥果芥（中国植物志，Flora of China）；星毛芥（辽宁植物志，东北植物检索表，东北草本植物志）

Stevenia maximowiczii (Palib.) D. A. German & Al-Shehbaz, Nordic J. Bot. 28(6): 649. 2010.——*Berteroella maximowiczii* (Palib.) O. E. Schulz in Beih. Bot. Centralbl. 37(2): 128. 1919; 东北草本植物志4: 166. 图版97. 1980; 中国植物志33: 424. 图版115: 4 ~ 7. 1987; 辽宁植物志（上册）: 668. 图版281: 5 ~ 7. 1988; 东北植物检索表（第二版）: 240. 图版111: 6. 1995; Fl. China 8: 182. 2001.

生山谷溪流旁河滩地。产辽宁省绥中、旅顺口、金州等地。

■ 锥果芥

果枝

植株一部分

花枝

16 团扇荠属 *Berteroa* DC.

Berteroa DC. Syst. Nat. 2: 290. 1821.

一年、二年生或多年生草本，被分枝毛。茎分枝，叶不裂。萼片基部不成囊状；花瓣白色，顶端2深裂；雄蕊花丝具齿；侧蜜腺不愈合，半月形，位于短雄蕊两侧，中蜜腺无；子房无柄，花柱长，柱头2浅裂。短角果椭圆形或圆形，果瓣扁平或稍膨胀，隔膜柔软，透明，无脉。

本属全世界5种，分布亚洲、欧洲，北美洲有归化。中国有1种，主要分布于西北地区，东北也有分布。

团扇荠（辽宁植物志，东北植物检索表，东北草本植物志，中国植物志，Flora of China）

Berteroa incana (L.) DC. in Syst. Nat. 2: 291. 1821; 东北草本植物志4: 92. 图版52. 1980; 中国植物志33: 129. 图版30: 7 ~ 11. 1987; 辽宁植物志（上册）: 639. 图版270: 6 ~ 10. 1988; 东北植物检索表（第二版）: 240. 图版111: 7. 1995; Fl. China 8: 65. 2001.

二年生草本，被分枝毛；茎下部叶长圆形，基部渐窄成柄，边缘具不明显的波状齿或齿；伞房花序；花瓣白色，顶端2深裂；短角果椭圆形，花柱宿存。生山脚、山坡、农田及河边。产辽宁省沈阳。

17 离子芥属（离子草属） *Chorispora* R. Br. ex DC.

Chorispora R. Br. ex DC. Syst. Nat. 2: 435. 1821.

一年生至多年生草本。茎直立或近直立至开展，多数从基部分枝或茎短缩。叶片羽状深裂或具浅齿，具柄，茎上部的叶近无柄，多数在基部簇生。总状花序在果轴上疏展或为具单花的花葶；萼片直立，内轮2枚基部呈囊状；花瓣紫色、紫红色或黄色，有时带白色，顶端微凹或钝圆，基部具长爪；雄蕊6，花丝无附属物。长角果近圆柱形，种子间收缩呈念珠状或具横节，顶端具喙。

本属全世界约11种，主产于亚洲，欧洲东南部也有分布。中国有8种。东北地区产1种。

离子芥（中国植物志，Flora of China）；离子草（辽宁植物志，东北植物检索表，东北草本植物志）

Chorispora tenella (Pall.) DC. in Syst. Nat. 2: 435. 1821; 东北草本植物志4: 59. 1980; 中国植物志33: 348. 图版102: 9 ~ 16. 1987; 辽宁植物志（上册）: 625. 1988; 东北植物检索表（第二版）: 248. 图版116: 7. 1995; Fl. China 8: 148. 2001.

■ 离子芥

植株上部

花枝

植株下部

花

一年生草本；基生叶长圆形；茎下部叶有深波状牙齿；茎上部叶有牙齿或近全缘；总状花序，花紫色；长角果细圆柱形，直或稍弯。生沟边、草地、田地。产辽宁省旅顺口、大连、金州等地。

嫩茎叶可以食用。

18 萝卜属 *Raphanus* L.

Raphanus L., Sp. Pl. 669. 1753.

一年生或多年生直立草本，有时具肉质根。茎常有单毛。叶大头羽状半裂，上部多具单齿。总状花序伞房状；花白色、紫色或黄色；萼片直立，长圆形，近相等，内轮基部稍成囊状；花瓣倒卵形，常有紫色脉纹，具长爪；侧蜜腺微小，凹陷，中蜜腺近球形或柄状；子房钻状，2节，具2～21胚珠，柱头头状。长角果圆筒形，下节极短，无种子，上节伸长，在相当种子间处稍缢缩，顶端成1细喙。

本属全世界约50种，分布于非洲东部和北部，亚洲，欧洲。中国有2种。东北地区有2种，其中栽培1种。

分种检索表

1. 直根肉质肥大；长角果种子间微缢缩，果实横隔肥厚而海绵质，顶端具较粗短的喙 ············ 1. 萝卜 R. sativus L.
1. 直根细弱不肥大；长角果种子间紧缩，果瓣坚实，顶端具细长的喙 ····················· 2. 野萝卜 R. raphanistrum L.

（1）萝卜（辽宁植物志，黑龙江省植物志，内蒙古植物志，东北植物检索表，东北草本植物志，中国植物志，Flora of China）

Raphanus sativus L., Sp. Pl. 669. 1753; 东北草本植物志4: 57. 图版32. 1980; 中国植物志33: 36. 图版7: 1～4. 1987; 辽宁植物志（上册）: 624. 图版261: 7～14. 1988; 内蒙古植物志（第二版）2: 650. 1990; 黑龙江省植物志5: 335. 图版119: 1～8. 1992; 东北植物检索表（第二版）: 257. 图版122: 8. 1995; Fl. China 8: 25. 2001.

原产地中海地区。东北各地栽培。

根为常见蔬菜。种子入药称“莱菔子”，有下气定喘、化痰消食功能。

栽培品种很多，常见的有红萝卜、青萝卜、白萝卜、水萝卜等。

■ 萝卜

花序

果序一部分

植株

（2）野萝卜（中国植物志，Flora of China）

Raphanus raphanistrum L., Sp. Pl. 669. 1753; 中国植物志33: 39. 1987; Fl. China 8: 25. 2001; The Checklist of the Naturalized Plants in China: 43. 2019.

原产欧洲、亚洲北部及北美洲。辽宁省新宾等地有栽培，金州等地有逸生。

多作为观赏植物引进。

■ 野萝卜

白花侧面观

根部

白花

花序

花

基生叶

花序一部分

角果

19 诸葛菜属 *Orychophragmus* Bunge

Orychophragmus Bunge in Mertt. Acad. Sci. st. Petersb. 2: 81. 1833.

一年或二年生草本。基生叶及下部茎生叶大头羽状分裂，有长柄，上部茎生叶基部耳状，抱茎，有短柄或无柄。疏松总状花序，花紫色或淡红色，偶见白色；萼合生，内轮萼片基部稍成或成深囊状，边缘透明；花瓣宽倒卵形，基部成窄长爪；雄蕊全部离生，或长雄蕊花丝成对地合生达顶端；侧蜜腺近三角形，无中蜜腺；花柱短，柱头2裂。长角果线形，4棱或压扁，熟时2瓣裂，果瓣具锐脊，顶端有长喙；种子1行，扁平，子叶对折。

本属全世界2种，分布于亚洲中部和东部。中国均产。东北地区产1种2变种，其中栽培2变种。

分种下单位检索表

1. 花瓣全缘无杂色 ………………………………………………………………… a. 诸葛菜 O. violaceus var. violaceus
1. 花瓣有齿或有杂色。
  2. 花瓣有5个或更多的钝齿，同一花瓣只有一种颜色 ……………… b. 齿瓣诸葛菜 O. violaceus var. odontopetalus
  2. 花瓣全缘，同一花瓣上有白色和紫色两种颜色 ………………………… c. 杂色诸葛菜 O. violaceus var. variegatus

诸葛菜（辽宁植物志，黑龙江省植物志，东北植物检索表，东北草本植物志，中国植物志，Flora of China）

Orychophragmus violaceus (L.) O. E. Schulz in Bot. Jahrb. 54: Beibl. 119. 56. 1916; 东北草本植物志4: 53. 图版29. 1980; 中国植物志33: 40. 图版7: 5～7. 1987; 辽宁植物志（上册）: 620. 图版264: 1～4. 1988; 黑龙江省植物志5: 330. 图版117: 1～4. 1992; 东北植物检索表（第二版）: 255. 图版118: 7. 1995; Fl. China 8: 27. 2001.

一年生或二年生草本。基生叶和茎下部叶大头羽裂；茎上部叶狭卵形或长圆形，不裂，基部两侧耳状，抱茎。总状花序，花淡紫红色；萼片狭披针形，内侧2片基部略呈囊状；雄蕊6，花丝分离，花药线形，黄色；子房无柄，光滑。长角果线形。

（a）诸葛菜（原变种）

Orychophragmus violaceus var. *violaceu*

生山坡杂木林缘或路旁。产辽宁省北镇、鞍山、金州、庄河、大连等地。各地常见栽培。

■ 诸葛菜

白花

花

植株

植株一部分

■ 诸葛菜

苗期叶形1

苗期叶形2

嫩的茎叶可作野菜食用。种子可榨油。为良好的阴处或林下地被植物，广泛用于园林。

本种形态多样，株型强壮或柔弱，分枝较多或较少，尤其叶形，大头羽状或狭长形、叶边缘有无缺刻或锯齿等，差异较大。花色有紫色、紫红色、淡红色、白色和洒金等，果实光滑和密生长柔毛两种类型。

（b）齿瓣诸葛菜（变种）（东北维管束植物考）

Orychophragmus violaceus var. *odontopetalus* L. Wang & C. P. Yangin Novon. 22(2): 109 ~ 113. 2012. 东北维管束植物考: 593. 2021.

栽培。产黑龙江省哈尔滨（模式产地）；辽宁省大连。

■ 齿瓣诸葛菜

花序

植株

花被片

（c）杂色诸葛菜（变种）（东北维管束植物考）

Orychophragmus violaceus var. *variegatus* L. Wang & C. P. Yang in Novon. 22(1): 109 ~ 113. 2012. 东北维管束植物考: 593. 2021.

栽培或生林下、路边。产黑龙江省哈尔滨（模式产地）；辽宁省北镇。

20 白芥属 *Sinapis* L.

Sinapis L., Sp. Pl. 668. 1753.

一年生直立草本，具单毛。叶羽状半裂或深裂，下部叶有短柄，上部叶近无柄或无柄。总状花序具多数花，果期延长，无苞片或下部花有苞片。萼片长圆形，近相等；花瓣黄色，倒卵形，具爪；侧蜜腺棱柱状，常2裂，中蜜腺半球形；子房圆柱形，具4 ~ 17胚珠，柱头近2裂。长角果近圆柱形或线状圆柱形；种子1行，球形，棕色，子叶对折。

本属全世界约7种，主产地中海地区。中国栽培2种，有逸生。东北地区有2种，其中栽培1种。

分种检索表

1\. 果披针形，具糙硬毛，喙扁压如剑状 ………………………………………………………… 1. 白芥 S. alba L.

1\. 果线形，无毛或疏生短柔毛，喙圆柱状、圆锥状或钻形 …………………………………… 2. 新疆白芥 S. arvensis L.

（1）白芥（辽宁植物志，东北植物检索表，东北草本植物志，中国植物志，Flora of China）

Sinapis alba L., Sp. Pl. 668. 1753; 东北草本植物志4: 51. 1980; 中国植物志33: 33. 图版1: 3 ~ 5. 1987; 辽宁植物志（上册）: 620. 1988; 东北植物检索表（第二版）: 257. 图版122: 5. 1995; Fl. China 8: 23. 2001.

■ 白芥

根

植株上部

茎下部叶

植株

角果

花序

原产欧洲。辽宁省庄河有栽培，大连市甘井子区有逸生。

多作为药用植物引进，种子有祛痰、散寒、消肿止痛作用；全草可作饲料。

（2）新疆白芥（内蒙古植物志，Flora of China）

Sinapis arvensis L., Sp. Pl. 2: 668. 1753; Fl. China 8: 23. 2001; 内蒙古植物志（第三版）2: 302. 2020.

原产地中海地区。逸生农田、路边。产辽宁省大连；内蒙古自治区满洲里。

茎、叶、种子均有毒，家畜大量误食会引起中毒，甚至死亡，为此，加拿大联邦农业部在种子法中将其列为主要“毒草”，并将其在作物商品种子中的数量限制在最小范围。

■ 新疆白芥

果序一部分

根部

种子

茎

植株

茎叶

花序一部分

21 芸苔属 *Brassica* L.

Brassica L., Sp. Pl. 666. 1753.

一年生、二年生或多年生草木；根细或成块状。基生叶常成莲座状，茎生叶有柄或抱茎。总状花序伞房状，结果时延长；花黄色，少数白色；萼片近相等，内轮基部囊状。长角果线形或长圆形，圆筒状，少有近压扁，常稍扭曲，喙多为锥状，喙部有1～3种子或无种子；种子每室1行，球形或少数卵形，棕色，网孔状，子叶对折。

本属全世界约40种，多分布于地中海地区，尤其是欧洲西南部和非洲西北部。中国有6种。东北地区栽培3种12变种。

分种检索表

1. 叶厚，肉质，被白霜。
  2. 花序肉质，形成紧密的球形或倒锥形的头状体。
    3. 花芽白色；花序轴和花梗均白色 ………………………………………… **1b. 花椰菜 *B.oleracea* var. *botrytis*** L.
    3. 花芽绿色；花序轴和花梗均绿色 …………………………………………**1c. 绿花菜 *B. oleracea* var. *italica*** Plenck
  2. 花序不为肉质，开展。
    4. 茎基部节间极度短缩并膨大呈球形或扁球形的块茎；块茎上的叶及下部茎生叶不排列成头状体；所有叶均有柄而不抱茎 ……………………………………………………………… **1d. 擘蓝 *B. oleracea* var. *gongylodes*** L.
    4. 茎基部节间不短缩、也不膨大；基生叶和下部茎生叶排列成头状体；部分或全部茎生叶无柄或抱茎。
      5. 叶绿色，相互重叠包裹成紧密、封闭的球形或扁球形头状体 ………… **1e. 甘蓝 *B. oleracea* var. *capitata*** L.
      5. 叶黄色、粉红色、紫色、红色（稀绿色），相互重叠成疏松的头状体 ……………………………………………………………… **1f. 羽衣甘蓝 *B. oleracea* var. *acephala*** de Candolle
1. 叶薄，草质，通常无白霜。
  6. 植物体有辛辣味；茎上部叶叶片基部楔形或渐狭，不抱茎（**2. 芥菜 *B. juncea*** (L.) Czern. et Coss.）。
    7. 一年生草本；主根细长，圆筒状。
      8. 茎下部叶的叶柄基部不为肉质、膨大的拳状。
        9. 基生叶宽卵形至倒卵形，大头羽裂，边缘均有缺刻或牙状齿；茎上部叶窄披针形，边缘具不明显疏齿或全缘 ……………………………………………………………………… **2a. 芥菜 *B. juncea* var. *juncea***
        9. 基生叶倒披针形或长圆状倒披针形，不裂或稍有缺刻，边缘有不整齐锯齿或重锯齿；茎上部叶长圆形，全缘 ……………………………………………………………**2b. 雪里蕻 *B. juncea* var. *multiceps*** Tsen et Lee
      8. 茎下部叶的叶柄基部肉质且膨大成高低不平的拳状 …………… **2c. 榨菜 *B. juncea* var. *tumida*** Tsen et Lee
    7. 二年生草本；主根肉质，圆锥状、长圆形或倒卵球形，直径7～10厘米 ……………………………………………… **2d. 芥菜疙瘩 *B. juncea* var. *napiformis*** (Paillieux & Bois) Kitam.
  6. 植物体无辛辣味；茎上部叶叶片基部深心形或具耳，抱茎。
    10. 植株具粉霜（**3. 欧洲油菜 *B. napus*** L.）。
      11. 植株无块根 ………………………………………………………………**3a. 欧洲油菜 *B. napus* var. *napus***
      11. 植株有块根 ……………………………………………… **3b. 蔓菁甘蓝 *B. napus* var. *napobrassica*** (L.) Rchb.
    10. 植株无粉霜或稍带粉霜（**4. 蔓菁 *B. rapa*** L.）。
      12. 基生叶10以上，形成紧凑的花环或头；植株无粉霜。
        13. 块根肉质，皮红色；基生叶大头羽裂或成复叶，叶柄长 …………………… **4a. 蔓菁 *B. rapa* var. *rapa***
        13. 无块根；基生叶非羽裂。
          14. 基生叶及下部茎生叶的叶柄宽而扁平，边缘有具缺刻的翅；二年生草本 ………………………………………………………………………**4b. 白菜 *B. rapa* var. *glabra*** Regel
          14. 基生叶及下部茎生叶的叶柄厚，边缘无显明的翅；二年或一年生草本 ……………………………………………………………… **4c. 青菜 *B. rapa* var. *chinensis*** (L.) Kitam.
      12. 基生叶很少达到10，不呈莲座状或稍呈莲座状；植株稍带粉霜……… **4d. 芸苔 *B. rapa* var. *oleifera*** DC.

（1）野甘蓝（Flora of China）；甘蓝（中国植物志）

Brassica oleracea L., Sp. Pl. 667. 1753; 中国植物志33: 16. 1987; Fl. China 8: 17. 2001.

（1a）野甘蓝（原变种）

Brassica oleracea var. *oleracea*

产英国及地中海地区。中国无栽培。

（1b）花椰菜（变种）（黑龙江省植物志，内蒙古植物志，中国植物志，Flora of China）；菜花（辽宁植物志，东北植物检索表）

Brassica oleracea var. *botrytis* L., Sp. Pl. 667. 1753; 中国植物志33: 17. 1987; 辽宁植物志（上册）: 613. 图版260: 1 ~ 6. 1988; 内蒙古植物志（第二版）2: 660. 1990; 黑龙江省植物志5: 265. 图版91: 4. 1992; 东北植物检索表（第二版）: 240. 1995; Fl. China 8: 18. 2001.

原产欧洲。黑龙江省松花江以南及东北其他地方都有栽培。

乳白色头状体作蔬菜食用。

■ 花椰菜

花序一部分

植株

居群

（1c）绿花菜（变种）（Flora of China）；西蓝花（植物智网站）

Brassica oleracea var. *italic* Plenck in Icon. Pl. Medic. 6: 29. 1794; Fl. China 8: 18. 2001.

原产欧洲。东北各地有栽培。

绿色头状体作蔬菜食用。

■ 绿花菜

花期植株

花蕾期植株

(1d) 擘蓝 (变种) (辽宁植物志，黑龙江省植物志，东北植物检索表，东北草本植物志，中国植物志，Flora of China) ；球茎甘蓝 (内蒙古植物志)

Brassica oleracea var. *gongylodes* L., Sp. Pl. 667. 1753; Fl. China 8: 18. 2001.——*B. caulorapa* Pasq. in Catal. Ort. Bot. Nap. 17. 1867; 东北草本植物志4: 42. 1980; 中国植物志33: 18. 图版5: 5 ~ 8. 1987; 辽宁植物志 (上册) : 615. 图版261: 6. 1988; 黑龙江省植物志5: 253. 图版85: 1 ~ 2. 1992; 东北植物检索表 (第二版) : 242. 1995.——*B. oleracea* var. *caulorapa* DC. in Prodr1: 213. 1824; 内蒙古植物志 (第二版) 2: 660. 1990.

原产欧洲。东北各地有栽培。

球茎可作蔬菜，炒食或腌制咸菜。种子可榨油，供食用。

■ 擘蓝

植株下部

植株

(1e) 甘蓝 (变种) (东北草本植物志，中国植物志，Flora of China) ；卷心菜 (辽宁植物志，黑龙江省植物志) ；结球甘蓝 (内蒙古植物志，东北植物检索表)

Brassica oleracea var. *capitata* L., Sp. Pl. 667. 1753; 东北草本植物志4: 39. 图版21. 1980; 中国植物志33: 16. 图版2: 3 ~ 4. 1987; 辽宁植物志 (上册) : 612. 图版260: 7 ~ 10. 1988; 内蒙古植物志 (第二版) 2: 659. 1990; 黑龙江省植物志5: 262. 图版91: 1 ~ 3. 1992; 东北植物检索表 (第二版) : 240. 1995; Fl. China 8: 18. 2001.

■ 甘蓝

植株

紫甘蓝

原产欧洲。东北各地普遍栽培。

常见蔬菜，叶的浓汁含维生素U，用于治疗胃和十二指肠溃疡。

（1f）羽衣甘蓝（变种）（Flora of China）（黑龙江省植物志，中国植物志，Flora of China）

Brassica oleracea var. *acephala* de Candolle, Syst. Nat. 2: 583. 1821; Fl. China 8: 18. 2001.——*Brassica oleracea* var. *acephala* f. *tricolor* Hort. in Syst. Nat. 2: 583. 1821; 黑龙江省植物志5: 266. 1992; 中国植物志33: 18. 1987.

原产欧洲。东北各大城市均有栽培。

观叶花卉，为冬季花坛的重要材料，叶色鲜艳，品种繁多，可组成各种美丽的图案。也是盆栽观叶佳品。欧美及日本还将部分品种用于鲜切花销售。嫩叶可炒食、凉拌、做汤，在欧美多用其配上各色蔬菜制成色拉，风味独特，味道清鲜。

■ 羽衣甘蓝

叶缘

花序一部分

越年生株

一年生株

越年生株花期

（2）芥菜（辽宁植物志，黑龙江省植物志，内蒙古植物志，中国植物志，Flora of China）；芥末（东北植物检索表，东北草本植物志）

Brassica juncea (L.) Czern. et Coss. in Czern. Conspect. Fl. Chark. 8. 1859; 东北草本植物志4: 45. 图版24. 1980; 中国植物志33: 28. 1987; 辽宁植物志（上册）: 615. 图版262: 1～2. 1988; 内蒙古植物志（第二版）2: 658. 1990; 黑龙江省植物志5: 254. 图版87: 1～2. 1992; 东北植物检索表（第二版）: 242. 图版113: 2. 1995;

Fl. China 8: 20. 2001.——*B. juncea* var. *multiceas* Tsen et Lee in Hortus Sinicus 2: 20. 1942; 中国植物志33: 29. 图版5: 9 ~ 10. 1987; 辽宁植物志（上册）: 617. 1988; 东北植物检索表（第二版）: 242. 1995.—— *B. juncea* var. *multisecta* L. H. Bailey in Gentes Herb. 1(2): 93. 1922; 中国植物志33: 30. 1987.——*B. napiformis* Bail. var. *multisecta* Bar. in Fedde, Repert. sp. Nov. 63: 286. f. 2. 1960; 东北草本植物志4: 47. 1980; 辽宁植物志（上册）: 617. 1988; 东北植物检索表（第二版）: 242. 图版113: 4. 1995.——*B. juncea* var. *gracilis* Tsen et Lee, l. c. 26. 1942; 内蒙古植物志 l. c. 333. 图版176. 1978; 中国植物志33: 30. 1987; 黑龙江省植物志5: 258. 1992.

（2a）芥菜（原变种）

Brassica juncea var. *juncea*

原产热带美洲。黑龙江和吉林有野生。东北各地普遍栽培。

以食用为目的引进，叶盐腌供食用；种子及全草供药用，能化痰平喘、消肿止痛；种子磨粉称芥末，为调味料；榨出的油称芥子油；也是优良蜜源植物。

■ 芥菜

花序正面观

越年生株上部

花序侧面观

越年生株下部

一年生株

（2b）雪里蕻（中国植物志）；雪里红（辽宁植物志，东北植物检索表）

Brassica juncea var. *multiceps* Tsen et Lee in Hortus Sinicus 2: 20. 1942; 中国植物志33: 29. 图版5: 9 ~ 10. 1987; 辽宁植物志（上册）: 617. 1988; 东北植物检索表（第二版）: 242. 1995.

原产热带美洲；归化于旧大陆热带地区。东北各地常见栽培。常逸生于荒地、河道、林缘。

本变种以食用为目的引进，常盐腌作蔬菜。

■ 雪里蕻

花序

植株

植株下部

花

角果

（2c）榨菜（变种）（黑龙江省植物志，中国植物志，Flora of China）

Brassica juncea var. *tumida* Tsen et Lee, l. c. 23. 1942; 中国植物志33: 29. 1987; 黑龙江省植物志5: 258. 1992; Fl. China 8: 21. 2001.

模式标本采自四川涪陵。四川省各县栽培，尤以涪陵栽培最多；云南也有栽培。黑龙江省哈尔滨市有栽培。

盐腌加工制造后供食用。

（2d）芥菜疙瘩（变种）（辽宁植物志，黑龙江省植物志，中国植物志，Flora of China）；芥菜（东北植物检索表，东北草本植物志）

Brassica juncea var. *napiformis* (Paillieux & Bois) Kitam. in Mem. Coll. Sci. Kyoto Imp. Univ., Ser. B, Biol. 19: 76. 1950; Fl. China 8: 21. 2001.——*B. napiformis* Bail. in Bull. Cornell Univ. Agr. Exp. Stat. 67: 187. 1894; 东北草本植物志4: 45. 图版25. 1980; 中国植物志33: 27. 1987; 辽宁植物志（上册）: 617. 图版261: 1 ~ 5. 1988; 黑龙江省植物志5: 258. 图版89: 1 ~ 3. 1992; 东北植物检索表（第二版）: 242. 图版113: 3. 1995.

模式标本采自欧洲。东北各地普遍栽培。

块根用盐腌或酱渍供食用。

■ 芥菜疙瘩

植株

植株下部

（3）欧洲油菜（中国植物志，Flora of China）

Brassica napus L., Sp. Pl. 666. 1753; 中国植物志33: 19. 图版2: 1 ~ 2. 1987; Fl. China 8: 21. 2001.

（3a）欧洲油菜（原变种）

Brassica napus var. *napus*

■ 欧洲油菜

基生叶

植株下部

花序

果序

花果期植株

原产欧洲。产黑龙江省齐齐哈尔和辽宁省（大连、金州）。

嫩苗可以作为野菜食用，也可以饲喂家禽。

（3b）蔓菁甘蓝（变种）（Flora of China）；布留克（黑龙江省植物志，东北植物检索表，东北草本植物志）；芜菁甘蓝（内蒙古植物志）；芜青甘蓝（中国植物志）

Brassica napus var. *napobrassica* (L.) Rchb. in Handb. Gewächsk. ed. 3. 2: 1220. 1833; Fl. China 8: 22. 2001.——*Brassica napobrassica* Mill. in Gard. Dict. ed. 8. n. 2. 1768; 东北草本植物志 4: 42. 图版 23. 1980; 中国植物志33: 19. 1987; 内蒙古植物志（第二版）2: 660. 1990; 黑龙江省植物志5: 261. 图版90: 1 ~ 3. 1992; 东北植物检索表（第二版）: 242. 图版113: 1. 1995.

黑龙江省大兴安岭寒温带地区和内蒙古自治区的一些地区有栽培。

块根作蔬菜食用，可盐腌或酱渍供食用，又可炒食或煮食，也可生食。

■ 蔓菁甘蓝

基生叶

植株

（4）蔓菁（Flora of China）；芜菁（黑龙江省植物志，内蒙古植物志）；芜青（中国植物志）

Brassica rapa L., Sp. Pl. 666. 1753; 中国植物志33: 21. 图版3: 1 ~ 5. 1987; 内蒙古植物志（第二版）2: 658. 1990; 黑龙江省植物志5: 270. 图版94: 1 ~ 5. 1992; Fl. China 8: 19. 2001.

（4a）蔓菁（原变种）

Brassica rapa var. *rapa*

模式标本采自欧洲。黑龙江省、辽宁省和内蒙古自治区有栽培。

块根熟食或用来泡酸菜，或作饲料。高寒山区用以代粮。

（4b）白菜（变种）（辽宁植物志，黑龙江省植物志，东北植物检索表，东北草本植物志，中国植物志，Flora of China）；大白菜（内蒙古植物志）

Brassica rapa var. *glabra* Regel in Gartenflora 9: 9. 1860; Fl. China 8: 20. 2001.——*B. pekinensis* (Lour.) Rupr. in Fl. Ingr. 96. 1860; 东北草本植物志4: 47. 图版27. 1980; 中国植物志33: 23. 图版4: 4 ~ 6. 1987; 辽宁植物志（上册）: 618. 图版263: 1 ~ 6. 1988; 内蒙古植物志（第二版）2: 657. 1990; 黑龙江省植物志5: 266. 图版92: 1 ~ 4. 1992; 东北植物检索表（第二版）: 242. 1995.

产中国北部。东北各地栽培。

为中国北方秋、冬季主要蔬菜之一。基生叶球有舒筋活络、利小便作用。

■ 白菜

花序

越年生植株

一年生株

角果

（4c）青菜（变种）（辽宁植物志，黑龙江省植物志，内蒙古植物志，东北植物检索表，东北草本植物志，中国植物志，Flora of China）；塌棵菜、菜苔（中国植物志）

Brassica rapa var. *chinensis* (L.) Kitam. in Mem. Coll. Sci. Kyoto Imp. Univ., Ser. B, Biol. 19: 79. 1950; Fl. China 8: 20. 2001.——*B. chinensis* L. in Gent. Pl. 1: 19. 1755; 东北草本植物志4: 50. 图例28. 1980; 中国植物志33: 25. 图版5: 1 ~ 4. 1987; 辽宁植物志（上册）: 618. 图版263: 7 ~ 8. 1988; 内蒙古植物志（第二版）2: 657. 1990; 黑龙江省植物志5: 254. 图版86: 1 ~ 2. 1992; 东北植物检索表（第二版）: 242. 1995.——*B. narinosa* L. H. Bailey in Gent. Herb. 1: 99. f. 44, 45. 1922; 中国植物志33: 25. 图版6: 4 ~ 8. 1987.——*Brassica parachinensis* L. H. Bailey in Gent. Herb. 1: 102. f. 48. 1922 et 2: 255. f. 137. 138. 1930; 中国植物志33: 27. 1987.

原产亚洲。东北各地栽培。

作为蔬菜食用。种子治全身疼痛。幼株治肺热咳嗽、便秘、丹毒、漆疮。

■ 青菜

花序

苗期植株

花期植株

（4d）芸苔（变种）（中国植物志，Flora of China）；油菜（辽宁植物志，黑龙江省植物志，东北植物检索表，东北草本植物志）

Brassica rapa var. *oleifera* DC. in Syst. Nat. 2: 591. 1821; Fl. China 8: 19. 2001.——*B. campestris* L., Sp. Pl. 666. 1753; 东北草本植物志4: 47. 图版26. 1980; 中国植物志33: 21. 图版4: 1 ~ 3. 1987; 辽宁植物志（上册）: 617. 图版262: 3 ~ 6. 1988; 黑龙江省植物志5: 250. 图版84: 1 ~ 2. 1992; 东北植物检索表（第二版）: 242. 图版113: 5. 1995.

模式标本采自欧洲。中国陕西、江苏、安徽、浙江、江西、湖北、湖南、四川、甘肃等地大量栽培。东北各地均有栽培。

嫩茎叶可作蔬菜食用。种子榨油供食用，还有行气祛瘀、消肿散结的功能。

■ 芸苔

植株

花序

花

茎下部叶基部

果序一部分

植株中下部

22 二行芥属（二列芥属） *Diplotaxis* DC.

Diplotaxis DC. Syst. Nat. 2: 628. 1821.

一年、二年或多年生草本。叶羽状深裂或浅裂。总状花序伞房状，果期疏松；萼片伸展，内轮不成或稍成囊状；花瓣黄色、乳黄色或紫色，具脉纹，基部有爪，侧蜜腺微小，凹陷，柱状，中蜜腺短，近球形或棒状。长角果长圆形或线形，细长，扁压，直立或下垂，开裂，有短喙；种子多数，2行，卵形或椭圆形，浅棕色，子叶对折。

本属全世界约30种，多分布于非洲西北部，伊比利亚半岛，地中海地区。中国产1种，东北地区有分布。

分种检索表

1. 多年生草本；根上有不定芽；雌蕊柄0.5～3毫米 ………………………… 1. 薄叶二行芥 D. tenuifolia DC.
1. 一、二年生草本；根上无不定芽；雌蕊柄退化或至0.5毫米 ……………………… 2. 二行芥 D. muralis (L.) DC.

（1）薄叶二行芥（植物智网站）；细叶二行芥（中国植物志）

Diplotaxis tenuifolia (L.) de Candolle, Syst. Nat. 2: 632. 1821;中国植物志33:33. 1987. 原产欧洲及地中海地区。辽宁省旅顺口有栽培，有逸生于路旁。

叶子生食，有似萝卜叶的辣味，也有似芝麻菜的香味，是混合沙拉的绝佳配料。单株产量很高，从早春到秋天都可采集。

■ 薄叶二行芥

果序

花序侧面观

花序正面观

角果

根部

茎叶

植株

植株下部

（2）二行芥（中国植物志，Flora of China）；二列芥（辽宁植物志，东北植物检索表，东北草本植物志）

Diplotaxis muralis (L.) DC. in Syst. Nat. 2: 634. 1821; 东北草本植物志4: 55. 图版31. 1980; 中国植物志33: 34. 1987; 辽宁植物志（上册）: 623. 图版265. 1988; 东北植物检索表（第二版）: 248. 图版113: 6. 1995; Fl. China 8: 24. 2001.

一年生或二年生草本。茎下部叶以及基生叶稍呈莲座丛状，有长柄，大头羽裂；总状花序；花瓣黄色；长角果通常直立开展，圆柱形。生海边湿地、路旁、庭院等地。原产欧洲及地中海地区。分布辽宁省大连、旅顺口、金州。

本种为外来入侵植物，大量繁殖会侵占本土植物生态位，影响本土生物多样性。幼苗和嫩叶可以作为野菜食用，全草可用以饲喂食草动物。

■ 二行芥

花侧面观

根部

花正面观

角果

居群

植株

23 芝麻菜属 *Eruca* Mill.

Eruca Mill. Gard. Dict. abridged ed. 4. 1. 1754.

一年或多年生草本，具白色硬单毛，少数无毛。叶羽状浅裂。花黄色，有棕色或紫色纹；成总状花序；萼片稍直立，内轮基部稍成囊状；花瓣短倒卵形，有长爪；外轮雄蕊比内轮的短；侧蜜腺凹陷，棱柱状，中蜜腺半球形或近长圆形。长角果长圆形或近椭圆形，有4棱，具扁平喙，果瓣有1脉；种子近2行，子叶对折。

本属全世界1种1亚种1变种，分布于非洲西北部、欧洲及亚洲西部，其他地方引进栽培。中国栽培1亚种1变种，东北地区有栽培。

分种下单位检索表

1\. 长角果无毛 ·· ba. 芝麻菜 E. vesicaria subsp. sativa var. sativa
1\. 长角果有绵毛或腺毛 ·· bb. 绵果芝麻菜 E. vesicaria subsp. sativa var. eriocarpa

野芝麻菜（中国生物物种名录）

Eruca vesicaria (L.) Cavanilles, Descr. Pl. 426. 1802.

特征同属。

（a）野芝麻菜（原亚种）

Eruca vesicaria subsp. *vesicaria*

产欧洲（西班牙）、亚洲、西北非洲；北美洲、南美洲、澳大利亚有引种。中国不产。

（b）芝麻菜（亚种）（辽宁植物志，黑龙江省植物志，内蒙古植物志，东北植物检索表，东北草本植物志，中国植物志，Flora of China）

Eruca vesicaria subsp. *sativa* (Mill.) Thell. in Ill. Fl. Mitt.-Eur. 4(1): 201. 1918; Fl. China 8: 24. 2001.——*E. sativa* Mill. in Gard. Dict. 8. ed. n. 1. 1768; 东北草本植物志4: 53. 图版30. 1980; 中国植物志33: 34. 1987; 辽宁植物志（上册）: 622. 图版264: 5 ~ 8. 1988; 内蒙古植物志（第二版）2: 653. 图版270. 1990; 黑龙江省植物志5: 305. 图版108: 1 ~ 6. 1992; 东北植物检索表（第二版）: 250. 图版117: 1. 1995.

（ba)芝麻菜（原变种）

E. vesicaria subsp. *sativa* var. *sativa*

原产欧洲及非洲各国。东北各地常有栽培，亦见逸生荒地。

作为蔬菜引进。茎叶作蔬菜食用，亦可作饲料；种子可榨油，供食用及医药用。

■ 芝麻菜

角果

植株一部分

植株

（bb）绵果芝麻菜（变种）（中国植物志）

Eruca vesicaria subsp. *sativa* var. *eriocarpa* (Boiss.) S. M. Zhang, comb. nov.——*E. sativa* var. *eriocarpa* Boiss. in Post, Fl. Syr. Palest. Sin. 79. 1883; 中国植物志33: 35. 1987.

原产欧洲及非洲各国。东北各地常有栽培，亦见逸生荒地。

资源价值同芝麻菜。

■ 绵果芝麻菜

花序

角果

24 香花芥属 *Hesperis* L.

Hesperis L., Sp. Pl. 663. 1753.

二年或多年生草本，常有长单毛及分叉毛，有时也具短腺毛。叶全缘、有深锯状齿至羽状分裂，下部叶具柄，上部叶近无柄或无柄。总状花序；花白色、粉红色、紫色或带黄色；萼片直立，具白色膜质边缘，内轮基部囊状；花瓣长约为萼片的2倍，多有深脉纹，具长爪；花丝离生；子房有多数胚珠，柱头2裂，常直立，近无花柱。长角果线状长圆形，圆柱状，常稍扭曲，2室，不易开裂，果瓣稍坚硬，具1显明中脉；种子大，长圆形，子叶背倚胚根。

本属全世界约25种，主产欧洲、中亚及西亚。中国有2种。东北地区产2种，其中栽培1种。

分种检索表

1. 茎具长单毛及短单毛，并杂有腺毛；长角果窄线形，长4～12毫米，宽1～2毫米…………1. 北香花芥 H. sibirica L.
1. 茎具单毛或二叉分叉毛或无毛，不杂有腺毛；长角果圆柱状线形，长3～4厘米，宽1.5～2毫米
……………………………………………………………………………………………… 2. 欧亚香花芥 H. matronalis L.

（1）北香花芥（黑龙江省植物志，中国植物志，Flora of China）；雾灵香花芥（内蒙古植物志，东北植物检索表，中国植物志）；雾灵香花草（东北草本植物志）

Hesperis sibirica L., Sp. Pl. 663. 1753; 中国植物志33: 368. 图版106: 1. 1987; 黑龙江省植物志5: 315. 图版102: 2. 1992; Fl. China 8: 157. 2001.——*Hesperis oreophila* Kitag. in Rep. First Sci. Exped. Manchoukuo 4: 20, 84, pl. 3. 1936; 东北草本植物志4: 147. 图版85. 1980; 中国植物志33: 365. 图版106: 2～3. 1987; 内蒙古植物志（第二版）2: 688. 图版285. 1990; 东北植物检索表（第二版）: 251. 图版118: 5. 1995.

生山坡灌丛。产黑龙江省（地点不详）；内蒙古自治区巴林右旗、喀喇沁旗、宁城等地。

■ 北香花芥

花序一部分

花序

植株下部

植株

植株上部

（2）欧亚香花芥（东北植物检索表，中国植物志，Flora of China）；紫香花草（辽宁植物志，东北草本植物志）

Hesperis matronalis L., Sp. Pl. 663. 1753; 东北草本植物志4: 146. 1980; 中国植物志33: 366. 图版107: 4 ~ 5. 1987; 辽宁植物志（上册）: 659. 图版278: 5 ~ 10. 1988; 东北植物检索表（第二版）: 253. 图版118: 6. 1995; Fl. China 8: 156. 2001.

■ 欧亚香花芥

花序

茎叶

苗期植株

■ 欧亚香花芥

果序

植株

花侧面观

原产欧洲、亚洲中部及西部。辽宁省熊岳、大连有栽培。

多作为观赏植物引进。茎叶作蔬菜食用，亦可作饲料；种子可榨油，供食用及医药用。

25 大蒜芥属 *Sisymbrium* L.

Sisymbrium L., Sp. Pl. 657. 1753.

一年生、二年生或多年生草本。叶为大头羽状裂或不裂。萼片直立或展开，基部不呈囊状；花瓣黄色、白色或玫瑰红色，长圆状倒卵形，具爪，雄蕊花丝分离，无翅或齿；侧蜜腺环状，中蜜腺柱状，二者汇合成环状；子房无柄，柱头钝，不裂或2裂。长角果圆筒状或略压扁，开裂；果瓣具3脉，中脉明显。

本属全世界约40种，分布于温带的欧亚大陆、地中海及南美洲。中国有10种，主要分布于西北与西部地区。东北地区产5种。

分种检索表

1. 茎生叶卵形至狭卵形，边缘有不整齐波状牙齿或有时为大头羽裂状；花瓣长12～14毫米；长角果长（8～）10～14厘米 ……………… **1. 全叶大蒜芥 S. luteum** (Maxim.) O. E. Schulzz

1. 茎生叶羽状分裂；花瓣长3～9毫米；长角果长1～8厘米。

  2. 长角果钻状，被短柔毛，长1～1.5厘米，紧贴主轴着生；花瓣长3～4毫米 ……………… **2. 钻果大蒜芥 S. officinale** (L.) Scop.

  2. 长角果线形，无毛，长3～8厘米，斜上、开展或下垂。

    3. 多年生草本，具较粗壮近木质的根或根状茎；茎无毛；长角果长3～4厘米；叶稍肉质状 ……………… **3. 多型大蒜芥 S. polymorphum** (Murr.) Roth

    3. 一、二年生草本，仅具较小的圆锥根；茎有倒生粗硬毛；长角果长6～8厘米。

      4. 长角果下垂，果梗丝状，比长角果显著细；花瓣长3～4毫米…… **4. 垂果大蒜芥 S. heteromallum** C. A. Mey.

      4. 长角果斜向上开展，果梗粗壮，与长角果等粗或稍粗；花瓣长7～9毫米 ……… **5. 大蒜芥 S. altissimum** L.

（1）全叶大蒜芥（黑龙江省植物志，中国植物志，Flora of China）；黄花大蒜芥（辽宁植物志，东北植物检索表）；黄花蒜芥（东北草本植物志）

■ 全叶大蒜芥

果序一部分

植株

花序

植株一部分

花侧面观

Sisymbrium luteum (Maxim.) O. E. Schulz in Beih. Bot. Centrlbl. 37: 126. 1918; 东北草本植物志4: 158. 1980; 中国植物志33: 410. 1987; 辽宁植物志（上册）: 664. 图版280: 8 ~ 11. 1988; 黑龙江省植物志5: 342. 1992; 东北植物检索表（第二版）: 259. 图版121: 7. 1995; Fl. China 8: 180. 2001.

生山坡、灌丛间。产黑龙江省（地点不详）；辽宁省本溪、凤城等地。

（2）钻果大蒜芥（黑龙江省植物志，内蒙古植物志，东北植物检索表，东北草本植物志，中国植物志，Flora of China）

Sisymbrium officinale (L.) Scop. in Fl. Carniol. ed. 2, 2: 26. 1772; 东北草本植物志4: 161. 图版95. 1980; 中国植物志33: 416. 图版119：5 ~ 7. 1987; 内蒙古植物志（第二版）2: 665. 图版273: 1 ~ 3. 1990; 黑龙江省植物志5: 344. 图版122: 1 ~ 4. 1992; 东北植物检索表（第二版）: 259. 图版121: 3. 1995; Fl. China 8: 180. 2001.

生杂草地、路旁、居民区附近。产黑龙江省哈尔滨、绥芬河、海林、东宁、伊春；内蒙古自治区扎兰屯、扎赉特旗等地。

■ 钻果大蒜芥

果序

花序

茎下部叶

茎上部叶

（3）多型大蒜芥（黑龙江省植物志，内蒙古植物志，东北植物检索表，东北草本植物志，中国植物志，Flora of China）

Sisymbrium polymorphum (Murr.) Roth in Man. Bot. 2: 946. 1830; 东北草本植物志4: 159. 图版93. 1980; 中国植物志33: 413. 1987; 内蒙古植物志（第二版）2: 665. 图版273: 4. 1990; 黑龙江省植物志5: 345. 图版122: 5 ~ 10. 1992; 东北植物检索表（第二版）: 259. 图版121: 1. 1995; Fl. China 8: 179. 2001.

生干旱山坡。产黑龙江省（地点不详）；内蒙古自治区满洲里、海拉尔、扎兰屯、新巴尔虎右旗、新巴尔虎左旗、东乌珠穆沁旗等地。

（4）垂果大蒜芥（辽宁植物志，内蒙古植物志，东北植物检索表，中国植物志，Flora of China）；垂果蒜芥（东北草本植物志）

Sisymbrium heteromallum C. A. Mey. in Ledeb. Fl. Alt. 3: 132. 1831; 东北草本植物志4: 158. 图版92. 1980; 中国植物志33: 411. 图版118: 1 ~ 7. 1987; 辽宁植物志（上册）: 664. 图版280: 1 ~ 7. 1988; 内蒙古植物志（第二版）2: 663. 图版272. 1990; 东北植物检索表（第二版）: 259. 图版121: 8. 1995; Fl. China 8: 179. 2001.

生林下、阴坡、河边。产辽宁省建平、北镇、南票、沈阳；内蒙古自治区科尔沁右翼中旗、巴林左旗、阿鲁科尔沁旗、克什克腾旗、翁牛特旗等地。

■ 垂果大蒜芥

花期植株

花序

茎叶

果序

果期植株

（5）大蒜芥（中国植物志，Flora of China）；田大蒜芥（辽宁植物志，东北植物检索表）；田蒜芥（东北草本植物志）

Sisymbrium altissimum L., Sp. Pl. 659. 1753; 东北草本植物志4: 161. 图版94. 1980; 中国植物志33: 416. 图版117: 4 ~ 6. 1987; 辽宁植物志（上册）: 666. 1988; 东北植物检索表（第二版）: 259. 图版121: 2. 1995; Fl. China 8: 179. 2001.

■ 大蒜芥

花序

茎叶

植株

生路边或草地。产辽宁省大连、宽甸；内蒙古自治区翁牛特旗、阿鲁科尔沁旗、克什克腾旗、东乌珠穆沁旗、西乌珠穆沁旗、锡林浩特等地。

26 花旗杆属（花旗竿属） *Dontostemon* Andrz. ex C. A. Meyer

Dontostemon Andrz. ex C. A. Meyer in Ledebour, Fl. Altaic. 3: 118. 1831.

一年生、二年生或多年生草本。叶多数，全缘或具齿，草质或肉质。总状花序顶生或侧生，萼片直立，扁平，或内轮2枚基部略呈囊状；花淡紫色、紫色或白色，瓣片顶部钝圆或微凹，基部具爪；长雄蕊花丝成对联合至长度的3/4或几乎达花药处，具侧蜜腺，半圆形或塔形。长角果圆柱形至长线形，或果瓣与假隔膜呈平行方向压扁成带状。

本属全世界约11种，主产于亚洲。中国有11种，分布于东北、华北、华东、西南、西北等地区。东北地区产5种2变种。

分种检索表

1. 长雄蕊离生，在长雄蕊的花丝上部内侧有囊状凸起物；叶羽状深裂或有羽状缺刻 ……………… **1. 羽裂花旗杆 D. pinnatifidus** (Willd.) Al-Shehbaz & H. Ohba

1. 长雄蕊成对合生，花丝无凸起物；叶全缘或有齿，但不分裂。
  2. 叶椭圆状披针形，具疏齿（**2. 花旗杆 D. dentatus** (Bunge) Ledeb.）。
    3. 总花梗、花梗及萼片不被黄色乳头状腺毛 ……………… **2a. 花旗杆 D. dentatus** var. **dentatus**
    3. 总花梗、花梗及萼片均被黄色乳头状腺毛 ……………… **2b. 腺花旗杆 D. dentatus** var. **glandulosus** Maxim.
  2. 叶线形，全缘。
    4. 多年生草本；花瓣长5～7毫米，为萼片长度的2倍 ……………… **3. 多年生花旗杆 D. perennis** C. A. Mey.
    4. 一、二年生草本；花瓣长3.5～6毫米。
      5. 花瓣淡紫色，倒卵形，长4～6毫米，比萼片略长 ……………… **4. 小花花旗杆 D. micranthus** C. A. Mey.
      5. 花瓣淡紫色或白色，线状长椭圆形，长3.5～5毫米，为萼片长度的1.5倍（**5. 线叶花旗杆 D. integrifolius** (L.) Ledeb.）。
        6. 植株被白色柔毛及乳头状腺毛 ……………… **5a. 线叶花旗杆 D. integrifolius** var. **integrifolius**
        6. 植株被白色柔毛而无乳头状腺毛 ……………… **5b. 无腺花旗竿 D. integrifolius** var. **eglandulosus** (DC.) Turcz.

（1）羽裂花旗杆（Flora of China）；栉叶荠（东北植物检索表，东北草本植物志）；异蕊芥（黑龙江省植物志，内蒙古植物志，中国植物志）；山西异蕊芥（中国植物志）

Dontostemon pinnatifidus (Willd.) Al-Shehbaz & H. Ohba in Novon 10: 96. 2000; Fl. China 8: 140. 2001.——*Dimorphostemon pinnatus* (Pers.) Kitag. in Neo-Lineam. Fl. Manshur. 332. 1979; 中国植物志33: 323. 图版92: 1～9. 1987; 内蒙古植物志（第二版）2: 685. 图版279: 1～7. 1990; 黑龙江省植物志5: 295. 图版104: 1～9. 1992; 东北植物检索表（第二版）: 248. 图版116: 8. 1995.——*Dimorphostemon asper* (Pallas) Kitag. Lineam. Fl. Mansn. 240. 1939; 东北草本植物志4: 137. 图版80. 1980.——*Dimorphostemon shanxiensis* R. L. Guo et T. Y. Cheo 东北林学院植物研究室汇刊 6 (6): 29. 1980; 中国植物志33: 325. 1987.

生山坡草丛、林下、山沟灌丛、河滩及路旁，海拔1150～4000米。产黑龙江省大兴安岭；内蒙古自治区额尔古纳、扎兰屯、牙克石、科尔沁右翼前旗、扎赉特旗等地。

（2）花旗杆（黑龙江省植物志，内蒙古植物志，中国植物志，Flora of China）；花旗竿（辽宁植物志，内蒙古植物志，东北植物检索表，东北草本植物志）

Dontostemon dentatus (Bunge) Ledeb. in Fl. Ross. 1: 175. 1842; 东北草本植物志4: 139. 图版81. 1980; 中国植物志33: 314. 图版88: 1 ~ 8. 1987; 辽宁植物志（上册）: 657. 图版279: 1 ~ 3. 1988; 内蒙古植物志（第二版）2: 671. 图版276: 1 ~ 2. 1990; 黑龙江省植物志5: 297. 图版105: 1 ~ 9. 1992; 东北植物检索表（第二版）: 250. 图版116: 4. 1995; Fl. China 8: 139. 2001.

（2a）花旗杆（原变种）

Dontostemon dentatus var. *dentatus*

生山坡路旁、林缘、石质地、草地。产黑龙江省各山区；吉林省汪清、安图、桦甸、扶余、敦化、抚松、汪清、永吉；辽宁省各地；内蒙古自治区额尔古纳、根河、牙克石、扎兰屯、鄂伦春、科尔沁右翼前旗、扎赉特旗、大青沟、喀喇沁旗、宁城等地。

全草及种子有利尿作用。嫩苗可食。

■ 花旗杆

花侧面观

植株

花序

茎叶

（2b）腺花旗杆（变种）（中国植物志）；腺花旗竿（辽宁植物志，东北植物检索表，东北草本植物志）

Dontostemon dentatus var. *glandulosus* Maxim. in Enum. Pl. Jap. 1: 37. 1875; 东北草本植物志4: 141. 1980; 中国植物志33: 315. 图版88: 9 ~ 15. 1987; 辽宁植物志（上册）: 658. 1988; 东北植物检索表（第二版）: 250. 1995.

■ 腺花旗杆

花序一部分

花序

植株

生山坡路旁、林缘、石质地、草地。产吉林省磐石；辽宁省沈阳、抚顺、大连等地。

（3）多年生花旗杆（中国植物志，Flora of China）；多年生花旗竿（内蒙古植物志）

Dontostemon perennis C. A. Mey. in Ledeb. Pl. Alt. 3: 121. 1831; 中国植物志33: 318. 图版90: 1 ~ 7. 1987; 内蒙古植物志（第二版）2: 669. 图版275: 4 ~ 5. 1990; Fl. China 8: 139. 2001.——*D. eglandulosus* auct. non (DC.) Ledeb.; 内蒙古植物志2: 346. 1978.——*D. integrifolius* (L.) C. A. Mey. var. *eglandulosus* auct. non Turcz. : 东北草本植物志4: 144. 1980.

生沙地、山坡草丛、干燥草原及路边。产辽宁省彰武；内蒙古自治区牙克石、苏尼特左旗等地。

■ 多年生花旗杆

花侧面观

植株一部分

角果

根部

花序

植株

（4）小花花旗杆（黑龙江省植物志，中国植物志，Flora of China）；小花花旗竿（辽宁植物志，内蒙古植物志，东北植物检索表，东北草本植物志）

Dontostemon micranthus C. A. Mey. in Ledeb. Fl. Alt. 3: 120. 1831; 东北草本植物志4: 144. 图版83. 1980; 中国植物志33: 318. 图版89: 9 ~ 16. 1987; 辽宁植物志（上册）: 658. 1988; 内蒙古植物志（第二版）2: 671. 图版277. 1990; 黑龙江省植物志5: 301. 图版106: 6 ~ 10. 1992; 东北植物检索表（第二版）: 250. 图版116: 2. 1995; Fl. China 8: 139. 2001.

生山坡草地、河滩、固定沙丘及山沟。产黑龙江省齐齐哈尔、安达、肇源等西部地区；吉林省通榆、大安；辽宁省彰武、凌源、铁岭、抚顺；内蒙古自治区海拉尔、额尔古纳、科尔沁右翼前旗、扎赉特旗、大青沟、克什克腾旗等地。

■ 小花花旗杆

植株上部

植株中部

花侧面观

花序

花正面观

（5）线叶花旗杆（黑龙江省植物志，中国植物志，Flora of China）；线叶花旗竿（辽宁植物志，东北植物检索表，东北草本植物志）；全缘叶花旗竿（内蒙古植物志）

Dontostemon integrifolius (L.) Ledeb. in Fl. Altaica 3: 118. 1831; 东北草本植物志4: 141. 图版82. 1980; 中国植物志33: 315. 图版89: 1 ~ 8. 1987; 辽宁植物志（上册）: 658. 1988; 内蒙古植物志（第二版）2: 674. 图版276: 3. 1990; 黑龙江省植物志5: 298. 图版106: 1 ~ 5. 1992; 东北植物检索表（第二版）: 250. 图版116: 3. 1995; Fl. China 8: 139. 2001.

（5a）线叶花旗杆（原变种）

Dontostemon integrifolius var. *integrifolius*

生山坡沙地及沙丘。产黑龙江省齐齐哈尔至大兴安岭一带；辽宁省彰武；内蒙古自治区额尔古纳、海拉尔、鄂温克、新巴尔虎左旗、新巴尔虎右旗、科尔沁左翼后旗、科尔沁右翼中旗、克什克腾旗、林西、翁牛特旗、巴林右旗等地。

■ 线叶花旗杆

植株

花序

花序一部分

植株一部分

（5b）无腺花旗竿（变种）（辽宁植物志，内蒙古植物志，东北植物检索表，东北草本植物志）

Dontostemon integrifolius var. *eglandulosus* (DC.) Turcz. in Fl. Baic.-Dah. 1: 152. 1842; 东北草本植物志 4: 144. 1980; 辽宁植物志（上册）: 658. 1988; 东北植物检索表（第二版）: 250. 1995.——*D. eglandulosus* (DC.) Ledeb. in Fl. Ross. 1: 175. 1841; 内蒙古植物志（第二版）2: 674. 图版278. 1990.

生山坡沙地及沙丘。产辽宁省彰武；内蒙古自治区新巴尔虎左旗、新巴尔虎右旗、克什克腾旗、科尔沁左翼后旗等地。

27 山萮菜属 *Eutrema* R. Br.

Eutrema R. Br. in Bot. Parry's Voy. App. 276. 1824.

一年或二年生草本或多年生草本。叶为单叶，不裂，基生叶具长柄；茎生叶有柄或无柄。萼片直立，外轮的宽长圆形或卵形，内轮的宽卵形，顶端钝，基部均等，边缘膜质；花瓣白色，很少带红色，卵形，顶端钝，基部具短爪；雄蕊花丝近基部或多或少变宽，花药长圆形；雌蕊花柱多数短，柱头扁头状，稍2裂。角果短，条状长圆形、披针形、棒状或近圆筒状，有的略成念珠状，或为线形长角果，2室，开裂。

本属全世界有11种，分布于中亚、东亚，北极地区，美国西南部。中国有9种，主要分布于西南与西北地区。东北地区产2种。

分种检索表

1. 茎于基部多分枝，分枝铺散或外倾；基生叶常有齿或羽裂，不早枯；长角果长0.6～1厘米 ……………… 1. 小盐芥 E. halophilum (C.A.Mey.) Al-Shehbaz & Warwick
1. 茎于中、上部分枝，分枝向上；基生叶全缘，早枯；长角果长1～2厘米 ……………… 2. 盐芥 E. salsugineum (Pall.) Al-Shehbaz & Warwick

（1）小盐芥（中国植物志，Flora of China）

Eutrema halophilum (C. A. Mey.) Al-Shehbaz & Warwick, Harvard Pap. Bot. 10(2): 132 . 2005.——*Thellungiella halophila* (C. A. Mey.) O. E. Schulz in Engl. Pflanzenr. 86 (4. 105): 253. 1924; 中国植物志33: 442.

1987; Fl. China 8: 188. 2001.

生盐土堆上。产吉林、内蒙古自治区。

(2) 盐芥（内蒙古植物志，中国植物志，Flora of China）

Eutrema salsugineum (Pall.) Al-Shehbaz & Warwick, Harvard Pap. Bot. 10(2): 134. 2005.——*Thellungiella salsuginea* (Pall.) O. E. Schulz in Engl. Pflanzenr. 86 (4. 105): 252. 1924; 中国植物志33: 442. 1987; Fl. China 8: 188. 2001; 内蒙古植物志（第三版）2: 318. 2020.——*Sisymbrium salsugineum* Pall. Reis 2: 466. App. 740. 1773; 内蒙古植物志2: 356. 图版190. 图1～4. 1978.

生土壤盐渍化的农田边、水沟旁和山区。产吉林省西部；内蒙古自治区锡林浩特市。

■ 盐芥

花序一部分

花序

茎叶

植株上部

植株

28 播娘蒿属 *Descurainia* Webb et Berth.

Descurainia Webb et Berth. Phytogr. Vanar. 1: 72. 1836.

一年或二年生直立草本。叶二至三回羽状分裂，下部叶有柄，上部叶近无柄。花序伞房状；萼片近直立，早落；花瓣黄色，卵形，具爪；雄蕊6枚，花丝基部宽，无齿；雌蕊圆柱形，花柱短，柱头呈扁压头状。长角果长圆筒状，果瓣有1～3脉，隔膜透明；种子每室1～2行，长圆形或椭圆形，子叶背倚胚根。

本属全世界40多种，主产于北美洲，少数产于亚洲、欧洲、南非洲。中国有1种。东北地区有分布。

播娘蒿（辽宁植物志，黑龙江省植物志，内蒙古植物志，东北植物检索表，东北草本植物志，中国植物志，Flora of China）

Descurainia sophia (L.) Schur in Engl. et Prantl Nat. Pflanzenfam. 3 (2): 192. 1891; 东北草本植物志4: 164. 图版96. 1980; 中国植物志33: 448. 1987; 辽宁植物志（上册）: 666. 图版281: 1～4. 1988; 内蒙古植物志（第二版）2: 693. 图版284: 5～9. 1990; 黑龙江省植物志5: 292. 图版103: 1～4. 1992; 东北植物检索表（第二版）: 248. 图版116: 5. 1995; Fl. China 8: 190. 2001.

二年生草本；叶卵形，二至三回羽状裂；总状花序顶生或茎上部叶腋生；花多数，小型，直径约2毫米；花瓣淡黄色；长角果线形，串珠状。生杂草地、住宅附近、山坡、沙质地或盐碱地。产黑龙江省哈尔滨、北安、尚志；吉林省磐石；辽宁省大连、旅顺口、长海、铁岭；内蒙古自治区海拉尔、牙克石、科尔沁右翼前旗、阿尔山、扎赉特旗等地。

种子有行气、利尿消肿、止咳平喘、祛痰作用。嫩苗可食。

■ 播娘蒿

植株上部

基生叶一部分

花序

果序

居群

苗期植株

29 糖芥属 *Erysimum* L.

Erysimum L., Sp. Pl. 660. 1753.

一年、二年或多年生草本，有时呈灌木状。单叶全缘至羽状浅裂，条形至椭圆形。总状花序具多数花，果期伸长；花黄色或橘黄色，少数白色或紫色；花梗短，果期增粗，上升或开展；萼片直立，内轮基部稍成囊状；花瓣长为萼片的2倍，具长爪，雄蕊6，花丝无附属物，花药线状长圆形；子房有多数胚珠，柱头头状，稍2裂。长角果稍4棱或圆筒状，有柔毛，果瓣具1显明中脉，隔膜膜质，常坚硬，无脉；种子多数，排成1行，长圆形，常有棱角。

本属全世界约100种，多产欧洲及亚洲。中国有15种。东北地区产7种1变种1变型，其中栽培1种。

分种检索表

1. 多年生草本；茎有贴生2叉丁字毛，少数有3～4叉分叉毛；花瓣橘黄色或黄褐色；种子1～2行
……………………………………………………………………………………………1. **桂竹香 E. cheiri** (L.) Crantz
1. 一、二年生或多年生草本；茎有2～4叉丁字毛，少数具星状毛；花瓣黄色、橘黄色，稀有白色或紫色；种子1行。
  2. 花瓣长3～5毫米；花梗长于萼片；一年生草本。
    3. 叶边缘有浅波状牙齿；花瓣线状长圆形；长角果长2.5～4厘米 ……………2. **波齿糖芥 E. macilentum** Bunge
    3. 叶通常全缘；花瓣倒卵形或倒卵状匙形；长角果长1.2～1.5（～2）厘米…… 3. **小花糖芥 E. cheiranthoides** L.
  2. 花瓣长7～26毫米；花梗短于萼片；一、二年生或多年生草本。

（接上表）

4. 花瓣长7～10毫米；一二年生草本。
  5. 一年生草本，高约25厘米；长角果长6～8厘米，斜向开展，不贴靠花序轴，果梗与长角果一样粗；叶被2～3分叉毛，边缘有浅波状齿 ······ **4. 粗梗糖芥 E. repandum** L.
  5. 二年生草本，高30～70厘米；长角果长3～5厘米，直立向上，贴近花序轴着生，果梗比长角果细；叶被（2～）3～4（～5）分叉毛，全缘或稍有不明显的齿 ······ **5. 山柳菊叶糖芥 E hieracifolium** L.
4. 花瓣长12～26毫米；多年生草本。
  6. 茎基部有明显的老叶柄残迹；叶通常全缘，有时有小齿；花瓣灰黄色或淡黄色（**6. 蒙古糖芥 E. flavum** (Gcorgi) Bobr.）。
    7. 花瓣长12～16（～18）毫米 ······ **6a. 蒙古糖芥 E. flavum** var. **flavum**
    7. 花较大，花瓣长20～26毫米 ······ **6b. 兴安糖芥 E. flavum** var. **shinganicum** (Y. L. Chang) K. C. Kuan
  6. 茎基部通常无老叶柄残迹；叶边缘通常疏生波状小齿，稀近全缘；花瓣黄色或橙黄色（**7. 糖芥 E. amurense** Kitag.）。
    8. 花橙黄色，花瓣长16～25毫米 ······ **7a. 糖芥 E. amurense** f. **amurense**
    8. 花黄色，花瓣长12～15毫米 ······ **7b. 黄花糖芥 E. amurense** f. **flavum** (Kitag.) Kitag.

（1）桂竹香（黑龙江省植物志，中国植物志）

Erysimum cheiri Crantz, Cl. Crucif. Emend. 116. 1769.——*Cheiranthus cheiri* L., Sp. Pl. 661. 1753; 中国植物志33: 393. 图版113: 7. 1987; 黑龙江省植物志5: 291. 图版102: 1. 1992.

原产欧洲南部。黑龙江省哈尔滨、辽宁熊岳等有栽培。

栽培供观赏，有重瓣、矮生重瓣和各种花色品种。

（2）波齿糖芥（Flora of China）；华北糖芥（辽宁植物志，东北植物检索表，东北草本植物志）

Erysimum macilentum Bunge in Mém. Acad. Imp. Sci. St.–Pétersbourg, Divers Savans 2: 80. 1835; 东北草本植物志4: 157. 图版91. 1980; 辽宁植物志（上册）: 662. 图版279: 8～12. 1988; 东北植物检索表（第二

■ 波齿糖芥

根部

果序一部分

花侧面观

■ 波齿糖芥

花正面观

叶背面观

植株上部

版）: 251. 图版117: 2. 1995; Fl. China 8: 168. 2001.

生沙质地或海岛上。产辽宁省大连、长海等地。

嫩茎叶可食。种子有强心利尿、健脾和胃、消食作用，治心悸、浮肿、消化不良。

（3）小花糖芥（黑龙江省植物志，内蒙古植物志，中国植物志，Flora of China）；桂竹糖芥（东北植物检索表，东北草本植物志）

Erysimum cheiranthoides L., Sp. Pl. 611. 1753; 东北草本植物志4: 155. 图版90. 1980; 中国植物志33: 387. 图版112: 5 ~ 8. 1987; 内蒙古植物志（第二版）2: 698. 图版290. 1990; 黑龙江省植物志5: 308. 图版109: 5 ~ 9. 1992; 东北植物检索表（第二版）: 251. 图版117: 4. 1995; Fl. China 8: 168. 2001.

生山坡、山谷、路旁及村旁荒地。产黑龙江省哈尔滨、伊春、呼玛；吉林省珲春；辽宁省大连；内蒙古自治区根河、鄂伦春、鄂温克、科尔沁右翼前旗、科尔沁右翼中旗、扎赉特旗、克什克腾旗、喀喇沁旗、东乌珠穆沁旗、锡林浩特等地。

嫩茎叶可食。全草及种子有小毒，有强心利尿作用，用于心力衰竭。

■ 小花糖芥

果序一部分

茎叶

花序

植株

（4）粗梗糖芥（中国植物志，Flora of China）；粗柄糖芥（辽宁植物志，东北植物检索表，东北草本植物志）

Erysimum repandum L. in Ameen. Acad. 3: 415. 1756; 东北草本植物志4: 149. 图版86. 1980; 中国植物志33: 379. 1987; 辽宁植物志（上册）: 661. 1988; 东北植物检索表（第二版）: 251. 图版117: 5. 1995; Fl. China 8: 169. 2001.

原产欧洲及亚洲西南部。辽宁省旅顺口有记载。

（5）山柳菊叶糖芥（黑龙江省植物志，中国植物志，Flora of China）；草地糖芥（东北植物检索表，东北草本植物志）

Erysimum hieracifolium L. in Cent. Pl. I 18. 1755; 中国植物志33: 381. 图版111: 1～3. 1987; 黑龙江省植物志5: 313. 图版110: 1～2. 1992; 东北植物检索表（第二版）: 251. 图版117: 7. 1995; Fl. China 8: 167. 2001.——*Erysimum marschallianum* Andrz. ex M. Bieb. in Fl. Taur.–Caucas. 3: 441 1819; 东北草本植物志4: 149. 图版87. 1980.

生山坡。产黑龙江省哈尔滨；内蒙古自治区海拉尔、克什克腾旗等地。

■ 山柳菊叶糖芥

花序

果序

茎叶

（6）蒙古糖芥（黑龙江省植物志，内蒙古植物志，东北植物检索表，东北草本植物志，中国植物志，Flora of China）

Erysimum flavum (Georgi) Bobr. in Bot. Mater. Gerb. Bot. Inst. Komarova Akad. Nauk S. S. S. R. 20: 15. 1960; 中国植物志33: 388. 图版112: 9～12. 1987; 内蒙古植物志（第二版）2: 696. 图版289: 1～4. 1990; 黑龙江省植物志5: 311. 图版110: 3～5. 1992; 东北植物检索表（第二版）: 251. 图版117: 3. 1995; Fl. China 8: 166. 2001.——*E. altaicum* C. A. Mey. in Ledeb. Fl. Alt. 3: 153. 1831. Ledeb. Fl. Ross. 1: 188. 1842 et Ic. Pl. Ross. 4: t. 347. 1883; 东北植物检索表110. 1959; 内蒙古植物志2: 358. 图版191: 1～4. 1978; 东北草本植物志4. 151. 图版88. 1980.

（6a）蒙古糖芥（原变种）

Erysimum flavum var. *flavum*

生山坡。产黑龙江省大兴安岭；内蒙古自治区海拉尔、额尔古纳、满洲里、新巴尔虎右旗、克什克腾旗、东乌珠穆沁旗、西乌珠穆沁旗、锡林浩特、多伦等地。

■ 蒙古糖芥

植株下部

植株中上部

花序上部

植株

花序

（6b）兴安糖芥（变种）（黑龙江省植物志，内蒙古植物志，东北植物检索表，东北草本植物志，中国植物志）

Erysimum flavum var. *shinganicum* (Y. L. Chang) K. C. Kuan, 中国植物志33: 388. 1987; 内蒙古植物志（第二版）2: 697. 1990; 黑龙江省植物志5: 311. 1992; 东北植物检索表（第二版）: 251. 1995.——*E. altaicum* C. A. Mey var. *shinganicum* Y. L. Chang, 东北草本植物志4. 153. 230. 1980.

生林区干旱山坡上。产黑龙江省黑河；内蒙古自治区根河、鄂伦春、鄂温克、扎兰屯（模式标本采集地）等地。

■ 兴安糖芥

花序一部分

植株上部

植株中下部

植株

（7）糖芥（辽宁植物志，黑龙江省植物志，内蒙古植物志，东北植物检索表，东北草本植物志，中国植物志，Flora of China）

Erysimum amurense Kitag. in Bot. Mag. Tokyo 51: 155. 1937; 东北植物检索表（第二版）: 251. 1995; Fl. China 8: 165. 2001.——*E. amurense* var. *bungei* (Kitagawa) Kitagawa in Neo-Lineam. Fl. Manshur. 334 1979; 东北植物检索表（第二版）: 251. 图版117: 6. 1995.——*E. aurantiacum* (Bunge) Maxim in Enum. pl. Mong. 1: 65. 1889; 东北草本植物志4: 153. 图版89. 1980; 辽宁植物志（上册）: 661. 图版279: 4 ~ 7. 1988.——*E. aurantiacum* var. *amurense* (Kitag.) Y. L. Chang, 东北草本植物志4: 153. 1980; 辽宁植物志（上册）: 662. 1988.——*E. bungei* (Kitag.) Kitag. in Journ. Jap. Bot. 25: 43. 1950; 中国植物志33: 383. 图版110: 1 ~ 4. 1987; 内蒙古植物志（第二版）2: 697. 图版289: 5 ~ 8. 1990; 黑龙江省植物志5: 308. 图版109: 1 ~ 4. 1992.

（7a）糖芥（原变型）

Erysimum amurense f. *amurense*

生干山坡、石缝或海岛上。产黑龙江省齐齐哈尔至大兴安岭一带；辽宁省凌源、喀左、金州、大

■ 糖芥

茎叶

植株

花序一部分

花序

连；内蒙古自治区翁牛特旗、克什克腾旗、多伦、镶黄旗等地。

全草有强心利尿、健脾和胃、消积作用。种子有清热、镇咳作用。

（7b）黄花糖芥（变型）（中国植物志）；黄瓣糖芥（辽宁植物志，东北植物检索表，东北草本植物志）

Erysimum amurense f. *flavum* (Kitag.) Kitag. in Neo–Lineam. Fl. Manshur. 334. 1979; 东北植物检索表（第二版）: 251. 1995.——*E. aurantiacum* (Bunge) Maxim. f. *flavum* Kitag. in Journ. Jap. Bot. 9: 118. 1933; 东北草本植物志4: 153. 1980; 辽宁植物志（上册）: 662. 1988.——*E. bungei* (Kitag.) Kitag. f. *flavum* (Kitag.) K. C. Kuan, 中国植物志33: 384. 1987.

生山坡。产辽宁省旅顺口（蛇岛）。

■ 黄花糖芥

花

植株

花序

植株一部分

30 芹叶荠属（裂叶芥属） *Smelowskia* C. A. Mey.

Smelowskia C. A. Mey. in Ledeb. Fl. Alt. 3: 165. 1831.

多年生矮小草本，被单毛或杂有少数分枝毛。花梗丝状，细；萼片直立，基部相等，长圆形，内轮的略比外轮的宽，顶端有宽膜质边缘；花瓣白色或红色，长圆形，顶端钝；侧蜜腺环状，内侧开口或略具缺刻，中蜜腺位于长雄蕊外侧，二者汇合；子房无柄，柱头呈扁压头状或近2浅裂。短角果短条形或椭圆形，近四棱状或圆筒状，开裂；果瓣有龙骨状突起；隔膜极透明或厚，有时穿孔。种子每室1行，长圆形或椭圆形，遇水无胶黏物质，种柄丝状；子叶背倚胚根。

本属全世界7种，分布于亚洲中部和北美洲。中国有2种。东北地区产1种。

灰白芹叶荠（黑龙江省植物志，中国植物志，Flora of China）；裂叶芥（内蒙古植物志，东北植物检索表，东北草本植物志）；灰白芹叶芥（内蒙古植物志）

Smelowskia alba (Pall.) Regel in Bull. Soc. Imp. Naturalistes Moscou 34(3): 208. 1861; 东北草本植物志4: 169. 图版98. 1980; 中国植物志33: 453. 1987; 内蒙古植物志（第二版）2: 693. 图版288: 1 ~ 2. 1990; 黑龙江省植物志5: 345. 1992; 东北植物检索表（第二版）: 259. 图版122: 4. 1995; Fl. China 8: 192. 2001; 内蒙古植物志（第三版）2: 321. 2020.

多年生草本，全株密被毛，呈灰绿色；叶羽状全裂，具多数狭长圆形裂片；总状花序，花小，白色；长角果近直立，横断面稍四棱状，果瓣有明显中脉及网脉。生山地草原、山坡或岩石上。产黑龙江省（地点不详）；内蒙古自治区额尔古纳、科尔沁右翼前旗、阿尔山、扎鲁特旗、巴林右旗等地。

31 山芥属 *Barbarea* R. Br.

Barbarea R. Br. in Air. Hort. Kew ed. 2. 4: 109. 1812.

二年生或多年生直立草本。基生叶及茎下部叶大头羽状分裂，具叶柄，基部耳状抱茎；茎上部叶具齿或羽状分裂，无柄，基部耳状抱茎。总状花序顶生，萼片近直立，内轮2枚常在顶端隆起成兜状；花瓣黄色，多数呈倒卵形，具爪；雄蕊6，分离，花丝线形，蜜腺发达，侧蜜腺半环形，中蜜腺圆锥形；子房圆柱形，花柱短，柱头2裂或头状。长角果近圆柱状四棱形，果瓣具明显中脉及网状侧脉。

本属全世界约22种，主产亚洲西南部、欧洲、澳大利亚和北美洲。中国有5种。东北地区产3种。

分种检索表

1. 长角果扁平 ………………………… 1. 洪氏山芥 B. hongii Al-Shehbaz & G. Yang
1. 长角果圆柱状四棱形。
  2. 花瓣长4.5 ~ 6.5毫米；长角果幼时常弧曲，成熟后在果轴上开展或直立 ………… 2. 欧洲山芥 B. vulgaris R. Br.
  2. 花瓣长3 ~ 4.5毫米；长角果常紧贴果轴而密集着生，成熟后稍开展 ………… 3. 山芥 B. orthoceras Ledeb.

（1）洪氏山芥（植物分类学报，Flora of China）

Barbarea hongii Al-Shehbaz & G. Yang, 植物分类学报38(1): 71 ~ 73. 2000; Fl. China 8: 110. 2001.

生河谷附近，海拔1730米。产吉林省安图县长白山北坡。

（2）欧洲山芥（内蒙古植物志，中国植物志，Flora of China）

Barbarea vulgaris R. Br. in Ait. Hort. Kew ed. 2. 4: 109. 1812; 中国植物志33: 250. 图版66: 1 ~ 6. 1987; 辽宁植物志（上册）: 647. 图版273: 4 ~ 9. 1988; Fl. China 8: 111. 2001; 内蒙古植物志（第三版）2: 305. 2020.

生草原带的沟边、河滩、草地、路边潮湿处。欧洲、亚洲均有分布。产内蒙古自治区呼伦贝尔。

■ 欧洲山芥

果期植株

花序

花期植株

果序

（3）山芥（黑龙江省植物志，内蒙古植物志，中国植物志，Flora of China）；山芥菜（辽宁植物志，东北植物检索表，东北草本植物志）

Barbarea orthoceras Ledeb. in Ind. Sem. Hort. Dorp. 1824; 东北草本植物志4: 120. 图版69. 1980; 中国植物志33: 250. 图版65: 1 ~ 6. 1987; 辽宁植物志（上册）: 647. 图版273: 4 ~ 9. 1988; 内蒙古植物志（第二版）2: 661. 图版271. 1990; 黑龙江省植物志5: 247. 图版83: 1 ~ 7. 1992; 东北植物检索表（第二版）: 240. 图版111: 4. 1995; Fl. China 8: 111. 2001.

生湿地、溪谷、杂木林内。产黑龙江省伊春、哈尔滨、阿城、尚志、嘉荫、密山、呼玛、虎林、黑河；吉林省临江、浑江、抚松、通化、集安、柳河、长白、蛟河、安图；辽宁省新宾、本溪、岫岩、凤城、宽甸、庄河；内蒙古自治区额尔古纳、根河、牙克石、鄂伦春、阿尔山等地。

嫩苗可食。

■ 山芥

花期植株

果序一部分

果期植株

花序

32 紫罗兰属 *Matthiola* R. Br.

Matthiola R. Br. in W. et W. T. Aiton, Hort. Kew. ed. 2. 4: 119. 1812.

一年生、二年生或多年生草本，有时呈亚灌木状，密被灰白色具柄的分枝毛。叶全缘或羽状分裂。总状花序顶生或腋生，花紫色、白色、淡红色或带黄色；萼片直立，内轮的基部呈囊状；花瓣开展，具长爪；柱头显著2裂，裂片开展或两侧增厚而下延，在背面通常有一膨胀处或角状凸出物，通常无花柱。长角果狭条形而扁或为圆筒形，果瓣有明显中脉。

本属全世界约50种，分布于地中海区、欧洲、亚洲西部及中部和南非洲。中国有2种，1种为栽培，1种为野生。东北地区栽培1种。

紫罗兰（黑龙江省植物志，东北植物检索表，中国植物志）

Matthiola incana (L.) R. Br. in Hortus Kew. 4: 119. 1812; 中国植物志33: 342. 图版100: 1 ~ 3. 1987; 黑龙江省植物志5: 329. 图版116: 1 ~ 4. 1992; 东北植物检索表（第二版）: 255. 图版118: 4. 1995.

二年生或多年生草本；叶长圆形至匙形，全缘或呈微波状；总状花序；萼片直立，内轮萼片基部呈囊状，边缘膜质，白色透明；花瓣紫红、淡红或白色；长角果圆柱形。原产地中海沿岸地区及欧洲南部。黑龙江省哈尔滨、辽宁省大连等有栽培。

花色鲜艳，芳香四溢，花期较长，既可以春夏花坛种植，又可用于盆栽，还是重要的切花，水养持久，可周年供应。

■ 紫罗兰

植株

基生叶

单瓣花

重瓣花与长角果

苗期植株

花期植株

33 拟南芥属 *Arabidopsis* Heynh.

Arabidopsis Heynhold in Holl & Heynhold, Fl. Sachsen. 1: 538. 1842.

一年生、二年生或多年生草本。茎直立或匍匐，有单毛、2 ~ 3叉毛、星状毛或分枝毛。基生叶簇生；叶多为长椭圆形，全缘、有齿牙或疏齿；茎生叶有短柄或无柄，基部楔形，有时呈钝形或箭形的叶耳抱茎、半抱茎或不抱茎。萼片斜向上展开；花瓣白色、淡紫色或淡黄色；雄蕊6，花丝无齿，花药长圆形或卵形；子房无柄，花柱短而粗，柱头扁头状，很少近2裂。长角果金圆筒状，开裂；果瓣有1中脉与网状侧脉，隔膜有光泽。种子每室1行或2行。

本属全世界9种，分布于亚洲东部和北部、欧洲、北美洲。中国有3种。东北地区产1种3亚种。

分种检索表

1. 角果长可达3.7厘米
   2. 花瓣长2～5毫米；基生叶大头羽状深裂，两侧有2～4对裂片
   ……………………………… **1b. 堪察加拟南芥 A. lyrata** subsp. **kamchatica** (Fisch. ex DC.) O′Kane & Al–Shehbaz
   2. 花瓣长可达8毫米；基生叶稍有牙齿或近全缘或有缺刻或略羽裂
   ………………………………………………… **1c. 兴安拟南芥 A. lyrata** subsp. **petraea** (L.) O′Kane & Al–Shehbaz
1. 角果长1～2（～2.3）厘米（**2. 欧洲拟南芥 A. halleri** (L.) O′Kane & Al–Shehbaz）。
   3. 茎直立或斜上，不匍匐生根，花后也不伏地生出新叶丛与根；角果长1～1.7厘米；基生叶卵状椭圆形，全缘或具疏钝齿，有时两侧具小裂片1～2对 ………………………………… **2a. 欧洲拟南芥 A. halleri** subsp. **halleri**
   3. 茎柔弱，近基部常匍匐生根，开花后茎通常伏地并于节处生出新叶丛；角果长2.5～5厘米；基生叶倒卵形，有时基部具裂片1～2对 ………… **2b. 叶芽拟南芥 A. halleri** subsp. **gemmifera** (Matsum.) O′Kane & Al–Shehbaz

（1）琴叶拟南芥（植物智网站）；深山南芥（中国植物志）

Arabidopsis lyrata (L.) O′Kane & Al–Shehbaz, Novon. 7: 325. 1997.——*Arabis lyrata* L., Sp. Pl. 1: 665. 1753; 中国植物志33: 259. 1987.

（1a）琴叶拟南芥（原亚种）

Arabidopsis lyrata subsp. *lyrata*

中国不产。

（1b）堪察加拟南芥（植物智网站）；琴叶鼠耳芥（亚种）（Flora of China）；琴叶南芥（东北植物检索表，东北草本植物志，中国植物志）

Arabidopsis lyrata subsp. *kamchatica* (Fisch. ex DC.) O′Kane & Al–Shehbaz in Novon 7: 326 1997; Fl. China 8: 121. 2001.——*Arabis lyrata* var. *kamchatica* Fisch. ex DC. in Syst. Nat. 2: 231 1821; 东北草本植物志4: 125. 图74. 1980; 中国植物志33: 259. 图版70: 1～6. 1987; 东北植物检索表（第二版）: 238. 图版112: 6. 1995.

生高山冻原、林下。产吉林省安图等地。

■ 堪察加拟南芥

茎叶

植株

花序

（1c）兴安拟南芥（亚种）（新拟）；兴安南芥（东北植物检索表）

Arabidopsis lyrata subsp. *petraea* (L.) O′Kane & Al–Shehbaz in Novon 7: 326. 1997.——*Arabis amurensis* N. Busch in Bot. Mater. Gerb. Glavn. Bot. Sada RSFSR 3: 12. 1922; 东北植物检索表（第二版）: 238. 图版112: 5. 1995.

生境不详。大兴安岭有分布记录，待调查核实。

（2）欧洲拟南芥（植物智网站）；圆叶鼠耳芥（辽宁省维管束植物名称考证）；圆叶南芥（黑龙江省植物志，东北植物检索表，中国植物志）

Arabidopsis halleri (L.) O′Kane & Al–Shehbaz in Novon 7: 325. 1997.——*Arabis halleri* L., Sp. Pl. 2: 929. 1763; 中国植物志33: 257. 图版69: 5 ~ 9. 1987; 黑龙江省植物志5: 240. 图版80: 1 ~ 2. 1992; 东北植物检索表（第二版）: 238. 图版112: 2. 1995.

（2a）欧洲拟南芥（原亚种）

Arabidopsis halleri subsp. *halleri*

生高山沙砾质土壤的林下、草丛中或岩石缝中。产黑龙江省大兴安岭及小兴安岭北部；吉林省抚松、安图；辽宁省凤城、抚顺等地。

■ 欧洲拟南芥

角果

花序正面观

花序侧面观

居群

植株一部分

(2b) 叶芽拟南芥(植物智网站);叶芽鼠耳芥(亚种)(Flora of China);叶芽南芥(东北植物检索表,中国植物志);高山南芥(东北植物检索表,东北草本植物志)

Arabidopsis halleri subsp. *gemmifera* (Matsum.) O′Kane & Al–Shehbaz in Novon 7: 325 1997; Fl. China 8: 121. 2001.——*Arabis gemmifera* (Matsum.) Makino, Fl. Jap. 224. 1910; 中国植物志33: 256. 图版68: 1 ~ 5. 1987; 东北植物检索表(第二版): 238. 1995.——*Arabis coronata* Nakai in Tokyo Bot. Mag. XXXVIII: 302. 1914; 东北植物检索表: 103. 1959; 东北草本植物志4: 121. 图版71. 1980.

生山坡林下或水沟边。产吉林省抚松、安图;辽宁省宽甸。

■ 叶芽拟南芥

花序侧面观

角果

茎中部叶

基生叶与茎下部叶

花序正面观

居群

果期植株上部

果期节处新叶丛

34 垂果南芥属 *Catolobus* (C. A. Mey.) Al–Shehbaz

Catolobus (C.A.Mey.) Al–Shehbaz, Novon 15(4): 520. 2005.

二年生草本,全株被硬单毛、杂有2 ~ 3叉毛。主根圆锥状,黄白色。茎直立,上部有分枝。茎下部的叶长椭圆形至倒卵形,边缘有浅锯状齿,基部渐狭而成叶柄;茎上部的叶狭长椭圆形至披针形,较下部的叶略小,基部呈心形或箭形,抱茎。总状花序顶生或腋生,有花10余朵,花瓣白色。长角果线形弧曲,下垂;种子每室1行,椭圆形,褐色,边缘有环状的翅。

本属全世界有1种1变种,中国均产,东北也有分布。

分种下单位检索表

1. 长角果线形,弧曲,下垂,种子每室1行 ··a. 垂果南芥 C. pendulus var. pendulus
1. 长角果长条形,扁平,略下垂,种子每室2行 ··································b. 粉绿垂果南芥 C. pendulus var. hypoglauca

垂果南芥（辽宁植物志，黑龙江省植物志，东北植物检索表，东北草本植物志，中国植物志，Flora of China）

Catolobus pendulus (L.) Al-Shehbaz, Novon 15(4): 521. 2005.——*Arabis pendula* L., Sp. Pl. 665. 1753; 东北草本植物志4: 121. 图版70. 1980; 中国植物志33: 265. 图版73: 1～4. 1987; 辽宁植物志（上册）: 648. 图版214: 1～6. 1988; 黑龙江省植物志5: 242. 图版81: 1～9. 1992; 东北植物检索表（第二版）: 238. 图版112: 1. 1995; Fl. China 8: 115. 2001.

特征同属。

（a）垂果南芥（原变种）

Catolobus pendulus var. *pendulus*

生山坡、路旁、林下、河岸等处。产黑龙江省各地；吉林省通化、长白、珲春、和龙、安图、汪清；辽宁省北镇、沈阳、抚顺、清原、西丰、法库、本溪、桓仁、鞍山、营口、岫岩、凤城、宽甸、丹东、普兰店、金州、大连；内蒙古自治区海拉尔、根河、额尔古纳、牙克石、鄂温克、鄂伦春、莫力达瓦达斡尔旗、扎赉特旗、赤峰、巴林左旗、巴林右旗、林西、阿鲁科尔沁旗、宁城、喀喇沁旗、克什克腾旗、敖汉旗、科尔沁左翼后旗、扎鲁特旗等地。

果实有清热、解毒、消肿作用，治疮痈肿毒。嫩苗可食。

■ 垂果南芥

茎叶

果期植株

花

果序

苗期植株

（b）粉绿垂果南芥（原变种（内蒙古植物志，中国植物志）

Catolobus pendulus var. *hypoglauca* (Franch.) S. M. Zhang, 东北维管束植物考: 590. 2021.——*Arabispendula* var. *hypoglauca* Franch. Pl. David. 1: 33. 1884; 中国植物志33: 267. 1987; 内蒙古植物志（第二版）2: 705. 图版293. 1990.

生山地林缘、灌丛下、沟谷、河边。产内蒙古自治区额尔古纳、根河、牙克石、鄂伦春、鄂温克、科尔沁右翼前旗、扎赉特旗、大青沟，赤峰、锡林浩特、多伦、正蓝旗、宝格达山等地。

■ 粉绿垂果南芥

果序一部分

植株一部分

果序

35 南芥属 *Arabis* L.

Arabis L., Sp. Pl. 2: 664. 1753.

一年生、二年生或多年生草本，很少呈半灌木状。茎直立或匍匐，有单毛、2～3叉毛、星状毛或分枝毛。基生叶簇生；叶多为长椭圆形，全缘、有齿牙或疏齿；茎生叶有短柄或无柄，基部楔形，有时呈钝形或箭形的叶耳抱茎、半抱茎或不抱茎。总状花序顶生或腋生；萼片直立，卵形至长椭圆形，内轮基部呈囊状，边缘白色膜质；花瓣白色、紫色、蓝紫色或淡红色，倒卵形至楔形，顶端钝，基部呈爪状；雄蕊6，花药顶端常反曲；子房具多数胚珠（20～60），柱头头状或2浅裂。长角果线形，果瓣扁平，开裂。

本属全世界70多种，分布于亚洲和欧洲，北美洲很少，也分布于南半球。中国有14种，分布于东北、西北、华北及西南各地。东北地区产1种。

硬毛南芥（内蒙古植物志，中国植物志，Flora of China）；毛南芥（辽宁植物志，黑龙江省植物志，东北植物检索表，东北草本植物志）

Arabis hirsuta (L.) Scop. in Fl. Carniol. ed. 2, 2: 30. 1772; 东北草本植物志4: 125. 图版73. 1980; 中国植物志33: 276. 图版77: 1～5. 1987; 辽宁植物志（上册）: 649. 图版274: 10～13. 1988; 内蒙古植物志（第二版）2: 705. 图版294: 1～8. 1990; 黑龙江省植物志5: 242. 图版80: 3. 1992; 东北植物检索表（第二版）: 238. 图版112: 4. 1995; Fl. China 8: 116. 2001.

一年生或二年生草本，全株被有硬毛。基生叶长椭圆形，边缘全缘或呈浅疏齿；茎生叶互生，长椭圆形，边缘具浅疏齿，基部抱茎或半抱茎。总状花序；萼片长椭圆形，花瓣白色。长角果线形，直立；种子具狭翅，在长角果中成1行排列。生干燥山坡及路边草丛中。产黑龙江省密山、呼玛、虎林、哈尔滨；吉林省抚松、安图；辽宁省海城、开原、新宾、宽甸、桓仁；内蒙古自治区海拉尔、牙克石、鄂伦春、鄂温克、科尔沁右翼前旗、扎赉特旗、克什克腾旗、宝格达山等地。

■ 硬毛南芥

植株

茎叶

花序

基生叶

果序一部分

36 旗杆芥属 *Turritis* L.

Turritis L., Sp. Pl. 666. 1753.

二年生直立草本。茎具白粉。基生叶簇生，具叶柄，叶片倒披针形至长圆形，密被毛；茎生叶互生，叶片卵状披针形至长圆形，光滑无毛，基部箭形或戟形，抱茎。萼片直立，内轮2枚，基部略呈囊状；花瓣淡黄色或草黄色，长匙形或长椭圆形，顶端钝，基部具爪；花丝线形，分离；雌蕊圆柱形，柱头扁球形，浅2裂。长角果狭圆柱形或略呈四棱形，果瓣扁平，中脉显著。

本属全世界2种，分布于欧洲、亚洲、北美洲和大洋洲（澳大利亚）。中国有1种。东北地区有分布。

旗杆芥（中国植物志，Flora of China）；赛南芥（辽宁植物志，东北植物检索表，东北草本植物志）

Turritis glabra L., Sp. Pl. 666 1753; 中国植物志33: 299. 图版90：8 ~ 11. 1987; Fl. China 8: 131. 2001.——*Arabis glabra* (L.) Bernh. in Sp. Pl. 666. 1753; 东北草本植物志4: 123. 图版72. 1980; 辽宁植物志（上册）: 649. 图版274: 7 ~ 9. 1988; 东北植物检索表（第二版）: 238. 图版112: 3. 1995.

二年生直立草本，灰蓝色；基生叶莲座状，长圆状披针形，边缘有波状或缺刻状牙齿；茎生叶基部箭形，抱茎；总状花序，花瓣淡黄白色；长角果线形，扁四棱状，直立，贴近主轴着生。生江边沙地、山坡和灌丛间。产吉林省浑江（鸭绿江边）；辽宁省旅顺口、本溪、丹东等地。

■ 旗杆芥

植株

果序一部分

茎叶

花序

37 针喙芥属 *Acirostrum* Y. Z. Zhao

Acirostrum Y. Z. Zhao in Class. Fl. Ecol. Geogr. Distr. Vasc. Pl. Inn. Mongol. 216.2012.

多年生草本。全株仅叶缘和萼片边缘具睫状毛，或无毛。叶于基部丛生，莲座状，全缘或具疏齿，肉质。总状花序，常具1叶；萼片直立，基部具囊状；花瓣淡紫红色、粉红色或白色，基部具长爪；雄蕊6，分离，花丝无齿；子房无柄，柱头头状。长角果狭条形，扁平，无毛；宿存花柱针状；种子1行，矩圆形，扁平，具狭翅，子叶缘倚。

本属全世界仅1种，特产中国内蒙古自治区兴安南部。

针喙芥（内蒙古植物志）；贺兰山南芥（内蒙古植物志，中国植物志，Flora of China）

Acirostrum alaschanicum (Maxim.) Y. Z. Zhao in Class. Fl. Ecol. Geogr. Distr. Vasc. Pl. Inn. Mongol. 216. 2012; 内蒙古植物志（第三版）2: 317. 2020.——*Arabis alaschanica* Maxim. Bull. Acad. Imp. Sci. Saint-Pétersbourg. sér. 3. 26: 421. 1880; 内蒙古植物志2: 367. 图195. 1978; 中国植物志33: 261. 1987; Fl. China 8: 117. 2001.——*Arabis holanshanica* Y. C. Lan et T. Y. Cheo, 东北林学院植物研究室汇刊 6: 77. 图 1. 1980.

种的特征同属。生森林草原带和草原带的山地石缝、山地草甸。产内蒙古自治区巴林左旗、巴林右旗等地。

全草可解食物中毒和退烧。

■ 针喙芥

花序

角果

果期植株

花期植株

38 香芥属 *Clausia* Kornuch-Trotzky

Clausia Kornuch-Trotzky, Index Sem. Kasan. 1834. 1834.

一年生至多年生草本，具单毛及有柄腺毛或无毛。萼片直立，内轮基部成囊状；花瓣紫色、堇色或白色，有长爪；侧蜜腺近环状，无中蜜腺。长角果圆柱状或侧扁，迟裂，果瓣具明显中脉及侧脉，花柱短，柱头2裂，裂片直立，离生；种子每室1行；子叶缘倚胚根。

本属全世界5种，分布于中亚和东亚，欧洲东南部。中国有2种。东北地区产1种。

毛萼香芥（Flora of China）；香芥（内蒙古植物志，东北植物检索表，东北草本植物志）；香花芥（中国植物志）

Clausia trichosepala (Turcz.) Dvorak in Phyton (Horn) 11: 200. 1966; 东北草本植物志4: 144. 图版84. 1980; 内蒙古植物志（第二版）2: 688. 图版286. 1990; 东北植物检索表（第二版）: 248. 图版116: 6. 1995; Fl. China 8: 157. 2001.——*Hesperis trichosepala* Turcz. in Bull. Soc. Nat. Mosc. 5: 180. 1832; 中国植物志33: 366. 图版107: 1 ~ 3. 1987.

二年生直立草本；基生叶长圆状椭圆形或窄卵形；总状花序顶生，花紫色；长角果窄线形。生山坡。产黑龙江省宁安；辽宁省凌源；内蒙古自治区扎兰屯、科尔沁右翼前旗、扎赉特旗、西乌珠穆沁旗、多伦等地。

■ 毛萼香芥

植株

花序

茎叶

植株一部分

39 豆瓣菜属 *Nasturtium* R. Br.

Nasturtium R. Br. in W. et W. T. Aiton, Hort. Kew. ed. 2. 4: 109. 1812.

一年生或多年生草本，具多数分枝，水生或陆生，植株光滑无毛或具糙毛。羽状复叶或为单叶，叶片篦齿状深裂或为全缘。总状花序顶生，短缩或花后延长，花白色或白带紫色。长角果近圆柱形或稍与假隔膜呈平行方向压扁。种子每室1～2行，多数；子叶缘倚胚根。

本属全世界5种，分布于欧洲、非洲、北美洲及亚洲地区。中国有1种。东北地区有分布。

豆瓣菜（中国植物志，Flora of China）；水田芥（拉汉种子植物名称）；水焊菜（经济植物手册）

Nasturtium officinale R. Br. in Ait Hort. Kew ed. 2. 4, 110. 1812; 中国植物志33: 311. 图版: 87: 1～4. 1987; Fl. China8: 136. 2001; The Checklist of the Naturalized Plants in China: 42. 2019.

植株光滑无毛；花较小，花瓣长3～4毫米，宽1～1.5毫米，白色；单数羽状复叶，小叶3～7片。喜生水中、水沟边、山涧河边、沼泽地或水田中。原产于亚洲西南部和欧洲；在其他地方广泛归化。黑龙江、吉林有分布记录。

嫩株可作蔬菜食用；全草可药用，有解热、利尿的功效。

■ 豆瓣菜

植株上部

花序

植株一部分

40 碎米荠属 *Cardamine* L.

Cardamine L., Sp. Pl. 2: 654. 1753.

一年生至多年生草本。叶为单叶或为各种羽裂，或为羽状复叶。总状花序；萼片直立或稍开展，卵形或长圆形，边缘膜质，基部等大，内轮萼片的基部多呈囊状；花瓣白色、淡紫红色或紫色，倒卵形或倒心形，有时具爪；雄蕊花丝直立，细弱或扁平，稍扩大；雌蕊柱状。长角果线形，扁平，果瓣平坦，无脉或基部有一不明显的脉，成熟时常自下而上开裂或弹裂卷起。

本属全世界约有200种，广布于全球，主产温带地区。中国约有48种，广布于南北各地。东北地区产14种。

分种检索表

1. 单叶；花白色。
  2. 无茎生叶 ………………………………………… **1. 裸茎碎米荠 *C. scaposa*** Franch.
  2. 有茎生叶，茎生叶叶柄有宽翼，基部抱茎 ………………… **2. 翼柄碎米荠 *C. komarovii*** Nakai
1. 羽状复叶。
  3. 植株具短的根状茎及地下小球茎；花蔷薇色 …………**3. 细叶碎米荠 *C. trifida*** (Lam. ex Poir.) B. M. G. Jones
  3. 植株无地下小球茎。
    4. 叶柄基部具狭披针形或披针形的耳部抱茎，耳部边缘有睫状毛；花白色 …… **4. 弹裂碎米荠 *C. impatiens*** L.
    4. 叶柄基部无耳部，不抱茎。
      5. 茎下部常伏卧，匍匐生根或具短而密的纤维状根；花白色。
        6. 长角果长2～4厘米，宽1.3～2毫米；小叶5～9，顶小叶通常稍大于侧小叶 ………………………………………… **5. 浮水碎米荠 *C. prorepens*** Fisch. ex DC.
        6. 长角果长15～17毫米，宽约1毫米；小叶3～5枚，顶小叶显著大于侧小叶，且先端不规则的3裂，中央裂片明显较大且伸长 ………………………………………… **6. 圆齿碎米荠 *C. scutata*** Thunb.
      5. 茎直立，不匍匐生根或有时在茎基部生出地上匍匐枝；花紫色或白色。
        7. 花紫色或淡紫色，稀白色。
          8. 株高20～35厘米；根状茎短；全株几乎无毛 ………………… **7. 草甸碎米荠 *C. pratensis*** L.
          8. 株高30～100厘米；根状茎匍匐延伸；小叶上面毛少、下面散生短柔毛，有时两面均无毛 ………………………………………… **8. 大叶碎米荠 *C. macrophylla*** Willd.
        7. 花白色。
          9. 茎密被毛或疏被毛。
            10. 茎疏生柔毛，斜升呈铺散状，自基部多分枝 ……………… **9. 弯曲碎米荠 *C. flexuosa*** With.
            10. 茎密被短毛，直立或斜升，不分枝或有少数分枝。
              11. 多年生草本；侧生小叶与顶生小叶近等大 ………………………… **10. 白花碎米荠 *C. leucantha*** (Tausch) O. E. Schulz
              11. 一年生草本；侧生小叶较顶生小叶小 ………………… **11. 碎米荠 *C. hirsuta*** L.
          9. 茎无毛。
            12. 一年生或二年生草本；无根状茎；小叶7～15，全缘……………… **12. 小花碎米荠 *C. parviflora*** L.
            12. 多年生草本；有根状茎。

(接上表)

13. 株高30～70厘米；根状茎较短；茎直立，不分枝，通常从近根状茎处的叶腋或茎下部叶腋生出细长柔软的匍匐茎 ················· 13. 水田碎米荠 C. lyrata Bunge

13. 株高5～8厘米；根状茎细长；茎多数密集或多次分枝，形成密丛 ················· 14. 天池碎米荠 C. changbaiana Al-Shehbaz

(1) 裸茎碎米荠 (内蒙古植物志，中国植物志，Flora of China)

Cardamine scaposa Franch. in Pl. David. 1: 33. 1884; 中国植物志33: 191. 图版49: 1～5. 1987; 内蒙古植物志 (第二版) 2: 683. 1990; Fl. China 8: 93. 2001.

生山坡灌丛中及林下潮湿处。产内蒙古自治区宁城 (黑里河林区)。

全草入药，清热解毒，可治疔疮。

(2) 翼柄碎米荠 (辽宁植物志，黑龙江省植物志，东北植物检索表，东北草本植物志，中国植物志，Flora of China)

Cardamine komarovii Nakai in Fedde, Repent. Sp. Nov. 13 (8): 271. 1914; 东北草本植物志4: 103. 图版58. 1980; 中国植物志33: 199. 图版48: 2. 1987; 辽宁植物志 (上册) : 643. 图版272: 1～3. 1988; 黑龙江省植物志 5: 280. 图版98: 1～4. 1992; 东北植物检索表 (第二版) : 244. 图版115: 6. 1995; Fl. China 8: 99. 2001.

生林区河边及林下溪边阴湿地。产黑龙江省尚志；吉林省安图、蛟河、临江、浑江、集安；辽宁省本溪、桓仁、宽甸等地。

嫩苗可作野菜食用。

■ 翼柄碎米荠

苗期植株

花期植株

■ 翼柄碎米荠

花序

茎下部叶

果序

茎上部叶

（3）细叶碎米荠（黑龙江省植物志，内蒙古植物志，东北植物检索表，东北草本植物志，中国植物志，Flora of China）

Cardamine trifida (Lam. ex Poir.) B. M. G. Jones in Feddes Repert. Spec. Nov. Regni Veg. 69: 57. 1964; Fl. China 8: 93. 2001.——*Cardamine schulziana* Baehni in Candollea 7: 281. 1937; 东北草本植物志4: 102. 图版57. 1980; 中国植物志33: 191. 图版45: 1 ~ 2. 1987; 内蒙古植物志（第二版）2: 678. 图版280: 3 ~ 4. 1990; 黑龙江省植物志5: 289. 图版98: 5 ~ 6. 1992; 东北植物检索表（第二版）: 244. 图版114: 5. 1995.

生湿润草原和坡林下。产黑龙江省伊春、尚志、呼玛、北安、哈尔滨；吉林省安图县长白山；内蒙古自治区额尔古纳、牙克石、阿尔山、克什克腾旗、科尔沁右翼前旗等地。

■ 细叶碎米荠

植株

花序

茎叶

（4）弹裂碎米荠（东北植物检索表，东北草本植物志，中国植物志，Flora of China）

Cardamine impatiens L., Sp. Pl. 655. 1753; 东北草本植物志4: 107. 图版60. 1980; 中国植物志33: 209. 图版51: 4 ~ 9. 1987; 东北植物检索表（第二版）: 244. 图版114: 6. 1995; Fl. China 8: 103. 2001.

生路旁、山坡、沟谷、水边或阴湿地。产吉林省双辽；辽宁省宽甸等地。

全草可供药用，民间治妇女经血不调；种子可榨油，含油率36%。

■ 弹裂碎米荠

茎下部叶

果序

植株

植株上部

（5）浮水碎米荠（Flora of China）；伏水碎米荠（黑龙江省植物志，内蒙古植物志，东北植物检索表，东北草本植物志，中国植物志）

Cardamine prorepens Fisch. ex DC. in Syst. Nat. 2: 256. 1821; 东北草本植物志4: 112. 图版65. 1980; 中国植物志33: 224. 图版50: 6 ~ 12. 1987; 内蒙古植物志（第二版）2: 678. 图版280: 1 ~ 2. 1990; 黑龙江省植物志5: 288. 图版101: 6 ~ 10. 1992; 东北植物检索表（第二版）: 244. 图版114: 3. 1995; Fl. China 8: 92. 2001.

生林内河边、溪边、山沟边及山顶草原湿地。产黑龙江省各地；吉林省抚松县（长白山）；辽宁省凤城、宽甸、桓仁；内蒙古自治区海拉尔、额尔古纳、牙克石、扎兰屯、科尔沁右翼前旗等地。

■ 浮水碎米荠

根状茎

花序一部分

长角果

基生叶

植株

（6）圆齿碎米荠（中国植物志，Flora of China）；长白碎米荠（东北植物检索表，东北草本植物志）；大顶叶碎米荠（辽宁植物志，东北植物检索表，东北草本植物志，中国植物志）；长白山碎米荠（中国植物志）

Cardamine scutata Thunb. in Trans. L. Soc. London 2: 339 1794; 中国植物志33: 216. 1987; Fl. China 8: 105. 2001.——*C. scutata* Thunb. var. *longiloba* P. Y. Fu, 东北草本植物志4: 109, 229. 图版62. 1980; 中国植物志33: 216. 1987; 辽宁植物志（下册）: 1167. 图版527: 1 ~ 3. 1992; 东北植物检索表（第二版）: 244. 图版114: 9. 1995.——*Cardamine baishanensis* P. Y. Fu, 东北草本植物志4: 116, 229, 图版67. 1980; 中国植物志33: 205. 1987; 东北植物检索表（第二版）: 246. 图版114: 1. 1995.

生海拔1000米以上的湿地上。产吉林省安图；辽宁省桓仁、宽甸等地。

■ 圆齿碎米荠

花序与茎上部叶

植株一部分

植株

（7）草甸碎米荠（黑龙江省植物志，内蒙古植物志，东北植物检索表，东北草本植物志，中国植物志，Flora of China）

Cardamine pratensis L. in Sp. Pl. 656. 1753; 东北草本植物志4: 116. 图版66. 1980; 中国植物志33: 224. 图版55: 6 ~ 8. 1987; 内蒙古植物志（第二版）2: 683. 图版279: 1 ~ 7. 1990; 黑龙江省植物志5: 288. 图版101:

■ 草甸碎米荠

花序

基生叶

花序一部分

1 ~ 5. 1992; 东北植物检索表（第二版）: 246. 图版114: 7. 1995; Fl. China 8: 92. 2001.

生湿润草原、河边、溪旁和林区、林缘湿地。产黑龙江省各地；内蒙古自治区额尔古纳、扎兰屯、牙克石、阿尔山、科尔沁右翼前旗等地。

全草供观赏，嫩叶可食用。

（8）大叶碎米荠（东北植物检索表，内蒙古植物志，中国植物志，Flora of China）

Cardamine macrophylla Willd. in Sp. Pl. 3: 484. 1800; 东北植物检索表106. 1959; 中国植物志33: 194. 图版44: 5 ~ 9. 1987; 内蒙古植物志（第二版）2: 681. 图版282: 1 ~ 2. 1990; Fl. China 8: 89. 2001.

生山坡灌木林下、沟边、石隙、高山草坡水湿处。产内蒙古自治区克什克腾旗（大局子林场）。

全草药用，利小便、止痛及治败血病；嫩苗可食用，亦为良好的饲料。

■ 大叶碎米荠

植株

茎叶

花序

（9）弯曲碎米荠（辽宁植物志，东北植物检索表，东北草本植物志，中国植物志，Flora of China）

Cardamine flexuosa With. in Bot. Arrang. Brit. Fl. ed. 3. 3: 578. 1796; 东北草本植物志4: 109. 图版61. 1980; 中国植物志33: 216. 图版52: 3 ~ 5. 1987; 辽宁植物志（上册）: 645. 图版273: 1 ~ 3. 1988; 东北植物检索表（第二版）: 246. 图版114: 8. 1995; Fl. China 8: 105. 2001.

生田边、路旁及较湿的草地。产辽宁省大连、丹东等地。

全草有清热利湿、养心安神、收敛、止带作用，用于痢疾、淋证、心悸、失眠等。

■ 弯曲碎米荠

花正面观

植株

茎与叶

■ 弯曲碎米荠

植株一部分

花序

茎叶

（10）白花碎米荠（辽宁植物志，黑龙江省植物志，内蒙古植物志，东北植物检索表，东北草本植物志，中国植物志，Flora of China）

Cardamine leucantha (Tausch) O. E. Schulz in Engl. Bot. Jahrb. 32: 403. 1903; 东北草本植物志4: 105. 图版59. 1980; 中国植物志33: 195. 图版46: 1 ~ 5. 1987; 辽宁植物志（上册）: 643. 图版272: 4 ~ 8. 1988; 内蒙古植物志（第二版）2: 681. 图版282: 3 ~ 4. 1990; 黑龙江省植物志5: 281. 图版99: 1 ~ 4. 1992; 东北植物检索表（第二版）: 246. 图版115: 7. 1995; Fl. China 8: 90. 2001.

■ 白花碎米荠

果序

花序

茎叶

居群

苗期植株

生林下、林缘、灌丛下、湿草地、溪流附近及林区路旁等处。产黑龙江省伊春、宝清、尚志、阿城、宁安及东部山区；吉林省安图、临江、梅河口、集安、抚松、汪清、珲春、舒兰、蛟河；辽宁省西丰、清原、开原、抚顺、新宾、鞍山、本溪、桓仁、岫岩、凤城、宽甸、庄河；内蒙古自治区额尔古纳、根河、鄂伦春、扎赉特旗等地。

嫩苗可作野菜食用。根茎有解痉镇咳、活血止痛作用。

（11）碎米荠（中国植物志，Flora of China）；粗毛碎米芥（植物智网站）

Cardamine hirsuta L., Sp. Pl. 655. 1753; 中国植物志33: 213. 图版52: 1 ~ 2. 1987; Fl. China 8: 104. 2001.

生山坡、路旁、荒地及耕地的草丛中。产辽宁省岫岩、庄河、金州等地。

全草供药用，能清热去湿；嫩时作野菜食用。

■ 碎米荠

植株

居群

茎下部叶

茎上部叶

花序侧面观

花序正面观

（12）小花碎米荠（辽宁植物志，黑龙江省植物志，内蒙古植物志，东北植物检索表，东北草本植物志，中国植物志，Flora of China）；东北小花碎米荠、假弯曲碎米荠（中国植物志）

Cardamine parviflora L. in Syst. Nat. ed. 10(2): 1131. 1759; 东北草本植物志4: 110. 图版53. 1980; 中国植物志33: 218. 图版53: 1 ~ 3. 1987; 辽宁植物志（上册）: 647. 1988; 内蒙古植物志（第二版）2: 676. 图版279: 8 ~ 19. 1990; 黑龙江省植物志5: 285. 图版100: 1 ~ 7. 1992; 东北植物检索表（第二版）: 246. 图版115: 8. 1995; Fl. China 8: 104. 2001.——*Cardamine parviflora* var. *manshurica* Kom., Trudy Imp. S.-Peterburgsk. Bot. Sada 22(1): 370. 1903; 中国植物志33: 219. 1987.——*Cardamine manshurica* (Kom.) Nakai, Tyosen Syokubutsu

113. 1914.——*Cardamine flexuosa* With. var. *fallax* (O. E. Schulz) T. Y. Cheo et R. C. Fang, 东北林学院植物研究室汇刊 6: 23. 1980; 中国植物志33: 218. 1987.

生河边湿地。产黑龙江省哈尔滨、绥芬河流域；辽宁省长海；内蒙古自治区科尔沁右翼前旗、扎赉特旗等地。

（13）水田碎米荠（辽宁植物志，黑龙江省植物志，内蒙古植物志，东北植物检索表，东北草本植物志，中国植物志，Flora of China）

Cardamine lyrata Bunge in Mem. Acad. Sci. St. Petersb. 2: 79. 1833; 东北草本植物志4: 112. 图版64. 1980; 中国植物志33: 219. 图版54: 1. 1987; 辽宁植物志（上册）: 665. 图版278: 1 ~ 4. 1988; 内蒙古植物志（第二版）2: 678. 图版281. 1990; 黑龙江省植物志5: 284. 图版100: 8 ~ 11. 1992; 东北植物检索表（第二版）: 246. 图版114: 4. 1995; Fl. China 8: 98. 2001.

生水田边、溪边及浅水处。产黑龙江省哈尔滨、嫩江、北安、密山、虎林、呼玛；吉林省双辽、安图、梅河口、柳河、长白；辽宁省沈阳；内蒙古自治区额尔古纳、扎兰屯、海拉尔、科尔沁右翼前旗等地。

幼嫩的茎叶可供食用。全草有清热、凉血、明目、调经作用。

■ 水田碎米荠

植株

茎叶

花序

（14）天池碎米荠（东北植物检索表，东北草本植物志，中国植物志，Flora of China）

Cardamine changbaiana Al-Shehbaz in Novon 10: 323. 2000; Fl. China 8: 103. 2001.——*Cardamine resedifolia* var. *morii* Nakai in Bot. Mag. (Tokyo) 28: 303. 1914; 东北草本植物志4: 116. 图版68. 1980; 中国植物志33: 229. 图版57: 7 ~ 9. 1987; 东北植物检索表（第二版）: 246. 图版114: 2. 1995.

生高山石缝间或山坡干沙地上，海拔1700 ~ 2500米。产吉林省长白、抚松、安图等地。

■ 天池碎米荠

花侧面观

长角果

花正面观

果期植株

花期植株

国家出版基金项目
NATIONAL PUBLICATION FOUNDATION

"十四五"国家重点图书出版规划项目

东北植物检索图志

DONGBEI ZHIWU JIANSUO TUZHI

DONGBEI
ZHIWU
JIANSUO
TUZHI

张淑梅　主编

第 3 卷

北方联合出版传媒（集团）股份有限公司
辽宁科学技术出版社

内容提要

全书分4卷，共计收录东北地区野生及常见露地栽培维管束植物175科1073属3619种105亚种664变种178变型，其中，野生2946种99亚种552变种127变型，栽培673种6亚种112变种51变型。仅从种级分类单元（不含种下单位）的收录量看，本书超出迄今东北最权威的植物分类学资料【《东北植物检索表》（傅沛云，1995）】516个，超出率为16.63%。

本卷为第3卷，收录被子植物真双子叶植物超菊类分支檀香超目、石竹超目及菊超目之山茱萸目、杜鹃花目、丝缨花目、龙胆目、紫草目、茄目、唇形目，计47科278属832种36亚种135变种37变型，其中，野生660种36亚种121变种26变型，栽培172种14变种11变型。

图书在版编目（CIP）数据

东北植物检索图志 / 张淑梅主编. —沈阳：辽宁科学技术出版社，2024. 3

ISBN 978-7-5591-3182-9

Ⅰ. ①东… Ⅱ. ①张… Ⅲ. ①植物—目录索引—东北地区 Ⅳ. ①Q948. 523

中国国家版本馆CIP数据核字（2023）第160967号

出 品 人：陈 刚

出版发行：辽宁科学技术出版社

（地址：沈阳市和平区十一纬路 25 号 邮编：110003）

印 刷 者：辽宁鼎籍数码科技有限公司

经 销 者：各地新华书店

幅面尺寸：210mm × 285mm

总 印 张：218.5

插 页：16

总 字 数：4600千字

出版时间：2024年3月第1版

印刷时间：2024年3月第1次印刷

责任编辑：陈广鹏 乔志雄 胡嘉思

殷 欣 张 永 孙 东

封面设计：周 洁

责任校对：栗 勇 王玉宝

书 号：ISBN 978-7-5591-3182-9

定 价：2000.00元（全4卷）

联系电话：024-23280036

邮购热线：024-23284502

http://www.lnkj.com.cn

CONTENTS 目录

121. 檀香科 Santalaceae …… 1930
1. 百蕊草属 *Thesium* L. …… 1930
2. 槲寄生属 *Viscum* L. …… 1934
122. 桑寄生科 Loranthaceae …… 1935
桑寄生属 *Loranthus* Jacq. …… 1935
123. 柽柳科 Tamaricaceae …… 1936
1. 柽柳属 *Tamarix* L. …… 1937
2. 红砂属 *Reaumuria* L. …… 1938
124. 白花丹科（矶松科） Plumbaginaceae …… 1939
1. 海石竹属 *Armeria* Willdenow …… 1939
2. 白花丹属 *Plumbago* L. …… 1940
3. 鸡娃草属 *Plumbagella* Spach …… 1941
4. 补血草属 *Limonium* Mill. …… 1942
5. 驼舌草属 *Goniolimon* Boiss. …… 1945
125. 蓼科 Polygonaceae …… 1946
1. 木蓼属 *Atraphaxis* L. …… 1947
2. 山蓼属 *Oxyria* Hill. …… 1949
3. 大黄属 *Rheum* L. …… 1950
4. 酸模属 *Rumex* L. …… 1952
5. 荞麦属 *Fagopyrum* Mill. …… 1963
6. 虎杖属 *Reynoutria* Houtt. …… 1964
7. 翼蓼属 *Pteroxygonum* Damm. et Diels …… 1966
8. 何首乌属 *Pleuropterus* Turcz. …… 1967
9. 藤蓼属（蔓蓼属） *Fallopia* Adans. …… 1968
10. 萹蓄属 *Polygonum* L. …… 1972
11. 拳参属 *Bistorta* (L.) Scop. …… 1976
12. 西伯利亚蓼属 *Knorringia* (Czukav.) Tzvelev …… 1981
13. 冰岛蓼属 *Koenigia* L. …… 1982
14. 蓼属 *Persicaria* (L.) Mill. …… 1986
126. 茅膏菜科 Droseraceae …… 2009
1. 貉藻属 *Aldrovanda* L. …… 2009
2. 茅膏菜属 *Drosera* L. …… 2010
127. 石竹科 Caryophyllaceae …… 2012
1. 大爪草属 *Spergula* L. …… 2013
2. 拟漆姑属（牛漆姑草属） *Spergularia* (Pers.) J. et C. Presl …… 2014
3. 麦仙翁属（麦毒草属） *Agrostemma* L. …… 2015
4. 高雪轮属 *Atocion* Adans. …… 2015
5. 蝇子草属（麦瓶草属） *Silene* L. …… 2016
6. 石头花属（丝石竹属） Gypsophila L. …… 2036
7. 肥皂草属 *Saponaria* L. …… 2042
8. 石竹属 *Dianthus* L. …… 2043
9. 孩儿参属（假繁缕属） *Pseudostellaria* Pax …… 2053
10. 漆姑草属 *Sagina* L. …… 2059
11. 鹅肠菜属 *Myosoton* Moench …… 2061
12. 卷耳属 *Cerastium* L. …… 2062
13. 繁缕属 *Stellaria* L. …… 2068
14. 薄蒴草属 *Lepyrodiclis* Fenzl …… 2079
15. 米努草属 *Minuartia* L. …… 2080
16. 无心菜属（鹅不食属） *Arenaria* L. …… 2081
17. 种阜草属（莫石竹属） *Moehringia* L. …… 2085

128. 苋科 Amaranthaceae …… 2087
1. 青葙属 *Celosia* L. …… 2088
2. 苋属 *Amaranthus* L. …… 2090
3. 牛膝属 *Achyranthes* L. …… 2101
4. 血苋属 *Iresine* P. Br. …… 2101
5. 莲子草属 *Alternanthera* Forsk. …… 2102
6. 千日红属 *Gomphrena* L. …… 2104
7. 驼绒藜属 *Krascheninnikovia* Gueldenstaedt…… 2106
8. 盐爪爪属 *Kalidium* Moq. …… 2108
9. 盐角草属 *Salicornia* L. …… 2110
10. 碱蓬属 *Suaeda* Forsk. ex Scop. …… 2111
11. 雾冰藜属 *Grubovia* Freitag & G. Kadereit…… 2115
12. 碱猪毛菜属 *Soda* (L.) Scop. …… 2116
13. 猪毛菜属 *Salsola* L. …… 2117
14. 盐生草属 *Halogeton* C. A. Meyer …… 2120
15. 轴藜属 *Axyris* L. …… 2120
16. 沙滨藜属 *Bassia* All. …… 2122
17. 虫实属 *Corispermum* L. …… 2125
18. 沙蓬属 *Agriophyllum* M. Bieb. …… 2135
19. 滨藜属 *Atriplex* L. …… 2136
20. 菠菜属 *Spinacia* L. …… 2140
21. 甜菜属 *Beta* L. …… 2141
22. 藜属 *Chenopodium* L. …… 2143
23. 腺毛藜属（刺藜属） *Dysphania* R. Br. …… 2152
129. 番杏科 Aizoaceae …… 2155
番杏属 *Tetragonia* L. …… 2155
130. 商陆科 Phytolaccaceae …… 2156
商陆属 *Phytolacca* L. …… 2156
131. 紫茉莉科 Nyctaginaceae …… 2158
1. 叶子花属 *Bougainvillea* Comm. ex Juss. …… 2159
2. 紫茉莉属 *Mirabilis* L. …… 2160
132. 粟米草科 Molluginaceae …… 2160
粟米草属 *Mollugo* L. …… 2161
133. 落葵科 Basellaceae …… 2163
1. 落葵属 *Basella* L. …… 2163
2. 落葵薯属 *Anredera* Juss. …… 2164
134. 土人参科 Talinaceae …… 2164
土人参属 *Talinum* Adans. …… 2165
135. 马齿苋科 Portulacaceae …… 2166
马齿苋属 *Portulaca* L. …… 2166
136. 绣球科（绣球花科，八仙花科） Hydrangeaceae …… 2168
1. 光绣球属（绣球属） *Hydrangea* L. …… 2168
2. 山梅花属 *Philadelphus* L. …… 2171
3. 溲疏属 *Deutzia* Thunb. …… 2176
137. 山茱萸科 Cornaceae …… 2180
1. 八角枫属 *Alangium* Lam. …… 2181
2. 草茱萸属 *Chamaepericlymenum* Hill …… 2182
3. 灯台树属 *Bothrocaryum* (Koehne) Pojark. …… 2183
4. 梾木属 *Swida* Opiz …… 2184
5. 山茱萸属 *Cornus* L. …… 2189
6. 四照花属 *Dendrobenthamia* Hutch. …… 2190
138. 凤仙花科 Balsaminaceae …… 2192
凤仙花属 *Impatiens* L. …… 2192
139. 花荵科 Polemoniaceae …… 2198
1. 福禄考属（天蓝绣球属） *Phlox* L. …… 2198
2. 花荵属 *Polemonium* L. …… 2200
140. 柿科（柿树科） Ebenaceae …… 2202
柿属（柿树属） *Diospyros* L. …… 2202
141. 报春花科 Primulaceae …… 2204
1. 假报春属 *Cortusa* L. …… 2205
2. 报春花属 *Primula* L. …… 2207
3. 点地梅属 *Androsace* L. …… 2213
4. 海乳草属 *Glaux* L. …… 2218
5. 七瓣莲属 *Trientalis* L. …… 2219
6. 黄连花属 *Lysimachia* L. …… 2220
7. 球尾花属 *Naumburgia* Moench …… 2225
142. 山矾科 Symplocaceae …… 2226
山矾属 *Symplocos* Jacq. …… 2226
143. 安息香科（野茉莉科） Styracaceae …… 2227
安息香属（野茉莉属） *Styrax* L. …… 2228
144. 猕猴桃科 Actinidiaceae …… 2229
猕猴桃属 *Actinidia* Lindl. …… 2229
145. 杜鹃花科 Ericaceae …… 2235
1. 沙晶兰属 *Monotropastrum* H. Andr. …… 2236
2. 松下兰属 *Hypopitys* Hill …… 2237
3. 喜冬草属（梅笠草属） *Chimaphila* Pursh …… 2238
4. 独丽花属 *Moneses* Salisb. ex S. F. Gray …… 2240
5. 单侧花属 *Orthilia* Rafin. …… 2240
6. 鹿蹄草属 *Pyrola* L. …… 2242
7. 越橘属 *Vaccinium* L. …… 2247

8. 北极果属（天栌属）
Arctous (A. Gray) Niedenzu …………………… 2253
9. 岩高兰属 *Empetrum* L. ………………………… 2254
10. 松毛翠属 *Phyllodoce* Salisb. ……………… 2255
11. 地桂属（甸杜属）
Chamaedaphne Moench ………………………… 2256
12. 杜鹃属（杜鹃花属） *Rhododendron* L. … 2257
13. 青姬木属（仙女越橘属） *Andromeda* L. … 2268
146. 杜仲科 Eucommiaceae ………………… 2269
杜仲属 *Eucommia* Oliver ……………………… 2269
147. 茜草科 Rubiaceae ……………………… 2270
1. 鸡矢藤属 *Paederia* L. ………………………… 2271
2. 野丁香属 *Leptodermis* Wall. ………………… 2272
3. 五星花属 *Pentas* Benth. ……………………… 2272
4. 茜草属 *Rubia* L. ……………………………… 2273
5. 车叶草属 *Asperula* L. ………………………… 2277
6. 拉拉藤属 *Galium* L. ………………………… 2280
148. 龙胆科 Gentianaceae ………………… 2292
1. 翼萼蔓属 *Pterygocalyx* Maxim. …………… 2293
2. 百金花属 *Centaurium* Hill. ………………… 2293
3. 龙胆属 *Gentiana* L. ………………………… 2294
4. 扁蕾属 *Gentianopsis* Ma …………………… 2304
5. 喉毛花属 *Comastoma* (Wettst.) Toyokuni … 2306
6. 假龙胆属 *Gentianella* Moech………………… 2306
7. 花锚属 *Halenia* Borkh. ……………………… 2307
8. 肋柱花属 *Lomatogonium* A. Br.……………… 2308
9. 腺鳞草属 *Anagallidium* Griseb.……………… 2310
10. 獐牙菜属 *Swertia* L. ………………………… 2310
149. 夹竹桃科 Apocynaceae ………………… 2316
1. 长春花属 *Catharanthus* G. Don …………… 2317
2. 罗布麻属 *Apocynum* L. ……………………… 2318
3. 杠柳属 *Periploca* L. ………………………… 2319
4. 马利筋属 *Asclepias* L. ……………………… 2320
5. 鹅绒藤属（白前属） *Cynanchum* L. ……… 2321
6. 萝藦属 *Metaplexis* R. Br. …………………… 2334
150. 紫草科 Boraginaceae ………………… 2335
1. 厚壳树属 *Ehretia* L. ………………………… 2337
2. 紫丹属 *Tournefortia* L.……………………… 2338
3. 颅果草属 *Craniospermum* Lehm. …………… 2340
4. 紫筒草属 *Stenosolenium* Turcz. …………… 2341
5. 田紫草属 *Buglossoides* Moench …………… 2342
6. 肺草属 *Pulmonaria* L. ……………………… 2343
7. 紫草属 *Lithospermum* L. …………………… 2343
8. 糙草属 *Asperugo* L. ………………………… 2344
9. 琉璃草属 *Cynoglossum* L. ………………… 2345
10. 鹤虱属 *Lappula* Moench.…………………… 2347
11. 齿缘草属 *Eritrichium* Schrad. …………… 2349
12. 假鹤虱属 *Hackelia* Opiz ………………… 2354
13. 山茄子属 *Brachybotrys* Maxim. ex Oliv. … 2356
14. 滨紫草属 *Mertensia* Roth………………… 2356
15. 聚合草属 *Symphytum* L. ………………… 2357
16. 蓝蓟属 *Echium* L. ………………………… 2358
17. 盾果草属 *Thyrocarpus* Hance…………… 2359
18. 假狼紫草属 *Nonea* Medic. ……………… 2360
19. 牛舌草属 *Anchusa* L. …………………… 2361
20. 斑种草属 *Bothriospermum* Bunge ……… 2362
21. 琉璃苣属 *Borago* L. ……………………… 2366
22. 附地菜属 *Trigonotis* Stev. ……………… 2366
23. 勿忘草属 *Myosotis* L. …………………… 2370
151. 旋花科 Convolvulaceae ……………… 2372
1. 菟丝子属 *Cuscuta* L. ……………………… 2373
2. 马蹄金属 *Dichondra* J. R. et G. Forst. …… 2378
3. 旋花属 *Convolvulus* L. …………………… 2379
4. 鱼黄草属 *Merremia* Dennst. ……………… 2387
5. 茑萝属 *Quamoclit* Mill. …………………… 2389
6. 虎掌藤属（番薯属） *Ipomoea* L. ……… 2391
7. 牵牛属 *Pharbitis* Choisy ………………… 2395
152. 茄科 Solanaceae ……………………… 2398
1. 枸杞属 *Lycium* L. ………………………… 2399
2. 假酸浆属 *Nicandra* Adans. ……………… 2402
3. 灯笼果属（酸浆属） *Physalis* L. ……… 2403
4. 散血丹属 *Physaliastrum* Makino ……… 2408
5. 茄属 *Solanum* L. ………………………… 2409
6. 颠茄属 *Atropa* L. ………………………… 2424
7. 辣椒属 *Capsicum* L. ……………………… 2425
8. 脬囊草属（泡囊草属）
Physochlaina G. Don ……………………… 2428
9. 天仙子属 *Hyoscyamus* L. ………………… 2429
10. 曼陀罗属 *Datura* L. ……………………… 2430
11. 曼陀罗木属 *Brugmansia* Pers. ………… 2434
12. 矮牵牛属（碧冬茄属） *Petunia* Juss. … 2435
13. 烟草属 *Nicotiana* L. ……………………… 2435
153. 木樨科（木犀科） Oleaceae ………… 2437
1. 梣属（白蜡树属） *Fraxinus* L. ………… 2438

2. 雪柳属 *Fontanesia* Labill. ······················· 2444
3. 丁香属 *Syringa* L. ······························· 2444
4. 连翘属 *Forsythia* Vahl ··························· 2461
5. 北美流苏树属 *Chionanthus* L. ················· 2465
6. 木樨属（木犀属） *Osmanthus* Lour. ········ 2466
7. 女贞属 *Ligustrum* L. ····························· 2467
8. 素馨属（茉莉属） *Jasminum* L. ·············· 2471
154. 苦苣苔科 Gesneriaceae ················· 2472
旋蒴苣苔属（扁冠苣苔属、牛耳草属）
Boea Comm. ex Lam. ···························· 2472
155. 车前科（车前草科） Plantaginaceae··· 2473
1. 杉叶藻属 *Hippuris* L. ···························· 2474
2. 水马齿属 *Callitriche* L. ························ 2475
3. 茶菱属 *Trapella* Oliv. ··························· 2477
4. 车前属 *Plantago* L. ······························ 2479
5. 石龙尾属 *Limnophila* R. Br. ·················· 2489
6. 柳穿鱼属 *Linaria* Mill. ························· 2490
7. 金鱼草属 *Antirrhinum* L. ························ 2493
8. 香彩雀属 *Angelonia* Bonpl. ··················· 2494
9. 钓钟柳属 *Penstemon* Schmidel ··············· 2494
10. 腹水草属 *Veronicastrum* Heist. ex Farbic. ··· 2496
11. 婆婆纳属 *Veronica* L. ·························· 2497
12. 毛地黄属 *Digitalis* L. ··························· 2511
13. 水八角属 *Gratiola* L. ··························· 2512
14. 泽番椒属 *Deinostema* T. Yamazaki ········· 2512
156. 玄参科 Scrophulariaceae················· 2513
1. 醉鱼草属 *Buddleja* L. ··························· 2513
2. 双距花属 *Diascia* Link & Otto ··············· 2515
3. 水茫草属 *Limosella* L.··························· 2516
4. 毛蕊花属 *Verbascum* L. ························ 2516
5. 玄参属 *Scrophularia* L. ························ 2517
157. 母草科 Linderniaceae ····················· 2522
1. 蝴蝶草属 *Torenia* L.······························ 2522
2. 陌上菜属（母草属） *Lindernia* All. ·········· 2523
158. 芝麻科（胡麻科） Pedaliaceae ········ 2524
芝麻属（胡麻属） *Sesamum* L. ················· 2524
159. 爵床科 Acanthaceae························ 2525
1. 穿心莲属 *Andrographis* Wall. ex Nees ······ 2526
2. 爵床属 *Justicia* L. ······························· 2527
160. 紫葳科 Bignoniaceae ···················· 2527
1. 角蒿属 *Incarvillea* Juss. ························ 2528
2. 梓属（梓树属） *Catalpa* Scop.················· 2529
3. 肖粉凌霄属（非洲凌霄属）
Podranea Sprague ································ 2532
4. 凌霄属 *Campsis* Lour. ·························· 2533
161. 狸藻科 Lentibulariaceae ················· 2534
1. 狸藻属 *Utricularia* L. ··························· 2534
2. 捕虫堇属 *Pinguicula* L. ························· 2538
162. 马鞭草科 Verbenaceae····················· 2539
1. 过江藤属 *Phyla* Lour. ·························· 2539
2. 马鞭草属 *Verbena* L. ··························· 2540
3. 美女樱属 *Glandularia* J. F. Gmel. ············ 2544
163. 唇形科 Lamiaceae（Labiatae） ········ 2545
1. 莸属 *Caryopteris* Bunge ······················· 2548
2. 牡荆属（黄荆属） *Vitex* L.······················ 2549
3. 大青属（赪桐属） *Clerodendrum* L. ········ 2552
4. 紫珠属 *Callicarpa* L. ··························· 2553
5. 筋骨草属 *Ajuga* L. ······························ 2555
6. 香科科属 *Teucrium* L. ························· 2558
7. 美国薄荷属 *Monarda* L. ······················· 2560
8. 水棘针属 *Amethystea* L.························ 2561
9. 黄芩属 *Scutellaria* L. ·························· 2562
10. 薰衣草属 *Lavandula* L.························· 2574
11. 罗勒属 *Ocimum* L. ····························· 2577
12. 马刺花属（延命草属）
Plectranthus L'Hér. ····························· 2578
13. 香茶菜属
Isodon (Schrader ex Bentham) Spach ······ 2579
14. 夏至草属 *Lagopsis* Bunge ex Benth.········· 2583
15. 刺蕊草属 *Pogostemon* Desf. ················· 2584
16. 香薷属 *Elsholtzia* Willd. ······················ 2585
17. 鼠尾草属 *Salvia* L.······························ 2589
18. 紫苏属 *Perilla* L.································ 2597
19. 薄荷属 *Mentha* L. ······························ 2599
20. 地笋属（地瓜苗属） *Lycopus* L. ··········· 2601
21. 石荠苎属（荠苎属）
Mosla (Benth.) Buch.-Ham. ex Maxim. ······ 2605
22. 藿香属 *Agastache* Clayt. et Gronov ········ 2607
23. 裂叶荆芥属 *Schizonepeta* Briq. ·············· 2608
24. 青兰属 *Dracocephalum* L. ····················· 2610
25. 假龙头花属 *Physostegia* Benth. ·············· 2614
26. 荆芥属 *Nepeta* L. ······························· 2615
27. 活血丹属（连钱草属） *Glechoma* L.········· 2618
28. 龙头草属 *Meehania* Britt. ex Small et Vaill. ··· 2620

29. 百里香属 *Thymus* L. ························ 2621
30. 夏枯草属 *Prunella* L. ························ 2628
31. 糙苏属 *Phlomoides* Moench ························ 2630
32. 鼬瓣花属 *Galeopsis* L. ························ 2636
33. 野芝麻属 *Lamium* L. ························ 2637
34. 益母草属 *Leonurus* L. ························ 2639
35. 风轮菜属 *Clinopodium* L. ························ 2645
36. 水苏属 *Stachys* L. ························ 2647
164. 通泉草科 Mazaceae ························ 2651
通泉草属 *Mazus* Lour. ························ 2651
165. 透骨草科 Phrymaceae ························ 2653
1. 狗面花属（沟酸浆属） *Mimulus* L. ························ 2654
2. 透骨草属 *Phryma* L. ························ 2654
166. 泡桐科 Paulowniaceae ························ 2657
泡桐属 *Paulownia* Sieb. et Zucc. ························ 2658
167. 列当科 Orobanchaceae ························ 2661
1. 黄筒花属 *Phacellanthus* Sieb. et Zucc. ························ 2662
2. 草苁蓉属
Boschniakia C. A. Mey. ex Bongard ························ 2663
3. 列当属 *Orobanche* L. ························ 2664
4. 地黄属
Rehmannia Libosch. ex Fisch. et Mey. ························ 2668
5. 火焰草属 *Castilleja* Mutis ex L. f. ························ 2669
6. 鼻花属 *Rhinanthus* L. ························ 2670
7. 山罗花属（山萝花属） *Melampyrum* L. ························ 2670
8. 大黄花属（芯芭属） *Cymbaria* L. ························ 2672
9. 阴行草属 *Siphonostegia* Benth. ························ 2673
10. 马先蒿属 *Pedicularis* L. ························ 2674
11. 松蒿属 *Phtheirospermum* Bunge ························ 2686
12. 脐草属 *Omphalotrix* Maxim. ························ 2687
13. 疗齿草属 *Odontites* Ludwig ························ 2688
14. 小米草属 *Euphrasia* L. ························ 2688

第四章

被子植物

（Angiosperms）

121. 檀香科 Santalaceae

Santalaceae R. Br., Prodr. Fl. Nov. Holland. 350. 1810, *nom. cons.*

木贼门、木贼亚门、木兰纲、蔷薇亚纲、檀香超目、檀香目（Santalales）。

乔木、灌木或草本，有时寄生于其他树上或根上。叶互生或对生，全缘，有时退化为鳞片。花单生或排成各式花序；花两性或单性，辐射对称；萼花瓣状，常肉质，淡绿色，裂片3～6；无花瓣；有花盘；雄蕊3～6，与萼片对生；子房下位或半下位，1室，胚珠1～3。核果或坚果；种子1，具胚乳。

本科全世界有43属950余种，分布于热带至温带地区。中国产10属51种，南北各地均有分布。东北地区产2属6种1变种。

分属检索表

1. 多年生或一年生草本，偶呈亚灌木状；叶互生，狭长而具1～3脉，或叶退化呈鳞片状 ……………… 1. 百蕊草属 Thesium
1. 寄生性灌木或亚灌木；叶对生，具基出脉，或叶退化呈鳞片状 ……………… 2. 槲寄生属 Viscum

1 百蕊草属 *Thesium* L.

Thesium L., Sp. Pl. 207. 1753.

多年生或一年生草本，偶呈亚灌木状。叶互生，具1～3脉，有时呈鳞片状。花序通常为总状花序，常集成圆锥花序式，有时呈小聚伞花序或具腋生单花，有花梗；花两性，通常黄绿色；花被与子房合生，花被管延伸于子房之上呈钟状、圆筒状、漏斗状或管状，常深裂，裂片4～5；雄蕊4～5，着生于花被裂片的基部，花丝内藏，花药卵形或长圆形；子房下位；花柱长或短，柱头头状或不明显3裂。坚果顶端有宿存花被，外果皮膜质，很少略带肉质，内果皮骨质或稍硬，常有棱。

本属全世界约245种，广布于全世界温带地区，少数产于热带。中国有16种，南北大部分省区有分布。东北地区产5种1变种。

分种检索表

1. 果实表面具明显的网状脉棱；子房无子房柄（1. 百蕊草 Th. chinense Turcz.）。
  2. 果梗长3～3.5毫米 ……………… 1a. 百蕊草 Th. chinense var. chinense
  2. 果梗长4～8毫米 ……………… 1b. 长梗百蕊草 Th. chinense var. longipedunculatum Y. C. Chu
1. 果实表面具明显的纵脉棱，纵脉棱偶有分叉，但不形成网状脉棱；子房有子房柄。
  3. 花长约8毫米；子房柄长0.8～1毫米；宿存花被比果长 ……………… 2. 短苞百蕊草 Th. longiperianthium X. H. Xu et W. Jun Li
  3. 花长4～7毫米。
    4. 子房柄长1～1.5毫米；宿存花被与果等长或稍短 ……………… 3. 砾地百蕊草 Th. saxatile Turcz. ex A. DC.
    4. 子房柄长0.2～0.5毫米；宿存花被比果短。
      5. 叶长达4.5厘米，通常3脉；花梗比花短；果梗直斜上，花轴不呈“之”字形弯曲 ……………… 4. 长叶百蕊草 Th. longifolium Turcz.

（接上表）

5. 叶长2.5～4厘米，通常1脉；花梗比花长；果梗回曲或下倾，花轴呈“之”字形弯曲 ………………………………………… 5. 急折百蕊草 Th. refractum C. A. Mey.

（1）百蕊草（辽宁植物志，黑龙江省植物志，内蒙古植物志，东北植物检索表，东北草本植物志，中国植物志，Flora of China）

Thesium chinense Turcz. in Bull. Soc. Nat. Mosc. 10 (7): 157. 1837; 东北草本植物志2: 15. 图12. 1959; 中国植物志24: 80. 图版19: 1～4. 1988; 辽宁植物志（上册）: 311. 图版123: 1～3. 1988; 内蒙古植物志（第二版）2: 136. 图版50: 4. 1990; 黑龙江省植物志4: 197. 图版50: 1～4. 1992; 东北植物检索表（第二版）: 119. 图版50: 7. 1995; Fl. China 5: 213. 2003.

■ 百蕊草

果枝

根部

花枝

茎叶

植株

植株一部分

（1a）百蕊草（原变种）

Thesium chinense var. *chinense*

生山坡灌丛间、林缘、石砾质地、干燥草地等处。产黑龙江省伊春、密山、东宁、宁安、阿城、尚志等兴安岭至完达山脉的东部山区，西部肇东至泰康也有分布；吉林省前郭、通化、磐石等地；辽宁省沈阳、抚顺、鞍山、营口、凤城、丹东、东港、熊岳、长海、建昌、锦州、义县、昌图、开原、新宾等地；内蒙古自治区扎兰屯、科尔沁右翼前旗、科尔沁右翼中旗、科尔沁左翼后旗、奈曼旗、镶黄旗等地。

全草有清热解毒、解暑作用，用于肠炎、肺脓疡、扁桃体炎、中暑等。

（1b）长梗百蕊草（变种）（辽宁植物志，内蒙古植物志，黑龙江省植物志，东北植物检索表，中国植物志，Flora of China）

Thesium chinense var. *longipedunculatum* Y. C. Chu, 东北草本植物志2: 16，107. 1959; 中国植物志24: 80. 1988; 辽宁植物志（上册）: 312. 1988; 内蒙古植物志（第二版）2: 137. 1990; 黑龙江省植物志4: 198. 1992; 东北植物检索表（第二版）: 119. 1995; Fl. China 5: 213. 2003.

生干燥山坡。产黑龙江省牡丹江、哈尔滨等地；吉林省安图、通化等地；辽宁省沈阳（模式标本采自东陵）、鞍山、兴城等地；内蒙古自治区海拉尔、科尔沁右翼前旗、科尔沁右翼中旗、扎赉特旗等地。

■ 长梗百蕊草

植株

植株一部分

（2）短苞百蕊草（内蒙古植物志，中国植物志，Flora of China）

Thesium longiperianthium X. H. Xu et W. Jun Li in Biodiversity Data Journal 8: e59007. 2020.——*Thesium brevibracteatum* Tam in Bull. Bot. Resear. 1 (3) : 73, f. 3. 1981; 中国植物志24: 84. 图版19: 12 ~ 13. 1988; 内蒙古植物志（第二版）2: 139. 图版50: 6. 1990; Fl. China 5: 215. 2003.

生沙丘的向阳处。产内蒙古自治区新巴尔虎左旗、科尔沁右翼前旗、锡林浩特、正蓝旗等地。

■ 短苞百蕊草

花序一部分

植株一部分

（3）砾地百蕊草（东北植物检索表，东北草本植物志）

Thesium saxatile Turcz. ex A. DC. in Prodr. XIV: 640. 1857, 东北草本植物志2: 17. 1959; 东北植物检索表（第二版）: 120. 1995.

生石砾质地及沙丘上。产内蒙古自治区根河、通辽、锡林郭勒等地。

（4）长叶百蕊草（辽宁植物志，黑龙江省植物志，内蒙古植物志，东北植物检索表，中国植物志，Flora of China）

Thesium longifolium Turcz. in Bull. Soc. Nat. Mosc. 25 (2) : 469. 1852; 东北草本植物志2: 16. 图13. 1959; 中国植物志24: 82. 1988; 辽宁植物志（上册）: 312. 图版123: 4 ~ 5. 1988; 内蒙古植物志（第二版）2: 137. 图版50: 1 ~ 3. 1990; 黑龙江省植物志4: 198. 图版50: 5 ~ 8. 1992; 东北植物检索表（第二版）: 119. 图版50: 8. 1995; Fl. China 5: 214. 2003.

生沙地、沙质草原、山坡、山地草原、林缘、灌丛中。产黑龙江省呼玛、黑河、东宁等地；辽宁省凤城、宽甸等地；内蒙古自治区根河、科尔沁右翼前旗、科尔沁右翼中旗、扎赉特旗、赤峰市红山区、西乌珠穆沁旗、锡林浩特、阿巴嘎旗、正蓝旗等地。

全草有杀虫、止痒、止痢、祛风清热、解痉作用，用于感冒、中暑、咳嗽等。

■ 长叶百蕊草

居群

植株一部分

茎叶

花序一部分

（5）急折百蕊草（辽宁植物志，黑龙江省植物志，内蒙古植物志，东北植物检索表，东北草本植物志，中国植物志，Flora of China）

Thesium refractum C. A. Mey. in Bull. Soc. Acad. Petersb. 8: 340. 1841; 东北草本植物志2: 17. 1959; 中国植物志24: 82. 1988; 辽宁植物志（上册）: 312. 图版123: 6. 1988; 内蒙古植物志（第二版）2: 137. 图版50: 5. 1990; 黑龙江省植物志4: 199. 图版50: 9～13. 1992; 东北植物检索表（第二版）: 120. 图版50: 9. 1995; Fl. China 5: 214. 2003.

生草甸和多沙砾的坡地。产黑龙江省呼玛、密山、东宁等地；吉林省汪清等地；辽宁省彰武、建平等地；内蒙古自治区根河、新巴尔虎旗、新巴尔虎右旗、鄂温克、科尔沁右翼前旗、科尔沁右翼中旗、科尔沁左翼后旗、扎鲁特旗、喀喇沁旗、西乌珠穆沁旗、锡林浩特、正蓝旗、太仆寺旗等地。

全草有清热解痉、利湿消疳作用，用于感冒、咳嗽、小儿惊风、风湿骨痛等。

■ 急折百蕊草

果枝

花正面观

植株

2 槲寄生属 *Viscum* L.

Viscum L., Sp. Pl. 1023. 1753.

寄生性灌木或亚灌木。茎、枝圆柱状或扁平，具明显的节，相邻的节间互相垂直；枝对生或二歧分枝。叶对生，具基出脉或叶退化呈鳞片状。雌雄同株或异株；聚伞式花序，顶生或腋生，通常具花3～7朵；花单性，无花梗；副萼无；花被萼片状。雄花：花托辐状；萼片通常4枚；雄蕊贴生于萼片上，花丝无，花药圆形或椭圆形，多室，药室大小不等，孔裂。雌花：花托卵球形至椭圆状；萼片4枚，稀3枚，通常花后凋落；子房1室，基生胎座，花柱短或几无，柱头乳头状或垫状。浆果近球形或卵球形或椭圆状，常具宿存花柱，外果皮平滑或具小瘤体，中果皮具黏胶质。

本属全世界约70种，分布于东半球，主产热带和亚热带地区，少数种类分布于温带地区。中国有12种，除新疆外，各省区均有。东北地区产1种。

槲寄生（辽宁植物志，黑龙江省植物志，内蒙古植物志，东北植物检索表，中国植物志，Flora of China）

Viscum coloratum (Kom) Nakai in Rep. Veg. Degelet Isl. 17. 1919; 中国植物志24: 148. 1988; 辽宁植物志（上册）: 315. 图版124: 2～3. 1988; 内蒙古植物志（第二版）2: 142. 图版51: 4～5. 1990; 黑龙江省植物志4: 202. 图51. 1992; 东北植物检索表（第二版）: 120. 图版50: 11. 1995; Fl. China 5: 243. 2003.

常绿小灌木；枝2～3叉状分枝，圆柱形，黄绿色；叶对生枝端，叶片稍肉质，长圆形或倒披针形，全缘；花单性，雌雄异株，绿黄色，雄花3～5朵簇生，雌花1～3朵簇生；浆果球形，熟时为黄色或橙红色。寄生杨树、柳树、梨树、榆树等树枝上。产黑龙江省萝北、伊春、汤原等地；吉林省桦甸、临江、抚松、靖宇、长白、安图等地；辽宁省庄河、沈阳、鞍山、本溪、盖州、岫岩、开原、新宾等地；内蒙古自治区扎兰屯、科尔沁右翼前旗、扎赉特旗、宁城等地。

全株有祛风湿、补肝肾、强筋骨、降血压及安胎、催乳作用。

■ 槲寄生

红果

雌花

黄果

雄花

寄生于梨树

植株

122. 桑寄生科 Loranthaceae

Loranthaceae Juss., Ann. Mus. Natl. Hist. Nat. 12: 292. 1808, *nom. cons.*

木贼门、木贼亚门、木兰纲、蔷薇亚纲、檀香超目、檀香目（Santalales）。

半寄生性灌木、亚灌木、稀小乔木。花两性，稀单性（雌雄异株）；具副萼，花被花瓣状；花药2～4室，纵裂；花粉粒扁球形，极面观通常3裂瓣形，稀球形。浆果，果皮的黏胶质层位于维管束之外，稀为核果。

本科全世界约有75属900～950种，主要分布于热带和亚热带地区。中国有8属51种。东北地区产1属1种。

桑寄生属 *Loranthus* Jacq.

Loranthus Jacq. Enum. Stirp. Vindob. 55: 230, t. 3. 1762.

寄生性灌木，嫩枝、叶均无毛。叶对生或近对生，侧脉羽状。穗状花序，腋生或顶生，花序轴在花着生处通常稍下陷；花两性或单性（雌雄异株），5～6数，辐射对称，每朵花具苞片1枚；花托通常卵球形；副萼环状；花冠长不及1厘米，花蕾时棒状或倒卵球形，直立，花瓣离生；雄蕊着生于花瓣上，花丝短，花药近球形或近双球形，4室，稀2室，纵裂；子房1室，基生胎座，花柱柱状，柱头头状或钝。浆果卵球形或近球形，顶端具宿存副萼，外果皮平滑，中果皮具黏胶质。

本属全世界约10种，分布于欧洲和亚洲的温带和亚热带地区。中国有6种，温暖地区和亚热带各省区均有分布。东北地区产1种。

北桑寄生（辽宁植物志，内蒙古植物志，东北植物检索表，中国植物志，Flora of China）

Loranthus tanakae Franch. in Enum. Pl. Jap. 482. 1876; 中国植物志24: 102. 图版23: 1 ~ 7. 1988; 内蒙古植物志（第二版）2: 140. 图版51: 1 ~ 3. 1990; 辽宁植物志（上册）: 314. 图版124: 1. 1988; 东北植物检索表（第二版）: 120. 图版50: 10. 1995; Fl. China 5: 223. 2003.

落叶小灌木；叶绿色，倒卵形至椭圆形，全缘；花两性或单性，雌雄同株或异株，穗状花序，具5 ~ 8对近对生的花；浆果球形，半透明，橙黄色。常寄生栎树、桦树、榆树、苹果树等植物上。产辽宁省庄河、朝阳、凌源等地；内蒙古自治区宁城。

全株有消肿止痛、祛风湿、安胎作用，用于疮疖、风湿筋骨痛、胎动不安。

■ 北桑寄生

果序

茎

植株一部分

123. 柽柳科 Tamaricaceae

Tamaricaceae Link, Enum. Hort. Berol. Alt. 1: 291. 1821, *nom. cons.*

木贼门、木贼亚门、木兰纲、蔷薇亚纲、石竹超目、石竹目（Caryophyllales）。

灌木、半灌木或乔木。叶多呈鳞片状，互生，常无叶柄。花通常集成总状花序或圆锥花序，稀单生，通常两性，整齐；花萼4 ~ 5深裂，宿存；花瓣4 ~ 5，分离，花后脱落或有时宿存；下位花盘常肥厚，蜜腺状；雄蕊4、5或多数，常分离；雌蕊1，由2 ~ 5心皮构成，子房上位，1室；花柱短，通常3 ~ 5，分离，有时结合。蒴果圆锥形，室背开裂。

本科全世界有5属80 ~ 100种，主要分布于草原和荒漠地区。中国有3属32种。东北地区产2属2种。

分属检索表

1. 较大型灌木或乔木；多花集成总状或穗状花序，花瓣内侧无附属物 ……………………………… 1. 柽柳属 Tamarix
1. 半灌木或灌木；花单生或多花集成稀疏的总状花序，花瓣内侧具2附属物 …………………… 2. 红砂属 Reaumuria

1 柽柳属 *Tamarix* L.

Tamarix L., Sp. Pl. 270. 1753.

灌木或乔木。叶小，鳞片状，互生，无柄，抱茎或呈鞘状。花集成总状花序或圆锥花序，春季开花；花两性，稀单性，4.5（~6）数；苞片1枚；花萼草质或肉质，深4~5裂，宿存，裂片全缘或微具细牙齿；花瓣与花萼裂片同数；雄蕊4~5，单轮，与花萼裂片对生，或为多数，外轮与花萼裂片对生，花丝常分离，着生在花盘裂片间或裂片顶端，花药心形，丁字着药，2室，纵裂；雌蕊1，由3~4心皮构成，子房上位，多呈圆锥形，1室，花柱3~4，柱头短，头状。蒴果圆锥形，室背3瓣裂。

本属全世界约90种，主要分布于亚洲大陆和北非，部分分布于欧洲的干旱和半干旱区域，间断分布于南非西海岸。中国约产18种1变种，主要分布于西北、华北地区及内蒙古自治区。东北地区产1种。

柽柳（辽宁植物志，内蒙古植物志，东北植物检索表，中国植物志，Flora of China）；桧柽柳（辽宁植物志）

Tamarix chinensis Lour. in Fl. Cochinch. 182. 1790; 辽宁植物志（上册）: 1200. 图版516: 1~5. 1988; 内蒙古植物志（第二版）3: 523. 图版208: 1~3. 1989; 中国植物志50(2): 157. 图版43: 1~7. 1990; 东北植物检

■ 柽柳

植株一部分

花序

花序一部分

植株上部

植株

索表（第二版）: 429. 图版212: 4. 1995; 黑龙江省植物志7: 194. 图版98. 2003; Fl. China 13: 63. 2007.——*T. juniperina* Bunge in Mem. Acad. Sci. Petersb. Sav. Etr. 2: 103. 1835; 辽宁植物志（上册）: 1200. 图版516: 6 ~ 8. 1988.

落叶灌木或小乔木；幼枝细长，扩展而下垂；叶小而呈鳞片状，淡蓝绿色，钻形；圆锥花序，花淡粉红色，花瓣5；蒴果狭卵状锥形。喜生潮湿盐碱地和沙荒地。产辽宁省盘锦、大连、金州、普兰店，内蒙古自治区科尔沁左翼后旗等地。黑龙江省有栽培。

优良的盐碱地造林树种。枝条可供编织用；嫩枝及叶入药，能解表、利尿、祛风湿。

2 红砂属 *Reaumuria* L.

Reaumuria L. Syst. Nat. ed. 10, 2: 1081, 1374. 1759.

半灌木或灌木。叶细小，鳞片状，短圆柱形或线形，全缘，常为肉质或革质，几乎无柄，有泌盐腺体。花单生于侧枝上或生于缩短的小枝上，或集成稀疏的总状花序状；花两性，5数；苞片覆瓦状排列，较花冠略长或略短；花萼近钟形，宿存；花瓣脱落或宿存，下半部内侧具2枚鳞片状附属物，边缘缝状撕裂，锯齿状或全缘，雄蕊，5至多数，分离或花丝基部合生成5束，与花瓣对生；雌蕊1，子房圆形或广椭圆形，花柱3 ~ 5。蒴果软骨质，3 ~ 5瓣裂。

本属全世界共12种，主要分布于亚洲大陆、南欧和北非。中国有4种。东北地区产1种。

红砂（中国植物志，Flora of China）；红沙（内蒙古植物志）

Reaumuria soongarica (Pall.) Maxim. Fl. Tangut. 1: 97. 1889 et Enum. Pl. Mong. 1: 107. 1889; 内蒙古植物志

■ 红砂

果期植株一部分

果枝

花期植株一部分

花枝

植株

（第二版）3: 520. 图版206: 1 ~ 6. 1989; 中国植物志50(2): 143. 图版39: 12 ~ 17. 1990; Fl. China13: 58. 2007.

小灌木；小枝常呈淡红色；叶肉质，短圆柱形，鳞片状浅灰蓝绿色，具点状的泌盐腺体；花单生叶腋或在幼枝上端集成少花的总状花序状，花瓣5，白色略带淡红色；蒴果长椭圆形或纺锤形或三棱锥形。生荒漠地区的山前冲积、洪积平原上和戈壁侵蚀面上，亦生低地边缘，基质多为粗砾质戈壁，也生壤土上。产内蒙古自治区满洲里等地。

为植物蛋白质和氨基酸资源，枝叶富含粗蛋白、粗脂肪、粗纤维等，羊与骆驼喜食。

124. 白花丹科（矶松科） Plumbaginaceae

Plumbaginaceae Juss., Gen. Pl. [Jussieu] 92. 1789, *nom. cons.*

木贼门、木贼亚门、木兰纲、蔷薇亚纲、石竹超目、石竹目（Caryophyllales）。

草本或灌木。叶旋转状或互生。花两性，辐射对称，排成穗状、头状或圆锥花序；具苞片，边缘常膜质；花萼干膜质，管状或漏斗状，5齿裂，有棱，筒部常有粗毛；花瓣5，结合成管状，或仅基部生；雄蕊5，与花瓣对生，下位或着生于花瓣上；子房上位，1室，有胚珠1，花柱5，分离或合生。果包藏于萼内，开裂或不开裂；种子具薄层粉质胚乳。

本科全世界约有28属440 ~ 790种，世界广布，主产地中海区域和亚洲中部，南半球最少。中国有7属46种，分布于西南、西北、华北、东北地区和河南、临海各省区，主产于新疆。东北地区产5属9种，其中栽培2种。

分属检索表

1. 花序密集成半球形；叶片线形或披针形 ……………………………… 1. 海石竹属 Armeria
1. 花序伞房状、圆锥状或穗状，罕为头状；叶片椭圆形、长圆形、圆形或倒卵形。
  2. 花柱1枚；木本或草本。
    3. 木本或多年生草本；花大；花萼的筒部或裂片都有腺体 ……………… 2. 白花丹属 Plumbago
    3. 一年生草本；花小；花萼只是裂片上有腺体 …………………………… 3. 鸡娃草属 Plumbagella
  2. 花柱5枚；多年生草本。
    4. 柱头圆柱形至丝状圆柱形；外苞片明显短于第一内苞片，苞片及叶先端无硬尖 ……… 4. 补血草属 Limonium
    4. 柱头扁头状；外苞片通常长于第一内苞片，苞片及叶先端有草质硬尖 ……………… 5. 驼舌草属 Goniolimon

1 海石竹属 *Armeria* Willdenow

Armeria Willdenow, Enum. Pl. 1: 333. 1809.

多年生草本植物，无茎。叶在基部莲座状丛生；叶片线形至匙形或披针形，基部狭窄，全缘。花葶无毛或密被短柔毛，有时具皱纹；半球状花序生花葶顶端；花梗无或短；花一型或二型；花萼漏斗形，有10棱；筒部通常仅在棱上具短柔毛或四周均有毛，很少无毛；花瓣基部稍合生，白色到深紫色；花丝贴生于花冠基部；花柱5，离生，下部有毛；柱头线形，具乳突或光滑。果干燥，内藏在宿存花萼内，横向开裂。

本属全世界约50种，分布于北美洲、南美洲、欧洲、西亚、非洲。中国引进1种，东北地区有栽培。

海石竹（大连植物彩色图谱）；荷兰草

Armeria maritima (Mill.) Willd. in Enum. Pl. 333. 1809.

多年生低矮草本；丛生状；叶线状长剑形，全缘；花茎细长，小花紫红色，聚生花茎顶端，呈半圆球形。原产欧洲、美洲。辽宁省大连有栽培。

花姿小巧可爱，花色鲜艳，适于花坛美化、小盆栽或做地被。

■ 海石竹

花序

植株

2 白花丹属 *Plumbago* L.

Plumbago L., Sp. Pl. 151. 1753.

灌木、半灌木或多年生草本，少为一年生草本。叶互生，叶片宽阔，下部狭细成柄，叶柄基部常具耳，半抱茎。穗状花序；每小穗含1花；苞和小苞均为草质，带绿色；花萼管状具5条脉棱；花冠高脚碟状，花冠筒细，远较萼长，裂片5，先端圆或尖，外展成辐状冠檐；雄蕊下位，花丝基部扩张而内凹，花药线形；子房椭圆形、卵形至梨形；花柱1枚；柱头5枚，伸长，指状，内侧具钉状或头状腺质突起。蒴果；种子椭圆形至卵形。

本属全世界约17种，主要分布于热带。中国有2～3种，分布于华南和西南各省区南部；另引进1种。东北地区栽培1种。

蓝花丹（中国植物志）；蓝茉莉（华北经济植物志要）

Plumbago auriculata Lam. Encycl. Meth. Bot. 2: 270. 1786; 中国高等植物图鉴 3: 292. 图4538. 1974; 中国植物志60(1): 6. 图版1: 5～6. 1987.

常绿柔弱半灌木。叶通常菱状卵形至狭长卵形。穗状花序；苞片线状狭长卵形，小苞长狭卵形或长卵形；花冠淡蓝色至蓝白色；雄蕊略露于喉部之外，花药蓝色；子房近梨形，有5棱。原产南非南部，中国华南、华东、西南地区和北京常有栽培。辽宁省沈阳、大连有栽培。

常作为观赏植物栽培。根在印度用以治瘊子。

■ 蓝花丹

花

花序

植株一部分

3 鸡娃草属 *Plumbagella* Spach

Plumbagella Spach, Hist. Nat. Veg. Phan. 10: 333. 1841. in nota.

一年生草本。叶互生，基部半抱茎，两侧耳部沿茎上细棱下延。花序生于茎枝顶端，初时近头状，渐延伸成短穗状；小穗含2～3花，具1枚叶状的草质苞片，每花具2枚膜质小苞，花小，具短梗；萼硬草质，管状圆锥形，略显有5棱角，先端具5裂片，裂片边缘着生具柄的腺，萼筒无腺而于结果时自棱上形成1～2个鸡冠状突起；花冠具狭钟状的筒部与5个近直立而露于萼外的裂片；雄蕊下位，或与花冠筒之基部略接合，花药长卵形；子房卵形，先端渐细；花柱1枚；柱头5枚，伸长，指状，内侧具钉状腺质突起（受粉面）。蒴果尖长卵形；种子长卵形。

本属全世界仅有1种。分布于蒙古、俄罗斯和中国青藏高原至天山北坡和阿尔泰山区。东北地区有分布。

鸡娃草（中国植物志，Flora of China）；小蓝雪花（中国种子植物科属辞典）

Plumbagella micrantha (Ledeb.) Spach, Hist. Nat. Veg. Phan. 10: 333. 1841; 中国植物志60(1): 9. 图版1: 7～8. 1987; Fl. China 15: 191. 1996.

■ 鸡娃草

果序

植株

植株一部分

一年生草本，或多或少被细小钙质颗粒。茎直立，具条棱，沿棱有稀疏细小皮刺。茎下部叶匙形至倒卵状披针形，向上部茎叶渐变为狭披针形至卵状披针形，由无明显的柄部至完全无柄。花序通常含4～12个小穗；小穗含2～3花；花冠淡蓝紫色。蒴果暗红褐色，有5条淡色条纹；种子红褐色。生长在细沙基质的路边、耕地和山坡草地不遮阴的地方。主产西藏、四川、甘肃、青海、新疆、内蒙古自治区。辽宁省兴城地区绿化带有分布，可能是引种带入。

青海民间用此种植物的叶治疗某些癣疾，效果很好。

4 补血草属 *Limonium* Mill.

Limonium Mill. Gard. Dict. Abridg. ed. 4. 1754.

多年生草本或半灌木状。叶簇生于茎的基部，或在半灌木种类中互生于茎上，全缘或羽状分裂。花2至数朵聚生成小穗，排列于花序分枝的顶端而成圆锥花序，花葶中部及分枝处常生有鳞状叶；小穗外被以苞片，边缘常膜质，花萼结合成漏斗状或管状，干膜质，常有颜色，有5棱，裂片5，其间有褶，花瓣匙形至椭圆形，分离或于基部合生；雄蕊5，着生于花瓣的基部，子房上位，1室，有悬垂的胚珠1，花柱5，分离，柱头丝状或圆柱状。果包藏于萼内，开裂或不开裂。

本属全世界约有300种，分布于世界各地，主要分布于欧亚大陆的地中海沿岸。中国有17～18种，分布于东北、华北、西北地区，西藏、河南和滨海省区；主产于新疆。东北地区产5种。

分种检索表

1. 花萼及花冠均为黄色；叶长1～4厘米 ………… 1. 黄花补血草 L. aureum (L.) Hill
1. 花萼紫红色、粉色或白色；叶长4厘米以上。
  2. 穗状花序在每一枝端集成一紧密近球形的复花序；花萼不明显5浅裂；花冠淡紫红色 ………… 2. 曲枝补血草 L. flexuosum (L.) Kuntze
  2. 穗状花序在每一枝端不成球形的复花序；花萼裂片明显。
    3. 花冠淡紫色 ………… 3. 烟台补血草 L. franchetii (Debx.) Kuntze
    3. 花冠黄色。
      4. 花序轴通常3～5（～10）枚；萼檐白色部分不到萼的中部，开张幅径小于萼长 ………… 4. 补血草 L. sinense (Girard) Kuntze
      4. 花序轴单生或2～5枚各由不同的叶丛中生出；萼檐白色或淡紫色部分达到萼的中部，开张幅径与萼长相等 ………… 5. 二色补血草 L. bicolor (Bunge) Kuntze

（1）黄花补血草（内蒙古植物志，东北植物检索表，中国植物志，Flora of China）；金色补血草（黑龙江省植物志，东北草本植物志）

Limonium aureum (L.) Hill in Veg. Syst. 12: 37. 1767; 东北草本植物志 7: 44. 1981; 中国植物志60(1): 37. 图版6: 1～2. 1987; 内蒙古植物志（第二版）4: 58. 图版20: 1～4. 1993; 东北植物检索表（第二版）: 504. 图版251: 2. 1995; Fl. China 15: 201. 1996; 黑龙江省植物志8: 59. 图版28. 2001.

生土质含盐的砾石滩、黄土坡和沙土地上。产黑龙江省各地；内蒙古自治区海拉尔、额尔古纳、根河、鄂伦春、新巴尔虎左旗、新巴尔虎右旗、东乌珠穆沁旗、锡林浩特、二连浩特、苏尼特右旗、镶黄旗等地。

花萼和根为民间草药，主要以花萼治妇女月经不调、鼻衄、带下。

■ 黄花补血草

花序枝

花序一部分

植株

（2）曲枝补血草（内蒙古植物志，东北植物检索表，东北草本植物志，中国植物志，Flora of China）

Limonium flexuosum (L.) Kuntze in Revis. Gen. Pl. 2: 395. 1891; 东北草本植物志 7: 44. 图版22. 1981; 中国植物志60(1): 34. 图版5: 7 ~ 8. 1987; 内蒙古植物志（第二版）4: 61. 图版21: 5 ~ 6. 1993; 东北植物检索表（第二版）: 504. 图版251: 4. 1995; Fl. China 15: 200. 1996.

生草原上。产内蒙古自治区满洲里、新巴尔虎左旗、新巴尔虎右旗等地。

■ 曲枝补血草

花序一部分

植株一部分

（3）烟台补血草（东北植物检索表，中国植物志，Flora of China）；圆萼补血草、紫萼补血草（辽宁植物志，东北草本植物志）

Limonium franchetii (Debx.) Kuntze in Revis. Gen. Pl. 2: 395. 1891; 中国植物志60(1): 32. 图版5: 1 ~ 3. 1987; 东北植物检索表（第二版）: 506. 图版251: 6. 1995; Fl. China 15: 199. 1996.——*L. teretiscaposum* S. D. Zhao, 东北草本植物志 7: 48, 255. 图版24: 1 ~ 5. 1981; 辽宁植物志（下册）: 37. 1992.——*L. subviolaceum* Q. Z. Han et S. D. Zhao, 东北草本植物志 7: 50,255. 图版25. 1981; 辽宁植物志（下册）: 35. 1992.

生海边盐碱地。产辽宁省瓦房店、长海、旅顺口等地。

全草有祛湿、清热、止血作用。

■ 烟台补血草

花侧面观

花序一部分

花序枝

基生叶

植株

（4）补血草（东北植物检索表，中国植物志，Flora of China）；中华补血草（辽宁植物志，东北草本植物志）

Limonium sinense (Girard) Kuntze in Revis. Gen. Pl. 2: 396. 1891; 东北草本植物志 7: 47. 1981; 中国植物志60(1): 30. 图版5: 5. 1987; 辽宁植物志（下册）: 35. 1992; 东北植物检索表（第二版）: 506. 图版251: 5. 1995; Fl. China 15: 199. 1996.

生滨海及内陆盐碱地。产吉林省白城、通榆、双辽；辽宁省盘锦、葫芦岛、绥中、兴城、大连、普兰店、长海、旅顺口；内蒙古自治区科尔沁左翼后旗等地。

根有清热、祛湿、补血作用，用于湿热便血、血淋、痔疮出血、月经不调。

■ 补血草

花序

花序侧面观

花序正面观

■ 补血草

植株

植株下部

（5）二色补血草（辽宁植物志，黑龙江省植物志，内蒙古植物志，东北植物检索表，东北草本植物志，中国植物志，Flora of China）；矶松（东北植物检索表）

Limonium bicolor (Bunge) Kuntze in Revis. Gen. Pl. 2: 395. 1891; 东北植物检索表: 278. 图版90: 7. 1959; 东北草本植物志 7: 47. 图版23. 1981; 中国植物志60(1): 31. 图版5: 4. 1987; 辽宁植物志（下册）: 35. 图版16. 1992; 内蒙古植物志（第二版）4: 61. 图版21: 1 ~ 4. 1993; 东北植物检索表（第二版）: 506. 图版251: 3. 1995; Fl. China 15: 199. 1996; 黑龙江省植物志8: 59. 图版29. 2001.

生平原、山坡下部、丘陵等地。产黑龙江省哈尔滨、安达、肇东；吉林省通榆；辽宁省彰武；内蒙古自治区海拉尔、新巴尔虎左旗、新巴尔虎右旗、扎赉特旗、科尔沁左翼后旗、科尔沁左翼中旗、扎鲁特旗、翁牛特旗、巴林右旗、克什克腾旗、锡林浩特、镶黄旗、太仆寺旗、正蓝旗、阿巴嘎旗、多伦等地。

全草有补血、止血、散瘀、调经、益脾、健胃作用，用于崩漏、尿血、月经不调等。

■ 二色补血草

花序一部分

基生叶

植株

5 驼舌草属 *Goniolimon* Boiss.

Goniolimon Boiss. in DC. Prodr. 12: 632. 1848.

多年生草本。根端有肥大的茎基。叶基生，呈莲座状，全缘，先端常有短尖。穗状花序位于各级分枝的上部和顶端，由2至多个小穗组成；小穗含2 ~ 5花，外苞和第一内苞均有较草质部为宽的膜质边缘，外苞先端有一宽厚而渐尖的草质硬尖；萼漏斗状或狭漏斗状，基部直或显然偏斜，干膜质，有5脉，沿脉被毛，萼檐白色，先端有5裂片；花冠淡紫红色，由5枚基部连合而下部以内曲边缘接合的花瓣组成，上端分离而外展；雄蕊着生于花冠基部；子房长圆形或卵状长圆形，上端骤细；花柱5，分离，下半部具乳头状突起，柱头扁头状。蒴果长圆形或卵状长圆形。

本属全世界有10余种，分布东起中国黑龙江省的西部，西至非洲北部（阿尔及利亚）。中国有4种，通常生于低山山坡中部以下的草原地带。东北地区产1种。

驼舌草（内蒙古植物志，东北植物检索表，中国植物志，Flora of China）；棱枝草（东北草本植物志）

Goniolimon speciosum (L.) Boiss. in A. de Candolle, Prodr. 12: 634. 1848; 东北草本植物志 7: 50. 图版26. 1981; 中国植物志60(1): 23. 1987; 内蒙古植物志（第二版）4: 56. 图版19. 1993; 东北植物检索表（第二版）: 504. 图版251: 1. 1995; Fl. China 15: 197. 1996.

生草原地带的山坡或平原上。产内蒙古自治区新巴尔虎右旗、满洲里、东乌珠穆沁旗、阿巴嘎旗等地。

■ 驼舌草

植株

花序

花序一部分

125. 蓼科 Polygonaceae

Polygonaceae Juss., Gen. Pl. [Jussieu] 82. 1789, *nom. cons.*

木贼门、木贼亚门、木兰纲、蔷薇亚纲、石竹超目、石竹目（Caryophyllales）。

草本，稀灌木或小乔木。茎直立，平卧、攀缘或缠绕，通常具膨大的节，稀膝曲，具沟槽或条棱，有时中空。叶为单叶，互生，稀对生或轮生；托叶通常连合成鞘状，膜质。花序穗状、总状、头状或圆锥状，顶生或腋生；花较小，两性，稀单性，雌雄异株或雌雄同株，辐射对称。瘦果卵形或椭圆形，包于宿存花被内或外露。

本科全世界有45属1100～1200种，广布于世界各地，但主产于北温带，少数分布于热带。中国有12属238种。东北地区产14属83种10变种1变型，其中栽培8种。

分属检索表

1. 灌木；叶发育正常，不为鳞片状；雄蕊6～8；花柱2～3 ······ 1. 木蓼属 Atraphaxis
1. 草本；若为半灌木，则叶不为鳞片状。
  2. 叶肾形或圆状肾形；花被片4 ······ 2. 山蓼属 Oxyria
  2. 叶不为肾形或圆状肾形；花被片 5～6，稀 4～6裂。

（接上表）

3. 花被片6。
4. 柱头头状，内花被片在果期不增大；小坚果有翅 …… 3. 大黄属 Rheum
4. 柱头画笔状，内花被片通常在果期增大；小坚果无翅 …… 4. 酸模属 Rumex
3. 花被片5，或花被5裂，稀4～6裂。
5. 花被片5 …… 5. 荞麦属 Fagopyrum
5. 花被5裂，稀4～6裂。
6. 花被的一部分具龙骨状突起或具翅。
7. 柱头画笔状 …… 6. 虎杖属 Reynoutria
7. 柱头头状。
8. 瘦果具翅 …… 7. 翼蓼属 Pteroxygonum
8. 瘦果无翅。
9. 多年生草本；花被片外面3片背部具翅，果时增大 …… 8. 何首乌属 Pleuropterus
9. 一年生草本或半灌木；若为多年生时，花被片背部无翅，果时不增大 …… 9. 藤蓼属 Fallopia
6. 花被无龙骨状突起或翅。
10. 叶基部有关节 …… 10. 萹蓄属 Polygonum
10. 叶基部无关节。
11. 穗状花序单一；根状茎粗，肉质或木质 …… 11. 拳参属 Bistorta
11. 圆锥状花序开展或紧密。
12. 叶基部戟形，具2个钝的、稀锐尖的叶耳；小坚果黑色 …… 12. 西伯利亚蓼属 Knorringia
12. 叶基部楔形或圆形，无叶耳；小坚果褐色。
13. 叶披针形或卵状披针形，宽3～15毫米；茎自基部多分枝 …… 13. 冰岛蓼属 Koenigia
13. 叶狭线形，宽0.5～3毫米；茎不由基部分枝 …… 14. 蓼属 Persicaria

1 木蓼属 *Atraphaxis* L.

Atraphaxis L., Sp. Pl. ed. 1. 333. 1753.

灌木，多分枝。叶互生，稀簇生，革质。花序由腋生花簇组成紧密或疏松的总状花序，总状花序顶生及侧生；花梗纤细，具关节，果时下垂；单被花，两性，花被片4～5，排为两轮，花冠状，开展，内轮花被片2～3，直立，通常具网脉，果时增大，包被果实，外轮花被片2，较小，果时反折；雄蕊6或8，着生花被片基部，花丝钻形，基部结合呈环状，花药背着，卵形或宽椭圆形；子房卵形，双凸镜状或具3棱，花柱2或3，短，近分离，顶端各具1头状柱头。瘦果卵形，双凸镜状或具3棱。

本属全世界约25种，分布于北非、欧洲西南部至喜马拉雅山、俄罗斯（西伯利亚东部）。中国有12种，主产于新疆，辽宁、内蒙古自治区、宁夏、青海、甘肃、陕西、河北也有少量分布。东北地区产3种。

分种检索表

1. 叶灰绿色或蓝绿色 …… 1. 东北木蓼 A. manshurica Kitag.
1. 叶绿色或黄绿色。

（接上表）

2. 顶生总状花序或为侧生和顶生总状花序，全部或大部分枝先端有叶或花而不呈刺状、不锐利 ……………………………………………………………… 2. 木蓼 A. frutescens (L.) C. Koch

2. 侧生总状花序，常倾向于老枝的一面，全部或大部分枝先端无叶、锐利 ……………………………………………………… 3. 锐枝木蓼 A. pungens (Bieb.) Jaub. et Spach.

（1）东北木蓼（内蒙古植物志，中国植物志，Flora of China）；木蓼（辽宁植物志，东北植物检索表）

Atraphaxis manshurica Kitag. in Rep. First. Sci. Exped. Mansh. 4(4): 75. 1936; 辽宁植物志（上册）: 359. 图版145. 1988; 内蒙古植物志（第二版）2: 176. 图版68. 1990; 东北植物检索表（第二版）: 122. 图版51: 1. 1995; 中国植物志25(1): 140. 1998; Fl. China 5: 331. 2003.

生沙丘、干旱沙质山坡及沙漠地带。产吉林省通榆等地；辽宁省彰武等地；内蒙古自治区新巴尔虎右旗、科尔沁右翼中旗、科尔沁左翼后旗、翁牛特旗、巴林右旗、阿鲁科尔沁旗、克什克腾旗、赤峰市红山区、西乌珠穆沁旗、正蓝旗等地。

■ 东北木蓼

花侧面观

花正面观

茎叶

（2）木蓼（内蒙古植物志，中国植物志，Flora of China）；兴安木蓼（东北植物检索表）

Atraphaxis frutescens (L.) C. Koch in Dendrologie 2(1): 360. 1872; 内蒙古植物志（第二版）2: 178. 图版69: 4 ~ 6. 1990; 东北植物检索表（第二版）: 122. 1995; 中国植物志25(1): 139. 图版33: 5 ~ 8. 1998; Fl. China 5: 331. 2003.

生砾石坡地、戈壁滩、山谷灌丛、干涸河道、干旱草原、沙丘及田边。产内蒙古自治区新巴尔虎右旗等地。

■ 木蓼

花

植株一部分

居群

■ 木蓼

果枝

花序

（3）锐枝木蓼（内蒙古植物志，东北植物检索表，中国植物志，Flora of China）

Atraphaxis pungens(Bieb.) Jaub. et Spach. in Ill. Pl. Orient. 2: 14. 1844; 内蒙古植物志（第二版）2: 176. 图版67. 1990; 东北植物检索表（第二版）: 122. 1995; 中国植物志25(1): 137. 图版33: 3～4. 1998; Fl. China 5: 330. 2003.

生于旱地区砾质坡和河谷沙滩。产内蒙古自治区巴林左旗、苏尼特右旗、二连浩特等地。

■ 锐枝木蓼

花枝

植株

植株一部分

2 山蓼属 *Oxyria* Hill.

Oxyria Hill, Veg. Syst. 10: 24. 1765.

多年生草本。根状茎粗壮。茎直立，少分枝。叶肾形或圆肾形；叶柄较长；托叶鞘筒状。花序圆锥状；花两性或单性，雌雄异株，花被片4，果时内轮2片增大，外轮2片反折；雄蕊6，比花被片短，花药长圆形。子房扁平；花柱2；柱头画笔状。瘦果卵形，双凸镜状，两侧边缘具翅。

本属全世界有2种，分布于欧洲、亚洲及美洲北部的高山区。中国有2种，分布于东北、西北及西南山区。东北地区产1种。

山蓼（中国植物志，Flora of China）；肾叶高山蓼（东北植物检索表，东北草本植物志）

Oxyria digyna (L.) Hill. in Hort. Kew. 158. 1768; 东北草本植物志2: 21. 图14. 1959; 东北植物检索表（第二版）: 123. 图版51: 2. 1995; 中国植物志25(1): 144. 图版35: 1～2. 1998; Fl. China 5: 333. 2003.

■ 山蓼

果期植株

果序一部分

花期植株

居群

多年生草本；基生叶叶片肾形或圆肾形，近全缘；无茎生叶或具1～2小叶；托叶鞘短筒状，膜质，顶端偏斜；花序圆锥状，花两性，苞片膜质，每苞内具2～5花；花被片4；瘦果卵形，双凸镜状，两侧边缘具淡红色宽膜质翅。生高山山坡及山谷砾石滩，海拔1700～4900米。产吉林省长白、抚松、安图等地。

3 大黄属 *Rheum* L.

Rheum L. Gen. Pl. ed. 1: 371. 1754.

多年生草本。根粗壮，内部多为黄色。茎直立，中空，具细纵棱，节明显膨大，稀无茎。基生叶莲座状，茎生叶互生，稀无茎生叶；托叶鞘发达，稀不显著；叶片多宽大，全缘、皱波或不同深度的分裂；主脉掌状或掌羽状。花白绿色或紫红色，常排列成圆锥花序，稀为穗状及圆头状花序，花在枝上簇生；花梗细弱丝状，具关节；花被片6，排成2轮；雄蕊9，罕7～8，花药背着，内向，花盘薄；雌蕊3心皮，1室；花柱3，较短；柱头多膨大，头状、近盾状或如意状。瘦果三棱状，棱缘具翅，翅上各具1条明显纵脉。

本属全世界约60种，分布于亚洲温带及亚热带的高寒山区。中国有38种，主要分布于西北、西南及华北地区。东北地区产4种，其中栽培2种。

分种检索表

1. 叶不分裂，边缘具皱波；花绿色或黄绿色 ………………………………………………… 1. 波叶大黄 R. rhabarbarum L.
1. 叶分裂。
  2. 基生叶边缘掌状浅裂或仅具缺刻；花淡绿色或黄白色 ……………………………2. 药用大黄 R. officinale Baill.
  2. 基生叶边缘掌状半5裂或5深裂；花紫红色。
    3. 叶通常掌状5深裂，裂片三角状披针形或窄条形 ………………… 3. 鸡爪大黄 R. tanguticum Maxim. ex Regel
    3. 叶通常呈掌状半5裂，裂片呈较窄三角形 ……………………………………………… 4. 掌叶大黄 R. palmatum L.

（1）波叶大黄（黑龙江省植物志，内蒙古植物志，东北植物检索表，东北草本植物志，中国植物志，Flora of China）；华北大黄（内蒙古植物志，中国植物志）；长叶波叶大黄（植物分类学报，中国植物志）

Rheum rhabarbarum L., Sp. Pl. ed. 1: 372. 1753; 黑龙江省植物志4: 259. 图版68: 3～5. 1992; Fl. China 5: 343. 2003.——*Rh. franzenbuchii* Munt in Acta Congr. Bot. Amst. 1877: 22. 1879; 内蒙古植物志（第二版）2: 149. 图版54. 1990; 东北植物检索表（第二版）: 136. 图版51: 3. 1995; 中国植物志25(1): 171. 图版41: 1～6. 1998.——*Rh. undulatum* L. in Sp. ed. 2: 531. 1762; 东北草本植物志2: 28. 图20. 1959; 内蒙古植物志（第二

版）2: 146. 图版54. 1990.——*Rheum undulatum* L. var. *longifolium* C. Y. Cheng et Kao in Acta Phytotax. Sin. 13 (3): 71. 图版11, 1. 1975; 中国植物志25(1): 171. 图版41: 8. 1998.

散生针叶林区、森林草原区山地的石质山坡、碎石坡麓及富含砾石的冲刷沟内。产黑龙江西部，吉林省东部等地；内蒙古自治区海拉尔、额尔古纳、满洲里、牙克石、鄂温克、陈巴尔虎旗、新巴尔虎左旗、科尔沁右翼前旗、敖汉旗、克什克腾旗、喀喇沁旗、赤峰市红山区、西乌珠穆沁旗、锡林浩特、苏尼特左旗等地。各地药草园有栽培。

根入药，为健胃缓泻剂。

■ 波叶大黄

果序一部分

基生叶

栽培群落

植株

（2）药用大黄（中国植物志，Flora of China）；大黄（黑龙江省植物志）

Rheum officinale Baill. in Adanson. 10: 246. 1871; 黑龙江省植物志4: 256. 图版67: 6 ~ 10. 1992; 中国植物志25(1): 182. 图版6: 1 ~ 4. 1998; Fl. China 5: 345. 2003.

生海拔1200 ~ 4000米山沟或林下。各地常有栽培。黑龙江省哈尔滨市中医学院药圃有栽培。

根状茎及根供药用。

（3）鸡爪大黄（中国植物志，Flora of China）；唐古特大黄

Rheum tanguticum Maxim. ex Regel in Gartenfl. 24: 3. t. 819. 1875; 中国植物志25(1): 184. 图版47: 1 ~ 4. 1998; Fl. China 5: 345. 2003.

生高山沟谷中。产黑龙江省大海林林业局老秃顶子。

根状茎及根供药用。

■ 鸡爪大黄

花序一部分

基生叶

植株

（4）掌叶大黄（黑龙江省植物志，中国植物志，Flora of China）

Rheum palmatum L. in Syst. Nat. ed. 10: 1010. 1759; Sp. Pl. ed. 2: 531. 1762; 黑龙江省植物志4: 256. 图67: 1～5. 1992; 中国植物志25(1): 184. 图版46: 5～7. 1998; Fl. China 5: 345. 2003.

生海拔1500～4400米山坡或山谷湿地。产黑龙江省大海林林业局老秃顶子。黑龙江省哈尔滨市中医学院药圃等有栽培。

根状茎及根供药用。

■ 掌叶大黄

花序

花序一部分

植株

4 酸模属 *Rumex* L.

Rumex L., Sp. Pl. 105. 1753.

一年生或多年生草本，稀为灌木。茎直立，通常具沟槽，分枝或上部分枝。叶基生和茎生，茎生叶互生，边缘全缘或波状，托叶鞘膜质，易破裂而早落。花序圆锥状，多花簇生成轮。花两性，有时杂性，稀单性，雌雄异株。花梗具关节；花被片6，2轮，宿存，外轮3片果时不增大，内轮3片果时增大，边缘全缘，具齿或针刺，背部具小瘤或无小瘤；雄蕊6，花药基着；子房卵形，具3棱；花柱3，柱头画笔状。瘦果卵形或椭圆形，具3锐棱，包于增大的内花被片内。

本属全世界约200种，分布于全世界，主产于北温带地区。中国有27种，广布于全国各省区。东北地区产17种1变种。

分种检索表

1. 基生叶或茎下部叶的基部戟形或箭形；单性花，雌雄异株。
  2. 内花被片花后不增大或稍增大；叶基部戟形 ……………… 1. 小酸模 R. acetosella L.
  2. 内花被片花后显著增大；叶基部箭形。
    3. 根为须根；叶较宽短 ……………… 2. 酸模 R. acetosa L.
    3. 根为粗大直根；叶较狭长 ……………… 3. 直根酸模 R. thyrsiflorus Fingerh.

（接上表）

1. 基生叶或茎下部叶基部不为戟形或箭形；两性花。
  4. 花被片背面不具小瘤，稀有1枚小瘤。
    5. 叶长宽之比小于1，基部深心形。
      6. 叶近三角状心形，长10～20（～30）厘米，宽8～15（～25）厘米；内花被片果期卵形 ……………… **4. 毛脉酸模 R. gmelinii** Turcz. ex Ledeb.
      6. 叶三角状椭圆形，长15～20厘米，宽6～10厘米；内花被片果期圆心形 ……………… **5. 密生酸模 R. confertus** Willd.
    5. 叶长宽之比为1.5～3.5，基部圆形、楔形、微心形至心形。
      7. 叶基部心形，茎下部叶片多为长圆状卵形至长圆状披针形 ……………… **6. 水生酸模 R. aquaticus** L.
      7. 叶基部圆形、楔形，稀微心形。
        8. 茎下部叶长圆状卵形或卵状披针形，长不超过宽的4倍；内花被片果时宽6～8毫米 ……………… **7. 长叶酸模 R. longifolius** DC.
        8. 茎下部叶狭披针形至线状披针形，长可超过宽的8倍；内花被片果时宽3.2～4.8毫米 ……………… **8. 披针叶酸模 R. pseudonatronatus** (Borb.) Borb. ex Murb.
  4. 花被片背面具瘤。
    9. 内花被片边缘具针刺；叶披针形。
      10. 内花被片仅1枚边缘具针刺；植株高仅10～30厘米，常自基部分枝 ……………… **9. 黑龙江酸模 R. amurensis** Fr. Schmidt
      10. 内花被片边缘全部具针刺。
        11. 内花被片果时边缘每侧具1个针刺，针刺长3～4毫米 ……………… **10. 长刺酸模 R. trisetifer** Stokes
        11. 内花被片果时边缘每侧具2～4个针刺，针刺长2～2.5毫米。
          12. 内花被片每片都有2～3对针刺，并有小瘤；茎粗壮 ……………… **11. 刺酸模 R. maritimus** L.
          12. 内花被片仅1枚具小瘤且边缘有2～3对针刺，其余2枚无瘤且边缘各有4对针刺；茎细弱 ……………… **12. 单瘤酸模 R. marschallianus** Rchb.
    9. 内花被片全缘或微波状或具锐齿，但不为针刺；叶长圆形、长圆状披针形或披针形。
      13. 内花被片边缘具不整齐的锐齿。
        14. 茎下部叶基部心形，中部以下较宽；内花被片具小齿，小瘤先端钝形 ……………… **13. 羊蹄 R. japonicus** Houtt.
        14. 茎下部叶基部楔形，中部较宽；内花被片具锐齿，小瘤先端锐尖 ……………… **14. 狭叶酸模 R. stenophyllus** Ledeb.
      13. 内花被片全缘或下部微有牙齿。
        15. 一年生草本 ……………… **15. 小果酸模 R. microcarpus** Campd.
        15. 多年生草本。
          16. 基生叶或茎下部叶卵状披针形，基部微心形或圆形；内花被片圆心形，基部深心形 ……………… **16. 巴天酸模 R. patientia** L.
          16. 基生叶或茎下部叶披针形或长圆状披针形，基部楔形；内花被片圆卵形，基部心形（**17. 皱叶酸模 R. crispus** L.）。
            17. 内花被片全部具小瘤 ……………… **17a. 皱叶酸模 R. crispus** var. **crispus**
            17. 仅1枚内花被片有小瘤 ……………… **17b. 单瘤皱叶酸模 R. crispus** var. **unicallosus** Peterm.

（1）小酸模（黑龙江省植物志，内蒙古植物志，东北植物检索表，东北草本植物志，中国植物志，Flora of China）

Rumex acetosella L., Sp. Pl. 338. 1753; 东北草本植物志2: 22. 图15. 1959; 内蒙古植物志（第二版）2: 158. 图版59: 1 ~ 5. 1990; 黑龙江省植物志4: 263. 图版69: 4 ~ 7. 1992; 东北植物检索表（第二版）: 136. 图版60: 2. 1995; 中国植物志25(1): 149. 图版36: 1 ~ 4. 1998; Fl. China 5: 335. 2003.

生山坡草地、林缘、山谷路旁。产黑龙江省泰来、依兰等地；吉林省靖宇、通化等地；辽宁省庄河、鞍山（千山）、抚顺等地；内蒙古自治区海拉尔、额尔古纳、满洲里、扎兰屯、鄂温克、陈巴尔虎旗、新巴尔虎左旗、新巴尔虎右旗、克什克腾旗、东乌珠穆沁旗、锡林浩特、多伦等地。

■ 小酸模

花期植株

花序

花序一部分

茎下部叶

苗期植株

植株下部

（2）酸模（辽宁植物志，黑龙江省植物志，内蒙古植物志，东北植物检索表，东北草本植物志，中国植物志，Flora of China）

Rumex acetosa L., Sp. Pl. 337. 1753; 东北草本植物志2: 23. 图16. 1959; 辽宁植物志（上册）: 355. 图版142: 1 ~ 6. 1988; 内蒙古植物志（第二版）2: 158. 图版59: 6 ~ 7. 1990; 黑龙江省植物志4: 263. 图版69: 1 ~ 3. 1992; 东北植物检索表（第二版）: 136. 图版60: 1. 1995; 中国植物志25(1): 151. 图版36: 5 ~ 8. 1998; Fl. China 5: 335. 2003.

生湿地、草地、山坡、路旁及林缘。产黑龙江省伊春、龙江、肇东、北安、东宁、尚志、牡丹江、林口、密山、鸡西、集贤、宝清、宁安、海林、方正、延寿、五常、虎林、饶河、勃利、桦南、汤原、嫩江、呼玛等地；吉林省安图、磐石、抚松、桦甸、汪清等地；辽宁省西丰、开原、昌图、沈阳、北镇、本溪、丹东、鞍山、金州、庄河等地；内蒙古自治区额尔古纳、牙克石、鄂伦春、鄂温克、陈巴尔虎旗、新巴尔虎右旗、科尔沁右翼前旗、扎赉特旗、乌兰浩特、科尔沁左翼后旗、巴林右旗、阿鲁科尔沁旗、克什克腾旗、喀喇沁旗、宁城、锡林浩特等地。

根入药，榨汁外用治疥癣等皮肤病；泡酒内服治老伤。嫩叶可食。

■ 酸模

果序

果序一部分

植株

植株下部

花序一部分

（3）直根酸模（中国植物志，Flora of China）；箭叶酸模（黑龙江省植物志）；东北酸模（内蒙古植物志，东北植物检索表，东北草本植物志）

Rumex thyrsiflorus Fingerh. in Linnaea 4: 380. 1829; 黑龙江省植物志4: 274. 图版70: 3～5. 1992; 中国植物志25(1): 151. 1998; Fl. China 5: 335. 2003.——*Rumex thyrsiflorus* var. *mandshurica* A.I. Baranov & Skvortsov in Diagn. Pl. Nov. Mandshur. 2, pl. 1, f. 8 1943; 东北草本植物志2: 24. 1959; 内蒙古植物志（第二版）2: 160. 图版60: 1～4. 1990; 东北植物检索表（第二版）: 136. 1995.

生山坡草地、山谷水边。产黑江省齐齐哈尔、肇东、黑河、尚志等地；吉林省汪清等地；辽宁省大连；内蒙古自治区海拉尔、阿荣旗、鄂温克、陈巴尔虎旗、扎赉特旗、阿鲁科尔沁旗、克什克腾旗、东锡林浩特、正蓝旗等地。

（4）毛脉酸模（辽宁植物志，黑龙江省植物志，内蒙古植物志，东北植物检索表，东北草本植物志，中国植物志，Flora of China）

Rumex gmelinii Turcz. ex Ledeb. in Fl. Ross. 3 (2): 508. 1851; 东北草本植物志2: 24. 图17. 1959; 辽宁植物志（上册）: 355. 图版142: 7. 1988; 内蒙古植物志（第二版）2: 162. 图版60: 5～7. 1990; 黑龙江省植物志4: 266. 图版70: 1～2. 1992; 东北植物检索表（第二版）: 136. 图版60: 5. 1995; 中国植物志25(1): 155. 1998; Fl. China 5: 337. 2003.

生水边、山谷湿地。产黑龙江省伊春、泰来、逊克、呼玛等地；吉林省和龙等地；辽宁省本溪等地；内蒙古自治区额尔古纳、牙克石、鄂温克、陈巴尔虎旗、新巴尔虎左旗、科尔沁右翼前旗、克什克腾旗、东乌珠穆沁旗、锡林浩特等地。

■ 毛脉酸模

果序一部分

叶背面观

基生叶

（5）密生酸模（Flora of China）；密穗酸模（东北植物检索表）

Rumex confertus Willd. in Enum. Pl. 397. 1809; 东北植物检索表（第二版）: 136. 图版60: 3. 1995; Fl. China 5: 338. 2003.

生湿地。产黑龙江省（地点不详）。

（6）水生酸模（东北植物检索表，东北草本植物志，中国植物志，Flora of China）

Rumex aquaticus L., Sp. Pl. 336. 1753; 东北草本植物志2: 25. 图17. 1959; 东北植物检索表（第二版）: 136. 图版60: 4. 1995; 中国植物志25(1): 154. 1998; Fl. China 5: 336. 2003.

生山谷水边、沟边湿地。产内蒙古自治区根河等地。

根用于消化不良、急性肝炎、湿疹、顽癣。

■ 水生酸模

果序一部分

基生叶

植株

（7）长叶酸模（中国植物志，Flora of China）；直穗酸模（黑龙江省植物志，东北植物检索表，东北草本植物志）

Rumex longifolius DC. in Lam. et DC. Fl. Franc. 5: 368. 1815; 东北草本植物志2: 25. 1959; 黑龙江省植物

志4: 269. 1992; 东北植物检索表（第二版）: 136. 1995; 中国植物志25(1): 152. 1998; Fl. China 5: 336. 2003.

生山谷水边、山坡林缘。产黑龙江省哈尔滨、伊春等地；吉林省珲春、安图等地；辽宁省大连。

■ 长叶酸模

花序一部分

叶基部

植株

（8）披针叶酸模（中国植物志，Flora of China）；条叶酸模（黑龙江省植物志）

Rumex pseudonatronatus (Borb.) Borb. ex Murb. in Bot. Not. 1899: 16. 1899; 黑龙江省植物志4: 273. 图72: 1 ~ 2. 1992; 中国植物志25(1): 153. 1998; Fl. China 5: 336. 2003.

生山坡林缘、河谷草地。产黑龙江省哈尔滨、宁安、尚志等地；吉林省大安。

■ 披针叶酸模

基生叶

茎叶

花序一部分

植株

（9）黑龙江酸模（中国植物志，Flora of China）；黑水酸模（辽宁植物志，黑龙江省植物志，东北植物检索表，东北草本植物志）

Rumex amurensis Fr. Schmidt in Prim. Fl. Amur. 228. 1859; 东北草本植物志2: 26. 1959; 辽宁植物志（上册）: 359. 图版144: 4 ~ 6. 1988; 黑龙江省植物志4: 265. 图版68: 1 ~ 2. 1992; 东北植物检索表（第二版）: 138. 图版61: 5. 1995; 中国植物志25(1): 166. 1998; Fl. China 5: 340. 2003.

生湿地、水甸子、水泡、河流沿岸。产黑龙江省哈尔滨等地；辽宁省铁岭、北镇、台安、大连等地。

■ 黑龙江酸模

果序一部分

植株一部分

（10）长刺酸模（东北草本植物志，中国植物志，Flora of China）

Rumex trisetifer Stokes in Bot. Mat. Med. 2: 305. 1814; 东北草本植物志2: 27. 图19. 1959; 中国植物志25(1): 161. 1998; Fl. China 5: 340. 2003.

生田边湿地、水边、山坡草地。产辽宁省铁岭等地。

■ 长刺酸模

花序一部分

植株

（11）刺酸模（中国植物志，Flora of China）；长刺酸模（辽宁植物志，黑龙江省植物志，内蒙古植物志，东北植物检索表）

Rumex maritimus L., Sp. Pl. 335. 1753; 辽宁植物志（上册）: 359. 图版144: 1 ~ 3. 1988; 内蒙古植物志（第二版）2: 168. 图版65: 1 ~ 3. 1990; 黑龙江省植物志4: 269. 图版71: 1 ~ 3. 1992; 东北植物检索表（第二版）: 138. 图版61: 4. 1995; 中国植物志25(1): 164. 1998; Fl. China 5: 340. 2003.

生湿地及水泡、河岸边和路旁。产黑龙江省哈尔滨、伊春、呼玛、黑河、萝北、虎林、安达、大庆、北安、尚志、宁安等地；吉林省敦化、和龙、扶余、双辽、安图等地；辽宁省沈阳、辽阳、新民、庄河、大连、长海、新宾、北镇等地；内蒙古自治区海拉尔、额尔古纳、牙克石、鄂温克、科尔沁右翼前旗、突泉、乌兰浩特等地。

全草有杀虫、清热、凉血作用，用于痈疮肿痛、秃疮疥癣、跌打肿痛。

■ 刺酸模

具花被的坚果

果序一部分

植株

（12）单瘤酸模（中国植物志，Flora of China）；马氏酸模（内蒙古植物志，东北植物检索表，东北草本植物志）；盐生酸模（内蒙古植物志）

Rumex marschallianus Rchb. in Iconogr. Bot. Pl. Crit. 4: 58. 1826; 东北草本植物志2: 26. 图18. 1959; 内蒙古植物志（第二版）2: 170. 图版65: 4 ~ 5. 1990; 东北植物检索表（第二版）: 138. 图版61: 6. 1995; 中国植物志25(1): 165. 1998; Fl. China 5: 340. 2003.

生河边、湖边、荒地湿处。产内蒙古自治区新巴尔虎右旗、克什克腾旗等地。

■ 单瘤酸模

叶

果实

植株

（13）羊蹄（黑龙江省植物志，中国植物志，Flora of China）；锐齿酸模（内蒙古植物志）

Rumex japonicus Houtt. in Nat. Hist. 2 (8): 394. 1777; 黑龙江省植物志4: 268. 1992; 中国植物志25(1): 156. 图版37: 3 ~ 4. 1998; Fl. China 5: 338. 2003.——*R. hadroocarpus* Rech. f. in Candollea12: 63. 1949; 内蒙古植物志（第二版）2: 166. 图版63. 1990.

生田边路旁、河滩、沟边湿地，海拔30 ~ 3400米。产黑龙江省阿城等地；内蒙古自治区突泉、科尔沁右翼中旗、克什克腾旗等地。

根入药，清热凉血。

■ 羊蹄

花序

果序一部分

果序

（14）狭叶酸模（黑龙江省植物志，内蒙古植物志，中国植物志，Flora of China）；乌苏里酸模（东北植物检索表，东北草本植物志）

Rumex stenophyllus Ledeb. in Fl. Alt. 2: 58. 1830; 内蒙古植物志（第二版）2: 166. 图版61: 3 ~ 4. 1990; 黑龙江省植物志4: 273. 1992; 中国植物志25(1): 158. 1998; Fl. China 5: 338. 2003.——*Rumex stenophyllus* Ledeb. var. *ussuriensis* (A. Lost.) Kitag., 东北草本植物志2: 26. 195; 东北植物检索表（第二版）: 138. 图版61: 3. 1995.

生草甸、河岸、湿地。产黑龙江省哈尔滨、东宁、桦川、安达、黑河、密山、虎林、穆棱等地；吉林省长春、和龙、安图、汪清、珲春等地；辽宁省普兰店等地；内蒙古自治区扎鲁特旗等地。

干燥的果实可以作枕头填充物。根有凉血止血、清热解毒、杀虫作用。

■ 狭叶酸模

内花被片边缘具锐齿

果序一部分

茎下部叶

植株

（15）小果酸模（中国植物志，Flora of China）

Rumex microcarpus Campd. in Monogr. Rum. 143. 1819; 中国植物志25(1): 166. 1998; Fl. China 5: 341. 2003.

生河边、田边路旁、山谷湿地。产辽宁省铁岭等地。

■ 小果酸模

果序一部分

茎叶

植株

（16）巴天酸模（黑龙江省植物志，内蒙古植物志，中国植物志，Flora of China）；洋铁酸模（辽宁植物志，东北植物检索表，东北草本植物志）

Rumex patientia L., Sp. Pl. 333. 1753; 东北草本植物志2: 26. 1959; 内蒙古植物志（第二版）2: 163. 图版62. 1990; 黑龙江省植物志4: 271. 图版71: 4 ~ 6. 1992; 中国植物志25(1): 155. 1998; Fl. China 5: 337. 2003.——*R. patientia* var. *callosus* F. Schm. et Maxim. in Mém. Acad. Imp. Sci. St.–Pétersbourg Divers Savans 9: 228. 1859; 辽宁植物志（上册）: 357. 图版143: 4. 1988; 东北植物检索表（第二版）: 136. 图版61: 2. 1995.

生草甸和河、泡沿岸及湿荒地。产黑龙江省嘉荫、哈尔滨等地；吉林省和龙、长春、安图等地；辽宁省各地；内蒙古自治区额尔古纳、牙克石、新巴尔虎左旗、东乌珠穆沁旗等地。

根有凉血止血、清热解毒、通便杀虫作用，用于痢疾、泄泻、肝炎、跌打损伤等。

■ 巴天酸模

果期植株

果序一部分

■ 巴天酸模

苗期植株

植株下部

（17）皱叶酸模（辽宁植物志，黑龙江省植物志，内蒙古植物志，东北植物检索表，东北草本植物志，中国植物志，Flora of China）

Rumex crispus L., Sp. Pl. 335. 1753; 东北草本植物志2: 25. 1959; 辽宁植物志（上册）: 357. 图版143: 1 ~ 3. 1988; 内蒙古植物志（第二版）2: 162. 图版61: 1 ~ 2. 1990; 黑龙江省植物志4: 266. 1992; 东北植物检索表（第二版）: 136. 图版61: 1. 1995; 中国植物志25(1): 156. 图版37: 1 ~ 2. 1998; Fl. China 5: 337. 2003.

（17a）皱叶酸模（原变种）

Rumex crispus var. *crispus*

生湿地及河沟、水溏沿岸。产黑龙江省齐齐哈尔、哈尔滨等地；吉林省珲春、洮南、汪清、靖宇等地；辽宁省新民、沈阳、庄河、长海、大连、瓦房店等地；内蒙古自治区新巴尔虎左旗、新巴尔虎右旗、科尔沁右翼前旗、扎赉特旗、乌兰浩特、大青沟、敖汉旗、巴林右旗、克什克腾旗、喀喇沁旗、赤峰市红山区、锡林浩特、阿巴嘎旗、正蓝白旗等地。

根有清热解毒、止血、通便、杀虫作用。全草有毒，常引起羊、马等动物中毒。

■ 皱叶酸模

果期植株

果序一部分

■ 皱叶酸模

苗期植株

基生叶正反面对比

茎上部叶

（17b）单瘤皱叶酸模（变种）（东北植物检索表，东北草本植物志）

Rumex crispus var. *unicallosus* Peterm., 东北草本植物志2: 25. 1959; 东北植物检索表（第二版）: 136. 图版61: 1. 1995; 东北植物分布图集: 194. 2019.

生路旁、水湿地、河边。产黑龙江省哈尔滨、嘉荫等地；吉林省靖宇等地；辽宁省沈阳、抚顺、长海等地。

5 荞麦属 *Fagopyrum* Mill.

Fagopyrum Mill. Gard. Dict. ed. 4, 1. 1754.

一年生或多年生草本，稀半灌木。茎直立，无毛或具短柔毛。叶三角形、心形、宽卵形、箭形或线形；托叶鞘膜质，偏斜，顶端急尖或截形。花两性，花序总状或伞房状；花被5深裂，果时不增大；雄蕊8，排成2轮，外轮5，内轮3；花柱3，柱头头状，花盘腺体状。瘦果具3棱，比宿存花被长。

本属全世界约有15种，广布于亚洲及欧洲。中国有10种1变种，南北各省区均有。东北地区栽培2种。

分种检索表

1. 花梗中部具关节；叶宽三角形；小坚果的棱角下部钝、上部尖锐；总状伞房花序细长开展，顶端不密集 ……………… 1. 苦荞麦 F. tataricum (L.) Gaertn.
1. 花梗无关节；叶三角形或卵状三角形；小坚果的棱角锐利；总状伞房花序短而密集成簇 ……………… 2. 荞麦 F. esculentum Moench

（1）苦荞麦（辽宁植物志，黑龙江省植物志，内蒙古植物志，东北草本植物志，中国植物志，Flora of China）；苦荞（东北植物检索表）

Fagopyrum tataricum (L.) Gaertn. in Fruct. Sem. 2: 182. t. 119. f. 6. 1791; 东北草本植物志2: 67. 1959; 辽宁植物志（上册）: 353. 图版141: 4 ~ 5. 1988; 内蒙古植物志（第二版）2: 219. 图版90: 6 ~ 10. 1990; 黑龙江省植物志4: 207. 图版52: 4 ~ 5. 1992; 东北植物检索表（第二版）: 122. 图版52: 2. 1995; 中国植物志25(1): 112. 图版27: 1 ~ 2. 1998; Fl. China 5: 322. 2003.

生村边、荒地及山地边。产吉林省长白；辽宁省大连、金州、普兰店、瓦房店等地；内蒙古自治区各地。黑龙江省哈尔滨郊区有栽培。

种子富含淀粉，可食。根状茎有祛风、除痰之功效，外用可敷治疮毒。

■ 苦荞麦

植株

植株一部分

（2）荞麦（辽宁植物志，黑龙江省植物志，内蒙古植物志，东北植物检索表，东北草本植物志，中国植物志，Flora of China）

Fagopyrum esculentum Moench in Moth. Pl. 290. 1794; 辽宁植物志（上册）: 353. 图版141: 1 ~ 3. 1988; 黑龙江省植物志4: 206. 图版52: 1 ~ 3. 1992; 东北植物检索表（第二版）: 122. 图版52: 1. 1995; 中国植物志25(1): 116. 图版27: 3 ~ 4. 1998; Fl. China 5: 323. 2003.——*F. sagittatum* Gilib. Exercit. Phyt. 2: 435. 1792 nom. illegit.; 东北草本植物志2: 66. 图版61. 1959; 内蒙古植物志（第二版）2: 219. 图版90: 1 ~ 5. 1990.

原产中亚。东北各地栽培，有逸生。

为粮食作物和优良蜜源植物。种子为强壮滋补药。

■ 荞麦

花序一部分

花序

植株下部

居群

6 虎杖属 *Reynoutria* Houtt.

Reynoutria Houtt. Nat. Hist. 2 (8): 640. 1777.

多年生草本。根状茎横走。茎直立，中空。叶互生，卵形或卵状椭圆形，全缘，具叶柄；托叶鞘膜质，偏斜，早落。圆锥状花序腋生；花单性，雌雄异株，花被5深裂；雄蕊6～8；花柱3，柱头流苏状。雌花花被片，外面3片果时增大，背部具翅。瘦果卵形，具3棱。

本属全世界约2种，分布于东亚。中国有1种，产陕西、甘肃、华东、华中、华南至西南地区。东北地区栽培1种。

虎杖（辽宁植物志，黑龙江省植物志，东北植物检索表，中国植物志，Flora of China）

Reynoutria japonica Houtt. in Nat. Hist. 2(8): 640. T. 51, f. 1. 1777; 辽宁植物志（上册）: 351. 图版140. 1988; 东北植物检索表（第二版）: 136. 图版58: 4. 1995; 中国植物志25(1): 105. 图版22: 1～3. 1998; Fl. China 5: 319. 2003.——*Polygonum cuspidatum* Sieb. et Zucc. in Fl. Jap. Fam. Nat. 2: 84. 1846; 黑龙江省植物志 4: 222. 图版57: 1～6. 1992.

多年生直立草本；茎上散生紫红斑点；叶宽卵形，全缘；花单性，雌雄异株，圆锥花序；花被5深裂，淡绿色；瘦果卵形，包于宿存花被内。生山坡灌丛、山谷、路旁、田边湿地。产陕西、甘肃、华东、华中、华南。辽宁省大连、沈阳、宽甸等地有栽培。

根状茎有活血散瘀、祛风解毒、消炎止痛等功效；全草可作兽药。

■ 虎杖

果序

果枝

茎

花序分枝侧面观

花序分枝正面观

植株

7 翼蓼属 *Pteroxygonum* Damm. et Diels

Pteroxygonum Damm. et Diels in Bot. Jahrb. 36. Beibl. 82: 36. 1905.

多年生草本。茎攀缘，不分枝。叶三角状卵形或三角形，全缘，具叶柄；托叶鞘膜质，宽卵形，顶端急尖。花序总状，花两性，密集，花被5深裂，白色；雄蕊8；子房卵形，具3棱，花柱3，中下部合生，柱头头状。瘦果卵形，具3棱，沿棱生膜质翅，基部具3个角状附属物；果梗具3个狭翅。

中国特有单种属，分布于秦岭及其东缘。东北地区有栽培。

翼蓼（中国植物志）；红药子（Flora of China）

Pteroxygonum giraldii Damm. et Diels in Bot. Jahrb. 36. Beibl. 82: 36. 1905; Kung in Fl. Ill. N. Chine 5: 15, pl. 3. 1936; 秦岭植物志1(2): 140. 图版118. 1974; 中国植物志25(1): 118. 图版25: 7～9. 1998; Fl. China 5: 323. 2003.

多年生草本。块根粗壮，近圆形。茎攀缘。叶 2～4簇生，叶片三角状卵形或三角形，顶端渐尖，基部宽心形或戟形；托叶鞘膜质，宽卵形，顶端急尖，基部被短柔毛，长4～6毫米。花序总状，腋生；苞片狭卵状披针形，淡绿色，通常每苞内具3花；花被5深裂，白色；雄蕊8；花柱3，柱头头状。瘦果卵形，黑色，具3锐棱，沿棱具黄褐色膜质翅，基部具3个黑色角状附属物；果梗粗壮，具3个下延的狭翅。中国特有单属种，产河北、山西、河南、陕西、甘肃、湖北及四川。辽宁省海城有栽培。

块根入药，能凉血、止血、祛湿解毒。

■ 翼蓼

根部

叶

叶背面观

花序侧面观

花序正面观

■ 翼蓼

植株

植株一部分

8 何首乌属 *Pleuropterus* Turcz.

Pleuropterus Turcz., Bull. Soc. Imp. Naturalistes Moscou 21(1): 587. 1848.

多年生草本。茎缠绕；叶互生、卵形或心形，具叶柄；托叶鞘筒状，顶端截形或偏斜。花序总状或圆锥状，顶生或腋生；花两性，花被5深裂，外面3片具翅或龙骨状突起，果时增大；雄蕊通常8，花丝丝状，花药卵形；子房卵形，具3棱，花柱3，柱头头状。瘦果卵形，具3棱，包于宿存花被内。

本属全世界有2种，中国均产。东北地区有2种，其中栽培1种。

分种检索表

1. 叶基部心形或近心形，背面无毛 …………………… 1. 何首乌 P. multiflorus Turcz. ex Nakai
1. 叶基部近乎耳状箭形，背面沿脉具微小绒毛 …………………… 2. 毛脉首乌 P. ciinervis Nakai

（1）何首乌（黑龙江省植物志，中国植物志，Flora of China）

Pleuropterus multiflorus Turcz. ex Nakai, Repert. Spec. Nov. Regni Veg. 13: 267. 1914.——*Fallopia multiflora* (Thunb.) Harald. in Symb. Bot. Upsl. 22(2): 77. 1978; 中国植物志25(1): 102. 图版24: 3 ~ 5. 1998; Fl.

■ 何首乌

花序一部分

植株

植株一部分

China 5: 317. 2003.——*Polygonum multiflorum* Thunb. in Fl. Jap. 169. 1784; 黑龙江省植物志4: 237. 图版62: 1 ~ 6. 1992.

生山谷灌丛、山坡林下、沟边石隙。产陕西、甘肃、华东、华中、华南、四川、云南及贵州。黑龙江省、辽宁省有药草园或庭院栽培，冬季起根窖藏。

块根为名贵中草药，有安神、养血、活络作用。嫩叶和茎尖可食用。

(2)毛脉首乌(Flora of China)；毛脉蓼(东北植物检索表，东北草本植物志，中国植物志)

Pleuropterus cliinervis Nakai in Fedde, Repert. Sp. Nov. 13: 267. 1914; Kitag. Neo-Lineam. Fl. Mansh. 242. 1979.——*Fallopia multiflora* var. *ciliinervis* (Nakai) Yonek. & H.Ohashi in J. Jap. Bot. 72: 158. 1997; Fl. China 5: 18. 2003; 中国植物志25(1): 360. 1998.——*Polygonum ciliinerve* (Nakai) Ohwi in Acta Phytotax. Geobot. 6: 146. 1937; 东北草本植物志2: 66. 1959.——*Reynoutria ciliinerve* (Nakai) C. F. Fang, 东北植物检索表(第二版): 132. 1995.

生山谷灌丛，山坡石缝。产吉林省通化、汪清、集安、长白等地；辽宁省大连(瓦房店得利寺)等地。模式标本采自吉林省长白县十四道沟。

块根入药，清热解毒，抗菌消炎。

■ 毛脉首乌

根部

花序一部分

叶背面观

植株一部分

9 藤蓼属(蔓蓼属) *Fallopia* Adans.

Fallopia Adans. Fam. pl. 2: 277. 1763.

一年生或半灌木。茎缠绕；叶互生、卵形或心形，具叶柄；托叶鞘筒状，顶端截形或偏斜。花序总状或圆锥状，顶生或腋生；花两性，花被5深裂，若为半灌木，外面3片具翅，果时增大，若为多年生草本，花被外面3片无翅，果时不增大；雄蕊通常8，花丝丝状，花药卵形；子房卵形，具3棱，花柱3，较短，柱头头状。瘦果卵形，具3棱，包于宿存花被内。

本属全世界7 ~ 9种，主要分布于北半球的温带地区。中国有7 ~ 8种，分布于东北到西北、西南的各省区。东北地区产4种1变种，其中栽培1种。

分种检索表

1. 缠绕性半灌木 ·· 1. 木藤蓼 F. aubertii (L. Henry) Holub

（接上表）

1. 一年生草本。
 2. 小花梗在果期比花被短；花被通常无翅；小坚果无光泽 …………………… 2. 卷茎蓼 F. convolvulus (L.) A. Löve
 2. 小花梗在果期比花被长或等长；花被具翅；小坚果有光泽。
  3. 花被翅上部边缘通常具齿或波状，基部楔状下延至花梗上 …… 3. 齿翅蓼 F. dentatoalata (Fr. Schm.) Holub.
  3. 花被翅全缘，基部微下延（4. 篱蓼F.dumetorum (L.) Holub.）。
   4. 花梗中下部具关节，花排列较稀疏 ………………………………… 4a. 篱蓼 F. dumetorum var. dumetorum
   4. 花梗中部具关节，花排列稀疏 ………… 4b. 疏花篱蓼 F. dumetorum var. pauciflora (Maximowicz) A. J. Li

（1）木藤蓼（内蒙古植物志，中国植物志）；木藤首乌（Flora of China）

Fallopia aubertii (L. Henry) Holub in Folia Geobot. Phyt. 6: 176. 1971; 中国植物志25(1): 102. 1998; Fl. China 5: 317. 2003.——*Polygonum aubertii* L. Henry in Rev. Hort. 1907: 82. f. 23, 24. 1907; 内蒙古植物志（第二版）2: 216. 图版88: 5 ~ 6. 1990.

散生荒漠区山地林缘和灌丛间。自然分布于中国西北、西南地区。辽宁省大连有栽培。

宜做垂直绿化及地面覆盖材料。茎枝治疗肺病、感冒发烧、风湿性关节炎等症。

■ 木藤蓼

花序

花期植株一部分

茎叶

（2）卷茎蓼（辽宁植物志，黑龙江省植物志，内蒙古植物志，东北植物检索表，东北草本植物志，中国植物志）；蔓首乌（Flora of China）

Fallopia convolvulus (L.) A. Löve in Taxon 19 (2): 300. 1970; 辽宁植物志（上册）: 349. 图版139: 6 ~ 7. 1988; 东北植物检索表（第二版）: 122. 图版52: 4. 1995; 中国植物志25(1): 97. 图版23: 1 ~ 2. 1998; Fl. China 5: 316. 2003.——*Polygonum convolvulus* L. in Sp. Pl. 364. 1753; 东北草本植物志2: 64. 图59. 1959; 内蒙古植物志（第二版）2: 216. 图版89: 1 ~ 3. 1990; 黑龙江省植物志4: 222. 图版56: 1 ~ 3. 1992.

生湿草地、沟边、耕地等处。产黑龙江省伊春、林口、齐齐哈尔、富裕、佳木斯、牡丹江、宁安、友谊、海伦、北安、克山、呼玛、哈尔滨等地；吉林省安图、吉林、双辽、大安、汪清等地；辽宁省彰武、铁岭、抚顺、瓦房店、大连等地；内蒙古自治区海拉尔、额尔古纳、牙克石、陈巴尔虎旗、鄂温克、科尔沁右翼前旗、科尔沁右翼中旗、大青沟、敖汉旗、阿鲁科尔沁旗、克什克腾旗、喀喇沁旗、宁城、西乌珠穆沁旗、锡林浩特、正蓝旗等地。

嫩苗可食。

■ 卷茎蓼

植株一部分

茎叶

果序

果枝

（3）齿翅蓼（辽宁植物志，黑龙江省植物志，内蒙古植物志，东北植物检索表，东北草本植物志，中国植物志）；齿翅首乌（Flora of China）

Fallopia dentatoalata (Fr. Schm.) Holub. in Folia Geobot. Phyt. 6: 176. 1971; 辽宁植物志（上册）: 351.

■ 齿翅蓼

果序

花枝

植株一部分

图版139: 1 ~ 5. 1988; 东北植物检索表（第二版）: 123. 图版52: 3. 1995; 中国植物志25(1): 97. 图版23: 3 ~ 4. 1998; Fl. China 5: 315. 2003.——*Polygonum dentate–alatum* (Fr. Schm.) Holub in Prim. Fl. Amur. 232. 1859; 东北草本植物志2: 65. 图60. 1959; 内蒙古植物志（第二版）2: 218. 图版89: 4 ~ 5. 1990; 黑龙江省植物志4: 223. 图版56: 4 ~ 6. 1992.

生河岸、山坡荒地及园地上。产黑龙江省爱辉、五常、尚志、哈尔滨、黑河、饶河、宁安等地；吉林省前郭、珲春、和龙、安图、长白、集安等地；辽宁省凌源、西丰、抚顺、本溪、桓仁、凤城、岫岩、鞍山、海城、营口、庄河、金州、瓦房店、大连、旅顺口等地；内蒙古自治区敖汉旗、宁城等地。

全草有清热解毒作用。

（4）篱蓼（辽宁植物志，黑龙江省植物志，东北植物检索表，东北草本植物志，中国植物志）；篱首乌（Flora of China）

Fallopia dumetorum (L.) Holub. in Folia Geobot. Phyt. 6: 176. 1971; 辽宁植物志（上册）: 349. 1988; 东北植物检索表（第二版）: 122. 1995; 中国植物志25(1): 100. 图版24: 1 ~ 2. 1998; Fl. China 5: 316. 2003.——*Polygonum dumetorum* L., Sp. Pl. ed. 2: 521. 1762; 东北草本植物志2: 65. 1959; 黑龙江省植物志4: 227. 1992.

（4a）篱蓼（原变种）

Fallopia dumetorum var. *dumetorum*

生耕地旁、河岸沙地或湿润的灌丛间。产黑龙江省饶河、伊春、密山、宁安等地；吉林省敦化、吉林、长白等地；辽宁省凌源、本溪、大连、海城、辽阳等地。

■ 篱蓼

果序

果序一部分

植株一部分

（4b）疏花篱蓼（中国植物志）；疏花篱首乌（Flora of China）；疏花蓼（东北植物检索表）

Fallopia dumetorum var. *pauciflora* (Maximowicz) A. J. Li, Fl. Reipubl. Popularis Sin. 25(1): 100. 1998.——

■ 疏花篱蓼

果枝

植株

植株一部分

Fallopia pauciflora (Maxim.) Kitag. in Neo-Lineam. Fl. Manshur. 231 1979; 东北植物检索表（第二版）: 122. 图版52: 5. 1995.

生山沟路旁。产黑龙江省伊春等地。

10 萹蓄属 *Polygonum* L.

Polygonum L., Sp. Pl. 359. 1753.

一年生或多年生草本、稀半灌木或小灌木。茎直立或平卧；叶基部具关节；托叶鞘通常2裂或以后撕裂。花簇生或单生，生于叶腋，稀于茎、枝上部组成稀疏的总状花序；雄蕊8，稀5～6，花丝基部扩大或内侧者扩大；花柱3，极短。瘦果具3棱，稀双凸镜状。

本属全世界约65种，广布于全世界，主要分布于北温带地区。中国约有20种，南北各省（区）均有。东北地区产8种1变种。

分种检索表

1. 茎直立；花着生于茎、枝上部的叶腋，组成长而稀疏、间断的总状花序；瘦果密被小点，微有光泽 …… 1. 展枝萹蓄 P. patulum M. Bieb.
1. 茎平卧、上升或直立；花遍布于植株。
  2. 花梗中部具关节；瘦果平滑，有光泽 …… 2. 习见萹蓄 P. plebeium R. Br.
  2. 花梗顶部具关节；瘦果密被小点或由小点组成的细条纹，无光泽或微有光泽。
    3. 瘦果散乱分布瘤状颗粒或不规则洼点或密被小点。
      4. 托叶鞘全株为褐色 …… 3. 珲春萹蓄 P. huichunense F. Z. Li, Y. T. Hou & C. Y. Qu
      4. 托叶鞘植株下部褐色、上部白色 …… 4. 普通萹蓄 P. humifusum Pall. ex Ledeb.
    3. 瘦果密被由小点组成的细条纹。
      5. 花被开裂至2/3～3/4。
        6. 花2～7簇生于叶腋，在侧枝上部排列较紧密；短果类型在解剖镜下观察到其表面具散乱小点 …… 5. 尖果萹蓄 P. rigidum Skv.
        6. 花单生或数朵簇生于叶腋，遍布于植株；短果类型在解剖镜下观察到其表面具小点组成的细条纹（6. 萹蓄 P. aviculare L.）。
          7. 托叶鞘植株下部褐色、上部白色 …… 6a. 萹蓄 P. aviculare var. aviculare
          7. 托叶鞘全株为褐色 …… 6b. 褐鞘萹蓄 P. aviculare var. fusco-ochreatum (Kom.) A. J. Li
      5. 花被开裂至1/2。
        8. 瘦果有光泽；托叶鞘初透明膜质，后褐色 …… 7. 辽东蓼 P. liaotungense Kitag.
        8. 瘦果无光泽；托叶鞘白色 …… 8. 伏地萹蓄 P. arenastrum Boreau

（1）展枝萹蓄（Flora of China）；展枝蓼（中国植物志）；碱蓼（东北植物检索表）

Polygonum patulum M. Bieb. in Fl. Taur.-Caucas. 1: 304 1808; Fl. China 5: 285. 2003; 中国植物志25(1): 12. 图版3: 3～4. 1998.——*Polygonum gracilius* (Ledeb.) Klokov in Journ Agr. Bot Vcr. 1(3): 169. 1927; 东北植物检索表（第二版）: 127. 1995.

生碱地草原。产黑龙江省哈尔滨、肇东、杜尔伯特等地。

（2）习见萹蓄（植物智网站）；铁马鞭（Flora of China）；小果蓼（辽宁植物志，东北植物检索表，东北草本植物志）；腋花蓼（黑龙江省植物志）；习见蓼（内蒙古植物志，中国植物志）

Polygonum plebeium R. Br. in Prodr. Fl. Nov. Holl. 420. 1810; 辽宁植物志（上册）: 319. 图版125: 7 ~ 9. 1988; 内蒙古植物志（第二版）2: 185. 图版71: 1 ~ 4. 1990; 黑龙江省植物志4: 244. 1992; 东北植物检索表（第二版）: 123. 图版59: 2. 1995; 中国植物志25(1): 11. 图版1: 1 ~ 3. 1998; Fl. China 5: 285. 2003.——*P. parviflorum* Y. L. Chang et S. H. Li, 东北草本植物志2: 31. 图22. 1959.

生田边、路旁、水边湿地。产黑龙江省哈尔滨、宁安、呼玛、密山、依兰等地；吉林省梨树、珲春等地；辽宁省大连、沈阳、丹东等地。

全草有利水通淋、化浊杀虫作用，用于恶疮疥癣、淋浊、蛔虫病。

■ 习见萹蓄

植株

植株一部分

（3）珲春萹蓄（植物分类学报）

Polygonum huichunense F. Z. Li, Y. T. Hou & C. Y. Qu, 植物分类学报 45(4): 523 ~ 537. 2007.

生路旁。产吉林省珲春郊区（模式产地）。

（4）普通萹蓄（Flora of China）；普通蓼（辽宁植物志，东北植物检索表，东北草本植物志，中国植物志）

Polygonum humifusum Pall. ex Ledeb. in Linnaea 22: 205. 1849; 东北草本植物志2: 32. 图24. 1959; 辽宁

■ 普通萹蓄

植株

植株一部分

植物志（上册）: 320. 图版126: 1 ~ 4. 1988; 东北植物检索表（第二版）: 123. 图版59: 6. 1995; 中国植物志25(1): 9. 1998; Fl. China 5: 285. 2003.——*Polygonum humifusum* f. *yamatutae*(Kitag.) C. F. Fang, 辽宁植物志（上册）: 320. 图版126: 5. 1988; 东北植物检索表（第二版）: 123. 图版59: 5. 1995.

生荒地、路旁。产黑龙江省杜尔伯特、哈尔滨、鸡东、伊春等地；吉林省吉林、镇赉、双辽、安图、和龙、抚松等地；辽宁省西丰、沈阳、法库、建平、建昌、葫芦岛、彰武、抚顺、新宾、营口、丹东、庄河、金州、大连等地；内蒙古自治区海拉尔、新巴尔虎左旗、新巴尔虎右旗、科尔沁右翼前旗、宁城等地。

（5）尖果萹蓄（Flora of China）；紧穗蓼（东北植物检索表，东北草本植物志）；尖果蓼（中国植物志）

Polygonum rigidum Skv. in Bar. et Skv. Diagn. Pl. Nov. Mandsh. 5. t. 1. f. 9 ~ 10. 1943; 东北草本植物志2: 33. 图26. 1959; 东北植物检索表（第二版）: 123. 图版59: 4. 1995; 中国植物志25(1): 15. 1998; Fl. China 5: 286. 2003.

生田边路旁、山谷湿地。产黑龙江省杜尔伯特、哈尔滨、安达、大庆、萝北、尚志、宁安等地；吉林省吉林、安图等地；辽宁省桓仁、沈阳、建平、新民、大连等地；内蒙古自治区额尔古纳、新巴尔虎右旗、海拉尔等地。

（6）萹蓄（黑龙江省植物志，内蒙古植物志，中国植物志，Flora of China）；萹蓄蓼（辽宁植物志，东北植物检索表，东北草本植物志）；异叶蓼（辽宁植物志，东北植物检索表，东北草本植物志）

Polygonum aviculare L., Sp. Pl. 362. 1753; 东北草本植物志2: 31. 图23. 1959; 辽宁植物志（上册）: 320. 图版125: 1 ~ 3. 1988; 内蒙古植物志（第二版）2: 182. 图版70. 1990; 黑龙江省植物志4: 216. 图版55: 1 ~ 3. 1992; 东北植物检索表（第二版）: 123. 图版59: 3. 1995; 中国植物志25(1): 7. 图版2: 1 ~ 2. 1998; Fl. China 5: 284. 2003.——*P. monspeliense* Thieb. ex Pers. in Syn. Pl. 1: 439. 1805; 东北草本植物志2: 30. 1959; 辽宁植物志（上册）: 319. 1988; 东北植物检索表（第二版）: 123. 图版59: 7. 1995.

（6a）萹蓄（原变种）

Polygonum aviculare var. *aviculare*

生荒地、路旁及河边沙地上。产东北各地。

全草有通经、利尿、消炎止泻、清热解毒等作用。幼苗可以食用。

■ 萹蓄

植株

植株一部分

■ 萹蓄

花侧面观

花解剖

花正面观

瘦果

（6b）褐鞘萹蓄（变种）（Flora of China）；褐鞘蓼（辽宁植物志，东北植物检索表，东北草本植物志，中国植物志）

Polygonum aviculare var. *fusco-ochreatum* (Kom.) A. J. Li, 东北草本植物志2: 30. 图21. 1959; 中国植物志

■ 褐鞘萹蓄

叶鞘

花

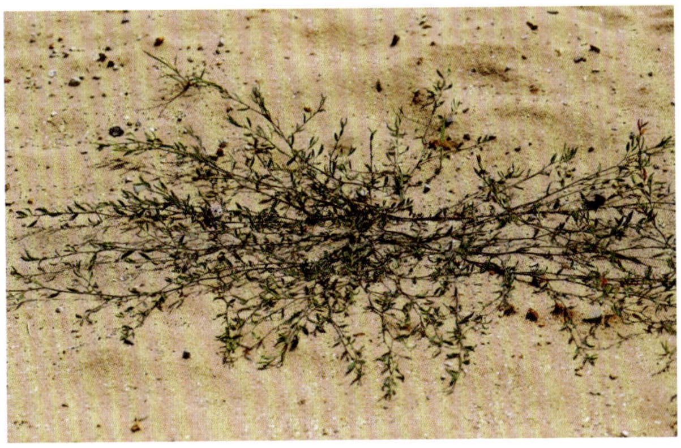

植株

植株一部分

25(1): 9. 1998; Fl. China 5: 284. 2003.——*P. fusco-ochreatum* Kom. in Fl. URSS 5: 719. 1936. t. 40. f. 4. a ~ e; 辽宁植物志（上册）: 318. 图版125: 4 ~ 6. 1988; 东北植物检索表（第二版）: 123. 图版59: 1. 1995.——*P. fusco-ochreatum* Kom. f. *stans* (Kitag.) C. F. Fang, 辽宁植物志（上册）: 319. 1988; 东北植物检索表（第二版）: 123. 1995.

生荒地、路旁及河边沙地上。产黑龙江省伊春、哈尔滨等地；吉林省安图、和龙、珲春等地；辽宁省彰武、锦州、桓仁、普兰店、庄河、大连等地。

（7）辽东蓼（辽宁植物志，东北植物检索表，中国植物志）

Polygonum liaotungense Kitag. in Lineam. Fl. Mansh. 183. 1939; 辽宁植物志（上册）: 319. 1988; 东北植物检索表（第二版）: 123. 1995; 中国植物志25(1): 14. 1998.

生海边沙地。产辽宁省大连、丹东等地。

（8）伏地萹蓄（Flora of China）；伏地蓼（东北植物检索表，东北草本植物志，中国植物志）

Polygonum arenastrum Boreau in Fl. Centre France ed. 3, 2: 559 1857; 中国植物志25(1): 11. 1998; Fl. China 5: 285. 2003.——*Polygonum calcatum* Lindm. in Bot. Not. 1904: 139. 1904; 东北植物检索表（第二版）: 123. 1995.——*P. prostratum* Skv., Diagn. Pl. Nov. Mandshur. [Baranov & Skvortsov] 5. 1943; 东北草本植物志2: 33. 图25. 1959.

生河岸沙滩、林间草地。产黑龙江省哈尔滨、尚志等地；吉林省长春等地；辽宁省沈阳等地。

11 拳参属 *Bistorta* (L.) Scop.

Bistorta (L.) Scop., Meth. Pl. (Scopoli) 24. 1754.

多年生草本。根状茎粗壮。茎直立，不分枝，稀上部分枝；托叶筒状，顶端偏斜，无缘毛。总状花序呈穗状，紧密，顶生，花被5深裂；雄蕊8；花柱3，细长。瘦果具3棱。

本属全世界有43种。中国产20余种。东北地区产7种。

分种检索表

1. 花穗较细，中下部常具珠芽；叶柄上部不具下延的翼；叶片披针形、长圆形至卵形，叶缘凸起的脉端呈细齿状 …… 1. 珠芽拳参 B. vivipara (L.) S. F. Gray
1. 花穗较粗，无珠芽（倒根拳参有时有珠芽）；叶柄上部具下延的翼。
  2. 叶近革质。
    3. 叶宽大，基生叶和茎下部叶长圆状卵形或广椭圆状卵形，宽 3 ~ 8厘米或更宽，边缘有不明显的乳头状突起 …… 2. 太平洋拳参 B. pacifica (V. Petr. ex Kom.) Kom.
    3. 叶较狭，基生叶和茎下部叶披针形或卵状长圆形，宽约3厘米，叶缘无乳头状突起。
      4. 叶背面密被短柔毛；茎通常具4 ~ 6个节，高10 ~ 40厘米 …… 3. 倒根拳参 B. ochotensis (V. Petr.) Kom.
      4. 叶两面光滑无毛；茎通常具8 ~ 9个节，高60 ~ 80厘米 …… 4. 拳参 B. officinalis Rafin.
  2. 叶草质。
    5. 茎生叶不抱茎，无叶耳；上部叶常呈丝状或刺毛状 …… 5. 狐尾拳参 B. alopecuroides (Turcz.) Kom.
    5. 茎中上部叶抱茎，叶耳明显；上部叶不呈丝状或刺毛状。
      6. 叶无毛；茎具8 ~ 9节 …… 6. 耳叶拳参 B. manshuriensis Kom.

（接上表）

6. 叶背面被短柔毛；茎具6节 …… 7. 椭圆叶拳参 B. elliptica (Willd. ex Spreng.) V. V. Petrovsky, D. F. Murray & Elven

（1）珠芽拳参（Flora of China）；珠芽蓼（黑龙江省植物志，内蒙古植物志，东北植物检索表，东北草本植物志，中国植物志）

Bistorta vivipara (L.) S. F. Gray, Nat. Arr. Br. Pl. 2: 268. 1821.——*Polygonum viviparum* L., Sp. Pl. 360. 1753; 东北草本植物志2: 53. 图46. 1959; 内蒙古植物志（第二版）2: 206. 图版84. 1990; 黑龙江省植物志4: 253. 图版66: 4 ~ 6. 1992; 东北植物检索表（第二版）: 131. 图版54: 3. 1995; 中国植物志25(1): 37. 图版10: 1 ~ 2. 1998; Fl. China 5: 294. 2003.

生森林中草地或高山冻原上。产黑龙江省呼玛、海林等地；吉林省抚松、安图、长白等地；内蒙古自治区额尔古纳、根河、科尔沁右翼前旗、巴林右旗、克什克腾旗、宁城、东乌珠穆沁旗、锡林浩特等地。

根状茎有清热解毒、散瘀止血作用，用于乳蛾、咽喉痛、痢疾、泄泻、便血等。

■ 珠芽拳参

根部

花序

花序一部分

茎上部叶

叶背面观

全株

植株下部

（2）太平洋拳参（Flora of China）；太平洋蓼（辽宁植物志，黑龙江省植物志，内蒙古植物志，东北植物检索表，东北草本植物志，中国植物志）

Bistorta pacifica (V. Petr. ex Kom.) Kom. Fl. URSS 5: 682. 1936. pro. syn.: Kitag. Neo-Lineam. Fl. Mansh. 299. 1979.——*Polygonum pacificum* V. Petr. ex Kom. in Not. Syst. Herb. Hort. Bot. Petrop. 6: 2. 1926; 东北草本植物志2: 56. 1959; 内蒙古植物志（第二版）2: 208. 1990; 辽宁植物志（上册）: 340. 图版134: 4. 1988; 黑龙江省植物志4: 240. 1992; 东北植物检索表（第二版）: 131. 图版54: 5. 1995; 中国植物志25(1): 38. 1998; Fl. China 5: 294. 2003.

生山坡、林缘、草甸。产黑龙江省伊春、东宁、尚志等地；吉林汪清、敦化等地；辽宁省喀左、本溪、桓仁、宽甸、新宾、清原等地；内蒙古自治区翁牛特旗等地。

根状茎有清热解毒、凉血止血、收敛作用，用于赤痢、吐血、烧伤、烫伤、外伤出血。

■ 太平洋拳参

花序

茎上部叶

居群上部

居群下部

（3）倒根拳参（Flora of China）；倒根蓼（东北植物检索表，东北草本植物志，中国植物志）

Bistorta ochotensis (V. Petr.) Kom., Fl. URSS 5: 687,726. in syn. 1936; Rep. Inst. Sci. Res. Mansh. 5: 141. 1941.——*Polygonum ochotense* V. Petr. in Fl. URSS 5: 726. 1936; 东北草本植物志2: 57. 1959; 东北植物检索表（第二版）: 131. 图版54: 2. 1995; 中国植物志25(1): 39. 1998; Fl. China 5: 295. 2003.

生山坡草地，海拔1500～2500米。产吉林省长白、抚松、安图等地；内蒙古自治区牙克石。

■ 倒根拳参

居群1

居群2

植株一部分

植株

（4）拳参（黑龙江省植物志，内蒙古植物志，中国植物志，Flora of China）；石生蓼（辽宁植物志，东北植物检索表，东北草本植物志）

Bistorta officinalis Rafin. Fl. Tellur. 3: 12. 1836.——*Polygonum bistorta* L., Sp. Pl. 360. 1753; 内蒙古植物志（第二版）2: 208. 图版85. 1990; 黑龙江省植物志4: 218. 1992; 中国植物志25(1): 42. 图版8: 1 ~ 2. 1998; Fl. China 5: 296. 2003.——*P. lapidosum* Kitag. in Rep. Mansh. 2: 290. 1930; 东北草本植物志2: 55. 图48. 1959; 辽宁植物志（上册）: 339. 图版134: 1 ~ 3. 1988; 东北植物检索表（第二版）: 131. 图版54: 6. 1995.

生山坡或干草地。产黑龙江省集贤等地；辽宁省凌源、北镇、法库、普兰店、金州、大连、桓仁、宽甸等地；内蒙古自治区海拉尔、扎兰屯、科尔沁右翼前旗、扎赉特旗、敖汉旗、克什克腾旗、东乌珠穆沁旗、锡林浩特、正蓝旗、太仆寺旗、多伦等地。

根状茎有清热解毒、消肿、止血作用，用于吐血、衄血、痔疮出血、毒蛇咬伤等。

■ 拳参

根状茎肥厚

茎叶下部

花序

苗期植株

植株下部

植株

（5）狐尾拳参（Flora of China）；狐尾蓼（黑龙江省植物志，内蒙古植物志，东北植物检索表，东北草本植物志，中国植物志）

Bistorta alopecuroides (Turcz.) Kom. in Not. Syst. Petrop. 6: 3. 1926; Kitag. Neo-Lineam. Fl. Mansh. 228. 1979.——*Polygonum alopecuroides* Turcz. ex Besser in Fl. 1. Beibl. 23. 1834; 东北草本植物志2: 55. 图49. 1959; 内蒙古植物志（第二版）2: 212. 图版86: 1 ~ 5. 1990; 黑龙江省植物志4: 214. 图版53: 2 ~ 5. 1992; 东北植物检索表（第二版）: 131. 图版54: 4. 1995; 中国植物志25(1): 41. 1998; Fl. China 5: 296. 2003.——*Polygonum alopecuroides* Turcz. ex Besser f. *pilosum* Fang in Fl. Pl. Herb. Chin. Bor.-Or. 2: 108. 1959; 东北植物检索表（第二版）: 131. 1995.

生草甸、山坡草地。产黑龙江省富裕、鹤岗、佳木斯、宝清、黑河、木兰、北安、呼玛等地；吉林省安图等地；辽宁省法库、阜新等地；内蒙古自治区额尔古纳、牙克石、扎兰屯、陈巴尔虎旗、鄂温克、科尔沁右翼前旗、敖汉旗、巴林右旗、阿鲁科尔沁旗、克什克腾旗、赤峰市红山区、宁城、锡林浩特、正蓝旗等地。

根状茎有清热解毒、凉血止血作用。

■ 狐尾拳参

花序

植株

植株一部分

（6）耳叶拳参（Flora of China）；耳叶蓼（辽宁植物志，黑龙江省植物志，内蒙古植物志，东北植物检索表，东北草本植物志，中国植物志）

Bistorta manshuriensis Kom., Not. Syst. Petrop. 6: 3. 1926. pro syn.; Kitag. Neo-Lineam. Fl. Mansh. 229. 1979.——*Polygonum manshuriense* V. Petr. ex Kom. in Not. Syst. Herb. Hort. Bot. Petrop. 6: 3. 1926; 东北草本植物志2: 54. 图47. 1959; 辽宁植物志（上册）: 339. 1988; 内蒙古植物志（第二版）2: 210. 图版86: 6 ~ 9. 1990; 黑龙江省植物志4: 235. 图版61: 1 ~ 3. 1992; 东北植物检索表（第二版）: 131. 图版54: 1. 1995; 中国植物志25(1): 39. 1998; Fl. China 5: 295. 2003.

生山坡草地、林缘、山谷湿地。产黑龙江省伊春、东宁、宁安、友谊、宝清、木兰、集贤、逊克、尚志、哈尔滨等地；吉林省临江、抚松、安图等地；辽宁省法库、北票等地；内蒙古自治区额尔古纳、

■ 耳叶拳参

花序

植株

植株一部分

牙克石、突泉、敖汉旗、喀喇沁旗、宁城等地。

（7）椭圆叶拳参（Flora of China）；毛叶耳蓼（东北植物检索表，东北草本植物志）；椭圆叶蓼（中国植物志）

Bistorta elliptica (Willd. ex Spreng.) V. V. Petrovsky, D. F. Murray & Elven, J. Bot. Res. Inst. Texas 2(1): 435. 2008.——*Polygonum ellipticum* Willd. ex Spreng. Syst. Veg. 2: 253. 1825. quoad nom.; 中国植物志25(1): 40. 1998; Fl. China 5: 295. 2003.——*Polygonum vladimiri* Czer., Sosud. Rast. SSSR 403. 1981, nom. nov.; 东北植物检索表（第二版）: 131. 1995.——*Polygonum attenuatum* V. Petr. ex Kom., Fl. URSS. V, Addenda Ⅳ. 725. 1936; 东北草本植物志2: 56. 1959.

生草地。产吉林省抚松、安图等地。

12 西伯利亚蓼属 *Knorringia* (Czukav.) Tzvelev

Knorringia (Czukav.) Tzvelev, Novosti Sist. Vyssh. Rast. 24: 76. 1987.

多年生草本。有根状茎。叶长椭圆形或长圆形至线形，通常具腺点，基部戟形或耳形。花小，有花梗，排列成腋生或顶生的紧密总状花序或多分枝的圆锥花序；花被片不等长；雄蕊8（9~10），等长，基部膨大。坚果三棱状，钝，黑色。

本属全世界仅1种，分布于中亚、俄罗斯、中国、阿富汗和巴基斯坦，向东延伸至尼泊尔。中国南北均产，东北地区有分布。

西伯利亚蓼（辽宁植物志，黑龙江省植物志，内蒙古植物志，东北植物检索表，东北草本植物志，中国植物志）；西伯利亚神血宁（Flora of China）

Knorringia sibirica (Laxm.) Tzvel. in Nov. Syst. Pl. Vasc. 24: 76. 1987.——*Polygonum sibiricum* Laxm. in Novi Comment. Acad. Sci. Imp. Petrop. 18: 531. pl. 7, f. 2. 1774; 东北草本植物志2: 52. 图45. 1959; 辽宁植物志（上册）: 337. 图版133: 5~6. 1988; 内蒙古植物志（第二版）2: 198. 图版80. 1990; 黑龙江省植物志4: 247.

■ 西伯利亚蓼

果序

花序

■ 西伯利亚蓼

花序一部分

植株

植株一部分

图版64: 2～4. 1992; 东北植物检索表（第二版）: 129. 图版53: 4. 1995; 中国植物志25(1): 89. 图版21: 1～3. 1998; Fl. China 5: 308. 2003.

多年生草本。茎斜上或近直立，常自基部分枝。托叶鞘圆筒形，膜质易破裂；叶互生，质稍厚，长椭圆形至线形，基部呈耳状。圆锥花序顶生，花被绿色，5深裂；雄蕊7～8；花柱3，柱头头状。坚果三棱形，黑色，与花被等长或稍长。生盐碱地。产黑龙江省哈尔滨、龙江、杜尔伯特、大庆、肇东、安达等地；吉林省双辽、通榆、镇赉等地；辽宁省绥中、北镇、东港、大连、金州、长海等地；内蒙古自治区满洲里、海拉尔、阿鲁科尔沁旗、新巴尔虎右旗、新巴尔虎左旗、牙克石、通辽、赤峰、扎鲁特旗等地。

全草有利水渗湿、清热解毒作用。

13 冰岛蓼属 *Koenigia* L.

Koenigia L., Mant. Pl. 3, 35. 1767.

一年生或多年生草本植物，直根。多花组成顶生或腋生花序。花被片淡色，白色、绿色至黄白色或粉红色。瘦果，棕色或黑色，无翅。

本属全世界有57种，主产于温带和北半球高山地区。东北地区产6种。

分种检索表

1. 小坚果通常比花被短或等长；植株较小。
  2. 叶卵状披针形，宽7～15毫米；花序非全部由叶腋伸出 ⋯ **1. 阿扬蓼 K. alaskana** (Small) T. M. Schust. & Reveal
  2. 叶披针形至线状披针形，宽 3～7毫米；花序由叶腋伸出 ⋯⋯⋯ **2. 白山蓼 K. ocreata** (L.) T.M.Schust. & Reveal
1. 小坚果通常比花被长；植株高大。
  3. 叶卵形或上部者为卵状披针形。
    4. 叶基部圆形，叶柄长2～4厘米；小坚果成熟后下垂 ⋯⋯⋯⋯⋯⋯⋯ **3. 谷地蓼 K. limosa** T. M. Schust. & Reveal
    4. 叶基部楔形或广楔形，具短柄或无柄；小坚果成熟后常直立 ⋯⋯⋯⋯⋯⋯⋯⋯⋯⋯⋯⋯⋯⋯⋯⋯⋯⋯⋯⋯⋯⋯⋯⋯⋯⋯ **4. 宽叶蓼 K. jurii** (A.K.Skvortsov) T. M. Schust. & Reveal
  3. 叶长圆形、线形或卵状披针形。

（接上表）

5. 茎常自基部叉状分枝；叶线形或长圆形；小坚果长 5～6毫米 ……5. 叉分蓼 K. divaricata (L.) T.M.Schust.&Reveal

5. 茎仅上部分枝或仅有 1～2营养枝；叶卵状披针形；小坚果长 3～4毫米 ……6. 高山蓼 K. alpina (All.) T.M.Schust.&Reveal

（1）阿扬蓼（中国植物志）；高山蓼（东北植物检索表，东北草本植物志）；阿扬神血宁（Flora of China）

Koenigia alaskana (Small) T. M. Schust. & Reveal, Taxon 64(6): 1200. 2015.——*Polygonum ajanense* (Nakai) Grig. in Fl. URSS 5: 666, pl. 46, f. 2. 1936; 东北草本植物志2: 50. 图43. 1959; 东北植物检索表（第二版）: 129. 图版53: 7. 1995; 中国植物志25(1): 92. 1998; Fl. China 5: 309. 2003.

生山坡草地。产黑龙江省呼玛、尚志等地；内蒙古自治区额尔古纳、牙克石、扎兰屯、鄂温克、新巴尔虎左旗、新巴尔虎右旗、科尔沁右翼前旗、巴林右旗、阿荣旗、阿鲁科尔沁旗、喀喇沁旗等地。

（2）白山蓼（内蒙古植物志，东北植物检索表，东北草本植物志，中国植物志）；白山神血宁（Flora of China）

Koenigia ocreata (L.) T. M. Schust. & Reveal, Taxon 64(6): 1202. 2015.——*Polygonum ocreatum* L., Sp. Pl. 361. 175; 中国植物志25(1): 92. 19983; Fl. China 5: 309. 2003.——*Polygonum laxmannii* Lepech. in Nova Acta Acad. Sci. Imp. Petrop. Hist. Acad. 10: 414. 1797; 东北草本植物志2: 50. 图42. 1959; 内蒙古植物志（第二版）2: 201. 图版81: 1～2. 1990; 东北植物检索表（第二版）: 129. 图版53: 5. 1995.

生山坡草地、山谷湿地，海拔1400～2500米。产吉林省安图等地；内蒙古自治区海拉尔、额尔古纳、锡林浩特等地。

■ 白山蓼

植株

植株一部分

（3）谷地蓼（东北植物检索表，东北草本植物志，中国植物志）；谷地神血宁（Flora of China）

Koenigia limosa T.M.Schust. & Reveal, Taxon 64(6): 1201. 2015.——*Polygonum limosum* Kom. in Bull. Jard. Petersb. 16: 165. 1916; 东北草本植物志2: 51. 1959; 东北植物检索表（第二版）: 131. 图版53: 1. 1995; 中国植物志25(1): 89. 1998; Fl. China 5: 308. 2003.

生河岸或河谷地。产黑龙江省宁安等地；吉林省汪清、安图等地；辽宁省宽甸、桓仁、新宾等辽东山区。

■ 谷地蓼

苗期植株

苗期托叶鞘

花与花期托叶鞘

果序

叶正面观

叶背面观

植株上部

植株下部

（4）宽叶蓼（辽宁植物志，东北植物检索表，东北草本植物志，中国植物志）；宽叶神血宁（Flora of China）

Koenigia jurii (A.K.Skvortsov) T. M. Schust. & Reveal, Taxon 64(6): 1201. 2015.——*Polygonum platyphyllum* Li et Chang, 东北草本植物志2: 51. 图44. 1959; 辽宁植物志（上册）: 337. 图版133: 3～4. 1988;

■ 宽叶蓼

茎叶

植株

花序

东北植物检索表（第二版）: 131. 图版53: 2. 1995; 中国植物志25(1): 89. 1998; Fl. China 5: 308. 2003.——*Pleuropteropyrum plutyphyllum* (Li et Chang) Kitag. in Journ. Jap. Bot. 40: 56. 1965.

生山坡草地。产吉林省洮南、集安、安图等地；辽宁省建昌、西丰、桓仁、鞍山、本溪、凤城、丹东、庄河、瓦房店、金州等地。

（5）叉分蓼（内蒙古植物志，中国植物志）；分叉蓼（辽宁植物志，黑龙江省植物志，东北植物检索表，东北草本植物志）；叉分神血宁（Flora of China）

Koenigia divaricata (L.) T. M. Schust. & Reveal, Taxon 64(6): 1201. 2015.——*Polygonum divaricatum* L., Sp. Pl. 363. 1753; 东北草本植物志2: 49. 图40. 1959; 辽宁植物志（上册）: 337. 图版133: 1 ~ 2. 1988; 内蒙古植物志（第二版）2: 204. 图版82. 1990; 黑龙江省植物志4: 225. 图版58: 1 ~ 3. 1992; 东北植物检索表（第二版）: 131. 图版53: 6. 1995; 中国植物志25(1): 93. 1998; Fl. China 5: 309. 2003.

生山坡。产黑龙江省哈尔滨、阿城、泰来、大庆、虎林、宁安、萝北、依兰、肇东、安达、北安、呼玛、伊春等地；吉林省镇赉、双辽、吉林、汪清、安图等地；辽宁省凌源、建平、葫芦岛、锦州、彰武、北镇、西丰、辽阳、鞍山、金州、庄河、瓦房店等地；内蒙古自治区海拉尔、牙克石、鄂温克、新巴尔虎旗、满洲里、乌兰浩特、科尔沁左翼后旗、翁牛特旗、敖汉旗、巴林右旗、阿鲁科尔沁旗、克什克腾旗、喀喇沁旗、宁城、赤峰市红山区、东乌珠穆沁旗、锡林浩特、阿巴嘎旗、正蓝旗等地。

根含鞣质，可制栲胶，也有祛寒温肾作用；幼茎去皮可作蔬菜用，也作饮料植物应用。

■ 叉分蓼

果序一部分

花

花序

茎叶

托叶鞘

植株

（6）高山蓼（内蒙古植物志，中国植物志）；兴安蓼（黑龙江省植物志，内蒙古植物志，东北植物检索表，东北草本植物志）；高山神血宁（Flora of China）；华北蓼（东北植物检索表，东北草本植物志）

Koenigia alpina (All.) T. M. Schust. & Reveal, Taxon 64(6): 1200. 2015.——*Polygonum alpinum* All. in Auct. Syn. Stirp. Horti Taur. 42. 1773; 东北草本植物志2: 48. 1959; 内蒙古植物志（第二版）2: 206. 图版83.

1990; 黑龙江省植物志4: 215. 图版54: 1～3. 1992; 东北植物检索表（第二版）: 131. 图版53: 8. 1995; 中国植物志25(1): 93. 1998; Fl. China 5: 309. 2003.——*Polygonum jeholense* (Kitag.) Baranov & Skvortsov, 东北草本植物志2: 48. 图40. 1959; 内蒙古植物志（第二版）2: 201. 图版81: 3～5. 1990; 东北植物检索表（第二版）: 131. 1995.

生山坡草地、林缘，海拔800～2400米。产黑龙江省龙江、尚志、漠河、呼玛等地；吉林省安图、长白等地；内蒙古自治区额尔古纳、牙克石、扎兰屯、鄂温克、新巴尔虎左旗、新巴尔虎右旗、科尔沁右翼前旗、巴林右旗、阿鲁科尔沁旗、喀喇沁旗、锡林浩特、正蓝旗等地。

■ 高山蓼

果序一部分

花序

茎叶

叶背面观

茎与托叶鞘

植株

14 蓼属 *Persicaria* (L.) Mill.

Persicaria (L.) Mill., Gard. Dict. Abr., ed. 4. 1054. 1754.

多年生草本或一年生草本。茎直立，有时匍匐或攀缘。叶多数茎生，互生；托叶鞘通常棕褐色、棕色或带红色，上部不为2裂；叶片披针形或卵形到戟形或箭头形，边缘全缘或戟形浅裂。穗状、圆锥状或头状花序，顶生，或顶生和腋生均有；花两性或单性；花被白色、绿白色、玫瑰色、红色或紫色，钟状或瓶状；花被片4～5；雄蕊5～8，花丝离生或基部合生，外部的有时贴生于花被筒；花药黄色、粉红色或红色，椭圆形到卵形；花柱2～3，直立、平展或反折，离生或合生；柱头头状。瘦果包于宿存花被内或凸出花被之外，棕色或深棕色至黑色，不具翅，盘状，双凸，2～3棱，或球状。

本属全世界约有100种，广布于世界各地。东北地区产26种7变种1变型。

分种检索表

1. 托叶鞘不呈圆筒形。
  2. 圆锥状花序；叶狭线形，宽0.5～3毫米 ……………………………… **1. 狭叶蓼 P. angustifolia** (Pall.) Ronse Decr.
  2. 总状花序。
    3. 茎缠绕或攀缘。
      4. 叶三角形或三角状戟形；叶柄不为盾状着生；托叶鞘漏斗状；花被果期变干且包着小坚果 ………………………………………………………………… **2. 刺蓼 P. senticosa** (Meisn.) H. Gross ex Nakai
      4. 叶正三角形；叶柄盾状着生；托叶鞘近圆形、叶状、抱茎；花被果期变蓝色且稍肉质 …………………………………………………………………………………… **3. 杠板归 P. perfoliata** (L.) H. Gross
    3. 茎直立或半平卧。
      5. 叶基部戟形。
        6. 叶卵状椭圆形，具短而宽的叶耳；花梗密被枣红色腺毛 ………………………………………………………………… **4. 稀花蓼 P. dissitflora** (Hemsl.) H. Gross ex Mori
        6. 叶外形为卵状三角形，基部两侧小裂片显著向外，中裂片卵形或披针形。
          7. 茎密被星状毛；叶较狭；小坚果有光泽 ………………………………………………………… **5. 长戟叶蓼 P. maackiana** (Regel) Nakai ex Mori
          7. 茎通常无毛；叶较宽；小坚果无光泽 …………………… **6. 戟叶蓼 P. thunbergii** (Sieb et Zucc.) H. Gross
      5. 叶基部箭形。
        8. 花梗平滑无毛；茎具倒生钩刺（**7. 箭头蓼 P. sagittata** (L.) H. Gross）。
          9. 茎较粗，具明显的倒生钩刺；叶长达10厘米 ………………………**7a. 箭头蓼 P. sagittata** var. **sagittata**
          9. 茎较细，具短刺；叶较长约2厘米 ……………………………………… **7b. 草甸箭叶蓼 P. sagittata** var. **pratense** (Chang et Li) S. M. Zhang
        8. 花梗具腺毛。
          10. 植株高3～15厘米；叶广椭圆形；花少 ……………………… **8. 小蓼花 P. muricata** (Meisn.) Nemoto
          10. 植株高达 50厘米以上；叶长椭圆形或披针形。
            11. 叶长6～10厘米，宽1～3.5厘米，基部近心形或截形，有时近箭形 ……………………………………………………………………… **9. 糙毛蓼 P. strigosa** (R. Br.) Nakai
            11. 叶长3～7厘米，宽约1厘米，基部箭形 ………………………………………… **10. 长箭叶蓼 P. hastato-sagittata** (Makino) Nakai ex T.Mori
1. 托叶鞘圆筒形，先端截形或斜截形，在茎的上部更显著。
  12. 花序头状，花被裂片4～5，雄蕊6～8；托叶鞘斜截形………… **11. 尼泊尔蓼 P. nepalensis** (Meisn.) H. Gross.
  12. 花序穗状，花被裂片 3～5，雄蕊 4～8；托叶鞘几乎截形。
    13. 多年生草本；根状茎分枝且横走；叶柄由托叶鞘中部以上伸出（**12. 两栖蓼 P. amphibia** S. F. Gray）。
      14. 水生植物；叶无毛………………………………………………………**12a. 两栖蓼 P. amphibia** var. **amphibia**
      14. 陆生植物；叶两面生伏硬毛…… **12b. 毛叶两栖蓼 P. amphibia** var. **terrestris** (Leyss.) Munshi & Javeid
    13. 一年生草本；无根状茎；叶柄自托叶鞘中下部或近基部伸出。
      15. 总状花序呈穗状，圆柱形，密花。
        16. 托叶鞘上部边缘具绿色的叶状物或为干膜质状裂片 …………………… **13. 红蓼 P. orientalis** (L.) Spach

（接上表）

16. 托叶鞘上部边缘平而无裂片。
17. 托叶鞘狭，紧密包茎，在茎上部更明显。
18. 托叶鞘具伏毛；叶披针形，有褐斑或无，干后绿色 ………………… **14. 春蓼 P. maculosa** Gray
18. 托叶鞘无毛；叶广椭圆形或卵形，干后暗蓝色 ……………**15. 蓼蓝 P. tinctorium** (Ait.) Spach
17. 托叶鞘宽，不紧密包茎。
19. 茎密被开展直立的长毛；花鲜紫红色
…………………………………………… **16. 香蓼 P. viscose** (Buch.–Ham.) H. Gross ex Nakai
19. 茎无上述长毛；花粉色或白色。
20. 茎有稀疏的倒生刺 …………………… **17. 柳叶刺蓼 P. bungeana** (Turcz.) Nakai ex Mori
20. 茎平滑或稀具软毛（**18. 酸模叶蓼 P. lapathifolia** (L.) S. F. Gray）。
21. 叶两面仅沿中脉被短硬伏毛 ……………… **18a. 酸模叶蓼 P. lapathifolia** var. **lapathifoli**
21. 叶背面密被白色绵毛
……………………… **18b. 绵毛酸模叶蓼 P. lapathifolia** var. **salicifolia** (Sibth.) Miyabe
15. 总状花序虽呈穗状，较细或呈线形，疏花且常间断。
22. 花被有腺。
23. 叶线形，无辣味 ………………………………………… **19. 楔叶蓼 P. trigonocarpa** (Makino) Nakai
23. 叶披针形，有辣味（**20. 辣蓼 P. hydropiper** (L.) Spach）。
24. 总状花序长3～8厘米；花稀疏，下部间断。
25. 叶披针形或椭圆状披针形；花被绿色，上部白色或淡红色
……………………………………………………… **20a. 辣蓼 P. hydropiper** var. **hydropiper**
25. 叶线状披针形；花被白色
………………………… **20b. 狭叶水蓼 P. hydropiper** var. **angustifolia** (A.Braun) Kitag.
24. 总状花序长达10厘米；花较密，带绿色
……………………………**20c. 长穗水蓼 P. hydropiper** var. **longistachya** (Chang & Li) Kitag.
22. 花被无腺。
26. 小坚果扁压，两面凸或一面凸；花柱通常2。
27. 托叶鞘被伏毛和长缘毛；小坚果两面凸形 ………………… **21. 小蓼 P. minor** (Huds.) Opiz
27. 托叶鞘无毛或近无毛，但边缘有短而疏的缘毛；小坚果两侧扁形（**22. 多叶蓼 P. foliosa** (H. Lindb.) Kitag.）。
28. 叶基部楔形；托叶鞘缘毛长0.5～1毫米 ……………… **22a. 多叶蓼 P. foliosa** var. **foliosa**
28. 叶基部宽楔形或近圆形；托叶鞘缘毛长2～3毫米
………………………… **22b. 宽基多叶蓼 P. foliosa** var. **paludicola** (Mak.) S. M. Zhang
26. 小坚果三棱形；花柱通常3。
29. 叶基部通常圆形。
30. 叶披针形；茎有伏毛；花被粉红色 …… **23. 粘蓼 P. viscofera** (Mak.) H. Gross ex Nakai
30. 叶狭线形；茎无毛（**24. 松江蓼 P. sungareensis** Kitag.）。
31. 花被白色而带有绿色 ………………… **24a. 松江蓼 P. sungareensis** f. **sungareensis**
31. 花被紫红色
………… **24b. 红花被松江蓼 P. sungareensis** f. **rubriflorum** (Li et Chang) S. M. Zhang

（接上表）

29. 叶基部通常楔形（圆基长鬃蓼除外）。
32. 叶质薄，绿色，具伏毛，先端急狭呈尾状尖；小花梗明显比苞长 …………………………………… 25. 丛枝蓼 P. posumbu (Buch.-Ham. ex D.Don) Nakai
32. 叶质厚，浓绿色，无毛，先端渐尖；小花梗与苞等长（26. 长鬃蓼 P. longiseta (De Br.) Kitag.）。
33. 叶基部楔形 ……………………………………26a. 长鬃蓼 P. longiseta var. longiseta
33. 叶基部圆形或近圆形 … 26b. 圆基长鬃蓼 P. longiseta var. rotundata (A. J. Li) B. Li

（1）狭叶蓼（中国植物志）；细叶蓼（内蒙古植物志，东北植物检索表，东北草本植物志）；狭叶神血宁（Flora of China）

Persicaria angustifolia (Pall.) Ronse Decr., Bot. J. L. Soc. 98(4): 367. 1988.——*Polygonum angustifolium* Pall., Reise Russ. Reich. 3: 230. 1776; 内蒙古植物志（第二版）2: 201. 图版79: 4 ~ 6. 1990; 东北植物检索表（第二版）: 129. 图版53: 3. 1995; 中国植物志25(1): 31. 1998; Fl. China 5: 309. 2003.——*Polygonum taquetii* auct. non H. Lév. : 东北草本植物志2: 49. 图41. 1959.

生山谷湿地、沟边、水边。产内蒙古自治区科尔沁右翼前旗、乌兰浩特、翁牛特旗、巴林右旗、阿鲁科尔沁旗、克什克腾旗、赤峰市红山区、东乌珠穆沁旗、西乌珠穆沁旗、锡林浩特、阿巴嘎旗、苏尼特右旗等地。

■ 狭叶蓼

花序

植株

植株一部分

（2）刺蓼（辽宁植物志，黑龙江省植物志，东北植物检索表，东北草本植物志，中国植物志，Flora of China）

Persicaria senticosa (Meisn.) H. Gross ex Nakai, Fl. Saishu & Kwan. Isl. 41. 1914.——*Polygonum senticosum* (Meisn.) Franch et Sav. in Enum. Pl. Jap. 1: 401. 1875; 东北草本植物志2: 58. 图51. 1959; 辽宁植物志（上册）: 342. 图版135: 3 ~ 5. 1988; 黑龙江省植物志4: 245. 图版64: 1. 1992; 东北植物检索表（第二版）: 132. 图版57: 2. 1995; 中国植物志25(1): 71. 图版15: 5 ~ 8. 1998; Fl. China 5: 312. 2003.

生山沟、林内。产黑龙江省五常等地；吉林省镇赉、和龙、吉林、汪清、珲春、集安、安图、通化等地；辽宁省建昌、绥中、新宾、清原、桓仁、本溪、鞍山、庄河、大连等地。

全草有解毒消肿、利湿止痒作用。嫩苗可食。

■ 刺蓼

花序

茎与托叶鞘

植株

植株一部分

（3）杠板归（黑龙江省植物志，中国植物志，Flora of China）；穿叶蓼（辽宁植物志，内蒙古植物志，东北植物检索表，东北草本植物志）；扛板归（植物智网站）

Persicaria perfoliata (L.) H. Gross in Beih. Bot. Centr. 37: 113. 1920.——*Polygonum perfoliatum* L., Sp. Pl. ed. 2. 521. 1762; 东北草本植物志2: 58. 1959; 辽宁植物志（上册）: 342. 图版135: 1 ~ 2. 1988; 内蒙古植物志（第二版）2: 212. 图版87: 1 ~ 3. 1990; 黑龙江省植物志4: 241. 图版63: 4 ~ 6. 1992; 东北植物检索表（第二版）: 132. 图版57: 1. 1995; 中国植物志25(1): 68. 图版15: 1 ~ 4. 1998; Fl. China 5: 311. 2003.

生湿地、河边及路旁。产黑龙江省阿城、伊春、龙江、虎林、密山、宝清、尚志等地；吉林省蛟河、安图、珲春等地；辽宁省西丰、北镇、本溪、桓仁、丹东、岫岩、大连、长海、金州等地；内蒙古自治区扎兰屯、科尔沁右翼前旗、大青沟、宁城等地。

■ 杠板归

果序

居群

托叶鞘叶状

叶

植株一部分

根有止泻功效，不宜多服，多服会中毒。嫩苗可食。

（4）稀花蓼（辽宁植物志，黑龙江省植物志，东北植物检索表，东北草本植物志，中国植物志，Flora of China）

Persicaria dissitflora (Hemsl.) H. Gross ex Mori, Enum. Pl. Cor. 131. 1922.——*Polygonum dissitiflorum* Hemsl. in Journ. L. Soc. 26: 338. 1891; 东北草本植物志2: 63. 图58. 1959; 辽宁植物志（上册）: 347. 图版138: 1 ~ 3. 1988; 黑龙江省植物志4: 225. 1992; 东北植物检索表（第二版）: 132. 图版57: 7. 1995; 中国植物志25(1): 73. 图版17: 1 ~ 4. 1998; Fl. China 5: 313. 2003.

生山谷溪流旁潮湿地。产黑龙江省阿城、尚志等地；吉林省安图等地；辽宁省西丰、桓仁、本溪、新宾、清原、凤城、鞍山、岫岩、瓦房店、普兰店、庄河等地。

全草有清热、解毒、利湿作用，主治急慢性肝炎、小便淋痛、毒蛇咬伤。

■ 稀花蓼

花序

茎叶

植株

（5）长戟叶蓼（黑龙江省植物志，内蒙古植物志，中国植物志，Flora of China）；马氏蓼（辽宁植物志，东北植物检索表，东北草本植物志）

Persicaria maackiana (Regel) Nakai ex Mori, Enum. Pl. Cor. 132. 1922; Kitag. Neo-Lineam. Fl. Mansh. 235. 1979.——*Polygonum maackianum* Regel in Mem. Acad. Sci. St.-Petersb. ser 7. 4 (4): 127. t. 10, f. 1 ~ 2. 1861; 东北草本植物志2: 62. 图57. 1959; 辽宁植物志（上册）: 346. 图版137: 6 ~ 7. 1988; 内蒙古植物志（第二版）2: 216. 图版88: 4. 1990; 黑龙江省植物志4: 234. 图版60: 4 ~ 6. 1992; 东北植物检索表（第二版）: 132. 图版57: 9. 1995; 中国植物志25(1): 70. 1998; Fl. China 5: 311. 2003.

生山谷水边、山坡湿地。产黑龙江省萝北、阿城、哈尔滨等地；吉林省梨树、蛟河、敦化、珲春等地；辽宁省彰武、盖州、辽中、新宾等地；内蒙古自治区科尔沁右翼前旗、扎赉特旗等地。

■ 长戟叶蓼

茎与托叶鞘

植株上部

植株一部分

（6）戟叶蓼（辽宁植物志，黑龙江省植物志，内蒙古植物志，东北植物检索表，东北草本植物志，中国植物志，Flora of China）

Persicaria thunbergii (Sieb et Zucc.) H. Gross in Bot. Jahrb. 49: 275. 1913.——*Polygonum thunbergii* Sieb. et Zucc. in Abh. Math.–Phys. Cl. Konigl. Bayer. Akad. Wiss. 4 (3): 208. 1846; 东北草本植物志2: 62. 图56. 1959; 辽宁植物志（上册）: 346. 图版138: 4 ~ 5. 1988; 内蒙古植物志（第二版）2: 214. 图版88: 1 ~ 3. 1990; 黑龙江省植物志4: 248. 图版65: 4 ~ 5. 1992; 东北植物检索表（第二版）: 132. 图版57: 8. 1995; 中国植物志25(1): 70. 图版17: 5 ~ 8. 1998; Fl. China 5: 311. 2003.

生湿草地及水边。产黑龙江省伊春、东宁、依兰、尚志等地；吉林省集安、桦甸、磐石、舒兰、安图、抚松、蛟河、通化、吉林、九台、长春、长白、和龙、汪清、珲春等地；辽宁省西丰、沈阳、鞍山、营口、桓仁、本溪、抚顺、宽甸、岫岩、普兰店、金州等地；内蒙古自治区扎兰屯、新巴尔虎左旗、科尔沁左翼后旗等地。

嫩叶可食。若在森林中被蚊虫叮咬，可用本种的叶片捣烂，涂于发痒处以止痒。

■ 戟叶蓼

白花花序

二色花花序

粉花花序

茎叶

植株

植株上部

（7）箭头蓼（Flora of China）；箭叶蓼（辽宁植物志，内蒙古植物志，东北植物检索表，东北草本植物志，中国植物志）；雀翘（黑龙江省植物志）

Persicaria sagittata (L.) H. Gross, Beih. Bot. Centralbl., Abt. 2. 37(2): 113. 1919.——*Polygonum sagittatum* L., Sp. Pl. 363. 1753; Fl. China 5: 313. 2003.——*P. sieboldii* Meisn. in DC. Prodr. 14 (1): 133. 1856; 东北草本植物志2: 59. 图52. 1959; 辽宁植物志（上册）: 344. 图版136: 1 ~ 4. 1988; 内蒙古植物志（第二版）2: 214. 图版87: 4 ~ 6. 1990; 黑龙江省植物志4: 248. 图版65: 1 ~ 3. 1992; 东北植物检索表（第二版）: 132. 图版57: 4. 1995; 中国植物志25(1): 76. 图版17: 9 ~ 11. 1998.

（7a）箭头蓼（原变种）

Persicaria sagittata var. *sagittata*

生山脚路旁、水边。产黑龙江省龙江、铁力、桦川、萝北、饶河、尚志、呼玛等地山区和半山区；吉林省九台、敦化、安图、抚松、集安、和龙、汪清、珲春、蛟河、长白等地；辽宁省凌源、沈阳、鞍山、本溪、宽甸、凤城、岫岩、庄河、普兰店、金州等地；内蒙古自治区牙克石、扎兰屯、鄂温克、科尔沁右翼前旗、扎赉特旗、大青沟、敖汉旗、巴林右旗、喀喇沁旗、宁城、锡林浩特等地。

全草有祛风除湿、清热解毒作用，用于风湿关节痛、毒蛇咬伤。嫩苗可食。

■ 箭头蓼

花序

茎

植株

植株一部分

（7b）草甸箭叶蓼（变种）（辽宁植物志，东北植物检索表，东北草本植物志）；沼地蓼（辽宁植物志，东北植物检索表，东北草本植物志）

Persicaria sagittata var. *pratense* (Chang et Li) S. M. Zhang, comb.nov. ——*Polygonum sieboldii* var. *pratense* Chang et Li, 东北草本植物志2: 60, 109. 1959; 辽宁植物志（上册）: 344. 图版136: 5. 1988; 东北植物检索表（第二版）: 132. 图版57: 5. 1995.——*P. paludosum* Kom. in Fl. URSS 5: 689, 726. 1936; 东北草本植物志2:

■ 草甸箭叶蓼

花序

茎

茎叶背面观

居群

植株

60. 1959; 辽宁植物志（上册）: 344. 图版136: 6. 1988; 东北植物检索表（第二版）: 132. 图版57: 6. 1995.

生境与产地同原变种。

（8）小蓼花（中国植物志，Flora of China）；矮蓼（东北植物检索表，东北草本植物志）

Persicaria muricata (Meisn.) Nemoto, Fl. Jap. Suppl. 173. 1936.——*Polygonum muricatum* Meisn. in Monogr. Polyg. 74 1826; Fl. China 5: 314. 2003; 中国植物志25(1): 78. 图版18: 1 ~ 4. 1998.——*Polygonum kirinense* S.X. Li & Y.L. Chang, 东北草本植物志2: 60. 图53. 1959; 东北植物检索表（第二版）: 132. 1995.

生山谷水边、田边湿地。产黑龙江省伊春；吉林省蛟河、敦化（威虎岭）等地。

（9）糙毛蓼（中国植物志，Flora of China）；水湿蓼（东北植物检索表，东北草本植物志）

Persicaria strigosa (R. Br.) Nakai, Rigakkai 24: 299. 1926.——*Polygonum strigosum* R. Br. in Prodr. Fl. Nov. Holl. 420. 1810; 东北草本植物志2: 61. 图55. 1959; 东北植物检索表（第二版）: 132. 1995; 中国植物志25(1): 77. 图版16: 2 ~ 3. 1998; Fl. China 5: 314. 2003.

生山谷水边、林下湿地。产黑龙江省带岭、虎林、伊春等地；吉林省蛟河、敦化、汪清、珲春等地；辽宁省鞍山（千山）、凤城。

■ 糙毛蓼

标本

花期

植株上部

茎叶正面观

茎叶背面观

茎与叶鞘

（10）长箭叶蓼（中国植物志，Flora of China）；乌苏里蓼（辽宁植物志，黑龙江省植物志，东北植物检索表，东北草本植物志）

Persicaria hastato-sagittata (Makino) Nakai ex T.Mori, Enum. Pl. Corea 132. 1922.——*Polygonum hastato-sagittatum* Mak. in Bot. Mag. Tokyo 17: 119. 1903; 中国植物志25(1): 80. 1998; Fl. China 5: 315. 2003.——*P. korshinskianum* Nakai in Journ. Coll. Sci. Imp. Univ. Tokyo 31: 169. 1911; 辽宁植物志（上册）: 345. 图版137: 1～5. 1988; 东北植物检索表（第二版）: 132. 图版57: 3. 1995.——*P. ussuriense* (Regel.) Nakai in Matsum. Icon. Pl. Koisik. 237. 1919; 东北草本植物志2: 60. 图54. 1959; 黑龙江省植物志4: 251. 图版58: 4. 1992.

生水边。产黑龙江省伊春、密山、萝北、逊克等地；吉林省蛟河等地；辽宁省彰武、盖州等地。

（11）尼泊尔蓼（黑龙江省植物志，中国植物志，Flora of China）；头状蓼（辽宁植物志，东北植物检索表，东北草本植物志）；头序蓼（内蒙古植物志）

Persicaria nepalensis (Meisn.) H. Gross. in Engl. Bot. Jahrb. 49: 277. 1913; Kitag. Neo.-Lineam. Fl. Mansh. 236. 1979.——*Polygonum nepalense* Meisn. in Monogr. Polyg. 84. t. 7. f. 2. 1826; 辽宁植物志（上册）: 323. 图版127. 1988; 黑龙江省植物志4: 239. 图版61: 4～6. 1992; 东北植物检索表（第二版）: 127. 图版55: 1. 1995; 中国植物志25(1): 61. 图版13: 1～6. 1998; Fl. China 5: 303. 2003.——*P. alatum* Buch-Llam in Syst. Veg. 4: 11, 154. 1827; 东北草本植物志2: 34. 图28. 1959; 内蒙古植物志（第二版）2: 188. 图版72. 1990.

生水边湿地。产黑龙江省尚志市帽儿山等地；吉林省抚松、蛟河、安图、长白等地；辽宁省桓仁、宽甸、本溪、凤城、庄河、岫岩、普兰店等地；内蒙古自治区突泉、宁城、巴林右旗等地。

全草入药，云南民间用于活血利水、收敛固肠。嫩苗可食。

■ 尼泊尔蓼

花序

居群

茎叶

植株

植株一部分

（12）两栖蓼（辽宁植物志，黑龙江省植物志，内蒙古植物志，东北植物检索表，东北草本植物志，中国植物志，Flora of China）

Persicaria amphibia S. F. Gray, Nat. Arr. Brit. Pl. 2: 268. 1821.——*Polygonum amphibium* L., Sp. Pl. 361. 1753; 东北草本植物志2: 36. 图29. 1959; 辽宁植物志（上册）: 325. 1988; 内蒙古植物志（第二版）2: 188. 图版73. 1990; 黑龙江省植物志4: 215. 图版54: 4～6. 1992; 东北植物检索表（第二版）: 127. 图版55: 2. 1995; 中国植物志25(1): 17. 1998; Fl. China 5: 287. 2003.

（12a）两栖蓼（原变种）

Persicaria amphibia var. *amphibia*

生水泡及河流中。产黑龙江省各地；吉林省安图、洮南、镇赉、双辽、长白、抚松、敦化、和龙等地；辽宁省大连、旅顺口、长海、凌源、彰武、北镇、沈阳、宽甸等地；内蒙古自治区各地。

嫩苗开水焯、清水浸泡后可食。全草有清热利湿作用，用于痢疾；外用治疗疮。

■ 两栖蓼

植株

居群

花序

（12b）毛叶两栖蓼（变种）（东北植物检索表，东北草本植物志）

Persicaria amphibia var. *terrestris* (Leyss.) Munshi & Javeid, Syst. Stud. Polygonac. Kashmir Himalaya (J. Econ. Taxon. Bot. Addit. Ser. 2) 63. 1986.——*Polygonum amphibium* var. *terrestre* Leyss. in Fl. Halens. 391. 1761; 东北草本植物志2: 37. 图29. 1959; 东北植物检索表（第二版）: 127. 图版55: 3. 1995.

生湿地、河边沙地或较干燥的地方。产黑龙江省哈尔滨、密山、虎林；吉林省邓家屯；辽宁省辽中等地。

■ 毛叶两栖蓼

叶鞘

花序

生境

■ 毛叶两栖蓼

植株一部分

植株上部

（13）红蓼（中国植物志，Flora of China）；东方蓼（辽宁植物志，东北植物检索表）；荭蓼（黑龙江省植物志）；荭草（内蒙古植物志）

Persicaria orientalis (L.) Spach, Hist. Nat. Veg. 10: 537. 1841.——*Polygonum orientale* L., Sp. Pl. 362. 1753; 辽宁植物志（上册）: 328. 图版129: 1 ~ 5. 1988; 内蒙古植物志（第二版）2: 189. 图版74. 1990; 黑龙江省植物志4: 239. 图版63: 1 ~ 3. 1992; 东北植物检索表（第二版）: 127. 图版56: 6. 1995; 中国植物志25(1):

■ 红蓼

花序

花期植株

苗期植株

托叶鞘

植株一部分

24. 1998; Fl. China 5: 290. 2003.

生荒废处、沟旁及近水肥沃湿地。产黑龙江省哈尔滨、齐齐哈尔、泰来、双城、庆安、龙江、北安、嫩江、海伦、穆棱、富锦、饶河、虎林、呼兰、尚志等地；吉林省安图、和龙、珲春、通榆、抚松、靖宇、长白、临江、吉林等地；辽宁省西丰、铁岭、北镇、新民、沈阳、抚顺、辽阳、营口、大连、新宾、凤城、丹东等地；内蒙古自治区科尔沁右翼前旗、敖汉旗等地。

全草有通经、止痛、活血等功效。种子含淀粉，可作造酒原料。嫩苗可食。

（14）春蓼（黑龙江省植物志，中国植物志）；蓼（Flora of China）；桃叶蓼（辽宁植物志，内蒙古植物志，东北植物检索表，东北草本植物志）；宽叶桃叶蓼（辽宁植物志，东北植物检索表，东北草本植物志）

Persicaria maculosa Gray, Nat. Arr. Brit. Pl. ii. 269. 1821.——*Polygonum persicaria* L., Sp. Pl. 361. 1753; 东北草本植物志2: 41. 图33. 1959; 辽宁植物志（上册）: 329. 图版128: 1～2. 1988; 内蒙古植物志（第二版）2: 189. 图版75: 6～11. 1990; 黑龙江省植物志4: 243. 1992; 东北植物检索表（第二版）: 127. 图版55: 4. 1995; 中国植物志25(1): 22. 图版5: 4～5. 1998; Fl. China 5: 288. 2003.——*Polygonum persicaria* f. *latifolium* Li et Chang, 东北草本植物志2: 41, 107. 1959; 辽宁植物志（上册）: 329. 1988; 东北植物检索表（第二版）: 127. 1995.

生山坡草地及路旁潮湿地及水旁岸边。产黑龙江省伊春、依兰、呼玛等地；吉林省安图、通化、珲

■ 春蓼

花期植株

花序一部分

茎叶

苗期植株

托叶鞘

春、镇赉、抚松、临江、长白、和龙等地；辽宁省大连、西丰、北镇、宽甸、本溪等地；内蒙古自治区牙克石、鄂温克、新巴尔虎左旗、满洲里、科尔沁右翼前旗、扎赉特旗、克什克腾旗、宁城、锡林浩特等地。

全草有发汗除湿、消食止泻作用，用于痢疾、泄泻、蛇咬伤。嫩苗可食。

（15）蓼蓝（黑龙江省植物志，中国植物志，Flora of China）；蓝蓼（东北植物检索表，东北草本植物志）

Persicaria tinctorium (Ait.) Spach Syst. Veg. 10: 536. 1841.——*Polygonum tinctorium* Ait. in Hort. Kew. 2: 31. 1789; 东北草本植物志2: 37. 1959; 黑龙江省植物志4: 250. 1992; 东北植物检索表（第二版）: 127. 1995; 中国植物志25(1): 26. 1998; Fl. China 5: 290. 2003.

生近水湿地、荒地。据记载，黑龙江省黑龙江一带曾有野生，现在仅见栽培。

叶供药用，清热解毒；又可加工制成靛青，作染料。

■ 蓼蓝

花序

花序一部分

植株

植株下部

（16）香蓼（辽宁植物志，黑龙江省植物志，东北植物检索表，东北草本植物志，中国植物志，Flora of China）

Persicaria viscose (Buch.-Ham.) H. Gross ex Nakai, Rep. Veg. Quelp. 42. 1914.——*Polygonum viscosum* Buch-Ham. ex D. Don in Prodr. Fl. Nep. 71. 1825; 东北草本植物志2: 38. 图31. 1959; 辽宁植物志（上册）:

328. 图版128: 3 ~ 5. 1988; 黑龙江省植物志4: 252. 图版66: 1 ~ 3. 1992; 东北植物检索表（第二版）: 127. 图版55: 5. 1995; 中国植物志25(1): 21. 1998; Fl. China 5: 288. 2003.

生湿地、湿草地及水沟、水泡边。产黑龙江省尚志（帽儿山）；吉林省敦化、蛟河、吉林、安图、通化、集安等地；辽宁省新宾、桓仁、本溪、凤城、沈阳、辽阳、鞍山、金州、普兰店、瓦房店、庄河等地。

全草有理气除湿、健胃消食作用，主治胃气痛、消化不良、风湿疼痛等。

■ 香蓼

茎

花序

植株

植株上部

（17）柳叶刺蓼（黑龙江省植物志，内蒙古植物志，中国植物志，Flora of China）；本氏蓼（辽宁植物志，东北植物检索表，东北草本植物志）

Persicaria bungeana (Turcz.) Nakai ex Mori, Enum. Pl. Cor. 131. 1922.——*Polygonum bungeanum* Turcz. in Bull. Soc. Nat. Mosc. 13: 77. 1840; 东北草本植物志2: 38. 图30. 1959; 辽宁植物志（上册）: 326. 图版129: 6 ~ 8. 1988; 内蒙古植物志（第二版）2: 192. 图版76. 1990; 黑龙江省植物志4: 220. 图版55: 4 ~ 6. 1992; 东北植物检索表（第二版）: 127. 图版56: 7. 1995; 中国植物志25(1): 77. 图版18: 5. 1998; Fl. China 5: 314. 2003.

生沙地、路旁湿地和水边。产黑龙江省萝北、嫩江、勃利、尚志、东宁、哈尔滨等地；吉林省洮南、汪清等地；辽宁省彰武、葫芦岛、北镇、新民、沈阳、抚顺、辽阳、盖州、盘锦等地；内蒙古自治区扎兰屯、鄂温克、扎赉特旗、科尔沁左翼后旗、通辽、喀喇沁旗等地。

嫩时可作饲料。根有清热解毒、利尿作用。

■ 柳叶刺蓼

花序

花序梗密被腺毛

花序一部分

茎刺

托叶鞘

植株

植株一部分

（18）酸模叶蓼（辽宁植物志，黑龙江省植物志，内蒙古植物志，东北植物检索表，东北草本植物志，中国植物志）；马蓼（Flora of China）

Persicaria lapathifolia (L.) S. F. Gray, Nat. Arr. Brit. PL. 2: 270. 1821; Kitag. Neo-Lineam. Fl. Mansh. 234. 1979.——*Polygonum lapathifolium* L., Sp. Pl. 360. 1753; 东北草本植物志2: 39. 图32. 1959; 辽宁植物志（上册）: 329. 图版130: 1 ~ 3. 1988; 内蒙古植物志（第二版）2: 192. 图版77. 1990; 黑龙江省植物志4: 230. 图版59: 4 ~ 6. 1992; 东北植物检索表（第二版）: 127. 图版56: 3. 1995; 中国植物志25(1): 23. 图版5: 1 ~ 3. 1998; Fl. China 5: 289. 2003.

（18a）酸模叶蓼（原变种）

Persicaria lapathifolia var. *lapathifolia*

生沟渠边、废耕地或湿草地。产黑龙江省哈尔滨、阿城、杜尔伯特、大庆、克山、伊春、虎林、宁安、汤原、勃利、尚志等地；吉林省安图、珲春、和龙、镇赉、九台、大安、敦化、蛟河、临江、抚松、通化、汪清等地；辽宁省西丰、铁岭、沈阳、本溪、宽甸、桓仁、清原、绥中、彰武、锦州等地；内蒙古自治区额尔古纳、新巴尔虎右旗、新巴尔虎左旗、扎兰屯、阿尔山、扎鲁特旗、克什克腾旗、海拉尔、翁牛特旗等地。

幼茎叶可食用或作饲料。种子可榨油。果实为利尿药。

■ 酸模叶蓼

植株

叶鞘

花序

（18b）绵毛酸模叶蓼（变种）（辽宁植物志，内蒙古植物志，东北植物检索表，中国植物志）；绵毛马蓼（Flora of China）

Persicaria lapathifolia var. *salicifolia* (Sibth.) Miyabe, J. Fac. Agric. Hokkaido Imp. Univ. 26: 522.

■ 绵毛酸模叶蓼

叶正反面对比

叶背面观

■ 绵毛酸模叶蓼

居群

植株

1934.——*Polygonumlapathifolium* var. *salicifolium* Sibthorp in Fl. Oxon. 129. 1794; 辽宁植物志（上册）: 329. 1988; 内蒙古植物志（第二版）2: 195. 1990; 东北植物检索表（第二版）: 127. 1995; 中国植物志25(1): 24. 1998; Fl. China 5: 290. 2003.

生境同正种。产辽宁省大连、长海、彰武、阜新、新民、西丰、沈阳、本溪等地。

（19）楔叶蓼（内蒙古植物志，东北植物检索表，东北草本植物志）

Persicaria trigonocarpa (Makino) Nakai, Rigakkwai XXIV. 12. 1926.——*Polygonum trigonocarpum* (Makino) Kudo et Masam. in Annual Rep. Taihoku Bot. Gard. 2: 53. 1932; 东北草本植物志2: 44. 1959; 内蒙古植物志（第二版）2: 196. 图版78: 1～3. 1990; 东北植物检索表（第二版）: 129. 1995.

生河流附近的草地上。产内蒙古自治区大兴安岭。

（20）辣蓼（Flora of China）；水蓼（辽宁植物志，黑龙江省植物志，内蒙古植物志，东北植物检索表，东北草本植物志，中国植物志）；朝鲜蓼（辽宁植物志，内蒙古植物志，东北植物检索表，东北草本植物志）

Persicaria hydropiper (L.) Spach, Hist. Veget. 10: 536. 1841; Kitag. Neo-Lineam. Fl. Mansh. 233. 1979.——*Polygonum hydropiper* L., Sp. Pl. 361. 1753; 东北草本植物志2: 42. 图34. 1959; 辽宁植物志（上册）: 330. 图版130: 4～5. 1988; 内蒙古植物志（第二版）2: 195. 图版75: 1～5. 1990; 黑龙江省植物志4: 229. 图版59: 1～3. 1992; 东北植物检索表（第二版）: 127. 图版56: 4. 1995; 中国植物志25(1): 27. 图版6: 3～4. 1998; Fl. China 5: 291. 2003.——*P. koreense* Nakai in Bot. Mag. Tokyo 33: 6. 1918; 东北草本植物志2: 43. 图36. 1959; 辽宁植物志（上册）: 332. 图版131: 6～8. 1988; 内蒙古植物志（第二版）2: 198. 图版79: 1～3. 1990; 东北植物检索表（第二版）: 129. 图版56: 2. 1995.——*P. koreense* Nakai f. *viridiflorum* Li et Chang, 东北草本植物志2: 44,108. 1959; 辽宁植物志（上册）: 332. 1988; 东北植物检索表（第二版）: 129. 1995.

（20a）辣蓼（原变种）

Persicaria hydropiper var. *hydropiper*

生水边及路旁湿地。产黑龙江省哈尔滨、伊春、牡丹江、宁安、林口、克山、佳木斯、宝清、友谊、绥棱、海伦、萝北、逊克、尚志等地；吉林省安图、蛟河、吉林、和龙、抚松、长白等地；辽宁省彰武、凌源、西丰、新民、沈阳、新宾、清原、本溪、桓仁、岫岩、金州等地；内蒙古自治区海拉尔、额尔古纳、陈巴尔虎旗、鄂温克、科尔沁右翼前旗、科尔沁左翼后旗、翁牛特旗、敖汉旗、巴林右旗、克什克腾旗、喀喇沁旗、宁城、东乌珠穆沁旗、锡林浩特等地。

植株有辣味，可作调料。全草有祛风利湿、消滞、散瘀、止痛、杀虫作用。

■ 辣蓼

茎叶

花被绿色

群落

花被有腺

托叶鞘

植株上部

（20b）狭叶水蓼（变种）（东北植物检索表，东北草本植物志）

Persicaria hydropiper var. *angustifolia* (A.Braun) Kitag., Neolin. Fl. Manshur. 233. 1979.——*Polygonum hydropiper* var. *angustifolium* A. Braun in Flora 356. 1824; 东北草本植物志2: 43. 195; 东北植物检索表（第二版）: 127. 1995.

生草地。产吉林省蛟河、安图、和龙等地。

■ 狭叶水蓼

花序

植株上部

植株中部

（20c）长穗水蓼（变种）（辽宁植物志，东北植物检索表，东北草本植物志）

Persicaria hydropiper var. *longistachya* (Chang & Li) Kitag., Neolin. Fl. Manshur. 233. 1979.——*Polygonum hydropiper* var. *longistachyum* Chang et Li, 东北草本植物志2: 43, 107. 1959; 辽宁植物志（上册）: 330. 1988; 东北植物检索表（第二版）: 127. 1995.

生水边及路旁湿地。产黑龙江省尚志等地（模式标本采集地）；辽宁省凤城、宽甸等地。

■ 长穗水蓼

花序一部分

花序

植株

（21）小蓼（辽宁植物志，黑龙江省植物志，东北植物检索表，东北草本植物志）；苿茎蓼（俗名）

Persicaria minor (Huds.) Opiz, Seznam Rostlin Kvetney Cesk. 1852.——*Polygonum minus* Huds. in Fl. Angl. 1: 148. 1762; 东北草本植物志2: 41. 1959; 辽宁植物志（上册）: 330. 1988; 黑龙江省植物志4: 235. 1992; 东北植物检索表（第二版）: 129. 图版56: 5. 1995.

生水边及水中浅滩处。产黑龙江省五常、伊春等地；吉林省敦化、蛟河、安图等地；辽宁省建平、桓仁等地。

（22）多叶蓼（黑龙江省植物志，内蒙古植物志，东北植物检索表，东北草本植物志，中国植物志，Flora of China）

Persicaria foliosa (H. Lindb.) Kitag. in Rep. Inst. Sci. Res. Mansh. 1: 321. 1937 et Neo-Lineam. Fl. Mansh. 233. 1979.——*Polygonum foliosum* Lindb. in Meddeland. Soc. Fauna Fl. Fenn. 27: 3. 1900; 东北草本植物志2: 42. 1959; 内蒙古植物志（第二版）2: 196. 1990; 黑龙江省植物志4: 228. 1992; 东北植物检索表（第二版）: 127. 1995; 中国植物志25(1): 33. 1998; Fl. China 5: 292. 2003.

（22a）多叶蓼（原变种）

Persicaria foliosa var. *foliosa*

生河浅滩及沿岸。产黑龙江省萝北、桦川等地；吉林省敦化；内蒙古自治区呼伦贝盟大兴安岭一带。

（22b）宽基多叶蓼（变种）（中国植物志，Flora of China）

Persicaria foliosa var. *paludicola* (Mak.) S. M. Zhang, 东北维管束植物考 : 609. 2021.——*Polygonum foliosum* H. Lindb. var. *paludicola* (Mak.) Kitam. in Acta Phytotax. Geobot. 20: 207. 1962; 中国植物志25(1): 33. 1998; Fl. China 5: 293. 2003.

生沟边、水池旁。黑龙江省萝北、桦川等地；吉林省安图、蛟河等地。

（23）粘蓼（中国植物志，Flora of China）；中轴蓼（辽宁植物志，东北植物检索表，东北草本植物志）；黏液蓼（黑龙江省植物志）

Persicaria viscofera (Mak.) H. Gross ex Nakai, Rep. Veg. Quelp. 42. 1914.——*Polygonum viscoferum* Mak. in Bot. Mag. Tokyo 17: 115. 1903; 黑龙江省植物志4: 252. 1992; 中国植物志25(1): 23. 1998; Fl. China 5: 289.

2003.——*P. makinoi* Nakai in Rep. Veg. Quelp. 42. 1914; 东北草本植物志2: 43. 图35. 1959; 辽宁植物志（上册）: 330. 1988; 东北植物检索表（第二版）: 129. 1995.

生山地、沟底湿地及沿河的灌丛间。产辽宁省丹东等地。

（24）松江蓼（东北植物检索表，东北草本植物志）

Persicaria sungareensis Kitag., J. Jap. Bot. XIX. 62. 1943.——*Polygonum sungareense* Kitag. in Journ Jap. Bot. XIX. 62. 1943; 东北草本植物志2: 44. 1959; 东北植物检索表（第二版）: 129. 1995.

（24a）松江蓼（原变型）

Persicaria sungareensis f. *sungareensis*

生河流附近的草甸或湿润草地上。产黑龙江省哈尔滨、阿城、宝清、伊春、嘉荫等地；吉林省汪清、安图等地。

（24b）红花被松江蓼（变型）（东北草本植物志）；红花松江蓼（辽宁植物志）；红被松江蓼（东北植物检索表）

Persicaria sungareensis f. *rubriflorum* (Li et Chang) S. M. Zhang, 东北维管束植物考: 610. 2021.——*Polygonum sungareense* f. *rubriflorum* Li et Chang, 东北草本植物志2:44, 108. 1959; 辽宁植物志（上册）:332. 1988; 东北植物检索表（第二版）: 129. 1995.

生湿草地。产黑龙江省伊春（模式标本采集地）等地；吉林省安图等地；辽宁省章古台等地。

（25）丛枝蓼（中国植物志，Flora of China）；长尾叶蓼（辽宁植物志，黑龙江省植物志，东北植物检索表，东北草本植物志）；匍枝蓼（东北植物检索表，东北草本植物志）；匐枝蓼（辽宁植物志）

Persicaria posumbu (Buch.-Ham. ex D.Don) Nakai, Rep. Veg. Ooryongto 18. 1919.——*Polygonum*

■ 丛枝蓼

花序

居群

植株

叶

叶背面观

叶鞘

posumbu Buch.-Ham. ex D. Don in Prodr. Fl. Nep. 71. Feb. 1825; 东北草本植物志2: 46. 图39. 1959; 辽宁植物志（上册）: 334. 图版132: 1 ~ 3. 1988; 黑龙江省植物志4: 244. 1992; 东北植物检索表（第二版）: 129. 图版58: 1. 1995; 中国植物志25(1): 29. 1998; Fl. China 5: 291. 2003.

生山地灌丛间。产黑龙江省哈尔滨郊区等地；吉林省珲春、安图、抚松等地；辽宁省长海、大连、庄河、本溪、凤城、宽甸、丹东等地。

（26）长鬃蓼（黑龙江省植物志，中国植物志，Flora of China）；假长尾叶蓼（辽宁植物志，东北植物检索表，东北草本植物志）；两色蓼（辽宁植物志，东北植物检索表，东北草本植物志）；东北蓼（内蒙古植物志，东北草本植物志）

Persicaria longiseta (De Br.) Kitag. Rep. Inst. Sci. Res. Mansh. 1: 322. 1937.——*Persicaria manshuricola* Kitag. in Rep. Inst. Sci. Res. Mansh.121.1942.——*Polygonum longisetum* DC. in Miq. Pl. Jungh. 307. 1854; 东北草本植物志2: 47. 1959; 辽宁植物志（上册）: 334. 1988; 黑龙江省植物志4: 232. 图版60: 1 ~ 3. 1992; 东北植物检索表（第二版）: 129. 图版58: 2. 1995; 中国植物志25(1): 30. 图版7: 5 ~ 7. 1998; Fl. China 5: 292. 2003.——*Polygonum roseoviride* (Kitag.) Li et Chang, 东北草本植物志2: 46. 图38. 1959; 辽宁植物志（上册）: 333. 图版131: 1 ~ 5. 1988; 东北植物检索表（第二版）: 129. 图版56: 1. 1995.——*Polygonum roseoviride* var. *manshuricola* (Kitag.) C. F. Fang; 东北植物检索表（第二版）: 129. 1995.——*Polygonum manshuricola* Kitag. in Rep. Inst. Sci. Rde. Manch.121. 1942; 东北草本植物志2: 45. 图37. 1959; 内蒙古植物志（第二版）2: 196. 图版78: 4 ~ 6. 1990.

（26a）长鬃蓼（原变种）

Persicaria longiseta var. *longiseta*

生草地上。产黑龙江省哈尔滨、伊春、苇河、密山、宝清、阿城、依兰等地；吉林省汪清、敦化、珲春、集安、磐石、吉林、长春、和龙等地；辽宁省清原、桓仁、鞍山、金州等地；内蒙古自治区翁牛特旗等地。

全草有活血祛瘀、消肿止痛作用。

■ 长鬃蓼

花序一部分

植株一部分

■ 长鬃蓼

托叶鞘

植株上部

（26b）圆基长鬃蓼（变种）（中国植物志，Flora of China）

Persicaria longiseta var. *rotundata* (A.J.Li) B.Li, Phytotaxa 91(1): 24. 2013.——*Polygonum longisetum* var. *rotundatum* A. J. Li, Bull. Bot. Res. 15 (4): 418. f. 6. 1995; 中国植物志25(1): 31. 图版7: 1~4. 1998; Fl. China 5:292. 2003.

生山谷水边、河边草地。产黑龙江省阿城、依兰、伊春；吉林省白城；辽宁省彰武等地。

■ 圆基长鬃蓼

托叶鞘

植株

■ 圆基长鬃蓼

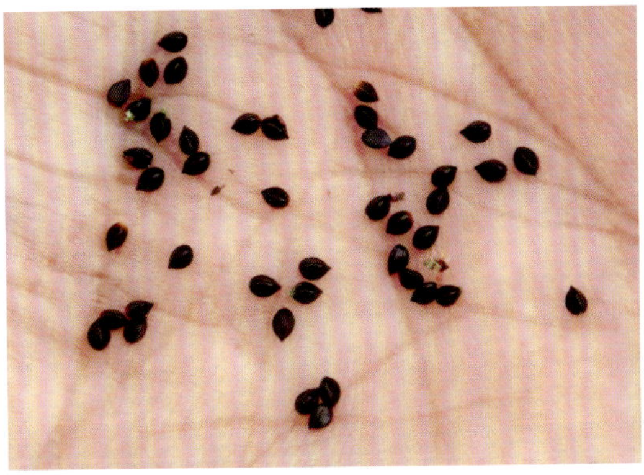

瘦果

叶

植株一部分

126. 茅膏菜科 Droseraceae

Droseraceae Salisb., Parad. Lond. 2: ad t. 95 (1808), *nom. cons.*

木贼门、木贼亚门、木兰纲、蔷薇亚纲、石竹超目、石竹目（Caryophyllales）。

食虫植物。陆生或水生多年生或一年生草本。叶互生或基生，常莲座状密集，稀轮生，通常被头状黏腺毛，幼叶常拳卷；托叶有或无，干膜质。花通常多朵排成顶生或腋生的聚伞花序，稀单生于叶腋，两性，辐射对称；萼通常5裂，裂片覆瓦状排列，宿存；花瓣5，分离，旋转式排列；雄蕊通常5，花丝分离；子房上位，1室，心皮 2～5，侧膜胎座或基生胎座，胚珠3至多数，花柱2～5，呈各式分裂或不裂。蒴果，室背开裂，稀不裂。种子多数，稀少数；胚乳丰富，胚小，直生。

本科全世界有3属100余种，分布于热带、亚热带和温带地区，少数分布至寒带地区。中国产2属7种，主产长江以南。东北地区产2属3种。

分属检索表

1. 水生植物；叶轮生；花单生于叶腋；心皮 5；果实不开裂……………………………………… 1. 貉藻属 Aldrovanda
1. 陆生植物；叶互生或基生呈莲座状；心皮2～5；果实开裂 ……………………………………2. 茅膏菜属 Drosera

1 貉藻属 *Aldrovanda* L.

Aldrovanda L., Sp. Pl. 281. 1753.

浮水或沉水草本，无根，茎单一或分叉。叶轮生，基部合生。花单生叶腋，萼片5，基部合生；花瓣5，白色或绿色；雄蕊5，花丝钻形，花药纵裂；子房近球形，花柱5，顶部扩大，多裂。果实球形，不开裂；种子由果皮腐烂而出，5～8粒或更少，短卵球形。

本属全世界仅1种，分布于欧洲中部和南部、亚洲北部和东南部、大洋洲北部。东北地区有分布。

貉藻（黑龙江省植物志，内蒙古植物志，东北植物检索表，东北草本植物志，中国植物志，Flora of China）

Aldrovanda vesiculosa L., Sp. Pl.281. 1753; 东北草本植物志4: 174. 图版101. 1980; 中国植物志34(1): 28.

图版11. 1984; 内蒙古植物志（第二版）2: 709. 图版295. 1990; 黑龙江省植物志5: 185. 图版62: 4～7.1992; 东北植物检索表（第二版）: 225. 图版107: 1. 1995; Fl. China 8: 201.2001.

浮水植物；叶轮生，每轮6～9片，基部合生；叶片平展时肾状圆形，具感应毛和点状腺体；花单生于叶腋，花瓣5，白色或淡绿色；蒴果近球形，不开裂。生湖泊中。产黑龙江省宝清；吉林省辉南；内蒙古自治区科尔沁左翼后旗等地。

在2021年公布的《国家重点保护野生植物名录》中，本种被列为一级保护植物。

■ 貉藻

植株

植株一部分

2 茅膏菜属 *Drosera* L.

Drosera L., Sp. Pl. 281. 1753.

草本，通常多年生；根状茎短，具不定根，常具有根功能的退化叶，末端具或不具鳞茎状球茎。叶互生或基生而莲座状密集，被头状黏腺毛，幼叶常拳卷；托叶膜质，常条裂。聚伞花序顶生或腋生，幼时弯卷；花萼5裂，稀4～8裂，基部合生，宿存；花瓣5，分离，花时开展，花后聚集扭转，宿存于顶部；雄蕊与花瓣同数，互生；子房上位，1室，侧膜胎座2～5，胚珠多数，稀少数；花柱3～5，稀2～6，宿存。蒴果，室背开裂。

本属全世界约100种，主要分布于大洋洲，全世界各大洲均有分布。中国有6种，多分布于长江以南各省区及台湾省等沿海岛屿。东北地区产2种。

分种检索表

1. 叶片线状匙形；花柱2裂至中部 …………………………………… 1. 线叶茅膏菜 D. anglica Huds.
1. 叶片近圆形；花柱2裂至基部 …………………………………… 2. 圆叶茅膏菜 D.rotundifolia L.

（1）线叶茅膏菜（东北植物检索表，广西植物）；英国茅膏菜（植物智网站）

Drosera anglica Huds. in Fl. Angl. (ed. 2) 1: 135～136. 1778; 东北植物检索表（第二版）: 225. 1995; 广西植物36(5): 632～634. 2016.

生黄花落叶松沼泽中。产吉林省长白山自然保护区海拔1600米处、和龙市老里克湖。

■ 线叶茅膏菜

居群

植株

植株一部分

（2）圆叶茅膏菜（黑龙江省植物志，东北植物检索表，东北草本植物志，中国植物志，Flora of China）

Drosera rotundifolia L., Sp. Pl.282. 1753; 东北草本植物志4: 171. 图版100. 1980; 中国植物志34(1): 24. 图版9: 1～6. 1984; 黑龙江省植物志5: 187. 图版62: 1～3.1992; 东北植物检索表（第二版）: 225. 图版107: 2. 1995; Fl. China 8: 200.2001.

生海拔900～1000米的山地湿草丛中。产黑龙江省靖宇、呼玛；吉林安图、抚松、靖宇、长白等地。

全草可作支气管炎祛痰药。

■ 圆叶茅膏菜

生境

叶

■ 圆叶茅膏菜

叶正反面对比

植株

127. 石竹科 Caryophyllaceae

Caryophyllaceae Juss., Gen. Pl. [Jussieu] 299. 1789, *nom. cons.*

木贼门、木贼亚门、木兰纲、蔷薇亚纲、石竹超目、石竹目（Caryophyllales）。

一年生或多年生草本，稀亚灌木。茎通常于节部膨大，有关节。单叶对生，全缘，基部常连合，有时具薄质托叶，具0～3脉。花两性，稀单性，辐射对称，集成聚伞花序或圆锥花序，稀单生或集生成头状；萼片4～5，宿存，离生或合生，覆瓦状排列；花瓣4～5，稀缺如；雄蕊4～10，有时更少；子房上位，1室，稀在基部为不完整2～5室，常为特立中央胎座，胚珠1至多数；花柱2～5。蒴果，稀为瘦果或浆果状，齿裂或瓣裂，稀不裂，齿片或裂瓣与花柱同数或为其2倍数；种子多数，稀单一。

本科全世界约有104属，2000～2200种，广布于世界各地，但主要分布于北半球的温带和暖温带，少数种分布于非洲、大洋洲和南美洲。中国有30属，约390种，几乎遍布全国，以北部和西部为主要分布区。东北地区产17属79种4亚种21变种6变型，其中栽培8种。

分属检索表

1. 托叶膜质，稀不明显；萼离生或稍连合。
  2. 叶通常假轮生；心皮及花柱5；蒴果5瓣裂；种子双凸状 ·· 1. 大爪草属 Spergula
  2. 叶对生；心皮及花柱3；蒴果3瓣裂；种子扁平，歪卵形或三角状卵形 ························ 2. 拟漆姑属 Spergularia
1. 无托叶。
  3. 萼合生；花瓣通常具爪；雄蕊下位生。
    4. 花柱3或5。

（接上表）

5. 花单生枝端 ………………………………………………………… 3. 麦仙翁属（麦毒草属）Agrostemma
5. 多花组成圆锥花序或紧密复伞形花序。
6. 紧密复伞形花序 ……………………………………………………………… 4. 高雪轮属 Atocion
6. 圆锥花序，稀呈头状花序 ……………………………………………… 5. 蝇子草属（麦瓶草属） Silene
4. 花柱 2。
7. 花萼具5脉或5条翅状棱 ……………………………………………… 6. 石头花属（丝石竹属）Gypsophila
7. 花萼具多数细脉。
8. 萼片无苞片；花瓣全缘、微缺或2裂；种子肾形 ………………………………7. 肥皂草属 Saponaria
8. 萼下具1至数对苞片；花瓣上缘齿状或细裂为流苏状；种子圆盾状 ………………… 8. 石竹属 Dianthus
3. 萼离生，稀基部连合；花瓣近无爪，稀无花瓣；雄蕊常周位生，稀下位生。
9. 花两型；植株具块根 ……………………………………………… 9. 孩儿参属（假繁缕属） Pseudostellaria
9. 花非两型；植株无块根。
10. 花柱4或5，与萼片同数。
11. 花瓣全缘，通常显著比萼片短、不明显或缺如；叶线形 ……………………… 10. 漆姑草属 Sagina
11. 花瓣2深裂或2浅裂，稀微缺，如为全缘则花瓣比萼片长。
12. 蒴果卵形，5瓣裂至中部，裂片顶端二齿状，向外弯曲；花瓣几裂至基部
………………………………………………………………………………………… 11. 鹅肠菜属 Myosoton
12. 蒴果圆筒形或长圆状圆筒形，10齿裂，裂片相等；花瓣裂至中部或全缘 … 12. 卷耳属 Cerastium
10. 花柱2或3，比萼片少。
13. 花瓣2深裂或2中裂，稀为多裂，有时无花瓣；蒴果3瓣裂，每裂片再次2裂
…………………………………………………………………………… 13. 雀舌草属（繁缕属） Stellaria
13. 花瓣全缘或顶端略凹缺。
14. 蒴果裂齿与花柱同数。
15. 蒴果圆球形，具1～2粒种子；花柱2，稀3………………………… 14. 薄蒴草属 Lepyrodiclis
15. 蒴果长圆形，具多数种子；花柱3 ……………………………………15. 米努草属 Minuartia
14. 蒴果裂齿与为花柱数的2倍。
16. 种子周边被小丘状凸起，无光泽，种脐旁无附属物 ……… 16. 无心菜属（鹅不食属） Arenaria
16. 种子平滑，有光泽，种脐旁具附属物 ……………………… 17. 种阜草属（莫石竹属） Moehringia

1 大爪草属 *Spergula* L.

Spergula L., Gen. Pl. 199. 1754.

一年生或二年生草本。茎直立，分枝，腋生分枝的节间不延长。叶片线形，呈假轮生状；托叶小，膜质。花具长梗，集为聚伞花序，雌蕊花雌雄同株或雌蕊花雌雄异株；萼片5；花瓣5，全缘；雄蕊10，稀为5；花柱5，通常与萼片互生，子房1室，具多数胚珠。蒴果通常5瓣裂，与萼片对生；种子双凸镜状，边缘具翅。

本属全世界5种，分布于北温带地区。中国有1种，产于东北和西北地区。

大爪草（黑龙江省植物志，东北植物检索表，东北草本植物志，中国植物志，Flora of China）

Spergula arvensis L.,Sp. Pl. 440. 1753; 东北草本植物志3: 1. 图版1: 1 ~ 5. 1975; 黑龙江省植物志4: 347. 图版95: 1 ~ 5. 1992; 东北植物检索表（第二版）: 141. 图版62: 4. 1995; 中国植物志26: 56. 图版12: 1 ~ 5. 1996; Fl. China 6: 4.2001.

一年生小型草本植物，高15 ~ 30厘米；叶无柄，假轮生，丝状线形；稀疏总状聚伞花序生于茎顶；花瓣5，白色，基部短爪状；蒴果广卵形，5瓣裂。生河岸草地。产黑龙江省呼玛等地。

可作家畜饲料。

2 拟漆姑属（牛漆姑草属） *Spergularia* (Pers.) J. et C. Presl

Spergularia J. et C. Presl, Fl. Cechica 94. 1819.

多年生或一、二年生草本。茎常铺散。叶对生，叶片线形；托叶小，膜质。花两性，具细梗，成聚伞花序；萼片5，草质，顶端钝，边缘膜质；花瓣5，白色或粉红色，全缘，稀无花瓣；雄蕊10或较少；子房1室，具多数胚珠；花柱3。蒴果卵形，3瓣裂；种子多数，细小，扁平。

本属全世界约25种，分布于温带地区。中国有4种，分布于东北和西北地区。东北地区产1种。

拟漆姑（黑龙江省植物志，东北植物检索表，东北草本植物志，中国植物志，Flora of China）；牛漆姑草（辽宁植物志，内蒙古植物志）；牛漆姑（植物智网站）

Spergularia marina (L.) Griseb. in Spicil. Fl. Rumel. 1: 213. 1843; 辽宁植物志（上册）: 366. 图版147. 1988; 东北植物检索表（第二版）: 141. 图版62: 5. 1995; Fl. China 6: 5. 2001.——*S. salina* J. et C. Presl in Fl. Cechica 95. 1819; 东北草本植物志3: 3. 图版1. 图6 ~ 11. 1975; 黑龙江省植物志4: 348. 图版95: 6 ~ 11. 1992; 中国植物志26: 59. 图版12: 6 ~ 10. 1996.

一、二年生小草本；茎铺散，从基部开始分枝，枝上被腺毛；叶线形，稍肉质；花单生茎顶叶腋；花瓣5，淡紫色或白色，长2 ~ 3毫米，先端钝圆，比萼短；蒴果卵形，成熟时长于萼近半倍，3瓣裂。生海滨泥沙岸、盐碱地、河边、水塘等湿润沙质轻盐碱地。产黑龙江省富裕、哈尔滨等地；吉林省双辽、辽源等地；辽宁省大连、长海、金州、瓦房店、普兰店、绥中、兴城、北镇、铁岭、康平、沈阳等地；内蒙古自治区新巴尔虎左旗、新巴尔虎右旗、科尔沁左翼中旗、科尔沁左翼后旗、东乌珠穆沁旗、锡林浩特等地。

全草有清热解毒、祛风除湿作用。

■ 拟漆姑

果枝

植株一部分

3 麦仙翁属（麦毒草属） *Agrostemma* L.

Agrostemma L., Gen. Pl. 135. 1737.

一年生直立草本。叶对生，无柄或近无柄，无托叶。花两性，单生枝端；花萼卵形或椭圆状卵形，具10条凸起纵脉，裂片5，线形，叶状，通常比萼筒长，稀近等长；雌雄蕊柄无；花瓣5，深紫色，稀近白色，常比花萼短，爪明显，瓣片微凹缺；副花冠缺；雄蕊10，二轮排列，外轮雄蕊基部与瓣爪合生；子房1室；花柱5，与萼裂片互生。蒴果卵形，5齿裂；种子多数，肾形；胚环形。

本属全世界约3种，产地中海沿岸，现传播至欧洲、亚洲西部和北部、北非和北美洲。中国栽培或逸生1种，分布于东北地区和西北地区。

麦仙翁（中国植物志，Flora of China）；麦毒草（黑龙江省植物志，内蒙古植物志，东北植物检索表，东北草本植物志）

Agrostemma githago L., Sp. Pl. 435. 1753; 东北草本植物志3: 41. 图版16: 1 ~ 3.1975; 内蒙古植物志（第二版）2: 380. 图版153: 3 ~ 5. 1990; 黑龙江省植物志4: 285. 图版75: 1 ~ 4. 1992; 东北植物检索表（第二版）: 152. 图版68: 1. 1995; 中国植物志26: 267. 图版64: 1 ~ 4. 1996; Fl. China 6: 100. 2001.

一年生直立草本，全株被白色长硬毛；叶线形，基部抱茎；花单生，花瓣5，紫红色，比花萼短，爪狭楔形，白色，瓣片倒卵形，微凹缺；蒴果卵形，裂齿5，裂片向外卷。原产欧洲。产黑龙江省呼码、爱辉、逊克、北安、嫩江、集贤等地；吉林省汪清、珲春、抚松等地；辽宁省大连等地；内蒙古自治区鄂伦春、莫力达瓦达斡尔旗、新巴尔虎左旗、宁城等地。

本种为外来入侵植物，全株、特别是种子有毒，若混入粮食中，会对人、畜和家禽的机体健康造成损害。可合理利用：有观赏价值；全草治百日咳等症。

■ 麦仙翁

茎叶

花

植株

4 高雪轮属 *Atocion* Adans.

Atocion Adans., Fam. Pl. (Adanson) 2: 254. 1763.

一、二年生直立草本，全株无毛。花两性，直立，二歧聚伞花序紧缩呈伞房状或头状；花萼筒状棒形，膜质，紧贴果实，口张开，具10条纵脉；雌雄蕊柄明显；花瓣淡红色，全缘或凹缺，爪具耳；有副花冠；花柱3。蒴果；种子小，肾形，具短线条纹，脊平或具浅槽。

本属全世界有5种。中国引进栽培1种，东北地区有栽培。

高雪轮（黑龙江省植物志，中国植物志）

Atocion armeria (L.) Raf., Autik. Bot. 29. 1840.——*Silene armeria* L., Sp. Pl. 420.1753; 黑龙江省植物志4: 337. 图版92: 7 ~ 10. 1992; 中国植物志26: 394. 图版91: 4 ~ 7. 1996.

一年生直立草本。全株无毛。基生叶叶片匙形，花期枯萎；茎生叶对生，叶片卵状心形至披针形，基部半抱茎。复伞房花序较紧密；花萼筒状棒形，带紫色，纵脉紫色；花瓣粉红或白色，爪倒披针形，不露出花萼，瓣片倒卵形；副花冠片披针形。蒴果长圆形，比宿存萼短。原产欧洲南部。黑龙江省哈尔滨及辽宁省大连、宽甸等地有栽培，有逃逸。

作为观赏植物引进，可用于花境、花坛、岩石园、地被，也可作切花。全草有清热解毒作用。

■ 高雪轮

花序

茎叶

植株

5 蝇子草属（麦瓶草属） *Silene* L.

Silene L., Gen. Pl. 132. 1737.

一年生或多年生草本。茎直立或近平卧。叶对生，线形至卵形；无托叶。花两性，稀单性，单生或多个组成聚伞花序、圆锥花序；花萼筒状、钟形、棒状或卵形，有10至多条脉，萼齿5；花瓣5，常2裂，稀全缘或多裂；花冠喉部具副花冠；雄蕊10，2轮排列，外轮较长；子房基部1、3或5室，胚珠多数；花柱3或5。蒴果顶端6或10齿裂，裂齿为花柱数的2倍；种子肾形。

本属全世界约600种，主要分布于北温带，其次为非洲和南美洲。中国有110种，广布于长江流域和北部各省区，以西北和西南地区较多。东北地区产21种1亚种5变种3变型，其中栽培1种。

分种检索表

1. 蒴果浆果状，圆球形，成熟时黑色且具光泽；花瓣基部渐狭成长爪，顶端2叉裂

（接上表）

………………………………………………………………………………………… 1. **狗筋蔓 S. baccifera** (L.) Roth

1. 蒴果非浆果状。
  2. 花柱5；蒴果5齿裂，齿数同于花柱。
    3. 花瓣片呈撕裂状深裂，裂片线形；种子背部密被刺状突起；全株无毛，稀被毛
    ………………………………………………………………… 2. **丝瓣剪秋罗 S. wilfordii** (Regel) H.Ohashi & H.Nakai
    3. 花瓣片2叉状分裂，裂片非线形；种子密被疣状突起；全株被较长的柔毛或粗毛。
      4. 花瓣橙红色或淡红色，顶端2叉状浅裂；萼无毛或稍被毛；叶基部通常楔形，有时具短柄
      ………………………………………………………………… 3. **浅裂剪秋罗 S. cognata** (Maxim.) H.Ohashi & H.Nakai
      4. 花瓣鲜深红色，顶端2叉状深裂；萼被毛；叶基部圆形、宽楔形或心形，无柄。
        5. 全株被柔毛；茎生叶基部通常圆形，稀宽楔形；二歧聚伞花序紧缩呈伞房状
        ………………………………………………………………………………… 4. **剪秋罗 S. fulgens** E. H. L. Krause
        5. 全株被粗毛；茎生叶基部心形；花序紧缩呈头状
        ……………………………………………………………………… 5. **皱叶剪秋罗 S.chalcedonica** E. H. L. Krause
  2. 花柱3或5；蒴果6齿裂或10齿裂，齿数倍于花柱。
    6. 蒴果及子房1室。
      7. 花柱5。
        8. 多年生草本；茎生叶线状披针形或线形。
          9. 花萼纵脉不明显；花瓣片轮廓宽倒卵形；蒴果5齿裂 ………… 6. **林奈蝇子草 S. linnaeana** Vorosch.
          9. 花萼纵脉暗绿色；花瓣片轮廓倒心形；蒴果10齿裂
          ……………………………………7. **准噶尔蝇子草 S. songarica** (Fisch., C.A. Mey. & Avé-Lall.) Bocquet
        8. 一、二年生草本；茎生叶椭圆形至披针形（8. **叉枝蝇子草 S. latifolia** Poiret）。
          10. 植株被粗长毛；蒴果裂齿开展或外弯 ………………………… 8a. **叉枝蝇子草 S. latifolia** subsp. **latifolia**
          10. 茎下部被短柔毛、上部被腺毛；蒴果裂齿直立
          …………………………………………… 8b. **白花蝇子草 S. latifolia** subsp. **alba** (Mill.) Greuter & Burdet
      7. 花柱3；蒴果6齿裂。
        11. 萼及茎、叶无毛或疏生短柔毛（9. **坚硬女娄菜 S. firma** Sieb. et Zucc.）。
          12. 全株无毛或仅基部被短毛 ………………………………………… 9a. **坚硬女娄菜 S. firma** var. **firma**
          12. 茎、叶和花梗均疏生短柔毛，花萼有时也被柔毛
          ……………………………………………… 9b. **疏毛女娄菜 S. firma** var. **pubescens** (Makino) S. Y. He
        11. 萼及茎、叶均密被毛。
          13. 花萼密被短柔毛；花瓣片2中裂；茎生叶披针形，宽4～6毫米（10. **女娄菜 S. aprica** Turcz. ex Fisch. et Mey.）。
            14. 花瓣与花萼近等长或稍长 ……………………………………… 10a. **女娄菜 S. aprica** var. **aprica**
            14. 花瓣比花萼长约1/3 …………………… 10b. **长冠女娄菜 S. aprica** var. **oldhamiana** (Miq.) C. Y. Wu
          13. 花萼密被腺毛；花瓣片2浅裂；茎生叶条状披针形，宽2～3.5毫米
          ……………………………………………………………… 11. **内蒙古女娄菜 S. orientalimongolica** J. Kozhevn.
    6. 蒴果及子房基部3～5室。
      15. 萼筒囊泡状膨大，具20脉；叶披针形至卵状披针形，基部渐狭
      …………………………………………………………………………12. **白玉草 S. vulgaris** (Moench.) Garcke

（接上表）

15. 萼筒不膨大，具10脉。
16. 萼被毛（锡林蝇子草除外）。
17. 花序密集成头状；萼钟形，长约8毫米，密被柔毛及腺毛；叶广卵形、心状卵形或卵形，密被短卷毛；花粉红色或稍带紫堇色 ………………………………………… **13. 头序蝇子草 *S. capitata*** Kom.
17. 花序稀疏而不为头状；萼筒状棍棒形，长（10～）12～15毫米，被短柔毛；叶不如上述形状。
18. 茎平铺、俯仰或上升，多分枝。
19. 花萼被短柔毛；花瓣淡红色至白色，瓣片轮廓倒心形；雄蕊微外露；栽培 ……………………………………………………………………………… **14. 大蔓樱草 *S. pendula*** L.
19. 花萼近无毛或沿脉被稀疏柔毛；花瓣白色，瓣片轮廓倒披针形；雄蕊明显外露；野生 ……………………………………………………………………… **15. 石生蝇子草 *S. tatarinowii*** Regel
18. 茎通常直立，不分枝（**16. 蔓茎蝇子草 *S. repens*** Patr.）。
20. 叶线状披针形、狭披针形或倒披针形，宽1～8毫米。
21. 叶长2～7厘米，宽3～8毫米 …………………… **16a. 蔓茎蝇子草 *S. repens* var. *repens***
21. 叶长1.2～3厘米，宽1～3毫米 … **16b. 线叶蔓茎蝇子草 *S. repens* var. *angustifolia*** Turcz.
20. 叶长圆状披针形至广倒披针形，宽达12毫米 ……………………………………………… **16c. 宽叶毛萼麦瓶草 *S. repens* var. *latifolia*** Turcz.
16. 萼无毛。
22. 萼广钟形；雄蕊及花柱超出花冠很长 ……………………… **17. 长柱蝇子草 *S. macrostyla*** Maxim.
22. 萼筒筒形、筒状钟形或棍棒形。
23. 基生叶花期早枯，茎生叶叶腋具短小叶簇或具短缩的枝叶。
24. 一或二年生；茎不丛生；叶较少，叶腋具短缩的枝叶；萼脉不明显；花瓣2叉状浅裂，爪部上端稍宽，边缘具睫状毛，瓣片与爪部之间无小瘤；蒴果长7.5～8.5毫米 ……………………………………………………………… **18. 朝鲜蝇子草 *S. koreana*** Kom.
24. 多年生；茎丛生；叶密生，叶腋具多数短小叶簇；萼脉较明显；花瓣平行2中裂，爪部上端很宽，边缘无毛，瓣片与爪部之间具2小瘤；蒴果长5～7毫米 ……………………………………………………………… **19. 石缝蝇子草 *S. foliosa*** Maxim.
23. 基生叶多数且簇生，花期不枯萎。
25. 瓣爪上部不为耳状；花瓣白色，具长缘毛；雄蕊外露 ……………………………………………………………… **20. 禾叶蝇子草 *S. graminifolia*** Otth
25. 瓣爪上部加宽成耳状（**21. 山蚂蚱草 *S. jenisseensis*** Willd.）。
26. 花萼具绿色纵脉（**21a. 山蚂蚱草 *S. jenisseensis* var. *jenisseensis***）。
27. 基生叶无毛或仅叶缘具缘毛。
28. 株高20～50厘米。
29. 花萼长8～12毫米；蒴果长6～7毫米 ……………………………… **21aa. 山蚂蚱草 *S. jenisseensis* f. *jenisseensis***
29. 花萼长6～7毫米；蒴果长约5毫米 ……… **21ab. 小花山蚂蚱草 *S. jenisseensis* f. *parviflora*** (Turcz.) Schischk.
28. 植株高13～20（～30）厘米；叶片线形，长2～5厘米，宽1/3～2/3（～1）毫米；总状花序具少数花；花萼小，长6～8毫米

（接上表）

……………… 21ac. 丝叶山蚂蚱草 S. jenisseensis f. setifolia (Turcz.) Schischk.

27. 基生叶被短绒毛，狭而呈针刺状，宽1/3～2/3毫米

……………… 21ad. 薄毛旱麦瓶草 S. jenisseensis f. dasyphylla (Turcz.) Schischk.

26. 花萼具紫色纵脉；植株高14～20（～30）厘米；茎生叶片长6～7厘米，宽2～3毫米；总状花序常具3～7花；花瓣较宽

…… 21b. 长白山蚂蚱草 S. jenisseensis var. oliganthella (Nakai ex Kitagawa) Y. C. Chu

（1）狗筋蔓（辽宁植物志，黑龙江省植物志，内蒙古植物志，东北植物检索表，东北草本植物志，中国植物志，Flora of China）

Silene baccifera (L.) Roth in Tent. Fl. Germ. 1: 192. 1788; Fl. China 6: 79. 2001.——*Cucubalus baccifer* L., Sp. Pl. 414. 1753; 东北草本植物志3: 41. 图版16: 4～6. 1975; 辽宁植物志（上册）: 390. 图版158: 1～3. 1988; 内蒙古植物志（第二版）2: 378. 图版153: 1～2. 1990; 黑龙江省植物志4: 295. 图版78: 5～8. 1992; 东北植物检索表（第二版）: 152. 图版68: 2. 1995; 中国植物志26: 404. 图版64: 5～9. 1996.

生山沟溪流旁灌丛、草丛间及林缘、山坡路旁的灌丛等地。产黑龙江省阿城、哈尔滨等地；吉林省九台、桦甸、珲春、汪清、安图、抚松等地；辽宁省普兰店、瓦房店、庄河、大连、凤城、宽甸、桓仁、本溪、新宾、清原、抚顺、开原、铁岭、绥中、丹东、鞍山等地；内蒙古自治区科尔沁左翼后旗。

根及全草有接骨生肌、散瘀止痛、祛风除湿、利尿消肿作用。嫩苗可食。

■ 狗筋蔓

果枝

花

花期植株一部分

花枝

苗期植株

（2）丝瓣剪秋罗（中国植物志，Flora of China）；丝瓣剪秋萝（黑龙江省植物志，东北植物检索表）

Silene wilfordii (Regel) H.Ohashi & H.Nakai, J. Jap. Bot. 71(5): 271. 1996.——*Lychnis wilfordii* (Regel) Maxim. in Bull. Acad. Imp. Sci. Saint–Petersbourg 17: 178. 1872; 东北草本植物志3: 54. 图版21: 4 ~ 8. 1975; 黑龙江省植物志4: 316. 图版85: 4 ~ 8. 1992; 东北植物检索表（第二版）: 153. 图版70: 2. 1995; 中国植物志26: 272. 图版67: 9 ~ 10. 1996; Fl. China 6: 101.2001.

生湿草甸、河岸低湿地、林缘或疏林下。产黑龙江省完达山至老爷岭山地等地；吉林省汪清、珲春、安图、抚松、敦化、蛟河、桦甸、长白等地。

■ 丝瓣剪秋罗

花序侧面观

花序

植株

（3）浅裂剪秋罗（内蒙古植物志，中国植物志，Flora of China）；浅裂剪秋萝（辽宁植物志，黑龙江省植物志，东北植物检索表，东北草本植物志）

Silene cognata (Maxim.) H.Ohashi & H.Nakai, J. Jap. Bot. 71(5): 269. 1996.——*Lychnis cognata* Maxim. in Mem. Acad. Sci. St. Petersb. Sav. Etrang. 9: 55. 1859; 东北草本植物志3: 54. 图版22: 1 ~ 3. 1975; 辽宁植物志（上册）: 403. 图版163: 1 ~ 3. 1988; 内蒙古植物志（第二版）2: 381. 图版154: 9. 1990; 黑龙江省植物志4: 313. 图版84: 1 ~ 3. 1992; 东北植物检索表（第二版）: 153. 图版70: 3. 1995; 中国植物志26: 273. 图版66: 1 ~ 4. 1996; Fl. China 6: 101. 2001.

■ 浅裂剪秋罗

花侧面观

果枝

■ 浅裂剪秋罗

花序

植株

植株一部分

产林缘草地、灌丛间、山沟路旁及草甸子处。产黑龙江省伊春、尚志等地；吉林省和龙、汪清、安图、抚松、蛟河等地；辽宁省庄河、岫岩、凤城、本溪、桓仁、清原、铁岭、鞍山等地；内蒙古自治区克什克腾旗、喀喇沁旗、宁城等地。

全草有解热、镇痛、消炎作用。幼苗可食。

（4）剪秋罗（中国植物志，Flora of China）；大花剪秋萝（辽宁植物志，黑龙江省植物志，东北植物检索表，东北草本植物志）；大花剪秋罗（内蒙古植物志）

Silene fulgens E.H.L.Krause, Deutschl. Fl. (Sturm), ed. 2. 5: 96. 1901.——*Lychnis fulgens* Fisch. in Curtis's Bot. Mag. 46: tab. 2104. 1819; 东北草本植物志3: 56. 图版22: 4 ~ 9. 1975; 辽宁植物志（上册）: 403. 图版163: 4 ~ 8. 1988; 内蒙古植物志（第二版）2: 381. 图版154: 5 ~ 8. 1990; 黑龙江省植物志4: 314. 图版84: 4 ~ 9. 1992; 东北植物检索表（第二版）: 153. 图版70: 4. 1995; 中国植物志26: 275. 图版67: 6 ~ 8. 1996; Fl. China 6: 101. 2001.

生山坡草地、灌丛间、林缘、林下及山坡阴湿地。产黑龙江省呼玛、爱辉、萝北、嫩江、虎林、饶河、富锦、集贤、阿城、尚志、伊春、鹤岗等地；吉林省安图、抚松、汪清、珲春、敦化、舒兰、蛟河等地；辽宁省庄河、岫岩、凤城、宽甸、本溪、桓仁、新宾、清原、开原等地；内蒙古自治区额尔古纳、牙克石、扎兰屯、鄂伦春、莫力达瓦达斡尔等地。

全草有解热、镇痛、消炎作用。幼苗可食。

■ 剪秋罗

植株一部分

花序

■ 剪秋罗

茎上部叶

植株

植株上部

（5）皱叶剪秋罗（拉汉种子植物名称，中国植物志，Flora of China）；皱叶剪夏罗（中国高等植物图鉴）

Silene chalcedonica E.H.L.Krause, Deutschl. Fl. (Sturm), ed. 2. 5: 96. 1901.——*Lychnis chalcedonica* L., Sp. Pl. 436. 1753; 中国高等植物图鉴补编1: 317. 图8560. 1982; 中国植物志26: 273. 图版65: 6 ~ 10. 1996; Fl. China 6: 101. 2001.

产新疆。辽宁省长海县有栽培。

常作为观赏植物栽培。

■ 皱叶剪秋罗

花序

花序侧面观

■ 皱叶剪秋罗

植株

植株一部分

（6）林奈蝇子草（Flora of China）；狭叶剪秋萝（黑龙江省植物志，东北植物检索表，东北草本植物志）；狭叶剪秋罗（内蒙古植物志，中国植物志）

Silene linnaeana Vorosch. in Florist. Issl. V. Razn. Raionakh SSSR. 167. 1985; Fl. China 6: 71.2001.——*Lychnis sibirica* L., Sp. Pl. 437. 1753; 东北草本植物志3: 54. 图版21: 1 ~ 3. 1975; 内蒙古植物志（第二版）2: 381. 图版154: 1 ~ 4. 1990; 黑龙江省植物志4: 316. 图85: 1 ~ 3. 1992; 东北植物检索表（第二版）: 153. 图版70: 1. 1995; 中国植物志26: 270. 1996.

生松林下、沙质草原或山麓多砾石草地。产内蒙古自治区额尔古纳、根河、牙克石、海拉尔、鄂温克等地。黑龙江省哈尔滨市有引种。

（7）准噶尔蝇子草（中国植物志，Flora of China）；兴安女娄菜（内蒙古植物志，东北植物检索表，东北草本植物志）

Silene songarica (Fisch., C.A. Mey. & Avé-Lall.) Bocquet in Candollea 22(1): 3–4. 1967; Fl. China 6: 88.2001; 中国植物志26: 323. 图版79: 5 ~ 9. 1996.——*Melandrium brachypetalum* (Fisch. ex Hornem.) Fenzl in Fl. Ross. 1: 326 1842; 东北草本植物志3: 61. 图版23: 4 ~ 8. 1975; 内蒙古植物志（第二版）2: 389. 图版157: 3 ~ 5. 1990; 东北植物检索表（第二版）: 157. 图版70: 6. 1995.

■ 准噶尔蝇子草

花侧面观

花序

花正面观

植株一部分

■ 准噶尔蝇子草

植株

居群

生海拔2000 ~ 4700米多砾石的灌丛草地或高山草甸。产内蒙古自治区牙克石、科尔沁右翼前旗、阿尔山、白狼、五叉沟、扎鲁特旗（罕山）、宁城、东乌珠穆沁旗（宝格达山）、锡林浩特（嘎松山）等地。

（8）叉枝蝇子草（中国植物志，Flora of China）

Silene latifolia Poiret, Voy. Barbarie. 2: 165. 1789; Fl. China 6: 82. 2001.——*S. pratensis* subsp. *divaricata* (Reichb.) McNeill et C. Prantice in Taxon 30 (1): 30. 1984; 中国植物志26: 398. 图版102: 5 ~ 9. 1996.——*Silene alba* (Mill.) E. H. L. Krause subsp. *divaricata* (Reichb.) Waiters in Fedde, Repert. Sp. Nov. 69 (1): 48. 1964; 中国高等植物图鉴补编1: 319. 1982.

（8a）叉枝蝇子草（原亚种）

Silene latifolia subsp. *latifolia*

生草地或灌丛草地。原产中亚、西南亚、欧洲。辽宁省大连市小窑湾草坪中有逸生。

资料记载，其性染色体属于XX/XY系统，雌性细胞中的两条X染色体中的一条发生异固缩，失去转录活性，可用作植物遗传学研究材料。

■ 叉枝蝇子草

雌花侧面观

雌株上部

雌花正面观

■ 叉枝蝇子草

蒴果

蒴果成熟后

雄株

雄花序

茎下部叶

茎中部

子房与花柱

（8b）白花蝇子草（亚种）（中国植物志，Flora of China）；异株女娄菜（辽宁植物志，内蒙古植物志，东北植物检索表，东北草本植物志）

Silene latifolia subsp. *alba* (Mill.) Greuter & Burdet in Willdenowia 12: 189. 1982; Fl. China 6: 82. 2001.——*S. pratensis* (Rafin.) Godron et Gren. in Fl. France 1: 216. 1847; 中国植物志26: 397. 1996.——*Melandrium album* (Mill.) Garcke in Fl. Deutschl. Fl. 4. Aufl. 55. 1858; 东北草本植物志3: 61. 1975; 辽宁植物志（上册）: 396. 图版160: 4 ~ 7. 1988; 内蒙古植物志（第二版）2: 392. 图版158: 1 ~ 3. 1990; 东北植物检索

■ 白花蝇子草

花侧面观

花序

花正面观

茎叶

表（第二版）: 157. 1995.

原产欧洲，引进后逃逸，生农田旁或沟渠边。分布辽宁省沈阳等地；内蒙古自治区额尔古纳（室韦）等地。

（9）坚硬女娄菜（辽宁植物志，中国植物志）；光萼女娄菜（黑龙江省植物志，内蒙古植物志，东北植物检索表，东北草本植物志）；疏毛女娄菜（Flora of China）

Silene firma Sieb. et Zucc. in Abh. Math.–Phys. Acad. Wiss. Muench. 4 (2): 166. 1843; 中国植物志26: 340. 图版85: 1 ~ 4. 1996; Fl. China 6: 77. 2001.——*Melandrium firmum* (Sieb et Zucc) Rohrb. in Monogr. Silene 232. 1868; 东北草本植物志3: 58. 1975; 辽宁植物志（上册）: 393. 图版160: 1 ~ 3. 1988; 内蒙古植物志（第二版）2: 386. 图版156: 1 ~ 3. 1990; 黑龙江省植物志4: 322. 图版87: 9 ~ 11. 1992; 东北植物检索表（第二版）: 157. 图版70: 5. 1995.

（9a）坚硬女娄菜（原变种）

Silene firma var. *firma*

生山坡草地、林缘、灌丛间、河谷、草甸及山沟路旁。产黑龙江省虎林、饶河、依兰、尚志、伊

■ 坚硬女娄菜

果实

果序

花

花序

茎叶

植株

春、哈尔滨等地；吉林省吉林、蛟河、珲春、和龙、汪清、安图、抚松、通化等地；辽宁省大连、长海、金州、瓦房店、普兰店、庄河、凤城、宽甸、桓仁、西丰、铁岭、丹东、鞍山、沈阳等地；内蒙古自治区额尔古纳、鄂伦春、科尔沁右翼前旗、科尔沁左翼后旗、大青沟、敖汉旗、喀喇沁旗、宁城等地。

全草有清热解毒、除湿利尿、催乳调经作用。嫩苗可食。

（9b）疏毛女娄菜（变种）（辽宁植物志，东北植物检索表，东北草本植物志，中国植物志）；毛萼女娄菜（内蒙古植物志）

Silene firma var. *pubescens* (Makino) S. Y. He, 北京植物志（上册）: 209. 1984; 内蒙古植物志（第二版）2: 388. 1990; 中国植物志26: 341. 1996.——*Melandrium firmum* (Sieb et Zucc) Rohrb. f. *pubescens* Makino in Nippon–Syokubutsu–Dukan 530. Fig. 1025. 1925; 东北草本植物志3: 60. 1975; 辽宁植物志（上册）: 394. 1988; 东北植物检索表（第二版）: 157. 1995.

生山坡草地、杂草草甸、林下、林缘、灌丛、河边。产黑龙江省爱辉、萝北、虎林、饶河、伊春、哈尔滨等地；吉林省舒兰、蛟河、汪清、安图等地；辽宁省庄河、岫岩、鞍山、丹东等地；内蒙古自治区莫力达瓦达斡尔等地。

■ 疏毛女娄菜

植株

植株一部分

花序

（10）女娄菜（辽宁植物志，黑龙江省植物志，内蒙古植物志，东北植物检索表，东北草本植物志，中国植物志，Flora of China）

Silene aprica Turcz. ex Fisch. et Mey. in Ind. 1, Sem. Hort. Petrop. 38. 1835; 中国植物志26: 341. 1996; Fl. China 6: 77. 2001.——*Melandrium apricum* (Turcz. ex Fisch. et Mey.) Rohrb. in Monogr. Silene 231. 1868; 东北草本植物志3: 60. 图版24: 8. 1975; 辽宁植物志（上册）: 394. 图版159: 8. 1988; 内蒙古植物志（第二版）2: 388. 图版156: 4 ~ 5. 1990; 黑龙江省植物志4: 321. 图版87: 8. 1992; 东北植物检索表（第二版）: 157. 图版70: 8. 1995.

（10a）女娄菜（原变种）

Silene aprica var. *aprica*

生向阳干山坡、石砬子坡地、林下、山坡草地等处。产黑龙江省伊春、哈尔滨、富锦、阿城、尚志等地；吉林省磐石、桦甸、双辽等地；辽宁省大连、金州、庄河、瓦房店、普兰店、东港、凤城、本溪、铁岭、彰武、北镇、丹东、鞍山、岫岩等地；内蒙古自治区根河、牙克石、新巴尔虎右旗、海拉尔、科尔沁右翼前旗、扎鲁特旗、赤峰、乌兰浩特、通辽、宁城、扎赉特旗、巴林右旗等地。

嫩叶、小苗可食。全草有健脾利水、活血调经作用。

■ 女娄菜

果实

花侧面观

花期植株

花期植株下部

花序

花正面观

苗期植株

（10b）长冠女娄菜（变种）（辽宁植物志，黑龙江省植物志，内蒙古植物志，东北植物检索表，中国植物志）

Silene aprica var. *oldhamiana* (Miq.) C. Y. Wu，中国植物志26: 343. 图版85: 5 ~ 9. 1996.——*Melandrium*

■ 长冠女娄菜

花序

花侧面观

■ 长冠女娄菜

花正面观

基生叶

apricum (Turcz. ex Fisch. et Mey.) Rohrb. var. *oldhamiana* (Miq.) C. Y. Wu in Fl. Pl. Herb. Chin. Bor.–Orient. 3: 60. 图版24: 1 ~ 7. 1975; 辽宁植物志（上册）: 396. 图版159: 1 ~ 7. 1988; 内蒙古植物志（第二版）2: 389. 1990; 黑龙江省植物志4: 322. 图版87: 1 ~ 7. 1992; 东北植物检索表（第二版）: 157. 图版70: 7. 1995.

生山坡。产黑龙江省爱辉、萝北、虎林、饶河等地；吉林省桦甸等地；辽宁省凌源、绥中、兴城、北镇、黑山、盖州、本溪、凤城、庄河、普兰店、金州、长海、大连、鞍山、沈阳等地；内蒙古自治区科尔沁右翼前旗、阿尔山等地。

（11）内蒙古女娄菜（内蒙古植物志，中国植物志，Flora of China）

Silene orientalimongolica J. Kozhevn., Nov. Syst. Pl. Vasc. 21: 68. fig. 2. 1984; 中国植物志26: 344. 1996; Fl. China 6: 78. 2001.——*Melandrium. orientalimongolicum* (J. Kozhevn.) Y. Z. Zhao in Act. Sci. Nat. Univ. Intramongol. 16 (4): 586. 1985; 内蒙古植物志（第二版）2: 389. 图版157: 1 ~ 2. 1990.——*Melandrium apricum* auct. non (Turcz. ex Fisch. et Mey.) Rohrb.: 内蒙古植物志2: 180. 图版26. 图3, 6. 1978, p. p.

生草原低湿草甸或撂荒地。产内蒙古自治区新巴尔虎左旗、牙克石、科尔沁右翼前旗、阿尔山、锡林浩特等地。为内蒙古自治区特有种。

（12）白玉草（中国植物志，Flora of China）；狗筋麦瓶草（黑龙江省植物志，内蒙古植物志，东北植物检索表，东北草本植物志）

Silene vulgaris (Moench.) Garcke in Fl. N. Mitt.–Deutschland ed. 9: 64. 1869; 黑龙江省植物志4: 346. 图版91: 4 ~ 7. 1992; 东北植物检索表（第二版）: 157. 图版71: 1. 1995; Fl. China 6: 79. 2001.——*S. venosa* (Gilib.) Aschers. in Fl. Prov. Brandenb. 2: 23. 1864; 东北草本植物志3: 65. 图版26: 1 ~ 4. 1975; 内蒙古植物志（第二版）2: 394. 图版159: 1 ~ 4. 1990; 中国植物志26: 348. 图版87: 7 ~ 10. 1996.

生草甸、灌丛中、林下多砾石的草地或撂荒地，有时生农田中。产黑龙江省呼玛、爱辉、孙吴、逊克等地；内蒙古自治区额尔古纳、根河、牙克石、鄂伦春、鄂温克、科尔沁右翼前旗、扎赉特旗等地。

■ 白玉草

花序

植株

植株一部分

（13）头序蝇子草（中国植物志，Flora of China）；头序麦瓶草（辽宁植物志，东北植物检索表，东北草本植物志）

Silene capitata Kom. in Act. Hort. Petrop. 18 (6): 440. 1901; 东北草本植物志3: 67. 1975; 辽宁植物志（上册）: 397. 1988; 东北植物检索表（第二版）: 157. 1995; 中国植物志26: 378. 1996; Fl. China 6: 80. 2001.

分布于鸭绿江沿岸朝鲜境内。辽宁省可能有分布，待调查核实。

（14）大蔓樱草（黑龙江省植物志，中国植物志）；矮雪轮（拉汉种子植物名称）

Silene pendula L., Sp. Pl. 418. 1753; 黑龙江省植物志4: 343. 图92: 1 ~ 6. 1992; 中国植物志26: 400. 图版103: 8 ~ 13. 1996.

原产欧洲南部。黑龙江省哈尔滨市有引种。

常作为观赏植物栽培。

（15）石生蝇子草（中国植物志，Flora of China）；石生麦瓶草（辽宁植物志，内蒙古植物志，东北植物检索表，东北草本植物志）

Silene tatarinowii Regel in Bull. Soc. Nat. Moscou 34 (2): 563. 1861; 东北草本植物志3: 67. 1975; 辽宁植物志（上册）: 397. 1988; 内蒙古植物志（第二版）2: 394. 图版159: 5 ~ 8. 1990; 东北植物检索表（第二版）: 157. 图版71: 2. 1995; 中国植物志26: 366. 图版92: 1 ~ 7. 1996; Fl. China 6: 95. 2001.——*S. tatarinowii* Regel f. *albiflora* (Franch.) Kitag. in Rep. First. Sci. Exped. Manch. sect. 4, 4: 80. 1936 et Lineam. Fl. Mansh. 203. 1939; 东北草本植物志3. 67. 图版26. 图5 ~ 8. 1975.

生山坡、崖坡及石墙缝内。产辽宁省庄河、凌源等地；内蒙古自治区科尔沁左翼后旗、大青沟、克什克腾旗、宁城等地。

全草有清热、通淋、止痛作用。

■ 石生蝇子草

花

花序

（16）蔓茎蝇子草（中国植物志，Flora of China）；毛萼麦瓶草（黑龙江省植物志，内蒙古植物志，东北植物检索表，东北草本植物志）；蔓生麦瓶草（辽宁植物志）

Silene repens Patr. in Pers. Syn. Pl. 1: 500. 1805; 东北草本植物志3: 68. 图版27: 7～11. 1975; 辽宁植物志（上册）: 398. 图版161: 1～5. 1988; 内蒙古植物志（第二版）2: 396. 图版160: 1～4. 1990; 黑龙江省植物志4: 343. 图版94: 7～11. 1992; 东北植物检索表（第二版）: 159. 图版72: 1. 1995; 中国植物志26: 291. 图版72: 1～5. 1996; Fl. China 6: 74. 2001.

（16a）蔓茎蝇子草（原变种）

Silene repens var. *repens*

生河岸、山坡、湿草地、林下及山顶石砬子间。产黑龙江省爱辉、孙吴、嘉荫、萝北、虎林、饶

■ 蔓茎蝇子草

花侧面观

花正面观

■ 蔓茎蝇子草

花序

花序一部分

植株

植株上部叶

植株下部叶

河、密山、富锦、勃利、集贤、鹤岗、伊春、哈尔滨、阿城、尚志等地；吉林省桦甸、珲春、汪清、安图、抚松、临江等地；辽宁省彰武、丹东等地；内蒙古自治区海拉尔、额尔古纳、根河、牙克石、扎兰屯、满洲里、鄂伦春、鄂温克、新巴尔虎左旗、新巴尔虎右旗、科尔沁右翼前旗、扎赉特旗、科尔沁左翼中旗、科尔沁左翼后旗、扎鲁特旗、翁牛特旗、克什克腾旗、喀喇沁旗、宁城、东乌珠穆沁旗、西乌珠穆沁旗、锡林浩特、正蓝旗、镶黄旗等地。

全草治肺结核、疟疾发烧、肠炎、痢疾、月经过多、淋病。

（16b）线叶蔓茎蝇子草（变种）（中国植物志）；细叶毛萼麦瓶草（黑龙江省植物志，内蒙古植物志，东北草本植物志）

Silene repens var. *angustifolia* Turcz., Bull. Soc. Imp. Naturalistes Moscou 15(3): 579. 1842; 东北草本植物志3: 68. 图版27: 13. 1975; 内蒙古植物志（第二版）2: 397. 图版160: 5. 1990; 黑龙江省植物志4: 344. 1992.——*Silene repens* var. *sinensis* (Williams) C. L. Tang, 中国植物志26: 292. 1996.

生湖边草地、丘陵性草原、碱性草原、草原沙质地、沙丘、高山砬子间。产黑龙江省安达等地；吉林省安图县（长白山）等地；辽宁省彰武等地；内蒙古自治区海拉尔、新巴尔虎左旗、新巴尔虎右旗、鄂温克、科尔沁右翼前旗、科尔沁右翼中旗、科尔沁左翼后旗、奈曼旗、东乌珠穆沁旗、锡林浩特、正蓝旗、镶黄旗等地。

■ 线叶蔓茎蝇子草

花序

植株

植株一部分

（16c）宽叶毛萼麦瓶草（变种）（辽宁植物志，黑龙江省植物志，内蒙古植物志，东北植物检索表，东北草本植物志）

Silene repens var. *latifolia* Turcz. in Bull. Socsc. 15: 579. 1842; 东北草本植物志3: 68. 1975; 辽宁植物志（上册）: 399. 1988; 内蒙古植物志（第二版）2: 397. 图版160: 6. 1990; 黑龙江省植物志4: 344. 1992; 东北植物检索表（第二版）: 159. 图版72: 2. 1995.

生山地林下、山沟路旁、草甸子、河套边岗地。产黑龙江省哈尔滨等地；吉林省舒兰、珲春、汪清等地；辽宁省丹东大鹿岛等地；内蒙古自治区根河、鄂伦春等地。

（17）长柱蝇子草（中国植物志，Flora of China）；长柱麦瓶草（辽宁植物志，黑龙江省植物志，内蒙古植物志，东北植物检索表，东北草本植物志）

Silene macrostyla Maxim. in Mem. Acad. Sci. St. Petersb. Sav. Etrang. 9: 54. 1859; 东北草本植物志3: 70. 图版27: 1 ~ 6. 1975; 辽宁植物志（上册）: 399. 图版161: 6 ~ 11. 1988; 黑龙江省植物志4: 342. 图版94: 1 ~ 6. 1992; 东北植物检索表（第二版）: 159. 图版72: 4. 1995; 中国植物志26: 296. 1996; Fl. China 6: 74. 2001.

生山坡、山顶石砬子中、阔叶林下。产黑龙江省伊春、嘉荫、萝北、虎林、饶河、阿城等地；吉林省吉林、珲春、和龙、汪清、安图等地；辽宁省金州、普兰店、庄河、长海、西丰、铁岭等地。

■ 长柱蝇子草

植株一部分

花序

（18）朝鲜蝇子草（中国植物志，Flora of China）；朝鲜麦瓶草（东北植物检索表，东北草本植物志）

Silene koreana Kom. in Trudy Imp. S.—Peterburgsk. Bot. Sada 18: 440. 1901; 东北草本植物志3: 73. 图版29: 1 ~ 5. 1975; 东北植物检索表（第二版）: 159. 图版72: 6. 1995; 中国植物志26: 298. 1996; Fl. China 6: 74.2001.

生林缘或稀疏落叶松林下。产黑龙江呼玛等地；吉林省安图等地。

（19）石缝蝇子草（中国植物志，Flora of China）；叶麦瓶草（辽宁植物志，黑龙江省植物志，东北植物检索表，东北草本植物志）

Silene foliosa Maxim. in Mem. Acad. Sci. St. Petersb. Sav. Etrang. 9: 53. 1859; 东北草本植物志3: 73. 图版29: 6 ~ 11. 1975; 辽宁植物志（上册）: 401. 图版162: 7 ~ 13. 1988; 黑龙江省植物志4: 337. 图版93: 1 ~ 6. 1992; 东北植物检索表（第二版）: 159. 图版72: 5. 1995; 中国植物志26: 296. 图版74: 1 ~ 6. 1996; Fl. China 6: 74. 2001.

生山坡石砬子缝间及向阳山顶。产黑龙江省饶河、绥芬河、密山、东宁等地；吉林省通榆等地；辽宁省庄河、本溪、新宾、宽甸、丹东等地。

■ 石缝蝇子草

花侧面观

花正面观

果序

植株

植株一部分

（20）禾叶蝇子草（中国植物志，Flora of China）；禾叶麦瓶草（内蒙古植物志）；兴安旱麦瓶草（黑龙江省植物志，东北植物检索表，东北草本植物志）

Silene graminifolia Otth in DC. Prodr. 1: 368. 1824; 内蒙古植物志（第二版）2: 403. 图版161: 6 ~ 9. 1990; 中国植物志26: 304. 图版76: 1 ~ 4. 1996; Fl. China 6: 76. 2001.——*S. jenisseensis* var. *viscifera* Y. C. Chu, 东北草本植物志3: 71. 图版28: 11. 1975; 黑龙江省植物志4: 342. 1992.——*S. jenisseensis* var. *graminifolia* (Otth) Y.C. Chu, 东北植物检索表（第二版）: 159. 1995.

生海拔1600 ~ 4200米的高山草地。产黑龙江省大兴安岭地区；内蒙古自治区科尔沁右翼前旗等地。

（21）山蚂蚱草（中国植物志，Flora of China）；旱生麦瓶草（辽宁植物志）；旱麦瓶草（黑龙江省植物志，内蒙古植物志，东北植物检索表，东北草本植物志）

Silene jenisseensis Willd. in Enum. Pl. Hort. Berol. 1: 154. 1809; 东北草本植物志3: 70. 图版28: 1 ~ 6. 1975; 辽宁植物志（上册）: 399. 图版162: 1 ~ 6. 1988; 内蒙古植物志（第二版）2: 401. 图版162: 1 ~ 4. 1990; 黑龙江省植物志4: 339. 图版93: 7 ~ 12. 1992; 东北植物检索表（第二版）: 159. 图版71: 3. 1995; 中国植物志26: 303. 1996; Fl. China 6: 75. 2001.

（21a）山蚂蚱草（原变种）

Silene jenisseensis var. *jenisseensis*

（21aa）山蚂蚱草（原变型）

Silene jenisseensis f. *jenisseensis*

生多石质干山坡、石砬子缝间、林缘地。产黑龙江省萝北、密山、宝清、依兰、尚志、安达、杜尔伯特、哈尔滨等地；吉林省桦甸、乾安、前郭尔罗斯、扎赉特旗、安图等地；辽宁省宽甸、本溪、彰武等地；内蒙古自治区海拉尔、根河、牙克石、鄂伦春、鄂温克、新巴尔虎左旗、新巴尔虎右旗、科尔沁右翼前旗、扎鲁特旗、翁牛特旗、克什克腾旗、喀喇沁旗、赤峰、宁城、东乌珠穆沁旗、西乌珠穆沁旗、锡林浩特、正蓝旗、多伦等地。

全草有清热凉血作用。幼苗可食。

■ 山蚂蚱草

基生叶

花序

植株一部分

（21ab）小花山蚂蚱草（中国植物志）；小花旱麦瓶草（辽宁植物志，黑龙江省植物志，内蒙古植物志，东北植物检索表）

Silene jenisseensis f. *parviflora* (Turcz.) Schischk. in Kom. Fl. USSR 6: 628. 1936; 辽宁植物志（上册）: 401. 1988; 内蒙古植物志（第二版）2: 401. 1990; 黑龙江省植物志4: 340. 1992; 东北植物检索表（第二版）: 159. 图版71: 5. 1995; 中国植物志26: 304. 1996.

生山地草坡或沙质草原。产黑龙江省安达、杜尔伯特等地；吉林省前郭、镇赉等地；辽宁省阜新等地；内蒙古自治区科尔沁右翼前旗。

（21ac）丝叶山蚂蚱草（中国植物志）；丝叶旱麦瓶草（内蒙古植物志，东北植物检索表，东北草本植物志）

Silene jenisseensis f. *setifolia* (Turcz.) Schischk. in Kom. Fl. USSR 6: 628. 1936; 东北草本植物志3: 71. 图版28. 图10. 1975; 内蒙古植物志（第二版）2: 403. 图版142: 6. 1990; 东北植物检索表（第二版）: 159. 图版71: 6. 1995; 中国植物志26: 303. 1996.

生多砾石草坡或沙质土干草原。产内蒙古自治区根河、满洲里市附近、新巴尔虎右旗、海拉尔等地。

（21ad）薄毛旱麦瓶草（内蒙古植物志，东北植物检索表，东北草本植物志）

Silene jenisseensis f. *dasyphylla* (Turcz.) Schischk. in Kom. Fl. URSS VI: 628. 1936; 东北草本植物志3: 71. 1975; 内蒙古植物志（第二版）2: 401. 图版162: 5. 1990; 东北植物检索表（第二版）: 159. 1995.

生多石质干山坡、石砬子缝间、林缘地。产内蒙古自治区翁牛特旗等地。

（21b）长白山蚂蚱草（变种）（中国植物志）；长白旱麦瓶草（黑龙江省植物志，东北植物检索表，东北草本植物志）

Silene jenisseensis var. *oliganthella* (Nakai ex Kitagawa) Y. C. Chu in Fl. Pl. Herb. Chin. Bor. -Orient. 3: 71. tab. 28. fig. 11. 1975; 东北草本植物志3: 71. 1975. 图版28: 7 ~ 8; 黑龙江省植物志4: 340. 1992; 东北植物检索表（第二版）: 159. 图版71: 4. 1995; 中国植物志26: 304. 1996.

生高山砾石滩或林下草地。产黑龙江省尚志大锅盔山等地；吉林省安图（长白山）。

6 石头花属（丝石竹属） Gypsophila L.

Gypsophila L., Sp. Pl. 406. 1753.——*Vaccaria* Medic., Phil. Bot. 1: 96. 1789.

多年生或一年生草本。茎直立或铺散，通常丛生。叶对生。花两性，成二歧聚伞花序，有时伞房状或圆锥状，有时密集成近头状；苞片干膜质，少数叶状；花萼钟形或漏斗状，稀筒状，具5条绿色或紫色宽纵脉，脉间白色，少数无白色间隔，顶端5齿裂；花瓣5，白色或粉红色，有时具紫色脉纹，长于花萼；雄蕊10，花丝基部稍宽；花柱2，子房球形或卵球形，1室。蒴果球形、卵球形、卵形或长圆形，4瓣裂或顶端4齿裂。

本属全世界约150种，主要分布于欧亚大陆温带地区，北美洲偶见3种，北非东北角（埃及）和大洋洲各1种。中国有17种，主要分布于东北、华北和西北地区。东北地区产6种1变种。

分种检索表

1. 萼基部膨大，具5条翅状凸起的脉棱；蒴果为不完全4室 ································ 1. 麦蓝菜 G. hispanica Willk.
1. 萼通常筒形或钟形，无凸起的脉棱；蒴果1室。
  2. 一年生；根细小；茎高5 ~ 20厘米，自基部分枝；叶线形，长1 ~ 2厘米，宽1 ~ 3毫米；花瓣粉红色或白色

（接上表）

……………………………………………………………………………………………2. 细小石头花 G. muralis L.

2. 多年生；根粗大；茎高50厘米以上。

3. 花瓣全缘；萼筒长1.5～2.5毫米。

4. 花梗长2.5～3毫米；茎数个由根颈处生出；叶片长圆形，长4～8厘米，宽5～15毫米；雄蕊长于花瓣 …………………………………………………………………… 3. 长蕊石头花 G. oldhamiana Miq.

4. 花梗长7～9毫米；茎单生，稀数个丛生；叶片披针形或线状披针形，长2～5厘米，宽2.5～7毫米；雄蕊与花瓣近等长 …………………………………………………………… 4. 圆锥石头花 G. paniculata L.

3. 花瓣先端微凹；萼筒长2～4毫米。

5. 叶卵形、卵状披针形或长圆状披针形；花萼长2～3毫米；花瓣粉紫色或粉红色 …………………………………………………………………… 5. 大叶石头花 G. pacifica Kom.

5. 叶线状披针形至披针形；花萼长3～4毫米；花瓣白色或带粉红色（6. 草原石头花 G. davurica Turcz. ex Fenzl）。

6. 叶宽2.5～8毫米 ……………………………………… 6a. 草原石头花 G. davurica var. davurica

6. 叶狭，宽1～2毫米 ……………………………… 6b. 狭叶草原石头花 G. davurica var. angustifolia Fenzl

（1）麦蓝菜（中国植物志，Flora of China）；王不留行（辽宁植物志，黑龙江省植物志，内蒙古植物志，东北植物检索表，东北草本植物志）

Gypsophila hispanica Willk., Flora 35: 539. 1852.——*Vaccaria hispanica* (Mill.) Rauschert in Wiss. Z. Martin–Luther–Univ. Halle–Wittenberg, Math.–Naturwiss. Reihe 14: 496. 1965; Fl. China 6: 102. 2001.——*V. segetalis* (Neck.) Garcke in Aschers. Fl. Prov. Brandenb. 1: 84. 1864; 东北草本植物志3: 75. 图版25: 1～4. 1975; 辽宁植物志（上册）: 405. 图版167: 1～4. 1988; 内蒙古植物志（第二版）2: 415. 图版167: 1～3. 1990; 东北植物检索表（第二版）: 159. 图版69: 8. 1995; 中国植物志26: 405. 图版105: 1～6. 1996.——*V. pyramidata* Medic. in Phil. Bot. 1: 96, 1789; 黑龙江省植物志4: 359. 图版76: 1～4. 1992.

原产欧洲。东北各地作为药用植物或观赏植物栽培，有逸生田边、铁路沿线附近及麦田间。

■ 麦蓝菜

苗期植株

果序

茎叶

■ 麦蓝菜

花正面观

花侧面

花期植株

种子有行血、调经、通乳及利尿之效，治经闭、乳汁不通、乳腺炎和痈疖肿痛等病症；民间也用作兽药，对牛、马有强心、催乳、利尿、消炎、镇痛及止血之功效；植株和种子均可以显著提高奶牛产奶量和乳品质；种子油可作机器润滑油；种子含淀粉50% 左右，可作酿醋及酿酒原料。

（2）细小石头花（中国植物志，Flora of China）；兴凯丝石竹（东北植物检索表）

Gypsophila muralis L., Sp. Pl. 408. 1753; 东北植物检索表（第二版）: 153. 1995; 中国植物志26: 447. 1996; Fl. China 6: 112.2001.

生田间路旁草地或墙上。产黑龙江兴凯湖东岸。

■ 细小石头花

花正面观

花侧面观

■ 细小石头花

植株

植株一部分

（3）长蕊石头花（中国植物志，Flora of China）；长蕊丝石竹（辽宁植物志，黑龙江省植物志，东北植物检索表，东北草本植物志）

Gypsophila oldhamiana Miq. in Ann. Mus. Bot. Lugd. –Bat. 3: 187. 1867; 东北草本植物志3: 51. 图版20: 7 ~ 10. 1975; 辽宁植物志（上册）: 410. 图版166: 1 ~ 4. 1988; 黑龙江省植物志4: 309. 图版83: 1 ~ 4. 1992; 东北植物检索表（第二版）: 153. 图版69: 6. 1995; 中国植物志26: 434. 图版112: 11 ~ 15. 1996; Fl. China 6: 110. 2001.

生向阳山坡、山顶及山沟旁多石质地、海滨荒山及沙坡地。产辽宁省各地。黑龙江省主要城市有引种。

■ 长蕊石头花

花序

花序侧面观

苗期植株

花期植株

植株一部分

根有活血散瘀、消肿止痛、化腐生肌、长骨作用。幼苗、嫩叶用开水焯后可食用。

（4）圆锥石头花（中国植物志，Flora of China）；圆锥丝石竹（黑龙江省植物志）

Gypsophila paniculata L., Sp. Pl. 407. 1753; 黑龙江省植物志4: 312. 1992; 中国植物志26: 442. 图版115: 1 ~ 6. 1996; Fl. China 6: 112.2001.

原产欧洲及亚洲北部。黑龙江省哈尔滨市有引种。

■ 圆锥石头花

花序侧面观

花正面观

（5）大叶石头花（中国植物志，Flora of China）；细梗丝石竹（辽宁植物志，黑龙江省植物志，东北植物检索表，东北草本植物志）

Gypsophila pacifica Kom. in Bull. Jard. Bot. Petrogr. 16: 167. 1916; 东北草本植物志3: 53. 图版20: 11 ~ 13. 1975; 辽宁植物志（上册）: 411. 图版166: 5 ~ 8. 1988; 黑龙江省植物志4: 311. 图版82: 7 ~ 9. 1992; 东北植物

■ 大叶石头花

花

花序侧面观

植株一部分

检索表（第二版）: 153. 图版69: 7. 1995; 中国植物志26: 438. 图版114：1 ~ 8. 1996; Fl. China 6: 111. 2001.

生山坡、林缘草地。产黑龙江省萝北、勃利、依兰、富锦、桦川、宁安、东宁、密山、虎林、饶河、伊春等地；吉林省汪清、珲春、和龙、安图、九台、吉林、长春等地；辽宁省本溪、西丰、开原、铁岭等地。

根可药用，含皂苷，也可用以洗涤。嫩枝叶可食。

（6）草原石头花（中国植物志，Flora of China）；北丝石竹（黑龙江省植物志，东北植物检索表，东北草本植物志）；草原丝石竹（内蒙古植物志）

Gypsophila davurica Turcz. ex Fenzl in Ledeb. Fl. Ross. 1: 294.1842; 东北草本植物志3: 51. 图版20: 1 ~ 6. 1975; 内蒙古植物志（第二版）2: 408. 图版163: 3 ~ 5. 1990; 黑龙江省植物志4: 307. 图版82: 1 ~ 6. 1992; 东北植物检索表（第二版）: 153. 图版69: 5. 1995; 中国植物志26: 437. 1996; Fl. China 6: 110. 2001.

（6a）草原石头花（原变种）

Gypsophila davurica var. *davurica*

生草原、丘陵、固定沙丘及石砾质干山坡。产黑龙江省逊克、孙莫、富裕、泰来、肇东、肇源、安达、杜尔伯特等地；吉林省镇赉等地；内蒙古自治区海拉尔、额尔古纳、满洲里、扎兰屯、陈巴尔虎旗、科尔沁右翼前旗、科尔沁右翼中旗、扎赉特旗、扎鲁特旗、翁牛特旗、锡林浩特、多伦、太仆寺旗等地。

■ 草原石头花

花序

花侧面观

花正面观

植株

植株一部分

根可供药用，含皂苷，又可作肥皂代用品。幼苗可作猪饲料。

（6b）狭叶草原石头花（变种）（中国植物志）；狭叶北丝石竹（黑龙江省植物志，东北植物检索表，东北草本植物志）；狭叶草原丝石竹（内蒙古植物志）

Gypsophila davurica var. *angustifolia* Fenzl in Ledeb. Fl. Ross. 1: 294. 1842; 东北草本植物志3: 51. 1975; 内蒙古植物志（第二版）2: 409. 图版163: 6. 1990; 黑龙江省植物志4: 309. 1992; 东北植物检索表（第二版）: 153. 1995; 中国植物志26: 438. 1996.

生丘陵顶部、石砾质干山坡。产黑龙江省大兴安岭；内蒙古自治区满洲里（南山附近）、新巴尔虎右旗等地。

■ 狭叶草原石头花

基生叶

花序

花序一部分

植株

7 肥皂草属 *Saponaria* L.

Saponaria L., Sp. Pl. 408. 1753.

多年生或一、二年生直立草本。叶对生，叶片披针形、椭圆形或匙形，具1或3基出脉。花两性，成聚伞花序、圆锥花序或头状花序；花萼筒状，几乎不膨大，具15～25条纵脉，基部缺苞片，萼齿5；雌雄蕊柄短；花瓣5，红色至白色，全缘、微凹缺或浅2裂，爪狭长；有副花冠；雄蕊10；子房1室，具多数胚珠；花柱2～3。蒴果圆柱形或倒卵形，薄壳质，4齿裂；种子多数，肾形，具小瘤或线条纹。

本属全世界约30种，分布于亚洲温带和欧洲，主产于地中海沿岸。中国有1种，为引进或栽培或逸生种。东北地区常见栽培。

肥皂草（辽宁植物志，黑龙江省植物志，东北植物检索表，东北草本植物志，中国植物志，Flora of China）

Saponaria officinalis L., Sp. Pl. 408. 1753; 东北草本植物志3: 63. 图版25: 5～7. 1975; 辽宁植物志（上册）: 411. 图版167: 5～7. 1988; 黑龙江省植物志4: 334. 图版91: 1～3. 1992; 东北植物检索表（第二版）: 157. 图版69: 9. 1995; 中国植物志26: 429. 图版105: 6～10. 1996; Fl. China 6: 108. 2001.

多年生草本；叶椭圆形，基部抱茎并稍连生；聚伞状圆锥花序；花瓣白色或粉色，较萼长半倍左右，单瓣或重瓣；蒴果1室，长圆状卵形，4齿裂。原产土耳其、俄罗斯及其他一些欧洲国家。东北各地常见栽培。

作为药用植物或观赏植物引进。根入药，有祛痰、治气管炎、利尿作用；花可以拌沙拉，在啤酒的酿造过程中添加适量可促使啤酒产生泡沫；全株含皂苷，可作为温和的洗涤剂，用于清洗珍贵的衣

■ 肥皂草

苗期植株

单瓣花

重瓣株

重瓣花

料与织品；可作为绿化材料，定植于花坛、花径、庭院路边，丛植与片植均可，也可作背景材料与地被植物。

8 石竹属 *Dianthus* L.

Dianthus L., Sp. Pl. 409. 1753.

多年生草本，稀一年生草本。茎多丛生，圆柱形或具棱，有关节，节处膨大。叶禾草状，对生，常苍白色，脉平行，边缘粗糙，基部微合生。花红色、粉红色、紫色或白色，单生或成聚伞花序，有时簇生成头状，围以总苞片；花萼圆筒状，5齿裂，有脉7、9或11条，基部贴生苞片1～4对；花瓣5，具长爪，瓣片边缘具齿或细裂，稀全缘；雄蕊10；花柱2，子房1室，具多数胚珠，有长子房柄。蒴果圆筒形或长圆形，稀卵球形，顶端4齿裂或瓣裂；种子多数，圆形或盾状。

本属全世界约600种，广布于北温带地区，大部分产欧洲和亚洲，少数产美洲和非洲。中国有16种10变种，多分布于北方草原和山区草地。东北地区产8种1亚种7变种1变型，其中栽培4种。

分种检索表

1. 聚伞花序密集呈头状，花梗极短；苞片与花萼等长或稍长（1. **须苞石竹** D. barbatus L.）。

（接上表）

2. 植株高30～60厘米；叶片宽约1厘米，质较厚；花密集而较大；栽培… 1a. **须苞石竹 D. barbatus** var. **barbatus**

2. 植株较原变种细弱；叶片狭，质薄；花较少而细小；野生 …………1b. **头石竹 D. barbatus** var. **asiaticus** Nakai

1. 花单生或 2～3花集生，花梗长。

3. 花瓣瓣片流苏状细裂至中部或更深，小裂片狭线状或丝状。

4. 苞片3～4对 …………………………………………………………………… 2. **长萼瞿麦 D. longicalyx** Miq.

4. 苞片2对。

5. 茎被白粉；栽培 ………………………………………………………………… 3. **羽裂石竹 D. plumarius** L.

5. 茎无白粉；野生（4. **瞿麦 D. superbus** L.）。

6. 植株较高；花较小，直径3~3.5厘米；苞片倒卵形，顶端长尖；花萼圆筒形，长2.5~3厘米，直径3~6毫米 ……………………………………………………………………4a. **瞿麦 D. superbus** subsp. **superbus**

6. 植株较矮；花较大，直径4.5~5厘米；苞片椭圆形至宽卵形，顶端具长2~5毫米的钻形尖；花萼较短而粗（带紫色），长2.5~3厘米，直径4~7毫米 ……………………………………………4b. **高山瞿麦 D. superbus** subsp. **alpestris** Kablikova ex Celakovsky

3. 花瓣瓣片上缘具不规则齿。

7. 花大，花瓣无髯毛；蒴果卵球形；花柱长而伸出花外；苞片宽卵形，长为花萼1/4 ……………………………………………………………………………………… 5. **香石竹 D. caryophyllus** L.

7. 花小，花瓣有髯毛；蒴果圆筒形。

8. 萼下苞片1～2对。

9. 全株被细小短粗毛；萼下苞片1对 ……………………………………………… 6. **西洋石竹 D. deltoides** L.

9. 全株无毛或仅茎粗糙或被短糙毛；萼下苞片1（～2）对（7. **簇茎石竹 D. repens** Willd.）。

10. 茎无毛 ………………………………………………………………… 7a. **簇茎石竹 D. repens** var. **repens**

10. 茎粗糙或被短糙毛 ………………………… 7b. **毛簇茎石竹 D. repens** var. **scabripilosus** Y. Z. Zhao

8. 萼下苞片2～3对（8. **石竹 D. chinensis** L.）。

11. 苞片长为花萼1/4～1/2或略多。

12. 花瓣紫红色、粉红色。

13. 茎单生或疏丛生；花萼长15～25毫米，苞片长为花萼1/2或略多 …………………………………………………………………… 8a. **石竹 D. chinensis** var. **chinensis**

13. 茎密丛生。

14. 植株高10～50厘米。

15. 花萼长23～27毫米，苞片长仅为花萼1/4左右 ……………………………………8b. **辽东石竹 D. chinensis** var. **liaotungensis** Y. C. Chu

15. 花萼长15～25毫米，苞片长为花萼1/2或略多。

16. 叶较宽，条状披针形或条形，宽2～6毫米；茎稍粗壮 ……………………… 8c. **兴安石竹 D. chinensis** var. **versicolor** (Fisch. ex Link) Y. C. Ma

16. 叶较狭，条状钻形，宽1～2毫米；茎较纤细 ………………………… 8d. **钻叶石竹 D. chinensis** var. **subulifolius** (Kitag.) Y. C. Ma

14. 植株高仅10厘米左右；叶片线状倒披针形或线状披针形，长1.5～3厘米，宽1.5～2.5毫米，有时带紫色；苞片、花萼带紫色 …… 8g. **高山石竹 D. chinensis** var. **morii** (Nakai) Y. C. Chu

12. 花瓣火红色…………………8e. **火红石竹 D. chinensis** var. **ignescens** Nakai

（接上表）

11. 苞片长为花萼1倍或更长 ······················ 8f. **长苞石竹** D. chinensis var. longisquama Nakai et Kitag.

（1）须苞石竹（中国植物志）；五彩石竹（黑龙江省植物志）

Dianthus barbatus L., Sp. Pl. 409. 1753; 黑龙江省植物志4: 298. 图版79: 1 ~ 7. 1992; 中国植物志26: 411. 图版107: 1 ~ 3. 1996.

（1a）须苞石竹（原变种）

Dianthus barbatus var. *barbatus*

原产欧洲和亚洲。黑龙江省哈尔滨，辽宁省大连等地有栽培。

观赏植物。全草有活血调经、通络、利尿通淋作用。

■ 须苞石竹

花序侧面观

花序正面观

茎叶

居群

植株

（1b）头石竹（变种）（东北植物检索表，东北草本植物志，中国植物志，Flora of China）

Dianthus barbatus var. *asiaticus* Nakai, Tyosen-Syokubutsu 143. fig. 158. 1914; 东北草本植物志3: 43. 图版17: 7 ~ 10. 1975; 东北植物检索表（第二版）: 152. 图版68: 6. 1995; 中国植物志26: 412. 1996; Fl. China 6: 103.2001.

生林缘及阔叶林下。产吉林省珲春、汪清、安图等地。

■ 头石竹

花

花序

植株

（2）长萼瞿麦（内蒙古植物志，中国植物志，Flora of China）；长筒瞿麦（辽宁植物志，东北植物检索表，东北草本植物志）

Dianthus longicalyx Miq. in Journ. Bot. Neerl. Ind. 1: 127. 1861; 内蒙古植物志（第二版）2: 410. 图版165: 3. 1990; 中国植物志26: 427. 图版111: 6. 1996; Fl. China 6: 107. 2001.——*D. superbus* var. *longicalycinum* (Maxim.) Williams in Journ. L. Soc. Bot. 29: 411. 1893; 东北草本植物志3: 44. 图版17: 6. 1975; 辽宁植物志（上册）: 408. 图版158: 4 ~ 6. 1988; 东北植物检索表（第二版）: 152. 图版68: 5. 1995.

生山坡林缘草地、疏林下、沟谷等处。产辽宁省营口、本溪、大连、庄河、金州、丹东等地；内蒙古自治区科尔沁左翼后旗、大青沟、赤峰市红山区等地。

全草有清热、通经、利尿功效。

■ 长萼瞿麦

花

花序

（3）羽裂石竹（黑龙江省植物志）；羽瓣石竹、常夏石竹（植物智网站）

Dianthus plumarius L., Sp. Pl. 411 1753; 黑龙江省植物志4: 302. 1992.

原产欧洲。东北地区各大城市有引种。

以观赏为目的引进，花量大，色彩艳丽，可用于园路边、墙垣边、岩石园或用于花境、花坛等，也可作地被植物。

■ 羽裂石竹

种子

植株一部分

苗期植株

花正面观

花侧面观

花期植株

花枝

（4）瞿麦（黑龙江省植物志，内蒙古植物志，东北植物检索表，东北草本植物志，中国植物志，Flora of China）

Dianthus superbus L., Fl. Suec. ed. 2. 146. 1755; 东北草本植物志3: 44. 图版17: 1 ~ 4. 1975; 内蒙古植物志（第二版）2: 410. 图版165: 1 ~ 2. 1990; 黑龙江省植物志4: 303. 图版78: 1 ~ 4. 1992; 东北植物检索表（第二版）: 152. 图版68: 3. 1995; 中国植物志26: 424. 图版111: 1 ~ 5. 1996; Fl. China 6: 106. 2001.

（4a）瞿麦（原亚种）

Dianthus superbus subsp. *superbus*

生山地疏林下、林缘、沟谷溪边。黑龙江省呼玛等地；吉林省抚松、安图等地；辽宁省凌源等地；内蒙古自治区扎兰屯、鄂温克、新巴尔虎左旗、科尔沁右翼前旗、扎鲁特旗、巴林左旗、巴林右旗、阿鲁科尔沁旗、克什克腾旗、喀喇沁旗、宁城、东乌珠穆沁旗、西乌珠穆沁旗、锡林浩特等地。

全草入药，有清热、利尿、破血通经功效。也可作农药，能杀虫。

■ 瞿麦

花

花序

花瓣下部

植株上部

（4b）高山瞿麦（亚种）（东北植物检索表，东北草本植物志，中国植物志，Flora of China）

Dianthus superbus subsp. *alpestris* Kablikova ex Celakovsky, Prodr. Fl. Böhmen. 3: 508. 1875; Fl. China 6: 106. 2001.——*Dianthus superbus* var. *speciosus* Reichb. 东北草本植物志3: 46. 图版17: 5. 1975; 东北植物检索

表（第二版）: 152. 图版68: 4. 1995; 中国植物志26: 425. 1996.

生山地疏林下、林缘、沟谷溪边。产吉林省安图县（长白山）。

■ 高山瞿麦

花

花萼短而带紫色

植株一部分

（5）香石竹（黑龙江省植物志，中国植物志）；康乃馨（园艺名称）

Dianthus caryophyllus L., Sp. Pl. 410. 1753; 黑龙江省植物志4: 298. 图79: 8 ~ 9. 1992; 中国植物志26: 420. 图版108: 7 ~ 10. 1996.

原产欧亚温带地区。黑龙江省哈尔滨、辽宁省大连等有栽培。

中国广泛栽培供观赏，常用作切花，温室培养可四季开花。也可露地栽培。

■ 香石竹

花

花蕾与花萼

植株一部分

（6）西洋石竹（黑龙江省植物志）

Dianthus deltoides L., Sp. Pl. 411. 1753; 黑龙江省植物志4: 302. 1992.

原产欧洲。黑龙江省哈尔滨、辽宁省大连等地有引种。

以观赏为目的引进，具有观赏性和良好的地表覆盖能力。

■ 西洋石竹

花侧面观

花正面观

茎

茎叶

植株

（7）簇茎石竹（黑龙江省植物志，内蒙古植物志，东北植物检索表，东北草本植物志，中国植物志，Flora of China）

Dianthus repens Willd. in Sp. Pl. 2: 681. 1799; 东北草本植物志3: 46. 图版18：1 ~ 2. 1975; 内蒙古植物志（第二版）2: 412. 图版165: 4 ~ 5. 1990; 黑龙江省植物志4: 303. 图版83: 5 ~ 6. 1992; 东北植物检索表（第二版）: 152. 图版68: 7. 1995; 中国植物志26: 412. 1996; Fl. China 6: 104.2001.

（7a）簇茎石竹（原变种）

Dianthus repens var. *repens*

生河岸、山坡。产黑龙江省大兴安岭呼中至塔河一带；内蒙古自治区额尔古纳、扎赉特旗等地。

（7b）毛簇茎石竹（变种）（内蒙古植物志，中国植物志）

Dianthus repens var. *scabripilosus* Y. Z. Zhao in Act. Sci. Nat. Univ. Intramong. 20 (1): 110. 1989; 内蒙古植物志（第二版）2: 412. 1990; 中国植物志26: 414. 1996.

生林缘草甸、草原。产内蒙古自治区海拉尔、扎兰屯、鄂伦春、鄂温克、科尔沁右翼前旗、突泉、敖汉旗、巴林右旗、宁城、东乌珠穆沁旗（宝格达山）等地。

（8）石竹（辽宁植物志，黑龙江省植物志，内蒙古植物志，东北植物检索表，东北草本植物志，中国植物志，Flora of China）；镜泊湖石竹（植物研究）

Dianthus chinensis L., Sp. Pl. 411. 1753; 东北草本植物志3: 46. 图版19: 1～4. 1975; 辽宁植物志（上册）: 406. 图版164: 1～4. 1988; 内蒙古植物志（第二版）2: 412. 图版166: 1～4. 1990; 黑龙江省植物志4: 300. 图版80: 1～4. 1992; 东北植物检索表（第二版）: 152. 图版69: 1. 1995; 中国植物志26: 414. 图版108: 1～6. 1996; Fl. China 6: 104. 2001.——*Dianthus chinensis* var. *jingpoensis* G. Y. Zhang & X. Y. Yuan, 植物研究18(1): 10～11. 1998.

（8a）石竹（原变种）

Dianthus chinensis var. *chinensis*

生向阳山坡草地、林缘、灌丛、岩石裂隙。产东北地区各地；内蒙古自治区额尔古纳、鄂伦春、陈巴尔虎旗、阿荣旗、科尔沁右翼前旗、宁城、赤峰市红山区等地。

全草有清热、消炎、利尿、通经作用。花的浸膏或净油可以配制高级香精。

■ 石竹

花侧面观

茎叶

植株

（8b）辽东石竹（变种）（中国植物志）；长萼石竹（辽宁植物志，东北植物检索表，东北草本植物志）

Dianthus chinensis var. *liaotungensis* Y. C. Chu, 东北草本植物志3: 49,227. 图版19: 8. 1975; 辽宁植物志（上册）: 406. 图版164: 5. 1988; 东北植物检索表（第二版）: 152. 1995; 中国植物志26: 416. 1996.

■ 辽东石竹

植株一部分

花序

花序侧面观

生山沟石砾质地、干山坡。产辽宁省建昌、绥中、葫芦岛、瓦房店、普兰店、金州、大连、熊岳等地。模式标本采自辽宁省熊岳城喇嘛洞。

（8c）兴安石竹（变种）（辽宁植物志，黑龙江省植物志，内蒙古植物志，东北植物检索表，东北草本植物志，中国植物志）

Dianthus chinensis var. *versicolor* (Fisch. ex Link) Y. C. Ma in Fl. Intramongol. 2: 191. tab. 101. fig. 1 ~ 3. 1978; 内蒙古植物志（第二版）2: 413. 1990; 中国植物志26: 415. 1996.——*D. versicolor* Fisch. ex. Link in Enum. Hort. Berol. Alt. 1: 420. 1821; 东北草本植物志3: 49. 图版19: 1 ~ 9. 1975; 辽宁植物志（上册）: 408. 图版165: 1 ~ 3. 1988; 黑龙江省植物志4: 304. 图版81: 1 ~ 4. 1992; 东北植物检索表（第二版）: 153. 图版68: 8.1995.

生向阳山坡草地、林缘、灌丛、岩石裂隙。产黑龙江省呼吗、爱辉、北安、克山、饶河、安达等地；辽宁省普兰店、金州、建平、康平、彰武等地；内蒙古自治区海拉尔、额尔古纳、根河、牙克石、扎兰屯、满洲里、鄂伦春、鄂温克、科尔沁右翼前旗、扎赉特旗、扎鲁特旗、敖汉旗、巴林左旗、克什克腾旗、喀喇沁旗、宁城、赤峰等地。

■ 兴安石竹

植株

植株上部

植株一部分

（8d）钻叶石竹（变种）（中国植物志）；蒙古石竹（辽宁植物志，黑龙江省植物志，内蒙古植物志，东北植物检索表，东北草本植物志）

Dianthus chinensis var. *subulifolius* (Kitag.) Y. C. Ma in Fl. Intramongol. 2: 191. tab. 101. fig. 4. 1978; 内蒙古植物志（第二版）2: 413. 图版166: 5. 1990; 中国植物志26: 416. 1996.——*D. versicolor* Fisch. ex. Link var. *subulifolius* (Kitag.) Y. C. Chu, 东北草本植物志3: 50. 图版18: 6 ~ 7. 1975; 辽宁植物志（上册）: 408. 图版165: 4 ~ 5. 1988; 黑龙江省植物志4: 306. 图版81: 1 ~ 4. 1992; 东北植物检索表（第二版）: 153. 1995.——*D. versicolor* var. *subulifolius* (Kitag.) Y. C. Chu f. *leucopetalus* (Kitag.) Y. C. Chu, 东北草本植物志3: 50. 1975; 东北植物检索表（第二版）: 153. 1995.

生固定沙丘、草原沙质地、森林草原、干山坡及山坡石砬子。产黑龙江省呼玛、爱辉、齐齐哈尔等地；辽宁省普兰店、康平、彰武等地；内蒙古自治区海拉尔、根河、牙克石、扎兰屯、鄂温克、新巴尔虎左旗、新巴尔虎右旗、科尔沁右翼前旗、阿尔山、科尔沁左翼后旗、扎鲁特旗、库伦旗、翁牛特旗、阿鲁科尔沁旗、克什克腾旗、喀喇沁旗、赤峰、西乌珠穆沁旗、锡林浩特、正蓝旗、正镶黄旗、太仆寺旗等地。

（8e）高山石竹（变种）（东北植物检索表，东北草本植物志，中国植物志）

Dianthus chinensis var. *morii* (Nakai) Y. C. Chu, 东北草本植物志3: 49. 图版19: 7. 1975; 东北植物检索表（第二版）: 153. 图版69: 2. 1995; 中国植物志26: 416. 1996.

生高山带瀑布旁及山溪旁湿润地。产吉林省安图（长白山）等地。

（8f）火红石竹（变种）（辽宁植物志，东北植物检索表，东北草本植物志）

Dianthus chinensis var. *ignescens* Nakai in Rep. First Sci. Exped. Manch. Sect. 4(2): 15. 1935; 东北草本植物志3: 49. 1975; 辽宁植物志（上册）: 407. 图版164: 6. 1988.——*Dianthuschinensis* f. *ignescens* (Nakai) Kitag. in Journ. Jap. Bot. 34: 5. 1959; 东北植物检索表（第二版）: 152. 1995.

生向阳山坡草地、林缘、灌丛、岩石裂隙。产辽宁省凌源、建平、建昌、朝阳、北票、兴城、北镇、大连等地。

■ 火红石竹

花正面观

花序侧面观

植株

（8g）长苞石竹（变种）（东北植物检索表，东北草本植物志，中国植物志）

Dianthus chinensis var. *longisquama* Nakai et Kitag. in Rep. First Sci. Exped. Manch. Sect. 4(1): 23. 1934; 东北草本植物志3: 49. 图版19: 5 ~ 6. 1975; 中国植物志26: 416. 1996.

生山顶沙质地、山坡或高山草甸上。产辽宁省大连、鞍山（千山）等地。

■ 长苞石竹

花

花序

植株

9 孩儿参属（假繁缕属） *Pseudostellaria* Pax

Pseudostellaria Pax, Nat. Pflanzenfam., ed. 2. 16c: 318. 1934.

多年生草本。块根纺锤形、卵形或近球形。茎直立或上升，有时匍匐。叶对生，叶片卵状披针形至线状披针形，具明显中脉；花两型。开花受精花较大形，生于茎顶或上部叶腋，单生或数朵成聚伞花序，常不结实；萼片5，稀4；花瓣5，稀4，白色，全缘或顶端微凹缺；雄蕊10，稀8；花柱通常3，稀2 ~ 4，线形，柱头头状。闭花受精花生于茎下部叶腋，较小，具短梗或近无花梗；萼片4；花瓣无，雄蕊退化，稀2；子房具多数胚珠，花柱2。蒴果3瓣裂，稀2 ~ 4瓣裂，裂瓣再2裂。

本属全世界约18种，分布于亚洲东部和北部、欧洲东部。中国有9种，广布于长江流域以北地区。东北地区产7种。

分种检索表

1. 叶全部为线形、线状披针形或长圆状线形，宽2～3（～5）毫米；花瓣2浅裂；块根长卵形或短纺锤形，通常数个连串生 ………………………………………… **1. 细叶孩儿参 P. sylvatica** (Maxim.) Pax
1. 茎中部以上的叶宽阔。
  2. 叶边缘及背部中脉被开展的长毛、表面疏生毛，基部圆形，几乎无柄 ………………………………………… **2. 毛脉孩儿参 P. japonica** (Korsh.) Pax
  2. 叶通常无毛，稀下部边缘稍有毛，基部渐狭，常具短柄。
    3. 茎伏卧或上升，花后茎顶端渐延伸为细长的鞭状匐枝；叶卵状披针形、长卵形或卵形；花瓣全缘；块根短纺锤形，单生 ………………………………………… **3. 蔓孩儿参 P. davidii** (Franch.) Pax
    3. 茎直立或上升，花后茎顶端不形成鞭状匐枝。
      4. 花瓣顶端浅2裂；花萼被毛，萼片5（～6） ………………………………………… **4. 孩儿参 P. heterophylla** (Miq.) Pax
      4. 花瓣顶端全缘。
        5. 花萼光滑，萼片6～8，花瓣6～8 ………………………………………… **5. 狭瓣孩儿参 P. palibiniana** (Takeda) Ohwi
        5. 花萼被毛，萼片5（～6），花瓣5（～6）。
          6. 块根球状或宽椭圆状；花瓣长圆形；雄蕊与花瓣近等长 …… **6. 石生孩儿参 P. rupestris** (Turcz.) Pax
          6. 块根纺锤形；花瓣长圆状倒披针形；雄蕊稍短于花瓣 ………………………………………… **7. 异花孩儿参 P. heterantha** (Maximowicz) Pax

（1）细叶孩儿参（中国植物志，Flora of China）；森林假繁缕（辽宁植物志，东北植物检索表，东北草本植物志）；林孩儿参（黑龙江省植物志）

Pseudostellaria sylvatica (Maxim.) Pax in Engler et Prantl, Nat. Pflanzenfam. 2. Aufl. 16c: 318. 1934; 东北草本植物志3: 20. 图版8: 5～8. 1975; 辽宁植物志（上册）: 369. 图版148: 5～7. 1988; 黑龙江省植物志4: 330. 图版89: 5～8. 1992; 东北植物检索表（第二版）: 146. 图版65: 3. 1995; 中国植物志26: 67. 图版14: 1～2. 1996; Fl. China 6: 8. 2001.

生松林或混交林下。产黑龙江省伊春、尚志等地；吉林省安图、抚松等地；辽宁省凤城、宽甸、桓仁等地。

■ 细叶孩儿参

花侧面观

花正面观

植株

（2）毛脉孩儿参（中国植物志，Flora of China）；毛假繁缕（辽宁植物志，东北植物检索表，东北草本植物志）；毛孩儿参（黑龙江省植物志，内蒙古植物志）

Pseudostellaria japonica (Korsh.) Pax in Engler et Prantl, Nat. Pflanzenfam. 2. Aufl. 16c: 318. 1934; 东北草本植物志3: 20. 图版8: 1 ~ 4. 1975; 辽宁植物志（上册）: 369. 图版149: 1 ~ 4. 1988; 内蒙古植物志（第二版）2: 333. 图版135: 1 ~ 3. 1990; 黑龙江省植物志4: 329. 图版89: 1 ~ 4. 1992; 东北植物检索表（第二版）: 146. 图版65: 2. 1995; 中国植物志26: 69. 图版15: 1 ~ 3. 1996; Fl. China 6: 8. 2001.

生针阔混交疏林下阴湿地。产黑龙江省阿城、尚志等地；吉林省桦甸、安图、抚松、集安等地；辽宁省凤城、宽甸、桓仁、本溪等地。

■ 毛脉孩儿参

块根

茎叶

花侧面观

花正面观

植株

（3）蔓孩儿参（黑龙江省植物志，内蒙古植物志，中国植物志，Flora of China）；蔓假繁缕（辽宁植物志，东北植物检索表，东北草本植物志）

Pseudostellaria davidii (Franch.) Pax ex Pax et Hoffm. in Engler et Prantl, Nat. Pflanzenfam. 2. Aufl. 16c: 318. 1934; 东北草本植物志3: 22. 图版9: 1 ~ 6. 1975; 辽宁植物志（上册）: 368. 图版148: 1 ~ 4. 1988; 内蒙古植物志（第二版）2: 336. 图版136: 1 ~ 2. 1990; 黑龙江省植物志4: 328. 图版90: 1 ~ 6. 1992; 东北植物检索表（第二版）: 146. 图版65: 4. 1995; 中国植物志26: 71. 图版14: 5 ~ 6. 1996; Fl. China 6: 8. 2001.

生阔叶林湿地、林下溪流旁及林缘向阳石质的坡地。产黑龙江省伊春、尚志、阿城等地；吉林省浑江、敦化、桦甸等地；辽宁省普兰店、瓦房店、庄河、岫岩、凤城、宽甸、桓仁、本溪、鞍山、凌源、建昌、绥中等地；内蒙古自治区赤峰（七老图山）等地。

全草有清热解毒作用。

■ 蔓孩儿参

花

居群

全株

植株

（4）孩儿参（辽宁植物志，内蒙古植物志，东北植物检索表，东北草本植物志，中国植物志，Flora of China）

Pseudostellaria heterophylla (Miq.) Pax. ex Pax et Hoffm. in Engler et Prantl, Nat. Pflanzenfam. 2. Aufl. 16c: 318. 1934; 东北草本植物志3: 23. 图版9: 7 ~ 12. 1975; 辽宁植物志（上册）: 372. 图版149. 1988; 内蒙古植物志（第二版）2: 336. 图版136: 3 ~ 4. 1990; 东北植物检索表（第二版）: 146. 图版65: 5. 1995; 中国植物志 26: 67. 图版14: 3 ~ 4. 1996; Fl. China 6: 9. 2001.

生杂木林、阔叶林内及灌丛、林下岩石旁的阴湿地。产吉林省集安、长白、抚松、靖宇、临江等地；辽宁省金州、大连、普兰店、瓦房店、庄河、东港、岫岩、凤城、宽甸、桓仁、本溪、丹东、鞍山等地；内蒙古自治区巴林右旗等地。

块根可代人参使用，有健脾、补气、生津作用。幼苗可食。

■ 孩儿参

果期植株

果实

闭锁花

块根

花期植株

花侧面观

花正面观

重瓣株

重瓣株上部

重瓣花

（5）狭瓣孩儿参（丹东地区野生动植物原色图鉴）

Pseudostellaria palibiniana (Takeda) Ohwi in Acta Phytotax. Geobot. 4: 32. 1935; 丹东地区野生动植物原色图鉴植物分册（一）: 54. 2012.

生林缘。产辽宁省宽甸（白石砬子保护区）。

资源价值同孩儿参。

■ 狭瓣孩儿参

果实

果期植株

花期植株

根部

花正面观

花侧面观

（6）石生孩儿参（中国植物志，Flora of China）；石假繁缕（东北植物检索表，东北草本植物志）；石孩儿参（内蒙古植物志）

Pseudostellaria rupestris (Turcz.) Pax in Engler & Prantl, Nat. Pflanzenfam. 2. Aufl. 16c: 318. 1934; 东北草本植物志3: 22. 1975; 内蒙古植物志（第二版）2: 335. 图版135: 7 ~ 8. 1990; 东北植物检索表（第二版）: 146. 1995; 中国植物志26: 72. 图版14: 7 ~ 8. 1996; Fl. China 6: 8.2001.

生高山云杉林下或多石质山坡。产吉林省安图（长白山）。

（7）异花孩儿参（内蒙古植物志，中国植物志，Flora of China）；矮小孩儿参（中国植物志）；假繁缕（中国高等植物图鉴）

Pseudostellaria heterantha (Maximowicz) Pax, Nat. Pflanzenfam., ed. 2. 16c: 318. 1934; Fl. China 6: 9. 2001; 内蒙古植物志（第三版）2: 9. 2020.——*Pseudostellaria maximowicziana* (Franch. et Sav.) Pax in Engler & Prantl, Nat. Pflanzenfam. 2. Aufl. 16c: 318. 1934; 中国高等植物图鉴1: 627. 图1253. 1972; 秦岭植物志1 (2): 198. 1974; 中国植物志26: 73. 1996.

生疏林及草地。产内蒙古自治区兴安盟巴林右旗。

■ 异花孩儿参

花侧面观

花正面观

植株

10 漆姑草属 *Sagina* L.

Sagina L., Sp. Pl. 128. 1753.

一年生或多年生小草本。茎多丛生。叶线形或线状锥形，基部合生成鞘状。花单生叶腋或顶生成聚伞花序，通常具长梗；萼片4～5，顶端圆钝；花瓣白色，4～5，有时无花瓣，通常较萼片短，稀等长，全缘或顶端微凹缺；雄蕊4～5，有时为8或10；子房1室，含多数胚珠；花柱4～5，与萼片互生。蒴果卵圆形，4～5瓣裂，裂瓣与萼片对生；种子细小，肾形，表面有小凸起或平滑。

本属全世界约30种，分布于北温带地区。中国有4种，南北均产。东北地区产3种。

分种检索表

1. 全株无毛；种子肾状三角形或广三角形，背部带沟槽，表面具小突起；花瓣通常比萼短一半或更短 ………… 1. 无毛漆姑草 S. saginoides (L.) Karsten
1. 花梗、萼片或有时连同茎上部被腺毛；种子圆肾形或卵状肾形，背部圆而无沟槽，表面具条纹或瘤状突起。
 2. 花单生于茎上部的叶腋；花瓣比萼片稍短或等长；种子表面具线条纹或平滑 ………… 2. 根叶漆姑草 S. maxima A. Gray
 2. 花单生枝端；花瓣稍短于萼片；种子表面具明显的小疣 ………… 3. 漆姑草 S. japonica (Sw.) Ohwi

（1）无毛漆姑草（内蒙古植物志，东北植物检索表，东北草本植物志，中国植物志，Flora of China）

Sagina saginoides (L.) Karsten in Deut. Fl. 539. 1882; 东北草本植物志3: 25. 1975; 内蒙古植物志（第二版）2: 374. 图版151: 4. 1990; 东北植物检索表（第二版）: 146. 图版65: 7. 1995; 中国植物志26: 255. 图版61: 1～4. 1996; Fl. China 6: 10.2001

生石质山坡上、沼泽草甸或灌丛中。产内蒙古自治区科尔沁左翼后旗大青沟等地。

■ 无毛漆姑草

植株

植株一部分

（2）根叶漆姑草（辽宁植物志，东北植物检索表，东北草本植物志，中国植物志，Flora of China）

Sagina maxima A. Gray in Mem. Amer. Acad. n. ser. 6: 382. 1859; 东北草本植物志3: 26. 1975; 辽宁植物志（上册）: 390. 1988; 东北植物检索表（第二版）: 146. 图版65: 8. 1995; 中国植物志26: 257. 图版61: 8 ~ 9. 1996; Fl. China 6: 11. 2001.

生田野。产黑龙江完达山地区；辽宁省宽甸、凤城、本溪、新宾等地。

■ 根叶漆姑草

花

植株

植株一部分

（3）漆姑草（辽宁植物志，黑龙江省植物志，内蒙古植物志，东北植物检索表，东北草本植物志，中国植物志，Flora of China）

Sagina japonica (Sw.) Ohwi in Journ. Jap. Bot. 13: 438. 1937; 东北草本植物志3: 25. 图版7: 6 ~ 8. 1975; 辽宁植物志（上册）: 388. 图版157: 6 ~ 8. 1988; 内蒙古植物志（第二版）2: 374. 图版151: 1 ~ 3. 1990; 黑龙江省植物志4: 332. 图版90: 7 ~ 9. 1992; 东北植物检索表（第二版）: 146. 图版65: 6. 1995; 中国植物志26: 255. 图版61: 5 ~ 7. 1996; Fl. China 6: 10. 2001.

生河岸边、住宅旁、阔叶林下阴湿地。产黑龙江省佳木斯、宁安等地；吉林省安图等地；辽宁省大连、庄河、凤城、桓仁、丹东等地；内蒙古自治区牙克石等地。

全草有散结消肿、解毒止痒作用，用于白血病、漆疮、痈肿、瘰疬、龋齿病。

■ 漆姑草

种子

蒴果

蒴果开裂

果序

植株

花侧面观

花正面观

居群

11 鹅肠菜属 *Myosoton* Moench

Myosoton Moench, Meth. Pl. 225. 1794.

二年生或多年生草本。茎下部匍匐，无毛，上部直立，被腺毛。叶对生。花两性，白色，排列成顶生二歧聚伞花序；萼片5；花瓣5，比萼片短，2深裂至基部；雄蕊10；子房1室，花柱5。蒴果卵形，比萼片稍长，5瓣裂至中部，裂瓣顶端再2齿裂；种子肾状圆形，种脊具疣状突起。

本属全世界仅1种，分布于欧洲、亚洲、非洲的温带和亚热带地区。产中国东北、华北、华东、华中、西南、西北等省区。

鹅肠菜（辽宁植物志，黑龙江省植物志，东北植物检索表，东北草本植物志，中国植物志，Flora of China）

Myosoton aquaticum (L.) Moench in Meth. Pl. 225. 1794; 中国植物志26: 74. 图版16: 1～9. 1996; Fl. China 6: 38. 2001.——*Malachium aquaticum* (L.) Fries in Fl. Halland. 78. 1817; 东北草本植物志3: 12. 图版5: 1～4. 1975; 辽宁植物志（上册）: 386. 图版156. 1988; 黑龙江省植物志4: 318. 图版86: 1～4. 1992; 东北植物检索表（第二版）: 144. 图版62: 6. 1995.

二年生或多年生草本；茎下部伏卧；茎下部叶有柄，茎中上部叶无柄；叶椭圆状卵形或长圆状卵形；顶生二歧聚伞花序；花瓣白色，2深裂至基部附近，花柱5～6。蒴果卵圆形，比萼稍长，5瓣裂，每瓣再2裂。生林缘及山地潮湿地、河岸沙石地、山区耕地、路旁及沟旁湿地等地。产黑龙江省阿城、尚志等地；吉林省浑江、通化、舒兰、九台、桦甸、抚松、安图等地；辽宁省凤城、桓仁、本溪、清原、凌源、建昌、大连、庄河、普兰店、丹东、鞍山、沈阳、抚顺等地。

全草为清热解毒、活血化瘀、祛风表寒药。嫩茎叶可食。

■ 鹅肠菜

花

植株

植株上部

植株下部

12 卷耳属 *Cerastium* L.

Cerastium L., Sp. Pl., 437. 1753.

一年生或多年生草本，多数被柔毛或腺毛。叶对生，叶片卵形或长椭圆形至披针形。二歧聚伞花序，顶生；萼片（4～）5，离生；花瓣（4～）5，白色，顶端2裂，稀全缘或微凹；雄蕊10，稀5；子房1室，具多数胚珠；花柱通常5，稀3，与萼片对生。蒴果圆柱形，薄壳质，露出宿萼外，顶端裂齿为花柱数的2倍；种子多数，近肾形，稍扁，常具疣状突起。

本属全世界约100种，主要分布于北温带，多见于欧洲至西伯利亚，极少数种见于亚热带山区。中国有23种，产北部至西南地区。东北地区产5种2亚种2变种。

分种检索表

1. 花柱3；蒴果6齿裂 ………… 1. 六齿卷耳 C. cerastoides (L.) Britton
1. 花柱5；蒴果10齿裂。
  2. 花瓣全缘或近全缘；果的齿片顶端外卷；花瓣比萼片长1.5~2倍 ………… 2b. 毛蕊卷耳 C. pauciflorum var. oxalidiflorum (Makino) Ohwi
  2. 花瓣叉状2裂；果的齿片直立或稍外倾。
    3. 花瓣长是花萼长1倍以上。
      4. 叶线形、线状披针形至披针形；花瓣各部位均无毛；花瓣比萼长1～1.5倍，顶端2裂达 1/4～1/3 ………… 3b. 卷耳 C. arvense subsp. strictum Gaudin
      4. 叶长圆形、椭圆形或长圆状披针形至卵状披针形；花瓣有的部位具毛。
        5. 叶长圆形至椭圆形，长5～8厘米，宽1.5～3厘米；花瓣长为花萼1.5～2倍，爪具毛 ………… 4. 达乌里卷耳 C. davuricum Fischer ex Sprengel
        5. 叶长圆状披针形至卵状披针形，长2～4厘米，宽5～12毫米；花瓣长为花萼1.5倍，基部边缘疏生缘毛 ………… 5. 缘毛卷耳 C. furcatum Cham. et Schlecht.
    3. 花瓣比萼短或近等长或微长。
      6. 花梗长于4毫米。
        7. 花梗长5～25毫米；花瓣等长或微短于萼片；多年生或一、二年生草本 ………… 6b. 簇生泉卷耳 C. fontanum subsp. vulgare (Hartm.) Greuter & Burdet
        7. 花梗长4～15毫米；花瓣比萼片稍长；多年生草本 ………… 7. 长白卷耳 C. baischanense Y. C. Chu
      6. 花梗长1～3毫米；花瓣等长或微长于萼片；一年生草本（8. 球序卷耳 C. glomeratum Thuill.）。
        8. 蒴果长是花萼的1.5～2倍 ………… 8a. 球序卷耳 C. glomeratum var. glomeratum
        8. 蒴果与花萼近等长 ………… 8b. 短果卷耳 C. glomeratum var. brachycarpum L. H. Zhou & Q. Z. Han

（1）六齿卷耳（内蒙古植物志，东北植物检索表，东北草本植物志，中国植物志，Flora of China）

Cerastium cerastoides (L.) Britton in Mem. Torr. Bot. Club 5: 150. 1894; 东北草本植物志3: 8. 图版5: 5～7. 1975; 内蒙古植物志（第二版）2: 369. 图版149: 1～3. 1990; 东北植物检索表（第二版）: 142. 1995; 中国植物志26: 78. 图版17: 1～6. 1996; Fl. China 6: 33. 2001.

生海拔1000米以上的山谷水边草地。产吉林省长白山等地；辽宁省沈阳等地；内蒙古自治区大兴安岭。

全草有清热解毒、消肿止痛作用。

（2）疏花卷耳（中国植物志，Flora of China）

Cerastium pauciflorum Stev. ex Ser. in DC. Prodr. 1: 414. 1824; 中国植物志26: 78. 1996; Fl. China 6: 36. 2001.

（2a）疏花卷耳（原变种）

Cerastium pauciflorum var. *pauciflorum*

中国产甘肃、新疆。东北地区不产。

（2b）毛蕊卷耳（变种）（辽宁植物志，黑龙江省植物志，东北植物检索表，东北草本植物志，中国植物志，Flora of China）

Cerastium pauciflorum var. *oxalidiflorum* (Makino) Ohwi in Act. Phytotax. Geobot. 11: 254. 1942; 东北草本植物志3: 9. 图版5: 5 ~ 7. 1975; 辽宁植物志（上册）: 384. 图版155: 5 ~ 7. 1988; 中国植物志26: 80. 图版17: 7 ~ 12. 1996; Fl. China 6: 37. 2001.——*C. pauciflorum* Stev. ex Ser. var. *amurense* (Regel) Mizush–Ima in Sci. Rep. Tohoku Univ. 4.19: 292. 1963; 黑龙江省植物志4: 292. 图版77: 5 ~ 7. 1992; 东北植物检索表（第二版）: 142. 图版64: 5. 1995.

生林下、山区路旁湿润处及草甸中。产黑龙江省爱辉、虎林、饶河、富锦、阿城、尚志、伊春等地；吉林省浑江、蛟河等地；辽宁省本溪、抚顺、清原、新宾、西丰、本溪等地。

全草有清热利湿作用。

■ 毛蕊卷耳

花序

花

植株

（3）原野卷耳（植物智网站）；卷耳（中国高等植物图鉴，中国植物志）

Cerastium arvense L., Sp. Pl. 438. 1753; 中国高等植物图鉴1: 633. 图1266. 1972; 内蒙古植物志2: 178. 图版94. 图1 ~ 6. 1978; 中国植物志26: 80. 图版17: 7 ~ 12. 1996; Fl. China 6: 37. 2001.

（3a）原野卷耳（原亚种）

Cerastium arvense subsp. *arvense*

分布西欧。中国不产。

（3b）卷耳（亚种）（内蒙古植物志，Flora of China）；狭叶卷耳（中国植物志）；细叶卷耳（黑龙江省植物志，东北植物检索表，东北草本植物志）

Cerastium arvense subsp. *strictum* Gaudin, Fl. Helv. 3: 245. 1828; Fl. China 6: 37. 2001.——*C. arvense* var. *angustifolium* Fenzl in Ledeb. Fl. Ross. 1: 413. 1842; 东北草本植物志3: 11. 图版4: 5 ~ 9. 1975; 内蒙古植物志（第二版）2: 373. 图版150: 4. 1990; 黑龙江省植物志4: 291. 图版80: 5 ~ 9. 1992; 中国植物志26: 92. 1996.——*C. arvense* var. *glabellum* (Turcz.) Fenzl in Ledeb. Fl. Ross. 1: 452. 1842; 内蒙古植物志（第二版）2: 373. 图版150: 5. 1990; 中国植物志26: 93. 1996.——*C. arvense* auct. non L.: 内蒙古植物志（第二版）2: 371. 图版

150: 1 ~ 3. 1990; 东北植物检索表（第二版）: 144. 图版64: 4. 1995; 中国植物志26: 92. 图版22: 7 ~ 12. 1996.

生高山草地、林缘或丘陵区。产黑龙江省大兴安岭呼中林业局等地；内蒙古自治区海拉尔、根河、牙克石、鄂伦春、科尔沁右翼前旗、扎鲁特旗罕山、翁牛特旗、克什克腾旗、东乌珠穆沁旗、锡林浩特、正镶白旗等地。

（4）达乌里卷耳（拉汉种子植物名称，内蒙古植物志，中国植物志，Flora of China）

Cerastium davuricum Fischer ex Sprengel, Pl. Min. Cogn. Pug. 2: 65. 1815; Fl. China 6: 35. 2001.——*Cerastium dahuricum* Fisch. in Hort. Gorenk. 1812; 中国高等植物图鉴补编1: 295. 图8545. 1982; 内蒙古植物志（第二版）2: 371. 图版149: 8. 1990; 中国植物志26: 81. 图版18: 6 ~ 10. 1996.

生海拔1000 ~ 2800米山地灌丛中。产内蒙古自治区大兴安岭。

（5）缘毛卷耳（中国植物志，Flora of China）；高山卷耳（东北植物检索表，东北草本植物志）

Cerastium furcatum Cham. et Schlecht. in Linnaea 1: 61. 1826; 东北草本植物志3: 11. 图版3. 图5 ~ 9. 1975; 中国植物志26: 85. 图版19: 6 ~ 10. 1996; Fl. China 6: 36. 2001.——*Cerastium rubescens* var. *ovatum* (Miyabe) M.Mizush. in Sci. Rep. Tohoku Imp. Univ., Ser. 4, Biol. 29: 288 1963; 东北植物检索表（第二版）: 144. 图版64: 2. 1995.

生高山林缘及草甸。产吉林省安图、抚松等地。

■ 缘毛卷耳

花枝

植株

植株一部分

（6）喜泉卷耳（中国植物志，Flora of China）

Cerastium fontanum Baumg., Enum. Stirp. Transs. 1: 425. 1816; 中国植物志26: 86. 1996; Fl. China 6: 35. 2001.

（6a）喜泉卷耳（原亚种）

Cerastium fontanum subsp. *fontanum*

分布欧洲、亚洲西部和非洲北部。中国不产。

（6b）簇生泉卷耳（亚种）（Flora of China）；簇生卷耳（辽宁植物志，黑龙江省植物志，中国植物志）；卷耳（东北植物检索表，东北草本植物志）；腺毛簇生卷耳（内蒙古植物志）

Cerastium fontanum subsp. *vulgare* (Hartm.) Greuter & Burdet in Willdenowia 12: 37. 1982; Fl. China 6: 35.

2001.——*C. fontanum* Baumg. subsp. *triviale* (E. H. L. Krause) Jalas in Arch. Soc. Zool. –Bot. Fenn. Vanamo 18: 63. 1963; 中国植物志26: 86. 图版20: 1 ~ 6. 1996.——*C. holosteoides* Fr. in Novit. Fl. Suec. Alt. 126. 1828; 东北植物检索表（第二版）: 144. 图版64: 1. 1995.——*C. vulgare* Hardb. in Sp. Pl. ed. 2. 627. 1762; 辽宁植物志（上册）: 386. 图版155: 1 ~ 4. 1988; 黑龙江省植物志4: 292. 图版77: 1 ~ 4. 1992.——*C. caespitosum* Gilib. var. *glandulosum* Wirtgen in Fl. Preuss. Reinl. 325. 1870; 东北草本植物志3: 9. 图版3: 1 ~ 4. 1975; 内蒙古植物志（第二版）2: 369. 图版149: 4 ~ 7. 1990.

生疏林下、林缘草地及山沟、山坡、河滩沙地和沙质地及路旁草地。产黑龙江省爱辉、尚志等地；吉林省珲春、安图、抚松、桦甸、磐石、九台、浑江、吉林等地；辽宁省金州、普兰店、庄河、瓦房店、东港、岫岩、凤城、宽甸、本溪、西丰、丹东、沈阳、鞍山等地；内蒙古自治区牙克石、鄂伦春、科尔沁右翼前旗、克什克腾旗、喀喇沁旗、东乌珠穆沁旗（宝格达山）等地。

全草有清热解毒、消肿止痛作用，治感冒、乳痈初起、疔疽肿痛。

■ 簇生泉卷耳

苗期植株

花序侧面观

花序正面观

花期植株

（7）长白卷耳（东北植物检索表，东北草本植物志，中国植物志，Flora of China）

Cerastium baischanense Y. C. Chu, 东北草本植物志3: 12,227. 图版4: 1 ~ 4. 1975; 东北植物检索表（第二版）: 144. 图版64: 5. 1995; 中国植物志26: 90. 1996; Fl. China 6: 34.2001.

生高山冻原或温泉附近的多石质火山口湖一带。产吉林省安图县（模式标本采自长白山）。

■ 长白卷耳

植株

花侧面观

花正面观

（8）球序卷耳（中国植物志，Flora of China）

Cerastium glomeratum Thuill., Fl. Env. Paris ed. 2. 226. 1799; 中国植物志26: 83. 图版19: 1 ~ 5. 1996; Fl. China 6: 33. 2001; The Checklist of the Naturalized Plants in China: 11. 2019.

（8a）球序卷耳（原变种）

Cerastium glomeratum var. *glomeratum*

生山坡草地。原产北非、欧洲温带地区和亚洲马德拉岛和加那利岛至巴基斯坦。辽宁有分布记录，待调查核实。

（8b）短果卷耳（变种）（植物研究，Flora of China）

Cerastium glomeratum var. *brachycarpum* L. H. Zhou & Q. Z. Han, 植物研究15(1): 49. 图版1: 1. 1995; Fl. China 6: 33. 2001.

生林缘、河旁沙质地。产辽宁省金州大黑山（模式标本产地）。

■ 短果卷耳

花

花枝

■ 短果卷耳

植株

植株下部

13 繁缕属 *Stellaria* L.

Stellaria L., Sp. Pl. 421. 1753.

一年生或多年生草本。叶扁平。花多数组成顶生聚伞花序，稀单生叶腋；（4～）5；花瓣（4～）5，白色，稀绿色，2深裂，稀微凹或多裂，有时无花瓣；雄蕊10，有时8或2～5；子房1室，稀幼时3室，胚珠多数，稀仅数枚，1～2枚成熟；花柱3，稀2。蒴果圆球形或卵形，裂齿数为花柱数的2倍；种子多数，稀1～2，近肾形，微扁，具瘤或平滑；胚环形。

本属全世界约190种，广布于温带至寒带。中国有64种，广布于全国。东北地区产14种4变种1变型。

分种检索表

1. 花瓣掌状5～7中裂；全株伏生绢毛；叶广披针形或长圆状披针形；种子被蜂巢状小窝 ……**1. 缝瓣繁缕 S. radians** L.
1. 无花瓣或花瓣2裂；茎具其他毛或无毛。
  2. 茎下部叶具长柄，上部叶无柄或近无柄；茎圆形。
    3. 多年生；叶长9厘米余，叶及苞边缘疏生睫状毛；花瓣比萼片稍长 …………………… **2b. 林繁缕 S. bungeana var. stubendorfii** (Regel) Y. C. Chu
    3. 一或二年生；叶长约2厘米，叶及苞边缘无毛；花瓣比萼片稍短。
      4. 全株鲜绿色，茎柔弱；雄蕊通常3～5；种子边缘被半球状疣状突起 ………… **3. 繁缕 S. media** (L.) Cyrillus
      4. 全株淡绿色，茎稍粗壮；雄蕊通常8～10；种子边缘被圆锥状尖突起 …… **4. 鸡肠繁缕 S. neglecta** Weihe
  2. 叶全部无柄或近无柄；茎通常有棱。
    5. 蒴果约为萼片长的1/2，具1～2（～3）种子；植株密丛生，根粗大；茎稍带棱。
      6. 茎不为二歧式分枝，被卷缩的短柔毛；花瓣长为萼片的1/3～2/3，2深裂。
        7. 植株高10～25厘米，形成稀疏的植丛；叶长10～25毫米；聚伞花序多花；花瓣长为萼片的1/3～1/2 …………………… **5. 兴安繁缕 S. cherleriae** (Fisch. ex Ser.) Will.
        7. 植株高2～7厘米，形成垫状丛；叶长4～10毫米；花多单生于茎顶，少有聚伞花序2～5花；花瓣长为萼片的1/3～2/3 …………………… **6. 岩生繁缕 S. petraea** Bunge
      6. 茎由基部成二歧式分枝，被多细胞腺毛或短柔毛；花瓣比萼片稍短，2中裂（**7. 叉歧繁缕 S. dichotoma** L.）。

（接上表）

8. 叶卵形、长卵形、卵状披针形，长5～16毫米，宽3～4毫米 … **7a. 叉歧繁缕 S. dichotoma** var. **dichotoma**
8. 叶线形、线状披针形、披针形或长圆状披针形。
9. 叶线状披针形、披针形或长圆状披针形，长2厘米余，宽 1.5～4（～5）毫米 ……………… **7b. 银柴胡 S. dichotoma** var. **lanceolata** Bunge
9. 叶全部线形，长5～12毫米，宽约1毫米 ……………… **7c. 线叶繁缕 S. dichotoma** var. **linearis** Fenzl
5. 蒴果比萼片长或近等长，稀稍短，具多数种子；植株不形成密丛，根不粗大；茎四棱。
10. 苞草质、叶状，无膜质边缘；花单生于叶腋；萼片无明显脉；花瓣比萼片稍长、近等长或稍短（**8. 叶苞繁缕 S. crassifolia** Ehrh.）。
11. 叶片卵状披针形或披针形，长5～15（～20）毫米，宽2～4毫米；花瓣与萼片近等长 ……………… **8a. 叶苞繁缕 S. crassifolia** var. **crassifolia**
11. 叶片线状披针形至线形，长7～16（～20），宽1～3毫米；花瓣比萼片稍长或稍短 ……………… **8b. 线形叶苞繁缕 S. crassifolia** var. **linearis** Fenzl
10. 苞完全为膜质或边缘为膜质。
12. 一年生；叶短小，边缘呈皱波状；花柱极短；花瓣与萼片等长或稍短，有时无花瓣 ……………… **9. 雀舌草 S. alsine** Grimm
12. 多年生；叶狭长，边缘不为皱波状；花柱较长。
13. 萼片长2.5～3毫米，短或稍尖，无明显脉；蒴果渐变黑褐色；种子近平滑；茎棱上及叶缘常粗糙（**10. 长叶繁缕 S. longifolia** Muehl. ex Willd.）。
14. 叶长1.5～3.5厘米，宽0.5～2毫米，叶缘具稀疏短缘毛 ……………… **10a. 长叶繁缕 S. longifolia** f. **longifolia**
14. 叶长达5厘米，宽3～5毫米，背面中脉及叶缘具白色短睫状毛，有时茎节上疏生白毛 ……………… **10b. 睫毛长叶繁缕 S. longifolia** f. **ciliolata** (Kitag.) Y. C. Chu
13. 萼片长3毫米以上，渐尖或急尖，具明显的脉；蒴果不变色；种子被皱缩状突起；茎平滑。
15. 叶线形或狭线形，质薄，通常比节间短得多，宽1～1.5（～2）毫米 ……………… **11. 细叶繁缕 S. filicaulis** Makino
15. 叶较宽大，质较厚，通常比节间长，宽2毫米以上。
16. 叶长圆状披针形或披针形，宽4～9毫米，基部圆楔形或近圆形 ……………… **12. 翻白繁缕 S. discolor** Turcz.
16. 叶线状披针形或近线形，宽2～5毫米，基部稍狭。
17. 叶缘基部常具睫状毛，其他部位无毛也无小乳凸；叶绿色，草质；聚伞花序分枝开展；茎多分枝 ……………… **13. 禾叶繁缕 S. graminea** L.
17. 全株均无毛，沿茎棱、叶缘和中脉背面粗糙且具小乳凸；叶带灰蓝绿色，较刚硬；聚伞花序的花稀疏；茎单一或稍分枝 ………… **14. 沼生繁缕 S. palustris** Ehrh. ex Retz.

（1）缝瓣繁缕（中国植物志，Flora of China）；垂梗繁缕（辽宁植物志，黑龙江省植物志，内蒙古植物志，东北植物检索表，东北草本植物志）

Stellaria radians L., Sp. Pl. 422. 1753; 东北草本植物志3: 27. 图版10: 1～4. 1975; 辽宁植物志（上册）: 376. 图版151: 1～4. 1988; 内蒙古植物志（第二版）2: 348. 图版139: 5～7. 1990; 黑龙江省植物志4: 357. 图版98: 1～4. 1992; 东北植物检索表（第二版）: 146. 图版66: 1. 1995; 中国植物志26: 151. 图版35: 1～4. 1996;

Fl. China 6: 27. 2001.

生丘陵灌丛或林缘草地。产黑龙江省呼吗、爱辉、富裕、虎林、饶河、宝清、桦川、尚志、阿城、哈尔滨、伊春、佳木斯等地；吉林省珲春、汪清、和龙、安图、抚松、靖宇、敦化、磐石、蛟河等地；辽宁省金州、桓仁、丹东等地；内蒙古自治区海拉尔、额尔古纳、根河、牙克石、扎兰屯、鄂伦春、莫力达瓦达斡尔族、陈巴尔虎旗、新巴尔虎左旗、科尔沁右翼前旗、扎赉特旗等地。

全草治丹毒、小儿胎毒。

■ 缝瓣繁缕

茎叶

花侧面观

花正面观

居群

植株一部分

（2）长瓣繁缕（拉汉种子植物名称，中国植物志）

Stellaria bungeana Fenzl in Ledeb. Fl. Ross. 1: 376. 1842; 中国植物志26: 99. 1996.

（2a）长瓣繁缕（原变种）

Stellaria bungeana var. *bungeana*

产俄罗斯（西伯利亚）。中国不产。

（2b）林繁缕（变种）（内蒙古植物志，东北植物检索表，东北草本植物志，中国植物志，Flora of China）

Stellaria bungeana var. *stubendorfii* (Regel) Y. C. Chu, 东北草本植物志3: 29. 图版11: 1～4. 1975; 内蒙古植物志（第二版）2: 348. 图版140. 1990; 东北植物检索表（第二版）: 149. 图版66: 3. 1995; 中国植物志26: 99. 1996; Fl. China 6: 14. 2001.

生杂木林下或山坡草丛中。产黑龙江省嘉荫等地；吉林省浑江、临江、桦甸、舒兰、汪清等地；辽宁省庄河、建昌等地；内蒙古自治区喀喇沁旗等地。

■ 林繁缕

花序

花侧面观

花正面观

叶背面观

植株

（3）繁缕（辽宁植物志，黑龙江省植物志，内蒙古植物志，东北植物检索表，东北草本植物志，中国植物志，Flora of China）

Stellaria media (L.) Cyrillus in Ess. Pl. Char. Comm. 36. 1784; 东北草本植物志3: 29. 图版11. 图5 ~ 8. 1975; 辽宁植物志（上册）: 377. 图版151: 5 ~ 8. 1988; 内蒙古植物志（第二版）2: 350. 图版141: 6 ~ 8. 1990; 黑龙江省植物志4: 356. 图版98: 5 ~ 8. 1992; 东北植物检索表（第二版）: 149. 图版66: 4. 1995; 中国植物志26: 104. 图版24: 6 ~ 9. 1996; Fl. China 6: 15. 2001.

生山坡路旁、果园、住宅周围以及田间和林缘。产黑龙江省各地；吉林省珲春等地；辽宁省大连、丹东、桓仁等地；内蒙古自治区额尔古纳、鄂伦春、科尔沁右翼前旗、阿尔山、白狼、伊尔施、东乌珠穆沁旗（宝格达山）等地。

全草有清热利湿、通筋活络、消炎抗菌、促进乳汁分泌作用。

■ 繁缕

植株

植株一部分

（4）鸡肠繁缕（中国植物志，Flora of China）；赛繁缕（黑龙江省植物志，内蒙古植物志，东北植物检索表，东北草本植物志）

Stellaria neglecta Weihe, Comp. Fl. German. 1: 560. 1825; 东北草本植物志3: 31. 图版14，图9 ~ 12. 1975; 内蒙古植物志（第二版）2: 350. 图版141: 9 ~ 10. 1990; 东北植物检索表（第二版）: 149. 图版67: 5. 1995; 中国植物志26: 151. 图版35: 1 ~ 4. 1996; Fl. China 6: 15.2001.

生海拔900 ~ 1200杂木林内。产黑龙江省大兴安岭；内蒙古自治区大兴安岭。

全草药用，有抗菌消炎作用。

■ 鸡肠繁缕

植株

植株一部分

（5）兴安繁缕（内蒙古植物志，东北植物检索表，东北草本植物志，中国植物志，Flora of China）

Stellaria cherleriae (Fisch. ex Ser.) Will. in Bull. Herb. Boissier, sér. 2, 7: 830. 1907; 东北草本植物志3: 31. 图版12, 图1 ~ 3,1975; 内蒙古植物志（第二版）2: 359. 图版145: 1 ~ 4. 1990; 东北植物检索表（第二版）: 149. 图版66: 5. 1995; 中国植物志26: 147. 图版35: 5 ~ 8. 1996; Fl. China 6: 26.2001.

生砾石质草坡、草原或疏林下。产内蒙古自治区额尔古纳、牙克石、新巴尔虎右旗、满洲里、科尔沁右翼前旗、突泉、扎鲁特旗罕山、东乌珠穆沁旗（宝格达山）等地。

■ 兴安繁缕

花

花序一部分

花序

植株

（6）岩生繁缕（内蒙古植物志，中国植物志，Flora of China）

Stellaria petraea Bunge in Ledeb. Fl. Alt. 2: 160. 1830; 内蒙古植物志（第二版）2: 359. 图版145: 5. 1990; 中国植物志26: 149. 1996; Fl. China 6: 26.2001.——*S. cherleriae* auct. non (Fisch. ex Ser.) Williams: 内蒙古植物志2: 171. 1978.

生草原区石质丘陵顶部至高山带石坡或流石滩。产内蒙古自治区克什克腾旗、锡林浩特、多伦、镶黄旗等地。

■ 岩生繁缕

植株

植株一部分

（7）叉歧繁缕（内蒙古植物志，中国植物志，Flora of China）；叉繁缕（辽宁植物志，东北植物检索表，东北草本植物志）

Stellaria dichotoma L., Sp. Pl. 421. 1753; 东北草本植物志3: 31. 图版13: 1 ~ 4. 1975; 辽宁植物志（上册）: 377. 图版152: 1 ~ 4. 1988; 内蒙古植物志（第二版）2: 356. 图版144: 3 ~ 4. 1990; 东北植物检索表（第二版）: 149. 图版67: 1. 1995; 中国植物志26: 118. 图版27: 4 ~ 8. 1996; Fl. China 6: 19. 2001.

（7a）叉歧繁缕（原变种）

Stellaria dichotoma var. *dichotoma*

生向阳石质山坡、石缝间或固定沙丘。产辽宁省北镇、本溪、宽甸、桓仁等地；内蒙古自治区额尔古纳、根河、牙克石、满洲里、阿荣旗、陈巴尔虎旗、科尔沁右翼前旗、扎赉特旗、突泉、扎鲁特旗、克什克腾旗、锡林浩特、苏尼特左旗、阿巴嘎旗、镶黄旗等地。

根及全草有清热凉血作用，用于骨蒸发热、久疟发热、盗汗。

■ 叉歧繁缕

果序

植株

花

茎叶

（7b）银柴胡（变种）（内蒙古植物志，中国植物志，Flora of China）；披针叶叉繁缕（东北植物检索表，东北草本植物志）

Stellaria dichotoma var. *lanceolata* Bunge, Fl. Alt. Suppl. 34. 1836; 东北草本植物志3: 33. 图版13. 图5. 1976; 内蒙古植物志2: 169. 图版90. 1978; 内蒙古植物志（第二版）2: 358. 图版144: 5. 1990; 东北植物检索表（第二版）: 149. 1995; 中国植物志26: 120. 1996; Fl. China 6: 19. 2001.——*S. dichotoma* f. *lanceolata* (Beg.) Kitagawa in Journ. Jap. Bot. 40: 183. 1965 et Neo-Lineam. Fl. Mansh. 276. 1979.——*S. lanceolata* (Bunge) Y. S. Lian, Fl. Gansu 2: 391. 2005; 内蒙古植物志（第三版）2: 26. 2020.

生海拔1250～3100米的石质山坡或石质草原。产内蒙古自治区额尔古纳、牙克石、鄂伦春、鄂温克、陈巴尔虎左旗、陈巴尔虎右旗、满洲里、科尔沁右翼前旗、奈曼旗青龙山、翁牛特旗、巴林右旗、克什克腾旗、赤峰市红山区等地。

（7c）线叶繁缕（变种）（中国植物志，Flora of China）；条叶叉歧繁缕（内蒙古植物志）；线叶叉繁缕（东北植物检索表，东北草本植物志）

Stellaria dichotoma var. *linearis* Fenzl in Ledeb. Fl. Ross. 1: 38. 1842; 东北草本植物志3: 33. 图版13. 图6. 1975; 内蒙古植物志（第二版）2: 359. 图版144: 6. 1990; 东北植物检索表（第二版）: 149. 1995; 中国植物志26: 121. 图版27: 9. 1996; Fl. China 6: 19. 2001.

生海拔500～1650米的草原沙质地或向阳山坡。产内蒙古自治区呼伦池西岸、扎赉特旗、新巴尔虎右旗等地。

（8）叶苞繁缕（云南植物研究）；厚叶繁缕（拉汉种子植物名称）

Stellaria crassifolia Ehrh. Hannov. Magay. 8: 116. 1784; 中国植物志26: 123. 图版28: 1～4. 1996; Fl. China 6: 20.2001.

（8a）叶苞繁缕（原变种）

Stellaria crassifolia var. *crassifolia*

产内蒙古自治区（锡林郭勒盟、大青山、乌拉山）。东北地区不产。

（8b）线形叶苞繁缕（变种）（中国植物志，Flora of China）；叶苞繁缕（内蒙古植物志，东北植物检索表，东北草本植物志）

Stellaria crassifolia var. *linearis* Fenzl in Ledeb. Fl. Ross. 1: 383. 1842; 东北草本植物志3: 35. 图版14: 1～4. 1975; 内蒙古植物志（第二版）2: 361. 1990; 东北植物检索表（第二版）: 149. 图版67: 4. 1995; 中国植物志26: 124. 1996; Fl. China 6: 20.2001.

生滩地、草甸或沟渠边。产内蒙古自治区海拉尔、额尔古纳、鄂温克等地。

（9）雀舌草（内蒙古植物志，中国植物志，Flora of China）；雀舌繁缕（辽宁植物志，黑龙江省植物志，东北植物检索表，东北草本植物志）

Stellaria alsine Grimm in Nov. Act. Leopold. 3: 313. 1767; Fl. China 6: 21. 2001.——*S. alsine* var. *undulata* (Thunb.) Ohwi in Act. Phytotax. Geobot. 10: 136. 1941; 东北草本植物志3: 35. 图版12: 4～6. 1975; 辽宁植物志（上册）: 379. 图版152: 5～8. 1988; 黑龙江省植物志4: 351. 1992; 东北植物检索表（第二版）: 149. 图版66: 6. 1995.——*S. uliginosa* Murr. in Prodr. Stirp. Gotting. 55. 1770; 内蒙古植物志（第二版）2: 352. 图版143: 1～3. 1990; 中国植物志26: 128. 图版30: 1～5. 1996.

生河边、水田附近、水池边、溪流旁、沙质土地。产黑龙江省张广才岭和老爷岭山地等地；吉林省九台、桦甸、蛟河、靖宇等地；辽宁省长海、瓦房店、凤城、桓仁、清原、新民、大连、丹东等地；内蒙古自治区海拉尔、科尔沁右翼前旗索伦、乌兰浩特等地。

全草药用，强筋骨，治刀伤。

■ 雀舌草

花

居群

植株

植株一部分

（10）长叶繁缕（内蒙古植物志，中国植物志，Flora of China）；伞繁缕（辽宁植物志，黑龙江省植物志，东北植物检索表，东北草本植物志）

Stellaria longifolia Muehl. ex Willd. in Enum. Pl. Hort. Berol. 479. 1806; 东北草本植物志3: 37. 图版15: 1 ~ 4. 1975; 辽宁植物志（上册）: 379. 图版153: 1 ~ 4. 1988; 内蒙古植物志（第二版）2: 362. 图版146: 4 ~ 6. 1990; 黑龙江省植物志4: 354. 图版97: 1 ~ 4. 1992; 东北植物检索表（第二版）: 149. 图版67: 7. 1995; 中国植物志26: 137. 图版33: 1 ~ 5. 1996; Fl. China 6: 23. 2001.

（10a）长叶繁缕（原变型）

Stellaria longifolia f. *longifolia*

生林缘或林下。产黑龙江省呼码、爱辉、饶河、宝清、尚志、阿城、伊春等地；吉林省汪清、敦化、蛟河、安图、抚松、靖宇、长白等地；辽宁省凤城、本溪、清原等地；内蒙古自治区额尔古纳、根河、牙克石、鄂伦春、鄂温克、科尔沁右翼前旗、喀喇沁旗、东乌珠穆沁旗（宝格达山）、锡林浩特市白音锡勒牧场、正蓝旗、苏尼特左旗等地。

■ 长叶繁缕

茎叶

花序

花侧面观

全株

（10b）睫毛长叶繁缕（变型）（中国植物志）；睫伞繁缕（东北植物检索表，东北草本植物志）

Stellaria longifolia f. *ciliolata* (Kitag.) Y. C. Chu in Fl. Pl. Herb. Chin. Bor. –Orient. 3: 37.1975; 内蒙古植物志（第二版）2: 364. 1990; 东北植物检索表（第二版）: 149. 1995; 中国植物志26: 138. 1996.

生海拔800米的山地阳坡或林缘。产内蒙古自治区额尔古纳等地。

（11）细叶繁缕（辽宁植物志，黑龙江省植物志，内蒙古植物志，东北植物检索表，东北草本植物志，中国植物志，Flora of China）；鸭绿繁缕（内蒙古植物志）

Stellaria filicaulis Makino in Tokyo Bot. Mag. 15: 113. 1901; 东北草本植物志3: 37. 图版3: 1 ~ 5. 1975; 辽宁植物志（上册）: 381. 图版153: 5 ~ 8. 1988; 内蒙古植物志（第二版）2: 361. 图版146: 1 ~ 3. 1990; 黑龙江省植物志4: 353. 图版97: 5 ~ 8. 1992; 东北植物检索表（第二版）: 150. 图版67: 8. 1995; 中国植物志26: 141. 图版31: 7 ~ 10. 1996; Fl. China 6: 24. 2001.——*S. jaluana* Nakai in Tokyo Bot. Mag. 28: 129. 1913; 内蒙古植物志（第二版）2: 364. 图版147: 1 ~ 3. 1990.

生湿润草地或河岸平原。产黑龙江省呼玛、爱辉、萝北、尚志、伊春、佳木斯、哈尔滨等地；吉林省敦化等地；辽宁省凤城、本溪、彰武、沈阳、丹东等地；内蒙古自治区根河、牙克石、扎兰屯、海拉尔、鄂伦春、新巴尔虎左旗、科尔沁右翼前旗、扎赉特旗、科尔沁左翼中旗、科尔沁左翼后旗、扎鲁特旗罕山、喀喇沁旗、宁城、东乌珠穆沁旗、锡林浩特等地。

■ 细叶繁缕

植株

植株一部分

花侧面观

花正面观

花序

（12）翻白繁缕（辽宁植物志，黑龙江省植物志，内蒙古植物志，东北植物检索表，东北草木植物志，中国植物志，Flora of China）

Stellaria discolor Turcz. in Bull. Soc. Nat. Moscou 11: 88. 1838; 东北草本植物志3: 39. 图版10: 5 ~ 7. 1975; 辽宁植物志（上册）: 382. 图版154: 1 ~ 3. 1988; 内蒙古植物志（第二版）2: 366. 图版147: 4 ~ 6. 1990; 黑

■ 翻白繁缕

花

植株

植株一部分

龙江省植物志4: 353. 图版96: 5 ~ 7. 1992; 东北植物检索表（第二版）: 150. 图版66: 2. 1995; 中国植物志26: 124. 图版29: 1 ~ 4. 1996; Fl. China 6: 20. 2001.

生山间草地、林缘或林下湿润处。产黑龙江省孙吴、伊春、富裕、哈尔滨等地；吉林省珲春、汪清、桦甸、通化等地；辽宁省凤城、宽甸、丹东、抚顺、沈阳等地；内蒙古自治区额尔古纳、牙克石、鄂伦春、科尔沁右翼前旗、科尔沁右翼中旗、扎赉特旗、科尔沁左翼后旗、大青沟、扎鲁特旗、喀喇沁旗（旺业甸）、多伦等地。

全草有提脓拔毒作用。

（13）禾叶繁缕（内蒙古植物志，中国植物志，Flora of China）；禾繁缕（东北植物检索表）

Stellaria graminea L., Sp. Pl. 421. 1753; 内蒙古植物志（第二版）2: 368. 图版148: 4 ~ 6. 1990; 东北植物检索表（第二版）: 150. 1995; 中国植物志26: 129. 图版28: 5 ~ 8. 1996; Fl. China 6: 21.2001.

生海拔1400 ~ 3700米的山坡草地、林下或石隙中。产黑龙江省宝清；吉林省长白。

（14）沼生繁缕（中国植物志，Flora of China）；东北繁缕（东北植物检索表）；沼繁缕（辽宁植物志，内蒙古植物志，东北植物检索表，东北草本植物志）

Stellaria palustris Ehrh. ex Retz. in Beitr. 5: 176. 1789; 东北草本植物志3: 39. 图版14: 5 ~ 8. 1975; 辽宁植物志（上册）: 382. 图版154: 4 ~ 7. 1988; 内蒙古植物志（第二版）2: 366. 图版148: 1 ~ 3. 1990; 黑龙江省植

■ 沼生繁缕

花序

花侧面观

花正面观

茎叶

植株

群落

物志4: 357. 图版96: 1～4. 1992; 东北植物检索表（第二版）: 150. 图版67: 6. 1995; 中国植物志26: 133. 图版32: 7～10. 1996; Fl. China 6: 23. 2001.——*Stellaria hsinganensis* Kitag. in J. Jap. Bot. 24(1～12): 89～90. 1949; 东北植物检索表（第二版）: 150. 1995.

生山坡草地或山谷疏林地。产黑龙江省萝北等地；辽宁省凤城、西丰等地；内蒙古自治区海拉尔、陈巴尔虎、新巴尔虎左旗、扎赉特旗、喀喇沁旗、克什克腾旗、锡林浩特、多伦等地。

全草有消肿解毒、止痛作用。

14 薄蒴草属 *Lepyrodiclis* Fenzl

Lepyrodiclis Fenzl in Endl. Gen. Pl. 966. 1840.

一年生草本。茎上升或铺散，分枝。叶对生，叶片线状披针形或披针形，具1条中脉；托叶缺。花两性，小型，集为圆锥状聚伞花序；萼片5（稀6）；花瓣5，全缘或顶端凹缺；雄蕊10（稀12～14）；花柱2，稀3。蒴果扁球形，2～3瓣裂，具1～2种子；种子小，种皮厚，表面有凸起。

本属全世界约3种，分布于亚洲西部。中国有2种，产西部地区。东北地区绿化带有1种，可能是引种带入。

薄蒴草（中国高等植物图鉴，中国植物志，Flora of China）

Lepyrodiclis holosteoides (C. A. Mey.) Fisch. et Mey. in Schrenk, Enum. Pl. Nov. 1: 93. 1841; 中国高等植物图鉴1: 636; 图1271.1972; 中国植物志26: 264. 图版63: 1～5. 1996; Fl. China 6: 31. 2001.

一年生草本，全株被腺毛。叶片披针形。圆锥花序开展；苞片草质，披针形或线状披针形；萼片5，线状披针形；花瓣5，白色，与萼片等长或稍长，顶端全缘；雄蕊通常10；花柱2。蒴果卵圆形，短于宿存萼，2瓣裂；种子扁卵圆形，红褐色，具突起。生海拔1000多米的山坡草地、荒芜农地或林缘。主产中国西部地区。辽宁省铁岭、兴城地区绿化带有分布，可能是引种带入。

花期全草药用，有利肺、托疮功效。

■ 薄蒴草

花序

植株

植株一部分

15 米努草属 *Minuartia* L.

Minuartia L., Sp. Pl. 89. 1753.

多年生或一年生小草本。茎丛生，平卧，分枝。叶线形或线状锥形，具1～3脉，叶腋常具叶簇。花单生或少数成聚伞花序；萼片5，具1～3脉；花瓣5，白色，稀淡红色，全缘或有时顶端微凹缺；雄蕊10；子房1室，花柱3。蒴果狭卵圆形或卵状圆柱形，3瓣裂；种子肾形，种脊有时具流苏状齿。

本属全世界约120种，分布于北半球北极地区至亚热带和南半球智利。中国有9种，产东北、内蒙古自治区、新疆。东北地区产2种1变种。

分种检索表

1. 萼片背面无毛或仅在基部边缘具短睫状毛；植株高10～30厘米；花1～5（～9）生于茎顶 ………………………………………… 1. 石米努草 M. laricina (L.) Mattf.

1. 萼片背面及花梗均密被腺毛；植株高不足13厘米；花1（～3）生于茎顶。
   2. 叶常呈绿色，半棍棒状，宽0.3～0.5毫米，通常直生，边缘无毛或稍具短腺毛 ………………………… 2. 北极米努草 M. arctica (Stev. ex Ser.) Aseh. et Graeb.
   2. 叶常呈淡黄绿色，线形或锥状线形，宽 0.8～1（～2）毫米，直生或呈镰状弯曲，边缘疏生长睫状毛 ………………………… 3b. 长白米努草 M. macrocarpa var. koreana (Nakai) Hara

（1）石米努草（黑龙江省植物志，东北植物检索表，东北草本植物志，中国植物志，Flora of China）；高山漆姑草（内蒙古植物志）

Minuartia laricina (L.) Mattf., Bot. Jahrb. Syst. 57(Beibl. 126): 33. 1921; 东北草本植物志3: 15. 图版6: 1～4. 1975; 内蒙古植物志（第二版）2: 376. 图版152: 5～8. 1990; 黑龙江省植物志4: 324. 图版88: 1～4. 1992; 东北植物检索表（第二版）: 144. 图版63: 4. 1995; 中国植物志26: 260. 图版62: 1～6. 1996; Fl. China 6: 29.2001.

生海拔430～1600米的桦林或针叶林林缘。产黑龙江省呼玛、爱辉等地；吉林省安图县（长白山）等地；内蒙古自治区额尔右纳左旗、额尔右纳右旗、牙克石、鄂伦春、莫力达瓦达斡尔旗、科尔沁右翼前旗、阿尔山等地。

■ 石米努草

花序

花

植株

植株一部分

（2）北极米努草（Flora of China）；极地米努草（东北植物检索表）

Minuartia arctica (Stev. ex Ser.) Aseh. et Graeb. in Syn. Mitteleur. Fl. 5(1): 772. 1918; 东北植物检索表（第二版）: 144. 图版63: 6. 1995; Fl. China 6: 30.2001.

生高山冻原带。产吉林省安图。

（3）大果米努草（拉汉种子植物名称）

Minuartia macrocarpa (Pursh) Ostenf. in Meddel. om Gronland 37: 225. 1920.

（3a）大果米努草（原变种）

Minuartia macrocarpa var. *macrocarpa*

产北极地区、俄罗斯（东西伯利亚、远东地区）。中国不产。

（3b）长白米努草（变种）（东北植物检索表，东北草本植物志，中国植物志，Flora of China）

Minuartia macrocarpa var. *koreana* (Nakai) Hara in J. Fac. Sci. Univ. Tokyo, Sect. 3, Bot. 6: 43. 1952; 东北草本植物志3: 16. 图版6: 5 ~ 9. 1975; 东北植物检索表（第二版）: 144. 图版63: 5. 1995; 中国植物志26: 259. 图版62: 7 ~ 13. 1996; Fl. China 6: 30.2001.——*Pseudocherleria macrocarpa* (Pursh) Dillenb. & Kadereit var. *koreana* (Nakai) Dillenb. & Kadereit in Taxon.63(1): 64 ~ 88.2014.

生海拔2400米处的石砾质坡地或岩石苔藓地上。产吉林省安图、抚松、长白等地。

■ 长白米努草

植株

植株一部分

花

16 无心菜属（鹅不食属） *Arenaria* L.

Arenaria L., Sp. Pl. 423. 1753.

一年生或多年生草本。茎直立，稀铺散，常丛生。单叶对生，叶片全缘，扁平，卵形、椭圆形至线形。花单生或多数，常为聚伞花序；花（4 ~ ）5；萼片全缘，稀顶端微凹；花瓣全缘或顶端齿裂至缝裂；雄蕊10，稀8或5；子房1室，含多数胚珠，花柱3，稀2。蒴果卵形，通常短于宿存萼，稀较长或近等长，裂瓣为花柱的同数或2倍；种子稍扁，肾形或近圆卵形，具疣状突起，平滑或具狭翅。

本属全世界300余种，分布于北温带或寒带。中国有102种，集中分布于西南至西北的高山、亚高山地区，华北、东北、华东较少，中南地区仅有极少数的种。东北地区产5种2变种。

分种检索表

1. 一年生或二年生草本，不形成密丛；叶卵形；花瓣比萼片短 ……………………………… 1. 无心菜 A. serpyllifolia L.

（接上表）

1. 多年生草本，形成密丛；叶狭线形或狭线状锥形；花瓣比萼片长。
 2. 植株高达20厘米，基部具多数木质枝，丛生成垫状；基生叶狭线状锥形，长2.5～6厘米；种子长达1.5毫米。
  3. 茎、花梗及萼片平滑无毛 ……………………………………… **2. 毛叶老牛筋 A. capillaris** Poiret var. **capillaris**
  3. 茎上部、花梗及萼片背面具腺毛 ……………………………………… **3. 美丽老牛筋 A. formosa** Fischer ex Seringe
 2. 植株高20～60厘米，基部几乎无木质枝，丛生但不为垫状；基生叶狭线形，长12～30厘米；种子长约2毫米。
  4. 茎生叶比节间长，叶鞘长0.5～2毫米；萼片椭圆形，长约2.5毫米，顶端圆或钝，背部具尖锐的龙骨状突起；蒴果卵状长圆形，长于萼片 ……………………………………… **4. 脊萼鹅不食 A. longifolia** M. Bieb.
  4. 茎生叶比节间短，叶鞘长4～6毫米；萼片卵形或卵状披针形，长（3～）4～5.5毫米，顶端渐尖，背部不具尖锐的龙骨状突起；蒴果卵形，与萼片近等长（**5. 老牛筋 A. juncea** Bieb.）。
   5. 茎上部、花梗、苞及萼具腺毛 ……………………………………… **5a. 老牛筋 A. juncea** var. **junce**
   5. 花序轴、苞、花梗、萼片均无毛。
    6. 多花组成圆锥状聚伞形 ……………………………………… **5b. 无毛老牛筋 A. juncea** var. **glabra** Regel
    6. 每花序仅有3～5朵花；茎矮小，形成密簇，连花序高仅12厘米；叶狭细 ……………………………………… **5c. 岭北毛轴鹅不食 A. juncea** var. **abbreviata** Kitag.

（1）无心菜（中国植物志，Flora of China）；鹅不食草（黑龙江省植物志，东北植物检索表，东北草本植物志）；蚤缀（辽宁植物志）；卵叶蚤缀（内蒙古植物志）

Arenaria serpyllifolia L., Sp. Pl. 423. 1753; 东北草本植物志3: 5. 图版2: 6～8. 1975; 辽宁植物志（上册）: 373. 图版150. 1988; 内蒙古植物志（第二版）2: 339. 图版137: 1～4. 1990; 黑龙江省植物志4: 288. 1992; 东北植物检索表（第二版）: 142. 图版63: 1. 1995; 中国植物志26: 169. 图版36: 1～7. 1996; Fl. China 6: 45. 2001.

生沙质或石质荒地、田野、园圃、山坡草地。产辽宁省大连市凌水寺、丹东等地；内蒙古自治区大兴安岭。

全草有清热明目、解毒作用，用于目赤、咳嗽、齿龈肿痛。

■ 无心菜

花序

花

■ 无心菜

植株

植株一部分

（2）毛叶老牛筋（中国植物志，Flora of China）；兴安鹅不食（东北植物检索表，东北草本植物志）；毛梗蚤缀（内蒙古植物志）

Arenaria capillaris Poiret, Encycl. 6: 380. 1804; 东北草本植物志3: 5. 图版2: 9 ~ 11. 1975; 内蒙古植物志（第二版）2: 341. 图版138: 6 ~ 9. 1990; 东北植物检索表（第二版）: 142. 图版63: 2. 1995; 中国植物志26: 177. 图版38: 8 ~ 10. 1996; Fl. China 6: 47.2001.

生海拔850米左右的山地阳坡草丛中和山顶砾石地。产内蒙古自治区额尔古纳、根河、牙克石、满洲里、鄂温克、科尔沁右翼前旗、扎赉特旗、科尔沁左翼后旗、大青沟、扎鲁特旗、林西、锡林浩特、太仆寺旗、镶黄旗等地。

■ 毛叶老牛筋

果枝

花枝

（3）美丽老牛筋（Flora of China）；腺毛鹅不食（东北植物检索表，东北草本植物志）；腺毛蚤缀（内蒙古植物志）；美丽蚤缀（内蒙古植物志）

Arenaria formosa Fischer ex Seringe, Prodr. 1: 402. 1824; Fl. China 6: 47.2001; 内蒙古植物志（第三版）2: 13. 2020.——*Arenaria capillaris* Poiret var. *glandulifera* (Set.) Schischk. in Fl. Ross. 1: 367. 1842; 东北草本植物志3: 6. 1975; 内蒙古植物志（第二版）2: 341. 1990; 东北植物检索表（第二版）: 142. 图版63: 2. 1995.

生向阳石质山坡或山顶石缝。产内蒙古自治区额尔古纳（阿不达克）、东乌珠穆沁旗、苏尼特左旗等地。

■ 美丽老牛筋

花梗及萼片背面具腺毛

植株

（4）脊萼鹅不食（东北植物检索表）

Arenaria longifolia M. Bieb. in Fl. Taur.–Caucas. 1: 345. 1808; 东北植物检索表（第二版）: 142. 1995.

生草甸草原、碱化草甸，稀生樟子松林下。产内蒙古自治区东部。

（5）老牛筋（中国植物志，Flora of China）；毛轴鹅不食（黑龙江省植物志，东北植物检索表，东北草本植物志）；毛轴蚤缀（辽宁植物志）；灯心草蚤缀（内蒙古植物志）

Arenaria juncea Bieb. in Fl. Taur.–Cauc. 3: 309. 1819; 东北草本植物志3: 6. 图版: 1 ~ 4. 1975; 辽宁植物志（上册）: 373. 图版150: 1 ~ 3. 1988; 内蒙古植物志（第二版）2: 343. 图版138: 1 ~ 5. 1990; 黑龙江省植物志4: 287. 图版76: 5 ~ 8. 1992; 东北植物检索表（第二版）: 142. 图版63: 3. 1995; 中国植物志26: 176. 图版37: 8 ~ 12. 1996; Fl. China 6: 46. 2001.

（5a）老牛筋（原变种）

Arenaria juncea var. *juncea*

生向阳的干山坡草地。产黑龙江省呼玛、爱辉、嫩江、富裕、北安、萝北、虎林、饶河、宝清、依兰、宁安等地，伊春等地；辽宁省彰武、法库、建昌等地；内蒙古自治区海拉尔、额尔古纳、根河、牙克石、鄂伦春、鄂温克、陈巴尔虎旗、科尔沁右翼前旗、扎赉特旗、扎鲁特旗、翁牛特旗、巴林左旗、巴林右旗、喀喇沁旗、宁城、东乌珠穆沁旗、西乌珠穆沁旗、多伦、太仆寺旗、镶黄旗等地。

根有清热凉血作用，主治阴虚潮热、久疟、小儿疳热、肝炎、肺结核、淋巴结核。

■ 老牛筋

花序

花正面观

花侧面观

■ 老牛筋

分枝

茎叶

植株

（5b）无毛老牛筋（变种）（中国植物志，Flora of China）；光轴蚤缀（辽宁植物志，黑龙江省植物志，内蒙古植物志）；光轴鹅不食（东北植物检索表，东北草本植物志）

Arenaria juncea var. *glabra* Regel in Bull. Soc. Nat. Moscou 35 (1): 246. 1862; 东北草本植物志3: 6. 图版2: 5. 1975; 辽宁植物志（上册）: 374. 图版150: 4. 1988; 内蒙古植物志（第二版）2: 343. 1990; 黑龙江省植物志4: 288. 1992; 东北植物检索表（第二版）: 142. 1995; 中国植物志26: 177. 图版38: 1 ~ 7. 1996; Fl. China 6: 47. 2001.——*A. tonsa* Kitagawa in Bot. Mag. Tokyo 50: 76. fig. 5. 1936 et Lineam. Fl. Mansh. 195. 1939 et Neo-Lineam. Fl. Mansh. 262. 1979; 中国高等植物图鉴补编1: 298. 1982.

生山顶石缝和沙坨地。产黑龙江省伊春等地；吉林省双辽、前郭、乾安等地；辽宁省长海、瓦房店、康平、鞍山、彰武、建平、建昌等地；内蒙古自治区扎赉特旗、科尔沁左翼后旗、大青沟、翁牛特旗、赤峰市红山区等地。*A. tonsa Kitagawa*的模式标本采自辽宁大连（龙王塘）。

■ 无毛老牛筋

茎与分枝

花侧面观

花正面观

花枝

植株

（5c）岭北毛轴鹅不食（变种）（东北植物检索表）；短茎鹅不食（黑龙江省植物志）

Arenaria juncea var. *abbreviata* Kitag., Lineam. Fl. Mansh. 195. 1939; 黑龙江省植物志4: 288. 1992; 东北植物检索表（第二版）: 142. 1995.

生草原性干山坡。产黑龙江省大兴安岭地区。

17　种阜草属（莫石竹属）　*Moehringia* L.

Moehringia L., Gen. Pl. 170. 1754.

一年生或多年生草本。茎纤细，丛生。叶线形、长圆形至倒卵形或卵状披针形，无柄或具短柄。花两性，单生或数花集成聚伞花序；萼片5；花瓣5，白色，全缘；雄蕊通常10；子房1室，具多数胚珠；花柱3。蒴果椭圆形或卵形，6齿裂；种子平滑，光泽，种脐旁有白色、膜质种阜，有时种阜可达种子周围1/3。

本属全世界约25种，分布于北温带地区。中国有3种，产于东北、华北、西北、华东、华中、西南。东北地区产1种。

种阜草（黑龙江省植物志，内蒙古植物志，中国植物志，Flora of China）；莫石竹（辽宁植物志，东北植物检索表）

Moehringia lateriflora (L.) Fenzl in Vers. Darstell. Alsin. tab. ad 18, 38. 1833; 辽宁植物志（上册）: 374. 图版157: 1 ~ 5. 1988; 内蒙古植物志（第二版）2: 344. 图版137: 7 ~ 9. 1990; 黑龙江省植物志4: 327. 图版88: 5 ~ 8. 1992; 东北植物检索表（第二版）: 146. 图版65: 1. 1995; 中国植物志26: 248. 图版59: 1 ~ 4. 1996; Fl. China 6: 39. 2001.

多年生草本；叶椭圆形至长圆状披针形；花通常1 ~ 3朵呈聚伞状，顶生或腋生上部叶腋；花瓣白色，比萼长1 ~ 2倍；蒴果卵形，比萼长1倍，3瓣裂，裂片再2裂。生林下、林缘、河溪边、山坡灌丛间、湿草甸。产黑龙江省爱辉、富锦、虎林、饶河、阿城、伊春、哈尔滨等地；吉林省安图、临江、吉林、抚松、靖宇、蛟河、磐石、柳河等地；辽宁省庄河、凤城、本溪、桓仁、新宾、宽甸、昌图等地；内蒙古自治区海拉尔、额尔古纳、根河、牙克石、扎兰屯、鄂伦春、鄂温克、科尔沁右翼前旗、扎赉特旗、科尔沁左翼后旗、大青沟、克什克腾旗、东乌珠穆沁旗、锡林浩特、宝格达山、正蓝旗等地。

■ 种阜草

花枝

花期一部分

花正面观

花侧面观

果枝

居群

植株一部分

128. 苋科 Amaranthaceae

Amaranthaceae Juss., Gen. Pl. [Jussieu] 87. 1789, *nom. cons.*

木贼门、木贼亚门、木兰纲、蔷薇亚纲、石竹超目、石竹目（Caryophyllales）。

草本或半灌木。叶互生、螺旋状排列，或对生，单叶，常全缘或波状，有时具锯状齿或浅裂，不清晰羽状脉，有时肉质；茎节有时膨大。有限花序，顶生或腋生；花两性，稀单性，辐射对称，同肉质至干纸质苞片或小苞片相连，常密集丛生；花被片常3～5，绿色，草质或肉质；雄蕊3～5，与花被片对生，花丝分离；心皮2～3，合生，子房常上位，基生胎座。瘦果、胞果或周裂的蒴果；种子直立、横生或斜生。

本科全世界有184属2300～2500种，广布于世界各地。中国产52属234种，广布于南北各省区。东北地区产23属84种4亚种10变种，其中栽培15种2变种1变型。

分属检索表

1. 花被片及苞片干膜质，白色或彩色；果单生。
  2. 叶互生。
    3. 胚珠或种子2个至数个 ………………………… 1. 青葙属 Celosia
3. 胚珠或种子1个 ………………………… 2. 苋属 Amaranthus
  2. 叶对生或茎上部叶互生。
    4. 雄蕊花药2室 ………………………… 3. 牛膝属 Achyranthes
    4. 雄蕊花药1室。
      5. 花单性或两性，成穗状花序，再排成圆锥花序 ………………………… 4. 血苋属 Iresine
      5. 花两性，成头状花序。
        6. 有退化雄蕊；柱头1且呈头状 ………………………… 5. 莲子草属 Alternanthera
        6. 无退化雄蕊；柱头2～3或2裂 ………………………… 6. 千日红属 Gomphrena
1. 花被片及苞片干草质，无彩色；果常几枚集生。
  7. 灌木或半灌木。
    8. 叶扁平但非肉质，有密毛；花单性，不嵌入花序轴 ………………………… 7. 驼绒藜属 Krascheninnikovia
    8. 叶肉质，无毛；花两性，嵌入肉质花序轴 ………………………… 8. 盐爪爪属 Kalidium
  7. 一年生或多年生草本（仅木地肤为半灌木）。
    9. 叶非扁平，常圆柱状或半圆柱状。
      10. 花嵌入肉质花序轴；无叶或叶呈鳞片状 ………………………… 9. 盐角草属 Salicornia
      10. 花不嵌入花序轴；有叶。
        11. 植株光滑无毛；花被片近球形无附属物或花被片本身增厚或延伸而形成翅状或角状凸出物；小苞片不发达 ………………………… 10. 碱蓬属 Suaeda
        11. 植株有毛；花被片在果期有附属物；小苞片发达或无小苞片。
          12. 花被片附属物刺状；无小苞片 ………………………… 11. 雾冰藜属 Grubovia
          12. 花被片附属物翅状；小苞片发达。
            13. 翅状附属物发自花被片的中部。
              14. 子房无花柱；果为浆果状；叶无刺尖 ………………………… 12. 碱猪毛菜属 Soda
              14. 子房有花柱；果实为胞果；叶有刺尖 ………………………… 13. 猪毛菜属 Salsola

（接上表）

13. 翅状附属物发自花被片近顶端 ·· **14. 盐生草属 Halogeton**

9. 叶扁平。

15. 植株有毛。

16. 花单性，雌雄同株；雌花具花被；苞片离生；胞果无毛而具角状凸起物 ················ **15. 轴藜属 Axyris**

16. 花两性。

17. 花被通常发达，绿色和其他色；植株被不分枝的毛；花被附属物翅状，有脉 ···**16. 沙滨藜属 Bassia**

17. 花被不发达或缺，常为透明膜质；植株被分枝状或星状毛。

18. 胞果一面凸一面平，喙明显短于果核；叶及苞片顶端锐尖，但决不为针刺状；种子与果皮贴生 ··**17. 虫实属 Corispermum**

18. 胞果两面微凸或扁平，喙与果核近等长；叶及苞片顶端针刺状；种子与果皮分离 ··**18. 沙蓬属 Agriophyllum**

15. 植株光滑无毛。

19. 花单性，雌花无花被，子房由苞片所包。

20. 植株有粉；雌雄同株 ·· **19. 滨藜属 Atriplex**

20. 植株无粉；雌雄异株 ··**20. 菠菜属 Spinacia**

19. 花两性，有花被而无苞片。

21. 子房与花被下部合生，合生部分在果期变硬；有大的基生叶及肥大多汁的根 ······**21. 甜菜属 Beta**

21. 子房与花被离生，果期不变硬；无肥大多汁的根。

22. 非二歧式聚伞花序，植物体无腺体和香味··································· **22. 藜属 Chenopodium**

22. 复二歧式聚伞花序，若不是复二歧式聚伞花序，则植物体具腺体有香味 ···**23. 腺毛藜属（刺藜属）Dysphania**

1 青葙属 *Celosia* L.

Celosia L., Sp. Pl. 205. 1753.

一年或多年生草本、亚灌木或灌木。叶互生，卵形至条形，全缘或近全缘，有叶柄。花两性，成顶生或腋生、密集或间断的穗状花序，简单或排列成圆锥花序，总花梗有时扁化；每花有1～2小苞片，着色，干膜质，宿存；花被片5，着色，干膜质，光亮，无毛，直立开展，宿存；雄蕊5，花丝钻状或丝状，上部离生，基部连合成杯状；无退化雄蕊；子房1室，具2至多数胚珠，花柱1，宿存，柱头头状，微2～3裂，反折。胞果卵形或球形，具薄壁，盖裂。

本属全世界45～60种，分布于非洲、美洲、亚洲亚热带和温带地区，中国产3种。东北地区栽培2种。

分种检索表

1. 穗状花序鸡冠状、卷冠状或羽毛状，多分枝；花被片颜色丰富 ·······························**1. 鸡冠花 C. cristata** L.

1. 穗状花序塔状或圆柱状，无分枝；花被片白色或粉红色 ··· **2. 青葙 C. argentea** L.

（1）鸡冠花（黑龙江省植物志，内蒙古植物志，中国植物志，Flora of China）

Celosia cristata L., Sp. Pl. 205. 1753; 中国植物志25(2): 201. 1979; 内蒙古植物志（第二版）2: 321. 1990; 黑龙江省植物志4: 430. 图113: 1 ~ 6. 1992; Fl. China 5: 417. 2003.

广布于世界温暖地区。东北各地常见栽培。

用于观赏。花有凉血止血、止带、止痢作用；种子有消炎、收敛、明目、降压作用。

■ 鸡冠花

苗期植株

花期植株

花序

（2）青葙（黑龙江省植物志，中国植物志，Flora of China）

Celosia argentea L., Sp. Pl. 205. 1753; 中国植物志25(2): 200. 图版44: 1 ~ 4. 1979; 黑龙江省植物志4: 430. 图版111: 1 ~ 4. 1992; Fl. China 5: 416. 2003.

生平原、田边、丘陵、山坡，野生或栽培。原产美洲。黑龙江省哈尔滨、辽宁省大连等地药草园有栽培。

以观赏或药用为目的引进。种子供药用，有清热明目作用；花序宿存经久不凋，可供观赏；种子炒熟后可食；嫩茎叶浸去苦味后，可作野菜食用；全植物可作饲料。

■ 青葙

花序

居群

植株一部分

2 苋属 *Amaranthus* L.

Amaranthus L., Sp. Pl. 989. 1753.

一年生草本。茎直立或伏卧。叶互生，全缘，有叶柄。花单性，雌雄同株或异株，或杂性，成无梗花簇，腋生，或腋生及顶生，再集合成单一或圆锥状穗状花序；每花有1苞片及2小苞片，干膜质；花被片（1～4）5，大小相等或近相等，绿色或着色，薄膜质，直立或倾斜开展，在果期直立，间或在花期后变硬或基部加厚；雄蕊（1～4）5，花丝钻状或丝状，基部离生，花药2室；无退化雄蕊；子房具1直生胚珠，花柱极短或缺，柱头2～3，钻状或条形，宿存，内面有细齿或微硬毛。胞果球形或卵形，侧扁，膜质。

本属全世界约40种，分布于全世界。中国产14种。东北地区产15种，其中栽培3种。

分种检索表

1. 叶柄旁有2刺 ································· 1. 刺苋 *A. spinosus* L.
1. 叶柄旁无刺。
  2. 花被片2～4或基部连合上部5裂；雄蕊2～3。
    3. 花被片基部连合，上部（4～）5裂 ································· 2. 合被苋 *A. polygonoides* L.
    3. 花被片3，基部不连合。
      4. 茎通常平卧而上升；胞果稍皱缩 ································· 3. 凹头苋 *A. blitum* L.
      4. 茎通常直立而稍分枝；胞果极皱缩 ································· 4. 皱果苋 *A. viridis* L.
  2. 花被片通常5，稀4或3；雄蕊3～5。
    5. 花被片4或3（北美苋花被片有时5）。
      6. 叶片较大，长4～10厘米，宽2～7厘米；苞片比花被片短 ································· 5. 苋 *A. tricolor* L.
      6. 叶片较小，长不足2.5厘米，宽不足1厘米；苞片长为花被片长2～2.5倍。
        7. 茎直立或上升，无毛或具糙毛；叶柄长3～5毫米；苞片及小苞片钻形，反卷；花被片3 ································· 6. 白苋 *A. albus* L.
        7. 茎大部分伏卧，无毛或近无毛；叶柄长5～15毫米；苞片及小苞片具尖芒；花被片通常4（～5） ································· 7. 北美苋 *A. blitoides* S. Watson
    5. 花被片5。
      8. 植株密被毛。
        9. 圆锥花序较粗；苞片长4～6毫米；胞果包于宿存花被片内 ································· 8. 反枝苋 *A. retroflexus* L.
        9. 圆锥花序较细；苞片长3～4.5毫米；胞果超出花被片 ································· 9. 绿穗苋 *A. hybridus* L.
      8. 植株无毛或近无毛。
        10. 雌雄异株。
          11. 雌花花被片缺失 ································· 10. 糙果苋 *A. tuberculatus* (Moq.) J. D. Sauer
          11. 雌花花被片5 ································· 11. 长芒苋 *A. palmeri* S.Watson
        10. 雌雄同株。
          12. 顶生花序下垂，中央花穗特长，成长尾状 ································· 12. 老枪谷 *A. caudatus* L.
          12. 顶生花序直立。
            13. 苞片坚硬，先端具刺状小尖头 ································· 13. 鲍氏苋 *A. powellii* S.Watson
            13. 苞片不坚硬，先端不具刺状小尖头。

（接上表）

14. 雌花苞片为花被片的1.5倍 ……………………………………………	14. 老鸦谷 A. cruentus L.
14. 雌花苞片为花被片的2倍 ………………………………………	15. 千穗谷 A. hypochondriacus L.

（1）刺苋（中国植物志，Flora of China，中国外来入侵植物志）；竻苋菜（岭南采药录）

Amaranthus spinosus L., Sp. Pl. 991. 1753; 中国植物志25(2): 210. 图版45: 9. 1979; Fl. China 5: 419. 2003; 中国外来入侵植物志1: 242. 2021.

生空旷地或园圃。原产北美洲。辽宁省朝阳有分布。

嫩茎叶可作为野菜食用；全草供药用，有清热解毒、散血消肿的功效。

■ 刺苋

花序

花序一部分

植株一部分

幼苗

植株

（2）合被苋（中国外来入侵生物，中国口岸外来入侵植物彩色图谱，东北地区入侵植物）；泰山苋（植物分类学报，Flora of China）

Amaranthus polygonoides L. in Pl. Jamaic. Pug. 27. 1859; 中国外来入侵生物: 203. 2018; 中国口岸外来入侵植物彩色图谱: 52. 2020; 东北地区入侵植物: 13. 2020.——*A. taishanensis* F. Z. Li & C. K. Ni, Acta

Phytotax. Sin. 19: 116. 1981; Fl. China 5: 420. 2003.

生荒地、路边、花园绿地等处。原产加勒比海岛屿、美国、墨西哥。辽宁省大连、金州旅顺口等地有分布。

本种为外来入侵植物，生物量大，竞争能力强，可与农田作物竞争光水肥等资源，严重影响作物生长和产量。可合理利用：茎叶可作猪饲料，但易富集亚硝酸盐，家畜大量采食会引起中毒症状。

■ 合被苋

雌花、雄花及种子

全株

居群

胞果略长于花被

雌花侧面观

植株

植株一部分

（3）凹头苋（辽宁植物志，黑龙江省植物志，东北植物检索表，东北草本植物志，中国植物志，Flora of China）

Amaranthus blitum L.,Sp. Pl. 990. 1753; Fl. China 5: 420. 2003.——*A. lividus* L., Sp. Pl. 990. 1753; 中国植物志25(2): 217. 图版47: 9 ~ 12. 1979; 辽宁植物志（上册）: 450. 1988; 黑龙江省植物志4: 425. 图112: 4 ~ 7. 1992; 东北植物检索表（第二版）: 174. 图版79: 7. 1995.——*A. ascenders* Loisel. Not. Pl. France 141. 1840; 东北草本植物志2: 104. 图101. 1959.

■ 凹头苋

居群

花期植株

苗期植株

茎

生田野及宅旁的杂草地上。原产热带美洲。分布黑龙江省哈尔滨、大庆、萝北、安达、黑河等地；吉林省汪清、吉林等地；辽宁省沈阳、丹东、大连等地。

本种为外来入侵植物，是多种病虫害的寄主，常侵入农田、菜地、果园等田地，影响豆类、棉花、甘薯、薄荷、玉米、蔬菜、果树和烟草等生长。可合理利用：茎叶可作猪饲料；全草入药，用作缓和止痛、收敛、利尿、解热剂；种子有明目、利大小便、去寒热的功效；鲜根有清热解毒作用。

（4）皱果苋（中国植物志，Flora of China）；绿苋（辽宁植物志，黑龙江省植物志，东北植物检索表，东北草本植物志）

Amaranthus viridis L., Sp. Pl. ed. 2. 1405. 1763; 东北草本植物志2: 103. 1959; 中国植物志25(2): 216. 图版47: 5 ~ 8. 1979; 辽宁植物志（上册）: 449. 图版181: 4 ~ 6. 1988; 黑龙江省植物志4: 428. 图113: 12 ~ 15. 1992; 东北植物检索表（第二版）: 174. 图版79: 6. 1995; Fl. China 5: 420. 2003.

生宅旁、杂草地或田野。原产热带非洲。分布东北各地。

本种为外来入侵植物，是茄二十八星瓢虫、白菜白锈菌及苋生蒙加拉白粉菌的寄主，属检疫性杂草，常见于菜地和农田，危害玉米、大豆、棉花、薄荷、甘薯等作物。可合理利用：嫩茎叶可作野菜食用，也可作饲料；全草入药，有清热解毒、利尿止痛的功效。

■ 皱果苋

植株

花序一部分

（5）苋（辽宁植物志，黑龙江省植物志，东北植物检索表，中国植物志，Flora of China）；三色苋、苋菜（东北草本植物志）

Amaranthus tricolor L., Sp. Pl. 989. 1753; 东北草本植物志2: 102. 图100. 1959; 中国植物志25(2): 212. 图版46: 7 ~ 10. 1979; 辽宁植物志（上册）: 449. 图版180: 4 ~ 7. 1988; 黑龙江省植物志4: 427. 图113: 19 ~ 22. 1992; 东北植物检索表（第二版）: 174. 图版79: 3. 1995; Fl. China 5: 420. 2003.——*Amaranthus mangostanus* L. in Cent. Pl. I. 32. 1755; 东北草本植物志2: 101. 图99. 1959.

原产印度。黑龙江、吉林、辽宁、内蒙古自治区均有栽培，有的逸为半野生。

作为蔬菜或观赏植物引进。茎叶作为蔬菜食用；叶杂有各种颜色者供观赏；根、果实及全草入药，有明目、利大小便、去寒热的功效。

常见栽培以下品种：

红叶三色苋（*Amaranthus tricolor* var. *splendens* Bailley）

雁米黄（*Amaranthus tricolor* var. *bicolo*）

■苋

品种1

品种1之花序

花序一部分

品种2之栽培居群

品种2

品种3

花序

植株

（6）白苋（辽宁植物志，黑龙江省植物志，内蒙古植物志，东北植物检索表，东北草本植物志，中国植物志，Flora of China）

Amaranthu salbus L. in Syst. ed. 10: 1268. 1759; 东北草本植物志2: 103. 1959; 中国植物志25(2): 213. 图版47: 1 ~ 3. 1979; 内蒙古植物志（第二版）2: 326. 图版136: 5 ~ 6. 1990; 辽宁植物志（下册）: 1162. 图版522: 3 ~ 5. 1992; 黑龙江省植物志4: 420. 图112: 1 ~ 3. 1992; 东北植物检索表（第二版）: 174. 图版79: 4. 1995; Fl. China 5: 420. 2003.

生在居民区附近、路旁及杂草地上。原产北美洲。分布黑龙江省大庆、尚志、杜尔伯特等地；辽宁省朝阳、辽中、盘锦等地；内蒙古自治区新巴尔虎左旗、科尔沁右翼前旗等地。

本种为外来入侵植物，是苜蓿花叶病毒、马铃薯Y病毒等多种病毒和银叶粉虱、蝴蝶幼虫、甜菜枯黄线虫等有害生物的寄主。可合理利用：可作为饲料；草酸盐和亚硝酸盐类含量低，在开花前叶可以作为蔬菜食用；植株能积累砷、铅和铜等元素，可用来治理被污染的土壤。

■ 白苋

植株

植株上部

植株中部

（7）北美苋（辽宁植物志，黑龙江省植物志，内蒙古植物志，东北植物检索表，中国植物志，Flora of China）；美苋（东北草本植物志）

Amaranthus blitoides S. Watson in Proc. Amer. Acad. Arts et Sc. 12: 273. 1877; 东北草本植物志2: 102. 1959; 中国植物志25(2): 214. 1979; 辽宁植物志（上册）: 449. 1988; 内蒙古植物志（第二版）2: 326. 图版136: 1 ~ 4. 1990; 黑龙江省植物志4: 422. 1992; 东北植物检索表（第二版）: 172. 1995; Fl. China 5: 420. 2003.

生田园、路旁及杂草地上。原产北美洲。黑龙江省哈尔滨市有引植。辽宁省建平、西丰、普兰店、大连、庄河、长海、北镇等地及内蒙古自治区额尔古纳、鄂温克、新巴尔虎左旗、新巴尔虎右旗、巴林

■ 北美苋

植株

植株一部分

腋生花簇

花正面观

花侧面观

茎

右旗、乌兰浩特、克什克腾旗等地有自生。

本种为外来入侵植物，是苜蓿花叶病毒、黄瓜花叶病毒、马铃薯Y病毒、番茄斑萎病毒、甜菜双粒病毒和甜菜线形病毒等多种病毒或有害生物的寄主。可合理利用：可作为饲料；草酸盐和亚硝酸盐类含量低，在开花前叶可以作为蔬菜食用；植株能积累砷、铅和铜等元素，可用来治理被污染的土壤。

（8）反枝苋（辽宁植物志，黑龙江省植物志，内蒙古植物志，东北植物检索表，中国植物志，Flora of China）

Amaranthus retroflexus L., Sp. Pl. 991. 1753; 中国植物志25(2): 208. 图版46: 4 ~ 6. 1979; 辽宁植物志（上册）: 447. 图版181: 1 ~ 3. 1988; 内蒙古植物志（第二版）2: 322. 图版135: 1 ~ 4. 1990; 黑龙江省植物志4: 427. 图113: 16 ~ 18. 1992; 东北植物检索表（第二版）: 172. 图版79: 1. 1995; Fl. China 5: 419. 2003.

生田间、农田旁、宅旁及杂草地。原产北美洲。分布于东北各地。

本种为外来入侵植物，常侵入农田危害农作物；其茎叶积累的硝酸盐量足以将家畜致死；对土著种有化感作用；是多种病害或有害生物的寄主。可合理利用：嫩茎叶为野菜，也可作家畜饲料；种子作青葙子入药；全草药用，治腹泻、痢疾、痔疮肿痛出血等症。

■ 反枝苋

茎

果序一部分

胞果短于花被片

花序

花序一部分

植株

（9）绿穗苋（黑龙江省植物志，中国植物志，Flora of China）

Amaranthus hybridus L., Sp. Pl. 990. 1753; 中国植物志25(2): 210. 图版46: 1 ~ 3. 1979; 黑龙江省植物志4: 423. 图113: 9 ~ 11. 1992; Fl. China 5: 419. 2003.

生在田野、旷地或山坡。原产伊朗。辽宁省大连有分布；黑龙江省哈尔滨市有栽培，有逃逸。

嫩苗可以作为野菜食用，也可以作饲料。

■ 绿穗苋

胞果超出花被片

顶生花序

植株密被毛

植株上部

花序枝

（10）糙果苋（中国归化植物名录）

Amaranthus tuberculatus (Moq.) J.D.Sauer, Madroño 13: 18. 1955; The Checklist of the Naturalized Plants in China: 27. 2019.

原产北美洲。辽宁省大连市有分布。

■ 糙果苋

雄花序一部分

植株一部分

植株一部分

本种为外来入侵植物，大量繁殖会侵占本土植物生态位，影响本土生物多样性。可合理利用：嫩苗可以食用；全草可作饲料。

（11）长芒苋（大连植物彩色图谱，中国外来入侵生物，中国口岸外来入侵植物彩色图谱）

Amaranthus palmeri S.Watson in Proc. Amer. Acad. Arts 12: 274. 1877; 大连植物彩色图谱: 285. 2013; 中国外来入侵生物: 201. 2018; 中国口岸外来入侵植物彩色图谱: 64. 2020.

生荒地。原产美国西南部至加拿大北部。辽宁省金州有分布。

本种为恶性入侵的外来植物，在一些地区对除草剂已经产生了抗性，成为难以根除的杂草。可合理利用：嫩苗可以作为野菜食用，也可以作饲料。

■ 长芒苋

茎

雄株

雄花序

雌花序一部分

雌花序

雌株

（12）老枪谷（Flora of China）；尾穗苋（辽宁植物志，黑龙江省植物志，内蒙古植物志，东北植物检索表，东北草本植物志，中国植物志）

Amaranthus caudatus L., Sp. Pl. 990. 1753; 东北草本植物志2: 100. 图98. 1959; 中国植物志25(2): 206. 图版45: 6～8. 1979; 辽宁植物志（上册）: 446. 图版180: 1～3. 1988; 内蒙古植物志（第二版）2: 322. 图版135: 5～6. 1990; 黑龙江省植物志4: 422. 图112: 11～13. 1992; 东北植物检索表（第二版）: 172. 图版79: 2. 1995; Fl. China 5: 418. 2003.

原产南美洲。东北各地栽培。

作为观赏植物或药用植物引进。可供观赏；根供药用，有滋补强壮作用；可作家畜及家禽饲料。

■ 老枪谷

花序

花序一部分

植株一部分

植株

（13）鲍氏苋（中国外来入侵植物彩色图鉴，中国口岸外来入侵植物彩色图谱，中国外来入侵植物志）

Amaranthus powellii S.Watson, Proc. Amer. Acad. Arts 10: 347.1875; 中国外来入侵植物彩色图鉴: 32. 2016; 中国口岸外来入侵植物彩色图谱: 54. 2020; The Checklist of the Naturalized Plants in China: 11. 2019; 中国外来入侵植物志1: 225. 2021.

生被干扰过的荒地、农田、铁路、路旁、垃圾区、河岸、湖泊和溪流边。原产美洲。分布于吉林省（地点不详）；辽宁省大连；内蒙古自治区。

本种为外来入侵植物，大量繁殖会侵占本土植物生态位，影响本土生物多样性。可合理利用：嫩苗可以食用；全草可作饲料。

（14）老鸦谷（Flora of China）；繁穗苋（辽宁植物志，黑龙江省植物志，内蒙古植物志，东北植物检索表，东北草本植物志，中国植物志）

Amaranthus cruentus L.,Syst. Nat. ed. 10 2: 1269. 1759; Fl. China 5: 419. 2003.——*A. paniculatus* L., Sp. Pl. ed. 2. 1406. 1763; 东北草本植物志2: 101. 1959; 中国植物志25(2): 207. 图版45: 1～3. 1979; 辽宁植物志（上册）: 447. 1988; 内蒙古植物志（第二版）2: 322. 1990; 黑龙江省植物志4: 426. 图112: 8～10. 1992; 东北植物检索表（第二版）: 172. 1995.

原产北美洲。东北各地栽培。

作为观赏植物引进。茎叶可作蔬菜，种子可食用或酿酒；亦有栽培供观赏。

■ 老鸦谷

花序一部分

植株一部分

植株上部

居群

（15）千穗谷（黑龙江省植物志，中国植物志，Flora of China）

Amaranthus hypochondriacus L., Sp. Pl. 991. 1753; 中国植物志25(2): 207. 图版45: 4 ~ 5. 1979; 黑龙江省植物志4: 425. 图113: 7 ~ 8. 1992; Fl. China 5: 418. 2003.

原产北美洲。黑龙江省哈尔滨市有引种。

作为观赏植物引进，嫩苗可以食用。

■ 千穗谷

花序一部分

植株上部

居群

3 牛膝属 *Achyranthes* L.

Achyranthes L., Sp. Pl. 204. 1753.

草本或亚灌木；茎具明显节，枝对生。叶对生，有叶柄。穗状花序顶生或腋生，在花期直立，花期后反折、平展或下倾；花两性，单生在干膜质宿存苞片基部，并有2小苞片，小苞片有1长刺，基部加厚，两旁各有1短膜质翅；花被片4～5，干膜质，顶端芒尖，花后变硬，包裹果实；雄蕊5，少数4或2，远短于花被片，花丝基部连合成一短杯，和5短退化雄蕊互生，花药2室；子房长椭圆形，1室，具1胚珠，花柱丝状，宿存，柱头头状。胞果卵状矩圆形、卵形或近球形，有1种子，和花被片及小苞片同脱落；种子矩圆形，凸镜状。

本属全世界约15种，分布于两半球热带及亚热带地区。中国产3种。东北地区产1种。

牛膝（黑龙江省植物志，中国植物志，Flora of China）

Achyranthes bidentata Blume in Bijdr. 545. 1825; 中国植物志25(2): 228. 图版50: 1～5. 1979; 黑龙江省植物志4: 416. 图版111: 5～9. 1992; Fl. China 5: 425. 2003.

多年生草本；茎有棱角或四方形；叶对生，椭圆形或椭圆披针形，顶端尾尖，基部楔形或宽楔形；穗状花序顶生及腋生，花期后反折；胞果矩圆形，黄褐色，光滑。生山坡林下，也有栽培。产辽宁省大连、昌图、凤城、东港、丹东等地；内蒙古自治区赤峰。

根入药，生用有活血通经作用，治产后腹痛、月经不调、闭经、鼻衄、虚火牙痛、脚气水肿；熟用有补肝肾、强腰膝作用，治腰膝酸痛、肝肾亏虚、跌打瘀痛；兽医用作治牛软脚症、跌伤断骨等病。

■ 牛膝

植株

植株一部分

花序一部分

4 血苋属 *Iresine* P. Br.

Iresine P. Br. Hist. Jamaica 358. 1756.

直立草本或攀缘亚灌木。叶对生，全缘或有锯状齿，具叶柄。花两性或单性雌雄异株，单生或少数花簇成穗状花序，再排列成顶生或上部叶腋生圆锥花序；苞片及小苞片干膜质，常光亮；花被片5，干膜质，光亮，基部不变硬；雄蕊5，在雌花退化成极短不育雄蕊或不存在；子房在雄花不存在，在雌花侧扁，花柱极短或不存在，柱头2～3，钻形，胚珠1，垂生。胞果球形，侧扁，不裂，膜质；种子透镜状或近肾形，种皮壳状，光亮。

本属全世界约70种，分布于美洲热带、西印度群岛及大洋洲。中国栽培1种。东北地区有栽培。

血苋（中国植物志，Flora of China）；红叶苋（经济植物手册）；红洋苋（上海植物名录）

Iresine herbstii Hook. f. ex Lindl. in Gard. Chron. 1864: 654. 1864; 中国植物志25(2): 239. 图版49: 1 ~ 5. 1979; Fl. China 5: 426. 2003; The Checklist of the Naturalized Plants in China: 30. 2019.

多年生草本；茎常带红色，初有柔毛，后除节部外几乎无毛，具纵棱及沟；叶片宽卵形至近圆形，顶端凹缺或2浅裂，全缘，两面有贴生毛，紫红色；雌雄异株，花成顶生及腋生圆锥花序；苞片及小苞片卵形，绿白色或黄白色；雌花绿白色或黄白色，外面基部疏生白色柔毛。中国栽培者为雌株，不结果实。原产巴西。辽宁省大连有栽培。

常作为盆栽赏叶植物或花坛绿化植物。茎、叶入药，治吐血；广西农民用其叶染红糯米饭。

■ 血苋

花期植株

苗期植株

5 莲子草属 *Alternanthera* Forsk.

Alternanthera Forsk. Fl. Aeg. Arab. 28. 1775.

匍匐或上升草本，茎多分枝。叶对生，全缘。头状花序，单生在苞片腋部；花两性；苞片及小苞片干膜质，宿存；花被片5，干膜质，常不等；雄蕊2 ~ 5，花丝基部连合呈管状或短杯状，花药1室；退化雄蕊全缘，有齿或条裂；子房球形或卵形，胚珠1，垂生，花柱短或长，柱头头状。胞果球形或卵形，不裂，边缘翅状；种子凸镜状。

本属全世界约200种，分布于美洲热带及暖温带地区。中国有5种。东北地区产2种，其中栽培1种。

分种检索表

1. 茎直立或基部匍匐；叶片绿色或红色，或部分绿色，杂以红色或黄色斑纹；头状花序3 ~ 5个，无总花梗 ………… 1. 锦绣苋 *A. bettzickiana* (Regel) Nichols.

1. 茎基部匍匐，上部上升，在节处生根；叶片绿色；头状花序1个，有总花梗 ………… 2. 喜旱莲子草 *A. philoxeroides* (Mart.) Griseb.

（1）锦绣苋（黑龙江省植物志，中国植物志，Flora of China）

Alternanthera bettzickiana (Regel) Nichols. in Gard. Dict. ed. 1. 59. 1884; 中国植物志25(2): 237. 图版45: 6 ~ 8. 1979; 黑龙江省植物志4: 418. 1992; Fl. China 5: 427. 2003.

原产巴西。黑龙江省哈尔滨市有栽培。

叶色多彩，常用以布置花坛；全草入药，有清热解毒、凉血止血、清积逐瘀功效。

■ 锦绣苋

品种1

品种2

（2）喜旱莲子草（中国植物志，Flora of China）

Alternanthera philoxeroides (Mart.) Griseb. in Gott. Abh. 24: 36. 1879; 中国植物志25(2): 236. 图版51: 5 ~ 8. 1979; Fl. China 5: 427. 2003.

原产巴西，中国引种后逃逸。辽宁省大连市区草坪中有发现。

全草入药，有清热利水、凉血解毒作用；可作饲料。

■ 喜旱莲子草

花枝

植株

6 千日红属 *Gomphrena* L.

Gomphrena L., Sp. Pl. 224. 1753.

草本或亚灌木。叶对生或互生。头状花序，花两性；花被片5，相等或不等；雄蕊5，花丝基部扩大，连合呈管状或杯状，顶端3浅裂，中裂片具1室花药，侧裂片齿裂状、锯齿状、流苏状或2至多裂；无退化雄蕊；子房1室，有1垂生胚珠，柱头2～3，条形，或2裂。胞果球形或矩圆形，侧扁，不裂；种子凸镜状，种皮革质，平滑。

本属全世界约100种，多数种产热带美洲，少数种产大洋洲及马来西亚。中国常见栽培3种，东北地区均有栽培。

分种检索表

1. 总苞有叶状苞片4 ………………………………………… 1. 灰毛千日红 G. canescens R. Br.
1. 总苞有叶状苞片2。
   2. 须根；一年生 ………………………………………… 2. 千日红 G. globosa L.
   2. 纺锤形肉质根；多年生 ………………………………… 3. 细叶千日红 G. haageana Klotzsch

（1）灰毛千日红（大连植物彩色图谱）

Gomphrena canescens R. Br., Prodr. Fl. Nov. Holland. 416. 1810.

辽宁省大连园林常见栽培。

常作观赏植物栽培。头状花序经久不变，除用作花坛及盆景外，还可作花圈、花篮等装饰品。

■ 灰毛千日红

花序侧面观

花序正面观

■ 灰毛千日红

茎叶

植株

（2）千日红（黑龙江省植物志，中国植物志，Flora of China）

Gomphrena globosa L., Sp. Pl. 224. 1753; 中国植物志25(2): 238. 图版48: 1 ~ 5. 1979; 黑龙江省植物志4: 432. 图版111: 10 ~ 13. 1992; Fl. China 5: 428. 2003.

原产美洲热带。东北各大城市有栽培。

以观赏为目的引进。头状花序经久不变，除用作花坛及盆景外，还可作花圈、花篮等装饰品；花序入药，有止咳定喘、平肝明目功效，主治支气管哮喘，急、慢性支气管炎，百日咳，肺结核咯血等症。

■ 千日红

白花

苞片

■ 千日红

花序

植株

（3）细叶千日红（植物智网站）；美洲千日红

Gomphrena haageana Klotzsch, Allg. Gartenzeitung. 21: 297. 1853.

原产热带美洲。辽宁省辽阳有栽培。

常作观赏植物栽培。头状花序经久不变，除用作花坛及盆景外，还可作花圈、花篮等装饰品。

■ 细叶千日红

植株

植株一部分

7 驼绒藜属 *Krascheninnikovia* Gueldenstaedt

Krascheninnikovia Gueldenstaedt, Novi Comment. Acad. Sci. Imp. Petrop. 16: 551. 1772.

灌木或亚灌木。叶互生，叶片扁平，条形、条状披针形至卵圆形，先端钝或圆形，基部楔形、圆形或心脏形，全缘；叶脉明显或不显，1脉或羽状。花单性，同株。雄花无柄，数朵成簇在枝和小枝顶部构成念珠状或头状花序，无苞片和小苞片；花被片4，膜质，基部稍连合，裂片卵形或椭圆形，背部被星状毛；雄蕊4，与花被对生。雌花无柄，1～2朵腋生，具苞片，无花被；子房无柄，椭圆形，密被具一支长射毛的星状毛，花柱短，柱头2，密被毛状突起，伸出管外。果实直生，内藏，扁平，椭圆形或狭倒卵形，上部被毛，果皮膜质，不与种皮相联。

本属全世界6～7种，除2种产于北美洲西部外，其他均分布于欧亚大陆，其中以亚洲中部最多。中国产4种，主要分布于东北、华北、西北和青藏高原。东北地区产2种。

分种检索表

1. 叶背面明显羽状脉；雌花管裂片为管长的 1/5～1/4 ……………… 1. 华北驼绒藜 K. arborescens (Losinsk.) Czerep.
1. 叶背具1条中脉，有时近基部有2条不明显侧脉；雌花管裂片为管长的1/3 ……………… 2. 驼绒藜 K. ceratoides (L.) Gueldenst.

（1）华北驼绒藜（内蒙古植物志，东北植物检索表，中国植物志，Flora of China）

Krascheninnikovia arborescens (Losinsk.) Czerep. in Vasc. Pl. Russia & Adj. States 186. 1995; Fl. China 5: 359. 2003.——*Ceratoides arborescens* (Losinsk.) Tsien et C. G. Ma, 中国植物志25(2): 27. 图版5: 5～6. 1979; 内蒙古植物志（第二版）2: 230. 图版93: 5～8. 1990; 东北植物检索表（第二版）: 164. 1995.

生固定沙丘、沙地、荒地或山坡上。产吉林省双辽、前郭、通榆等地；内蒙古自治区敖汉旗、巴林右旗、阿鲁科尔沁旗、克什克腾旗、林西、锡林浩特、阿巴嘎旗、正蓝旗、镶黄旗、太仆寺旗等地。辽宁省熊岳、沈阳有栽培。

■ 华北驼绒藜

叶背面观

雌花1~2朵腋生

雄花数朵簇生于枝和小枝顶部

（2）驼绒藜（内蒙古植物志，东北植物检索表，中国植物志，Flora of China）

Krascheninnikovia ceratoides (L.) Gueldenst. in Novi Comment. Acad. Sci. Imp. Petrop. 16: 555 1772; Fl. China 5: 359. 2003.——*Ceratoides latens* Reveal & N.H.Holmgren in Taxon 21: 209. 1972; 中国植物志25(2): 26. 图版5: 9. 1979; 内蒙古植物志（第二版）2: 228. 图版93: 1～4. 1990; 东北植物检索表（第二版）: 164. 1995.

生戈壁、荒漠、半荒漠、干旱山坡或草原中。产吉林省洮南；内蒙古自治区东乌珠穆沁旗、正蓝旗、镶黄旗、苏尼特右旗等地。

■ 驼绒藜

果枝

叶

雄花序

雄花枝

8 盐爪爪属 *Kalidium* Moq.

Kalidium Moq. in DC. Prodr. 13 (2): 146. 1849.

小灌木，多分枝，无关节。叶互生，叶片圆柱状或不发育，肉质，基部下延。花序穗状，有柄；花两性，基部嵌入肉质的花序轴内，每3朵花极少为1朵花生于1苞片内；苞片肉质，螺旋状排列，无小苞片；花被合生几乎至顶部，在顶部形成1个小孔，在小孔的周围有4～5个小齿，果时成海绵状；雄蕊2；子房卵形；柱头2，有乳头状突起。果实为胞果，包藏于花被内。

本属全世界有5种，分布于欧洲东南部、亚洲西北部。中国有5种。东北地区产3种。

分种检索表

1. 叶片长4～10毫米；穗状花序直径3～4毫米 …………………………………………… 1. 盐爪爪 K. foliatum (Pall.) Moq.
1. 叶片不发育或长不超过3毫米；穗状花序直径1.5～3毫米。
  2. 小枝粗壮；每鳞状苞片内含3花 ……………………………… 2. 尖叶盐爪爪 K. cuspidatum (Ung.-Sternb.) Grub.

（接上表）

2. 小枝细弱；每鳞状苞片内含1花 …………………………………………	3. 细枝盐爪爪 K. gracile Fenzl

（1）盐爪爪（内蒙古植物志，东北植物检索表，中国植物志，Flora of China）；小盐爪爪（东北草本植物志）

Kalidium foliatum (Pall.) Moq. in Prodr. 13(2): 147. 1849; 东北草本植物志2: 69. 图63. 1959; 中国植物志25(2): 14. 图版2: 1～4. 1979; 内蒙古植物志（第二版）2: 257. 图版106: 1～4. 1990; 东北植物检索表（第二版）: 170. 图版77: 2. 1995; Fl. China 5: 355. 2003.——*Kalidium foliatum* var. *longifolium* Fenzl in Fl. Ross. 3(2): 771. 1851; 东北草本植物志2: 69. 图64. 1959.

生盐碱滩、盐湖边。产内蒙古自治区新巴尔虎右旗、新巴尔虎左旗等地。

■ 盐爪爪

植株

植株一部分

（2）尖叶盐爪爪（内蒙古植物志，中国植物志，Flora of China）

Kalidium cuspidatum (Ung.-Sternb.) Grub. in Not. Syst. Herb. Inst. Bot. Acad. Sci. URSS 19: 103. 1959; 中国植物志25(2): 16. 图版3: 1～2. 1979; 内蒙古植物志（第二版）2: 259. 图版106: 5. 1990; Fl. China 5: 355. 2003.

生盐湖边及盐碱滩地。产内蒙古自治区新巴尔虎左旗等地。

（3）细枝盐爪爪（内蒙古植物志，东北植物检索表，中国植物志，Flora of China）

Kalidium gracile Fenzl in Fl. Ross. 3(2): 769. 1851; 中国植物志25(2): 18. 图版3: 8～9. 1979; 内蒙古植物志（第二版）2: 257. 图版106: 7. 1990; 东北植物检索表（第二版）: 170. 1995; Fl. China 5: 356. 2003.

生河谷碱地、芨芨草滩及盐湖边。产内蒙古自治区新巴尔虎右旗等地。

■ 细枝盐爪爪

植株

植株一部分

9 盐角草属 *Salicornia* L.

Salicornia L., Sp. Pl. 3. 1753.

草本或小灌木。茎直立或外倾，光滑；枝对生，肉质，多汁，有关节。叶对生，鳞片状。花序为圆柱形的穗状花序，有柄，生于枝条的上部；花两性，无柄，陷入肉质的花序轴内；花被合生，顶端有4～5小齿，上部近扁平，呈菱形，果时为海绵质；雄蕊1～2；花柱极短，有2个钻状的柱头。果实为胞果，包藏于花被内；种子直立，两侧扁。

本属全世界20～30种，分布于亚洲、欧洲、非洲及美洲。中国有1种。东北地区有分布。

盐角草（辽宁植物志，内蒙古植物志，东北植物检索表，中国植物志，Flora of China）；海蓬子（东北草本植物志）

Salicornia europaea L., Sp. Pl. 3. 1753; 中国植物志25(2): 12. 图版1: 1. 1979; 辽宁植物志(上册): 415. 图版168: 1~4. 1988; 内蒙古植物志（第二版）2: 316. 图版130: 1~3. 1990; 东北植物检索表（第二版）: 170. 图版77: 6. 1995; Fl. China 5: 354. 2003.——*S. herbacea* L., Sp. Pl. ed. 2, 5. 1762; 东北草本植物志2: 68. 图62. 1959.

一年生直立草本；叶退化呈鳞片状，基部连合呈鞘状，边缘膜质；穗状花序有短梗，圆柱状；每3

■ 盐角草

根部

全株

秋季植株一部分

■ 盐角草

居群

植株

植株一部分

花1簇，嵌入肉质花序轴上；花被上部扁平；胞果卵形，果皮膜质。生盐碱地、海边。产辽宁省大连、营口、葫芦岛等地；内蒙古自治区海拉尔、新巴尔虎左旗、新巴尔虎右旗等地。

全草有止血、利尿作用。

10 碱蓬属 *Suaeda* Forsk. ex Scop.

Suaeda Forsk. ex Scop. Intr. Hist. Nat. 333. 1777.

一年生草本，半灌木或灌木。茎直立、斜升或平卧。叶肉质，圆柱形或半圆柱形，全缘，通常无柄。花两性或兼有雌性，通常3至多数集成团伞花序；团伞花序生叶腋或腋生短枝上，有时短枝的基部与叶的基部合并，外观似着生在叶柄上，有小苞；花被近球形、半球形、陀螺状或坛状，5深裂或浅裂，稍肉质或草质，裂片内面凹或呈兜状，果时背面常膨胀、增厚、或延伸成翅状或角状凸起；雄蕊5，花丝短，扁平，半透明，花药矩圆形、椭圆形或近球形；子房卵形或球形，柱头2～3（～5），通常外弯。胞果为花被所包覆；果皮膜质，与种皮分离。

本属全世界100余种，广布于世界各地。中国有20种，主产于新疆及北方各省。东北地区产4种2亚种。

分种检索表

1. 花簇有柄；花被果期常呈五角星状 ………………………… **1. 碱蓬 S. glauca** Bunge
1. 花簇无柄。
  2. 果期花被无附属物及翅，不发育成角状。
    3. 种子暗栗色或黑色，光滑，无或有不明显的斑纹 ………………… **2. 光碱蓬 S. laevissima** Kitag.
    3. 种子黑色，有光泽，具细皱纹 ………………………… **3. 辽宁碱蓬 S. liaotungensis** Kitag.
  2. 果期花被有翅或凸出物，或发育呈角状。
    4. 花期花被裂片略均等，果期各花被裂片的背部发育成隆脊或凸出物而不发育成外伸的角，基部则发育成横生的翅状物或凸出物 ………………………… **4b. 盐地碱蓬 S. maritima** subsp. **salsa** (L.) Soó
    4. 花期花被裂片形态不同、大小不等（其中之一较发达），果期各发育成小角伸出物（**5. 角果碱蓬 S. corniculata** (C. A. Mey.) Bunge）。
      5. 果期花被中的大花被片比其他花被片长1.5～2倍，宽圆锥形，直立或稍斜排列；植株通常健壮，高6～70厘米 ………………………… **5a. 角果碱蓬 S. corniculata** subsp. **corniculata**

（接上表）

5. 果期花被中的大花被片比其他花被片长2～3倍，狭圆锥形，几乎水平排列或成45° 排列；植株细弱，高3～30厘米 ………………………………… 5b. 蒙古角果碱蓬 *S. corniculata* subsp. *mongolica* Lomon & Freitag

（1）碱蓬（辽宁植物志，黑龙江省植物志，内蒙古植物志，东北植物检索表，东北草本植物志，中国植物志，Flora of China）

Suaeda glauca Bunge in Bull. Acad. Sci. St. Petersb. 25: 362. 1879; 东北草本植物志2: 70. 图65. 1959; 中国植物志25(2): 118. 图版24: 1～2. 1979; 辽宁植物志（上册）: 417. 图版169: 6～7. 1988; 内蒙古植物志（第二版）2: 269. 图版111: 1～3. 1990; 黑龙江省植物志4: 411. 图版110: 1～3. 1992; 东北植物检索表（第二版）: 172. 图版78: 2. 1995; Fl. China 5: 390. 2003.

生海边、河边、草甸、田边等含盐碱的土壤上。产黑龙江省齐齐哈尔、泰康、大庆、安达、肇东、肇州、绥化等地；吉林省镇赉、通榆、前郭尔罗斯等地；辽宁省葫芦岛、北票、丹东、大连、铁岭等地；内蒙古自治区海拉尔、鄂温克、新巴尔虎左旗、新巴尔虎右旗、翁牛特旗、科尔沁右翼中旗、阿鲁科尔沁旗等地。

入秋植株变红，群体观赏效果极佳。嫩苗可食。全草有清热、消积作用。

■ 碱蓬

果序一部分

花序一部分

植株

秋色

群落

（2）光碱蓬（东北植物检索表，东北草本植物志）

Suaeda laevissima Kitag. in J. Jap. Bot. 19: 64. 1943; 东北草本植物志2: 73. 1959; 东北植物检索表（第二

版）: 172. 1995.

生盐碱地。产吉林省长岭。

（3）辽宁碱蓬（辽宁植物志，内蒙古植物志，东北植物检索表，东北草本植物志）

Suaeda liaotungensis Kitag. in Journ. Jap. Bot. 19: 65. 1943; 东北草本植物志2: 72. 1959; 辽宁植物志（上册）: 417. 图版169: 1 ~ 3. 1988; 内蒙古植物志（第二版）2: 273. 图版111: 5 ~ 6. 1990; 东北植物检索表（第二版）: 172. 图版78: 1. 1995.

生盐碱地。产黑龙江安达、大庆等地；辽宁省大连、营口、葫芦岛等地；内蒙古自治区东南部（正蓝旗）。

嫩苗可食。全草有清热、消积作用。

《物种2000》和《中国植物志》均定本种是存疑种。待进一步研究。

■ 辽宁碱蓬

花序一部分

植株上部

植株一部分

植株

秋色

（4）海滨碱蓬（植物智网站）

Suaeda maritima (L.) Dumort., Fl. Belg. (Dumortier) 22. 1827.

（4a）海滨碱蓬（原亚种）

Suaeda maritima subsp. *maritima*

中国不产。

（4b）盐地碱蓬（亚种）（黑龙江省植物志，内蒙古植物志，东北植物检索表，东北草本植物志，中国植物志，Flora of China）；翅碱蓬（辽宁植物志）

Suaeda maritima subsp. *salsa* (L.) Soó in Magyar Növényvilág Kézikönyve 2: 785. 1951.——*S. salsa* (L.)

■ 盐地碱蓬

果序一部分

花序一部分

秋色

植株

Pall. in Illustr. 46. 1803; 东北草本植物志2: 72. 图67. 1959; 中国植物志25(2): 134. 图版29: 5 ~ 7. 1979; 内蒙古植物志（第二版）2: 276. 图版113: 1 ~ 2. 1990; 黑龙江省植物志4: 412. 图版110: 4 ~ 6. 1992; 东北植物检索表（第二版）: 172. 图版78: 4. 1995; Fl. China 5: 394. 2003.——*S. salsa* var. *tenuiramea* (Fuh et WangWei) K. P. Ma, 黑龙江省植物志4: 414. 1992.——*S. heteroptera* Kitag. in Rep. First Sci. Exped. Manch. Sect. 4, 4: 79. 1936; 辽宁植物志（上册）: 417. 图版169: 4 ~ 5. 1988.——*S. heteroptera* var. *tenuiramea* Fuh et WangWei, 东北草本植物志2: 72. 图68. 1959.

生海边、碱性草地及湿草地。产黑龙江省安达、泰康、齐齐哈尔、大庆、肇东、哈尔滨等地；吉林省乾安、通榆、镇赉、前郭、集安等地；辽宁省葫芦岛、兴城、营口、大连、金州、长海、旅顺口等地；内蒙古自治区海拉尔、赤峰、新巴尔虎右旗、翁牛特旗、新巴尔虎左旗、阿鲁科尔沁旗、巴林右旗、科尔沁左翼后旗、鄂温克旗等地。

入秋植株变红，群体观赏效果极佳。嫩苗可食。全草有清热、消积作用。

（5）角果碱蓬（内蒙古植物志，中国植物志，Flora of China）；角碱蓬（黑龙江省植物志，东北植物检索表，东北草本植物志）

Suaeda corniculata (C. A. Mey.) Bunge in Act. Hort. Petrop. 6 (2): 429. 1880; 东北草本植物志2: 71. 图66. 1959; 中国植物志25(2): 128. 图版30: 8 ~ 10. 1979; 内蒙古植物志（第二版）2: 273. 图版111: 7. 1990; 黑龙江省植物志4: 411. 图版110: 7 ~ 9. 1992; 东北植物检索表（第二版）: 172. 图版78: 3. 1995; Fl. China 5: 393. 2003.

（5a）角果碱蓬（原亚种）

Suaeda corniculata subsp. *corniculata*

生盐碱土荒漠、河滩等处。产黑龙江省安达、泰康、齐齐哈尔等地；吉林省通榆、前郭等地；辽宁省康平、普兰店等地；内蒙古自治区除大兴安岭北部林区外几乎都产。

■ 角果碱蓬

植株

植株一部分

（5b）蒙古角果碱蓬（亚种）（新拟）

Suaeda corniculata subsp. *mongolica* Lomon & Freitag in Willdenowia. 38(1): 81 ~ 109. 2008.

生盐碱地。产黑龙江省北部。

11 雾冰藜属 *Grubovia* Freitag & G. Kadereit

Grubovia Freitag & G. Kadereit, Taxon 60(1): 72. 2011.

一年生草本，具毛；叶互生，肉质，线形、披针形或半圆柱状；花两性，单生或簇生于叶腋，排成穗状花序；花被筒状，被毛，上部5裂，裂片果时背部具刺状、钻状、三角状附属物；雄蕊5；子房宽卵形；花柱短，柱头2 ~ 3；胞果卵圆形，顶基扁；果皮膜质；种子圆形，横生；胚环形，有胚乳。

本属全世界10 ~ 12种，分布于东半球的温带地区和大洋洲。中国有3种，产北方各省及青藏高原。东北地区产1种。

雾冰藜（辽宁植物志，内蒙古植物志，东北植物检索表，中国植物志，Flora of China）；雾冰草（东北草本植物志）

Grubovia dasyphylla (Fisch. & C. A. Mey.) Freitag & G. Kadereit, Taxon 60(1): 72. 2011.——*Bassia*

■ 雾冰藜

苗期植株

苗期植株一部分

花果期植株

花果期植株一部分

dasyphylla (Fisch. et Mey.) O. Kuntze in Revis. Gen. Pl. 2: 546. 1891; 东北草本植物志2: 88. 1959; 中国植物志25(2): 106. 图版22: 1 ~ 3. 1979; 辽宁植物志（上册）: 434. 图版172: 4 ~ 5. 1988; 内蒙古植物志（第二版）2: 295. 图版119: 1 ~ 3. 1990; 东北植物检索表（第二版）: 162. 图版77: 1. 1995; Fl. China 5: 386. 2003.

一年生草本，全株被长软毛；叶肉质，线形、披针形或半圆柱形，无柄；花两性，单生或二花簇生于叶腋；花被筒被长柔毛，顶端5裂，果期裂片背部具针刺状附属物，呈五角状；胞果卵圆形，上下压扁。生盐碱地、沙丘、草地、河滩、阶地及洪积扇上。产吉林省通榆等地；辽宁省彰武等地；内蒙古自治区新巴尔虎右旗、新巴尔虎左旗、巴林右旗、阿鲁科尔沁旗、克什克腾旗、赤峰市红山区、锡林浩特、阿巴嘎旗、正蓝旗、镶黄旗等地。

全草有清热燥湿作用，用于去头皮屑。

12 碱猪毛菜属 *Soda* (L.) Scop.

Soda (Dumort.) Fourr., Ann. Soc. Linn. Lyon sér. 2, 17: 145. 1869.

与猪毛菜属的主要区别为：一年生草本；叶顶端无刺状尖。

本属全世界约有45种，产非洲，欧亚大陆至大洋洲。中国有10种。东北地区产1种。

浆果猪毛菜（东北植物检索表，中国植物志，Flora of China）

Soda foliosa (L.) Akhani, Frontiers Pl. Sci. 30. 2020.——*Salsola foliosa* Schrad. in Syst. Veg. 6: 235. 1820; Fl. China 5: 406. 2003; 中国植物志25(2): 168. 图版37: 5 ~ 8. 1979; 东北植物检索表（第二版）: 170. 图版78: 6. 1995.

一年生草本；茎直立，自基部分枝，枝条近肉质。叶片棒状，肉质，灰绿色。花簇生，呈团伞状；小苞片宽卵形，顶端钝，边缘膜质；花被片倒卵形，近膜质，顶端钝，背面有1条隆起的脉，果时自背面中上部生翅。果实为浆果状，多汁，球形。生荒漠、半荒漠地区含盐质土壤。产内蒙古自治区新巴尔虎右旗等地。

13 猪毛菜属 *Salsola* L.

Salsola L., Sp. Pl. 1: 222. 1753.

一年生草本。叶互生或对生，无柄；叶片圆柱形、半圆柱形，稀为条形，项端有刺状尖。花序穗状或圆锥状；花两性，辐射对称，单生或簇生于苞腋；苞片卵形或宽披针形；小苞片2；花被圆锥形，5深裂，花被片卵状披针形或矩圆形，内凹，膜质，以后变硬，果时自背面中部横生伸展的、膜质的翅状附属物，有时翅不发育或为鸡冠状、瘤状的突起；花被片在翅以上部分内折，包覆果实，通常顶部聚集成圆锥体；雄蕊通常5；花丝扁平，钻状或狭条形；花药矩圆形，顶端有附属物；子房宽卵形或球形，顶基扁；花柱长或极短；柱头2，钻形或丝形，直立或外弯，内面有小乳头状突起。果实为胞果，球形，果皮膜质或多汁呈肉质。

本属全世界约有130种，分布于亚洲、非洲及欧洲，有少数种分布于大洋洲及美洲。中国有36种。东北地区产3种。

分种检索表

1. 花被片果期具发达干膜质或革质的翅，翅上具多数扇状脉纹 ………………………… 1. 刺沙蓬 S. tragus L.
1. 花被片果期有不发达的翅。
    2. 苞片开展而不贴向穗轴，果期花被片上端急剧内弯，包住果实，顶端形成截面，稀发育成微翅 ………………………… 2. 无翅猪毛菜 S. komarovii Iljin
    2. 苞片贴向穗轴，果期花被片顶端内弯，不完全包被果实，顶端不形成截面，在花被上方常生出短翅 ………………………… 3. 猪毛菜 S. collina Pall.

（1）刺沙蓬（辽宁植物志，黑龙江省植物志，内蒙古植物志，东北植物检索表，东北草本植物志，中国植物志，Flora of China）

Salsola tragus L. in Cent. Pl. Ⅱ 13. 1756; Fl. China 5: 411. 2003.——*S. ruthenica* Iljin in Coph. Pact. CCCP. 2: 137. f. 127. 1934; 东北草本植物志2: 74. 图69. 1959; 中国植物志25(2): 184. 图版41: 12 ~ 13. 1979; 辽宁植物志（上册）: 419. 图版170: 1 ~ 4. 1988; 黑龙江省植物志4: 408. 图版109: 11 ~ 16. 1992; 东北植物检索表（第二版）: 170. 图版78: 5. 1995.——*Salsola ruthenica* ljin var. *filifolia* A. J. Li, 植物分类学报16: 123. 1978; 中国植物志25(2): 186. 1979; 黑龙江省植物志4: 408. 1992.——*S. pestifer* auct. non A. Nelson: 中国高等植物图鉴1: 596. f. 1192. 1972; 内蒙古植物志（第二版）2: 245. 图版99: 5 ~ 6; 100: 10. 1990.——*Kali tragus* Scop., Fl. Carniol., ed. 2. 1: 175. 1771.

生沙丘、沙质草原、石砾质山坡或沙质土壤中。分布黑龙江省哈尔滨、安达、肇东、齐齐哈尔等地；吉林省通榆等地；辽宁省彰武、沈阳、新民、辽阳、瓦房店、长海、庄河、旅顺口等地；内蒙古自治区新巴尔虎右旗、新巴尔虎左旗、海拉尔、根河、科尔沁右翼中旗、赤峰、巴林右旗、翁牛特旗、科尔沁左翼后旗等地。

有文献称其为外来入侵植物，也有文献称中国可能为其原产地之一。叶片顶端有刺尖，食草动物啃食易被挫伤。全草有平肝作用，用于高血压症。

■ 刺沙蓬

果序一部分

果期植株一部分

果期花被具翅

花期植株

花期植株一部分

植株一部分

（2）无翅猪毛菜（辽宁植物志，黑龙江省植物志，东北植物检索表，东北草本植物志，中国植物志，Flora of China）

Salsola komarovii Iljin in Journ. Bot. URSS 18: 276. 1933; 东北草本植物志2: 75. 图71. 1959; 中国植物志25(2): 176. 图版39: 6 ~ 7. 1979; 辽宁植物志（上册）: 420. 图版170: 5 ~ 6. 1988; 黑龙江省植物志4: 406. 图版109: 1 ~ 5. 1992; 东北植物检索表（第二版）: 170. 图版78: 8. 1995; Fl. China 5: 408. 2003.——*Kali komarovii* (Iljin) Akhani&Roalson, Int. J. Pl. Sci. 168(6): 946. 2007.

生海滨、河滩沙质土壤。产黑龙江省哈尔滨、齐齐哈尔、肇源等地；辽宁省大连、康平等地；内蒙古自治区海拉尔、赤峰等地。

■ 无翅猪毛菜

花期植株一部分

植株

■ 无翅猪毛菜

果期植株一部分

植株一部分

（3）猪毛菜（辽宁植物志，黑龙江省植物志，内蒙古植物志，东北植物检索表，东北草本植物志，中国植物志，Flora of China）

Salsola collina Pall. in Illustr. 34. t. 26. 1803; 东北草本植物志2: 75. 图70. 1959; 中国植物志25(2): 176. 图版39: 1 ~ 3. 1979; 辽宁植物志（上册）: 420. 图版170: 7 ~ 8. 1988; 内蒙古植物志（第二版）2: 239. 图版97: 1 ~ 4; 100: 11. 1990; 黑龙江省植物志4: 405. 图版109: 6 ~ 10. 1992; 东北植物检索表（第二版）: 170. 图版78: 7. 1995; Fl. China 5: 409. 2003.——*Kali collinum* (Pall.) Akhani & Roalson, Int. J. Pl. Sci. 168(6): 946. 2007.

生路旁沟边、荒地、沙质地。产黑龙江省齐齐哈尔、泰来、肇源、哈尔滨、双城等地；吉林省通榆、镇赉、安图、延吉等地；辽宁省西丰、开原、阜新、建平、锦州、沈阳、抚顺、大连等地；内蒙古自治区各地。

嫩茎叶可作野菜食用。果期全草药用，治疗高血压效果良好。

■ 猪毛菜

果枝侧面观

果枝一部分

果期植株一部分

果期植株

花期植株一部分

苗期植株

14 盐生草属 *Halogeton* C. A. Meyer

Halogeton C. A. Meyer in Ledeb. Ic. Pl. Fl. Ross. 1: 10. 1829.

一年生草本。茎直立，多分枝，无毛或有蛛丝状毛。叶互生，叶片肉质，圆柱状，顶端钝或有刺毛，基部扩展，叶腋簇生柔毛。团伞花序；花杂性，簇生；小苞片2；花被5深裂，圆锥状；花被片披针形，果时自背面的近顶部横生膜质的翅；雄蕊5或2；花药矩圆形，无附属物；子房卵形，两侧扁；花柱短；柱头2，丝状。果实为胞果，果皮膜质，与种子附贴，包藏于花被内；种子直立或横生，圆形，种皮膜质或近革质；胚螺旋状，无胚乳。

本属全世界有3种，分布于亚洲西部及中部、欧洲南部及非洲北部。中国有2种。东北地区产1种。

白茎盐生草（中国植物志，Flora of China）；蛛丝蓬（内蒙古植物志，植物智网站）

Halogeton arachnoideus Moq. in DC. Prodr. 13 (2): 205. 1849; 中国高等植物图鉴1: 601. f. 1202. 1972; 中国植物志25(2): 154. 图版34: 5 ~ 6. 1979; Fl. China 5: 401. 2003.——*Micropeplis arachnoidea* (Moq.) Bunge, Reliq. Lehmann. 303. 1852.; 内蒙古植物志（第二版）2: 320. 图版131: 4 ~ 5. 1990.

■ 白茎盐生草

果期植株一部分

花期植株一部分

植株

一年生草本；枝灰白色，幼时生蛛丝状毛；叶片圆柱形，宽1.5 ~ 2毫米；花通常2 ~ 3朵，簇生叶腋；小苞片卵形，边缘膜质；花被片宽披针形，膜质，果时自背面的近顶部生5翅；果实为胞果，果皮膜质。生于旱山坡、沙地和河滩。产内蒙古自治区新巴尔虎右旗等地。

植株用火烧成灰后，可以取碱。

15 轴藜属 *Axyris* L.

Axyris L. Gen. Pl. ed. 5, 420. 1974.

一年生草本，植株被星状毛。茎直立或平卧。叶互生，披针形至卵圆形，全缘。花单性，雌雄同株。雄花簇生于茎、枝顶端，形成穗状花序，无苞片和小苞片；花被裂片3 ~ 5，雄蕊2 ~ 5，花药2室，纵裂。雌花单生于上部叶腋，稀成对，苞片3，椭圆形、绿色，背部中脉明显；花被片3，背面被毛，后无毛，不具附属物，果期增大，包被果实，子房卵形，腹背压扁，花柱2。胞果直生，椭圆形、倒卵形或球形。

本属全世界约6种，主要分布于亚洲北部和中部、欧洲和美洲北部。中国现有3种，主要分布于东北、华北、西北和青藏高原。东北地区产2种。

分种检索表

1. 茎于基部分枝；叶片两面均密被星状毛；果实侧面具同心圆状皱纹，顶端有2个三角状附属物 ……1. 杂配轴藜 A. hybrida L.
1. 茎于中部以上分枝；叶片正面星状毛较少，背面星状毛较密；果实不具同心圆状皱纹，顶端有1个冠状附属物 ……………………………………………………………………………………………………… 2. 轴藜 A. amaranthoides L.

（1）杂配轴藜（黑龙江省植物志，内蒙古植物志，东北植物检索表，中国植物志，Flora of China）

Axyris hybrida L., Sp. Pl. 980. 1753; 中国植物志25(2): 24. 图版4: 9 ~ 11. 1979; 内蒙古植物志（第二版）2: 294. 图版118: 8. 1990; 黑龙江省植物志4: 372. 1992; 东北植物检索表（第二版）: 162. 图版73: 2. 1995; Fl. China 5: 358. 2003.

生田边、路旁、河滩、草滩、山坡及沙丘上。产黑龙江省西部各地；辽宁省西部地区；内蒙古自治区海拉尔、牙克石、鄂伦春、新巴尔虎右旗、科尔沁右翼前旗、巴林右旗、克什克腾旗、锡林浩特、太仆寺旗等地。

资源价值同轴藜。

■ 杂配轴藜

叶背面观

叶正面观

植株

植株一部分

植株上部

（2）轴藜（辽宁植物志，黑龙江省植物志，内蒙古植物志，东北植物检索表，东北草本植物志，中国植物志，Flora of China）

Axyris amaranthoides L., Sp. Pl. 2: 979. 1753; 东北草本植物志2: 80. 图77. 1959; 中国植物志25(2): 22. 图

版4: 1 ~ 8. 1979; 辽宁植物志（上册）: 425. 图版172: 1 ~ 3. 1988; 内蒙古植物志（第二版）2: 292. 图版118: 1 ~ 7. 1990; 黑龙江省植物志4: 372. 图版101: 1 ~ 8. 1992; 东北植物检索表（第二版）: 162. 图版73: 6. 1995; Fl. China 5: 358. 2003.

生山坡、杂草地、路旁、河边等处。产黑龙江省各地；吉林省安图、临江、和龙、汪清、吉林、蛟河等地；辽宁省建昌、凌源、西丰、新宾、宽甸、本溪、营口、鞍山、海城、庄河等地；内蒙古自治区海拉尔、牙克石、扎兰屯、鄂伦春、满洲里、科尔沁右翼前旗、科尔沁左翼后旗、敖汉旗、阿鲁科尔沁旗、克什克腾旗、喀喇沁旗、锡林浩特等地。

嫩苗可食，也可为饲草。果实有清肝明目、祛风消肿作用。

■ 轴藜

苗期植株

分枝多集中于茎中部以上

植株一部分

花期植株

植株上部

16 沙滨藜属 *Bassia* All.

Bassia Allioni, Melanges Philos. Math. Soc. Roy. Turin. 3: 177. 1766.

一年生草本或半灌木。茎直立或斜升，通常多分枝。叶互生，无柄或几乎无柄，圆柱状、半圆柱状，或为窄狭的平面叶，全缘。花两性，有时兼有雌性，无花梗，通常1 ~ 3个团集于叶腋，无小苞片；花被近球形，草质，通常有毛，5深裂；裂片内曲，果时背面各具1横翅状附属物；翅状附属物膜质，有脉纹；雄蕊5，着生于花被基部，花丝扁平，花药宽矩圆形，外伸，花盘不存在；子房宽卵形，花柱纤细，柱头2～3，丝状，有乳头状凸起。胞果扁球形；果皮膜质，不与种子贴生。

本属全世界20～30种，分布于非洲、中欧、亚洲温带、美洲的北部和西部。中国产10种。东北地区产2种2变型，其中栽培1变型。

分种检索表

1. 小半灌木 ……………………………………………………………… 1. 木地肤 B. prostrata (L.) A.J.Scott
1. 一年生草本（2. 地肤 B. scoparia (L.) A.J.Scott）。
  2. 分枝稀疏，斜上；叶披针形或条状披针形。
    3. 叶长2～5厘米，宽3～7毫米，非肉质 ……………………………… 2a. 地肤 B. scoparia f. scoparia
    3. 叶长4～10毫米，宽约1.5毫米，稍肉质 …………2b. 线地肤 B. scoparia f. suaedaefolia (Kitag.) S. M. Zhang
  2. 分枝极多，紧密向上；叶狭线形 ……………………… 2c. 扫帚菜 B. scoparia f. trichophylla (Voss) S. L. Welsh

（1）木地肤（辽宁植物志，黑龙江省植物志，内蒙古植物志，东北植物检索表，东北草本植物志，中国植物志，Flora of China）

Bassia prostrata (L.) A.J.Scott, Feddes Repert. 89(2～3): 108. 1978.——*Kochia prostrata* (L.) Schrad. in Neues Journ. 3: 85. 1809; 东北草本植物志2: 89. 图86. 1959; 中国植物志25(2): 100. 图版21: 9～11. 1979; 辽宁植物志（上册）: 436. 图版176: 1～4. 1988; 内蒙古植物志（第二版）2: 247. 图版101. 1990; 黑龙江省植物志4: 401. 图版108: 1～5. 1992; 东北植物检索表（第二版）: 170. 图版77: 3. 1995; Fl. China 5: 384. 2003.

生山坡、沙地、荒漠等处。产黑龙江省齐齐哈尔、泰来、肇东、安达等地；吉林省双辽、通榆、前郭等地；辽宁省彰武等地；内蒙古自治区海拉尔、牙克石、鄂伦春、满洲里、克什克腾旗、西乌珠穆沁旗、锡林浩特、正蓝旗、太仆寺旗等地。

荒漠地区的优良牧草，各类牲畜均喜食。全草有解热作用。

■ 木地肤

居群

植株下部

花序一部分

（2）地肤（辽宁植物志，黑龙江省植物志，内蒙古植物志，东北植物检索表，东北草本植物志，中国植物志，Flora of China）；碱地肤（东北植物检索表，中国植物志）

Bassia scoparia (L.) A.J.Scott, Feddes Repert. 89(2～3): 108. 1978.——*Kochia scoparia* (L.) Schrad. in Neues Journ. 3: 85. 1809; 东北草本植物志2: 90. 图88. 1959; 中国植物志25(2): 102. 图版21: 1～5. 1979; 辽宁植物志（上册）: 436. 图版176: 5～8. 1988; 内蒙古植物志（第二版）2: 249. 图版102: 1～4. 1990; 黑龙江省植物志4: 402. 图版108: 9～10. 1992; 东北植物检索表（第二版）: 170. 图版77: 4. 1995; Fl. China 5: 385.

2003.——*K. scoparia* (L.) Schrad. var. *sieversiana* (Pall.) Ulbr. ex Aschers. et Graebn. in Synops. 5: 163. 1913; 中国植物志25(2): 102. 1979; 内蒙古植物志（第二版）2: 251. 图版102: 5. 1990; 黑龙江省植物志4: 404. 图版108: 6 ~ 8. 1992.——*K. sieversiana* (Pall.) C. A. Mey. in Fl. Altaic. 1: 415. 1829; 东北植物检索表（第二版）: 170. 图版77: 5. 1995.

（2a）地肤（原变型）

Bassia scoparia f. *scoparia*

生田边、路旁、荒漠、沙地等处。产东北各地。

嫩苗可食。种子为利尿剂，有收敛消炎作用。

■ 地肤

果枝

花枝

秋季茎

苗期植株

植株一部分

（2b）线地肤（变型）（黑龙江省植物志，东北植物检索表，东北草本植物志）

Bassia scoparia f. *suaedaefolia* (Kitag.) S. M. Zhang, 东北维管束植物考 : 664. 2021.——*Kochia scoparia* f. *suaedaefolia* (Kitag.) K. P. Ma, 黑龙江省植物志4: 404. 1992.——*Kochia scoparia* var. *suaedaefolia* Kitag. in Lineam. Fl. Mansh.191. 1939; 东北草本植物志2: 90. 1959.

生田边、路旁等处。产黑龙江省齐齐哈尔、安达、肇东、兰西等地。

（2c）扫帚菜（变型）（黑龙江省植物志）

Bassia scoparia f. *trichophylla* (Voss) S.L.Welsh, Utah Fl., ed. 3. 113. 2003.——*Kochia scoparia* f. *trichophylla* Sching et Thell. in Verz. Sam. Bot. Gartem Zurich. 10. 1909; 黑龙江省植物志4: 404. 1992.

东北各地栽培。

常栽培于庭院供观赏。

■ 扫帚菜

公园布景

植株一部分

道旁绿化

17 虫实属 *Corispermum* L.

Corispermum L. Gen. Pl. ed. 5, 5. 1754.

一年生草本，全株被星状毛。叶条形或倒披针形，无柄，扁平，全缘。花序穗状，顶生和侧生；有苞片，无小苞片。花两性，无柄，单生；花被片白膜质，1或3枚，不等大，近轴花被片1，直立，较大，远轴2，较小或缺；雄蕊下位，1、3或5枚；花丝条形，扁平，通常长于花被片，稀等长；花药矩圆形，2室，纵裂；子房上位，卵状或椭圆状，背腹压扁，花柱短，柱头2。果实直立，背腹压扁，矩圆形至圆形，顶端急尖；果核1，通常为倒卵形或椭圆形，稀近圆形，平滑，具斑纹、疣状或乳头状突起。

本属全世界有60余种，全都分布于北半球温带地区，除少数种类出现于北美洲而外，绝大多数种类分布于欧亚大陆，以亚洲最多。中国有27种，主要分布于东北、华北、西北和青藏高原等地区。东北地区产15种8变种。

分种检索表

1. 果实顶端急尖或圆形，不成缺刻。
  2. 果实长度为宽度的2倍或近2倍。
    3. 果实长3～4毫米，宽1.3～2.5毫米，无斑点；穗状花序细长而稀疏（1. 绳虫实 C. declinatum Steph. ex Stev.）。
      4. 果实无毛……………………………**1a. 绳虫实 C. declinatum** var. **declinatum**
      4. 果实两面密被星状毛 ………… **1b. 毛果绳虫实 C. declinatum** var. **tylocarpum** (Hance) Tsien et C. G. Ma
    3. 果实长3～3.75毫米，宽1.5～2毫米，具暗褐色斑点；穗状花序稍紧密（2. 兴安虫实 C. chinganicum Iljin）。
      5. 果实无毛 ……………………………………………………… **2a. 兴安虫实 C. chinganicum** var. **chinganicum**
      5. 果实两面密被星状毛 …………………… **2b. 毛果兴安虫实 C. chinganicum** var. **stellipile** Tsien et C. G. Ma
  2. 果实长度小于宽度的2倍。
    6. 果实长1.5～2.25（～3）毫米，宽1～1.5 ………………………………………… **3. 蒙古虫实 C. mongolicum** Iljin
    6. 果实长3.5～4毫米，宽2.5～3.3毫米。
      7. 果密被星状毛，基部近圆形或心形，背部凸起而中央压扁，斑点不明显 ……**4. 烛台虫实 C. candelabrum** Iljin
      7. 果两面无毛。
        8. 穗状花序短而粗；果有光泽，斑点暗黑色，翅较宽 ………………………… **5. 华虫实 C. stauntonii** Moq.
        8. 穗状花序较细；果光泽不明显，斑点浅红褐色，翅狭 …………………… **6. 西伯利亚虫实 C. sibiricum** Iljin
1. 果实顶端呈不同程度的缺刻。

（接上表）

9. 果实黑褐色，翅宽且强烈波状扭曲；穗状花序棍棒状 …………………… 7. **扭果虫实** C. retortum Wang-wei et Fuh
9. 果实不为黑褐色，翅亦不扭曲。
  10. 苞片线形或锥形，比果实显著狭（8. **细苞虫实** C. stenolepis Kitag.）。
    11. 果实两面被星状毛 ………………………………………… 8a. **细苞虫实** C. stenolepis var. stenolepis
    11. 果实两面无星状毛 ……………………………… 8b. **光果细苞虫实** C. stenolepis var. psilocarpum Kitag.
  10. 苞片不为线形或锥形，比果实宽或狭。
    12. 果实上无红色或褐色斑点。
      13. 果顶端凹，喙长；雄蕊1；枝直或稍弯（9. **软毛虫实** C. puberulum Iljin）。
        14. 果实被毛 …………………………………………………9a. **软毛虫实** C. puberulum var. puberulum
        14. 果实光滑无毛 …………… 9b. **光果软毛虫实** C. puberulum var. ellipsocarpum Tsien et C. G. Ma
      13. 果顶端圆，喙不明显；雄蕊5；枝常作"之"字形屈曲（10. **屈枝虫实** C. flexuosum Wang-wei et Fuh）。
        15. 果实密生星状毛 ………………………………… 10a. **屈枝虫实** C. flexuosum var. flexuosum
        15. 果实无毛 …………………… 10b. **光果屈枝虫实** C. flexuosum var. leiocarpum Wang-wei et Fuh
    12. 果上具红色或褐色斑点。
      16. 果具宽翅，翅宽1毫米以上。
        17. 果的宽度明显比苞片宽，背部凹，翅宽约1毫米；穗状花序狭长而稀疏 ………………………………………………………………… 11. **宽翅虫实** C. platypterum Kitag.
        17. 果的宽度比苞片狭或基部稍宽，背部浅凹或不凹，翅宽1.2～1.5毫米；穗状花序粗壮而紧密（12. **大果虫实** C. macrocarpum Bunge）。
          18. 果实无毛 ………………………………… 12a. **大果虫实** C. macrocarpum var. macrocarpum
          18. 果实有星状毛 ……………… 12b. **毛大果虫实** C. macrocarpum var. rubrum Fu et Wang-wei
      16. 果具狭翅，翅宽1毫米以下。
        19. 穗状花序圆柱状，细长而疏松；果长圆状椭圆形，顶端缺刻状浅而宽，翅宽0.4～0.7毫米（13. **长穗虫实** C. elongatum Bunge）。
          20. 果实无毛 ………………………………………… 13a. **长穗虫实** C. elongatum var. elongatum
          20. 果实被星状毛 …… 13b. **毛果长穗虫实** C. elongatum var. stellatopilosum Wang-wei et Fuh
        19. 穗状花序棍棒状，粗壮而紧密。
          21. 果圆形或近圆形，长3～4.5毫米，宽3～4.3毫米，浅黄色，具深褐色斑点，翅色浅 ……………………………………………………………… 14. **密穗虫实** C. confertum Bunge
          21. 果倒卵形，长3.7～4.5毫米，宽2.9～4毫米，黄绿色，具少数褐色斑点和泡状突起，翅浅黄色（15. **辽西虫实** C. dilutum (Kitag.) Tsien et Ma）。
            22. 果实光滑无毛 ………………………………………… 15a. **辽西虫实** C. dilutum var. dilutum
            22. 果两面具星状毛 ……… 15b. **毛果辽西虫实** C. dilutum var. hebecarpum Tsien et C. G. Ma

（1）绳虫实（辽宁植物志，内蒙古植物志，东北植物检索表，东北草本植物志，中国植物志，Flora of China）

Corispermum declinatum Steph. ex Stev. in Mem. Soc. Nat. Mosc. 5: 334. 1817; 东北草本植物志2: 83. 1959; 中国植物志25(2): 55. 图版10: 2. 1979; 辽宁植物志（上册）: 428. 1988; 内蒙古植物志（第二版）2:

283. 图版115: 4; 116. 1990; 东北植物检索表（第二版）: 166. 1995; Fl. China 5: 369. 2003.

（1a）绳虫实（原变种）

Corispermum declinatum var. *declinatum*

生沙质荒地、田边、路旁和河滩中。产辽宁省朝阳等地；内蒙古自治区翁牛特旗、西乌珠穆沁旗、锡林浩特、苏尼特右旗等地。

■ 绳虫实

果序一部分

植株一部分

植株

（1b）毛果绳虫实（变种）（内蒙古植物志，东北植物检索表，中国植物志）；喙虫实（东北草本植物志）

Corispermum declinatum var. *tylocarpum* (Hance) Tsien et C. G. Ma, 中国植物志25(2): 55. 图版10: 3. 1979; 内蒙古植物志（第二版）2: 285. 图版115: 3. 1990; 东北植物检索表（第二版）: 166. 1995.——*C. rostratum* Baranov et Skv. ex Wang-wei et Fuh, 东北草本植物志2: 82. add. 110. f. 80. 1959.

生境与正种相同。产内蒙古自治区翁牛特旗、敖汉旗、巴林左旗、赤峰市红山区、苏尼特右旗等地。

（2）兴安虫实（黑龙江省植物志，内蒙古植物志，东北植物检索表，中国植物志，Flora of China）

Corispermum chinganicum Iljin in Bull. Jard. Princ. URSS 28: 648. 1929; 中国植物志25(2): 60. 图版11: 1. 1979; 内蒙古植物志（第二版）2: 285. 图版115: 8. 1990; 黑龙江省植物志4: 392. 1992; 东北植物检索表（第二版）: 166. 1995; Fl. China 5: 371. 2003.

（2a）兴安虫实（原变种）

Corispermum chinganicum var. *chinganicum*

生水边沙丘、半固定沙丘或草原。产黑龙江省哈尔滨、齐齐哈尔、肇源、泰来等地；吉林省扶余；

■ 兴安虫实

植株

植株一部分

■ 兴安虫实

果实

花序一部分

辽宁省彰武、抚顺；内蒙古自治区海拉尔、陈巴尔虎旗、翁牛特旗、克什克腾旗、赤峰市红山区、西乌珠穆沁旗、锡林浩特、镶黄旗等地。

全草有降血压作用，用于高血压症。

（2b）毛果兴安虫实（变种）（黑龙江省植物志，内蒙古植物志，中国植物志，Flora of China）

Corispermum chinganicum var. *stellipile* Tsien et C. G. Ma, 植物分类学报16: 118. 1978; 中国植物志25(2): 60. 图版11: 2. 1979; 内蒙古植物志（第二版）2: 286. 1990; 黑龙江省植物志4: 392. 1992; Fl. China 5: 371. 2003.

生境与正种相同。产黑龙江省哈尔滨、齐齐哈尔等地；内蒙古自治区敖汉旗等地。

（3）蒙古虫实（内蒙古植物志，中国植物志，Flora of China）

Corispermum mongolicum Iljin in Bull. Jard. Bot. Princ. URSS 28: 648. 1929; 中国植物志25(2): 57. 图版10: 5. 1979; 内蒙古植物志（第二版）2: 282. 图版115: 5. 1990; Fl. China 5: 373.2003.

生沙质戈壁、固定沙丘或沙质草原。产内蒙古自治区巴林左旗、锡林浩特等地。

■ 蒙古虫实

植株一部分

植株

（4）烛台虫实（黑龙江省植物志，内蒙古植物志，东北植物检索表，中国植物志，Flora of China）

Corispermum candelabrum Iljin in Bull. Jard. Princ. URSS 28: 645. 1929; 中国植物志25(2): 60. 图版11: 4. 1979; 内蒙古植物志（第二版）2: 286. 图版115: 7; 117. 1990; 黑龙江省植物志4: 391. 1992; 东北植物检索表（第二版）: 168. 图版76: 7. 1995; Fl. China 5: 372. 2003.

生半固定沙丘或河边沙滩。产黑龙江省哈尔滨等地；辽宁省西部地区；内蒙古自治区翁牛特旗、赤峰市红山区、锡林浩特等地。

■ 烛台虫实

苞片与果实

花序一部分

植株一部分

（5）华虫实（黑龙江省植物志，内蒙古植物志，东北植物检索表，东北草本植物志，中国植物志，Flora of China）

Corispermum stauntonii Moq. in Chenop. Monogr. Enum. 104. 1840; 东北草本植物志2: 85. 1959; 中国植物志25(2): 66. 图版11: 5. 1979; 内蒙古植物志（第二版）2: 288. 图版115: 9. 1990; 黑龙江省植物志4: 398. 1992; 东北植物检索表（第二版）: 168. 图版76: 6. 1995; Fl. China 5: 372. 2003.

生沙地或固定沙丘。产黑龙江省哈尔滨等地；吉林省通榆等地；辽宁省西部地区；内蒙古自治区翁牛特旗、正蓝旗等地。

■ 华虫实

花序一部分

植株一部分

植株

（6）西伯利亚虫实（辽宁植物志，黑龙江省植物志，内蒙古植物志，东北植物检索表，东北草本植物志）

Corispermum sibiricum Iljin in Bull. Jard. Bot. Princip. URSS 28: 649. 1929; 东北草本植物志2: 86. 图84. 1959; 辽宁植物志（上册）: 431. 图版174: 4 ~ 6. 1988; 内蒙古植物志（第二版）2: 285. 图版115: 12. 1990; 黑龙江省植物志4: 398. 图版107: 1 ~ 3. 1992; 东北植物检索表（第二版）: 168. 1995.

生沙丘上。产黑龙江省哈尔滨、大庆、安达等地；辽宁省彰武等地；内蒙古自治区海拉尔、陈巴尔虎旗等地。

■ 西伯利亚虫实

花序

居群

花序一部分

植株

（7）扭果虫实（黑龙江省植物志，东北植物检索表，东北草本植物志，中国植物志，Flora of China）

Corispermum retortum Wang-wei et Fuh, 东北草本植物志2: 82. t. 79. add. 110. 1959; 东北草本植物志2: 82. 图79. 1959; 中国植物志25(2): 68. 图版12: 1. 1979; 黑龙江省植物志4: 397. 图版107: 4 ~ 5. 1992; 东北植物检索表（第二版）: 166. 图版76: 1. 1995; Fl. China 5: 373. 2003.

生丘陵草原沙质地中。产黑龙江省大庆、杜尔伯特（模式标本采自泰康）、哈尔滨等地；内蒙古自治区赤峰等地。

（8）细苞虫实（辽宁植物志，内蒙古植物志，东北植物检索表，东北草本植物志，中国植物志，Flora of China）；光果细苞虫实（东北植物检索表，东北草本植物志）

Corispermum stenolepis Kitag. in Rep. First Sci. Exped. Manch. Sect. 4, 2: 102. t. 13. 1935; 东北草本植物志2: 82. 1959; 中国植物志25(2): 72. 图版12: 8. 1979; 辽宁植物志（上册）: 427. 1988; 内蒙古植物志（第二版）2: 291. 图版115: 14. 1990; 东北植物检索表（第二版）: 166. 图版76: 2. 1995; Fl. China 5: 374. 2003.

（8a）细苞虫实（原变种）

Corispermum stenolepis var. *stenolepis*

生河滩或固定沙丘上。产吉林省通榆等地；辽宁省朝阳（模式标本采集地）等地；内蒙古自治区红山区、翁牛特旗、巴林右旗等地。

■ 细苞虫实

果实

植株

花序一部分

（8b）光果细苞虫实（变种）（内蒙古植物志，东北植物检索表，东北草本植物志，中国植物志）

Corispermum stenolepis var. *psilocarpum* Kitag. in Rep. First Sci. Exped. Manch. Sect. 4, 2: 103. 1935; 东北草本植物志2; 82. 1959; 中国植物志25(2): 72. 1979; 内蒙古植物志（第二版）2: 291. 1990; 东北植物检索表（第二版）: 166. 1995.

生境同正种。产吉林省西部通榆、白城等地；辽宁省朝阳等西部地区；内蒙古自治区翁牛特旗等地。模式标本采自辽宁省朝阳。

（9）软毛虫实（黑龙江省植物志，内蒙古植物志，东北植物检索表，东北草本植物志，中国植物志，Flora of China）

Corispermum puberulum Iljin in Bull. Jard. Princ. URSS 28: 645. 1929; 东北草本植物志2: 87. 1959; 中国植物志25(2): 69. 图版12: 2. 1979; 内蒙古植物志（第二版）2: 289. 图版115: 10. 1990; 黑龙江省植物志4: 397. 图版107: 6. 1992; 东北植物检索表（第二版）: 168. 图版76: 9. 1995; Fl. China 5: 373. 2003.

（9a）软毛虫实（原变种）

Corispermum puberulum var. *puberulum*

生河边沙地或海滨沙滩。产黑龙江省哈尔滨等地；辽宁省彰武、大连等地；内蒙古自治区科尔沁右翼中旗、翁牛特旗、巴林右旗、赤峰等地。

■ 软毛虫实

苞片与果实

植株一部分

植株

（9b）光果软毛虫实（变种）（黑龙江省植物志，内蒙古植物志，中国植物志）

Corispermum puberulum var. *ellipsocarpum* Tsien et C. G. Ma, 植物分类学报 16: 118. 1978; 中国植物志 25(2): 69. 图版12: 3. 1979; 内蒙古植物志（第二版）2: 289. 1990; 黑龙江省植物志4: 397. 图版107: 7. 1992.

生沙地或固定沙丘。产黑龙江省哈尔滨等地；辽宁省西部；内蒙古自治区翁牛特旗、锡林浩特、正蓝旗等地。

（10）屈枝虫实（辽宁植物志，黑龙江省植物志，东北植物检索表，东北草本植物志）

Corispermum flexuosum Wang-Wei et Fuh, 东北草本植物志2: 87,111. 1959; 辽宁植物志（上册）: 431. 图版174: 1～3. 1988; 黑龙江省植物志4: 395. 1992; 东北植物检索表（第二版）: 168. 图版76: 8. 1995.

（10a）屈枝虫实（原变种）

Corispermum flexuosum var. *flexuosum*

生固定沙丘、河岸沙地。产黑龙江省哈尔滨等地；辽宁省彰武、沈阳等地；内蒙古自治区海拉尔等地。

■ 屈枝虫实

花序一部分

果序一部分

植株一部分

（10b）光果屈枝虫实（变种）（黑龙江省植物志，东北草本植物志）

Corispermum flexuosum var. *leiocarpum* Wang-wei et Fuh, 东北草本植物志2:87, 111. 1959; 黑龙江省植物志4: 395. 1992.

生河边沙地或沙丘。产黑龙江省哈尔滨（模式标本采集地）等地；吉林省双辽、抚松等地。

（11）宽翅虫实（辽宁植物志，内蒙古植物志，东北植物检索表，中国植物志，Flora of China）

Corispermum platypterum Kitag. in Rep. First Sci. Exped. Manch. Sect. 4, 2: 100. f. 12. 1935; 中国植物志25(2): 71. 图版12: 7. 1979; 辽宁植物志（上册）: 428. 1988; 内蒙古植物志（第二版）2: 291. 图版115: 15. 1990; 东北植物检索表（第二版）: 168. 图版76: 3. 1995; Fl. China 5: 374. 2003.

生固定沙丘、海滨沙滩和沙质耕地。产吉林省长岭等地；辽宁省大连等地；内蒙古自治区海拉尔、赤峰、翁牛特旗、赤峰市红山区、科尔沁左翼后旗等地。

■ 宽翅虫实

果实

植株一部分

（12）大果虫实（辽宁植物志，黑龙江省植物志，东北植物检索表，东北草本植物志，中国植物志，Flora of China）

Corispermum macrocarpum Bunge in Prim. Fl. Amur. 226. 1859; 东北草本植物志2: 84. 图81. 1959; 中国植物志25(2): 67. 图版11: 7. 1979; 辽宁植物志（上册）: 429. 图版173: 4 ~ 6. 1988; 黑龙江省植物志4: 396. 图版106: 3 ~ 4. 1992; 东北植物检索表（第二版）: 168. 图版76: 4. 1995; Fl. China 5: 372. 2003.

（12a）大果虫实（原变种）

Corispermum macrocarpum var. *macrocarpum*

生沙地或固定沙丘上。产黑龙江省哈尔滨、齐齐哈尔等地；吉林省大安等地；辽宁省金州、彰武、北票等地。

■ 大果虫实

果实

植株

植株一部分

（12b）毛大果虫实（变种）（黑龙江省植物志，东北植物检索表，中国植物志）；红虫实（辽宁植物志，东北草本植物志）

Corispermum macrocarpum var. *rubrum* Fu et Wang-wei, 东北草本植物志2: 84. 图81. 1959; 中国植物志25(2): 68. 图版11: 8. 1979; 辽宁植物志（上册）: 429. 1988; 黑龙江省植物志4: 396. 图版106: 5. 1992; 东北植物检索表（第二版）: 168. 1995.

生沙丘。产黑龙江省哈尔滨、齐齐哈尔等地；辽宁省彰武等地；内蒙古自治区赤峰等地。

■ 毛大果虫实

果序一部分

植株

（13）长穗虫实（辽宁植物志，黑龙江省植物志，内蒙古植物志，东北植物检索表，东北草本植物志，中国植物志，Flora of China）

Corispermum elongatum Bunge in Prim. Fl. Amur. 224. 1859; 东北草本植物志2: 84. 图82. 1959; 中国植物志25(2): 71. 图版13: 1. 1979; 辽宁植物志（上册）: 429. 图版173: 1 ~ 3. 1988; 内蒙古植物志（第二版）2: 290. 图版115: 11. 1990; 黑龙江省植物志4: 393. 图版106: 1 ~ 2. 1992; 东北植物检索表（第二版）: 168. 图版76: 5. 1995; Fl. China 5: 374. 2003.

（13a）长穗虫实（原变种）

Corispermum elongatum var. *elongatum*

生海滨沙地、固定沙丘或沙丘边缘。产黑龙江省齐齐哈尔、伊春、牡丹江、泰康、安达等地；吉林省扶余、集安等地；辽宁省沈阳、丹东、大连、海城、锦州等地；内蒙古自治区海拉尔、新巴尔虎右旗、巴林右旗等地。

（13b）毛果长穗虫实（变种）（内蒙古植物志，东北植物检索表）；星毛虫实（辽宁植物志，东北草本植物志）

Corispermum elongatum var. *stellatopilosum* Wang-wei et Fuh, 东北草本植物志2: 85. 图1959; 辽宁植物志（上册）: 430. 1988; 内蒙古植物志（第二版）2: 290. 1990; 黑龙江省植物志4: 395. 1992; 东北植物检索表（第二版）: 168. 1995.

生海滨沙地、固定沙丘或沙丘边缘。产黑龙江省哈尔滨等地；吉林省扶余等地；辽宁省彰武等地；内蒙古自治区赤峰、新巴尔虎右旗（模式标本采集地）等地。

（14）密穗虫实（黑龙江省植物志，东北植物检索表，中国植物志，Flora of China）

Corispermum confertum Bunge in Prim. Fl. Amur. 225. 1859; Fl. China 5: 373. 2003; 中国植物志25(2): 71. 图版12: 6. 1979; 黑龙江省植物志4: 392. 1992; 东北植物检索表（第二版）: 168. 1995.——*C. macrocarpum* var. *rubrum* Fuh et Wang-wei 东北草本植物志2: 84. 1959.

生沙地或固定沙丘。产黑龙江省哈尔滨等地；辽宁省彰武；内蒙古自治区海拉尔等地。

（15）辽西虫实（内蒙古植物志，东北植物检索表，中国植物志，Flora of China）

Corispermum dilutum (Kitag.) Tsien et C. G. Ma, 植物分类学报16: 119. 1978; 中国植物志25(2): 70. 图版12: 4. 1979; 内蒙古植物志（第二版）2: 289. 图版115: 13. 1990; 东北植物检索表（第二版）: 168. 图版76: 10. 1995; Fl. China 5: 373. 2003.

（15a）辽西虫实（原变种）

Corispermum dilutum var. *dilutum*

生流动沙丘底部、沙丘或河滩沙地。产吉林省通榆等地；辽宁省彰武等地；内蒙古自治区海拉尔、赤峰、巴林左旗、翁牛特旗等地。

■ 辽西虫实

果实

植株

（15b）毛果辽西虫实（变种）（内蒙古植物志，东北植物检索表，中国植物志）

Corispermum dilutum var. *hebecarpum* Tsien et C. G. Ma, 植物分类学报16: 119. 1978; 中国植物志25(2): 70. 图版12: 5. 1979; 内蒙古植物志（第二版）2: 290. 1990; 东北植物检索表（第二版）: 168. 1995.

生流动沙丘、河滩沙地。产内蒙古自治区赤峰（模式标本采集地）等地。

18 沙蓬属 *Agriophyllum* M. Bieb.

Agriophyllum M. Bieb., Fl. Taur.–Cauc. 3: 6. 1819.

一年生草本。茎直立，从基部分枝。叶互生，条状、披针状条形，披针形或卵圆形，全缘，先端渐尖具小尖头，基部渐狭或圆楔形，具3至多条叶脉。花序穗状，具苞片，无小苞片；花两性，无柄，单生于苞片1～5，分离，膜质，白色，矩圆形或披针形，顶端啮蚀状撕裂；雄蕊1～5，下位，花丝扁平，分离或仅基部连合，花药矩圆形；子房上位，无柄，卵状，腹背压扁，花柱短，柱头2，丝状。果实矩圆形至近圆形，上部边缘具翅或无；果实顶端具果喙，果皮与种皮分离。

本属全世界5～6种，分布于中亚及西亚。中国有3种，产东北、华北和西北。东北地区产1种。

沙蓬（辽宁植物志，黑龙江省植物志，内蒙古植物志，东北植物检索表，东北草本植物志，中国植物志，Flora of China）

Agriophyllum squarrosum (L.) Moq. in DC. Prodr. 13 (2): 139. 1849; 中国植物志25(2): 48. 图版13: 8. 1979;

辽宁植物志（上册）: 433. 图版175: 1 ~ 3. 1988; 黑龙江省植物志4: 362. 图版99: 1 ~ 4. 1992; 东北植物检索表（第二版）: 162. 图版73: 1. 1995; Fl. China 5: 367. 2003.——*A. arenarium* Bieb. ex C. A. Mey. in Fl. Taur.-Cauc. 3: 6. 1819; 东北草本植物志2: 87. 图85. 1959.——*A. pungens* (Vahl) Link ex A. Dietr. Sp. Pl. 1: 124. 1831. excl. syn. L.; 内蒙古植物志（第二版）2: 277. 图版114. 1990.

一年生直立草本；叶披针形至线状披针形；穗状花序腋生，无柄；苞片广卵形，顶端具刺尖；花被片3，膜质；胞果卵圆形或椭圆形，幼时被毛，上部边缘具膜质翅，翅二叉分枝。喜生沙丘或流动沙丘之背风坡上。产黑龙江省齐齐哈尔、泰来、肇源、哈尔滨等地；辽宁省沈阳、锦州、北票、彰武等地；内蒙古自治区海拉尔、新巴尔虎左旗、新巴尔虎右旗、巴林右旗、翁牛特旗等地。

种子含丰富淀粉，可食；植株可作牲畜饲料。

■ 沙蓬

植株一部分

果枝

19 滨藜属 *Atriplex* L.

Atriplex L. Gen. Pl. ed. 5, 472. 1754.

一年生草本或半灌木。叶互生或对生；叶片扁平，稍肥厚，条形、披针形、卵形、三角形、戟形等，边缘具齿或全缘。团伞花序腋生；花单性，雌雄同株或异株。雄花无苞片，花被5裂，较少3 ~ 4裂，花被裂片矩圆形或倒卵形，先端钝；雄蕊3 ~ 5，着生于花被基部，花丝离生或下部合生；退化子房狭圆锥状或圆柱状或无。雌花具2苞片，无花被；苞片离生或边缘不同程度合生，果时稍增大，形态多样，表面通常有附属物；子房卵形或扁球形；柱头2，钻状或丝状，花柱极短。胞果包藏于苞片内，果皮膜质，与种子贴伏或贴生。

本属全世界约250种，分布于世界的温带及亚热带。中国产17种，主要分布于北方各省，尤以新疆荒漠地区最为丰富。东北地区产8种，其中栽培2种。

分种检索表

1. 半常绿灌木 ………………………………………………………… 1. 四翅滨藜 A. canescens (Pursh) Nutt.
1. 草本植物。
  2. 苞片在果期全缘，卵形至圆形 ……………………………………… 2. 榆钱菠菜 A. hortensis L.
  2. 苞片在果期边缘有齿，不为卵形或圆形。

（接上表）

3. 叶较窄，长度为宽度2倍以上；果苞中下部合生，上半部分离。
 4. 果苞有粉，边缘合生的部位几乎达到中部；叶两面无粉或稍有粉 ………………… **3. 滨藜 A. patens** (Litv.) Iljin
 4. 果苞近无粉，边缘仅在最基部合生；叶两面无粉 …………………………… **4. 光滨藜 A. laevis** C. A. Mey.
3. 叶较宽，长度为宽度2倍以下。
 5. 苞片果期呈扁筒形，边缘全部合生或仅顶部分离。
  6. 苞片果期满布棘状突起 ………………………………………………… **5. 西伯利亚滨藜 A. sibirica** L.
  6. 苞片果期仅具1～3个棘状突起 ……………………………………………… **6. 野滨藜 A. fera** (L.) Bunge
 5. 苞片于果期非上述形状，仅中部以下的边缘合生。
  7. 多年生草本，高可达2米；叶片宽卵形至菱状卵形，边缘具1～3对波状齿或全缘，基部近截形至宽楔形并下延；花簇腋生，并在枝端集成收缩的小型穗状圆锥花序 ……… **7. 大洋洲滨藜 A. nummularia** Lindl.
  7. 一年生草本，高15～30厘米；叶片卵状三角形至菱状卵形，边缘具疏锯状齿，基部圆形至宽楔形；花集成腋生团伞花序 ………………………………………………………… **8. 中亚滨藜 A. centralasiatica** Iljin

（1）四翅滨藜（中国外来入侵植物彩色图鉴，The Checklist of the Naturalized Plants in China）；四翼滨藜（植物智网站）

Atriplex canescens (Pursh) Nutt., Gen. N. Amer. Pl. 1: 197. 1818; 中国外来入侵植物彩色图鉴: 17. 2016; The Checklist of the Naturalized Plants in China: 14. 2019.

原产美国中西部高原。吉林、内蒙古自治区有栽培和归化记录。

（2）榆钱菠菜（黑龙江省植物志，内蒙古植物志，东北植物检索表，中国植物志，Flora of China）

Atriplex hortensis L., Sp. Pl. 1053. 1753; 中国植物志25(2): 31. 图版6: 1～3. 1979; 内蒙古植物志（第二版）2: 260. 图版107: 7. 1990; 黑龙江省植物志4: 367. 图版100: 1～3. 1992; 东北植物检索表（第二版）: 162. 1995; Fl. China 5: 362. 2003.

原产欧洲。黑龙江省哈尔滨、齐齐哈尔，辽宁省铁岭及内蒙古自治区的一些地区有栽培。

供作蔬菜食用。

■ 榆钱菠菜

茎叶

果序

植株

（3）滨藜（辽宁植物志，黑龙江省植物志，内蒙古植物志，东北植物检索表，东北草本植物志，中国植物志，Flora of China）；北滨藜（内蒙古植物志）

Atriplex patens (Litv.) Iljin in Bull. Jard. Sot. Princi. URSS 24 (4): 415. 1927; 东北草本植物志2: 78. 图75.

1959; 中国植物志25(2): 36. 图版8: 1～2. 1979; 辽宁植物志（上册）: 424. 图版171: 1～2. 1988; 内蒙古植物志（第二版）2: 266. 图版107: 1～3. 1990; 黑龙江省植物志4: 368. 图版100: 4～5. 1992; 东北植物检索表（第二版）: 162. 图版73: 2. 1995; Fl. China 5: 362. 2003.

生轻度盐碱性草地、沙土地等处。产黑龙江省哈尔滨、佳木斯、牡丹江、齐齐哈尔、大庆、林甸等地；吉林省前郭、镇赉、通榆等地；辽宁省营口、葫芦岛、大连、长海等地；内蒙古自治区鄂伦春、满洲里、科尔沁右翼前旗、翁牛特旗、西乌珠穆沁旗、锡林浩特等地。

营养成分丰富，是盐碱地的优良牧草。全株有小毒，有人接触或食后出现过敏症状。

■ 滨藜

果序

花序

植株上部

（4）光滨藜（中国植物志，Flora of China）；北滨藜（内蒙古植物志，东北草本植物志）

Atriplex laevis C. A. Mey. in Ledeb. Ic. Pl. Fl. Ross. 1: 10. t. 41. 1829; 中国植物志25(2): 36. 图版8: 13～14. 1979; Fl. China 5: 363. 2003; 内蒙古植物志（第三版）1: 551. 2020.——*Atriplex gmelini* auct. non: C. A. Mey. 东北草本植物志2: 79. 图76. 1959; 内蒙古植物志（第二版）2: 268. 图版107: 4. 1990.

生盐湿土壤上。产内蒙古自治区鄂伦春、阿巴嘎旗。

■ 光滨藜

果实

植株一部分

（5）西伯利亚滨藜（黑龙江省植物志，内蒙古植物志，东北植物检索表，中国植物志，Flora of China）；刺果粉藜（东北草本植物志）

Atriplex sibirica L., Sp. Pl. ed. 2, 1493. 1763; 中国植物志25(2): 39. 图版8: 6. 1979; 内蒙古植物志（第二版）2: 266. 图版110. 1990; 黑龙江省植物志4: 369. 图版100: 8. 1992; 东北植物检索表（第二版）: 162. 图版73: 3. 1995; Fl. China 5: 363. 2003.——*Obione sibirica* (L.) Fisch. in Cat. Hort. Gorenk. 25. 1808; 东北草本植物志2: 77. 图72. 1959.

生海边盐碱地。产黑龙江省泰康、安达、大庆、林甸等地；吉林省通榆、扶余等地；内蒙古自治区新巴尔虎左旗、新巴尔虎中旗、克什克腾旗、锡林浩特、正蓝旗、镶黄旗等地。

可作猪饲料。全草治疮伤。

■ 西伯利亚滨藜

植株

植株一部分

（6）野滨藜（辽宁植物志，黑龙江省植物志，内蒙古植物志，东北植物检索表，中国植物志，Flora of China）；三齿粉藜（东北草本植物志）

Atriplex fera (L.) Bunge in Mem. Acad. Sci. Petersb. Ⅶ ser. 27 (8): 6. 1880; 中国植物志25(2): 39. 图版8: 11 ~ 12. 1979; 辽宁植物志（上册）: 423. 图版171: 4 ~ 5. 1988; 内蒙古植物志（第二版）2: 264. 图版109: 1 ~ 2. 1990; 黑龙江省植物志4: 367. 图版100: 9 ~ 10. 1992; 东北植物检索表（第二版）: 162. 图版73: 4. 1995; Fl. China 5: 363. 2003.——*Obione fera* Moq. in DC. Prodr. 13(2): 107. 1849; 东北草本植物志2: 77. 图73. 1959.

生河滩、渠沿、路边等含盐碱的地方。产黑龙江省齐齐哈尔、泰康、肇东、大庆等地；吉林省通榆、洮南等地；辽宁省营口等地；内蒙古自治区新巴尔虎左旗、新巴尔虎右旗、林西、克什克腾旗、东乌珠穆沁旗、西乌珠穆沁旗、锡林浩特等地。

（7）大洋洲滨藜（中国植物志，Flora of China）

Atriplex nummularia Lindl. in Mitch. Journ. Trop. Austr. 64. 1848; 中国植物志25(2): 42. 1979; Fl. China 5: 365. 2003.

原产大洋洲。黑龙江、吉林、辽宁、内蒙古自治区有归化记录，待调查核实。

（8）中亚滨藜（辽宁植物志，黑龙江省植物志，内蒙古植物志，东北植物检索表，中国植物志，Flora of China）；中亚粉藜（东北草本植物志）

Atriplex centralasiatica Iljin in Act. Inst. Bot. Acad. Sci. URSS. ser. 1, 2: 124. 1936; 中国植物志25(2): 40. 图版8: 7 ~ 9. 1979; 辽宁植物志（上册）: 423. 图版168: 5 ~ 8. 1988; 内蒙古植物志（第二版）2: 262. 图版

108. 1990; 黑龙江省植物志4: 365. 1992; 东北植物检索表（第二版）: 162. 图版73: 5. 1995; Fl. China 5: 364. 2003.——*A. centralasiatica* var. *macrobracteata* H. C. Fu et Z. Y. Chu, 内蒙古植物志2: 71, 368. 1978; 内蒙古植物志（第二版）2: 264. 1990; 黑龙江省植物志4: 366. 图版99: 1 ~ 4. 1992.——*Obione centralasiatica* (Iljin) Kitag., Lin. Fl. Manshur. 192. 1939; 东北草本植物志2: 78. 图74. 1959.

生荒地、海边沙地。产黑龙江省安达等地；吉林省双辽、通榆等地；辽宁省大连、营口、葫芦岛等地；内蒙古自治区翁牛特旗等地。黑龙江省中医药大学药草园有栽培。

带苞的果实称“软蒺藜”，为明目、强壮、缓和药。鲜草、干草均可作猪饲料。

■ 中亚滨藜

果序

植株

20 菠菜属 *Spinacia* L.

Spinacia L. Gen. Pl. ed. 5, 452. 1754.

一年生直立草本，全株平滑无毛。叶互生，有叶柄；叶片三角状卵形或戟形，全缘或具缺刻。花单性，集成团伞花序，雌雄异株。雄花通常再排列成顶生有间断的穗状圆锥花序；花被4 ~ 5深裂，裂片矩圆形，先端钝，不具附属物；雄蕊与花被裂片同数，着生于花被基部，花丝毛发状，花药外伸。雌花生于叶腋，无花被，子房着生于2枚合生的小苞片内，苞片在果时革质或硬化；子房近球形，柱头4 ~ 5，丝状，胚珠近无柄。胞果扁，圆形；种子直立，胚环形；胚乳丰富，粉质。

本属全世界3种，分布于地中海地区。中国仅有1栽培种。东北地区常见栽培。

菠菜（辽宁植物志，黑龙江省植物志，内蒙古植物志，东北植物检索表，东北草本植物志，中国植物志，Flora of China）

Spinacia oleracea L., Sp. Pl. 1027. 1753; 东北草本植物志2: 76. 1959; 中国植物志25(2): 46. 1979; 辽宁植物志（上册）: 422. 1988; 内蒙古植物志（第二版）2: 297. 1990; 黑龙江省植物志4: 409. 图版109: 11 ~ 16. 1992; 东北植物检索表（第二版）: 170. 1995; Fl. China 5: 366. 2003.

一年生直立草本；茎中空；幼叶丛生，抽茎后，茎叶互生，叶片长三角形或卵形；花单性，雌雄异株；果实上之花被具2刺。原产伊朗。东北各地栽培。

作蔬菜。全草有滋阴平肝、止咳、润肠作用，果实有祛风明目、开通关窍、利胃肠作用。

■ 菠菜

花序一部分

花期

苗期

茎叶

21 甜菜属 *Beta* L.

Beta L. Gen. Pl. ed. 5, 103. 1754.

一年生、二年生或多年生草本，平滑无毛。茎直立或略平卧，具条棱。叶互生，近全缘。花两性，无小苞片，单生或2～3花团集，于枝上部排列成顶生穗状花序；花被坛状，5裂，基部与子房合生，果时变硬，裂片直立或向内弯曲，背面具纵隆脊；雄蕊5，周位，花丝钻状，花药矩圆形；柱头2～3或较多，内侧面有乳头状突起；胚珠几乎无柄。胞果的下部与花被的基部合生，上部肥厚多汁或硬化；种子顶基扁，圆形，横生。

本属全世界约10种，分布于欧洲、亚洲及非洲北部。中国栽培1种及多个变种。东北地区栽培1种2变种。

分种下单位检索表

1. 根圆锥状或纺锤状，紫红色；叶脉紫红色 ……………………………………………… a. 甜菜 B. vulgaris var. vulgaris
1. 根肥大或肥厚，白色或淡橙黄色；叶脉非紫红色。

（接上表）

2. 根肥厚，白色，富含糖分 …………	b. 糖萝卜 B. vulgaris var. altissima
2. 根肥大，淡橙黄色，糖分少 …………	c. 饲用甜菜 B. vulgaris var. lutea

甜菜（辽宁植物志，黑龙江省植物志，内蒙古植物志，东北植物检索表，东北草本植物志，中国植物志，Flora of China）；紫菜头（中国植物志）

Beta vulgaris L., Sp. Pl. ed. 1, 222. 1753; 东北草本植物志2: 99. 1959; 中国植物志25(2): 10. 1979; 辽宁植物志（上册）: 444. 1988; 内蒙古植物志（第二版）2: 298. 1990; 黑龙江省植物志4: 374. 1992; 东北植物检索表（第二版）: 164. 1995; Fl. China 5: 354. 2003.——*Betavulgaris* var. *rosea* Moquin-Tandon.; 中国植物志25(2): 11. 1979.

一、二年生草本。根肥厚，圆锥状或纺锤状。茎直立，具条棱。基生叶大，多数，具长柄；叶片三角状或长卵形，表面皱缩不平；茎生叶互生，较小，具短柄，叶片卵形或披针形。花2至数朵簇生，花被片5。胞果下部陷在硬化的花被内，上部稍肉质。

（a）甜菜（原变种）

Beta vulgaris var. *vulgaris*

原产欧洲及北美洲。东北各地常见栽培。

有的品种可作蔬菜食用，有的品种可供观赏。茎叶有清热凉血、行瘀止血作用。

■ 甜菜

居群

植株

（b）糖萝卜（变种）（内蒙古植物志，中国植物志，Flora of China）

Beta vulgaris var. *altissima* Döll, Rhein. Fl. 293. 1843; 内蒙古植物志（第三版）1: 553. 2020; Fl. China 5: 354. 2003.——*Beta vulgaris* L. var. *saccharifera* Alef.: 中国植物志25(2): 11. 1979; 内蒙古植物志（第二版）2: 298. 1990.

原产欧洲及北美洲。东北各地常见栽培。

根供制糖，叶可作蔬菜用或作猪的青饲料。

■ 糖萝卜

根部

花果期

花序一部分

苗期

（c）饲用甜菜（变种）（内蒙古植物志，中国植物志，Flora of China）

Beta vulgaris var. *lutea* Candolle in Lamarck & Candolle, Fl. Franç. ed. 3. 3: 383. 1805; Fl. China 5: 354. 2003; 内蒙古植物志（第三版）1: 553. 2020.——*Beta vulgaris* var. *lutea* DC.: 中国植物志25(2): 10. 1979.

原产欧洲及北美洲。东北各地常见栽培。

根供饲料用。

■ 饲用甜菜

植株

居群

22 藜属 *Chenopodium* L.

Chenopodium L. Gen. Pl. ed. 5, 103. 1754.

一年生或多年生草本，少为半灌木。叶互生，有柄，稀无柄；叶片通常宽阔扁平，全缘或具不整齐锯状齿或浅裂片。花两性或兼有雌性，通常数花聚集成团伞花序，较少为单生，并再排列成腋生或顶生的穗状、圆锥状或复二歧式聚伞状的花序；花被球形，绿色，（3～）5裂，裂片腹面凹，背面中央稍肥厚或具纵隆脊，果时花被不变化，较少增大或变为多汁，无附属物；雄蕊5或较少，与花被裂片对生，下位或近周位，花丝基部有时合生；花药矩圆形；子房球形，顶基稍扁，较少为卵形；柱头2（～5），丝状或毛发状；花柱不明显，极少有短花柱。胞果卵形，双凸镜形或扁球形。

本属全世界约170种，遍布于世界各地。中国产19种。东北地区产10种2亚种。

分种检索表

1. 植株高3～7厘米，叶厚而无柄，线形或倒披针状线形，全缘 ……………………… **1. 矮藜 C. minimum** Wang et Fuh
1. 植株高20厘米以上。
  2. 花被通常3～4深裂，但花序顶端的5深裂。
    3. 植株有粉；叶背面灰白色，长2～4厘米，宽0.5～2厘米；茎平卧或斜升 …………… **2. 灰绿藜 C. glaucum** L.
    3. 植株无粉；叶两面同色，有时带红色，长4～8厘米，宽2～6厘米；茎直立或斜升 ……**3. 红叶藜 C. rubrum** L.
  2. 花被裂片5。
    4. 叶全缘或中部以下仅具1对不裂或2裂的侧裂片。
      5. 花稀疏；花序轴上无透明管状毛；花被果时不增厚；叶缘无透明边 ………………………………………………………………………… **4. 菱叶藜 Chenopodium bryoniifolium** Bunge
      5. 花紧密；花序轴上具透明管状毛；花被大部分在果时增厚并呈五角状；叶缘具半透明膜质边（**5. 尖头叶藜 C. acuminatum** Willd.）。
        6. 叶宽卵形至卵状披针形，长与宽近相差无几 ………… **5a. 尖头叶藜 C. acuminatum** subsp. **acuminatum**
        6. 叶狭卵形、长圆状至披针形，长显著大于宽 ……………………………………… **5b. 狭叶尖头叶藜 C. acuminatum** subsp. **virgatum** (Thunb.) Kitam.
    4. 叶有齿。
      7. 全株无粉；叶菱形至菱状卵形 …………… **6b. 东亚市藜 C. urbicum** L. subsp. **sinicum** Kung et G. L. Chu
      7. 植株有粉。
        8. 叶掌状浅裂；种子径2～3毫米 ………………………………………………………… **7. 杂配藜 C. hybridum** L.
        8. 叶非掌状浅裂；种子径不超过2毫米。
          9. 植株高达3米；下部叶长达20厘米；花序果期常下垂 …………………… **8. 杖藜 C. giganteum** D. Don
          9. 植株高20～50厘米；下部叶长不超过8厘米；花序果期直立。
            10. 叶明显呈三裂状，中裂片及侧裂片均有齿；种子表面有清晰的六角形细洼；花被裂片镊合状闭合 ……………………………………………………………………… **9. 小藜 C. ficifolium** Smith
            10. 叶非三裂状；种子表面有浅沟纹；花被裂片覆瓦状闭合或展开。
              11. 叶卵状三角形、长圆状卵形或菱状卵形……………………………………… **10. 藜 C. album** L.
              11. 叶狭线形、线形或披针形…………………………………… **11. 细叶藜 C. stenophyllum** Koidz.

（1）矮藜（东北植物检索表，东北草本植物志，内蒙古植物志）

Chenopodium minimum Wang et Fuh, 东北草本植物志2: 98, 111. 图97. 1959; 内蒙古植物志（第三版）

■ 矮藜

花序

植株

植株一部分

1: 556. 2020.——*Ch. acuminatum* var. *minimum* (Wang et Fuh) Zh. Sh. Qin, 东北植物检索表（第二版）: 164. 1995.

生山坡砾地。产辽宁省阜蒙县；内蒙古自治区新巴尔虎右旗（模式标本采集地）、新巴尔虎左旗、克什克腾旗等地。

（2）灰绿藜（辽宁植物志，黑龙江省植物志，内蒙古植物志，东北植物检索表，东北草本植物志，中国植物志，Flora of China）

Chenopodium glaucum L., Sp. Pl. 220. 1753; 东北草本植物志2: 93. 图91. 1959; 中国植物志25(2): 84. 图版19: 11 ~ 13. 1979; 辽宁植物志（上册）: 438. 图版177: 1 ~ 3. 1988; 内蒙古植物志（第二版）2: 305. 图版120: 6; 123. 1990; 黑龙江省植物志4: 383. 图版104: 1 ~ 3. 1992; 东北植物检索表（第二版）: 164. 图版74: 4. 1995; Fl. China 5: 379. 2003.

生盐碱地、河边、菜园及撂荒地或住宅附近。为轻盐碱土的指示植物。产黑龙江省各地；吉林省各地；辽宁省各地；内蒙古自治区牙克石、鄂温克、陈巴尔虎旗、克什克腾旗、锡林浩特、镶黄旗等地。

为轻盐碱土的指示植物。全草治疮伤。幼苗可食。

■ 灰绿藜

叶背面观

植株

植株一部分

（3）红叶藜（黑龙江省植物志，内蒙古植物志，东北植物检索表，中国植物志，Flora of China）

Chenopodium rubrum L., Sp. Pl. 218. 1753; Fl. China 5: 379. 2003; 中国植物志25(2): 85. 图版16: 9 ~ 11. 1979; 内蒙古植物志（第二版）2: 305. 1990; 黑龙江省植物志4: 386. 图版103: 3 ~ 5. 1992; 东北植物检索表（第二版）: 164. 图版75: 6. 1995.

生路旁、田边及轻度盐碱地。产黑龙江省西部；内蒙古自治区锡林郭勒。

（4）菱叶藜（辽宁植物志，黑龙江省植物志，内蒙古植物志，东北植物检索表，中国植物志，Flora of China）

Chenopodium bryoniifolium Bunge in Del. Sem. Hort. Petrop. 10. 1876; 中国植物志25(2): 88. 图版17: 5 ~ 7. 1979; 辽宁植物志（上册）: 442. 1988; 内蒙古植物志（第二版）2: 309. 图版120: 2. 1990; 黑龙江省植物志4: 382. 图版104: 4 ~ 6. 1992; 东北植物检索表（第二版）: 166. 图版75: 7. 1995; Fl. China 5: 380. 2003.

生林缘、草地。产黑龙江省带岭、伊春、牡丹江等地；吉林省和龙、珲春等地；辽宁省沈阳、鞍山（千山）、新宾、清原、宽甸等地；内蒙古自治区额尔古纳、根河、海拉尔、牙克石、科尔沁右翼前旗等地。

■ 菱叶藜

苗期植株

茎叶正面观

茎叶背面观

花序

花序一部分

（5）尖头叶藜（辽宁植物志，黑龙江省植物志，内蒙古植物志，东北植物检索表，中国植物志，Flora of China）；绿珠藜（东北草本植物志）

Chenopodium acuminatum Willd. in Neue Schrift. Gesellsch. Naturf. Berl. 2: 124. t. 5. f. 2. 1799; 东北草本植物志 2：93. 图版92.1959; 中国植物志25(2): 86. 图版17: 1～4. 1979; 辽宁植物志（上册）: 439. 图版177: 4～5. 1988; 内蒙古植物志（第二版）2: 307. 图版120: 3; 125. 1990; 黑龙江省植物志4: 377. 图版102: 5～9. 1992; 东北植物检索表（第二版）: 164. 图版74: 3. 1995; Fl. China 5: 380. 2003.

（5a）尖头叶藜（原亚种）

Chenopodium acuminatum subsp. *acuminatum*

生河岸沙地、杂草地、沙碱地等处。产黑龙江省哈尔滨、齐齐哈尔、肇源、肇东、泰康、伊春、牡丹江等地；吉林省镇赉、双辽、通榆、前郭、和龙、安图等地；辽宁省铁岭、沈阳、彰武、普兰店、旅顺口、大连、金州等地；内蒙古自治区新巴尔虎左旗、新巴尔虎右旗、扎赉特旗、大青沟、西乌珠穆沁旗、锡林浩特、镶黄旗、苏尼特左旗、苏尼特右旗等地。

幼苗可食。全草用于风寒头痛、四肢胀痛。

■ 尖头叶藜

果序

果序一部分

花序

植株一部分

植株

（5b）狭叶尖头叶藜（亚种）（内蒙古植物志，东北植物检索表，中国植物志，Flora of China）；岩藜（大连地区植物志）

Chenopodium acuminatum subsp. *virgatum* (Thunb.) Kitam. in Act. Phytotax. Geobot. 20: 206. 1962; 中国植物志25(2): 88. 1979; 内蒙古植物志（第二版）2: 309. 1990; 东北植物检索表（第二版）: 164. 1995; Fl. China 5: 380. 2003.——*C. virgatum* Thunb. in Nov. Act. Reg. Soc. Sci. Upsal. 143. 1815; 大连地区植物志上册: 174. 图198. 1982.

■ 狭叶尖头叶藜

花序

茎叶

■ 狭叶尖头叶藜

植株

植株一部分

生湖边或海边荒地。产吉林省珲春、和龙等地；辽宁省金州等地；内蒙古自治区新巴尔虎左旗、新巴尔虎右旗、锡林浩特等地。

（6）市藜（中国植物志，Flora of China）

Chenopodium urbicum L., Sp. Pl. 281. 1753; 中国植物志25(2): 93. 1979; Fl. China 5: 381. 2003.

（6a）市藜（原亚种）

Chenopodium urbicum subsp. *urbicum*

中国产新疆。东北地区不产。

（6b）东亚市藜（亚种）（黑龙江省植物志，内蒙古植物志，东北植物检索表，中国植物志，Flora of China）；市藜（东北草本植物志）

Chenopodium urbicum subsp. *sinicum* Kung et G. L. Chu, 植物分类学报16: 121. 1978; 中国植物志25(2):

■ 东亚市藜

叶正面观

叶背面观

93. 图版16: 1 ~ 3. 1979; 内蒙古植物志（第二版）2: 311. 图版120: 10; 126. 1990; 黑龙江省植物志4: 388. 图版105: 1 ~ 4. 1992; 东北植物检索表（第二版）: 166. 图版75: 5. 1995; Fl. China 5: 382. 2003.——*Ch. urbicum* L. var. *intermedium* auct. non Koch: 东北草本植物志2: 96. 1959.

生荒地、盐碱地、田边等处。产黑龙江省哈尔滨、安达、大庆、齐齐哈尔等地；吉林省双辽、扶余、通榆、前郭尔罗斯等地；辽宁省朝阳；内蒙古自治区海拉尔、双辽、科尔沁右翼中旗、翁牛特旗、科尔沁左翼后旗等地。

（7）杂配藜（黑龙江省植物志，内蒙古植物志，中国植物志，Flora of China）；大叶藜（辽宁植物志，东北植物检索表，东北草本植物志）

Chenopodium hybridum L., Sp. Pl. 219. 1753; 东北草本植物志2: 95. 图93. 1959; 中国植物志25(2): 94. 1979; 辽宁植物志（上册）: 440. 图版178: 1 ~ 3. 1988; 内蒙古植物志（第二版）2: 311. 图版120: 7; 127. 1990; 黑龙江省植物志4: 384. 图版104: 7 ~ 12. 1992; 东北植物检索表（第二版）: 166. 图版75: 2. 1995; Fl. China 5: 382. 2003.

生路边、住宅附近、水边、林缘、山坡灌丛等处。产黑龙江省伊春、肇东、密山、大庆等地；吉林省临江、蛟河、桦甸、安图、珲春等地；辽宁省沈阳、丹东、鞍山、大连、朝阳等地；内蒙古自治区根河、牙克石、鄂伦春、科尔沁右翼前旗、科尔沁左翼中旗、科尔沁左翼后旗、锡林浩特、正镶白旗等地。

本种为外来入侵植物，是农田、果园和菜地常见的杂草之一，也是甜菜大龟甲和藜花叶病毒的寄主之一，危害作物、花卉和果树，牲畜大量食用会引起硝酸盐中毒。可合理利用：全草为通经、活血、止血药；嫩枝叶焯水、浸泡后可食。

■ 杂配藜

植株一部分

花序

植株

（8）杖藜（辽宁植物志，东北植物检索表，中国植物志，Flora of China）；红心藜（东北植物检索表，东北草本植物志）

Chenopodium giganteum D. Don in Prodr. Fl. Nepal. 75. 1825; 中国植物志25(2): 94. 图版20: 7 ~ 9. 1979; 辽宁植物志（上册）: 440. 图版178: 4 ~ 6. 1988; 东北植物检索表（第二版）: 166. 图版75: 1. 1995; Fl. China 5: 382. 2003.——*Ch. album* var. *centrorubrum* Makino in Bot. Mag. (Tokyo) 24: 16. 1910; 东北草本植物志2: 98. 1959; 东北植物检索表（第二版）: 166. 1995.

生田园、路旁。产辽宁省建平、岫岩、铁岭、大连等地。

嫩苗可作蔬菜，种子可食；果实治尿急、尿痛、皮肤瘙痒。

■ 杖藜

果期植株

花序

花序一部分

植株

植株上部

（9）小藜（辽宁植物志，黑龙江省植物志，内蒙古植物志，东北植物检索表，东北草本植物志，中国植物志，Flora of China）

Chenopodium ficifolium Smith, Fl. Brit. 1: 276. 1800; Fl. China 5: 383. 2003.——*Chenopodium serotinum* auct. non L.: 东北草本植物志2: 95. 图94. 1959; 中国植物志25(2): 96. 图版19: 8 ~ 10. 1979; 辽宁植物志（上册）: 441. 图版179: 4. 1988; 内蒙古植物志（第二版）2: 314. 图版120: 5; 128. 1990; 黑龙江省植物志4: 386. 图版105: 5 ~ 9. 1992; 东北植物检索表（第二版）: 166. 图版74: 1. 1995.

生撂荒地、河岸、沟谷。产黑龙江省各地；辽宁省沈阳、桓仁、本溪、营口、大连、北镇等地；内蒙古自治区海拉尔等地。

嫩茎叶可作饲料，嫩苗可食。全草有祛湿、解毒作用。

■ 小藜

花序一部分

花序

居群

（10）藜（辽宁植物志，黑龙江省植物志，内蒙古植物志，东北植物检索表，东北草本植物志，中国植物志，Flora of China）

Chenopodium album L., Sp. Pl. 219. 1753; 东北草本植物志2: 97. 图96. 1959; 中国植物志25(2): 98. 图版19: 1～4. 1979; 辽宁植物志（上册）: 442. 图版179: 1～3. 1988; 内蒙古植物志（第二版）2: 314. 图版120: 1; 129. 1990; 黑龙江省植物志4: 378. 图版102: 1～4. 1992; 东北植物检索表（第二版）: 166. 图版74: 2. 1995; Fl. China 5: 383. 2003.——*C. album* f. *heterophyllum* Wang-wei & P.Y.Fu, 东北草本植物志2: 98. 1959.

生路旁、荒地及田间。产东北各地。

嫩枝叶可食。全草入药，用于痢疾腹泻、烧伤、虫伤、白癜风。

■ 藜

植株一部分

花序

苗期植株

（11）细叶藜（辽宁植物志，黑龙江省植物志，东北植物检索表，东北草本植物志）

Chenopodium stenophyllum Koidz. in Bot. Mag. Tokyo 34: 305. 1925; 东北草本植物志2: 98. 1959; 辽宁植

■ 细叶藜

植株

植株上部

植株下部

物志（上册）: 444. 图版179: 5. 1988; 东北植物检索表（第二版）: 166. 图版74: 5. 1995.——*C. album* var. *stenophyllum* Makino in Tokyo Bot. Mag. 27: 28. 1913; 黑龙江省植物志4: 378. 1992.

生路旁、杂草地。产黑龙江省哈尔滨、汤原、伊春、虎林、大庆、杜尔伯特等地；吉林省抚松、临江等地；辽宁省沈阳、朝阳、彰武、北票等地；内蒙古自治区海拉尔、新巴尔虎左旗、新巴尔虎右旗、赤峰、鄂温克等地。

23 腺毛藜属（刺藜属） Dysphania R. Br.

Dysphania R. Brown, Prodr. 411. 1810.

一年生草本或短暂多年生植物，通常芳香。茎多有分枝，直立，上升，或匍匐。单叶互生，边缘全缘，或具锯状齿，或羽状浅裂。花序顶生和腋生，花稀疏，单生或集成复二歧式聚伞花序；花被裂片5；雄蕊5；柱头2，很短；种子横生，胚半环形；植物体具腺或不具腺。

本属全世界大约30种，广布于全世界热带、亚热带和温暖的温带区。中国有4种。东北地区产3种，其中栽培1种。

分种检索表

1. 花序分枝末端有针刺状的不育枝；叶全缘 ……………………………… 1. 刺藜 D. aristata (L.) Mosyakin & Clemants
1. 花序不具针刺状的不育枝；叶缘有裂或齿。
  2. 植物体无强烈气味；茎匍匐或平卧；叶椭圆形至卵状椭圆形，下面密生黄色腺粒 …………………………………………………………………………2. 铺地藜 D. pumilio (R.Br.) Mosyakin & Clemants
  2. 植物体有强烈气味；茎直立。
    3. 叶羽状深裂至浅裂 ……………………………… 3. 菊叶香藜 D. schraderiana (Schult.) Mosyakin & Clemants
    3. 叶缘具稀疏不整齐的大锯状齿 ………………………… 4. 土荆芥 D. ambrosioides (L.) Mosyakin & Clemants

（1）刺藜（辽宁植物志，黑龙江省植物志，内蒙古植物志，东北植物检索表，东北草本植物志，中国植物志，Flora of China）

Dysphania aristata (L.) Mosyakin & Clemants in Ukrayins'k. Bot. Zhurn. 59: 382. 2002; Fl. China 5: 376. 2003.——*Teloxys aristata* (L.) Moq. in Ann. Sci. Nat. ser. 2, 1: 289. t. 10. f. A. 1834; 东北草本植物志2: 91. 图89. 1959; 辽宁植物志（上册）: 437. 图版175: 4 ~ 5. 1988.——*Chenopodium aristatum* L., Sp. Pl. 221. 1753; 中国植物志25(2): 79. 图版15: 6 ~ 7. 1979; 内蒙古植物志（第二版）2: 302. 图版120: 8; 122. 1990; 黑龙江省植物志4: 382. 图版102: 10 ~ 11. 1992; 东北植物检索表（第二版）: 164. 图版75: 4. 1995.——*Chenopodium aristatum* var. *inerme* W.Z. Di., 贺兰山维管植物81, 326. 1986; 内蒙古植物志（第二版）2: 305. 图版120: 8; 122. 1990.

生山坡、荒地或农田等处。产黑龙江省各地；吉林省蛟河、安图、和龙、珲春、扶余、通榆、抚松、通化、集安等地；辽宁省辽阳、清原、凤城、新民、朝阳、彰武等地；内蒙古自治区根河、牙克石、鄂伦春、新巴尔虎左旗、新巴尔虎右旗、科尔沁右翼前旗、科尔沁左翼后旗、克什克腾旗、锡林浩特、正蓝旗、太仆寺旗、多伦等地。

全草有祛风止痒功效，治荨麻疹及皮肤瘙痒。

■ 刺藜

果枝

花序末端分枝针刺状

花枝

茎叶

植株

（2）铺地藜（植物研究，中国归化植物名录）

Dysphania pumilio (R.Br.) Mosyakin & Clemants, Ukrayins'k. Bot. Zhurn. 59(4): 382. 2002; The Checklist of the Naturalized Plants in China: 16. 2019.——*Chenopodium pumilio* R. Brown in de Candolle, Prodr. 407. 1810; 植物研究26(2): 131. 2006.

原产大洋洲南部沿海地区。生荒地等环境。辽宁省沈阳有分布。

本种为外来入侵植物，大量繁殖会侵占本土植物生态位，影响本土生物多样性；侵入农田和景观带后，则可影响作物生长和景观效果。

■ 铺地藜

叶正面观

叶背面观

标本

（3）菊叶香藜（内蒙古植物志，东北植物检索表，中国植物志，Flora of China）；菊叶刺藜（东北草本植物志）

Dysphania schraderiana (Schult.) Mosyakin & Clemants in Ukrayins'k. Bot. Zhurn. 59: 383. 2002; Fl. China 5: 377. 2003.——*Chenopodium schraderianum* Schult. in Syst. Veg. 6: 260. 1820; 东北植物检索表（第二版）: 164. 图版75: 3. 1995.——*Ch. foetidum* Schrad. in Magaz. Ges. Naturf. Freunde Berl. 79. 1808; 中国植物志25(2): 80. 图版15: 1～3. 1979; 内蒙古植物志（第二版）2: 302. 图版120: 4; 121. 1990.——*Teloxys feotida* Kitag. in Rep. Exped. Manchoukuo Sect. Ⅳ 4: 80. 1935; 东北草本植物志2: 91. 图90. 1959.

生林缘草地、沟岸、河沿、居民区附近。产辽宁省凌源、朝阳等地；内蒙古自治区阿鲁科尔沁旗、克什克腾旗、喀喇沁旗、太仆寺旗、苏尼特旗等地。

全草有祛风止痒、清热利湿、杀虫作用。嫩株可作为蔬菜食用。

■ 菊叶香藜

花序

植株下部

（4）土荆芥（黑龙江省植物志，中国植物志，Flora of China）

Dysphania ambrosioides (L.) Mosyakin & Clemants in Ukrayins'k. Bot. Zhurn. 59: 382. 2002; Fl. China 5: 377. 2003.——*Chenopodium ambrosioides* L., Sp. Pl. 219. 1753; 中国植物志25(2): 82. 图版15: 8 ~ 9. 1979; 黑龙江省植物志4: 380. 1992.

原产热带美洲。黑龙江省、辽宁省有少量栽培。

作为药用植物引进。全草入药，治蛔虫病、钩虫病、蛲虫病，外用治皮肤湿疹，并能杀蛆虫。

■ 土荆芥

居群

植株一部分

129. 番杏科 Aizoaceae

Aizoaceae Martinov, Tekhno-Bot. Slovar 15. 1820, *nom. cons.*

木贼门、木贼亚门、木兰纲、蔷薇亚纲、石竹超目、石竹目（Caryophyllales）。

草本植物，或为半灌木、灌木，肉质。茎直立或平卧。单叶对生、互生或假轮生，全缘或具疏齿。花两性，稀杂性，辐射对称，花单生、簇生或成聚伞花序；单被或异被，花被片5，稀4，分离或基部合生；雄蕊3 ~ 5或多数排成多轮，花药2室，纵裂；花托扩展成碗状，常有蜜腺，或在子房周围形成花盘；子房上位或下位，心皮2、5或多数，合生成2至多室，稀离生，花柱同心皮数，胚珠多数，稀单生，弯生、近倒生或基生，中轴胎座或侧膜胎座。蒴果或坚果状，有时为瘦果，常为宿存花被包围；种子具细长弯胚，包围粉质胚乳，常有假种皮。

本科全世界约有142属，2000 ~ 2500种，主产于非洲南部，其次在大洋洲，有些分布于全热带至亚热带干旱地区，少数为广布种。中国有3属3种。东北地区栽培1属1种。

番杏属 *Tetragonia* L.

Tetragonia L., Sp. Pl. 480.1753.

肉质草本或半灌木，无毛、有毛或具白亮小颗粒状凸起（针晶体）。茎直立、斜升或平卧。叶互生，扁平，全缘或浅波状，无托叶。花两性，小型，花梗有或无，单生或数个簇生叶腋，绿色或淡黄绿色；花被3 ~ 5裂，常有角，花被筒和子房贴生；雄蕊4或更多，着生花被筒上，与花被裂片互生，单生或成束；子房下位，3 ~ 8室，每室具1粒下垂胚珠，花柱线形，与室同数。果实坚果状，陀螺形或倒卵球形，顶部常凸起或具小角；种子近肾形，胚弯曲。

本属全世界约60种，分布于非洲、亚洲东部、大洋洲、新西兰、南美洲温带地区。中国有1种。东北地区有栽培。

番杏（中国植物志，Flora of China）

Tetragonia tetragonioides (Pall.) Kuntze in Rev. Gen. 264. 1891; 中国植物志26: 35. 图版7: 5–7. 1996; Fl. China 5: 440. 2003.

一年生肉质草本；茎肥粗，淡绿色；叶卵状菱形或卵状三角形，边缘波状；花单生或2～3朵簇生叶腋；花被筒长2～3毫米，裂片3～5，内面黄绿色；坚果陀螺形，具钝棱，有4～5角。江苏、浙江、福建、台湾、广东、云南有栽培，也野生海滩。日本、亚洲南部、大洋洲、南美洲也有。辽宁省大连有栽培。

可做蔬菜，也可药用，有清热解毒、祛风消肿作用。

■ 番杏

植株

植株一部分

130. 商陆科 Phytolaccaceae

Phytolaccaceae R.Br., Narr. Exped. Zaire 454. 1818, *nom. cons.*

木贼门、木贼亚门、木兰纲、蔷薇亚纲、石竹超目、石竹目（Caryophyllales）。

草本，稀为灌木或乔木。叶互生，全缘；无托叶或托叶小。花两性，稀单性，具苞及小苞片，排成直立或弯垂、顶生的总状花序；花被4～5裂片，离生或基部愈合；雄蕊与花被片同数并与其互生，或多数，花丝线形或锥形，分离或基部合生，花药背着，脱落；子房上位，心皮1或多数，分离或合生，花柱与子房室同数而短或缺如，柱头线形或锥形，通常外卷；胚珠每室1枚。浆果、蒴果或翅果状；种子肾形、球形或扁豆形，外种皮膜质或硬脆，平滑或具皱缩。

本科全世界有3属，约32种，广布于热带至温带地区，主产于热带美洲、非洲南部，少数产亚洲。中国有2属5种。东北地区产1属2种，其中栽培1种。

商陆属 *Phytolacca* L.

Phytolacca L., Sp. Pl. 441. 1753.

多年生草本，常具肥大的肉质根，或为灌木，稀为乔木，直立，稀攀缘。叶片卵形、椭圆形或披针形。花通常两性，稀单性或雌雄异株，排成总状花序、聚伞圆锥花序或穗状花序，花序顶生或与叶对生；花被片5，辐射对称，草质或膜质，长圆形至卵形，顶端钝，宿存；雄蕊6～33，着生花被基部，花丝钻状或线形，分离或基部连合，内藏或伸出，花药长圆形或近圆形；子房近球形，上位；心皮5 ~ 16，分离或连合；花柱钻形，直立或下弯。浆果，肉质多汁，后干燥，扁球形。

本属全世界约25种，分布于热带至温带地区，绝大部分产南美洲，少数种产非洲和亚洲。中国有4种。东北地区有2种其中栽培1种。

分种检索表

1. 花序较纤细，花较少而稀；果序下垂；心皮合生 ………………………… 1. 垂序商陆 P. americana L.
1. 花序粗壮，花多而密；果序直立；心皮分离 ………………………… 2. 商陆 P. acinosa Roxb

（1）垂序商陆（中国植物志，Flora of China）；美国商陆（黑龙江省植物志）；洋商陆（中国植物图鉴）

Phytolacca americana L., Sp. Pl. 441. 1753; 黑龙江省植物志4: 276. 图版73: 5 ~ 9. 1992; 中国植物志26: 19. 图版3: 6 ~ 7. 1996; Fl. China 5: 436. 2003.

原产北美洲。东北各地常见栽培，且有逸生。

本种为外来入侵植物，在中国属检疫性杂草，全株有毒，根及果实毒性最强。可合理利用：根可作商陆入药，具有止咳、利尿和消肿作用；茎叶提取物具有抗TMV病毒活性，具有开发为植物源农药的潜在价值；果实和叶片可提取染料；植物体能富集锰、镍和镉等重金属，可用于矿山植被恢复。

■ 垂序商陆

苗期植株

花序一部分

果序一部分

果期植株

果期植株一部分

（2）商陆（辽宁植物志，黑龙江省植物志，东北植物检索表，东北草本植物志，中国植物志，Flora of China）

Phytolacca acinosa Roxb in Hort. Beng. 35. 1814; 东北草本植物志2: 105. 图102. 1959; 东北植物检索表（第二版）: 138. 图版62: 1. 1995; 中国植物志26: 15. 图版3: 1 ~ 4. 1996; Fl. China 5: 435. 2003.——*P. esculenta* Van. Houtte in Fl. Serres Jard. Eur. 4: t. 398b. 1848; 辽宁植物志（上册）: 362. 图版146: 1 ~ 4. 1988; 黑龙江省植物志4: 276. 图版73: 1 ~ 4. 1992.

生山沟湿润地。产鞍山（千山）、岫岩、凤城。黑龙江省有栽培。

根有毒，有通二便、逐水、散结作用，仅供外用。也可作兽药及农药。

■ 商陆

果序

花序一部分

花

心皮离生

植株

131. 紫茉莉科 Nyctaginaceae

Nyctaginaceae Juss., Gen. Pl. [Jussieu] 90. 1789, *nom. cons.*

木贼门、木贼亚门、木兰纲、蔷薇亚纲、石竹超目、石竹目（Caryophyllales）。

草本、灌木或乔木，有时为具刺藤状灌木。单叶，对生、互生或假轮生，全缘，具柄。花辐射对称，两性，稀单性或杂性；单生、簇生或成聚伞花序、伞形花序；常具苞片或小苞片，有的苞片色彩鲜艳；花被单层，常为花冠状，圆筒形或漏斗状，有时钟形，下部合生成管，顶端5～10裂，在芽内镊合状或折扇状排列，宿存；雄蕊1至多数，通常3～5，下位，花丝离生或基部连合，芽时内卷，花药2室，纵裂；子房上位，1室，内有1粒胚珠，花柱单一，柱头球形，不分裂或分裂。瘦果状掺花果包在宿存花被内，有棱或槽，有时具翅，常具腺；种子有胚乳。

本科全世界有31属300～400种，分布于热带、亚热带地区，主要分布于热带美洲。中国有6属13种。东北地区栽培2属2种。

分属检索表

1. 藤状灌木 …………………………………………………………………… 1. 叶子花属 Bougainvillea
1. 一年生或多年生草本 ………………………………………………………2. 紫茉莉属 Mirabilis

1 叶子花属 *Bougainvillea* Comm. ex Juss.

Bougainvillea Comm. exJuss., Gen. Pl. 91. 1789 (‘Bugivillaea’) .

灌木或小乔木，有时攀缘。枝有刺。叶互生，具柄，叶片卵形或椭圆状披针形。花两性，通常3朵簇生枝端，外包3枚鲜艳的叶状苞片，红色、紫色或橘色；花梗贴生苞片中脉上；花被合生成管状，通常绿色，顶端5～6裂，裂片短，玫瑰色或黄色；雄蕊5～10，内藏，花丝基部合生；子房纺锤形，具柄，1室，具1粒胚珠，花柱侧生，短线形，柱头尖。瘦果圆柱形或棍棒状，具5棱。

本属全世界约18种。原产南美，有一些种常栽培于热带及亚热带地区。中国栽培2种。东北地区栽培1种。

叶子花（中国植物志，Flora of China）

Bougainvillea spectabilis Willd. in Sp. Pl. 2: 348. 1799; 中国植物志26: 6. 1996; Fl. China 5: 432. 2003.

常绿藤状灌木；枝有刺；叶椭圆形或卵形；花序腋生或顶生；苞片椭圆状卵形，暗红色、淡紫红色

■ 叶子花

花序侧面观

花枝

植株一部分

等；花被管狭筒形，绿色，顶端5～6裂，裂片开展，黄色；瘦果圆柱形或棍棒状，具5棱，密生毛。原产热带美洲。辽宁省大连偶见避风向阳处露地栽培，冬季需要采取防寒措施。

木本观赏植物，生命力旺盛，粗生易长，花期长。

2 紫茉莉属 *Mirabilis* L.

Mirabilis L., Sp. Pl. 177. 1753.

一年生或多年生草本。单叶，对生，有柄或上部叶无柄。花两性，1至数朵簇生枝端或腋生；每花基部包以1个5深裂的萼状总苞，裂片直立，渐尖，折扇状，花后不扩大；花被各色，花被筒伸长，在子房上部稍缢缩，顶端5裂，裂片平展，凋落；雄蕊5～6，与花被筒等长或外伸，花丝下部贴生花被筒上；子房卵球形或椭圆体形；花柱线形，与雄蕊等长或更长，伸出，柱头头状。掺花果球形或倒卵球形，革质、壳质或硬纸质，平滑或有疣状突起。

本属全世界约50种，主产于热带美洲。中国栽培1种，有时逸为野生。东北地区常见栽培。

紫茉莉（中国植物志，Flora of China）

Mirabilis jalapa L., Sp. Pl. 177. 1753; 中国植物志26: 7. 1996; Fl. China 5: 432. 2003.

一年生草本；叶卵形，全缘；花常数朵簇生枝端；总苞钟形，5裂；花被紫红色、黄色、白色或杂色，高脚碟状，5浅裂；瘦果球形，黑色，表面具皱纹。原产热带美洲。东北各地栽培。

作为观赏植物引进。对重金属耐受性较高，在一定程度上能修复被镉、铅等重金属污染的土壤；种子胚乳干后加香料，可制成化妆用香粉；根药用，有祛湿利尿、活血解毒作用；叶可治疮毒；根的水提液具有一定降糖作用；根醇提物对大肠埃希菌有一定的抑制作用；植株含一种蛋白抑制剂，对烟草花叶病毒、黄瓜花叶病毒、芜菁花叶病毒具有较好的抑制作用；浸提液对桃软腐病菌菌丝生长具有抑制作用。

■ 紫茉莉

果序

花

花序

植株

132. 粟米草科 Molluginaceae

Molluginaceae Bartl., Beitr. Bot. 2: 158. 1825, *nom. cons.*

木贼门、木贼亚门、木兰纲、蔷薇亚纲、石竹超目、石竹目（Caryophyllales）。

草本或亚灌木。单叶互生，很少对生，基生叶莲座状或茎上假螺旋，全缘。顶生或近腋生的聚伞花序；花两性，很少单性；花被片（4～）5，离生；花瓣无或5至多数；雄蕊3～5或多数，排列成几列；子房上位，心皮2～5或多数，合生，中轴胎座。蒴果，室背开裂，极少为坚果。

本科全世界有11属85～95种，分布于热带和亚热带干旱地区，主产非洲南部。中国产2属6种，主产西南和华东地区。东北地区产1属2种。

粟米草属 *Mollugo* L.

Mollugo L., Sp. Pl. 89. 1753.

一年生草本。茎铺散、斜升或直立，多分枝，无毛。单叶，基生、近对生或假轮生，全缘。花小，具梗，顶生或腋生，簇生或成聚伞花序、伞形花序；花被片5，离生，草质，常具透明干膜质边缘；雄蕊通常3，有时4或5，稀更多（6～10），与花被片互生，无退化雄蕊；心皮3（～5），合生，子房上位，卵球形或椭圆球形，3（～5）室，每室有多数胚珠，着生中轴胎座上，花柱3（～5），线形。蒴果球形，果皮膜质，部分或全部包于宿存花被内，室背开裂为3（～5）果瓣；种子多数，肾形，平滑或有颗粒状凸起或脊具凸起肋棱，无种阜和假种皮；胚环形。

本属全世界约35种，分布于热带和亚热带地区，欧洲和北美洲温暖地区也有。中国有4种。东北地区产2种。

分种检索表

1. 茎生叶叶片披针形或线状披针形；疏松聚伞花序；种子具颗粒状突起 ………………………… 1. 粟米草 M. stricta L.
1. 茎生叶叶片倒披针形或线状倒披针形；花簇生；种子平滑有光泽，脊具3～5条弧形肋棱 ………………………… 2. 种棱粟米草 M. verticillata L.

（1）粟米草（中国植物志，Flora of China）

Mollugo stricta L., Sp. Pl. ed. 2. 131. 1762; 中国植物志26: 28. 图版6: 7. 1996; Fl. China 5: 439. 2003.

一年生纤细草本；叶3～5片假轮生或对生，叶片披针形，全缘；叶柄短；疏松聚伞花序；花被片5，淡绿色；蒴果近球形，与宿存花被等长，3瓣裂。生空旷荒地、农田和海岸沙地。产辽宁省铁岭。

全草有清热解毒功效，治腹痛泄泻、皮肤热疹、火眼及蛇伤。

■ 粟米草

植株一部分

植株

（2）种棱粟米草（植物研究，中国植物志，Flora of China）；毯粟草（植物智网站）

Mollugo verticillata L., Sp. Pl. 89. 1753; 中国植物志26: 29. 图版6: 5 ~ 6. 1996; Fl. China 5: 439. 2003.

生于草地瘠土或旱田中。产辽宁省金州。

■ 种棱粟米草

标本

种子

根部

花

茎叶

植株

植株一部分

133. 落葵科　Basellaceae

Basellaceae Raf., Fl. Tellur. 3: 44. 1837, *nom. cons.*

木贼门、木贼亚门、木兰纲、蔷薇亚纲、石竹超目、石竹目（Caryophyllales）。

缠绕草质藤本，全株无毛。单叶互生，全缘，稍肉质，通常有叶柄。花两性，稀单性，辐射对称，通常成穗状花序、总状花序或圆锥花序，稀单生；苞片3，早落；小苞片2，宿存；花被片5，离生或下部合生，通常白色或淡红色，宿存，在芽中覆瓦状排列；雄蕊5，与花被片对生，花丝着生花被上；雌蕊由3心皮合生，子房上位，1室，胚珠1粒，着生子房基部，弯生，花柱单一或3分叉。胞果，通常被宿存的小苞片和花被包围，不开裂；种子球形，种皮膜质。

本科全世界约4属，25种，主要分布于亚洲、非洲及拉丁美洲热带地区。中国栽培2属3种。东北地区栽培2属2种。

分属检索表

1. 穗状花序；花无梗，花被片肉质，花期几乎不开展 ……………………………… 1. 落葵属 Basella
1. 总状花序；花有梗，花被片非肉质，花期开展 ……………………………… 2. 落葵薯属 Anredera

1　落葵属　*Basella* L.

Basella L., Sp. Pl. 272. 1753.

一年生或二年生缠绕草本。叶互生。穗状花序腋生，花序轴粗壮，伸长；花无梗，通常淡红色或白色；小苞片和坛状花被合生，肉质，花后膨大，卵球形，花期很少开放，花后肉质，包围果实；花被短5裂，钝圆，裂片有脊，但在果时不为翅状；雄蕊5枚，内藏，与花被片对生，着生花被筒近顶部，花丝很短，在芽中直立，花药背着，丁字着生；子房上位，1室，内含1胚珠，花柱3，柱头线形。胞果球形，肉质；种子直立。

本属全世界5种，1种产热带非洲，3种产马达加斯加，1种产全热带。中国栽培1种。东北地区有栽培。

落葵（中国植物志，Flora of China）

Basella alba L., Sp. Pl. 272. 1753; 中国植物志26: 44. 图版9: 1 ~ 6. 1996; Fl. China 5: 445. 2003.

■ 落葵

果序

植株

花序

茎叶

一年生肉质缠绕草本；叶卵形，全缘；穗状花序腋生；花被片淡红色或淡紫色；胞果球形，红色至深红色或黑色，多汁液，外包宿存小苞片及花被。原产亚洲热带地区。辽宁省大连、沈阳有栽培。

作为蔬菜引进。叶含有多种维生素和钙、铁，栽培作蔬菜，也可观赏；全草供药用，为缓泻剂，有滑肠、散热、利大小便的功效；花汁有清血解毒作用，能解痘毒，外敷治痈毒及乳头破裂；果汁可作无害的食品着色剂。

2 落葵薯属 *Anredera* Juss.

Anredera Juss., Gen. Pl. 84. 1789.

多年生草质藤本。茎多分枝。叶稍肉质，无柄或具柄。总状花序腋生，稀分枝；花梗宿存，在花被下具关节，顶端具2对交互对生的小苞片，下面1对小，合生成杯状，宿存，或离生而早落，上面1对凸或船形，背部常具龙骨状突起，有时具狭翅，稀有宽翅；花被片基部合生，裂片薄，开花时伸展，以后加厚，包裹果实；花丝线形，基部宽，在花蕾中弯曲；花柱3，柱头球形或棍棒状，有乳头。果实球形，外果皮肉质或似羊皮纸质；种子双凸镜状。

本属全世界5～10种，产美国南部、西印度群岛至阿根廷、加拉帕哥斯群岛。中国栽培2种。东北地区栽培1种。

落葵薯（中国植物志，Flora of China）

Anredera cordifolia (Tenore) Steenis in Fl. Males. ser. 1, 5(3): 303. 1957; 中国植物志26: 46. 图版9: 9～12. 1996; Fl. China 5: 446. 2003.

缠绕藤本；叶卵形至近圆形，稍肉质，腋生珠芽；总状花序具多花，花序轴纤细，下垂；花被片白色；胞果球形。原产南美热带地区。辽宁省大连有栽培。

作为观赏植物和药用植物引进。宜作垂直绿化材料；珠芽、叶及根供药用，有滋补、壮腰膝、消肿散瘀的功效；叶可用于拔疮毒。

■ 落葵薯

花序一部分

植株

植株一部分

134. 土人参科 Talinaceae

Talinaceae (Fenzl) Doweld, Prosyllabus Tracheophytorum XLII. 2001.

木贼门、木贼亚门、木兰纲、蔷薇亚纲、石竹超目、石竹目（Caryophyllales）。

草本、灌木，稀小乔木。茎直立，肉质。叶肉质，互生、对生或簇生，全缘；无柄或具短柄。花序顶生或侧生，常组成总状花序或圆锥花序；萼片2，卵形，早落；花瓣（2～）5，稀多数；雄蕊5至多数，有时2轮，贴生于花瓣基部；子房上位，1～3（～）4室，胚珠多数，花柱顶端2～3裂。浆果，或为顶端开裂的蒴果；种子1至多数。

本科全世界有3属28种，分布于美洲、非洲大陆东部和马达加斯加。中国引种栽培1属1种，东北地区有栽培。

土人参属 *Talinum* Adans.

Talinum Adans., Fam. Pl. 2: 145. 1763.

一年生或多年生草本，或为半灌木，常具粗根。茎直立，肉质，无毛。叶互生或部分对生，叶片扁平，全缘，无柄或具短柄，无托叶。花小，成顶生总状花序或圆锥花序，稀单生叶腋；萼片2，分离或基部短合生，卵形，早落，稀宿存；花瓣5，稀多数（8～10），红色，常早落；雄蕊5至多数（10～30），通常贴生花瓣基部；子房上位，1室，特立中央胎座，胚珠多数，花柱顶端3裂，稀2裂。蒴果常俯垂，球形、卵形或椭圆形，薄膜质，3瓣裂；种子近球形或扁球形，亮黑色，具瘤或棱，种阜淡白色。

本属全世界约50种，主产于美洲暖地，非洲、亚洲暖地多有逸生。中国有1种，栽培后逸生。东北地区有栽培。

土人参（黑龙江省植物志，中国植物志，Flora of China）

Talinum paniculatum (Jacq.) Gaertn. in Fruct. et Sem. Pl. 2: 219. tab. 128. 1791; 黑龙江省植物志4: 282. 图版74: 9～10. 1992; 中国植物志26: 42. 图版8: 6～11. 1996; Fl. China 5: 444. 2003.

一年生或多年生草本；主根粗壮，圆锥形，有少数分枝；茎肉质，基部近木质；叶具短柄或近无柄；叶片稍肉质，倒卵形；圆锥花序；瓣粉红色或淡紫红色；蒴果近球形，3瓣裂，硬纸质。原产热带美

■ 土人参

果序

花序一部分

茎叶

植株

植株下部

洲。黑龙江省哈尔滨及辽宁省大连、庄河等地有栽培。

作为药用植物引进。根为滋补强壮药，补中益气，润肺生津；叶有消肿解毒作用，可用于治疗疮疖肿。

135. 马齿苋科 Portulacaceae

Portulacaceae Juss., Gen. Pl. [Jussieu] 312. 1789, *nom. cons.*

木贼门、木贼亚门、木兰纲、蔷薇亚纲、石竹超目、石竹目（Caryophyllales）。

一年生或多年生肉质草本。茎铺散、平卧或斜升。叶互生、近对生或在茎上部轮生，叶片圆柱状或扁平；托叶为膜质鳞片状或毛状的附属物，稀完全退化。花顶生，单生或簇生；花梗有或无；常具数片叶状总苞；萼片2，筒状，其分离部分脱落；花瓣4或5，离生或下部连合，花开后黏液质，先落；雄蕊4枚至多数，着生花瓣上；子房半下位，1室，胚珠多数，花柱线形，上端3～9裂成线状柱头。蒴果盖裂；种子细小，多数，肾形或圆形，光亮，具疣状突起。

本科全世界有1属116种，主产热带和亚热带地区，间断分布于非洲和南美洲，少数种分布至温带地区。中国产1属5种，南北各地均有分布。东北地区产1属3种，其中栽培2种。

马齿苋属 *Portulaca* L.

Portulaca L., Sp. Pl. 445. 1753.

属的特征和地理分布同科。

分种检索表

1. 叶圆柱形；花径2.5～4厘米，花色丰富 …………………… 1. 大花马齿苋 P. grandiflora Hook.
1. 叶倒卵状匙形。
  2. 花径8～15毫米，花色丰富 …………………… 2. 环翅马齿苋 P. umbraticola Kunth
  2. 花径3～4毫米，黄色 …………………… 3. 马齿苋 P. oleracea L.

（1）大花马齿苋（辽宁植物志，黑龙江省植物志，内蒙古植物志，东北植物检索表，中国植物志）

Portulaca grandiflora Hook. in Curtis's Bot. Mag. 56: pl. 2885. 1829; 辽宁植物志（上册）: 364. 1988; 内

■ 大花马齿苋

花

植株

植株一部分

蒙古植物志（第二版）2: 329. 1990; 黑龙江省植物志4: 279. 图版74: 7 ~ 8. 1992; 东北植物检索表（第二版）: 138. 图版62: 3. 1995; 中国植物志26: 38. 1996.

原产巴西。东北各地有栽培。

作为观赏植物引进。茎、叶肉质光洁，花色丰艳，花期长久，宜布置花坛；全草可供药用，有散瘀止痛、清热、解毒消肿功效，用于咽喉肿痛、烫伤、跌打损伤、疮疖肿毒。

（2）环翅马齿苋（植物智网站）；阔叶半枝莲（俗称）

Portulaca umbraticola Kunth, Nov. Gen. Sp. 6: fol. 58, qu. 72. 1823.

原产巴西。辽宁省大连有栽培。

为庭园观赏植物，花色丰富，品种繁多，且有重瓣品种，常用于花坛、园路边、阶旁绿化，因为匍匐性好，也是优良的地被植物或用于花境。

■ 环翅马齿苋

茎叶

花

多花色栽培组合

花侧面观

（3）马齿苋（辽宁植物志，黑龙江省植物志，内蒙古植物志，东北植物检索表，东北草本植物志，中国植物志，Flora of China）

Portulaca oleracea L., Sp. Pl. 445. 1753; 东北草本植物志2: 106. 1959; 辽宁植物志（上册）: 363. 图版146: 5 ~ 6. 1988; 内蒙古植物志（第二版）2: 327. 图版134A. 1990; 黑龙江省植物志4: 279. 图版74: 1 ~ 6. 1992; 东北植物检索表（第二版）: 138. 图版62: 2. 1995; 中国植物志26: 37. 1996; Fl. China 5: 443. 2003.

生田间、路旁及荒地，为常见杂草。产东北各地。

全草被誉为“天然抗生素”，有清热解毒、散血消肿作用。幼嫩茎叶可食。

■ 马齿苋

苗期植株

花期植株

植株一部分

136. 绣球科（绣球花科，八仙花科） Hydrangeaceae

Hydrangeaceae Dumort., Anal. Fam. Pl. 36, 38. 1829, *nom. cons.*

木贼门、木贼亚门、木兰纲、蔷薇亚纲、菊超目、山茱萸目（Cornales）。

灌木、草本或藤本，稀小乔木。单叶对生，稀互生或轮生。花两性或兼具不孕花，两型或一型；花萼裂片和花瓣均4～5，稀8～10；雄蕊为花瓣数的2至多倍；子房下位或半下位，稀上位，4～5（～10）室；蜜腺盘常在子房顶部。蒴果，室背开裂或室间开裂；种子多数，细小，常具翅。

本科全世界有22属190～220种，广布于世界各地，主产于北温带至亚热带。中国产11属125种，南北各地均有分布，主产于长江以南省区。东北地区产3属15种4变种，其中栽培6种。

分属检索表

1. 花序全为孕性花或兼具不育花，花萼裂片增大呈花瓣状 ……………………1. 光绣球属（绣球属）Hydrangea
1. 花序全为孕性花，花萼裂片绝不增大呈花瓣状。
  2. 叶无星状毛；花瓣4，雄蕊20～40；蒴果4瓣裂 ……………………2. 山梅花属 Philadelphus
  2. 叶有星状毛；花瓣5，雄蕊10～15；蒴果3～5瓣裂 ……………………3. 溲疏属 Deutzia

1 光绣球属（绣球属） *Hydrangea* L.

Hydrangea L., Sp. Pl. 397. 1753.

常绿或落叶亚灌木、灌木或小乔木，少数为木质藤本或藤状灌木。叶常2片对生，少数种类兼有3片轮生。聚伞花序排成伞形状、伞房状或圆锥状，顶生；花二型或一型，不育花存在或缺，具长柄，生于花序外侧，花瓣和雄蕊缺或极退化，萼片大，花瓣状，2～5片；孕性花较小，具短柄，生于花序内侧，花萼筒状，与子房贴生，顶端4～5裂；花瓣4～5，分离；雄蕊通常10枚，有时8枚或多达25枚，花丝线形，花药长圆形或近圆形；子房1/3～2/3上位或完全下位；花柱2～5，具顶生或内斜的柱头，宿存。蒴果2～5室。

本属全世界约有73种，分布于亚洲东部至东南部，北美洲东南部至中美洲和南美洲西部。中国有33种，全国很多地方有分布，尤以西南部至东南部种类最多。东北地区产4种，其中栽培3种。

分种检索表

1. 叶片长圆状卵形；伞房状聚伞花序或圆锥花序。
  2. 伞房状聚伞花序；叶对生，背面灰白色，密被毛 ……………………………… 1. 东陵绣球 H. bretschneideri Dipp.
  2. 圆锥花序；叶对生或3片轮生，背面绿色，散生毛 ……………………………… 2. 圆锥绣球 H. paniculata Sieb.
1. 叶卵形至阔卵圆形；伞房状聚伞花序。
  3. 花多数可育；不育花萼片白色、淡绿色或淡黄白色；雄蕊不等长 ………………… 3. 乔木绣球 H. arborescens L.
  3. 花多数不育；不育花萼片粉红色、淡蓝色或白色；雄蕊近等长 ……… 4. 绣球 H. macrophylla (Thunb.) Seringe

（1）东陵绣球（东北植物检索表，中国植物志，Flora of China）；东陵绣球花（辽宁植物志）；东陵八仙花（内蒙古植物志）

Hydrangea bretschneideri Dipp. in Handb. Laubh. 3: 320. fig. 171. 1893; 辽宁植物志（上册）: 715. 图版304. 1988; 内蒙古植物志（第二版）3: 43. 图版18. 1989; 中国植物志34(2): 231. 图版49: 5 ~ 8. 1992; 东北植物检索表（第二版）: 273. 图版101: 5. 1995; Fl. China 8: 418. 2001.

生山谷溪边、山坡密林或疏林中。产辽宁省凌源、建昌；内蒙古自治区克什克腾旗、喀喇沁旗、宁城等地。

优良的观赏植物。

■ 东陵绣球

叶

花序

植株一部分

（2）圆锥绣球（中国植物志，Flora of China）；大花绣球花（辽宁植物志）；大花圆锥绣球（东北植物检索表）

Hydrangea paniculata Sieb. in Nov. Act. Acad. Caes. Leop. Carol. 14 (2): 691. 1829; 中国植物志34(2): 228. 图版49: 1 ~ 4. 1992; Fl. China 8: 417. 2001.——*H. paniculata* Sieb. var. *grandiflora* Sieb. in Ill. Gartenztg. 81. tab. 6. 1866; 辽宁植物志（上册）: 716. 图版305. 1988; 东北植物检索表（第二版）: 273. 1995.

生山谷、山坡疏林下或山脊灌丛中。产西北、华东、华中、华南、西南地区。东北各地栽培。

全株含黏液可作糊料；药用有清热抗疟等效；花大美丽可供观赏。

■ 圆锥绣球

花枝

小枝

花序一部分

植株

（3）乔木绣球（辽宁木本植物志）

Hydrangea arborescens L., Sp. Pl.1: 397. 1753; 辽宁木本植物志: 195. 2018.

原产美国东部。辽宁省大连有栽培。

用于园林绿化及观赏。

■ 乔木绣球

花序

植株一部分

居群

（4）绣球（中国植物志）；八仙花（俗称）

Hydrangea macrophylla (Thunb.) Seringe in DC. Prodr. 4: 15. 1830; 中国植物志34(2): 226. 1992.

分布中国长江流域以南。辽宁省大连有露地栽培，避风向阳处越冬状况良好。

根、叶、花有清热、截疟、杀虫作用。

■ 绣球

边花

花序

居群

中央可育花

植株

2 山梅花属 *Philadelphus* L.

Philadelphus L., Sp. Pl. 470. 1753.

直立灌木，稀攀缘，少具刺。叶对生，全缘或具齿，离基3或5出脉。总状花序，常下部分枝呈聚伞状或圆锥状排列，稀单花；花白色，芳香，筒陀螺状或钟状，贴生于子房上；萼裂片4（~5）；花瓣4（~5），旋转覆瓦状排列；雄蕊13~90，花丝扁平，分离，稀基部联合，花药卵形或长圆形，稀球形；子房下位或半下位，4（~5）室；花柱（3~）4（~5），合生，稀部分或全部离生，柱头槌形、棒形、匙形或桨形。蒴果4（~5），瓣裂，外果皮纸质，内果皮木栓质。

本属全世界70多种，产于北温带，尤以东亚较多。中国有22种17变种，几乎遍布全国，但主产于西南部各省区。东北地区产6种3变种，其中栽培2种。

分种检索表

1. 枝与花梗无毛。
  2. 叶背面脉腋有白毛；花柱分裂至中部 ………………………… 1. 洋山梅花 P. coronarius L.
  2. 叶背面无毛或脉腋有褐色毛；花柱上部分裂（2. 太平花 P. pekinensis Rupr.）。
    3. 叶卵形或椭圆状卵形，长6~9厘米，宽2.5~4.5厘米，先端长渐尖，基部阔楔形或楔形 ………………………… 2a. 太平花 P. pekinensis var. pekinensis

（接上表）

3\. 叶披针形，长4～6.5厘米，宽1～2厘米，先端短渐尖，基部楔形 ………… 2b. **长叶太平花 P. pekinensis** Rupr. var. **lanceolatus** S. Y. Hu

1\. 枝与花梗有毛。

4\. 花萼外面密被紧贴糙伏毛 ………… 3. **山梅花 P. incanus** Koehne

4\. 花萼外面疏被短柔毛。

5\. 花柱无毛；叶质较薄 ………… 4. **薄叶山梅花 P. tenuifolius** Rupr.

5\. 花柱有毛；叶近革质。

6\. 花序由9～14花组成 ………… 5. **千山山梅花 P. tsianschanensis** Wang et Li

6\. 花序由5～7花组成（6. **东北山梅花 P. schrenkii** Rupr.）。

7\. 花萼外面疏被短柔毛。

8\. 叶卵形或椭圆状卵形，先端渐尖，基部楔形或阔楔形；花瓣倒卵或长圆状倒卵形；花盘无毛，花柱被长硬毛 ………… 6a. **东北山梅花 P. schrenkii** var. **schrenkii**

8\. 叶阔卵形，先端急尖，基部阔圆形；花瓣近圆形；花盘和花柱均被微柔毛 ………… 6b. **毛盘山梅花 P. schrenkii** var. **mandshuricus** (Maxim.) Kitag.

7\. 花萼外面仅于裂片间沿萼筒下延被一簇微柔毛，花盘和花柱均被微柔毛 ………… 6c. **河北山梅花 P. schrenkii** var. **jackii** Koehne

（1）洋山梅花（辽宁植物志，东北植物检索表）

Philadelphus coronaries L., Sp. Pl.473. 1753; 辽宁植物志（上册）: 720. 1988; 东北植物检索表（第二版）: 275. 1995.

原产南欧。辽宁省熊岳有栽培。

观赏花木。

■ 洋山梅花

雌蕊

花序

植株一部分

（2）太平花（黑龙江省植物志，中国植物志，Flora of China）；京山梅花（辽宁植物志，东北植物检索表）

Philadelphus pekinensis Rupr. in Bull. Phys. Math. Acad. Sci. St. Petersb. 15: 365. 1857; 辽宁植物志（上册）: 717. 图版306. 1988; 中国植物志34(2): 144. 图版27: 1～4. 1992; 东北植物检索表（第二版）: 275.

1995; 黑龙江省植物志6: 76. 图版39: 1 ~ 3.1998; Fl. China 8: 396. 2001.

（2a）太平花（原变种）

Philadelphus pekinensis var. *pekinensis*

生山坡阔叶林中。产辽宁省北镇、义县、葫芦岛、朝阳、建昌、凌源；内蒙古自治区宁城、翁牛特旗等地。黑龙江省哈尔滨市有栽培。

优良观赏花木。根有解热镇痛、截疟作用，用于疟疾、胃痛、腰痛、挫伤。

■ 太平花

果序

叶

花序

花序一部分

植株一部分

（2b）长叶太平花（变种）（中国植物志）

Philadelphus pekinensis var. *lanceolatus* S. Y. Hu in Journ. Arn. Arb. 36: 95. 1955; 中国植物志34(2): 145. 1992.

生山坡阔叶林中。产辽宁省凌源等地。

■ 长叶太平花

叶

植株一部分

（3）山梅花（中国植物志，Flora of China）

Philadelphus incanus Koehne in Gartenfl. 45: 562. 1896; 中国植物志34(2): 155. 图版30: 1～5. 1992; Fl. China 8: 398. 2001.

自然分布山西、陕西、甘肃、河南、湖北、安徽和四川。辽宁省沈阳有少量栽培。

常作庭园观赏植物。根皮用于挫伤、腰胁痛、胃痛、头痛。

■ 山梅花

小枝

果序

植株一部分

（4）薄叶山梅花（中国植物志，Flora of China）；堇叶山梅花（辽宁植物志，黑龙江省植物志，内蒙古植物志，东北植物检索表）

Philadelphus tenuifolius Rupr. ex Maxim. in Bull. Phys. Math. Acad. Sci. St. Petersb. 15: 133. 1856; 辽宁植物志（上册）: 720. 图版307: 4～5. 1988; 内蒙古植物志（第二版）3: 45. 图版19. 1989; 中国植物志34(2):

■ 薄叶山梅花

果序侧面观

果序正面观

花序

植株一部分

147. 图版28: 1 ~ 3. 1992; 东北植物检索表（第二版）: 275. 图版130: 7. 1995; 黑龙江省植物志6: 78. 图版39: 7 ~ 8.1998; Fl. China 8: 396. 2001.

生杂木林中。产黑龙江省哈尔滨、宁安、集贤、尚志、伊春、虎林、勃利、饶河；吉林省蛟河、珲春、通化、临江、抚松、安图、长白、汪清；辽宁省西丰、清原、新宾、鞍山、本溪、宽甸；内蒙古自治区敖汉旗、喀喇沁旗、宁城等地。

观赏花木。根、果实有补虚强壮、利尿作用。

（5）千山山梅花（辽宁植物志，东北植物检索表，中国植物志，Flora of China）

Philadelphus tsianschanensis Wang et Li in Ⅲ. Fl. Ligneous Pl. N.–E. China 561. Pl. 95. fig. 175. 1955; 辽宁植物志（上册）: 721. 图版307: 6 ~ 7. 1988; 中国植物志34(2): 150. 1992; 东北植物检索表（第二版）: 277. 图版130: 6. 1995; Fl. China 8: 397. 2001.

生山坡杂木林中。产辽宁省鞍山千山（模式标本采集地）、岫岩、凤城、本溪、宽甸、辽阳等地。

观赏花木。

■ 千山山梅花

果序

花侧面观

花序

花一部分

小枝

植株一部分

（6）东北山梅花（辽宁植物志，黑龙江省植物志，东北植物检索表，中国植物志，Flora of China）

Philadelphus schrenkii Rupr. in Bull. Phys. Math. Acad. Sci. St. Petersb. 15: 365. 1857; 辽宁植物志（上册）: 720. 图版307: 1 ~ 3. 1988; 中国植物志34(2): 148. 图版28: 4 ~ 6. 1992; 东北植物检索表（第二版）: 275. 图版130: 8. 1995; 黑龙江省植物志6: 76. 图版39: 4 ~ 6.1998; Fl. China 8: 397. 2001.

（6a）东北山梅花（原变种）

Philadelphus schrenkii var. *schrenkii*

生山坡杂木林内。产黑龙江省伊春、尚志、哈尔滨、密山、集贤、嫩江、五大连池、黑河、虎林、富锦、绥芬河、饶河；吉林省通化、安图、临江、和龙、吉林、蛟河、汪清、抚松、珲春、桦甸、磐石；辽宁省西丰、清原、鞍山、瓦房店、普兰店、庄河、本溪、凤城、宽甸等地。

观赏花木。干可作雨伞柄。嫩叶可食。

■ 东北山梅花

花序

柱头下部有毛

植株一部分

（6b）毛盘山梅花（变种）（中国植物志，Flora of China）

Philadelphus schrenkii var. *mandshuricus* (Maxim.) Kitag. in Lineam. Fl. Mansh. 253. 1939; 中国植物志34(2): 150. 1992; Fl. China 8: 397. 2001.

生山坡杂木林内。产黑龙江省带岭；吉林省临江；辽宁省桓仁、西丰等地。

■ 毛盘山梅花

叶

花枝

花序一部分

花序

（6c）河北山梅花（变种）（中国树木分类学，中国植物志，Flora of China）

Philadelphus schrenkii var. *jackii* Koehne in Fedde, Repert. Sp. Nov. 10: 127. 1911; 中国树木分类学374. 1937; 中国植物志34(2): 150. 1992; Fl. China 8: 397. 2001.

生山坡杂木林内。产吉林省蛟河。

3 溲疏属 *Deutzia* Thunb.

Deutzia Thunb. in Nov. Gen. Pl. 19. 1871.

落叶灌木，稀半常绿，通常被星状毛。叶对生，具叶柄，边缘具锯状齿。花两性，组成圆锥花序、伞房花序、聚伞花序或总状花序，稀单花；萼筒钟状，与子房壁合生，木质化，裂片5，直立，果时宿存；花瓣5，白色、粉红色或紫色；雄蕊10，稀12～15，常成形状和大小不等的2轮；花盘环状，扁平；子房下位，稀半下位，3～5室；花柱3～5，离生，柱头常下延。蒴果3～5室，室背开裂。

本属全世界60多种，分布于温带东亚地区、墨西哥及中美洲。中国有50种，各省区都有分布，但以西南部最多。东北地区产5种1变种，其中栽培1种。

分种检索表

1. 聚伞花序具花（1～）2～3朵。
  2. 叶背面灰白色，密被7～11辐线星状毛 …………………………………………… **1. 大花溲疏 D. grandiflora** Bunge
  2. 叶背面淡绿色，疏被5～6（～7）辐线星状毛 ………………………………………… **2. 钩齿溲疏 D. baroniana** Diels
1. 圆锥花序或伞房花序具多花。
  3. 圆锥花序；叶卵形或卵状披针形，先端渐尖或急渐尖，基部圆形或阔楔形，边缘具细圆齿 ……………………………………………………………………………………… **3. 齿叶溲疏 D. crenata** Sieb. et Zucc.
  3. 伞房花序。
    4. 萼筒除边缘被微柔毛其他部分无毛，花及果实无毛；叶背面无毛 ………………**4. 光萼溲疏 D. glabrata** Kom.
    4. 萼筒密被星状毛，花及果实有星状毛；叶背面或多或少有毛（**5. 小花溲疏 D. parviflora** Bunge）。
      5. 叶背面有（6～）8～12辐线星状毛，沿主脉有单毛，两面同色 … **5a. 小花溲疏 D. parviflora** var. **parviflora**
      5. 叶背面有4～8辐线星状毛，沿主脉无单毛，色淡 …………**5b. 东北溲疏 D. parviflora** var. **amurensis** Regel

（1）大花溲疏（辽宁植物志，黑龙江省植物志，内蒙古植物志，东北植物检索表，中国植物志，Flora of China）

Deutzia grandiflora Bunge in Enum. Pl. Chin. Bor. 30. 1831; 辽宁植物志（上册）: 711. 图版302: 5～7. 1988; 内蒙古植物志（第二版）3: 47. 图版20: 3～4. 1989; 中国植物志34(2): 101. 图版15: 1～7. 1992; 东北植物检索表（第二版）: 273. 图版130: 5. 1995; 黑龙江省植物志6: 57. 图版31: 1～3.1998; Fl. China 8: 387. 2001.

生丘陵低山灌丛中。产吉林省集安；辽宁省盖州、建平、凌源；内蒙古自治区敖汉旗大黑山、宁城等地。黑龙江省有栽培。

早春优良观赏花木。

■ 大花溲疏

果序

花枝

叶背面观

植株一部分

（2）钩齿溲疏（中国植物志，Flora of China）；李叶溲疏（辽宁植物志，黑龙江省植物志，东北植物检索表）

Deutzia baroniana Diels in Bot. Jahrb. Syst. 29: 372. 1900; Fl. China 8: 387. 2001.——*D. hamata* Koehne in Engl. Bot. Jahrb. 34 (75): 37. 1905; 中国植物志34(2): 103. 图版15: 8～14. 1992; 东北植物检索表（第二版）: 273. 图版130: 4. 1995.——*D. prunifolia* Rehd in Pl. Wilson. 1: 22. 1911; 辽宁植物志（上册）: 711. 图版302: 1～4. 1988; 黑龙江省植物志6: 59. 图版31: 4～7.1998.

生山坡岩石缝隙及向阳石砾山顶。产吉林省集安、通化、长白；辽宁省鞍山、本溪、凤城、宽甸、岫岩、丹东、庄河、金州、瓦房店、大连、北镇、盖州、义县、葫芦岛、喀左等地。黑龙江省有栽培。

早春优良观赏花木。

■ 钩齿溲疏

果序

花序

植株一部分

（3）齿叶溲疏（中国植物志，Flora of China）

Deutzia crenata Sieb. et Zucc. Fl. Jap. 1: 19. 1835; 中国植物志34(2): 96. 图版14: 1 ~ 7. 1992; Fl. China 8: 386. 2001.

原产日本。辽宁省沈阳有栽培。

优良花灌木；宜丛植于草坪、林缘、山坡，也是花篱和岩石园材料；花枝可供切花瓶插。

■ 齿叶溲疏

小枝

花序

花

（4）光萼溲疏（辽宁植物志，黑龙江省植物志，中国植物志，Flora of China）；无毛溲疏（东北植物检索表）

Deutzia glabrata Kom. in Acta Hort. Petrop. 22: 433. 1903; 辽宁植物志（上册）: 712. 图版303: 1 ~ 4. 1988; 中国植物志34(2): 76. 图版9: 1 ~ 4. 1992; 东北植物检索表（第二版）: 273. 图版130: 3. 1995; 黑龙江省

■ 光萼溲疏

小枝

果序

植株一部分

■ 光萼溲疏

花序侧面观

花序正面观

植物志6: 55. 图版30: 4 ~ 7.1998; Fl. China 8: 382. 2001.

生山坡岩石间或陡山坡林下。产黑龙江省哈尔滨、勃利、宁安；吉林省桦甸、蛟河、和龙、长白、集安、通化、临江、安图；辽宁省庄河、瓦房店、普兰店、西丰、清原、鞍山、本溪、凤城、丹东、宽甸、桓仁、岫岩、北镇等地。

观赏花木，可栽植于庭园供观赏。

（5）小花溲疏（辽宁植物志，黑龙江省植物志，内蒙古植物志，东北植物检索表，中国植物志，Flora of China）

Deutzia parviflora Bunge in Enum. Pl. Chin. Bor. 31. 1831; 辽宁植物志（上册）: 713. 图版303: 8 ~ 10. 1988; 内蒙古植物志（第二版）3: 47. 图版20: 1 ~ 2. 1989; 中国植物志34(2): 77. 图版9: 5 ~ 9. 1992; 东北植物检索表（第二版）: 273. 1995; 黑龙江省植物志6: 57. 图版30: 8 ~ 10.1998; Fl. China 8: 382. 2001.

（5a）小花溲疏（原变种）

Deutzia parviflora var. *parviflora*

生山谷林缘。产吉林省安图、敦化；辽宁省义县、北镇、绥中、建昌、凌源；内蒙古自治区喀喇沁旗、宁城等地。黑龙江省有栽培。

观赏花木，可栽植于庭园供观赏。茎皮用于感冒、咳嗽。

■ 小花溲疏

花序一部分

花序

花序侧面观

■ 小花溲疏

果序

小枝

叶背面观

（5b）东北溲疏（变种）（辽宁植物志，黑龙江省植物志，东北植物检索表，中国植物志，Flora of China）

Deutzia parviflora var. *amurensis* Regel in Acad. Sci. St. Petersb. ser. 7, 4(4): 63. tab. 5. fig. 7 ~ 13. 1861; 中国植物志34(2): 79. 1992; Fl. China 8: 383. 2001.——*D. amurensis* (Regel) Airy-Shaw in Kew Bull. 1934: 179. 1934; 辽宁植物志（上册）: 713. 图版303: 5 ~ 7. 1988; 东北植物检索表（第二版）: 273. 图版130: 2. 1995; 黑龙江省植物志6: 55. 图版30: 1 ~ 3.1998.

生海拔300 ~ 800米杂木林下或灌丛中。产黑龙江省小兴安岭、完达山脉、张广才岭、老爷岭等山区；吉林省临江、抚松、蛟河、安图、长白、和龙、敦化、汪清、珲春、桦甸、磐石、集安、通化；辽宁省西丰、清原、本溪、凤城、宽甸、桓仁、丹东、庄河、义县、凌源、建昌、建平等地。

■ 东北溲疏

叶背面观

果序

植株一部分

137. 山茱萸科 Cornaceae

Cornaceae Bercht. & J.Presl, Prir. Rostlin 2(23): 91, 92. 1825, *nom. cons.*

木贼门、木贼亚门、木兰纲、蔷薇亚纲、菊超目、山茱萸目（Cornales）。

乔木或灌木。叶对生，稀互生和螺旋状排列，单叶，常全缘，有时叶缘有锯状齿，羽状脉至掌状脉。花两性或单性，雌雄同株或异株，辐射对称；萼片4 ~ 5，离生或合生，常具小齿，有时缺；花瓣4 ~ 5，离生，覆瓦状或镊合状排列；雄蕊4 ~ 10，花丝离生，心皮2 ~ 3，合生，有时看似单心皮；子房下位，中轴胎座，胚珠1；蜜腺盘位于子房顶部。核果；种子1至多数，具脊或翅。

本科全世界有10属，约80种，广布于世界各地，以北温带最为常见。中国产7属47种，主要分布于西南、华南和华东地区。东北地区产6属10种2变种，其中栽培2种1变种。

分属检索表

1. 单叶互生；叶基部两侧常不对称，边缘全缘或掌状分裂；花瓣反卷 ································ 1. 八角枫属 Alangium
1. 单叶对生，稀互生或近于轮生；叶基部两侧对称，边缘全缘或有锯齿；花瓣不反卷。
  2. 草本；叶对生或呈轮生状；头状聚伞花序，具4枚白色花瓣状总苞片；核果圆球形，红色 ································ 2. 草茱萸属 Chamaepericlymenum
  2. 木本；叶对生或互生；聚伞花序，无总苞片；核果近圆球形，白色、蓝色或黑色。
    3. 花序下无总苞片；果实近圆形。
      4. 叶互生 ································ 3. 灯台树属 Bothrocaryum
      4. 叶对生 ································ 4. 梾木属 Swida
    3. 花序下有4枚总苞片；果实长椭圆形或椭圆形。
      5. 伞形花序；总苞片黄绿色，鳞片状 ································ 5. 山茱萸属 Cornus
      5. 头状花序；总苞片白色，花瓣状 ································ 6. 四照花属 Dendrobenthamia

1 八角枫属 *Alangium* Lam.

Alangium Lam. Fncycl. Meth. Bot. 1: 174. 1783.

落叶乔木或灌木，稀攀缘。单叶互生，有叶柄，无托叶，全缘或掌状分裂，基部两侧常不对称。花序腋生，聚伞状，极稀伞形或单生；花两性，淡白色或淡黄色，花瓣4～10，线形，花开后花瓣的上部常向外反卷；雄蕊与花瓣同数而互生或为花瓣数目的2～4倍；花盘肉质，子房下位，花柱位于花盘的中部，柱头头状或棒状。核果椭圆形、卵形或近球形，顶端有宿存的萼齿和花盘；种子1颗。

本属全世界约21种，分布于热带和亚热带地区。中国有11种。东北地区产1种。

瓜木（东北植物检索表，中国植物志，Flora of China）；三裂叶瓜木（辽宁植物志）

Alangium platanifolium (Sieb. et Zucc.) Harmus in *Nat. Pflanzenfam*. 3(8): 261. 1898; 中国植物志52(2): 163. 图版47. 1983; 东北植物检索表（第二版）: 449. 图版223: 1. 1995.——*A. platanifolium* (Sieb. et Zucc.) Harmus var. *trilobum* (Miq.) Ohwi in Fl. Jap. ed. rev.: 1437. 1965; 辽宁植物志（上册）: 1254. 图版538. 1988; Fl. China 13: 307. 2007.

落叶灌木或小乔木；叶近圆形，常有3～7浅裂；聚伞花序，花瓣6～7，白色或黄白色，线形而反卷；核果长卵圆形，蓝黑色。生杂木林较阴处。产吉林省集安、辉南、临江、抚松、靖宇、长白；辽宁省西丰、庄河、北镇、鞍山、岫岩、凤城、宽甸、本溪、桓仁等地。

■ 瓜木

花枝

果序

果枝

■ 瓜木

植株一部分

植株

2 草茱萸属 *Chamaepericlymenum* Hill

Chamaepericlymenum Hill in Aschers, et Graebn., Fl. Nordost, Flachl. 225. 1898.

多年生草本，矮小；有直立茎和爬生的根状茎。叶对生或于枝顶近于轮生，全缘，叶脉掌状或羽状，上面有白色贴生的短柔毛，下面的毛被较稀或近于无毛；叶柄短。伞形聚伞花序顶生，有白色花瓣状的总苞片4；花小，两性，花萼管状，先端有齿状裂片4；花瓣4，长卵圆形至卵圆形，镊合状排列，常有1～2枚花瓣的背面近顶处具1条针状附属物；雄蕊4，花丝短，花药长圆形；花盘墩状；花柱圆柱形，柱头小，头状，子房下位，2室，每室有1枚下垂胚珠。核果球形或近于球形；核骨质或脆壳质。

本属全世界有2种，分布于北半球环极地区，从欧洲向东经亚洲东北部至美洲北部。中国有均产，分布东北地区。

分种检索表

1. 茎顶3对叶呈轮生状，叶脉弧形弯曲；花瓣淡绿白色；子房密被伏毛
　……………………………………………… 1. 草茱萸 Ch. canadense (L.) Asch. et Graebn.
1. 茎顶3对叶交互对生，叶脉近平行；花瓣暗紫色；子房疏生伏毛
　……………………………………………… 2. 紫花草茱萸 Ch. suecium (L.) Aseh. et Graebn

（1）草茱萸（黑龙江省植物志，东北植物检索表，中国植物志，Flora of China）

Chamaepericlymenum canadense (L.) Asch. et Graebn. in Nordost. Plachl. 799. 1898; 中国植物志56: 106. 图版40: 8～16. 1990; 东北植物检索表（第二版）: 452. 图版223: 2. 1995; 黑龙江省植物志7: 272. 图版138.2003.——*Cornus canadensis* L., Sp. Pl.118. 1753; Fl. China 14: 221. 2005.

生海拔1200米左右的山区针叶林下。产黑龙江省伊春；吉林省安图（长白山）。

■ 草茱萸

花序

花期植株

果序

果期植株

居群

（2）紫花草茱萸（东北植物检索表）

Chamaepericlymenum suecium (L.) Aseh. et Graebn. in Fl. Nordostdeut. Flachl. 539. 1898; 东北植物检索表（第二版）: 452. 1995.——*Cornus suecica* L., Sp. Pl.118. 1753.

生针叶林下。据记载产东北东部，待调查核实。

3 灯台树属 *Bothrocaryum* (Koehne) Pojark.

Bothrocaryum (Koehne) Pojark. in Not. Syst. Herb. Inst. Bot. Acad. Sci. URSS. 12: 169. 1950.

落叶乔木或灌木。叶互生，纸质或厚纸质，阔卵形至椭圆状卵形，边缘全缘，下面有贴生的短柔毛。伞房状聚伞花序顶生，无花瓣状总苞片；花两性；花萼管状，顶端有齿状裂片4；花瓣4，白色，长圆披针形，镊合状排列；雄蕊4，着生于花盘外侧，花丝线形，花药椭圆形，2室；花盘褥状；花柱圆柱形，柱头小，头状，子房下位，2室。核果球形，有种子2枚；核骨质，顶端有一个方形孔穴。

本属全世界有2种，分布于东亚及北美洲亚热带及北温带地区。中国有1种，东北地区有分布。

灯台树（辽宁植物志，东北植物检索表，中国植物志，Flora of China）

Bothrocaryum controversum (Hemsl.) Pojark. in Bot. Mater. Gerb. Bot. Inst. Komarova Akad. Nauk S.S.S.R.

12: 170. 1950; 中国植物志56: 38. 图版14: 1～9. 1990.——*Cornus controversa* Hemsl. ex Prain in Bot. Mag. 135: t. 8261. 1909; 辽宁植物志（上册）: 1256. 图版539. 1988; 东北植物检索表（第二版）: 452. 图版224: 1. 1995; Fl. China 14: 208. 2005.

落叶乔木。单叶互生，常簇生枝梢，广卵形、广椭圆形，侧脉6～8对，全缘。伞房状聚伞花序，生新枝顶端；花小，白色；萼筒卵形，密生白色茸毛；花瓣4；雄蕊4，花丝比花瓣稍长；花柱细长，柱头头状。核果近球形，成熟后变为紫黑色。生杂木林内或溪流旁。产吉林省集安、珲春、安图；辽宁省铁岭、西丰、鞍山、清原、本溪、桓仁、丹东、凤城、宽甸、岫岩、庄河、金州等地。

果实可以榨油。木材可供建筑、器具、雕刻等材料。枝干及叶美丽供观赏，可作行道树及庭园树。

■ 灯台树

小枝

果序

树干

花序一部分

植株一部分

植株

4 梾木属 *Swida* Opiz

Swida Opiz in Bercht. et Opiz, Oekon.–Techn. Fl. Bohmens 2 (1): 174. 1838.

落叶乔木或灌木，稀常绿。冬芽顶生或腋生，卵形或狭卵形。叶对生，纸质，稀革质，卵圆形或椭圆形，边缘全缘，通常下面有贴生的短柔毛。伞房状或圆锥状聚伞花序，顶生，无花瓣状总苞片；花两性；花萼管状，顶端有齿状裂片4；花瓣4，白色，卵圆形或长圆形，镊合状排列；雄蕊4，着生于花盘外侧，花丝线形，花药长圆形，2室；花盘垫状；花柱圆柱形，柱头头状或盘状；子房下位，2室。核果球形或近于卵圆形，稀椭圆形；核骨质，有种子2枚。

本属全世界约有42种，多分布于两半球的北温带至北亚热带地区，少数达于热带山区。中国有25种，全国除新疆外，其余各省区均有分布，而以西南地区的种类为多。东北地区产4种1变种。

分种检索表

1. 小枝血红色；核果乳白色或浅蓝白色，核两侧压扁状；叶背面粉白色，侧脉4 ~ 6对 ………1. 红瑞木 S. alba Opiz
1. 小枝黄绿色、红褐色或紫色；核果黑色或深蓝色，核两侧不成压扁状。
  2. 叶背面淡绿色，疏生毛；侧脉4 ~ 5对。
    3. 小枝红褐色或紫色；叶卵状椭圆形，表面近光滑；萼齿三角状披针形，长于花盘 ……………………………………………………………………………………… 2. 朝鲜梾木 S. coreana (Wanger.) Sojak
    3. 小枝黄绿色至红褐色；叶长椭圆形至椭圆形，表面被伏毛；萼齿三角形，与花盘近等长 ……………………………………………………………………………………………3. 毛梾 S. walteri (Wanger.) Sojak
  2. 叶背面灰白色，密生毛；侧脉5 ~ 7对（4. 沙梾 S. bretschneideri (L. Henry) Sojak）。
    4. 叶片背面及花序上具有短柔毛 ……………………………………4a. 沙梾 S. bretschneideri var. bretschneideri
    4. 叶片背面及花序上具有较密的卷曲毛 ……………………………………4b. 卷毛沙梾 S. bretschneideri var. crispa (Fang et W. K. Hu) Fang et. W. K. Hu

（1）红瑞木（辽宁植物志，黑龙江省植物志，内蒙古植物志，东北植物检索表，中国植物志，Flora of China）

Swida alba Opiz in Seznam 94. 1852; 内蒙古植物志（第二版）3: 667. 图版267: 1 ~ 2. 1989; 中国植物志 56: 43. 图版15: 1 ~ 6. 1990.——*Cornus alba* L. in Mant. Pl. 1: 40. 1767; 辽宁植物志（上册）: 1258. 图版540: 1 ~ 4. 1988; 东北植物检索表（第二版）: 452. 图版224: 2. 1995; 黑龙江省植物志7: 274. 图版139.2003; Fl. China 14: 210. 2005.

生溪流边或山地杂木林中。产黑龙江省黑河、逊克、孙吴、伊春、嘉荫、饶河、虎林、密山、宁安、呼玛；吉林省辉南、抚松、长白、敦化、汪清、安图；辽宁省庄河、本溪、桓仁、宽甸；内蒙古自治区海拉尔、牙克石、鄂伦春、鄂温克、科尔沁右翼前旗、科尔沁右翼中旗、阿鲁科尔沁旗、克什克腾

■ 红瑞木

果序

果枝

花侧面观

花序

花枝

植株一部分

旗、喀喇沁旗、宁城、西乌珠穆沁旗等地。

种子含油约30%，供工业用。园林中多丛植草坪上或与常绿乔木相间种植。

辽宁省大连尚有栽培银边红瑞木（*Swida alba* cv. Argenteo-marginatus），叶片边缘为白色，其他部分为绿色。

■ 银边红瑞木

植株

植株一部分

（2）朝鲜梾木（辽宁植物志，中国植物志，Flora of China）；朝鲜山茱萸（东北植物检索表）

Swida coreana (Wanger.) Sojak in Novit. Bot. Delect. Seminum Horti Bot. Univ. Carol. Prag.: 10. 1960; 中国植物志56: 81. 图版31: 4～7. 1990.——*Cornus coreana* Wanger. in Repert. Spec. Nov. Regni Veg. 6: 99. 1908; 辽宁植物志（上册）: 1258. 图版540: 5～7. 1988; 东北植物检索表（第二版）: 452. 图版224: 3. 1995; Fl. China 14: 211. 2005.

生向阳山坡及岩石缝间。产吉林省柳河、安图；辽宁省鞍山、辽阳、金州（大黑山）。

木材红褐色，纹理致密，质地坚重，可供建筑、器具及细工等用材。

■ 朝鲜梾木

叶柄纤细

花序

■ 朝鲜梾木

叶背面观

果序一部分

树干

萼齿侧面观

植株一部分

（3）毛梾（辽宁植物志，东北植物检索表，中国植物志，Flora of China）；车梁木（中国植物志）

Swida walteri (Wanger.) Sojak in Novit. Bot. Delect. Seminum Horti Bot. Univ. Carol. Prag.: 11. 1960; 中国植物志56: 78. 1990.——*Cornus walteri* Wanger. in *Repert. Spec. Nov. Regni Veg.* 6: 99. 1908; 辽宁植物志（上册）: 1261. 图版541. 1988; 东北植物检索表（第二版）: 452. 图版224: 4. 1995; Fl. China 14: 214. 2005.

生向阳山坡及岩石缝间。辽宁省大连等地有野生和栽培。

木材坚硬，纹理细密、美观，可供家具、车辆、农具等用。

■ 毛梾

叶柄

叶背面观

叶柄长可达3.5厘米

花序

花侧面观

花正面观

萼齿

树干

植株一部分

（4）沙梾（辽宁植物志，内蒙古植物志，东北植物检索表，中国植物志，Flora of China）

Swida bretschneideri (L. Henry) Sojak in Novit. Bot. Delect. Seminum Horti Bot. Univ. Carol. Prag.: 10. 1960; 内蒙古植物志（第二版）3: 668. 图版267: 3 ~ 4. 1989; 中国植物志56: 51. 图版18: 5 ~ 10. 1990.——*Cornus bretschneideri* L. Henry in Jardin 309. 1899; 辽宁植物志（上册）: 1259. 图版540: 8 ~ 9. 1988; 东北植物检索表（第二版）: 452. 图版224: 5. 1995; Fl. China 14: 210. 2005.

（4a）沙梾（原变种）

Swida bretschneideri var. *bretschneideri*

生海拔1100 ~ 2300米的杂木林内或灌丛中。产吉林省珲春；内蒙古自治区宁城。辽宁省熊岳有栽培。

■ 沙梾

果序一部分

果枝

小枝

花枝

植株

（4b）卷毛沙梾（变种）（内蒙古植物志，中国植物志，Flora of China）

Swida bretschneideri var. *crispa* (Fang et W. K. Hu) Fang et. W. K. Hu in Bull. Bot. Res. 4(3): 103. 1984; 内蒙古植物志（第二版）3: 668. 1989; 中国植物志56: 53. 图版19: 3～5. 1990.——*Cornus bretschneideri* L. Henry var. *crispa* Fang et W. K. Hu in Journ. Sichuan Univ., Nat. Sci. ed. 3: 157. Pl. 3. 1. 1980; Fl. China 14: 211. 2005.

生海拔580～1800米的疏林中。产内蒙古自治区喀喇沁旗、宁城等地。

5 山茱萸属 *Cornus* L.

Cornus L., Sp. Pl. 117. 1753.

落叶乔木或灌木；枝常对生。叶纸质，对生，卵形、椭圆形或卵状披针形，全缘；叶柄绿色。花序伞形，常在发叶前开放，有总花梗；总苞片4，芽鳞状，革质或纸质，两轮排列，外轮2枚较大，内轮2枚稍小，开花后随即脱落；花两性，花萼管陀螺形，上部有4枚齿状裂片；花瓣4，黄色，近于披针形，镊合状排列；雄蕊4，花丝钻形，花药长圆形，2室；花盘垫状，明显；子房下位，2室，每室有1枚胚珠；花柱短，圆柱形；柱头截形。核果长椭圆形；核骨质。

本属全世界有4种，分布于欧洲中部及南部、亚洲东部及北美洲东部。中国有2种。东北地区栽培1种。

山茱萸（中国植物志，Flora of China）

Cornus officinalis Sieb. et Zucc. in Fl. Jap. 1: 100. 1839; 中国植物志56: 84. 图版32: 1. 1990; Fl. China 14: 215. 2005.

落叶乔木或灌木。单叶对生，卵状披针形，全缘。伞形花序生枝侧，有总苞片4，卵形，厚纸质至革质；花小，黄色，两性，先叶开放；花萼裂片4，花瓣4，雄蕊4，子房下位，花柱圆柱形，柱头截形。核果长椭圆形，红色至紫红色。自然分布陕西、甘肃、山东、江苏、浙江、安徽、湖南等省。辽宁省旅顺口、丹东有栽培。

花果期均有极好的观赏性。果实称“萸肉”，俗名枣皮，为收敛性强壮药，有补肝肾、止汗作用。

■ 山茱萸

果序

果枝

花枝

树干

植株

6 四照花属 *Dendrobenthamia* Hutch.

Dendrobenthamia Hutch. in Ann. Bot. n. ser. 6(21): 93. 1942; Fang in Acta Phytotax. Sin. 2(2): 89. 1953.

常绿或落叶小乔木或灌木。叶对生，亚革质或革质，稀纸质，卵形、椭圆形或长圆披针形，侧脉3～6(～7)对；具叶柄。头状花序顶生，有白色花瓣状的总苞片4，卵形或椭圆形；花两性；花萼管状，先端有齿状裂片4，钝圆形、三角形或截形；花瓣4，分离，稀基部近于合生；雄蕊4，花丝纤细，花药椭圆形，2室；花盘环状或垫状；子房下位，2室，每室1胚珠，花柱粗壮，柱头截形或头形。果为聚合状核果，球形或扁球形。

本属全世界10种，分布于喜马拉雅至东亚各地区。中国均有，产于内蒙古自治区、山西、陕西、甘肃、河南以及长江以南各省区。东北地区栽培1种1变种。

分种下单位检索表

1. 叶薄纸质，背面淡绿色；花萼内侧微被白色短柔毛 ………………………… a. 日本四照花 D. japonica var. japonica
1. 叶为纸质或厚纸质，背面粉绿色；花萼内侧有一圈褐色短柔毛 ……………… b. 四照花 D. japonica var. chinensis

日本四照花（中国植物志）

Dendrobenthamia japonica (DC.) Fang in Act. Phytotax. Sin. 2(2): 104. 1953; 中国植物志56: 101. 1990.——*Cornus kousa* F. Buerger ex Hance in J. L. Soc., Bot. 13: 105. 1873.

落叶小乔木；小枝纤细。单叶对生，薄纸质，卵形或卵状椭圆形，边缘全缘或有明显的细齿。头状花序球形，由40 ~ 50朵花聚集而成；总苞片4，白色，卵形或卵状披针形，先端渐尖；总花梗纤细，被白色贴生短柔毛；花小。聚合状核果球形，成熟时红色，微被白色细毛。

（a）日本四照花（原变种）

Dendrobenthamia japonica var. *japonica*

原产朝鲜和日本。辽宁省大连有栽培。

美丽的庭园观花树种，树形整齐，白色总苞光彩耀目，秋叶变红色或红褐色。果实可食。

■ 日本四照花

果序

头状花序

带总苞片的头状花序

花期植株

果期植株

（b）四照花（变种）（中国植物志，Flora of China）

Dendrobenthamia japonica (DC.) Fang var. *chinensis* (Osborn) Fang in Act. Phtotax. Sin. 2(2): 105. 1953; 四川植物志1: 371. 图版142. 图1 ~ 6. 1981; 中国植物志56: 103. 图版39: 1. 1990.——*Cornus kousa* subsp. *chinensis* (Osborn) Q. Y. Xiang, Bull. Bot. Res., Harbin 7(2): 46. 1987; Fl. China 14: 217. 2005.

生海拔600 ~ 2200米的森林中。产内蒙古自治区、山西、陕西、甘肃、江苏、安徽、浙江、江西、福建、台湾、河南、湖北、湖南、四川、贵州、云南等省区。辽宁省大连有栽培。

■ 四照花

叶背面观

果序

植株一部分

138. 凤仙花科 Balsaminaceae

Balsaminaceae A.Rich., Dict. Class. Hist. Nat. [Bory] 2: 173. 1822, *nom. cons.*

木贼门、木贼亚门、木兰纲、蔷薇亚纲、菊超目、杜鹃花目（Ericales）。

一年生或多年生草本，稀附生或亚灌木。茎通常肉质，直立或平卧，下部节上常生根。单叶互生、对生或近轮生，有柄；无托叶或有托叶状腺体生于叶柄基部。花两性，两侧对称，单生或数朵簇生于叶腋；萼片3，稀5，覆瓦状排列，中央1枚大，花瓣状，并向后延伸而成一中空的距，侧生2枚小，绿色；花瓣5，或2对合生呈3片状，上面1枚在外（即旗瓣），常直立，侧面各2枚连合（翼瓣）；雄蕊5，花丝合生而环绕子房；子房上位，5室，胚珠2至多数，中轴胎座，花柱极短或无，柱头1 ~ 5裂。果实为假浆果或肉质、4 ~ 5裂爿弹裂的蒴果；种子从开裂的裂爿中弹出，种皮光滑或具小瘤状突起。

本科全世界有2属900 ~ 1000种，主要分布于亚洲热带和亚热带及非洲，少数种分布于欧洲、亚洲温带地区及北美洲。中国有2属228种。东北地区产1属6种1变种1变型，其中栽培3种。

凤仙花属 *Impatiens* L.

Impatiens L., Sp. Pl. 937. 1753.

本属的形态特征与科描述基本相同，但下面4枚侧生的花瓣成对合生成翼瓣；果实为肉质弹裂的蒴果。果实成熟时种子从裂爿中弹出。

本属全世界有900余种，分布于旧大陆热带、亚热带山区和非洲，少数种类也产于亚洲和欧洲温带及北美洲。中国有227种。东北地区有7种1变种1变型，其中栽培3种。

分种检索表

1. 栽培。
  2. 叶菱状卵形 ……………………………………………………………………… 1. 苏丹凤仙 I. walleriana Hook. f.
  2. 叶卵状披针形至长椭圆形。
    3. 花几乎近辐射对称 ……………………………………………………………… 2. 新几内亚凤仙花 I. hawkeri W. Bull.
    3. 花明显两侧对称。
      4. 叶互生 ……………………………………………………………………………3. 凤仙花 I. balsamina L.
      4. 叶对生或轮生 ………………………………………………………… 4. 喜马拉雅凤仙花 I. glandulifera Royle
1. 野生。
  5. 花黄色或白色，总花梗无腺毛；叶卵形或广椭圆形，边缘具粗钝齿；蒴果棒状（5. 水金凤 I. noli-tangere L.）。
    6. 花黄色 ………………………………………………………………5a. 水金凤 I. noli-tangere var. noli-tangere
    6. 花白色 ………………………………………………… 5b. 白花水金凤 I. noli-tangere var. albiflorum Z. S. M.
  5. 花紫红色或带白色、淡紫色，总花梗有红紫色腺毛；叶菱状披针形或广披针形，边缘具锐齿；蒴果狭纺锤形。
    7. 花长1～2厘米，白色而有淡紫红色斑点，距细长；叶菱状披针形
    ……………………………………………………………………………………… 6. 东北凤仙花 I. furcillata Hemsl.
    7. 花长3～4厘米，红紫色或白色，距较粗而上部膨大；叶广披针形（7. 野凤仙花 I. textori Miq.）。
      8. 花红紫色 …………………………………………………………………… 7a. 野凤仙花 I. textori f. textori
      8. 花白色，仅唇瓣内侧具紫色斑点 ……………………… 7b. 白花野凤仙 I. textori f. pallescens (Honda) Hara

（1）苏丹凤仙花（中国植物志，Flora of China）；非洲凤仙（俗称）

Impatiens walleriana Hook. f. in Oliver, F. T. A. 1: 302. 1868; 中国植物志47(2): 31. 2002; Fl. China 12: 58. 2007.

原产东非。辽宁省大连等地有栽培。

观花草本，花色丰富、花期长，除盆栽用于室内装饰外，可用于园路边、林缘、山石边或草地中丛植或片植观赏，也常用于花坛、花境或与其他观花植物配植。

■ 苏丹凤仙花

杂色花

植株

植株一部分

（2）新几内亚凤仙花（上海维管植物检索表）

Impatiens hawkeri W. Bull. in The gardeners chronicle & agricultural gazette 1: 761, f.168. 1886; 上海维管植物检索表: 147. 2014.

原产新几内亚。辽宁省大连有栽培。

观花草本，花色丰富、花期长，除盆栽用于室内装饰外，可用于园路边、林缘、山石边或草地中丛植或片植观赏，也常用于花坛、花境或与其他观花植物配植。

■ 新几内亚凤仙花

花正面观

花侧面观

植株一部分

群落

（3）凤仙花（辽宁植物志，黑龙江省植物志，内蒙古植物志，东北植物检索表，东北草本植物志，中国植物志，Flora of China）

Impatiens balsamina L., Sp. Pl.938. 1753; 东北草本植物志6: 55. 图版22: 1 ~ 2. 1977; 辽宁植物志（上册）: 1094. 图版469: 1 ~ 5. 1988; 内蒙古植物志（第二版）3: 475. 图版186: 1 ~ 7. 1989; 东北植物检索表（第二版）: 401. 图版199: 3. 1995; 中国植物志47(2): 29. 图版1: 1 ~ 9. 2002; 黑龙江省植物志7: 88. 图版46: 1 ~ 8.2003; Fl. China12: 58. 2007.

原产亚洲热带。东北各地栽培。

作为观赏植物引进。茎及种子入药，茎有祛风湿、活血、止痛之效，用于治风湿性关节痛、屈伸不利；种子有软坚、消积之效，用于治噎膈、骨鲠咽喉、腹部肿块、闭经。

■ 凤仙花

花期

果期

（4）喜马拉雅凤仙花（植物智网站）；腺柄凤仙花（大兴安岭植物志）；紫凤仙（俗名）

Impatiens glandulifera Royle, Ill. Bot. Himal. Mts. [Royle] [2]: t. 28, f. 2. 1834; 大兴安岭植物志2:393. 2022.

原产印度和巴基斯坦，分布从克什米尔和哈扎拉到库曼的温带西喜马拉雅山脉。黑龙江省（漠河、塔河）及内蒙古自治区（牙克石、鄂伦春、根河）曾有栽培，现已归化，常在菜园子、路旁及房前屋后形成入侵。

■ 喜马拉雅凤仙花

花序

植株一部分

居群

（5）水金凤（辽宁植物志，黑龙江省植物志，内蒙古植物志，东北植物检索表，东北草本植物志，中国植物志，Flora of China）；辉菜花（中国植物志）

Impatiens noli-tangere L., Sp. Pl.1: 983. 1753; 东北草本植物志6: 57. 图版22: 3 ~ 10. 1977; 辽宁植物志（上册）: 1094. 图版469: 6 ~ 8. 1988; 内蒙古植物志（第二版）3: 476. 图版186: 8 ~ 15. 1989; 东北植物检索表（第二版）: 401. 图版199: 4. 1995; 中国植物志47(2): 170. 图版50: 7 ~ 13. 2002; 黑龙江省植物志7: 91. 图版46: 9 ~ 11.2003; Fl. China 12: 99. 2007.

（5a）水金凤（原变种）

Impatiens noli-tangere var. *noli-tangere*

生林下湿地或沟边。产黑龙江省爱辉、饶河、尚志、宁安、伊春、呼玛、密山；吉林省蛟河、敦化、安图、珲春、和龙、长白、抚松、靖宇、集安、浑江、通化、吉林；辽宁省清原、新宾、桓仁、本溪、鞍山、宽甸、岫岩、营口、葫芦岛、北镇、大连；内蒙古自治区额尔古纳、根河、牙克石、科尔沁右翼前旗、科尔沁右翼中旗、大青沟、克什克腾旗、喀喇沁旗、宁城、宝格达山等地。

全草有理气和血、舒筋活络作用，主治肾病、膀胱结石、风湿症等症。

■ 水金凤

茎

花

植株

居群

（5b）白花水金凤（变种）（辽宁师范大学学报）

Impatiens noli-tangere var. *albiflorum* Z. S. M., 辽宁师范大学学报41(3): 368 ~ 372. 2018.

生山沟溪流旁。产辽宁省凤城。

■ 白花水金凤

花

植株一部分

（6）东北凤仙花（辽宁植物志，黑龙江省植物志，内蒙古植物志，东北植物检索表，东北草本植物志，中国植物志，Flora of China）

Impatiens furcillata Hemsl. in Journ. L. Soc. Bot. 23: 101. 1886; 东北草本植物志6: 57. 图版23: 1 ~ 6. 1977; 辽宁植物志（上册）: 1096 图版470: 1 ~ 6. 1988; 内蒙古植物志（第二版）3: 479. 图版187. 1989; 东北植物

■ 东北凤仙花

花侧面观

花序

植株

检索表（第二版）: 401. 图版199: 5. 1995; 中国植物志47(2): 76. 图版28: 8 ~ 15. 2002; 黑龙江省植物志7: 88. 图版47.2003; Fl. China 12: 72. 2007.

生山谷河边、林缘或草丛中。产黑龙江省尚志、宁安、桦川；吉林省集安、抚松、安图、珲春、汪清、蛟河、浑江、通化；辽宁省鞍山、本溪、宽甸、桓仁、岫岩、普兰店、庄河；内蒙古自治区大青沟等地。

块根有祛瘀消肿、解毒作用，用于跌打损伤、痈疮、恶疮溃疡。

（7）野凤仙花（辽宁植物志，东北植物检索表，东北草本植物志，中国植物志，Flora of China）

Impatiens textori Miq. in Ann. Mus. Bot. Lugd.–Batav. 2: 76. 1865; 东北草本植物志6: 59. 图版23: 7 ~ 14. 1977; 辽宁植物志（上册）: 1096. 图版470: 7 ~ 14. 1988; 东北植物检索表（第二版）: 403. 图版199: 6. 1995; 中国植物志47(2): 78. 2002; Fl. China12: 72. 2007.

（7a）野凤仙花（原变型）

Impatiens textori f. *textori*

生湿地、林下、沟边。产吉林省珲春；辽宁省庄河、宽甸、桓仁等地。

块根有祛瘀消肿、解毒作用，用于跌打损伤、痈疮、恶疮溃疡。

■ 野凤仙花

花

花序

居群

（7b）白花野凤仙（变型）（辽宁植物志，中国植物志）

Impatiens textori f. *pallescens* (Honda) Hara in Enum. Soerm. Jap.3: 123. 1954; 辽宁植物志（上册）: 1098. 1988; 中国植物志47(2): 79. 2002.

生沟边。产辽宁省桓仁、庄河等地。

■ 白花野凤仙

花正面观

花侧面观

植株

139. 花荵科 Polemoniaceae

Polemoniaceae Juss., Gen. Pl. [Jussieu] 136. 1789, *nom. cons.*

木贼门、木贼亚门、木兰纲、蔷薇亚纲、菊超目、杜鹃花目（Ericales）。

一年生或多年生草本，稀为木本。叶互生或对生，全缘、分裂或羽状复叶。花两性，辐射对称或稍两侧对称，顶生或腋生，成聚伞状、伞房状圆锥花序或头状花序，稀单生于叶腋；花萼钟状或管状，5裂，宿存；花冠高脚碟状、钟状或漏斗状，5裂；雄蕊5，与花瓣互生，着生于花冠筒上，花药2室，纵裂；花盘环状，常5裂；子房上位，3（~5）室，花柱1，柱头3或2裂；中轴胎座，每室有胚珠1至多数。蒴果，室背开裂，稀室间开裂；种子常具棱或翅。

本科全世界有27属350~380种，主产于北美洲西部，少数种类产欧洲、亚洲。中国有3属6种。东北地区产2属6种1变种，其中栽培2种。

分属检索表

1. 叶不裂；雄蕊着生在花冠管内的位置不等高 ………………………………………… 1. 福禄考属（天蓝绣球属）Phlox
1. 叶羽状分裂或为羽状复叶；雄蕊着生在花冠管内的等高位置上 ……………………………………2. 花荵属 Polemonium

1 福禄考属（天蓝绣球属） *Phlox* L.

Phlox L. Gen. ed. 1. 52. 1737.

多年生或一年生草本。茎直立或铺散或丛生。叶对生或最上部的互生，全缘。单花或多花聚集在分枝顶端，或排列成顶生的聚伞圆锥花序或圆锥花序；萼管状或钟状，有5条肋，5裂，裂片锐尖、渐尖或钻状，边缘常为干膜质；花冠高脚碟状，花冠管喉部收缩，冠檐裂片等大，倒卵形、圆形或倒心形；雄蕊以不同高度着生花冠管内，花丝短，内藏；子房长圆形或卵形，3室，每室有胚珠1~2，很少3~5。蒴果卵球形，3瓣裂；种子卵形。

本属全世界约66种，主产于北美洲。中国引入栽培3种。东北地区栽培2种。

分种检索表

1. 多年生直立草本；叶交互对生或3叶轮生，长圆形或卵状披针形 ………………………… 1. 天蓝绣球 Ph. paniculata L.
1. 多年生矮小、丛生、铺散草本；叶对生或簇生节上，钻状线形 …………………… 2. 针叶天蓝绣球 Ph. subulata L.

（1）天蓝绣球（东北植物检索表，中国植物志）

Phlox paniculata L., Sp. Pl. 1: 151. 1753; 中国植物志64(1): 159. 1979; 东北植物检索表（第二版）: 538. 图版269: 1. 1995.

原产北美洲东部。东北各地常有栽培。

优良的庭园宿根花卉，可用于布置花坛、花境，亦可点缀于草坪中。

■ 天蓝绣球

花序

植株

植株一部分

（2）针叶天蓝绣球（中国植物志）；芝樱

Phlox subulata L., Sp. Pl. 1: 152. 1753; 中国植物志64(1): 160. 1979.

原产北美洲东部。黑龙江省、辽宁省有栽培。

■ 针叶天蓝绣球

花序侧面观

花期

花序

植株

优良的地被植物，覆盖地表的能力和观花效果俱佳，有“开花草坪”之美誉。

2 花荵属 *Polemonium* L.

Polemonium L. Syst. ed. 1. 1735, et Gen. ed. 1. 46. 1737.

多年生草本，少为一年生草本，常具匍匐的根茎。叶互生，一次羽状分裂。顶生聚伞花序，或疏散伞房花序或近头状的聚伞圆锥花序；花蓝紫色或白色；花萼钟状，5裂，花后扩大；花冠宽钟状、近辐状或短漏斗状，裂片倒卵形；雄蕊基部着生位置相等，花丝基部具髯毛，向外折曲；花盘具圆齿；子房卵圆形，3室，每室有2～12个胚珠。蒴果卵圆形，3瓣裂；种子具锐角棱，无翅，种皮具螺纹纤维的膨胀的细胞，潮湿时外面具黏液质。

本属全世界约50种，分布于欧洲、北亚、北美洲、墨西哥和智利。中国有4种。东北地区产4种1变种。

分种检索表

1. 花冠裂片狭椭圆形或狭菱状椭圆形，顶端常尖，雄蕊明显短于花冠
…………………… **1. 苏木山花荵 P. sumushanense** G. H. Liu & Y. C. Ma
1. 花冠裂片椭圆形、菱状椭圆形、倒卵形或圆形，顶端圆形或微尖，雄蕊长于或等长于花冠。
  2. 花萼长3～4.5毫米；萼裂片短于萼筒（**2. 中华花荵 P. chinense** (Brand) Brand）。
    4. 茎下部无毛；蒴果长5～6毫米；种子扁纺锤形或具三棱 …………… **2a. 中华花荵 P. chinense** var. **chinense**
    4. 茎下部密被柔毛和腺毛；蒴果长约6毫米；种子三棱形
    …………………… **2b. 毛茎花荵 P. chinense** var. **hirticaulum** G. H. Liu & Y. C. Ma
  2. 花萼长5~8毫米；萼裂片较萼筒稍长或近等长。
    3. 萼裂片长卵形、长圆形或卵状披针形；雄蕊与花冠近等长 …………… **3. 花荵 P. caeruleum** L.
    3. 萼裂片狭三角形；雄蕊超过花冠 …… **4. 兴安花荵 P. hingganicum** (P. H. Huang & S. Y. Li) S. Y. Li & K. T. Adair

（1）苏木山花荵（内蒙古植物志，Flora of China）

Polemonium sumushanense G. H. Liu & Y. C. Ma, 内蒙古大学学报（自然科学版）20: 392. 1989; 内蒙古植物志（第二版）4: 147. 图版59: 10～11. 1993; Fl. China 16: 327. 1995.

生山地林下及沟谷湿地。产内蒙古自治区巴林右旗等地。

（2）中华花荵（内蒙古植物志，中国植物志，Flora of China）；小花荵（中国植物志）

Polemonium chinense (Brand) Brand in Fedde, Repert. Sp. Nov. 17: 316. 1921; 内蒙古植物志（第二版）4: 147. 图版59: 1～5. 1993; Fl. China 16: 327. 1995.——*P. coeruleum* L. var. *chinense* Brand in Ann. Conserv. Jard. Bot. Geneve 14/15: 324. 1913; 中国植物志64(1): 157. 1979.——*P. liniflorum* V. Vassil. in L. Komor. Acad. Sci. URSS 15: 218. 1953; 东北植物检索表296. 1959; 中国植物志64(1): 157. 1979.

（2a）中华花荵（原变种）

Polemonium chinense var. *chinense*

生海拔2000～3600米的潮湿草丛、河边、沟边林下、山谷密林或山坡路旁杂草间。产内蒙古自治区额尔古纳、根河、牙克石、扎兰屯、鄂伦春、鄂温克、科尔沁右翼前旗、大青沟、克什克腾旗、翁牛特旗、喀喇沁旗、巴林右旗、锡林浩特等地。

■ 中华花荵

花序

花序一部分

植株

（2b）毛茎花荵（变种）（内蒙古植物志，Flora of China）

Polemonium chinense var. *hirticaulum* G. H. Liu & Y. C. Ma, Acta Sci. Nat. Univ. Intramongol. 20: 392. 1989; 内蒙古植物志（第二版）4: 147. 1993; Fl. China16: 327. 1995.

生境同原种。产内蒙古自治区牙克石、鄂伦春等地。

（3）花荵（辽宁植物志，黑龙江省植物志，内蒙古植物志，东北植物检索表，东北草本植物志，中国植物志，Flora of China）；柔毛花荵（辽宁植物志，黑龙江省植物志，内蒙古植物志，东北植物检索表，东北草本植物志）；腺毛花荵（东北植物检索表，东北草本植物志）

Polemonium caeruleum L., Sp. Pl. 1: 162. 1753; 中国植物志64(1): 155. 图版33: 2 ~ 3. 1979; 内蒙古植物志（第二版）4: 146. 图版59: 6 ~ 7. 1993; Fl. China 16: 326. 1995.——*P. villosum* Rud. ex Georgi in Beschr. Russ. Reich. 3(4): 771. 1800; 东北草本植物志7: 130. 图版70: 4 ~ 5. 1981; 辽宁植物志（下册）: 137. 图版59: 4 ~ 5. 1992; 内蒙古植物志（第二版）4: 146. 图版59: 8 ~ 9. 1993; 东北植物检索表（第二版）: 538. 图版270: 4. 1995; 黑龙江省植物志8: 154. 图版72: 7 ~ 8. 2001.——*P. villosum* Rud. ex Georgi f. *glabrum* S. D. Zhao, 东北草本植物志7: 130, 256. 图版70: 6 ~ 7. 1981; 辽宁植物志（下册）: 137. 图版59: 6 ~ 7. 1992; 东北植物检索表（第二版）: 538. 1995.——*P. laxiflorum* Kitam.in Acta Phytotax. Geobot. 10(3): 182. f. 6. 1941; 东北草本植物志7: 127. 1981; 东北植物检索表（第二版）: 538. 图版270: 3. 1995.——*P. liniflorum* auct. non V. Vassil.: 东北草本植物志7: 128. 图版70: 1 ~ 3. 1981; 辽宁植物志（下册）: 136. 图版59: 1 ~ 3. 1992; 东北植物检索表（第

■ 花荵

基生叶

果序

花

植株

二版）: 538. 图版270: 1. 1995; 黑龙江省植物志8: 152. 图版72: 4 ~ 6. 2001.

生湿草甸子及草地、林下。产黑龙江省尚志、虎林、饶河、鹤岗、富锦、密山、北安、穆棱、呼玛、黑河、哈尔滨、伊春、嘉荫；吉林省安图、靖宇、抚松、长白、珲春、通化、前郭、磐石、舒兰；辽宁省彰武、清原、本溪、桓仁、凤城、铁岭、西丰、庄河；内蒙古自治区额尔古纳、根河、牙克石、科尔沁右翼前旗、科尔沁左翼后旗、大青沟、克什克腾旗、翁牛特旗等地。

嫩苗可食。根及根状茎有祛痰、止血、镇静作用。

（4）兴安花荵（黑龙江省植物志，东北植物检索表）

Polemonium hingganicum (P. H. Huang & S.Y. Li) S.Y. Li & K.T. Adair in Sida 16(1): 185. 1994.——*P. boreale* subsp. *hingganicum* P.H. Huang & S.Y. Li in Bull. Bot. Res., Harbin 5(4): 151–154, pl. 1. 1985; 东北植物检索表（第二版）: 538. 图版270: 2. 1995; 黑龙江省植物志8: 152. 图版72: 1 ~ 3. 2001.

生落叶松林下或林缘。产黑龙江省大兴安岭；内蒙古自治区科尔沁右翼前旗。

■ 兴安花荵

花序

植株

植株下部

140. 柿科（柿树科） Ebenaceae

Ebenaceae Gürke, Nat. Pflanzenfam. [Engler & Prantl] 4(1): 153. 1892, *nom. cons.*

木贼门、木贼亚门、木兰纲、蔷薇亚纲、菊超目、杜鹃花目（Ericales）。

乔木或直立灌木。单叶互生，很少对生，排成2列，全缘，具羽状叶脉。花多半单生，通常雌雄异株，或为杂性，雌花腋生，单生，雄花常生在小聚伞花序上或簇生，或为单生，整齐；花萼3 ~ 7裂，常深裂，在雌花或两性花中宿存，常在果时增大；花冠3 ~ 7裂，早落。浆果多肉质。

本科全世界有4属500 ~ 600种，主要分布于两半球热带地区，在亚洲的温带和美洲的北部种类少。中国有1属60种。东北地区栽培1属2种。

柿属（柿树属） *Diospyros* L.

Diospyros L., Sp. Pl. 1057. 1753.

落叶或常绿乔木或灌木。叶互生。花单性，雌雄异株或杂性；雄花常较雌花为小，组成聚伞花序，雄花序腋生在当年生枝上，或很少在较老的枝上侧生，雌花常单生叶腋；萼通常深裂，3 ~ 7裂，常4裂，雌花的萼结果时常增大；花冠壶形、钟形或管状，浅裂或深裂，（3～）4～5（～7）裂，裂片向右旋转排列，很少覆瓦状排列；雄蕊4至多数，通常16枚，常2枚连生成对而形成两列；子房2～16室；花柱2～5枚，分离或在基部合生，通常顶端2裂，每室有胚珠1～2颗；在雌花中有退化雄蕊1～16枚或无雄蕊。浆果肉质，基部通常有增大的宿存萼；种子较大，通常两侧压扁。

本属全世界约500种，主产于热带地区。中国约有60种，主产于西南至东南地区。东北地区栽培2种。

分种检索表

1. 叶背面苍白色；浆果近球形或椭圆形，直径1～1.5厘米，熟后黑色 ……………………………… 1. 君迁子 D. lotus L.
1. 叶背面淡绿色；浆果卵圆形或扁球形，直径3.5～8厘米，熟后橘黄色或黄色 …………………… 2. 柿 D. kaki Thunb.

（1）君迁子（东北植物检索表，中国植物志，Flora of China）；黑枣（辽宁植物志）

Diospyros lotus L., Sp. Pl.1057. 1753; 中国植物志60(1): 105. 图版20: 1～5. 1987; 辽宁植物志（下册）: 39. 图版17: 1～2. 1992; 东北植物检索表（第二版）: 506. 图版252: 2. 1995; Fl. China 15: 224. 1996.

分布中国华北、华东、西北、中南及西南各地。辽宁省大连及辽西地区有栽培。

本种的实生苗常用作柿树的砧木；成熟果实可供食用，亦可制成柿饼，入药可止消渴，去烦热，又可供制糖、酿酒、制醋；果实、嫩叶均可供提取维生素C；未熟果实可提制柿漆，供医药和涂料用；木材质硬，耐磨损，可作纺织木梭、雕刻、小用具等，又材色淡褐，纹理美丽，可作精美家具和文具；树皮可供提取单宁和制人造棉。

■ 君迁子

叶

果期

雌花

雄花序

花侧面观

植株

（2）柿（辽宁植物志，东北植物检索表，中国植物志，Flora of China）；柿树

Diospyros kaki Thunb. in Nova Acta Sor. Sc. Upsal. 3: 208. 1780; 中国植物志60(1): 141. 图版34: 1. 1987; 辽宁植物志（下册）: 38. 1992; 东北植物检索表（第二版）: 506. 图版252: 1. 1995; Fl. China15: 225. 1996.

分布中国长江流域。辽宁省大连及辽西地区有栽培。

柿果食用。木材可供制纺织木梭、线轴、箱盒、工具柄、雕刻等用。柿果、柿蒂、柿霜及根和叶都可药用，其中果实有清热、润肺、止渴作用。

■ 柿

树干

果枝

花枝

植株

141. 报春花科 Primulaceae

Primulaceae Batsch ex Borkh., Bot. Wörterb. 2: 240. 1797, *nom. cons.*

木贼门、木贼亚门、木兰纲、蔷薇亚纲、菊超目、杜鹃花目（Ericales）。

一年生或多年生草本，稀为亚灌木。单叶互生、对生、轮生或全部基生。花两性，辐射对称，单生或组成总状花序、伞形花序或穗状花序，顶生或腋生；具苞片；花萼通常（4～）5～6（～9）裂，宿存；花冠管状或辐状或高脚碟状，上部通常（4～）5～6（～9）裂，极少无花冠；雄蕊着生于花冠管上或基部，与花冠裂片同数而对生，稀具一轮鳞片状退化雄蕊，花丝分离或下部连合成筒；子房上位，稀半下位，1室，花柱单生。蒴果，通常5齿裂或瓣裂；种子小，多数。

本科全世界有79属2360～2590种，分布于全世界，主产于北半球温带地区。中国产17属652种，广布于南北各地，尤以西部高原和山区种类特别丰富。东北地区产7属25种1亚种1变种。

分属检索表

1. 叶基生；花冠裂片在花蕾中覆瓦状或镊合状排列。
  2. 雄蕊生于花冠筒的基部，花药顶端尖 ······ 1. 假报春属 Cortusa
  2. 雄蕊生于花冠筒的中下部至中上部，花药先端钝。
    3. 花紫红色、淡紫红色，稀白色；花冠筒明显长于花萼，花冠喉部不收缩 ······ 2. 报春花属 Primula
    3. 花白色，稀粉红色；花冠筒短于花萼，花冠喉部收缩而常呈坛状 ······ 3. 点地梅属 Androsace
1. 叶茎生；花冠裂片在花蕾中旋转状排列。
  4. 无花冠；花萼花冠状，粉白色至蔷薇色；叶肉质 ······ 4. 海乳草属 Glaux
  4. 有花冠；花萼绿色；叶不为肉质。
    5. 花单生于茎顶端叶腋；花冠白色；种子表面具白色网纹 ······ 5. 七瓣莲属 Trientalis
    5. 总状花序或圆锥花序；花冠白色或黄色；种子表面平滑。
      6. 花5基数；圆锥花序顶生；花冠裂片宽1毫米以上，裂片间无鳞片状退化雄蕊；雄蕊内藏 ······ 6. 黄连花属 Lysimachia
      6. 花通常6～7基数；总状花序生叶腋；花冠裂片宽约0.6毫米，裂片间常有小鳞片状退化雄蕊；雄蕊伸出花冠 ······ 7. 球尾花属 Naumburgia

1 假报春属 *Cortusa* L.

Cortusa L., Sp. Pl. 144. 1753.

多年生草本，被多细胞柔毛。叶全部基生，具长柄，叶片心状圆形，7～9裂，裂片有牙齿或缺刻。花葶直立；伞形花序顶生，具苞片；花梗纤细，不等长；花萼5深裂，裂片披针形，宿存；花冠漏斗状钟形，红色或黄色，分裂达中部以下，裂片5，通常卵圆形，先端钝，筒部短，喉部无附属物；雄蕊5，着生于冠筒基部，花丝极短，基部膜质，连合成环；花药基部心形，向上渐狭，顶端具小尖头；子房卵珠形；胚珠多数，半倒生；花柱丝状，伸出冠筒外，柱头头状。蒴果顶端5瓣开裂；种子扁球形，具皱纹。

本属全世界约有10种，分布于欧洲中部至亚洲北部。中国有1种1亚种，东北地区均产。

分种下单位检索表

1. 叶片轮廓近圆形，掌状浅裂，裂深不超过叶片的1/4，裂片三角状半圆形，边缘具不整齐的钝圆或稍锐的齿 ······ a. 假报春 C. matthioli subsp. matthioli
1. 叶片轮廓肾状圆形或近圆形，掌状7～11裂，裂深达叶片的1/3或有时近达中部，裂片长圆形，边缘有不规整的粗齿 ······ b. 河北假报春 C. matthioli subsp. pekinensis

假报春（内蒙古植物志，东北植物检索表，东北草本植物志，中国植物志，Flora of China）

Cortusa matthioli L., Sp. Pl. 1: 144. 1753; 东北草本植物志 7: 31. 图版15. 1981; 中国植物志59(1): 138. 1989; 内蒙古植物志（第二版）4: 48. 图版16: 1 ~ 4. 1993; 东北植物检索表（第二版）: 500. 图版248: 1. 1995; Fl. China 15: 79. 1996; 黑龙江省植物志8: 40. 2001.

多年生草本。叶基生，轮廓近圆形，基部深心形，边缘掌状浅裂，裂片三角状半圆形，边缘具齿，背面淡灰色且被柔毛；叶柄长为叶片的2 ~ 3倍，被柔毛。花葶被稀疏柔毛或近于无毛；伞形花序5 ~ 10花；苞片狭楔形，顶端有缺刻状深齿；花梗纤细，不等长；花冠漏斗状钟形，紫红色；雄蕊着生于花冠基部；花柱长达8毫米，伸出花冠外。蒴果圆筒形，长于宿存花萼。

（a）假报春（原亚种）

Cortusa matthioli subsp. *matthioli*

生云杉、落叶松林下腐殖质较多的阴处。产黑龙江省呼玛；内蒙古自治区科尔沁右翼前旗、阿尔山。

■ 假报春

花序

植株

植株下部

（b）河北假报春（亚种）（内蒙古植物志，东北植物检索表，东北草本植物志，中国植物志，Flora of China）

Cortusa matthioli subsp. *pekinensis* (Al. Richt.) Kitag. Lineam. Fl. Mansh. 351. 1939; 东北草本植物志7: 31. 1981; 内蒙古植物志（第二版）4: 48. 图版16: 5. 1993; 中国植物志59(1): 139. 图版36: 5 ~ 6. 1989; 东北植

■ 河北假报春

基生叶

花

花序

植株

物检索表（第二版）: 500. 1995; Fl. China 15: 80. 1996.——*Cortusa pekinensis* (Al. Richt.) A. Los. in Act. Inst. Bot. Acad. Sci. URSS. ser. 1, 3: 250. 1936; 东北植物检索表275. 1959.

生溪边、林缘和灌丛中。产黑龙江省大兴安岭地区；内蒙古自治区牙克石、科尔沁前旗、喀喇沁旗等地。

2 报春花属 *Primula* L.

Primula L., Sp. Pl. ed. 1. 142. 1753.

多年生草本，稀二年生草本。叶全部基生，莲座状。花5基数，通常在花葶端排成伞形花序、总状花序、短穗状或近头状花序，有时单生，无花葶；花萼钟状或筒状，具浅齿或深裂；花冠漏斗状或钟状，喉部不收缩，筒部通常长于花萼，裂片全缘、具齿或2裂；雄蕊贴生于冠筒上，花药先端钝，花丝极短；子房上位，近球形，花柱常有长短2型。蒴果球形至筒状，顶端短瓣开裂或不规则开裂，稀为帽状盖裂；种子多数。

本属全世界约有500种，主要分布于北半球温带和高山地区，仅有极少数种类分布于南半球，沿喜马拉雅山两侧至云南、四川西部是本属的现代分布中心。中国有293种21亚种18变种，主产西南、西北诸省区，其他地区仅有少数种类分布。东北地区产7种1变种。

分种检索表

1. 花冠裂片长圆形，全缘，通常反折；全株无毛、无粉 ·········· **1. 胭脂花 P. maximowiczii** Regel
1. 花冠裂片倒心形，先端2裂，平展；植株被毛或粉状物。
  2. 苞片基部无浅囊或耳状附属物；叶缘浅裂。
    3. 叶肾形至圆状肾形，掌状脉 ·········· **2. 肾叶报春 P. loeseneri** Kitag.
    3. 叶卵状长圆形至长圆形或广卵形至长圆状卵形，羽状脉。
      4. 叶质较薄，广卵形至长圆状卵形，基部心形；花萼裂片直立不开展 ·········· **3. 岩生报春 P. saxatilis** Kom.
      4. 叶质较厚，卵状长圆形至长圆形，基部心形或圆形；花萼裂片稍开展 ·········· **4. 樱草 P. sieboldii** E. Morren
  2. 苞片基部稍膨胀呈浅囊状或具耳状附属物；叶近全缘或具齿。
    5. 叶通常近圆形、圆状卵形至椭圆形，具明显叶柄；苞片基部具耳状附雇物 ······ **5. 天山报春 P. nutans** Georgi
    5. 叶倒卵状长圆形、近匙形或长圆状披针形，无柄或基部下延成翼状柄；苞片基部稍膨胀呈囊状。
      6. 花葶粗壮；伞形花序呈球状，有多数花 ·········· **6. 箭报春 P. fistulosa** Turkev.
      6. 花葶稍细弱；伞形花序不呈球状，有2至数朵花（**7. 粉报春 P. farinosa** L.）。
        7. 叶背面常被粉状物 ·········· **7a. 粉报春 P. farinosa** var. **farinosa**
        7. 叶背面无粉状物 ·········· **7b. 裸报春 P. farinose** var. **denudata** W. D. J. Koch

（1）胭脂花（黑龙江省植物志，内蒙古植物志，东北植物检索表，东北草本植物志，中国植物志，Flora of China）；段报春（内蒙古植物志）

Primula maximowiczii Regel in Mém. Acad. Imp. Sci. Saint Pétersbourg. 3: 139. 1874; 东北草本植物志7: 22. 图版10. 1981; 中国植物志59(2): 169. 1990; 内蒙古植物志（第二版）4: 36. 图版11. 1993; 东北植物检索表（第二版）: 502. 图版248: 4. 1995; Fl. China 15: 158. 1996; 黑龙江省植物志8: 51. 图版24. 2001.

生林下和林缘湿润处。产黑龙江省小兴安岭至张广才岭地区；吉林省白城、前郭；内蒙古自治区鄂伦春、科尔沁右翼前旗、克什克腾旗、喀喇沁旗、西乌珠穆沁旗、宝格达山等地。

■ 胭脂花

基生叶

果序

蒴果

花序侧面观

花序正面观

居群

植株

（2）肾叶报春（辽宁植物志，东北植物检索表，东北草本植物志，中国植物志，Flora of China）

Primula loeseneri Kitag. in Bot. Mag. Tokyo. 50: 137. 1936; 东北草本植物志7: 20. 图版7. 1981; 中国植物志59(2): 39. 1990; 辽宁植物志（下册）: 20. 图版8. 1992; 东北植物检索表（第二版）: 502. 图版250: 2. 1995; Fl. China 15: 124. 1996.

生林下阴湿处。产辽宁省岫岩、本溪、凤城、宽甸等地。

■ 肾叶报春

基生叶

花序

居群

（3）岩生报春（黑龙江省植物志，东北植物检索表，东北草本植物志，中国植物志，Flora of China）；岩报春（东北植物检索表）

Primula saxatilis Kom. in Trudy Imp. S.–Peterburgsk. Bot. Sada 18(3): 429. 1901; 东北植物检索表: 276. 1959; 东北草本植物志7: 18. 1981; 中国植物志59(2): 33. 图版6: 1 ~ 3. 1990; 东北植物检索表（第二版）:

502. 图版250: 3. 1995; Fl. China 15: 122. 1996; 黑龙江省植物志8: 53. 图版25: 1. 2001.

生林下和岩石缝中。产黑龙江省尚志、带岭；吉林省磐石；辽宁省凤城、葫芦岛、朝阳、阜蒙等地。

■ 岩生报春

基生叶

果序一部分

花侧面观

花序

居群

（4）樱草（黑龙江省植物志，东北植物检索表，东北草本植物志，中国植物志，Flora of China）；樱草报春（辽宁植物志）；翠南报春（内蒙古植物志）

Primula sieboldii E. Morren in Belgique Hort. 23: 97. 1873; 东北草本植物志7: 17. 图版6. 1981; 中国植物志59(2): 33. 图版6: 4 ~ 7. 1990; 辽宁植物志（下册）: 18. 图版7. 1992; 内蒙古植物志（第二版）4: 34. 图版10: 4 ~ 9. 1993; 东北植物检索表（第二版）: 502. 图版250: 1. 1995; Fl. China15: 122. 1996; 黑龙江省植物志8: 55. 图版26. 2001.

生林下湿处或山坡林缘。产黑龙江省哈尔滨、尚志、黑河、爱辉、伊春、嘉荫、萝北、密山；吉林省浑江、柳河、蛟河、集安、靖宇、长白、安图；辽宁省庄河、开原、丹东、凤城、宽甸、新宾、本

■ 樱草

白花

白花株

花

■ 樱草

花序

植株

溪、桓仁；内蒙古自治区额尔古纳、牙克石、鄂伦春、科尔沁右翼前旗、大青沟等地。

嫩苗可食。根茎或全草治疗气逆咳嗽、痰多喘满、咽炎。

（5）天山报春（黑龙江省植物志，内蒙古植物志，东北植物检索表，东北草本植物志，中国植物志，Flora of China）；伞报春（东北植物检索表）；西伯利亚报春（中国高等植物图鉴）

Primula nutans Georgi Bemerk. Reise 1: 200. 1775; 中国植物志59(2): 221. 图版46：1 ~ 2. 1990; 内蒙古植

■ 天山报春

基生叶

花

花序

植株

植株下部

物志（第二版）4: 34. 图版10: 1 ~ 3. 1993; 东北植物检索表（第二版）: 502. 图版250: 6. 1995; Fl. China 15: 172. 1996.——*Primula sibirica* Jack. Mlsc. Austr. 1: 161. 1778; 东北植物检索表: 276. 1959; 内蒙古植物志5: 24.1980; 东北草本植物志7: 22. 1981; 黑龙江省植物志8: 53. 图版25: 2. 2001.

生湿草地和草甸中。产内蒙古自治区海拉尔、科尔沁右翼前旗、通辽、东乌珠穆沁旗、苏尼特右旗等地。

（6）箭报春（黑龙江省植物志，内蒙古植物志，东北植物检索表，东北草本植物志，中国植物志，Flora of China）；短葶箭报春（植物研究）

Primula fistulosa Turkev. in Fl. Asiat. Ross. 2(1): 23. 1923; 东北草本植物志7: 22. 图版8. 1981; 中国植物志59(2): 194. 1990; 内蒙古植物志（第二版）4: 33. 图版9: 7. 1993; 东北植物检索表（第二版）: 502. 图版250: 5. 1995; Fl. China 15: 165. 1996; 黑龙江省植物志8: 51. 图版23: 5. 2001.——*Primula fistulosa* var. *breviscapa*

■ 箭报春

花

花序

基生叶

植株

P.H. Huang & L.H. Zhuo, 植物研究14(4): 344. 1994.

生低湿地、草甸地和富含腐殖质的沙质草地。产黑龙江省哈尔滨、北安；辽宁省桓仁；内蒙古自治区牙克石、扎兰屯、科尔沁右翼前旗、赤峰等地。

（7）粉报春（内蒙古植物志，东北植物检索表，东北草本植物志，中国植物志，Flora of China）

Primula farinosa L., Sp. Pl. 1: 143. 1753; 东北草本植物志7: 20. 1981; 中国植物志59(2): 192. 1990; 内蒙古植物志（第二版）4: 31. 图版9: 1 ~ 4. 1993; 东北植物检索表（第二版）: 502. 图版250: 4. 1995; Fl. China 15: 164. 1996.

（7a）粉报春（原变型）

Primula farinosa var. *farinosa*

生低湿草地、沼泽化草甸和沟谷灌丛中。产吉林安图（长白山地区）；内蒙古自治区海拉尔、额尔

■ 粉报春

花

花序

花葶

植株下部

植株

古纳、鄂伦春、鄂温克、科尔沁右翼前旗、扎赉特旗、科尔沁左翼后旗、翁牛特旗、东乌珠穆沁旗、锡林浩特、宝格达山、正蓝旗等地。

（7b）裸报春（东北植物检索表）；无粉报春（黑龙江省植物志，东北草本植物志）

Primula farinosa var. *denudata* W. D. J. Koch in Syn. Fl. Germ. Helv. 586. 1837; 东北草本植物志7: 21. 1981; 东北植物检索表（第二版）: 502. 1995; 黑龙江省植物志8: 49. 图版23: 1～4. 2001.

生湿草地和草甸中。产黑龙江省爱辉、黑河；吉林省双辽；内蒙古自治区鄂伦春、海拉尔等地。

3 点地梅属 *Androsace* L.

Androsace L., Sp. Pl. 141. 1753.

一年生、二年生或多年生矮小草本。叶通常基生呈莲座状，稀茎生。花葶1至多个，伞形花序，稀单花；苞片多数；花萼钟状，5浅裂或深裂，裂片直立或内曲，果期有时星状展开，宿存；花冠通常白色或粉红色，高脚碟状或漏斗状，檐部5裂，裂片在花蕾中覆瓦状排列，冠筒与花萼等长或稍短，喉部常收缩，有环状或鳞片状突起；雄蕊5，着生于冠筒内，花丝极短；子房上位，花柱短，不超出冠筒。蒴果近球形，5瓣裂；种子卵圆形、长圆形或近圆形，有棱角，背面扁平，外种皮常有皱纹。

本属全世界约有100种，广布于北半球温带地区。中国有71种7变种，主产于四川、云南和西藏等省区；西北、华北、东北、华东以及华南亦有少量种类分布。东北地区产8种。

分种检索表

1. 多年生草本；有根状茎、匍匐茎或分枝；叶全缘。
  2. 植株因根状茎多头而形成数个丛生的莲座状丛；叶长1～5厘米 ………………… 1. **长叶点地梅 A. longifolia** Turcz.
  2. 植株由着生于匍匐茎上的莲座状叶丛形成疏丛或垫状密丛；叶长1厘米以下。
    3. 叶一型（披针形、狭舌形或狭倒披针形，内外层近等长或内层较外层稍长，两面上半部均被白色长柔毛）；花冠白色或淡黄色；蒴果长圆形，稍长于花萼 ……………………………………2. **白花点地梅 A. incana** Lain.
    3. 叶呈不明显的二型（外层叶短而呈舌状长圆形，近于无毛；内层叶长而呈椭圆状倒卵形至椭圆状倒披针形，腹面无毛，背面被稀疏粗毛或有时近于无毛，边缘具开展的长髯毛）；花冠白色或粉红色；蒴果近球形，约与宿存花萼等长 ………………………………………………………………3. **旱生点地梅 A. lehmanniana** Spreng
1. 一年生草本；无根状茎、匍匐茎或分枝；叶缘具齿。
  4. 叶近圆形，有明显叶柄。
    5. 叶缘有多数三角状钝齿；花萼深裂几乎达基部，果期裂片增大呈星状开展；花冠显著超出花萼 ……………………………………………………………………………… 4. **点地梅 A. umbellata** (Lour.) Merr.
    5. 叶缘有7～11个圆齿；花萼浅裂或中裂，果期裂片略张开或稍反折；花冠与花萼近等长或稍超出 ………………………………………………………………………………… 5. **小点地梅 A. gmelinii** (L.) Gaer.
  4. 叶长圆形或长圆状披针形，无柄或基部渐狭下延成柄状。
    6. 苞片长5～7毫米；花白色或淡粉红色；苞片与萼花后增大 ………………………… 6. **大苞点地梅 A. maxima** L.
    6. 苞片长2～3毫米；花白色；苞片与萼花后不增大。
      7. 直根；叶无柄；花萼钟状或陀螺状，中脉隆起；花葶被分叉短毛 ……… 7. **北点地梅 A. septentrionalis** L.
      7. 须根；叶基部下延成柄状；花萼杯状，中脉不隆起；植株无毛或花葶上部被短腺毛 ………………………………………………………………………………… 8. **东北点地梅 A. filiformis** Retz.

（1）长叶点地梅（内蒙古植物志，东北植物检索表，中国植物志，Flora of China）；矮葶点地梅（东北草本植物志）

Androsace longifolia Turcz. in Bull. Soc. Imp. Naturalistes Moscou. 5: 202. 1832; 东北草本植物志 7: 31. 图版14：4 ~ 7. 1981; 中国植物志59(1): 196. 1989; 内蒙古植物志（第二版）4: 45. 图版15: 5 ~ 9. 1993; 东北植物检索表（第二版）: 500. 图版247: 7. 1995; Fl. China 15: 90. 1996; 黑龙江省植物志8: 38. 图版16: 4 ~ 8. 2001.

生多石砾的山坡、岗顶和砾石质草原。产黑龙江省安达、大庆、肇东；内蒙古自治区乌兰浩特、扎赉特旗、东乌珠穆沁旗、锡林浩特、镶黄旗等地。

■ 长叶点地梅

植株一部分

植株

基生叶

花

居群

（2）白花点地梅（内蒙古植物志，东北植物检索表，中国植物志，Flora of China）

Androsace incana Lain. in Tabl. Encycl. 1: 432. 1792; 中国植物志59(1): 186. 1989; 内蒙古植物志（第二版）4: 43. 图版14: 3 ~ 4. 1993; 东北植物检索表（第二版）: 500. 1995; Fl. China 15: 97. 1996.

生山顶和向阳的山坡上，海拔2000 ~ 3500米。产内蒙古自治区赤峰（红山区）、西乌珠穆沁旗、阿巴嘎旗、镶黄旗等地。

■ 白花点地梅

基生叶

花

植株

（3）旱生点地梅（东北植物检索表，中国植物志，Flora of China）

Androsace lehmanniana Spreng in Isis (Oken). 1: 1289. 1817; 中国植物志59(1): 180. 图版47: 1 ~ 3. 1989; 东北植物检索表（第二版）: 500. 图版247: 6. 1995; Fl. China 15: 95. 1996.

生高山冻原。产吉林安图（长白山）。

■ 旱生点地梅

基生叶

花序正面观

花序侧面观

植株

（4）点地梅（辽宁植物志，黑龙江省植物志，内蒙古植物志，东北植物检索表，东北草本植物志，中国植物志，Flora of China）；喉咙草（中国植物志）

Androsace umbellata (Lour.) Merr. in Philipp. J. Sci. 15: 237. 1919; 东北草本植物志7: 25. 图版11. 1981; 中国植物志59(1): 157. 图版40: 4. 1989; 辽宁植物志（下册）: 22. 图版9: 1 ~ 4. 1992; 内蒙古植物志（第二版）4: 38. 图版12: 1 ~ 3. 1993; 东北植物检索表（第二版）: 498. 图版247: 1. 1995; Fl. China 15: 86. 1996; 黑龙江省植物志8: 40. 图版17: 4 ~ 7. 2001.

生林缘、草地和疏林下。产东北三省各地；内蒙古自治区扎兰屯、乌兰浩特、科尔沁右翼前旗、扎赉特旗、科尔沁左翼后旗等地。

全草有清热解毒、消肿止痛作用，主治扁桃体炎、咽喉炎、口腔炎、跌打损伤等。

■ 点地梅

花期

果期

植株

植株下部

（5）小点地梅（内蒙古植物志，东北植物检索表，东北草本植物志，中国植物志，Flora of China）

Androsace gmelinii (L.) Gaer. in Syst. Veg. 4: 165. 1819; 东北草本植物志7: 25. 1981; 中国植物志59(1): 154. 1989; 内蒙古植物志（第二版）4: 40. 图版12: 4 ~ 6. 1993; 东北植物检索表（第二版）: 498. 图版247: 2. 1995; Fl. China 15: 86. 1996.

生河岸湿地、山地沟谷和林缘草甸。产黑龙江省呼玛；内蒙古自治区海拉尔等地。

（6）大苞点地梅（内蒙古植物志，东北植物检索表，东北草本植物志，中国植物志，Flora of China）

Androsace maxima L., Sp. Pl. 1: 141. 1753; 东北草本植物志 7: 29. 图版14：1 ~ 3. 1981; 中国植物志59(1): 165. 1989; 内蒙古植物志（第二版）4: 43. 图版14: 1 ~ 2. 1993; 东北植物检索表（第二版）: 500. 图版247: 5.

■ 大苞点地梅

花序

花序一部分

植株

1995; Fl. China 15: 88. 1996.

散生山谷草地、山坡砾石地、固定沙地及丘间低地。产内蒙古自治区新巴尔虎左旗、新巴尔虎右旗、镶黄旗、苏尼特右旗等地。

（7）北点地梅（内蒙古植物志，中国植物志，Flora of China）；雪山点地梅（黑龙江省植物志，东北植物检索表，东北草本植物志）

Androsace septentrionalis L., Sp. Pl. 142. 1753; 东北草本植物志7: 28. 图版13. 1981; 中国植物志59(1): 164. 1989; 内蒙古植物志（第二版）4: 42. 图版13: 3 ~ 6. 1993; 东北植物检索表（第二版）: 500. 图版247: 4. 1995; Fl. China 15: 88. 1996; 黑龙江省植物志8: 38. 图版17: 1 ~ 3. 2001.——*Androsace septentrionalis* f. *latifolia* Y. H. Huang, 东北草本植物志 7: 28,255. 1981.

■ 北点地梅

基生叶

花序正面观

花序侧面观

植株

生草原、山地阳坡和沟谷中。产黑龙江省呼玛及西部草原；内蒙古自治区海拉尔、额尔古纳、牙克石、扎兰屯、鄂伦春、鄂温克、科尔沁右翼前旗、扎赉特旗、巴林右旗、克什克腾旗、西乌珠穆沁旗、锡林浩特、宝格达山等地。

（8）东北点地梅（辽宁植物志，黑龙江省植物志，内蒙古植物志，东北植物检索表，东北草本植物志，中国植物志，Flora of China）；丝点地梅（东北植物检索表）

Androsace filiformis Retz. in Observ. Bot. 2: 10. 1781; 东北草本植物志7: 27. 图版12. 1981; 中国植物志59(1): 164. 图版43: 1. 1989; 辽宁植物志（下册）: 22. 图版9: 5 ~ 8. 1992; 内蒙古植物志（第二版）4: 40. 图版13: 1 ~ 2. 1993; 东北植物检索表（第二版）: 498. 图版247: 3. 1995; Fl. China 15: 88. 1996; 黑龙江省植物志8: 36. 图版16: 1 ~ 3. 2001.——*Androsace filiformis* var. *glandulosa* Kryl. in Fl. Alt. 3: 819. 1904; 东北植物检索表: 274. 图版90: 3. 1959.

生潮湿草地、林下和水沟边。产黑龙江省哈尔滨、黑河、伊春、爱辉、嘉荫、萝北、集贤、饶河、虎林、密山、呼玛、尚志；吉林省蛟河、桦甸、临江、抚松、敦化、汪清、安图、珲春；辽宁省庄河、沈阳、鞍山、凤城、新宾、清原、西丰、开原、桓仁；内蒙古自治区海拉尔、额尔古纳、根河、牙克石、鄂温克、科尔沁右翼前旗、喀喇沁旗、锡林浩特等地。

全草有清热解毒、消炎止痛作用，用于咽喉肿痛、乳蛾、口腔溃烂、目赤、头痛等。

■ 东北点地梅

基生叶

花

植株

4 海乳草属 *Glaux* L.

Glaux L., Sp. Pl. 207. 1753.

多年生草本，全体无毛，稍带肉质。茎直立或基部匍匐。叶对生或有时在茎上部互生，线形至近匙形或狭长圆形，全缘，近于无柄。花单生叶腋，具短梗，无花冠；花萼白色或粉红色，钟状，通常分裂达中部，裂片5；雄蕊5，着生于花萼基部，与萼片互生；花丝钻形或丝状；花药背着，卵心形，先端钝；子房卵珠形，花柱丝状，柱头呈小头状。蒴果卵状球形，先端稍尖，略呈喙状，下半部为萼筒所包藏，上部5裂；种子少数，椭圆形，背面扁平，腹面隆起，褐色。

本属全世界仅有1种，广布于北半球温带地区。东北地区有分布。

海乳草（辽宁植物志，黑龙江省植物志，内蒙古植物志，东北植物检索表，东北草本植物志，中国植物志，Flora of China）

Glaux maritima L., Sp. Pl.207. 1753; 东北草本植物志 7: 34. 图版16. 1981; 中国植物志59(1): 134. 图版35: 5 ~ 6. 1989; 辽宁植物志（下册）: 32. 图版15: 1 ~ 4. 1992; 内蒙古植物志（第二版）4: 50. 图版17: 1 ~ 3. 1993; 东北植物检索表（第二版）: 500. 图版248: 2. 1995; Fl. China 15: 79. 1996; 黑龙江省植物志8: 42. 图版19. 2001.

多年生草本；近茎基部的叶3 ~ 4对鳞片状，膜质；上部叶肉质，线形、线状长圆形或近匙形，全缘；花小，无花冠；花萼花冠状，粉白色至蔷薇色；蒴果卵状球形，5瓣裂。生海边及内陆河漫滩盐碱地和沼泽草甸中。产黑龙江省哈尔滨、齐齐哈尔、肇东；吉林省白城、双辽；辽宁省彰武、建平、阜新；内蒙古自治区各地。

全草有清热解毒作用。

■ 海乳草

根部

蒴果

花期

花

果期植株

果期植株一部分

5 七瓣莲属 *Trientalis* L.

Trientalis L., Sp. pl. 344. 1753.

多年生草本，全株无毛。根状茎细长，横走。茎单一，直立。茎中、下部叶显著小型，互生，上部叶通常聚集于茎顶，轮生，全缘。花1 ~ 3朵，生于茎顶叶腋，花梗细长，无苞片，花通常7数，萼绿色，（5 ~ ）7（ ~ 9）深裂至基部，裂片线状披针形，宿存；花冠通常白色，（5 ~ ）7（ ~ 9）深裂，筒部短，裂片狭卵形，旋转状排列，全缘；雄蕊（5 ~ ）7（ ~ 9），与花冠裂片对生；子房球形，胚珠多数，花柱丝状，蒴果近球形，（5 ~ ）7（ ~ 9）纵裂；种子数粒，表面具网状皱纹。

本属全世界有2种，分布于北半球亚寒带地区。中国产1种。东北地区有分布。

七瓣莲（辽宁植物志，黑龙江省植物志，内蒙古植物志，东北植物检索表，东北草本植物志，中国植物志，Flora of China）

Trientalis europaea L., Sp. Pl. 1: 344. 1753; 东北草本植物志 7: 42. 图版21. 1981; 中国植物志59(1): 134. 图版35: 1 ~ 4. 1989; 辽宁植物志（下册）: 32. 图版15: 5 ~ 8. 1992; 内蒙古植物志（第二版）4: 55. 图版17: 4 ~ 6. 1993; 东北植物检索表（第二版）: 502. 图版248: 5. 1995; Fl. China 15: 78. 1996; 黑龙江省植物志8: 55. 图版27. 2001.

多年生草本；单叶聚生茎端呈轮生状，叶片披针形等；花1 ~ 3朵生茎端叶腋；花冠白色，比花萼约长1倍；蒴果球形，5瓣裂。生针叶林或混交林下。产黑龙江省伊春、海林、尚志、饶河、呼玛；吉林省通化、浑江、抚松、长白、安图；辽宁省宽甸、桓仁、凤城；内蒙古自治区额尔古纳、牙克石、鄂伦春、科尔沁右翼后旗、喀喇沁旗、宝格达山等地。

■ 七瓣莲

居群

植株

6 黄连花属 *Lysimachia* L.

Lysimachia L., Sp. Pl. 146. 1753.

直立或匍匐草本，极少亚灌木。叶互生、对生或轮生，全缘。花单出腋生或排成顶生或腋生的总状花序或伞形花序；花萼5深裂，极少6 ~ 9裂，宿存；花冠白色或黄色，稀为淡红色或淡紫红色，辐状或钟状，5深裂，稀6 ~ 9裂；雄蕊与花冠裂片同数而对生，花丝分离或基部合生成筒，贴生于花冠上；花药基着或中着，顶孔开裂或纵裂；子房球形，花柱丝状或棒状，柱头钝。蒴果卵圆形或球形，通常5瓣开裂；种子具棱角或有翅。

本属全世界180余种，主要分布于北半球温带和亚热带地区，少数种类产非洲、拉丁美洲和大洋洲。中国有132种，1亚种17变种。东北地区产6种。

分种检索表

1. 花黄色；圆锥花序；叶对生或3叶轮生 ………………………………………… 1. 黄连花 L. davurica Ledeb.
1. 花白色或带蔷薇色；总状花序；叶互生。

（接上表）

2. 茎、叶均被柔毛 ………………………………………………………… 2. 狼尾花 L. barystachys Bunge
2. 茎、叶无毛或疏被柔毛。
3. 叶肉质，倒卵状长圆形；苞片叶状 …………………………………… 3. 滨海珍珠菜 L. mauritiana Lam.
3. 叶纸质，卵状披针形或线形至披针状线形；苞片线形。
4. 叶宽可达5厘米，表面有黑色斑点…………………………………………4. 矮桃 L. clethroides Duby
4. 叶片宽不足2厘米。
5. 叶下面有褐色腺点；叶柄长约0.5毫米；花萼下部合生达全长的1/3或近1/2，裂片狭三角形；花药卵圆形 ……………………………………………………………………5. 狭叶珍珠菜 L. pentapetala Bunge
5. 叶两面均有黑色或带红色腺点；叶无柄或近于无柄；花萼分裂近达基部，裂片披针形；花药近线形 ……………………………………………………………………………… 6. 泽珍珠菜 L. candida Lindl.

（1）黄连花（东北植物检索表，东北草本植物志，中国植物志，Flora of China）；黄花珍珠菜（辽宁植物志）；黄莲花（黑龙江省植物志，内蒙古植物志）

Lysimachia davurica Ledeb. in Mém. Acad. Imp. Sci. St. Pétersbourg Hist. Acad. 5: 523. 1814; 东北草本植物志 7: 36. 图版17. 1981; 中国植物志59(1): 50. 1989; 辽宁植物志（下册）: 24. 图版10. 1992; 内蒙古植物志（第二版）4: 52. 图版18: 1 ~ 4. 1993; 东北植物检索表（第二版）: 500. 图版249: 2. 1995; Fl. China 15: 56. 1996; 黑龙江省植物志8: 44. 图版21. 2001.

生草甸、林缘和灌丛中。产黑龙江省安达、呼玛、塔河、北安、大庆、杜尔伯特、爱辉、饶河、密山、虎林、尚志、黑河、哈尔滨、伊春、萝北、集贤；吉林省白城、大安、通榆、蛟河、梅河口、集安、汪清、珲春、和龙、安图、敦化、靖宇、抚松、长白、辉南、浑江；辽宁省鞍山、海城、凤城、宽甸、丹东、大连、彰武、康平、清原、新宾、本溪、桓仁；内蒙古自治区海拉尔、额尔古纳、根河、牙克石、扎兰屯、鄂伦春、鄂温克、科尔沁右翼前旗、扎赉特旗、乌兰浩特、科尔沁左翼后旗、扎鲁特旗、克什克腾旗、喀喇沁旗、东乌珠穆沁旗、西乌珠穆沁旗等地。

全草有镇静、降压作用，主治高血压、失眠等。嫩苗可食。

■ 黄连花

花

果序

植株一部分

植株

（2）狼尾花（内蒙古植物志，东北植物检索表，东北草本植物志）；虎尾草（中国植物志，Flora of China）；狼尾珍珠菜（辽宁植物志，黑龙江省植物志）

Lysimachia barystachys Bunge in Enum. Pl. China Bor. 53. 1833; 东北草本植物志 7: 38. 1981; 中国植物志

59(1): 103. 1989; 辽宁植物志（下册）: 29. 图版13. 1992; 内蒙古植物志（第二版）4: 52. 图版18: 5 ~ 7. 1993; 东北植物检索表（第二版）: 502. 图版249: 5. 1995; Fl. China 15: 70. 1996; 黑龙江省植物志8: 44. 图版20. 2001.

生山坡、路旁较潮湿处。产黑龙江省哈尔滨、鹤岗、黑河、伊春、安达、孙吴、爱辉、富裕、克山、萝北、集贤、密山、宁安；吉林省九台、白城、通榆、前郭、吉林、集安、通化、临江、和龙、汪清、珲春、抚松、靖宇、长白；辽宁省各地；内蒙古自治区海拉尔、根河、鄂伦春、鄂温克、科尔沁右翼前旗、扎赉特旗、突泉、科尔沁左翼后旗、喀喇沁旗等地。

全草有活血调经、散瘀消肿、解毒生肌、利水、降压作用。嫩苗可食。

■ 狼尾花

花侧面观

花正面观

花序

花序下部

茎有毛

居群

（3）滨海珍珠菜（辽宁植物志，中国植物志，Flora of China）；滨海珍珠叶（东北植物检索表，东北草本植物志）

Lysimachia mauritiana Lam. in Encycl. 3(2): 592. 1792; 东北草本植物志 7: 38. 1981; 中国植物志59(1):

■ 滨海珍珠菜

植株

植株一部分

101. 1989; 辽宁植物志（下册）: 25. 图版12: 6. 1992; 东北植物检索表（第二版）: 502. 图版249: 3. 1995; Fl. China 15: 69. 1996.

生海滨。产辽宁省大连、长海。

（4）矮桃（中国植物志，Flora of China）；珍珠菜（辽宁植物志，东北植物检索表，东北草本植物志）

Lysimachia clethroides Duby in Prodr. 8: 61. 1844; 东北草本植物志7: 38. 图版19. 1981; 中国植物志59(1): 102. 图版27: 1 ~ 5. 1989; 辽宁植物志（下册）: 27. 图版12: 1 ~ 5. 1992; 东北植物检索表（第二版）: 502. 图版249: 4. 1995; Fl. China 15: 70. 1996.

生杂木林下、林缘、山坡草地。产黑龙江伊春及完达山地区；吉林省安图、辉南、柳河、靖宇、长白；辽宁省法库、西丰、清原、新宾、本溪、桓仁、岫岩、凤城、宽甸、庄河、长海等地。

全草有清热凉血、调经、解毒作用。嫩苗为野菜和猪饲料。

■ 矮桃

花序

花序一部分

果序一部分

茎与叶无毛

植株

居群

（5）狭叶珍珠菜（辽宁植物志，东北植物检索表，东北草本植物志，中国植物志，Flora of China）

Lysimachia pentapetala Bunge in Mém. Acad. Imp. Sci. St.-Pétersbourg Divers Savans 2: 127. 1835; 东北草本植物志 7: 36. 图版18. 1981; 中国植物志59(1): 107. 1989; 辽宁植物志（下册）: 25. 图版11. 1992; 东北植物检索表（第二版）: 502. 图版249: 1. 1995; Fl. China 15: 69. 1996.——*Apochoris pentapetala* Duby in DC. Prodr. 8: 67. 1844.

生山坡荒地、路旁、田边和疏林下。产辽宁省大连、金州、瓦房店、庄河、盖州、绥中、朝阳、凌源、本溪等地。

全草有祛风解毒、消肿作用。

■ 狭叶珍珠菜

苗期植株

花序一部分

花序侧面观

花序

植株一部分

植株

（6）泽珍珠菜（中国植物志，Flora of China）

Lysimachia candida Lindl. in J. Hort. Soc. London 1: 301. 1846; 中国植物志59(1): 127. 1989; Fl. China 15: 77. 1996.

■ 泽珍珠菜

花序

植株一部分

生田边、溪边和山坡路旁潮湿处。产辽宁省庄河。

全草有毒，有解热、凉血、活血作用。用于痈疮肿毒、跌打伤痛。

7 球尾花属 *Naumburgia* Moench

Naumburgia Moench, Suppl. Meth. (Moench) 23 (1802) (1802).

多年生草本，具横走的根茎。茎直立，上部被褐色柔毛。叶对生，近茎基部的数对鳞片状，上部叶披针形至长圆状披针形，基部耳状半抱茎或钝，无柄，极少具短柄。总状花序生于茎中部和上部叶腋，长1～3厘米，密花，成圆球状或短穗状；总梗长1.5～3厘米，与花序轴、花梗同被柔毛；苞片线状钻形，有黑色腺点；花萼长2～3.5毫米，分裂近达基部，裂片通常6～7枚，线状披针形，有黑色腺点；花冠酪黄色，通常6深裂，裂片近分离，线形钝，有黑色腺点和短腺条；雄蕊伸出花冠外。蒴果近球形，直径约2.5毫米。

本属全世界仅有1种。中国黑龙江、吉林、内蒙古自治区（东部）、山西、云南等地有分布。

球尾花（黑龙江省植物志，内蒙古植物志，东北植物检索表，东北草本植物志，中国植物志，Flora of China）；球尾珍珠菜（辽宁植物志）

Naumburgia thyrsiflora (L.) Rchb., Fl. Germ. Excurs. 1(3): 410. 1831.——*Lysimachia thyrsiflora* L., Sp. Pl. 1: 147. 1753; 东北草本植物志 7: 40. 图版20. 1981; 中国植物志59(1): 133. 1989; 辽宁植物志（下册）: 29. 图版14. 1992; 内蒙古植物志（第二版）4: 54. 图版18: 8～10. 1993; 东北植物检索表（第二版）: 502. 图版248: 3. 1995; Fl. China 15: 78. 1996; 黑龙江省植物志8: 46. 图版22. 2001.

多年生草本；单叶对生，上部叶披针形；总状花序生叶腋；花通常6～7基数；花黄色，密集而呈头状或短穗状；花冠裂片线形；雄蕊伸出花冠；子房有黑色腺点；蒴果近球形。生水甸子和湿草地上。产黑龙江省爱辉、尚志、黑河、伊春、萝北、富锦、密山；吉林省浑江、汪清、靖宇、安图；辽宁省沈阳、彰武；内蒙古自治区海拉尔、额尔古纳、根河、牙克石、鄂伦春、鄂温克、科尔沁右翼前旗、扎赉特旗、科尔沁左翼后旗、大青沟、锡林浩特等地。

■ 球尾花

花序

居群

■ 球尾花

植株

植株一部分

142. 山矾科 Symplocaceae

Symplocaceae Desf., Mém. Mus. Hist. Nat. 6: 9. 1820, *nom. cons.*

木贼门、木贼亚门、木兰纲、蔷薇亚纲、菊超目、杜鹃花目（Ericales）。

灌木或乔木。单叶互生。花辐射对称，两性稀杂性，常簇生叶腋或排成穗状花序、总状花序、圆锥花序或团伞花序，很少单生；花萼3～5裂，深裂或浅裂；花冠裂片分裂至近基部或中部，裂片3～11片，通常5片；雄蕊通常多数，排成数轮，分离或合成数束，着生于花冠筒上，花药近球形，2室，纵裂；子房下位或半下位，顶端常具花盘或腺点，2～5室，每室有胚珠2～4，下垂；花柱1，纤细，柱头小，头状或2～5裂。果为核果，顶端冠以宿存的萼裂片，每室具种子1。

本科全世界有1属200～300种，广布于亚洲、大洋洲和美洲的热带和亚热带地区，非洲不产。中国产1属42种，主产西南至东南地区。东北地区产1属1种。

山矾属 *Symplocos* Jacq.

Symplocos Jacq., Enum. Pl. Carib. 5: 24. 1760.

乔木或灌木。单叶互生，常革质。花两性，整齐，簇生于叶腋或排列成穗状、总状或圆锥状花序，或有时单生、顶生或腋生；花萼5裂，覆瓦状排列；花冠5裂或10裂，有时分离至基部，覆瓦状排列；雄蕊5至多数，花丝分离或连合成束，常排成数列，着生于花冠上；子房下位或半下位，2～5室，每室有2～4枚倒生胚珠，花柱单一，柱头头状或分裂。核果，每室具1粒种子。

本属全世界约200种，广布于亚洲、大洋洲和美洲的热带和亚热带地区，非洲不产。中国有42种，主要分布于西南部至东南部，以西南部的种类较多。东北地区产1种，分布吉林、辽宁。

白檀（辽宁植物志，东北植物检索表，中国植物志，Flora of China）；白檀山矾（东北植物分布图集）

Symplocos paniculata (Thunb.) Miq. in Ann. Mus. Bot. Lugduno-Batavum 3: 102. 1867; 中国植物志60(2):

72. 图版26: 1 ~ 5. 1987; 辽宁植物志（下册）: 43. 图版17: 3 ~ 5. 1992; 东北植物检索表（第二版）: 508. 图版252: 5. 1995; Fl. China 15: 252. 1996.

落叶灌木或小乔木。叶膜质或薄纸质，阔倒卵形。圆锥花序；花萼长2 ~ 3毫米，萼筒褐色，裂片稍长于萼筒，淡黄色；花冠白色，长4 ~ 5毫米，5深裂几乎达基部；雄蕊40 ~ 60枚，子房2室，花盘具5个凸起的腺点。生山坡、林下或灌丛中。产吉林省集安；辽宁省本溪、桓仁、丹东、宽甸、凤城、岫岩、鞍山、海城、庄河、长海、金州、绥中等地。

木材细密，是优质家具用材。种子可榨油，供制油漆、肥皂等用。根、叶均可入药，根治感冒发热、狂犬咬伤、毒蛇咬伤等，叶治外伤出血。

■ 白檀

小枝

花正面观

花侧面观

成熟果实

果序

植株

143. 安息香科（野茉莉科） Styracaceae

Styracaceae DC. & Spreng., Elem. Philos. Bot. 140. 1821, *nom. cons.*

木贼门、木贼亚门、木兰纲、蔷薇亚纲、菊超目、杜鹃花目（Ericales）。

乔木或灌木。单叶互生。总状花序、聚伞花序或圆锥花序，很少单花或数花丛生，顶生或腋生；花两性，很少杂性，辐射对称；花萼杯状、倒圆锥状或钟状，通常顶端4 ~ 5齿裂，稀2或6齿或近全缘；花冠合瓣，极少离瓣，裂片通常4 ~ 5，很少6 ~ 8；雄蕊常为花冠裂片数的2倍，稀4倍或为同数而与其互生；花柱丝状或钻状，柱头头状或不明显3 ~ 5裂。核果、蒴果，稀浆果，具宿存花萼。

本科全世界有13属，约180种，主要分布于亚洲东南部至马来西亚和美洲东南部（从墨西哥至南美洲热带），只有少数分布至地中海沿岸。中国产11属50 ~ 60种，分布区北起辽宁东南部，南至海南，东至台湾，西达西藏。东北地区产1属1种。

安息香属（野茉莉属） *Styrax* L.

Styrax L., Sp. Pl. ed. 1. 444. 1753.

落叶或常绿乔木或灌木。单叶互生，有柄，全缘或有锯状齿。花白色，有小苞，为顶生或腋生的总状花序；花萼钟状，贴生于子房基部，先端平截，具不明显的4～5齿，稀2～3浅裂，宿存；花冠通常5深裂，稀8裂，筒部甚短，雄蕊（8～）10（～16），等长，花丝基部合生于花冠筒上，稀离生，上部稍扁平；花药长圆形，药室平行，纵裂；子房上位或半下位，球形或广圆锥形，通常3室，花柱近钻状，柱头3裂或头状。核果球形或长椭圆形，不开裂或3裂，或为不规则开裂；种子1～2，近球形或长圆形。

本属全世界约130种，主要分布于亚洲东部至马来西亚和北美洲的东南部经墨西哥至安第斯山，只有1种分布至欧洲地中海周围。中国约有30种7变种，除少数种类分布至东北或西北地区外，其余主产长江流域以南各省区。

玉铃花（东北植物检索表，中国植物志，Flora of China）；玉铃野茉莉（辽宁植物志）

Styrax obassia Sieb. et Zucc. in Fl. Jap. 1: 93. 1839; 中国植物志60(2): 82. 图版28: 1～5. 1987; 辽宁植物志（下册）: 41. 图版18: 1～4. 1992; 东北植物检索表（第二版）: 506. 图版252: 3. 1995; Fl. China 15: 255. 1996.

落叶小乔木。叶二型，小枝下部两叶较小而近对生，上部的叶大而互生，广椭圆形或近圆形，背面密被星状绒毛。总状花序有花10～20余朵；花白色或带粉红色，下垂；花萼钟形，密被星状毛；花冠5深裂，裂片长圆形。核果卵形或近卵形，顶端具短尖头，密被黄褐色星状短绒毛。生山地杂木林中。产吉林省集安；辽宁省本溪、桓仁、宽甸、凤城、丹东、岫岩、庄河等地。

木材材质坚硬，富弹性，纹理致密，加工容易，可作器具材、雕刻材、旋作材等细木工用材；花美丽、芳香，可提取芳香油及观赏。果实有消肿止痛、驱虫作用。

■ 玉铃花

叶

果实

花序

花正面观

花侧面观

■ 玉铃花

植株

植株一部分

144. 猕猴桃科 Actinidiaceae

Actinidiaceae Engl. & Gilg, Syllabus (ed. 9 & 10) 279. 1924, *nom. cons.*

木贼门、木贼亚门、木兰纲、蔷薇亚纲、菊超目、杜鹃花目（Ericales）。

乔木、灌木或藤本，常绿、落叶或半落叶；毛被发达。叶为单叶，互生。花序腋生，聚伞式或总状式，或简化至1花单生。花两性或雌雄异株，辐射对称；萼片5，稀2～3，覆瓦状排列；花瓣5或更多，覆瓦状排列，分离或基部合生；雄蕊10（～13），分2轮排列，或更多；心皮多数或少至3枚，子房多室或3室，花柱分离或合生为一体。浆果或蒴果。

本科全世界有3属，约360种，主产于热带和亚洲热带及美洲热带地区，少数散布于亚洲温带和大洋洲。中国有3属66种，主产于长江流域、珠江流域和西南地区。东北地区有1属5种1变种，其中栽培2种。

猕猴桃属 *Actinidia* Lindl.

Actinidia Lindl., Nat. Syst. ed. 2, 439. 1836.

落叶、半落叶至常绿藤本。叶为单叶，互生，膜质、纸质或革质，多数具长柄，有锯状齿，很少近全缘，叶脉羽状，多数侧脉间有明显的横脉，小脉网状。花白色、红色、黄色或绿色，雌雄异株，单生或排成简单的或分歧的聚伞花序，腋生或生于短花枝下部；萼片5片，间有2～4片的，分离或基部合生，雄蕊多数；子房上位，球状、柱状或瓶状，多室，花柱与心皮同数，通常外弯压成放射状；在雄花中存在退化子房。果为浆果、球形、卵形至柱状长圆形。

本属全世界约55种，产亚洲，分布于马来西亚至俄罗斯西伯利亚东部的广阔地带。中国有52种，是优势主产区，集中产地是秦岭以南和横断山脉以东的大陆地区。

分种检索表

1. 植物体毛被发达，小枝、芽体、叶片、叶柄、花萼、子房、幼果等均被毛 …… 1. 中华猕猴桃 A. chinensis Planch.
1. 植物体无毛，或仅萼片、子房被毛，或叶的腹面散生少量小糙伏毛、背面脉腋上有髯毛。
  2. 叶背面银白色 …………………………………… 2. 白背叶猕猴桃 A. hypoleuca Nakai

（接上表）

2. 叶背面绿色或浅绿色。

3. 小枝具实心的髓，髓白色；花药黄色；萼片花后宿存（果熟时不脱落）；果实成熟时淡橘色；叶前端部位有时变为白色或淡黄色 ······································ **3. 葛枣猕猴桃 A. polygama** (S. et Z.) Planch ex Maxim.

3. 小枝具片状髓，髓白色或褐色。

4. 髓褐色；花药黄色；萼片花后宿存（果熟时脱落）；果实成熟时淡桔橘红色，并有深色的纵纹；叶质较薄，上半部通常变白色或粉红色 ························ **4. 狗枣猕猴桃 A. kolomikta** (Maxim. et Rupr.) Maxim.

4. 髓白色或浅褐色；花药暗紫色或黑色；萼片花后脱落；果实成熟时绿黄色或紫红色（**5. 软枣猕猴桃 A. arguta** (Sieb. et Zucc.) Planch. ex Miq.）。

5. 叶阔椭圆形，有时为阔倒卵形，基部圆形；花绿白色或黄绿色，花药暗紫色 ··**5a. 软枣猕猴桃 A. arguta** var. **arguta**

5. 叶阔卵形至圆形，基部心形；花乳白色，花药黑色···**5b. 心叶猕猴桃 A. arguta** var. **cordifolia** (Miq.) Bean

（1）中华猕猴桃（中国植物志，Flora of China）

Actinidia chinensis Planch. in Journ. Arn. Arb. 33: 49 ~ 50. 1952; 中国植物志49(2): 260. 图版73: 1 ~ 6. 1984; Fl. China 12: 349. 2007.

自然生中国南部地区低海拔山林中。辽宁省大连、金州有栽培，也见逸生。

果实可食，且可药用，具有解热、止渴、健胃、通淋之功效，主治烦热、消渴、肺热干咳、消化不良、湿热黄疸、石淋、痔疮等病症。

■ 中华猕猴桃

花期

果期

枝与叶

植株一部分

植株

果实供食用。根、叶治水肿、消化不良、胎盘滞留。

在2021年公布的《国家重点保护野生植物名录》中，本种被列为二级保护植物。

（2）白背叶猕猴桃（新拟）；红心猕猴桃

Actinidia hypoleuca Nakai, Bot. Mag. (Tokyo) 28: 312, descr. lat. 1914.

原产日本。辽宁省大连有栽培。

■ 白背叶猕猴桃

果实

叶背面观

植株一部分

小枝

植株

（3）葛枣猕猴桃（黑龙江省植物志，内蒙古植物志，中国植物志，Flora of China）；木天蓼（辽宁植物志，东北植物检索表）

Actinidia polygama (Sieb. et Zucc.) Planch ex Maxim. in Mem. Acad. Sci. St. Petersb. Sav. Etrang. 9: 64. 1859; 中国植物志49(2): 216. 图版60: 1～3. 1984; 辽宁植物志（上册）: 580. 图版245: 4. 1988; 内蒙古植物志（第二版）3: 511. 图版202. 1989; 黑龙江省植物志5: 176. 图版59: 4～5.1992; 东北植物检索表（第二版）: 223. 图版105: 2. 1995; Fl. China 12: 339. 2007.

生杂木林中。产黑龙江省老爷岭及张广才岭林区；吉林省安图、抚松、靖宇、长白、临江、集安；辽宁省凤城、本溪、宽甸、岫岩、鞍山、庄河；内蒙古自治区宁城（黑里河林区）等地。

果实可食或酿酒，治疝气及腰痛；枝叶、根亦供药用。

■ 葛枣猕猴桃

小枝具实心髓

花枝

果枝

花

植株一部分

（4）狗枣猕猴桃（辽宁植物志，黑龙江省植物志，东北植物检索表，中国植物志，Flora of China）

Actinidia kolomikta (Maxim. et Rupr.) Maxim. in Mem. Acad. Sci. St. Petersb. Sav. Etrang 9: 63. 1859; 中国植物志49(2): 212. 图版59: 1. 1984; 辽宁植物志（上册）: 582. 图版245: 3. 1988; 黑龙江省植物志5: 174. 图版59: 2 ~ 3.1992; 东北植物检索表（第二版）: 223. 图版105: 3. 1995; Fl. China 12: 338. 2007.

生阔叶林或针阔混交林中。产黑龙江省伊春、尚志、宁安、虎林、海林、哈尔滨；吉林省抚松、珲春、临江、敦化、桦甸、安图、和龙、长白；辽宁省宽甸、桓仁、凤城、本溪、西丰、鞍山、新宾、清原、庄河等地。

果实可食，也可酿酒及入药。树皮可纺绳、织麻布。

■ 狗枣猕猴桃

小枝具褐色片状髓

雄花

雌花

■ 狗枣猕猴桃

果实

果枝

植株一部分

（5）软枣猕猴桃（辽宁植物志，黑龙江省植物志，东北植物检索表，中国植物志，Flora of China）

Actinidia arguta (Sieb. et Zucc.) Planch. ex Miq. in Ann. Mus. Bot. Ludg. Bat. 3: 15. 1867; 中国植物志49(2): 205. 图版57: 1 ~ 5. 1984; 辽宁植物志（上册）: 582. 图版245: 1 ~ 2. 1988; 黑龙江省植物志5: 173. 图版59: 1.1992; 东北植物检索表（第二版）: 223. 图版105: 1. 1995; Fl. China 12: 337. 2007.

（5a）软枣猕猴桃（原变种）

Actinidia arguta var. *arguta*

生阔叶林或针阔混交林中。产黑龙江省哈尔滨、尚志；吉林省集安、安图、抚松、临江、蛟河；辽宁省西丰、清原、桓仁、凤城、本溪、岫岩、庄河、瓦房店、绥中等地。

果实可食，有强壮、解热、健胃、止血作用。枝叶可作农药。

在2021年公布的《国家重点保护野生植物名录》中，本种被列为二级保护植物。

■ 软枣猕猴桃

藤干

淡褐色片层状髓

白色片层状髓

■ 软枣猕猴桃

花枝

雄花

雌花

果序

（5b）心叶猕猴桃（变种）（中国植物志，Flora of China）

Actinidia arguta var. *cordifolia* (Miq.) Bean, Trees & Shrubs Brit. Isl. 1: 162. 1914; 中国植物志49(2): 208. 图版57: 12 ~ 17. 1984; Fl. China 12: 338. 2007.

生海拔700米以上山地的丛林中。产吉林省（地点不详）。辽宁省辽阳等地有栽培。

■ 心叶猕猴桃

枝叶

果枝

植株

145. 杜鹃花科 Ericaceae

Ericaceae Juss., Gen. Pl. 159. 1789, *nom. cons.*

木贼门、木贼亚门、木兰纲、蔷薇亚纲、菊超目、杜鹃花目（Ericales）。

多为乔木、灌木、藤本，稀为草本植物，有时缺少叶绿素。单叶互生或假轮生，稀交互对生，全缘或叶缘有锯状齿。花单生或组成总状、圆锥状或伞形总状花序，顶生或腋生，两性，辐射对称或略两侧对称；具苞片；萼片4~5，离生或稍合生；花瓣合生成钟状、坛状、漏斗状或高脚碟状，稀离生，花冠通常5裂，稀4、6、8裂；雄蕊8~19，或2或3；花丝离生或贴生于花冠，有时合生；花药倒垂，2或1室；心皮2~10，花柱1，中空，内部有沟。蒴果室间开裂或室背开裂，或为浆果，或为1至数个果核的核果，少有浆果状蒴果。

本科全世界有126属，约4100种，广布于世界各地。中国产23属837种，广布于南北各地，西南地区尤盛。东北地区产13属39种3亚种6变种5变型，其中栽培2种1变型。

分属检索表

1. 多年生草本或半灌木状或为腐生植物而无绿色组织。
  2. 无绿色的腐生肉质植物，具鳞片状叶；花药纵裂或横裂，在芽内直立。
    3. 子房1室，侧膜胎座；浆果，下垂或半下垂；花单生 ………………………………… 1. 沙晶兰属 Monotropastrum
    3. 子房4~5室，中轴胎座；蒴果，直立；花单生或数花聚成总状花序 ……………………… 2. 松下兰属 Hypopitys
  2. 绿色草本植物；花药顶孔开裂，在芽内反折。
    4. 叶茎生，倒披针形或长圆状披针形，叶柄短；花聚成伞形花序或为单生；蒴果自顶部向下纵裂 ……………………………………………………………………………… 3. 喜冬草属（梅笠草属）Chimaphila
    4. 叶基生或茎下部生，圆形、卵形或肾形，具长柄；花聚成总状花序或为单生；蒴果自基部开裂。
      5. 花单一生于花葶顶端；花冠成碟状，花瓣水平张开；蒴果裂缝边缘内无蛛丝状毛 … 4. 独丽花属 Moneses
      5. 花聚成总状花序；花冠成碗状或钟状；蒴果裂缝边缘内有蛛丝状毛。
        6. 花葶密生乳头状凸起；花偏向一侧着生；花药顶孔不为管状；子房基部具花盘；叶数枚于茎下部排成1~3轮 …………………………………………………………………………… 5. 单侧花属 Orthilia
        6. 花葶平滑；花不偏向一侧；花药顶孔管状；子房基部不具花盘；叶基生 …………… 6. 鹿蹄草属 Pyrola
1. 乔木或灌木。
  7. 浆果或浆果状核果。
    8. 子房下位；浆果 ……………………………………………………………………………7. 越橘属 Vaccinium
    8. 子房上位；浆果状核果。
      9. 落叶小灌木；叶互生，具柄；花2~5朵排成顶生的短总状花序或簇生；花萼4~5裂，花冠壶形或坛形且有4~5个小裂片；雄蕊8~10枚，比花冠短 ……………………………………… 8. 北极果属（天栌属）Arctous
      9. 常绿匍匐状小灌木；叶轮生或近轮生或交互对生，无柄；花1~3朵生于上部叶腋；萼片3~6且呈花瓣状，无花瓣；雄蕊3（稀4~6），比花冠长 ………………………………………………9. 岩高兰属 Empetrum
  7. 蒴果。
    10. 叶缘有细齿；花瓣合生，花1~5朵生于枝端……………………………………………… 10. 松毛翠属 Phyllodoce
    10. 全缘，稀有不明显的小齿。
      11. 花组成具有苞叶的偏侧性的总状花序；花小而呈钟形，下垂；蒴果小，扁球形，室背开裂 ……………………………………………………………………………… 11. 地桂属（甸杜属）Chamaedaphne

（接上表）

11. 花组成总状花序、伞房花序、伞形花序或单生。
    12. 花冠大，广钟状至漏斗状；蒴果长圆形至短圆柱形，直立向上 ……………………………………………………………… 12. 杜鹃属（杜鹃花属）Rhododendron
    12. 花冠小，坛状；蒴果倒卵球形或近球形，下垂 ………………… 13. 青姬木属（仙女越橘属）Andromeda

1 沙晶兰属 *Monotropastrum* H. Andr.

Monotropanthum H. Andr. in Fedde, Repert. Sp. Nov. 64: 87. 1961.

多年生腐生植物，全株无叶绿素，白色，半透明，干后变黑色。叶鳞片状，互生。花单一，较大，生于茎顶端，下垂；萼片2～5，鳞片状；花瓣3～5，离生，基部常成囊状；雄蕊6～10(～12)，花药横裂；子房近球形或椭圆状球形，1室，无中心柱，侧膜胎座5～13；花柱短，圆柱状，柱头肥大，圆形如杯状。浆果，下垂；种子多数，无附属物。

本属全世界约有7种，主要分布于亚洲南部及东南部，日本等国也有分布。中国产3种，以西南和东北分布较普遍，湖北、浙江、台湾等也有分布。东北地区产1种。

球果假沙晶兰（Flora of China）；球果假水晶兰（东北植物检索表，中国植物志）；东北拟水晶兰（黑龙江省植物志）；球果拟水晶兰（东北草本植物志）；水晶兰（内蒙古植物志）

Monotropastrum humile (D. Don) H. Hara in J. Jap. Bot. 36: 78. 1961; Fl. China 14: 256. 2005.——*M. globosum* H. Andr. ex Hara in Journ. Jap. Bot. 14: 426. 1938; 东北植物检索表270. 1959; 东北草本植物志7: 13. 图版5: 1～4.1981.——*M. globosum* var. *baranovii* (Chang et Chou) Chou in Bull. Herb. N.–E. For. Acad. II: 17. fig.1～6. 1960; 黑龙江省植物志8: 5. 图版3. 2001.——*Cheilotheca humilis* (D. Don) H. Keng in Reinwardtia 9: 83. 1974; 中国植物志56: 205. 图版72: 1～7. 1990; 东北植物检索表（第二版）: 487. 图版243: 1. 1995.——*Monotropa uniflora* auct. non L. : 东北草本植物志7: 12.1981; 内蒙古植物志（第二版）4: 17. 图版3: 5～6. 1993.

多年生腐生草本植物，全株肉质；单叶互生；鳞片状，无柄，长圆形、阔椭圆形、阔倒卵形或披针状长圆形；花单一，顶生，下垂，无色，花冠管状钟形；浆果近卵球形，下垂。生海拔900米以上的针阔混交林或阔叶林下。产黑龙江省东南部；吉林省长白、临江、抚松、敦化、珲春、汪清、安图；辽宁省宽甸、桓仁；内蒙古自治区牙克石等地。

■ 球果假沙晶兰

花侧面观

花正面观

居群

2 松下兰属 *Hypopitys* Hill

Hypopitys Hill., Brit. Herb. 221. 1756.

多年生草本，腐生，全株无叶绿素；茎肉质不分枝。叶退化成鳞片状，互生。花单生或多数聚成总状花序；花初下垂，后直立；苞片鳞片状；萼片4～5，鳞片状，早落；花瓣4～6，长圆形；雄蕊8～12，花药短，平生；花盘有8～12小齿；子房为中轴胎座，4～5室；花柱直立，短而粗，柱头漏斗状，4～5圆裂。蒴果直立，4～5室；种子有附属物。

本属全世界近10种，主要分布于北半球。中国有2种1变种，从东北、西北至西南以及台湾均有分布。东北地区产1种1变种。

分种下单位检索表

1. 茎、花梗、萼片、花瓣、花丝、子房和花柱等各部分均无毛 ……………… a. 松下兰 H. monotropa var. monotropa
1. 茎、花梗、萼片、花瓣、花丝、子房和花柱等各部分均有白色粗毛 …… b. 毛花松下兰 H. monotropa var. hirsuta

松下兰（辽宁植物志，内蒙古植物志，东北植物检索表，中国植物志，Flora of China）；地花

Hypopitys monotropa Crantz, Inst. Rei. Herb. 2: 467. 1766; 东北植物检索表270. 1959; 东北草本植物志7: 15. 图版5: 5～6. 1981; 内蒙古植物志（第二版）4: 15. 图版3: 1～4. 1993.——*Monotropa hypopitys* L., Sp. Pl.387. 1753; 中国植物志56: 213. 图版74: 1. 1990; 辽宁植物志（下册）: 7. 图版1: 4～5. 1992; 东北植物检索表（第二版）: 489. 图版243: 2. 1995; Fl. China 14: 255. 2005.

多年生腐生草本。全株白色或淡黄色，肉质。单叶互生；鳞片状，卵状长圆形或卵状披针形，近全缘。总状花序有3～8花；花初下垂，后渐直立，花冠筒状钟形；苞片卵状长圆形；萼片长圆状卵形，先端急尖，早落；花瓣4～5，长圆形或倒卵状长圆形，先端钝，上部有不整齐的锯齿，早落；雄蕊8～10；花柱直立，柱头膨大成漏斗状，4～5圆裂。蒴果椭圆状球形。

（a）松下兰（原变种）

Hypopitys monotropa var. *monotropa*

生山地阔叶林或针阔混交林下。产吉林省靖宇、长白、敦化、珲春、安图；辽宁省鞍山、桓仁、宽甸；内蒙古自治区根河、牙克石、扎兰屯、科尔沁右翼前旗等地。

■ 松下兰

花期

果期

■ 松下兰

茎

居群

（b）毛花松下兰（变种）（东北植物检索表，中国植物志）

Hypopitys monotropa Crantz var. *hirsuta* (Roth) S. M. Zhang, 东北维管束植物考: 696. 2021.——*Monotropa hypopitys* L. var. *hirsuta* Roth, Tent. Fl. Germ. 2: 462. 1789; 中国植物志56: 214. 图版74: 2 ~ 5. 1990; 东北植物检索表（第二版）: 489. 1995.

生林下。产辽宁省桓仁。

■ 毛花松下兰

果实

居群

3 喜冬草属（梅笠草属） *Chimaphila* Pursh

Chimaphila Pursh, Fl. Am. Sept. 1: 279. 1814.

小型草本状半灌木。叶对生或轮生。花聚生于茎之顶端，为伞形花序或伞房花序，有时单生；萼片

5，宿存；花瓣5；雄蕊10，花丝短，下半部特膨大（断面近三角形），花药有小角，短，顶孔开裂；花柱极短或近无花柱，柱头宽圆成盾状；花盘杯状。蒴果直立，由顶部向下5纵裂，裂瓣的边缘无毛。

本属全世界10余种，主要分布在北半球，尤其东亚与北美洲较多。中国有3种，从东北至西南以及台湾均有分布。东北地区产2种。

分种检索表

1. 叶倒卵状长楔形或匙状披针形，仅中部以上边缘有锯状齿；花2~10聚成伞形花序 ………… 1. 伞形喜冬草 Ch. umbellata (L.) Barton
1. 叶长椭圆形或长圆状披针形，全部边缘有疏锯状齿；花1（~2） ………… 2. 喜冬草 Ch. japonica Miq.

（1）伞形喜冬草（东北植物检索表，东北草本植物志，中国植物志，Flora of China）

Chimaphila umbellata (L.) Barton, Veg. Mater. Med. U.S. 1: 17. 1817; 东北草本植物志7: 10. 图版4：1 ~ 3. 1981; 中国植物志56: 202. 图版71: 7 ~ 2. 1990; 东北植物检索表（第二版）: 489. 图版243: 3. 1995; Fl. China 14: 246. 2005.

生海拔1100米以下较干燥的阔叶林下。产吉林省安图等地。

■ 伞形喜冬草

叶中部以上边缘有锯齿

植株

居群

（2）喜冬草（黑龙江省植物志，东北植物检索表，中国植物志，Flora of China）；梅笠草（辽宁植物志，东北草本植物志）

Chimaphila japonica Miq. in Ann. Mus. Bot. Lugduno-Batavi 2: 165. 1866; 东北草本植物志7: 12. 图版4: 4. 1981; 中国植物志56: 201. 图版71: 1 ~ 5. 1990; 辽宁植物志（下册）: 2. 图版1: 1 ~ 3. 1992; 东北植物检索表（第二版）: 489. 图版243: 4. 1995; 黑龙江省植物志8: 1. 图版1. 2001; Fl. China 14: 246. 2005.

生针阔叶混交林、阔叶林或灌丛下。产黑龙江省依兰；吉林省安图；辽宁省桓仁、宽甸、鞍山、辽阳等地。

叶有消炎、利尿、镇痛及滋补强壮作用。

■ 喜冬草

花

果实

植株

4 独丽花属 *Moneses* Salisb. ex S. F. Gray

Moneses Salisb. ex S. F. Gray, Nat. Art. Brit. Pl. 2: 403. 1821.

矮小草本状半灌木。叶对生或近轮生于茎基部。花单一，生于花葶顶端，下垂；花萼5全裂；花瓣5，水平张开，花冠成碟状；无花盘；雄蕊10；花药有较长的小角，在顶端孔裂；花柱长而直立，柱头头状，5裂。蒴果近球形，由基部向上5纵裂，裂瓣的边缘无蛛丝状毛。

本属全世界仅1种，广布北半球。中国东北、西北、西南地区及台湾均有分布。

独丽花（黑龙江省植物志，内蒙古植物志，东北植物检索表，东北草本植物志，中国植物志，Flora of China）

Moneses uniflora (L.) A. Gray, Man. Bot. 273. 1848；东北草本植物志7: 10. 图版3：6. 1981; 中国植物志56: 194. 图版69: 1 ~ 5. 1990; 内蒙古植物志（第二版）4: 14. 图版2: 8 ~ 9. 1993; 东北植物检索表（第二版）: 489. 图版243: 5. 1995; 黑龙江省植物志8: 3. 图版2. 2001; Fl. China 14: 247. 2005.

常绿草本状矮小半灌木，高4 ~ 17厘米；叶对生或近轮生于茎基部，圆卵形或近圆形；叶柄较叶片短近2倍；花葶有狭翅，有1 ~ 2枚鳞片状叶；花单生于花葶顶端，花冠碟状，下垂，白色，具芳香；蒴果近球形，由基部向上5瓣裂。生海拔900 ~ 3800米山地满布苔藓的暗针叶林下。产黑龙江省伊春；吉林省安图、抚松等地。

5 单侧花属 *Orthilia* Rafin.

Orthilia Rafin. Autik. Bot. 103. 1840.

常绿草本状小半灌木；叶在茎下部互生或近轮生。花小，聚成总状花序，偏向一侧；花序轴有细小疣；花萼5全裂；花瓣5，脱落性；花盘10齿裂；雄蕊10，直立，花药无小角，常有细小疣，花粉粒离生；花柱细长，直立，柱头盘状。蒴果由基部向上5纵裂，裂瓣的边缘有蛛丝状毛。

本属全世界约有4种，主要分布于北半球的温带、寒温带地区。中国有2种1变种，主要分布于在东北和新疆，西北和西南的亚高山针叶林下也有分布。东北地区产2种。

分种检索表

1. 叶先端尖；花序有花8～16 ………………………………………………………… 1. 单侧花 O. secunda (L.) House
1. 叶先端钝或近圆头；花序有花4～8 ………………………………………… 2. 钝叶单侧花 O. obtusata (Turez.) Hara

（1）单侧花（辽宁植物志，黑龙江省植物志，内蒙古植物志，东北植物检索表，东北草本植物志，中国植物志，Flora of China）

Orthilia secunda (L.) House in Amer. Midl. Naturalist 7(4～5): 134. 1921; 中国植物志56: 198. 图版70: 1～6. 1990; 辽宁植物志（下册）: 3. 1992; 内蒙古植物志（第二版）4: 14. 图版2: 3. 1993; 东北植物检索表（第二版）: 489. 图版243: 7. 1995; Fl. China 14: 248. 2005.——*Ramischia secunda* (L.) Garcke in Fl. Deutschl. Ed IV: 222. 1858; 东北草本植物志7: 8. 图版3: 5. 1981; 黑龙江省植物志8: 13. 图版6: 5. 2001.

生针阔叶混交林或暗针叶林下。产黑龙江省嘉荫；吉林省抚松、安图；辽宁省鞍山（千山）；内蒙古自治区额尔古纳、根河、牙克石等地。

全草治痢疾、肺虚痨咯血、衄血，外用治外伤出血、毒蛇咬伤。

■ 单侧花

叶

植株

花序

（2）钝叶单侧花（内蒙古植物志，中国植物志，Flora of China）；团叶单侧花（黑龙江省植物志，东北植物检索表，东北草本植物志）

Orthilia obtusata (Turez.) Haraa, J. Jap. Bot. 20: 328. 1944; 中国植物志56: 196. 图版69: 6～8. 1990; 东北植物检索表（第二版）: 489. 图版243: 6. 1995; Fl. China 14: 247. 2005.——*O. secunda* var. *obtusata* (Turcz.) House in Amer. Midl. Nat. 7: 134. 1921; 内蒙古植物志（第二版）4: 14. 图版2: 4～7. 1993.——*Ramischia obtusata* (Turcz.) Freyn in Oesterr. Bot. Zeitschr. XIV: 467. 1895; 东北草本植物志7: 9. 图版3：1～4. 1981; 黑龙江省植物志8: 11. 图版6: 1～4. 2001.

生海拔900～3400米之山地针叶林中。产黑龙江省呼玛、嘉荫、塔河；吉林省安图；内蒙古自治区额尔古纳、根河、牙克石、鄂伦春、科尔沁右翼前旗等地。

■ 钝叶单侧花

居群

花序

6 鹿蹄草属 *Pyrola* L.

Pyrola L., Sp. Pl. ed. 1: 396. 1753.

小型草本状小半灌木；根茎细长。叶常基生，稀聚集在茎下部互生或近对生。花聚成总状花序；花萼5全裂，宿存；花瓣5；雄蕊10，花丝扁平，无毛，花药有极短小角，成熟时顶端孔裂；子房上位，中轴胎座，5室，花柱单生，柱头5裂。蒴果下垂，由基部向上5纵裂，裂瓣的边缘常有蛛丝状毛。

本属全世界有30余种，是北温带典型属，但在中国分布于亚热带山区。中国有27种3变种，全国南北各地均产。东北地区产8种1亚种。

分种检索表

1. 叶肾形或圆肾形，基部深心形 ············ **1. 肾叶鹿蹄草 P. renifolia** Maxim.

1. 叶近圆形、广卵形或椭圆形，基部圆形、圆楔形或楔形。

  2. 植株高8～17厘米；叶长2.5厘米以下；花序有3～7花。

    3. 叶椭圆形或近圆形，长1.8～2.5厘米，边缘全缘并稍反卷；花白色，花柱长6～8毫米 ············ **2. 长白鹿蹄草 P. tschanbaischanica** Y. L. Chou et Y. L. Chang

    3. 叶卵状椭圆形、广椭圆形或广卵形，长1～1.6厘米，边缘具疏腺齿；花白色带绿色，花柱长 3.5～5毫米 ············ **3. 绿花鹿蹄草 P. chlorantha** Sw.

  2. 植株高14～30厘米；叶长2.5厘米以上；花序多于7朵花。

    4. 花紫红色；叶近圆形、圆卵形或卵状椭圆形，长2.5～5厘米 ············ **4b. 红花鹿蹄草 P. asarifolia** subsp. incarnate (DC.) Haber & Hir. Takah.

    4. 花白色或带淡红色。

      5. 花白色带淡红色。

        6. 花柱长2～2.5毫米，直立，不伸出花冠；萼片广三角形或广卵状三角形；叶缘有浅圆齿 ············ **5. 短柱鹿蹄草 P. minor** L.

（接上表）

6. 花柱长5～5.5毫米，上部稍向上弯曲，几乎不伸出或稍伸出花冠；萼片三角状长圆形；叶缘有细齿 ………………………………………………………………………………………… 6. 小叶鹿蹄草 P. media Sw.

5. 花白色。

7. 萼片披针状三角形；花柱长10～12毫米；苞片线状披针形；叶椭圆形或卵状椭圆形，长3～6厘米，叶脉处色较淡 ……………………………………………………………………… 7. 圆叶鹿蹄草 P. rotundifolia L.

7. 萼片披针形或舌形；花柱长10毫米以下；苞片披针形、长舌形或卵状披针形。

8. 萼片长披针形，与花瓣近等长或稍短；花柱顶端无环状突起；叶椭圆形至倒卵圆形，长2.5～4.2厘米 ……………………………………………………………………… 8. 长萼鹿蹄草 P. macrocalyx Ohwi

8. 萼片舌形（稀卵状披针形），短于花瓣；花柱顶端有不明显的环状凸起（果期环状凸起明显）；叶近圆形或宽卵形，长2.5～4.7厘米 ……………………………… 9. 兴安鹿蹄草 P. dahurica (H. Andr.) Kom.

（1）肾叶鹿蹄草（辽宁植物志，东北植物检索表，东北草本植物志，中国植物志，Flora of China）

Pyrola renifolia Maxim. in Mém. Acad. Imp. Sci. St.-Pétersbourg Divers Savans 9: 190. 1859; 东北草本植物志7: 2. 图版1: 5. 1981; 中国植物志56: 186. 图版60: 6～10. 1990; 辽宁植物志（下册）: 4. 图版2: 1. 1992; 东北植物检索表（第二版）: 489. 图版244: 3. 1995; Fl. China 14: 253. 2005.

生山地针叶林下。产吉林省集安、临江、抚松、长白、敦化、珲春、汪清、安图；辽宁省大连、宽甸等地。

■ 肾叶鹿蹄草

基生叶

花

果实

植株

（2）长白鹿蹄草（东北植物检索表，中国植物志，Flora of China）；长白山鹿蹄草（东北草本植物志）

Pyrola tschanbaischanica Y. L. Chou et Y. L. Chang in Bull. Herb. N.-E. Forest. Acad., Harbin. 1: 6. 1959; 东北草本植物志7: 3. 1981; 中国植物志56: 191. 图版68: 6～9. 1990; 东北植物检索表（第二版）: 491. 图版244: 2. 1995; Fl. China 14: 254. 2005.

生高山冻原。产吉林安图（模式标本采自长白山）。

■ 长白鹿蹄草

基生叶

花序

植株

（3）绿花鹿蹄草（内蒙古植物志，东北植物检索表，中国植物志，Flora of China）；索伦鹿蹄草（东北草本植物志）

Pyrola chlorantha Sw. in Kongl. Vetensk. Acad. Handl. n.s., 31: 190. 1810; 中国植物志56: 167. 图版62: 1 ~ 3. 1990; 内蒙古植物志（第二版）4: 12. 图版1: 3 ~ 4. 1993; 东北植物检索表（第二版）: 491. 图版244: 1. 1995; Fl. China 14: 250. 2005.——*Pyrola solunica* S.D. Zhao, 东北草本植物志7: 5. 图版1: 1 ~ 4. 1981.

生樟子松林下。产黑龙江省呼玛；内蒙古自治区鄂温克、科尔沁右翼前旗索伦等地。

（4）细叶鹿蹄草（新拟）

Pyrola asarifolia Michaux, Fl. Bor.-Amer. 1: 251. 1803.

（4a）细叶鹿蹄草（原亚种）

Pyrola asarifolia subsp. *asarifolia*

中国不产。

（4b）红花鹿蹄草（辽宁植物志，黑龙江省植物志，内蒙古植物志，东北植物检索表，东北草本植物志，中国植物志，Flora of China）

Pyrola asarifolia subsp. *incarnate* (DC.) Haber & Hir. Takah. in Bot. Mag. (Tokyo) 101(1064): 492. 1988; Fl. China 14: 249. 2005.——*P. incarnata* Fisch. ex DC. in Oesterr. Bot. Z. 52(10): 401. 1902; 东北草本植物志7: 5. 图版2: 1 ~ 3. 1981; 中国植物志56: 173. 图版61: 9 ~ 12. 1990; 辽宁植物志（下册）: 4. 图版2: 2 ~ 5. 1992; 内蒙古植物志（第二版）4: 10. 图版2: 1 ~ 2. 1993; 东北植物检索表（第二版）: 491. 图版244: 4. 1995; 黑龙江省植物志8: 7. 图版4: 1 ~ 2. 2001.——*Pyrola incarnata* var. *ovafolia* Y. Z. Zhao, 内蒙古植物志（第二版）4: 12. 1993.

生林下。产黑龙江省尚志、黑河、嫩江、伊春、嘉荫、呼玛；吉林省集安、安图；辽宁省宽甸、鞍山（千山）、开原；内蒙古自治区额尔古纳、根河、牙克石、鄂伦春、陈巴尔虎旗、科尔沁右翼前旗、克什克腾旗、喀喇沁旗、东乌珠穆沁旗（宝格达山）等地。

全草有祛风湿、强筋骨、止血作用，用于风湿痹痛、腰膝无力、月经过多、久咳劳嗽。

■ 红花鹿蹄草

基生叶

果序

花序

植株

（5）短柱鹿蹄草（东北植物检索表，东北草本植物志，中国植物志，Flora of China）

Pyrola. minor L., Sp. Pl. 1: 396. 1753; 东北草本植物志7: 2. 图版2: 5. 1981; 中国植物志56: 181. 图版66: 6 ~ 10. 1990; 东北植物检索表（第二版）: 491. 1995; Fl. China 14: 253. 2005.

生海拔1400米以上山地针叶林下或林缘。产吉林省抚松、长白、安图。

■ 短柱鹿蹄草

花序

居群

（6）小叶鹿蹄草（东北植物检索表，中国植物志，Flora of China）

Pyrola media Sw. in Vetens. Acad. Nya Handl. 190. 1810; Fl. China 14: 252. 2005; 中国植物志56: 179. 图版66: 1 ~ 5. 1990; 东北植物检索表（第二版）: 491. 1995.

生海拔1900 ~ 2600米之针叶林下。据记载产吉林（长白山），待调查核实。

（7）圆叶鹿蹄草（辽宁植物志，东北草本植物志，中国植物志，Flora of China）；鹿蹄草（黑龙江省植物志，内蒙古植物志）；日本鹿蹄草（辽宁植物志，黑龙江省植物志，东北植物检索表，东北草本植物志，中国植物志，Flora of China）；鳞叶鹿蹄草（黑龙江省植物志，东北植物检索表，东北草本植物志，中国植物志）

Pyrola rotundifolia L., Sp. Pl. 1: 396. 1753; 中国植物志56: 187. 1990; Fl. China 14: 253. 2005东北草本植物志7: 7. 1981; 辽宁植物志（下册）: 6. 1992; 内蒙古植物志（第二版）4: 9. 图版1: 1~2. 1993; 黑龙江省植物志8: 9. 图版5: 1 ~ 3. 2001.——*P. japonica* Klenze ex Alef. in Linnaea 28: 57. 1856; 东北草本植物志7: 5. 1981; 中国植物志56: 175. 图版64: 1 ~ 6. 1990; 辽宁植物志（下册）: 6. 1992; 东北植物检索表（第二版）: 491. 图版244: 7. 1995; Fl. China 14: 251. 2005.——*P. subaphylla* Maxim. in Bull. Acad. Imp. Sci. Saint-Petersbourg 11(4): 433. 1867; 东北草本植物志7: 3. 图版2: 4. 1981; 中国植物志56: 190. 图版68: 1~5. 1990; 东北植物检索表（第二版）: 491. 图版244: 5. 1995; 黑龙江省植物志8: 9. 图版5: 4. 2001.

生海拔800 ~ 2000米之针阔叶混交林或阔叶林内。产黑龙江省伊春、双鸭山、宝清、安图、饶河；吉林省靖宇、敦化、珲春、汪清、安图；辽宁省桓仁、本溪、宽甸、凤城、辽阳、鞍山；内蒙古自治区额尔古纳、克什克腾旗等地。

全草有补肾壮阳、收敛止血作用，用于虚劳咳嗽、半身不遂、足膝无力等症。

■ 圆叶鹿蹄草

基生叶

花序

花正面观

植株

（8）长萼鹿蹄草（东北植物检索表，中国植物志，Flora of China）

Pyrola macrocalyx Ohwi in Acta Phytotax. Geobot. 1(1): 80 ~ 81. 1932; Fl. China 14: 252. 2005; 中国植物志56: 176. 图版61: 13 ~ 16. 1990; 东北植物检索表（第二版）: 491. 图版244: 8. 1995.

海拔670 ~ 2100米之针阔叶林或阔叶林（岳桦矮曲林）下。产吉林省长白山。

（9）兴安鹿蹄草（东北植物检索表，中国植物志，Flora of China）

Pyrola dahurica (H. Andr.) Kom. in Trudy Imp. S.-Peterburgsk. Bot. Sada 39: 96. 1923; 中国植物志56: 169. 图版61: 5 ~ 8. 1990; 东北植物检索表（第二版）: 491. 图版244: 9. 1995; Fl. China 14: 251. 2005.

生山地针叶林、针阔叶混交林或阔叶林下。产黑龙江省尚志、漠河、嫩江、伊春、宝清、呼玛；吉林省通化、柳河、临江、抚松、靖宇、长白、珲春、安图；辽宁省本溪、桓仁、凤城、鞍山；内蒙古自治区额尔古纳、牙克石、鄂伦春、科尔沁右翼前旗、克什克腾旗、喀喇沁旗、东乌珠穆沁旗（宝格达山）等地。

全草用于风湿性关节炎、肾虚腰痛、神经衰弱、虚痨咳嗽、衄血、崩漏等。

■ 兴安鹿蹄草

果序

花序

植株

7 越橘属 *Vaccinium* L.

Vaccinium L., Sp. Pl. 1: 349. 1753.

常绿或落叶灌木，稀乔木，多分枝。单叶互生、对生或轮生。花腋生或顶生总状花序或只有3朵花，稀单生；花萼4～5裂，花冠壶形、钟形或筒状，裂片4～5；雄蕊8～10，着生于花冠的筒部，花丝多具毛；花药长，背部有附属物，下方有距或无距；子房下位，4～5室，稀8～10室，每室有胚珠数粒至多数。浆果；种子多数，细小，卵圆形或肾状侧扁。

本属全世界约450种，分布于北半球温带、亚热带地区，美洲和亚洲的热带山区，而以马来西亚地区最为集中，有235种以上，有几种环极分布，少数产非洲南部、马达加斯加岛，但不产热带非洲高山和热带低地，也不产南温带地区。中国已知91种24变种2亚种，南、北各地均产，主产西南、华南。东北地区产6种3变种1变型。

分种检索表

1\. 常绿半灌木；花冠不为壶状或坛状，4深裂至全裂，反折；雄蕊外露。

2\. 叶长8~10（~16）毫米，宽4~5毫米；花常2~4朵伞状着生，花梗被微柔毛；果径约1厘米 ………… **1. 红莓苔子** V. oxycoccus L.

2\. 叶长3~6毫米，宽约2毫米；花常1~2朵，花梗近无毛；果小，径约6毫米 ………… **2. 小果红莓苔子** V. microcarpum (Turcz. ex Rupr.) Schmalh.

1\. 常绿或落叶灌木；花冠壶状或坛状，4~5浅至中裂；雄蕊不外露。

3\. 常绿小灌木；果熟时红色。

4\. 植株直立，高30~50厘米；叶先端急尖至短渐尖，边缘有明显的细齿；花冠顶端5裂 ………… **3. 红果越橘** V. koreanum Nakai

4\. 植株下部匍匐，高约10厘米；叶先端钝或圆或微凹，边缘锯状齿不明显；花冠顶端4裂（**4. 越橘** V. vitis-idaea L.）。

5\. 株高约10厘米；小叶椭圆形或倒卵形，长0.7～2厘米；总状花序有2～8朵花（**4a. 越橘** V. vitis-idaea var. vitis-idaea）。

（接上表）

6. 浆果直径约1厘米 …………………………………………… 4aa. 越橘 V. vitis-idaea f. vitis-idaea

6. 浆果直径5～7毫米 …………………………………… 4ab. 大果越橘 V. vitis-idaea f. majus (Lodd.) Rehd.

5. 株高2.5～7厘米；小叶椭圆形或近圆形，长0.5～1.5厘米；总状花序有1～4朵花 …………………………………………………………… 4b. 矮越橘 V. vitis-idaea var. minus (Lodd.) Schneid.

3. 落叶灌木；果熟时黑紫色。

7. 小枝具疣 ……………………………………………………………………… 5. 高丛越橘 V. corymbosum L.

7. 小枝不具疣（6. 笃斯越橘 V. uliginosum L.）。

8. 直立灌木；叶长1～3厘米，宽8～15毫米。

9. 浆果暗紫色 ………………………………………………… 6a. 笃斯越橘 V. uliginosum var. uliginosum

9. 浆果白色 …………………………………… 6b. 白果笃斯越橘 V. uliginosum var. albium J. Y. Ma et Y. Zhang

8. 匍匐灌木；叶长6～15毫米，宽4～9毫米 ………… 6c. 高山笃斯越橘 V. uliginosum var. alpinum E. Busch

（1）红莓苔子（中国植物志，Flora of China）；大果毛蒿豆（黑龙江省植物志，东北植物检索表）

Vaccinium oxycoccus L., Sp. Pl.351. 1753; 中国植物志57(3): 161. 图版40: 2～5. 1994; 黑龙江省植物志8: 28. 图版13: 2～3. 2001; Fl. China 14: 503. 2005.——*Oxycoccus palustris* Pers. in Syn. Pl. 1: 419. 1805; 东北植物检索表（第二版）: 495. 图版245: 7. 1995.

生有苔藓植物的水湿台地。产黑龙江省大兴安岭；吉林省抚松、靖宇、长白、安图；内蒙古自治区大兴安岭。

■ 红莓苔子

花正面观

花侧面观

植株一部分

植株

（2）小果红莓苔子（中国植物志，Flora of China）；毛蒿豆（黑龙江省植物志，内蒙古植物志，东北植物检索表）

Vaccinium microcarpum (Turcz. ex Rupr.) Schmalh. in Trudy Imp. S.-Peterburgsk. Obshch. Estestvoisp., Vyp. 3, Otd. Bot. 2: 149 1871; 中国植物志57(3): 162. 1994; 黑龙江省植物志8: 28. 图版13: 1. 2001; Fl. China 14: 503. 2005.——*Oxycoccus microcarpus* Turcz. ex Rupr. in Beitr. Pflanzenk. Russ. Reiches 4: 56 1845; 内蒙古植物志（第二版）4: 26. 图版7: 3. 1993; 东北植物检索表（第二版）: 495. 图版245: 6. 1995.

生落叶松林下或苔藓植物生长的水湿台地。产黑龙江省呼玛；吉林省长白、安图；内蒙古自治区额尔古纳、根河、满归。

■ 小果红莓苔子

果实和叶

花正面观

花侧面观

全株

居群

群落

（3）红果越橘（植物智网站）；红果越桔（中国植物志，Flora of China）；朝鲜越桔（辽宁植物志，东北植物检索表）

Vaccinium koreanum Nakai in Trees Shrubs Japan 1: 191. 1922; 辽宁植物志（下册）: 16. 图版6: 1 ~ 2. 1992; 东北植物检索表（第二版）: 496. 图版245: 11. 1995; Fl. China 14: 502. 2005.——*Vaccinium hirtum* auct. non Thunb.: 中国植物志57(3): 156. 图版38: 6 ~ 7. 1991.

生山顶石砬上。产吉林省安图；辽宁省宽甸、凤城、岫岩等地。

花果期均有观赏性。果实可以食用。

■ 红果越橘

果实

花侧面观

小枝

■ 红果越橘

花序

植株一部分

（4）越橘（内蒙古植物志）；越桔（黑龙江省植物志，东北植物检索表，中国植物志，Flora of China）

Vaccinium vitis-idaea L., Sp. Pl. 1: 351. 1753; 中国植物志57(3): 147. 图版37: 1 ~ 5. 1991; 内蒙古植物志（第二版）4: 27. 图版8: 1 ~ 3. 1993; 东北植物检索表（第二版）: 496. 图版245: 9. 1995; 黑龙江省植物志8: 30. 图版14: 4 ~ 6. 2001; Fl. China 14: 499. 2005; 东北植物分布图集: 808. 2019.

（4a）越橘（原变种）

Vaccinium vitis-idaea var. *vitis-idaea*

（4aa）越橘（原变型）

Vaccinium vitis-idaea f. *vitis-idaea*

常见于落叶松林下、白桦林下、高山草原或水湿台地。产黑龙江省尚志、伊春、呼玛、漠河；吉林省抚松、长白、和龙、安图；辽宁省宽甸；内蒙古自治区额尔古纳、根河、牙克石、鄂伦春、科尔沁右翼前旗等地。

叶可代茶饮用，也可入药作尿道消毒剂，果可食用，味酸甜。

■ 越橘

果枝

花序

花枝

■ 越橘

果期

花期

（4ab）大果越橘（变型）（新拟）；大果越桔（黑龙江省植物志）

Vaccinium vitis-idaea f. *majus* (Lodd.) Rehd. Bibliogr. Cult. Tr. and Shr. 546. 1949; 黑龙江省植物志8: 32. 2001.

产海拔800米左右的山地针叶林林下。产黑龙江省大兴安岭；内蒙古自治区大兴安岭。

（4c）矮越橘（变种）（新拟）；矮越桔（黑龙江省植物志）

Vaccinium vitis-idaea var. *minus* (Lodd.) Schneid. Ill. Hardb. Laubh. 2: 559. 1911; 黑龙江省植物志8: 32. 2001.

生亚高山矮曲林带。产黑龙江省大兴安岭。

（5）高丛越橘（植物智网站）；高丛蓝莓

Vaccinium corymbosum L., Sp. Pl. 1: 350. 1753.

原产北美洲。东北各地有栽培。

常见栽培的小浆果。常被误定为笃斯越橘*Vaccinium uliginosum* L.。

■ 高丛越橘

果序

花正面观

花侧面观

■ 高丛越橘

小枝具疣

果期植株

花期植株

（6）笃斯越橘（内蒙古植物志）；笃斯越桔（辽宁植物志，黑龙江省植物志，东北植物检索表，中国植物志，Flora of China）；蓝莓

Vaccinium uliginosum L., Sp. Pl. 1: 350. 1753; 中国植物志57(3): 156. 图版39: 1. 1991; 辽宁植物志（下册）: 16. 1992; 内蒙古植物志（第二版）4: 27. 图版8: 4 ~ 6. 1993; 东北植物检索表（第二版）: 496. 图版245: 10. 1995; 黑龙江省植物志8: 30. 图版14: 1 ~ 3. 2001; Fl. China 14: 502. 2005.

（6a）笃斯越橘（原变种）

Vaccinium uliginosum var. *uliginosum*

生山坡。产黑龙江省黑河、伊春、嘉荫、萝北、呼玛；吉林省抚松、靖宇、长白、和龙、汪清、安图；辽宁省桓仁；内蒙古自治区额尔古纳、根河、牙克石、阿尔山等地。

果实可生食，也可酿酒、制果汁。叶、果实有消炎、利水作用。

■ 笃斯越橘

花枝

果序

植株

（6b）白果笃斯越橘（变种）（新拟）；白果笃斯越桔（植物研究）

Vaccinium uliginosum var. *albium* J. Y. Ma et Y. Zhang, 植物研究 22(1): 8. 2002.

生兴安落叶松针阔混交林中。产黑龙江省加格达奇（模式标本采集地）。

（6c）高山笃斯越橘（变种）（新拟）；高山笃斯越桔（黑龙江省植物志）

Vaccinium uliginosum var. *alpinum* E. Busch in Fl. Sibir. Or. Extr. 9:

■ 高山笃斯越橘

植株一部分

108. 1919; 黑龙江省植物志8: 30. 2001.

生亚高山矮曲林带。产黑龙江省大兴安岭；吉林省抚松、长白、安图。

8 北极果属（天栌属）　*Arctous* (A. Gray) Niedenzu

Arctous (A. Gray)　Niedenzu, Bot. Jahrb. Syst. 11: 180. 1889.

落叶多分枝小灌木。冬芽外具几片深褐色芽鳞。叶互生，具柄，聚集于枝顶，枯萎后仍不脱落，边缘具细锯状齿，无托叶。花2～5朵排成顶生的短总状花序或簇生；花萼小型，4～5裂，宿存；花冠壶形或坛形，淡黄绿色或淡绿色，有4～5个小裂片；雄蕊8～10枚，比花冠短，花药长卵形或卵形，先端纵裂，裂缝长为花药全长的1/3～1/2，背部具2枚附属体；子房上位，4～5室，每室有胚珠1颗。浆果，球形，成熟时黑色或红色；种子4～5枚。

本属全世界约5种，产欧洲、北美洲、亚洲北部和东部，北达环极地区，南至中国西南高山。中国有3种，1变种，分布东北、西北至西南山区。东北地区产2种。

分种检索表

1. 浆果成熟时呈黑紫色；叶革质，倒卵形或广倒卵形，宽1.5～2厘米，表面有明显的皱纹　…1. **北极果 A. alpina** (L.) Nied.

1. 浆果成熟时呈红色；叶厚纸质，倒披针形至倒卵形，宽约1厘米，表面有不很明显的皱纹
……………………………………………………………………………… 2. **红北极果 A. ruber** (Rehd. et Wils.) Nakai

（1）北极果（中国植物志，Flora of China）；黑果天栌（黑龙江省植物志，内蒙古植物志，东北木本植物图志，东北植物检索表）；黑北极果（中国高等植物图鉴，中国植物志）

Arctous alpina (L.) Nied. in Nat. Pflanzenfam. 4(1): 48 1889; 中国植物志57(3): 71. 1994; Fl. China 14: 257. 2005.——*Arctous alpina* var. *japonica* (Nakai) Ohwi in Fl. Jap. 905. 1953; 内蒙古植物志（第二版）4: 25. 1993; 中国植物志57(3): 72. 1994.——*Arctous japonica* Nakai in Bot. Mag. (Tokyo) 35: 134. 1921; 东北木本植物图志454. 1958; 中国高等植物图鉴3: 189. 图4331. 1974; 内蒙古植物志 5: 18. 1980; 东北植物检索表（第二版）: 493. 图版245: 2. 1995; 黑龙江省植物志8: 14. 图版7. 2001.

常生海拔1900～3000米的山坡上。产黑龙江省大兴安岭白卡鲁山；内蒙古自治区鄂伦春。

果可食，也有资料记载浆果有毒，误服后呕吐或胃痛。

■ 北极果

叶

植株一部分

植株

（2）红北极果（中国植物志，Flora of China）；天栌（东北植物检索表）

Arctous ruber (Rehd. et Wils.) Nakai in Trees Shrubs Japan. 1: 156. 1922; 内蒙古植物志（第二版）4: 25. 图版7: 1 ~ 2. 1993; 中国植物志57(3): 74. 图版21: 1 ~ 4. 1994; 东北植物检索表（第二版）: 493. 图版245: 1. 1995; Fl. China 14: 257. 2005.

生海拔2900 ~ 3800米的高山山坡上。产黑龙江省呼玛；吉林省抚松、长白、安图；内蒙古自治区鄂伦春。

果可食。

■ 红北极果

叶

果实

居群

9 岩高兰属 *Empetrum* L.

Empetrum L., Sp. Pl. ed. 1, 2: 1022. 1753.

常绿匍匐状小灌木。叶密集，轮生或近轮生或交互对生，椭圆形至线形，边缘常反卷；无柄；无托叶。花单性同株或异株，1 ~ 3朵生于上部叶腋，苞片2 ~ 6（多为4 ~ 5），鳞片状，边缘具细睫状毛；萼片3 ~ 6，覆瓦状排列，具色，花瓣状；无花瓣；雄蕊3（稀4 ~ 6），伸出；子房近球形或先端微凹，6 ~ 9室，每室1胚珠，花柱短，有时极不明显，柱头辐射状6 ~ 9（~ 12）裂。果球形，肉质，成熟时黑色或红色，每室具1种子。

本属全世界约2种，分布于北温带和北极、南美安第斯山、马尔维纳斯群岛和特里斯坦至达库尼亚群岛。中国东北地区产2变种。

分种下单位检索表

1. 果实紫红色至黑色 ………………………………………… b. 东北岩高兰 E. nigrum var. japonieum
1. 果实白色或略带粉红 ……………………………………… c. 白果岩高兰 E. nigrum var. albium

岩高兰（中国植物志）

Empetrum nigrum L., Sp. Pl. ed. 1, 2: 1022. 1753; 中国植物志45(1): 60. 1980.

（a）岩高兰（原变种）

Empetrum nigrum var. *nigrum*

中国不产。

（b）东北岩高兰（变种）（黑龙江省植物志，内蒙古植物志，中国植物志，Flora of China）；东亚岩高兰（东北植物检索表）

Empetrum nigrum var. *japonieum* K. Koch in Hort. Dendr. 89. 1853; 中国植物志45(1): 62. 图版21. 1980;

内蒙古植物志（第二版）3: 459. 图版177: 1 ~ 8. 1989; 东北植物检索表（第二版）: 496. 图版223: 3. 1995; 黑龙江省植物志8: 33. 图版15. 2001; Fl. China 14: 456. 2005.

生海拔775 ~ 1460米的石山或林中。产黑龙江省呼玛；吉林省安图；内蒙古自治区额尔古纳、根河、阿尔山。

果甜，可食或入药。

■ 东北岩高兰

果枝

生境

植株一部分

居群

（c）白果岩高兰（变种）（植物研究）

Empetrum nigrum var. *albium* J. Y. Ma et Y. Zhang, 植物研究22(4): 389. 2002.

生平起岩石裸露台地。产黑龙江省加格达奇（模式标本采集地）。

10 松毛翠属 *Phyllodoce* Salisb.

Phyllodoce Salisb.in W. Hook. Parad. Lond. tab. 36. 1806.

常绿灌木，叶互生或交互对生，密集，线形，边缘常外卷，有细锯状齿。花顶生，伞形花序，具苞片；花梗俯垂；花萼小，4 ~ 5裂，宿存；花冠整齐，花瓣合生，球状钟形，坛状或壶状，檐部5裂；雄蕊（8 ~ ）10（ ~ 12），内藏，花药顶孔开裂；子房上位，近球形，5室，柱头不明显的5裂或头状。蒴果室间开裂，蒴果壁开裂成1层。种子小，多数，无翅。

本属全世界约有7种，分布于北温带至环北极地区。中国有2种，分布于东北地区、内蒙古自治区和新疆的高山草原和山地灌丛。东北2种均产。

分种检索表

1. 萼片开花时强烈反折；花柱长超过花冠口部；叶长约10毫米，宽约1毫米；花梗中上部强烈弓曲 ………………………… 1. 反折松毛翠 **P. deflexa** Ching ex H. P. Yang
1. 萼片开花时不反折；花柱长短于花冠口部；叶长约7毫米，宽约1.2毫米；花梗稍下弯 ………………………… 2. 松毛翠 **P. caerulea** (L.) Babingt.

（1）反折松毛翠（植物分类学报，中国植物志，Flora of China）

Phyllodoce deflexa Ching ex H. P. Yang in Act. Phytotax. Sin. 28: 403 ~ 405. 1990; 中国植物志57(1): 11. 图版3: 1 ~ 4. 1994; Fl. China 14: 258. 2005.

生林中，海拔1700米。产吉林抚松（模式标本采集地）。

（2）松毛翠（东北植物检索表，中国植物志，Flora of China）

Phyllodoce caerulea (L.) Babingt. in Man. Brit. Bot. 194. 1843; 中国植物志57(1): 11. 图版3: 5 ~ 7. 1994; 东北植物检索表（第二版）: 495. 图版248: 8. 1995; Fl. China 14: 258. 2005.

生亚高山草原、苔原、山地灌丛和草甸。产吉林省抚松、长白、安图；内蒙古自治区大兴安岭。

■ 松毛翠

花序

植株

11 地桂属（甸杜属） *Chamaedaphne* Moench

Chamaedaphne Moench, Methodus. 457. 1794, *nom. cons.*, not Mitchell (1769).

常绿矮小直立灌木。叶互生，背面密被鳞片；花排成顶生的总状花序，每花基部的苞片呈叶状；2小苞片紧伏于萼背；萼5深裂，宿存；花冠坛状，短5裂，裂片微反卷；雄蕊10枚，内藏，花药无附属物，顶孔开裂；花盘具10枚圆齿；子房上位，球形，5室，花柱柱状，胚珠多数。蒴果扁球形，5裂，室背开裂，果皮开裂成2层，内壁分为10瓣；种子小，无翅。

本属全世界仅1种，产北温带地区。中国东北地区亦产。

地桂（中国植物志，Flora of China）；甸杜（内蒙古植物志，东北植物检索表）

Chamaedaphne calyculata (L.) Moench in Methodus. 457. 1794; 内蒙古植物志（第二版）4: 23. 图版1: 5 ~ 8. 1993; 中国植物志57(2): 43. 图版14: 1 ~ 7. 1994; 东北植物检索表（第二版）: 493. 图版245: 3. 1995; 黑龙江省植物志8: 16. 图版8. 2001; Fl. China 14: 464. 2005.

常绿直立灌木，高0.3 ~ 1.5米；叶长椭圆形或长圆状倒披针形，全缘或有不明显的小齿，两面均有鳞片；总状花序，花生于叶状苞片的腋内，稍下垂，偏向一侧，花冠坛状，白色，裂片微反卷；蒴果扁球形。生针叶林下及水藓沼泽中，常成为林下优势种。产黑龙江省黑河、伊春、嘉荫、呼玛；吉林省靖宇；内蒙古自治区根河（满归）。

■ 地桂

花序

植株一部分

12 杜鹃属（杜鹃花属） *Rhododendron* L.

Rhododendron L., Sp. Pl. 392. 1753.

常绿或落叶小灌木。叶全缘或有小齿。花单生、总状花序、伞房花序或伞形花序，萼5裂，或裂片成叶状；花冠辐射状、筒状或漏斗状，通常为两侧对称，如为辐射对称，裂片5 ~ 10；雄蕊（5 ~ ）8 ~ 10（ ~ 18），长度不等，花药椭圆形或球形，顶孔开裂；子房5 ~ 20室，每室有多数胚珠，花柱长或短，柱头头状或平截。蒴果通常木质，椭圆形、卵形或近球形；种子小，有的种子两端伸长成翼状。

本属全世界约960种，广泛分布于欧洲、亚洲、北美洲，主产于东亚和东南亚，形成本属的两个分布中心，极个别种分布至北极地区和大洋洲。中国约542种，除新疆、宁夏外，各地均有，但集中产于西南、华南。东北地区产12种2亚种4变型，其中栽培2种1变型。

分种检索表

1. 叶线形，背面和幼枝密被锈褐色茸毛及腺鳞（1. 杜香 R. tomentosum Harmaja）。
  2. 株高40 ~ 50厘米，直立或下部平卧。
    3. 叶线形，长1 ~ 3厘米，宽1 ~ 3毫米，边缘强烈反卷，下面密被锈色茸毛 ………………………………………… 1a. 杜香 R. tomentosum subsp. tomentosum
    3. 叶为线状披针形或狭长圆形，长2 ~ 8厘米，宽0.4 ~ 1.5厘米，叶缘稍反卷，下面被锈色毛和白色短柔毛，锈色毛脱落后呈现白色 ……………………… 1b. 宽叶杜香 R. tomentosum subsp. dilatatum (Wahl.) S. M. Zhang

（接上表）

2. 植株矮小，平卧，叶长1～1.5厘米，宽1～1.5毫米

…………………………………… **1c. 小叶杜香 R. tomentosum** subsp. **decumbens** (Aiton) Elven & D. F. Murray

1. 叶椭圆形、长椭圆形、倒卵形等，背面和幼枝无锈褐色茸毛，但可有锈褐色腺鳞或蜡质糠秕状盾形鳞片。

4. 栽培。

5. 落叶灌木；叶缘皱波状；花红色、粉色、橘红色、橘黄色等 ……**2. 红枫杜鹃 R. hybridum** cv. 'Hong Feng'

5. 半常绿灌木；叶缘不为皱波状；花粉紫色或淡紫色，花冠喉部有深紫红色斑点（**3. 淀川杜鹃 R. yedoense** Maxim. ex Regel）。

6. 花重瓣 ……………………………………………………………………**3a. 淀川杜鹃 R. yedoense** f. **yedoense**

6. 花单瓣 ……………………………… **3b. 黄杨杜鹃 R. yedoense** f. **poukhanense** (Lev.) Sugimoto ex T.Yamaz.

4. 野生。

7. 植株无圆形腺鳞。

8. 叶长约1厘米，边缘上部有不明显的齿；花径约2厘米，红紫色，1～3花生于具叶状苞片的幼枝上

……………………………………………………………………………… **4. 叶状苞杜鹃 R. redowskianum** Maxim.

8. 叶长4厘米以上，全缘；花径3厘米以上。

9. 主枝匍匐；花黄色；花梗长约3厘米 ………………………………………… **5. 牛皮杜鹃 R. aureum** Georgi.

9. 主枝直立；花白色或粉红色；花梗短于2.5厘米。

10. 叶纸质，倒卵形，长5～6厘米，基部楔形，常（4）5片集生梢端而呈"大"字形；叶柄短或近无；花粉红色，稀白色 ……………………………………………… **6. 大字杜鹃 R. schlippenbachii** Maxim.

10. 叶革质，长椭圆形或倒卵状长圆形，长8～15（～20）厘米，基部近圆形或近心形；叶柄长1厘米以上；花白色 ………………………………………………………… **7. 短果杜鹃 R. brachycarpum** D. Don

7. 植株被白色或褐色圆形腺鳞，幼嫩部位尤明显。

11. 花多个组成总状花序，花径约8毫米。

12. 花黄色；花柱较果长约2倍 ……………………………**8. 辽西杜鹃 R. liaoxigensis** S. L. Tung et Zh. Lu

12. 花白色；花柱与果近等长 ………………………………………………………**9. 照山白 R. micranthum** Turcz.

11. 花单生枝端或5朵以下组成伞房花序，花径1.2～4（～5）厘米。

13. 叶长1～1.5厘米；花径1.2～1.5厘米；蒴果长3～5毫米 ……… **10. 高山杜鹃 R. lapponicum** (L.) Wahl.

13. 叶长于2厘米；花径2.5厘米以上；蒴果长于1厘米。

14. 半常绿灌木；叶片近革质，顶端钝圆，下面鳞片覆瓦状或彼此邻接或相距为其直径0.5或1.5倍；花冠长1.3～2.3厘米（**11. 兴安杜鹃 R. dauricum** L.）。

15. 花粉红色 …………………………………………………… **11a. 兴安杜鹃 R. dauricum** f. **dauricum**

15. 花白色 ………………………… **11b. 白花兴安杜鹃 R. dauricum** f. **albiflorum** (Turcz.) C. F. Fang.

14. 落叶灌木；叶片质薄，顶端锐尖、渐尖或钝，下面鳞片相距为其直径的2～4倍；花冠长2.3～2.8厘米（**12. 迎红杜鹃 R. mucronulatum** Turcz.）。

16. 花粉红色。

17. 叶表面及边缘无毛 ………………………… **12a. 迎红杜鹃 R. mucronulatum** f. **mucronulatum**

17. 叶表面及边缘有毛 …………**12b. 缘毛迎红杜鹃 R. mucronulatum** f. **ciliatum** (Nakai) Kitag.

16. 花白色 ………………………………………… **12c. 白花迎红杜鹃 R. mucronulatum** f. **album** Nakai

（1）杜香（黑龙江省植物志，中国植物志）；细叶杜香（东北植物检索表）；狭叶杜香（内蒙古植物志）

Rhododendron tomentosum Harmaja, Ann. Bot. Fenn. 27(2): 204. 1990.——*Ledum palustre* L., Sp. Pl. 391. 1753; 黑龙江树木志460. 1986; 东北植物检索表（第二版）: 493. 图版245: 4. 1995; 中国植物志57(1): 5. 图版1: 1 ~ 4. 1999; 黑龙江省植物志8: 18. 图版9: 1 ~ 4. 2001; Fl. China 14: 259. 2005.——*L. palustre* L. var. *angustum* E. Busch, Fl. Sib. et Orient. 2: 8. 1915; 东北木本植物图志444. 图版140: 347. 1955; 内蒙古植物志5: 7. 图版3: 1 ~ 4. 1980; 内蒙古植物志（第二版）4: 18. 图版4: 1 ~ 4. 1993.

（1a）杜香（原亚种）

Rhododendron tomentosum subsp. *omentosum*

生于落叶松林、樟子松林、云杉林或针一阔叶混交林下。产黑龙江省伊春、呼玛；吉林省柳河、临江、抚松、靖宇、长白、敦化、和龙、安图；内蒙古自治区额尔古纳、根河、牙克石、鄂伦春、科尔沁右翼前旗等地。

全株可提取芳香油，花、果出油率较高。叶有化痰、止咳、平喘作用，用于咳嗽痰喘。

■ 杜香

植株

植株一部分

（1b）宽叶杜香（亚种）（辽宁植物志，黑龙江省植物志，内蒙古植物志，东北植物检索表，中国植物志，Flora of China）

Rhododendron tomentosum subsp. *dilatatum* (Wahl.) S. M. Zhang, 东北维管束植物考: 700. 2021.——*Ledum palustre* var. *dilatatum* Wahl. in Pl. Lapp. 103. 1812; 内蒙古植物志5: 9. 图版3: 5. 1980; 内蒙古植物志

■ 宽叶杜香

叶背面观

果序

■ 宽叶杜香

花序

植株一部分

（第二版）4: 18. 图版4: 5～6. 1993; 东北植物检索表（第二版）: 493. 图版245: 5. 1995; 中国植物志57(1): 7. 图版1: 5～7. 1999; 黑龙江省植物志8: 18. 图版9: 5～6. 2001; Fl. China 14: 260. 2005.——*L. hypoleucum* Kom. in Izv. Bot. Sada Akad. Nauk SSSR 16: 175. 1916; 辽宁植物志（下册）: 8. 图版6: 3. 1992.

生针叶林下、水藓沼泽或林边、湿草地。产黑龙江省大兴安岭、小兴安岭；吉林省临江、抚松、靖宇、长白、和龙、安图；辽宁省桓仁、宽甸；内蒙古自治区额尔古纳、根河、牙克石等地。

（1c）小叶杜香（亚种）（黑龙江省植物志，东北植物检索表，Flora of China）

Rhododendron tomentosum subsp. *decumbens* (Aiton) Elven & D.F.Murray, J. Bot. Res. Inst. Texas 2(1): 441. 2008.——*Ledum palustre* var. *decumbens* Aiton, Hort. Kew. 2: 65. 1789; Fl. China 14: 260. 2005.——*L. palustre* f. *decumbens* (Ait.) Y. L. Chou et S. L. Tung, 黑龙江树木志463. 1986; 东北植物检索表（第二版）: 493. 1995; 黑龙江省植物志8: 20. 2001.

生境同正种。产黑龙江大兴安岭；内蒙古自治区大兴安岭、满洲里地区。

■ 小叶杜香

果枝

花枝

植株

（2）红枫杜鹃（辽宁木本植物志）

Rhododendron hybride cv. 'Hong Feng' ——*Rhododendron hybridum* auct. non Ker Gawl.: 辽宁木本植物志: 494. 2018.

杂交种。辽宁省沈阳、大连、丹东等地有栽培。

园林杜鹃最新品种，春观红花，秋观红叶，花叶俱佳，是近代园艺育种的重大突破，堪称园林花灌木之王。

■ 红枫杜鹃

成熟期果实

花序

花侧面观

果序

植株

植株一部分

（3）淀川杜鹃（辽宁木本植物志）；朝鲜杜鹃、牡丹杜鹃、重瓣韩国杜鹃（俗称）

Rhododendron yedoense Maxim. ex Regel in Gartenflora 35: 565. 1886; 辽宁木本植物志: 495. 2018.

（3a）淀川杜鹃（原变型）

Rhododendron yedoense f. *yedoense*

原产朝鲜。辽宁省丹东、大连有栽培。

朝鲜国花。花密而艳丽，可孤植、片植或群植于庭院、路边、草坪中、疏林下或阴山坡，也可与其他植物搭配种植。

■ 淀川杜鹃

花

植株

植株一部分

（3b）黄杨杜鹃（辽宁木本植物志）；韩国杜鹃（俗称）

Rhododendron yedoense f. *poukhanense* (Lev.) Sugimoto ex T. Yamaz., New Keys Woody Pl. Jap. 1: 385. 1972; 辽宁木本植物志: 495. 2018.——*R. yedoense* var. *poukhanense* Nakai, Botanical Magazine (Tokyo) 34: 274. 1920.

原产朝鲜。辽宁省丹东等地有栽培。

■ 黄杨杜鹃

叶

花

植株一部分

（4）叶状苞杜鹃（中国植物志，Flora of China）；苞叶杜鹃（辽宁植物志，东北植物检索表）

Rhododendron redowskianum Maxim. in Mém. Acad. Imp. Sci. St.–Pétersbourg Divers Savans 9: 189. 1859; 辽宁植物志（下册）: 9. 1992; 中国植物志57(2): 436. 图版135: 1～6. 1994; 东北植物检索表（第二版）: 495. 图版246: 3. 1995; Fl. China 14: 455. 2005.

生高山上部湿润的石质坡上。产吉林省抚松、长白、安图；辽宁省桓仁。

■ 叶状苞杜鹃

花正面观

花侧面观

植株一部分

（5）牛皮杜鹃（辽宁植物志，黑龙江省植物志，东北植物检索表，中国植物志，Flora of China）

Rhododendron aureum Georgi in Bemerk. Reise Russ. Reich. 1: 51. 1775; 中国植物志57(2): 143. 图版46: 1～6. 1994; Fl. China 14: 368. 2005.——*R. chrysanthum* Pallas in Reise Durch Verschiedne Provinz. 3: 729. 1776; 辽宁植物志（下册）: 9. 图版3: 1～2. 1992; 东北植物检索表（第二版）: 495. 图版246: 1. 1995; 黑龙江省植物志8: 21. 图版10: 1～2. 2001.

生高山草原地带或苔藓层上。产黑龙江省尚志（大秃顶子山）；吉林省抚松、长白、安图；辽宁省桓仁。

叶内含有芳香油，可用作调香原料。根、茎、叶含鞣质，可提制栲胶。叶可代茶用。

■ 牛皮杜鹃

花期

果期

（6）大字杜鹃（辽宁植物志，黑龙江省植物志，东北植物检索表，中国植物志，Flora of China）

Rhododendron schlippenbachii Maxim. in Bull. Acad. Imp. Sci. Saint-Petersbourg 15: 226. 1871; 辽宁植物志（下册）: 11. 图版4. 1992; 中国植物志57(2): 370. 图版122: 5 ~ 7. 1994; 东北植物检索表（第二版）: 495. 图版246: 2. 1995; 黑龙江省植物志8: 25. 图版12. 2001; Fl. China 14: 432. 2005.

常生低海拔的山地阔叶林下或灌丛中。产辽宁省铁岭、宽甸、凤城、丹东、岫岩、本溪、鞍山、营口、庄河等地。黑龙江省哈尔滨市有栽培。

■ 大字杜鹃

花枝

白花株一部分

花侧面观

果枝

植株

（7）短果杜鹃（东北植物检索表，东北植物分布图集）

Rhododendron brachycarpum D.Don ex G.Don, Gen. Hist. 3: 843. 1834; 东北植物检索表（第二版）: 495. 1995; 东北植物分布图集（下册）: 801. 2019.

生针叶混交林内。产吉林省抚松、长白、安图。

（8）辽西杜鹃（东北植物检索表，中国植物志，Flora of China）

Rhododendron liaoxigensis S. L. Tung et Zh. Lu in Bull. Bot. Res. Harbin 8(2): 155. 1988; 中国植物志57(2): 147. 1994; 东北植物检索表（第二版）: 495. 1995; Fl. China 14: 304. 2005.

生山地。模式标本产北票温泉东山海拔500米左右。实地调查未找到与其特征吻合的种。待进一步研究。

（9）照山白（内蒙古植物志，中国植物志，Flora of China）；照白杜鹃（辽宁植物志，东北植物检索表）；小花杜鹃（黑龙江省植物志）

Rhododendron micranthum Turcz. in Bull. Soc. Imp. Naturalistes Moscou 10(7): 155. 1837; 辽宁植物志（下册）: 11. 图版3: 3 ~ 5. 1992; 内蒙古植物志（第二版）4: 20. 图版5: 1 ~ 3. 1993; 中国植物志57(2): 145. 图版32: 1 ~ 5. 1994; 东北植物检索表（第二版）: 495. 图版246: 4. 1995; 黑龙江省植物志8: 23. 图版11: 1 ~ 3. 2001; Fl. China 14: 304. 2005.

生山地林下、灌丛、山坡及石隙等处。产辽宁省建平、朝阳、北票、喀左、建昌、义县、凌源、绥中、北镇、本溪、丹东、鞍山、海城、营口、盖州、普兰店、庄河、大连；内蒙古自治区科尔沁右翼前旗、大青沟、翁牛特旗、克什克腾旗、喀喇沁旗、宁城、西乌珠穆沁旗等地。黑龙江省哈尔滨市有栽培。

枝叶入药，有祛风通络、调经止痛、化痰止咳之效。花、叶可提取芳香油。叶有杀虫功效，可制土农药。花供观赏。全株剧毒，幼叶毒性更大，牲畜误食易中毒死亡。

■ 照山白

果序

花序

植株一部分

（10）高山杜鹃（中国植物志，Flora of China）；毛毡杜鹃（辽宁植物志，东北植物检索表）；小叶杜鹃（黑龙江省植物志，内蒙古植物志）

Rhododendron lapponicum (L.) Wahl. in Fl. Lapp. 104. 1812; 中国植物志57(2): 110. 1994; Fl. China 14: 291. 2005.——*R. confertissimum* Nakai in Bot. Mag. (Tokyo) 31: 239. 1917; 辽宁植物志（下册）: 11. 1992; 东北植物检索表（第二版）: 496. 1995.——*R. parvifolium* Adams in Nouv. Mam. Soc. Nat. Mosc3: 237. 1834; 内蒙古植物志（第二版）4: 21. 图版5: 4 ~ 6. 1993; 黑龙江省植物志8: 25. 图版11: 8 ~ 9. 2001.

生高山草地。产黑龙江省呼玛；吉林省抚松、靖宇、长白、和龙、安图；辽宁省桓仁；内蒙古自治区额尔古纳、根河、牙克石、鄂伦春、东乌珠穆沁旗（宝格达山）等地。

■ 高山杜鹃

叶

花

植株

（11）兴安杜鹃（辽宁植物志，黑龙江省植物志，东北植物检索表，中国植物志，Flora of China）

Rhododendron dauricum L., Sp. Pl. 1: 392. 1753; 辽宁植物志（下册）: 15. 1992; 内蒙古植物志（第二版）4: 21. 图版6: 4 ~ 6. 1993; 中国植物志57(2): 211. 图版46: 1 ~ 2. 1994; 东北植物检索表（第二版）: 496. 图版246: 6. 1995; 黑龙江省植物志8: 21. 图版10: 3 ~ 5. 2001; Fl. China 14: 327. 2005.

（11a）兴安杜鹃（原变型）

Rhododendron dauricum f. *dauricum*

生石灰质山坡、石砬子、灌丛中。产黑龙江省哈尔滨、嫩江、尚志、五常、黑河、伊春、嘉荫、萝北、集贤、饶河、鸡西、虎林、密山、鸡东、绥芬河、呼玛；吉林省蛟河、集安、临江、抚松、珲春、和龙、汪清、安图；辽宁省北票、桓仁；内蒙古自治区额尔古纳、根河、牙克石、扎兰屯、满洲里、鄂伦春、阿尔山、科尔沁右翼前旗、西乌珠穆沁旗等地。

叶有祛痰止咳作用，治急、慢性气管炎，咳嗽；根有止痢作用，治肠炎、痢疾等。

在2021年公布的《国家重点保护野生植物名录》中，本种被列为二级保护植物。

■ 兴安杜鹃

群落

植株一部分

■ 兴安杜鹃

叶背面观

花正面观

（11b）白花兴安杜鹃（变型）（黑龙江省植物志，东北植物检索表）

Rhododendron dauricum f. *albiflorum* (Turcz.) C. F. Fang, 东北植物检索表（第二版）: 496. 图版246: 6. 1995.——*Rh. dauricum* L. var. *albiflorum* Turcz. Fl. Baic. Dah. 2：207. 1856; 黑龙江省植物志8: 23. 2001.

生兴安落叶松采伐迹地。产黑龙江省大兴安岭；内蒙古自治区鄂伦春等地。

■ 白花兴安杜鹃

花

花枝

居群

（12）迎红杜鹃（辽宁植物志，黑龙江省植物志，内蒙古植物志，东北植物检索表，中国植物志，Flora of China）

Rhododendron mucronulatum Turcz. in Bull. Soc. Imp. Naturalistes Moscou 10(7): 155. 1837; 辽宁植物志（下册）: 13. 图版5: 1 ~ 4. 1992; 内蒙古植物志（第二版）4: 23. 图版6: 1 ~ 3. 1993; 中国植物志57(2): 211. 图版46: 3. 1994; 东北植物检索表（第二版）: 496. 图版246: 7. 1995; 黑龙江省植物志8: 23. 图版11: 4 ~ 7.

2001; Fl. China 14: 327. 2005.

（12a）迎红杜鹃（原变型）

Rhododendron mucronulatum f. *mucronulatum*

生山坡灌丛中或石砬子上。产黑龙江省宁安；吉林省东部长白区各县区；辽宁省各地；内蒙古自治区鄂温克、扎鲁特旗、喀喇沁旗、宁城、西乌珠穆沁旗等地。

叶有解表、清肺、止咳作用，可治感冒、头疼咳嗽、支气管炎等。

■ 迎红杜鹃

叶背面观

果序

果枝

花正面观

花侧面观

花期植株

（12b）缘毛迎红杜鹃（变型）（辽宁植物志，东北植物检索表）

Rhododendron mucronulatum f. *ciliatum* (Nakai) Kitag. in Neo-Lineam. Fl. Mansh.500. 1979; 辽宁植物志

■ 缘毛迎红杜鹃

叶

花

（下册）: 14. 图版5: 5. 1992; 东北植物检索表（第二版）: 496. 1995.

生山脊林下。产辽宁省北镇、鞍山、本溪、凤城、金州、大连等地。

（12c）白花迎红杜鹃（变型）（辽宁植物志，东北植物检索表）

Rhododendron mucronulatum f. *album* Nakai in Lee. Fl. Kor. 600. 1979; 辽宁植物志（下册）: 15. 1992; 东北植物检索表（第二版）: 496. 1995.

生半阴坡林下。产辽宁省庄河、丹东等地。

■ 白花迎红杜鹃

花

植株

13 青姬木属（仙女越橘属） *Andromeda* L.

Andromeda L. in Sp. Pl. 1: 393. 1753.

常绿灌木。根状茎横走。茎上常被白粉。叶片革质、全缘，条状披针形或窄卵形，叶背面有时有毛，被白粉。伞状聚伞花序顶生，具2 ~ 8花，稀单花；花梗常红色或粉红色，向下弯曲或有时直立。萼片白色或粉红色，合生，开展呈盘状，先端钝或锐尖；花冠坛状，花被片5，几乎完全合生，仅在先端分开并反卷，粉红色或粉白色；花冠内侧基部靠近子房处生有蜜腺组织。雄蕊10枚，不伸长至花冠管外；花丝扁平，有毛，无距；花药有2芒，顶孔开裂。雌蕊扁球形，5心皮合生，5室；花柱与花冠近等长。蒴果5瓣裂，幼时被白粉。种子多数。

本属全世界1 ~ 2种，分布于北美洲、欧洲、亚洲。中国产1种。东北地区有分布。

青姬木（植物智网站）；仙女越橘（植物分类与资源学报）

Andromeda polifolia L., Sp. Pl. 1: 393. 1753; 植物分类与资源学报34(2): 157 ~ 163. 2012.

常绿灌木，株高5 ~ 30（ ~ 80）厘米；叶片革质，全缘，条状披针形或窄卵形叶背面有时有毛、被白粉；伞状聚伞花序具1 ~ 8花；花梗常红色或粉红色，向下弯曲或有时直立；萼片白色或粉红色；花冠坛状，粉红色或粉白色；蒴果5瓣裂，幼时被白粉。生湿地沼泽塔头之上。产吉林省安图。

■ 青姬木

花

植株一部分

植株

146. 杜仲科 Eucommiaceae

Eucommiaceae Engl., Syllabus (ed. 5) 139. 1907, *nom. cons*.

木贼门、木贼亚门、木兰纲、蔷薇亚纲、菊超目、丝缨花目（Garryales）。

落叶乔木。叶互生，单叶，具羽状脉，边缘有锯状齿，具柄。雌雄异株，无花被，先叶开放，或与新叶同时从鳞芽长出。雄花簇生，有短柄，具小苞片；雄蕊5~10个，线形，花丝极短，花药4室，纵裂。雌花单生于小枝下部，有苞片，具短花梗，子房1室，顶端2裂。翅果先端2裂，果皮薄革质，果梗极短；种子1个，垂生于顶端。

本科全世界仅1属1种，中国特有，分布于华中、华西、西南及西北各地。东北地区有栽培。

杜仲属 *Eucommia* Oliver

Eucommia Oliver in Hook. f. Ic. Pl. 20: t. 1950, 1890.

属的特征和地理分布同科。

杜仲（辽宁植物志，东北植物检索表，中国植物志，Flora of China）

Eucommia ulmoides Oliver in Hooker′s Icon. Pl. 20: t. 1950. 1890; 中国植物志35(2): 116. 图版25. 1979; 辽宁

■ 杜仲

果实

植株一部分

■ 杜仲

雄花

雌花

树干

植物志（上册）: 280. 1988; 东北植物检索表（第二版）: 111. 图版44: 6. 1995; Fl. China 9: 43. 2003.

落叶乔木；叶椭圆形，侧脉6～9对，边缘有锯状齿；花生当年枝基部；翅果扁平，长椭圆形，先端2裂。生海拔300～500米的低山、谷地或低坡的疏林里。产陕西、甘肃、河南、湖北、四川、云南、贵州、湖南及浙江等地区。辽宁省大连、沈阳、丹东等地有栽培。

本种是一种多用途的资源植物，树皮药用，作为强壮剂及降血压，并能医腰膝痛、风湿及习惯性流产等；树皮分泌的硬橡胶供工业原料及绝缘材料，抗酸、碱及化学试剂的腐蚀的性能高，可制造耐酸、碱容器及管道的衬里；种子含油率达27%；木材供建筑及制家具。

147. 茜草科　Rubiaceae

Rubiaceae Juss., Gen. Pl. [Jussieu] 196. 1789, *nom. cons.*

木贼门、木贼亚门、木兰纲、蔷薇亚纲、菊超目、龙胆目（Gentianales）。

乔木、灌木或草本，有时为藤本。单叶对生，有时假轮生或为三出叶，通常全缘；托叶明显，宿存或早落。花序各式，均由聚伞花序复合而成，很少单花或少花的聚伞花序；花两性、单性或杂性，通常花柱异长；萼通常4～5裂，很少更多裂或2裂；花冠合瓣，管状、漏斗状、高脚碟状或辐状，通常4～5裂，很少3裂或8～10裂；雄蕊着生在花冠管上，花药2室；子房下位，1至多室，每室具1至多数胚珠；柱头常2裂。浆果、蒴果、核果、坚果、裂果或聚合果；种子裸露或嵌于果肉或肉质胎座中，有时有翅。

本科全世界有627属13000余种，广布全世界的热带和亚热带地区，少数分布至北温带地区。中国产103属，约743种，主产于华南和东南地区，少数种分布至西北和东北地区。东北地区产6属22种12变种1变型，其中栽培2种。

分属检索表

1. 藤本或灌木。
  2. 柔弱缠绕灌木或藤本 ………………………………………………………… 1. 鸡矢藤属 Paederia

（接上表）

2. 灌木 ······ 2. 野丁香属 Leptodermis
1. 草本或亚灌木。
3. 叶对生；花冠具长管，喉部扩大，裂片4～6；蒴果 ······ 3. 五星花属 Pentas
3. 叶数枚轮生。
4. 花5基数；果实肉质（浆果）······ 4. 茜草属 Rubia
4. 花（3～）4基数；果实干质。
5. 花冠漏斗形或钟形 ······ 5. 车叶草属 Asperula
5. 花冠辐状 ······ 6. 拉拉藤属 Galium

1 鸡矢藤属 *Paederia* L.

Paederia L. Syst. Nat. ed. 12, 2: 135, 189. [L. Mant. Pl.1: 7, 52.] 1767.

柔弱缠绕灌木或藤本，揉之发出强烈的臭味。叶对生，很少3枚轮生；托叶在叶柄内，三角形，脱落。腋生或顶生圆锥花序式聚伞花序；萼管陀螺形或卵形，萼檐4～5裂，裂片宿存；花冠管漏斗形或管形，被毛，顶部4～5裂，裂片扩展，镊合状排列，边缘皱褶；雄蕊4～5，生于冠管喉部，内藏，花丝极短，花药线状长圆形，顶部钝；子房2室，柱头2，纤毛状，旋卷。果球形或扁球形，外果皮膜质，脆，有光泽，分裂为2个圆形或长圆形小坚果；小坚果膜质或革质，背面压扁；种子与小坚果合生，种皮薄。

本属全世界20～30种，大部分产于亚洲热带地区，其他热带地区亦有少量分布。中国有11种1变种，分布于西南、中南至东部，而以西南部为多。东北地区栽培1种。

鸡矢藤（中国植物志，Flora of China）；臭鸡矢藤（海南植物志，中国植物志）

Paederia foetida L. in Mant. Pl. 1: 52. 1767; 中国植物志71(2): 112. 1999; Fl. China 19: 285. 2011.——*P. scandens* (Lour.) Merr in Contr. Arnold Arbor. 8: 163. 1934; 中国植物志71(2): 118. 1999.

大型藤本；叶片卵形至披针形，全缘；聚伞花序；花冠浅紫色，外面被粉末状柔毛，里面被茸毛，

■ 鸡矢藤

花序

果序

植株一部分

顶部5裂；果球形，黄色。分布西北、华北、华东、华南地区。辽宁省大连有栽培。

本种宜作垂直绿化及地面覆盖材料；可药用，主治风湿筋骨痛、跌打损伤、外伤性疼痛、肝胆及胃肠绞痛、黄疸型肝炎、肠炎、痢疾、消化不良、小儿疳积、肺结核咯血、支气管炎、放射反应引起的白细胞减少症、农药中毒，外用治皮炎、湿疹、疮疡肿毒；嫩叶可食，在中国海南、广东、广西常常用来制成鸡矢藤粑仔、鸡矢藤糖水、鸡矢藤汤圆、鸡矢藤米粉等食用。

2 野丁香属 *Leptodermis* Wall.

Leptodermis Wall. in Roxb. Ind. Fl. ed. Carey, 2: 191. 1824.

灌木，通常多分枝。叶对生；托叶小，锐尖或刺状尖，宿存。花3至多朵，于枝顶或叶腋簇生或密集成头状，通常近无梗，基部有2枚小苞片合生成具2凸尖的管，很少离生；萼管倒圆锥状，裂片5，很少4或6，革质，宿存；花冠白色或紫色，通常漏斗形，里面有毛，喉部无毛，裂片5，很少4或6，镊合状排列；雄蕊5，很少4或6，着生于花冠喉部，花丝短，花药线状长圆形，伸出或内藏；子房5室，花柱线形，柱头5或3，线形，伸出或内藏。蒴果圆柱形或卵形，5爿裂至基部，每果瓣有1种子。种子直立，种皮薄，假种皮网状，与种皮分离或黏贴。

本属全世界约40种，分布于喜马拉雅地区至日本。中国有35种，主要分布在四川、云南、西藏等地区。东北地区可能产1种。

薄皮木（中国植物志，Flora of China）；薄皮野丁香（辽宁植物志，东北植物检索表）

Leptodermis oblonga Bunge in Enum. Pl. China Bor. 33. 1833; 辽宁植物志（下册）: 120. 图版53. 1992; 东北植物检索表（第二版）: 535. 图版266: 7. 1995; 中国植物志71(2): 136. 图版35: 6 ~ 13. 1999; Fl. China 19: 205. 2011.

落叶灌木；叶对生及假轮生，叶片披针形或长圆状披针形，全缘；花2 ~ 10朵簇生于枝顶或叶腋；花冠淡红色，漏斗形；蒴果椭圆形，5裂至基部。生山坡、路边等向阳处，亦见于灌丛中。辽宁省绥中、建昌、凌源可能有分布。

3 五星花属 *Pentas* Benth.

Pentas Benth. in Hook. Bot. Mag. t. 4086. 1844.

草本或亚灌木，直立或平卧，被糙硬毛或绒毛。叶对生，有柄；托叶多裂或刚毛状。聚伞花序通常复合成伞房状，萼裂片4 ~ 6，不等大；花冠具长管，喉部扩大，被长柔毛，裂片4 ~ 6，镊合状排列；雄蕊4 ~ 6，着生在喉部以下；花柱伸出；花盘在花后延伸成一圆锥状体。蒴果膜质或革质，2室，成熟时室背开裂；种子多数，细小。

本属全世界约50种，分布于非洲和马达加斯加。中国栽培1种。东北地区有栽培。

五星花（中国植物志，Flora of China）

Pentas lanceolata (Forsk.) K. Schum in Voy. Yemen 142. 1889; 中国植物志71(1): 175. 图版103: 6 ~ 9. 1999; Fl. China 19: 290. 2011.

多年生亚灌木；叶片卵形、椭圆形或披针状矩圆形，全缘；伞房花序顶生或腋生；花冠五星状，颜色多样。原产非洲热带和阿拉伯地区。辽宁省大连有栽培。

常见观赏植物，花色繁多。

■ 五星花

红花

红花株

花

花序

栽培居群

4 茜草属 *Rubia* L.

Rubia L., Sp. Pl. 109. 1753.

直立或攀缘草本，通常有糙毛或小皮刺。茎延长，有直棱或翅。叶通常4～6个有时多个轮生，具掌状脉或羽状脉。聚伞花序腋生或顶生；萼管卵圆形或球形，萼檐不明显；花冠辐状或近钟状，冠檐部4～5裂，裂片镊合状排列；雄蕊4～5，生冠管上，花丝短，花药2室；子房2室或有时退化为1室，花柱短而2裂，柱头头状。果2裂，肉质浆果状，1～2室；种子近直立，腹面平坦或无网纹，和果皮贴连，种皮膜质，胚乳角质。

本属全世界约80种，分布于西欧、北欧、地中海沿岸、非洲、亚洲温带、喜马拉雅地区、墨西哥至美洲热带。中国有38种，产全国各地，以云南、四川、西藏和新疆种类最多。东北地区产4种1变种1变型。

分种检索表

1. 茎直立；叶4枚轮生，广卵形至长卵形（**1. 中国茜草** R. chinensis Regel et Maack）。
 2. 叶上面近无毛或基出脉上被短硬毛，下面被白色柔毛 ························ **1a. 中国茜草** R. chinensis f. chinensis
 2. 叶仅上面沿中脉被睫毛状短刺毛，其余部分光滑无毛 ··· **1b. 无毛大砧草** R. chinensis f. glabrescens (Nakai) Kitag.
1. 茎攀缘；叶4～8枚或更多轮生，卵圆形、圆形、披针形、长圆状披针形或线形。
 3. 叶革质，线形或披针状线形，长为宽的5～10倍，边缘反卷 ···································· **2. 金剑草** R. alata Roxb.
 3. 叶纸质或膜质，卵圆形、近圆形、披针形或长圆状披针形，长不及宽的3倍，边缘不反卷。

（接上表）

4. 叶膜状纸质，卵圆形至近圆，基部深心形，基出脉5～7条；叶柄长2～11厘米或过之，有微小皮刺 ………………………………………………………………………… 3. 林生茜草 R. sylvatica (Maxim.) Nakai

4. 叶纸质，披针形或长圆状披针形，基部浅心形，基出脉3条，极少外侧有1对很小的基出脉；叶柄长通常1～2.5厘米，有倒生皮刺（4. 茜草 R. cordifolia L.）。

5. 浆果橘红色 ………………………………………………………… 4a. 茜草 R. cordifolia var. cordifolia

5. 浆果黑色 ……………………………………………………4b. 黑果茜草 R. cordifolia var. pratensis Maxim.

（1）中国茜草（辽宁植物志，黑龙江省植物志，内蒙古植物志，东北植物检索表，东北草本植物志，中国植物志，Flora of China）

Rubia chinensis Regel et Maack in Tent. Fl. Ussur. 76. 1861; 辽宁植物志（下册）: 124. 图版55: 1～3. 1992; 内蒙古植物志（第二版）4: 377. 图版148: 1. 1993; 东北植物检索表（第二版）: 535. 图版266: 1. 1995; 中国植物志71(2): 302. 图版66: 8～13. 1999; 黑龙江省植物志8: 148. 图版71: 1～3. 2001; 东北草本植物志8: 155. 图61. 2005; Fl. China 19: 309. 2011.

（1a）中国茜草（原变型）

Rubia chinensis f. *chinensis*

常生林下、林缘。产黑龙江省虎林、萝北、密山、伊春、汤原、尚志；吉林省安图、抚松、汪清、靖宇、桦甸、长春、辽源、临江；辽宁省西丰、清原、鞍山、本溪、桓仁、凤城、宽甸、岫岩、庄河；内蒙古自治区科尔沁左翼后旗、大青沟等地。

嫩苗可食。根及根状茎有行血止血、通经活络、止咳祛瘀作用。

■ 中国茜草

根部

叶缘有密毛

花序一部分

植株

（1b）无毛大砧草（变型）（中国植物志，Flora of China）；无毛茜草（辽宁植物志，东北植物检索表，东北草本植物志）

Rubia chinensis f. *glabrescens* (Nakai) Kitag. in Neo-Lineam. Fl. Manshur. 585. 1979.——*Rubia chinensis* var. *glabrescens* (Nakai) Kitag. in Lin. Fl. Manshur. 405. 1939; 辽宁植物志（下册）: 124. 1992; 东北植物检索表（第二版）: 535. 1995; 中国植物志71(2): 302. 1999; 东北草本植物志8: 155. 2005; Fl. China 19: 309. 2011.

生阔叶林下。产黑龙江省小兴安岭；吉林省抚松；辽宁省庄河、鞍山、丹东、桓仁等地。

■ 无毛大砧草

花序

植株一部分

植株

（2）金剑草（中国植物志，Flora of China）；披针叶茜草（内蒙古植物志）

Rubia alata Roxb. Fl. Ind. ed. Carey et Wall. 1: 384. 1820; 中国植物志71(2): 311. 图版70: 1 ~ 6. 1999; Fl. China 19: 308. 2011.——*Rubia lanceolata* Hayata in Journ. Coll. Sci. Tokyo 25: 117. 1908; 内蒙古植物志（第二版）4: 379. 图版148: 4. 1993.

生山坡林缘或灌丛中，亦见于村边和路边。产内蒙古自治区新巴尔虎右旗、东乌珠穆沁旗、锡林浩特等地。

■ 金剑草

叶

植株

植株一部分

（3）林生茜草（中国植物志，Flora of China）；林茜草（辽宁植物志，黑龙江省植物志，东北植物检索表，东北草本植物志）

Rubia sylvatica (Maxim.) Nakai in J. Jap. Bot. 13: 783. 1937; 中国植物志71(2): 298. 1999; 东北草本植物志8: 158. 图版62: 4 ~ 6. 2005; Fl. China 19: 317. 2011.——*R. cordifolia* L. var. *sylvatica* Maxim. in Prim. Fl. Amur. 140. 1859; 辽宁植物志（下册）: 125. 图版55: 7 ~ 9. 1992; 东北植物检索表（第二版）: 535. 图版266: 3. 1995; 黑龙江省植物志8: 151. 图版71: 9 ~ 11. 2001.

生阔叶林下或灌丛中。产黑龙江省伊春、饶河、尚志、桦川、汤原、密山、宁安；吉林省蛟河、敦化、抚松、安图、长白、通化、汪清、和龙；辽宁省沈阳、铁岭、鞍山、本溪、桓仁、宽甸、凤城、丹东、凌源、法库、北镇等地。

根及根状茎有凉血止血、祛瘀、通经作用，用于吐血、衄血、崩漏下血、外伤出血等。

■ 林生茜草

苗期植株

花果期植株

花序

果序

植株一部分

植株

（4）茜草（辽宁植物志，黑龙江省植物志，东北植物检索表，东北草本植物志，中国植物志，Flora of China）

Rubia cordifolia L. in Syst. Nat. ed. 12: 229. 1767; 辽宁植物志（下册）: 124. 1992; 内蒙古植物志（第二版）4: 379. 图版148: 2 ~ 3. 1993; 东北植物检索表（第二版）: 535. 1995; 中国植物志71(2): 315. 图版68: 6 ~ 12. 1999; 黑龙江省植物志8: 149. 图版71: 4 ~ 5. 2001; 东北草本植物志8: 156. 2005; Fl. China 19: 310. 2011.

（4a）茜草（原变种）

Rubia cordifolia var. *cordifolia*

常生疏林、林缘、灌丛或草地上。产黑龙江省伊春、汤原、尚志；吉林省安图、抚松；辽宁省大连、鞍山、铁岭、西丰、建平、建昌；内蒙古自治区额尔古纳、海拉尔、牙克石、鄂伦春、鄂温克、陈巴尔虎旗、新巴尔虎左旗、科尔沁右翼前旗、科尔沁右翼中旗、扎赉特旗、大青沟、巴林右旗、巴林左旗、翁牛特旗、敖汉旗、克什克腾旗、喀喇沁旗、宁城、西乌珠穆沁旗、锡林浩特、镶黄旗、太仆寺旗等地。

根有凉血、止血和去瘀作用。嫩苗和果实可食。

■ 茜草

茎与叶柄

茎叶

花序

■ 茜草

果序

植株

（4b）黑果茜草（变种）（辽宁植物志，黑龙江省植物志，内蒙古植物志，东北植物检索表，东北草本植物志）

Rubia cordifolia var. *pratensis* Maxim. in Prim. Fl. Amur. 139. 1859; 辽宁植物志（下册）: 125. 图版55: 4 ~ 6. 1992; 内蒙古植物志（第二版）4: 380. 1993; 东北植物检索表（第二版）: 535. 图版266: 2. 1995; 黑龙江省植物志8: 149. 图版71: 6 ~ 8. 2001; 东北草本植物志8: 156. 图版62: 1 ~ 3. 2005.

生疏林、林缘、灌丛或草地上。产黑龙江省黑河、桦川、萝北、富锦、汤原、密山、宁安、阿城、呼玛、哈尔滨、齐齐哈尔；吉林省九台、吉林、蛟河、汪清、和龙、安图、敦化、浑江、抚松、双辽、前郭、通榆、洮南；辽宁省沈阳、瓦房店、普兰店、大连、庄河、清原、本溪、桓仁、葫芦岛、东港、凤城、岫岩、彰武、西丰、建平、凌源；内蒙古自治区海拉尔、满洲里、牙克石、克什克腾旗、西乌珠穆沁旗等地。

■ 黑果茜草

果实

果序

5 车叶草属 *Asperula* L.

Asperula L., Sp. Pl. 1: 103. 1753.

多年生或一年生草本。茎斜升或直立，多分枝，有4棱。叶轮生（其中多数是托叶变成叶状）。花4基数，花萼小，裂片无或有4个小突起；花冠漏斗形或钟形，白色或带红色，（3 ~ ）4（ ~ 5）裂；雄蕊与花冠裂片同数，互生，着生于花冠喉部；子房与萼筒合生，2室，每室有1胚珠；花柱2。果实有2分果，每分果有1种子。

本属全世界约有200种，分布于欧洲、亚洲、地中海地区和澳大利亚东部。中国有5种。东北地区产3种。

分种检索表

1. 子房及果实密被钩刺毛；花冠漏斗状；叶6～10枚轮生，披针形、长圆形或倒披针形 …… 1. 车轴草 A. odorata L.
1. 子房及果实无毛；花冠钟形。
  2. 叶4枚轮生，卵圆形或椭圆形，近革质；圆锥花序密集 …………………… 2. 卵叶车叶草 A. platygalium Maxim.
  2. 叶4～8枚轮生，狭倒卵形、卵状椭圆形、披针形或长圆形，纸质；圆锥花序疏散 ………………………………………………………………………… 3. 异叶车叶草 A. maximowiczii Kom.

（1）车轴草（中国植物志，Flora of China）；香车叶草（东北植物检索表，东北草本植物志）

Asperula odorata L., Sp. Pl.103. 1753; 东北植物检索表（第二版）: 533. 图版266: 6. 1995; 东北草本植物

■ 车轴草

花序侧面观

子房密被毛

植株一部分

茎叶

植株

志8: 159. 图版63：6 ~ 7. 2005.——*Galium odoratum* (L.) Scop. in Fl. Carniol. ed. 2, 1: 105. 1771; 中国植物志71(2): 275. 图版60: 1 ~ 3. 1999; Fl. China 19: 131. 2011.

生山地林中或灌丛，海拔1580 ~ 2800米。产吉林省浑江、抚松等地。

茎叶含有芳香油，可用作调和香精原料。

（2）卵叶车叶草（辽宁植物志，黑龙江省植物志，东北植物检索表，东北草本植物志）；卵叶轮草（中国植物志，Flora of China）

Asperula platygalium Maxim. in Bull. Acad. Imp. Sci. Saint–Pétersbourg 19: 284. 1874; 辽宁植物志（下册）: 122. 图版54: 1 ~ 2. 1992; 东北植物检索表（第二版）: 533. 图版266: 4. 1995; 黑龙江省植物志8: 139. 图版67: 1 ~ 3. 2001; 东北草本植物志8: 160. 图版63: 1 ~ 2. 2005.——*Galium platygalium* (Maxim.) Pobed. in Novosti Sist. Vyssh. Rast. 7: 277. 1970; 中国植物志71(2): 278. 1999; Fl. China 19: 133. 2011.

生山坡林下。产黑龙江省牡丹江（北山）；吉林省安图、汪清、吉林；辽宁省宽甸、桓仁等地。

■ 卵叶车叶草

居群

花序

植株一部分

（3）异叶车叶草（辽宁植物志，黑龙江省植物志，东北植物检索表，东北草本植物志）；异叶轮草（中国植物志，Flora of China）；车叶草（内蒙古植物志）

Asperula maximowiczii Kom. in Trudy Imp. S.–Peterburgsk. Bot. Sada 39: 109. 1923; 辽宁植物志（下册）: 121. 图版54: 3 ~ 5. 1992; 东北植物检索表（第二版）: 533. 图版266: 5. 1995; 黑龙江省植物志8: 139. 图版67: 1 ~ 3. 2001; 东北草本植物志8: 160. 图版64: 3 ~ 5. 2005.——*Galium maximowiczii* (Kom.) Pobed. in

■ 异叶车叶草

花序

植株

植株一部分

Novosti Sist. Vyssh. Rast. 7: 277. 1970; 内蒙古植物志（第二版）4: 370. 图版146: 12～13. 1993; 中国植物志71(2): 278. 图版61: 6～9. 1999; Fl. China 19: 130. 2011.

生林下。产黑龙江省伊春、宁安；吉林省汪清、和龙、安图、敦化、梅河口、海龙、柳河；辽宁省西丰、鞍山、本溪、凤城、宽甸、桓仁、岫岩、丹东、庄河、大连、北镇、绥中、凌源、建昌；内蒙古自治区宁城（黑里河林场）、科尔沁左翼后旗等地。

6 拉拉藤属 *Galium* L.

Galium L., Sp. Pl. 105. 1753.

多年生草本或一、二年生草本。茎直立或攀缘，有时基部木质化，四棱形，有倒生小刺或无刺。叶2～10（～15）枚轮生，无柄或有柄。花为顶生或腋生的聚伞花序或聚伞状圆锥花序，花两性，（3～）4（～5）数；萼筒卵形或球形；花冠（3～）4（～5）深裂；雄蕊与花冠互生；子房下位，2室，每室具1胚珠。果实单生或双生，无毛或有疣状突起或被钩刺毛。

本属全世界有600多种，广布于全世界，主产于温带地区，热带地区极少。中国有63种，广布全国，尤以西南和北方为多。东北地区产12种10变种。

分种检索表

1. 叶4枚轮生。
  2. 茎直立，无倒生小刺。
    3. 叶具1脉，线形，宽1～1.5毫米；果实无毛 ……………… **1. 线叶拉拉藤 G. linearifolium** Turcz.
    3. 叶具3脉（**2. 北方拉拉藤 G. boreale** L.）。
      4. 果实密被钩刺毛或疏被钩刺毛。
        5. 叶披针形或线状披针形，宽2～6毫米。
          6. 叶两面无毛 ……………… **2a. 北方拉拉藤 G. boreale** var. **boreale**
          6. 叶背面沿中脉及边缘疏被短硬毛 ……………… **2b. 硬毛拉拉藤 G. boreale** var. **ciliatum** Nakai
        5. 叶卵状椭圆形或长圆状披针形，宽7～15（～20）毫米 …**2c. 宽叶拉拉藤 G. boreale** var. **latifolium** Turcz.
      4. 果实无毛；叶椭圆形或广披针形，宽达15毫米 ……………**2d. 光果砧草 G. boreale** var. **lanceolatum** Nakai
  2. 茎攀缘或上升，稀直立，通常具倒生小刺。
    7. 花黄绿色；叶长圆状披针形；果实密被小鳞片状钩刺毛 ……………… **3. 四叶葎 G. bungei** Steud.
    7. 花白色。
      8. 花冠4裂；果实密被钩刺毛。
        9. 叶广椭圆形或倒卵形，具3脉 ……………… **4. 三脉猪殃殃 G. kamtschaticum** Stell. ex Schult. & Schult. f.
        9. 叶卵形，具1脉（通常4叶轮生、两大两小，有时2叶对生，稀3叶轮生） ……………… **5. 林猪殃殃 G. paradoxum** Maxim.
      8. 花冠3（～4）裂；果实无毛或疏被粗伏毛；叶线形至狭倒披针形，长5～18毫米，宽1.5～4毫米 ……………… **6. 小叶猪殃殃 G. trifidum** L.
1. 叶4～10（～15）枚轮生。
  10. 叶7～10（15）枚轮生；花冠黄色（白花蓬子菜除外）（**7. 蓬子菜 G. verum** L.）。
    11. 茎、叶及果实无刺毛。
      12. 冠花黄色。

（接上表）

13. 株高25～45厘米；叶长1.5～3厘米 ……………………………………7a. **蓬子菜 G. verum** var. **verum**
13. 株高50～120厘米；叶长5～7厘米 ………………… 7b. **长叶蓬子菜 G. verum** var. **asiaticum** Nakai
12. 花冠淡黄色 …………………………………………………7c. **淡黄蓬子菜 G. verum** var. **leiophyllum** Wallr.
11. 茎、叶或果实有刺毛。
14. 叶上面被毛；萼管和果无毛。
15. 花冠白色 ………………………………………………… 7d. **白花蓬子菜 G. verum** var. **lacteum** Maxim.
15. 花冠黄色 ………………………………………………7e. **粗糙蓬子菜 G. verumvar. trachyphyllum** Wallr.
14. 叶上面无毛；萼管和果被毛 ……………………………7f. **毛果蓬子菜 G. verum** var. **trachycarpum** DC.
10. 叶4～8枚轮生；花冠白色或淡黄绿色。
16. 果实无毛或疏被短毛；叶4～6枚轮生。
17. 叶5～6枚轮生，狭倒卵状长圆形或倒披针形，先端具白色刺尖
………………………………………………………………… 8. **大叶猪殃殃 G. dahuricum** Turcz. ex Ledeb.
17. 叶4～6枚轮生，倒披针形，先端钝且稍凹下并具短尖 …………… 9. **钝叶拉拉藤 G. tokyoense** Makino
16. 果实被钩刺毛；叶6～8枚轮生，稀为4～5片。
18. 花序由1～2花（稀数花）组成；茎沿棱具倒刺毛；叶线状披针形或匙状长圆形，宽2～5（～8）毫米
………………………………………………………………………………………10. **猪殃殃 G. spurium** L.
18. 聚伞花序多花；茎沿棱疏生倒刺毛或近无刺毛。
19. 叶卵状披针形、长圆状披针形或狭椭圆形，长1.2～5.2厘米，宽4～18毫米；聚伞花序腋生，稀顶生；总花梗上具3花，稀2花 ………………………………………11. **拟三花拉拉藤 G. trifloriforme** Kom.
19. 叶长圆状倒披针形或狭长圆形，长0.7～5厘米，宽1～11毫米；聚伞花序腋生或顶生；总花梗上不为3花。
20. 叶（4～）6～8片轮生，带状倒披针形或长圆状倒披针形，顶端有针状凸尖头，基部渐狭，两面常有紧贴且萎软的刺状毛 …………… 12b. **拉拉藤 G. aparine** var. **echinospermum** (Wallr.) Cuf
20. 叶（4～）6片轮生，线状披针形、线状长圆形或狭长圆形，顶端短尖或稍钝但具短硬尖，基部急渐狭，边缘和下面中脉上有倒向的小刺毛、上面和中脉上有向上的糙硬毛（13. **山猪殃殃 G. pseudoasprellum** Makino）。
21. 叶长0.7～4厘米，宽3～11毫米；花序较长且较疏散；苞片线形或披针形，常短于总花梗或花梗；花梗毛发状，长达1.2厘米
…………………………………… 13a. **山猪殃殃 G. pseudoasprellum** var. **pseudoasprellum**
21. 叶通常较小；花序较短、较稠密；苞片较大，与叶近相似；花梗较短，长约5毫米
……………………………… 13b. **密花拉拉藤 G. pseudoasprellum** var. **densiflorum** Cuf.

（1）线叶拉拉藤（辽宁植物志，东北植物检索表，东北草本植物志，中国植物志，Flora of China）

Galium linearifolium Turcz. in Bull. Soc. Imp. Naturalistes Moscou 7: 152. 1837; 辽宁植物志（下册）: 128. 图版57: 1～3. 1992; 东北植物检索表（第二版）: 533. 图版267: 2. 1995; 中国植物志71(2): 246. 图版56: 3～5. 1999; 东北草本植物志8: 174. 图版66: 1～3. 2005; Fl. China 19: 129. 2011.

生山地草坡、林下、灌丛、草地。产吉林省长白山；辽宁省桓仁、新宾、宽甸；内蒙古自治区科尔沁左翼后旗、宁城等地。

■ 线叶拉拉藤

茎叶

花序

植株一部分

（2）北方拉拉藤（黑龙江省植物志，内蒙古植物志，东北植物检索表，东北草本植物志，中国植物志，Flora of China）；砧草拉拉藤（辽宁植物志）

Galium boreale L., Sp. Pl.108. 1753; 辽宁植物志（下册）: 128. 图版56: 1～3. 1992; 内蒙古植物志（第二版）4: 372. 图版146: 9～11. 1993; 东北植物检索表（第二版）: 533. 图版267: 5. 1995; 中国植物志71(2): 260. 图版58: 1～4. 1999; 黑龙江省植物志8: 142. 图版68: 1～3. 2001; 东北草本植物志8: 172. 图版67: 1. 2005; Fl. China 19: 116. 2011.

（2a）北方拉拉藤（原变种）

Galium boreale var. *boreale*

生山坡及林缘。产黑龙江省伊春、鹤岗、呼玛、尚志；吉林省安图、敦化、抚松、靖宇、临江；辽宁省本溪、凤城、庄河、桓仁、宽甸；内蒙古自治区额尔古纳、根河、海拉尔、牙克石、鄂伦春、鄂温克、陈巴尔虎旗、科尔沁右翼前旗、巴林左旗、巴林右旗、阿鲁科尔沁旗、克什克腾旗、喀喇沁旗、林西、宁城、锡林浩特、宝格达山等地。

全草有清热解毒、利尿渗湿、活血止痛作用，用于风湿头痛、皮肤病、带下病等。

■ 北方拉拉藤

果序

花序

■ 北方拉拉藤

茎叶

植株

（2b）硬毛拉拉藤（变种）（内蒙古植物志，东北植物检索表，东北草本植物志，中国植物志，Flora of China）

Galium boreale var. *ciliatum* Nakai in Journ. Jap. Bot. 15: 340. 1939; 内蒙古植物志（第二版）4: 372. 1993; 东北植物检索表（第二版）: 533. 1995; 中国植物志71(2): 262. 1999; 东北草本植物志8: 173. 2005; Fl. China 19: 117. 2011; 东北植物分布图集: 863. 2019.

生山坡、河滩、沟边、田边、草地。产黑龙江省黑河、呼玛、塔河；吉林省安图、敦化、延吉；辽宁省鞍山；内蒙古自治区额尔古纳、根河、海拉尔、牙克石、鄂伦春、陈巴尔虎旗、科尔沁右翼前旗、扎赉特旗、克什克腾旗、宁城、锡林浩特、太仆寺旗等地。

■ 硬毛拉拉藤

果序

茎叶

（2c）宽叶拉拉藤（变种）（东北植物检索表，东北草本植物志，中国植物志，Flora of China）

Galium boreale var. *latifolium* Turcz. in Bull. Soc. Nat. Moscou 18 (Fl. Baical. –Dahur.): 315. 1845; 东北植物检索表（第二版）: 533. 1995; 中国植物志71(2): 263. 1999; 东北草本植物志8: 173. 图版67：2～4. 2005; Fl. China 19: 118. 2011.

生山坡、草地、田边或河滩。产黑龙江省呼玛、密山、集贤、黑河、鹤岗、伊春；吉林省抚松、汪清、和龙；内蒙古自治区根河、扎赉特旗、宁城等地。

（2d）光果砧草（变种）（中国植物志，Flora of China）；光果拉拉藤（东北植物检索表，东北草本植物志）

Galium boreale var. *lanceolatum* Nakai in Journ. Jap. Bot. 15: 341. 1939; 中国植物志71(2): 262. 1999; Fl. China 19: 117. 2011.——*G. boreale* var. *leiocarpum* Nakai in Journ. Jap. Bot. 15: 340. 1939; 东北植物检索表（第二版）: 533. 1995; 东北草本植物志8: 173. 图版67: 5. 2005.

生山坡、田野或草地。产黑龙江省伊春、佳木斯；吉林省汪清、珲春、和龙等地。

（3）四叶葎（内蒙古植物志，中国植物志，Flora of China）；四叶葎拉拉藤（辽宁植物志，东北植物检索表，东北草本植物志）

Galium bungei Steud. in Nomencl. Bot. ed. 2, 1: 657. 1840; 辽宁植物志（下册）: 130. 图版57: 7 ~ 9. 1992; 内蒙古植物志（第二版）4: 370. 图版146: 4 ~ 5. 1993; 东北植物检索表（第二版）: 533. 图版267: 3. 1995; 中国植物志71(2): 247. 图版56: 6 ~ 8. 1999; 东北草本植物志8: 175. 图版66: 7 ~ 10. 2005; Fl. China 19: 118. 2011.

生山地、丘陵、旷野、田间、沟边、灌丛或草地。产辽宁省大连、长海、旅顺口、新宾；内蒙古自治区额尔古纳、鄂伦春、锡林浩特等地。

全草有清热解毒、利尿、消肿作用，治尿路感染、赤白带下、痢疾、痈肿、跌打损伤。

■ 四叶葎

果序

花序

植株一部分

植株

（4）三脉猪殃殃（中国植物志，Flora of China）；三脉拉拉藤（辽宁植物志，东北植物检索表，东北草本植物志）

Galium kamtschaticum Stell. ex Schult. & Schult. f. in Mant. 3: 186. 1827; 辽宁植物志（下册）: 128. 图版56: 4 ~ 5. 1992; 东北植物检索表（第二版）: 533. 图版268: 1. 1995; 中国植物志71(2): 242. 图版55: 10 ~ 11. 1999; 东北草本植物志8: 169. 图版67: 6 ~ 7. 2005; Fl. China 19: 127. 2011.

■ 三脉猪殃殃

花序

果序

植株

生山地林下、沟边草丛。产黑龙江省鹤岗、黑河、呼玛、集贤、嘉荫、密山、伊春；吉林省安图、抚松、长白、汪清、珲春；辽宁省东部山区；内蒙古自治区科尔沁右翼前旗。

（5）林猪殃殃（中国植物志，Flora of China）；林拉拉藤（辽宁植物志，黑龙江省植物志，东北植物检索表，东北草本植物志）

Galium paradoxum Maxim. in Bull. Acad. Imp. Sci. Saint-Pétersbourg 19: 281. 1874; 辽宁植物志（下册）: 130. 图版57: 4 ~ 6. 1992; 东北植物检索表（第二版）: 533. 图版267: 1. 1995; 中国植物志71(2): 239. 图版55: 1 ~ 4. 1999; 黑龙江省植物志8: 144. 图版69: 3 ~ 5. 2001; 东北草本植物志8: 166. 图版66: 4 ~ 6. 2005; Fl. China 19: 132. 2011.

生阔叶林下及林下阴湿地。产黑龙江省伊春及小兴安岭、张广才岭、完达山脉等林区；吉林省吉林、临江；辽宁省本溪、桓仁、凤城、宽甸、庄河等地。

全草有清热解毒、利尿、止血、消食作用。

■ 林猪殃殃

叶

花序正面观

花序侧面观

居群

植株

（6）小叶猪殃殃（中国植物志）；小叶拉拉藤（辽宁植物志，黑龙江省植物志，东北植物检索表，东北草本植物志）；三瓣猪殃殃（内蒙古植物志）

Galium trifidum L., Sp. Pl.105. 1753; 辽宁植物志（下册）: 130. 图版56: 6 ~ 9. 1992; 内蒙古植物志（第二版）4: 370. 图版146: 1 ~ 3. 1993; 东北植物检索表（第二版）: 533. 图版267: 4. 1995; 中国植物志71(2):

252. 图版56: 1 ~ 2. 1999; 黑龙江省植物志8: 146. 图版70: 4 ~ 6. 2001; 东北草本植物志8: 169. 图版67: 8 ~ 11. 2005.

生旷野、沟边、山地林下、草坡、灌丛、沼泽地。黑龙江省黑河、呼玛、宁安、密山、萝北、伊春；吉林省安图（长白山）；内蒙古自治区额尔古纳、根河、海拉尔、牙克石、鄂伦春、鄂温克、锡林浩特等地。

根、全草有清热解毒、通经活络、利尿消肿、安胎、抗癌作用。

■ 小叶猪殃殃

花

花序

植株一部分

植株

（7）蓬子菜（内蒙古植物志，中国植物志，Flora of China）；蓬子菜拉拉藤（辽宁植物志，黑龙江省植物志，东北植物检索表，东北草本植物志）

Galium verum L., Sp. Pl.107. 1753; 辽宁植物志（下册）: 135. 1992; 内蒙古植物志（第二版）4: 373. 图版146: 6 ~ 8. 1993; 东北植物检索表（第二版）: 535. 图版268: 5. 1995; 中国植物志71(2): 266. 图版59: 1 ~ 3. 1999; 黑龙江省植物志8: 148. 图版70: 7. 2001; 东北草本植物志8: 173. 图版64: 7 ~ 9. 2005; Fl. China 19: 139. 2011.

（7a）蓬子菜（原变种）

Galium verum var. *verum*

生山地、河滩、旷野、沟边、灌丛或林下。产黑龙江省哈尔滨、安达、大庆、齐齐哈尔、黑河、嘉荫、伊春、呼玛、宁安、萝北、阿城、依兰、密山；吉林省长春、吉林、双辽、九台、镇赉、汪清、永吉、安图、靖宇、抚松；辽宁省沈阳、法库、盖州、抚顺、清原、西丰、昌图、彰武、义县、北镇、建平、凌源、辽阳、鞍山、大连、庄河、丹东、凤城、本溪；内蒙古自治区海拉尔、额尔古纳、根河、牙克石、满洲里、鄂伦春、鄂温克、陈巴尔虎旗、新巴尔虎左旗、科尔沁右翼前旗、科尔沁左翼后旗、大青沟、扎鲁特旗、巴林左旗、巴林右旗、阿鲁科尔沁旗、翁牛特旗、宁城、东乌珠穆沁旗、锡林浩特、镶黄旗、多伦等地。

全草有清热解毒、行血、止痒、利湿作用；还可作农药，杀大豆蚜虫、治稻瘟病。

■ 蓬子菜

茎叶

花序一部分

居群

（7b）长叶蓬子菜（变种）（中国植物志，Flora of China）

Galium verum var. *asiaticum* Nakai in Journ. Jap. Bot. 15: 344. 1939; 中国植物志71(2): 267. 1999; Fl. China 19: 140. 2011.

生山坡草地或林下。产辽宁省义县。

■ 长叶蓬子菜

居群

植株一部分

（7c）淡黄蓬子菜（变种）（中国植物志，Flora of China）

Galium verum var. *leiophyllum* Wallr. in Sched. Crit. Pl. Fl. Halensis 56. 1822; 中国植物志71(2): 268. 1999; Fl. China 19: 140. 2011.

生山坡草地或林下。产辽宁省沈阳。

（7d）白花蓬子菜（变种）（中国植物志，Flora of China）；白花蓬子菜拉拉藤（东北植物检索表，东北草本植物志）

Galium verum var. *lacteum* Maxim. in Bull. Acad. Imp. Sci. St. –Petersb. 19: 283. 1874; 中国植物志71(2): 268. 1999; 东北植物检索表（第二版）: 535. 1995; 东北草本植物志8: 174. 2005; Fl. China 19: 140. 2011.

生山坡草地或林下。产吉林省抚松、汪清；辽宁省（地点不详）。

■ 白花蓬子菜

花序

植株

（7e）粗糙蓬子菜（变种）（内蒙古植物志，中国植物志，Flora of China）

Galium verum var. *trachyphyllum* Wallr. in Sched. Crit. Pl. Fl. Halensis 56. 1822; 内蒙古植物志（第二版）4: 373. 1993; 中国植物志71(2): 268. 1999; Fl. China 19: 141. 2011.

生山坡草地或林下。产吉林省长春；辽宁省大连；内蒙古自治区太仆寺旗等地。

■ 粗糙蓬子菜

果序一部分

茎

茎叶

居群

（7f）毛果蓬子菜（变种）（内蒙古植物志，中国植物志，Flora of China）；毛果蓬子菜拉拉藤（辽宁植物志，东北植物检索表，东北草本植物志）

Galium verum var. *trachycarpum* DC. in Prodr. 4: 603. 1830; 辽宁植物志（下册）: 135. 1992; 内蒙古植物志（第二版）4: 373. 1993; 东北植物检索表（第二版）: 535. 1995; 中国植物志71(2): 268. 1999; 东北草本植物志8: 174. 2005; Fl. China 19: 141. 2011.

生山坡草地或林下。产黑龙江省哈尔滨、呼玛、伊春、佳木斯、鹤岗、黑河、汤原、萝北、密山、宁安；吉林省靖宇、抚松、长白、汪清、安图、和龙、敦化、珲春；辽宁省沈阳、鞍山、大连、丹东、桓仁；内蒙古自治区海拉尔、满洲里、牙克石、额尔古纳、陈巴尔虎旗、新巴尔虎左旗、新巴尔虎右旗、科尔沁右翼前旗、扎鲁特旗、克什克腾旗、宁城、东乌珠穆沁旗、西乌珠穆沁旗、锡林浩特、太仆寺旗等地。

（8）大叶猪殃殃（内蒙古植物志，中国植物志，Flora of China）；兴安拉拉藤（辽宁植物志，黑龙江省植物志，东北植物检索表，东北草本植物志）；昌化拉拉藤（中国植物志）

Galium dahuricum Turcz. ex Ledeb. in Fl. Ross. 2: 409. 1844; 中国植物志71(2):255. 1999; Fl. China 19:121. 2011.——*G. dahuricum* Turcz., Bull. Soc. Imp. Naturalistes Moscou 18(1): 312. 1845; 辽宁植物志（下册）: 132. 图版58: 1~3. 1992; 内蒙古植物志（第二版）4: 376. 图版147:6~7. 1993; 东北植物检索表（第二版）: 535. 图版268:6. 1995; 黑龙江省植物志8: 142. 图版68:4~6. 2001; 东北草本植物志8:170. 图版65: 1~4. 2005.——*G. niewerthi* Franch. et Savat. Enum. Pl. Jap. 2: 393. 1879; 中国植物志71(2): 258. 1999.

生林中或草地。产黑龙江省密山、逊克、萝北、集贤、哈尔滨、伊春、嘉荫、尚志、呼玛、汤原；吉林省汪清、敦化、安图、临江；辽宁省沈阳、鞍山、彰武、本溪、桓仁、岫岩、新宾、清原；内蒙古自治区额尔古纳、根河、牙克石、扎兰屯、鄂伦春、鄂温克、乌兰浩特、科尔沁右翼前旗、科尔沁左翼后旗等地。

■ 大叶猪殃殃

叶背面观

植株一部分

植株

（9）钝叶拉拉藤（中国植物志，Flora of China）；花拉拉藤（辽宁植物志，黑龙江省植物志，东北植物检索表，东北草本植物志）；东京猪殃殃（内蒙古植物志）

Galium tokyoense Makino in Ill. Fl. Jap. 1(2): 2. t. 69. 1891; 东北植物检索表（第二版）: 535. 图版268: 3. 1995; 东北草本植物志8: 172. 图版64: 5 ~ 6. 2005; Fl. China 19: 137. 2011.——*G. davuricum* Turcz. ex Ledeb. var. *tokyoense* (Kakino) Cufod. in Oesterr. Bot. Zeitschr. 89: 243. 1940; 辽宁植物志（下册）: 132. 1992; 内蒙古植物志（第二版）4: 376. 1993; 中国植物志71(2): 256. 图版57: 1 ~ 4. 1999; 黑龙江省植物志8: 144. 图版69: 2. 2001.

生山地、河边、旷野的林下或草地。产黑龙江省哈尔滨；吉林省公主岭；辽宁省铁岭、西丰、彰武；内蒙古自治区额尔古纳、扎兰屯、科尔沁右翼前旗、扎赉特旗、科尔沁左翼后旗、大青沟等地。

■ 钝叶拉拉藤

果序

花序

植株一部分

（10）猪殃殃（内蒙古植物志，中国植物志，Flora of China）；细拉拉藤（辽宁植物志）；拉拉藤（黑龙江省植物志，东北植物检索表，东北草本植物志）；少花拉拉藤（辽宁植物志，黑龙江省植物志，东北植物检索表，东北草本植物志）

Galium spurium L., Sp. Pl. 1: 106. 1753; Fl. China 19: 136. 2011.——*G. aparine* var. *tenerum* (Gren. et

Godr.) Rchb. in. Fl. Germ. et Helv. 17: 94. pl. 146. fig. 4. 1855; 辽宁植物志（下册）: 134. 1992; 内蒙古植物志（第二版）4: 374. 图版147: 3 ~ 5. 1993; 东北植物检索表（第二版）: 535. 1995; 中国植物志71(2): 237. 1999; 黑龙江省植物志8: 141. 2001; 东北草本植物志8: 164. 2005.——*G. pauciflorum* Bunge in Enum. Pl. China Bor. 35. 1833; 辽宁植物志（下册）: 132. 1992; 东北植物检索表（第二版）: 533. 1995; 黑龙江省植物志8: 144. 图版69: 6. 2001; 东北草本植物志8: 163. 2005.

生山坡、旷野、沟边、林缘、草地。产黑龙江省大兴安岭、小兴安岭、完达山脉、张广才岭等林区；辽宁省建平、丹东、庄河；内蒙古自治区牙克石、科尔沁右翼前旗、科尔沁右翼中旗、科尔沁左翼后旗、大青沟、克什克腾旗、宁城、西乌珠穆沁旗、锡林浩特、宝格达山等地。

全草有清热解毒、利尿、消肿作用，治尿路感染、赤白带下、痢疾、痈肿、跌打损伤。

■ 猪殃殃

花枝

植株

（11）拟三花拉拉藤（Flora of China）；三花拉拉藤（东北植物检索表，东北草本植物志）

Galium trifloriforme Kom. in Trudy Imp. S.-Peterburgsk. Bot. Sada 18: 428. 1901; 东北植物检索表（第二版）: 533. 图版268: 1. 1995; 东北草本植物志8: 163. 图版64：1 ~ 2. 2005; Fl. China 19: 138. 2011.

注：本种的中文名称和拉丁名称均易与三花拉拉藤*Galium triflorum* Michx.（Fl. Bor. Amer. 1: 80. 1803; 中国植物志71(2): 232. 1999; Fl. China 19:139. 2011.）混淆，后者在我国分布于贵州和四川，东北地区不产。

生山地林下或旷野。产黑龙江省伊春、牡丹江、逊克；吉林省安图、长白。

（12）原拉拉藤（新拟）

Galium aparine L., Sp. Pl. 108. 1753; 中国植物志71(2): 234. 1999; Fl. China 19: 113. 2011.

（12a）原拉拉藤（原变种）

Galium aparine var. *aparine*

分布欧洲、亚洲西部、北美洲。中国不产。

（12b）拉拉藤（变种）（中国植物志）；刺果拉拉藤（东北植物检索表）；毛果欧拉拉藤（辽宁植物志）；刺果欧拉拉藤（东北草本植物志）

Galium aparine var. *echinospermum* (Wallr.) Cuf in Oesterr. Bot. Zeitschr. 89: 245. 1940; 中国植物志71(2): 235. 图版54: 5 ~ 8. 1999.——*G. spurium* var. *echinospermum* (Wallr.) Hayek in Fl. Steierm. 2: 393. 1912; 辽宁

植物志（下册）: 134. 1992; 东北植物检索表（第二版）: 535. 图版267: 7. 1995; 东北草本植物志8: 164. 图版64: 10 ~ 11. 2005.

生路旁草地或沙地。产黑龙江省哈尔滨、尚志；吉林省洮南、抚松、长白；辽宁省沈阳、彰武、鞍山、本溪、庄河、大连、长海；内蒙古自治区满洲里、阿尔山、宁城等地。

全草有清热解毒、利尿、消肿作用，治尿路感染、赤白带下、痢疾、痈肿、跌打损伤。

■ 拉拉藤

果实

果序

居群

植株一部分

（13）山猪殃殃（中国植物志）；山拉拉藤（辽宁植物志，黑龙江省植物志，东北植物检索表，东北草本植物志）；东北拉拉藤（辽宁植物志，黑龙江省植物志，东北植物检索表，东北草本植物志）；东北猪殃殃（中国植物志，Flora of China）

Galium pseudoasprellum Makino in Bot. Mag. (Tokyo) 17: 110. 1903; 辽宁植物志（下册）: 134. 图版58: 4 ~ 6. 1992; 东北植物检索表（第二版）: 535. 图版267: 6. 1995; 中国植物志71(2): 254. 图版57: 5 ~ 8. 1999; 黑龙江省植物志8: 146. 图版70: 1 ~ 3. 2001; 东北草本植物志8: 166. 图版65: 5 ~ 7. 2005.——*G. manshuricum* Kitag. in Rep. Inst. Sci. Res. Manchoukuo 4: 90. 1940; 东北植物检索表（第二版）: 533. 图版268: 2. 1995; 东北草本植物志8: 170. 图版65: 3 ~ 4. 2005.——*G. davuricum* Turcz. ex Ledeb. var. *manshuricum* (Kitag.) Hara in Journ. Jap. Bot. 54(4): 105. 1979; 辽宁植物志（下册）: 132. 1992; 中国植物志71(2): 256. 1999; 黑龙江省植物志8: 142. 图版69: 1. 2001.——*G. dahuricum* var. *lasiocarpum* (Makino) Nakai in J. Coll. Sci. Imp. Univ. Tokyo 31: 503. 1911; Fl. China 19: 122. 2011.

（13a）山猪殃殃（原变种）

Galium pseudoasprellum var. *pseudoasprellum*

生沟边、山地的林下、灌丛或草地。产黑龙江省伊春、宝清、密山、虎林、饶河、绥芬河、集贤、宁安、尚志、哈尔滨、汤原；吉林省抚松、安图、汪清、吉林、临江、敦化；辽宁省沈阳、鞍山、清

■ 山猪殃殃

果实

茎叶

植株一部分

原、本溪、桓仁、凤城、宽甸；内蒙古自治区敖汉旗等地。

（13b）密花拉拉藤（变种）（中国植物志）；密花山猪殃殃（内蒙古植物志）

Galium pseudoasprellum var. *densiflorum* Cuf. in Oesterr. Bot. Zeitschr. 89: 237. 1940; 黄土高原植物志5: 23. 1989; 内蒙古植物志（第二版）4: 374. 图版147: 1 ~ 2. 1993; 中国植物志71(2): 255. 1999.

生山地的林下、灌丛或草地。产内蒙古自治区扎赉特旗等地。

148. 龙胆科 Gentianaceae

Gentianaceae Juss., Gen. Pl. [Jussieu] 141. 1789, *nom. cons.*

木贼门、木贼亚门、木兰纲、蔷薇亚纲、菊超目、龙胆目（Gentianales）。

一、二年生或多年生草本，稀为小灌木状。茎直立或缠绕。叶对生，通常无柄。花两性，整齐，顶生或腋生，聚伞花序、伞形花序、总状花序或单生；花萼筒状，4 ~ 5（~7）裂，在花蕾中覆瓦状排列；花冠筒状、钟状、漏斗状或辐状，4 ~ 5（~7）裂，在花蕾时呈旋转状或覆瓦状排列，有时呈镊合状排列，花冠裂片间有褶或无；雄蕊4 ~ 5（~7）裂，着生于花冠筒上或喉部；子房上位，1 ~ 2室，侧膜胎座，胚珠多数，花柱1或无，柱头1或2裂。蒴果，稀浆果；种子小，多数，有胚乳。

本科全世界有107属1200余种，广布于世界各洲，但主要分布在北半球温带和寒温带地区。中国产22属420种，主产西南地区。东北地区产10属32种4变种。

分属检索表

1. 茎缠绕；花4数，花萼筒状，花冠裂片间无褶 ························ 1. 翼萼蔓属 Pterygocalyx
1. 茎直立或斜升。
  2. 花药螺旋状扭卷，花柱细长，花冠裂片间无褶 ························ 2. 百金花属 Centaurium
  2. 花药不卷曲，花柱较短，稀粗而长。
    3. 蜜腺着生于子房基部；花冠裂片间具褶；花5数，稀6 ~ 7························ 3. 龙胆属 Gentiana
    3. 蜜腺着生于花冠筒基部。
      4. 花4数，花冠裂片两侧下方边缘呈剪割状或齿状；花萼裂片两长两短，其间基部有小三角口袋状的萼内膜··· ························ 4. 扁蕾属 Gentianopsis
      4. 花4 ~ 5数，花冠裂片不呈剪割状或齿状。
        5. 花冠有副冠。
          6. 花冠喉部有流苏状鳞片 ························ 5. 喉毛花属 Comastoma
          6. 花冠喉部无流苏状鳞片 ························ 6. 假龙胆属 Gentianella
        5. 花冠无副冠，基部有明显的腺窝或距。
          7. 花4数，花冠裂片基部有由腺窝形成的距 ························ 7. 花锚属 Halenia
          7. 花4 ~ 5数，花冠筒基部有明显的腺窝或距。
            8. 无花柱，柱头沿子房缝线下延 ························8. 肋柱花属 Lomatogonium
            8. 有花柱，稀缺，柱头不沿子房的缝线下延。
              9. 腺窝外缘具鳞片；雄蕊花丝基部具流苏状毛 ························ 9. 腺鳞草属 Anagallidium
              9. 腺窝边缘具流苏状毛或近无毛；雄蕊花丝基部无毛 ························ 10. 獐牙菜属 Swertia

1 翼萼蔓属 *Pterygocalyx* Maxim.

Pterygocalyx Maxim. Prim. Fl. Amur. 198. 1858.

草本植物。茎缠绕。单叶对生，叶全缘，叶脉1～3条，具短叶柄。花单生或成聚伞花序；花萼钟形，4裂，萼筒具4个宽翅；花冠筒状，4裂，裂片间无褶；雄蕊4，着生于花冠筒上与裂片互生；雌蕊具柄，子房1室、胚珠多数。蒴果2瓣开裂；种子多数，盘状，具翅。

本属全世界仅1种，分布于亚洲。中国有分布。东北地区有分布。

翼萼蔓（辽宁植物志，黑龙江省植物志，东北植物检索表，东北草本植物志，中国植物志，Flora of China）

Pterygocalyx volubilis Maxim. in Mém. Acad. Imp. Sci. St.-Pétersbourg Divers Savans 9: 198. 1859; 东北草本植物志 7: 54. 图版28. 1981; 中国植物志61: 311. 1988; 辽宁植物志（下册）: 76. 图版31. 1992; 东北植物检索表（第二版）: 523. 图版258: 4. 1995; Fl. China 16: 6. 1995; 黑龙江省植物志8: 107. 图版51. 2001.

一年生缠绕蔓生草本；叶披针形，全缘，叶脉1～3条；叶柄宽扁，基部抱茎；花腋生或顶生，1～3朵，单生或呈聚伞花序；花萼沿脉具4个宽翅；花冠蓝色；蒴果椭圆形。生山坡林下及林缘。产黑龙江省伊春、穆棱、牡丹江、勃利；吉林省浑江、和龙、安图；辽宁省清原、新宾、本溪、桓仁、凤城等地。

全草治虚劳咳嗽。

■ 翼萼蔓

茎叶

花序

2 百金花属 *Centaurium* Hill.

Centaurium Hill, Brit. Herb. 62. 1756; Gilib. Fl. Lithuan. 1: 85. 1781.

一年生草本。茎纤细。叶对生，无柄。花多数，排列成假二叉分枝式的聚伞花序或有时为穗状聚伞花序，4～5数；花萼筒形，深裂；花冠高脚杯状，冠筒细长，浅裂；雄蕊着生于冠筒喉部，与裂片互生，花丝短，丝状，花药初时直立，后卷作螺旋形；子房半二室，无柄，花柱细长，线形，柱头2裂。蒴果内藏，成熟后2瓣裂；种子多数，极小，表面具浅蜂窝状网隙。

本属全世界40～50种，除非洲外都有广布。中国有2种。东北地区产1变种。

美丽百金花（中国植物志，Flora of China）

Centaurium pulchellum (Swartz) Druce, Fl. Oxf. 342. 1897; 中国植物志61: 10. 1988; Fl. China16: 4. 1995.

（a）美丽百金花（原变种）

Centaurium pulchellum var. *pulchellum*

中国产新疆。东北地区不产

（b）百金花（变种）（辽宁植物志，内蒙古植物志，东北植物检索表，东北草本植物志，中国植物志，Flora of China）

Centaurium pulchellum var. *altaicum* (Griseb.) Kitag. et Hara in Fl. Evropeiskoi Chasti SSSR 3: 63. 1978; 中国植物志61: 10. 图版2: 1 ~ 5. 1988; Fl. China16: 4. 1995.——*C. meyeri* (Bunge) Druce in Rep. Bot. Soc. Exch. Club Brit. Isles 1916: 613. 1917; 东北草本植物志 7: 54. 图版27. 1981; 辽宁植物志（下册）: 74. 图版30. 1992; 内蒙古植物志（第二版）4: 80. 图版29: 1 ~ 4. 1993; 东北植物检索表（第二版）: 518. 图版258: 5. 1995.

一年生小型草本；叶无柄，椭圆形或长圆状披针形，全缘；花白色或粉红色，花冠漏斗状或高脚杯状，筒部狭长圆柱形，顶端5裂；蒴果圆柱形。生潮湿的田野、草地、水边、沙滩地。产辽宁省彰武、大连、桓仁、喀左；内蒙古自治区新巴尔虎右旗、科尔沁右翼前旗、科尔沁右翼中旗、扎鲁特旗、巴林左旗、巴林右旗、敖汉旗等地。

■ 百金花

全株

花侧面观

花正面观

植株一部分

植株上部

3 龙胆属 *Gentiana* L.

Gentiana L., Sp. Pl. 227. 1753.

一年生、二年生或多年生草本，稀为小灌木状。茎直立或斜升。叶对生，稀轮生，全缘，无柄。单花或多花簇生茎顶或腋生，有梗或无梗；花萼5裂，稀6 ~ 7裂，常连合成筒状，稀一侧裂开；花冠筒状、钟状或漏斗状，蓝紫色、黄色或白色，5裂，稀6 ~ 7裂，裂片之间具副冠；雄蕊5，稀6 ~ 7着生于花冠筒里面，多内藏，稀伸出花冠外，花丝细长或基部稍扁，花药长圆形或卵圆形；子房1室，通常有柄，蜜腺着生于子房基部，花柱短，柱头2裂。蒴果2裂；种子小，多数，表面具多种纹饰。

本属全世界约400种，分布于欧洲、亚洲、澳大利亚北部及新西兰，整个北美洲，并沿安第斯山脉达合恩角，非洲北部。中国有247种，遍及全国，大多数种类集中在西南山岳地区，主要生长在高山流石滩、高山草甸和灌丛中。东北地区产15种1变种。

分种检索表

1\. 植株高5 ~ 15厘米，细弱。

  2. 茎通常单一或上部分枝；花冠长17 ~ 30毫米。

（接上表）

3. 茎直立而无匍匐枝；叶卵圆形或卵形，顶端具小芒刺 ………………………… **1. 笔龙胆 G. zollingeri** Fawcett
3. 茎下部具匍匐枝；叶广披针形或长圆形，先端稍钝 ………………………… **2. 长白山龙胆 G. jamesii** Hemsl.
2. 茎自下部分枝或单一；花冠长7～13毫米。
4. 花萼裂片先端反卷，卵形，基部收缩 …………………………………………… **3. 鳞叶龙胆 G. squarrosa** Ledeb.
4. 花萼裂片先端不反卷，三角形或披针形，基部不收缩。
5. 基生叶特别发达，较大，多数；花长9～14毫米 …………………… **4. 假水生龙胆 G. pseudoaquatica** Kusn.
5. 基生叶不发达，较小，少数；花长15～17毫米（**5. 丛生龙胆 G. thunbergii** (G. Don) Griseb.）。
6. 植株高可达15厘米，花蓝色、淡蓝紫色 ……………………… **5a. 丛生龙胆 G. thunbergii** var. **thunbergii**
6. 植株高5～10厘米，花白色 ………………………………… **5b. 小春龙胆 G. thunbergii** var. **minor** Maxim.
1. 植株高20厘米以上，粗壮。
7. 花黄白色，花冠筒带绿条纹或黑紫色斑点；叶长披针形 ………………………………… **6. 高山龙胆 G. algida** Pall.
7. 花蓝紫色。
8. 茎基部具枯叶纤维；基生叶较大，莲座状；种子无翅。
9. 聚伞花序具多数花，簇生呈头状或腋生呈轮状；花无梗；花萼一侧开裂，萼齿小 ……………………………………………………………………………… **7. 秦艽 G. macrophylla** Pall.
9. 聚伞花序具少数花，疏松，不呈头状；花具梗。
10. 花萼不开裂或一侧稍开裂，萼齿线形；叶条状披针形，先端锐尖，三至五出脉 ……………………………………………………………………… **8. 达乌里秦艽 G. dahurica** Fisch.
10. 花萼一侧开裂，萼齿钻形；叶条形或披针状条形，先端渐尖，一至三出脉 ………………………………………………………………………… **9. 斜升秦艽 G. decumbens** L. f.
8. 茎基部无枯叶纤维；茎下部叶较小，呈鳞片状或无；种子通常具翅。
11. 叶卵形、卵状披针形或卵状长圆形。
12. 花冠紫红色，长2～3厘米，裂片间的褶不对称；叶卵形长圆形，具3条脉，光滑；种子近圆形，无翅 …………………………………………………… **10. 滇龙胆草 G. rigescens** Franch. ex Hemsl.
12. 花冠蓝紫色，长4～6厘米，裂片间的褶对称；叶卵形或卵状披针形，具3条或5条脉，边缘及主脉粗糙；种子长圆形，边缘具翅 ………………………………………… **11. 龙胆 G. scabra** Bunge
11. 叶线形或披针形。
13. 茎生叶三叶轮生；花萼裂片长不足2毫米，苞片长可达6厘米以上 … **12. 兴安龙胆 G. hsinganica** J. H. Yu
13. 茎生叶对生；花萼裂片长3.5毫米以上，苞片长3厘米以下。
14. 花冠裂片尖；叶线形或线状披针形；根较粗长 ……………… **13. 条叶龙胆 G. manshurica** Kitag.
14. 花冠裂片先端钝圆或稍凸尖。
15. 花蓝色稍带紫，花冠筒里面有斑点；叶具3条脉 …………… **14. 朝鲜龙胆 G. uchiyamae** Nakai
15. 花蓝紫色，花冠筒里面无斑点；叶具1～3条脉，仅中脉明显 …… **15. 三花龙胆 G. triflora** Pall.

（1）笔龙胆（辽宁植物志，黑龙江省植物志，东北植物检索表，东北草本植物志，中国植物志，Flora of China）

Gentiana zollingeri Fawcett in J. Bot. 21: 183. 1883; 东北草本植物志 7: 64. 图版33. 1981; 中国植物志61: 249. 1988; 辽宁植物志（下册）: 84. 图版36: 1～3. 1992; 东北植物检索表（第二版）: 520. 图版260: 1. 1995; Fl. China 16: 93. 1995; 黑龙江省植物志8: 99. 图版46: 5～7. 2001.

生山坡草地、林下。产黑龙江省东部山区及大兴安岭；吉林省集安、柳河、临江、安图；辽宁省沈阳、鞍山、金州、大连、庄河、本溪、桓仁、丹东、凤城、宽甸、新宾、建昌等地。

■ 笔龙胆

植株侧面观

花

植株

（2）长白山龙胆（中国植物志，Flora of China）；白山龙胆（辽宁植物志，黑龙江省植物志，东北植物检索表，东北草本植物志）

Gentiana jamesii Hemsl. in J. L. Soc., Bot. 26: 128. 1890; 东北草本植物志 7: 65. 图版34. 1981; 中国植物志61: 203. 图版32: 11 ~ 12. 1988; 辽宁植物志（下册）: 85. 1992; 东北植物检索表（第二版）: 520. 图版260: 7. 1995; Fl. China 16: 92. 1995; 黑龙江省植物志8: 89. 图版40. 2001.

生海拔1000米以上的山坡草地、路旁、岩石上。产黑龙江省海林；吉林省长白、抚松、安图等地境内长白山；辽宁省东部山区。

根及根状茎有清虚热、祛风湿作用。

■ 长白山龙胆

花侧面观

花正面观

植株

（3）鳞叶龙胆（辽宁植物志，黑龙江省植物志，内蒙古植物志，东北植物检索表，东北草本植物志，中国植物志，Flora of China）

Gentiana squarrosa Ledeb. in Mém. Acad. Imp. Sci. St. Pétersbourg Hist. Acad. 5: 527. 1812; 东北草本植物志 7: 65. 图版35. 1981; 中国植物志61: 197. 图版32: 1 ~ 4. 1988; 辽宁植物志（下册）: 85. 图版36: 4 ~ 9. 1992; 内蒙古植物志（第二版）4: 84. 图版30: 1 ~ 6. 1993; 东北植物检索表（第二版）: 520. 图版260: 5.

1995; Fl. China 16: 81. 1995; 黑龙江省植物志8: 96. 图版45. 2001.

生山坡、山谷、山顶、河滩、荒地、路边、灌丛中。产黑龙江省牡丹江；吉林省安图、永吉、蛟河、长春、磐石；辽宁省沈阳、开原、大连、金州、瓦房店、鞍山、岫岩、本溪、北镇、东港、凤城、宽甸、桓仁、凌源；内蒙古自治区各地。

■ 鳞叶龙胆

植株侧面观

植株一部分

植株

（4）假水生龙胆（辽宁植物志，内蒙古植物志，东北植物检索表，东北草本植物志，中国植物志，Flora of China）

Gentiana pseudoaquatica Kusnez. in Trudy Imp. S.–Peterburgsk. Bot. Sada 13: 63. 1893; 东北草本植物志 7: 66. 1981; 中国植物志61: 221. 图版35: 9 ~ 10,5: 6. 1988; 辽宁植物志（下册）: 86. 1992; 内蒙古植物志（第二版）4: 84. 图版30: 7 ~ 11. 1993; 东北植物检索表（第二版）: 520. 图版260: 6. 1995; Fl. China 16: 87. 1995.

生河滩、水沟边、山坡草地。产辽宁省沈阳、大连、凌源、本溪、桓仁、丹东；内蒙古自治区扎兰屯、科尔沁右翼前旗、科尔沁左翼后旗等地。

■ 假水生龙胆

全株

植株侧面观

植株

（5）丛生龙胆（中国植物志，Flora of China）；春龙胆（辽宁植物志，东北植物检索表）

Gentiana thunbergii (G. Don) Griseb. in Prodr. 9: 108. 1845; 中国植物志61: 210. 1988; 辽宁植物志（下册）: 87. 图版33: 1 ~ 2. 1992; 东北植物检索表（第二版）: 520. 图版260: 3. 1995; Fl. China 16: 84. 1995.

（5a）丛生龙胆（原变种）

Gentiana thunbergii var. *thunbergii*

生海拔1000米以上的山坡。产吉林省抚松、长白、安图；辽宁省桓仁。

■ 从生龙胆

花侧面观

花期植株

果期植株

（5b）小春龙胆（变种）（东北植物检索表）；白花龙胆（内蒙古植物志，东北草本植物志）

Gentiana thunbergii var. *minor* Maxim. in Mélanges Biol. Bull. Phys.–Math. Acad. Imp. Sci. Saint–Pétersbourg 12: 758. 1888; 东北草本植物志 7: 67. 1981; 内蒙古植物志（第二版）4: 82. 图版43: 7 ~ 9. 1993; 东北植物检索表（第二版）: 520. 图版260: 4. 1995.

生高山冻原或草甸。产吉林省安图及抚松境内长白山；辽宁省桓仁、凤城；内蒙古自治区额尔古纳等地。

■ 小春龙胆

全株

花

植株

（6）高山龙胆（辽宁植物志，东北植物检索表，东北草本植物志，中国植物志，Flora of China）

Gentiana algida Pall. in Fl. Ross. 1(2): 107. 1789; 东北草本植物志 7: 62. 1981; 中国植物志61: 109. 1988; 辽宁植物志（下册）: 84. 图版33: 6. 1992; 东北植物检索表（第二版）: 520. 图版260: 2. 1995; Fl. China 16: 51. 1995.

生山坡草地、河滩草地、灌丛中、林下、高山冻原。产吉林省长白、抚松、安图；辽宁省桓仁等地。

全草有清肝胆、除湿热、健胃作用，用于目赤、咽喉痛、肺热咳嗽、胃脘痛胀等。

■ 高山龙胆

花序

植株下部

植株

（7）秦艽（内蒙古植物志，中国植物志，Flora of China）；大叶龙胆（辽宁植物志，黑龙江省植物志，东北植物检索表，东北草本植物志）

Gentiana macrophylla Pall. in Fl. Ross. 1(2): 108. 1789; 东北草本植物志 7: 60. 图版31. 1981; 中国植物志 61: 73. 图版10: 5 ~ 7. 1988; 辽宁植物志（下册）: 81. 图版35: 1 ~ 3. 1992; 内蒙古植物志（第二版）4: 86. 图版32. 1993; 东北植物检索表（第二版）: 520. 图版259: 2. 1995; Fl. China 16: 37. 1995; 黑龙江省植物志8: 89. 图版41. 2001.

生河滩、路旁、水沟边、山坡草地、草甸、林下及林缘。产黑龙江省爱辉、黑河、嫩江、伊春、呼玛、漠河；吉林省安图；辽宁省建平、凌源；内蒙古自治区额尔古纳、鄂伦春、鄂温克、科尔沁右翼前旗、科尔沁右翼中旗、克什克腾旗、宁城等地。

花治丹毒、痈、疖、黄水疮、扁桃腺炎、关节疼痛、肝胆热等。叶主治烧烫伤。

■ 秦艽

植株下部

植株中部

花序

（8）达乌里秦艽（中国植物志，Flora of China）；达乌里龙胆（辽宁植物志，内蒙古植物志，东北植物检索表，东北草本植物志）

Gentiana dahurica Fisch. in Mém. Soc. Imp. Naturalistes Moscou 3: 63. 1812; 东北草本植物志 7: 60. 图版32. 1981; 中国植物志61: 64. 1988; 辽宁植物志（下册）: 84. 图版35: 4 ~ 5. 1992; 内蒙古植物志（第二版）4: 86. 图版31. 1993; 东北植物检索表（第二版）: 520. 图版259: 1. 1995; Fl. China 16: 35. 1995.

生田边、路旁、河滩、水沟边、向阳山坡及干草原等处。产辽宁省彰武；内蒙古自治区海拉尔、满洲里、新巴尔虎右旗、新巴尔虎左旗、鄂温克、通辽、霍林郭勒、扎鲁特旗、赤峰、阿鲁科尔沁旗、翁牛特旗等地。

花治肺热、咳嗽、支气管炎、麻疹、咽喉肿痛。

■ 达乌里秦艽

基生叶

花期植株

花序侧面观

花序

果期植株

（9）斜升秦艽（东北植物检索表，中国植物志，Flora of China）；斜升龙胆（内蒙古植物志）

Gentiana decumbens L. f., Suppl. Pl. 174. 1781; 东北植物检索表285. 1959; 中国植物志61: 61. 1988; Fl. China 16: 34. 1995; 内蒙古植物志（第三版）4: 75. 2020.

生于草原、山坡草地、林间草地及河谷潮湿低地。产内蒙古自治区兴安北部（大兴安岭）。

■ 斜升秦艽

基生叶

花序

植株

（10）滇龙胆草（中国植物志，Flora of China）；坚龙胆（黑龙江省植物志）

Gentiana rigescens Franch. ex Hemsl. in Journ. L. Soc. Bot. 26: 134. 1890; 中国植物志61: 106. 图版15:

4 ~ 6. 1988; Fl. China 16: 39. 1995; 黑龙江省植物志8: 92. 图版43. 2001.

生山坡草地、灌丛中、林下及山谷中。产云南、四川、贵州、湖南、广西。黑龙江省有栽培。

（11）龙胆（辽宁植物志，黑龙江省植物志，内蒙古植物志，东北植物检索表，东北草本植物志，中国植物志，Flora of China）；粗糙龙胆（中国北部植物图志，大连地区植物志）

Gentiana scabra Bunge in Verz. Altai Pfl. 21. 1836; 东北草本植物志 7: 58. 图版30. 1981; 中国植物志61: 104. 图版16: 1 ~ 4. 1988; 辽宁植物志（下册）: 81. 图版34. 1992; 内蒙古植物志（第二版）4: 88. 图版33. 1993; 东北植物检索表（第二版）: 520. 图版259: 5. 1995; Fl. China 16: 53. 1995; 黑龙江省植物志8: 92. 图版44. 2001.

生山坡草地、路边、河滩、灌丛、林缘及林下。产黑龙江省黑河、嘉荫、萝北、饶河、勃利、密山、绥芬河、宁安、呼玛；吉林省吉林、永吉、四平、通化、抚松、安图、靖宇、浑江；辽宁省西丰、抚顺、清原、新宾、本溪、东港、凤城、岫岩、宽甸、桓仁、鞍山、海城、庄河、金州；内蒙古自治区额尔古纳、牙克石、扎兰屯、科尔沁右翼前旗等地。

根及根茎有清理肝胆湿热、健脾作用，用于黄疸、痢痛、肝炎、胆囊炎等。

■ 龙胆

花序

花正面观

花侧面观

植株

茎与叶

白花

白花侧面观

（12）兴安龙胆（植物研究，内蒙古植物志）

Gentiana hsinganica J. H. Yu, 植物研究32(1): 1 ~ 3. 2012; 内蒙古植物志（第三版）4: 79. 2020.

生林缘湿草地。产内蒙古自治区呼伦贝尔牙克石乌尔旗汗（模式标本采集地）。

（13）条叶龙胆（内蒙古植物志，中国植物志，Flora of China）；东北龙胆（辽宁植物志，黑龙江省植物志，东北植物检索表，东北草本植物志）

Gentiana manshurica Kitag. in Bot. Mag. (Tokyo) 48: 103. 1934; 东北草本植物志 7: 57. 图版5 ~ 7. 1981; 中国植物志61: 107. 图版16: 7 ~ 9. 1988; 辽宁植物志（下册）: 81. 图版33: 3 ~ 5. 1992; 内蒙古植物志（第二版）4: 91. 图版34: 5 ~ 9. 1993; 东北植物检索表（第二版）: 520. 图版259: 3. 1995; Fl. China 16: 54. 1995; 黑龙江省植物志8: 92. 图版42. 2001.

生山坡草地、湿草地、路旁。产黑龙江省安达、肇东、泰来、萝北、汤原、虎林、密山、富裕、杜尔伯特、伊春；吉林省大安、安图；辽宁省康平、彰武、本溪、凤城、普兰店、沈阳（模式标本采集地）；内蒙古自治区呼伦贝尔、科尔沁右翼前旗、扎赉特旗、克什克腾旗、突泉等地。

根及根状茎有清热燥湿、泻肝胆火作用，用于湿疹瘙痒、目赤、耳聋、肿痛等。

■ 条叶龙胆

花序

植株一部分

植株

（14）朝鲜龙胆（中国植物志，Flora of China）；金刚龙胆（辽宁植物志，东北植物检索表，东北草本植物志）

Gentiana uchiyamae Nakai in Bot. Mag. (Tokyo) 23: 107. 1909; 东北草本植物志 7: 57. 1981; 中国植物志

■ 朝鲜龙胆

根部

茎叶

植株上部

61: 108. 1988; 辽宁植物志（下册）: 80. 图版32: 1 ~ 2. 1992; 东北植物检索表（第二版）: 520. 图版259: 6. 1995; Fl. China 16: 54. 1995.

生林间湿草地。产黑龙江省伊春、鸡东；吉林省蛟河、敦化、汪清、安图；辽宁省新宾、桓仁等地。

（15）三花龙胆（辽宁植物志，黑龙江省植物志，内蒙古植物志，东北植物检索表，东北草本植物志，中国植物志，Flora of China）

Gentiana triflora Pall. in Fl. Ross. 1(2): 105. 1789; 东北草本植物志 7: 57. 图版1 4. 1981; 中国植物志61: 106. 图版16: 5 ~ 6,5: 3. 1988; 辽宁植物志（下册）: 78. 图版32: 3 ~ 5. 1992; 内蒙古植物志（第二版）4: 88.

■ 三花龙胆

根部

花侧面观

花序

植株

图版34: 1～4. 1993; 东北植物检索表（第二版）: 520. 图版259: 4. 1995; Fl. China 16: 54. 1995; 黑龙江省植物志8: 96. 图版46：1～4. 2001.

生草地、湿草地、林下。产黑龙江省哈尔滨、尚志、黑河、五大连池、孙吴、伊春、嫩江、逊克、萝北、饶河、勃利、汤原、虎林、宁安、安达、呼玛；吉林省长白、汪清、安图、敦化、和龙、蛟河、集安、柳河、抚松、靖宇；辽宁省沈阳、桓仁；内蒙古自治区额尔古纳、海拉尔、牙克石、根河、科尔沁右翼前旗（白狼）、东乌珠穆沁旗、西乌珠穆沁旗等地。

全草有清热、泻火的作用。

4 扁蕾属 *Gentianopsis* Ma

Gentianopsis Ma, 植物分类学报 1(1): 7. 1951.

一年生或多年生草本。茎直立，光滑。叶对生，无柄，半抱茎。花单生于顶端。花蕾椭圆形或卵状椭圆形，稍扁，具四棱，花4数，花梗随开花结果而伸长。花萼圆柱状钟形，4裂，裂片2对，一对卵状三角形，一对较长，狭线状披针形，顶端尖或急尖；萼内膜呈三角形小袋状，上边有毛，位于两萼片间基部。花冠4裂，冠筒圆柱状钟形，基部有蜜腺4，与雄蕊互生，裂片长圆形、卵状长圆形或近圆形，边缘侧下方流苏状，齿状或全缘，雄蕊4，着生于花冠中部，花丝较花冠筒稍短，子房具柄，纺锤形或圆柱形。蒴果2裂；种子密被小凸起。

本属全世界约24种，分布于亚洲、欧洲和北美洲。中国有5种，除华南外，大部分地区均有。东北地区产3种。

分种检索表

1. 叶椭圆形或长圆形；花冠长2～2.5厘米，淡蓝色 ………………………………… **1. 回旋扁蕾 G. contorta** (Royle) Ma
1. 叶线状披针形或线形。
   2. 茎单一或上部稍分枝；叶长2～6厘米，宽2～4毫米；花冠长 3～4（～7）厘米，裂片宽8～10毫米，稍向外弯 ………………………………… **2. 扁蕾 G. barbata** (Froel.) Ma
   2. 茎自基部多分枝成束状；叶长2～4厘米，宽2～5毫米；花冠长2.5～3.5厘米，裂片宽4～6毫米，直而不弯 ………………………………… **3. 乌苏里扁蕾 G. komarovii** Grossh.

（1）回旋扁蕾（辽宁植物志，东北植物检索表，东北草本植物志）；廻旋扁蕾（中国植物志，Flora of China）；得利寺龙胆（大连地区植物志）

Gentianopsis contorta (Royle) Ma in Acta Phytotax. 1: 14. 1951; 东北草本植物志 7: 70. 图版37. 1981; 中国植物志61: 297. 1988; 辽宁植物志（下册）: 88. 图版37: 3～6. 1992; 东北植物检索表（第二版）: 523. 图版261: 1. 1995; Fl. China 15: 131. 1995.——*G. yamatsutae* Kitag. in Bot. Mag. Tokyo 48: 104. 1934; 东北植物检索表288. 1959; 大连地区植物志中册: 588. 1982.

生山坡、林下。产黑龙江省哈尔滨；吉林省安图；辽宁省本溪、瓦房店等地。

（2）扁蕾（黑龙江省植物志，内蒙古植物志，东北植物检索表，东北草本植物志，中国植物志，Flora of China）；中国扁蕾（辽宁植物志，黑龙江省植物志，内蒙古植物志，东北草本植物志）

Gentianopsis barbata (Froel.) Ma in Acta Phytotax. 1: 8. 1951; 东北草本植物志 7: 67. 图版36. 1981; 中国植物志61: 299. 图版45: 6～9. 1988; 东北植物检索表（第二版）: 523. 图版261: 2. 1995; Fl. China 16: 132.

1995; 黑龙江省植物志8: 100. 图版48. 2001.——*G. barbata* var. *sinensis* Ma in Acta Phytotax. 1: 8. 1951; 东北草本植物志 7: 69. 1981; 辽宁植物志（下册）: 88. 图版37: 1 ~ 2. 1992; 内蒙古植物志（第二版）4: 92. 图版35: 7. 1993; 黑龙江省植物志8: 103. 2001.

生水沟边、山坡草地、林下、灌丛中、沙丘边缘。产黑龙江省北安、孙吴、呼玛、萝北、饶河、虎林、宁安；吉林省安图；辽宁省彰武；内蒙古自治区海拉尔、额尔古纳、根河、牙克石、陈巴尔虎旗、鄂温克、科尔沁右翼前旗、突泉、扎鲁特旗、克什克腾旗等地。

■ 扁蕾

花正面观

花侧面观

植株一部分

植株

（3）乌苏里扁蕾（东北植物检索表）

Gentianopsis komarovii Grossh. in Symb. Asahikaw. 2: 64. 1967; 东北植物检索表（第二版）: 523. 1995.

生草甸。产黑龙江省塔河十八站，内蒙古自治区也有记录。

5 喉毛花属 *Comastoma* (Wettst.) Toyokuni

Comastoma (Wettst.) Toyokuni in Bot. Mag. Tokyo 74: 198. 1961.

一年生或多年生草本。茎不分枝或有分枝，直立或斜升。叶对生；基生叶常早落；茎生叶无柄。花4～5数，单生茎或枝端或为聚伞花序；花萼深裂，萼筒极短，无萼内膜，裂片4～5，稀2，大都短于花冠；花冠钟形、筒形或高脚杯状，4～5裂，裂片间无褶，裂片基部有白色流苏状副冠，流苏内无维管束，常呈1～2束，当开花时，全部向心弯曲，封盖冠筒口部，冠筒基部有小腺体；雄蕊着生冠筒上，花丝有时有毛；花柱短，柱头2裂。蒴果2裂；种子小，光滑。

本属全世界约15种，分布于亚洲、欧洲及北美洲。中国有11种，产西南、西北及北部等地区。东北地区产1种。

尖叶喉毛花（内蒙古植物志）；尖叶假龙胆（黑龙江省植物志，内蒙古植物志，东北植物检索表，东北草本植物志，中国植物志，Flora of China）

Comastoma acuta (Michx.) Y. Z. Zhao et X. Zhang in For. Stud. China 9(2).: 149. 2007; 内蒙古植物志（第三版）4: 87. 2020.——*Gentianella acuta* (Michx.) Hüt in Memoranda Soc. Fauna Fl. Fenn. 25: 76. 1950; 东北草本植物志 7: 70. 图版38. 1981; 中国植物志62: 318. 图版16: 5～6,5: 3. 1988; 内蒙古植物志（第二版）4: 92. 图版36: 5～10. 1993; 东北植物检索表（第二版）: 520. 图版261: 4. 1995; Fl. China 16: 138. 1995; 黑龙江省植物志8: 99. 图版47. 2001.

一年生草本；茎生叶无柄，披针形或卵状披针形，叶脉3～7条；聚伞花序顶生和腋生，组成狭窄的总状圆锥花序；花萼长为花冠的1/2～2/3，深裂；花冠蓝色，裂片基部具6～7条排列不整齐的流苏，流苏长柔毛状；蒴果无柄，圆柱形。生山坡、草甸子。产黑龙江省呼玛；内蒙古自治区额尔古纳、根河、鄂伦春、科尔沁右翼前旗、巴林右旗、克什克腾旗、西乌珠穆沁旗等地。

6 假龙胆属 *Gentianella* Moech

Gentianella Moench, Meth. pl. 482. 1794.

一年生草本。茎单一或有分枝。叶对生；基生叶早落；茎生叶无柄或有柄。花4～5数，单生茎或枝端，或排列成聚伞花序；花萼叶质或膜质，深裂，萼筒短或极短，裂片同形或异形，裂片间无萼内膜；花冠筒状或漏斗状，浅裂或深裂，冠筒上着生有小腺体，裂片间无褶，裂片基部常光裸，稀具有维管束的柔毛状流苏；雄蕊着生于冠筒上；子房有花柱，柱头小，2裂。蒴果自顶端开裂；种子多数，表面光滑或有疣状突起。

本属全世界约125种，除非洲外，分布于南北温带地区。中国有9种，大部分省区都有。东北地区产1种。

假龙胆（东北植物检索表）

Gentianella auriculata Pall. in Ann. Missouri Bot. Gard. 44: 261. 1957; 东北植物检索表（第二版）: 520. 图版261: 3. 1995.

叶卵状披针形，宽6～12毫米；花萼长11～15毫米，萼筒长7～10毫米，花冠长20～30毫米，裂片具梯形流苏状副冠。生山坡草地。大兴安岭有记载，待调查核实。

7 花锚属 *Halenia* Borkh.

Halenia Borkh. in Roem. Arch. 1(1): 25. 1796.

一年生或多年生草本。茎直立，通常分枝或单一不分枝。单叶，对生，全缘，具3~5脉，无柄或具柄。聚伞花序腋生或顶生，形成疏松的圆锥花序。花4数；花萼深裂，萼筒短；花冠钟形，深裂，裂片基部有窝孔并延伸成一长距，距内有蜜腺；雄蕊着生于冠筒上，与裂片互生，花药丁字着生；雌蕊无柄，花柱短或无，子房一室，胚珠多数。蒴果室间开裂；种子小，多数，常褐色。

本属全世界约100种，主要分布于北美洲西南部、拉丁美洲西北部，少数种类分布于亚洲及欧洲东部。中国有2种，分布西南、西北、华北、东北地区。

分种检索表

1. 花冠黄色；花萼裂片狭三角状披针形 ………………………………………… 1. 花锚 H. corniculata (L.) Cornaz
1. 花冠蓝色或紫色；花萼裂片卵形或椭圆形 …………………………………… 2. 椭圆叶花锚 H. elliptica D. Don

（1）花锚（辽宁植物志，黑龙江省植物志，内蒙古植物志，东北植物检索表，东北草本植物志，中国植物志，Flora of China）

Halenia corniculata (L.) Cornaz in Bull. Soc. Neuchateloise Sci. Nat. 25: 171. 1897; 东北草本植物志 7: 83. 图版46. 1981; 中国植物志61: 291. 图版48: 1~2. 1988; 辽宁植物志（下册）: 89. 图版38. 1992; 内蒙古植物志（第二版）4: 106. 图版42: 1~5. 1993; 东北植物检索表（第二版）: 523. 图版258: 1. 1995; Fl. China 16: 100. 1995; 黑龙江省植物志8: 103. 图版49. 2001.

生山坡草地、林下及林缘。产黑龙江省黑河、勃利、海林、呼玛、孙吴、爱辉；吉林省汪清、珲春、和龙、抚松、长白、安图；辽宁省桓仁、宽甸；内蒙古自治区额尔古纳、根河、牙克石、鄂伦春、鄂温克、科尔沁右翼前旗、大青沟、克什克腾旗、喀喇沁旗、宁城、东乌珠穆沁旗、锡林浩特等地。

全草有清热解毒、凉血止血作用，用于肝炎、外伤感染发烧、外伤出血等。

■ 花锚

茎叶

花序

（2）椭圆叶花锚（中国高等植物图鉴，中国植物志，Flora of China）；卵萼花锚（植物智网站）

Halenia elliptica D. Don in London Edinb. Philos. Mag. Journ. Sci. 8: 77. 1836; 中国北部植物图志2: 47. 图版19. 1933; 中国高等植物图鉴3: 403. 图4759. 1974; 中国植物志61: 291. 图版48: 3 ~ 6. 1988; Fl. China 16: 100. 1995.

生高山林下及林缘、山坡草地、灌丛中、山谷水沟边，海拔700 ~ 4100米。产黑龙江省勃利；吉林省安图；辽宁省熊岳。

全草入药，清热利湿、可治急性黄疸型肝炎等症。

■ 椭圆叶花锚

茎叶

花序正面观

花序侧面观

8 肋柱花属 *Lomatogonium* A. Br.

Lomatogonium A. Pr. in Flora (Regensburg) 13: 221. 1830.

一年生或多年生草本。叶对生。花5数，稀4数，偶有花冠裂片多至10数者，单生或为聚伞花序；花萼深裂，萼筒短，有时稍长；花冠辐状，深裂近基部，冠筒极短，裂片在蕾中右向旋转排列，重叠覆盖，开放时呈明显的二色，基部有2个腺窝，腺窝管形或片状，基部合生或否，边缘有裂片状流苏；雄蕊着生于冠筒基部与裂片互生，花药蓝色或黄色，短于花丝或幼时等长；子房剑形，无花柱，柱头沿着子房的缝合线下延。蒴果2裂，果瓣近革质。种子小，多数，近圆形，常光滑。

本属全世界约24种，大部分种类产亚洲，仅有少数种类分布于欧洲和北美洲。中国有20种，以西南山地为最多。东北地区产2种2变种。

分种检索表

1. 茎自下部多分枝；茎生叶披针形、椭圆形至卵状椭圆形，宽3~7毫米；花萼长为花冠的1/2 ……………… 1. 肋柱花 L. carinthiacum (Wulf.) Reichb.

1. 茎不分枝或有少数分枝；茎生叶狭长披针形、披针形至线形，宽1.5~4毫米；花萼较花冠稍短或等长或稍长（2. 辐状肋柱花 L. rotatum (L.) Fries ex Nym.）。

2. 茎不分枝或自基部分枝；花萼裂片与花冠近等长或稍长；花序不密集。

3. 花冠淡蓝色 ……………… 2a. 辐状肋柱花 L. rotatum var. rotatum

3. 花冠橙黄色 ……………… 2b. 橙黄肋柱花 L. rotatum var. aurantiacum Y.Z. Zhao

（1）肋柱花（内蒙古植物志，中国植物志，Flora of China）

Lomatogonium carinthiacum (Wulf.) Reichb. Fl. Germ. Excurs. 421. 1831; 中国植物志62: 333. 图版54: 5 ~ 7; 6: 6. 1988; 内蒙古植物志（第二版）4: 98. 图版39: 4 ~ 6. 1993; Fl. China 16: 126. 1995.

生山坡草地、灌丛草甸、河滩草地、高山草甸。产黑龙江省漠河、呼玛；内蒙古自治区牙克石、科尔沁右翼前旗、阿尔山、突泉、克什克腾旗等地。

（2）辐状肋柱花（中国植物志，Flora of China）；肋柱花（黑龙江省植物志，东北植物检索表，东北草本植物志）；小花肋柱花（内蒙古植物志）

Lomatogonium rotatum (L.) Fries ex Nym. in Consp. Fl. Eur. 3: 500. 1881; 东北草本植物志7: 73. 图版39. 1981; 中国植物志62: 335. 图版55: 9 ~ 12; 6: 6. 1988; 内蒙古植物志（第二版）4: 97. 图版38: 6 ~ 10. 1993; 东北植物检索表（第二版）: 523. 图版258: 3. 1995; Fl. China 16: 127. 1995; 黑龙江省植物志8: 105. 图版50. 2001.

（2a）辐状肋柱花（原变种）

Lomatogonium rotatum var. *rotatum*

生水沟边、山坡草地。产黑龙江省呼玛、嫩江、漠河；吉林省蛟河；内蒙古自治区牙克石、突泉、克什克腾旗、东乌珠穆沁旗、西乌珠穆沁旗、锡林浩特、正蓝旗、多伦等地。

■ 辐状肋柱花

花序一部分

花正面观

花侧面观

（2b）橙黄肋柱花（变种）（植物研究）

Lomatogonium rotatum var. *aurantiacum* Y.Z. Zhao, 植物研究24(1): 7 ~ 8.2004.

生低湿草甸。产内蒙古自治区兴安南部（模式标本采自突泉县）。

（2c）密序肋柱花（变种）（中国植物志，Flora of China）；短萼肋柱花（植物研究）

Lomatogonium rotatum var. *floribundum* (Franchet) T. N. Ho, Fl. Reipubl. Popularis Sin. 62: 336. 1988; Fl. China 16: 127. 1995.——*Lomatogonium floribundum* (Franch.) Y. Z. Zhao, 植物研究24(1): 7 ~ 8.2004; 内蒙古植物志（第三版）4: 91. 2020.

生沟谷低湿草甸及亚高山低湿草甸。产内蒙古自治区克什克腾旗。

■ 密序肋柱花

花正面观

花侧面观

植株一部分

植株

9 腺鳞草属 *Anagallidium* Griseb.

Anagallidium Griseb., Gen. Sp. Gent. 311. 1838.

一年生草本。茎细弱，近四棱形，多分枝，叶对生，有5脉，聚伞花序，花萼4深裂，宿存；花冠白色，4深裂，裂片基部具2腺窝，外缘具1鳞片；雄蕊4，着生于花冠基部，具流苏状毛；子房1室，花柱短，柱头2裂。蒴果2裂。种子近球形，平滑，无翼。

本属全世界仅1种，产中国四川北部、青海、甘肃、新疆、陕西、宁夏、内蒙古自治区、山西、河北、河南、湖北、黑龙江、辽宁、吉林等地，苏联（模式标本产地）、蒙古、日本也有分布。

腺鳞草（辽宁植物志，东北植物检索表，东北草本植物志）；歧伞獐牙菜（内蒙古植物志，中国植物志，Flora of China）

Anagallidium dichotomum (L.) Griseb. in Gen. Sp. Gent. 312. 1839; 东北草本植物志 7: 81. 图版45. 1981; 辽宁植物志（下册）: 91. 图版37: 7 ~ 9. 1992; 东北植物检索表（第二版）: 518. 图版258: 2. 1995.——*Swertia dichotoma* L., Sp. Pl. 1: 227. 1753; 内蒙古植物志（第二版）4: 101. 图版38: 1 ~ 5. 1993; 中国植物志 61: 404. 1988; Fl. China 16: 114. 1995.

一年生草本，高5 ~ 12厘米。茎细弱，四棱形。单叶对生；叶质薄，全缘，中上部叶卵状披针形。聚伞花序顶生或腋生；花梗细弱，弯垂，四棱形，有狭翅；花萼绿色，长为花冠之半；花冠白色，4裂，裂片卵形。蒴果椭圆状卵形。生河边、山坡、林缘。产辽宁省宽甸；内蒙古自治区海拉尔、克什克腾旗、巴林右旗、正蓝旗等地。

全草有清热、健胃、利湿作用，用于消化不良、胃脘痛胀、黄疸、目赤、牙痛、口疮。

10 獐牙菜属 *Swertia* L.

Swertia L., Sp. Pl. 226. 1753 et Gen. Pl. ed. 5: 107. 1754.

一年生或多年生草本。直立。叶对生或有时下部叶互生。聚伞花序顶生和腋生，排列成圆锥状；花萼4 ~ 5深裂，仅基部连合，裂片线状披针形，具1 ~ 3脉；花冠辐状，蓝色、蓝紫色或淡黄色，4 ~ 5深裂，冠筒极短，每个裂片基部有黄色腺窝1 ~ 2个，裸露或具鳞片或边缘具流苏状毛；雄蕊4 ~ 5，着生于花冠基部，花丝细长基部加宽，花药卵状披针形或箭头形，丁字形着生；子房无柄，1室，花柱有或无，柱头短，2裂，片状。蒴果卵形或长圆形，2裂，种子多数，近扁圆形，有皱纹。

本属全世界约有170种，主要分布于亚洲、非洲和北美洲，只有少数种类分布于欧洲。中国有79种，以西南山岳地区最为集中。东北地区产6种。

分种检索表

1. 一年生草本。
  2. 花4数 …………………………………………………………………………………… 1. 卵叶獐牙菜 **S. tetrapetala** Pall.
  2. 花5数。
    3. 花冠淡紫色或白色，直径1～1.5厘米，裂片长圆状披针形；腺窝边缘的流苏状长毛表面光滑 ……………………………………………………………………… 2. 北方獐牙菜 **S. diluta** (Turcz.) Benth. & Hook.
    3. 花冠淡蓝紫色，有紫色条纹，直径2～2.5厘米，裂片卵状披针形或长卵形；腺窝边缘的流苏状长毛表面具小瘤状突起 …………………………………………………………… 3. 瘤毛獐牙菜 **S. pseudochinensis** Hara
1. 多年生草本。
  4. 叶长圆状披针形；花冠裂片蓝紫色 ……………………………………………… 4. 北温带獐牙菜 **S. perennis** L.
  4. 叶椭圆形或矩圆形；花冠裂片白色或绿白色或淡黄绿色。
    5. 花冠裂片淡黄绿色，具红褐色斑点，裂片基部具1个褐色腺窝………… 5. 红直獐牙菜 **S. erythrosticta** Maxim.
    5. 花冠裂片白色或绿白色，具暗紫色斑点，裂片基部具2个腺窝……………6. 藜芦獐牙菜 **S. veratroides** Maxim.

（1）卵叶獐牙菜（东北植物检索表，东北草本植物志，中国植物志，Flora of China）；伞花獐牙菜（黑龙江省植物志，内蒙古植物志，东北植物检索表，东北草本植物志）

Swertia tetrapetala Pall. in Fl. Ross. 1(2): 99. 1789; 东北草本植物志 7: 75. 图版41. 1981; 内蒙古植物志（第二版）4: 101. 图版40: 9～11. 1993; 东北植物检索表（第二版）: 523. 图版262: 3. 1995; Fl. China 16: 118. 1995; 黑龙江省植物志8: 112. 图版54. 2001.——*Swertia wilfordii* A. Kern. in Ber. Naturwiss.-Med. Vereins Innsbruck 1: 102. 1870; 东北植物检索表286. 1959; 东北草本植物志 7: 78. 图版42. 1981; 中国植物志61: 394. 图版64: 4～6. 1988; 东北植物检索表（第二版）: 523. 图版262: 4. 1995.

生山顶石砬子上或林内。产黑龙江省尚志、绥芬河；吉林省安图等地；内蒙古自治区阿尔山、牙克石等地。

■ 卵叶獐牙菜

茎叶

花序

植株

（2）北方獐牙菜（中国植物志，Flora of China）；淡花獐牙菜（辽宁植物志，黑龙江省植物志，东北植物检索表，东北草本植物志）

Swertia diluta (Turcz.) Benth. & Hook. in Gen. Pl. 2: 817. 1876; 东北草本植物志 7: 75. 1981; 中国植物志 61: 394. 图版64: 7 ~ 8. 1988; 辽宁植物志（下册）: 92. 图版39: 4. 1992; 东北植物检索表（第二版）: 523. 图版262: 2. 1995; Fl. China 16: 120. 1995; 黑龙江省植物志8: 109. 图版52. 2001.

生山坡、山沟草地。产黑龙江省肇东、肇源；吉林省大安、长春、浑江、辉南、抚松、靖宇、长白；辽宁省大连、沈阳、西丰、本溪、新宾、清原、阜新；内蒙古自治区鄂温克、科尔沁右翼前旗、大青沟、正蓝旗等地。

全草入药，主治黄疸型肝炎、急性细菌性痢疾、消化不良等症。

■ 北方獐牙菜

花正面观

植株上部

花侧面观

植株下部

■ 北方獐牙菜

茎叶

植株

（3）瘤毛獐牙菜（辽宁植物志，黑龙江省植物志，内蒙古植物志，东北植物检索表，东北草本植物志，中国植物志，Flora of China）

Swertia pseudochinensis Hara in J. Jap. Bot. 25(5): 89. f. 2a. 1950; 东北草本植物志 7: 75. 图版40. 1981; 中国植物志61: 396. 1988; 辽宁植物志（下册）: 92. 图版39: 1 ~ 3. 1992; 内蒙古植物志（第二版）4: 103. 图版40: 1 ~ 8. 1993; 东北植物检索表（第二版）: 523. 图版262: 1. 1995; Fl. China 16: 120. 1995; 黑龙江省植物志8: 109. 图版53. 2001.

生山坡灌丛、杂木林下、路边、荒地。产黑龙江省北安、密山、虎林、安达、肇东、呼玛、萝北；吉林省安图、和龙、前郭；辽宁省各地；内蒙古自治区海拉尔、额尔古纳、牙克石、扎赉特旗、太仆寺旗、多伦等地。

全草入药，主治黄疸型肝炎、急性细菌性痢疾、消化不良等症。

■ 瘤毛獐牙菜

花冠4深裂

花冠5深裂

花冠6深裂

■ 瘤毛獐牙菜

花序

花侧面观

雌蕊与长柔毛状流苏

植株一部分

（4）北温带獐牙菜（Flora of China）；东北獐牙菜（东北植物检索表，东北草本植物志，中国植物志）

Swertia perennis L., Sp. Pl. 1: 226. 1753; Fl. China 16: 107. 1995.——*Swertia manshurica* (Kom.) Kitag. in Lineam. Fl. Mansb. 361. 1939; 东北草本植物志 7: 78. 图版44. 1981; 中国植物志61: 357. 图版57: 10 ~ 13.

■ 北温带獐牙菜

地下部分

茎叶

花序一部分

植株

1988; 东北植物检索表（第二版）: 525. 图版262: 6. 1995.

生阴坡、草甸子。产黑龙江省富裕、萝北、宁安；吉林省安图、汪清等地。

（5）红直獐牙菜（内蒙古植物志，中国植物志，Flora of China）；红直当药（中国北部植物图志）

Swertia erythrosticta Maxim. in Mel. Biol. Acad. Sci. St. Petersb. 11: 268. 1881; 中国北部植物图志2: 49. 图版20. 1933; 中国高等植物图鉴3: 408. 图4769. 1974; 中国植物志61: 353. 图版57: 1 ~ 5; 6: 3. 1988; Fl. China 16: 106. 1995; 内蒙古植物志（第三版）4: 94. 2020.

生河滩、干草原、高山草甸及疏林下。产内蒙古自治区克什克腾旗。

■ 红直獐牙菜

花序一部分

花

植株

（6）藜芦獐牙菜（黑龙江省植物志，东北植物检索表，东北草本植物志，中国植物志，Flora of China）

Swertia veratroides Maxim. in Fl. Manshur. 3: 276. 1907; 东北草本植物志7: 78. 图版43. 1981; 中国植物志61: 358. 1988; 东北植物检索表（第二版）: 525. 图版262: 5. 1995; Fl. China 16: 107. 1995; 黑龙江省植物志8: 112. 图版55. 2001.

■ 藜芦獐牙菜

花

花序

花序一部分

■ 藜芦獐牙菜

植株

植株下部

生草甸上，海拔1600～1700米。产黑龙江省尚志、绥芬河、呼玛、宁安；吉林省安图、敦化；内蒙古自治区牙克石等地。

149. 夹竹桃科 Apocynaceae

Apocynaceae Juss., Gen. Pl. [Jussieu] 143. 1789, *nom. cons.*

木贼门、木贼亚门、木兰纲、蔷薇亚纲、菊超目、龙胆目（Gentianales）。

乔木、灌木、藤本或草本，植株具乳汁或水液。单叶对生，全缘；无托叶或有假托叶；叶柄顶端有时有腺体。单花或多花组成各种类型的花序；花两性，5基数；花萼裂片基部内面常有腺体；花喉部常具副花冠、鳞片或附属体；雄蕊离生或形成合蕊冠，有时腹部与雌蕊黏合成合蕊柱；花药2或4室，若为花粉块，常2或4个，顶端常有膜片；子房1～2室，每室具胚珠1至多数，侧膜胎座；花柱1～2；柱头基部具5棱或2裂。蓇葖果、蒴果、浆果或瘦果；种子光滑，被端毛，具膜翅或假种皮。

本科全世界有406属4000～4500种，大多分布于热带和亚热带地区，少数种分布至温带地区。中国产87属423种，主产西南和东南部地区。东北地区产6属18种1亚种1变种1变型，其中栽培2种。

分属检索表

1. 叶柄顶端常无丛生的腺体；雄蕊离生，花粉粒不结合成花粉块。
  2. 一年生或多年生草本，有水液；花2～3朵组成聚伞花序；花冠高脚碟状 ……………… 1. 长春花属 Catharanthus
  2. 直立半灌木，具乳汁；圆锥状聚伞花序一至多歧；花冠圆筒状钟形 ……………………… 2. 罗布麻属 Apocynum
1. 叶柄顶端常有丛生的腺体；雄蕊互相连合，花粉粒结合成花粉块。
  3. 茎木质 …………………………………………………………………………………… 3. 杠柳属 Periploca
  3. 茎草质。
    4. 副花冠由5个完全离生的小片组成，每片内有1舌状片 ………………………………… 4. 马利筋属 Asclepias
    4. 副花冠环状或杯状，顶端5～10条裂或片裂。

（接上表）

5. 花径1厘米以下，副花冠杯状；柱头短而不延伸；果皮无凸起………… 5. 鹅绒藤属（白前属）Cynanchum
5. 花径1厘米以上，副花冠环状；柱头延伸成丝状并伸出花药外；果皮有明显瘤状突起 …………………………………………………………………………………… 6. 萝藦属 Metaplexis

1 长春花属 *Catharanthus* G. Don

Catharanthus G. Don, Gen. Hist. 4: 95. 837.

一年生或多年生草本，有水液。叶草质，对生；叶腋内和叶腋间有腺体。花2～3朵组成聚伞花序，顶生或腋生；花萼5深裂，基部内面无腺体；花冠高脚碟状，花冠筒圆筒状，花冠喉部紧缩，内面具刚毛，花冠裂片向左覆盖；雄蕊着生于花冠筒中部之上，但并不露出，花丝圆形，比花药为短，花药长圆状披针形；花盘为2片舌状腺体所组成，与心皮互生而较长；子房为2个离生心皮所组成，胚珠多数，花柱丝状，柱头头状。蓇葖双生，直立，圆筒状具条纹；种子15～30粒，长圆状圆筒形，两端截形，黑色，具颗粒状小瘤。

本属全世界约6种，产于非洲东部及亚洲东南部。中国栽培1种2变种。东北地区栽培1种。

长春花（中国植物志，Flora of China）

Catharanthus roseus (L.) G. Don, Gen. Hist. 4: 95. 1837; 中国植物志63: 83. 图版28. 1977; Fl. China 16: 157. 1995; The Checklist of the Naturalized Plants in China: 113. 2019.

半灌木，有水液；叶倒卵状长圆形；聚伞花序腋生或顶生，有花2～3朵；花冠红色，高脚碟状；蓇葖双生，直立。原产非洲东部，现栽培于各热带和亚热带地区。辽宁省大连及内蒙古自治区的部分地区有栽培。

植株含长春花碱，可药用，有降低血压之效；国外用来治白血病、淋巴肿瘤、肺癌、绒毛膜上皮癌、血癌和子宫癌等。

■ 长春花

白花

植株

■ 长春花

花侧面观

植株一部分

2 罗布麻属 *Apocynum* L.

Apocynum L., Sp. Pl. ed. 1: 213. 1753.

多年生宿根草本或半灌木，具乳汁。叶对生，稀互生，具柄，羽状脉。聚伞花序顶生或腋生；花萼5裂，覆瓦状排列；花冠钟形，整齐，5裂，里面基部具副花冠，裂片5，离生或基部合生，雄蕊5，着生于花冠筒基部，与副花冠裂片互生，花丝很短，花药箭头状，基部具耳，顶端渐尖，背面隆起，腹面中部黏在柱头基部；雌蕊1，花柱短，柱头基部盘状，顶端钝，2裂，子房半下位，心皮2，离生，胚珠多数，侧膜胎座，花盘环状，肉质。蓇葖果双生，细长；种子多数，细小，顶端具一簇白毛。

本属全世界约14种，广布于北美洲、欧洲及亚洲的温带地区。中国产1种，分布于西北、华北、华东及东北各省区。

罗布麻（辽宁植物志，黑龙江省植物志，内蒙古植物志，东北植物检索表，东北草本植物志，中国植物志，Flora of China）

Apocynum venetum L., Sp. Pl.213. 1753; 中国植物志63: 157. 图版52. 1977; 东北草本植物志 7: 90. 图版50. 1981; 辽宁植物志（下册）: 99. 图版43. 1992; 内蒙古植物志（第二版）4: 112. 图版45: 1 ~ 6. 1993; 东北植物检索表（第二版）: 525. 图版263: 5. 1995; Fl. China 16: 181. 1995; 黑龙江省植物志8: 120. 图版58. 2001.

半灌木或多年生草本，具乳汁；叶长圆形至卵状披针形，边缘具细锯状齿；圆锥状聚伞花序；花冠圆筒状钟形，紫红色或粉红色，花冠裂片基部向右覆盖，每裂片内外均具3条明显紫红色的脉纹；蓇葖双生，棒状，下垂。生盐碱荒地、河流两岸等地。产黑龙江省南部；吉林省大安；辽宁省新民、彰武、阜新、凌源、北镇、台安、盘锦、大洼、康平、营口、岫岩、鞍山（千山）、金州、大连、长海；内蒙古自治区科尔沁右翼前旗、巴林右旗、扎赉特旗、扎鲁特旗等地。

优良蜜源植物。茎皮纤维为高级衣料、渔网丝、皮革线、高级用纸等的原料，还用于国防工业、航空、航海等领域。嫩叶可代茶。叶有平肝安神、清热利水作用，全草有清火、降压、强心、利尿作用。

■ 罗布麻

花序

花序一部分

茎叶

居群

3 杠柳属 *Periploca* L.

Periploca L. Gen. Pl. ed. 5, 100. 1754.

木质藤本，含乳汁。叶对生，具柄。聚伞花序腋生或顶生；花萼5深裂，花冠辐状，花冠筒短，先端5裂，里面被柔毛，花冠基部有副花冠，5～10裂，雄蕊5，着生于副花冠基部，花丝短，互相分离，背部与副花冠合生，花药相连，围绕柱头并与柱头粘连，花粉器匙形，花粉藏于载粉器内；子房由2枚离生心皮组成，花柱短，柱头膨大成盘状。蓇葖果双生，长圆柱形；种子具白色绢质种毛。

本属全世界约12种，分布于亚洲温带地区、欧洲南部和非洲热带地区。中国产4种，分布于东北、华北、西北、西南地区及广西、湖南、湖北、河南和江西等省区。东北地区产1种。

杠柳（辽宁植物志，黑龙江省植物志，内蒙古植物志，东北植物检索表，中国植物志，Flora of China）；北五加皮（俗称）

Periploca sepium Bunge in Enum. Pl. China Bor. 43. 1835; 中国植物志61: 273. 图版94: 1～6. 1977; 辽宁植物志（下册）: 101. 图版44. 1992; 内蒙古植物志（第二版）4: 116. 图版47. 1993; 东北植物检索表（第二版）: 531. 图版271: 6. 1995; Fl. China16: 195. 1995; 黑龙江省植物志8: 135. 图版66. 2001.

木质藤本，有乳汁；叶片卵状披针形，革质；聚伞花序腋生；花冠暗紫色，5深裂，裂片反折，中央加厚成纺锤形，里面密生白茸毛，外面无毛；副花冠环状，10裂，其中5裂延伸呈丝状；蓇葖果双生，圆柱形。生沿海石砾山坡及干燥沙质地。产黑龙江省哈尔滨；吉林省通榆、双辽；辽宁省彰武、北镇、葫芦岛、沈阳、抚顺、本溪、盖州、大洼、庄河、长海、金州、大连；内蒙古自治区通辽、大青沟、科尔沁右翼中旗、翁牛特旗等地。黑龙江省有栽培。

■ 杠柳

茎叶

蓇葖果

花冠黄绿色

■ 杠柳

花冠紫色

居群

攀缘效果好，可用于垂直绿化。根皮、茎皮有祛风湿、壮筋骨、强腰膝作用。嫩茎叶可以食用。

4 马利筋属 *Asclepias* L.

Asclepias L., Sp. Pl. 214. 1753.

多年生草本。叶对生或轮生，具柄，羽状脉。聚伞花序伞形状，顶生或腋生；花萼5深裂，内面基部有腺体5～10个；花冠辐状，5深裂，镊合状排列，稀向右覆盖，裂片反折；副花冠5片，贴生于合蕊冠上，直立，凹兜状，内有舌状片；雄蕊着生于花冠基部，花丝合生成筒（称合蕊冠）；花药顶端有膜片；花粉块每室1个，长圆形，下垂；子房由2枚离生心皮所组成；柱头五角状或5裂。蓇葖披针形，端部渐尖；种子顶端具白色绢质种毛。

本属全世界约120种，分布于美洲、非洲、南欧和亚洲热带及亚热带地区。中国各地广泛栽培1种。东北地区有栽培。

马利筋（辽宁植物志，黑龙江省植物志，东北植物检索表，东北草本植物志，中国植物志，Flora of China）

Asclepias curassavica L., Sp. Pl.215. 1753; 中国植物志61: 388. 图版141. 1977; 东北草本植物志7: 105. 图

■ 马利筋

种子

花序

■ 马利筋

花侧面观

花背面观

果序

植株上部

群落

版58. 1981; 辽宁植物志（下册）: 118. 图版52. 1992; 东北植物检索表（第二版）: 527. 图版265: 6. 1995; Fl. China 16: 203. 1995; 黑龙江省植物志8: 124. 图版60. 2001.

多年生直立草本，全株有白色乳汁；叶披针形，全缘；聚伞花序；花冠紫红色，裂片长圆形，反折；副花冠生合蕊冠上，5裂，黄色；蓇葖披针形；种子卵圆形，顶端具白色绢质种毛。原产拉丁美洲的西印度群岛。黑龙江省哈尔滨及辽宁省大连等地有栽培。

作为观赏植物引进，用于园林绿化。全株可药用，有除虚热、利小便、调经活血、止痛、退热消炎、散肿驱虫之效。全株有毒，尤以乳汁毒性较强，误食后头痛、头晕、恶心和呕吐，继而腹痛、腹泻、烦躁。

5 鹅绒藤属（白前属） *Cynanchum* L.

Cynanchum L. Gen. Pl. ed. 5. 101. 1754.

多年生草本，直立或攀缘。叶对生，稀轮生。聚伞花序多数呈伞形状，多花着生；花萼5深裂，裂片通常双盖覆瓦状排列；副花冠膜质或肉质，5裂或杯状或筒状，其顶端具各式浅裂片或锯状齿，在各裂片的内面有时具有小舌片；花药无柄或具柄，顶端的膜片内向；花粉块每室1个，下垂，多数长圆形；柱头基部膨大，五角，顶端全缘或2裂。蓇葖双生或1个不发育，长圆形或披针形，外果皮平滑，稀具软刺，或具翅；种子顶端具种毛。

本属全世界约200种，分布于非洲东部、地中海地区及欧亚大陆的热带、亚热带及温带地区。中国产53种，12变种，主要分布于西南各省区，也有分布在西北及东北各省区。东北地区产13种1亚种1变种1变型。

分种检索表

1. 茎缠绕。
  2. 叶披针形，长2～9厘米，宽0.5～2厘米，基部微心形；花冠白色 ········ **1. 蔓白前 C. volubile** (Maxim.) Hemsl.
  2. 叶卵形、广卵形、卵状心形或戟形。
    3. 茎上部缠绕；叶卵形或椭圆形，花初为黄色，后渐变黑紫色 ················ **2. 变色白前 C. versicolor** Bunge
    3. 茎自基部缠绕。
      4. 花淡黄色；叶卵形，基部耳状深心形 ························ **3. 隔山消 C. wilfordii** (Maxim.) Forb. et Hemsl.
      4. 花白色或内面紫色。
        5. 花冠外面白色，内面紫色 ······ **4b. 戟叶鹅绒藤 C. acutum** subsp. **sibiricum** (Willdenow) K. H. Rechinger
        5. 花外面和内面均为白色。
          6. 叶卵形或长卵形，基部向两侧扩展并呈深心形 ································ **5. 白首乌 C. bungei** Decne.
          6. 叶心形或广卵状心形，基部不向两侧扩展并呈浅心形 ························ **6. 鹅绒藤 C.chinense** R. Br.
1. 茎直立。
  7. 叶狭线形、线形或线状披针形。
    8. 花紫红色 ·· **7. 紫花杯冠藤 C. purpureum** (Pall.) K. Schum.
    8. 花黄绿色、黄色或黄白色。
      9. 叶长5～13厘米，宽5～15毫米；蓇葖果披针形，长5～7厘米，径约6毫米
      ··· **8. 徐长卿 C. paniculatum** (Bunge) Kitag.
      9. 叶长2.5~6厘米，宽2~5毫米；蓇葖果纺锤形，长5~7厘米，径约2厘米（**9. 地梢瓜 C. thesioides** (Freyn) K. Schum.）
        10. 茎直立，自基部多分枝 ·· **9a. 地梢瓜 C. thesioides** var. **thesioides**
        10. 茎柔弱，顶端常伸长而缠绕，分枝极少
        ·· **9b. 雀瓢 C. thesioides** var. **australe** (Maxim.) Tsiang et P. T. Li
  7. 叶卵形、广卵形或卵状椭圆形。
    11. 叶两面被白毛；无总花梗；花深紫红色 ··· **10. 白薇 C. atratum** Bunge
    11. 叶被微毛、近无毛或仅脉上被微毛；有总花梗。
      12. 叶无柄且基部心形抱茎（**11. 合掌消 C. amplexicaule** (Sieb. et Zucc.) Hemsl.）。
        13. 花白色 ·· **11a. 合掌消 C. amplexicaule** f. **amplexicaule**.
        13. 花紫色 ···································· **11b. 紫花合掌消 C. amplexicaule** f. **castaneum** (Makino) C. Y. Li
      12. 叶具短柄。
        14. 花白色 ·· **12. 潮风草 C. acuminatifolium** Hemsley
        14. 花黄色或黄绿色或紫红色。
          15. 花紫红色，直径约7毫米；叶卵状披针形，基部宽楔形
          ·· **13. 华北白前 C. mongolicum** (Maxim.) Hemsl.
          15. 花黄色，直径约3毫米；叶卵形，基部圆形或近心形··· **14. 竹灵消 C. inamoenum** (Maxim.) Loes.

（1）蔓白前（辽宁植物志，黑龙江省植物志，东北植物检索表，东北草本植物志，中国植物志，Flora of China）

Cynanchum volubile (Maxim.) Hemsl. in J. L. Soc., Bot. 26: 109. 1889; 中国植物志61: 360. 1977; 东北草本植物志7: 100. 图版55. 1981; 辽宁植物志（下册）: 113. 图版49. 1992; 东北植物检索表（第二版）: 529. 图版265: 5. 1995; Fl. China 16: 223. 1995; 黑龙江省植物志8: 134. 图版64: 2 ~ 6. 2001.

生湿草甸子等处。产黑龙江省哈尔滨、伊春、桦川、穆棱、密山、虎林；辽宁省大连、丹东、抚顺等地。

■ **蔓白前**

花序

果序

植株一部分

植株

（2）变色白前（辽宁植物志，东北植物检索表，东北草本植物志，中国植物志，Flora of China）

Cynanchum versicolor Bunge in Enum. Pl. China Bor. 44. 1833; 中国植物志61: 356. 图版128. 1977; 东北草本植物志7: 105. 图版57: 6 ~ 7. 1981; 辽宁植物志（下册）: 116. 图版50: 6 ~ 7. 1992; 东北植物检索表（第二版）: 531. 图版265: 2. 1995; Fl. China 16: 221. 1995.

生灌木丛中及溪流旁。产辽宁省凌海、绥中、鞍山、海城、盖州、庄河、瓦房店、普兰店、金州、大连、长海等地。

根和根茎可药用，具有解热利尿作用。茎皮纤维可作造纸原料；根含淀粉，并可提制芳香油。

■ 变色白前

花序

蓇葖果

植株

（3）隔山消（辽宁植物志，东北植物检索表，东北草本植物志，中国植物志，Flora of China）

Cynanchum wilfordii (Maxim.) Forb. et Hemsl. in J. L. Soc., Bot. 26: 109. 1889; 中国植物志61: 370. 图版134. 1977; 东北草本植物志7: 102. 图版56: 9. 1981; 辽宁植物志（下册）: 116. 图版51: 9. 1992; 东北植物检索表（第二版）: 529. 图版265: 4. 1995; Fl. China 16: 214. 1995.

生山坡、山谷或灌木丛中或路边草地。产辽宁省西丰、凤城、本溪、鞍山、瓦房店、庄河、大连、长海等地。

地下块根供药用，用以健胃、消饱胀、治噎食；外用治鱼口疮毒。

■ 隔山消

叶正反面对比

花序

蓇葖果

■ 隔山消

植株上部

植株

（4）尖叶鹅绒藤（新拟）

Cynanchum acutum L., Sp. Pl. 212. 1753.

（4a）尖叶鹅绒藤（原亚种）

Cynanchum acutum subsp. *acutum*

中国不产。

（4b）戟叶鹅绒藤（亚种）（大连地区植物志，中国高等植物图鉴，中国植物志，Flora of China）；羊角子草（中国植物志）

Cynanchum acutum subsp. *sibiricum* (Willdenow) K. H. Rechinger, Fl. Iranica. 73: 9. 1970; Fl. China 16: 210. 1995.——*Cynanchum sibiricum* Willd. in Ges. Naturf. Fr. Neue Schr. 124, t. 5, f. 1799; 中国高等植物图鉴, 3: 472, 图4897. 1974; 中国植物志61: 311. 图版107. 1977; 大连地区植物志中册: 601. 图785. 1982.——*Cynanchum cathayense* Tsiang et Zhang in Acta Phytotax. Sinica 12. 110, Pl. 24. 1974; 中国植物志61: 311. 图版137. 1977.

生山坡。产辽宁省瓦房店龙潭山。

■ 戟叶鹅绒藤

茎叶

植株一部分

花序

（5）白首乌（辽宁植物志，黑龙江省植物志，内蒙古植物志，东北植物检索表，东北草本植物志，中国植物志，Flora of China）

Cynanchum bungei Decne. in Prodr. 8: 549. 1844; 中国植物志61: 322. 图版114：8 ~ 13. 1977; 东北草本植物志7: 101. 图版114: 8 ~ 13. 1981; 辽宁植物志（下册）: 113. 图版50: 1 ~ 5. 1992; 内蒙古植物志（第二版）4: 128. 图版53: 10 ~ 14. 1993; 东北植物检索表（第二版）: 529. 图版265: 1. 1995; Fl. China 16: 215. 1995; 黑龙江省植物志8: 128. 图版62: 1 ~ 5. 2001.

生山坡、山谷或河坝、路边的灌木丛中。产辽宁省金州、凌源、建平、南票、彰武、绥中、北镇；内蒙古自治区科尔沁右翼前旗、科尔沁右翼中旗等地。黑龙江省有记录，产地不详。

块根有补肝肾、强筋骨、益精血作用，茎有安神、祛风、止汗作用。

■ 白首乌

植株

植株一部分

花序

花侧面观

（6）鹅绒藤（辽宁植物志，黑龙江省植物志，内蒙古植物志，东北植物检索表，东北草本植物志，中国植物志，Flora of China）

Cynanchum chinense R. Br. in Mem. Wern. Nat. Hist. Soc. 1: 44. 1809; 中国植物志61: 314. 图版109: 1 ~ 9. 1977; 东北草本植物志7: 101. 图版56: 1 ~ 8. 1981; 辽宁植物志（下册）: 116. 图版51: 1 ~ 8. 1992; 内蒙古植物志（第二版）4: 128. 图版53: 1 ~ 9. 1993; 东北植物检索表（第二版）: 531. 图版265: 3. 1995; Fl. China 16: 211. 1995; 黑龙江省植物志8: 130. 图版62: 6 ~ 13. 2001.

生向阳山坡灌木丛中或路旁、河畔、田埂边。产黑龙江省西部；吉林通榆、白城；辽宁省康平、彰武、建平、葫芦岛、沈阳、鞍山、盖州、营口、金州、长海、大连；内蒙古自治区牙克石、科尔沁左翼后旗、科尔沁右翼中旗、扎鲁特旗、通辽、巴林右旗等地。

根有祛风解毒、健胃止痛作用，治小儿食积。

■ 鹅绒藤

花

花序

茎叶

果期植株

（7）紫花杯冠藤（辽宁植物志，黑龙江省植物志，内蒙古植物志，东北植物检索表，东北草本植物志，中国植物志，Flora of China）；紫花白前（辽宁植物志）

Cynanchum purpureum (Pall.) K. Schum. in Nat. Pflanzenfam. 4(2): 253. 1895; 中国植物志61: 373. 1977; 东北草本植物志（第七卷）: 97. 1981; 辽宁植物志（下册）: 110. 1992; 内蒙古植物志（第二版）4: 124. 图版50: 6 ~ 12. 1993; 东北植物检索表（第二版）: 529. 1995; Fl. China 16: 210. 1995; 黑龙江省植物志8: 132. 图版63: 6 ~ 11. 2001.

■ 紫花杯冠藤

茎

花侧面观

花序

植株一部分

生山地林中。产黑龙江省大庆、安达、肇东、泰来、呼玛、龙江、哈尔滨；吉林省双辽、通榆、白城；辽宁省建昌、法库；内蒙古自治区海拉尔、牙克石、满洲里、新巴尔虎左旗、科尔沁右翼前旗、扎赉特旗、扎鲁特旗、阿鲁科尔沁旗、锡林浩特、阿巴嘎旗等地。

根用于肺热咳嗽、热淋、肾炎水肿、小便不利。

（8）徐长卿（辽宁植物志，黑龙江省植物志，内蒙古植物志，东北植物检索表，东北草本植物志，中国植物志，Flora of China）；北陵白前（辽宁植物志，东北植物检索表）

Cynanchum paniculatum (Bunge) Kitag. in J. Jap. Bot. 16: 20. 1940; 中国植物志61: 351. 图版125. 1977; 东北草本植物志7: 98. 图版52: 1～6. 1981; 辽宁植物志（下册）: 111. 图版48: 1～7. 1992; 内蒙古植物志（第二版）4: 124. 图版50: 1～5. 1993; 东北植物检索表（第二版）: 529. 图版264: 6. 1995; Fl. China 16: 218. 1995; 黑龙江省植物志8: 130. 图版63: 1～5. 2001.——*C. dubium* Kitag. in Rep. Inst. Sci. Res. Manchoukou 3(App. 1): 363. 1939; 辽宁植物志（下册）: 110. 1992; 东北植物检索表（第二版）: 529. 1995.

生向阳山坡及草丛中。产黑龙江省安达、爱辉、密山、虎林、萝北、黑河；吉林省白城、通榆、镇赉；辽宁省各地；内蒙古自治区额尔古纳、鄂伦春、扎兰屯、鄂伦春、科尔沁右翼前旗、扎赉特旗、科

■ 徐长卿

根部

花序

花序一部分

蓇葖果

植株

尔沁左翼后旗、科尔沁左翼中旗、西乌珠穆沁旗、锡林浩特、正镶白旗等地。

全草有祛风止痛、解毒消肿作用，治胃气痛、肠胃炎、毒蛇咬伤、腹水等。

（9）地梢瓜（辽宁植物志，黑龙江省植物志，内蒙古植物志，东北植物检索表，东北草本植物志，中国植物志，Flora of China）

Cynanchum thesioides (Freyn) K. Schum. in Nat. Pflanzenfam. 4(2): 252. 1895; 中国植物志61: 367. 图版133. 1977; 东北草本植物志7: 98. 图版54: 7 ~ 8. 1981; 辽宁植物志（下册）: 111. 图版48: 8 ~ 9. 1992; 内蒙古植物志（第二版）4: 126. 图版52: 1 ~ 11. 1993; 东北植物检索表（第二版）: 529. 图版264: 7. 1995; Fl. China 16: 209. 1995; 黑龙江省植物志8: 132. 图版64: 1. 2001.

（9a）地梢瓜（原变种）

Cynanchum thesioides var. *thesioides*

生山坡、沙丘或干旱山谷、荒地、田边等处。产黑龙江省杜尔伯特、肇东、五常、泰来、安达、大庆、哈尔滨；吉林省白城、双辽、镇赉、通榆；辽宁省各地；内蒙古自治区各地。

幼果可食；种毛可作填充料；全草有清热降火、消炎止痛作用。

■ 地梢瓜

花序

植株一部分

植株

（9b）雀瓢（变种）（辽宁植物志，内蒙古植物志，东北植物检索表，东北草本植物志，中国植物志）

Cynanchum thesioides var. *australe* (Maxim.) Tsiang et P. T. Li in Acta Phytotax. Sin. 12: 101. 1974; 中国植物志61: 370. 1977; 东北草本植物志7: 100. 图版94: 4. 1981; 辽宁植物志（下册）: 113. 1992; 内蒙古植物志（第二版）4: 128. 图版52: 12. 1993; 东北植物检索表（第二版）: 529. 1995.

■ 雀瓢

花序

植株一部分

植株

生水沟旁、河岸边或山坡、路旁的灌木丛草地上。产吉林省四平；辽宁省新民、凌源、大连、普兰店、凤城、彰武、瓦房店、铁岭、法库；内蒙古自治区翁牛特旗等地。

（10）白薇（辽宁植物志，黑龙江省植物志，内蒙古植物志，东北植物检索表，东北草本植物志，中国植物志，Flora of China）

Cynanchum atratum Bunge in Enum. Pl. China Bor. 45. 1833; 中国植物志61: 344. 图版123. 1977; 东北草本植物志7: 93. 图版52: 1 ~ 5. 1981; 辽宁植物志（下册）: 106. 图版46: 1 ~ 5. 1992; 内蒙古植物志（第二版）4: 120. 图版48: 8 ~ 9. 1993; 东北植物检索表（第二版）: 529. 图版264: 2. 1995; Fl. China 16: 217. 1995; 黑龙江省植物志8: 128. 图版61: 5 ~ 9. 2001.

生河边、干荒地、草丛、山沟、林下。产黑龙江省安达、大庆、肇东、桦川、宝清、集贤、泰来、尚志、牡丹江、宁安、伊春、萝北、德都、北安；吉林省安图、通化、白城、临江、集安、吉林、汪清、双辽；辽宁省西丰、昌图、新民、北镇、义县、喀左、建平、建昌、绥中、清原、抚顺、沈阳、本溪、凤城、丹东、庄河、金州、大连；内蒙古自治区扎兰屯、科尔沁右翼前旗、扎赉特旗等地。

根及部分根茎有除虚烦、清热散肿、生肌止痛作用。

■ 白薇

果期

花期植株

花序

（11）合掌消（辽宁植物志，黑龙江省植物志，内蒙古植物志，东北植物检索表，东北草本植物志，中国植物志，Flora of China）；抱茎白前（辽宁植物志）

Cynanchum amplexicaule (Sieb. et Zucc.) Hemsl. in J. L. Soc., Bot. 26: 104. 1889; 中国植物志61: 332. 图版116. 1977; 东北草本植物志7: 94. 图版52: 6 ~ 7. 1981; 辽宁植物志（下册）: 106. 图版46: 6 ~ 7. 1992; 内蒙古植物志（第二版）4: 118. 图版48: 1 ~ 7. 1993; 东北植物检索表（第二版）: 529. 图版264: 3. 1995; Fl. China 16: 216. 1995; 黑龙江省植物志8: 126. 图版61: 1 ~ 2. 2001.

（11a）合掌消（原变型）

Cynanchum amplexicaule f. *amplexicaule*

生沿海山坡草地或沙滩草丛中。产黑龙江省肇源、安达、虎林、集贤、穆棱、肇东、萝北、富锦、密山、哈尔滨、牡丹江；吉林省白城、前郭、镇赉；辽宁省康平、法库、铁岭、彰武、新民、沈阳、鞍山、大连、瓦房店、长海；内蒙古自治区莫力达瓦达斡尔、扎赉特旗、翁牛特旗等地。各地常见药草园栽培。

根及全草有清热、祛风湿、消肿解毒作用，用于胃痛、泄泻、急性肝炎、风湿痛等。

■ 合掌消

蓇葖单生

植株上部

植株下部

植株

（11b）紫花合掌消（变型）（辽宁植物志，内蒙古植物志，东北植物检索表，东北草本植物志，中国植物志）

Cynanchum amplexicaule f. *castaneum* (Makino) C. Y. Li in Clavis Pl. Chinae Bor.-Or. ed. 2: 529. 1995; 东北植物检索表（第二版）: 529. 1995.——*Cynanchum amplexicaule* var. *castaneum* Makino in Rep. Inst. Sci. Res. Manchoukuo 4: 84. 1940; 中国植物志61: 332. 1977; 东北草本植物志7: 94. 1981; 辽宁植物志（下册）:

■ 紫花合掌消

根部

花正面观

花侧面观

花期

果期

108. 1992; 内蒙古植物志（第二版）4: 120. 1993.

生山坡草地或田边、湿草地及沙滩草丛中。产黑龙江省绥化；辽宁省沈阳、康平、法库、瓦房店（土城子）、长海县（海洋岛）；内蒙古自治区莫力达瓦达斡尔、科尔沁左翼后旗、扎赉特旗等地。各地常见药草园栽培。

（12）潮风草（辽宁植物志，黑龙江省植物志，东北植物检索表，东北草本植物志，中国植物志，Flora of China）；尖叶白前（辽宁植物志）

Cynanchum acuminatifolium Hemsley in F. B. Forbes & Hemsley, J. L. Soc., Bot. 26: 104. 1889; Fl. China16: 221. 1995.——*C. ascyrifolium* (Franch. et Sav.) Matsum. in Index Pl. Jap. 2(2): 509. 1912; 中国植物志61: 340. 图版120. 1977; 东北草本植物志7: 95图版53: 1 ~ 2. 1981; 辽宁植物志（下册）: 108. 图版47: 1 ~ 2. 1992; 东北植物检索表（第二版）: 529. 图版264: 4. 1995; 黑龙江省植物志8: 126. 图版61: 3 ~ 4. 2001.

生山坡、林缘、林下。产黑龙江省尚志、穆棱；吉林省珲春、安图、浑江；辽宁省西丰、清原、鞍山、岫岩、本溪、桓仁、凤城、瓦房店、庄河等地。

根有清热、利尿作用。

■ 潮风草

种子

花序正面观

花序侧面观

果序

植株

■ 潮风草

植株上部

居群

（13）华北白前（中国植物志，Flora of China）；牛心朴子（中国植物志）

Cynanchum mongolicum (Maxim.) Hemsl. in J. L. Soc., Bot. 26: 107 1889; Fl. China 16: 219. 1995.——*C. hancockianum* (Maxim.) Al. Iljinski in Bot. Mater. Gerb. Glavn. Bot. Sada RSFSR 2: 18. 1921; 中国植物志61: 344. 图版122. 1977; 内蒙古植物志（第二版）4: 122. 图版49: 12 ~ 13. 1993.

生山岭旷野。产辽宁省建昌、庄河、凤城等地。

全草有活血、止痛、解毒作用，用于关节痛、牙痛、秃疮。

■ 华北白前

茎叶

花正面观

花侧面观

蓇葖果

植株

植株一部分

（14）竹灵消（辽宁植物志，东北植物检索表，东北草本植物志，中国植物志，Flora of China）

Cynanchum inamoenum (Maxim.) Loes. in Bot. Jahrb. Syst. 34(75): 60. 1904; 中国植物志61: 343. 图版121. 1977; 东北草本植物志7: 96. 图版53: 3. 1981; 辽宁植物志（下册）: 108. 图版47: 3. 1992; 东北植物检索表（第二版）: 529. 图版264: 5. 1995; Fl. China 16: 217. 1995.

生山地疏林、灌木丛中、山顶、山坡草地上。产辽宁省庄河、凌源等地。

根及根状茎有健脾补肾、化毒、调经活血作用。种子有退烧止泻作用。

■ 竹灵消

花序

植株一部分

植株

6 萝藦属 *Metaplexis* R. Br.

Metaplexis R. Br. in Mem. Wern. Soc. 1: 48. 1810.

多年生草本或半灌木状藤本，有乳汁。叶对生，卵状心形，有柄。总状花序或总状聚伞花序，腋生或腋外生；花萼5深裂；花冠近辐状，花冠筒短，裂片5，里面密被白柔毛；副花冠环状，着生于合蕊冠基部，5浅裂；雄蕊连生包围雌蕊，花药先端有一白色膜片，花粉块卵状长圆形，下垂；子房无毛，由2个离生心皮组成，柱头延伸成丝状，先端2裂。蓇葖果叉生，纺锤形或长圆形，表面平滑或具瘤状小突起；种子顶端具白色种毛。

本属全世界约6种，分布于亚洲东部。中国产2种，分布于西南、西北、东北和东南地区。东北地区产1种。

萝藦（辽宁植物志，黑龙江省植物志，内蒙古植物志，东北植物检索表，东北草本植物志，中国植物志，Flora of China）

Metaplexis japonica (Thunb.) Makino in Bot. Mag. (Tokyo) 17(195): 87. 1903; 中国植物志61: 403. 图版148. 1977; 东北草本植物志7: 92. 图版51. 1981; 辽宁植物志（下册）: 103. 图版45. 1992; 内蒙古植物志（第二版）4: 130. 图版54. 1993; 东北植物检索表（第二版）: 531. 图版264: 1. 1995; Fl. China16: 205. 1995; 黑龙江省植物志8: 134. 图版65. 2001.

多年生草质藤本；叶卵状心形；总状式聚伞花序；花冠白色或淡粉色，有淡紫红色斑纹，花冠裂片顶端反折，内面被柔毛；副花冠环状，着生合蕊冠上，短5裂，裂片兜状；蓇葖果叉生，纺锤形。生山坡、路旁、河边及灌丛中。产黑龙江省哈尔滨、孙吴、饶河、阿城、兴凯湖；吉林省吉林、靖宇、集安、双辽、安图、汪清；辽宁省清原、沈阳、本溪、桓仁、凤城、宽甸、丹东、大洼、盖州、大连、北镇、建昌、凌源；内蒙古自治区科尔沁右翼前旗、扎赉特旗、扎鲁特旗、大青沟等地。

嫩果、嫩苗可食。全草有补肾强壮、行气活血、消肿解毒作用。果实、根也药用。

■ 萝藦

种子

粉花正面观

粉花侧面观

粉花株

白色花序

白花侧面观

白花株

果期植株

150. 紫草科　Boraginaceae

Boraginaceae Juss., Gen. Pl. [Jussieu] 128. 1789, *nom. cons.*

木贼门、木贼亚门、木兰纲、蔷薇亚纲、菊超目、紫草目（Boraginales）。

多数为草本，较少为灌木或乔木，常被硬毛或刚毛。单叶互生，极少对生。聚伞花序或镰状聚伞花序，极少花单生。花两性，辐射对称，很少左右对称；花萼具5个基部至中部合生的萼片，大多宿存；花冠筒状、钟状、漏斗状或高脚碟状，檐部具5裂片；雄蕊5，着生花冠筒部，稀上升到喉部；雌蕊由2心皮组成，子房2室，或由内果皮形成隔膜而成4室，花柱顶生或生在子房裂瓣之间的雌蕊基上；雌蕊基果期平或不同程度升高呈金字塔形至锥形。果实为核果或为2～4个分离的小坚果；种子无胚乳，稀有胚乳。

本科全世界有156属，约2500种，分布于世界的温带和热带地区，地中海区为其分布中心。中国产44属，约300种，主产西南地区。东北地区产23属43种2亚种2变种，其中栽培8种。

分属检索表

1. 高大乔木 ………………………………………………………………………… 1. 厚壳树属 Ehretia
1. 草本植物。
  2. 子房不分裂，花柱顶生；果实为核果，木栓质，具4个小核 ………………………… 2. 紫丹属 Tournefortia
  2. 子房4裂，花柱生于子房裂片间的基部；果实通常为分离的小坚果。
    3. 花冠喉部或筒部平滑，或有折皱或突起，但无鳞片状附属物。
      4. 雄蕊伸出花冠外；小坚果背面有碗状突起，着生面居果的腹面中部以下；花托圆锥状柱形 ………………………………………………………………… 3. 颅果草属 Craniospermum
      4. 雄蕊内藏；小坚果背面无碗状突起，着生面居果的基部；花托平。
        5. 雄蕊螺旋状排列；小坚果有柄 ……………………………………………4. 紫筒草属 Stenosolenium
        5. 雄蕊轮生；小坚果无柄。
          6. 一年生 ………………………………………………………………… 5. 田紫草属 Buglossoides
          6. 多年生。
            7. 花冠喉部或具短毛丛；小坚果卵形，腹面纵龙骨状 ……………………… 6. 肺草属 Pulmonaria
            7. 花冠喉部不多毛；小坚果卵圆形，表面光滑 ……………………………… 7. 紫草属 Lithospermum
    3. 花冠喉部或筒部有5个内向的与花冠裂片对生的鳞片状附属物。
      8. 花萼裂片不等大，果期有些裂片强烈增大，呈蚌壳状，边缘有不整齐的牙齿状裂片，网脉隆起 ……………………………………………………………………… 8. 糙草属 Asperugo
      8. 花萼裂片近等大，果期稍增大，不呈蚌壳状，边缘无齿，脉不隆起。
        9. 小坚果有锚状刺（*Eritrichium mandshuricum*和*E. rupestre*除外）。
          10. 小坚果着生面居腹面的中上部，腹面下部游离；花托金字塔形；叶椭圆形，卵形、披针形或长圆状披针形 ………………………………………………………… 9. 琉璃草属 Cynoglossum
          10. 小坚果着生面居腹面的中下部或达中上部，腹面下部（或近基部）为着生面而不游离。
            11. 花托锥状，与小坚果近等长或比小坚果长 ………………………………… 10. 鹤虱属 Lappula
            11. 花托金字塔形，比小坚果显著短。
              12. 花萼裂片果期斜向上，被覆着果实；小坚果有锚状短刺 …………… 11. 齿缘草属 Eritrichium
              12. 花萼裂片果期反折或少有平伸，果实裸露；小坚果有锚状长刺 ……… 12. 假鹤虱属 Hackelia
        9. 小坚果无锚状刺。
          13. 花柱伸出花冠外。
            14. 茎生叶常聚生于茎顶，近轮生 ………………………………………… 13. 山茄子属 Brachybotrys
            14. 茎生叶近等距排列。
              15. 叶肉质，较小，长数厘米 ……………………………………………… 14. 滨紫草属 Mertensia
              15. 叶非肉质，大型，长达十几厘米以上。
                16. 花冠筒状钟形，淡紫红色至白色；小坚果卵形，有时稍偏斜，通常有疣点和网状皱纹，较少平滑，着生面在基部，碗状，边缘有细齿 …………………… 15. 聚合草属 Symphytum
                16. 花显著左右对称，蓝色、紫色或粉红色；小坚果卵形或狭卵形，伸直，有疣状突起或平滑，着生面在基部 ……………………………………………………… 16. 蓝蓟属 Echium
          13. 花柱内藏。
            17. 小坚果背面有碗状突起，着生面在腹面顶部 …………………………… 17. 盾果草属 Thyrocarpus
            17. 小坚果背面无碗状突起，着生面在小坚果基部或腹面的下部或基部。

（接上表）

18. 小坚果有褶皱或瘤状小突起，腹面有凹陷。
 19. 小坚果有皱褶
  20. 花冠附属物位于喉部之下 ······ 18. 假狼紫草属 Nonea
  20. 花冠附属物位于喉部 ······ 19. 牛舌草属 Anchusa
 19. 小坚果具瘤状突起。
  21. 花冠喉部和花药不如上 ······ 20. 斑种草属 Bothriospermum
  21. 花冠喉部附属物有毛；花药分离，背部无细条状附属物 ······ 21. 琉璃苣属 Borago
18. 小坚果无皱褶或瘤状突起，腹面无凹陷。
 22. 花托明显隆起呈金字塔形 ······ 11. 齿缘草属 Eritrichium
 22. 花托平或凹陷。
  23. 花冠裂片花蕾时覆瓦状排列；小坚果四面体形 ······ 22. 附地菜属 Trigonotis
  23. 花冠裂片花蕾时旋转状排列；小坚果透镜状 ······ 23. 勿忘草属 Myosotis

1 厚壳树属 *Ehretia* L.

Ehretia L. Syst. ed. 10. 936. 1759.

乔木或灌木。叶互生，全缘或具锯状齿，有叶柄。聚伞花序呈伞房状或圆锥状；花萼小，5裂；花冠筒状或筒状钟形，稀漏斗状，白色或淡黄色，5裂，裂片开展或反折；花药卵形或长圆形，花丝细长，通常伸出花冠外；子房圆球形，2室；花柱顶生，中部以上2裂，柱头2，头状或伸长。核果近圆球形，多为黄色、橘红色或淡红色，无毛，内果皮成熟时分裂为2个具2粒种子或4个具1粒种子的分核。

本属全世界约50种，大多分布于非洲、亚洲南部，美洲有极少量分布。中国有12种1变种，主产长江以南各省区。东北地区栽培1种。

粗糠树（中国植物志，Flora of China）；破布子（中国中部植物）

Ehretia dicksonii Hance, Ann. Sci. Nat. Bot., ser. 4, 18: 224. 1862; Fl. China 16: 334. 1995.——*E. macrophylla* auct. non Wall. : 中国植物志64(2): 15. 1989.

■ 粗糠树

树干

叶背面观

小枝

■ 粗糠树

花序

果序

植株

落叶乔木；叶宽椭圆形至倒卵形，上面密生短硬毛，下面密生短柔毛；聚伞花序呈伞房状或圆锥状；花近无梗；花冠筒状钟形，白色至淡黄色，芳香；核果黄色，近球形。产西南、华南、华东地区，台湾、河南、陕西、甘肃南部和青海南部。旅顺口有栽培。

可作观赏树种栽培。枝、叶、果实有清热解毒、消食健胃作用，用于食积腹胀、小儿消化不良。

2 紫丹属 *Tournefortia* L.

Tournefortia L., Sp. Pl. 1: 140. 1753.

一年生或多年生草本，稀为半灌木，被柔毛或糙伏毛，稀粗糙无毛。叶互生，极少对，无柄或具柄。顶生镰状聚伞花序，稀腋生；花萼5裂，裂片线形或披针形；花冠圆筒形或漏斗形，通常白色或淡蓝紫色，稀黄色，裂片5；雄蕊5，内藏，花丝极短，着生花冠筒上，花药卵状长圆形或线状披针形；子房完全或不完全4裂，具4粒胚珠，花柱顶生，先端有圆锥状或环状的柱头。核果干燥；种子直或弯。

本属全世界约150种，分布于热带或亚热带地区。中国有4种。东北地区产1种1变种。

分种下单位检索表

1. 叶倒披针形或长圆状披针形，宽达2厘米 ……………………………………a. 砂引草 T. sibirica var. sibirica
1. 叶披针状线形或线形，宽达0.6毫米 ……………………………………b. 细叶砂引草 T. sibirica var. angustior

砂引草（辽宁植物志，黑龙江省植物志，东北植物检索表，东北草本植物志，中国植物志，Flora of China）；紫丹草（大连地区植物志）

Tournefortia sibirica L., Sp. Pl.141. 1753; Fl. China 16: 342. 1995.——*Messerschmidia sibirica* L. in Mant. Pl. 2: 334. 1771; 东北草本植物志7: 133. 图版71: 1～3. 1981; 大连地区植物志中册: 615. 图805. 1982; 中国植物志64(2): 33. 1989; 辽宁植物志（下册）: 157. 图版68: 4～6. 1992; 东北植物检索表（第二版）: 550. 图版275: 5. 1995; 黑龙江省植物志8: 188. 图版86: 1～3.2001.——*Argusia sibirica* (L.) Dandy, Bot. J. Linn. Soc. 65(2): 256. 1972.

多年生草本，全株被灰白色长柔毛。茎通常多分枝。单叶互生；叶倒披针形或长圆状披针形，长2～4厘米，宽0.5～2厘米，全缘。伞房状聚伞花序顶生，花白色；萼5裂至近基部；花冠漏斗状，裂片5。核果广椭圆形，密被长柔毛，顶端深凹入。

（a）砂引草（原变种）

Tournefortia sibirica var. *sibirica*

生沿海沙地及盐碱地。产黑龙江省中西部；辽宁省绥中、兴城、丹东、东港、大洼、盘锦、盖州、庄河、金州、长海、大连；内蒙古自治区翁牛特旗、赤峰、扎鲁特旗等地。

饲用植物。全草有排脓敛疮作用。

■ 砂引草

茎叶

花序

果序

植株

（b）细叶砂引草（变种）（中国植物志，Flora of China）；狭叶砂引草（黑龙江省植物志，辽宁植物志，东北植物检索表，东北草本植物志）；砂引草（内蒙古植物志）

Tournefortia sibirica var. *angustior* (DC.) G. L. Chu & M. G. Gilbert in Novon 5(1): 17. 1995; Fl. China 16: 342. 1995.——*Messerschmidia sibirica* L. var. *angustior* (DC.) Kitag. in Rep. First Sci. Exped. Manch. IV, 4. 91. 1931; 东北草本植物志7: 133. 1981; 中国植物志64(2): 34. 1989; 辽宁植物志（下册）: 158. 图版68: 7. 1992; 内蒙古植物志（第二版）4: 150. 图版60: 1～4. 1993; 东北植物检索表（第二版）: 550. 图版275: 6. 1995; 黑龙江省植物志8: 188. 图版86: 4.2001.

生山坡、路边及河边沙地。产黑龙江省（地点不详）；吉林省双辽；辽宁省彰武、康平、义县、大连；内蒙古自治区新巴尔虎左旗、新巴尔虎右旗、科尔沁右翼前旗、扎赉特旗、科尔沁左翼后旗、扎鲁特旗、大青沟、赤峰、翁牛特旗、东苏尼特左旗、正蓝旗、镶黄旗等地。

■ 细叶砂引草

花序

植株

植株一部分

3 颅果草属 *Craniospermum* Lehm.

Craniospermum Lehm. Pl. Asperif. II: 336. 1818.

多年生或二年生草本。叶互生。聚伞花序；萼5深裂，裂片披针状线形，具长硬毛，果时稍增大，直伸并包住果实；花冠长筒形，向上部稍加粗，花冠檐5裂，裂片三角形或卵形，直伸或开展，喉部无附属物，有时有与花冠裂片互生的皱褶状突起；雄蕊5，着生花冠筒近中部，有长花丝，外伸，花药线状长圆形；子房4裂，花柱长，伸出花冠，先端不裂，柱头头状或点状。小坚果长圆形，无毛，背面有碗状凸起，凸起的边缘狭翅状。种子背腹扁平，卵形。

本属全世界有4种，分布于中亚及西伯利亚。中国产1种。东北地区有分布。

颅果草（东北植物检索表，东北草本植物志，中国植物志，Flora of China）

Craniospermum mongolicum I. M. Johnst. in J. Arnold Arbor. 33: 74. 1952; Fl. China 16: 414. 1995.——*Craniospermum echioides* Bunge in Heliocarya 10. 1871; 东北草本植物志7: 134. 1981; 中国植物志64(2): 209. 1989; 东北植物检索表（第二版）: 546. 1995.

二年生草本；叶匙状线形或狭倒披针形，两面均有短伏毛，背面和边缘兼有少数长硬毛；镰状聚伞花序集中在茎的上部，花密集；花冠蓝色，喉部无附属物；小坚果，着生面位于腹面中部之下，背面碗状凸起的长度与果近相等，边缘翅有细齿。生于旱山沟。产内蒙古自治区海拉尔等地。

■ 颅果草

花期植株

花序

果序

植株一部分

果期植株

4 紫筒草属 *Stenosolenium* Turcz.

Stenosolenium Turcz. in Bull. Soc. Nat. Mosc. 8: 253. 1840.

一年生草本。根垂直生，紫色。茎多分枝，密生开展硬毛。叶密生糙毛。花序顶生，逐渐延长，有少数花；花有短梗；花萼5裂至近基部，裂片线形；花冠淡紫色或红紫色，5裂，裂片近卵形；花冠筒细长，外面有短柔毛，喉部无附属物，基部内面具有毛环；雄蕊5，在花冠筒中呈螺旋状排列，不在同一平面上；花柱长，不伸出，顶部2裂，每分枝有一球状柱头。小坚果长约2毫米，有瘤状突起，腹面基部有短柄，花托平。

本属全世界仅1种，分布俄罗斯西伯利亚、蒙古及中国东北、华北至西北地区。

紫筒草（辽宁植物志，黑龙江省植物志，内蒙古植物志，东北植物检索表，东北草本植物志，中国植物志，Flora of China）

Stenosolenium saxatile (Pall.) Turcz. in Bull. Soc. Nat. Mosc. 13: 253. 1840; 东北草本植物志7: 134. 图版72. 1981; 中国植物志64(2): 44. 1989; 辽宁植物志（下册）: 159. 图版68: 1 ~ 3. 1992; 内蒙古植物志（第二版）4: 152. 图版60: 5 ~ 7. 1993; 东北植物检索表（第二版）: 551. 图版276: 4. 1995; Fl. China 16: 346. 1995; 黑龙江省植物志8: 192. 图版88.2001.

■ 紫筒草

茎叶

白花

花枝

花正面观

花侧面观

植株

一年生草本；叶披针状线形或狭披针形，两面密被糙毛，全缘；花冠蓝紫色、紫色或白色，喉部无附属物；小坚果4，有短柄，表面被小瘤状突起。生低山、丘陵及平原地区的草地、路旁、田边等处。产黑龙江省各植物区；吉林省双辽、镇赉、洮南；辽宁省彰武、建平、凌源；内蒙古自治区科尔沁右翼中旗、科尔沁左翼后旗、大青沟、扎鲁特旗、翁牛特旗等地。

全草有祛风除湿作用，用于关节痛。根用于肺热咳嗽、吐血、感冒。

5 田紫草属 *Buglossoides* Moench

Buglossoides Moench, Meth. 418. 1794.

一年生草本。植株有刚毛或糙伏毛，花萼通常在果期膨大。花冠蓝色，喉部多毛。小坚果梨形，具弯曲的喙；表面具瘤或具皱纹。

本属全世界有9 ~ 10种。产温带欧洲和亚洲。中国有1种。东北地区有分布。

田紫草（中国植物志，Flora of China）；麦家公（辽宁植物志，东北植物检索表，东北草本植物志）

Buglossoides arvensis (L.) I. M. Johnst. in J. Arnold Arbor. 35: 42. 1954.——*Lithospermum arvense* L., Sp. Pl.132. 1753; 东北草本植物志7: 137. 图版73: 5. 1981; 中国植物志64(2): 36. 1989; 辽宁植物志（下册）: 161. 图版69: 5. 1992; 东北植物检索表（第二版）: 550. 图版275: 4. 1995; Fl. China 16: 343. 1995.

■ 田紫草

茎

花序

全株

植株下部

植株上部

居群

一年生草本；叶无柄，倒披针形至线形，先端急尖，全缘；聚伞花序生枝上部；花冠高脚碟状，白色，有时蓝色或淡蓝色；小坚果淡褐色，有瘤状突起。生石质山坡草地及田间。产辽宁省北镇、旅顺口等地。

果实有温中健胃、消肿止痛作用，用于胃胀反酸、胃寒疼痛、吐血、跌打损伤、骨折。

6 肺草属 *Pulmonaria* L.

Pulmonaria L., Sp.Pl. 135.1753.

多年生草本，有长硬毛。茎几乎不分枝。基生叶大型，有叶柄；茎生叶互生。镰状聚伞花序具苞片；花有花梗；花萼钟状，5浅裂，果期增大，包围小坚果；花冠紫红色或蓝色，筒部与花萼等长，檐部平展，直径10～15毫米，5裂，喉部无附属物或具短毛丛；雄蕊5，内藏，花丝极短，花药长圆形；子房4裂，花柱丝形，柱头头状，2裂；雌蕊基平。小坚果卵形，黑色，有光泽，腹面纵龙骨状，先端钝，着生面位于小坚果基部，微凹，有环状边缘。

本属全世界约5种，分布于中亚至欧洲。中国产1种（不含栽培种）。东北地区栽培1种。

疗肺草（世界药用植物速查辞典）；药用肺草（植物智网站）

Pulmonaria officinalis L., Sp. Pl. 1: 135. 1753; 世界药用植物速查辞典: 766. 2015.

植株高约30厘米，有长硬毛；叶互生，上面有白色斑点；花冠粉红或蓝紫色。分布于欧亚大陆。辽宁省沈阳有栽培。

全草浸泡液可治疗胸腔疾病、腹泻等；与等剂量的款冬混合使用可以治疗咳嗽。

■ 疗肺草

苗期植株

花期植株

7 紫草属 *Lithospermum* L.

Lithospermum L., Sp. Pl. 132. 1753.

一年生或多年生草本，有短糙伏毛。叶互生。花单生叶腋或构成有苞片的顶生镰状聚伞花序；花萼5裂至基部，裂片果期稍增大；花冠漏斗状或高脚碟状，喉部具附属物或有5条向筒部延伸的毛带或纵褶，檐部5浅裂，裂片开展或稍开展；雄蕊5，内藏，花丝很短，花药长圆状线形；子房4裂，花柱丝形，不伸出花冠筒，柱头头状；雌蕊基平。小坚果卵形，平滑或有疣状突起，着生面在腹面基部。

本属全世界约50种，分布于美洲、非洲、欧洲及亚洲。中国产5种，除青海、西藏外，各省区均有分布。东北地区产1种。

紫草（辽宁植物志，黑龙江省植物志，内蒙古植物志，东北植物检索表，东北草本植物志，中国植物志，Flora of China）

Lithospermum erythrorhizon Sieb. et Zucc. in Abh. Math.–Phys. Cl. Königl. Bayer. Akad. Wiss. 4(3): 149. 1846; 东北草本植物志7: 136. 图版73: 1 ~ 4. 1981; 中国植物志64(2): 35. 图版4: 6 ~ 10. 1989; 辽宁植物志（下册）: 160. 图版69: 1 ~ 4. 1992; 内蒙古植物志（第二版）4: 157. 图版63. 1993; 东北植物检索表（第二版）: 550. 图版275: 3. 1995; Fl. China 16: 343. 1995; 黑龙江省植物志8: 186. 图版85.2001.

多年生直立草本。茎被开展的糙毛。单叶互生；叶无柄，卵状披针形至宽披针形。花序生茎和枝上部；苞片与叶同形而较小；花萼裂片线形，背面有短糙伏毛；花冠白色。小坚果卵球形，乳白色或带淡黄褐色，平滑，有光泽，腹面中线凹陷呈纵沟。生干燥多石质的山坡草地、灌丛间及路旁草地。产黑龙江省依兰、逊克；吉林省汪清、珲春、磐石、通化；辽宁省各地；内蒙古自治区牙克石、鄂伦春、克什克腾旗、扎赉特旗、喀喇沁旗、西乌珠穆沁旗等地。

根含紫草素，可入药，治麻疹不透、斑疹、便秘、腮腺炎等症；外用治烧烫伤。

■ 紫草

根部

苗期植株

花序

花侧面观

果枝一部分

果枝

植株

8 糙草属 *Asperugo* L.

Asperugo L., Sp. Pl. 138. 1753.

一年生草本，有糙硬毛。叶互生。花小型，有短花梗或无花梗，单生或簇生叶腋；花萼深5裂。裂片之间各有2小齿，果期不规则增大，两侧压扁，略呈蚌壳状，有明显网脉，边缘具不整齐弯缺状锯状齿；花冠蓝紫色或白色，筒状，檐部5裂，喉部有附属物；雄蕊5，内藏，花丝极短，花药短长圆形；子房4裂，花柱不伸出花冠筒，柱头头状；雌蕊基钻状。小坚果4，直立，两侧扁，有白色疣状突起，先端钝，着生面位于腹面近先端。种子直立，子叶卵形，扁平。

本属全世界仅1种，分布于欧洲及亚洲。中国有分布。东北地区有分布。

糙草（东北植物检索表，中国植物志，Flora of China）

Asperugo procumbens L., Sp. Pl.138. 1753; 中国植物志64(2): 212. 1989; 东北植物检索表（第二版）: 546. 1995; Fl. China 16: 417. 1995.

一年生蔓性草本；叶片长圆形至狭长圆形，两面有短糙毛，全缘；花单生于叶腋，有短梗；花冠小，长约0.8毫米，喉部有附属物5；小坚果4，有小瘤状突起。生山地草坡、村旁、田边等处。辽宁省西南部可能有分布。

根有凉血活血、消肿解毒、透疹作用。

9 琉璃草属 *Cynoglossum* L.

Cynoglossum L., Sp. Pl. 134. 1753.

多年生或一年生草本。单叶基生或同时茎生，全缘。镰状聚伞花序顶生及腋生，集为紧密或开展的圆锥状花序；花梗果期下弯或稍增长；花萼5裂至基部，果期增大，向后反折或呈星状展开；花冠蓝色、白色、暗紫红色等，钟状、筒状或漏斗状，5裂，筒部短而不超过花萼，喉部有5个梯形或半月形的附属物；雄蕊5，内藏，花药卵球形或长圆形；花柱短或长，线状圆柱形或肥厚而略现四棱，柱头头状，不伸出花冠外，子房4裂，胚珠倒生；雌蕊基金字塔形或金字塔状圆锥形。小坚果4，卵形、卵球形或近圆球形，有锚状刺。

本属全世界约60种，除北极地区外均有分布。中国有10种2变种，广布于全国各省区，但主产云南、贵州、四川及西藏。东北地区产2种，其中栽培1种。

分种检索表

1. 小坚果长1.5～4毫米；花柱线状圆柱形或果期为圆锥形 ························ **1. 倒提壶 C. amabile** Stapf et Drumm.
1. 小坚果长5～8毫米；花柱肥厚且扁平 ·······································**2. 大果琉璃草 C. divaricatum** Steph. ex Lehm

（1）倒提壶（内蒙古植物志，中国植物志，Flora of China）；蓝布裙（本草纲目拾遗）

Cynoglossum amabile Stapf et Drumm. in Kew Bull. 1906: 202. 1906; 中国高等植物图鉴 3: 574. 图5101. 1974; 中国植物志64(2): 225. 1989; Fl. China 16: 423. 1995; 内蒙古植物志（第三版）4: 151. 2020.

产云南、贵州西部、西藏西南部至东南部、四川西部及甘肃南部。辽宁省大连、东港及内蒙古自治区等地有栽培，锡林郭勒盟集宁区见逸生。

《滇南本草》载：倒提壶味苦性寒，入肝肾二经，有利尿消肿及治黄疸之功效。产云南西部下关山谷的白花倒提壶，能治白带及淋症。

■ 倒提壶

茎叶正面观

茎叶背面观

花序正面观

花序侧面观

（2）大果琉璃草（辽宁植物志，黑龙江省植物志，内蒙古植物志，东北植物检索表，东北草本植物志，中国植物志，Flora of China）

Cynoglossum divaricatum Steph. ex Lehm in Pl. Asperif. Nucif. 161. 1818; 东北草本植物志7: 139. 图版74. 1981; 中国植物志64(2): 221. 1989; 辽宁植物志（下册）: 161. 图版70. 1992; 内蒙古植物志（第二版）4:

■ 大果琉璃草

花序

花

果序

基生叶

植株一部分

162. 图版64: 6 ~ 9. 1993; 东北植物检索表（第二版）: 546. 图版274: 1. 1995; Fl. China 16: 421. 1995; 黑龙江省植物志8: 177. 图版81.2001.

生于山坡、草地、沙丘、石滩及路边。产黑龙江省哈尔滨和西部草原地区；吉林省双辽、镇赉、洮南；辽宁省北镇、彰武、建平、义县、凌源；内蒙古自治区额尔古纳、陈巴尔虎旗、科尔沁右翼前旗、科尔沁左翼后旗、大青沟、巴林右旗、扎鲁特旗、克什克腾旗、西乌珠穆沁旗、正蓝旗等地。

根有清热解毒作用，主治扁桃体炎及疮疖痈肿。果实有收敛止泻作用，用于小儿泄泻。

10 鹤虱属 *Lappula* Moench.

Lappula Moench, Methodus (Moench) 416. 1794.

一年或二年生草本，稀为多年生草本，全株被毛。叶狭长。总状花序顶生，常有分枝，具苞片；花有短梗；花萼5裂；花冠管短，常天蓝色，稀白色，喉部有附属物5；雄蕊5，内藏；子房4裂，花柱短，内藏。小坚果4，直立，同形或异形，背面边缘通常具1 ~ 3行锚状刺，刺基部相互离生或邻接或联合成翅，稀退化成疣状突起。

本属全世界约61种，分布于亚洲、欧洲温带、非洲、北美洲。中国有31种7变种，主产新疆、西北、华北、内蒙古自治区及东北地区。东北地区产4种。

分种检索表

1. 小坚果边缘有1行锚状刺 ……………………………………………1. 卵盘鹤虱 L. redowskii (Lehm.) Greene
1. 小坚果边缘有2行锚状刺。
  2. 锚状刺外行较内行稍短或近等长 ……………………………………2. 鹤虱 L. squarrosa (Retz.) Dumort.
  2. 锚状刺外行短、内行长。
    3. 小坚果背面棱缘的内行刺扁而宽，基部连合成宽翅；外行刺长0.2 ~ 0.5毫米
    …………………………………………………………………… 3. 粒状鹤虱 L. granulata (Krylov) Popov
    3. 小坚果背面棱缘的内行刺细而窄，基部连合成狭翅；外行刺长0.5 ~ 1毫米
    ……………………………………………………………… 4. 异刺鹤虱 L. heteracantha (Ledeb.) Gurke

（1）卵盘鹤虱（内蒙古植物志，中国植物志）；东北鹤虱（辽宁植物志，黑龙江省植物志，东北植物检索表，东北草本植物志）；蒙古鹤虱（内蒙古植物志，Flora of China）

Lappula redowskii (Hornem.) Greene in Pittonia 2(10B): 182. 1891; 东北草本植物志7: 140. 图版75: 6. 1981; 中国植物志64(2): 186. 图版34: 19 ~ 21. 1989; 内蒙古植物志（第二版）4: 165. 图版65: 4. 1993; 东北植物检索表（第二版）: 550. 图版275: 2. 1995; 黑龙江省植物志8: 184. 图版84: 7.2001.——*L. intermedia* (Ledeb.) M. Pop. in Fl. URSS 19: 440. 1953; 辽宁植物志（下册）: 163. 图版71: 6. 1992; Fl. China 16: 406. 1995; 内蒙古植物志（第三版）4: 153. 2020.

生荒地、田间、沙地及干旱山坡等处。产黑龙江省哈尔滨、宁安、呼玛；吉林省双辽、磐石、汪清；辽宁省凌源、彰武、兴城、沈阳、旅顺口、大连、金州、盖州；内蒙古自治区海拉尔、扎兰屯、鄂伦春、新巴尔虎右旗、科尔沁右翼前旗、科尔沁右翼中旗、科尔沁左翼后旗、大青沟、扎鲁特旗、库伦旗、翁牛特旗、敖汉旗、巴林左旗、巴林右旗、克什克腾旗、赤峰、锡林浩特等地。

果实有消炎杀虫之功效。

■ 卵盘鹤虱

花枝

果实

小坚果背面及锚状刺

植株

（2）鹤虱（辽宁植物志，黑龙江省植物志，内蒙古植物志，东北植物检索表，东北草本植物志，中国植物志，Flora of China）

Lappula squarrosa (Retz.) Dumort. in Fl. Belg. 40. 1827; 东北植物检索表（第二版）: 548. 图版275: 1. 1995.——*L. myosotis* V. Wolf in Sp. Pl. (Wolf) 17. 1776; 中国植物志64(2): 193. 图版36: 5 ~ 8. 1989; 辽宁植物志（下册）: 163. 图版71: 1 ~ 5. 1992; 内蒙古植物志（第二版）4: 166. 图版65: 5. 1993; Fl. China 16: 409. 1995.——*L. echinata* Gilib. in Fl. Lithuan. 1: 25. 1781; 东北草本植物志7: 140. 图版75: 1 ~ 5. 1981; 黑龙江省植物志8: 184. 图版84: 1 ~ 6.2001.

生山坡脚下草地、杂草地及路旁草地。产黑龙江省密山、哈尔滨；吉林省安图、磐石、双辽；辽宁省各地；内蒙古自治区额尔古纳、海拉尔、牙克石、鄂伦春、陈巴尔虎旗、新巴尔虎左旗、新巴尔虎右旗、科尔沁右翼前旗、科尔沁右翼中旗、克什克腾旗、巴林右旗、赤峰、宁城、翁牛特旗、通辽、锡林浩特、苏尼特左旗等地。

果实有消炎杀虫作用。

■ 鹤虱

花枝

果实及苞片

植株

（3）粒状鹤虱（Flora of China）；宽刺鹤虱（中国植物志）

Lappula granulata (Krylov) Popov in Komarov, Fl. URSS. 19: 426. 1953; Fl. China 16: 409. 1995.——*Lappula platyacuntha* W. T. Wang ex C. J. Wang, 植物研究1(4): 89. 1981; 中国植物志64(2): 202. 图版38: 1 ~ 5. 1989.

生黄土高原地带的田间或地旁。产黑龙江、吉林、辽宁和内蒙古自治区东部和中部。

（4）异刺鹤虱（内蒙古植物志，中国植物志）

Lappula heteracantha (Ledeb.) Gurke in Engl. and Prantl, Nat. Pflanzenfam. Ⅳ (3a): 107. 1897; 中国植物志64(2): 186. 图版36: 9 ~ 12. 1989; 内蒙古植物志（第二版）4: 167. 图版65: 6 ~ 8. 1993.——*L. echinata* Gilib. var. *heteracantha* (Ledeb.) O. Kuntze in Acta Hort. Petrop. 10: 214. 1887; 东北植物检索表: 304. 1959.

生草地或山坡。产辽宁省旅顺口、建平、凌源；内蒙古自治区科尔沁左翼后旗、大青沟、锡林浩特、苏尼特左旗、苏尼特右旗等地。

果实有消炎杀虫作用。

■ 异刺鹤虱

花序

小坚果背面与腹面

植株

11 齿缘草属 *Eritrichium* Schrad.

Eritrichium Schrad. in Comm. Gotting, 4: 186. 1820.

多年生或一年生草本，全株被伏毛、糙伏毛、柔毛或长柔毛。茎短缩呈垫状或多分枝。单叶互生，叶狭长。镰状聚伞花序顶生，不分枝或分枝而呈圆锥状，稀花单生。花萼分裂至基部或至3/4处，极少数种分裂至2/3处，裂片5，有时果期增大，直立至反折；花冠蓝色、淡蓝色或淡紫色，稀为黄色或白色，钟状辐形或钟状筒形，裂片5，花蕾时覆瓦状排列，花期直立或平展，喉部附属物明显而形状多样，少数种不明显或缺如；雄蕊着生于花冠筒上，花丝短，花药圆形、卵圆形或长圆形，内藏；花柱和柱头单一，通常不高出小坚果；雌蕊基金字塔状或半球状，高等于或小于宽。小坚果4枚，完全发育或部分发育，陀螺状或呈卵状、三角卵状和背腹压扁的两面体型；棱缘具翅、齿、刺或锚状刺，稀无翅、齿、刺或锚状刺。

本属全世界约50种，主要分布于亚洲，少数分布欧洲和北美洲。中国产39种。东北地区产9种。

分种检索表

1. 一年生草本；花冠钟状筒形，长2毫米；小坚果长约1.5毫米，宽1毫米，锚状刺长0.5毫米，基部分离或联合成翅 ……………………………………………………………1. 假鹤虱齿缘草 E. thymifolium (DC.) Y. S. Lian & J. Q. Wang

（接上表）

1. 多年生草本。
  2. 小坚果卵形且光滑 ························ 2. **钝背草 E. rupestre** Bunge
  2. 小坚果斜陀螺形。
    3. 茎、叶被开展的长绵毛或长硬毛；小坚果背面的边缘具内弯的长刺（刺先端细，不成锚状）。
      4. 植株高5～15厘米，茎、叶被柔软的开展而缠结的长绵毛；基生叶长圆形或长圆状披针形 ························ 3. **长毛齿缘草 E. villosum** (Ledeb.) Bunge
      4. 植株高25～50厘米，茎、叶被开展或近开展的长硬毛；基生叶披针状线形或匙形 ························ 4. **亚库特齿缘草 E. jacuticum** M. Pop.
    3. 茎、叶贴生长柔毛；小坚果背面边缘无刺或仅有稀疏的齿状短刺或为锚状短刺。
      5. 小坚果背面边缘有1行锚状短刺。
        6. 小坚果腹侧面及背面均生有小瘤并有毛；植株较粗壮，形成较大的丛；基生叶长3～9厘米 ························ 5. **北齿缘草 E. borealisinense** Kitag.
        6. 小坚果腹侧面平滑无瘤也无毛，仅背面被短柔毛并有小瘤；植株较纤细，形成小丛；基生叶长2.5～4厘米 ························ 6. **乌苏里齿缘草 E. sichotense** M. Pop.
      5. 小坚果背面边缘无刺或仅有稀疏的齿状短刺。
        7. 小坚果背腹二面体型（背面微凸、具乳头状突起、中肋明显，腹面具龙骨状突起、棱缘无锚状刺，稀有少数小齿状凸起）；基生叶和茎生叶均为细条形，长3~7厘米，宽1毫米 ························ 7. **东北齿缘草 E. mandshuricum** M. Pop.
        7. 小坚果陀螺形。
          8. 小坚果平滑光亮，棱缘疏生不整齐的细刺；基生叶披针形或倒卵状披针形 ························ 8. **钝叶齿缘草 E. incanum** (Turcz.) DC.
          8. 小坚果有疣突和毛，棱缘有三角形小齿；基生叶狭匙形或狭匙状倒披针形 ························ 9. **少花齿缘草 E. pauciflorum** (Ledebour) de Candolle

（1）假鹤虱齿缘草（植物智网站）；假鹤虱（黑龙江省植物志，内蒙古植物志，东北植物检索表，东北草本植物志，中国植物志，Flora of China）；百里香叶齿缘草（内蒙古植物志）

Eritrichium thymifolium (DC.) Y. S. Lian & J. Q. Wang in Bull. Bot. Lab. N. E. Forest. Inst., Harbin 9: 46 1980; 中国植物志64(2): 142. 1989; 内蒙古植物志（第二版）4: 173. 图版67: 4～5. 1993; Fl. China 16: 386. 1995; 内蒙古植物志（第三版）4: 164. 2020.——*Hackelia thymifolia* (A. DC.) I.M. Johnst. in J. Arnold Arbor. 21(1): 54. 1940; 东北草本植物志7: 142. 1981; 东北植物检索表（第二版）: 548. 图版274: 6. 1995; 黑龙江省植物志8: 183.2001.

生向阳山坡及砾石地。产黑龙江省东部；内蒙古自治区满洲里。

（2）钝背草（内蒙古植物志，东北植物检索表，东北草本植物志，中国植物志，Flora of China）；兴安齿缘草（东北植物检索表，东北草本植物志）

Eritrichium rupestre Bunge, Mém. Acad. Imp. Sci. St.-Pétersbourg Divers Savans 2(6): 530. 1835.——*Amblynotus rupestris* (Pall. ex Georgi) M. Pop in Fl. W. Sib. 12(2): 3423. 1934; Fl. China 16: 377. 1995; 东北植物检索表（第二版）: 545. 图版273: 6. 1995.——*Amblynotus obovatus* (Ledeb.) Johnst. in Contr, Gray Herb. n. ser. 73: 64. 1924; 东北草本植物志7: 157. 图版84. 1981; 中国植物志64(2): 112. 1989; 内蒙古植物志（第二

■ 钝背草

叶

花

植株一部分

植株

版）4: 184. 图版68: 5 ~ 7. 1993.——*Eritrichium maackii* Maxim. in Prim. Fl. Amur. 202. 1859; 东北草本植物志7: 145. 1981; 东北植物检索表（第二版）: 548. 图版274: 3. 1995.

生石质山坡、沙地。产黑龙江省呼玛；内蒙古自治区额尔古纳、牙克石、满洲里、鄂伦春、锡林浩特、镶黄旗等地。

（3）长毛齿缘草（中国植物志，Flora of China）；软毛齿缘草（东北植物检索表）

Eritrichium villosum (Ledeb.) Bunge in Verz. Altai Pfl. 14. 1836; Fl. China 16: 389. 1995; 中国植物志64(2): 150. 图版27: 6 ~ 8. 1989; 东北植物检索表（第二版）: 548. 1995.

生海拔2500 ~ 3000米山坡草地。产黑龙江（地点不详）。

（4）亚库特齿缘草（东北植物检索表）

Eritrichium jacuticum M. Pop. in Fl. URSS 19: 712. 1953; 东北植物检索表（第二版）: 548. 1995.

大兴安岭地区有记录，待调查核实。

（5）北齿缘草（辽宁植物志，内蒙古植物志，东北植物检索表，东北草本植物志，中国植物志，Flora of China）

Eritrichium borealisinense Kitag. in J. Jap. Bot. 38: 301. 1963; 东北草本植物志7: 146. 图版78. 1981; 中国植物志64(2): 147. 图版27: 3 ~ 5. 1989; 辽宁植物志（下册）: 171. 图版75. 1992; 内蒙古植物志（第二版）4: 172. 图版66: 5 ~ 8. 1993; 东北植物检索表（第二版）: 548. 图版274: 4. 1995; Fl. China 16: 389. 1995.

生山坡草地、石缝、灌丛和石质干山坡。产辽宁省丹东、建平、凌源、喀左；内蒙古自治区额尔古

■ 北齿缘草

基生叶

花序正面观

花序侧面观

植株

纳、鄂伦春等地。

（6）乌苏里齿缘草（黑龙江省植物志，东北植物检索表，东北草本植物志）

Eritrichium sichotense M. Pop. in Fl. URSS 19: 711. 1953; 东北草本植物志7: 146. 1981; 东北植物检索表

■ 乌苏里齿缘草

花序

花侧面观

果实背面观

果实腹面观

植株下部

植株一部分

植株

（第二版）: 548. 1995; 黑龙江省植物志8: 179. 图版82: 4.2001.

生阳坡草地或砾石坡。产黑龙江省呼玛；内蒙古自治区额尔古纳、根河、扎兰屯等地。

（7）东北齿缘草（黑龙江省植物志，内蒙古植物志，东北植物检索表，东北草本植物志，中国植物志，Flora of China）

Eritrichium mandshuricum M. Pop. in Komarov, Fl. URSS. 19: 711. 1953; 东北草本植物志7: 144. 图版77.1981; 中国植物志64(2): 150. 1989; 内蒙古植物志（第二版）4: 172. 图版66: 9 ~ 12. 1993; 东北植物检索表（第二版）: 548. 图版274: 2. 1995; Fl. China 16: 389. 1995; 黑龙江省植物志8: 179. 图版82: 1 ~ 3.2001.

生山坡草地、砾质山坡或高燥地。产黑龙江省各植物区；内蒙古自治区牙克石、扎兰屯、鄂伦春、科尔沁右翼前旗、科尔沁右翼中旗、乌兰浩特、巴林右旗、扎鲁特旗、扎赉特旗、翁牛特旗、通辽、林西、西乌珠穆沁旗等地。

■ 东北齿缘草

花序

植株一部分

植株

（8）钝叶齿缘草（中国植物志，Flora of China）；灰白齿缘草（内蒙古植物志）

Eritrichium incanum (Turcz.) DC. Prodr. 10: 127. 1846; 中国植物志64(2): 147. 图版27: 1 ~ 2. 1989; 内蒙古植物志（第二版）4: 173. 图版66: 13 ~ 16. 1993; Fl. China16: 388. 1995.

生山坡或山顶砾石地。产黑龙江省大兴安岭；内蒙古自治区科尔沁右翼中旗、阿尔山等地。

（9）少花齿缘草（内蒙古植物志，Flora of China）；石生齿缘草（中国植物志）

Eritrichium pauciflorum (Ledebour) de Candolle in A. de Candolle, Prodr. 10: 127. 1846; Fl. China 16: 389. 1995; 内蒙古植物志（第三版）4: 160. 2020.——*Eritrichium rupestre* (Pall.) Bge. Suppl. Fl. Alt. 14. 1836; 东北植物检索表302. 1959; 中国高等植物图鉴3: 567. 1974; 中国植物志64(2): 149. 1989.

生石质山坡、干山坡、砾石缝或路边。产内蒙古自治区阿鲁科尔沁旗、巴林右旗、克什克腾旗。

■ 少花齿缘草

花冠蓝色

花冠浅蓝色

植株一部分

植株

12 假鹤虱属 *Hackelia* Opiz

Hackelia Opiz, Oekon.–Techn. Fl. Böhm. [Berchtold & al.] 2(2): 146~147. 1839.

多年生、二年生或一年生草本；全株被毛。茎单一或有分枝。叶卵形、披针形或线形。总状花序顶生或腋生，常有分枝；无苞片或有小苞片；花小，有短梗；花萼5裂，裂片线形，披针形或卵形，结果时反折；花冠管短，常为蓝色，喉部有附属物5；雄蕊5，内藏；子房4裂，花柱短，内藏。小坚果扁平，背面宽而平，边缘具一行较长的锚状刺；花托金字塔形，较小，坚果短。

本属全世界约45种，主要分布于北半球的温带地区，中美洲和南美洲。中国有4种。东北地区产1种。

反折假鹤虱（内蒙古植物志，中国植物志）；反折齿缘草（内蒙古植物志）；丘假鹤虱（黑龙江省植物志，东北植物检索表，东北草本植物志）

Hackelia deflexa (Wahl.) Opiz in Oekon.–Techn. Fl. Böhm. 2(2): 147. 1839; 东北草本植物志7: 142. 图版76. 1981; 东北植物检索表（第二版）: 548. 图版274: 5. 1995; 黑龙江省植物志8: 181. 图版83. 2001; 东北植物分布图集: 889. 2019.——*Eritrichium deflexum* (Wahlenb.) Lian et J. Q. Wang, 植物研究室汇刊9: 45. 1980;

■ 反折假鹤虱

果序

花序一部分

果序一部分

植株上部

植株下部

花序

小尖果侧面观

小尖果正面观

植株

中国植物志64(2): 139. 1989; 内蒙古植物志（第二版）4: 174. 图版67: 1~3. 1993; 内蒙古植物志（第三版）4: 165. 2020.

一、二年生草本，较粗壮，全株被疏柔毛；基生叶倒卵形，茎生叶披针形、倒披针形或线形，两面被稀疏的细糙毛；总状花序；花冠小，浅蓝色，喉部附属物5；小坚果腹背压扁，广卵形，背面有很小的瘤，边缘生一行锚状刺，基部合生成翼。生沙地、山坡和路旁草地。产黑龙江省牡丹江；吉林省珲春、安图；辽宁省丹东、鞍山；内蒙古自治区牙克石、海拉尔、鄂伦春等地。

13 山茄子属 *Brachybotrys* Maxim. ex Oliv.

Brachybotrys Maxim. ex Oliv. in Hook. Icon. Pl. 13: 43. 1878.

多年生草本，具横走的根状茎。花萼5裂至基部，裂片钻状披针形，果期稍增大；花冠近钟状，筒部比檐部短，檐部裂片卵状长圆形，先端钝，附属物位于喉部，三角状梯形，顶端微2裂；雄蕊着生喉部之下，外伸，花丝钻形，基部稍扩展，花药长圆形，先端具细尖头，基部微心形；子房4裂，花柱丝形，外伸，雌蕊基近平坦。小坚果四面体形，有短柔毛，黑色，有光泽。

本属全世界仅1种，分布于中国东北、朝鲜及俄罗斯远东地区。东北地区均有分布。

山茄子（辽宁植物志，黑龙江省植物志，东北植物检索表，东北草本植物志，中国植物志，Flora of China）

Brachybotrys paridiformis Maxim. ex Oliv. in Hooker′s Icon. Pl. 13: 43. 1878; 东北草本植物志7: 149. 图版79. 1981; 中国植物志64(2): 110. 1989; 辽宁植物志（下册）: 166. 图版72: 1 ~ 3. 1992; 东北植物检索表（第二版）: 546. 图版273: 5. 1995; Fl. China 16: 375. 1995; 黑龙江省植物志8: 175. 2001.

多年生草本；茎下部叶鳞片状，顶部叶5 ~ 6枚近轮生，倒卵状长圆形，两面有糙毛；伞形花序顶生，花蓝色，花冠筒喉部有附属物5；小坚果4，黑褐色，四面体形，有短毛。生山坡灌丛及林下草地。产黑龙江省尚志、伊春；吉林省安图、通化、临江、集安、抚松、蛟河、汪清、桦甸、柳河；辽宁省瓦房店、普兰店、庄河、宽甸、凤城、鞍山、本溪、桓仁、新宾、清原、开原、西丰等地。

幼嫩时茎叶可作蔬菜。

■ 山茄子

小坚果

花序

植株

14 滨紫草属 *Mertensia* Roth

Mertensia Roth, Cat. Bot. 1: 24. 1797.

多年生草本，无毛或微被毛。根状茎粗，肉质。茎丛生，直立或铺散于地面。叶互生，全缘，常有透明的斑点。花蓝色或淡紫色，为偏于一侧的聚伞花序或总状花序；萼5裂；花冠5裂，花冠管下部圆筒形，上部稍呈钟形，喉部有附属物5；雄蕊5，伸出子房4裂，花柱长，伸出。小坚果四面体形，无毛，背面凸，有皱纹和疣状突起，较少沿边缘有狭翅，腹面锐，有时几乎呈翅状纵龙骨，着生面在腹面基部。

本属全世界约15种，分布于东欧、北美洲和亚洲热带以外的地区。中国产2种。东北地区产2种。

分种检索表

1. 基生叶及茎生叶椭圆形、卵形或倒卵形，宽2～6厘米，表面无毛且被以灰白色粉状物；花天蓝色，花冠筒长8～12毫米 ……………… 1. 滨紫草 M. asiatica (Takeda) Macbr.
1. 基生叶及茎生叶匙形、长圆状披针形、线状披针形或披针状线形，宽0.4～1.2厘米，表面贴生细刚毛；花蓝紫色，花冠筒长约2.1厘米 ……………… 2. 长筒滨紫草 M. davurica (Sims) G. Don

（1）滨紫草（辽宁植物志，黑龙江省植物志，东北植物检索表，东北草本植物志）

Mertensia asiatica (Takeda) Macbr. in Contr. Gray Herb. 48: 53. 1916; 东北草本植物志7: 149. 1981; 辽宁植物志（下册）: 166. 1992; 东北植物检索表（第二版）: 550. 1995.

生海滨沙地。辽宁省旅顺口有记载，待调查核实。

（2）长筒滨紫草（中国植物志，Flora of China）；兴安滨紫草（东北植物检索表）；滨紫草（内蒙古植物志）

Mertensia davurica (Sims) G. Don in Gen. Hist. 4: 318. 1837; Fl. China 16: 376. 1995; 中国植物志64(2): 111. 图版8: 8～9. 1989; 内蒙古植物志（第二版）4: 176. 图版67: 6～10. 1993; 东北植物检索表（第二版）: 550. 1995.

生山坡草地。产内蒙古自治区额尔古纳、根河、克什克腾旗、西乌珠穆沁旗等地。

■ 长筒滨紫草

花序

花枝

植株一部分

植株

15 聚合草属 *Symphytum* L.

Symphytum L., Sp. Pl. 136. 1753.

多年生草本，有硬毛或糙伏毛。叶通常宽。镰状聚伞花序在茎的上部集呈圆锥状，无苞片。花萼5裂至1/2或近基部；花冠筒状钟形，淡紫红色至白色，稀为黄色，檐部5浅裂，喉部具5个披针形附属物，附属物边缘有乳头状腺体；雄蕊5，着生于喉部，不超出花冠檐，花药线状长圆形；子房4裂，花柱丝形，通常伸出花冠外，具细小的头状柱头；雌蕊基平。小坚果卵形，有时稍偏斜，通常有疣点和网状皱纹，较少平滑，着生面在基部，碗状，边缘常具细齿。

本属全世界约20种，分布于高加索至中欧，世界各地均有栽培。中国栽培1种。东北地区有栽培。

聚合草（辽宁植物志，黑龙江省植物志，东北植物检索表，东北草本植物志，中国植物志，Flora of China）

Symphytum officinale L., Sp. Pl.136. 1753; 中国植物志64(2): 72. 1989; Fl. China 16: 359. 1995.——*S. peregrinum* Ledeb. in Index Seminum (TU) 1820: 4. 1820; 东北草本植物志7: 150. 图版80. 1981; 辽宁植物志（下册）: 167. 图版72: 4 ~ 6. 1992; 东北植物检索表（第二版）: 551. 图版276: 6. 1995; 黑龙江省植物志8: 192. 图版89. 2001.

多年生草本；叶片卵状披针形；总状花序顶生，花淡紫红色，喉部有5个披针形附属物；小坚果4，黑色，背面有网状皱褶。原产俄罗斯欧洲部分及高加索。东北各地有栽培。

作为牧草与观赏植物引进。叶多茎嫩，产量高，质地细软，不仅适口性好，而且消化率也较高，适合作多种家畜的饲料，亦可青贮或制成干草粉长期保存；花期长达2个月，可作为蜜源植物；花期长，可作为庭院观赏植物；叶在民间广泛用于治疗创伤和溃疡。

■ 聚合草

花序

花期植株

果期植株

16 蓝蓟属 *Echium* L.

Echium L., Sp. Pl.139.1753.

一年生、二年生或多年生草本，有糙硬毛。叶披针形。镰状聚伞花序生茎顶和枝端，或多数集为圆锥状花序；有苞片；花萼深5裂，果期稍增大并彼此靠合；花冠蓝色、紫色或粉红色，左右对称，钟状或筒状，檐部斜，裂片不等大，上升，喉部无附属物，筒部通常短；雄蕊5，花丝细长，伸出花冠外，花药短长圆形或长圆形；子房4裂，花柱丝形，伸出花冠外，有半贴伏毛，中部以上或顶端2裂，每分枝顶端有1个很小的头状柱头。小坚果卵形或狭卵形，伸直，通常淡褐色，有疣状突起或平滑，着生面居果的基部。

本属全世界有40余种，分布于非洲、欧洲及亚洲西部。中国有2种。东北地区栽培1种。

车前叶蓝蓟（大连植物彩色图谱）；地中海蓝蓟（东北地区入侵植物）

Echium plantagineum L. in Mant. Pl. 2: 202. 1771; 东北地区入侵植物: 88. 2020.

一、二年生直立草本；基生叶莲座状，卵形；上部茎生叶狭披针形，基部心形；花长在穗状分枝上，有蓝色、紫色、白色、粉红色等。原产欧洲。辽宁省大连等地有栽培。

本种为有毒植物，茎叶含高浓度吡咯利嗪生物碱，对牲畜有毒，尤其是马等消化系统简单的牲畜，毒素在肝脏沉积会导致死亡。具有较好的观赏性，用于美化环境；种子油具有优良的分散、乳化、润滑能力，可作为调理剂、润肤剂、溶剂等。

■ 车前叶蓝蓟

花序

花侧面观

植株

17 盾果草属 *Thyrocarpus* Hance

Thyrocarpus Hance in Ann. Sci. Nat. ser. 4. 18: 225. 1862.

一年生草本。叶互生，无柄或有短柄。镰状聚伞花序具苞片；花萼5裂至基部，果期稍增大；花冠钟状，檐部5裂，裂片宽卵形，喉部具5个宽线形或锥形附属物；雄蕊着生花冠筒中部，内藏，具短花丝，花药卵形或长圆形；子房4裂，花柱短，不伸出花冠外，柱头柱状；雌蕊基圆锥状。小坚果卵形，背腹稍扁，密生疣状突起；种子卵形，背腹扁。

本属全世界约3种，分布于中国和越南。中国产2种。东北地区产1种。

弯齿盾果草（辽宁植物志，东北植物检索表，东北草本植物志，中国植物志，Flora of China）

Thyrocarpus glochidiatus Maxim. in Bull. Acad. Imp. Sci. Saint-Petersbourg 26(3): 499. 1880; 东北草本

■ 弯齿盾果草

花

花枝上部

小坚果

■ 弯齿盾果草

植株一部分

植株

植物志7: 153. 图版81. 1981; 中国植物志64(2): 233. 图版41: 1 ~ 3. 1989; 辽宁植物志（下册）: 167. 图版73. 1992; 东北植物检索表（第二版）: 551. 图版276: 5. 1995; Fl. China 16: 427. 1995.

一年生草本，全株被开展的长糙毛；基生叶及茎下部叶匙形或倒披针形；花序总状，花冠淡蓝色，花冠筒喉部有附属物5；小坚果4，浅碟状，密被小瘤状突起，背面有两层碗状凸起。生林下草地及向阳山坡草地。产辽宁省大连。

全草有清热解毒、消肿作用。

18 假狼紫草属 *Nonea* Medic.

Nonea Medic.Phil.Bot.l: 31.1789.

一年生或多年生草本。叶互生。镰状聚伞花序，花后延长呈总状，具叶状苞片；花蓝紫色或黄色；花萼筒状钟形，5裂至花萼筒的1/3或中部，果期囊状膨胀，裂齿长三角形；花冠筒部直，裂片覆瓦状排列，钝而开展，附属物鳞片状，位于花冠筒上部；雄蕊5，内藏或稍伸出，花丝短或极短，花药长圆形，钝或有短尖；子房4裂，花柱不伸出花冠外，柱头2，球形，或花柱先端短2裂；雌蕊基平。小坚果稍弯曲，肾形或近球形，具网状皱纹，着生面居腹面稍下方，内凹，有环状边缘和脐状突起。

本属全世界约有35种，分布于欧洲、非洲北部和亚洲西部。中国产2种。东北地区产1种。

红假狼紫草（新拟）

Nonea rossica Steven, Bull. Soc. Imp. Naturalistes Moscou 24(1): 572. 1851.

■ 红假狼紫草

苗期植株

花正面观

花序

■ 红假狼紫草

植株上部

植株一部分

植株

多年生草本，株高25～50厘米。茎直立，具腺毛。叶长圆形披针形，无柄。聚伞花序聚集成伞房状圆锥花序；花冠暗红色，窄钟状。生草原、荒地、道路附近。产内蒙古自治区海拉尔金帐汗景区。分布东欧、高加索、西伯利亚和哈萨克斯坦北部和中部地区。

本种为中国首次报道，为原生植物还是入侵植物待进一步研究。

19 牛舌草属 *Anchusa* L.

Anchusa L., Sp.Pl.133.1753.

一年生、二年生或多年生草本，有硬毛。叶互生。镰状聚伞花序集为顶生圆锥状花序；花蓝色、紫色，稀白色；花萼5半裂至深裂，裂片狭，果期稍增大；花冠漏斗状，筒部直或弯曲，比花萼长，稀近等长，檐部裂片5，覆瓦状排列，钝，开展，喉部附属物发达，具毛或稀具乳头状突起；雄蕊5；着生喉部之下，内藏，具短花丝，花药长圆形；子房4裂，花柱丝形，柱头头状。小坚果斜卵形，直立，有皱褶，腹面龙骨状，着生面在果的底部，凹，有环状边缘和脐状突起。种子直立。

本属全世界约35种，主要分布于地中海沿岸，非洲、欧洲及亚洲西部也有。中国栽培2种。东北地区栽培2种。

分种检索表

1. 苞片线形至线状披针形；萼裂至基部，裂片先端尖；花冠长达2厘米；花柱伸出花冠外
……………………………………………… 1. 牛舌草 A. italica Retz.

1. 苞片三角状披针形；萼裂至2/3，裂片先端钝；花冠长约10毫米；花柱不伸出花冠外
……………………………………………… 2. 药用牛舌草 A. officinalis L.

（1）牛舌草（黑龙江省植物志，中国植物志）

Anchusa italica Retz. in Obs. 1: 12.1779; 中国植物志64(2): 68. 1989; 黑龙江省植物志8: 172. 2001.

分布欧洲、北非、叙利亚、伊朗、阿富汗、巴基斯坦、克什米尔地区及高加索、哈萨克。黑龙江省有栽培。

全草药用，治狂犬咬伤及牙痛。

（2）药用牛舌草（中国植物志）

Anchusa officinalis L., Sp. Pl.133. 1753; 中国植物志64(2): 68. 1989.

原产欧洲。辽宁省沈阳有栽培。

全草药用，治狂犬咬伤及牙痛。

■ 药用牛舌草

花正面观

花侧面观

植株一部分

植株

20 斑种草属 *Bothriospermum* Bunge

Bothriospermum Bunge, Enum. Pl. China Bor. 47. 1833.

一年或二年生草本，全株被糙毛。茎直立或斜上，单一或基部多分枝。叶互生。总状花序，有苞片；花萼5裂；花冠淡蓝色或白色，有5裂片，花蕾时呈覆瓦状排列，花筒短；喉部有附属物5；雄蕊5，内藏；子房4裂，夏枯草花柱短，内藏，柱头头状。小坚果直立，肾形，不具棱角，有网状褶皱或密生小瘤状突起，腹面内弯，有一椭圆形凹陷，边缘隆起，着生面在基部；花托平或稍隆起。

本属全世界约5种，广布于亚洲热带及温带地区，中国均产，广布于南北各省区。东北地区产4种。

分种检索表

1. 苞片线形或线状披针形；小坚果有瘤状突起，腹面有纵向凹陷 ………………… 1. 狭苞斑种草 B. kusnezowii Bunge
1. 苞片椭圆形、长圆形、卵形、狭卵形或卵状披针形。
  2. 茎被贴生短糙毛，柔弱且下部伏卧、上部斜升或近直立；小坚果腹面具纵椭圆形的环状凹陷 …………………………………………………………………………… 2. 柔弱斑种草 B. zeylanicum (J. Jacq.) Druce
  2. 茎被开展或近开展的长糙毛。
    3. 小坚果有网状褶皱及稠密的粒状突起，腹面有横向凹陷 ……………………………… 3. 斑种草 B. chinense Bunge
    3. 小坚果密生疣状突起，腹面有纵向凹陷 ………………………………………… 4. 多苞斑种草 B. secundum Maxim.

（1）狭苞斑种草（辽宁植物志，内蒙古植物志，东北植物检索表，东北草本植物志，中国植物志，Flora of China）

Bothriospermum kusnezowii Bunge in Delect. Seminum Collect. Anni 7. 1840; 东北草本植物志7: 154. 1981; 中国植物志64(2): 216. 1989; 辽宁植物志（下册）: 170. 1992; 内蒙古植物志（第二版）4: 176. 图版68: 1 ~ 4. 1993; 东北植物检索表（第二版）: 546. 图版273: 2. 1995; Fl. China 16: 419. 1995.

生山坡道旁、干旱农田及山谷林缘。产辽宁省凌源、建平、朝阳、沈阳、瓦房店、庄河、大连、盖州；内蒙古自治区根河、科尔沁右翼前旗、科尔沁右翼中旗等地。

全草有解毒消肿、利湿止痒作用。

■ 狭苞斑种草

花枝一部分

花枝侧面观

花枝正面观

植株一部分

植株

（2）柔弱斑种草（辽宁植物志，黑龙江省植物志，东北植物检索表，东北草本植物志，中国植物志，Flora of China）

Bothriospermum zeylanicum (J. Jacq.) Druce in Rep. Bot. Soc. Exch. Club Brit. Isles 4: 610. 1916; Fl. China16: 420.1995.——*B. tenellum* (Hornem.) Fisch. et Mey in Index Seminum (LE) 1: 23. 1835; 东北草本植物志7: 153. 1981; 中国植物志64(2): 218. 1989; 辽宁植物志（下册）: 169. 1992; 东北植物检索表（第二版）: 546. 图版273: 3. 1995; 黑龙江省植物志8: 175. 2001.

生山坡路边、田间草丛、山坡草地及溪边阴湿处。产黑龙江省各植物区；辽宁省沈阳、大连、长海、金州、庄河、瓦房店等地。

全草有小毒，有止咳、止血作用。

■ 柔弱斑种草

花序

植株一部分

植株

（3）斑种草（辽宁植物志，东北植物检索表，东北草本植物志，中国植物志，Flora of China）

Bothriospermum chinense Bunge in Enum. Pl. China Bor. 47. 1833; 东北草本植物志7: 154. 图版82. 1981; 中国植物志64(2): 215. 1989; 辽宁植物志（下册）: 169. 图版74: 1 ~ 3. 1992; 东北植物检索表（第二版）: 546. 图版273: 1. 1995; Fl. China 16: 419. 1995.

■ 斑种草

花萼与小坚果

花序

花枝

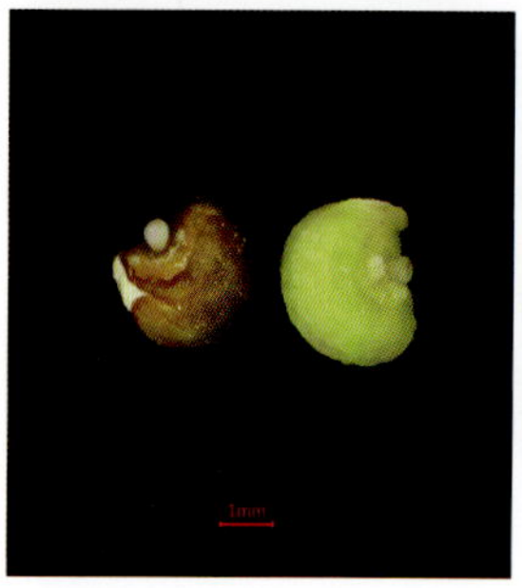
小坚果

花萼侧面观

植株一部分

植株

生荒野路边、山坡草丛。产黑龙江完达山地区；辽宁省金州、义县、北镇等地。

全草有解毒消肿、利湿止痒作用，用于痔疮、肛门肿痛、湿疹。

（4）多苞斑种草（辽宁植物志，黑龙江省植物志，东北植物检索表，东北草本植物志，中国植物志，Flora of China）

Bothriospermum secundum Maxim. in Prim. Fl. Amur. 202. 1859; 东北草本植物志7: 155. 图版83. 1981; 中国植物志64(2): 217. 1989; 辽宁植物志（下册）: 171. 图版74: 4 ~ 7. 1992; 东北植物检索表（第二版）: 546. 图版273: 4. 1995; Fl. China 16: 419. 1995; 黑龙江省植物志8: 173. 图版79.2001.

生山坡、河床、路边、灌木林、山谷溪边阴湿处等地。产黑龙江省各地；辽宁省葫芦岛、北镇、绥中、铁岭、沈阳、法库、鞍山、岫岩、抚顺、庄河、瓦房店、长海、大连；内蒙古自治区克什克腾旗等地。

全草有祛风、解毒、杀虫作用，用于遍身暴肿、疮毒。

■ 多苞斑种草

花序正面观

花序侧面观

花萼与小坚果

小坚果

茎

植株

21 琉璃苣属 *Borago* L.

Borago L., Sp. Pl. 1: 137. 1753.

草本植物。花冠喉部或筒部有5个内向的与花冠裂片对生的鳞片状有毛的附属物；花药分离，背部无细条状附属物；子房4裂，花柱生于子房裂片间的基部，内藏。果实为分离的小坚果，小坚果无锚状刺，有褶皱或小瘤状突起，腹面有凹陷。

本属全世界有3种，分布于地中海区。中国常见栽培1种。东北地区有栽培。

琉璃苣（大连植物彩色图谱）

Borago officinalis L., Sp. Pl.137. 1753.

一年生草本植物，全株被粗毛；单叶互生，卵形至长圆形；花序松散，下垂；花星状，鲜蓝色，有时白色或玫瑰色；小坚果平滑或有乳头状突起。原产欧洲与非洲北部地区。辽宁省大连有栽培。

以观赏、药用、食用等为目的引进。嫩叶可供食用，用于炖菜及汤或饮料的调味；叶片和花药用，可镇痛；干燥的花也可以泡茶，是一种蓝色的食品着色剂；花还可制糖果；大量种植琉璃苣主要是采收种子以提炼种油，种子油可以代替月见草油，治疗风湿、湿疹和月经不调；可做蜜源植物和园林观赏植物。

■ 琉璃苣

茎下部叶

花序

植株

22 附地菜属 *Trigonotis* Stev.

Trigonotis Stev. in Bull. Soc. Nat. Mosc. 24: 603. 1851.

一年生至多年生草本，全株被毛或近无毛。叶互生。总状花序，无叶或仅基部有叶，稀花生于叶腋上方；花萼5裂，果期稍增大，裂片线形或披针形；花淡蓝色或白色，有5裂片，花蕾时覆瓦状排列，花筒短；喉部有附属物5；雄蕊5，内藏；子房4裂，花柱短，柱头头状，内藏。小坚果四面体形，直立，平滑或微有毛，短柄或无柄。

本属全世界约57种，分布于亚洲中部，中国、日本、朝鲜、菲律宾、北婆罗洲、巴布亚新几内亚。中国有34种，6变种，分布中心为云南及四川。东北地区产3种1亚种1变种。

分种检索表

1. 一、二年生草本；花檐部直径1.5～3.5毫米（**1. 附地菜 T. peduncularis** (Trev.) Benth. ex Baker et Moore）。
  2. 花冠檐部直径约1.5毫米；萼片先端尖 ………………………………… **1a. 附地菜 T. peduncularis** var. **peduncularis**
  2. 花冠檐部直径（2.5～）3～3.5毫米；萼片先端钝或近圆形 ………………………………………… **1b. 钝萼附地菜 T. peduncularis** var. **amblyosepala** (Nakai & Kitag.) W. T. Wang
1. 多年生草本；花檐部直径 5～10毫米。
  3. 花序仅基部具2~3个叶状苞片；叶长圆状披针形或披针形，基部狭楔形，具短的翅状柄 ……………………………………………………………………………… **2. 水甸附地菜 T. myosotidea** (Maxim.) Maxim.
  3. 花序全面具苞片；叶卵形或椭圆状卵形，基部近圆形、微心形或圆楔形，基生叶叶柄细长（至少长于叶片的 1/2 以至显著地长于叶片）、茎生叶具短柄（**3. 北附地菜 T. radicans** (Turcz.) Stev.）。
    4. 茎于花后先端伸长宛如鞭状匍匐枝，顶端着地生根；花冠直径约6毫米；花萼裂片宽卵形 …………………………………………………………………………………… **3a. 北附地菜 T. radicans** subsp. **radicans**
    4. 茎顶端不生根，但叶腋于花后常生丝状匍匐枝并在其上生根；花冠直径约8毫米；花冠裂片长圆状披针形 ………………………………………………………… **3b. 朝鲜附地菜 T. radicans** subsp. **sericea** (Maxim.) Riedl

（1）附地菜（辽宁植物志，黑龙江省植物志，内蒙古植物志，东北植物检索表，东北草本植物志，中国植物志，Flora of China）

Trigonotis peduncularis (Trev.) Benth. ex Baker et Moore in Fl. Cauc. Crit. 4(2): 394. 1905; 东北草本植物志7: 159. 图版58: 1～4. 1981; 中国植物志64(2): 104. 图版15: 1～5. 1989; 辽宁植物志（下册）: 173. 图版76: 1～4. 1992; 内蒙古植物志（第二版）4: 176. 图版69. 1993; 东北植物检索表（第二版）: 551. 图版276: 1. 1995; Fl. China 16: 372. 1995; 黑龙江省植物志8: 197. 图版90: 4～7.2001.

（1a）附地菜（原变种）

Trigonotis peduncularis var. *peduncularis*

生平地、山坡草地、田间及路旁。产黑龙江省尚志、黑河、嘉荫、萝北、哈尔滨；吉林省蛟河、磐石、辉南、集安、安图；辽宁省大连、庄河、鞍山、清原、丹东、凤城、宽甸、东港、本溪、桓仁、北镇、建昌、绥中、沈阳、法库、西丰、盖州；内蒙古自治区额尔古纳、海拉尔、牙克石、鄂伦春、科尔沁

■ 附地菜

花萼与小坚果

花序

花

■ 附地菜

花后株

花期株

右翼前旗、科尔沁左翼后旗、大青沟、乌兰浩特、扎赉特旗、喀喇沁旗、西乌珠穆沁旗等地。

全草有温中健胃、消肿止痛、止血作用。嫩叶可供食用。

（1b）钝萼附地菜（变种）（辽宁植物志，东北植物检索表，东北草本植物志，中国植物志，Flora of China）

Trigonotis peduncularis var. *amblyosepala* (Nakai & Kitag.) W. T. Wang in Bull. Bot. Res., Harbin 6(3): 90. 1986; Fl. China16: 372.1995.——*T. amblyosepala* Nakai et Kitag. in Rep. Exped. Manchoukuo Sect. IV 4(1): 44. pl. 14. 1934; 东北草本植物志7: 159. 1981; 中国植物志64(2): 104. 1989; 辽宁植物志（下册）: 175. 1992; 东北植物检索表（第二版）: 551. 1995.

生低山山坡草地、林缘、灌丛或田间、荒野。产辽宁省北镇、建昌；内蒙古自治区宁城等地。

全草有清热、消炎、止痛、止痢作用。

■ 钝萼附地菜

花序正面观

花序侧面观

植株

（2）水甸附地菜（黑龙江省植物志，东北植物检索表，东北草本植物志，中国植物志，Flora of China）；勿忘草状附地菜（内蒙古植物志）

Trigonotis myosotidea (Maxim.) Maxim., Bull. Acad. Imp. Sci. Saint-Pétersbourg. 27: 506. 1881; 东北草本

植物志7: 160. 图版85: 7. 1981; 中国植物志64(2): 99. 图版11：9 ~ 10. 1989; 内蒙古植物志（第二版）4: 180. 1993; 东北植物检索表（第二版）: 551. 图版276: 2. 1995; Fl. China 16: 369. 1995; 黑龙江省植物志8: 194. 图版90: 1.2001; 东北植物分布图集: 897. 2019.

生沼泽草甸或沟边湿地。产黑龙江省伊春；吉林省安图；辽宁省宽甸、桓仁；内蒙古自治区根河、牙克石、阿尔山等地。

■ 水甸附地菜

花

花序

植株一部分

植株

（3）北附地菜（黑龙江省植物志，东北植物检索表，东北草本植物志，中国植物志）

Trigonotis radicans (Turcz.) Stev. in Bull. Soc. Nat. Mosc. 24, 1: 603. 1851; 东北草本植物志7: 160. 1981; 中国植物志64(2): 98. 图版11: 7 ~ 8, 16: 1 ~ 4. 1989; 东北植物检索表（第二版）: 551. 1995; Fl. China16: 369. 1995; 黑龙江省植物志8: 197. 2001.

（3a）北附地菜（原亚种）

Trigonotis radicans subsp. *radicans*

生山地阔叶林林缘、灌丛及溪边草地。产黑龙江省伊春、宝清、尚志、虎林、呼玛、嘉荫；吉林省抚松。

■ 北附地菜

植株一部分

植株

（3b）朝鲜附地菜（亚种）（内蒙古植物志，中国植物志）；森林附地菜（辽宁植物志，黑龙江省植物志，东北植物检索表，东北草本植物志）

Trigonotis radicans subsp. *sericea* (Maxim.) Riedl in Linzer Biol. Beitr. 25: 94. 1993.——*T. nakaii* Hara in J. Jap. Bot. 17(11): 635. 1941; 东北草本植物志7: 161. 图版85: 5 ~ 6. 1981; 辽宁植物志（下册）: 173. 图版76: 5 ~ 6. 1992; 东北植物检索表（第二版）: 551. 图版276: 3. 1995; 黑龙江省植物志8: 197. 图版90: 2 ~ 3.2001.——*T. coreana* Nakai in Bot. Mag. (Tokyo) 31: 218. 1917; 中国植物志64(2): 98. 1989; 内蒙古植物志（第二版）4: 180. 1993.

生森林、灌丛中湿地或河岸。产黑龙江省哈尔滨、阿城、嘉荫、牡丹江、尚志、宁安、伊春；吉林省蛟河、安图、长春、吉林、舒兰；辽宁省沈阳、法库、北镇、桓仁、本溪、西丰、清原、丹东、凤城、宽甸、东港、瓦房店、庄河、鞍山；内蒙古自治区牙克石、扎赉特旗等地。

嫩苗可食。

■ 朝鲜附地菜

花正面观

花侧面观

花枝

花期株

花后株

23 勿忘草属 *Myosotis* L.

Myosotis L., Sp.Pl. 131.1753; Gen. Pl. ed. 5.63. 1754.

一年生或多年生草本，被密短毛或近无毛。叶互生。镰状聚伞花序，花后呈总状。花通常蓝色或白色，稀淡紫色；花萼5浅裂或5深裂，果期不增大或稍增大；花冠通常高脚碟状，稀钟状或漏斗状，裂片5，芽时旋转状，圆钝而平展，喉部有5个鳞片状附属物；雄蕊5，内藏，花药卵形，顶端钝；子房4深裂，花柱细，线状。柱头小，呈盘状，具短尖；雌蕊基平坦或稍凸出。小坚果4，通常卵形，背腹扁，直立，平滑，有光泽。

本属全世界约50种，分布于欧亚大陆的温带、热带非洲、南非洲、大洋洲。中国有4种。东北地区产1种1亚种。

分种检索表

1. 全株贴生短糙毛；萼齿裂至花萼长度的1/2 … 1b. 湿地勿忘草 M. laxa subsp.caespitosa (Schultz) Hyl. ex Nordh.
1. 茎、叶、萼被开展或弯曲的较长糙毛；萼齿裂至花萼长度的 2/3 ~ 3/4 ………2. 勿忘草 M. alpestris F. W. Schmidt

（1）原湿地勿忘草（植物智网站）

Myosotis laxa Lehm., Pl. Asperif. Nucif. 1: 83. 1818.

（1a）原湿地勿忘草（原亚种）

Myosotis laxa subsp. *laxa*

中国不产。

（1b）湿地勿忘草（亚种）（辽宁植物志，黑龙江省植物志，内蒙古植物志，东北植物检索表，东北草本植物志，中国植物志，Flora of China）

Myosotis laxa subsp. *caespitosa* (Schultz) Hyl. ex Nordh. in Norsk Fl. 529. 1940.——*M. caespitosa* Schultz in Prodr. Fl. Starg. Suppl. 1: 11. 1819; 东北草本植物志7: 162. 图版86: 1 ~ 4. 1981; 中国植物志64(2): 74. 图版9: 9 ~ 12. 1989; 辽宁植物志（下册）: 175. 图版77. 1992; 内蒙古植物志（第二版）4: 183. 图版70: 6 ~ 7. 1993; 东北植物检索表（第二版）: 550. 图版275: 7. 1995; Fl. China 16: 360. 1995; 黑龙江省植物志8: 190. 图版87: 1 ~ 4. 2001.

生溪边、水湿地及山坡湿润地。产黑龙江省哈尔滨；辽宁省彰武；内蒙古自治区额尔古纳、牙克石、鄂伦春、科尔沁右翼前旗、阿尔山、科尔沁左翼后旗、伊尔施、克什克腾旗、乌兰浩特、锡林浩特等地。

■ 湿地勿忘草

花序

花

植株一部分

植株

（2）勿忘草（内蒙古植物志，东北植物检索表，东北草本植物志，中国植物志，Flora of China）；草原勿忘草（黑龙江省植物志，内蒙古植物志，东北植物检索表，东北草本植物志）

Myosotis alpestris F. W. Schmidt, Fl. Boem. Cent. 3: 26. 1794; Fl. China 16: 361. 1995.——*Myosotis sylvatica* (Ehrh.) Hoffm. in Deutschl. Fl. 61. 1791; 东北草本植物志7: 163. 图版1 ~ 4. 1981; 中国植物志64(2):

75. 图版9: 1～4. 1989; 内蒙古植物志（第二版）4: 181. 图版70: 1～5. 1993; 东北植物检索表（第二版）: 550. 图版275: 8. 1995.——*Myosotis sylvatica* f. *acaulis* Y. L. Chang & S. D. Zhao; 东北草本植物志7: 163. 图版86: 5～6. 1981.——*Myosotis suaveolens* Waid. et Kit. in Enum. Pl. 176. 1809; 东北草本植物志7: 163. 图版86: 7～8. 1981; 内蒙古植物志（第二版）4: 183. 1993; 东北植物检索表（第二版）: 550. 图版275: 10. 1995; 黑龙江省植物志8: 190. 图版87: 5～6.2001.

生山地林缘或林下、山坡、山谷草地或草原等处。产黑龙江省黑河、爱辉；吉林省抚松、安图、长白；内蒙古自治区海拉尔、根河、牙克石、扎兰屯、额尔古纳、满洲里、鄂伦春、陈巴尔虎旗、科尔沁右翼前旗、索伦、克什克腾旗、东乌珠穆沁旗、西乌珠穆沁旗、锡林浩特、宝格达山等地。

■ 勿忘草

基生叶

花序

植株

151. 旋花科 Convolvulaceae

Convolvulaceae Juss., Gen. Pl. [Jussieu] 132. 1789, *nom. cons.*

木贼门、木贼亚门、木兰纲、蔷薇亚纲、菊超目、茄目（Solanales）。

草本、亚灌木或灌木，偶为乔木。茎缠绕或攀缘，有时平卧或匍匐，偶有直立。叶互生，螺旋排列，寄生种类无叶或退化成小鳞片，通常为单叶。花单生于叶腋，或少花至多花组成腋生聚伞花序，有时总状、圆锥状、伞形或头状，极少为二歧蝎尾状聚伞花序。苞片成对，通常很小，有时叶状，有时总苞状。花整齐，两性，5数；花冠合瓣，漏斗状、钟状、高脚碟状或坛状。通常为蒴果，室背开裂、周裂、盖裂或不规则破裂，或为不开裂的肉质浆果，或果皮干燥坚硬呈坚果状。

本科全世界约有69属1650种，广泛分布于热带、亚热带和温带，主产美洲和亚洲的热带、亚热带。中国产20属129种，南北均有分布，华南和西南地区尤盛。东北地区产7属28种3亚种2变种1变型，其中栽培7种。

分属检索表

1. 无叶寄生植物；花小而不显著；花冠管内侧雄蕊下有5个流苏状鳞片 ………………………… 1. 菟丝子属 Cuscuta
1. 有叶自养植物；花通常显著。

（接上表）

2. 子房分裂为2，花柱2，基生着生于离生心皮之间；匍匐小草本，叶小型且为心形、肾形或圆形 ……2. 马蹄金属 Dichondra
2. 子房不分裂，花柱1或2，顶生。
 3. 柱头2。
  4. 柱头长圆形、线形或扁平；花粉粒无刺 ……3. 旋花属 Convolvulus
  4. 柱头头状 ……4. 鱼黄草属 Merremia
 3. 柱头1，头状或2裂；花粉粒有刺。
  5. 雄蕊和花柱外伸；花冠高脚碟状 ……5. 茑萝属 Quamoclit
  5. 雄蕊和花柱内藏；花冠漏斗状。
   6. 萼片先端钝或锐尖，无毛或被毛；子房2室或4室，具4胚珠 ……6. 虎掌藤属（番薯属）Ipomoea
   6. 萼片先端渐尖，被硬毛或伏柔毛；子房3室，具6胚珠 ……7. 牵牛属 Pharbitis

1 菟丝子属 *Cuscuta* L.

Cuscuta L., Sp. Pl. 124. 1753.

寄生草本。茎线形，缠绕，黄色或稍带红色，借吸器固着于寄主；无叶或退化成鳞片状。花白色或淡红色，无梗或具短梗，组成穗状、总状或簇生成头状花序；苞小，萼片5，近相等，基部连合；花冠管状、壶状或钟状，常于花冠基部或雄蕊之下着生流苏状的鳞片；雄蕊着生于花冠裂片之间，花丝短；子房2室，每室2个胚珠，花柱2，分离或连合，柱头头状或棒状。蒴果球形或卵圆形，周裂或不规则破裂；种子1～4粒，无毛。

本属全世界约170种，广泛分布于全世界暖温带，主产美洲。中国有9种，南北均产。东北地区产8种。

分种检索表

1. 茎较粗壮，径1～3毫米；花柱单一。
 2. 花柱几乎与柱头等长 ……1. 单柱菟丝子 C. monogyna Vahl
 2. 花柱明显长于柱头。
  3. 柱头有明显2裂片；茎较粗壮，肉质，直径1～2毫米，黄色，常带紫红色瘤状斑点；花冠钟状；蒴果卵圆形，长约5毫米 ……2. 金灯藤 C. japonica Choisy
  3. 柱头微2裂；茎粗壮，细绳状，直径达3毫米，红褐色，具瘤；花冠圆筒状；蒴果卵形或卵状圆锥形，长7～9毫米 ……3. 啤酒花菟丝子 C. lupuliformis Krocker
1. 茎纤细，径不及1毫米；花柱2。
 4. 柱头棒状或线形，伸长。
  5. 茎带黄色或带红色；花淡红色 ……4. 欧洲菟丝子 C. europaea L.
  5. 茎浅黄色、乳白色或绿色；花淡黄色 ……5. 亚麻菟丝子 C.epilinum Weihe
 4. 柱头头状，不伸长。
  6. 花白色；蒴果全为宿存花冠所包围，成熟时整齐开裂 ……6. 菟丝子 C. chinensis Lam.
  6. 花乳白色或黄色；蒴果仅下半部为宿存花冠所包围，成熟时不规则开裂。

（接上表）

7. 花冠裂片先端通常直立；花冠筒里面基部的鳞片长不及花冠筒的1/2 … **7. 南方菟丝子** C. australis R. Br.

7. 花冠裂片先端通常反折；花冠筒里面基部的鳞片约与花冠筒近等长 ………………………… **8. 原野菟丝子** C. campestris Yuncker

（1）单柱菟丝子（内蒙古植物志，中国植物志，Flora of China）

Cuscuta monogyna Vahl, Symb. Bot. 2: 32. 1791; 中国植物志64(1): 149. 图版32: 11 ~ 12. 1979; 内蒙古植物志（第二版）4: 145. 图版58: 13. 1993; Fl. China16: 324. 1995.

寄生乔木、灌木及多年生草本植物上。产内蒙古自治区扎赉特旗等地。

（2）金灯藤（辽宁植物志，东北植物检索表，东北草本植物志，中国植物志，Flora of China）；日本菟丝子（黑龙江省植物志，内蒙古植物志）

Cuscuta japonica Choisy in Syst. Verz. 2: 130. 1854; 中国植物志64(1): 147. 图版31: 8 ~ 11. 1979; 东北草本植物志7: 108. 图版59: 3 ~ 5. 1981; 辽宁植物志（下册）: 139. 图版60: 3 ~ 5. 1992; 内蒙古植物志（第二版）4: 142. 图版58: 6 ~ 8. 1993; 东北植物检索表（第二版）: 541. 图版265: 8. 1995; Fl. China 16: 323. 1995;

■ 金灯藤

果枝

花序

植株一部分

居群

黑龙江省植物志8: 166. 图版76: 6 ~ 8.2001.

寄生草本或灌木上。产黑龙江省虎林、依兰、尚志、伊春、萝北、哈尔滨；吉林省集安、长白、敦化、通榆、蛟河、安图、珲春、汪清、和龙、长春、扶余；辽宁省北镇、沈阳、本溪、桓仁、凤城、岫岩、鞍山、营口、丹东、庄河、金州、大连；内蒙古自治区满洲里、科尔沁右翼前旗、科尔沁右翼中旗、喀喇沁旗、翁牛特旗、宁城等地。

种子有补肝肾、益精壮阳、止泻作用，也可食。

（3）啤酒花菟丝子（内蒙古植物志，中国植物志，Flora of China）

Cuscuta lupuliformis Krocker, Fl. Siles. 1: 261. t. 36. 1787; 中国植物志64(1): 148. 图版32: 7 ~ 10. 1979; 内蒙古植物志（第二版）4: 143. 图版58: 9 ~ 10. 1993; Fl. China16: 324. 1995.

寄生乔灌木或多年生草本植物上。产东北各地。

■ 啤酒花菟丝子

花萼与雌蕊

花冠与雄蕊

花期植株一部分

花期植株

果期植株

果期植株一部分

（4）欧洲菟丝子（辽宁植物志，黑龙江省植物志，东北植物检索表，东北草本植物志，中国植物志，Flora of China）；大菟丝子（内蒙古植物志）

Cuscuta europaea L., Sp. Pl. 1: 124. 1753; 中国植物志64(1): 151. 图版31: 1 ~ 3. 1979; 东北草本植物志7: 108. 1981; 辽宁植物志（下册）: 141. 1992; 内蒙古植物志（第二版）4: 143. 图版58: 11 ~ 12. 1993; 东北植物检索表（第二版）: 543. 1995; Fl. China 16: 325. 1995; 黑龙江省植物志8: 164. 图版76: 3 ~ 5.2001.

寄生多种植物上，尤以豆科、菊科、藜科植物最多。产黑龙江省各地；吉林省梅河口、长白；辽宁省抚顺、铁岭、鞍山、大连；内蒙古自治区科尔沁右翼前旗五岔沟、阿尔山、宝格达山等地。

种子入药，也可食，有补肝肾、益精壮阳、止泻作用。

■ 欧洲菟丝子

植株一部分

植株

（5）亚麻菟丝子（The Checklist of the Naturalized Plants in China，中国外来入侵植物志）

Cuscuta epilinum Weihe, Arch. Apotheker-Vereins Nördl. Teutschl. 8(3): 51. 1824; The Checklist of the Naturalized Plants in China: 118. 2019; 中国外来入侵植物志3: 221. 2021.

原产亚洲西南部和欧洲。黑龙江省有分布。

本种为外来入侵植物，缠绕于亚麻、苜蓿、大麻等的茎部，以吸器与寄主的维管束系统相联结，不仅吸收寄主的养分和水分，还造成寄主输导组织的机械性障碍。

（6）菟丝子（辽宁植物志，黑龙江省植物志，内蒙古植物志，东北植物检索表，东北草本植物志，中国植物志，Flora of China）

Cuscuta chinensis Lam. in Encycl. 2(1): 229. 1786; 中国植物志64(1): 145. 图版31: 4～7. 1979; 东北草本植物志7: 108. 图版59: 1～2. 1981; 辽宁植物志（下册）: 139. 图版60: 1～2. 1992; 内蒙古植物志（第二版）4: 143. 图版58: 1～5. 1993; 东北植物检索表（第二版）: 543. 图版265: 7. 1995; Fl. China 16: 323. 1995; 黑龙江省植物志8: 164. 图版76: 1～2.2001.

通常寄生豆科、菊科、蒺藜科等多种植物上。产东北各地。

种子入药，也可食，有补肝肾、益精壮阳、止泻作用。

■ 菟丝子

植株一部分

植株

■ 菟丝子

茎

花序侧面观

花序正面观

（7）南方菟丝子（东北植物检索表，中国植物志，Flora of China）

Cuscuta australis R. Br. in Prodr. 1: 491. 1810; 中国植物志64(1): 144. 图版32: 1 ~ 3. 1979; 东北植物检索表（第二版）: 543. 1995; Fl. China 16: 322. 1995.

寄生田边、路旁的豆科、菊科蒿子属、唇形科牡荆属植物上。产辽宁省大连、绥中等地。

种子入药，也可食，有补肝肾、益精壮阳、止泻作用。

■ 南方菟丝子

花序

果序

植株一部分

居群

（8）原野菟丝子（Flora of China，中国外来入侵植物志）；野地菟丝子；田野菟丝子

Cuscuta campestris Yuncker in Mem. Torr. Bot. Club 18: 138. 1932; Fl. China 16: 323. 1995; 中国外来入侵植物志3: 217. 2021.

常见于田间、路旁，寄生在栽培植物葱、胡萝卜、苜蓿及其他杂草的植株上。原产北美洲。分布辽宁省阜新、大连等地。

本种为外来入侵植物，为寄生植物，会吸收寄主的养料和水分，并与寄主争夺阳光，影响寄主的生长和繁殖。

■ 原野菟丝子

花正面观

花侧面观

花枝

果实成熟期

植株一部分

植株

2 马蹄金属 *Dichondra* J. R. et G. Forst.

Dichondra J. R. et G. Forst. in Char. Gen. Pl. 39. t. 20. 1776.

匍匐草本。叶肾形或心形至圆形，全缘，具叶柄。花单生叶腋；苞片小；萼片5，分离，近等长；通常匙形，草质；花冠宽钟形，深5裂，裂片内向镊合状，或近覆瓦状排列；雄蕊较花冠短，花丝丝状，花药小，花粉粒平滑；花盘小，杯状；子房深2裂，2室，每室2胚珠，花柱2枚，基生，丝状，柱头头状。蒴果，分离成两个直立果瓣，不裂或不整齐2裂，各具1或稀2粒种子；种子近球形，光滑。

本属全世界5～8种，大多数分布于美洲，1种产新西兰，1种广布于两半球热带亚热带地区，中国产1种。东北地区有栽培。

马蹄金（中国植物志，Flora of China）

Dichondra micrantha Urban, Symb. Antill. 9: 243. 1924; Fl. China 16: 275. 1995.——*Dichondra repens* auct. non Forst. : 中国植物志64(1): 8. 1979.

多年生匍匐草本；茎细长，被灰色短柔毛，节上生根；叶肾形至圆形，先端宽圆形或微缺，基部阔心形，叶面微被毛，背面被贴生短柔毛，全缘；花单生叶腋，花柄丝状；花冠钟状，黄色，深5裂；蒴果近球形，短于花萼。生海拔1300～1980米，山坡草地，路旁或沟边。中国长江以南各省及台湾均有分布。辽宁省大连有栽培。

全草有清热利尿、祛风止痛、止血生肌、消炎解毒、杀虫作用，可治急慢性肝炎、黄疸型肝炎、胆囊炎、肾炎、泌尿系感染、扁桃腺炎、口腔炎及痈疔疗毒、毒蛇咬伤、乳痈、痢疾、疟疾、肺出血等。

■ 马蹄金

叶正反面对比

植株一部分

景观

3 旋花属 *Convolvulus* L.

Convolvulus L., Sp. Pl. 153. 1753.

多年生，稀一年生草本或半灌木。茎直立或缠绕，有时具刺，通常被毛，稀无毛。叶互生，心形、箭形或戟形，或长圆形、狭披针形至线形，全缘或有裂片。花单生或多朵组成聚伞花序或密集成具总苞的头状花序，腋生；苞片狭小；萼片5，等长或近等长；花冠钟状或漏斗状，冠檐不明显5裂；雄蕊5，着生于花冠基部，不伸出花冠外，花丝下部通常加宽；子房2室，有4个胚珠，花柱线形，柱头2，线形或长圆形。蒴果球形，4瓣裂或不规则开裂；种子无毛或有小突起。

本属全世界约250种，广布于两半球温带及亚热带地区，极少数在热带。中国8种。东北地区产7种3亚种1变型。

分种检索表

1. 花萼不为苞片所包；子房2室，柱头线形或近棒状。
  2. 全株被微毛或无毛；叶卵状椭圆形或椭圆形 ······························ 1. 田旋花 C. arvensis L.
  2. 全株密被银灰色绢毛；叶线形或线状披针形。
    3. 半灌木，分枝坚硬，具刺 ······························ 2. 刺旋花 C. tragacanthoides Turcz
    3. 草本，分枝不坚硬，不具刺 ······························ 3. 银灰旋花 C. ammannii Desr.
1. 花萼包藏在两片大苞片内；子房1室或不完全2室，柱头长圆形或椭圆形且扁平。
  4. 叶肾形；花大，淡红色 ······························ 4. 肾叶打碗花 C. soldanella Despr. ex Choisy
  4. 叶非肾形。
    5. 植株通常矮小铺地；花较长 2～2.5厘米；宿萼及苞片与果实近等长或稍短；花期始于5月中旬前后 ······························ 5. 打碗花 C. japonicus Thunb.
    5. 茎缠绕而伸长；花长4厘米以上；宿萼及苞片增大包藏果实；花期始于6月末或7月。
      6. 叶柄长1～5厘米；叶卵状长圆形、卵状三角形（或3裂，中裂片长圆形）；植株被毛或不被毛。
        7. 叶片狭三角形到长圆形，基部戟形或近戟形，两侧向外开展，全缘，无大齿状裂片 ······························ 6. 柔毛打碗花 C. pubescens Thell.
        7. 叶三角状卵形或宽卵形或卵状长圆形，基部戟形或心形，全缘或基部稍伸展为具2～3个大齿缺的裂片（7. 旋花 C. sepium L.）。

（接上表）

8. 叶三角状卵形或宽卵形，基部戟形或心形，全缘或基部稍伸展为具2～3个大齿缺的裂片；植株无毛 …………………………………………………………………… **7a. 旋花 C. sepium** subsp. **sepium**

8. 叶通常为卵状长圆形，基部戟形，基裂片不明显伸展，圆钝或2裂，有时叶形相似于旋花；植株无毛到疏生短柔毛 ……………………… **7b. 欧旋花 C. sepium** subsp. **spectabilis** (Brummitt) S. M. Zhang

6. 叶柄长0.2～1.5（～2）厘米；叶长圆形或线状长圆形（基部圆形、截形或微呈戟形）；植株密被灰白色或黄褐色柔毛（**8. 藤长苗 C. pellitus** Ledeb.）。

9. 长为宽3～4倍，侧脉3～5对。

10. 茎匍匐或稍攀援生长；叶基部截形稍戟形或稍浅裂 ……………**8a. 藤长苗 C. pellitus** subsp. **pellitus**

10. 茎近乎直立；叶基部截形 …………**8b. 直立藤长苗 C. pellita** subsp. **stricta** (Brummitt) S. M. Zhang

9. 叶长为宽4～7倍，侧脉4～9对 …… **8c. 长叶藤长苗 C. pellita** subsp. **longifolia** (Brummitt) S. M. Zhang

（1）田旋花（辽宁植物志，黑龙江省植物志，内蒙古植物志，东北植物检索表，东北草本植物志，中国植物志，Flora of China）；中国旋花（辽宁植物志，黑龙江省植物志，东北植物检索表，东北草本植物志）

Convolvulus arvensis L., Sp. Pl. 1: 153. 1753; 中国植物志64(1): 58. 1979; 东北草本植物志7: 125. 1981; 辽宁植物志（下册）: 154. 1992; 内蒙古植物志（第二版）4: 136. 图版56: 1. 1993; 东北植物检索表（第二版）: 541. 图版272: 4. 1995; Fl. China 16: 291. 1995; 黑龙江省植物志8: 160. 图版74: 7.2001.——*C. chinensis* Ker–Gawer in Edwards′s Bot. Reg. pl. 322. 1878; 东北草本植物志7: 126. 图版69. 1981; 辽宁植物志（下册）: 155. 图版67: 2～6. 1992; 东北植物检索表（第二版）: 541. 图版272: 2. 1995; 黑龙江省植物志8: 162. 图版75. 2001.

■ 田旋花

叶形1

叶形2

花正面观

花侧面观

白花株

白花正面观

白花侧面观

生耕地及荒坡草地上。产黑龙江省哈尔滨、齐齐哈尔；吉林省白城、镇赉、洮南、通榆；辽宁省大连、瓦房店、辽阳、凤城、凌源、彰武、喀左、建平、绥中、北镇；内蒙古自治区扎兰屯、新巴尔虎右旗、海拉尔、满洲里、科尔沁右翼前旗、乌兰浩特、科尔沁左翼后旗、扎鲁特旗、赤峰、巴林右旗、克什克腾旗等地。

全草有调经活血、滋阴补虚作用。嫩苗和根可食。

（2）刺旋花（辽宁植物志，内蒙古植物志，中国植物志，Flora of China）

Convolvulus tragacanthoides Turcz in Bull. Soc. Imp. Naturalistes Moscou 5: 201. 1832; 中国植物志64(1): 55. 1979; 辽宁植物志（下册）: 154. 图版67: 1. 1992; 内蒙古植物志（第二版）4: 137. 图版56: 3. 1993; Fl. China 16: 290. 1995.

生海拔500米的石灰岩山地阳坡石质坡地上。仅见于辽宁省建昌县的云山洞和赵屯一带。

■ 刺旋花

刺

花

蒴果

植株

（3）银灰旋花（辽宁植物志，黑龙江省植物志，内蒙古植物志，东北植物检索表，东北草本植物志，中国植物志，Flora of China）

Convolvulus ammannii Desr. in Encycl. 3(2): 549. 1792; 中国植物志64(1): 56. 1979; 东北草本植物志7: 124. 图版68. 1981; 辽宁植物志（下册）: 154. 图版67: 7 ~ 11. 1992; 内蒙古植物志（第二版）4: 136. 图版56: 2. 1993; 东北植物检索表（第二版）: 541. 图版272: 3. 1995; Fl. China 16: 290. 1995; 黑龙江省植物志8: 160. 图版74: 1 ~ 6.2001.

生干旱山坡草地或路旁。产黑龙江省大庆、青岗、安达；吉林省镇赉、洮安、通榆；辽宁省建平、

■ 银灰旋花

花正面观

花侧面观

植株

凌源；内蒙古自治区海拉尔、满洲里、新巴尔虎右旗、新巴尔虎左旗、科尔沁右翼前旗、翁牛特旗、赤峰、通辽、乌兰浩特、巴林右旗、扎鲁特旗等地。

全草有解表、止咳作用，用于感冒、咳嗽。

（4）肾叶打碗花（辽宁植物志，东北植物检索表，东北草本植物志，中国植物志，Flora of China）

Convolvulus soldanella Despr. ex Choisy, Prodr. 9: 345. 1845.——*Calystegia soldanella* (L.) R. Br. in Prodr. 484. 1810; 中国植物志64(1): 52. 1979; 东北草本植物志7: 118. 图版63. 1981; 辽宁植物志（下册）: 148. 图版64. 1992; 东北植物检索表（第二版）: 541. 图版271: 4. 1995; Fl. China 16: 287. 1995.

生海滨沙地或河岸岩石缝中。产辽宁省丹东、东港、兴城、绥中、瓦房店、庄河、长海、大连等地。

全草有祛风利湿、化痰止咳作用，用于咳嗽、肾炎水肿、风湿关节痛。

■ 肾叶打碗花

蒴果

花

植株

（5）打碗花（辽宁植物志，黑龙江省植物志，内蒙古植物志，东北植物检索表，东北草本植物志，中国植物志，Flora of China）

Convolvulus japonicus Thunb. Fl. Jap. 85. 1784.——*Calystegia hederacea* Wall. in Fl. Ind.2: 94. 1824; 中国植物志64(1): 47. 1979; 东北草本植物志7: 118. 图版65. 1981; 辽宁植物志（下册）: 151. 图版66: 1～2. 1992; 内蒙古植物志（第二版）4: 133. 图版55: 5. 1993; 东北植物检索表（第二版）: 541. 图版271: 3. 1995; Fl. China 16: 287. 1995; 黑龙江省植物志8: 156. 图版73: 2. 2001.

为农田、荒地、路旁常见的杂草。产黑龙江省除大兴安岭及北部盐碱地外各地；吉林省汪清、双辽；辽宁省北镇、盘锦、大洼、建平、沈阳、长海、大连、营口、本溪；内蒙古自治区各地。

嫩苗和根可食。根状茎有健脾益气、利尿、调经止带作用，花有止痛作用。

■ 打碗花

花正面观

花侧面观

茎叶

■ 打碗花

全株

居群

植株

白花株一部分

白花株

（6）柔毛打碗花（植物智网站）；柔毛大碗花（Flora of China）；缠枝牡丹、长裂旋花（中国植物志）；日本打碗花（辽宁植物志，黑龙江省植物志，东北植物检索表，东北草本植物志）

Convolvulus pubescens Sol., Nat. Hist. Aleppo, ed. 2. 246. 1794.——*Calystegia pubescens* Lindl. in J. Hort. Soc. London 1: 70. 1846; Fl. China 16: 288. 1995.——*C. dahurica* (Herb.) Choisy f. *anestia* (Fernald) Hara in Journ. Jap. Bot. 32: 314. 1957; 中国植物志64(1): 51. 图版11: 4. 1979.——*C. sepium* (L.) R. Br. var. *japonica* (Choisy) Makino ap. Matsumura, Ind. Pl. Jap. 2(2): 516. 1912; 中国植物志64(1): 50. 图版11: 2. 1979.——*C. japonica* Choisy in Zollgr. Syst. Verz. Ind. Arch. Jap. 132. 1854; 东北草本植物志7: 122. 图版66. 1981; 辽宁植物志（下册）: 151. 图版65: 5 ~ 7. 1992; 东北植物检索表（第二版）: 541. 图版271: 2. 1995; 黑龙江省植物志8: 156. 图版73: 3. 2001.

■ 柔毛打碗花

重瓣株

重瓣花正面观

重瓣花侧面观

■ 柔毛打碗花

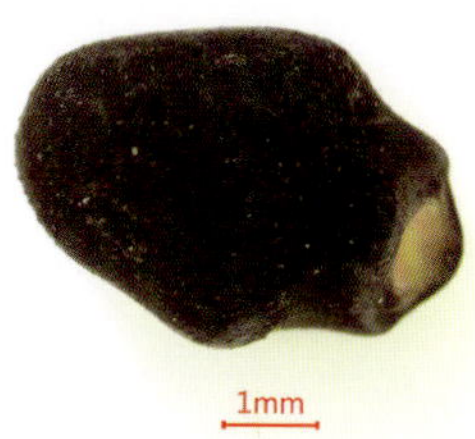

种子具小疣

叶背面观

蒴果

植株一部分

单瓣株

生路旁至山坡。黑龙江省哈尔滨、富裕、伊春、黑河、呼玛；吉林省通化、梅河口、辉南、抚松、靖宇、和龙、临江、长春、汪清、安图；辽宁省西丰、庄河、瓦房店、大洼、辽阳、沈阳、建平、普兰店、凌源、凤城、大连、法库、北镇、本溪；内蒙古自治区额尔古纳、科尔沁右翼前旗、宁城等地。

（7）旋花（中国植物志，大连地区植物志）；宽叶打碗花（辽宁植物志，黑龙江省植物志，内蒙古植物志，东北植物检索表，东北草本植物志）

Convolvulus sepium L., Sp. Pl. 153. 1753.——*Calystegia sepium* (L.) R. Br. in Prodr. Fl. Nov. Holl. 483. 1810; 中国高等植物图鉴 3: 526. 图5006. 1974; 中国植物志64(1): 48. 图11: 1. 1979; 内蒙古植物志（第二版）4: 133. 图版55: 6. 1993.——*C. sepium* (L.) R. Br. var. *communis* (Tryon) Hara in Journ. Jap. Bot.17: 395. 1942; 东北草本植物志7: 122. 图版67. 1981; 大连地区植物志中册: 606. 图792. 1982; 辽宁植物志（下册）: 153. 图版66: 3 ~ 4. 1992; 东北植物检索表（第二版）: 541. 图版272: 1. 1995; 黑龙江省植物志8: 158. 2001.

（7a）旋花（原亚种）

Convolvulus sepium subsp. *sepium*

生路旁、溪边草丛、农田边或山坡林缘。产黑龙江省伊春、富裕、饶河、宝清、宁安、尚志、黑河、哈尔滨、萝北；吉林省通化、临江、梅河口、辉南、集安、靖宇、安图、汪清、和龙、镇赉、敦化、磐石；辽宁省凌源、北镇、西丰、清原、本溪、桓仁、宽甸、岫岩、鞍山、瓦房店、庄河；内蒙古自治区额尔古纳、宁城。

根作药，治白带、白浊、疝气、疖疮等。

■ 旋花

花侧面观

花正面观

叶

植株一部分

（7b）欧旋花（亚种）（Flora of China）；毛打碗花（辽宁植物志，黑龙江省植物志，内蒙古植物志，东北植物检索表，中国植物志）

Convolvulus sepium subsp. *spectabilis* (Brummitt) S. M. Zhang, comb. nov.——*Calystegia sepium* subsp. *spectabilis* Brummitt, J. Linn. Soc., Bot. 64: 73. 1971; Fl. China16: 288. 1995——*C. dahurica* (Herb.) Choisy in Prodr. 9: 433. 1845; 中国植物志 64(1): 50. 图版 11: 3. 1979; 辽宁植物志（下册）: 151. 1992; 内蒙古植物志（第二版）4: 135. 图版 55: 4. 1993; 东北植物检索表（第二版）: 541. 图版 271: 1. 1995; 黑龙江省植物志 8: 156. 图版73: 1. 2001.

生路边、荒地、旱田或山坡路旁。产黑龙江省各地；辽宁省海城、瓦房店等地；内蒙古自治区科尔沁右翼中旗。

■ 欧旋花

蒴果与种子

叶背面观

苞片

■ 欧旋花

花侧面观

花正面观

植株一部分

（8）藤长苗（辽宁植物志，黑龙江省植物志，内蒙古植物志，东北草本植物志，中国植物志，Flora of China）

Convolvulus pellitus Ledeb. Fl. Alt. 1: 223. 1829, in nota; Bunge, Enum. Pl. Chin. Bor. 46. 1833.——*Calystegia pellita* (Ledeb.) G. Don in Gen. Hist. 4: 296. 1837; 中国植物志64(1): 51. 1979; 东北草本植物志7: 118. 图版64. 1981; 辽宁植物志（下册）: 148. 图版65: 1 ~ 4. 1992; 内蒙古植物志（第二版）4: 135. 图版55: 1 ~ 3. 1993; Fl. China 16: 287. 1995; 黑龙江省植物志8: 158. 图版73: 4. 2001.

（8a）藤长苗（原亚种）

Calystegialus pellita subsp. *pellita*

常见于耕地、荒地或山坡草丛。产黑龙江省依兰、宁安、穆棱、集贤、密山、黑河、虎林、萝北；吉林省吉林、九台、通榆、珲春、汪清、长春、镇赉；辽宁省庄河、长海、大连、金州、营口、沈阳、锦州、建平、本溪、凤城、辽阳、凌源、法库、西丰、彰武；内蒙古自治区鄂伦春、科尔沁右翼前旗、科尔沁右翼中旗、扎赉特旗、扎鲁特旗、大青沟、巴林右旗、喀喇沁旗等地。

全草有益气利尿、强筋壮骨、活血祛瘀作用。

■ 藤长苗

蒴果与种子

花正面观

植株

（8b）直立藤长苗（亚种）（Flora of China）

Calystegialus pellita subsp. *stricta* (Brummitt) S. M. Zhang, comb. nov.——*Calystegia pellita* subsp. *stricta* Brummitt, Kew Bull. 35: 331. 1980; Fl. China 16: 288. 1995

生境同原亚种。产吉林省。

■ 直立藤长苗

花侧面观

植株一部分

植株

（8c）长叶藤长苗（亚种）（Flora of China）

Convolvulus pellitus subsp. *longifolia* (Brummitt) S. M. Zhang, comb. nov.——*Calystegia pellita* subsp. *longifolia* Brummitt, Kew Bull. 35: 331. 1980; Fl. China 16: 288. 1995

生境同原亚种。产吉林省通榆；辽宁省辽阳、大连、金州、瓦房店等地。

■ 长叶藤长苗

花期植株

植株

4 鱼黄草属 *Merremia* Dennst.

Merremia Dennst. in Schluss. Hort. Malab. 34. 1818.

缠绕草本或灌木，或为匍匐或直立草本，或为下部直立的灌木。叶通常具柄，全缘或具齿，分裂或掌状三小叶或鸟足状分裂或复出。花单生或多个组成聚伞花序，腋生；萼片5，椭圆形、披针形、卵形或圆形；花冠整齐，漏斗状或钟状，白色、黄色或橘红色，通常有5条明显有脉的瓣中带；冠檐浅5裂；雄蕊5，内藏；子房2或4室；花柱1，丝状，柱头2，头状。蒴果4瓣裂或不规则开裂；种子4或因败育而更少。

本属全世界约80种，广布于热带地区。中国约有16种，主产于台湾、广东、广西、云南等省区。东北地区产1种2变种。

分种下单位检索表

1. 蒴果近球形；种子无毛；花冠淡红色 ………………………………………… a. 北鱼黄草 M. sibirica var. sibirica
1. 蒴果非球形；种子有毛。
    2. 蒴果圆锥状卵形，高9～14毫米；种子长6～8毫米，密被囊状毛；花冠淡红色 ………………………………………………………………………………b. 囊毛鱼黄草 M. sibirica var. vesiculosa.
    2. 蒴果卵状圆锥形，高8～10毫米；种子长约4毫米，被糠秕状鳞片毛；花冠常白色 ……………………………………………………………………………… c. 毛籽鱼黄草 M. sibirica var. trichosperma

北鱼黄草（中国植物志，Flora of China）；西伯利亚番薯（辽宁植物志，黑龙江省植物志，东北植物检索表，东北草本植物志）

Merremia sibirica (L.) Hall. f. in Bot. Jahrb. Syst. 16(4～5): 551. 1893; 中国植物志64(1): 69. 图版15: 2. 1979; Fl. China 16: 295. 1995.——*Ipomoea sibirica* (L.) Pers. in Syn. Pl. 1: 183. 1805; 东北草本植物志7: 113. 1981; 辽宁植物志（下册）: 142. 图版62: 1～2. 1992; 东北植物检索表（第二版）: 543. 1995; 黑龙江省植物志8: 167. 图版77: 2～3.2001.

缠绕草本。单叶互生；叶卵状心形，顶端尾状渐尖，基部心形，全缘或稍波状；叶柄长2～7厘米，基部具小耳状假托叶。聚伞花序腋生；苞片小，线形；萼片椭圆形，近于相等；花冠淡红色，钟状，冠檐具三角形裂片。蒴果近球形，顶端圆，4瓣裂。

（a）北鱼黄草（原变种）

Merremia sibirica var. *sibirica*

生路边、田边、山地草丛或山坡灌丛。产黑龙江省泰来；吉林省双辽；辽宁省凌源、建平、北镇、营口、辽阳、鞍山、旅顺口、开原等地。

全草用于跌打损伤、疔疮、腿痛；种子有泻下祛积、逐水消肿作用。

■ 北鱼黄草

果实

花枝

植株一部分

（b）囊毛鱼黄草（变种）（内蒙古植物志，中国植物志，Flora of China）

Merremia sibirica var. *vesiculosa* C. Y. Wu., 云南热带亚热带植物区系研究报告1: 111. 1965; 中国植物志64(1): 71. 1979; 内蒙古植物志（第二版）4: 141. 图版57: 2～3. 1993; Fl. China 16: 296. 1995.

生水边沟谷灌丛中。产辽宁省建平；内蒙古自治区扎赉特旗、科尔沁右翼中旗、通辽、赤峰市红山区等地。

（c）毛籽鱼黄草（变种）（中国植物志，Flora of China）

Merremia sibirica var. *trichosperma* C. C. Huang ex C. Y. Wu et H. W. Li, 云南热带亚热带植物区系研究报告1: 112. 1965; 中国植物志64(1): 71. 1979; Fl. China 16: 296. 1995.

生林中或沟边杂木林内。产吉林省通榆；辽宁省抚顺、旅顺口（蛇岛）。

■ 毛籽鱼黄草

种子

植株一部分

5 茑萝属 *Quamoclit* Mill.

Quamoclit Mill. in Gard. Diction. 1768.

一年生草本，通常无毛。茎缠绕。叶卵状心形或长圆形，全缘、具角或有裂片。聚伞花序腋生，具少数花；萼片5，不等长，顶端常具芒状刺；花冠高脚碟状，红色、黄色或白色，花冠管细长，向上至喉部逐渐扩展，冠檐开展，全缘或5浅裂；雄蕊5，伸出花冠外，花丝不等长；子房无毛，4室，具4胚珠，花柱伸出花冠外，柱头头状，2裂。蒴果4室，4瓣裂；种子4粒，无毛或疏被柔毛，暗褐色。

本属全世界约10种，产热带美洲。中国栽培3种。东北地区均有栽培。

分种检索表

1. 叶全缘，心形 ·· 1. 橙红茑萝 Q. coccinea (L.) Moeach
1. 叶深裂。
    2. 叶掌状深裂，裂片披针形 ·· 2. 葵叶茑萝 Q. sloteri House apud Bailey
    2. 叶羽状深裂，裂片线形 ·· 3. 茑萝松 Q. pennata (Desr.) Bojer

（1）橙红茑萝（辽宁植物志，东北植物检索表，东北草本植物志，中国植物志）；圆叶茑萝

Quamoclit coccinea (L.) Moeach in Methodus 453. 1794; 中国植物志64(1): 112. 1979; 东北草本植物志7: 114. 1981; 辽宁植物志（下册）: 146. 1992; 东北植物检索表（第二版）: 543. 1995.

原产南美洲。辽宁省大连、旅顺口等地有栽培，有逸生。

以观赏为目的引进，花形较大，花色鲜艳，观赏效果极佳。

■ 橙红茑萝

幼苗

果序

花序

茎

植株

（2）葵叶茑萝（辽宁植物志，中国植物志）；掌叶茑萝（东北植物检索表，东北草本植物志）

Quamoclit sloteri House apud Bailey in Gent. Herb. 1: 128. f. 60. 1923; 中国植物志64(1): 112. 1979; 东北草本植物志7: 116. 图版62. 1981; 辽宁植物志（下册）: 146. 图版63. 1992; 东北植物检索表（第二版）: 543. 图版271: 5. 1995.

原产南美洲。黑龙江省、辽宁省有栽培，有逸生。

以观赏为目的引进，花形较大，花色鲜艳，观赏效果极佳。

■ 葵叶茑萝

叶

植株一部分

（3）茑萝松（中国植物志）；茑萝（辽宁植物志，东北植物检索表，东北草本植物志）；羽叶茑萝（俗称）

Quamoclit pennata (Desr.) Bojer in Hortus Maurit. 224. 1837; 中国植物志64(1): 110. 图版23: 1. 1979; 东北草本植物志7: 115. 图版98: 4. 1981; 辽宁植物志（下册）: 146. 1992; 东北植物检索表（第二版）: 543. 1995.

原产热带美洲。东北各地栽培，有逸生。

以观赏为目的引进，花冠深红鲜艳，似五角星熠熠放光，一般用于布置矮垣短篱，也用于绿化阳台。种子有毒。

■ 茑萝松

花

花侧面观

白花

茎叶

植株一部分

6 虎掌藤属（番薯属） *Ipomoea* L.

Ipomoea L., Sp. Pl. 159. 1753.

草本或半灌木。茎匍匐或缠绕。叶通常具柄，全缘或分裂。花序腋生，具1至多数花，苞细长；萼片5，等长或稍不等长，宿存；花冠整齐，漏斗状或钟状；雄蕊5，不等长，内藏于花冠中，花丝丝状，常于基部扩大且被毛；雌蕊比雄蕊稍长或近等长，子房4室，各室1个胚珠，花柱线形，柱头2裂。蒴果球形或卵形，通常4瓣裂；种子三棱状椭圆形，黑褐色。

本属全世界约300种，广泛分布于热带、亚热带和温带地区。中国约20种，南北均产，但大部分产于华南和西南地区。东北地区产4种，其中栽培2种。

分种检索表

1. 地下部分有块根 ………………………………………………………… 1. 番薯 *I. batatas* (L.) Lam.

（接上表）

1. 地下部分无块根。
  2. 萼片外面无毛；花冠长3.5～5厘米；叶全缘不分裂；茎具节，节间中空 ………………… **2. 蕹菜** I. aquatica Forsk
  2. 萼片外面有毛或有缘毛。
    3. 花冠淡红色；花药白色；蒴果近球形，高5～6毫米，被细刚毛，顶端具细尖的花柱基 ……………………………………………………………………………………… **3. 三裂叶薯** I. triloba L.
    3. 花冠多为白色，很少为淡红色至紫色；花药紫红色；蒴果卵球形，直径0.7～1厘米，中上部具疣基毛，顶端具锥状的花柱基 ………………………………………………………………………… **4. 野甘薯** I. lacunosa L.

（1）番薯（辽宁植物志，黑龙江省植物志，内蒙古植物志，东北植物检索表，东北草本植物志，中国植物志，Flora of China）；地瓜（俗称）

Ipomoea batatas (L.) Lam. in Tabl. Encycl. 1: 465. 1793; 中国植物志64(1): 88. 1979; 东北草本植物志7: 113. 1981; 辽宁植物志（下册）: 144. 图版62: 3. 1992; 内蒙古植物志（第二版）4: 141. 1993; 东北植物检索表（第二版）: 543. 1995; Fl. China 16: 306. 1995; 黑龙江省植物志8: 166. 图版77: 1.2001.

■ 番薯

块根

花正面观

花侧面观

叶全缘或3~7裂

植株一部分

原产南美洲及大、小安的列斯群岛。黑龙江省牡丹江等地及东北其他地方均有栽培。

主食块根，嫩叶和嫩叶柄也可以食用。藤和叶有生津润燥、消痈解毒作用。

本种在气温高、日照短的地区常见开花，温度较低的地区很少开花；开花情况还与品种有关，紫薯这个品种容易开花，而有的品种则需要在气候干旱时才会开花。另外，本种异花授粉，自花授粉常不结实，所以常常只见开花不见结果。

（2）蕹菜（中国植物志，Flora of China）；空心菜（中国植物志）

Ipomoea aquatica Forsk in Fl. Aegypt.-Arab. 44. 1775; 中国植物志64(1): 94. 1979; Fl. China 16: 307. 1995.

原产中国，作为蔬菜广泛栽培，水生或旱生。辽宁省大连、长海等有旱地栽培。

除供蔬菜食用外，尚可药用。全草有清热解毒、止血作用。

■ 蕹菜

花正面观

花侧面观

植株一部分

植株

（3）三裂叶薯（中国植物志，Flora of China）

Ipomoea triloba L., Sp. Pl. 161. 1753; 中国植物志64(1): 90. 图版19: 4. 1979; Fl. China 16: 306. 1995.

■ 三裂叶薯

花药白色

花正面观

花侧面观

■ 三裂叶薯

果序

植株

生荒地。原产北美洲。分布于辽宁省金州、瓦房店。

本种为外来入侵植物，大量繁殖会侵占本土植物生态位，影响本土生物多样性。

（4）野甘薯（广西植物）；瘤梗甘薯（天津师范大学学报）；小白花番薯（俗称）

Ipomoea lacunosa L., Sp. Pl. 1: 161. 1753; 广西植物22(1): 7 ~ 8. 2002; 天津师范大学学报37(2): 36 ~ 38, 56. 2017.

生荒地。原产北美洲。分布大连开发区、炮台镇等地。

本种为外来入侵植物，大量繁殖会侵占本土植物生态位，影响本土生物多样性；叶片含有生物碱，可致取食的动物中毒。

■ 野甘薯

叶三裂型植株

花侧面观

花蕊

■野甘薯

蒴果

叶不裂型植株

7 牵牛属 *Pharbitis* Choisy

Pharbitis Choisy in Mem. Soc. Phys. Geneve 6: 438. 1833.

一年生或多年生缠绕草本。茎通常具糙硬毛或绵状毛，很少无毛。叶心形，全缘或3(～5)裂。花腋生，单一或多个组成疏松的二歧聚伞花序；萼片5，相等或偶有不等长，草质，外面常被硬毛；花冠钟状或钟状漏斗状；雄蕊和花柱内藏；花柱1，柱头头状；子房3室，每室2胚珠。蒴果3室，具6或4种子。

本属全世界约24种，广布于温带和亚热带。中国有4种（不含栽培种），南北均产。东北地区产4种，其中栽培1种。

分种检索表

1. 叶通常全缘，偶有3裂；外萼片长椭圆形 ······ 1. **圆叶牵牛 P. purpurea** (L.) Voigt
1. 叶3裂，偶有不裂；外萼片披针状线形。
  2. 叶心状扁圆形，长明显大于宽 ······ 2. **大花牵牛 P. limbata** Lindl.
  2. 叶宽卵形或近圆形，长宽近相等。
    3. 叶片3～5深裂，裂口圆弧状；花期和果期的内萼片和外萼片均开展，且密被疣基长毛；果实扁球形 ······ 3. **裂叶牵牛 P. hederacea** Franch.
    3. 叶片常3浅裂，裂口平而直；仅花期外萼片开展、密被疣基长毛，花期内萼片、果期内萼片和果期外萼片均疏被短毛；果实椭球形 ······ 4. **牵牛 P. nil** (L.) Choisy

（1）圆叶牵牛（辽宁植物志，黑龙江省植物志，内蒙古植物志，东北植物检索表，东北草本植物志，中国植物志，Flora of China）

Pharbitis purpurea (L.) Voigt in Hort. Suburb. Calcutt. 354. 1845; 中国植物志64(1): 104. 1979; 东北草本植物志 7: 110. 图版60. 1981; 辽宁植物志（下册）: 141. 图版61: 1～2. 1992; 内蒙古植物志（第二版）4: 139. 图版57: 1. 1993; 东北植物检索表（第二版）: 543. 图版272: 5. 1995; 黑龙江省植物志8: 169. 图版78: 5～6.2001.——

Ipomoea purpurea (L.) Roth in Bot. Abh. Beobacht. 27. 1787; Fl. China 16: 305.1995.

生田边、路边、宅旁或山谷林内。原产热带美洲。分布东北各地。

本种为外来入侵植物，缠绕生长，被缠绕的植物会受到一定的危害；向生境释放化感物质，抑制伴生植物的生长，最终会破坏本土生物多样性和生态系统稳定性。可合理利用：垂直绿化效果较好。

园艺品种丰富，有重瓣、镶边、斑叶等品种，还见一个枝条两个花色。

■ 圆叶牵牛

苗期植株

花期植株

蒴果

花正面观

花侧面观

（2）大花牵牛（大连植物彩色图谱）；白边牵牛（俗称）

Pharbitis limbata Lindl. in Journ. Hort. Soc. v. 33. 1850.

原产亚洲和非洲热带。辽宁省大连等地有栽培。

花大色艳，可作垂直绿化材料。

■ 大花牵牛

花侧面观

叶

■ 大花牵牛

蒴果

植株

（3）裂叶牵牛（大连地区植物志，中国外来入侵植物志）

Pharbitis hederacea Franch. Pl. David. 217. 1884; 大连地区植物志: 610. 1982.——*Ipomoea hederacea* Jacq., Collectanea 1: 124. 1787; 中国外来入侵植物志3:256. 2021.

生田边路旁或栽培。原产热带美洲。产辽宁省各地。

本种为外来入侵植物，缠绕生长，被缠绕的植物会受到一定的危害；向生境释放化感物质，抑制伴生植物的生长，最终会破坏本土生物多样性和生态系统稳定性。可合理利用：种子入药，有泻下、利尿之功效。

■ 裂叶牵牛

花正面观

花侧面观

蒴果

植株一部分

植株

（4）牵牛（辽宁植物志，东北植物检索表，中国植物志，Flora of China）；裂叶牵牛（黑龙江省植物志，东北草本植物志）

Pharbitis nil (L.) Choisy in Mém. Soc. Phys. Genève 6: 439. 1833; 中国植物志64(1): 103. 1979; 东北草本植物志7: 112. 图版61. 1981; 辽宁植物志（下册）: 142. 图版61: 3 ~ 6. 1992; 东北植物检索表（第二版）: 543. 图版272: 6. 1995; 黑龙江省植物志8: 169. 图版78: 1 ~ 4.2001.——*Ipomoea nil* (L.) Roth in Catal. Bot. 1: 36. 1797; Fl. China 16: 305.1995.

生山坡灌丛、路边、园边宅旁等处。原产热带美洲。分布黑龙江省双城、五常、哈尔滨、木兰、安达、拜泉、克东、富锦、虎林；吉林省各地；辽宁省各地。

本种为外来入侵植物，危害被缠绕的植物，并会向生境释放化感物质，抑制伴生植物的生长；是露湿漆斑菌的寄主之一，该菌可致多种农作物患茎基腐病、腐败病、漆腐病或轮纹病等；全草有毒，种子毒性较大。可合理利用：种子入药，有泻下、利尿之功效。

■ 牵牛

叶

花

植株

152. 茄科 Solanaceae

Solanaceae Juss., Gen. Pl. [Jussieu] 124. 1789, *nom. cons*.

木贼门、木贼亚门、木兰纲、蔷薇亚纲、菊超目、茄目（Solanales）。

一年生至多年生草本、半灌木、灌木或小乔木。单叶，有时为羽状复叶，互生或在开花枝段上大小不等的二叶双生。花单生或簇生为蝎尾式、伞房式、总状式、圆锥式聚伞花序，稀为总状花序；顶生、枝腋或叶腋生，或者腋外生；两性，稀杂性，辐射对称或稍微两侧对称，通常5基数、稀4基数。果实为多汁浆果或干浆果，或者为蒴果。

本科全世界有104属2300 ~ 2460种，广泛分布于全世界温带及热带地区，美洲热带种类最为丰富。中国产20属102种，南北均有分布，主产西南地区。东北地区产13属39种12变种1变型，其中栽培22种5变种。

分属检索表

1. 灌木，具棘刺；花冠漏斗状 ······························ 1. 枸杞属 Lycium
1. 草本或半灌木，无棘刺；花冠钟状、辐状、高脚碟状或漏斗状。
  2. 浆果；花冠钟状或辐状。
    3. 花萼在花后显著增大，完全或几乎完全包围果实。
      4. 花萼5深裂至近基部，果期花萼增大呈5棱状 ······························ 2. 假酸浆属 Nicandra
      4. 花萼5浅裂或5中裂，果期增大成卵状或近球状。

（接上表）

5. 果萼不贴近浆果而成膀胱状，有显著的10条纵肋 …………………………… 3. 灯笼果属（酸浆属）Physalis

5. 果萼贴近于浆果而不成膀胱状，无纵肋而具三角状肉质突起 …………………… 4. 散血丹属 Physaliastrum

3. 花萼在花后不显著增大，不包围果实，而仅宿存于果实基部（仅茄属中黄花刺茄及蒜芥茄果实全部或大部分被果萼包被）。

6. 花冠辐状；花药合生成筒或围绕花柱而靠合 ………………………………………… 5. 茄属 Solanum

6. 花冠辐状、钟状或筒状钟形；花药不合生。

7. 花较大，花冠筒状钟形，紫色；浆果多汁液，无空腔 …………………………………… 6. 颠茄属 Atropa

7. 花较小，花冠辐状，白色；浆果少汁液，具空腔 ………………………………………… 7. 辣椒属 Capsicum

2. 蒴果或浆果状蒴果；花冠漏斗状、钟状或高脚碟状。

8. 花冠漏斗状或钟状；蒴果盖裂。

9. 花顶生；萼于果期膨大成泡囊状；果萼的齿不具强壮的边缘脉，顶端无刚硬的针刺 …………………………………………………………………… 8. 脬囊草属（泡囊草属） Physochlaina

9. 花腋生；萼于果期不膨大成泡囊状；果萼的齿有强壮的边缘脉，顶端有刚硬的针刺 ……………………………………………………………………………………… 9. 天仙子属 Hyoscyamus

8. 花冠漏斗状、高脚碟状或筒状钟形；果盖2～4瓣裂。

10. 子房不完全4室；花萼于花后自近基部截断状脱落而仅基部增大而宿存。

11. 一年生草本；花直立或斜升；果实为蒴果 ………………………………………10. 曼陀罗属 Datura

11. 小乔木；花俯垂生；果实为浆果状蒴果 ………………………………………… 11. 曼陀罗木属 Brugmansia

10. 子房2室；花萼全部宿存；蒴果无刺，2瓣裂。

12. 花单独顶生或腋生；花萼5深裂或几乎全裂 ……………………… 12. 矮牵牛属（碧冬茄属） Petunia

12. 花聚生成圆锥式或总状式聚伞花序；花萼5浅裂至中裂 ………………………… 13. 烟草属 Nicotiana

1 枸杞属 *Lycium* L.

Lycium L., Sp. Pl.191. 1753, et Gen. Pl. ed. 5. 88. 1754.

灌木，有棘刺或无刺。单叶互生或簇生，具短柄，全缘。花有梗，单生或簇生于叶腋；花萼钟状，具不等大的2～5齿或裂片；花冠漏斗状，稀筒状或近钟状，檐部5裂，稀4裂，基部具耳片，冠筒常在喉部扩大；雄蕊5，着生于花冠的中部或中下部，伸出或不伸出于花冠，花丝基部通常有一圈绒毛，花药长椭圆形，药室并行，纵裂；子房2室，花柱丝状，柱头2浅裂，胚珠多数或少数。浆果，具肉质的果皮；种子多数或由于不发育仅有少数，扁平，种皮骨质，密布网纹状凹穴。

本属全世界约80种，主要分布于南美洲，少数种类分布于欧亚大陆温带；中国产7种3变种，主要分布于北部。东北地区产2种2变种。

分种检索表

1. 花萼通常2中裂，或有时其中1裂片再微2齿裂；花冠裂片边缘无缘毛，筒部明显长于裂片 ……………………………………………………………………………………………………… 1. 宁夏枸杞 L. barbarum L.

1. 花萼通常3中裂或4、5齿裂；花冠裂片边缘有缘毛，筒部明显短于裂片（2. 枸杞 L. chinense Mill.）。

（接上表）

2\. 枝长；叶宽0.5～2.5厘米。

3\. 叶卵形、卵状菱形、长椭圆形、卵状披针形；花冠裂片缘毛较密；雄蕊较花冠稍短，或因花冠裂片外展而伸出花冠 ………………………………………………………………………… 2a. **枸杞** L. chinense var. chinense

3\. 叶披针形或线状披针形；花冠裂片缘毛稀疏；雄蕊稍长于花冠 ………………………………………………………………2b. **北方枸杞** L. chinense var. potaninii (Pojark.) A. M. Lu

2\. 枝短；叶宽2.5～5厘米，卵形、菱形或椭圆形 … 2c. **菱叶枸杞** L. chinense var. rhombifolium (Dippel) S. Z. Liu

（1）宁夏枸杞（辽宁植物志，黑龙江省植物志，东北植物检索表，中国植物志，Flora of China）

Lycium barbarum L., Sp. Pl.192. 1753; 中国植物志67(1): 13. 图版2: 6～8. 1978; 辽宁植物志（下册）: 252. 图版112: 7～10. 1992; 内蒙古植物志（第二版）4: 257. 图版100: 5～6. 1993; Fl. China 17: 303. 1994; 东北植物检索表（第二版）: 583. 图版291: 4. 1995; 黑龙江省植物志8: 284. 图版121: 1～3.2001.

生沟岸、山坡、田埂和宅旁。产辽宁省沈阳、瓦房店、喀左等地。东北各地常有栽培。

果实有滋补肝肾、益精明目作用，叶有补虚益精、清热、止渴、祛风明目作用。

■ 宁夏枸杞

小枝

花枝

果实

（2）枸杞（辽宁植物志，黑龙江省植物志，内蒙古植物志，东北植物检索表，中国植物志，Flora of China）

Lycium chinense Mill. in Gard. Dict. ed. 8. no. 5. 1768; 中国植物志67(1): 15. 图版3: 1～4. 1978; 辽宁植物志（下册）: 252. 图版112: 1～3. 1992; 内蒙古植物志（第二版）4: 257. 图版100: 7. 1993; Fl. China17: 303. 1994; 东北植物检索表（第二版）: 583. 图版291: 1. 1995; 黑龙江省植物志8: 286. 图版121: 4～6.2001.

（2a）枸杞（原变种）

Lycium chinense var. *chinense*

生山坡、荒地、路旁。产吉林省白城、洮南、大安；辽宁省沈阳、辽阳、鞍山、大连、金州、普兰店、长海、凌源；内蒙古自治区巴林左旗、翁牛特旗、赤峰、科尔沁右翼中旗、科尔沁左翼后旗等地。黑龙江省松嫩平原、小兴安岭、完达山脉、张广才岭及东北其他地方常有栽培。

果实有滋肝补肾、益精明目的作用。果柄及叶是猪、羊的良好饲料。嫩茎叶可食。耐瘠薄能力强，可作水土保持和造林绿化树种。

■ 枸杞

花萼

花侧面观

花正面观

果枝

植株一部分

（2b）菱叶枸杞（变种）（辽宁植物志，东北植物检索表）

Lycium chinense var. *rhombifolium* (Dippel) S. Z. Liu, 辽宁植物志（下册）: 253. 图版112: 6. 1992; 东北植物检索表（第二版）: 583. 图版291: 3. 1995.

生海边沙地。产辽宁省长海、大连、旅顺口等地。

■ 菱叶枸杞

果实

花序

花枝

植株

（2c）北方枸杞（变种）（辽宁植物志，东北植物检索表，中国植物志，Flora of China）

Lycium chinense var. *potaninii* (Pojark.) A. M. Lu, 中国植物志67(1): 16. 1978; 辽宁植物志（下册）: 253. 图版112: 4 ~ 5. 1992; Fl. China 17: 303. 1994; 东北植物检索表（第二版）: 583. 图版291: 2. 1995.

生向阳山坡、沟旁、村庄附近。产辽宁省沈阳、辽阳、北镇；内蒙古自治区翁牛特旗等地。

■ 北方枸杞

果枝

花

植株一部分

2 假酸浆属 *Nicandra* Adans.

Nicandra Adans., Fam. Nat. 2: 219. 1763.

一年生草本，叶互生，具叶柄；叶片边缘具圆缺的大齿或浅裂。单花腋生；花萼球状，5浅裂至近基部，裂片基部心脏状箭形，具2尖锐耳片，果期极度增大成5棱状，干膜质，有明显网脉；花冠钟状，檐部5浅裂；雄蕊5，不伸出花冠，插生在花冠筒近基部，花丝丝状，基部扩张，花药椭圆形，药室平行，纵缝开裂；子房3 ~ 5室，胚珠多数，花柱略粗，柱头头状，3 ~ 5浅裂。浆果球状，较宿存萼小；种子扁压，肾状圆盘形，具多数小凹穴。

本属全世界仅1种，原产南美洲。中国有栽培或逸出而成野生。东北地区有分布。

假酸浆（辽宁植物志，黑龙江省植物志，东北植物检索表，东北草本植物志，中国植物志，Flora of China）

Nicandra physalodes (L.) Gaertn. in Fruct. Sem. Pl. 2: 237. 1791; 中国植物志67(1): 6. 图版1: 1 ~ 4. 1978;

■ 假酸浆

果序

花侧面观

花正面观

■ 假酸浆

苗期植株

花期植株

辽宁植物志（下册）: 250. 图版111. 1992; Fl. China 17: 301. 1994; 东北植物检索表（第二版）: 583. 图版289: 4. 1995; 黑龙江省植物志8: 287. 图版123.2001; 东北草本植物志8: 2. 图版1. 2005.

一年生草本；叶卵形或椭圆形，边缘具不规则圆缺粗齿或浅裂；花单生；花萼球状，5深裂至近基部，果期花萼增大成5棱状球形包围果实；花冠钟状，浅蓝色；浆果球状，黄色。生田边、荒地或住宅区。原产南美洲。分布辽宁省大连、沈阳、朝阳、庄河、丹东等地。黑龙江省有栽培。

本种为外来入侵植物，是中国进境植物检疫三类危险性细菌辣椒斑点病菌和三类危险性病毒番茄斑萎病毒的寄主之一。可合理利用：全草药用，有镇静、祛痰、清热解毒之效；种子含有果胶质、多种维生素和微量元素等，可提取加工制成凉粉和果冻。

3 灯笼果属（酸浆属） *Physalis* L.

Physalis L., Sp. Pl. 182. 1753 et Gen. Pl. ed. 5. 85. 1754.

一年生或多年生草本。叶互生或在枝上端大小不等二叶双生，不分裂或有不规则深波状齿，稀为羽状深裂。花单生于叶腋或枝腋；花萼钟状，5浅裂或中裂，果期增大成膀胱状，完全包围浆果，有10纵肋，呈5棱或10棱状，顶端闭合，基部常凹陷；花冠白色或黄色，辐状或辐状钟形，有褶襞，5浅裂或呈5角形；雄蕊5，较花冠短，插生于花冠近基部，花丝丝状，基部扩大，花药椭圆形，纵缝开裂；子房2室，花柱丝状，柱头2浅裂。浆果球状，多汁；种子多数，扁平，盘状或肾形，有网纹状凹穴。

本属全世界约75种，大多数分布于美洲热带及温带地区，少数分布于欧亚大陆及东南亚。中国8种2变种。东北地区产6种1变种，其中栽培4种。

分种检索表

1. 多年生草本，具根状茎。
  2. 花冠黄色而喉部有紫色斑纹；浆果成熟时黄色 ··· **1. 灯笼果 P. peruviana** L.
  2. 花冠白色；浆果成熟时橙红色至火红色 ························ **2b. 挂金灯 P. alkekengi** var. **francheti** (Mast.) Makino
1. 一年生草本，无根状茎。
  3. 植株矮小，分枝横卧于地上或稍斜升；花冠淡黄色，直径约5毫米；果实直径约6毫米 ···**3. 小酸浆 P. minima** L.
  3. 植株较高，茎直立；花冠黄色或淡黄色，直径0.6～2厘米；果实直径1.2～2厘米。

（接上表）

4. 叶狭卵状椭圆形至卵状披针形；花冠黄色，直径1.5～2厘米；果萼带紫色；果实径2.5～3.5厘米，成熟后胀满并会胀破果萼 ………………………………………………………… **4. 黏果酸浆** P. ixocarpa Brot. ex Hornem.

4. 叶卵形、卵状椭圆形或广卵形、卵状心形；花冠淡黄色，直径6～10毫米；果萼草绿色或浅橙黄色；果实径约1.2厘米，成熟后不充满果萼。

5. 果萼明显10棱；叶基部阔楔形或楔形，两面近无毛或仅脉上被毛 …………………… **5. 苦蘵** P. angulata L.

5. 果萼明显5棱；叶基部歪斜心脏形，两面密被短柔毛。

6. 叶为灰绿色，锯状齿常至叶基部，常具无柄的腺毛 ……… **6. 灰绿酸浆** P. grisea (Waterf.) M. Martí nez

6. 叶不为灰绿色，全缘或具少数粗锯状齿，不具无柄的腺毛 …………………… **7. 毛酸浆** P. pubescens L.

（1）灯笼果（中国植物志，Flora of China）

Physalis peruviana L., Sp. Pl. ed. 2, 1670. 1763; 中国植物志67(1): 59. 图版15: 5. 1978; Fl. China 17: 312. 1994; The Checklist of the Naturalized Plants in China: 139. 2019.

原产南美洲。吉林、辽宁、内蒙古自治区有栽培，逸生路旁或河谷。

作为食用小浆果引种，果味酸甜，可生食或做果酱。

（2）酸浆（中国植物志，Flora of China）

Physalis alkekengi L., Sp. Pl. 183. 1753; 中国植物志67(1): 53. 1978; Fl. China 17: 311. 1994.

（2a）酸浆（原变种）

Physalis alkekengi var. *alkekengi*

中国产甘肃、陕西、河南、湖北、四川、贵州和云南。东北地区不产。

（2b）挂金灯（中国植物志，Flora of China）；挂金灯酸浆（辽宁植物志，黑龙江省植物志，东北植物检索表，东北草本植物志）；酸浆（内蒙古植物志）

Physalis alkekengi var. *francheti* (Mast.) Makino in Bot. Mag. (Tokyo) 22: 34. 1908; 中国植物志67(1): 54. 图版15: 1～2. 1978; 辽宁植物志（下册）: 261. 图版116: 1～2. 1992; 内蒙古植物志（第二版）4: 261. 图版101: 6. 1993; Fl. China 17: 311. 1994; 东北植物检索表（第二版）: 583. 图版288: 3. 1995; 黑龙江省植物志8: 297. 图版128: 1～2.2001; 东北草本植物志8: 12. 图版6: 1～2. 2005.

常生田野、沟边、山坡草地、林下或路旁水边。产黑龙江省哈尔滨、尚志、五常、牡丹江、呼兰、

■ 挂金灯

果序一部分

果萼与浆果

花正面观

花侧面观

■ 挂金灯

苗期植株

果期植株

花期植株

集贤、密山；吉林省前郭、安图、临江、吉林、通化、柳河、辉南、抚松、靖宇、长白；辽宁省大连、庄河、沈阳、法库、抚顺、本溪、桓仁、鞍山、营口、海城、盖州、凤城、丹东、宽甸、岫岩、清原、铁岭、昌图、西丰、兴城、北镇、凌源、建昌、绥中、彰武；内蒙古自治区翁牛特旗、新巴尔虎右旗等地。各地常见栽培。

全草、花、种子有行水利湿、清热解毒作用，用于风湿关节痛、感冒、咽喉痛等。

（3）小酸浆（中国植物志，Flora of China，中国外来入侵生物）

Physalis minima L., Sp. Pl. 183. 1753; 中国植物志67(1): 56. 1978; Fl. China 17: 312. 1994; 中国外来入侵生物: 456. 2018.

原产北美洲。生海岸带荒地及农田。产吉林省（产地不详）；辽宁省大连市金州（九里）、甘井子（棋盘子村）等地。

本种为外来入侵植物，是烟草丛顶病的主要中间寄主，使得烟草丛顶病在田间易于越冬，造成防治

■ 小酸浆

包含浆果的果萼

花正面观

花侧面观

植株一部分

浆果与果萼

植株上部

植株

困难，进而造成烟草减产和经济损失。

（4）黏果酸浆（中国外来入侵植物志）；食用酸浆（经济植物学）；大果酸浆（辽宁植物志，东北植物检索表）；紫果酸浆（辽宁植物志）

Physalis ixocarpa Brot. ex Hornem., Hort. Bot. Hafn. Suppl. 26. 1819; 经济植物学: 515. 1953; 中国外来入侵植物志3: 387. 2021.——*P. philadelphica* subsp. *ixocarpa* (Brot. ex Hornem.) Sobr.-Vesp. & Sanz-Elorza, Acta Bot. Malac. 32: 233. 2007.——*P. tungkenensis* Kuan et Gao, 植物杂志2: 2. 1981.——*P. macrophysa* auct. non Rydb.: 辽宁植物志（下册）: 263. 图版117. 1992; 东北植物检索表（第二版）: 583. 图版288: 4. 1995.

原产北美洲。黑龙江省三江湿地及辽宁省绥中、沈阳、法库等地有栽培或逸生。

作为食用小浆果引进。果实产量高，耐储藏，可生食及做蜜饯等用，有开胃消食、止咳定喘等功效。

■ 黏果酸浆

叶不对称楔形

叶互生或二叶双生

花枝

植株

（5）苦蘵（中国植物志，Flora of China）；苦蘵酸浆（辽宁植物志，东北植物检索表，东北草本植物志）

Physalis angulata L., Sp. Pl.183. 1753; 中国植物志67(1): 56. 图版15: 3～4. 1978; 辽宁植物志（下册）: 263. 图版116: 3. 1992; Fl. China 17: 312. 1994; 东北植物检索表（第二版）: 585. 图版288: 5. 1995; 东北草本植物志8: 13. 图版6: 3. 2005.

生山谷林下及村边路旁。原产热带美洲。分布吉林省双辽、前郭；辽宁省辽阳、法库、普兰店、旅顺口、大连；内蒙古自治区鄂伦春等地。

本种为外来入侵植物，大量繁殖会侵占本土植物生态位，影响本土植物生物多样性。可合理利用：全草可药用，具有清热、利尿、解毒、消肿的功效。

■ 苦蘵

苗期植株

花果期植株

植株一部分

■ 苦蘵

叶

花正面观

花侧面观

带果萼的果实

（6）灰绿酸浆（中国外来入侵植物志）

Physalis grisea (Waterf.) M. Martínez, Taxon 42(1): 104. 1993; 中国外来入侵植物志3: 393. 2021.

原产北美洲。东北各地常见栽培和逸生。

本种为外来入侵植物，大量繁殖会侵占本土植物生态位，影响本土植物生物多样性。可合理利用：果实香甜可食；果、根或全草入药，有清热解毒、消肿利尿作用，主治咽喉肿痛、腮腺炎和急慢性气管炎等病症，外用治脓疱疮。

■ 灰绿酸浆

叶背面观

花侧面观

植株

花冠乳白色

花冠浅黄色

果萼明显5棱

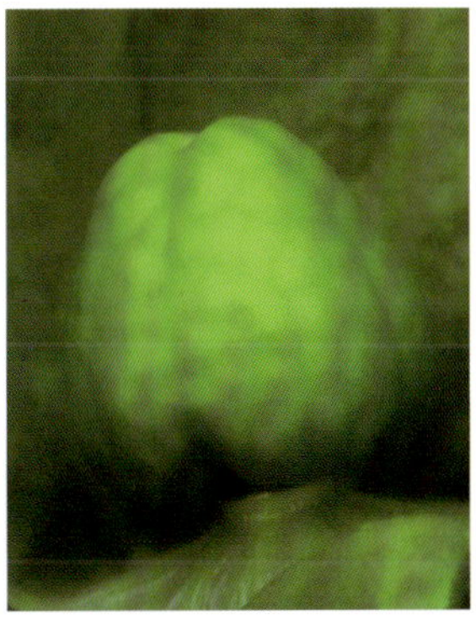
果实

（7）毛酸浆（辽宁植物志，黑龙江省植物志，内蒙古植物志，东北植物检索表，东北草本植物志，中国植物志，Flora of China）；洋姑娘（辽宁植物志）

Physalis pubescens L., Sp. Pl. 183. 1753; 中国植物志67(1): 58. 图版15: 6. 1978; 辽宁植物志（下册）:

263. 图版116: 4. 1992; 内蒙古植物志（第二版）4: 261. 1993; 东北植物检索表（第二版）: 585. 图版288: 6. 1995; 黑龙江省植物志8: 298. 图版128: 3.2001; 东北草本植物志8: 15. 图版6: 4. 2005; 中国口岸外来入侵植物彩色图谱: 316. 2020; 东北地区入侵植物: 99. 2020; 中国外来入侵植物志3: 390. 2021.——*Physalis philadelphica* auct. non Lam.: Fl. China 17: 312. 1994; 中国外来入侵生物: 459. 2018; 中国口岸外来入侵植物彩色图谱: 314. 2020.

原产美洲。辽宁省各地栽培，有逸生。

本种为外来入侵植物，大量繁殖会侵占本土植物生态位，影响本土植物生物多样性。果实香甜可食；果、根或全草入药，有清热解毒、消肿利尿作用，主治咽喉肿痛、腮腺炎和急慢性气管炎等病症，外用治脓疱疮。

■ 毛酸浆

叶与果实

植株一部分

植株

4 散血丹属 *Physaliastrum* Makino

Physaliastrum Makino in Bot. Mag. Tokyo 28: 20. 1914.

多年生直立草本。茎多分枝。叶互生，具柄。花略带黄色或白色，单生于叶腋或数朵簇生于叶腋，具长花梗，俯垂；花萼短钟状，具大小相等的5萼齿或5中裂，果期增大但不成膀胱状，肉质紧贴于浆果，球状、卵状或椭圆状，表面具不规则分布的三角形突起；花冠短钟状，檐部有5角或成短而宽的5裂片，里面近基部处有5簇与雄蕊互生的髯毛，并在每簇髯毛上方各具2个蜜腺；雄蕊5，花丝有毛或无毛，花药直立；子房2室，花柱丝状，柱头不明显2浅裂。果实为浆果，球状或椭圆状，多液肉质，包闭在增大的宿存萼内，或顶端裸露；种子多数，圆盘状肾脏形，两侧压扁，皱而具网纹状凹穴。

本属全世界7种，分布于亚洲东部。中国5种，产东北、华北、华东、中南及西南地区。东北地区产1种。

日本散血丹（辽宁植物志，黑龙江省植物志，东北植物检索表，东北草本植物志，中国植物志，Flora of China）

Physaliastrum echinatum (Yatabe) Makino in Bot. Mag. (Tokyo) 28(325): 21. 1914; Fl. China17: 310.1994.——*Ph. japonicum* auct. non (Franch. et Sav.) Honda: 中国植物志67(1): 47. 图版11: 1 ~ 4. 1978; 辽宁植物志（下册）: 259. 图版115. 1992; 东北植物检索表（第二版）: 585. 图版289: 5. 1995; 黑龙江省植物志8: 294. 图版127.2001; 东北草本植物志8: 10. 图版5. 2005.

多年生草本；叶草质，卵形；花常2 ~ 3朵生叶腋或枝腋，俯垂；花萼短钟状，萼齿极短，扁三角形，大小相等；花冠钟状，5浅裂，裂片有缘毛；浆果球状，被果萼包围。生山坡草丛中。产黑龙江省饶河；吉林省蛟河；辽宁省各地；内蒙古自治区科尔沁左翼后旗等地。

全草有散瘀活血作用。成熟的果实可以食用。

■ 日本散血丹

根部

苗期植株

花正面观

花侧面观

果序

植株一部分

5 茄属 *Solanum* L.

Solanum L., Sp. Pl. 184. 1753.

草本、亚灌木、灌木或小乔木，有时为藤本。叶互生，稀双生，全缘，波状或作各种分裂，稀为复叶。花组成聚伞花序，蝎尾状、伞状聚伞花序或聚伞式圆锥花序，少数为单生；花两性，上部的雌蕊退化而趋于雄性；花萼4～6裂，稀在果时增大，但不包被果实；花冠星状辐形，星形或漏斗状辐形，花冠筒短；雄蕊4～6枚，着生于花冠筒喉部，花丝短，间或其中一枚较长，花药内向；子房2～3室，花柱单一，柱头钝圆，极少数为2浅裂。浆果近球状、椭圆状等；种子近卵形至肾形或扁圆形，通常两侧压扁，外面具网纹状凹穴。

本属全世界1200余种，分布于全世界热带及亚热带地区，少数达到温带地区，主产南美洲的热带。中国有42种1变种。东北地区产17种3变种，其中栽培8种1变种。

分种检索表

1. 羽状复叶。
  2. 具地下块茎；花白色或淡紫色 ·· 1. 阳芋 S. tuberosum L.
  2. 不具地下块茎；花黄色（2. 番茄 S. lycopersicum L.）。

（接上表）

3. 花序常3～7朵花；浆果扁球状或近球状，大型 ······················· **2a. 番茄** S. lycopersicum var. lycopersicum
3. 花序多达10余朵至数十朵花；浆果椭球状或近球状，小型
·· **2b. 樱桃番茄** S. lycopersicum var. cerasiforme (Alef.) Voss
1. 单叶。
4. 茎蔓性。
5. 茎基部木质化；叶卵形或广卵形，不分裂；花蓝紫色 ································· **3. 欧白英**S. dulcamara L.
5. 茎全部草质。
6. 茎、叶均被具节长柔毛；叶通常3～5浅裂为戟形或琴形 ····························· **4. 白英** S. lyratum Thunb.
6. 植株无毛或被疏短柔毛；叶三角状披针形或卵状披针形，全缘或波状，稀自基部3浅裂
···**5. 野海茄** S. japonense Nakai
4. 茎直立。
7. 植株无刺。
8. 叶羽状深裂。
9. 蝎尾状花序；果实卵状椭圆形，直径1.5～2厘米；叶自基部3～5深裂 ······ **6. 澳洲茄** S. laciniatum Aiton
9. 聚伞花序；果实球形或卵形，直径8毫米左右；叶羽裂或全缘（**7. 青杞** S. septemlobum Bunge）。
10. 果实球形；叶5～7羽状深裂 ································ **7a. 青杞** S. septemlobum var. septemlobum
10. 果实卵形；叶3～5裂或近全缘
································ **7b. 卵果青杞** S. septemlobum var. ovoidocarpum C. Y. Wu et S. C. Huang
8. 叶不分裂。
11. 果实淡黄褐色；叶被短柔毛或腺状长柔毛 ································ **8. 毛龙葵** S. sarrachoides Sendt.
11. 果实黑色或绿黄色；叶无毛或几乎无毛。
12. 植株纤弱；花序近伞状，通常着生1～6朵花；果及种子均较小 ··· **9. 少花龙葵** S. americanum Mill.
12. 植株粗壮；花序短蝎尾状，通常着生4～10朵花；果及种子均较大（**10. 龙葵** S. nigrum L.）。
13. 果实黑色 ···**10a. 龙葵** S. nigrum var. nigrum
13. 果实淡黄色 ······················· **10b. 黄果龙葵** S. nigrum var. flavovirens S. Z. Liou et W. Q. Wang
7. 植株具直而尖锐皮刺。
14. 植株具星状毛或长柔毛状腺毛。
15. 叶5～7深裂，裂片边缘又作不规则的齿裂及浅裂；花白色；果实不被宿存萼包被
··· **11. 喀西茄** S. aculeatissimum Jacquem
15. 叶羽状深裂；花黄色或亮紫色；果实全部或大部分被宿存萼包被。
16. 植株具带柄星状毛；叶不规则羽状深裂；花黄色；果实全部被宿萼包被
·· **12. 黄花刺茄** S. rostratum Dunal
16. 植株被长柔毛状腺毛；叶羽状深裂或半裂；花亮紫色；果实大部分被宿存萼包被
··· **13. 蒜芥茄** S. sisymbriifolium Lam.
14. 植株无毛或疏被纤毛，或被星状茸毛；花白色或紫色；果萼不包被果实。
17. 小枝及叶无毛或疏被纤毛；花白色；果实球形，直径约3.5厘米，成熟后橙红色
··· **14. 牛茄子** S. capsicoides Allioni
17. 小枝及叶被星状毛。
18. 野生种；总状聚伞花序，具花多达10余朵；浆果球形且具深色条纹，直径8～20毫米，成熟后黄色

（接上表）

…………………………………………………………………………… 15. 北美刺龙葵 S. carolinense L.

18. 栽培种；花多单生，稀总状花序具花2~8朵。

19. 果圆形且顶基压扁，外面具4～6沟棱，直径1.5～4.6厘米，成熟后橙黄色或猩红色

…………………………………………………………………………… 16. 红茄 S. aethiopicum L.

19. 果实圆形或长圆形，外面无沟棱，直径或长10厘米以上，成熟后紫色、绿色等

…………………………………………………………………………… 17. 茄 S. melongena L.

（1）阳芋（中国植物志，Flora of China）；马铃薯（辽宁植物志，黑龙江省植物志，内蒙古植物志，东北植物检索表，东北草本植物志）；土豆（俗称）

Solanum tuberosum L., Sp. Pl. 1: 185. 1753; 中国植物志67(1): 94. 图版23: 7～10. 1978; 辽宁植物志（下册）: 268. 图版119: 1～2. 1992; 内蒙古植物志（第二版）4: 263. 图版102: 7～8. 1993; Fl. China 17: 320. 1994; 东北植物检索表（第二版）: 586. 图版292: 1. 1995; 黑龙江省植物志8: 308. 图版131: 5.2001; 东北草本植物志8: 25. 图版9: 4～5. 2005.

原产热带美洲的山地。东北各地栽培。

块茎食用，有补气、健脾、消炎作用。叶外用于下肢溃疡。

■ 阳芋

块茎

花序

果序

植株

（2）番茄（辽宁植物志，黑龙江省植物志，内蒙古植物志，东北植物检索表，东北草本植物志，中国植物志，Flora of China）；西红柿

Solanum lycopersicum L., Sp. Pl. 185. 1753.——*Lycopersicon esculentum* Mill. in Gard. Dict. (ed. 8) no. 2. 1768; 中国植物志67(1): 137. 图版35. 1978; 辽宁植物志（下册）: 280. 图版126: 1～3. 1992; 内蒙古植物志（第二版）4: 265. 1993; Fl. China 17: 329. 1994; 东北植物检索表（第二版）: 579. 图版288: 2. 1995; 黑龙江省植物志8: 287. 图版122.2001; 东北草本植物志8: 31. 图版2: 2～4. 2005.

（2a）番茄（原变种）

Solanum lycopersicum var. *lycopersicum*

原产南美洲。东北各地常见栽培。

果实为常见蔬菜或水果，有生津止渴、健胃消食作用。茎、叶作土农药。

■ 番茄

花

花序

果序

植株

（2b）樱桃番茄（变种）（中国归化植物名录）

Solanum lycopersicum var. *cerasiforme* (Alef.) Voss, Vilm. Blumengärtn. ed. 3. 1(1): 721. 1894.——*Lycopersicon esculentum* var. *cerasiforme* Alefeld, Landw. Fl. 135. 1866.

原产南美。辽宁省各地有栽培。

■ 樱桃番茄

幼果

花序

果期

（3）欧白英（中国植物志，Flora of China）；光白英（中国植物志，Flora of China）；木山茄（东北植物检索表，东北草本植物志）

Solanum dulcamara L., Sp. Pl. ed. 1. 185. 1753; 中国植物志67(1): 82. 图版20: 3 ~ 4. 1978; Fl. China 17: 318. 1994.——*Solanum kitagawae* Schonbeek Temesy ex Rech. f. in Fl. Iranica 100: 15 1972; Fl. China 17: 319. 1994; 东北植物检索表（第二版）: 585. 1995; 东北草本植物志8: 22. 图版10: 5. 2005.——*Solanum boreali-sinense* C. Y. Wu et S. C. Huang, 中国植物志67(1): 84. 图版21: 1~7. 1978.

生水边阴湿地方。产辽宁省沈阳（东陵）；内蒙古自治区鄂伦春、新巴尔虎右旗。黑龙江、吉林也有记录，待调查核实。

■ 欧白英

花序

植株一部分

植株

（4）白英（辽宁植物志，黑龙江省植物志，东北植物检索表，东北草本植物志，中国植物志，Flora of China）；蔓茄（辽宁植物志）

Solanum lyratum Thunb. in Syst. Veg. (ed. 14) 224. 1784; 中国植物志67(1): 86. 图版23: 1 ~ 3. 1978; 辽宁植物志（下册）: 272. 图版121: 1 ~ 3. 1992; Fl. China 17: 319. 1994; 东北植物检索表（第二版）: 585. 图版292: 7. 1995; 黑龙江省植物志8: 302. 图版130: 3 ~ 5.2001; 东北草本植物志8: 24. 图版10: 1 ~ 3. 2005.

生山谷草地或路旁、田边。产辽宁省长海、旅顺口。黑龙江省有栽培。

全株有毒。地上部分有清热解毒、祛风利湿、化瘀作用，果实有明目作用。

■ 白英

果实

果序

苗期植株

■ 白英

花序

植株一部分

（5）野海茄（辽宁植物志，黑龙江省植物志，东北植物检索表，东北草本植物志，中国植物志，Flora of China）；山茄（辽宁植物志）

Solanum japonense Nakai in Fl. Sylv. Kor. 14: 58. 1923; 中国植物志67(1): 87. 图版21: 8 ~ 14. 1978; 辽宁植物志（下册）: 271. 图版121: 4. 1992; Fl. China 17: 319. 1994; 东北植物检索表（第二版）: 585. 图版292: 6. 1995; 黑龙江省植物志8: 302. 图版130: 2.2001; 东北草本植物志8: 22. 图版10: 4. 2005.

生荒坡、山谷、水边、路旁及山崖疏林下。产黑龙江省哈尔滨；吉林省通化、长山；辽宁省大连、长海、建昌、朝阳等地。

全草有清热解毒、利尿消肿、祛风湿作用，用于风湿关节痛、经闭。

■ 野海茄

果序

花序

茎叶

（6）澳洲茄（辽宁植物志，黑龙江省植物志，东北植物检索表，东北草本植物志，中国植物志，Flora of China）

Solanum laciniatum Aiton in Hort. Kew. 1: 247. 1789; Fl. China17: 316.1994.——*S. aviculare* auct. non Forst.: 中国植物志67(1): 70. 图版18: 9 ~ 13. 1978; 辽宁植物志（下册）: 273. 图版122. 1992; 东北植物检索

表（第二版）: 586. 图版293: 1. 1995; 黑龙江省植物志8: 302. 图版130: 1.2001; 东北草本植物志8: 18. 图版8. 2005.

原产大洋洲。黑龙江省哈尔滨、辽宁沈阳有栽培。不能越冬，大部分果实不成熟。

根、皮、叶、果实有祛风除湿作用。

■ 澳洲茄

花序

植株

（7）青杞（辽宁植物志，黑龙江省植物志，内蒙古植物志，东北植物检索表，东北草本植物志，中国植物志，Flora of China）

Solanum septemlobum Bunge in Enum. Pl. China Bor. 48. 1833; 中国植物志67(1): 90. 1978; 辽宁植物志（下册）: 271. 图版120: 1 ~ 2. 1992; 内蒙古植物志（第二版）4: 263. 图版102: 4. 1993; Fl. China 17: 320. 1994; 东北植物检索表（第二版）: 586. 图版292: 4. 1995; 黑龙江省植物志8: 306. 图版131: 3 ~ 4.2001; 东北草本植物志8: 25. 图版11: 1 ~ 2. 2005.

（7a）青杞（原变种）

Solanum septemlobum var. *septemlobum*

生山坡向阳处。产黑龙江省哈尔滨、齐齐哈尔；吉林省白城、前郭；辽宁省建平、彰武、凌源、大连；内蒙古自治区鄂伦春、科尔沁左翼后旗、克什克腾旗、翁牛特旗、敖汉旗、喀喇沁旗、阿鲁科尔沁

■ 青杞

花

植株一部分

旗、科尔沁左翼后旗等地。

全草和果实有清热解毒作用，用于咽喉肿痛、目昏眼赤、皮肤瘙痒。

（7b）卵果青杞（变种）（辽宁植物志，东北植物检索表，东北草本植物志，中国植物志）

Solanum septemlobum var. *ovoidocarpum* C. Y. Wu et S. C. Huang in Acta Phytotax. Sin. 16(2): 72. 1978; 中国植物志67(1): 93. 1978; 辽宁植物志（下册）: 271. 图版120: 3. 1992; 东北植物检索表（第二版）: 586. 图版292: 5. 1995; 东北草本植物志8: 25. 图版11: 3. 2005.

生向阳山坡、沙丘、路旁、林下、湿草地。产吉林省通榆；辽宁省凌源等地。

■ 卵果青杞

果序

植株

（8）毛龙葵（辽宁植物志，东北植物检索表，东北草本植物志，东北地区入侵植物）；腺龙葵（中国外来入侵植物调研报告，中国外来入侵生物，中国口岸外来入侵植物彩色图谱）

Solanum sarrachoides Sendt. in Fl. Bras. 10: 16. 1846; 辽宁植物志（下册）: 269. 图版119: 5. 1992; 东北植物检索表（第二版）: 586. 图版292: 3. 1995; 东北草本植物志8: 22. 图版9: 3. 2005; 中国外来入侵生物: 475. 2018; 中国口岸外来入侵植物彩色图谱: 333. 2020; 东北地区入侵植物: 94. 2020.（辽宁植物志，东北植物检索表，东北草本植物志）

生荒地。原产北美洲。分布辽宁省朝阳、大连、铁岭、本溪等地。

本种为外来入侵植物，在中国属检疫性杂草，通常出现在棉花、向日葵和甜菜等需要灌溉的农田

■ 毛龙葵

花序

茎与果序

果序

花正面观

■ 毛龙葵

植株一部分

居群

中。可合理利用：浆果中的生物碱含量较高，但药理作用不详。

（9）少花龙葵（中国植物志，Flora of China）；紫少花龙葵（中国植物志）

Solanum americanum Mill. in Gard. Dict. (ed. 8) no. 5. 1768; Fl. China 17: 317. 1994.——*S. photeinocarpum* Nakamura et Odashima in Journ. Soc. Trop. Agric. Taiwan 8：54. 1936; 中国植物志67(1): 77. 1978.——*S. photeinocarpum* Nakamura et Odashima var. *violaceum* (Chen) C. Y. Wu et S. C. Huang in Acta Phytotax. Sin.

■ 少花龙葵

叶背面观

花正面观

花侧面观

成熟果实

果序

花序

紫花株

■ 少花龙葵

紫色花侧面观

紫色花正面观

植株

16(2): 72. 1978; 中国植物志67(1): 78. 1978.

生田边荒地。原产南非。分布辽宁省金州、辽阳等地。

本种为外来入侵植物，大量繁殖会侵占本土植物生态位，影响本土植物生物多样性。可合理利用：叶可供蔬食，有清凉散热之功，并可兼治喉痛；果实成熟后也可食。

（10）龙葵（辽宁植物志，黑龙江省植物志，内蒙古植物志，东北植物检索表，东北草本植物志，中国植物志，Flora of China）

Solanum nigrum L., Sp. Pl. 1: 186. 1753; 中国植物志67(1): 76. 图版19: 1 ~ 6. 1978; 辽宁植物志（下册）: 269. 图版117: 3 ~ 4. 1992; 内蒙古植物志（第二版）4: 262. 图版102: 1 ~ 3. 1993; Fl. China 17: 318. 1994; 东北植物检索表（第二版）: 585. 图版292: 2. 1995; 黑龙江省植物志8: 305. 图版131: 1 ~ 2.2001; 东北草本植物志8: 19. 图版9: 1 ~ 2. 2005.

（10a）龙葵（原变种）

Solanum nigrum var. *nigrum*

生田边、路旁、坡地阴湿肥沃的荒地上。产东北各地。

全草有清热解毒、利尿消肿作用。果实成熟后可食。全株有毒。

■ 龙葵

花序

植株

■ 龙葵

果序侧面观

果序正面观

（10b）黄果龙葵（变种）（辽宁植物志，东北植物检索表，东北草本植物志）

Solanum nigrum var. *flavovirens* S. Z. Liou et W. Q. Wang, 辽宁植物志（下册）: 269. 1992; 东北植物检索表（第二版）: 585. 1995; 东北草本植物志8: 22. 2005.

生农田、庭院、路边。产黑龙江省哈尔滨；辽宁省庄河、鞍山、法库、锦州（模式标本采集地）等地。

■ 黄果龙葵

果序

植株

（11）喀西茄（中国植物志，Flora of China）

Solanum aculeatissimum Jacquem, Collectanea. 1: 100. 1787; Fl. China 17: 323. 1994.——*Solanum khasianum* C. B. Clarke in Hook. f. Fl. Brit. Ind. 4: 234. 1883; 中国植物志67(1): 108. 图版28: 1～3. 1978; The Checklist of the Naturalized Plants in China: 141. 2019.

生沟边、路边灌丛、荒地、草坡或疏林中。可能原产于巴西；广泛分布于热带亚洲和非洲。辽宁有栽培逃逸记录。

果实中的索拉索丁（Solasodine）是合成激素的原料，烧成烟可以熏牙止痛。

（12）黄花刺茄（辽宁植物志，东北植物检索表，东北草本植物志）；刺萼龙葵（中国外来入侵生物）

Solanum rostratum Dunal. in Hist. Nat. Solanum 234. Pl. 24. 1813; 辽宁植物志（下册）: 273. 图版123. 1992; 东北植物检索表（第二版）: 586. 图版293: 2. 1995; 东北草本植物志8: 27. 图版12. 2005.

生于干燥草原及荒地。原产北美洲。分布黑龙江省肇州等地；吉林省白城、松原等地；辽宁省阜新、朝阳、建平、北镇、大连、金州等地；内蒙古自治区兴安、通辽、赤峰等地。

本种为外来入侵植物，属高度危险的检疫性杂草；根、叶和果实中含有茄碱等生物碱，毒性高，牲畜误食后可导致中毒甚至死亡；全株具毛刺，可扎入牲畜的皮毛和黏膜，降低牲畜皮毛的价值；是马铃薯甲虫和马铃薯白线虫等有害生物的寄主。可用作治疗肠胃病的草药；植株含有对人类癌细胞有毒害作用的甲基薯蓣皂苷、对马铃薯环腐病具一定抗性的滤过性毒菌，在抗癌和植保方面具有一定价值。

■ 黄花刺茄

分枝

果枝

花

叶

植株

（13）蒜芥茄（辽宁植物志，东北植物检索表，东北草本植物志，中国植物志，Flora of China）

Solanum sisymbriifolium Lam. in Tabl. Encycl. 2: 25. 1794; 中国植物志67(1): 113. 图版28: 4 ~ 6. 1978; 辽宁植物志（下册）: 276. 图版124. 1992; Fl. China 17: 324. 1994; 东北植物检索表（第二版）: 586. 图版293: 3. 1995; 东北草本植物志8: 28. 图版13: 1 ~ 2. 2005.

原产南美洲。辽宁省沈阳有栽培。

■ 蒜芥茄

叶

植株

（14）牛茄子（辽宁植物志，黑龙江省植物志，东北植物检索表，东北草本植物志，中国植物志，Flora of China）

Solanum capsicoides Allioni, Melanges Philos. Math. Soc. Roy. Turin. 5: 64. 1773; Fl. China17: 323.1994.——*S. surattense* Burm. in Fl. Indica 57. 1768; 中国植物志67(1): 105. 图版27: 3 ~ 5. 1978; 辽宁植物志（下册）: 278. 1992; 东北植物检索表（第二版）: 586. 1995; 黑龙江省植物志8: 306. 2001; 东北草本植物志8: 27. 图版12: 3. 2005.

分布中国南方。黑龙江省和辽宁省（金州、大连等地）有栽培。

根或全株有活血散瘀、麻醉止痛、镇咳平喘作用。果实有毒，外用于龋齿。

■ 牛茄子

果实

叶

植株一部分

（15）北美刺龙葵（中国外来入侵生物，中国口岸外来入侵植物彩色图谱）；北美水茄；魔鬼马铃薯

Solanum carolinense L., Sp. Pl. 1: 187. 1753; 中国外来入侵生物: 464. 2018; 中国口岸外来入侵植物彩色图谱: 322. 2020.

生荒地或人为干扰较严重的地方。原产南美洲。分布辽宁省大连，最初发现于港口和进口大豆加工厂，后来在普湾新区的林下和荒地也有发现。

本种是外来入侵植物，被收录在《中华人民共和国进境植物检疫性有害生物名录》中，是粮食作物、西红柿地、牧场、荒地的主要问题杂草，也是一些重要害虫和农作物致病菌的中间寄主，如番茄叶斑真菌、番茄斑枯病、马铃薯和番茄花叶病毒的寄主。入侵农田后可造成农作物减产35% ~ 60%。还含

■ 北美刺龙葵

果实

花

花序侧面观

苗期植株

果序

花序正面观

白花花序

叶正面观

叶背面观

茎

白花居群

林下群落

有高毒性的生物碱龙葵素，可使食用它的家畜中毒。且含量在秋季比其他季节高10倍，牲畜采食后可致死。其中毒的典型症状是视力下降、心跳加快或降低、神经过敏以至昏迷或死亡。小牛采食其果实后的中毒可表现为水肿或局部肿大，且体型快速消瘦；成年奶牛误食浆果后会产生黄疸，且肝脏破坏严重。

（16）红茄（中国植物志，Flora of China）；埃塞俄比亚茄子（植物智网站）

Solanum aethiopicum L., Cent. Pl. 2: 10. 1756; Fl. China 17: 322. 1994.——*Solanum integrifolium* Poir. in Lam. Encyc. 4: 301. 1786; 中国植物志67(1): 103. 图版26: 9. 1978.

原产非洲。辽宁省金州、辽阳等地有栽培。

果实形色奇异，可供观赏。

■ 红茄

中脉被星状毛及钻形直刺

花

植株

果实

植株一部分

（17）茄（内蒙古植物志，东北植物检索表，东北草本植物志，中国植物志，Flora of China）；茄子（辽宁植物志，黑龙江省植物志）

Solanum melongena L., Sp. Pl. 1: 186. 1753; 中国植物志67(1): 118. 1978; 辽宁植物志（下册）: 278. 图版125. 1992; 内蒙古植物志（第二版）4: 262. 图版102: 5 ~ 6. 1993; Fl. China 17: 325. 1994; 东北植物检索表（第二版）: 586. 图版293: 4. 1995; 黑龙江省植物志8: 305. 图版130: 6.2001; 东北草本植物志8: 28. 图版14. 2005.

原产亚洲热带。东北各地常见栽培。

果实为蔬菜。根、茎、叶有收敛，利尿，麻醉作用；茄蒂、茄花、枯枝也药用。

■ 茄

果实紫色

紫花

紫花株

果实绿色

白花正面观

白花侧面观

白花株

6 颠茄属 *Atropa* L.

Atropa L., Sp. Pl. 181. 1753.

多年生或栽培为一年生直立草本，茎上部2叉分枝。叶互生或大小不等的2叶双生，全缘。花单独腋生。花萼宽钟状，5深裂，裂片在花蕾中覆瓦状排列，果时稍增大，叶状，草质，外展；花冠筒状钟形，檐部狭窄，裂片宽而短，在花蕾中覆瓦状排列；雄蕊5，插生于花冠筒基部，等长，较花冠略短，花丝下部粗壮，在子房上方向内曲，上部丝状，弓曲，花药有平行的药室，纵缝裂开；花盘明显；子房2室，花柱常伸出于花冠，柱头扩大，2浅裂，胚珠多数。浆果球状，多汁液。种子多数，扁平，有多数网状凹穴。

本属全世界约4种，分布于欧洲至亚洲中部。中国栽培1种。东北地区有栽培。

颠茄（黑龙江省植物志，东北植物检索表，东北草本植物志，中国植物志）

Atropa belladonna L., Sp. Pl. 181.1753; 中国植物志67(1): 19. 图版1: 5～8. 1978; 东北植物检索表（第二版）: 578. 图版288: 1. 1995; 黑龙江省植物志8: 274. 图版117.2001; 东北草本植物志8: 4. 图版2: 1. 2005.

一年生草本；茎带紫色，嫩枝绿色，多腺毛，老时逐渐脱落；叶片卵形、卵状椭圆形或椭圆形，顶端渐尖或急尖，基部楔形并下延到叶柄，两面沿叶脉有柔毛；花俯垂，花梗密生白色腺毛；花冠筒状钟形，下部黄绿色，上部淡紫色；浆果球状，成熟后紫黑色。原产欧洲中部、西部和南部。东北各地药草园有栽培。

■ 颠茄

果实

花期植株

花

苗期植株

7 辣椒属 *Capsicum* L.

Capsicum L., Sp. Pl. 188. 1753 et Gen. Pl. ed. 5. 86. 1754.

灌木、半灌木或一年生直立草本。单叶互生，全缘或浅波状。花单生、双生或有时数朵簇生于枝腋，或者有时因节间缩短而生于近叶腋；花梗直立或俯垂。花萼阔钟状至杯状，有5（~7）小齿，果时稍增大宿存；花冠辐状，5中裂，裂片镊合状排列；雄蕊5，贴生于花冠筒基部，花丝丝状，花药并行，纵缝裂开；子房2~3室，花柱细长，冠以近头状的不明显2~3裂的柱头，胚珠多数；花盘不显著。果实俯垂或直立，浆果无汁，果皮肉质或近革质；种子扁圆盘形，胚极弯曲。

本属全世界20余种，主要分布于南美洲。中国栽培和野生2种。东北地区栽培1种3变种。

分种下单位检索表

1. 果实单生。
  2. 果实不为球状、圆柱状或扁球状。
    3. 果梗俯垂；果实长指状且顶端渐尖，成熟后成红色、橙色等，味辣 ……… a. 辣椒 C. annuum var. annuum
    3. 果梗及果实直立；果实小而呈圆锥状，成熟后红色或紫色，味极辣 …… b. 朝天椒 C. annuum var. conoides
  2. 果实近球状、圆柱状或扁球状无辣味 ……………………………………………… c. 菜椒 C. annuum var. grossum
1. 果实在枝下部单生、在枝顶端簇生，味极辣 ……………………………………d. 簇生椒 C. annuum var. fasciculatum

辣椒（辽宁植物志，黑龙江省植物志，内蒙古植物志，东北植物检索表，东北草本植物志，中国植物志，Flora of China）

Capsicum annuum L., Sp. Pl.188. 1753; 中国植物志67(1): 62. 1978; 辽宁植物志（下册）: 265. 图版118: 1. 1992; 内蒙古植物志（第二版）4: 261. 1993; Fl. China 17: 313. 1994; 东北植物检索表（第二版）: 579. 图版289: 1. 1995; 黑龙江省植物志8: 276. 图版118: 1.2001; 东北草本植物志8: 15. 图版7: 1. 2005.

一年生或有限多年生植物。单叶互生；叶矩圆状卵形、卵形或卵状披针形，全缘。花单生，俯垂；花萼杯状，不显著5齿；花冠白色，裂片卵形；花药灰紫色。果梗较粗壮，俯垂；果实长指状，顶端渐尖且常弯曲，成熟后成红色、橙色等，味辣。

（a）辣椒（原变种）

Capsicum annuum var. *annuum*

原产南美洲。东北各地常见栽培。

果实作蔬菜和调味品。果实还有驱虫、发汗和促进食欲之功。

■ 辣椒

果实

花正面观

花侧面观

（b）朝天椒（变种）（辽宁植物志，黑龙江省植物志，东北植物检索表，东北草本植物志，中国植物志）

Capsicum annuum var. *conoides* (Mill.) Irish in Rep. (Annual) Missouri Bot. Gard. 9: 65. 1898; 中国植物志67(1): 62. 1978; 辽宁植物志（下册）: 266. 图版118: 4. 1992; 东北植物检索表（第二版）: 579. 图版289: 3. 1995; 黑龙江省植物志8: 276. 图版118: 2.2001; 东北草本植物志8: 16. 图版7: 4. 2005.

栽培变种。东北各地常见栽培。

观赏，也可作菜蔬或调味品食用。

■ 朝天椒

品种2花正面观

品种2花背面观

品种2果枝

■ 朝天椒

品种1

品种2

（c）菜椒（变种）（辽宁植物志，黑龙江省植物志，东北植物检索表，东北草本植物志，中国植物志）

Capsicum annuum var. *grossum* (L.) Sendt. in Flora 28: 122. 1845; 中国植物志67(1): 62. 1978; 辽宁植物志（下册）: 265. 图版118: 2 ~ 3. 1992; 东北植物检索表（第二版）: 579. 图版289: 2. 1995; 黑龙江省植物志8: 278. 图版118: 3 ~ 4.2001; 东北草本植物志8: 16. 图版7: 2 ~ 3. 2005.

栽培变种。东北各地常见栽培。

作为蔬菜食用。

■ 菜椒

黄果

成熟期果实

植株

植株一部分

（d）簇生椒（变种）（辽宁植物志，黑龙江省植物志，东北植物检索表，东北草本植物志，中国植物志）

Capsicum annuum var. *fasciculatum* (Sturt.) Irish in Rep. (Annual) Missouri Bot. Gard. 9: 68. 1898; 中国植物志67(1): 63. 1978; 辽宁植物志（下册）: 266. 1992; 东北植物检索表（第二版）: 579. 1995; 黑龙江省植物志8: 278.2001; 东北草本植物志8: 16. 2005.

栽培变种。东北各地常见栽培。

观赏，也可作菜蔬或调味品食用。

■ 簇生椒

果序

植株一部分

8 脬囊草属（泡囊草属） *Physochlaina* G. Don

Physochlaina G. Don, Gen. Hist. 4: 470. 1838.

多年生草本。根粗壮，圆柱状或块状，肉质。茎直立，常多分枝。叶互生，叶片全缘而波状或具少数三角形牙齿。花紫色、黄色或稀白色，排列成疏散的顶生伞房式、伞形式或极稀头状式聚伞花序；花萼筒状钟形、漏斗状或筒状坛形，萼齿5，花后宿存而增大，包围果实，具10纵肋和明显的网脉；花冠钟状或漏斗状，檐部稍偏歪，5浅裂；雄蕊5，花丝丝状，花药卵形；子房2室，圆锥状，花柱伸长而向上弯，伸出或几乎不伸出花冠，柱头头状，不明显2裂。蒴果，自中部稍上处盖状开裂；种子极多，肾状而稍侧扁，表面有网纹状凹穴。

本属全世界约12种，分布于喜马拉雅、中亚至亚洲东部。中国有7种，分布于西部、中部和北部。东北地区产1种。

泡囊草（辽宁植物志，黑龙江省植物志，内蒙古植物志，东北植物检索表，东北草本植物志，中国植物志，Flora of China）；大头狼毒（中国植物志）

Physochlaina physaloides (L.) G. Don in Gen. Hist. 4: 470.1837; 中国植物志67(1): 38. 图版8: 9. 1978; 辽宁植物志（下册）: 257. 图版114. 1992; 内蒙古植物志（第二版）4: 258. 图版101: 5. 1993; Fl. China 17: 308. 1994; 东北植物检索表（第二版）: 585. 图版289: 6. 1995; 黑龙江省植物志8: 300. 图版129.2001; 东北草本植物志8: 8. 图版4. 2005.

■ 泡囊草

花序

果序

植株

多年生草本；叶卵形，两面幼时有毛；伞形聚伞花序；花萼筒状狭钟形，5浅裂，密生缘毛，果时增大成卵状或近球状；花冠漏斗状，长超过花萼的1倍，紫色；蒴果。生山坡草地或林边。产黑龙江省平原地区；内蒙古自治区满洲里、锡林浩特、阿巴嘎旗等地。辽宁省沈阳、大连等地有栽培。

根有补虚温中、安神、定喘作用，全草有清热解毒、祛湿杀虫作用，花、茎有止血作用。

9 天仙子属 *Hyoscyamus* L.

Hyoscyamus L., Sp. Pl. 179. 1753.

一年生至多年生直立草本。叶互生，叶柄短或无；叶片有波状弯缺或粗大牙齿，或为羽状分裂，稀全缘。花无梗或有短梗，单生于叶腋或在茎枝上端则多花组蝎尾状总状花序。花萼筒状钟形或坛状，5浅裂，花后增大，果期包围蒴果并超过蒴果，有明显纵肋，裂片开张，先端成硬针刺；花冠钟状或漏斗状，黄色或黄绿色，网脉带紫色，檐部5浅裂，裂片大小不等，先端钝；雄蕊5，插生于花冠筒近中部，常伸出于花冠，花丝基部稍扩，花药纵裂；子房2室，花柱丝状，柱头头状，2浅裂，胚珠多数。蒴果盖裂，基部具宿存萼；种子多数，肾形或圆盘形，稍扁，具网状凹穴。

本属全世界约6种，分布于地中海区域到亚洲东部。中国3种，产北部和西南部。东北地区产1种。

天仙子（黑龙江省植物志，内蒙古植物志，东北植物检索表，东北草本植物志，中国植物志，Flora of China）；小天仙子（辽宁植物志，黑龙江省植物志，东北植物检索表，东北草本植物志，中国植物志）

Hyoscyamus niger L., Sp. Pl.179. 1753; 中国植物志67(1): 31. 图版6: 6 ~ 7. 1978; 内蒙古植物志（第二版）4: 260. 图版101: 1 ~ 4. 1993; Fl. China 17: 307. 1994; 东北植物检索表（第二版）: 579. 1995; 黑龙江省植物志8: 282. 图版120: 4 ~ 7.2001; 东北草本植物志8: 6. 图版3: 1 ~ 4. 2005.——*Hyoscyamus bohemicus* F. W. Schmidt in Fl. Boëm. 3: 31. 1794; 中国植物志67(1): 32. 图版6: 1 ~ 2. 1978; 辽宁植物志（下册）: 255. 图版113: 1 ~ 3. 1992; 东北植物检索表（第二版）: 579. 图版290: 5. 1995; 黑龙江省植物志8: 282. 图版120: 1 ~ 3.2001; 东北草本植物志8: 6. 图版3: 5. 2005.

一、二年生草本。茎由基部分枝，并有莲座状叶丛。单叶互生；茎叶卵状披针形等，边缘有粗牙齿或羽状浅裂。花在茎中部以下单生叶腋，在茎上端则单生苞状叶腋内而聚集成蝎尾式总状花序，通常偏向一侧；花冠钟状，黄色而脉纹紫堇色。蒴果包藏于宿存萼内。生村边宅旁多腐殖质的肥沃土壤上。产黑龙江省哈尔滨、安达、呼兰、齐齐哈尔；吉林省大安、通榆、通化、梨树、永吉、长春；辽宁省沈阳、本溪、鞍山、盖州、庄河、彰武、阜新、建平、兴城、凌源；内蒙古自治区牙克石、扎鲁特旗、科

■ 天仙子

花序

花序上部

果实

茎叶

■ 天仙子

基生叶

植株

尔沁左翼后旗、赤峰、克什克腾旗、喀喇沁旗、宁城、敖汉旗、翁牛特旗等地。

全草有毒。根、叶、种子入药，有镇静、镇痛作用，可作镇咳药及麻醉剂。种子油可供制肥皂。

10 曼陀罗属 *Datura* L.

Datura L., Sp. Pl. 179. 1753.

草本、灌木，稀小乔木。茎直立，二歧分枝。单叶互生，有柄，叶全缘、具深波状齿或有时分裂。花单生于叶腋或枝腋；花萼长筒状，筒部5棱形或圆筒状，5浅裂；花冠长漏斗状或高脚碟状，白色、黄色或淡紫色，筒部长，檐部具折襞，5浅裂；雄蕊5，花丝下部贴于花冠筒内而上部分离；子房2室或有时成不完全的4室，花柱丝状，柱头2浅裂或近头状。蒴果，规则或不规则4瓣裂，表面有刺或无针；种子多数，扁肾形或近圆形，黑色或褐色。

本属全世界约11种，多数分布于热带和亚热带地区，少数分布于温带地区。中国3种，南北各省（区）分布，野生或栽培。东北地区产3种3变种，其中栽培2种1变种。

分种检索表

1. 果实直立，规则4瓣裂；花萼筒部具5棱角；花冠长6～10厘米（**1. 曼陀罗 D. stramonium** L.）。
  2. 蒴果表面有针刺。
    3. 茎、枝不带紫色，花白色 ……………… **1a. 曼陀罗 D. stramonium** var. **stramonium**
    3. 茎、枝带紫色，花淡紫色 ……………… **1b. 紫花曼陀罗 D. stramonium** var. **tatula** Torrey
  2. 蒴果表面无针刺 ……………… **1c. 无刺曼陀罗 D. stramonium** var. **inermis** (Jacq.) Schinz
1. 果实斜生或俯垂，不规则4瓣裂；花萼筒部圆筒状，不具5棱角；花冠长14～20厘米。
  4. 全株密生细腺毛及短柔毛；蒴果俯垂，表面密生细针刺 ……………… **2. 毛曼陀罗 D. innoxia** Mill.
  4. 全株无毛或仅幼嫩部分被稀疏短柔毛；蒴果斜生至横生，表面针刺短而粗壮（**3. 洋金花 D. metel** L.）。
    5. 花单瓣 ……………… **3a. 洋金花 D. metel** var. **metel**
    5. 花重瓣 ……………… **3b. 重瓣曼陀罗 D. metel** var. **fastuosa** L.

（1）曼陀罗（辽宁植物志，黑龙江省植物志，内蒙古植物志，东北植物检索表，东北草本植物志，中国植物志，Flora of China）

Datura stramonium L., Sp. Pl.179. 1753; 中国植物志67(1): 144. 图版38: 1～2. 1978; 辽宁植物志（下册）: 282. 图版127: 1～2. 1992; 内蒙古植物志（第二版）4: 265. 图版103: 1～2. 1993; Fl. China 17: 330. 1994; 东北植物检索表（第二版）: 579. 图版290: 1. 1995; 黑龙江省植物志8: 281. 图版119: 3～4.2001; 东北草本植物志8: 33. 图版15: 1～2. 2005.

（1a）曼陀罗（原变种）

Datura stramonium var. *stramonium*

生村旁、路边或草丛中。原产墨西哥。分布黑龙江省各地；吉林省通化、临江、梅河口、柳河、辉南、集安、长白；辽宁省绥中、兴城、朝阳、阜新、沈阳、本溪、海城、大连、长海、庄河、丹东、凤城、桓仁、清原；内蒙古自治区科尔沁右翼中旗、通辽、扎鲁特旗、翁牛特旗、阿鲁科尔沁旗、喀喇沁旗、宁城、科尔沁左翼后旗等地。

本种为严重入侵类外来植物，是烟草野火病菌、辣椒斑点病菌、番茄斑萎病毒等病虫害的寄主之一，常侵入旱地、果园和苗圃，危害棉花、豆类、薯类和蔬菜等农作物；种子、果实、叶、花均含山莨菪碱、阿托品及东莨菪碱，人误食会引起神经性中毒。

■ 曼陀罗

花

果实

植株

（1b）紫花曼陀罗（变种）（辽宁植物志，东北植物检索表，东北草本植物志）

Datura stramonium var. *tatula* Torrey in Prodr. 13(1): 540. 1852; 辽宁植物志（下册）: 282. 1992; 东北植物检索表（第二版）: 579. 1995; 东北草本植物志8: 34. 2005.

产辽宁省各地。

■ 紫花曼陀罗

花正面观

花侧面观

植株一部分

（1c）无刺曼陀罗（变种）（辽宁植物志，东北植物检索表，东北草本植物志）

Datura stramonium var. *inermis* (Jacq.) Schinz in Rhodora 40: 184. 1938; 辽宁植物志（下册）: 282. 图版127: 3. 1992; 东北植物检索表（第二版）: 579. 图版290: 2. 1995; 东北草本植物志8: 34. 图版15: 3. 2005.

辽宁省沈阳有栽培，大连见野生。

■ 无刺曼陀罗

果实

植株一部分

（2）毛曼陀罗（辽宁植物志，黑龙江省植物志，东北植物检索表，东北草本植物志，中国植物志，Flora of China）

Datura innoxia Mill. in Gard. Dict. ed. 8. no.5. 1768; 中国植物志67(1): 146. 图版38: 5. 1978; 辽宁植物志（下册）: 283. 图版127: 4. 1992; Fl. China17: 330. 1994; 东北植物检索表（第二版）: 579. 图版290: 3. 1995; 黑龙江省植物志8: 279. 图版119: 1.2001; 东北草本植物志8: 34. 图版15: 4. 2005.

原产美国、墨西哥。东北地区常见栽培，也见逸生在居民区附近、路旁。产黑龙江省哈尔滨及辽宁省沈阳、海城、大连、桓仁、西丰、葫芦岛等地。

作为药用植物和观赏植物引进。全草含莨菪碱，有镇痉、镇静、镇痛、麻醉的功效；种子油可制肥皂和掺和油漆用；叶的提取液具有杀虫活性，可用作生物农药。

■ 毛曼陀罗

茎叶

果实

■ 毛曼陀罗

花

植株一部分

（3）洋金花（辽宁植物志，黑龙江省植物志，内蒙古植物志，东北植物检索表，东北草本植物志，中国植物志，Flora of China）；白花曼陀罗（辽宁植物志）

Datura metel L., Sp. Pl.179. 1753; 中国植物志67(1): 147. 图版38: 3 ~ 4. 1978; 辽宁植物志（下册）: 283. 图版127: 5. 1992; 内蒙古植物志（第二版）4: 267. 图版103: 3 ~ 4. 1993; Fl. China 17: 330. 1994; 东北植物检索表（第二版）: 579. 图版290: 4. 1995; 黑龙江省植物志8: 279. 图版119: 2.2001; 东北草本植物志8: 36. 图版15: 5. 2005.

（3a）洋金花（原变种）

Datura metel var. *metel*

原产印度。东北各地有栽培。

作为药用植物和观赏植物引进。叶和花含莨菪碱和东莨菪碱；花为中药，作为麻醉剂使用。

■ 洋金花

花正面观

花侧面观

果实

植株

（3b）重瓣曼陀罗（变种）（辽宁植物志，黑龙江省植物志，东北植物检索表）

Datura metel var. *fastuosa* L. in J. Wash. Acad. Sci. 11: 187. 1921; 辽宁植物志（下册）: 283. 1992; 东北植物检索表（第二版）: 579. 1995; 黑龙江省植物志8: 281.2001.

东北地区有栽培。

■ 重瓣曼陀罗

花侧面观

花正面观

植株

11 曼陀罗木属 *Brugmansia* Pers.

Brugmansia Pers., Syn. Pl. [Persoon] 1: 216. 1805.

灌木或乔木。叶近全缘，多数卵形，具叶柄。花大型，芳香，单生在分枝末端附近的叶节上，辐射对称；花萼管状，5裂或匙形；花冠白色、粉红色等，喇叭形；雄蕊位于花冠筒的中部，有时膝曲，花药线形；子房2室。蒴果椭圆形或圆形，木质，不裂，无刺。

本属全世界约5种，全部在南美洲。中国栽培1种。东北地区有栽培。

木本曼陀罗（中国植物志）；曼陀罗树（俗称）

Brugmansia arborea (L.) Steud. in Nomencl. Bot. ed. 2, 1: 230. 1840.——*Datura arborea* L., Sp. Pl.179. 1753; 中国植物志67(1): 148. 1978.

落叶小乔木；叶卵状披针形、矩圆形或卵形形，全缘、微波状或有不规则缺刻状齿；花单生，俯垂，花冠黄色或白色，长漏斗状，筒中部以下较细而向上渐扩大成喇叭状；浆果状蒴果，表面平滑，广

■ 木本曼陀罗

枝叶

花

植株

卵状。原产美洲热带。辽宁省大连偶见避风向阳处栽培，冬季需加以防寒保护或者移到室内。

花朵硕大而美丽，极具观赏性。

12 矮牵牛属（碧冬茄属） *Petunia* Juss.

Petunia Juss., in Ann. Mus. Par. 2: 915. t. 74. 1803.

草木，常有腺毛。叶互生，全缘。花单生；花萼5深裂或几乎全裂；花冠漏斗状或高脚碟状，筒部圆柱状或向上渐扩大，檐部有折襞，对称或偏斜而稍二唇形，裂片短而阔，覆瓦状排列；雄蕊5，插生于花冠筒中部或下部，不伸出花冠，其中4枚强，第5枚短或不育或退化，花丝丝状，花药纵缝裂开；子房2室，柱头不明显2裂，胚珠多数。蒴果2瓣裂；种子近球形或卵球形，表面网纹状凹穴。

本属全世界约3种，主要分布于南美洲。中国栽培1种。东北地区有栽培。

碧冬茄（辽宁植物志，黑龙江省植物志，东北植物检索表，东北草本植物志，中国植物志，Flora of China）；矮牵牛（辽宁植物志）

Petunia hybrida Vilm. in Fl. Pleine Terre 1: 615. 1863; 中国植物志67(1): 154. 图版40: 1 ~ 5. 1978; 辽宁植物志（下册）: 288. 图版113: 4 ~ 6. 1992; Fl. China 17: 332. 1994; 东北植物检索表（第二版）: 583. 图版290: 9. 1995; 黑龙江省植物志8: 294. 图版126.2001; 东北草本植物志8: 40. 图版18. 2005.

一年生草本，全株生腺毛；叶卵形，全缘；花单生叶腋；花萼5深裂，果时宿存；花色丰富，有各种单一颜色及多种带条纹品种，有单瓣和重瓣，花形漏斗状；蒴果圆锥状。原产南美洲。东北各地常见栽培。

作为观赏植物引进，用作盆栽、吊盆、花台及花坛美化。

■ 碧冬茄

单瓣花株

重瓣花株

13 烟草属 *Nicotiana* L.

Nicotiana L., Sp. Pl. 180. 1753.

一年生草本、亚灌木或灌木。叶互生，叶片不分裂，全缘或稀波状。花序顶生，圆锥式或总状式聚伞花序，或者花单生；花萼卵状或筒状钟形，5裂，果时常宿存并稍增大，不完全或完全包围果实；花冠筒状、漏斗状或高脚碟状，筒部伸长或稍宽，檐5裂至几乎全缘；雄蕊5，不伸出或伸出花冠，花丝丝状，花药纵缝裂开；子房2室，花柱具2裂柱头。蒴果2裂至中部或近基部；种子多数，扁压状。

本属全世界约60种，分布于南美洲、北美洲和大洋洲。中国栽培4种。东北地区栽培3种。

分种检索表

1. 叶柄无翅；花较小，花冠筒状钟形，黄绿色 ·· 1. 黄花烟草 N. rustica L.
1. 叶柄有翅或叶近无柄；花较大，花冠漏斗状，粉红色或淡绿色。
  2. 花序假总状，少数，花长9～10厘米，花冠淡绿色 ································ 2. 花烟草 N. alata Link et Otto
  2. 花序圆锥状，多花，花长4～6厘米，花冠粉红色 ··································· 3. 烟草 N. tabacum L.

（1）黄花烟草（辽宁植物志，黑龙江省植物志，内蒙古植物志，东北植物检索表，东北草木植物志，中国植物志，Flora of China）；小花烟（中国植物志）

Nicotiana rustica L., Sp. Pl.180. 1753; 中国植物志67(1): 152. 1978; 辽宁植物志（下册）: 285. 图版128: 1～2. 1992; 内蒙古植物志（第二版）4: 267. 1993; Fl. China 17: 332. 1994; 东北植物检索表（第二版）: 583. 图版290: 6. 1995; 黑龙江省植物志8: 292. 图版124: 2～3.2001; 东北草本植物志8: 37. 图版16: 1～2. 2005.

原产南美洲。东北各地有栽培。

作烟草工业的原料；全株也作杀虫剂。叶有行气、解毒、止血、杀虫作用。

■ 黄花烟草

花

植株

（2）花烟草（辽宁植物志，黑龙江省植物志，东北植物检索表，东北草本植物志，中国植物志）

Nicotiana alata Link et Otto in Icon. Pl. Rar. 1: 63. t. 32, f. a～b. 1828; 中国植物志67(1): 152. 1978; 辽宁植物志（下册）: 288. 图版128: 3. 1992; 东北植物检索表（第二版）: 583. 图版290: 8. 1995; 黑龙江省植物志8: 290. 图版124: 1.2001; 东北草本植物志8: 40. 图版16: 3. 2005.

原产南美。东北有栽培。

作为观赏植物引进，适合栽植于花坛、草坪、庭院、路边及林带边缘，也可作盆栽。

■ 花烟草

花序

植株一部分

（3）烟草（辽宁植物志，黑龙江省植物志，内蒙古植物志，东北植物检索表，东北草本植物志，中国植物志，Flora of China）；烟叶（辽宁植物志）

Nicotiana tabacum L., Sp. Pl.180. 1753; 中国植物志67(1): 152. 图版39. 1978; 辽宁植物志（下册）: 285. 图版129. 1992; 内蒙古植物志（第二版）4: 268. 1993; Fl. China17: 332. 1994; 东北植物检索表（第二版）: 583. 图版290: 7. 1995; 黑龙江省植物志8: 292. 图版125.2001; 东北草本植物志8: 37. 图版17. 2005.

原产南美洲。东北各地常见有栽培。

作烟草工业的原料；亦可药用，作麻醉、发汗、镇静和催吐剂。

■ 烟草

苗期植株

花侧面观

花序

花期植株

153. 木樨科（木犀科） Oleaceae

Oleaceae Hoffmanns. & Link, Fl. Portug. [Hoffmannsegg] 1: 62. 1809, *nom. cons.*

木贼门、木贼亚门、木兰纲、蔷薇亚纲、菊超目、唇形目（Lamiales）。

乔木或灌木。叶对生、互生或轮生，单叶、三出复叶或羽状复叶，稀羽状分裂；具叶柄，无托叶。花辐射对称，两性，稀单性或杂性，雌雄同株、异株或杂性异株，聚伞花序排列成圆锥花序，或为总状、伞状、头状花序，顶生或腋生，或聚伞花序簇生于叶腋，稀花单生；花萼4（～12）裂，稀无花萼；花冠4（～12）裂，浅裂、深裂至近离生，或有时在基部成对合生，稀无花冠；雄蕊2（～4）枚；子房上位，由2心皮组成2室，花柱单一或无花柱，柱头2裂或头状。翅果、蒴果、核果、浆果或浆果状核果。

本科全世界有26属，约600种，广布于两半球的热带和温带地区，亚洲地区种类尤为丰富。中国产10

属160种，南北各地均有分布。东北地区产8属28种6亚种5变种10变型，其中栽培18种3变种9变型。

分属检索表

1. 翅果。
  2. 羽状复叶；果实长圆形至线形，顶端具翅 ……1. 梣属（白蜡树属）Fraxinus
  2. 单叶全缘；果实卵形或椭圆形且扁平，周围具翅 ……2. 雪柳属 Fontanesia
1. 蒴果、核果或浆果。
  3. 蒴果。
    4. 花紫色、红色或白色；枝具实髓；叶全缘 ……3. 丁香属 Syringa
    4. 花黄色；枝中空或具片状髓；叶缘常有齿 ……4. 连翘属 Forsythia
  3. 核果或浆果。
    5. 核果。
      6. 花常排列成圆锥花序；花冠白色，深裂至近基部，裂片狭长 ……5. 北美流苏树属 Chionanthus
      6. 花多簇生，稀为短小圆锥花序；花冠白色或黄白色，少数栽培品种为橘红色，浅裂、深裂或深裂至基部，裂片较短 ……6. 木樨属（木犀属）Osmanthus
    5. 浆果状核果或浆果。
      7. 浆果状核果或核果状而开裂；单叶对生；花冠白色，近辐状、漏斗状或高脚碟状 ……7. 女贞属 Ligustrum
      7. 浆果；三出复叶或羽状复叶；花冠常呈白色或黄色，稀红色或紫色，高脚碟状或漏斗状 ……8. 素馨属（茉莉属） Jasminum

1 梣属（白蜡树属） *Fraxinus* L.

Fraxinus L., Sp. Pl. 1057. 1753.

落叶乔木或灌木。奇数羽状复叶对生，稀在枝梢呈3枚轮生状；小叶3至多枚，常有锯状齿。圆锥花序；花杂性或单性异株，稀为两性；花萼4裂或缺；花瓣2～6，很少基部合生或缺；雄蕊2；子房上位，2室，每室具1胚珠，柱头2裂。翅果；种子卵状长圆形，扁平，种皮薄，脐小。

本属全世界60余种，大多数分布在北半球暖温带，少数伸展至热带森林中。中国产27种，遍及各省区。东北地区产6种1亚种，其中栽培3种。

分种检索表

1. 圆锥花序生于当年生有叶枝上；花两性，花冠有或无，与叶同时开放或后叶开放。
  2. 有花冠；叶长4～10厘米，小叶5，稀3或7，近菱状卵形，基部一对小叶与其他小叶等大或稍小 ……1. 小叶梣 F. bungeana DC.
  2. 无花冠；叶长10厘米以上，基部一对小叶较小（2. 白蜡树 F. chinensis Roxb.）。
    3. 树皮纵裂；小叶柄长3～5毫米；雄花花药与花丝近等长；雌花花柱细长；翅果匙形，先端锐尖 ……2a. 白蜡树 F. chinensis subsp. chinensis
    3. 树皮光滑，老时浅裂；小叶柄长0.2～1.5厘米；雄花花药与花丝近不等长，花丝细长达3毫米；雌蕊花柱短；翅果线形，先端钝圆、急尖或微凹 ……2b. 花曲柳 F. chinensis subsp. rhynchophylla (Hance) A. E. Murray

（接上表）

1. 圆锥花序生于去年生枝上；花单性，无花冠，先叶开放。

4. 小叶长3～4（～5.5）厘米，宽0.5～1.8厘米；花序短，花密集簇生；小叶叶缘具锐锯状齿，侧脉6～7对 ………………………………………………………………… 3. 湖北梣 F. hubeiensis S.Z.Qu, C.B.Shang & P.L.Su

4. 小叶长（2.5～）4～13（～20）厘米，宽（1～）2～8厘米；花序长或短，花稍疏离。

5. 小叶7～11（～13），近无柄，基部着生处密生黄褐色茸毛；叶轴具狭翅；翅果长圆状披针形，扭曲，无宿存花萼 ……………………………………………………………4. 水曲柳 F. mandshurica Rupr.

5. 小叶5～9，无柄或有柄，基部着生处无黄褐色茸毛；叶轴无翅；翅果狭长圆形，扁平，不扭曲，具宿存花萼。

6. 小叶柄长0.5～1.5厘米，上面暗绿色，下面苍白；果翅下延不超过坚果的1/3处 ………………………………………………………………………… 5. 美国白梣 F. americana L.

6. 小叶无柄或下方1对小叶具柄，上面黄绿色，下面淡绿色；果翅下延几达坚果的中部 ……………………………………………………………………… 6. 美国红梣 F. pennsylvanica Marsh.

（1）小叶梣（中国植物志，Flora of China）；小叶白蜡树（辽宁植物志，东北植物检索表）

Fraxinus bungeana DC. in Prodr. 8: 275. 1844; 中国植物志61: 26. 图版7: 5～7. 1992; 辽宁植物志（下册）:

■ 小叶梣

叶

果序

花序

植株一部分

52. 图版22: 1 ~ 3. 1992; 东北植物检索表（第二版）: 510. 图版254: 3. 1995; Fl. China 15: 277. 1996.

生山坡、疏林、沟旁。产吉林省集安、通化、辉南、临江、抚松、长白；辽宁省朝阳、凌源、喀左、绥中、建平、北票等地。

木材坚硬供制小农具。树皮入药，有清热燥湿、止痢、明目作用。

（2）白蜡树（黑龙江省植物志，中国植物志，Flora of China）；中国白蜡（内蒙古植物志）；梣（辽宁植物志，东北植物检索表）

Fraxinus chinensis Roxb. in Fl. Ind. 1: 150. 1820; 中国植物志61: 30. 图版8: 7 ~ 10. 1992; 辽宁植物志（下册）: 53. 1992; 内蒙古植物志（第二版）4: 66. 图版24: 1 ~ 2. 1993; 东北植物检索表（第二版）: 510. 图版254: 4. 1995; Fl. China 15: 277. 1996; 黑龙江省植物志8: 68. 图版32: 1 ~ 2. 2001.

（2a）白蜡树（原亚种）

Fraxinus chinensis subsp. *chinensis*

生山坡、山沟、林下。产辽宁省庄河、凌源、丹东等地。黑龙江省有栽培。

生长迅速，主干直，木材坚韧而有弹性，纹理通直，是良好的制作工具柄、农具、船桨和运动器材用材。枝叶可放养白蜡虫。枝条柔韧，可以编制器物。树皮有清热燥湿、收敛、明目作用，叶有调经、止血、生肌作用，花有止咳、定喘作用。

■ 白蜡树

叶

秋叶

植株

（2b）花曲柳（亚种）（黑龙江省植物志，内蒙古植物志，东北植物检索表，中国植物志，Flora of China）；大叶梣（辽宁植物志）

Fraxinus chinensis subsp. *rhynchophylla* (Hance) A. E. Murray in Kalmia 13: 6. 1983; Fl. China 15: 278. 1996.——*F. rhynchophylla* Hance in J. Bot. 7: 164. 1869; 中国植物志61: 29. 图版9: 1 ~ 4. 1992; 辽宁植物志

■ 花曲柳

果枝

果序

雌株一部分

雄花序一部分

■ 花曲柳

雄株一部分

植株

（下册）: 53. 图版22: 4 ~ 6. 1992; 内蒙古植物志（第二版）4: 68. 图版24: 3. 1993; 东北植物检索表（第二版）: 512. 图版254: 5. 1995; 黑龙江省植物志8: 72. 图版33: 2. 2001.

生山坡或落叶林中。产黑龙江省哈尔滨、牡丹江、穆棱、宁安、东宁、尚志；吉林省吉林、珲春、抚松、安图；辽宁省建昌、朝阳、义县、北镇、阜新、法库、沈阳、鞍山、宽甸、丹东、庄河、普兰店、大连；内蒙古自治区扎赉特旗、大青沟、喀喇沁旗等地。

本种对气候、土壤要求不严，木材质地坚韧，纹理美丽而略粗，各地常引种栽培，作行道树和庭园树；树皮有清热燥湿、止痢、明目作用。

（3）湖北梣（中国植物志，Flora of China）；对节白蜡（植物分类学报）

Fraxinus hubeiensis S.Z.Qu, C.B.Shang & P.L.Su, J. Nanjing Technol. Coll. Forest Prod. 1979(1 ~ 2): 146. 1979.——*Fraxinus hupehensis* Ch'u, Shang & Su in Acta Phytotax. Sin. 18(3): 366. f. 1. 1980; 中国植物志61: 35. 图版9: 6 ~ 8. 1992; Fl. China 15: 278. 1996.

生海拔600米以下的低山丘陵地。产于湖北。中国特有种。大连有栽培。

本种树干挺直，材质优良，是很好的材用树种。大连作为整形观赏树种栽培。

■ 湖北梣

树干

叶一部分

植株一部分

植株

（4）水曲柳（辽宁植物志，黑龙江省植物志，内蒙古植物志，东北植物检索表，中国植物志，Flora of China）；东北梣（华北树木志）

Fraxinus mandshurica Rupr. in Bull. Cl. Phys.-Math. Acad. Imp. Sci. Saint-Pétersbourg 15: 371. 1857; 中

国植物志61: 37. 图版11: 1 ~ 2. 1992; 内蒙古植物志（第二版）4: 71. 图版25: 2. 1993; 辽宁植物志（下册）: 50. 图版21. 1992; 东北植物检索表（第二版）: 510. 图版254: 1. 1995; Fl. China 15: 278. 1996; 黑龙江省植物志8: 68. 图版32: 3 ~ 4. 2001.

生土壤湿润、肥沃之缓坡和山谷。产黑龙江省哈尔滨、伊春、密山等东部山地，集中于小兴安岭、完达山脉、张广才岭山区；吉林省临江、抚松、靖宇、长白、安图；辽宁省南票、海城、瓦房店、普兰店、庄河、西丰、清原、本溪、桓仁、鞍山、宽甸；内蒙古自治区大青沟等地。

材质致密、坚固而有弹性，抗水湿，可供建筑、造船、仪器、枕木、枪托、胶合板等用。树皮可作"秦皮"入药。

在2021年公布的《国家重点保护野生植物名录》中，本种被列为二级保护植物。

■ 水曲柳

树干

叶一部分

果实扭曲

果枝

植株一部分

植株

（5）美国白梣（中国植物志）；美国白蜡树（大连地区植物志）；美国花曲柳（大连树木图鉴）

Fraxinus americana L., Sp. Pl.1057. 1753; 中国植物志61: 5. 1992; 大连地区植物志: 573. 1982.

原产北美洲。辽宁省大连有少量栽培。

树姿美丽，可用于庭园绿化与行道树。

■ 美国白梣

小叶正反面对比

小枝

果实

植株

（6）美国红梣（中国植物志）；红梣（辽宁植物志，东北植物检索表）；绿梣（黑龙江省植物志）；洋白蜡（内蒙古植物志）

Fraxinus pennsylvanica Marsh. in Arbust. Amer. 51. 1785; 中国植物志61: 35. 图版10: 1 ~ 3. 1992; 辽宁植物志（下册）: 50. 1992; 东北植物检索表（第二版）: 510. 图版254: 2. 1995.——*F. pennsylvanica* var. *subintegerrima* (Vahl) Fern. in Rhodora 49: 159. 1947; 中国植物志61: 36. 1992; 辽宁植物志（下册）: 52. 1992; 东北植物检索表（第二版）: 510. 1995.——*F. pennsylvanica* var. *lanceolata* (Borkh.) Silva. N. Am. 651. t. 272. 1894; 内蒙古植物志（第二版）4: 68. 图版25: 1. 1993; 黑龙江省植物志8: 70. 图版33: 1. 2001.

■ 美国红梣

下方小叶正面观

下方小叶背面观

果序一部分

果枝

植株

原产北美洲。黑龙江省北纬17° 线以南及辽宁省大连、盖州和内蒙古自治区多地有栽培。

为用材和庭院绿化树种。

2 雪柳属 *Fontanesia* Labill.

Fontanesia Labill. Icon. Pl. Syr. 1: 9, t. 1. 1791.

落叶灌木或小乔木。小枝四棱形。单叶对生，常为披针形，全缘或具齿；无柄或具短柄。圆锥花序或总状花序顶生或腋生；花萼4裂；花冠白色、黄色或淡红白色，深4裂，基部合生；雄蕊2枚，着生于花冠基部，花丝细长，花药长圆形；子房2室，每室具下垂胚珠2枚，花柱短，柱头2裂，宿存。翅果扁平，环生窄翅，每室通常仅有种子1枚；种子线状椭圆形，种皮薄。

本属全世界有2种，中国和地中海地区各产1种。东北地区有分布。

雪柳（辽宁植物志，黑龙江省植物志，东北植物检索表，中国植物志，Flora of China）

Fontanesia fortunei Carr. in Rev. Hort. IV, 8: 43. 1859; 中国植物志61: 4. 图版1: 1 ~ 4. 1992; 辽宁植物志（下册）: 45. 图版19. 1992; 内蒙古植物志（第二版）4: 65. 图版23: 1 ~ 3. 1993; 东北植物检索表（第二版）: 510. 图版253: 2. 1995; 黑龙江省植物志8: 63. 图版30. 2001.——*F. philliraeoides* subsp. *fortunei* (Carrière) Yaltirik in P. H. Davis, Fl. Turkey. 6: 147. 1978; Fl. China 15: 272. 1996.

落叶灌木或小乔木；叶片披针形至狭卵形，全缘；圆锥花序；花两性或杂性同株，白色，稍带绿色；翅果黄棕色，倒卵形，扁平，先端微凹，边缘具窄翅。生山野、沟边、路旁。产辽宁省本溪、宽甸、凤城、岫岩、大连、庄河等地。黑龙江省有栽培。

茎枝可编筐，茎皮可制人造棉；嫩叶和花晒干可代茶。

■ 雪柳

花序

花枝

果枝

3 丁香属 *Syringa* L.

Syringa L., Sp. Pl. 9. 1753.

落叶灌木或小乔木。小枝近圆柱形或带四棱形，具皮孔。单叶对生，稀复叶，全缘，稀分裂；具叶柄。花两性，聚伞花序排列成圆锥花序，顶生或侧生，与叶同时抽生或叶后抽生；花萼钟状，具4齿或为不规则齿裂，或近截形；花冠漏斗状、高脚碟状或近幅状，裂片4枚；雄蕊2枚，着生于花冠管喉部至花冠管中部；子房2室，每室具下垂胚珠2枚，花柱丝状，短于雄蕊，柱头2裂。蒴果微扁，2室，室间开裂；种子扁平，有翅。

本属全世界约19种，分布东南欧、日本、阿富汗、喜马拉雅地区、朝鲜、中国。中国有16种，主要分布于中国西南及黄河流域以北各省区。东北地区产8种5亚种4变种10变型，其中栽培5种3变种9变型。

分种检索表

1. 花冠筒与萼等长或稍长，花丝较细长，雄蕊伸出于花冠之外；花白色或黄白色。
 2. 树皮紫灰褐色，具细裂纹；叶片厚纸质，叶脉在叶面明显凹入；花丝与花冠裂片近等长或长于裂片可达1.5毫米；果端常钝（有时锐尖或有凸尖）…**1b. 暴马丁香 S. reticulata** subsp. **amurensis** (Rupr.) P. S. Green & M. C. Chang
 2. 树皮褐色或灰棕色，纵裂；叶片纸质，叶脉在叶面平；花丝略短于或稍长于裂片；果端锐尖至长渐尖 ………………………………… **1c. 北京丁香 S. reticulata** subsp. **pekinensis** (Rupr.) P. S. Green & M. C. Chang
1. 花冠筒明显长于花萼，花丝极短，雄蕊内藏于花冠筒之中；花紫红色、淡紫、紫青色或白色。
 3. 具顶芽；花序顶生，花序轴基部有叶（**2. 红丁香 S. villosa** Vahl.）。
  4. 叶表面暗绿色，常明显褶皱，背面淡绿色，常有白粉；花冠淡紫红色、粉红色至白色，花冠筒较长，细圆柱形，裂片外展；小枝有疣状突起及星状毛 ……………………………………… **2a. 红丁香 S. villosa** subsp. **villosa**
  4. 叶表面绿色，不皱，背面灰绿色，有毛；花紫青色，花冠筒较短，漏斗形，裂片近于直立，先端内曲；小枝光滑无毛或疏生星状毛 …… **2b. 辽东丁香 S. villosa** subsp. **wolfii** (C. K. Schneid.) Jin Y. Chen & D. Y. Hong
 3. 无顶芽；花序发自侧芽，花序轴基部无叶。
  5. 羽状复叶 …………………………………………………………………………… **3. 羽叶丁香 S. pinnatifolia** Hemsl.
  5. 单叶。
   6. 叶有毛，至少在叶背面沿中脉有毛；花冠直径约6毫米，花药紫色或带蓝灰色；果有疣状突起或近光滑；冬芽被短柔毛。
    7. 叶长常在3厘米以上，广卵形、卵形、椭圆形、椭圆状卵形或卵状长圆形（**4. 巧玲花 S. pubescens** Turcz.）。
     8. 叶广卵形或卵形，基部圆形，先端锐尖至渐尖或钝，表面常无毛，背面沿脉生有灰白色短柔毛；小枝、花序轴、花梗、花萼均无毛；花冠紫色或淡紫色 … **4a. 巧玲花 S. pubescens** subsp. **pubescens**
     8. 叶椭圆形、椭圆状卵形或卵状长圆形，基部楔形、广楔形至近圆形，先端常呈歪斜的尾状渐尖，表面有疏毛，背面有极密的短茸毛；小枝、花序轴、花梗有短而疏的毛，花萼基部常被毛；花冠淡紫色、粉红色或白带蔷薇色 …………… **4b. 关东巧玲花 S. pubescens** subsp. **patula** (Palibin) M. Z. Chang
    7. 叶长1～3（～4）厘米，近圆形、广卵形至椭圆状卵形（**5. 蓝丁香 S. meyeri** Schneid.）。
     9. 叶片椭圆状卵形或椭圆状倒卵形或近圆形或卵形，长2～5厘米，宽1.5～3.5厘米 ……………………………………………………………………………… **5a. 蓝丁香 S. meyeri** var. **meyeri**
     9. 叶片近圆形或宽卵形，长1～2厘米，宽0.8～1.8厘米（**5b. 小叶蓝丁香 S. meyeri** var. **spontanea** M. C. Chang）。
      10. 花紫色 ………………………………… **5ba. 小叶蓝丁香 S. meyeri** var. **spontanea** f. **spontanea**
      10. 花白色 … **5bb. 白花小叶蓝丁香 S. meyeri** var. **spontanea** f. **alba** (Wang, Fuh & Chao) M. C. Chang
   6. 叶无毛；花冠直径8～10毫米，花药黄色；果实光滑；冬芽无毛。
    11. 叶全缘或部分叶3～9裂，长圆状披针形，长1.5～3.5厘米，宽1～1.7厘米（**6. 花叶丁香 S. × persica** L.）。

（接上表）

12. 叶全缘（**6a. 花叶丁香 S. × persica** var. **persica**）。
13. 花淡紫红色 ………………………………………………… **6aa. 花叶丁香 S. × persica** f. **persica**
13. 花白色或近白色 …………………………**6ab. 白花花叶丁香 S. × persica** f. **alba** (Weston) Voss
12. 叶3～9裂……………………**6b. 裂叶花叶丁香 S. × persica** var. **laciniata** West.
11. 叶不裂。
14. 叶卵圆形、广卵圆形至肾形，基部常为心形；花冠筒长10～15毫米；花药着生在花冠筒中部稍上（**7. 紫丁香 S. oblata** Lindl.）。
15. 叶广卵形至肾形，宽大于长，先端短突尖；花冠筒长10～12毫米（**7a. 紫丁香 S. oblata** subsp. **oblata**）。
16. 花紫色。
17. 叶背面和花枝均无毛 ……………………………………… **7aa. 紫丁香 S. oblata** var. **oblata**
17. 叶背面有微柔毛，花枝有短柔毛或无毛
……………………………………… **7ab. 毛紫丁香 S. oblate** var. **giraldii** (Lemoine) Rehd.
16. 花白色 ……………………………………… **7ac. 白丁香 S. oblate** var. **alba** Hort. ex Rehd.
15. 叶卵圆形，长大于宽，先端短渐尖至渐尖；花冠筒长12～15毫米
……………………… **7b. 朝阳丁香 S. oblata** subsp. **dilatata** (Nakai) P. S. Green & M. C. Chang
14. 叶广卵形、卵形至卵状披针形，基部楔形、广楔形或圆形，稀为心形；花冠长约10毫米；花药着生在花冠筒喉部稍下。
18. 叶长6.5～12厘米，广卵形至长圆状卵形，基部圆形或广楔形或浅心形，先端短渐尖至渐尖（**8. 欧丁香 S. vulgaris** L.）。
19. 花紫色或蓝色。
20. 花紫色或淡紫色 ……………………………………… **8a. 欧丁香 S. vulgaris** f. **vulgaris**
20. 花蓝色或紫红色。
21. 花蓝色 …………………… **8b. 蓝花欧丁香 S. vulgaris** f. **caerulea** (Weston) Schelle
21. 花紫红色 ………… **8c. 紫花欧丁香 S. vulgaris** f. **purpurea** (West.) Hort. ex Schelle
19. 花白色。
22. 花单瓣 …………………………………… **8d. 白花欧丁香 S. vulgaris** f. **alba** (West.) Voss
22. 花重瓣 ……………………… **8e. 白花重瓣洋丁香 S. vulgaris** f. **albipleniflora** S. D. Zhao
18. 叶长4～8厘米，卵状披针形至长圆状披针形，基部楔形、广楔形，先端渐尖（**9. 什锦丁香 S. × chinensis** Willd.）。
23. 花单瓣。
24. 花非白色。
25. 花紫色或淡紫色 …………………………**9a. 什锦丁香 S. × chinensis** var. **chinensis**
25. 花淡红色或紫红色。
26. 花淡红色而带紫色…… **9b. 淡红花什锦丁香 S. × chinensis** f. **metensis** (Simon-Louis) Schelle
26. 花紫红色……**9c. 紫红花什锦丁香 S. × chinensis** f. **saugeana** (Loud.) Mckelvey
24. 花白色或近白色 …………… **9d. 白花什锦丁香 S. × chinensis** f. **alba** (Kirchn.) Schelle
23. 花重瓣…………………………**9e. 重瓣什锦丁香 S. × chinensis** f. **duplex** (Lemoine) Schelle

（1）网脉丁香（植物智网站）

Syringa reticulata (Blume) H. Hara, J. Jap. Bot. 17: 21. 1941.

（1a）网脉丁香（原亚种）

Syringa reticulata subsp. *reticulata*

产日本。中国不产。

（1b）暴马丁香（亚种）（辽宁植物志，黑龙江省植物志，内蒙古植物志，东北植物检索表，中国植物志，Flora of China）

Syringa reticulata subsp. *amurensis* (Rupr.) P. S. Green & M. C. Chang in Novon 5(4): 329. 1995; Fl. China15: 286.1996.——*S. reticulata* (Blume) Hara var. *mandschurica* (Maxim.) Hara in Journ. Jap. Bot. 17: 21. 1941; 辽宁植物志（下册）: 68. 图版28: 1 ~ 3. 1992; 内蒙古植物志（第二版）4: 73. 图版26: 3 ~ 5. 1993; 东北植物检索表（第二版）: 512. 图版256: 1. 1995; 黑龙江省植物志8: 81. 图版37. 2001.——*S. reticulata* (Blume) Hara var. *amurensis* (Rupr.) Pringle in Phytologia 52(5): 285. 1983; 中国植物志61: 81. 图版22: 1 ~ 2. 1992.

生山坡混交林中或林缘。常见栽培。产黑龙江省哈尔滨、尚志、黑河、五大连池、伊春、饶河、勃利；吉林省九台、桦甸、集安、通化、临江、抚松、靖宇、长白、敦化、珲春、和龙、汪清、安图；辽宁省各山区；内蒙古自治区宁城（黑里河）等地。

木材重，可做茶叶筒、衣箱、食具及农具柄把等。树枝和树干含挥发油、鞣质及甾类物质等，可清肺祛痰、止咳平喘。亦可用作观赏植物；还可作洋丁香的砧木。

■ 暴马丁香

叶脉在叶面明显凹入

花序一部分

■ 暴马丁香

果序一部分

植株一部分

（1c）北京丁香（亚种）（辽宁植物志，黑龙江省植物志，东北植物检索表，中国植物志，Flora of China）

Syringa reticulata subsp. *pekinensis* (Rupr.) P. S. Green & M. C. Chang in Novon 5: 330. 1995; Fl. China15: 286.1996.——*S. pekinensis* Rupr. in Bull. Cl. Phys.-Math. Acad. Imp. Sci. Saint-Pétersbourg 15: 371. 1857; 中国植物志61: 82. 图版22: 3 ~ 5. 1992; 辽宁植物志（下册）: 69. 图版28: 4 ~ 6. 1992; 东北植物检索表（第二版）: 512. 图版256: 2. 1995; 黑龙江省植物志8: 80. 图版36: 3 ~ 5. 2001.

生山坡灌丛、山谷或沟边林下。产辽宁省凌源、北票、建平、喀左等地。黑龙江省及吉林省（长春）偶有栽培。

枝叶茂盛，北方庭园广为栽培供观赏。

■ 北京丁香

叶脉在叶面平

果枝

树干

■ 北京丁香

花序一部分

蒴果

（2）红丁香（辽宁植物志，黑龙江省植物志，东北植物检索表，中国植物志，Flora of China）

Syringa villosa Vahl in Enum. Pl. Obs. 1: 38. 1804; 中国植物志61: 59. 图版16: 4～6. 1992; 辽宁植物志（下册）: 67. 图版27: 1～3. 1992; 东北植物检索表（第二版）: 512. 图版257: 4. 1995; Fl. China15: 282. 1996; 黑龙江省植物志8: 84. 图版38: 3～5. 2001.

（2a）红丁香（原亚种）

Syringa villosa subsp. *villosa*

生河边或山坡灌丛。产黑龙江省宁安、东宁等山地；吉林省临江等东部山区各县区；辽宁省凤城、新宾、桓仁等地。各地常见栽培。

优良花木。花蕾有温胃散寒、降逆止呕作用。

■ 红丁香

花序一部分

果序

■ 红丁香

叶明显皱褶

植株一部分

（2b）辽东丁香（亚种）（辽宁植物志，黑龙江省植物志，东北植物检索表，中国植物志，Flora of China）

Syringa villosa subsp. *wolfii* (C. K. Schneid.) Jin Y. Chen & D. Y. Hong in Acta Phytotax. Sin. 45: 860 2007.——*S. wolfii* Schneid. in Repert. Spec. Nov. Regni Veg. 9: 81. 1910; 中国植物志61: 55. 图版16: 1 ~ 3. 1992; 辽宁植物志（下册）: 66. 图版27: 4. 1992; 东北植物检索表（第二版）: 512. 图版257: 5. 1995; Fl. China 15: 282. 1996; 黑龙江省植物志8: 86. 图版39: 3 ~ 5. 2001.——*S. wolfii* Schneid. var. *hirsuta* (Schneid.) Hutusima in Bull. Univ. For. Kyushu Univ. 10: 103. 1938; 辽宁植物志（下册）: 67. 图版27: 5. 1992; 东北植物检索表（第二版）: 516. 1995; 黑龙江省植物志8: 87. 2001.——*S. wolfii* f. *rupestrs* Bar. et Skv., 东北木本植物

■ 辽东丁香

叶背面观

花解剖

果序一部分

花序一部分

花枝

图志：472,567. 1955; 黑龙江省植物志8: 87. 2001.

生山坡杂木林中、灌丛中、林缘或河边等处。产黑龙江省宁安、东宁、尚志、海林；吉林省梅河口、辉南、蛟河、临江、抚松、长白、敦化、珲春、汪清、安图；辽宁省辽阳、庄河、丹东、凤城、本溪、桓仁等地。

（3）羽叶丁香（中国植物志，Flora of China）

Syringa pinnatifolia Hemsl. in Gard. Chron. ser. 3, 39: 68. 1906; 中国植物志61: 79. 图版21: 4 ~ 5. 1992; Fl. China15: 286. 1996.

产于内蒙古自治区和宁夏交界的贺兰山地区以及陕西南部、甘肃、青海东部和四川西部。辽宁省熊岳有栽培。

庭院栽培供观赏。根或枝干入药，具降气、温中、暖胃等功效。

■ 羽叶丁香

果序一部分

小枝

植株一部分

（4）巧玲花（辽宁植物志，中国植物志，Flora of China）；毛丁香（黑龙江省植物志）

Syringa pubescens Turcz. in Bull. Soc. Nat. Moscou 13: 73. 1840; 中国植物志61: 63. 图版18: 1 ~ 3. 1992; 辽宁植物志（下册）: 57. 图版23: 3 ~ 5. 1992; Fl. China 15: 283. 1996; 黑龙江省植物志8: 80. 图版36: 6 ~ 8. 2001.——*S. pubescens* Turcz. var. *hirsuta* Skv. et Wang in Ill. Fl. Lign. Pl.N.E.China475. 567.1955; 辽宁植物志（下册）: 58. 图版23: 6. 1992.

（4a）巧玲花（原亚种）

Syringa pubescens subsp. *pubescens*

■ 巧玲花

叶正面观

叶背面观

■巧玲花

果序一部分

花解剖

花正面观

花侧面观

植株一部分

生山坡、山谷灌丛中或河边沟旁。产辽宁省朝阳（努鲁儿虎山）。黑龙江省哈尔滨有栽培。

优良花木。树皮有清热、镇咳、利水作用。

（4b）关东巧玲花（亚种）（中国植物志，Flora of China）；毛叶丁香（东北植物检索表）；关东丁香（辽宁植物志，黑龙江省植物志，东北植物检索表）

Syringa pubescens subsp. *patula* (Palibin) M. Z. Chang in Invest. Stud. Nat. 10: 34. 1990; 中国植物志61: 64. 1992; 东北植物检索表（第二版）: 516. 图版256: 3. 1995; Fl. China15: 283. 1996.——*S. velutina* Kom. in Trudy Imp. S.–Peterburgsk. Bot. Sada 18: 428. 1901; 东北植物检索表（第二版）: 516. 图版256: 4. 1995; 辽宁植物志（下册）: 58. 图版24: 1 ~ 2. 1992; 黑龙江省植物志8: 80. 图版38: 1 ~ 2. 2001.

生山坡灌丛中。产吉林省吉林、临江等东部山区；辽宁省铁岭、西丰、新宾、清原、鞍山、岫岩、宽甸、凤城、本溪、桓仁、北镇等地。黑龙江省哈尔滨市有栽培。

■ 关东巧玲花

叶背面观

小枝

果序一部分

花序一部分

花枝

（5）蓝丁香（中国树木分类学；中国植物志，Flora of China）；南丁香（中国植物志）

Syringa meyeri Schneid. in Sargent, pl. Wils. 1: 301. 1912; 中国树木分类学: 1052. 图935. 1937; 中国高等植物图鉴3: 350. 1974; 中国植物志61: 68. 1992; Fl. China15: 284. 1996.

（5a）蓝丁香（原变种）

Syringa meyeri var. *meyeri*

迄今，仅知其为栽培种，最初发现栽种于北京丰台庭园中。东北各地常有栽培。

■ 蓝丁香

花序

花序一部分

枝叶

植株

（5b）小叶蓝丁香（变种）（中国植物志，Flora of China）；四季丁香（辽宁植物志，东北植物检索表）；小叶丁香（黑龙江省植物志）

Syringa meyeri var. *spontanea* M. C. Chang in Invest. Stud. Nat. 10: 33. 1990; 中国植物志61: 68. 图版19: 1 ~ 2. 1992; 东北植物检索表（第二版）: 516. 图版256: 5. 1995; Fl. China 15: 284. 1996.——*S. microphylla* Diels in Bot. Jahrb. Syst. 29: 531. 1900; 辽宁植物志（下册）: 56. 图版23: 1 ~ 2. 1992; 黑龙江省植物志8: 78. 图版35: 6 ~ 7. 2001.

（5ba）小叶蓝丁香（原变型）

Syringa meyeri var. *spontanea* f. *spontanea*

生山坡石缝间。产辽宁省金州（模式标本采自大黑山）、甘井子区（砬子山）。黑龙江省哈尔滨有栽培。

花期较长，每年开花两次，第一次4—6月，第二次8—9月，且树形较矮而雅致，北方各地常作园林观赏树种栽培。

■ 小叶蓝丁香

花序

花序一部分

果序

植株一部分

植株

（5bb）白花小叶蓝丁香（变型）（中国植物志）；白花四季丁香（辽宁植物志，东北植物检索表）

Syringa meyeri var. *spontanea* f. *alba* (Wang, Fuh & Chao) M. C. Chang in Invest. Stud. Nat. 10: 33. 1990;

■ 白花小叶蓝丁香

花序一部分

植株一部分

植株

中国植物志61: 69. 1992; 东北植物检索表（第二版）: 516. 1995.——*S. microphylla* f. *alba* (Wang, Fuh & Chao) Kitag. in Neo-Lineam. Fl. Manshur. 511. 1979; 辽宁植物志（下册）: 56. 1992.

生山坡。产辽宁省金州（模式标本采自大黑山）。

（6）花叶丁香（辽宁植物志，东北植物检索表，中国植物志）；波斯丁香（中国植物志）

Syringa × *persica* L., Sp. Pl.9. 1753; 中国植物志61: 78. 1992; 辽宁植物志（下册）: 60. 图版25: 5 ~ 8. 1992; 东北植物检索表（第二版）: 516. 图版256: 6. 1995.

（6a）花叶丁香（原变种）

Syringa × *persica* var. *persica*

（6aa）花叶丁香（原变型）

Syringa × *persica* f. *persica*

产中亚、西亚、地中海地区至欧洲。辽宁省大连、沈阳有栽培。

庭院栽培供观赏。

■ 花叶丁香

叶全缘或3 ~ 9裂

植株一部分

（6ab）白花花叶丁香（变型）（辽宁植物志，东北植物检索表，中国植物志）

Syringa × *persica* f. *alba* (Weston) Voss, Vilmor. Blumengart. 1: 654. 1895; 中国植物志61: 78. 1992; 辽宁植物志（下册）: 60. 1992; 东北植物检索表（第二版）: 516. 1995.

辽宁省有栽培。

（6b）裂叶花叶丁香（变种）（辽宁植物志，东北植物检索表）

Syringa × *persica* var. *laciniata* West. in Bot. Univ. 1: 289. 1770; 辽宁植物志（下册）: 60. 1992; 东北植物检索表（第二版）: 516. 1995.

辽宁省有栽培。

（7）紫丁香（辽宁植物志，黑龙江省植物志，内蒙古植物志，东北植物检索表，中国植物志，Flora of China）；华北紫丁香（中国树木分类学）

Syringa oblata Lindl. in Gard. Chron. 1859: 868. 1859; 中国植物志61: 71. 图版20: 1 ~ 2. 1992; 辽宁植物志（下册）: 60. 图版26: 1 ~ 3. 1992; 内蒙古植物志（第二版）4: 73. 图版27: 3 ~ 4. 1993; 东北植物检索表（第二版）: 516. 图版256: 7. 1995; Fl. China 15: 285. 1996; 黑龙江省植物志8: 78. 图版36: 1 ~ 2. 2001.

（7a）紫丁香（原亚种）

Syringa oblata subsp. *oblata*

（7aa）紫丁香（原变种）

Syringa oblata var. *oblata*

生山地或山沟。产辽宁省朝阳、北票、凌源、喀左、义县、阜新、北镇、盖州、本溪、凤城等地。东北各地常见栽培。

嫩叶可代茶。树皮有清热燥湿、止咳定喘作用。叶有清热、解毒、止咳、止痢作用。

■ 紫丁香

果序一部分

果期一部分

叶

花侧面观

花期植株一部分

（7ab）毛紫丁香（变种）（辽宁植物志，东北植物检索表，中国植物志）

Syringa oblata var. *giraldii* (Lemoine) Rehd. in J. Arnold Arbor. 1: 34. 1926; 中国植物志61: 73. 1992; 辽宁植物志（下册）: 62. 1992; 东北植物检索表（第二版）: 516. 1995.

辽宁省有记载，待调查核实。

（7ac）白丁香（变种）（辽宁植物志，黑龙江省植物志，东北植物检索表，中国植物志）

Syringa oblata var. *alba* Hort. ex Rehd. in Cycl. Amer. Hort. 4: 1763. 1902; 中国植物志61: 72. 1992; 辽宁植物志（下册）: 62. 1992; 东北植物检索表（第二版）: 516. 1995; 黑龙江省植物志8: 80. 2001.

生山地。辽宁省葫芦岛有野生。各地常见栽培。

■ 白丁香

植株一部分

花序一部分

（7b）朝阳丁香（亚种）（辽宁植物志、Flora of China）；朝鲜丁香（黑龙江省植物志，东北植物检索表）

Syringa oblata subsp. *dilatata* (Nakai) P. S. Green & M. C. Chang in Novon 5: 329. 1995; Fl. China 15: 285. 1996.——*S. dilatata* Nakai in Bot. Mag. (Tokyo) 32: 128. 1918; 辽宁植物志（下册）: 62. 图版26: 4 ~ 5. 1992;

■ 朝阳丁香

果序一部分

叶

花序

花序一部分

东北植物检索表（第二版）: 516. 图版257: 3. 1995.——*S. dilatata* Nakai f. *alba* (Skv.) S. D. Zhao in Ligneous Fl. Heilongjiang 493. 1986; 辽宁植物志（下册）: 63. 1992; 黑龙江省植物志8: 77. 2001.——*S. dilatata* Nakai f. *violacea* (Skv.) S. D. Zhao, 辽宁植物志（下册）: 63. 1992.——*S. dilatata* Nakai f. *rubra* (Skv.) S. D. Zhao, 辽宁植物志（下册）: 63. 1992; 黑龙江省植物志8: 77. 2001.——*S. dilatata* Nakai var. *longituba* Skv. in Ill. Fl. Lign. Pl. N. E. China 566 1958; 辽宁植物志（下册）: 63. 1992; 东北植物检索表（第二版）: 516. 1995; 黑龙江省植物志8: 77. 2001.——*S. dilatata* Nakai var. *pubescens* S. D. Zhao, 辽宁植物志（下册）: 63. 图版26: 6～7. 1992; 东北植物检索表（第二版）: 516. 1995.

生山坡灌丛。产吉林省集安；辽宁省北票、凌源、建昌、北镇、鞍山（千山）、海城、凤城等地。黑龙江省哈尔滨有栽培。

（8）欧丁香（中国植物志）；洋丁香（辽宁植物志，黑龙江省植物志，东北植物检索表）

Syringa vulgaris L., Sp. Pl.9. 1753; 中国植物志61: 75. 图版20: 3～6. 1992; 辽宁植物志（下册）: 65. 图版25: 1～2. 1992; 东北植物检索表（第二版）: 516. 图版257: 1. 1995; 黑龙江省植物志8: 84. 图版39: 1～2. 2001.

（8a）欧丁香（原变型）

Syringa vulgaris f. *vulgaris*

原产东南欧。东北各地栽培。

木材坚韧，供制农具及器具之用；种子入药，嫩叶可代茶；花可提取芳香油。庭院栽培供观赏。

■ 欧丁香

叶

果序

植株一部分

（8b）蓝花欧丁香（变型）（中国植物志）；蓝花洋丁香（辽宁植物志，黑龙江省植物志）

Syringa vulgaris f. *caerulea* (Weston) Schelle in Bot. Univ. 1: 289. 1770; 中国植物志61: 76. 1992; 辽宁植物志（下册）: 65. 1992; 黑龙江省植物志8: 86. 2001.

辽宁省沈阳有栽培。

（8c）紫花欧丁香（变型）（中国植物志）；紫花洋丁香（黑龙江树木志，黑龙江省植物志）

Syringa vulgaris f. *purpurea* (West.) Hort. ex Schelle in Beissner & al., Handb. Laubh.–Ben. 413. 1903; 中国植物志61: 76. 1992; 黑龙江省植物志8: 86. 2001.

黑龙江省哈尔滨有栽培。

（8d）白花欧丁香（变型）（中国植物志）；白花洋丁香（黑龙江树木志，黑龙江省植物志）

Syringa vulgaris f. *alba* (West.) Voss in Vilmor.–Blumenart. 1: 652. 1895; 中国植物志61: 76. 1992; 黑龙江省植物志8: 86. 2001.

黑龙江省哈尔滨有栽培。

（8e）白花重瓣洋丁香（变型）（辽宁植物志）

Syringa vulgaris f. *albipleniflora* S. D. Zhao, 辽宁植物志（下册）: 65. 1992.

辽宁省大连有栽培。

（9）什锦丁香（辽宁植物志，黑龙江省植物志，东北植物检索表，中国植物志）

Syringa × *chinensis* Willd., Berlin. Baumz. 378. 1796; 中国植物志61: 76. 图版20: 7. 1992; 辽宁植物志（下册）: 65. 图版25: 3 ~ 4. 1992; 东北植物检索表（第二版）: 516. 图版257: 2. 1995; 黑龙江省植物志8: 75. 图版35: 1 ~ 2. 2001.

（9a）什锦丁香（原变型）

Syringa × *chinensis* f. *chinensis*

原产欧洲。黑龙江省哈尔滨及辽宁省大连、沈阳有栽培。

庭院栽培供观赏。

■ 什锦丁香

花序

叶

植株一部分

果序

植株下部

植株

（9b）淡红花什锦丁香（变型）（辽宁植物志，黑龙江省植物志）

Syringa × *chinensis* f. *metensis* (Simon-Louis) Schelle in Beissner & al., Handb. -Ben.414.1903; 辽宁植物志（下册）: 66. 1992; 黑龙江省植物志8: 77. 2001.

黑龙江省、辽宁省有栽培。

（9c）紫红花什锦丁香（变型）（辽宁植物志）

Syringa × *chinensis* f. *saugeana* (Loud.) Mckelvey in Lilac. 421. tab. 134. 1928; 辽宁植物志（下册）: 66. 1992.

辽宁省有栽培。

（9d）白花什锦丁香（变型）（辽宁植物志，黑龙江省植物志，中国植物志）

Syringa × *chinensis* f. *alba* (Kirchn.) Schelle in Beissner & al. Handb. Laubh. –Ben. 414. 1903; 中国植物志61: 77. 1992; 辽宁植物志（下册）: 66. 1992; 黑龙江省植物志8: 77. 2001.

黑龙江省、辽宁省有栽培。

（9e）重瓣什锦丁香（变型）（辽宁植物志，黑龙江省植物志，中国植物志）

Syringa × *chinensis* f. *duplex* (Lemoine) Schelle in Beissner & al., Handb. Laubh.–Ben. 415. 1903; 中国植物志61: 77. 1992; 辽宁植物志（下册）: 66. 1992; 黑龙江省植物志8: 77. 2001.

黑龙江省、辽宁省有栽培。

4 连翘属 *Forsythia* Vahl

Forsythia Vahl, Enum. Pl. l; 39. 1804.

落叶灌木。茎直立或蔓性，枝中空或具片状髓。单叶对生，稀3裂至三出复叶，叶缘有齿或全缘，有叶柄。花两性，1至数朵着生于叶腋，先于叶开放；花萼深4裂；花冠黄色，钟状，深4裂，裂片较花冠管长；雄蕊2枚，着生于花冠管基部，花药2室，纵裂；子房2室，每室具下垂胚珠多枚，花柱细长，柱头2裂。花柱异长：具长花柱的花，雄蕊短于雌蕊；具短花柱的花，雄蕊长于雌蕊。蒴果2室，室间开裂，每室具种子多枚；种子一侧具翅。

本属全世界约11种，除1种产欧洲东南部外，其余均产亚洲东部。中国有7种。东北地区产4种1变种，其中栽培3种。

分种检索表

1. 枝在节间中空；叶卵形或长圆状卵形，萌生枝的叶有时为3小叶或3深裂（1. 连翘 F. suspensa (Thunb.) Vahl.）。
  2. 枝开展 ……………………………………………… 1a. 连翘 F. suspensa var. suspensa
  2. 枝细长而下垂 ……………………………………… 1b. 垂枝连翘 F. suspensa var. sieboldii Zabel
1. 枝在节间具片状髓。
  3. 叶广卵形或近圆形，表面无毛，背面及叶柄疏生短柔毛 ……………… 2. 东北连翘 F. mandschurica Uyeki
  3. 叶椭圆形至椭圆状披针形或卵圆形，两面均无毛。
    4. 叶椭圆形至长圆状披针形或倒卵状披针形，常中部以上有锯状齿；花梗长约1厘米 …………………………………………… 3. 金钟花 F. viridissima Lindl.
    4. 叶卵圆形或广卵形，边缘有锯状齿或近全缘；花梗极短 ……………… 4. 卵叶连翘 F. ovata Nakai

（1）连翘（辽宁植物志，东北植物检索表，中国植物志，Flora of China）

Forsythia suspensa (Thunb.) Vahl. in Enum. Pl. 1: 39. 1804; 中国植物志61: 42. 图版12: 1～3. 1992; 辽宁植物志（下册）: 47. 图版20: 5～6. 1992; 东北植物检索表（第二版）: 510. 图版253: 5. 1995; Fl. China 15: 279. 1996.

（1a）连翘（原变种）

Forsythia suspensa var. *suspensa*

生山坡灌丛、林下或草丛中，或山谷、山沟疏林中。产河北、山西、陕西、山东、安徽西部、河南、湖北、四川。辽宁省沈阳、盖州、大连等地有栽培。

果实有清热解毒、消痈散结作用；叶治疗高血压、痢疾、咽喉痛等。

■ 连翘

小枝节间中空

萌枝叶

花正面观

花侧面观

蒴果

植株一部分

植株

（1b）垂枝连翘（变种）（辽宁植物志，东北植物检索表）

Forsythia suspensa var. *sieboldii* Zabel in Gartenflora 34: 36. 1885; 辽宁植物志（下册）: 48. 1992; 东北植物检索表（第二版）: 510. 1995.

生山坡灌丛。辽宁省建昌县白狼山有野生，沈阳、盖州、大连等地有栽培。

■ 垂枝连翘

植株一部分

植株

（2）东北连翘（辽宁植物志，黑龙江省植物志，东北植物检索表，中国植物志，Flora of China）；直生连翘（俗称）

Forsythia mandschurica Uyeki in J. Chosen Nat. Hist. Soc. 9: 21. 1929; 中国植物志61: 47. 图版14: 3 ~ 5. 1992; 辽宁植物志（下册）: 46. 图版20 ~ 7. 1992; 东北植物检索表（第二版）: 510. 图版253: 4. 1995; Fl. China 15: 280. 1996; 黑龙江省植物志8: 65. 图版31: 1. 2001.

生山坡。产辽宁省岫岩、凤城。模式标本产辽宁省鸡冠山。东北各地常见栽培。

果实有清热解毒、消痈散结作用。早春开花树种，庭院栽培供观赏。

■ 东北连翘

萌枝叶

果期叶

果序

花正面观

花侧面观

（3）金钟花（辽宁植物志，中国植物志，Flora of China）；金钟连翘（黑龙江省植物志，东北植物检索表）

Forsythia viridissima Lindl. in J. Hort. Soc. London 1: 226. 1846; 中国植物志61: 45. 图版12: 4 ~ 6. 1992; 辽宁植物志（下册）: 48. 图版20：1 ~ 3. 1992; 东北植物检索表（第二版）: 510. 图版253: 3. 1995; Fl. China 15: 280. 1996; 黑龙江省植物志8: 67. 图版31: 5 ~ 7. 2001.

分布江苏、安徽、浙江、江西、福建、湖北、湖南、云南。黑龙江省哈尔滨和辽宁省大连等地有栽培。

果实有清热解毒、消痈散结作用。早春开花树种，庭院栽培供观赏。

■ 金钟花

小枝具片状髓

枝叶

蒴果

花

植株

（4）卵叶连翘（辽宁植物志，东北植物检索表，中国植物志）；朝鲜连翘（俗称）

Forsythia ovata Nakai in Bot. Mag. (Tokyo) 31: 104. 1917; 中国植物志61: 45. 图版14: 1 ~ 2. 1992; 辽宁植

■ 卵叶连翘

萌枝叶背面观

花正面观

花侧面观

■ 卵叶连翘

果序

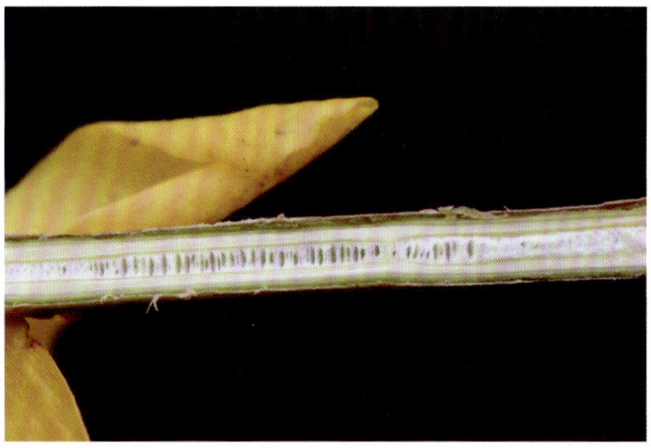
小枝节间具片状髓

萌枝叶

物志（下册）: 47. 图版20: 4. 1992; 东北植物检索表（第二版）: 510. 图版253: 6. 1995; 黑龙江省植物志8: 65. 图版31: 2 ~ 4. 2001.

原产朝鲜。黑龙江省哈尔滨及吉林省、辽宁省多地都有栽培。

果实有清热解毒、消痈散结作用。早春开花树种，庭院栽培供观赏。

5 北美流苏树属 *Chionanthus* L.

Chionanthus L., Sp. Pl. 8. 1753.

落叶灌木或乔木。单叶对生，全缘或有齿；具叶柄。圆锥花序；花两性，或单性雌雄异株；花萼深4裂；花冠白色，花冠管短，深裂至近基部，裂片4，狭长；雄蕊2枚，稀4枚，花丝短，药室近外向开裂；子房2室，每室具下垂胚珠2枚，花柱短，柱头2裂。核果，内果皮厚，近硬骨质，具种子1枚。

本属全世界2种，分布于北美洲、中国、日本、朝鲜。中国有1种。东北地区产1种。

流苏树（辽宁植物志，东北植物检索表，中国植物志，Flora of China）；茶叶树（辽宁植物志）

Chionanthus retusus Lindl. et Paxt. in Paxton's Fl. Gard. 3: 83. 1852; 中国植物志61: 119. 图版33: 1 ~ 3. 1992; 辽宁植物志（下册）: 72. 图版29: 4 ~ 6. 1992; 东北植物检索表（第二版）: 508. 图版253: 1. 1995; Fl. China 15: 293. 1996.

落叶灌木或乔木；叶片革质或薄革质，长圆形、椭圆形或圆形；聚伞状圆锥花序；单性而雌雄异株

■ 流苏树

树干

花序一部分

花枝

■ 流苏树

果枝

植株

或为两性花；花冠白色，4深裂；核果椭圆形，呈蓝黑色或黑色。生山坡或河谷，喜生向阳处。产辽宁省凌源、大连、金州、旅顺口（蛇岛）、盖州等地。

花洁白如雪，观赏效果极佳。木材可制器具。果可榨芳香油。花、嫩叶晒干可代茶，味香。叶有清热、止泻作用。

6 木樨属（木犀属） *Osmanthus* Lour.

Osmanthus Lour. Fl. Cochinch. 1: 28. 1790.

常绿灌木或小乔木。单叶对生，叶片厚革质或薄革质，全缘或具锯状齿，两面通常具腺点；具叶柄。花两性，通常雌蕊或雄蕊不育而成单性花，雌雄异株或雄花、两性花异株，聚伞花序簇生于叶腋，或再组成腋生或顶生的短小圆锥花序；花萼钟状，4裂；花冠白色或黄白色或橘红色（栽培品种），钟状、圆柱形或坛状，浅裂、深裂，裂片4枚；雄蕊2枚，稀4枚，着生于花冠管上部；子房2室，花柱长于或短于子房，柱头头状或2浅裂。核果，椭圆形或歪斜椭圆形，内果皮坚硬或骨质，常具种子1枚。

本属全世界约30种，分布于亚洲东南部和美洲。中国产25种及3变种，主产于南部和西南地区。东北地区栽培1种。

木樨（植物智网站）；木犀（中国植物志，Flora of China）；桂花（中国植物志）

Osmanthus fragrans Lour. in Fl. Cochinch. 29. 1790; 中国植物志61: 107. 图版29: 4 ~ 6. 1992; Fl. China 15: 292. 1996.

常绿乔木或灌木；叶片革质，椭圆形、长椭圆形或椭圆状披针形；聚伞花序；花冠黄白色（银桂）、淡黄色、黄色（金桂）或橘红色（丹桂）；核果歪斜，椭圆形，呈紫黑色。原产中国西南部。辽宁省旅顺口避风向阳处有露地栽培其品种之丹桂。

优良观赏花木。花、果实及根有散寒祛结、化痰止咳、祛风湿作用。花为名贵香料。

■ 木犀

花序

植株一部分

植株

7 女贞属 *Ligustrum* L.

Ligustrum L., Sp. Pl. 7. 1753.

落叶或常绿灌木或乔木。单叶对生，全缘。顶生或侧生的圆锥花序；花两性，白色；花萼钟状，具4齿；花冠漏斗状，4裂；雄蕊2；子房上位，2室，每室具2胚珠。浆果状核果，单生，内含1～4粒种子；种子黑色或蓝紫色。

本属全世界约45种，主要分布于亚洲温暖地区，向西北延伸至欧洲，另经马来西亚至新几内亚、澳大利亚；东亚约有35种，为本属现代分布中心。中国产29种，以西南地区种类最多，约占东亚总数的1/2。东北地区产6种，其中栽培5种。

分种检索表

1. 花冠管与裂片近等长。
  2. 植株无毛；果实肾形或近肾形 ………… **1. 女贞 L. lucidum** Ait.
  2. 植株有毛；果实近球形 ………… **2. 小蜡 L. sinense** Lour.
1. 花冠管约为裂片长的2倍或更长。
  3. 常绿或半常绿灌木或小乔木；幼枝及花序无毛。
    4. 叶金黄色 ………… **3. 金叶女贞 L. × vicaryi** Rehder
    4. 叶绿色 ………… **4. 卵叶女贞 L. ovalifolium** Hassk.
  3. 落叶灌木；幼枝及花序有短柔毛。
    5. 叶端常尖，两面或多或少被毛；花药达花冠裂片1/2～2/3处 ………… **5. 蜡子树 L. leucanthum** (S. Moore) P. S. Green
    5. 叶端常钝，两面大多无毛；花药短于花冠裂片或达裂片的1/2处 ………… **6. 辽东水蜡树 L. obtusifolium** Sieb. et Zucc.

（1）女贞（辽宁植物志，东北植物检索表，中国植物志，Flora of China）

Ligustrum lucidum Ait. in Hortus Kew. 1: 19. 1810; 中国植物志61: 153. 1992; 辽宁植物志（下册）: 70. 1992; 东北植物检索表（第二版）: 512. 1995; Fl. China 15: 302. 1996.

分布长江以南。辽宁省大连有栽培。

种子油可制肥皂；花可提取芳香油；果含淀粉，可供酿酒或制酱油；枝、叶上放养白蜡虫，能生产白蜡。果实有滋补肝肾、明目乌发作用，叶具有解热镇痛作用。

■ 女贞

叶

果序

花枝

花序一部分

（2）小蜡（中国植物志，Flora of China）

Ligustrum sinense Lour. Fl. Cochinch. 1: 19. 1790; 中国植物志61: 158. 图版44: 1 ~ 8. 1992; Fl. China 15: 303. 1996.

生山坡、山谷、溪边、河旁、路边的密林、疏林或混交林中。产江苏、浙江、安徽、江西、福建、台湾、湖北、湖南、广东、广西、贵州、四川、云南。辽宁省大连、旅顺口有栽培。

■ 小蜡

小枝

果序

花序

■ 小蜡

花序一部分

植株

果实可酿酒；种子榨油供制肥皂；树皮和叶具清热降火等功效，治吐血、牙痛、口疮、咽喉痛等；各地普遍栽培作绿篱。

（3）金叶女贞（大连植物彩色图谱）

Ligustrum × *vicaryi* Rehder in J. Arnold Arbor. 28: 256. 1947.

由金边女贞（*L. ovalifolium* var. *aureo-marginatum* Rehder）与欧洲女贞（*L. vulgale* L.）杂交而成。辽宁省各地栽培。

叶片呈金黄色，美丽别致，在园林配置上可以与金叶黄杨、红叶小檗、紫叶矮樱等植物搭配，成群成片地种植。

■ 金叶女贞

小枝

花序

植株

（4）卵叶女贞（东北植物检索表，中国植物志）

Ligustrum ovalifolium Hassk. in Cat. Hort. Bot. Bogor. Alt. 119. 1844; 中国植物志61: 171. 图版47: 4 ~ 5. 1992; 东北植物检索表（第二版）: 512. 图版255: 3. 1995.

原产日本。辽宁省大连有栽培。

多作观赏植物栽培。

■ 卵叶女贞

花序一部分

果序

植株一部分

（5）蜡子树（东北植物检索表，中国植物志，Flora of China）

Ligustrum leucanthum (S. Moore) P. S. Green in Kew Bull. 50: 384. 1995; Fl. China15: 306.1996.——*L. molliculum* Hance in J. Bot. 20: 291. 1882; 中国植物志61: 169. 图版46: 3 ~ 5. 1992.——*L. acutissimum* Koehne in Festschr. Aschers. 192. 1904; 东北植物检索表（第二版）: 512. 1995.

产陕西、甘肃、江苏、安徽、浙江、江西、福建、湖北、湖南、四川。辽宁省大连有栽培。

常作为观赏植物栽培。

（6）辽东水蜡树（辽宁植物志，黑龙江省植物志，东北植物检索表，中国植物志，Flora of China）；水蜡树（东北植物检索表）

Ligustrum obtusifolium Sieb. et Zucc. in Abh. Math.-Phys. Cl. Königl. Bayer. Akad. Wiss. 4(3): 168. 1846; 东北植物检索表（第二版）: 512. 图版255: 2. 1995.——*L. obtusifolium* Sieb. & Zucc. subsp. *suave* (Kitag.) Kitag. in J. Jap. Bot. 40: 134. 1965; 中国植物志61: 167. 图版46: 2. 1992; Fl. China 15: 306. 1996.——*L. suave* (Kitag.) Kitag. in Neo-Lineam. Fl. Manshur. 510. 1979; 辽宁植物志（下册）: 71. 图版29: 1 ~ 3. 1992; 东北植物检索表（第二版）: 512. 图版255: 1. 1995; 黑龙江省植物志8: 73. 图版34. 2001.

生山坡。产吉林省磐石；辽宁省丹东、大连、长海、鞍山等地。黑龙江省哈尔滨市及辽宁省各地有栽培。

优良的绿篱及整形树种。

■ 辽东水蜡树

花枝

小枝

■ 辽东水蜡树

花序

果枝

植株一部分

8 素馨属（茉莉属） *Jasminum* L.

Jasminum L., Sp. Pl. 7. 1753.

落叶或常绿灌木。茎攀缘或直立；枝条常为绿色，有角棱。叶对生或互生，奇数羽状复叶或单叶，小叶全缘。花通常成顶生的聚伞花序，或侧生于上年生的枝条上。花两性，整齐，黄色或白色，少有粉红色，高杯形，具细长花冠管，先端4～9裂；萼钟状，具4～9细小的裂片；雄蕊2数，着生于花冠管内；子房2室，每室具1～4枚胚珠。浆果，黑色，2裂，每心皮具种子1～2。

本属全世界200余种，分布于非洲、亚洲、澳大利亚以及太平洋南部诸岛屿；南美洲仅有1种。中国产47种1亚种4变种4变型，其中2种系栽培，分布于秦岭山脉以南各省区。东北地区栽培1种。

迎春花（辽宁植物志，东北植物检索表，中国植物志，Flora of China）

Jasminum nudiflorum Lindl. in Trans. Hort. Soc. London 1: 153. 1846; 中国植物志61: 184. 图版49: 1～2. 1992; 辽宁植物志（下册）: 44. 1992; 东北植物检索表（第二版）: 512. 图版255: 4. 1995; Fl. China 15: 311. 1996.

落叶灌木，小枝四棱形；三出复叶，仅小枝基部常具单叶；叶轴具狭翼；小叶片卵形至狭椭圆形；花单生，花冠黄色，花冠管长0.8～2厘米，裂片5～6枚。分布中国甘肃、陕西、四川、云南西北部、西藏东南部。辽宁省大连有栽培。

优良的早春观赏树种。叶有解热消肿、止血、止痛作用；花有清热、利尿、解毒之效。

■ 迎春花

三出复叶

小枝

花正面观

■ 迎春花

花侧面观

花期植株

154. 苦苣苔科 Gesneriaceae

Gesneriaceae Dumort., Anal. Fam. Pl. 30. 1829, *nom. cons.*

木贼门、木贼亚门、木兰纲、蔷薇亚纲、菊超目、唇形目（Lamiales）。

草本或木本。叶基生或对生，全缘或有齿，无托叶。花单生或为聚伞花序，两性花，通常两侧对称；萼筒状，5裂，裂片小；花冠筒状，常5裂，裂片近于二唇形；雄蕊4，其中退化雄蕊2；子房上位或下位，1室或不完全的2～4室；胚珠多数，侧膜胎座。果实为蒴果或浆果。种子多数。

本科全世界有163属，约3500种，广布于世界各地。中国产60属421种，主产于华中以南地区。东北地区产1属2种。

旋蒴苣苔属（扁冠苣苔属、牛耳草属） *Boea* Comm. ex Lam.

Boea Comm. ex Lam. Encycl. Meth. 1: 401. 1785.

无茎或有茎草本。根状茎木质化。叶对生，有时螺旋状，被单细胞长柔毛，稀被短柔毛或腺状柔毛。聚伞花序伞状，腋生，少数至多数花；苞片小，不明显。花萼钟状，5裂至基部。花冠白色、蓝色、紫色，狭钟形，5裂近相等或明显二唇形，上唇2裂，短于下唇，下唇3裂。雄蕊2，着生于花冠基部之上，位于下（前）方一侧，花丝不膨大，花药大，椭圆形，顶端连着，药室2，汇合，极叉开；退化雄蕊2～3枚。花盘不明显。子房长圆形，花柱细，与子房等长或短于子房，柱头1，头状。蒴果螺旋状卷曲。

本属全世界约20种，分布于中国及印度东部、缅甸、中南半岛、马来西亚、大洋洲至波利尼西亚。中国有3种，分布于中南、华东地区，河北、辽宁、山西、陕西、四川和贵州。东北地区产2种。

分种检索表

1. 叶卵形，长2.5～11厘米，具柄 ………… 1. 大花旋蒴苣苔 B. clarkeana Hemsl.
1. 叶近圆形，长2～5厘米，无柄 ………… 2. 旋蒴苣苔 B. hygrometrica (Bunge) R. Br.

（1）大花旋蒴苣苔（东北草本植物志，中国植物志，Flora of China）；旋蒴苣苔（辽宁植物志，东北植物检索表）

Boea clarkeana Hemsl. in J. L. Soc., Bot. 26: 232. 1890; 中国植物志69: 476. 图版131: 5 ~ 7. 1990; 辽宁植物志（下册）: 349. 1992; 东北植物检索表（第二版）: 610. 1995; Fl. China 18: 368. 1998; 东北草本植物志8: 136. 2005.

生山坡岩石缝中。辽西靠近河北地区有记载。

全草药用，治外伤出血、跌打损伤等症。

（2）旋蒴苣苔（东北草本植物志，中国植物志，Flora of China）；猫耳旋蒴苣苔（辽宁植物志，东北植物检索表）

Boea hygrometrica (Bunge) R. Br. in Pl. Jav. Rar. 120. 1840; 中国植物志69: 474. 图版131: 8 ~ 10. 1990; 辽宁植物志（下册）: 349. 图版158: 7 ~ 8. 1992; 东北植物检索表（第二版）: 610. 图版304: 4. 1995; Fl. China 18: 368. 1998; 东北草本植物志8: 136. 图版54: 1 ~ 2. 2005.

生山阴坡石崖上。产吉林省长白；辽宁省凌源、绥中、喀左等地。

全草药用，治中耳炎、跌打损伤等症。

■ 旋蒴苣苔

基生叶

花

花序

果序

植株

155. 车前科（车前草科） Plantaginaceae

Plantaginaceae Juss., Gen. Pl. [Jussieu] 89. 1789, *nom. cons.*

木贼门、木贼亚门、木兰纲、蔷薇亚纲、菊超目、唇形目（Lamiales）。

草本或灌木，陆生或水生。单叶或复叶，螺旋状互生或对生，叶脉平行，叶腋具毛。花两性，常左右对称；花瓣4 ~ 5，合生，常二唇形；雄蕊4，2强，花丝贴生于花冠；心皮2，合生，中轴胎座，胎座膨大，柱头有时2裂。蒴果常室间开裂；种子有角和翅。

本科全世界有101属，约1760种，广布于温带地区。中国产21属165种，广布于南北各省区。东北地区产14属42种6亚种6变种，其中栽培7种。

分属检索表

1. 离瓣花。
   2. 有花被片（有萼无花瓣）；子房下位或半下位；花柱1；叶轮生，稀为螺旋状排列，线形或长圆形……………………………… 1. 杉叶藻属 Hippuris

（接上表）

2. 无花被片；子房上位；花柱2；叶对生，水生种类在水面上的叶呈莲座状，倒卵形、匙形或线形 …… **2. 水马齿属 Callitriche**

1. 合瓣花。

3. 子房2～4室，均成熟；水生 …… **3. 茶菱属 Trapella**

3. 子房3～4室，仅1室或2室成熟；水生或陆生。

4. 花冠高脚碟状或筒状 …… **4. 车前属 Plantago**

4. 花冠二唇形或近乎二唇形。

5. 叶背面有腺点；叶轮生或对生，羽状细裂；水生或沼生 …… **5. 石龙尾属 Limnophila**

5. 叶背面无腺点。

6. 花冠有囊或距。

7. 花冠基部有长距 …… **6. 柳穿鱼属 Linaria**

7. 花冠基部有囊。

8. 上唇2裂，下唇3裂，隆起封闭喉部，使花冠呈假面状 …… **7. 金鱼草属 Antirrhinum**

8. 花冠5裂，裂片均向四面扩展 …… **8. 香彩雀属 Angelonia**

6. 花冠无囊或距。

9. 雄蕊5枚；轮伞花序；花上唇2裂片短于下唇3裂片 …… **9. 钓钟柳属 Penstemon**

9. 雄蕊2枚或4枚。

10. 雄蕊2枚，无退化雄蕊；花冠近辐状或稍呈唇形，（3～）4～5裂。

11. 花冠筒长，裂片比筒短；萼齿5，通常近等长 …… **10. 腹水草属 Veronieastrum**

11. 花冠筒短，裂片比筒长；萼齿通常4，如5枚则后方1枚极小而退化 …… **11. 婆婆纳属 Veronica**

10. 雄蕊4枚，如2枚时则在花冠前方有2枚退化雄蕊；花冠明显唇形，下唇3裂，上唇2裂或全缘，或檐部5裂片几乎成辐射对称。

12. 能育雄蕊4枚；陆生；花萼分裂几乎达基部，裂片长圆状卵形；花冠上唇极短，仅下唇先端被白色柔毛 …… **12. 毛地黄属 Digitalis**

12. 能育雄蕊2枚，花冠前方有2枚退化雄蕊；生水边或湿地。

13. 花萼下有1对小苞片；茎肉质；叶长圆形或披针形 …… **13. 水八角属 Gratiola**

13. 花萼下无小苞片；茎纤细非肉质；叶线状披针形或线形 …… **14. 泽番椒属 Deinostema**

1 杉叶藻属 *Hippuris* L.

Hippuris L., Sp. Pl. 4. 1753.

多年生水生草本。具匍匐根状茎。茎直立，不分枝或稀有分枝。叶轮生，稀为螺旋状排列，线形或长圆形。花小，绿色，单生于叶腋，无柄，两性或单性；萼明显，具环状边缘；无花瓣；雄蕊1，花丝短；子房下位，1室，具1倒生胚珠，花柱1。核果，革质，具宿存雄蕊与花柱，内有1种子。种子具少量胚乳。

本属全世界有2种，广布温带，主要分布于北半球。中国有2种，分布于东北、西北、华北、西南部高山地区及台湾。东北地区产2种。

分种检索表

1. 叶6～12枚轮生，长1～2.5厘米；核果狭长圆形至长卵形 ………………………………… 1. 杉叶藻 H. vulgaris L.
1. 叶2～6枚轮生，长0.4～1.2厘米；核果长椭圆形 ………………………………… 2. 四叶杉叶藻 H. tetraphylla L.

（1）杉叶藻（辽宁植物志，内蒙古植物志，东北植物检索表，东北草本植物志，中国植物志，Flora of China）；螺旋杉叶藻（东北植物检索表，中国植物志）

Hippuris vulgaris L., Sp. Pl.4. 1753; 东北草本植物志6: 167. 图版66. 1977; 辽宁植物志（上册）: 1252. 图版537. 1988; 内蒙古植物志（第二版）3: 581. 图版229: 79. 1989; 东北植物检索表（第二版）: 449. 图版222: 4. 1995; 中国植物志53(2): 145. 图版30: 18. 2000; 黑龙江省植物志7: 269. 图版137.2003; Fl. China 13: 433. 2007.——*H. vulgaris* var. *ramificans* Dan Yu in Bull. Bot. Res., Harbin 10(2): 88–89, f. 2 1990; 东北植物检索表（第二版）: 449. 1995; 中国植物志53(2): 147. 图版30: 911. 2000.——*H. spiralis* D. Yu in Bull. Bot. Res. (Harbin) 10 (2): 87, f. I, 1990; 东北植物检索表（第二版）: 449. 1995; 中国植物志53(2): 145. 图版30: 1214. 2000.

生池沼、溪流、河岸、稻田等处。产黑龙江省哈尔滨、伊春、齐齐哈尔、呼玛；吉林省扶余、柳河、双辽、抚松；辽宁省新民、彰武、沈阳、本溪；内蒙古自治区海拉尔、满洲里、牙克石、根河、新巴尔虎旗、科尔沁右翼前旗、乌兰浩特、科尔沁左翼后旗、克什克腾旗、敖汉旗等地。

适于作猪、禽类及草食性鱼类的饲料。全草有清热凉血、生津养液作用。

■ 杉叶藻

茎叶

果枝

植株

（2）四叶杉叶藻（东北植物检索表，Flora of China）

Hippuris tetraphylla L. in Suppl. Pl. 81. 1782; 东北植物检索表（第二版）: 449. 1995; Fl. China 13: 433. 2007.

生池沼、溪流、河岸、稻田等处。内蒙古自治区根河（满归）。

2 水马齿属 *Callitriche* L.

Callitriche L., Sp. Pl. 969. 1753.

一年生草本，水生、沼生或湿生。茎细弱。叶对生，水生种类在水面上的叶呈莲座状，倒卵形、匙形或线形，全缘。花单性同株，腋生，单生或极少雌雄花同生于一个叶腋内；苞片2，膜质，白色；无花被片；雄花仅1个雄蕊，花丝纤细，花药小，2室；雌花具1雌蕊，子房上位，4室，4浅裂，花柱2，伸长，胚珠单生，室顶下垂。果4浅裂，边缘具膜质翅，成熟后4室分离；种子具膜质种皮。

本属全世界约75种，广布于世界各地。中国有8种。东北地区产2种1变种。

分种检索表

1. 叶一型，线形，具1中脉；果圆形，具宽翅 ……………………………………………1. 线叶水马齿 C. hermaphroditica L.
1. 叶二型，茎顶具莲座状叶，倒卵形或倒卵状匙形，茎生叶匙形、长圆状倒卵形或近线形，3脉；果倒卵状椭圆形，具狭翅（2. 沼生水马齿 C. palustris L.）。
   2. 果仅上部边缘具狭翅 …………………………………………………………2a. 沼生水马齿 C. palustris var. palustris
   2. 果实周边皆具狭翅 ………………………………… 2b. 东北水马齿 C. palustris var. elegans (V. Petr.) Y. L. Chang

（1）线叶水马齿（黑龙江省植物志，内蒙古植物志，东北植物检索表，东北草本植物志，中国植物志，Flora of China）

Callitriche hermaphroditica L. in Cent. Pl. 1: 31. 1755; 东北草本植物志6: 53. 1977; 中国植物志45(1): 11. 1980; 内蒙古植物志（第二版）3: 457. 图版177: 1 ~ 4. 1989; 东北植物检索表（第二版）: 556. 1995; 黑龙江省植物志8: 199. 2001; Fl. China 11: 318. 2008.——*C. hermaphroditica* L. subsp. *macrocarpa* (Hegelm.) Lansdown in Watsonia 26(2): 105 ~ 120. 2006.

生湖泊或溪流缓水中。产黑龙江省各地；吉林省汪清；内蒙古自治区科尔沁右翼前旗（伊尔施）、阿尔山、扎赉特旗等地。

■ 线叶水马齿

居群

植株一部分

（2）沼生水马齿（辽宁植物志，黑龙江省植物志，内蒙古植物志，东北植物检索表，东北草本植物志，中国植物志，Flora of China）

Callitriche palustris L., Sp. Pl.969. 1753; 东北草本植物志6: 53. 图版21: 1 ~ 6. 1977; 中国植物志45(1): 12. 图版4: 1 ~ 5. 1980; 内蒙古植物志（第二版）3: 457. 图版177: 5 ~ 9. 1989; 辽宁植物志（下册）: 182. 图版80: 1 ~ 8. 1992; 东北植物检索表（第二版）: 556. 图版277: 6 ~ 7. 1995; 黑龙江省植物志8: 199. 图版91: 1 ~ 8.2001; Fl. China 11: 319. 2008.

（2a）沼生水马齿（原变种）

Callitriche palustris var. *palustris*

生静水中、沼泽地水中或湿地。产黑龙江省呼玛、汤原、伊春、萝北；吉林省靖宇、敦化、抚松、安图、扶余、珲春、汪清；辽宁省本溪、桓仁、清原、沈阳、鞍山、岫岩；内蒙古自治区额尔古纳、根河、牙克石、鄂伦春、科尔沁右翼前旗、扎赉特旗、东乌珠穆沁旗、锡林浩特、宝格达山等地。

■ 沼生水马齿

植株一部分

植株

（2b）东北水马齿（变种）（辽宁植物志，黑龙江省植物志，东北植物检索表，东北草本植物志，中国植物志）

Callitriche palustris var. *elegans* (V. Petr.) Y. L. Chang, 东北草本植物志6: 53. 图版21: 7 ~ 8. 1977; 中国植物志45(1): 12. 图版4: 6 ~ 7. 1980; 辽宁植物志（下册）: 183. 图版80: 9 ~ 10. 1992; 东北植物检索表（第二版）: 556. 1995; 黑龙江省植物志8: 199. 图版91: 9 ~ 10.2001; Fl. China11: 320. 2008.

生溪流、沼泽、湿草地。产黑龙江省萝北、北安、伊春、哈尔滨；吉林省安图；辽宁省沈阳、鞍山、新民、清原、本溪；内蒙古自治区鄂伦春、扎兰屯、乌兰浩特等地。

3 茶菱属 *Trapella* Oliv.

Trapella Oliv. in Hook. Icon. Pl. 14: pl. 1595. 1887.

浮水草本。叶对生，浮水叶三角状圆形至心形，沉水叶披针形。花单生于叶腋，果期花梗下弯；萼齿5，萼筒与子房合生；花冠漏斗状，檐部广展，二唇形；雄蕊2，内藏；子房下位，2室，上室退化，下室有胚珠2枚。果实狭长，果顶端具锐尖的3长2短的钩状附属物，不开裂，有种子1颗。

本属全世界2种，分布于亚洲东部。中国产1种1变型，东北地区均产。

分种下单位检索表

1. 蒴果的翅不明显 ……………………………… a. 茶菱 T. sinensis f. sinensis
1. 蒴果的翅宽达5毫米 ……………………………… b. 宽翅茶菱 T. sinensis f. antennifera

茶菱（辽宁植物志，黑龙江省植物志，内蒙古植物志，东北植物检索表，东北草本植物志，中国植物志，Flora of China）

Trapella sinensis Oliv. in Hooker's Icon. Pl. 16: t. 1595. 1887; 中国植物志69: 64. 图版18: 8. 1990; 辽宁植物志（下册）: 347. 图版156: 6 ~ 9. 1992; 内蒙古植物志（第二版）4: 346. 图版136: 4 ~ 7. 1993; 东北植物检索表（第二版）: 610. 图版304: 2. 1995; Fl. China 18: 227. 1998; 黑龙江省植物志8: 375. 图版161: 6 ~ 9.2001; 东北草本植物志8: 126. 图版51: 6 ~ 8. 2005.

多年生水草。单叶对生，沉水叶线状长圆形，边缘疏生锯齿；浮水叶三角状圆形至圆肾形，边缘具钝锯齿。花单生于叶腋，淡红色，在茎上部叶腋多为闭锁花。蒴果圆柱形，具3翅，明显或不明显，顶端有3根触角状刺及2根钻状刺。

（a）茶菱（原变型）

Trapella sinensis f. *sinensis*

生池塘中。产黑龙江省哈尔滨、密山；吉林省吉林、敦化；辽宁省庄河、凤城、沈阳、新民、铁岭；内蒙古自治区扎赉特旗（保安沼）等地。

■ 茶菱

花正面观

果枝

花侧面观

植株

（b）宽翅茶菱（变型）（辽宁植物志，东北草本植物志）

Trapella sinensis f. *antennifera* (Levl.) Kitag. in Journ. Jap. Bot. 41: 370. 1966; 辽宁植物志（下册）: 347. 1992; 东北草本植物志8: 128. 图版51: 9. 2005.

生池塘中。产黑龙江省哈尔滨；辽宁省新民。

■ 宽翅茶菱

果实

植株

4 车前属 *Plantago* L.

Plantago L., Sp. Pl 112. 1753.

一年生、二年生或多年生草本。叶螺旋状互生，紧缩成莲座状，或在茎上互生、对生、轮生，全缘或具齿，稀羽状或掌状分裂；叶柄长或不明显，基部常扩大成鞘状。花序1至多数，出自莲座丛或茎生叶的腋部；穗状花序细圆柱状、圆柱状至头状，有时简化至单花。苞片及萼片中脉常具龙骨状凸起或加厚，有时翅状；花两性、杂性或单性。花冠高脚碟状或筒状，冠筒初为筒状，后随果的增大而变形，可呈壶状，包裹蒴果；檐部4裂；雄蕊4；子房2～4室。蒴果椭圆球形、圆锥状卵形至近球形，果皮膜质，周裂；种子1～40个。

本属全世界190多种，广布于世界温带及热带地区，向北达北极圈附近。中国有20种。东北地区产9种4变种，其中栽培1种。

分种检索表

1. 地上茎发达；无根茎；叶对生，或兼三叶轮生；花序梗较短；花冠筒有横皱 ·············· 1. 对叶车前 P. indica L.

1. 地上茎不存在；根茎短而直立；叶螺旋状互生，紧缩成莲座状；花序梗花葶状；花冠筒无横皱。

  2. 根为须根。

    3. 花药鲜时白色；苞片狭卵状三角形或三角状披针形，长过于宽；蒴果顶端尖，于基部上方周裂（2. 车前 P. asiatica L.）。

      4. 叶脉5～7条；穗状花序通常紧密；花萼长2～3毫米，龙骨突不延至萼片顶端；花冠裂片长约1.5毫米；蒴果纺锤状卵形、卵球形或圆锥状卵形 ·· 2a. 车前 P. asiatica var. asiatica

      4. 叶脉3～5条；穗状花序通常稀疏、间断；花萼长2～2.5毫米，龙骨突下延至萼片顶端；花冠裂片长（0.7～）1～1.1毫米；蒴果圆锥状卵形 ································· 2b. 疏花车前 P. asiatica var. 1axa Pilger

（接上表）

3. 花药鲜时淡紫色，稀白色；苞片宽卵状三角形，宽等于或略超过长；蒴果顶端钝，于中部或稍低处周裂（3. 大车前 P. major L.）。
5. 全株无毛或疏被短柔毛。
6. 叶缘全缘或下部具不规则齿牙 …… 3a. 大车前 P. major var. major
6. 叶缘深波状或具齿牙或具小裂片 …… 3b. 波叶车前 P. major var. sinuata (Lain.) Decne.
5. 全株密被柔毛 …… 3c. 毛大车前 P. major var. jehohlensis (Koidz.) S. H. Li
2. 根为直根。
7. 叶条形或狭条形，无柄 …… 4. 盐生车前 P. salsa Pall.
7. 叶椭圆形、披针形至卵形，有柄或近无柄。
8. 穗状花序多花密集，不间断。
9. 叶椭圆形或卵形，具5～7（～9）脉，具短柄或近无柄；蒴果具种子2～4，腹面平 …… 5. 北车前 P. media L.
9. 叶披针形，具3～5（～7）脉，叶柄短或长；蒴果具种子2，腹面有沟 …… 6. 长叶车前 P. lanceolata L.
8. 穗状花序上部花密集，下部花疏生。
10. 全株密被白色茸毛；叶质厚 …… 7. 海滨车前 P. camtschatica Link
10. 全株无毛或稍被柔毛；叶质薄。
11. 苞片比萼片短近1/2；叶全缘 …… 8. 湿车前 P. cornuti Gouan
11. 苞片与萼片等长或近等长；叶近全缘或具不规则疏牙齿（9. 平车前 P. depressa Willd.）。
12. 一或二年生草本；叶缘具不规则疏牙齿，两面及叶柄无毛或被柔毛；花葶被柔毛 …… 9a. 平车前 P. depressa subsp. depressa
12. 多年生草本；叶近全缘，两面及叶柄均密被白色长毛；花葶上部被伏毛而下部被开展毛 …… 9b. 毛平车前 P. depressa subsp. turczaninowii (Ganjeschin) N. N. Tsvelev

（1）对叶车前（中国植物志，Flora of China）

Plantago indica L., Syst. Nat., ed. 10. 2: 896. 1759.——*Plantago arenaria* Waldst. et Kit., Pl. Rar. Hung. 1: t. 51. 1802;中国植物志70:343. 图版54:3~5. 2002; Fl. China 19:501. 2011;The Checklist of the Naturalized Plants in China:156. 2019.

生沙地、草甸、路旁。原产欧洲、北非、亚洲西南部，东达伊朗、高加索、俄罗斯西西伯利亚及哈萨克斯坦；巴基斯坦、印度、日本、大洋洲、美国等国有栽培或归化。模式标本采自匈牙利。辽宁有栽培或逸生。

（2）车前（辽宁植物志，黑龙江省植物志，内蒙古植物志，东北植物检索表，东北草本植物志，中国植物志，Flora of China）；长柄车前（黑龙江省植物志）

Plantago asiatica L., Sp. Pl. 113. 1753; 辽宁植物志（下册）: 359. 图版161: 1～4. 1992; 内蒙古植物志（第二版）4: 368. 图版145: 1～5. 1993; 东北植物检索表（第二版）: 614. 图版306: 1. 1995; 黑龙江省植物志9: 1. 图版1: 1～3. 1998; 中国植物志70: 325. 图版50: 3～9. 2002; 东北草本植物志8: 144. 图版56: 1～4. 2005; Fl. China 19: 497. 2011.——*P. hostifolia* Nakai et Kitag. in Rep. First Sci. Exped. Manch. Sect 4(1): 55. 1934; 黑龙江省植物志9: 4. 图版1: 7～8. 1998.

（2a）车前（原变种）

Plantago asiatica var. *asiatica*

生草地、沟边、河岸湿地、田边、路旁或村边空旷处。产黑龙江省哈尔滨、安达、伊春、黑河、萝北、汤原、密山、鸡西、鸡东、尚志；吉林省安图、抚松、汪清、靖宇、九台、双辽、镇赉、通化、长春、和龙；辽宁省各地；内蒙古自治区各地。

种子及全草入药，具有利水、清热明目、祛痰作用。嫩苗可食。

■ 车前

果序

花序

花序下部

根部

居群

（2b）疏花车前（变种）（东北植物检索表，东北草本植物志）

Plantago asiatica var. *laxa* Pilger in Notizbl. Bot. Gart. Berlin–Dahlem 8: 107. 1922; 东北植物检索表（第二版）: 614. 图版306: 2. 1995; 东北草本植物志8: 145. 图版56：5 ~ 7. 2005.

生林下、水甸子边。产黑龙江省哈尔滨、安达、绥芬河、鸡东；吉林省和龙、汪清及安图；辽宁省抚顺、桓仁、彰武、北镇、建平、清原、鞍山、普兰店；内蒙古自治区满洲里、扎赉特旗、翁牛特旗等地。

■ 疏花车前

基生叶

果序一部分

植株

（3）大车前（辽宁植物志，内蒙古植物志，东北植物检索表，东北草本植物志，中国植物志，Flora of China）

Plantago major L., Sp. Pl.112. 1753; 辽宁植物志（下册）: 359. 图版162. 1992; 内蒙古植物志（第二版）4: 366. 图版145: 6 ~ 8. 1993; 东北植物检索表（第二版）: 615. 图版306: 3. 1995; 中国植物志70: 324. 图版50: 1 ~ 2. 2002; 东北草本植物志8: 145. 图版57. 2005; Fl. China 19: 497. 2011.

（3a）大车前（原变种）

Plantago major var. *major*

生田间路旁、草地、水沟等潮湿地。产黑龙江省呼玛、伊春、汤原、密山、鸡东；吉林省汪清、安图、抚松、靖宇；辽宁省旅顺口、长海、大连、营口、沈阳、康平、法库、西丰、开原、铁岭、建平、北镇、朝阳、凌源、彰武、清原、本溪、桓仁；内蒙古自治区海拉尔、满洲里、新巴尔虎右旗、科尔沁右翼前旗、扎鲁特旗、翁牛特旗、通辽、阿尔山等地。

■ 大车前

花序一部分

居群

植株

■ 大车前

蒴果与种子

根部

叶背面观

种子及全草入药，具有利水、祛痰、清热明目作用。嫩苗可食。

（3b）波叶车前（东北植物检索表，东北草本植物志）

Plantago major var. *sinuata* (Lain.) Decne. in Prodr. 13(1): 694. 1852; 东北植物检索表（第二版）: 615. 1995; 东北草本植物志8: 147. 2005.

生林缘。产黑龙江省呼玛、伊春、鸡西；吉林省抚松、靖宇、安图；辽宁省沈阳、西丰、大连、凌源、彰武、清原、营口；内蒙古自治区海拉尔、新巴尔虎右旗、科尔沁右翼前旗等地。

■ 波叶车前

花序上部

基生叶

■ 波叶车前

花序下部

植株

（3c）毛大车前（变种）（东北植物检索表，东北草本植物志）；毛车前（辽宁植物志）

Plantago major var. *jehohlensis* (Koidz.) S. H. Li, 东北植物检索表（第二版）: 615. 1995.——*P. jehohlensis* Koidz. in Act. Phytot. Geob. 10: 142.1941; 辽宁植物志（下册）: 362. 图版161: 5 ~ 8. 1992; 东北草本植物志8: 147. 2005.

生于旱的田边、路旁及沙地。产辽宁省建平、朝阳、大连等地。

■ 毛大车前

花梃

叶背面观

植株

（4）盐生车前（黑龙江省植物志，内蒙古植物志，东北植物检索表，东北草本植物志，中国植物志，Flora of China）

Plantago salsa Pall., Reise 1, App. 486. 1773.——*Plantago maritima* subsp. *cillata* Printz, Veget. Siber.-Mongol. Front. 3: 397, f. 111. 1921; 中国植物志70:343. 图版54:1~2. 2002; Fl. China 19:502. 2011; 内蒙古植物

志（第三版）4: 354. 2020.——*P. maritima* L. var. *salsa* (Pall.) Pilger in Feddes Repert. Sp. Nov. 34. 148. 1933; 内蒙古植物志（第二版）4: 362. 图版143:5~7. 1993; 东北植物检索表（第二版）: 615. 图版306: 9. 1995; 黑龙江省植物志9: 6. 图版1: 9~10. 1998; 东北草本植物志8: 147. 图版58: 5. 2005.

生戈壁、盐湖边、盐碱地、河漫滩、盐化草甸。产黑龙江省泰康、杜尔伯特；内蒙古自治区新巴尔虎左旗、新巴尔虎右旗、克什克腾旗、锡林浩特、阿巴嘎旗、正蓝旗、太仆寺旗等地。

■ 盐生车前

根部

植株一部分

植株

（5）北车前（黑龙江省植物志，内蒙古植物志，东北植物检索表，东北草本植物志，中国植物志，Flora of China）

Plantago media L., Sp. Pl. 1: 113. 1753; 内蒙古植物志（第二版）4: 364. 图版143: 8. 1993; 东北植物检索表（第二版）: 615. 图版306: 8. 1995; 黑龙江省植物志9: 4. 1998; 中国植物志70: 322. 图版49: 2 ~ 3. 2002; 东北草本植物志8: 151. 图版60：1 ~ 3. 2005; Fl. China 19: 497. 2011.

生草甸、河滩、沟谷、山坡台地。产黑龙江省哈尔滨、尚志、呼玛；内蒙古自治区根河、牙克石、扎兰屯、扎赉特旗等地。

（6）长叶车前（辽宁植物志，黑龙江省植物志，东北草本植物志，中国植物志，Flora of China）；披针叶车前（东北植物检索表）

Plantago lanceolata L., Sp. Pl.113. 1753; 辽宁植物志（下册）: 364. 图版163：5 ~ 7. 1992; 东北植物检索表（第二版）: 615. 图版306: 7. 1995; 黑龙江省植物志9: 4. 图版2: 1 ~ 3. 1998; 中国植物志70: 338. 图版52: 3 ~ 7. 2002; 东北草本植物志8: 153. 图版60: 4 ~ 5. 2005; Fl. China 19: 501. 2011.

生海滩、路边、荒地等处。产黑龙江省各地；辽宁省大连、旅顺口。

本种在中国的分布状态较为复杂，新疆产的植株偏灰绿色，属于中亚类型，为原产；而包括东北地区在内的其他省市产的植株颜色偏深绿色，属于欧洲类型，为外来入侵植物，是甜菜、甘薯、番茄、芜菁、瓜类、烟草、蚕豆等作物的多种病虫害寄主，其花粉是引起夏季型花粉症主要病源之一。可合理利用：叶质肥厚，细嫩多汁，是早春主要牧草之一；种子可入药，具有清热、明目、利尿、止泻、降血压、镇咳和祛痰等功效；种子油可作工业用油。

■ 长叶车前

苗期植株

居群

花序

花期植株

（7）海滨车前（辽宁植物志，东北植物检索表，东北草本植物志，中国植物志，Flora of China）；堪察加车前（国外医学中医中药分册）

Plantago camtschatica Link in Enum. Hort. Berol. 1: 120. 1821; 辽宁植物志（下册）: 364. 图版164. 1992; 东北植物检索表（第二版）: 615. 图版306: 4. 1995; 中国植物志70: 334. 2002; 东北草本植物志8: 151. 图版

■ 海滨车前

根部

植株一部分

植株

59. 2005; Fl. China 19: 500. 2011.

生沿海沙质地。产辽宁省大连、长海、普兰店等地。

全草和种子有清热、利尿、明目、祛痰作用。嫩苗可食。

（8）湿车前（内蒙古植物志，中国植物志）

Plantago cornuti Gouan in Ill. Observ. Bot. 6 1773; 内蒙古植物志（第二版）4: 366. 图版144: 6 ~ 9. 1993; 中国植物志70: 319. 2002.

生湿地、碱性湿地、林缘、草甸。产内蒙古自治区扎赉特旗、宝格达山等地。

■ 湿车前

花序与果序

叶背面观

植株

（9）平车前（辽宁植物志，黑龙江省植物志，内蒙古植物志，东北植物检索表，东北草本植物志，中国植物志，Flora of China）；桦甸车前（东北植物检索表）

Plantago depressa Willd. in Enum. Pl. Hort. Berol. Suppl. 8. 1813; 辽宁植物志（下册）: 362. 图版163: 1 ~ 4. 1992; 内蒙古植物志（第二版）4: 364. 图版144: 1 ~ 5. 1993; 东北植物检索表（第二版）: 615. 图版306: 5. 1995; 黑龙江省植物志9: 3. 图版1: 4 ~ 6. 1998; 中国植物志70: 332. 图版51: 5 ~ 9. 2002; 东北草本植物志8: 149. 图版58: 1 ~ 4. 2005; Fl. China 19: 499. 2011.——*P. huadianica* S. H. Li et Y. Yang, 东北植物检索表（第二版）: 615. 图版306: 6. 1995.

（9a）平车前（原亚种）

Plantago depressa subsp. *depressa*

■ 平车前

叶正面观

花序

植株

■ 平车前

根部

果序

果序一部分

生草地、河滩、沟边、草甸、田间及路旁。产黑龙江省哈尔滨、安达、大庆、伊春、汤原、萝北、密山、鸡东、黑河、呼玛；吉林省桦甸、临江、吉林、通化、安图、抚松、长白、和龙、双辽、镇赉、通榆；辽宁省各地；内蒙古自治区各地。

全草和种子有清热、利尿、明目、祛痰作用。嫩苗可食。

（9b）毛平车前（亚种）（内蒙古植物志，东北草本植物志，中国植物志，Flora of China）

Plantago depressa subsp. *turczaninowii* (Ganjeschin) N. N. Tsvelev in Arktich. Fl. SSSR 8 (2) : 19. 1983; 中国植物志70: 333. 2002; Fl. China 19: 500. 2011.——*P. depressa* var. *montana* Kitag in Journ. Jap. Bot. 19: 112. 1943; 内蒙古植物志（第二版）4: 366. 1993; 东北植物检索表（第二版）: 615. 1995; 东北草本植物志8: 149. 2005.

生境同正种。产黑龙江省黑河、呼玛；吉林省通榆；辽宁省义县、建平、朝阳、昌图、法库、康平、辽阳；内蒙古自治区牙克石、扎兰屯、额尔古纳、根河、科尔沁右翼前旗、赤峰等地。

■ 毛平车前

果序一部分

花序下部

叶正面观

■ 毛平车前

花序

叶背面观

植株

5 石龙尾属 *Limnophila* R. Br.

Limnophila R. Br. Prodr. 442. 1810.

一年生或多年生草本，水生或湿生，揉搓常有香气。茎直立、平卧或匍匐而节上生根。叶在水生或两栖的种类中，有沉水叶和气生叶之分，沉水叶轮生，羽状裂至毛发状多裂，气生叶对生或轮生，有柄或无柄，边缘具齿或羽状裂，有腺点。花无梗或有梗，单生叶腋或排列成顶生或腋生的穗状或总状花序；花萼钟形，5裂；花冠筒状或漏斗状，5裂，呈二唇形，上唇全缘或2浅裂，下唇3裂；雄蕊4，内藏，下侧的2枚较长，花药2室；子房无毛，花柱细长，柱头2片状。蒴果长卵形至长椭圆形，为宿存萼所包，室间开裂；种子小而多数。

本属全世界约有35种，分布于旧大陆热带亚热带地区。中国有9种。东北地区产2种。

分种检索表

1. 花冠长约4毫米；茎及花萼被腺点；萼裂片三角状披针形，长约1毫米
 ………………………………………………………………………………… 1. 北方石龙尾 L. borealis Y. Z. Zhao et Ma f.

1. 花冠长 6～10毫米；茎及花萼无腺点；萼裂片卵形，长2～4毫米 ………… 2. 石龙尾 L. sessiliflora (Vahl) Blume

（1）北方石龙尾（内蒙古植物志，东北植物检索表，东北草本植物志，Flora of China）

Limnophila borealis Y. Z. Zhao et Ma f. 内蒙古大学学报(自然科学版) 21: 137. 1990; 内蒙古植物志（第二版）4: 274. 图版106: 1～5. 1993; 东北植物检索表（第二版）: 593. 1995; Fl. China 18: 26. 1998; 东北草本植物志8: 53. 2005.

生水田。产内蒙古自治区扎赉特旗（模式标本采集地）。

（2）石龙尾（辽宁植物志，东北植物检索表，东北草本植物志，中国植物志，Flora of China）

Limnophila sessiliflora (Vahl) Blume in Bijdr. Fl. Ned. Ind. 14: 749. 1826; 中国植物志67(2): 104. 图版8: 1～3. 1979; 辽宁植物志（下册）: 301. 图版135: 1～3. 1992; 东北植物检索表（第二版）: 593. 图版295: 1. 1995; Fl. China 18: 26. 1998; 东北草本植物志8: 53. 图版22: 1～3. 2005.

生水塘、沼泽、水田、路旁、沟边湿处。产辽宁省沈阳、普兰店、庄河等地。

■ 石龙尾

叶正面观

叶背面观

植株

6 柳穿鱼属 *Linaria* Mill.

Linaria Mill. Gard. Dict. n 14. 1768.

一年生或多年生草本。叶互生，下部叶有时对生或轮生，常无柄，全缘。总状、穗状、圆锥状、头状花序，或花单生于叶腋；花萼5深裂，裂片不等长；花冠黄色、白色或红紫色，花冠下部筒状，基部有长距，上唇直立，2裂，下唇3裂，中央隆起并扩大，呈假面状，上面密被腺毛；雄蕊4，2强。蒴果卵形、长圆形或球形，通常近顶端孔裂；种子多数，扁平，常为盘状，边缘有宽翅或无翅而边加厚。

本属全世界约100种，分布于北温带，主产欧洲、亚洲。中国产10种。东北地区产3种2亚种，其中栽培1种。

分种检索表

1. 栽培；上部叶对生，下部叶轮生；花有红色、黄色、白色、雪青色、青紫色等
…………………………………………………………………………… 1. **摩洛哥柳穿鱼** L. maroccana Hook.

1. 野生；叶互生、对生或轮生；花黄色。
  2. 茎高8~40厘米，上升，基部多分枝。
    3. 茎高8~20厘米；叶互生，细线形，有1脉；花序轴与花梗均密被腺毛 …… 2. **多枝柳穿鱼** L. buriatica Turcz.
    3. 茎高15~40厘米；叶对生或 3~4 枚轮生，卵形至椭圆状披针形，有不很清晰的3出弧状脉；花序轴与花梗无毛 ……………………………………………………………………… 3. **海滨柳穿鱼** L. japonica Miq.
  2. 茎高达80厘米，直立，常在上部分枝。
    4. 叶通常多数而互生，少下部的轮生、上部的互生，更少全部叶都成4枚轮生；叶片条形，常单条脉（少3条脉），宽2～4（～10）毫米；花萼裂片披针形，宽1～1.5毫米，内面多少被腺毛
    ……………………………………………………… 4b. **柳穿鱼** L. vulgaris subsp. sinensis (Bebeaux) Hong
    4. 叶全部互生；叶片条状披针形至披针形，具3条脉，宽5~15毫米；花萼裂片披针形至卵状披针形，宽超过1.5毫米，内面近无毛…………………………4c. **新疆柳穿鱼** L. vulgaris subsp. acutiloba (Fisch. ex Rchb.) Hong

（1）摩洛哥柳穿鱼（辽宁省维管束植物名称考证）

Linaria maroccana Hook. f. in Bot. Mag. 98: Pl. 5983. 1872.

原产摩洛哥。辽宁省大连有栽培。

花期长，繁花期状似花毯一般，适合公园、绿地、公路的隔离带成片种植观赏，也可用于花坛、花境栽培，也常盆栽用于居室装饰。

■ 摩洛哥柳穿鱼

雪青色花

紫色花

花序

植株一部分

（2）多枝柳穿鱼（内蒙古植物志，东北植物检索表，东北草本植物志，中国植物志，Flora of China）

Linaria buriatica Turcz. in A. de Candolle, Prodr. 10: 281. 1846; 中国植物志67(2): 208. 图版26：6 ~ 7. 1979; 内蒙古植物志（第二版）4: 287. 图版111: 4. 1993; 东北植物检索表（第二版）: 593. 图版295: 4. 1995; Fl. China 18: 52. 1998; 东北草本植物志8: 65. 图版26: 4. 2005.

生草原、荒地及沙丘。产内蒙古自治区满洲里、新巴尔虎右旗、东乌珠穆沁旗、阿巴嘎旗等地。

■ 多枝柳穿鱼

花序

植株一部分

植株

（3）海滨柳穿鱼（辽宁植物志，东北植物检索表，东北草本植物志，中国植物志，Flora of China）

Linaria japonica Miq. in Ann. Mus. Bot. Lugduno-Batavi 2: 115. 1865; 中国植物志67(2): 209. 1979; 辽宁植物志（下册）: 310. 图版139: 5. 1992; 东北植物检索表（第二版）: 593. 图版295: 3. 1995; Fl. China 18: 52.

1998; 东北草本植物志8: 65. 图版27: 5. 2005.

生沙滩、河岸及海滨沙地。产吉林省珲春。辽宁省瓦房店、普兰店、长海也有记录。

（4）欧洲柳穿鱼（植物智网站）

Linaria vulgaris Mill. Gard. Dict. ed. 8, n. 1, 1768; 中国植物志67(2): 206. 1979.

（4a）欧洲柳穿鱼（原亚种）

Linaria vulgaris subsp. *vulgaris*

中国不产。

（4b）柳穿鱼（亚种）（辽宁植物志，黑龙江省植物志，内蒙古植物志，东北植物检索表，东北草本植物志，中国植物志，Flora of China）

Linaria vulgaris subsp. *sinensis* (Bebeaux) Hong, 中国植物志67(2): 206. 图版56. 1979; 辽宁植物志（下册）: 310. 图版139: 1 ~ 4. 1992; 内蒙古植物志（第二版）4: 285. 图版111: 1 ~ 3. 1993; 东北植物检索表（第二版）: 593. 图版295: 5. 1995; Fl. China18: 51. 1998.——*L. vulgaris* Mill. var. *sinensis* Bebeaux, Act. Soc. L. Bordeaux31: 103. 1876; 黑龙江省植物志8: 321. 图版138.2001; 东北草本植物志8: 63. 图版27: 1 ~ 3. 2005.

生山坡草地、沙地及路旁。产黑龙江省哈尔滨、阿城、尚志、虎林、绥芬河、逊克、依兰、密山、黑河、呼玛、塔河、杜尔伯特、安达、齐齐哈尔；吉林省汪清、珲春、洮南、白城、大安、吉林；辽宁省新民、彰武、绥中、大连、瓦房店、普兰店、长海；内蒙古自治区额尔古纳、根河、牙克石、鄂温克、陈巴尔虎旗、新巴尔虎左旗、科尔沁右翼前旗、科尔沁右翼中旗、扎赉特旗、扎鲁特旗、奈曼旗、翁牛特旗、敖汉旗、巴林左旗、巴林右旗、阿鲁科尔沁旗、克什克腾旗、宁城、东乌珠穆沁旗、西乌珠穆沁旗、锡林浩特、多伦、太仆寺旗等地。

地上部分有清热解毒、散瘀消肿、利尿作用，用于头痛、头晕、黄疸、痔疮等。

■ 柳穿鱼

花序

植株一部分

植株

（4c）新疆柳穿鱼（亚种）（内蒙古植物志，中国植物志，Flora of China）

Linaria vulgaris subsp. *acutiloba* (Fisch. ex Rchb.) Hong, 中国植物志67(2): 208. 1979; Fl. China 18: 52. 1998.——*L. acutiloba* Fisch. ex Rchb. Ic. Pl. Crit. 5: 14, fig. 611. 1827; 内蒙古植物志（第二版）4: 285. 图版112. 1993.

生山谷草地及林下。产内蒙古自治区大兴安岭。

■ 新疆柳穿鱼

叶全部互生

叶具3条脉

花序

植株

7 金鱼草属 *Antirrhinum* L.

Antirrhinum L., Sp. Pl. 2: 612. 1753.

一年生或多年生草本。茎直立或攀缘。叶对生或上部互生，全缘或分裂。花单生于叶腋或多花排列成顶生总状花序；花萼5深裂；花冠呈假面状，冠筒基部囊状或一侧肿胀，上唇直立，2裂，下唇3裂，隆起封闭喉部；雄蕊4枚，药室分离，平行；花柱线形，柱头2裂。蒴果卵形或球形，基部前后偏斜，自顶部下方孔裂。

本属全世界有42种，产北温带地区。中国引种1种。东北地区栽培1种。

金鱼草（辽宁植物志，黑龙江省植物志，东北植物检索表，东北草本植物志）

Antirrhinum majus L., Sp. Pl.617. 1753; 辽宁植物志（下册）: 308. 图版138. 1992; 东北植物检索表（第二版）: 590. 图版294: 1. 1995; 黑龙江省植物志8: 310. 图版132. 2001; 东北草本植物志8: 63. 2005.

一年生草本；叶片线状披针形或长圆状披针形，全缘；总状花序顶生，密被腺毛；苞片卵形；花萼5深裂；花冠筒状唇形，颜色多样；蒴果卵球形，被腺毛。原产地中海沿岸。东北各地公园、庭院有栽培。

优良的庭院花草。全草有清热凉血、消肿作用，治痈疮肿毒、跌打扭伤等症。

■ 金鱼草

花序

植株

■ 金鱼草

茎叶

粉色花

紫红色花

8 香彩雀属 *Angelonia* Bonpl.

Angelonia Bonpl., Pl. Aequinoct. [Humboldt & Bonpland] 2: 92 (t. 108) 1812.

草本或亚攀缘灌木。叶对生或稀近对生，边缘常有齿。花单生或成对生于茎上部叶腋，常总状花序；花萼5裂，裂片向四面扩展，下唇具一个囊；雄蕊4，二强雄蕊，花药2室；子房球状或椭圆体，2室，柱头急尖。蒴果球形或卵球形，室背开裂；种子多数。

本属全世界有30种，分布于美洲热带。中国广泛栽培1种。东北地区有栽培。

柳叶香彩雀（植物智网站）

Angelonia salicariifolia Bonpl., Pl. Aequinoct. [Humboldt & Bonpland] 2(14): 92, t. 108. 1812.

多年生草本，株高30～70厘米，成株亚灌木状；叶对生，线状披针形，边缘具刺状疏锯齿；花腋生，花冠唇形，花色有白、红、紫或杂色。原产南美洲。辽宁省大连、沈阳等地有栽培。

性强健，为水陆二栖植物，可用于林缘、草地中、墙边、篱架前成片种植观赏，也可用于湿地及浅水处种植，或用于花坛、花台栽培，也是盆栽装饰室内的优良观花植物。

■ 柳叶香彩雀

茎叶

花序一部分

花

植株

9 钓钟柳属 *Penstemon* Schmidel

Penstemon Schmidel, Icon. Pl., Ed. Keller 2. 1763.

多年生草本和亚灌木。多个轮伞花序排列成总状花序；花萼杯状，5裂；花冠下部筒状，上部5裂，二唇形，上唇2裂片短于下唇3裂片；雄蕊5，生于花冠筒内部，其中1枚不育，无花药，常被长毛，伸出花冠；子房2室，胚珠多数。

本属全世界约有250种，分布于美洲、亚洲。中国广泛栽培1种。东北均有栽培。

分种检索表

1. 聚伞圆锥花序，花冠红色、蓝色、紫色、粉色等 ………………………… 1. 钓钟柳 P. campanulatus (Cav.) Willd.
1. 总状花序，花冠淡粉色或白色 ……………………………………………… 2. 毛地黄钓钟柳 P. digitalis Nutt. ex Sims

（1）钓钟柳（大连植物彩色图谱）；象牙红

Penstemon campanulatus (Cav.) Willd. in Sp. Pl. 3: 228. 1800.

原产墨西哥及危地马拉。辽宁省大连有栽培。

花色鲜丽，花期长，适宜花境种植。

■ 钓钟柳

果序

花

花期植株

（2）毛地黄钓钟柳（植物智网站）

Penstemon digitalis Nutt. ex Sims, Bot. Mag. 52: t. 2587. 1825.

■ 毛地黄钓钟柳

茎叶

花正面观

花侧面观

花序

原产美洲。辽宁省沈阳有栽培。

植株紧凑，花姿优雅，可用于林缘、墙边、园路边等处种植或做背景材料，或用于花境或庭院栽培观赏。

10 腹水草属 *Veronicastrum* Heist. ex Farbic.

Veronicastrum Heist. ex Farbic., Enum. Pl. Hort. Helmsted. 111. 1759.

多年生草本。茎直立或斜上。叶对生、互生或轮生，单叶，叶缘有齿。多花密集组成穗状花序或总状花序，生于茎顶或叶腋；花萼钟形，5深裂；花冠筒形，4浅裂，辐射对称或近于二唇形，裂片不等大；雄蕊2，着生于花冠筒内，常伸出花冠，花药2室，纵裂。子房卵形，花柱细长，柱头小。蒴果卵形，有2条沟纹，4片裂；种子多数，椭圆形，具网纹。

本属全世界近20种，产亚洲东部和北美洲。中国有13种。东北地区产2种。

分种检索表

1. 叶4～8枚轮生，广披针形或长圆状披针形，长（4～）8～13（～15）厘米，宽1.5～4厘米
 …………………………………………………………………………………… 1. **草本威灵仙 V. sibiricum** (L.) Pennell
1. 叶互生，线形或线状披针形，长4～9厘米，宽3～6（～10）毫米
 ……………………………………………………………… 2. **管花腹水草 V. tubiflorum** (Fisch. et C. A. Mey.) H. Hara

（1）草本威灵仙（内蒙古植物志，中国植物志，Flora of China）；轮叶腹水草（辽宁植物志，黑龙江省植物志，东北植物检索表，东北草本植物志）

Veronicastrum sibiricum (L.) Pennell in Acad. Nat. Sci. Philadelphia Monogr. 1: 321. 1935; 中国植物志67(2): 248. 图版69. 1979; 辽宁植物志（下册）: 315. 图版142: 5～8. 1992; 内蒙古植物志（第二版）4: 289. 图版113: 1～3. 1993; 东北植物检索表（第二版）: 605. 图版301: 1. 1995; Fl. China18: 61. 1998; 黑龙江省植物志8: 368. 图版158: 1～4.2001; 东北草本植物志8: 71. 图版29: 5～8. 2005.

生山坡草地、灌丛间及路旁草地。产黑龙江省黑河、北安、齐齐哈尔、集贤、密山、虎林、宁安、东宁、鹤岗、哈尔滨、阿城、尚志、呼玛、伊春；吉林省通化、梅河口、蛟河、汪清、珲春、和龙、安

■ 草本威灵仙

花序一部分

花序

植株下部

图、敦化、靖宇、抚松、长白、集安、吉林；辽宁省西丰、清原、岫岩、宽甸、桓仁、本溪、鞍山；内蒙古自治区额尔古纳、根河、牙克石、扎兰屯、鄂伦春、鄂温克、陈巴尔虎右旗、新巴尔虎右旗、莫力达瓦达斡尔旗、科尔沁右翼前旗、扎鲁特旗、敖汉旗、巴林左旗、巴林右旗、阿鲁科尔沁旗、克什克腾旗、喀喇沁旗、东乌珠穆沁旗、西乌珠穆沁旗、锡林浩特等地。

是较好的花境材料。也可群植点缀林缘、草地和岩石园。嫩苗可食。

（2）管花腹水草（辽宁植物志，黑龙江省植物志，内蒙古植物志，东北植物检索表，东北草本植物志，中国植物志，Flora of China）

Veronicastrum tubiflorum (Fisch. et C. A. Mey.) H. Hara, J. Jap. Bot. 16(6): 53. 381. 1940; 中国植物志67(2): 250. 1979; 辽宁植物志（下册）: 316. 图版142: 1 ~ 4. 1992; 内蒙古植物志（第二版）4: 290. 图版113: 4. 1993; 东北植物检索表（第二版）: 605. 图版301: 2. 1995; Fl. China18: 61. 1998; 黑龙江省植物志8: 368. 图版158: 5 ~ 8.2001; 东北草本植物志8: 72. 图版29: 1 ~ 4. 2005.

生湿草地和灌丛中。产黑龙江省黑河、北安、哈尔滨、齐齐哈尔、集贤；辽宁省鞍山、丹东、金州、大连、庄河、北镇、彰武；内蒙古自治区扎兰屯、科尔沁右翼前旗、科尔沁左翼后旗等地。

■ 管花腹水草

茎叶

花序上部

花序下部

花序

11 婆婆纳属 *Veronica* L.

Veronica L., Sp. Pl. 1: 9. 1753.

多年生草本或一年生草本。叶对生、互生或轮生。花单生于叶腋或于枝顶或叶腋形成总状花序或穗状花序；花萼4 ~ 5深裂；花冠4 ~ 5裂；雄蕊2，着生于花冠筒里面；花柱宿存，柱头头状或很小。蒴果扁平或稍鼓，两面各有1条沟纹，顶端微凹或有凹缺；种子细小，多数，扁平或两面稍鼓，具网纹或平滑。

本属全世界约250种，广布于全球，主产欧亚大陆。中国产53种，各省区均有，但多数种类产西南山地。东北地区产14种4亚种1变种。

分种检索表

1. 总状花序顶生，形成长而密集的穗状花序；苞片小而窄；蒴果近球形且稍压扁；茎长30厘米以上。
  2. 叶线形或线状披针形，边缘具小齿；花冠蓝色，偶见白色（**1. 细叶婆婆纳 V. linariifolia** Pall. ex Link.）。

（接上表）

3. 叶全部互生或下部的对生；叶片线形或线状披针形，宽2～7毫米 …… **1a. 细叶婆婆纳 V. linariifolia** subsp. **linariifolia**

3. 叶几乎完全对生，至少茎下部的对生；叶片宽条形至卵圆形，宽0.5～2厘米 …… **1b. 水蔓菁 V. linariifolia** subsp. **dilatata** (Nakai et Kitag.) Hong

2. 叶非线形，边缘具锯状齿；花白色、粉色、紫色或蓝色。

4. 植株密被白色绵毛；花无梗或具长1～2毫米的短梗；子房及蒴果上部被毛 …… **2. 白婆婆纳 V. incana** L.

4. 植株不被白色绵毛；花梗长2毫米以上；子房及蒴果无毛，稀被毛。

5. 叶无柄。

6. 叶披针形或近椭圆形，稀卵形，宽15～30毫米，两面无毛或仅下面沿叶脉疏被柔毛 …… **3b. 东北婆婆纳 V. rotunda** var. **subintegra** (Nakai) Yamazaki

6. 叶卵形，宽3～6厘米，两面被毛或仅叶脉上被毛 …… **3c. 朝鲜婆婆纳 V. rotunda** var. **coreana** (Nakai) Yamazaki

5. 叶有柄。

7. 花白色、粉色或淡紫色；花序被腺毛；叶柄长7～20毫米；叶片卵形或卵状披针形，边缘具缺刻状粗齿或重锯状齿，基部常羽状深裂 …… **4. 大婆婆纳 V. dauricum** Steven

7. 花蓝色或紫色；花序被短卷毛或短柔毛。

8. 花序被短柔毛；叶对生；叶柄长10～25毫米；叶片卵状披针形或三角状卵形，边缘具锯状齿或尖锯状齿 …… **5. 长毛婆婆纳 V. kiusianum** Furumi

8. 花序被白色短卷毛；叶对生或3～4枚轮生；叶柄长 2～6（～10）毫米；叶片披针形或长圆形，边缘具深缺刻状尖锯状齿或重锯状齿 …… **6. 兔儿尾苗 V. longifolium** L.

1. 总状花序腋生或顶生，常短而松散；苞片似叶；蒴果常强烈压缩；茎常25厘米以下。

9. 总状花序顶生。

10. 多年生草本，具根状茎。

11. 叶卵形至卵状长圆形，长0.6～1.5（～2.5）厘米，宽7～10毫米；花冠蓝色、淡蓝色或白色；蒴果肾形，长2.5～3毫米，边缘有一圈多细胞腺毛 …… **7. 小婆婆纳 V. serpyllifolia** L.

11. 叶卵形或椭圆形，长1～2.5厘米，宽5～18毫米；花冠蓝色或蓝紫色；蒴果椭圆形或倒卵形，长5～6毫米，被多细胞腺毛 …… **8b. 长白婆婆纳 V. stelleri** var. **longistyla** Kitag.

10. 一年生草本，不具根状茎。

12. 茎细弱，常自基部分枝；叶无柄；花白色或淡红色 …… **9. 蚊母草 V. peregrina** L.

12. 茎直立或上升，不分枝或铺散分枝；下部叶有短柄，中上部叶无柄；花蓝紫色或略带粉色。

13. 叶柄长3～6毫米；花梗与苞片近等长，果期常下垂 …… **10. 婆婆纳 V. polita** Fries

13. 下部叶有短柄，中上部叶无柄；花梗比苞片短数倍 …… **11. 直立婆婆纳 V. arvensis** L.

2. 总状花序常成对侧生于叶腋。

14. 陆生。

15. 一年生草本；茎铺散而多分枝 …… **12. 阿拉伯婆婆纳 V. persica** Poir

15. 多年生草本；茎直立或上升。

16. 茎密被短卷毛；叶卵形、长圆形或披针形，边缘具缺刻状牙齿或重锯状齿；花蓝色、粉色或白色；蒴果圆状倒心形或倒卵状椭圆形 …… **13. 卷毛婆婆纳 V. teucrium** L.

16. 茎沿棱线密被两列白色长柔毛；叶卵形或广卵形，边缘具缺刻状钝齿或圆齿；花淡蓝色；蒴果倒心形

（接上表）

…………………………………………………………………………… 14. 石蚕叶婆婆纳 V. chamaedrys L.

14. 水生或沼生。

17. 多年生草本，稀为一年生草本；花梗与花序轴成锐角，果期弯曲向上，使蒴果靠近花序轴；蒴果近圆形，长宽近相等，几乎与萼等长 ……………………………………… 15. 北水苦荬 V. anagallis-*aquatica* L.

17. 一、二年生草本。

18. 一年生草本；花梗与花序轴成60° ~ 70° 角；蒴果椭圆形或宽椭圆形，超出花萼 …………………………………………………………………………… 16. 长果水苦荬 V. anagalloides Guss.

18. 一、二年生草本；花梗与花序轴几乎成直角；蒴果近扁球形，不超出花萼 ………………………………………………………………………………… 17. 水苦荬 V. undulata Wall.

（1）细叶婆婆纳（辽宁植物志，黑龙江省植物志，内蒙古植物志，东北植物检索表，东北草本植物志，中国植物志）；细叶穗花（Flora of China）；细叶水蔓菁（植物智网站）

Veronica linariifolia Pall. ex Link. in Jahrb. Gewächsk. 1(3): 35. 1820; 中国植物志67(2): 262. 图版71. 1979; 辽宁植物志（下册）: 318. 图版143: 4 ~ 7. 1992; 内蒙古植物志（第二版）4: 292. 图版114: 1 ~ 5. 1993; 东北植物检索表（第二版）: 604. 图版301: 3. 1995; 黑龙江省植物志8: 361. 图版155: 5 ~ 10.2001; 东北草本植物志8: 75. 图版30: 1 ~ 4. 2005.——*Pseudolysimachion linariifolium* (Pall. ex Link) Holub in Folia Geobot. Phytotax. 2(4): 422. 1967; Fl. China18: 62.1998.

（1a）细叶婆婆纳（亚种）

Veronica linariifolia subsp. *linariifolia*

生山坡草地、林边、灌丛、草原、沙岗及路边。产黑龙江省大庆、哈尔滨、黑河、依兰、密山、呼玛、萝北、爱辉、海林、克山、安达、伊春、东宁、鸡西；吉林省双辽、汪清、九台、镇赉、通榆；辽宁省沈阳、大连、西丰、岫岩、本溪、鞍山、凤城、桓仁、铁岭、新民、阜新、盖州、凌源、长海；内蒙古自治区海拉尔、额尔古纳、根河、牙克石、鄂温克、陈巴尔虎旗、新巴尔虎左旗、莫力达瓦达斡尔旗、科尔沁右翼前旗、扎赉特旗、扎鲁特旗、克什克腾旗、喀喇沁旗、林西、西乌珠穆沁旗、锡林浩特等地。

全草有祛风湿、解毒、止痛作用，用于伤风感冒、肢节酸痛。嫩苗可食。

■ 细叶婆婆纳

白花

花序

植株一部分

植株

（1b）水蔓菁（亚种）（内蒙古植物志，中国植物志，Flora of China）；宽叶婆婆纳（辽宁植物志，黑龙江省植物志，东北植物检索表，东北草本植物志）

Veronica linariifolia subsp. *dilatata* (Nakai et Kitag.) Hong, 中国植物志67(2): 265. 图版72. 1979; 辽宁植物志（下册）: 320. 图版143: 8. 1992; 内蒙古植物志（第二版）4: 292. 图版115: 6. 1993; 东北植物检索表（第二版）: 604. 图版301: 4. 1995; 东北草本植物志8: 76. 图版30: 5. 2005.——*Veronica linariifolia* var. *dilatata* Nakai et Kitag. in Rep. First Sci. Exped. Manch. sect.4(4): 45. 1936; 黑龙江省植物志8: 361. 图版155: 11.2001.——*Pseudolysimachion linariifolium* subsp. *dilatatum* (Nakai & Kitag.) D. Y. Hong in Novon 6(1): 23. 1996; Fl. China 18: 63. 1998.

生松林下、山坡灌丛、草甸子或林边。产黑龙江省安达、依兰、大庆；辽宁省沈阳、辽阳、抚顺、西丰、法库、鞍山、长海、瓦房店、普兰店、本溪、桓仁、凤城、北镇、绥中、阜新、建平、建昌、凌源；内蒙古自治区牙克石、新巴尔虎右旗、科尔沁右翼前旗、扎鲁特旗、克什克腾旗、东乌珠穆沁旗、西乌珠穆沁旗等地。

■ 水蔓菁

花序一部分

植株一部分

植株

（2）白婆婆纳（黑龙江省植物志，内蒙古植物志，东北植物检索表，东北草本植物志，中国植物志）；白兔儿尾苗（Flora of China）；锡林婆婆纳（内蒙古植物志）

Veronica incana L., Sp. Pl. 10. 1753; 中国植物志67(2): 266. 图版30：1～6. 1979; 内蒙古植物志（第二版）4: 294. 图版114: 6. 1993; 东北植物检索表（第二版）: 604. 图版301: 5. 1995; 黑龙江省植物志8: 360. 图版154: 5～7.2001; 东北草本植物志8: 76. 图版31: 6～9. 2005.——*Veronica xilinensis* Y. Z. Zhao, 内蒙古植物志5: 266,412. 图版107: 1～5. 1980; 内蒙古植物志（第二版）4: 294. 图版115: 1～5. 1993.——*Pseudolysimachion incanum* (L.) Holub, Folia Geobot. Phytotax. 2: 424. 1967; Fl. China 18: 63. 1998; 内蒙古植物志（第三版）4: 317. 2020.

生草原及沙丘上。产黑龙江省大兴安岭地区；内蒙古自治区额尔古纳、海拉尔、牙克石、鄂温克、陈巴尔虎旗、新巴尔虎左旗、新巴尔虎右旗、科尔沁右翼前旗、巴林左旗、巴林右旗、克什克腾旗、东乌珠穆沁旗、西乌珠穆沁旗、锡林浩特等地。

■ 白婆婆纳

基生叶

花序一部分

白花株

植株一部分

植株

（3）无柄婆婆纳（中国植物志）；无柄穗花（Flora of China）

Veronica rotunda Nakai, Veget. Quelpaert, 81, 1914; 中国植物志67(2): 272. 1979.——*Pseudolysimachion rotundum* (Nakai) Yamaraki, Journ. Jap. Bot. 43: 411. 1968; Fl. China18: 64.1998.

（3a）无柄婆婆纳（原变种）

Veronica rotunda var. *rotunda*

中国不产。

（3b）东北婆婆纳（变种）（辽宁植物志，黑龙江省植物志，东北植物检索表，东北草本植物志，中国植物志）；东北穗花（Flora of China）

Veronica rotunda var. *subintegra* (Nakai) Yamazaki in J. Fac. Sci. Univ. Tokyo, Sect. 3, Bot. 7(2): 142. f. 22, 5. 1957; 中国植物志67(2): 272. 图版74. 1979; 辽宁植物志（下册）: 322. 图版144: 5 ~ 8. 1992; 东北植物检索表（第二版）: 604. 图版302: 4. 1995; 黑龙江省植物志8: 365. 图版157: 1 ~ 4.2001; 东北草本植物志8: 80. 图版32: 5 ~ 8. 2005.——*Pseudolysimachion rotundum* subsp. *subintegrum* (Nakai) D. Y. Hong in Novon 6(1): 23.

■ 东北婆婆纳

花序

花序一部分

茎叶

植株一部分

1996; Fl. China18: 65.1998.

生草甸、林缘草地、山坡或沼泽地。产黑龙江省黑河、宁安、哈尔滨、嫩江、尚志、阿城、萝北、汤原、饶河、伊春、孙吴；吉林省蛟河、安图、汪清、抚松、和龙；辽宁省庄河、长海、本溪；内蒙古自治区鄂伦春等地。

（3c）朝鲜婆婆纳（变种）（辽宁植物志，东北植物检索表，东北草本植物志，中国植物志）；朝鲜穗花（Flora of China）

Veronica rotunda var. *coreana* (Nakai) Yamazaki in J. Fac. Sci. Univ. Tokyo, Sect. 3, Bot. 7(2): 142. f. 22,

■ 朝鲜婆婆纳

茎与叶背面观

花序

花序一部分

植株下部

7. 1957; 中国植物志67(2): 274. 1979; 辽宁植物志（下册）: 322. 图版144: 9. 1992; 东北植物检索表（第二版）: 604. 图版302: 5. 1995; 东北草本植物志8: 80. 图版33: 9. 2005.——*Pseudolysimachion rotundum* subsp. *coreanum* (Nakai) D. Y. Hong in Novon 6(1): 23. 1996; Fl. China18: 65.1998.

生山坡草地。产辽宁省沈阳、本溪、桓仁、大连等地。

（4）大婆婆纳（黑龙江省植物志，内蒙古植物志，东北植物检索表，东北草本植物志，中国植物志）；大穗花（Flora of China）

Veronica dahurica Stev. in Mém. Soc. Imp. Naturalistes Moscou 5: 339. 1817; 中国植物志67(2): 268. 图版31: 1. 1979; 内蒙古植物志（第二版）4: 296. 图版116: 1～4. 1993; 东北植物检索表（第二版）: 604. 图版301: 9. 1995; 黑龙江省植物志8: 357. 图版154: 1～4. 2001; 东北草本植物志8: 76. 图版31: 1～4. 2005.——*Pseudolysimachion dauricum* (Steven) Holub in Folia Geobot. Phytotax. 2(4): 424. 1967; Fl. China18: 64.1998.

生草地、沙丘及疏林下。产黑龙江省鸡西、漠河、呼玛；吉林省珲春；辽宁省庄河；内蒙古自治区海拉尔、额尔古纳、根河、牙克石、鄂温克、陈巴尔虎旗、新巴尔虎左旗、科尔沁右翼前旗、扎鲁特旗、翁牛特旗、敖汉旗、巴林右旗、克什克腾旗、东乌珠穆沁旗、西乌珠穆沁旗、锡林浩特、太仆寺旗等地。

■ 大婆婆纳

花序

植株一部分

植株

（5）长毛婆婆纳（辽宁植物志，黑龙江省植物志，东北植物检索表，东北草本植物志，中国植物志）；长毛穗花（Flora of China）

Veronica kiusiana Furumi in Bot. Mag. (Tokyo) 30(351): 122. 1916; 中国植物志67(2): 272. 图版31: 4. 1979; 辽宁植物志（下册）: 320. 图版144: 1～4. 1992; 东北植物检索表（第二版）: 605. 图版302: 6. 1995; 黑龙江省植物志8: 360. 图版155: 1～4.2001; 东北草本植物志8: 80. 图版33: 1～4. 2005.——*Pseudolysimachion kiusianum* (Furumi) T. Yamaz. in J. Jap. Bot. 43(10～11): 409. 1968; Fl. China18: 64.1998.

生山坡草地及林缘草地。产黑龙江省宁安；吉林省敦化、汪清、和龙、安图；辽宁省本溪、丹东、宽甸、庄河等地。

■ 长毛婆婆纳

花序一部分

植株一部分

植株

（6）兔儿尾苗（内蒙古植物志，中国植物志，Flora of China）；长尾婆婆纳（黑龙江省植物志，东北植物检索表，东北草本植物志）

Veronica longifolia L., Sp. Pl. 10. 1753; 中国植物志67(2): 270. 图版73. 1979; 内蒙古植物志（第二版）4: 296. 图版116: 5. 1993; 东北植物检索表（第二版）: 605. 图版301: 10. 1995; 黑龙江省植物志8: 363. 图版156: 1 ~ 2. 2001; 东北草本植物志8: 5 ~ 7. 图版31: 31. 2005.——*Pseudolysimachion longifolium* (L.) Opiz in Seznam Rost. Kvet. Cesk. 80. 1852; Fl. China18: 64.1998.

生草甸、山坡草地、林缘草地、桦木林下。产黑龙江省伊春、呼玛、黑河、海林、集贤、密山、饶河、虎林；吉林省敦化、汪清、安图；辽宁省本溪、凤城、庄河；内蒙古自治区海拉尔、额尔古纳、根河、牙克石、扎兰屯、鄂温克、陈巴尔虎旗、新巴尔虎左旗、新巴尔虎右旗、科尔沁右翼前旗、扎赉特旗、扎鲁特旗、巴林左旗、阿鲁科尔沁旗、克什克腾旗、东乌珠穆沁旗、西乌珠穆沁旗、锡林浩特等地。

嫩苗可食。全草有祛风除湿、解毒止痛作用。

■ 兔儿尾苗

花

花序

植株

（7）小婆婆纳（东北植物检索表，东北草本植物志，中国植物志，Flora of China）

Veronica serpyllifolia L., Sp. Pl. 1: 12. 1753; 中国植物志67(2): 278. 图版33：1 ~ 6. 1979; 东北植物检索表（第二版）: 604. 图版302: 2. 1995; Fl. China 18: 69. 1998; 东北草本植物志8: 83. 图版33: 5 ~ 8. 2005.

生中山至高山湿草甸。产吉林省临江、安图。

■ 小婆婆纳

花枝正面观

花枝侧面观

植株下部

（8）星婆婆纳（新拟）

Veronica stelleri Link, Jahrb. Gewächsk. 1(3): 40. 1820.

（8a）星婆婆纳（原变种）

Veronica stelleri var. *stelleri*

中国不产。

（8b）长白婆婆纳（东北植物检索表，东北草本植物志，中国植物志，Flora of China）

Veronica stelleri var. *longistyla* Kitag., Rep. Inst. Sci. Res. Manchoukuo. 6: 127. 1942; 中国植物志67(2): 299. 图版32: 4 ~ 5. 1979; 东北植物检索表（第二版）: 604. 图版302: 3. 1995; Fl. China 18: 69. 1998; 东北草本植物志8: 81. 图版33: 1 ~ 4. 2005.

■ 长白婆婆纳

花序

植株下部

植株

生海拔2200～2700米的高山草甸。产吉林省长白、安图、抚松等地。

（9）蚊母草（内蒙古植物志，中国植物志，Flora of China）；蚊母婆婆纳（黑龙江省植物志，东北植物检索表，东北草本植物志）

Veronica peregrina L., Sp. Pl. 1: 14. 1753; 中国植物志67(2): 280. 图版33: 7～12. 1979; 内蒙古植物志（第二版）4: 298. 图版117: 1～6. 1993; 东北植物检索表（第二版）: 605. 图版302: 1. 1995; Fl. China 18: 69. 1998; 黑龙江省植物志8: 363. 图版156: 3～8. 2001; 东北草本植物志8: 83. 图版33: 9～11. 2005.

生潮湿的荒地、路边。产黑龙江省哈尔滨。内蒙古自治区呼伦贝尔市西部可能有分布。

带虫瘿的全草药用，治跌打损伤、瘀血肿痛及骨折。嫩苗水焯去苦味后可食。

■ 蚊母草

花

植株

果实

植株一部分

（10）婆婆纳（内蒙古植物志，中国植物志，Flora of China）

Veronica polita Fries, Novit. Fl. Suec. 5. 63. 1817; Fl. China 18: 70. 1998; 内蒙古植物志（第三版）4: 323. 2020.——*Veronica didyma* Tenore, Fl. Napol. Prodr. 6, 1811; 中国植物志67(2): 284. 图76. 1979.

生荒地。产辽宁省大连；内蒙古自治区赤峰（红山区植物园）。

茎叶味甜可食。

■ 婆婆纳

花枝

果枝

植株一部分

植株

（11）直立婆婆纳（中国高等植物图鉴，中国植物志，Flora of China）

Veronica arvensis L., Sp. Pl. 13, 1753; 中国高等植物图鉴4: 729. 1975; 中国植物志67(2): 282. 图版33: 13 ~ 18. 1979; Fl. China 18: 69. 1998.

原产欧洲，其他地方归化。生路边及荒野草地。辽宁省庄河有发现，数量不多。

全草有药用价值。

■ 直立婆婆纳

花

果实

■ 直立婆婆纳

茎叶

植株

（12）阿拉伯婆婆纳（中国植物志，Flora of China）；波斯婆婆纳（江苏南部种子植物手册）

Veronica persica Poir in Encycl. 8: 542. 1808; 中国植物志67(2): 285. 图版32: 6 ~ 7. 1979; Fl. China18: 70. 1998.

生路边、荒地、草坪中。原产亚洲西部及欧洲。分布辽宁省大连、旅顺口、金州等地。

本种为外来入侵植物，是黄瓜花叶病毒、李痘病毒、蚜虫等病虫害的寄主。可合理利用：全草可用于治疗风湿；乙醇提取物具有杀虫作用。

■ 阿拉伯婆婆纳

蒴果侧面观

花

蒴果

居群

植株一部分

植株

（13）卷毛婆婆纳（黑龙江省植物志，内蒙古植物志，东北植物检索表，东北草本植物志，中国植物志，Flora of China）

Veronica teucrium L., Sp. Pl. 16. 1753; 中国植物志67(2): 298. 图版36: 6. 1979; 内蒙古植物志（第二版）4: 302. 图版117: 7 ~ 8. 1993; 东北植物检索表（第二版）: 605. 图版302: 8. 1995; 黑龙江省植物志8: 365. 图

版157: 5 ~ 7.2001; 东北草本植物志8: 85. 图版34: 4 ~ 5. 2005.——*Veronica teucrium* subsp. *altaica* auct. non Watzl: Fl. China 18: 74. 1998.

生疏林、草地。产黑龙江省东南部；内蒙古自治区牙克石。

（14）石蚕叶婆婆纳（辽宁植物志，东北植物检索表，东北草本植物志，中国植物志，Flora of China）

Veronica chamaedrys L., Sp. Pl.13. 1753; 中国植物志67(2): 299. 1979; 辽宁植物志（下册）: 322. 图版143: 1 ~ 3. 1992; 东北植物检索表（第二版）: 605. 图版302: 7. 1995; Fl. China 18: 74. 1998; 东北草本植物志8: 85. 图版34: 1 ~ 3. 2005.

生草地或路边。产辽宁省沈阳、凤城。

■ 石蚕叶婆婆纳

茎叶

花序

植株一部分

（15）北水苦荬（内蒙古植物志，中国植物志，Flora of China）；水苦荬婆婆纳（辽宁植物志，黑龙江省植物志，东北植物检索表，东北草本植物志）

Veronica anagallis-aquatica L., Sp. Pl.12. 1753; 中国植物志67(2): 321. 图版86. 1979; 辽宁植物志（下册）: 323. 图版145: 1 ~ 4. 1992; 内蒙古植物志（第二版）4: 304. 图版120: 3 ~ 5. 1993; 东北植物检索表（第

■ 北水苦荬

果序

花序

植株

二版）: 605. 图版301: 6. 1995; Fl. China18: 78. 1998; 黑龙江省植物志8: 356. 图版153: 1 ~ 4.2001; 东北草本植物志8: 85. 图版35: 1 ~ 4. 2005.

生水边及沼泽地。产黑龙哈尔滨、尚志；吉林省长白山；辽宁省大连、瓦房店、本溪、彰武、西丰、兴城、凌源；内蒙古自治区额尔古纳、扎兰屯、新巴尔虎右旗、莫力达瓦达斡尔旗、科尔沁右翼前旗、科尔沁右翼中旗、扎赉特旗、科尔沁左翼后旗、扎鲁特旗、翁牛特旗、巴林右旗、克什克腾旗、喀喇沁旗、多伦等地。

嫩苗可食。有虫瘿果的全草有活血、止血、解毒消肿作用。

（16）长果水苦荬（内蒙古植物志，中国植物志，Flora of China）；长果婆婆纳（辽宁植物志，东北植物检索表，东北草本植物志）

Veronica anagalloides Guss. in Pl. Rar. 5. 1826; 中国植物志67(2): 323. 图版39: 6 ~ 7. 1979; 辽宁植物志（下册）: 325. 图版145: 5 ~ 7. 1992; 内蒙古植物志（第二版）4: 304. 图版120: 1 ~ 2. 1993; 东北植物检索表（第二版）: 605. 图版301: 7. 1995; Fl. China18: 79. 1998; 黑龙江省植物志8: 357. 图版153: 5 ~ 7.2001; 东北草本植物志8: 88. 图版35: 8 ~ 10. 2005.

生水沟、河边及湿地。产黑龙江省尚志、哈尔滨；吉林省延吉、珲春、临江；辽宁省北镇、清原、南票；内蒙古自治区莫力达瓦达斡尔旗、赤峰、科尔沁左翼后旗、扎鲁特旗。

■ 长果水苦荬

茎叶

花序

植株一部分

（17）水苦荬（内蒙古植物志，中国植物志，Flora of China）；水婆婆纳（辽宁植物志，黑龙江省植物志，东北植物检索表，东北草本植物志）

Veronica undulata Wall. in Fl. Ind., ed. 1820 1: 147. 1820; 中国植物志67(2): 321. 图版39: 4 ~ 5. 1979; 辽宁植物志（下册）: 323. 图版145: 8 ~ 10. 1992; 内蒙古植物志（第二版）4: 305. 图版107: 1 ~ 2. 1993; 东北植物检索表（第二版）: 605. 图版301: 8. 1995; Fl. China18: 78. 1998; 黑龙江省植物志8: 367. 图版157: 8 ~ 10. 2001; 东北草本植物志8: 87. 图版35: 5 ~ 7. 2005.

生水边及水稻田边。产黑龙江省哈尔滨、尚志；吉林省集安、汪清、临江；辽宁省大连、本溪、西丰、清原、建平、凌源、彰武、北镇；内蒙古自治区科尔沁右翼中旗、克什克腾旗等地。

全草有解热、利尿、活血、止血、止痛作用，用于血滞痛经、跌打损伤等。

■ 水苦荬

果梗与花序轴几乎成直角

花序

植株

12 毛地黄属 *Digitalis* L.

Digitalis L., Sp. Pl. 621. 1753

多年生草本。单叶互生，全缘或具齿。顶生总状花序；萼5裂，裂片覆瓦状排列；花冠倾斜，紫色、淡黄色或白色，有时内面具斑点，喉部被髯毛；花冠筒一面膨胀或钟状，常在子房以上处收缩；花冠裂片近于二唇形，上唇短而微凹缺或2裂，下唇3裂，中裂片较长而外伸；雄蕊4枚，2强，通常均藏于花冠筒内，花药成对靠近；花柱先端浅2裂。蒴果卵形，室间开裂；种子多数，矩圆形，近卵形或具棱，有蜂窝状网纹。

本属全世界约25种，分布于欧洲和亚洲的中部与西部。中国栽培1种。东北地区有栽培。

毛地黄（辽宁植物志，黑龙江省植物志，东北植物检索表，东北草本植物志，中国植物志，Flora of China）；洋地黄（中国植物志）

Digitalis purpurea L., Sp. Pl.621. 1753; 中国植物志67(2): 212. 图版58. 1979; 辽宁植物志（下册）: 313. 图版140. 1992; 东北植物检索表（第二版）: 592. 图版294: 5. 1995; Fl. China 18: 53. 1998; 黑龙江省植物志8:

■ 毛地黄

果序一部分

植株

花序一部分

316. 图版135.2001; 东北草本植物志8: 67. 图版27. 2005.

一年生或多年生草本，全株被毛；基生叶多数，莲座状；叶片卵形或长椭圆形，边缘具带短尖的圆齿；总状花序顶生；苞片叶状；花冠筒状，色彩丰富，腹面膨胀，里面具斑点，先端被白柔毛；蒴果卵形。原产欧洲。东北地区常见栽培。

以观赏为目的引进，可在花境、花坛、岩石园中应用；叶药用，有强心之效。

13 水八角属 *Gratiola* L.

Gratiola L., Sp. Pl. 17. 1753.

直立或平卧肉质草本。叶对生，无柄，全缘或有锯状齿。花单生于叶腋，花梗极短或长而丝状，近萼处有小苞片2枚，形似萼裂片；花萼5深裂，萼裂片狭长，少许不等长，稍成覆瓦状排列；花冠二唇形，常为白色、黄色或紫红色，花冠筒筒状，唇开展，上唇全缘或2浅裂，下唇3裂，裂片圆形；雄蕊2，着生在花冠筒后方，内藏，花丝丝状；花柱丝状，柱头扩大而外折或2片状，胚珠多数。蒴果卵珠形，通常顶端急尖，室背同室间开裂成4裂爿，每爿边缘内折与胎座柱分离；种子多数，小型，具条纹同横网纹。

本属全世界约25种，主要分布于温带同亚热带地区。中国有2种，产东北至西南各省。东北地区产1种。

白花水八角（辽宁植物志，黑龙江省植物志，东北植物检索表，东北草本植物志，中国植物志，Flora of China）；水八角（植物智网站）

Gratiola japonica Miq. in Ann. Mus. Bot. Lugduno-Batavi 2: 117. 1865; 中国植物志67(2): 90. 图版34. 1979; 辽宁植物志（下册）: 299. 图版134: 1 ~ 4. 1992; 东北植物检索表（第二版）: 592. 图版294: 10. 1995; 黑龙江省植物志8: 319. 图版136. 2001; Fl. China18: 22. 1998; 东北草本植物志8: 51. 图版21: 1 ~ 4. 2005.

一年生草本；茎直立或上升，肉质；叶无柄，长椭圆形至披针形，基部半抱茎，全缘；花单生于叶腋，几乎无梗，小苞片2；花冠近二唇形，白色或带黄色；蒴果球形，棕褐色。生稻田及水边带黏性的淤泥上。产黑龙江省除大兴安岭外的各地；吉林省吉林；辽宁省沈阳；内蒙古自治区海拉尔。

■ 白花水八角

花期植株

果期植株

植株一部分

14 泽番椒属 *Deinostema* T. Yamazaki

Deinostema T. Yamazaki, J. Jap. Bot. 28: 131. 1953.

沼生一年生草本植物。叶对生，无梗。花单生，腋生。小苞片无。花萼5浅裂几乎到基部；裂片在芽中镊合状。明显的花冠二唇形；下唇3（或4）裂；上唇2裂，短于下唇。可育雄蕊2；花丝顶部扭曲；花药有毛；退化雄蕊2，几乎完全退化。蒴果。种子椭圆形；种皮网状。

本属全世界有2种，分布日本、韩国、俄罗斯。中国有2种。东北地区产1种。

泽番椒（东北植物检索表，Flora of China）；泽蕃椒（辽宁植物志，东北草本植物志，中国植物志）

Deinostema violacea (Maxim.) Yamazaki in Journ. Jap. Bot. 28: 129. 1953; 中国植物志67(2): 94. 图版36. 1979; 辽宁植物志（下册）: 300. 图版134: 5 ~ 6. 1992; 东北植物检索表（第二版）: 592. 图版294: 4. 1995; Fl. China18: 23. 1998; 东北草本植物志8: 52. 图版21: 5 ~ 6. 2005.

植株纤细，高约20厘米；叶条状钻形，全缘；花单朵腋生，花梗极短至长4毫米；蒴果卵状椭圆形。生沼泽地和湿地。产辽宁省丹东五龙背。

156. 玄参科 Scrophulariaceae

Scrophulariaceae Juss., Gen. Pl. [Jussieu] 117. 1789, *nom. cons.*

木贼门、木贼亚门、木兰纲、蔷薇亚纲、菊超目、唇形目（Lamiales）。

草本或灌木。叶对生、互生、基生或丛生。总状花序、穗状花序、聚伞花序或圆锥花序，顶生或腋生；花萼5裂；花两性，两侧对称或辐射对称；花冠合生，4 ~ 5裂，常二唇形，上唇2裂，下唇2 ~ 3裂；雄蕊多为4，2强，少数为5，着生于花冠筒上，花药1室；子房上位，2室，每室有胚珠多数，少为2；花柱1，柱头2裂或头状。蒴果，室间开裂或室背开裂或隐约开裂；种子有时具翅或有网状种皮。

本科全世界有63属，约1900种，广布于世界各地，主产亚洲温带地区和地中海地区。中国产8属68种（不含栽培种），主产西南地区。东北地区产5属13种，其中栽培5种。

分属检索表

1. 花4基数；花序圆锥状、穗状、总状或为头状聚伞花序；花冠高脚碟状或钟状；单叶对生，稀互生或簇生，羽状脉 …… 1. 醉鱼草属 Buddleja
1. 花5基数。
  2. 花冠有成对的囊或距 …… 2. 双距花属 Diascia
  2. 花冠无距。
    3. 植株只有匍匐茎；湿生或水生；叶和花丛生状 …… 3. 水茫草属 Limosella
    3. 茎直立；陆生，稀水生；叶和花非丛生。
      4. 花冠辐状；花集成顶生穗状、总状或圆锥状花序；叶互生 …… 4. 毛蕊花属 Verbascum
      4. 花冠通常二唇形；聚伞圆锥花序；叶对生或很少上部的叶互生 …… 5. 玄参属 Scrophularia

1 醉鱼草属 *Buddleja* L.

Buddleja L., Sp. Pl. 112. 1753.

灌木、乔木、亚灌木或亚灌木状草本，通常被腺毛、星状毛或叉状毛。枝条对生，圆柱形或四棱形，棱上常具窄翅。单叶对生、互生或簇生，全缘或有齿，羽状脉；托叶着生在两叶柄基部之间，呈叶状、耳状或半圆形，或退化成线状的托叶痕。圆锥状、穗状、总状或头状聚伞花序；花4数；花萼钟状，外面通常密被星状毛；花冠高脚碟状或钟状；雄蕊着生于花冠管内壁上，与花冠裂片互生；子房2室，稀4室，花柱丝状或缩短，柱头头状、圆锥状或棍棒状，顶端通常2浅裂。蒴果室间开裂，或浆果不开裂；种子多颗，有翅或无翅。

本属全世界约100种，分布于美洲、非洲和亚洲的热带至温带地区。中国产29种，全国许多省区有分布。东北地区栽培2种。

分种检索表

1. 叶对生 ······ 1. 大叶醉鱼草 B. davidii Franch.
1. 叶在长枝上互生，在短枝上簇生 ······ 2. 互叶醉鱼草 B. alternifolia Maxim.

（1）大叶醉鱼草（中国植物志，Flora of China）

Buddleja davidii Franch. in Arch. Mus. Hist. Nat. Ⅱ, 10: 65. 1887; 中国植物志61: 300. 图版77: 4 ~ 8. 1992; Fl. China 15: 334. 1996.

分布陕西、甘肃、江苏、浙江、江西、湖北、湖南、广东等地。辽宁省大连有栽培。

观赏花木。根皮、树叶有祛风散寒、活血止痛作用，用于风湿关节痛、跌打损伤、骨折等。

■ 大叶醉鱼草

叶正反面对比

苗期植株

花期植株

花枝

花序

（2）互叶醉鱼草（中国植物志，Flora of China）

Buddleja alternifolia Maxim. in Bull. Acad. Imp. Sci. Saint-Pétersbourg Ⅲ, 26: 494. 1880; 中国植物志61:

269. 图版71: 1 ~ 9. 1992; Fl. China 15: 331. 1996.

分布内蒙古自治区、河北、山西、陕西、宁夏、甘肃、四川、西藏等地。辽宁省大连有栽培。

观赏花木。叶、花有祛风除湿、止咳化痰、散瘀、杀虫作用。

■ 互叶醉鱼草

花枝

植株一部分

2 双距花属 *Diascia* Link & Otto

Diascia Link & Otto, Icon. Pl. Select. 7, t. 2. 1820.

一年生或多年生草本。主要特征是具成对的距（spur）或囊（sac），距或囊内含能分泌油脂的毛状体。本属全世界有63种，特产于非洲南部地区。东北地区栽培1种。

双距花（大连植物彩色图谱）

Diascia barberae Hook. f. in Bot. Mag. 97: t. 5933. 1871.

多年生草本植物；茎细长；单叶对生，叶片三角状卵形；总状花序，花有两个距，花色丰富，有红色、粉色、白色等。原产地不详。辽宁省大连有栽培。

适合盆栽或花坛使用。

■ 双距花

花序

植株一部分

植株

3 水茫草属 *Limosella* L.

Limosella L., Sp. Pl. 631. 1753.

矮小，湿生或水生草本，丛生，匍匐或浮水，无毛。具匍匐茎。叶对生，束生或在伸长的枝上互生，具长叶柄；叶片条形，矩圆形或匙形，全缘。花小，单生于叶腋，无小苞片，具短花梗；花萼钟状，萼齿5；花冠辐射状钟形，整齐；花冠筒短，花冠裂片5，近于相等；雄蕊4，等长，着生于花冠筒中部，花丝丝状，药室完全汇成为1室；子房在基部2室，上部的隔障消失，花柱短，柱头头状。蒴果不明显开裂；种子多数而小，卵圆形具皱纹。

本属全世界约7种，广布于全球各地。中国有1种。东北地区有分布。

水茫草（黑龙江省植物志，内蒙古植物志，东北植物检索表，东北草本植物志，中国植物志，Flora of China）

Limosella aquatica L., Sp. Pl.631. 1753; 东北植物检索表336. 图版114. 图3. 1959; 中国高等植物图鉴4: 31. 图5476. 1975; 中国植物志67(2): 200. 图版54. 1979; 内蒙古植物志（第二版）4: 283. 图版110: 1 ~ 2. 1993; 东北植物检索表（第二版）: 593. 图版295: 2. 1995; Fl. China18: 49. 1998; 黑龙江省植物志8: 321. 图版137.2001; 东北草本植物志8: 62. 图版22: 4 ~ 6. 2005; 东北植物分布图集: 957. 2019.

一年生草本，高 2.5 ~ 5（ ~ 10）厘米；叶基生呈莲座状，叶片广线形或狭匙形，长5 ~ 15毫米；花单生于叶腋，花梗细长；花冠钟形，筒部短，裂片5，辐状，白色或带红色；蒴果卵圆形，超出宿存萼。生河岸、溪旁、水沟或林缘湿地。产黑龙江省哈尔滨、黑河、呼玛；吉林省长白山；辽宁省沈阳、桓仁、抚顺、铁岭、北镇；内蒙古自治区海拉尔、额尔古纳、牙克石、鄂伦春、科尔沁右翼前期、阿尔山、乌兰浩特、翁牛特旗、克什克腾旗、东乌珠穆沁旗（宝格达山）等地。

■ 水茫草

果期

花期

植株

4 毛蕊花属 *Verbascum* L.

Verbascum L. Gen. Pl. ed. 5. 83. 1754.

二年生或多年生草本，密被绒毛。叶互生，倒披针形或长圆形，全缘或具钝齿或羽状分裂。穗状或总状花序顶生，花黄色或紫色、红色、白色；花萼5裂，花冠浅钟状或辐状，筒部极短，裂片5；雄蕊5，花丝均有长柔毛或仅上方的3枚有毛，花药横生或斜生；花柱顶端平。蒴果球形或卵圆形，2室，室间开裂；种子多数。

本属全世界约有300种，主要分布于欧亚温带地区。中国产6种。东北地区栽培1种。

毛蕊花（辽宁植物志，黑龙江省植物志，东北植物检索表，东北草本植物志，中国植物志，Flora of China）

Verbascum thapsus L., Sp. Pl.177. 1753; 中国植物志67(2): 15. 图版3. 1979; 辽宁植物志（下册）: 292. 图版130. 1992; 东北植物检索表（第二版）: 604. 图版300: 5. 1995; Fl. China18: 5. 1998; 黑龙江省植物志8: 354. 图版152.2001; 东北草本植物志8: 44. 图版19. 2005.

二年生高大草本，全株密被灰黄色星状毛；基生叶及茎下部叶卵状长圆形等，上部茎生叶较小，基部下延成狭翅；穗状花序；花冠黄色，辐状，几乎无筒；蒴果卵球形，密被灰白色毛。中国新疆、西藏、云南、四川有分布。黑龙江省、辽宁省有栽培。

全草有清热解毒、止血散瘀作用，用于咳喘、肠痈、外伤出血、关节扭痛、疮毒。

■ 毛蕊花

果序一部分

花序一部分

植株下部

植株

5 玄参属 *Scrophularia* L.

Scrophularia L., Sp. Pl. 619. 1753.

草本（多年生为主）或半灌木状草本。叶对生或上部叶互生。花先组成聚伞花序，后者可单生叶腋或可再组成顶生聚伞圆锥花序、穗状花序或近头状花序；花萼5裂，花冠通常二唇形；发育雄蕊4，内藏或伸出于花冠之外，花丝基部贴生于花冠筒，花药汇合成一室，横生于花丝顶端，退化雄蕊微小，位于上唇一方；子房周围有花盘，花柱与子房等长或过之，柱头通常很小，子房具2室。蒴果室间开裂，种子多数。

本属全世界有200多种，分布于欧亚大陆的温带，地中海地区尤多，在美洲只有少数种类。中国有36种。东北地区产8种，其中栽培1种。

分种检索表

1. 半灌木状草本，茎基部多木质化；叶长椭圆形或狭卵形，基部楔形，边缘具牙齿或浅裂，稀基部具1～2深裂片；花冠玫瑰红色或暗紫红色 ………………………………………………………… 1. 砾玄参 S. incisa Weinm.

1. 草本，非半灌木状。

（接上表）

2\. 茎及叶柄具翅；叶片卵形或长圆状卵形；花冠红褐色，退化雄蕊倒卵状圆形；根粗大呈纺锤形 ………… 2. 大玄参 S. grayana Maxim. ex Kom.

2\. 茎无翅，稀具狭翅。

3\. 萼裂片顶端尖；花冠暗紫红色或外面绿色里面带紫褐色；蒴果广卵形 … 3. 丹东玄参 S. kakudensis Franch.

3\. 萼裂片顶端钝圆。

4\. 根纺锤状或胡萝卜状。

5\. 聚伞状圆锥花序狭长，花密集，花冠黄绿色 ………… 4. 北玄参 S. buergeriana Miq.

5\. 聚伞状圆锥花序大，花疏散，花冠褐紫色 ………… 5. 玄参 S. ningpoensis Hemsl.

4\. 根不为纺锤形或胡萝卜状。

6\. 聚伞状圆锥花序宽1～2.5厘米；花冠褐色 ………… 6. 东北玄参 S. mandshurica Maxim.

6\. 聚伞状圆锥花序宽2.5～4厘米；花冠绿色或黄绿色。

7\. 萼裂片卵形，几乎无边或具极狭的膜质边；退化雄蕊扇形 ………… 7. 山西玄参 S. modesta Kitag.

7\. 萼裂片近圆形，具白色宽膜质边；退化雄蕊倒心形 ………… 8. 岩玄参 S. amgunensis Fr. Schmidt

（1）砾玄参（黑龙江省植物志，内蒙古植物志，东北植物检索表，东北草本植物志，中国植物志，Flora of China）

Scrophularia incisa Weinm., Bot. Gart. Dorpat. 136. 1810; 中国植物志67(2): 65. 图版3: 1～5. 1979; 内蒙古植物志（第二版）4: 270. 图版104: 1～2. 1993; 东北植物检索表（第二版）: 602. 图版300: 2. 1995; Fl. China 18: 13. 1998; 黑龙江省植物志8: 351. 图版150: 6～8.2001; 东北草本植物志8: 46. 图版20: 10～12. 2005.

生河滩石砾地、湖边沙地或湿山沟草坡。产黑龙江省小兴安岭林区；内蒙古自治区新巴尔虎右旗、满洲里、阿巴嘎旗等地。

（2）大玄参（东北植物检索表，东北草本植物志）

Scrophularia grayana Maxim. ex Kom. in Trudy Imp. S.–Peterburgsk. Bot. Sada 25: 416.1907; 东北植物检索表（第二版）: 602. 1995; 东北草本植物志8: 49. 2005.

生河岸、海边和草地。产吉林省浑江；辽宁省丹东。

（3）丹东玄参（辽宁植物志，东北植物检索表，东北草本植物志，中国植物志，Flora of China）；马氏玄参（东北植物检索表，东北草本植物志）

Scrophularia kakudensis Franch. in Bull. Soc. Bot. France 26: 87. 1879; 中国植物志67(2): 57. 1979; 辽宁植物志（下册）: 297. 图版133: 7～9. 1992; 东北植物检索表（第二版）: 602. 图版300: 3. 1995; Fl. China 18: 14. 1998; 东北草本植物志8: 47. 图版20: 7～9. 2005.——*Scrophularia maximowiczii* Gorosehk. in Bot. Mater. Gerb. Bot. Inst. Komarova Akad. Nauk S.S.S.R. 14: 441 1951; 东北植物检索表（第二版）: 602. 1995; 东北草本植物志8: 50. 2005.

生山坡灌丛、林下、路旁。产辽宁省庄河、丹东、凤城、岫岩、辽阳等地。

根有滋阴、降火、除烦、解毒作用，用于夜寝不安、咽喉肿痛、痈肿、瘰疬等。

■ 丹东玄参

花序

花

果序一部分

植株一部分

（4）北玄参（辽宁植物志，黑龙江省植物志，内蒙古植物志，东北植物检索表，东北草本植物志，中国植物志，Flora of China）

Scrophularia buergeriana Miq. in Ann. Mus. Bot. Lugduno-Batavi 2: 166. 1865; 中国植物志67(2): 72. 图版27. 1979; 辽宁植物志（下册）: 299. 图版133: 1 ~ 6. 1992; 内蒙古植物志（第二版）4: 272. 图版105: 2 ~ 6. 1993; 东北植物检索表（第二版）: 602. 图版300: 1. 1995; Fl. China18: 17. 1998; 黑龙江省植物志8: 349. 图版150: 1 ~ 5.2001; 东北草本植物志8: 47. 图版20: 1 ~ 6. 2005.

生山坡阔叶林中或湿草地。产黑龙江省除大兴安岭外的各地；吉林省长白山区；辽宁省沈阳、辽阳、本溪、桓仁、凤城、丹东、普兰店、大连、长海、凌源、铁岭、西丰、开原等地。内蒙古自治区有少量栽培。

根主治齿龈炎、扁桃体炎、咽喉炎、痈肿、急性淋巴结炎、淋巴结结核、肠燥便秘等。

■ 北玄参

植株一部分

植株

■ 北玄参

果序一部分

花序一部分

花序

（5）玄参（辽宁植物志，黑龙江省植物志，内蒙古植物志，东北植物检索表，东北草本植物志，中国植物志，Flora of China）；元参（中国植物志）

Scrophularia ningpoensis Hemsl. in J. L. Soc., Bot. 26: 178. 1899; 中国植物志67(2): 55. 图版19. 1979; 辽宁植物志（下册）: 297. 1992; 内蒙古植物志（第二版）4: 272. 图版105: 1. 1993; 东北植物检索表（第二版）: 602. 1995; Fl. China 18: 13. 1998; 黑龙江省植物志8: 351. 2001; 东北草本植物志8: 46. 2005.

生海拔1700米以下的竹林、溪旁、丛林及高草丛中。为中国特产，产河北、河南、山西、陕西、湖北、安徽、江苏、浙江、福建、江西、湖南、广东、贵州、四川等地。东北各地有栽培。

根有凉血滋阴、泻火解毒作用，用于目赤、咽喉痛、瘰疬、白喉、痈肿疮毒等症。

■ 玄参

花

植株一部分

植株

（6）东北玄参（黑龙江省植物志，东北植物检索表，东北草本植物志）

Scrophularia mandshurica Maxim. in Bull. Soc. Imp. Naturalistes Moscou 54(1): 35. 1879; 东北植物检索表（第二版）: 602. 1995; 黑龙江省植物志8: 351. 2001; 东北草本植物志8: 50. 2005.

生山坡草地。产黑龙江省除大兴安岭外的各地。

（7）山西玄参（中国植物志，Flora of China）；谷玄参（东北植物检索表，东北草本植物志）

Scrophularia modesta Kitag. in Rep. Exped. Manchoukuo Sect. Ⅳ. 2: 28. pl. 8. 1935; 中国植物志67(2): 65. 图版3: 1 ~ 5. 1979; 东北植物检索表（第二版）: 602. 1995; Fl. China18: 16. 1998; 东北草本植物志8: 49. 2005.

生草地、河流旁、山沟阴处或林下。产黑龙江省尚志；辽宁省建昌等地。

■ 山西玄参

茎

茎下部叶

花序一部分

花序

植株

（8）岩玄参（黑龙江省植物志，内蒙古植物志，东北植物检索表，东北草本植物志）

Scrophularia amgunensis Fr. Schmidt in Reis. Amur–Land., Bot. 57. 1868; 内蒙古植物志（第二版）4: 274. 图版106: 6 ~ 7. 1993; 东北植物检索表（第二版）: 602. 1995; 黑龙江省植物志8: 349. 2001; 东北草本植物志8: 51. 2005.

生石山坡。产黑龙江省密山；内蒙古自治区扎赉特旗（神山林场石老爷山）。

■ 岩玄参

花

花序

植株一部分

157. 母草科 Linderniaceae

Linderniaceae Borsch, K. Müll. & Eb. Fisch. 2005.

木贼门、木贼亚门、木兰纲、蔷薇亚纲、菊超目、唇形目（Lamiales）。

多年生矮小草本。茎常四棱形。叶常交互对生，基部常合生，全缘或叶缘有齿，脉掌状。花序多为总状，或单花腋生；花两侧对称；花冠内部常具腺毛；雄蕊4，2枚雄蕊基部具“Z”字形附属物，或有时仅具2枚雄蕊，雄蕊基部具毛，药室平行或紧靠；柱头先端2裂；胚珠具匙形胚囊。蒴果室间开裂；种子具嚼烂状胚乳，种皮具蜂窝状或皱状纹饰至平滑。

本科全世界有20属220余种，主要分布于暖温带和热带地区，以美洲尤盛。中国产4属19种，各省区均有分布。东北地区产2属2种，其中栽培1种。

分属检索表

1. 花排列成总状或伞形花序，抑或单朵腋生或顶生；花萼具5棱或翅状肋 ………………………… 1. 蝴蝶草属 Torenia
1. 花常对生于叶腋，稀单生，或在茎上部为顶生的疏总状花序；花萼5深裂几乎达基部 ……………………………………………………………………………………… 2. 陌上菜属（母草属）Lindernia

1 蝴蝶草属 *Torenia* L.

Torenia L., Sp. Pl. 619. 1753.

多年生草本。叶对生，叶缘有齿。常为总状或伞形花序，或单花腋生或顶生；花萼具棱或翅，萼齿通常5枚；花冠筒状，二唇形5裂，上唇直立，先端微凹或2裂，下唇开展，裂片3枚，彼此近于相等；雄蕊4，后方2枚内藏，花丝丝状，前方2枚着生喉部，花丝长而弓曲，花药成对紧密靠合，药室顶部常汇合；子房上部被短粗毛，花柱先端二片状。蒴果矩圆形，为宿萼所包藏，室间开裂；种子多数，具蜂窝状皱纹。

全世界约50种，主要分布于亚、非热带地区。中国有10种，分布于中国长江以南和台湾等省区。东北地区栽培1种。

蓝猪耳（植物智网站）；兰猪耳（中国植物志，Flora of China）

Torenia fournieri Linden. ex Fourn. Illustr. Hortic. 23: 129. t. 249. 1876; 中国植物志67(2): 159. 1979; Fl. China 18: 39. 1998.

直立草本；叶片长卵形或卵形；花具长1～2厘米之梗，通常在枝的顶端排列成总状花序；花冠筒淡青紫色，背黄色；上唇直立，浅蓝色，宽倒卵形，顶端微凹；下唇裂片矩圆形或近圆形，紫蓝色，中裂片的中下部有一黄色斑块；花丝不具附属物。蒴果长椭圆形。原产越南。辽宁省沈阳、大连有栽培。

花色繁多，花形奇特，作为观赏植物栽培。

■ 蓝猪耳

花正面观

花序

植株

2 陌上菜属（母草属） *Lindernia* All.

Lindernia All. Misc. Taurin. 3: 178. 1766.

草本。茎直立、倾卧或匍匐。叶对生，叶缘有齿或全缘，羽状脉或掌状脉。花常对生于叶腋，稀单生，或在茎上部为顶生的疏总状花序，具花梗；花萼钟形，5浅裂或深裂；花冠紫色、蓝色或白色，二唇形，上唇直立，2浅裂，下唇较大而伸展，3深裂；雄蕊4枚，下侧的2枚较长，基部有凸起；子房椭圆形或长椭圆形，花柱细长，先端2裂为片状，里面有柱头。蒴果球形，长椭圆形或线状披针形，室间开裂；种子小，多数，表面光滑或有网纹。

本属全世界约有70种。主要分布于亚洲的热带和亚热带地区，美洲和欧洲也有少数种类。中国约有26种。东北地区产1种。

陌上菜（辽宁植物志，黑龙江省植物志，内蒙古植物志，东北植物检索表，东北草本植物志，中国植物志，Flora of China）；母草（辽宁植物志）

Lindernia procumbens (Krock.) Philcox in Taxon 14: 30. 1965; 中国植物志67(2): 131. 1979; 辽宁植物志（下册）: 303. 图版136: 1～3. 1992; 内蒙古植物志（第二版）4: 276. 图版107: 3～5. 1993; 东北植物检索表（第二版）: 593. 图版296: 1. 1995; Fl. China 18: 32. 1998; 黑龙江省植物志8: 324. 图版139.2001; 东北草本植物志8: 55. 图版23: 3～4. 2005.

一年生草本；茎平卧、上升或直立，多分枝；叶无柄，卵状椭圆形至长圆形，全缘或有不明显钝齿；花单生于叶腋，花梗纤细；花冠二唇形，粉红色或淡紫色。蒴果卵球形，等长或稍长于萼。生水边、水田边及潮湿地。产黑龙江省哈尔滨、宁安、依兰、萝北；吉林省吉林、集安、蛟河、汪清、敦化、长白、靖宇；辽宁省铁岭、清原、沈阳、本溪、丹东、普兰店；内蒙古自治区扎兰屯、乌兰浩特等地。

全草有清热解毒作用，用于尿血。

■ 陌上菜

花正面观

花枝

花侧面观

植株

158. 芝麻科（胡麻科） Pedaliaceae

Pedaliaceae R.Br., Prodr. Fl. Nov. Holland. 519 1810, *nom. cons.*

木贼门、木贼亚门、木兰纲、蔷薇亚纲、菊超目、唇形目（Lamiales）。

草本、灌木或乔木，植株具黏性液体。单叶对生或生于上部的互生，全缘、有齿缺或分裂。花两性，左右对称，单生、腋生或组成顶生的总状花序，稀簇生；花梗短，基部通常有蜜腺；花萼4～5深裂；花冠筒状或钟状，先端5裂，呈不明显二唇形；雄蕊4枚，2强，常有1退化雄蕊；花药2室，内向，纵裂；花盘肉质；子房上位，少下位，2～4室，中轴胎座，花柱丝形，柱头2浅裂，胚珠多数，倒生。蒴果开裂或不开裂，常覆以硬钩刺或翅；种子多数。

本科全世界有13属，约70种，分布于旧世界热带和亚热带地区，非洲最多。中国引种栽培1属1种，东北地区有栽培。

芝麻属（胡麻属） *Sesamum* L.

Sesamum L. Coroll. Gen. 11. 1753.

直立或匍匐草本。叶生于下部的对生，其他的互生或近对生，全缘、有齿缺或分裂。花腋生、单生或数朵丛生，具短柄，白色或淡紫色。花萼小，5深裂。花冠筒状，基部稍肿胀，檐部裂片5，圆形，近轴的2片较短。雄蕊4，2强，着生于花冠筒近基部，花药箭头形，药室2。花盘微凸。子房2室，每室再由一假隔膜分为2室，每室具有多数叠生的胚珠。蒴果矩圆形，室背开裂为2果瓣。种子多数。

本属全世界约30种，分布于热带非洲和亚洲。中国南北各地栽培1种。

芝麻（东北草本植物志，中国植物志，Flora of China）；胡麻（辽宁植物志，黑龙江省植物志，内蒙古植物志，东北植物检索表）

Sesamum indicum L., Sp. Pl.634. 1753; 中国植物志69: 63. 图版18: 6～7. 1990; 辽宁植物志（下册）: 346.

图版156: 1 ~ 5. 1992; 内蒙古植物志（第二版）4: 344. 图版136: 1 ~ 3. 1993; 东北植物检索表（第二版）: 608. 图版304: 1. 1995; Fl. China 18: 226. 1998; 黑龙江省植物志8: 375. 图版161: 1 ~ 5.2001; 东北草本植物志 8: 125. 图版51: 1 ~ 5. 2005.

一年生直立草本；叶片矩圆形或卵形，下部叶常掌状3裂，中部叶有齿缺，上部叶近全缘；花单生或2 ~ 3朵同生叶腋内；花冠筒状，白色而常有紫红色或黄色的彩晕；蒴果矩圆形，有纵棱，直立，被毛。原产印度，汉时引入中国。东北地区常见栽培。

种子食用或榨油，且有补肝肾、益精血、润肠燥、通乳作用。

■ 芝麻

花

花序

蒴果

植株上部

植株下部

植株

159. 爵床科　Acanthaceae

Acanthaceae Juss., Gen. Pl. [Jussieu] 102. 1789, *nom. cons.*

木贼门、木贼亚门、木兰纲、蔷薇亚纲、菊超目、唇形目（Lamiales）。

草本、灌木、小乔木或藤本。叶对生或互生，全缘或具齿，稀羽状分裂，具羽状脉或掌状脉。花两性，两侧对称，单生、簇生或组成总状花序、穗状花序、聚伞花序或圆锥花序；苞片1或无；小苞片2或无；花萼裂片4或5，稀多数或呈环状而先端截形；花冠高脚碟状、漏斗状或钟状，花冠筒长或短，檐部具5裂片，裂片近相等或不相等而呈二唇形；雄蕊2或4枚；子房上位，2室，花柱单一，柱头2裂，裂片不等大，稀为头状。果为室背开裂的蒴果，种子2至多颗。

本科全世界约有200属4000种，分布广，有4个主要分布区：即印度—马来西亚、非洲、南美巴西和中美洲，此外，还分布至地中海、北美洲、大洋洲等。中国产41属，约310种，主产于长江以南地区。东北地区栽培2属2种。

分属检索表

1. 子房每室有胚珠3至多粒；每蒴果有种子6至多粒；花粉具明显加厚的无孔边缘 ……… 1. 穿心莲属 Andrographis
1. 子房每室有胚珠2；每蒴果有种子4粒；花粉具不加厚的无孔边缘 ……………………………… 2. 爵床属 Justicia

1 穿心莲属 *Andrographis* Wall. ex Nees

Andrographis Wall. ex Nees, Pl. Asiat. Rar. (Wallich). 3: 77,116. 1832.

草本或亚灌木。叶全缘。花序顶生或腋生；花具梗，通常组成疏松的圆锥花序或有时紧密总状花序呈头状，具苞片；花萼5深裂，裂片狭，等大；花冠管筒状或膨大，冠檐二唇形或稍呈二唇形，上唇2裂，下唇3裂，裂片覆瓦状排列；雄蕊2枚，伸出或内藏，花丝线形或阔而扁，被毛，花药2室；子房每室有胚珠3至多粒，花柱细长，柱头齿状2裂。蒴果线状长圆形或线状椭圆形，两侧呈压扁状；种子通常长圆形，种皮骨质，珠柄钩脱落。

本属全世界约20种，分布在亚洲热带地区的印度、缅甸、中南半岛、马来半岛至加里曼丹岛，模式种延至澳大利亚。印度是分布中心。中国有2种。东北地区栽培1种。

穿心莲（中国植物志，Flora of China）

Andrographis paniculata (Burm. f.) Nees in Wall. Pl. As. Ras. 3: 116. 1832; 中国植物志70: 207. 图版32: 1～5. 2002; Fl. China 19: 474. 2011.

■ 穿心莲

花

花序

植株一部分

一年生草本；茎4棱，节膨大；叶片卵状矩圆形至矩圆状披针形，全缘；大型圆锥花序；花冠白色，下唇带紫色斑纹，外有腺毛和短柔毛，二唇形，3深裂，上唇微2裂，花冠筒与唇瓣等长；蒴果扁，中有一沟，疏生腺毛。原产地可能在南亚。辽宁省有药草园栽培。

茎、叶有清热解毒作用。

2 爵床属 *Justicia* L.

Justicia L., Sp. Pl. 1: 15. 1753.

草本、亚灌木或灌木。叶有柄或无柄；边缘通常全缘，有时具深波状齿或锯状齿。花序腋生或顶生，有时退化为1朵花；苞片形状多变；小苞片2，类似于或小于苞片；花萼4深裂或5深裂，裂片等长或近等长；花冠管状或漏斗状，二唇形，下唇3浅裂，上唇全缘或2浅裂；雄蕊2，退化雄蕊无；子房每室具2胚珠，柱头稍2裂。蒴果具不育的基部茎和可育的头部，种子2～4粒。

本属全世界约700种，分布于热带和温带地区；中国有43种（26特有种，3引进种）。东北地区栽培1种。

小驳骨（中国植物志，Flora of China）；接骨草（海南植物志）；尖尾风（台湾植物志）

Justicia gendarussa Burm. f., Fl. Ind. (N. L. Burman) 10. 1768; Fl. China 19: 457. 2011.——*Gendarussa vulgaris* Nees in Wall. Pl. As. Rar. 3: 104. 1832; 中国植物志70: 300. 图版45: 1～5. 2002; The Checklist of the Naturalized Plants in China: 153. 2019.

多年生草本或亚灌木；叶狭披针形至披针状线形，全缘，中脉和侧脉均呈深紫色或有时侧脉半透明；穗状花序顶生；花冠白色或粉红色，长1.2～1.4厘米，上唇长圆状卵形，下唇浅3裂。分布于印度、斯里兰卡、中南半岛至马来半岛。辽宁有栽培逃逸记录。见于村旁或路边的灌丛中。

全草调酒服治风邪、跌打；茎叶煎水趁热洗涤筋骨患处，有舒筋活络之效。

160. 紫葳科 Bignoniaceae

Bignoniaceae Juss., Gen. Pl. [Jussieu] 137. 1789, *nom. cons.*

木贼门、木贼亚门、木兰纲、蔷薇亚纲、菊超目、唇形目（Lamiales）。

乔木、灌木、木质藤本或草本。叶对生、互生或轮生，单叶、羽状复叶或掌状复叶；顶生小叶或叶轴有时呈卷须状、钩状或吸盘；叶柄基部或脉腋处常有腺体。花两性，左右对称，多花组成顶生、腋生的聚伞花序、圆锥花序或总状花序或总状式簇生；花萼钟状、筒状，平截或具齿；花冠合瓣，钟状或漏斗状，常二唇形，5裂，裂片覆瓦状或镊合状排列。蒴果，室间或室背开裂，光滑或具刺，通常下垂，稀为肉质不开裂。

本科全世界约有98属，800～860种，广布于热带、亚热带地区，少数种类延伸到温带，但欧洲、新西兰不产。中国产12属35种，南北各地均有分布，主产南部各省区。东北地区产4属8种，其中栽培6种。

分属检索表

1. 草本；单叶或一至三回羽状分裂 ········· 1. 角蒿属 Incarvillea
1. 木本。

（接上表）

2. 乔木；单叶 …………………………………………………………………… 2. 梓属（梓树属）Catalpa

2. 藤本；奇数羽状复叶。

3. 无气生根；花粉红色 ………………………………………… 3. 肖粉凌霄属（非洲凌霄属）Podranea

3. 有气生根；花红色或橙红色 ……………………………………………………… 4. 凌霄属 Campsis

1 角蒿属 *Incarvillea* Juss.

Incarvillea Juss. Gen. 138. 1789.

一年生或多年生草本，直立或匍匐。具茎或无茎。叶基生或互生，单叶或一至三回羽状分裂。总状花序顶生；花萼钟状，萼齿5；花冠红色或黄色，漏斗状，裂片5，近于二唇形；雄蕊4，2强，内藏，花药无毛，丁字形着生，基部具矩；花盘环状；子房无柄，2室，胚珠多数，在每一胎座上1～2列，花柱线形，柱头扁平，扇状，2裂。蒴果长圆柱形，直或弯曲，渐尖，有时有4～6棱；种子较多，细小，扁平，两端或四周有白色透明膜质翅或丝状毛。

本属全世界约15种，分布自中亚，经喜马拉雅山区至东亚。中国产11种，3变种。东北地区产2种，其中栽培1种。

分种检索表

1. 叶二至三回羽状细裂 ………………………………………………………… 1. 角蒿 I. sinensis Lam.

1. 叶一回羽状分裂 ………………………………………………………… 2. 两头毛 I. arguta (Royle) Rovle

（1）角蒿（辽宁植物志，黑龙江省植物志，内蒙古植物志，东北植物检索表，东北草本植物志，中国植物志，Flora of China）；羊角蒿（辽宁植物志）

Incarvillea sinensis Lam. in Encycl. 3: 243. 1789; 中国植物志69: 36. 图版9: 4～6. 1990; 辽宁植物志（下册）: 343. 图版155: 3～6. 1992; 内蒙古植物志（第二版）4: 339. 图版134. 1993; 东北植物检索表（第二

■ 角蒿

花期植株

花正面观

花侧面观

果序

版）: 608. 图版303: 4. 1995; Fl. China18: 221. 1998; 黑龙江省植物志8: 373. 图版160.2001; 东北草本植物志8: 123. 图版50. 2005.

生山坡、路旁、荒地。产黑龙江省哈尔滨、泰康、富裕、林甸、齐齐哈尔；吉林省镇赉、通榆、前郭；辽宁省沈阳、辽阳、新民、盖州、本溪、岫岩、绥中、彰武、喀左、凌源、康平、营口、普兰店、瓦房店、建平；内蒙古自治区扎鲁特旗、科尔沁左翼后旗、翁牛特旗、巴林特旗、喀喇沁旗、敖汉旗等地。

全草有散风祛湿、解毒止痛作用，主治风湿关节痛，外用治疮疡肿毒及毒蛇咬伤。

（2）两头毛（云南植物志，中国植物志，Flora of China）；毛子草（中国高等植物图鉴）

Incarvillea arguta (Royle) Rovle, Ill. Bot. Himal. 296. 1836; 中国高等植物图鉴 4: 99, 图5611. 1975; 中国植物志69: 38. 图版10: 1 ~ 3. 1990; Fl. China18: 221. 1998.

产甘肃、四川东南部、贵州西部及西北部、云南东北部及西北部、西藏。辽宁省大连有栽培。

全草入药，治跌打损伤、风湿骨痛、月经不调、痈肿、胸肋疼痛；根治腹泻。云南有的地方兽医用全草治牛马锅底癀。

■ 两头毛

花序

花正面观

花侧面观

茎叶

植株

2 梓属（梓树属） *Catalpa* Scop.

Catalpa Scopoli, Introd. Hist. Natur. 170. 1777.

落叶乔木。单叶对生或3叶轮生，揉之有臭味。顶生圆锥花序、伞房花序或总状花序，花两性；花萼二唇形或不规则开裂，花蕾期花萼封闭成球状体；花冠钟状，二唇形，上唇2裂，下唇3裂；能育雄蕊2枚，内藏，着生于花冠基部，退化雄蕊存在；花盘明显；子房2室，有胚珠多颗。果为长柱形蒴果，2瓣开裂，果瓣薄而脆；隔膜纤细，圆柱形；种子多列，圆形，薄膜状，两端具束毛。

本属全世界约13种，分布于美洲和东亚。中国有5种，除南部外，各地均有。东北地区产3种，其中栽培2种。

分种检索表

1. 花冠浅黄色，长1.5～2厘米；叶通常3～5浅裂，背面近无毛 ………………………… 1. 梓 C. ovata G. Don
1. 花冠白色，长4～5厘米；叶全缘或有2齿裂，背面有毛。
   2. 叶卵状长圆形至广卵形，背面密被短柔毛；花序少花（10余朵）；蒴果较短粗，长20～30厘米，径约1.5厘米 ……………………………… 2. 黄金树 C. speciosa (Ward. ex Barn.) Ward. ex Engelm.
   2. 叶卵形至广卵状圆形，背面疏被短柔毛；圆锥花序因多花而呈宽金字塔形；蒴果细长，长25～40厘米，径6～8毫米 ……………………………… 3. 紫葳楸 C. bignonioides Walt.

（1）梓（中国植物志，Flora of China）；臭梧桐（东北植物检索表）；梓树（辽宁植物志，黑龙江省植物志，内蒙古植物志，东北植物检索表）

Catalpa ovata G. Don in Gen. Syst. Gard. Bot. 4: 230. 1837; 中国植物志69: 13. 图版5: 1～3. 1990; 辽宁植物志: 341. 图版153. 1992; 内蒙古植物志（第二版）4: 342. 图版135: 1～5. 1993; 东北植物检索表（第二版）: 608. 图版303: 1. 1995; Fl. China 18: 215. 1998; 黑龙江省植物志8: 370. 图版159: 1～5.2001.

生湿润地区。产辽宁省沈阳、鞍山、岫岩、抚顺、营口、凤城、丹东、普兰店、庄河、北镇、绥中、铁岭等地。黑龙江省及内蒙古自治区有栽培。

生长较快，花朵美丽，常栽培作庭院树或行道树。木材轻软，耐朽，供建筑及制家具、乐器等用。嫩叶可食用。根或茎有清热解毒、和胃降逆、杀虫作用。

■ 梓

果枝

花序

植株

（2）黄金树（辽宁植物志，黑龙江省植物志，东北植物检索表，中国植物志）；白花梓树（中国植物志）

Catalpa speciosa (Ward. ex Barn.) Ward. ex Engelm. in Bot. Gaz. 5: 1. 1880; 中国植物志69: 16. 1990; 辽宁植物志（下册）: 341. 图版155: 1～2. 1992; 东北植物检索表（第二版）: 608. 图版303: 2. 1995; 黑龙江省植

物志8: 371. 图版159: 6 ~ 7.2001.

原产美国中部至东部。黑龙江省及辽宁省大连、沈阳、盖州有栽培。

夏季花繁叶茂，秋天叶色金黄，具有良好的观赏价值。

■ 黄金树

树干

花枝

花序一部分

叶

果实

植株

（3）紫葳楸（辽宁植物志，东北植物检索表）；美国黄金树（大连树木图鉴）

Catalpa bignonioides Walt. in Fl. Carol. 64. 1788; 辽宁植物志（下册）: 343. 图版154. 1992; 东北植物检索表（第二版）: 608. 图版303: 3. 1995.

原产北美洲。辽宁省大连、沈阳等地有栽培。

花形奇特，花色美丽，为优良的庭院观赏树。

■ 紫葳楸

花枝

花序

植株一部分

3 肖粉凌霄属（非洲凌霄属） *Podranea* Sprague

Podranea Sprague, Fl. Cap. (Harvey) 4(2.3): 449. 1904.

落叶木质藤本，无气生根。奇数一回羽状复叶对生，小叶有齿。花粉红色，组成顶生花束或短圆锥花序；花萼钟状，近革质，5不等裂；花冠钟状漏斗形。蒴果；种子多数。

本属全世界有2种。中国均有引种。东北地区栽培1种。

非洲凌霄（中国植物志）

Podranea ricasoliana (Tanf.) Sprague, Fl. Cap. (Harvey) 4(2.3): 450. 1904; 中国植物志69: 60. 1990.

木质藤本；无气生根；羽状复叶，小叶7～11枚，叶缘有齿；花小，粉红色，花萼膨大；蒴果线形。原产非洲。辽宁省长海县有栽培。

作为垂直绿化植物栽培。

■ 非洲凌霄

花序

花侧面观

叶

植株

4 凌霄属 *Campsis* Lour.

Campsis Lour. Fl. Cochinch. 377. 1790.

落叶木质藤本，以气生根攀缘。奇数一回羽状复叶对生，小叶有齿。花红色或橙红色，组成顶生花束或短圆锥花序；花萼钟状，近革质，5不等裂；花冠钟状漏斗形，檐部微呈二唇形，裂片5；雄蕊4，2强，弯曲，内藏；子房2室，基部围以一大花盘。蒴果，室背开裂，由隔膜上分裂为2果瓣；种子多数，扁平，有半透明的膜质翅。

本属全世界2种，一种产北美洲，另一种产中国和日本。东北地区栽培2种。

分种检索表

1. 小叶9～11枚，叶下面被毛，至少沿中脉及侧脉及叶轴被短柔毛；花萼较厚，5裂至1/3处或略深，裂片短而呈卵状三角形 ………………………………………… 1. 厚萼凌霄 C. radicans (L.) Seem.
1. 小叶7～9枚，叶下面无毛；花萼较薄，5裂至1/2处或更深，裂片大而呈披针形 ………………………………………… 2. 凌霄 C. grandiflora (Thunb.) Loisel.

（1）厚萼凌霄（中国植物志）；美国凌霄（中国树木分类学）

Campsis radicans (L.) Seem. in J. Bot. 5: 372. 1867; 中国植物志69: 33. 1990.

原产美洲。辽宁省大连有栽培。

垂直绿化的好材料。茎治腹痛；花用于月经不调；全株治胃肠炎、跌打骨折。

■ 厚萼凌霄

叶

叶背面观

花萼

花正面观

花侧面观

植株一部分

（2）凌霄（中国植物志，Flora of China）；中国凌霄（俗称）

Campsis grandiflora (Thunb.) Loisel. in Nat. Pflanzenfam. 4(3b): 230. 1894; 中国植物志69: 33. 图版1: 1～3. 1990; Fl. China 18: 220. 1998.

分布长江流域以及河北、山东、河南、福建、广东、广西、陕西等省区。辽宁省大连有栽培。

优良的垂直绿化材料。花有行血祛瘀、凉血祛风作用，茎、叶有凉血、散瘀作用。

■ 凌霄

花萼

叶背面观

植株

植株一部分

161. 狸藻科 Lentibulariaceae

Lentibulariaceae Rich., Fl. Paris. 1: 23 (ed. fol.), 26 (ed. qto.). 1808, *nom. cons.*

木贼门、木贼亚门、木兰纲、蔷薇亚纲、菊超目、唇形目（Lamiales）。

多年生或一年生水生食虫植物。叶基生，莲座状，或互生，稀轮生，沉水叶羽状细裂，裂片丝状或细线状，具捕虫小囊体。花两性，两侧对称，单生或多花组成总状花序；花萼2～5裂；花冠唇形，上唇小而2裂，下唇大而3裂，基部有距或囊状凸起；雄蕊2，着生于花冠筒基部，花药1室；子房上位，1室，花柱极短，柱头2裂，特立中央胎座，胚珠多数。蒴果，2或4裂；种子多数。

本科全世界有3属290～320种，广布于世界各地，主产于热带地区。中国产2属，约27种，南北各地均有分布。东北地区产2属5种1亚种。

分属检索表

1. 叶羽状细裂，裂片丝状或细线状，基部有捕虫小囊体；总状花序，萼2裂，花冠喉部有明显的膜瓣遮蔽 ……………………………………………………………………………… 1. 狸藻属 Utricularia

1. 叶椭圆形或卵形，表面密生腺毛，分泌黏液以捕虫；花单生，萼5裂，花冠喉部张开 ………2. 捕虫堇属 Pinguicula

1 狸藻属 *Utricularia* L.

Utricularia L., Sp. Pl. 18. 1753.

水生或沼生食虫植物。叶羽状细裂或掌状多裂，裂片丝状或细线状，基部具捕虫小囊体。花葶直立，分枝或不分枝，伸出水面，具鳞片状小叶；总状花序，花两性，两侧对称；花萼2裂，裂片全缘或浅裂；花冠唇形，上唇直立，2裂或全缘，下唇大，2～3浅裂或全缘，基部有距；雄蕊2，花丝宽，花药卵圆形。蒴果球形，2瓣裂；种子多数，倒卵形或椭圆形，有小点或皱纹。

本属全世界约220种，主产于中美洲、南美洲、非洲、亚洲和澳大利亚热带地区，少数种分布于北温带地区。中国有25种，主产于长江以南各省区，少数种分布于长江以北地区。东北地区产4种1亚种。

分种检索表

1. 叶器长2～10（～15）毫米，末回裂片狭线形至线形且扁平；花冠长8～13毫米
  2. 叶器的末回裂片无刚毛或具1～3根小刚毛；捕虫囊不仅生于无色枝的退化叶器上，也生于绿色枝叶器上；花冠长8～10毫米，距囊状，顶端钝形，宽大于长…………………………………………… **1. 细叶狸藻 U. minor** L.
  2. 叶器的末回裂片具5～21根小刚毛；捕虫囊生于无色枝的退化叶器上；花冠长9～13毫米，距圆锥状，顶端钝形或近急尖，长大于宽 …………………………………………………………… **2. 异枝狸藻 U. intermedia** Hayne
1. 叶器长15～60毫米，末回裂片毛发状；花冠长10～18毫米。
  3. 无冬芽；花序梗无鳞片；苞片基部非耳状；种皮表面具不明显的细网状突起 ……… **3. 黄花狸藻 U. aurea** Lour.
  3. 有冬芽；花序梗具1~4个鳞片；苞片基部耳状；种皮表面具网状突起（**4. 狸藻 U. vulgaris** L.）。
    4. 距短于花冠下唇，近直，仅背表面有内腺体 ………………………………**4a. 狸藻 U. vulgaris** subsp. **vulgaris.**
    4. 距近等长于花\冠下唇，明显向上弯曲，在背表面和腹表面都有内腺体
    ………………………………………………… **4b. 弯距狸藻 U. vulgaris** subsp. **macrorhiza** (Le Conte) R. T. Clausen

（1）细叶狸藻（内蒙古植物志，中国植物志，Flora of China）；小狸藻（黑龙江省植物志，东北植物检索表，东北草本植物志）

Utricularia minor L., Sp. Pl. 1: 18. 1753; 中国植物志69: 599. 图版164: 5～7. 1990; 内蒙古植物志（第二版）4: 357. 图版141: 8～9. 1993; 东北植物检索表（第二版）: 614. 图版304: 7. 1995; 黑龙江省植物志8: 386. 图版164: 5～6.2001; 东北草本植物志8: 139. 图版54：8～9. 2005; Fl. China 19: 490. 2011.

生池塘或沼泽中。产黑龙江省富锦、哈尔滨；吉林省长白山；内蒙古自治区牙克石市（乌尔旗汗）等地。

（2）异枝狸藻（中国植物志，Flora of China）；中狸藻（黑龙江省植物志，东北植物检索表，东北草本植物志）；小狸藻（内蒙古植物志）

Utricularia intermedia Hayne, J. Bot. (Schrader). (1): 18. 1800; 中国植物志69: 601. 图版164: 1～4. 1990;

■ 异枝狸藻

花侧面观

花正面观

绿色枝叶

■ 异枝狸藻

捕虫囊生无色枝上

植株一部分

植株

内蒙古植物志（第二版）4: 359. 图版141: 4 ~ 7. 1993; 东北植物检索表（第二版）: 614. 图版304: 6. 1995; 黑龙江省植物志8: 384. 图版164: 1 ~ 4.2001; 东北草本植物志8: 139. 图版54: 6 ~ 7. 2005; Fl. China 19: 490. 2011.

生沼泽地和池塘中。产黑龙江省伊春、哈尔滨、绥芬河、虎林、富锦、萝北、东宁、密山；内蒙古自治区牙克石、鄂伦春、鄂温克、科尔沁右翼前旗、科尔沁右翼中旗、扎赉特旗、宝格达山等地。

（3）黄花狸藻（中国植物志，Flora of China）

Utricularia aurea Lour. in Fl. Cochinch. 26. 1790; 中国植物志69: 604. 图版165: 1 ~ 7. 1990; Fl. China 19: 491. 2011.

生湖泊、池塘和稻田中。产吉林省镇赉县（莫莫格自然保护区）等地。

■ 黄花狸藻

花期植株

花果期植株

花序

■ 黄花狸藻

果序

居群

（4）狸藻（辽宁植物志，黑龙江省植物志，内蒙古植物志，东北植物检索表，东北草本植物志，中国植物志，Flora of China）

Utricularia vulgaris L., Sp. Pl.18. 1753; 中国植物志69: 602. 图版165: 13 ~ 14. 1990; 辽宁植物志（下册）: 355. 图版159. 1992; 内蒙古植物志（第二版）4: 357. 图版141: 1 ~ 3. 1993; 东北植物检索表（第二版）: 614. 图版304: 5. 1995; 黑龙江省植物志8: 386. 图版164: 7 ~ 9.2001; 东北草本植物志8: 138. 图版54: 3 ~ 5. 2005; Fl. China 19: 489. 2011.

（4a）狸藻（原亚种）

Utricularia vulgaris subsp. *vulgaris*

生水塘中、河边水中或沼泽地。产黑龙江省阿城、抚远、密山、萝北、虎林、汤原、哈尔滨、齐齐哈尔、伊春；吉林省安图、汪清、双辽、扶余、珲春、吉林；辽宁省旅顺口、金州、沈阳、新民、彰武、康平、北镇、辽阳、盖州；内蒙古自治区海拉尔、牙克石、满洲里、科尔沁右翼前旗、扎赉特旗、科尔沁左翼后旗、奈曼旗、东乌珠穆沁旗、锡林浩特、正蓝旗、阿巴嘎旗等地。

■ 狸藻

果序

花序

植株一部分

居群

（4b）弯距狸藻（内蒙古植物志，Flora of China）

Utricularia vulgaris subsp. *macrorhiza* (Le Conte) R. T. Clausen, Cornell Univ. Agric. Exp. Sta. Mem. 291: 9. 1949; Fl. China 19: 490. 2011; 内蒙古植物志（第三版）4: 348. 2020.

生森林带和草原带的河岸沼泽、湖泊、浅水中。产内蒙古自治区额尔古纳、牙克石、海拉尔、鄂温克、满洲里、扎赉特、科尔沁右翼前旗、科尔沁右翼后旗、奈曼旗、科尔沁左翼中旗、科尔沁左翼后旗、锡林郭勒等地。黑龙江省、辽宁省和吉林省也有记载，待调查核实。

■ 弯距狸藻

叶

花序一部分

花序

植株一部分

居群

2 捕虫堇属 *Pinguicula* L.

Pinguicula L., Sp. Pl. 17. 1753.

多年生陆生草本。根纤维状。根状茎通常粗短。叶基生呈莲座状，无托叶；叶片椭圆形或长圆形，边缘全缘并内卷，绿色，脆嫩多汁，上面密被分泌黏液的腺毛，能黏捕小昆虫。花单生，花梗1～8条，长而直立；花萼二唇形，宿存并增大，上唇3裂，下唇2裂；花冠近于二唇形，上唇2裂，常短于下唇，下唇3裂，喉部开放；距囊状、圆柱形、圆锥形或钻形；雄蕊2，花丝线形或狭线形，花药极叉开；子房球形或卵球形，胚珠多数；花柱短，柱头二唇形，下唇较大，边缘具细齿或呈流苏状。蒴果卵球形或椭圆球形，室背开裂。种子多数，椭圆球形或长球形，细小，种皮具网状突起，有时两端成翅状。

本属全世界约30种，以欧洲南部为中心，分布于北半球温带及中南美洲高山地区。中国有2种。东北地区产1种。

北捕虫堇（黑龙江省植物志，东北植物检索表，东北草本植物志，中国植物志，Flora of China）

Pinguicula villosa L., Sp. Pl. 1: 17. 1753; 中国植物志69: 584. 1990; 东北植物检索表（第二版）: 612. 1995; 黑龙江省植物志8: 383. 2001; 东北草本植物志8: 137. 2005; Fl. China 19: 481. 2011.

多年生草本；叶2～5，基生呈莲座状，脆嫩多汁；叶片卵圆形至椭圆形，边缘全缘并内卷，上面密生分泌黏液的腺毛，背面无毛；花单生，花冠淡紫色，喉部具黄色条纹，上唇2浅裂，下唇不等3浅裂，筒漏斗状，距狭圆柱状；蒴果卵球形，室背开裂。生泥炭沼泽中。产黑龙江省大兴安岭。

162. 马鞭草科 Verbenaceae

Verbenaceae J.St.-Hil., Expos. Fam. Nat. 1: 245. 1805, *nom. cons.*

木贼门、木贼亚门、木兰纲、蔷薇亚纲、菊超目、唇形目（Lamiales）。

草本、灌木、乔木或藤本，有时具皮刺或棘刺。茎常4棱。单叶对生或轮生，全缘或有齿。聚伞、总状、穗状、伞房状聚伞或圆锥花序，顶生或腋生；花两性或杂性，左右对称，少辐射对称；花萼5，宿存；花瓣5，合生，花冠弱二唇形，裂片覆瓦状排列；雄蕊4，2强雄蕊，花丝贴生于花冠；子房上位，全缘或微凹或4浅裂，2～4室，每室有1～2胚珠；胚珠竖立或悬垂；柱头明显2裂或不裂。核果，或分果分裂为2（～4）小坚果；种子1或2或4，通常无胚乳。

本科全世界有34属，约1200种，广布于热带至温带地区。中国产5属5种，产长江以南地区。东北地区产3属6种1变种，其中栽培5种1变种。

分属检索表

1. 子房2室；果实成熟后2瓣裂；叶片不分裂，边缘有近整齐的锯状齿 ……………… 1. 过江藤属 Phyla
1. 子房4室；果实成熟后4瓣裂；叶片深裂至浅裂，边缘有不整齐锯状齿。
  2. 花序穗状或伞房状 ……………… 2. 马鞭草属 Verbena
  2. 穗状花序短缩呈头状 ……………… 3. 美女樱属 Glandularia

1 过江藤属 *Phyla* Lour.

Phyla Lour. Fl. Cochinch. 66. 1790.

茎草质，四方形，有时基部木质化，匍匐或斜升，节易生根。单叶对生。花序头状或穗状，在结果时延长；花小，生于苞腋；花萼小，膜质，近二唇形；花冠柔弱，下部管状，上部扩展呈二唇形，上唇较小，全缘或浅2裂，下唇较大，3深裂；雄蕊4，着生于花冠管的中部，2枚在上，2枚在下；子房2室，每室有1胚珠；花柱短，着生于子房顶端，柱头头状。果成熟后干燥，分为2个分核。

本属全世界约10种，分布于亚洲、非洲、美洲。中国有1种1变种。东北地区栽培1变种。

过江藤（种子植物名称，中国植物志，Flora of China）

Phyla nodiflora (L.) Greene in Pittonia 4: 46. 1899; 中国植物志65(1): 19. 1982; Fl. China 17: 3. 1994.

（a）过江藤（原变种）

Phyla nodiflora var. *nodiflora*

中国产江苏、江西、湖北、湖南、福建、台湾、广东、四川、贵州、云南、西藏。东北地区不产

（b）姬岩垂草（辽宁省维管束植物名称考证）；小过江藤

Phyla nodiflora var. *minor* (Hook.) N. O′ Leary & M. E. Múlgura in Ann. Missouri Bot. Gard. 99: 2012.——*Ph. canescens* (Kunth) Greene in Pittonia 4: 48. 1899.

多年生草本；茎四方形，有时基部木质化，匍匐或斜升，节易生根；单叶对生；叶披针形，上半部

■ 姬岩垂草

枝叶

头状花序正面观

头状花序侧面观

匍匐茎

植株一部分

植株

边缘有锯状齿；花序头状，小花白色黄心，有香味。原产智利。辽宁省大连有栽培。

优良地被植物，也是很好的垂吊植物。花期长，是很好的蜜源植物。

2 马鞭草属 *Verbena* L.

Verbena L., Sp. Pl. 18. 1753.

一年生草本、多年生草本或亚灌木。茎直立或匍匐。叶对生、轮生或互生，近无柄，叶缘有齿至羽状深裂，极少无齿。顶生穗状花序、圆锥状花序或伞房状花序，稀有腋生花序；花生于狭窄的苞片腋内，蓝色或淡红色；花萼膜质，管状，有5棱，延伸出成5齿；花冠管直或弯，向上扩展成开展的5裂片；雄蕊4，着生于花冠管的中部，2枚在上，2枚在下，花药卵形，药室平行或微叉开；子房不分裂或顶端浅4裂，4室；花柱短，柱头2浅裂。果干燥包藏于萼内，成熟后4瓣裂为4个狭小的分核。

本属全世界约250种，除2~3种产东半球外，全部产于热带至温带美洲。中国有7种。东北地区产4种，其中栽培3种。

分种检索表

1. 花冠几乎被苞片覆盖；茎平卧或外倾；叶披针形 ……**1. 长苞马鞭草 V. bracteata** Cav. ex Lag. & J. D. Rodriguez

1. 花冠明显超出苞片。

  2. 聚伞花序；叶十字对生，初期椭圆形，花茎抽高后的叶细长如柳叶状 …………**2. 柳叶马鞭草 V. bonariensis** L.

  2. 穗状花序。

（接上表）

3. 穗状花序较粗壮；花大，花冠长于1厘米；叶片长圆形、卵圆形，边缘具粗齿…3. 白毛马鞭草 V. stricta Vent.

3. 穗状花序细瘦；花小，花冠长4～8毫米；叶片卵圆形至长圆状披针形，基生叶的边缘通常有粗锯状齿和缺刻，茎生叶多数3深裂……………………………………………………………………4. 马鞭草 V. officinalis L.

（1）长苞马鞭草（植物学通报，大连植物彩色图谱）

Verbena bracteata Cav. ex Lag. & J. D. Rodriguez in Anales Ci. Nat. 4: 260. 1801; 植物学通报22(1): 32～34. 2005; 大连植物彩色图谱1192. 2013.

生路边、荒地、空旷的斜坡等处。原产北美洲。分布辽宁省大连、金州。

本种为外来入侵植物，大量繁殖会侵占本土植物生态位，影响本土生物多样性。

■ 长苞马鞭草

茎叶

植株一部分

花序

植株

（2）柳叶马鞭草（大连植物彩色图谱）

Verbena bonariensis L., Sp. Pl.20 1753; 大连植物彩色图谱1193. 2013.

原产南美洲。辽宁省各地有栽培。

以观赏为目的引进，常大片种植以营造景观效果，也适合与其他植物配置，或用于园路边、滨水岸边、墙垣边群植，景观效果也佳；也可作花境的背景材料。

■ 柳叶马鞭草

花序一部分

花序

茎叶

植株

（3）白毛马鞭草（中国外来入侵植物志）；绒毛马鞭草（大连植物彩色图谱）

Verbena stricta Vent. in Descr. Pl. Nouv. 53. 1801; 大连植物彩色图谱1194. 2013; 中国外来入侵植物志3: 306. 2021.

原产北美洲。辽宁省各地有栽培，有逃逸，生路边的绿化带、荒地等生境。

以观赏为目的引进，株形整齐，花色雅致，是美化环境的好材料。

■ 白毛马鞭草

果序

果序一部分

花侧面观

花序一部分

植株一部分

植株

（4）马鞭草（中国植物志，Flora of China）

Verbena officinalis L., Sp. Pl. 20. 1753; 中国植物志65(1): 15. 图3. 1982; Fl. China 17: 3. 1994.

■ 马鞭草

花序

茎叶

植株

分布全世界的温带至热带地区。东北三省药草园有栽培。

有凉血、散瘀、通经、清热、解毒、止痒、驱虫、消胀作用。

3 美女樱属 *Glandularia* J. F. Gmel.

Glandularia J. F. Gmel., Syst. Nat., ed. 13bis. 2(2): 886, 920. 1792.

一年生草本、多年生草本。茎直立或匍匐。叶对生、轮生或互生，近无柄，叶片深裂至浅裂，边缘有不整齐锯状齿。穗状花序短缩呈头状。果干燥包藏于萼内，成熟后4瓣裂为4个狭小的分核。

本属全世界有84种。中国常见栽培3种。东北地区栽培2种。

分种检索表

1. 叶长圆状披针状三角形，有不等大的宽圆齿或近基部稍分裂；花冠长2～2.5厘米 ……………………………………………………1. 美女樱 *G.* × *hybrida* (Groenland & Rümpler) G. L. Nesom & Pruski

1. 叶二回羽状细裂，裂片线形；花冠长约1.2厘米 ……………………………2. 细叶美女樱 *G. tenera* (Spreng.) Cabrera

（1）美女樱（内蒙古植物志，大连地区植物志）；草五色梅（俗称）

Glandularia × *hybrida* (Groenland & Rümpler) G. L. Nesom & Pruski, Brittonia 44(4): 495. 1992.——

■ 美女樱

白色花

粉色花

植株一部分

植株

Verbena hybrida Voss. in Linnaea 7: 266. 1832; 大连地区植物志（中册）625. 图819. 1982; 内蒙古植物志（第二版）4: 185. 1993.

原产巴西、秘鲁、乌拉圭等地。辽宁省大连、内蒙古自治区南部有栽培。

株丛矮密，花繁色艳，花期长，可用作花坛、花境材料。全草具清热凉血作用。

（2）细叶美女樱（大连植物彩色图谱）；裂叶美女樱（俗称）

Glandularia tenera (Spreng.) Cabrera, Man. Fl. Alrededores Buenos Aires 398. 1953.——*Verbena tenera* Spreng. in Syst. Veg. 2: 750. 1825; 大连植物彩色图谱1191. 2013.

原产美洲热带地区。辽宁省大连等地有栽培。

叶形细美，株形整齐，为优良观花、观叶地被，适合大面积种植。

■ 细叶美女樱

茎叶

花序

植株

163. 唇形科 Lamiaceae（Labiatae）

Lamiaceae Martinov, Tekhno-Bot. Slovar 355 (1820), *nom. cons.*

Labiatae Juss., Gen. Pl. [Jussieu] 110 (1789), *nom. cons.*

木贼门、木贼亚门、木兰纲、蔷薇亚纲、菊超目、唇形目（Lamiales）。

草本、灌木或乔木。茎常四棱形。叶交互对生、轮生或互生。聚伞状花序，或再形成轮伞花序及穗状、圆锥状的复合花序；花萼多为二唇形，果时常增大；花冠二唇形，蜜腺发达，冠檐常5裂，常呈2/3式或1/4式二唇形，偶为单唇；雄蕊常4，2强，有时退化为2；花盘下位明显，其裂片有时呈指状增大；花柱顶端常2裂。果实多为4小坚果。

本科全世界有237属7173～7200种。中国产96属970种，广布于南北各地，主产于西南地区。东北地区产36属114种3亚种25变种6变型，其中栽培24种2变种。

分属检索表

1. 木本植物；子房不裂或微裂，或由2离生心皮组成；花柱自子房顶部伸出。
  2. 果实为干燥开裂的蒴果；花萼通常深5裂，很少4或6裂；雄蕊显著伸出花冠外 ……………… 1. 莸属 Caryopteris
  2. 果实不为干燥的蒴果，中果皮肉质。
    3. 掌状复叶或单叶；花冠二唇形 ……………………………………………………… 2. 牡荆属（黄荆属） Vitex

（接上表）

3. 单叶；花冠整齐。
4. 花冠5裂；顶生或上部腋生聚伞花序或圆锥花序…………………………… **3. 大青属（赪桐属）Clerodendrum**
4. 花冠4裂；常为腋生聚伞花序………………………………………………………………… **4. 紫珠属 Callicarpa**

1. 多数为草本植物，少数为木本植物；子房2～4深裂；花柱自子房基部伸出。
5. 花柱着生点高于子房基部，果脐为果高之半；花冠单唇形或假单唇形（上唇不发达），少为二唇形。
6. 雄蕊均发育；花冠单唇形或假单唇形；穗状或假穗状花序。
7. 花冠假单唇形，上唇极短，下唇3裂；花冠筒内有毛环………………………………… **5. 筋骨草属 Ajuga**
7. 花冠单唇形，无上唇，下唇5裂；花冠筒内无毛环…………………………………… **6. 香科科属 Teucrium**
6. 前雄蕊能育，后雄蕊退化；花冠二唇形。
8. 轮伞花序密集多花，在枝顶成单个头状花序，或为多个而远离；花大而鲜艳，有红、紫、白、灰白、黄色等，常具斑点；叶缘具齿 …………………………………………………………… **7. 美国薄荷属 Monarda**
8. 聚伞花序集成圆锥状；花小，蓝色至紫蓝色；叶3～4深裂 ……………………… **8. 水棘针属 Amethystea**
5. 花柱着生于子房裂隙的基部，果脐小；花冠二唇形或整齐。
9. 花萼二唇形。
10. 种子横生；子房有柄；小坚果具瘤……………………………………………………… **9. 黄芩属 Scutellaria**
10. 种子直生；子房通常无柄；小坚果光滑………………………………………………… **10. 薰衣草属 Lavandula**
9. 花萼具 5齿或3齿，不为二唇形，或为二唇形但均无盾片或凸起；子房无柄。
11. 雄蕊下倾，平卧于花冠下唇之上或包于其内；花冠下唇单一且全缘，上唇4浅裂。
12. 花冠下唇扁平或微凹，与上唇近等长或稍长，花冠筒不伸出花萼；轮伞花序排列成穗状、总状或圆锥状 ……………………………………………………………………………… **11. 罗勒属 Ocimum**
12. 花冠下唇内凹。
13. 雄蕊花丝在基部连合成筒形的鞘；花萼有1/4或3/2式二唇，果时增大；花序多种多样，但常具有色苞片；常为肉质草本……………………………………… **12. 马刺花属（延命草属）Plectranthus**
13. 雄蕊花丝分离；花萼有相等的5齿或3/2式二唇；花冠上唇具4圆裂片；聚伞花序排列成总状或圆锥状 …………………………………………………………………………… **13. 香茶菜属 Isodon**
11. 雄蕊上升或平展而直伸，不平卧于花冠下唇或包于其内。
14. 雄蕊藏于花冠筒内；花冠筒通常不伸出花萼；叶近圆形、掌状分裂 ……………… **14. 夏至草属 Lagopsis**
14. 两性花的雄蕊不藏于花冠筒内。
15. 花药近圆形，药室平叉开，顶端汇合成一室，散粉后扁平展开；萼齿5，近相等；雄蕊4；穗状花序。
16. 花冠近整齐，裂片4，近相等；花于花序上不偏向一侧，苞片与花不相对；水生或沼生植物 ………………………………………………………………………… **15. 刺蕊草属 Pogostemon**
16. 花冠二唇形，裂片（4～）5，明显不相等；花于花序上多偏向一侧，苞片与花相对；陆生植物 ……………………………………………………………………………… **16. 香薷属 Elsholtzia**
15. 花药非球形，药室平行或叉开，顶端不汇合成一室（糙苏属、龙头草属除外），在散粉后均不扁平展开。
17. 雄蕊2，药隔与花丝有关节相连成丁字形；萼齿3～5 ………………………… **17. 鼠尾草属 Salvia**
17. 雄蕊4或2，药隔与花丝无关节相连；萼齿5。
18. 花冠近整齐。

（接上表）

19. 花萼二唇形，果期增大且俯垂 …………………………………………… **18. 紫苏属 Perilla**
19. 花萼通常整齐，果期不俯垂。
20. 所有雄蕊均能育 ……………………………………………………… **19. 薄荷属 Mentha**
20. 前雄蕊能育，后雄蕊退化为丝状或消失 ………… **20. 地笋属（地瓜苗属） Lycopus**
18. 花冠明显二唇形。
21. 雄蕊2，后雄蕊退化或无 ……………………………… **21. 石荠苎属（荠苎属） Mosla**
21. 雄蕊4。
22. 后雄蕊比前雄蕊长。
23. 两对雄蕊彼此不平行。
24. 后雄蕊下倾，前雄蕊上升；花冠下唇中裂片基部不狭窄成爪状；叶不分裂 ……………………………………………………………… **22. 藿香属 Agastache**
24. 后雄蕊上升，前雄蕊向前直伸；花冠下唇中裂片向基部狭窄成爪状；叶指状三裂或羽状或二回羽状深裂 ……………………**23. 裂叶荆芥属 Schizonepeta**
23. 两对雄蕊平行上升于花冠上唇之下。
25. 萼齿基部夹角处有瘤状突起 ………………………**24. 青兰属 Dracocephalum**
25. 萼齿基部夹角处无瘤状突起。
26. 无地上匐枝。
27. 花萼囊状，果时膨胀成膀胱状；花大 … **25. 假龙头花属 Physostegia**
27. 花萼管状，果时稀膨大；花小 ……………………**26. 荆芥属 Nepeta**
26. 有地上匐枝。
28. 药室叉开成 90° ；叶先端通常钝 …………………………………… **27. 活血丹属（连钱草属） Glechoma**
28. 药室平行；叶先端通常尖 …………………… **28. 龙头草属 Meehania**
22. 后雄蕊比前雄蕊短。
29. 花萼二唇形，萼齿不同型。
30. 花萼下唇于果期不上弯封闭萼的喉部；4个雄蕊自基部展开直伸，不上升至花冠上唇之下；矮小半灌木 ………………………………… **29. 百里香属 Thymus**
30. 花萼下唇于果期上弯封闭萼的喉部；4个雄蕊均上升至花冠上唇之下；多年生草本 ……………………………………………………… **30. 夏枯草属 Prunella**
29. 花萼不为二唇形，萼齿近同型。
31. 花萼先端平截，具5小尖齿；花柱先端2裂片极不等长；后雄蕊花丝基部常凸出成附属物 ………………………………………… **31. 糙苏属 Phlomoides**
31. 花萼先端不平截，具5带刺尖的齿；花柱先端2裂片等长或近等长；花丝基部无附属物。
32. 花冠下唇有2角状突起；药室于花期横裂，内瓣较小、有纤毛，外瓣无毛 ……………………………………………………… **32. 鼬瓣花属 Galeopsis**
32. 花冠下唇无突起；药室不横裂，平行或平叉开。
33. 小坚果三棱形，顶端平截。
34. 花冠喉部腹状膨大；萼齿非针状 ……… **33. 野芝麻属 Lamium**

（接上表）

34. 花冠喉部不甚膨大；萼齿顶多刺状 … 34. 益母草属 Leonurus
33. 小坚果近卵球形或长圆形，顶端常钝圆。
35. 花柱先端2裂片明显不等大；苞片线形或针状，常有开展的长刺毛 ………………………………………… 35. 风轮菜属 Clinopodium
35. 花柱先端2裂片近等大；苞片有各种形状，无开展的长刺毛 …………………………………………………… 36. 水苏属 Stachys

1 莸属 *Caryopteris* Bunge

Caryopteris Bunge, Pl. Mongholico–Chin. 27. 1835.

草本、半灌木或灌木。茎直立或攀缘。单叶对生，全缘或具牙齿。花排列成疏松或密聚伞花序，很少单生。花萼（4～）5～（～6）裂；花冠短筒状，稍二唇形，边缘全缘或具牙齿；裂片5，下裂片大；雄蕊4，通常强烈外露，着生于花冠筒的顶端；子房4室，胚珠下垂或侧面附着，柱头2裂。果实干燥，通常分成4个小坚果。

本属全世界16种，分布于亚洲中部和东部。中国产14种。东北地区栽培2种。

分种检索表

1. 叶缘有锯状齿；叶背脉明显；子房顶端被短毛 ……………………………………… 1. 兰香草 C. incana (Thunb.) Miq.
1. 叶片全缘，稀有齿；叶背脉不明显；子房无毛 ………………………………………… 2. 蒙古莸 C. mongholica Bunge

（1）兰香草（中国植物志，Flora of China）；卵叶莸（江苏植物名录），马蒿（中国植物图鉴），莸（中国树木分类学）

Caryopteris incana (Thunb.) Miq. in Ann. Mus. Bot. 2: 97. 1866; 中国植物志65(1): 198. 图105. 1982; Fl. China17: 45. 1994.

分布江苏、安徽、浙江、江西、湖南、湖北、福建、广东、广西。辽宁省大连有栽培。

■ 兰香草

花序

植株一部分

植株

优良的园林观赏植物。全草有疏风解表、祛痰止咳、散瘀止痛作用。

（2）蒙古莸（中国植物志，Flora of China）

Caryopteris mongholica Bunge in Pl. Mongh. China 28. 1835; 内蒙古植物志（第二版）4: 186. 图版71: 4 ~ 6. 1993; 中国植物志65(1): 196. 图103. 1982; Fl. China 17: 44. 1994.

生长在海拔1100 ~ 1250米的干旱坡地，沙丘荒野及干旱碱质土壤上。产内蒙古自治区新巴尔虎右旗、苏尼特右旗等地。辽宁省大连等地有栽培。

优良的园林观赏植物。全草有消食理气、祛风湿、活血止痛作用，煮水代茶治腹胀、消化不良。

■ 蒙古莸

叶

花序

植株

2 牡荆属（黄荆属） *Vitex* L.

Vitex L., Sp. Pl. 638. 1753.

落叶或常绿灌木或乔木。茎直立或上升。掌状复叶（稀单叶），对生；小叶3 ~ 8，全缘、有齿、浅裂或深裂，背面常密被灰白绒毛。总状花序腋生或顶生或形成大形圆锥花序，花蓝紫色、白色或带黄色；花萼钟状，5齿裂，稀管状或漏斗状，有时略成二唇形，外面有微毛和黄色腺点，果期增大；花冠略长于萼，二唇形，上唇2裂，下唇3裂，中裂片较大；雄蕊2，2强；子房4室，柱头2裂。小坚果球形；种子倒卵形。

本属全世界约250种，主要分布于热带和温带地区。中国有14种，主产长江以南。东北地区产1种1亚种2变种1变型。

分种检索表

1. 匍匐灌木；单叶，广倒卵形或广椭圆形，先端圆或钝，全缘 ························ 1. 单叶蔓荆 V. rotundifolia L. f.
1. 直立灌木；掌状复叶（2. 黄荆 V. negundo L.）。
    2. 小叶全缘 ·· 2a. 黄荆 V. negundo var. negundo
    2. 小叶边缘有锯状齿或缺刻状锯状齿。
        3. 小叶边缘有缺刻状齿、浅裂或深裂，幼时背面密生灰白色绒毛（2b. 荆条 V. negundo var. heterophylla (Franch.) Rehd.）。

（接上表）

4. 花淡紫色 ……………………………………… 2ba. 荆条 V. negundo var. heterophylla f. heterophylla
4. 花白色 …………………… 2bb. 白花黄荆 V. negundo var. heterophylla f. albiflora H. W. Jen & Y. J. Chang
3. 小叶边缘有锯状齿，幼时背面疏生柔毛 …2c. 牡荆 V. negundo var. cannabifolia (Sieb. et Zucc.) Hand.-Mazz.

（1）单叶蔓荆（中国植物志，Flora of China）；蔓荆（辽宁植物志，东北植物检索表）

Vitex rotundifolia L. f. in Suppl. Pl. 294. 1782; 辽宁植物志（下册）: 179. 图版78: 5. 1992; Fl. China17: 30.1994; 东北植物检索表（第二版）: 554. 图版277: 3. 1995.——*Vitex trifolia* var. *simplicifolia* Cham. in Linnaea 107. 1832; 中国植物志65(1): 140. 图70. 1982.——*V. trifolia* subsp. *litoralis* Steenis in Blumea 8: 516. 1957; 辽宁植物: 1225. 2021.

生海边、沙滩及河边。产辽宁省大连、金州、长海、东港等地。

耐盐碱性好，耐瘠薄能力强，是盐碱地绿化、沙地治理的先锋植物。果有疏风散热作用，治感冒风热、神经性头痛、风湿骨痛。

■ 单叶蔓荆

叶背面观

花枝

果序

植株一部分

（2）黄荆（辽宁植物志，东北植物检索表，中国植物志，Flora of China）

Vitex negundo L., Sp. Pl.638. 1753; 中国植物志65(1): 141. 图版71. 1982; 辽宁植物志（下册）: 177. 图版78: 4. 1992; Fl. China17: 30.1994; 东北植物检索表（第二版）: 554. 图版277: 4. 1995.

（2a）黄荆（原变种）

Vitex negundo var. *negundo*

■ 黄荆

花

叶

植株一部分

生山坡或灌丛中。产辽宁省凌源。

茎皮可造纸及制人造棉。花和枝叶可提取芳香油。根、茎、叶有清热止咳、化痰截疟作用，果实有祛风、除痰、行气、止痛作用。

(2b) 荆条 (变种) (辽宁植物志，内蒙古植物志，东北植物检索表，中国植物志，Flora of China)

Vitex negundo var. *heterophylla* (Franch.) Rehd. in Journ. Arn. Arb. 28: 258. 1947; 中国植物志65(1): 145. 图版73. 1982; 辽宁植物志 (下册) : 177. 图版78: 1 ~ 3. 1992; 内蒙古植物志 (第二版) 4: 185. 图版71: 1 ~ 3. 1993; Fl. China 17: 31. 1994; 东北植物检索表 (第二版) : 554. 图版277: 5. 1995.

(2ba) 荆条 (原变型)

Vitex negundo var. *heterophylla* f. *heterophylla*

生山坡或灌丛中。产辽宁省本溪、凌源、建平、朝阳、建昌、喀左、北镇、锦州、兴城、绥中、沈阳、瓦房店、大连、金州；内蒙古自治区库伦旗、敖汉旗等地。

■ 荆条

叶背面密生灰白色绒毛

花序一部分

叶背面观

叶正面观

植株一部分

(2bb) 白花黄荆 (变型) (北京林业大学学报)

Vitex negundo var. *heterophylla* f. *albiflora* H. W. Jen & Y. J. Chang in J. Beijing Forest. Univ. 13(3): 2. 1991.

生山坡或灌丛中。产辽宁省凌源。

■ 白花黄荆

花序一部分

植株一部分

植株

（2c）牡荆（变种）（中国植物志，Flora of China）

Vitex negundo var. *cannabifolia* (Sieb. et Zucc.) Hand.–Mazz. in Act. Hort. Gotoburg. 9: 67. 1934; 中国植物志65(1): 143. 1982; Fl. China 17: 31. 1994.

生山坡路边灌丛中。产辽宁省大连。

■ 牡荆

叶背面疏生柔毛

叶

花序

植株

3 大青属（赪桐属） *Clerodendrum* L.

Clerodendrum L., Sp. Pl. 637. 1753 et Gen. Pl. ed. 5: 285. 1754.

落叶或常绿乔木、灌木或藤本，稀为草本。单叶对生，或3～5叶轮生，全缘或有齿，极少浅裂或掌状分裂。聚伞花序或圆锥花序顶生或腋生；萼钟状或管状，5齿裂或5浅裂，花冠筒细长，顶端5裂，裂片整齐或不整齐；雄蕊4，等长或2长2短，着生于冠筒上，稍弯曲，花后通常伸出花冠外；花柱伸出花冠外，柱头2裂，子房为不完全4室，胚珠4。浆果状核果，常有4浅槽或成熟后分裂为4分核（发育不全时为1～3分核）；种子长圆形。

本属全世界约400种，分布于热带和亚热带地区，少数分布于温带，主产于东半球。中国34种6变种，主产于西南、华南地区。东北地区产1种。

海州常山（辽宁植物志，东北植物检索表，中国植物志，Flora of China）

Clerodendrum trichotomum Thunb. in Fl. Jap. 256. 1784; 中国植物志65(1): 186. 1982; 辽宁植物志（下册）: 181. 图版79: 1. 1992; Fl. China17: 42. 1994; 东北植物检索表（第二版）: 554. 图版277: 2. 1995.

落叶灌木或小乔木；叶片广卵形；聚伞花序；花萼宿存，花蕾时绿白色，后变紫红色，5深裂；花冠白色或带粉红色，花冠管细长，顶端5裂；核果近球形，成熟时蓝紫色，包于宿存花萼内。生丘陵、山坡、路旁、林边、沟谷及溪边丛林中。产辽宁省丹东、东港、庄河、金州、大连等地。

花、果均有较高的观赏价值，为优良的园林观赏植物。根、叶有祛风除湿、降血压作用，带宿花萼或幼果有祛风湿、平喘作用。

■ 海州常山

叶

花

果实

植株

4 紫珠属 *Callicarpa* L.

Callicarpa L., Sp. Pl. 111. 1753.

直立灌木，稀乔木或藤本。小枝圆柱形或四棱形。单叶对生，有柄或近无柄，边缘有齿或全缘，被毛和腺点。聚伞花序腋生；花整齐；花萼短钟状，稀管状，截形或稍4裂；花冠紫色、红色或白色，顶端4裂；雄蕊4，着生于花冠基部，花丝等长，超出或等长于花冠，花药卵形至椭圆形；子房4室，胚珠4，花柱比雄蕊长，柱头膨大，不裂或2裂。浆果状核果，熟时紫色、红色或白色，2～4粒种子；种子小，长圆形。

本属全世界190余种，主要分布于热带和亚热带亚洲和大洋洲，少数种分布于美洲，极少数种可延伸到亚洲和北美洲的温带地区。中国有46种，主产长江以南。东北地区产2种。

分种检索表

1. 叶倒卵形或披针形；花丝长约为花冠的2倍 ………………………………… 1. 白棠子树 C. dichotoma (Lour.) K. Koch
1. 叶倒卵形、卵形或卵状椭圆形；花丝与花冠等长或稍长 ……………………………… 2. 日本紫珠 C. japonica Thunb

（1）白棠子树（大连树林图鉴，东北植物检索表，中国植物志，Flora of China）；小紫珠（俗称）

Callicarpa dichotoma (Lour.) K. Koch in Dendr. 2: 336. 1872; 中国植物志65(1): 54. 图23. 1982; Fl. China 17: 11. 1994; 东北植物检索表（第二版）: 554. 1995.

生溪边和山坡灌丛中。大连有栽培。

根、茎、叶有收敛止血，祛风除湿作用，用于吐血、咯血、衄血、便血等。

■ 白棠子树

叶

花序

果序

植株一部分

植株

（2）日本紫珠（辽宁植物志，东北植物检索表，中国植物志，Flora of China）

Callicarpa japonica Thunb. in Fl. Jap. 60. 1874; 中国植物志65(1): 71. 图版37. 1982; 辽宁植物志（下册）: 179. 图版79: 2. 1992; Fl. China17: 14. 1994; 东北植物检索表（第二版）: 554. 图版277: 1. 1995.

生山坡灌丛间。产辽宁省大连、庄河、旅顺口、长海等地。

花、果均有较高的观赏价值。根、叶、果实有清热，凉血，止血，消炎作用，用于各种出血。

■ 日本紫珠

花序

果序

植株一部分

植株

5 筋骨草属 *Ajuga* L.

Ajuga L., Sp. Pl. ed.: 561. 1753.

一、二年生或多年生草本，稀为灌木状。单叶对生，稀互生，有齿或缺刻，稀近全缘。轮伞花序具2至多数花，组成间断或密集的穗状花序，花两性；花萼通常具10脉，其中5副脉有时不明显，萼齿5，近整齐；花冠紫色、蓝色、黄色或白色等，花冠筒直或微弯，藏于萼筒内或伸出，冠檐二唇形，上唇极短，2裂，下唇宽大，3裂；雄蕊4，自花冠上唇间伸出，前雄蕊长于后雄蕊；子房4裂，花柱顶端2浅裂。小坚果通常为倒卵状三棱形，具宽大的果脐，约占腹面的1/2或2/3。

本属全世界40～50种，广布于欧亚大陆温带地区，极少数种出现于热带山区。中国有18种，12变种及5变型。东北地区产2种3变种。

分种检索表

1. 茎生叶线形、线状披针形或线状倒披针形，长3～7厘米，宽4～9毫米 ……… **1. 线叶筋骨草 A. linearifolia Pamp.**

1. 茎生叶椭圆状卵圆形至椭圆状长圆形，有时为卵状披针形，长1～3.5（～5）厘米，宽8～18（～30）毫米（**2. 多花筋骨草 A. multiflora Bunge**）。

（接上表）

2. 花冠蓝紫色或蓝色
  3. 植株高6～20厘米；茎基部叶不为莲座状；花长10～12毫米。
    4. 植株高达20厘米；茎及花序被柔毛；密集穗状聚伞花序；在花序下方的叶对生，椭圆状长圆形或椭圆状卵圆形，无柄；苞叶下部者与茎叶同形，向上渐小呈披针形或卵形，被柔毛状糙伏毛 ………… **2a. 多花筋骨草 A. multiflora** var. **multiflora**
    4. 植株高约12厘米；茎及花序密被长绢毛；花序短而密；在花序下方的叶常互生，披针形或长圆状披针形，具长柄；苞叶较小，披针形，被长绢毛 ………… **2b. 多花筋骨草短穗变种 A. multiflora** var. **brevispicata** C. Y. Wu et C. Chenv
  3. 植株高13～23厘米；茎基部叶常作莲座状，卵状长圆形，上部的叶及苞叶常为宽卵形或几乎圆形，边缘具粗锯状齿；花长达18毫米 ………… **2c. 多花筋骨草莲座变种 A. multiflora** var. **serotina** Kitag.
2. 花冠粉红色 ………… **2d. 粉花筋骨草 A. multiflora** var. **roseolum** Z. S. M.

（1）线叶筋骨草（辽宁植物志，东北植物检索表，东北草本植物志，中国植物志，Flora of China）

Ajuga linearifolia Pamp. in Nuovo Giorn. Bot. Ital. n.s., 17: 703. 1910; 中国植物志65(2): 81. 1977; 东北草本植物志7: 170. 图版88: 1～5. 1981; 辽宁植物志（下册）: 188. 图版82: 1～5. 1992; Fl. China 17: 69. 1994; 东北植物检索表（第二版）: 558. 图版278: 1. 1995.

生山地干草坡及沟边。产辽宁省大连、瓦房店、北镇。

全草用于感冒头痛。

■ 线叶筋骨草

苗期植株

茎叶

果期植株一部分

花期植株一部分

花期植株

（2）多花筋骨草（辽宁植物志，黑龙江省植物志，内蒙古植物志，东北植物检索表，东北草本植物志，中国植物志，Flora of China）

Ajuga multiflora Bunge in Enum. Pl. China Bor. 51. 1833; 中国植物志65(2): 69. 1977; 东北草本植物志7: 170. 图版88: 6. 1981; 辽宁植物志（下册）: 188. 图版82: 6. 1992; 内蒙古植物志（第二版）4: 191. 图版73: 1 ~ 4. 1993; Fl. China 17: 66. 1994; 东北植物检索表（第二版）: 558. 图版278: 2. 1995; 黑龙江省植物志8: 205. 图版93.2001.

（2a）多花筋骨草（原变种）

Ajuga multiflora var. *multiflora*

生开阔的山坡疏草丛或河边草地或灌丛中。产黑龙江省哈尔滨、虎林、密山、穆棱、宁安（镜泊湖）、嘉荫；吉林省永吉、蛟河；辽宁省沈阳、西丰、北镇、桓仁、抚顺、新宾、凤城、丹东、鞍山、庄河、金州、大连；内蒙古自治区额尔古纳、牙克石、阿尔山、喀喇沁旗、乌兰浩特、科尔沁右翼前旗等地。

全草用于跌打损伤、肺热咳嗽、咯血、痈疮肿毒，也作利尿药。

■ 多花筋骨草

居群1

居群2

全株

植株一部分

植株

（2b）多花筋骨草短穗变种（中国植物志，Flora of China）

Ajuga multiflora var. *brevispicata* C. Y. Wu et C. Chenv in Act. Phytotax. Sin. 12 (1): 26. 1974; 中国植物志65(2): 70. 1977; Fl. China17: 67. 1994.

生开阔的山坡疏草丛。模式标本采自辽宁省鞍山（千山）。

（2c）多花筋骨草莲座变种（中国植物志，Flora of China）；莲座筋骨草（辽宁植物志，黑龙江省植物志，东北植物检索表，东北草本植物志）

Ajuga multiflora var. *serotina* Kitag. in Lineam. Fl. Mansh. 375, Tab. IX. 1939; 中国植物志65(2): 70. 1977; 东北草本植物志7: 172. 1981; 辽宁植物志（下册）: 189. 1992; Fl. China17: 67. 1994; 东北植物检索表（第二版）: 558. 1995; 黑龙江省植物志8: 207.2001.

生开阔的山坡疏草丛。产黑龙江省中部和西部草原至西北部地区；辽宁省沈阳。

（2d）粉花筋骨草（变种）（辽宁师范大学学报）

Ajuga multiflora var. *roseolum* Z. S. M., 辽宁师范大学学报40(3): 361～365. 2017.

生开阔的山坡疏草丛或疏林下。产辽宁省庄河、鞍山（千山）。

■ 多花筋骨草莲座变种

植侏

植株下部

■ 粉花筋骨草

植株一部分

居群

6 香科科属 *Teucrium* L.

Teucrium L., Sp. Pl. 563. 1753.

多年生草本、半灌木或灌木，常具地下茎及匍匐枝。单叶对生，叶片全缘、有齿或分裂。轮伞花序通常具2～3花，稀为多花，于茎及分枝上部排列成假穗状花序；花萼钟状或筒形，萼齿5，二唇形或近相等，二唇形者下唇二齿较狭；花冠仅具单唇，花冠筒内无毛环，唇片具5裂片，中裂片较大，侧裂片较短小；雄蕊4，前雄蕊稍长，均自花冠后方弯缺处伸出，花药极岔开；子房近球形，顶端4浅裂，花柱着生于子房顶部裂隙间，柱头2裂。小坚果倒卵形，合生面约为果长的1/2或更长；种子近球形。

本属全世界100～300种，遍布于世界各地，盛产于地中海区。中国有18种，10变种，分布于全国各地，集中于西南部。东北地区产2种。

分种检索表

1. 花冠长11～12毫米；叶片卵圆状长圆形，长2.5～4厘米，宽1～1.6厘米；叶柄长4～8毫米
  ……………………………………………………………………………1. 黑龙江香科科 T. ussuriense Kom.
1. 花冠长7～8毫米；叶片近圆形或卵状三角形，长2～4厘米，宽1.8～3厘米；叶柄长1～2厘米
  …………………………………………………………………………… 2. 裂苞香科科 T. veronicoides Maxim.

（1）黑龙江香科科（辽宁植物志，黑龙江省植物志，内蒙古植物志，东北植物检索表，东北草本植物志，中国植物志，Flora of China）

Teucrium ussuriense Kom. in Izv. Bot. Sada Akad. Nauk S.S.S.R. 30: 208. 1931; 中国植物志65(2): 39. 图版5: 11 ~ 16. 1977; 东北草本植物志7: 169. 图版87. 1981; 辽宁植物志（下册）: 186. 图版81. 1992; 内蒙古植物志（第二版）4: 191. 图版72: 5 ~ 8. 1993; Fl. China17: 59. 1994; 东北植物检索表（第二版）: 573. 图版286: 1. 1995; 黑龙江省植物志8: 267. 图版115.2001.

生向阳山坡及河边。产黑龙江省绥芬河流域附近；辽宁省大连、金州、喀左；内蒙古自治区多伦等地。

全草有清暑化湿、芳香健胃作用。

■ 黑龙江香科科

根部

花

居群

植株一部分

植株

（2）裂苞香科科（辽宁植物志，东北植物检索表，东北草本植物志，中国植物志，Flora of China）

Teucrium veronicoides Maxim. in Bull. Acad. Imp. Sci. Saint–Pétersbourg 23: 388. 1877; 中国植物志65(2): 31. 图版4: 9 ~ 14. 1977; 东北草本植物志7: 167. 1981; 辽宁植物志（下册）: 185. 1992; Fl. China 17: 57. 1994; 东北植物检索表（第二版）: 573. 1995.

生山地林下。产辽宁省大连、昌图、抚顺、本溪、宽甸。

■ 裂苞香科科

花序

居群

植株一部分

7 美国薄荷属 *Monarda* L.

Monarda L., Sp. Pl. ed. 1: 22. 1753.

一年生或多年生直立草本。叶具柄，边缘具齿。苞片与茎叶同形，较小。轮伞花序密集多花，在枝顶成单个头状花序，或为多个而远离；花萼管状，伸长，直立或稍弯，具15脉，萼齿5，近相等，在喉部常有长柔毛或硬毛；花冠鲜艳，冠檐二唇形，上唇狭窄，直伸或弓形，下唇开展，浅3裂，中裂片较大，先端微缺；前对雄蕊能育，插生于下唇下方冠筒内，花丝分离，花药线形；花柱先端2裂，裂片钻形，近相等。小坚果卵球形，光滑。

本属全世界6～12种，分布于北美洲（至墨西哥）。中国栽培2种，东北地区均有栽培。

分种检索表

1. 茎锐四棱形；花冠上唇先端稍外弯；花萼喉部疏被长硬毛 ………………………………… 1. 美国薄荷 M. didyma L.
1. 茎钝四棱形；花冠上唇先端稍内弯；花萼喉部密被白色长髯毛 ……………………… 2. 拟美国薄荷 M. fistulosa L.

（1）美国薄荷（中国植物志，Flora of China）；马薄荷（俗称）

Monarda didyma L., Sp. Pl.22. 1753; 中国植物志66: 201. 图版47: 6～7. 1977; Fl. China 17: 223. 1994.

多年生草本；叶片卵状披针形，基部圆形，边缘具不等大的锯状齿；轮伞花序在茎顶密集成头状花

■ 美国薄荷

花冠上唇先端稍外弯

花序

居群

序；苞片叶状；花冠紫红色或深红色，长约为花萼2.5倍，冠檐二唇形，上唇全缘，下唇3裂。原产北美洲。辽宁省金州有栽培。

以观赏为目的引进，花形别致，花色艳丽，是良好的花境材料。

（2）拟美国薄荷（中国植物志，Flora of China，中国归化植物名录）

Monarda fistulosa L., Sp. Pl. ed. 1: 22. 1753; 中国植物志66: 201. 图版47: 6 ~ 7. 1977; Fl. China 17: 223. 1994; The Checklist of the Naturalized Plants in China: 132. 2019.

原产北美洲。辽宁省大连、辽阳等地有栽培。

以观赏为目的引进，花形别致，花色艳丽，是良好的花境材料。

■ 拟美国薄荷

头状果序

头状果序一部分

花冠上唇先端稍内弯

植株一部分

居群

8 水棘针属 *Amethystea* L.

Amethystea L., Sp. Pl. 21. 1753.

一年生草本。叶3裂，稀不裂或5裂，边缘有齿。由松散而具长梗的聚伞花序组成圆锥状的大花序；苞叶与茎生叶同形，向上渐小；花蓝色或紫蓝色；萼钟形，具10脉，萼齿5，近整齐；花冠筒内藏或略长于萼，冠檐二唇形，上唇2裂，下唇3裂，中裂片较大；雄蕊4，前雄蕊能育，初时向后伸长，后自上唇裂片间明显伸出，花药2室，药室岔开，纵裂，后雄蕊退化至微小或几乎无，花柱先端不相等2裂，后裂片短或不明显。小坚果倒卵状三棱形，背面具网状皱纹，腹面具棱及两个侧面，合生面达果实的2/3。

本属全世界仅1种，分布极广，北自俄罗斯西伯利亚，南至中国云南，东至日本，西至伊朗。东北地区有分布。

水棘针（辽宁植物志，黑龙江省植物志，内蒙古植物志，东北植物检索表，东北草本植物志，中国植物志，Flora of China）

Amethystea caerulea L., Sp. Pl.21. 1753; 中国植物志65(2): 93. 图版17: 1 ~ 6. 1977; 东北草本植物志7: 172. 图版89. 1981; 辽宁植物志（下册）: 190. 图版83. 1992; 内蒙古植物志（第二版）4: 194. 图版73: 5 ~ 7. 1993; Fl. China 17: 55. 1994; 东北植物检索表（第二版）: 558. 图版278: 4. 1995; 黑龙江省植物志8: 208. 图版94.2001.

一年生草本；茎带紫色，多分枝；叶片通常为3全裂或3深裂，裂片披针形，边缘具粗锯状齿或重锯状齿；圆锥花序；花冠蓝色或紫蓝色；小坚果倒卵状三棱形，背面具网状皱纹，腹面具棱。生田间、田边、路旁、荒地、杂草地、山坡、灌丛等处。产黑龙江省密山、虎林、萝北、黑河、东宁、孙吴、阿城、尚志、哈尔滨、伊春；吉林省抚松、安图、长白、和龙、敦化、珲春、汪清、九台、通榆、双辽、前郭；辽宁省各地；内蒙古自治区额尔古纳、牙克石、鄂伦春、新巴尔虎左旗、科尔沁右翼前旗、科尔沁左翼后旗、扎鲁特旗、敖汉旗、巴林右旗、阿鲁科尔沁旗、克什克腾旗、喀喇沁旗、宁城、林西、赤峰市红山区、东乌珠穆沁旗、锡林浩特、正蓝旗、镶黄旗、多伦等地。

可代荆芥药用。嫩苗可食。

■ 水棘针

苗期植株

花序

植株一部分

植株上部

9 黄芩属 *Scutellaria* L.

Scutellaria L., Sp. Pl. 598. 1753.

多年生或一年生草本，或半灌木，稀灌木。叶对生。花腋生，对生或有时上部者互生，或组成顶生或侧生的总状或穗状花序；萼二唇形，唇片全缘，上唇后期脱落，下唇宿存；花冠筒伸出萼外，基部膝曲而多呈囊状增大，下部狭而向上趋向喉部扩大，冠檐二唇形，上唇直伸，盔瓣状，下唇3裂，中裂片较宽大而开展，两侧裂片较小；雄蕊4，前雄蕊较长，花药退化为1室，后雄蕊通常较短，花药2室；花柱先端成锥状尖，不均等地2浅裂，后裂片短。小坚果具瘤，有时有毛或刺状凸起。

本属全世界大约350种，广布于世界各地，但热带非洲少见，非洲南部全无。中国产98种。东北地区产12种6变种。

分种检索表

1. 根状茎念珠状 ……………………………………………………………… **1. 念珠根茎黄芩 S. moniliorrhiza** Kom.
1. 根状茎不呈念珠状。
  2. 顶生总状花序。
    3. 花冠黄白色、近黄色或微带绿色 …………………………………… **2. 黏毛黄芩 S. viscidula** Bunge
    3. 花冠紫蓝色、蓝色、蓝紫色。
      4. 叶全缘 ……………………………………………………………………… **3. 黄芩 S. baicalensis** Georgi
      4. 叶有牙状齿或锯状齿。
        5. 多年生草本；根状茎粗而长，木质；茎较密被开展或下曲的粗硬毛；花冠长24～29毫米 ………………………………………………………………… **4. 木根黄芩 S. planipes** Nakai et Kitag.
        5. 一年生草本；根状茎细长，常分生细长匍匐枝；茎被上曲柔毛；花冠长15～18毫米（**5. 京黄芩 S. pekinensis** Maxim.）。
          6. 茎及叶柄常绿色，不带紫色。
            7. 茎疏被上曲的白色小柔毛，以茎上部者较密；叶草质，两面疏被伏贴的小柔毛，下面以沿各脉上较密；花萼密被小柔毛 ………………………………………… **5a. 京黄芩 S. pekinensis** var. **pekinensis**
            7. 茎几乎无毛或被极疏的小柔毛；叶膜质，上面无毛或着生于基部者被糙伏毛，下面仅沿脉上被极疏的柔毛；花萼仅脉上被疏柔毛… **5b. 黑龙江黄芩 S. pekinensis** var. **ussuriensis** (Regel) Hand.–Mazz.
          6. 茎及叶柄常带紫色，密被短柔毛；叶两面疏被具节柔毛，下面沿脉上密被短柔毛 …………………… **5c. 京黄芩紫茎变种 S. pekinensis** var. **purpureicaulis** (Migo) C. Y. Wu et H. W. Li
  2. 单花腋生。
    8. 叶呈戟形，锯状齿十分发达。
      9. 花长达1.3厘米；花梗花后下垂；苞叶与茎叶异形 ………………………… **6. 半枝莲 S. barbata** D. Don
      9. 花长5～6.5毫米；花梗花后不下垂；苞叶与茎叶同形 ……………………… **7. 纤弱黄芩 S. dependens** Maxim.
    8. 叶不呈戟形。
      10. 叶下面不具凹腺点，且明显隆起；叶矩圆状披针形，宽8～13毫米，具圆齿状锯状齿；茎除沿棱角疏被下曲短柔毛外余均无毛 ……………………………………………………… **8. 盔状黄芩 S. galericulata** L.
      10. 叶下面具明显的凹腺点或有不明显的颗粒状腺点。
        11. 茎被开展的或倒向的短柔毛；花冠长14～15毫米；叶背面并有微小、不明显的颗粒状腺点 …………………………………………………………………… **9. 图们黄芩 S. tuminensis** Nakai
        11. 茎生有上曲的微柔毛或短柔毛，稀有开展的短毛，无倒生毛；花冠长17～25毫米；叶背面具明显的凹陷腺点或颗粒状腺点。
          12. 叶背面生有颗粒状的小腺点，边缘通常全缘或稍有低平的疏齿（**10. 狭叶黄芩 S. regeliana** Nakai）。

（接上表）

13. 茎被有上曲短小柔毛，通常在棱上较密集；叶上面密被微糙毛，下面密被微柔毛，脉上尤著，有分散的细粒状腺体 ……………………………………… **10a. 狭叶黄芩 S. regeliana** var. **regeliana**

13. 茎仅沿棱上被贴生很短的小柔毛；叶上面无毛或散布微糙毛，下面仅在脉上及叶缘被贴生很短的小柔毛，余部有分散细粒状腺体

…………………… **10b. 狭叶黄芩塔头变种 S. regeliana** var. **ikonnikovii** (Juz.) C. Y. Wu et H. W. Li

12. 叶背面生有明显的凹陷的腺点，边缘有齿。

14. 叶两面密被硬毛或糙伏毛；茎大多自基部开展分枝；叶多为椭圆形，稀卵圆形或长圆形，边缘锯状齿较不发达………………………………………………… **11. 沙滩黄芩 S. strigillosa** Hemsl.

14. 叶无毛或疏被微柔毛，或被紧贴的短柔毛，或被具节长伏毛；茎不分枝，或具或多或少或长或短的分枝；叶片三角状狭卵形、三角状卵形或披针形，边缘大多具浅锐牙齿（**12. 并头黄芩 S. scordifolia** Fisch. ex Schrank）。

15. 叶上面无毛；茎只在棱上疏被微柔毛或几乎无毛。

16. 叶三角状狭卵形、三角状卵形或披针形，长1.5～3.8厘米，宽0.4～1.4厘米，先端大多钝，稀微尖，边缘大多具浅锐牙齿，稀生少数不明显的波状齿，极少近全缘，具多数凹点或不具凹点 ………………………………… **12a. 并头黄芩 S. scordifolia** var. **scordifolia**

16. 叶披针状线形至线形，长1.4～4厘米，宽2～6毫米，先端极钝，全缘或具少数远离的小圆齿，密生凹点 ……………………………………………… **12b. 并头黄芩喜沙变种 S. scordifolia** var. **ammophila** (Kitag.) C. Y. Wu et W. T. Wang

15. 叶上面和茎或多或少被毛。

17. 叶上面及茎上部毛被较密，且系具节长伏毛 …………… **12c. 并头黄芩雾灵山变种 S. scordifolia** var. **wulingshanensis** (Nakai & Kitag.) C. Y. Wu et W. T. Wang

17. 叶上面疏被但在下面除脉外亦被有紧贴微柔毛；茎沿棱上被有较密的上曲微柔毛

………………12d. 并头黄芩微柔毛变种 S. scordifolia var. puberula Regel ex Komarov

（1）念珠根茎黄芩（中国植物志，Flora of China）；串珠黄芩（东北植物检索表，东北草本植物志）

Scutellaria moniliorrhiza Kom. in Trudy Imp. S.–Peterburgsk. Bot. Sada 25: 346. 1907; 中国植物志65(2):

■ 念珠根茎黄芩

根部

植株一部分

236. 1977; 东北草本植物志7: 185. 图版94: 1 ~ 3. 1981; Fl. China 17: 101. 1994; 东北植物检索表（第二版）: 571. 图版284: 4. 1995.

生山地泉旁碎石滩上草丛及沼地中。产吉林省抚松（模式标本采自长白山地区）；辽宁省桓仁。

（2）黏毛黄芩（内蒙古植物志，东北植物检索表，东北草本植物志，中国植物志，Flora of China）

Scutellaria viscidula Bunge, Mém. Acad. Imp. Sci. St.–Pétersbourg Divers Savans. 2: 126. 1833; 中国植物志65(2): 198. 1977; 东北草本植物志7: 178. 1981; 内蒙古植物志（第二版）4: 199. 图版75: 6 ~ 9. 1993; Fl. China 17: 93. 1994; 东北植物检索表（第二版）: 571. 图版285: 6. 1995.

生海拔700 ~ 1400米的沙砾地、荒地或草地。产吉林省通榆；内蒙古自治区科尔沁右翼中旗、扎赉特旗、扎鲁特旗、翁牛特旗、巴林右旗、克什克腾旗、赤峰市红山区、东乌珠穆沁旗、西乌珠穆沁旗、锡林浩特、正蓝旗等地。

■ 黏毛黄芩

花序

植株一部分

植株

（3）黄芩（辽宁植物志，黑龙江省植物志，内蒙古植物志，东北植物检索表，东北草本植物志，中国植物志，Flora of China）

Scutellaria baicalensis Georgi in Reise 1: 223. 1775; 中国植物志65(2): 194. 图版42. 1977; 东北草本植物志7: 176. 图版90. 1981; 辽宁植物志（下册）: 193. 图版84. 1992; 内蒙古植物志（第二版）4: 197. 图版74. 1993; Fl. China 17: 92. 1994; 东北植物检索表（第二版）: 571. 图版284: 1. 1995; 黑龙江省植物志8: 257. 图版112: 1 ~ 4.2001.

生向阳草地及休荒地。产黑龙江省大庆、安达、哈尔滨、呼玛、肇东、肇州、林甸、明水、青岗、

■ 黄芩

花序

白花

果序

■ 黄芩

植株一部分

植株

讷河、富裕、杜尔伯特、甘南、萝北、汤原、东宁、黑河、逊克等地：吉林省镇赉、双辽、通榆、前郭尔罗斯；辽宁省法库、本溪、凤城、营口、盖州、普兰店、长海、金州、大连、北镇、葫芦岛、兴城、绥中、建平、建昌、凌源；内蒙古自治区海拉尔、额尔古纳、牙克石、鄂伦春、鄂温克、扎赉特旗、扎鲁特旗、巴林左旗、巴林右旗、喀喇沁旗、宁城、东乌珠穆沁旗、西乌珠穆沁旗、锡林浩特、太仆寺旗、多伦等地。

叶可代茶。根有清热燥湿、泻火解毒、止血、安胎作用，果实用于肠癖脓血。

（4）木根黄芩（辽宁植物志，东北植物检索表，东北草本植物志，热带亚热带植物学报）

Scutellaria planipes Nakai et Kitag. in Rep. Exped. Manchoukou Sect. IV. 1: 50. 1934; 东北草本植物志7:

■ 木根黄芩

根部

茎叶

花序

果序

植株上部

居群

178. 图版91: 5 ~ 6. 1981; 辽宁植物志（下册）: 195. 图版85: 5 ~ 6. 1992; 东北植物检索表（第二版）: 571. 图版284: 3. 1995; 热带亚热带植物学报50(2): 108 ~ 112. 2021.

生山坡、山阴坡沟旁多石地。产辽宁省凌源。

根药用同黄芩。

（5）京黄芩（辽宁植物志，黑龙江省植物志，东北植物检索表，东北草本植物志，中国植物志，Flora of China）

Scutellaria pekinensis Maxim. in Prim. Fl. Amur. 476. 1859; 中国植物志65(2): 181. 图版38: 5 ~ 8. 1977; 东北草本植物志7: 175. 图版91: 1 ~ 4. 1981; 辽宁植物志（下册）: 192. 图版85: 1 ~ 4. 1992; Fl. China 17: 89. 1994; 东北植物检索表（第二版）: 571. 图版284: 2. 1995; 黑龙江省植物志8: 260. 图版112: 8 ~ 9.2001.

（5a）京黄芩（原变种）

Scutellaria pekinensis var. *pekinensis*

生林缘、林间、沟边湿地、溪旁草地、干山坡。产黑龙江省饶河、虎林、伊春、宝清、富锦、尚志；吉林省安图；辽宁省西丰、铁岭、沈阳、岫岩、本溪、桓仁、宽甸、庄河、长海、大连、金州、兴城、朝阳、阜蒙；内蒙古自治区科尔沁左翼后旗（大青沟）、克什克腾旗、扎赉特旗等地。

全草有清热解毒作用，用于跌打损伤。

■ 京黄芩

茎叶

花序

果序

植株

（5b）黑龙江黄芩（变种）（内蒙古植物志，中国植物志，Flora of China）；乌苏里黄芩（辽宁植物志，黑龙江省植物志，东北植物检索表，东北草本植物志）

Scutellaria pekinensis var. *ussuriensis* (Regel) Hand.–Mazz. in Act. Hort. Gothob. 13: 339. 1939; 中国植物志65(2): 182. 1977; 东北草本植物志7: 176. 1981; 辽宁植物志（下册）: 193. 1992; 内蒙古植物志（第二版）4: 195. 图版7: 6. 1993; Fl. China 17: 89. 1994; 东北植物检索表（第二版）: 571. 1995; 黑龙江省植物志8: 260. 2001.

生林下、林缘、湿草地、溪流旁。产黑龙江省宁安、尚志、饶河、伊春等地；吉林省安图、抚松、珲春、敦化、浑江；辽宁省凤城、宽甸、本溪、桓仁、鞍山、大连、金州、普兰店、瓦房店；内蒙古自治区牙克石、科尔沁左翼后旗、大青沟等地。

■ 黑龙江黄芩

茎叶

植株

（5c）京黄芩紫茎变种（Flora of China，中国植物志）

Scutellaria pekinensis var. *purpureicaulis* (Migo) C. Y. Wu et H. W. Li, 中国植物志65(2): 183. 1977; Fl. China 17: 89. 1994.

生疏林下。产辽宁省凤城。

■ 京黄芩紫茎变种

花序

植株一部分

植株

（6）半枝莲（中国植物志，Flora of China）

Scutellaria barbata D. Don in Prodr. Fl. Nepal. 109. 1825; 中国植物志65(2)：229. 图版49: 5. 1977; Fl. China 17: 99. 1994.

生水田边、溪边或湿润草地上。产吉林省白城。其他地方有药草园栽培。

民间用全草代益母草煎水服，治妇女病；热天生痱子可用全草泡水洗；还可治肝炎、阑尾炎、咽喉炎、尿道炎等炎症，咯血、尿血、胃痛、疮痈肿毒、跌打损伤、蚊虫咬伤；尚有用于治疗早期癌症。

■ 半枝莲

花序

植株

（7）纤弱黄芩（辽宁植物志，黑龙江省植物志，内蒙古植物志，东北植物检索表，东北草本植物志，中国植物志，Flora of China）

Scutellaria dependens Maxim. in Prim. Fl. Amur. 219. 1859; 中国植物志65(2): 227. 1977; 东北草本植物志7: 181. 图版94: 4 ~ 7. 1981; 辽宁植物志（下册）: 195. 1992; 内蒙古植物志（第二版）4: 199. 图版6: 5 ~ 6. 1993; Fl. China17: 99. 1994; 东北植物检索表（第二版）: 571. 图版285: 4. 1995; 黑龙江省植物志8: 258. 图版112: 5 ~ 7.2001.

生海拔250米以下的溪畔或落叶松林中湿地上。产黑龙江省尚志、依兰、萝北、饶河、嫩江、伊春、哈尔滨；吉林省安图、靖宇、汪清、敦化；辽宁省西丰、新宾、本溪、北镇；内蒙古自治区扎兰屯、鄂伦春、扎赉特旗、科尔沁左翼后旗、多伦、宁城等地。

■ 纤弱黄芩

茎叶

植株

植株上部

（8）盔状黄芩（内蒙古植物志，中国植物志，Flora of China）

Scutellaria galericulata L., Sp. Pl. 599. 1753; 中国植物志65(2): 222. 图版48. 1977; 内蒙古植物志（第二

版）4: 203. 图版77: 4 ~ 5. 1993; Fl. China 17: 98. 1994.

生水沟旁冲积地上。产内蒙古自治区根河、鄂温克、锡林浩特等地。

■ 盔状黄芩

植株上部

植株中部

植株

（9）图们黄芩（黑龙江省植物志，东北植物检索表，东北草本植物志，中国植物志，Flora of China）

Scutellaria tuminensis Nakai, Bot. Mag. (Tokyo). 35: 198. 1921; 中国植物志65(2): 235. 1977; 东北草本植物志7: 184. 图版93: 7 ~ 8. 1981; Fl. China 17: 101. 1994; 东北植物检索表（第二版）: 571. 图版285: 2. 1995; 黑龙江省植物志8: 263. 图版113: 4 ~ 5.2001.

生海拔600米以下河边草甸。产黑龙江逊克、呼玛、密山、逊克；吉林省图们（模式标本采集地）、安图；内蒙古自治区海拉尔等地。

■ 图们黄芩

茎叶

植株一部分

植株

（10）狭叶黄芩（黑龙江省植物志，东北植物检索表，东北草本植物志，中国植物志，Flora of China）

Scutellaria regeliana Nakai in Bot. Mag. (Tokyo) 35: 197. 1921; 中国植物志65(2): 224. 1977; 东北草本植物志7: 180. 图版93: 1 ~ 6. 1981; Fl. China 17: 98. 1994; 东北植物检索表（第二版）: 571. 图版285: 3. 1995; 黑龙江省植物志8: 261. 图版113: 1.2001.

（10a）狭叶黄芩（原变种）

Scutellaria regeliana var. *regeliana*

■ 狭叶黄芩

茎

花序

果序

植株一部分

居群

生河岸或沼泽地。产黑龙江省呼玛、虎林、伊春、肇东、安达、杜尔伯特、哈尔滨、密山；吉林省珲春、敦化、抚松、靖宇、安图；辽宁省沈阳、法库、铁岭、桓仁、新宾、北镇；内蒙古自治区额尔古纳、牙克石、海拉尔、鄂伦春、扎鲁特旗、科尔沁左翼后旗、扎赉特旗、科尔沁右翼中旗、巴林右旗等地。

（10b）狭叶黄芩塔头变种（中国植物志）；塔头黄芩（内蒙古植物志）

Scutellaria regeliana var. *ikonnikovii* (Juz.) C. Y. Wu et H. W. Li, 中国植物志65(2): 226. 1977; 内蒙古植物志（第二版）4: 201. 图版77: 1 ~ 3. 1993; Fl. China 17: 99. 1994.

■ 狭叶黄芩塔头变种

花正面观

花侧面观

植株一部分

植株

散生河岸或莎草沼泽草甸上。产黑龙江省尚志、带岭、牡丹江；吉林省蛟河、靖宇、图们、安图；内蒙古自治区额尔古纳、牙克石、扎鲁特旗、东乌珠穆沁旗、锡林浩特、多伦等地。

（11）沙滩黄芩（辽宁植物志，东北植物检索表，东北草本植物志，中国植物志，Flora of China）；海滨黄芩（辽宁植物志）

Scutellaria strigillosa Hemsl. in J. L. Soc., Bot. 36: 297. 1890; 中国植物志65(2): 234. 1977; 东北草本植物志7: 184. 图版92: 7. 1981; 辽宁植物志（下册）: 197. 图版86: 7. 1992; Fl. China17: 100. 1994; 东北植物检索表（第二版）: 573. 图版286: 1. 1995.

生海边沙地。产黑龙江省密山；辽宁省大连、长海、瓦房店、绥中、东港等地。

全草有清热利尿、消肿作用。

■ 沙滩黄芩

叶正面观

叶背面观

花序

果序

植株

（12）并头黄芩（辽宁植物志，黑龙江省植物志，内蒙古植物志，东北植物检索表，东北草本植物志，中国植物志，Flora of China）

Scutellaria scordifolia Fisch. ex Schrank in Denkschr. Bot. Ges. Regensb. 2: 55. 1822; 中国植物志65(2): 232. 1977; 东北草本植物志7: 181. 图版92: 1 ~ 6. 1981; 辽宁植物志（下册）: 197. 图版86: 1 ~ 6. 1992; 内蒙古植物志（第二版）4: 199. 图版76: 1 ~ 4. 1993; Fl. China 17: 100. 1994; 东北植物检索表（第二版）: 573.

图版285: 1. 1995; 黑龙江省植物志8: 261. 图版113: 2 ~ 3.2001.

（12a）并头黄芩（原变种）

Scutellaria scordifolia var. *scordifolia*

生草地、住宅附近、田边、沙地等处。产黑龙江省五大连池、北安、伊春、哈尔滨、佳木斯、安达、密山、阿城、大庆、尚志、虎林、呼玛、黑河、嘉荫、鹤岗、萝北、爱辉等地；吉林省通榆、长春、白城、汪清；辽宁省桓仁、昌图、新民、彰武、凌源、庄河、长海；内蒙古自治区海拉尔、额尔古纳、根河、牙克石、扎兰屯、满洲里、鄂温克、陈巴尔虎旗、新巴尔虎左旗、科尔沁右翼前旗、科尔沁左翼后旗、赤峰、克什克腾旗、巴林右旗、喀喇沁旗、宁城、阿荣旗、扎鲁特旗、翁牛特旗、扎赉特旗、乌兰浩特、东乌珠穆沁旗、西乌珠穆沁旗、锡林浩特、苏尼特左旗、正蓝旗、多伦等地。

叶可代茶。全草主治黄疸、肝热、蛇咬伤等。

■ 并头黄芩

果序

植株一部分

植株

（12b）并头黄芩喜沙变种（中国植物志，Flora of China）

Scutellaria scordifolia var. *ammophila* (Kitag.) C. Y. Wu et W. T. Wang, 中国植物志65(2): 234. 1977; Fl. China 17: 100. 1994.

生海拔1400米以下的沙地上。产黑龙江省萨尔图；辽宁省彰武；内蒙古自治区通辽、海拉尔。

■ 并头黄芩喜沙变种

植株一部分

植株

（12c）并头黄芩雾灵山变种（中国植物志，Flora of China）；雾灵黄芩（辽宁植物志，东北植物检索表）

Scutellaria scordifolia var. *wulingshanensis* (Nakai & Kitag.) C. Y. Wu et W. T. Wang, 中国植物志65(2):

233. 1977; 东北草本植物志7: 182. 1981; 辽宁植物志（下册）: 197. 1992; Fl. China 17: 100. 1994; 东北植物检索表（第二版）: 573. 1995.

生山阴坡落叶林下。产辽宁省建平。

■ 并头黄芩雾灵山变种

花序

植株一部分

植株

（12d）并头黄芩微柔毛变种（中国植物志，Flora of China）

Scutellaria scordifolia var. *puberula* Regel ex Komarov in Act. Hort, Petrop. 25: 344. 1907; Kitagawa, Lineam. Fl. Mansh. 386. 1939; 中国植物志65(2): 233. 1977; Fl. China 17: 100. 1994.

生山地草坡上或湿草甸上。产黑龙江省黑河、虎林、伊春；辽宁省昌图；内蒙古自治区索伦。

■ 并头黄芩微柔毛变种

茎

花

植株

10 薰衣草属 *Lavandula* L.

Lavandula L., Sp. Pl. 572. 1753.

半灌木或小灌木，稀为草本。叶线形至披针形或羽状分裂。轮伞花序具2～10花，通常在枝顶聚集成顶生穗状花序；苞片多样；花蓝色或紫色；花萼卵状管形或管形，直立，具13～15脉，5齿，二唇形；花冠筒外伸，在喉部近扩大，冠檐二唇形，上唇2裂，下唇3裂；雄蕊4，内藏，前对较长，花药汇合成1

室；子房4裂；花柱着生在子房基部，顶端2裂，裂片压扁，卵圆形，常黏合。小坚果光滑，有光泽。

本属全世界约28种，分布于大西洋群岛及地中海地区至索马里，巴基斯坦及印度。中国栽培4种，东北地区均有栽培。

分种检索表

1. 叶全缘。
  2. 穗状花序顶部有超出萼片的紫色苞片 …… 1. 法国薰衣草 L. stoechas L.
  2. 穗状花序所有苞片均不超出萼片 …… 2. 薰衣草 L. angustifolia Mill.
1. 叶缘有齿裂。
  3. 叶缘有锯状齿 …… 3. 齿叶薰衣草 L. dentata L.
  3. 叶羽状分裂 …… 4. 羽叶薰衣草 L. pinnata Lundmark

（1）法国薰衣草（大连植物彩色图谱）；西班牙薰衣草（植物智网站）

Lavandula stoechas L., Sp. Pl.573. 1753.

原产地中海地区。辽宁省大连有栽培。

叶、花入药治疗瘀血，也可制造药枕、药垫，还可提炼挥发油或作香料。

■ 法国薰衣草

花序

植株上部

植株下部

（2）薰衣草（中国植物志，Flora of China）

Lavandula angustifolia Mill. in Gard. Dict. ed. 8: no.2. 1768; 中国植物志65(2): 249. 图版50: 1～9. 1977; Fl. China 17: 104. 1994.

原产地中海地区。辽宁省大连有栽培。

花中含芳香油，油是调制化妆品、皂用香精的重要原料，尤为棕榄型香皂及花露水香精中的主要原料。花色典雅，观赏效果极佳。全草有防腐、消炎、杀菌、驱虫作用，用于烫伤、烧伤、皮肤病、神经痛。

■ 薰衣草

花序

植株一部分

植株

（3）齿叶薰衣草（大连植物彩色图谱）

Lavandula dentata L., Sp. Pl. 572. 1753.

原产西班牙和法国南部。辽宁省大连有栽培。

用途同薰衣草。

■ 齿叶薰衣草

茎叶

植株上部

植株

（4）羽叶薰衣草（大连植物彩色图谱）；蕨叶薰衣草（俗称）

Lavandula pinnata Lundmark in Lavandula 55. 1780.

原产加那利群岛。辽宁省大连有栽培。

用途同薰衣草。

■ 羽叶薰衣草

花序

植株下部

11 罗勒属 *Ocimum* L.

Ocimum L., Sp. Pl. ed. 1: 597. 1753.

草本、半灌木或灌木。茎四棱。叶有柄，边缘有浅齿。穗状或总状花序通常由6花交互对生的轮伞花序组成；花萼钟状，果时下倾，外面被腺点，上唇3齿，下唇2齿，花冠筒常比萼短，极少伸出，里面无毛环，冠檐二唇形，上唇4裂，下唇全缘；雄蕊4，伸出，前雄蕊较长，花丝丝状，后雄蕊基部具齿状附属物，花药卵状肾形，汇合成1室；花柱超出雄蕊，先端2浅裂。小坚果卵状三棱形或近球形，黑褐色，表面光滑或有具腺的凹陷。

本属全世界100～150种，分布于全球温暖地带，在非洲及美洲的巴西较亚洲为多，非洲南部尤为广布。中国有5种。东北地区栽培2种。

分种检索表

1. 茎直立；叶卵圆形至卵圆状长圆形，两面近无毛 ……………………………… 1. 罗勒 O. basilicum L.
1. 茎多分枝上升；叶长圆形，两面均有毛 ……………………………… 2. 疏柔毛罗勒 O. × africanum Lour.

（1）罗勒（辽宁植物志，东北植物检索表，东北草本植物志，中国植物志，Flora of China）

Ocimum basilicum L., Sp. Pl.597. 1753; 中国植物志66: 561. 1977; 东北草本植物志 7: 253. 1981; 辽宁植物志（下册）: 248. 1992; Fl. China 17: 296. 1994; 东北植物检索表（第二版）: 567. 图版283: 2. 1995.

非洲至亚洲温暖地带常见栽培。吉林省、辽宁省有栽培。

以食用或药用等为目的引进。茎、叶及花穗含芳香油，主要用作调香原料，配制化妆品、皂用及食用香精，亦用于制牙膏、漱口剂中作矫味剂；嫩叶可食，亦可泡茶饮，有祛风、芳香、健胃及发汗作用；全草入药，治胃痛、胃痉挛、胃肠胀气、消化不良、肠炎腹泻、外感风寒、头痛、胸痛、跌打损伤、瘀肿、风湿性关节炎、小儿发热、肾脏炎、蛇咬伤等；茎叶为产科要药，可使分娩前血行良好；种子主治目翳。

■ 罗勒

轮伞花序

花序

植株一部分

（2）疏柔毛罗勒（中国植物志，Flora of China）

Ocimum × *africanum* Lour. in Fl. Cochinch. 370. 1790.——*O. basilicum* L. var. *pilosum* (Willd.) Benth. in Pl. Asiat. Rar. 2: 13. 1830; 中国植物志66: 563. 图版120. 1977; Fl. China 17: 297. 1994.

辽宁省大连等地有栽培。

■ 疏柔毛罗勒

花序

植株一部分

植株

12 马刺花属（延命草属） *Plectranthus* L'Hér.

Plectranthus L'Hér., Stirp. Nov. 84. 1788.

草本或灌木。叶对生，具齿，有柄。轮伞花序6至多花，排列成总状或圆锥花序；花萼卵状钟形或钟形，具5齿或明显呈二唇形，后齿通常增大，结果时花萼增大，下倾或下弯；花冠远伸出花萼，冠檐二唇形，上唇3～4裂，下唇全缘，伸长，凹陷成舟状，基部狭；雄蕊4，下倾，内藏于下唇片；花柱先端2浅裂。小坚果卵圆形至圆形，光滑或具瘤、点。

本属全世界90～150种，产东半球热带及澳大利亚。中国有6种，均产于云南、贵州、广西、广东、福建、台湾等省区。东北地区栽培2种。

分种检索表

1. 叶正面深绿色带紫色，背面紫色，厚纸质至薄革质 ………………………………… 1. 艾克伦香茶菜 *P. ecklonii* Benth.
1. 叶色多变，常多色混杂，草质 ……………………………………………………… 2. 五彩苏 *P. scutellarioides* (L.) R. Br.

(1) 艾克伦香茶菜(植物智网站);艾氏香茶菜

Plectranthus ecklonii Benth., Prodr. [A. P. de Candolle] 12: 64. 1848.

是由非洲园艺师罗杰·贾克斯于20世纪90年代晚期培育出来的杂交品种。辽宁省沈阳有栽培。

成活率高,长势强劲,且花期极长,常作为盆栽花卉,也见露地栽培观赏。

■ 艾克伦香茶菜

花正面观

花侧面观

植株一部分

(2) 五彩苏(中国植物志,Flora of China);洋紫苏(广州植物志);锦紫苏(种子植物名称);彩叶草(俗称)

Plectranthus scutellarioides (L.) R. Br. in Prodr. Fl. Nov. Holl. 506. 1810.——*Coleus scutellarioides* (L.) Benth. in Pl. Asiat. Rar. 2: 16. 1830; 中国植物志66: 542. 1977; Fl. China 17: 293. 1994.

原产亚太热带地区。辽宁省有栽培。

色彩鲜艳,品种甚多,繁殖容易,为应用较广的观叶花卉。

■ 五彩苏

花

植株一部分

居群

13 香茶菜属 *Isodon* (Schrader ex Bentham) Spach

Isodon (Schrader ex Bentham) Spach, Hist. Nat. Veg. 9: 162. 1840.

灌木、半灌木或多年生草本。单叶对生,叶缘有齿,具柄,两面或仅叶脉疏生微柔毛。聚伞花序由3至多数花排列成疏松总状、狭圆锥状或开展的圆锥状花序,稀密集成穗状花序;下部苞叶与叶同形,上部渐变小呈苞片状,小苞片披针形或线形;花萼钟形,果期增大,有时呈管状或管状钟形,萼齿5,等大或二唇形;花冠筒伸出,下倾或斜向,基部浅囊状,冠檐二唇形,上唇外反,顶端4圆裂,下唇全缘,较上唇长,内凹;雄蕊4,伸出或内藏;花柱丝状;先端2浅裂,伸出或内藏。小坚果卵圆形或卵状三棱形,无毛或顶端有毛,光滑或具小腺点。

本属全世界约150种，产非洲南部，热带非洲，热带、亚热带亚洲。中国产90种，其中以西南各省种数最多。东北地区产4种1变种。

分种检索表

1. 花萼蓝色或带蓝色，萼齿为萼长的1/3；雄蕊与花柱伸出 ………………………… **1b. 毛叶香茶菜蓝萼变种 I. japonicus** var. **glaucocalyx** (Maxim.) H. W. Li
1. 花萼绿色（有时略带蓝色或紫色），萼齿为萼长的（1/3~）1/2~2/3；雄蕊与花柱内藏或微伸出。
   2. 叶先端深凹缺，凹缺中具一尾状尖的长顶齿 ………………………… **2. 尾叶香茶菜 I. excisus** (Maxim.) Kudô
   2. 叶不同上。
      3. 叶长圆状披针形；圆锥花序少花；花萼长1.5毫米，外被微柔毛；小坚果扁椭圆形，无毛 ………………………… **3. 辽宁香茶菜 I. websteri** (Hemsl.) Kudô
      3. 叶卵形、卵状披针形或三角状卵形；圆锥花序多花。
         4. 叶三角状卵形，上面散布短柔毛，下面沿脉被白色疏柔毛；花萼外被斜上细毛，果时几乎无毛 ………………………… **4. 内折香茶菜 I. inflexus** (Thunb.) Kudô
         4. 叶卵形或卵状披针形，两面仅脉上密被微柔毛；花萼外密被灰白微柔毛，果时亦如此 ………………………… **5. 溪黄草 I. serra** (Maxim.) Kudo

（1）毛叶香茶菜（中国植物志，Flora of China）

Isodon japonicus (N. Burman) H. Hara, Enun. Spermat. Japon. 1: 206. 1948; Fl. China 17: 275. 1994.——*Rabdosia japonica* (Burm. f.) Hara in Journ. Jap. Bot. 47(7): 196. 1972; 中国植物志66: 434. 1977.

（1a）毛叶香茶菜（原变种）

Isodon japonicus var. *japonicus*

中国产江苏、河南、山西、陕西、甘肃、四川。东北地区不产。

（1b）毛叶香茶菜蓝萼变种（中国植物志，Flora of China）；蓝萼香茶菜（辽宁植物志，黑龙江省植物志，内蒙古植物志，东北植物检索表，东北草本植物志）

Isodon japonicus var. *glaucocalyx* (Maxim.) H. W. Li in J. Arnold Arbor. 69: 307. 1988; 内蒙古植物志（第二版）4: 251. 图版99: 6 ~ 9. 1993; Fl. China 17: 275. 1994.——*Plectranthus japonicus* (Burm. f.) Koidz. var. *glaucocalyx* (Maxim.) Koidz. in Fl. Symb. Or.-Asiat. 14. 1930; 辽宁植物志（下册）: 246. 图版110: 5 ~ 6.

■ 毛叶香茶菜蓝萼变种

茎叶

花萼

花序一部分

植株

1992; 东北植物检索表 (第二版) : 569. 图版283: 5. 1995; 黑龙江省植物志8: 250. 图版109: 5 ~ 6.2001.——*P. glaucocalyx* Maxim. in Prim. Fl. Amur. 212. 1859; 东北草本植物志 7: 251. 图版126: 5 ~ 6. 1981.——*Rabdosia japonica* (Burm. f.) Hara var. *glaucocalyx* (Maxim.) Hara in J. Jap. Bot. 47: 196. 1972; 中国植物志66: 435. 1977.

生山谷、林下、草丛中。产黑龙江省宁安、鸡西、伊春、萝北、密山、阿城、兴凯湖；吉林省长春、浑江、吉林、九台、安图、通化、抚松、前郭、双辽、和龙、珲春；辽宁省各地；内蒙古自治区额尔古纳、牙克石、翁牛特旗、敖汉旗、巴林左旗、巴林右旗、阿鲁科尔沁旗、喀喇沁旗、林西、宁城等地。

为日本传统健胃药。幼苗可食。

(2) 尾叶香茶菜 (辽宁植物志，黑龙江省植物志，东北植物检索表，东北草本植物志，中国植物志，Flora of China)

Isodon excisus (Maxim.) Kudô in Mem. Fac. Sci. Taihoku Imp. Univ. 2: 133. 1929; Fl. China 17: 277. 1994.——*Plectranthus excisus* Maxim. in Prim. Fl. Amur. 213. 1859; 东北草本植物志 7: 251. 图版126: 1 ~ 4. 1981; 辽宁植物志 (下册) : 245. 图版110: 1 ~ 4. 1992; 东北植物检索表 (第二版) : 569. 图版283: 6. 1995; 黑龙江省植物志8: 248. 图版109: 1 ~ 2. 2001.——*Rabdosia excisa* (Maxim.) Hara in J. Jap. Bot. 47: 195. 1972; 中国植物志66: 490. 1977.

生林缘、路旁、杂木林下和草地。产黑龙江省饶河、绥芬河、萝北、宁安、海林、阿城、尚志、伊春、哈尔滨；吉林省吉林、长春、桦甸、蛟河、汪清、珲春、和龙、安图、敦化、抚松、前郭、浑江；辽宁省鞍山、抚顺、清原、新宾、本溪、桓仁、宽甸、凤城、岫岩、庄河等地。

全草药用，治疗感冒、咽喉肿痛、胃炎、关节疼痛、癌症初起及蛇虫咬伤。幼苗可食。

■ 尾叶香茶菜

花序一部分

植株一部分

居群

(3) 辽宁香茶菜 (辽宁植物志，东北植物检索表，东北草本植物志，中国植物志，Flora of China)

Isodon websteri (Hemsl.) Kudô in Mem. Fac. Sci. Taihoku Imp. Univ. 2: 130. 1929; Fl. China 17: 274. 1994.——*Plectranthus websteri* Hemsl. in J. L. Soc., Bot. 26: 275. 1890; 东北草本植物志 7: 248. 1981; 辽宁植物志 (下册) : 243. 1992; 东北植物检索表 (第二版) : 569. 1995.——*Rabdosia websteri* (Hemsl.) Hara in J. Jap. Bot. 47: 202. 1972; 中国植物志66: 431. 1977.

生山沟路边。产辽宁省沈阳、鞍山等地。

■ 辽宁香茶菜

花序

植株一部分

（4）内折香茶菜（辽宁植物志，黑龙江省植物志，东北植物检索表，东北草本植物志，中国植物志，Flora of China）

Isodon inflexus (Thunb.) Kudô in Mem. Fac. Sci. Taihoku Imp. Univ. 2: 127. 1929; Fl. China 17: 274. 1994.——*Plectranthus inflexus* (Thunb.) Vahl ex Benth. in Labiat. Gen. Spec. 711. 1835; 东北草本植物志 7: 249. 图版125: 5 ~ 6. 1981; 辽宁植物志（下册）: 244. 图版109: 5 ~ 6. 1992; 东北植物检索表（第二版）: 569. 图版283: 4. 1995; 黑龙江省植物志8: 248. 图版109: 3 ~ 4.2001.——*Rabdosia inflexa* (Thunb.) Hara in J. Jap. Bot. 47(7): 196. 1972; 中国植物志66: 432. 1977.

生山坡草丛及林间旷地。产黑龙江省牡丹江、宁安、尚志、哈尔滨、阿城；吉林省吉林、九台、集安、临江；辽宁省凌源、西丰、丹东、桓仁、鞍山、金州、普兰店、大连；内蒙古自治区宁城等地。

民间用于抗菌消炎。体内还含有抗癌物质，具有潜在开发价值。幼苗可食。

■ 内折香茶菜

花正面观

花侧面观

植株

（5）溪黄草（中国植物志，Flora of China）；毛果香茶菜（辽宁植物志，黑龙江省植物志，东北植物检索表，东北草本植物志）

Isodon serra (Maxim.) Kudô in Mem. Fac. Sci. Taihoku Imp. Univ. 2: 130. 1929; Fl. China 17: 274.

1994.——*Plectranthus serra* Maxim. in Bull. Acad. Imp. Sci. Saint-Pétersbourg 20: 454. 1875; 东北草本植物志7: 249. 图版125：1 ~ 4. 1981; 辽宁植物志（下册）: 243. 图版109: 1 ~ 4. 1992; 东北植物检索表（第二版）: 569. 图版283: 3. 1995; 黑龙江省植物志8: 251. 图版109: 7 ~ 9.2001.——*Rabdosia serra* (Maxim.) Hara in J. Jap. Bot. 47: 200. 1972; 中国植物志66: 433. 1977.

生山坡、路旁、沟边及草地。产黑龙江省萝北、哈尔滨；吉林省九台、吉林、珲春、抚松；辽宁省彰武、沈阳、桓仁、鞍山、岫岩、庄河；内蒙古自治区科尔沁左翼后旗等地。

全草入药，治急性肝炎、急性胆囊炎、跌打瘀肿等症。幼苗可食。

■ 溪黄草

茎叶

花正面观

花侧面观

植株

14 夏至草属 *Lagopsis* Bunge ex Benth.

Lagopsis Bunge ex Benth Labiat Gen et Sp. 586. 1836.

多年生草本。叶广卵形、圆形、肾状圆形至心形，掌状浅裂或深裂。轮伞花序腋生，无梗，小苞片针刺状；花白色、黄色至褐紫色；花萼管状或管状钟形，具5齿，齿端有尖刺，齿不等大，果期尤为明显；花冠筒较花萼短，里面无毛环，上唇直立，下唇开展，有3裂片，中裂片大；雄蕊4，2强，前雄蕊较长，内藏，花丝短，药室平行叉开；花柱着生于基底，顶端2浅裂。小坚果卵圆状三棱形，光滑或不光滑，具细网纹或无网纹。

本属全世界有4种，主要分布于亚洲北部，自俄罗斯西伯利亚西部经中国至日本。中国产3种。东北地区产1种。

夏至草（辽宁植物志，黑龙江省植物志，内蒙古植物志，东北植物检索表，东北草本植物志，中国植物志，Flora of China）

Lagopsis supina (Steph.) Ik. in Bot. Mater. Gerb. Bot. Inst. Komarova Akad. Nauk S.S.S.R. 7: 45. 1937; 中国植物志65(2): 256. 图版52. 1977; 东北草本植物志7: 187. 图版95. 1981; 辽宁植物志（下册）: 199. 图版87. 1992; 内蒙古植物志（第二版）4: 203. 图版78: 6 ~ 10. 1993; Fl. China 17: 105. 1994; 东北植物检索表（第二版）: 561. 图版279: 7. 1995; 黑龙江省植物志8: 225. 图版101.2001.

多年生草本；单叶对生，近圆形而掌状3深裂，两面绿色；轮伞花序腋生；花冠白色，二唇形，花冠筒通常不伸出于萼；小坚果卵状三角形，褐色。生路旁、旷地上。产黑龙江省哈尔滨、尚志；吉林省通化、梅河口、抚松、辉南；辽宁省大连、本溪、鞍山、盖州、沈阳、北镇、建昌；内蒙古自治区科尔沁右翼中旗、扎赉特旗、通辽、翁牛特旗、喀喇沁旗、宁城、锡林浩特、苏尼特右旗等地。

全草入药，功用同益母草。

■ 夏至草

苗期植株

花期植株

茎叶

轮伞花序

植株一部分

15 刺蕊草属 *Pogostemon* Desf.

Pogostemon Desf., Mém. Mus. Hist. Nat. 2: 154. 1815.

草本或半灌木。茎无通气组织。叶对生，通常较宽，卵形或狭卵形，稀为线形或镰形，具柄或近无柄，边缘具齿缺，通常被毛或被绒毛。轮伞花序多花或少花，多数，整齐或近偏于一侧，组成连续或间断的穗状花序或总状花序或圆锥花序；苞片及小苞片小，线形至卵圆形。花小，具梗或无梗。花萼卵状筒形或钟形，具5齿，齿相等或近相等，有结晶体。花冠有时微小（长仅3~6毫米），内藏或伸出花萼，冠檐通常近二唇形，上唇3裂，下唇全缘，较上唇稍长或与上唇近等长。雄蕊4，外伸，直立，分离，花丝中部被髯毛或无毛，花药球形，1室，室在顶部开裂。花柱先端2裂，裂片钻形，相等或近相等。花盘平顶，近全缘。小坚果卵球形或球形，稍压扁，光滑。

本属全世界约27种2变种，分布于东南亚，大多在印度，其中有1种延至大洋洲。中国有7种，2变种，产西南部及东南部，常见于湿地上。东北地区产1种。

小穗水蜡烛（东北植物检索表，东北草本植物志）

Pogostemon faurei (Léveillé) Press, Bull. Brit. Mus. (Nat. Hist.), Bot. 10(1): 73. 1982.——*Dysophylla fauriei* H. Lév. in Repert. Spec. Nov. Regni Veg. 9: 248. 1911; 东北草本植物志 7: 247. 1981; 东北植物检索表（第二版）: 559. 图版278: 10. 1995; 黑龙江省植物志8: 216.2001.

多年生草本；茎基部匍匐，向上直立；叶无柄，通常3枚轮生，线形至线状披针形；穗状花序小，紧密，由多轮的轮伞花序组成；苞披针形至披针状，带紫色；花萼钟形，带紫色；小坚果椭圆形或倒卵形，暗褐色。生沼泽地。产黑龙江省萝北等地。

16 香薷属 *Elsholtzia* Willd.

Elsholtzia Willd. in Bot. Mag. Roem. & Ust. IV. 9: 3. 1790.

草本、半灌木或灌木。单叶对生，叶缘有齿。轮伞花序组成穗状、圆柱状或球状花序；花萼钟形或筒状，萼齿5，果期通常增大；花冠外面常被毛及腺点，花冠筒直立或稍弯，自基部向上渐扩展，冠檐二唇形，上唇直立，2裂或全缘，下唇开展，3裂，中裂片通常较大；雄蕊4，花丝无毛，花药2室；花柱先端均等地2裂，稀为其中1裂片明显较长。小坚果卵形、椭圆形或长圆形。

本属全世界约40种，主产于亚洲东部，1种延至欧洲及北美洲，3种产非洲（埃塞俄比亚）。中国约有33种，15变种及5变型。东北地区产6种1变种。

分种检索表

1. 半灌木；苞片狭，披针形或线状披针形 ……………………………1. 木香薷 E. stauntonii Benth.
1. 草本；苞片较宽，半圆形、广卵圆形或近圆形等。
  2. 穗状花序花不偏向一侧；苞片长1.5～2毫米（2. 密花香薷 E. densa Benth.）。
    3. 穗状花序较粗，直径约1厘米或更粗；叶长圆状披针形至近椭圆形 ………… 2a. 密花香薷 E. densa var. densa
    3. 穗状花序较狭细，直径5～7（～8）毫米；叶披针形至长圆状披针形 ……………………… 2b. 密花香薷细穗变种 E. densa var. ianthina (Maxim. ex Kanitz) C. Y. Wu et S. C. Huang
  2. 穗状花序或多或少皆偏向一侧；苞片长2.5～5毫米。
    4. 苞片对生，在花序内排列成纵列的2行；叶卵形或椭圆状披针形 ……………… 3. 香薷 E. ciliata (Thunb.) Hyl.
    4. 苞片交互对生，在花序内排成纵列的4行。
      5. 叶片三角形或狭卵状三角形 ……………………………4. 海州香薷 E. splendens Nakai ex F. Maekawa
      5. 叶片披针形。
        6. 株高30～50厘米；叶狭披针形至线状披针形，长1.5～5.5厘米，宽0.2～0.8（～1）厘米；穗状花序明显偏向一侧，长3.5～4.5厘米 ……………………………5. 狭叶香薷 E. angustifolia (Loes.) Kitag.
        6. 株高10～20厘米；叶披针形至线状披针形，长1～4.5厘米，宽0.1～1厘米；穗状花序不明显偏向一侧，呈四面向，长1～2（～2.5）厘米 ……………………………………… 6. 岩生香薷 E. serotina Kom.

（1）木香薷（辽宁植物志，东北植物检索表，东北草本植物志，中国植物志，Flora of China）；柴荆芥（中国植物志）

Elsholtzia stauntonii Benth. in Labiat. Gen. Spec. 161. 1833; 中国植物志66: 317. 图版66: 9～10. 1977; 东北草本植物志 7: 240. 图版122. 1981; 辽宁植物志（下册）: 238. 图版106. 1992; Fl. China 17: 249. 1994; 东北植物检索表（第二版）: 561. 图版279: 3. 1995.

生山坡、路旁坡地及沙质地。产辽宁省凌源、绥中、锦州等地。

全草有理气、止痛、开胃作用，用于呕吐、泄泻、痢疾、感冒、发烧、头痛等。花期具有较好的观赏性。

■ 木香薷

花序

花正面观

花侧面观

植株下部木质化

植株一部分

植株

（2）密花香薷（东北植物检索表，中国植物志，Flora of China）

Elsholtzia densa Benth., Labiat. Gen. Spec. 714. 1835; 中国植物志66: 332. 1977; Fl. China 17: 252. 1994; 东北植物检索表（第二版）: 561. 图版279: 4. 1995.

（2a）密花香薷（原变种）

Elsholtzia densa var. *densa*

生林缘、高山草甸、林下、河边及山坡荒地。产内蒙古自治区克什克腾旗、阿尔山等地。

西藏地区用全草代替香薷入药，兼可外用于脓疮及皮肤病。

■ 密花香薷

花序

植株上部

植株一部分

（2b）密花香薷细穗变种（中国植物志）；细穗香薷（内蒙古植物志，东北植物检索表，东北草本植物志）

Elsholtzia densa var. *ianthina* (Maxim. ex Kanitz) C. Y. Wu et S. C. Huang in Act. Phytotax Sin. 12(3): 344. 1974; 中国植物志66: 332. 1977; 东北草本植物志 7: 242. 1981; 内蒙古植物志（第二版）4: 248. 图版97: 6 ~ 9. 1993; 东北植物检索表（第二版）: 561. 1995.

生山坡及荒地，海拔1000 ~ 3000米。产吉林省安图；辽宁省沈阳；内蒙古自治区牙克石、鄂伦春、鄂温克、阿尔山、敖汉旗、克什克腾旗、锡林浩特、太仆寺旗、多伦等地。

（3）香薷（辽宁植物志，黑龙江省植物志，内蒙古植物志，东北植物检索表，东北草本植物志，中国植物志，Flora of China）

Elsholtzia ciliata (Thunb.) Hyl. in Bot. Not. 1941: 129. 1941; 中国植物志66: 345. 图版66: 1 ~ 6. 1977; 东北草本植物志 7: 245. 图版124. 1981; 辽宁植物志（下册）: 240. 图版108. 1992; 内蒙古植物志（第二版）4: 249. 图版98: 1 ~ 5. 1993; Fl. China17: 254. 1994; 东北植物检索表（第二版）: 561. 图版279: 2. 1995; 黑龙江省植物志8: 217. 图版97.2001.

生路旁、山坡、荒地、林内、河岸。产黑龙江省哈尔滨、伊春、尚志、大庆、鸡西、安达、富裕、勃利、萝北、密山、虎林、呼玛；吉林省安图、和龙、敦化、长白、珲春；辽宁省各地；内蒙古自治区额尔古纳、牙克石、鄂伦春、科尔沁右翼中旗、翁牛特旗、阿鲁科尔沁旗、克什克腾旗、喀喇沁旗、巴林右旗、林西、东乌珠穆沁旗等地。

全草治急性肠胃炎、腹痛吐泻、头痛发热、水肿、鼻衄、口臭等症。幼苗可食。

■ 香薷

花序

花序背面观

茎叶

植株

（4）海州香薷（辽宁植物志，黑龙江省植物志，东北植物检索表，中国植物志，Flora of China）；铜草花（俗称）

Elsholtzia splendens Nakai ex F. Maekawa in Bot. Mag. (Tokyo) 48: 50. 1934; 中国植物志66: 342. 1977; Fl. China 17: 254. 1994.——*E. pseudo-cristata* auct. non Levl. et Vant.: 东北草本植物志 7: 242. 图版123. 1981; 辽宁植物志（下册）: 238. 图版107. 1992; 东北植物检索表（第二版）: 561. 图版279: 1. 1995; 黑龙江省植物志8: 219. 图版98: 1 ~ 5.2001.

生林缘、灌丛、草地、多石地、田边。产黑龙江省尚志、宁安、东宁；吉林省安图、集安；辽宁省本溪、宽甸、凤城、庄河、鞍山、岫岩等地。

全草有发表解暑作用。幼苗可食。

■ 海州香薷

花序

花序一部分

植株

（5）狭叶香薷（辽宁植物志，东北植物检索表，东北草本植物志）

Elsholtzia angustifolia (Loes.) Kitag. in Rep. Inst. Sci. Res. Manchoukou 1: 265. 1937.——*E. pseudo-cristata* Levl. et Vant. var. *angustifolia* (Loes.) P. Y. Fu, 东北草本植物志 7: 243. 1981; 辽宁植物志（下册）: 240. 1992; 东北植物检索表（第二版）: 561. 1995.

生山区的山坡、林缘、路边、草地及岩石缝隙间等环境。产辽宁省北镇、营口、海城、庄河、金州、凤城、东港、鞍山、抚顺等地。

■ 狭叶香薷

花枝

植株一部分

（6）岩生香薷（黑龙江省植物志，东北植物检索表，中国植物志，Flora of China）

Elsholtzia serotina Kom. in Izv. Bot. Sada Akad. Nauk S. S. S. R. 30: 210. 1931.——*E. saxatilis* (Kom.) Nakai ex Kitag. in Rep. Inst. Sci. Res. Manchoukou 1: 266. 1937; 中国植物志66: 341. 1977; Fl. China 17: 254. 1994; 黑龙江省植物志8: 221. 图版98: 6.2001.——*E. pseudo-cristata* Levl. et Vant. var. *saxatilis* (Kom.) P. Y. Fu, 东北草本植物志 7: 243. 1981; 东北植物检索表（第二版）: 561. 1995.

生岩石缝中。产黑龙江省尚志、哈尔滨、绥芬河；辽宁省庄河。

■ 岩生香薷

茎叶

花序

植株一部分

17 鼠尾草属 *Salvia* L.

Salvia L., Sp. Pl. 23. 1753.

一年生草本、多年生草本或半灌木。单叶或羽状复叶，全缘、具齿或深裂。轮伞花序2至多花排成总状或圆锥花序；花萼筒形或钟形，二唇形，上唇全缘或3齿，下唇2齿；花冠二唇形，上唇直立，下唇3裂，中裂片最大，侧裂片长圆形或圆形，开展或反折；雄蕊着生于花冠喉部，仅前雄蕊能育，花丝短，花药线形，药隔延长，线状丝形，与花丝顶端的关节相联结，呈丁字形，后雄蕊退化；花柱顶端2浅裂；子房4全裂。小坚果卵状三棱形或长圆状三棱形，光滑无毛。

本属全世界700～1050种，生于热带或温带地区。中国有78种24变种8变型，分布于全国各地，尤以西南为最多。东北地区产10种1变种1变型，其中栽培7种。

分种检索表

1. 羽状复叶或为单叶兼有具3小叶的复叶（**1. 丹参 S. miltiorrhiza** Bunge）。
  2. 羽状复叶，小叶3～5（～7），卵圆形、椭圆状卵形或披针形（**1a. 丹参 S. miltiorrhiza** var. **miltiorrhiza**）。
    3. 花蓝紫色 ………………………… **1aa. 丹参 S. miltiorrhiza** f. **miltiorrhiza**
    3. 花白色 ………………………… **1ab. 白花丹参 S. miltiorrhiza** f. **alba** C. Y. Wu et H. W. Li
  2. 叶为单叶，兼有具3小叶的复叶，叶片或小叶片圆形或近圆形
  ………………………… **1b. 单叶丹参 S. miltiorrhiza** var. **charbonnelii** (Levl.) C. Y. Wu
1. 单叶。
  4. 野生植物。
    5. 花长0.4～0.5厘米，淡紫色、淡红色至蓝色，偶见白色；叶面皱 ………… **2. 荔枝草 S. plebeia** R. Br.
    5. 花长1～2厘米，淡紫色、淡红色至蓝色，偶见淡黄色；叶面不皱。

（接上表）

6. 叶片披针形到狭椭圆形，边缘具稀锯状齿；花冠淡紫色 …………………… **3. 矛叶鼠尾草 S. reflexa** Hornem.
6. 叶片三角形或卵圆状三角形，边缘具重圆齿或牙齿；花冠蓝紫或紫色，也见淡黄色 ………………………………………………………………………………… **4. 荫生鼠尾草 S. umbratica** Hance
4. 栽培植物。
7. 总状花序上部有彩色苞片 ………………………………………………………………… **5. 彩苞鼠尾草 S. viridis** L.
7. 总状花序上部无彩色苞片。
8. 花冠红色。
9. 茎、叶均无毛；能育雄蕊近乎伸出花冠，花柱与花冠近相等 ……… **6. 一串红 S. splendens** Ker.-Gawl.
9. 茎、叶均被毛；能育雄蕊伸出花冠，花柱也伸出花冠 ………………………………… **7. 朱唇 S. coccinea** L.
8. 花冠紫蓝色或灰白色。
10. 茎无毛；一年生或两年生草本 ………………………………………………… **8. 蓝花鼠尾草 S. farinacea** Benth.
10. 茎有毛；多年生草本
11. 叶片三角状或椭圆状戟形；花冠长2.1～4.0厘米；花柱伸出花冠 …… **9. 草甸鼠尾草 S. pratensis** L.
11. 叶片卵圆形或披针状卵圆形；花冠长9～1.0毫米；花柱与花冠等长 ……………………………………………………………………………… **10. 新疆鼠尾草 S. deserta** Schang

（1）丹参（辽宁植物志，东北植物检索表，东北草本植物志，中国植物志，Flora of China）

Salvia miltiorrhiza Bunge in Enum. Pl. China Bor. 50. 1833; 中国植物志66: 145. 图版31. 1977; 东北草本植物志 7: 225. 图版115. 1981; 辽宁植物志（下册）: 224. 图版99. 1992; Fl. China 17: 212. 1994; 东北植物检索表（第二版）: 569. 图版283: 8. 1995.

（1a）丹参（原变种）

Salvia miltiorrhiza var. *miltiorrhiza*

（1aa）丹参（原变型）

Salvia miltiorrhiza f. *miltiorrhiza*

■ 丹参

根部

花序一部分

■ 丹参

茎叶

花序

植株

生山坡向阳处、林下、溪旁。产辽宁省沈阳、西丰、朝阳、兴城、凌源、建昌、绥中、普兰店、庄河、大连等地。

根为妇科要药，有祛瘀、生新、活血、调经等作用；外用治漆疮。

（1ab）白花丹参（变型）（中国植物志）

Salvia miltiorrhiza f. *alba* C. Y. Wu et H. W. Li, 中国植物志66: 145, 582. 1977.

生山坡向阳处。产辽宁省大连市甘井子区大连湾镇前关村。

■ 白花丹参

花序

花

居群

（1b）单叶丹参（变种）（Flora of China）；丹参单叶变种（中国植物志）

Salvia miltiorrhiza var. *charbonnelii* (Levl.) C. Y. Wu, 中国植物志66: 148. 1977; Fl. China 17: 212. 1994.

生草丛、山坡或路旁。产辽宁省大连。

■ 单叶丹参

花序

植株下部

居群

（2）荔枝草（东北植物检索表，中国植物志，Flora of China）；小花鼠尾草（辽宁植物志，东北草本植物志）

Salvia plebeia R. Br. in Prodr. Fl. Nov. Holl. 501. 1810; 中国植物志66: 168. 图版39: 5 ~ 9. 1977; 东北草本植物志 7: 228. 图版39: 5 ~ 9. 1981; 辽宁植物志（下册）: 226. 图版100: 4 ~ 6. 1992; Fl. China17: 216. 1994; 东北植物检索表（第二版）: 569. 图版283: 7. 1995.

■ 荔枝草

基生叶

花序一部分

白花株花序一部分

白花株

白花株一部分

植株

生山坡、路旁、沟边、田野潮湿的土壤上。产辽宁省绥中、兴城、沈阳、盖州、瓦房店、大连、长海、庄河、岫岩、丹东、凤城、本溪等地。

全草用于跌打损伤、无名肿毒、流感、咽喉肿痛、小儿惊风、吐血、鼻衄、胃癌等症。

（3）矛叶鼠尾草（辽宁维管束植物名称考证）；反折鼠尾草（植物智网站）

Salvia reflexa Hornem. in Enum. Pl. Hort. Hafn. 34. 1807.

生路旁、河边。原产北美洲和中美洲。分布于辽宁省凌源、建平、喀左、朝阳、北票、阜蒙等地。

本种为外来入侵植物，生长迅速，易形成单优群落，与当地植物竞争资源；植物体能积累硝酸盐，对牛、羊等动物有毒性。种子可食用，用来制作冷饮、稀粥或布丁，将种子磨成粉可制作面包、饼干和蛋糕等；发芽的种子还可以用作沙拉、三明治、汤、炖菜等的食材。

■ 矛叶鼠尾草

植株一部分

花期植株

苗期植株

（4）荫生鼠尾草（东北植物检索表，中国植物志，Flora of China）

Salvia umbratica Hance in Journ. Bot. Brit. & For. 8: 75. 1870; 中国植物志66: 136. 图版24: 4 ~ 7. 1977; Fl.

■ 荫生鼠尾草

茎叶

花序

植株一部分

China17: 211. 1994; 东北植物检索表（第二版）: 571. 1995.

生山坡、谷地或路旁。产辽宁省朝阳县努鲁儿虎山；内蒙古自治区克什克腾旗大青山、喀喇沁旗旺业甸。

（5）彩苞鼠尾草（植物智网站）

Salvia viridis L., Sp. Pl. 1 24. 1753.

原产于地中海地区至伊朗一带。辽宁省辽阳等地有栽培。

纸质苞片艳丽多彩，花朵小而精致，观赏性极佳，可用于公园、绿地、庭院等片植或丛植点缀，也适合作花境材料或植于花坛、花台及墙垣边供欣赏。

■ 彩苞鼠尾草

苞叶白色

苞叶紫色

苞叶玫红色

花序

花乳白色

花粉红色

植株下部

（6）一串红（辽宁植物志，东北植物检索表，东北草本植物志，中国植物志，Flora of China）

Salvia splendens Ker.-Gawl. in Mant. 1: 185. 1822; 中国植物志66: 172. 图版40. 1977; 东北草本植物志 7: 227. 图版116. 1981; 辽宁植物志（下册）: 224. 图版100: 1 ~ 3. 1992; Fl. China 17: 217. 1994; 东北植物检索表（第二版）: 569. 1995.

原产巴西。东北各地栽培。

以观赏为目的引进，花序修长，花色鲜艳，花期长，适应性强，为普遍栽培的草本花卉。

优良的草本花卉。全草有消肿、解毒、凉血作用。

■ 一串红

叶

花序

植株

（7）朱唇（广州植物志，中国植物志，Flora of China）

Salvia coccinea L. Mant. Pl. 1: 88. 1767; 中国植物志66: 174. 1977; Fl. China 17: 217. 1994.

原产巴西。辽宁省大连、辽阳等地有栽培。

常作观赏植物栽培；全草可入药，治血崩、高热、腹痛不适。

■ 朱唇

花序

果序一部分

■ 朱唇

茎

花序一部分

植株

（8）蓝花鼠尾草（植物智网站）；一串蓝（大连植物彩色图谱）；粉萼鼠尾草（植物智网站）

Salvia farinacea Benth. in Labiat. Gen. Spec. 274. 1833.

原产欧洲。东北各地栽培。

花期较长，色彩美丽，可植于草坪、花境、池畔等处。

■ 蓝花鼠尾草

白花

花序

植株一部分

植株

（9）草甸鼠尾草（辽宁省维管束名称考证）

Salvia pratensis L., Sp. Pl.25. 1753.

■ 草甸鼠尾草

花序一部分

基生叶

植株

原产欧洲、亚洲西部和非洲北部。辽宁省各地栽培。

以观赏为目的引进，花序修长，花色鲜艳，花期长，适应性强，为普遍栽培的草本花卉。

(10) 新疆鼠尾草（中国植物志，Flora of China）

Salvia deserta Schang, in Ledeb. Suppl. II Ind. Sem. Hort. Acad. Dorp. 6. 1824; 中国植物志66: 166. 图版36: 1 ~ 5. 1977; Fl. China 17: 216. 1994.

产新疆北部。辽宁省大连等地有栽培。

■ 新疆鼠尾草

花序一部分

植株一部分

植株

18 紫苏属 *Perilla* L.

Perilla L., Sp. Pl. 597. 1753

一年生直立草本。茎四棱，具槽。单叶对生，绿色，常带紫色或黑紫色，边缘有粗齿。轮伞花序每轮2花，排成顶生或腋生总状花序；花萼钟状，果期增大，二唇形，上唇宽而3齿裂，下唇狭而2齿裂，内面喉部有疏柔毛环；花冠白色至紫红色，冠筒短，冠檐二唇形，上唇顶端微缺，下唇3裂；雄蕊4，近相等或前雄蕊稍长，花药2室；花柱先端相等2裂。小坚果球形，表面具网纹。

本属全世界仅1种3变种，产亚洲东部。中国均产。东北地区产1种1变种，其中栽培1变种。

分种下单位检索表

1. 叶缘具粗锯齿；果萼较大 ……………………………………a. 紫苏 P. frutescens var. frutescens
1. 叶缘具狭而深的锯齿；果萼较小 …………………………………… b. 回回苏 P. frutescens var. crispa

紫苏（辽宁植物志，黑龙江省植物志，内蒙古植物志，东北植物检索表，东北草本植物志，中国植物志，Flora of China）

Perilla frutescens (L.) Britton in Mem. Torrey Bot. Club 5: 277. 1894; 中国植物志66: 282. 图版62. 1977; 东北草本植物志 7: 236. 图版120. 1981; 辽宁植物志（下册）: 234. 图版104. 1992; 内蒙古植物志（第二版）4: 246. 图版96: 5 ~ 9. 1993; Fl. China 17: 241. 1994; 东北植物检索表（第二版）: 567. 图版281: 4. 1995; 黑龙江省植物志8: 244. 图版107.2001.

特征同属。

（a）紫苏（原变种）

Perilla frutescens var. *frutescens*

常见栽培，亦见沟边、路旁野生。产东北地区各地。

药用和香料用。入药部分以茎叶及籽实为主。叶又供食用。种子油食用或工业用。

■ 紫苏

白花株

白花

粉花

粉花株

叶正反面对比

居群

（b）回回苏（变种）（中国植物志，Flora of China）

Perilla frutescens var. *crispa* (Thunb.) Hand.–Mazz. in Rhodora 25: 40. 1923; 中国植物志66: 286. 1977; Fl. China 17: 241. 1994.

东北地区各地栽培。

■ 回回苏

叶

植株

19 薄荷属 *Mentha* L.

Mentha L., Sp. Pl. ed. 1: 576. 1753.

一年生或多年生草本。茎直立或上升。叶具短柄或无柄，叶缘有齿；苞叶与叶同形。轮伞花序通常多花密集，具短梗或无梗；苞披针形、披针状钻形或线形；花两性或单性，雄花有退化子房，雌花有退化的小雄蕊，雌雄同株或异株；花萼钟形或管状钟形，相等或二唇形；花冠漏斗形，冠檐4裂；雄蕊近等长，伸出或不超出花冠外；花柱伸出花冠，先端2浅裂。小坚果卵形，无毛或稍具瘤，顶端钝，稀被毛。

本属全世界约有30种，广泛分布于北半球的温带地区，少数种见于南半球。中国有12种。东北地区产4种，其中栽培1种。

分种检索表

1. 轮伞花序生于茎上部叶腋内；茎叶高出轮伞花序。
  2. 茎多分枝，上部被微柔毛，下部仅沿棱上被微柔毛；萼齿被微柔毛 ……………………… 1. 薄荷 M. canadensis L.
  2. 茎不分枝或上部分枝，密被柔毛；萼齿被长疏柔毛 ……………………… 2. 东北薄荷 M. sachalinensis (Briq.) Kudo
1. 轮伞花序密集成顶生的常无叶的头状或穗状花序；茎叶低于轮伞花序。
  3. 轮伞花序组成顶生细细长穗状花序，沿全长间断；萼齿三角状披针形 ……………………… 3. 留兰香 M. spicata L.
  3. 轮伞花序于茎顶部1～3轮密集成顶生的近似头状的花序，在其下方的轮伞花序稍隔离而为腋生；萼齿广三角形 ……………………… 4. 兴安薄荷 M. dahurica Fisch. ex Benth.

（1）薄荷（辽宁植物志，黑龙江省植物志，内蒙古植物志，东北植物检索表，东北草本植物志，中国植物志，Flora of China）

Mentha canadensis L., Sp. Pl. 577. 1753; Fl. China17: 237.1994.——*M. haplocalyx* Briq. in Bull. Trav. Soc. Bot. Genève 5: 39. 1889; 中国植物志66: 262. 图版60. 1977; 东北草本植物志 7: 231. 图版117: 1～3. 1981; 辽宁植物志（下册）: 230. 图版101: 4～6. 1992; 内蒙古植物志（第二版）4: 242. 图版95: 1～6. 1993; 东北植物检索表（第二版）: 565. 图版281: 8. 1995; 黑龙江省植物志8: 241. 图版106: 5～10.2001.

生水旁潮湿地。产黑龙江省大庆、肇东、依兰、杜尔伯特、呼玛、东宁、密山、安达、萝北、虎林、宁安、尚志、哈尔滨、伊春；吉林省长春、大安、扶余、九台、蛟河、长白、珲春，安图、抚松、通化、临江、梅河口、柳河、辉南、靖宇、和龙、龙井、汪清；辽宁省沈阳、新民、清原、新宾、本溪、桓仁、铁岭、西丰、康平、北镇、彰武、凌源、建平、丹东、鞍山、庄河、普兰店、大连、长海；

■ 薄荷

花序

茎与叶

轮伞花序

内蒙古自治区额尔古纳、根河、海拉尔、牙克石、鄂伦春、陈巴尔虎旗、新巴尔虎左旗、科尔沁右翼前旗、扎赉特旗、大青沟、扎鲁特旗、赤峰、巴林左旗、巴林右旗、翁牛特旗、阿鲁科尔沁旗、克什克腾旗、喀喇沁旗、宁城、西乌珠穆沁旗、正蓝旗、多伦等地。

幼嫩茎尖可作菜食。全草治感冒发热喉痛、头痛、目赤痛、皮肤风疹瘙痒等。

（2）东北薄荷（中国植物志，Flora of China）

Mentha sachalinensis (Briq.) Kudo in J. Coll. Sci. Imp. Univ. Tokyo 43: 47. 1921; 中国植物志66: 264. 1977; Fl. China 17: 237. 1994.

生河旁、潮湿草地。产黑龙江省哈尔滨、密山、海林、宁安、安达；吉林省长春、九台、蛟河、抚松、长白、安图；辽宁省各地。

幼嫩茎尖可作菜食。全草有祛风解热作用，用于外感风热、头痛、咽喉肿痛、牙痛。

■ 东北薄荷

轮伞花序一部分

茎

植株上部

（3）留兰香（中国植物志，Flora of China）

Mentha spicata L., Sp. Pl. ed. 1: 576. 1753; 中国植物志66: 271. 图版61: 1～2. 1977; Fl. China 17: 238. 1994; The Checklist of the Naturalized Plants in China: 132. 2019.

■ 留兰香

花序一部分

花序

■ 留兰香

茎

植株一部分

植株

原产南欧、加那利群岛、马德拉群岛、苏联。黑龙江、辽宁有栽培。

以食用或药用等为目的引进。植株含芳香油，含油率0.6%～0.7%，主用于糖果、牙膏用香料，亦供医药用；叶、嫩枝或全草亦入药，治感冒发热、咳嗽、虚劳咳嗽、伤风感冒、头痛、咽痛、神经性头痛、胃肠胀气、跌打瘀痛、目赤辣痛、鼻衄、全身麻木、小儿疮疖等；嫩枝、叶常作调味香料食用。

（4）兴安薄荷（黑龙江省植物志，内蒙古植物志，东北植物检索表，中国植物志，Flora of China）

Mentha dahurica Fisch. ex Benth., Labiat. Gen. Spec. 181. 1836; 中国植物志66: 266. 1977; 内蒙古植物志（第二版）4: 242. 图版95: 7～10. 1993; Fl. China17: 237.1994; 东北植物检索表（第二版）: 565. 图版281: 7. 1995; 黑龙江省植物志8: 239. 图版106: 1～4.2001; 东北植物分布图集: 919. 2019.

生水湿草地、湿草甸子及路旁。产黑龙江省伊春、虎林、呼玛；吉林省蛟河、安图；辽宁省沈阳；内蒙古自治区额尔古纳、根河、鄂伦春、鄂温克、扎赉特旗等地。

■ 兴安薄荷

花序

植株

植株上部

20 地笋属（地瓜苗属） *Lycopus* L.

Lycopus L., Sp. Pl. ed. 1: 21. 1753.

多年生草本，通常具肥大的根状茎。叶具齿或羽状分裂，苞叶与叶同形。轮伞花序多花密集；具小苞片；花无梗；花萼钟形，萼齿4～5，近整齐，表面被柔毛或腺点，里面无毛；花冠钟形，喉部有交错的柔毛，上唇全缘或微凹，下唇3裂，中裂片稍大；前雄蕊能育，花丝无毛，花药2室，后雄蕊退化消失或呈丝状；花柱丝状，伸出花冠，先端2裂。小坚果褐色，背腹扁平，腹面具棱，边缘加厚，无毛或腹面具腺点。

本属全世界10～14种，广布于东半球温带及北美洲。中国产4种。东北地区产3种2变种。

分种检索表

1. 叶略长于或短于节间，边缘在基部以上疏生浅波状牙齿 ………………………… **1. 小花地笋 L. uniflorus** Michx.
1. 叶比节间长很多，边缘非具浅波状牙齿。
  2. 茎叶边缘具多变的齿刻，下部及中部叶基部两侧羽状深裂（裂片单脉且全缘，深不达叶中部）、先端渐次为粗齿 ………………………… **2. 欧地笋 L. europaeus** L.
  2. 茎叶边缘均具锐尖粗牙齿状锯状齿，或茎下部叶近羽状深裂、中部叶有疏锯状齿、上部叶近全缘（**3. 地笋 L. lucidus** Turcz.）。
    3. 茎无毛或在节上疏生小硬毛。
      4. 叶长圆状披针形，边缘具锐尖粗锯状齿 ………………………… **3a. 地笋 L. lucidus** var. **lucidus**
      4. 叶披针形或狭披针形，茎基部叶羽裂或具羽状牙齿，中部叶有疏锯状齿，上部叶有浅齿或全缘 ………………………… **3b. 地笋异叶变种 L. lucidus** var. **maackianus** Maxim. ex Herd.
    3. 茎棱上被向上小硬毛，节上密集硬毛；叶披针形，暗绿色，上面密被细刚毛状硬毛，叶缘具缘毛，下面主要在肋及脉上被刚毛状硬毛，两端渐狭，边缘具锐齿 ………… **3c. 地笋硬毛变种 L. lucidus** var. **hirtus** Regel

（1）小花地笋（中国植物志，Flora of China）；小花地瓜苗（东北植物检索表，东北草本植物志）；朝鲜地瓜苗（黑龙江省植物志，东北植物检索表，东北草本植物志）；小叶地笋（中国植物志，Flora of China）

Lycopus uniflorus Michx. in Fl. Bor.-Amer. 1: 14. 1803; 东北植物检索表（第二版）: 563. 图版280: 7. 1995.——*L. coreanus* Levl. in Repert. Spec. Nov. Regni Veg. 8: 423. 1910; 中国植物志66: 281. 1977; 东北草本植物志 7: 233. 图版118: 6～8. 1981; 东北植物检索表（第二版）: 565. 图版280: 8. 1995; 黑龙江省植物志8:

■ 小花地笋

茎叶与花

植株一部分

植株

234. 图版104: 1 ~ 2.2001.——*L. parviflorus* Maxim. in Mem Acad. Sci. St. Petersb. Sav. Etrang. 9: 216. 1859; 中国植物志66: 276. 1977; 东北草本植物志 7: 232. 图版118: 1 ~ 5. 1981; Fl. China 17: 241. 1994; 黑龙江省植物志8: 236. 图版104: 6 ~ 8.2001.——*L. cavaleriei* auct. non H.Lév.: Fl. China 17: 239. 1994.

生路边、草地。产黑龙江省黑河、伊春；吉林省吉林、蛟河、抚松、靖宇、安图；辽宁省本溪、长海。

（2）欧地笋（中国植物志，Flora of China）

Lycopus europaeus L., Sp. Pl.21. 1753; 中国植物志66: 279. 1977; Fl. China 17: 240. 1994.

生田边、沟边、潮湿草地。产辽宁省彰武、康平。

■ 欧地笋

苗期植株

轮伞花序

茎叶正面观

茎叶背面观

植株上部

（3）地笋（内蒙古植物志，中国植物志，Flora of China）；地瓜苗（辽宁植物志，黑龙江省植物志，东北植物检索表，东北草本植物志）

Lycopus lucidus Turcz. in Prodr. 12: 179. 1848; 中国植物志66: 277. 图版61: 4 ~ 7. 1977; 东北草本植物志 7: 234. 图版119. 1981; 辽宁植物志（下册）: 232. 图版103. 1992; 内蒙古植物志（第二版）4: 244. 图版96: 1 ~ 4. 1993; Fl. China 17: 240. 1994; 东北植物检索表（第二版）: 565. 图版280: 6. 1995; 黑龙江省植物志8: 234. 图版104: 3 ~ 5.2001.

（3a）地笋（原变种）

Lycopus lucidus var. *lucidus*

生沼泽地、水边、沟边等潮湿处。产黑龙江省哈尔滨、伊春、富锦、集贤、依兰、密山、虎林、阿城、宁安、大庆、安达、黑河、尚志；吉林省汪清、珲春、和龙、安图、通化、抚松、镇赉、临江、梅河口、柳河、辉南、靖宇、长白；辽宁省西丰、彰武、沈阳、新宾、清原、本溪、桓仁、鞍山、凤城、丹东、营口、长海、大连；内蒙古自治区额尔古纳、科尔沁右翼前旗、扎赉特旗、多伦等地。

地上部分有活血化瘀、行水消肿的功能。嫩苗和根状茎可食。

■ 地笋

叶背面观

植株一部分

植株

（3b）地笋异叶变种（中国植物志，Flora of China）；异叶地瓜苗（黑龙江省植物志，东北植物检索表，东北草本植物志）；异叶地笋（内蒙古植物志）

Lycopus lucidus var. *maackianus* Maxim. ex Herd. Pl. Radd. Monop. n. 555. 1861; 中国植物志66: 279. 1977; 内蒙古植物志（第二版）4: 246. 1993; Fl. China 17: 240. 1994; 东北植物检索表（第二版）: 565. 1995; 黑龙江省植物志8: 236.2001.

生湿草地上。产黑龙江省黑河、伊春；吉林省安图、珲春；内蒙古自治区阿荣旗等地。模式标本采自黑龙江。

■ 地笋异叶变种

茎下部叶

轮伞花序

植株上部

植株下部

（3c）硬毛地笋（变种）（内蒙古植物志，Flora of China）；地笋硬毛变种（中国植物志）；泽兰（中华人民共和国药典）

Lycopus lucidus var. *hirtus* Regel in Mem. Acad. Sci. St. Petersb. Ⅶ, 4: 125. 1861; 中国植物志66: 278. 1977; 内蒙古植物志（第二版）4: 244. 1993; Fl. China17: 240. 1994.

生水边潮湿处。产吉林省安图、长春、桦甸；辽宁省大连；内蒙古自治区喀喇沁旗、多伦等地。

为药典“泽兰”正品，地上部分有活血化瘀、行水消肿的功能。嫩苗和根状茎可食。

■ 硬毛地笋

根部

茎与叶

叶背面观

植株一部分

植株

21 石荠苎属（荠苎属） *Mosla* (Benth.) Buch.–Ham. ex Maxim.

Mosla (Benth.) Buch.–Ham. ex Maxim., Bull. Acad. Imp. Sci. Saint–Pétersbourg 20:456. 1875.

一年生直立草本。单叶对生，叶缘有齿，背面有明显凹陷的腺点，具柄。总状花序生于主茎及分枝顶部；花萼钟形，萼齿5，近相等或二唇形，果期增大，表面被疏柔毛及黄色腺点，里面喉部被毛；花冠白色、粉红色至紫红色，冠筒内具毛环或无毛环，冠檐二唇形，上唇微凹，下唇3裂；雄蕊4，后雄蕊能育，前雄蕊退化；花柱先端近相等，2浅裂。小坚果黄褐色至灰褐色，卵圆形或近球形，表面具疏网纹或深凹的雕纹。

本属全世界约22种，分布于印度、中南半岛、马来西亚，南至印度尼西亚及菲律宾，北至中国、朝鲜及日本。中国有12种。东北地区产2种1变种。

分种检索表

1. 花萼上唇具锐齿；叶上面橄绿色，无毛或近无毛；叶下面灰白色，无毛，散布凹陷腺点；花冠筒内基部无毛环；小坚果表面有网纹 ………………………………………………… **1. 小鱼荠苎 M. dianthera** (Hamilton) Maxim.
1. 花萼上唇具钝齿；叶上面橄绿色，被灰色微柔毛；叶下面灰白，密布凹陷腺点，近无毛或被极疏短柔毛；花冠筒内基部有毛环；小坚果表面有凹陷的雕纹（**2. 石荠苎 M. scabra** (Thunb.) C. Y. Wu et H. W. Li）。
   2. 花冠粉红色 ………………………………………………………………… **2a. 石荠苎 M. scabra** var. **scabra**
   2. 花冠白色 ……………………………………………………… **2b. 白花石荠苎 M. scabra** var. **albiflorum** Z. S. M.

（1）小鱼荠苎（Flora of China）；荠苎（辽宁植物志，黑龙江省植物志，东北植物检索表，东北草本植物志）；小鱼仙草（中国植物志）

Mosla dianthera (Hamilton) Maxim. in Bull. Acad. Imp. Sci. Saint–Pétersbourg 10: 457. 1865; 中国植物志66: 297. 图版64: 1 ~ 7. 1977; 辽宁植物志（下册）: 234. 图版105: 6 ~ 8. 1992; Fl. China17: 245. 1994; 东北植物检索表（第二版）: 565. 图版281: 2. 1995.——*M. grosseserrata* Maxim. in Bull. Acad. Imp. Sci. Saint–Pétersbourg 20: 458. 1875; 东北草本植物志 7: 238. 图版121: 6 ~ 8. 1981; 黑龙江省植物志8: 242.2001.

生河边草地及灌丛间。产黑龙江省虎林、宁安、东宁；吉林省敦化；辽宁省桓仁、凤城、宽甸、鞍山、沈阳、大连、普兰店、金州等地。

全草治感冒发热、中暑头痛、恶心、无汗、热痱、皮炎等症，还可灭蚊。

■ 小鱼荠苎

茎叶

植株一部分

植株

（2）石荠苎（辽宁植物志，东北植物检索表，东北草本植物志，中国植物志，Flora of China）

Mosla scabra (Thunb.) C. Y. Wu et H. W. Li in Acta Phytotax. Sin. 12: 230. 1974; 中国植物志66: 294. 1977; 东北草本植物志 7: 238. 图版1 ~ 5. 1981; 辽宁植物志（下册）: 236. 图版105: 1 ~ 5. 1992; Fl. China 17: 244. 1994; 东北植物检索表（第二版）: 565. 图版281: 1. 1995.

（2a）石荠苎（变种）

Mosla scabra var. *scabra*

生山坡、路旁或灌丛下。产吉林省集安；辽宁省本溪、桓仁、宽甸、凤城、丹东、岫岩、庄河、长海等地。

全草治感冒、中暑发高烧、痱子、皮肤瘙痒、疟疾、便秘、内痔等症，还有杀虫作用。

■ 石荠苎

花序

植株一部分

居群

（2b）白花石荠苎（辽宁师范大学学报）

Mosla scabra var. *albiflorum* Z. S. M., 辽宁师范大学学报40(3): 361 ~ 365. 2017.

生境同原变种。群生或与原变种混生。产辽宁省庄河。

■ 白花石荠苎

花序

植株一部分

22 藿香属 *Agastache* Clayt. et Gronov

Agastache Clayt. et Gronovin Gronov Fl. Virgin 88. 1762.

多年生高大草本。叶具柄，边缘具齿。花两性；轮伞花序聚集成顶生穗状花序；花萼管状倒圆锥形，直立，具斜向喉部，具15脉，内面无毛环；花冠筒直，逐渐扩展为喉部，微超出花萼或与之相等，内面无毛环，冠檐二唇形，上唇2裂，下唇3裂，中裂片宽大，平展，基部无爪，边缘波状，侧裂片直伸；雄蕊4，均能育，比花冠长；花柱先端短2裂，具几乎相等的裂片；花盘平顶，具不太明显的裂片。小坚果光滑，顶部被毛。

本属全世界9种，1种产亚洲东部，8种产北美洲。中国产1种。东北地区有分布。

藿香（辽宁植物志，黑龙江省植物志，内蒙古植物志，东北植物检索表，东北草本植物志，中国植物志，Flora of China）

Agastache rugosa (Fisch. et Meyer) O. Ktze. in Revis. Gen. Pl. 2: 511. 1891; 中国植物志65(2): 259. 图版53. 1977; 东北草本植物志7: 189. 图版96. 1981; 辽宁植物志（下册）: 200. 图版88. 1992; 内蒙古植物志（第二版）4: 204. 图版78: 1 ~ 5. 1993; Fl. China 17: 106. 1994; 东北植物检索表（第二版）: 558. 图版278: 3. 1995; 黑龙江省植物志8: 203. 图版92. 2001.

多年生草本；单叶对生；叶片心状卵形至长圆状卵形，基部心形，边缘具钝齿，先端尾状长渐尖；穗状花序；花萼管状，萼齿三角形；花冠淡红紫色至淡蓝紫色，上唇稍弯，顶端微缺，下唇3裂；小坚果卵状长圆形，腹面具棱，先端具短硬毛，褐色。生河边、山坡草地。产黑龙江省哈尔滨、阿城、饶河、宁安、虎林；吉林省浑江、和龙、安图、汪清、集安、珲春、敦化；辽宁省清原、抚顺、海城、鞍山、瓦房店、金州、大连、普兰店、庄河、岫岩、凤城、宽甸、桓仁、丹东；内蒙古自治区宁城等地。各地常见栽培。

全草有止呕吐、治霍乱腹痛、清暑等作用。果可作香料。嫩苗、花序可食。

■ 藿香

苗期

茎叶

花序

花期

23 裂叶荆芥属 *Schizonepeta* Briq.

Schizonepeta Briq. in Engl. & Prantl, Pflanzenfam. 4, 3a: 235. 1895.

一年生或多年生草本。叶掌状3裂或一至二回羽状深裂。轮伞花序组成顶生穗状花序；花萼具15条脉，倒圆锥形，具斜喉，里面无毛环；花冠浅紫色至蓝紫色，略超出花萼，冠檐二唇形，上唇直立，先端2裂，下唇平伸，3深裂，中裂片宽大，先端微凹，基部爪状变狭，边缘全缘或具齿，侧裂片小；雄蕊4，后雄蕊较长，前雄蕊向前直伸，药室初平行，后水平叉开；花柱先端2裂，裂片近相等。小坚果卵圆形，平滑，无毛或先端被短毛。

本属全世界有3种及1变种，分布俄罗斯（西伯利亚）、蒙古、日本和中国。中国均产。东北地区产2种。

分种检索表

1. 叶羽状深裂或浅裂，有时具不规则浅裂以至全缘；花冠长6～8毫米；苞片广卵形 ……………… **1. 多裂叶荆芥 S. multifida** (L.) Briq.

1. 叶指状3裂或羽状深裂；花冠长约4毫米；苞片广披针形 ……………… **2. 裂叶荆芥 S. tenuifolia** (Benth.) Briq.

（1）多裂叶荆芥（辽宁植物志，黑龙江省植物志，内蒙古植物志，东北植物检索表，东北草本植物志，中国植物志，Flora of China）

Schizonepeta multifida (L.) Briq. in Nat. Pflanzenfam. 4(3a): 235. 1897; 中国植物志65(2): 266, 图版55: 1～7. 1977; 东北草本植物志7: 191. 图版97. 1981; 辽宁植物志（下册）: 203. 图版89: 1～5. 1992; 内蒙古植物志（第二版）4: 207. 图版80: 5～9. 1993; 东北植物检索表（第二版）: 571. 图版286: 6. 1995; 黑龙江省植物志8: 254. 图版111: 1～5.2001.——*Nepeta multifida* L., Sp. Pl.572. 1753; Fl. China 17: 117. 1994.

生松林林缘、山坡草丛中。产黑龙江省哈尔滨、萝北、虎林、爱辉、黑河、呼玛；辽宁省凌源；内蒙古自治区海拉尔、根河、牙克石、鄂温克、陈巴尔虎旗、新巴尔虎右旗、科尔沁右翼前旗、扎赉特旗、巴林右旗、克什克腾旗、东乌珠穆沁旗、西乌珠穆沁旗、锡林浩特、阿巴嘎旗、苏尼特左旗、多伦、正蓝旗、太仆寺旗等地。

全株含芳香油，油透明淡黄色，味清香，适于制香皂用。

■ 多裂叶荆芥

茎叶

花序一部分

植株

（2）裂叶荆芥（辽宁植物志，黑龙江省植物志，内蒙古植物志，东北植物检索表，东北草本植物志，中国植物志，Flora of China）

Schizonepeta tenuifolia (Benth.) Briq. in Nat. Pflanzenfam. 4(3a): 235. 1896; 中国植物志65(2): 268. 图版55: 8～13. 1977; 东北草本植物志7: 190. 1981; 辽宁植物志（下册）: 202. 图版89: 6. 1992; 内蒙古植物志（第二版）4: 209. 图版80: 1～4. 1993; 东北植物检索表（第二版）: 571. 图版286: 7. 1995; 黑龙江省植物志

8: 256. 图版111: 6.2001.——*Nepeta tenuifolia* Benth. in Labiat. Gen. Spec. 468. 1834; Fl. China17: 117. 1994.

生路边、林缘。产黑龙江省大庆、安达；辽宁省朝阳、凌源、阜新、普兰店、大连；内蒙古自治区巴林右旗。

全草有解表散风、透疹、止血作用，用于感冒、头痛、麻疹、风疹等。

■ 裂叶荆芥

茎叶

花序一部分

植株上部

24 青兰属 *Dracocephalum* L.

Dracocephalum L., Sp. Pl. 2: 594. 1753.

多年生或一年生直立草本。叶片心状卵形、长圆形、披针形或线状披针形，边缘有齿或全缘；基生叶具长柄，茎生叶柄短或无柄。轮伞花序密集成头状或穗状或稀疏排列；苞片倒卵形，具锐齿或刺，稀全缘；花萼管状或管状钟形，直或稍弯，具15条脉，二唇形，上唇3齿，中齿宽于侧齿2倍以上，下唇2齿，齿披针形，上唇侧齿及下唇齿间具2瘤状突起；花冠蓝紫色、白色，花冠筒下部细，喉部变宽，冠檐二唇形，上唇直或稍弯，先端2裂或微凹，下唇3裂，中裂片较大；雄蕊4，平行上升于花冠上唇之下，后雄蕊较长，通常与花冠等长或稍伸出，花药无毛或有毛，2室；子房4裂，花柱细长，先端相等2裂。小坚果长圆形，光滑。

本属全世界约70种，主要分布于温带亚洲，少数在欧洲和北美洲。中国有35种。东北地区产6种。

分种检索表

1. 花冠长9.6～11.3毫米；花药有毛 ……………………………………………… 1. 小花青兰 D. parviflorum Nutt.

1. 花冠长15～40毫米；花药有毛或无毛。

  2. 叶近无柄，叶片全缘；花药有毛。

    3. 茎几乎无毛；萼下部被毛，上部无毛；花药密被长柔毛；叶长圆状披针形或线状披针形，长1.5～6.7厘米，宽0.5～0.8厘米 ……………………………………………… 2. 光萼青兰 D. argunense Fisch. ex Link

    3. 茎下部疏被毛；萼外面全部被毛；花药疏被长柔毛；叶线形或披针状线形，长3～6厘米，宽0.2～0.5厘米 ……………………………………………… 3. 青兰 D. ruyschiana L.

  2. 叶有柄，叶缘具齿；花药无毛。

    4. 一年生草本；茎生叶长圆状披针形至线状披针形；苞片顶端及两侧有具长刺的齿 ……………………………………………… 4. 香青兰 D. moldavica L.

（接上表）

4. 多年生草本。
5. 茎中部叶卵形或长圆状卵形，长0.8～2厘米，宽0.5～1.5厘米；苞片全缘 …… **5. 垂花青兰 D. nutans** L.
5. 茎中部叶三角状卵形、长圆状卵形或近圆形，长1.5～6厘米，宽1.4～5.5厘米；苞片具带长刺的小齿 …… **6. 毛建草 D. rupestre** Hance

（1）小花青兰（植物检疫）

Dracocephalum parviflorum Nutt., Gen. N. Amer. Pl. [Nuttall]. 2: 35. 1818; 植物检疫35(5): 47～49. 2021.

原产北美洲。辽宁省大连市绿化带有发现。

全草可用于治疗儿童腹泻；叶可用作调味料，还有具有解热和消眼炎的作用，外用可作洗眼液。

■ 小花青兰

根部

苞片

花序

花

茎叶

植株一部分

（2）光萼青兰（辽宁植物志，黑龙江省植物志，内蒙古植物志，东北植物检索表，东北草本植物志，中国植物志，Flora of China）

Dracocephalum argunense Fisch. ex Link in Enum. Hort. Berol. Alt. 2: 118. 1822; 中国植物志65(2): 383. 图版71: 1～4. 1977; 东北草本植物志7: 198. 图版101. 1981; 辽宁植物志（下册）: 207. 图版91: 1～4. 1992; 内蒙古植物志（第二版）4: 215. 图版83: 1～5. 1993; Fl. China17: 133. 1994; 东北植物检索表（第二版）: 559. 图版278: 5. 1995; 黑龙江省植物志8: 212. 图版96: 1～3.2001.

生山坡草地、草原、灌丛中。产黑龙江省牡丹江、鹤岗、集贤、黑河、爱辉、嫩江、萝北；吉林省长春、珲春、汪清；辽宁省本溪、新宾、西丰、开原、喀左、建平；内蒙古自治区额尔古纳、根河、扎兰屯、牙克石、额尔古纳、鄂温克、科尔沁右翼前旗、扎鲁特旗、克什克腾旗、扎赉特旗等地。

全草用于心脏病、高血压、心神不安、头晕、胃寒作痛、气管炎。

■ 光萼青兰

花序

植株一部分

（3）青兰（黑龙江省植物志，内蒙古植物志，东北植物检索表，东北草本植物志，中国植物志，Flora of China）

Dracocephalum ruyschiana L., Sp. Pl.595. 1753; 中国植物志65(2): 382. 图版71: 5 ~ 6. 1977; 东北草本植

■ 青兰

茎被毛

茎叶

花序

花序一部分

植株上部

居群

物志7: 200. 1981; 内蒙古植物志（第二版）4: 215. 图版83: 6～8. 1993; Fl. China 17: 133. 1994; 东北植物检索表（第二版）: 559. 图版278: 9. 1995; 黑龙江省植物志8: 215. 图版96: 11～12.2001.

生山地草甸或草原多石处。产黑龙江省密山；吉林省安图、长白；辽宁省凤城、本溪；内蒙古自治区额尔古纳、牙克石、鄂温克、科尔沁右翼前旗、阿尔山、克什克腾旗、巴林右旗等地。

全草用于头痛、咽喉痛。

（4）香青兰（辽宁植物志，黑龙江省植物志，内蒙古植物志，东北植物检索表，东北草本植物志，中国植物志，Flora of China）

Dracocephalum moldavica L., Sp. Pl. 595. 1753; 中国植物志65(2): 361. 1977; 东北草本植物志7: 200. 图版102. 1981; 辽宁植物志（下册）: 208. 图版91: 5～7. 1992; 内蒙古植物志（第二版）4: 217. 图版84: 1～6. 1993; Fl. China 17: 128. 1994; 东北植物检索表（第二版）: 559. 图版278: 6. 1995; 黑龙江省植物志8: 214. 图版96: 4～6.2001.

生干燥山地、山谷、河滩多石处。产黑龙江省齐齐哈尔、哈尔滨、泰来、龙江、甘南；吉林省洮南、双辽、白城、通榆、梅河口、集安、长白；辽宁省朝阳、喀左、建平、凌源、新民；内蒙古自治区各地。

全草主治心血不足、脑功能减弱、感觉神经弱、肝虚胃弱、痰津性疾病、腹痛等。

■ 香青兰

花序一部分

茎叶

植株

（5）垂花青兰（黑龙江省植物志，东北植物检索表，东北草本植物志，中国植物志，Flora of China）

Dracocephalum nutans L., Sp. Pl. 2: 596. 1753; 中国植物志65(2): 364. 图版68: 5～6. 1977; 东北草本植物志7: 204. 图版104. 1981; Fl. China 17: 129. 1994; 东北植物检索表（第二版）: 559. 图版278: 8. 1995; 黑龙江省植物志8: 214. 图版96: 7～8.2001.

生海拔1200～2600米山地阳坡及谷中阳处，也见于落叶松纯林下。产黑龙江省北部；内蒙古自治区额尔古纳、鄂伦春、牙克石。

（6）毛建草（内蒙古植物志，中国植物志，Flora of China）；岩青兰（辽宁植物志，黑龙江省植物志，东北植物检索表，东北草本植物志）

Dracocephalum rupestre Hance in J. Bot. 7: 166. 1869; 中国植物志65(2): 378. 图版74. 1977; 东北草本植物志7: 203. 图版103. 1981; 辽宁植物志（下册）: 209. 图版92. 1992; 内蒙古植物志（第二版）4: 219. 图版85: 4～8. 1993; Fl. China 17: 132. 1994; 东北植物检索表（第二版）: 559. 图版278: 7. 1995; 黑龙江省植物志8: 215. 图版96: 9～10.2001.

生高山草原、草坡或疏林下阳处。产黑龙江省南部；辽宁省本溪、凤城、建平、凌源、朝阳、绥中、阜新；内蒙古自治区喀喇沁旗、宁城等地。

全草有清热解毒、凉血止血作用，且具香气，可代茶用。

■ 毛建草

居群

植株

25 假龙头花属 *Physostegia* Benth.

Physostegia Benth., Edwards′s Bot. Reg. 15: sub t. 1289. 1829.

多年生宿根草本。无地上匍枝。花萼囊状，果时膨胀成膀胱状，萼齿5，萼齿基部夹角处无瘤状突起；花大，花冠明显二唇形；雄蕊4，两对雄蕊平行上升于花冠上唇之下，药隔与花丝无关节相连；花柱着生于子房裂隙的基部。小坚果，果脐小。

本属全世界有3种。中国常见栽培1种。东北地区有栽培。

假龙头花（大连植物彩色图谱）

Physostegia virginiana Benth in Edwards′s Bot. Reg. 15: t. 1289. 1829.

多年生宿根草本。茎丛生而直立，四棱形。单叶对生，披针形，亮绿色，边缘具锯状齿。穗状花序

■ 假龙头花

茎叶

花序

■ 假龙头花

花正面观

花侧面观

植株

顶生；每轮有花2朵，花筒长约2.5厘米；唇瓣短，花淡紫红色。原产北美洲。黑龙江省佳木斯，辽宁省大连、辽阳、沈阳等地有栽培。

叶形整齐，花色艳丽，适宜花坛、花境应用。

26 荆芥属 *Nepeta* L.

Nepeta L., Sp. Pl. 570. 1753.

草本或半灌木。叶具齿，上部叶有时全缘，有柄或无柄。花两性，偶有雌花两性花同株或异株现象；轮伞花序或聚伞花序，前者分离或聚集成穗状或头状花序，后者则成对着生，组成总状或圆锥状花序；苞叶多样；花萼具（~13）15（~17）脉；花冠小或中等大；雄蕊4，近平行，沿花冠上唇上升，后对较长，内藏或伸出于花冠上唇，前对较短，通常内藏，药室2；在雌花中，雄蕊成为退化雄蕊，内藏于冠筒扩展部分，花柱丝状，伸出，先端近相等2裂，花盘杯状，等大4裂或前1裂片较大。小坚果长圆状卵形、椭圆柱形、卵形或倒卵形，腹面微具棱，光滑或具凸起。

本属全世界约247种，分布于亚洲温带，北美洲，欧洲，集中分布区是地中海区及西南亚、中亚。中国有39种。东北地区产4种，其中栽培1种。

分种检索表

1. 花冠下唇中裂片边缘具齿。
   2. 花紫色、淡紫色或蓝色 ························ 1. 费森杂种荆芥 N. × faasenii Bergmans ex Stearn
   2. 花白色 ·· 2. 荆芥 N. cataria L.
1. 花冠下唇中裂片边缘无齿。
   3. 花冠长1.7～2厘米；茎中部叶柄长2～3厘米，上部叶柄长3～5毫米；叶片基部圆截形或楔形，稀钝形 ···································· 3. 黑龙江荆芥 N. manchuriensis S. Moore

（接上表）

3. 花冠长2.6～3.5厘米；茎下部叶柄长3～6毫米，上部叶无柄或近无柄；叶片基部浅心形或近圆形 ………………………………………………………………………………………… 4. 康藏荆芥 N. prattii Levl.

（1）费森杂种荆芥（植物智网站）；六山荆芥（辽宁省维管束名称考证）；法氏荆芥、猫薄荷（植物智网站）

Nepeta × *faasenii* Bergmans ex Stearn in J. Roy. Hort. Soc. 75: 405. 1950.

杂交种。辽宁省大连、辽阳等地有栽培。

花色雅致，可作为地被植物或用于花坛美化。

■ 费森杂种荆芥

花正面观

花侧面观

植株一部分

植株

（2）荆芥（东北植物检索表，中国植物志，Flora of China）

Nepeta cataria L., Sp. Pl.570. 1753; Fl. China 17: 115. 1994; 中国植物志65(2): 298. 图版58. 1977; 东北植物检索表（第二版）: 565. 图版281: 6. 1995.

多生宅旁或灌丛中。产吉林省安图。辽宁省沈阳有栽培。

全草有祛风发汗、解热、透疹、散瘀消肿、止血、止痛作用。

■ 荆芥

茎叶

花序

植株

（3）黑龙江荆芥（黑龙江省植物志，东北植物检索表，东北草本植物志，中国植物志，Flora of China）

Nepeta manchuriensis S. Moore, J. Bot. 18: 5. 1880; 中国植物志65(2): 285. 1977; 东北草本植物志7: 194. 图版98. 1981; Fl. China 17: 112. 1994; 东北植物检索表（第二版）: 567. 图版281: 5. 1995; 黑龙江省植物志8: 243.2001.

生河岸砾石地的混交林中。产黑龙江省南部；吉林省珲春等地。

（4）康藏荆芥（内蒙古植物志，东北植物检索表，中国植物志，Flora of China）

Nepeta prattii Levl., Repert. Spec. Nov. Regni Veg. 9: 245. 1911; 中国植物志65(2): 292. 图版56: 1 ~ 4. 1977; 内蒙古植物志（第二版）4: 212. 图版82: 1 ~ 2. 1993; Fl. China 17: 114. 1994; 东北植物检索表（第二版）: 565. 1995.

生山坡草地、湿润处，海拔1920 ~ 4350米。产内蒙古自治区喀喇沁旗。

■ 康藏荆芥

茎叶

花正面观

花侧面观

■ 康藏荆芥

花序

植株

27 活血丹属（连钱草属） *Glechoma* L.

Glechoma L., Sp. Pl. 578. 1753.

多年生草本，常有匍匐茎。茎直立或斜升。单叶对生，具长柄；叶片圆形、心形或肾形，基部心形，边缘具钝锯状。轮伞花序2～6花或更多；花萼管状或钟状，具15条脉，萼齿5，呈不明显的二唇形，上唇3齿，稍长，下唇2齿；花冠管状，淡紫色，向喉部增大，冠檐二唇形，上唇直平，顶端微缺或2裂，下唇3裂，中裂片大，顶端微缺，侧裂片较小；雄蕊4，前雄蕊着生于下唇侧裂片之下，后雄蕊着生于上唇下近喉部，药室直角叉开；花柱短，柱头2裂。小坚果长圆状卵形，深褐色，光滑或有小凹点。

本属全世界约8种4变种，广布于欧亚大陆温带地区。中国有5种2变种。东北地区产1种1变种。

分种下单位检索表

1. 叶缘无白色斑块 ……………………………………………………a. 活血丹 G. longituba var. longituba
1. 叶缘具白色斑块 …………………………………………………… b. 花叶活血丹 G. longituba cv. 'Variegata'

活血丹（辽宁植物志，黑龙江省植物志，东北植物检索表，东北草本植物志，中国植物志，Flora of China）；连钱草（辽宁植物志）

Glechoma longituba (Nakai) Kupr. in Bot. Zhurn. S. S. S. R. 33: 236. 1948; 中国植物志65(2): 316. 图版61: 1～3. 1977; Fl. China17: 118. 1994.——*G. hederacea* L. var. *longituba* Nakai in Bot. Mag. (Tokyo) 35: 173. 1921; 东北草本植物志7: 194. 图版98. 1981; 辽宁植物志（下册）: 204. 图版90: 1～2. 1992; 东北植物检索表（第二版）: 561. 图版279: 5. 1995; 黑龙江省植物志8: 223. 图版100.2001.

多年生草本，具匍匐茎。茎直立。单叶对生；叶片心形或近肾形，基部心形，先端通常钝，边缘具圆齿，背面带紫色。轮伞花序通常2～5花；花萼筒状，5齿裂；花冠蓝紫色，上唇直立，顶端深裂，下唇3裂。成熟小坚果深褐色。

（a）活血丹（原变种）

Glechoma longituba var. *longituba*

生疏林下、溪边。产黑龙江省哈尔滨、尚志、宁安、虎林；吉林省永吉、蛟河、临江、长春、梅河

■ 活血丹

花

花枝

花期居群

花期后居群

植株一部分

口、柳河、辉南、抚松、靖宇、舒兰；辽宁省新宾、抚顺、鞍山、沈阳、法库、开原、瓦房店、大连、庄河、本溪、桓仁、丹东、宽甸、凤城、东港等地。

地上部分有清热解毒、利尿排湿、散瘀消肿作用。嫩苗可食。

（b）花叶活血丹（栽培变种）

Glechoma longituba cv. ‘Variegata’

辽宁省大连有栽培。

■ 花叶活血丹

植株一部分

植株

28 龙头草属 *Meehania* Britt. ex Small et Vaill.

Meehania Britt. ex Small et Vaill. Bull. Torr. Bot. Club. 21: 34, t. 173. 1894.

一年生或多年生直立或匍匐草本。茎常被短柔毛。叶片心形至披针形，具长柄。轮伞花序少花，常呈假总状花序，有时单花腋生或为腋生假总状花序；苞片叶状；花萼钟形，5齿裂，上唇3齿略长，下唇2齿稍短，外面被毛，具15条脉，里面无毛，果期膨大；花冠通常淡蓝紫色、淡紫红色至紫色，花冠筒基部细，向上近喉部渐扩大，里面无毛环，冠檐二唇形，上唇顶端微凹或2裂，下唇3裂，中裂片较大；雄蕊4，2强，花丝细，有时略扁，花药2室；子房4深裂，常被微柔毛，花柱细长，先端相等2浅裂，伸出花冠外。小坚果长圆形或长圆状卵形，平滑或有毛。

本属全世界约7种，1种分布于北美洲东部，6种分布于亚洲东部温带至亚热带地区。中国有5种及5变种，主要分布于东北、江南及西南的针阔叶林下。东北地区产1种1变种。

分种下单位检索表

1. 花冠淡蓝紫色或紫色 …………………………………………………… a. 荨麻叶龙头草 M. urticifolia var. urticifolia
1. 花冠白色 …………………………………………………… b. 白花荨麻叶龙头草 M. urticifolia var. albiflorum

荨麻叶龙头草（辽宁植物志，黑龙江省植物志，东北植物检索表，东北草本植物志，中国植物志，Flora of China）；美汉草（辽宁植物志）

Meehania urticifolia (Miq.) Makino in Bot. Mag. (Tokyo) 13: 159. 1899; 中国植物志65(2): 335. 1977; 东北草本植物志7: 196. 图版100. 1981; 辽宁植物志（下册）: 205. 图版90: 3 ~ 6. 1992; Fl. China 17: 122. 1994; 东北植物检索表（第二版）: 565. 图版281: 3. 1995; 黑龙江省植物志8: 237. 图版105.2001.

多年生草本。茎细弱，顶端常伸长为细长匍匐茎，节上生根。单叶对生；叶心形或卵状心形，两面长柔毛，叶缘有锯齿。轮伞花序或假总状花序；花冠淡蓝紫色或紫色，冠筒上部膨大，冠檐二唇形。小坚果卵状长圆形，被短柔毛。

（a）荨麻叶龙头草（原变种）

Meehania urticifolia var. *urticifolia*

生林下。产黑龙江省嘉荫；吉林省浑江、安图、蛟河、靖宇、通化、柳河、集安、抚松、长白、桦甸、五常、宁安；辽宁省清原、鞍山、庄河、岫岩、法库、西丰、开原、凤城、本溪、桓仁、宽甸、丹

■ 荨麻叶龙头草

花序

花序侧面观

花

■ 荨麻叶龙头草

植株

居群

东等地。

叶外敷治蛇咬伤，根浸酒服可补血。嫩苗可食。

（b）白花荨麻叶龙头草（变种）（辽宁师范大学学报）

Meehania urticifolia var. *albiflorum* Z. S. M., 辽宁师范大学学报40(3): 361 ~ 365. 2017.

生林下。产辽宁省桓仁。

■ 白花荨麻叶龙头草

花正面观

花侧面观

29 百里香属　*Thymus* L.

Thymus L., Sp. Pl. 590. 1753.

矮小半灌木。叶全缘或每侧具1 ~ 3小齿；苞叶与叶同形。轮伞花序紧密排成头状花序或疏松排成穗状花序；花萼管状钟形或狭钟形，具10 ~ 13脉，二唇形，上唇3裂，裂片三角形或披针形，下唇2裂，裂片钻形，被硬缘毛，喉部被白色毛环；花冠筒内藏或外伸，冠檐二唇形，上唇微凹，下唇3裂。雄蕊4，分离，外伸或内藏，前对较长，花药2室，药室平行或叉开；花盘平顶；花柱先端2裂，裂片钻形，相等或近相等。小坚果卵珠形或长圆形，光滑。

本属全世界300～400种，分布在非洲北部、欧洲及亚洲温带地区。中国有11种，2变种，多分布于黄河以北地区。东北地区产9种1变种2变型。

分种检索表

1. 花枝四棱形；叶具极明显的圆齿；花萼上唇的齿伸长，超过上唇全长的1/2 …… **1. 长齿百里香 T. disjunctus** Klok.
1. 花枝圆柱形，稀为不明显四棱形。
  2. 叶两面被毛。
    3. 花序穗状且长可达5厘米 …………………………………………………… **2. 短节百里香 T. mandschuricus** Ronn.
    3. 花序头状或在果期稍延长。
      4. 花枝被短柔毛；茎末端有匍匐的不育枝；叶全缘 ……………………………… **3. 短毛百里香 T. curtus** Klok.
      4. 花枝常被长毛；茎末端有上升的不育枝；叶边缘常具锯状齿 ………… **4. 黑龙江百里香 T. amurensis** Klok.
  2. 叶两面无毛。
    5. 叶两侧不对称 ……………………………………………………………… **5. 斜叶百里香 T. inaequalis** Klok.
    5. 叶两侧对称。
      6. 花萼上唇齿披针形或至狭长三角形。
        7. 花萼具明显隆起的脉；茎纤细 …………………………………………… **6. 显脉百里香 T. nervulosus** Klok.
        7. 花萼具不明显隆起的脉；茎粗壮（**7. 地椒 T. quinquecostatus** Celak.）。
          8. 叶长圆状椭圆形或长圆状披针形，长7～13毫米，宽1.5～3（～4.5）毫米，具5（～7）脉；花序轴疏被向下弯曲的柔毛 ……………………………………… **7a. 地椒 T. quinquecostatus** var. **quinquecostatus**
          8. 叶宽卵状披针形，长10～12毫米，宽4～5毫米，具7～9脉；花序轴密被平展毛 ……………………………………………… **7b. 展毛地椒 T. quinquecostatus** var. **przewalskii** (Kom.) Ronn.
      6. 上唇萼齿三角形或近三角形。
        9. 花萼长4～4.5毫米，下部被疏柔毛、上部近无毛，上唇齿不超过上唇全长1/3；叶卵状椭圆形、长圆状卵形或狭椭圆形节 ……………………………………………………… **8. 百里香 T. mongolicus** Ronn.
        9. 花萼长5～6毫米，密被白色长刚毛及腺点，上唇齿长为上唇长的2/5或近1/2（**9. 兴安百里香 T. dahuricus** Serg.）。
          10. 花粉红色。
            11. 叶线状披针形或线状倒披针形，宽不超过2毫米 ……… **9a. 兴安百里香 T. dahuricus** f. **dahuricus**
            11. 叶长圆形、长圆状椭圆形或卵状披针形，宽2～4毫米 ……………………………………………… **9b. 宽叶兴安百里香 T. dahuricus** f. **latifolius** Serg.
          10. 花白色 ………………………………………… **9c. 白花兴安百里香 T. dahuricus** f. **albiflora** C. Y. Li

（1）长齿百里香（东北植物检索表，中国植物志，Flora of China）

Thymus disjunctus Klok. in Bot. Mater. Gerb. Bot. Inst. Komarova Akad. Nauk S.S.S.R. 16: 295. 1954; 中国植物志66: 251. 1977; Fl. China 17: 234. 1994; 东北植物检索表（第二版）: 576. 图版287: 3. 1995.

生砾石草地、沙质谷地。产辽宁省凤城、本溪。

全草有止咳、祛风、杀虫作用。

■ 长齿百里香

花序一部分

花序

植株一部分

植株

（2）短节百里香（黑龙江省植物志，中国植物志，Flora of China）

Thymus mandschuricus Ronn. in Fedde, Repert. Sp. Nov. 29: 96. 1931; 中国植物志66: 252. 1977; Fl. China 17: 234. 1994; 黑龙江省植物志8: 270.2001.

生沙质地。产黑龙江省东南部（模式标本产地）。

（3）短毛百里香（中国植物志，Flora of China）

Thymus curtus Klok. in Not. Syst. Herb. Inst. Bot. Acad. Sci. URSS 16: 302. 1954; 中国植物志66: 254. 1977; Fl. China 17: 234. 1994.

生于砾石山坡上。产黑龙江省（模式标本产地）。

（4）黑龙江百里香（黑龙江省植物志，中国植物志，Flora of China）

Thymus amurensis Klok. in Not. Syst. Herb. Inst. Bot. Acad. Sci. URSS 16: 299. 1954; 中国植物志66: 254. 1977; Fl. China 17: 234. 1994; 黑龙江省植物志8: 269.2001.

生砾石坡地上。产黑龙江省呼玛。

■ 黑龙江百里香

花序

植株一部分

植株

（5）斜叶百里香（中国植物志，Flora of China）

Thymus inaequalis Klok. in Not. Syst. Herb. Inst. Bot. Acad. Sci. URSS 16: 303. 1954; 中国植物志66: 255. 1977; Fl. China 17: 234. 1994.

生于山坡干燥处、阳坡草地或石砾地，海拔350 ~ 850米。产内蒙古自治区根河等大兴安岭地区。

（6）显脉百里香（黑龙江省植物志，中国植物志，Flora of China）

Thymus nervulosus Klok. in Not. Syst. Herb. Inst. Bot. Acad. Sci. URSS 16: 302. 1954; 中国植物志66: 258. 1977; Fl. China 17: 235. 1994; 黑龙江省植物志8: 270.2001.

生草原或山坡上。产黑龙江省安达、肇东等地。

■ 显脉百里香

花

茎叶

花序

植株上部

植株一部分

（7）地椒（东北植物检索表，中国植物志，Flora of China）；五脉百里香（辽宁植物志）

Thymus quinquecostatus Celak. in Oesterr. Bot. Z. 39: 263. 1889; 中国植物志66: 258. 图版59: 1 ~ 7. 1977; 辽宁植物志（下册）: 230. 图版102: 6 ~ 7. 1992; Fl. China 17: 235. 1994; 东北植物检索表（第二版）: 576. 图版287: 4. 1995.

（7a）地椒（原变种）

Thymus quinquecostatus var. *quinquecostatus*

生山坡、海边低丘上。产辽宁省北镇、建平、营口、大连、普兰店、瓦房店、金州等地。

地上部分有祛风解表、行气止痛作用，用于感冒、头痛、牙痛、周身疼痛、腹胀冷痛。

■ 地椒

叶背面观

叶正面观

花萼

花序

白花株

植株

（7b）展毛地椒（变种）（植物智网站）；地椒展毛变种（中国植物志，Flora of China）；兴凯百里香（黑龙江省植物志，东北植物检索表）

Thymus quinquecostatus var. *przewalskii* (Kom.) Ronn. in Acta Horti Gothob. 9: 100. 1934; 中国植物志66: 259. 1977; Fl. China 17: 236. 1994.——*Thymus przewalskii* (Kom.) Nakai in Tokyo Bot. Mag. 35: 202. 1921; 东北植物检索表（第二版）: 576. 图版287: 5. 1995; 黑龙江省植物志8: 272. 图版116: 6 ~ 9.2001.

■ 展毛地椒

花序

植株一部分

生山坡石砾地或草地、河岸沙地、沙滩。产黑龙江省密山、虎林、兴凯湖畔；吉林省靖宇、乾安、镇赉。

（8）百里香（内蒙古植物志，东北植物检索表，中国植物志，Flora of China）

Thymus mongolicus Ronn. in Acta Horti Gothob. 9: 99. 1934; 中国植物志66: 256. 图版59: 8～13. 1977; Fl. China 17: 235. 1994; 东北植物检索表（第二版）: 576. 图版287: 2. 1995.——*Thymus serpyllum* var. *mongolicus* Ronniger in Notizbl. Bot. Gart. Berlin～Dahlem 10: 890 1930; 内蒙古植物志（第二版）4: 241. 图版94: 6～11. 1993.

生多石山地、斜坡、山谷、山沟、路旁及杂草丛。产辽宁省凌源、北镇；内蒙古自治区鄂伦春、扎鲁特旗、喀喇沁旗（旺业甸）、阿巴嘎旗等地。

地上部分有祛风解表、行气止痛作用，用于感冒、头痛、牙痛、周身疼痛、腹胀冷痛。

■ 百里香

花萼上唇

花萼下唇

植株

（9）兴安百里香（辽宁植物志，黑龙江省植物志，东北植物检索表）；亚洲百里香（内蒙古植物志）；地椒亚洲变种（中国植物志，Flora of China）

Thymus dahuricus Serg. in Sist. Zametki Mater. Gerb. Krylova Tomsk. Gosud. Univ. Kuybysheva 1: 3. 1938; 辽宁植物志（下册）: 228. 图版102: 1～5. 1992; 东北植物检索表（第二版）: 576. 图版287: 1. 1995; 黑龙江省植物志8: 270. 图版116: 1～5.2001.——*T. quinquecostatus* Celak. var. *asiaticus* (Kitag.) C. Y. Wu et Y. C. Huang, 中国植物志66: 259. 1977; Fl. China 17: 236. 1994.——*Thymus serpyllum* var. *asiaticus* Kitag. in Rep. Exped. Manchoukou Sect. IV. 4: 92. 1936; 内蒙古植物志（第二版）4: 240. 图版94: 12. 1993.

（9a）兴安百里香（原变型）

Thymus dahuricus f. *dahuricus*

生山坡沙质地及固定沙丘上。产黑龙江省呼玛、嫩江、大庆、哈尔滨、安达、黑河；吉林省乾安；

■ 兴安百里香

叶背面观

花萼上唇

花萼下唇

■ 兴安百里香

花序

植株

辽宁省彰武、阜新、建平、凌源、长海；内蒙古自治区额尔古纳、根河、海拉尔、牙克石、扎兰屯、满洲里、鄂伦春、陈巴尔虎旗、新巴尔虎左旗、新巴尔虎右旗、扎赉特旗、科尔沁右翼前旗、科尔沁左翼后旗（大青沟）、乌兰浩特、扎鲁特旗、巴林右旗、克什克腾旗、翁牛特旗、赤峰、通辽、东乌珠穆沁旗、西乌珠穆沁旗、阿巴嘎旗等地。

资源价值同百里香。

（9b）宽叶兴安百里香（东北植物检索表）

Thymus dahuricus f. *latifolius* Serg. sensu ampl., 东北植物检索表（第二版）: 576. 1995.

生沙砾地、山坡草地。产黑龙江省呼玛、黑河、安达、尚志、杜尔伯特；吉林省镇赉；内蒙古自治区额尔古纳、宁城等地。

■ 宽叶兴安百里香

茎叶

植株

（9c）白花兴安百里香（辽宁植物志，东北植物检索表）

Thymus dahuricus f. *albiflora* C. Y. Li, 辽宁植物志（下册）: 230. 1992; 东北植物检索表（第二版）: 576. 1995.

生山坡沙质地。产辽宁省彰武、阜蒙、建平（模式标本采集地）、凌源等地。

■ 白花兴安百里香

花萼上唇

花萼下唇

花序

植株一部分

植株

30 夏枯草属 *Prunella* L.

Prunella L., Sp. Pl. 600. 1753.

多年生草本。茎直立或上升。叶有齿、羽状分裂或全缘。轮伞花序由6花组成，生于茎顶或分枝顶端；苞片大，膜质，具脉，覆瓦状排列；花萼管状钟形，有不规则的10条脉，上唇扁平，具3短齿，下唇2齿，花后上弯封闭萼的喉部；花冠二唇形，向上逐渐一侧膨大，喉部稍缢缩，常伸出于萼，里面近基部有短毛及鳞片状的毛环，上唇盔瓣状，内凹，全缘，下唇3裂；前雄蕊较长，成对并列，花丝先端2齿裂，下齿裂具花药，花药2室；花盘近平顶。小坚果圆形、卵圆形或长圆形，棕色，无毛、光滑或具瘤。

本属全世界约15种，广布于欧亚温带地区及热带山区，非洲西北部及北美洲也有分布。中国产4种3变种，其中1种为引种栽培。东北地区产2种，其中栽培1种。

分种检索表

1. 花序具长梗；花萼上唇3齿明显；花冠具有向上弯曲的冠筒 …………………… 1. **大花夏枯草** P. grandiflora (L.) Jacq.
1. 花序具短梗或无梗；花萼上唇3齿不明显；花冠具直伸的冠筒 ……………………………… 2. **山菠菜** P. asiatica Nakai

（1）大花夏枯草（中国植物志，Flora of China）

Prunella grandiflora (L.) Jacq. Fl. Austr. 4: 40. 1776; 中国植物志65(2): 393. 1977; Fl. China 17: 135. 1994.

原产欧洲经巴尔干半岛及西亚至亚洲中部。辽宁省旅顺口有栽培。

为观赏植物，植株整齐，花色鲜艳，花形奇特。

■ 大花夏枯草

白花株

植株一部分

花序具长梗

植株

（2）山菠菜（中国植物志，Flora of China）；夏枯草（辽宁植物志，黑龙江省植物志，东北草本植物志）；东北夏枯草（东北植物检索表）

Prunella asiatica Nakai in Bot. Mag. (Tokyo) 44: 19. 1930; 中国植物志65(2): 390. 1977; 东北草本植物志7: 205. 图版105. 1981; 辽宁植物志（下册）: 211. 图版93. 1992; 东北植物检索表（第二版）: 569. 图版283: 1. 1995; 黑龙江省植物志8: 252. 图版110.2001; Fl. China 17: 134. 1994.

生林下、林缘、灌丛、山坡、路旁湿草地。产黑龙江省黑河；吉林省通化、抚松、安图、珲春、汪清、长白；辽宁省清原、铁岭、西丰、沈阳、鞍山、岫岩、丹东、凤城、本溪、桓仁、庄河等地。

全草有利尿、降血压、治淋病及瘰病作用，又可当茶饮。嫩苗可食。

■ 山菠菜

花序几乎无梗

居群

31 糙苏属 *Phlomoides* Moench

Phlomoides Moench, Methodus (Moench) 403. 1794.

多年生草本。叶广卵形、三角形或线形，常有皱纹。轮伞花序腋生，常多花密集；苞片多数，卵形、披针形至钻形；花无梗或有梗；花萼管状或管状钟形，具5或10条脉；花冠淡紫色或蔷薇色，花冠筒与花萼近等长，冠檐二唇形；雄蕊4，上升至上唇下，前雄蕊较长，后雄蕊基部有距状附属物或无，花药成对靠近，药室平岔开，后汇合成一室；花柱先端2裂，裂片不等长或近等长。小坚果卵状三棱形，先端钝，无毛或顶端有毛。

本属全世界100余种，产地中海、远东、亚洲中部至东部。中国有43种，分布于全国各地，西南各省区种类最多。东北地区产7种1变种。

分种检索表

1. 植株无基生叶。
   2. 轮伞花序具总梗，花冠粉红色 …………………………………… 1. 糙苏 Ph.umbrosa (Turcz.) Kamelin & Makhm.
   2. 轮伞花序无总梗，花冠白色 …………………… 2. 口外糙苏 Ph. jeholensis (Nakai & Kitag.) Kamelin & Makhm.
1. 植株有基生叶。
   3. 有木质块根；茎单生，少分枝；小坚果顶端显著被毛。

（接上表）

4. 茎被刚毛及星状微柔毛；叶片上面被星状毛及单毛，或疏被刚毛，稀近无毛，下面密被星状毛或刚毛；花萼管形，长约14毫米 ………………………………… **3. 串铃草 Ph. mongolica** (Turcz.) Kamelin & A. L. Budantsev

4. 茎无毛或仅在棱上疏被微柔毛；叶片上面被极疏的刚毛或近无毛，下面无毛或仅脉上被极疏的刚毛；花萼管状钟形，长8～10毫米…………………………………………………………… **4. 块根糙苏 Ph. tuberose** (L.) Moench

3. 无木质块根；茎多分枝，少单生；小坚果无毛。

5. 苞片披针形；花萼仅沿脉生有具节刚毛、无星状毛（**5. 大叶糙苏 Ph. maximowiczii** (Regel) Kamelin & Makhm.）。

6. 花冠粉红色 ……………………………………………………… **5a. 大叶糙苏 Ph. maximowiczii** var. **maximowiczii**

6. 花冠白色 ……………………………………… **5b. 白花大叶糙苏 Ph. maximowiczii** var. **albiflorum** Z. S. M.

5. 苞片线形、线状钻形或针刺状；花萼外被星状毛。

7. 轮伞花序每轮约8花；花长约22毫米；基生叶通常广卵状心形，长7～14厘米，宽4～13厘米 …………………………………………………………… **6. 长白糙苏 Ph. koraiensis** (Nakai) Kamelin & Makhm.

7. 轮伞花序每轮9～10花或更多；花长14～16毫米；基生叶三角状卵形或三角形，长4～7（～10）厘米，宽2～4（～6）厘米 ………………………………………… **7. 尖齿糙苏 Ph. dentosa** (Franch.) Kamelin & Makhm.

（1）糙苏（辽宁植物志，内蒙古植物志，东北植物检索表，东北草本植物志，中国植物志，Flora of China）

Phlomoides umbrosa (Turcz.) Kamelin & Makhm. in Bot. Zhurn. (Moscow & Leningrad) 75: 242. 1990.——*Phlomis umbrosa* Turcz. in Bull. Soc. Imp. Naturalistes Moscou 13: 76. 18404; 中国植物志65(2): 476. 1977; 东北草本植物志7: 210. 图版108. 1981; 辽宁植物志（下册）: 213. 图版94: 1～6. 1992; 内蒙古植物志（第二版）4: 225. 图版88: 1～5. 1993; Fl. China 17: 154. 1994; 东北植物检索表（第二版）: 567. 图版282: 1. 1995.

生疏林下或草地上。产辽宁省凌源、建昌、朝阳、庄河、金州、普兰店、大连、长海、宽甸、凤城、东港、本溪、桓仁；内蒙古自治区科尔心右翼前旗、翁牛特旗、敖汉旗、巴林左旗、巴林右旗、阿鲁科尔沁旗、克什克腾旗、宁城、锡林浩特等地。

嫩苗可食。根或全草有祛风活络、强筋壮骨、消肿、生肌、续筋接骨、补肝肾等作用。

■ 糙苏

轮伞花序1

轮伞花序2

居群

（2）口外糙苏（内蒙古植物志，中国植物志，Flora of China）；热河糙苏（内蒙古植物志）

Phlomoides jeholensis (Nakai & Kitag.) Kamelin & Makhm., Bot. Zhurn. (Moscow & Leningrad) 75(2): 242. 1990.——*Phlomis jeholensis* Nakai et Kitagawa in Rep. First Sci. Exped. Manchou. Sect IV. 1: 48. 1934; Kitagawa, Lineam. Fl. Mansh. 38. 1939; 中国植物志65(2): 475. 1977; Fl. China 17: 154. 1994; 内蒙古植物志（第三版）4: 211. 2020.

生山坡或水边。产内蒙古自治区喀喇沁旗旺业甸林场。

（3）串铃草（内蒙古植物志，中国植物志，Flora of China）

Phlomoides mongolica (Turcz.) Kamelin & A. L. Budantsev in Byull. Moskovsk. Obshch. Isp. Prir., Otd. Biol. n.s., 95(5): 120 1990.——*Phlomis mongolica* Turcz. in Bull. Soc. Nat. Moscou 24(2): 406. 1851; 中国植物志65(2): 443. 图版85. 1977; 内蒙古植物志（第二版）4: 224. 图版87: 1 ~ 7. 1993; Fl. China 17: 148. 1994.

生山坡草地。产内蒙古自治区科尔沁右翼前旗、克什克腾旗、东乌珠穆沁旗、锡林浩特等地。

本种为有毒植物。全草可入药；花朵美丽，可供观赏。

■ 串铃草

茎叶

茎叶背面观

轮伞花序

示萼筒和萼齿

示花

植株

（4）块根糙苏（黑龙江省植物志，内蒙古植物志，东北植物检索表，东北草本植物志，中国植物志，Flora of China）

Phlomoides tuberose (L.) Moench in Methodus 403. 1794.——*Phlomis tuberosa* L., Sp. Pl.586. 1753; 中国植物志65(2): 440. 1977; 东北草本植物志7: 208. 图版106. 1981; 内蒙古植物志（第二版）4: 223. 图版87: 8. 1993; Fl. China 17: 147. 1994; 东北植物检索表（第二版）: 567. 图版282: 4. 1995; 黑龙江省植物志8: 246. 图

版108.2001.

生湿草原或山沟中，海拔1200～2100米。产黑龙江省肇东、大庆、安达；内蒙古自治区海拉尔、额尔古纳、满洲里、新巴尔虎左旗、新巴尔虎右旗、科尔沁右翼前旗、克什克腾旗、锡林浩特等地。辽宁省有栽培。

全草或根有解毒作用，用于月经失调、梅毒、化脓性创伤。

■ 块根糙苏

根部

基生叶

轮伞花序

居群

植株

（5）大叶糙苏（辽宁植物志，东北植物检索表，东北草本植物志，中国植物志，Flora of China）

Phlomoides maximowiczii (Regel) Kamelin & Makhm. in Bot. Zhurn. (Moscow & Leningrad) 75: 242. 1990.——*Phlomis maximowiczii* Regel in Trudy Imp. S.–Peterburgsk. Bot. Sada 9: 594. 1886; 中国植物志65(2): 445. 1977; 东北草本植物志7: 208. 图版107. 1981; 辽宁植物志（下册）: 212. 图版94: 7～9. 1992; Fl. China 17: 149. 1994; 东北植物检索表（第二版）: 567. 图版282: 2. 1995.

（5a）大叶糙苏（原变种）

Phlomoides maximowiczii var. *maximowiczii*

生林缘或河岸。产吉林省安图、珲春、和龙、集安、抚松、长白；辽宁省清原、岫岩、本溪、桓仁、凤城、庄河、沈阳；内蒙古自治区宁城等地。

根为民间草药，能清热消肿，治疗疮疖。

■ 大叶糙苏

根部

花正面观

花侧面观

居群

植株

（5b）白花大叶糙苏（变种）（辽宁师范大学学报）

Phlomoides maximowiczii var. *albiflorum* Z. S. M., 辽宁师范大学学报40(3): 361 ~ 365. 2017.

生林缘。产辽宁省宽甸。

■ 白花大叶糙苏

轮伞花序侧面观

轮伞花序

植株

（6）长白糙苏（中国植物志，Flora of China）；高山糙苏（东北植物检索表，东北草本植物志）

Phlomoideskoraiensis (Nakai) Kamelin & Makhm.in Bot. Zhurn. (Moscow &Leningrad) 75: 245 1990.——*Phlomis koraiensis* Turcz., Bot. Mag. (Tokyo). 31: 106. 1917; Fl. China 17: 147. 1994; 中国植物志65(2): 438.

1977; 东北草本植物志7: 210. 1981; 东北植物检索表（第二版）: 569. 图版282: 3. 1995.

生高山冻原岳桦林下。产吉林省安图、抚松、长白。

■ 长白糙苏

轮伞花序

植株上部

植株

（7）尖齿糙苏（内蒙古植物志，东北植物检索表，中国植物志，Flora of China）

Phlomoides dentosa (Franch.) Kamelin & Makhm. in Bot. Zhurn. (Moscow & Leningrad) 75: 245. 1990.——

■ 尖齿糙苏

基生叶

茎叶

轮伞花序

轮伞花序侧面观

■ 尖齿糙苏

根部

植株一部分

植株

Phlomis dentosa Franch. in Pl. David. 1: 243 1883; 中国植物志65(2): 446. 1977; 内蒙古植物志（第二版）4: 225. 图版88: 6 ~ 11. 1993; Fl. China 17: 149. 1994; 东北植物检索表（第二版）: 569. 1995.

生草坡上。产辽宁省阜蒙；内蒙古自治区突泉、喀喇沁旗、东乌珠穆沁旗、锡林浩特等地。

32 鼬瓣花属 *Galeopsis* L.

Galeopsis L., Sp. Pl. 579. 1753.

一年生直立草本。叶卵状披针形或披针形，边缘具齿，具柄。轮伞花序6至多花，腋生，远离，或于茎、枝顶端聚生一起；花白、淡黄至紫色，常具斑纹，无梗；花萼管状钟形，5 ~ 10脉，口部等大，齿5；花冠筒直伸出于萼筒，内无毛环，喉部增大，冠檐二唇形，上唇直伸，内凹，卵圆形，外面被毛，下唇开张，3裂，中裂大较大；雄蕊4，平行，均上升至上唇片之下，前对较长，花药2室；花柱先端2裂，裂片钻形，近等大。小坚果宽倒卵珠形，近扁平，先端钝，光滑。

本属全世界约10种，分布于欧洲及亚洲温带，主要集中于西欧。中国有1种。东北地区有分布。

鼬瓣花（黑龙江省植物志，内蒙古植物志，东北植物检索表，东北草本植物志，中国植物志，Flora of China）

Galeopsis bifida Boenn. in Prodr. Fl. Monast. Westphal. 178. 1824; 中国植物志66: 481. 图版94. 1977; 东北草本植物志7: 213. 图版109. 1981; 内蒙古植物志（第二版）4: 227. 图版89: 1 ~ 5. 1993; Fl. China 17: 156. 1994; 东北植物检索表（第二版）: 561. 图版279: 6. 1995; 黑龙江省植物志8: 221. 图版99.2001.

一年生草本；茎被倒生刚毛；叶片卵形、披针形等，边缘有粗钝锯状齿，两面被具节的毛；轮伞花序腋生，紧密排列于茎顶及分枝顶端；花冠粉红色或近白色；小坚果倒卵状三棱形。生林缘、路旁、田边、灌丛、草地等空旷处。产黑龙江省呼玛、宁安、海林、虎林、尚志、伊春、黑河、嫩江、漠河；吉林省安图、珲春、和龙、蛟河、长白；辽宁省本溪、桓仁、丹东、清原、凌源；内蒙古自治区额尔古纳、牙克石、扎兰屯、鄂伦春、宁城等地。

根有止咳、化痰作用。全草有发汗解表、祛暑化湿、利尿作用。

■ 鼬瓣花

花序

植株上部

植株

33 野芝麻属 *Lamium* L.

Lamium L., Sp. Pl. 579. 1753.

一年生或多年生草本。叶片卵形或卵状披针形，边缘有齿。轮伞花序多花，腋生；花萼钟状，外面被毛，5齿裂，近等大；花冠紫红色、粉红色、浅黄色或白色，花冠筒显著超出花萼，稀内藏，直立或弯曲，外面被毛，里面有毛环或无毛环，喉部膨大，冠檐二唇形，上唇盔瓣状，先端圆形或微凹，下唇3裂，中裂片较大，倒心形，侧裂片小，有距状附属物；雄蕊4，前雄蕊较长，均上升至上唇之下，花丝丝状，有毛，花药2室；花柱丝状，先端2裂，等长。小坚果三角形，先端平截。

本属全世界约40种，产欧洲、北非及亚洲，输入北美洲。中国有4种4变种。东北地区产2种1亚种。

分种检索表

1. 一年生或二年生草本；叶圆形或肾形，叶缘具深圆齿；花冠紫红或粉红色，花冠筒内面无毛环
 ………………………………………………………………………… 1. 宝盖草 L. amplexicaule L.
1. 多年生草本且有长地下匍匐枝；叶卵圆形或卵圆状披针形，叶缘有微内弯的锯状齿；花冠白色、浅黄色或浅粉色，花冠筒内面基部有毛环（2. 野芝麻 L. album L.）。
 2. 茎几乎无毛；花冠白色或浅黄色 ……………………………………… 2a. 野芝麻 L. album subsp. album
 2. 茎被倒生硬毛；花白色或浅粉色 … 2b. 野芝麻硬毛亚种 L. album subsp. barbatum (Siebold & Zucc.) Mennema

（1）宝盖草（中国植物志，Flora of China）

Lamium amplexicaule L., Sp. Pl.579. 1753; 中国植物志65(2): 485. 图版95. 1977; Fl. China 17: 157. 1994.

生路旁、林缘、宅旁、荒地。产辽宁省旅顺口、大连、庄河。

本种在中国江苏、安徽、浙江、福建、湖南、湖北、河南、陕西、甘肃、青海、新疆、四川、贵州、云南、西藏等地有自然分布，无意带入东北地区。全草入药，治外伤骨折、跌打损伤红肿、毒疮、瘫痪、半身不遂、高血压、小儿肝热及脑漏等症。

■ 宝盖草

花正面观

花侧面观

花枝

茎叶

植株

（2）野芝麻（辽宁植物志，黑龙江省植物志，东北植物检索表，东北草本植物志，中国植物志，Flora of China）；短柄野芝麻（内蒙古植物志，中国植物志）

Lamium album L., Sp. Pl.579. 1753; 中国植物志65(2): 488. 图版96: 6. 1977; 东北草本植物志7: 214. 图版110. 1981; 辽宁植物志（下册）: 215. 图版95. 1992; 内蒙古植物志（第二版）4: 228. 图版89: 6 ~ 10. 1993; Fl. China 17: 157. 1994; 东北植物检索表（第二版）: 563. 图版280: 1. 1995; 黑龙江省植物志8: 227. 图版102.2001.——*L. barbatum* Siebold & Zucc. in Fl. Jap. Fam. Nat. 34. 1845; 中国植物志65(2): 490. 图版96: 1 ~ 5. 1977; Fl. China 17: 157. 1994.

（2a）野芝麻（原亚种）

Lamium album subsp. *album*

生路边、溪旁、荒地上。产黑龙江省哈尔滨、伊春、尚志、阿城、宁安、汤原、密山、虎林、嘉荫、呼玛；吉林省蛟河、安图、珲春、抚松、临江、梅河口、通化、柳河、辉南、集安、靖宇、长白、桦甸；辽宁省鞍山、本溪、桓仁、凤城、宽甸、东港、瓦房店、庄河、新宾、清原、西丰；内蒙古自治区额尔古纳、根河、牙克石、扎兰屯、鄂伦春、鄂温克、科尔沁右翼前旗、扎赉特旗、阿鲁科尔沁旗、宝格达山等地。

全草用于跌打损伤、小儿疳积。嫩苗可食。

■ 野芝麻

茎

轮伞花序

植株

（2b）野芝麻硬毛亚种（中国植物志）；粉花野芝麻（东北植物检索表，东北草本植物志）

Lamium album subsp. *barbatum* (Siebold & Zucc.) Mennema in Leiden Bot. Ser. 11: 70. 1989.——*Lamium album* var. *barbatum* (Sieb. et Zucc.) Franch. et Sav. in Enum. Pl. Jap. 1: 383. 1875; 东北草本植物志7: 215. 1981; 东北植物检索表（第二版）: 563. 1995.——*L. barbatum* var. *hirsutum* C. Y. Wu & S. J. Hsuan in Acta Phytotax. Sin. 10: 156. 1965; 中国植物志65(2): 491. 1977.

生山坡、路旁。产黑龙江省嘉荫；吉林省安图、长白、集安、抚松；辽宁省本溪、桓仁、清原、岫岩等地。

■ 野芝麻硬毛亚种

轮伞花序

植株一部分

居群

34 益母草属 *Leonurus* L.

Leonurus L. Gen. Pl. 254. 1754.

一年生至多年生直立草本。茎四棱。茎下部叶较宽大，近掌状分裂；茎上部叶渐狭，全缘、有缺刻或3裂。轮伞花序多花腋生，排列成穗状花序，苞片钻状或刺状；花萼长倒圆锥形或钟形，5齿裂，不明显二唇形，上唇3齿，下唇2齿；花冠白色、粉红色至淡紫色，花冠筒稍超出花萼，冠檐二唇形，上唇全缘，下唇3裂；雄蕊4，前雄蕊较长，与后雄蕊平行排列于上唇之下，花药2室，药室平行；花柱先端相等

2裂，裂片钻形；花盘平顶。小坚果锐三棱形，先端平截，基部楔形。

本属全世界14～20种，分布于欧洲、亚洲温带，少数种在美洲、非洲各地逸生。中国有12种2变型。东北地区产6种2变型。

分种检索表

1. 叶3裂或边缘具缺刻状大牙齿；花长2～3厘米。
  2. 叶边缘具缺刻状大齿，稀3裂；萼齿长5～8毫米；花淡紫色 ……………… **1. 大花益母草 L. macranthus** Maxim.
  2. 叶3中裂至深裂；萼齿长3～5毫米；花白色、粉白色，稀淡紫色 ………… **2. 錾菜 L. pseudomacranthus** Kitag.
1. 叶掌状分裂；花长2厘米以下。
  3. 茎下部无毛、上部和花序被开展长柔毛，叶无毛；花冠长8～10毫米 ……………………………………………………………… **3. 兴安益母草 L. deminutus** V. Kreczetovicz ex Kuprianova
  3. 植株全部被贴伏短柔毛或极短的毛，仅茎节或花萼有时被开展的长柔毛。
    4. 花序上部叶全缘；花冠长10～12毫米（**4. 益母草 L. japonicus** Houtt.）。
      5. 花冠粉红色 …………………………………………………………… **4a. 益母草 L. japonicus** f. **japonicus**
      5. 花冠白色 …………………………………………… **4b. 白花益母草 L. japonicus** f. **albiflora** (Migo) Y. C. Chu
    4. 花序上部叶分裂。
      6. 花冠长10～12毫米；植株全部被贴伏短柔毛而呈灰白色；叶掌状5全裂，小裂片宽3毫米以上 ……………………………………………………………………… **5. 灰白益母草 L. glaucescens** Bunge
      6. 花冠长18～20毫米；茎、叶和花序被极短的毛，花萼被短柔毛或被开展的长柔毛；叶3全裂，小裂片宽1～3毫米（**6. 细叶益母草 L. sibiricus** L.）。
        7. 花冠粉红色 ………………………………………………………………… **6a. 细叶益母草 L. sibiricus** f. **sibiricus**
        7. 花冠白色 ………… **6b. 白花细叶益母草 L. sibiricus** f. **albiflorus** (Nakai et Kitag.) C. Y. Wu et H. W. Li

（1）大花益母草（辽宁植物志，黑龙江省植物志，内蒙古植物志，东北植物检索表，东北草本植物志，中国植物志，Flora of China）

Leonurus macranthus Maxim. in Prim. Fl. Amur. 476. 1859; 中国植物志65(2): 515. 图版99: 8～13. 1977; 东北草本植物志 7: 216. 1981; 辽宁植物志（下册）: 216. 1992; 内蒙古植物志（第二版）4: 230. 图版90: 1～5. 1993; Fl. China 17: 163. 1994; 东北植物检索表（第二版）: 563. 图版280: 4. 1995; 黑龙江省植物志8: 231. 图版103: 2～3.2001.

■ 大花益母草

轮伞花序

茎下部叶

植株上部

生草坡及灌丛中。产黑龙江省依兰、哈尔滨、鸡西、东宁；吉林省吉林、长春、通化、汪清、和龙、珲春、长白、九台、梅河口、辉南、集安、抚松、靖宇、临江；辽宁省凌源、北镇、西丰、铁岭、鞍山、本溪、桓仁、抚顺、新宾、清原、凤城、宽甸、普兰店、金州、长海、大连、沈阳、法库；内蒙古自治区喀喇沁右翼中旗、喀喇沁旗、宁城等地。

茎、叶有接骨止痛、固表止血作用。嫩苗可食。

（2）錾菜（中国植物志，Flora of China）；假大花益母草（辽宁植物志，东北植物检索表，东北草本植物志）

Leonurus pseudomacranthus Kitag. in Bot. Mag. (Tokyo) 48: 109. 1934; 中国植物志65(2): 513. 1977; 东北草本植物志 7: 216. 1981; 辽宁植物志（下册）: 217. 1992; Fl. China17: 163. 1994; 东北植物检索表（第二版）: 563. 1995.

生山坡、丘陵地。产黑龙江省哈尔滨、东宁；辽宁省沈阳、法库、盖州、桓仁、大连、庄河、金州、普兰店、瓦房店、营口、北镇、锦州、阜新、喀左、建昌、建平、凌源等地。

全草用于月经不调、月经痛、肾炎、血尿、浮肿、小便不通、产后腹痛、腰痛等。

■ 錾菜

苗期植株一部分

苗期植株

茎中部叶

花序

植株下部

植株

（3）兴安益母草（黑龙江省植物志，内蒙古植物志，东北植物检索表，东北草本植物志，中国植物志，Flora of China）

Leonurus deminutus V. Kreczetovicz ex Kuprianova, Bot. Mater. Gerb. Bot. Inst. Komorova Akad. Nauk S. S.

S. R. 1: 134. 1949; Fl. China 17: 164. 1994.——*Leonurus tataricus* auct. non L.: 中国植物志65(2): 519. 1977; 东北草本植物志 7: 217. 图版111: 4 ~ 5. 1981; 内蒙古植物志（第二版）4: 233. 图版91: 6 ~ 10. 1993; 东北植物检索表（第二版）: 563. 图版280: 3. 1995; 黑龙江省植物志8: 233. 图版103: 5 ~ 6.2001.

生山坡林下，海拔750 ~ 850米。产黑龙江省黑河；内蒙古自治区额尔古纳、根河、牙克石、鄂伦春。

■ 兴安益母草

茎下部叶

轮伞花序

花序一部分

植株一部分

植株

（4）益母草（辽宁植物志，黑龙江省植物志，内蒙古植物志，东北植物检索表，东北草本植物志，中国植物志，Flora of China）

Leonurus japonicus Houtt. in Nat. Hist. 9: 366. 1778; 东北草本植物志 7: 219. 图版112. 1981; 辽宁植物志（下册）: 218. 图版97. 1992; 内蒙古植物志（第二版）4: 230. 图版90: 6 ~ 10. 1993; Fl. China 17: 163.1994; 东北植物检索表（第二版）: 563. 图版280: 5. 1995; 黑龙江省植物志8: 229. 图版103: 1.2001.——*L. artemisia* (Lour.) S. Y. Hu in J. Chinese Univ. Hong Kong 2: 381. 1974; 中国植物志65(2): 508. 图版99: 1 ~ 7. 1977.

（4a）益母草（原变型）

Leonurus japonicus f. *japonicus*

生多种环境，尤以阳处为多。产黑龙江省黑河、哈尔滨、阿城、伊春、北安、克山、尚志、肇东、肇源、宁安、汤原、虎林、密山；吉林省长春、临江、吉林、九台、镇赉、安图、长白、和龙、汪清、珲春、抚松；辽宁省各地；内蒙古自治区额尔古纳、海拉尔、鄂温克、扎赉特旗、科尔沁左翼后旗、喀喇沁旗、巴林右旗、宁城等地。

全草入药，广泛用于妇科。花治贫血体弱。种子有利尿、治眼疾作用。嫩苗可食。

■ 益母草

苗期植株

茎叶

花序

植株

（4b）白花益母草（变型）（东北植物检索表，中国植物志）

Leonurus japonicus f. *albiflora* (Migo) Y. C. Chu in Pl. Medic. Chinae Bor.-Orient. 971. 1989; 东北植物检索表（第二版）: 563. 1995.——*L. artemisia* (Lour.) S. Y. Hu var. *albiflorus* (Migo) S. Y. Hu in J. Chinese Univ.

■ 白花益母草

花序

植株一部分

Hong Kong 2: 381. 1974; 中国植物志65(2): 511. 1977.

生林缘、路旁。产辽宁省鞍山、辽阳等地。

（5）灰白益母草（内蒙古植物志，中国植物志，Flora of China）

Leonurus glaucescens Bunge in Ledeb. Fl. Alt. 2: 409. 1830; 中国植物志65(2): 518. 1977; Fl. China 17: 164. 1994; 内蒙古植物志（第三版）4: 219. 2020.

生灌丛、冲刷沟谷及草原上。产内蒙古自治区鄂伦春、扎赉特旗、喀喇沁旗。

■ 灰白益母草

花序

植株上部

植株下部

植株

（6）细叶益母草（辽宁植物志，黑龙江省植物志，内蒙古植物志，东北植物检索表，东北草本植物志，中国植物志，Flora of China）

Leonurus sibiricus L., Sp. Pl.584. 1753; 中国植物志65(2): 511. 1977; 东北草本植物志 7: 217. 图版111: 1 ~ 3. 1981; 辽宁植物志（下册）: 217. 图版96. 1992; 内蒙古植物志（第二版）4: 231. 图版91: 1 ~ 5. 1993; Fl. China 17: 163. 1994; 东北植物检索表（第二版）: 563. 图版280: 2. 1995; 黑龙江省植物志8: 232. 图版103: 4.2001.

（6a）细叶益母草（原变型）

Leonurus sibiricus f. *sibiricus*

生石质及沙质草地上及松林中。产黑龙江省泰来、鸡东、伊春；吉林省通榆、安图、镇赉；辽宁省北镇、彰武、鞍山、清原、庄河、大连、西丰、康平、新民、桓仁；内蒙古自治区额尔古纳、海拉尔、满洲里、鄂温克、陈巴尔虎旗、新巴尔虎右旗、科尔沁右翼前旗、扎赉特旗、科尔沁左翼后旗、扎鲁特旗、克什克腾旗、林西、西乌珠穆沁旗、锡林浩特、阿巴嘎旗、镶黄旗、多伦等地。

全草用于妇科疾病，治疗产后腹痛等。嫩苗可食。

■ 细叶益母草

苗期植株

茎叶

萼筒

■ 细叶益母草

轮伞花序

植株一部分

(6b) 白花细叶益母草(变型)(黑龙江省植物志,东北植物检索表,中国植物志)

Leonurus sibiricus f. *albiflorus* (Nakai et Kitag.) C. Y. Wu et H. W. Li in Act. Phytotax. Sin. 10(2): 163. 1965; 中国植物志65(2): 512. 1977; 东北植物检索表(第二版): 563. 1995; 黑龙江省植物志8: 232.2001.——*L. manshuricus* Yabe f. *albiflorus* Nakai & Kitagawa in Rep. Firs Sci. Exped. Manch. 4, 1: 47. 1934; Lineam. Fl. Mansh. 380. 1939.

生江堤或沙质地。产黑龙江省逊克。

35 风轮菜属 *Clinopodium* L.

Clinopodium L., Sp. Pl. ed. 1: 587. 1753.

多年生草本。茎直立或上升,四棱形,被倒生疏柔毛。叶具柄或无柄,叶缘具齿。轮伞花序常偏于一侧呈球形,彼此分离,于茎上部形成圆锥花序;下部苞叶叶状,向上渐小成苞片状,苞片线状或针形,与花萼等长或短;花萼管状,外面被柔毛,里面疏生柔毛,二唇形,上唇3齿,下唇2齿;花冠紫红色、淡红色或白色,外面被柔毛,里面亦常具微柔毛,冠檐二唇形,上唇先端微凹,下唇3裂;雄蕊4,前雄蕊较长,后雄蕊有时退化,花药2室;花柱先端不相等2裂,子房4裂,无毛。小坚果宽常不及1毫米,卵球形或近球形,褐色。

本属全世界约20种,分布于欧洲、中亚及亚洲东部。中国产11种。东北地区产1种1亚种。

分种下单位检索表

1. 苞片针状,无明显中肋 ………………………… a. 风轮菜 C. chinense subsp. chinense
1. 苞片线形,明显具中肋 ………………………… b. 麻叶风轮菜 C. chinense subsp. grandiflorum

风轮菜(中国植物志,Flora of China)

Clinopodium chinense (Benth.) O. Ktze. in Revis. Gen. Pl. 2: 515. 1891; 中国植物志66: 226. 图版52. 1977; Fl. China 17: 229. 1994.

多年生草本。单叶对生;叶卵圆形,边缘具大小均匀的圆齿状锯齿,上面榄绿色,密被平伏短硬毛,下面灰白色,被疏柔毛。轮伞花序多花密集,半球状,花紫红色;苞片针状,极细,无明显中肋;

花萼长约6毫米；花冠小，长不及1厘米。小坚果倒卵形，黄褐色。

（a）风轮菜（原亚种）

Clinopodium chinense subsp. *chinense*

生山坡、草丛、路边、沟边、灌丛、林下。产黑龙江省宁安；吉林省临江；辽宁省大连、凌源、本溪等地。

茎叶有行气活血、退黄解毒作用，用于瘀血作痛、蛇虫咬伤。嫩苗可食。

■ 风轮菜

苞片无中脉

花序

植株

（b）麻叶风轮菜（亚种）（Flora of China）；风车草（辽宁植物志，黑龙江省植物志，内蒙古植物志，东北植物检索表，东北草本植物志，中国植物志）

Clinopodium chinense subsp. *grandiflorum* (Maxim.) H. Hara in J. Jap. Bot. 12: 39. 1936.——*Clinopodium chinense* var. *grandiflora* (Maxim.) Hara in J. Jap. Bot. 12: 39. 1936; 东北草本植物志 7: 229. 1981; 辽宁植物志（下册）: 226. 图版101: 1 ~ 3. 1992; 内蒙古植物志（第二版）4: 238. 图版82: 3 ~ 5. 1993; 东北植物检索表（第二版）: 558. 图版278: 11. 1995; 黑龙江省植物志8: 210. 图版95.2001.——*C. urticifolium* (Hance) C. Y. Wu et Hsuan ex H. W. Li in Acta Phytotax. Sin. 12: 219. 1974; 中国植物志66: 229. 1977; Fl. China 17: 229. 1994; 内蒙古植物志（第三版）4: 228. 2020.

生沟边、灌丛、林下。产黑龙江省牡丹江、宁安、鸡西、密山、依兰、哈尔滨、伊春、萝北、集贤、虎林、阿城；吉林省长春、吉林、浑江、九台、汪清、珲春、长白、安图、通化、抚松；辽宁省各地；内蒙古自治区科尔沁右翼前旗、科尔沁左翼后旗、大青沟、敖汉旗、喀喇沁旗、宁城等地。

■ 麻叶风轮菜

轮伞花序

苞片有中脉

花序

植株

36 水苏属 *Stachys* L.

Stachys L., Sp. Pl. 580. 1753.

直立草本、半灌木或灌木。叶全缘或有齿；苞叶与叶同型，上部渐小成苞片。轮伞花序2至多花，于茎或枝端集成穗状花序；花红色、紫红色、白色或黄色等；花萼管状钟形、倒圆锥状或圆筒状，具5相等或不相等的齿，有5～10条脉；花冠筒圆柱状，冠筒内有毛环，冠檐二唇形，上唇常凹或盔瓣状，下唇开展并3裂；雄蕊4，前雄蕊较长，花药2室；花柱2裂，裂片钻形，近等长。小坚果卵形或长圆形，先端钝或圆，光滑或具瘤。

本属全世界约300种，广布于南北半球的温带，在热带中除在山区外几乎不见，有少数种扩展到较寒冷的地方或高山，不见于澳大利亚及新西兰，非洲南部及智利少见。中国产18种。东北地区产5种3变种。

分种检索表

1\. 小苞片明显，比花梗长很多；植株各部密被灰白色丝状绵毛；叶质肥厚；轮伞花序多数密集组成紧密的长穗状花序 ………… **1. 绵毛水苏 S. byzantina** K. Koch
1\. 小苞片不明显，比花梗短或稍长。
  2\. 根状茎顶端肥大成螺蛳状块茎；叶柄长1～3厘米，被硬毛；叶片卵形或长圆状卵形，内面被或疏或密的贴生硬毛 ………… **2. 甘露子 S. affinis** Bunge
  2\. 根状茎长而无肥大的块茎。
    3\. 茎在棱及节上密被或疏被倒向至平展的刚毛，余部无毛（**3. 毛水苏 S. riederi** Cham.）。
      4\. 茎叶长圆状线形，长4～11厘米，宽0.7～1.5厘米。
        5\. 茎在棱及节上密被倒向至平展的刚毛；花萼外面沿肋及齿缘密被柔毛状刚毛 ………… **3a. 毛水苏 S. riederi** var. **riederi**
        5\. 茎沿棱上及节上疏被小刚毛；花萼疏被柔毛状刚毛 ………… **3b. 毛水苏小刚毛变种 S. riederi** var. **hispidula** (Regel) H. Hara
      4\. 茎叶线形或线状披针形，长3～4.5厘米，宽4～6毫米 ………… **3c. 毛水苏狭叶变种 S. riederi** var. **angustifolia** Honda
    3\. 茎无毛或仅沿棱疏生倒向刺毛，节上明显。
      6\. 叶有柄；叶片卵状长圆形，边缘有明显的圆锯状齿，两面均无毛 ………… **4. 水苏 S. japonica** Miq.
      6\. 叶无柄或近无柄；叶片长圆状披针形至线形，边缘有小圆齿或近全缘，上面疏被小刚毛或老时脱落，下面无毛或沿脉上疏被小刚毛（**5. 华水苏 S. chinensis** Bunge ex Benth.）。
        7\. 花冠淡紫或紫色 ………… **5a. 华水苏 S. chinensis** var. **chinensis**
        7\. 花冠白色 ………… **5b. 白花华水苏 S. chinensis** var. **albiflora** C. Y. Li

（1）绵毛水苏（中国植物志，Flora of China）

Stachys byzantina K. Koch in Linnaea 21: 686. 1849.——*S. lanata* Jacq. in Icon. Pl. Rar. 1: 11, t. 107. 1787; 中国植物志66: 5. 1977; Fl. China 17: 179. 1994.

原产巴尔干半岛、黑海沿岸至西亚。辽宁省大连有栽培。

常作为观赏植物栽培于花圃中。

■ 绵毛水苏

花序一部分

花序

植株上部

植株

栽培居群

（2）甘露子（辽宁植物志，内蒙古植物志，东北植物检索表，东北草本植物志，中国植物志，Flora of China）

Stachys affinis Bunge in Enum. Pl. China Bor. 51. 1833.——*S. sieboldii* Miq. in Ann. Mus. Bot. Lugduno-Batavi 2: 112. 1865; 中国植物志66: 18. 图版3: 12～14. 1977; 东北草本植物志 7: 221. 图版113: 4～5. 1981; 辽宁植物志（下册）: 221. 图版98: 6～7. 1992; 内蒙古植物志（第二版）4: 238. 图版82: 3～5. 1993; Fl. China17: 181. 1994; 东北植物检索表（第二版）: 573. 图版286: 4. 1995.

多为栽培，但也见山坡岩石缝间。产辽宁省本溪、桓仁。辽宁省各地常见栽培。

地下块茎可做酱菜或泡菜。嫩苗也可食。全草有祛风热、利湿、活血散瘀作用。

■ 甘露子

茎叶

植株下部

花序

（3）毛水苏（黑龙江省植物志，内蒙古植物志，东北植物检索表，东北草本植物志，中国植物志，Flora of China）；水苏草（中国植物志）

Stachys riederi Cham. in Linnaea 6: 570. 1831.——*S. baicalensis* Fisch. ex Benth. in Labiat. Gen. Spec. 543. 1834; 中国植物志66: 11. 1977; 东北草本植物志7: 221. 图版113: 1 ~ 3. 1981; 内蒙古植物志（第二版）4: 236. 图版93. 1993; Fl. China17: 180. 1994; 东北植物检索表（第二版）: 573. 图版286: 5. 1995; 黑龙江省植物志8: 264. 图版114: 1 ~ 3.2001.

（3a）毛水苏（原变种）

Stachys riederi var. *riederi*

生湿草地及河岸上。产黑龙江省哈尔滨、尚志、密山、集贤、嫩江、黑河、伊春、爱辉、呼玛、虎林、萝北、宝清、安达；吉林省靖宇、抚松、安图、珲春、汪清、长春、和龙、蛟河；辽宁省沈阳；内蒙古自治区海拉尔、额尔古纳、根河、牙克石、鄂伦春、鄂温克、满洲里、科尔沁右翼前旗、通辽、克什克腾旗、喀喇沁旗、东乌珠穆沁旗、锡林浩特、多伦、太仆寺旗等地。

■ 毛水苏

茎

花序

居群

（3b）毛水苏小刚毛变种（中国植物志，Flora of China）

Stachys riederi var. *hispidula* (Regel) H. Hara in Bot. Mag. (Tokyo) 51: 144. 1937.——*S. baicalensis* Fisch. ex Benth. var. *hispidula* (Regel) Nakai in Bot. Mag. Tokyo 34: 46. 1920; 中国植物志66: 12. 1977; Fl. China17: 180. 1994.

生潮湿地。产黑龙江省哈尔滨、伊春、带岭、黑河、呼玛；吉林省蛟河、靖宇；辽宁省抚顺；内蒙古自治区额尔古纳。

（3c）毛水苏狭叶变种（中国植物志，Flora of China）

Stachys riederi var. *angustifolia* Honda in Bot. Mag. Tokyo 46: 374. 1932; 中国植物志66: 12. 1977; Fl. China17: 180. 1994.

生开阔地，海拔约650米。产吉林省（地点不详）。

（4）水苏（辽宁植物志，东北植物检索表，东北草本植物志，中国植物志，Flora of China）

Stachys japonica Miq. in Ann. Mus. Bot. Lugduno–Batavi 2: 111. 1865; 中国植物志66: 14. 1977; 东北草本植物志 7: 223. 图版114: 5. 1981; 辽宁植物志（下册）: 222. 图版98: 5. 1992; Fl. China 17: 181. 1994; 东北植物检索表（第二版）: 573. 图版286: 2. 1995.

生水沟边、河旁湿地。产吉林省靖宇、汪清；辽宁省凤城、瓦房店、庄河、沈阳、抚顺、宽甸、本溪、铁岭；内蒙古自治区海拉尔等地。

民间用全草或根入药，治百日咳、扁桃体炎、咽喉炎、痢疾等症。嫩苗可食。

■ 水苏

根部

花序一部分

茎叶

群落

（5）华水苏（辽宁植物志，黑龙江省植物志，东北植物检索表，东北草本植物志，中国植物志，Flora of China）

Stachys chinensis Bunge ex Benth. in Labiat. Gen. Spec. 544. 1834; 中国植物志66: 13. 1977; 东北草本植物志7: 223. 图版114: 1～4. 1981; 辽宁植物志（下册）: 221. 图版98: 1～4. 1992; Fl. China 17: 180. 1994; 东北植物检索表（第二版）: 573. 图版286: 3. 1995; 黑龙江省植物志8: 265. 图版114: 4～6.2001.

（5a）华水苏（原变种）

Stachys chinensis var. *chinensis*

生湿草地、河边及水甸子边等处。产黑龙江省呼玛、齐齐哈尔、虎林、大庆、密山、安达、哈尔滨、黑河、伊春；吉林省安图、通化、前郭、镇赉、汪清、抚松、长白；辽宁省凤城、彰武、普兰店、抚顺、盘锦、凌源、丹东、大连、瓦房店、新民、法库、新宾、本溪；内蒙古自治区额尔古纳、科尔沁右翼前旗、扎赉特旗、乌兰浩特、扎鲁特旗、突泉、通辽、巴林右旗、翁牛特旗、宁城等地。

民间用全草或根入药，治百日咳、扁桃体炎、咽喉炎、痢疾等症。嫩苗可食。

■ 华水苏

茎叶

花

植株上部

（5b）白花华水苏（变种）（东北植物检索表，东北草本植物志）

Stachys chinensis var. *albiflora* C. Y. Li, 东北草本植物志7: 223,256. 1981; 东北植物检索表（第二版）: 573. 1995.

生路旁湿地。产辽宁省瓦房店（模式标本采自得利寺）。

164. 通泉草科 Mazaceae

Mazaceae Reveal, Kew Bull. 66(1): 47. 2011.

木贼门、木贼亚门、木兰纲、蔷薇亚纲、菊超目、唇形目（Lamiales）。

直立或倾卧草本植物。基生叶莲座状或无基生叶；茎叶对生或互生。总状花序；花萼漏斗状或钟形，萼齿5枚；花冠二唇形，筒上部稍扩大，上唇直立，2裂，下唇较上唇长而宽，有隆起的褶襞，被毛，3裂；雄蕊4，2强，着生在花冠筒上；子房有毛或无毛，花柱无毛，柱头2裂。多为蒴果；种子小，多数。

本科全世界有3属33种，分布于亚洲中部和东部，延伸分布至大洋洲。中国产3属28种，大部分分布于西北、华中和东南各省区。东北地区产1属2种。

通泉草属 *Mazus* Lour.

Mazus Lour., Fl. Cochinch. 385. 1790.

矮小草本。茎圆柱形，少为四方形，直立或倾卧，着地部分节上常生不定根。叶以基生为主，多为莲座状或对生，茎上部的多为互生，叶匙形、倒卵状匙形或圆形，少为披针形，基部逐渐狭窄成有翅的叶柄，边缘有锯状齿，少全缘或羽裂。花小，排成顶生稍偏向一边的总状花序；花萼漏斗状或钟形，萼齿5枚；花冠二唇形，紫白色，筒部短，上部稍扩大，上唇直立，2裂，下唇较大，扩展，3裂，有褶襞2条，从喉部通至上下唇裂口；雄蕊4枚，2强，着生在花冠筒上；子房有毛或无毛，花柱无毛，柱头2片状。蒴果被包于宿存的花萼内，球形或压扁，室背开裂；种子小，极多数。

本属全世界约35种，分布于中国、印度、朝鲜、日本、俄罗斯、蒙古，南到越南、菲律宾、印度尼西亚、马来西亚、大洋洲至新西兰。中国约有22种，全国多数地区均有，集中分布于西南和华中地区。东北地区产2种。

分种检索表

1. 多年生草本；茎基部木质化，上升或直立，高15～30厘米，密被白色多细胞长柔毛；花萼漏斗状 ……………… 1. 弹刀子菜 M. stachydifolius (Turcz.) Maxim.
1. 一年生草本；茎草质，上升或平卧，高 5～15厘米，疏生短柔毛；花萼钟状 ……………… 2. 通泉草 M.pumilus (Burm. f.) Steenis

（1）弹刀子菜（黑龙江省植物志，内蒙古植物志，东北植物检索表，东北草本植物志，中国植物志，Flora of China）；通泉草（辽宁植物志）

Mazus stachydifolius (Turcz.) Maxim. in Bull. Acad. Imp. Sci. Saint-Petersbourg 20(3): 438. 1875; 中国植物志67(2): 175. 图版20: 6～9. 1979; 辽宁植物志（下册）: 305. 图版137: 1～5. 1992; 内蒙古植物志（第二版）4: 278. 图版109: 1～3. 1993; 东北植物检索表（第二版）: 595. 图版295: 7. 1995; Fl. China 18: 43. 1998; 黑龙江省植物志8: 328. 图版140: 4～8.2001; 东北草本植物志8: 58. 图版24: 1～5. 2005.

■ 弹刀子菜

苗期植株

花序

果期植株

果期植株一部分

花期植株

生山坡草地及路旁、潮湿地。产黑龙江省黑河、哈尔滨、集贤、安达、大庆、富锦、密山、萝北；吉林省双辽、临江、梅河口、镇赉、辉南、柳河、前郭；辽宁省沈阳、鞍山、盖州、丹东、桓仁、庄河、瓦房店、长海、大连、昌图、北镇、义县、绥中；内蒙古自治区额尔古纳、牙克石、扎兰屯、鄂伦春、科尔沁右翼前旗、扎赉特旗、突泉、乌兰浩特等地。

全草主治毒蛇咬伤，将鲜全草适量捣烂敷在伤口周围。

（2）通泉草（辽宁植物志，黑龙江省植物志，东北植物检索表，东北草本植物志，中国植物志，Flora of China）；小通泉草（辽宁植物志）

Mazus pumilus (Burm. f.) Steenis in Nova Guinea n.s., 9: 31. 1958; Fl. China18: 46.1998.——*M. japonicus* (Thunb.) O. Kuntze in Revis. Gen. Pl. 2: 462. 1891; 中国植物志67(2): 187. 图版25: 1. 1979; 辽宁植物志（下册）: 306. 图版137: 6 ~ 8. 1992; 东北植物检索表（第二版）: 593. 图版295: 6. 1995; 黑龙江省植物志8: 326. 图版140: 1 ~ 3. 2001; 东北草本植物志8: 60. 图版24: 6 ~ 8. 2005.

生潮湿草地及路旁、沟旁、林缘等地。产黑龙江省哈尔滨、依兰；吉林省浑江；辽宁省本溪、桓仁、凤城、宽甸、清原、新宾、金州、大连、长海；内蒙古自治区翁牛特旗等地。

全草有止痛、健胃、解毒消肿作用，用于偏头痛、消化不良、疔疮、烧烫伤等。

■ 通泉草

花正面观

植株一部分

植株

165. 透骨草科 Phrymaceae

Phrymaceae Schauer, Prodr. [A. P. de Candolle] 11: 520. 1847, *nom. cons.*

木贼门、木贼亚门、木兰纲、蔷薇亚纲、菊超目、唇形目（Lamiales）。

草本或木本。叶全缘或有齿。穗状花序或花单生；花萼管状，具齿，有棱，萼片果期宿存；花冠合瓣，漏斗状筒形；花药肾形；柱头二唇形；2心皮；胚珠1至多数，直生，胚珠被由3 ~ 7层细胞构成。蒴果，开裂；种子基生；子叶旋卷；胚乳薄。

本科全世界有15属，约200种，分布于温带和潮湿热带地区。中国产3属10种，分布于南北各省区。东北地区产2属1种1变种1变型。

分属检索表

1. 总状花序生茎顶或花单生于叶腋；花萼圆筒形或广钟形，果期有时膨大呈囊泡状；花冠筒状，黄色或白色 ………………………………………………………………………… 1. 狗面花属（沟酸浆属）Mimulus

（接上表）

1. 穗状花序生茎顶及上部叶腋；花萼合生呈筒状；花冠漏斗状筒形，蓝紫色、淡紫色至白色	…2. **透骨草属** Phryma

1 狗面花属（沟酸浆属） *Mimulus* L.

Mimulus L., Sp. Pl. 634. 1753.

一年生或多年生草本，直立或平卧铺散。茎四棱，具窄翅。单叶对生，全缘或有齿。花单生于叶腋，或多花组成顶生总状花序；花梗细长；花萼圆筒形或广钟形，果期常膨大成囊泡状，具5棱，萼齿5；花冠筒状，黄色或白色，先端唇形，上唇2裂，略短于下唇，下唇3裂，喉部通常具1隆起成2瓣状的褶襞，密生毛状突起；雄蕊4，下侧2枚较上侧2枚长；花柱细长，柱头扁平，分离成2片状。蒴果椭圆形或长圆形，被包于宿存萼内或伸出，2裂；种子小而多数，常为卵圆形或长圆形。

本属全世界约150种，广布于全球，以美洲西北部最多。中国有5种，主产于西南各省。东北地区产1种。

沟酸浆（辽宁植物志，黑龙江省植物志，内蒙古植物志，东北植物检索表，东北草本植物志，中国植物志，Flora of China）

Mimulus tenellus Bunge in Enum. Pl. China Bor. 49. 1833; 中国植物志67(2): 168. 图版47. 1979; 辽宁植物志（下册）: 305. 图版136: 4. 1992; 内蒙古植物志（第二版）4: 278. 图版108: 1 ~ 2. 1993; 东北植物检索表（第二版）: 595. 图版296: 4. 1995; Fl. China 18: 41. 1998; 黑龙江省植物志8: 330. 图版142: 1.2001; 东北草本植物志8: 57. 图版23: 1 ~ 2. 2005.

一年生草本；茎柔弱，下部倾卧匍匐生根生；叶片卵状三角形或卵形，基部圆形或广楔形，边缘具疏齿；花单生于叶腋，黄色，稍呈二唇形；花萼筒状钟形，具翅状肋5条；蒴果椭圆形，包于宿存萼筒内。生水边及潮湿地。产黑龙江省各林区；吉林省珲春、汪清、安图、蛟河；辽宁省凌源、北镇、新宾、清原、桓仁、本溪、宽甸、盖州、大连；内蒙古自治区科尔沁左翼后旗、大青沟等地。

嫩植株可作野菜食用。

■ 沟酸浆

花

植株一部分

植株

2 透骨草属 *Phryma* L.

Phryma L., Sp. pl. 601. 1753.

多年生直立草本。茎4棱。单叶对生，有齿。穗状花序生茎顶及上部叶腋；花两性，左右对称；花萼合生呈筒状，具5棱，檐部二唇形；花冠蓝紫色、淡紫色至白色，合瓣，漏斗状筒形，檐部二唇形；雄蕊4，下方2枚较长，花丝狭线形，花药分生，肾状圆形，背着，2室，药室平行，纵裂；雌蕊由2个心皮合生而成，子房上位，斜长圆状披针形，1室，花柱1，细长，柱头二唇形。瘦果狭椭圆形，包藏于宿存萼筒内，含1基生种子。

本属全世界仅1种2亚种，间断分布于北美洲东部及亚洲东部。中国有1亚种1变种，东北地区均有分布。

分种下单位检索表

1. 种子淡黄褐色 ………………………………………… ba. 透骨草 P. leptostachya subsp. asiatica var. asiatica
1. 种子深褐色至黑褐色 ………………………… bb. 黑穗透骨草 P. leptostachya subsp. asiatica var. melanostachya

北美透骨草（辽宁植物志）

Phryma leptostachya L., Sp. Pl. 601. 1753.

（a）北美透骨草（原亚种）

Phryma leptostachya subsp. *leptostachya*

中国不产。

（b）透骨草（亚种）（辽宁植物志，黑龙江省植物志，内蒙古植物志，东北植物检索表，东北草本植物志，中国植物志，Flora of China）；蝇毒草（中国植物志）

Phryma leptostachya subsp. *asiatica* (H. Hara) Kitamura, Acta Phytotax. Geobot. 17: 7. 1957; 中国植物志70: 315. 图版48. 2002; Fl. China 19: 493. 2011.——*Phryma leptostachya* var. *asiatica* Hara. in Sp. Pl. 601. 1753; 辽宁植物志（下册）: 356. 图版160. 1992; 内蒙古植物志（第二版）4: 359. 图版142. 1993; 东北植物检索表（第二版）: 614. 图版304: 3. 1995; 黑龙江省植物志8: 387. 图版165.2001; 东北草本植物志8: 141. 图版55: 1 ~ 5. 2005.

多年生直立草本。茎具4棱，节稍膨大。单叶对生，有柄；叶片卵形至三角状卵形，边缘具齿；无托叶。穗状花序顶生或腋生；花两性，两侧对称；花冠筒状，二唇形，上唇2裂较小，下唇3裂较大。瘦果包藏于具棱的宿存花萼内，反折。

本亚种与原亚种不同在于，花期上萼齿长仅为萼筒的1/2 ~ 7/10，花冠上唇先端2浅裂。

（ba）透骨草（原变种）

Phryma leptostachya subsp. *asiatica* var. *asiatica*

■ 透骨草

种子

瘦果包藏于棒状花萼内

茎叶

花序

■ 透骨草

花序上部

花序下部

植株

生山坡、林缘、林下、山沟、草地等处。产黑龙江省伊春、哈尔滨、阿城、尚志、宁安、饶河、蛟河；吉林省吉林、通化、和龙、珲春、汪清、靖宇、安图、长白、抚松；辽宁省沈阳、本溪、桓仁、丹东、凤城、宽甸、清原、鞍山、大连、普兰店、西丰、凌源、绥中；内蒙古自治区科尔沁左翼后旗、大青沟等地。

全草治感冒、跌打损伤等；煎水可灭蝇蛆和菜青虫。

（bb）黑穗透骨草（变种）（东北植物检索表，东北草本植物志）

Phryma leptostachya subsp. *asiatica* var. *melanostachya* S. M. Zhang, stat. nov.——*Phryma leptostachya* f. *melanostachya* Kitag. in Neo–Lineam. Fl. Mansh. 578. 1979; 东北植物检索表（第二版）: 614. 1995; 东北草本

■ 黑穗透骨草

种子

瘦果包藏于棒状花萼内

■ 黑穗透骨草

花序

植株

植物志8: 142. 图版55：6. 2005.

生林缘。产黑龙江省伊春、阿城、尚志、虎林、宝清、宁安、哈尔滨；吉林省汪清、珲春、安图、抚松等地；辽宁丹东。

166. 泡桐科 Paulowniaceae

Paulowniaceae, Nakai 1949.

木贼门、木贼亚门、木兰纲、蔷薇亚纲、菊超目、唇形目（Lamiales）。

落叶乔木。单叶对生，叶片卵圆形、卵形或长卵形，基部心形，全缘、波状或3～5浅裂。二歧聚伞状圆锥花序，花蕾密被毛；花萼盘状、钟状或倒圆锥状，5裂，裂片不等大；花冠紫色、淡紫色或白色，漏斗状至钟状，腹部沿下唇2裂处有两条纵褶，里面常有深紫色斑点，檐部二唇形，上唇2裂，下唇3裂；雄蕊4，2强，花丝近基部扭曲；花柱细长，柱头微膨大，子房上位，2室。蒴果卵圆形、卵形或椭圆形，室背开裂，2瓣裂或不完全4瓣裂；种子多数，具膜质翅。

本科全世界有1属6种，分布于东亚温带，喜马拉雅地区，缅甸至马来西亚。中国均产，除东北、西北外，各省区均有分布。东北地区栽培1属3种1变种1变型。

泡桐属 *Paulownia* Sieb. et Zucc.

Paulownia Sieb. et Zucc. in Fl. Jap. 1: 25. t. 10. 1835.

属的特征和地理分布同科。

分种检索表

1. 叶卵状心形或长卵状心形；花蕾倒卵形或长倒卵形；花萼浅裂至1/3或2/5，花后毛逐渐脱落；果实卵形或椭圆形。
  2. 叶卵状心形，长宽几乎相等；花蕾倒卵形；花冠较宽，漏斗状钟形；果实卵形或椭圆形 ………… **1. 兰考泡桐 P. elongata** S. Y. Hu
  2. 叶长卵状心形，长约为宽的2倍；花蕾长倒卵形；花冠狭，筒状漏斗形；果实椭圆形 ………… **2. 楸叶泡桐 P. catalpifolia** T. Gong ex D. Y. Hong
1. 叶广卵状心形或五角状卵圆形；花蕾近圆形；花萼深裂达中部以下，花后毛不脱落；果实卵圆形（**3. 毛泡桐 P. tomentosa** (Thunb.) Steud.）。
  3. 叶背面密被毛（**3a. 毛泡桐 P. tomentosa** var. **tomentosa**）。
    4. 花冠紫色 ………… **3aa. 毛泡桐 P. tomentosa** f. **tomentosa**
    4. 花冠乳白色 ………… **3ab. 白花毛泡桐 P. tomentosa** f. **album** S. M. Zhang
  3. 叶背面无毛或被稀疏毛 ………… **3b. 光泡桐 P. tomentosa** var. **tsinlingensis** (Pai) Gong Tong

（1）兰考泡桐（辽宁植物志，东北植物检索表，中国植物志，Flora of China）

Paulownia elongata S. Y. Hu in Quart. J. Taiwan Mus. 12(1 ~ 2): 41. pl. 3. 1959; 中国植物志67(2): 35. 图版11. 1979; 辽宁植物志（下册）: 293. 图版132: 1 ~ 5. 1992; 东北植物检索表（第二版）: 595. 图版297: 2. 1995; Fl. China 18: 9. 1998.

河南有野生。辽宁省大连有栽培。

木材较好，用途广，可供建筑、家具、乐器、航空器材等用。花繁叶茂，为优良行道树。根皮、花、叶入药，有散瘀消肿、止痛祛风、化腐生肌等作用。果实化痰止咳。

■ 兰考泡桐

花蕾期植株一部分

花序一部分

果序

植株

（2）楸叶泡桐（辽宁植物志，东北植物检索表，中国植物志，Flora of China）；山东泡桐（中国植物志）

Paulownia catalpifolia T. Gong ex D. Y. Hong, 植物分类学报14 (2): 41. Pl. 3. f. 1. 1976; 中国植物志67(2): 37. 图版12. 1979; 辽宁植物志（下册）: 295. 图版132: 6 ~ 11. 1992; 东北植物检索表（第二版）: 597. 图版297: 3. 1995; Fl. China18: 9. 1998.

太行山区有野生。辽宁省大连有栽培。

木材较好，用途广，可供建筑、家具、乐器、航空器材等用。花繁叶茂，为优良行道树。根皮、花、叶入药，有散瘀消肿、止痛祛风、化腐生肌等作用。果实化痰止咳。

■ 楸叶泡桐

树干

花萼

叶

花序一部分

果实

植株

植株一部分

（3）毛泡桐（辽宁植物志，东北植物检索表，中国植物志，Flora of China）

Paulownia tomentosa (Thunb.) Steud. in Nomencl. Bot. ed. 2, 2: 278. 1841; 中国植物志67(2): 33. 图版10. 1979; 辽宁植物志（下册）: 293. 图版131. 1992; 东北植物检索表（第二版）: 595. 图版297: 1. 1995; Fl. China 18: 9. 1998.

（3a）毛泡桐（原变种）

Paulownia tomentosa var. *tomentosa*

（3aa）毛泡桐（原变型）

Paulownia tomentosa f. *tomentosa*

辽宁省大连、旅顺口、金州、长海、盖州等地有栽培。

树形优美，花繁叶茂，为优良行道树，且具有较强抗有害气体能力；木材可供建筑、家具、农具、

■ 毛泡桐

树干

花萼

小枝

花蕾序

果序一部分

花枝

花序

植株

手工艺品、乐器、航空器材、车船衬板及胶合板等用；根皮、花、叶有散瘀消肿、止痛祛风、化腐生肌等作用，果实有化痰止咳作用。

（3ab）白花毛泡桐（辽宁植物检索表）

Paulownia tomentosa f. *album* S. M. Zhang, 辽宁植物检索表: 302,465. 2022.

产辽宁省大连，栽培或逸生。

资源价值同上。

■ 白花毛泡桐

树干

花萼

花枝

花正面观

植株

（3b）光泡桐（变种）（辽宁植物志，东北植物检索表，中国植物志，Flora of China）；中国桐（大连树木图鉴）

Paulownia tomentosa var. *tsinlingensis* (Pai) Gong Tong in Acta Phytotax. Sin. 14(2): 43. 1976; 中国植物志67(2):35. 1979; 辽宁植物志（下册）: 293. 1992; 东北植物检索表（第二版）: 595.1995; Fl. China 18:9. 1998.——*P. glabrata* Rehd. in Sarg. Pl. Wils. 1: 575. 1913; 大连树木图鉴:420. 2002.

辽宁省大连有栽培。

资源价值同上。

167. 列当科 Orobanchaceae

Orobanchaceae Vent., Tabl. Regn. Vég. 2: 292. 1799, *nom. cons.*

木贼门、木贼亚门、木兰纲、蔷薇亚纲、菊超目、唇形目（Lamiales）。

草本或灌木，半寄生或全寄生，极少数非寄生。单叶互生、螺旋状着生或对生。无限花序；花萼管状；花冠二唇形，上唇呈盔状，下唇3裂；雄蕊4，2强雄蕊，花丝贴生于花冠，花药2室，纵缝开裂；心皮2，合生，子房上位，中轴到侧膜胎座，胚珠2～4或多数，倒生。蒴果室背开裂或室间开裂，裂片2～3；种子具棱角，网状纹饰。

本科全世界有108属，约2097种，广泛分布于除南极洲外的地区，主要分布于北温带至非洲大陆和马达加斯加。中国产35属500种，南北各地均产，主产西南地区。东北地区产14属35种2亚种5变种3变型。

分属检索表

1. 植物体无绿叶；子房1室。
  2. 花3～10集生于茎顶成束状；心皮3；萼2裂；花冠黄色，裂片5 ……………………… 1. 黄筒花属 Phacellanthus
  2. 穗状花序；心皮2。
    3. 花萼杯状，具3～5齿；花冠筒基部膨大成壶状；植株无毛 ……………………………… 2. 草苁蓉属 Boschniakia
    3. 花萼不等4裂或2深裂，裂片全缘或再2浅裂；花冠筒细长成管状；植株有毛 ………… 3. 列当属 Orobanche
1. 植物体有绿叶；子房2室。
  4. 花冠上唇伸直或向后反卷，花药成对靠拢，药室基部钝，稀具凸尖 ……………………… 4. 地黄属 Rehmannia
  4. 花冠上唇向前方弓曲成盔状，全部雄蕊的花药靠拢一起，药室基部常有凸尖或距。
    5. 叶互生；花冠上唇狭长，明显长于下唇；花药2室不等长……………………………… 5. 火焰草属 Castilleja

（接上表）

5. 叶对生，稀互生或轮生；花冠上唇为盔状，与下唇近等长或较短；花药2室等长而靠合。
  6. 花萼在后方裂达花萼之1/2，其余3方浅裂，果期膨胀成囊泡状；果实及种子扁平 … **6. 鼻花属 Rhinanthus**
  6. 花萼均等分裂而在前方深裂，果期不膨大；果实和种子不扁平。
    7. 苞片具尖齿或刺毛状齿，稀全缘；花冠上唇边缘密被须毛；种子1～4，大而平滑 …………………………………………………………………… **7. 山罗花属（山萝花属） Melampyrum**
    7. 苞片常全缘；花冠上唇边缘不密被须毛；种子多数，小而有饰纹。
      8. 花萼下有1对小苞片。
        9. 叶全缘或稀具2～3裂片，具鳞片状叶；花萼筒状钟形，具11条脉；花冠长2.5～4.5厘米 …………………………………………………………………… **8. 大黄花属（芯芭属） Cymbaria**
        9. 叶羽状分裂，无鳞片状叶；花萼细长管状，具10条脉；花冠长2～2.5厘米 …………………………………………………………………… **9. 阴行草属 Siphonostegia**
      8. 花萼下无小苞片。
        10. 花萼5裂，或仅在前方深裂而具2～5齿；蒴果顶端尖锐或平而微凹。
          11. 叶互生、对生或轮生，具篦状齿或羽状分裂；花萼常在前方深裂，具2～5齿；花冠上唇常延长成喙，边缘不外卷 …………………………………………**10. 马先蒿属 Pedicularis**
          11. 叶对生，羽状分裂；花萼均等 5裂；花冠上唇短而2裂，裂片外卷 … **11. 松蒿属 Phtheirospermum**
        10. 花萼4裂，均等分裂或前后方深裂；蒴果顶端钝而微凹。
          12. 圆锥花序；花萼前后方较深裂 ………………………………………… **12. 脐草属 Omphalotrix**
          12. 总状或穗状花序；花萼分裂近相等。
            13. 叶线状披针形；苞片比叶小，披针形；花冠上唇边缘不外卷 …… **13. 疗齿草属 Odontites**
            13. 叶卵圆形；苞片常比叶大，近圆形；花冠上唇边缘向外反卷 …… **14. 小米草属 Euphrasia**

1 黄筒花属 *Phacellanthus* Sieb. et Zucc.

Phacellanthus Sieb. et Zucc. in Abh. Akad. Munchen 4(3) : 141. 1846.

肉质寄生小草本。茎短而呈圆柱状。叶螺旋状生于茎。花常数至十几朵簇生于茎端近成头状花序；苞片1，舟状卵形，长约为花冠的1/2；无花萼，或有3枚离生萼片，萼片线形，侧面2枚比苞片长，中间1枚极短或无；花冠筒状二唇形，白色，上唇顶端微凹或2浅裂，下唇3裂。雄蕊常4枚，极少3枚或5枚，花药2室；雌蕊由3合生心皮组成，子房1室，花柱伸长，柱头稍2浅裂。蒴果卵形；种子多数，种皮网状。

本属全世界仅1种，分布于中国、朝鲜、日本和俄罗斯的远东地区。东北地区有分布。

黄筒花（辽宁植物志，东北植物检索表，东北草本植物志，中国植物志，Flora of China）

Phacellanthus tubiflorus Sieb. et Zucc. in Abh. Math.–Phys. Cl. Königl. Bayer. Akad. Wiss. 4(3): 141. 1846; 中国植物志69: 74. 图版20. 1990; 辽宁植物志（下册）: 353. 图版158: 4～6. 1992; 东北植物检索表（第二版）: 612. 图版305: 5. 1995; Fl. China 18: 243. 1998; 东北草本植物志8: 134. 图版54: 5～7. 2005.

全株几乎无毛，株高5～11厘米；茎直立，单生或簇生，不分枝；叶鳞片状，较稀疏地螺旋状排列于茎上，卵状三角形或狭卵状三角形；花常4至十几朵簇生茎端成近头状花序；花冠筒状二唇形，白色，后渐变浅黄色；蒴果长圆形。生山坡林下。产吉林省安图；辽宁省凤城、本溪、桓仁、宽甸等地。

全草有温肾、消胀、止痛作用。

■ 黄筒花

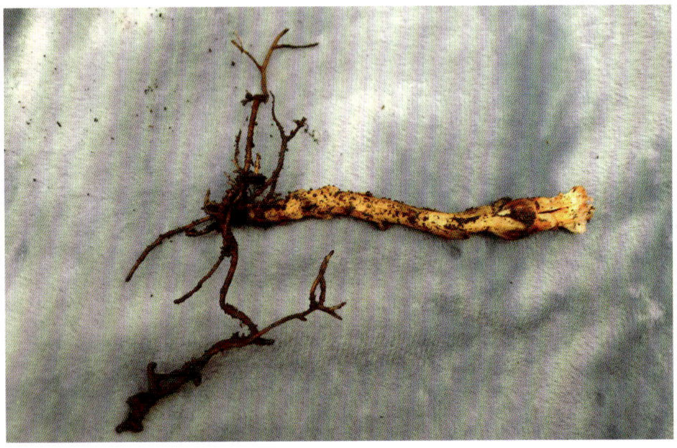

全株

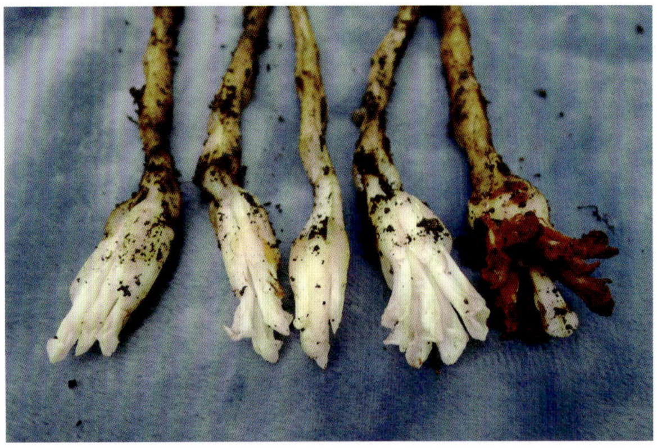

地上部分各种形态

地下部分

地上部分

居群

2 草苁蓉属 *Boschniakia* C. A. Mey. ex Bongard

Boschniakia C. A. Mey. ex Bongard in Mem. Acad. Sci. St. Petersb. Sav. Etrang. Ser. 6, 2: 159. 1833.

寄生肉质草本。根状茎球形、近球形或横走，圆柱形，常有1～3条直立茎。茎不分枝，圆柱状，肉质。叶鳞片状，螺旋状排列于茎上。花序总状或穗状，密生多数花；花萼杯状或浅杯状，顶端不规则地2～5齿裂；花冠二唇形，筒部直立，稍膨大或膨大成囊状；上唇直立，盔状，全缘或顶端微凹，下唇远短于上唇，3裂；雄蕊4，2强，着生于筒的近基部，伸出于花冠之外，花药2室；子房1室，侧膜胎座2或3，花柱稍弯曲，柱头盘状，2～3浅裂。蒴果卵状长圆形、长圆形或近球形，2或3瓣开裂，常具宿存的花柱基部而使顶端呈喙状。种子多数，椭圆状长圆形或不规则球形，种皮具网状或蜂窝状纹饰，网眼多边形，漏斗状或不呈漏斗状。

本属全世界2种，分布于印度北部、锡金、朝鲜、日本和俄罗斯西伯利亚地区。中国2种均有，分布于西南、西北及东北等地区。东北地区产1种1变种。

分种下单位检索表

1. 植株带红褐色 ………………………………………… a. 草苁蓉 B. rossica var. rossica
1. 植株呈黄色半透明状 ………………………………… b. 黄色草苁蓉 B. rossica var. flavida

草苁蓉（黑龙江省植物志，内蒙古植物志，东北植物检索表，东北草本植物志，中国植物志，Flora of China）

Boschniakia rossica (Chain. et Schleeht.) Fedtsch. et Flerov in B. Fedtschenko &Flerov, Fl. Europ. Ross. 896. 1910; 中国植物志69: 71. 图版19: 1～7. 1990; 内蒙古植物志（第二版）4: 351. 图版139. 1993; 东北植物检索表（第二版）: 610. 图版305: 4. 1995; Fl. China 18: 239. 1998; 黑龙江省植物志8: 378. 图版162.2001; 东北草本植物志8: 133. 图版53：1～4. 2005.——*Boschniakia rossica* var. *flavida* Yue Zhang & J.Y.Ma in Bull. Bot. Res., Harbin 23: 390. 2003; 东北草本植物志8: 133. 2005.

寄生肉质草本。根状茎横走，通常有2～3条直立而无分枝的茎，粗壮。叶密集生于茎近基部，向上渐变稀疏，三角形或宽卵状三角形。穗状花序圆柱形；苞片1枚，宽卵形或近圆形；花萼杯状，顶端不整齐地3～5齿裂；花冠宽钟状，暗紫色或暗紫红色，筒膨大成囊状；雄蕊4枚，稍伸出花冠之外；雌蕊由2合生心皮组成。蒴果近球形。

（a）草苁蓉（原变种）

Boschniakia rossica var. *rossica*

生山坡、林下低湿处及河边，常寄生桤木属Alnus Mill. 植物根上。产黑龙江省呼玛；吉林省抚松、安图、长白；内蒙古自治区额尔古纳、根河等地。

全草为中药肉苁蓉的代用品，有补肾壮阳、润肠通便之效，主治肾虚阳痿、腰关节冷痛、便秘等。

在2021年9月8日公布的《国家重点保护野生植物名录》中，本种被列为二级保护植物。

■ 草苁蓉

全株

植株一部分

居群

（b）黄色草苁蓉（变种）（东北草本植物志）

Boschniakia rossica var. *flavida* Y. Zhang et J. Y. Ma in Bull. Bot. Res. 23(4): 390. 2003; 东北草本植物志8: 133. 2005.

生毛赤杨林下。产内蒙古自治区鄂伦春。

3 列当属 *Orobanche* L.

Orobanche L., Sp. Pl. 632. 1753.

多年生或一、二年生根寄生植物。茎肉质。叶鳞片状。穗状花序或总状花序顶生；花单生于苞腋，苞片1，小苞片2或无；花萼合生，2深裂，裂片全缘或再2浅裂；花冠筒部细长呈管状、钟状或漏斗状，喉部稍膨大，二唇形，上唇2裂，下唇3裂；雄蕊内藏；花药先端具突尖。蒴果卵球形或椭圆形，2瓣开裂；种子多数，长圆形或近球形，种皮表面具网状纹饰，网眼底部具细网状纹饰或具蜂巢状小穴。

本属全世界有100多种，主要分布于北温带，少数种分布到中美洲南部和非洲东部及北部。中国产23种3变种1变型，主产西北部，少数分布到北部、中部及西南部等地。东北地区产6种1变种1变型。

分种检索表

1. 花药有毛。
  2. 植株近无毛或疏被极短的腺毛；花冠裂片常为蓝紫色，筒部淡黄色 ········· 1. 美丽列当 O. amoena C. A. Mey.
  2. 植株密被蛛丝状长绵毛或短腺毛。
    3. 植株密被白色蛛丝状长绵毛 ··· 2. 毛药列当 O. ombrochares Hance
    3. 植株密被短腺毛。
      4. 花通常紫堇色，花序稍疏生，苞片比花短 ·························· 3. 黑水列当 O. amurensis (G. Beck) Kom.
      4. 花通常淡黄色，花序密集，下部的苞片与花近等长 ····················· 4. 黄花列当 O. pycnostachya Hance
1. 花药无毛。
  5. 花序被腺毛，花冠淡蓝色或淡蓝紫色 ··· 5. 弯管列当 O. cernua Loefling
  5. 花序被长棉毛，花冠蓝紫色，稀黄色或白色（6. 列当 O. coerulescens Steph.）。
    6. 花冠深蓝色、蓝紫色或淡紫色 ·· 6a. 列当 O. coerulescens var. coerulescens
    6. 花冠黄色或白色（6b. 黄白列当 O. coerulescens var. albiflora O. Kuntze）。
      7. 花冠淡黄色或白色 ···6ba. 黄白列当 O. coerulescens var. albiflora f. albiflora
      7. 花冠亮黄色 ························ 6bb. 北亚列当 O. coerulescens var. albiflora f. korshinskyi (Novopokr.) Ma

（1）美丽列当（内蒙古植物志，中国植物志，Flora of China）

Orobanche amoena C. A. Mey. in Ledeb. Fl. Alt. 2: 457. 1830; 中国植物志69: 114. 图版30: 1 ~ 5. 1990; Fl. China 18: 236. 1998; 内蒙古植物志（第三版）4: 338. 2020.

生荒漠沙质山坡，常寄生蒿属Artemisia L. 植物根上。产辽宁省彰武；内蒙古自治区南部。

（2）毛药列当（内蒙古植物志，东北草本植物志，中国植物志，Flora of China）

Orobanche ombrochares Hance in Journ. L. Soc. Bot. 13: 84. 1873; 中国植物志69: 116. 1990; 内蒙古植物志（第二版）4: 351. 1993; Fl. China 18: 234. 1998.——*O. coerulescens* Steph. f. *ombrochares* (Hance) G. Beck, Monogr. Orob. 138. 1890; 内蒙古植物志5: 309. 1980; 东北草本植物志8: 130. 2005; 东北植物分布图集: 988. 2019.

生山坡沙质地。产辽宁省彰武；内蒙古自治区海拉尔、新巴尔虎旗、陈巴尔虎旗、大青沟、科尔沁左翼后旗、锡林浩特、苏尼特右旗等地。

（3）黑水列当（辽宁植物志，黑龙江省植物志，内蒙古植物志，东北植物检索表，东北草本植物志，中国植物志，Flora of China）

Orobanche amurensis (G. Beck) Kom. in Acta Hort. Petrop. 25: 469. 1907; 辽宁植物志（下册）: 351. 图版157: 4 ~ 6. 1992; 东北植物检索表（第二版）: 612. 图版305: 3. 1995; 黑龙江省植物志8: 380. 图版163: 1 ~ 3.2001; 东北草本植物志8: 130. 图版52: 7 ~ 9. 2005.——*O. pycnostachya* var. *amurensis* G. Beck in Monogr. Orob. 141. 1890; 中国植物志69: 114. 1990; 内蒙古植物志（第二版）4: 349. 1993; Fl. China18: 235. 1998.

■ 黑水列当

花药有毛

花正面观

花解剖

居群

生境

生山坡、路旁及草地，寄生蒿属Artemisia L. 植物根上。产黑龙江省虎林、汤原、佳木斯、伊春、大庆、杜尔伯特；吉林省汪清；辽宁省鞍山、大连、金州、瓦房店、义县、铁岭、昌图；内蒙古自治区海拉尔、鄂伦春、科尔沁右翼前旗、扎赉特旗、赤峰、宁城等地。

（4）黄花列当（辽宁植物志，黑龙江省植物志，内蒙古植物志，东北植物检索表，东北草本植物志，中国植物志，Flora of China）

Orobanche pycnostachya Hance in J. L. Soc., Bot. 13: 84. 1873; 中国植物志69: 113. 图版29: 9 ~ 10. 1990; 辽宁植物志（下册）: 350. 图版157: 1 ~ 3. 1992; 内蒙古植物志（第二版）4: 349. 图版137: 1 ~ 9. 1993; 东北植物检索表（第二版）: 612. 图版305: 2. 1995; Fl. China 18: 234. 1998; 黑龙江省植物志8: 382. 图版163: 7 ~ 9.2001; 东北草本植物志8: 130. 图版52: 4 ~ 6. 2005.

生沙丘、山坡及草原上，寄生蒿属*Artemisia* L. 植物根上。产黑龙江省黑河、宁安、哈尔滨、齐齐哈尔；吉林省抚松；辽宁省沈阳、鞍山、彰武、昌图、北镇；内蒙古自治区牙克石、科尔沁右翼前旗、科尔沁右翼后旗、乌兰浩特、扎鲁特旗、东乌珠穆沁旗、锡林浩特等地。

■ 黄花列当

植株一部分

雄蕊

植株

居群

（5）弯管列当（内蒙古植物志，中国植物志，Flora of China）；欧亚列当（辽宁植物志，东北植物检索表，东北草本植物志）

Orobanche cernua Loefling in Iter Hispan. 152. 1758; 中国植物志69: 109. 图版28: 6 ~ 11. 1990; 内蒙古植物志（第二版）4: 349. 图版138. 1993; Fl. China18: 235. 1998; 东北草本植物志8: 132. 2005.——*O. cumana* Wallr. in Orob. Gen. Disak. 58. 1825; 辽宁植物志（下册）: 351. 1992; 东北植物检索表（第二版）: 612. 1995.

生针茅草原、山坡、林下、路边及沙丘上，常寄生蒿属*Artemisia* L. 植物或谷类植物根上。产吉林省长岭；辽宁省阜新；内蒙古自治区科尔沁右翼中旗、克什克腾旗等地。

（6）列当（辽宁植物志，黑龙江省植物志，内蒙古植物志，东北植物检索表，东北草本植物志，中国植物志，Flora of China）

Orobanche coerulescens Steph. in Sp. Pl. 3: 349. 1800; 中国植物志69: 108. 图版28: 1 ~ 5. 1990; 辽宁植物志（下册）: 350. 图版158: 1 ~ 3 1992; 内蒙古植物志（第二版）4: 347. 图版137: 10 ~ 13. 1993; 东北植物检索表（第二版）: 612. 图版305: 1. 1995; Fl. China 18: 234. 1998; 黑龙江省植物志8: 380. 图版163: 4 ~ 6.2001; 东北草本植物志8: 129. 图版52: 1 ~ 3. 2005.

（6a）列当（原变种）

Orobanche coerulescens var. *coerulescens*

生固定沙丘、山坡草地，寄生在蒿属*Artemisia* L. 植物的根部。产黑龙江省密山、北安、伊春、杜

■ 列当

花药无毛

生境

植株

尔伯特、哈尔滨；吉林省柳河、抚松、靖宇、辉南、安图、通榆；辽宁省建平、凌源、彰武、大连、本溪、桓仁、凤城、宽甸、清原、新民、海城；内蒙古自治区海拉尔、额尔古纳、满洲里、新巴尔虎左旗、新巴尔虎右旗、科尔沁右翼前旗、科尔沁左翼后旗、翁牛特旗、敖汉旗、巴林右旗、克什克腾旗、宁城等地。

全草有补肾壮阳、强筋骨、润肠作用，主治阳痿、腰酸腿软、神经官能症等。

（6b）黄白列当（变种）（东北草本植物志）

Orobanche coerulescens var. *albiflora* O. Kuntze in Act. Hort. Petrop. 10: 225. 1887; 东北草本植物志8: 129. 2005.

（6ba）黄白列当（原变型）

Orobanche coerulescens var. *albiflora* f. *albiflora*

生山沟湿地、沙地草原或石砾质山坡。寄生裂叶蒿的根上。产内蒙古自治区海拉尔、额尔古纳、鄂伦春、扎鲁特旗、锡林浩特等地。

（6bb）北亚列当（变型）（内蒙古植物志，中国植物志）

Orobanche coerulescens var. *albiflora* f. *korshinskyi* (Novopokr.) Ma, 内蒙古植物志5: 309. 1980; 中国植物志69: 109. 1990.

生山坡林下。产内蒙古自治区兴安北部。

4 地黄属 *Rehmannia* Libosch. ex Fisch. et Mey.

Rehmannia Libosch. ex Fisch. et Mey., Ind. Sem. Hort. Petrop. 1: 36. 1835.

多年生直立草本，全株有长柔毛及腺毛。茎单一或由基部分枝。叶基生和茎生，有柄；茎生叶互生，叶片有锯状齿或浅裂。总状花序顶生或腋生，有花梗；花萼卵状钟形，萼齿5，不等长，浅裂；花紫红色或黄色，花冠筒状，下侧稍膨大，上侧稍内弯，檐部5裂，略成二唇形；雄蕊4，2强，内藏，花丝弓曲，花药两两黏着；子房上位，2室，后期变为1室，花柱细长，柱头2浅裂。蒴果具宿存萼，室背开裂；种子多数，具网眼。

本属全世界有6种，均产于中国。东北地区产1种。

地黄（辽宁植物志，黑龙江省植物志，内蒙古植物志，东北植物检索表，东北草本植物志，中国植物志，Flora of China）；生地（中国植物志）

Rehmannia glutinosa (Gaertn.) Libosch. ex Fisch. et Mey. in Prodr. 9: 275. 1845; 中国植物志67(2): 214. 图

■ 地黄

根部

花序一部分

植株

版59. 1979; 辽宁植物志（下册）: 313. 图版141. 1992; 内蒙古植物志（第二版）4: 287. 图版110: 3 ~ 5. 1993; 东北植物检索表（第二版）: 600. 图版297: 5. 1995; Fl. China 18: 53. 1998; 黑龙江省植物志8: 345. 图版149.2001; 东北草本植物志8: 69. 图版28. 2005.

多年生草本，全株密被毛；根状茎肉质；叶多基生，莲座状；叶片倒卵形或长椭圆形，边缘具不规则钝或尖齿；总状花序顶生；花冠筒狭长，外面紫红色，里面黄紫色，里外均被毛；蒴果卵形。生沙质壤土、荒山坡、山脚、墙边、路旁等处。产吉林省靖宇；辽宁省朝阳、义县、黑山、北票、凌源、建平、兴城、绥中、北镇、盖州、大连、宽甸、凤城；内蒙古自治区敖汉旗大黑山、赤峰、敖汉旗、喀喇沁旗、宁城、通辽等地。黑龙江省有栽培。

全草有毒。种子和根状茎有清热凉血、养阴、生津作用。

尚有黄花地黄（*Rehmannia glutinosa* f. *lutea* Y.C.Chu & J. F. Li），花冠外面和里面均为黄色，产辽宁省葫芦岛南票区。

■ 黄花地黄

种子

基生叶

花序

5 火焰草属 *Castilleja* Mutis ex L. f.

Castilleja Mutis ex L. f. Suppl. 47. 1781.

草本，稀为灌木。叶互生或最下部的对生。穗状花序顶生；苞片常比叶大，各色，顶端有缺刻；花萼管状，侧扁，基部常膨大，顶端2裂，裂片全缘、具不等的齿缺或2浅裂；花冠筒藏于萼内，上唇狭长，倒舟状，全缘，下唇短而开展，3裂；雄蕊4枚，2强，花药藏于上唇下，药室狭长，并行。蒴果卵状，稍侧扁，室背开裂。种子每室多数，微小，外种皮透明膜质，蜂窝状。

本属全世界约30种，主产于北美洲，欧洲东部和亚洲北部也有少数种分布。中国有1种，分布于东北地区。

火焰草（黑龙江省植物志，内蒙古植物志，东北植物检索表，东北草本植物志，中国植物志，Flora of China）

Castilleja pallida (L.) Kunth, Syn. Pl. Aequin. 2: 100. 1823; 中国植物志67(2): 361. 图版96. 1979; 内蒙古植物志（第二版）4: 305. 图版121: 1 ~ 5. 1993; 东北植物检索表（第二版）: 590. 图版294: 2. 1995; Fl. China 18: 89. 1998; 黑龙江省植物志8: 312. 图版133.2001; 东北草本植物志8: 88. 图版36. 2005.

多年生草本，全株被白色柔毛；茎通常丛生，不分枝；叶最下部的对生，其余的互生，长条形至条状披针形，全缘；花序长3 ~ 12厘米；苞片卵状披针形，黄白色；花冠淡黄色或白色，筒部长管状；蒴果无毛，顶端钩状尾尖。生草原或碱土草甸，也见于灌丛下。产黑龙江省黑河、孙吴；内蒙古自治区额尔古纳、根河、牙克石、鄂伦春、陈巴尔虎旗等地。

6 鼻花属 *Rhinanthus* L.

Rhinanthus L., Sp. Pl. 603. 1753.

一年生半寄生草本。叶对生。总状花序顶生。花萼侧扁，果期鼓胀成囊状，4裂，后方裂达中部，其余3方浅裂，裂片狭三角形；花冠上唇盔状，顶端延成短喙，喙2裂，下唇3裂；雄蕊4枚，伸至盔下，花药靠拢，药室横叉开，无距，开裂后沿裂口露出须毛。蒴果圆而几乎扁平，室背开裂。种子每室数颗，扁平，几乎半圆形，具宽翅。变异大，种数因个人处理而异，从数种至数十种。

本属全世界约50种，分布于欧洲，亚洲北部及北美洲。中国产1种。东北地区有分布。

鼻花（内蒙古植物志，东北植物检索表，东北草本植物志，中国植物志，Flora of China）

Rhinanthus glaber Lamarck, Fl. Franc. 2: 352. 1778; 中国植物志67(2): 390. 图版106. 1979; 内蒙古植物志（第二版）4: 315. 图版108: 3 ~ 5. 1993; Fl. China 18: 97. 1998.——*Rhinanthus vernalis* (N. W. Zinger) Schischk. & Serg. in Fl. Sibir. Occ. ed. 2, 10: 2530. 1939; 东北植物检索表（第二版）: 600. 图版296: 7. 1995; 东北草本植物志 8: 102. 图版41：1 ~ 3. 2005.

一年生半寄生草本；茎有棱，有4列柔毛；叶无柄，条形至条状披针形，与节间近等长，两面有短硬毛，背面的毛着生于斑状凸起上，叶缘有规则的三角状锯状齿；苞片比叶宽；花梗长仅2毫米；花冠黄色，下唇贴于上唇；蒴果藏于宿存的萼内。生草甸。产内蒙古自治区牙克石。

■ 鼻花

花序

植株一部分

植株

居群

7 山罗花属（山萝花属） *Melampyrum* L.

Melampyrum L., Sp. Pl. 605. 1753.

一年生半寄生草本。单叶对生，全缘。苞叶常有尖齿或刺毛状齿，较少全缘。总状花序或穗状花序；花具短梗，单生于苞叶腋中；花萼钟状，萼齿4枚，后面2枚较大；花冠筒管状，檐部扩大，二唇形，上唇盔状，侧扁，顶端钝，边缘窄而翻卷，下唇稍长，开展，基部有两条皱褶，顶端3裂；雄蕊4枚，2强，花药靠拢，伸至盔下，药室等大，基部有锥状突尖，子房每室有胚珠2颗，柱头头状。蒴果卵状，略扁，室背开裂，有种子1 ~ 4颗；种子矩圆状，平滑。

本属全世界约20种，产北半球。中国产3种。东北地区产1种1变种。

分种下单位检索表

1. 苞片绿色，仅基部具尖齿或刺毛状齿，先端锐尖 …………………………………… a. 山罗花 M. roseum var. roseum
1. 苞片紫红色或绿色，整个边缘具刺毛状齿，先端长渐尖 …………………… b. 狭叶山萝花 M. roseum var. setaceum

山罗花（中国植物志，Flora of China）；山萝花（辽宁植物志，黑龙江省植物志，内蒙古植物志，东北植物检索表，东北草本植物志）

Melampyrum roseum Maxim. in Prim. Fl. Amur. 210. 1859; 中国植物志67(2): 365. 图版98. 1979; 辽宁植物志（下册）: 325. 图版146: 1 ~ 5. 1992; 内蒙古植物志（第二版）4: 307. 图版121: 6 ~ 9. 1993; 东北植物检索表（第二版）: 595. 图版296: 2. 1995; Fl. China18: 90. 1998; 黑龙江省植物志8: 328. 图版141.2001; 东北草本植物志8: 91. 图版37: 1 ~ 6. 2005.

一年生直立草本，全株疏被鳞片状短毛。茎通常多分枝。单叶对生；叶卵状披针形或披针形，宽8 ~ 25毫米，全缘。苞片绿色，仅基部具尖齿或刺毛状齿，先端锐尖；花冠紫色、紫红色或红色，筒部长为檐部长的2倍左右，上唇内面密被须毛。蒴果卵状渐尖。

（a）山罗花（原变种）

Melampyrum roseum var. *roseum*

生疏林下及林缘草地。产黑龙江省黑河、萝北、伊春、密山、虎林、呼玛、依兰、宁安、绥芬河、鹤岗、北安、宝清、饶河；吉林省长春、吉林、珲春、辉南、临江、通化、集安、抚松、安图、汪清；辽宁省凌源、喀左、沈阳、鞍山、营口、盖州、普兰店、铁岭、西丰、抚顺、清原、新宾、本溪、桓

■ 山罗花

白花

花正面观

植株一部分

居群

植株

仁；内蒙古自治区莫力达瓦达斡尔、鄂伦春、扎赉特旗、科尔沁左翼右旗、扎鲁特旗、喀喇沁旗、宁城等地。

根清凉，可代茶。全草有清热解毒作用，用于感冒、肺热咳嗽、风湿关节痛等。

（b）狭叶山萝花（变种）（Flora of China）；狭叶山萝花（辽宁植物志，东北植物检索表，东北草本植物志）；山罗花狭叶变种（中国植物志）

Melampyrum roseum var. *setaceum* Maxim. ex Paiib. in Trudy Imp. S.–Peterburgsk. Bot. Sada 18(2): 168. 1900; 中国植物志67(2): 367. 1979; Fl. China18: 91. 1998.——*M. setaceum* (Maxim.) Nakai in Bot. Mag. (Tokyo) 23(264): 9–10. 1909; 辽宁植物志（下册）: 326. 图版146: 6. 1992; 东北植物检索表（第二版）: 595. 图版296: 3. 1995; 东北草本植物志8: 92. 图版37: 7 ~ 8. 2005.

生林缘或灌丛间。产吉林省安图；辽宁省凤城、本溪、丹东、宽甸等地。

■ 狭叶山罗花

苞片

花序

植株

8 大黄花属（芯芭属） *Cymbaria* L.

Cymbaria L. Gen. Pl. ed. 2 (1742) 282.

多年生草本，被灰白色绢毛或柔毛。根近木质化，根状茎伸长多节，被有许多膜质鳞片。茎多数，丛生，直立或上升。叶对生，无柄，披针形或线形。花大，顶生或腋生，1 ~ 4花，具梗；小苞片2，线状披针形，全缘或有时具1 ~ 2小齿；花萼筒状、被毛，具5齿，各齿之间常有1 ~ 3小齿或缺；花冠大，喉部扩大，二唇形，上唇2裂，下唇3裂，裂片倒卵形；雄蕊4，2强，花丝着生于花冠筒的近基部；花药背着，常在喉部露出，药室长卵形，花柱细长，露出于上唇之下。蒴果长卵形。种子扁平或略带三棱形，周围有狭翅。

本属全世界4 ~ 5种，分布于中国、俄罗斯。中国有2种，产东北、华北以至西北诸省。东北地区产1种。

大黄花（植物智网站）；达乌里芯芭（辽宁植物志，黑龙江省植物志，内蒙古植物志，东北植物检索表，东北草本植物志，中国植物志，Flora of China）

Cymbaria daurica L., Sp. Pl. 618. 1753; 中国植物志68: 390. 图版93: 5 ~ 9.1963; 辽宁植物志（下册）: 339. 图版152: 6. 1992; 内蒙古植物志（第二版）4: 337. 图版133: 4 ~ 5. 1993; 东北植物检索表（第二版）: 592. 图版294: 3. 1995; Fl. China 18: 211. 1998; 黑龙江省植物志8: 314. 图版134.2001; 东北草本植物志8: 122. 图版50: 6. 2005.

多年生草本，全株密被灰白色绢毛；茎多数自根状茎顶端生出；单叶对生，无柄，线形至线状披针形；花1～4，顶生或腋生；花冠唇形，黄色；蒴果卵形。生于山坡与沙砾草原上。产黑龙江省大庆、安达；吉林省双辽、镇赉；辽宁省建平；内蒙古自治区海拉尔、额尔古纳、根河、牙克石、满洲里、鄂温克、新巴尔虎左旗、新巴尔虎右旗、科尔沁右翼前旗、扎赉特旗、乌兰浩特、科尔沁左翼后旗、扎鲁特旗、翁牛特旗、敖汉旗、巴林右旗、阿鲁科尔沁旗、克什克腾旗、喀喇沁旗、赤峰市红山区、东乌珠穆沁旗、西乌珠穆沁旗、锡林浩特、阿巴嘎旗、苏尼特左旗、苏尼特右旗、镶黄旗等地。

全草有祛风湿、利尿、止血作用，用于风湿关节痛、月经过多、吐血、衄血等。

■ 大黄花

植株

植株一部分

9 阴行草属 *Siphonostegia* Benth.

Siphonostegia Benth. in Hk. et Arn. Bot. Beech. Voy. 203. 1835.

一年生或二年生直立草本。主根常短缩，具多数散生侧根。茎被短毛或腺毛。叶对生，或上部近互生、下部常早枯，有短柄或近无柄；叶片羽状深裂，裂片细长而全缘。总状花序；花对生，苞片不裂或叶状而深裂；花梗短，具2小苞片，线状披针形；花萼长筒状，具10条脉，顶端5裂；花冠二唇形，上唇近镰状弓曲，下唇约与上唇等长，3裂；雄蕊4，2强，花药2室，药室狭长圆形，纵裂；子房2室，中轴胎座，胚珠多数，柱头头状。蒴果卵状长圆形，黑色，被苞于宿存的萼筒内；种子多数，近卵形或椭圆形，具网状凸起脉。

本属全世界4种，1种产小亚细亚，3种分布于中亚与东亚。中国有2种。东北地区产1种。

阴行草（辽宁植物志，黑龙江省植物志，内蒙古植物志，东北植物检索表，东北草本植物志，中国植物志，Flora of China）；北刘寄奴（俗称）

Siphonostegia chinensis Benth. in Bot. Beechey Voy. 203. 1837; 中国植物志68: 384. 图版XCI: 1～2.1963; 辽宁植物志（下册）: 338. 图版152: 1～5. 1992; 内蒙古植物志（第二版）4: 335. 图版133: 1～3. 1993; 东北植物检索表（第二版）: 602. 图版300: 4. 1995; Fl. China 18: 211. 1998; 黑龙江省植物志8: 352. 图版151.2001; 东北草本植物志8: 120. 图版49: 1～5. 2005.

一年生草本；叶片三角状卵形，二回羽状深裂至全裂，小裂片线状披针形，叶两面密被短毛；总状花序；苞片叶状，羽状分裂；萼筒长管状，具10条脉；花冠黄色，筒部细长，上唇近镰状弓曲，下唇3裂；蒴果披针状长圆形。生向阳山坡与草地。产黑龙江省杜尔伯特、安达、双城、尚志、伊春、穆棱、哈尔滨、桦川、勃利、通河、依兰、东宁、宁安、萝北、密山、拜泉、鸡西；吉林省长春、吉林、舒兰、九台、伊通、安图、镇赉、前郭；辽宁省沈阳、彰武、新民、大连、瓦房店、海城、凤城、丹东、

■ 阴行草

苗期植株

茎叶

花

植株

植株一部分

东港、营口、本溪、抚顺、鞍山、辽阳、盖州、铁岭、西丰、开原、阜新、凌源、建昌；内蒙古自治区鄂伦春、鄂温克、阿荣旗、科尔沁右翼前旗、扎赉特族、扎鲁特旗、科尔沁右翼后旗、翁牛特旗、喀喇沁旗、宁城、西乌珠穆沁旗等地。

全草有活血、止血作用，治产后腹痛、痛经、刀伤、出血型下痢、尿血等。

10 马先蒿属 *Pedicularis* L.

Pedicularis L., Sp. Pl. edit. I (1753), 607.

多年生或一、二年生直立草本，有时为半寄生或半腐生植物。根肉质，粗壮或细长，有时为纺锤形；根状茎短或粗壮而肉质。叶互生、对生或轮生，羽状分裂或具齿。总状或穗状花序，有时花少；苞片叶状；萼筒状或钟状，深裂或具2～5齿；花冠二唇形，上唇盔瓣状，直立或弯曲，下唇3裂；雄蕊4，2强，花药2室；花柱细长，柱头头状。蒴果卵圆形或披针形；种子卵形或长圆形，表面网状或蜂窝状，或有条纹。

本属全世界有600种，产北半球，极少数超越赤道，多数种类生于寒带及高山上。中国有352种，主要分布于西南地区。东北地区产13种2亚种2变种1变型。

分种检索表

1. 植株无主茎；花冠紫色；叶具长柄 …………………………………………… **1. 矮茎马先蒿 P. artselaeri** Maxim.
1. 植株有主茎。
 2. 叶（3～）4（～6）轮生。
  3. 多年生草本；植株高7～26厘米；叶羽状深裂至全裂；花冠上唇全缘，比下唇短约1/3；蒴果披针形，长11～15毫米 ……………………………………………………………………… **2. 轮叶马先蒿 P. verticillata** L.
  3. 一年生草本；植株高 30～80厘米；叶羽状中裂至深裂；花冠上唇顶端微凹缺，比下唇短约1/2；蒴果卵形，长7～8毫米 …………………………………………………………………………**3. 穗花马先蒿 P. spicata** Pall.
 2. 叶互生稀对生。
  4. 花冠黄色或淡黄色。
   5. 一年生或二年生草本。
    6. 二年生草本；叶线状披针形，羽状浅裂或不裂而具细锯状齿 ……………………………………………………………………… **4. 拉不拉多马先蒿 P. 1abradorica** Wirsing
    6. 一年生草本；叶披针状长圆形至线状长圆形，羽状浅裂至半裂 …… **5. 中国马先蒿 P. chinensis** Maxim.
   5. 多年生草本。
    7. 花冠属于无齿型，盔尖圆钝无齿；基生叶多数丛生，羽状分裂；蒴果近球形（**6. 旌节马先蒿 P. sceptrum-carolinum** L.）。
     8. 茎、叶、苞片、花萼均无毛或有极疏的细毛 ……………………………………… **6a. 旌节马先蒿 P. sceptrum-carolinum** subsp. **sceptrum-carolinum**
     8. 茎、叶、苞片、花萼均被短毛 ……………………………… **6b. 有毛旌节马先蒿 P. sceptrum-carolinum** subsp. **pubescens** Tsoong
    7. 花冠属于有齿型，盔向尖端作镰形弯曲或镰形弓曲。
     9. 叶一至二回羽状全裂。
      10. 花冠长25～32毫米，萼齿披针状三角形，全缘 …………………………**7. 黄花马先蒿 P. flava** Pall.
      10. 花冠长约20毫米，萼齿宽三角形，有小齿或近全缘 ……**8. 秀丽马先蒿 P. venusta** Schang. ex Bunge
     9. 叶篦齿状羽状全裂。
      11. 植株高20～100厘米，较粗壮；叶裂片线形，边缘有浅锯状齿；穗状花序长而紧密；苞片小而全缘；萼齿卵状三角形，近全缘；盔瓣带紫色脉纹 …………………… **9. 红纹马先蒿 P. striata** Pall.
      11. 植株高25～40厘米，较细弱；叶裂片线状披针形，边缘有深重锯状齿；总状花序短而疏散；苞片大而呈叶状；萼齿长而呈叶状，边缘具重锯状齿；盔瓣无脉纹 …………………………………………………………………… **10. 鸡冠子花 P. mandshuricum** Maxim.
  4. 花冠紫红色或粉红色。
   12. 叶二至三回羽状全裂，裂片细线形。
    13. 植株干后稍变黑；花冠长22～27毫米，下唇裂片不等大；蒴果披针状卵形 …………………………………………………………………… **11. 红色马先蒿 P. rubens** Steph. ex Willd.
    13. 植株干后变黑；花冠长25～40毫米，下唇裂片几乎等大；蒴果卵圆形 …………………………………………………………………………… **12. 野苏子 P. grandiflora** Fisch.
   12. 叶羽状全裂或不分裂。
    14. 叶披针形，羽状全裂；花冠长13～15毫米；蒴果卵形（稍扁平），长7~10毫米 ……………………………………… **13b. 卡氏沼生马先蒿 P. palustris** subsp. **karoi** (Freyn) Tsoong

（接上表）

14. 叶披针形至卵形，边缘具小的重锯状齿；花冠长20～30毫米；蒴果斜长圆状披针形，长11～16毫米（14. 返顾马先蒿 P. resupinata L.）。
15. 花冠紫红色或粉红色。
16. 茎、叶、苞片、花萼均无毛或具疏毛（14a. 返顾马先蒿 P. resupinata var. resupinata）。
17. 植株少分枝；叶薄 ……………………………… 14aa. 返顾马先蒿 P. resupinata f. resupinata
17. 植株多分枝；叶厚 ……………………… 14ab. 多枝返顾马先蒿 P. resupinata f. ramosa Kom.
16. 茎、叶、苞片、花萼均被白色柔毛 … 14b. 毛返顾马先蒿 P. resupinata var. pubescens Nakai
15. 花冠白色 ……………………………………… 14c. 白花返顾马先蒿 P. resupinata var. albiflora Y. Z. Zhao

（1）矮茎马先蒿（河北植物志）；埃氏马先蒿（中国植物志，Flora of China）

Pedicularis artselaeri Maxim. in Bull. Acad. Imp. Sci. Saint-Petersbourg 24(1): 84. 1877; 中国植物志68: 86. 1963; Fl. China 18: 119. 1998.

生海拔1000米的石坡草丛中和林下较干处。产辽宁省凌源。

■ 矮茎马先蒿

基生叶

花正面观

花侧面观

果实

植株一部分

植株

（2）轮叶马先蒿（黑龙江省植物志，内蒙古植物志，东北植物检索表，东北草本植物志，中国植物志，Flora of China）

Pedicularis verticillata L., Sp. Pl. ed. I.608. 1753; 中国植物志68: 162. 图版XXXIV: 4～8.1963; 内蒙古植物志（第二版）4: 331. 图版131: 3～4. 1993; 东北植物检索表（第二版）: 600. 图版298: 5. 1995; Fl. China 18: 143. 1998; 黑龙江省植物志8: 344. 图版147: 5～6.2001; 东北草本植物志8: 112. 图版46：6～9. 2005.

生高山冻原或高山草甸。产黑龙江省除大兴安岭外的各地；吉林省长白、吉林、安图；内蒙古自治区通辽、科尔沁右翼中旗、敖汉旗、巴林右旗、克什克腾旗、宁城、东乌珠穆沁旗、西乌珠穆沁旗、锡林浩特等地。

全草治疗气血虚损、虚劳多汗。

■ 轮叶马先蒿

茎叶

花序

花序一部分

植株

居群

（3）穗花马先蒿（辽宁植物志，黑龙江省植物志，内蒙古植物志，东北植物检索表，东北草本植物志，中国植物志，Flora of China）

Pedicularis spicata Pall. in Reise Russ. Reich. 3: 738. 1776; 中国植物志68: 177. 1963; 辽宁植物志（下册）: 335. 图版151. 1992; 内蒙古植物志（第二版）4: 331. 图版131: 6 ~ 7. 1993; 东北植物检索表（第二版）: 600. 图版298: 6. 1995; Fl. China18: 147. 1998; 黑龙江省植物志8: 340. 图版146: 4 ~ 5.2001; 东北草本植物志8: 114. 图版46: 1 ~ 5. 2005.

生海拔1000米以上的草地、溪流旁及灌丛中。产黑龙江省呼玛、鸡东、密山、虎林、伊春；吉林省安图、汪清、敦化；辽宁省桓仁；内蒙古自治区额尔古纳、根河、牙克石、扎兰屯、鄂温克、陈巴尔虎旗、科尔沁右翼前旗、阿尔山、扎鲁特旗、克什克腾旗、东乌珠穆沁旗、西乌珠穆沁旗等地。

■ 穗花马先蒿

花序

植株一部分

植株

（4）拉不拉多马先蒿（黑龙江省植物志，内蒙古植物志，东北植物检索表，东北草本植物志，中国植物志，Flora of China）

Pedicularis labradorica Wirsing, Eclog. Bot. 2: t. 10. 1778; 中国植物志68: 118. 图版XXXⅢ: 8 ~ 11. 1963; 内蒙古植物志（第二版）4: 323. 图版127: 3 ~ 4. 1993; 东北植物检索表（第二版）: 597. 图版299: 5. 1995; Fl. China 18:

■ 拉不拉多马先蒿

根部

茎上部叶

茎下部叶

花枝

花

植株

130. 1998; 黑龙江省植物志8: 337. 图版144: 4 ~ 5.2001; 东北草本植物志8: 110. 图版44：1 ~ 4. 2005.

生长在海拔300 ~ 900米落叶松林缘及林下。产黑龙江省呼玛；内蒙古自治区额尔古纳、根河、牙克石、鄂伦春、科尔沁右翼前旗等地。

（5）中国马先蒿（内蒙古植物志，中国植物志，Flora of China）

Pedicularis chinensis Maxim., Bull. Acad. Imp. Sci. Saint-Pétersbourg. 24: 57. 1877; 中国植物志68: 362. 图版LXXXIII: 4 ~ 6. 1963; 内蒙古植物志（第二版）4: 327. 图版129: 1 ~ 3. 1993; Fl. China 18: 204. 1998.

生高山草地中。产内蒙古自治区宁城。

■ 中国马先蒿

茎叶

花序

植株

（6）旌节马先蒿（辽宁植物志，黑龙江省植物志，内蒙古植物志，东北植物检索表，东北草本植物志，中国植物志，Flora of China）

Pedicularis sceptrum-carolinum L., Sp. Pl.608. 1753; 中国植物志68: 36. 1963; 辽宁植物志（下册）: 332. 1992; 内蒙古植物志（第二版）4: 317. 图版125: 1 ~ 3. 1993; 东北植物检索表（第二版）: 597. 图版299: 7. 1995; Fl. China 18: 103. 1998; 黑龙江省植物志8: 340. 图版146: 1 ~ 3.2001; 东北草本植物志8: 104. 图版42: 1 ~ 5. 2005.

（6a）旌节马先蒿（原亚种）

Pedicularis sceptrum-carolinum subsp. *sceptrum-carolinum*

■ 旌节马先蒿

基生叶

花序

植株

多生河岸低湿地。产黑龙江省尚志、宁安、宝清、萝北、鹤岗、伊春、黑河、呼玛；吉林省安图、珲春、汪清、和龙、靖宇；辽宁省宽甸、桓仁；内蒙古自治区额尔古纳、根河、牙克石、扎兰屯、鄂伦春、科尔沁右翼前期、东乌珠穆沁旗、宝格达山等地。

（6b）有毛旌节马先蒿（亚种）（Flora of China）；毛旌节马先蒿（内蒙古植物志）；旌节马先蒿有毛亚种（中国植物志）

Pedicularis sceptrum-carolinum subsp. *pubescens* Tsoong, 中国植物志68: 37. 1963; 内蒙古植物志（第二版）4: 317. 1993; Fl. China 18: 103. 1998.

生林缘草甸。产黑龙江省鹤岗、宝清、伊春、黑河；吉林省蛟河、安图；内蒙古自治区额尔古纳、根河、根河、牙克石、扎兰屯、鄂伦春等地。

■ 有毛旌节马先蒿

花序

花序一部分

花序下部

茎有毛

植株下部

植株

（7）黄花马先蒿（内蒙古植物志，东北植物检索表，东北草本植物志，中国植物志，Flora of China）

Pedicularis flava Pall., Reise Russ. Reich. 3: 736. 1776; 中国植物志68: 281. 图版LⅢ: 1～2. 1963; 内蒙古植物志（第二版）4: 319. 图版126: 3. 1993; 东北植物检索表（第二版）: 597. 图版298: 1. 1995; Fl. China 18: 163. 1998; 东北草本植物志8: 116. 图版48：5～9. 2005.

生海拔700米左右的山坡草地上。产内蒙古自治区海拉尔、满洲里、东乌珠穆沁旗等地。

■ 黄花马先蒿

基生叶

花序

植株

（8）秀丽马先蒿（黑龙江省植物志，内蒙古植物志，东北植物检索表，东北草本植物志，中国植物志，Flora of China）

Pedicularis venusta Schang. ex Bunge, Bull. Acad. Imp. Sci. Saint–Pétersbourg. 8: 251. 1841; 中国植物志68: 233. 1963; 内蒙古植物志（第二版）4: 321. 图版126: 4 ~ 5. 1993; 东北植物检索表（第二版）: 597. 图版299: 4. 1995; Fl. China 18: 164. 1998; 黑龙江省植物志8: 342. 图版147: 3 ~ 4.2001; 东北草本植物志8: 119. 图版49. 2005.

生山坡和草丛中。产黑龙江省黑河、呼玛；内蒙古自治区额尔古纳、根河、牙克石、鄂伦春、鄂温克、新巴尔虎左旗、科尔沁右翼前旗、扎赉特旗、科尔沁左翼后旗、大青沟、扎鲁特旗、库伦旗、锡林浩特、太仆寺旗等地。

■ 秀丽马先蒿

茎叶

花序一部分

花序

植株

（9）红纹马先蒿（辽宁植物志，黑龙江省植物志，内蒙古植物志，东北植物检索表，东北草本植物志，中国植物志，Flora of China）

Pedicularis striata Pall. in Reise Russ. Reich. 3: 737. 1776; 中国植物志68: 64. 图版Ⅷ: 9 ~ 12. 1963; 内蒙古植物志（第二版）4: 323. 图版127: 5 ~ 6. 1993; 辽宁植物志（下册）: 333. 图版149: 6 ~ 10. 1992; 东北植物检索表（第二版）: 597. 图版298: 3. 1995; Fl. China18: 112. 1998; 黑龙江省植物志8: 342. 图版147: 1 ~ 2.2001; 东北草本植物志8: 106. 图版43: 6 ~ 10. 2005.

生高山草原及疏林中。产黑龙江省黑河、呼玛、嫩江、尚志、北安、萝北、大庆、安达、伊春；吉林省镇赉；辽宁省建平；内蒙古自治区海拉尔、额尔古纳、牙克石、扎兰屯、鄂温克、新巴尔虎左旗、新巴尔虎右旗、科尔沁右翼前旗、扎赉特旗、扎鲁特旗、翁牛特旗、敖汉旗、巴林左旗、巴林右旗、阿鲁科尔沁旗、克什克腾旗、喀喇沁旗、宁城、东乌珠穆沁旗、西乌珠穆沁旗、锡林浩特、太仆寺旗等地。

■ 红纹马先蒿

根部

植株一部分

茎叶

花序

（10）鸡冠子花（中国植物志，Flora of China）；鸡冠马先蒿（辽宁植物志，东北植物检索表，东北草本植物志）

Pedicularis mandshurica Maxim. in Bull. Acad. Imp. Sci. Saint-Petersbourg 24(1): 79. 1877; 中国植物志 68: 65. 图版Ⅷ: 5 ~ 8. 1963; 辽宁植物志（下册）: 333. 图版149: 1 ~ 5. 1992; 东北植物检索表（第二版）: 597. 图版298: 4. 1995; Fl. China 18: 112. 1998; 东北草本植物志8: 108. 图版43: 1 ~ 5. 2005.

生海拔1000米左右的湿润的腐殖土中及岩上。产吉林省安图；辽宁省本溪、宽甸、凤城、沈阳等地。

幼苗可作野菜。全草有清热利尿、祛风除湿作用。

■ 鸡冠子花

花序

植株下部

植株

（11）红色马先蒿（黑龙江省植物志，内蒙古植物志，东北植物检索表，东北草本植物志，中国植物志，Flora of China）

Pedicularis rubens Steph. ex Willd. in Sp. Pl. 3: 219. 1800; 中国植物志68: 231. 图版LIII: 3 ~ 4. 1963; 内蒙古植物志（第二版）4: 319. 图版126: 1 ~ 2. 1993; 东北植物检索表（第二版）: 597. 图版298: 2. 1995; Fl. China 18: 164. 1998; 黑龙江省植物志8: 338. 图版146: 3 ~ 4.2001; 东北草本植物志8: 116. 图版47：1 ~ 4. 2005.

生山地草原中。产黑龙江省黑河；内蒙古自治区根河、牙克石、科尔沁右翼前旗、阿尔山、翁牛特旗、巴林右旗、克什克腾旗、喀喇沁旗、赤峰市红山区、东乌珠穆沁旗、西乌珠穆沁旗、锡林浩特等地。

■ 红色马先蒿

茎叶

花序

植株

（12）野苏子（中国植物志，Flora of China）；大野苏子马先蒿（黑龙江省植物志，东北植物检索表，东北草本植物志）；大花马先蒿（内蒙古植物志）

Pedicularis grandiflora Fisch., Mém. Soc. Imp. Naturalistes Moscou. 3: 60. 1812; 中国植物志68: 38. 图版Ⅰ: 1 ~ 2. 1963; 内蒙古植物志（第二版）4: 317. 图版125: 4 ~ 6. 1993; 东北植物检索表（第二版）: 597. 图版299: 3. 1995; Fl. China 18: 103. 1998; 黑龙江省植物志8: 335. 图版144: 1 ~ 3.2001; 东北草本植物志8: 105. 图版42：6 ~ 9. 2005.

生海拔350米左右的水泽和草甸中。产黑龙江省萝北、黑河、呼玛、孙吴、伊春；吉林省长白山；内蒙古自治区鄂伦春、额尔古纳、牙克石、根河等地。

■ 野苏子

茎叶

花

花序一部分

■ 野苏子

果序一部分

植株

居群

（13）沼生马先蒿（中国植物志，Flora of China）

Pedicularis palustris L., Sp. Pl. ed. I. 607. 1753中国植物志68: 116. 1963; Fl. China 18: 129. 1998.

（13a）沼生马先蒿（原亚种）

Pedicularis palustris subsp. *palustris*

中国产新疆。东北地区不产。

（13b）卡氏沼生马先蒿（亚种）（内蒙古植物志，Flora of China）；小花沼生马先蒿（黑龙江省植物志，东北植物检索表，东北草本植物志）；沼生马先蒿卡氏变种（中国植物志）

Pedicularis palustris subsp. *karoi* (Freyn) Tsoong, Fl. Reipubl. Popularis Sin. 68: 117. 1963; 中国植物志68: 117. 1963; 内蒙古植物志（第二版）4: 321. 图版127: 1～2. 1993; 东北植物检索表（第二版）: 597. 图版299: 6. 1995; Fl. China 18: 130. 1998; 黑龙江省植物志8: 337. 图版144: 6～7.2001; 东北草本植物志8: 108. 图版44：5～7. 2005.

生海拔370米左右的山脚潮湿处。产黑龙江省漠河、呼玛；内蒙古自治区海拉尔、额尔古纳、根河、牙克石、克什克腾旗、西乌珠穆沁旗、锡林浩特、正蓝旗等地。

（14）返顾马先蒿（辽宁植物志，黑龙江省植物志，内蒙古植物志，东北植物检索表，东北草本植物志，中国植物志，Flora of China）

Pedicularis resupinata L., Sp. Pl.608. 1753; 中国植物志68：120. 1963; 辽宁植物志（下册）: 335. 1992; 内蒙古植物志（第二版）4: 324. 图版128: 1～2. 1993; 东北植物检索表（第二版）: 600. 图版299: 1. 1995; Fl. China 18: 130. 1998; 黑龙江省植物志8: 338. 图版145: 1～2.2001; 东北草本植物志8: 110. 图版45: 1. 2005.

（14a）返顾马先蒿（原变种）

Pedicularis resupinata var. *resupinata*

（14aa）返顾马先蒿（原变型）

Pedicularis resupinata f. *resupinata*

生草地、林缘、针叶林下、山坡灌丛、山沟、杂木林中。产黑龙江省嫩江、呼玛、密山、绥芬河、尚志、萝北、伊春；吉林省永吉、长白、安图、蛟河、珲春、汪清、吉林、通化、抚松；辽宁省本溪、桓仁、凤城、宽甸、东港、鞍山、岫岩、庄河、开原、西丰；内蒙古自治区额尔古纳、根河、牙克石、扎兰屯、鄂温克、陈巴尔虎旗、科尔沁右翼前旗、克什克腾旗、喀喇沁旗、东乌珠穆沁旗等地。

根或茎叶有祛风、除湿、利水作用。嫩苗可食。

■ 返顾马先蒿

叶背面观

花

植株上部

植株

（14ab）多枝返顾马先蒿（变型）（东北植物检索表，东北草本植物志）

Pedicularis resupinata f. *ramosa* Kom. in Fl. Mansh. 3: 449. 1907; 东北植物检索表（第二版）: 600. 1995; 东北草本植物志8: 112. 2005; 东北植物分布图集: 966. 2019.

生林缘、林下、灌丛、山顶草甸、山坡草地、湿地。产黑龙江省黑河、汤原、呼玛、伊春、萝北、漠河、饶河、依兰、尚志；吉林省安图、抚松、蛟河、汪清、和龙、珲春、永吉；辽宁省开原、鞍山、庄河、桓仁；内蒙古自治区扎兰屯、克什克腾旗等地。

■ 多枝返顾马先蒿

苗期植株

花期植株

（14b）毛返顾马先蒿（变种）（辽宁植物志，内蒙古植物志，东北植物检索表，东北草本植物志）

Pedicularis resupinata var. *pubescens* Nakai in Fl. Sylv. Kor.14: 68. 1923; 辽宁植物志（下册）: 335. 图版150. 1992; 内蒙古植物志（第二版）4: 326. 1993; 东北植物检索表（第二版）: 600. 图版299: 2. 1995; 东北草本植物志8: 112. 图版45: 2 ~ 5. 2005.

生沟谷、高山冻原、林缘、湿草地、林下、灌丛。产黑龙江省黑河、呼玛、孙吴、萝北、富锦、饶河、依兰、密山、海林、尚志、伊春；吉林省汪清、珲春、和龙、安图、敦化、蛟河、桦甸、抚松、长白；辽宁省清原、新宾、本溪、桓仁、东港、岫岩、宽甸、彰武；内蒙古自治区额尔古纳、根河、海拉尔、牙克石、鄂伦春、新巴尔虎左旗、科尔沁左翼后旗、扎鲁特旗、克什克腾旗、赤峰、西乌珠穆沁旗、锡林浩特、正蓝旗等地。

■ 毛返顾马先蒿

叶背面观

花序

植株

（14c）白花返顾马先蒿（变种）（内蒙古植物志，东北植物检索表，东北草本植物志）

Pedicularis resupinata var. *albiflora* Y. Z. Zhao, 内蒙古植物志5: 294,413. 1980; 内蒙古植物志（第二版）4: 326. 1993; 东北植物检索表（第二版）: 600. 1995; 东北草本植物志8: 112. 2005.

生山地林缘草甸。产黑龙江省嫩江、呼玛；内蒙古自治区扎兰屯、扎鲁特旗、克什克腾旗等地。

11 松蒿属 *Phtheirospermum* Bunge

Phtheirospermum Bunge, Fisch. et Mey. Ind. Sem. Hort. Peterop. 1: 35. 1835.

一年生或多年生草本，全株密被黏质腺毛。叶对生；叶片一至三回羽状全裂或深裂，小裂片卵形、矩圆形或条形。疏总状花序；花具短梗，生上部叶腋；萼钟状，5裂，萼齿全缘至羽状深裂；花冠黄色至红色，花冠筒状，具2褶襞，上部扩大，上部5裂成二唇形，上唇2裂，下唇3裂；雄蕊4枚，2强，前方一对较长；子房长卵形，花柱顶部匙状扩大，浅2裂。蒴果压扁，具喙，室背开裂，裂片全缘；种子具网纹。

本属全世界约3种，分布于亚洲东部。中国有2种。东北地区产1种1变型。

分种下单位检索表

1. 花紫红色至淡紫红色 ………………………………………… a. 松蒿 P. japonicum f. japonicum
1. 花白色 ………………………………………………………… b. 白花松蒿 P. japonicum f. album

松蒿（辽宁植物志，黑龙江省植物志，内蒙古植物志，东北植物检索表，东北草本植物志，中国植物志，Flora of China）

Phtheirospermum japonicum (Thunb.) Kanitz. in Exp. Asiae Orient. 12. 1878; 中国植物志67(2): 370. 图版45: 1～4. 1979; 辽宁植物志（下册）: 326. 图版147: 4～7. 1992; 内蒙古植物志（第二版）4: 309. 图版122. 1993; 东北植物检索表（第二版）: 600. 图版297: 4. 1995; Fl. China 18: 90. 1998; 黑龙江省植物志8: 345. 图版148.2001; 东北草本植物志8: 94. 图版38. 2005.

一年生草本。茎直立或弯曲而后上升，通常多分枝。单叶对生；叶片长三角状卵形，近基部的羽状全裂，向上则为羽状深裂。萼齿5枚，叶状，披针形，羽状浅裂至深裂，裂齿先端锐尖；花冠紫红色至淡紫红色。蒴果卵珠形。

(a)松蒿(原变型)

Phtheirospermum japonicum f. *japonicum*

生山坡草地、灌丛间及草地。产黑龙江省伊春、尚志、漠河、绥芬河、鸡西、哈尔滨、萝北、密山、东宁;吉林省长春、吉林、蛟河、通化、临江、梅河口、集安、和龙、长白、抚松、安图、永吉、辉南;辽宁省各地;内蒙古自治区科尔沁右翼前旗、科尔沁右翼中旗、科尔沁左翼后旗、大青沟、翁牛特旗、敖汉旗等地。

全草有清热、利湿作用,主治湿热黄疸、水肿等症。

■ 松蒿

茎叶

花枝

花正面观

植株

(b)白花松蒿(变型)(东北植物检索表,东北草本植物志)

Phtheirospermum japonicum f. *album* C. F. Fang in Nat. Resour. Resear.1: 31. 1986; 东北植物检索表(第二版): 600. 1995; 东北草本植物志8: 94. 2005.

生山阴坡或半阴坡草地。产辽宁省凌源、清原等地。

12 脐草属 *Omphalotrix* Maxim.

Omphalothrix Maxim. Mem. Acad. Sci. St.–Petersb., 9: 208, tab. 10. 1859.

一年生草本。叶对生。总状花序集成圆锥状。花萼管状钟形,前后两方裂达2/5,两侧方裂达1/4 ~ 1/3,具5条脉;花冠上唇盔状,直,顶端微凹,边缘通常不翻卷,下唇3深裂,裂片开展;雄蕊4枚,伸至盔下,花药箭形,药室基部延伸成距,药室开裂后沿裂口露出须毛;柱头头状。蒴果矩圆状,侧扁,室背开裂。种子椭圆形,有白色纵翅,翅上有横条纹。

本属全世界仅1种,产中国华北、东北地区。朝鲜和俄罗斯远东也有。

脐草(辽宁植物志,黑龙江省植物志,内蒙古植物志,东北植物检索表,东北草本植物志,中国植物志,Flora of China)

Omphalotrix longipes Maxim. in Mem. Acad. Sci. St.–Petersb. 9: 209. 1859; 中国植物志67(2): 388. 图版104. 1979; 辽宁植物志(下册): 330. 图版148. 1992; 内蒙古植物志(第二版)4: 312. 图版124: 1 ~ 4. 1993; 东北植物检索表(第二版): 595. 图版296: 6. 1995; Fl. China18: 95. 1998; 黑龙江省植物志8: 333. 图版143.2001; 东北草本植物志8: 98. 图版40. 2005.

一年生草本;茎纤细,被白色倒毛;叶无柄,条状椭圆形,每边有几个尖齿,果期全部叶脱落;花梗细长;花冠白色,外被柔毛;蒴果与花萼近等长,被细刚毛。生湿地。产黑龙江省萝北、黑河、密山、逊克、虎林、伊春、嘉荫;吉林省汪清;辽宁省彰武;内蒙古自治区科尔沁右翼中旗、扎赉特旗、扎鲁特旗、锡林浩特等地。

13 疗齿草属 *Odontites* Ludwig

Odontites Ludwig, Inst. Reg. Veg. ed. 2. 120. 1757.

直立草本。叶对生。花萼管状或钟状，4裂；花冠筒管状，檐部二唇形，上唇稍弓曲，呈不明显盔状，顶端全缘或微凹，边缘不反卷，下唇稍开展，3裂，两侧裂片全缘，中裂片顶端微凹；雄蕊4枚，2强，药室略叉开，基部突尖；柱头头状。蒴果长矩圆状，稍侧扁，室背开裂。种子多数，下垂，具纵翅，翅上有横纹。

本属全世界约20种，分布于欧洲、非洲北部及亚洲温带地区。中国产1种。东北地区有分布。

疗齿草（辽宁植物志，黑龙江省植物志，内蒙古植物志，东北植物检索表，东北草本植物志，中国植物志，Flora of China）

Odontites vulgaris Moench in Methodus 439. 1794; Fl. China18: 96.1998.——*O. serotina* (Lam.) Dum. in Fl. Belg. 32. 1827; 中国植物志67(2): 390. 图版45: 9 ~ 12. 1979; 辽宁植物志（下册）: 330. 图版146: 7 ~ 9. 1992; 内蒙古植物志（第二版）4: 314. 图版124: 5 ~ 9. 1993; 东北植物检索表（第二版）: 595. 图版296: 5. 1995; 黑龙江省植物志8: 332. 图版142: 2 ~ 6.2001; 东北草本植物志8: 101. 图版41: 4 ~ 7. 2005.

一年生草本，全株被白色细硬毛；叶无柄，披针形至条状披针形，边缘疏生锯状齿；穗状花序顶生；花冠紫色、紫红色或淡红色，外被白色柔毛；蒴果上部被细刚毛。生湿草地。产黑龙江省漠河、嫩江、黑河；吉林省扶余；辽宁省彰武；内蒙古自治区海拉尔、额尔古纳、根河、牙克石、莫力达瓦达斡尔、陈巴尔虎旗、新巴尔虎左旗、新巴尔虎右旗、科尔沁右翼前旗、科尔沁右翼中旗、扎赉特旗、科尔沁左翼后旗、翁牛特旗、敖汉旗、巴林右旗、阿鲁科尔沁旗、克什克腾旗、喀喇沁旗、宁城、东乌珠穆沁旗、西乌珠穆沁旗、锡林浩特等地。

全草有清热燥湿、凉血止痛作用，用于瘀血作痛、肝火头痛、胁痛等。

■ 疗齿草

茎叶

花

植株

14 小米草属 *Euphrasia* L.

Euphrasia L., Sp. Pl. 604. 1753.

一年生或多年生直立草本。苞叶比营养叶大而宽，叶和苞叶均对生，掌状叶脉，具齿。穗状花序顶生；花萼管状或钟状，4裂；花冠筒管状，檐部二唇形，上唇直而盔状，顶端2裂，下唇开展，3裂，裂片顶端常凹缺；雄蕊4枚，2强，花药藏于盔下，全部靠拢，药室并行而分离；柱头稍扩大，全缘或2裂。蒴果矩圆状，稍侧扁，有两条沟槽，室背2裂；种子多数，椭圆形，具多数纵翅，翅上有细横纹。

本属全世界约有200种，广布于世界各地。中国产11种。东北地区产5种。

分种检索表

1. 植株无腺毛。
  2. 茎于中上部多分枝；叶缘锯状齿4～7对，先端锐尖至芒状；花较小，背部长6～7毫米，下唇与上唇约等长 ………………………………………… 1. 高枝小米草 E. maximowiczii Wetst.
  2. 茎单一不分枝或于下部有分枝；叶缘锯状齿3～5对，先端稍钝或急尖；花较大，背部长7～8毫米，下唇较上唇长 ………………………………………… 2. 小米草 E. pectinata Ten.
1. 植株被腺毛。
  3. 腺毛的柄很短，仅有1～2个细胞 ………………………………………… 3. 短腺小米草 E. regelii Wettst.
  3. 腺毛的柄较长，具（2～）3至多个细胞。
    4. 植株细弱，不分枝或上部有时分枝；花冠较小，背面长5～8毫米，下唇稍长于上唇 ………………………………………… 4. 长腺小米草 E. hirtella Jord ex Reuter
    4. 植株较粗壮，上部多分枝；花冠较大，背面长8～12毫米，下唇明显长于上唇 ………………………………………… 5. 东北小米草 E. amurensis Freyn

（1）高枝小米草（Flora of China）；芒小米草（辽宁植物志，黑龙江省植物志，内蒙古植物志，东北植物检索表，东北草本植物志）；小米草高枝亚种（中国植物志）

Euphrasia maximowiczii Wetst. in Monogr. Gatt. Euph. 8. 1896; 辽宁植物志（下册）: 328. 图版147: 1～3. 1992; 东北植物检索表（第二版）: 592. 图版294: 7. 1995; 黑龙江省植物志8: 318.2001; 东北草本植物志8: 97. 图版39: 10. 2005.——*E. pectinata* Ten subsp. *simplex* (Freyn) Hong, 中国植物志67(2): 375. 1979; 内蒙古植物志（第二版）4: 311. 1993; Fl. China 18: 93. 1998.

生山坡草地、林缘、灌丛及草甸草原。产黑龙江省黑河、虎林、密山、逊克、呼玛、萝北；吉林省安图、靖宇、抚松、长白、通化；辽宁省本溪、桓仁、营口、普兰店、瓦房店、庄河、清原、新宾、铁

■ 高枝小米草

花

花枝

植株一部分

岭；内蒙古自治区牙克石、根河等地。

全草有清热解毒作用，主治咽喉肿痛、肺炎咳嗽、口疮等症。

（2）小米草（内蒙古植物志，东北植物检索表，东北草本植物志，中国植物志，Flora of China）

Euphrasia pectinata Ten. in Fl. Napol. 1: 36. 1811; 中国植物志67(2): 374. 图版100. 1979; 内蒙古植物志（第二版）4: 311. 图版123: 1 ~ 5. 1993.——*Euphrasia tatarica* Fisch. ex Spreng in Syst. Veg. 2: 777. 1825; 东北植物检索表（第二版）: 592. 图版294: 6. 1995; Fl. China 18: 93. 1998; 东北草本植物志8: 1 ~ 6. 图版39: 39. 2005.

生阴坡草地及灌丛中。产黑龙江省呼玛；内蒙古自治区额尔古纳、根河、牙克石、新巴尔虎左旗、鄂伦春、鄂温克、阿尔山、科尔沁右翼前旗、扎鲁特旗、克什克腾旗、巴林右旗、翁牛特旗、喀喇沁旗等地。

■ 小米草

茎叶

花序

植株一部分

植株

（3）短腺小米草（内蒙古植物志，中国植物志，Flora of China）

Euphrasia regelii Wettst., Monogr. Gatt. Euphr. 81, t. 3, f. 111 ~ 119, t. 11, f. 6. 1896; 中国植物志67(2): 375. 图版46: 6 ~ 8. 1979; 内蒙古植物志（第二版）4: 311. 图版123: 6. 1993; Fl. China 18: 93. 1998.

生亚高山及高山草地、湿草地及林中。产内蒙古自治区克什克腾旗、东乌珠穆沁旗、锡林浩特、正蓝旗等地。

■ 短腺小米草

花序一部分

花

植株一部分

（4）长腺小米草（内蒙古植物志，东北植物检索表，东北草本植物志，中国植物志，Flora of China）

Euphrasia hirtella Jord ex Reuter, Compt.-Rend. Trav. Soc. Haller. 4: 120. 1854 ~ 1856; 中国植物志67(2): 370. 图版45: 1 ~ 4. 1979; 内蒙古植物志（第二版）4: 311. 图版123: 7. 1993; 东北植物检索表（第二版）: 592. 图版294: 8. 1995; Fl. China 18: 94. 1998; 东北草本植物志8: 97. 图版39: 11. 2005.

生草甸、草原、林缘及针叶林中。产吉林省抚松、安图；内蒙古自治区额尔古纳、根河、牙克石、巴林右旗、克什克腾旗、东乌珠穆沁旗、锡林浩特等地。

■ 长腺小米草

花枝

植株一部分

植株

（5）东北小米草（黑龙江省植物志，内蒙古植物志，东北植物检索表，东北草本植物志，中国植物志，Flora of China）

Euphrasia amurensis Freyn, Oesterr. Bot. Z. 52: 404. 1902; 中国植物志67(2): 379. 图版46：9 ~ 11. 1979; 内蒙古植物志（第二版）4: 311. 图版123: 8. 1993; 东北植物检索表（第二版）: 592. 图版294: 9. 1995; Fl. China 18: 94. 1998; 黑龙江省植物志8: 318.2001; 东北草本植物志8: 98. 图版39: 7 ~ 9. 2005.

生草原上。产黑龙江省黑河、嫩江；内蒙古自治区牙克石、根河、鄂伦春、鄂温克、阿尔山、科尔沁右翼前旗、阿尔山、科尔沁右翼中旗、克什克腾旗、东乌珠穆沁旗、西乌珠穆沁旗等地。

■ 东北小米草

花

植株一部分

国家出版基金项目
NATIONAL PUBLICATION FOUNDATION
“十四五”国家重点图书出版规划项目

DONGBEI
ZHIWU
JIANSUO
TUZHI

东北植物
检 索 图 志

DONGBEI ZHIWU JIANSUO TUZHI

张淑梅 主编

第 4 卷

北方联合出版传媒（集团）股份有限公司
辽宁科学技术出版社

内容提要

全书分4卷，共计收录东北地区野生及常见露地栽培维管束植物175科1073属3619种105亚种664变种178变型，其中，野生2946种99亚种552变种127变型，栽培673种6亚种112变种51变型。仅从种级分类单元（不含种下单位）的收录量看，本书超出迄今东北最权威的植物分类学资料【《东北植物检索表》（傅沛云，1995）】516个，超出率为16.63%。

本卷为第4卷，收录被子植物真双子叶植物超菊类分支菊超目之冬青目、菊目、川续断目、伞形目，计8科182属580种15亚种100变种29变型，其中，野生489种15亚种88变种28变型，栽培91种12变种1变型。另附“补遗”，以补充本书排版后发现的1个中国新记录属、1个东北新归化属、3个中国新记录种、3个东北新归化种及新近出版的《大兴安岭植物志》和其他文献报道的7种之前我们不掌握的物种。

图书在版编目（CIP）数据

东北植物检索图志 / 张淑梅主编. —沈阳：辽宁科学技术出版社，2024. 3
ISBN 978-7-5591-3182-9

Ⅰ. ①东…　Ⅱ. ①张…　Ⅲ. ①植物—目录索引—东北地区　Ⅳ. ①Q948. 523

中国国家版本馆CIP数据核字（2023）第160967号

出 品 人：陈　刚
出版发行：辽宁科学技术出版社
（地址：沈阳市和平区十一纬路 25 号　邮编：110003）
印 刷 者：辽宁鼎籍数码科技有限公司
经 销 者：各地新华书店
幅面尺寸：210mm × 285mm
总 印 张：218.5
插　　页：16
总 字 数：4600千字
出版时间：2024年3月第1版
印刷时间：2024年3月第1次印刷
责任编辑：陈广鹏　乔志雄　胡嘉思
殷　欣　张　永　孙　东
封面设计：周　洁
责任校对：栗　勇　王玉宝

书　　号：ISBN 978-7-5591-3182-9
定　　价：2000.00元（全4卷）

联系电话：024-23280036
邮购热线：024-23284502
http://www.lnkj.com.cn

CONTENTS 目录

168. 冬青科 Aquifoliaceae …… 2694
冬青属 *Ilex* L. …… 2694
169. 桔梗科 Campanulaceae …… 2695
1. 半边莲属 *Lobelia* L. …… 2695
2. 牧根草属 *Asyneuma* Griseb. et Schenk …… 2698
3. 石星花属（同瓣草属） *Lithotoma* E. B. Knox …… 2699
4. 党参属 *Codonopsis* Wall. …… 2700
5. 桔梗属 *Platycodon* A. DC. …… 2703
6. 风铃草属 *Campanula* L. …… 2705
7. 沙参属 *Adenophora* Fisch. …… 2710
170. 睡菜科 Menyanthaceae …… 2737
1. 睡菜属 *Menyanthes* L. …… 2738
2. 荇菜属（莕菜属） *Nymphoides* Seguier …… 2739
171. 菊科 Asteraceae（Compositae） …… 2742
1. 管花蒲公英属 *Neo-taraxacum* Y. R. Ling et X. D. Su …… 2750
2. 菊苣属 *Cichorium* L. …… 2750
3. 猫耳菊属（猫儿菊属） *Hypochaeris* L. …… 2753
4. 婆罗门参属 *Tragopogon* L. …… 2754
5. 毛连菜属 *Picris* L. …… 2756
6. 鸦葱属 *Scorzonera* L. …… 2759
7. 蒲公英属 *Taraxacum* F. H. Wigg. …… 2765
8. 苦苣菜属 *Sonchus* L. …… 2775
9. 莴苣属（山莴苣属） *Lactuca* L. …… 2779
10. 小苦荬属 *Ixeridium* (A. Gray) Tzvelev …… 2789
11. 耳菊属 *Nabalus* Cassini …… 2789
12. 全光菊属 *Hololeion* Kitamura …… 2791
13. 山柳菊属 *Hieracium* L. …… 2792
14. 还阳参属 *Crepis* L. …… 2794
15. 苦荬菜属 *Ixeris* (Cass.) Cass. …… 2797
16. 黄鹌菜属 *Youngia* Cass. …… 2801
17. 假还阳参属 *Crepidiastrum* Nakai …… 2802
18. 碱苣属（小苦苣菜属） *Sonchella* Sennikov …… 2806
19. 勋章菊属 *Gazania* Gaertn. …… 2806
20. 藿香蓟属 *Ageratum* L. …… 2807
21. 蛇鞭菊属 *Liatris* J. Gaertner ex Schreber …… 2808
22. 甜菊属 *Stevia* Cav. …… 2809
23. 泽兰属 *Eupatorium* L. …… 2810
24. 胶菀属 *Grindelia* Willdenow …… 2813
25. 一枝黄花属 *Solidago* L. …… 2814
26. 翠菊属 *Callistephus* Cass. …… 2817
27. 雏菊属 *Bellis* L. …… 2818
28. 飞蓬属 *Erigeron* L. …… 2818
29. 联毛紫菀属 *Symphyotrichum* Nees …… 2826
30. 鹅河菊属（雁河菊属） *Brachyscome* Cass. …… 2829
31. 北美紫菀属 *Eurybia* (Cassini) Cassini …… 2830
32. 碱菀属 *Tripolium* Nees …… 2831
33. 乳菀属 *Galatella* Cass. …… 2832
34. 紫菀属 *Aster* L. …… 2834

35. 蜂斗菜属 *Petasites* Mill. …… 2855
36. 款冬属 *Tussilago* L. …… 2857
37. 狗舌草属 *Tephroseris* (Rchb.) Rehb. …… 2858
38. 橐吾属 *Ligularia* Cass. …… 2863
39. 兔儿伞属 *Syneilesis* Maxim. …… 2872
40. 蟹甲草属 *Parasenecio* W. W. Smith et J. Small …… 2873
41. 菊三七属（三七草属） *Gynura* Cass. …… 2877
42. 菊芹属 *Erechtites* Raf. …… 2879
43. 千里光属 *Senecio* L. …… 2879
44. 野茼蒿属 *Crassocephalum* Moench …… 2888
45. 万寿菊属 *Tagetes* L. …… 2889
46. 堆心菊属 *Helenium* L. …… 2892
47. 松果菊属（紫锥花属） *Echinacea* Moench …… 2893
48. 天人菊属 *Gaillardia* Foug. …… 2894
49. 苍耳属 *Xanthium* L. …… 2896
50. 豚草属 *Ambrosia* L. …… 2900
51. 黑足菊属（美兰菊属） *Melampodium* L. …… 2901
52. 牛膝菊属 *Galinsoga* Ruiz et Pav. …… 2902
53. 松香草属 *Silphium* L. …… 2904
54. 百日菊属 *Zinnia* L. …… 2905
55. 鬼针草属 *Bidens* L. …… 2907
56. 秋英属 *Cosmos* Cav. …… 2916
57. 大丽花属 *Dahlia* Cav. …… 2918
58. 金鸡菊属 *Coreopsis* L. …… 2919
59. 假豚草属（假苍耳属） *Iva* L. …… 2921
60. 豨莶属 *Sigesbeckia* L. …… 2922
61. 鳢肠属 *Eclipta* L. …… 2924
62. 金光菊属 *Rudbeckia* L. …… 2926
63. 赛菊芋属 *Heliopsis* Persoon …… 2928
64. 卤地菊属 *Melanthera* Rohr …… 2929
65. 蟛蜞菊属 *Sphagneticola* O. Hoffm. …… 2930
66. 向日葵属 *Helianthus* L. …… 2931
67. 肿柄菊属 *Tithonia* Desf. ex Juss. …… 2933
68. 蓍属 *Achillea* L. …… 2935
69. 春黄菊属 *Anthemis* L. …… 2939
70. 果香菊属 *Chamaemelum* Mill. …… 2940
71. 石胡荽属 *Centipeda* Lour. …… 2941
72. 线叶菊属（兔毛蒿属） *Filifolium* Kitam. …… 2942
73. 亚菊属 *Ajania* Poljak. …… 2943
74. 蒿属 *Artemisia* L. …… 2946
75. 栉叶蒿属 *Neopallasia* Poljak. …… 2992
76. 木茼蒿属 *Argyranthermum* Webb …… 2993
77. 茼蒿属 *Glebionis* Cassini …… 2994
78. 滨菊属 *Leucanthemum* Mill. …… 2997
79. 菊属 *Chrysanthemum* L. …… 2998
80. 母菊属 *Matricaria* L. …… 3007
81. 三肋果属 *Tripleurospermum* Sch.-Bip. …… 3008
82. 菊蒿属 *Tanacetum* L. …… 3010
83. 匹菊属 *Pyrethrum* Zinn. …… 3011
84. 大丁草属 *Leibnitzia* Cass. …… 3012
85. 兔儿风属 *Ainsliaea* DC. …… 3013
86. 帚菊属 *Pertya* Sch. Bip. …… 3014
87. 异果菊属 *Dimorphotheca* Moench …… 3016
88. 骨子菊属（蓝目菊属） *Osteospermum* L. …… 3017
89. 金盏花属 *Calendula* L. …… 3018
90. 旋覆花属 *Inula* L. …… 3019
91. 和尚菜属（腺梗菜属） *Adenocaulon* Hook. …… 3025
92. 天名精属（金挖耳属） *Carpesium* L. …… 3026
93. 含苞草属（合苞菊属） *Symphyllocarpus* Maxim. …… 3030
94. 湿鼠曲草属 *Gnaphalium* L. …… 3030
95. 香青属 *Anaphalis* DC. …… 3032
96. 蝶须属 *Antennaria* Gaertn. …… 3033
97. 火绒草属 *Leontopodium* R. Brown …… 3034
98. 蓝刺头属 *Echinops* L. …… 3036
99. 苍术属 *Atractylodes* DC. …… 3040
100. 飞廉属 *Carduus* L. …… 3043
101. 猬菊属（蝟菊属） *Olgaea* Iljin …… 3046
102. 蓟属 *Cirsium* Mill. …… 3048
103. 水飞蓟属 *Silybum* Adans. …… 3060
104. 红花属 *Carthamus* L. …… 3061
105. 风毛菊属 *Saussurea* DC. …… 3062
106. 泥胡菜属 *Hemistepta* Bunge …… 3095
107. 漏芦属 *Rhaponticum* Ludwig …… 3096
108. 麻花头属 *Klasea* Cassini …… 3098
109. 伪泥胡菜属 *Serratula* L. …… 3102
110. 牛蒡属 *Arctium* L. …… 3104
111. 疆矢车菊属 *Centaurea* L. …… 3105
112. 山牛蒡属 *Synurus* Iljin …… 3108
172. 荚蒾科 Viburnaceae …… 3109
1. 荚蒾属 *Viburnum* L. …… 3110

2. 接骨木属 *Sambucus* L. ………… 3118
3. 五福花属 *Adoxa* L. ………… 3121
173. 忍冬科 Caprifoliaceae ………… 3122
1. 川续断属 *Dipsacus* L. ………… 3123
2. 蓝盆花属 *Scabiosa* L. ………… 3124
3. 败酱属 *Patrinia* Juss. ………… 3128
4. 缬草属 *Valeriana* L. ………… 3136
5. 北极花属（林奈草属）*Linnaea* Gronov. ex L. ………… 3139
6. 六道木属 *Zabelia* (Rehder) Makino ………… 3140
7. 蝟实属 *Kolkwitzia* Graebn. ………… 3141
8. 锦带花属 *Weigela* Thunb. ………… 3142
9. 莛子藨属 *Triosteum* L. ………… 3145
10. 毛核木属 *Symphoricarpos* Duhamel ………… 3146
11. 忍冬属 *Lonicera* L. ………… 3148
174. 五加科 Araliaceae ………… 3164
1. 人参属 *Panax* L. ………… 3164
2. 天胡荽属 *Hydrocotyle* L. ………… 3166
3. 楤木属 *Aralia* L. ………… 3167
4. 五加属 *Eleutherococcus* Maximowicz ………… 3170
5. 常春藤属 *Hedera* L. ………… 3173
6. 刺楸属 *Kalopanax* Miq. ………… 3174
7. 刺人参属 *Oplopanax* Miq. ………… 3175
175. 伞形科 Apiaceae（Umbelliferae） ………… 3176
1. 峨参属 *Anthriscus* (Pers.) Hoffm. ………… 3179
2. 香根芹属 *Osmorhiza* Rafin. ………… 3181
3. 变豆菜属 *Sanicula* L. ………… 3182
4. 胡萝卜属 *Daucus* L. ………… 3184
5. 窃衣属 *Torilis* Adans. ………… 3186
6. 珊瑚菜属 *Glehnia* Fr. Schmidt ex Miq. ………… 3187
7. 岩风属（香芹属）*Libanotis* Hill. ………… 3188
8. 山茴香属 *Carlesia* Dunn ………… 3190
9. 绒果芹属（滇羌活属）*Eriocycla* Lindl. ………… 3191
10. 孜然芹属 *Cuminum* L. ………… 3192
11. 柴胡属 *Bupleurum* L. ………… 3193
12. 刺芹属 *Eryngium* L. ………… 3203
13. 芫荽属 *Coriandrum* L. ………… 3204
14. 泽芹属 *Sium* L. ………… 3205
15. 大叶芹属 *Spuriopimpinella* (H. Boissieu) Kitag. ………… 3208
16. 鸭儿芹属 *Cryptotaenia* DC. ………… 3211
17. 棱子芹属 *Pleurospermum* Hoffm. ………… 3212
18. 北羌活属 *Hansenia* Turcz. ………… 3214
19. 蛇床属 *Cnidium* Cuss. ………… 3215
20. 防风属 *Saposhnikovia* Schischk. ………… 3218
21. 胀果芹属（燥芹属）*Phlojodicarpus* Turcz. ex Ledeb. ………… 3219
22. 当归属 *Angelica* L. ………… 3221
23. 独活属（牛防风属）*Heracleum* L. ………… 3242
24. 阿魏属 *Ferula* L. ………… 3246
25. 东俄芹属 *Tongoloa* Wolff ………… 3247
26. 疆前胡属（前胡属、石防风属）*Peucedanum* L. ………… 3248
27. 黑水芹属（岩茴香属）*Tilingia* Regel & Tiling ………… 3253
28. 毒芹属 *Cicuta* L. ………… 3254
29. 水芹属 *Oenanthe* L. ………… 3256
30. 茴芹属 *Pimpinella* L. ………… 3257
31. 迷果芹属 *Sphallerocarpus* Bess. ex DC. ………… 3259
32. 欧芹属 *Petroselinum* Hill ………… 3260
33. 茴香属 *Foeniculum* Mill. ………… 3260
34. 莳萝属 *Anethum* L. ………… 3261
35. 藁本属 *Ligusticum* L. ………… 3262
36. 羊角芹属 *Aegopodium* L. ………… 3265
37. 葛缕子属 *Carum* L. ………… 3267
38. 芹属 *Apium* L. ………… 3269
39. 细叶旱芹属 *Cyclospermum* Lag. ………… 3271
补遗 ………… 3272
参考文献 ………… 3281
拉丁名索引 ………… 3282
中文名索引 ………… 3374

第四章

被子植物

(Angiosperms)

168. 冬青科 Aquifoliaceae

Aquifoliaceae Bercht. & J. Presl, Prir. Rostlin Aneb. Rostl. 2: 438, 440. 1825, *nom. cons.*

木贼门、木贼亚门、木兰纲、蔷薇亚纲、菊超目、冬青目（Aquifoliales）。

常绿或落叶乔木或灌木；单叶互生、对生或假轮生。花辐射对称，单性，稀两性或杂性，雌雄异株，排列成腋生、腋外生或近顶生的聚伞花序、假伞形花序、总状花序或圆锥花序等，稀单生；花瓣4～6；雄蕊与花瓣同数，且与之互生，花丝短，花药2室，内向，纵裂；或雄蕊4～12，花丝短而粗或缺，药隔增厚，花药延长或增厚成花瓣状；花盘缺；子房上位，心皮2～5，合生，2至多室。浆果状核果，具2至多数分核。

本科全世界有400～500种，分布于热带至温带地区，主产中南美洲及亚洲的热带地区。中国约产204种，分布于秦岭、长江流域及其以南地区。东北地区栽培1种。

冬青属 *Ilex* L.

Ilex L., Sp. Pl. 125. 1753.

属的特征和地理分布同科。

枸骨（中国植物志，Flora of China）

Ilex cornuta Lindl. et Paxt. in Flow. Garn. 1: 43, fig. 27. 1850; 中国植物志44(2): 85. 图版11: 5～8. 1999;

■ 枸骨

花序

植株一部分

叶

植株

果序

Fl. China 12: 389. 2007.

常绿灌木或小乔木；叶片厚革质，四角状长圆形或卵形，先端具3枚尖硬刺齿；花淡黄色，4基数，花冠辐状；浆果状核果球形，成熟时鲜红色。分布于长江以南各省。辽宁省金州、旅顺口有栽培，避风向阳处可以越冬。

果期观赏性极好。种子含油，可作肥皂原料，树皮可作染料和用于提取栲胶，木材软韧，可用作牛鼻栓。枝叶用于肺痨咳嗽、劳伤失血、腰膝痿弱等；果实用于淋浊、筋骨疼痛等。

169. 桔梗科 Campanulaceae

Campanulaceae Juss., Gen. Pl. [Jussieu] 163. 1789, *nom. cons.*

木贼门、木贼亚门、木兰纲、蔷薇亚纲、菊超目、菊目（Asterales）。

一年生或多年生草本，稀为灌木或小乔木，常具乳汁。茎直立、匍匐或缠绕。单叶互生、对生或轮生。花单生或多花组成总状花序、圆锥花序、聚伞花序等，两性或单性，（3～）5～6（～10）基数；花萼裂片在花芽期镊合状或覆瓦状排列，有时萼片完全分离；花冠辐射对称或两侧对称，花瓣合生呈筒状或钟状，或仅基部合生；雄蕊分离或合生；子房下位、半下位或上位，（2～）5～6（～10）室，花柱1，柱头（2～）5～6（～10）裂。蒴果，成熟时先端室背开裂或中下部孔裂或缝裂，稀为浆果；种子多数，具胚乳。

本科全世界有92属2300～2380种，广布于世界各地，主产区为温带和亚热带。中国产16属159种。东北地区产7属35种4亚种21变种4变型，其中栽培5种。

分属检索表

1. 花两侧对称 ……………………………………………………………………… 1. 半边莲属 Lobelia
1. 花辐射对称。
  2. 花冠深裂。
    6. 无花冠管，花冠5裂至基部，呈离瓣花状，裂片条形 ……………………………… 2. 牧根草属 Asyneuma
    6. 花冠管长柱形，裂片5 ………………………………………………… 3. 石星花属（同瓣草属） Lithotoma
  2. 花冠浅裂。
    3. 缠绕草本；叶全缘或具不明显波状齿 …………………………………………… 4. 党参属 Codonopsis
    3. 直立草本；叶缘具锐锯状齿。
      4. 蒴果于顶端5瓣裂 ……………………………………………………………… 5. 桔梗属 Platycodon
      4. 蒴果于侧面开裂。
        5. 花柱基部无花盘；蒴果于基部、中部或顶端孔裂………………………………… 6. 风铃草属 Campanula
        5. 花柱基部有花盘；蒴果基部孔裂………………………………………………… 7. 沙参属 Adenophora

1 半边莲属 *Lobelia* L.

Lobelia L., Gen. Pl. 401. 1754.

多年生草本或半灌木，含白色乳汁。单叶互生。花单生于苞叶腋或多花集结成顶生总状花序或圆锥花序；花两性，稀单性；萼筒通常卵状、半球状或浅钟状，萼裂片5，等长或近等长，偶有二唇形，果期宿存；花冠两侧对称，二唇形或近二唇形，上唇裂片2，下唇裂片3；雄蕊5，花药及花丝上部合生成管，花丝下部分离，花药管灰蓝色，其中2枚花药或全部花药顶端具束毛；子房下位或半下位，2室，胚珠多数，中轴胎座。蒴果，2果瓣；种子多数，长圆状或三棱状，有时具翅，表面平滑或具纹、瘤。

本属全世界约414种，分布于各大陆的热带和亚热带地区，特别是非洲和美洲，少数种延伸到温带，欧洲只有2种。中国有23种，主产长江流域以南各省区。东北地区产3种，其中栽培2种。

分种检索表

1. 粗壮草本，直立生长；野生 ………………………………………… 1. 山梗菜 L. sessilifolia Lamb.
1. 细弱草本，匍匐生长；栽培。
  2. 花单生；花冠粉红色或白色，花冠所有裂片平展在下方，成一个平面 ………………………………………… 2. 半边莲 L. chinensis Lour.
  2. 多花排列成总状花序；花冠蓝色、粉红色、紫色、白色等，冠檐二唇形，上唇2裂，下部3裂 ………………………………………… 3. 六倍利 L. erinus Thunb.

（1）山梗菜（辽宁植物志，黑龙江省植物志，内蒙古植物志，东北植物检索表，东北草本植物志，中国植物志，Flora of China）

Lobelia sessilifolia Lamb. in Trans. L. Soc. Bot. 10: 260. t. 6. f. 2. 1811; 中国植物志73(2): 155. 1983; 辽宁植物志（下册）: 435. 图版196: 4 ~ 5. 1992; 内蒙古植物志（第二版）4: 474. 图版192. 1993; 东北植物检索表（第二版）: 636. 图版317: 5. 1995; 黑龙江省植物志9: 64. 图版21. 1998; 东北草本植物志9: 34. 图版1: 6 ~ 8. 2004; Fl. China 19: 561. 2011.

生湿草地、沼泽地或草甸。产黑龙江省虎林、伊春、勃利、黑河、佳木斯、密山、尚志、东宁、萝

■ 山梗菜

植株一部分

果序

花序

居群

北、嘉荫、孙吴；吉林省白山、临江、通化、集安、敦化、蛟河、梅河口、珲春、柳河、辉南、抚松、靖宇、长白、安图；辽宁省庄河、彰武；内蒙古自治区鄂伦春、莫力达瓦达斡尔、扎兰屯、牙克石、科尔沁左翼后旗、大青沟等地。

根和全草有宣肺化痰、清热解毒、利尿消肿作用，用于水肿、毒蛇咬伤。

（2）半边莲（中国植物志，Flora of China）

Lobelia chinensis Lour. in Fl. Cochinch. 2: 514. 1790; 中国植物志73(2): 154. 1983; Fl. China 19: 556. 2011.

分布于中国长江中、下游及以南各省区。辽宁省大连有栽培。

全草有清热解毒、利尿消肿作用，用于黄疸、肝硬化腹水、水肿等。

■ 半边莲

植株

植株一部分

（3）六倍利（植物智网站）；南非山梗菜；翠蝶花

Lobelia erinus L., Sp. Pl. 2: 932. 1753.

原产非洲南部。辽宁省沈阳有栽培。

观赏植物，单一品种或多品种混植均可取得良好效果。可群植于公园、路边、草地、林缘，营造群体景观，也是花境常用的花材之一，常用于吊盆栽植打造立体景观。

■ 六倍利

植株

植株一部分

■ 六倍利

花序

白花株一部分

2 牧根草属 *Asyneuma* Griseb. et Schenk

Asyneuma Griseb. et Schenk, Wiegm. Archiv. 18 (1): 335. 1852.

多年生直立草本。根胡萝卜形。叶互生，有柄。花具短梗，每数朵花簇生于总苞片腋内，集成有间隔的长穗状花序，或花轴下部有短分枝，形成穗状圆锥花序；苞片线形，成对生于花梗基部；萼5裂，萼筒与子房贴生，裂片线形；花冠整齐，深裂，裂片线形；雄蕊5，花丝下部加宽，边缘密生绒毛；子房下位，3室，花柱稍超出花冠，上部有毛，柱头3裂，裂片线形，反卷。蒴果于侧面3孔裂；种子卵状椭圆形或卵状长圆形，有或无棱。

本属全世界23种，分布于欧亚温带地区，主产地中海地区。中国有3种。东北地区产1种。

牧根草（辽宁植物志，黑龙江省植物志，东北植物检索表，东北草本植物志，中国植物志，Flora of China）

Asyneuma japonicum (Miq.) Briq. in Candollea 4: 335. 1931; 中国植物志73(2): 140. 1983; 辽宁植物志（下

■ 牧根草

幼苗

花序一部分

■ 牧根草

植株

植株一部分

册）: 434. 图版196: 1 ~ 3. 1992; 东北植物检索表（第二版）: 635. 图版317: 4. 1995; 黑龙江省植物志9: 57. 图版19: 4 ~ 6. 1998; 东北草本植物志9: 1. 图版1: 1 ~ 5. 2004; Fl. China 19: 553. 2011.

多年生草本；叶片卵形、广卵形或长卵形，边缘具锐尖牙齿；总状花序或圆锥花序，花紫色，裂片线形；蒴果具宿存萼。生山地阔叶林下或林缘草地。产黑龙江省哈尔滨、宁安、桦川；吉林省和龙、安图、汪清、珲春、抚松、靖宇、通化；辽宁省各地。

花形别致，花色典雅，具有较高的观赏价值。嫩苗可食。

3 石星花属（同瓣草属） *Lithotoma* E. B. Knox

Lithotoma E. B. Knox, Proc. Natl. Acad. Sci. U. S. A. 111(no. 30): 11101 (2014).

直立草本。单叶互生，叶缘有粗齿。花腋生；花萼5裂，裂片线形；花冠筒长柱形，裂片5，开展；雄蕊5，花丝部分合生，其中2个花药的顶部有束毛；子房下位，2室，胚珠多数。蒴果。

本属全世界约有10种，产大洋洲、中南美洲、加勒比海地区，主产澳大利亚。中国有引进，数量不详。东北地区栽培1种。

同瓣草（辽宁植物）；流星花（辽宁省维管束植物名称考证）；长星花（植物智网站）

Lithotoma axillaris (Lindl.) E. B. Knox, Proc. Natl. Acad. Sci. U. S. A. 111(no. 30): 11101. 2014; 辽宁植物: 1444. 2021.——*Isotoma axillaris* Lindl. in Bot. Reg. 12: t. 964. 1826.——*Laurentia axillaris* (Lindl.) E. Wimm. in Ann. Naturhist. Mus. Wien 56: 336. 1948.

多年生直立草本。单叶互生；叶纸质，披针形，边缘羽裂、不规则深裂或浅裂。花单生于枝顶、茎顶或叶腋；花瓣5，蓝紫色或淡白色，花冠管长，5裂。蒴果椭圆形。原产大洋洲。辽宁省大连有栽培。

观赏植物，可植于路边、花坛，也可盆栽用于阳台、窗台观赏。

■ 同瓣草

苗期植株

花期植株

花正面观

花侧面观

4 党参属 *Codonopsis* Wall.

Codonopsis Wall. in Roxb., Fl. Ind. ed. Carey 2: 103. 1842.

多年生草本，植株含乳汁。主根粗壮肉质，圆柱状、纺锤状圆锥形或块状。茎直立或缠绕。叶互生、对生或轮生，具短柄。花生于茎顶或枝端，稀生于叶腋；花淡黄绿色或带紫色；花萼5裂，裂片与雄蕊对生，萼筒与子房部分或全部贴生，呈半球形；花冠通常钟形或广钟形，5浅裂；雄蕊5，离生，花丝中部以下加宽；花药长圆形，基部与花丝相连；子房下位或半下位，3～5室，中轴胎座，胚珠多数，花柱有毛，柱头通常3裂。蒴果，带有宿存的花萼裂片，成熟后室背3瓣裂；种子多为长椭圆形，多数，有的具膜质翅，通常黄棕色。

本属全世界42种，分布于亚洲东部和中部。中国有40种，各地均产，但主产西南各省区。东北地区产3种。

分种检索表

1. 叶互生或对生；花无斑点；根长柱状 ………………………………………… 1. 党参 *C. pilosula* (Franch.) Nannf.

（接上表）

1. 叶3 ~ 4枚簇生于短侧枝末端呈假轮生状；花有紫斑；根纺锤状或块状。
   2. 根通常块状而近球形；种子无翅；花紫红色 ………………2. **雀斑党参** C. ussuriensis (Rupr. et Maxim.) Hemsl.
   2. 根通常纺锤状；种子有膜质翅；花黄色或黄绿色 ………………… 3. **羊乳** C. lanceolata (Sieb. et Zucc.) Traut.

（1）党参（辽宁植物志，黑龙江省植物志，内蒙古植物志，东北植物检索表，东北草本植物志，中国植物志，Flora of China）

Codonopsis pilosula (Franch.) Nannf. in Act. Hort. Goth. 5: 29. 1929; 中国植物志73(2): 40. 1983; 辽宁植物志（下册）: 414. 图版187: 1. 1992; 内蒙古植物志（第二版）4: 438. 图版172. 1993; 东北植物检索表（第二版）: 635. 图版317: 8. 1995; 黑龙江省植物志9: 63. 图版20: 4 ~ 5. 1998; 东北草本植物志9: 3. 图版2: 1. 2004; Fl. China 19: 515. 2011.

生山地灌木丛间及林缘。产黑龙江省阿城、伊春、五常、密山、尚志、海林；吉林省白山、通化、梅河口、集安、敦化、辉南、抚松、靖宇、柳河、汪清、安图、长白；辽宁省桓仁、新宾、抚顺、庄河、瓦房店、沈阳、凤城、本溪、宽甸、清原、岫岩；内蒙古自治区科尔沁左翼后旗、赤峰、敖汉旗、宁城、喀喇沁旗等地。

根具补脾、益气、生津、消炎等作用。嫩苗和根可食。

■ 党参

植株

果实

植株一部分

花

根部

（2）雀斑党参（黑龙江省植物志，东北植物检索表，东北草本植物志，中国植物志，Flora of China）；乌苏里党参（辽宁植物志）

Codonopsis ussuriensis (Rupr. et Maxim.) Hemsl. in Journ. L. Soc. Bot. 26: 6. 1889; 中国植物志73(2): 38. 图版7: 1 ~ 2. 1983; 辽宁植物志（下册）: 412. 图版186: 5 ~ 7. 1992; 东北植物检索表（第二版）: 635. 图版317: 6. 1995; 黑龙江省植物志9: 63. 图版20: 6 ~ 8. 1998; 东北草本植物志9: 6. 图版3: 1 ~ 3. 2004; Fl. China 19: 515. 2011.

生林缘、林内或林下。产黑龙江省黑河、伊春、虎林、密山、萝北、嫩江、依兰、哈尔滨；吉林省安图、汪清、珲春、梅河口、通化；辽宁省西丰、绥中、铁岭、开原、抚顺、海城、盖州、丹东、庄河、本溪、桓仁、岫岩等地。

根含淀粉28%，可用于酿酒及制取淀粉。

■ 雀斑党参

植株

花

植株一部分

分枝

块根

（3）羊乳（内蒙古植物志，东北植物检索表，东北草本植物志，中国植物志，Flora of China）；轮叶党参（黑龙江省植物志，辽宁植物志）

Codonopsis lanceolata (Sieb. et Zucc.) Traut. in Act. Hort. Petrop. 6: 46. 1879; 中国植物志73(2): 37. 1983; 辽宁植物志（下册）: 412. 图版186: 1 ~ 4. 1992; 内蒙古植物志（第二版）4: 438. 图版173. 1993; 东北植物检索表（第二版）: 635. 图版317: 7. 1995; 黑龙江省植物志9: 62. 图版20: 2 ~ 3. 1998; 东北草本植物志9: 5. 图版3: 4 ~ 7. 2004; Fl. China 19: 515. 2011.

生山地灌木林下沟边阴湿地区或阔叶林内。产黑龙江省阿城、宁安、尚志、鸡西、虎林；吉林省吉林、白山、通化、梅河口、集安、辉南、珲春、靖宇、抚松、长白、安图、柳河；辽宁省西丰、清原、桓仁、宽甸、建昌、凤城、鞍山、丹东、抚顺、本溪、庄河、凌源、阜新、瓦房店、北镇、朝阳；内蒙古自治区科尔沁左翼后旗、大青沟等地。

根有补虚通乳、排脓解毒作用，可提取淀粉或用于酿酒。嫩苗和根可食。

■ 羊乳

苗期植株

花期植株

根部

花侧面观

花正面观

叶背面

5 桔梗属 *Platycodon* A. DC.

Platycodon A. DC., Munogr. Camp. 125. 1830.

多年生直立草本，有白色乳汁。根胡萝卜状。叶轮生至互生。花萼5裂；花冠宽漏斗状钟形，5裂；雄蕊5枚，离生，花丝基部扩大成片状，且在扩大部分生有毛；无花盘；子房半下位，5室，柱头5裂。蒴果在顶端室背5裂，裂爿带着隔膜；种子多数，黑色，一端斜截，一端急尖，侧面有一条棱。

本属全世界仅1种2变种，产亚洲东部，东北地区均产。

分种下单位检索表

1. 花蓝色。
   2. 花单瓣 ………………………………………… a. 桔梗 P. grandiflorus var. grandiflorus
   2. 花重瓣 ………………………………………… b. 重瓣桔梗 P. grandiflorus var. duplex
1. 花白色 ………………………………………… c. 白花桔梗 P. grandiflorus var. albus

桔梗（辽宁植物志，黑龙江省植物志，内蒙古植物志，东北植物检索表，东北草本植物志，中国植物志，Flora of China）

Platycodon grandiflorus (Jacq.) A. DC. in Monogr. Camp. 125. 1830; 中国植物志73(2): 77. 1983; 辽宁植物志（下册）: 414. 图版187: 2～4. 1992; 内蒙古植物志（第二版）4: 435. 图版171. 1993; 东北植物检索表（第二版）: 636. 图版317: 3. 1995; 黑龙江省植物志9: 66. 图版22. 1998; 东北草本植物志9: 8. 图版2: 2～4. 2004; Fl. China 19: 529. 2011.

特征同属。

（a）桔梗（原变种）

Platycodon grandiflorus var. *grandiflorus*

生山坡草地、山地林缘、灌丛、草甸、草原。产黑龙江省密山、黑河、宁安、北安、伊春、齐齐哈尔、鹤岗、鸡西、大庆、阿城、安达、克山、呼玛、依兰、鸡东；吉林省白山、通化、集安、珲春、梅河口、辉南、抚松、靖宇、长白、镇赉、汪清、柳河、安图、敦化、九台、长春、和龙；辽宁省大连、普兰店、瓦房店、庄河、本溪、桓仁、抚顺、新宾、清原、营口、阜新、锦州、绥中、葫芦岛、建平、兴城、凌源、北镇、建昌、鞍山、丹东、东港、法库、沈阳、新民、铁岭、西丰、开原；内蒙古自治区额尔古纳、牙克石、扎兰屯、鄂伦春、鄂温克、科尔沁右翼前旗、扎赉特旗、科尔沁左翼后旗、扎鲁特旗、敖汉旗、巴林左旗、巴林右旗、阿鲁科尔沁旗、喀喇沁旗、宁城、西乌珠穆沁旗等地。

■ 桔梗

果实

根部

苗期植株

花序

花侧面观

花正面观

种子可榨取工业用油。根可祛痰、利咽、排脓。嫩苗和根可食。

（b）重瓣桔梗（变种）（新拟）

Platycodon grandiflorus var. *duplex* Makino in Bot. Mag. (Tokyo) 22: 157. 1908.

生山坡。产吉林省蛟河。

■ 重瓣桔梗

花侧面观

花正面观

（c）白花桔梗（变种）（新拟）

Platycodon grandiflorus var. *albus* Stubenrauch in Cycl. Amer. Hort. 1370. 1901.

生山地林下。产黑龙江省桦川、辽宁省大连等地，各地常见栽培。

■ 白花桔梗

花侧面观

花正面观

植株一部分

6 风铃草属 *Campanula* L.

Campanula L., Sp. Pl. 163. 1753.

多年生或一、二年生直立草本。基生叶簇生，有长柄；茎生叶互生，柄短或无，有时半抱茎，全缘或有齿。花生于茎顶或上部叶腋，单生或形成假总状、圆锥状或头状花序；萼筒与子房合生，花萼裂片

5，裂片间常有向外凸出的附属物；花冠钟形、管状钟形等，5浅裂至中裂；雄蕊5；子房下位，3～5室，胚珠多数，柱头3或5裂，裂片较狭。蒴果具宿存萼片，果熟时侧面开裂；种子多数，椭圆形。

本属全世界约420种，几乎全在北温带，多数种类分布于欧亚大陆北部，少数种类在北美洲。中国有22种，主产西南山区。东北地区产6种2变种，其中栽培2种。

分种检索表

1. 栽培种。
  2. 上部茎生叶条状披针形，全缘；花单生 …………………………………………… 1. **东欧风铃草 C. carpatica** Jacq.
  2. 上部茎生叶卵形或披针形，边缘有齿；花多个组成单侧穗状花序 …………………………………………… 2. **宽钟风铃草 C. trachelium** Thunb.
1. 野生种。
  3. 茎生叶狭，线形或线状披针形；花单一或多数组成圆锥花序，淡蓝色 …………………………………………… 3. **石生风铃草 C. rotundifolia** L.
  3. 茎生叶宽，卵形至披针形。
    4. 花无梗或近无梗，聚生于茎上部叶腋或茎顶，蓝紫色，直立（4. **聚花风铃草 C. glomerata** L.）。
      5. 茎、叶几乎无毛 …………………………………………… 4a. **聚花风铃草 C. glomerata** var. **glomerata**
      5. 茎、叶均密被白色短毛 …………………………………… 4b. **毛聚花风铃草 C. glomerata** var. **salviifolia** Wallr.
    4. 花有梗。
      6. 花单生，下垂或平展；基生叶狭椭圆形或线状披针形；茎生叶线状披针形或线形 …………………………………………… 5. **毛花风铃草 C. dasyantha** Bieb.
      6. 花1～5朵生于叶腋，下垂；基生叶心状卵形；茎生叶三角状卵形至披针形（6. **紫斑风铃草 C. punctata** Lam.）。
        7. 花冠白色具紫色斑点 …………………………………… 6a. **紫斑风铃草 C. punctata** var. **punctata**
        7. 花冠紫红色具紫色斑点 ………………………………… 6b. **红紫斑风铃草 C. punctata** var. **rubriflora** Makino

（1）东欧风铃草（植物智网站）；从生风铃草（大连植物彩色图谱）

Campanula carpatica Jacq. in Hort. Bot. Vindob. 1: 22. 1770; 大连植物彩色图谱1393. 2013.

■ 东欧风铃草

花

植株一部分

植株

原产欧洲。黑龙江省哈尔滨、辽宁省大连等地有栽培。

植株紧凑，花色典雅，宜布置花坛、花境或花丛。

（2）宽钟风铃草（植物智网站）；疗喉风铃草（世界药用植物速查辞典）

Campanula trachelium Thunb., Fl. Jap. (Thunberg) 88. 1784.

原产西亚一带。辽宁省沈阳等地有栽培。

常作为观赏植物栽培。花和根可药用，可治疗咽喉痛、胃痛、耳痛等。但有研究表明，该植物含山梗菜碱类生物碱，有类似尼古丁样作用，大量摄入可能会引起恶心、呕吐、头晕等不良反应，孕期、哺乳期妇女禁用。

■ 宽钟风铃草

花侧面观

花正面观

植株一部分

（3）石生风铃草（中国植物志，Flora of China）；圆叶风铃草（东北草本植物志）；单花风铃草（黑龙江省植物志，东北植物检索表，东北草本植物志）；兴安风铃草（内蒙古植物志）

Campanula rotundifolia L., Sp. Pl. 163. 1753; 内蒙古植物志（第二版）4: 445. 图版176: 4. 1993; 东北草本植物志9: 34. 2004.——*Campanula langsdorffiana* Fisch. ex Trautv. et Mey. in Middendorff, Reise Sibir. 1 (2, Lfg. 3): 60. 1856; 中国植物志73(2): 86. 1983; 东北植物检索表（第二版）: 635. 1995; 黑龙江省植物志9: 60. 1998; 东北草本植物志9: 34. 2004; Fl. China 19: 533. 2011.

生林下石质地。产黑龙江省大兴安岭；内蒙古自治区根河。

（4）聚花风铃草（辽宁植物志，黑龙江省植物志，内蒙古植物志，东北植物检索表，东北草本植物志，中国植物志，Flora of China）；北疆风铃草（植物智网站）

Campanula glomerata L., Sp. Pl. 235. 1753; 中国植物志73(2): 82. 1983; 辽宁植物志（下册）: 417. 图版188: 3. 1992; 东北植物检索表（第二版）: 635. 图版317: 2. 1995; 黑龙江省植物志9: 59. 图版19: 7. 1998; 东北草本植物志9: 33. 图版12: 1. 2004; Fl. China 19: 532. 2011.——*Campanula glomerata* subsp. *cephalotes* (Fisch. ex Schrank) D. Y. Hong, 中国植物志73(2): 84,184. 1983; 内蒙古植物志（第二版）4: 442. 图版175: 2. 1993.

（4a）聚花风铃草（原变种）

Campanula glomerata var. *glomerata*

生山坡、林缘、湿草地。产黑龙江省漠河、饶河、呼玛、嘉荫、萝北、尚志、塔河、孙吴、通河、集贤、富锦、伊春、哈尔滨、阿城、密山、虎林、黑河、绥芬河、宁安；吉林省白山、临江、通化、梅河口、辉南、集安、珲春、敦化、和龙、九台、安图、汪清、长白、柳河、永吉、抚松、靖宇；辽宁省沈阳、抚顺、本溪、桓仁、鞍山、北镇、营口、开原、大连、庄河、辽阳、宽甸、凤城、岫岩、西丰；内蒙古自治区额尔古纳、根河、鄂伦春、鄂温克、陈巴尔虎旗、新巴尔虎左旗、科尔沁右翼前旗、东乌珠穆沁旗（宝格达山）等地。

全草有清热解毒、止痛作用，治咽喉炎、头痛等症。嫩苗可食。

■ 聚花风铃草

茎叶

花序

植株

（4b）毛聚花风铃草（变种）（东北植物检索表）；白毛风铃草（黑龙江省植物志）

Campanula glomerata var. *salviifolia* Wallr. in Sched. Crit. 90. 1822; 东北植物检索表（第二版）: 635. 1995.——*Campanula glomerata* f. *canescens* (Maxim.) Kitag. in Neo-Lineam. Fl. Manshur. 606. 1979; 黑龙江省植物志9: 60. 1998.

生草地。产黑龙江省东部山区；辽宁省凤城白云山。

■ 毛聚花风铃草

花序

植株一部分

植株

（5）毛花风铃草（干旱区资源与环境，大兴安岭植物志）

Campanula dasyantha Bieb., Fl. Taur. –Caucas. 3: 147. 1819; 干旱区资源与环境32(8): 178 ~ 179. 2018; 大兴安岭植物志3: 354. 2022.

生山地裸露岩石缝中。产黑龙江省大兴安岭呼中区大白山；内蒙古自治区鄂伦春。

（6）紫斑风铃草（辽宁植物志，黑龙江省植物志，内蒙古植物志，东北植物检索表，东北草本植物志，中国植物志，Flora of China）

Campanula punctata Lam. in Encycl. Meth. 1: 586. 1785; 中国植物志73(2): 80. 1983; 辽宁植物志（下册）: 415. 图版188: 1 ~ 2. 1992; 内蒙古植物志（第二版）4: 439. 图版174. 1993; 东北植物检索表（第二版）: 635. 图版317: 1. 1995; 黑龙江省植物志9: 60. 图版20: 1. 1998; 东北草本植物志9: 31. 图版12: 2 ~ 3. 2004; Fl. China 19: 531. 2011.

（6a）紫斑风铃草（原变种）

Campanula punctata var. *punctata*

生林缘、灌丛或草丛中。产黑龙江省呼玛、嘉荫、集贤、阿城、伊春、萝北、尚志、密山、黑河、虎林、富锦、宁安、哈尔滨；吉林省临江、通化、珲春、磐石、梅河口、辉南、集安、柳河、抚松、靖宇、长白、安图；辽宁省凌源、义县、北镇、彰武、西丰、本溪、宽甸、桓仁、鞍山、岫岩、庄河、瓦房店、大连；内蒙古自治区额尔古纳、根河、牙克石、鄂伦春、科尔沁左翼后旗、大青沟、翁牛特旗、克什克腾旗、喀喇沁旗、宁城、赤峰市红山区、锡林浩特等地。

全草治咽喉炎、头痛等症。嫩苗可食。

■ 紫斑风铃草

基生叶

花侧面观

植株上部

花正面观

果实

（6b）红紫斑风铃草（变种）（东北植物检索表，东北草本植物志）

Campanula punctata var. *rubriflora* Makino in Bot. Mag. (Tokyo) 22: 156. 1908; 东北植物检索表（第二版）: 635. 1995; 东北草本植物志9: 33. 2004.

生林缘。产吉林省长白山。辽宁省大连曾有栽培。

■ 红紫斑风铃草

花正面观

花侧面观

植株

7 沙参属 *Adenophora* Fisch.

Adenophora Fisch., Mem. Soc. Nat. Mosc. 6: 165. 1823.

多年生直立草本，植株含白色乳汁。主根粗壮、肉质。茎单一或自茎基抽出数条分枝，呈丛生状。茎生叶互生、对生或轮生，叶形多变化。总状或圆锥状花序，常大型，最小分枝为聚伞花序或退化成单花；花萼钟形，萼筒与子房贴生，萼裂片5；花冠钟形、筒状、坛状等，5浅裂，紫色、蓝色等；雄蕊5，离生；花丝上部丝状，下部加宽成片状，边缘密被白色柔毛，花药线形；雌蕊由3心皮组成，子房下位，3室，中轴胎座，胚珠多数，花柱细长，柱头3裂；花盘筒状或环状。蒴果在基部3孔裂；种子椭圆状，有一条狭棱或带翅的棱。

本属全世界约62种，主产亚洲东部，尤其是中国东部，其次为朝鲜、日本、蒙古和俄罗斯远东地区，欧洲只产1种，印度东北部、尼泊尔一带仅有2种。中国有48种，四川至东北一带最多。东北地区产20种4亚种17变种4变型。

分种检索表

1. 叶轮生或部分轮生。
  2. 萼裂片有齿；花冠管状钟形，长18～25毫米；花柱稍短于花冠（1. 雾灵沙参 A. wulingshanica Hong）。
    3. 茎生叶大部分轮生，少部分对生或互生 ························ 1a. 雾灵沙参 A. wulingshanica var. wulingshanica
    3. 茎生叶大部分互生，少部分对生或轮生 ··········· 1b. 互叶雾灵沙参 A. wulingshanica var. alterna Y. Z. Zhao
  2. 萼裂片全缘。
    4. 茎生叶全部轮生。
    5. 花序下部分枝轮生，中部以上分枝互生；花柱与花冠近等长（2. 展枝沙参 A. divaricata Franch. et Sav.）。
      6. 叶菱状卵形至菱状圆形 ··· 2a. 展枝沙参 A. divaricata f. divaricata

（接上表）

6. 叶线形至披针状线形…………………………… **2b. 狭叶展枝沙参 A. divaricata** f. **angustifolia** A. I. Baranov

5. 花序分枝大部轮生，仅花序轴最顶端的花呈互生状；花柱明显长于花冠［**3. 轮叶沙参 A. tetraphylla** (Thunb.) Fisch.］。

7. 叶缘有锯状齿（**3a. 轮叶沙参 A. tetraphylla** var. **tetraphylla**）。

8. 茎和花萼均无毛，但叶两面疏生短柔毛。

9. 叶宽达2厘米 ……………………………………………………**3aa. 轮叶沙参 A. tetraphylla** f. **tetraphylla**

9. 叶宽0.5～1厘米 …………………… **3ab. 狭轮叶沙参 A. tetraphylla** f. **angustifolia** (Regel) C. Y. Li

8. 全株密被白毛 ………………………………………… **3ac. 白毛沙参 A. tetraphylla** f. **hirsuta** Makino

7. 叶全缘……………………………………………… **3b. 全缘轮叶沙参 A. tetraphylla** var. **integrifolia** Y. Z. Zhao

4. 茎生叶部分轮生或呈轮生状。

10. 花柱不伸出花冠，花盘长1.5～2毫米；叶椭圆形至狭披针形（**4. 北方沙参 A. borealis** Hong et Zhao Ye-Zhi）。

11. 茎生叶大部分轮生或近轮生，少部分互生或对生，叶片狭披针形或椭圆形，长3～5厘米，宽5～15毫米 ………………………………………………………………… **4a. 北方沙参 A. borealis** var. **borealis**

11. 茎生叶多数互生，少部分对生或近轮生，叶片倒卵形、倒卵状披针形或披针形，长1.5～6厘米，宽0.7～2厘米 ………………………………… **4b. 山沙参 Adenophora borealis** var. **oreophila** Y. Z. Zhao

10. 花柱伸出花冠，花盘长0.5～1.5毫米［**5. 长白沙参 A. pereskiifolia** (Fisch.) G. Don］。

12. 茎生叶多数轮生或呈轮生状。

13. 花蓝紫色或淡蓝紫色（**5a. 长白沙参 A. pereskiifolia** var. **pereskiifolia**）。

14. 叶菱状倒卵形……………………………………… **5aa. 长白沙参 A. pereskiifolia** f. **pereskiifolia**

14. 叶通常线形，下部叶有时呈倒卵状披针形或长圆状披针形 ……………………………………………… **5ab. 线叶长白沙参 A. pereskiifolia** f. **linearifolia** Bar.

13. 花白色 ………………………………… **5b. 白花长白沙参 A. pereskiifolia** var. **albiflorum** Z. S. M.

12. 茎生叶大部分互生、少部分对生或近轮生。

15. 叶狭倒卵形，长4～10厘米，宽2～3.5厘米；花柱与花冠近等长或稍伸出 ……………………………………………**5c. 兴安沙参 A. pereskiifolia** var. **altenifolia** Fuh ex Y. Z. Zhao

15. 叶条形或披针状条形，长达15厘米，宽3～16毫米；花柱明显长于花冠 ……………………………………… **5d. 狭叶长白沙参 A. pereskiifolia** var. **angustifolia** Y. Z. Zhao

1. 叶全部互生（缢花沙参有时兼有少数轮生叶）。

16. 茎生叶明显具柄，至少部分具柄。

17. 茎生叶非全部具柄。

18. 茎叶全部无柄或上部叶具柄；叶片二型，下部叶条形且全缘，上部叶狭披针形、披针形至椭圆形且边缘具不规则锯状齿或稀疏锯状齿 ……………………………… **6. 二型叶沙参 A. biformifolia** Y. Z. Zhao

18. 茎中下部叶具柄，上部叶具明显短柄或无柄。

19. 萼裂片披针形，全缘；花冠长3.5～4厘米 ………………………… **7. 大花沙参 A. grandiflora** Nakai

19. 萼裂片线形或钻形，边缘具疏齿，稀近全缘；花冠长1.2～1.5（～2.0）厘米（**8b. 多歧沙参 A. potaninii** subsp. **wawreana** (Zahlbr.) S. Ge & D. Y. Hong）。

20. 叶卵形、菱状卵形或狭卵形，先端锐尖 ……………………………………… **8ba. 多歧沙参 A. potaninii** subsp. **wawreana** var. **wawreana**

（接上表）

20. 叶披针形至长椭圆状披针形，先端渐尖至尾状渐尖

……… **8bb. 阴山沙参 A. potaninii** subsp. **wawreana** var. **lanceifolia** (Y. Z. Zhao) S. M. Zhang

17. 茎生叶全部具明显的柄。

21. 叶质薄而软；茎下部叶圆形或心形，上部叶卵形至卵圆形，基部楔形、广楔形或圆形

……………………………………………………………… **9. 薄叶荠苨 A. remotiflora** (Sieb. ex Zucc.) Miq.

21. 叶质较厚硬（**10. 荠苨 A. trachelioides** Maxim.）。

22. 茎下部叶心形，上部叶心形、广卵形或卵形，基部心形或圆形。

23. 花紫色 …………………………………………… **10a. 荠苨 A. trachelioides** var. **trachelioides**

23. 花白色 ……………………………… **10b. 白花荠苨 A. trachelioides** var. **albiflorum** S. M. Zhang

22. 茎叶均为卵状披针形，基部楔形 …… **10c. 长叶荠苨 A. trachelioides** var. **altenifolia** S. M. Zhang

16. 茎生叶无柄，仅个别种的少数植株下部有极短而带翼的柄。

24. 萼裂片边缘有齿，稀全缘。

25. 萼裂片宽，具明显网状脉，边缘具齿或浅裂；花柱稍长于花冠 ………… **11. 沼沙参 A. palustris** Kom.

25. 萼裂片狭，不具明显网状脉，全缘或边缘具小齿或疣突；花柱稍短或等长于花冠。

26. 茎丛生，常多分枝而呈扫帚状；茎生叶宽5 毫米以下；花冠长1 ~ 1.3厘米；萼裂片全缘或具1 ~ 2对瘤状小齿；花柱稍短于花冠 ………………………………… **12. 扫帚沙参 A. stenophylla** Hemsl.

26. 茎常单一，不分枝；茎生叶宽5毫米以上；花冠长1.5 ~ 2厘米。

27. 萼裂片狭披针形，基部不向后反叠，仅具1个或1对小齿或疣突或全缘；花柱等长于花冠；叶背面及茎密被倒生长伏毛 ………………… **13. 阿穆尔沙参 A. amurica** C. X. Fu et M. Y. Liou

27. 萼裂片卵状三角形，基部常向后反叠，具 2 对长齿；花柱稍短于花冠；叶背面及茎无毛或稀被毛 …………………………**14. 锯齿沙参 A. tricuspidata** (Fisch. ex Roem. et Schult.) A. DC.

24. 萼裂片全缘。

28. 花柱伸出花冠。

29. 花柱稍伸出花冠，有时与花冠近等长。

30. 花冠口部缢缩成坛状钟形 …………**15. 缢花沙参 A. contracta** (Kitag.) J. Z. Qiu & D. Y. Hong

30. 花冠口部不缢缩（**16. 石沙参 A. polyantha** Nakai）。

31. 萼裂片无毛或疏生糙硬毛；蒴果长5 ~ 7毫米；茎和叶无毛或被微柔毛（**16a. 石沙参 A. polyantha** subsp. **polyantha**）。

32. 叶一型……………………………………… **16aa. 石沙参 A. polyantha** var. **polyantha**

32. 茎生叶二型，下部叶菱形，边缘锐裂，上部叶狭披针形，边缘具锐尖齿

……………………………… **16ab. 菱叶石沙参 A. polyantha** var. **rhombic** Y. Z. Zhao

31. 萼裂片具糙硬毛；蒴果长6 ~ 12毫米；茎和叶具糙硬毛

…… **16b. 毛萼石沙参 A. polyantha** subsp. **scabricalyx** (Kitagawa) J. Z. Qiu & D. Y. Hong

29. 花柱明显伸出花冠。

33. 花柱超出花冠近于花冠的1/2。

34. 茎生叶宽条形至长椭圆形，宽3 ~ 10毫米，边缘皱波状至强烈皱波状，并有尖锐锯状齿

………………………………………………………… **17. 小花沙参 A. micrantha** Hong

34. 茎生叶针状，宽0.5 ~ 1毫米，全缘；有时下部茎叶条状，宽2 ~ 4毫米，叶缘有齿（**18. 松叶沙参 A. pinifolia** Kitag.）。

（接上表）

35. 花深蓝色 ………………………………………………… **18a. 松叶沙参 A. pinifolia** var. **pinifolia**

35. 花近白色 …………………………… **18b. 白花松叶沙参 A. pinifolia** var. **albiflorum** Z. S. M.

33. 花柱超出花冠，近于花冠的1倍。

36. 花冠长0.8～1.2厘米，近筒状；萼裂片毛发状，长3～5毫米；叶常无毛或被疏毛［**19b. 细叶沙参 A. capillaris** subsp. **paniculata** (Nannfeldt) D. Y. Hong & S. Ge］。

37. 茎生叶全部无柄。

38. 叶披针状条形或条形，叶缘全缘，极少具锯状齿
…………………… **19ba. 细叶沙参 A. capillaris** subsp. **paniculata** var. **paniculata**

38. 叶菱状狭卵形或菱状披针形，叶缘具不规则锯状齿
………… **19bb. 齿叶紫沙参 A. capillaris** subsp. **paniculata** var. **dentata** Y. Z. Zhao

37. 下部茎生叶明显具柄；叶菱状卵圆形，边缘具不规则锯状齿
………… **19bc. 有柄紫沙参 A. capillaris** subsp. **paniculata** var. **petiolata** Y. Z. Zhao

36. 花冠长1～1.7厘米，近筒状或筒状钟形；花萼裂片狭披针形，长1.5～2.5毫米；叶两面被糙毛［**20. 长柱沙参 A. stenanthina** (Ledeb.) Kitag.］。

39. 叶全缘，茎生叶丝状线形或线形 …… **20a. 长柱沙参 A. stenanthina** var. **stenanthina**

39. 叶缘具齿。

40. 叶缘齿皱，叶卵形至披针形
…………………… **20b. 皱叶沙参 A. stenanthina** var. **crispate** (Korsh.) Y. Z. Zhao

40. 叶缘齿不皱。

41. 叶线形至披针形，边缘具锯状齿
…………………… **20c. 丘沙参 A. stenanthina** var. **collina** (Kitag.) Y. Z. Zhao

41. 叶狭披针形或条状披针形，边缘具疏浅齿
……………… **20d. 锡林沙参 A. stenanthina** var. **angustilanceifolia** Y. Z. Zhao

28. 花柱不伸出花冠；叶密集或集生于茎中部；萼裂片披针形或线状披针形，花盘长（1.3～）2～3毫米［**21. 狭叶沙参 A. gmelinii** (Spreng.) Fisch.］。

42. 植株大多高度不超过100厘米，无毛或仅茎下部具疏毛；茎实心；叶多数狭条形而全缘，不在花期枯萎；花萼裂片宽1～1.6毫米，长4.5～6毫米（**21a. 狭叶沙参 A. gmelinii** subsp. **gmelinii**）。

43. 叶线形至狭披针形，全缘，极少有疏齿 … **21aa. 狭叶沙参 A. gmelinii** subsp. **gmelinii** var. **gmelinii**

43. 叶缘明显具锐尖齿或不规则锯状齿。

44. 叶条形至披针形，边缘具长而略向内弯的锐尖齿
……… **21ab. 柳叶沙参 A. gmelinii** subsp. **gmelinii** var. **coronopifolia** (Fisch.) Y. Z. Zhao

44. 叶多为倒披针形至倒卵状披针形，质厚，中上部边缘具不规则锯状齿
………… **21ac. 厚叶沙参 A. gmelinii** subsp. **gmelinii** var. **pachyphylla** (Kitag.) Y. Z. Zhao

42. 植株大多高于100厘米，多数仅茎下部和下部叶被柔毛；茎中空；叶多数宽条形至长卵形且具锯状齿，常在花期枯萎；花萼裂片宽1.3～3毫米，长5～12毫米
……………………………… **21b. 海林沙参 A. gmelinii** subsp. **hailinensis** J. Z. Qiu & D. Y. Hong

（1）雾灵沙参（内蒙古植物志，中国植物志，Flora of China）

Adenophora wulingshanica Hong, 中国植物志73(2): 187. 图版21: 1～2. 1983; 内蒙古植物志（第二版）

4: 453. 图版180: 1 ~ 3. 1993; Fl. China 19: 548. 2011.

（1a）雾灵沙参（原变种）

Adenophora wulingshanica var. *wulingshanica*

生海拔1200 ~ 1700米的石灰岩山沟灌丛或草地中，少数生路边林下。产内蒙古自治区喀喇沁旗。

■ 雾灵沙参

果序

茎叶

植株

果萼

植株一部分

（1b）互叶雾灵沙参（变种）（内蒙古植物志）

Adenophora wulingshanica var. *alterna* Y. Z. Zhao, 内蒙古植物志（第二版）4: 453,846. 1993.

生林缘草甸。产内蒙古自治区喀喇沁旗（旺业甸）。

（2）展枝沙参（辽宁植物志，黑龙江省植物志，内蒙古植物志，东北植物检索表，东北草本植物志，中国植物志，Flora of China）

Adenophora divaricata Franch. et Sav. in Enum. Pl. Jap. 2: 423. 1879; 中国植物志73(2): 129. 1983; 辽宁植物志（下册）: 429. 图版193: 1 ~ 3. 1992; 内蒙古植物志（第二版）4: 448. 图版177. 1993; 东北植物检索表（第二版）: 631. 图版315: 4. 1995; 黑龙江省植物志9: 48. 图版15: 11 ~ 12. 1998; 东北草本植物志9: 13. 图版5: 1 ~ 3. 2004; Fl. China 19: 548. 2011.

（2a）展枝沙参（原变型）

Adenophora divaricata f. *divaricata*

生山地草甸及林缘。产黑龙江省哈尔滨、阿城、密山、黑河、伊春、虎林、鸡西、宁安、绥芬河、北安、依兰、呼玛、萝北、克山、东宁、鸡东、饶河；吉林省安图、汪清、临江、通化、珲春、吉林、九台、和龙、敦化、长春；辽宁省建昌、沈阳、辽阳、鞍山、丹东、宽甸、庄河、大连、瓦房店、本溪、桓仁、法库、北镇、新宾、岫岩、凌源、西丰、铁岭；内蒙古自治区根河、牙克石、扎兰屯、鄂伦春、科尔沁右翼前旗、奈曼旗（青龙山）、翁牛特旗、克什克腾旗、喀喇沁旗、宁城等地。

根有润肺、化痰、消炎散肿、祛黄水作用。嫩苗和根可食。

■ 展枝沙参

植株

花序

茎叶

花正面观

花侧面观

（2b）狭叶展枝沙参（变型）（辽宁植物志，黑龙江省植物志，东北植物检索表，东北草本植物志）

Adenophora divaricata f. *angustifolia* A. I. Baranov in Quart. J. Taiwan Mus. 16: 163. 1963; 辽宁植物志（下

■ 狭叶展枝沙参

植株一部分

植株

册）: 429. 图版193: 4. 1992; 东北植物检索表（第二版）: 631. 1995; 黑龙江省植物志9: 49. 1998; 东北草本植物志9: 13. 2004.

生山地草甸及林缘。产黑龙江省黑河、呼玛；辽宁省庄河、建昌、北镇；内蒙古自治区宁城等地。

（3）轮叶沙参（辽宁植物志，黑龙江省植物志，内蒙古植物志，东北植物检索表，东北草本植物志，中国植物志，Flora of China）

Adenophora tetraphylla (Thunb.) Fisch. in Mem. Soc. Nat. Mosc. 6: 167. 1823; 中国植物志73(2): 138. 1983; 辽宁植物志（下册）: 432. 图版195. 1992; 内蒙古植物志（第二版）4: 468. 图版188. 1993; 东北植物检索表（第二版）: 631. 图版315: 5. 1995; 黑龙江省植物志9: 56. 图版18: 6 ~ 8. 1998; 东北草本植物志9: 11. 图版4. 2004; Fl. China 19: 550. 2011.

（3a）轮叶沙参（原变种）

Adenophora tetraphylla var. *tetraphylla*

（3aa）轮叶沙参（原变型）

Adenophora tetraphylla f. *tetraphylla*

生山地林缘、山坡草地以及河滩草甸等处。产黑龙江省伊春、密山、大庆、阿城、黑河、虎林、萝北、饶河、依兰、哈尔滨、友谊、勃利、塔河、牡丹江、呼玛、安达、宁安；吉林省长白、临江、通化、珲春、和龙、梅河口、集安、辉南、抚松、靖宇、白山、汪清、安图、柳河、镇赉；辽宁省各地；内蒙古自治区额尔古纳、海拉尔、牙克石、扎兰屯、鄂伦春、阿荣旗、陈巴尔虎旗、科尔沁右翼前旗、扎赉特旗、科尔沁左翼后旗、翁牛特旗、敖汉旗、巴林右旗、阿鲁科尔沁旗、喀喇沁旗、宁城、东乌珠穆沁旗、西乌珠穆沁旗、锡林浩特等地。

根有润肺、化痰作用，主治咳嗽、咽干，还有消炎散肿、祛黄水作用。嫩苗和根可食。

■ 轮叶沙参

花序一部分

花序

植株一部分

植株

（3ab）狭轮叶沙参（变型）（东北植物检索表，东北草本植物志）；狭叶轮叶沙参（辽宁植物志）

Adenophora tetraphylla f. *angustifolia* (Regel) C. Y. Li, 东北植物检索表（第二版）: 631. 1995; 东北草本植物志9: 13. 2004.——*Adenophora tetraphylla* var. *angustifolia* Regel. in Tent. Fl. Ussur. 108. 1861; 辽宁植物志（下册）: 434. 1992.

生林缘、山坡草地。产黑龙江省伊春、宁安、虎林、黑河、讷河、阿城、大庆、呼玛、萝北；吉林省珲春、汪清、安图；辽宁省鞍山、西丰、彰武；内蒙古自治区扎兰屯、牙克石、宁城等地。

■ 狭轮叶沙参

花序

花序一部分

植株一部分

（3ac）白毛沙参（变型）（辽宁植物志）

Adenophora tetraphylla f. *hirsuta* Makino in Linuma 8. D. L. 180. 1907; 辽宁植物志（下册）: 434. 1992.

产辽宁省本溪。

（3b）全缘轮叶沙参（变种）（内蒙古植物志）

Adenophora tetraphylla var. *integrifolia* Y. Z. Zhao, 内蒙古植物志（第二版）4: 468, 847. 1993; 内蒙古植物志（第三版）5: 28. 2020.

生山地林缘。产内蒙古自治区鄂伦春。

（4）北方沙参（辽宁植物志，内蒙古植物志，东北植物检索表，东北草本植物志，中国植物志）

Adenophora borealis Hong et Zhao Ye-zhi, 中国植物志73(2): 187. 图版21: 3 ~ 5. 1983; 辽宁植物志（下册）: 429. 图版194: 1. 1992; 内蒙古植物志（第二版）4: 451. 图版179: 1 ~ 5. 1993; 东北植物检索表（第二版）: 631. 图版315: 2. 1995; 东北草本植物志9: 17. 图版5: 4. 2004.

（4a）北方沙参（原变种）

Adenophora borealis var. *borealis*

■ 北方沙参

花序一部分

花

茎叶

植株一部分

生山坡草地。产辽宁省北镇；内蒙古自治区克什克腾旗、喀喇沁旗、巴林右旗、锡林浩特、正蓝旗、太仆寺旗等地。

根有润肺、化痰作用，主治咳嗽、咽干。嫩苗和根可食。

（4b）山沙参（内蒙古大学学报，内蒙古植物志）

Adenophora borealis var. *oreophila* Y. Z. Zhao, 内蒙古大学学报（自然科学版）11(1): 57. 1980; 内蒙古植物志（第二版）4: 453. 图版179: 6. 1993.

生林缘或山顶草甸。产辽宁省新宾；内蒙古自治区巴林右旗、克什克腾旗、喀喇沁旗、锡林浩特、多伦等地。

■ 山沙参

花序一部分

花正面观

花序

植株一部分

（5）长白沙参（辽宁植物志，黑龙江省植物志，内蒙古植物志，东北植物检索表，东北草本植物志，中国植物志，Flora of China）

Adenophora pereskiifolia (Fisch.) G. Don in London, Hort. Brit. 74. 1830; 中国植物志73(2): 127. 1983; 辽宁植物志（下册）: 427. 图版192: 1 ~ 4. 1992; 内蒙古植物志（第二版）4: 448. 图版178: 1 ~ 3. 1993; 东北植物检索表（第二版）: 631. 图版315: 1. 1995; 黑龙江省植物志9: 51. 图版17: 1 ~ 3. 1998; 东北草本植物志9: 15. 图版6: 1 ~ 4. 2004; Fl. China 19: 548. 2011.

（5a）长白沙参（原变种）

Adenophora pereskiifolia var. *pereskiifolia*

（5aa）长白沙参（原变型）

Adenophora pereskiifolia f. *pereskiifolia*

生山坡、林缘、森林灌丛或林间草地。产黑龙江省伊春、虎林、塔河、鸡西、佳木斯、牡丹江、绥芬河、宁安、黑河、尚志、饶河、密山、海林、呼玛、嫩江、萝北；吉林省辉南、长白、靖宇、安图、汪清、抚松、和龙、珲春、临江；辽宁省凌源、建昌、义县、北镇、鞍山、本溪、桓仁、庄河、普兰店、瓦房店、凤城、宽甸、新宾、西丰；内蒙古自治区额尔古纳、根河、牙克石、满洲里、鄂伦春、科尔沁右翼前旗、宁城、东乌珠穆沁旗（宝格达山）等地。

根有清热养阴、祛痰止咳作用，用于肺热燥咳、虚劳久咳、咽喉痛。

■ 长白沙参

花序一部分

花序

叶

植株一部分

（5ab）线叶长白沙参（变型）（辽宁植物志，东北草本植物志）

Adenophora pereskiifolia f. *linearifolia* Bar. in Quart. Journ. Taiwan Mus. 16: 162. 1963; 辽宁植物志（下册）: 427. 图版192: 5 ~ 6. 1992; 东北草本植物志9: 17. 2004.

产辽宁省鞍山（千山）；内蒙古自治区额尔古纳、根河、牙克石、鄂伦春、扎赉特旗、科尔沁右翼前旗等地。

（5b）白花长白沙参（变种）（辽宁师范大学学报）

Adenophora pereskiifolia var. *albiflorum* Z. S. M., 辽宁师范大学学报40(3): 361 ~ 365. 2017.

生山坡。产辽宁省凤城。

■ 白花长白沙参

花正面观

花侧面观

植株

（5c）兴安沙参（变种）（内蒙古大学学报，内蒙古植物志，东北草本植物志）；长叶沙参（东北植物检索表）

Adenophora pereskiifolia var. *altenifolia* Fuh ex Y. Z. Zhao, 内蒙古大学学报（自然科学版）11(1): 58. 1980; 内蒙古植物志（第二版）4: 448. 图版178: 4. 1993; 东北植物检索表（第二版）: 631. 1995; 东北草本植物志9: 15. 2004.

生林下或沟谷草甸。产黑龙江省伊春、呼玛；吉林省汪清；内蒙古自治区根河、牙克石、额尔古纳、鄂伦春、科尔沁右翼前旗等地。

■ 兴安沙参

花序一部分

茎叶

植株下部

植株

（5d）狭叶长白沙参（变种）（内蒙古植物志，东北草本植物志）

Adenophora pereskiifolia var. *angustifolia* Y. Z. Zhao, 内蒙古植物志（第二版）4: 451, 846. 1993; 东北草本植物志9: 15. 2004.

生林下及林缘草甸。产内蒙古自治区额尔古纳、根河、牙克石、鄂伦春、科尔沁右翼前旗、扎赉特旗等地。

■ 狭叶长白沙参

花序一部分

植株一部分

植株

（6）二型叶沙参（内蒙古植物志）

Adenophora biformifolia Y. Z. Zhao, 内蒙古大学学报（自然科学版）11(1): 57. 图1. 1980; 内蒙古植物志（第二版）4: 464. 图版184: 4. 1993; 内蒙古植物志（第三版）5: 23. 2020.

生森林带和森林草原带的山地灌丛。产内蒙古自治区阿鲁科尔沁旗、巴林左旗、巴林右旗、克什克腾旗、西乌珠穆沁旗、大青沟、赤峰市红山区、敖汉旗等地。

■ 二型叶沙参

植株下部

植株上部

植株

（7）大花沙参（辽宁植物志，黑龙江省植物志，东北植物检索表，东北草本植物志）

Adenophora grandiflora Nakai in Bot. Mag. (Tokyo) 23: 188. 1909; 辽宁植物志（下册）: 425. 图版191: 5 ~ 6. 1992; 东北植物检索表（第二版）: 633. 1995; 黑龙江省植物志9: 51. 图版16: 5 ~ 6. 1998; 东北草本植物志9: 18. 图版6: 5 ~ 6. 2004.

生林间草地。产黑龙江省尚志（帽儿山）；吉林省安图；辽宁省桓仁、凤城、旅顺口、鞍山（千山）等地。

根有润肺、化痰作用，主治咳嗽、咽干，还有消炎散肿、祛黄水作用。嫩苗和根可食。

■ 大花沙参

花序

花正面观

植株

植株下部

（8）泡沙参（中国高等植物图鉴，中国植物志，Flora of China）

Adenophora potaninii Korsh., Mem. Acad. Sci. St. –Petersb. ser. 7. 42: 39. 1894; 中国植物志73(2): 119. 1983; Fl. China 19: 545. 2011.

（8a）泡沙参（原亚种）

Adenophora potaninii subsp. *potaninii*

产中国青海、四川、甘肃、宁夏、陕西、山西。东北地区不产。

（8b）多歧沙参（亚种）（辽宁植物志，内蒙古植物志，东北植物检索表，东北草本植物志，中国植物志，Flora of China）

Adenophora potaninii subsp. *wawreana* (Zahlbr.) S. Ge & D. Y. Hong in J. Syst. Evol. 48: 452. 2010; Fl. China 19: 545. 2011.——*A. wawreana* A. Zahlbr. in Ann. K. K. Naturhist. Hofmus. 10(Not.): 56. 1895; 中国植物志73(2): 121. 1983; 辽宁植物志（下册）: 425. 图版190: 2 ~ 5. 1992; 内蒙古植物志（第二版）4: 461. 图版184: 1 ~ 2. 1993; 东北植物检索表（第二版）: 633. 图版315: 3. 1995; 东北草本植物志9: 18. 图版8: 6 ~ 8. 2004.

（8ba）多歧沙参（原变种）

Adenophora potaninii subsp. *wawreana* var. *wawreana*

生阴坡草丛或灌木林中。产黑龙江省大兴安岭；辽宁省建平、凌源、建昌、锦州、法库；内蒙古自治区科尔沁右翼前旗、科尔沁右翼中旗、扎赉特旗、科尔沁左翼后旗（大青沟）、翁牛特旗、敖汉旗、巴林左旗、阿鲁科尔沁旗、克什克腾旗、喀喇沁旗、宁城、赤峰市红山区、西乌珠穆沁旗等地。

根有润肺、化痰、消炎散肿、祛黄水作用，对风湿性关节炎、神经疼等有疗效。

■ 多歧沙参

茎叶

花序

花萼

花侧面观

植株

（8bb）阴山沙参（变种）（内蒙古植物志）

Adenophora potaninii subsp. *wawreana* var. *lanceifolia* (Y. Z. Zhao) S. M. Zhang, 东北维管束植物考: 828. 2021.——*A. wawreana* var. *lanceifolia* Y. Z. Zhao, 内蒙古大学学报（自然科学版）11(1): 59. 1980; 内蒙古植物志（第三版）5: 23. 2020.

生阔叶林下。产内蒙古自治区克什克腾旗黄岗梁、大青沟。

（9）薄叶荠苨（辽宁植物志，黑龙江省植物志，内蒙古植物志，东北植物检索表，东北草本植物志，中国植物志，Flora of China）

Adenophora remotiflora (Sieb. ex Zucc.) Miq. in Ann. Mus. Bot. Lugd. –Bat. 2: 193. 1866; 中国植物志 73(2): 116. 1983; 辽宁植物志（下册）: 424. 图版191: 3 ~ 4. 1992; 内蒙古植物志（第二版）4: 454. 图版182. 1993; 东北植物检索表（第二版）: 633. 图版316: 1. 1995; 黑龙江省植物志9: 53. 图版17: 4 ~ 5. 1998; 东北草

本植物志9: 19. 图版7: 1 ~ 2. 2004; Fl. China 19: 539. 2011.

生山坡林缘。产黑龙江省尚志、宁安、海林；吉林省临江、通化、柳河、梅河口、珲春、和龙、蛟河、集安、辉南、抚松、靖宇、长白、安图、敦化、汪清；辽宁省本溪、桓仁、海城、盖州、宽甸、凤城、凌源、北镇、大连、庄河、瓦房店、鞍山、法库；内蒙古自治区鄂伦春、科尔沁左翼后旗、大青沟等地。

根和幼苗可食，且有清热、解读、化痰作用，用于疮毒、咽喉痛、消渴、咳嗽。

■ 薄叶荠苨

根部

茎下部叶

果序

花

植株一部分

植株

（10）荠苨（辽宁植物志，黑龙江省植物志，内蒙古植物志，东北植物检索表，东北草本植物志，中国植物志，Flora of China）

Adenophora trachelioides Maxim. in Prim. Fl. Amur. 186. 1859; 中国植物志73(2): 115. 1983; 辽宁植物志（下册）: 424. 图版191: 1 ~ 2. 1992; 内蒙古植物志（第二版）4: 453. 图版181: 1 ~ 2. 1993; 东北植物检索表（第二版）: 633. 图版316: 2. 1995; 黑龙江省植物志9: 56. 图版17: 6 ~ 7. 1998; 东北草本植物志9: 19. 图版7: 3 ~ 8. 2004; Fl. China 19: 539. 2011.

（10a）荠苨（原变种）

Adenophora trachelioides var. *trachelioides*

生山坡草地或林边。产黑龙江省东部地区；吉林省长白、安图；辽宁省各地；内蒙古自治区牙克石、科尔沁右翼中旗、科尔沁左翼后旗、大青沟、翁牛特旗、敖汉旗、喀喇沁旗等地。

根药用，治疮毒、咳嗽等；富含淀粉，可作副食或用于酿酒。幼苗可食用。

■ 荠苨

根部

植株下部

植株

花序一部分

果序一部分

（10b）白花荠苨（辽宁植物检索表）

Adenophora trachelioides var. *albiflorum* S. M. Zhang, 辽宁植物检索表: 322, 465, 636. 2022.

生林下，与原变种混生。产辽宁省大连。

■ 白花荠苨

花正面观

花侧面观

茎叶

植株

（10c）长叶荠苨（变种）（辽宁植物检索表）

Adenophora trachelioides var. *altenifolia* S. M. Zhang, 辽宁植物检索表: 322, 465, 636. 2022.

生林下，与原变种混生。产辽宁省大连。

■ 长叶荠苨

茎叶

花序

植株上部

植株

苗期植株

花侧面观

植株一部分

（11）沼沙参（黑龙江省植物志，东北植物检索表，东北草本植物志，中国植物志，Flora of China）

Adenophora palustris Kom. in Trudy Imp. S.–Peterburgsk. Bot. Sada 18: 426. 1899; 中国植物志73(2): 126. 1983; 东北植物检索表（第二版）: 633. 1995; 黑龙江省植物志9: 51. 1998; 东北草本植物志9: 21. 2004; Fl. China 19: 543. 2011.

生沼泽、草甸。产黑龙江省尚志（帽儿山）；吉林省长白山；辽宁省铁岭。

■ 沼沙参

花侧面观

花正面观

花序

植株一部分

（12）扫帚沙参（辽宁植物志，黑龙江省植物志，内蒙古植物志，东北植物检索表，东北草本植物志，中国植物志，Flora of China）；细叶沙参（大连地区植物志）

Adenophora stenophylla Hemsl. in Journ. L. Soc. Bot. 26: 10. 1889; 大连地区植物志（中册）: 724. 图版954. 1982; 中国植物志73(2): 112. 图版16: 1 ~ 4. 1983; 辽宁植物志（下册）: 421. 图版190: 1. 1992; 内蒙古植物志（第二版）4: 464. 图版187. 1993; 东北植物检索表（第二版）: 633. 图版316: 7. 1995; 黑龙江省植物志9: 55. 图版18: 3 ~ 5. 1998; 东北草本植物志9: 23. 图版9. 2004; Fl. China 19: 546. 2011.

生干草地。产黑龙江省黑河、大庆、哈尔滨、齐齐哈尔、安达；吉林省镇赉、洮南、双辽、乾安、前郭、长岭、通榆；辽宁省沈北、彰武、庄河；内蒙古自治区满洲里、海拉尔、额尔古纳、鄂伦春、扎赉特旗、科尔沁右翼前旗、乌兰浩特、科尔沁左翼中旗等地。

根有润肺、化痰、消炎散肿、祛黄水作用。嫩苗和根可食。

■ 扫帚沙参

花侧面观

花萼

花序一部分

茎叶

植株一部分

植株

（13）阿穆尔沙参（黑龙江省植物志，东北植物检索表，东北草本植物志，Flora of China）

Adenophora amurica C. X. Fu et M. Y. Liou in Bull. Bot. Res., Harbin 6(1): 159. 1986; 东北植物检索表（第二版）: 633. 1995; 东北草本植物志9: 23. 2004; Fl. China 19: 544. 2011; 黑龙江省植物志（修订版）9: 65. 2017.

生多石质山坡。产黑龙江省漠河（劲涛）、伊春（金山屯）。

■ 阿穆尔沙参

茎上部叶

花序一部分

花侧面观，示花萼

（14）锯齿沙参（黑龙江省植物志，内蒙古植物志，东北植物检索表，东北草本植物志，中国植物志，Flora of China）

Adenophora tricuspidata (Fisch. ex Roem. et Schult.) A. DC. in Monogr. Campan. 355. 1830; 中国植物志73(2): 126 图版20: 4 ~ 6. 1983; 内蒙古植物志（第二版）4: 467. 图版186: 3 ~ 5. 1993; 东北植物检索表（第二版）: 633. 图版315: 6. 1995; 黑龙江省植物志9: 57. 图版19: 1 ~ 3. 1998; 东北草本植物志9: 21. 图版8: 1 ~ 5. 2004; Fl. China 19: 545. 2011.

生向阳草坡。产黑龙江省黑河、伊春、嫩江、萝北、克山、呼玛、逊克；辽宁省鞍山；内蒙古自治区额尔古纳、根河、牙克石、扎兰屯、鄂伦春、鄂温克、莫力达瓦达斡尔、科尔沁右翼前旗、突泉、扎鲁特旗、阿鲁科尔沁旗、克什克腾旗、东乌珠穆沁旗、西乌珠穆沁旗等地。

根有润肺、化痰作用。嫩苗和根可食。

■ 锯齿沙参

花萼

花序一部分

■ 锯齿沙参

植株一部分

植株

（15）缢花沙参（Flora of China）；缢花石沙参（辽宁植物志）

Adenophora contracta (Kitag.) J. Z. Qiu & D. Y. Hong in Acta Phytotax. Sin. 28: 399. 1990; Fl. China 19: 543. 2011.——*A. polyantha* Nakai var. *contracta* Kitag. in Rep. Exped. Manchoukou Sect. Ⅳ. 2: 112. 1935; 辽宁植物志（下册）: 421. 图版189: 4. 1992.

生山沟丘陵地及山野较干燥的阳坡。产辽宁省朝阳、凌源、北镇、沈阳等地。模式标本产沈阳北陵。

本种大部分植株叶子互生，偶见叶3～5轮生，或同株有的分枝叶轮生、有的分枝叶互生。

■ 缢花沙参

花

茎叶

植株

■ 缢花沙参

白花株

花序分枝

花序

（16）石沙参（辽宁植物志，内蒙古植物志，东北植物检索表，东北草本植物志，中国植物志，Flora of China）；光萼石沙参（辽宁植物志）

Adenophora polyantha Nakai in Bot. Mag. Tokyo, 23: 188. 1909; 中国植物志73(2): 109. 1983; 辽宁植物志（下册）: 421. 图版189: 3. 1992; 内蒙古植物志（第二版）4: 453. 图版181: 3 ~ 4. 1993; 东北植物检索表（第二版）: 635. 图版316: 5. 1995; 东北草本植物志9: 28. 图版11: 3 ~ 5. 2004; Fl. China 19: 542. 2011.——*Adenophora polyantha* var. *glabricalyx* Kitag. in Rep. Exped. Manchoukou Sect. Ⅳ. 2: 111. 1935; 辽宁植物志（下册）: 421. 1992.

（16a）石沙参（原亚种）

Adenophora polyantha subsp. *polyantha*

（16aa）石沙参（原变种）

Adenophora polyantha var. *polyantha*

生山沟丘陵地及山野较干燥的阳坡。产黑龙江省呼玛、塔河、密山、宁安；吉林省辉南、长白、靖宇、汪清、安图、珲春、通榆、通化；辽宁省鞍山、岫岩、营口、盖州、丹东、庄河、普兰店、本溪、大连、瓦房店、沈阳、凌源、锦州、北镇、葫芦岛、新民、兴城、凤城、长海、法库、西丰、铁岭、建平、建昌、喀左、阜蒙；内蒙古自治区额尔古纳、扎兰屯、牙克石、阿尔山、科尔沁右翼前旗、阿鲁科尔沁旗等地。

根有清热养阴、祛痰止咳作用，用于肺热燥咳、虚劳久咳、咽喉痛。

■ 石沙参

花序一部分

花序

■ 石沙参

茎叶

花萼

植株

（16ab）菱叶石沙参（变种）（内蒙古植物志）

Adenophora polyantha var. *rhombic* Y. Z. Zhao, 内蒙古植物志（第二版）4: 454,847. 1993.

生石质山坡。产内蒙古自治区扎兰屯。

（16b）毛萼石沙参（亚种）（Flora of China）；库伦沙参（植物分类学报，内蒙古植物志）

Adenophora polyantha subsp. *scabricalyx* (Kitagawa) J. Z. Qiu & D. Y. Hong, Acta Phytotax. Sin. 31: 39. 1993; Fl. China 19: 542. 2011.——*Adenophora kulunensis* Y. Z. Zhao, 植物分类学报44(5): 614 ~ 615. 2006; 内蒙古植物志（第三版）5: 18. 2020.——*Adenophora urceolata* Y. Z. Zhao in Annales Botanici Fennici 39(4): 335 ~ 336. 2002.

生向阳山坡草地。产辽宁省大连、凌源；内蒙古自治区库伦旗。

■ 毛萼石沙参

茎与叶

花

植株

（17）小花沙参（内蒙古植物志，中国植物志，Flora of China）

Adenophora micrantha Hong, 中国植物志73(2): 110, 185. 图版17: 1 ~ 4. 1983; 内蒙古植物志（第二版）4: 461. 图版176: 1 ~ 3. 1993; Fl. China 19: 543. 2011.

生山丘。产内蒙古自治区科尔沁右翼中旗、扎赉特旗、科尔沁右翼前旗、扎鲁特旗（模式标本采集地）、巴林左旗等地。

■ 小花沙参

植株上部

花侧面观

植株下部

植株

（18）松叶沙参（东北植物检索表，东北草本植物志，中国植物志，Flora of China）

Adenophora pinifolia Kitag. in Rep. First Sci. Exped. Manchoukou Sect. Ⅳ. 2: 110. f. 14: 7. 1935; id. Beo-Lineam. Fl. Mansh. 602. fig. Ⅱ. 1979; 中国植物志73(2): 139. 1983; 植物分类学报28(5): 397 ~ 402. 1990; 东北植物检索表（第二版）: 635. 1995; 东北草本植物志9: 29. 2004; Fl. China 19: 543. 2011; 植物科学学报37(4): 441 ~ 447. 2019.

（18a）松叶沙参（原变种）

Adenophora pinifolia var. *pinifolia*

生于旱向阳的石质山坡草地。产辽宁省大连、金州、阜新、连山、黑山。

嫩苗和嫩根可食。

■ 松叶沙参

根肥厚

花序一部分

花侧面观，示花萼

果序一部分

叶异型

植株一部分

植株

（18b）白花松叶沙参（变种）（辽宁师范大学学报）

Adenophora pinifolia var. *albiflorum* Z. S. M., 辽宁师范大学学报40(3): 361 ~ 365. 2017.

生于旱向阳的石质山坡草地。产辽宁省大连市甘井子区辛寨子街道砬子山。

■ 白花松叶沙参

花

花序

植株

（19）丝裂沙参（中国高等植物图鉴，中国植物志，Flora of China）

Adenophora capillaris Hemsl., Journ. Linn. Soc. Bot. 26: 10. 1889; 中国高等植物图鉴, 4: 394. 图6201, 1975; 中国植物志73(2): 135. 1983; Fl. China 19: 550. 2011.

（19a）丝裂沙参（原亚种）

Adenophora capillaris subsp. *capillaris*

产中国湖北、陕西、四川、贵州。东北地区不产。

（19b）细叶沙参（亚种）（中国植物志，Flora of China）；紫沙参（辽宁植物志，内蒙古植物志，东北植物检索表，东北草本植物志）

Adenophora capillaris subsp. *paniculata* (Nannfeldt) D. Y. Hong & S. Ge, Novon 20: 426. 2010; Fl. China 19: 550. 2011.——*A. paniculata* Maxim. in Act. Hort. Gothob. 5: 19. pl. 7 ~ 9. 1929; 中国植物志73(2): 136. 图版22: 1 ~ 7. 1983; 辽宁植物志（下册）: 432. 1992; 内蒙古植物志（第二版）4: 468. 图版189: 1 ~ 3. 1993; 东北植物检索表（第二版）: 633. 图版316: 3. 1995; 东北草本植物志9: 25. 图版10: 1 ~ 3. 2004.

（19ba）细叶沙参（原变种）

Adenophora capillaris subsp. *paniculata* var. *paniculata*

生较干旱的山坡草地、灌丛及林缘。产黑龙江省呼玛、伊春、虎林、海林；辽宁省大连、金州、

■ 细叶沙参

花序一部分

花序

植株下部

植株

凌源；内蒙古自治区科尔沁右翼前旗、巴林右旗、宁城、敖汉旗、阿鲁科尔沁旗、喀喇沁旗、锡林浩特等地。

嫩苗可食。根有清热养阴、祛痰止咳作用。

（19bb）齿叶紫沙参（变种）（内蒙古大学学报，内蒙古植物志）

Adenophora capillaris subsp. *paniculata* var. *dentata* Y. Z. Zhao, 内蒙古大学学报（自然科学版）11(1): 58. 1980; 内蒙古植物志（第二版）4: 470. 图版189: 4. 1993; 内蒙古植物志（第三版）5: 29. 2020.

生阔叶林带和草原带的山地林缘、沟谷草甸。产内蒙古自治区喀喇沁旗、锡林浩特市。

（19bc）有柄紫沙参（变种）（内蒙古大学学报，内蒙古植物志）

Adenophora capillaris subsp. *paniculata* var. *petiolata* Y. Z. Zhao, 内蒙古大学学报（自然科学版）11(1): 58. 1980; 内蒙古植物志（第三版）5: 29. 2020.

生阔叶林带和草原带的山地林缘、沟谷草甸。产内蒙古自治区巴林右旗。

（20）长柱沙参（辽宁植物志，黑龙江省植物志，内蒙古植物志，东北植物检索表，东北草本植物志，中国植物志，Flora of China）

Adenophora stenanthina (Ledeb.) Kitag. in Lin. Fl. Manshur. 418. 1939; 中国植物志73(2): 133. 1983; 辽宁植物志（下册）: 429. 图版194: 2 ~ 4. 1992; 内蒙古植物志（第二版）4: 470. 图版190: 1 ~ 2. 1993; 东北植物检索表（第二版）: 633. 图版316: 4. 1995; 黑龙江省植物志9: 53. 图版18: 1 ~ 2. 1998; 东北草本植物志9: 26. 图版10: 4 ~ 6. 2004; Fl. China 19: 549. 2011.

（20a）长柱沙参（原变种）

Adenophora stenanthina var. *stenanthina*

生山地草甸草原。产黑龙江省富裕、齐齐哈尔、伊春、五营；吉林省珲春；辽宁省朝阳、新宾；内蒙古自治区海拉尔、额尔古纳、鄂温克、陈巴尔虎旗、新巴尔虎左旗、新巴尔虎右旗、科尔沁右翼前旗、敖汉旗、巴林右旗、阿鲁科尔沁旗、克什克腾旗、东乌珠穆沁旗、西乌珠穆沁旗、锡林浩特、阿巴嘎旗、正蓝旗等地。

根有清热养阴、利肺止咳、生津作用。

■ 长柱沙参

花序

植株一部分

（20b）皱叶沙参（变种）（内蒙古大学学报，内蒙古植物志）

Adenophora stenanthina var. *crispate* (Korsh.) Y. Z. Zhao, 内蒙古大学学报（自然科学版）11(1): 59. 1980; 内蒙古植物志（第二版）4: 472. 图版190: 3 ~ 4. 1993; 内蒙古植物志（第三版）5: 30. 2020.

生山坡草地、沟谷、撂荒地。产内蒙古自治区满洲里、海拉尔、克什克腾旗、东乌珠穆沁旗、西乌珠穆沁旗、锡林浩特、正蓝旗、镶黄旗等地。

（20c）丘沙参（变种）（辽宁植物志，黑龙江省植物志，内蒙古植物志，东北植物检索表）

Adenophora stenanthina var. *collina* (Kitag.) Y. Z. Zhao in Acta Sci. Nat. Univ. Intramongol. 11(1): 59. 1980; 辽宁植物志（下册）: 432. 图版194: 5. 1992; 内蒙古植物志（第二版）4: 472. 图版190: 5. 1993; 东北植物检索表（第二版）: 633. 1995; 黑龙江省植物志9: 55. 1998; 内蒙古植物志（第三版）5: 31. 2020.

生山地草甸草原。产黑龙江省西部草原及大兴安岭；辽宁省凌源、法库；内蒙古自治区翁牛特旗、巴林右旗、克什克腾旗等地。

（20d）锡林沙参（变种）（内蒙古大学学报，内蒙古植物志）

Adenophora stenanthina var. *angustilanceifolia* Y. Z. Zhao, 内蒙古大学学报（自然科学版）11(1): 58. 1980; 内蒙古植物志（第二版）4: 472. 图版190: 6. 1993; 内蒙古植物志（第三版）5: 31. 2020.

生沙丘间草地及山地草原。产内蒙古自治区科尔沁右翼前旗、西乌珠穆沁旗、正蓝旗、镶黄旗等地。

（21）狭叶沙参（辽宁植物志，黑龙江省植物志，内蒙古植物志，东北植物检索表，东北草本植物志，中国植物志，Flora of China）；二裂沙参（内蒙古植物志）

Adenophora gmelinii (Spreng.) Fisch. in Men. Soc. Nat. Mosc. 6: 167. 1823; 中国植物志73(2): 108. 图版18: 5 ~ 10. 1983; 辽宁植物志（下册）: 420. 图版189: 1 ~ 2. 1992; 内蒙古植物志（第二版）4: 459. 图版183: 1 ~ 3. 1993; 东北植物检索表（第二版）: 635. 图版316: 6. 1995; 黑龙江省植物志9: 49. 图版16: 1 ~ 3. 1998; 东北草本植物志9: 29. 图版11: 1 ~ 2. 2004; Fl. China 19: 544. 2011.——*Adenophora biloba* Y. Z. Zhao in Annales Botanici Fennici 41(5): 381 ~ 382. 2004; 内蒙古植物志（第三版）5: 11. 2020.

（21a）狭叶沙参（原亚种）

Adenophora gmelinii subsp. *gmelinii*

（21aa）狭叶沙参（原变种）

Adenophora gmelinii subsp. *gmelinii* var. *gmelinii*

生草甸草原、山坡草地或林缘。产黑龙江省克山、呼玛、富裕、哈尔滨、黑河、大庆、萝北、安达、宁安、杜尔伯特、逊克、通河；吉林省扶余、乾安、通榆、安图、镇赉、大安、洮南；辽宁省彰武、沈阳、本溪、大连、旅顺口、喀左、丹东；内蒙古自治区额尔古纳、牙克石、满洲里、鄂伦春、鄂温克、陈巴尔虎旗、科尔沁右翼前旗、科尔沁右翼中旗、扎赉特旗、扎鲁特旗、翁牛特旗、敖汉旗、巴

■ 狭叶沙参

果序

植株中部

植株下部

■ 狭叶沙参

花序一部分

花萼

花正面观

林右旗、阿鲁科尔沁旗、克什克腾旗、喀喇沁旗、宁城、西乌珠穆沁旗、锡林浩特等地。

根有清热养阴、润肺止咳、祛痰作用。

（21ab）柳叶沙参（变种）（内蒙古大学学报，内蒙古植物志，黑龙江省植物志）

Adenophora gmelinii subsp. *gmelinii* var. *coronopifolia* (Fisch.) Y. Z. Zhao, 内蒙古大学学报（自然科学版）11(1): 59. 1980; 内蒙古植物志（第二版）4: 459. 1993; 黑龙江省植物志9: 49. 图版16: 4. 1998.

生林缘、沟谷草甸。产黑龙江省大兴安岭；内蒙古自治区鄂伦春、鄂温克、科尔沁右翼前旗、翁牛特旗、巴林左旗、巴林右旗、阿鲁科尔沁旗、克什克腾旗、锡林浩特、宝格达山等地。

（21ac）厚叶沙参（变种）（内蒙古植物志）

Adenophora gmelinii subsp. *gmelinii* var. *pachyphylla* (Kitag.) Y. Z. Zhao, Acta Sci. Nat. Univ. Intramongol. 11(1): 59. 1980; 内蒙古植物志（第三版）5: 20. 2020.

生阔叶林带的山地林缘、沟谷草甸。产内蒙古自治区阿鲁科尔沁旗、巴林左旗、克什克腾旗。

（21b）海林沙参（亚种）（植物分类学报，Flora of china）

Adenophora gmelinii subsp. *hailinensis* J. Z. Qiu & D. Y. Hong, Acta Phytotax. Sin. 31: 38. 1993; Fl. China 19: 545. 2011.

生高草丛、灌丛或林下。产黑龙江省海林、桦南、佳木斯。

170. 睡菜科　Menyanthaceae

Menyanthaceae Dumort., Anal. Fam. Pl. 20, 25. 1829, *nom. cons.*

木贼门、木贼亚门、木兰纲、蔷薇亚纲、菊超目、菊目（Asterales）。

水生或湿生的多年生草本。叶互生，通常具长柄。花两性，辐射对称，5数；花萼5深裂；花冠5深裂，裂片里面有毛；雄蕊5，与花冠裂片互生，心皮2，子房上位或中位，1室，侧膜胎座，具多数倒生胚珠，子房基部有5个蜜腺，花柱通常短，柱头2裂，片状。蒴果2裂；种子有硬种皮。

本科全世界有6属60种，广布于温带和热带地区。中国有2属7种。东北地区产2属4种。

分属检索表

1. 叶全部基生，三出复叶，超出水面；蒴果2裂；总状花序 ······································ 1. 睡菜属 Menyanthes

（接上表）

1. 单叶互生或对生，漂浮水面；蒴果不裂或不规则开裂；花1至多数束生于叶柄基部
……………………………………………………………………………………2. 荇菜属（莕菜属） Nymphoides

1 睡菜属 *Menyanthes* L.

Menyanthes L., Sp. Pl. 145. 1753.

多年生沼生草本，具长的匍匐状根状茎。叶全部基生，三出复叶，挺出水面。花葶由匍匐状根状茎上抽出。总状花序；花5数；花萼分裂至近基部；花冠筒形，上部内面具长流苏状毛，其余光滑，深裂，冠筒稍短于裂片；雄蕊着生于冠筒中部；子房一室，无柄，花柱线形，长于子房。蒴果球形，成熟时2瓣裂；种子鼓胀，表面平滑。

本属全世界仅1种，分布于北温带地区。中国有分布。东北地区有分布。

睡菜（辽宁植物志，黑龙江省植物志，内蒙古植物志，东北植物检索表，东北草本植物志，中国植物志，Flora of China）

Menyanthes trifoliata L., Sp. Pl. 1: 145. 1753; 东北草本植物志7: 83. 图版47. 1981; 中国植物志61: 412. 图版67: 1 ~ 3. 1988; 辽宁植物志（下册）: 97. 图版42. 1992; 内蒙古植物志（第二版）4: 108. 图版43: 1 ~ 5. 1993; 东北植物检索表（第二版）: 525. 图版263: 4. 1995; Fl. China 16: 140. 1995; 黑龙江省植物志8: 116. 图版56. 2001.

多年生草本；叶全部基生，挺出水面，三出复叶；小叶椭圆形，全缘或边缘微波状；总状花序；花5数；花冠白色，筒形，上部内面具白色长流苏状毛；蒴果球形。生沼泽中。产黑龙江省哈尔滨、伊春、

■ 睡菜

基生叶

花序

■睡菜

果序

居群

黑河、萝北、集贤、密山、嘉荫；吉林省浑江、敦化、梅河口、辉南、靖宇、抚松、长白；辽宁省彰武、清原；内蒙古自治区额尔古纳、科尔沁左翼后旗、科尔沁右翼前旗、大青沟等地。

叶或全草有健脾消食、养心安神作用，用于胃痛、消化不良、心悸失眠、心神不安。

2 荇菜属（莕菜属） *Nymphoides* Seguier

Nymphoides Seguier, Pl. Veron. 3: 121. 1754.

多年生草本，水生，具根茎。茎伸长，节上有时生根。单叶互生或对生，漂浮水面，卵圆形或圆形，基部深心形，全缘或微波状。花1至多数束生于叶柄基部，花黄色或白色，整齐，有梗；花萼4～5深裂，花冠辐状或钟状，5深裂，裂片卵形或长圆形，常撕裂，里面或边缘有毛；雄蕊5，着生于花冠基部，花丝短，花药箭头形，子房1室，基部有5个小蜜腺，花柱短或长，柱头2裂，片状。蒴果卵形或长圆形；种子多数，有凸起或翼。

本属全世界约20种，广布于全世界的热带和温带地区。中国有6种。东北地区产3种。

分种检索表

1. 花黄色；花萼长8～12毫米 …………………………………………………… 1. 荇菜 N. peltata (S. G. Gmel.) O. Kuntze
1. 花白色；花萼长3～7毫米。
  2. 叶径3～15厘米；花梗长2～5厘米；花萼长4～7 毫米；花冠内面基部黄色… 2. 金银莲花 N. indica (L.) O. Kuntze
  2. 叶径2～5厘米；花梗长1～2厘米；花萼长3～4毫米；花冠纯白色 …… 3. 小荇菜 N. coreana (H. Lév.) H. Hara

（1）莕菜（辽宁植物志，内蒙古植物志，中国植物志，Flora of China）；荇菜（黑龙江省植物志，东北植物检索表，东北草本植物志）

Nymphoides peltata (S. G. Gmel.) O. Kuntze in Revis. Gen. Pl. 2: 429. 1891; 东北草本植物志7: 88. 图版49. 1981; 中国植物志61: 414. 图版67: 4 ~ 6. 1988; 辽宁植物志（下册）: 94. 图版40. 1992; 内蒙古植物志（第二版）4: 108. 图版44. 1993; 东北植物检索表（第二版）: 525. 图版263: 3. 1995; Fl. China 16: 141. 1995; 黑龙江省植物志8: 116. 图版57. 2001.

生池塘或不甚流动的河中。产黑龙江省哈尔滨、北安、萝北、呼玛、鸡东、依兰、阿城、齐齐哈尔；吉林省白城、敦化、安图；辽宁省沈阳、新民、铁岭、彰武、盘锦、凌海、丹东、庄河、鞍山；内蒙古自治区各地。

嫩苗可食。全草有清热、利尿、消肿、解毒作用。

■ 莕菜

花侧面观

植株一部分

植株

（2）金银莲花（东北草本植物志，中国植物志，Flora of China）；印度莕菜（辽宁植物志）；印度荇菜（东北植物检索表）

Nymphoides indica (L.) O. Kuntze in Gen. Pl. 2: 429. 1891; 东北草本植物志7: 85. 1981; 中国植物志61: 416. 1988; 辽宁植物志（下册）: 97. 1992; 东北植物检索表（第二版）: 525. 图版263: 2. 1995; Fl. China 16: 141. 1995.

生水塘中。产辽宁省沈阳。

全草有清热利尿、消肿解毒作用。

■ 金银莲花

花侧面观

花正面观

花序

■ 金银莲花

植株一部分

居群

（3）小荇菜（中国植物志，Flora of China）；白花荇菜（辽宁植物志）；白花莕菜（东北植物检索表，东北草本植物志）

Nymphoides coreana (H. Lév.) H. Hara in J. Jap. Bot. 13(1): 26. 1937; 东北草本植物志7: 85. 图版48. 1981; 中国植物志61: 418. 1988; 辽宁植物志（下册）: 96. 图版41. 1992; 东北植物检索表（第二版）: 525. 图版263: 1. 1995; Fl. China 16: 142. 1995.

生水泡中。产黑龙江完达山地区；辽宁省沈阳、普兰店、金州、庄河等地。

■ 小荇菜

花正面观

花侧面观

叶正面观

叶背面观

植株

171. 菊科 Asteraceae（Compositae）

Asteraceae Bercht. & J. Presl, Prir. Rostlin 254. 1820, *nom. cons.*

Compositae Giseke, Prael. Ord. Nat. Pl. 538. 1792, *nom. cons.*

木贼门、木贼亚门、木兰纲、蔷薇亚纲、菊超目、菊目（Asterales）。

一年生或多年生草本、半灌木、灌木或木质藤本，稀为乔木，有时有乳汁。叶互生、对生或轮生，单叶或复叶，全缘、具齿或分裂。花多数，密集成头状花序，单生或少至多数排列成总状、聚伞状、伞房状或圆锥状；花萼裂片变为冠毛，生于瘦果顶端，或无冠毛；花冠舌状、管状或二唇状，辐射对称或两侧对称；头状花序盘状或辐射，花同型或异型；雄蕊4～5，花药合生成筒状，基部钝、锐尖、戟形或具尾，先端有附属物或无；子房下位，心皮2，合生，1室，具1胚珠，花柱先端2裂，花柱分枝先端有附片或无；花托凸起或平，裸露、有托片或托毛。瘦果不开裂；种子无胚乳。

本科是被子植物中与兰科并列的最大科，全世界1600～1700属，约24000种，广布于全世界，主产温带，热带较少。中国有248属2336种。东北地区产112属393种9亚种53变种11变型，其中栽培60种7变种。

分属检索表

1. 植株有乳汁。
  2. 头状花序全为细管状的两性花 ………………………………………………… 1. 管花蒲公英属 Neo-taraxacum
  2. 头状花序全为舌状花。
    3. 冠毛鳞片状；花蓝色，总苞片2层近等长；瘦果顶端截形 ………………………………… 2. 菊苣属 Cichorium
    3. 冠毛羽毛状或糙毛状。
      4. 冠毛羽毛状，有时边花冠毛短膜片状。
        5. 花托有毛；总苞片多层；瘦果有喙或边花瘦果先端截形 ……………………………………………………………………… 3. 猫耳菊属（猫儿菊属）Hypochaeris
        5. 花托无毛。
          6. 总苞片1层；瘦果有长喙 ……………………………………………… 4. 婆罗门参属 Tragopogon
          6. 总苞片多层；瘦果无喙或有短喙。
            7. 瘦果有横皱纹；冠毛1层；植株被刺毛 ………………………………………… 5. 毛连菜属 Picris
            7. 瘦果无横皱纹；冠毛多层；植株无刺毛 …………………………………… 6. 鸦葱属 Scorzonera
      4. 冠毛糙毛状或为细毛。
        8. 瘦果至少上部有小瘤状、短刺状或鳞片状突起，先端有长喙；叶全部基生；头状花序单生 ……………………………………………………………………………… 7. 蒲公英属 Taraxacum
        8. 瘦果平滑，上部无突起；头状花序少数或多数。
          9. 头状花序具花80朵以上或极多数；冠毛为极细柔毛杂以粗直毛；瘦果极扁，上部渐狭但无喙 ……………………………………………………………………………… 8. 苦苣菜属 Sonchus
          9. 头状花序具少数花；冠毛为较粗直毛或糙毛。
            10. 瘦果压扁或几乎压扁，先端有喙。
              11. 喙长于或等于或极少短于瘦果本体 ………………………… 9. 莴苣属（山莴苣属）Lactuca
              11. 喙短于瘦果本体 ……………………………………………………… 10. 小苦荬属 Ixeridium
            10. 瘦果稍扁或圆柱状，先端无喙或有喙。
              12. 瘦果先端截形。

（接上表）

13. 瘦果先端冠以盘状体；花紫色、蓝色或白色 ………………………… 11. 耳菊属 Nabalus
13. 瘦果先端无盘状体；花黄色。
14. 植株全部光滑无毛；叶全缘……………………………………… 12. 全光菊属 Hololeion
14. 植株全部或部分被小刺毛、长单毛、腺毛、长刚毛或星状毛；叶缘有各式锯状齿，稀叶全缘………………………………………………………… 13. 山柳菊属 Hieracium
12. 瘦果先端具明显的喙，稀具不明显的喙。
15. 瘦果圆柱形，有等形的肋 ……………………………………………… 14. 还阳参属 Crepis
15. 瘦果腹背稍扁，有不等形的肋。
16. 瘦果顶端急尖成细丝状喙，纺锤形或椭圆形，有10条尖翅肋；冠毛白色，2层 ………………………………………………………………………… 15. 苦荬菜属 Ixeris
16. 瘦果无喙或具粗短的喙状物。
17. 瘦果纺锤形，顶端收窄成粗短的喙状物，有10～15条粗细不等的椭圆形纵肋 …………………………………………………………………… 16. 黄鹌菜属 Youngia
17. 瘦果圆柱形至纺锤形，顶端截形。
18. 瘦果圆柱形，有10条高起纵肋 ……………… 17. 假还阳参属 Crepidiastrum
18. 瘦果圆柱形至纺锤形，具相互交替的5主棱与1～2细次棱 …………………………………………… 18. 碱苣属（小苦苣菜属） Sonchella
1. 植株无乳汁。
19. 花柱圆柱形且先端膨大，分枝线形………………………………………… 19. 勋章菊属 Gazania
19. 花柱丝状，分枝披针形或线形。
20. 花药基部钝或微尖。
21. 花柱分枝圆柱形，先端有棒槌状或稍扁而钝的附片；头状花序盘状，花同型，均为管状花；叶通常对生。
22. 冠毛膜片状或鳞片状，冠毛较短 ……………………………………… 20. 藿香蓟属 Ageratum
22. 冠毛糙毛状，冠毛较长。
23. 下位瘦果10棱；头状花序排列成穗状或总状 ……………………………… 21. 蛇鞭菊属 Liatris
23. 下位瘦果5棱；头状花序排列成伞房状。
24. 总苞片1层，5～6枚，近等长；冠毛短于花冠 ………………………… 22. 甜菊属 Stevia
24. 总苞片2～3层，不等长 ……………………………………………23. 泽兰属 Eupatorium
21. 花柱分枝非上述情况；头状花序辐射状，边花常为舌状，或盘状而无舌状花。
25. 花柱分枝通常一面平一面凸，先端有尖或三角形附片，有时先端钝；叶互生。
26. 舌状花黄色。
27. 植株有黏液……………………………………………………………24. 胶菀属 Grindelia
27. 植株无黏液…………………………………………………………… 25. 一枝黄花属 Solidago
26. 舌状花白色到蓝色、淡紫色或粉红色，有时无舌状花。
28. 外层总苞片大如叶状；冠毛2 层，外层膜质环状，内层毛状 …… 26. 翠菊属 Callistephus
28. 外层总苞片不为叶状；冠毛1至多层，毛状或膜片状或无冠毛。
29. 无冠毛；总苞片近等长 ………………………………………………… 27. 雏菊属 Bellis
29. 冠毛膜片状或毛状。

（接上表）

30. 舌状花多层 ………………………………………………………………… 28. 飞蓬属 Erigeron
30. 舌状花1（~2）层。
31. 舌状花短于冠毛 ………………………………… 29. 联毛紫菀属 Symphyotrichum
31. 舌状花长于冠毛，有时无舌状花。
32. 舌状花及管状花冠毛均退化为短毛状或膜片状；花柱分枝附片具小乳突 ………………………………………… 30. 鹅河菊属（雁河菊属）Brachyscome
32. 舌状花及管状花冠毛均为毛状；若舌状花及管状花冠毛均退化，则花柱分枝附片三角形或披针形。
33. 冠毛多层，毛状，花后伸长；叶披针形，不为禾草状。
34. 瘦果具7~18条肋 ………………………… 31. 北美紫菀属 Eurybia
34. 瘦果具2条肋……………………………………32. 碱菀属 Tripolium
33. 冠毛1~2层，外层极短或膜片状，内层糙毛状，花后不伸长；若冠毛多层，则叶线形，禾草状。
35. 瘦果无明显的肋；边缘的小花不结果实；冠毛有2~3层糙毛；叶具3脉……………………………………………………33. 乳菀属 Galatella
35. 瘦果有明显的肋；边缘的小花结果实；冠毛1~2层，外层极短或较短 ……………………………………………………… 34. 紫菀属 Aster
25. 花柱分枝截形，无或有尖或三角形附片，有时分枝钻形；叶互生或对生。
36. 冠毛毛状；总苞片1层；头状花序盘状或辐射状；叶互生。
37. 两性花不结实，花柱不分枝。
38. 雌雄异株，头状花序具杂性小花；花序梗具数个头状花序 … 35. 蜂斗菜属 Petasites
38. 雌雄同株；花序梗具1头状花序 …………………………………… 36. 款冬属 Tussilago
37. 两性花结实，花柱分枝，先端截形、锐尖或有附片；头状花序只有一种形状，雌花舌状或无，黄色或白色。
39. 头状花序花异型，雌花舌状，两性花管状。
40. 叶基部无叶鞘；花柱分枝先端截形，具画笔状毛 …… 37. 狗舌草属 Tephroseris
40. 叶基部具叶鞘抱茎；花柱分枝先端钝，无画笔状毛 ………… 38. 橐吾属 Ligularia
39. 头状花序花同型，管状，两性。
41. 花柱分枝先端具短圆锥状附片；花冠白色带紫色或带黄色。
42. 基生叶1，幼叶反卷折叠呈破伞状，子叶1 ………… 39. 兔儿伞属 Syneilesis
42. 基生叶多数，幼叶不反卷呈伞状，子叶2 ………… 40. 蟹甲草属 Parasenecio
41. 花柱分枝先端具细长钻状附片；花冠黄色。
43. 花柱分枝直立，顶端具钻状乳头状毛的附器 ……………………………………………41. 菊三七属（三七草属）Gynura
43. 花柱分枝外弯，顶端无钻状长乳头状毛的附器。
44. 边缘小花雌性，丝状………………………………… 42. 菊芹属 Erechtites
44. 边缘小花雌性，辐射状，或无边缘花。
45. 花柱分枝顶端无合并的乳头状毛的中央附器 … 43. 千里光属 Senecio
45. 花柱分枝顶端具合并的乳状毛的中央附器

（接上表）

……………………………………… **44. 野茼蒿属 Crassocephalum**

36. 无冠毛或有冠毛，呈鳞片状、芒状或冠状，总苞片多层。

46. 总苞片叶质。

47. 花序托无托片；头状花序辐射状；叶对生或互生。

48. 叶对生；总苞片1层……………………………………… **45. 万寿菊属 Tagetes**

48. 叶常互生；总苞片2～4层。

49. 花托凸起呈球形或长圆形 ……………………………… **46. 堆心菊属 Helenium**

49. 花托凸起呈半球形、圆柱形或圆锥形。

50. 花托半球形至圆锥形；总苞片2～4层

……………………………………… **47. 松果菊属（紫锥花属）Echinacea**

50. 花托凸起或半球形，总苞片2～3层 …………… **48. 天人菊属 Gaillardia**

47. 花序托通常有托片；头状花序辐射状，极稀盘状；叶通常对生。

51. 头状花序花同型，单性，雌雄同株，雌头状花序总苞片合生呈坚果状，外具钩刺或刺尖，内含1～2朵花，无花冠。

52. 雄头状花序总苞片分离，雌头状花序总苞外具多数钩刺，内含2朵花；叶互生

……………………………………………………… **49. 苍耳属 Xanthium**

52. 雄头状花序总苞片合生，雌头状花序总苞外具1列钩刺或疣，内含1朵花；叶互生或对生 ……………………………………… **50. 豚草属 Ambrosia**

51. 头状花序花异型，雌花舌状或细管状，或花同型两性。

53. 两性花不结果实，其花柱不分枝；花托托片膜质

………………………………………**51. 黑足菊属（美兰菊属）Melampodium**

53. 两性花通常结果实，其花柱有分枝；花托托片膜质或干膜质。

54. 冠毛异型，舌状花冠毛毛状，管状花冠毛膜片状；总苞片5，质薄，近等长；瘦果圆锥状，有棱，通常腹背扁平………… **52. 牛膝菊属 Galinsoga**

54. 无冠毛或冠毛同型，星状或芒状。

55. 植株具树脂状汁液；瘦果边缘有翼，先端凹陷，无冠毛

……………………………………… **53. 松香草属 Silphium**

55. 植株无树脂状汁液。

56. 舌状花宿存于瘦果上，随瘦果脱落；花序托圆锥状或圆柱状；瘦果具1～3芒 ……………………………… **54. 百日菊属 Zinnia**

56. 舌状花不宿存于瘦果上。

57. 瘦果腹背压扁。

58. 冠毛芒状，具倒生小刺；叶对生或上部互生。

59. 瘦果顶端狭但无喙；舌状花黄色或白色，或无舌状花

………………………………**55. 鬼针草属 Bidens**

59. 瘦果顶端有喙；舌状花红色或紫色

……………………………… **56. 秋英属 Cosmos**

58. 冠毛鳞片状或芒状，但无倒生小刺或无冠毛；叶对生。

60. 根块状；雌花舌状，白色、红色或紫色

（接上表）

……………………………………… **57. 大丽花属 Dahlia**

60. 根不为块状。

61. 边花舌状且开展………… **58. 金鸡菊属 Coreopsis**

61. 边花退化为短筒状

…………………………… **59. 假豚草属（假苍耳属）Iva**

57. 瘦果近圆柱形或两侧压扁。

62. 内层总苞片包围瘦果 …………… **60. 豨莶属 Sigesbeckia**

62. 内层总苞片不包围瘦果。

63. 花序托托片平而狭长；舌状花1～2层，舌片小，无冠毛 ……………………………………**61. 鳢肠属 Eclipta**

63. 花序托托片内凹或对折，包围两性花。

64. 花序托凸起呈圆锥状或圆柱状；无冠毛或冠毛短冠状。

65. 叶互生，稀对生；总苞片2层，花托呈圆柱状或圆锥状凸起，舌状花黄色、橙色或红色 ………………………… **62. 金光菊属 Rudbeckia**

65. 叶对生；总苞片2～3层，花托呈锥状凸起，舌状花无或呈黄色至橘黄色 ……………………………**63. 赛菊芋属 Heliopsis**

64. 花序托平或稍凸起；冠毛鳞片状、刺状或芒状，或无冠毛；叶对生或上部互生。

66. 舌状花结实。

67. 总苞片短于托片或稀与托片等长；瘦果顶端截形，无冠毛环 …**64. 卤地菊属 Melanthera**

67. 总苞片长于托片；瘦果顶端稍收缩而浑圆，有冠毛环 …… **65. 蟛蜞菊属 Sphagneticola**

66. 舌状花不结实。

68. 头状花序直径达50厘米，花序梗上部不膨大；冠毛膜片状，脱落 ………………………… **66. 向日葵属 Helianthus**

68. 头状花序直径5～15厘米，花序梗上部膨大呈棒槌状；冠毛鳞片状，脱落或宿存 …………………………… **67. 肿柄菊属 Tithonia**

46. 总苞片全部或边缘干膜质；头状花序盘状或辐射状；叶互生。

69. 花序托有托片。

70. 头状花序小，总苞直径2～5（～7～9）毫米，于枝端排成伞房状 ………………………………………………………………………… **68. 蓍属 Achillea**

70. 头状花序大，总苞直径7～15毫米，单生于分枝顶端。

71. 花冠管基部不扩大增生；瘦果有4～5（～8）条凸起的肋

（接上表）

………………………………………………………… **69. 春黄菊属 Anthemis**

71. 花冠管基部扩大增生，包围子房上部；瘦果有3条凸起的肋

………………………………………………………… **70. 果香菊属 Chamaemelum**

69. 花序托无托片，有托毛或裸露。

72. 边花多层；瘦果有毛；花药先端无附属物；植株矮小 … **71. 石胡荽属 Centipeda**

72. 边花1层；瘦果无毛；花药先端有附属物。

73. 头状花序直径1厘米以下，无舌状花。

74. 头状花序排成聚伞状伞房花序。

75. 植株无毛；中央花不结实；叶羽状全裂，裂片线形，质硬

……………………………………… **72. 线叶菊属（兔毛蒿属） Filifolium**

75. 植株被银白色毛；花全部结实；叶羽状深裂，裂片宽短，质软

………………………………………………………… **73. 亚菊属 Ajania**

74. 头状花序排成总状、穗状或圆锥状。

76. 雌花及两性花均结实或两性花不结实 …………… **74. 蒿属 Artemisia**

76. 雌花及少数两性花结实，多数两性花不结实

……………………………………………… **75. 栉叶蒿属 Neopallasia**

73. 头状花序直径均1厘米以上（菊蒿属一些种除外），有舌状花，稀无舌状花。

77. 花序托平或稍凸起呈半球形。

78. 瘦果有翅肋；半灌木或一年生草本。

79. 半灌木；瘦果有长0.4毫米的冠状冠毛

………………………………………… **76. 木茼蒿属 Argyranthermum**

79. 一年生草本；瘦果无冠状冠毛 …………… **77. 茼蒿属 Glebionis**

78. 瘦果无翅肋；多年生草本。

80. 舌状花白色；果肋在瘦果顶端伸延成钝形冠齿

……………………………………………… **78. 滨菊属 Leucanthemum**

80. 舌状花花色丰富；果肋在瘦果顶端不形成冠齿伸延

……………………………………………… **79. 菊属 Chrysanthemum**

77. 花序托凸起呈圆锥形。

81. 瘦果压扁，背面凸起，顶端无红色腺体，腹面有3～5条细肋

…………………………………………………… **80. 母菊属 Matricaria**

81. 瘦果圆筒状三棱形。

82. 瘦果具3条龙骨状凸起的肋，背面顶端有2红色腺体

……………………………………………**81. 三肋果属 Tripleurospermum**

82. 瘦果有5～10条椭圆形凸起的纵肋，顶端无粗大腺体。

83. 总苞钟状，总苞片硬草质；舌状花舌片短或向舌状花转化，黄色，少数白色（如除虫菊） ………**82. 菊蒿属 Tanacetum**

83. 总苞浅盘状，总苞片草质；舌状花舌片长，白色或红色，极少黄色或橘黄色，如果为黄色或者橘黄色，则头状花序单生茎顶 ……………………………………… **83. 匹菊属 Pyrethrum**

（接上表）

20. 花药基部锐尖、戟形或尾状；花柱分枝细长钻形；叶互生。

84. 花柱先端无被毛的节，花柱分枝先端截形；头状花序盘状或辐射状而边花舌状。

85. 管状花花冠不规则深裂或为二唇形。

86. 植株有春、秋二型：春型植株矮小，两性花花冠明显二唇形，冠毛短于花冠；秋型植株高大，通常丛生，两性花为管状闭锁花，冠毛长于花冠 ………………… **84. 大丁草属** Leibnitzia

86. 植株无春、秋二型；花冠常为不明显二唇形或舌状。

87. 草本；冠毛羽毛状；总苞片多数，覆瓦状排列；雌雄同株…………**85. 兔儿风属** Ainsliaea

87. 灌木；冠毛糙毛状；总苞片5～8，近等长；雌雄异株 ……………………**86. 帚菊属** Pertya

85. 管状花花冠浅裂，不为二唇形。

88. 冠毛不存在；头状花序辐射状。

89. 中央小花部分或全部可育……………………………………………**87. 异果菊属** Dimorphotheca

89. 中央的小花不育。

90. 舌状花顶端不裂或微有齿；舌片蓝紫色或白色 …………………………………………………… **88. 骨子菊属（蓝目菊属）**Osteospermum

90. 舌状花顶端明显3裂；舌片橘黄色或黄色 ……………………… **89. 金盏花属** Calendula

88. 冠毛通常毛状，有时无冠毛；头状花序盘状，或辐射状而边缘有舌状花。

91. 头状花序辐射状或盘状，花异型或仅有同型的两性花；雌花花冠舌状或细管状，花柱短于花冠；总苞片草质或革质，有时叶状。

92. 有冠毛，近等长；瘦果有肋 …………………………………………… **90. 旋覆花属** Inula

92. 无冠毛。

93. 花少数，部分结实；瘦果无肋 ………… **91. 和尚菜属（腺梗菜属）** Adenocaulon

93. 花极多数，全部结实；瘦果有肋，上部狭成喙 …………………………………………………… **92. 天名精属（金挖耳属）**Carpesium

91. 头状花序盘状，花异型，雌雄同株，或花同型，雌雄异株，雌花冠细管状，花柱长于花冠；总苞片膜质。

94. 花序托有托片，两性花花柱分枝粗短且先端钝；头状花序通常密集成团伞状；无冠毛 ………………………………………………… **93. 含苞草属（合苞菊属）**Symphyllocarpus

94. 花序托无托片，两性花花柱分枝先端截形或有时花柱不分枝；有冠毛。

95. 两性花花柱有分枝，全部或大部结实 ………………… **94. 湿鼠曲草属** Gnaphalium

95. 两性花花柱不分枝、浅裂或短分枝，不结实。

96. 冠毛基部分离，分散脱落；头状花序排列成伞房状，稀穗状 ……………………………………………………………………… **95. 香青属** Anaphalis

96. 冠毛基部连合成环状；头状花序排列成伞房状，稀单生。

97. 头状花序通常呈伞房状，外围无苞叶群；两性花冠毛先端扁；总苞片干膜质 ………………………………………………………… **96. 蝶须属** Antennaria

97. 头状花序数个密集，稀单生，外围有开展的星状苞叶群；两性花冠毛先端稍粗厚；总苞片边缘膜质 …………………… **97. 火绒草属** Leontopodium

84. 花柱先端有稍膨大被毛的节，节以上分枝或不分枝。

（接上表）

98. 头状花序仅具1花，多数头状花序形成球形或卵形的复头状花序，外为1～2层苞叶所包围，每个头状花序基部有多数扁平刚毛状基毛 ………………………………… **98. 蓝刺头属** Echinops

98. 头状花序花多数，基部无基毛，花同型，管状，有时有不结实的辐射状花。

  99. 叶有刺；瘦果着生面基生。

    100. 头状花序基部为针刺状羽裂的苞叶所包围；根状茎结节状；瘦果密被长柔毛，先端无喙 ………………………………………………………………………… **99. 苍术属** Atractylodes

    100. 头状花序基部无羽裂的苞叶包围；根状茎不为结节状；瘦果无毛，先端有齿状喙。

      101. 茎具翼，翼边缘具刺齿或针刺。

        102. 花丝有毛；叶背面密或疏被灰白色蛛丝状绵毛 ………… **100. 飞廉属** Carduus

        102. 花丝无毛；叶背面密被灰白色厚茸毛 …………… **101. 猬属（蝟菊属）**Olgaea

      101. 茎无翼（翼蓟除外）。

        103. 叶无白斑；冠毛羽毛状 ……………………………………… **102. 蓟属** Cirsium

        103. 叶有白斑；冠毛糙毛状 ………………………………… **103. 水飞蓟属** Silybum

  99. 叶无刺，稀具刺状齿；瘦果着生面侧生或基生。

    104. 无冠毛或有冠毛；头状花序外为苞叶所包围，总苞片先端附属物刺齿状，稀无刺齿；叶常具刺状齿 ………………………………………………………… **104. 红花属** Carthamus

    104. 有冠毛，稀无冠毛。

      105. 冠毛2层。

        106. 外层冠毛糙毛状，内层羽毛状；总苞片先端无附属物，稀具膜质或栉齿状附属物但不为鸡冠状 ……………………………………… **105. 风毛菊属** Saussurea

        106. 外层冠毛羽毛状，内层膜片状；总苞片先端具鸡冠状附属物 ……………………………………………………………… **106. 泥胡菜属** Hemistepta

      105. 冠毛多层，糙毛状，稀无冠毛。

        107. 总苞片先端附属物干膜质；头状花序单生 ………… **107. 漏芦属** Rhaponticum

        107. 总苞片先端膜质、刺状或钩刺状；头状花序多数。

          108. 叶通常羽状分裂，稀不分裂；总苞片先端具刺尖。

            109. 头状花序花同型，两性，管状；叶不分裂或羽状浅裂至深裂 ………………………………………………………… **108. 麻花头属** Klasea

            109. 头状花序花异型，边花雌性且呈细管状，中央花两性且呈管状；叶羽状全裂，裂片边缘有锯状齿 ……………… **109. 伪泥胡菜属** Serratula

          108. 叶通常卵形或广卵形，边缘波状、具齿或全缘，稀羽状分裂。

            110. 总苞片先端钩刺状；瘦果着生面基生 ……………**110. 牛蒡属** Arctium

            110. 总苞片坚硬；瘦果着生面侧生。

              111. 总苞片先端具膜质附属物或为栉齿状针刺；花药基部附属物极小 ………………………………………… **111. 疆矢车菊属** Centaurea

              111. 总苞片先端渐尖成针刺；花药基部附属物结合成管并包围花丝 ………………………………………… **112. 山牛蒡属** Synurus

1 管花蒲公英属 *Neo-taraxacum* Y. R. Ling et X. D. Su

Neo-taraxacum Y. R. Ling & X. D. Sun, Bull. Bot. Res., Harbin 21(2): 175～176. 2001.

多年生草本。叶基生。头状花序全为管状花，小花30～50朵，先端5浅裂；雄蕊5，聚药；花柱分枝线形，先端平截。瘦果倒卵形，上部具小疣，喙长渐尖。

本属全世界仅1种，特产于中国内蒙古自治区。

管花蒲公英（内蒙古植物志）

Neo-taraxacum siphonanthum (X. D. Sun, X. J. Ge, Kirschner & Štěpánek) Y. R. Ling & X. D. Sun, Bull. Bot. Res., Harbin 21(2): 176. 2001.——*Taraxacum siphonanthum* X. D. Sun, X. J. Ge, Kirschner & Štěpánek, Folia Geobot. 35. 2000; 内蒙古植物志（第三版）5: 404. 2020.

多年生草本。叶基生。头状花序全为管状花，小花30～50朵，先端5浅裂；雄蕊5，聚药；花柱分枝线形，先端平截。瘦果倒卵形，上部具小疣，喙长渐尖。生阔叶林带沟谷。产内蒙古自治区扎兰屯市郑家沟断桥村。

资源价值同蒲公英。

■ 管花蒲公英

头状花序侧面观

头状花序正面观

植株

2 菊苣属 *Cichorium* L.

Cichorium L., Sp. Pl. 813. 1753.

一至多年生直立草本。叶倒向羽裂、有齿或全缘，基生叶莲座状，具短翼状柄；茎生叶无柄，互生，抱茎。头状花序多数，稀单生；总苞圆筒形，外层总苞片较短，卵形或广披针形，内层披针形或披针状线形；花多数，同型，舌状，两性，舌片淡蓝色、蓝色、淡粉红色或白色，比总苞长；花药基部箭形，先端钝圆，有三角形附属物；花柱分枝细长。瘦果倒卵形或椭圆形或倒楔形，外层瘦果压扁，紧贴内层总苞片，有3～5条高起的棱，顶端截形；冠毛极短，膜片状，2～3层。

本属全世界约6种，分布于欧洲、亚洲、北非，主要分布于地中海地区和西南亚。中国有3种，东北地区均产，其中栽培2种。

分种检索表

1. 多年生草本；膜片状冠毛长0.2～0.3毫米……………………………………………1. 菊苣 *C. intybus* L.

（接上表）

1. 一年生或二年生草本；膜片状冠毛长0.4～0.8毫米。
   2. 全株密被长腺毛 ………………………………………… 2. 腺毛菊苣 C. glandulosum Boiss. et Huet.
   2. 全株光滑无毛 ………………………………………………………………… 3. 栽培菊苣 C. endivia L.

（1）菊苣（辽宁植物志，黑龙江省植物志，东北植物检索表，东北草本植物志，中国植物志，Flora of China）

Cichorium intybus L., Sp. Pl. 813. 1753; 辽宁植物志（下册）: 604. 图版269: 1～3. 1992; 东北植物检索表（第二版）: 718. 图版362: 2. 1995; 中国植物志80(1): 8. 图版2: 1～2. 1997; 黑龙江省植物志9: 285. 1998; 东北草本植物志9: 361. 图版132: 4～5. 2004; Fl. China 20: 350. 2011.

生山脚湿地、滨海荒山。原产地中海、亚洲中部和北非。分布于黑龙江省饶河；辽宁省大连、鞍山、沈阳等地。

本种为外来入侵植物，其种苗可传播鳞球茎线虫、菊细菌性软腐病菌、番茄环斑病毒、美洲斑潜蝇等检疫有害生物。叶可调制生菜；全株入药，具有清热解毒、利尿消肿、健胃等功效；根含菊糖及芳香族物质，可提制代用咖啡，促进人体消化器官活动；还可作为饲料和制糖原料。

■ 菊苣

幼苗

花序一部分

植株一部分

（2）腺毛菊苣（中国植物志，秦岭植物志）

Cichorium glandulosum Boiss. et Huet. in Boiss. Diagn. Pl. Or. Nov. ser. 2, 3: 87. 1856; 秦岭植物志1(5): 391. 1985; 中国植物志80(1): 10. 1997.

原产高加索、土耳其。辽宁省大连市有栽培，也有逸生。

作为蔬菜引进。全株入药，具有清热解毒、利尿消肿、健胃等功效；根含菊糖及芳香族物质，可提制代用咖啡，促进人体消化器官活动；还可作为饲料和制糖原料。

■ 腺毛菊苣

花序一部分

植株一部分

叶背面观

（3）栽培菊苣（中国植物志）

Cichorium endivia L., Sp. Pl. 813. 1750; 中国植物志80(1): 8. 1997.

原产南欧。辽宁省大连、金州、旅顺口、长海、普兰店、瓦房店、庄河等地有栽培。

作为蔬菜栽培，叶供食用。

■ 栽培菊苣

头状花序正面观

头状花序侧面观

花期植株

苗期植株

花序一部分

3 猫耳菊属（猫儿菊属） *Hypochaeris* L.

Hypochaeris L., Sp. Pl. 810. 1753.

多年生草本，极少一年生草本。茎单生，有叶或无叶。有基生的莲座状叶丛。头状花序卵状、宽半球形或钟形；总苞片多层，覆瓦状排列；花托平，有托片，托片长膜质，线形；全部小花舌状，两性、结实，黄色，舌片顶端截形，5齿裂；花药基部箭形，花柱分枝纤细，顶端微钝。瘦果圆柱形或长椭圆形，有多或少高起的纵肋，顶端有喙，喙细或短，或顶端截形而无喙；冠毛羽毛状，1层。

本属全世界约60种，主要分布于南美洲，欧洲与亚洲有少数种。中国有6种。东北地区产1种。

猫儿菊（辽宁植物志，黑龙江省植物志，内蒙古植物志，东北植物检索表，东北草本植物志，中国植物志，Flora of China）；黄金菊（中国植物志）

Hypochaeris ciliata (Thunb.) Makino in Bot. Mag. Tokyo 22: 37. 1908; 中国植物志80(1): 52. 图版1: 13. 1997; 东北草本植物志9: 361. 图版130. 2004; Fl. China 20: 346. 2011.——*Achyrophorus ciliatus* (Thunb.) Schultz Bp. in Nov. Act. Acad. Caes. Leopoid. Carol. Nat. Cur. 21: 128. 1845; 辽宁植物志（下册）: 604. 图版269: 4～6. 1992; 内蒙古植物志（第二版）4: 790. 图版315. 1993; 东北植物检索表（第二版）: 718. 图版362: 1. 1995; 黑龙江省植物志9: 286. 1998.

多年生直立草本；茎被长毛和硬刺毛；基生叶及茎下部叶有柄，叶片长圆状匙形，基部下延至柄成翼，边缘具不整齐锐尖牙齿及刺毛状缘毛，背面被刺毛；茎中上部叶无柄，基部抱茎；头状花序单生；总苞半球形，直径3.5～4厘米；花橙红色；瘦果圆柱状，浅褐色，有15～16条稍高起的细纵肋。生于山坡灌丛间及干草甸子。产黑龙江省黑河、密山、虎林、五大连池、克山、穆棱、尚志、肇东、哈尔滨、安达、大庆、齐齐哈尔、嘉荫、宁安、鹤岗、集贤、嫩江、萝北、孙吴、呼玛；吉林省通化、梅河口、珲春、集安、抚松、安图、辉南、靖宇、汪清、前郭、镇赉；辽宁省沈阳、抚顺、盖州、大连、丹东、东港、铁岭、本溪、兴城、葫芦岛、朝阳、阜蒙、义县、建昌、西丰、昌图、岫岩；内蒙古自治区额尔古纳、根河、扎兰屯、牙克石、陈巴尔虎旗、鄂温克、扎赉特旗、扎鲁特旗、科尔沁左翼后旗、奈曼旗、赤峰市红山区、翁牛特旗、巴林左旗、巴林右旗、阿鲁科尔沁旗、敖汉旗、喀喇沁旗、宁城、东乌珠穆

■ 猫儿菊

茎叶

头状花序

植株

沁旗、锡林浩特等地。

根有利水消肿的作用。花大色艳，观赏效果较好。

4 婆罗门参属 *Tragopogon* L.

Tragopogon L., Sp. Pl. 789. 1753.

二年生或多年生直立草本。茎有沟槽，无毛或被蛛丝状毛。叶互生，禾草状。头状花序单生于茎顶或枝端；总苞片1层，覆瓦状排列，线形或线状披针形，无毛；花舌状，两性，结实，黄色，红色或红紫色，舌片先端截形，5齿裂。瘦果线状圆筒形，具5～10纵肋，沿肋具鳞片状小疣状突起，先端有喙；冠毛羽毛状。

本属全世界约150种，主要集中在地中海沿岸地区、中亚及高加索。中国有19种，集中分布于新疆。东北地区产2种。

分种检索表

1. 总苞短于舌状花；瘦果喙较短 ………… 1. 黄花婆罗门参 T. orientalis L.
1. 总苞明显长于舌状花；瘦果喙长 ………… 2. 霜毛婆罗门参 T. dubius Scop.

（1）黄花婆罗门参（中国植物志）；远东婆罗门参（辽宁植物志，东北植物检索表，东北草本植物志）；东方婆罗门参（黑龙江省植物志，内蒙古植物志）

Tragopogon orientalis L., Sp. Pl. 789. 1753; 辽宁植物志（下册）: 607. 图版270: 4～6. 1992; 内蒙古植物

■ 黄花婆罗门参

头状花序

头状果序

■ 黄花婆罗门参

植株上部

植株

志（第二版）4: 792. 图版316. 1993; 东北植物检索表（第二版）: 731. 图版367: 5. 1995; 黑龙江省植物志9: 309. 图版92: 1 ~ 3. 1998; 东北草本植物志9: 366. 图版132: 1 ~ 3. 2004; 中国植物志80(1): 44. 1997.

生山地林缘及草地。产黑龙江省哈尔滨伊春；辽宁省沈阳；内蒙古自治区牙克石等地。

嫩茎叶及根可食用。

（2）霜毛婆罗门参（Flora of China）；长喙婆罗门参（辽宁植物志，东北植物检索表，东北草本植物志）

Tragopogon dubius Scop. in Fl. Carniol. 2: 95. 1772; 辽宁植物志（下册）: 606. 图版270: 1 ~ 3. 1992; 东北植物检索表（第二版）: 731. 图版367: 4. 1995; 东北草本植物志9: 363. 图版131. 2004; Fl. China 20: 209. 2011.

生沙质地、干山坡、路旁、荒地。原产欧洲。辽宁省大连、鞍山、盖州等地有分布。

本种为外来入侵植物，种子量大且具冠毛，繁殖、传播能力十分强；主根发达，侵占生态位的能力十分强。嫩根和嫩苗可作为野菜采食；花期具有一定的观赏性。

■ 霜毛婆罗门参

头状果序

头状花序正面观

头状花序侧面观

苗期植株

花期植株

瘦果

5 毛连菜属 *Picris* L.

Picris L., Sp. Pl. 792, 1753. ed. 2. 1114. 1763.

一、二年生直立草本，稀多年生。全部茎枝被钩状硬毛或硬刺毛。叶互生，全缘或具齿或羽状分裂。头状花序多数，排成不规则的伞房状；总苞片数层，覆瓦状排列，外层短而反折，内层紧贴；花全部为舌状，黄色，两性；花托无托片。瘦果椭圆形或纺锤形，有5～14条高起的纵肋，肋上有横皱纹，基部收窄，顶端无喙或喙极短。冠毛2层，外层短或极短，糙毛状；内层长，羽毛状，基部连合成环。

本属全世界约50种，分布于欧洲、亚洲与北非地区。中国有7种。东北地区产2种1亚种。

分种检索表

1. 基生叶花期存在；瘦果长5～6（～7）毫米 ………………………………… 1. 新疆毛连菜 P. nuristanica Bornmüller

1. 基生叶花期枯萎脱落；瘦果长约3毫米。

  2. 茎被稠密或稀疏的亮色分叉的钩状硬毛 ………………………………………… 2. 毛连菜 P. hieracioides. L.

  2. 茎被稠密褐色或紫褐色不分叉的长硬毛 ………………………………… 3. 云南毛连菜 P. junnanensis V. Vassil.

（1）新疆毛连菜（中国植物志，Flora of China）；丽江毛连菜（中国植物志）

Picris nuristanica Bornmüller, Repert. Spec. Nov. Regni Veg. Beih. 108: 68. 1938; 中国植物志80(1): 57.

1997; Fl. China 20: 349. 2011.——*Picris similis* V. Vassil. in Not. Syst. Herb. Inst. Bot. Acad. Sci. URSS 17: 455. 1955; 中国植物志80(1): 58. 1997.

生山坡草地。产辽宁省大连。

■ 新疆毛连菜

头状花序正面观

头状花序侧面观

花序

花期植物下部

茎与叶

果序

瘦果

花期全株

新疆毛连菜（左）与毛连菜（右）对比

（2）毛连菜（内蒙古植物志，中国植物志，Flora of China）；兴安毛连菜（辽宁植物志，黑龙江省植物志，东北植物检索表，东北草本植物志）

Picris hieracioides L., Sp. Pl. 792. 1753; 中国植物志80(1): 55. 1997; Fl. China 20: 348. 2011.——*P. davurica* Fisch. ex Hornem. in Hort. Hafn. Suppl. 155. 1819; 辽宁植物志（下册）: 607. 图版278: 6～8. 1992; 内蒙古植物志（第二版）4: 803. 图版321. 1993; 东北植物检索表（第二版）: 721. 图版365: 1. 1995; 黑龙江省植物志9: 301. 图版88: 5～9. 1998; 东北草本植物志9: 367. 图版133: 1～4. 2004.——*P. davurica* Fisch. ex Hornem. var. *koreana* (Kitam.) Kitag. in Rep. Inst. Sci. Res. Manch. 4: 106. 1940; 辽宁植物志（下册）: 608. 1992.

生山坡草地、林下、沟边、田间、撂荒地或沙滩地。产东北三省各地；内蒙古自治区海拉尔、额尔古纳、牙克石、陈巴尔虎旗、鄂温克、新巴尔虎左旗、科尔沁左翼后旗、敖汉旗、巴林左旗、巴林右旗、阿鲁科尔沁旗、克什克腾旗、喀喇沁旗、宁城、东乌珠穆沁旗等地。

全草有泻火、解毒、祛瘀止痛作用。花序有宣肺止血、化痰平喘作用。

■ 毛连菜

花序

头状果序

花期无基生叶

花期全株

头状花序侧面观

茎下部

茎上部

植株

（3）云南毛连菜（Flora of China）；丽江毛连菜、单毛毛连菜（中国植物志）；褐毛毛连菜（中国高等植物图鉴）

Picris junnanensis V. Vassil. in Not. Syst. Herb. Inst. Bot. Acad. Sci. URSS 17: 457. 1955; 中国植物志80(1):57. 1997; Fl. China 20:350. 2011.——*Picris hieracioides* subsp. *fuscipilosa* Hand.-Mazz. in Symb. Sin. 7: 1177. 1936; 中国植物志80(1):56. 图版10:1 ~ 2. 1997.

生山坡草地及林下。产辽宁省宽甸。

■ 云南毛连菜

茎

花序

茎叶

6 鸦葱属 *Scorzonera* L.

Scorzonera L., Sp. Pl. 790. 1753.

多年生草本，少半灌木或一年生。叶全缘，禾草状或稍宽，有时稍分裂。头状花序单生茎顶或分枝顶端排成伞房状；总苞圆柱状或长椭圆状或楔状；总苞片数层，覆瓦状排列，外层短小，向内渐长；花舌状，黄色、紫色或紫红色，舌片先端截形，5齿裂。瘦果圆柱状或长椭圆状，无毛或有毛，有多数钝纵肋。冠毛中下部或大部羽毛状，上部锯齿状，通常有超长冠毛3~10个，基部连合成环，整体脱落或不脱落。

本属全世界约180种，分布于欧洲、西南亚及中亚，北非有少数种。中国有24种，主要分布于西北。东北地区产8种。东北地区产8种。

分种检索表

1. 茎有分枝；头状花序数个生于枝端。
   2. 茎高50~100厘米，直立，绿色，被白色绵毛；基生叶长达30厘米，扁平，线形；头状花序圆筒形，长4厘米；冠毛污黄色 ……………… **1. 华北鸦葱 S. albicaulis** Bunge
   2. 茎高（2.5~）6~10（~30）厘米，丛生，自基部铺散，稀直立，灰绿色，无毛；基生叶长不超过7厘米，稍肉质，披针形或线状披针形；头状花序狭圆锥状，长1.8~2.8厘米；冠毛白色…… **2. 蒙古鸦葱 S. mongolica** Maxim.
1. 茎不分枝；头状花序单生于茎顶。
   3. 根颈部被鳞片状残叶；茎生叶线形或线状披针形 ……………… **3. 毛梗鸦葱 S. radiata** Fisch. ex Ledeb.
   3. 根颈部被多数棕榈状枯叶纤维；茎生叶退化为鳞片状苞叶。
      4. 基生叶丝状，宽1~1.5毫米，常呈蜿蜒状扭曲 ……………… **4. 丝叶鸦葱 S. curvata** (Popl.) Lipsch.
      4. 基生叶不为丝状。
         5. 瘦果有毛。
            6. 基生叶宽3~4毫米，基部鞘内及边缘被稠密的棉毛，边缘平；瘦果长7.5毫米，冠毛长达2厘米 ……………… **5. 东北鸦葱 S. manshurica** Nakai
            6. 基生叶宽达1.5厘米，两面光滑无毛，边缘皱波状；瘦果长1厘米，冠毛长约1.2厘米

（接上表）

……………………………………………………… 6. 毛果鸦葱 S. ikonnikovii Lipsch. et Krasch. ex Lipsch.

5. 瘦果无毛。

7. 基生叶宽卵形、宽披针形至线形，宽可达5厘米，边缘皱波状 …7. 桃叶鸦葱 S. sinensis Lipsch. & Krasch.

7. 基生叶线形至长椭圆形，宽可达2.5厘米，边缘平展或稍皱 ………………… 8. 鸦葱 S. austriaca Willd.

（1）华北鸦葱（中国植物志，Flora of China）；笔管草（辽宁植物志，黑龙江省植物志，内蒙古植物志，东北植物检索表，东北草本植物志）

Scorzonera albicaulis Bunge in Mem. Acad. Sci. St. Sav. Etrang. 2: 114. 1833; 辽宁植物志（下册）: 610. 图版271: 1 ~ 3. 1992; 内蒙古植物志（第二版）4: 795. 图版318: 8 ~ 10. 1993; 东北植物检索表（第二版）: 723. 图版366: 3. 1995; 中国植物志80(1): 26. 图版7: 1 ~ 2. 1997; 黑龙江省植物志9: 304. 图版89: 5 ~ 7. 1998; 东北草本植物志9: 371. 图版135: 4 ~ 6. 2004; Fl. China 20: 203. 2011.

生山坡、干草地、固定沙丘、荒地、林缘。黑龙江省哈尔滨、齐齐哈尔、伊春、尚志、阿城、北安、虎林、嫩江、讷河、肇东、肇源、安达、绥芬河、牡丹江、宁安、萝北、杜尔伯特；吉林省白城、通化、梅河口、辽源、双辽、长春、安图、辉南、镇赉、和龙、延吉、汪清、珲春；辽宁省沈阳、辽阳、盖州、大连、瓦房店、长海、本溪、桓仁、西丰、建平、彰武、绥中、北镇、义县、大洼；内蒙古

■ 华北鸦葱

植株下部

头状花序正面观

头状花序侧面观

冠毛污黄色

花序

植株

自治区额尔古纳、根河、牙克石、海拉尔、扎兰屯、陈巴尔虎旗、鄂伦春、鄂温克、扎赉特旗、科尔沁右翼前旗、扎鲁特旗、科尔沁左翼后旗、翁牛特旗、巴林左旗、巴林右旗、克什克腾旗、宁城、东乌珠穆沁旗等地。

根有祛风除湿、理气活血作用。嫩苗和花序可食。

（2）蒙古鸦葱（辽宁植物志，内蒙古植物志，东北植物检索表，东北草本植物志，中国植物志，Flora of China）

Scorzonera mongolica Maxim. in Bull. Acad. Sc. St. Petersb. 32 (4) 492. 1888; 辽宁植物志（下册）: 609. 图版271: 4 ~ 6. 1992; 内蒙古植物志（第二版）4: 798. 图版319: 4 ~ 6. 1993; 东北植物检索表（第二版）: 723. 图版366: 2. 1995; 中国植物志80(1): 34. 1997; 东北草本植物志9: 369. 图版134. 2004; Fl. China 20: 204. 2011.

生盐碱地、海滨草地及沙质地。产黑龙江省宁安；辽宁省大连、营口、兴城、盖州、大洼；内蒙古自治区苏尼特左旗、苏尼特右旗等地。

根有清热解毒、利尿、通乳作用。嫩苗和花序可食。

■ 蒙古鸦葱

茎叶

花序

植株一部分

居群

植株

（3）毛梗鸦葱（黑龙江省植物志，内蒙古植物志，中国植物志，Flora of China）；狭叶鸦葱（东北植物检索表，东北草本植物志）

Scorzonera radiata Fisch. ex Ledeb. in Ledeb., Fl. Alt. 4: 160. 1833; 内蒙古植物志（第二版）4: 798. 图版319: 1 ~ 3. 1993; 东北植物检索表（第二版）: 723. 图版366: 6. 1995; 中国植物志80(1): 20. 图版5: 1. 1997; 黑龙江省植物志9: 304. 图版90: 1 ~ 3. 1998; 东北草本植物志9: 371. 图版135: 1 ~ 3. 2004; Fl. China 20: 201. 2011.

生山坡林缘、林下、草地及河滩砾石地。产黑龙江省伊春、呼玛、五大连池、五常、肇东、萝北、安达、齐齐哈尔、黑河、嘉荫；吉林省白山、临江、通化、集安、柳河、辉南、抚松、靖宇、长白；辽宁省大连、长海、铁岭、法库；内蒙古自治区海拉尔、根河、额尔古纳、牙克石、鄂伦春、阿荣旗、科尔沁右翼前旗、乌兰浩特、阿巴嘎旗等地。

根有发表散寒、祛风除湿作用，用于风湿、感冒、筋骨疼痛。

■ 毛梗鸦葱

头状果序

头状花序

茎生叶发达

植株

（4）丝叶鸦葱（内蒙古植物志，东北植物检索表，东北草本植物志，中国植物志，Flora of China）

Scorzonera curvata (Popl.) Lipsch., Fl. URSS. 29: 72. 1964; 内蒙古植物志（第二版）4: 800. 图版320: 6 ~ 8. 1993; 中国植物志80(1): 22. 1997; 东北植物检索表（第二版）: 723. 1995; 东北草本植物志9: 373. 2004; Fl. China 20: 202. 2011.

生丘陵坡地及干燥山坡。产内蒙古自治区新巴尔虎左旗、新巴尔虎右旗、满洲里、科尔沁右翼前旗、阿巴嘎旗、苏尼特左旗、苏尼特右旗等地。

■ 丝叶鸦葱

植株一部分

植株

（5）东北鸦葱（辽宁植物志，黑龙江省植物志，内蒙古植物志，东北植物检索表，东北草本植物志，中国植物志，Flora of China）

Scorzonera manshurica Nakai in Rep. Inst. Sc. Res. Mansh. 1: 173. 1936; 辽宁植物志（下册）: 612. 图版272: 3 ~ 4. 1992; 内蒙古植物志（第二版）4: 802. 图版320: 9 ~ 12. 1993; 东北植物检索表（第二版）: 723. 图版366: 5. 1995; 中国植物志80(1): 25. 图版4: 1. 1997; 黑龙江省植物志9: 306. 1998; 东北草本植物志9: 373. 图版136: 1 ~ 3. 2004; Fl. China 20: 202. 2011.

生于山坡、石砾地、沙丘上或干草原。产黑龙江省黑河、五大连池、萝北、五常、安达、肇东；辽宁省沈阳、盖州、大连、抚顺、新宾、桓仁、凤城、丹东、东港、北镇、西丰；内蒙古自治区海拉尔、满洲里、科尔沁右翼前旗、阿尔山、乌兰浩特、通辽等地。

根具清热解毒、消炎、通乳作用。嫩苗和花序可食。

■ 东北鸦葱

头状果序

植株一部分

植株

（6）毛果鸦葱（中国植物志，Flora of China）

Scorzonera ikonnikovii Lipsch. et Krasch. ex Lipsch. in Fragm. Monog. Gen. Socrzonera 109. 1935; 中国植物志80(1): 26. 图版7: 3 ~ 4. 1997; Fl. China 20: 202. 2011.

生于山坡。产辽宁省大连、金州等地。

根具清热解毒、消炎、通乳作用。嫩苗和花序可食。

■ 毛果鸦葱

头状果序

瘦果有毛

头状花序

■ 毛果鸦葱

基生叶

花期植株

果期植株

（7）桃叶鸦葱（辽宁植物志，内蒙古植物志，东北植物检索表，东北草本植物志，中国植物志，Flora of China）

Scorzonera sinensis Lipsch. & Krasch., Fragm. Monog. Gen. Scorzonera 120. 1935; 辽宁植物志（下册）: 610. 图版272: 5 ~ 7. 1992; 内蒙古植物志（第二版）4: 802. 图版320: 9 ~ 12. 1993; 东北植物检索表（第二版）: 723. 图版366: 1. 1995; 中国植物志80(1): 23. 图版8: 2. 1997; 东北草本植物志9: 375. 图版173. 2004; Fl. China 20: 201. 2011.

生于山坡、丘陵地及灌丛间。产辽宁省凌源、北镇、建平、建昌、法库、绥中；内蒙古自治区科尔沁右翼前旗等地。

嫩叶、幼嫩花序可食；根具清热解毒、消炎、通乳作用。

■ 桃叶鸦葱

头状花序侧面观

头状花序

花期植株

基生叶

头状果序一部分

果期植株

（8）鸦葱（辽宁植物志，黑龙江省植物志，内蒙古植物志，东北植物检索表，东北草本植物志，中国植物志，Flora of China）

Scorzonera austriaca Willd. in Sp. Pl. 3: 1498. 1803; 内蒙古植物志（第二版）4: 803. 图版318: 1 ~ 4. 1993; 中国植物志80(1): 23. 图版6: 1. 1997; 黑龙江省植物志9: 306. 图版90: 4 ~ 6. 1998; 东北草本植物志9:

375. 图版136: 4 ~ 6. 2004; Fl. China 20: 201. 2011.——*S. ruprechtiana* Lipsch. et Krasch. in Fragm. Monog. Gen Scorzonera 121. 1935; 辽宁植物志（下册）: 612. 图版272: 1 ~ 2. 1992.——*S. glabra* Rupr. in Flor. Samojed. 11. 1845; 东北植物检索表（第二版）: 723 图版366: 4. 1995.

生山坡草地、林下、路旁、石砾质地。产黑龙江省泰来、哈尔滨、尚志、安达、宁安、龙江；吉林省长春、双辽、通榆；辽宁省各地；内蒙古自治区额尔古纳、海拉尔、满洲里、牙克石、陈巴尔虎旗、新巴尔虎左旗、新巴尔虎右旗、科尔沁右翼前旗、扎赉特旗、科尔沁左翼后旗、乌兰浩特、巴林左旗、巴林右旗、阿鲁科尔沁旗、翁牛特旗、东乌珠穆沁旗、西乌珠穆沁旗、锡林浩特、阿巴嘎旗、正蓝旗、正镶白旗、镶黄旗、太仆寺旗、多伦等地。

根具清热解毒、消炎、通乳作用。嫩苗和花序可食。

■ 鸦葱

基生叶

头状花序侧面观

头状花序正面观

头状果序

花期植株

瘦果无毛

果期植株

7 蒲公英属 *Taraxacum* F. H. Wigg.

Taraxacum F. H. Wigg. in Prim. Fl. Holsat. 56. 1780.

多年生无茎草本。叶基生，莲座状，倒向羽状分裂或琴状羽状分裂，有时近全缘。花葶直立，疏或密被蛛丝状绵毛；头状花序单生于花葶先端；总苞钟形或圆筒形，总苞片3 ~ 4层，外层短，直立或反卷，先端有或无角状突起或肥厚为胼胝体；花同型，舌状，黄色或白色，舌片先端截形，5齿裂；花药基部戟形，先端具三角形附属物；花柱分枝纤细。瘦果纺锤形，稍扁压，具刺状或瘤状突起，有肋，先端尖塔形，延伸成喙，喙端有冠毛。

本属全世界约2500种，主产北半球温带至亚热带地区，少数产热带南美洲。中国有116种，广布于东北、华北、西北、华中、华东及西南各省区，西南和西北地区最多。东北地区产13种。

分种检索表

1. 外层总苞片宽至少4毫米，头状花序较大。
    2. 外层总苞片膜质边缘宽，具缘毛 ……………………………… 1. **白缘蒲公英** T. platypecidum Diels
    2. 外层总苞片膜质边缘窄而不明显，很少具缘毛 ……………………… 2. **东北蒲公英** T. ohwianum Kitam.
1. 外层总苞片较狭窄，头状花序较小。
    3. 外层总苞片顶端有明显的小角。
        4. 舌状花白色 ……………………………………… 3. **朝鲜蒲公英** T. coreanum Nakai
        4. 舌状花黄色。
            5. 花序托有小的卵形膜质托片 ……………………… 4. **芥叶蒲公英** T. brassicifolium Kitag.
            5. 花序托无托片。
                6. 叶有紫色斑点……………………………………… 5. **斑叶蒲公英** T. variegatum Kitag.
                6. 叶无紫色斑点…………………………………… 6. **蒲公英** T. mongolicum Hand.-Mazz.
    3. 外层总苞片顶端平坦、肥厚或具不明显的小角。
        7. 外层总苞片花期反卷。
            8. 花葶无毛；外层总苞片背部先端具乳头状纤毛，具极短的角状突起或无角状突起；瘦果上部具刺状突起，下部光滑或具稀疏的小瘤 ……………………… 7. **丹东蒲公英** T. antungense Kitag.
            8. 花葶顶端被丰富的蛛丝状毛；外层总苞片无角状突起；瘦果中部以上有大量小尖刺，其余部分具小瘤状突起 ……………………………………… 8. **药用蒲公英** T. officinale F. H. Wigg.
        7. 外层总苞片花期直立或伏贴。
            9. 总苞较小，外层总苞片先端背部无小角，或有时微增厚 ……… 9. **华蒲公英** T. borealisinense Kitam.
            9. 总苞较大，外层总苞片先端背部增厚或有小角。
                10. 外层总苞片披针形，具窄膜质边缘或不明显的膜质边缘 ……………………… 10. **异苞蒲公英** T. heterolepis Nakai et Koidz. ex Kitag.
                10. 外层总苞片宽卵形或长卵形，有较宽的膜质边缘。
                    11. 总苞长16～20毫米 ……………………… 11. **光苞蒲公英** T. lamprolepis Kitag.
                    11. 总苞长8～12毫米。
                        12. 叶倒向羽状全裂，顶裂片大，长三角状戟形，先端尖或稍钝；瘦果中部以下具小瘤状突起 ……………………… 12. **多裂蒲公英** T. dissectum (Ledeb.) Ledeb.
                        12. 叶倒向羽状深裂，顶裂片小，狭三角形或披针形，先端渐尖；瘦果中部以下微具小瘤状突起 ……………… 13. **深裂蒲公英** T. scariosum (Tausch) Kirschner & Štepánek

（1）白缘蒲公英（辽宁植物志，黑龙江省植物志，内蒙古植物志，东北植物检索表，东北草本植物志，中国植物志，Flora of China）

Taraxacum platypecidum Diels in Fedde, Repert. Beih. 12: 515. 1922; 辽宁植物志（下册）: 631. 图版281: 7～9. 1992; 内蒙古植物志（第二版）4: 814. 图版327: 4. 1993; 东北植物检索表（第二版）: 726. 图版368: 6. 1995; 黑龙江省植物志9: 318. 图版93: 12～14. 1998; 中国植物志80(2): 42. 图版8: 8～11. 1999; 东北草本植物志9: 382. 2004; Fl. China 20: 282. 2011.

生山坡草地或路旁。产黑龙江省嘉荫、密山；吉林省长春、安图；辽宁省沈阳、鞍山、本溪、凤城、丹东、大连、北镇、义县；内蒙古自治区科尔沁右翼前旗等地。

嫩苗可食。全草有清热解毒、利湿通淋、催乳作用。

■ 白缘蒲公英

基生叶

头状花序侧面观

植株

(2)东北蒲公英(辽宁植物志,黑龙江省植物志,内蒙古植物志,东北植物检索表,东北草本植物志,中国植物志);长春蒲公英(黑龙江省植物志,内蒙古植物志,东北植物检索表,东北草本植物志)

Taraxacum ohwianum Kitam. in Act. Phytotax. Geobot. 2: 124. 1933; 辽宁植物志(下册): 633. 图版282: 1 ~ 4. 1992; 内蒙古植物志(第二版)4: 814. 图版324: 1. 1993; 东北植物检索表(第二版): 729. 图版368: 1. 1995; 黑龙江省植物志9: 318. 图版94: 1 ~ 3. 1998; 中国植物志80(2): 43. 图版8: 12 ~ 15. 1999; 东北草本植物志9: 386. 2004.——*T. junpeianum* Kitam. in Acta Phytotax. Geobot. 4: 103. 1935; 内蒙古植物志(第二版)4: 814. 图版326. 1993; 东北植物检索表(第二版): 729. 1995; 黑龙江省植物志9: 320. 图版94: 4 ~ 6. 1998; 东北草本植物志9: 390. 2004.

生山坡、路旁、荒野等地。产黑龙江省哈尔滨、大庆、安达、齐齐哈尔、伊春;吉林省长春、临江、延吉、集安、白山、通化、梅河口、柳河、辉南、抚松、靖宇、长白;辽宁省沈阳、鞍山、建平、凌源、义县、抚顺、新宾、凤城、丹东、大连、铁岭、西丰、本溪、桓仁;内蒙古自治区额尔古纳、海拉尔、科尔沁右翼中旗、科尔沁右翼前旗、阿尔山等地。

嫩苗可食。全草有清热解毒、利湿通淋、催乳作用。

■ 东北蒲公英

头状花序

基生叶

头状花序侧面观

植株

（3）朝鲜蒲公英（辽宁植物志，黑龙江省植物志，东北植物检索表，东北草本植物志，中国植物志，Flora of China）；白花蒲公英（辽宁植物志，黑龙江省植物志，内蒙古植物志，东北植物检索表，东北草本植物志）

Taraxacum coreanum Nakai in Bot. Mag. Tokyo 46: 62. 1932; 辽宁植物志（下册）: 630. 图版281: 5～6. 1992; 东北植物检索表（第二版）: 726. 图版368: 3. 1995; 黑龙江省植物志9: 312. 图版93: 1～2. 1998; 中国植物志80(2): 35. 图版7: 5～8. 1999; 东北草本植物志9: 379. 图版138: 8～11. 2004; Fl. China 20: 298. 2011.——*T. pseudo-albidum* Kitag. in Bot. Mag. Tokyo 47: 831. f. 6 (1), f. 10 (10), f. 11 (7). 1933; 辽宁植物志（下册）: 630. 图版281: 1～4. 1992; 内蒙古植物志（第二版）4: 810. 图版323: 4. 1993; 东北植物检索表（第二版）: 726. 图版368: 5. 1995; 黑龙江省植物志9: 313. 图版93: 3～6. 1998; 东北草本植物志9: 379. 图版139: 5～7. 2004.——*T. pseudo-albidumf. lutescens* (Kitag) Kitag. in Journ. Jap. Bot. 36: 23. 1961; 辽宁植物志（下册）: 631. 1992; 东北植物检索表（第二版）: 726. 1995; 东北草本植物志9: 382. 2004.

生山坡草地、路旁及河边等地。产黑龙江省哈尔滨、虎林、密山、穆棱；吉林省白山、通化、梅河口、长春、磐石、珲春、集安、安图、柳河、辉南、抚松、靖宇、长白；辽宁省沈阳、鞍山、瓦房店、大连、庄河、抚顺、新宾、清原、凤城、丹东、北镇、西丰、建昌、绥中、桓仁；内蒙古自治区海拉尔、满洲里、新巴尔虎右旗等地。

嫩苗可食。全草有清热解毒、利湿通淋、催乳作用。

■ 朝鲜蒲公英

头状花序侧面观

植株一部分

头状花序正面观

植株

（4）芥叶蒲公英（黑龙江省植物志，内蒙古植物志，东北植物检索表，东北草本植物志，中国植物志）

Taraxacum brassicifolium Kitag. in Rep. Inst. Sci. Res. Mansh. 2: 308. f. 4 ~ 5. 1938; 内蒙古植物志（第二版）4: 810. 图版324: 4. 1993; 东北植物检索表（第二版）: 726. 1995; 黑龙江省植物志9: 316. 1998; 中国植物志80(2): 36. 1999; 东北草本植物志9: 384. 图版138: 1 ~ 7. 2004.

生河边、林缘及路旁。产黑龙江省穆棱、哈尔滨、尚志、伊春、虎林、呼玛、密山；吉林省白山、通化、梅河口、珲春、集安、辉南、抚松、靖宇、柳河、安图、长白；辽宁省沈阳、鞍山、彰武、建平、凤城、铁岭；内蒙古自治区海拉尔、牙克石、额尔古纳、满洲里、科尔沁右翼前旗、阿尔山、克什克腾旗、宁城等地。

全草有清热解毒、利尿散结作用。

■ 芥叶蒲公英

头状花序

基生叶

植株

（5）斑叶蒲公英（东北植物检索表，东北草本植物志，中国植物志，Flora of China）；红梗蒲公英（黑龙江省植物志，内蒙古植物志，东北植物检索表，东北草本植物志）

Taraxacum variegatum Kitag. in Rep. Inst, Sci. Res. Mansh. 2: 302. f. 1. 1938; 东北植物检索表（第二版）: 726. 1995; 中国植物志80(2): 35. 1999; 东北草本植物志9: 386. 2004; Fl. China 20: 300. 2011.——*T. erythropodium* Kitag. in Rep. Inst. Sc. Research Manchoukuo, ii. 304. 1938; 内蒙古植物志（第二版）4: 807. 图版324: 3. 1993; 东北植物检索表726. 1995; 黑龙江省植物志9: 313. 1998; 东北草本植物志9: 384. 图版140: 1 ~ 4. 2004.

■ 斑叶蒲公英

基生叶

头状花序侧面观

植株

生山地草甸或路旁。产黑龙江省尚志、安达、哈尔滨、大庆、海林；吉林省临江、通化、梅河口、双辽、长春、白山、集安、抚松、靖宇、辉南、磐石、长白、柳河、安图；辽宁省大连、庄河、本溪、凤城、盖州、建平、凌源、建昌、彰武、葫芦岛、沈阳、辽阳、清原；内蒙古自治区海拉尔、额尔古纳、新巴尔虎左旗、乌兰浩特、科尔沁右翼前旗、阿尔山、扎鲁特旗、科尔沁左翼后旗、锡林浩特等地。

全草有清热解毒、利尿散结作用。

（6）蒲公英（黑龙江省植物志，内蒙古植物志，东北草本植物志，中国植物志，Flora of China）；蒙古蒲公英、台湾蒲公英、辽东蒲公英（辽宁植物志，东北植物检索表，东北草本植物志）；凸尖蒲公英（东北植物检索表，东北草本植物志）

Taraxacum mongolicum Hand. -Mazz. in Monogr. Tarax. 67. t. 2, f. 13. 1907; 辽宁植物志（下册）: 635. 图版283: 4～6. 1992; 内蒙古植物志（第二版）4: 810. 图版322. 1993; 东北植物检索表（第二版）: 729. 图版369: 4. 1995; 黑龙江省植物志9: 315. 图版93: 7～9. 1998; 中国植物志80(2): 32. 图版7: 1～4. 1999; 东北草本植物志9: 388. 图版139: 1～4. 2004; Fl. China 20: 297. 2011.——*T. formosanum* Kitam. in Act. Phytotax. Geobot. 2: 48. 1933; 辽宁植物志（下册）: 633. 图版282: 6～8. 1992; 东北植物检索表（第二版）: 729. 图版368: 4. 1995; 东北草本植物志9: 387. 2004.——*T. liaotungense* Kitag. in Bot. Mag. (Tokyo) 1933, XLVII. 825. 1933; 辽宁植物志（下册）: 635. 图版283: 1～3. 1992; 东北植物检索表（第二版）: 729. 图版369: 5. 1995; 东北草本植物志9: 388. 2004.——*T. sinomongolicum* Kitag. in Neolin. Fl. Manshur. 687. 1979; 东北植物检索表（第二版）: 729. 1995; 东北草本植物志9: 390. 图版141. 2004.

生田野、路旁、荒草地。产东北三省各地；内蒙古自治区海拉尔、额尔古纳、新巴尔虎右旗、科尔沁左翼后旗、科尔沁右翼前旗、阿尔山、乌兰浩特等地。

嫩苗可食。全草有清热解毒、利湿通淋、催乳作用。

■ 蒲公英

头状果序

头状花序侧面观

植株

（7）丹东蒲公英（辽宁植物志，东北植物检索表，东北草本植物志，中国植物志）；卷苞蒲公英（辽宁植物志，东北植物检索表，东北草本植物志）

Taraxacum antungense Kitag. in Journ. Jap. Bot. 22: 173. 1948; 辽宁植物志（下册）: 631. 图版282: 5. 1992; 东北植物检索表（第二版）: 726. 图版368: 2. 1995; 中国植物志80(2): 19. 1999; 东北草本植物志9: 383. 2004.——*T. urbanum* Kitag. in Juours. Jap. Bot. 22: 174. 1948; 辽宁植物志（下册）: 631. 1992; 东北植物检索表（第二版）: 726. 1995; 东北草本植物志9: 383. 2004.

生山坡杂草地。产辽宁省丹东、大连、桓仁等地。

嫩苗可食。全草有清热解毒、利湿通淋、催乳作用。

■ 丹东蒲公英

基生叶

头状果序

头状花序

植株

(8)药用蒲公英(中国植物志);西洋蒲公英(台湾植物志)

Taraxacum officinale F. H. Wigg. in Prim. Fl. Holsat. 56. 1780; 中国沙漠植物志3: 443. 图版178. 图9 ~ 12. 1990; 中国植物志80(2): 50. 图版13: 5 ~ 8. 1999; The Checklist of the Naturalized Plants in China: 201. 2019.

■ 药用蒲公英

花葶有毛

头状花序侧面观

头状果序

■ 药用蒲公英

基生叶

植株

生低山草原、森林草甸或田间与路边。原产欧洲。分布于黑龙江省（地点不详）；辽宁省大连、庄河、东港、海城、桓仁等地；内蒙古自治区翁牛特旗。

本种为外来入侵植物，大量繁殖会侵占本土植物生态位，影响本土生物多样性。根有清热、解毒、利尿、散结的功能，可用于治疗急性乳腺炎、淋巴腺炎、急性结膜炎、感冒发热、急性扁桃体炎、肝炎、肿囊炎及尿路感染等病症，也可以作为咖啡的代用品；叶可制茶，也可以作为野菜食用。

（9）华蒲公英（辽宁植物志，黑龙江省植物志，内蒙古植物志，东北植物检索表，东北草本植物志，中国植物志）

Taraxacum borealisinense Kitam. in Act. Phytotax. Geobot. 31 (1 ~ 3): 45. 1980; 中国植物志80(2): 17. 图版7: 13 ~ 16. 1999; 东北草本植物志9: 388. 图版140: 5 ~ 8. 2004.——*T. sinicum* Kitag. in Bot. Mag. Tokyo 47: 826. 1933; 辽宁植物志（下册）: 635. 图版283: 7 ~ 10. 1992; 内蒙古植物志（第二版）4: 812. 图版325: 1 ~ 2. 1993; 东北植物检索表（第二版）: 729. 图版369: 2. 1995; 黑龙江省植物志9: 317. 图版93: 10 ~ 11. 1998.——*T. sinicum* f. *alba* (Sato) C. Y. Li, 东北植物检索表（第二版）: 729. 1995.

生海边湿地、河边沙质地、山坡路旁。产黑龙江省哈尔滨、大庆、齐齐哈尔、安达、杜尔伯特；吉林省集安、通榆、镇赉、白城、长岭、乾安、安图、珲春、前郭；辽宁省凌源、建平、绥中、北镇、彰武、沈阳、瓦房店、大连、长海；内蒙古自治区海拉尔、额尔古纳、满洲里、新巴尔虎右旗、乌兰浩特、科尔沁左翼后旗、翁牛特旗、突泉、赤峰、通辽等地。

嫩苗可食。全草有清热解毒、利湿通淋、催乳作用。

■ 华蒲公英

头状花序侧面观

头状花序正面观

居群

植株

(10) 异苞蒲公英(辽宁植物志,黑龙江省植物志,内蒙古植物志,东北植物检索表,东北草本植物志,中国植物志)

Taraxacum heterolepis Nakai et Koidz. ex Kitag. in Bot. Mag. Tokyo 47: 829. f. 6, f. 10 (8). 1933; 辽宁植物志(下册): 637. 图版284: 4 ~ 7. 1992; 内蒙古植物志(第二版) 4: 810. 图版327: 1. 1993; 东北植物检索表(第二版): 731. 图版369: 3. 1995; 黑龙江省植物志9: 316. 1998; 中国植物志80(2): 20. 1999; 东北草本植物志9: 392. 2004.

生山坡、路旁及湿地。产黑龙江省哈尔滨、呼玛、牡丹江;吉林省临江、白山、通化、长春、吉林、梅河口、集安、辉南、抚松、柳河、靖宇、安图、长白;辽宁省沈阳、抚顺、鞍山、本溪、凤城、丹东、瓦房店、大连、建昌、西丰、桓仁、宽甸;内蒙古自治区海拉尔、牙克石、新巴尔虎右旗、锡林浩特等地。

嫩苗可食。全草有清热解毒、利湿通淋、催乳作用。

■ 异苞蒲公英

基生叶

植株

头状花序

(11) 光苞蒲公英(黑龙江省植物志,东北植物检索表,东北草本植物志,中国植物志,Flora of China)

Taraxacum lamprolepis Kitag. in Rep. Inst. Sci. Res. Manch. 2: 306. f. 3. 1938; 内蒙古植物志(第二版) 4: 810. 图版327: 3. 1993; 东北植物检索表(第二版): 729. 1995; 黑龙江省植物志9: 315. 1998; 中国植物志80(2): 19. 1999; 东北草本植物志9: 387. 2004; Fl. China 20: 300. 2011.

生林缘、向阳山坡草地。产黑龙江省哈尔滨、黑河;吉林省临江、柳河、安图;辽宁省沈阳;内蒙

■ 光苞蒲公英

头状花序

头状花序侧面观

植株

古自治区科尔沁右翼前旗等地。

全草有清热解毒、利尿散结作用。

（12）多裂蒲公英（内蒙古植物志，中国植物志）

Taraxacum dissectum (Ledeb.) Ledeb. Fl. Ross. 2: 814. 1846; 中国植物志80(2): 21. 图版5: 6 ~ 10. 1999; 内蒙古植物志（第三版）5: 371. 2020.

生高山湿草甸。产内蒙古自治区科尔沁右翼中旗、东乌珠穆沁旗、苏尼特左旗等地。

嫩苗可食。全草有清热解毒、利湿通淋、催乳作用。

■ 多裂蒲公英

头状花序正面观

头状花序侧面观

植株

（13）深裂蒲公英（中国植物志，Flora of China）；亚洲蒲公英（内蒙古植物志，中国植物志）；戟片蒲公英（辽宁植物志，黑龙江省植物志，东北植物检索表，东北草本植物志）；兴安蒲公英（黑龙江省植物志，内蒙古植物志，东北植物检索表，东北草本植物志）

Taraxacum scariosum (Tausch) Kirschner & Štepánek, Preslia. 83: 498. 2011; Fl. China 20: 279. 2011. ——*Taraxacum asiaticum* Dahlst. in Act. Hort. Gothob. 2: 173. f. 11, t. 3, f. 9 ~ 12. 1926; 辽宁植物志（下册）: 637. 图版284: 1 ~ 3. 1992; 内蒙古植物志（第二版）4: 814. 图版325: 3 ~ 4. 1993; 东北植物检索表（第二版）: 729. 图版369: 1. 1995; 黑龙江省植物志9: 317. 1998; 中国植物志80(2): 18. 图版7: 9 ~ 12. 1999; 东北草本植物志9: 390. 2004.——*T. asiaticum* Dahlst. var. *lonchophyllum* Kitag. Bot. Mag. Tokyo 47: 827. f. 4, 10 (5 ~ 6). 1933; 东北植物检索表（第二版）: 729. 1995.——*T. falcilobum* Kitag. in Rep. Inst. Sc. Research Manchoukuo, ii. 312. 1938; 内蒙古植物志（第二版）4: 812. 图版327: 2. 1993; 东北植物检索表（第二版）: 729. 1995; 黑龙江省植物志9: 316. 1998; 东北草本植物志9: 386. 2004.

生山坡林下、路旁、村舍附近、湿草地。产黑龙江省呼玛、尚志、安达、黑河、哈尔滨、虎林、

■ 深裂蒲公英

瘦果

头状果序

头状花序

■ 深裂蒲公英

基生叶

植株

大庆、密山、齐齐哈尔、集贤；吉林省长春、白城、珲春、双辽、镇赉、安图；辽宁省沈阳、法库、铁岭、辽阳、鞍山、大连、新宾、清原、丹东、抚顺、本溪、桓仁、绥中、葫芦岛；内蒙古自治区额尔古纳、海拉尔、满洲里、新巴尔虎左旗、新巴尔虎右旗、乌兰浩特、科尔沁右翼前旗、阿尔山等地。

嫩苗可食。全草有清热解毒、利湿通淋、催乳作用。

8　苦苣菜属　*Sonchus* L.

Sonchus L., Sp. Pl. 793. 1753.

一、二年生或多年生草本。叶互生，茎生叶全缘或羽状分裂，基部常呈耳状抱茎，边缘具不整齐刺状齿。头状花序多数，排列成聚伞状、伞形或圆锥花序；总苞钟形，总苞片多层，覆瓦状排列；舌状花多数，黄色，先端4~5齿裂。瘦果倒卵圆形或椭圆形，稍压扁，无喙，具条纹或横皱纹；冠毛白色，细软，脱落。

本属全世界约90种，分布于欧洲、亚洲与非洲。中国有5种。东北地区产3种2变种。

分种检索表

1. 多年生草本；叶长圆形或倒披针形，边缘疏具波状牙齿或羽状浅裂，稀全缘，疏具小刺齿；花梗无腺毛；瘦果稍扁，每面有5条高起的纵肋。
　2. 叶边缘疏具波状牙齿或羽状浅裂 ······ **1. 长裂苦苣菜** S. brachyotus DC.
　2. 叶全缘 ······ **2. 全叶苣荬菜** S. transcaspicus Nevski
1. 一、二年生草本；叶大头羽裂或不分裂，边缘具不整齐刺尖牙齿；花梗被腺毛；瘦果扁平，每面具3条纵肋。
　3. 叶基部扩大呈圆耳状抱茎；瘦果边缘无微齿，纵肋间无横纹 ······ **3. 花叶滇苦菜** S. asper (L.) Hill
　3. 叶基部扩大呈戟状抱茎；瘦果边缘有微齿，纵肋间具横皱纹（**4. 苦苣菜** S. oleraceus L.）。
　　4. 花黄色 ······ **4a. 苦苣菜** S. oleraceus var. oleraceus
　　4. 花白色或乳白色 ······ **4b. 白花苦苣菜** S. oleraceus var. albiflorum S. M. Zhang

（1）长裂苦苣菜（中国植物志，Flora of China）；苣荬菜（辽宁植物志，黑龙江省植物志，内蒙古植物志，东北植物检索表，东北草本植物志）

Sonchus brachyotus DC. in Prodr. 7 (1): 186. 1838; 辽宁植物志（下册）: 613. 图版273: 7~9. 1992; 东北

植物检索表（第二版）: 726. 图版367: 1. 1995; 黑龙江省植物志9: 307. 图版91: 1～4. 1998; 东北草本植物志9: 393. 图版142. 2004; 中国植物志80(1): 66. 1997; Fl. China 20: 240. 2011.——*S. arvensis* auct. non L.: 内蒙古植物志（第二版）4: 817. 图版328: 1～4. 1993.

生山地草坡、河边或碱地。产东北三省各地；内蒙古自治区海拉尔、新巴尔虎右旗、赤峰、阿鲁科尔沁旗、巴林右旗、扎鲁特旗、翁牛特旗、科尔沁右翼前旗、科尔沁右翼中旗等地。

嫩茎叶可食。全草有消热解毒、凉血、利湿、消肿排脓、祛瘀止痛、补虚止咳作用。

■ 长裂苦苣菜

花序侧面观

植株

头状花序正面观

茎叶

（2）全叶苦苣菜（中国植物志）；全缘苣荬菜（黑龙江省植物志）

Sonchus transcaspicus Nevski in Act. Inst. Bot. Acad. Sci. URSS Ser. 1 (4): 293. 1937; 中国植物志80(1): 66. 图版16: 1. 1997.——*Sonchus brachyotus* var. *glabrescens* (Kirp.) G. Y. Zhang, 黑龙江省植物志9: 307. 1998.

生于山坡草地、水边湿地或田边。分布黑龙江省新青、虎林、哈尔滨、密山；吉林省延边；辽宁省桓仁、海城；内蒙古自治区赤峰（昭乌达盟）。

嫩茎叶可食。

■ 全叶苣荬菜

花正面观

花序

植株一部分

植株

（3）花叶滇苦菜（中国植物志，Flora of China）；续断菊（东北植物检索表，东北草本植物志）

Sonchus asper (L.) Hill in Herbar. Britan 1: 47. 1769; 东北植物检索表（第二版）: 726. 图版367: 3. 1995; 中国植物志80(1): 61. 图版15: 3. 1997; 东北草本植物志9: 395. 图版143: 7 ~ 8. 2004; Fl. China 20: 241. 2011.

生路旁、林缘、水边、绿化区等地。原产欧洲。分布于黑龙江省伊春；吉林省安图、长白；辽宁省大连、旅顺口、金州等地。

本种为外来入侵植物，大量繁殖会侵占本土植物生态位，影响本土生物多样性。嫩苗可饲喂家禽。

■ 花叶滇苦菜

植株一部分

植株

（4）苦苣菜（辽宁植物志，黑龙江省植物志，内蒙古植物志，东北植物检索表，东北草本植物志，中国植物志，Flora of China）；滇苦荬菜（植物名实图考）

Sonchus oleraceus L., Sp. Pl. 794. 1753; 辽宁植物志（下册）: 614. 图版273: 1 ~ 6. 1992; 内蒙古植物志（第二版）4: 817. 图版328: 5 ~ 8. 1993; 东北植物检索表（第二版）: 726. 图版367: 2. 1995; 中国植物志80(1): 63. 1997; 黑龙江省植物志9: 309. 图版91: 5 ~ 7. 1998; 东北草本植物志9: 395. 图版1 ~ 6. 2004; Fl. China 20: 242. 2011.

（4a）苦苣菜（原变种）

Sonchus oleraceus var. *oleraceus*

生耕地、沙质地及空地上。原产欧洲和北非。分布于东北三省各地；内蒙古自治区科尔沁右翼中旗、克什克腾旗等地。

本种为外来入侵植物，与本地植物争夺生存空间，还能传播病虫害。根、花及种子可入药，有清热解毒的功效；茎叶提取物对烟草花叶病毒有抑制作用，可开发为植物源农药。

■ 苦苣菜

苗期植株

茎叶

花期植株

花序

头状花序

（4b）白花苦苣菜（变种）（辽宁植物）

Sonchus oleraceus var. *albiflorum* S. M. Zhang, 辽宁植物: 1632, 2001. 2021.

生境同正种。产辽宁省大连市旅顺口、金州。

■ 白花苦苣菜

花序

头状花序正面观

头状花序侧面观

9　莴苣属（山莴苣属）　*Lactuca* L.

Lactuca L., Sp. Pl. 2: 795. 1753.

一年、二年或多年生草本。叶分裂或不分裂。头状花序同型，舌状，在茎枝顶端排成伞房花序、圆锥花序分枝；总苞果期长卵球形；总苞片3～5层，质地薄，覆瓦状排列；花托平，无托毛；舌状小花黄色，7～25枚，舌片顶端截形，5齿裂；花药基部附属物箭头形，有急尖的小耳；花柱分枝细。瘦果褐色，倒卵形、倒披针形或长椭圆形，压扁，每面有（1～）3～10条细脉纹或细肋，喙细丝状；冠毛白色，纤细，2层，微锯齿状或几乎成单毛状。

本属全世界50～70种，主要分布于北美洲、欧洲、中亚、西亚及地中海地区。中国有12种，集中分布于新疆，少数见于云南横断山脉。东北地区产9种4变种，其中栽培2种4变种。

分种检索表

1. 花蓝紫色；瘦果压扁。
  2. 基生叶花期宿存；茎生叶长圆形，倒向羽状浅裂或深裂，上部叶全缘；冠毛白色而有光泽 …… 1. 乳苣 L. tatarica (L.) C. A. Mey.
  2. 基生叶花期枯萎；茎生叶长圆状披针形或披针形，全缘、稍有微齿或有时具波状倒向羽状缺刻，稀叶片中部以下倒向羽裂；冠毛污白色 …… 2. 山莴苣 L. sibirica (L.) Benth. ex Maxim.
1. 花黄色或白色；瘦果极扁。
  3. 头状花序果期不为卵球形；总苞片质地薄；瘦果边缘不加宽成厚翅。
    4. 瘦果每面有5～7条细脉纹；果喙与瘦果几等长；叶有毛或无毛；栽培。
      5. 叶下面沿脉有刺毛 …… 3. 刺毛莴苣 L. virosa L.
      5. 叶两面光滑 …… 4. 莴苣 L. sativa L.
    4. 瘦果每面有8～10条细脉或细肋；果喙长于瘦果；叶下面沿中脉有黄色刺毛；野生 …… 5. 野莴苣 L. serriola L.
  3. 头状花序果期卵球形；总苞片质地厚；瘦果边缘加宽成厚翅。
    6. 瘦果每面有3条脉纹。
      7. 叶卵形、宽卵形、椭圆形、三角状卵形、三角形或椭圆形，不分裂；叶两面沿脉有稀疏或稠密的多细胞节毛 …… 6. 高大翅果菊 L. elata Hemsl. ex Hemsl.
      7. 叶三角形、卵状三角形、近菱形或卵状披针形，羽状或大头羽状深裂；叶两面沿脉有长柔毛 …… 7. 毛脉翅果菊 L. raddeana Maxim.

（接上表）

6. 瘦果每面有1条脉纹。

8. 叶三角状戟形或宽卵状心形，不分裂 ………………………………… 8. 翼柄翅果菊 L. triangulata Maxim.

8. 叶线形、线状长椭圆形、长椭圆形或倒披针状长椭圆形，规则或不规则二回羽状分裂或不分裂 ……………………………………………………………………………………………… 9. 翅果菊 L. indica L.

（1）乳苣（内蒙古植物志，中国植物志，Flora of China）；蒙山莴苣（辽宁植物志，黑龙江省植物志，东北植物检索表，东北草本植物志）

Lactuca tatarica (L.) C. A. Mey. in Enum. Pl. Cauc. 56. 1831; 辽宁植物志（下册）: 616. 图版275: 8 ~ 10. 1992; 内蒙古植物志（第二版）4: 825. 图版330: 1 ~ 4. 1993; 东北植物检索表（第二版）: 721. 图版364: 3. 1995; 黑龙江省植物志9: 299. 1998; 东北草本植物志9: 399. 图版144: 9 ~ 11. 2004; Fl. China 20: 236. 2011. ——*Mulgedium tataricum* (L.) DC. in Prodr. 7: 248. 1838; 中国植物志80(1): 75. 1997.

■ 乳苣

头状花序侧面观

植株

头状花序正面观

茎叶

生河边、沟边、路边沙质地、田边及固定沙丘上。产黑龙江省松嫩平原；辽宁省彰武、旅顺口、瓦房店；内蒙古自治区各地。

全草有清热解毒、利胆退黄作用。

（2）山莴苣（内蒙古植物志，中国植物志，Flora of China）；北山莴苣（黑龙江省植物志，东北植物检索表，东北草本植物志）

Lactuca sibirica (L.) Benth. ex Maxim. in Bull. Acad. Sci. St. Petersb. 19: 528. 1874; 内蒙古植物志（第二版）4: 823. 图版330: 5 ~ 8. 1993; 东北植物检索表（第二版）: 721. 图版364: 2. 1995; 黑龙江省植物志9: 299. 图版88: 1 ~ 4. 1998; 东北草本植物志9: 397. 图版144: 1 ~ 8. 2004; Fl. China 20: 237. 2011.——*Lagedium sibiricum* (L.) Sojak in Novit. Bot. Hort. Bot. Univ. Car. Prag. 34. 1961; 中国植物志80(1): 70. 图版1: 14. 1997.

生林缘、林下、草甸、河岸或湿地。产黑龙江省哈尔滨、伊春、密山、五大连池、拜泉、尚志、肇东、虎林、海林、黑河、萝北、呼玛、泰来、嘉荫、集贤、杜尔伯特；吉林省长春、吉林、抚松、汪清、珲春；辽宁省宽甸、大连、辽阳；内蒙古自治区海拉尔、牙克石、扎兰屯、额尔古纳、鄂温克、新巴尔虎右旗、新巴尔虎左旗、扎鲁特旗、科尔沁左翼后旗、赤峰、克什克腾旗、巴林右旗、巴林左旗、阿鲁科尔沁旗、锡林浩特、正蓝旗等地。

根有消肿止血作用。全草有清热解毒、理气止血作用。

■ 山莴苣

头状花序侧面观

植株一部分

花序

群落

（3）刺毛莴苣（植物智网站）

Lactuca virosa L., Sp. Pl. 795. 1753 et ed. 2. 1119. 1762; Kia, Pl. Sin. Ill. 61, fig. 108. 1937; 中国植物志 80(1): 233. 1997.

原产欧洲。大连市有栽培。

食叶蔬菜，食法同油麦菜。

■ 刺毛莴苣

全株

叶正反面对比

植株

（4）莴苣（辽宁植物志，黑龙江省植物志，内蒙古植物志，东北植物检索表，东北草本植物志，中国植物志，Flora of China）

Lactuca sativa L., Sp. Pl. 785. 1753; 辽宁植物志（下册）: 616. 1992; 内蒙古植物志（第二版）4: 823. 1993; 东北植物检索表（第二版）: 721. 1995; 中国植物志80(1): 233. 1997; 黑龙江省植物志9: 298. 1998; 东北草本植物志9: 400. 2004; Fl. China 20: 237. 2011.

■ 莴苣

花序

花期植株

■ 莴苣

花枝

植株

原产欧洲。东北三省及内蒙古自治区东部地区常见栽培。

作蔬菜。嫩茎有清热解毒、利尿通乳作用，果实有祛瘀、通乳作用。

常见栽培以下品种：

生菜 var. *romosa* Hort.

油麦菜（长叶莴苣）var. *longifolia* Lam

莴笋 var. *angustata* Irish.

卷心莴苣 var. *capitata* DC.

玻璃生菜 var. *crispa* Hort.

■ 生菜

植株一部分

植株

■ 玻璃生菜

植株一部分

栽培居群

（5）野莴苣（中国植物志，Flora of China，中国外来入侵植物志）；毒莴苣（中国外来入侵生物）；银齿莴苣（秦岭植物志）

Lactuca serriola L. in L. Centur. II Pl. 2: 29. 1756; 中国植物志80(1): 237. 1997; Fl. China 20: 237. 2011; 中国外来入侵植物志4: 59. 2020.

■ 野莴苣

头状花序正面观

头状花序侧面观

花序

茎

苗期植株

植株一部分

■ 野莴苣

果序

叶中脉

植株上部

生荒地、路旁、河滩等处。原产欧洲。分布于辽宁省大连、旅顺口、金州、鞍山、丹东、朝阳等地；内蒙古自治区通辽等地。

本种为进境检疫性、危害严重的外来入侵植物，茎能分泌乳汁样、含有麻醉物质的成分，叶含有莨菪碱以及其他类似的微量物质，可直接毒害家畜；植株高大，是一种高光效植物，易在入侵生境形成优势种群，影响本土物种生长；叶背面沿中脉有刺毛，人或动物触碰易刺伤皮肤。

（6）高大翅果菊（中国植物志）；高大山莴苣（辽宁省维管束植物名称考证）

Lactuca elata Hemsl. ex Hemsl., Sp. Pl. 481. 1888.——*Pterocypsela elata* (Hemsl.) Shih in Act. Phytotax. Sin. 26: 385. 1988; 中国植物志80(1): 226. 1997.

生山谷或山坡林缘、林下、灌丛中或路边。产吉林省抚松、长白、和龙；辽宁省海城、凌源、昌图等地。

根有止咳化痰、祛风作用，全草有清热解毒、祛风、除湿、镇痛作用。

■ 高大翅果菊

头状花序正面观

花序一部分

花序

■ 高大翅果菊

瘦果

叶背面观

植株一部分

植株

（7）毛脉翅果菊（中国植物志，Flora of China）；毛脉山莴苣（辽宁植物志，黑龙江省植物志，东北植物检索表，东北草本植物志）

Lactuca raddeana Maxim. in Bull. Acad. Sci. St. Petersb. 19: 526. 1874; 辽宁植物志（下册）: 617. 图版274: 1 ~ 7. 1992; 东北植物检索表（第二版）: 721. 图版364: 1. 1995; 黑龙江省植物志9: 299. 1998; 东北草本植物志9: 400. 图版145: 5 ~ 11. 2004; Fl. China 20: 235. 2011.——*Pterocypsela raddeana* (Maxim.) Shih in Act. Phytotax. Sin. 26. 386. 1988; 中国植物志80(1): 227. 1997.

生灌丛、林下、路旁及山坡草地。产黑龙江省尚志、宁安、伊春；吉林省抚松、汪清、安图、珲

■ 毛脉翅果菊

花序正面观

花序侧面观

叶背面观

植株下部

春、通化；辽宁省沈阳、葫芦岛、锦州、鞍山、宽甸、本溪、桓仁、清原；内蒙古自治区宁城等地。

全草有清热解毒、祛风除湿、镇痛作用。嫩苗可食。

（8）翼柄翅果菊（内蒙古植物志，中国植物志，Flora of China）；翼柄山莴苣（辽宁植物志，黑龙江省植物志，东北植物检索表，东北草本植物志）

Lactuca triangulata Maxim. in Mem. Acad. Sci. St. Petersb. Sav. Etrag. 9: 177. 1859; 辽宁植物志（下册）: 616. 图版274: 8 ~ 11. 1992; 东北植物检索表（第二版）: 721. 图版364: 5. 1995; 黑龙江省植物志9: 296. 图版87: 1 ~ 4. 1998; 东北草本植物志9: 402. 图版145: 1 ~ 4. 2004; Fl. China 20: 235. 2011.——*Pterocypsela triangulata* (Maxim.) Shih in Act. Phytotax. Sin. 26: 386. 1988; 内蒙古植物志（第二版）4: 820. 图版329: 1 ~ 4. 1993; 中国植物志80(1): 228. 图版1: 10. 1997.

生山坡林下及路旁草地。产黑龙江省伊春；吉林省集安、汪清、安图、抚松、辉南、集安、珲春；辽宁省本溪、宽甸、桓仁；内蒙古自治区赤峰、喀喇沁旗等地。

嫩时可作野菜食用。根、全草有清热解毒、消肿止血作用。

■ 翼柄翅果菊

植株一部分

头状花序侧面观

花序

（9）翅果菊（内蒙古植物志，中国植物志，Flora of China）；山莴苣（辽宁植物志，黑龙江省植物志，东北植物检索表，东北草本植物志）；多裂翅果菊（内蒙古植物志，中国植物志）

Lactuca indica L. in Mant. 278. 1771; 辽宁植物志（下册）: 617. 图版275: 1 ~ 7. 1992; 东北植物检索表（第二版）: 721. 图版364: 4. 1995; 黑龙江省植物志9: 296. 图版87: 5 ~ 7. 1998; 东北草本植物志9: 402. 图版146. 2004; Fl. China 20: 235. 2011.——*Pterocypsela indica* (L.) Shih in Act. Phytotax. Sin. 26: 387. 1988; 内蒙古植物志（第二版）4: 820. 图版329: 5 ~ 7. 1993; 中国植物志80(1): 229. 1997.——*P. laciniata* (Houtt.) Shih in Act. Phytotax. Sin. 26: 388. 1988; 中国植物志80(1): 230. 1997.——*P. indica* var. *laciniata* (Houtt.) H. C. Fu, 内蒙古植物志（第二版）4: 821. 1993.

生山谷、林缘、林下、灌丛中、水沟边、荒地等处。产黑龙江省哈尔滨、齐齐哈尔、尚志、安达、密山、虎林、伊春、五大连池、孙吴、萝北、依兰、大庆、宁安、黑河、逊克、双城；吉林省长春、大安、镇赉、和龙、集安、吉林、珲春、临江、通化、白山、梅河口、抚松、柳河、辉南、靖宇、安图、延吉、长白；辽宁省沈阳、盖州、庄河、大连、东港、宽甸、桓仁、抚顺、凌源、北镇、葫芦岛、彰武、西丰；内蒙古自治区新巴尔虎右旗、大青沟、科尔沁右翼中旗、通辽、喀喇沁旗、多伦等地。

根粗厚，分枝呈萝卜状，去苦味后可食用。

■ 翅果菊

叶背面观

苗期植株

果实

花淡黄色

花黄色

苗期全株

叶不裂株

叶裂株

10 小苦荬属 *Ixeridium* (A. Gray) Tzvelev

Ixeridium (A. Gray) Tzvelev. in Fl. URSS 29: 388. 1964.

多年生草本，有时有长根状茎。茎直立，上部伞房花序状分枝，或有时自基部分枝。叶羽状分裂或不分裂，基生叶花期生存，极少枯萎脱落。头状花序多数或少数，在茎枝顶端排成伞房状花序，同型，舌状。总苞圆柱状；总苞片2～4层，外层及最外层短，内层长。舌状小花（5）7～27枚，黄色，极少白色或紫红色。花柱分枝细，花药基部附属物箭头形。瘦果压扁或几乎压扁，褐色，少黑色，有8～10条高起的钝肋，上部通常有上指的小硬毛，顶端急尖成细丝状的喙。冠毛白色或褐色，不等长，糙毛状。

本属全世界约15种，分布于东亚及东南亚地区。中国有8种。东北地区产1种。

细叶小苦荬（中国植物志，Flora of China）；纤细苦荬菜（中国植物志）

Ixeridium gracile (Candolle) Pak & Kawano Mem. Fac. Sci. Kyoto Univ., Ser. Biol. 15: 45. 1992; Fl. China 20: 328. 2011.——*I. gracile* (DC.) Shih in Act. Phytotax. Sin. 31: 545. 1993; 中国植物志80(1): 257. 1997.

多年生草本；茎直立，全部茎枝无毛；基生叶长椭圆形、线状长椭圆形、线形或狭线形，基部有长或短的狭翼柄；茎生叶少数，狭披针形、线状披针形或狭线形，基部无柄；全部叶两面无毛，边缘全缘；头状花序多数在茎枝顶端排成伞房花序或伞房圆锥花序；总苞极小，圆柱状；总苞片2层，外层少数且极小；瘦果褐色，长圆锥状，有细肋或细脉10条，喙细丝状弯曲，长约1毫米。生山坡或山谷林缘、林下、田间、荒地或草甸。产吉林省镇赉莫莫格自然保护区。

11 耳菊属 *Nabalus* Cassini

Nabalus Cassini in F. Cuvier, Dict. Sci. Nat. 34: 94. 1825.

多年生草本。茎直立，单生。头状花序同型，舌状，小，具5枚，极少具10～11枚舌状小花，多数沿茎枝排成圆锥状花序；总苞圆柱状或狭圆柱状；总苞片3～4层，外层及最外层短小，内层及最内层长，全部总苞片外面绿色；舌状小花紫色或红色，舌片顶端截形，5齿裂；花药基部有急尖的小耳状或短渐尖的膜质附属物；花柱分枝细长。瘦果褐色或黑色，圆柱状或楔形，向上渐宽，顶端截形，4～5肋。冠毛白色、褐色、污黄色，2～3层，细锯齿状或单毛状。

本属全世界约15种，分布于东亚、北美洲。中国有3种。东北地区产2种1亚种。

分种检索表

1. 头状花序少数，排列成狭圆锥状；叶卵形或近三角形，叶柄上无侧生小叶片或裂片 ………………………… **1. 耳菊 N. ochroleucus** Maxim.

1. 头状花序多数，排列成松散圆锥状；叶戟形或三角状戟形或掌状深裂，叶柄上有时具1～2对侧生小叶或裂片（**2. 盘果菊 N. tatarinowii** (Maxim.) Nakai）。
   2. 叶心形、卵形乃至菱状卵形，边缘具不规则牙齿；外层总苞片3……… **2a. 盘果菊 N. tatarinowii** var. **tatarinowii**
   2. 基生叶及茎下部叶掌状5深裂，裂片近全缘或有粗齿；外层总苞片5～6 ………………… **2b. 多裂耳菊 N. tatarinowii** subsp. **macrantha** (Stebbins) N. Kilian

（1）耳菊（Flora of China）；琴叶福王草（东北植物检索表，东北草本植物志）

Nabalus ochroleucus Maximowicz, Bull. Acad. Imp. Sci. Saint-Pétersbourg. 15: 376. 1871; Fl. China 20: 341. 2011.——*Prenanthes blinii* (Levl.) Kitag. in Acta Phytotax. Geobot. 26(5 ~ 6): 141. 1975; 东北植物检索表（第二版）: 723. 1995; 东北草本植物志9: 420. 2004.

生湿草地、沼泽地。产黑龙江省镜泊湖附近；吉林省长白山区。

（2）盘果菊（辽宁植物志，黑龙江省植物志，内蒙古植物志，Flora of China）；福王草（东北植物检索表，东北草本植物志，中国植物志）

Nabalus tatarinowii (Maxim.) Nakai, Fl. Sylv. Kor. 14: 116. 1923; Fl. China 20: 341. 2011.——*Prenanthes tatarinowii* Maxim. in Mem. Acad. Sci. St. Petersb. Sav. Etrang. 9: 475. 1859; 辽宁植物志（下册）: 626. 图版278: 1 ~ 4. 1992; 内蒙古植物志（第二版）4: 827. 图版331. 1993; 东北植物检索表（第二版）: 723. 图版365: 2. 1995; 中国植物志80(1): 187. 图版1: 8,52: 2 ~ 3. 1997; 黑龙江省植物志9: 302. 图版89: 1 ~ 4. 1998; 东北草本植物志9: 419. 图版133: 5 ~ 8. 2004.

（2a）盘果菊（原亚种）

Nabalus tatarinowii subsp. *tatarinowii*

生山谷、山坡林缘、林下、草地或水旁潮湿地。产黑龙江省尚志、阿城、哈尔滨、宁安、林口、海林；吉林省临江、和龙、汪清、珲春、白山、吉林、蛟河、敦化、安图、抚松；辽宁省凤城、宽甸、抚顺、清原、新宾、本溪、桓仁、西丰、岫岩；内蒙古自治区大兴安岭地区。

■ 盘果菊

花序一部分

茎下部叶

植株

（2b）多裂耳菊（亚种）（Flora of China）；大叶盘果菊（内蒙古植物志）；多裂福王草（中国植物志）；槭叶福王草（东北植物检索表，东北草本植物志）；槭叶盘果菊（辽宁植物志）

Nabalus tatarinowii subsp. *macrantha* (Stebbins) N. Kilian, Fl. China 20: 342. 2011.——*Prenanthes macrophylla* Franch. in Morot, Journ. de Bot, Ⅳ. 307. 1889; 内蒙古植物志（第二版）4: 827. 图版331. 1993; 中国植物志80(1): 192. 图版47: 3 ~ 4. 1997.——*Prenanthes acerifolia* auct. non (Maxim.) Matsum.: 辽宁植物志（下册）: 626. 图版279. 1992; 东北植物检索表（第二版）: 723. 图版365: 3. 1995; 东北草本植物志9: 419. 图版94: 1 ~ 3. 2004.

生山坡、山谷林下、草丛中或潮湿地。产黑龙江省宁安；辽宁省本溪、桓仁、宽甸、新宾；内蒙古自治区宁城等地。

■ 多裂耳菊

基生叶

花序一部分

植株

12 全光菊属 *Hololeion* Kitamura

Hololeion Kitamura, Acta Phytotax. Geobot. 10: 301. 1941.

多年生草本，植株有乳汁，全株无毛；头状花序排成圆锥状或伞房状；总苞圆柱状，总苞片3 ~ 4层；小花全部舌状，黄色；瘦果圆柱形，有5条细肋，冠毛糙毛状。

本属全世界约3种，分布于东亚。中国有1种。东北地区有分布。

全光菊（中国植物志，Flora of China）；全缘叶山柳菊（东北植物检索表，东北草本植物志）；全缘山柳菊（黑龙江省植物志，内蒙古植物志）

Hololeion maximowiczii Kitamura, Acta Phytotax. Geobot. 10: 303. 1941; Fl. China 20: 341. 2011.——*Hieracium hololeion* Maxim. in Mem. Acad. Sci. St. Petersb. Sav. Etrang. 9: 182. 1859; 内蒙古植物志（第二版）4: 843. 图版329: 1 ~ 4. 1993; 东北植物检索表（第二版）: 719. 图版363: 3. 1995; 中国植物志80(1): 100. 图版24: 3 ~ 4. 1997; 黑龙江省植物志9: 289. 图版85: 1 ~ 4. 1998; 东北草本植物志9: 421. 图版152: 1. 2004.

多年生直立草本；茎、枝、叶、总苞片光滑无毛；基生叶花期常宿存，线形等，基部狭楔形收窄成长或短的翼柄，全缘；疏松伞房或伞房圆锥花序；总苞宽圆柱状，总苞片约4层；舌状小花淡黄色；瘦果圆柱状，有15条高起等粗的细肋。生草甸、沼泽草甸及近溪流低湿地。产黑龙江省哈尔滨、呼玛、漠河、虎林、萝北；吉林省珲春、通化、梅河口、蛟河、汪清；辽宁省彰武、沈阳；内蒙古自治区海拉尔、新巴尔虎右旗、科尔沁右翼前旗、阿尔山、科尔沁右翼中旗、扎鲁特旗、科尔沁左翼后旗、翁牛特旗等地。

■ 全光菊

花序

植株一部分

13 山柳菊属 *Hieracium* L.

Hieracium L., Sp. Pl. 799. 1753.

多年生草本，常被粗毛。基生叶旋叠状，具齿；茎生叶互生，具柄或无柄，有毛或无毛。头状花序排列成伞房状或圆锥状；总苞片1～3层，不等长，覆瓦状排列；全部为舌状花，黄色，先端5齿裂。瘦果圆柱形或椭圆形，有8～14条椭圆状高起而等粗的纵肋，顶端截形，无喙，近顶端亦无收缢；冠毛1～2层，污黄白色、污白色、淡黄色、白色、褐色，易折断。

本属全世界约800种，分布于欧洲、亚洲、美洲与非洲山地。中国有6种，主要分布于新疆。东北地区产2种。

分种检索表

1. 茎、叶背面被长粗毛；叶长圆状披针形或卵状长圆形，基部近截形抱茎 ………… 1. 粗毛山柳菊 H. virosum Pall.
1. 茎、叶均无毛或微被毛；叶线状披针形或长圆状披针形，基部楔形不抱茎 ……………2. 山柳菊 H. umbellatum L.

（1）粗毛山柳菊（黑龙江省植物志，内蒙古植物志，东北植物检索表，东北草本植物志，中国植物志，Flora of China）

Hieracium virosum Pall., Reise Russ. Reich. 1: 501. 1771; 内蒙古植物志（第二版）4: 844. 图版339: 9～11. 1993; 东北植物检索表（第二版）: 719. 图版363: 4. 1995; 中国植物志80(1): 95. 1997; 黑龙江省植物志9: 290. 图版85: 9～10. 1998; 东北草本植物志9: 423. 图版152: 2. 2004; Fl. China 20: 351. 2011.

生山坡草地、林下或灌丛中，海拔1700～2100米。产黑龙江省呼玛、虎林、萝北、密山、饶河；吉林省安图；内蒙古自治区海拉尔、牙克石、额尔古纳、科尔沁左翼后旗、克什克腾旗等地。

■ 粗毛山柳菊

茎叶

花序一部分

植株

（2）山柳菊（辽宁植物志，黑龙江省植物志，内蒙古植物志，东北草本植物志，中国植物志，Flora of China）；伞花山柳菊（东北植物检索表）

Hieracium umbellatum L., Sp. Pl. 804. 1753; 辽宁植物志（下册）: 627. 图版280. 1992; 内蒙古植物志（第二版）4: 843. 图版329: 5 ~ 8. 1993; 东北植物检索表（第二版）: 719. 图版363: 1. 1995; 中国植物志80(1): 94. 图版14: 1 ~ 2. 1997; 黑龙江省植物志9: 289. 图版85: 5 ~ 8. 1998; 东北草本植物志9: 422. 图版152: 5 ~ 10. 2004; Fl. China 20: 351. 2011.

生林下、林缘、路旁、山坡等处。产黑龙江省呼玛、塔河、加格达奇、伊春、克山、克东、绥棱、绥芬河、哈尔滨、集贤、富锦、虎林、密山、宁安、穆棱、汤原、东宁、尚志（帽儿山）；吉林省长春、延吉、珲春、和龙、集安、白山、通化、梅河口、蛟河、安图、汪清、柳河、辉南、抚松、靖宇、长白；辽宁省沈阳、西丰、朝阳、鞍山、大连、新宾、抚顺、清原、丹东、宽甸、东港、本溪、桓仁；内蒙古自治区海拉尔、牙克石、额尔古纳、根河、莫力达瓦达斡尔、鄂温克、陈巴尔虎旗、新巴尔虎左旗、新巴尔虎右旗、科尔沁右翼前旗、科尔沁左翼后旗、赤峰市红山区、喀喇沁旗、克什克腾旗、阿鲁科尔沁旗、东乌珠穆沁旗、西乌珠穆沁旗等地。

根和全草有清热解毒、利湿消积作用。嫩苗可食。

■ 山柳菊

茎叶

花序

头状花序

14 还阳参属 *Crepis* L.

Crepis L., Sp. Pl. 805. 1753.

一至多年生草本。茎生叶有或无，羽状分裂或不裂。头状花序排列成伞房花序、圆锥花序或总状花序，少数单生茎顶；总苞钟状或圆柱状；总苞片2～4层，外层及最外层短或极短，内层及最内层长或最长；全部小花舌状，两性，结实，黄色，极少紫红色，舌片顶端5齿裂，花冠管部有毛或无毛；花柱分枝细，花丝基部有箭头状附属物。瘦果圆柱状、纺锤状，向两端收窄，近顶处有收缢，有10～20条高起的等粗纵肋；冠毛1层，白色，糙毛状。

本属全世界200余种，广布于欧洲、亚洲、非洲及北美洲大陆。中国有18种。东北地区产4种。

分种检索表

1. 叶长圆状卵形或卵形或长圆形 ………………………………………… **1. 西伯利亚还阳参 C. sibirica** L.

1. 叶倒披针形至线形。

  2. 一年生；基生叶花期枯萎；茎生叶倒披针形、线状披针形或线形，茎下部叶边缘具疏齿或不规则羽裂，上部叶全缘 ………………………………………… **2. 屋根草 C. tectorum** L.

  2. 多年生；基生叶花期不枯萎。

    3. 基生叶全形倒披针形或倒披针状长椭圆形，羽状浅裂或半裂 ………… **3. 北方还阳参 C. crocea** (Lam.) Babc.

    3. 基生叶匙形或椭圆形，边缘有尖齿或下侧边缘有尖齿 ………… **4. 宽叶还阳参 C. coreana** (Nakai) H. S. Pak

（1）西伯利亚还阳参（黑龙江省植物志，内蒙古植物志，东北植物检索表，东北草本植物志，中国植物志，Flora of China）

Crepis sibirica L., Sp. Pl. 2: 807. 1753; 内蒙古植物志（第二版）4: 829. 图版331. 1993; 中国植物志80(1): 106. 图版27: 1～3. 1997; 东北植物检索表（第二版）: 718. 1995; 黑龙江省植物志9: 287. 1998; 东北草本植物志9: 405. 2004; Fl. China 20: 248. 2011.

生山坡、山顶或山脚林缘、林下、林间草地及灌丛中，海拔1000～2680米。产黑龙江省大兴安岭；内蒙古自治区阿尔山、赤峰、巴林右旗、克什克腾旗、东乌珠穆沁旗、西乌珠穆沁旗等地。

■ 西伯利亚还阳参

茎叶

头状花序侧面观

■ 西伯利亚还阳参

花序

居群

（2）屋根草（黑龙江省植物志，内蒙古植物志，东北植物检索表，东北草本植物志，中国植物志，Flora of China）

Crepis tectorum L., Sp. Pl. 807. 1753; 内蒙古植物志（第二版）4: 831. 图版333: 5 ~ 8. 1993; 东北植物检索表（第二版）: 718. 图版362: 3. 1995; 中国植物志80(1): 117. 1997; 黑龙江省植物志9: 287. 1998; 东北草本植物志9: 405. 图版147: 7 ~ 12. 2004; Fl. China 20: 247. 2011.

■ 屋根草

苗期植株

头状花序侧面观

花序

植株下部

植株

居群

生山地林缘、河谷草地、田间或撂荒地。原产欧洲、蒙古、俄罗斯、哈萨克斯坦。分布黑龙江省哈尔滨、伊春、密山、虎林、五大连池、黑河、呼玛、尚志、萝北、孙吴、集贤；吉林省通化、临江、抚松；辽宁省大连、辽阳、沈阳、抚顺、铁岭、新宾；内蒙古自治区海拉尔、额尔古纳、根河、牙克石、阿尔山、科尔沁右翼前旗、科尔沁右翼中旗、克什克腾旗等地。

本种为外来入侵植物，大量繁殖可以侵占本土植物生态位，影响本土生物多样性；侵入农田和景观带会影响作物生长和景观效果。

（3）北方还阳参（东北草本植物志、中国植物志、Flora of China）；还阳参（黑龙江省植物志，内蒙古植物志，东北植物检索表）

Crepis crocea (Lam.) Babc., Univ. Calif. Publ. Bot. 19: 400. 1941; 内蒙古植物志（第二版）4: 831. 图版333: 1～4. 1993; 中国植物志80(1): 115. 1997; 东北植物检索表（第二版）: 718. 图版362: 4. 1995; 黑龙江省植物志9: 288. 1998; 东北草本植物志9: 406. 图版147: 1～6. 2004; Fl. China 20: 249. 2011.

生山坡、农田撂荒地、黄土丘陵地，海拔850～2900米。产黑龙江省大兴安岭；内蒙古自治区满洲里、鄂温克、新巴尔虎右旗、通辽、霍林郭勒、克什克腾旗、阿巴嘎旗、苏尼特左旗等地。

■ 北方还阳参

头状花序正面观

头状花序侧面观

植株下部

植株

（4）宽叶还阳参（Flora of China）；宽叶山柳菊（东北植物检索表，东北草本植物志，中国植物志）

Crepis coreana (Nakai) H. S. Pak, Fl. Coreana. 7: 378. 1999; Fl. China 20: 248. 2011.——*Hieracium coreanum* Nakai in Bot. Mag. Tokyo 29: 9. 1915; 中国植物志80(1): 96. 图版24: 1～2. 1997; 东北植物检索表（第二版）: 719. 图版363: 2. 1995; 东北草本植物志9: 421. 图版152: 3～4. 2004.

生林缘、林下、草甸及草原，海拔1670～2200米。产黑龙江省尚志、伊春；吉林省延吉、通化、安图、抚松、长白、敦化等地。

■ 宽叶还阳参

花序

植株一部分

植株

15 苦荬菜属 *Ixeris* (Cass.) Cass.

Ixeris (Cass.) Cass. in F. Cuvier Dict. Sci. Nat. 25: 62. 1822.

一年生或多年生草本。基生叶花期生存。头状花序同型，舌状，含多数舌状小花，多数或少数在茎枝顶端排成伞房状花序；总苞花期圆柱状或钟状，果期有时卵球形；总苞片2～3层，外层最短，内层最长；花托平，无托毛；舌状小花黄色，舌片顶端5齿裂；花柱分枝细，花药基部附属物箭头形。瘦果压扁，褐色，纺锤形或椭圆形，无毛，有10条尖翅肋，顶端渐尖成喙，喙细丝状，异色；冠毛白色，2层，纤细，不等长，微粗糙，宿存或脱落。

本属全世界有8种，产东亚和南亚。中国有6种。东北地区产5种。

分种检索表

1. 植株具明显的匍匐枝或茎匍匐。
  2. 茎直立，匍匐枝横走地面；叶线形或倒披针状线形，全缘或仅中部以下具羽状缺刻或羽状分裂 ……………… 1. **剪刀股 I. japonica** (Burm. f.) Nakai
  2. 茎匍匐，与根状茎均横走沙中；叶掌状3深裂至全裂 ……………… 2. **沙苦荬菜 I. repens** (L.) A. Gray
1. 植株无匍匐枝或茎直立。
  3. 瘦果有9～12条高起的钝翅肋；花黄色，极少白色；茎生叶较多，基部箭头状、半抱茎 ……………… 3. **苦荬菜 I. polycephala** Cass.
  3. 瘦果有10条高起的尖翅肋；花白色、淡黄色或淡紫色；茎生叶少数，基部楔形、稍抱茎［4. **中华苦荬菜 I. chinensis** (Thunb.) Nakai］。
    4. 基生叶倒卵形至剑形，大头羽裂至近全缘；茎生叶长圆状披针形、线状披针形，有细小牙状齿 ……………… 4a. **中华苦荬菜 I. chinensis** var. **chinensis**
    4. 基生叶丝形或线状丝形；茎叶极少，与基生叶同形，全缘 ……………… 4b. **多色苦荬 I. chinensis** subsp. **versicolor** (Fischer ex Link) Kitamura

（1）剪刀股（中国植物志，Flora of China）；低滩苦荬菜（东北植物检索表，东北草本植物志）

Ixeris debilis (Burm. f.) Nakai in Bot. Mag. Tokyo 40: 575. 1926; 中国植物志80(1): 242. 1997; Fl. China 20: 331. 2011.——*Ixeris debilis* var. *salsuginosa* (Kitag.) Kitag. in Journ. Jap. Bot. 43: 189. 1968; 东北植物检索表（第二版）: 719. 1995; 东北草本植物志9: 411. 2004.

生河口湿草地、海边湿地。产内蒙古自治区通辽大青沟。辽宁省大连老虎滩也有记录。

全草入药，中药材名为“剪刀股”，具有解热毒、消痈肿、凉血、利尿的功效，用于赤眼、水肿、疔毒、淋症。

（2）沙苦荬菜（辽宁植物志，东北植物检索表，东北草本植物志，Flora of China）；沙苦卖菜（中国植物志）；匍匐苦荬菜（大连地区植物志）

Ixeris repens (L.) A. Gray in Mem. Amer. Acad. n. s. 6: 397. 1859大连地区植物志下册: 811. 图1077. 1982; 辽宁植物志（下册）: 620. 1992; 东北植物检索表（第二版）: 719. 图版363: 5. 1995; Fl. China 20: 332. 2011.——*Chorisis repens* (L.) DC. in Prodr. 7: 178. 1838; 中国植物志80(1): 260. 1997; 东北草本植物志9: 410. 2004.

生海滨沙地。产辽宁省绥中、兴城、盖州、大连、庄河、长海等地。

海滨沙地特有植物，适于海边沙地美化。

■ 沙苦荬菜

植株一部分

头状花序正面观

头状花序侧面观

居群

植株

（3）苦荬菜（中国植物志，Flora of China）；深裂苦荬菜（中国植物志）

Ixeris polycephala Cass. in Dict. Sc. Nat. 24: 50. 1822; 中国植物志80(1):243. 图版1:2. 1997; Fl. China 20: 331. 2011.——Ixeris dissecta (Makino) Shih in Act. Phytotax. Sin. 31: 536. 1993; 中国植物志80(1):244. 1997.

生山坡林缘、灌丛、草地、田野路旁。产黑龙江省东宁；吉林省临江；辽宁省金州、普兰店、沈阳、铁岭、辽阳；内蒙古自治区大青沟。

全草有清热解毒、去腐化脓、止血生肌功效，可治疔疮、无名肿毒、子宫出血等症。

■ 苦荬菜

总苞片

头状果序

茎生叶下部

花序

茎下部叶全缘

茎下部叶羽裂

（4）中华苦荬菜（Flora of China）；山苦菜（辽宁植物志，黑龙江省植物志，内蒙古植物志，东北植物检索表）；山苦荬菜（东北草本植物志）；苦菜（大连地区植物志）；中华小苦荬（中国植物志）

Ixeris chinensis (Thunb.) Nakai in Bot. Mag. Tokyo 34: 152. 1920; 辽宁植物志（下册）: 620. 图版277: 4 ~ 5. 1992; 内蒙古植物志（第二版）4: 838. 图版337: 1 ~ 4. 1993; 东北植物检索表（第二版）: 719. 图版363: 9. 1995; 黑龙江省植物志9: 292. 图版86: 1 ~ 4. 1998; 东北草本植物志9: 412. 图版149: 5 ~ 6. 2004; Fl. China 20: 332. 2011.——*Ixeridium chinense* (Thunb.) Tzvel. in Fl. URSS 29: 390. 1964; 中国植物志80(1): 251. 1997.

（4a）中华苦荬菜（原亚种）

Ixeris chinensis subsp. *chinensis*

生山坡路旁、干草地、田边、河滩沙质地等处。产东北三省各地；内蒙古自治区额尔古纳、根河、海拉尔、扎兰屯、新巴尔虎左旗、新巴尔虎右旗、科尔沁右翼前旗、阿尔山、科尔沁右翼中旗、扎赉特旗、突泉、乌兰浩特、赤峰、科尔沁左翼后旗、巴林右旗、扎鲁特旗等地。

嫩根及叶可食或作牲畜、家禽饲料。全株有清热解毒、破瘀活血、排脓作用。

■ 中华苦荬菜

头状花序正面观

头状花序侧面观

苗期植株

花期植株

（4b）多色苦荬（亚种）（Flola of China）；丝叶苦菜（辽宁植物志，东北植物检索表）；丝叶山苦菜（黑龙江省植物志，内蒙古植物志）；狭叶山苦菜（辽宁植物志，黑龙江省植物志，内蒙古植物志）；丝叶小苦荬（中国植物志）；窄叶小苦荬（中国植物志）；变色苦荬菜（植物智网站）

Ixeris chinensis subsp. *versicolor* (Fischer ex Link) Kitamura in Bot. Mag. (Tokyo). 49: 283. 1935; Fl. China 20: 334. 2011.——*Ixeris chinensis* (Thunb.) Nakai var. *graminifolia* (Ledeb.) H. C. Fu, 内蒙古植物志6: 318. 1982; 内蒙古植物志（第二版）4: 838. 图版337: 5. 1993; 辽宁植物志（下册）: 621. 1992; 东北植物检索表（第二版）: 719. 1995; 黑龙江省植物志9: 292. 1998.——*I. chinensis* (Thunb.) Nakai var. *intermedia* Kitag. in Rep. Inst. Sci. Res. Manch. 4: 87. 1940; 内蒙古植物志（第二版）4: 840. 1993; 辽宁植物志（下册）: 621. 1992; 黑龙江省植物志9: 294. 1998.——*Ixeridium graminifolium* (Ledeb.) Tzvel. in Fl. URSS 29: 392. 1964; 中国植物志80(1): 251. 图版56: 1～2. 1997.

生路旁、田野、河岸、沙丘或草甸上。产黑龙江省安达、哈尔滨；吉林省白城、双辽、洮南、镇赉、通榆；辽宁省彰武、新民；内蒙古自治区海拉尔、牙克石、满洲里、新巴尔虎左旗、新巴尔虎右旗、赤峰、翁牛特旗、科尔沁右翼前旗、克什克腾旗、科尔沁左翼后旗等地。

多色苦荬

茎下部叶

白花

黄花

白花株

黄花株

16 黄鹌菜属 *Youngia* Cass.

Youngia Cass. in Ann. Soc. Nat. Paris ser. 1, 23: 88. 1831.

一年生或多年生草本。叶羽状分裂或不分裂。头状花序在茎枝顶端或沿茎排成总状花序、伞房花序或圆锥状伞房花序；总苞圆柱状、圆柱状钟形、钟状或宽圆柱状；总苞3～4层，外层及最外层短，顶端急尖，内层及最内层长；舌状小花两性，黄色，1层，舌片顶端截形，5齿裂；花柱分枝细；花药基部附属物箭头形。瘦果纺锤形，向上收窄，近顶端有收缢，顶端无喙或有粗短的喙状物，有10～15条粗细不等的椭圆形纵肋；冠毛白色或鼠灰色，1～2层，单毛状或糙毛状。

本属全世界约30种，主要分布于中国，日本、朝鲜、蒙古及俄罗斯（西伯利亚、远东地区）有少数种。中国有28种。东北地区产1种。

黄鹌菜（中国植物志，Flora of China）

Youngia japonica (L.) DC. in Prodr. 7: 194. 1838; 中国植物志80(1): 155. 1997; Fl. China 20: 260. 2011.

一年生草本；茎裸露或几乎裸露，无茎叶或几乎无茎叶；根生叶大头羽状分裂；头状花序含10～20枚舌状小花；总苞圆柱状，总苞片4层；舌状小花黄色，花冠管外面有短柔毛；瘦果纺锤形，有11～13条粗细不等的纵肋，肋上有小刺毛。生山坡、林缘、林下、潮湿地、河边沼泽地、田间与荒地上。产辽宁省大连、沈阳等地。

本种中国北京、陕西、甘肃、山东、江苏、安徽、浙江、江西、福建、河南、湖北、湖南、广东、广西、四川、云南、西藏等有自然分布，无意带入东北地区。幼芽、嫩茎叶、花蕾都可食用；全草药用，有清热解毒、利尿消肿、止痛作用。

■ 黄鹌菜

头状花序正面观

头状花序侧面观

花序

苗期植株

果序

花期植株

17 假还阳参属 *Crepidiastrum* Nakai

Crepidiastrum Nakai, Bot. Mag. (Tokyo). 34: 147. 1920.

一年生草本或二年生草本。叶互生，不分裂或羽状分裂。头状花序同型，舌状，在茎枝顶端排成伞房花序或伞房状圆锥花序。总苞圆柱状；总苞片2～3层，外层小，卵形，宽不足0.5毫米或过之，内层长，披针形、椭圆形等；花托平，无托毛；舌状小花5～19枚，黄色或橘黄色；花柱分枝细，花药基部附属物箭头状。瘦果黑色或褐色，椭圆形、长椭圆形或纺锤形，有10～12条高起纵肋，上部沿肋有小刺毛，顶端渐尖成喙；冠毛白色，糙毛状，1层，易脱落。

本属全世界约15种，分布东亚、东南亚。中国有9种。东北地区产4种。

分种检索表

1. 瘦果具不等粗的纵肋，顶端无喙；基生叶柄基部稍扩大，密被褐色绵毛
　……………………………… 1. 细叶假还阳参 C. tenuifolium (Willd.) A. N Sennikov
1. 瘦果具等形纵肋，先端具明显的喙。
　2. 叶质薄而小型，羽状全裂，裂片具缺刻状牙齿；植株细弱；基生叶花期枯萎
　　……………………………… 2. 少花假还阳参 C. chelidoniifolium (Makino) Pak & Kawano
　2. 叶质较厚而大型，边缘具浅齿，或茎下部叶羽状浅裂至深裂；植株较壮实。
　　3. 基生叶花期枯萎 ……………………………… 3. 黄瓜假还阳参 C. denticulatum (Houttuyn) Pak & Kawano

（接上表）

3. 基生叶花期宿存 ·······································	4. 尖裂假还阳参 *C. sonchifolium* (Maxim.) Pak & Kawano

（1）细叶假还阳参（Flora of China）；细叶黄鹌菜（黑龙江省植物志，内蒙古植物志，东北植物检索表，东北草本植物志，中国植物志）

Crepidiastrum tenuifolium (Willd.) A. N Sennikov in Bot. Zhurn. (Moscow & Leningrad) 82(5): 115. 1997; Fl. China 20: 268. 2011.——*Youngia tenuifolia* (Willd.) Babe. et Stebb. in Carnegie Inst. Washington Publ. 484: 46. 1937. p. p.; 内蒙古植物志（第二版）4: 836. 图版336: 6 ~ 10. 1993; 东北植物检索表（第二版）: 731. 图版365: 5. 1995; 中国植物志80(1): 136. 1997; 黑龙江省植物志9: 311. 图版92: 4 ~ 8. 1998; 东北草本植物志9: 408. 图版148: 6 ~ 11. 2004.

■ 细叶假还阳参

基生叶

花序

果序

植株下部

生山坡、高山与河滩草甸、水边及沟底砾石地。产黑龙江省漠河、加格达奇、碧水、西林吉、嫩江、呼玛、杜尔伯特；内蒙古自治区海拉尔、额尔古纳、牙克石、扎兰屯、满洲里、陈巴尔虎旗、新巴尔虎左旗、新巴尔虎右旗、鄂温克、阿鲁科尔沁旗、克什克腾旗、东乌珠穆沁旗、西乌珠穆沁旗、锡林浩特、太仆寺旗等地。

（2）少花假还阳参（Flora of China）；少花黄瓜菜（中国植物志）；岩苦荬菜（辽宁植物志）；碎叶苦荬菜（东北植物检索表，东北草本植物志）；白屈菜叶黄鹌菜（延边农学院学报）

Crepidiastrum chelidoniifolium (Makino) Pak & Kawano, Mem. Fac. Sci. Kyoto Univ., Ser. Biol. 15: 56. 1992; Fl. China 20: 268. 2011.——*Paraixeris chelidoniifolia* (Makino) Nakaiin in Bot. Mag. Tokyo 34: 156. 1920; 中国植物志80(1): 265. 1997.——*Ixeris chelidoniifolia* (Makino) Stebb. in Journ. Bot. Brit. For. 75: 46. 1937; 辽宁植物志（下册）: 621. 图版276: 7 ~ 9. 1992; 东北植物检索表（第二版）: 719. 图版363: 8. 1995; 东北草本植物志9: 414. 图版150: 7 ~ 9. 2004.——*Youngia chelidoniifolia* (Makino) Kitam., Acta Phytotax. Geobot. 11(2): 128. 1942; 延边农学院学报2: 1 ~ 2. 1987.

生海拔较高的石砬子上或干山坡。产黑龙江省尚志；吉林省吉林、和龙；辽宁省宽甸、桓仁、本溪等地。

■ 少花假还阳参

茎叶

花序

居群

（3）黄瓜假还阳参（Flora of China）；黄瓜菜（中国植物志）；羽裂黄瓜菜（中国植物志）；苦荬菜（辽宁植物志，黑龙江省植物志，内蒙古植物志，东北植物检索表，东北草本植物志）

Crepidiastrum denticulatum (Houttuyn) Pak & Kawano, Mem. Fac. Sci. Kyoto Univ., Ser. Biol. 15: 56. 1992; Fl. China 20: 266. 2011.——*Paraixeris denticulata* (Houtt.) Nakai in Bot. Mag. Tokyo 34: 156. 1920; 中国植物志80(1): 263. 图版58: 1 ~ 2,1: 3. 1997.——*Paraixeris pinnatipartita* (Makino) Tzvel. in Fl. URSS 29: 398. 1964; 中国植物志80(1): 264. 图版57: 1 ~ 2. 1997.——*Ixeris denticulata* (Houtt) Stebb. in Journ. Bot. Brit. For. 75: 46. 1937; 辽宁植物志（下册）: 622. 图版276: 1 ~ 5. 1992; 东北植物检索表（第二版）: 721. 图版363: 7. 1995; 黑龙江省植物志9: 294. 图版86: 5 ~ 8. 1998; 东北草本植物志9: 416. 图版150: 1 ~ 5. 2004.——*Ixeris denticulata* (Houtt) Stebb. f. *pinnatipartita* (Makino) Kitam. in Lineam. Fl. Mansh. 454. 1939; 辽宁植物志（下册）: 622. 图版276: 6. 1992; 内蒙古植物志（第二版）4: 840. 图版338: 1 ~ 4. 1993; 东北植物检索表（第二版）: 721. 1995; 东北草本植物志9: 416. 图版150: 6. 2004.

生路旁、山坡草地、田野等地。产黑龙江省尚志、伊春、安达、铁力、密山、海林、东宁、宁安、鸡东、哈尔滨、虎林、鸡西、萝北、饶河；吉林市珲春、白山、集安、和龙、梅河口、九台、磐石、蛟河、敦化、安图、抚松、柳河、辉南、靖宇、镇赉、长白、前郭；辽宁省鞍山、海城、东港、北镇、普兰店、本溪、大连、庄河、凤城、宽甸、桓仁、西丰；内蒙古自治区科尔沁右翼前旗、科尔沁左翼后旗等地。

全草有清热解毒、破瘀活血、排脓作用。嫩苗可食。

■ 黄瓜假还阳参

苗期植株

花期植株

花序

（4）尖裂假还阳参（Flora of China）；抱茎小苦荬（中国植物志）；抱茎苦荬菜（辽宁植物志，黑龙江省植物志，内蒙古植物志，东北植物检索表，东北草本植物志）；晚抱茎苦荬菜（内蒙古植物志）

Crepidiastrum sonchifolium (Maxim.) Pak & Kawano, Mem. Fac. Sci. Kyoto Univ., Ser. Biol. 15: 58. 1992; Fl. China 20: 265. 2011.——*Ixeridium sonchifolium* (Maxim.) Shih in Act. Phytotax. Sin. 31: 543. 1993; 中国植物志80(1): 255. 1997.——*Ixeris sonchifolia* Hance in Journ. L. Soc. Bot. 13: 108. 1873; 辽宁植物志（下册）:

■ 尖裂假还阳参

春季基生叶

秋季基生叶

头状花序

茎叶

植株

植株下部

622. 图版277: 1 ~ 3. 1992; 内蒙古植物志（第二版）4: 840. 图版338: 5 ~ 8. 1993; 东北植物检索表（第二版）: 721. 图版363: 6. 1995; 黑龙江省植物志9: 295. 图版86: 9 ~ 12. 1998; 东北草本植物志9: 417. 图版151. 2004.——*I. sonchifolia* var. *serotina* (Maxim.) Kitag. in Lin. Fl. Manshur. 455. 1939; 内蒙古植物志（第二版）4: 841. 1993.——*Ixeris serotina* (Maxim.) Kitag., Rep. Exped. Manchoukuo Sect. Ⅳ, Pt. 4, Index Fl. Jeholensis 95. 1936; 内蒙古植物志（第三版）5: 401. 2020.

生山坡路旁、河边、荒野及疏林下。产黑龙江省龙江、带岭、尚志、哈尔滨、双城、安达、伊春、齐齐哈尔；吉林省磐石、桦甸、临江、通化、柳河、梅河口、辉南、集安、抚松、靖宇、长白、通榆、长春、吉林、九台、安图；辽宁省各地；内蒙古自治区额尔古纳、牙克石、鄂温克、新巴尔虎左旗、科尔沁右翼前旗、科尔沁左翼后旗、敖汉旗、巴林右旗、阿鲁科尔沁旗、克什克腾旗、赤峰市红山区、锡林浩特、正蓝旗、太仆寺旗等地。

嫩茎叶可作鸡鸭饲料，也可食用。全草有清热、解毒、消肿作用。

18 碱苣属（小苦苣菜属） *Sonchella* Sennikov

Sonchella Sennikov, Bot. Zhurn. 92: 1753. 2007.

盐生草本。茎直立，有叶。头状花序排列成狭窄的总状或圆锥花序；花托无苞片；冠毛同型，易脱落，白色；总苞圆柱形，多层，覆瓦状排列，向内渐长，外层约为内层的1/3，无毛，内层线状披针形，等长，边缘干膜质；小花黄色，约10枚。果实圆柱状至纺锤状，近压扁，有5主肋，间肋1 ~ 3条，顶截形。

本属全世界有2种，分布于中国北部、蒙古、俄罗斯东部。中国有2种。东北地区产1种。

碱小苦苣菜（Flora of China）；碱黄鹌菜（内蒙古植物志，东北植物检索表，东北草本植物志，中国植物志）；碱苣（植物智网站）

Sonchella stenoma (DC.) Sennikov in Bot. Zhurn. 92. 2007 1753 2007; Fl. China 20: 334. 2011; 内蒙古植物志（第三版）5: 387. 2020.——*Youngia stenoma* (Turcz.) Ledeb. in Fl. Ross. Ⅱ. 837. 1846; 内蒙古植物志（第二版）4: 835. 图版336: 1 ~ 5. 1993; 东北植物检索表（第二版）: 731. 图版365: 4. 1995; 中国植物志80(1): 133. 图版32: 1 ~ 2. 1997; 东北草本植物志9: 408. 图版148: 1 ~ 5. 2004.

多年生草本；基生叶及下部茎叶线形或线状披针形或线状倒披针形，边缘全缘或浅波状锯状齿或锯状齿；中上部茎叶渐小，线形，边缘全缘；全部叶两面无毛；头状花序含11枚舌状小花；总苞圆柱状，总苞片4层，全部总苞片外面无毛；瘦果纺锤形，褐色，有12 ~ 14条不等粗的纵肋，肋上有小刺毛。生草原沙地及盐渍地。产吉林省镇赉；内蒙古自治区根河、陈巴尔虎旗、新巴尔虎左旗、新巴尔虎右旗、敖汉旗、阿鲁科尔沁旗、克什克腾旗、喀喇沁旗、东乌珠穆沁旗、正蓝旗等地。

全草有清热解毒、消肿止痛作用，主治疮肿疔毒。

19 勋章菊属 *Gazania* Gaertn.

Gazania Gaertn., Fruct. Sem. Pl. 2: 451. 1791.

多年生草本，少为一年生草本或灌木。茎通常直立。叶常多数基生，有时也具茎生叶；叶柄有或无；叶片线形、披针形、匙形或倒披针形，全缘或羽状浅裂，背面白色具绵毛，正面无毛或近无毛。总苞钟状或圆筒状；总苞片2 ~ 4层，顶端锐尖，背面有毛或无毛；花托圆锥形或凸出；边花舌状，花冠黄色、橙色、红色或褐红色；中央花管状，花冠黄色至橙色。

本属全世界约有20种。中国栽培1种，东北地区有栽培。

勋章菊（植物智网站）

Gazania rigens (L.) Gaertn., Fruct. Sem. Pl. 2: 451. 1791.

多年生草本；叶着生于短茎上，披针形，全缘或羽状浅裂，叶面绿色，叶背银白色；头状花序大，7 ~ 10厘米，总苞片2层或更多，舌状花黄色、浅黄色、紫红色、白色、粉红等，基部常有紫黑、紫色等彩斑，或中间带有深色条纹。原产南非、大洋洲等地。黑龙江省哈尔滨、辽宁省沈阳有栽培。

花大色艳，状似勋章，为优良观赏植物，常用于庭院、花坛、花台种植，也可用于花境、花带观赏，或丛植点缀山石边、园路边等。

■ 勋章菊

头状花序

植株一部分

植株

景观

20 藿香蓟属 *Ageratum* L.

Ageratum L., Sp. Pl. 839, 1753.

一年生或多年生草本或灌木。叶对生或上部叶互生。头状花序，同型，有多数小花，在茎枝顶端排成紧密伞房状花序或疏散圆锥花序；总苞钟状；总苞片2 ~ 3层，线形，草质，不等长；花托平或稍凸起，无托片或有尾状托片；花全部管状，檐部顶端有5齿裂；花药基部钝，顶端有附片；花柱分枝伸长，顶端钝。瘦果有5纵棱；冠毛膜片状或鳞片状。

本属全世界30余种，主产于中美洲。中国有2种。东北地区栽培1种。

熊耳草（黑龙江省植物志，中国植物志，Flora of China）

Ageratum houstonianum Miller, Gard, Dict. ed. 8. 1768; 中国植物志74: 51. 图版19: 1–3. 1985; 黑龙江省植

物志9: 70. 1998; Fl. China 20: 883. 2011.

一年生草本。茎直立，被白色绒毛或薄绵毛。叶对生，有时上部的叶近互生，宽或长卵形，或三角状卵形，边缘有规则的圆锯状齿，基部心形或平截，两面被稀疏或稠密的白色柔毛。伞房或复伞房花序；花序梗密被柔毛；总苞钟状，总苞片2层，狭披针形，全缘，外面被腺质柔毛；花冠檐部淡紫色，5裂。瘦果黑色，有5纵棱。原产墨西哥及毗邻地区。东北地区常见栽培。

以观赏为目的引进。全草药用，有清热解毒之效，美洲（危地马拉）居民用全草治咽喉痛。

■ 熊耳草

花序一部分

花序

植株一部分

植株

居群

21 蛇鞭菊属 *Liatris* J. Gaertner ex Schreber

Liatris J. Gaertner ex Schreber, Gen. Pl. 2: 542. 1791.

多年生草本。茎直立或从基部分枝。下部茎生叶互生，叶片多数，呈线形至卵状披针形, 全缘。伞房花序、聚伞花序、总状花序或穗状花序；总苞大多数呈钟状至半球状或陀螺圆筒状；总苞片18～40，卵形至椭圆形或披针形，叶状至花瓣状；小花少或多数，花冠淡紫色、深紫红、粉紫色、白色等，喉部漏斗状；花柱基部不膨大，光滑，分枝呈线形棒状，具乳突。

本属全世界约38种，分布于巴哈马群岛和北美洲。中国常见栽培1种。东北地区有栽培。

蛇鞭菊（大连植物彩色图谱）；麒麟菊（俗称）

Liatris spicata (L.) Willd. in Sp. Pl. 3: 1636. 1803; 大连植物彩色图谱: 1582. 2013.

茎基部膨大，地下块茎呈扁球形；地上茎直立，株形锥状；单叶，线形或披针形，由上至下逐渐变；密穗状花序；花淡紫色和纯白色。原产美国东部地区。辽宁省大连等地有栽培。

株形紧凑，花大色艳，为著名的切花，园林中可用于布置花境、花带或林缘种植，也常用于庭院栽培观赏或用于背景材料。

■ 蛇鞭菊

植株下部

花序

植株

花序一部分

居群

22 甜菊属 *Stevia* Cav.

Stevia Cavanilles, Icon. 4: 32, plates 354, 355. 1797.

草本或半灌木。叶对生或茎上部叶互生，边缘有锯状齿或全缘，通常具3脉。头状花序多数，小，排成伞房花序或圆锥花序；总苞筒状，总苞片5～6，近等长，花5朵，两性，花冠管状，檐部稍扩大，5裂；花托平，裸露。瘦果线形，稍扁平；冠毛1层，鳞片状或芒刺状。

本属全世界约240种，分布于美洲西部、墨西哥、中美洲、南美洲。中国栽培1种。东北地区有栽培。

甜菊（辽宁植物志，东北植物检索表，东北草本植物志）；甜叶菊（植物智网站）

Stevia rebaudiana (Bertoni) Hemsl. in Icon. Fl. Pl. 9. Tab. 2816. 1906; 辽宁植物志（下册）: 440. 图版198. 1992; 东北植物检索表（第二版）: 638. 图版318: 2. 1995; 东北草本植物志9: 40. 图版14. 2004.

宿根性草本；株高可达1米；老茎半木质化；单倒卵形或广披针形，中上部叶缘有粗齿，表面粗糙，有细短茸毛；头状花序成伞房状排列；瘦果长圆形，稍扁，具纵肋，密生腺点。原产南美洲巴拉圭。辽宁省铁岭、开原、西丰、凌源、朝阳、兴城、盘锦等地有栽培。

整株含有糖苷，以叶片甜度最高，可作甜味剂。

■ 甜菊

植株一部分

花序一部分

23 泽兰属 *Eupatorium* L.

Eupatorium L., Sp. Pl. 836, 1753.

多年生草本、半灌木或灌木。茎单一，直立或有分枝。叶对生、互生或轮生。花序伞房状或圆锥状；总苞长圆形、卵形、钟形或半球形，总苞片2至多层，覆瓦状排列，外层短，内层长；花托平或稍凸起，光滑；花同型，管状，两性，暗紫色、淡紫色或白色；花药基部钝，先端有附属物；花柱分枝伸长，线状半圆柱形，先端钝。瘦果长圆形，黑褐色，具5棱；冠毛1层，糙毛状，与花冠近等长或稍长。

本属全世界有600余种，主要分布于中南美洲的温带及热带地区。中国有14种。东北地区产3种。

分种检索表

1. 花托高起而呈圆锥形；头状花序有多数（40～50个）小花；总苞片1层或近于2层
……………………………………………………………………………… 1. 破坏草 E. adenophorum Sprengel

1. 花托平；头状花序有少数（通常5个）小花；总苞片2～3层。

  2. 叶有柄 ……………………………………………………………………… 2. 白头婆 E. japonicum Thunb.

  2. 叶无柄 ………………………………………………………………………3. 林泽兰 E. lindleyanum DC.

（1）破坏草（中国植物志）；紫茎泽兰（植物智网站）

Eupatorium adenophorum Sprengel, Syst. Veg., ed. 16, 3: 420. 1826.——*Eupatorium coelestinum* L., Sp. Pl. 838, 1753; 中国植物志74: 55. 1985; The Checklist of the Naturalized Plants in China: 170. 2019.——*Ageratina adenophora* (Sprengel) R. M. King & H. Robinson, Phytologia. 19: 211. 1970; Fl. China 20: 880. 2011.

原产美洲。黑龙江省有归化记录。

本种为外来入侵植物，在中国南方危害严重。植株有毒，牛马误食能引起中毒，垫圈易引起牛马烂蹄。

■ 破坏草

茎

茎叶

植株

（2）白头婆（中国植物志，Flora of China）；泽兰（辽宁植物志，东北植物检索表，东北草本植物志）

Eupatorium japonicum Thunb. in Fl. Jap. 307. 1784; 中国植物志74: 60. 图版21: 1 ~ 3. 1985; 辽宁植物志（下册）: 438. 图版197: 11. 1992; 东北植物检索表（第二版）: 638. 图版318: 3. 1995; 东北草本植物志9: 37. 图版13: 1 ~ 10. 2004; Fl. China 20: 886. 2011.

生山坡草地、路旁、林下或灌丛间。产吉林省通化、柳河、梅河口、临江、集安、辉南、抚松、靖宇、长白；辽宁省抚顺、鞍山、丹东、凤城、宽甸、庄河、朝阳、沈阳、本溪、桓仁等地。

根或全草有发表散寒、透疹作用，用于脱肛、麻疹不透、寒湿腰痛、风寒咳嗽。

■ 白头婆

花序一部分

植株

■ 白头婆

茎叶

茎叶有柄

（3）林泽兰（辽宁植物志，内蒙古植物志，东北植物检索表，东北草本植物志，中国植物志，Flora of China）；毛泽兰（黑龙江省植物志）

Eupatorium lindleyanum DC. in Pradr. 5: 180. 1836; 中国植物志74: 59. 1985; 辽宁植物志（下册）: 439. 图版197: 1～10. 1992; 内蒙古植物志（第二版）4: 484. 图版193. 1993; 东北植物检索表（第二版）: 638. 图版318: 4. 1995; 黑龙江省植物志9: 71. 1998; 东北草本植物志9: 38. 图版13: 11～12. 2004; Fl. China 20: 887. 2011.——*E. lindleyanum* f. *trisectifolium* (Makino) Hiyama in Journ. Jap. Bot. 19: 165. 1943; 黑龙江省植物志9: 72. 1998.

生山坡草地及向阳地和沙地。产黑龙江省萝北、密山、伊春、克东、牡丹江、尚志、依兰、孙吴、呼玛、肇源、大庆、黑河、哈尔滨、肇东、阿城、安达、林口、双城、五大连池、虎林、齐齐哈尔；吉林省抚松、大安、和龙、安图、汪清、珲春、临江、吉林、蛟河、集安、梅河口、靖宇、前郭、长白；辽宁省庄河、营口、普兰店、大连、丹东、开原、抚顺、本溪、凌源、彰武、西丰、新宾；内蒙古自治区牙克石、科尔沁右翼前旗、突泉、科尔沁左翼后旗、大青沟、扎鲁特旗、敖汉旗、巴林右旗、阿鲁科尔沁旗等地。

嫩苗可食。根有祛痰定喘、降压作用。

■ 林泽兰

花序一部分

花序

■ 林泽兰

植株一部分

植株

24 胶菀属 *Grindelia* Willdenow

Grindelia Willdenow in Prodr. 5: 106. 1836.

一年生、二年生、多年生草本或近灌木。茎通常直立，常有腺点或黏质。叶互生，无柄或具柄。头状花序排成伞房花序至圆锥花序或单生；总苞通常圆球形至半球形或宽阔的坛形；总苞片多层，大部分呈线形或披针形，顶端呈环状或钩状，光滑且有黏质；花序托扁平或凸起，无托片；舌状花无或多数，花冠黄色至橘黄色；管状花多数，花冠黄色，裂片直立或伸展；花柱分枝上的附属物呈线状或披针形，有时三角形。瘦果椭球形至倒卵球形，稍扁平，有时具3～4棱，顶端平滑、冠状或具瘤状突起；冠毛脱落。

本属全世界约30种，主要分布于美洲。中国东北地区归化1种。

胶菀（植物分类与资源学报，Flora of China）

Grindelia squarrosa (Pursh) Dunal in Mém. Mus. Hist. Nat. 5: 50. 1819; 植物分类与资源学报33(2): 171～173. 2011; Fl. China 20: 651. 2011.

多年生草本；茎具纵棱，有黏质；单叶矩圆形，基部抱茎，叶缘锯齿状；头状花序排成聚伞花序；

■ 胶菀

头状花序正面观

头状花侧面观

■ 胶菀

基生叶

植株一部分

植株

总苞呈宽阔的坛状，总苞片5～10层，外层反折，具有黏质；舌状花、管状花均为黄色；瘦果麦秆黄色，椭球形，表面平滑，具条纹或沟。生路边、溪流边。产辽宁省大连市金州及甘井子区。中国其他地方未见报道。原产美国和墨西哥，乌克兰等有引种。

本种为外来入侵植物，大量繁殖会侵占本土植物生态位，影响本土生物多样性。花期具有一定的观赏性；新鲜或干燥的叶片可以用来制作一种芳香但是略苦的茶，覆盖在叶子上的黏性树脂液可以作为口香糖的替代品；干叶和花冠具有平喘、消炎、止痉挛、祛痰、镇静作用，主要用来治疗支气管哮喘和气道痰堵，外用可制成膏药用来治疗烧伤、毒葛疹、皮炎、湿疹和皮疹。

25 一枝黄花属 *Solidago* L.

Solidago L., Sp. Pl. 878, 1753.

多年生草本或半灌木。叶互生。头状花序在茎上部排列成总状花序、圆锥花序或伞房状花序或复头状花序。总苞狭钟状或椭圆状；总苞片多层，覆瓦状；花托小，通常蜂窝状。边花雌性，舌状1层，或边缘雌花退化而头状花序同型；盘花两性，管状，檐部稍扩大或狭钟状，顶端5齿裂；全部小花结实。花药基部钝；两性花花柱分枝扁平，顶端有披针形的附片。瘦果近圆柱形，有8～12个纵肋；冠毛多数，细毛状，1～2层，稍不等长或外层稍短。

本属全世界120余种。主要集中于美洲。中国有4种。东北地区产4种，其中栽培2种。

分种检索表

1. 叶线状披针形或披针形，宽1～2.5厘米。
    2. 茎生叶的中部至上部有微小锯齿至全缘；圆锥花序窄至宽金字塔形 ……………… **1. 高大一枝黄花 *S. altissima*** L.
    2. 茎生叶的中部至上部有大锯齿；圆锥花序近呈金字塔形 ………………………… **2. 加拿大一枝黄花 *S. canadensis*** L.
1. 叶椭圆状披针形、广卵状披针形或广卵形，宽3～4厘米。
    3. 叶广卵形，质薄而瘦果无毛 ……………………………………………………… **3. 钝苞一枝黄花 *S. pacifica*** Juz.
    3. 叶椭圆状披针形或广卵状披针形，质厚；瘦果上部或仅顶端疏被短毛 …………………………………………………………… **4. 兴安一枝黄花 *S. dahurica*** (Kitag.) Kitag. ex Juzepczuk

（1）高大一枝黄花（Flora of China）

Solidago altissima L., Sp. Pl. 2: 878. 1753; Fl. China 20: 633. 2011; The Checklist of the Naturalized Plants in China: 194. 2019.

原产北美洲。辽宁省大连有栽培。

以观赏为目的引进。花色金黄，常作鲜切花栽培，也是良好蜜源植物；植物纤维含量高，可制浆造纸，或加工成一次性可降解生物制品。

■ 高大一枝黄花

花序

植株一部分

居群

（2）加拿大一枝黄花（辽宁植物志，东北植物检索表，东北草本植物志，中国植物志，Flora of China）

Solidago canadensis L., Sp. Pl. 879. 1753; 中国植物志74: 76. 1985; 辽宁植物志（下册）: 444. 图版199: 10～11. 1992; 东北植物检索表（第二版）: 646. 图版318: 6. 1995; 东北草本植物志9: 45. 图版15: 9～11. 2004; Fl. China 20: 633. 2011.

生河滩、荒地、道路两侧、农田旁边等地。原产北美洲。辽宁省大连、沈阳、凌源等地有栽培。

以观赏为目的引进。花色金黄，常作鲜切花栽培，也是良好蜜源植物；植物体处理后是培养食用菌的理想基质材料；植物纤维含量高，可制浆造纸，或加工成一次性可降解生物制品；全草可入药，有散热去湿、消积解毒功效。

■ 加拿大一枝黄花

花序

植株一部分

植株

（3）钝苞一枝黄花（中国植物志，Flora of China）；朝鲜一枝黄花（辽宁植物志，黑龙江省植物志，东北植物检索表，东北草本植物志）

Solidago pacifica Juz. in Fl. URSS XXV. 576. 1959; 中国植物志74: 75. 1985; 黑龙江省植物志9: 102. 1998; Fl. China 20: 633. 2011.——*S. virgaurea* L. var. *coreana* Nakai in Bot. Mag. Tokyo 31: 110. 1911; 辽宁植物志（下册）: 444. 1992; 东北植物检索表（第二版）: 646. 1995; 东北草本植物志9: 43. 2004.

生林下。产黑龙江省伊春、带岭、五营、尚志、勃利、海林、高岭子、鸡东、宁安、虎林、密山、呼玛、黑河、富锦；吉林省蛟河、和龙、集安、安图、抚松、靖宇、长白、汪清；辽宁省本溪、桓仁、凤城、宽甸、新宾、清原、丹东、岫岩、凌源等地。

■ 钝苞一枝黄花

花序一部分

花序

植株下部

植株

（4）兴安一枝黄花（辽宁植物志，黑龙江省植物志，内蒙古植物志，东北植物检索表，东北草本植物志，Flora of China）；毛果一枝黄花寡毛变种（中国植物志）

Solidago dahurica (Kitag.) Kitag. ex Juzepczuk, Fl. URSS. 25: 42. 1959; 黑龙江省植物志9: 102. 图版31: 1 ~ 5. 1998; Fl. China 20: 633. 2011.——*S. virgaurea* L. var. *dahurica* Kitag. in Rep. Inst. Sci. Res. Manch. 1: 297. 1937; 中国植物志74: 73. 1985; 辽宁植物志（下册）: 443. 图版199: 1 ~ 9. 1992; 内蒙古植物志（第二版）4: 485. 图版194. 1993; 东北植物检索表（第二版）: 646. 图版318: 5. 1995; 东北草本植物志9: 43. 图版15: 1 ~ 8. 2004.

生林缘、路旁。产黑龙江省虎林、密山、尚志、伊春、饶河、勃利、漠河、海林、黑河、呼玛、鸡东、嘉荫、绥芬河、塔河；吉林省敦化、蛟河、临江、通化、梅河口、集安、安图、抚松、汪清、长白、辉南、靖宇；辽宁省本溪、桓仁、丹东、宽甸、凤城、沈阳；内蒙古自治区额尔古纳、鄂伦春、科尔沁右翼前旗、阿尔山、克什克腾旗、东乌珠穆沁旗等地。

■ 兴安一枝黄花

头状花序正面观

头状花序侧面观

花序

植株下部

26 翠菊属 *Callistephus* Cass.

Callistephus Cass. in Dict. Sci. Nat. 37: 491, 1825.

一年生草本。叶互生，有粗齿或浅裂。头状花序单生于分枝顶端；总苞半球形；苞片3层，覆瓦状排列，外层叶状，内层膜质或干膜质；花托平，蜂窝状或有短托片；外围有1～2层雌花，中央有多数两性花，全结实；雌花花冠舌状，通常红紫色，舌片全缘或顶端有2齿；两性花管状，辐射对称，檐部稍扩大，顶端有5个裂齿；花药基部钝，全缘；两性花花柱分枝压扁，顶端有三角状披针形的附片。瘦果稍扁，长椭圆状披针形，有多数纵棱，中部以上被柔毛；冠毛2层，外层短，冠状，内层长，糙毛状。

本属全世界仅1种，分布于中国、日本、朝鲜。世界各地广泛栽培。东北地区也有分布。

翠菊（辽宁植物志，黑龙江省植物志，内蒙古植物志，东北植物检索表，东北草本植物志，中国植物志，Flora of China）；江西腊（俗名）

Callistephus chinensis (L.) Nees. in Gen. Sp. Aster. 222. 1832; 中国植物志74: 109. 1985; 辽宁植物志（下册）: 444. 图版200. 1992; 内蒙古植物志（第二版）4: 491. 图版197. 1993; 东北植物检索表（第二版）: 641. 图版320: 2. 1995; 黑龙江省植物志9: 82. 1998; 东北草本植物志9: 45. 图版16. 2004; Fl. China 20: 569. 2011.

一年生直立草本，全株密被白色短毛；叶片卵状菱形，基部下延至柄成翼，边缘具粗大牙齿及缘毛；头状花序单生茎顶或枝端；总苞半球形，总苞片2 层，外层叶状；边花舌状，蓝色，栽培种颜色丰富；中央花管状，黄色；瘦果倒卵形。生山坡撂荒地、山坡草丛、水边或疏林荫处，也有栽培。产黑龙

■ 翠菊

头状花序侧面观

花序

栽培株

植株

江省哈尔滨、呼玛、东宁；吉林省和龙、安图；辽宁省凌源、北镇、营口、大连、瓦房店、庄河、沈阳、本溪、桓仁、凤城、宽甸、鞍山、西丰、新宾；内蒙古自治区科尔沁右翼前旗、巴林右旗、克什克腾旗、宁城、西乌珠穆沁旗、多伦等地。

常栽培于植物园、公园及庭院供观赏。叶、花序有清热凉血作用。

27 雏菊属 *Bellis* L.

Bellis L., Sp. Pl. 886. 1753.

多年生或一年生草本。叶基生或互生，全缘或有波状齿。头状花序常单生，有异型花，放射状，外围有1层雌花，中央有多数两性花，都结实；总苞半球形或宽钟形；总苞片近2层，稍不等长，草质；花托凸起或圆锥形，无托片；雌花舌状，舌片白色或浅红色，开展，全缘，花柱分枝短扁，三角形。瘦果扁，有边脉，两面无脉或有1脉；冠毛不存在或有连合成环且与花冠管部或瘦果合生的微毛。

本属全世界有8种，分布于亚洲、欧洲。中国常见栽培1种。东北地区有栽培。

雏菊（辽宁植物志，内蒙古植物志，东北植物检索表，东北草本植物志，中国植物志，Flora of China）

Bellis perennis L., Sp. Pl. ed. 1. 886. 1753; 中国植物志74: 92. 1985; 辽宁植物志（下册）: 447. 1992; 内蒙古植物志（第二版）4: 487. 1993; 东北植物检索表（第二版）: 641. 1995; 东北草本植物志9: 47. 2004; Fl. China 20: 559. 2011.

一年生或多年生草本；叶基生，匙形或广倒披针形，边缘中部以上有波状齿；头状花序单生；总苞半球形，总苞片2层；边花舌状，1层，白色、粉红色等；中央花管状，黄色；瘦果扁，倒卵形，有边肋。原产欧洲。东北各地常见栽培。

以观赏为目的引进，植株密集矮生，叶子青翠碧绿，花朵缤纷艳丽。叶有止血消肿作用。花序有祛痰镇咳作用。

■ 雏菊

基生叶

头状花序

植株

28 飞蓬属 *Erigeron* L.

Erigeron L., Sp. Pl. 863 1753.

一年生至多年生草本直立草本，植株常被毛。叶互生或基生，披针形等，全缘或有齿或羽状分裂。头状花序排列成伞房状或圆锥状；总苞半球形或钟形，总苞片2~3层，近等长，草质，先端和边缘干膜质；花二型或三型，全部结实。边花雌性，多层，舌状，有时内层无舌片而为细管状，蓝色或白色，稀黄色。中央花两性，管状或漏斗状，先端5裂，黄色；花药基部钝；花柱分枝先端附片短三角形。瘦果扁平，长圆状披针形，被毛，有边肋；冠毛粗糙，1～2层，外层极短或与内层等长，有时雌花冠毛退化而成少数鳞片状膜片的小冠。

本属全世界有200余种，主要分布于欧洲、亚洲大陆及北美洲，少数也分布于非洲和大洋洲。中国有35种，主要集中于新疆和西南部山区。东北地区产7种2亚种。

分种检索表

1. 花三型，在舌状花与管状花之间还有一种细管状雌性花（1. 飞蓬 E. acris L.）。
  2. 叶全缘。
    3. 茎及总苞均为绿色，稀浅紫色；总苞片具长毛 ……………………1a. 飞蓬 E. acris subsp. acris
    3. 茎及总苞均为紫色，稀绿色；总苞片背部被腺毛并疏被长毛 ……………………1b. 长茎飞蓬 E. acris subsp. politus (Fries) H. Lindberg
  2. 基部和茎下部叶常具疏锯状齿 ……………… 1c. 堪察加飞蓬 E. acris subsp. kamtschaticus (Candolle) H. Hara
1. 花二型，有舌状花和管状花。
  4. 头状花序有显著展开的舌状雌花。
    5. 茎生叶基部心形，抱茎或半抱茎；茎中空 ……………………2. 春飞蓬 E. philadelphicus L.
    5. 茎生叶基部楔形或渐狭，不抱茎；茎具白色海绵质髓。
      6. 茎生叶匙状披针形至线状披针形，厚而稀疏，全缘，有时具牙状齿；株高30～70厘米；茎被短而稍平伏的毛 …………………… 3. 糙伏毛飞蓬 E. strigosus Muhlenberg ex Willdenow
      6. 茎生叶长圆形、披针形至倒披针形，薄而较密，常具粗锯状齿或牙状齿；株高60～150厘米；茎中部具长而开展的毛 …………………… 4. 一年蓬 E. annuus (L.) Pers.
  4. 头状花序有细管状的雌花。
    7. 多年生草本；头状花序，直径2～4厘米，单生于茎端；总苞半球形，总苞片3层 …………………… 5. 山飞蓬 E. alpicola (Makino) Makino
    7. 一、二年生草本；头状花序，直径5～10毫米，多数于茎端排列成总状或圆锥花序；总苞椭圆状卵形或圆筒状，总苞片2～3层。
      8. 植株灰绿色，被贴生短毛和疏长毛；下部叶常具粗齿或羽状浅裂；头状花序径8～10毫米 ……………………6. 香丝草 E. bonariensis L.
      8. 植株绿色，被疏长硬毛；下部叶边缘具疏锯齿或全缘；头状花序径5～6毫米 ……………………7. 小蓬草 E. canadensis L.

（1）飞蓬（辽宁植物志，黑龙江省植物志，内蒙古植物志，东北植物检索表，东北草本植物志，中国植物志，Flora of China）

Erigeron acris L., Sp. Pl. 2: 863. 1753; Fl. China 20:646. 2011.——*Erigeron acer* L., Sp. Pl. 863. 1753; 中国植物志74:327. 图版81: 7～12. 1985; 辽宁植物志（下册）: 461. 图版207: 1～5. 1992; 内蒙古植物志（第二版）4: 518. 图版207: 1～6. 1993; 东北植物检索表（第二版）: 643. 图版320:5. 1995; 黑龙江省植物志9:90. 图版27: 8～18. 1998; 东北草本植物志9:74. 图版24:1～8. 2004.

（1a）飞蓬（原亚种）

Erigeron acris subsp. *acris*

常生山坡草地、牧场及林缘。产黑龙江省黑河、桦川、依兰、尚志、安达、呼玛、嘉荫、克山、北安、哈尔滨、海林、克东、嫩江；吉林省安图、集安、抚松、靖宇、临江、长白、和龙；辽宁省大连、丹东、宽甸、本溪、桓仁、新宾、清原、西丰、彰武；内蒙古自治区海拉尔、牙克石、额尔古纳、新巴尔虎右旗、新巴尔虎左旗、鄂温克、科尔沁右翼前旗、扎赉特旗、克什克腾旗、巴林右旗、巴林左旗、阿鲁科尔沁旗、喀喇沁旗、东乌珠穆沁旗、西乌珠穆沁旗、锡林浩特等地。

全草主治外感发热、泄泻、胃炎、皮疹、疥疮。

■ 飞蓬

花序一部分

植株上部

植株下部

（1b）长茎飞蓬（亚种）（黑龙江省植物志，内蒙古植物志，东北植物检索表，东北草本植物志，中国植物志，Flora of China）；紫苞飞蓬（东北植物分布图集）

Erigeron acris subsp. *politus* (Fries) H. Lindberg, Enum. Pl. Fennoscandia. 56. 1901; Fl. China 20: 647. 2011.——*Erigeron elongatus* Ledeb., Ic. Pl. Fl. Ross. 1: 9. t. 31. 1829; 中国植物志74: 329. 图版81: 1 ~ 6. 1985; 内蒙古植物志（第二版）4: 517. 1993; 东北植物检索表（第二版）: 643. 1995; 黑龙江省植物志9: 88. 图版27: 2 ~ 7. 1998; 东北草本植物志9: 73. 2004; 东北植物分布图集: 1114. 2019.

生低山开阔山坡草地，沟边及林缘，海拔1900 ~ 2600米。产黑龙江省绥芬河、呼玛、漠河、五大连池、嫩江、萝北、饶河、尚志、伊春；吉林省安图；辽宁省桓仁；内蒙古自治区额尔古纳、科尔沁右翼前旗、阿尔山等地。

■ 长茎飞蓬

花序一部分

植株上部

植株

（1c）堪察加飞蓬（亚种）（黑龙江省植物志，中国植物志，Flora of China）；东北飞蓬（东北植物检索表，东北草本植物志）

Erigeron acris subsp. *kamtschaticus* (Candolle) H. Hara, in J. Jap. Bot. 15: 317. 1939; Fl. China 20: 646. 2011.——*E. kamtschaticus* DC., Prodr. 5: 290. 1836; 中国植物志74: 328. 1985; 黑龙江省植物志9: 90. 1998.——*E. acris* var. *manshuricus* Kom. in Fl. Mansh. 3: 610. 1907; 东北植物检索表（第二版）: 643. 1995.

生低山山坡草地和林缘，海拔700～1200米。产黑龙江省黑河、饶河、嫩江、萝北、五常、密山、五大连池；吉林省珲春、和龙、汪清、安图、抚松、长白、敦化；内蒙古自治区额尔古纳、新巴尔虎右旗、新巴尔虎左旗、巴林右旗、科尔沁右翼前旗等地。

■ 堪察加飞蓬

基生叶

头状花序侧面观

植株上部

植株下部

（2）春飞蓬（中国外来入侵生物）

Erigeron philadelphicus L. in Sp. Pl. ed. 2: 863. 1753.

生路旁、旷野、山坡、林缘及林下。原产北美洲。辽宁省大连、旅顺口有分布。

本种为外来入侵植物，大量繁殖会侵占本土植物生态位，影响本土生物多样性；侵入农田和景观带后，则可影响作物生长和景观效果。

■ 春飞蓬

头状花序正面观

头状花序侧面观

■ 春飞蓬

花序

植株下部

植株

（3）糙伏毛飞蓬（Flora of China）；粗糙飞蓬（上海植物志）

Erigeron strigosus Muhlenberg ex Willdenow, Sp. Pl. 3: 1956. 1803; 中国植物志74: 327. 1985; 上海植物志上册: 610. 1999; Fl. China 20: 645. 2011; The Checklist of the Naturalized Plants in China: 180. 2019.

原产北美洲。分布辽宁省金州；吉林省通化。

本种为外来入侵植物，大量繁殖会侵占本土植物生态位，影响本土生物多样性；侵入农田和景观带后，则可影响作物生长和景观效果。

■ 糙伏毛飞蓬

头状花序正面观

头状花序侧面观

根部

植株中部

植株下部

植株

（4）一年蓬（辽宁植物志，黑龙江省植物志，东北植物检索表，东北草本植物志，中国植物志，Flora of China）

Erigeron annuus (L.) Pers. in Syn. Pl. 2: 43. 1807; 中国植物志74: 326. 1985; 辽宁植物志（下册）: 461. 图版207: 6 ~ 11. 1992; 东北植物检索表（第二版）: 641. 图版320: 7. 1995; 黑龙江省植物志9: 88. 图版27: 1. 1998; 东北草本植物志9: 71. 图版20: 9 ~ 14. 2004; Fl. China 20: 644. 2011.

生林下、林缘、路旁等处。原产北美洲。分布黑龙江省东部；吉林省通化、抚松、安图、靖宇、柳河、珲春、辉南、集安；辽宁省本溪、凤城、鞍山、抚顺、新民、丹东、桓仁、宽甸、清原、西丰等地。

本种为严重入侵类外来植物，是有害生物地老虎的宿主，在春夏之交形成单优杂草群落，对土壤结构和肥力影响大，影响作物产量，甚至会使整个果园及经济作物区荒废。对铜、铅、镉和铬等重金属有较强的耐受和富集能力，可用于矿区土壤修复、污染治理和生态恢复；全草有消食止泻、清热解毒作用。

■ 一年蓬

头状花序正面观

头状花序侧面观

花序

苗期植株

茎叶

花期植株

（5）山飞蓬（黑龙江省植物志，东北植物检索表，东北草本植物志，中国植物志，Flora of China）；黑龙江飞蓬（植物研究）

Erigeron alpicola (Makino) Makino in Bot. Mag. (Tokyo). 28: 339. 1914; 东北植物检索表（第二版）: 643. 图版320: 4. 1995; 东北草本植物志9: 72. 图版24: 9 ~ 15. 2004; Fl. China 20: 637. 2011.——*Erigeron komarovii* Botsch. in Not. Syst. Herb. Inst. Bot. Ac. Sc. URSS. 16: 391. 1954; 中国植物志74: 305. 图版75: 7 ~ 9. 1985; 黑龙江省植物志9: 87. 1998.——*Erigeron komarovii* var. *heilongjiangensis* P. H. Huang & W. H. Ye, Bull.

Bot. Res., Harbin 14(4): 357 ~ 358. 1994.

生高山草地、苔原或林缘，海拔1700 ~ 2600米。产黑龙江省大兴安岭的高山带；吉林长白、通化、靖宇、安图、抚松等地。

■ 山飞蓬

基生叶

头状花序

植株上部

（6）香丝草（中国植物志，Flora of China）

Erigeron bonariensis L., Sp. Pl. 2: 863. 1753; Fl. China 20: 649. 2011.——*Conyza bonariensis* (L.) Cronq. in Bull. Torrey Bot. Club. 70: 632. 1943; 中国植物志74: 350. 图版88: 5 ~ 9. 1985.

常生荒地、田边、路旁。原产南美洲。辽宁省大连、长海有分布。

本种为外来入侵植物，大量繁殖会侵占本土植物生态位，影响本土生物多样性。全草入药，治感冒、疟疾、急性关节炎及外伤出血等症。

■ 香丝草

花序

植株一部分

植株

（7）小蓬草（辽宁植物志，内蒙古植物志，中国植物志，Flora of China）；小飞蓬（东北植物检索表，东北草本植物志）；小白酒草（黑龙江省植物志）

Erigeron canadensis L., Sp. Pl. ed. 2: 863. 1753; 辽宁植物志（下册）: 463. 1992; 东北植物检索表（第二

版）: 643. 图版320: 6. 1995; 东北草本植物志9: 72. 图版24: 16 ~ 23. 2004; Fl. China 20: 649. 2011.——*Conyza canadensis* (L.) Cronq. in Bull. Torrey Bot. Club. 70: 632. 1943; 中国植物志74: 348. 1985; 内蒙古植物志（第二版）4: 518. 图版208. 1993; 黑龙江省植物志9: 83. 图版25: 6 ~ 10. 1998.

生路旁、田野、荒地及宅旁附近。原产北美洲。产东北三省各地；内蒙古自治区海拉尔、牙克石、额尔古纳、鄂温克、新巴尔虎左旗、新巴尔虎右旗、科尔沁右翼前旗、扎赉特旗、科尔沁左翼后旗、克什克腾旗、巴林左旗、喀喇沁旗、阿鲁科尔沁旗等地。

本种为恶性外来入侵植物，产生的大量瘦果能借冠毛随风扩散，蔓延极快，对作物危害严重；能通过分泌化感物质抑制邻近其他植物生长。嫩茎、叶可作猪饲料；全草有消炎止血、祛风湿作用，治血尿、水肿、肝炎、胆囊炎、小儿头疮等症；北美洲用于治痢疾、腹泻、创伤以及驱蠕虫；中部欧洲常用新鲜的植株作止血药，但其液汁和捣碎的叶有刺激皮肤的作用。

■ 小蓬草

花序一部分

花序侧面观

茎叶

植株

29 联毛紫菀属 *Symphyotrichum* Nees

Symphyotrichum Nees, Gen. Sp. Aster. 135. 1832.

一年生或多年生草本。茎直立或斜升。叶互生，全缘或具齿。头状花序排成总状或总状圆锥花序，稀单生；总苞半球状，总苞片2～3层，线形或线状披针形，不等长，外层常叶质，绿色，边缘具狭膜质或具粗缘毛；花全部结实。外围雌花多数，1至数层，花冠管状，管部短于花柱，顶端斜切，具微毛，无舌片或具极细的舌片。中央两性花，花冠管状，上端具5齿裂；花柱分枝披针形，顶端尖；花药基部钝，全缘。瘦果倒卵形或长圆形，扁压，基部缩小，被贴伏微毛；冠毛白色或污白色，2层，糙毛状，外层极短。

本属全世界约90种，分布于亚洲、欧洲、北美洲、南美。中国有3种，东北地区均产，其中栽培1种。

分种检索表

1. 边花细管状，无色 ……………………………………1. 短星菊 S. ciliatum (Ledeb.) G. L. Nesom
1. 边花舌状，有色。
    2. 头状花序径2～3厘米；总苞钟形；舌状花蓝紫色、紫红色等；叶长圆形至条状披针形，全缘或有浅锯齿 ……………………………………2. 荷兰菊 S. novi-belgii (L.) G. L. Nesom
    2. 头状花序径小于1厘米；总苞钟状或圆柱状；舌状花淡红色至蓝紫色；叶线状披针形，全缘 ……………………………………3. 钻叶紫菀 S. subulatum (Michaux) G. L. Nesom

（1）短星菊（辽宁植物志，黑龙江省植物志，内蒙古植物志，东北植物检索表，东北草本植物志，中国植物志，Flora of China）

Symphyotrichum ciliatum (Ledeb.) G. L. Nesom in Phytologia 77(3): 277. 1995; Fl. China 20: 652. 2011.——*Brachyactis ciliata* Ledeb. in Fl. Ross. 2: 495. 1845; 中国植物志74: 285. 图版72: 5～9. 1985; 辽宁植物志（下册）: 460. 图版203: 8～10. 1992; 内蒙古植物志（第二版）4: 513. 图版206: 1～6. 1993; 东北植物检索表（第二版）: 641. 图版320: 1. 1995; 东北草本植物志9: 70. 图版22: 10～12. 2004.——*B. latisquamata*

■ 短星菊

头状花序正面观

头状花序侧面观

植株

■ 短星菊

果期植株一部分

植株一部分

(Maxim.) Kitag. in Rep. First Sci. Exped. Manch. Sect. 4: 53, 94. 1936; 黑龙江省植物志9: 74. 图版23: 1 ~ 6. 1998.

常生山坡荒野、山谷河滩或盐碱湿地上。产黑龙江省哈尔滨、杜尔伯特；吉林省松原、磐石；辽宁省大连、铁岭、朝阳、建平、葫芦岛、黑山、凌海、阜蒙；内蒙古自治区科尔沁左翼后旗、翁牛特旗、敖汉旗、巴林左旗、巴林右旗、阿鲁科尔沁旗、克什克腾旗、喀喇沁旗、赤峰、赤峰市红山区等地。

（2）荷兰菊（大连植物彩色图谱）

Symphyotrichum novi-belgii (L.) G. L. Nesom in Phytologia 77: 287. 1994.——*Aster novi-belgii* L., Sp. Pl. 877. 1753.

原产北美洲。辽宁省各地有栽培。

以观赏为目的引进，是花坛、花境的良好植物材料，也可作切花或盆栽；也用于制作花篮、花圈的配花。

■ 荷兰菊

头状花序侧面观

头状花序正面观

花序

■ 荷兰菊

叶基部抱茎

植株一部分

植株

（3）钻叶紫菀（中国植物志，Flora of China）；钻形紫菀（大连植物彩色图谱）

Symphyotrichum subulatum (Michaux) G. L. Nesom, Phytologia. 77: 293. 1995; Fl. China 20:652. 2011. ——*Aster subulatus* Michx. in Fl. Bor.–Amer. 2:111. 1803;中国植物志74:254. 1985.

■ 钻叶紫菀

头状花序正面观

头状花序侧面观

头状果序

花序一部分

茎叶

植株

喜生潮湿的地方，路边也常见。原产北美洲。分布辽宁省大连、旅顺口、金州、长海、葫芦岛等地。

本种为外来入侵植物，种子产生量大，易在浅水湿地形成单优群落，影响湿地生物多样性；常入侵农田危害农作物，对油菜和小麦等作物产生抑制作用。茎叶提取物具有抗TMV病毒活性，具有开发为植物源农药的潜在价值。

30 鹅河菊属（雁河菊属） *Brachyscome* Cass.

Brachyscome Cass., Bull. Sci. Soc. Philom. Paris 199. 1816.

一年生和多年生草本或小灌木。基生叶莲座状，茎生叶互生，全缘或羽状全裂。头状花序单生或多个聚成伞房花序，有花序梗；总苞片披针形到倒披针形，草质具瘢痕边缘，覆瓦状排列；花托半球形到圆锥状，裸露。雌花舌状，1层，白色到蓝色，淡紫色或粉红色，花柱分枝无不育的顶生附属物。两性花花冠管状，可育，黄色；花药基部钝，通常具顶端附属物；花柱分枝具小乳突状不育的顶生附属物。瘦果圆柱状或扁平，有时具翅，无毛或有毛或具瘤；冠毛短而硬，长度常小于1毫米。

本属全世界约有70种，多数仅分布澳大利亚，少数分布在新西兰和新几内亚。中国栽培多种。东北地区栽培2种。

分种检索表

1. 多年生草本；花径2厘米以下 ………………………… 1. 姬小菊 B. angustifolia A. Cunn.
1. 一年生草本；花径约2.5厘米 ………………………… 2. 五色菊 B. iberidifolia Benth.

（1）姬小菊（植物智网站）

Brachyscome angustifolia A. Cunn., Prodr. [A. P. de Candolle] 5: 306. 1836.

原产地不详。辽宁省大连有栽培。

本种花色繁多，养护容易，适宜布置花坛、花境。

■ 姬小菊

植株一部分

头状花序侧面观

植株

（2）五色菊（辽宁省维管束植物名称考证）；鹅河菊（植物智网站）

Brachyscome iberidifolia Benth., Enum. Pl. 59. 1837; Leopoldina Heft 25: 108. 1889.

原产大洋洲。辽宁省沈阳有栽培。

栽培容易，管理轻松，花繁灿烂，株型整齐紧凑，花期长，适用于绿化。

■ 五色菊

植株一部分

植株

31 北美紫菀属 *Eurybia* (Cassini) Cassini

Eurybia (Cass.) Cass., Dict. Sci. Nat., ed. 2. [F. Cuvier] 16: 46. 1820.

多年生植物，有根状茎。茎通常单生，很少在基部分枝。叶基生和茎生，叶片形态多样，全缘或缘有齿。常为伞房花序；总苞圆筒状钟状到宽钟状，总苞片3～7层不等长；花托蜂窝状；舌状花紫色或白色，单性、可育；管状花黄色，两性；花药基部钝，顶端附属物披针形；花柱分枝顶端披针形。瘦果圆筒状倒圆锥形至纺锤形，稍压扁。

本属全世界有23种，分布于亚洲、欧洲和北美洲。中国产1种，分布于黑龙江。

西伯利亚紫菀（黑龙江省植物志，内蒙古植物志，东北植物检索表，东北草本植物志，中国植物志，Flora of China）

Eurybia sibirica (L.) G. L. Nesom, Phytologia. 77: 261. 1995; Fl. China 20: 650. 2011.——*Aster sibiricus* L., Sp. Pl. 872. 1753; 中国植物志74: 137. 1985; 内蒙古植物志（第二版）4: 506. 图版202: 1～4. 1993; 东北植物检索表（第二版）: 641. 图版319: 5. 1995; 黑龙江省植物志9: 77. 图版23: 7–11. 1998; 东北草本植物志9: 63. 图版21: 4–7. 2004.

多年生草本，有平卧的根状茎。茎密被柔毛。基部叶鳞片状，下部叶长圆状匙形，二者花期枯萎；中部叶长圆披针形，上部叶线状长圆形；全部叶下面被伏毛，基部半抱茎。头状花序在枝端单生或多个组成伞房状花序；总苞半球状；总苞片3层，外层披针形，内层线状披针形，均顶端尖、密被毛；舌片淡紫色、有4脉。冠毛稍红色，子房被密粗毛。生低山草地。产黑龙江省塔河、呼玛（察哈彦卡河上游）；内蒙古自治区鄂伦春。

■ 西伯利亚紫菀

头状花序正面观

头状花序侧面观

植株一部分

植株

32 碱菀属 *Tripolium* Nees

Tripolium Nees, Gen. et Sp. Aster, 152. 1833.

一年生直立草本。叶互生，全缘或有疏齿。头状花序疏散伞房状排列，外围有1层雌花，中央有多数两性花，后者有时不育。总苞近钟状；总苞片2～3层，外层较短，稍覆瓦状排列，肉质，边缘近膜质。花托平，蜂窝状，窝孔有齿。雌花舌状，舌片蓝紫色或浅红色。两性花黄色，管状，檐部狭漏斗状，有不等长的分裂片；花药基部钝，全缘；花柱分枝附片肥厚，顶端三角形。瘦果狭矩圆形，扁，有厚边肋，两面各有1细肋，无毛或有疏毛；冠毛多层，极纤细，有微齿，稍不等长，白色或浅红色，花后增长。

本属全世界仅1种，分布于亚洲及欧洲、非洲北部及北美洲。东北地区也产。

碱菀（辽宁植物志，黑龙江省植物志，内蒙古植物志，东北植物检索表，东北草本植物志，中国植物志，Flora of China）

Tripolium pannonicum (Jacquin) Dobroczajeva in Visjulina, Fl. URSR. 11: 63. 1962; Fl. China 20: 559. 2011.——*T. vulgare* Nees in Gen. et Sp. Aster: 152. 1833; 中国植物志74: 282. 图版71: 1～3. 1985; 辽宁植物志（下册）: 459. 图版204: 1～5. 1992; 内蒙古植物志（第二版）4: 513. 图版206: 7～10. 1993; 东北植物检索表（第二版）: 646. 图版322: 5. 1995; 黑龙江省植物志9: 104. 图版31: 6～9. 1998; 东北草本植物志9: 68. 图

版23: 1 ~ 5. 2004.

一年生草本；茎直立，平滑，有棱，基部带红色；单叶互生，稍肉质，披针状线形或线形；头状花序多数，排列成复伞房状；舌状花紫堇色，稀白色；管状花黄色；瘦果狭长圆形，被伏毛。生海岸、湖滨、沼泽及盐碱地。产黑龙江省肇东、安达、大庆、哈尔滨、富裕、呼玛、逊克；吉林省通榆、大安；辽宁省葫芦岛、彰武、新民、沈阳、营口、普兰店、庄河、长海、东港、铁岭；内蒙古自治区海拉尔、新巴尔虎左旗、新巴尔虎右旗、科尔沁左翼后旗、赤峰市红山区、敖汉旗、阿鲁科尔沁旗、克什克腾旗等地。

本种耐盐碱、耐水湿，可用于盐碱地和水湿地美化。

■ 碱菀

头状花序正面观

头状花序侧面观

果序

基生叶与茎下部叶

植株

33 乳菀属 *Galatella* Cass.

Galatella Cass., in Dict. Sci. Nat. 37: 463, 488. 1825.

多年生草本，根状茎粗壮。茎直立或基部斜升，上部常有伞房状分枝，少有不分枝。叶互生，无柄，全缘，长圆形、披针形或线状披针形，稀狭线形，下部和中部叶，或仅下部叶有3条脉，少有全部叶具1脉。头状花序排列伞房状花序，少有单生；总苞倒锥形或近半球形，总苞片多层，绿色，具白膜质的边缘，具1 ~ 3条脉，外层较小，最内层较大；头状花序具异形花，外围的一层雌花舌状，舌片淡紫红色或蓝紫色，长于花盘的1.5 ~ 2倍，1 ~ 20个，少有无舌状花；中央的两性花5 ~ 60（100）个，花冠管状，黄色，有时淡紫色，常超出总苞的1.5～2倍；花药基部钝，花丝无毛，顶端有宽披针形的附片；花柱2裂，顶端有卵状三角形或披针状三角的附片。瘦果长圆形，向基部缩小，背面略扁压，无肋，被密长硬毛或糙伏毛，基部或近基部具脐，冠毛2（～3）层，糙毛状，不等长，基部常连合成环，白色，或有时淡紫红，长于瘦果。

本属全世界40余种，广泛分布于欧洲和亚洲大陆。中国有12种，主要分布于新疆、东北地区。东北地区产1种。

兴安乳菀（黑龙江省植物志，内蒙古植物志，东北植物检索表，东北草本植物志，中国植物志，Flora of China）

Galatella dahurica DC. in Prodr. 5: 256. 1836; 中国植物志74: 269. 图版63: 5～8. 1985; 内蒙古植物志（第二版）4: 512. 图版201: 6～9. 1993; 东北植物检索表（第二版）: 643. 图版321: 1. 1995; 黑龙江省植物志9: 92. 图版28: 1～5. 1998; 东北草本植物志9: 65. 图版22: 1～6. 2004; Fl. China 20: 561. 2011.

多年生直立草本，全株被乳头状短毛；叶密集，无柄，全缘，表面密被腺点；茎下部叶线状披针形，具3条脉；茎上部叶线形，具1条脉；头状花序半球形，排成伞房状；总苞片3～4层；边花舌状，淡

■ 兴安乳菀

头状花序侧面观

头状花序正面观

头状果序侧面观

果期植株

植株下部

■ 兴安乳菀

茎叶

植株上部

蓝紫色；中央花管状，黄色；瘦果长圆形，被白色长柔毛；冠毛白色或污黄色，糙毛状。生山坡草地、碱地和草原。产黑龙江省大庆、呼玛、安图、安达、肇东、饶河、黑河、密山、虎林、富裕、杜尔伯特、漠河、嫩江、青岗；吉林省通榆、集安、大安、洮南、乾安、镇赉；辽宁省彰武、丹东、桓仁；内蒙古自治区海拉尔、额尔古纳、根河、牙克石、扎兰屯、鄂伦春、鄂温克、科尔沁右翼前旗、敖汉旗、翁牛特旗、巴林右旗、克什克腾旗、东乌珠穆沁旗、西乌珠穆沁旗等地。

34 紫菀属 *Aster* L.

Aster L., Sp. Pl. 2: 872. 1753.

草本、半灌木或灌木。茎直立，稀斜上。叶互生，全缘或有齿。头状花序单生或多数排列成伞房状或复伞房状；花托蜂窝状；冠毛白色或红褐色，有多数细糙毛，或外层有极短的毛或膜片；总苞半球状、钟状或倒锥状，总苞片2至多层，覆瓦状排列或近等长；花药基部钝。瘦果长圆形或倒卵圆形。

本属全世界约188种，分布于亚洲、欧洲、北美洲。中国有139种。东北地区产17种8变种。

分种检索表

1. 舌状花及管状花冠毛均不发达，退化为短毛状或膜片状。
  2. 总苞片上部草质，顶端稍尖；瘦果长1.5～2.5毫米，被有腺毛及短毛。
    3. 有具匍枝的根状茎，有时具直根；叶有齿或羽状裂片（上部叶常全缘），两面被疏微毛或近无毛；总苞有疏短毛 ………… **1. 马兰 A. indicus** L.
    3. 无根状茎，具长纺锤状的直根；叶全缘（边缘稍反卷），两面被粉状密短毛；总苞密被短绒毛 ………… （**2. 全叶马兰 A. pekinensis** (Hance) F. H. Chen）。
      4. 舌片淡紫色 ………… **2a. 全叶马兰 A. pekinensis** var. **pekinensis**
      4. 舌片白色 ………… **2b. 白花全叶马兰 A. pekinensis** var. **albiflorum** (S. M. Zhang) S. M. Zhang
  2. 总苞片近革质，顶端圆形或钝；瘦果长2.5～3.5毫米，被长疏毛。
    5. 叶纸质或近膜质，羽状深裂至中部（**3. 蒙古马兰 A. mongolicus** Franchet）。
      6. 舌片淡紫色 ………… **3a. 蒙古马兰 A. mongolicus** var. **mongolicus**
      6. 舌片白色 ………… **3b. 白花蒙古马兰 A. mongolicus** var. **albiflorum** (S. M. Zhang) S. M. Zhang

（接上表）

5. 叶纸质或近革质，叶缘疏生缺刻状锯状齿或间有羽状披针形尖裂片或全缘。
7. 植株有根状茎；叶纸质 …………………………………………………… **4. 裂叶马兰 A. incisus** Fischer
7. 植株无根状茎；叶近革质（**5. 山马兰 A. lautureanus** (Debeaux) Franchet）。
8. 舌片淡紫色 …………………………………………………… **5a. 山马兰 A. lautureanus** var. **lautureanus**
8. 舌片白色 ……………………**5b. 白花山马兰 A. lautureanus** var. **albiflorum** (S. M. Zhang) S. M. Zhang
1. 舌状花及管状花冠毛均为毛状，或舌状花冠毛膜片状。
9. 冠毛多层，毛状，花后伸长；头状花序单生于茎顶；叶禾草状，线形；瘦果两面无肋，密被长毛 ………………………………………………………………………………………… **6. 莎菀 A. gramineum** L.
9. 冠毛1～2层，外层极短或膜片状、内层糙毛状，花后不伸长。
10. 瘦果圆柱形且具5条纵肋，冠毛1层且为毛状；花白色 ……………………… **7. 东风菜 A. scaber** Thunberg
10. 瘦果长圆形或卵形，稍扁。
11. 瘦果边缘有细肋，两面无肋，被长密毛；头状花序小而多数密集成复伞房状… **8. 女菀 A. fastigiata** Fisch.
11. 瘦果有边肋，两面有肋或无肋，被疏毛或腺体；头状花序较大而单生或排列成伞房或圆锥伞房状花序。
12. 管状花花冠辐射对称，5裂片等长。
13. 头状花序单一，总苞片2层；基生叶长圆状匙形 …………………………**9. 高山紫菀 A. alpinus** L.
13. 头状花序多数，总苞片3～4层。
14. 茎下部叶有长柄，叶片长圆状匙形，不具离基三出脉，边缘具粗大牙齿 ………………………………………………………………………………**10. 紫菀 A. tataricus** L. f.
14. 茎下部叶无柄，叶片线形、椭圆形或长圆状披针形，具离基三出脉。
15. 头状花序，直径1.2～1.5厘米；叶边缘有粗齿……… **11. 三脉紫菀 A. ageratoides** Turcz.
15. 头状花序，直径3～4厘米；叶边缘具不整齐疏齿或浅齿 … **12. 圆苞紫菀 A. maackii** Regel
12. 管状花花冠两侧对称，1裂片较长。
16. 一年生或二年生草本；小花有同形冠毛或外层小花有短冠毛或无冠毛。
17. 舌状花有长冠毛 ……………… **13. 鞑靼狗娃花 A. neobiennis** Brouillet Semple & Y. L. Chen
17. 舌状花有短冠毛或无冠毛。
18. 舌状花瘦果狭长而不育，有时无冠毛 … **14. 砂狗娃花 A. meyendorffii** (Regel & Maack) Voss
18. 舌状花瘦果能育，有短冠毛。
19. 舌状花瘦果的冠毛少数或极短而非膜片状；茎生叶匙状矩圆形，有圆齿 ……………………………………………… **15. 圆齿狗娃花 A. crenatifolius** Hand.-Mazz.
19. 舌状花瘦果的冠毛为膜片状短冠；茎生叶矩圆状披针形或条形，全缘（**16. 狗娃花 A. hispidus** Thunberg）。
20. 舌片浅蓝紫色 ……………………………… **16a. 狗娃花 A. hispidus** var. **hispidus**
20. 舌片白色 ……………… **16b. 白色狗娃花 A. hispidus** var. **albiflorum** S. M. Zhang
16. 多年生草本；全部小花有同形冠毛（**17. 阿尔泰狗娃花 A. altaicus** Willdenow）。
21. 舌片浅蓝紫色。
22. 茎直立或斜升。
23. 茎通常从基部分枝，斜升，基部俯卧，高10～30厘米 ……………………………………………… **17a. 阿尔泰狗娃花 A. altaicus** var. **altaicus**
23. 茎通常在中部以上分枝，或分枝多而短且等长，高20～60厘米。

（接上表）

24. 茎直立，通常在中部以上分枝，被疏伏毛；叶披针形，长约3厘米，宽约0.4厘米；花序少分枝 ………………… **17b. 粗糙阿尔泰狗娃花 A. altaicus** var. **scaber** (Avé-Lallemant) Handel-Mazzetti

24. 茎直立或斜升，有多数近等长而开展的分枝；叶条形或条状披针形，长1～2厘米，宽1～2.5毫米，开展；花序多分枝 ……………………… **17c. 千叶阿尔泰狗娃花 A. altaicus** var. **millefolius** (Vaniot) Handel-Mazzetti

22. 茎平卧，分枝开展；叶密生，宽1～3毫米 …………………… **17d. 伏生阿尔泰狗娃花 A. altaicus** var. **distortus** (Turcz.) Poplavskaja

21. 舌片白色 …………………… **17e. 白色阿尔泰狗娃花 A. altaicus** var. **albiflorum** S. M. Zhang

（1）马兰（中国植物志，Flora of China）；北马兰（黑龙江省植物志）

Aster indicus L., Sp. Pl. 2: 876. 1753; Fl. China 20: 584. 2011.——*Kalimeris indica* (L.) Sch.-Bip., Zoll. Syst. Verz. Ind. Archip. 125. 1854～55; 中国植物志74: 99. 图版30: 1～3. 1985; 黑龙江省植物志9: 100. 图版30: 6～9. 1998.

生河岸、林内、灌丛、山间草地。辽宁省大连、旅顺口及长海等有栽培，也见草坪、绿篱林缘自生。另据《黑龙江省植物志》，大兴安岭、黑河、逊克、伊春、萝北、虎林、尚志、双城等地也有分

■ 马兰

花序

花侧面观

根部

瘦果

■ 马兰

苗期

植株下部

居群

布，但我们所见标本均为同属植物的错误鉴定。

全草有清热解毒、消食积、利小便、散瘀止血之效。幼苗俗称“马兰头”，为百姓喜爱的野菜。

（2）全叶马兰（辽宁植物志，黑龙江省植物志，内蒙古植物志，东北植物检索表，东北草本植物志，中国植物志，Flora of China）

Aster pekinensis (Hance) F. H. Chen, Bull. Fan Mem. Inst. Biol., Bot. 5: 41. 1934; Fl. China 20: 585. 2011.——*Kalimeris integrifolia* Turcz. ex DC. in Prodr. 5: 259. 1836; 中国植物志74: 103. 图版31: 1 ~ 3. 1985; 辽宁植物志（下册）: 447. 图版201: 1 ~ 6. 1992; 内蒙古植物志（第二版）4: 488. 图版195: 1 ~ 6. 1993; 东北植物检索表（第二版）: 643. 图版322: 1. 1995; 黑龙江省植物志9: 99. 图版29: 3 ~ 5. 1998; 东北草本植物志 9: 48. 图版17: 8 ~ 11. 2004.

（2a）全叶马兰（原变种）

Aster pekinensis var. *pekinensis*

■ 全叶马兰

管状花

头状花序正面观

头状花序侧面观

头状果序

苗期植株

植株上部

生山坡、路旁草地、林缘、灌丛间。产黑龙江省佳木斯、哈尔滨、齐齐哈尔、大庆、伊春、集贤、萝北、依兰、克山、黑河、孙吴、尚志、肇东、勃利、虎林、宁安、呼玛、密山、安达；吉林省白城、长春、珲春、和龙、桦甸、九台、汪清、镇赉、延吉；辽宁省锦州、朝阳、葫芦岛、沈阳、抚顺、辽阳、盖州、本溪、瓦房店、大连、凤城、庄河、营口、阜蒙、建昌、彰武、宽甸、桓仁；内蒙古自治区额尔古纳、海拉尔、牙克石、扎兰屯、根河、科尔沁右翼前旗、科尔沁左翼后旗、扎鲁特旗、翁牛特旗、敖汉旗、喀喇沁旗等地。

可作牧草，对各种家畜有较好的适口性。全草有清热解毒和止咳功效。嫩苗可食。

（2b）白花全叶马兰（变种）（辽宁植物）

Aster pekinensis var. *albiflorum* (S. M. Zhang) S. M. Zhang, 东北维管束植物考：894. 2021.——*Kalimeris integrifolia* var. *albiflorum* S. M. Zhang, 辽宁植物: 1458, 2000. 2021.

生境同正种。产辽宁省昌图。

■ 白花全叶马兰

头状花序侧面观

花序一部分

植株一部分

居群

（3）蒙古马兰（辽宁植物志，东北植物检索表，东北草本植物志，中国植物志，Flora of China）；北方马兰（内蒙古植物志）

Aster mongolicus Franchet, Nouv. Arch. Mus. Hist. Nat., sér. 2. 6: 41. 1883; Fl. China 20: 587. 2011.——*Kalimeris mongolica* (Franch.) Kitam. in Act. Phytotax. Geobot. 6: 21. 1937; 中国植物志74: 107. 图版32: 7 ~ 13.

1985; 辽宁植物志（下册）: 449. 图版202: 6 ~ 10. 1992; 内蒙古植物志（第二版）4: 491. 图版196: 1 ~ 5. 1993; 东北植物检索表（第二版）: 646. 图版322: 3. 1995; 东北草本植物志9: 49. 图版17: 12. 2004.

（3a）蒙古马兰（原变种）

Aster mongolicus var. *mongolicus*

生河岸、路旁草地、山坡灌丛中。产黑龙江省哈尔滨、阿城、密山、宁安、虎林、黑河、孙吴、萝北；吉林省敦化、吉林、汪清、长春、安图、和龙、集安；辽宁省凌源、葫芦岛、喀左、建昌、绥中、新民、沈阳、抚顺、普兰店、本溪、桓仁；内蒙古自治区额尔古纳、牙克石、鄂温克、科尔沁左翼后旗、巴林右旗、敖汉旗、克什克腾旗、喀喇沁旗、宁城等地。

全草和根有消痈散肿、解表利咽作用。嫩苗可食。

■ 蒙古马兰

头状花序侧面观

植株一部分

头状花序正面观

植株

（3b）白花蒙古马兰（变种）（辽宁植物）

Aster mongolicus var. *albiflorum* (S. M. Zhang) S. M. Zhang, 东北维管束植物考：895. 2021.——*Kalimeris mongolica* var. *albiflorum* S. M. Zhang, 辽宁植物: 1462, 2000. 2021.

生境同正种。产辽宁省大连。

■ 白花蒙古马兰

头状花序侧面观

植株

（4）裂叶马兰（辽宁植物志，内蒙古植物志，东北植物检索表，东北草本植物志，中国植物志，Flora of China）

Aster incisus Fischer, Mém. Soc. Imp. Naturalistes Moscou. 3: 76. 1812; Fl. China 20: 586. 2011.——*Kalimeris incisa* (Fisch.) DC. in Prodr. 5: 258. 1836; 中国植物志74: 105. 图版32: 1 ~ 6. 1985; 辽宁植物志（下册）: 450. 图版202: 1 ~ 5. 1992; 内蒙古植物志（第二版）4: 489. 图版196: 6 ~ 9. 1993; 东北植物检索表（第二版）: 646. 图版322: 4. 1995; 东北草本植物志9: 49. 图版17: 1 ~ 7. 2004.

生河岸、林阴处、灌丛中及山坡草地。产黑龙江省肇东、哈尔滨、尚志、虎林、宁安、萝北、密山、伊春、依兰、勃利、孙吴、呼玛；吉林省蛟河、九台、吉林、和龙、敦化、延吉、汪清、珲春、临江、长白、通化、抚松、安图；辽宁省西丰、新民、法库、葫芦岛、沈阳、普兰店、瓦房店、抚顺、清原、本溪、桓仁、宽甸、凤城、凌源、建昌、喀左、绥中；内蒙古自治区额尔古纳、鄂温克、科尔沁右翼前旗、科尔沁左翼后旗、大青沟等地。

全草有消食、除湿热、利小便作用。嫩苗可食。

■ 裂叶马兰

花序

植株上部

植株下部

（5）山马兰（辽宁植物志，黑龙江省植物志，内蒙古植物志，东北植物检索表，东北草本植物志，中国植物志，Flora of China）

Aster lautureanus (Debeaux) Franchet, Mém. Soc. Sci. Nat. Cherbourg. 24: 224. 1884; Fl. China 20: 586. 2011.——*Kalimeris lautureana* (Debeaux) Kitam. in Act. Phytotax. Geobot. 6: 22. 1937; 中国植物志74: 107. 1985; 辽宁植物志（下册）: 448. 图版201: 7. 1992; 内蒙古植物志（第二版）4: 489. 图版195: 7 ~ 10. 1993; 东北植物检索表（第二版）: 646. 图版322: 2. 1995; 黑龙江省植物志9: 99. 图版30: 1 ~ 5. 1998; 东北草本植物志9: 51. 2004.

（5a）山马兰（原变种）

Aster lautureanus var. *lautureanus*

生山坡草地、杂木林或灌丛中。产黑龙江省密山、虎林、哈尔滨、牡丹江、伊春、尚志、萝北、逊克、孙吴、依兰、饶河；吉林省长春、吉林、通化、汪清、珲春、敦化、抚松、安图；辽宁省凌源、凌海、锦州、北镇、彰武、喀左、抚顺、本溪、桓仁、丹东、东港、宽甸、凤城、西丰、新宾、岫岩、瓦房店、大连、普兰店、长海；内蒙古自治区根河、科尔沁左翼后旗、大青沟、喀喇沁旗、宁城县等地。

根和全草有养血、止血、涩肠、固精作用。嫩苗可食。

■ 山马兰

根部

头状花序正面观

头状花序侧面观

头状果序一部分

植株上部

茎中部叶

（5b）白花山马兰（变种）（辽宁植物）

Aster lautureanus var. *albiflorum* (S. M. Zhang) S. M. Zhang, 东北维管植物考：895. 2021. ——*Kalimeris lautureana* var. *albiflorum* S. M. Zhang, 辽宁植物：1459, 2000. 2021.

生境同正种。产辽宁省大连。

■ 白花山马兰

头状花序正面观

头状花序侧面观

茎叶

植株

（6）莎菀（黑龙江省植物志，内蒙古植物志，东北植物检索表，东北草本植物志，中国植物志，Flora of China）

Aster gramineus (L.) Komar. in Act. Hort. Petrop. 25: 605. 1907.——*Arctogeron gramineum* (L.) DC., Prodr. 5: 261. 1836; 中国植物志74: 281. 图版64: 11 ~ 18. 1985; 内蒙古植物志（第二版）4: 512. 图版203: 7 ~ 10. 1993; 东北植物检索表（第二版）: 640. 图版318: 1. 1995; 黑龙江省植物志9: 74. 1998; 东北草本植物志（第九卷）: 66. 图版22: 7 ~ 9. 2004; Fl. China 20: 567. 2011.

■ 莎菀

头状花序正面与侧面

植株一部分

植株

生干燥山坡或多砾石处。产黑龙江省大兴安岭、龙江；内蒙古自治区新巴尔虎右旗、新巴尔虎左旗、陈巴尔虎旗、满洲里、阿荣旗、科尔沁右翼前旗、扎赉特旗、乌兰浩特、扎鲁特旗、翁牛特旗、西乌珠穆沁旗、锡林浩特、阿巴嘎旗等地。

（7）东风菜（辽宁植物志，黑龙江省植物志，内蒙古植物志，东北植物检索表，东北草本植物志，中国植物志，Flora of China）

Aster scaber Thunberg in Murray Syst. Veg., ed. 14. 763. 1784; Fl. China 20: 580. 2011.——*Doellingeria scaber* (Thunb.) Ness in Gen. et Sp. Ast. 183. 1833; 中国植物志74: 128. 图版37: 1～6. 1985; 辽宁植物志（下册）: 454. 图版205: 1～2. 1992; 内蒙古植物志（第二版）4: 499. 图版200. 1993; 东北植物检索表（第二版）: 641. 图版320: 3. 1995; 黑龙江省植物志9: 84. 图版26. 1998; 东北草本植物志9: 56. 图版19: 1～2. 2004.

生阔叶林下、灌丛中及林缘草地。产黑龙江省伊春、尚志、密山、哈尔滨、东宁、鸡东、鸡西、虎林、阿城、黑河、安达、桦川、萝北、逊克、孙吴；吉林省吉林、通化、蛟河、集安、和龙、临江、梅河口、柳河、抚松、安图、汪清、辉南、靖宇、长白；辽宁省开原、西丰、沈阳、鞍山、营口、庄河、大连、北镇、丹东、宽甸、本溪、桓仁、清原；内蒙古自治区额尔古纳、根河、牙克石、鄂伦春、科尔沁右翼前旗，扎赉特旗、科尔沁左翼后旗、克什克腾旗、阿鲁科尔沁旗、敖汉旗、喀喇沁旗、阿荣旗、宁城等地。

全草入药，治蛇咬伤、风毒壅热、头痛、目眩、肝热眼赤等症。嫩苗可食。

■ 东风菜

头状花序正面观

头状花序侧面观

植株下部

幼苗

花序

（8）女菀（辽宁植物志，黑龙江省植物志，内蒙古植物志，东北植物检索表，东北草本植物志，中国植物志，Flora of China）

Aster fastigiatus Fischer, Mém. Soc. Imp. Naturalistes Moscou 3: 74. 1812.——*Turczaninovia fastigiata* (Fisch.) DC. in Prodr. 5: 238. 1836; 中国植物志74: 131. 图版38: 1 ~ 4. 1985; 辽宁植物志（下册）: 454. 图版204: 6 ~ 11. 1992; 内蒙古植物志（第二版）4: 502. 图版201: 1 ~ 5. 1993; 东北植物检索表（第二版）: 646. 图版322: 6. 1995; 黑龙江省植物志9: 105. 图版32: 1 ~ 5. 1998; 东北草本植物志9: 58. 图版20: 1 ~ 8. 2004; Fl. China 20: 567. 2011.

生河岸潮湿地、草地、山脚下平地及路旁。产黑龙江省哈尔滨、密山、虎林、肇东、大庆、齐齐哈尔、安达、黑河、饶河、萝北、肇源、克山、鸡东；吉林省吉林、安图、抚松、镇赉、和龙、延吉、汪清、珲春、前郭；辽宁省辽阳、海城、鞍山、营口、普兰店、丹东、凤城、庄河、瓦房店、大连、凌海、彰武、法库、西丰、长海；内蒙古自治区鄂伦春、扎兰屯、科尔沁右翼前旗、科尔沁右翼中旗、扎赉特旗、扎鲁特旗、科尔沁左翼后旗、敖汉旗、翁牛特旗、阿鲁科尔沁旗等地。

根或全草有温肺化痰、健脾利湿作用，主治咳嗽气喘、泻痢、小便短涩。

■ 女菀

头状花序正面观

头状花序侧面观

植株一部分

植株

（9）高山紫菀（黑龙江省植物志，内蒙古植物志，东北植物检索表，东北草本植物志，中国植物志，Flora of China）

Aster alpinus L., Sp. Pl. 2: 872. 1753; 中国植物志74: 202. 图版51: 1 ~ 5. 1985; 内蒙古植物志（第二版）4: 504. 图版202: 5 ~ 8. 1993; 东北植物检索表（第二版）: 640. 图版319: 1. 1995; 黑龙江省植物志9: 80. 图版25: 1 ~ 5. 1998; 东北草本植物志9: 60. 图版23: 6 ~ 8. 2004; Fl. China 20: 616. 2011.

■ 高山紫菀

植株下部

植株

居群

■ 高山紫菀

头状花序正面观

头状花序侧面观

生海拔800米以下的干山坡、草原及林下。产黑龙江省漠河；内蒙古自治区额尔古纳、根河、牙克石、鄂伦春、科尔沁右翼前旗、扎鲁特旗、通辽、赤峰、巴林右旗、喀喇沁旗、阿鲁科尔沁旗、克什克腾旗、东乌珠穆沁旗、西乌珠穆沁旗、锡林浩特等地。

（10）紫菀（辽宁植物志，黑龙江省植物志，内蒙古植物志，东北植物检索表，东北草本植物志，中国植物志，Flora of China）

Aster tataricus L. f. in Suppl. Pl. 373. 1781; 中国植物志74: 136. 1985; 辽宁植物志（下册）: 456. 图版205: 3 ~ 9. 1992; 内蒙古植物志（第二版）4: 504. 图版203: 1 ~ 6. 1993; 东北植物检索表（第二版）: 640. 图版319: 2. 1995; 黑龙江省植物志9: 77. 1998; 东北草本植物志9: 61. 图版19: 3 ~ 9. 2004; Fl. China 20: 596. 2011.

生林下、林缘及灌丛间草地。产黑龙江省黑河、嫩江、德都、大庆、北安、铁力、桦南、勃利、方正、牡丹江、杜尔伯特、呼兰、尚志、哈尔滨、伊春、安达、阿城、肇东、密山、齐齐哈尔、饶河、肇源、萝北、富裕、孙吴；吉林省长春、通化、蛟河、梅河口、和龙、珲春、抚松、安图、临江、集安、汪清、镇赉、前郭、柳河、辉南、靖宇、长白；辽宁省沈阳、抚顺、新宾、本溪、桓仁、凤城、宽甸、大连、凌海、北镇、彰武、凌源、喀左、绥中、法库、西丰；内蒙古自治区额尔古纳、海拉尔、牙克石、新巴尔虎左旗、鄂伦春、鄂温克、科尔沁右翼前旗、扎鲁特旗、科尔沁左翼后旗、阿鲁科尔沁旗、

■ 紫菀

头状花序正面观

头状花序侧面观

■ 紫菀

苗期居群

花期居群

巴林右旗、巴林左旗、赤峰、克什克腾旗、敖汉旗、喀喇沁旗、宁城、西乌珠穆沁旗、锡林浩特、正蓝旗等地。

根入药，能润肺、化痰、止咳，主治慢性气管炎。嫩苗可食。

（11）三脉紫菀（辽宁植物志，黑龙江省植物志，内蒙古植物志，东北植物检索表，东北草本植物志，中国植物志，Flora of China）；三褶脉紫菀（大连地区植物志）

Aster ageratoides Turcz. in Bull. Soc. Nat. Mosc. 17: 154. 1837; 中国植物志74: 159. 图版45: 1 ~ 5. 1985; 辽宁植物志（下册）: 458. 图版206: 4 ~ 7. 1992; 内蒙古植物志（第二版）4: 507. 图版204: 1 ~ 7. 1993; 东北植物检索表（第二版）: 640. 图版319: 3. 1995; 黑龙江省植物志9: 80. 图版24: 6 ~ 10. 1998; 东北草本植物志9: 62. 图版21: 8 ~ 9. 2004.——*A. trinervius* subsp. *ageratoides* (Turcz.) Grierson, Notes Roy. Bot. Gard. Edinburgh. 26: 102. 1964; Fl. China 20: 582. 2011.

生山坡、草地、林缘等处。产黑龙江省哈尔滨、阿城、呼玛、绥芬河、富锦、尚志、密山、宁安、伊春、虎林、鸡西、饶河；吉林省蛟河、敦化、珲春、和龙、磐石、白山、通化、梅河口、集安、安

■ 三脉紫菀

白色头状花序正面观

白色头状花序侧面观

■ 三脉紫菀

头状花序正面观

头状花序侧面观

茎叶

白花株

植株

图、抚松、汪清、前郭、辉南、靖宇、长白；辽宁省凌源、凌海、北镇、阜蒙、建平、建昌、营口、大连、普兰店、鞍山、抚顺、桓仁、本溪、东港、丹东、凤城、宽甸、法库、西丰；内蒙古自治区科尔沁左翼后旗、克什克腾旗、敖汉旗、巴林右旗、林西等地。

嫩苗可食。带根全草有清热解毒、利尿止血作用。

（12）圆苞紫菀（辽宁植物志，内蒙古植物志，东北植物检索表，东北草本植物志，中国植物志，Flora of China）；马氏紫菀（黑龙江省植物志）

Aster maackii Regel in Mem. Acad. Imp. Sci. Saint Petersbourg, Ser. 7. 4: 81. 1861; 中国植物志74: 138. 图版39: 1 ~ 4. 1985; 辽宁植物志（下册）: 457. 图版206: 1 ~ 3. 1992; 内蒙古植物志（第二版）4: 507. 图版204: 8 ~ 14. 1993; 东北植物检索表（第二版）: 641. 图版319: 4. 1995; 黑龙江省植物志9: 78. 图版24: 1 ~ 5. 1998; 东北草本植物志9: 63. 图版21: 1 ~ 3. 2004; Fl. China 20: 596. 2011.

生湿草甸、灌丛、河岸林下及路旁。产黑龙江省尚志、虎林、哈尔滨、伊春、安达、阿城、肇东、黑河、逊克、密山、呼玛、海林、汤原、绥芬河、齐齐哈尔、饶河、肇源、勃利、宁安、萝北、富裕、孙吴；吉林省长春、通化、抚松、蛟河、梅河口、和龙、珲春、临江、集安、安图、敦化、吉林、汪清、镇赉、前郭；辽宁省本溪、桓仁、清原、宽甸、丹东、东港；内蒙古自治区科尔沁左翼后旗、大青沟、宁城等地。

全草用于风湿关节痛、牙痛。嫩苗可食。

■ 圆苞紫菀

植株一部分

植株

花序

植株上部

茎叶

（13）鞑靼狗娃花（黑龙江省植物志，内蒙古植物志，中国植物志，Flora of China）

Aster neobiennis Brouillet Semple & Y. L. Chen, Fl. China 20: 591. 2011.——*Heteropappus tataricus* (Lindl.) Tamamsch., Fl. URSS 25: 71. 1959; 中国植物志74: 123. 1985; 内蒙古植物志（第二版）4: 497. 图版199:

■ 鞑靼狗娃花

花序

花序侧面观

■ 鞑靼狗娃花

植株一部分

植株

1～4. 1993; 黑龙江省植物志9: 97. 图版29: 2. 1998.——*Heteropappus meyendorffii* Komar. var. *tataricus* Ling et Wang, 东北植物检索表377. 1959.

生林下沙丘或河岸沙地。产黑龙江省东部地区和大兴安岭；内蒙古自治区扎鲁特旗、科尔沁左翼中旗、通辽、奈曼旗、通辽、赤峰市红山区、阿鲁科尔沁旗、巴林右旗、克什克腾旗、敖汉旗、西乌珠穆沁旗、锡林浩特、正蓝旗等地。

（14）砂狗娃花（黑龙江省植物志，内蒙古植物志，东北植物检索表，东北草本植物志，中国植物志，Flora of China）

Aster meyendorffii (Regel & Maack) Voss, Vilm. Blumengärtn., ed. 3. 469. 1894; Fl. China 20: 591. 2011.——*Heteropappus meyendorffii* (Reg. et Maack) Komar. et Klob. in Key Pl. Far E. Reg. USSR 2: 1010. 1932; 中国植物志74: 122. 图版35: 1～3. 1985; 内蒙古植物志（第二版）4: 497. 图版199: 5～7. 1993; 东北植物检索表（第二版）: 643. 图版321: 4. 1995; 黑龙江省植物志9: 97. 1998; 东北草本植物志9: 54. 图版18: 15～21. 2004.

生河岸沙地、林下沙丘、山坡草地。产黑龙江省哈尔滨、鸡西、齐齐哈尔；吉林省和龙、安图、扶余、镇赉、长白；辽宁省彰武、建昌、营口、大连；内蒙古自治区海拉尔、额尔古纳、新巴尔虎左旗、新巴尔虎右旗、科尔沁右翼中旗、翁牛特旗、克什克腾旗、锡林浩特、镶黄旗、正镶白旗、正蓝旗等地。

■ 砂狗娃花

茎叶

花序侧面观

花序

植株

（15）圆齿狗娃花（中国植物志，Flora of China）

Aster crenatifolius Hand.-Mazz., Symb. Sin. 7: 1092. t. 16. f. 14. 1936; Fl. China 20: 592. 2011.——*Heteropappus crenatifolius* (Hand.-Mazz.) Griers. in Not. Roy. Bot. Gard. Edinb. 26: 152. 1964; 中国高等植物图鉴4: 422. 6257. 1975; 中国植物志74: 125. 图版36: 1 ~ 3. 1985.

生山坡。产辽阳（大黑山）、凤城（白云山）。

■ 圆齿狗娃花

基生叶

头状花序

头状花序侧面观

植株一部分

植株上部

植株

（16）狗娃花（辽宁植物志，黑龙江省植物志，内蒙古植物志，东北植物检索表，东北草本植物志，中国植物志，Flora of China）

Aster hispidus Thunberg in Nova Acta Regiae Soc. Sci. Upsal. 4: 39. 1783; Fl. China 20: 590. 2011.——*Heteropappus hispidus* (Thunb.) Less. in Syn. Comp. 189. 1832; 中国植物志74: 119. 图版33: 1 ~ 5. 1985; 辽宁植物志（下册）: 452. 图版203: 1 ~ 7. 1992; 内蒙古植物志（第二版）4: 495. 图版198: 5 ~ 8. 1993; 东北植物检索表（第二版）: 643. 图版321: 3. 1995; 黑龙江省植物志9: 95. 1998; 东北草本植物志9: 53. 图版: 1 ~ 7. 2004.

（16a）狗娃花（原变种）

Aster hispidus var. *hispidus*

■ 狗娃花

全株

根部

花序

■ 狗娃花

植株一部分

花序侧面观

生山坡草地、河岸草地、海边石质地、林下等处。产黑龙江省尚志、东宁、哈尔滨、密山、伊春、宁安、东宁、呼玛；吉林省蛟河、安图、扶余、吉林、临江；辽宁省大连、普兰店、庄河、葫芦岛、营口、抚顺、西丰、法库、本溪、桓仁、凤城、北镇、兴城、宽甸、建平、建昌、凌源、彰武；内蒙古自治区额尔古纳、根河、海拉尔、陈巴尔虎旗、新巴尔虎右旗、科尔沁右翼前旗、巴林右旗、阿鲁科尔沁旗、克什克腾旗、喀喇沁旗、宁城等地。

全草有解毒消肿作用，用于疮痈肿毒、蛇咬伤。

（16b）白色狗娃花（变种）（辽宁植物）

Aster hispidus var. *albiflorum* S. M. Zhang, 辽宁植物: 1467, 2000. 2021.

生山坡草地。产辽宁省长海、金州。

■ 白色狗娃花

头状花序正面观

头状花序侧面观

植株

（17）阿尔泰狗娃花（辽宁植物志，黑龙江省植物志，内蒙古植物志，东北植物检索表，东北草本植物志，中国植物志，Flora of China）

Aster altaicus Willdenow, Enum. Pl. 2: 881. 1809; Fl. China 20: 588. 2011.——*Heteropappus altaicus* (Willd.) Novopokr. in Herb. Fl. Ross. 56: no. 2769. et Fl. Ross. 8: 193. 1922; 中国植物志74: 112. 图版33: 6 ~ 13.

1985; 辽宁植物志（下册）: 452. 图版203: 11 ~ 15. 1992; 内蒙古植物志（第二版）4: 494. 图版198: 1 ~ 4. 1993; 东北植物检索表（第二版）: 643. 图版321: 2. 1995; 黑龙江省植物志9: 94. 图版28: 6 ~ 10. 1998; 东北草本植物志9: 52. 图版18: 8 ~ 14. 2004.

（17a）阿尔泰狗娃花（原变种）

Aster altaicus var. *altaicus*

生山坡草地、干草坡或路旁草地等处。产黑龙江省哈尔滨、饶河、安达、泰来、富裕、齐齐哈尔、富拉尔基、大庆、肇东、肇源、密山、尚志；吉林省靖宇、通榆、九台、镇赉、前郭、双辽、和龙、安图、扶余；辽宁省绥中、凌源、建平、建昌、喀左、大洼、彰武、葫芦岛、锦州、新民、法库、抚顺、本溪、桓仁、宽甸、大连；内蒙古自治区各地。

花序或全草有清热降火、排脓作用，根有散寒润肺、降气化痰、止咳利尿作用。

■ 阿尔泰狗娃花

全株

根部

果序一部分

花序一部分

植株

（17b）粗糙阿尔泰狗娃花（变种）（Flora of China）；大阿尔泰狗娃花（东北草本植物志，东北植物检索表）；阿尔泰狗娃花糙毛变种（中国植物志）

Aster altaicus var. *scaber* (Avé-Lallemant) Handel-Mazzetti in Acta Horti Gothob. 12: 220. 1938; Fl. China 20: 588. 2011.——*Heteropappus altaicus* var. *scaber* (Lallem.) Wang, Clav. Pl. Chin. Bor.-Orient., 377. 1959; 中国植物志74: 116. 1985; 东北植物检索表（第二版）: 643. 1995; 东北草本植物志9: 53. 2004.

生开阔的山坡和草地。产辽宁省彰武。

■ 粗糙阿尔泰狗娃花

头状花序侧面观

植株上部

植株下部

（17c）千叶阿尔泰狗娃花（变种）（Flora of China）；多叶阿尔泰狗娃花（黑龙江省植物志，内蒙古植物志，东北植物检索表）；阿尔泰狗娃花千叶变种（中国植物志）

Aster altaicus var. *millefolius* (Vaniot) Handel–Mazzetti in Acta Horti Gothob. 12: 220. 1938; Fl. China 20: 588. 2011.——*Heteropappus altaicus* var. *millefolius* (Vant.) Wang, 东北植物检索表：377. 1959; 中国植物志74: 115. 1985; 内蒙古植物志（第二版）4: 495. 1993; 黑龙江省植物志9: 95. 图版29: 1. 1998.

生石质或黄土山坡及台地。产黑龙江省西部、大兴安岭；内蒙古自治区海拉尔、牙克石、奈曼旗、翁牛特旗、巴林右旗、赤峰市红山区、正蓝旗、镶黄旗等地。

■ 千叶阿尔泰狗娃花

植株上部

植株下部

植株

（17d）伏生阿尔泰狗娃花（变种）（东北草本植物志，东北植物检索表）

Aster altaicus var. *distortus* (Turcz.) Poplavskaja in Act. Bot. Mus. Acad. Sci. URSS 15: 54. 1916.——*Heteropappus altaicus* var. *distortus* (Turcz.) Kitag. in Neo–Lineam. Fl. Mansh. 646. 1979; 东北植物检索表（第二版）: 643. 1995; 东北草本植物志9: 53. 2004.

生干草原。产内蒙古阿鲁科尔沁旗。辽宁省也有记录。

■ 伏生阿尔泰狗娃花

花序正面观

头状花序侧面观

基生叶

植株

居群

（17e）白色阿尔泰狗娃花（变种）（辽宁植物）

Aster altaicus var. *albiflorum* S. M. Zhang, 辽宁植物: 1465, 2000. 2021.

生境同正种。产辽宁省金州。

■ 白色阿尔泰狗娃花

茎叶

头状花序

居群

根部

植株上部

35 蜂斗菜属 *Petasites* Mill.

Petasites Mill. Gard. Dict. Abridg., ed. 4. 1754.

多年生草本。基生叶具长柄，叶片宽心形或肾状心形；茎生叶苞片状，无柄，半抱茎，下部的茎叶常有叶痕。头状花序近雌雄异株，辐射状或盘状，有异形小花；总苞钟状；基部有小苞片；总苞片1～5层，等长；花序托平，无毛，锯盾状。雌性头状花序的小花结实，雌花花冠丝状，顶端截形；花柱丝状，顶端短3裂；瘦果圆柱状，无毛，具肋；冠毛白色糙毛状。两性花不结实，花冠管状，顶端5裂，花药基部全缘或短箭状；花柱顶端棒状、锥状，2浅裂。

本属全世界19种，分布于欧洲、亚洲和北美洲。中国有6种，分布东北、华东和西南部。东北地区产3种，其中栽培1种。

分种检索表

1. 基生叶掌状浅裂，边缘具不整齐锐尖大牙齿；总苞卵状长圆形 …………… 1. 掌叶蜂斗菜 P. tatewakianus Kitam.
1. 基生叶不分裂，具角或有齿；总苞倒锥状或筒状。
  2. 叶厚纸质，肾状心形，长3～5.5厘米；头状花序6～9个伞房状排列；总苞倒锥状，长8～10毫米，宽5～10毫米 …………………………………………………………………………… 2. 长白蜂斗菜 P. rubellus (J. F. Gemel.) Toman
  2. 叶质薄，深心形或圆肾形，长8～12厘米或更长；头状花序在花茎端密集成伞房状，花后总状；总苞筒状，长6毫米，宽7～8（～10）毫米 ……………………………………………… 3. 蜂斗菜 P. japonicus (Sieb. et Zucc.) Maxim.

（1）掌叶蜂斗菜（黑龙江省植物志，东北植物检索表，东北草本植物志，中国植物志，Flora of China）

Petasites tatewakianus Kitam., Acta Phytotax. Geobot. 9: 64. 1940; 中国植物志77(1): 95. 1999; 东北植物检索表（第二版）: 688. 图版345: 1. 1995; 东北草本植物志9: 247. 2004; Fl. China 20: 462. 2011.——*Petasites palmata* auct. non A. Gray: 黑龙江省植物志9: 230. 图版65: 8. 1998.

生山中浅水滩、河岸、峡谷冲积扇、低洼地。产黑龙江省伊春、密山、萝北等地。

■ 掌叶蜂斗菜

头状花序侧面观

花序

花期植株

■ 掌叶蜂斗菜

基生叶

果期植株

（2）长白蜂斗菜（辽宁植物志，东北植物检索表，东北草本植物志，中国植物志，Flora of China）

Petasites rubellus (J. F. Gemel.) Toman in Folia Geobot. et Phytotax. 7: 391. 1972; 辽宁植物志（下册）: 549. 图版530: 4 ~ 6. 1992; 东北植物检索表（第二版）: 688. 图版345: 2. 1995; 中国植物志77(1): 99. 1999; 东北草本植物志9: 247. 图版91. 2004; Fl. China 20: 463. 2011.

生林下或林缘。产吉林省安图、抚松；辽宁省本溪。

■ 长白蜂斗菜

基生叶背面观

头状花序

居群

植株

（3）蜂斗菜（中国植物志，Flora of China）

Petasites japonicus (Sieb. et Zucc.) Maxim. in Award 34 th. Demidov. Prize 212. 1866; 中国植物志77(1): 99. 图版22: 4 ~ 6. 1999; Fl. China 20: 463. 2011.

■ 蜂斗菜

基生叶

生殖生长期

雄花序侧面观

■ 蜂斗菜

雌花序

雌株

雄花序

产江西、安徽、江苏、山东、福建、湖北、四川和陕西。辽宁省大连有栽培。另外，长白山区及辽宁省宽甸、桓仁、沈阳尚有引种秋田蕗*P. japonicus* subsp. *giganteus* (F. Schmidt ex Trautv.) Kitam.。二者的主要区别为：秋田蕗叶片直径可达1.5米；蜂斗菜叶片直径15～30厘米。

根状茎供药用，能解毒祛瘀；叶柄和嫩花芽供食用。秋田蕗尚可作地被。

36 款冬属 *Tussilago* L.

Tussilago L., Sp. Pl. 865. 1753.

多年生葶状草本，根状茎匍匐或横生地下。叶前开花。基部叶卵形或三角状心形。花葶数个，具多数苞片状叶；具1头状花序。头状花序具异形小花，辐射状；总苞钟状；总苞片1～2层，等长，披针形，顶端渐尖；花序托平，无毛；小花黄色；边缘的小花雌性，多数，舌状；结实，中央的小花两性，不发育，少数，花冠管状，5裂。花药基部全缘或近有小耳，花丝上端有等大的细胞；花柱全缘，顶端钝，柱头有乳头状毛。瘦果狭圆柱形，具5～10条肋；冠毛雪白色，糙毛状。

本属全世界仅1种，分布于欧亚温带地区。中国包括东北在内的一些地区有分布。

款冬（内蒙古植物志，中国植物志，Flora of China）

Tussilago farfara L., Sp. Pl. 2: 865. 1753; 中国植物志77(1): 93. 1999; Fl. China 20: 461. 2011; 内蒙古植物志（第三版）5: 230. 2020.

多年生草本；花葶高5～10厘米，密被白色茸毛，有鳞片状，互生的苞叶，苞叶淡紫色；头状花序单生顶端；总苞片1～2层，总苞钟状，总苞片线形，常带紫色，被白色柔毛及脱毛；边缘有多层雌花，花

■ 款冬

头状花序正面观

头状花序侧面观

居群

冠舌状，黄色；中央的两性花少数，花冠管状；瘦果圆柱形。常生山谷湿地或林下。产吉林省柳河、辉南、临江、通化、和龙、安图等地；内蒙古自治区锡林郭勒。

花蕾及叶入药，有止咳、润肺、化痰之功效，各地药圃广泛栽培。也为蜜源植物。

37 狗舌草属 *Tephroseris* (Rchb.) Rehb.

Tephroseris (Rchb.) Rchb., Deut. Bot. Herb.–Buch 87. 1841.

一至多年生草本。茎常被蛛丝状绒毛。叶不分裂，基生及茎生，稀多数或全部基生，宽卵形至线状匙形，羽状脉，边缘有齿或全缘。头状花序通常排列成顶生聚伞花序，稀单生；小花异型，结实，或有时同型；总苞无外层苞片，半球形或圆柱状钟形等；总苞片草质，（13～）18～25，1层，线状披针形或披针形；舌状花雌性，11～15（～25），舌片黄色、橘黄色或紫红色；管状花多数，两性，花冠黄色、枯黄色或橘红色，有时染有紫色；花药线状长圆形或稀长圆形；花柱有分枝。瘦果圆柱形，具肋；冠毛细毛状，同形，白色或变红色，宿存。

本属全世界约50种，分布于温带及极地欧亚地区，1种扩伸至北美洲。中国有14种。东北地区产7种1变型。

分种检索表

1. 一年生或二年生；舌状花20～25朵，淡黄色；瘦果无毛；冠毛果期伸长 …… **1. 湿生狗舌草 T. palustris** (L.) Four.
1. 多年生；舌状花13～15朵，黄色或橘红色；瘦果有毛或无毛；冠毛果期不伸长。
 2. 叶正三角形，掌状脉；总苞片13 枚；舌状花7朵
 ……………………………………………………… **2. 朝鲜蒲儿根 T. koreana** (Komarov) B. Nordenstam & Pelser
 2. 叶卵状长圆形、近匙形或披针形，羽状脉；总苞片18～25枚；舌状花11～15朵。
  3. 瘦果无毛；舌状花黄色。
   7. 总苞长4～6毫米，总苞片无毛；舌状花长6～7毫米；茎疏被蛛丝状毛或近于无毛
   ……………………………………………………… **3. 尖齿狗舌草 T. subdentatus** (Bunge) Holub.
   7. 总苞长7～9毫米，总苞片密被黄褐色腺状柔毛；舌状花长17毫米；茎被绵毛或蛛丝状绒毛，稀变无毛
   ………………………………………………………**4. 腺苞狗舌草 T. adenolepis** C. Jeffrey et Y. L. Chen
  3. 瘦果有毛；舌状花黄色或橘红色。
   4. 舌状花橘红色，管状花黄色；瘦果疏被柔毛 …………… **5. 红轮狗舌草 T. flammea** (Turcz. ex DC.) Holub
   4. 舌状花黄色，管状花黄色或带紫色；瘦果疏被柔毛或密被硬毛。
    5. 总苞片带褐红色；瘦果疏被柔毛至近无毛 … **6. 长白狗舌草 T. phaeantha** (Nakai) C. Jeffrey et Y. L. Chen
    5. 总苞片不带褐红色；瘦果密被硬毛（**7. 狗舌草 T. kirilowii** (Turcz. ex DC.) Holub）。
     6. 基生叶无柄或具短柄；叶片卵形或披针形；花序梗较短，排列成较紧密的伞房状
     ……………………………………………………… **7a. 狗舌草 T. kirilowii** f. **kirilowii**
     6. 基生叶具长柄；叶片近匙形；花序梗较长，排列成松散的伞形状
     ……………………………………………………… **7b. 北狗舌草 T. kirilowii** f. **spathulatus** (Miq.) S. M. Zhang

（1）湿生狗舌草（东北植物检索表，东北草本植物志，中国植物志，Flora of China）； 湿地千里光（黑龙江省植物志）；湿生千里光（内蒙古植物志）

Tephroseris palustris (L.) Four., Fl. Saxon. 146. 1842; 东北植物检索表（第二版）: 694. 图版348: 5.

1995; 中国植物志77(1): 159. 图版34: 7～13. 1999; 东北草本植物志9: 273. 2004; Fl. China 20: 487. 2011.——*Senecio arcticus* Rupr. in Fl. Samojed. Cisural. 44. 1845; 内蒙古植物志（第二版）4: 683. 图版262: 5～7. 1993; 黑龙江省植物志9: 237. 图版68: 4～6. 1998.

生沼泽及潮湿地或水池边。产黑龙江省兰西、呼玛、密山、逊克、尚志、五大连池、阿城、哈尔滨；辽宁省风城；内蒙古自治区海拉尔、牙克石、扎兰屯、额尔古纳、根河、鄂温克、新巴尔虎右旗、科尔沁右翼前旗、克什克腾旗、锡林浩特等地。

■ **湿生狗舌草**

头状花序正面观

头状花序侧面观

花序

植株一部分

植株

（2）朝鲜蒲儿根（东北草本植物志，中国植物志，Flora of China）；朝鲜华千里光（东北植物检索表）；朝鲜千里光（辽宁植物志）；朝鲜狗舌草（植物智网站）

Tephroseris koreana (Komarov) B. Nordenstam & Pelser, Compositae Newslett. 49: 5. 2011; Fl. China 20: 483. 2011.——*Sinosenecio koreanus* (Kom.) B. Nord. in Opera Bot. 44: 50. 1978; 东北植物检索表（第二版）: 692. 图版346: 3. 1995; 中国植物志77(1): 135. 1999; 东北草本植物志9: 268. 2004.——*Senecio koreanus* Kom in Acta Hort. Petrop. 18: 421. 1901; 辽宁植物志（下册）: 559. 图版247: 13. 1992.

生林下阴湿处。产辽宁省桓仁（歪脖山）。

■ 朝鲜蒲儿根

花序

植株

（3）尖齿狗舌草（内蒙古植物志，东北植物检索表，东北草本植物志，中国植物志，Flora of China）；河滨千里光（辽宁植物志，黑龙江省植物志）；齿叶狗舌草（河北植物志）

Tephroseris subdentatus (Bunge) Holub. in Folia Geobot. Phytotax. 8(2): 174. 1973; 内蒙古植物志（第二版）4: 676. 图版263: 1 ~ 4. 1993; 东北植物检索表（第二版）: 694. 图版348: 4. 1995; 中国植物志77(1): 146. 1999; 东北草本植物志9: 272. 2004; Fl. China 20: 482. 2011.——*Senecio pierotii* Miq. in Ann. Mus. Bot. Lugd.-Bat. 2: 182. 1866; 辽宁植物志（下册）: 559. 1992; 黑龙江省植物志9: 239. 图版68: 7 ~ 10. 1998.

生沼泽、潮湿处。产黑龙江省呼玛、逊克、伊春、尚志、阿城、虎林、桦川、兰西、拜泉、哈尔滨、泰来、萝北；吉林省白城、洮南、双城；辽宁省沈阳、辽阳、凤城、鞍山、本溪、桓仁、北镇、彰武；内蒙古自治区额尔古纳、根河、牙克石、科尔沁右翼前旗、科尔沁右翼中旗等地。

■ 尖齿狗舌草

茎叶

植株下部

头状花序侧面观

头状果序

花序

植株

（4）腺苞狗舌草（中国植物志，Flora of China）

Tephroseris adenolepis C. Jeffrey et Y. L. Chen in Kew Bull. 39(2): 275. fig. 9. 1984; 中国植物志77(1): 150. 1999; Fl. China 20: 484. 2011.

生于多石山坡。俄罗斯远东地区有分布。可能产吉林、黑龙江邻近山区。

本种外形近似狗舌草 *T. kirilowii* (Turcz. ex DC.) Holub，但头状花序较大，总苞片外面密被褐色腺毛，瘦果无毛，与后者全然不同。

（5）红轮狗舌草（辽宁植物志，黑龙江省植物志）；红轮狗舌草（内蒙古植物志，东北植物检索表，东北草本植物志，中国植物志，Flora of China）

Tephroseris flammea (Turcz. ex DC.) Holub in Folia Geobot. 8: 173. 1973; 内蒙古植物志（第二版）4: 676. 图版262: 1～4. 1993; 东北植物检索表（第二版）: 692. 图版348: 1. 1995; 中国植物志77(1): 158. 图版32: 1～6. 1999; 东北草本植物志9: 269. 2004; Fl. China 20: 486. 2011.——*Senecio flammeus* Turcz. ex DC. in Prodr. 6: 362. 1838; 辽宁植物志（下册）: 557. 图版247: 5～9. 1992; 黑龙江省植物志9: 232. 图版66: 5～8. 1998.

生山地草原及林缘。产黑龙江省新林、孙吴、萝北、伊春、宁安、绥芬河、尚志、帽儿山、哈尔滨、密山、虎林、呼玛；吉林省珲春、汪清、安图、通化；辽宁省丹东、宽甸、凤城、西丰、清原、本溪；内蒙古自治区额尔古纳、根河、牙克石、扎兰屯、鄂伦春、科尔沁右翼前旗、扎赉特旗、喀喇沁旗、宁城、东乌珠穆沁旗、正蓝旗等地。

■ 红轮狗舌草

头状花序侧面观

花序

植株一部分

植株

（6）长白狗舌草（东北植物检索表，东北草本植物志，中国植物志，Flora of China）

Tephroseris phaeantha (Nakai) C. Jeffrey et Y. L. Chen in Kew Bull. 39 (2): 279. 1984; 东北植物检索表（第二版）: 692. 图版348: 2. 1995; 中国植物志77(1): 154. 图版33: 7 ~ 12. 1999; 东北草本植物志9: 269. 2004; Fl. China 20: 485. 2011.

生高山多石山坡。产吉林省安图、抚松；辽宁省风城、宽甸、本溪。

根及全草有清热、利水、活血消肿、杀虫作用。

■ 长白狗舌草

叶正面观

叶背面观

头状花序正面观

头状花序侧面观

花期植株

花蕾期植株

花序

（7）狗舌草（辽宁植物志，黑龙江省植物志，内蒙古植物志，东北植物检索表，东北草本植物志，中国植物志，Flora of China）

Tephroseris kirilowii (Turcz. ex DC.) Holub in Folia Geobot. et Phytotax 12: 429. 1977; 内蒙古植物志（第二版）4: 674. 图版263: 5 ~ 8. 1993; 中国植物志77(1): 155. 图版33: 1 ~ 6. 1999; Fl. China 20: 486. 2011.——*T. campestris* (Retz.) Rchb. in Rchb. 147. 1842; 东北植物检索表694. 图版348: 3. 1995; 东北草本植物志9: 270. 图版98. 2004.——*Senecio integrifolius* (L.) Clairv. in Man. D' Herbor. 241. 1811; 辽宁植物志（下册）: 557. 图版247: 1 ~ 4. 1992.——*Senecio campestris* subsp. *kirilowii* (Turcz.) Kitag. in Neo-Lineam. Fl. Mansh. 678. 1979; 黑龙江省植物志9: 232. 图版66: 1 ~ 4. 1998.

（7a）狗舌草（原变型）

Tephroseris kirilowii f. *kirilowii*

生河岸湿草地、沟边、林下。产黑龙江省呼玛、泰来、肇东、安达、呼兰、哈尔滨、尚志、阿城、宁安、五大连池、齐齐哈尔；吉林省长春、吉林、蛟河、安图、靖宇、柳河、桦甸；辽宁省沈阳、鞍山、法库、盖州、大连、庄河、瓦房店、丹东、风城、东港、本溪、桓仁、抚顺、清原、新宾；内蒙古自治区海拉尔、牙克石、根河、扎兰屯、鄂伦春、阿荣旗、科尔沁右翼前旗、扎赉特旗、科尔沁左翼后旗、克什克腾旗、翁牛特旗、喀喇沁旗、东乌珠穆沁旗、西乌珠穆沁旗、锡林浩特等地。

全草有清热、解毒、利尿作用，主治肺脓疡、尿路感染、小便不利、口腔炎等。

■ 狗舌草

基生叶

花序

瘦果与冠毛

植株

（7b）北狗舌草（东北植物检索表，东北草本植物志）；丘狗舌草（大连地区植物志）

Tephroseris kirilowii f. *spathulatus* (Miq.) S. M. Zhang, comb. nov.——*Tephroseris campestris* f. *spathulatus* (Miq.) R. Yin et C. Y. Li, 东北植物检索表694. 1995; 东北草本植物志9: 272. 2004.

生境同正种。产黑龙江省哈尔滨、齐齐哈尔、阿城、五大连池、宁安、龙江；吉林省长春、吉林、蛟河、安图、靖宇、柳河；辽宁省沈阳、大连、丹东、凤城、东港、瓦房店、本溪、桓仁；内蒙古自治区海拉尔、牙克石、根河、扎兰屯、科尔沁右翼前旗、扎赉特旗、科尔沁左翼后旗、克什克腾旗、翁牛特旗、喀喇沁旗等地。

■ 北狗舌草

花序

植株一部分

植株

38　橐吾属　*Ligularia* Cass.

Ligularia Cass. in Bull. Soc. Philom. 198. 1816.

多年生直立草本。叶互生，有时基生，具长柄，基部具叶鞘；叶片心形、肾形、卵状或卵状椭圆形，有时掌状。头状花序排列成伞房状或总状；花序梗基部苞片大，舟形、卵形或披针状卵形；总苞筒形或钟形，基部有披针形或线形小苞；总苞片1层，覆瓦状排列，稀总苞片合生，先端3～5齿裂；边花1层，舌状，雌性，黄色；中央花管状，多数，两性，花药基部钝，花柱分枝先端钝，无画笔状毛，花期反曲；全部花均结实。瘦果圆筒形，具肋，无毛或有短毛；冠毛多数，白色，糙毛状。

本属全世界约140种，绝大多数种类产亚洲，仅2种分布于欧洲。中国有123种，大部分种类集中于西南山区。东北地区产11种。

分种检索表

1. 总苞片合生，先端3～5裂；叶两面灰绿色。
  2. 头状花序多数排列成总状；基生叶长圆形，基部截形；有冠毛 ………1. **合苞橐吾 L. schmidtii** (Maxim.) Makino
  2. 头状花序1～9排列成伞房状；基生叶卵形或近圆形，基部圆形或心形；无冠毛 … **2. 无缨橐吾 L. biceps** Kitag.
1. 总苞片离生；叶表面绿色，背面灰绿色。
  3. 头状花序单生于茎顶；叶三角状戟形 ………………………………………… **3. 长白山橐吾 L. jamesii** (Hemsl.) Kom.
  3. 头状花序多数排列成总状或圆锥状。
    4. 基生叶长圆形、卵形或长圆状卵形，全缘或波状缘；冠毛黄褐色 …… **4. 全缘橐吾 L. mongolica** (Turcz.) DC.
    4. 基生叶三角形、肾形、心状肾形或三角状肾形，叶缘有齿。
      5. 冠毛白色；头状花序排列成复总状，花序梗密被褐色短柔毛或丛卷毛 ………**5. 复序橐吾 L. jaluensis** Kom.
      5. 冠毛棕褐色、棕黄色或淡黄色。
        6. 苞叶线形；茎上部被白色蛛丝状绵毛或无毛；基生叶肾状心形或心形；冠毛棕黄色 ………………………………………………………………………………………**6. 狭苞橐吾 L. intermedia** Nakai
        6. 苞叶长卵形、卵状披针形或披针形。
          7. 仅茎上部被白色蛛丝状毛或无毛。
            8. 基生叶卵状长圆形，边缘密具不整齐小尖齿，背面密被白色蛛丝状绵毛；头状花序密集 ………………………………………… **7. 箭叶橐吾 L. sagitta** (Maxim.) Mattf. ex Rehder & Kobuski
            8. 基生叶肾状心形、卵状心形或三角状心形，边缘具波状小尖齿，两面光滑；头状花序不密集。
              9. 头状花序多数；总苞片背部无毛；冠毛淡黄色 …………………… **8. 橐吾 L. sibirica** (L.) Cass.
              9. 头状花序2～4；总苞片背部被褐色多细胞柔毛；冠毛红褐色 ………………………………………………………………… **9. 乌苏里橐吾 L. calthifolia** Maxim.
          7. 茎被褐色或黄褐色毛。
            10. 叶及总苞片密被褐色有节短柔毛 …………………………**10. 黑龙江橐吾 L. sachalinensis** Nakai
            10. 叶及总苞片无毛 …………………………………………… **11. 蹄叶橐吾 L. fischeri** (Ledeb.) Turcz.

（1）合苞橐吾（东北植物检索表，东北草本植物志，中国植物志，Flora of China）；含苞橐吾（黑龙江省植物志）

Ligularia schmidtii (Maxim.) Makino, Bot. Mag. (Tokyo). 17: 191. 1903; 中国植物志77(2): 101. 图版24: 1～5. 1989; 东北植物检索表（第二版）: 685. 1995; 黑龙江省植物志9: 225. 图版64: 1～5. 1998; 东北草本植物志9: 259. 2004; Fl. China 20: 395. 2011.

生山坡草地、灌丛及林下。产黑龙江省伊春；吉林省和龙。

■ 合苞橐吾

花序

植株下部

植株

（2）无缨橐吾（东北植物检索表，东北草本植物志，中国植物志，Flora of China）；少序橐吾（辽宁植物志）；少花橐吾（俗称）

Ligularia biceps Kitag. in Journ. Bot. Jap. 17: 239. 1941; 中国植物志77(2): 101. 1989; 辽宁植物志（下

■ 无缨橐吾

头状花序正面观

头状花序侧面观

果序

瘦果

植株

册）: 562. 1992; 东北植物检索表（第二版）: 685. 1995; 东北草本植物志9: 260. 2004; Fl. China 20: 396. 2011.

生海拔1000米左右的高山上。产辽宁省凤城（白云山）、本溪（摩天岭）、辽阳（大黑山）。模式标本采自本溪摩天岭。

（3）长白山橐吾（内蒙古植物志，中国植物志，Flora of China）；单花橐吾（东北植物检索表）；单头橐吾（中国高等植物图鉴）

Ligularia jamesii (Hemsl.) Kom. in Acta Hort. Petrop. 25: 697. 1907; 中国植物志77(2): 100. 图版12: 4 ~ 6. 1989; 内蒙古植物志（第二版）4: 687. 图版266. 1993; 东北植物检索表（第二版）: 685. 图版343: 1. 1995; Fl. China 20: 401. 2011.

生高山草地。产吉林省安图、抚松、长白（模式标本采自长白山）；内蒙古自治区额尔古纳、根河等地。

根及根状茎有宣肺利气、镇咳祛痰作用。

■ 长白山橐吾

植株下部

头状花序

植株

（4）全缘橐吾（辽宁植物志，黑龙江省植物志，内蒙古植物志，东北植物检索表，东北草本植物志，中国植物志，Flora of China）

Ligularia mongolica (Turcz.) DC. in Prodr. 6: 315. 1837; 中国植物志77(2): 103. 图版24: 6 ~ 9. 1989; 辽

■ 全缘橐吾

植株下部

花序一部分

花序

宁植物志（下册）: 560. 1992; 内蒙古植物志（第二版）4: 690. 图版267: 5 ~ 8. 1993; 东北植物检索表（第二版）: 685. 图版343: 4. 1995; 黑龙江省植物志9: 228. 图版65: 4 ~ 7. 1998; 东北草本植物志9: 262. 2004; Fl. China 20: 396. 2011.

生沼泽草甸、山坡、林间及灌丛。产黑龙江省伊春、哈尔滨、五大连池、克山、拜泉、林甸、安达、大庆、黑河、富裕、克东、肇州、呼玛、孙吴、嫩江；吉林省通化、梅河口、临江、集安、乾安、柳河、辉南、靖宇、前郭、长白；辽宁省建平；内蒙古自治区扎兰屯、通辽、科尔沁右翼前旗、扎鲁特旗、巴林右旗、巴林左旗、翁牛特旗、克什克腾旗、宁城等地。

根及根状茎有宣肺利气、镇咳祛痰、除湿利水作用。全草有止血作用。

（5）复序橐吾（黑龙江省植物志，东北植物检索表，东北草本植物志，中国植物志，Flora of China）；三角叶橐吾（东北植物检索表）

Ligularia jaluensis Kom. in Act. Hort. Petrop. XVIII. 420. 1901; 中国植物志77(2): 84. 图版19：6 ~ 10. 1989; 东北植物检索表（第二版）: 685. 图版343: 2. 1995; 黑龙江省植物志9: 227. 图版64: 6 ~ 8. 1998; 东北草本植物志9: 263. 图: 96: 1 ~ 2. 2004; Fl. China 20: 402. 2011.——*Ligularia deltoidea* Nakai in Bot. Mag. (Tokyo) 31.

■ 复序橐吾

基生叶

头状花序解剖

花序

花序一部分

植株

126. 1917; 东北植物检索表（第二版）: 685. 1995.

生海拔450～1000米的草甸子及林缘。产黑龙江省尚志（帽儿山）；吉林省通化、梅河口、敦化、临江、珲春、抚松、安图、柳河、辉南、靖宇、长白等地。

（6）狭苞橐吾（辽宁植物志，黑龙江省植物志，内蒙古植物志，东北植物检索表，东北草本植物志，中国植物志，Flora of China）

Ligularia intermedia Nakai in Bot. Mag. Tokyo 31: 125. 1917; 中国植物志77(2): 81. 图版18: 4～6. 1989; 辽宁植物志（下册）: 561. 图版248: 7～12. 1992; 内蒙古植物志（第二版）4: 694. 图版269: 7～8. 1993; 东北植物检索表（第二版）: 688. 图版344: 3. 1995; 黑龙江省植物志9: 227. 图版64: 9～11. 1998; 东北草本植物志9: 267. 图: 97: 7～12. 2004; Fl. China 20: 412. 2011.

生水边、山坡、林缘、林下。产黑龙江省伊春、尚志、海林、宁安；吉林省延吉、珲春、安图、抚松、长白；辽宁省北镇、凌源、本溪、桓仁；内蒙古自治区宁城等地。

根及根状茎有润肺化痰、止咳、平喘作用，治喉痹、小便不利、无名肿毒等。

■ 狭苞橐吾

叶缘

头状花序侧面观

植株

（7）箭叶橐吾（内蒙古植物志，中国植物志，Flora of China）；兴安橐吾（东北植物检索表，东北草本植物志）

Ligularia sagitta (Maxim.) Mattf. ex Rehder & Kobuski in J. Arnold Arbor. XIV. 40. 1933; 中国植物志77(2): 97. 图版23：6～9. 1989; 内蒙古植物志（第二版）4: 690. 图版268: 1～6. 1993; Fl. China 20: 404. 2011.——

■ 箭叶橐吾

花序

花序一部分

植株一部分

Ligularia ovato-oblonga (Kitam.) Kitam. in Acta Phytotax. Geobot. Ⅹ. 174. 1941; 东北植物检索表（第二版）: 689. 图版344: 2. 1995; 东北草本植物志9: 266. 2004.

生海拔1270～4000米的水边、草坡、林缘、林下及灌丛。产内蒙古自治区海拉尔、科尔沁右翼中旗、多伦等地。

（8）橐吾（内蒙古植物志，东北植物检索表，东北草本植物志，中国植物志，Flora of China）；西伯利亚橐吾（黑龙江省植物志）；北橐吾（东北植物检索表）

Ligularia sibirica (L.) Cass. in F. Cuvier, Dict. Sci. Nat. 26: 402. 1823; 东北植物检索表404. 图版140. 图1. 1959; 中国植物志77(2): 55. 图版13: 1～4. 1989; 内蒙古植物志（第二版）4: 692. 图版268: 7～16. 1993; 东北

■ 橐吾

花序

花序一部分

基生叶

植株

植物检索表（第二版）: 689. 图版343: 3. 1995; 黑龙江省植物志9: 228. 图版65: 1 ~ 3. 1998; 东北草本植物志9: 265. 2004; Fl. China 20: 406. 2011.

生沼地、湿草地、河边、山坡及林缘。产黑龙江省伊春、海林、呼玛；吉林省珲春、通化、集安、梅河口、抚松、靖宇；内蒙古自治区额尔古纳、根河、牙克石、鄂温克、科尔沁右翼前旗、扎鲁特旗、翁牛特旗、锡林浩特、正蓝旗等地。

本种以“土紫菀”“山紫菀”之名入药。

（9）乌苏里橐吾（东北植物检索表，东北草本植物志，中国植物志，Flora of China）

Ligularia calthifolia Maxim., Bull. Acad. Imp. Sci. Saint-Pétersbourg. 15: 374. 1871; 中国植物志77(2): 19. 1989; 东北植物检索表（第二版）: 689. 1995; 东北草本植物志9: 266. 2004; Fl. China 20: 384. 2011.

生山坡草地及草甸。产黑龙江省南部（模式标本采集地）。

■ 乌苏里橐吾

基生叶

花序

植株

（10）黑龙江橐吾（内蒙古植物志，中国植物志，Flora of China）；多毛蹄叶橐吾（东北植物检索表，东北草本植物志）

Ligularia sachalinensis Nakai in Journ. Jap. Bot. 20: 137. 1944; 中国植物志77(2): 68. 1989; 内蒙古植物志（第二版）4: 694. 1993; Fl. China 20: 411. 2011.——*Ligularia fischeri* f. *diabolica* Kitam. in Act. Phytotax. Geobot. 3: 170. 1934; 东北植物检索表（第二版）: 688. 1995; 东北草本植物志9: 265. 2004.

■ 黑龙江橐吾

茎下部叶

花序

植株上部

生草甸子、山坡草地及水甸子。产黑龙江省伊春；内蒙古自治区大兴安岭、鄂温克、扎赉特旗等地。

（11）蹄叶橐吾（辽宁植物志，黑龙江省植物志，内蒙古植物志，东北植物检索表，东北草本植物志，中国植物志，Flora of China）

Ligularia fischeri (Ledeb.) Turcz. in Cat. Fl. Baic. Dahur. 644. 1837; 中国植物志77(2): 65. 图版15: 1 ~ 5. 1989; 辽宁植物志（下册）: 561. 图版248: 1 ~ 6. 1992; 内蒙古植物志（第二版）4: 692. 图版269: 1 ~ 6. 1993; 东北植物检索表（第二版）: 688. 图版344: 1. 1995; 黑龙江省植物志9: 227. 图版64: 12 ~ 17. 1998; 东北草本植物志9: 263. 图: 97: 1 ~ 6. 2004; Fl. China 20: 410. 2011.

生湿草地、灌丛、林下、草甸。产黑龙江省呼玛、黑河、伊春、塔河、海林、宝清、饶河、勃利、宁安、北安、密山、萝北；吉林省抚松、安图、汪清、珲春；辽宁省北镇、营口、庄河、抚顺、新宾、清原、宽甸、桓仁、岫岩、本溪；内蒙古自治区额尔古纳、根河、牙克石、科尔沁右翼前旗、克什克腾旗、扎鲁特旗、巴林右旗、宁城、东乌珠穆沁旗、西乌珠穆沁旗等地。

嫩叶可食。根及根状茎有理气活血、止痛、止咳、祛痰作用。

■ 蹄叶橐吾

花序

苞片

茎下部叶

植株

39 兔儿伞属 *Syneilesis* Maxim.

Syneilesis Maxim., Prim. Fl. Amur. 165 t. Ⅶ, figs 8～18. 1859.

粗壮多年生草本。基生叶盾状，掌状分裂，具长叶柄，幼时被密卷毛；茎生叶互生，少数，叶柄基部抱茎。头状花序盘状，小花全部管状，多数在茎端排列成伞房状或圆锥状花序；总苞狭筒状或圆柱状，基部有2～3线形小苞片；总苞片5，不等长；花托平，无毛，具窝孔；小花花冠淡白色至淡红色，两性，结实，具不规则的5裂；花药基部戟形，具短尖的附属物；花柱分枝伸长，顶端钝或具扁三角形的附器，外面被毛。瘦果圆柱形，无毛，具多数肋；冠毛多数，细刚毛状。

本属全世界有7种，分布于东亚，主产于中国、朝鲜和日本。中国产4种。东北地区产1种。

兔儿伞（辽宁植物志，黑龙江省植物志，内蒙古植物志，东北植物检索表，东北草本植物志，中国植物志，Flora of China）

Syneilesis aconitifolia (Bunge) Maxim. in Prim. Fl. Amur. 165. tab. 8. fig. 8～18. 1859; 辽宁植物志（下册）: 550. 图版244. 1992; 内蒙古植物志（第二版）4: 672. 图版261: 4～8. 1993; 东北植物检索表（第二版）: 692. 图版345: 3. 1995; 黑龙江省植物志9: 239. 图版69: 1～5. 1998; 中国植物志77(1): 90. 图版67: 3～5. 1999; 东北草本植物志9: 250. 图版92. 2004; Fl. China 20: 460. 2011.

多年生直立草本；基生叶1 枚，幼时反卷折叠成破伞状，叶片盾状圆形，掌状7～9全裂，裂片再1～3叉状深裂；茎生叶互生，较小，形同基生叶；最上部叶线状披针形，全缘；密伞房花序；总苞紫褐色；花管状钟形，白色，先端粉红色；瘦果圆柱形，无毛，具肋。生向阳干山坡草地、林缘、路旁。产黑龙

■ 兔儿伞

茎叶无毛

叶片初时密被毛

果序一部分

头状花序侧面观

花序一部分

江省萝北、密山、尚志、黑河、集贤、大庆、宁安、呼玛、虎林、依兰、德都、克东、安达、呼兰、哈尔滨；吉林省汪清、永吉、长春、大安、九台、吉林、抚松；辽宁省各地；内蒙古自治区额尔古纳、牙克石、扎兰屯、鄂伦春、喀喇沁旗、宁城、扎鲁特旗等地。

根及全草有祛风湿、舒筋活血、止痛作用。幼苗和嫩叶可食。

40 蟹甲草属 *Parasenecio* W. W. Smith et J. Small

Parasenecio W. W. Small et J. Small in Trans. Proc. Bot. Soc. Edinb. 38: 38: 93. 1922.

多年生草本。单叶互生，不分裂或掌状或羽状分裂，具柄。头状花序排成圆锥状或伞房状；总苞圆柱形、狭钟形或钟状；总苞片1～2层；花冠管状，黄色、白色或橘红色，管部细，檐部窄钟状或宽管状，具5裂片，裂片披针形或卵状披针形；花药基部箭形或具尾，花丝细；花柱分枝顶端截形或稍扩大，被长短不等的乳头状微毛。瘦果圆柱形，无毛而具纵肋；冠毛刚毛状，1层，白色、污白色、淡黄褐色。

本属全世界60余种，主要分布于东亚及中国喜马拉雅地区，俄罗斯欧洲部分及远东地区也有分布。中国有52种，主产于西南部山区。东北地区产6种1变种。

分种检索表

1. 茎中部叶大，近圆形，直径60～90厘米，掌状浅裂至中裂，叶柄基部抱茎 ……………… 1. 大叶蟹甲草 P. firmus (Komar.) Y. L. Chen

1. 茎中部叶小，三角状戟形或肾形，宽达40厘米，不分裂。

  2. 叶柄基部无叶耳，不抱茎；叶片三角状戟形，基部下延呈楔形（2. 山尖子 P. hastatus (L.) H. Koyama）。

    3. 叶下面和总苞片外面被密腺状短柔毛 ……………… 2a. 山尖子 P. hastatus var. hastatus

    3. 叶下面无毛或仅沿脉被疏短柔毛，总苞片外面无毛或仅基部被微毛 ……………… 2b. 无毛山尖子 P. hastatus var. glaber (Ledeb.) Y. L. Chen

  2. 叶柄基部有叶耳，抱茎。

    4. 叶柄近无翼，叶片肾形或三角状肾形。

      5. 总苞片长8～12毫米，花期约与花冠等长或稍短；头状花序排成疏散或较密的长圆锥状花序；叶柄基部有宽1.5～2厘米的大耳 ……………… 3. 长白蟹甲草 P. praetermissus (Poljark.) Y. L. Chen

      5. 总苞片长4～8毫米，花期短于花冠及冠毛的1/3～1/2；头状花序排成总状，稀短圆锥状；叶柄基部扩大成小耳 ……………… 4. 耳叶蟹甲草 P. auriculatus (DC.) J. R. Grant

    4. 叶柄具宽翼，叶片三角状或五角状戟形。

      6. 叶片三角状戟形 ……………… 5. 大山尖子 P. robusta (Kom.) S. M. Zhang

      6. 叶片五角星状戟形 ……………… 6. 星叶蟹甲草 P. komarovianus (Poljark.) Y. L. Chen

（1）大叶蟹甲草（东北植物检索表，东北草本植物志，中国植物志，Flora of China）

Parasenecio firmus (Komar.) Y. L. Chen, 中国植物志77(1): 26. 1999; Fl. China 20: 441. 2011.——*Cacalia firma* Kom. in Acta Hort. Petrop. 18: 420. 1900; 东北植物检索表（第二版）: 683. 图版342: 1. 1995; 东北草本植物志9: 252. 图版93. 2004.

生密林下或林缘和林中空地。产吉林省抚松、安图、临江；辽宁省桓仁。

■ 大叶蟹甲草

茎叶

花序

居群

（2）山尖子（黑龙江省植物志，内蒙古植物志，东北植物检索表，东北草本植物志，中国植物志，Flora of China）

Parasenecio hastatus (L.) H. Koyama in Fl. Japan 3b: 52. 1995; 中国植物志77(1): 30. 图版4：4 ~ 6. 1999; Fl. China 20: 443. 2011; 内蒙古植物志（第三版）5: 234. 2020.——*Cacalia hastata* L., Sp. Pl. 835. 1753; 内蒙古植物志（第二版）4: 673. 图版261: 1 ~ 3. 1993; 东北植物检索表（第二版）: 685. 图版342: 3. 1995; 黑龙江省植物志9: 223. 图版63: 3 ~ 5. 1998; 东北草本植物志9: 256. 图版95: 1 ~ 4. 2004; 东北植物分布图集: 1091. 2019.

（2a）山尖子（原变种）

Parasenecio hastatus var. *hastatus*

生林缘、灌丛或草地。产黑龙江省伊春、密山、逊克、德都、五大连池、绥芬河、穆棱、宁安、尚志、海林、五常、虎林、饶河、哈尔滨、嘉荫、呼玛、黑河；吉林省敦化、和龙、珲春、梅河口、通化、集安、安图、抚松、汪清、靖宇、辉南、长白、临江；辽宁省丹东、抚顺、清原、鞍山、铁岭、凤城、本溪、宽甸、北镇；内蒙古自治区额尔古纳、根河、海拉尔、牙克石、鄂温克、扎鲁特旗、科尔沁右翼前旗、阿鲁科尔沁旗、克什克腾旗、敖汉旗等地。

嫩苗、嫩叶、嫩芽可作野菜食用。全株含单宁可达3.75%，可作栲胶原料。

■ 山尖子

花序

头状花序侧面观

植株

(2b) 无毛山尖子(辽宁植物志，内蒙古植物志，东北植物检索表，东北草本植物志，中国植物志，Flora of China)

Parasenecio hastatus var. *glaber* (Ledeb.) Y. L. Chen, 中国植物志77(1): 32. 1999; Fl. China 20: 443. 2011; 内蒙古植物志(第三版)5: 235. 2020.——*Cacalia hastata* (L.) H. Koyama f. *glabra* (Ledeb.) Kitag. in Lineam. Fl. Mansh. 441. 1939; 辽宁植物志(下册): 552. 图版245: 1 ~ 5. 1992; 内蒙古植物志(第二版)4: 673. 1993; 东北植物检索表(第二版): 685. 1995; 东北草本植物志9: 258. 2004.

生林缘、灌丛或草地。产黑龙江省黑河、梅林、呼玛、哈尔滨、阿城、伊春；吉林省抚松、安图；辽宁省庄河、海城、鞍山、辽阳、清原、凤城、宽甸、桓仁、本溪、铁岭、北镇；内蒙古自治区牙克石、鄂温克、科尔沁右翼前旗、阿尔山、扎鲁特旗、巴林右旗、克什克腾旗等地。

■ 无毛山尖子

花序一部分

花序

植株一部分

(3) 长白蟹甲草(中国植物志，Flora of China)；大耳叶蟹甲草(东北植物检索表，东北草本植物志)

Parasenecio praetermissus (Poljark.) Y. L. Chen, 中国植物志77(1): 38. 图版5: 1 ~ 3. 1999; Fl. China 20: 445. 2011.——*Cacalia auriculata* DC. var. *praetermissa* (Pojark.) W. Wang et C. Y. Li, 东北植物检索表(第二版): 685. 1995; 东北草本植物志9: 254. 2004.

生针阔混交林下或河岸边。产黑龙江省伊春、带岭；吉林省安图、抚松、汪清等地。

■ 长白蟹甲草

花序

居群

■ 长白蟹甲草

茎中部叶柄具狭翼

茎下部叶柄无翼

（4）耳叶蟹甲草（内蒙古植物志，东北植物检索表，东北草本植物志，中国植物志，Flora of China）；耳叶山尖子（黑龙江省植物志）

Parasenecio auriculatus (DC.) J. R. Grant in Novon 3(2) 154. 1993; 中国植物志77(1): 36. 图版6: 1 ~ 3. 1999; Fl. China 20: 445. 2011; 内蒙古植物志（第三版）5: 236. 2020.——*Cacalia auriculata* DC. in Prodr. 6. 329. 1838; 内蒙古植物志（第二版）4: 673. 1993; 东北植物检索表（第二版）: 685. 图版342: 2. 1995; 黑龙江省植物志9: 224. 图版63: 6 ~ 7. 1998; 东北草本植物志9: 254. 图版94: 4 ~ 7. 2004.

生林下或林缘，海拔1400 ~ 1600米。产黑龙江省伊春、饶河、宁安、尚志、海林、五常、宾县、哈尔滨、密山；吉林省敦化、和龙、集安、安图、长白、抚松、汪清；辽宁省桓仁、凤城；内蒙古自治区大兴安岭。

■ 耳叶蟹甲草

花序一部分

茎叶

植株

（5）大山尖子（东北植物检索表，东北草本植物志）

Parasenecio robusta (Kom.) S. M. Zhang, 东北维管束植物考：877. 2021.——*Cacalia robusta* Kom. in Not. Syst. Herb. Inst. Bot. Acad. Sci. URSS18: 237. 1957; 东北植物检索表（第二版）: 685. 图版342: 5. 1995; 东北草本植物志9: 256. 2004.

生针阔混交林林下或林缘湿润处。产吉林省敦化、珲春、安图、抚松等地；辽宁省宽甸。

■ 大山尖子

叶柄

茎叶

居群

（6）星叶蟹甲草（辽宁植物志，东北植物检索表，东北草本植物志，中国植物志，Flora of China）

Parasenecio komarovianus (Poljark.) Y. L. Chen, 中国植物志77(1): 34. 图版5: 4～7. 1999; Fl. China 20: 444. 2011.——*Cacalia komarovianus* Poljark. in Fl. URSS 26: 691. 1961; 辽宁植物志（下册）: 552. 图版245: 6～9. 1992; 东北植物检索表（第二版）: 685. 图版342: 4. 1995; 东北草本植物志9: 256. 图版95: 6～9. 2004.

生林下或林缘。产黑龙江省梅林；吉林省敦化（模式标本采自额穆）、临江、长白、安图、抚松；辽宁省岫岩、宽甸、本溪、桓仁、新宾、清原等地。

■ 星叶蟹甲草

茎叶

植株

居群

41 菊三七属（三七草属） *Gynura* Cass.

Gynura Cass., Dict. Sci. Nat. 34: 392. 1825.

多年生草本或亚灌木。叶互生，具齿或羽状分裂或全缘，有柄或无柄。头状花序盘状，具同形的小花，单生或数个至多数排成伞房状；总苞钟状或圆柱形，基部有多数线形小苞片；总苞片1层，9～13个，披针形，等长，覆瓦状排列，具干膜质的边缘；花序托平，有窝孔或短流苏状；小花全部两性，结实；花冠黄色、橙黄色或淡紫色，管状，檐部5裂，管部细长；花药基部全缘或近具小耳；花柱分枝细，顶端有钻形的附器。瘦果圆柱形，具10条肋；冠毛白色绢毛状。

本属全世界约40种，分布于亚洲、非洲及澳大利亚。中国有10种，主产于南部、西南部及东南部。东北地区栽培2种。

分种检索表

1\. 叶边缘具波状齿或小尖，上面绿色、下面带紫色 ……………………………………1. 红凤菜 G. bicolor (Willd.) DC.

1\. 叶羽状深裂或大头羽裂，两面均为绿色 ……………………………………………2. 菊三七 G. japonica (Thunb.) Juel.

（1）红凤菜（中国植物志，Flora of China）；紫背天葵（俗称）

Gynura bicolor (Willd.) DC. in Prodr. 6: 299. 1838; 中国植物志77(1): 315. 图版70: 5 ~ 8. 1999; Fl. China 20: 540. 2011.

主产南方。辽宁省大连、旅顺口有栽培。

作蔬菜食用，有止血抗病毒等药用价值。

■ 红凤菜

叶正反面对比

植株上部

植株

（2）菊三七（中国植物志，Flora of China）；三七草（辽宁植物志，东北植物检索表，东北草本植物志）；菊叶三七（全国中草药名鉴）

Gynura japonica (Thunb.) Juel. in Acta Hort. Berg. i (3): 86. 1891; 中国植物志77(1): 312. 图版69: 1 ~ 4.

■ 菊三七

花序

植株

1999; 东北草本植物志9: 249. 2004; Fl. China 20: 539. 2011.——*G. segetum* (Lour.) Merr. in Philipp. J. Sci. 15: 260. 1919; 辽宁植物志（下册）: 549. 1992; 东北植物检索表（第二版）: 685. 1995.

主产南方。辽宁省大连、沈阳等地有栽培。

根有破血散瘀、止血、消肿作用，茎叶有活血、止血、解毒作用。

42 菊芹属 *Erechtites* Raf.

Erechtites Rafinesque, Fl. Ludov. 65. 1817.

一年生或多年生草本。叶互生，近全缘或有齿或羽状分裂。头状花序盘状，具异型小花，在茎端排成圆锥状伞房花序，基部具少数外苞片；总苞圆柱状；总苞片1层，线形或披针形，等长，边缘干膜质；花序托平或微凹，具小窝孔；小花全部管状，结实，外围的小花2层，雌性，花冠丝状，顶端4～5齿裂；中央的小花细漏斗状，5齿裂；花药基部钝，花柱分枝伸长，顶端截形或钝，被微毛。瘦果近圆柱形，淡褐色，具10条细肋；冠毛多层，近等长，细毛状。

本属全世界约15种，主要分布于美洲和大洋洲。中国有2逸生种。东北地区产1种。

梁子菜（中国植物志，Flora of China）；菊芹（俗称）

Erechtites hieracifolia (L.) Raf. ex DC. in Prodr. 6: 294. 1838; 中国植物志77(1): 306. 图版68: 3～5. 1999; Fl. China 20: 537. 2011.

一年生直立草本；茎具条纹，被疏柔毛；叶无柄，具翅，基部渐狭或半抱茎，披针形至长圆形，边缘具不规则的粗齿，羽状脉；伞房花序；总苞筒状，淡黄色至褐绿色；总苞片1层；小花全部管状，淡绿色或带红色；瘦果具明显的肋；冠毛白色。生山坡、林下、灌木丛中或湿地上。原产北美洲南部墨西哥。分布辽宁省丹东、大连等地。

本种为外来入侵植物，大量繁殖会侵占本土植物生态位，影响本土生物多样性。嫩苗和叶可作蔬菜。

■ 梁子菜

植株上部

花序

植株下部

43 千里光属 *Senecio* L.

Senecio L., Sp. Pl. 866. 1753.

一、二年生或多年生草本，稀为半灌木或灌木。基生叶莲座状；茎生叶互生，基部无叶鞘；叶片

1～3回羽状分裂或不分裂。头状花序少数或多数，通常排列成伞房状、圆锥状或总状；总苞筒形、钟形或半球形，总苞片1层，有时基部有数枚小苞片；边花1层，雌性，舌状，稀无边花；中央花多数，两性，花冠管状，先端5裂；花药基部戟形或钝；花柱分枝先端截形，有画笔状或具圆形乳状小突起；花托平或凸，有膜片或短纤毛。瘦果圆柱形，具条棱；冠毛糙毛状，白色或污白色，稀无冠毛。

本属全世界约1200种，除南极洲外遍布于全世界。中国有65种，主要分布于西南部山区，少数种也产于北部、西北部、东南部至南部。东北地区产8种2变种2变型，其中栽培1种。

分种检索表

1. 一年生草本。
  2. 头状花序有舌状花和管状花。
    3. 全株密被腺毛，有异味；野生 ······ **1. 黏毛千里光 S. viscosus** L.
    3. 全株密被白粉而无腺毛，无异味；栽培 ······ **2. 雪叶莲 S. cineraria** DC.
  2. 头状花序无舌状花、只有管状花。
    4. 头状花序排列成顶生疏散伞房花序；花序梗长1.5～4厘米；总苞片约15；外层小苞片4～5，通常无黑色尖头，有时具黑色短尖头 ······ **3. 北千里光 S. dubitabilis** C. Jeffrey et Y. L. Chen
    4. 头状花序排列成顶生密集伞房花序；花序梗长0.5～2厘米；总苞片18～22；外层小苞片7～11，通常具有黑色长尖头，有时无黑色长尖头 ······ **4. 欧洲千里光 S. vulgaris** L.
1. 多年生草本。
  5. 叶不分裂，卵状长圆形或卵状披针形，基部无叶耳，边缘具齿 ······ **5. 林荫千里光 S. nemorensis** L.
  5. 叶羽状深裂，稀不分裂。
    6. 叶侧裂片2～3对，稀不分裂（**6. 麻叶千里光 S. cannabifolius** Less.）。
      7. 叶羽状分裂 ······ **6a. 麻叶千里光 S. cannabifolius** f. **cannabifolius**
      7. 叶不分裂 ······ **6b. 全叶千里光 S. cannabifolius** var. **inttegrifolius** (Koidz.) Kitam.
    6. 叶侧裂片5～8对，边缘具齿，稀全缘或再裂。
      8. 头状花序径2.5～3厘米，舌状花长15～30毫米；叶不整齐羽状分裂（**7. 琥珀千里光 S. ambraceus** Turcz. ex DC.）。
        9. 舌片黄色 ······ **7a. 琥珀千里光 S. ambraceus** var. **ambraceus**
        9. 舌片白色或乳白色 ······ **7b. 白花大花千里光 S. ambraceus** var. **albiflorum** S. M. Zhang
      8. 头状花序径1.5～2厘米，舌状花长10～15毫米；叶整齐羽状分裂（**8. 额河千里光 S. argunensis** Turcz.）。
        10. 瘦果无毛。
          11. 叶裂片披针形，宽5～10毫米，边缘具齿或缺刻 ······ **8a. 额河千里光 S. argunensis** f. **argunensis**
          11. 叶裂片线形，宽1～1.5毫米，全缘 ······ **8b. 狭羽叶千里光 S. argunensis** f. **angustifolius** Komar.
        10. 瘦果微被毛 ······ **8c. 毛果羽叶千里光 S. argunensis** f. **pilosa** (Kitam.) Kitag.

（1）黏毛千里光（新拟）

Senecio viscosus L., Sp. Pl. 2: 868. 1753.

生荒地。产黑龙江省嘉荫。

■ 黏毛千里光

头状花序正面观

花序

头状花序侧面观

茎叶

植株一部分

植株

（2）雪叶莲（辽宁省维管束植物名称考证）；银叶菊（植物智网站）

Senecio cineraria DC. in Prodr. (DC.) 6: 355. 1838.——*Jacobaea maritima* (L.) Pelser & Meijden in Heukels' Fl. Nederland. 677. 2005.

原产南欧。辽宁省常见栽培。

观叶植物，叶片远看像一片白云，与其他色彩的纯色花卉配置栽植，效果极佳。

■ 雪叶莲

苗期植株

花序

花期植株

（3）北千里光（内蒙古植物志，中国植物志，Flora of China）

Senecio dubitabilis C. Jeffrey et Y. L. Chen in Kew Bull. 39 (2): 427. 1984; 河北植物志3: 135. 1742. 1991;

内蒙古植物志（二版）4: 681. 图版262. 图8 ~ 9. 1993; 中国植物志77(1): 298. 图版65: 1 ~ 5. 1999; Fl. China 20: 535. 2011.

生砂石处、田边。产黑龙江省漠河；辽宁省清原；内蒙古自治区陈巴尔虎旗东北部。

■ 北千里光

植株一部分

花序

植株

（4）欧洲千里光（辽宁植物志，黑龙江省植物志，内蒙古植物志，东北植物检索表，东北草本植物志，中国植物志，Flora of China）

Senecio vulgaris L., Sp. Pl. 867. 1753; 辽宁植物志（下册）: 555. 图版247: 10 ~ 12. 1992; 内蒙古植物志（第二版）4: 683. 图版265: 4 ~ 6. 1993; 东北植物检索表（第二版）: 688. 图版347: 3. 1995; 黑龙江省植物志9: 231. 图版65: 9 ~ 12. 1998; 中国植物志77(1): 301. 图版65: 6 ~ 11. 1999; 东北草本植物志9: 274. 2004; Fl. China 20: 535. 2011.

生草地、山坡、路旁等处。原产欧洲。分布黑龙江省呼玛、萝北、密山、虎林；吉林省珲春、图们；辽宁省各地；内蒙古自治区牙克石、额尔克纳等地。

本种为外来入侵植物，大量繁殖可以侵占本土植物生态位，影响本土生物多样性。植物体内含有酚酸、黄酮类等物质，具有抗炎、抗菌作用。

■ 欧洲千里光

花序

植株

（5）林荫千里光（东北草本植物志，中国植物志，Flora of China）；林阴千里光（内蒙古植物志）；黄菀（黑龙江省植物志，东北植物检索表）

Senecio nemorensis L., Sp. Pl. 870. 1753; 内蒙古植物志（第二版）4: 683. 图版262: 5 ~ 7. 1993; 东北植物检索表（第二版）: 688. 图版346: 1. 1995; 黑龙江省植物志9: 234. 图版66: 9 ~ 11. 1998; 中国植物志77(1):

238. 1999; 东北草本植物志9: 274. 图版99: 1 ~ 5. 2004; Fl. China 20: 514. 2011.

生林中开阔处、草地或溪边。产黑龙江省碧水、新林、加格达奇、伊春、海林、呼玛、五大连池；吉林省安图、抚松、靖宇、长白；辽宁省建昌；内蒙古自治区额尔古纳、根河、牙克石、鄂伦春、扎赉特旗、翁牛特旗、敖汉旗、巴林右旗、巴林左旗、阿鲁科尔沁旗、克什克腾旗、喀喇沁旗、宁城、东乌珠穆沁旗等地。

全草主治热痢、目赤肿痛、肝炎、痈疖疔毒。

■ 林荫千里光

花序

茎叶

植株

（6）麻叶千里光（内蒙古植物志，东北植物检索表，东北草本植物志，中国植物志，Flora of China）；宽叶返魂草（黑龙江省植物志）

Senecio cannabifolius Less., Linnaea. 6: 242. 1831; 内蒙古植物志（第二版）4: 684. 图版264: 9. 1993; 东北植物检索表（第二版）: 688. 图版346: 2. 1995; 黑龙江省植物志9: 236. 图版67: 4 ~ 7. 1998; 中国植物志77(1): 336. 1999; 东北草本植物志9: 275. 图版99: 6 ~ 11. 2004; Fl. China 20: 513. 2011.

（6a）麻叶千里光（原变种）

Senecio cannabifolius var. *cannabifolius*

■ 麻叶千里光

茎下部叶

居群

■ 麻叶千里光

花序一部分

植株上部

植株

生草地、林下或林缘。产黑龙江省碧水、加格达奇、伊春、带岭、五营、新青、东宁、宁安、海林、五常、尚志、密山、桦甸、桦川；吉林省敦化、蛟河、安图、抚松、靖宇、长白、汪清；内蒙古自治区额尔古纳、牙克石、鄂伦春、科尔沁右翼前旗、东乌珠穆沁旗（宝格达山）等地。

全草具有散瘀、止血、止痛的功效，民间广泛用于病毒性感冒、各种炎症的治疗。

（6b）全叶千里光（变种）（中国植物志，Flora of China）；单麻叶千里光（东北植物检索表，东北草本植物志）；单叶还魂草（黑龙江省植物志）

Senecio cannabifolius var. *inttegrifolius* (Koidz.) Kitam. in Acta Phytotax. Geobot. 6: 275. 1937; 东北植物检索表（第二版）: 688. 图版346: 2. 1995; 黑龙江省植物志9: 236. 图版67: 8. 1998; 中国植物志77(1): 337.

■ 全叶千里光

花蕾期花序

盛花期花序

■ 全叶千里光

植株一部分

植株

1999; 东北草本植物志9: 275. 2004; Fl. China 20: 514. 2011.

生草甸、湿草甸、林下。产黑龙江省大兴安岭和东部地区；吉林省敦化、蛟河、抚松、安图等地。

（7）琥珀千里光（内蒙古植物志，中国植物志，Flora of China）；大花千里光（辽宁植物志，黑龙江省植物志，东北植物检索表，东北草本植物志）；东北大花千里光（东北植物检索表，东北草本植物志）；东北千里光（内蒙古植物志）

Senecio ambraceus Turcz. ex DC. in Prodr. 6: 348. 1838; 辽宁植物志（下册）: 555. 图版246: 6 ~ 10. 1992; 内蒙古植物志（第二版）4: 685. 图版263: 11 ~ 12. 1993; 东北植物检索表（第二版）: 692. 图版347: 2. 1995; 黑龙江省植物志9: 234. 图版67: 1 ~ 3. 1998; 中国植物志77(1): 285. 图版63: 7 ~ 12. 1999; 东北草本植物志9: 279. 图版100: 1 ~ 5. 2004; Fl. China 20: 530. 2011.——*Senecio ambraceus* Turn. ex DC. var. *glaber* Kitam. in Acta Phytotax. Geobot. 6: 275. 1937; 内蒙古植物志（第二版）4: 685. 1993; 东北植物检索表（第二版）: 692. 1995; 东北草本植物志9: 279. 2004.——*Jacobaea ambracea* (Turcz. ex DC.) B. Nord in Compositae Newsletter. 44: 12 ~ 13. 2006.

（7a）琥珀千里光（原变种）

Senecio ambraceus var. *ambraceus*

生低湿地、山坡草地、海滨、林缘、沙地、路旁。产黑龙江省杜尔伯特、齐齐哈尔、富拉尔基、泰康、泰来、肇东、安达、萨尔图、哈尔滨；吉林省通榆、镇赉、长春、九台、蛟河；辽宁省新民、西丰、清原、开原、法库、鞍山、长海、大连、凌源、建平、建昌、葫芦岛、锦州、宽甸、桓仁、东港；内蒙古自治区额尔古纳、根河、牙克石、扎兰屯、敖汉旗、宁城等地。

可作为牛、马、羊及其他家畜的饲用植物。花大，为具有较好观赏价值的野生植物。

■ 琥珀千里光

花序

头状花序侧面观

茎叶

植株上部

（7b）白花大花千里光（变种）（辽宁植物）

Senecio ambraceus var. *albiflorum* S. M. Zhang, 辽宁植物: 1550, 2000. 2021.

生山坡草地。产辽宁省庄河。

■ 白花大花千里光

茎叶

花序

植株一部分

（8）额河千里光（内蒙古植物志，中国植物志，Flora of China）；羽叶千里光（辽宁植物志，黑龙江省植物志，东北植物检索表，东北草本植物志）

Senecio argunensis Turcz. in Bull. Soc. Nat. Mosc. 20 (2): 18. 1847; 辽宁植物志（下册）: 555. 图版246: 1 ~ 5. 1992; 内蒙古植物志（第二版）4: 686. 图版264: 7 ~ 8. 1993; 东北植物检索表（第二版）: 692. 图版347: 1. 1995; 黑龙江省植物志9: 237. 图版68: 1 ~ 3. 1998; 中国植物志77(1): 288. 图版63: 1 ~ 6. 1999; 东北草本植物志9: 277. 图版100: 6 ~ 10. 2004; Fl. China 20: 530. 2011.

（8a）额河千里光（原变型）

Senecio argunensis f. *argunensis*

生灌丛、林缘、山坡草地、河岸湿地及撂荒地。产黑龙江省呼玛、逊克、萝北、勃利、友谊、尚志、东宁、宁安、密山、虎林、安达、大庆、肇东、双城、哈尔滨；吉林省抚松、蛟河、安图、吉林、临江、梅河口、永吉、东丰、汪清、珲春；辽宁省各地；内蒙古自治区额尔古纳、扎兰屯、牙克石、莫力达瓦达斡尔旗、阿荣旗、新巴尔虎右旗、科尔沁左翼后旗、大青沟、东乌珠穆沁旗（宝格达山）等地。

蒙药，有治伤、接骨、止痛作用。幼苗可食。花大，为具有较好观赏价值的野生植物。

■ 额河千里光

茎叶

花序

花序侧面观

植株

（8b）狭羽叶千里光（变型）（辽宁植物志，东北植物检索表，东北草本植物志）

Senecio argunensis f. *angustifolius* Komar. in Trudy Imperatorskago S.–Peterburgskago Botanicheskago Sada 25(2): 706. 1907; 辽宁植物志（下册）: 557. 1992; 东北植物检索表（第二版）: 692. 1995; 东北草本植物志9: 277. 2004.

生碱地、沙砾地、干草原。产黑龙江省大庆、肇东、安达、哈尔滨、萝北；辽宁省法库、彰武等地。

■ 狭羽叶千里光

茎叶

花序

（8c）毛果羽叶千里光（变型）（东北植物检索表，东北草本植物志）

Senecio argunensis f. *pilosa* (Kitam.) Kitag., Neolin. Fl. Manshur. 677. 1979; 东北植物检索表（第二版）: 692. 1995; 东北草本植物志9: 279. 2004.

生境、产地不详。

44 野茼蒿属 *Crassocephalum* Moench

Crassocephalum Moench, Meth. Pl. 516. 1794.

一年生或多年生草本。叶互生。头状花序盘状或辐射状，在花期常下垂；小花同形，多数，全部为管状，两性；总苞片1层，近等长，线状披针形，边缘狭膜质，花期直立，黏合成圆筒状，后开展而反折，基部有数枚不等长的外苞片；花序托扁平，无毛，具蜂窝状小孔，窝孔具膜质边缘；花冠细管状，上部逐渐扩大成短檐部，裂片5；花药全缘，或基部具小耳；花柱分枝细长，线形，被乳头状毛。瘦果狭圆柱形，具棱条，顶端和基部具灰白色环带；冠毛多数，白色，绢毛状，易脱落。

本属全世界约21种，主要分布于热带非洲。中国有2种。东北地区产1种。

野茼蒿（中国植物志，Flora of China）；假茼蒿（俗称）

Crassocephalum crepidioides (Benth.) S. Moore in Journ. Bot. Btit. For. 50: 211. 1912; 中国植物志77(1): 304. 图版67: 1～2. 1999; Fl. China 20: 536. 2011.

一年生直立草本；单叶互生，椭圆形等，边缘有不规则锯状齿；伞房花序；总苞钟状；总苞片1层，线状披针形，等长；小花全部管状，两性，花冠红褐色或橙红色，檐部5齿裂；瘦果狭圆柱形，有肋，被毛。常见于山坡路旁、水边、灌丛中。原产热带非洲。分布辽宁省旅顺口、庄河、丹东等地。

本种为外来入侵植物，大量繁殖可以侵占本土植物生态位，影响本土生物多样性。全草有健脾、消肿之功效，治消化不良、脾虚浮肿等症；嫩叶味美可食。

■ 野茼蒿

头状花序正面观

头状花序侧面观

植株一部分

花序

45 万寿菊属 *Tagetes* L.

Tagetes L., Sp. Pl. 887. 1753.

一年生直立草本。茎无毛。叶对生或互生，羽状分裂，具油腺点。头状花序通常单生，少有排列成花序，圆柱形或杯形；总苞片1层，几乎全部连合成管状或杯状，有半透明的油点；花托平，无毛；花异形，全部结实；舌状花1层，雌性，金黄色，橙黄色或褐色；管状花两性，金黄色、橙黄色或褐色。瘦果线形或线状长圆形，基部缩小，具棱；冠毛有具3 ~ 10个不等长的鳞片或刚毛，其中一部分连合，另一部分离生。

本属全世界约40种，产美洲中部及南部。中国常见栽培及归化种3种，东北地区均产，其中栽培2种。

分种检索表

1. 头状花序小，总苞长0.8～1.2厘米；舌状花淡黄色至奶油色 ……………………………… **1. 印加孔雀草** T. minuta L.
1. 头状花序大，总苞长1.5～2厘米；舌状花黄色至橙红色。
   2. 头状花序梗顶端稍增粗；舌状花金黄色或橙黄色，带红色斑，舌片圆形，管部常短于冠毛；叶裂片线状披针形 …………………………………………………………………………………………………… **2. 孔雀草** T. patula L.
   2. 头状花序梗顶端棍棒状膨大；舌状花黄色或暗橙黄色，无红色斑，舌片倒卵形，管部几乎与冠毛等长；叶裂片长椭圆形或披针形 …………………………………………………………………………… **3. 万寿菊** T. erecta L.

（1）印加孔雀草（Flora of China）

Tagetes minuta L., Sp. Pl. 2: 887. 1753; Fl. China 20: 854. 2011.

原产南美洲南部。辽宁省大连市金州有分布。

■ 印加孔雀草

花序

茎叶

植株

本种为外来入侵植物，植物体含有多种精油成分，且具有较强的化感作用，化感物质被释放到自然生态系统后，能显著影响周围植物的萌发、生长、叶绿素含量和呼吸能力，释放到农田则对作物种子萌发和生长发育有很强的抑制作用；汁液有刺激性作用，会引起皮肤瘙痒，也可能引起光皮炎。在秘鲁用作草药治疗感冒、呼吸道炎症或胃部疾病，还可作为香料或用来生产有机染料。

（2）孔雀草（黑龙江省植物志，内蒙古植物志，中国植物志）；小万寿菊（俗名）

Tagetes patula L., Sp. Pl. 887. 1753; 中国植物志75: 387. 图版67: 1 ~ 3. 1979; 内蒙古植物志（第二版）4: 555. 1993; 黑龙江省植物志9: 147. 1998.

原产墨西哥。东北各省区及内蒙古自治区东部地区常见栽培。

以观赏为目的引进，宜作花坛边缘材料或花丛、花境等栽植，也可盆栽和作切花；花叶可以入药，有清热化痰、补血通经的功效，能治疗百日咳、气管炎、感冒；俄罗斯高加索地区居民常食用，据说有延年益寿之效。

■ 孔雀草

单瓣花正面观

单瓣花侧面观

重瓣花

茎叶

重瓣花株

单瓣花株

（3）万寿菊（黑龙江省植物志，内蒙古植物志，东北植物检索表，东北草本植物志，中国植物志，Flora of China）；臭芙蓉（俗名）

Tagetes erecta L., Sp. Pl. 887. 1753; 中国植物志75: 389. 1979; 内蒙古植物志（第二版）4: 555. 1993; 东北植物检索表（第二版）: 660. 图版329: 7. 1995; 黑龙江省植物志9: 147. 1998; 东北草本植物志9: 134. 2004; Fl. China 20: 854. 2011.

原产墨西哥。东北各省及内蒙古自治区东部地区庭园有栽培。

以观赏为目的引进。有药用价值，根、叶有解毒消肿作用，花序有平肝解热、祛风化痰作用；在非洲，常见垂吊于土著的茅屋下驱赶苍蝇；花含有丰富的叶黄素，是提取纯天然黄色素的理想原料，提取出来的叶黄素广泛用于饲料添加剂和食品添加剂领域，近年，还被大量用于功能性保健食品的研发和生产上。

■ 万寿菊

头状花序

头状花序侧面观

黄色重瓣花居群

居群

橘色重瓣花群落

46 堆心菊属 *Helenium* L.

Helenium L., Sp. Pl. 2: 886. 1753.

一年生或多年生直立草本。叶互生，全缘或具齿，有黑色腺点。头状花序单生或排成伞房花序状，多数具异型花；总苞片2～3层，通常草质；花托凸起，球形或长圆形，无毛；舌状花一轮，舌瓣黄色，3～5裂。盘状花管状。冠毛具5～6鳞片。

本属全世界约有32种，分布于北美洲、中美洲、南美洲及西印度。中国常见栽培2种，东北地区均有栽培。

分种检索表

1. 叶披针形至长圆形；舌状花黄色、褐紫色等；管状花深褐紫色 ······························ **1. 堆心菊 H. autumnale** L.
1. 叶狭披针形；舌状花黄色；管状花黄色带红晕 ······························ **2. 细叶堆心菊 H. amarum** (Raf.) H. Rock

（1）堆心菊（大连植物彩色图谱）

Helenium autumnale L., Sp. Pl. 2: 886. 1753.——*Helenium latifolium* Mill., Gard. Dict., ed. 8. n. 2. 1768.——*Helenium parviflorum* Nutt., Trans. Amer. Philos. Soc. ser. 2, 7: 384. 1841.

原产北美洲。辽宁省大连等地有栽培。

观赏植物，适宜作花境，也可丛植，还可以作切花。

■ 堆心菊

花序一部分

黄色花

红色花

植株一部分

植株

（2）细叶堆心菊（大连植物彩色图谱）；异味堆心菊

Helenium amarum (Raf.) H. Rock in Rhodora. 59: 131. 1957.

原产北美洲。辽宁省大连等地有栽培。

用于美化环境。体内含有抗肿瘤、抗炎、调血脂、降胆固醇作用的物质。

■ 细叶堆心菊

头状花序

植株下部

植株上部

47 松果菊属（紫锥花属） *Echinacea* Moench

Echinacea Moench, Methodus. 591. 1794.

多年生直立草本。下部茎生叶互生，有柄，叶片线形至卵形，基部渐狭至楔形或呈圆形或心形，全缘或有齿，表面常有毛。头状花序辐射状，单生于相对长的花梗上；总苞漏斗状至半球；总苞片宿存，15～50枚，2～4层，线形或披针形至卵形，大多叶状；花托半球形至圆锥形；舌状花8～21，单性，花冠深紫色至淡粉色、白色或黄色；盘花200余，两性，能育，花冠浅粉色、绿色、紫红色、黄色等，冠筒比喉部短，5浅裂。连萼瘦果3～4肋，棕褐色或呈两色。

本属全世界有9种，分布于北美洲。中国引进种类不详。东北地区栽培1种。

松果菊（大连植物彩色图谱）

Echinacea purpurea (L.) Moench, Methodus. 591. 1794; 大连植物彩色图谱: 1585. 2013.

多年生草本，全株具粗毛；基生叶卵形或三角形；茎生叶卵状披针形，叶柄基部稍抱茎；头状花序单生枝顶，或数朵聚生，花径达10厘米，舌状花紫红色，管状花橙黄色。原产北美洲。辽宁省大连等地有栽培。

适于自然式丛栽，布置花境、庭院隙地，也可作墙前屋后的背景材料。

■ 松果菊

头状花序

植株一部分

植株

48 天人菊属 *Gaillardia* Foug.

Gaillardia Foug. in Obs. Phys. 29: 55, 1786.

一年生或多年生直立草本。叶互生或全部基生。头状花序大，边花辐射状，中性或雌性，结实，中央有多数结实的两性花，或头状花序仅有同型的两性花。总苞宽大；总苞片2～3层，覆瓦状，基部革质；花托凸起或半球形，托片长刚毛状；边花舌状，顶端3浅裂或3齿，少有全缘；中央管状花两性，顶端浅5裂，裂片顶端被节状毛，花药基部短耳形，花柱分枝顶端画笔状，附片有丝状毛。瘦果长椭圆形或倒塔形，有5棱；冠毛6～10个，鳞片状，有长芒。

本属全世界约20种，原产南北美洲热带地区。中国有2种，东北地区均有栽培。

分种检索表

1. 一年生草本；舌状花红紫色 ………………………………………………… 1. 天人菊 G. pulchella Foug.
1. 多年生草本；舌状花黄色 ………………………………………………… 2. 宿根天人菊 G. aristata Pursh.

（1）天人菊（内蒙古植物志，东北草本植物志，中国植物志，Flora of China）；虎皮菊（俗名）

Gaillardia pulchella Foug. in Mem. Acad. Sci. Paris 1786: 5. t. 1. 1788; 中国植物志75: 390. 图版67: 4～6.

1979; 内蒙古植物志（第二版）4: 556. 1993; 东北草本植物志9: 135. 2004; Fl. China 20: 878. 2011.

原产北美洲。辽宁省大连、辽阳等地及内蒙古自治区有栽培。

以观赏为目的引进，花姿娇娆，色彩艳丽，花期长，适应能力强。

■ 天人菊

头状花序正面观

头状花序侧面观

幼苗

植株一部分

（2）宿根天人菊（中国植物志）

Gaillardia aristata Pursh. in Fl. Am. Sept. 2: 573. 1814; 中国植物志75: 390. 1979.

原产北美洲。辽宁省及内蒙古自治区有栽培。

以观赏为目的引进，花姿娇娆，色彩艳丽，花期长，适应能力强。

■ 宿根天人菊

头状花序

植株

植株一部分

49 苍耳属 *Xanthium* L.

Xanthium L., Sp. Pl. ed. 1, 987. 1753.

一年生直立草本，植株被毛或近无毛。茎无刺或具刺。叶互生，有柄；叶片全缘或有裂。头状花序单性，雌雄同株。雄花序顶生，近球形；总苞半球形，总苞片1～2层，革质，分离；具多数不结实的两性花，花冠管状钟形，先端5裂，基部狭；雄蕊超出花冠；花柱细小，不分枝，先端稍膨大；花托具托片；托片披针形。雌花序生于雄花序下部；总苞2层，外层小而离生，内层结合呈囊状，果熟时变硬，革质，先端具1～2硬刺状喙，外面具钩状刺；雌花2，包于总苞内，无花冠，花柱2深裂，超出总苞。瘦果2，长椭圆形或倒卵形，藏于总苞内；无冠毛。

本属全世界约有3种，主要分布于美洲的北部和中部、欧洲、亚洲及非洲北部。中国有3种1亚种，东北地区均产。

分种检索表

1. 叶腋具3针刺；叶披针形或椭圆状披针形 ……………………………… 1. 刺苍耳 X. spinosum L.
1. 叶腋不具针刺；叶广卵状三角形。
  2. 雌花总苞成熟时较大；总苞刺上密布腺 ………… 2b. 意大利苍耳 X. orientale subsp. italicum (Moretti) Greuter
  2. 雌花总苞成熟时较小；总苞刺上无腺毛。
    3. 总苞的刺粗而长，长2～5（～5.5）毫米，基部明显增粗 ……………………… 3. 北美苍耳 X. chinense Mille
    3. 总苞的刺细而短，长1～1.5（～2）毫米以下，基部微增粗或几乎不增粗 ………… 4. 苍耳 X. strumarium L.

（1）刺苍耳（辽宁植物志，内蒙古植物志，东北植物检索表，东北草本植物志，Flora of China）

Xanthium spinosum L., Sp. Pl. 987. 1753; 辽宁植物志（下册）: 480. 图版214: 7. 1992; 东北植物检索表（第二版）: 660. 图版329: 5. 1995; 东北草本植物志9: 132. 图版44. 2004; Fl. China 20: 876. 2011; 内蒙古植物志（第三版）5: 93. 2020.

■ 刺苍耳

茎

植株上部

■ 刺苍耳

总苞结果时

植株

常生路边、荒地和旱作物地。原产南美洲。分布辽宁省旅顺口、阜新；内蒙古自治区部分地区。

本种为恶性外来入侵植物，植株高大且具刺，给人工拔除带来不便；果实具刺，极容易被人和动物带到其他地方；果实混入大豆、玉米等籽粒较大的农作物种子当中，会降低作物种子的纯度。

（2）东苍耳（世界药用植物速查辞典）

Xanthium orientale L., Sp. Pl. (ed. 2). 2: 1400. 1763.

（2a）东苍耳（原亚种）

Xanthium orientale subsp. *orientale*

中国不产。

（2b）意大利苍耳（大连植物彩色图谱，中国外来入侵生物，中国口岸外来入侵生物彩色图鉴: 468. 2020）；瘤突苍耳（东北地区入侵植物）

Xanthium orientale subsp. *italicum* (Moretti) Greuter in 249. 2003.——*X. italicum* Moretti in Giorn. Fis., ser. 2, 5: 326. 1822; 大连植物彩色图谱: 1438. 2013; 中国外来入侵生物: 603. 2018; 中国口岸外来入侵生物彩色图鉴: 468. 2020.——*Xanthium strumarium* auct. non L.: 东北地区入侵植物: 127. 2020.

■ 意大利苍耳

花序

头状花序

果序

■ 意大利苍耳

总苞结果时

总苞蒴果成熟时

居群

生荒野、路旁及田边。原产北美洲。分布东北三省各地。

本种为严重入侵类外来植物，株高可达200厘米，直根可深入地下1.3米，竞争能力强，与当地植物争夺水分、营养、光照和生长空间，并能分泌化感物质，抑制其他植物生长，降低入侵生境的植物多样性，严重危害农业生产和生态环境；是向日葵毁灭性真菌病害溃疡病菌的寄主；带刺总苞易黏附于牲畜皮毛，从而降低牲畜皮毛产量和质量；全株有毒，子叶期对牲畜毒害最大。种子榨出的油可掺和桐油制油漆，也可作油墨、肥皂、油毡的原料，又可制硬化油及润滑油。

（3）北美苍耳（广州入侵植物，中国口岸外来入侵生物彩色图鉴）；蒙古苍耳（辽宁植物志，黑龙江省植物志，内蒙古植物志，东北植物检索表，东北草本植物志，中国植物志）

Xanthium chinense Mille, Gard. Dict., ed. 8. n. 4. 1768; 广州入侵植物: 161. 2019; The Checklist of the Naturalized Plants in China: 204. 2019; 中国口岸外来入侵生物彩色图鉴: 466. 2020.——*Xanthium mongolicum* Kitag. in Rep. First Sc. Exped. Manch. Sect. Ⅳ. 97. 1936; 中国植物志75: 326. 1979; 辽宁植物志（下册）: 479. 图版214: 6. 1992; 内蒙古植物志（第二版）4: 542. 图版216: 9. 1993; 东北植物检索表（第二版）: 660. 图版329: 4. 1995; 黑龙江省植物志9: 145. 1998; 东北草本植物志9: 132. 图版43: 7. 2004.

生旷野、草丛、荒地、路旁等环境。东北各地均有分布。

本种为恶性外来入侵植物，大量繁殖可以侵占本土植物生态位，影响本土生物多样性；侵入农田和景观带影响作物生长和景观效果；带刺总苞易黏附于牲畜皮毛，从而降低牲畜皮毛产量和质量；全株有毒，子叶期对牲畜毒害最大。种子榨出的油可掺和桐油制油漆，也可作油墨、肥皂、油毡的原料，又可制硬化油及润滑油。

■ 北美苍耳

总苞结果时

果序

■ 北美苍耳

总苞果实成熟时

植株

（4）苍耳（辽宁植物志，黑龙江省植物志，内蒙古植物志，东北植物检索表，东北草本植物志，中国植物志，Flora of China）；蒙古苍耳（辽宁植物志，黑龙江省植物志，内蒙古植物志，东北植物检索表，东北草本植物志，中国植物志）

Xanthium strumarium L., Sp. Pl. 2: 987. 1753; Fl. China 20: 876. 2011.——*X. sibiricum* Patrin ex Widder in Fedde, Repert. Sp. Nov. 20: 32. 1923; 中国植物志75: 325. 图版55: 1 ~ 10. 1979; 辽宁植物志（下册）: 479. 图版214: 1 ~ 5. 1992; 内蒙古植物志（第二版）4: 540. 图版216: 1 ~ 8. 1993; 东北植物检索表（第二版）:

■ 苍耳

花序

总苞结果时

总苞果实成熟时

植株

660. 图版329: 3. 1995; 黑龙江省植物志9: 144. 图版42: 6 ~ 12. 1998; 东北草本植物志9: 130. 图版43: 1 ~ 6. 2004.——*X. sibiricum* Patrin ex Widder var. *subinerme* (Winkl.) Widder in Fedde, Repert. Sp. Nov. 20: 36. 1923; 中国植物志75: 326. 1979; 内蒙古植物志（第二版）4: 542. 1993; 东北植物检索表（第二版）: 660. 1995; 东北草本植物9: 132. 2004.

生平原、丘陵、荒野、路旁及田边。产东北三省各地；内蒙古自治区海拉尔、鄂温克、新巴尔虎右旗、新巴尔虎左旗、陈巴尔虎旗、科尔沁右翼前旗、扎鲁特旗、赤峰、翁牛特旗等地。

种子可榨油供工业用。果实及全草有发汗通窍、散风祛湿、消炎镇痛作用。

50 豚草属 *Ambrosia* L.

Ambrosia L., Sp. Pl. 987. 1753.

一年或多年生直立草本。叶互生或对生，全缘或浅裂或一至三次羽状细裂。头状花序单性，雌雄同株；雄头状花序在枝端密集成无叶的穗状或总状花序；雌头状花序在上部叶腋单生或密成团伞状。雄头状花序有多数不育的两性花；总苞宽半球状或碟状；总苞片5 ~ 12个，基部结合；花托稍平；不育花花冠整齐，有短管部，上部钟状，上端5裂；花药近分离，近全缘；花柱不裂，顶端膨大成画笔状。雌头状花序有1个无花冠能育的雌花；总苞有结合的总苞片，闭合，背面在顶部以下有4 ~ 8瘤或刺，顶端紧缩成围裹花柱的嘴部；花柱2深裂，上端从总苞的嘴部外露；瘦果倒卵形，无毛，藏于坚硬的总苞中。

本属全世界约43种，分布热带、亚热带和温带，主要分布于北美洲。中国有3种。东北地区产2种。

分种检索表

1. 叶掌状3 ~ 5深裂或不分裂，裂片卵状披针形 ………… 1. 三裂叶豚草 A. trifida L.
1. 叶二回羽状分裂，裂片线形 ………… 2. 豚草 A. artemisiifolia L.

（1）三裂叶豚草（辽宁植物志，黑龙江省植物志，内蒙古植物志，东北植物检索表，东北草本植物志，中国植物志，Flora of China）

Ambrosia trifida L., Sp. Pl. ed. 2. 987. 1762; 中国植物志75: 330. 图版55: 11 ~ 14. 1979; 辽宁植物志（下册）: 482. 图版215: 1 ~ 8. 1992; 东北植物检索表（第二版）: 654. 图版326: 1. 1995; 黑龙江省植物志9: 128.

■ 三裂叶豚草

叶不裂株

花序

植株

1998; 东北草本植物志9: 127. 图版42. 2004; Fl. China 20: 877. 2011; 内蒙古植物志（第三版）5: 95. 2020.

常见于山坡、田园、宅旁、路边、铁路沿线及沟渠沿岸。原产北美洲。分布黑龙江省哈尔滨、阿城；吉林省长白、长春、松原；辽宁省各地；内蒙古自治区赤峰。

本种为恶性外来入侵植物，产生化感作用，降低本地物种多样性，危害小麦、大麦、大豆、玉米等农作物；花粉引起人体过敏、哮喘等不良反应。苗期茎叶可饲喂食草动物；种子含油量19%，且油中含有少量亚麻酸，有建议将其用于提炼食用油。

（2）豚草（辽宁植物志，黑龙江省植物志，东北植物检索表，东北草本植物志，中国植物志，Flora of China）

Ambrosia artemisiifolia L., Sp. Pl. 988. 1753; 中国植物志75: 330. 1979; 辽宁植物志（下册）: 482. 图版215: 9. 1992; 东北植物检索表（第二版）: 654. 图版326: 2. 1995; 黑龙江省植物志9: 128. 图版38: 10 ~ 12. 1998; 东北草本植物志9: 129. 2004; Fl. China 20: 877. 2011.

生路旁、河岸湿草地。原产北美洲。分布于黑龙江省哈尔滨、牡丹江、阿城；吉林省长春、德惠、长白；辽宁省各地；内蒙古自治区通辽。

本种为恶性外来入侵植物，产生化感作用，降低本地物种多样性；花粉引起人体过敏、哮喘等不良反应。叶子有收敛、催吐和解热作用，外用于昆虫叮咬、风湿性关节炎、脚趾感染和各种皮肤病，内用于发烧、肺炎、恶心、肠痉挛、腹泻等。根用于治疗月经紊乱和中风。花粉被商业化收获并制成药物制剂，用于治疗植物因素造成的过敏。种子含油量高，且油中含有少量人体非常需要的亚麻酸，已有用于提炼食用油。

■ 豚草

花序

茎叶

居群

51 黑足菊属（美兰菊属） *Melampodium* L.

Melampodium L., Sp. Pl. 2: 921. 1753.

一年生至多年生草本或亚灌木。茎直立或平卧。叶对生，叶片近正三角形、披针椭圆形、披针形等，有时羽状分裂。头状花序辐射状，单生于茎分枝顶端；总苞多呈半球形，总苞片2层，外层2 ~ 5，常合生，叶状；花托扁平或锥状凸起；舌状花花冠黄色、橘黄色或乳白色，背面有时稍带紫色；盘花花冠淡黄色、黄色或橘黄色，冠筒短于漏斗状喉部，5裂。瘦果；无冠毛。

本属全世界有42种，分布于南美洲和北美洲。中国引进栽培1种。东北地区有栽培。

皇帝菊（辽宁省维管束植物名称考证）

Melampodium divaricatum (Rich.) DC. in Prodr. 5: 520. 1836.

一年生草本；叶阔披针形或长卵形，先端渐尖；头状花序顶生，每侧枝着花1～3朵，金黄色及黄色，花径2～3.5厘米。原产南亚热带地区。辽宁省大连有栽培。

花繁似锦，花期长，可用于夏秋季花坛。

■ 皇帝菊

茎叶

头状花序侧面观

植株一部分

植株

52 牛膝菊属 *Galinsoga* Ruiz et Pav.

Galinsoga Ruiz et Pav. Prodr. Fl. Per. 110, t. 24, 1794.

一年生草本。叶对生，全缘或有锯状齿。头状花序异型，全部结实；多数头状花序在茎枝顶端排疏松的伞房花序。总苞宽钟状或半球形；苞片1～2层，约5枚；花托圆锥状或伸长，托片质薄；雌花1层，4～5个，舌状，白色，舌片开展，全缘或2～3齿裂，无冠毛或冠毛短毛状；盘花两性，黄色，管状，檐部稍扩大或狭钟状，顶端短或极短的5齿，冠毛膜片状，长圆形，流苏状，顶端芒尖或钝；花药基部箭形，有小耳；花柱分枝微尖或顶端短急尖。瘦果有棱，倒卵圆状三角形，通常背腹压扁，被微毛。

本属全世界15～33种，主要分布于美洲。中国有2个归化种，东北地区均产。

分种检索表

1. 全部茎枝具浓密刺芒和细毛，茎基部和中部至花期也不脱毛 ……… 1. 粗毛牛膝菊 G. quadriradiata Ruiz et Pav.
1. 全部茎枝被疏散贴伏短柔毛和少量腺毛，茎基部和中部花期脱毛或毛被更稀 ……… 2. 牛膝菊 G. parviflora Cav.

（1）粗毛牛膝菊（中国植物志，Flora of China）；睫毛牛膝菊（俗称）

Galinsoga quadriradiata Ruiz et Pav. in Syst. Veg. Fl. Peruv. 198. 1798; 中国植物志75: 385. 1979; Fl. China 20: 865. 2011.

生杂草地、荒坡、路旁、果园、农田等处。原产中美洲和南美洲。分布东北各地。

本种为外来入侵植物，繁殖能力强，营养生长迅速，不但在裸地或林下可形成群落，还是农田中的恶性杂草，主要危害小麦、玉米、棉花、烟草等作物。全草药用，有止血、消炎之功效，对外伤出血、扁桃体炎、咽喉炎、急性黄疸型肝炎有一定的疗效；幼苗可作饲料和野菜。

■ 粗毛牛膝菊

茎

花序

植株

（2）牛膝菊（辽宁植物志，黑龙江省植物志，内蒙古植物志，东北植物检索表，东北草本植物志，中国植物志，Flora of China）；辣子草（中国植物志）

Galinsoga parviflora Cav. in Ic. et Descr. Pl. 3: 41. 1795; 中国植物志75: 384. 图版66: 5 ~ 8. 1979; 辽宁植物志（下册）: 496. 图版217: 6 ~ 8. 1992; 内蒙古植物志（第二版）4: 553. 图版220. 1993; 东北植物检索表（第二版）: 655. 图版328: 2. 1995; 黑龙江省植物志9: 138. 图版41: 4 ~ 7. 1998; 东北草本植物志9: 103. 图版34. 2004; Fl. China 20: 865. 2011.

生杂草地、荒坡、路旁、果园、农田等处。原产南美洲。分布黑龙江省哈尔滨；吉林省珲春、长春；辽宁省各地；内蒙古自治区扎兰屯等地。

本种为外来入侵植物，繁殖能力强，营养生长迅速，不但在裸地或林下可形成群落，还是农田中的恶性杂草，主要危害小麦、玉米、棉花、烟草等作物。全草药用，有止血、消炎之功效，对外伤出血、扁桃体炎、咽喉炎、急性黄疸型肝炎有一定的疗效；幼苗可作饲料和野菜。

■ 牛膝菊

花序一部分

植株一部分

茎

植株

53 松香草属 *Silphium* L.

Silphium L., Sp. Pl. 2: 919. 1753.

多年生草本，具树脂状汁液。叶对生、轮生、互生或全部为基生叶。头状花序排列成伞房状或圆锥状，稀单生；总苞半球形或钟形，总苞片近等长，或2至数层覆瓦状排列，草质或部分膜质；边花雌性，黄色，稀白色，2～3层，舌状，舌片线形，结实；中央花两性，花冠管状，先端5齿裂，花药基部戟形或全缘，不结实。瘦果宽，背部扁平，边缘有翼，先端微凸；无冠毛或瘦果翼先端具2合生的芒。

本属全世界有12种，分布于北美洲。中国常见栽培1种，东北地区有栽培。

串叶松香草（辽宁植物志，东北植物检索表，东北草本植物志，中国口岸外来入侵植物彩色图谱，东北地区入侵植物）

Silphium perfoliatum L., Sp. Pl. ed. 2. 1301. 1763; 辽宁植物志（下册）: 491. 1992; 东北植物检索表（第

二版）: 658. 1995; 东北草本植物志9: 105. 2004; 中国口岸外来入侵植物彩色图谱: 448. 2020; 东北地区入侵植物: 146. 2020.

多年生直立草本；茎四棱；单叶对生；叶长椭圆形，叶面皱缩，稍粗糙，叶缘有缺刻，呈锯齿状；头状花序；边花舌状，雌性，黄色；中央花管状，雄性，褐色；瘦果心脏形，扁平，褐色，边缘有翅。原产北美洲。辽宁省义县、康平、新宾、岫岩、丹东、建平、新民、辽阳等地有栽培，有逃逸。

以观赏为目的引进。为优良饲料植物，其产草量和饲用价值都优于玉米、甜高粱、苜蓿和聚合草等，可单独或与其他作物混合制作青贮饲料，也可制成草粉和颗粒肥料，很多畜、禽、鱼、蚕都喜食；很少发生病虫害，花期长，是良好的蜜源植物。

■ 串叶松香草

头状花序正面观

头状花序侧面观

植株

茎叶

居群

54 百日菊属 *Zinnia* L.

Zinnia L. Syst. ed. 10. 1221. 1759.

一至多年生草本或半灌木。叶对生，全缘，无柄。头状花序单生于茎顶或二歧式分枝枝端。头状花序辐射状，有异型花；外围有1层雌花，中央有多数两性花，全结实。总苞钟状或狭钟状；总苞片3至多层，覆瓦状排列，宽大，干质或顶端膜质；花托圆锥状或柱状；托片对折，包围两性花；雌花舌状，舌片开展，有短管部；两性花管状，顶端5浅裂；花柱分枝顶端尖或近截形；花药基部全缘。雌花瘦果扁三棱形；两性花瘦果扁平或外层的三棱形，上部截形或有短齿。冠毛有1～3个芒或无冠毛。

本属全世界约有17种，主要分布于美国、墨西哥、中美洲、南美洲。中国栽培3种。东北地区栽培2种。

分种检索表

1. 头状花序直径5～6厘米或更大；托片有三角形流苏状的附片；管状花瘦果无芒 ·········1. 百日菊 Z. elegans Jacq.

1. 头状花序直径2.5～3厘米；托片无附片；管状花瘦果有1～2长芒 ···················2. 多花百日菊 Z. peruviana (L.) L.

（1）百日菊（黑龙江省植物志，内蒙古植物志，东北植物检索表，东北草本植物志，中国植物志）

Zinnia elegans Jacq. in Coll. Bot. 3: 152. 1789; 中国植物志75: 336. 1979; 内蒙古植物志（第二版）4: 543. 1993; 东北植物检索表（第二版）: 660. 图版329: 6. 1995; 黑龙江省植物志9: 146. 1998; 东北草本植物志9: 105. 2004.

原产墨西哥。东北各地庭院普遍栽培。

以观赏为目的引进。全草治上感发热、口腔炎、风火牙痛。

■ 百日菊

头状花序正面观

头状花序侧面观

管状花瘦果

舌状花瘦果

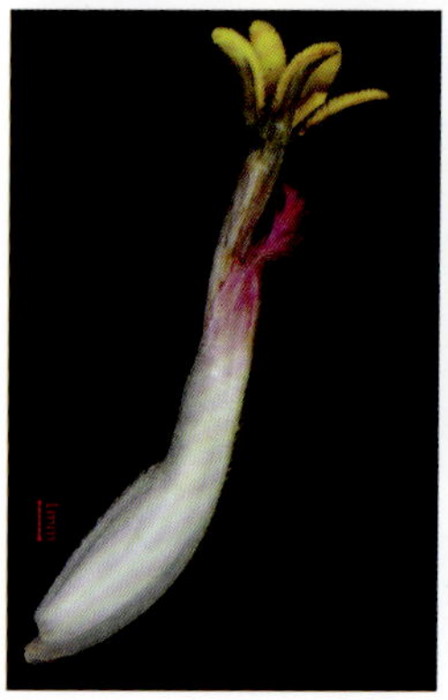

管状花

植株

居群

（2）多花百日菊（中国植物志）

Zinnia peruviana (L.) L. Syst. ed. 10: 1221. 1759; 中国植物志75: 337. 图版54: 5～7. 1979; The Checklist of the Naturalized Plants in China: 205. 2019.

生山坡、草地或路边。原产墨西哥。东北各地庭院普遍栽培，吉林省有逃逸记录。

以观赏为目的引进。在中国一些地方已形成入侵。

55 鬼针草属 *Bidens* L.

Bidens L., Sp. Pl. 831. 1753.

一年生或多年生直立草本。茎无毛或有腺毛。叶对生或互生，全缘、有齿或为一至数回羽状分裂。头状花序生于分枝顶端，排列成伞房状圆锥花序；总苞片2层，覆瓦状排列；花同型或异型，具少数舌状花，管状花两性，花冠4～5齿裂；花药基部钝，耳状或为稍钝的箭形，花丝上部膨大；花柱分枝扁平，先端三角形锐尖，被腺毛。瘦果背部扁压，扁楔状长圆形、倒卵形或线形，稍有4棱；冠毛为2～4硬刺芒，刺芒具小倒刺。

本属全世界150～260种，广布于全球热带及温带地区，尤以美洲种类最为丰富。中国有14种，几乎遍布全国各地。东北地区产12种。

分种检索表

1. 瘦果倒卵形、楔形或倒卵状楔形，顶端截形。
  2. 叶不分裂（下部叶有时3全裂，花期枯萎）。
    3. 叶有柄；无舌状花；盘花花冠3～4裂；瘦果先端具2刺芒 ……………… **1. 大羽叶鬼针草 Bidens radiata** Thuill.
    3. 叶无柄；有舌状花；盘花花冠5裂；瘦果先端具4刺芒 ……………………………………… **2. 柳叶鬼针草 B. cernua** L.
  2. 叶羽状分裂或羽状复叶。
    4. 茎中部叶为羽状分裂或为3（～5）小叶；盘花花冠5裂。
      5. 外层总苞片5～8（～10）枚………………………………………………………… **3. 大狼杷草 B. frondosa** L.
      5. 外层总苞片10～16（～21）枚 …………………………………………………… **4. 多苞狼杷草 B. vulgata** Greene
    4. 茎中部叶羽状深裂（矮狼杷草有时叶为不分裂的单叶）；盘花花冠4裂。
      6. 头状花序宽与高约相等；瘦果长6～11毫米 …………………………………………… **5. 狼杷草 B. tripartita** L.
      6. 头状花序宽大于高；瘦果长3～4.5毫米 ……………………………… **6. 羽叶鬼针草 B. maximowicziana** Oett.
1. 瘦果条形，顶端渐狭。
  7. 瘦果顶端芒刺2枚；盘花花冠4裂；叶羽状分裂，裂片宽约2毫米………………… **7. 小花鬼针草 B. parviflora** Willd.
  7. 瘦果顶端芒刺3～4枚；盘花花冠5裂。
    8. 总苞外层苞片匙形，先端增宽；叶为三出复叶，或为具5（～7）小叶的羽状复叶；舌状花白色或无舌状花。
      9. 头状花序边缘有舌片长5～15毫米的大型舌状花，舌片长约为宽2倍……… **8. 白花鬼针草 B. alba** (L.) DC.
      9. 头状花序边缘无舌状花或有舌片长2～3毫米的小型舌状花………………………… **9. 三叶鬼针草 B. pilosa** L.
    8. 总苞外层苞片披针形，先端不增宽；叶二至三回羽状分裂；舌状花黄色。
      10. 叶片为二回三出羽状复叶 …………………………………… **10. 金盏银盘 B. biternata** (Lour.) Merr. et Sherff
      10. 叶片二至三回羽状全裂。
        11. 末回裂片长圆状披针形或长圆状线形 ………………………………… **11. 南美鬼针草 B. subalternans** DC.
        11. 末回裂片三角状或菱状披针形 ……………………………………………………… **12. 婆婆针 B. bipinnata** L.

（1）大羽叶鬼针草（中国植物志，Flora of China）；兴安鬼针草（内蒙古植物志，东北植物检索表，东北草本植物志）

Bidens radiata Thuill., Fl. Env. Paris, ed. 2. 432. 1799; 中国植物志75: 375. 1979; 东北植物检索表（第二版）: 654. 图版327: 2. 1995; 东北草本植物志9: 109. 图版36. 2004; Fl. China 20: 859. 2011; 内蒙古植物志（第三版）5: 100. 2020.

生沼泽及河边湿地。产黑龙江省塔河、虎林、密山、哈尔滨、汤原、呼玛、伊春；内蒙古自治区海拉尔、额尔古纳、新巴尔虎右旗、新巴尔虎左旗等地。

■ 大羽叶鬼针草

头状花序正面观

头状花序侧面观

茎上部叶

植株一部分

（2）柳叶鬼针草（辽宁植物志，黑龙江省植物志，内蒙古植物志，东北植物检索表，东北草本植物志，中国植物志，Flora of China）

Bidens cernua L., Sp. Pl. 832. 1753; 中国植物志75: 370. 图版63: 4 ~ 6. 1979; 辽宁植物志（下册）: 491. 图版219: 3 ~ 4. 1992; 内蒙古植物志（第二版）4: 548. 图版218: 3 ~ 5. 1993; 东北植物检索表（第二版）: 654. 图版327: 1. 1995; 黑龙江省植物志9: 130. 图版39: 5 ~ 7. 1998; 东北草本植物志9: 107. 图版35. 2004; Fl. China 20: 858. 2011.

生湿地。产黑龙江省密山、虎林、牡丹江、呼玛、齐齐哈尔、萝北；吉林省蛟河、敦化、安图；辽宁省西丰；内蒙古自治区科尔沁左翼后旗、大青沟、克什克腾旗等地。

全草有清热解毒、散瘀消肿作用。

■ 柳叶鬼针草

花序

头状花序侧面观

茎叶

植株上部

植株

（3）大狼杷草（中国植物志，Flora of China）；大狼耙草（植物智网站）

Bidens frondosa L., Sp. Pl. 832. 1753; 中国植物志75: 372. 1979; Fl. China 20: 858. 2011.

生田野湿润处及荒地。原产北美洲。分布于辽宁省大连、长海、庄河、旅顺口、鞍山、阜蒙等地；

■ 大狼杷草

头状果序

头状果序纵剖面

■ 大狼杷草

瘦果

头状花序

植株

黑龙江省、吉林省也有分布。

本种为较严重的入侵植物之一，适应性强，入侵玉米地、小麦地、荒地、路沿、缺水稻田等，不但侵占生态位，还对本地植物和农作物产生化感抑制作用。全草入药，有强壮身体、清热解毒的功效，主治体虚乏力、盗汗、咯血、痢疾、疳积、丹毒；植株有较强的富集镉元素的能力；提取物化感作用强，有较高的抗菌和抗氧化活性。

（4）多苞狼杷草（中国外来入侵植物志）；多苞狼耙草（植物智网站）

Bidens vulgata Greene, Pittonia. 4: 72. 1899; 中国外来入侵植物志4: 327. 2021.

常生水边、山沟、荒地、田间或路边。原产美国。吉林省和辽宁省各地常有分布。

■ 多苞狼杷草

头状花序正面观

头状花序侧面观

茎叶

植株上部

植株一部分

植株

本种为较严重的入侵植物之一，常侵入旱田和水田，危害小麦等旱地作物和水稻等水田作物的生长和产量；入侵林地、荒地等不但侵占生态位，还对本地植物产生化感抑制作用。

（5）狼杷草（内蒙古植物志，中国植物志，Flora of China）；狼把草（辽宁植物志，黑龙江省植物志，东北草本植物志）；狼巴草（东北植物检索表）

Bidens tripartita L., Sp. Pl. 831. 1753; 中国植物志75: 372. 图版64: 1 ~ 2. 1979; 辽宁植物志（下册）: 492. 图版219: 1 ~ 2. 1992; 内蒙古植物志（第二版）4: 549. 图版218: 6 ~ 8. 1993; 东北植物检索表（第二版）: 655. 图版327: 4. 1995; 黑龙江省植物志9: 134. 图版41: 1 ~ 3. 1998; 东北草本植物志9: 113. 图版38: 1 ~ 5. 2004; Fl. China 20: 858. 2011.

生湿草地、沟旁、稻田边等地。产黑龙江省密山、勃利、尚志、宁安、哈尔滨、齐齐哈尔；吉林省安图、蛟河、和龙、九台、吉林、临江、通化、柳河、梅河口、辉南、集安、抚松、靖宇、长白；辽宁省凌源、建平、喀左、葫芦岛、锦州、新民、凤城、桓仁、新宾、宽甸、大连、本溪、抚顺、沈阳、清原、西丰、辽阳、鞍山、营口；内蒙古自治区扎鲁特旗、翁牛特旗、通辽、科尔沁左翼后旗等地。

全草能清热解毒、养阴敛汗，主治感冒、扁桃体炎、咽喉炎、肠炎、痢疾、肝炎等症。

■ 狼杷草

头状花序正面观

头状花序侧面观

果序侧面观

果序

茎叶

植株

（6）羽叶鬼针草（黑龙江省植物志，内蒙古植物志，东北植物检索表，东北草本植物志，中国植物志，Flora of China）

Bidens maximowicziana Oett. in Act. Hort. Jurj. 6: 219. 1906; 中国植物志75: 375. 1979; 内蒙古植物志（第二版）4: 549. 图版218: 1 ~ 2. 1993; 东北植物检索表（第二版）: 655. 图版327: 5. 1995; 黑龙江省植物志9: 132. 图版40: 1 ~ 2. 1998; 东北草本植物志9: 114. 图版38: 6 ~ 10. 2004; Fl. China 20: 858. 2011.

生路旁及河边湿地。产黑龙江省齐齐哈尔、密山、虎林、宁安、伊春、哈尔滨、汤原、嘉荫；吉林省通化、集安、临江、安图、抚松；辽宁省沈阳、彰武；内蒙古自治区海拉尔、额尔古纳、陈巴尔虎旗、新巴尔虎左旗、科尔沁右翼前旗、科尔沁右翼中旗、巴林右旗、阿尔山、东乌珠穆沁旗等地。

■ 羽叶鬼针草

头状花序侧面观

头状花序正面观

茎叶

植株

（7）小花鬼针草（辽宁植物志，黑龙江省植物志，内蒙古植物志，东北植物检索表，东北草本植物志，中国植物志，Flora of China）

Bidens parviflora Willd. in Enum. Pl. Hort. Berol. 848. 1809; 中国植物志75: 376. 图版63: 1 ~ 3. 1979; 辽宁植物志（下册）: 492. 图版220: 6 ~ 8. 1992; 内蒙古植物志（第二版）4: 551. 图版219: 1 ~ 4. 1993; 东北植物检索表（第二版）: 654. 图版327: 6. 1995; 黑龙江省植物志9: 132. 图版40: 3 ~ 5. 1998; 东北草本植物志9: 112. 图版37: 8 ~ 13. 2004; Fl. China 20: 859. 2011.

生山坡湿地、多石质山坡、沟旁、耕地旁、荒地及盐碱地。产黑龙江省哈尔滨、齐齐哈尔、密山、宁安、东宁；吉林省临江、白城、大安、吉林、梅河口、白山、集安、和龙、抚松、安图、汪清、永吉、辉南、靖宇；辽宁省北镇、朝阳、锦州、庄河、大连、丹东、东港、凤城、建平、本溪、抚顺、开原、普兰店、宽甸；内蒙古自治区新巴尔虎左旗、新巴尔虎右旗、科尔沁右翼前旗、科尔沁右翼中旗、扎赉特旗、乌兰浩特、突泉、扎鲁特旗、科尔沁左翼后旗、翁牛特旗等地。

全草有清热解毒、活血散瘀作用，主治感冒发热、咽喉肿痛、肠炎、阑尾炎等。

■ 小花鬼针草

头状花序

茎叶

植株一部分

（8）白花鬼针草（中国植物志，中国口岸外来入侵植物彩色图谱，中国外来入侵植物志）

Bidens alba (L.) DC., Prodr. 5: 605. 1836; 中国口岸外来入侵植物彩色图谱: 384. 2020; 中国外来入侵植物志4: 343. 2021.——*Bidens pilosa* var. *radiata* Sch. –Bip. in Baker. Webb et Berthelot, Hist. Canar. 3 (2): 242. 1844; 中国植物志75: 378. 1979.

生荒地。原产热带美洲。产辽宁省大连市区和开发区。

本种为外来入侵植物，繁殖能力强，传播速度快，并具有强烈的化感作用，会影响本土生物多样性和生态系统的稳定性。为蜜源植物；还有药用价值，主治上呼吸道感染、咽喉肿痛、急性阑尾炎、急性黄疸型肝炎、胃肠炎、风湿关节疼痛、疟疾，外用治疮疖、毒蛇咬伤、跌打肿痛。

■ 白花鬼针草

头状花序正面观

头状花序侧面观

花序

瘦果

植株一部分

植株

（9）三叶鬼针草（中国外来入侵生物，中国口岸外来入侵植物彩色图谱）；鬼针草（中国植物志，Flora of China）

Bidens pilosa L., Sp. Pl. 832. 1753; 中国植物志75: 377. 1979; Fl. China 20: 859. 2011; 中国外来入侵生物:

■ 三叶鬼针草

头状花序正面观

头状花序侧面观

■ 三叶鬼针草

苗期植株

瘦果

花序

植株上部

521. 2018; 中国口岸外来入侵植物彩色图谱: 390. 2020.

生村旁、路边及荒地中。原产美洲热带。分布辽宁省各地。黑龙江省也有报道。

本种为危害严重的入侵植物之一，适应性强，入侵玉米地、小麦地、荒地、路沿、缺水稻田等，不但侵占生态位，还对本地植物和农作物产生化感抑制作用。为中国民间常用草药，有清热解毒、散瘀活血的功效，主治上呼吸道感染、咽喉肿痛、急性阑尾炎、急性黄疸型肝炎、胃肠炎、风湿关节疼痛、疟疾，外用治疮疖、毒蛇咬伤、跌打肿痛。

（10）金盏银盘（辽宁植物志，东北植物检索表，东北草本植物志，中国植物志，Flora of China）

Bidens biternata (Lour.) Merr. et Sherff in Bot. Gaz. 88: 293. 1929; 中国植物志75: 378. 图版65: 1 ~ 4. 1979; 辽宁植物志（下册）: 494. 图版220: 1 ~ 5. 1992; 东北植物检索表（第二版）: 654. 图版327: 7. 1995; 东北草本植物志9: 109. 图版37: 1 ~ 7. 2004; Fl. China 20: 860. 2011.

生山坡路旁、沟边、荒地。产辽宁省建昌、北镇、鞍山、大连、金州、旅顺口、庄河、宽甸、桓仁、东港、凤城等地。

■ 金盏银盘

花序

茎叶

（11）南美鬼针草（中国外来入侵植物志）

Bidens subalternans DC., Prodr. 5: 600. 1836; 中国外来入侵植物志4: 333. 2021.

生荒地。原产南美洲、欧洲和澳大利亚归化或入侵。辽宁省大连、金州、葫芦岛等有分布。

本种为外来入侵植物，具有很强的繁殖能力，大量繁殖会侵占本土植物生态位，影响本土生物多样性；侵入农田和景观带后，则可影响作物生长和景观效。

■ 南美鬼针草

苗期植株

头状花序

头状花序侧面观

瘦果

头状果序

叶正反面对比

■ 南美鬼针草

花序一部分

植株一部分

植株

（12）婆婆针（黑龙江省植物志，内蒙古植物志，中国植物志，Flora of China）；鬼针草（辽宁植物志，东北植物检索表，东北草本植物志）

Bidens bipinnata L., Sp. Pl. 832. 1753; 中国植物志75: 380. 图版64: 3 ~ 6. 1979; 辽宁植物志（下册）: 493. 图版220: 9 ~ 11. 1992; 内蒙古植物志（第二版）4: 551. 图版219: 5 ~ 10. 1993; 东北植物检索表（第二版）: 655. 图版327: 3. 1995; 黑龙江省植物志9: 130. 图版39: 1 ~ 4. 1998; 东北草本植物志9: 113. 图版37: 12 ~ 13. 2004; Fl. China 20: 859. 2011.

生路边湿地、水边及海边湿地。原产南美洲。分布黑龙江省各地；吉林省临江、通化、梅河口、集安、柳河、辉南、抚松、靖宇、长白；辽宁省凌源、朝阳、锦州、葫芦岛、大连、丹东、东港、宽甸；内蒙古自治区科尔沁左翼后旗、大青沟等地。

本种为外来入侵植物，具有很强的繁殖能力，大量繁殖会侵占本土植物生态位，影响本土生物多样性。全草入药，有清热解毒、散瘀活血的功效，主治上呼吸道感染、咽喉肿痛、急性阑尾炎、急性黄疸型肝炎、胃肠炎、风湿关节疼痛、疟疾，外用治疮疖、毒蛇咬伤、跌打肿痛。

■ 婆婆针

苗期植株

茎叶

植株一部分

56 秋英属 *Cosmos* Cav.

Cosmos Cav., Icon. et Descr. Pl. 1: 9. t. 14, 79. 1791.

一年或多年生直立草本。叶对生，全缘或二次羽状分裂。头状花序单生或排立成疏伞房状，各有多数异形的小花，外围有1层无性的舌状花，中央有多数结果实的两性花。总苞近半球形；总苞片两层，基部联合，顶端尖，膜质或近草质。花托平或稍凸；托片膜质，上端伸长成线形。舌状花舌片大，全缘或近顶端齿裂；两性花花冠管状，顶端有5裂片。花药全缘或基部有2细齿。花柱分枝细，顶端膨大，具短毛或伸出短尖的附器。瘦果狭长，有4～5棱，背面稍平，有长喙，顶端有2～4个具倒刺毛的芒刺。

本属全世界约有26种，分布于美洲热带、亚热带地区，尤其是墨西哥，世界各地广泛引种。中国常见栽培2种，东北地区均有栽培。

分种检索表

1. 叶末回裂片宽2～5毫米；舌状花黄色或橙黄色 ………………………… 1. 硫磺菊 C. sulphureus Cav.
1. 叶末回裂片宽约1.5毫米；舌状花粉红色、紫色、白色等 ………………… 2. 秋英 C. bipinnatus Cav.

（1）硫磺菊（Flora of China）；黄秋英（中国植物志）

Cosmos sulphureus Cav. in Icon. 1(3): 56. pl. 79. 1791; 中国植物志75: 368. 1979; Fl. China 20: 857. 2011.

原产墨西哥至巴西。东北地区各地常见栽培。

以观赏为目的引进，花期长，花色艳丽，生性强健，栽培容易，是很好的观花植物，适宜装点花境、布置花坛。

■ 硫磺菊

头状花序正面观

头状花序侧面观

茎叶

植株一部分

（2）秋英（黑龙江省植物志，内蒙古植物志，东北植物检索表，东北草本植物志，中国植物志，Flora of China）；波斯菊（华北习见观赏植物）；大波斯菊（植物学大辞典）

Cosmos bipinnatus Cav. in Ic. et Descr. Pl. 1: 10. t. 14. 1791; 中国植物志75: 368. 图版62: 1 ~ 3. 1979; 内蒙古植物志（第二版）4: 547. 1993; 东北植物检索表（第二版）: 655. 图版326: 4. 1995; 黑龙江省植物志9: 137. 1998; 东北草本植物志9: 106. 2004; Fl. China 20: 856. 2011.

原产墨西哥。东北各地庭院普遍栽培。

以观赏为目的引进。株形高大，叶形雅致，花色丰富，适于布置花境，在草地边缘、树丛周围及路旁成片栽植颇有野趣；花序、种子或全草入药，有清热解毒、明目化湿作用。

■ 秋英

头状花序正面观

头状花序侧面观

茎叶

植株一部分

植株

57 大丽花属 *Dahlia* Cav.

Dahlia Cav., Ic. et Descr. Pl. 1: 56. 1791.

多年生直立草本。叶互生，一至三回羽状分裂，或同时有单叶。头状花序有异形花，外围有无性或雌性小花，中央有多数两性花。总苞半球形；总苞片2层，外层几乎叶质，开展，内层椭圆形，基部稍合生，近膜质，几乎等长。花托平，托片宽大，膜质，稍平，半抱雌花。无性花或雌花舌状，舌片全缘或先端有3齿；两性花管状，上部狭钟状，上端有5齿；花药基部钝；花柱分枝顶端有线形或长披针形而具硬毛的长附器。瘦果长圆形或披针形，背面扁压，顶端圆形，有不明显的2齿。

本属全世界约15种，原产南美、墨西哥和美洲中部。中国广泛栽培1种。东北各地均有栽培。

大丽花（黑龙江省植物志，内蒙古植物志，东北草本植物志，中国植物志）；地瓜花（俗名）

Dahlia pinnata Cav. in Ic. et Descr. Pl. 1: 57. 1791; 中国植物志75: 367. 1979; 内蒙古植物志（第二版）4: 547. 1993; 黑龙江省植物志9: 138. 1998; 东北草本植物志9: 116. 2004.

多年生直立草本，有巨大棒状块根；单叶互生，一至三回羽状全裂，上部叶有时不分裂；头状花序大，常下垂；总苞片外层约5个，卵状椭圆形；舌状花1层，白色、红色等；管状花黄色；栽培种有的全部为舌状花；瘦果长圆形，黑色，扁平。原产墨西哥。东北各地栽培。

以观赏为目的引进，适于花坛、花径丛栽，另有矮生品种适于盆栽；根内含菊糖，在医药上有与葡萄糖同样的功效。

■ 大丽花

植株一部分

头状花序

红花株

粉花株

58 金鸡菊属 *Coreopsis* L.

Coreopsis L., Sp. Pl. 907. 1753.

一年或多年生直立草本。叶对生或上部叶互生，全缘或一次羽状分裂。头状花序单生或作疏松的伞房状圆锥花序状排列；总苞半球形；总苞片2层，每层约8个，基部连合；外层总苞片窄小，革质；内层总苞片宽大，膜质；花托平或稍凸起，托片膜质，线状钻形至线形，有条纹。舌状花的舌片开展，全缘或有齿，两性花的花冠管状，上部圆柱状或钟状，上端有5裂片；花药基部全缘；花柱分枝顶端截形或钻形。瘦果扁，长圆形、倒卵形或纺锤形，边缘有翅或无翅，顶端截形，或有2尖齿或2小鳞片或芒。

本属全世界约有35种，主要分布于美洲、非洲南部及夏威夷群岛等地。中国常见栽培约6种。东北地区栽培3种。

分种检索表

1. 管状花红褐色；舌状花上部黄色，基部红褐色；瘦果无翅 ………………………… 1. 两色金鸡菊 *C. tinctoria* Nutt.
1. 管状花黄色；舌状花黄色；瘦果有翅。
   2. 下部叶羽状全裂，裂片线形或线状长圆形 ………………………………………… 2. 大花金鸡菊 *C. grandiflora* Hogg.
   2. 下部叶全缘，匙形或线状倒披针形 ………………………………………………… 3. 剑叶金鸡菊 *C. lanceolata* L.

（1）两色金鸡菊（黑龙江省植物志，内蒙古植物志，中国植物志，Flora of China）；蛇目菊

Coreopsis tinctoria Nutt. in Journ. Acad. Sc. Philadelph. 2: 114. 1821; 中国植物志75: 365. 图版62: 4 ~ 8. 1979; 内蒙古植物志（第二版）4: 546. 1993; 黑龙江省植物志9: 136. 1998; Fl. China 20: 860. 2011.

原产北美洲。黑龙江省、辽宁省多地有栽培。

以观赏为目的引进，可栽入园林隙地，作地被植物任其自播繁衍，适作切花；全草有清热解毒、化湿作用，用于痢疾、目赤肿痛、痈疮肿毒。

■ 两色金鸡菊

基生叶

头状花序侧面观

植株一部分

苗期株

（2）大花金鸡菊（黑龙江省植物志，中国植物志，Flora of China）；大花波斯菊

Coreopsis grandiflora Hogg. in Sweet, Brit. Fl. Gard. 2: 175. 1825 ~ 1827; 中国植物志75: 364. 1979; 黑龙江省植物志9: 136. 1998; Fl. China 20: 861. 2011.

■ 大花金鸡菊

下部叶羽状全裂

头状花序侧面观

花序

植株

重瓣品种

重瓣品种居群

原产美洲。东北地区多地有栽培。

以观赏为目的引进，花期很长，习性强健，栽培容易，适宜布置花境，也可在草地边缘、向阳坡地、林缘成丛、成片栽植，还可供切花用。

（3）剑叶金鸡菊（中国植物志，Flora of China）；大金鸡菊

Coreopsis lanceolata L., Sp. Pl. 908. 1753; 中国植物志75: 365. 1979; Fl. China 20: 861. 2011.

原产北美洲。辽宁省大连、丹东等地有栽培。

以观赏为目的引进，花期很长，习性强健，栽培容易，适宜布置花境，也可在草地边缘、向阳坡地、林缘成丛、成片栽植，还可供切花用。

■ 剑叶金鸡菊

基生叶

植株上部

居群

59 假豚草属（假苍耳属） *Iva* L.

Iva L., Sp. Pl. 2: 988. 1753.

一年或多年生草本或半灌木。叶对生，有时茎上部叶互生。头状花序小，多数，排列成总状或圆锥状；总苞片1～3层，覆瓦状排列，有时内层较短；花异型，边花雌性，花冠退化为短管状；中央花雄性，花药基部钝头，花柱退化；花托小，托片膜质，线形或线状匙形。瘦果腹背压扁，倒卵形，无毛或具腺；无冠毛。

本属全世界约有9种，主要分布于北美洲温带地区，少数分布于亚热带地区。中国东北归化1种。

假苍耳（植物检疫，辽宁植物志，东北植物检索表，东北草本植物志，中国外来入侵生物，东北地区入侵植物，中国入侵植物志）

Iva xanthiifolia Nutt. in Gen N. Amer. Pl. 2: 185. 1818; 植物检疫5: 44～49. 1983; 辽宁植物志（下册）: 495. 图版214: 8～9. 1992; 东北植物检索表（第二版）: 658. 图版328: 1. 1995; 东北草本植物志9: 117. 2004; 中国外来入侵生物: 568. 2018; 东北地区入侵植物: 129. 2020.——*Cyclachaena xanthiifolia* (Nutt.) Fresen., Index Sem. (Frankfort/M) [1, 4]1836; 东北地区入侵植物: 129. 2020; 中国外来入侵植物志4: 256. 2021.

一年生高大直立草本；叶片广卵形至近圆形，边缘有缺刻状尖齿，表面被糙毛，背面密被柔毛；穗状或圆锥状花序，花序轴被黏毛；总苞陀螺状，总苞片2层；雌花花被片退化成短筒；瘦果倒卵形，表面密布颗粒状细纵纹。生农田内外、路旁、村落和荒地。原产北美洲和欧洲。分布于黑龙江省哈尔滨；辽宁省沈阳、昌图、朝阳、阜新等地；内蒙古自治区赤峰市红山区。

本种在辽西地区是危害严重的外来入侵植物，以密集成片的单优势植物群落出现，大肆排挤本土植物，严重影响本土植物的生长；进入农田，会对农作物带来严重的损失；花期时，易感人群接触花粉，引起花粉热，严重危害到人类及家畜的健康。煎煮假苍耳的药汁可用于治疗咳嗽和流行性感冒。

■ 假苍耳

苗期植株

头状花序正面观

头状花序侧面观

花期植株

植株一部分

60 豨莶属 *Sigesbeckia* L.

Sigesbeckia L., Sp. Pl. 900, 1753.

一年生直立草本。茎有叉状分枝，被腺毛。叶具长柄，对生；叶片卵形，边缘具齿。头状花序多数，有梗，集成聚伞状圆锥花序，生于茎顶端及叶腋；总苞片2层，通常5，草质，匙形，被腺毛；边花1层，雌性，舌状，先端3齿裂；中央花两性，管状；花药基部线形；花柱分枝短，稍扁；花托具托片。瘦果倒卵状圆柱形，具4棱，弯曲，无毛；无冠毛。

本属全世界约4种，分布于两半球热带、亚热带及温带地区。中国有3种。东北地区产2种1变型。

分种检索表

1. 花梗及分枝上部被伏短柔毛；叶卵形或三角状卵形 ……………………………… 1. 毛梗豨莶 S. glabrescens Makino
1. 花梗及分枝上部密被开展的长柔毛；叶广卵形或卵形（2. 腺梗豨莶 S. pubescens (Makino) Makino）。
  2. 花梗密生紫褐色头状具柄腺毛和长柔毛 ……………………………………2a. 腺梗豨莶 S. pubescens f. pubescens
  2. 花梗不具紫褐色头状具柄的腺毛 ………… 2b. 腺梗豨莶无腺变型 S. pubescens f. eglandulosa Ling et Hwang

（1）毛梗豨莶（中国植物志，Flora of China）；光豨莶（辽宁植物志，东北植物检索表，东北草本植物志）

Sigesbeckia glabrescens Makino in Journ. Jap. Bot. 1: 25. 1917; 中国植物志75: 340. 1979; 辽宁植物志（下册）: 484. 图版216: 8 ~ 13. 1992; 东北植物检索表（第二版）: 658. 图版329: 1. 1995; 东北草本植物志9: 118. 图版39: 8 ~ 13. 2004; Fl. China 20: 866. 2011.

生荒地、路旁、耕地及山坡草地。产吉林省通化、辉南；辽宁省沈阳、凤城、宽甸、本溪、桓仁、新宾、岫岩、庄河、大连、长海等地。

全草有祛风湿、通络、降血压作用。

■ 毛梗豨莶

苗期植株

茎

花序

花期植株

（2）腺梗豨莶（黑龙江省植物志，内蒙古植物志，中国植物志，Flora of China）；毛豨莶（辽宁植物志，东北植物检索表，东北草本植物志）

Sigesbeckia pubescens (Makino) Makino in J. Jap. Bot. 1(7): 24. 1917; 中国植物志75: 341. 1979; 辽宁植物志（下册）: 484. 图版216: 1 ~ 7. 1992; 内蒙古植物志（第二版）4: 543. 图版217. 1993; 东北植物检索表（第二版）: 658. 图版329: 2. 1995; 黑龙江省植物志9: 142. 图版42: 1 ~ 5. 1998; 东北草本植物志9: 117. 图版39: 1 ~ 7. 2004; Fl. China 20: 866. 2011.

（2a）腺梗豨莶（原变型）

Sigesbeckia pubescens f. *pubescens*

生山坡、林缘、灌丛间草地、荒地及耕地边等地。产黑龙江省虎林、尚志、密山、阿城；吉林省通化、梅河口、吉林、和龙、集安、长白、靖宇、辉南、柳河、抚松、安图；辽宁省沈阳、鞍山、庄河、瓦房店、长海、大连、岫岩、凤城、宽甸、西丰、抚顺、清原、本溪、桓仁、凌源、阜新、建昌；内蒙古自治区科尔沁左翼后旗、大青沟、敖汉旗等地。

全草有祛风湿、通络、降血压作用，主治风湿关节痛、腰膝无力、四肢麻木等。

■ 腺梗豨莶

苗期植株

花序

茎

花期植株

（2b）腺梗豨莶无腺变型（中国植物志）

Sigesbeckia pubescens f. *eglandulosa* Ling et Hwang, 中国植物志75: 341. 1979.

生山坡、山谷林缘、灌丛林下的草坪中，河谷、溪边、河槽潮湿地、旷野、耕地边等处也常见。产吉林省抚松；辽宁省（地点不详）。

61 鳢肠属 *Eclipta* L.

Eclipta L., Mant. 2: 157. 1771.

一年生草本，被糙毛。叶对生，全缘或具齿。头状花序常生于枝端或叶腋，具花序梗；总苞钟状，总苞片2层，草质，内层稍短；花托凸起，托片膜质，披针形或线形；外围的雌花2层，结实，花冠舌状，白色，开展，舌片短而狭，全缘或2齿裂；中央的两性花多数，花冠管状，白色，结实，顶端具4齿裂，花药基部具极短2浅裂；花柱分枝扁，顶端钝，有乳头状突起；瘦果三角形或扁四角形，顶端截形，有1～3个刚毛状细齿，两面有粗糙的瘤状突起。

本属全世界有4种，主要分布于南美洲和大洋洲。中国有1种，东北地区有分布。

鳢肠（辽宁植物志，东北植物检索表，东北草本植物志，中国植物志，Flora of China）

Eclipta prostrata (L.) L. in Mant. 2: 286. 1771; 中国植物志75: 344. 图版58: 1～5. 1979; 辽宁植物志（下册）: 486. 图版217: 1～5. 1992; 东北植物检索表（第二版）: 655. 图版328: 5. 1995; 东北草本植物志9: 120. 图版40. 2004; Fl. China 20: 869. 2011.

一年生草本，全株被短糙伏毛；茎铺散，通常自基部分枝；单叶对生，披针形；头状花序1～3；总苞球状钟形，总苞片2层；边花雌性，舌状，白色；中央花两性，管状钟形；瘦果暗褐色，雌花的瘦果三棱形，两性花的瘦果扁四棱形。生河边、田边或路旁。产辽宁省旅顺口、大连、金州、普兰店、瓦房店、庄河、长海、东港等地。

全草有凉血、止血、消肿、强壮作用。

■ 鳢肠

苗期植株

花序

茎叶

植株一部分

■ 鳢肠

果序

花期植株

62 金光菊属 *Rudbeckia* L.

Rudbeckia L., Sp. Pl. 906. 1753.

一至多年生草本。叶互生或对生，全缘或羽状分裂。头状花序有多数异形小花，周围有一层不结实的舌状花，中央有多数结实的两性花。总苞碟形或半球形；总苞片2层，叶质，覆瓦状排列。花托凸起，圆柱形或圆锥形，结果实时更增长；托片干膜质，对折或呈龙骨爿状。舌状花黄色，橙色或红色；舌片开展，全缘或顶端具2～3短齿。管状花黄棕色或紫褐色，管部短，上部圆柱形，顶端有5裂片。花药基部截形，全缘或具2小尖头。花柱分枝顶端具钻形附器，被锈毛。瘦果具4棱或近圆柱形，稍压扁，上端钝或截形；冠毛短冠状或无冠毛。

本属全世界约23种，产北美洲及墨西哥。中国常见栽培2种2变种，东北地区均有栽培。

分种检索表

1. 叶不分裂；管状花褐紫色或黑紫色；瘦果四棱形，长2毫米；无冠毛（1. **黑心金光菊 R. hirta** L.）。
  2. 舌状花各部分均为鲜黄色 ………………………………………… 1a. **黑心金光菊 R. hirta** var. **hirta**
  2. 舌状花基部为橙色或红色，其他部分为黄色 ………………………… 1b. **二色金光菊 R. hirta** var. **bicolor** Clute
1. 叶3～5深裂；管状花黄色或黄绿色；瘦果压扁且稍有4棱，长5～6毫米；冠毛冠状，具4齿（2. **金光菊 R. laciniata** L.）。
  3. 花单瓣 ………………………………………………………………… 2a. **金光菊 R. laciniata** var. **laciniata**
  3. 花重瓣 ……………………………………………………… 2b. **重瓣金光菊 R. laciniata** var. **hortensia** L. H. Bailey

（1）黑心金光菊（黑龙江省植物志，东北植物检索表，东北草本植物志，中国植物志，Flora of China）；黑心菊（俗名）

Rudbeckia hirta L., Sp. Pl. 907. 1753; 中国植物志75: 347. 图版58: 6～9. 1979; 东北植物检索表（第二版）: 658. 1995; 黑龙江省植物志9: 141. 1998; 东北草本植物志9: 122. 2004; Fl. China 20: 873. 2011.

（1a）黑心金光菊（原变种）

Rudbeckia hirta var. *hirta*

原产北美洲。东北地区及内蒙古自治区东部各地均有栽培。

以观赏为目的引进，花朵繁盛，适合作花境材料布置庭院或在草地边缘成自然式栽植。

■ 黑心金光菊

重瓣花

植株

单瓣花

茎叶

（1b）二色金光菊（变种）（中国植物志）

Rudbeckia hirta var. *bicolor* Clute, Amer. Bot. (Binghamton) 19: 133. 1913.——*Rudbeckia bicolor* Nutt., J. Acad. Nat. Sci. Philadelphia 7: 81. 1834; 中国植物志75: 346. 1979.

原产北美洲。东北地区及内蒙古自治区东部各地均有栽培。

■ 二色金光菊

头状花序

植株一部分

植株

（2）金光菊（黑龙江省植物志，东北植物检索表，东北草本植物志，中国植物志，Flora of China）

Rudbeckia laciniata L., Sp. Pl. 906. 1753; 中国植物志75: 347. 1979; 东北植物检索表（第二版）: 658. 1995; 黑龙江省植物志9: 141. 1998; 东北草本植物志9: 122. 2004; Fl. China 20: 873. 2011.

（2a）金光菊（原变种）

Rudbeckia laciniata var. *laciniata*

原产北美洲。东北地区及内蒙古自治区东部各地均有栽培。辽宁省丹东有逸生。

以观赏为目的引进，花朵繁盛，适合作花境材料布置庭院或在草地边缘成自然式栽植。

■ 金光菊

植株上部

植株下部

花序

（2b）重瓣金光菊（变种）（植物智网站）

Rudbeckia laciniata var. *hortensia* L. H. Bailey, Man. Cult. Pl. 765. 1924.

原产北美洲。东北地区及内蒙古自治区东部各地均有栽培。

■ 重瓣金光菊

茎叶

花序

花序侧面观

63 赛菊芋属 *Heliopsis* Persoon

Heliopsis Persoon, Syn. Pl. 2: 473. 1807.

多年生或一年生草本。茎直立或蔓生。单叶对生，有柄，叶片基部三出脉，近正三角形或卵形至披针形，基部楔形至近截形，边缘有齿，表面光滑或多毛。头状花序辐射状或盘状，单生；总苞陀螺状至半球状；总苞片宿存，12～20，2～3层，花托呈锥状凸起；舌状花（0～）5～20，只具雌蕊，能育，花冠黄色至橘黄色；盘花30以上，两性，可育，花冠黄色或棕色至紫色，5浅裂。连萼瘦果棕色至棕黑色，近圆柱状；无冠毛或有冠毛。

本属全世界有15种，分布于南美洲和北美洲。中国常见栽培1种，东北地区有栽培。

赛菊芋（大连植物彩色图谱）

Heliopsis helianthoides Sweet in Hort. Brit. 487. 1826; 大连植物彩色图谱: 1583. 2013.

多年生草本；单叶对生，具柄，有主脉3条，边有粗齿；头状花序；总苞片2～3层；舌状花黄色，雌性，1层，结实或不孕，宿存于果上；盘花两性，结实，一部分为花序的托片所包藏。原产北美洲。辽宁省大连等地有栽培。

以观赏为目的引进，开花繁茂，花量大，适应性极强，可用于路边、林缘、疏林下、墙垣边片植，也适合岩石园、庭园丛植点缀。

■ 赛菊芋

瘦果

茎叶

头状花序侧面观

头状果序侧面观

头状果序

植株

64　卤地菊属　*Melanthera* Rohr

Melanthera Rohr, Skr. Naturhist. –Selsk. 2(1): 213. 1792.

多年生草本或亚灌木。茎常直立或散开，有时蔓延或攀缘，4棱且具槽，常具硬毛。单叶对生，叶片披针状椭圆形、线形、卵形等，常具3脉。头状花序单生或排列为疏散的伞房状。总苞半球状或加宽；总苞片8～16枚，2～3层；花序托扁平至凸起或半球形；托苞倒披针形，对折，先端凸起，具刺激性气味。盘花20～100朵，两性，花冠白色、灰色至亮黄色，裂片5；花药黑色；花柱分枝柱头2，线形，附属物线状三角形，具乳突。瘦果棕色，倒棱锥状，具3～4棱，表面有细条纹，稀具疣或小瘤；冠毛为2～12枚粗糙的短刚毛或芒。

本属全世界约20种，分布于非洲、亚洲、中美洲、北美洲、南美洲、太平洋岛。中国有1种。东北地区有分布记录。

卤地菊（辽宁植物志，东北植物检索表，东北草本植物志，中国植物志，Flora of China）

Melanthera prostrata (Hemsley) W. L. Wagner & H. Robinson, Brittonia. 53: 557. 2002; Fl. China 20: 871. 2011.——*Wedelia prostrata* (Hook. et Arn.) Hemsl. in Journ. L. Soc. Bot. 23: 434. 1888; 中国植物志75: 353. 1979; 辽宁植物志（下册）: 487. 1992; 东北植物检索表（第二版）: 658. 1995; 东北草本植物志9: 123. 2004.

一年生草本；茎匍匐，分枝，基部茎节生不定根，茎枝疏被短糙毛；叶片披针形，边缘有1～3对齿，稀全缘，两面密被短糙毛；头状花序少数，径约10毫米；总苞近球形，总苞片2层；舌状花、管状花均为黄色；瘦果倒卵状三棱形。生海岸干燥沙土地。1888年Hemsley记录辽宁省大连湾产本种，但之后研究者野外未见此植物，也未见标本，待调查核实。

65 蟛蜞菊属 *Sphagneticola* O. Hoffm.

Sphagneticola O. Hoffm., Notizbl. Königl. Bot. Gart. Berlin. 3: 36. 1900.

一年生或多年生直立或匍匐草本，或攀缘藤本，被短糙毛。叶对生，具齿，稀全缘，不分裂。头状花序单生或2～3个同出于叶腋或枝端，异型，外围雌花1层，黄色，中央两性花较多，黄色，全部结实；总苞钟形或半球形；总苞片2层，覆瓦状，外层叶质，绿色，被短糙毛或柔毛，内层狭窄，鳞片状，与外层等长、稍长或较短；雌花花冠舌状，舌片长，开展，顶端2～3齿裂，管部短；两性花花冠管状，管部圆筒形或向上渐扩大成狭钟状，稀有基部骤然紧缩似柄，檐部5浅裂；花药顶端卵状，基部戟形，具2钝小耳；两性花花柱分枝有多数乳头状凸起，顶端有附属物，附属物锐尖或稍尖，背面有毛。瘦果倒卵形或楔状长圆形，顶端截平或浑圆，压扁或舌状花瘦果3棱形，棱缘钝或少有成软骨质狭翅的。无冠毛或退化为1～3个刺芒或冠毛环。

本属全世界约4种，分布于热带和亚热带。中国有2种，东北地区有分布记录。

分种检索表

1. 叶具三角形裂片和明显的边缘齿，无毛或疏生短柔毛 …………………… 1. 南美蟛蜞菊 *S. trilobata* (L.) J. F. Pruski
1. 叶全缘或有1～3对疏粗齿，两面疏被贴生的短糙毛 ……………………… 2. 蟛蜞菊 *S. calendulacea* (L.) J. F. Pruski

（1）南美蟛蜞菊（Flora of China，广州入侵植物）

Sphagneticola trilobata (L.) J. F. Pruski, Mem. New York Bot. Gard. 78: 114. 17 De. 1996; Fl. China 20: 870. 2011; 广州入侵植物: 155. 2019; The Checklist of the Naturalized Plants in China: 198. 2019.

原产墨西哥和热带美洲。辽宁有归化记录。

以观赏为目的引进，常作为地被和观赏植物。鲜花可提精油。

■ 南美蟛蜞菊

头状花序侧面观

植株一部分

植株

（2）蟛蜞菊（中国植物志，Flora of China）

Sphagneticola calendulacea (L.) J. F. Pruski, Novon 6(4): 411. 1996; Fl. China 20: 871. 2011; The Checklist of the Naturalized Plants in China: 307. 2019.——*Wedelia chinensis* (Osbeck.) Merr. in Philip. Journ. Sci. Bot. 12: 111: 1917; 中国植物志75: 354. 图版60: 7～11. 1979.

生路旁、田边、沟边或湿润草地上。辽宁有分布记录，待调查核实。

66　向日葵属　*Helianthus* L.

Helianthus L., Sp. Pl. 904. 1753.

一年生或多年生草本，全株被粗硬毛。茎下部叶对生，上部叶互生，有柄，具3主脉。头状花序单生于茎顶或数个排列成伞房状；总苞盘状，总苞片2至多层，通常绿色，花异型；边花无性，舌状，黄色，不结实；中央花两性，管状，黄色、棕色或紫色，花冠5裂，结实；花托平或凸起，托片折叠，包围两性花。瘦果长圆形、倒卵形或楔形，稍扁或四棱形；冠毛膜片状，具2～4芒，脱落。

本属全世界约有52种，主要分布于美洲北部，少数分布于南美洲的秘鲁、智利等地，其中一些种世界各地广泛栽培。中国引进栽培3种。东北地区栽培2种1变种。

分种检索表

1. 多年生且有块茎；头状花序直径10～20厘米；叶柄有翼；管状花黄色 ………………… 1. 菊芋 H. tuberosus L.
1. 一年生且无块茎；头状花序直径20～50厘米；叶柄无翼。
   2. 管状花黄色 ………………… 2b. 千瓣葵 H. decapetalus var. multiflorus Hort.
   2. 管状花棕色或紫色 ………………… 3. 向日葵 H. annuus L.

（1）菊芋（辽宁植物志，黑龙江省植物志，内蒙古植物志，东北植物检索表，东北草本植物志，中国植物志，Flora of China）；鬼子姜

Helianthus tuberosus L., Sp. Pl. 905. 1753; 中国植物志75: 358. 1979; 辽宁植物志（下册）: 490. 图版218: 6～11. 1992; 内蒙古植物志（第二版）4: 546. 1993; 东北植物检索表（第二版）: 658. 图版328: 3. 1995; 黑龙江省植物志9: 140. 1998; 东北草本植物志9: 125. 图版41: 1～6. 2004; Fl. China 20: 875. 2011.

原产北美洲。东北各地普遍栽培，有自生。

本种在东北地区为严重入侵类外来植物，易形成单优群落，影响本土生物多样性，侵入农田则会降低玉米和大豆的产量。块茎含有丰富的淀粉，是优良的多汁饲料，还可制菊糖及酒精供作医药和工业原料，还能制成酱菜供食用；新鲜的茎、叶作青贮饲料。

■ 菊芋

茎叶

茎

根部

头状花序侧面观

植株

（2）薄叶向日葵（世界药用植物速查辞典）

Helianthus decapetalus L., Sp. Pl. 2: 905. 1753.

（2a）薄叶向日葵（原变种）

Helianthus decapetalus var. *decapetalus*

中国不产。

（2b）千瓣葵（变种）（北京植物志）；重瓣向日葵（俗名）

Helianthus decapetalus var. *multiflorus* Hort. in Sp. Pl. 2: 905. 1753; 北京植物志（下册）: 1025. 图版 1206. 1993.

■ 千瓣葵

头状花序

植株

原产北美洲。辽宁省大连等地有栽培。

多用于庭院绿化、布置花坛，也可盆栽观赏。

（3）向日葵（辽宁植物志，黑龙江省植物志，内蒙古植物志，东北植物检索表，东北草本植物志，中国植物志，Flora of China）

Helianthus annuus L., Sp. Pl. 904. 1753; 中国植物志75: 357. 1979; 辽宁植物志（下册）: 488. 图版218: 1 ~ 5. 1992; 内蒙古植物志（第二版）4: 545. 1993; 东北植物检索表（第二版）: 658. 图版328: 4. 1995; 黑龙江省植物志9: 140. 1998; 东北草本植物志9: 125. 图版41: 7 ~ 11. 2004; Fl. China 20: 875. 2011.

原产北美洲。东北各地普遍栽培。

油料作物，花穗、种皮及茎可作饲料及工业原料，各个部位均可入药。引入东北地区数百年，近十几年发现辽宁省大连市不但有大规模归化，且能够维持种群自我更替，为此，有专家提出应将其作为外来入侵植物。与栽培株相比，野生株多分枝、花盘小，建议将其用作鲜切花材料，既能获取一定的经济效益，还能大大减少种子的产生量，因而起到一定的防控作用。

■ 向日葵

头状花序正面观

头状花序侧面观

群落

67 肿柄菊属 *Tithonia* Desf. ex Juss.

Tithonia Desf. ex Juss., Gen. 189. 1789.

一年生草本。茎直立，基部有时木质化。叶互生，全缘或3 ~ 5深裂。头状花序大，有粗壮长棒槌状的花序梗，异型，外围有雌性小花，中央有多数结实的两性花；总苞半球形或宽钟状；总苞片2 ~ 4层，有多数纵条纹，坚硬，顶端近膜质；托片有皱纹，顶端急尖或芒状急尖，稍平或半抱雌花；雌花舌状，舌片开展，全缘或顶端有2 ~ 3小齿；两性花管状，基部稍狭窄，被较密的柔毛，中部稍膨大，上部长圆筒形，顶端有5齿；花药基部钝，花柱分枝有具硬毛的线状披针形附器。瘦果长椭圆形，压扁，4纵肋，被柔毛；冠毛多数，鳞片状，顶端有芒或无芒。

本属全世界约11种，原产美洲中部及墨西哥。中国引种1种。东北地区栽培1种。

肿柄菊（东北植物检索表，东北草本植物志，中国植物志，Flora of China）

Tithonia diversifolia (Hemsl.) A. Gray in Proc. Amer. Acad. Arts 19: 5. 1883. 5 1883; 中国植物志75: 356. 图版59: 1 ~ 2. 1979; 东北植物检索表（第二版）: 658. 1995; 东北草本植物志9: 124. 2004; Fl. China 20: 874. 2011.

一年生高大草本；茎直立，有粗壮的分枝；叶卵形或卵状三角形或近圆形，3～5深裂；头状花序大，宽5～15厘米；总苞片4层，外层椭圆形或椭圆状披针形，基部革质；舌状花1层，黄色；管状花黄色。瘦果长椭圆形，扁平，被短柔毛。原产墨西哥。辽宁省沈阳有栽培。

茎叶或根入药，有清热解毒，消暑利水之效，用于治疗急慢性肝炎、B型肝炎、黄疸、膀胱炎、青春痘、痈肿毒疮、糖尿病等。

■ 肿柄菊

头状花序正面观

头状花序侧面观

植株

植株一部分

68 蓍属 *Achillea* L.

Achillea L., Sp. Pl. 896. 1753.

多年生草本。叶互生，羽状浅裂至全裂或不分裂。头状花序排成伞房状花序，很少单生；总苞矩圆形、半球形等；总苞片2～3层，覆瓦状排列，边缘膜质，棕色或黄白色；花托凸起或圆锥状，有膜质托片；边花雌性，通常1层，舌状，舌片白色、粉红色、红色或淡黄色等，偶有变形或缺如；盘花两性，多数，花冠管状5裂，管部收狭，常翅状压扁，基部常扩大而包围子房顶部；花柱分枝顶端截形，画笔状；花药基部钝，顶端附片披针形。瘦果腹背压扁，矩圆形等，顶端截形，光滑；无冠毛。

本属全世界约200种，广泛分布于北温带地区。中国有11种。东北地区产5种。

分种检索表

1\. 叶不分裂，叶缘有细齿；舌状花白色 ……………………………………1. 齿叶蓍 *A. acuminata* (Ledeb.) Sch.–Bip.

1\. 叶羽状分裂；舌状花白色或粉红色等。

  2\. 叶三至多回羽状全裂；舌状花白色或粉红色等。

    3\. 舌状花白色，栽培品种颜色丰富；叶裂片披针形，宽0.3～0.5毫米 ……………………… 2. 蓍 *A. millefolium* L.

    3\. 舌状花粉红色，稀带白色；叶裂片丝状线形或线形，宽0.1～0.3毫米 …………… 3. 亚洲蓍 *A. asiatica* Ser.

  2\. 叶一至二回羽状浅裂至深裂；舌状花白色。

    4\. 总苞长圆形，直径3～4毫米；舌状花舌片长不及1毫米，稍超出总苞 …… 4. 短瓣蓍 *A. ptarmicoides* Maxim.

    4\. 总苞宽矩圆形、半球形或近球形，直径5～7毫米；舌状花舌片长2～2.5毫米，显著超出总苞 ……………………………………………………………………………………… 5. 高山蓍 *A. alpina* L.

（1）齿叶蓍（黑龙江省植物志，内蒙古植物志，东北植物检索表，东北草本植物志，中国植物志，Flora of China）

Achillea acuminata (Ledeb.) Sch.–Bip. in Flora.38: 15. 1855; 中国植物志76(1): 13. 1983; 内蒙古植物志（第二版）4: 559. 1993; 东北植物检索表（第二版）: 662. 图版330: 5. 1995; 黑龙江省植物志9: 152. 1998; 东北草本植物志9: 137. 图版45: 8～9. 2004; Fl. China 20: 761. 2011.

■ 齿叶蓍

头状花序侧面观

头状花序正面观

■ 齿叶蓍

植株下部

花序

植株

生山坡下湿地、草甸、林缘。产黑龙江省虎林、伊春、北安、齐齐哈尔、黑河、饶河、萝北、尚志、呼玛；吉林省通化、和龙、珲春、安图、汪清、抚松、长白；内蒙古自治区额尔古纳盟、根河、鄂温克、科尔沁右翼前旗、阿尔山、东乌珠穆沁旗等地。

（2）蓍（黑龙江省植物志，内蒙古植物志，东北植物检索表，东北草本植物志，中国植物志，Flora of China）；千叶蓍（辽宁植物志）

Achillea millefolium L., Sp. Pl. 899. 1753; 中国植物志76(1): 10. 1983; 辽宁植物志（下册）: 500. 图版222. 1992; 内蒙古植物志（第二版）4: 560. 1993; 东北植物检索表（第二版）: 662. 图版330: 1. 1995; 黑龙江省植物志9: 150. 图版43: 1 ~ 4. 1998; 东北草本植物志9: 141. 图版46: 9. 2004; Fl. China 20: 760. 2011.

生山坡草地、林缘、草甸。原产北半球温带地区。分布于黑龙江省呼玛；吉林省通化、梅河口、辉南、长白；内蒙古自治区额尔古纳、牙克石等地。辽宁省沈阳、大连等地有栽培。

以观赏为目的引进。全草药用，有小毒，可解毒消肿、止血、止痛，主治风湿疼痛、牙痛、经闭腹痛、胃疼、肠炎、痢疾；外用治毒蛇咬伤，研粉吞服。

■ 蓍

花序正面观

花序侧面观

■ 蓍

叶一部分

居群

（3）亚洲蓍（黑龙江省植物志，内蒙古植物志，东北植物检索表，东北草本植物志，中国植物志，Flora of China）

Achillea asiatica Ser., Sist. Zametki Mater. Gerb. Krylova Tomsk. Gosud. Univ. Kuybysheva. 1946(1): 6. 1946; 中国植物志76(1): 12. 1983; 内蒙古植物志（第二版）4: 560. 1993; 东北植物检索表（第二版）: 662. 图版330: 2. 1995; 黑龙江省植物志9: 150. 1998; 东北草本植物志9: 141. 图版46: 1 ~ 8. 2004; Fl. China 20: 760. 2011.

生山坡草地、河边、草场、林缘湿地。产黑龙江省伊春、穆棱、呼玛、黑河、哈尔滨；辽宁省铁岭；内蒙古自治区海拉尔、额尔古纳、扎兰屯、牙克石、陈巴尔虎旗、新巴尔虎左旗、鄂温克、科尔沁右翼前旗、巴林左旗、巴林右旗、克什克腾旗、东乌珠穆沁旗、西乌珠穆沁旗、锡林浩特等地。

■ 亚洲蓍

茎叶

花序

植株下部

居群

（4）短瓣蓍（辽宁植物志，黑龙江省植物志，内蒙古植物志，东北植物检索表，东北草本植物志，中国植物志，Flora of China）

Achillea ptarmicoides Maxim. in Mem. Acad. Sci. Petersb. Sav. Etrang. 9: 154. 1859; 中国植物志76(1): 17. 1983; 辽宁植物志（下册）: 498. 图版221: 3 ~ 6. 1992; 内蒙古植物志（第二版）4: 561. 图版222: 1 ~ 4. 1993; 东北植物检索表（第二版）: 662. 图版330: 3. 1995; 黑龙江省植物志9: 153. 图版43: 11 ~ 12. 1998; 东北草本植物志9: 139. 图版45: 3 ~ 7. 2004; Fl. China 20: 762. 2011.

生河谷草甸、山坡路旁、灌丛间。产黑龙江省海林、塔河、哈尔滨、尚志、依兰、黑河、伊春；吉林省安图、抚松、长白、和龙、延吉、汪清、珲春、蛟河、通化；辽宁省各地；内蒙古自治区海拉尔、额尔古纳、牙克石、鄂温克、陈巴尔虎旗、新巴尔虎左旗、科尔沁右翼前旗、科尔沁左翼后旗、敖汉旗、巴林右旗、阿鲁科尔沁旗、克什克腾旗、喀喇沁旗、东乌珠穆沁旗、锡林浩特、正蓝旗等地。

全草有解毒消肿、止血、止痛作用。

■ 短瓣蓍

苗期

叶一部分

花序

花序侧面观

花期

（5）高山蓍（辽宁植物志，黑龙江省植物志，内蒙古植物志，东北植物检索表，东北草本植物志，中国植物志，Flora of China）

Achillea alpina L., Sp. Pl. 899. 1753; 中国植物志76(1): 16. 1983; 辽宁植物志（下册）: 498. 图版221: 1～2. 1992; 内蒙古植物志（第二版）4: 561. 图版222: 5～8. 1993; 东北植物检索表（第二版）: 662. 图版330: 4. 1995; 黑龙江省植物志9: 152. 图版43: 5～10. 1998; 东北草本植物志9: 138. 图版45: 1～2. 2004; Fl. China 20: 762. 2011.

生山坡湿草地、林缘、沟旁、路旁等地。产黑龙江省哈尔滨、密山、友谊、伊春、虎林、萝北、克山、汤原、塔河、呼玛；吉林省临江、通化、梅河口、集安、长春、安图、柳河、辉南、抚松、靖宇、长白；辽宁省沈阳、新民、鞍山、凤城、大连、朝阳、锦州、本溪、桓仁、抚顺、西丰、凌源、朝阳、锦州、彰武；内蒙古自治区海拉尔、额尔古纳、根河、牙克石、鄂温克、科尔沁右翼前旗、扎赉特旗、扎鲁特旗、科尔沁左翼后旗、大青沟、克什克腾旗、巴林右旗、东乌珠穆沁旗、西乌珠穆沁旗等地。

全草有解毒消肿、止血、止痛，主治风湿疼痛、牙痛、经闭腹痛、胃疼、肠炎等。

■ 高山蓍

头状花序侧面观

花序一部分

茎叶

植株

69 春黄菊属　*Anthemis* L.

Anthemis L., Sp. Pl. 893. 1753.

一年或多年生草本。叶互生，一至二回羽状全裂。头状花序单生枝端，有长梗，具异型花，稀全为管状花；舌状花1层，通常雌性，白色或黄色；管状花两性，5齿裂，黄色；总苞片通常3层，覆瓦状排列，边缘干膜质；花托凸起或伸长，有托片；花柱分枝顶端截形，画笔状；花药基部钝。瘦果矩圆状或倒圆锥形，有4～8条凸起的纵肋；无冠毛或冠毛极短，或呈一膜质小耳状。

本属全世界100～150种，主要分布于南欧和西亚。中国3种，栽培或逸生。东北地区产2种，其中栽培1种。

分种检索表

1. 植株有臭味；总苞片边缘狭膜质；仅花序托上部具托片，托片线状钻形；瘦果具瘤状突起 … 1. **臭春黄菊** A. cotula L.
1. 植株无臭味；总苞片边缘宽膜质；花序托几乎全部具托片，托片披针形；瘦果平滑 … 2. **田春黄菊** A. arvensis L.

（1）臭春黄菊（内蒙古植物志，东北植物检索表，东北草本植物志，中国植物志）

Anthemis cotula L., Sp. Pl. 2: 894. 1753; 中国植物志76(1): 8. 图版3: 1; 图版2: 1. 1983; 内蒙古植物志（第

二版）4: 559. 图版221. 1993; 东北植物检索表（第二版）: 663. 1995; 东北草本植物志9: 136. 2004.

原产欧洲。辽宁省大连等地及内蒙古自治区东部有栽培，也有逸生。

以观赏为目的引种，花朵较大，花色洁白，有一定的观赏价值。

■ 臭春黄菊

头状花序正面观

头状花序侧面观

植株一部分

茎叶背面观

茎叶正面观

植株

（2）田春黄菊（东北植物检索表，东北草本植物志，中国植物志）

Anthemis arvensis L. in Sp. Pl. 2: 894. 1753; 中国植物志76(1): 7. 1983; 东北植物检索表（第二版）: 663. 1995; 东北草本植物志9: 136. 2004.

原产欧洲。中国东北铁路沿线偶有野生。

70 果香菊属 *Chamaemelum* Mill.

Chamaemelum Mill. Gard., Dict. Abridg. ed. 4, 28, 1754.

草本植物，有强烈香味。叶互生，二至三回羽状全裂。头状花序单生于枝端，具异型或同型花；总苞宽碟形；总苞片3 ~ 4层，覆瓦状排列，草质，边缘膜质；舌片白色，花后向下反折，管部基部明显向下增生而包围子房顶部；管状花多数，两性，花冠黄色，5齿，基部囊状扩大包围子房顶部，并斜向果背延伸；花柱分枝狭线形，顶端截形；花药基部钝，顶端具卵状披针形附片。瘦果三棱状圆筒形，稍侧扁，具3 ~ 4凸起的细肋；无冠毛。

本属全世界2 ~ 3种，主要分布于南欧与北非。中国引种1种，东北地区有栽培。

果香菊（中国植物志）；白花春黄菊（北京植物志）；罗马措暮米辣（中国植物图鉴）

Chamaemelum nobile (L.) All., Fl. Pedem. 1: 185. 1785; 中国植物志76(1): 9. 1983.——*Anthermis nobilis* L., Sp. Pl. 894. 1753; 北京植物志中册999. 1964.

多年生草本，通常自基部多分枝，有强烈的香味。叶互生，无柄，全形矩圆形或披针状矩圆形，二至三回羽状全裂。头状花序单生于茎和长枝顶端，直径约2厘米，具异型花；总苞片具宽膜质边缘，

3 ~ 4层，覆瓦状排列；舌状花雌性，白色；管状花两性，黄色。瘦果长1.2 ~ 1.5毫米，宽约0.6毫米，具3（ ~ 4）凸起的细肋，无冠状冠毛。原产欧洲、北非、亚洲西部；在北美洲和其他地方引进。辽宁省大连市有引种栽培。

多作为观赏植物栽培。头状花序可以入药，有发汗和镇痉作用。

■ 果香菊

头状花序侧面观

头状花序正面观

花序

植株一部分

植株

71 石胡荽属 *Centipeda* Lour.

Centipeda Lour., Fl. Cochinch. 492. 1790.

一年生匍匐状小草本。叶互生，楔状倒卵形，有齿。头状花序单生叶腋，无梗或有短梗，异型，盘状；总苞半球形；总苞片2层，平展矩圆形，近等长，具狭的透明边缘；边缘花雌性，能育，多层，花冠细管状，顶端2 ~ 3齿裂；盘花两性，能育，数朵，花冠宽管状，冠檐4浅裂；花药短，基部钝，顶端无附片；花柱分枝短，顶端钝或截形；花托半球形，蜂窝状。瘦果4棱形，棱上有毛；无冠毛。

本属全世界10种，产亚洲、大洋洲及南美洲。中国有1种，东北地区有分布。

石胡荽（辽宁植物志，黑龙江省植物志，东北植物检索表，东北草本植物志，中国植物志，Flora of China）；鹅不食草（中华人民共和国药典）

Centipeda minima (L.) A. Br. et Ascherson in Index Sem. Hort. Berol. App. 6. 1867; 中国植物志76(1): 132.

图版1: 17 ~ 18,2 ~ 18. 1983; 辽宁植物志（下册）: 547. 图版243: 7 ~ 12. 1992; 东北植物检索表（第二版）: 677. 图版341: 6. 1995; 黑龙江省植物志9: 165. 图版46: 8 ~ 12. 1998; 东北草本植物志9: 245. 图版51: 1 ~ 6. 2004; Fl. China 20: 893. 2011.

一年生小草本；茎多分枝，匍匐状；叶匙状楔形；头状花序扁球形；总苞片2 层，长圆形，外层较大；雌花多层，细管状钟形，淡黄绿色；两性花管状，淡紫红色；瘦果椭圆形，具4棱。生路旁、居民区附近及阴湿地。产黑龙江省哈尔滨、齐齐哈尔、依兰；吉林省长春；辽宁省大连、庄河、长海、本溪、桓仁、抚顺、新宾、清原等地。

全草有祛风、散寒、胜湿、去翳、通窍作用，用于感冒、喉痹、顿咳等。

■ 石胡荽

枝端

植株一部分

植株

72 线叶菊属（兔毛蒿属） *Filifolium* Kitam.

Filifolium Kitam. in Act. Phytotax. et Geobot. 9: 157. 1940.

多年生草本。基生叶莲座状；茎生叶互生，羽状全裂，末次裂片丝形。头状花序盘状，在茎枝顶端排成伞房花序；总苞半球形；总苞片3层，覆瓦状排列，无毛，卵形至宽卵形，边缘膜质，背部厚硬；花托稍凸起，蜂窝状；边花雌性，1层，能育，花冠扁筒状，顶端稍收狭，2 ~ 4裂；盘花两性，通常不育，花冠筒状，顶端5裂；花药基部钝，顶端有三角形附片；花柱2裂，顶端截形。瘦果球状倒卵形，稍压扁，腹面有2条纹；无冠毛。

本属全世界仅1种，分布于中国、朝鲜、日本、俄罗斯。东北地区有分布。

线叶菊（辽宁植物志，黑龙江省植物志，内蒙古植物志，东北植物检索表，东北草本植物志，中国植物志，Flora of China）；兔毛蒿（东北植物检索表）

Filifolium sibiricum (L.) Kitam. in Act. Phytotax. et Geobot. 9: 157. 1940; 中国植物志76(1): 128. 图版1: 12 ~ 13. 1983; 辽宁植物志（下册）: 513. 图版226: 1 ~ 4. 1992; 内蒙古植物志（第二版）4: 593. 图版231: 5 ~ 8. 1993; 东北植物检索表（第二版）: 681. 图版341: 1. 1995; 黑龙江省植物志9: 164. 图版46: 3 ~ 7. 1998; 东北草本植物志9: 163. 图: 53: 1 ~ 6. 2004; Fl. China 20: 747. 2011.

多年生草本；茎丛生，密集；叶二至三回羽状全裂，末次裂片丝形；伞房花序；总苞球形或半球形，总苞片3层；边花约6朵，花冠筒状，具2 ~ 4齿；盘花多数，花冠管状，黄色，顶端5裂齿；瘦果倒卵形或椭圆形稍压扁，黑色，腹面有2条纹。生山坡草地。产黑龙江省呼玛、黑河、五大连池、密山、克山、克东、泰来、尚志、富裕、肇东、肇源、嫩江、依安、北安、萝北、富锦、依兰、宁安、嘉荫、哈尔滨、大庆、萨尔图、安达、齐齐哈尔；吉林省九台、双辽、安图、长春、通榆、镇赉；辽宁省大连、法库、西丰、昌图、凌源、建平、阜新、北镇；内蒙古自治区额尔古纳、根河、海拉尔、牙克石、满洲里、鄂伦春、新巴尔虎右旗、新巴尔虎左旗、科尔沁右翼前旗、科尔沁右翼中旗、阿尔山、扎赉特旗、突泉、乌兰浩特、扎鲁特旗、克什克腾旗、宁城、通辽、科尔沁左翼后旗、东乌珠穆沁旗、西乌珠穆沁旗、锡林浩特、镶黄旗、太仆寺旗等地。

全草有清热解毒、安神镇惊、调经止血作用，用于心悸、失眠、肾虚、中耳炎等。

■ 线叶菊

花序侧面观

花序

茎叶

植株

73 亚菊属 *Ajania* Poljak.

Ajania Poljakov, Bot. Mater. Gerb. Bot. Inst. Komarova Akad. Nauk S. S. S. R. 17: 419. 1955.

多年生草本、小半灌木。叶互生，羽状或掌式羽状分裂，极少不裂的。头状花序小，多数或少数在枝端或茎顶排列成复伞房花序、伞房花序，少有头状花序单生。边缘雌花少数，2～15个，细管状或管状，顶端2～3齿，少有4～5齿裂的。中央两性花多数，管状，自中部向上加宽，顶端5齿裂。全部小花结实，黄色，花冠外面有腺点，少有红紫色的。总苞钟状或狭圆柱状；总苞片4～5层，草质，少有硬草质，顶端及边缘白色或褐色膜质。花托凸起或圆锥状凸起，无托毛。花柱分枝线形，顶端截形，花药基部钝，无尾，上部有披针形的尖或钝附片。瘦果无冠毛，有4～6条脉肋。

本属全世界有34种，主要分布于中国除东南半壁以外的广大地区。蒙古国、俄罗斯及朝鲜北部和阿富汗北部也有少数种。东北地区产2种。

分种检索表

1. 多年生草本；总苞片有光泽，边缘白色膜质；叶二回掌状或不规则二回羽状3～5深裂至全裂 ……………………………………………………………1. 亚菊 A. pallasiana (Fisch. ex Bess.) Poljak.
1. 小半灌木；总苞片无光泽，边缘黄褐色膜质；叶羽状3～5全裂或近全裂 … 2. 异叶亚菊 A. variifolia (Chang) Tzvel.

（1）亚菊（黑龙江省植物志，东北植物检索表，东北草本植物志，中国植物志，Flora of China）

Ajania pallasiana (Fisch. ex Bess.) Poljak., Bot. Mater. Gerb. Bot. Inst. Komarova Akad. Nauk S. S. S. R. 17: 420. 1955; 中国植物志76(1): 124. 1983; 东北植物检索表（第二版）: 663. 图版330: 6. 1995; 黑龙江省植物志9: 162. 图版46: 1～2. 1998; 东北草本植物志9: 161. 图: 53: 13～17. 2004; Fl. China 20: 666. 2011.

生中山带山坡或灌丛中。产黑龙江省伊春、绥芬河、鸡西、鸡东、东宁、饶河、萝北、五营等地。

■ 亚菊

头状花序侧面观

植株上部

叶背面观

植株

居群

（2）异叶亚菊（东北植物检索表，东北草本植物志，中国植物志，Flora of China）

Ajania variifolia (Chang) Tzvel. in Schischkin & Bobrov, Fl. URSS. 26: 401. 1961; 中国植物志76(1): 108. 1983; 东北植物检索表（第二版）: 663. 1995; 东北草本植物志9: 163. 2004; Fl. China 20: 659. 2011.

生岩坡，海拔1200 ~ 3500米。产黑龙江省绥芬河流域。

全草入药，有祛风镇静、清热解毒作用，主治小儿惊风、风湿麻木和阑尾炎。

■ 异叶亚菊

花序

花序一部分

茎叶

植株

74 蒿属 *Artemisia* L.

Artemisia L., Sp. Pl. 2: 845. 1753.

一至多年生草本或半灌木。茎直立或斜升，稀伏卧。叶互生，常一至三回羽状分裂。头状花序小而多数，排列成圆锥状、总状或穗状；总苞片覆瓦状排列；花异型，稀同型。边花雌性，结实，1层，花冠细管状，花柱分枝狭线状披针形。中央花两性，结实或不结实，花冠钟形或漏斗形，先端5齿裂；花药先端有披针形、披针状长圆形或稍钝的附属物；花柱分枝先端截形、杯状等，有画笔状毛；花托凸起，裸露、有碎屑、被疏毛或密毛。瘦果倒卵形或长圆状卵形，微具肋或槽棱，有时具狭翼，棕褐色或黄褐色；无冠毛。

本属全世界约380种，主产亚洲、欧洲及北美洲的温带、寒温带及亚热带地区，少数种分布到亚洲南部热带地区及非洲北部、东部、南部及中美洲和大洋洲地区。中国有186种，遍布全国，西北、华北、东北及西南省区最多。东北地区产61种21变种1变型。

分种检索表

1. 头状花序花同型，均为两性花 ………… **1. 东北蛔蒿 A. finita** Kitag.
1. 头状花序花异型，边花雌性，中央花两性。
  2. 雌花及两性花全部结实，两性花花期子房明显，花柱与花冠等长或近等长，花柱分枝叉开。
    3. 花托具毛状或鳞片状托毛，有时初具毛后脱落。
      4. 一、二年生草本；基生叶连柄长达8厘米；无不育枝；茎被白色柔毛，有时后渐脱落。
        5. 叶裂片线状披针形或长圆状线形；头状花序半球形，直径5～7毫米（**2. 大籽蒿 A. sieversiana** Ehrhart ex Willd.）。
          6. 叶广卵状三角形，二至三回羽状分裂 ………… **2a. 大籽蒿 A. sieversiana** var. **sieversiana**
          6. 叶五角形，二回羽状分裂 …… **2b. 星叶大籽蒿 A. sieversiana** var. **koreana** (Nakai) W. Wang et C. Y. Li
        5. 叶裂片线形或丝状线形；头状花序陀螺状、倒圆锥状或半球形，直径2～5毫米。
          7. 茎灰黄色或褐黄色，下部常带淡紫褐色；头状花序椭圆状倒圆锥形，直径3～4毫米 ………… **3. 矮滨蒿 A. nakaii** Pamp.
          7. 茎常带红色；头状花序陀螺状、倒圆锥状或半球形。
            8. 叶裂片呈叉状开展；头状花序陀螺状，直径3.5～5 毫米；花梗长3～8毫米 ………… **4. 碱蒿 A. anethifolia** Web. ex Stechm
            8. 叶裂片不呈叉状开展；头状花序半球形或陀螺状半球形，直径2～2.5毫米；花梗长1～2毫米 ………… **5. 莳萝蒿 A. anethoides** Mattf.
      4. 多年生草本或半灌木；基生叶连柄长达18厘米；具不育枝；全株密被灰白色，稀淡黄色蛛丝状绢毛。
        9. 叶匙状楔形，先端3齿裂或半裂或全缘；头状花序半球形，直径4～6毫米 ………… **6. 白山蒿 A. lagocephala** (Fisch. ex Bess.) DC.
        9. 叶一至三回羽状分裂。
          10. 头状花序大，直径4～9毫米；叶裂片线形或线状披针形，长10～17毫米，宽1.5～2毫米 …………**7. 绢毛蒿 A. sericea** Weber
          10. 头状花序小，直径3～5毫米；叶裂片线形或长圆状线形，长1～1.2厘米，宽约0.5毫米（**8. 冷蒿 A. frigida** Willd.）。
            11. 花黄色 ………… **8a. 冷蒿 A. frigida** var. **frigida**

（接上表）

11. 花紫色或黄色带紫色条纹或同一头状花序上花紫色、黄色兼有 ……………………**8b. 紫花冷蒿 A. frigida** var. **atropurpurea** Pamp.

3. 花托裸露，无托毛。

12. 头状花序球形或半球形；叶裂片狭线形、线状披针形或为栉齿状，宽1.5毫米以下。

13. 一、二年生草本。

14. 叶二回羽状深裂至全裂，裂片长圆状披针形且边缘具锐尖牙齿；花序托凸起，半球形；头状花序多数，形成大圆锥花序；植株具浓烈香气。

15. 茎下部叶三回羽状分裂，羽轴无栉齿状裂片；头状花序近球形，直径1～2毫米 ……………………**9. 黄花蒿 A. annua** L.

15. 茎下部叶二回羽状分裂，羽轴具栉齿状裂片；头状花序半球形，直径4～6毫米 ……………………**10. 青蒿 A. carvifolia** Buch.–Ham.

14. 叶一至三回羽状全裂，裂片丝状线形或狭线状披针形；花序托凸起，卵状圆锥形。

16. 头状花序直径3毫米，数个团集成间断的穗状圆锥花序；茎下部叶裂片丝状，上部叶线状丝形，宽不及0.5毫米 ……………………**11. 黑蒿 A. palustris** L.

16. 头状花序直径2～3毫米，每2～5个集生并再形成总状花序；茎下部叶裂片丝状线形，中上部叶裂片狭线形或狭线状倒披针形，宽0.5～1.5毫米…………………… **12. 黄金蒿 A. aurata** L.

13. 多年生草本、亚灌木或小灌木状。

17. 茎通常高5～15厘米；头状花序在茎上排列成穗状花序式的狭窄圆锥头 …………………… **13. 矮丛蒿 A. caespitosa** Ledeb.

17. 茎通常高15厘米以上；头状花序在茎上排列成圆锥状、总状或穗状。

18. 叶一至三回羽状全裂，裂片狭线形或丝状线形，宽1毫米以下。

19. 多年生草本；叶裂片丝状线形，宽不及0.5毫米，边缘不反卷，背面无毛；头状花序半球形，直径2.5～4毫米，总苞背部无毛 …………………… **14. 东北丝裂蒿 A. adamsii** Bess.

19. 半灌木；叶裂片狭线形或狭线状披针形，宽约1毫米，边缘反卷，背面被灰白色茸毛；头状花序长卵形或长圆状钟形，直径2.5～3.5毫米，总苞背部密被白色蛛丝状毛 …………………… **15. 山蒿 A. brachyloba** Franch.

18. 叶二至三回羽状全裂，裂片长圆形、披针形、卵状披针形或线状披针形，宽1毫米以上。

20. 叶二回羽状深裂，裂片较密集，羽轴具栉齿状小裂片。

21. 中部叶二至三回栉齿状的羽状分裂，末回小裂片小，边缘常具数枚栉齿状、细小且近椭圆形的深裂齿，叶背面被短柔毛或脱落无毛或被密绒毛；头状花序半球形（**16. 毛莲蒿 A. vestita** Wallica）。

22. 叶两面均为灰白色，表面被绵毛，背面密被白色绵毛 …………………… **16a. 毛莲蒿 A. vestita** var. **vestita**

22. 叶表面绿色，表面无毛，背面被灰白色毛 …………………… **16b. 两色毛莲蒿 A. vestita** var. **discolor** (Kom.) Kitag.

21. 中部叶为三回栉齿状的羽状分裂，末回小裂片栉齿状短线形或短线状披针形，叶背面被黄色蛛丝状柔毛；头状花序球形（**17. 细裂叶莲蒿 A. gmelinii** Weber ex Stechm.）。

23. 叶表面初被毛，后渐脱落。

（接上表）

24. 表面初时被蛛丝状绵毛，后渐脱落，背面被灰白色绵毛或无毛 …………………………………………… **17a. 细裂叶莲蒿 *A. gmelinii* var. *gmelinii***

24. 叶上面初时被灰白色短柔毛，后渐脱落，背面密被灰白色短柔毛 ………………………… **17b. 灰莲蒿 *A. gmelinii* var. *incana*** (Besser) H. C. Fu

23. 叶两面密被灰白色或淡灰黄色短柔毛 …………… **17c. 密毛白莲蒿 *A. gmelinii* var. *messerschmidiana*** (Besser) Poljakov

20. 叶一至三回羽状深裂至全裂，羽轴无栉齿状裂片。

25. 叶广卵形，二至三回羽状深裂（小裂片镰刀形）；头状花序半球形，直径6～8毫米 ……………………………………………………………**18. 镰叶蒿 *A. orthobotrys*** Kitag.

25. 叶不为广卵形，一至三回羽状深裂至全裂；头状花序较小，直径2～6毫米。

26. 茎中部叶一至二回羽状分裂。

27. 半灌木状草本；植株高大；基生叶与下部叶柄长6～16厘米，叶的小裂片不规则，披针形或长三角形 ……………**19. 东亚栉齿蒿 *A. maximovicziana*** (F. Schum.) Krasch. ex Poljak.

27. 多年生草本。

28. 茎高70～120厘米；叶的小裂片短披针形或短条状披针形的栉齿；头状花序直径4～6毫米 …… **20. 尖栉齿叶蒿 *A. medioxima*** Krasch. ex Poljak.

28. 茎高70厘米以下；叶的小裂片为尖齿状的栉齿；头状花序直径3～4毫米 ……………………………………………………… **21. 宽叶蒿 *A. latifolia*** Ledeb.

26. 茎中部叶二至三回羽状深裂至全裂，裂片开展，排列较紧密。

29. 头状花序半球形或近球形，直径4～6毫米；叶裂片长椭圆形，边缘具1～2锯状齿或缺刻，表面绿色，疏被长毛或无毛，背面及叶柄被黄褐色长柔毛 …………………………………………………… **22. 褐苞蒿 *A. phaeolepis*** Krasch.

29. 头状花序近球形，直径2～4毫米。

30. 茎分枝多而长；茎中部叶二至三回栉齿状羽状分裂，有侧裂片6～8对；总苞片背部被短柔毛或初时被短柔毛、后脱落无毛 …………………………………………………… **23. 裂叶蒿 *A. tanacetifolia*** L.

30. 茎不分枝或有短的分枝；茎中部叶二回栉齿状羽状全裂，有侧裂片4～5对；总苞片背部无毛或近无毛 … **24. 绿栉齿叶蒿 *A. freyniana*** (Pamp.) Krasch.

12. 头状花序长卵形、椭圆形或卵状钟形，稀球形或半球形；叶裂片宽线形、线状披针形或椭圆形，宽2毫米以上，或叶不分裂而全缘或具齿。

31. 茎中部叶不分裂，全缘或边缘有细锯状齿或浅裂齿。

32. 叶披针形，边缘具细锐锯状齿……………………………………**25. 林艾蒿 *A. viridissima*** Pamp.

32. 叶不为披针形。

33. 茎、枝及叶背面均无毛；头状花序近球形，直径3～4毫米；叶倒卵形、长圆状楔形或倒卵状楔形 ……………………………………………………**26. 无齿蒌蒿 *A. keiskeana*** Miq.

33. 茎、枝及叶背面密被蛛丝状茸毛；头状花序长圆状钟形，直径不及3毫米。

34. 叶全缘，反卷，线形或披针状线形，宽2～5（～7）毫米，钝尖或微尖 …………………………………………………………… **27. 线叶蒿 *A. subulata*** Nakai

（接上表）

34. 叶边缘疏具深或浅裂齿，不反卷（**28. 柳叶蒿 A. integrifolia** L.）。

35. 中部叶长椭圆形、线状披针形或长披针形、宽线形。

36. 中部叶长椭圆形、椭圆状披针形或线状披针形，每侧边缘有1～3枚深或浅裂齿或锯状齿，先端锐尖……………………**28a. 柳叶蒿 A. integrifolia** var. **integrifolia**

36. 中部叶长披针形或宽线形，每侧边缘有2～4不分裂的齿牙，先端渐尖……………………… **28b. 线叶柳叶蒿 A. integrifolia** var. **subulata** G. Y. Zhang.

35. 中部叶倒卵状楔形，3～5裂，裂片条形或阔卵楔形，裂片无齿………………………………… **28c. 宽叶柳叶蒿 A. integrifolia** var. **latifolia** G. Y. Zhang.

31. 茎中部叶一至三回羽状分裂。

37. 叶近掌状5或3全裂或深裂，稀7裂或不分裂，裂片线形或线状披针形，中部以上有锯状齿…………………………………………………………… **29. 蒌蒿 A. selengensis** Turcz. ex Besser

37. 叶一至三回羽状深裂至全裂，稀不分裂而具浅裂齿。

38. 叶表面不具白色腺点和小凹点或具稀疏腺点；头状花序稍密集或稀疏排列，偏向一侧，俯垂；叶羽状深裂。

39. 头状花序长圆状钟形，直径2～2.5毫米；叶裂片长卵状披针形或长圆状披针形…………………………………………………………………… **30. 魁蒿 A. princeps** Pamp.

39. 头状花序钟形或广钟形。

40. 叶质厚，侧裂片接近生；花序枝粗短；头状花序，直径2.5～3.5毫米，排列较紧密……………………………………………………………………**31. 歧茎蒿 A. igniaria** Maxim.

40. 叶质薄，侧裂片远离；花序枝细弱；头状花序，直径1～1.5毫米，排列稀疏…………………………………………………………………… **32. 阴地蒿 A. sylvatica** Maxim.

38. 叶表面具明显或不明显白色腺点或小凹点，稀无腺点。

41. 叶表面具不明显白色腺点或小凹点，稀无腺点；头状花序俯垂；总苞被毛，稀无毛。

42. 叶质薄，羽状5深裂或不整齐多裂；头状花序钟形，常团聚呈圆锥花序，总苞稍带紫色 ……………………………………………………**33. 高岭蒿 A. brachyphylla** Kitam.

42. 叶质较厚，一至二回羽状全裂。

43. 头状花序疏生；叶羽状深裂或全裂，裂片2～3对。

44. 头状花序狭筒状，长2～2.5毫米，宽1毫米；叶羽状全裂，裂片披针形或长圆状披针形，全缘或具小齿 ……… **34. 辽东蒿 A. verbenacea** (Kom.) Kitag.

44. 头状花序长圆状钟形，长4～5毫米，宽3.5毫米；叶羽状深裂，裂片卵状长圆形或长圆状倒披针形，边缘具缺刻状大牙齿或缺刻状裂片………………………………………………………………… **35. 五月艾 A. indica** Willd.

43. 头状花序聚生；叶一至二回羽状全裂，裂片1～2对。

45. 茎中部叶二回羽状全裂或深裂，小裂片条形、条状披针形或披针形；头状花序钟形，直径1.5～2毫米，总苞背部密被灰白色蛛丝状茸毛……………………………… **36. 蒙古蒿 A. mongolica** (Fisch. ex Bess.) Nakai

45. 茎中部叶二回羽状深裂或一回羽状全裂，小裂片长椭圆形、椭圆状披针形，稀条状披针形。

46. 叶上面被宿存的蛛丝状绒毛；中部叶通常为一回羽状全裂，侧裂片2～3

（接上表）

对；头状花序宽卵形或长圆形，宽2.5～3.5（～4）毫米；茎下部及叶柄不带紫红色………… **37. 白叶蒿 *A. leucophylla*** (Turcz. ex Bess.) C. B. Clarke

46. 叶上面被初时被蛛丝状短绒毛及稀疏的白色腺点，后渐脱落；中部叶通常为二回羽状深裂或第一回全裂，侧裂片3（～4）对；头状花序狭钟形，宽1.5毫米；茎下部及叶柄常带紫红色……………… **38. 红足蒿 *A. rubripes*** Nakai

41. 叶表面具明显白色腺点及小凹点；头状花序直立或俯垂，无毛或被毛。

47. 茎中部叶全缘或中部以上边缘具2～3枚裂齿；头状花序，直径3～4毫米，在茎上排列成狭窄的圆锥状；总苞片背部被蛛丝状毛，外、中层总苞片深褐色 ………………………………………………… **39. 宽叶山蒿 *A. stolonifera*** (Maxim.) Kom.

47. 茎中部叶一至二回羽状分裂；头状花序，直径1.5～3毫米，在茎上排列成狭窄或开展的圆锥状；总苞片背部被毛或否，外、中层总苞片非深褐色。

48. 茎中部叶一至二回羽状深裂至半裂（**40. 艾 *A. argyi*** Level et Vant）。

49. 叶裂片椭圆形或倒卵状长椭圆形，每裂片有2～3枚小裂齿 ……………………………………………………… **40a. 艾 *A. argyi* var. *argyi***

49. 叶裂片狭披针形或线状披针形，全缘 … **40b. 朝鲜艾 *A. argyi* var. *gracilis*** Pamp.

48. 茎中部叶一至二回羽状全裂或至少第一回的全裂。

50. 中部叶长、宽4厘米以下，小裂片狭条形或条形，宽不及3毫米 ……………………………………………………… **41. 矮蒿 *A. lancea*** Van

50. 中部叶长5～10厘米，宽3～8厘米，小裂片披针形或条状披针形，宽3毫米以上。

51. 茎、枝被灰初时被灰白色蛛丝状短柔毛，后无毛；叶上面近无毛；总苞片背部初时疏被蛛丝状毛，后无毛 ………………………………………… **42. 南艾蒿 *A. verlotorum*** Lamotte

51. 茎、枝被灰白色蛛丝状短柔毛；叶上面初时疏被蛛丝状柔毛，后稀疏或近无毛；总苞片背部密被蛛丝状毛 ………………………………… **43. 野艾蒿 *A. umbrosa*** (Bess.) Turcz. ex DC.

2. 雌花结实，两性花不结实，两性花花期子房退化或不存在，花柱长仅及花冠中部或中上部，花柱分枝不叉开或稍叉开。

52. 小灌木或半灌木。

53. 茎粗壮，径达1.8厘米；头状花序较大，总苞片革质。

54. 头状花序球形，直径4～5毫米，下垂或稍开展，极芳香；茎灰白色 …………………………………………………………………**44. 乌丹蒿 *A. wudanica*** Liou et W. Wang

54. 头状花序卵形，直径2～3毫米，直立，稍芳香；茎红色或紫红色（**45. 盐蒿 *A. halodendron*** Turcz. ex Bess.）。

55. 头状花序近无梗 ……………………………………**45a. 盐蒿 *A. halodendron* var. *halodendron***

55. 头状花序梗长达1厘米 ……… **45b. 长梗盐蒿 *A. halodendron* var. *peduncularis*** Liou et W. Wang

53. 茎细，直径不及0.5厘米；头状花序小，总苞片膜质。

56. 植株带黑色；头状花序长圆形、近球形或卵球形（**46. 柔毛蒿 *A. pubescens*** Ledeb.）。

57. 多年生草本，植株有毛；叶纸质。

（接上表）

58. 基生叶与营养枝叶卵形，二至三回羽状全裂。

59. 头状花序长圆形、卵球形，直径1.5～2毫米⋯ **46a. 柔毛蒿 A. pubescens** var. **pubescens**

59. 头状花序宽卵形，直径2.5～3毫米
⋯⋯⋯⋯⋯⋯⋯⋯ **46b. 大头柔毛蒿 A. pubescens** var. **gebleriana** (Bess.) Y. R. Ling

58. 基生叶与营养枝叶极大，三至四回羽状分裂，裂片比较宽，宽5～10毫米，小裂片宽3～7毫米；头状花序比较大，直径4～5毫米，外层和中层总苞片革质，不为膜质
⋯⋯⋯⋯⋯⋯⋯**46c. 塔河柔毛蒿 A. pubescens** var. **taheensis** G. Y. Zhang et L. S. Wang

57. 半灌木状草本，全株无毛；叶质硬
⋯⋯⋯⋯⋯⋯⋯⋯⋯ **46d. 黑柔毛蒿 A. pubescens** var. **coracina** (W. Wang) Ling et Y. R. Ling

56. 植株绿色，茎下半部暗紫色或紫色（**47. 光沙蒿 A. oxycephala** Kitag.）。

60. 至果实成熟期全株无毛。

61. 头状花序稍密集，花梗长2～4毫米或近无梗（**47a. 光沙蒿 A. oxycephala** var. **oxycephala**）。

62. 直立或斜上升，高50～80厘米；头状花序直径1.5～2.5（～3.5）毫米
⋯⋯⋯⋯⋯⋯⋯⋯⋯⋯⋯⋯⋯⋯⋯⋯⋯⋯ **47aa. 光沙蒿 A. oxycephala** f. **oxycephala**

62. 茎直立，高100～130厘米或更高；头状花序直径不超过1.5毫米
⋯ **47ab. 太阳光沙蒿 A. oxycephala** f. **taiyangensis** G. Y. Chang; L. S. Wang et H. X. Ma

61. 头状花序疏生，花梗长4～10毫米⋯⋯ **47b. 疏花光砂蒿 A. oxycephala** var. **sporadantha** W. Wang

60. 至果实成熟期全株有毛。

63. 茎斜升⋯⋯⋯⋯⋯⋯⋯⋯⋯⋯⋯⋯⋯ **47c. 金砂蒿 A. oxycephala** var. **aureinitens** W. Wang

63. 茎直立⋯⋯⋯⋯⋯⋯⋯⋯⋯⋯⋯⋯⋯**47d. 兴凯光沙蒿 A. oxycephala** var. **xingkaiensis** G. Y.

52. 草本或半灌木状草本。

64. 茎生叶不分裂，无柄，披针形或线状披针形，全缘；头状花序球形，径2～4毫米，俯垂
⋯⋯⋯⋯⋯⋯⋯⋯⋯⋯⋯⋯⋯⋯⋯⋯⋯⋯⋯⋯⋯⋯⋯⋯⋯⋯⋯⋯ **48. 龙蒿 A. dracunculus** L.

64. 茎生叶羽状分裂。

65. 一、二年生草本（**49. 猪毛蒿 A. scoparia** Waldst. et Kit.）。

66. 茎、枝、叶幼时被灰白色或灰黄色绢质柔毛，以后脱落
⋯⋯⋯⋯⋯⋯⋯⋯⋯⋯⋯⋯⋯⋯⋯⋯⋯⋯⋯⋯⋯⋯ **49a. 猪毛蒿 A. scoparia** var. **scoparia**

66. 全株被灰色茸毛 ⋯⋯⋯⋯⋯⋯⋯⋯⋯⋯⋯⋯⋯ **49b. 毛猪毛蒿 A. scoparia** var. **villosa** Korsh

65. 多年生草本或半灌木状草本。

67. 植株高18～30（～40）厘米；叶二回羽状全裂，每侧有裂片3～4枚。

68. 植株高20～30厘米；茎下部叶长卵形或长圆形，长10～15厘米，宽2～3厘米，小裂片线状披针形、线形或略成镰状弯曲；头状花序半球形或广卵形，直径3～4毫米
⋯⋯⋯⋯⋯⋯⋯⋯⋯⋯⋯⋯⋯⋯⋯⋯⋯⋯⋯⋯⋯**50. 巴尔古津蒿 A. bargusinensis** Spreng

68. 植株高18～30（～40）厘米；茎下部叶宽卵形或近圆形，长2～3（～3.5）厘米，宽2～3厘米，小裂片狭线形；头状花序卵钟形或宽卵形，直径1.5～2毫米
⋯⋯⋯⋯⋯⋯⋯⋯⋯⋯⋯⋯⋯⋯⋯⋯⋯⋯⋯⋯ **51. 甘肃蒿 A. gansuensis** Ling et Y. R. Ling

67. 植株高30～40厘米或更高。

69. 叶一至二回羽状全裂，小裂片狭线形或丝状线形。

70. 叶具短柄或近无柄，叶片一至二回羽状全裂，裂片丝状线形，宽约0.5毫米。

（接上表）

71. 头状花序卵状球形或近球形，下垂或开展；叶稍肉质，不集生，二回羽状全裂，裂片不呈水平开展 ………………………… **52. 细杆沙蒿 A. macilenta** (Maxim.) Krasch.

71. 头状花序卵形或长卵形，常偏向一侧且俯垂；叶质较硬，集生，一至二回羽状全裂，裂片水平开展 ……………………………………… **53. 茵陈蒿 A. capillaris** Thunb.

70. 叶具长柄，叶片二回羽状全裂，小裂片狭线形，宽0.5～1毫米（**54. 变蒿 A. commutata** Bess.）。

72. 基生叶不为莲座状，叶片卵形。

73. 基生叶二回羽状全裂，裂片线形或线状披针形，终裂片长1.5～2.5厘米，先端锐尖 ……………………………………… **54a. 变蒿 A. commutata** var. **commutata**

73. 基生叶不规则羽状深裂，裂片披针形或长圆形，具锐尖深齿裂 ………………………… **54b. 尖叶变蒿 A. commutata** var. **acutiloba** W. Wang et C.

72. 基生叶莲座状，叶片圆卵形，边缘具不规则大锯状齿，基部楔形，下延至柄 ………………………… **54c. 圆叶变蒿 A. commutata** var. **rotundifolia** W. Wang et C.

69. 叶不分裂或羽状分裂，裂片线形或线状披针形。

74. 花序枝短，纤细，上升，头状花序组成狭圆锥花序。

75. 不育枝叶及茎下部叶一至二回羽状全裂（**55. 沙蒿 A. desertorum** Spreng）。

76. 茎生叶和下部茎生叶裂片椭圆形或长圆形 ……………………………………………… **55a. 沙蒿 A. desertorum** var. **desertorum**

76. 茎生叶和下部茎生叶裂片线形或狭线形。

77. 茎生叶和下部茎生叶裂片线形；总苞直径2.5～3毫米，果期直立 ………………………… **55b. 线叶沙蒿 A. desertorum** var. **lineata** G. Y. Zhang

77. 叶裂片狭线形；总苞直径1.5～2毫米，果期不直立 …… **55c.线叶狭牡沙蒿 A. desertorum** var. **lineato-angustissima** G. Y. Zhang

75. 不育枝叶及茎下部叶不分裂，长匙形或长圆状楔形，先端圆形，具裂齿，中部叶先端3浅裂至深裂，中裂片再3裂。

78. 基生叶自叶上端斜向基部羽状深裂或半裂；中部叶匙形，上端有3～5枚斜向基部的浅裂片或为深裂片，每裂片的上端有2～3枚小锯齿或无锯齿 …………………………………………………………… **56. 牡蒿 A. japonica** Thunb.

78. 基生叶一至二回羽状深裂、全裂或与中部叶同；中部叶倒卵状匙形、扇形、近匙形、卵形、倒卵形、长圆形或椭圆形，一至二回羽状深裂或全裂，或叶自上端向基部斜向的3～5深裂或全裂，每裂片有1～2枚浅裂齿或锯状齿。

79. 茎中部叶羽状全裂；头状花序，直径约1毫米 ……………………………………………… **57. 狭叶牡蒿 A. angustissima** Nakai

79. 茎中部叶羽状深裂或全裂；头状花序，直径1.5～3毫米。

80. 茎中部叶长圆状楔形或椭圆状匙形，长5.5～8厘米，宽4～6厘米，一至二回羽状深裂或近掌状式深裂或3深裂；头状花序，直径2～2.5（～3）毫米 ……………………………………… **58. 滨海牡蒿 A. littoricola** Kitam.

80. 茎中部叶倒卵形或椭圆状倒卵形，长2.5～3.5厘米，宽2～3厘米，一至二回羽状或偶成掌状式的全裂或深裂；头状花序，直径1.5～2毫米

（接上表）

……………………………59. **东北牡蒿 A. manshurica** (Komar.) Komar.

74. 花序枝长，较粗壮，开展，头状花序组成大圆锥花序。

81. 无不育枝；头状花序长圆状卵形，不偏向一侧；茎下部叶广卵圆形，三回羽状深裂至全裂，小裂片线形、长圆状线形或披针形，先端锐尖

……………………………………………… 60. **千山蒿 A. chienshanica** Ling et W. Wang

81. 有不育枝；头状花序长圆状卵形或椭圆形，常偏向一侧；不育枝叶及茎下部叶圆匙形或广卵形，不分裂或一至二回羽状深裂至全裂，小裂片偏广卵状楔形或倒卵形，先端至边缘具缺刻状裂齿或裂片，并有尖齿（**61. 南牡蒿 A. eriopoda** Bunge）。

82. 基生叶与茎下部叶近圆形、宽卵形或倒卵形，一至二回大头羽状深裂或全裂或仅边缘具数枚疏锯状齿 ………………… **61a. 南牡蒿 A. eriopoda** var. **eriopoda**

82. 基生叶与茎下部叶近圆形或倒卵状宽匙形，不分裂或仅先端有疏而浅的裂齿或锯状齿 … **61b. 圆叶南牡蒿 A. eriopoda** var. **rotundifolia** (Debeaux) Y. R. Ling

（1）东北蛔蒿（内蒙古植物志，东北植物检索表，东北草本植物志，中国植物志，Flora of China）

Artemisia finita Kitag. in Rep. Inst. Sci. Res. Manch. 4: 124, Pl. 3, fig. 2. 1942; 东北植物检索表390. 1959; 内蒙古植物志6: 158, 图版547图1 ~ 5. 1982.——*Seriphidium finitum* (Kitag.) Ling et Y. R. Ling, Acta Phytotax. Sin. 18: 513. 1980; 中国植物志76(1): 263. 图版36: 7 ~ 15. 1983; 内蒙古植物志（第二版）4: 664. 图版258: 1 ~ 5. 1993; 东北植物检索表（第二版）: 681. 图版338: 5. 1995; 东北草本植物志9: 244. 图版81: 9 ~ 16. 2004; Fl. China 20: 741. 2011.

生低海拔地区砾质坡地、半荒漠草原或河湖岸边草甸及草原上。产内蒙古自治区海拉尔、满洲里、新巴尔虎左旗、新巴尔虎右旗、苏尼特左旗等地。

头状花序可作驱蛔虫药的原料；另外还含东北蛔蒿素等药用成分。

■ 东北蛔蒿

茎叶　　花序一部分　　植株

（2）大籽蒿（辽宁植物志，黑龙江省植物志，内蒙古植物志，东北植物检索表，东北草本植物志，中国植物志，Flora of China）

Artemisia sieversiana Ehrhart ex Willd. in Sp. Pl. 3: 1845. 1800; 中国植物志76(2): 8. 图版1: 1 ~ 7. 1991; 辽

宁植物志（下册）: 527. 图版232. 1992; 内蒙古植物志（第二版）4: 600. 图版236: 1 ~ 6. 1993; 东北植物检索表（第二版）: 663. 图版331: 4. 1995; 黑龙江省植物志9: 169. 图版47: 1 ~ 7. 1998; 东北草本植物志9: 171. 图版56. 2004; Fl. China 20: 678. 2011.

（2a）大籽蒿（原变种）

Artemisia sieversiana var. *sieversiana*

生路旁、沙质河岸、山坡草地。产黑龙江省哈尔滨、齐齐哈尔、安达、伊春、孙吴、萝北、富裕；吉林省双辽、长春、九台、集安、白山、通化、梅河口、珲春、镇赉、和龙、安图、柳河、辉南、抚松、靖宇、长白；辽宁省大连、抚顺、西丰、岫岩、本溪、桓仁、宽甸、东港、北镇、凌源、建昌、彰武、沈阳；内蒙古自治区海拉尔、额尔古纳、根河、满洲里、新巴尔虎左旗、科尔沁右翼前旗、科尔沁右翼中旗、乌兰浩特、突泉、扎鲁特旗、科尔沁左翼后旗、翁牛特旗、巴林右旗、克什克腾旗等地。

全草有消炎、清热、止血作用。牧区作牲畜饲料。嫩苗可食。

■ 大籽蒿

花序

茎

茎下部叶

（2b）星叶大籽蒿（变种）（东北植物检索表，东北草本植物志）

Artemisia sieversiana var. *koreana* (Nakai) W. Wang et C. Y. Li, 东北植物检索表（第二版）: 663. 1995; 东北草本植物志9: 174. 2004.

生山坡。产黑龙江省宁安。

（3）矮滨蒿（辽宁植物志，东北植物检索表，东北草本植物志，中国植物志，Flora of China）

Artemisia nakaii Pamp. in Nuov. Giorn. Bot. Ital. n. s. 34: 682. 1927; 中国植物志76(2): 30. 1991; 辽宁植物

■ 矮滨蒿

基生叶

茎生叶

花序

■ 矮滨蒿

苗期植株

植株

志（下册）: 526. 图版231: 1 ~ 9. 1992; 东北植物检索表（第二版）: 663. 图版331: 1. 1995; 东北草本植物志 9: 171. 图版55. 2004; Fl. China 20: 683. 2011.

生低海拔地区的海、河岸边及草原地区。产辽宁省葫芦岛、绥中等地。

（4）碱蒿（黑龙江省植物志，内蒙古植物志，东北植物检索表，东北草本植物志，中国植物志，Flora of China）；大莳萝蒿（辽宁植物志）

Artemisia anethifolia Web. ex Stechm in Artem. 29. 1775; 中国植物志76(2): 32. 1991; 辽宁植物志（下册）: 524. 图版231: 10 ~ 14. 1992; 内蒙古植物志（第二版）4: 601. 图版236: 7 ~ 8. 1993; 东北植物检索表（第二版）: 663. 图版331: 2. 1995; 黑龙江省植物志9: 172. 图版48: 5 ~ 8. 1998; 东北草本植物志9: 168. 图版54: 1 ~ 6. 2004; Fl. China 20: 683. 2011.

生碱性草地、沙坨子碱洼地。产黑龙江省哈尔滨、富裕、大庆、安达、肇东、杜尔伯特；吉林省双辽、洮南、前郭、镇赉、通榆；辽宁省营口、瓦房店；内蒙古自治区海拉尔、满洲里、牙克石、新巴尔虎左旗、新巴尔虎右旗、翁牛特旗、阿鲁科尔沁旗等地。

牧区作牲畜饲料。民间采基生叶作中药“茵陈”代用品。

■ 碱蒿

根部

茎叶

果序一部分

（5）莳萝蒿（辽宁植物志，黑龙江省植物志，内蒙古植物志，东北植物检索表，东北草本植物志，中国植物志，Flora of China）；肇东蒿（东北植物检索表，黑龙江省植物志，东北草本植物志）

Artemisia anethoides Mattf. in Fedde, Rep. Sp. Nov. 22: 249. 1926; 中国植物志76(2): 33. 图版5: 1 ~ 2. 1991; 辽宁植物志（下册）: 526. 图版233: 8 ~ 11. 1992; 内蒙古植物志（第二版）4: 601. 图版236: 9 ~ 10. 1993; 东北植物检索表（第二版）: 663. 图版331: 3. 1995; 黑龙江省植物志9: 174. 图版49: 1 ~ 5. 1998; 东北草本植物志9: 169. 图版54: 7 ~ 12. 2004; Fl. China 20: 684. 2011.——*A. zhaodongensis* G. Y. Chang & M. Y. Liou in Bull. Bot. Res., Harbin 7(3): 79. 1987; 东北植物检索表（第二版）: 663. 1995; 黑龙江省植物志9: 176. 图版49: 6 ~ 12. 1998; 东北草本植物志9: 169. 2004.

生干燥沙质地及沙质草原。产黑龙江省哈尔滨、肇东、大庆、杜尔伯特、安达、林甸；吉林省双辽、通榆、长岭；辽宁省大连、旅顺口、营口；内蒙古自治区牙克石、新巴尔虎左旗、新巴尔虎右旗、突泉、翁牛特旗等地。

幼苗有清热利湿、利胆退黄作用。

■ 莳萝蒿

植株一部分

茎叶正面观

花序一部分

苗期植株

花期植株

（6）白山蒿（黑龙江省植物志，内蒙古植物志，东北植物检索表，东北草本植物志，中国植物志，Flora of China）

Artemisia lagocephala (Fisch. ex Bess.) DC. in Prodr. 6: 122. 1837; 中国植物志76(2): 23. 图版3: 1 ~ 7.

1991; 内蒙古植物志（第二版）4: 603. 图版237. 1993; 东北植物检索表（第二版）: 666. 图版331: 5. 1995; 黑龙江省植物志9: 172. 图版48: 1～4. 1998; 东北草本植物志9: 177. 图版58. 2004; Fl. China 20: 682. 2011.

生山地、石砬子上、林下石质地。产黑龙江省伊春、逊克、尚志、塔河、碧水、黑河、呼玛；吉林省安图、长白、抚松；内蒙古自治区额尔古纳、根河、牙克石、克什克腾旗等地。

叶有镇咳、祛痰、平喘、抗过敏作用，用于慢性支气管炎。

■ 白山蒿

基生叶

花序

植株

（7）绢毛蒿（黑龙江省植物志，内蒙古植物志，东北植物检索表，东北草本植物志，中国植物志）

Artemisia sericea Weber in Artem. 16. 1775; 中国植物志76(2): 11. 1991; 内蒙古植物志（第二版）4: 603. 图版239: 7～8. 1993; 东北植物检索表（第二版）: 666. 图版331: 7. 1995; 黑龙江省植物志9: 176. 图版50: 1～2. 1998; 东北草本植物志9: 174. 图版57: 1～8. 2004.

生林缘、干山坡、草原、山谷、荒地等地区。产黑龙江省大兴安岭；内蒙古自治区额尔古纳、根河、牙克石、满洲里等地。

（8）冷蒿（黑龙江省植物志，内蒙古植物志，东北植物检索表，东北草本植物志，中国植物志，Flora of China）；小白蒿（辽宁植物志）

Artemisia frigida Willd. in Sp. Pl. 3: 1838. 1800; 中国植物志76(2): 13. 1991; 辽宁植物志（下册）: 527. 图版233: 1～7. 1992; 内蒙古植物志（第二版）4: 604. 图版239: 1～6. 1993; 东北植物检索表（第二版）: 666. 图版331: 6. 1995; 黑龙江省植物志9: 171. 图版47: 8～13. 1998; 东北草本植物志9: 175. 图: 57: 9～16. 2004; Fl. China 20: 679. 2011.

（8a）冷蒿（原变种）

Artemisia frigida var. *frigida*

生山坡、路旁、砾质旷地、固定沙丘、高山草甸等地。产黑龙江省碧水、呼玛、肇东、肇州、泰康、杜尔伯特、安达、大庆；吉林省洮南、双辽、辽源、伊通、通榆、镇赉、前郭；辽宁省彰武；内蒙古自治区海拉尔、满洲里、牙克石、新巴尔虎左旗、新巴尔虎右旗、科尔沁右翼前旗、扎赉特旗、乌兰浩特、突泉、扎鲁特旗、科尔沁左翼后旗、翁牛特旗、克什克腾旗等地。

全草有止痛、消炎、镇咳作用，还作“茵陈”的代用品。在牧区为牲畜饲料。

■ 冷蒿

花序一部分

花序

植株一部分

植株

（8b）紫花冷蒿（变种）（内蒙古植物志，东北植物检索表，东北草本植物志，中国植物志，Flora of China）

Artemisia frigida var. *atropurpurea* Pamp., Nuovo Giorn. Bot. Ital., n. s.,. 34: 655. 1927; 中国植物志76(2): 16. 1991; 内蒙古植物志（第二版）4: 605. 1993; 东北草本植物志9: 177. 2004; Fl. China 20: 680. 2011.——*Artemisia frigida* f. *atropurpurea* (Pamp.) W. Wang et C. Y. Li. 东北植物检索表（第二版）: 666. 1995.

生盐碱地、丘陵地或草原。产黑龙江省大庆；内蒙古自治区海拉尔、满洲里、科尔沁左翼后旗、锡林浩特等地。

（9）黄花蒿（辽宁植物志，黑龙江省植物志，内蒙古植物志，东北植物检索表，东北草本植物志，中国植物志，Flora of China）；臭蒿（俗称）

Artemisia annua L., Sp. Pl. 847. 1753; 中国植物志76(2): 62. 图版9: 7 ~ 13. 1991; 辽宁植物志（下册）: 530. 图版234: 3 ~ 8. 1992; 内蒙古植物志（第二版）4: 618. 图版242: 9 ~ 10. 1993; 东北植物检索表（第二

版）: 666. 图版332: 5. 1995; 黑龙江省植物志9: 187. 图版53: 1 ~ 7. 1998; 东北草本植物志9: 179. 图版59: 1 ~ 7. 2004; Fl. China 20: 691. 2011.

生路旁草地、杂草地及荒地。产东北三省各地；内蒙古自治区额尔古纳、海拉尔、满洲里、新巴尔虎左旗、翁牛特旗、突泉、扎赉特旗等地。

根茎、叶可提取芳香油和治疟要药青蒿素。全草为解热剂、止血剂。

■ 黄花蒿

苗期植株

茎叶

植株一部分

花期植株

（10）青蒿（辽宁植物志，黑龙江省植物志，东北植物检索表，东北草本植物志，中国植物志，Flora of China）；香蒿（俗称）

Artemisia carvifolia Buch. –Ham. ex Roxb. in Hort. Beng. 61. 1814; 中国植物志76(2): 60. 图版9: 1 ~ 6. 1991; 东北植物检索表（第二版）: 666. 图版332: 4. 1995; 黑龙江省植物志9: 186. 图版52: 8 ~ 13. 1998; 东北草本植物志9: 179. 图版59: 8 ~ 12. 2004; Fl. China 20: 691. 2011.——*A. apiacea* Hance in Walp. Ann. 2: 895. 1852; 辽宁植物志（下册）: 529. 图版234: 1 ~ 2. 1992.

生草地、撂荒地及沙质地。产黑龙江省安达；吉林省白山、临江、通化、梅河口、集安、柳河、辉南、抚松、靖宇、长白；辽宁省大连、抚顺、辽阳、丹东、营口、宽甸、桓仁；内蒙古自治区科尔沁左翼后旗等地。

花及全株可提取芳香油。嫩苗可食用。全草有清热、凉血、解暑、祛风、止痒作用。

（11）黑蒿（辽宁植物志，黑龙江省植物志，内蒙古植物志，东北植物检索表，东北草本植物志，中国植物志，Flora of China）；沼泽蒿（中国植物志）

Artemisia palustris L., Sp. Pl. 846. 1753; 中国植物志76(2): 70. 1991; 辽宁植物志（下册）: 530. 1992; 内蒙古植物志（第二版）4: 622. 图版243: 9 ~ 10. 1993; 东北植物检索表（第二版）: 666. 图版332: 2. 1995; 黑龙江省植物志9: 189. 图版54: 1 ~ 5. 1998; 东北草本植物志9: 182. 图版60: 1 ~ 8. 2004; Fl. China 20: 692. 2011.

生草原、河边湿地。产黑龙江省尚志、泰来；吉林省蛟河、安图；辽宁省彰武；内蒙古自治区海拉尔、新巴尔虎右旗、新巴尔虎左旗、科尔沁右翼前旗、科尔沁左翼后旗、通辽、克什克腾旗、东乌珠穆沁旗、西乌珠穆沁旗、锡林浩特、阿巴嘎旗、镶黄旗、正蓝旗、多伦等地。

牧区作牲畜的饲料。

（12）黄金蒿（黑龙江省植物志，内蒙古植物志，东北植物检索表，东北草本植物志，中国植物志，Flora of China）

Artemisia aurata L., Trudy Imp. S. –Peterburgsk. Bot. Sada. 18: 422. 1901; 中国植物志76(2): 71. 1991; 内蒙古植物志（第二版）4: 622. 1993; 东北植物检索表（第二版）: 666. 图版332: 6. 1995; 黑龙江省植物志9: 190. 图版54: 6 ~ 7. 1998; 东北草本植物志9: 180. 2004; Fl. China 20: 693. 2011.

生中、低海拔地区的石质山坡上。产黑龙江省齐齐哈尔、宁安、尚志、东宁、泰来；吉林省蛟河、和龙、安图、长白；内蒙古自治区海拉尔、科尔沁左翼后旗、翁牛特旗等地。

（13）矮丛蒿（内蒙古植物志，中国植物志，Flora of China）

Artemisia caespitosa Ledeb. in Fl. Alt. 4: 80. 1833; 中国植物志76(2): 72. 1991; 内蒙古植物志（第二版）4: 616. 图版242: 1 ~ 6. 1993; Fl. China 20: 693. 2011.

在荒漠草原或砾质坡地。产内蒙古自治区新巴尔虎左旗、林西、克什克腾旗、东乌珠穆沁旗、锡林浩特、正蓝旗等地。

（14）东北丝裂蒿（黑龙江省植物志，中国植物志，Flora of China）；丝叶蒿（东北植物检索表）；丝裂蒿（内蒙古植物志）；东北丝叶蒿（东北草本植物志）

Artemisia adamsii Bess., Tent. Abrot. 27. 1832; 中国植物志76(2): 69. 1991; 内蒙古植物志（第二版）4: 619. 图版243: 7 ~ 8. 1993; 东北植物检索表（第二版）: 666. 图版332: 3. 1995; 黑龙江省植物志9: 189. 图版53: 8 ~ 13. 1998; 东北草本植物志9: 182. 图版60: 9 ~ 14. 2004; Fl. China 20: 692. 2011.

生低海拔地区的河湖岸边的盐渍化草原或草甸地区，也生长在石质草原地区或小山坡上。产黑龙江省宁安；吉林省洮南；内蒙古自治区满洲里、海拉尔、新巴尔虎左旗、新巴尔虎右旗、东乌珠穆沁旗等地。

本种易侵入草场过度放牧的地区，故可视为草场退化的一种指示植物。

（15）山蒿（辽宁植物志，内蒙古植物志，东北植物检索表，东北草本植物志，中国植物志，Flora of China）；骆驼蒿（中国植物志）

Artemisia brachyloba Franch. in Pl. David. 1: 171. 1884; 中国植物志76(2): 75. 图版7: 10 ~ 15. 1991; 辽宁植物志（下册）: 533. 图版236. 1992; 内蒙古植物志（第二版）4: 619. 图版243: 1 ~ 5. 1993; 东北植物检索表（第二版）: 666. 图版332: 1. 1995; 东北草本植物志9: 185. 图版61. 2004; Fl. China 20: 693. 2011.

生岩石缝、石砬子上。产辽宁省凌源、建平、建昌；内蒙古自治区牙克石、扎兰屯、乌兰浩特、科尔沁右翼前旗、科尔沁右翼中旗、突泉、扎鲁特旗、翁牛特旗、林西、赤峰市红山区、西乌珠穆沁旗、锡林浩特、镶黄旗等地。

民间有清热、消炎、祛湿、杀虫的作用，用于偏头痛、咽喉痛、风湿关节痛。

■ 山蒿

根部

植株一部分

花序一部分

植株

居群

（16）毛莲蒿（东北植物检索表，东北草本植物志，中国植物志，Flora of China）；毛莲蓬（辽宁植物志）

Artemisia vestita Wallica in Nouv. Mem. Soc. Nat. Mosc. 3: 25. 1834; 中国植物志76(2): 49. 1991; 辽宁植物志（下册）: 533. 图版235: 9 ~ 10. 1992; 东北植物检索表（第二版）: 669. 图版333: 3. 1995; 东北草本植物志9: 186. 图版62: 9 ~ 10. 2004; Fl. China 20: 689. 2011.

（16a）毛莲蒿（原变种）

Artemisia vestita var. *vestita*

■ 毛莲蒿

苗期植株

植株

■ 毛莲蒿

叶正面观

叶背面观

生于山坡、丘陵地或草地。产黑龙江省牡丹江；吉林省双辽；辽宁省凌源、北镇、葫芦岛、锦州、大连、盖州、阜蒙、建平、法库；内蒙古自治区扎鲁特旗、科尔沁左翼后旗等地。

全草有清热、消炎、祛风、利湿作用。

（16b）两色毛莲蒿（变种）（东北植物检索表，东北草本植物志）；两色毛莲蓬（辽宁植物志）

Artemisia vestita var. *discolor* (Kom.) Kitag. in Lineam. Fl. Mansh. 434. 1939; 辽宁植物志（下册）: 533. 1992; 东北植物检索表（第二版）: 669. 1995; 东北草本植物志9: 188. 图版62: 11. 2004.

生于山坡、丘陵地或草地。产黑龙江省哈尔滨、大庆、萝北；吉林省吉林、九台、镇赉、前郭、通榆；辽宁省凌源、朝阳、北镇、葫芦岛、大连、庄河、东港、鞍山、抚顺、桓仁、建平、彰武、凤城；内蒙古自治区海拉尔、满洲里、额尔古纳、根河、新巴尔虎右旗、翁牛特旗等地。

■ 两色毛莲蒿

花序

植株一部分

（17）细裂叶莲蒿（内蒙古植物志，中国植物志，Flora of China）；万年蒿（辽宁植物志，东北植物检索表，东北草本植物志）；白莲蒿（黑龙江省植物志，内蒙古植物志，大连地区植物志）

Artemisia gmelinii Weber ex Stechm. in Artem. 30. 1775; 中国植物志76(2): 47. 1991; 辽宁植物志（下册）: 532. 图版235: 1 ~ 8. 1992; 内蒙古植物志（第二版）4: 613. 图版240: 7 ~ 8. 1993; 东北植物检索表（第二版）: 669. 图版333: 2. 1995; Fl. China 20: 688. 2011.——*A. sacrorum* Ledeb. in Mem. Acad. Sci. Petersb. 5: 571. 1805; 内蒙古植物志（第二版）4: 611. 图版240: 1 ~ 6. 1993; 黑龙江省植物志9: 177. 图版50: 3 ~ 8. 1998; 东北草本植物志9: 185. 图版62: 1 ~ 8. 2004.

（17a）细裂叶莲蒿（原变种）

Artemisia gmelinii var. *gmelinii*

生多石质山坡、空旷地或杂木林灌丛中。产黑龙江省黑河、五大连池、哈尔滨、大庆、密山、宁安、杜尔伯特、虎林、安达、伊春、饶河、富裕、肇东、肇源、萝北、齐齐哈尔；吉林省通榆、永吉、和龙、抚松、蛟河、敦化、安图、通化、临江、柳河、梅河口、辉南、集安、靖宇、长白、九台、镇赉；辽宁省建平、凌源、彰武、葫芦岛、北镇、凤城、岫岩、桓仁、新宾、西丰、本溪、宽甸、抚顺、沈阳、丹东、大连；内蒙古自治区额尔古纳、牙克石、海拉尔、满洲里、新巴尔虎左旗、新巴尔虎右旗、鄂温克、科尔沁右翼前旗、科尔沁右翼中旗、科尔沁左翼后旗、突泉、扎赉特旗、乌兰浩特、翁牛特旗、巴林左旗、巴林右旗、大青沟、林西、克什克腾旗、喀喇沁旗、阿鲁科尔沁旗、锡林浩特、正蓝旗、太仆寺旗等地。

茎、叶可提取芳香油。全草有清热解毒、凉血止血作用。

■ 细裂叶莲蒿

叶背面观

花序一部分

植株

（17b）灰莲蒿（变种）（黑龙江省植物志，内蒙古植物志，中国植物志，Flora of China）

Artemisia gmelinii var. *incana* (Besser) H. C. Fu in Ma Fl. Intramongol. 6: 152. 1982; Fl. China 20: 688. 2011.——*A. sacrorum* var. *incana* (Besser) Y. R. Ling in Bull. Bot. Res. 8(4):13. 1988; 中国植物志76(2): 46. 1991; 内蒙古植物志（第二版）4: 611. 1993; 黑龙江省植物志9: 180. 1998.

生山坡及丘陵坡地。产黑龙江省萝北、安达、萨尔图；吉林省吉林、永吉；内蒙古自治区新巴尔虎右旗、科尔沁右翼前旗、锡林浩特、太仆寺旗等地。

（17c）密毛白莲蒿（变种）（黑龙江省植物志，内蒙古植物志，中国植物志，Flora of China）；密毛细裂叶蒿（植物智网站）

Artemisia gmelinii var. *messerschmidiana* (Besser) Poljakov in Schischkin & Bobrov Fl. URSS. 26: 464.

1961; Fl. China 20: 688. 2011.——*A. sacrorum* var. *messerschmidiana* (Besser) Y. R. Ling in Bull. Bot. Res. 8(4): 13. 1988; 中国植物志76(2): 46. 1991; 内蒙古植物志（第二版）4: 611. 1993; 黑龙江省植物志9: 179. 1998.

生山坡、丘陵及路旁。产黑龙江省哈尔滨、牡丹江、双城、肇东、克山、富拉尔基；吉林省双辽；辽宁省旅顺口、熊岳、建平、北镇、葫芦岛、法库；内蒙古自治区林西、锡林浩特、正镶白旗、太仆寺旗等地。

（18）镰叶蒿（东北植物检索表，东北草本植物志）

Artemisia orthobotrys Kitag. in Artem. 125. 1942; 东北植物检索表（第二版）: 669. 图版331: 1. 1995; 东北草本植物志9: 188. 图版63. 2004.

生针叶林缘、火烧迹地、疏林下。产吉林省安图等地。

（19）东亚栉齿蒿（黑龙江省植物志，内蒙古植物志，中国植物志，Flora of China）

Artemisia maximovicziana (F. Schum.) Krasch. ex Poljak. in Not. Mater. Gerb. Bot. Inst. Komarova Akad. Nauk S. S. S. R. 17: 403. 1955; 中国植物志76(2): 153. 1991; 内蒙古植物志（第二版）4: 609. 1993; 黑龙江省植物志9: 181. 图版51: 3 ~ 4. 1998; Fl. China 20: 689. 2011.

生中、低海拔地区的草原、干河谷、阳坡及森林采伐迹地上，也见于稀疏森林的草原地区。产黑龙江省新青、五营；内蒙古自治区牙克石等地。模式标本采自黑龙江岸边。

（20）尖栉齿叶蒿（黑龙江省植物志，中国植物志，Flora of China）

Artemisia medioxima Krasch. ex Poljak. in Not. Syst. Inst. Bot. Acad. Sci. URSS 17: 405. 1955; 中国植物志76(2): 51. 1991; 黑龙江省植物志9: 180. 图版50: 9 ~ 10. 1998; Fl. China 20: 689. 2011.

生中、低海拔地区的林缘、森林草原或草原地区。产黑龙江省肇东；内蒙古自治区陈巴尔虎。

（21）宽叶蒿（黑龙江省植物志，内蒙古植物志，东北植物检索表，东北草本植物志，中国植物志，Flora of China）

Artemisia latifolia Ledeb. in Mem. Acad. Petersb. 5: 569. 1815; 中国植物志76(2): 53. 图版7: 1 ~ 9. 1991;

■ 宽叶蒿

花序

花序一部分

叶正面观

■ 宽叶蒿

叶背面观

植株

内蒙古植物志（第二版）4: 608. 图版241: 7 ~ 8. 1993; 东北植物检索表（第二版）: 669. 图版333: 5. 1995; 黑龙江省植物志9: 183. 图版51: 5 ~ 12. 1998; 东北草本植物志9: 190. 图版64. 2004; Fl. China 20: 690. 2011.

生湿草原、沙地、山坡。产黑龙江省呼玛、安达、肇东、双城、密山、虎林、加格达奇、大庆、齐齐哈尔、伊春、嘉荫；吉林省通榆、白城、双辽、镇赉、前郭；辽宁省康平、建平；内蒙古自治区海拉尔、额尔古纳、根河、新巴尔虎左旗、阿鲁科尔沁旗等地。

（22）褐苞蒿（内蒙古植物志，东北植物检索表，东北草本植物志，中国植物志，Flora of China）

Artemisia phaeolepis Krasch., Sovetsk. Bot. 5: 7. 1943; 中国植物志76(2): 56. 图版8: 1 ~ 7. 1991; 内蒙古植物志（第二版）4: 610. 图版241: 9 ~ 10. 1993; 东北植物检索表（第二版）: 669. 图版333: 4. 1995; 东北草本

■ 褐苞蒿

花序正面观

花序侧面观

■ 褐苞蒿

基生叶

植株

植物志9: 193. 图版66. 2004; Fl. China 20: 690. 2011.

生山坡、沟谷、路旁、草地、荒滩、草甸、林缘灌丛、砾质坡地与半荒漠草原地区。产黑龙江省黑河、呼玛；内蒙古自治区根河、额尔古纳、牙克石、鄂伦春、鄂温克、锡林浩特等地。

（23）裂叶蒿（黑龙江省植物志，内蒙古植物志，东北植物检索表，东北草本植物志，中国植物志，Flora of China）

Artemisia tanacetifolia L., Sp. Pl. 2: 848. 1753; 中国植物志76(2): 56. 图版8: 8 ~ 14. 1991; 内蒙古植物志（第二版）4: 614. 图版241: 1 ~ 6. 1993; 东北植物检索表（第二版）: 669. 图版333: 6. 1995; 黑龙江省植物志9: 184. 图版52: 1 ~ 7. 1998; 东北草本植物志9: 190. 图版65. 2004; Fl. China 20: 690. 2011.

多生中、低海拔地区的森林草原、草原、草甸、林缘或疏林中以及盐土性草原、草坡及灌丛等处。产黑龙江省龙江、肇东、杜尔伯特、喇嘛甸、五大连池、逊克、伊春、密山、虎林、嫩江、黑河、齐齐哈尔、安达、呼玛、萝北；内蒙古自治区大兴安岭、海拉尔、额尔古纳、根河、陈巴尔虎旗、新巴尔虎左旗、新巴尔虎右旗、鄂温克、扎鲁特旗、巴林左旗、巴林右旗、阿鲁科尔沁旗、克什克腾旗、林西、东乌珠穆沁旗、西乌珠穆沁旗、锡林浩特、阿巴嘎旗等地。

牧区作牲畜饲料。

■ 裂叶蒿

花序一部分

植株下部

植株

（24）绿栉齿叶蒿（黑龙江省植物志，内蒙古植物志，中国植物志，Flora of China）

Artemisia freyniana (Pamp.) Krasch. in Spisok Rast. Gerb. Fl. S. S. S. R. Bot. Inst. Vsesojuzn. Akad. Nauk. 11: 42. 1949; 中国植物志76(2): 52. 1991; 内蒙古植物志（第二版）4: 615. 图版240: 9 ~ 10. 1993; 黑龙江省植物志9: 181. 图版51: 1 ~ 2. 1998; Fl. China 20: 689. 2011.

生中、低海拔地区的草原、干山坡、干河谷、林缘、河岸等地。产黑龙江省哈尔滨、肇东、五常、克东；吉林省西部；内蒙古自治区新巴尔虎左旗、林西、克什克腾旗、东乌珠穆沁旗、西乌珠穆沁旗、锡林浩特、正蓝旗等地。

（25）林艾蒿（东北植物检索表，东北草本植物志，中国植物志，Flora of China）

Artemisia viridissima (Komar.) Pamp. in Nuov. Giorn. Bot. Ital. n. s. 36: 484. 1930; 中国植物志76(2): 129. 1991; 东北植物检索表（第二版）: 669. 图版334: 1. 1995; 东北草本植物志9: 195. 图版67. 2004; Fl. China 20: 706. 2011.

生海拔1400 ~ 1700米附近的林缘、路旁。产吉林通化、抚松、长白、安图等地。

■ 林艾蒿

植株下部

花序

植株

（26）无齿蒌蒿（Flora of China）；菴闾（辽宁植物志，黑龙江省植物志，东北植物检索表，中国植物志）；菴蒿（东北草本植物志）

Artemisia keiskeana Miq. in Ann. Mus. Bot. Lugd. -Bat. 2: 176. 1866; 中国植物志76(2): 146. 图版20: 1 ~ 7. 1991; 辽宁植物志（下册）: 544. 图版242. 1992; 东北植物检索表（第二版）: 671. 图版334: 4. 1995; 黑龙江省植物志9: 206. 图版58: 4 ~ 8. 1998; 东北草本植物志9: 199. 图版69. 2004; Fl. China 20: 710. 2011.

生干山坡、草地、路旁及石砬子上。产黑龙江省伊春、带岭、尚志、阿城、鸡西、密山、东宁、萝北；吉林省吉林、白山、集安、和龙、蛟河、安图、汪清、辉南、靖宇；辽宁省朝阳、庄河、大连、丹东、东港、凤城、宽甸、鞍山、普兰店、本溪、桓仁、抚顺、新宾、清原、西丰；内蒙古自治区满洲里等地。

全草有止血、消炎、祛风、活络作用。

■ 无齿蒌蒿

基生叶

花序

叶正反面对比

植株一部分

（27）线叶蒿（黑龙江省植物志，内蒙古植物志，东北植物检索表，东北草本植物志，中国植物志，Flora of China）

Artemisia subulata Nakai, Bot. Mag. (Tokyo). 29: 8. 1915; 中国植物志76(2): 126. 1991; 内蒙古植物志（第二版）4: 628. 图版245: 6 ~ 7. 1993; 东北植物检索表（第二版）: 671. 图版334: 3. 1995; 黑龙江省植物志9:

■ 线叶蒿

花序

植株一部分

植株

202. 图版57: 7 ~ 8. 1998; 东北草本植物志9: 197. 图版68. 2004; Fl. China 20: 705. 2011.

生山坡、林缘、河岸、沼泽地边缘及草甸等地。产黑龙江省安达、肇东、泰来、呼玛、哈尔滨、逊克、密山、虎林、大庆、黑河、饶河、萝北、孙吴；吉林省镇赉、白城、前郭、临江、安图、白山；内蒙古自治区扎兰屯、牙克石、额尔古纳、鄂伦春、新巴尔虎左旗、阿荣旗、扎鲁特旗、科尔沁右翼前旗、巴林右旗、喀喇沁旗、宁城、锡林浩特等地。

（28）柳叶蒿（黑龙江省植物志，内蒙古植物志，中国植物志，Flora of China）；柳蒿（东北植物检索表，东北草本植物志）

Artemisia integrifolia L., Sp. Pl. 848. 1753; 中国植物志76(2): 125. 图版18: 1 ~ 7. 1991; 内蒙古植物志（第二版）4: 627. 图版245: 1 ~ 5. 1993; 东北植物检索表（第二版）: 669. 图版334: 2. 1995; 黑龙江省植物志9: 200. 图版57: 1 ~ 6. 1998; 东北草本植物志9: 195. 2004; Fl. China 20: 705. 2011.

（28a）柳叶蒿（原变种）

Artemisia integrifolia var. *integrifolia*

生林缘、路旁、河边、草地、草甸、森林草原、灌丛及沼泽地的边缘。产黑龙江省安达、伊春、虎林、呼玛、黑河、汤原、孙吴、逊克；吉林省和龙、安图、汪清；内蒙古自治区根河、牙克石、鄂伦春、鄂温克、陈巴尔虎旗、扎鲁特旗、巴林右旗、阿鲁科尔沁旗、克什克腾旗、喀喇沁旗、宁城、锡林浩特等地。

全草清热解毒，用于痈疽疮肿、风湿关节痛。

■ **柳叶蒿**

叶正面观

叶背面观

花序一部分

花序

植株

（28b）线叶柳叶蒿（变种）（黑龙江省植物志）

Artemisia integrifolia var. *subulata* G. Y. Zhang in Artemia (Compos.) N. E. China 154. 1996; 黑龙江省植物志9:202. 1998.

生境同正种。产黑龙江省加格达奇。

（28c）宽叶柳叶蒿（变种）（黑龙江省植物志）

Artemisia integrifolia var. *latifolia* G. Y. Zhang in Artemia (Compos.) N. E. China 153. 1996;黑龙江省植物志9:202. 1998.

生境同正种。产黑龙江省满归、东宁、碧水等地。

（29）蒌蒿（黑龙江省植物志，内蒙古植物志，中国植物志，Flora of China）；水蒿（东北植物检索表，东北草本植物志）

Artemisia selengensis Turcz. ex Besser in Nouv. Mem. Soc. Nat. Mosc. 3: 50. 1834; 中国植物志76(2): 144. 图版19: 8 ~ 15. 1991; 内蒙古植物志（第二版）4: 634. 图版246: 9 ~ 10. 1993; 东北植物检索表（第二版）: 671. 图版334: 6. 1995; 黑龙江省植物志9: 204. 图版58: 1 ~ 3. 1998; 东北草本植物志9: 201. 图版70. 2004; Fl. China 20: 709. 2011.

生林缘、草甸、水甸子边湿地。产黑龙江省哈尔滨、齐齐哈尔、虎林、尚志、密山、孙吴、萝北、宁安、伊春、汤原、勃利、漠河；吉林省九台、双辽、长春、蛟河、珲春、和龙、集安、白山、通化、梅河口、敦化、安图、柳河、辉南、抚松、靖宇、镇赉、长白；辽宁省开原、西丰、营口、彰武、朝阳、大连、鞍山、抚顺、凤城、丹东、清原；内蒙古自治区额尔古纳、根河、扎兰屯、牙克石、鄂温克、新巴尔虎左旗、科尔沁右翼后旗、科尔沁右翼前旗、喀喇沁旗、东乌珠穆沁旗等地。

全草有止血、消炎、镇咳、化痰作用。嫩茎及叶作菜蔬或腌制酱菜。

■ 蒌蒿

花序

茎叶

■ 蒌蒿

顶端叶

植株

（30）魁蒿（辽宁植物志，内蒙古植物志，东北植物检索表，东北草本植物志，中国植物志，Flora of China）

Artemisia princeps Pamp. in Nuov. Giorn. Bot. Ital. n. s. 36: 445. 1930; 中国植物志76(2): 120. 1991; 辽宁植物志（下册）: 542. 图版240: 8 ~ 11. 1992; 内蒙古植物志（第二版）4: 637. 图版248: 9 ~ 10. 1993; 东北植物检索表（第二版）: 671. 图版334: 5. 1995; 东北草本植物志9: 203. 2004; Fl. China 20: 704. 2011.

生路旁、山坡、灌丛、林缘及沟边。产辽宁省凌源、建平、建昌、西丰；内蒙古自治区鄂温克、科尔沁左翼后旗、赤峰、巴林右旗、翁牛特旗、锡林浩特等地。

叶有解毒消肿、散寒除湿、温经止血作用，用于月经不调、经闭腹痛、崩漏等。

■ 魁蒿

花序一部分

茎叶

（31）歧茎蒿（辽宁植物志，黑龙江省植物志，内蒙古植物志，东北植物检索表，东北草本植物志，中国植物志，Flora of China）

Artemisia igniaria Maxim. in Prim. Fl. Amu r. 161. 1859; 中国植物志76(2): 123. 图版17: 10 ~ 18. 1991; 辽宁植物志（下册）: 544. 图版241: 6 ~ 10. 1992; 内蒙古植物志（第二版）4: 634. 图版248: 1 ~ 6. 1993; 东北植物检索表（第二版）: 671. 图版334: 8. 1995; 黑龙江省植物志9: 199. 图版56: 13 ~ 19. 1998; 东北草本植物志9: 205. 图版71: 6 ~ 10. 2004; Fl. China 20: 705. 2011.

生林下。产黑龙江省五营、五大连池、克山、克东、友谊、虎林、密山、萝北、尚志、饶河、伊春；吉林省白山、敦化、蛟河、和龙、磐石、安图、汪清、临江、通化；辽宁省北镇、凌源、鞍山、庄河、普兰店、法库、西丰、岫岩、清原、新宾、抚顺、宽甸、本溪、桓仁；内蒙古自治区扎兰屯、翁牛特旗、敖汉旗、克什克腾旗、喀喇沁旗、林西、锡林浩特、多伦等地。

民间有止血、消炎、通经等作用。

■ 歧茎蒿

花序一部分

植株下部

（32）阴地蒿（黑龙江省植物志，内蒙古植物志，东北草本植物志，中国植物志，Flora of China）；林艾蒿（辽宁植物志）；林地蒿（东北植物检索表）

Artemisia sylvatica Maxim. in Prim. Fl. Amur. 161. 1859; 中国植物志76(2): 149. 图版20: 8 ~ 17. 1991; 辽

■ 阴地蒿

叶背面观

花序一部分

■ 阴地蒿

植株上部

植株下部

宁植物志（下册）: 542. 图版241: 1 ~ 5. 1992; 内蒙古植物志（第二版）4: 637. 图版248: 7 ~ 8. 1993; 东北植物检索表（第二版）: 671. 图版334: 7. 1995; 黑龙江省植物志9: 206. 图版58: 9 ~ 13. 1998; 东北草本植物志9: 203. 图版71: 1 ~ 5. 2004; Fl. China 20: 710. 2011.

生林下、路旁、山坡湿地。产黑龙江省哈尔滨、尚志、阿城、宁安、呼玛、海林、虎林、密山；吉林省敦化、汪清、安图；辽宁省沈阳、鞍山、西丰、北镇、建昌、凤城、宽甸、本溪、桓仁；内蒙古自治区扎兰屯、巴林右旗等地。

全草药用，用于崩漏、带下病、经闭、腹痛。

（33）高岭蒿（黑龙江省植物志，东北植物检索表，东北草本植物志，中国植物志，Flora of China）

Artemisia brachyphylla Kitam., Acta Phytotax. Geobot. 5: 97. 1936; 中国植物志76(2): 128. 1991; 东北植物检索表（第二版）: 673. 图版335: 6. 1995; 黑龙江省植物志9: 203. 图版57: 9 ~ 15. 1998; 东北草本植物志9: 211. 图版74: 10 ~ 14. 2004; Fl. China 20: 705. 2011.

生海拔1100米以上地区的亚高山草甸、森林草原、砾质坡地或林缘、林下、路旁、灌丛等处。产黑龙江省大兴安岭、绥化；吉林省敦化、安图、抚松等地。

（34）辽东蒿（辽宁植物志，内蒙古植物志，东北植物检索表，东北草本植物志，中国植物志，Flora of China）

Artemisia verbenacea (Kom.) Kitag. in Lineam. Fl. Mansh. 434. 1939; 中国植物志76(2): 113. 1991; 辽宁植物志（下册）: 538. 图版238: 10 ~ 12. 1992; 内蒙古植物志（第二版）4: 633. 图版247: 1 ~ 5. 1993; 东北植物检索表（第二版）: 673. 图版335: 5. 1995; 东北草本植物志9: 209. 图版73: 1 ~ 5. 2004; Fl. China 20: 702. 2011.

生山坡、路旁及河岸边等地。产辽宁省建平、喀左、营口、大连、旅顺口；内蒙古自治区翁牛特旗、锡林浩特、太仆寺旗等地。

全草入药，作艾蒿的代用品。

■ 辽东蒿

花序一部分

花期植株

苗期植株

（35）五月艾（内蒙古植物志，东北植物检索表，东北草本植物志，中国植物志，Flora of China）

Artemisia indica Willd. in Sp. Pl. 3: 1846. 1800; 中国植物志76(2): 117. 1991; 内蒙古植物志（第二版）4: 638. 1993; 东北植物检索表（第二版）: 673. 1995; 东北草本植物志9: 208. 2004; Fl. China 20: 703. 2011.

生路旁、林缘、坡地、灌丛、岩石壁。产辽宁省大连；内蒙古自治区扎兰屯、牙克石等地。

全草有清热、解毒、止血、消炎等作用。嫩苗作菜蔬或腌制酱菜。

■ 五月艾

茎叶

植株一部分

花序一部分

（36）蒙古蒿（黑龙江省植物志，内蒙古植物志，东北植物检索表，东北草本植物志，中国植物志，Flora of China）

Artemisia mongolica (Fisch. ex Bess.) Nakai in Bot. Mag. Tokyo 31: 112. 1917; 中国植物志76(2): 111. 图版16: 1 ~ 9. 1991; 内蒙古植物志（第二版）4: 628. 图版246: 1 ~ 6. 1993; 东北植物检索表（第二版）: 671. 图版335: 3. 1995; 黑龙江省植物志9: 196. 图版56: 1 ~ 9. 1998; 东北草本植物志9: 205. 图版72: 1 ~ 9. 2004; Fl. China 20: 702. 2011.

生山坡、灌丛、河岸边及路旁等地。产黑龙江省哈尔滨、齐齐哈尔、大庆、密山、虎林、杜尔伯特、富裕、安达、肇东、肇州、呼玛；吉林省镇赉、通榆；辽宁省凌源、朝阳、彰武、宽甸、本溪、桓仁；内蒙古自治区海拉尔、满洲里、鄂温克、科尔沁右翼前旗、科尔沁右翼中旗、扎赉特旗、乌兰浩特、突泉、科尔沁左翼后旗等地。

全草有温经、止血、散寒、祛湿等作用。全株作牲畜饲料和造纸原料。

■ 蒙古蒿

茎上部叶

花序一部分

花序

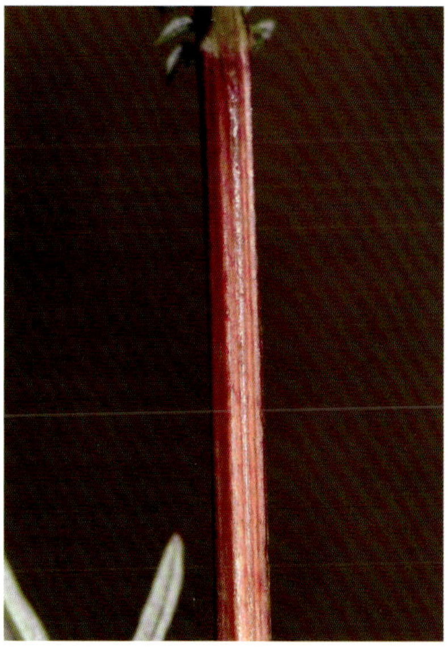

茎

茎下部叶

植株

（37）白叶蒿（内蒙古植物志，中国植物志，Flora of China）；白毛蒿（东北植物检索表，东北草本植物志）

Artemisia leucophylla (Turcz. ex Bess.) C. B. Clarke, Comp. Ind. 162. 1876; Komar. Fl. Mansh. 3: 674. 1907; 中国植物志76(2): 105. 1991; 内蒙古植物志（第二版）4: 630. 图版247: 6 ~ 7. 1993; Fl. China 20: 701. 2011.——*Artemisia mongolica* var. *leucophylla* (Turcz. ex Bess.) W. Wang & H. T. Ho in Fl. Intramong. 6: 140. 1982; 东北植物检索表（第二版）: 671. 1995; 东北草本植物志9: 206. 图版73: 6 ~ 10. 2004.

生山坡、路边、林缘、草地、河湖岸边、砾质坡地等地。产黑龙江省大庆、富裕、安达；内蒙古自治区海拉尔、额尔古纳、根河、新巴尔虎右旗、巴林右旗、科尔沁左翼后旗、翁牛特旗、锡林浩特等地。吉林省、辽宁省有记录，待调查核实。

作“艾”（家艾）的代用品入药，有温气血、逐寒湿、止血、消炎的作用。

（38）红足蒿（辽宁植物志，黑龙江省植物志，内蒙古植物志，东北植物检索表，东北草本植物志，中国植物志，Flora of China）

Artemisia rubripes Nakai in Bot. Mag, Tokyo 31: 112. 1917; 中国植物志76(2): 115. 图版16: 10 ~ 12. 1991; 辽宁植物志（下册）: 539. 图版238: 1 ~ 9. 1992; 内蒙古植物志（第二版）4: 635. 图版246: 7 ~ 8. 1993; 东北植物检索表（第二版）: 671. 图版335: 4. 1995; 黑龙江省植物志9: 198. 图版56: 10 ~ 12. 1998; 东北草本植物志9: 208. 图版72: 10 ~ 18. 2004; Fl. China 20: 703. 2011.

生荒野及山坡草地。产黑龙江省杜尔伯特、桦南、安达、大庆、勃利、呼玛、海林、佳木斯、密山、绥芬河、阿城、虎林、尚志、伊春、哈尔滨、萝北、饶河；吉林省九台、延吉、珲春、和龙、敦化、安图、抚松、镇赉、通榆；辽宁省凌源、葫芦岛、锦州、北镇、建平、彰武、营口、沈阳、大连、普兰店、庄河、凤城、宽甸、本溪、桓仁；内蒙古自治区海拉尔、额尔古纳、根河、扎兰屯、陈巴尔虎旗、新巴尔虎左旗、新巴尔虎右旗、鄂温克、巴林右旗、翁牛特旗、克什克腾旗、喀喇沁旗、赤峰市红山区、西乌珠穆沁旗、锡林浩特、正蓝旗、太仆寺旗等地。

■ 红足蒿

花序一部分

茎下部叶

茎上部叶

茎

植株

（39）宽叶山蒿（辽宁植物志，黑龙江省植物志，内蒙古植物志，东北植物检索表，东北草本植物志，中国植物志，Flora of China）

Artemisia stolonifera (Maxim.) Kom. in Fl. Mansh. 3: 676. 1907; 中国植物志76(2): 85. 图版11: 1 ~ 7. 1991; 辽宁植物志（下册）: 540. 图版240: 1 ~ 7. 1992; 内蒙古植物志（第二版）4: 623. 图版244: 9 ~ 10. 1993; 东北植物检索表（第二版）: 673. 1995; 黑龙江省植物志9: 192. 图版54: 8 ~ 12. 1998; 东北草本植物志9: 217. 图版74: 1 ~ 9. 2004; Fl. China 20: 697. 2011.——*Artemisia stolonifera* var. *laciniata* G. Y. Zhang, 黑龙江省植物志9: 193. 1998.

生林缘、林下、路旁、撂荒地及山坡。产黑龙江省带岭、五营、五大连池、饶河、阿城、东宁、鸡西、鸡东、汤原、海林、宁安、萝北、逊克、勃利、嘉荫、虎林、密山、尚志、伊春、呼玛、加格达奇、碧水；吉林省磐石、蛟河、安图、敦化、抚松、珲春、汪清、和龙；辽宁省北镇、鞍山、凤城、本溪、沈阳、西丰、新宾、岫岩、桓仁；内蒙古自治区额尔古纳、根河、牙克石、满洲里、鄂温克、科尔沁右翼前旗、阿尔山、巴林右旗、翁牛特旗、克什克腾旗、宁城等地。

全草有逐寒湿、理气血、调经、安胎、止血、消炎作用。

■ 宽叶山蒿

花序一部分

植株上部

植株下部

植株

（40）艾（内蒙古植物志，中国植物志，Flora of China）；艾蒿（辽宁植物志，黑龙江省植物志，东北植物检索表，东北草本植物志）

Artemisia argyi Level et Vant. in Fedde, Rep. Sp. Nov. 8: 138. 1910; 中国植物志76(2): 87. 图版11: 8 ~ 16. 1991; 辽宁植物志（下册）: 536. 图版237: 1 ~ 9. 1992; 内蒙古植物志（第二版）4: 623. 图版244: 1 ~ 8. 1993; 东北植物检索表（第二版）: 673. 1995; 黑龙江省植物志9: 193. 图版55: 1 ~ 8. 1998; 东北草本植物志9: 215. 图版76: 1 ~ 9. 2004; Fl. China 20: 697. 2011.

（40a）艾（原变种）

Artemisia argyi var. *argyi*

生山坡草地、荒地及山野低平地。产黑龙江省虎林、密山、哈尔滨、大庆、富裕、杜尔伯特、宁安、安达、伊春、萝北；吉林省双辽、九台、长春、和龙、珲春；辽宁省各地；内蒙古自治区科尔沁右翼前旗、科尔沁右翼中旗、扎鲁特旗、赤峰、翁牛特旗、突泉、巴林右旗、喀喇沁旗等地。

全草有温经、祛湿、散寒、止血、消炎、平喘、止咳、安胎、抗过敏等作用。还可用全草作杀虫的农药或熏烟作房间消毒、杀虫药。嫩芽及幼苗作菜蔬。

■ 艾

根部

花序一部分

叶正反面对比

茎叶

茎

居群

（40b）朝鲜艾（变种）（黑龙江省植物志，中国植物志，Flora of China）；朝鲜艾蒿（辽宁植物志，东北植物检索表，东北草本植物志）；野艾（内蒙古植物志）

Artemisia argyi var. *gracilis* Pamp. in Nuov. Giorn. Bot. Ital. n. s. 36: 453. fig. 83. 1930; 中国植物志76(2): 90. 1991; 辽宁植物志（下册）: 536. 图版237: 10. 1992; 内蒙古植物志（第二版）4: 625. 1993; 东北植物检索表（第二版）: 673. 1995; 黑龙江省植物志9: 195. 1998; 东北草本植物志9: 215. 图版76: 9～10. 2004; Fl. China 20: 697. 2011.

生路旁、林缘及山坡等地。产黑龙江省哈尔滨、伊春、密山、虎林、宁安、饶河、黑河、杜尔伯

■ 朝鲜艾

茎叶

居群

特；吉林省德惠、双辽、珲春、吉林、通榆、四平、延吉、汪清、长白、安图；辽宁省凌源、北镇、葫芦岛、建平、彰武、沈阳、抚顺、盖州、普兰店、大连、鞍山、凤城；内蒙古自治区牙克石、乌兰浩特、科尔沁右翼前旗、科尔沁右翼中旗、扎赉特旗、突泉等地。

（41）矮蒿（辽宁植物志，内蒙古植物志，东北植物检索表，东北草本植物志，中国植物志，Flora of China）

Artemisia lancea Van in Bull. Acad. Internat. Geogr. Bot. 12: 500. 1903; 中国植物志76(2): 99. 图版13: 1 ~ 8. 1991; 辽宁植物志（下册）: 538. 图版239: 6 ~ 10. 1992; 内蒙古植物志（第二版）4: 627. 1993; 东北植物检索表（第二版）: 673. 图版335: 2. 1995; 东北草本植物志9: 211. 图版75: 6 ~ 10. 2004; Fl. China 20: 700. 2011.

生河岸湿地、沟谷及路旁。产黑龙江省哈尔滨、安达；吉林省吉林、临江、安图、白山；辽宁省北镇、锦州、营口、大连、普兰店、庄河、铁岭、海城、抚顺、鞍山、沈阳、辽阳、长海、桓仁、宽甸；内蒙古自治区南部。

根用于淋证。叶用于小腹冷痛、月经不调、宫冷不孕、吐血、衄血、崩漏等。

■ 矮蒿

花序一部分

植株一部分

居群

（42）南艾蒿（内蒙古植物志，中国植物志，Flora of China）

Artemisia verlotorum Lamotte in Mem. Asso. Franc. Cong. Clerm. Ferr. 511. 1876; 中国植物志76(2): 94. 1991; 内蒙古植物志（第二版）4: 626. 1993; Fl. China 20: 699. 2011.

生低海拔至中海拔地区的山坡、路旁、田边等地。产内蒙古自治区根河、鄂伦春、锡林浩特。黑龙江省、吉林省、辽宁省有记录，待调查核实。

作"艾"（家艾）的代用品入药，有消炎、止血作用。

（43）野艾蒿（辽宁植物志，黑龙江省植物志，内蒙古植物志，东北植物检索表，东北草本植物志，中国植物志，Flora of China）

Artemisia umbrosa (Bess.) Turcz. ex DC. in Prodr. 6: 113. 1837; 辽宁植物志（下册）: 539. 图版239: 1 ~ 5. 1992; 东北植物检索表（第二版）: 673. 图版335: 1. 1995.——*A. lavandulaefolia* DC. in Prodr. 6: 110. 1837; 中国植物志76(2): 92. 图版12: 1 ~ 8. 1991; 内蒙古植物志（第二版）4: 625. 图版245: 8 ~ 9. 1993; 黑龙江省植物志9: 195. 图版55: 9 ~ 14. 1998; 东北草本植物志9: 214. 图版75: 1 ~ 5. 2004; Fl. China 20: 698. 2011.

生山谷、山坡草地、灌丛及路旁。产黑龙江省哈尔滨、安达、伊春、呼玛、尚志、宁安、勃利；吉林省九台、吉林、珲春、敦化、和龙、安图、汪清；辽宁省葫芦岛、大连、普兰店、凤城、鞍山、抚顺、营口、宽甸、桓仁、建平、西丰；内蒙古自治区海拉尔、额尔古纳、鄂伦春、鄂温克、科尔沁右翼前旗、科尔沁右翼中旗、扎赉特旗、乌兰浩特、突泉、大青沟、克什克腾旗、西乌珠穆沁旗、锡林浩特、正蓝旗、太仆寺旗等地。

嫩苗作菜蔬或腌制酱菜食用。鲜草作饲料。

■ 野艾蒿

茎上部叶

茎下部叶

花序一部分

植株

（44）乌丹蒿（内蒙古植物志，东北植物检索表，东北草本植物志，中国植物志，Flora of China）

Artemisia wudanica Liou et W. Wang, Acta Phytotax. Sin. 17(4): 88. 1979; 中国植物志76(2): 191. 1991; 内蒙古植物志（第二版）4: 641. 图版250: 1 ~ 6. 1993; 东北植物检索表（第二版）: 673. 图版336: 2. 1995; 东北草本植物志9: 218. 图版78. 2004; Fl. China 20: 723. 2011.

生流动及半固定沙丘上。产内蒙古自治区翁牛特旗（模式标本采集地）、克什克腾旗等地。

本种根粗而长，茎与枝粗而多，常形成大的密丛，耐旱性强，抗风、固沙性能好，果壁含胶质物，吸水即膨胀，可胶结沙粒及保水，利于种子萌发，也可作固沙的先锋植物。茎、枝可作固沙的沙障或编筐用。

■ 乌丹蒿

花序一部分

植株上部

■ 乌丹蒿

植株下部

植株

（45）盐蒿（黑龙江省植物志，东北植物检索表，东北草本植物志，中国植物志，Flora of China）；差不嘎蒿（辽宁植物志，内蒙古植物志）；褐沙蒿（内蒙古植物志）

Artemisia halodendron Turcz. ex Bess. in Bull. Soc. Nat. Mosc. 8: 17. 1835; 中国植物志76(2): 191. 图版27: 1 ~ 5. 1991; 辽宁植物志（下册）: 516. 图版227: 1 ~ 6. 1992; 内蒙古植物志（第二版）4: 639. 图版250: 13 ~ 18. 1993; 东北植物检索表（第二版）: 673. 图版336: 1. 1995; 黑龙江省植物志9: 208. 图版59: 1 ~ 6. 1998; 东北草本植物志9: 218. : 图版77. 2004; Fl. China 20: 723. 2011.——*A. intramongolica* H. C. Fu in Fl. Intramong. 6: 125, Tab.44 et in addenda 327. 1983; 内蒙古植物志（第二版）4: 643. 图版251. 1993.

（45a）盐蒿（原变种）

Artemisia halodendron var. *halodendron*

生流动沙丘、半固定沙丘。产黑龙江省西部；吉林省西部；辽宁省大连、朝阳、阜蒙、彰武；内蒙古自治区海拉尔、满洲里、牙克石、新巴尔虎左旗、新巴尔虎右旗、科尔沁右翼中旗、扎鲁特旗、奈曼旗、科尔沁左翼后旗、赤峰市红山区、翁牛特旗、敖汉旗、克什克腾旗、巴林右旗、阿鲁科尔沁旗、西乌珠穆沁旗、锡林浩特、正蓝旗、苏尼特右旗等地。

为良好的固沙植物之一。嫩枝、叶有祛痰止咳、平喘解表、祛湿作用。

■ 盐蒿

植株一部分

植株

（45b）长梗盐蒿（东北植物检索表）

Artemisia halodendron var. *peduncularis* Liou et W. Wang, 东北植物检索表（第二版）: 673. 1995.

生境、产地不详。

（46）柔毛蒿（黑龙江省植物志，内蒙古植物志，东北植物检索表，东北草本植物志，中国植物志，Flora of China）

Artemisia pubescens Ledeb., Mém. Acad. Imp. Sci. St. Pétersbourg Hist. Acad. 5: 568. 1815; 中国植物志76(2): 211. 图版29: 1 ~ 9. 1991; 内蒙古植物志（第二版）4: 650. 图版253: 7 ~ 8. 1993; 东北植物检索表（第二版）: 677. 图版338: 1. 1995; 黑龙江省植物志9: 211. 图版60: 1 ~ 5. 1998; 东北草本植物志9: 236. 图版87. 2004; Fl. China 20: 727. 2011.

（46a）柔毛蒿（原变种）

Artemisia pubescens var. *pubescens*

多生中、低海拔地区的草原、森林草原、草甸、林缘及湿润、半湿润或半干旱地区的荒坡、丘陵、砾质坡地及路旁等地。产黑龙江省黑河、大庆、密山、安达、逊克；吉林省镇赉、白城、通榆；辽宁省彰武；内蒙古自治区海拉尔、额尔古纳、根河、牙克石、扎兰屯、陈巴尔虎旗、新巴尔虎左旗、乌兰浩特、通辽、扎鲁特旗、翁牛特旗、阿鲁科尔沁旗、克什克腾旗、喀喇沁旗、宁城、赤峰市红山区、东乌珠穆沁旗、西乌珠穆沁旗、锡林浩特、阿巴嘎旗、正蓝旗等地。

（46b）大头柔毛蒿（变种）（黑龙江省植物志，内蒙古植物志，中国植物志，Flora of China）；大头变蒿（内蒙古植物志）

Artemisia pubescens var. *gebleriana* (Bess.) Y. R. Ling in Bull. Bot. Re s. 8(4): 51. 1984; 中国植物志76(2): 213. 1991; 内蒙古植物志（第二版）4: 650. 1993; 黑龙江省植物志9: 213. 1998; Fl. China 20: 728. 2011.

生山坡草地、砂质草地。产内蒙古自治区海拉尔、满洲里等地。

（46c）塔河柔毛蒿（变种）（黑龙江省植物志）

Artemisia pubescens var. *taheensis* G. Y. Zhang et L. S. Wang in Bull. Bot. Res. 13(1): 50. 1993; 黑龙江省植物志9: 213. 图版60: 6 ~ 7. 1998.

生山坡、路旁。产黑龙江省塔河（模式标本采集地）、碧水、西林吉等地。

（46d）黑柔毛蒿（变种）（中国植物志，Flora of China）；黑沙蒿（植物分类学报）；黑砂蒿（东北植物检索表）

Artemisia pubescens var. *coracina* (W. Wang) Ling et Y. R. Ling in Bull. Bot. Res. 8(4): 51. 1985; 中国植物志76(2): 212. 1991; Fl. China 20: 728. 2011.——*Artemisia coracina* W. Wang in Acta Phytotax. Sin. 17(4) 89. 1979; 东北植物检索表（第二版）: 674. 图版336: 3. 1995.

生固定沙丘上。产黑龙江省密山、安达；吉林省通榆（模式标本采集地）。

（47）光沙蒿（辽宁植物志，黑龙江省植物志，内蒙古植物志，中国植物志，Flora of China）；光砂蒿（东北植物检索表，东北草本植物志）

Artemisia oxycephala Kitag. in Rep. First Sci. Exped. Manch. 4 (4): 51, 93. 1936; 中国植物志76(2): 200. 1991; 辽宁植物志（下册）: 518. 1992; 内蒙古植物志（第二版）4: 644. 图版252: 9 ~ 10. 1993; 东北植物检索表（第二版）: 674. 图版336: 4. 1995; 黑龙江省植物志9: 210. 图版59: 7 ~ 11. 1998; 东北草本植物志9: 223. 图版80: 1 ~ 10. 2004; Fl. China 20: 725. 2011.

（47a）光沙蒿（原变种）

Artemisia oxycephala var. *oxycephala*

（47aa）光沙蒿（原变型）

Artemisia oxycephala f. *oxycephala*

生于山坡。产黑龙江省大庆、齐齐哈尔、肇东、密山、宁安、富裕；吉林省通榆、双辽；辽宁省凌源、建昌、建平、葫芦岛、彰武、西丰；内蒙古自治区额尔古纳、根河、海拉尔、牙克石、满洲里、乌兰浩特、赤峰、赤峰市红山区、翁牛特旗、克什克腾旗、阿鲁科尔沁旗等地。

可作防风固沙的辅助性植物。也可作牲畜的饲料。

■ 光沙蒿

茎叶

花序一部分

植株一部分

（47ab）太阳光沙蒿（变型）（植物研究，黑龙江省植物志）

Artemisia oxycephala f. *taiyangensis* G. Y. Chang; L. S. Wang et H. X. Ma in Bull. Bot. Res13(2): 125. 1993; 黑龙江省植物志9: 211. 1998.

生沙质地。产黑龙江省哈尔滨（模式标本采自太阳岛）。

（47b）疏花光砂蒿（变种）（东北植物检索表，东北草本植物志）

Artemisia oxycephala var. *sporadantha* W. Wang, 植物研究23(4): 388 ~ 389. 2003；东北草本植物志9: 223. 图版80: 11 ~ 20. 2004; 东北植物检索表（第二版）: 674. 1995, nom. inval.

生沙丘。产吉林省长岭；辽宁省彰武；内蒙古自治区赤峰（模式标本采集地）等地。

■ 疏花光砂蒿

花序一部分

茎叶

（47c）金砂蒿（变种）（东北植物检索表，东北草本植物志）

Artemisia oxycephala var. *aureinitens* W. Wang, 植物研究23(4): 388 ~ 389. 2003；东北草本植物志9: 223.

2004; 东北植物检索表（第二版）: 674. 1995, nom. inval.

生湖边沙地及沙丘。产黑龙江省密山（模式标本采集地）、黑河等地。

（47d）兴凯光沙蒿（变种）（黑龙江省植物志）

Artemisia oxycephala var. *xingkaiensis* G. Y. Zhang et L. S. Wang in Bull. Bot. Res13(1): 50. 1993; 黑龙江省植物志9: 211. 1998.

生沙岗上。产黑龙江省密山（模式标本采自兴凯湖）。

（48）龙蒿（内蒙古植物志，东北植物检索表，东北草本植物志，中国植物志，Flora of China）

Artemisia dracunculus L., Sp. Pl. 849. 1753; 中国植物志76(2): 186. 图版25: 1 ~ 5. 1991; 内蒙古植物志（第二版）4: 638. 图版249. 1993; 东北植物检索表（第二版）: 674. 图版336: 5. 1995; 黑龙江省植物志9: 207. 图版58: 14 ~ 18. 1998; 东北草本植物志9: 223. 图版81: 1 ~ 8. 2004; Fl. China 20: 722. 2011.

生碱性草地、山坡、撂荒地。产黑龙江省大庆、漠河、肇东、泰来、齐齐哈尔；辽宁省沈阳、桓仁、宽甸、凤城；内蒙古自治区海拉尔、牙克石、满洲里、陈巴尔虎旗、鄂温克、新巴尔虎左旗、新巴尔虎右旗、科尔沁右翼前旗、扎鲁特旗、巴林右旗、阿鲁科尔沁旗、克什克腾旗、喀喇沁旗、西乌珠穆沁旗、锡林浩特、苏尼特左旗、正蓝旗、太仆寺旗等地。

根有辣味，可代辣椒作调味品。全草有清热凉血、退虚热、解暑作用。

■ 龙蒿

花序

花序一部分

植株一部分

（49）猪毛蒿（辽宁植物志，黑龙江省植物志，内蒙古植物志，东北植物检索表，东北草本植物志，中国植物志，Flora of China）

Artemisia scoparia Waldst. et Kit. in Pl. rar. Hung. 1: 66. Tab. 65. 1802; 中国植物志76(2): 220. 图版30: 10 ~ 18. 1991; 辽宁植物志（下册）: 519. 图版228: 4 ~ 8. 1992; 内蒙古植物志（第二版）4: 652. 图版254: 1 ~ 6. 1993; 东北植物检索表（第二版）: 674. 图版337: 1. 1995; 黑龙江省植物志9: 214. 图版61: 1 ~ 2. 1998; 东北草本植物志9: 226. 图版82. 2004; Fl. China 20: 730. 2011.

（49a）猪毛蒿（原变种）

Artemisia scoparia var. *scoparia*

生荒野草地。产黑龙江省萝北、密山、逊克、尚志、饶河、哈尔滨、杜尔伯特、肇东、富裕、安达、伊春；吉林省临江、永吉、通榆、九台、集安、安图、和龙、珲春；辽宁省海城、锦州、沈阳、宽甸、桓仁、清原、新民、西丰、葫芦岛、丹东、大连、彰武、普兰店、凤城、东港、盖州、庄河、鞍山、本溪、抚顺；内蒙古自治区海拉尔、额尔古纳、牙克石、满洲里、鄂温克、新巴尔虎左旗、新巴尔虎右旗、科尔沁右翼前旗、扎鲁特旗、突泉、翁牛特旗、巴林右旗、赤峰、宁城等地。

基生叶、幼苗及幼叶等入药，功用与茵陈蒿同。

■ 猪毛蒿

花序一部分

茎叶

（49b）毛猪毛蒿（东北植物检索表，东北草本植物志）

Artemisia scoparia var. *villosa* Korsh in Act. Hort. Petrop. 12: 352. 1892; 东北植物检索表（第二版）: 674. 1995; 东北草本植物志9: 228. 2004.

生沙质草原。产黑龙江省大庆、肇东、哈尔滨；辽宁省葫芦岛；内蒙古自治区海拉尔、新巴尔虎左旗等地。

（50）巴尔古津蒿（内蒙古植物志，东北植物检索表，东北草本植物志，中国植物志，Flora of China）

Artemisia bargusinensis Spreng, Syst. Veg. 3: 493. 1826; 中国植物志76(2): 230. 图版31: 1 ~ 6. 1991; 内蒙古植物志（第二版）4: 655. 图版255: 1 ~ 5. 1993; 东北植物检索表（第二版）: 674. 图版337: 2. 1995; 东北草本植物志9: 228. 图版83: 1 ~ 7. 2004; Fl. China 20: 732. 2011.

生中、低海拔地区的山坡、草地、林缘等地。产辽宁省岫岩；内蒙古自治区海拉尔、牙克石、鄂温克、新巴尔虎右旗、科尔沁右翼前旗等地。

（51）甘肃蒿（内蒙古植物志，中国植物志，Flora of China）

Artemisia gansuensis Ling et Y. R. Ling in Bull. Bot. Res. 5(2): 9, fig. 14. 1985; 中国植物志76(2): 214. 1991; 内蒙古植物志（第二版）4: 651. 图版253: 9 ~ 10. 1993; Fl. China 20: 728. 2011.

生干旱坡地、黄土高原、路旁等地。产内蒙古自治区赤峰市红山区、阿巴嘎旗、二连浩特等地。

（52）细杆沙蒿（中国植物志，Flora of China）；细砂蒿（东北植物检索表）；细沙蒿（东北草本植物志）；细秆沙蒿（内蒙古植物志）

Artemisia macilenta (Maxim.) Krasch., Mater. Istorii Fl. Rastitel'n. S. S. S. R. 2: 156. 1946; 中国植物志76(2): 215. 1991; 内蒙古植物志（第二版）4: 651. 图版254: 9 ~ 10. 1993; 东北植物检索表（第二版）: 677. 图版338: 3. 1995; 东北草本植物志9: 239. 图版89. 2004; Fl. China 20: 729. 2011.

生中、低海拔地区的干山坡、干河谷与岸边、路旁、林缘、草原、森林草原。产黑龙江省哈尔滨、虎林、饶河、穆棱；辽宁省旅顺口（老铁山）；内蒙古自治区扎鲁特旗等地。

（53）茵陈蒿（辽宁植物志，黑龙江省植物志，东北植物检索表，东北草本植物志，中国植物志，Flora of China）

Artemisia capillaris Thunb. in Fl. Jap. 309. 1784; 中国植物志76(2): 216. 图版30: 1～9. 1991; 辽宁植物志（下册）: 518. 图版228: 1～3. 1992; 东北植物检索表（第二版）: 677. 图版338: 4. 1995; 黑龙江省植物志9: 213. 图版60: 8～15. 1998; 东北草本植物志9: 239. 图版88. 2004; Fl. China 20: 729. 2011.

生荒野草地。产黑龙江省塔河、哈尔滨；吉林省公主岭、临江、通化、白山、梅河口、集安、通榆、抚松、靖宇、柳河、辉南、长白；辽宁省凌源、葫芦岛、营口、大连、庄河、丹东、开原、朝阳、西丰、建平、阜蒙、宽甸；内蒙古自治区海拉尔、鄂伦春等地。

全草有清热利湿、利胆退黄作用，治黄疸型或无黄疸型传染性肝炎。嫩苗可食。

■ 茵陈蒿

苗期植株

近花期植株一部分

近花期植株

花序一部分

居群

（54）变蒿（东北植物检索表，东北草本植物志）

Artemisia commutata Bess. in Bull. Soc. Nat. Mosc. 8: 70. 1835; 大连地区植物志（下册）767. 图1016. 1982; 东北植物检索表（第二版）: 677. 图版338: 2. 1995; 东北草本植物志9: 238. 图版83: 8～13. 2004.

（54a）变蒿（原变种）

Artemisia commutata var. *commutata*

生干旱山坡草地、河滩沙质地。产黑龙江省哈尔滨、大庆、齐齐哈尔、黑河、呼玛；吉林省白城、通榆、前郭；辽宁省旅顺口、普兰店、瓦房店；内蒙古自治区额尔古纳、满洲里、扎兰屯、牙克石、根河、鄂伦春、科尔沁右翼前旗、科尔沁左翼后旗、巴林右旗等地。

■ 变蒿

基生叶

果序

茎叶

植株一部分

（54b）尖叶变蒿（变种）（东北植物检索表，东北草本植物志）

Artemisia commutata var. *acutiloba* W. Wang et C. Y. Li in Bull. Bot. Res. 15(3): 331. 1993; 东北植物检索表（第二版）: 677. 1995; 东北草本植物志9: 238. 2004.

生山沟、向阳山坡。产内蒙古自治区牙克石、扎兰屯、鄂温克、扎鲁特旗、克什克腾旗等地。

（54c）圆叶变蒿（变种）（东北植物检索表，东北草本植物志）

Artemisia commutata var. *rotundifolia* W. Wang et C. Y. Li in Bull. Bot. Res. 15(3): 331. 1993; 东北植物检索表（第二版）: 677. 1995; 东北草本植物志9: 238. 2004.

生草原稍湿地。产黑龙江省大庆（模式标本采集地）。

（55）沙蒿（黑龙江省植物志，东北植物检索表，东北草本植物志，中国植物志，Flora of China）；漠蒿（内蒙古植物志）

Artemisia desertorum Spreng, Syst. Veg. 3: 490. 1826; 中国植物志76(2): 231. 图版31: 7 ~ 12. 1991; 内蒙古植物志（第二版）4: 660. 图版257: 1 ~ 5. 1993; 东北植物检索表（第二版）: 674. 图版337: 6. 1995; 黑龙江省植物志9: 216. 图版61: 3 ~ 7. 1998; 东北草本植物志9: 234. 2004; Fl. China 20: 732. 2011.

（55a）沙蒿（原变种）

Artemisia desertorum var. *desertorum*

生草原、草甸、森林草原、高山草原、荒坡、砾质坡地、干河谷、河岸边、林缘及路旁等地。产黑龙江省大庆、齐齐哈尔、哈尔滨、黑河；吉林省白城、通榆、双辽、前郭尔罗斯；内蒙古自治区海拉尔、额尔古纳、根河、牙克石、扎兰屯、鄂伦春、鄂温克、陈巴尔虎旗、科尔沁右翼前旗、扎赉特旗、翁牛特旗、克什克腾旗、东乌珠穆沁旗、西乌珠穆沁旗、锡林浩特、太仆寺旗、正镶白旗等地。

（55b）线叶沙蒿（变种）（黑龙江省植物志）

Artemisia desertorum var. *lineata* G. Y. Zhang in Bull. Bot. Res. 13(1): 50. 1993; 黑龙江省植物志9: 217. 图版62: 1 ~ 2. 1998.

生沙丘、林下、草甸。产黑龙江省黑河、加格达奇（模式标本采集地）；内蒙古自治区满洲里、海拉尔等地。

（55c）线叶狭牡沙蒿（变种）（黑龙江省植物志）

Artemisia desertorum var. *lineato-angustissima* G. Y. Zhang, 黑龙江省植物志9: 217. 图版62: 1 ~ 2. 1998.

生境不详。产黑龙江省加格达奇、西林吉。

（56）牡蒿（辽宁植物志，黑龙江省植物志，东北植物检索表，东北草本植物志，中国植物志，Flora of China）；日本牡蒿（中国植物志）

Artemisia japonica Thunb. in Fl. Jap. 308. 1784; 中国植物志76(2): 241. 图版32: 10 ~ 18. 1991; 辽宁植物志（下册）: 521. 图版229: 1 ~ 9. 1992; 东北植物检索表（第二版）: 674. 图版337: 3. 1995; 黑龙江省植物志9: 220. 图版63: 1 ~ 2. 1998; 东北草本植物志9: 230. 图版84: 1 ~ 11. 2004; Fl. China 20: 734. 2011.

生河岸沙地、山坡砾石地、山坡灌丛及杂木林间。产黑龙江省哈尔滨、大庆、密山、绥芬河、宁安、尚志、阿城、克山、肇东、双城、友谊、兴凯湖、安达；吉林省九台、临江、通化、白山、梅河

■ 牡蒿

不育枝

可育枝下部

可育枝茎中部叶

花序一部分

口、珲春、柳河、镇赉、集安、安图、辉南、抚松、靖宇、长白、永吉；辽宁省锦州、葫芦岛、沈阳、丹东、大连、抚顺、本溪、凤城、西丰、清原、桓仁、新宾、宽甸；内蒙古自治区科尔沁左翼后旗、翁牛特旗、宁城等地。

全草有清热、解毒、消暑、祛湿、止血、消炎、散瘀作用。嫩叶作菜蔬。

（57）狭叶牡蒿（东北植物检索表，东北草本植物志，中国植物志，Flora of China）

Artemisia angustissima Nakai in Bot. Mag. Tokyo 29: 7. 1915; 中国植物志76(2): 237. 1991; Fl. China 20: 734. 2011.——*A. japonica Thunb* var. *angustissima* (Nakai) Kitam. in Mem. Coll. Sci. Kyoto Univ. ser. B. 15(3): 386. 1940; 东北植物检索表（第二版）: 674. 1995; 东北草本植物志9: 232. 2004.

■ 狭叶牡蒿

上部茎叶

植株下部

中部茎叶

植株

生低海拔地区的山坡及路旁。产黑龙江省哈尔滨、伊春、北安、大庆、虎林、饶河、呼玛；辽宁省长海；内蒙古自治区牙克石、鄂伦春、巴林右旗、宁城等地。

作牡蒿的代用品入药，全草有清热、解毒、消暑、祛湿、止血、消炎、散瘀作用。

（58）滨海牡蒿（内蒙古植物志，中国植物志，Flora of China）

Artemisia littoricola Kitam. in Act. Phytotax. Geobot. 5: 94. 1936 et in Mern. Coll. Sci. Kyoto Univ. ser. B. 15(3): 383. 1940; 中国植物志76(2): 239. 1991; 内蒙古植物志（第二版）4: 657. 1993; Fl. China 20: 734. 2011.

生低海拔河岸、盐碱化或沼泽化的草地上。产黑龙江省青冈、安达；内蒙古自治区鄂温克。

作牡蒿的代用品入药，全草有清热、解毒、消暑、祛湿、止血、消炎、散瘀作用。

（59）东北牡蒿（辽宁植物志，黑龙江省植物志，内蒙古植物志，东北植物检索表，东北草本植物志，中国植物志，Flora of China）；关东牡蒿（俗称）

Artemisia manshurica (Komar.) Komar. in Komar. et Alis. Key. Pl. Far East. Reg. USSR 2: 1053. Tab. 308. 1932; 中国植物志76(2): 240. 1991; 内蒙古植物志（第二版）4: 657. 图版256: 10 ~ 13. 1993; 黑龙江省植物志9: 219. 图版62: 6 ~ 7. 1998; Fl. China 20: 734. 2011.——*A. japonica Thunb*. var. *manshurica* (Kom.) Kitag. in Fl. Mansh. 3: 625. 1907; 辽宁植物志（下册）: 521. 1992; 东北植物检索表（第二版）: 674. 1995; 东北草本植物志9: 230. 图版84: 12 ~ 18. 2004.

生低海拔湿润或半湿润地区的山坡、林缘、草原、森林草原、灌丛、路旁及沟边等地。产黑龙江省哈尔滨、安达、伊春、大庆、北安、阿城、密山、桦南、漠河、萝北、饶河、呼玛；吉林省九台、珲春、和龙、白山、安图、汪清、临江、通榆、敦化；辽宁省大连、沈阳、法库、清原、抚顺、桓仁、宽甸、营口、西丰、建昌；内蒙古自治区额尔古纳、牙克石、鄂温克、扎鲁特旗、科尔沁左翼后旗、喀喇沁旗、锡林浩特等地。

全草有消炎、解毒、清热等效。

■ 东北牡蒿

苗期

花序

植株下部叶

（60）千山蒿（辽宁植物志，东北植物检索表，东北草本植物志，中国植物志，Flora of China）

Artemisia chienshanica Ling et W. Wang in Act. Phytotax. Sin. 17(4): 89. 1979; 中国植物志76(2): 216. 1991; 辽宁植物志（下册）: 522. 图版230. 1992; 东北植物检索表（第二版）: 677. 图版337: 5. 1995; 东北草本植物志9: 234. 图版86. 2004; Fl. China 20: 729. 2011.

生荒坡地上。产辽宁省鞍山（模式标本采自千山）、辽中。

■ 千山蒿

茎下部叶

植株

（61）南牡蒿（辽宁植物志，内蒙古植物志，东北植物检索表，东北草本植物志，中国植物志，Flora of China）；北牡蒿（植物研究，黑龙江省植物志）

Artemisia eriopoda Bunge in Mem. Acad. Sci. Petersb 2: ill. 1833; 中国植物志76(2): 235. 图版32: 1 ~ 9. 1991; 辽宁植物志（下册）: 521. 图版229: 10 ~ 12. 1992; 内蒙古植物志（第二版）4: 658. 图版256: 1 ~ 6. 1993; 东北植物检索表（第二版）: 677. 图版337: 4. 1995; 东北草本植物志9: 232. 图版85. 2004; Fl. China 20: 733. 2011.——*Artemisia eriopoda* subsp. *jiagedaqiensis* G. Y. Chang & X. J. Liu. in Bull. Bot. Res.13(1) 50. 1993; 黑龙江省植物志9: 219. 图版62: 3 ~ 5. 1998.

（61a）南牡蒿（原变种）

Artemisia eriopoda var. *eriopoda*

生于山坡疏林下、山坡灌丛、山坡岩石上。产黑龙江省塔河、加格达奇；辽宁省凌源、建平、葫芦岛、北镇、阜蒙、大连、庄河、凤城、瓦房店、长海、盖州、鞍山；内蒙古自治区扎赉特旗、巴林右旗、宁城、翁牛特旗、克什克腾旗、阿里河、赤峰市红山区、锡林浩特、正蓝旗、多伦等地。

全草有祛风除湿、解毒作用，用于风湿关节痛、头痛、水肿、毒蛇咬伤。

■ 南牡蒿

花序

花序一部分

■ 南牡蒿

基生叶和茎下部叶

植株

（61b）圆叶南牡蒿（变种）（内蒙古植物志，中国植物志，Flora of China）

Artemisia eriopoda var. *rotundifolia* (Debeaux) Y. R. Ling, Bull. Bot. Res., Harbin 8(4): 56. 1988; 中国植物志76(2): 236. 1991; 内蒙古植物志（第二版）4: 658. 1993; Fl. China 20: 734. 2011.

生田边、路旁与坡地。产内蒙古自治区赤峰市红山区。

75 栉叶蒿属 *Neopallasia* Poljak.

Neopallasia Poljak. in Not. Syst. Herb. Inst. Blot. Acad. Sc. URSS. 17: 429. 1955.

一年生草本。叶栉齿状羽状全裂。头状花序卵球形，排成穗状或狭圆锥状花序；总苞片卵形，边缘宽膜质；花托狭圆锥形，无托毛。花异型，边花通常3～4朵，雌性，能育，花冠狭管状，全缘；盘花通常9～16个，两性，下部4～8个能育，上部的不发育，花冠管状，具5齿；花药狭披针形，顶端具圆菱形渐尖头的附片；花柱分枝线形，顶端具短缘毛。瘦果在花托下部排列成一圈，椭圆形，稍扁平，黑褐色，具细条纹，无冠状冠毛。

本属全世界仅1种，分布于中国和蒙古国、俄罗斯。东北地区有分布。

栉叶蒿（辽宁植物志，内蒙古植物志，东北植物检索表，东北草本植物志，中国植物志，Flora of China）

Neopallasia pectinata (Pall.) Poljak. in Not. Syst. Herb. Inst. Bot. Acad. Sc. URSS 17: 428. 1955; 中国植物志76(1): 130. 图版1: 16. 1983; 内蒙古植物志（第二版）4: 667. 图版230: 5～8. 1993; 东北植物检索表681. 图版338: 6. 1995; 东北草本植物志9: 242. 图版90. 2004; Fl. China 20: 748. 2011.——*Artemisia pectinata* Pall. in Reise 3: 755. 1776; 辽宁植物志（下册）: 516. 图版227: 7. 1992.

一、二年生直立草本；茎被白色茸毛；基生叶二回羽状全裂，裂片丝状；茎生叶栉齿状羽状全裂，裂片线状钻形；头状花序无梗或近无梗，卵形，通常基部具栉齿状羽状全裂的苞叶1～4枚；总苞无毛，总苞片3 层；瘦果椭圆形，深褐色，具细沟纹。生荒漠、河谷砾石地及山坡荒地。产吉林省洮南、白城、通榆、汪清；辽宁省阜蒙、彰武、建平；内蒙古自治区赤峰、翁牛特旗、扎鲁特旗、新巴尔虎左旗、新巴尔虎右旗、科尔沁右翼中旗、巴林左旗、巴林右旗、突泉、乌兰浩特、扎赉特旗等地。

全草有清肝利胆、消肿止痛作用，用于急性黄疸、头痛、头晕。

■ 栉叶蒿

花期植株一部分

茎下部叶

茎中部叶

果期植株一部分

植株

植株一部分

76 木茼蒿属 *Argyranthermum* Webb

Argyranthemum Webb, Hist. Nat. Iles Canaries (Phytogr.). 3(2.2, livr. 44). t. 90. 1839.

半灌木。头状花序异型，多数，在茎枝顶端排成不规则伞房花序。边花舌状，雌性，1层；中央花管状，两性；总苞碟状；总苞片3～4层，硬草质；花托极凸起，无托毛。舌状花白色，舌片线形或线状长圆形；瘦果有3条具宽翅的肋及不明显的间肋，顶端有冠缘不整齐的冠毛。管状花黄色，花冠下半部狭管状，上半部突然扩大成宽钟状，顶端5齿裂；花柱分枝线形，顶端截形；花药基部钝，顶端有卵状披针形的附片；瘦果有5～8条椭圆形的肋，其中1条或2条腹肋强烈凸起，顶端有冠毛。

本属全世界约10种，几乎全部集中于北非西海岸加那利群岛。中国栽培1种。东北地区有栽培。

木茼蒿（中国植物志）

Argyranthemum frutescens (L.) Sch. –Bip. in Webb et Berth., Phyt. Canar. 2: 264. 1842; 中国植物志76(1):

20. 图版2: 2. 1983.

半灌木。叶宽卵形、椭圆形或长椭圆形，二回羽状分裂。头状花序多数，在枝端排成不规则的伞房花序。全部苞片边缘白色宽膜质，内层总苞片顶端膜质扩大几乎成附片状。舌状花瘦果有3条具白色膜质宽翅形的肋。两性花瘦果有1～2条具狭翅的肋，并有4～6条细间肋。冠状冠毛长0.4毫米。原产北非加那利群岛。中国各地公园或植物园常栽培。辽宁省大连有栽培。

观赏植物，常作盆栽或露地栽培。

■ 木茼蒿

粉色花

头状花序正面观

头状花序侧面观

黄色花

植株一部分

居群

77 茼蒿属 *Glebionis* Cassini

Glebionis Cassini in F. Cuvier, Dict. Sci. Nat. 41: 41. 1826.

一年生草本。叶互生，羽状分裂或边缘有齿。头状花序单生茎顶，或少数生茎枝顶端；总苞宽杯状；总苞片4层，硬草质；边花雌性，舌状，1层，黄色，舌片长椭圆形或线形；中央盘花两性，管状，黄色，下半部狭筒状，上半部扩大成宽钟状，顶端5齿；花药基部钝，顶端附片卵状椭圆形；花柱分枝线形，顶端截形。边花瘦果有2～3条凸起的硬翅肋及明显或不明显的2～6条间肋，盘花瘦果有6～12条等距排列的肋；无冠毛。

本属全世界有3种，分布于地中海区，中国均有引种。东北地区栽培2种。

分种检索表

1. 叶二回羽状分裂；舌状花瘦果有3条强烈凸起的宽翅肋 ………………… 1. 蒿子杆 G. carinata (Schousb.) Tzvelev
1. 叶不分裂、仅叶缘有不规则的大锯状齿（少有羽状浅裂）；舌状花瘦果有2条强烈凸起的椭圆形侧肋 ………………………………………… 2. 南茼蒿 G. segetum (L.) Fourreau

（1）蒿子杆（辽宁植物志，黑龙江省植物志，内蒙古植物志，东北植物检索表，东北草本植物志，中国植物志，Flora of China）

Glebionis carinata (Schousb.) Tzvelev in Bot. Zhurn. 84(7): 117. 1999; Fl. China 20: 772. 2011.——*Chrysanthemum carinatum* Schousb. in Vextr. Marokko 198. 1800; 中国植物志76(1): 22. 图版2: 3. 1983; 辽宁植物志（下册）: 502. 图版223: 5 ~ 11. 1992; 内蒙古植物志（第二版）4: 562. 1993; 东北植物检索表（第二版）: 677. 图版339: 1. 1995; 黑龙江省植物志9: 154. 1998; 东北草本植物志9: 144. 2004.——*C. coronrium* auct. non L.: 内蒙古植物志6: 80. 1982.

东北各地栽培，吉林省有野生记录。

■ 蒿子杆

头状花序正面观

头状花序侧面观

茎叶

苗期植株

花期植株

以食用蔬菜为目的引进，花期具有观赏性。

大连尚有栽培园艺品种花环菊cv. ‘Shining Aura’，舌状花具白色、黄色、橙黄色、褐黄色、淡红色、

■ 花环菊

植株一部分

植株

■ 花环菊

头状花序正面观

头状花序侧面观

深红色、玫瑰红色和雪青色等，基部或先端带有红色、白色、黄色、褐红色形成二轮环状色彩；盘心呈黄色、绿色、红色或二色兼有。

（2）南茼蒿（中国植物志，Flora of China）

Glebionis segetum (L.) Fourreau, Ann. Soc. L. Lyon, sér. 2. 17: 90. 1869; Fl. China 20: 772. 2011.——

■ 南茼蒿

头状花序正面观

头状花序侧面观

植株一部分

植株

Chrysanthemum segetum L., Sp. Pl. 889, 1753; 中国植物志76(1): 22. 1983.

原产西亚、地中海和欧洲。辽宁省各地栽培。

中国南方作蔬菜广泛栽培，北方也有栽培。

78 滨菊属 *Leucanthemum* Mill.

Leucanthemum Miller, Gard. Dict. Abr., ed. 4. [769]. 1754.

多年生草本。头状花序单生，很少茎生2～5个头状花序；边缘雌花1层，舌状，白色；中央盘状花多数，两性，管状，黄色，顶端5齿裂；总苞碟状；总苞片3～4层，边缘膜质；花柱分枝线形，顶端截形；花药基部钝，顶端附片卵状披针形。瘦果有8～12条纵肋，纵肋光亮；舌状花瘦果显著压扁，弯曲，腹面的纵肋彼此贴近，顶端无冠齿或有长0.8毫米的侧缘冠齿；管状花瘦果顶端无冠齿或有长0.3毫米的冠齿。

本属全世界有33种，主要分布于中欧和南欧山区。中国引进栽培1种。东北地区有栽培。

滨菊（中国植物志，Flora of China）；牛眼菊

Leucanthemum vulgare Lam. in Fl. Franc. 2: 137. 1778; 中国植物志76(1): 25. 图版2: 5. 1983; Fl. China 20: 773. 2011.

多年生直立草本；基生叶长椭圆形至卵形；中下部茎叶长椭圆形或线状长椭圆形；头状花序单生茎顶，或茎生2～5个头状花序，排成疏松伞房状；总苞径10～20毫米，全部苞片无毛，边缘白色或褐色；舌片长10～25毫米；瘦果长2～3毫米。欧洲、俄罗斯、北美洲、日本等地有野生类型。辽宁省各地有栽培。

以观赏为目的引进。自古被视为一种功效显著的药草，除了用于止咳化痰、治气喘外，还用作镇静剂。

■ 滨菊

基生叶

头状花序正面观

头状花序背面观

茎叶

植株上部

植株

79 菊属 *Chrysanthemum* L.

Chrysanthemum L., Sp. Pl. 2: 887. 1753.

多年生草本。叶不分裂或一回或二回掌状或羽状分裂。头状花序异型，单生茎顶，或在茎枝顶端排成伞房或复伞房花序；边缘花雌性，舌状，1层，中央盘花两性，管状；总苞浅碟状或钟状，总苞片4～5层；花托半球形或圆锥状；舌状花黄色、白色或红色，舌片长或短；管状花全部黄色，顶端5齿裂；花柱分枝线形，顶端截形；花药基部钝，顶端附片披针状卵形或长椭圆形。全部瘦果同形，近圆柱状而向下部收窄，有5～8条纵脉纹；无冠毛。

本属全世界约37种，主要分布于中国、日本、朝鲜和俄罗斯。中国有22种。东北地区产11种1变种，其中栽培1种。

分种检索表

1. 栽培植物；叶裂片先端钝；花色丰富 ………… 1. **菊花 *Ch. morifolium*** Ramat.
1. 野生植物。
  2. 舌状花白色；瘦果具冠状冠毛；叶中部以下羽状深裂 ………… 2. **小滨菊 *Ch. lineare*** Matsum.
  2. 舌状花黄色、紫红色、粉红色或白色；瘦果无冠状冠毛。
    3. 舌状花黄色。
      4. 叶羽状浅裂至深裂，背面绿色，疏被短柔毛；头状花序，直径2～2.5（3）厘米（3. **野菊 *Ch. indicum*** L.）。
        5. 舌片黄色 ………… 3a. **野菊 *Ch. indicum*** var. ***indicum***
        5. 舌片白色 ………… 3b. **白花野菊 *Ch. indicum*** var. ***albiflorum*** S. M. Zhang
      4. 叶一至二回羽状深裂至全裂；头状花序，直径1～2厘米。
        6. 叶大而薄、软，羽状深裂，侧裂片先端钝，无羽轴；头状花序，直径1厘米左右 ………… 4. **甘野菊 *Ch. seticuspe*** (Maxim.) Hand.-Mazz.
        6. 叶较甘野菊小且厚、硬，羽状深裂至全裂，侧裂片先端尖，有羽轴；头状花序，直径1～2厘米。
          7. 植株绿色；叶表面疏生短毛，背面疏生伏柔毛及叉状毛 ………… 5. **甘菊 *Ch. lavandulifolium*** (Fisch. et Trantv.) Makino
          7. 植株灰绿色；叶两面密布绒毛 ………… 6. **绒毛菊 *Ch. namikawanum*** Kitam.
    3. 舌状花紫红色、粉红色或白色。
      8. 中部茎叶掌状或掌式羽状或羽状浅裂至中裂，稀深裂。
        9. 叶广卵形或近圆形，基部微心形或截形 ………… 7. **小红菊 *Ch. chanetii*** H. Lév.
        9. 叶长圆状卵形或椭圆形，基部楔形或广楔形下延至柄 ………… 8. **楔叶菊 *Ch. naktongense*** Nakai
      8. 中部茎叶二回分裂为深裂或半裂。
        10. 叶二回分裂为全裂或几乎全裂，小裂片条形或狭条形，宽1～2毫米 ………… 9. **细叶菊 *Ch. maximowiczii*** Komar
        10. 叶二回分裂为深裂或半裂，小裂片三角形或斜三角形，宽达3毫米。
          11. 全株密被毛；茎下部叶菱形或扇形，二回掌状或羽状全裂；头状花序单生于茎顶，稀2～5 ………… 10. **小山菊 *Ch. oreastrum*** Hance
          11. 全株几乎无毛至光滑；茎中下部茎叶卵形、宽卵形、宽卵状三角形或几乎菱形，二回羽状分裂；头状花序2～5个在茎枝顶端排成疏松伞房花序，极少单生 ………… 11. **紫花野菊 *Ch. zawadskii*** Herb. var. ***zawadskii***

（1）菊花（辽宁植物志，黑龙江省植物志，内蒙古植物志，东北植物检索表，东北草本植物志，中国植物志）

Chrysanthemum morifolium Ramat. in Journ. Hist. Nat. 2: 240. 1792; 辽宁植物志（下册）: 504. 1992; 东北植物检索表（第二版）: 679. 1995; 东北草本植物志9: 145. 2004.——*Dendranthema morifolium* (Ramat.) Tzvel. in Fl. URSS 26: 373. 1961; 中国植物志76(1): 35. 1983; 黑龙江省植物志9: 159. 1998.——*Dendranthema grandiflorum* (Ramat) Kitam. in Act. Phytot. Geobot. 29: 165. 1978; 内蒙古植物志（第二版）4: 567. 1993.

原产中国和日本。东北广泛栽培。

除观赏外，可当茶，可作药，有散风清热、平肝明目作用。

■ 菊花

茎叶

头状花序侧面观

植株

（2）小滨菊（内蒙古植物志，东北植物检索表，东北草本植物志，中国植物志）

Chrysanthemum lineare Matsum. in Bot. Mag. Tokyo 13: 83. 1899; 东北植物检索表（第二版）: 679. 图版339: 2. 1995; 东北草本植物志9: 145. 2004; Fl. China 20: 757. 2011; 东北植物分布图集: 1098. 2019.——*Leucanthemella linearis* (Matsum.) Tzvel. in Fl. URSS 26: 139. 1961; 中国植物志76(1): 23. 图版4: 1, 图版2: 4. 1983; 内蒙古植物志（第二版）4: 564. 1993.

生沼泽地。产吉林省蛟河、安图；辽宁省彰武、沈阳；内蒙古自治区额尔古纳、翁牛特旗等地。

■ 小滨菊

茎上部叶

茎下部叶

头状花序

植株

（3）野菊（辽宁植物志，东北植物检索表，东北草本植物志，中国植物志，Flora of China）；葫芦岛野菊（植物研究）

Chrysanthemum indicum L., Sp. Pl. 889. 1753; 辽宁植物志（下册）: 504. 1992; 东北植物检索表（第二版）: 679. 图版329: 3. 1995; 东北草本植物志9: 146. 图版47: 1 ~ 7. 2004; Fl. China 20: 671. 2011; 内蒙古植物志（第三版）5: 119. 2020.——*Dendranthema indicum* (L.) Des Moul. in Act. Soc. L. Bond. 20: 561. 1855; 中国

植物志76(1): 32. 1983.——*Dendranthema indicum* var. *huludaoensis* G. Y. Zhang, L. J. Yu & Y. J. Liu, 植物研究14(2): 152. 1994.——*Chrysanthemum indicum* var. *acutum* auct. non Uyeki: 东北植物检索表396. 1959.

（3a）野菊（原变种）

Chrysanthemum indicum var. *indicum*

生山坡、石质地、灌丛、河边。产辽宁省兴城、北镇、普兰店、抚顺、凤城、沈阳、铁岭、法库、阜新、本溪、朝阳、大连、建昌、葫芦岛、丹东、鞍山等地。

叶、花及全草有清热解毒、疏风散热、散瘀、明目、降血压作用。嫩茎叶可食。

■ 野菊

头状花序正面观

头状花序侧面观

叶正面观

叶背面观

植株

（3b）白花野菊（辽宁植物）

Chrysanthemum indicum var. *albiflorum* S. M. Zhang, 辽宁植物: 1508, 2000. 2021.

生山坡。产辽宁省庄河。

■ 白花野菊

头状花序正面观

头状花序侧面观

植株

（4）甘野菊（辽宁植物志，东北植物检索表，东北草本植物志）；甘菊甘野菊变种（中国植物志）

Chrysanthemum seticuspe (Maxim.) Hand. –Mazz. in Symb. Sin. 7: 1111. 1936; 辽宁植物志（下册）: 505. 图版224: 5 ~ 7. 1992; 东北植物检索表（第二版）: 679. 图版339: 3. 1995; 东北草本植物志9: 146. 图版47: 8 ~ 13. 2004.——*Dendranthema lavandulifolium* (Fisch. ex Trautv.) Ling et Shih var. *seticuspe* (Maxim.) Shih in Bull. Bot. Lab. North–East. Forest. Inst. 6: 6, 1980; 中国植物志76(1): 42. 1983.——*Ch. boreale* (Makino) Makino, Bot. Mag. (Tokyo) 23(no.265): 20. 1909；东北植物检索表396. 图版137: 1. 1959.

生丘陵地、山坡、荒地等处。产吉林省通化；辽宁省锦州、西丰、沈阳、法库、大连、旅顺口、金州、铁岭、抚顺、清原、凤城、丹东、宽甸、鞍山、本溪、桓仁等地。

叶、花及全草有清热解毒、疏风散热、散瘀、明目、降血压作用。

■ 甘野菊

叶

叶背面观

头状花序侧面观

植株一部分

植株

（5）甘菊（辽宁植物志，内蒙古植物志，东北植物检索表，东北草本植物志，中国植物志，Flora of China）

Chrysanthemum lavandulifolium (Fisch. et Trantv.) Makino in Bot. Mag. Tokyo, 25: 11. 1911; 辽宁植物志（下册）: 506. 图版224: 1 ~ 4. 1992; 东北植物检索表（第二版）: 679. 图版339: 5. 1995; 东北草本植物志9: 148. 图版48: 5 ~ 8. 2004; Fl. China 20: 673. 2011; 内蒙古植物志（第三版）5: 120. 2020.——*C. lavandulifolium* var. *acutum* (Uyeki) C. Y. Li, 辽宁植物志（下册）: 506. 1992; 东北植物检索表（第二版）: 679. 1995; 东北草本植物志9: 150. 2004.——*Dendranthema lavandulifolium* (Fisch. ex Trautv.) Ling et Shih in Bull. Bot. Lab. North. East. Forest. Inst. 6: 5. 1980; 中国植物志76(1): 40. 图版5: 2, 2: 6. 1983; 内蒙古植物志（第二版）4: 568. 图版224: 1 ~ 4. 1993.

生石质山坡及山坡路旁。产吉林省集安；辽宁省凌海、凌源、朝阳、葫芦岛、锦州、北镇、阜新、建平、建昌、庄河、鞍山、抚顺、桓仁、丹东、宽甸；内蒙古自治区科尔沁左翼后旗、大青沟、翁牛特旗、宁城、敖汉旗等地。

叶、花及全草有清热解毒、疏风散热、散瘀、明目、降血压作用。

■ 甘菊

茎叶

头状花序侧面观

植株

（6）绒毛菊（辽宁植物志）

Chrysanthemum namikawanum Kitamura in J. Jap. Bot. xiii. 162. fig.3. 1937; Neo-Lineam. Fl. Mansh.634. 1979; 辽宁植物志（下册）: 506. 1992.

生于旱山坡。产辽宁省大连市旅顺口区（蛇岛）。

■ 绒毛菊

茎叶背面观

茎叶正面观

头状花序正面观

头状花序侧面观

植株一部分

（7）小红菊（辽宁植物志，黑龙江省植物志，内蒙古植物志，东北植物检索表，东北草本植物志，中国植物志，Flora of China）

Chrysanthemum chanetii H. Lév. in Fedae Repert. Sp. Nov. 9: 450. 1911; 辽宁植物志（下册）: 506. 图版225: 1 ~ 5. 1992; 东北植物检索表（第二版）: 679. 图版340: 1. 1995; 东北草本植物志9: 150. 图版49: 3 ~ 9. 2004; Fl. China 20: 671. 2011; 内蒙古植物志（第三版）5: 121. 2020.——*Dendranthema chanetii* (Levl.) Shih in Bull. Bot. Lab. North-East. Forest. Inst. 6: 3, 1980; 中国植物志76(1): 33. 1983; 内蒙古植物志（第二版）4: 573. 1993; 黑龙江省植物志9: 161. 图版45: 6 ~ 11. 1998.——*Chrysanthemum zawadckii* ssp. *latilobum* auct. non Kitag.: 刘慎谔, 东北植物检索表, 398. 1959.

生山坡林缘、草原、灌丛、河滩等处。产黑龙江伊春、带岭、密山、汤原、兴凯湖、勃利、东宁、尚志、阿城；吉林省安图；辽宁省凌源、朝阳、建平、绥中、大连、庄河、瓦房店、凤城、本溪、鞍山、海城、岫岩、桓仁、新宾；内蒙古自治区扎兰屯、科尔沁右翼前旗、科尔沁右翼中旗、扎赉特旗、突泉、乌兰浩特、阿鲁科尔沁旗、翁牛特旗、克什克腾旗、宁城、赤峰市红山区等地。

花序有清热解毒、消肿作用，用于外感风热、咽喉痛、疮疡肿毒。

■ 小红菊

植株一部分

植株

茎叶

基生叶

头状花序侧面观

（8）楔叶菊（内蒙古植物志，东北植物检索表，东北草本植物志，中国植物志，Flora of China）

Chrysanthemum naktongense Nakai in Bot. Mag. Tokyo 23: 186. 1909 et Fl. Kor. 2: 26. 1911; 东北植物检索表（第二版）: 679. 图版340: 4. 1995; 东北草本植物志9: 152. 图版50. 2004; Fl. China 20: 672. 2011; 内蒙古植物志（第三版）5: 122. 2020.——*Dendranthema naktongense* (Nakai) Tzvel. in Fl. URSS 26: 375. 1959; 中国植物志76(1): 34. 1983; 内蒙古植物志（第二版）4: 573. 图版225: 5 ~ 7. 1993.

生林下、林缘。产黑龙江省伊春、呼玛；内蒙古自治区额尔古纳、根河、鄂温克、新巴尔虎左旗、科尔沁右翼前旗、扎鲁特旗、巴林右旗、巴林左旗、克什克腾旗、东乌珠穆沁旗、西乌珠穆沁旗、镶黄旗等地。

■ 楔叶菊

头状花序正面观

头状花序背面观

基生叶

植株

（9）细叶菊（内蒙古植物志，中国植物志，Flora of China）

Chrysanthemum maximowiczii Komar in Bull. Jard. Bot. Pierre Grand. 16: 179. 1916; Fl. China 20: 675. 2011; 内蒙古植物志（第三版）5: 124. 2020.——*Dendranthema maximowiczii* (Komar.) Tzvel. in Fl. URSS 26: 379. 1961; 中国植物志76(1): 46. 1983; 内蒙古植物志（第二版）4: 571. 图版226: 1 ~ 5. 1993.——

■ 细叶菊

植株下部

植株

Chrysanthemum lineare auct. non Matsum.：东北植物检索表, 398. 1959.——*Leucanthemella linearis* auct. non (Matsum.) Tzvel.: 中国高等植物图鉴4: 506, 1975.

生山坡、湖边和沙丘上。产内蒙古自治区陈巴尔虎旗、满洲里、扎鲁特旗、东乌珠穆沁旗、锡林浩特等地。

（10）小山菊（内蒙古植物志，东北植物检索表，东北草本植物志，中国植物志，Flora of China）

Chrysanthemum oreastrum Hance in Journ. Bot. Brit. For. 16: 108. 1878; Fl. China 20: 672. 2011; 内蒙古植物志（第三版）5: 125. 2020.——*Chrysanthemum zawadskii* var. *alplnum* (Nakai) Kitam. in Act. Phytotax. Geobot. 7: 210. 1938; 东北植物检索表（第二版）: 679. 1995; 东北草本植物志9: 154. 图版48: 1 ~ 2. 2004.——*Chrysanthemum zawadskii* ssp. *acutilobum* var. *alpinum* (Nakai) Kitag. in Rep. Inst. Sci. Res. Mansch. 5 (5): 149. 1941; 东北植物检索表398. 1959.——*Dendranthema oreastrum* (Hance) Ling in Bull. Bot. Lab. North ~ East. Forest. Inst. 6: 4. 1980; 中国植物志76(1): 39. 1983.

生高山冻原。产吉林省安图、抚松、临江、长白；内蒙古自治区新巴尔虎右旗、正蓝旗。

■ 小山菊

基生叶

头状花序正面观

植株一部分

植株

（11）紫花野菊（黑龙江省植物志，内蒙古植物志，东北植物检索表，东北草本植物志，中国植物志，Flora of China）；山菊（辽宁植物志）

Chrysanthemum zawadskii Herb. in Addit. Fl. Galic. 44. 1831; 辽宁植物志（下册）: 508. 图版225: 6. 1992; 东北植物检索表（第二版）: 679. 图版340: 2. 1995; 东北草本植物志9: 154. 图版49: 1 ~ 2. 2004; Fl. China 20: 674. 2011; 内蒙古植物志（第三版）5: 123. 2020.——*Dendranthema zawadskii* (Herb.) Tzvel. in Fl. URSS 26: 376. 1916; 中国植物志76(1): 45. 1983; 内蒙古植物志（第二版）4: 571. 图版224: 5 ~ 9. 1993; 黑龙江省植物志9: 159. 图版45: 1 ~ 5. 1998.——*Chrysanthemum zawadskii* ssp. *acutilobum* auct. non Kitag.: 东北植物检索表: 396. 1959.

生草原及林间草地、林下和溪边。产黑龙江省漠河、呼玛、加格达奇、孙吴、依兰、伊春、带岭、尚志、哈尔滨、阿城、小岭；吉林省安图；辽宁省丹东、宽甸、本溪、桓仁、彰武；内蒙古自治区海拉尔、额尔古纳、根河、牙克石、鄂温克、新巴尔虎右旗、阿荣旗、翁牛特旗、阿鲁科尔沁旗、克什克腾旗、喀喇沁旗、东乌珠穆沁旗、西乌珠穆沁旗、锡林浩特、太仆寺旗等地。

叶、花序有清热解毒、降血压作用，主治瘟热、毒热、感冒发烧、脓疮。

■ 紫花野菊

头状花序背面观

头状花序正面观

基生叶

植株

80 母菊属 *Matricaria* L.

Matricaria L., Sp. Pl. 890. 1753.

一年生草本，常有香味。叶一至二回羽状分裂。头状花序同型或异型；舌状花1列，雌性，舌片白色；管状花黄色或淡绿色，4～5裂；花柱分枝顶端截形，画笔状；花药基部钝，顶端有三角形急尖的附片；花托圆锥状，中空。瘦果小，圆筒状，长0.8～1.5毫米，宽0.3～0.5毫米，顶端斜截形，基部收狭，背面凸起，无肋，腹面有3～5条细肋，褐色或淡褐色，光滑，无冠状冠毛或有极短的有锯状齿的冠状冠毛。

本属全世界有7种，分布于欧洲、地中海，亚洲西部、北部和东部，非洲南部、美洲西北部。中国有2种。东北地区产2种。

分种检索表

1. 头状花序花异型，边花舌状，中央花管状且先端5裂；瘦果腹面及两侧有5条白色细肋，无冠状冠毛；叶终裂片长4～8毫米 ……………… 1. 母菊 M. chamomilla L.

1. 头状花序花同型，均为管状，先端4裂；瘦果具3～5条细肋，具冠状冠毛；叶终裂片长1.5～3毫米 ……………… 2. 同花母菊 M. matricarioides (Less.) Porter ex Britton

（1）母菊（黑龙江省植物志，东北植物检索表，东北草本植物志，中国植物志，Flora of China）

Matricaria chamomilla L., Sp. Pl. 2: 891. 1753; Fl. China 20: 771. 2011.——*Matricaria recutita* L., Sp. Pl. 891. 1753; 中国植物志76(1): 49. 图版6: 1. 1983; 东北植物检索表（第二版）: 681. 1995; 黑龙江省植物志9: 157. 图版44: 2. 1998; 东北草本植物志9: 155. 2004.

生河谷旷野、田边。产黑龙江省伊春、带岭、哈尔滨等地。

头状花序入药，有发汗和镇痉作用。全草含有大量的维生素A和维生素C。

■ 母菊

头状花序

植株上部

植株下部

植株

（2）同花母菊（辽宁植物志，内蒙古植物志，东北植物检索表，东北草本植物志，中国植物志，Flora of China）

Matricaria matricarioides (Less.) Porter ex Britton in Mem. Torrey Bot. Club. 5: 341. 1884; 中国植物志

76(1): 50. 图版6: 2,1: 3,2: 7. 1983; 辽宁植物志（下册）: 512. 图版243: 1 ~ 6. 1992; 内蒙古植物志（第二版）4: 574. 图版227: 1 ~ 3. 1993; 东北植物检索表（第二版）: 681. 图版341: 5. 1995; 东北草本植物志9: 155. 图: 51: 7 ~ 12. 2004; Fl. China 20: 771. 2011.

生旷野、路边、宅旁。产黑龙江省尚志、虎林；吉林省珲春、安图；辽宁省宽甸、桓仁；内蒙古自治区牙克石等地。

花序有驱虫、解表作用。

■ 同花母菊

头状花序侧面观

植株一部分

植株

81 三肋果属 *Tripleurospermum* Sch.-Bip.

Tripleurospermum Sch.-Bip., Tanacet. 31. 1844.

一至多年生草本。叶二至三回羽状全裂，裂片线形、披针形或卵形。头状花序单生或多个于茎及枝端形成不规则伞房花序；花多数，异型或同型；边花1层，雌性，舌状，白色；中央花两性，花冠管状，黄色，先端5裂，裂片顶端常有红褐色腺点；花药基部钝，先端有卵状三角形或长圆形附属物；花柱分枝先端截形，具画笔状毛；花托圆锥形或半球形。瘦果圆筒状三角形，背面扁，先端有2个红褐色或棕色腺体，两侧及腹面共有3条白色龙骨状凸起肋，表面多皱纹；冠毛短，膜质，近全缘或较长而浅裂。

本属全世界约38种，分布于欧洲和亚洲温带，少数种分布于北非和北美洲。中国有5种。东北地区产2种。

分种检索表

1. 舌状花长于总苞；头状花序，直径2 ~ 3.5厘米；总苞片具淡褐色狭膜质边
……………………………………………………………… 1. 东北三肋果 T. tetragonospermum (Fr. Schmidt) Pobed.
1. 舌状花与总苞近等长；头状花序，直径1.2 ~ 1.7厘米；总苞片具白色或淡褐色宽膜质边
……………………………………………………………………………… 2. 三肋果 T. limosum (Maxim.) Pobed.

（1）东北三肋果（辽宁植物志，东北植物检索表，东北草本植物志，中国植物志，Flora of China）

Tripleurospermum tetragonospermum (Fr. Schmidt) Pobed. in Not. Syst. Herb. Inst. Bot. Kom. Acacl. Sc. URSS 21: 346. 1961; 中国植物志76(1): 52. 1983; 辽宁植物志（下册）: 510. 1992; 东北植物检索表（第二

版）: 683. 图版341: 3. 1995; 东北草本植物志9: 158. 图: 52: 5 ~ 9. 2004; Fl. China 20: 770. 2011.

生河岸沙地、路旁空地。产黑龙江省密山、虎林、哈尔滨、伊春、佳木斯、黑河、萝北、富裕；吉林省磐石、梨树、洮南、吉林；辽宁省沈阳、丹东、长海等地。

■ 东北三肋果

头状花序正面观

头状花序侧面观

植株上部

植株下部

（2）三肋果（辽宁植物志，黑龙江省植物志，内蒙古植物志，东北植物检索表，东北草本植物志，中国植物志，Flora of China）

Tripleurospermum limosum (Maxim.) Pobed. in Not. Syst. Herb. Inst. Bot. Komar. Acad. Sc. URSS 21: 352. 1961; 中国植物志76(1): 53. 1983; 辽宁植物志（下册）: 510. 图版226: 5 ~ 10. 1992; 内蒙古植物志（第二版）4: 575. 1993; 东北植物检索表（第二版）: 683. 图版341: 4. 1995; 黑龙江省植物志9: 155. 图版44: 1.

■ 三肋果

头状花序正面观

头状花序侧面观

茎叶

花期植株

果期植株

1998; 东北草本植物志9: 157. 图: 52: 1 ~ 4. 2004; Fl. China 20: 770. 2011.

生海滨沙地、水甸子边及盐碱地。产黑龙江省北安、宁安（镜泊湖）、尚志（帽儿山）、肇源、齐齐哈尔（富拉尔基）、哈尔滨；吉林省镇赉；辽宁省北镇、沈阳、瓦房店、长海、丹东、凤城、宽甸；内蒙古自治区扎赉特旗等地。

82 菊蒿属 *Tanacetum* L.

Tanacetum L., Sp. Pl. 843. 1753.

多年生草本，全株有单毛、丁字毛或星状毛。叶互生，羽状全裂或浅裂。头状花序排成伞房花序，极少单生；边缘雌花一层，管状或舌状；中央两性花管状；总苞钟状；总苞片硬草质或草质，3 ~ 5层；花托凸起或稍凸起；如边缘为舌状花，则舌片有各种式样，舌状花和雌性管状花之间有一系列过渡变化，很类似两性的管状花，但雄蕊极退化，花冠顶端2 ~ 5齿裂；两性管状花上半部稍扩大或逐渐扩大，顶端5齿裂，全部小花黄色；花药基部钝，顶端附片卵状披针形；花柱分枝线形，顶端截形。全部瘦果同形，三棱状圆柱形，有5 ~ 10个椭圆形凸起的纵肋。冠状冠毛长0.1 ~ 0.7毫米，冠缘有齿或浅裂，有时分裂几乎达基部。

本属全世界约100种，分布于北非、中亚、欧洲。中国有19种，大部集中在新疆。东北地区产2种，其中栽培1种。

分种检索表

1. 舌状花白色；茎被白粉及灰色柔毛 ·························· 1. 除虫菊 T. cinerariifolium (Treviranus) Schultz Bipontinus
1. 无舌状花；茎通常光滑无毛 ·· 2. 菊蒿 T. vulgare L.

（1）除虫菊（辽宁植物志，东北植物检索表，东北草本植物志，中国植物志，Flora of China）

Tanacetum cinerariifolium (Treviranus) Schultz Bipontinus, Tanaceteen. 58. 1844; Fl. China 20: 766. 2011.——*Pyrethrum cinerariifolium* Trev. in Ind. Sem. Hort. Vratisl. App. 2: 2. 1820; 中国植物志76(1): 59. 1983.——*Chrysanthemum cinerariifolium* (Trev.) Vis. Fl. Dalm. 2: 88. 1847; 辽宁植物志（下册）: 502. 图版223: 1 ~ 4. 1992; 东北植物检索表（第二版）: 677. 1995; 东北草本植物志9: 144. 2004.

原产欧洲。东北地区有栽培。

外用治疥癣，通常制成油膏。有驱蚊作用，是蚊香的原料。

（2）菊蒿（黑龙江省植物志，内蒙古植物志，东北植物检索表，东北草本植物志，中国植物志，Flora of China）

Tanacetum vulgare L., Sp. Pl. 2: 844. 1753; 中国植物志76(1): 76. 1983; 内蒙古植物志（第二版）4: 577. 图版226: 6 ~ 8. 1993; 东北植物检索表（第二版）: 681. 图版341: 2. 1995; 黑龙江省植物志9: 158. 图版44: 3 ~ 4. 1998; 东北草本植物志9: 160. 图: 53: 7 ~ 12. 2004; Fl. China 20: 765. 2011.

生山坡、河滩、草地、丘陵地及桦木林下。产黑龙江省尚志、富锦、漠河、呼玛、加格达奇；内蒙古自治区额尔古纳、牙克石、鄂伦春、新巴尔虎左旗等地。

茎及头状花序含杀虫物质，可作杀虫剂。

■ 菊蒿

花序

植株

茎叶

居群

83 匹菊属 *Pyrethrum* Zinn.

Pyrethrum Zinn., Catal. Pl. Gotting 414. 1757.

多年生草本或半灌木。叶互生，羽状或二回羽状分裂，有毛或无毛。头状花序异型，单生茎顶或多个排成规则或不规则伞房花序；总苞浅盘状；总苞片3～5层，草质或厚草质，边缘白色或褐色或黑褐色膜质；花托凸起；边花1～2层，雌性，舌状，白色、红色、黄色；中央花两性，管状，黄色，顶端5齿裂；花药基部钝，顶端附片卵状披针形或宽披针形；花柱分枝线形，顶端截形。瘦果圆柱状或三棱状圆柱形，有5～12条纵肋；边花瘦果的肋常集中于腹面；冠毛长0.1～1.5毫米或不足0.1毫米。

本属全世界约100种，分布于欧洲、北非及中亚一带。中国10余种，集中分布于新疆。东北地区栽培1种。

伞房匹菊（中国植物志）

Pyrethrum parthenifolium Willd., Sp. Pl. 3: 2156. 1803; 中国植物志76(1): 58. 1983.

原产亚洲中部。辽宁省大连有栽培。

常作为观赏植物栽培。

■ 伞房匹菊

茎叶

植株一部分

植株

84 大丁草属 *Leibnitzia* Cass.

Leibnitzia Cassini in F. Cuvier, Dict. Sci. Nat. 25: 420. 1822.

多年生草本。植株有春、秋二型。叶基生。春型植株矮小，密被白色绵毛；叶通常不分裂，长圆状卵形或卵形；头状花序花异型，边花雌性，舌状，结实或不结实；中央花两性，二唇形，结实；花药基部具箭形长尾，先端附属物长形；花柱分枝先端圆形。秋型植株显著高大，被绵毛；叶大头羽裂；头状花序花同型，两性、管状，不明显二唇形，为闭锁花，结实。瘦果圆柱形或纺锤形，顶端钝或渐狭成长短不等的喙；冠毛粗糙，刚毛状，宿存。

本属全世界有6种。中国有4种。东北地区产1种。

大丁草（辽宁植物志，黑龙江省植物志，内蒙古植物志，东北植物检索表，东北草本植物志，中国植物志，Flora of China）

Leibnitzia anandria (L.) Turcz. in Schtscheglow, Ukaz. Otkryt. 8(1): 404. 1831; 黑龙江省植物志9: 283. 图版84: 5 ~ 8. 1998; 内蒙古植物志（第二版）4: 787. 图版314. 1993; 东北草本植物志9: 356. 图版128. 2004; Fl. China 20: 11. 2011.——*Gerbera anandria* (L.) Turcz. in Flora 27: 782. 1844; 辽宁植物志（下册）: 600. 图版267. 1992; 东北植物检索表（第二版）: 716. 图版361: 2. 1995; 中国植物志79: 82. 1996.

多年生草本，植株二型；春型植株矮小，全株被白色绵毛，基生叶莲座状，头状花序单生茎顶，边花淡紫色，中央花二唇形，瘦果纺锤形；秋型植株较高大，基生叶大头羽裂，头状花序较大，闭锁花，无舌片。生山坡草地、林缘、路旁。产黑龙江省五大连池、尚志（帽儿山）、宁安（镜泊湖）、安达、萝北、伊春、密山、哈尔滨、阿城、大庆、玉泉、密山（兴凯湖）；吉林省白城、长春、吉林、前郭、镇赉、抚松、安图、汪清、珲春；辽宁省各地；内蒙古自治区额尔古纳、根河、牙克石、阿荣旗、鄂温克、科尔沁右翼前旗、科尔沁左翼后旗、扎鲁特旗、奈曼旗、敖汉旗、乌兰浩特、巴林左旗、巴林右旗、阿鲁科尔沁旗、克什克腾旗、喀喇沁旗、宁城、西乌珠穆沁旗等地。

全草有清热利湿、解毒消肿、止咳、止血作用，主治肺热咳嗽、肠炎、痢疾等。

■ 大丁草

春季株

春季株基生叶

秋季株下部

秋季株

85 兔儿风属 *Ainsliaea* DC.

Ainsliaea DC. Prodr. 7: 13. 1838.

多年生草本。叶互生，大部基生。头状花序通常排列成总状、穗状或圆锥状；总苞圆筒形，总苞片多层，不等长，花1～4朵，同型，两性，花冠管状，5深裂，裂片相等，白色或淡紫色；花药基部箭形；花柱分枝短，先端扁圆形；花托裸露。瘦果圆柱状或两端稍狭而近纺锤形，近压扁，常具5～10棱，极少无棱，通常被毛。冠毛1层，近等长，羽毛状。

本属全世界约50种，分布于亚洲东南部。中国有40种，主产于长江流域及其以南各省区。东北地区产1种。

槭叶兔儿风（辽宁植物志，东北植物检索表，东北草本植物志，中国植物志，Flora of China）

Ainsliaea acerifolia Sch. –Bip. in Zoll. Syst. Verz. 126. 1854; 辽宁植物志（下册）: 600. 图版268. 1992;

东北植物检索表（第二版）: 716. 图版361: 1. 1995; 中国植物志79: 57. 图版10: 1 ~ 2. 1996; 东北草本植物志9: 358. 图版129. 2004.——*A. acerifolia* Sch.-Bip. var. *subapoda* Nakai, Bot. Mag. (Tokyo). 30: 290. 1916; Fl. China 20: 18. 2011.

多年生直立草本；叶4 ~ 7枚集生于茎中部，近轮生或上部互生，具柄；叶片质薄，肾状圆形或心状卵形，7 ~ 11掌状浅裂或缺刻状齿裂；穗状花序，头状花下垂；总苞狭筒状，花白色；瘦果圆柱形，有纵棱。生林下。产辽宁省本溪、凤城、宽甸、新宾、岫岩等地。

■ 槭叶兔儿风

头状花序

植株

茎叶

花序

86 帚菊属 *Pertya* Sch. Bip.

Pertya Sch. Bip., Bonplandia 10: 109, t. 10. 1862.

灌木、亚灌木或多年生草本。枝纤细，斜展呈帚状或罕有近攀缘状，大部分有长枝和短枝之别。叶在长枝上的互生，在短枝上的数片簇生，然亦有无短枝而叶全为互生者，具柄，全缘、具疏粗齿或细齿。头状花序无梗或具长短不等的梗，腋生、顶生或生于簇生叶丛中，单生、双生、排成紧密的团伞花序或疏松的伞房花序，稀有作广展具叶的大圆锥花序式排列，盘状，全为两性能育的小花，少有雌雄异株者，每一头状花序通常有花数朵，稀有多达10 ~ 15花或少至1花；总苞钟形、狭钟形或圆筒状，总苞片少层至多层，覆瓦状排列，草质或近革质，外层极短，向内各层渐次较长，顶端常钝圆，少有短尖或刺尖状，背面被毛；花托小，平坦或蜂窝状，无毛或沿窝孔边缘密被长软毛；花冠管状，冠檐微扩大，5深裂，裂片狭而长，外卷；花药合生，顶端尖，基部箭形，具线形的长尾，仅1种其花药离生而基部无尾；花柱长，花柱分枝极短，外展，顶端钝。瘦果圆柱形、倒卵形或倒锥形，顶端略收狭，基部渐狭，具5～10纵棱，被柔毛。冠毛为具细齿的糙毛，1层，白色、污白色至褐色。

本属全世界约25种，全分布于亚洲。中国有18种，分布很广，东起台湾，西至青海，北达甘肃、宁夏、内蒙古自治区、辽宁，南抵广东、广西及西南部的云南等省区。东北地区产1种。

蚂蚱腿子（辽宁植物志，内蒙古植物志，东北植物检索表，东北草本植物志，中国植物志，Flora of China）

Pertya dioica (Bunge) S. E. Freire, Syst. Bot. Monogr. 101: 67. 2017.——*Myripnois dioica* Bunge in Mem. Acad. Sci. Petersb. Sav. Etrang. 2: 112. 1833; 辽宁植物志（下册）: 597. 图版266. 1992; 内蒙古植物志（第二版）4: 787. 图版313. 1993; 东北植物检索表（第二版）: 716. 图版361: 3. 1995; 中国植物志79: 21. 图版4. 1996; 东北草本植物志9: 354. 图版127. 2004; Fl. China 20: 32. 2011.

落叶小灌木；单叶互生，广披针形或卵状圆形，全缘，具三出脉，幼时两面被较密的长柔毛，老时脱落；雌雄异株，头状花序单生于侧枝上，花先叶开放；总苞片膜质，5～8枚，背部密被绢毛及腺；雌花花冠舌状，紫红色；两性花花冠二唇形，白色；瘦果纺锤形，密被毛。生山坡或林缘路旁。产辽宁省凌源、朝阳、建平、建昌、绥中、喀左；内蒙古自治区喀喇沁旗、宁城等地。

本种为东北地区除蒿属个别种外，唯一的菊科小灌木，花期具有较好的观赏性。

■ 蚂蚱腿子

老叶几乎无毛

两性花

两性花侧面观

幼叶密被长柔毛

雌花

果序

■ 蚂蚱腿子

果枝

植株

87 异果菊属 *Dimorphotheca* Moench

Dimorphotheca Moench, Methodus. 585. 1794.

草本或亚灌木或灌木。茎平卧或直立。叶片长圆形或倒披针形至线形，全缘或有齿，表面被稀疏蛛丝状长毛或有腺体。头状花序单生；总苞钟状至半球状；总苞片15～21，2～3层，披针形至披针线形；花托扁平至圆锥状；舌状花10～21或更多，花冠黄色、橘黄色或白色，舌片长圆椭圆形至倒披针形；盘花15～50或更多，两性，全部或多数能育，花冠白色、黄色、红色或略带紫色，冠筒比钟状喉部短得多。舌状花连萼瘦果三棱柱至棍棒状、瘤状或脊状，盘花连萼瘦果扁平。

本属全世界约有19种，分布于津巴布韦至非洲南部地区。中国栽培1种。东北地区有栽培。

异果菊（大连植物彩色图谱）

Dimorphotheca sinuata DC. in A. P. de Candolle and A. L. P. P. de Candolle, Prodr. 6: 72. 1838.

一年生草本；叶长圆形至披针形，叶缘有深波状齿；头状花序顶生；舌状花橙黄色，有时基部紫色；盘心管状花黄色；舌状雌花所结瘦果3棱或近圆柱状；盘心两性花所结瘦果心脏形，扁平，有厚翅。原产南非。辽宁省大连等地有栽培。

花大而多，色彩艳丽。可作春季花坛材料或布置花境和岩石园。

■ 异果菊

头状花序正面观

头状花序侧面观

植株

88 骨子菊属（蓝目菊属） *Osteospermum* L.

Osteospermum L., Sp. Pl. 2: 923. 1753.

一年生或多年生草本，或灌木。叶互生或对生，有时呈莲座丛，全缘或二回羽状深裂。头状花序单生茎顶或在茎枝顶端排成聚伞花序或总状花序；总苞片1～4层；花托扁平或稍凸起，无托苞；花两性，辐射状；舌状花具短冠筒和狭窄长圆形的舌片，退化雄蕊有时残留，花柱线形，光滑，分枝长线形，盘花有逐渐变宽的冠筒，5浅裂；花药箭头形；花柱浅半裂，裂片合生，在分枝点或稍下有一圈毛。瘦果坚硬，直立或稍弯曲，三角形或圆柱形，有时具3～9脊，光滑，具皱或具瘤，有翅或无翅；无冠毛。

本属全世界72种，分布于埃及至非洲南部地区和阿拉伯半岛。中国常见栽培1种。东北地区有栽培。

非洲万寿菊（辽宁省维管束植物名称考证）；南非万寿菊（植物智网站）

Osteospermum ecklonis (DC.) Norl. in Stud. Calenduleae. 244. 1943.

多年生宿根草本，常作一年生栽培；叶基生，叶片长圆状匙形，羽状浅裂或深裂；头状花序单生，花径10～12厘米；总苞盘状，钟形；舌状花瓣1～2或多轮呈重瓣状，花色丰富。原产非洲。辽宁省大连有栽培。

观赏植物，可用于花境、花带成片种植，也适合丛植于山石边、墙边或一隅点缀，也是花坛、花台的首选材料。

■ 非洲万寿菊

头状花序侧面观

植株下部

植株一部分

植株

89 金盏花属 *Calendula* L.

Calendula L., Sp. Pl. 921. 1753.

一年生或多年生草本。被腺状柔毛。叶互生，全缘或具波状齿。头状花序顶生，总苞钟状或半球形；总苞片1～2层，披针形至线状披针形，顶端渐尖，边缘干膜质；花序托平或凸起，无毛，具异形小花，外围的花雌性，舌状，2～3层，结实，舌片顶端具3齿裂；花柱线形2裂，中央的小花两性，不育，花冠管状，檐部5浅裂；花药基部箭形，柱头不分裂，球形。瘦果2～3层，异形向内卷曲、外层的瘦果形状和结构与中央和内层的不同。

本属全世界15～20种，主产于地中海、西欧和西亚。中国常见栽培2种，东北地区均有栽培。

分种检索表

1. 头状花序，直径4～5厘米 ………………………………………………… 1. 金盏花 *C. officinalis* L.
1. 头状花序，直径7～9毫米 ……………………………………… 2. 欧洲金盏花 *C. arvensis* (Vaill.) L.

（1）金盏花（黑龙江省植物志，内蒙古植物志，中国植物志，Flora of China）；金盏菊（俗称）

Calendula officinalis L., Sp. Pl. 921. 1753; 内蒙古植物志（第二版）4: 695. 1993; 黑龙江省植物志9: 241. 1998; 中国植物志75: 327. 1979; Fl. China 20: 819. 2011.

原产地中海沿岸。东北各地常见栽培。

花美丽鲜艳，是庭院、花坛的理想用花。根有行气活血作用，花序有凉血、止血作用。

■ 金盏花

植株下部

花序

（2）欧洲金盏花（辽宁省维管束植物名称考证）

Calendula arvensis (Vaill.) L., Sp. Pl. ed. 2: 1303. 1763.

原产欧洲。辽宁省大连市旅顺口有少量栽培。

花朵美丽鲜艳，是庭院、公园装饰花圃花坛的理想花卉。

■ 欧洲金盏花

头状花序正面观

头状花序背面观

幼苗

植株一部分

90 旋覆花属 *Inula* L.

Inula L., Sp. Pl. 881. 1753.

一至多年生草本。茎直立或无茎，常具腺，被毛。叶互生，全缘或具齿。头状花序辐射状，多数，排列成伞房状，或单生；总苞半球形、倒卵形或广钟形；总苞片多层，覆瓦状排列，近等长，或外层较短；花异型，稀同型。边花1层，雌性，舌状，黄色，开展，先端具3齿，花柱分枝近圆形。中央花多数，两性，管状，先端5裂，黄色；花药基部箭形，具细长渐尖的尾部；花柱分枝先端较宽，钝成截形。瘦果圆柱形，具纵肋，无毛或被伏毛，有时具腺；冠毛1～2层，多数，糙毛状，近等长，污白色。

本属全世界约100种，分布于欧洲、非洲及亚洲，以地中海地区为主。中国有14种，特有种集中于西部和西南部，其他是广布种。东北地区产6种3变种，其中栽培1种。

分种检索表

1. 亚灌木；叶披针形或长圆状线形，长5～10 毫米，宽1～3 毫米，全缘 ··· **1. 蓼子朴 I. salsoloides** (Turcz.) Ostenf.

1. 多年生草本。

（接上表）

2. 头状花序，直径5～8厘米；总苞片外层宽大而呈卵圆形，草质 ………………………… **2. 土木香 I. helenium** L.
2. 头状花序，直径小于4厘米；总苞片外层狭而呈线形或披针形，草质或干膜质。
3. 叶近革质，背面脉明显凸起；头状花序单生于茎或枝端；瘦果无毛 ……………… **3. 柳叶旋覆花 I. salicina** L.
3. 叶草质，背面脉不凸起；头状花序常多个生于茎或枝端；瘦果有毛。
4. 叶线状披针形，基部无耳，边缘反卷；头状花序，直径1.5～2.5厘米 … **4. 线叶旋覆花 I. linariifolia** Turcz.
4. 叶长圆状披针形或披针形，基部有耳，边缘不反卷；头状花序，直径2.5～5厘米。
5. 叶长圆状披针形或广披针形，基部宽大、心形、有半抱茎的叶耳（**5. 欧亚旋覆花 I. britannica** L.）。
6. 茎、花序梗、叶下面和总苞片外面被长柔毛，但不呈棉状 … **5a. 欧亚旋覆花 I. britannica** var. **britannica**
6. 茎、花序梗、叶下面和总苞片外面被棉状长柔毛 … **5b. 棉毛欧亚旋覆花 I. britannica** var. **sublanata** Kom.
5. 叶披针形至长圆形，基部渐狭或急狭或有半抱茎的小耳（**6. 旋覆花 I. japonica** Thunb.）。
7. 茎高15～60厘米；头状花序1～6。
8. 叶披针形到长圆形，边缘全缘 ………………………………… **6a. 旋覆花 I. japonica** var. **japonica**
8. 叶片卵形、宽卵形或长圆状卵形，边缘稍有细锯状齿…… **6b. 卵叶旋覆花 I. japonica** var. **ovata** C. Y. Li
7. 茎高可达1米；头状花序多数 ………………… **6c. 多枝旋覆花 I. japonica** var. **ramosa** (Kom.) C. Y. Li

（1）蓼子朴（内蒙古植物志，东北植物检索表，东北草本植物志，中国植物志，Flora of China）

Inula salsoloides (Turcz.) Ostenf. in Sv. Hedin, South. Tibet, 4, 3: 39. 1922; 中国植物志75: 278. 图版45: 11～17. 1979; 内蒙古植物志（第二版）4: 536. 图版214: 6～9. 1993; 东北植物检索表（第二版）: 649. 图版325: 2. 1995; 东北草本植物志9: 77. 2004; Fl. China 20: 839. 2011.

生于草原、流沙地、固定沙丘。产辽宁省西部；内蒙古自治区翁牛特旗等地。

有发达的地下茎，且耐干旱、易繁殖，可用于固沙。

■ 蓼子朴

头状花序正面观

头状花序侧面观

茎叶

植株

（2）土木香（中国植物志，Flora of China）；青木香（中国植物志）

Inula helenium L., Sp. Pl. 881. 1753; 中国植物志75: 252. 图版43: 3. 1979; 内蒙古植物志（第二版）4: 532. 1993; Fl. China 20: 839. 2011.

主产欧洲，中国新疆也有分布。辽宁省鞍山、内蒙古自治区等地有栽培。

根有健脾和胃、行气止痛作用，用于胸腹胀满疼痛、呕吐泄泻、痢疾、疟疾。

■ 土木香

头状花序侧面观

植株一部分

植株

（3）柳叶旋覆花（辽宁植物志，黑龙江省植物志，内蒙古植物志，东北植物检索表，东北草本植物志，中国植物志，Flora of China）

Inula salicina L., Sp. Pl. ed. 1: 822. 1753; 中国植物志75: 258. 1979; 辽宁植物志（下册）: 468. 图版210: 1～5. 1992; 内蒙古植物志（第二版）4: 533. 图版213: 1～5. 1993; 东北植物检索表（第二版）: 649. 图版325: 1. 1995; 黑龙江省植物志9: 116. 图版35: 1～4. 1998; 东北草本植物志9: 77. 图版25. 2004; Fl. China 20: 840. 2011.

生山顶及山坡草地或湿草地。产黑龙江省集贤、萝北、虎林、大庆、密山、安达；吉林省珲春、汪清；辽宁省瓦房店、长海、大连、海城、抚顺、本溪、法库、彰武；内蒙古自治区额尔古纳、牙克石、满洲里、鄂温克、新巴尔虎右旗、陈巴尔虎旗、科尔沁左翼后旗、科尔沁右翼中旗、翁牛特旗、克什克腾旗、东乌珠穆沁旗等地。

根入药，治刀伤、疔毒，还有平喘镇咳作用；花是健胃祛痰药。嫩苗可食。

■ 柳叶旋覆花

头状花序正面观

头状花序侧面观

植株一部分

植株

（4）线叶旋覆花（辽宁植物志，黑龙江省植物志，内蒙古植物志，东北植物检索表，东北草本植物志，中国植物志，Flora of China）

Inula linariifolia Turcz. in Bull. Soc. Nat. Mosc. 10, 7：154. 1837; 中国植物志75: 265. 1979; 辽宁植物志（下册）: 468. 图版209: 1～3. 1992; 内蒙古植物志（第二版）4: 533. 图版213: 6～9. 1993; 东北植物检索表（第二版）: 649. 图版325: 3. 1995; 黑龙江省植物志9: 119. 图版36: 5～8. 1998; 东北草本植物志9: 79. 图版26: 1～3. 2004; Fl. China 20: 841. 2011.

生湿地、路旁及山沟等处。产黑龙江省密山、虎林、宁安、哈尔滨、齐齐哈尔、安达、大庆、黑河、塔河、依兰、集贤、萝北；吉林省珲春、白城、汪清、镇赉、靖宇、长白；辽宁省长海、金州、瓦房店、西丰、清原、沈阳、鞍山、抚顺、绥中、葫芦岛、北镇、本溪、凤城、宽甸、新宾、桓仁、东港；内蒙古自治区扎兰屯、科尔沁右翼前旗、科尔沁左翼后旗、扎赉特旗、翁牛特旗、巴林右旗等地。

根有平喘镇咳作用，还能治刀伤、疔毒；花是健胃祛痰药。嫩苗可食。

■ 线叶旋覆花

基生叶

花序

植株

头状花序侧面观

（5）欧亚旋覆花（辽宁植物志，内蒙古植物志，东北植物检索表，东北草本植物志，中国植物志，Flora of China）；欧洲旋覆花（黑龙江省植物志）；大花旋覆花

Inula britannica L., Sp. Pl. ed. 1: 881. 1753; 中国植物志75: 262. 1979; 辽宁植物志（下册）: 469. 图版209: 4 ~ 6. 1992; 内蒙古植物志（第二版）4: 535. 图版214: 1 ~ 5. 1993; 东北植物检索表（第二版）: 649. 图版325: 4. 1995; 黑龙江省植物志9: 118. 图版35: 5 ~ 8. 1998; 东北草本植物志9: 80. 2004; Fl. China 20: 841. 2011.——*Inula britannica* var. *chinensis* (Ruor.) Regel, Tent. Fl. Ussur. 84. 1861; 内蒙古植物志（第二版）4: 536. 1993.

（5a）欧亚旋覆花（原变种）

Inula britannica var. *britannica*

生湿地、田边、林缘或盐碱地上。产黑龙江省伊春、密山、安达、哈尔滨、齐齐哈尔、萝北、依兰、佳木斯、牡丹江、宁安、尚志、北安、黑河、克山、呼玛；吉林省镇赉、长白、通榆、长春、安图、抚松、汪清、蛟河、磐石；辽宁省新民、沈阳、铁岭、盖州、大连、普兰店、凤城、宽甸、丹东、东港、清原、本溪、桓仁、岫岩；内蒙古自治区海拉尔、牙克石、满洲里、新巴尔虎右旗、鄂温克、科尔沁左翼后旗、敖汉旗、巴林右旗、阿鲁科尔沁旗、克什克腾旗、喀喇沁旗、赤峰市红山区、东乌珠穆沁旗、锡林浩特等地。

头状花序有降气、消痰、行水、止呕作用。嫩苗可食。

■ 欧亚旋覆花

茎叶

头状花序

植株

（5b）棉毛欧亚旋覆花（变种）（Flora of China）；绵毛欧亚旋覆花（内蒙古植物志，东北植物检索表，东北草本植物志）；欧亚旋覆花绵毛变种（中国植物志）

Inula britannica var. *sublanata* Kom. in Fl. Mansh. 3: 626. 1907; 中国植物志75: 263. 1979; 内蒙古植物志（第二版）4: 536. 1993; 东北植物检索表（第二版）: 649. 1995; 东北草本植物志9: 81. 2004; Fl. China 20: 842. 2011.

生湿草甸、河边、山坡或低凹盐碱地。产黑龙江省黑河、大庆；内蒙古自治区海拉尔、满洲里、牙克石、额尔古纳、新巴尔虎右旗、克什克腾旗、宁城等地。

（6）旋覆花（辽宁植物志，黑龙江省植物志，内蒙古植物志，东北植物检索表，东北草本植物志，中国植物志，Flora of China）

Inula japonica Thunb. in Nova Act. Soc. Upsal. 4: 35, 39. 1784; 中国植物志75: 263. 1979; 辽宁植物志（下册）: 469. 图版210: 6 ~ 7. 1992; 东北植物检索表（第二版）: 651. 图版325: 5. 1995; 黑龙江省植物志9: 119. 图版36: 1 ~ 4. 1998; 东北草本植物志9: 81. 图版26: 4 ~ 6. 2004; Fl. China 20: 842. 2011.——*Inula britanica* L. var. *japonica* (Thunb.) Franch. et Savat., Enum. Pl. Jap. 2: 401. 1879; 内蒙古植物志（第二版）4: 535. 1993.

（6a）旋覆花（原变种）

Inula japonica var. *japonica*

生山坡、路旁、湿润草地、河岸及田旁。产黑龙江省伊春、尚志、虎林、呼玛、安达、大庆、哈尔

■ 旋覆花

花序

茎叶

植株

滨、齐齐哈尔、逊克、黑河、萝北、饶河；吉林省通化、白山、梅河口、集安、蛟河、珲春、和龙、长春、柳河、辉南、抚松、靖宇、长白、镇赉；辽宁省法库、新宾、沈阳、鞍山、铁岭、普兰店、大连、凌源、彰武、本溪、凤城、宽甸；内蒙古自治区额尔古纳、海拉尔、牙克石、新巴尔虎右旗、扎鲁特旗、阿鲁科尔沁旗、巴林右旗、赤峰市红山区、敖汉旗、喀喇沁旗、宁城、克什克腾旗等地。

根入药，治刀伤、疔毒，还有平喘镇咳作用；花是健胃祛痰药。嫩苗可食。

（6b）卵叶旋覆花（变种）（辽宁植物志，东北植物检索表，东北草本植物志，Flora of China）

Inula japonica var. *ovata* C. Y. Li，辽宁植物志（下册）: 471. 1992; 东北植物检索表（第二版）: 651. 1995; 东北草本植物志9: 83. 2004; Fl. China 20: 842. 2011.

生田边、山坡下湿地、河岸。产吉林省和龙、九台、安图、抚松；辽宁省凌源、建平、北镇、普兰店、本溪；内蒙古自治区翁牛特旗、赤峰等地。

■ 卵叶旋覆花

植株一部分

植株

（6c）多枝旋覆花（变种）（东北植物检索表，东北草本植物志，Flora of China）

Inula japonica var. *ramosa* (Kom.) C. Y. Li, 东北植物检索表（第二版）: 651. 1995; 东北草本植物志9: 83. 2004; Fl. China 20: 842. 2011.

生阔叶林下、山坡、溪流边。产黑龙江省哈尔滨、齐齐哈尔、尚志、伊春、虎林、肇东、肇源、杜尔伯特、克山、萝北、饶河；吉林省吉林、和龙、安图、抚松；辽宁省鞍山、凌源、岫岩、新民、法库；内蒙古自治区新巴尔虎右旗、克什克腾旗等地。

■ 多枝旋覆花

头状花序侧面观

植株上部

植株

91 和尚菜属（腺梗菜属） *Adenocaulon* Hook.

Adenocaulon Hook., Bot. Misc. 1: 19. t. 15. 1829.

一至多年生直立草本。茎上部常有腺毛。叶互生，全缘或有齿，下面被白色茸毛，有长叶柄。头状花序在茎和分枝顶端排列成圆锥花序，有异型小花，外围有7～12个结实的雌花，中央有7～18个不育的两性花。总苞宽钟状或半球形；总苞片少数，近1层，等长，草质。花托短圆锥状或平，无托片。花冠全部管状。雌花花冠管部短，有4～5个深裂片，花柱短叉状分枝，分枝宽扁，顶端圆形，有时具退化雄蕊。两性花花冠细，有4～5齿，花柱不裂，棒棍状；花药基部全缘或有2齿，顶端有急尖的短附片。瘦果长椭圆状棍棒形，有不明显纵肋，被头状具柄腺毛；无冠毛。

本属全世界约5种，分布于亚洲东部及南北美洲。中国有1种，东北地区有分布。

和尚菜（辽宁植物志，黑龙江省植物志，内蒙古植物志，中国植物志，Flora of China）；腺梗菜（东北植物检索表，东北草本植物志）

Adenocaulon himalaicum Edgew. in Trans. L. Soc. Bot. 20: 64. 1851; 中国植物志75: 314. 图版53: 1～4. 1979; 辽宁植物志（下册）: 476. 图版213. 1992; 内蒙古植物志（第二版）4: 538. 图版215: 1～4. 1993; 东北植物检索表（第二版）: 648. 图版323: 1. 1995; 黑龙江省植物志9: 108. 图版32: 6～9. 1998; 东北草本植物志 9: 88. 2004; Fl. China 20: 11. 2011.

多年生直立草本；茎密被白色蛛丝状毛；叶片肾形或三角状肾形，基部下延至柄成翼，边缘波状，

■ 和尚菜

苗期植株

花期植株

头状果序

头状花序

花序

具大齿，背面密被毛；头状花序排列呈圆锥状；总苞片1层；边花1层，雌性，白色；中央花两性，淡白色；瘦果棍棒状，密被黑色腺毛。生林缘路旁、林下、灌丛中、林下溪流旁、河谷湿地。产黑龙江省伊春、阿城、尚志；吉林省白山、梅河口、抚松、敦化、蛟河、珲春、通化、集安、靖宇、柳河、安图、汪清、长白；辽宁省瓦房店、庄河、西丰、新宾、沈阳、铁岭、鞍山、本溪、凤城、桓仁；内蒙古自治区海拉尔、宁城等地。

根和根茎有止咳平喘、活血行瘀、利水消肿作用。嫩苗可食。

92 天名精属（金挖耳属） *Carpesium* L.

Carpesium L., Sp. Pl. 859, 1753.

多年生直立草本。叶互生，全缘或具齿。头状花序顶生或腋生，有梗或无梗，通常下垂；总苞盘状、钟状或半球形；苞片3～4层，干膜质或外层的草质，呈叶状；花托扁平，秃裸而有细点。花黄色，异型。外围的雌性，一至多列，结实，花冠筒状，顶端3～5齿裂。盘花两性，花冠筒状或上部扩大呈漏斗状，通常较大，5齿裂；花药基部箭形，尾细长；柱头2深裂，裂片线形，扁平，先端钝。瘦果细长，有纵条纹，先端收缩成喙状，顶端具软骨质环状物，无冠毛。

本属全世界约20种，大部分分布于亚洲中部，特别是中国西南山区，少数种类广布欧亚大陆。中国有16种。东北地区产5种，其中栽培1种。

分种检索表

1. 外层总苞片干膜质（先端稍草质），短于内层总苞片，与苞叶有明显区别。
  2. 头状花序具明显的花序梗 ························ **1. 金挖耳 *C. divaricatum*** Sieb. et Zucc.
  2. 头状花序无梗或近无梗 ························ **2. 天明精 *C. abrotanoides*** L.
1. 外层总苞片草质或叶状，与内层近等长，与苞叶无明显区别。
  3. 头状花序，直径达3厘米；叶广卵形，宽达10厘米，叶柄长而有翼，叶缘具不整齐重锯状齿 ························ **3. 大花金挖耳 *C. macrocephalum*** Franch. et Savat.
  3. 头状花序，直径5～12 毫米。
    4. 叶广卵形或长圆状卵形，基部圆形，突然下延至柄呈宽翼；总苞钟状，长5～6毫米，直径4～10毫米；花序梗顶端不膨大 ························ **4. 暗花金挖耳 *C. triste*** Maxim.
    4. 叶匙状长椭圆形，基部楔形，下延至柄；总苞壳斗状，长7～8毫米，直径1～2厘米；花序梗顶端显著膨大并向下弯曲 ························ **5. 烟管头草 *C. cernuum*** L.

（1）金挖耳（黑龙江省植物志，东北植物检索表，东北草本植物志，中国植物志，Flora of China）

Carpesium divaricatum Sieb. et Zucc., Abh. Math. –Phys. Cl. Königl. Bayer. Akad. Wiss. 4(3): 187. 1846; 中国植物志75: 305. 图版48: 3. 1979; 东北植物检索表（第二版）: 649. 1995; 黑龙江省植物志9: 113. 图版34: 2. 1998; 东北草本植物志9: 88. 图版29. 2004; Fl. China 20: 822. 2011.

生路旁及山坡灌丛中。产黑龙江省东部地区；吉林省抚松、临江、通化、柳河、辉南、集安、靖宇、长白等地。辽宁省长海县广鹿岛有记载。

民间药用，主治感冒发热、咽喉肿痛、牙痛、蛔虫腹痛、急性肠炎、痢疾、尿道感染、淋巴结结核；外用治疮疖肿毒、乳腺炎、带状疱疹、毒蛇咬伤。

■ 金挖耳

头状花序

头状花序具花序梗

植株

（2）天名精（中国植物志，Flora of China）

Carpesium abrotanoides L., Sp. Pl. 860. 1753; 中国植物志75: 313. 1979; Fl. China 20: 823. 2011.

生村旁、路边荒地、溪边及林缘。产华东、华南、华中、西南各省区及河北、陕西等地。产辽宁省大连，栽培和野生均有。

本种中国华东、华南、华中、西南地区及河北、陕西等有自然分布，以药用为目的引入东北地区。果实即中国北方药店出售的"南鹤虱"，为中药杀虫方中的重要药物，主治蛔虫病、蛲虫病、绦虫病、虫积腹痛；全草也供药用，有清热解毒、祛痰止血作用，主治咽喉肿痛、扁桃体炎、支气管炎，外用治创伤出血、疔疮肿毒、蛇虫咬伤。

■ 天名精

苗期植株

根部

头状花序

头状花序近无花序梗

植株一部分

植株

（3）大花金挖耳（辽宁植物志，黑龙江省植物志，东北植物检索表，东北草本植物志，中国植物志，Flora of China）

Carpesium macrocephalum Franch. et Savat. in Enum. Pl. Jap. 2. 405. 1879; 中国植物志75: 295. 1979; 辽宁植物志（下册）: 471. 图版211. 1992; 东北植物检索表（第二版）: 649. 图版323: 3. 1995; 黑龙江省植物志9: 111. 图版33: 10. 1998; 东北草本植物志9: 83. 图版27. 2004; Fl. China 20: 823. 2011.

生林缘及山坡草地。产黑龙江省东部山区；吉林省通化、梅河口、抚松、安图、辉南；辽宁省抚顺、清原、本溪、桓仁、凤城、丹东、宽甸、大连、凌源、西丰等地。

花和全草有凉血、散瘀、止血作用，鲜草捣烂外敷治跌打损伤。

■ 大花金挖耳

头状花序

植株一部分

（4）暗花金挖耳（辽宁植物志，东北植物检索表，东北草本植物志，中国植物志，Flora of China）；东北金挖耳（黑龙江省植物志）

Carpesium triste Maxim. in Bull. Acad. Sci. Petersb. 19: 479. 1874; 中国植物志75: 304. 1979; 辽宁植物志（下册）: 474. 图版212: 1～5. 1992; 东北植物检索表（第二版）: 649. 图版323: 5. 1995; 东北草本植物志9: 83. 图版28: 1～5. 2004; Fl. China 20: 823. 2011.——*Carpesium triste* var. *manshuricum* (Kitam.) Kitam. in Comp. Jap. 1: 280. 1937; 黑龙江省植物志9: 111. 图版34: 1. 1998.

生林下及溪边。产黑龙江省伊春、勃利；吉林省抚松、蛟河、安图、敦化、集安、辉南、长白；辽

■ 暗花金挖耳

头状花序正面观

头状花序侧面观

花序

植株下部

宁省新宾、清原、本溪、桓仁、宽甸、凤城等地。

全草有清热解毒、消肿、止痛作用。

（5）烟管头草（辽宁植物志，东北植物检索表，东北草本植物志，中国植物志，Flora of China）

Carpesium cernuum L., Sp. Pl. 859. 1753; 中国植物志75: 296. 图版48: 2. 1979; 辽宁植物志（下册）: 474. 图版212: 6 ~ 9. 1992; 东北植物检索表（第二版）: 649. 图版323: 4. 1995; 东北草本植物志9: 85. 图版28: 6 ~ 9. 2004; Fl. China 20: 824. 2011.

生草地、山谷林缘。产吉林省梅河口、辉南；辽宁省旅顺口、大连、金州、庄河、长海、瓦房店、营口、宽甸、丹东、东港、本溪、桓仁、沈阳、西丰、凌源、锦州、铁岭、盖州、海城、鞍山等地。

全草有消肿止痛作用，主治感冒发热、咽喉肿疼、牙疼、急性肠炎、痢疾等。

■ 烟管头草

苗期植株

植株一部分

头状花序

植株

93 含苞草属（合苞菊属） *Symphyllocarpus* Maxim.

Symphyllocarpus Maximowicz Mém. Acad. Imp. Sci. St. –Pétersbourg Divers Savans. 9: 151. 1859.

一年生草本。茎细弱，有二歧式短花序枝，下部叶在花期凋落。叶互生，有齿或全缘，披针形或线状披针形。头状花序小，无柄，2 ~ 4个密集于枝腋成团球状；总苞半球状，约与小花等长；总苞片约2层，卵圆形、棱形至披针形；托片下部与子房合着，上部分离，褶叠，膜质，约与花冠等长，中央在两性花之间无托片；雌花花冠细，丝状，有具3齿的舌片，有一齿较长；花柱2裂，分枝线形，顶端钝或稍尖，有乳头状毛；两性花花冠管状，上部短钟状，有4裂片；雄蕊4；花药上端钝，无附片；花柱分枝较粗短、顶端钝。瘦果圆柱形，有柄，上端有花冠宿存，被有开展的、顶端两叉而内卷的疏腺毛。

本属全世界仅1种，分布于中国、俄罗斯。东北地区有分布。

含苞草（黑龙江省植物志，中国植物志，Flora of China）；合苞菊（东北植物检索表，东北草本植物志）

Symphyllocarpus exilis Maxim., Mém. Acad. Imp. Sci. St. –Pétersbourg Divers Savans. 9: 151. 1859; 中国植物志75: 66. 图版12: 1 ~ 9. 1979; 东北植物检索表（第二版）: 651. 图版324: 7. 1995; 黑龙江省植物志9: 125. 图版38: 1 ~ 9. 1998; 东北草本植物志9: 92. 图版31. 2004; Fl. China 20: 893. 2011.

一年生草本，株高6 ~ 30厘米；分枝二歧状或四歧状，在枝腋有2 ~ 4个密集稀单生的头状花序；叶披针形或线状披针形，边缘有1 ~ 3个疏齿，有时全缘；头状花序球形，无柄，淡黄色，直径3 ~ 5毫米；总苞半球状；总苞片2层；小花极多数；瘦果长圆柱形。生淤泥地、浅滩或河岸。产黑龙江省哈尔滨等松花江和乌苏里江流域；辽宁省辽阳县。

■ 含苞草

植株一部分

居群

94 湿鼠曲草属 *Gnaphalium* L.

Gnaphalium L., Sp. Pl. 850. 1753.

一年生或多年生草本。茎直立或斜升，被白色绵毛或绒毛。叶互生，全缘，无柄或具短柄。头状花序排列成聚伞花序或开展的圆锥状伞房花序，稀穗状、总状或紧缩而成球状；总苞卵形或钟形，总苞片2 ~ 4层，覆瓦状排列，金黄色、淡黄色或黄褐色等，顶端膜质或几乎全部膜质，背面被绵毛；花冠黄色或淡黄色；雌花花冠丝状，顶端3 ~ 4齿裂；两性花花冠管状，檐部稍扩大，5浅裂；花药5个，顶端尖或略钝，基部箭头形，有尾部；花柱分枝近圆柱形，顶端截平或头状，有乳头状突起。瘦果无毛或有疏短毛或有腺体；冠毛1层，分离或基部联合成环，易脱落，白色或污白色。

本属全世界约80种，广布于全球。中国有6种，南北均产，大部分种类分布于长江流域和珠江流域。东北地区产1种。

湿生鼠麴草（辽宁植物志，黑龙江省植物志，内蒙古植物志，东北草本植物志，中国植物志，Flora of China）；湿生鼠曲草（东北植物检索表）；贝加尔鼠麴草（辽宁植物志，内蒙古植物志，东北草本植物志，中国植物志）；贝加尔鼠曲草（东北植物检索表）；东北鼠麴草（辽宁植物志，黑龙江省植物志，东北草本植物志，中国植物志）；东北鼠曲草（东北植物检索表）

Gnaphalium uliginosum L., Sp. Pl. 2: 856. 1753; 黑龙江省植物志9: 115. 图版34: 9 ~ 10. 1998; Fl. China 20: 791. 2011.——*G. tranzschelii* Kirp. in Not. Syst. Herb. Inst. Bot. Acad. Sci. URSS. 19: 352. 1959; 中国植物志75: 229. 图版37: 1 ~ 4. 1979; 辽宁植物志（下册）: 465. 图版208: 7. 1992; 内蒙古植物志（第二版）4: 530. 图版212: 1 ~ 4. 1993; 东北植物检索表（第二版）: 649. 图版324: 2. 1995; 黑龙江省植物志9: 114. 图版34: 3 ~ 8. 1998; 东北草本植物志9: 99. 2004.——*G. baicalense* Kirp. in Not. Syst. Herb. Inst. Bot. Acad. Sci.

■ 湿生鼠麴草

茎叶

植株一部分

花序

植株

URSS. 20: 300. 1960; 中国植物志75: 230. 1979; 辽宁植物志（下册）: 465. 1992; 内蒙古植物志（第二版）4: 530. 图版212: 5 ~ 8. 1993; 东北植物检索表（第二版）: 649. 图版324: 1. 1995; 东北草本植物志9: 99. 图版33: 7 ~ 12. 2004.——*G. mandshuricum* Kirp. in Not. Syst. Herb. Inst. Bot. Acad. Sci. URSS. 20: 298. 1960; 中国植物志75: 232. 图版37: 5 ~ 12. 1979; 辽宁植物志（下册）: 466. 图版208: 1 ~ 6. 1992; 东北植物检索表（第二版）: 649. 图版324: 3. 1995; 东北草本植物志9: 100. 图版32: 1 ~ 6. 2004.

一年生草本，全株被灰白色绵毛；单叶互生，长圆状披针形，全缘；头状花序密集成团伞状圆锥花序；总苞半球形，总苞片2 ~ 3层；雌花多数，丝状线形；两性花5 ~ 7，花冠管状；瘦果长椭圆形。生河边水湿地、荒地、湿草地上。产黑龙江省哈尔滨、齐齐哈尔、伊春、密山、虎林、尚志、通河；吉林省通化、珲春、敦化、延吉、临江、柳河、白山、梅河口、集安、辉南、靖宇、抚松、长白、和龙、安图；辽宁省抚顺、大连、普兰店、营口、本溪、沈阳、西丰、阜新、丹东、凤城、宽甸；内蒙古自治区海拉尔、牙克石、赤峰、克什克腾旗、喀喇沁旗、宁城、东乌珠穆沁旗等地。

全草有止咳平喘、理气止痛、降血压作用。

95 香青属 *Anaphalis* DC.

Anaphalis DC., Prodr. 6: 271. 1837.

一至多年生草本，稀亚灌木，被白色或灰白色绵毛或腺毛。叶互生，全缘，线形、长圆形或披针形。头状花序常多数排列成伞房或复伞房花序，稀有少数或单生；总苞钟状、半球状或球状；总苞片多层，覆瓦状排列，直立或开展，下部常褐色，有1脉，上部常干膜质，白色、黄白色稀红色；雄花花冠管状，上部钟状，有5裂片；花药基部箭头形，有细长尾部；花柱二浅裂，顶端截形。雌花花冠细丝状，基部稍膨大，上端有2 ~ 4个细齿；花柱分枝长，顶端近圆形。瘦果长圆形或近圆柱形，有腺或乳头状凸起，或近无毛。冠毛1层，白色，约与花冠等长。

本属全世界有110种，主要分布于亚洲热带和亚热带，少数分布于温带及北美洲和欧洲中国有54种，主要集中于西部及西南部。东北地区产1种。

铃铃香青（内蒙古植物志，东北植物检索表，东北草本植物志，中国植物志，Flora of China）

Anaphalis hancockii Maxim., Bull. Acad. Imp. Sci. Saint-Pétersbourg. 27: 479. 1882; 中国植物志75: 211. 图版35: 1 ~ 9. 1979; 内蒙古植物志（第二版）4: 529. 图版209: 5 ~ 10. 1993; 东北植物检索表（第二版）: 648. 图版323: 2. 1995; 东北草本植物志9: 98. 2004; Fl. China 20: 813. 2011.

■ 铃铃香青

基生叶

花序

花序侧面观

■ 铃铃香青

植株一部分

植株上部

植株

茎从屈曲的基部直立，高5～35厘米，被蛛丝状毛及具柄头状腺毛；莲座状叶与茎下部叶匙状或线状长圆形；中部及上部叶直立，线形或线状披针形；全部叶两面被蛛丝状毛及头状具柄腺毛，边缘被灰白色蛛丝状长毛，有明显的离基三出脉；头状花序9～15个，在茎端密集成复伞房状；总苞宽钟状，总苞片4～5层；瘦果长圆形，被密乳头状突起。生亚高山山顶及山坡草地。产内蒙古自治区克什克腾旗。

全株含芳香油，在山西（五台山）常用为枕垫的填充物，据说香气可保持数年不绝。

96 蝶须属 *Antennaria* Gaertn.

Antennaria Gaertn., De Fruct. et Sem., 2: 410, t. 167, f. g. 3. 1791.

多年生草本，被白色绵毛或茸毛，常有匍匐枝。茎基部叶密集成莲座状，上部叶互生，全缘。头状花序在茎端排列成伞房状，稀单生，各有多数同形的小花，雌雄异株；总苞倒卵形或钟形；总苞片多层，覆瓦状排列，干膜质，外层背面有绵毛；雄花花冠管状，上部钟状，有5裂片；花药基部箭头形，有尾状耳部，花柱不裂或浅裂，顶端钝或截形。雌花花冠丝状，顶端截形或有细齿；花柱分枝扁，顶端钝或截形。冠毛1层，基部结合；雄花的冠毛较少，绉曲，上部扁，稍粗厚，有羽状锯状齿；雌花冠毛纤细。瘦果小，长圆形，稍扁，有棱，无毛或有短毛。

本属全世界约有40种，分布于亚洲、欧洲、美洲北部及南部、大洋洲寒带和温带的高山地区。中国有1种。东北地区有分布。

蝶须（黑龙江省植物志，内蒙古植物志，东北植物检索表，东北草本植物志，中国植物志，Flora of China）

Antennaria dioica (L.) Gaertner, Fruct. Sem. Pl. 2: 410. 1791; 中国植物志75: 71. 图版: 13: 1～9. 1979; 内蒙古植物志（第二版）4: 523. 图版210. 1993; 东北植物检索表（第二版）: 648. 1995; 黑龙江省植物志9: 109. 图版33: 1～9. 1998; 东北草本植物志9: 97. 2004; Fl. China 20: 789. 2011.

矮小多年生草本；匐枝平卧或斜升，有密集的叶；花茎直立，不分枝，被密绵毛；茎基部叶在花期生存，匙形，全缘；中部叶直立，线状长圆形；头状花序通常3～5个，排列成较为密集的伞房花序；雌株的头状花序较大，宽8～10毫米，总苞宽钟状或半球状；雄株的头状花序宽达7毫米，总苞宽钟形；瘦果微小，无毛，稍扁，有棱。生高山和亚高山地带的向阳湿润草地，干燥坡地或瘠薄的沙砾地。产黑龙江省大兴安岭地区；内蒙古自治区大兴安岭地区。

为西欧民间药用植株，可疗治创伤、咳嗽，并可作缓和剂。

97 火绒草属 *Leontopodium* R. Brown

Leontopodium R. Brown in Traps. L. Soc. Lond. 12: 124. 1817.

多年生草本或半灌木，被绒毛或绵毛。叶互生，全缘，无柄，微抱茎或稍呈鞘状。头状花序密集成团伞状或聚伞状，稀单生；苞叶数个围绕花序；总苞半球形或钟形，总苞片小而数层，覆瓦状排列，近等长；花单性，同型或异型，雌雄同株或雌雄异株；雌花花冠丝状或细管状，先端3～4细齿，花柱分枝长，结实；瘦果长圆形或椭圆形，稍扁；冠毛纤细刚毛状，基部合生成环状，近等长。雄花花冠管状，先端5裂，花柱不分枝或2浅裂，先端截形，不结实，冠毛先端稍增厚呈棒植状。

本属全世界约有58种，主要分布于亚洲和欧洲的寒带、温带和亚热带地区的山地。中国有37种，主要集中于西部和西南部。东北地区产4种。

分种检索表

1. 茎生叶条形或舌状条形，两面被白色长柔毛或绵毛，上面不久脱毛 ………1. 长叶火绒草 L. junpeianum Kitamura
1. 茎生叶披针形、条状披针形或条形，两面被宿存的灰白色蛛丝状绵毛、长柔毛或绢毛。
    2. 苞叶卵形或卵状披针形，近基部较宽，下面稍绿色 …… 2. 团球火绒草 L. conglobatum (Turcz.) Hand.-Mazz.
    2. 苞叶矩圆形、长椭圆形、披针形或条形，近基部不加宽，下面非绿色。
        3. 植株被灰白色长柔毛或白色近绢状毛；总苞片上端无色或浅褐色 ……………………………………………………………………… 3. 火绒草 L. leontopodioides (Willd.) Beauv.
        3. 植株被白色绵毛或黏结的绢毛；总苞片上端褐色 …………………4. 绢茸火绒草 L. smithianum Hand.-Mazz.

（1）长叶火绒草（内蒙古植物志，东北植物检索表，东北草本植物志，中国植物志，Flora of China）

Leontopodium junpeianum Kitamura, Acta Phytotax. Geobot. 4: 102. 1935; Fl. China 20: 787. 2011.——

■ 长叶火绒草

植株上部

植株下部

植株

Leontopodium longifolium Ling in Acta Phytotax. Sin. 10. 177 (1965). 1965; 中国植物志75: 125. 1979; 内蒙古植物志（第二版）4: 525. 1993; 东北植物检索表（第二版）: 651. 图版324: 6. 1995; 东北草本植物志9: 95. 2004.

生高山和亚高山的湿润草地、洼地、灌丛或岩石上。产黑龙江省呼玛；内蒙古自治区牙克石、科尔沁右翼前旗、赤峰、巴林右旗、克什克腾旗、宁城、东乌珠穆沁旗、西乌珠穆沁旗、正蓝旗、太仆寺旗等地。

（2）团球火绒草（黑龙江省植物志，内蒙古植物志，东北植物检索表，东北草本植物志，中国植物志，Flora of China）

Leontopodium conglobatum (Turcz.) Hand. –Mazz. in Act. Hort. Gothoburg. i. 114 (1924). 1924; 中国植物志75: 134. 1979; 内蒙古植物志（第二版）4: 525. 图版211: 6 ~ 9. 1993; 东北植物检索表（第二版）: 651. 图版324: 4. 1995; 黑龙江省植物志9: 122. 图版37: 1 ~ 4. 1998; 东北草本植物志9: 95. 图版32: 5 ~ 7. 2004; Fl. China 20: 787. 2011.

生干燥草原、向阳坡地、石砾地和沙地、稀灌丛或林中草地。产黑龙江省齐齐哈尔；内蒙古自治区额尔古纳、牙克石、根河、扎兰屯、科尔沁右翼前旗、突泉、扎鲁特旗、阿鲁科尔沁旗、巴林右旗、克什克腾旗、宁城等地。

■ 团球火绒草

花序

花序一部分

居群

（3）火绒草（辽宁植物志，黑龙江省植物志，内蒙古植物志，东北植物检索表，东北草本植物志，中国植物志，Flora of China）；火绒蒿、老头草（俗称）

Leontopodium leontopodioides (Willd.) Beauv. in Bull. Soc. Bot. Gen. ser. 2, 1: 371, 374. f. Ⅲ, 1909 et 4: 19. 1912; 中国植物志75: 136. 1979; 辽宁植物志（下册）: 464. 图版208: 8 ~ 12. 1992; 内蒙古植物志（第二版）4: 527. 图版211: 10 ~ 13. 1993; 东北植物检索表（第二版）: 651. 图版324: 5. 1995; 黑龙江省植物志9: 122. 图版37: 5 ~ 8. 1998; 东北草本植物志9: 94. 图版32: 1 ~ 4. 2004; Fl. China 20: 788. 2011.

生石质山坡、丘陵地、林缘及河岸沙地等处。产黑龙江省哈尔滨、齐齐哈尔、安达、大庆、富锦、阿城、牡丹江、黑河、杜尔伯特、萝北；吉林省双辽、通榆、白城、镇赉、安图；辽宁省西丰、昌图、沈阳、盖州、金州、普兰店、大连、庄河、凤城、本溪、宽甸、丹东、凌源、建平、彰武、北镇；内蒙古自治区额尔古纳、牙克石、扎兰屯、海拉尔、满洲里、科尔沁右翼前旗、科尔沁右翼中旗、扎赉特旗、克什克腾旗、突泉、乌兰浩特、扎鲁特旗、科尔沁左翼后旗、巴林右旗、喀喇沁旗、镶黄旗等地。

全草具有清热凉血、益肾利水作用，主治急慢性肾炎、尿血。

■ 火绒草

植株一部分

植株

（4）绢茸火绒草（内蒙古植物志，中国植物志，Flora of China）

Leontopodium smithianum Hand.-Mazz. in Schrot., Pflzleb. d. Alp. 2 Aufl. 505. 1924; 中国植物志75: 135. 1979; 内蒙古植物志（第二版）4: 527. 1993; Fl. China 20: 788. 2011.

生低山和亚高山草地或干燥草地。产内蒙古自治区海拉尔、额尔古纳、牙克石、鄂伦春、巴林右旗、克什克腾旗、宁城、东乌珠穆沁旗、西乌珠穆沁旗、锡林浩特等地。

■ 绢茸火绒草

花序

植株一部分

植株

98 蓝刺头属 *Echinops* L.

Echinops L., Sp. Pl. 814, 1753.

一至多年生直立草本。茎被毛。叶互生，全缘或羽状分裂，边缘有刺。头状花序仅含有1个小花，多数头状花序在茎枝顶端排成球形或卵形的复头状花序，外围以极小的1 ~ 2层刚毛状苞叶；苞片3 ~ 5层，膜质或革质，全部总苞片边缘有长或短缘毛；花冠管状，两性，白色、蓝色或紫色；花药基部附属物钻形、箭形；花柱分枝短，在分枝处以下有毛环。瘦果倒圆锥形，有细纵肋，被稠密贴伏的顺向长直毛；冠毛冠状或量杯状。

本属全世界120余种，分布于南欧、北非和俄罗斯中亚。中国有17种。东北地区产5种。

分种检索表

1. 一年生草本；花近白色 ……………………………………………………1. 砂蓝刺头 E. gmelinii Turcz.
1. 多年生草本；花蓝色。
  2. 茎中下部疏被或密被灰白色蛛丝状毛或蛛丝状绵毛，无刚毛或糙毛。
    3. 头状花序总苞片24～28个；叶全部裂片边缘有细密均匀的刺状缘毛 ………… 2. 华东蓝刺头 E. grijsii Hance
    3. 头状花序总苞片14～17个；叶全部裂片边缘具不规则刺齿或三角形齿刺 ……… 3. 驴欺口 E. atifolius Tausch.
  2. 茎中下部密被褐色糙毛，并疏被白色绵毛。
    4. 叶二回羽状分裂；头状花序总苞片16～19个；基毛长不超过总苞片长度之半 …………………………………………………………………………… 4. 东北蓝刺头 E. dissectus Kitag.
    4. 叶一回羽状分裂；头状花序总苞片18～22个；基毛长为总苞长度的1/3～2/5 …………………………………………………………………………… 5. 羽裂蓝刺头 E. pseudosetifer Kitag.

（1）砂蓝刺头（内蒙古植物志，东北植物检索表，东北草本植物志，中国植物志，Flora of China）

Echinops gmelinii Turcz. in Bull. Soc. Nat. Mosc. 5: 195. 1832; 中国植物志78(1): 17. 1987; 内蒙古植物志（第二版）4: 696. 图版270: 6～8. 1993; 东北植物检索表（第二版）: 694. 图版349: 3. 1995; 东北草本植物志9: 280. 图版101. 2004; Fl. China 20: 37. 2011.

生沙地。产吉林省双辽；辽宁省彰武；内蒙古自治区陈巴尔虎旗、新巴尔虎左旗、新巴尔虎右旗、科尔沁右翼前旗、科尔沁右翼中旗、科尔沁左翼后旗、库伦旗、通辽、赤峰市红山区、翁牛特旗、巴林左旗、巴林右旗、敖汉旗、阿鲁科尔沁旗、西乌珠穆沁旗、锡林浩特、正蓝旗、镶黄旗、苏尼特右旗、二连浩特等地。

■ 砂蓝刺头

头状花序

植株一部分

■ 砂蓝刺头

头状花序一部分

植株

（2）华东蓝刺头（东北植物检索表，东北草本植物志，中国植物志，Flora of China）

Echinops grijsii Hance in Ann. Sci. Nat. 5(5): 221. 1866; 中国植物志78(1): 9. 图版18: 1 ~ 3. 1987; 东北植物检索表（第二版）: 694. 图版349: 4. 1995; 东北草本植物志9: 282. 2004; Fl. China 20: 35. 2011.

生山坡草地。产辽宁省大连、金州、瓦房店等地。

根有清热解毒、消肿排脓、下乳、通筋脉作用。花序有活血、通络作用。

（3）驴欺口（内蒙古植物志，中国植物志，Flora of China）；蓝刺头（辽宁植物志，黑龙江省植物志）；宽叶蓝刺头（东北植物检索表，东北草本植物志）

Echinops davuricus Fischer ex Hornemann, Suppl. Hort. Bot. Hafn. 105. 1819; Fl. China 20: 35. 2011.——*E. latifolius* Tausch. in Flora 11: 486. 1828; 中国植物志78(1): 10. 图版1: 1 ~ 2, 图版4: 1. 1987; 辽宁植物志（下册）: 564. 图版249. 1992; 内蒙古植物志（第二版）4: 698. 图版271: 1 ~ 3. 1993; 东北植物检索表（第二版）: 694. 图版349: 1. 1995; 黑龙江省植物志9: 243. 图版69: 6 ~ 10. 1998; 东北草本植物志9: 282. 图版102:

■ 驴欺口

中部茎叶

下部茎叶

■ 驴欺口

复头状花序一部分

头状花序

茎

植株上部

植株

1 ~ 5. 2004.——*E. latifolius* var. *angustilobus* (DC.) Kitag., 黑龙江省植物志9: 243. 1998.——*E. latifolius* var. *manshuricus* (Kitag.) C. Y. Li, 东北植物检索表（第二版）: 694. 1995.

生山坡草地、林缘及丘陵地。产黑龙江省大庆、东宁、宁安、安达、哈尔滨、齐齐哈尔、萨尔图；吉林省临江、靖宇、汪清、镇赉；辽宁省凌源、朝阳、阜蒙、大连、桓仁；内蒙古自治区海拉尔、满洲里、扎兰屯、科尔沁右翼前旗、科尔沁右翼中旗、扎鲁特旗、扎赉特旗、突泉、乌兰浩特、赤峰、阿鲁科尔沁旗、巴林左旗、巴林右旗、翁牛特旗、克什克腾旗、东乌珠穆沁旗等地。

根有清热解毒、消肿排脓、下乳、通筋脉作用，花序有活血、发散作用。

（4）东北蓝刺头（Flora of China）；天蓝刺头（辽宁植物志，黑龙江省植物志）；褐毛蓝刺头（内蒙古植物志，东北植物检索表，东北草本植物志，中国植物志）

Echinops dissectus Kitag. in Rep. First Sci. Exped. Manch. 4(2): 118. 1935; 中国植物志78(1): 12. 图版10: 1 ~ 3. 1987; 辽宁植物志（下册）: 564. 1992; 内蒙古植物志（第二版）4: 699. 图版271: 4 ~ 6. 1993; 东北植物检索表（第二版）: 694. 图版349: 2. 1995; 黑龙江省植物志9: 244. 1998; 东北草本植物志9: 285. 图版102: 6 ~ 8. 2004; Fl. China 20: 36. 2011.

生山坡、石砾质地。产黑龙江省大兴安岭东部、松嫩平原西部；吉林省前郭；辽宁省大连（模式标本采自老虎滩）、金州、凌源、桓仁；内蒙古自治区海拉尔、额尔古纳、牙克石、满洲里、新巴尔虎右旗、鄂伦春、鄂温克、科尔沁右翼前旗、科尔沁右翼中旗、乌兰浩特、扎鲁特旗、阿鲁科尔沁旗、巴林右旗、巴林左旗、克什克腾旗、太仆寺旗、多伦等地。

根入药，为排脓、止血药，可治疮疖、肠出血，又可催乳。

（5）羽裂蓝刺头（内蒙古植物志，中国植物志，Flora of China）

Echinops pseudosetifer Kitag. in Rep. First Sci. Exped. Manch. 4 (2): 120, 1935; 中国植物志78(1): 11. 1987; 内蒙古植物志（第二版）4: 699. 图版272. 1993; Fl. China 20: 35. 2011.

生山坡，海拔400 ~ 700米。产内蒙古自治区巴林左旗。

■ 羽裂蓝刺头

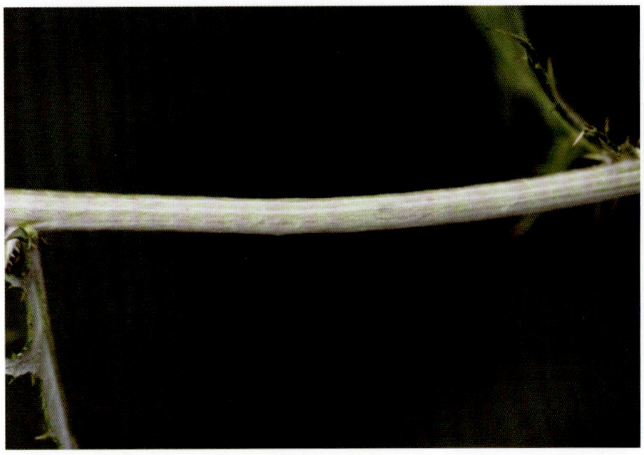
茎

头状花序

叶背面观

叶正面观

99 苍术属 *Atractylodes* DC.

Atractylodes DC., Prodr. 7: 48, 1838.

多年生草本。根状茎结节状。叶互生，分裂或不分裂，边缘有刺状缘毛或三角形刺齿。雌雄异株；头状花序同型，有一致的小花，单生茎枝顶端；小花管状，黄色或紫红色，檐部5深裂；总苞钟状、宽钟状或圆柱状；苞叶近2层，羽状全裂、深裂或半裂；总苞片多层，覆瓦状排列，全缘；花托平，有稠密的托片；花丝无毛，分离，花药基部附属物箭形；花柱分枝短，三角形，外面被短柔毛。瘦果倒卵圆形或卵圆形，压扁，顶端截形，密被毛；冠毛刚毛1层，羽毛状，基部连合成环。

本属全世界约6种，分布于亚洲东部地区。中国有4种。东北地区产3种。

分种检索表

1. 茎下部叶柄长2.5～3厘米；叶片3～5全裂 …………………………………… 1. **关苍术 A. japonica** Koidz. ex Kitam.

1. 茎下部叶柄长1厘米以下或近无柄；叶羽状分裂、具缺刻或不分裂。

   2. 叶羽状分裂、具缺刻或不分裂，硬纸质，最宽处在叶片上部或中部以上，边缘或裂片边缘有针刺状缘毛或三角形刺齿或重刺齿 ……………………………………………………………………… 2. **苍术 A. lancea** (Thunb.) DC.

   2. 叶不分裂，纸质或厚纸质，最宽处在叶片下部或中部，边缘有针刺状缘毛或三角形的细密刺齿或稀疏的三角形长针齿 ……………………………………………………………………… 3. **朝鲜苍术 A. koreana** (Nakai) Kitam.

（1）关苍术（辽宁植物志，黑龙江省植物志，内蒙古植物志，东北植物检索表，东北草本植物志，中国植物志）

Atractylodes japonica Koidz. ex Kitam. in Act. Hort. Phytotax. et Geobot. 4: 178. 1935; 中国植物志78(1): 29. 1987; 辽宁植物志（下册）: 566. 图版250: 1～5. 1992; 内蒙古植物志（第二版）4: 703. 图版273: 1～4. 1993; 东北植物检索表（第二版）: 696. 图版351: 1. 1995; 黑龙江省植物志9: 246. 图版71: 1～4. 1998; 东北

■ 关苍术

茎叶

花序

植株上部

植株

草本植物志9: 286. 图版103: 14 ~ 19. 2004.

生于山坡草地、疏林下、灌丛间。产黑龙江省伊春、尚志、密山、虎林、黑河、鸡西、饶河、嘉荫、呼玛、孙吴、萝北、佳木斯、勃利、宁安、鹤岗、哈尔滨、东宁；吉林省临江、通化、柳河、梅河口、集安、辉南、抚松、靖宇、长白、珲春、和龙、敦化、吉林、安图、蛟河、汪清；辽宁省沈阳、新宾、抚顺、清原、本溪、桓仁、铁岭、西丰、凌源、宽甸；内蒙古自治区鄂伦春、巴林右旗等地。

嫩苗可食。根状茎有补脾、益胃、燥湿、和中作用。药用与苍术类同。

（2）苍术（黑龙江省植物志，内蒙古植物志，东北植物检索表，东北草本植物志，中国植物志，Flora of China）；北苍术（辽宁植物志）；辽东苍术（大连地区植物志）

Atractylodes lancea (Thunb.) DC. in Prodr. 7: 48. 1838; 内蒙古植物志（第二版）4: 703. 图版273: 5 ~ 6. 1993; 黑龙江省植物志9: 248. 图版71: 5 ~ 6. 1998; 东北草本植物志9: 287. 图版103: 7 ~ 13. 2004; Fl. China 20: 40. 2011; 中国植物志78(1): 25. 图版11: 1. 1987; 东北植物检索表（第二版）: 699. 图版351: 2. 1995.——*A. chinensis* (Bunge) Koidz. in Symb. Fl. Or.-Asiat. 4. 1930; 辽宁植物志（下册）: 566. 图版250: 6 ~ 9. 1992.——*A. chinensis* (Bunge) DC. var. *liaotungensis* Kitag. in Journ. Jap. Bot. 19: 114. 1943; 大连地区植物志下册: 779. 1982.

生于山坡、灌丛。产黑龙江甘南、龙江、泰来、林甸、依安、富裕、杜尔伯特、齐齐哈尔、泰康、讷河；吉林省抚松；辽宁省大连、普兰店、盖州、抚顺、法库、凌源、北镇、葫芦岛、锦州、兴城、绥中、朝阳、彰武、建平、建昌、北票、义县、喀左、阜蒙；内蒙古自治区牙克石、扎兰屯、科尔沁右翼前旗、科尔沁右翼中旗、扎赉特旗、突泉、乌兰浩特、扎鲁特旗、翁牛特旗、巴林左旗、巴林右旗、阿鲁科尔沁旗、阿荣旗、克什克腾旗、喀喇沁旗、赤峰、宁城、多伦等地。

根状茎有燥湿健脾、祛风散寒、明目、辟秽作用。

■ 苍术

花枝

下部叶不裂

下部叶羽状分裂

叶缘疏具粗齿

植株

（3）朝鲜苍术（辽宁植物志，东北植物检索表，东北草本植物志，中国植物志，Flora of China）

Atractylodes koreana (Nakai) Kitam. in Act. Phvtotax. et Geobot. 4: 178. 1935; 中国植物志78(1): 24. 1987; 辽宁植物志（下册）: 567. 1992; 东北植物检索表（第二版）: 699. 图版351: 3. 1995; 东北草本植物志9: 288.

图版103: 1 ~ 6. 2004; Fl. China 20: 40. 2011.

生山坡草地及灌丛间草地。产黑龙江省宁安；吉林省长白；辽宁省鞍山、抚顺、凤城、辽阳、盖州、普兰店、丹东、大连、营口、庄河、长海、岫岩、桓仁；内蒙古自治区科尔沁右翼前旗、科尔沁右翼中旗等地。

根状茎有健胃、发汗利尿作用。嫩苗可食。

■ 朝鲜苍术

茎叶

头状花序

头状果序

植株上部

植株

100 飞廉属 *Carduus* L.

Carduus L., Sp. Pl. 820, p. p., 1753.

一年生或二年生草本，少为多年生草本。茎直立，有翼。叶互生，叶片波状分裂或不整齐羽状分裂，边缘具刺。头状花序单生于茎或分枝顶端；总苞钟形或球形，总苞片多层，具刺；花两性，花冠管状，白色、黄色或红色，花冠先端5裂；花丝有毛；花药基部箭形或耳状尾；花柱分枝短，钝头；花托具刺毛。瘦果长椭圆形、卵形、楔形或圆柱形，压扁，褐色、灰色、肉红色等；冠毛多层，不等长，糙毛状或锯齿状，基部连合成环，整体脱落。

本属全世界约有95种，分布于欧亚、北非及非洲热带地区。中国有3种。东北地区产3种。

分种检索表

1. 头状花序大；总苞钟状，直径4～7厘米；中外层苞片宽4～5毫米，中部或中部以上曲膝状弯曲 ……………… 1. 飞廉 C. nutans L.
1. 头状花序小；总苞卵形或卵球形，直径1.5～2（～2.5）厘米；中外层总苞片宽0.7～2毫米，中部或中部以上非曲膝状弯曲。
   2. 叶两面均为绿色，两面沿脉均有多细胞长节毛 ……………… 2. 节毛飞廉 C. acanthoides L.
   2. 叶正面绿色、沿脉有稀疏多细胞长节毛，背面灰绿色或浅灰白色、被薄蛛丝状绵毛 ……………… 3. 丝毛飞廉 C. crispus L.

（1）飞廉（中国植物志，Flora of China）；垂花飞廉（新疆中药名录）

Carduus nutans L., Sp. Pl. 821. 1753;中国植物志78(1):155. 图版19:1. 1987; Fl. China 20: 175. 2011.

辽宁省大连市有栽培。分布中国（新疆）、俄罗斯及欧洲、非洲。

全草入药，具有凉血止血、清热解毒、散瘀消肿之功效。还具有观赏价值。

■ 飞廉

头状花序

植株下部

植株

（2）节毛飞廉（中国植物志，Flora of China）

Carduus acanthoides L., Sp. Pl. 821. 1753; 中国植物志78(1): 158. 图版1: 13, 6: 4(1～2). 1987; Fl. China

■ 节毛飞廉

头状果序

白花

白花株

■ 节毛飞廉

叶背面观

头状花序正面观

头状花序侧面观

花序

植株

20: 176. 2011.

生山坡、草地、林缘、灌丛中或田间。产辽宁省各地；内蒙古自治区海拉尔、喀喇沁旗等地。

嫩苗可食，还是优良的蜜源植物。

（3）丝毛飞廉（东北植物检索表，东北草本植物志，中国植物志，Flora of China）；飞廉（辽宁植物志，黑龙江省植物志，内蒙古植物志）

Carduus crispus L., Sp. Pl. 821. 1753; 中国植物志78(1): 157. 1987; 辽宁植物志（下册）: 569. 图版265: 6～7. 1992; 内蒙古植物志（第二版）4: 773. 图版300: 1～3. 1993; 东北植物检索表（第二版）: 699. 图版352: 1. 1995; 黑龙江省植物志9: 249. 1998; 东北草本植物志9: 293. 2004; Fl. China 20: 176. 2011.

生山坡草地、田间、荒地、河旁及林下。产黑龙江省呼玛、黑河、饶河、尚志、哈尔滨、萝北；吉林省珲春、和龙、汪清、安图；辽宁省沈阳；内蒙古自治区额尔古纳、科尔沁右翼前旗、扎鲁特旗、科尔沁右翼中旗、扎赉特旗、突泉、乌兰浩特等地。

嫩苗可食，还是优良的蜜源植物。

■ 丝毛飞廉

花序

白花株上部

叶两面异色

植株一部分

植株

101 猬菊属（蝟菊属） *Olgaea* Iljin

Olgaea Iljin in Not. Syst. Herb. Hort. Bot. Petrop. 3: 141. 1922.

多年生草本。叶革质或草质，茎叶下延成茎翼或无茎翼。头状花序同型；含多数小花。总苞钟状、半球形或卵球形；总苞片多层，多数，覆瓦状排列，坚硬，革质，顶端针刺状，最内层苞片外面通常被稠密的顺向贴伏的微糙毛，全部苞片边缘通常有针刺状缘毛；小花紫色或蓝色，两性，结实，顶端5裂；雄蕊花丝分离，无毛，花药基部附属物尾状，撕裂；花柱分枝细长，长约4毫米，顶端圆或钝，大部贴合，仅顶端稍张开。瘦果长椭圆形或倒卵形，顶端有果缘。冠毛多层，基部连合成环，整体脱落。

本属全世界约16种，大部分分布于中亚。中国有6种。东北地区产2种。

分种检索表

1. 叶厚纸质，表面被蛛丝状毛，后渐脱落；茎翼宽1～2厘米，边缘有刺齿；总苞绿色，无蛛丝状毛 ………… 1. 火媒草 O. leucophylla (Turcz.) Iljin

1. 叶草质或纸质，表面无毛；茎翼宽1～2毫米，边缘有针刺；总苞稍灰白色，疏被蛛丝状毛 ………… 2. 猬菊 O. lomonosowii (Trautv.) Iljin

（1）火媒草（中国植物志，Flora of China）；鳍蓟（内蒙古植物志，东北植物分布图集）；火煤草（东北植物检索表，东北草本植物志）

Olgaea leucophylla (Turcz.) Iljin, Bot. Mater. Gerb. Glavn. Bot. Sada R. S. F. S. R. 3: 145. 1922; 中国植物志78(1): 64. 1987; 内蒙古植物志（第二版）4: 758. 图版301: 4 ~ 6. 1993; 东北植物检索表（第二版）: 704. 图版354: 2. 1995; 东北草本植物志9: 291. 图版104. 2004; Fl. China 20: 156. 2011.

生草地、农田或水渠边。产辽宁省凤城；内蒙古自治区新巴尔虎左旗、新巴尔虎右旗、科尔沁右翼中旗、扎赉特旗、突泉、科尔沁左翼后旗、克什克腾旗、巴林右旗、阿鲁科尔沁旗、翁牛特旗、敖汉旗等地。

■ 火媒草

叶背面观

头状花序正面观

头状花序侧面观

苗期

花期

（2）猬菊（植物智网站）；蝟菊（内蒙古植物志，东北植物检索表，东北草本植物志，中国植物志，Flora of China）

Olgaea lomonosowii (Trautv.) Iljin, Bot. Mater. Gerb. Glavn. Bot. Sada R. S. F. S. R. 3: 144. 1922; 中国植物志78(1): 63. 图版2: 2; 5: 2(1 ~ 2). 1987; 内蒙古植物志（第二版）4: 756. 图版300: 4 ~ 6. 1993; 东北植物检索表（第二版）: 704. 图版354: 1. 1995; 东北草本植物志9: 290. 2004; Fl. China 20: 156. 2011.

生山谷、山坡、沙窝或河槽地。产吉林省洮南、白城、镇赉；内蒙古自治区陈巴尔虎旗、新巴尔虎左旗、新巴尔虎右旗、突泉、扎鲁特旗、克什克腾旗、巴林右旗、翁牛特旗、阿鲁科尔沁旗、赤峰市红山区、东乌珠穆沁旗、西乌珠穆沁旗、锡林浩特、正蓝旗、多伦、镶黄旗、太仆寺旗等地。

■ 蝟菊

头状花序

植株侧面观

植株

102 蓟属 *Cirsium* Mill.

Cirsium Mill., Gard. Dict. Arb. ed. 4, 1, 1754.

一、二年生或多年生草本。茎直立或无茎。叶互生，叶片羽状分裂或不分裂，边缘具刺。头状花序顶生，单生或排列成穗状或总状；总苞球形、卵形或钟形，被蛛丝状毛或无毛；总苞片多层，覆瓦状排列，外、中层先端具刺，直立或反折，内层苞片先端尖或钝，无刺或具膜质附属物；花两性，全部为管状花，紫色、红色或白色，上筒部膨大，具5裂片，下筒部细长；花丝无毛，有腺点或被细软毛，花药先端附属物倒楔形，基部有尾，合生；花柱分枝短而钝，花托密被刺毛。瘦果椭圆形或倒卵形，稍扁；冠毛多层，羽毛状，比花冠短。

本属全世界250～300种，广布于欧洲、亚洲、北非、北美洲和中美洲大陆。中国有46种。东北地区产11种2变种1变型。

分种检索表

1. 雌雄异株；雌株头状花序较大，花雌性；雄株头状花序较小，花两性，管状。
  2. 叶全缘或具波状缘；植株高20～70厘米 ………………… **1b. 刺儿菜 C. arvense** var. **integrifolium** Wimm. & Grab.
  2. 叶边缘具羽状缺刻状牙齿或羽状浅裂；植株高达2米 …… **1c. 大刺儿菜 C. arvense** var. **setosum** (Willd.) Ledeb.
1. 雌雄同株；头状花序花同型，两性，管状。
  3. 花冠下筒部长为上筒部的2～3倍。
    4. 头状花序下垂，偶见直立或横生；叶两面均为绿色；茎枝无翼 ……… **2. 烟管蓟 C. pendulum** Fisch. ex DC.
    4. 头状花序直立；叶两面异色；茎枝有翼 …………………………………………… **3. 翼蓟 C. vulgare** (Savi) Ten.
  3. 花冠下筒部短于上筒部或近等长或长出1/3～1/2。
    5. 叶不分裂。
      6. 叶两面同色，均为绿色，无毛或被多细胞长节毛 ……… **4. 块蓟 C. viridifolium** (Handel-Mazzetti) C. Shih
      6. 叶两面异色，上面绿色且被多细胞长节毛，下面灰白色且密被蛛丝状丛卷毛
      ………………………………………………………………………… **5. 绒背蓟 C. vlassovianum** Fisch. ex DC.
    5. 叶羽状分裂，稀不分裂或具缺刻状齿或全缘。

(接上表)

7. 叶两面异色，表面绿色，背面灰白色。
 8. 叶不裂，背面或至少上部叶背面被薄茸毛；全部苞片背面无黑色黏腺宁 ………………………… 6. **线叶蓟 *C. lineare*** (Thunb.) Sch.-Bip
 8. 叶羽状半裂、深裂或几乎全裂，背面被灰白色茸毛；全部苞片背面有黑色黏腺 (7. **野蓟 *C. maackii*** Maxim.)。
  9. 花紫红色 ………………………… 7a. **野蓟 *C. maackii*** var. ***maackii***
  9. 花白色 ………………………… 7b. **白花野蓟 *C. maackii*** var. ***albiflorum*** Han
7. 叶两面均为绿色，背面无毛或被疏毛。
 10. 植株无茎或茎极短；头状花序集生于莲座叶丛中 ………… 8. **莲座蓟 *C. esculentum*** (Siev.) C. A. Mey.
 10. 植株具直立的茎；头状花序生于茎、枝顶端。
  11. 头状花序下垂；叶质薄，羽状浅裂至全裂，裂片宽达1厘米，水平开展；茎上部叶不分裂，基部扩大抱茎 ………………………… 9. **林蓟 *C. schantarense*** Trautv. et Mey.
  11. 头状花序直立。
   12. 叶卵形、长倒卵形、椭圆形或长椭圆形，羽状深裂或几乎全裂；茎上部叶基部扩大半抱茎 ………………………… 10. **蓟 *C. japonicum*** Fisch. ex DC.
   12. 叶长椭圆形或长披针形或宽线形，不规则缺刻状羽裂或具缺刻状牙齿，稀全缘；茎上部叶基部不扩大抱茎 ………………………… 11. **绿蓟 *C. chinense*** Gardn. et Champ.

（1）丝路蓟（植物分类学报，中国植物志，Flora of China）

Cirsium arvense (L.) Scop., Fl. Carn. ed. 2. 2: 126, 1772; 中国植物志78(1): 131. 1987; Fl. China 20: 174. 2011.

（1a）丝路蓟（原变种）

Cirsium arvense var. *arvense*

中国产新疆、甘肃、西藏。东北地区不产。

（1b）刺儿菜（辽宁植物志，黑龙江省植物志，内蒙古植物志，东北植物检索表，东北草本植物志，Flora of China）

Cirsium arvense var. *integrifolium* Wimm. & Grab. in Fl. Siles. 2(2): 92. 1829; Fl. China 20: 174. 2011.——*C. segetum* Bunge in Mem. Acad. Sci. St. Petersb. Sav. Rtrag. 2: 110. 1833; 内蒙古植物志（第二版）4: 770. 图版306: 1 ~ 4. 1993; 东北植物检索表（第二版）: 699. 图版353: 5. 1995; 东北草本植物志9: 295. 图版105: 1 ~ 4.

■ 刺儿菜

苗期植株

头状花序正面观

头状花序侧面观

■ 刺儿菜

花序

花期植株

2004.——*Cephalonoplos segetum* (Bunge) Kitam. in Act. Phytotax. Geob. 3: 8. 1934; 辽宁植物志（下册）: 569. 图版251: 1 ~ 4. 1992; 黑龙江省植物志9: 251. 图版72: 1 ~ 4. 1998.——*Cirsium integrifolium* (Wimm. & Grab.) L. Q. Zhao et Y. Z. Zhao in Key Vasc. Pl. Inn. Mongol.; 内蒙古植物志（第三版）5: 326. 2020.

生山坡、荒地、路旁及田边等地。产黑龙江省安达、齐齐哈尔、绥芬河、哈尔滨、虎林、密山、孙吴；吉林省临江、通化、柳河、辉南、集安、抚松、靖宇、长白、镇赉、双辽、珲春、蛟河、桦甸；辽宁省本溪、桓仁、宽甸、凤城、沈阳、大连、丹东、营口、建平、北镇、普兰店、兴城、盖州、东港、瓦房店、庄河、西丰、朝阳；内蒙古自治区科尔沁右翼前旗、科尔沁右翼中旗、扎赉特旗、突泉、乌兰浩特、海拉尔、科尔沁左翼后旗、宁城等地。

全草有凉血、行瘀止血作用。根状茎治肝炎。嫩苗可食。

（1c）大刺儿菜（辽宁植物志，黑龙江省植物志，内蒙古植物志，东北植物检索表，东北草本植物志）；大蓟（大连地区植物志）；刺儿菜（中国植物志）；白花大刺儿菜（东北植物检索表，东北草本植物志）

Cirsium arvense var. *setosum* (Willd.) Ledeb., Fl. Ross. (Ledeb.) 2: 735. 1845.——*Cirsium setosum* (Willd.)

■ 大刺儿菜

苗期植株

茎叶

头状花序侧面观

■ 大刺儿菜

花序

花期植株

果序

Bieb. in Fl. Taur.-cauc. 3: 560. 1819; 中国植物志78(1): 127. 1987; 内蒙古植物志（第二版）4: 770. 图版306: 5 ~ 9. 1993; 东北植物检索表（第二版）: 699. 图版353: 4. 1995; 东北草本植物志9: 295. 图版105: 5 ~ 8. 2004.——*Cephalonoplos setosum* (Willd.) Kitam. in Act. Phytotax. et G eobot. 3:8. 1934; 辽宁植物志（下册）: 570. 图版251: 5 ~ 8. 1992; 黑龙江省植物志9: 251. 图版72: 5 ~ 9. 1998.——*Cirsium setosum* f. *albiflora* (Kitag.) Kitag. in Lineam. Fl. Mansh. 447. 1939 (in nota); id. Neo-Lineam. Fl. Mansh. 640. 1979; 东北植物检索表（第二版）: 699. 1995; 东北草本植物志9: 297. 2004.

生山坡、荒地及田间路旁。产黑龙江省安达、齐齐哈尔、哈尔滨、尚志、宁安、汤原、虎林、密山、孙吴、伊春、萝北；吉林省临江、通化、柳河、梅河口、长春、九台、吉林、通榆、辉南、集安、抚松、靖宇、长白、安图、和龙、敦化、延吉、珲春、蛟河；辽宁省本溪、凤城、宽甸、桓仁、清原、昌图、彰武、绥中、开原、营口、沈阳、丹东、大连、抚顺；内蒙古自治区科尔沁右翼前旗、扎赉特旗、突泉、乌兰浩特、科尔沁左翼后旗、海拉尔、扎鲁特旗、翁牛特旗、巴林右旗等地。

全草有利尿、止血、消肿、凉血、散瘀作用。嫩茎和叶可作猪饲料。嫩苗可食。

（2）烟管蓟（辽宁植物志，黑龙江省植物志，内蒙古植物志，东北植物检索表，东北草本植物志，中国植物志，Flora of China）

Cirsium pendulum Fisch. ex DC. in Prodr. 6: 650. 1837; 中国植物志78(1): 116. 1987; 辽宁植物志（下册）: 571. 图版252: 8 ~ 10. 1992; 内蒙古植物志（第二版）4: 763. 图版303: 1 ~ 4. 1993; 东北植物检索表（第二版）: 702. 图版353: 6. 1995; 黑龙江省植物志9: 253. 图版73: 1 ~ 4. 1998; 东北草本植物志9: 303. 2004; Fl. China 20: 170. 2011.

生河岸、潮湿地、林缘等地。产黑龙江省呼玛、依兰、集贤、桦川、宁安、肇东、阿城、安达、尚志、虎林、伊春、孙吴、哈尔滨、萝北；吉林省大安、九台、和龙、珲春、敦化、白山、通化、安图、梅河口、集安、汪清、辉南、柳河、靖宇、抚松、长白；辽宁省沈阳、葫芦岛、大连、凤城、丹东、西丰、阜蒙、彰武、北镇、宽甸、本溪、桓仁；内蒙古自治区海拉尔、额尔古纳、根河、牙克石、鄂伦春、鄂温克、陈巴尔虎旗、新巴尔虎左旗、新巴尔虎右旗、科尔沁右翼前旗、扎赉特旗、科尔沁左翼后旗、克什克腾旗、喀喇沁旗、东乌珠穆沁旗、锡林浩特等地。

根、全草有凉血止血、祛瘀消肿、止痛作用。嫩苗可食。

■ 烟管蓟

叶正面观

叶背面观

头状花序偶见横生

头状花序偶见直立

头状花序常下垂

基生叶

头状花序

居群

（3）翼蓟（植物分类学报，中国植物志，Flora of China）

Cirsium vulgare (Savi) Ten., Fl. Nap. 5: 209. 1835 ~ 1836; 植物分类学报22(5): 392. 1984; 中国植物志78(1): 96. 1987; Fl. China 20: 165. 2011.

生于潮草地或荒地。产辽宁省大连、旅顺口。

嫩根可食。

■ 翼蓟

根部

基生叶

叶正反面对比

叶正面被稠密针刺

茎

茎上部叶

茎中部叶

花序一部分

头状果序

植株

（4）块蓟（内蒙古植物志，中国植物志，Flora of China）

Cirsium viridifolium (Handel-Mazzetti) C. Shih, Acta Phytotax. Sin. 22: 394. 1984; Fl. China 20: 166. 2011.——*Cirsium salicifolium* (Kitag.) Shih, 中国植物志78(1): 99. 1987; 内蒙古植物志（第二版）4: 763. 1993.

生湿地、溪旁、路边或山坡。产吉林省乾安、通榆；辽宁省鞍山、凤城、辽阳；内蒙古自治区科尔沁左翼后旗、克什克腾旗、正蓝旗等地。

嫩根可食。

■ 块蓟

根部

头状花序正面观

头状花序侧面观

叶背面观

植株一部分

植株

（5）绒背蓟（辽宁植物志，黑龙江省植物志，内蒙古植物志，东北植物检索表，东北草本植物志，中国植物志，Flora of China）

Cirsium vlassovianum Fisch. ex DC. in Prodr. 6: 653. 1837; 中国植物志78(1): 100. 1987; 辽宁植物志（下册）: 574. 图版253: 3 ~ 9. 1992; 内蒙古植物志（第二版）4: 765. 图版304: 1 ~ 3. 1993; 东北植物检索表（第二版）: 702. 1995; 黑龙江省植物志9: 256. 图版74: 1 ~ 3. 1998; 东北草本植物志9: 297. 图版106: 1 ~ 7. 2004; Fl. China 20: 167. 2011.

生河岸、山坡草地及潮湿地。产黑龙江省安达、伊春、尚志、密山、萝北、虎林、大庆、鸡东、呼玛、林口、宁安、饶河、孙吴；吉林省蛟河、吉林、敦化、和龙、临江、通化、梅河口、柳河、辉南、集安、抚松、靖宇、安图、汪清、长白；辽宁省抚顺、清原、鞍山、辽阳、大连、庄河、普兰店、凤城、本溪、西丰、桓仁、宽甸、丹东；内蒙古自治区满洲里、额尔古纳、根河、牙克石、鄂伦春、鄂温克、科尔沁右翼前旗、科尔沁右翼中旗、扎赉特旗、突泉、乌兰浩特、扎鲁特旗、科尔沁左翼后旗、阿鲁科尔沁旗、巴林右旗、克什克腾旗、东乌珠穆沁旗等地。

块根有祛风、除湿、止痛作用，用于风湿性关节炎、四肢麻木。嫩苗、嫩根均可食。

■ 绒背蓟

根部

头状花序

茎叶背面观

茎叶正面观

植株

（6）线叶蓟（中国植物志，Flora of China）；线叶绒背蓟（辽宁植物志，东北草本植物志）

Cirsium lineare (Thunb.) Sch. –Bip in Linnaea 19: 335. 1874; 中国植物志78(1): 120. 1987; Fl. China 20: 171. 2011.——*C. vlassovianum* Fisch. ex DC. var. *lineare* (Thunb.) C. Y. Li, 辽宁植物志（下册）: 574. 1992; 东北草本植物志9: 299. 2004.

生山坡、林下、草甸湿地及路旁。产辽宁省凌源、彰武、葫芦岛、抚顺、鞍山、普兰店、旅顺口、大连等地。

■ 线叶蓟

叶正反面对比

植株上部

■ 线叶蓟

植株一部分

居群

（7）野蓟（辽宁植物志，黑龙江省植物志，内蒙古植物志，东北植物检索表，东北草本植物志，中国植物志，Flora of China）；牛戳口（中国植物志）

Cirsium maackii Maxim. in Prim. Fl. Amur. 172. 1859; 中国植物志78(1): 107. 1987; 辽宁植物志（下册）: 572. 图版252: 1 ~ 7. 1992; 内蒙古植物志（第二版）4: 766. 图版303: 5 ~ 8. 1993; 东北植物检索表（第二版）: 702. 图版353: 2. 1995; 黑龙江省植物志9: 255. 图版73: 5 ~ 7. 1998; 东北草本植物志9: 302. 图版107: 1 ~ 8. 2004; Fl. China 20: 168. 2011.

（7a）野蓟（原变种）

Cirsium maackii var. *maackii*

生林下、林缘湿草地、山坡草地、撂荒地。产黑龙江省哈尔滨、齐齐哈尔、北安、伊春、密山、虎林、汤原、集贤、萝北；吉林省珲春、汪清；辽宁省清原、沈阳、盖州、大连、金州、庄河、瓦房店、长海、岫岩、凤城、宽甸、本溪、义县；内蒙古自治区新巴尔虎右旗、科尔沁左翼后旗、大青沟、克什克腾旗、巴林右旗、敖汉旗、喀喇沁旗、宁城等地。

全草可治疗吐血、衄血、尿血与外伤出血等。嫩苗可食。

■ 野蓟

茎叶

茎叶背面观

■ 野蓟

花序

植株

（7b）白花野蓟（变型）（辽宁植物志，东北植物检索表，东北草本植物志）

Cirsium maackii f. *albiflora* W. Wang et C. Y. Li, 辽宁植物志（下册）: 573, 1159. 1992; 东北植物检索表（第二版）: 702. 1995; 东北草本植物志9: 303. 2004.

生林下、林缘湿草地。产辽宁省金州、瓦房店（模式标本采集地）等地。

■ 白花野蓟

花序

植株

（8）莲座蓟（内蒙古植物志，东北植物检索表，东北草本植物志，中国植物志，Flora of China）

Cirsium esculentum (Siev.) C. A. Mey. in Mem. Acad. Sc. Petersb. ser 6. 6: 42. 1849; 中国植物志78(1): 104. 1987; 内蒙古植物志（第二版）4: 761. 图版302. 1993; 东北植物检索表（第二版）: 702. 图版353: 1. 1995; 东北草本植物志9: 299. 2004; Fl. China 20: 168. 2011.

生平原或山地潮湿地或水边。产辽宁省葫芦岛；内蒙古自治区海拉尔、额尔古纳、牙克石、陈巴尔虎旗、鄂温克、新巴尔虎左旗、阿鲁科尔沁旗、巴林右旗、克什克腾旗、东乌珠穆沁旗、锡林浩特、阿巴嘎旗、正蓝旗、镶黄旗等地。

全草有散瘀消肿、排脓托毒、止血作用，用于肺痈、疮痈肿毒、皮肤病等。

■ 莲座蓟

头状花序

植株一部分

植株侧视

植株俯视

（9）林蓟（黑龙江省植物志，东北植物检索表，东北草本植物志，中国植物志，Flora of China）

Cirsium schantarense Trautv. et Mey. in Fl. Ochot. 1 (2): 58. 1856; 中国植物志78(1): 109. 1987; 东北植物检索表（第二版）: 702. 图版353: 3. 1995; 黑龙江省植物志9: 255. 1998; 东北草本植物志9: 300. 图版107: 9 ~ 11. 2004; Fl. China 20: 169. 2011.

生林中及林缘潮湿处、河边或草甸。产黑龙江省尚志、伊春、宁安、密山、海林、饶河、萝北、哈

■ 林蓟

头状花序

茎叶

植株

尔滨、依兰、桦川；吉林省和龙、白山、敦化、长白、汪清、安图、抚松；辽宁省沈阳、桓仁、宽甸；内蒙古自治区宁城等地。

（10）蓟（内蒙古植物志，中国植物志，Flora of China）

Cirsium japonicum Fisch. ex DC., Prodr. 6: 640, 1837; 中国植物志78(1): 103. 1987; 内蒙古植物志（第二版）4: 765. 图版304: 4 ~ 6. 1993; Fl. China 20: 167. 2011.

生山坡林中、林缘、灌丛中、草地、荒地、田间、路旁或溪旁。产辽宁省长海县大耗子岛；内蒙古自治区正蓝旗。

■ 蓟

头状花序

茎叶一部分

茎叶基部

茎叶正面观

茎叶背面观

植株一部分

（11）绿蓟（内蒙古植物志，东北植物检索表，东北草本植物志，中国植物志，Flora of China）；崂山单脉蓟（辽宁植物志）；崂山蓟（大连地区植物志）

Cirsium chinense Gardn. et Champ. in Hook. Kew Journ. Bot. 1: 323. 1849; 中国植物志78(1): 118. 1987; 内蒙古植物志（第二版）4: 768. 图版305: 1 ~ 3. 1993; 东北植物检索表（第二版）: 702. 图版353: 7. 1995; 东北草本植物志9: 302. 图版106: 8 ~ 9. 2004; Fl. China 20: 171. 2011.——*C. uninervium* Nakai var. *laushanense* (Yabe) Kitag. in Indes Fl. Jehl. 94. 1936; 辽宁植物志（下册）: 574. 图版253: 1 ~ 2. 1992.

■ 绿蓟

根部

苗期植株

叶正反面对比

■ 绿蓟

头状花序

花期植株

生山沟及山坡草丛中。产辽宁省大连、旅顺口、长海；内蒙古自治区翁牛特旗、敖汉旗、喀喇沁旗、阿鲁科尔沁旗、克什克腾旗、宁城等地。

嫩根可食。

103 水飞蓟属 *Silybum* Adans.

Silybum Adans., Fam. 2: 116, 1763.

一年生或二年生草本。叶互生，有白色花斑。头状花序较大；总苞球形或卵球形；总苞片6层，覆瓦状排列，向内层渐长，中外层苞片上部转变成叶质附片状，叶质附片边缘有针刺，顶端钻状披针形伸出，成长硬刺；小花两性，管状，紫色或白色，檐部短，5裂；花丝短而宽扁，上部分离；花柱上部粗厚，被分枝的长柔毛，花柱分枝大部贴合，仅上部分离。瘦果长椭圆形或长倒卵形，压扁；冠毛多层，刚毛状，向中层或内层渐长，边缘有齿，基部连合成环。

本属全世界2种，分布于中欧、南欧、地中海地区与俄罗斯中亚。中国引种栽培1种。东北地区有栽培。

水飞蓟（东北植物检索表，东北草本植物志，中国植物志）

Silybum marianum (L.) Gaertn. in De Fruct. 2: 378. 1791; 中国植物志78(1): 161. 图版2: 7, 31: 2. 1987; 东

■ 水飞蓟

苗期植株

叶背面观

头状花序

■ 水飞蓟

叶正面观

花期植株

植株

北植物检索表（第二版）: 713. 1995; 东北草本植物志9: 294. 2004.

一年生或二年生草本；全部茎枝有白色粉质物；莲座状基生叶与下部茎叶椭圆形或倒披针形，羽状浅裂至全裂；中部与上部茎叶渐小；头状花序较大，生枝端；总苞球形或卵球形，直径3 ~ 5厘米，总苞片6层；小花红紫色，檐部5裂；瘦果压扁，长椭圆形或长倒卵形，褐色，有线状长椭圆形的深褐色色斑，顶端有果缘。原产欧洲、地中海地区、北非及亚洲中部。东北各地公园、庭院或药草园栽培，也见农田、荒地逸生。

以药用为目的引进，全草用于肿疡及丹毒，果实有清热解毒、保肝、利胆作用。

104 红花属 *Carthamus* L.

Carthamus L., Sp. Pl. 830. 1735.

一年生草本。叶互生，质硬，边缘具刺齿。头状花序单生或排成伞房状；总苞卵形或近球形，总苞片多层，外层叶质，具刺，内层质薄，全缘或顶端撕裂；花同型，两性，花冠管状，白色、黄色、紫红色或橙红色，下筒部细长，上筒部稍膨大，先端5裂；花药基部箭形，尾部稍撕裂；花柱分枝短。瘦果倒卵形，无毛，具4棱；无冠毛或冠毛鳞片状。

本属全世界约47种，分布于中亚、西南亚及地中海区。中国引进1种。东北地区有栽培。

红花（辽宁植物志，黑龙江省植物志，内蒙古植物志，东北植物检索表，东北草本植物志，中国植物志，Flora of China）

Carthamus tinctorius L., Sp. Pl. 830. 1753; 中国植物志78(1): 187. 1987; 辽宁植物志（下册）: 596. 图版265: 1 ~ 5. 1992; 内蒙古植物志（第二版）4: 785. 1993; 东北植物检索表（第二版）: 699. 图版352: 2. 1995; 黑龙江省植物志9: 250. 图版71: 7 ~ 11. 1998; 东北草本植物志9: 304. 图版108. 2004; Fl. China 20: 190. 2011.

一年生草本；叶近无柄，基部抱茎，边缘具不规则牙齿，齿端具针刺；伞房花序；头状花径3 ~ 4厘米；总苞卵圆形或半球形，总苞片4层，外层竖琴状，先端附属物刺齿状；花同型，管状，橘红色；瘦果倒卵形，乳白色，有4棱。原产埃及。东北地区及内蒙古自治区东部地区栽培。

花有破血、活血、消肿、止痛、解热、发汗作用。种子可榨油，且有解毒止痛作用。

■ 红花

花蕾期植株

茎叶

头状花序一部分

橘色头状花序

植株

植株上部

盛花期植株

105 风毛菊属 *Saussurea* DC.

Saussurea DC. in Ann. Mus. Paris 16: 156. et 198. 1810.

多年生直立草本。叶互生，不分裂或羽状分裂。头状花序单一或多数，于茎或枝端排列成伞房状或总状；总苞筒状、球形或半球形；总苞片多层，覆瓦状排列，先端有附属物或无附属物，外展常反折；

花同型，两性，花冠管状，先端5裂，紫色或白色，花药基部箭形，花柱分枝线形；花托平或凸起。瘦果近圆柱形，具4棱，麦秆黄色，有黑紫色斑点，无毛，先端钝，有狭边。冠毛1～2层，外层短，单毛或糙毛状，易脱落；内层羽毛状，基部连合成环，仅1层者，为羽毛状。

本属全世界约415种，分布于亚洲与欧洲。中国有289种，遍布全国。东北地区产36种4变种3变型。

分种检索表

1. 头状花序（少数或多数密集于茎顶）为扩大的淡紫色膜质苞叶所包围；叶披针形，有细齿 …… **1. 紫苞雪莲 S. iodostegia** Hance
1. 头状花序不为扩大的叶状苞叶所包围。
  2. 总苞片先端具附属物。
    3. 总苞片先端附属物草质，栉齿状。
      4. 叶裂片5～8对，裂片卵形或披针形；总苞径8～10毫米，总苞片先端栉齿状附属物4～5对，栉齿狭披针形（**2. 篦苞风毛菊 S. pectinata** Bunge ex DC.）。
        5. 花紫色 …… **2a. 篦苞风毛菊 S. pectinata** var. **pectinata**
        5. 花白色 …… **2b. 白花羽苞风毛菊 S. pectinata** var. **albiflorum** S. M. Zhang
      4. 叶裂片10对以上，裂片线形；总苞径约5毫米，总苞片栉齿状附属物2～3对，栉齿三角形（**3. 齿苞风毛菊 S. odontolepis** (Herd.) Seh.-Bip. ex Herd.）。
        6. 花紫色 …… **3a. 齿苞风毛菊 S. odontolepis** var. **odontolepis**
        6. 花白色 …… **3b. 白花齿苞风毛菊 S. odontolepis** var. **albiflorum** S. M. Zhang
    3. 总苞片先端附属物膜质或草质，不为栉齿状。
      7. 总苞片先端附属物草质，稍扩大，不为紫红色；叶全缘 …… **4. 京风毛菊 S. chinnampoensis** Levl. et Vaniot
      7. 总苞片先端附属物膜质，扩大呈圆形或稍扩大，紫红色或粉红色；叶全缘或具齿或羽状分裂。
        8. 叶全缘或具齿，稀羽状浅裂；总苞圆柱状或狭钟状；外层总苞片无附片 …… **5. 草地风毛菊 S. amara** (L.) DC.
        8. 叶羽状分裂。
          9. 叶倒向羽裂或大头羽裂，稀全缘；植株高（10～）20～30厘米；总苞片先端附属物稍扩大（**6. 倒羽叶风毛菊 S. runcinata** DC.）。
            10. 叶倒向羽裂或大头羽裂；总苞径5～10毫米 …… **6a. 倒羽叶风毛菊 S. runcinata** var. **runcinata**
            10. 叶全缘；总苞径4～5毫米 …… **6b. 全叶碱地风毛菊 S. runcinata** var. **integnfodia** H. C. Fu et D. S. Wen
          9. 叶羽状深裂至浅裂；植株高可达1米以上；总苞片先端附属物扩大呈圆形。
            11. 总苞球形或广钟形；叶裂片线形至披针状线形（**7. 美花风毛菊 S. pulchella** Fisch. ex DC.）。
              12. 叶两面无毛或背面疏被毛 …… **7a. 美花风毛菊 S. pulchella** var. **pulchella**
              12. 叶表面被乳头状毛，背面密被灰白色柔毛 …… **7b. 毛球花风毛菊 S. pulchella** f. **subtomentosa** (Kom.) Kitag.
            11. 总苞狭筒状钟形；叶裂片狭椭圆形（**8. 风毛菊 S. japonica** (Thunb.) DC.）。
              13. 茎无翼。
                14. 总苞片附属物及花均为紫红色或紫色 …… **8a. 风毛菊 S. japonica** f. **japonica**
                14. 总苞片附属物及花均为白色 …… **8b. 白花风毛菊 S. japonica** f. **leucocephala** (Nakai et Kitag.) Nakai
              13. 叶下延至茎成翼 …… **8c. 翼茎风毛菊 S. japonica** f. **alata** (Chen) Kitag.
  2. 总苞片先端无附属物。

（接上表）

15. 叶背面密被白色或灰白色毛。
16. 茎具狭翼，高60～100厘米；茎下部叶长圆状披针形或披针形，边缘有牙状齿；总苞筒状（**9. 龙江风毛菊 S. amurensis** Turez. ex DC.）。
17. 花紫红色 ……………………………………………………… **9a. 龙江风毛菊 S. amurensis** var. **amurensis**
17. 花白色 ……………………………………………… **9b. 白花龙江风毛菊 S. amurensis** var. **albiflora** Wang
16. 茎无翼，高10～40厘米。
18. 茎多数簇生，被蛛丝状毛；叶多数，贴伏于茎，狭线形；头状花序小而密集呈伞房状 ………………………………………………………………………………**10. 柳叶风毛菊 S. salicifolia** (L.) DC.
18. 茎单一。
19. 头状花序单生于茎顶 …………………………………………… **11. 高岭风毛菊 S. tomentosa** Kom.
19. 头状花序多数集生于茎顶呈伞房状。
20. 叶背面密被银白色毡毛，叶披针状三角形或卵状三角形，基部心形或戟形 ……………………………………………………………………………… **12. 银背风毛菊 S. nivea** Turcz.
20. 叶背面密被灰白色蛛丝状绵毛。
21. 茎下部叶狭长椭圆形，基部楔形下延至叶柄基部，全缘或疏具小齿 ………………………………………………………………………… **13. 灰白风毛菊 S. cana** Ledeb.
21. 茎下部叶卵形、卵状披针形、长卵状三角形或宽肾形，基部心形、戟形或截形。
22. 叶长卵状三角形，基部截形，边缘具波状齿或缺刻状大牙齿或羽状分裂 …………………………………………………………**14. 硬叶风毛菊 S. firma** (Kitag.) Kitam.
22. 叶卵形、卵状披针形或宽肾形，基部心形或戟形。
23. 叶宽肾形，基部心形或深心形，两侧呈圆耳形 ……………………………………… **15. 肾叶风毛菊 S. acromelaena** Hand.-Mazz.
23. 叶卵形或卵状披针形，基部心形或楔形。
24. 茎被白色蛛丝状毛；叶质硬而近革质，背面密被灰白色绒毛；茎叶卵形或长圆状卵形，基部心形至微心形，先端长渐尖，边缘具微波状齿，齿端成凸尖 …………………………………………………**16. 北风毛菊 S. discolor** (Willd.) DC.
24. 茎下部被褐色多细胞毛、上部被白色绒毛；叶质薄，背面被白色蛛丝状毛；茎叶卵状长圆形至倒卵状披针形，基部心形至歪截形，先端锐尖，边缘具4～8短尖头粗牙状齿 ………………… **17. 岩风毛菊 S. komaroviana** Lipsch.
15. 叶背面无毛或微被柔毛。
25. 茎有翼。
26. 茎具极狭翼；叶狭披针形或线状披针形，边缘常席卷，近全缘或具微尖齿 ………………………………………………………… **18. 渐尖风毛菊 S. acuminata** Turcz. ex Fisch.
26. 茎具明显的翼；叶卵状长圆形或广卵状长圆形，边缘不反卷，具明显尖齿。
27. 茎上的翼具齿；叶基部广楔形或近截形，下延成短柄或近无柄；总苞片先端长尾状渐尖，反折 ……………………………………………………………………… **19. 湿地风毛菊 S. umbrosa** Kom.
27. 茎上的翼全缘或近全缘；叶基部狭楔形下延至柄，柄长3～10毫米；总苞片先端钝圆，不反折。
28. 总苞筒状钟形，总苞片绿色或先端稍带暗黑色；冠毛不超出总苞 ………………………………………………………… **20. 齿叶风毛菊 S. neoserrata** Nakai

(接上表)

28. 总苞筒状，总苞片上部或全部黑紫色；冠毛超出总苞 …**21. 小花风毛菊 S. parviflora** (Poiret) DC.

25. 茎无翼。

29. 叶肉质；植株呈灰绿色；叶全缘或具不整齐波状齿；总苞狭筒状，总苞片先端渐尖带红色 ……………………………………………………………………………**22. 达乌里风毛菊 S. daurica** Adams

29. 叶草质；植株绿色。

30. 叶羽状分裂，稀不分裂。

31. 总苞片先端渐尖，常反折。

32. 总苞广钟形，直径10～15毫米，总苞片上部紫红色且背部被柔毛；叶不整齐羽状深裂或仅下部羽裂，稀不分裂 ……………………**23. 折苞风毛菊 S. recurvata** (Maxim.) Lipsch.

32. 总苞狭钟形，直径5～10毫米，总苞片上部绿色。

33. 叶质较薄，两面疏被短乳头状毛；总苞径约10 毫米，总苞片先端具长尾状芒尖 ……………………………………………………………**24. 林风毛菊 S. sinuata** Kom.

33. 叶质较厚，两面被短糙毛；总苞径5～7毫米，总苞片先端渐尖 …………………………………………… **25. 蒙古风毛菊 S. mongolica** (Franch.) Franch.

31. 总苞片先端钝或锐尖，不反折。

34. 叶大头羽状深裂或浅裂，顶裂片大，三角形或箭头形；总苞狭圆柱状，直径5毫米；总苞片外层卵形，顶端钝，全部总苞片外面被蛛丝状绵毛 ………………………………………………… **26. 盐地风毛菊 S. salsa** (Pall.) Spreng.

34. 叶羽状全裂或深裂，侧裂片4～6对，倒披针形、长椭圆形或宽线形；总苞圆柱状，直径6毫米；总苞片外层卵形，顶端急尖且有小尖头，全部总苞片上部外面及顶端被白色微柔毛 ……………………………………………… **27. 羽叶风毛菊 S. maximowiczii** Herd.

30. 叶不分裂，边缘具粗大牙齿，稀羽裂。

35. 叶质厚，近革质或厚纸质。

36. 总苞钟形或广钟形，长2厘米，直径1～1.5厘米，无毛，总苞片反折；叶卵形至狭披针形，基部楔形至近戟形，下部边缘具密齿，两面无毛 ……………………………………………………**28. 卷苞风毛菊 S. tunglingensis** F. H. Chen

36. 总苞筒状钟形，长1.5厘米，直径0.5～1厘米，疏被蛛丝状毛，总苞片直立；叶卵状三角形或长卵状三角形，基部截形或心形，边缘具不整齐刺尖齿或微齿，背面被短柔毛或无毛 ……………………………………………… **29. 毛苞风毛菊 S. triangulata** Trautv. et Mey.

35. 叶质薄，草质或近纸质。

37. 叶卵形或三角状卵形，基部心形。

38. 总苞筒状；总苞片广卵形或近圆形，直立且紧贴，背部疏被褐色茸毛 ………………………………………………………… **30. 长白风毛菊 S. tenerifolia** Kitag.

38. 总苞钟形或卵形。

39. 总苞直径大于1厘米；叶心状卵形或三角形，质地坚硬 ……………………………………………… **31. 大叶风毛菊 S. grandifolia** Maxim.

39. 总苞直径5～6毫米；叶狭披针状三角形，质厚 … **32. 长叶风毛菊 S. elongata** DC.

37. 叶长卵状三角形、正三角形、矩圆状三角形或矩圆形等，基部戟形、心形或近截形。

40. 头状花序少数，总苞钟形，直径12～20毫米，外被褐色茸毛；总苞片先端暗色，草

（接上表）

质，具长尾状渐尖，反折 ……………………**33. 吉林风毛菊 S. subtriangulata** Kom.

40. 头状花序多数，总苞狭筒状或狭钟状，直径3～10毫米。

41. 总苞狭筒状，直径5～10毫米，无毛；总苞片先端钝，暗紫色，不反折 ……………………………………………………**34. 东北风毛菊 S. manshurica** Kom.

41. 总苞狭钟状或圆筒状，直径3～8毫米，有蛛丝状毛。

42. 总苞狭钟状，直径5～8毫米；总苞片外层长2.2毫米，先端短渐尖，有短尖头…………………………………… **35. 乌苏里风毛菊 S. ussuriensis** Maxim.

42. 总苞狭钟状或圆筒状，直径3～4毫米；总苞片外层短小，先端锐尖，常外弯…………………………………………… **36. 狭头风毛菊 S. dielsiana** Koidz.

（1）紫苞雪莲（中国植物志，Flora of China）；紫苞风毛菊（内蒙古植物志，东北植物检索表，东北草本植物志）

Saussurea iodostegia Hance in Journ. Bot. Brit. For. 16: 109. 1878; 内蒙古植物志（第二版）4: 713. 图版276: 1～4. 1993; 东北植物检索表（第二版）: 704. 图版355: 1. 1995; 中国植物志78(2): 36. 图版6: 1～6. 1999; 东北草本植物志9: 324. 图版116: 1～6. 2004; Fl. China 20: 75. 2011.

生山坡草地、山地草甸、林缘。产吉林省白城；内蒙古自治区赤峰、巴林右旗、克什克腾旗、喀喇沁旗、宁城、西乌珠穆沁旗等地。

■ 紫苞雪莲

植株一部分

植株

■ 紫苞雪莲

基生叶

头状花序侧面观

（2）篦苞风毛菊（黑龙江省植物志，内蒙古植物志，中国植物志，Flora of China）；羽苞风毛菊（辽宁植物志，东北植物检索表，东北草本植物志）

Saussurea pectinata Bunge ex DC. in Pnodr. 6: 538. 1838; 辽宁植物志（下册）: 590. 图版262: 1 ~ 6. 1992; 内蒙古植物志（第二版）4: 722. 图版280: 1 ~ 5. 1993; 东北植物检索表（第二版）: 706. 图版355: 7. 1995; 黑龙江省植物志9: 271. 1998; 中国植物志78(2): 159. 图版24: 1 ~ 9. 1999; 北草本植物志9: 333. 图版120: 1 ~ 6. 2004; Fl. China 20: 129. 2011.

（2a）篦苞风毛菊（原变种）

Saussurea pectinata var. *pectinata*

■ 篦苞风毛菊

头状果序侧面观

植株下部

■ 篦苞风毛菊

头状花序侧面观

植株上部

生山坡、路旁、宅旁。产黑龙江省伊春；吉林省长春；辽宁省凌源、北镇、建昌、建平、阜新、法库、大连；内蒙古自治区额尔古纳、牙克石、鄂温克、翁牛特旗、巴林右旗、克什克腾旗等地。

（2b）白花羽苞风毛菊（辽宁植物）

Saussurea pectinata var. *albiflorum* S. M. Zhang, 辽宁植物: 1606, 2001. 2021.

生山坡。产辽宁省凌源。

■ 白花羽苞风毛菊

头状花序正面观

花序一部分

■ 白花羽苞风毛菊

头状花序侧面观

植株

（3）齿苞风毛菊（辽宁植物志，黑龙江省植物志，内蒙古植物志，东北植物检索表，东北草本植物志，中国植物志，Flora of China）

Saussurea odontolepis (Herd.) Seh. –Bip. ex Herd. in Bull. Soc. Nat. Mosc. 41 (3): 13. 1868; 辽宁植物志（下册）: 591. 图版262: 7 ~ 12. 1992; 内蒙古植物志（第二版）4: 722. 图版280: 7 ~ 11. 1993; 东北植物检索表（第二版）: 706. 图版355: 8. 1995; 黑龙江省植物志9: 269. 图版79: 6 ~ 9. 1998; 中国植物志78(2): 158. 1999; 东北草本植物志9: 335. 图版120: 7 ~ 12. 2004; Fl. China 20: 128. 2011.

（3a）齿苞风毛菊（原变种）

Saussurea odontolepis var. *odontolepis*

生灌丛、路边、林下、山坡等处。产黑龙江省齐齐哈尔、哈尔滨、杜尔伯特、穆棱、阿城、肇东、泰康、肇州、富锦、呼玛、黑河、伊春；吉林省九台、吉林、蛟河、长春、桦甸；辽宁省沈阳、抚顺、清原、鞍山、丹东、东港、大连、普兰店、庄河、葫芦岛、北镇、法库、西丰；内蒙古自治区海拉尔、额尔古纳、根河、牙克石、满洲里、鄂伦春、科尔沁左翼后旗、阿鲁科尔沁旗、克什克腾旗、宁城、东乌珠穆沁旗、多伦等地。

■ 齿苞风毛菊

花序一部分

总苞片

■ 齿苞风毛菊

茎叶

植株

（3b）白花齿苞风毛菊（变种）（辽宁植物）

Saussurea odontolepis var. *albiflorum* S. M. Zhang, 辽宁植物: 1607, 2001. 2021.

生山坡。产辽宁省凌源。

■ 白花齿苞风毛菊

花序

植株

（4）京风毛菊（辽宁植物志，东北植物检索表，东北草本植物志，中国植物志，Flora of China）

Saussurea chinnampoensis Levl. et Vaniot in Bull. Georg. Bot. Mans. 20: 145. 1909; 辽宁植物志（下册）: 593. 图版263: 5 ~ 9. 1992; 内蒙古植物志（第二版）4: 720. 图版278: 1 ~ 4. 1993; 东北植物检索表（第二版）: 704. 图版355: 2. 1995; 中国植物志78(2): 55. 图版11: 6 ~ 11. 1999; 东北草本植物志9: 326. 图版117: 7 ~ 12. 2004; Fl. China 20: 82. 2011.

生沼泽地、草甸、潮湿地。产黑龙江省哈尔滨；辽宁省法库、营口、彰武；内蒙古自治区科尔沁左翼后旗、科尔沁右翼中旗、翁牛特旗等地。

■ 京风毛菊

基生叶

花序

头状花序

茎生叶

（5）草地风毛菊（辽宁植物志，黑龙江省植物志，内蒙古植物志，东北植物检索表，东北草本植物志，中国植物志，Flora of China）

Saussurea amara (L.) DC. in Ann. Mus. Hist. Natur. Paris 16: 200. 1810; 辽宁植物志（下册）: 589. 1992; 内蒙古植物志（第二版）4: 718. 图版279: 1 ~ 3. 1993; 东北植物检索表（第二版）: 704. 图版355: 3. 1995; 黑龙江省植物志9: 269. 图版79: 1 ~ 3. 1998; 中国植物志78(2): 43. 图版9: 1 ~ 7. 1999; 东北草本植物志9: 326. 图版117: 1 ~ 6. 2004; Fl. China 20: 76. 2011.

生荒地、湿草地、耕地边、沙质地。产黑龙江省泰康、齐齐哈尔、大庆、萨尔图、安达、杜尔伯特、肇源、肇东、林甸、双城、密山、虎林、哈尔滨、碧水、海林；吉林省蛟河、临江、和龙、白山、双辽、安图、通榆、扶余、镇赉；辽宁省凌源、彰武、建平、北镇、新民、沈阳、铁岭、西丰、大连、本溪、桓仁、新宾；内蒙古自治区海拉尔、额尔古纳、根河、满洲里、新巴尔虎右旗、新巴尔虎左旗、科尔沁左翼后旗、赤峰、翁牛特旗等地。

全草有解热、祛湿、止泻、止血、止痛作用。嫩苗可食。

■ 草地风毛菊

花序一部分

花序

基生叶

植株

（6）倒羽叶风毛菊（中国植物志，Flora of China）；碱地风毛菊（黑龙江省植物志，内蒙古植物志，东北植物检索表，东北草本植物志）

Saussurea runcinata DC., Ann. Mus. Natl. Hist. Nat. 16: 202. 1810; 内蒙古植物志（第二版）4: 713. 图版277: 1 ~ 3. 1993; 东北植物检索表（第二版）: 704. 图版355: 4. 1995; 黑龙江省植物志9: 267. 图版78: 1 ~ 3. 1998; 中国植物志78(2): 51. 图版11: 1 ~ 5. 1999; 东北草本植物志9: 328. 图版118: 7 ~ 13. 2004; Fl. China 20: 79. 2011.

（6a）倒羽叶风毛菊（原变种）

Saussurea runcinata var. *runcinata*

生河滩潮湿地、盐碱地、盐渍低地、沟边石缝中。黑龙江省萨尔图、肇东、肇源、肇州、大庆、林甸、安达、齐齐哈尔；吉林省镇赉；内蒙古自治区海拉尔、满洲里、鄂温克、陈巴尔虎旗、新巴尔虎左旗、科尔沁右翼中旗、科尔沁左翼后旗、阿鲁科尔沁旗、翁牛特旗、东乌珠穆沁旗、锡林浩特等地。

■ 倒羽叶风毛菊

茎

基生叶

茎叶

植株

（6b）全叶碱地风毛菊（内蒙古植物志，东北植物检索表，东北草本植物志，Flora of China）

Saussurea runcinata var. *integnfodia* H. C. Fu et D. S. Wen, 内蒙古植物志6: 329. 1982; 内蒙古植物志（第二版）4: 715. 1993; 东北植物检索表（第二版）: 704. 1995; 东北草本植物志9: 330. 2004; Fl. China 20: 79. 2011.

生盐碱草甸。产内蒙古自治区科尔沁左翼后旗等地。

（7）美花风毛菊（内蒙古植物志，中国植物志，Flora of China）；球花风毛菊（辽宁植物志，东北植物检索表，东北草本植物志）；美丽风毛菊（黑龙江省植物志）

Saussurea pulchella Fisch. ex DC. in Colla, Herb. Pedemont. 3: 234. 1834; 辽宁植物志（下册）: 588. 图版261: 1～5. 1992; 内蒙古植物志（第二版）4: 717. 图版279: 4～6. 1993; 东北植物检索表（第二版）: 704. 图版355: 6. 1995; 黑龙江省植物志9: 267. 图版78: 1～3. 1998; 中国植物志78(2): 50. 图版10: 8～13. 1999; 东北草本植物志9: 331. 图版119: 1～5. 2004; Fl. China 20: 78. 2011.

（7a）美花风毛菊（原变型）

Saussurea pulchella f. *pulchella*

生山坡、灌丛、林缘、林下、沟边、路旁。产黑龙江省密山、虎林、尚志、安达、逊克、萝北、饶河、漠河、宁安、哈尔滨、肇东、大庆、鸡西；吉林省和龙、集安、九台、长春、敦化、汪清、珲春、蛟河、临江、通化、前郭、辉南、抚松、安图、靖宇；辽宁省鞍山、庄河、大连、营口、东港、凤城、本溪、抚顺、西丰、法库、宽甸、岫岩、桓仁；内蒙古自治区额尔古纳、牙克石、鄂温克、新巴尔虎左旗、科尔沁右翼前旗、科尔沁右翼中旗、科尔沁左翼后旗、东乌珠穆沁旗等地。

全草有解热、祛湿、止泻、止血、止痛作用。嫩苗可食。

■ 美花风毛菊

花序

浅粉色花

白色花

头状花序侧面观

花序一部分

茎中上部叶

植株一部分

植株

（7b）毛球花风毛菊（变型）（东北植物检索表，东北草本植物志）

Saussurea pulchella f. *subtomentosa* (Kom.) Kitag. in Neo-Lineam. Fl. Mansh. 673. 1979; 东北植物检索表（第二版）: 706. 1995; 东北草本植物志9: 333. 2004.

生草原、草甸、湖岗沙地。产黑龙江省大庆、密山、虎林、萝北、安达；辽宁省凤城、抚顺、葫芦岛；内蒙古自治区额尔古纳、根河、海拉尔、牙克石、莫力达瓦达斡尔旗、鄂温克等地。

■ 毛球花风毛菊

茎下部叶

头状花序正面观

头状花序侧面观

花序

植株

（8）风毛菊（辽宁植物志，黑龙江省植物志，内蒙古植物志，东北植物检索表，东北草本植物志，中国植物志，Flora of China）

Saussurea japonica (Thunb.) DC. in Ann. Mus. Hist. Natur. Paris 16: 203. 1810; 辽宁植物志（下册）: 589. 图版261: 6 ~ 9. 1992; 内蒙古植物志（第二版）4: 718. 图版279: 7 ~ 10. 1993; 东北植物检索表（第二版）: 704. 图版355: 5. 1995; 黑龙江省植物志9: 269. 图版79: 4 ~ 5. 1998; 中国植物志78(2): 47. 图版10: 1 ~ 7. 1999; 东北草本植物志9: 330. 图版119: 6 ~ 9. 2004; Fl. China 20: 77. 2011.

（8a）风毛菊（原变型）

Saussurea japonica f. *japonica*

生山坡灌丛间、林下、沙质地。产黑龙江省加格达奇、黑河、五大连池、饶河、虎林、穆棱、东宁、兴凯湖、哈尔滨、安达、双城；吉林省长春、敦化、蛟河、临江、通化、白山、梅河口、集安、柳

■ 风毛菊

基生叶

茎与叶

头状花序侧面观

■ 风毛菊

花序

植株

河、安图、抚松、靖宇、长白；辽宁省凌源、凤城、葫芦岛、新民、瓦房店、大连、普兰店、庄河、建昌、建平、彰武、长海、宽甸；内蒙古自治区额尔古纳、根河、科尔沁右翼前旗、突泉、赤峰市红山区、宁城、翁牛特旗、阿鲁科尔沁旗、东乌珠穆沁旗、锡林浩特、正蓝旗、太仆寺旗、多伦、苏尼特右旗等地。

全草有祛风活血、散瘀止痛作用。嫩苗可食。

（8b）白花风毛菊（变型）（东北植物检索表，东北草本植物志）

Saussurea japonica f. *leucocephala* (Nakai et Kitag.) Nakai in Rep. First Sci. Exped. Manch. Sect.4,4: 56,96. 1933; 东北植物检索表（第二版）: 704. 1995; 东北草本植物志9: 331. 2004.

生山坡、草地。产黑龙江省大庆、安达；辽宁省大连；内蒙古自治区通辽等地。

■ 白花风毛菊

基生叶

头状花序正面观

头状花序侧面观

植株

（8c）翼茎风毛菊（变型）（内蒙古植物志，东北植物检索表，东北草本植物志）

Saussurea japonica f. *alata* (Regel) Kom. in Fl. Mansh. 3: 729. 1907; 内蒙古植物志（第二版）4: 720.

1993; 东北植物 检索表（第二版）: 704. 1995; 东北草本植物志9: 331. 2004.

生山坡、平岗或针阔混交林下。产黑龙江省虎林、饶河、萝北；辽宁省旅顺口。

■ 翼茎风毛菊

茎有翼

花序一部分

（9）龙江风毛菊（黑龙江省植物志，内蒙古植物志，东北植物检索表，东北草本植物志，中国植物志，Flora of China）

Saussurea amurensis Turez. ex DC., Prodr. 6: 534. 1838; 内蒙古植物志（第二版）4: 739. 图版290: 1 ~ 5. 1993; 东北植物检索表（第二版）: 706. 图版356: 1. 1995; 黑龙江省植物志9: 275. 图版80: 5 ~ 8. 1998; 中国植物志78(2): 208. 图版7: 7 ~ 12. 1999; 东北草本植物志9: 335. 2004; Fl. China 20: 146. 2011.

（9a）龙江风毛菊（原变种）

Saussurea amurensis var. *amurensis*

生沼泽化草甸及草甸，海拔900 ~ 1300米。产黑龙江省塔河、鸡西、宁安、尚志、伊春、密山、黑河、安达、虎林、萝北、桦川、漠河、呼玛、嘉荫；吉林省和龙、蛟河、敦化、安图、抚松、靖宇；内蒙古自治区额尔古纳、根河、牙克石、鄂伦春、扎赉特旗、科尔沁右翼前旗、阿鲁科尔沁旗、东乌珠穆沁旗等地。

■ 龙江风毛菊

基生叶

植株一部分

■ 龙江风毛菊

花序侧面观

花序

居群

（9b）白花龙江风毛菊（变种）（黑龙江省植物志）

Saussurea amurensis var. *albiflora* Wang, 黑龙江省植物志9: 276. 1998.

生境不详。产黑龙江省大兴安岭。

（10）柳叶风毛菊（黑龙江省植物志，内蒙古植物志，东北植物检索表，东北草本植物志，中国植物志，Flora of China）

Saussurea salicifolia (L.) DC., Ann. Mus. Natl. Hist. Nat. 16: 200. 1810; 内蒙古植物志（第二版）4: 728. 图版283: 4 ~ 6. 1993; 东北植物检索表（第二版）: 706. 图版356: 2. 1995; 黑龙江省植物志9: 280. 1998; 中国植物志78(2): 114. 1999; 东北草本植物志9: 336. 2004; Fl. China 20: 99. 2011.

生高山灌丛、草甸、山沟阴湿处。产黑龙江省大兴安岭；吉林省通榆；内蒙古自治区海拉尔、满洲里、额尔古纳、根河、陈巴尔虎旗、新巴尔虎左旗、新巴尔虎右旗、鄂温克、鄂伦春、阿鲁科尔沁旗、巴林左旗、东乌珠穆沁旗、锡林浩特等地。

■ 柳叶风毛菊

花序

植株一部分

植株

（11）高岭风毛菊（东北植物检索表，东北草本植物志，中国植物志，Flora of China）

Saussurea tomentosa Kom., Bot. Mater. Gerb. Glavn. Bot. Sada R. S. F. S. R. 2: 135. 1921; 东北植物检索表（第二版）: 706. 图版356: 3. 1995; 东北草本植物志9: 336. 图版121: 8 ~ 12. 2004; 中国植物志78(2): 155. 1999; Fl. China 20: 124. 2011.

生瀑布边、草地、山坡草地、岩石缝隙中。产黑龙江省海林、呼玛；吉林省长白、抚松、安图；内蒙古自治区满洲里。

■ 高岭风毛菊

居群

头状花序

植株

植株一部分

生境

（12）银背风毛菊（内蒙古植物志，东北植物检索表，东北草本植物志，中国植物志，Flora of China）

Saussurea nivea Turcz. in Bull. Soc. Nat. Mwosc. 10 (7): 153. 1837; 内蒙古植物志（第二版）4: 728. 图版

■ 银背风毛菊

叶背面观

基生叶

■ 银背风毛菊

头状果序

头状花序

植株

284. 1993; 东北植物检索表（第二版）: 706. 图版356: 4. 1995; 中国植物志78(2): 175. 图版28: 6 ~ 10. 1999; 东北草本植物志9: 338. 2004; Fl. China 20: 134. 2011.

生山坡林缘、林下及灌丛中。产辽宁省凌源、北镇、建昌；内蒙古自治区宁城、喀喇沁旗、克什克腾旗等地。

（13）灰白风毛菊（内蒙古植物志，中国植物志，Flora of China）

Saussurea cana Ledeb., Icon. Pl. Fl. Ross. 1: 18. tab. 75. 1829; 中国高等植物图鉴4: 626. 图6666. 1975; 中国植物志78(2): 106. 图版14: 1 ~ 6. 1999; Fl. China 20: 97. 2011.——*Saussurea pricei* N. D. Simpson, J. L. Soc., Bot. 41: 426. 1913; 内蒙古植物志（第三版）5: 288. 2020.

生河谷、河滩、山坡砾石地及干旱山坡。产吉林省通榆；内蒙古自治区锡林郭勒、东乌珠穆沁旗、镶黄旗、苏尼特左旗、苏尼特右旗。

■ 灰白风毛菊

头状花序

植株一部分

植株

（14）硬叶风毛菊（内蒙古植物志，Flora of China）；硬叶乌苏里风毛菊（中国植物志）

Saussurea firma (Kitag.) Kitam. in Act. Phytotax. et Geobot. 9 (3): 112. 1940; 内蒙古植物志（第二版）4: 736. 图版289: 5 ~ 8. 1993; Fl. China 20: 133. 2011.——*Saussurea ussuriensis* Maxim. var. *firma* Kitag. in Rep. First Sci. Exped. Manch. 4 (4): 97. 1936; 内蒙古植物志6: 255. 1982; 中国植物志78(2): 173. 1999.

生山坡草地或沟谷。产内蒙古自治区牙克石、新巴尔虎右旗、克什克腾旗等地。

■ 硬叶风毛菊

花序一部分

植株

植株一部分

（15）肾叶风毛菊（中国植物志，Flora of China）；异色风毛菊（河北植物志）

Saussurea acromelaena Hand. –Mazz. in Symb. Sin. 7 (4): 1151. 1936; 中国植物志78(2): 179. 1999; Fl.

■ 肾叶风毛菊

头状花序正面观

头状花序侧面观

茎与叶柄

叶

植株

China 20: 135. 2011.

生山坡林下。产辽宁省凤城。

（16）北风毛菊（辽宁植物志，东北植物检索表，东北草本植物志）

Saussurea discolor (Willd.) DC. in Ann. Mus. Paris16: 199. 1910; 辽宁植物志（下册）: 593. 图版264: 5 ~ 8. 1992; 东北植物检索表（第二版）: 706. 图版356: 5. 1995; 东北草本植物志9: 339. 2004.

生山坡、林缘、路旁。产辽宁省凌源；内蒙古自治区鄂温克、扎兰屯、扎鲁特旗、宁城、克什克腾旗等地。

■ 北风毛菊

茎叶背面观

花序

植株

植株上部

茎叶

（17）岩风毛菊（东北植物检索表，东北草本植物志）

Saussurea komaroviana Lipsch. in Nov. Syst. Pl. Vasc. 249; 东北植物检索表（第二版）: 706. 1995; 东北草本植物志(9): 339. 2004.

生阴湿岩石上。产辽宁省宽甸（白石砬子保护区）。

■ 岩风毛菊

基生叶

基生叶背面观

茎与叶柄

总苞

（18）渐尖风毛菊（中国植物志，Flora of China）；密花风毛菊（内蒙古植物志，东北植物检索表，东北草本植物志）

Saussurea acuminata Turcz. ex Fisch., Index Sem. Hort. Petrop. 1: 37. 1835; 内蒙古植物志（第二版）4: 738. 图版290: 6～8. 1993; 东北植物检索表（第二版）: 708. 图版356: 9. 1995; 中国植物志78(2): 199. 1999;

■ 渐尖风毛菊

花序

植株一部分

植株

东北草本植物志9: 342. 图版123: 1 ~ 6. 2004; Fl. China 20: 141. 2011.

生森林区、森林草原地区河谷草甸。产黑龙江省哈尔滨；内蒙古自治区克什克腾旗、锡林浩特、正蓝旗等地。

（19）湿地风毛菊（中国植物志，Flora of China）；山风毛菊（黑龙江省植物志，内蒙古植物志，东北植物检索表，东北草本植物志）

Saussurea umbrosa Kom., Trudy Imp. S.–Peterburgsk. Bot. Sada. 18: 423. 1901; 内蒙古植物志（第二版）4: 733. 图版287. 1993; 东北植物检索表（第二版）: 708. 图版356: 8. 1995; 黑龙江省植物志9: 272. 图版80: 1 ~ 4. 1998; 中国植物志78(2): 201. 1999; 东北草本植物志9: 342. 图版118: 1 ~ 6. 2004; Fl. China 20: 142. 2011.

生林下及林间草地。产黑龙江省伊春、呼玛；吉林省汪清、抚松、和龙；内蒙古自治区额尔古纳、满洲里（模式标本采集地）等地。

■ 湿地风毛菊

头状花序

花序一部分

植株

（20）齿叶风毛菊（黑龙江省植物志，内蒙古植物志，东北植物检索表，东北草本植物志，中国植物志，Flora of China）

Saussurea neoserrata Nakai in Bot. Mag. Tokyo 45: 519. 1931; 内蒙古植物志（第二版）4: 743. 1993; 东

■ 齿叶风毛菊

苗期植株

茎

苗期植株一部分

■ 齿叶风毛菊

花序

花期

北植物检索表（第二版）: 708. 图版356: 7. 1995; 黑龙江省植物志9: 275. 图版81: 5. 1998; 中国植物志78(2): 203. 1999; 东北草本植物志9: 339. 2004; Fl. China 20: 144. 2011.

生落叶松林林缘及林间草甸。产黑龙江省阿城、伊春、海林、宁安、哈尔滨、尚志、呼玛、塔河；吉林省敦化、汪清、抚松、安图；辽宁省沈阳；内蒙古自治区牙克石、额尔古纳、根河、宁城、喀喇沁旗等地。

（21）小花风毛菊（黑龙江省植物志，内蒙古植物志，东北植物检索表，东北草本植物志，中国植物志，Flora of China）

Saussurea parviflora (Poiret) DC., Ann. Mus. Natl. Hist. Nat. 16: 200. 1810; 内蒙古植物志（第二版）4: 739. 图版291. 1993; 东北植物检索表（第二版）: 708. 1995; 黑龙江省植物志9: 272. 图版81: 1 ~ 4. 1998; 中国植物志78(2): 202. 图版32: 1 ~ 6. 1999; 东北草本植物志9: 340. 图版122: 6 ~ 10. 2004; Fl. China 20: 143. 2011.

生山坡阴湿处、山谷灌丛中、林下或石缝中。产黑龙江省呼玛、塔河、伊春、尚志、嫩江、高岭、亚布力；内蒙古自治区额尔古纳、根河、科尔沁右翼前旗、阿尔山、巴林右旗、巴林左旗、克什克腾旗、喀喇沁旗、宁城、东乌珠穆沁旗等地。

■ 小花风毛菊

花序一部分

花序

植株一部分

（22）达乌里风毛菊（内蒙古植物志，东北植物检索表，东北草本植物志，中国植物志，Flora of China）

Saussurea daurica Adams, Nouv. Mém. Soc. Imp. Naturalistes Moscou. 3: 251. 1834; 东北植物检索表（第二版）: 708. 图版357: 1. 1995; 东北草本植物志9: 344. 2004; Fl. China 20: 93. 2011.——*Saussurea davurica*

Adams, Nouv. Mém. Soc. Imp. Naturalistes Moscou 3: 251. 1834; 内蒙古植物志（第二版）4: 724. 图版281: 1 ~ 3. 1993; 中国植物志78(2): 97. 1999.

生河岸碱地、湿河滩、河床林下、盐渍化低湿地、盐化草甸。产黑龙江省安达；内蒙古自治区新巴尔虎左旗、新巴尔虎右旗、东乌珠穆沁旗等地。

■ 达乌里风毛菊

花序一部分

植株

居群

植株上部

植株下部

（23）折苞风毛菊（黑龙江省植物志，内蒙古植物志，东北植物检索表，东北草本植物志，中国植物志，Flora of China）；亚卷苞风毛菊（辽宁植物志，东北植物检索表）

Saussurea recurvata (Maxim.) Lipsch. in Not. Syst. Herb. Inst. Bot. Acad. Sci. URSS 21: 374: 1961; 内蒙古植物志（第二版）4: 732. 图版286. 1993; 东北植物检索表（第二版）: 708. 图版357: 2. 1995; 黑龙江省植物志9: 276. 图版82: 7 ~ 10. 1998; 中国植物志78(2): 211. 1999; 东北草本植物志9: 344. 图版125: 7 ~ 12. 2004; Fl. China 20: 148. 2011.——*Saussurea recurvata* var. *angustata* H. C. Fu，内蒙古农牧学院学报1: 50. 1981东北植物检索表（第二版）: 711. 1995.——*Saussurea sclerolepis* var. *parasclerolepis* (Bar. et Sky.) C. Y. Li, 东北植物检索表（第二版）: 711. 1995; 东北草本植物志9: 351. 2004.

生林缘、灌丛或山坡草地。产黑龙江省勃利、安达、密山、孙吴、萝北、伊春、虎林；吉林省长白山地区；辽宁省本溪；内蒙古自治区额尔古纳、海拉尔、满洲里、陈巴尔虎旗、鄂温克、扎赉特旗、巴林右旗、巴林左旗、阿鲁科尔沁旗、克什克腾旗、喀喇沁旗、东乌珠穆沁旗、西乌珠穆沁旗、锡林浩特

■ 折苞风毛菊

头状花序

总苞片

茎叶

植株一部分

花序

（24）林风毛菊（黑龙江省植物志，内蒙古植物志，东北植物检索表，东北草本植物志，中国植物志，Flora of China）

Saussurea sinuata Kom., Trudy Imp. S. –Peterburgsk. Bot. Sada. 25: 735. 1907; 内蒙古植物志（第二版）4: 736. 图版288: 5 ~ 8. 1993; 东北植物检索表（第二版）: 708. 图版357: 4. 1995; 黑龙江省植物志9: 276. 1998; 中国植物志78(2): 164. 1999; 东北草本植物志9: 345. 图版123: 7 ~ 12. 2004; Fl. China 20: 129. 2011.

生山坡林下。产黑龙江省呼玛、伊春、五营、集贤、尚志、宁安（镜泊湖）、萝北；吉林省汪清、安图、敦化、和龙；内蒙古自治区大兴安岭。

（25）蒙古风毛菊（东北植物检索表，东北草本植物志，中国植物志，Flora of China）；华北风毛菊（辽宁植物志，黑龙江省植物志，内蒙古植物志）

Saussurea mongolica (Franch.) Franch. in Bull. Herb. Boiss. 5 (7): 539. 1897; 辽宁植物志（下册）: 591. 1992; 内蒙古植物志（第二版）4: 733. 图版288: 1 ~ 4. 1993; 东北植物检索表（第二版）: 708. 图版357: 3. 1995; 黑龙江省植物志9: 278. 图版84: 1 ~ 4. 1998; 中国植物志78(2): 163. 图版24: 10 ~ 14. 1999; 东北草本植物志9: 345. 图版124: 7 ~ 12. 2004; Fl. China 20: 129. 2011.

生山坡、林下、灌丛中、路旁及草坡。产黑龙江省东宁、鸡西、宁安；辽宁省建昌、朝阳、西丰；内蒙古自治区巴林右旗、喀喇沁旗、科尔沁左翼后旗等地。

全草有清热解毒、活血消肿作用。

■ 蒙古风毛菊

花序

头状花序侧面观

茎下部叶

植株一部分

（26）盐地风毛菊（内蒙古植物志，中国植物志，Flora of China）

Saussurea salsa (Pall.) Spreng., Syst. Veg. 3: 381. 1826; 内蒙古植物志（第二版）4: 724. 图版281: 4 ~ 7. 1993; 中国植物志78(2): 98. 图版17: 1 ~ 6. 1999; Fl. China 20: 93. 2011.

生盐土草地、戈壁滩、湖边。产内蒙古自治区新巴尔虎左旗、新巴尔虎右旗、东乌珠穆沁旗、西乌珠穆沁旗、阿巴嘎旗、镶黄旗等地。

■ 盐地风毛菊

花序一部分

植株下部

植株

（27）羽叶风毛菊（黑龙江省植物志，内蒙古植物志，东北植物检索表，东北草本植物志，中国植物志，Flora of China）

Saussurea maximowiczii Herd. in Bull. Soc. Natur. Mosc. 41 (3): 14. 1868; 内蒙古植物志（第二版）4: 745. 图版294. 1993; 东北植物检索表（第二版）: 708. 图版357: 5. 1995; 黑龙江省植物志9: 278. 图版82: 1 ~ 6. 1998; 中国植物志78(2): 100. 1999; 东北草本植物志9: 346. 图版124: 1 ~ 6. 2004; Fl. China 20: 94. 2011.

生山坡、林下、灌丛中。产黑龙江省呼玛、新林、孙吴、五大连池、虎林、富锦、佳木斯、鸡西、密山、依兰、萝北、安达、伊春；吉林省安图、汪清、珲春、蛟河；辽宁省宽甸、瓦房店、普兰店、大连、鞍山；内蒙古自治区额尔古纳、根河、牙克石、阿荣旗、阿鲁科尔沁旗、巴林右旗、巴林左旗、科尔沁右翼前旗等地。

■ 羽叶风毛菊

茎下部叶

花序

植株

（28）卷苞风毛菊（辽宁植物志，东北植物检索表，东北草本植物志，中国植物志，Flora of China）

Saussurea tunglingensis F. H. Chen, Bull. Fan Mem. Inst. Biol., Bot. 5: 85. 1934; Fl. China 20: 148. 2011.——*S. sclerolepis* Nakai et Kitag. in Rep. First. Sci. Exp. Manch. 4 (1): 64. 1934; 辽宁植物志（下册）: 593. 图版263: 1 ~ 4. 1992; 东北植物检索表（第二版）: 711. 图版358: 5. 1995; 东北草本植物志9: 351. 图版126: 1 ~ 6. 2004; 中国植物志78(2): 195. 1999.——*S. sclerolepis* f. *pinnatipartita* Nakai et Kitag., Rep. First. Sci. Exp. Manch. 4 (1): 65. 1934; Neo-Lineam. Fl. Mansh. 673. 1979; 东北草本植物志9: 351. 2004.——*S. sclerolepis* var.

■ 卷苞风毛菊

植株上部

头状花序

头状果序

植株

■ 卷苞风毛菊

基生叶

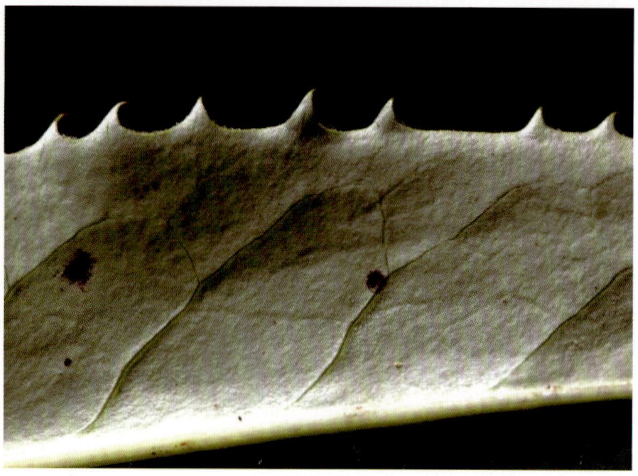

叶背面观

parasclerolepis (Bar. et Sky.) C. Y. Li, 东北植物检索表（第二版）: 711. 1995; 东北草本植物志9: 351. 2004.

生山阴坡岩壁上。产黑龙江省伊春、佳木斯、勃利、嫩江；辽宁省凌源、建平；内蒙古自治区克什克腾旗、宁城等地。

（29）毛苞风毛菊（东北植物检索表，东北草本植物志，Flora of China）；白头风毛菊

Saussurea triangulata Trautv. et Mey. in Middend. Reise (Fl. Ochot. 58) 1856; 东北植物检索表711. 图版

■ 毛苞风毛菊

基生叶

叶背面观

花序

花序一部分

358: 6. 1995; 东北草本植物志9: 353. 图版121: 1～7. 2004; Fl. China 20: 131. 2011东北植物分布图集: 1160. 2019.

生高山冻原、林下。产黑龙江省黑河、伊春、海林；吉林省安图、抚松、敦化、长白；辽宁省本溪、宽甸、西丰等地。

（30）长白山风毛菊（中国植物志，Flora of China）；长白风毛菊（东北植物检索表，东北草本植物志）

Saussurea tenerifolia Kitag. in Rep. Inst. Sci. Rech, Manch. 5 (5): 159. 1941; 东北植物检索表（第二版）: 708. 图版358: 1. 1995; 中国植物志78(2): 171. 1999; 东北草本植物志9: 346. 2004; Fl. China 20: 132. 2011.

生林缘和林内。产吉林省抚松、安图；辽宁省新宾、本溪等地。

■ 长白山风毛菊

叶背面观

花序

植株一部分

（31）大叶风毛菊（中国植物志，Flora of China）；卵叶风毛菊（辽宁植物志，东北植物检索表，东北草本植物志）；大花风毛菊（黑龙江省植物志，东北植物检索表，大连地区植物志）

Saussurea grandifolia Maxim. in Mem. Acad. Sci. St. Petersb. 9: 169. 1859; 东北植物检索表422. 图版148. 图3.1959; 辽宁植物志（下册）: 595. 图版264: 1～4. 1992; 东北植物检索表（第二版）: 711. 图版358: 2. 1995; 黑龙江省植物志9: 280. 图版83: 5～6. 1998; 中国植物志78(2): 172. 图版27: 1～6. 1999; 东北草本植物

■ 大叶风毛菊

茎叶

头状花序

植株

志9: 348. 图版116: 7 ~ 12. 2004; Fl. China 20: 132. 2011.

生灌丛及林缘草地。产黑龙江省伊春、带岭、苇河、帽儿山、尚志、哈尔滨；吉林省安图、抚松、珲春、敦化、汪清、蛟河、临江；辽宁省抚顺、清原、沈阳、西丰、鞍山、庄河、凤城、宽甸、岫岩、本溪、桓仁等地。

嫩苗可以当野菜食用。

（32）长叶风毛菊（黑龙江省植物志）

Saussurea elongata DC. in Ann. Mus. Paris 16: 201. 图版6. 1810; 黑龙江省植物志9: 283. 1998.

生草甸、灌丛、山地。产黑龙江省五常、穆棱、带岭、镜泊湖等地。

（33）吉林风毛菊（中国植物志，Flora of China）；亚毛苞风毛菊（东北植物检索表，东北草本植物志）

Saussurea subtriangulata Kom., Bot. Mater. Gerb. Glavn. Bot. Sada S. S. S. R. 6: 18. 1926; 东北植物检索表（第二版）: 711. 图版358: 3. 1995; 中国植物志78(2): 164. 1999; 东北草本植物志9: 348. 图版126: 7 ~ 12. 2004; Fl. China 20: 130. 2011.

生境与海拔高度不详。产黑龙江省尚志、阿城、海林、伊春；吉林省敦化、白山、珲春、临江、抚松等地。

■ 吉林风毛菊

花序一部分

茎叶

（34）东北风毛菊（辽宁植物志，黑龙江省植物志，东北植物检索表，东北草本植物志，中国植物志，Flora of China）

Saussurea manshurica Kom. in Act. Hort. Petrop. 18 (3): 424. 1901; 辽宁植物志（下册）: 595. 1992; 东北植物检索表（第二版）: 711. 图版358: 4. 1995; 黑龙江省植物志9: 281. 1998; 中国植物志78(2): 169. 图版27: 7 ~ 12. 1999; 东北草本植物志9: 349. 图版125: 1 ~ 6. 2004; Fl. China 20: 131. 2011.

生针阔混交林、杂木林及岩石上。产黑龙江省伊春、带岭、五营、凉水、尚志、依兰、宁安（镜泊湖）、尚志、苇河；吉林省抚松、安图；辽宁省桓仁、本溪、庄河、凤城、沈阳、建平等地。

■ 东北风毛菊

茎下部叶

花序一部分

植株一部分

（35）乌苏里风毛菊（黑龙江省植物志，东北植物检索表，东北草本植物志，中国植物志，Flora of China）

Saussurea ussuriensis Maxim. in Mem. Acad, Sci. St. Petersb. 9: 167. 1859; 东北植物检索表（第二版）: 706. 图版356: 6. 1995; 黑龙江省植物志9: 281. 图版84: 1～4. 1998; 中国植物志78(2): 173. 图版28: 1～5.

■ 乌苏里风毛菊

叶背面观

头状花序正面观

■ 乌苏里风毛菊

头状花序侧面观

植株一部分

1999; 东北草本植物志9: 351. 图版122: 1 ~ 5. 2004; Fl. China 20: 133. 2011.

生山坡草地、林下及河岸边。产黑龙江省加格达奇、虎林、尚志（帽儿山）、萝北、鸡西、宁安、密山；吉林省汪清；辽宁省宽甸、东港、丹东、桓仁、西丰、凤城；内蒙古自治区额尔古纳、牙克石、扎兰屯、阿荣旗、鄂温克、鄂伦春、新巴尔虎左旗、新巴尔虎右旗、扎鲁特旗、克什克腾旗等地。

根有祛寒、散瘀、镇痛，用于感冒头痛、关节痛、劳伤。

（36）狭头风毛菊（内蒙古植物志，中国植物志，Flora of China）

Saussurea dielsiana Koidz., Symb. Or. Asiat. 50. 1930; 秦岭植物志1(5): 371. 1985; 中国植物志78(2): 203.

■ 狭头风毛菊

头状花序侧面观

花序

■ 狭头风毛菊

植株一部分

植株

1999; Fl. China 20: 144. 2011; 内蒙古植物志（第三版）5: 296. 2020.

生山坡草地。产内蒙古自治区喀喇沁旗。

106 泥胡菜属 *Hemistepta* Bunge

Hemistepta Bunge in Dorp. Jahrb. Litt. 1: 222, 1833.

二年生直立草本。叶互生，琴状羽状分裂，表面绿色，背面有白色蛛丝状毛。头状花序多数；总苞卵圆形，总苞片多层，覆瓦状排列，外层及中层背部具龙骨状附属物，内层披针形；花托密生刺毛；花同型，花冠管状，紫色，管部细长，先端5裂；花药基部箭形，尾合生，撕裂状。瘦果长椭圆形，具15条纵肋；冠毛2层，外层毛极短，内层毛长。

本属全世界仅1种，分布于东亚、南亚及澳大利亚。东北地区有分布。

泥胡菜（辽宁植物志，东北植物检索表，东北草本植物志，中国植物志，Flora of China）

Hemisteptia lyrata (Bunge) Fisch. & C. A. Mey., Index Seminum [St. Petersburg (Petropolitanus)] 2: 38. 1836.——*Hemistepta lyrata* (Bunge) Bunge in. Dorp. Jahrb. Litt. 1: 221. 1833; 中国植物志78(1): 138. 图版2: 9, 5: 7(1 ~ 3). 1987; 辽宁植物志（下册）: 586. 图版260. 1992; 东北植物检索表（第二版）: 702. 图版354: 3. 1995; 东北草本植物志9: 321. 图版115. 2004; Fl. China 20: 55. 2011.

二年生直立草本；基生叶莲座状，具柄；茎中部叶无柄，椭圆形，羽状分裂；茎上部叶线状披针形或线形；头状花序多数；总苞球形，总苞片5 ~ 8层，背部具龙骨状附属物；花同型，管状，两性，紫色或红色；瘦果小，楔状或偏斜楔形，深褐色，压扁，有13～16条粗细不等的凸起的尖细肋。生路旁、林下、荒地、海滨沙质地。产东北三省各地；内蒙古自治区东部各地区。

花蕾和幼苗可食。全草有清热解毒、消肿散结作用。

■ 泥胡菜

头状花序

花序

种子

苗期植株

茎叶

花期植株

107 漏芦属 *Rhaponticum* Ludwig

Rhaponticum Ludwig, Inst. Reg. Veg. ed. 2 123. 1757.

多年生草本。茎直立或无茎。头状花序同型，单生茎端或茎枝顶端；总苞半球形；总苞片多层多数，向内层渐长，覆瓦状排列，顶端有膜质附属物；全部小花两性，管状，花冠紫红色或黄色，花冠5裂，裂片线形；花药基部附属物箭形，彼此结合包围花丝；花丝粗厚，被稠密的乳突；花柱超出花冠，上部增粗，中部有毛环。瘦果长椭圆形，压扁，4棱，棱间有细脉纹，顶端有果喙；冠毛2至多层，外层较短，向内层渐长，褐色，基部连合成环，整体脱落；冠毛刚毛糙毛状或短羽毛状。

本属全世界约26种，分布于非洲、亚洲、澳大利亚、欧洲。中国有4种。东北地区产1种1变种。

分种下单位检索表

1\. 花淡紫色 ………………………………………… a. 漏芦 *R. uniflorum* var. *uniflorum*

1\. 花白色 ………………………………………… b. 白花漏芦 *R. uniflorum* var. *albiflorum*

漏芦（黑龙江省植物志，内蒙古植物志，中国植物志，Flora of China）；祁州漏芦（辽宁植物志，东北植物检索表，东北草本植物志）

Rhaponticum uniflorum (L.) DC. in Ann. Mus. Paris 16: 189. 1810; 辽宁植物志（下册）: 576. 图版255. 1992; 东北植物检索表（第二版）: 704. 图版354: 4. 1995; 东北草本植物志9: 307. 图版109. 2004; Fl. China 20: 178. 2011.——*Stemmacantha uniflora* (L.) Dittrich in Candollea 39: 49. 1984; 中国植物志78(1): 184. 1987; 内蒙古植物志（第二版）4: 783. 图版312. 1993; 黑龙江省植物志9: 262. 图版77. 1998.

多年生草本。茎直立，单一，有条棱，密被灰白色绒毛。单叶互生，叶柄被绵毛；叶片羽状深裂至浅裂，裂片6～10对，两面被白色长柔毛。头状花序大，单生茎顶，花期直立，直径6～7厘米；总苞半球形，基部凹陷，总苞片多层，覆瓦状排列；花淡紫色。瘦果3～4棱，楔状，顶端有果缘，果缘边缘细尖齿。

（a）漏芦（原变种）

Rhaponticum uniflorum var. *uniflorum*

生草原、林下、山坡、山坡砾石地、沙质地等处。产黑龙江省黑河、呼玛、萝北、密山；吉林省通化、临江、双辽；辽宁省各地；内蒙古自治区海拉尔、额尔古纳、牙克石、满洲里、陈巴尔虎旗、鄂温克、新巴尔虎左旗、科尔沁左翼后旗、敖汉旗、巴林右旗、扎鲁特旗、克什克腾旗、喀喇沁旗、宁城、东乌珠穆沁旗、西乌珠穆沁旗等地。

根状茎有清热解毒、消肿排脓、下乳、通筋脉作用。

■ 漏芦

花期植株

果期植株

头状花序

头状果序

茎叶

（b）白花漏芦（变种）（辽宁植物）

Rhaponticum uniflorum var. *albiflorum* S. M. Zhang, 辽宁植物: 1592, 2001. 2021.

生境同正种。产辽宁省大连市甘井子区大黑石。

■ 白花漏芦

头状花序

植株一部分

植株

108 麻花头属 *Klasea* Cassini

Klasea Cassini in F. Cuvier, Dict. Sci. Nat. 35: 173. 1825.

多年生草本。茎直立或无茎。叶有齿或羽状分裂。头状花序单生或多数排列成伞房状；总苞卵形或球形，总苞片多层，覆瓦状排列，外层短而宽，先端具短尖或刺尖，内层狭长；花同型或异型。同型花花两性，花冠管状，先端5深裂，紫色或白色；花药基部箭形，尾部分离；花柱分枝细，分枝下部有毛丛。异型花边花雌性，管状丝形，先端5深裂，不结实；中央花两性，花冠管状，先端5深裂；花托具刺毛。瘦果长椭圆形或卵形，无毛；冠毛多层，不等长，糙毛状，污白色或淡红褐色，宿存或脱落。

本属全世界约45种，分布于北非、亚洲、欧洲。中国有8种。东北地区产2种4亚种1变型。

分种检索表

1. 总苞片上部有黑色或黑褐色着色区 ······ **1. 薄叶麻花头 K. marginata** (Tausch) Kitag.

1. 总苞片上部无黑色或黑褐色着色区。

  2. 总苞卵形或长卵形，直径1～2厘米（**2. 麻花头 K. centauroides** (L.) Cassini ex Kitag.）。

    3. 叶羽状深裂或不规则大头羽裂。

      4. 头状花序少数，排列成不明显的伞房花序；总苞卵形或长卵形，直径1.5～2厘米 ······ **2a. 麻花头 K. centauroides** subsp. **centauroides**

      4. 头状花序多数，排列呈伞房状；总苞筒状钟形，直径1～1.5厘米（**2b. 多花麻花头 K. centauroides** subsp. **polycephala** (Iljin) L. Martins）。

        5. 花紫色 ······ **2ba. 多花麻花头 K. centauroides** subsp. **polycephala** var. **polycephala**

        5. 花白色 ······ **2bb. 白花多头麻花头 K. centauroides** subsp. **polycephala** var. **leucantha** (Kitag.) S. M. Zhang

    3. 叶不分裂或为不规则大头羽裂。

      6. 头状花序卵形或长卵形，上部不缢缩，基部楔形，不凹陷；总苞片8～9层 ······ **2c. 北麻花头 K. centauroides** subsp. **komarovii** (Iljin) L. Martins

      6. 头状花序广钟形，上部缢缩，基部广楔形或圆形，有时凹陷；总苞片10余层 ······ **2d. 钟苞麻花头 K. centauroides** subsp. **cupuliformis** (Nakai & Kitag.) L. Martins

  2. 总苞碗状，直径2～3厘米 ······ **2e. 碗苞麻花头 K. centauroides** subsp. **chanetii** (H. Léveillé) L. Martins

（1）薄叶麻花头（东北植物检索表，东北草本植物志，中国植物志，Flora of China）；球苞麻花头（内蒙古植物志）；全叶麻花头（中国植物志）

Klasea marginata (Tausch) Kitag., J. Jap. Bot. 40: 137. 1965; Fl. China 20: 180. 2011.——*Serratula marginata* Tausch in Flora. Ⅺ. 484. 1828; 中国植物志78(1): 177. 图版36: 2. 1987; 内蒙古植物志（第二版）4: 774. 图版308: 1 ~ 3. 1993; 东北植物检索表（第二版）: 711. 图版359: 1. 1995; 东北草本植物志9: 315. 图版112: 7 ~ 11. 2004.——*Serratula algida* Iljin in Fedde, Repert. Sp. Nov. 35: 357. 1934; 中国植物志78(1): 177. 图版36: 1. 1987.

生山坡草地、林缘、山沟阴湿处。产内蒙古自治区海拉尔、满洲里、新巴尔虎右旗、陈巴尔虎旗、克什克腾旗等地。

■ 薄叶麻花头

总苞一部分

头状花序正面观

头状花序侧面观

植株

（2）麻花头（内蒙古植物志，东北植物检索表，东北草本植物志，中国植物志，Flora of China）；菠菜帘子（辽宁植物志）；菠叶麻花头（黑龙江省植物志）；草地麻花头（辽宁植物志，黑龙江省植物志，东北植物检索表，东北草本植物志）

Klasea centauroides (L.) Cassini ex Kitag., J. Jap. Bot. 21: 138. 1947; Fl. China 20: 182. 2011.——*Serratula centauroides* L., Sp. Pl. 820. 1753; 中国植物志78(1): 172. 1987; 内蒙古植物志（第二版）4: 777. 图版309: 5 ~ 8. 1993; 东北植物检索表（第二版）: 713. 图版360: 3. 1995; 黑龙江省植物志9: 259. 图版75: 1 ~ 3. 1998; 东北草本植物志9: 320. 图版114: 1 ~ 6. 2004.——*S. komarovii* Iljin in Bull. Jard. Bot. URSS 27: 89. 1928; 辽宁植物志（下册）: 583. 图版259: 5. 1992; 黑龙江省植物志9: 258. 图版74: 4 ~ 7. 1998.——*S. yamatsutana* Kitag. in Tokyo Bot. Mag. 48: 913. 1934; 辽宁植物志（下册）: 585. 图版259: 1 ~ 4. 1992; 东北植物检索表（第二版）: 713. 图版360: 1. 1995; 东北草本植物志9: 319. 图版113: 1 ~ 4. 2004.

（2a）麻花头（原亚种）

Klasea centauroides subsp. *centauroides*

生山坡草地、林下、荒地与田间。产黑龙江省呼玛、孙吴、鹤岗、集贤、林甸、大庆、杜尔伯特、肇东、五常、双城、克东、塔河、克山、孙吴、安达、哈尔滨、黑河、林甸、萨尔图、喇嘛甸子、肇州、双城；吉林省通榆、长春、镇赉；辽宁省凌源、葫芦岛、新民、建平、绥中、彰武、新民、大连、

■ 麻花头

头状花序正面观

头状花序侧面观

植株下部

植株

普兰店；内蒙古自治区海拉尔、满洲里、牙克石、额尔古纳、根河、新巴尔虎左旗、新巴尔虎右旗、陈巴尔虎旗、鄂伦春、科尔沁右翼前旗、科尔沁左翼后旗、克什克腾旗、巴林右旗、翁牛特旗、阿鲁科尔沁旗、敖汉旗、喀喇沁旗、东乌珠穆沁旗、西乌珠穆沁旗、锡林浩特、正蓝旗、镶黄旗、太仆寺旗、多伦等地。

全草有清热解毒、止血、止泻作用，用于痈肿、疔疮。

（2b）多花麻花头（亚种）（东北植物检索表，东北草本植物志，中国植物志，Flora of China）；多头麻花头（辽宁植物志，黑龙江省植物志，内蒙古植物志）；筒苞麻花头（大连地区植物志）

Klasea centauroides subsp. *polycephala* (Iljin) L. Martins, Bot. Journ. L. Soc. 152: 457. 2006; Fl. China 20: 183. 2011.——*Serratula polycephalaIljin* in Bull. Jard. Bot. URSS 27: 90. 1928; 中国植物志78(1): 170. 1987; 辽宁植物志（下册）: 583. 图版258: 1 ~ 6. 1992; 内蒙古植物志（第二版）4: 777. 图版309: 1 ~ 4. 1993; 东北植物检索表（第二版）: 711. 图版360: 2. 1995; 黑龙江省植物志9: 259. 图版75: 4. 1998; 东北草本植物志9: 317. 图版114: 7 ~ 10. 2004.——*S. ortholepis* Kitag. in Bot. Mag. Tokyo 48: 914.1934; 大连地区植物志下册: 791. 图1049. 1982.

（2ba）多花麻花头（原变种）

Klasea centauroides subsp. *polycephala* var. *polycephala*

生山坡路旁、干草地、耕地及荒地。产黑龙江省安达；吉林省通榆；辽宁省凌源、北镇、建平、喀左、阜蒙、彰武、大连、金州、沈阳、法库；内蒙古自治区海拉尔、陈巴尔虎旗、新巴尔虎左旗、科尔沁右翼前旗、巴林右旗、赤峰市红山区、宁城、喀喇沁旗等地。

■ 多花麻花头

苗期

花序一部分

植株

（2bb）白花多头麻花头（变种）（辽宁植物志，东北植物检索表，东北草本植物志）

Klasea centauroides subsp. *polycephala* var. *leucantha* (Kitag.) S. M. Zhang, 辽宁省维管束植物名称考证: 411. 2019.——*Serratula polycephala* f. *leucantha* Kitag. in Report of the First Scientific Expedition to Manchoukou 4(4): 97. 1936; 辽宁植物志（下册）: 583. 1992; 东北植物检索表（第二版）: 713. 1995; 东北草本植物志9: 319. 2004.

生沙质地。产辽宁省法库、朝阳等地。

（2c）北麻花头（亚种）（Flora of China）；尖叶麻花头（东北植物检索表，东北草本植物志）

Klasea centauroides subsp. *komarovii* (Iljin) L. Martins, Bot. J. L. Soc. 152(4): 457. 2006; Fl. China 20:183. 2011.——*Serratula hayatae* Nakai in Bot. Mag. (Tokyo), xxv. 56.1911; 东北植物检索表（第二版）: 711. 1995; 东北草本植物志9: 317. 2004.

生山地草地、林间杂草地。产吉林省通化。

（2d）钟苞麻花头（亚种）（辽宁植物志，东北植物检索表，东北草本植物志，中国植物志，Flora of China）

Klasea centauroides subsp. *cupuliformis* (Nakai & Kitag.) L. Martins, Bot. Journ. L. Soc. 152: 457. 2006; Fl. China 20: 184. 2011.——*Serratula cupuliformis* Nakai et Kitag. in Rep. First, Sci. Exped. Manch. 4 (1): 66. 1934; 中国植物志78(1): 169. 图版3: 2. 1987; 辽宁植物志（下册）: 581. 图版257: 1 ~ 7. 1992; 东北植物检索表（第二版）: 711. 图版359: 3. 1995; 东北草本植物志9: 315. 图版113: 5 ~ 9. 2004.

生山坡草地与疏林下。产黑龙江省哈尔滨；吉林省通化、安图；辽宁省本溪、桓仁、西丰、凌源、喀左等地。

■ 钟苞麻花头

茎叶

头状花序正面观

头状花序侧面观

总苞

植株上部

植株下部

（2e）碗苞麻花头（亚种）（内蒙古植物志，中国植物志，Flora of China）

Klasea centauroides subsp. *chanetii* (H. Lév.) L. Martins, Bot. J. L. Soc. 152: 457. 2006; Fl. China 20: 184. 2011.——*Klasea chanetii* (H. Lévl.) Y. Z. Zhao in Class. Ecol. Geogr. Distr. Vasc. Pl. Inn. Mongol. 581. 2012; 内蒙古植物志（第三版）5: 333. 2020.——*Serratula chanetii* H. Lévl. in Fedde, Repert. Sp. Nov. 10: 351, 1912; 中国植物志78(1): 169. 1987; 内蒙古植物志（第二版）4: 775. 图版310: 6 ~ 8. 1993.

生山坡草地、林下、荒地与田间。产内蒙古自治区克什克腾旗。

109 伪泥胡菜属 *Serratula* L.

Serratula L., Sp. Pl. 816. 1753.

多年生直立草本。叶羽状全裂或羽状或不裂而有齿。头状花异型，排列成圆锥状或伞房状；总苞卵球形、半球形或碗状；总苞片通常深色，覆瓦状排列，先端锐尖，向内层渐长；边缘小花雌性，大多长于两性花，具退化雄蕊；花冠紫色到粉红色；柱头分枝纤细。瘦果无毛，先端圆形；冠毛糙毛状或有锯状齿，多层，基部不连合成环。

本属全世界2种，分布于亚洲、欧洲。中国有1种，东北地区有分布。

伪泥胡菜（辽宁植物志，黑龙江省植物志，内蒙古植物志，东北植物检索表，东北草本植物志，中国植物志，Flora of China）

Serratula coronata L., Sp. Pl. ed. 2. 1144. 1763; 中国植物志78(1): 178. 1987; 辽宁植物志（下册）: 582. 图版258: 7 ~ 13. 1992; 内蒙古植物志（第二版）4: 778. 图版310: 1 ~ 5. 1993; 东北植物检索表（第二版）: 711. 图版359: 2. 1995; 黑龙江省植物志9: 261. 图版75: 5 ~ 6. 1998; 东北草本植物志9: 313. 图版112: 1 ~ 6. 2004; Fl. China 20: 188. 2011.

多年生直立草木；基生叶与下部茎叶全形长圆形或长椭圆形，羽状全裂，侧裂片8对，全部裂片长椭圆形；头状花序数个，生枝端；总苞广钟形，总苞片7 ~ 8层；花异型，紫色，边花雌性，花冠管状，4裂，稀3或5裂；中央花两性，花冠管状，先端5裂；瘦果长圆形，具细条纹，黄褐色。生林下、林缘、山坡、草甸、路旁等处。产黑龙江省塔河、五大连池、饶河、嫩江、密山、虎林、伊春、宁安、阿城、

■ 伪泥胡菜

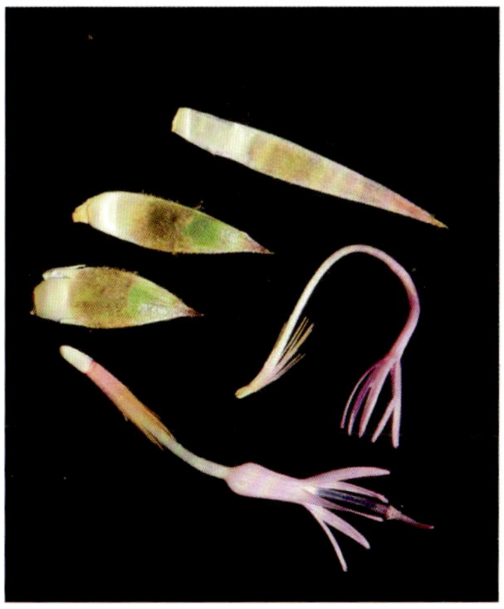
花解剖

头状花序侧面观

头状花序正面观

茎上部叶

花序

■ 伪泥胡菜

茎下部叶

植株

鸡西、绥芬河、萝北、齐齐哈尔、孙吴、呼玛；吉林省和龙、珲春、吉林、蛟河、镇赉、安图、汪清；辽宁省凌源、鞍山、庄河、西丰；内蒙古自治区牙克石、根河、额尔古纳、陈巴尔虎旗、鄂温克、新巴尔虎左旗、科尔沁右翼前旗、科尔沁右翼中旗、科尔沁左翼后旗、阿鲁科尔沁旗、巴林右旗、克什克腾旗、喀喇沁旗、东乌珠穆沁旗、西乌珠穆沁旗、锡林浩特、正蓝旗等地。

根、叶用于呕吐、淋证、疝气、肿瘤；茎用于咽喉痛、贫血、疟疾。

110 牛蒡属 *Arctium* L.

Arctium L., Sp. Pl. 816, 1753.

二年生草本。叶互生，不分裂，基部通常心形，有叶柄。头状花序在茎枝顶端排成伞房状或圆锥状花序，同型，含有多数两性管状花；总苞卵形或卵球形，无毛或有蛛丝毛；总苞片多层，多数，钻形、披针形，顶端有钩刺；花托平，被稠密的托毛；全部小花结实，花冠5浅裂；花药基部附属物箭形，花丝分离，无毛；花柱分枝线形，外弯，基部有毛环。瘦果压扁，倒卵形或长椭圆形，顶端截形，有多数细脉纹或肋棱；冠毛多层，短；冠毛刚毛不等长，糙毛状，基部不连合成环，极易分散脱落。

本属全世界约11种，分布于欧亚温带地区。中国2种。东北地区产1种。

牛蒡（辽宁植物志，黑龙江省植物志，内蒙古植物志，东北植物检索表，东北草本植物志，中国植物志，Flora of China）

Arctium lappa L., Sp. Pl. 816. 1753; 中国植物志78(1): 58. 1987; 辽宁植物志（下册）: 576. 图版254. 1992; 内蒙古植物志（第二版）4: 750. 图版297. 1993; 东北植物检索表（第二版）: 696. 图版350: 1. 1995; 黑龙江省植物志9: 244. 图版70. 1998; 东北草本植物志9: 311. 图版111. 2004; Fl. China 20: 153. 2011.

二年生直立草本；根肉质；基生叶丛生，叶片三角状卵形；茎生叶广卵形，向上渐小；头状花序簇生或呈伞房状，直径3.5～4厘米；总苞球形，总苞片多层，披针形，先端具钩刺；花冠红色管状；瘦果两侧压扁，黑色。生林下、林缘、山坡、村落、路旁。产黑龙江省逊克、黑河、讷河、拜泉、克山、绥棱、庆安、通河、木兰、巴彦、依兰、望奎、鸡西、林口、虎林、密山、勃利、东宁、穆棱、宁安、方正、尚志、延寿、五常、阿城、哈尔滨、双城、绥化、青冈、富锦、桦南、萝北；吉林省临江、抚松、和龙、汪清、安图；辽宁省各地；内蒙古自治区赤峰、大青沟、敖汉旗、巴林右旗、喀喇沁旗、赤峰市红山区等地。

嫩根、嫩叶柄可食。根、茎、叶、种子均有利尿、解热作用。

■ 牛蒡

苗期

花序一部分

果序一部分

植株

111 疆矢车菊属 *Centaurea* L.

Centaurea L., Sp. Pl. 2: 909. 1753.

一至多年生草本。茎直立或匍匐，极少无茎。叶不裂或羽状分裂。头状花序异型，排成圆锥花序、伞房花序或总状花序，极少单生；总苞球形、卵形、短圆柱状、碗状等；总苞片多层，覆瓦状排列，质地坚硬，顶端有附属物或无附属物；全部小花管状；边花无性或雌性，通常为细丝状或细毛状，顶端（4～）5～8（～10）裂；中央盘花两性；花丝扁平，花药基部附属物极短小；花柱分枝极短，分枝基部有毛环。瘦果无肋棱，或有细脉纹，顶端截形，有果喙，果喙边缘有齿；冠毛2列，多层，白色或褐色。

本属全世界300～450种，主要分布于地中海地区及西南亚地区。中国有7种，有些是引入栽培供观赏的，野生种全部分布在新疆地区。东北地区产3种，其中栽培2种。

分种检索表

1. 头状花序全部为筒状花，无舌状花 ……………………………… 1. **大花矢车菊 C. macrocephala** Puschk. ex Willd.

（接上表）

1. 头状花序边花舌状，中央花筒状。
  2. 外、中层总苞片先端附属物具栉齿状针刺；叶一至二回羽状全裂；无冠毛 …… **2. 铺散矢车菊 C. diffusa** Lam.
  2. 全部总苞片先端附属物白色膜质；叶全缘或边缘具疏齿至大头羽裂；有冠毛 ……………**3. 矢车菊 C. cyanus** L.

（1）大花矢车菊（大连植物彩色图谱）；大头矢车菊（植物智网站）

Centaurea macrocephala Puschk. ex Willd. in Sp. Pl. 3: 2298. 1803.

原产欧洲。辽宁省大连有栽培。

植株高大，花形美观，花色艳丽，观赏价值极高，适宜布置花坛、花境，也可作切花。

■ 大花矢车菊

茎叶

盛花期植株

花蕾期植株

植株

（2）铺散矢车菊（东北植物检索表，东北草本植物志，中国植物志，Flora of China）

Centaurea diffusa Lam. in Encycl. Meth. 1: 675. 1783; 中国植物志78(1): 201. 图版38: 1. 1987; 东北植物检索表（第二版）: 699. 图版352: 3. 1995; 东北草本植物志9: 310. 2004; Fl. China 20: 193. 2011.

生路边、荒地。原产欧洲。分布辽宁省大连市旅顺口。

本种为外来入侵植物，能分泌化感物质8-羟基喹啉，影响本地物种生长，在美国有危害牧场的案例，要引以为戒。

■ 铺散矢车菊

白花株

粉花株

茎生叶

头状花序

头状果序

果期株

（3）矢车菊（东北植物检索表，东北草本植物志，中国植物志）；蓝花矢车菊（Flora of China）

Centaurea cyanus L., Sp. Pl. 911. 1753; 中国植物志78(1): 199. 1987; 东北植物检索表（第二版）: 799.

■ 矢车菊

基生叶

头状花序

■ 矢车菊

植株上部

植株下部

图版352: 4. 1995; 东北草本植物志9: 310. 2004.——*Cyanus segetum* Hill, Veg. Syst. 4: 29, 1762; Fl. China 20: 191. 2011.

原产欧洲。东北各地有栽培。

本种是一种观赏植物，同时也是一种良好的蜜源植物；边花可以利尿，全草浸出液可以明目；瘦果含油率28%。

112 山牛蒡属 *Synurus* Iljin

Synurus Iljin in Not. Syst. Herb. Inst. Bot. Acad. Sci. URSS 6(2): 35, 1926.

多年生草本。叶卵形或心形等，上面绿色，粗糙，被多细胞节毛，下面灰白色，被密厚绒毛。头状花序大而下垂，同型；总苞球形，被稠密的蛛丝毛；总苞片多层，多数，通常13～15层，披针形或线状披针形，质地坚硬；全部小花两性，管状，花冠紫色；花药基部附属物结合成管，包围花丝；花柱短2裂，贴合。瘦果长椭圆形，稍压扁，光滑，顶端有果喙，侧生着生面。冠毛多层不等长，向内层渐长，基部连合成环，整体脱落；冠毛刚毛糙毛状。

本属全世界仅1种，分布于中国、日本、朝鲜、俄罗斯、蒙古国。东北地区有分布。

山牛蒡（辽宁植物志，黑龙江省植物志，内蒙古植物志，东北植物检索表，东北草本植物志，中国植物志，Flora of China）

Synurus deltoides (Aiton) Nakai in Koryo Sikenrin no Ippan 64. 1927; 中国植物志78(1): 182. 图版3: 3,7: 2(1～2). 1987; 辽宁植物志（下册）: 579. 图版256. 1992; 内蒙古植物志（第二版）4: 781. 图版311. 1993; 东北植物检索表（第二版）: 713. 图版350: 2. 1995; 黑龙江省植物志9: 262. 图版76. 1998; 东北草本植物志9: 308. 图版110. 2004; Fl. China 20: 154. 2011.

多年生直立草本；基部叶与下部茎叶有狭翼，叶片心形、卵形、宽卵形、卵状三角形或戟形，不分裂，边缘有三角形或斜三角形粗大锯状齿，向上的叶渐小，卵形至披针形，边缘有锯状齿或针刺，有短叶柄至无叶柄；全部叶两面异色，上面绿色，下面灰白色，被密厚的茸毛；头状花序大，单生茎顶或枝端，花期下垂；总苞钟状或球状，被蛛丝状毛；花冠管状，红紫色；瘦果长圆形。生山坡草地、林缘草地及灌丛间。产黑龙江省哈尔滨、鸡东、东宁、呼玛、虎林、饶河、伊春、萝北、密山、尚志、勃利、黑河、绥芬河；吉林省临江、抚松、安图、和龙、敦化、汪清、蛟河；辽宁省各地；内蒙古自治区额尔古纳、牙克石、陈巴尔虎旗、鄂温克、新巴尔虎左旗、科尔沁右翼前旗、巴林右旗、阿鲁科尔沁旗、克什克腾旗、喀喇沁旗、宁城、东乌珠穆沁旗等地。

根有清热解毒、消肿、利水散结作用。嫩苗可食。

■ 山牛蒡

头状花序正面观

头状花序侧面观

茎叶

茎叶正反面对比

苗期植株

花序

植株

172. 荚蒾科　Viburnaceae

Viburnaceae Raf., Ann. Gen. Sci. Phys. 6: 87. 1820, *nom. cons.*

木贼门、木贼亚门、木兰纲、蔷薇亚纲、菊超目、川续断目（Dipsacales）。

灌木、多年生草本或小乔木。叶对生，单叶或复叶，复叶包括三出叶、二回三出叶、三出羽状叶、二回三出羽状叶或奇数羽状复叶。圆锥花序、伞形花序、穗状花序或头状聚伞花序，顶生。花两性；花萼和花冠均合生，（3～）5基数；雄蕊5（接骨木属、荚蒾属）或5、4或3（五福花属），与花冠裂片交替着生于花冠筒内；子房半下位至下位，1或3～5室；花柱5、4或3，合生或离生，或无；柱头头状或2～3裂。核果；种子1或35。

本科全世界有5属，约210种，主产北温带地区。中国有4属813种。东北地区产3属13种3变种，其中栽培5种。

分属检索表

1. 单叶；子房1室；核果通常具有1粒种子；灌木或小乔木 ………………………………………… 1. 荚蒾属 Viburnum

1. 复叶；子房3～5室；核果通常具有3～5粒种子；灌木或小乔木或多年生草本。

　2. 灌木或小乔木，少数为高50厘米以上的多年生草本 …………………………………………… 2. 接骨木属 Sambucus

（接上表）

2. 多年生草本，高不到30厘米 ……………………………………………………………… 3. 五福花属 Adoxa

1 荚蒾属 *Viburnum* L.

Viburnum L., Sp. Pl. 267. 1753.

小乔木或灌木。单叶对生，全缘或分裂；托叶与叶柄合生或无。复伞状或圆锥状花序，花白色或粉红色，同型或异型，辐状；萼细小，5齿裂；花冠轮状、钟状或筒状，5圆裂；雄蕊5；子房1室。核果，卵圆形或圆形，冠以宿存的萼齿和花柱；核扁平，较少圆形，骨质，内含1颗种子。

本属全世界约有200种，分布于温带和亚热带地区；亚洲和南美洲种类较多。中国有73种，广泛分布于全国各省区，以西南部种类最多。东北地区产10种2变种，其中栽培5种。

分种检索表

1. 叶无星状毛，常分裂。
  2. 叶近圆形或椭圆形，掌状 2～3（～4）裂，叶柄最长不超过2.5厘米；花序无大型的不孕花 ……………………………………………………………………………… **1. 朝鲜荚蒾 V. koreanum** Nakai
  2. 叶广卵形至卵圆形，通常3裂（有时小枝上部同时存在不裂的叶），叶柄长2～4厘米；花序有大型的不孕花。
    3. 树皮质薄而非木栓质；花药黄白色 ……………………………………………… **2. 欧洲荚蒾 V. opulus** L.
    3. 树皮厚而呈木栓质；花药紫红色，偶见黄色（**3. 鸡树条 V. sargentii** Koehne）。
      4. 花药紫红色。
        5. 小枝、叶柄及叶背面无毛……………………………………… **3a. 鸡树条 V. sargentii** var. **sargentii**
        5. 小枝、叶柄及叶背面被密短柔毛………………**3b. 毛叶鸡树条 V. sargentii** var. **puberulum** (Kom.) Kitag.
      4. 花药黄色；叶背面有毛 ………………………………… **3c. 黄药鸡树条荚蒾 V. sargentii** var. **flavum** Rehder
1. 叶被星状毛，不分裂。
  6. 叶长7～20厘米，全缘或微有浅齿。
    7. 叶长7～20厘米，椭圆形至矩圆形或矩圆状倒卵形至倒卵形或近圆形，基部宽楔形，稀圆形，侧脉5～6对 ……………………………………………………………………… **4. 珊瑚树 V. odoratissimum** Ker.-Gawl.
    7. 叶长8～18厘米，卵状矩圆形至卵状披针形，基部圆形或微心形，侧脉6～8（～12）对 ……………………………………………………………………… **5. 皱叶荚蒾 V. rhytidophyllum** Hemsl.
  6. 叶长不超过10厘米，叶缘有明显的锯状齿或波状尖齿或浅齿。
    8. 花序全部由大型的不孕花组成 ……………………………………………………… **6. 粉团 V. plicatum** Thunb.
    8. 花序全部由可孕花组成。
      9. 花冠淡黄白色，筒状钟形；叶广卵形至椭圆状广卵形或近圆形 … **7. 蒙古荚蒾 V. mongolicum** (Pall.) Rehd.
      9. 花冠白色，辐状。
        10. 叶卵圆形、椭圆形或椭圆状倒卵形；聚伞花序，花药黄色；核果红色变黑色，椭圆形至矩圆形 ………………………………………………………………… **8. 修枝荚蒾 V. burejaeticum** Regel et Herd.
        10. 叶宽倒卵形至宽卵形；复伞形聚伞花序，花药乳白色或黄白色；核果红色，椭圆状卵圆形。
          11. 叶柄长1～1.5厘米；无托叶……………………………………………**9. 荚蒾 V. dilatatum** Thunb.
          11. 叶柄长不超过5毫米；托叶钻形，宿存 ……………………………… **10. 宜昌荚蒾 V. erosum** Thunb.

（1）朝鲜荚蒾（黑龙江省植物志，东北植物检索表，中国植物志，Flora of China）

Viburnum koreanum Nakai, J. Coll. Sci. Imp. Univ. Tokyo. 42(2): 42. 1921; 中国植物志72: 100. 图版22: 6～7. 1988; 东北植物检索表（第二版）: 625. 1995; 黑龙江省植物志9: 29. 图版10: 4. 1998; Fl. China 19: 610. 2011.

生针叶林中或林缘，海拔约1400米。产黑龙江省牡丹江、林口、尚志；吉林长白、敦化、安图、抚松等地。

■ 朝鲜荚蒾

果序

果枝

植株

（2）欧洲荚蒾（中国植物志，Flora of China）

Viburnum opulus L., Sp. Pl. 268. 1753; 中国植物志72: 100. 1988; Fl. China 19: 610. 2011.

产新疆西北部。分布于欧洲和俄罗斯高加索与远东地区。辽宁省大连有栽培。

花、果均具观赏价值。根皮、嫩枝有清热凉血、消肿止痛、镇咳止泻作用。

■ 欧洲荚蒾

不育花序侧面观

花序

果序

可育花序正面观

可育花序侧面观

叶

■ 欧洲荚蒾

叶背面观

植株

（3）鸡树条（中国植物志，Flora of China）；鸡树条荚蒾（辽宁植物志，黑龙江省植物志，东北植物检索表）；天目琼花（中国树木分类学）

Viburnum sargentii Koehne in Gartenflora 48: 341. 1899; 辽宁植物志（下册）: 372. 图版168. 1992; 东北植物检索表（第二版）: 625. 图版308: 4. 1995; 黑龙江省植物志9: 29. 图版11. 1998.——*V. opulus* L. var. calvescens (Rehd.) Hara in J. Coll. Sci. Imp. Univ. Tokyo 6: 385. 1956; 中国植物志72: 102. 图版23: 5 ~ 7. 1988; 内蒙古植物志（第二版）4: 394. 图版154: 1 ~ 2. 1993.——*V. opulus* subsp. *calvescens* (Rehder) Sugimoto, New Key Jap. Tr. 478. 1961; Fl. China 19: 611. 2011.

（3a）鸡树条（原变种）

Viburnum sargentii var. *sargentii*

生林下、山坡和山谷。产黑龙江省伊春、饶河、虎林、勃利、宝清、鸡西、海林、宁安、哈尔滨、尚志、呼玛、萝北、逊克、嘉荫；吉林省桦甸、通化、和龙、靖宇、珲春、汪清、蛟河、临江、安图、敦化、抚松；辽宁省西丰、新宾、抚顺、凌源、建昌、绥中、朝阳、义县、北镇、沈阳、鞍山、盖州、本溪、桓仁、宽甸、凤城、丹东、岫岩、庄河；内蒙古自治区牙克石、鄂伦春、扎兰屯、乌兰浩特、索伦、科尔沁左翼后旗、大青沟、克什克腾旗、喀喇沁旗、阿荣旗、宁城等地。

花果均有观赏价值。嫩枝、叶有通经活络、解毒止痒、活血消肿作用；果实有止咳作用。

■ 鸡树条

花序

果序

■ 鸡树条

可育花一部分

植株一部分

植株

（3b）毛叶鸡树条（变种）（中国植物志）；毛鸡树条荚蒾（黑龙江省植物志，东北植物检索表）

Viburnum sargentii var. *puberulum* (Kom.) Kitag. in Lin. Fl. Manshur. 410. 1939; 东北植物检索表（第二版）: 625. 1995.——*V. opulus* var. *calvescens* (Rehd.) Hara f. *puberulum* (Kom.) Sugimoto in New Key Jap. Trees 478. 1961; 中国植物志72: 102. 图版23: 1 ~ 4. 1988; 黑龙江省植物志9: 31. 1998.

生山坡溪谷矮林内或河流附近杂木林中或林缘。产黑龙江省伊春、宁安、尚志；吉林抚松、蛟河、安图、临江；辽宁省本溪、岫岩、凤城等地。

■ 毛叶鸡树条

可育花

叶背面观

植株一部分

（3c）黄药鸡树条荚蒾（变种）（东北植物检索表）

Viburnum sargentii var. *flavum* Rehder, J. Arnold Arbor. 3: 224. 1922; 东北植物检索表（第二版）: 625. 1995.

生林下、山坡和山谷。产辽宁省宽甸。

■ 黄药鸡树条荚蒾

可育花

花序

植株一部分

（4）珊瑚树（中国植物志，Flora of China）；珊瑚荚蒾（东北植物检索表）

Viburnum odoratissimum Ker.–Gawl., Bot. Reg. 6: t. 456. 1820; 中国植物志72: 56. 图版12: 1 ~ 5. 1988; 东北植物检索表（第二版）: 625. 1995; Fl. China 19: 589. 2011.

生山谷密林中溪涧旁庇荫处、疏林中向阳地或平地灌丛中。产福建东南部、湖南南部、广东、海南、广西。《东北植物检索表》（傅沛云，1995）记载东北地区有栽培，我们未见，照片摄于上海，供鉴定参考。

常作为绿化树种栽培，木材可供细木工的原料。根和叶入药，广东民间以鲜叶捣烂外敷治跌打肿痛和骨折；亦作兽药，治牛、猪感冒发热和跌打损伤。

■ 珊瑚树

果实

植株一部分

（5）皱叶荚蒾（中国植物志，Flora of China）；枇杷叶荚蒾（中国高等植物图鉴）

Viburnum rhytidophyllum Hemsl. in Journ. L. Soc. Bot. 23: 355. 1888; 中国高等植物图鉴4: 309, 图6032. 1975; 中国植物志72: 34. 1988; Fl. China 19: 579. 2011.

生山坡林下或灌丛中，海拔800 ~ 2400米。产陕西南部、湖北西部、四川东部和东南部及贵州。辽宁省大连英歌石植物园有栽培。

常作为观赏植物栽培。茎皮纤维可作麻及制绳索。

■ 皱叶荚蒾

果序

果枝

花序

■ 皱叶荚蒾

叶背面观

植株一部分

植株

（6）粉团（中国植物志，Flora of China）；雪球荚蒾（俗名）

Viburnum plicatum Thunb. in Trans. L. Soc. London 2: 332. 1794; 中国植物志72: 62. 1988; Fl. China 19: 594. 2011.

分布湖北西部和贵州中部。辽宁省大连有栽培。

观赏花木。根、枝条有清热解毒、健脾消积作用。

■ 粉团

花序

植株一部分

植株

（7）蒙古荚蒾（内蒙古植物志，东北植物检索表，中国植物志，Flora of China）

Viburnum mongolicum (Pall.) Rehd. in Trees & Shrubs 2(2): 111. 1908; 中国植物志72: 28. 图版5: 1 ~ 2. 1988; 内蒙古植物志（第二版）4: 394. 图版154: 4 ~ 6. 1993; 东北植物检索表（第二版）: 625. 1995; Fl. China 19: 579. 2011.

■ 蒙古荚蒾

叶

花序

花序侧面观

■ 蒙古荚蒾

花枝

果序

成熟期果实

生山坡疏林下或河滩地。产辽宁省朝阳、凌源；内蒙古自治区满洲里、科尔沁右翼前旗、扎赉特旗、通辽、克什克腾旗、喀喇沁旗、锡林浩特、正蓝旗、太仆寺旗等地。

种子含油，供制肥皂用。花期、果期均具有较高的观赏性。根、叶有祛风活血作用；果实有清热解毒、破瘀通经、健脾作用。

（8）修枝荚蒾（中国植物志，Flora of China）；暖木条荚蒾（辽宁植物志，黑龙江省植物志，东北植物检索表）

Viburnum burejaeticum Regel et Herd. in Gartenflora 11: 407, pl. 384. 1862; 中国植物志72: 27. 图版5: 3 ~ 6. 1988; 辽宁植物志（下册）: 370. 图版167. 1992; 东北植物检索表（第二版）: 625. 图版308: 3. 1995; 黑龙江省植物志9: 27. 图版10: 1 ~ 3. 1998; Fl. China 19: 576. 2011.

生阔叶混交林中、林缘。产黑龙江省呼玛、哈尔滨、伊春、尚志、宝清、勃利、饶河、宁安；吉林省安图、抚松、临江、长白、和龙、汪清、珲春、舒兰、蛟河、桦甸、通化、集安；辽宁省庄河、旅顺口、凌源、朝阳、鞍山、盖州、本溪、桓仁、宽甸、凤城、新宾；内蒙古自治区翁牛特旗等地。

种子含油17%，供制肥皂用。花期、果期均具有较高的观赏性。

■ 修枝荚蒾

花序侧面观

植株

■ 修枝荚蒾

花枝

果枝

果序

（9）荚蒾（中国植物志，Flora of China）

Viburnum dilatatum Thunb. in Syst. Veg. (ed. 14) 295. 1784; 中国植物志72: 88. 1988; Fl. China 19: 601. 2011.

产河北、陕西、江苏、浙江、福建、台湾、河南等地。辽宁省金州有栽培

观赏花木。果可食，亦可酿酒。根有祛瘀消肿作用，枝、叶有清热解毒、疏风解表作用。

■ 荚蒾

花序

果序

植株一部分

植株

（10）宜昌荚蒾（中国植物志，Flora of China）

Viburnum erosum Thunb. Fl. Jap. 124. 1784; 中国植物志72: 97. 图版21. 1988; Fl. China 19: 601. 2011.

生山坡林下或灌丛中。辽宁省长海县大耗子岛有少量分布。

种子含油约40%，供制肥皂和润滑油。茎皮纤维可制绳索及造纸；枝条供编织用。

■ 宜昌荚蒾

叶

果序

2 接骨木属 *Sambucus* L.

Sambucus L., Sp. Pl. 269. 1753.

落叶乔木或灌木，很少多年生高大草本。茎干常有皮孔，具发达的髓。奇数羽状复叶对生；托叶叶状或退化成腺体。花序由聚伞合成顶生的复伞式或圆锥式；花白色或黄白色，整齐；萼筒短，萼齿5枚；花冠辐状，5裂；雄蕊5，开展或直立，花丝短，花药外向；子房3～5室，花柱短或几乎无，柱头2～3裂。浆果状核果，红黄色或紫黑色，具3～5枚核；种子三棱形或椭圆形；胚与胚乳等长。

本属全世界约有10种，分布极广，几乎遍布于北半球温带和亚热带地区。中国有4种，另从国外引种栽培1～2种。东北地区产2种1变种。

分种检索表

1. 幼枝、叶柄、花序轴、分枝及小花梗常有毛，或叶有毛而花序无毛；果实红色 ………… 1. 西伯利亚接骨木 S. sibirica Nakai

1. 幼枝、叶柄、花序轴、分枝及小花梗无毛或近无毛；果实红至红黑色，偶见黄色或金黄色（2. 接骨木 S. williamsii Hance）。

 2. 花序大型，伞状，花序轴、分枝粗壮且向上斜展，疏花 ………… 2a. 接骨木 S. williamsii var. williamsii

 2. 花序较小，圆锥形至卵形，最下一对花序分枝近平展，密花 ………… 2b. 朝鲜接骨木 S. williamsii var. coreana (Nakai) Nakai

（1）西伯利亚接骨木（中国植物志，Flora of China）；毛接骨木（辽宁植物志，黑龙江省植物志，内蒙古植物志，东北植物检索表，中国植物志）

Sambucus sibirica Nakai in Bot. Mag. (Tokyo) 40: 478. 1926; 中国植物志72: 11. 1988; Fl. China 19: 613. 2011.——*S. williamsii Hance* var. *miquelii* (Nakai) Y. C. Tang, 中国植物志72: 11. 1988.——*S. sieboldiana* (Miq.) Blume ex Graebner var. *miquelii* (Nakai) Hara in Bot. Mag. Tokyo40: 474. 1926; 内蒙古植物志（第二版）4: 397. 图版156: 3. 1993.——*S. buergeriana* auct. non Blume: 辽宁植物志（下册）: 377. 图版170: 3. 1992; 东北

植物检索表（第二版）: 623. 图版311: 4. 1995; 黑龙江省植物志9: 21. 图版8: 1. 1998.

生林内、林缘。产黑龙江省伊春、呼玛、哈尔滨、密山、塔河；吉林省安图、抚松、和龙、汪清、珲春；辽宁省本溪、宽甸、凤城、桓仁；内蒙古自治区额尔古纳、根河、科尔沁右翼前旗、阿尔山、阿鲁科尔沁旗、巴林右旗、克什克腾旗、通辽、西乌珠穆沁旗等地。

根、枝、叶有活血、止痛、祛风湿、祛痰利水作用；种子可榨油供工业用。

■ 西伯利亚接骨木

叶背面观

小叶背面观

果序

植株一部分

植株

（2）接骨木（辽宁植物志，黑龙江省植物志，东北植物检索表，中国植物志，Flora of China）；东北接骨木（辽宁植物志，黑龙江省植物志，东北植物检索表）；钩齿接骨木（辽宁植物志，东北植物检索表）；长尾接骨木（大连地区植物志）；宽叶接骨木（内蒙古植物志）

Sambucus williamsii Hance. in Ann. Sci. Nat., Bot., sér. 4, 5: 217. 1866; 中国植物志72: 8. 图版2. 1988; 辽宁植物志（下册）: 374. 图版169: 1 ~ 2. 1992; 内蒙古植物志（第二版）4: 399. 图版156: 1 ~ 2. 1993; 东北植物检索表（第二版）: 623. 图版311: 1. 1995; 黑龙江省植物志9: 25. 图版9: 2 ~ 3. 1998; Fl. China 19: 612. 2011.——*S. foetidissima* Nakai et Kitag. in Rep. 1st. Sci. Exp. Manchoukuo 4 (1): 12. 1934; 辽宁植物志（下册）: 375. 1992; 内蒙古植物志（第二版）4: 399. 图版157: 1. 1993.——*S. foetidissima* Nakai f. *flava* Skv. et Wang Wei in Ill. Fl. Lign. Pl. N. –E. China 567. 1955; 辽宁植物志（下册）: 376. 图版169: 3 ~ 4. 1992; 东北植物检索表（第二版）: 623. 图版311: 2. 1995.——*S. manshurica* Kitag. in Rep. 1st. Sci. Res. Manchoukuo 4: 177. 1940; 辽宁植物志（下册）: 378. 图版170: 1 ~ 2. 1992; 内蒙古植物志（第二版）4: 403. 图版158: 1 ~ 3. 1993; 东北植物检索表（第二版）: 623. 图版311: 3. 1995; 黑龙江省植物志9: 25. 图版8: 2 ~ 3. 1998.——*S. latipinna* Nakai in Bot. Mag. (Tokyo) 30: 290 1916; 东北木本植物图志497. 图版158: 1 ~ 2; 160: 397. 1955; 内蒙古植物志（第二版）4: 401. 图版158: 4. 1993.——*S. peninsularis* Kitag. in Rep. Inst. Sci. Res. Manchoukuo 3(App. 1): 409. 1939; 大连地区植物志（中册）: 698. 1982.

（2a）接骨木（原变种）

Sambucus williamsii var. *williamsii*

生山坡、路旁。产黑龙江省伊春、呼玛、尚志、宁安、海林、依兰、爱辉、哈尔滨、塔河、黑河、新林；吉林省安图、抚松、吉林、双辽、临江、桦甸；辽宁省建昌、凌源、彰武、义县、北镇、沈阳、开原、抚顺、清原、鞍山、本溪、桓仁、凤城、丹东、营口、盖州、庄河、瓦房店、大连；内蒙古自治区额尔古纳、根河、满洲里、牙克石、鄂伦春、满归、科尔沁右翼前旗、扎赉特旗、扎鲁特旗、大青沟、库伦旗、巴林左旗、克什克腾旗、喀喇沁旗等地。

种子含油22.4%，供工业用。根、叶、花均可入药，主治跌打损伤、风湿性关节炎、创伤性关节炎、创伤出血等。

■ 接骨木

叶正反面对比

花序

植株一部分

果序

黄果

（2b）朝鲜接骨木（变种）（辽宁植物志，黑龙江省植物志，内蒙古植物志，东北植物检索表）

Sambucus williamsii var. *coreana* (Nakai) Nakai in Bot. Mag. Tokyo.40: 477. 1926; 辽宁植物志（下册）: 375. 1992; 东北植物检索表（第二版）: 623. 1995.——*S. coreana* (Nakai) Kom. et Alis. in Key Pl. Far. East.

■ 朝鲜接骨木

花枝

果枝

果序

■ 朝鲜接骨木

黄果株

植株一部分

植株

Reg. URSS. 2: 62. t. 289. 132; 内蒙古植物志（第二版）4: 401. 图版157: 2. 1993; 黑龙江省植物志9: 23. 图版9: 1. 1998.

生河边、林缘。产黑龙江省哈尔滨、伊春；吉林省安图、长春、桦甸、抚松、集安；辽宁省沈阳、鞍山、本溪、凤城、岫岩、瓦房店、庄河等地；内蒙古自治区陈巴尔虎旗、科尔沁右翼前旗、宁城等地。

3 五福花属 *Adoxa* L.

Adoxa L., Gen. Pl. ed. 5. 172. no. 450. 1754.

多年生矮小草本，具匍匐根茎。茎通常1条。基生叶1～3；茎生叶2枚，对生，具柄，叶片3深裂。花茎单一、直立；聚伞性头状花序顶生；花黄绿色，无柄，4～5数；花萼浅杯状；花冠辐状，管极短，裂片上乳突约略可见；内轮雄蕊退化成腺状乳突，外轮雄蕊着生于花冠管檐部，花丝2裂几乎达基部，花药单室，盾形，外向，纵裂；子房半下位至下位，花柱4～5，基部连合，柱头4～5，点状。核果。

本属全世界3～4种，产于北温带的北美洲、欧洲和亚洲。中国分布于东北、华北、西北和青藏高原、横断山区等地。东北地区产1种。

五福花（辽宁植物志，黑龙江省植物志，内蒙古植物志，东北植物检索表，东北草本植物志，中国植物志，Flora of China）；东方五福花（黑龙江省植物志，东北植物检索表，东北草本植物志）

Adoxa moschatellina L., Sp. Pl. 367. 1753; 中国植物志73(1): 4. 图版1: 4～5. 1986; 辽宁植物志（下册）: 391. 图版177: 1～3. 1992; 内蒙古植物志（第二版）4: 405. 图版159: 1～3. 1993; 东北植物检索表（第二版）: 625. 图版312: 5. 1995; 黑龙江省植物志9: 34. 图版13: 1～2. 1998; 东北草本植物志8: 178. 图版69: 1～3. 2005; Fl. China 19: 614. 2011.——*Adoxa orientalis* Nepomn. in Bot. Zhurn. Moscow & Leningrad) 6: 260. 1984; 东北植物检索表（第二版）: 625. 图版312: 6. 1995; 黑龙江植物志9: 36. 1998; 东北草本植物志8: 178. 图版70: 4～5. 2005.

多年生草本。根状茎匍匐或直立。茎近直立。基生叶为一至二回三出复叶；茎生叶对生，一至二回三出复叶。聚伞花序5～9朵集成头状，顶生，顶花4数，侧花5～6数；花小，两性，淡黄绿色，辐射对称。果实为核果状。生山坡、林缘、腐殖质土较厚的岩石缝间。产黑龙江省哈尔滨、阿城、尚志、伊春、塔河、呼玛；吉林省安图、蛟河、柳河；辽宁省本溪、桓仁、凤城、东港、庄河、瓦房店、普兰店、宽甸、西丰、大连、丹东、鞍山；内蒙古自治区根河、科尔沁右翼前旗（白狼）、大青、阿尔山、巴林右旗、科尔沁左翼后旗等地。

欧洲药用，全草有镇静作用，其提取物经腹腔注射对小鼠中枢抑制作用迅速。

■ 五福花

基生叶

居群

顶花

侧花

173. 忍冬科 Caprifoliaceae

Caprifoliaceae Juss., Gen. Pl. [Jussieu] 210. 1789, *nom. cons.*

木贼门、木贼亚门、木兰纲、蔷薇亚纲、菊超目、川续断目（Dipsacales）。

草本、灌木、小乔木或藤本，常具星散的分泌细胞，毛被多样。叶对生，单叶或羽状分裂或复叶，全缘或叶缘有齿，脉羽状。花序多样；花两性，两侧对称；萼片常5，合生；花瓣常5，合生，常具2个上裂片和3个下裂片，或4个上裂片和1个下裂片；雄蕊（1～）4或5，花丝贴生于花冠；心皮2～5，合生；子房下位，常伸长，中轴胎座；花柱伸长，柱头头状；胚珠每室1至多数，具单珠被或薄壁的大孢子囊。蒴果、浆果、核果或瘦果。

本科全世界有41属890～960种，广布于世界各地，主产北温带地区。中国产20属143种，南北均有分布，主产西南地区。东北地区产11属38种1亚种9变种4变型，其中栽培7种4变种1变型。

分属检索表

1. 子房1室。
  2. 植株具刺；花同型；总苞片革质 ………………………… 1. 川续断属 Dipsacus
  2. 植株无刺；花异型，边花比中央花大；总苞片草质 ………………………… 2. 蓝盆花属 Scabiosa
1. 子房2室或多室。
  3. 子房3室；果实为翅果状瘦果。
    4. 花冠黄色或白色；果实无冠毛；根有臭味 ………………………… 3. 败酱属 Patrinia
    4. 花冠粉紫色或粉红色；果实有冠毛；根有香味 ………………………… 4. 缬草属 Valeriana
  3. 子房2～5（7～10）室；果实为浆果、核果或蒴果。
    5. 雄蕊4枚。
      6. 花成对生于小枝顶端；果实顶端无宿存的萼裂片；常绿匍匐小灌木 …… 5. 北极花属（林奈草属）Linnaea
      6. 花单生或集合成聚伞花序；果实顶端有宿存的萼裂片；落叶直立灌木。
        7. 果实分离，外面无长刺刚毛；萼裂片2～5，花开后增大；果实呈稍扁的圆柱形，萼筒超出子房部分不发育成细长的颈 ………………………… 6. 六道木属 Zabelia
        7. 相邻两个果实合生，外被长刺刚毛；萼裂片5，花开后不增大；果实近圆形，萼筒超出子房部分缢缩而发育成细长的颈 ………………………… 7. 蝟实属 Kolkwitzia

（接上表）

5. 雄蕊5枚，或4枚而二强。
 8. 雄蕊5枚；蒴果 ……………………………………………………………………8. 锦带花属 Weigela
 8. 雄蕊5枚，或4枚而二强；浆果或核果。
  9. 草本……………………………………………………………………………… 9. 莛子藨属 Triosteum
  9. 木本。
   10. 核果；花簇生或单生于侧枝顶部叶腋成穗状或总状花序 …………… 10. 毛核木属 Symphoricarpos
   10. 浆果；花总梗上常并生2花，2花之萼筒常合生…………………………………… 11. 忍冬属 Lonicera

1 川续断属 *Dipsacus* L.

Dipsacus L., Sp. Pl. 97. 1753.

二年生或多年生草本。茎粗壮，直立，具棱和沟，棱上通常具短刺或刺毛。叶对生，边缘具粗齿或羽状分裂。头状花序近球形，顶生，基部有总苞片和苞片；小苞片坚硬，具刺毛；小总苞具4～8棱，通常与子房贴合；花萼杯状，4裂；花冠漏斗状，4裂，裂片等长或稍带唇形；雄蕊4；花柱细线形，柱头斜升或侧生。瘦果，与小总苞贴合，顶部具宿存花萼；种子具薄膜质种皮，胚被肉质胚乳所包。

本属全世界20余种，主要分布于欧洲、北非和亚洲。中国有9种1变种，主产西南各省区。东北地区产1种。

日本续断（黑龙江省植物志，内蒙古植物志，中国植物志，Flora of China）；川续断（辽宁植物志，东北植物检索表，东北草本植物志）

Dipsacus japonicus Miq. in Verslagen Meded. Afd. Natuurk. Kon. Akad. Wetensch. Ⅱ, 2: 83. 1868; 中国植物志73(1): 62. 图版20: 5～7. 1986; 辽宁植物志（下册）: 406. 图版184. 1992; 内蒙古植物志（第二版）4: 417. 图版164. 1993; 东北植物检索表（第二版）: 629. 图版312: 4. 1995; 黑龙江省植物志9: 44. 图版15: 5～8. 1998; 东北草本植物志8: 198. 图版78. 2005; Fl. China 19: 660. 2011.

■ 日本续断

苗期植株

茎叶

■ 日本续断

花序一部分

花序

多年生或二年生草本；茎直立，散生刺毛或倒钩刺；基生叶长圆形，3裂或不裂；茎生叶对生，倒卵状椭圆形等，常3～5裂；花序近球形，小花紫红色，萼裂片针刺状；瘦果顶端具宿存萼。生山坡、路旁和草坡。产黑龙江省南部地区；辽宁省大连、建昌、凌源；内蒙古自治区喀喇沁旗等地。

根有补肝肾、续筋骨、调血脉作用。用于腰背酸痛、足膝无力、崩漏、遗精等。

2 蓝盆花属 *Scabiosa* L.

Scabiosa L., Sp. Pl. 98. 1753.

多年生草本。叶对生，全缘、具齿或羽状分裂。头状花序多花密集成扁圆形或卵状圆锥形花序，具梗；总苞片1～2列，草质；小总苞漏斗状，外有2～8棱；花萼小，顶端萼齿5，呈刺毛状；花冠蓝色、蓝紫色、紫红色或白色，4～5裂，近等长或二唇形，边花较大；雄蕊4，稀2；花柱细；子房下位，1室。瘦果包藏在小总苞内，顶端冠以宿存萼刺。

本属全世界约100种，产欧洲、亚洲、非洲南部和西部，主产地中海地区。中国有9种2变种。产东北、华北、西北及台湾等地。东北地区产3种3变种2变型。

分种检索表

1. 基生叶与茎生叶均为羽状全裂，裂片线形，宽1～2毫米（1. **窄叶蓝盆花** S. comosa Fisch. ex Roem. et Schult.）。
  2. 茎疏或密被贴伏白色短柔毛，在茎基部和花序下最密；叶两面均光滑或疏生白色短伏毛；茎生叶一至二回狭羽状全裂，裂片线形（1a. **窄叶蓝盆花** S. comosa var. comosa）。
    3. 花蓝紫色 …………………… 1aa. **窄叶蓝盆花** S. comosa f. comosa
    3. 花白色 …………………… 1ab. **白花窄叶蓝盆花** S. comosa f. albiflora S. H. Li
  2. 茎下部具开张的刚毛和短而卷曲柔毛，上部仅有短而卷曲柔毛，而在花序下有伸展的刚毛；叶两面具短或甚短的卷曲柔毛；茎生叶大头羽裂，裂片线状披针形
    …………………… 1b. **毛叶蓝盆花** S. comosa var. lachnophylla (Kitag.) Kitag
1. 基生叶与下部茎生叶常不裂或大头羽裂，上部叶羽状深裂至全裂，裂片披针形，宽2～4毫米。
  4. 叶裂片先端渐尖（2. **华北蓝盆花** S. tschiliensis Grun.）。
    5. 花蓝紫色 …………………… 2a. **华北蓝盆花** S. tschiliensis f. tschiliensis

（接上表）

5. 花白色 ………………………………………… 2b. **白花华北蓝盆花 S. tschiliensis** f. **albiflora** S. H. Li & S. Z. Liu.
4. 叶裂片先端钝或急尖（**3. 日本蓝盆花 S. japonica** Miq.）。
6. 叶裂片先端钝。
7. 植株高30～80厘米；头状花序，直径2.5～4.5厘米 ……………… **3a. 日本蓝盆花 S. japonica** var. **japonica**
7. 植株高15～40厘米；头状花序，直径4～5厘米 …… **3b. 高山日本蓝盆花 S. japonica** var. **alpina** Takeda
6. 叶裂片先端急尖 ………………………………………… **3c. 尖裂日本蓝盆花 S. japonica** var. **acutiloba** H. Hara

（1）窄叶蓝盆花（黑龙江省植物志，内蒙古植物志，东北植物检索表，东北草本植物志，中国植物志）；蓝盆花（Flora of China）

Scabiosa comosa Fisch. ex Roem. et Schult. in Syst. Veg. 3: 84. 1818; 中国植物志73(1): 78: 图版27: 5～6. 1986; 内蒙古植物志（第二版）4: 415. 图版163: 1～3. 1993; 东北植物检索表（第二版）: 629. 图版312: 1. 1995; 黑龙江省植物志9: 45. 图版15: 9～10. 1998; 东北草本植物志8: 199. 2005; Fl. China 19: 657. 2011.——*S. isetensis* auct. non L.: Mant. Pl. 37. 1767; 东北植物检索表358, 图版121: 5. 1959.

（1a）窄叶蓝盆花（原变种）

Scabiosa comosa var. *comosa*

（1aa）窄叶蓝盆花（原变型）

Scabiosa comosa f. *comosa*

■ 窄叶蓝盆花

茎上部叶

头状花序正面观

头状花序侧面观

植株上部

植株下部

植株

生干燥沙质地、沙丘、干山坡及草原上。产黑龙江省安达、大庆、伊春；吉林省通榆；辽宁省彰武；内蒙古自治区海拉尔、新巴尔虎左旗、新巴尔虎右旗、鄂伦春、鄂温克、扎赉特旗、大青沟、巴林右旗、克什克腾旗、喀喇沁旗等地。

花有清热泻火作用，用于肝火头痛、发热、肺热咳嗽、黄疸。

（1ab）白花窄叶蓝盆花（变型）（植物研究，东北植物检索表，东北草本植物志）

Scabiosa comosa f. *albiflora* S. H. Li & S. Z. Liu, 植物研究25(2): 135.2005; 东北草本植物志8: 201. 2005.——*Scabiosa comosa* f. *albiflora* S. H. Li, 东北植物检索表（第二版）: 629. 1995, nom. inval.

生山顶草地。产内蒙古自治区海拉尔、克什克腾旗（模式标本采集地）等地。

（1b）毛叶蓝盆花（变种）（东北植物检索表，东北草本植物志，中国植物志）；细叶蓝盆花（辽宁植物志）

Scabiosa comosa var. *lachnophylla* (Kitag.) Kitag in Rep. First Sci. Exped. Manchoukuo 4: 113. 1940; 中国植物志73(1): 79. 1986; 东北植物检索表（第二版）: 629. 1995; 东北草本植物志8: 201. 图版79: 4 ~ 8. 2005.——*S. lachnoshylla* Kitag. in Rep. First Sci. Exped. Manchoukuo 4(2): 33. t. 10. 1935; 东北植物检索表 358. 1959; 辽宁植物志（下册）: 408. 图版185: 1 ~ 4. 1992.

生林缘、灌丛、河岸沙地、草坡上。产黑龙江省安达、大庆；吉林省洮南、通榆；辽宁省彰武（章古台）；内蒙古自治区海拉尔、满洲里、新巴尔虎左旗、新巴尔虎右旗、科尔沁右翼前旗、通辽、扎鲁特旗、翁牛特旗、克什克腾旗等地。

（2）华北蓝盆花（辽宁植物志，黑龙江省植物志，内蒙古植物志，东北植物检索表，东北草本植物志，中国植物志）

Scabiosa tschiliensis Grun. in Repert. Spec. Nov. Regni Veg. 12(325 ~ 330): 311. 1913; 中国植物志73(1): 79. 图版27: 1 ~ 4. 1986; 辽宁植物志（下册）: 408. 图版185: 5 ~ 6. 1992; 内蒙古植物志（第二版）4: 415. 图版163: 4. 1993; 东北植物检索表（第二版）: 629. 图版312: 2. 1995; 黑龙江省植物志9: 46. 1998; 东北草本植物志8: 201. 图版79: 1 ~ 3. 2005.

■ 华北蓝盆花

头状花序

头状花序侧面观

植株下部

（2a）华北蓝盆花（原变型）

Scabiosa tschiliensis f. *tschiliensis*

生山坡草地、灌丛或油松林下。产黑龙江省伊春、肇东、肇源、安达、黑河、萝北、依兰、密山、宁安、大庆、逊克、鸡东、鸡西、哈尔滨、呼玛；吉林省九台、吉林、延吉、汪清、珲春、和龙、安图、抚松、乾安、通榆、洮南、镇赉；辽宁省沈阳、鞍山、抚顺、新宾、本溪、桓仁、凤城、岫岩、北镇、彰武、朝阳、建昌、建平、凌源、开原、法库、西丰、营口；内蒙古自治区额尔古纳、牙克石、扎兰屯、鄂温克、科尔沁右翼前旗、扎赉特旗、扎鲁特旗、翁牛特旗、克什克腾旗、喀喇沁旗、锡林浩特、宝格达山等地。

根、花有清热泻火作用，用于肝火头痛、发烧、肺热咳嗽。嫩苗可食。

（2b）白花华北蓝盆花（变型）（东北植物检索表，东北草本植物志）

Scabiosa tschiliensis f. *albiflora* S. H. Li & S. Z. Liu, 植物研究25(2): 135.2005; 东北草本植物志8: 202. 2005.——*Scabiosa tschiliensis* f. *albiflora* S. H. Li & S. Z. Liu., 东北植物检索表（第二版）: 629. 1995, nom. inval.

生山坡草地。产吉林省珲春（模式标本采自春化乡）；辽宁省凌源；内蒙古自治区额尔古纳、根河等地。

■ 白花华北蓝盆花

头状果序

头状花序

植株

（3）日本蓝盆花（辽宁植物志，东北植物检索表，东北草本植物志，中国植物志）；山萝卜（江苏南部种子植物手册）

Scabiosa japonica Miq. in Ann. Mus. Bot. Lugduno-Batavi 3: 114. 1867; 中国植物志73(1): 83. 1986; 辽宁植物志（下册）: 409. 1992; 东北植物检索表（第二版）: 629. 1995; 东北草本植物志8: 202. 图版80: 1 ~ 4. 2005.

（3a）日本蓝盆花（原变种）

Scabiosa japonica var. *japonica*

生山顶草甸。产辽宁省本溪、桓仁、宽甸等地。

■ 日本蓝盆花

基生叶

花序

植株

（3b）高山日本蓝盆花（变种）（东北植物检索表，东北草本植物志）

Scabiosa japonica var. *alpina* Takeda, 东北植物检索表（第二版）: 629. 图版312: 3. 1995; 东北草本植物志8: 204. 2005.

生海拔1000米以上的山顶悬崖缝隙。产辽宁省桓仁、宽甸、凤城（白云山）。

■ 高山日本蓝盆花

头状花序

植株

（3c）尖裂日本蓝盆花（变种）（东北植物检索表，东北草本植物志）

Scabiosa japonica var. *acutiloba* H. Hara in J. Jap. Bot. 16(3): 181. 1940; 东北植物检索表（第二版）: 629. 1995; 东北草本植物志8: 204. 图版80: 5. 2005.

生海拔1000米以上的山顶草甸。产辽宁省桓仁。

3 败酱属 *Patrinia* Juss.

Patrinia Juss. in Ann. Mus. Par. 10: 311. 1807.

多年生直立草本，较少为二年生。地下根茎有强烈腐臭。叶对生，基生丛生，通常一至二回羽状分裂或不裂，全缘或具齿。聚伞花序排列或圆锥状或伞房状；苞片狭，离生；花黄色或白色；萼齿5，钝齿状或不明显；花冠钟状，5裂，具短筒，有时基部膨大成囊状或一侧偏突；雄蕊4，稀1～3；花柱长，柱头明显。瘦果，3室，仅1室发育，其他2室大而不结实，基部与增大的膜质翅状苞片相连，有时果实无翅状苞片；种子1，扁椭圆形。

本属全世界约20种，产亚洲东部至中部和北美洲西北部。中国有10种3亚种和2变种，全国各地均产。东北地区产7种1亚种。

分种检索表

1. 花白色（**1. 攀倒甑** P. villosa (Thunb.) Juss.）。
  2. 地下根状茎长而横走（偶在地表匍匐生长）；叶片上面均鲜绿色或浓绿色而无棕红色微腺；花序最下分枝处的总苞叶不分裂 ………………………… **1a. 攀倒甑** P. villosa subsp. villosa
  2. 通常无地下根茎；叶片上面具棕红色微腺；花序最下分枝处的总苞叶常有1（～2）对侧裂片 ………………………… **1b. 斑叶败酱** P. villosa subsp. punctifolia H. J. Wang
1. 花黄色。
  3. 瘦果无翅状苞片 ………………………… **2. 败酱** P. scabiosifolia Fisch. ex Trevir.
  3. 瘦果具翅状苞片。
    4. 雄蕊1～2（～3）；叶椭圆形，不分裂或基部有1～2对小裂片，边缘有粗齿 ………………………… **3. 少蕊败酱** P. monandra C. B. Clarke
    4. 雄蕊4。
      5. 花径5～7毫米；果翅状苞片大而近圆形，直径8～10毫米 ………… **4. 糙叶败酱** P. scabra Bunge
      5. 花径2～4毫米；果翅状苞片较小，直径5～7毫米。
        6. 植株高12～23厘米；茎生叶1对或无 ………… **5. 西伯利亚败酱** P. sibirica (L.) Juss.
        6. 植株高30～150厘米；茎生叶多对。
          7. 基生叶卵形，边缘具圆齿；翅状果苞具2条主脉，极少具3条主脉；花冠直径2.5～3毫米 ………………………… **6. 墓头回** P. heterophylla Bunge
          7. 基生叶椭圆形或长圆形，边缘具缺刻状齿；翅状果苞具3条主脉，极少具2条或较多主脉；花冠直径3～4毫米 ………………………… **7. 岩败酱** P. rupestris (Pall.) Juss.

（1）攀倒甑（中国植物志，Flora of China）；白花败酱（辽宁植物志，东北植物检索表，东北草本植物志）

Patrinia villosa (Thunb.) Juss. in Ann. Mus. Natl. Hist. Nat. 10: 311. 1807; 中国植物志73(1): 17. 图版6: 1～7. 1986; 辽宁植物志（下册）: 400. 图版181. 1992; 东北植物检索表（第二版）: 627. 图版313: 4. 1995; 东北草本植物志8: 188. 2005; Fl. China 19: 665. 2011.

（1a）攀倒甑（原亚种）

Patrinia villosa subsp. *villosa*

生林下、林缘、灌丛中、草丛中。产黑龙江省哈尔滨、伊春；吉林省通化、临江；辽宁省新宾、西丰、本溪、桓仁、丹东、宽甸、凤城、北镇、鞍山、庄河等地。

嫩苗可食用，也作猪饲料用。全草有清热解毒、消肿排脓、止血止痛作用。

■ 攀倒甑

果序一部分

植株下部

花

花序

（1b）斑叶败酱（亚种）（中国植物志，Flora of China）

Patrinia villosa subsp. *punctifolia* H. J. Wang, 植物分类学报23 (5): 380. 1985; 中国植物志73(1): 20. 图版6: 8. 1986; Fl. China 19: 665. 2011.

■ 斑叶败酱

花序最下分枝处的总苞叶分裂

植株下部

■ 斑叶败酱

花序一部分

花序

植株

生海拔800米以下的山坡草丛中、灌丛中、林缘或路旁。产吉林省南部；辽宁省东部、东南部和南部。模式标本采自辽宁省桓仁。

（2）败酱（辽宁植物志，黑龙江省植物志，东北植物检索表，东北草本植物志，中国植物志，Flora of China）；黄花龙芽（内蒙古植物志）；黄花龙牙（大连地区植物志）

Patrinia scabiosifolia Fisch. ex Trevir. in Enum. Hort. Berol. Alt. 1: 131. 1821; 中国植物志73(1): 7. 图版2: 1～5. 1986; 辽宁植物志（下册）: 395. 图版178: 1～3. 1992; 内蒙古植物志（第二版）4: 405. 图版159: 1～3. 1993; 东北植物检索表（第二版）: 627. 图版313: 7. 1995; 黑龙江省植物志9: 38. 图版13: 10～14. 1998; 东北草本植物志8: 181. 图版70: 3～5. 2005; Fl. China 19: 664. 2011.

生山坡林下、林缘和灌丛中以及路边、田埂边的草丛中。产黑龙江省大庆、伊春、黑河、北安、孙吴、逊克、萝北、集贤、汤原、伊兰、密山、虎林、鸡西、尚志、阿城、克山、呼玛；吉林省吉林、临江、九台、汪清、珲春、安图、和龙、镇赉、前郭；辽宁省鞍山、盖州、瓦房店、普兰店、大连、庄河、新宾、清原、桓仁、北镇、绥中、岫岩、凤城、丹东、沈阳、开原、西丰、喀左、建平、凌源、建昌；内蒙古自治区额尔古纳、根河、牙克石、扎兰屯、鄂温克、莫力达瓦达斡尔旗、科尔沁右翼前旗、

■ 败酱

花序一部分

果序一部分

■ 败酱

苗期植株

植株一部分

植株

科尔沁右翼中旗、扎赉特旗、大青沟、克什克腾旗、宝格达山等地。

全草和根茎及根有清热解毒、消肿排脓、活血祛瘀作用。幼苗或嫩叶可作为山野菜。

（3）少蕊败酱（中国植物志，Flora of China）；单蕊败酱（辽宁植物志，东北植物检索表，东北草本植物志）；

Patrinia monandra C. B. Clarke. in Fl. Brit. India 3(8): 210. 1881; 中国植物志73(1): 21. 图版8: 1 ~ 7. 1986;

■ 少蕊败酱

花序一部分

花序

■ 少蕊败酱

植株上部

植株中部

植株下部

辽宁植物志（下册）: 398. 图版180. 1992; 东北植物检索表（第二版）: 627. 图版313: 3. 1995; 东北草本植物志8: 190. 图版74. 2005; Fl. China 19: 663. 2011.

生山坡草丛、灌丛中、林下及林缘、田野溪旁、路边。产黑龙江省萝北；辽宁省大连、旅顺口、长海、宽甸等地。

嫩苗可食。全草有清热解毒、消肿排脓、止血止痛作用。

（4）糙叶败酱（辽宁植物志，黑龙江省植物志，内蒙古植物志，东北植物检索表，东北草本植物志，中国植物志，Flora of China）

Patrinia scabra Bunge in Pl. Mongholico-Chin. 1: 20. pl. 1. 1835; 辽宁植物志（下册）: 395. 图版179: 1 ~ 3. 1992; 内蒙古植物志（第二版）4: 408. 图版161: 3 ~ 4. 1993; 东北植物检索表（第二版）: 627. 图版313: 5. 1995; 黑龙江省植物志9: 39. 图版14: 5 ~ 8. 1998; 东北草本植物志8: 184. 图版72: 1 ~ 3. 2005; Fl. China 19: 664. 2011.——*P. rupestris* (Pall.) Jussi. subsp. *scabra* (Bunge) H. J. Wang in Acta Phytotax. Sin. 23(5): 382. 1985; 中国植物志73(1): 15. 图版4: 6 ~ 10. 1986.

■ 糙叶败酱

基生叶

茎生叶

■ 糙叶败酱

花序

果序

植株

生草原带、森林草原带的石质丘陵坡地石缝或较干燥的阳坡草丛中。产黑龙江省西部地区和半山区；吉林省双辽、大安、通榆、前郭、突泉、扶余、镇赉；辽宁省新民、北镇、凌源、建平、朝阳、阜新、锦州；内蒙古自治区科尔沁右翼前旗、扎赉特旗、西乌珠穆沁旗等地。

（5）西伯利亚败酱（黑龙江省植物志，内蒙古植物志，东北植物检索表，东北草本植物志，中国植物志，Flora of China）

Patrinia sibirica (L.) Juss., Ann. Mus. Natl. Hist. Nat. 10: 312. 1807; 中国植物志73(1): 8. 图版3: 1 ~ 4. 1986; 内蒙古植物志（第二版）4: 408. 图版160: 1 ~ 2. 1993; 东北植物检索表（第二版）: 627. 图版313: 1. 1995; 黑龙江省植物志9: 39. 图版14: 1 ~ 4. 1998; 东北草本植物志8: 182. 图版70：1 ~ 2. 2005; Fl. China 19: 664. 2011.

生海拔1760米以下的山坡森林带、林缘及森林草原，或高山带的砾石坡地、高原草地，或河岸砾石滩。产黑龙江省呼玛；内蒙古自治区满洲里、科尔沁右翼中旗、翁牛特旗、东乌珠穆沁旗、西乌珠穆沁旗、宝格达山等地。

■ 西伯利亚败酱

基生叶

花序

植株侧面观

植株

（6）墓头回（内蒙古植物志，中国植物志，Flora of China）；异叶败酱（辽宁植物志，黑龙江省植物志，东北植物检索表，东北草本植物志）

Patrinia heterophylla Bunge in Mém. Acad. Imp. Sci. St. –Pétersbourg Divers Savans 2: 109. 1833; 中国植物志73(1): 15. 图版5: 1 ~ 5. 1986; 辽宁植物志（下册）: 398. 图版179: 4 ~ 8. 1992; 内蒙古植物志（第二版）4: 410. 图版160: 3 ~ 6. 1993; 东北植物检索表（第二版）: 627. 图版313: 2. 1995; 黑龙江省植物志9: 37. 图版13: 3 ~ 6. 1998; 东北草本植物志8: 186. 图版72: 4 ~ 8. 2005; Fl. China 19: 662. 2011.

生山地岩缝中、草丛中、路边、沙质坡地。产黑龙江省东南部山区和半山区；吉林省集安；辽宁省北镇、绥中、凌源、瓦房店；内蒙古自治区科尔沁右翼后旗、敖汉旗、喀喇沁旗等地。

根茎和根能燥湿、止血，主治崩漏、赤白带。

■ 墓头回

茎上部叶

茎下部叶

花序

植株一部分

植株

（7）岩败酱（辽宁植物志，黑龙江省植物志，内蒙古植物志，东北植物检索表，东北草本植物志，中国植物志，Flora of China）

Patrinia rupestris (Pall.) Juss. in Hist. Nat. & Med. Valer. 54. 1811; 中国植物志73(1): 14. 图版4: 4 ~ 5. 1986; 辽宁植物志（下册）: 397. 图版178: 4 ~ 5. 1992; 内蒙古植物志（第二版）4: 408. 图版161: 1 ~ 2. 1993; 东北植物检索表（第二版）: 627. 图版313: 6. 1995; 黑龙江省植物志9: 38. 图版13: 7 ~ 9. 1998; 东北草本植物志8: 184. 图版71. 2005; Fl. China 19: 663. 2011.

生山丘顶部、石质山坡岩缝等处。产黑龙江省伊春、黑河、绥芬河、尚志、五大连池、萝北、饶河、宝清、汤原、密山、鸡西、宁安、呼玛；吉林省吉林、汪清、长白、通化、珲春、安图；辽宁省沈阳、抚顺、开原、彰武、鞍山、庄河、宽甸、凤城、本溪、桓仁；内蒙古自治区额尔古纳、海拉尔、牙克石、满洲里、鄂伦春、鄂温克、新巴尔虎左旗、科尔沁右翼前旗、科尔沁右翼中旗、扎赉特旗、克什克腾旗、林西、锡林浩特、镶黄旗、太仆寺旗、多伦等地。

根或全草有清热解毒、消肿、生肌、止血、止带、截疟、抗癌作用。嫩苗可食。

■ 岩败酱

基生叶

花序

花序一部分

果序一部分

植株一部分

植株

4 缬草属 *Valeriana* L.

Valeriana L., Sp. Pl. 31. 1753.

多年生草本。根或根状茎常有浓烈气味。叶对生，羽状分裂或不裂。聚伞花序；花两性，有时杂性；花萼裂片在花时向内卷曲，不显著；花白色或粉红色，花冠筒基部一侧偏突成囊距状，花冠裂片5枚；雄蕊3，着生花冠筒上；子房下位，3室，但仅1室发育而有胚珠1枚。瘦果扁平，前面3脉、后面1脉、顶端有冠毛状宿存花萼。

本属全世界有300余种，分布于欧亚大陆、南美洲和北美洲中部。中国产21种。东北地区产2种。

分种检索表

1. 茎上部及花序被腺毛；茎生叶对生，羽状裂片5～7（～11）对 …… 1. 黑水缬草 *V. amurensis* P. Smirn. ex Kom.
1. 茎上部及花序无腺毛；茎生叶对生或互生，羽状裂片7～9（～11）对 ……………………… 2. 缬草 *V. officinalis* L.

（1）黑水缬草（黑龙江省植物志，东北植物检索表，东北草本植物志，中国植物志，Flora of China）

Valeriana amurensis P. Smirn. ex Kom. in Izv. Bot. Sada Akad. Nauk S. S. S. R. 30: 214. 1932; 中国植物志73(1): 34. 图版11: 6. 1986; 东北植物检索表（第二版）: 627. 图版314: 1. 1995; 黑龙江省植物志9: 41. 图版14: 9 ~ 11. 1998; 东北草本植物志8: 190. 图版75. 2005; Fl. China 19: 667. 2011.

生林缘。产黑龙江省密山、集贤、汤原、宝清、北安、尚志、伊春、呼玛；吉林省珲春、安图；辽宁省昌图、鞍山等地。

根及根状茎有安神、理气、止痛作用，用于肾虚、失眠、癔症、癫症、跌打损伤等。

■ 黑水缬草

基生叶

茎叶

花序

果序

（2）缬草（辽宁植物志，黑龙江省植物志，东北植物检索表，东北草本植物志，中国植物志，Flora of China）；北缬草（辽宁植物志，东北植物检索表，东北草本植物志）；毛节缬草（内蒙古植物志）；宽叶缬草（中国植物志）

Valeriana officinalis L., Sp. Pl.31. 1753; 中国植物志73(1): 31. 图版11: 1 ~ 4. 1986; 黑龙江省植物志9: 42. 图版15: 1 ~ 4. 1998; Fl. China 19: 670. 2011.——*V. alternifolia* Bunge in Fl. Altaic. 1: 52. 1829; 辽宁植物志（下册）: 403. 图版183: 1. 1992; 内蒙古植物志（第二版）4: 411. 图版162: 1 ~ 4. 1993; 东北植物检索表（第二版）: 629. 图版314: 2. 1995; 东北草本植物志8: 192. 图版76: 1. 2005.——*V. alternifolia* Bunge var. *angustifolia* (Kom.) S. H. L., 辽宁植物志（下册）: 405. 1992.——*V. alternifolia* Bunge f. *angustifolia* (Kom.) Kitag.

in Neo-Lineam. Fl. Manshur. 596. 1979; 东北植物检索表（第二版）: 629. 1995; 东北草本植物志8: 196. 2005.——*V. alternifolia* Bunge var. *stolonifera* Bar. et Skv. in Act. Soc. Harb. Invest. Nat. Ethn.12: 33.1954; 辽宁植物志（下册）: 405. 图版183: 2 ~ 5. 1992; 东北植物检索表（第二版）: 629. 图版314: 3. 1995; 东北草本植物志8: 194. 图版76: 2 ~ 5. 2005.——*V. alternifolia* Bunge f. *verticillata* (Kom.) S. X. Li, 东北植物检索表（第二版）: 629. 1995; 东北草本植物志8: 196. 2005.——*V. fauriei* Briq. in Annuaire Conserv. Jard. Bot. Genève 17: 327. 1914; 辽宁植物志（下册）: 403. 图版182. 1992; 东北植物检索表（第二版）: 629. 图版314: 4. 1995; 东北草本植物志8: 196. 图版77. 2005.——*V. fauriei* Briq. var. *dasycarpa* Hara in Journ. Jap. Bot. 17: 126. 1941; 辽宁植物志（下册）: 403. 图版182. 1992.——*V. officinalis* var. *latifolia* Miq. in Ann. Mus. Bot. Lugd. -Bat. 3: 114. 1867; 中国高等植物图鉴4: 330. 1975; 中国植物志73(1): 32. 图版11: 5. 1986.

生山坡草地、林下、沟边。产黑龙江省孙吴、宝清、密山、宁安、尚志、阿城、北安、富锦、呼玛、哈尔滨、海林、伊春、鹤岗；吉林省汪清、珲春、磐石、安图、浑江、通化、桦甸；辽宁省大连、庄河、沈阳、鞍山、岫岩、铁岭、法库、西丰、本溪、新宾、桓仁、宽甸、凤城、义县、彰武；内蒙古

■ 缬草

花序正面观

花序侧面观

花序

植株下部

植株

自治区额尔古纳、根河、海拉尔、牙克石、扎兰屯、鄂温克、科尔沁右翼前旗、科尔沁左翼后旗、大青沟、扎鲁特旗、克什克腾旗、通辽、宝格达山等地。

根及根状茎有安神镇静、祛风解痉、生肌止血、止痛作用。

5 北极花属（林奈草属） *Linnaea* Gronov. ex L.

Linnaea Gronov. ex L., Sp. Pl. 631. 1753.

常绿匍匐亚灌木；小枝细长而上升。叶小，对生，有叶柄，无托叶。花具细长花梗，对着生于小枝顶端；苞片1对，着生于两花梗基部，小苞片1～2对，紧贴萼筒基部；萼筒密被具柄的腺毛和短柔毛，萼檐5裂；花冠钟状，整齐5裂；雄蕊4枚，二强，着生于花冠筒内，花药内向，内藏；子房3室，仅1室发育，花柱细长，柱头头状。瘦果状核果，不开裂，内含种子1枚。

本属全世界仅1种，广布于北半球高寒地带。中国东北各省、内蒙古自治区和新疆普遍分布。

北极花（黑龙江省植物志，内蒙古植物志，东北植物检索表，中国植物志，Flora of China）；林奈草（辽宁植物志）

Linnaea borealis L., Sp. Pl.631. 1753; 中国植物志72: 114. 图版27. 1988; 辽宁植物志（下册）: 390. 1992; 内蒙古植物志（第二版）4: 384. 图版150: 1～3. 1993; 东北植物检索表（第二版）: 617. 图版307: 3. 1995; 黑龙江省植物志9: 9. 图版3: 1～3. 1998; Fl. China 19: 648. 2011.

■ 北极花

果序

花序

基生叶

居群

常绿蔓生小灌木；茎细弱；叶近圆形或广倒卵形；花粉白色，具紫色条纹毛；总苞片4，小苞片2，密生腺毛；萼片披针形，萼筒卵形，有腺毛；花冠钟形；瘦果小，黄色。生山地针叶林下苔藓地上。产黑龙江省呼玛、塔河、海林、尚志、伊春；吉林省安图、抚松、长白；辽宁省桓仁；内蒙古自治区额尔古纳、根河、牙克石、鄂伦春、满归、科尔沁右翼前旗等地。

6 六道木属 *Zabelia* (Rehder) Makino

Zabelia (Rehder) Makino, Makinoa. 9: 175. 1948.

落叶或很少常绿灌木。枝节膨大。叶柄基部连合。叶对生，稀3枚轮生，全缘或齿牙或圆锯状齿，具短柄，无托叶。具单花、双花或多花的总花梗顶生或生于侧枝叶腋，也有三歧分枝的聚伞花序或伞房花序；苞片2～4枚；花整齐或稍呈二唇形；萼裂片4～5枚，花冠漏斗形；萼筒狭长，矩圆形，萼檐5、4或2裂，裂片扁平，开展，狭矩圆形、椭圆形或匙形，具1、3或7条脉，宿存；花冠白色或淡玫瑰红色，雄蕊和花柱不超出花冠筒外。果实为革质瘦果。

本属全世界6种，分布于阿富汗、中国、印度、日本、朝鲜、塔吉克斯坦、尼泊尔、俄罗斯。中国有3种。东北地区产1种。

六道木（内蒙古植物志，中国植物志，Flora of China）；二花六道木（辽宁植物志，黑龙江省植物志，东北植物检索表）；朝鲜六道木（黑龙江省植物志）

Zabelia biflora (Turczaninow) Makino, Makinoa. 9: 175. 1948; Fl. China 19: 643. 2011.——*Abelia biflora* Turcz. in Bull. Soc. Imp. Naturalistes Moscou 10(7): 152. 1837; 中国植物志72: 125. 图版32: 1～3. 1988; 辽宁植物志（下册）: 368. 图版166: 1～2 1992; 内蒙古植物志（第二版）4: 395. 图版155. 1993; 东北植物检索表（第二版）: 617. 图版307: 1. 1995; 黑龙江省植物志9: 7. 图版2: 4～5. 1998.——*A. biflora* Turcz. var. *coreana* (Nakai) C. F. Fang, 辽宁植物志（下册）: 370. 图版166: 3～4. 1992; 东北植物检索表（第二版）: 617. 1995.——*A. biflora* Turcz. f. *minor* (Nakai) C. F. Fang, 辽宁植物志（下册）: 370. 1992; 东北植物检索表（第二版）: 617. 1995.——*A. coreana* Nakai in Bot. Mag. Tokyo32: 103. 118; 黑龙江省植物志9: 7. 图版2: 6～7. 1998.

落叶灌木，茎及枝具六条沟；叶矩圆形至矩圆状披针形，全缘或中部以上羽状浅裂而具1～4对粗

■ 六道木

花正面观

花侧面观

果枝

■ 六道木

茎

小枝

植株一部分

齿；花2朵，腋生，有小苞片3，萼片4；花冠管状，花冠白色、淡黄色或带浅红色。瘦果状核果。生山坡灌丛、林下及沟边。产黑龙江省尚志（大秃顶子山）；辽宁省喀左、凌源、建昌、绥中、朝阳、本溪、凤城、辽阳、沈阳；内蒙古自治区喀喇沁旗、宁城等地。黑龙江省哈尔滨市有栽培。

果实有祛风湿、消肿毒作用，用于风湿筋骨痛、痈毒红肿。

7 蝟实属 *Kolkwitzia* Graebn.

Kolkwitzia Graebn. in Bot. Jahrb. 29: 593. 1901.

落叶灌木。叶对生，具短柄。由贴近的两花组成的聚伞花序呈伞房状，顶生或腋生于具叶的侧枝之顶；苞片2；萼檐5裂，裂片狭，被疏柔毛，开展；花冠钟状，5裂，裂片开展；雄蕊4枚，二强，着生于花冠筒内，花药内向；相近两朵花的二萼筒相互紧贴，其中一枚的基部着生于另一枚的中部，幼时几乎已连合，椭圆形，密被长刚毛，顶端各具1狭长的喙，基部与小苞片贴生；雄蕊二强，内藏；子房3室，仅1室发育，含1枚胚珠。两枚瘦果状核果合生，外被刺刚毛，各冠以宿存的萼裂片。

本属全世界仅1种，为中国特有，产山西、陕西、甘肃、河南、湖北及安徽等省。东北地区有栽培。

蝟实（中国植物志，Flora of China）

Kolkwitzia amabilis Graebn. in Bot. Jahrb. Syst. 29(5): 593. 1901; 中国植物志72: 114. 图版28. 1988; Fl.

■ 蝟实

花正面观

花侧面观

果序

■ 蝟实

树干

花序

果枝

China 19: 646. 2011.

落叶直立灌木；叶椭圆形等，两面散生短毛；伞房状聚伞花序；苞片披针形，紧贴子房基部；萼筒外面密生长刚毛，上部缢缩似颈；花冠淡红色，外有短柔毛，内面具黄色斑纹；果实密被黄色刺刚毛，顶端伸长如角，冠以宿存的萼齿。中国特有种。中国特有的单种单属植物。分布于山西、陕西、甘肃、河南、湖北、安徽等地。辽宁省大连、沈阳有栽培。

为驰名中外的珍贵观赏植物，群植、孤植、丛植均美，也是插花的理想花材。

8 锦带花属 *Weigela* Thunb.

Weigela Thunb. in Svenska Vetensk. Akad. Handl. ser. 2, 1: 137, t. 5. 1780.

落叶灌木。幼枝稍呈四方形。叶对生，边缘有齿，具柄或几乎无柄，无托叶。花单生或由2～6花组成聚伞花序，生于侧生短枝上部叶腋或枝顶；萼筒长圆柱形，萼檐5裂，裂片深达中部或基底；花冠白色、粉红色至深红色，钟状漏斗形，5裂，不整齐或近整齐，筒长于裂片；雄蕊5枚，着生于花冠筒中部，内藏，花药内向；子房上部一侧生1球形腺体，子房2室，含多数胚珠，花柱细长，柱头头状，常伸出花冠筒外。蒴果圆柱形，革质或木质，2瓣裂，中轴与花柱基部残留；种子小而多，无翅或有狭翅。

本属全世界10余种，主要分布于东亚和美洲东北部。中国有4种（含栽培种）。东北地区产3种1变型，其中栽培2种。

分种检索表

1. 萼齿达萼檐基部。
  2. 花冠白色或淡红色 ………………………………………… 1. **海仙花 W. coraeensis** Thunb.
  2. 花冠胭脂红色 ………………………………………… 2. **红王子锦带 W. japonica** cv. 'Red Prince'
1. 萼齿达萼檐中部（3. 锦带花 W. florida (Bunge) A. DC.）。
  3. 花冠紫红色或玫瑰红色 ………………………………………… 3a. **锦带花 W. florida** var. **florida**
  3. 花冠白色 ………………………………………… 3b. **白锦带花 W. florida** f. **alba** (Nakai) C. F. Fang

（1）海仙花（中国树木志，辽宁木本植物志）；朝鲜锦带花（植物智网站）

Weigela coraeensis Thunb. in Trans. L. Soc. 2: 331. 1794; 中国树木志（第二卷）: 1845. 图版938: 3. 1985; 辽宁木本植物志: 573. 2018.

为栽培种。中国多地有栽培。辽宁省大连、金州、旅顺口等地有栽培。

优良观赏花木。

■ 海仙花

花萼

叶

花侧面观

植株一部分

植株

（2）红王子锦带（辽宁木本植物志）；红王子锦带花（植物智网站）

Weigela japonica cv. ‘Red Prince’, 辽宁木本植物志: 574. 2018.

辽宁省大连、旅顺口、金州等地有栽培。

优良观赏花木。

■ 红王子锦带

花萼

花序

植株

（3）锦带花（辽宁植物志，黑龙江省植物志，内蒙古植物志，东北植物检索表，中国植物志，Flora of China）；早锦带花（辽宁植物志，东北植物检索表）；毛叶锦带花（大连地区植物志）

Weigela florida (Bunge) A. DC. in Ann. Sci. Nat., Bot., sér. 2, 11: 241. 1839; 中国植物志72: 132. 图版34: 1～2. 1988; 辽宁植物志（下册）: 367. 图版165: 1～4. 1992; 内蒙古植物志（第二版）4: 392. 图版150: 4～5. 1993; 东北植物检索表（第二版）: 625. 图版307: 4. 1995; 黑龙江省植物志9: 31. 图版12: 1～4. 1998; Fl. China 19: 615. 2011.——*W. praecox* (Lemoine) Bailey in Gentes Herb. 2(1): 54. 1929; 大连地区植物志中册: 706. 1982; 辽宁植物志（下册）: 367. 图版165: 5. 1992; 东北植物检索表（第二版）: 625. 图版307: 5. 1995; 黑龙江省植物志9: 33. 图版12: 5. 1998.

（3a）锦带花（原变型）

Weigela florida f. *florida*

生杂木林下或山顶灌木丛中。产吉林省珲春、抚松、集安、和龙；辽宁省新宾、桓仁、本溪、凤城、丹东、宽甸、葫芦岛、凌源、喀左、建昌、北镇、沈阳、抚顺、鞍山、岫岩、盖州、庄河、瓦房店、金州、大连；内蒙古自治区敖汉旗、克什克腾旗、喀喇沁旗、宁城等地。黑龙江省及东北各地常见栽培。

观赏花木，枝长花茂，灿如锦带，适宜庭院墙隅、湖畔群植。

■ 锦带花

叶背面观

花

植株一部分

植株

（3b）白锦带花（辽宁植物志，东北植物检索表）；白花早锦带花（辽宁植物志，东北植物检索表）

Weigela florida f. *alba* (Nakai) C. F. Fang，辽宁植物志（下册）: 367. 1992; 东北植物检索表（第二版）:

625. 1995.——*W. praecox* (Lemoine) Bailey f. *albiflora* (Y. C. Chu) C. F. Fang, 辽宁植物志（下册）: 368. 1992; 东北植物检索表（第二版）: 625. 1995.

生杂木林下或山顶灌木丛中。产辽宁省宽甸、丹东、庄河、鞍山等地。

■ 白锦带花

植株一部分

花序

花正面观

植株

9 莛子藨属 *Triosteum* L.

Triosteum L., Sp. Pl. 176. 1753.

多年生直立草本。地下具根茎。叶对生，基部常相连，倒卵形，全缘、波状或具缺刻至深裂。聚伞花序成腋生轮伞花序或于枝顶集合成穗状花序；萼檐5裂，裂片短或长而呈叶状，宿存；花冠白色、黄色或紫色，筒状钟形，基部一侧膨大成囊状，裂片5枚，不等，覆瓦状排列，两唇形，上唇4裂，下唇单一；雄蕊5枚，着生于花冠筒内，花药内向，内藏；子房3～5室，每室具1枚悬垂的胚珠，花柱丝状，柱头盘形，3～5裂。浆果状核果近球形，革质或肉质，核骨质；种子2～3颗，长圆形。

本属全世界约6种，分布于亚洲中部至东部和北美洲。中国产3种。东北地区产1种。

腋花莛子藨（辽宁植物志，黑龙江省植物志，东北植物检索表，东北草本植物志，中国植物志，Flora of China）

Triosteum sinuatum Maxim. in Bull. Acad. Imp. Sci. Saint–Petersbourg 15(3): 373. 1871; 中国植物志72: 106. 图版24: 7. 1988; 辽宁植物志（下册）: 391. 图版176. 1992; 东北植物检索表（第二版）: 623. 图版310: 6. 1995; 黑龙江省植物志9: 26. 图版9: 4 ~ 5. 1998; 东北草本植物志8: 176. 图版68. 2005; Fl. China 19: 617. 2011.

多年生草本，密被刺刚毛和腺毛；单叶对生，相对之叶的基部合生，茎贯穿其中，叶倒卵状椭圆形等；花1 ~ 2朵腋生，花冠筒黄绿色，基部有囊，裂片二唇形；核果近球形，红色或白色。生林下、沟边等处。产黑龙江省宁安、东宁；吉林省长白山；辽宁省抚顺、新宾、铁岭、西丰、凤城、宽甸、本溪、桓仁等地。

■ 腋花莛子藨

花序

果实

植株

10 毛核木属 *Symphoricarpos* Duhamel

Symphoricarpos Duhamel, Traite Arb. Arbust 2: 295, pl. 82. 1755.

落叶灌木。叶对生，全缘或具波状齿裂，有短柄。花簇生或单生于侧枝顶部叶腋成穗状或总状花序；萼杯状，4 ~ 5裂；花冠淡红色或白色，钟状至漏斗状或高脚碟状，4 ~ 5裂，整齐，筒基部稍呈浅囊状，内面被长柔毛；雄蕊4 ~ 5枚，着生于花冠筒，内藏或稍伸出，花药内向；子房4室，其中2室含数枚不育的胚珠，另2室各具1悬垂的胚珠，花柱纤细，柱头头状或稍2裂。浆果状核果，白色、红色或黑色，圆形、卵圆形或椭圆形，具2核；核卵圆形，略扁。

本属全世界有16种，其中15种产于北美洲至墨西哥，中国中南部产1种。东北地区栽培2种。

分种检索表

1. 果实白色 ………………………………………… 1. 毛核木 S. sinensis Rehd.
1. 果实红色 ………………………………………… 2. 圆果毛核木 S. orbiculatus Moench

（1）毛核木（中国植物志，Flora of China）；雪果（中国种子植物科属辞典）；雪莓（中国树木分类学）

Symphoricarpos sinensis Rehd. in Sarg. Pl. Wils. 1: 117. 1911; 中国树木分类学1160. 1937; 中国高等植物图鉴4: 301, 图6015. 1975; 中国植物志72: 112. 图版26. 1988; Fl. China 19: 618. 2011.

产陕西、甘肃南部、湖北西部、四川东部、云南北部和广西。辽宁省熊岳有栽培。

优良的绿化树种和地被植物。全株入药，具有清热解毒之功效。

■ 毛核木

花枝

果枝

植株

（2）圆果毛核木（植物智网站）；小花毛核木（辽宁木本植物志）；红雪果（大连植物彩色图谱）

Symphoricarpos orbiculatus Moench in Methodus 503. 1794; 辽宁木本植物志: 588. 2018.

原产美国东海岸。辽宁省大连有栽培。

优良的观果植物，花期也具有一定的观赏价值，适宜在庭院、公园栽植。

■ 圆果毛核木

果枝

植株

■ 圆果毛核木

叶

花枝

11 忍冬属 *Lonicera* L.

Lonicera L., Sp. Pl. 173. 1753.

落叶或常绿灌木。茎直立或缠绕，枝中空或有髓。单叶对生或3～4叶轮生，全缘或有齿、缺刻或波状；有短柄或无；稀两叶基部结合，托叶有时结合或附属物状。花两侧对称，常成对着生在花总梗上，生于叶腋，稀轮生于枝端；每对花有苞片2和小苞片4，离生或结合成壳斗状，有时缺；花萼5齿裂，脱落或否；花冠二唇形，上唇4裂，下唇不裂；花冠筒基部一侧或两侧常隆起；雄蕊5，花药内向；子房下位，2～3室，稀5室，胚珠3～8，下垂，花柱头状，较雄蕊长。浆果多红色，相邻两果离生或部分至全部合生；种子卵圆形，光滑或粗糙。

本属全世界约200种，产北美洲、欧洲、亚洲和非洲北部的温带和亚热带地区，在亚洲南达菲律宾群岛和马来西亚南部。中国有98种，广布于全国各省区，而以西南部种类最多。东北地区产16种6变种1变型，其中栽培3种4变种1变型。

分种检索表

1. 花单生（常6朵成1轮，2至数轮生于小枝顶端）；花序下1～2对叶的基部相连成盘状 ………… 1. 贯月忍冬 L. sempervirens L.

1. 花成对生（稀单生）；所有叶的基部都不连成盘状。

  2. 半常绿藤本（2. 忍冬 L. japonica Thunb.）。

    3. 幼枝浅红褐色；幼叶不带紫红色；花冠白色，后变黄色 ………… 2a. 忍冬 L. japonica var. japonica

    3. 幼枝紫黑色；幼叶带紫红色；花冠外面紫红色，内面白色

（接上表）

………………………………………………………………… 2b. **红白忍冬** L. japonica var. chinensis (Wats.) Bak.

2. 直立灌木。

4. 果蓝色或黑色。

5. 果黑色或暗蓝黑色，球形；叶披针形或长圆状披针形，基部多楔形；花红色 ……… 3. **黑果忍冬** L. nigra L.

5. 果蓝色，椭圆形或长圆形；叶长圆状卵形或长圆形，基部多圆形；花黄白色 … 4. **蓝果忍冬** L. caerulea L.

4. 果通常红色或暗褐色。

6. 小枝具黑褐色的髓，后因髓消失而变中空。

7. 老叶呈蓝绿色；植株各个部分有腺毛……………………………………… 5. **蓝叶忍冬** L. korolkowii Stapf.

7. 老叶不呈蓝绿色；植株各个部分有或无腺毛。

8. 花梗较果短；相邻的两果离生（6. **金银忍冬** L. maackii (Rupr.) Maxim.）。

9. 花冠白色，后变黄色；小苞片和幼叶不带淡紫红色（6a. **金银忍冬** L. maackii var. maackii）。

10. 花长可达2厘米，子房与苞之间无短柄；叶卵状椭圆形至卵状披针形，顶端渐尖或长渐尖

………………………………………………………………… 6aa. **金银忍冬** L. maackii f. maackii

10. 花明显较原变型小；子房与苞之间有短柄；叶椭圆状卵形或椭圆形，先端突渐尖

……………………………………………… 6ab. **小花金银忍冬** L. maackii f. prodocarpa Rehd.

9. 花冠、小苞片和幼叶均带淡紫红色 ………… 6b. **红花金银忍冬** L. maackii var. erubescens Rehd.

8. 花梗较果长；相邻的两果基部结合或双果之一常不发育。

11. 花玫瑰红色、粉红色或黄白色；双果之一常不发育（7. **新疆忍冬** L. tatarica L.）。

12. 花冠粉红色或白色；全株近无毛…………………………… 7a. **新疆忍冬** L. tatarica var. tatarica

12. 花冠黄白色；全株多部位有柔毛或微糙毛或睫状毛

…………………………………………………… 7b. **小花忍冬** L. tatarica var. micrantha Trautv.

11. 花白色或黄色；相邻的两果基部结合。

13. 叶基部通常楔形；叶两面脉上被糙伏毛；萼筒具腺 ……… 8. **金花忍冬** L. chrysantha Turcz.

13. 叶基部通常圆形、截形或近心形；叶背面密被短柔毛；萼筒秃净

……………………………………………………………… 9. **长白忍冬** L. ruprechtiana Regel

6. 小枝具白色、密实的髓。

14. 叶基部多圆形、截形或近心形。

15. 果为坛状壳斗包裹，成熟后壳斗裂开露出红色浆果；小枝及花梗有粗毛和腺毛；花冠淡黄色

…………………………………………………………………… 10. **葱皮忍冬** L. ferdinandii Franch.

15. 果无坛状壳斗包裹，合生至中部或中上部；小枝通常无粗毛和腺毛；花冠紫色。

16. 叶革质，通常长圆状披针形，背面有茸毛；花长8毫米 ……11. **华北忍冬** L. tatarinowii Maxim.

16. 叶纸质，通常卵形或卵状披针形，背面被疏长毛，稀近无毛；花长约1厘米（12. **紫花忍冬** L. maximowiczii (Rupr.) Regel）。

17. 叶背面被疏长毛；萼齿宽三角形 ……… 12a. **紫花忍冬** L. maximowiczii var. maximowiczii

17. 叶无毛；萼齿披针形 …… 12b. **无毛紫枝忍冬** L. maximowiczii var. sachalinensis Fr. Schmidt.

14. 叶基部通常楔形，至少枝端的叶如此。

18. 花先于叶开放（13. **早花忍冬** L. praeflorens Batalin）。

19. 花冠粉色……………………………………………… 13a. **早花忍冬** L. praeflorens var. praeflorens

19. 花冠淡黄色…………………… 13b. **淡黄花早花忍冬** L. praeflorens var. lutescens S. M. Zhang

（接上表）

18. 花与叶同时开放或后于叶开放。

20. 花冠非唇形；双花的相邻两萼筒分离。

21. 双花及其二苞片均发育；萼檐长1～2毫米，有钝齿 ……… **14. 北京忍冬 L. elisae** Franch.

21. 双花之一连同其苞片均退化；萼檐长不足0.5毫米，口缘截状或浅波状 ………………………………………………………………… **15. 单花忍冬 L. subhispida** Nakai

20. 花冠唇形；双花的相邻两萼筒连合（**16. 郁香忍冬 L. fragrantissima** Lindl. et Paxt.）。

22. 小枝、叶柄无毛；叶圆卵形、卵形至卵状矩圆形 ……………………………………………… **16a. 郁香忍冬 L. fragrantissima** var. **fragrantissima**

22. 小枝、叶柄常有糙毛；叶卵状矩圆形或卵状披针形 ……………………………… **16b. 苦糖果 L. fragrantissima** var. **lancifolia** (Rehder) Q. E. Yang

（1）贯月忍冬（中国植物志）；穿叶忍冬（辽宁植物志，东北植物检索表）

Lonicera sempervirens L., Sp. Pl. 1: 173. 1753; 中国植物志72: 250. 1988; 辽宁植物志（下册）: 380. 图版171: 1. 1992; 东北植物检索表（第二版）: 617. 图版308: 1. 1995.

原产北美洲。辽宁省沈阳、盖州（熊岳）有栽培。

垂直绿化的好材料。花期观赏性尤其好。

■ 贯月忍冬

花序

花枝

植株

（2）忍冬（中国植物志，Flora of China）；金银花（辽宁植物志，东北植物检索表）

Lonicera japonica Thunb. in Fl. Jap. 89. 1784; 中国植物志72: 236. 图版62: 1～4. 1988; 辽宁植物志（下册）: 383. 图版173: 1～2. 1992; 东北植物检索表（第二版）: 617. 图版309: 4. 1995; Fl. China 19: 637. 2011.

（2a）忍冬（原变种）

Lonicera japonica var. *japonica*

生山坡灌丛或疏林中、乱石堆等地。产辽宁省北镇、绥中、鞍山、宽甸、大连、金州、普兰店、旅顺口、长海等地。辽宁省各地有栽培。

常用中药，有清热解毒、消炎退肿作用。攀缘性好，花形美观，是垂直绿化的好材料。

■ 忍冬

成熟期果实

萌枝

花枝

果枝

主干

植株

（2b）红白忍冬（变种）（中国植物志，Flora of China）；红花金银花

Lonicera japonica var. *chinensis* (Wats.) Bak. in Refug. Bot. 4: pl. 224. 1871; 中国植物志72: 238. 1988; Fl. China 19: 637. 2011.

生海拔800米的山坡。产安徽（岳西）。辽宁省大连有栽培。

■红白忍冬

盛花期植株

花蕾期植株

植株一部分

（3）黑果忍冬（中国植物志，Flora of China）；毛脉黑忍冬（东北木本植物图志，东北植物检索表）

Lonicera nigra L., Sp. Pl. 173. 1753; 中国植物志72: 184. 1988; Fl. China 19: 632. 2011.——*L. nigra* var. *barbinervis* (Kom.) Nakai, Fl. Sylv. Kor. 11: 82, t. 36. 1921; 东北木本植物图志512, 图版 CLXV: 413, CLXIX: 10 ~ 14. 1955; 东北植物检索表（第二版）: 620. 图版310: 2. 1995.——*L. nigra* var. *barbinerve* f. *changbaishana* W. Wang, 东北植物检索表（第二版）: 620. 1995.

生山坡。产吉林省长白山。

（4）蓝果忍冬（中国植物志，Flora of China）；蓝靛果忍冬（黑龙江省植物志，东北植物检索表）；蓝锭果忍冬（内蒙古植物志）

Lonicera caerulea L., Sp. Pl.174. 1753; 中国植物志72: 194. 1988; Fl. China 19: 626. 2011.——*L. caerulea* var. *edulis* Turcz. ex Herd. in Bull. Soc. Nat. Mosc. 37 (1) Pl. Radd. Monopet.): 205 et 207. t. 3, fig. 1 ~ 2a. 1864; 中国植物志72: 194. 图版49: 1 ~ 2. 1988; 内蒙古植物志（第二版）4: 386. 图版151: 1 ~ 2. 1993.——*L. edulis* Turcz. msc. ex Turcz. in Bull. Soc. Nat. Mosc. 18 (1): 306, 1845; 东北植物检索表（第二版）: 617. 图版309: 5. 1995; 黑龙江省植物志9: 12. 图版4: 1 ~ 3. 1998.——*L. edulis* var. *turczaninowii* (Pojark.) Kitag. in Neo-Lineam. Fl. Mansh. 588. 1979; 黑龙江省植物志9: 14. 图版4: 4. 1998.

生落叶林下或林缘阴处灌丛中。产黑龙江省尚志、呼玛、海林、伊春；吉林省安图、抚松、汪清、珲春、靖宇、长白、临江；辽宁省凤城蒲石河；内蒙古自治区根河、额尔古纳、科尔沁右翼前旗、阿鲁科尔沁旗、巴林右旗、克什克腾旗、赤峰等地。

果实成熟后酸甜可食，且有清热解毒作用，治疗疮、乳痈、肠痈、丹毒等热毒疮疡症。

■ 蓝果忍冬

果枝

花

植株一部分

（5）蓝叶忍冬（辽宁木本植物志，大连植物彩色图谱）

Lonicera korolkowii Stapf. in Gard. & Forest 6: 34. 1893; 辽宁木本植物志: 579. 2018.

原产土耳其。辽宁省大连、沈阳有栽培。

■ 蓝叶忍冬

花枝

花

果枝

植株

优良木本观赏植物，可孤植、片植或群植于庭院、路边、草坪中、林缘或缓坡。

（6）金银忍冬（辽宁植物志，黑龙江省植物志，东北植物检索表，中国植物志，Flora of China）；小花金银花（内蒙古植物志）

Lonicera maackii (Rupr.) Maxim. in Mém. Acad. Imp. Sci. St. –Pétersbourg Divers Savans 136. 1859; 中国植物志72: 222. 图版55: 4 ~ 5. 1988; 辽宁植物志（下册）: 382. 图版172: 1 ~ 4. 1992; 内蒙古植物志（第二版）4: 388. 图版152: 2 ~ 3. 1993; 东北植物检索表（第二版）: 620. 图版309: 1. 1995; 黑龙江省植物志9: 15. 图版5: 1 ~ 4. 1998; Fl. China 19: 635. 2011.

（6a）金银忍冬（原变种）

Lonicera maackii var. *maackii*

（6aa）金银忍冬（原变型）

Lonicera maackii f. *maackii*

生林中或林缘溪流附近的灌木丛中。产黑龙江省伊春、尚志、哈尔滨、依兰、宁安、萝北；吉林省安图、蛟河、吉林、桦甸、前郭、珲春、临江、长白、和龙、敦化；辽宁省西丰、彰武、北镇、新宾、桓仁、本溪、抚顺、沈阳、鞍山、宽甸、凤城、盖州、岫岩、庄河、大连；内蒙古自治区科尔沁左翼后旗、大青沟等地。

茎皮可制人造棉；种子油制肥皂。花可提取芳香油。优良的庭院观赏植物，花和果均有极高的观赏价值。茎叶有祛风解毒、活血祛瘀作用。花有祛风解表、消肿解毒作用。可作金银花入药。

■ 金银忍冬

树干

花

■ 金银忍冬

植株一部分

植株

（6ab）小花金银忍冬（变型）（辽宁植物志，东北植物检索表）

Lonicera maackii f. *prodocarpa* Rehd. in Rep. (Annual) Missouri Bot. Gard. 14: 141. 1903; 辽宁植物志（下册）: 383. 1992; 东北植物检索表（第二版）: 620. 1995.

辽宁省沈阳有栽培。

（6b）红花金银忍冬（变种）（中国植物志，Flora of China）；粉花金银忍冬（辽宁植物志，东北植物检索表）

Lonicera maackii var. *erubescens* Rehd. in Mittel. Deutsch. Dendr. Ges. 1913 (22): 263. 1914; 中国植物志 72: 222. 1988; Fl. China 19: 635. 2011.——*Lonicera maackii* f. *erubescens* Rehd. in Mitt. Deutsch. Dendrol. Ges.

■ 红花金银忍冬

花

花侧面观

花枝

1913(22): 263. 1913; 辽宁植物志（下册）: 383. 1992; 东北植物检索表（第二版）: 620. 1995.

辽宁省沈阳、大连有栽培。

（7）新疆忍冬（中国植物志，Flora of China）；桃色忍冬（辽宁植物志，东北植物检索表）

Lonicera tatarica L., Sp. Pl.173. 1753; 中国植物志72: 216. 图版54: 1 ~ 4. 1988; 辽宁植物志（下册）: 385. 图版173: 3 ~ 5. 1992; 东北植物检索表（第二版）: 620. 图版309: 2. 1995; Fl. China 19: 633. 2011.

（7a）新疆忍冬（原变种）

Lonicera tatarica var. *tatarica*

产新疆北部。辽宁省沈阳、盖州、大连等地有栽培。

观赏花木。花期观赏性最好。

■ 新疆忍冬

花枝

花正面观

花侧面观

（7b）小花忍冬（变种）（中国植物志，Flora of China）

Lonicera tatarica var. *micrantha* Trautv. in Bull. Soc. Nat. Mosc. 39 (1): 331. 1866; 中国植物志72: 216. 图版54: 5 ~ 6. 1988; Fl. China 19: 634. 2011.

产新疆伊犁。辽宁省大连有栽培。

■ 小花忍冬

花侧面观

叶背面观

植株一部分

（8）金花忍冬（中国植物志，Flora of China）；黄花忍冬（辽宁植物志，黑龙江省植物志，内蒙古植物志，东北植物检索表）

Lonicera chrysantha Turcz. in Fl. Ross. 2: 388. 1844; 中国植物志72: 219. 图版55: 1 ~ 3. 1988; 辽宁植物志（下册）: 386. 图版174: 1 ~ 2. 1992; 内蒙古植物志（第二版）4: 389. 图版153: 1 ~ 2. 1993; 东北植物检索表

（第二版）: 620. 图版310: 4. 1995; 黑龙江省植物志9: 11. 图版3: 4 ~ 5. 1998; Fl. China 19: 634. 2011.

生沟谷、林下或灌丛中。产黑龙江省呼玛、宁安、密山、尚志、虎林、伊春、哈尔滨、穆棱、安达、嘉荫、饶河；吉林省汪清、安图、抚松、吉林、蛟河、敦化、集安、珲春、长白、和龙、临江；辽宁省桓仁、本溪、宽甸、凤城、沈阳、鞍山、清原、岫岩、凌源、建昌、朝阳；内蒙古自治区牙克石、满洲里、科尔沁右翼中旗、白狼、克什克腾旗、喀喇沁旗、宁城、锡林浩特、宝格达山、太仆寺旗、正蓝旗等地。

花期、果期均有较高的观赏性。花蕾、嫩枝、叶有清热解毒作用。

■ 金花忍冬

叶背面观

果枝

花先白后黄

花枝

花萼

（9）长白忍冬（辽宁植物志，黑龙江省植物志，东北植物检索表，中国植物志，Flora of China）；辽吉金银花（辽宁植物志）

Lonicera ruprechtiana Regel in Index Seminum (LE) 1869: 19.1869; 中国植物志72: 217. 图版54: 7 ~ 8. 1988; 辽宁植物志（下册）: 390. 图版175: 5 ~ 7. 1992; 东北植物检索表（第二版）: 623. 图版310: 3. 1995;

■ 长白忍冬

花侧面观

花枝

花背面观

■ 长白忍冬

叶背面观

果枝

植株

黑龙江省植物志9: 18. 图版6: 4 ~ 6. 1998; Fl. China 19: 634. 2011.

生沟谷、林下或灌丛中。产黑龙江省宁安、哈尔滨、尚志、孙吴、依兰、宝清、虎林、密山、黑河；吉林省汪清、抚松、安图、临江、长春、桦甸、靖宇；辽宁省开原、黑山、清原、抚顺、沈阳、本溪、桓仁、凤城、宽甸、盖州等地。

嫩叶及花可代茶；庭院栽培供观赏。

（10）葱皮忍冬（中国植物志，Flora of China）；秦岭忍冬（辽宁植物志，黑龙江省植物志，东北植物检索表）；波叶忍冬（辽宁植物志，黑龙江省植物志，东北植物检索表）

Lonicera ferdinandii Franch. in Nouv. Arch. Mus. Hist. Nat., sér. 2, 6: 31. pl. 12. 1883; 中国植物志72: 197. 图版49: 7 ~ 10. 1988; 辽宁植物志（下册）: 382. 1992; 东北植物检索表（第二版）: 620. 图版309: 3. 1995; 黑龙江省植物志9: 14. 图版4: 5 ~ 7. 1998; Fl. China 19: 627. 2011.——*L. vesicaria* Kom. in Trudy Imp. S.-Peterburgsk. Bot. Sada 18(3): 427. 1901; 辽宁植物志（下册）: 380. 图版171: 2 ~ 4. 1992; 东北植物检索表（第二版）: 620. 图版308: 2. 1995; 黑龙江省植物志9: 19. 图版7: 5 ~ 8. 1998.

生向阳山坡林中或林缘灌丛中。产黑龙江省宁安、东宁；吉林省长白山；辽宁省北镇、沈阳、鞍山、大连、盖州、凤城、宽甸、本溪、桓仁等地。

枝条韧皮纤维可代麻，亦可作造纸原料。花果均有较好的观赏性。

■ 葱皮忍冬

果序

成熟果实

■ 葱皮忍冬

小枝

花

果枝

（11）华北忍冬（内蒙古植物志，中国植物志，Flora of China）；藏花忍冬（辽宁植物志，黑龙江省植物志，东北植物检索表）

Lonicera tatarinowii Maxim. in Mém. Acad. Imp. Sci. St.–Pétersbourg Divers Savans 9: 138. 1859; 中国植物志72: 188. 图版47: 4 ~ 5. 1988; 辽宁植物志（下册）: 389. 图版175: 1 ~ 4. 1992; 内蒙古植物志（第二版）4: 390. 图版153: 3. 1993; 东北植物检索表（第二版）: 623. 图版310: 1. 1995; 黑龙江省植物志9: 19. 图版7: 1 ~ 4. 1998; Fl. China 19: 633. 2011.

生山谷、林下。产吉林省安图；辽宁省桓仁、凤城、本溪、旅顺口、大连、沈阳、长海、盖州；内蒙古自治区喀喇沁旗、宁城等地。黑龙江省森林植物园有栽培。

花期、果期均有较高的观赏性。

■ 华北忍冬

花

花枝

果枝

（12）紫花忍冬（中国植物志，Flora of China）；紫枝忍冬（辽宁植物志，黑龙江省植物志，内蒙古植物志，东北植物检索表）

Lonicera maximowiczii (Rupr.) Regel in Gartenflora 6: 107. 1857; 中国植物志72: 189. 图版47: 6 ~ 8. 1988; 辽宁植物志（下册）: 388. 1992; 内蒙古植物志（第二版）4: 390. 图版153: 4 ~ 5. 1993; 东北植物检索表（第二版）: 623. 图版310: 5. 1995; 黑龙江省植物志9: 15. 图版6: 1 ~ 3. 1998; Fl. China 19: 633. 2011.

（12a）紫花忍冬（原变种）

Lonicera maximowiczii var. *maximowiczii*

生林中或林缘。产黑龙江省伊春、勃利、密山、海林；吉林省抚松、临江、安图、和龙、敦化、汪清、珲春、蛟河、长白、通化；辽宁省鞍山、本溪、宽甸（白石砬子）、凤城（白云山）；内蒙古自治区喀喇沁旗（棒槌山）、宁城等地。

■ 紫花忍冬

叶背面观

花枝

（12b）无毛紫枝忍冬（变种）（辽宁植物志，东北植物检索表）

Lonicera maximowiczii var. *sachalinensis* Fr. Schmidt. in Mém. Acad. Imp. Sci. Saint Pétersbourg, Sér. 7 12(2): 142. 1868; 辽宁植物志（下册）: 388. 1992; 东北植物检索表（第二版）: 623. 1995.

生山坡杂木林中、林缘。产辽宁省凌源、本溪等地。

■ 无毛紫枝忍冬

叶背面观

花枝

（13）早花忍冬（辽宁植物志，黑龙江省植物志，东北植物检索表，中国植物志，Flora of China）

Lonicera praeflorens Batalin in Trudy Imp. S.–Peterburgsk. Bot. Sada 12: 169. 1892; 中国植物志72: 207. 图版52: 1 ~ 2. 1988; 辽宁植物志（下册）: 383. 图版172: 5 ~ 7. 1992; 东北植物检索表（第二版）: 620. 图版309: 7. 1995; 黑龙江省植物志9: 18. 图版5: 5 ~ 7. 1998; Fl. China 19: 628. 2011.

（13a）早花忍冬（原变种）

Lonicera praeflorens var. *praeflorens*

生山坡林内及灌丛中。产黑龙江省伊春、宁安、哈尔滨、尚志；吉林省安图、集安；辽宁省凌源、沈阳、本溪、桓仁、盖州、鞍山、宽甸、凤城、庄河等地。

早春观花植物。果实可食。

■ 早花忍冬

花枝

果枝

（13b）淡黄花早花忍冬（变种）（辽宁木本植物志）

Lonicera praeflorens var. *lutescens* S. M. Zhang, 辽宁木本植物志: 584. 2018.

生山坡林内。产辽宁鞍山（千山）。

■ 淡黄花早花忍冬

花枝

植株一部分

（14）北京忍冬（中国植物志，Flora of China）

Lonicera elisae Franch. in Pl. David. 1: 152. 1883; 中国植物志72: 208. 图版52: 3 ~ 6. 1988; Fl. China 19: 630. 2011.

生沟谷或山坡丛林或灌丛中。产辽宁省凌源。

早春观花植物。果实可食。

■ 北京忍冬

花正面观

花侧面观

果实

植株一部分

（15）单花忍冬（辽宁植物志，东北植物检索表，中国植物志，Flora of China）

Lonicera subhispida Nakai in J. Coll. Sci. Imp. Univ. Tokyo 42(2): 92. 1921; 中国植物志72: 209. 图版52: 7 ~ 8. 1988; Fl. China 19: 630. 2011.——*L. monantha* Nakai in J. Coll. Sci. Imp. Univ. Tokyo 42(2):91. 1921; 辽宁植物志（下册）: 388. 图版174: 3 ~ 4. 1992; 东北植物检索表（第二版）: 620. 1995.

生山坡、林缘。产吉林省安图、临江；辽宁省桓仁、本溪、宽甸、凤城、盖州、庄河等地。

■ 单花忍冬

小枝

花

果单生

果双生

（16）郁香忍冬（中国植物志，Flora of China）；四月红（俗称）

Lonicera fragrantissima Lindl. et Paxt. in Paxt. Fl. Gard. 3: 75. f. 268. 1852; 中国植物志72: 212. 图版53: 4. 1988; Fl. China 19: 628. 2011.

（16a）郁香忍冬（原变种）

Lonicera fragrantissima var. *fragrantissima*

生山坡灌丛中。产河北、河南、湖北、安徽、浙江、江西等地。大连有栽培。

早春观花树种。根、嫩枝、叶有祛风除湿、清热止痛作用，用于风湿关节痛、劳伤、疔疮。

■ 郁香忍冬

小枝

花枝

果枝

果实

（16b）苦糖果（变种）（拉汉种子植物名称，中国植物志，**Flora of China**）

Lonicera fragrantissima var. *lancifolia* (Rehder) Q. E. Yang, Landrein, Borosova & J. Osborne, Fl. China.

■ 苦糖果

叶

叶背面观

果枝

植株一部分

花枝

19: 628. 2011.——*Lonicera fragrantissima* Lindl. et Paxt. subsp. *standishii* (Carr.) Hsu et H. J. Wang in Acta Phytotax. Sinica 22(1): 27. 1984; 中国植物志72: 213. 图版53: 5 ~ 9. 1988.

生向阳山坡林中、灌丛中或溪涧旁。产辽宁省大连市旅顺口（蛇岛）、长海（獐子岛）。

174. 五加科 Araliaceae

Araliaceae Juss., Gen. Pl. [Jussieu] 217. 1789, *nom. cons.*

木贼门、木贼亚门、木兰纲、蔷薇亚纲、菊超目、伞形目（Apiales）。

乔木、灌木或木质藤本，稀多年生草本。叶互生或轮生，单叶、掌状复叶或羽状复叶。花整齐，两性或杂性，稀单性异株，聚生为伞形花序、头状花序、总状花序或穗状花序，通常再组成圆锥状复花序；萼筒与子房合生，边缘波状或有萼齿；花瓣5 ~ 10，通常离生，稀合生成帽状体；雄蕊与花瓣同数而互生，为花瓣的2倍或无定数，着生于花盘边缘；子房下位，2 ~ 15室，稀1室或多室至无定数；花柱与子房室同数，离生。浆果或核果，外果皮通常肉质，内果皮骨质、膜质或肉质而与外果皮不易区别。

本科全世界约有58属，约1460种，分布于两半球热带至温带地区。中国有23属180种，几乎分布于全国各地。东北地区产7属11种2变种1变型，其中栽培4种。

分属检索表

1. 多年生草本；掌状复叶或单叶
  2. 掌状复叶 ………………………………………… 1. 人参属 Panax
  2. 单叶 ………………………………………… 2. 天胡荽属 Hydrocotyle
1. 木本，仅楤木属有少量多年生草本或半灌木。
  3. 叶为复叶。
    4. 叶为羽状复叶 ………………………………………… 3. 楤木属 Aralia
    4. 叶为掌状复叶 ………………………………………… 4. 五加属 Eleutherococcus
  3. 叶为单叶。
    5. 攀缘灌木 ………………………………………… 5. 常春藤属 Hedera
    5. 直立灌木或乔木。
      6. 乔木，枝上生较短的向基部渐宽的坚硬的棘刺；花柱全部合生成柱状 ………… 6. 刺楸属 Kalopanax
      6. 灌木，枝上生较长的针状细刺；花柱仅基部合生 ………………… 7. 刺人参属 Oplopanax

1 人参属 *Panax* L.

Panax L. Gen. Pl. ed. 2. 105. 1742.

多年生草本。叶为掌状复叶，轮生于茎顶，有叶柄。花两性或杂性，聚生为伞形花序；伞形花序单个顶生，稀有一至数个侧生小伞形花序；两性花和雌花与花梗间有关节；萼筒边缘有5个小齿；花瓣5，离生或合生；雄蕊5，花丝短，花药卵形或长圆形；子房2（~5）室；花柱2（~5），或在雄花中的不育雌蕊上退化为1条，离生或基部合生。果实扁球形，有时三角状球形或近球形。

本属全世界约有8种，分布于亚洲东部、中部和北美洲。中国有7种。东北地区产2种，其中栽培1种。

分种检索表

1. 总花梗长于叶柄；小叶边缘锯状齿密而有刺尖，叶面不皱且散生少数刚毛 …………1. 人参 P. ginseng C. A. Mey.
1. 总花梗不超过叶柄；小叶片边缘的锯状齿不规则且较粗大，叶面极皱且脉上几乎无刚毛 …………………………………………… 2. 西洋参 P. quinquefolius L.

（1）人参（辽宁植物志，黑龙江省植物志，东北植物检索表，东北草本植物志，中国植物志，Flora of China）

Panax ginseng C. A. Mey. in Rep. Pharm. Prakt. Chem. Russ. 7: 524. 1842; 东北草本植物志6: 169. 图版68. 1977; 中国植物志54: 180. 1978; 辽宁植物志（上册）: 1271. 图版547. 1988; 东北植物检索表（第二版）: 456. 图版226: 1. 1995; 黑龙江省植物志7: 282. 图版142. 2003; Fl. China 13: 491. 2007.

生茂密的山地针阔混交林或杂木林内湿润地，多见于阴坡。产黑龙江省饶河等东部山区；吉林省永吉、桦甸、舒兰、蛟河、延吉、和龙、汪清、安图、珲春、敦化、通化、抚松、柳河、长白、辉南、靖宇；辽宁省铁岭、清原、新宾、本溪、桓仁、宽甸、凤城、鞍山、营口、盖州、庄河等地。

肉质根为著名强壮滋补药，具有兴奋、健胃、镇静、利尿及降血糖等作用。

在2021年9月8日公布的《国家重点保护野生植物名录》中，本种被列为二级保护植物。

■ 人参

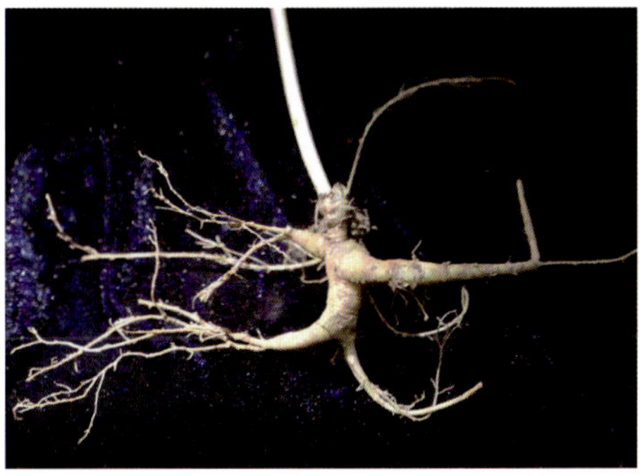

根部

果序

植株

（2）西洋参（Flora of China）；花旗参

Panax quinquefolius L., Sp. Pl.1058. 1753; Fl. China 13: 491. 2007.

原产北美洲。黑龙江省、吉林省、辽宁省均有栽培。

有补气养阴、清热生津作用，用于气虚阴亏、内热、咳喘痰血、消渴等。

■ 西洋参

根部

苗期植株

花序

■ 西洋参

花

植株一部分

植株

2 天胡荽属 *Hydrocotyle* L.

Hydrocotyle L., Sp. Pl. 234, 1753; A. Rich. Monogr. 24. 1820.

多年生草本。茎细长，匍匐或直立。叶片心形、圆形、肾形或五角形，有裂齿或掌状分裂；叶柄细长；托叶细小，膜质。花序通常为单伞形花序，细小，有多数小花，密集呈头状；花序梗通常生自叶腋，短或长过叶柄；花白色、绿色或淡黄色；无萼齿；花瓣卵形。果实心状圆形，两侧扁压，背部圆钝，背棱和中棱显著，侧棱常藏于合生面，表面无网纹，油管不明显，内果皮有1层厚壁细胞，围绕着种子胚乳。

本属全世界有100多种，分布在热带和温带地区；中国有10余种，产华东、中南及西南各省区。东北地区引种1种。

欧洲天胡荽（中国植物志）；野天胡荽（植物智网站）；香菇草（多识植物百科）；南美天胡荽（中国外来入侵生物）

Hydrocotyle vulgaris L., Sp. Pl. 1: 234. 1753; 中国植物志55(1): 12. 1979; 中国外来入侵生物: 406. 2018.

多年生挺水、沼生或湿生草本。全株光滑无毛。根茎发达。匍匐茎多呈网状密集交错生长，节上密生不定根；非水生状态幼茎节处多膨大，呈不规则块状，近球形。叶互生，具长柄，圆形，直径3～7厘米，叶缘波状、有钝圆锯状齿，叶面油绿具光泽；沉水叶具长柄，圆盾形，缘波状，草绿色。花两性，伞形花序总状排列，花序轴细长，着生于根茎节处；小花白粉色，花瓣5片，雄蕊5枚，雌蕊2枚，子房下位，2室。果实为分果，扁圆形，两侧扁平，背棱和中棱明显。原产热带美洲。辽宁省大连有水塘栽培。

湿生观赏植物，常作水体岸边丛植、片植，是庭院水景造景，尤其是景观细部设计的好材料，可用于室内水体绿化或水族箱前景栽培。但因其具有侵占能力强、根除难度大的问题，建议谨慎使用，使用后要加强监管。

■ 欧洲天胡荽

花序

果序一部分

植株

3 楤木属 *Aralia* L.

Aralia L., Sp. Pl. 1: 273. 173.

小乔木、灌木或多年生草本，有刺或无刺。一至数回羽状复叶；托叶和叶柄基部合生，先端离生，稀不明显或无托叶。花杂性，聚生为伞形花序，稀为头状花序，再组成圆锥花序；苞片和小苞片宿存或早落；花梗有关节；萼筒边缘有5小齿；花瓣弓，在花芽中覆瓦状排列；雄蕊5，花丝细长；子房5室，稀2～4室；花柱5，稀2～4，离生或基部合生。果实球形，有5棱，稀2～4棱。

本属全世界有40多种，大多数分布于亚洲，少数分布于北美洲。中国有29种。东北地区产2种1变种1变型。

分种检索表

1. 多年生草本或半灌木，株高1～1.5米；枝无刺 ……1. 东北土当归 A. continentalis Kitag.
1. 小乔木，株高2～8米；小枝疏生或密生细刺，极少无刺（2. 楤木 A. elata (Miq.) Seem.）。
  2. 小叶纸质或近革质，背面具短柔毛或有时脱落；花梗长1～6毫米（2a. 楤木 A. elata var. elata）。
    3. 茎枝疏生或密生刺 …… 2aa. 楤木 A. elata f. elata
    3. 茎枝近无刺 ……2ab. 少刺辽东楤木 A. elata. f. inermis Y. C. Chu
  2. 小叶膜质或纸质，背面无毛或疏生短柔毛；花梗长5～10毫米 …… 2b. 辽东楤木 A. elata var. glabrescens (Franchet & Savatier) Pojarkova

（1）东北土当归（辽宁植物志，东北植物检索表，东北草本植物志，中国植物志，Flora of China）；长白楤木（东北木本植物图志）

Aralia continentalis Kitag. in Bot. Mag. (Tokyo) 49: 228. 1935; 东北木本植物图志: 433. pl. 137. f. 337. 1955; 中国高等植物图鉴2: 1044. 1972; 东北草本植物志6: 169. 图版67. 1977; 中国植物志54: 170. 1978; 辽宁植物志（上册）: 1271. 图版546. 1988; 东北植物检索表（第二版）: 454. 图版226: 2. 1995; Fl. China 13: 488. 2007.

生山地林边或灌丛中。产吉林省集安、临江、抚松、靖宇、长白、珲春、和龙、汪清、安图；辽宁省桓仁、本溪、凤城、新宾、清原、岫岩、鞍山、北镇、普兰店、庄河等地。

根有祛风活血作用，但有毒。嫩苗可食。

■ 东北土当归

叶

居群

果序

■ 东北土当归

根部

植株

花序

（2）楤木（Flora of China）；辽东楤木（辽宁植物志，黑龙江省植物志，东北植物检索表，中国植物志）；刺龙牙（黑龙江树木志）

Aralia elata (Miq.) Seem. in J. Bot. 6: 134. 1868; 中国植物志54: 166. 1978; 辽宁植物志（上册）: 1268. 图版545. 1988; 东北植物检索表（第二版）: 454. 图版226: 3. 1995; 黑龙江省植物志7: 279. 图版141.2003; Fl. China 13: 484. 2007.——*Aralia mandshurica* Rupr. & Maxim., Bull. Acad. Petersb. XV.134. 1856; 东北木本植物图志: 432. pl. 137. f. 336. 1955.

（2a）楤木（原变种）

Aralia elata var. *elata*

（2aa）楤木（原变型）

Aralia elata f. *elata*

生阔叶林及针阔叶混交林内、林缘、林下以及山阴坡、沟边等处。产黑龙江省哈尔滨、尚志、伊

■ 楤木

嫩枝

果序

花序

叶背面观

羽状复叶

植株

春、饶河、勃利、穆棱；吉林省蛟河、集安、通化、临江、抚松、长白、珲春、汪清、安图；辽宁省西丰、抚顺、鞍山、本溪、桓仁、宽甸、庄河、普兰店、金州等地。

本种为常用的中草药，有镇痛消炎、祛风行气、祛湿活血之效，根皮治胃炎、肾炎及风湿疼痛，亦可外敷刀伤。

（2ab）少刺辽东楤木（变型）（黑龙江省植物志，东北植物检索表）

Aralia elata f. *inermis* Y. C. Chu, 东北植物检索表（第二版）: 454. 1995; 黑龙江省植物志7: 281. 图版141.2003.

生林下。产辽宁省海城、长海县（大耗子岛）等地。

■ 少刺辽东楤木

当年枝

植株

（2b）辽东楤木（变种）（Flora of China）

Aralia elata var. *glabrescens* (Franchet & Savatier) Pojarkova in Schischkin, Fl. URSS 16: 27. 1950; Fl. China 13: 484. 2007.——*Aralia elata* (Miq.) Seem. var. *mandshurica* (Rupr. & Maxim.) J. Wen, 植物分类学报38(1): 1 ~ 9. 2000.

生森林、灌木丛。产黑龙江省（产地待核实）；吉林省安图、蛟河、漫江；辽宁省鸡冠山。

根皮入药，能健胃、利水、祛风除湿、活血止痛。幼嫩叶芽为上等食用野菜。种子含油量30%以上，可供制肥皂等用。

■ 辽东楤木

叶背面观

叶轴和羽片轴基部有短刺

■ 辽东楤木

羽状复叶

植株

4 五加属 *Eleutherococcus* Maximowicz

Eleutherococcus Maximowicz, Mém. Acad. Imp. Sci. St.–Pétersbourg Divers Savans. 9: 132. 1859.

灌木，稀为乔木。茎直立或蔓生；枝有刺或无刺。掌状复叶，有小叶3～5，托叶无或不明显。花两性，稀单性异株；伞形花序或头状花序，通常组成复伞形花序或圆锥花序；花梗无关节或有不明显关节；萼筒边缘有4～5小齿，稀全缘；花瓣4～5，在花芽中镊合状排列；雄蕊5，花丝细长；子房2～5室；花柱2～5，离生、基部至中部合生，或全部合生成柱状，宿存。果实球形或扁球形，有2～5棱。

本属全世界约有40种，中国有18种。东北地区产3种，其中栽培1种。

分种检索表

1. 花单性异株 …………………………………………………………… 1. 异株五加 E. sieboldianus (Makino) Koidz.
1. 花两性。
  2. 小叶柄长0.5～2.5厘米；小叶片脉上有短柔毛；枝密生细长的针状刺（稀无刺）；花梗长1～2厘米 ………………………………………………………… 2. 刺五加 E. senticosus (Rupr. & Maxim.) Maxim.
  2. 小叶柄长0.2～1厘米；小叶片两面均无毛；枝疏生尖锐的短刺（不为针状）或无刺；花无梗 ……………………………………………………… 3. 无梗五加 E. sessiliflorus (Rupr. & Maxim.) S. Y. Hu

（1）异株五加（中国植物志）；席氏五加（经济植物手册）

Eleutherococcus sieboldianus (Makino) Koidz. in Acta Phytotax. Geobot. 8: 52. 1939.——*Acanthopanax sieboldianus* Makino in Bot. Mag. (Tokyo) 12: 10. 1898; 中国植物志54: 94. 1978.

产安徽。辽宁省沈阳、大连有栽培。

根皮作祛风化湿药和强壮药。嫩叶芽或嫩幼叶可食。

■ 异株五加

叶

植株

（2）刺五加（辽宁植物志，黑龙江省植物志，东北植物检索表，中国植物志，Flora of China）；短蕊刺五加（植物研究）；刺拐棒

Eleutherococcus senticosus (Rupr. & Maxim.) Maxim. in Prim. Fl. Amur. 132. 1859; 内蒙古植物志（第二版）3: 586. 图版231: 4. 1989; Fl. China13: 468. 2007.——*Acanthopanax senticosus* (Rupr. et Maxim.) Harms in Nat. Pflanzenfam. 3(8): 50. 1897; 中国植物志54: 99. 图版12: 7 ~ 10. 1978; 辽宁植物志（上册）: 1266. 图版544: 1 ~ 3. 1988; 东北植物检索表（第二版）: 454. 图版225: 2. 1995; 黑龙江省植物志7: 276. 图版140: 1 ~ 3.2003.——*Acanthopanax senticosu*s var. *brevistamineus* S. F. Gu, 植物研究(13)2: 118 ~ 119. 1993.

■ 刺五加

茎

花序

■ 刺五加

花

果序

植株

生山地林下及林缘。产黑龙江省哈尔滨、尚志、黑河、伊春、萝北、宝清、饶河、虎林、密山、海林、宁安；吉林省吉林、蛟河、通化、临江、抚松、长白、敦化、珲春、和龙、汪清、安图；辽宁省西丰、新宾、清原、桓仁、本溪、鞍山、宽甸、凤城、岫岩、庄河；内蒙古自治区大青沟、克什克腾旗、喀喇沁旗、宁城等地。

种子含油12.39%，供工业用；根皮及茎皮入药，有舒筋活血、祛风湿之效。嫩茎叶可食，果实可酿酒或制饮料。

（3）无梗五加（辽宁植物志，黑龙江省植物志，东北植物检索表，中国植物志，Flora of China）；短梗五加（内蒙古植物志）

Eleutherococcus sessiliflorus (Rupr. & Maxim.) S. Y. Hu in J. Arnold Arbor. 61: 109. 1980; 内蒙古植物志（第二版）3: 585. 图版231: 1 ~ 3. 1989; Fl. China13: 467. 2007.——*Acanthopanax sessiliflorus* (Rupr. et Maxim.) Seem. in J. Bot. 5: 239. 1867; 中国植物志54: 115. 图版15: 6 ~ 8. 1978; 辽宁植物志（上册）: 1266. 图版544: 4 ~ 6. 1988; 东北植物检索表（第二版）: 454. 图版225: 1. 1995; 黑龙江省植物志7: 278. 图版140: 4 ~ 8.2003.

生山坡、溪流附近、林下、林边及灌木丛间。产黑龙江省尚志、伊春、宝清、密山、海林、宁安；吉林省蛟河、临江、抚松、靖宇、长白、珲春、安图；辽宁省西丰、清原、新宾、桓仁、宽甸、本溪、

■ 无梗五加

叶

花序一部分

花序

■ 无梗五加

果序

植株一部分

凤城、岫岩、庄河、大连、沈阳、鞍山；内蒙古自治区宁城等地。

根皮有毒，东北亦称“五加皮”，有祛风化湿、健胃利尿之效，也可制“五加皮”药酒。嫩茎叶可食，果实可酿酒或制饮料。

5 常春藤属 *Hedera* L.

Hedera L., Sp. Pl. ed. 1. 1: 202. 1753.

常绿攀缘灌木，有气生根。单叶，叶片在不育枝上的通常有裂片或裂齿，在花枝上的常不分裂；叶柄细长，无托叶。伞形花序单个顶生，或几个组成顶生短圆锥花序；苞片小；花梗无关节；花两性；萼筒近全缘或有5小齿；花瓣5，在花芽中镊合状排列；雄蕊5；子房5室，花柱合生成短柱状。果实球形。

本属全世界有15种，分布于亚洲、欧洲和非洲北部。中国有2种。东北地区栽培1种。

洋常春藤（大连植物彩色图谱）；英国常春藤（俗称）

Hedera helix L., Sp. Pl. 202. 1753; 大连植物彩色图谱: 1012. 2013.

常绿藤本；叶二型；生育枝上的叶卵形，全缘；营养枝上的叶3～5裂；伞形花序；花两性，花瓣5。浆果状核果，球形。原产欧洲。辽宁省大连有少量露地栽培，长势良好。

叶形、叶色变化极多，四季常青，是室内外很受欢迎的攀缘观赏植物。

■ 洋常春藤

植株一部分

植株

6 刺楸属 *Kalopanax* Miq.

Kalopanax Miq. in Ann. Mus. Bot. Lugd.–Bat. 1: 16. 1863.

有刺灌木或乔木。叶为单叶，在长枝上疏散互生，在短枝上簇生；叶柄长，无托叶。花两性，聚生为伞形花序，再组成顶生圆锥花序；花梗无关节；萼筒边缘有5小齿；花瓣5，在花芽中镊合状排列；子房2室；花柱2，合生成柱状，柱头离生。果实近球形。

本属全世界仅1种，分布于亚洲东部。中国有分布。东北地区产1种1变种。

分种下单位检索表

1. 叶片掌状浅裂至近中裂，裂片三角状卵形至长圆状卵形，叶背幼时疏生短柔毛、后脱落 ………………………… a. 刺楸 K. septemlobus var. septemlobus

1. 叶片掌状分裂深达全叶片的3/4，裂片长圆状披针形，叶背密生长柔毛 ………………………… b. 深裂刺楸 K. septemlobus var. maximowiczi

刺楸（辽宁植物志，东北植物检索表，中国植物志，Flora of China）

Kalopanax septemlobus (Thunb.) Koidz. in Bot. Mag. (Tokyo) 39: 306. 1925; 中国植物志54: 76. 图版10: 11 ~ 14. 1978; 辽宁植物志（上册）: 1265. 图版543. 1988; 东北植物检索表（第二版）: 454. 图版225: 3. 1995; Fl. China 13: 441. 2007.

特征同属。

（a）刺楸（原变种）

Kalopanax septemlobus var. *septemlobus*

生山地疏林中、林缘或山坡上。产辽宁省本溪、桓仁、岫岩、丹东、凤城、宽甸、东港、盖州、庄河、金州、大连等地。

■ 刺楸

树干

春芽

叶

果序

花序

植株

木材供建筑、家具、车辆、乐器、雕刻等用。嫩芽可食。树皮及叶可提制栲胶。种子含油约38%，可榨油，供工业用。根或根皮有清热凉血、祛风除湿、排脓生肌作用。

（b）深裂刺楸（变种）（中国植物志）

Kalopanax septemlobus var. *maximowiczi* (V. Houtte) Hand.–Mazz. in Symb. Sin. 7: 699. 1933; 中国植物志54: 80. 1978.

生山地疏林中、林缘。产辽宁省宽甸。

■ 深裂刺楸

叶

植株一部分

7 刺人参属 *Oplopanax* Miq.

Oplopanax Miq. in Ann. Mus. Lugd.–Bat. 1. 16. 1863.

多刺灌木。叶为单叶，叶片掌状分裂，有叶柄。花两性或杂性，聚生为伞形花序，再组成圆锥花序；花梗无关节；萼筒近全缘或有明显的齿；花瓣5，在花芽中镊合状排列；雄蕊5；子房2室；花柱2，离生或合生至中部。果实球形。

本属全世界3种，分布于亚洲东部和北美洲。中国有1种。东北地区有分布。

刺人参（植物智网站）；刺参（辽宁植物志，东北植物检索表，中国植物志，Flora of China）；东北刺人参（东北植物检索表）

Oplopanax elatus Nakai in Fl. Sylv. Kor. 16: 38. 1927; 中国植物志54: 16. 图版2: 7 ~ 8. 1978; 辽宁植物志

■ 刺人参

花序

花序一部分

■ 刺人参

果序

植株

（上册）: 1262. 图版542. 1988; 东北植物检索表（第二版）: 454. 图版225: 4. 1995; Fl. China 13: 441. 2007.

落叶灌木；小枝密生针状刺；叶柄密生针状刺；叶片通常掌状5 ~ 7浅裂，两面及边缘常有刺毛或小刺；花黄绿色；核果近球形，红色或黄红色，具宿存的花柱。生海拔1000米以上的落叶阔叶林下。产吉林省集安、通化、临江、抚松、长白、安图；辽宁省本溪、桓仁、宽甸等地。

根、根状茎味甘，性温，有滋补强壮、解热、镇咳、调整血压作用，用于肾虚、精神抑郁、低血压、阳痿、精神分裂症、糖尿病。

175. 伞形科　Apiaceae（Umbelliferae）

Apiaceae Lindl., Intr. Nat. Syst. Bot., ed. 2. 21. 1836, *nom. cons.*

Umbelliferae Juss., Gen. Pl. [Jussieu] 218. 1789, *nom. cons.*

木贼门、木贼亚门、木兰纲、蔷薇亚纲、菊超目、伞形目（Apiales）。

一年至多年生草本。复叶，稀单叶，互生；叶柄基部常成鞘状抱茎。花两性，稀单性，伞形花序，稀头状；花萼与子房贴生，萼齿0 ~ 5，花瓣5，具1内折的小舌片；雄蕊5，与花瓣互生，花丝在花蕾时内曲；子房下位，2室，具花柱基，花柱2，直立、叉开或外曲，柱头头状。双悬果，由2个心皮合成，成熟后裂成2分生果；分生果具1心皮柄与果柄相连，有5条果棱，有时在主棱间有次棱，在外果皮层内，棱槽和接着面有油管1至多数；有时在果棱下亦有油管；管内常有挥发油；种子的胚小，有大量胚乳。

本科全世界约有451属，3500 ~ 3650种，广布于全球温带，主要分布欧洲和中亚。中国有100属614种。东北地区产39属85种1亚种12变种9变型，其中栽培9种1变种。

分属检索表

1. 果实线形、线状棍棒形至狭长圆形。
  2. 果实先端狭细成短喙状，基部钝圆，具一环刺毛；果棱平钝 ································ 1. 峨参属 Anthriscus
  2. 果实先端尖细成喙，基部尖细成尾，无一环刺毛；果棱尖锐 ································ 2. 香根芹属 Osmorhiza
1. 果实广椭圆形、椭圆形、广倒卵形、卵圆形、卵形、卵状长圆形或长圆形。
  3. 果实有毛。

（接上表）

4. 果实被钩状刚毛或钩刺。

5. 叶掌状分裂；花序单伞形或不规则伸展的复伞形花序；果实无心皮柄 ………………… **3. 变豆菜属 Sanicula**

5. 叶为二至三回或多回羽状全裂；花序通常为较规则的复伞形花序；果实有心皮柄。

6. 总苞片及小总苞片羽状分裂；果实长圆形至圆卵形，棱上有刚毛或刺毛；心皮柄不裂 ……………………………………………………………………………………………………… **4. 胡萝卜属 Daucus**

6. 总苞片及小总苞片线状锥形；果实圆卵形或长圆形，棱间有直立或呈钩状的皮刺；心皮柄2裂至其1/3～1/2 ……………………………………………………………………………………**5. 窃衣属 Torilis**

4. 果实被毛或具关节的柔毛。

7. 果实具多细胞毛；果棱翅状 ………………………………………………………………… **6. 珊瑚菜属 Glehnia**

7. 果实被单毛；果棱不成翅状或仅侧棱成翅状。

8. 果实腹背扁平或压扁；叶二至四回羽裂……………………………………… **7. 岩风属（香芹属）Libanotis**

8. 果实两侧压扁或呈圆柱状；叶一至多回羽状全裂。

9. 棱槽中通常有3条油管，接着面有4条油管；叶片三回羽状全裂，终裂片线形 ……**8. 山茴香属 Carlesia**

9. 棱槽中有1条油管，接着面有2条油管。

10. 叶片二至三回羽状全裂，终裂片广椭圆状楔形或倒卵状楔形 … **9. 绒果芹属（滇羌活属）Eriocycla**

10. 叶片二回三出全裂，终裂片丝线形 ……………………………………… **10. 孜然芹属 Cuminum**

3. 果实无毛。

11. 单叶全缘或有锯状齿，但不分裂。

12. 叶全缘，叶脉近平行，叶柄不明显，常比叶片短；果实平滑或有颗粒凸起或有皱缩…**11. 柴胡属 Bupleurum**

12. 叶缘有整齐的锯状齿，叶脉网状，叶柄明显，常比叶柄长或近等长；果实被白色狭长的鳞片 ……………………………………………………………………………………………… **12. 刺芹属 Eryngium**

11. 叶分裂或复叶。

13. 果实球形 …………………………………………………………………………………… **13. 芫荽属 Coriandrum**

13. 果实有各种形状，但不为球形。

14. 叶为羽状全裂 ……………………………………………………………………………… **14. 泽芹属 Sium**

14. 叶为三出或二回三出复叶，或为二至四回羽状全裂（仅长鞘当归常为羽状分裂）或三出状全裂。

15. 叶为三出或二回三出复叶。

16. 三出至二回三出复叶，小叶边缘具钝齿；伞梗及小伞梗多数，近等长；果实圆形或肾形 ………………………………………………………………………… **15. 大叶芹属 Spuriopimpinella**

16. 三出复叶，小叶边缘具缺刻及不整齐的锐尖锯状齿或重锯状齿；伞梗及小伞梗通常2～4，极不等长；果实狭长圆形 ………………………………………………… **16. 鸭儿芹 Cryptotaenia**

15. 二至四回羽状全裂或三出状全裂。

17. 总苞片具羽状缺刻 ……………………………………………………**17. 棱子芹属 Pleurospermum**

17. 总苞片全缘。

18. 双悬果背腹扁平或横切面近圆形。

19. 分生果的果棱皆呈翼状。

20. 果实的每棱槽中具油管3条，合生面具4条；胚乳在合生面具深凹槽；叶三出式二至三回羽状分裂；花柱于果期不延长 ……………………… **18. 北羌活属 Hansenia**

20. 果实的每棱槽中具油管1条，合生面具2条；胚乳在合生面平坦；叶二至数回羽状

（接上表）

分裂；花柱于果期延长且比花柱基长数倍 …………………… **19. 蛇床属 Cnidium**

19. 分生果的果棱不如上。

21. 果棱肋状且较粗 ………………………………………… **20. 防风属 Saposhnikovia**

21. 果的侧棱翼状、背棱肋状或隆起。

22. 果棱木栓质化、较粗厚；萼齿披针形，较长；花柱基短圆锥状 …………………………………………… **21. 胀果芹属（燥芹属）Phlojodicarpus**

22. 果棱不为木栓质化。

23. 分生果侧翼宽而薄，果熟后接着面通常分离或易分离（仅长鞘当归的分生果侧翼较狭）。

24. 伞形花序边花的花瓣等大或边花的外侧花瓣比内侧花瓣显著大；分生果的翅缘薄而外缘离开 …………………………… **22. 当归属 Angelica**

24. 伞形花序边花的外侧花瓣比内侧花瓣显著大；分生果的翅缘厚而硬质 ………………………………………… **23. 独活属（牛防风属）Heracleum**

23. 分生果侧翼狭而肥厚，果熟后接着面靠合较紧密。

25. 花黄色；果实大 ………………………………………… **24. 阿魏属 Ferula**

25. 花白色、淡绿色或淡紫红色；果实较小。

26. 双悬果卵圆形或阔卵形，分生果的合生面深陷或中空 ………………………………………………… **25. 东俄芹属 Tongoloa**

26. 双悬果椭圆形、长圆形或近圆形，分生果的合生面平直 …………………… **26. 疆前胡属（前胡属、石防风属）Peucedanum**

18. 双悬果两侧压扁。

27. 萼齿明显。

28. 果棱细而呈丝状或狭翼状，不为木栓质，棱槽比果棱宽 ……………………………………………………… **27. 黑水芹属（岩茴香属）Tilingia**

28. 果棱肥厚而钝圆，木栓质或微木栓质，棱槽比果棱显著狭。

29. 小伞形花序球形；茎直立；根茎肥大，垂直，无匍匐枝；果实的心皮柄2裂 ……………………………………………………………… **28. 毒芹属 Cicuta**

29. 小伞形花序不为球形；茎下部伏卧；根状茎不肥大，匍匐，具匍匐枝；果实无心皮柄 ……………………………………………………… **29. 水芹属 Oenanthe**

27. 萼齿不明显。

30. 果棱槽中具2至多数油管。

31. 花瓣等大；叶一至三回羽裂；双悬果近卵形 …………… **30. 茴芹属 Pimpinella**

31. 边花的外侧花瓣增大；叶三至四回羽裂；双悬果长圆状椭圆形 ……………………………………………………… **31. 迷果芹属 Sphallerocarpus**

30. 果棱槽中具1条油管或油管不显。

32. 花黄色或黄绿色或白色带红晕。

33. 二至三回羽状分裂，终裂片较宽而呈倒卵形 …… **32. 欧芹属 Petroselinum**

33. 叶三至四回羽状全裂，终裂片丝状。

34. 果实长圆形，果棱凸起近相等，侧棱不呈狭翼状

（接上表）

………………………………………………… 33. 茴香属 Foeniculum

34. 果实卵形或椭圆形，背棱略呈龙骨状凸起，侧棱较宽而呈狭翼状

……………………………………………………………34. 莳萝属 Anethum

32. 花白色，稀粉红色。

35. 根有强烈香气；分生果的果棱呈狭翼状且尖锐 …… 35. 藁本属 Ligusticum

35. 根无香气；分生果的果棱丝状或肋状。

36. 具匍匐的根状茎；分生果的油管不明显 … 36. 羊角芹属 Aegopodium

36. 无根状茎；分生果各棱槽中具一条明显的油管。

37. 双悬果椭圆形至长圆形；叶二至四回羽状全裂或复叶，终裂片或小叶为线形或披针状线形 …………………………37. 葛缕子属 Carum

37. 双悬果近圆形；叶单羽裂至二回羽裂。

38. 二年生或多年生草本；水生或两栖；主根粗壮或具匍匐根茎，在节上生根 ……………………………………… 38. 芹属 Apium

38. 一年生草本；陆生；主根纤细且无匍匐根茎，不在节上生根

……………………………………… 39. 细叶旱芹属 Cyclospermum

1　峨参属　*Anthriscus* (Pers.) Hoffm.

Anthriscus (Pers.) Hoffm. Gen. Umbell. 1: 38. 1814.

二或多年生直立草本，有细长圆锥根。茎圆柱形，中空，有分枝。叶膜质，三出式羽状分裂或羽状多裂；叶柄有鞘。复伞形花序疏散，顶生或侧生；无总苞片；伞辐开展；小总苞片数枚，通常反折；花杂性，萼齿不明显；花瓣白色或黄绿色，长圆形或楔形，顶端内折，外缘花常有辐射瓣；花柱基圆锥形，花柱短；心皮柄通常不裂。果实长卵形至线形，顶端狭窄成喙状，两侧扁压，果棱不明显或仅上部明显。

本属全世界约15种，分布于欧洲、亚洲、非洲、美洲。中国有1种1亚种，东北均产。

分种下单位检索表

1. 果实光滑或疏生小瘤点；植物无毛或疏生柔毛 ……………………………… a. 峨参 A. sylvestris subsp. sylvestris

1. 果实具带黄色的短刺毛；植株上的毛较多 ……………………………… b. 刺果峨参 A. sylvestris subsp. nemorosa

峨参（辽宁植物志，黑龙江省植物志，内蒙古植物志，东北植物检索表，东北草本植物志，中国植物志，Flora of China）

Anthriscus sylvestris (L.) Hoffm. in Gen. Umbell. 40. f. 14. 1814; 中国植物志55(1): 74. 图版33: 1～4. 1979; 内蒙古植物志（第二版）3: 596. 图版234: 1～6. 1989; Fl. China 14: 26. 2005.——*A. aemula* (Woron.) Schischk. in Fl. URSS 16: 129. 1950; 东北草本植物志6: 179. 图版71: 1～5. 1977; 辽宁植物志（上册）: 1289. 图版556: 1～5. 1988; 东北植物检索表（第二版）: 463. 图版227: 4. 1995; 黑龙江省植物志7: 299. 图版149: 1～6. 2003.

多年生草本。叶互生；基生叶有长柄，叶片轮廓呈卵形，二回羽状分裂，一回羽片有长柄，卵形至宽卵形，二回羽片有短柄，轮廓卵状披针形，羽状全裂或深裂，末回裂片卵形或椭圆状卵形，有粗锯齿；茎上部叶有短柄或无柄，基部呈鞘状。复伞形花序，总苞片0～1枚；小总苞片5枚，广披针形，向下反折；花10余朵，花瓣白色，外侧者大。果实长卵形至线状长圆形，光滑或疏生小瘤点。

（a）峨参（原亚种）

Anthriscus sylvestris subsp. *sylvestris*

生山区湿地、草甸子、河边及灌丛间。产黑龙江省尚志、五常、伊春、虎林、宁安；吉林省安图、靖宇、抚松、浑江、磐石、蛟河、通化；辽宁省沈阳、开原、本溪、桓仁、凤城、宽甸、庄河、大连；内蒙古自治区科尔沁右翼前旗、扎鲁特旗、克什克腾旗、喀喇沁旗、东乌珠穆沁旗、西乌珠穆沁旗等地。

幼苗可食。根为滋补强壮剂，治脾虚食胀、肺虚咳喘、水胀及跌打损伤、腰痛等症。

■ 峨参

花序

茎下部叶

植株

小伞果序

小伞花序正面观

小伞花序侧面观

（b）刺果峨参（亚种）（内蒙古植物志，中国植物志，Flora of China）；东北峨参（辽宁植物志，黑龙江省植物志，东北植物检索表，东北草本植物志）

Anthriscus sylvestris subsp. *nemorosa* (M. Bieb.) Koso-Pol. in Trudy Glavn. Bot. Sada 36: 103. 1920; Fl. China 14: 26. 2005.——*A. nemorosa* (M. Bieb.) Spreng. in Pl. Umbell. Prodr. 27. 1813; 中国植物志55(1): 75. 图版33: 5. 1979; 内蒙古植物志（第二版）3: 596. 图版234: 7. 1989.——*A. aemula* (Woron.) Schischk. var. *hirtifructus* (Ohwi) Kitag. in Bull. Nat. Sci. Mus. Tokyo V.1: 9. 1960; 东北草本植物志6: 181. 图版71: 6. 1977;

辽宁植物志（上册）: 1289. 图版556: 6. 1988; 东北植物检索表（第二版）: 463. 图版227: 5. 1995; 黑龙江省植物志7: 301. 图版149: 7.2003.

生山坡草丛及林下。产黑龙江省尚志；吉林省靖宇、抚松、安图县之长白山地区、桦甸、磐石；辽宁省本溪、桓仁、凤城、庄河、大连；内蒙古自治区科尔沁右翼前旗、科尔沁左翼后旗、克什克腾旗、西乌珠穆沁旗等地。

■ 刺果峨参

二回羽片

小伞果序

果实具短刺毛

花序

茎下部叶

2　香根芹属　*Osmorhiza* Rafin.

Osmorhiza Rafinesque, Amer. Monthly Mag. & Crit. Rev. 4: 192. 1819, *nom. cons.*

多年生草本。根粗短，圆锥形。茎直立，伸长，有细条纹。叶近膜质，有柄，柄基部有鞘；叶片二至三回羽状分裂或二回三出式羽状复叶；二回羽片三角状卵形，长圆形以至披针形，边缘有粗锯状齿、缺刻或呈羽状浅裂或深裂。复伞形花序疏松；总苞片少数或无；伞辐少数，开展，不等长；小总苞片通常4～5，线形至线状披针形，通常向下反折。花小，白色，紫红色或黄绿色；萼齿不显；花瓣卵圆形或倒卵圆形，全缘，顶端有内折的小舌片；花柱基圆锥形，花柱直立或稍向外开展。双悬果线状长圆形或棍棒状，顶端尖细成喙，基部尾状尖，两侧微扁。

本属全世界约10种，分布于东亚及北美洲。中国有1种。东北地区有分布。

香根芹（辽宁植物志，黑龙江省植物志，东北植物检索表，东北草本植物志，中国植物志，Flora of China）

Osmorhiza aristata (Thunb.) Makino et Yabe in Bot. Surv. Nebraska 3: 37. 1894; 东北草本植物志6: 181. 图

版72. 1977; 中国植物志55(1): 77. 图版34. 1979; 辽宁植物志（上册）: 1327. 图版578. 1988; 东北植物检索表（第二版）: 476. 图版236: 5. 1995; 黑龙江省植物志7: 351. 图版176.2003; Fl. China 14: 27. 2005.

多年生草本，有香气；基生叶片的轮廓呈阔三角形或近圆形，通常二至三回羽状分裂或二回三出式羽状复叶，羽片2～4对；复伞形花序，花白色；总苞片1～4，早落；果实线形或棍棒状，基部尾状尖，果棱有刺毛。生山坡林下、溪边及路旁草丛中。产黑龙江省饶河、虎林；吉林省安图、珲春、抚松、长白、浑江；辽宁省本溪、桓仁、清原、宽甸、鞍山等地。

根有散寒、发表、止痛作用，用于头痛、风寒感冒、周身痛。

■ 香根芹

小伞果序

小总苞片

果实

植株上部

植株下部

3 变豆菜属 *Sanicula* L.

Sanicula L., Sp. Pl. 235. 1753.

二年生或多年生草本。叶有柄或近无柄，叶柄基部有宽的膜质叶鞘；叶片近圆形或圆心形至心状五角形，掌状或三出式3裂，裂片边缘有锯状齿或刺毛状的重锯状齿。单伞形花序或复伞形花序，很少近总状花序；总苞片叶状，有锯状齿或缺刻；小总苞片细小，分裂或不分裂；伞梗不等长；小伞形花序中有两性花和雄花；雄花有柄，两性花无柄或有短柄；萼齿卵形，线状披针形或呈刺芒状；花瓣匙形或倒卵形，顶端内凹而有狭窄内折的小舌片；花柱短于萼片或伸长向外反曲。果实长椭圆状卵形或近球形，表面密生皮刺或瘤状突起。

本属全世界约40种，主要分布于热带和亚热带地区。中国有17种。东北地区产3种。

分种检索表

1. 茎有分枝，具茎生叶；花白色或绿白色；果实被钩刺 ……………………………………1. 变豆菜 S. chinensis Bunge
1. 茎不分枝，不具茎生叶或仅有2枚对生的苞叶状茎叶；花紫红色；果实仅中上部被钩刺。
  2. 茎高30～90厘米；基生叶片长3.5～10厘米，宽6.5～20厘米；中间的伞梗长5～15厘米；果实下部为瘤状突起，中上部有钩刺 ………………………………………………………………2. 红花变豆菜 S. rubriflora Fr. Schmidt
  2. 茎高13～24厘米；基生叶片长3～3.5厘米，宽4～7厘米；中间的伞梗长0.5～3.5厘米；果实下部为囊包状突起，中上部有直刺及钩刺 ……………………………………………………………3. 瘤果变豆菜 S. tuberculata Maxim.

（1）变豆菜（辽宁植物志，黑龙江省植物志，内蒙古植物志，东北植物检索表，东北草本植物志，中国植物志，Flora of China）；鸭掌芹（辽宁植物志）

Sanicula chinensis Bunge in Mém. Acad. Imp. Sci. St.–Pétersbourg Divers Savans 2: 106. 1835; 东北草本植物志6: 174. 图版69: 1～6. 1977; 中国植物志55(1): 58. 图版26. 1979; 辽宁植物志（上册）: 1346. 图版589: 1～6. 1988; 内蒙古植物志（第二版）3: 592. 图版232: 5～8. 1989; 东北植物检索表（第二版）: 483. 图版240: 2. 1995; 黑龙江省植物志7: 374. 图版188.2003; Fl. China 14: 23. 2005.

生山沟、路旁、林缘、灌丛间、林下等处。产吉林省九台、吉林、安图；辽宁省法库、开原、抚顺、本溪、西丰、清原、沈阳、鞍山、桓仁、宽甸、凤城、丹东、庄河、普兰店、瓦房店；内蒙古自治区大青沟等地。

幼苗为春季山菜。全草有收敛、滋补作用，用于腹泻、赤痢、胸肺疾病和血液病。

■ 变豆菜

小伞花序

果序

植株一部分

植株

（2）红花变豆菜（中国植物志，Flora of China）；紫花变豆菜（辽宁植物志，黑龙江省植物志，东北植物检索表，东北草本植物志）

Sanicula rubriflora Fr. Schmidt in Mém. Acad. Imp. Sci. Saint Pétersbourg (Sér. 7) 9: 123. 1859; 东北草本植物志6: 175. 图版69: 7～10. 1977; 中国植物志55(1): 37. 图版12. 1979; 辽宁植物志（上册）: 1346. 图版589: 7～10. 1988; 东北植物检索表（第二版）: 483. 图版240: 3. 1995; 黑龙江省植物志7: 376. 图版189.2003; Fl. China 14: 20. 2005.

生林缘、灌丛、山坡草地、山沟湿润地。产黑龙江省尚志、哈尔滨、嘉荫、宝清、伊春；吉林省九台、吉林、蛟河、桦甸、安图、珲春、抚松、浑江、通化、柳河；辽宁省西丰、开原、抚顺、本溪、桓仁、鞍山、凤城、东港、岫岩、庄河等地。

幼苗为春季山菜。根有利尿作用。

■ 红花变豆菜

花序

植株一部分

植株

（3）瘤果变豆菜（黑龙江省植物志，东北植物检索表，中国植物志，Flora of China）

Sanicula tuberculata Maxim. in Bull. Acad. Imp. Sci. Saint-Pétersbourg. 2: 431. 1867; Fl. China 14: 20. 2005; 中国植物志55(1): 37. 图版13. 1979; 东北植物检索表（第二版）: 483. 图版240: 4. 1995; 黑龙江省植物志7: 378. 图版190.2003.

生长在山涧路旁、水边及沼泽草地。产黑龙江省鹤岗、饶河、桦南、哈尔滨。

4 胡萝卜属 *Daucus* L.

Daucus L., Sp. Pl. 1: 242. 1753.

一年生或二年生草本。根肉质。茎直立，有分枝。叶有柄，叶柄具鞘；叶片薄膜质，羽状分裂，末回裂片窄小。花序为疏松的复伞形花序，花序梗顶生或腋生；总苞具多数羽状分裂或不分裂的苞片；小总苞片多数；伞辐少数至多数；花白色或黄色，小伞形花序中心的花呈紫色；花柄开展，不等长；萼齿小或不明显；花瓣倒卵形，先端凹陷，有1内折的小舌片，靠外缘的花瓣为辐射瓣；花柱基短圆锥形，花柱短。果实长圆形至圆卵形，棱上有刚毛或刺毛。

本属全世界约20种，分布于欧洲、非洲、美洲和亚洲。中国产1种1变种，其中栽培1变种，东北地区均产。

分种下单位检索表

1\. 根较细，非肉质，浅棕色，无食用价值 ······ a. 野胡萝卜 *D. carota* var. *carota*

1\. 根粗肥，肉质，红色或黄色，供蔬菜食用 ······ b. 胡萝卜 *D. carota* var. *sativa*

野胡萝卜（中国植物志，Flora of China）

Daucus carota L., Sp. Pl. 1: 242. 1753; 中国植物志55(3): 223. 图版98. 1992; Fl. China 14: 205. 2005; The Checklist of the Naturalized Plants in China: 110. 2019.

二年生草本。茎被白色粗硬毛。基生叶长圆形，二至三回羽状全裂，末回裂片线形或披针形，顶端有小尖头，叶柄长；茎生叶近无柄，有叶鞘，末回裂片小或细长。复伞形花序，有糙硬毛；总苞片多数，呈叶状，多为羽状分裂，裂片线形；小总苞片5～7，线形，不分裂或2～3裂；花通白色或带淡红色。果实圆卵形，棱上有白色刺毛。

（a）野胡萝卜（原变种）

Daucus carota var. *carota*

生山坡路旁、旷野或田间。分布于欧洲及东南亚地区。辽宁省大连市旅顺口区有分布，黑龙江、吉林、内蒙古自治区也有分布记录。

本种为外来入侵植物，是果、桑、茶园等种植园的常见杂草，具有化感作用，会对栽培植物带来影响。在东北地区虽然分布量不大，但是要防患于未然。可作为牧草放牧或采收做饲料；果实有驱虫作用，还可提取芳香油。

■ 野胡萝卜

花序正面观

花序侧面观

花序背面观

根部

茎叶

植株

（b）胡萝卜（变种）（辽宁植物志，黑龙江省植物志，内蒙古植物志，东北植物检索表，东北草本植物志，中国植物志，Flora of China）

Daucus carota var. *sativa* Hoffm. in Deutschl. Fl. 91. 1791; 东北草本植物志6: 290. 图版120. 1977; 辽宁植物志（上册）: 1311. 图版568. 1988; 内蒙古植物志（第二版）3: 665. 图版266. 1989; 中国植物志55(3): 225. 1992; 东北植物检索表（第二版）: 471. 图版233: 6. 1995; 黑龙江省植物志7: 333. 图版167.2003; Fl. China 14: 205. 2005.

原产欧洲及亚洲南部。东北各地栽培。

根为常见蔬菜，富含维生素A、B族维生素、维生素C及胡萝卜素，且有健脾、化滞作用。

■ 胡萝卜

小伞花序

小伞花序侧面观

花序侧面观

果序

果序一部分

植株

5 窃衣属 *Torilis* Adans.

Torilis Adans. Fam. Pl. 2: 99. 1763.

一年或多年生草本，全株被毛。叶有柄，柄有鞘；叶片近膜质，一至二回羽状分裂或多裂，一回羽片卵状披针形，边缘羽状深裂或全缘，末回裂片狭窄。复伞形花序疏松，总苞片数枚或无；小总苞片2～8，线形或钻形；伞辐2～12，直立，开展；花白色或紫红色；萼齿三角形，尖锐；花瓣倒圆卵形，有狭窄内凹的顶端，背部中间至基部有粗伏毛；花柱基圆锥形，花柱短、直立或向外反曲。果实圆卵形或长圆形，主棱线状，棱间有直立或呈钩状的皮刺。

本属全世界约20种，分布于欧洲、亚洲、南北美洲、非洲的热带、新西兰。中国有2种。东北地区产1种。

小窃衣（辽宁植物志，黑龙江省植物志，内蒙古植物志，中国植物志，Flora of China）；窃衣（东北植物检索表，东北草本植物志）

Torilis japonica (Houtt) DC. in Prodr. 4: 219. 1830; 中国植物志55(1): 83. 图版37. 1979; 东北草本植物志6: 183. 图版73. 1977; 辽宁植物志（上册）: 1358. 图版596. 1988; 内蒙古植物志（第二版）3: 598. 图版232: 1～4. 1989; 东北植物检索表（第二版）: 487. 图版241: 6. 1995; 黑龙江省植物志7: 389. 图版195.2003; Fl. China 14: 28. 2005.

一年生草本；叶片长卵形，一至二回羽状分裂，末回裂片披针形以至长圆形；复伞形花序；总苞片5～8；小总苞片6～8；萼齿细小；花瓣白色、紫红或蓝紫色；双悬果卵形，密被钩状刺。生山坡、路旁、林缘草地、草丛荒地、杂木林下。产吉林省吉林、通化、浑江、九台、靖宇、长白、和龙、安图；

辽宁省沈阳、阜新、西丰、本溪、桓仁、新宾、凤城、辽阳、海城、鞍山、瓦房店、庄河、长海、大连；内蒙古自治区大青沟等地。

幼苗为春季山菜。果实有活血消肿、收敛、杀虫功能，亦可提制挥发油。

■ 小窃衣

茎上部叶

花序一部分

植株

果序

花序侧面观

6 珊瑚菜属 *Glehnia* Fr. Schmidt ex Miq.

Glehnia Fr. Schmidt ex Miq. in Ann. Mus. Bot. Lugd.–Bat. 3: 61. 1867.

多年生草本，全株被柔毛。根粗壮，深入沙土中。茎短或近于无茎，通常分枝。叶柄基部有鞘。叶片革质，一至二回三出式羽状分裂，裂片小，长圆状倒卵形，边缘有骨质状齿。复伞形花序顶生，紧密；总苞片少数或无；小总苞片多数，披针形；伞辐少数至多数，开展；小伞形花序近头状，花柄不明显；花白色或紫色；萼齿细小，卵状披针形，薄膜质；花瓣倒卵状披针形，顶端有内折的小舌片，花柱短而直立。果实椭圆形至圆球形，背部略扁平，有柔毛或光滑，果棱有木栓翅。

本属全世界约2种，分布于亚洲东部及北美洲太平洋沿岸。中国有1种，东北地区有分布。

珊瑚菜（辽宁植物志，东北植物检索表，东北草本植物志，中国植物志，Flora of China）

Glehnia littoralis (A. Gray) Fr. Schmidt ex Miq. in Ann. Mus. Bot. Lugduno–Batavi 3: 61. 1867; 东北草

本植物志6: 284. 图版118. 1977; 辽宁植物志（上册）: 1317. 图版572. 1988; 中国植物志55(3): 77. 图版33. 1992; 东北植物检索表（第二版）: 473. 图版234: 5. 1995; Fl. China 14: 173. 2005.

多年生草本；叶多数基生，叶片轮廓呈圆卵形至长圆状卵形，三出式分裂至三出式二回羽状分裂，末回裂片倒卵形至卵圆形；复伞形花序，花白色或带堇色；无总苞片；小总苞数片，线状披针形；果实近圆球形或倒广卵形，密被长柔毛及茸毛，果棱有木栓质翅。生海边沙滩。产辽宁省凌海、葫芦岛、兴城、绥中、盖州、瓦房店、普兰店、金州、长海、大连等地。

根有清肺、养阴止咳作用，也可磨粉食用。

在2021年9月8日公布的《国家重点保护野生植物名录》中，本种被列为二级保护植物。

■ 珊瑚菜

基生叶

果序

花序

植株

7 岩风属（香芹属） *Libanotis* Hill.

Libanotis Hill in Brit. Herb. 420. 1756.

多年生高大草本，少为小灌木状或细小草本。基生叶有柄，叶柄基部有叶鞘；叶片一至多回羽状分裂或全裂，末回裂片线形、卵形或披针形等各式，全缘至羽状浅裂。复伞形花序，少数为单伞形花序；总苞片少数或多数，有时近无；伞辐多数或少数，开展上升，近等长或不等长；小总苞片通常多数，线形或披针形，全缘，常离生；花瓣卵形、倒心形或长圆形，小舌片内折，通常为白色，稀带红色；萼齿显著，脱落性；子房有毛或粗糙；花柱长，直立或外曲，花柱基短圆锥形，底部边缘常呈波状。分生果卵形至长圆形，横剖面近五角形，有时背腹略扁压；果棱线形凸起或尖锐凸起，有时侧棱稍宽。

本属全世界约30种，分布于欧洲和亚洲。中国有18种，分布于西北、东北、华东和华中地区。东北地区产2种。

分种检索表

1. 茎草质，中空，不分枝或上部少分枝；小总苞片比小伞梗长，常超过小伞形花序；叶片长圆形，二至三回羽状全裂 ………………………………………………………………………… **1. 密花岩风 L. condensata** (L.) Crantz
1. 茎坚硬带木质化，髓部充实，多分枝；小总苞片比小伞梗等长或稍短；叶片轮廓椭圆形或宽椭圆形，三回羽状全裂 ……………………………………………………… **2. 香芹 L. seseloides** (Fisch. & C. A. Mey. ex Turcz.) Turcz.

（1）密花岩风（中国植物志，Flora of China）；密花香芹（内蒙古植物志，东北植物检索表）

Libanotis condensata (L.) Crantz in Class. Umbell. Emend. 105. 1767; 中国植物志55(2): 174. 图版71: 1 ~ 7. 1985; 内蒙古植物志（第二版）3: 624. 图版246: 7 ~ 9. 1989; 东北植物检索表（第二版）: 476. 图版235: 5. 1995; Fl. China 14: 120. 2005.

生海拔1400 ~ 2400米山坡草地、路旁或林中。产内蒙古自治区科自治区尔沁右翼前旗、阿尔山、克什克腾旗、西乌珠穆沁旗、锡林浩特等地。

■ 密花岩风

小伞花序

花序

茎下部叶

花

植株

（2）香芹（辽宁植物志，内蒙古植物志，东北植物检索表，东北草本植物志，中国植物志，Flora of China）；山香芹（黑龙江省植物志，东北植物检索表，东北草本植物志）

Libanotis seseloides (Fisch. & C. A. Mey. ex Turcz.) Turcz. in Bull. Soc. Imp. Naturalistes Moscou 17(4): 725. 1844; 东北草本植物志6: 222. 图版88. 1977; 中国植物志55(2): 175. 图版66: 8 ~ 10. 1985; 辽宁植物志

（上册）: 1321. 图版574. 1988; 内蒙古植物志（第二版）3: 623. 图版246: 1 ~ 6. 1989; 东北植物检索表（第二版）: 476. 图版235: 4. 1995; 黑龙江省植物志7: 343. 图版172.2003; Fl. China 14: 120. 2005.——*Libanotis amurensis* Schischk. In Bot. Mater. Gerb. Glavn. Bot. Sada R. S. F. S. R. 13: 160 1950; 东北草本植物志6: 221. 1977; 东北植物检索表（第二版）: 473. 1995; 黑龙江省植物志7: 343.2003.

生草甸、开阔的山坡草地、林缘灌丛间。产黑龙江省爱辉、虎林、依兰、黑河、嫩江、密山、伊春、宁安、呼玛；吉林省安图、汪清、珲春；辽宁省阜新、沈阳、大连、鞍山、辽阳；内蒙古自治区额尔古纳、海拉尔、牙克石、扎兰屯、鄂伦春、科尔沁右翼前旗、扎赉特旗、科尔沁左翼后旗、东乌珠穆沁旗等地。

■ 香芹

小伞果序

果序

花序

果实

茎下部叶

植株

8 山茴香属 *Carlesia* Dunn

Carlesia Dunn in Hook. Icon. Pl. 28: 2739. 1905.

多年生矮小草本。根粗厚，圆锥形。茎直立，有分枝。基生叶多数，宿存，三回羽状全裂，末回裂片线形，先端尖，边缘略内卷；叶柄基部有叶鞘；茎生叶二至三回羽状全裂，裂片线形。复伞形花序顶生与腋生；总苞片数枚，线形，小总苞片钻形至线形；伞辐多数，略开展；花白色，有短柄；萼齿明显，卵状三角形；花瓣倒卵形，基部渐狭，先端长而内折；雄蕊长于花瓣；花柱基隆起，圆锥形，花柱在花后与果实近等长。果实长倒卵形或长椭圆状卵形，表面被短糙毛，主棱钝。

本属全世界仅1种，分布于中国和朝鲜。中国仅东北地区有分布。

山茴香（辽宁植物志，东北植物检索表，东北草本植物志，中国植物志，Flora of China）；山胡萝卜（辽宁植物志）

Carlesia sinensis Dunn in Hooker's Icon. Pl. 28: t. 2739. 1902; 东北草本植物志6: 217. 图版86. 1977; 中国植物志55(2): 151. 图版62. 1985; 辽宁植物志（上册）: 1298. 图版561. 1988; 东北植物检索表（第二版）: 467. 图版231: 1. 1995; Fl. China 14: 114. 2005.

多年生草本；基生叶多数，叶片轮廓呈长卵形至长圆形，通常三回羽状全裂，终裂片线形；复伞形花序；总苞片和小总苞片均为5～8，线形；萼齿卵状三角形；花瓣倒卵形，白色；双悬果长圆形，有糙毛，分果两侧稍扁，果棱丝状，稍凸起。生山顶石砾子缝或干燥山坡。产吉林省安图；辽宁省建昌、朝阳、凤城、丹东、东港、鞍山、金州、庄河、大连；内蒙古自治区满洲里。

在2021年9月8日公布的《国家重点保护野生植物名录》中，本种被列为二级保护植物。

■ 山茴香

小伞果序

花序一部分

茎下部叶

居群

植株

9 绒果芹属（滇羌活属） *Eriocycla* Lindl.

Eriocycla Lindl. in Royl. Illustr. Bot. Himal. Mount. 232. 1835.

多年生草本。茎基部多木质化，常有分枝。叶基生和茎生，一至二回羽状分裂，裂片线形至卵形。复伞形花序顶生和侧生，总苞片有或无，伞辐2～10，不等长；小伞形花序有线形的小苞片；萼齿小或不明显；花瓣白色或黄色，稀紫色，卵形或阔倒卵形；顶端内折；子房密被柔毛，花柱基扁压或为短圆锥状，花盘边缘波状，花柱长，近直立或反卷。分生果卵状长圆形至椭圆形，密被柔毛，果棱细或不明显。

本属全世界6～8种，分布于伊朗北部至中国西部的温带和高山区。中国有3种，2变种，产新疆、西藏、内蒙古自治区、辽宁和河北等省区。东北地区产1种。

绒果芹（辽宁植物志，内蒙古植物志，中国植物志，Flora of China）；滇羌活（东北植物检索表，东北草本植物志）；大叶绒果芹（中国植物志，Flora of China）

Eriocycla albescens (Franch.) Wolff in Pflanzenr. Ⅳ, 228(90): 107. 1927; 东北草本植物志6: 226. 图版90. 1977; 中国植物志55(2): 18. 图版5: 8 ~ 10. 1985; 辽宁植物志（上册）: 1312. 图版569. 1988; 内蒙古植物志（第二版）3: 614. 图版243. 1989; 东北植物检索表（第二版）: 471. 图版234: 1. 1995; Fl. China 14: 79. 2005.——*E. albescens* (Franch.) Wolff var. *latifolia* Shan et Yuan, Acta Phytotax. Sin. 21: 88. 1983; 东北草本植物志6: 226. 图版90. 1977; 中国植物志55(2): 18. 1985; 东北植物检索表（第二版）: 471. 图版234: 1. 1995; Fl. China 14: 79. 2005.——*Seseli albescens* (Franch.) Pimenov & Kljuykov in Botanicheskii Zhurnal (Moscow & Leningrad). 85(10): 96 ~ 109.2000.

多年生草本；全株带淡灰绿色，被短柔毛；基生叶和茎下部叶的叶片一回羽状全裂，有4 ~ 7对羽叶，末回裂片长圆形，全缘或顶端2 ~ 3深裂；复伞形花序，花白色；总苞片0 ~ 1；伞辐4 ~ 6，不等长；分生果卵状长圆形，密生白色长毛。生石灰岩干燥山坡上。产辽宁省凌源、朝阳等地。

■ 绒果芹

基生叶

小伞花序

植株下部

10 孜然芹属 *Cuminum* L.

Cuminum L., Sp. Pl. 254. 1753.

一年生或二年生草本，全株带粉绿色或绿色泛白，光滑无毛。基生叶有柄，基部有狭窄叶鞘，边缘白色膜质；叶片二回三出全裂，末回裂片丝线形；茎上部叶渐小，无柄。复伞形花序有总苞片3 ~ 6，线形，有时2 ~ 3裂，边缘白色膜质，反折，比伞辐长；伞辐3 ~ 5，不等长；小总苞片3 ~ 5，小伞形花序有花4 ~ 7；萼齿明显；花瓣白色或淡红色，长圆形，顶端微缺，有内折的小舌片。双悬果瓣不易分离，灰褐色，分生果长圆形，两端渐狭，两侧稍扁压，果棱略钝圆，凸起，有白色短刚毛，棱间有明显的次棱，被有密集的星状长刚毛；每棱槽内油管1，合生面油管2。

本属全世界有2种，分布在地中海和中亚地区。中国有1种，仅在新疆栽培。东北地区有逸生。

孜然芹（中国植物志，Flora of China）

Cuminum cyminum L., Sp. Pl. 254. 1753; 新疆药用植物志1: 100. 1977; 中国植物志55(2): 4. 图版1: 1 ~ 4. 1985; Fl. China 14: 75. 2005.

一年生或二年生草本，全株除果实外光滑无毛。叶片三出式二回羽状全裂，末回裂片狭线形。复伞形花序多数，多呈二歧式分枝；总苞片3～6，线形或线状披针形，边缘膜质，白色，顶端有长芒状的刺，有时3深裂，不等长；小伞形花序通常有7花，小总苞片3～5；花瓣粉红或白色；分生果长圆形，两端狭窄，密被白色刚毛。原产埃及、埃塞俄比亚。中国新疆有栽培。辽宁省大连有游人烧烤撒落种子后自生。

■ 孜然芹

植株上部

居群

小伞花序

茎叶

花序

11 柴胡属 *Bupleurum* L.

Bupleurum L., Sp. Pl. ed 1: 236. 1753.

多年生或一年生草本，有木质化的主根和须状支根。茎直立或倾斜，光滑。单叶全缘，基生叶多有柄，叶柄有鞘；茎生叶通常无柄，基部较狭，抱茎，心形或被茎贯穿，叶脉多条近平行呈弧形。复伞形花序；总苞片1～5，叶状，不等大；小总苞片3～10，线状披针形、倒卵形、广卵形至圆形；复伞形花序有少数至多数伞辐；花两性；萼齿不显；花瓣5，黄色或蓝绿色或带紫色，长圆形至圆形，顶端有内折小舌片；雄蕊5，花药黄色，很少紫色；花柱分离，很短。分生果椭圆形或卵状长圆形，两侧略扁平，果棱线形，稍有狭翅或不明显。

本属全世界180余种，主要分布于北半球的亚热带地区。中国有42种，多产于西北与西南高原地区。东北地区产9种2变种3变型，其中栽培1种。

分种检索表

1. 小总苞片宽大，黄绿色、褐黄色或紫褐色，常明显超出并包围小伞形花序，具5～10脉。
 2. 茎单一；花瓣暗紫色或紫绿色 ………………………………………… 1. 大苞柴胡 B. euphorbioides Nakai
 2. 茎常丛生；花瓣鲜黄色。

（接上表）

3. 叶较宽，宽10～20毫米；小总苞片6～9，较宽，卵形至宽卵形；茎基部无纤维状叶鞘残余 ……………………………………………… **2. 黑柴胡 B. smithii** Wolff

3. 叶较窄，宽7～16毫米；小总苞片（5～）7～12，较窄，椭圆状披针形；茎基部具纤维状叶鞘残余 ………………………………………… **3. 兴安柴胡 B. sibiricum** De Vest

1. 小总苞片较狭小，绿色，常比小伞形花序短，有时近等长或稍长，具1～3（～5）脉。

4. 小总苞片向下反折；茎中部的叶基部心形或具大形叶耳，抱茎，叶片宽大，椭圆形至匙状椭圆形（**4. 大叶柴胡 B. longiradiatum** Turcz.）。

5. 小伞梗果熟时长8～15毫米，比果长（0.5～）1～2.5 倍；果长圆状椭圆形，长4～7毫米 ……………………………… **4a. 大叶柴胡 B. longiradiatum** var. **longiradiatum**

5. 小伞梗果熟期长2～3.5毫米，与果实近等长；果实广椭圆形，长约3毫米 ……………………………… **4b. 短伞大叶柴胡 B. longiradiatum** var. **breviradiatum** Fr.

4. 小总苞片不反折；茎中部的叶基部楔形而无叶耳，不抱茎或稍抱茎，叶片常狭细，稀长圆状椭圆形至广披针形。

6. 茎基部无毛刷状的叶鞘残留纤维或不明显；根表面棕褐色至黑褐色。

7. 主根不明显而须根发达；茎中部以上的叶长圆状椭圆形至广披针形，长8～15厘米，宽2～4.5厘米；茎常单生，稀2～3枚丛生 ……………………… **5. 长白柴胡 B. komarovianum** Lincz.

7. 主根明显；茎中部以上的叶剑形、长圆状披针形至倒披针形，长（3～）5～10（～12）厘米，宽5～16（～20）毫米。

8. 茎多枚丛生……………………………………… **6. 三岛柴胡 B. falcatum** L.

8. 茎2～3枚丛生，稀单生（**7. 北柴胡 B. chinense** DC.）。

9. 上部分枝多呈"之"字形；小总苞片短于果梗。

10. 小总苞片披针形，无白色边缘 ……………… **7a. 北柴胡 B. chinense** f. **chinense**

10. 小总苞片卵状披针形，有白色边缘 ……………… **7b. 烟台柴胡 B. chinense** f. **vanheurckii** (Muell. –Arg.) Shan et Y. Li

9. 茎上部分枝向两侧均匀开展，不呈"之"字形分枝；小总苞片略长于果柄 ……………… **7c. 百花山柴胡 B. chinense** f. **octoradiatum** (Bunge) Shan et Sheh

6. 茎基部有多数毛刷状的叶鞘残留纤维；根表面深褐色或红棕色

11. 小总苞片短于花时小伞形花序；茎常5个以上簇生；茎生叶较刚硬而向上挺立；果广卵形，长2.5～3毫米，宽2毫米（**8. 锥叶柴胡 B. bicaule** Helm.）。

12. 茎常5～15个丛生；叶全部细线形，宽1～1.5毫米，稀为2～3毫米，先端锐尖 ……………………………… **8a. 锥叶柴胡 B. bicaule** var. **bicaule**

12. 茎20个左右丛生；茎生叶线状披针形，宽约4毫米 … **8b. 呼玛柴胡 B. bicaule** var. **latifolium** C. D. Chu

11. 小总苞片等于或略超过花时小伞形花序；茎常单一，如果数个，则不形成密簇；茎生叶不刚硬而开展。

13. 果椭圆形，长约2毫米，宽约1毫米，果棱线形；茎一至数个，极多分枝；叶狭线形，宽2～4（～7）毫米……………………………… **9. 线叶柴胡 B. angustissimum** (Franch.) Kitag.

13. 果广椭圆形，长2.5毫米，宽2毫米，果棱粗钝凸出；茎1～3，分枝少；叶披针形或线状披针形，宽3～8毫米（**10. 红柴胡 B. scorzonerifolium** Willd.）。

14. 伞辐长10～20毫米；小总苞片长2.5～4毫米 … **10a. 红柴胡 B. scorzonerifolium** f. **scorzonerifolium**

14. 伞辐长11～35毫米；小总苞片长4～7毫米 ……………… **10b. 长伞红柴胡 B. scorzonerifolium** f. **longiradiatum** Shan et Y. Li

(1) 大苞柴胡 (辽宁植物志，东北植物检索表，东北草本植物志，中国植物志，Flora of China)

Bupleurum euphorbioides Nakai in Bot. Mag. (Tokyo) 28: 313. 1914; 东北草本植物志6: 189. 图版75. 1977; 中国植物志55(1): 230. 图版120. 1979; 辽宁植物志 (下册) : 1172. 图版531. 1992; 东北植物检索表 (第二版) : 465. 图版230: 1. 1995; Fl. China 14: 64. 2005.

海拔1000米左右的林缘及高山草原地带。产黑龙江省尚志、海林、五常；吉林省抚松、安图、长白；辽宁省桓仁、宽甸、岫岩等地。

■ 大苞柴胡

小伞花序

花序

果序

植株

(2) 黑柴胡 (内蒙古植物志，中国植物志，Flora of China)

Bupleurum smithii Wolff in Act. Hort. Gothob. 2: 304. 1926; 中国植物志55(1): 232. 图版121. 1979; 内蒙古植物志 (第二版) 3: 604. 图版238: 1 ~ 3. 1989; Fl. China 14: 64. 2005.

生海拔1400 ~ 3400米的山坡草地、山谷、山顶阴处。产内蒙古自治区科尔沁右翼前旗、喀喇沁旗、宁城、敖汉旗等地。

■ 黑柴胡

小伞花序

花序正面观

植株一部分

(3) 兴安柴胡 (黑龙江省植物志，内蒙古植物志，东北植物检索表，东北草本植物志，中国植物志，Flora of China)

Bupleurum sibiricum De Vest in Roemer & Schultes, Syst. Veg. 6: 368. 1820; 东北草本植物志6: 189. 图版

76. 1977; 中国植物志55(1): 227. 图版1119. 1979; 内蒙古植物志（第二版）3: 605. 图版238: 4 ~ 8. 1989; 东北植物检索表（第二版）: 465. 图版230: 2. 1995; 黑龙江省植物志7: 315. 图版158. 2003; Fl. China 14: 64. 2005.

生海拔300 ~ 800米山坡。产黑龙江省海林、黑河、五大连池、海伦、呼玛；吉林省（产地不详）；辽宁省（产地不详）；内蒙古自治区额尔古纳、根河、牙克石、扎兰屯、科尔沁右翼前旗、科尔沁右翼中旗、翁牛特旗、克什克腾旗、宁城、西乌珠穆沁旗、锡林浩特、宝格达山等地。蒙古、俄罗斯东南部也有分布。

■ 兴安柴胡

根部

植株

植株一部分

小伞花序

植株上部

（4）大叶柴胡（辽宁植物志，黑龙江省植物志，内蒙古植物志，东北植物检索表，东北草本植物志，中国植物志，Flora of China）

Bupleurum longiradiatum Turcz. in Bull. Soc. Imp. Naturalistes Moscou 17: 719. 1844; 东北草本植物志6: 191. 图版77: 1 ~ 6. 1977; 中国植物志55(1): 219. 图版114. 1979; 辽宁植物志（上册）: 1296. 图版560: 1 ~ 6. 1988; 内蒙古植物志（第二版）3: 605. 图版239: 1 ~ 4. 1989; 东北植物检索表（第二版）: 465. 图版230: 3. 1995; 黑龙江省植物志7: 310. 图版155: 1 ~ 6.2003; Fl. China 14: 62. 2005.

（4a）大叶柴胡（原变种）

Bupleurum longiradiatum var. *longiradiatum*

生林下、林缘、灌丛中、山坡草地、草甸子中。产黑龙江省哈尔滨、黑河、伊春、尚志、虎林、密山、饶河、汤原、宝清、萝北、嘉荫、爱辉、绥芬河、宁安、呼玛；吉林省通化、浑江、抚松、安图、敦化、和龙、珲春；辽宁省清原、新宾、本溪、桓仁、宽甸、凤城、岫岩、海城、东港、营口、庄河；内蒙古自治区牙克石、根河、额尔古纳、鄂伦春等地。

幼株嫩尖可食。根及地上部分有疏风退热、疏肝、升阳作用。

■ 大叶柴胡

花序

植株

植株一部分

基生叶

小伞果序

（4b）短伞大叶柴胡（变种）（辽宁植物志，黑龙江省植物志，东北植物检索表，东北草本植物志，中国植物志，Flora of China）

Bupleurum longiradiatum var. *breviradiatum* Fr. in Prim. Fl. Amur. 125. 1859; 东北草本植物志6: 193. 图版77: 7. 1977; 中国植物志55(1): 221. 1979; 辽宁植物志（上册）: 1297. 图版560: 7. 1988; 东北植物检索表（第二版）: 465. 图版230: 4. 1995; 黑龙江省植物志7: 310. 图版155: 7.2003; Fl. China 14: 62. 2005.

生林下。产黑龙江省虎林、饶河、密山、呼玛；吉林省长白；辽宁省庄河等地；内蒙古自治区额尔古纳。

■ 短伞大叶柴胡

小伞果序

果序

植株下部

（5）长白柴胡（中国植物志，Flora of China）；柞柴胡（黑龙江省植物志，东北植物检索表，东北草本植物志）

Bupleurum komarovianum Lincz. in Fl. URSS 16: 319. 1950; 中国植物志55(1): 264. 图版142. 1979; 东北植物检索表（第二版）: 465. 图版230: 8. 1995; Fl. China 14: 70. 2005.——*B. chinense* DC. var. *komarovianum* (Linez.) Liou et Huang, 东北草本植物志6: 200. 图版79: 12 ~ 13. 1977; 黑龙江省植物志7: 307. 图版153.2003.

生阔叶林灌木丛的边缘，疏散的柞林山坡、草地等处。产黑龙江省宝清、伊春、宁安；吉林省安图、和龙、珲春、汪清、吉林、通化；辽宁省本溪、岫岩、沈阳、北镇等地。

根有解热、调经作用，用于感冒、疟疾、月经不调。

（6）三岛柴胡（世界药用植物速查辞典）

Bupleurum falcatum L., Sp. Pl. 1 237. 1753.

原产日本。辽宁省辽阳等地的药草园有栽培。

根入药，具有解毒、解热、镇痛、消炎、强壮等功效。

■ 三岛柴胡

植株上部

植株下部

基生叶

■ 三岛柴胡

小伞果序

茎叶

复伞形花序

小伞花序

小伞花序侧面观

（7）北柴胡（内蒙古植物志，东北植物检索表，中国植物志，Flora of China）；柴胡（辽宁植物志，东北草本植物志）

Bupleurum chinense DC. in Prodr. 4: 128. 1830; 东北草本植物志6: 198. 图版79: 1～11. 1977; 中国植物志55(1): 290. 图版157. 1979; 辽宁植物志（上册）: 1293. 图版558: 5～9. 1988; 内蒙古植物志（第二版）3: 611. 图版241: 1～3. 1989; 东北植物检索表（第二版）: 465. 图版230: 7. 1995; 黑龙江省植物志7: 305. 图版152.2003; Fl. China 14: 73. 2005.

（7a）北柴胡（原变型）

Bupleurum chinense f. *chinense*

■ 北柴胡

植株一部分

植株

■ 北柴胡

复伞形花序

小伞花序

小伞果序

生于燥山坡、林缘、灌丛。产黑龙江省哈尔滨、伊春、鸡西、宁安、虎林、呼玛；吉林省吉林、九台、长春、蛟河、永吉、长白、敦化、汪清、珲春、安图；辽宁省各地；内蒙古自治区克什克腾旗、喀喇沁旗、宁城等地。

根有升阳散热、解郁疏肝作用。

（7b）烟台柴胡（变型）（植物分类学报，中国植物志）

Bupleurum chinense f. *vanheurckii* (Muell.–Arg.) Shan et Y. Li, 植物分类学报12 (3): 293. 1974; 中国植物志55(1): 293. 图版159. 1979.

■ 烟台柴胡

根部

小伞花序

花序

小总苞片有白色边缘

植株一部分

生海拔200～950米的山坡草地。产黑龙江省镜泊湖；吉林省小白山；辽宁省鞍山（千山）、瓦房店。

（7c）百花山柴胡（变型）（中国植物志）

Bupleurum chinense f. *octoradiatum* (Bunge) Shan et Sheh, 中国植物志55(1): 293. 图版160. 1979.

生海拔200～2500米的山坡草地、阴坡林下、林缘路旁及河谷地带。产吉林省安图、珲春。

■ 百花山柴胡

小伞果序

果序

植株一部分

（8）锥叶柴胡（黑龙江省植物志，内蒙古植物志，东北植物检索表，东北草本植物志，中国植物志，Flora of China）

Bupleurum bicaule Helm. in Mém. Soc. Imp. Naturalistes Moscou 2: 108 1809; 东北草本植物志6: 193.1977; 中国植物志55(1): 253. 图版136. 1979; 内蒙古植物志（第二版）3: 608. 图版240: 5. 1989; 东北植物检索表（第二版）: 465. 图版230: 9. 1995; 黑龙江省植物志7: 303. 图版151.2003; Fl. China 14: 68. 2005.

（8a）锥叶柴胡（原变种）

Bupleurum bicaule var. *bicaule*

生山坡向阳地草原上和干旱多砾石的草地上。产内蒙古自治区满洲里、新巴尔虎左旗、新巴尔虎右旗、克什克腾旗、东乌珠穆沁旗、多伦等地。

根在陕西及其他地方称"红柴胡"入药。

（8b）呼玛柴胡（变种）（黑龙江省植物志，东北草本植物志，Flora of China）

Bupleurum bicaule var. *latifolium* C. D. Chu in Fl. Plant. Herb. Chinae bor. –orient. 6: 293. 1977; 黑龙江省植物志7: 305. 图版151.2003; Fl. China 14: 68. 2005.

生石质向阳山坡。产黑龙江省大兴安岭地区呼玛河流域（模式标本采集地）。

（9）线叶柴胡（辽宁植物志，内蒙古植物志，东北植物检索表，中国植物志，Flora of China）；箭柴胡（黑龙江省植物志，东北草本植物志）

Bupleurum angustissimum (Franch.) Kitag. in J. Jap. Bot. 21: 97. 1947; 中国植物志55(1): 271. 图版147. 1979; 辽宁植物志（上册）: 1295. 图版559. 1988; 东北植物检索表（第二版）: 465. 图版230: 6. 1995; Fl. China 14: 71. 2005.——*B. scorzonerifolium* var. *angustissimum* (Franch.) T. C. Huang, 东北草本植物志6: 197. 图版78: 5. 1977; 内蒙古植物志（第二版）3: 611. 1989; 黑龙江省植物志7: 312. 图版157.2003.

生干燥山坡及多石质干旱坡地。产黑龙江省宁安；吉林省通榆；辽宁省彰武、建平、凌源、建昌、朝阳、葫芦岛、锦州、沈阳、法库、金州、大连；内蒙古自治区翁牛特旗、克什克腾旗、东乌珠穆沁旗、阿巴嘎旗、镶黄旗等地。

干燥根可入药，用于感冒发热、胸胁胀痛、疟疾、脱肛、月经不调。

■ 线叶柴胡

果序

花序

小伞果序

根部

植株

（10）红柴胡（黑龙江省植物志，内蒙古植物志，东北植物检索表，中国植物志，Flora of China）；细叶柴胡（辽宁植物志，东北草本植物志）

Bupleurum scorzonerifolium Willd. in Enum. Hort. Berol. 300. 1809; 东北草本植物志6: 195. 图版78: 1 ~ 4. 1977; 中国植物志55(1): 267. 图版145. 1979; 辽宁植物志（上册）: 1293. 图版558: 1 ~ 4. 1988; 内蒙古植物志（第二版）3: 610. 图版240: 1 ~ 4. 1989; 东北植物检索表（第二版）: 465. 图版230: 5. 1995; 黑龙江省植物志7: 312. 图版156. 2003; Fl. China 14: 70. 2005.

（10a）红柴胡（原变型）

Bupleurum scorzonerifolium f. *scorzonerifolium*

生向阳山坡、林缘、阳坡疏林下等处。产黑龙江省宁安、依兰、黑河、集贤、逊克、大庆、伊春、北安、虎林、密山、安达、呼玛、爱辉、哈尔滨；吉林省汪清、安图、镇赉、双辽；辽宁省法库、彰武、建平、朝阳、凌源、建昌、绥中、锦州、沈阳、瓦房店、普兰店、大连；内蒙古自治区海拉尔、根河、牙克石、鄂伦春、鄂温克、科尔沁右翼前旗、大青沟、克什克腾旗、东乌珠穆沁旗、西乌珠穆沁旗、锡林浩特、正蓝旗、镶黄旗、太仆寺旗等地。

干燥根有疏风退热、疏肝、升阳作用，用于感冒发热、胸胁胀痛、疟疾、脱肛等。

■ 红柴胡

小伞花序

花序

植株

（10b）长伞红柴胡（变型）（植物分类学报，中国植物志，Flora of China）

Bupleurum scorzonerifolium f. *longiradiatum* Shan et Y. Li, 植物分类学报12 (3): 282. 1974; 中国植物志55(1): 271. 1979; Fl. China 14: 70. 2005.

生向阳山坡、林缘、阳坡疏林下等处。产内蒙古自治区科尔沁左翼中旗。

■ 长伞红柴胡

花序正面观

花序侧面观

植株下部

12　刺芹属　*Eryngium* L.

Eryngium L., Sp. Pl. ed. 1. 32. 1753.

一年生或多年生直立草本。单叶全缘或稍有分裂，有时呈羽状或掌状分裂，边缘有刺状齿，叶革质，叶脉平行或网状；叶柄有鞘。花白色或淡绿色，无柄或近无柄，排列成头状花序，头状花序单生或成聚伞状或总状花序；总苞片1～5，全缘或分裂；萼齿5，直立，硬而尖，有脉1条；花瓣5，狭窄，中部以上内折成舌片；雄蕊与花瓣同数而互生，花丝长于花瓣，花药卵圆形；花柱短于花丝，直立或稍倾斜。果卵圆形或球形，侧面略扁，表面有鳞片状或瘤状突起，果棱不明显。

本属全世界220～250种，广布于热带和温带地区，尤其是南美。中国有2种。东北地区栽培1种。

扁叶刺芹（辽宁植物志，东北植物检索表，中国植物志，Flora of China）

Eryngium planum L., Sp. Pl.233. 1753; 中国植物志55(1): 64. 图版29. 1979; 辽宁植物志（下册）: 1175. 图版532. 1992; 东北植物检索表（第二版）: 471. 图版234: 2. 1995; Fl. China 14: 24. 2005.

多年生直立草本；基生叶长椭圆状卵形，边缘有粗锯状齿，齿端有刺尖，基部心形至深心形；茎下部叶与基生叶同形或有分裂，茎上部叶浅裂至3～5深裂，裂片披针形，表面及边缘略带浅蓝色。头状花序半球形；总苞片5～6，线形或披针形；花浅蓝色；果实长椭圆形，背腹压扁，外面被白色窄长的鳞片。自然分布欧洲及中国新疆。辽宁省沈阳、大连有栽培。

全草有祛痰止咳作用，用于咳嗽。

■ 扁叶刺芹

茎叶

花序

小总苞片

植株

13 芫荽属 *Coriandrum* L.

Coriandrum L. Gen. Pl. ed 5. 124. 1754.

一年生草本，全株有香气。根细长，纺锤形。叶柄有鞘；叶片膜质，一回或多回羽状分裂。复伞形花序顶生或与叶对生；总苞片通常无，有时有一线形而全缘或有分裂的苞片；小总苞片数枚，线形；伞辐少数，开展；花白色、玫瑰色或淡紫红色；萼齿小，短尖，大小不相等；花瓣倒卵形，顶端内凹，在伞形花序外缘的花瓣通常有辐射瓣；花柱基圆锥形；花柱细长而开展。果实圆球形，外果皮坚硬，光滑，背面主棱及相邻的次棱明显。

本属全世界仅1种，分布于地中海区域。中国各地常有栽培，东北地区也有栽培。

芫荽（辽宁植物志，黑龙江省植物志，内蒙古植物志，东北植物检索表，东北草本植物志，中国植物志，Flora of China）；香菜（俗称）

Coriandrum sativum L., Sp. Pl.256. 1753; 东北草本植物志6: 185. 图版74. 1977; 中国植物志55(1): 89. 图版40. 1979; 辽宁植物志（上册）: 1305. 图版566. 1988; 内蒙古植物志（第二版）3: 599. 图版235: 5～10. 1989; 东北植物检索表（第二版）: 469. 图版233: 1. 1995; 黑龙江省植物志7: 328. 图版165.2003; Fl. China 14: 30. 2005.

一年生草本，全株有香气；基生叶及茎下部叶叶片一至二回羽状全裂，茎中部叶及上部叶叶片二至三回羽状全裂；复伞形花序顶生或腋生，伞梗3～8；小总苞片5枚，其3枚大，2枚小；花瓣白色或粉红色；双悬果球形，光滑，果棱稍凸起。原产欧洲地中海地区。东北各地栽培。

茎叶作蔬菜和调香料，并有健胃消食作用；果实可提芳香油；种子含油约20%；果入药，有祛风、透疹、健胃、祛痰之效。

■ 芫荽

小伞果序

小伞花序

小伞花序侧面观

花枝

苗期植株

近花期植株

14 泽芹属 *Sium* L.

Sium L., Sp. Pl. 215. 1753.

水生或陆生的多年生草本，全株无毛。叶有柄，叶柄具叶鞘；叶片一回羽状分裂至羽状全裂，裂片边缘有齿或缺刻。复伞形花序顶生或侧生；总苞片绿色，全缘或有缺刻；小总苞片窄狭；伞辐少数；花白色、黄色或绿色，花柄开展；萼齿显著或细小，通常不等大；花瓣倒卵形或倒心形，顶端窄狭内折，外缘花瓣有时为辐射瓣；花柱反折，花柱基平陷或很少呈短圆锥形。果实球状卵形或卵状长圆形，两侧略扁平，合生面稍收缩，光滑，果棱显著。

本属全世界约10种，产西伯利亚、东亚、北美洲、欧洲与非洲。中国有5种。东北地区产2种1变种。

分种检索表

1. 茎具细棱且微有沟槽，较细；根有3～5个纺锤形的粗根；叶柄无横隔，茎生叶具2～3对小叶
……………………………………………………………………………………………1. 乌苏里泽芹 **S. tenue** (Kom.) Kom.

1. 茎具明显的粗棱和宽深的沟槽，粗壮；根只有须根；叶柄具横隔，茎生叶有5～9对小叶（2. 泽芹 **S. suave** Walt.）。
   2. 小叶披针形至线形，长1～4厘米，宽3～15毫米，先端尖 ……………………………… 2a. 泽芹 **S. suave** var. **suave**
   2. 小叶长圆状披针形至卵状披针形，长达14厘米，宽达3厘米，先端较短尖
……………………………………………………………………2b. 日本泽芹 **S. suave** var. **nipponicum** (Maxim.) Harin

（1）乌苏里泽芹（黑龙江省植物志，东北植物检索表，东北草本植物志）

Sium tenue (Kom.) Kom. in Izv. Imp. Bot. Sada Petra Velikago 16: 174. 1916; 东北草本植物志6: 221. 1977; 东北植物检索表（第二版）: 485. 1995; 黑龙江省植物志7: 382. 2003.

生湿草甸子。产吉林省汪清；辽宁省阜新等地。

■ 乌苏里泽芹

花序

花序正面观

植株

（2）泽芹（辽宁植物志，黑龙江省植物志，内蒙古植物志，东北植物检索表，东北草本植物志，中国植物志，Flora of China）

Sium suave Walt. in Fl. Carol. 115. 1788; 东北草本植物志6: 219. 图版87. 1977; 中国植物志55(2): 155. 图版64. 1985; 辽宁植物志（上册）: 1352. 图版592. 1988; 内蒙古植物志（第二版）3: 622. 图版242: 4 ~ 6. 1989; 东北植物检索表（第二版）: 485. 图版241: 2. 1995; 黑龙江省植物志7: 382. 图版192. 2003; Fl. China 14: 116. 2005.

（2a）泽芹（原变种）

Sium suave var. *suave*

生湿地。产黑龙江省哈尔滨、伊春、密山、萝北、阿城；吉林省敦化、珲春、和龙、汪清、蛟河；辽宁省彰武、法库、铁岭、葫芦岛、北镇、沈阳、新宾、长海；内蒙古自治区额尔古纳、海拉尔、鄂伦春、科尔沁右翼前旗、乌兰浩特、大青沟、宁城、东乌珠穆沁旗、锡林浩特、正蓝旗、多伦等地。

■ 泽芹

小叶

果序

■ 泽芹

小伞花序

花序一部分

果序一部分

苗期植株

花期植株

全草有散风寒、止头痛、降血压作用，用于风寒感冒头痛、高血压症。

（2b）日本泽芹（变种）（东北草本植物志）

Sium suave var. *nipponicum* (Maxim.) Hara in Journ. Fac. Sci. Univ. Tokyo Sect. 3. 1952; 东北草本植物志6: 219.1977; 东北植物检索表（第二版）: 485. 1995; 黑龙江省植物志7: 382. 2003.

生河边和湖边湿地。产黑龙江省尚志、密山、东宁等地。

15 大叶芹属 *Spuriopimpinella* (H. Boissieu) Kitag.

Spuriopimpinella (H. Boissieu) Kitag., J. Jap. Bot. xvii. 558. 1941.

多年生直立草本。茎中空。叶一至二回三出羽状复叶，叶柄基部鞘状；小叶有短柄或无柄，质薄。复伞形花序具长梗，总苞片无或有1～2枚，小总苞片多数，伞梗不等长；花两性；萼齿明显，宿存，稀不甚明显；花瓣白色；花柱基圆锥形，花柱丝状，果期下弯。双悬果近球形，两侧稍压扁，无毛；分果果棱细，丝状，油管小，多数；种子与果皮密着，横切面半圆形或近圆形，腹面平坦或稍内凹。

本属全世界约6种，产欧洲、亚洲、非洲，少数分布至美洲。东北地区产4种。

分种检索表

1. 无萼齿；基生叶和茎下部叶一至二回三出分裂，或三出式二至三回羽状分裂 ······ 1. **短柱大叶芹** S. brachystyla (Hand.–Mazz.) Kitag.

1. 有萼齿。

  2. 基生叶和下部茎生叶为三出复叶，稀二回三出复叶；无总苞片，稀1～3；小总苞片2～5 ······ 2. **大叶芹** S. brachycarpa (Kom.) Kitag.

  2. 基生叶和下部茎生叶为二回三出复叶或三出式二回羽裂。

    3. 总苞片3～5；小总苞片通常5；主根短而有多数侧根 ······ 3. **吉林大叶芹** S. calycina (Maxim.) Kitag.

    3. 无总苞片；小总苞片1～3；根圆锥形 ······ 4. **辽冀大叶芹** S. komarovii Kitag.

（1）短柱大叶芹（东北植物检索表）；短柱茴芹（中国植物志，Flora of China）

Spuriopimpinella brachystyla (Hand.–Mazz.) Kitag. in J. Jap. Bot. 17(10): 559. 1941; 东北植物检索表（第二版）: 485. 图版242: 2. 1995.——*Pimpinella brachystyla* Hand. in Oesterr. Bot. Z. 82: 251. 1933; 中国植物志 55(2): 99. 图版38: 8～13. 1985; Fl. China 14: 101. 2005.

生潮湿谷地、沟边或坡地上。产吉林省抚松、安图；辽宁省本溪、桓仁、清原、鞍山、岫岩、凤城、宽甸、庄河等地。

嫩苗可食。

■ 短柱大叶芹

小伞果序

小伞果序侧面观

■ 短柱大叶芹

花序

小伞花序

茎下部叶

（2）大叶芹（辽宁植物志，东北植物检索表，东北草本植物志）；短果茴芹（中国植物志，Flora of China）

Spuriopimpinella brachycarpa (Kom.) Kitag. in J. Jap. Bot. 17(10): 559. 1941; 东北草本植物志6: 209. 图版83. 1977; 辽宁植物志（上册）: 1355. 图版594. 1988; 东北植物检索表（第二版）: 485. 图版242: 1. 1995.——*Pimpinella brachycarpa* (Komar.) Nakai in J. Coll. Sci. Imp. Univ. Tokyo 26(1): 261. 1909; 中国植物志55(2): 105. 图版40: 6 ~ 11. 1985; Fl. China 14: 103. 2005.

生混交林下。产黑龙江完达山地区；吉林省安图、抚松、长白、和龙、通化、浑江；辽宁省新宾、清原、鞍山、本溪、桓仁、宽甸、凤城、岫岩、海城、庄河；内蒙古自治区科尔沁左翼后旗等地。

嫩苗可食。全草用于胃寒痛。

■ 大叶芹

花序

果序一部分

植株

植株一部分

茎下部叶

（3）吉林大叶芹（东北植物检索表）；具萼茴芹（中国植物志，Flora of China）

Spuriopimpinella calycina (Maxim.) Kitag. in J. Jap. Bot. 17(10): 559 1941; 东北植物检索表（第二版）: 485. 图版242: 3. 1995.——*Pimpinella calycina* Maxim. in Mém. Acad. Imp. Sci. Saint Pétersbourg, Sér. 7 9: 182 ~ 184. 1873; Fl. China 14: 103. 2005; 中国植物志55(2): 107. 图版42. 1985.

生灌木丛、草坡。产吉林省（地点不详）；辽宁省鞍山。

■ 吉林大叶芹

基生叶

居群

（4）辽冀大叶芹（东北植物检索表）；辽冀茴芹（中国植物志，Flora of China）

Spuriopimpinella komarovii Kitag. in J. Jap. Bot. 17(10): 560. 1941; 东北植物检索表（第二版）: 485. 图版242: 4. 1995.——*Pimpinella komarovii* (Kitag.) Shan et Pu, 中国植物志55(2): 111. 图版44: 9 ~ 12. 1985; Fl. China 14: 104. 2005.

生河边或坡地草丛中。产辽宁省凤城、辽阳、本溪。

嫩苗可食。

■ 辽冀大叶芹

全株

果序一部分

植株

■ 辽冀大叶芹

花序

果序

16 鸭儿芹属 *Cryptotaenia* DC.

Cryptotaenia DC. Coll. Mem. 5: 42. 1829.

多年生草本。茎直立，圆柱形，有分枝。叶有柄，柄下部有膜质叶鞘；叶片膜质，三出式分裂，小叶片倒卵状披针形，菱状卵形或近心形，边缘有重锯状齿，缺刻或不规则的浅裂。花序为复伞形花序或呈圆锥状；伞辐少数，不等长；萼齿细小或不明显；花瓣白色，倒卵形，顶端内折；花丝短于花瓣，花药卵圆形；花柱基圆锥形，花柱短，直立或向外叉开。分生果长圆形，主棱5条，圆钝，光滑。

本属全世界5～6种，产欧洲、非洲、北美洲及东亚。中国有1种。东北地区有分布。

鸭儿芹（辽宁植物志，东北植物检索表，东北草本植物志，中国植物志，Flora of China）

Cryptotaenia japonica Hassk. in Retzia 1: 113. 1855; 东北草本植物志6: 204. 1977; 中国植物志55(2): 19. 图版6: 1～4. 1985; 辽宁植物志（上册）: 1308. 1988; 东北植物检索表（第二版）: 469. 图版233: 2. 1995; Fl.

■ 鸭儿芹

小伞花序

聚伞花序

花正面观

■ 鸭儿芹

茎上部叶

茎下部叶

果实

居群

China 14: 80. 2005.

多年生草本；叶片轮廓三角形至广卵形，通常为3小叶；伞形花序呈圆锥状；总苞片1，线形或钻形；小总苞片1～3；小伞形花序有花2～4，花瓣白色，顶端有内折的小舌片；分生果线状长圆形。生山地、山沟及林下较阴湿的地区。产辽宁省抚顺、本溪、新宾等地。

全草有消炎清热、解毒、活血消肿作用，果实有消积顺气作用。

17 棱子芹属 *Pleurospermum* Hoffm.

Pleurospermum Hoffm. Gen. Umbeli. ed. 1. P. 8. 1814.

多年生稀二年生草本。叶为一至四回羽状或三出式羽状分裂，末回裂片有缺刻状锯状齿或条裂，叶柄基部常扩大呈膜质鞘状而抱茎。复伞形花序；总苞片全缘或呈叶状分裂，通常有白色膜质边缘；小总苞片有白色膜质边缘，顶端羽状分裂或全缘；花瓣白色或带紫红色，长圆形至宽卵形，顶端常有内曲的小舌片，基部有爪；花柱基圆锥形或压扁。分生果卵形或长圆形，外果皮常疏松，果棱显著，锐尖，有时呈波状、鸡冠状或半翅状。

本属全世界约50种，主要分布于亚洲北部和欧洲东部，尤以喜马拉雅地区为多。中国有39种，产西南、西北至东北各省区。东北地区产1种。

棱子芹（辽宁植物志，黑龙江省植物志，内蒙古植物志，东北植物检索表，东北草本植物志，中国植物志，Flora of China）；黑瞎子芹（辽宁植物志）；乌拉棱子芹（中国植物志）

Pleurospermum uralense Hoffm. in Gen. Pl. Umbell. ix. 1814; 东北草本植物志6: 187. 1977; 中国植物志55(1): 169. 1979; 辽宁植物志（上册）: 1341. 图版586. 1988; 东北植物检索表（第二版）: 480. 图版239:5. 1995; Fl. China 14:45. 2005.——*P. camtschaticum* Hoffm. in Gen. Pl. Umbell. 10. 1814; 中国植物志55(1): 166. 图版86. 1979; 内蒙古植物志（第二版）3: 599. 图版236. 1989; 黑龙江省植物志7: 368. 图版185. 2003.

多年生草本；茎中空，表面有细条棱；基生叶或茎下部的叶片轮廓宽卵状三角形，三出式二回羽状全裂；顶生复伞形花序；总苞片多数，线形或披针形；小总苞片6～9，线状披针形；花白色；果实卵形，果棱狭翅状，边缘有小钝齿，表面密生水泡状微凸起。生山坡杂木林下、针阔混交林下、林缘、林间草地及山沟溪流旁。产黑龙江省尚志；吉林省抚松、长白、敦化、安图、珲春、浑江；辽宁省辽中、清原、新宾、凤城、本溪、桓仁；内蒙古自治区西乌珠穆沁旗等地。

根有温中、化湿、止带作用。嫩茎叶水焯后可以食用。

■ 棱子芹

小伞果序

花

苞片

茎下部叶

花序

■ 棱子芹

花序侧面观

植株

18 北羌活属 *Hansenia* Turcz.

Hansenia Turcz., Bull. Soc. Imp. Naturalistes Moscou 17: 754. 1844.

多年生草本。主根粗壮，有许多褐色的细根；根茎发达，有浓郁香气。茎直立，圆柱形，有细纵纹。三出式羽状复叶，基生叶有柄，叶柄基部有膜质的叶鞘，抱茎，末回裂片长圆状卵形至披针形，边缘有锯状齿至羽状深裂。复伞形花序顶生或侧生；总苞片少数，线形，早落；小总苞片少数至多数，线形。萼齿小，卵状三角形；花瓣淡黄色至白色，卵形或卵圆形；花柱基隆起或平压，花柱短，向外反折。分生果近圆形，背腹稍压扁，背棱、中棱及侧棱均扩展成翅，但发展不均匀。

本属全世界有6种，特产于中国。东北地区产2种。

分种检索表

1. 伞辐10～17（～23）；基生叶及茎下部叶二至三回三出式羽状复叶，末回裂片长圆状卵形至卵状披针形，顶端裂片长3～8厘米，宽1～3厘米 ……………………………… 1. 宽叶羌活 H. forbesii (H. Boissieu) Pimenov & Kljuykov
1. 伞辐8～9；基生叶常为二回三出式分裂，末回裂片卵形至长圆状卵形，顶端裂片长8～10厘米，宽5～8厘米 ……………………………………………………………… 2. 卵叶羌活 H. oviformis (R. H. Shan) Pimenov & Kljuykov

（1）宽叶羌活（内蒙古植物志，中国植物志，Flora of China）

Hansenia forbesii (H. Boissieu) Pimenov & Kljuykov, Willdenowia 38(1): 163. 2008.——*Notopterygium franchetii* H. de Boiss. in Bull. Herb. Boiss. II. 3: 839. 1903; Fl. China 14: 54. 2005.——*Notopterygium forbesii* H. de Boiss. in Bull. Herb. Boiss. II. 3: 840. 1903; 中国植物志55(1): 188. 图版99. 1979; 内蒙古植物志（第二版）3: 601. 图版237. 1989.

生海拔1700～4500米的林缘及灌丛内。产内蒙古自治区索伦等地。

■ 宽叶羌活

花序

茎下部叶

小伞果序

果序

植株

（2）卵叶羌活（中国植物志，Flora of China）

Hansenia oviformis (R. H. Shan) Pimenov & Kljuykov, Willdenowia 38(1): 166. 2008.——*Notopterygium oviforme* R. H. Shan, Sinensia. 14: 112. 1943; Fl. China 14: 54. 2005.——*Notopterygium forbesii* var. *oviforme* (Shan) H. T. Chang, 植物分类学报13 (3): 85. 1975; 中国植物志55(1): 190. 1979.

生山坡林下较阴湿处或林缘草丛中。产内蒙古自治区索伦等地。

19　蛇床属　*Cnidium* Cuss.

Cnidium Cuss. in Mem. Soc. Med. Par. 280. 1782.

一年生至多年生草本。叶通常为二至三回羽状复叶，稀为一回羽状复叶，末回裂片线形、披针形至倒卵形。复伞形花序顶生或侧生；总苞片线形至披针形；小总苞片线形、长卵形至倒卵形，常具膜质边缘；花白色，稀带粉红色；萼齿不明显；花柱2，向下反曲。果实卵形至长圆形，果棱翅状，常木栓化。

本属全世界6～8种，主产欧洲和亚洲。中国有5种，分布几乎遍及全国。东北地区产3种。

分种检索表

1. 叶一至二回羽裂；茎丛生，直立或基部伏卧；果近圆形 ··································· 1. 滨蛇床 *C. japonicum* Miq.

（接上表）

1. 叶二至三回羽裂；茎不丛生，直立；果椭圆形、广椭圆形或卵形。
   2. 一年生；小总苞片线状锥形，白膜质边缘极狭或不显；叶的终裂片线形或线状披针形，边缘粗糙；果实广椭圆形，长约2毫米，宽约1.8毫米 ………… 2. 蛇床 C. monnieri (L.) Cuss.
   2. 多年生；小总苞片长倒卵形、长圆形或长圆状倒披针形，白膜质边缘极宽；叶的终裂片披针形，具缺刻状牙齿；果实椭圆形，长3～4毫米，宽2.5～3毫米 ………… 3. 兴安蛇床 C. dauricum (Jacq.) Turcz.

（1）滨蛇床（辽宁植物志，东北植物检索表，东北草本植物志，中国植物志，Flora of China）

Cnidium japonicum Miq. in Ann. Mus. Bot. Lugduno–Batavi 3: 60. 1867; 东北草本植物志6: 232. 1977; 中国植物志55(2): 225. 图版90: 6～8. 1985; 辽宁植物志（上册）: 1303. 图版564. 1988; 东北植物检索表（第二版）: 469. 图版232: 1. 1995; Fl. China 14: 136. 2005.

生海滨。产辽宁省大连沿海各岛屿。

嫩苗开水焯、清水反复浸泡后可食。

■ 滨蛇床

茎上部叶

果序

茎下部叶

植株

（2）蛇床（辽宁植物志，黑龙江省植物志，内蒙古植物志，东北植物检索表，东北草本植物志，中国植物志，Flora of China）

Cnidium monnieri (L.) Cuss. in Mém. Soc. Méd. Paris 1782: 280. 1782; 东北草本植物志6: 234. 图版94.

1977; 中国植物志55(2): 221. 图版91: 6 ~ 9. 1985; 辽宁植物志（上册）: 1305. 图版565. 1988; 内蒙古植物志（第二版）3: 633. 图版249: 6 ~ 9. 1989; 东北植物检索表（第二版）: 469. 图版232: 3. 1995; 黑龙江省植物志7: 323. 图版162.2003; Fl. China 14: 136. 2005.

生河边草地、碱性草地、田间杂草地。产黑龙江省哈尔滨、齐齐哈尔、安达、萝北、饶河、虎林、密山、东宁、安达、呼玛；吉林省九台、镇赉、双辽；辽宁省法库、昌图、西丰、清原、黑山、义县、辽阳、营口、本溪、桓仁、宽甸、凤城、沈阳、丹东、庄河、瓦房店、长海、大连；内蒙古自治区海拉尔、根河、巴尔虎右旗、科尔沁左翼后旗、克什克腾旗等地。

成熟果实能燥湿、杀虫、止痒、壮阳，用于阴道白带异常、阴道滴虫、湿疹等。

■ 蛇床

花序

果序

茎叶

植株

（3）兴安蛇床（黑龙江省植物志，内蒙古植物志，东北植物检索表，东北草本植物志，中国植物志，Flora of China）

Cnidium dauricum (Jacquin) Fischer & C. A. Meyer, Index Sem. Hort. Petrop. 2: 33. 1836; Fl. China 14:136. 2005.——*C. dahuricum* (Jacq.) Turcz. in Ind. Ⅱ. Sem. Horti Petrop. 33. 1835; 东北草本植物志6: 234. 图版93. 1977; 中国植物志55(2): 221. 图版90:1 ~ 5. 1985; 内蒙古植物志（第二版）3:629. 图版249:1 ~ 5. 1989; 东北植物检索表（第二版）: 469. 图版232: 2. 1995; 黑龙江省植物志7:323. 图版162. 2003; 东北植物分布图集: 760. 2019.

生草原、河边湿地。黑龙江省哈尔滨、齐齐哈尔、安达、肇东；吉林省长春、吉林、珲春；辽宁省康平；内蒙古自治区额尔古纳、海拉尔、扎兰屯、满洲里、科尔沁右翼前旗、乌兰浩特、西乌珠穆沁旗、锡林浩特、多伦等地。

■ 兴安蛇床

果序一部分

花序一部分

茎下部叶

花序

植株

20 防风属 *Saposhnikovia* Schischk.

Saposhnikovia Schischk. in Komarov, Fl. URSS 17: 54. 1951.

多年生草本。根粗壮直立，分歧。茎自下部有多数分枝。叶片二回或三回羽状全裂。复伞形花序顶生，疏松，无总苞片；小总苞片数片，披针形；萼齿三角状卵形；花瓣白色，全缘，无毛，顶端有内折的小舌片；花柱基圆锥形，花柱与其等长，果期伸长而下弯；子房密被横向排列的小突起，果期逐渐消失，留有凸起的痕迹。双悬果狭椭圆形或椭圆形，背部扁压，分生果有明显隆起的尖背棱，侧棱成狭翅状。

本属全世界仅1种，主要分布西伯利亚东部及亚洲北部地区。中国东北各地、华北各地等有分布。

防风（辽宁植物志，黑龙江省植物志，内蒙古植物志，东北植物检索表，东北草本植物志，中国植物志，Flora of China）；北防风、关防风（中国植物志）

Saposhnikovia divaricata (Turcz.) Schischk. in Fl. URSS 17: 54. 1951; 东北草本植物志6: 214. 图版85.

1977; 辽宁植物志（上册）: 1348. 图版590. 1988; 内蒙古植物志（第二版）3: 663. 图版261: 6 ~ 11. 1989; 中国植物志55(3): 222. 图版97. 1992; 东北植物检索表（第二版）: 483. 图版240: 5. 1995; 黑龙江省植物志7: 378. 图版191.2003; Fl. China 14: 204. 2005.

多年生草本；基生叶丛生，叶柄长而宽，基部鞘状，叶片二回羽状全裂，叶片卵形或长圆形，二回或近于三回羽状分裂；茎生叶与基生叶相似，但较小，顶生叶简化，有宽叶鞘；复伞形花序；无总苞片；小总苞片4 ~ 6枚，线形；花瓣白色，先端微凹，具内折小舌片；双悬果长卵形，幼时具疣状突起，分果背棱隆起，侧棱宽厚但不为翼状。生山坡、草原、丘陵、干草甸子、多石质山坡。产黑龙江省哈尔滨、富裕、密山、宁安、安达、呼玛、黑河、大庆、嫩江、爱辉、齐齐哈尔；吉林省汪清、靖宇、九台、通化、镇赉、前郭；辽宁省各地；内蒙古自治区额尔古纳、牙克石、扎兰屯、满洲里、新巴尔虎右旗、鄂伦春、科尔沁右翼前旗、大青沟、扎鲁特旗、巴林左旗、巴林右旗、克什克腾旗、喀喇沁旗等地。

根为东北地区著名药材之一，有发汗、祛痰、祛风、发表、镇痛的功效，用于治感冒、头痛、周身关节痛、神经痛等症。

■ 防风

全株

花序一部分

果序一部分

苗期植株

茎叶

花期植株

21 胀果芹属（燥芹属） *Phlojodicarpus* Turcz. ex Ledeb.

Phlojodicarpus Turcz. ex Ledeb., Fl. Ross. (Ledeb.) 2(1,5): 331. 1844.

多年生草本。茎单一或数茎，圆柱形，髓部充实，有纵长条纹或浅沟纹。茎生叶多数，有柄，叶鞘边缘膜质；叶片二至三回羽状全裂，末回裂片狭窄。复伞形花序具总苞和小总苞数片至10余片，有时脱落；花瓣广倒卵形，顶端具小舌片，微凹内折，基部具短爪，白色或苍白色微带淡紫色；萼齿长，披针形或线形；花柱初时直立，后向下弯曲，花柱基短圆锥形。分生果椭圆形或近圆形，背部扁压，背棱或中棱粗钝而隆起明显，侧棱呈宽翅状甚厚，外果皮肥厚，木栓质。

本属全世界2种，产亚洲远东地区，俄罗斯、蒙古国和中国。中国产2种。东北地区产2种。

分种检索表

1. 总苞片、小总苞片、花梗、子房、萼齿、花瓣背面及果实均被稀疏或较密的绵毛 ······ 1. 柔毛胀果芹 P. villosus (Turcz. ex Fisch. & C. A. Mey.) Turcz. ex Led.
1. 除果实被稀疏短毛外，总苞片、小总苞片、花梗、子房、萼齿、花瓣背面均无毛 ······ 2. 胀果芹 P. sibiricus (Fiseh. ex Spreng.) K.–Pol.

（1）柔毛胀果芹（Flora of China）；毛序燥芹（东北草本植物志）；毛序胀果芹（内蒙古植物志）

Phlojodicarpus villosus (Turcz. ex Fisch. & C. A. Mey.) Turcz. ex Led., Fl. Ross. 2: 331. 1844; Fl. China 14: 182. 2005; 内蒙古植物志（第三版）3: 426. 2020.——*Phlojodicarpus sibiricus* var. *villosus* (Turcz. ex Fisch. & C. A. Mey.) Chu, 东北草本植物志6: 287. 图版119: 5 ~ 6. 1977; 内蒙古植物志（第二版）3: 655. 1989.

生石质山坡。产内蒙古自治区额尔古纳、满洲里、扎赉特旗等地。

（2）胀果芹（内蒙古植物志，中国植物志，Flora of China）；燥芹（东北植物检索表，东北草本植物志）

Phlojodicarpus sibiricus (Fiseh. ex Spreng.) K.–Pol. Spisok Rast. Gerb. Russk. Fl. Bot. Muz. Rossiisk. Akad. Nauk. 8: 117. 1922; 东北草本植物志6: 287. 图版119: 1 ~ 4. 1977; 内蒙古植物志（第二版）3: 655. 图版262. 1989; 中国植物志55(3): 121. 图版51: 1 ~ 6. 1992; 东北植物检索表（第二版）: 480. 图版239: 1. 1995; Fl. China 14: 181. 2005.

生向阳山坡、干燥多石山地或草原区石质山顶。产内蒙古自治区额尔古纳、满洲里、锡林浩特、苏尼特左旗、太仆寺旗等地。

■ 胀果芹

茎下部叶

果序

■ 胀果芹

植株下部

花序

22 当归属 *Angelica* L.

Angelica L., Sp. Pl. ed. 1: 250. 1753.

二年生或多年生草本。通常有粗大的圆锥状直根。茎直立，圆筒形，常中空。叶三出式羽状分裂或羽状多裂，裂片宽或狭，有齿或全缘；叶柄膨大成管状或囊状的叶鞘。复伞形花序；总苞片和小总苞片多数至少数，全缘，稀缺少；伞辐多数至少数；花白色带绿色，稀为淡红色或深紫色；萼齿通常不明显；花瓣卵形至倒卵形，顶端渐狭，内凹成小舌片。果实卵形至长圆形，背棱及中棱稍隆起，侧棱宽阔或狭翅状，成熟时两个分生果互相分开。

本属全世界100多种，大部分产于北温带和新西兰，少数种类分布于东欧和中亚地区。中国有52种，分布于南北各地，主产东北、西北和西南地区。东北地区产19种3变种3变型，其中栽培3种。

分种检索表

1. 伞形花序圆球形，外缘伞辐常常反折；花柱基平垫状。
  2. 茎高60～80厘米，由上部分枝；叶三回三出状全裂，小叶长达7厘米，宽达4厘米，两面无毛，边缘的锯状齿无芒尖；分生果侧棱比背棱宽，背棱横切面三角形，棱槽下具1条油管，接着面有2条油管 ……………………………………………………………… 1. 高山芹 A. saxatilis Turcz. ex Ledeb.
  2. 茎高20～40厘米，由基部分枝；叶二回羽状全裂，小叶长达2厘米，宽达1.3厘米，表面脉上有短糙毛，边缘的锯状齿具芒尖；分生果的侧棱与背棱近等宽，背棱成宽翼状，棱槽下具1～2条油管，接着面下有3～4条油管 ……………………………………………………… 2. 长白高山芹 A. nakaiana (Kitag.) Pimenov
1. 伞形花序半圆球形，外缘伞辐逐渐向上逆转；花柱基短圆锥形或平垫状。
  3. 伞形花序边花的外侧花瓣比内侧花瓣显著大；萼齿不明显（3. 柳叶芹 A. czernaevia (Fisch. & C. A. Mey.) Kitag.）。
    4. 果棱尖而凸出，狭翅状，侧棱翅状（3a. 柳叶芹 A. czernaevia var. czernaevia）。
      5. 叶的末回裂片披针形或长卵状披针形，宽0.5～2厘米，边缘有不整齐的粗锯状齿，有时末回裂片的基部再具1～2个缺刻 ………………………………………… 3aa. 柳叶芹 A. czernaevia f. czernaevia

（接上表）

5. 叶的末回裂片卵形或长卵形，宽2～4厘米，常具1～2缺刻
……………………………………………… **3ab. 宽叶柳叶芹** A. czernaevia f. latipinna (Chu) S. M. Zhang
4. 分生果的果棱呈肋状，侧棱几乎无翼，棱槽较宽阔
……………………………………………… **3b. 无翼柳叶芹** A. czernaevia var. exalatocarpa (Y. C. Chu) S. M. Zhang
3. 伞形花序的边花的花瓣等大。
6. 果皮较厚，由多层细胞组成；叶缘具白色软骨质。
7. 小叶柄常呈弧形弯曲 ……………………………………………… **4. 拐芹** A. polymorpha Maxim.
7. 小叶柄不呈弧形弯曲。
8. 花瓣暗紫色，稀白色；花序圆球状或复伞形，伞梗基部有囊状大总苞。
9. 无萼齿；花序圆球状；总苞片1至数枚，膨大成囊状 ……………………… **5. 朝鲜当归** A. gigas Nakai
9. 萼齿明显；花序复伞形；总苞片1～3枚，阔鞘状且向下反折（**6. 紫花前胡** A. decursiva (Miq.) Franch. et Sav.）。
10. 花深紫色；茎常为紫色 ……………………………………… **6a. 紫花前胡** A. decursiva f. decursiva
10. 花白色；茎常绿色，有时带紫色 …………**6b. 鸭巴前胡** A. decursiva f. albiflora (Maxim.) Nakai
8. 花瓣白色或黄色；花序不呈球形，伞梗基部常无囊状大总苞。
11. 花瓣黄色 ……………………………………………………………… **7. 欧白芷** A. archangelica L.
11. 花瓣白色。
12. 叶一回羽状全裂或一至二回三出羽状分裂；基生叶及下部茎生叶的叶柄膨大成长鞘状。
13. 叶一回羽状全裂；无总苞片；小总苞片2～4，线状钻形
……………………………………………… **8. 长鞘当归** A. cartilaginomarginata (Makino) Nakai
13. 叶一至二回三出羽状分裂；总苞片一至数个，有时无；小总苞片5～8，线状披针形或线形
……………………………………………… **9. 东当归** A. acutiloba (Sieb. et Zucc.) Kitagawa
12. 叶二至四回羽裂。
14. 分生果侧棱具宽3～4毫米甚至更宽的翼；末回裂片卵形至长圆状披针形；植株较粗壮，根有浓郁的香气 ……………………………………………… **10. 当归** A. sinensis (Oliv.) Diels
14. 分生果侧棱具宽1～2毫米的翼。
15. 叶鞘不膨大，紧抱茎，背面和茎上部密被短柔毛，稀茎下部无毛；无总苞或1片早落；小总苞片3～7，线状锥形 …………………………… **11. 狭叶当归** A. anomala Lallem.
15. 叶鞘膨大，常疏松抱茎，无毛，或仅茎顶部节间有毛。
16. 终叶裂片基部下延；总苞片0～2；小总苞片5～10或更多
……… **12. 白芷** A. dahurica (Fisch. ex Hoffm.) Benth. et Hook. f. ex Franch. et Sav.
16. 终叶裂片基部多歪楔形而不下延。
17. 终叶裂片卵形至宽卵形；总苞片1；小总苞片约5；花瓣绿色
………………………… **13. 带岭当归** A. dailingensis Z. H. Pan & T. D. Zhuang
17. 终叶裂片卵形、长卵形或卵状长圆形；无总苞片；小总苞片5～7；花瓣白色
……………………………………………… **14. 黑水当归** A. amurensis Schischk.
6. 果皮薄膜质，内外果皮各由一层细胞组成；叶缘无白色软骨质。
18. 植株具细长地下匍匐枝；终裂片狭细，边缘全缘。
19. 终叶裂片狭线形或丝状线形，宽0.5～1毫米，叶轴略钩曲；茎高达60厘米

（接上表）

……………………………………………… **15. 丝叶山芹 A. tenuifolia** (Pall. ex Spreng.) Pimenov

19. 终叶裂片广披针形、卵状披针形、线状披针形或长圆状线形至线形，宽2～9毫米，叶轴不钩曲；茎高达120厘米（**16. 全叶山芹 A. maximowiczii** Benth. ex Maxim.）。

20. 终叶裂片线状披针形或长圆状线形至线形，宽2～4（～5）毫米

……………………………………………………… **16a. 全叶山芹 A. maximowiczii** var. **maximowiczii**

20. 终叶裂片广披针形至卵状披针形，宽5～9毫米

……………………………………… **16b. 大全叶山芹 A. maximowiczii** var. **australe** (Kom.) S. M. Zhang

18. 植株无地下匍匐枝；终叶裂片宽阔，边缘具锯状齿、圆齿或缺刻。

11. 小叶具2～4深缺刻及粗大的缺刻状牙齿 ………………………… **17. 大齿山芹 A. grosseserrata** Maxim.

11. 小叶具圆齿状锯状齿或牙齿。

22. 花瓣淡绿色或白色，基部具长达瓣之1/2以上的长爪；分生果的棱槽中各具1条油管，接着面内具2条油管；茎具锐棱 ………………………… **18. 绿花山芹 A. viridiflora** (Turcz.) Benth. ex Maxim.

22. 花瓣白色，基部具短爪；分生果的棱槽中各具1～3条油管，接着面内具4～6～8条油管；茎具钝棱；最终小叶常具短柄，长卵形至卵形，基部微心形或截形，有时稍歪斜（**19. 山芹 A. sieboldii** Miq.）。

23. 叶片轮廓为三角形；末回裂片菱状卵形至卵状披针形，宽3～6厘米，顶端急尖至渐尖，基部截形（**18a. 山芹 A. sieboldii** var. **sieboldii**）。

24. 茎光滑或仅基部稍有短柔毛；叶两面无毛 …………… **19aa. 山芹 A. sieboldii** f. **sieboldii**

24. 茎下部被白色长毛；叶两面脉上及边缘被糙毛

…………………………………… **19ab. 毛山芹 A. sieboldii** f. **hirsutum** (Hiyama) S. M. Zhang

23. 叶比原变种较狭；末回裂片椭圆形、长卵形或近菱形，宽1～3厘米，顶端尖或渐尖，基部通常楔形 ……………………… **19b. 狭叶山芹 A. sieboldii** var. **praeteritum** (Kitag.) S. M. Zhang

（1）高山芹（黑龙江省植物志，东北植物检索表，东北草本植物志，中国植物志，Flora of China）

Angelica saxatilis Turcz. ex Ledeb. in Fl. Ross. 2: 296. 1844.——*Coelopleurum saxatile* (Turcz.) Drude in Engler & Prantl, Nat. Pflanzenfam. 3(8): 213. 1898; 东北草本植物志6: 282. 图版117: 1～4. 1977; 中国植物志

■ 高山芹

茎下部叶

花序一部分

■ 高山芹

植株上部

植株

55(2): 8. 图版3: 1 ~ 5. 1992; 东北植物检索表（第二版）: 469. 图版232: 5. 1995; 黑龙江省植物志7: 327. 图版164.2003; Fl. China 14: 157. 2005.

生高山带，天池内壁下部石砾子间温润处或暗针叶林下、岳桦林下急陡的阴坡上。产吉林省抚松、长白、安图。

（2）长白高山芹（东北植物检索表，东北草本植物志，中国植物志，Flora of China）

Angelica nakaiana (Kitag.) Pimenov in Feddes Repert. 110: 482. 1999.——*Coelopleurum nakaianum* (Kitag.) Kitag. in J. Jap. Bot. 43: 427. 1968; 东北草本植物志6: 282. 图版117: 5 ~ 8. 1977; 中国植物志55(2): 8.

■ 长白高山芹

花蕾期花序

植株

■ 长白高山芹

花序

花序一部分

茎下部叶

图版3: 6 ~ 8. 1992; 东北植物检索表 (第二版) : 469. 图版232: 6. 1995; Fl. China 14: 157. 2005.

生海拔2000米以上的高山草原地带。吉林省抚松、长白、安图。

(3) 柳叶芹 (辽宁植物志，黑龙江省植物志，内蒙古植物志，东北植物检索表，东北草本植物志，中国植物志，Flora of China)

Angelica czernaevia (Fisch. & C. A. Mey.) Kitag. in J. Jap. Bot. 12: 241. 1936.——*Czernaevia laevigata* Turcz. in Bull. Soc. Imp. Naturalistes Moscou 17: 740. 1844; 东北草本植物志6: 266. 图版109: 1 ~ 6. 1977; 辽宁植物志 (上册) : 1309. 图版567: 1 ~ 5. 1988; 内蒙古植物志 (第二版) 3: 651. 图版259: 1 ~ 6. 1989; 中国植物志55(3): 10. 图版4. 1992; 东北植物检索表 (第二版) : 471. 图版233: 3. 1995; 黑龙江省植物志7: 330. 图版166: 1 ~ 5. 2003; Fl. China 14: 157. 2005.

(3a) 柳叶芹 (原变种)

Angelica czernaevia var. *czernaevia*

(3aa) 柳叶芹 (原变型)

Angelica czernaevia f. *czernaevia*

生阔叶林下、林缘、灌丛、林区草甸子及湿草甸子处。产黑龙江省尚志、呼玛、漠河、依兰、萝北、桦川、虎林、伊春、哈尔滨；吉林省敦化、安图、汪清、珲春、和龙、吉林、通化、浑江；辽宁省

■ 柳叶芹

茎上部叶

茎下部叶

小伞果序

■ 柳叶芹

小伞花序

花序一部分

花序

西丰、抚顺、本溪、桓仁、凤城、绥中、沈阳、鞍山、辽阳、庄河、大连；内蒙古自治区额尔古纳、根河、牙克石、扎兰屯、科尔沁右翼前旗、扎鲁特旗、克什克腾旗、东乌珠穆沁旗、西乌珠穆沁旗、多伦等地。

幼苗作春季山菜；嫩茎叶可作饲料。

（3ab）宽叶柳叶芹（变型）（东北植物检索表，东北草本植物志，中国植物志）

Angelica czernaevia f. *latipinna* (Chu) S. M. Zhang, 东北维管植物考: 975. 2021——*Czernaevia laevigata* Turcz. f. *latipinna* Chu, 东北草本植物志6: 266, 294. 图版109: 7. 1977; 辽宁植物志（上册）: 1309. 图版567: 6. 1988; 中国植物志55(3): 12. 1992; 东北植物检索表（第二版）: 471. 图版233: 4. 1995.

■ 宽叶柳叶芹

苗期植株

果序

小伞果序

茎下部叶

■ 宽叶柳叶芹

根部

茎

小伞花序

生阔叶林下及灌丛间。产吉林省珲春；辽宁省本溪、凤城、庄河等地。模式标本采自本溪草河掌北山。

（3b）无翼柳叶芹（变种）（黑龙江省植物志，东北植物检索表，东北草本植物志，中国植物志，Flora of China）

Angelica czernaevia var. *exalatocarpa* (Y. C. Chu) S. M. Zhang, 东北维管植物考: 975. 2021——*Czernaevia laevigata* var. *exalatocarpa* Y. C. Chu, 东北草本植物志6: 266. 图版109: 8 ~ 10. 1977; 中国植物志55(3): 12. 1992; 东北植物检索表（第二版）: 471. 图版233: 5. 1995; 黑龙江省植物志7: 332. 图版166: 6 ~ 7.2003; Fl. China 14: 158. 2005.

生草地、柞木林内及水甸子。产黑龙江省萝北；内蒙古自治区额尔古纳、霍林郭勒等地。

（4）拐芹（中国植物志，Flora of China）；拐芹当归（辽宁植物志，东北植物检索表，东北草本植物志）

Angelica polymorpha Maxim. in Bull. Acad. Imp. Sci. Saint-Pétersbourg Ⅲ, 19: 185. 1873; 东北草本植物志6: 254. 图版103. 1977; 辽宁植物志（上册）: 1280. 图版550. 1988; 中国植物志55(3): 40. 图版16: 5 ~ 7. 1992; 东北植物检索表（第二版）: 460. 图版228: 1. 1995; Fl. China 14: 161. 2005.

生山区溪旁、林内、山间阴湿地。产吉林省磐石；辽宁省西丰、本溪、桓仁、宽甸、凤城、丹东、

■ 拐芹

花果期

茎下部叶

植株

■ 拐芹

小伞花序

小伞果序

茎上部叶

花序

岫岩、凌源、绥中、鞍山、庄河；内蒙古自治区宁城等地。

幼苗为春季山菜，味鲜可口。根有祛风散寒、散湿、消肿、排脓、止痛作用。

（5）朝鲜当归（黑龙江省植物志，东北植物检索表，东北草本植物志，中国植物志，Flora of China）；大当归（辽宁植物志）

Angelica gigas Nakai in Bot. Mag. (Tokyo) 31: 100. 1917; 东北草本植物志6: 254. 图版104. 1977; 辽宁植物志（上册）: 1280. 图版551. 1988; 中国植物志55(3): 32. 图版13. 1992; 东北植物检索表（第二版）: 460. 图版228: 2. 1995; 黑龙江省植物志7: 294. 图版147. 2003; Fl. China 14: 165. 2005.

生山地林中溪流旁和林缘。产黑龙江省尚志；吉林省安图、抚松、蛟河、敦化；辽宁省本溪、桓仁、宽甸、凤城、庄河等地。

根部用于月经不调、经行腹痛、崩漏、风湿痹痛、跌打损伤等症。

■ 朝鲜当归

花序正面观

花序侧面观

花序一部分

植株一部分

植株

（6）紫花前胡（中国植物志，Flora of China）；前胡（辽宁植物志，黑龙江省植物志，东北植物检索表，东北草本植物志）

Angelica decursiva (Miq.) Franch. et Sav. in Enum. Pl. Jap. 1: 187. 1873; 中国植物志55(3): 28. 图版11. 1992; Fl. China 14: 164. 2005.——*Porphyroscias decursiva* Miq. in Ann. Mus. Bot. Lugduno-Batavum 3: 62. 1867; 东北草本植物志6: 267. 1977; 辽宁植物志（上册）: 1343. 图版587. 1988; 东北植物检索表（第二版）: 480. 图版240: 1. 1995; 黑龙江省植物志7: 370. 图版186. 2003.

（6a）紫花前胡（原变型）

Angelica decursiva f. *decursiva*

生山地林下溪流旁、林缘湿草甸、灌丛间。产吉林省安图；辽宁省凤城、庄河、宽甸、本溪等地。嫩苗可食。根有清热、散风、降气、化痰作用。

■ 紫花前胡

基生叶

小伞花序

小伞果序

花序

（6b）鸭巴前胡（变型）（辽宁植物志，黑龙江省植物志，东北植物检索表，东北草本植物志，中国植物志）；白花下延当归（内蒙古植物志）

Angelica decursiva f. *albiflora* (Maxim.) Nakai in Fl. Kor. 1: 268. 1909; 内蒙古植物志（第二版）3: 648. 图版258. 1989; 中国植物志55(3): 29. 1992.——*Porphyroscias decursiva* Miq. f. *albiflora* (Maxim.) Nakai in Syn. Sk, Kor. Fl. 88. 1952; 东北草本植物志6: 269. 图版110. 1977; 辽宁植物志（上册）: 1343. 图版588. 1988; 东北植物检索表（第二版）: 483. 1995; 黑龙江省植物志7: 372. 图版187.2003.

生山地林下溪流旁。产黑龙江省萝北；吉林省永吉、长白、安图、和龙；辽宁省康平、彰武、新宾、凤城、丹东、庄河、盖州、大连；内蒙古自治区大青沟等地。

■ 鸭巴前胡

茎下部叶

花序

（7）欧白芷（植物智网站）

Angelica archangelica L., Sp. Pl. 1 250. 1753.

原产欧洲、西亚及格陵兰。辽宁省辽阳等地药草园有栽培。

种子和根提取的精油具有止痛、化痰、补肾等疗效。

■ 欧白芷

小伞果序正面观

果序侧面观

果期植株

■ 欧白芷

小伞花序

苗期植株

（8）长鞘当归（中国植物志，Flora of China）；东北长鞘当归（辽宁植物志，东北植物检索表，东北草本植物志，中国植物志）

Angelica cartilaginomarginata (Makino) Nakai in J. Coll. Sci. Imp. Univ. Tokyo 26: 269 1909; 中国植物志55(3):16. 1992 Fl. China 14: 166. 2005.——*A. cartilaginomarginata* (Makino ex Y. Yabe) Nakai var. *matsumurae* (H. Boissieu) Kitag. in J. Jap. Bot. 12: 244. 1936; 东北草本植物志6: 256. 图版105. 1977; 辽宁植物志（上册）: 1283. 图版552. 1988; 中国植物志55(3): 16. 图版5: 1 ~ 4. 1992; 东北植物检索表（第二版）: 460. 图版228: 3. 1995.

生灌丛、林下、山沟溪旁。产吉林省安图、通化；辽宁省庄河、铁岭、开原、西丰、清原、本溪、桓仁、丹东、宽甸、凤城、岫岩、沈阳、鞍山等地。

东北用本种根部作“当归”，有补血、活血、调经、润燥、滑肠作用。

■ 长鞘当归

花序

果序

小伞果序

茎上部叶

茎下部叶

居群

（9）东当归（东北草本植物志，中国植物志，Flora of China）；延边当归、日本当归（吉林）

Angelica acutiloba (Sieb. et Zucc.) Kitagawa in Bot. Mag. Tokyo 51: 658. 1937; 东北草本植物志6: 256. 1977; 中国植物志55(3): 50. 图版21. 1992; Fl. China 14: 166. 2005.

模式标本产于日本中部横须贺近郊。中国吉林省延边朝鲜族自治州的延吉、珲春、和龙等县有栽培。

根作“当归”药用，功效与中国产当归类似，主治月经不调、经来腹痛、腰痛、崩漏、大便干燥、痢疾腹痛等症。

■ 东当归

花序

植株

（10）当归（黑龙江省植物志，内蒙古植物志，中国植物志，Flora of China）

Angelica sinensis (Oliv.) Diels in Engl. Jahrb. 29: 500. 1901; 内蒙古植物志（第二版）3: 644. 图版259: 7 ~ 11. 1989; 中国植物志55(3): 41. 图版16: 1 ~ 4. 1992; 黑龙江省植物志7: 297. 图版148.2003; Fl. China 14: 168. 2005.

主产甘肃东南部。黑龙江省和内蒙古自治区有栽培。

根为著名中药“当归”，能补血、和血、调经止痛，润肠滑肠。治月经不调、经闭腹痛、症瘕结聚、崩漏、血虚头痛、眩晕、痿痹、肠燥便难、赤痢后重、痈疽疮疡、跌打损伤等。

（11）狭叶当归（黑龙江省植物志，内蒙古植物志，东北植物检索表，东北草本植物志，中国植物志，Flora of China）

Angelica anomala Lallem. in Index Seminum (LE) 9: 57. 1843; 东北草本植物志6: 258. 图版106. 1977; 内蒙古植物志（第二版）3: 645. 图版257. 1989; 中国植物志55(3): 22. 图版8: 7 ~ 9. 1992; 东北植物检索表（第二版）: 463. 图版229: 1. 1995; 黑龙江省植物志7: 292. 图版145: 7 ~ 9.2003; Fl. China 14: 160. 2005.

生山坡、路旁、草地、林缘、水溪旁、阔叶林下和石砾质河滩上。产黑龙江省依兰、宁安、呼玛、漠河；吉林省梅河口、临江、珲春、抚松、靖宇、安图；内蒙古自治区额尔古纳、扎兰屯、鄂伦春、科尔沁右翼前旗、宁城等地。

黑龙江省依兰县一带曾用其根代替独活（香大活），称为“水大活”，但根部的辣香气较薄，质量较次。

■ 狭叶当归

小伞果序

花序

花序一部分

茎下部叶

植株下部

植株

（12）白芷（中国植物志，Flora of China）；大活（辽宁植物志，黑龙江省植物志，东北植物检索表，东北草本植物志）；雾灵当归（辽宁植物志，东北植物检索表）；兴安白芷（内蒙古植物志）

Angelica dahurica (Fisch. ex Hoffm.) Benth. et Hook. f. ex Franch. et Sav. in Enum. Pl. Jap. 1: 187. 1873; 东北草本植物志6: 262. 图版108. 1977; 辽宁植物志（上册）: 1286. 图版554. 1988; 内蒙古植物志（第二版）3: 644. 图版255. 1989; 中国植物志55(3): 35. 图版14. 1992; 东北植物检索表（第二版）: 463. 图版229: 3. 1995; 黑龙江省植物志7: 294. 图版146.2003; Fl. China 14: 169. 2005.——*A. porphyrocaulis* Nakai et Kitag. in Rep. Exped. Manchoukou Sect. IV 4(1): 33. 1933; 辽宁植物志（上册）: 1286. 图版555. 1988; 东北植物检索表（第二版）: 463. 1995.

生林下、林缘、溪旁、灌丛及山谷草地。产黑龙江省呼玛、漠河、爱辉、饶河、宁安、尚志、黑河、伊春；吉林省和龙、抚松、靖宇、安图、汪清、敦化、通化、浑江；辽宁省西丰、清原、新宾、桓仁、本溪、凤城、宽甸、岫岩、绥中、北镇、建昌、沈阳、辽阳、海城、营口、盖州；内蒙古自治区额尔古纳、根河、鄂伦春、鄂温克、科尔沁右翼前旗、大青沟、扎鲁特旗、克什克腾旗、西乌珠穆沁旗等地。

根有散风除湿、通窍止痛、消肿排脓作用。嫩茎剥皮后可供食用。

■ 白芷

根部

茎下部叶

花序

小伞花序

小伞果序

植株

（13）带岭当归（植物分类学报，Flora of China）

Angelica dailingensis Z. H. Pan & T. D. Zhuang, Acta Phytotax. Sin. 33: 88 ~ 89. 1995; Fl. China 14:163. 2005. 生草坡。产黑龙江省伊春。模式标本采自黑龙江省森林植物园栽培株。

（14）黑水当归（辽宁植物志，内蒙古植物志，东北植物检索表，东北草本植物志，中国植物志，Flora of China）；黑龙江当归（黑龙江省植物志）

Angelica amurensis Schischk. in Fl. URSS 17: 352. 1951; 东北草本植物志6: 260. 图版107. 1977; 辽宁植物志（上册）: 1283. 图版553. 1988; 内蒙古植物志（第二版）3: 645. 图版256. 1989; 中国植物志55(3): 21. 图版8: 1 ~ 6. 1992; 黑龙江省植物志7: 291. 图版145: 1 ~ 6.2003; Fl. China 14: 167. 2005.——*A. cincta* auct. non Boiss.: 东北植物检索表（第二版）: 463. 图版229: 2. 1995.

■ 黑水当归

果序

花序

植株

■ 黑水当归

小伞果序

茎上部叶

茎下部叶

生山坡、草地、林下、林缘、灌丛及河岸溪流旁。产黑龙江省尚志、黑河、嫩江、爱辉、虎林、伊春、呼玛；吉林省抚松、安图；辽宁省本溪、桓仁、宽甸、凤城；内蒙古自治区牙克石、根河、鄂伦春等地。

叶柄和嫩茎水焯浸泡后可做菜食。根有祛风燥湿、消肿止痛作用。

（15）丝叶山芹（内蒙古植物志，东北植物检索表，东北草本植物志，中国植物志，Flora of China）

Angelica tenuifolia (Pall. ex Spreng.) Pimenov, Bot. Zhurn. (Moscow & Leningrad) 70(11): 1494. 1985.——*Ostericum tenuifolia* (Pall. ex Spreng.) Y. C. Chu, 东北植物检索表（第二版）: 478. 图版237: 3. 1995.——*Ostericum filisectum* Chu, 东北草本植物志6: 245. 图版99. 1977; 内蒙古植物志（第二版）3: 638. 图版252: 1 ~ 3. 1989.——*Ostericum maximowiczii* var. *filisectum* (Y. C. Chu) C. Q. Yuan & R. H. Shan, Bull. Nanjing Bot. Gard. Mem. Sun Yat Sen. 1984–1985: 3. 1986; 中国植物志55(3): 67. 1992; Fl. China 14: 170. 2005.

生森林河边湿地和落叶松林中。产内蒙古自治区额尔古纳（模式标本采集地）等地。

■ 丝叶山芹

小伞花序

植株

■ 丝叶山芹

花序正面观

花序侧面观

（16）全叶山芹（黑龙江省植物志，内蒙古植物志，东北植物检索表，东北草本植物志，中国植物志，Flora of China）

Angelica maximowiczii Benth. ex Maxim., Bull. Acad. Imp. Sci. Saint-Pétersbourg XIX. 274.1874.——*Ostericum maximowiczii* (Fr. Schmidt ex Maxim.) Kitag. in Journ. Jap. Bot. 12: 232. 1936; 东北草本植物志6: 243. 图版98: 1 ~ 5. 1977; 内蒙古植物志（第二版）3: 638. 图版252: 4 ~ 7. 1989; 中国植物志55(3): 65. 图版2: 5 ~ 7. 1992; 东北植物检索表（第二版）: 476. 图版237: 1. 1995; 黑龙江省植物志7: 353. 图版177: 1 ~ 5.2003; Fl. China 14: 170. 2005.

（16a）全叶山芹（原变种）

Angelica maximowiczii var. *maximowiczii*

■ 全叶山芹

茎下部叶

花序

■ 全叶山芹

茎上部叶

植株上部

植株

生高山至平地、路旁、湿草甸子、林缘或混交林下。产黑龙江省伊春、爱辉、虎林、穆棱、呼玛、尚志、黑河；吉林省蛟河、安图、敦化、抚松；内蒙古自治区根河、牙克石、满洲里、锡林浩特等地。

茎叶可作牲畜饲料。全草用于毒蛇咬伤。

（16b）大全叶山芹（变种）（辽宁植物志，黑龙江省植物志，东北植物检索表，东北草本植物志，中国植物志，Flora of China）

Angelica maximowiczii var. *australe* (Kom.) S. M. Zhang, 东北维管束植物考：978. 2021.——*Ostericum maximowiczii* (Fr. Schmidt ex Maxim.) Kitag. var. *australe* (Kom.) Kitag. in Lineam. Fl. Manch. 340. 1939; 东北草本植物志6: 245. 图版98: 6. 1977; 辽宁植物志（上册）: 1330. 图版576. 1988; 中国植物志55(3): 65. 1992; 东北植物检索表（第二版）: 478. 图版237: 2. 1995; 黑龙江省植物志7: 354. 图版177: 6. 2003; Fl. China 14: 170. 2005.

生高山至平地、路旁、湿草甸子、林缘或混交林下。产黑龙江省伊春（带岭）；吉林省蛟河、和龙、安图、珲春、敦化、抚松、长白；辽宁省本溪等地。

■ 大全叶山芹

茎下部叶

花序

■ 大全叶山芹

茎上部叶

植株

（17）大齿山芹（辽宁植物志，中国植物志，Flora of China）；碎叶山芹（东北植物检索表，东北草本植物志）

Angelica grosseserrata Maxim., Bull. Acad. Imp. Sci. Saint-Pétersbourg XIX. 275.1874.——*Ostericum grosseserratum* (Maxim.) Kitag. in J. Jap. Bot. 12(4): 233. 1936; 东北草本植物志6: 245. 图版100. 1977; 辽宁植物志（上册）: 1331. 图版580. 1988; 中国植物志55(3): 72. 图版31. 1992; 东北植物检索表（第二版）: 478. 图版237: 4. 1995; Fl. China 14: 172. 2005.

生山坡、草地、溪沟旁、林缘灌丛中。产吉林省长春、九台、通化、安图、和龙、珲春；辽宁省各地。

幼苗作野菜食用。根有补中益气、温脾散寒作用。

■ 大齿山芹

茎中部叶

花序

花序一部分

小伞果序

果序一部分

植株下部

（18）绿花山芹（辽宁植物志，黑龙江省植物志，内蒙古植物志，东北植物检索表，东北草本植物志，中国植物志，Flora of China）

Angelica viridiflora (Turcz.) Benth. ex Maxim., Mélanges Biol. Bull. Phys.–Math. Acad. Imp. Sci. Saint–Pétersbourg 9: 253. 1873.——*Ostericum viridiflorum* (Turcz.) Kitag. in J. Jap. Bot. 12(4): 235. 1936; 东北草本植物志6: 248. 图版101. 1977; 辽宁植物志（上册）: 1331. 图版581. 1988; 内蒙古植物志（第二版）3: 640. 图版253. 1989; 中国植物志55(3): 72. 图版30: 6 ~ 7. 1992; 东北植物检索表（第二版）: 478. 图版237: 5. 1995; 黑龙江省植物志7: 354. 图版178.2003; Fl. China 14: 171. 2005.

生林缘、路旁和草地。产黑龙江省虎林、饶河、勃利、宁安、哈尔滨、呼玛、漠河；吉林省蛟河；辽宁省绥中、沈阳、清原、桓仁、鞍山；内蒙古自治区海拉尔、额尔古纳（三河）、扎赉特旗（保安沼）等地。

幼苗为春季野菜。果实可提制芳香油。

■ 绿花山芹

果序

花序

茎叶

小伞花序

（19）山芹（辽宁植物志，内蒙古植物志，东北植物检索表，东北草本植物志，中国植物志，Flora of China）

Angelica sieboldii Miq., Ann. Mus. Bot. Lugduno–Batavi 3: 61. 1867.——*Ostericum sieboldii* (Miq.) Nakai in J. Jap. Bot. 18: 219. 1942; 东北草本植物志6: 250. 图版102: 1 ~ 5. 1977; 辽宁植物志（上册）: 1334. 图版582. 1988; 内蒙古植物志（第二版）3: 640. 图版254. 1989; 中国植物志55(3): 69. 图版30: 1 ~ 5. 1992; 东北植物检索表（第二版）: 478. 图版237: 6. 1995; Fl. China 14: 171. 2005.

（19a）山芹（原变种）

Angelica sieboldii var. *sieboldii*

（19aa）山芹（原变型）

Angelica sieboldii f. *sieboldii*

生海拔较高的山坡、草地、山谷、林缘和林下。产辽宁省凌源、北镇、义县、抚顺、本溪、桓仁、宽甸、凤城、东港、岫岩、庄河、鞍山、普兰店、大连；内蒙古自治区牙克石、大青沟、阿鲁科尔沁旗、喀喇沁旗、多伦等地。

根治风湿痹痛、腰膝酸痛、感冒头痛、痈疮肿痛等症。幼苗可作春季野菜。

■ 山芹

小伞花序

小伞果序

植株下部

（19ab）毛山芹（变型）（辽宁植物志，东北植物检索表，东北草本植物志，中国植物志）

Angelica sieboldii f. *hirsutum* (Hiyama) S. M. Zhang, 东北维管植物考: 979. 2021——*Ostericum sieboldii* f. *hirsutum* (Hiyama) Hara in Enum. Soerm. Jap. 3: 317. 1954; 东北草本植物志6: 250. 1977; 辽宁植物志（上册）: 1334. 1988; 中国植物志55(3): 71. 1992; 东北植物检索表（第二版）: 478. 1995.

生山区林下，草地、山沟溪流旁。产辽宁省本溪、凤城、岫岩、庄河等地。

■ 毛山芹

植株一部分

茎

小伞花序侧面观

■ 毛山芹

花序

植株上部

（19b）狭叶山芹（变种）（黑龙江省植物志，东北植物检索表，东北草本植物志，中国植物志，Flora of China）

Angelica sieboldii var. *praeteritum* (Kitag.) S. M. Zhang, 东北维管植物考: 979. 2021.——*Ostericum sieboldii* var. *praeteritum* (Kitag.) Huang, 东北草本植物志6: 252 图102 ~ 6. 1977; 中国植物志55(3): 71. 1992; Fl. China 14: 172. 2005.——*O. praeteritum* Kitag. in J. Jap. Bot. 46(12): 369–370, f. 2 1971; 东北植物检索表（第二版）: 478. 图版237: 7. 1995.——*O. viridiflorum* var. *praeteritum* (Kitag.) Huang, 黑龙江省植物志7: 357. 图版183: 1.2003.

生林下、林边草地。产黑龙江省尚志；吉林省蛟河、安图、和龙、前郭；辽宁省本溪、桓仁等地。

■ 狭叶山芹

茎下部叶

花序一部分

花序

23 独活属（牛防风属） *Heracleum* L.

Heracleum L., Sp. Pl. 1: 249. 1753.

二年生或多年生直立草本。主根纺锤形或圆锥形。茎细长至粗大，分枝。叶有柄，叶柄有宽展的叶鞘；叶片三出式或羽状多裂，裂片宽阔或窄狭，边缘有锯状齿以至不同程度的半裂和分裂，薄膜质。疏松复伞形花序；总苞片少数或无；小总苞数片，全缘，稀分裂；伞辐多数，开展伸长；花白色、黄色或染有红色，花柄细长；萼齿细小或不显；花瓣倒卵形至倒心脏形，先端凹陷有狭窄的内折小舌片，外缘花瓣为辐射瓣；花柱基短圆锥形，花柱短，直立或弯曲。果实圆形、倒卵形或椭圆形，背部扁平，背棱和中棱丝线状，侧棱通常有翅。

本属全世界约70种，多数分布于欧洲与亚洲，1种分布北美洲，少数种分布东非。中国有29种，各省区均有分布，主要分布西南地区。东北地区产2种1变种。

分种检索表

1. 叶背面密被灰白色短茸毛，侧小叶羽状深裂或缺刻，裂片常羽状缺刻；伞梗20～40；植株较粗糙多毛 ………………………………………… 1. 兴安独活 H. dissectum Ledeb.

1. 叶背面脉上或全面疏生非灰白色的短毛，侧小叶多3～5浅裂，稀中裂至深裂，裂片常不再分裂；伞梗11～20或更多；植株较平滑（2. 短毛独活 H. moellendorffii Hance）。

  2. 叶三出式分裂，裂片广卵形至圆形、心形、不规则的3～5裂，裂片边缘具粗大的锯状齿，尖锐至长尖 ………………………… 2a. 短毛独活 H. moellendorffii var. moellendorffii

  2. 叶二回羽状全裂，终裂片狭而呈卵状披针形 ………………2b. 狭叶短毛独活 H. moellendorffii var. subbipinnatum (Franch.) Kitag.

（1）兴安独活（中国植物志，Flora of China）；兴安牛防风（东北植物检索表，东北草本植物志）；老山芹（黑龙江省植物志）

Heracleum dissectum Ledeb. in Fl. Altaic. 1: 301. 1829; 东北草本植物志6: 279. 图版115. 1977; 中国植物志55(3): 192. 1992; 东北植物检索表（第二版）: 473. 图版235: 1. 1995; 黑龙江省植物志7: 339. 图版170.2003; Fl. China 14: 199. 2005.

生湿草地、草甸子、山坡林下及林缘。产黑龙江省伊春、密山、虎林、黑河、爱辉、嫩江、呼玛；吉林省汪清、珲春；内蒙古自治区额尔古纳、海拉尔、牙克石、科尔沁右翼中旗、宁城等地。

■ 兴安独活

苗期植株

茎下部叶

果序

花序侧面观

花序

花期植株

（2）短毛独活（辽宁植物志，黑龙江省植物志，内蒙古植物志，中国植物志，Flora of China）；东北牛防风（东北植物检索表，东北草本植物志）

Heracleum moellendorffii Hance in J. Bot. 16: 12. 1878; 东北草本植物志6: 279. 图版116: 1 ~ 6. 1977; 辽宁植物志（上册）: 1319. 图版573: 1 ~ 6. 1988; 内蒙古植物志（第二版）3: 661. 图版265. 1989; 东北植物检索表（第二版）: 473. 图版235: 2. 1995; 中国植物志55(3): 192. 图版85: 1 ~ 6. 1992; 黑龙江省植物志7: 339. 图版171: 1 ~ 7.2003; Fl. China 14: 197. 2005.

（2a）短毛独活（原变种）

Heracleum moellendorffii var. *moellendorffii*

生林下、林缘、灌丛、溪旁、草丛间等处。产黑龙江省哈尔滨、阿城、尚志、伊春；吉林省长白、敦化、靖宇、安图、抚松、汪清；辽宁省各地；内蒙古自治区根河、牙克石、鄂伦春、克什克腾旗、喀喇沁旗、宁城、东乌珠穆沁旗、西乌珠穆沁旗等地。

幼苗为春季山菜。根药用，治风湿、腰膝酸痛及头痛等症。

■ 短毛独活

果序

粉花花序

植株

■ 短毛独活

茎中部叶

粉花

花序一部分

苗期植株

（2b）狭叶短毛独活（变种）（辽宁植物志，黑龙江省植物志，中国植物志，Flora of China）；狭叶东北牛防风（东北植物检索表）

Heracleum moellendorffii var. *subbipinnatum* (Franch.) Kitag. in Rep. Exped. Manchoukuo Sect. Ⅳ 5: 157. 1941; 辽宁植物志（上册）: 1319. 图版573: 7. 1988; 中国植物志55(3): 195. 图版85: 9.1992; 东北植物检索

■ 狭叶短毛独活

茎下部叶

植株上部

表（第二版）: 473. 图版235: 3. 1995; 黑龙江省植物志7: 342. 图版171: 8.2003; Fl. China 14: 198. 2005.——*Heracleum moellendorffii* Hance f. *subbipinnatum* (Franch.) Kitagawa in Rep. Inst. Sci. Res. Manch. 2: 276. 1938; 东北植物检索表260. 图版83: 4.1959.

生高山林缘、草甸。产黑龙江省尚志（大秃顶子）；吉林省抚松、安图；辽宁省本溪、清原等地。

24 阿魏属 *Ferula* L.

Ferula L., Sp. Pl. 246. 1753.

多年生草本。基生叶多成莲座状，有柄，柄的基部扩大成鞘，叶片数目三出全裂或羽状全裂；茎生叶向上简化，变小；叶鞘大而明显，草质或革质。复伞形花序；通常无总苞片；小总苞片有或无；花萼无齿或有短齿；花瓣黄色、淡黄色或暗黄绿色，卵圆形或披针状长圆形，先端渐尖，常向内卷曲；花柱基圆锥状，边缘增宽，稍呈浅裂波状，花柱钻形或头状。果实椭圆形或卵圆形，背腹扁压，果棱线形，稀为龙骨状，侧棱翅状，狭窄或稍宽。

本属全世界有150余种，主要分布于欧洲南部地中海地区和非洲北部，还有伊朗、阿富汗、俄罗斯的中亚部分和西伯利亚地区以及印度、巴基斯坦等地。中国有26种。东北地区产1种。

硬阿魏（辽宁植物志，东北植物检索表，东北草本植物志，中国植物志，Flora of China）；沙茴香（内蒙古植物志）

Ferula bungeana Kitag. in J. Jap. Bot. 31: 304. 1956; 东北草本植物志6: 269. 图版111. 1977; 辽宁植物志（上册）: 1314. 图版570. 1988; 内蒙古植物志（第二版）3: 654. 图版261: 1 ~ 5. 1989; 中国植物志55(3): 102. 图版44. 1992; 东北植物检索表（第二版）: 473. 图版234: 3. 1995; 黑龙江省植物志7: 335. 图版168.2003; Fl. China 14: 177. 2005.

多年生草本，全株被密集的短柔毛，蓝绿色；叶二至三回羽状全裂，末回裂片长椭圆形，再羽状深裂；复伞形花序，花黄色；总苞片0 ~ 3片；分生果广椭圆形，背腹扁压，果棱凸起。生沙地、旱田、路边、砾石质山坡等处。产黑龙江省齐齐哈尔；辽宁省彰武；内蒙古自治区科尔沁左翼后旗、翁牛特旗、敖汉旗、巴林右旗、克什克腾旗、锡林浩特、镶黄旗、正蓝旗等地。

根有清热解毒、消肿、止痛、养阴清肺、除虚热、祛痰止咳作用；全草也药用。

■ 硬阿魏

茎下部叶

果期植株

果实

■ 硬阿魏

基生叶

小伞花序侧面观

小伞花序

苗期植株

25 东俄芹属 *Tongoloa* Wolff

Tongoloa Wolff in Notizbl. Bot. Gart. Berlin. 9: 279. 1925.

多年生光滑草本。根圆锥形。茎直立，有分枝。叶柄下部扩大成膜质的叶鞘；叶片轮廓呈三角形以至阔卵状披针形，三出式三回羽状分裂或二至三回羽状分裂以至多裂，末回裂片狭窄。复伞形花序；总苞片和小总苞片少数，或无；花白色，红色以至暗紫色；萼有齿；花瓣倒卵圆形，长倒卵形或长椭圆状卵形，基部狭窄或爪状，顶端钝或向内微凹或有内折的小舌片；花柱基平压状，花柱短，向外反曲。双悬果卵圆形或阔卵形，基部心形，合生面收缩，主棱5，丝状。

本属全世界约15种，主产中国西南及西北地区。东北地区产1种。

宜昌东俄芹（中国植物志，Flora of China）；丝叶石防风（东北植物检索表，东北草本植物志）

Tongoloa dunnii (de Boiss.) Wolff in Pflanzenr. Ⅳ. 228: 317. 1927; 中国植物志55(1): 115. 图版55. 1979; Fl. China 14: 37. 2005.——*Peucedanum giraldii* Diels in Bot. Jahrb. Syst. 29(3 ~ 4): 503. 1900; 东北草本植物志6: 273. 1977; 东北植物检索表（第二版）: 478. 1995; 黑龙江省植物志7: 361.2003.

多年生草本；较下部的茎生叶柄基部扩大成抱茎叶鞘；叶二至三回羽状全裂或三出式二回羽状全裂，终裂片长线形，宽不足1毫米；复伞形花序；无总苞片和小总苞片；花瓣白色或淡紫红色；分生果卵形至圆心形，主棱明显。生长在山坡林下、沙质地。产辽宁省西部地区。

26 疆前胡属（前胡属、石防风属） *Peucedanum* L.

Peucedanum L., Sp. Pl. 245. 1753.

多年生直立草本。茎圆柱形，有细纵条纹，上部有叉状分枝。叶有柄，基部有叶鞘，茎生叶鞘稍膨大。复伞形花序顶生或侧生，伞辐多数或少数，圆柱形或有时呈四棱形；总苞片多数或缺；小总苞片多数，稀少数或缺；花瓣圆形至倒卵形，顶端微凹，有内折的小舌片，通常白色，少为粉红色和深紫色；萼齿短或不明显；花柱基短圆锥形，花柱短或长。果实椭圆形、长圆形或近圆形，背部扁压，中棱和背棱丝线形稍凸起，侧棱扩展成较厚的窄翅，合生面紧紧契合。

本属全世界100～200种，分布于非洲、亚洲、欧洲。中国有40种，分布于全国各地。东北地区产6种2变种。

分种检索表

1. 萼齿无或细小不明显。
  2. 总苞片1～3，早落；末回裂片狭线形，顶端不呈刺尖状 ……………………… **1. 草原前胡 P. stepposum** Huang
  2. 总苞片多数，宿存；叶末回裂片线形、全缘，顶端刺尖状或具小尖头 …………… **2. 刺尖前胡 P. elegans** Kom.
1. 萼齿明显。
  3. 果实侧棱狭窄而厚；叶二至三回三出分裂，末回裂片楔状倒卵形 …………… **3. 泰山前胡 P. wawrae** (Wolff) Su
  3. 果实侧棱较宽，边缘薄膜状。
    4. 叶片二至三回羽状全裂，末回裂片线形，宽约1毫米 … **4. 兴安前胡 P. baicalense** (Redow. ex Willd.) Koch.
    4. 叶片二至三回羽状分裂或全裂，末回裂片为菱状倒卵形、长卵形、卵状披针形以至披针形。
      5. 果实矩圆形，被极短细硬毛，无光泽；茎被极细短硬毛，无光泽；茎下部叶轮廓卵状披针形，下面被极细短硬毛 ……………………………………………………………… **5. 华北前胡 P. harry-smithii** Fedde ex Wolff
      5. 果实椭圆形或矩圆状椭圆形，无毛，有光泽；茎无毛，具光泽；茎下部叶轮廓广椭圆形、卵状三角形或三角形，下面无毛（**6. 石防风 P. terebinthaceum** (Fisch.) Fisch. ex Turcz.）。
        6. 叶片广椭圆形至三角状广卵形……………………… **6a. 石防风 P. terebinthaceum** var. **terebinthaceum**
        6. 叶片三角形。
          7. 第二回小叶羽状浅裂至中裂，终裂片较宽，卵形或卵状披针形 ……………………… **6b. 宽叶石防风 P. terebinthaceum** var. **deltoideum** (Makino ex Yabe) Makino
          7. 第二回小叶羽状中裂至深裂，终裂片较狭，线状披针形或线状长圆形 …………………………………… **6c. 白山石防风 P. terebinthaceum** var. **paishanense** (Nakai) Huang

（1）草原前胡（黑龙江省植物志，中国植物志，Flora of China）；碱蛇床（内蒙古植物志，东北草本植物志，东北植物检索表）；草原石防风（东北草本植物志）

Peucedanum stepposum Huang in Fl. Plant. Herb. Chin. Bor.-orient. 6: 273, 294. 图112. 1977; 中国植物志55(2): 135. 图版57. 1985; 黑龙江省植物志7: 361. 图版181.2003; Fl. China 14: 185. 2005.——*Cnidium salinum* auct. non Turcz.: 东北草本植物志6: 236. 1977; 内蒙古植物志（第二版）3: 631. 图版250: 1～4. 1989; 东北植物检索表（第二版）: 469. 图版232: 4. 1995.

生草原上。产黑龙江省安达、肇东；吉林省双辽（模式标本采集地）、前郭；辽宁省法库；内蒙古自治区根河、新巴尔虎右旗、新巴尔虎左旗、科尔沁右翼前旗（五叉沟）、克什克腾旗、西乌珠穆沁旗等地。

（2）刺尖前胡（中国植物志，Flora of China）；刺尖石防风（辽宁植物志，黑龙江省植物志，东北植物检索表，东北草本植物志）

Peucedanum elegans Kom. in Trudy Imp. S.–Peterburgsk. Bot. Sada 18(3): 430. 1900; 东北草本植物志6: 273. 图版113. 1977; 辽宁植物志（上册）: 1337. 图版584. 1988; 中国植物志55(3): 127. 图版52. 1992; 东北植物检索表（第二版）: 478. 图版238: 1. 1995; 黑龙江省植物志7: 358. 图版180.2003; Fl. China 14: 184. 2005.

生多石山上、针叶疏林内碎石地或河岸旁等处。产黑龙江省尚志、伊春；吉林省珲春、安图、长白；辽宁省桓仁等地。

根有止咳、祛痰作用，主治感冒咳嗽、支气管炎。

■ 刺尖前胡

花序一部分

花序

茎叶一部分

植株

植株上部

（3）泰山前胡（中国植物志，Flora of China）；山东邪蒿（辽宁植物志，东北植物检索表，东北草本植物志）

Peucedanum wawrae (Wolff) Su in Fl. Jiangsuensis 2: 582. 1982; 中国植物志55(3): 149. 图版56: 5 ~ 6. 1992; Fl. China 14: 187. 2005.——*Seseli wawrae* Wolff in Repert. Spec. Nov. Regni Veg. 27(741 ~ 750): 315. 1930; 东北草本植物志6: 224. 图版89. 1977; 辽宁植物志（上册）: 1350. 图版591. 1988; 东北植物检索表（第二版）: 483. 图版241: 1. 1995.

生山坡、林缘路旁、湿地或针阔叶疏林下。产辽宁省长海等地。

根有清热、散风、降气、化痰作用。

■ 泰山前胡

苗期植株

叶鞘

茎下部叶

果序

小伞果序

茎下部叶一部分

（4）兴安前胡（中国植物志，Flora of China）；兴安石防风（辽宁植物志，黑龙江省植物志，东北植物检索表，东北草本植物志）

Peucedanum baicalense (Redow. ex Willd.) Koch. in Nova Acta Phys. –Med. Acad. Caes. Leop. –Carol. Nat. Cur. 12(1): 94. 1824; 东北草本植物志6: 275. 1977; 辽宁植物志（上册）: 1336. 图版583. 1988; 中国植物志55(3): 158. 图版69. 1992; 东北植物检索表（第二版）: 478. 图版238: 5. 1995; 黑龙江省植物志7: 358. 图版179.2003; Fl. China 14: 188. 2005.

生草原、多石质及砂质山坡。产黑龙江省大庆、安达、肇东；吉林省前郭、双辽；辽宁省大连、法

■ 兴安前胡

基生叶一部分

复伞花序

小伞果序

■ 兴安前胡

根部

茎叶有叶鞘抱茎

花

苗期植株

花期植株

库、建平、彰武；内蒙古自治区翁牛特旗等地。

根有止咳、祛痰作用，主治感冒咳嗽、支气管炎。

（5）华北前胡（中国植物志，Flora of China）；毛白花前胡（内蒙古植物志）

Peucedanum harry-smithii Fedde ex Wolff in Fedde, Repert. Sp. Nov. 33. 247. 1933; 中国植物志55(3): 162. 图版72. 1992; Fl. China 14: 189. 2005.——*Peucedanum praeruptorum* Dunn subsp. *hirsutiusculum* Y. C. Ma, 内蒙古植物志4: 198. 1979; 内蒙古植物志（第二版）3: 659. 图版264. 1989.

生海拔600～2600米的山坡林缘，山谷溪边或草地。产内蒙古自治区额尔古纳等地。

（6）石防风（辽宁植物志，黑龙江省植物志，内蒙古植物志，东北植物检索表，东北草本植物志，中国植物志，Flora of China）

Peucedanum terebinthaceum (Fisch.) Fisch. ex Turcz. in Bull. Soc. Imp. Naturalistes Moscou 17(4): 743. 1844; 东北草本植物志6: 275. 图版114: 1～6. 1977; 辽宁植物志（上册）: 1339. 图版585: 1～4. 1988; 内蒙古植物志（第二版）3: 659. 图版263. 1989; 中国植物志55(3): 156. 图版68: 1～5. 1992; 东北植物检索表（第二

版）: 480. 图版238: 2. 1995; 黑龙江省植物志7: 363. 图版182.2003; Fl. China 14: 188. 2005.

（6a）石防风（原变种）

Peucedanum terebinthaceum var. *terebinthaceum*

生于山坡、山坡草地、林缘、林下、林间路旁。产黑龙江省伊春、哈尔滨、五常、黑河、伊春、密山、宁安、呼玛；吉林省安图、长春、九台、蛟河、临江、珲春、和龙；辽宁省各地；内蒙古自治区根河、牙克石、科尔沁右翼左旗、喀喇沁旗、宁城、多伦等地。

根有止咳、祛痰作用，主治感冒咳嗽、支气管炎。嫩苗可食。

■ 石防风

花序

果序

茎下部叶

居群

（6b）宽叶石防风（变种）（辽宁植物志，黑龙江省植物志，东北植物检索表，东北草本植物志，中国植物志，Flora of China）

Peucedanum terebinthaceum var. *deltoideum* (Makino ex Yabe) Makino in Bot. Mag. (Tokyo) 22(263): 173. 1908; 东北草本植物志6: 277. 图版114: 8. 1977; 辽宁植物志（上册）: 1339. 图版585: 5. 1988; 中国植物志55(3): 156. 图版68: 6 ~ 9. 1992; 东北植物检索表（第二版）: 480. 图版238: 3. 1995; 黑龙江省植物志7: 363. 图版183: 2.2003; Fl. China 14: 188. 2005.

生林下、灌丛间。产吉林省安图、珲春；辽宁省建平、建昌、凌源、北镇、葫芦岛、绥中、抚顺、本溪、鞍山、桓仁、凤城、岫岩、庄河、盖州、金州、大连等地。

（6c）白山石防风（变种）（黑龙江省植物志，东北草本植物志）

Peucedanum terebinthaceum var. *paishanense* (Nakai) Huang, 东北草本植物志6: 277. 图版114: 7. 1977; 黑龙江省植物志7: 366. 图版183: 3.2003; 东北植物分布图集: 778. 2019.

生林下、林缘、灌丛间及草地。产黑龙江省阿城、哈尔滨、黑河、五常、伊春、密山、爱辉；吉林省九台、吉林、长春、蛟河、浑江、磐石、集安、长白、安图、和龙、珲春；辽宁省大连、普兰店、绥中、锦州、凌海、鞍山、建平、建昌、西丰、桓仁、凤城、丹东；内蒙古自治区根河、额尔古纳、牙克石、宁城等地。

27 黑水芹属（岩茴香属） *Tilingia* Regel & Tiling

Tilingia Regel & Tiling, Nouv. Mém. Soc. Imp. Naturalistes Moscou 11: 97. 1859.

多年生草本，全株无毛。根茎肥厚。茎稍纤细，具少数叶，有时花葶状。叶为两回或数回三出羽状复叶，小叶边缘有锯状齿或细裂为线状或丝状的小裂片。复伞形花序顶生，总苞片一至数枚，小总苞片数枚；萼齿小而明显，先端尖锐；花瓣白色或稍带粉色，先端具小舌片，内折呈微凹状；花柱基圆锥形，花柱于果期下弯。双悬果卵形、狭椭圆形或卵状椭圆形，两侧稍压扁，表面有光泽；分生果横切面略呈五角状圆形，果棱细，丝状或呈狭翼状，互相远离，棱槽宽阔。

本属全世界有3种。东北地区产1种。

黑水岩茴香（黑龙江省植物志，东北植物检索表，东北草本植物志，中国植物志，Flora of China）

Tilingia ajanensis Regel, Fl. Ajan. 97. 1858; 东北草本植物志6: 237. 图版95: 1～5. 1977; 东北植物检索表（第二版）: 485. 图版241: 4. 1995; 黑龙江省植物志7: 386. 图版183: 4～6.2003.——*Ligusticum ajanense* (Regel & Tiling) Koso-Poljansky, Bull. Soc. Imp. Naturalistes Moscou, n. s. 29: 120. 1916; 中国植物志55(2): 254. 图版106: 1～5. 1985; Fl. China 14: 143. 2005.

多年生草本；茎略呈“之”字形弯曲；基生叶及茎下部叶柄基部扩大成鞘；叶片轮廓卵形至三角状卵形，二至三回三出式羽状分裂，羽片轮廓卵形至卵状三角形；复伞形花序；总苞片无；小总苞片3～5，线形；萼齿不显著；花瓣白色；分生果背腹略扁，卵形，主棱凸起。生高山多石质草地。产黑龙江省呼玛（大兴安岭北部小白蛤喇山）；吉林省靖宇；辽宁省桓仁。

■ 黑水岩茴香

果序

植株

花序

28 毒芹属 *Cicuta* L.

Cicuta L., Sp. Pl. 255. 1753.

多年生直立草本。叶有柄；叶片二至三回羽状分裂；末回裂片线状披针形或窄披针形，边缘有锯状齿或缺刻。复伞形花序，顶生或侧生；总苞片无或少数；伞辐多数，细长，上升开展；小总苞片多数，狭窄，长或短于小花。花白色；萼齿5，阔三角形，与花瓣互生；花瓣倒卵形或近圆形，顶端有内折的小舌片；花柱基幼时扁压，圆盘状，花柱短，向外反曲。分生果卵形以至卵圆形，两侧扁压，合生面窄缩，主棱阔而钝，木栓质。

本属全世界约3种，分布于北温带地区。中国有1种1变种2变型，东北地区均产。

分种下单位检索表

1. 叶的终裂片宽1～10毫米（a. 毒芹 C. virosa var. virosa）。
 2. 植株高大而粗壮草本，高70～100厘米 ······ aa. 毒芹 C. virosa f. virosa
 2. 植株较小而柔弱。
  3. 小总苞片线形，比小伞梗约长1倍 ······ ab. 长苞毒芹 C. virosa f. longiinvolucellata
  3. 小总苞片线状披针形或线形，比小伞梗稍短 ······ ac. 细叶毒芹 C. virosa f. angustifolia
1. 叶的终裂片宽2～4厘米 ······ b. 宽叶毒芹 C. virosa var. latisecta

毒芹（辽宁植物志，黑龙江省植物志，内蒙古植物志，东北植物检索表，东北草本植物志，中国植物志，Flora of China）；走马芹（俗称）

Cicuta virosa L., Sp. Pl.255. 1753; 东北草本植物志6: 201. 图版80: 1～6. 1977; 中国植物志55(2): 10. 图版3. 1985; 辽宁植物志（上册）: 1301. 图版563: 1～6. 1988; 内蒙古植物志（第二版）3: 614. 图版242: 1～3. 1989; 东北植物检索表（第二版）: 467. 图版231: 4. 1995; 黑龙江省植物志7: 320. 图版161: 1～6.2003; Fl. China 14: 77. 2005.

多年生草本，全株无毛。茎直立，中空。叶互生；基生叶及茎下部叶有长柄，叶片轮廓呈三角形或三角状披针形，二至三回羽状分裂，终裂片线状披针形或窄披针形。复伞形花序半球形，伞梗不等长，无总苞片，稀具1～2枚；小总苞片多数，线状披针形，中脉1条；花瓣白色，倒卵形或近圆形，顶端有内折的小舌片。双悬果近球形，基部稍内凹，略呈心形；果棱肥厚，钝圆。

（a）毒芹（原变种）

Cicuta virosa var. *virosa*

（aa）毒芹（原变型）

Cicuta virosa f. *virosa*

生水边、沟旁、湿草地、林下水湿地。产黑龙江省阿城、爱辉、伊春、密山、哈尔滨、齐齐哈尔、黑河；吉林省安图、抚松、靖宇、敦化、浑江；辽宁省西丰、开原、铁岭、本溪、桓仁、彰武、新民、沈阳、庄河；内蒙古自治区额尔古纳、满洲里、新巴尔虎左旗、鄂伦春、乌兰浩特、科尔沁右翼前旗、扎赉特旗、科尔沁左翼后旗、扎鲁特旗、大青沟、克什克腾旗等地。

全草有剧毒，误食数分钟后即中毒。

■ 毒芹

花序一部分

花序

果序一部分

茎叶一部分

植株

（ab）长苞毒芹（变型）（东北植物检索表，东北草本植物志）

Cicuta virosa f. *longiinvolucellata* Y. C. Chu, 东北草本植物志6: 202,293. 图版80: 8. 1977; 东北植物检索表（第二版）: 467. 图版231: 6. 1995.

生林缘、溪流旁、湿草地。产吉林省抚松（模式标本采集地）、安图。

（ac）细叶毒芹（变型）（辽宁植物志，黑龙江省植物志，东北植物检索表，东北草本植物志）

Cicuta virosa f. *angustifolia* (Kitaibel) Schube in Verbreit. Gefässpfl. Schles. 233. 1903; 东北草本植物志6: 202. 图版80: 7. 1977; 辽宁植物志（上册）: 1303. 图版563: 7 ~ 8. 1988; 东北植物检索表（第二版）: 467. 图版231: 5. 1995; 黑龙江省植物志7: 322. 图版161: 7.2003.

■ 细叶毒芹

茎叶

茎下部

果序

■ 细叶毒芹

小伞花序

花序

植株

生水边。产黑龙江省密山、爱辉、哈尔滨、黑河、伊春、牡丹江；吉林省安图、抚松、靖宇、敦化、汪清、珲春；辽宁省彰武、桓仁、长海；内蒙古自治区额尔古纳、海拉尔、科尔沁右翼前旗等地。

（b）宽叶毒芹（变种）（东北植物检索表，中国植物志，Flora of China）

Cicuta virosa var. *latisecta* Celak. Prodr. Fl. Bohm. 563, 1875; 中国植物志55(2): 12. 1985; 东北植物检索表（第二版）: 467. 1995; Fl. China 14: 77. 2005.

生林下。产吉林省吉林龙潭山。

29 水芹属 *Oenanthe* L.

Oenanthe L., Sp. Pl. 254. 1753.

一至多年生草本，光滑，有成簇的须根。茎匍匐性的上升或直立，下部节上常生根。叶有柄，基部有叶鞘；叶片羽状分裂至多回羽状分裂，羽片或末回裂片卵形至线形，边缘有锯状齿至羽状半裂，或叶片有时简化成线形管状的叶柄。花序为疏松的复伞形花序，花序顶生与侧生；总苞缺或有少数窄狭的苞片；小总苞片多数，狭窄，比花柄短；伞辐多数，开展；花白色；萼齿披针形，宿存；小伞形花序外缘花的花瓣通常增大为辐射瓣。果实圆卵形至长圆形，光滑，侧面略扁平，果棱钝圆，木栓质。

本属全世界25～30种。分布于北半球温带和南非洲。中国有5种，主产于西南及中部地区。东北地区产1种。

水芹（辽宁植物志，黑龙江省植物志，内蒙古植物志，东北植物检索表，东北草本植物志，中国植物志，Flora of China）

Oenanthe javanica (Blume) DC. in Prodr. 4: 138. 1830; 东北草本植物志6: 226. 图版91. 1977; 中国植物志55(2): 202. 图版81: 1～4. 1985; 辽宁植物志（上册）: 1326. 图版577. 1988; 内蒙古植物志（第二版）3: 626. 1989; 东北植物检索表（第二版）: 476. 图版236: 4. 1995; 黑龙江省植物志7: 349. 图版175.2003; Fl. China 14: 131. 2005.

多年生草本；基生叶叶片轮廓三角形，一至二回羽状分裂，末回裂片卵形至菱状披针形；复伞形花序；无总苞；小总苞片2～8，线形；花瓣白色；果实筒状长圆形，侧棱较背棱和中棱隆起，木栓质。多生浅水低洼地或池沼、水沟旁。产黑龙江省哈尔滨、依兰、尚志、双城；吉林省长春、九台、汪清、珲春；辽宁省开原、铁岭、西丰、法库、沈阳、新宾、清原、丹东、本溪、桓仁、台安、营口、丹东、大连；内蒙古自治区科尔沁右翼前旗、乌兰浩特、突泉、大青沟、科尔沁左翼后旗等地。

茎叶可作蔬菜食用。全草有清热解毒、凉血降压作用。

■ 水芹

小伞花序

小伞果序正面观

小伞果序侧面观

苗期植株

花期植株

30 茴芹属 *Pimpinella* L.

Pimpinella L., Sp. Pl. 1: 263. 1753.

一至多年生草本。茎通常直立，稀匍匐。叶柄基部有叶鞘；叶片不分裂、三出分裂、三出式羽状分裂或羽状分裂，裂片卵形、心形、披针形或线形；茎生叶与基生叶异形或同形，茎生叶向上逐渐简化变小，茎上部叶通常无柄，只有叶鞘。复伞形花序顶生和侧生；小伞形花序通常有多数花，罕为2～4朵；萼齿通常不明显；花瓣卵形、阔卵形或倒卵形，白色，稀为淡红色或紫色，基部一般为楔形，罕有爪，顶端凹陷，有内折小舌片，或全缘，并不内折。果实卵形、长卵形或卵球形，基部心形，两侧扁压。

本属全世界约150种，产欧洲、亚洲、非洲，少数分布至美洲。中国约有38种。东北地区产2种。

分种检索表

1. 基生叶二回羽状分裂，裂片线形，宽1～2毫米 ………………………… **1. 蛇床茴芹 P. cnidioides** Pearson ex Wolff
1. 基生叶羽状分裂，裂片卵状披针形或卵形，宽5～20（～40）毫米 ………………… **2. 羊红膻 P. thellungiana** Wolff

（1）蛇床茴芹（东北植物检索表，中国植物志，Flora of China）；细裂东北茴芹（黑龙江省植物志，东北草本植物志）

Pimpinella cnidioides Pearson ex Wolff in Repert. Spec. Nov. Regni Veg. 27: 183. 1929; 中国植物志55(2): 94. 图版35: 4. 1985; 东北植物检索表（第二版）: 480. 图版239: 4. 1995; Fl. China 14: 100. 2005.——*Pimpinella thellungiana* var. *tenuisecta* Y. C. Chu, 东北草本植物志6: 209. 图版81: 6. 1977; 黑龙江省植物志7: 368. 图版184: 6. 2003.

生山地草坡上。产黑龙江省嫩江（鹤山）；内蒙古自治区额尔古纳、科尔沁右翼前旗、科尔沁右翼中旗等地。

（2）羊红膻（中国植物志，Flora of China）；东北茴芹（黑龙江省植物志，东北植物检索表，东北草本植物志）；羊洪膻（内蒙古植物志）

Pimpinella thellungiana Wolff in Engler, Pflanzenr. 90(Ⅳ. 228): 304. 1927; 东北草本植物志6: 207. 图版82: 1 ~ 5. 1977; 中国植物志55(2): 94. 图版35: 1 ~ 3. 1985; 内蒙古植物志（第二版）3: 620. 图版245: 1 ~ 5. 1989; 东北植物检索表（第二版）: 480. 图版239: 3. 1995; 黑龙江省植物志7: 366. 图版184: 1 ~ 5. 2003; Fl. China 14: 100. 2005.

■ 羊红膻

花序侧面观

花序

花序一部分

茎叶

植株

生海拔600 ~ 1700米的河边、林下、草坡和灌丛中。产黑龙江省齐齐哈尔、爱辉、逊克、孙吴、黑河、北安、呼玛、克山；吉林省镇赉；内蒙古自治区额尔古纳、海拉尔、扎兰屯、牙克石、鄂伦春、科尔沁右翼前旗、扎赉特旗、林西、东乌珠穆沁旗、西乌珠穆沁旗、锡林浩特等地。

全草入药，有健脾胃、活血、补血、平肝、止泻作用，对治疗头昏、心悸等症状及克山病有效。山西、陕西等地则用全草作兽药。

31 迷果芹属 *Sphallerocarpus* Bess. ex DC.

Sphallerocarpus Best. ex DC. Mem. Ombell. 60. 1829.

多年生草本。茎圆柱，多分枝，有柔毛。叶片二至三回羽状分裂，裂片渐尖。复伞形花序顶生和侧生，伞辐多数，通常无总苞片，小总苞片5，卵状披针形，边缘膜质；花白色，花序顶生和侧生，伞辐多数；通常无总苞片；小总苞片5，卵状披针形，边缘膜质；花白色；萼齿微小，不明显，卵状三角形或钻形；花瓣倒卵形；花柱短而直立或外折，花柱基圆锥形或平压状，全缘或呈波状皱褶。果实椭圆状长圆形，两侧微扁，合生面收缩，皮有5条凸出的波状棱。

本属全世界仅1种，产俄罗斯西伯利亚东部，蒙古国，中国东北和西北部。

迷果芹（辽宁植物志，黑龙江省植物志，内蒙古植物志，东北植物检索表，东北草本植物志，中国植物志，Flora of China）

Sphallerocarpus gracilis (Bess.) K.–Pol. in Bull. Soc. Imp. Naturalistes Moscou n. s., 29: 202. 1916; 东北

■ 迷果芹

小伞果序

茎

茎上部叶

花序

植株上部

植株

草本植物志6: 177. 图版70. 1977; 中国植物志55(1): 72. 图版32. 1979; 辽宁植物志（上册）: 1353. 图版593. 1988; 内蒙古植物志（第二版）3: 594. 图版233. 1989; 东北植物检索表（第二版）: 485. 图版241: 3. 1995; 黑龙江省植物志7: 384. 图版193. 2003; Fl. China 14: 25. 2005.

多年生草本；茎生叶二至三回羽状分裂，末回裂片边缘羽状缺刻或齿裂；叶柄基部有阔叶鞘；复伞形花序，花白色；果实椭圆状长圆形，两侧微扁，背部有5条凸起的棱。生山坡路旁、村庄附近、菜园地以及荒草地上。产黑龙江省哈尔滨、齐齐哈尔、宁安、安达、呼兰；吉林省长春、舒兰、珲春、汪清、安图；辽宁省彰武；内蒙古自治区额尔古纳、牙克石、新巴尔虎右旗、鄂伦春、扎鲁特旗等地。

32 欧芹属 *Petroselinum* Hill

Petroselinum Hill Brit. Herb. 424. 1756.

二年生草本，很少一年生。叶二至三回羽状分裂。花黄绿色或白色；萼齿不显；花瓣黄绿色或白色带红晕，近基部心形，顶端凹入，凹处有内折小舌片；花柱基短圆锥形，花柱有头状柱头。果实卵形，侧面稍扁压，近基部圆形或不明显的心形，合生面稍收缩或呈现双球形；分生果有线形果棱5。

本属全世界约3种，原产欧洲西部和南部，其中1种栽培或成野生状态，分布于世界各地。中国栽培1种。东北地区有栽培。

欧芹（内蒙古植物志，中国植物志，Flora of China）

Petroselinum crispum (Mill.) Hill, Hand-List Herb. Pl. Kew. ed. 3. 122. 1925; 中国植物志55(2): 9. 1985; Fl. China 14: 76. 2005; 内蒙古植物志（第三版）3: 407. 2020.

茎圆形，稍有棱槽；叶深绿色，表面光亮，二至三回羽状分裂；伞形花序有伞辐10～20（30），近等长；总苞片1～2，线形；小伞花序有花20，小总苞片6～8，线形或线状钻形；果实卵形，灰棕色。原产地中海地区。黑龙江省、吉林省、辽宁省、内蒙古自治区均有少量栽培。

嫩叶可作菜蔬，根可供食用。果实有利尿作用，欧洲民间使用。

33 茴香属 *Foeniculum* Mill.

Foeniculum Mill. Gard. Dict. Abr. ed. 4. 1754.

一年生或多年生草本，有强烈香味。茎光滑，灰绿色或苍白色。叶有柄，叶鞘边缘膜质；叶片多回羽状分裂，末回裂片呈线形。复伞形花序，花序顶生和侧生；无总苞片和小总苞片；伞辐多数，直立，开展，不等长；小伞形花序有多数花；花柄纤细；萼齿退化或不明显；花瓣黄色，倒卵圆形，顶端有内折的小舌片；花柱基圆锥形，花柱甚短，向外反折。果实长圆形，光滑，主棱5条，尖锐或圆钝。

本属全世界仅1种，分布于欧洲、美洲及亚洲西部。中国各地常见栽培。东北地区也常见栽培。

茴香（辽宁植物志，黑龙江省植物志，内蒙古植物志，东北植物检索表，东北草本植物志，中国植物志，Flora of China）；小茴香（俗名）

Foeniculum vulgare Mill. in Gard. Dict. ed. 8: n.1. 1768; 东北草本植物志6: 228. 图版92: 6～9. 1977; 中国植物志55(2): 213. 图版86. 1985; 辽宁植物志（上册）: 1315. 图版571. 1988; 内蒙古植物志（第二版）3: 628. 图版248: 1～5. 1989; 东北植物检索表（第二版）: 473. 图版234: 4. 1995; 黑龙江省植物志7: 337. 图版169. 2003; Fl. China 14: 134. 2005.

二年生草本，栽培者为一年生，全株有强烈的香气；基生叶及茎下部叶三至四回羽状全裂，终裂片线形至丝状；复伞形花序；无总苞片和小总苞片；花瓣黄色；双悬果长圆形，具5条隆起的纵棱。原产地中海地区。东北各地普遍栽培。

嫩叶可作蔬菜食用或作调味用；果实入药，有祛风祛痰、散寒、健胃和止痛之效。

■ 茴香

小伞花序

果序一部分

茎叶

小伞果序

花期植株

34 莳萝属 *Anethum* L.

Anethum L., Sp. Pl. 263. 1753.

一二年生草本，高60～120厘米。茎直立，圆柱形，分枝，光滑，无毛。基生叶轮廓卵形或宽卵形，有叶柄，基部有叶鞘，边缘白色，膜质；叶片二至三回羽状全裂，末回裂片丝线形。复伞形花序多分枝；无总苞和小总苞；伞形花序；伞辐10～25，稍不等长；小伞形花序有花15～25；花柄长5～6毫米；花瓣黄色，内曲，早落；无萼齿；花柱短，初时直立，果期向下弯曲，花柱基圆锥状或垫状。分生果椭圆形或卵状椭圆形，顶端略尖，背部扁压状，灰褐色，背棱线形，稍凸起，侧棱呈狭翅状，浅灰色。

本属全世界仅1种，原产欧洲南部，世界各地广泛栽培。中国南北各地有栽培。

莳萝（辽宁植物志，黑龙江省植物志，内蒙古植物志，东北植物检索表，东北草本植物志，中国植物志，Flora of China）

Anethum graveolens L., Sp. Pl.263. 1753; 东北草本植物志6: 230. 图版92: 1～5. 1977; 中国植物志55(2): 215. 图版87: 1～4. 1985; 辽宁植物志（上册）: 1278. 图版549. 1988; 内蒙古植物志（第二版）3: 629. 图版

248: 6 ~ 9. 1989; 东北植物检索表（第二版）: 460. 图版227: 3. 1995; 黑龙江省植物志7: 289. 图版144.2003; Fl. China 14: 134. 2005.

一年生直立草本，全株有茴香味；基生叶轮廓宽卵形，三至四回羽状全裂，末回裂片丝状；复伞形花序常呈二歧式分枝；无总苞片和小总苞片；花瓣黄色；分生果卵状椭圆形，背部扁压状，侧棱狭翅状，灰白色。原产欧洲南部。东北三省和内蒙古自治区有少量栽培。

嫩茎叶作蔬菜。果实有温脾肾、醒胃、散寒、行气、解毒作用。根、叶有化痰止咳、止呕作用。

35 藁本属 *Ligusticum* L.

Ligusticum L., Sp. Pl. 250. 1753.

多年生草本。茎基部常有纤维状残留叶鞘。基生叶及茎下部叶具柄；叶片一至四回羽状全裂，末回裂片卵形、长圆形以至线形；茎上部叶简化。复伞形花序顶生或侧生；总苞片少数，早落或无；伞辐后期常呈弧形弯曲；小总苞片多数，线形至披针形，或为羽状分裂；萼齿线形、钻形、卵状三角形，或极不明显；花瓣白色或紫色，倒卵形至长卵形，先端具内折小舌片；花柱2，后期常向下反曲。分生果椭圆形至长圆形，主棱凸起以至翅状。

本属全世界约60种以上，分布于北半球。中国有40种，大部分地区均有分布。东北地区产3种1变种。

分种检索表

1. 叶二回三出全裂或三回三出羽状全裂，叶质较硬，终裂片卵形或广卵形或线状披针形；萼齿不明显［**1. 辽藁本 L. jeholense** (Nakai et Kitag.) Nakai et Kitag.］。
   2. 茎上部分枝；叶的终裂片卵形或广卵形，宽1 ~ 2厘米 ……………………… **1a. 辽藁本 L. jeholense** var. **jeholens**
   2. 茎通常不分枝；叶的终裂片全裂成线状披针形，宽仅2 ~ 3 毫米 ……………………………………………………………………**1b. 细裂辽藁本 L. jeholense** var. **tenuisectum** Chu
1. 叶三至四回三出羽状全裂，叶质较软，终裂片线形至宽线形；萼齿明显或不明显。
   3. 萼齿不明显；末回裂片宽线形，宽1 ~ 5毫米 ………………………… **2. 细叶藁本 L. tenuissimum** (Nakai) Kitag.
   3. 萼齿钻形；末回裂片线形，宽0.5 ~ 1毫米 ………… **3. 岩茴香 L. tachiroei** (Franch. et Sav.) Hiroe et Constance

（1）辽藁本（辽宁植物志，黑龙江省植物志，内蒙古植物志，东北植物检索表，东北草本植物志，中国植物志，Flora of China）；北藁本（辽宁植物志）；热河藁本（中国植物志）

Ligusticum jeholense (Nakai et Kitag.) Nakai et Kitag. in Rep. Inst. Sci. Res. Manchoukuo 4: 36, 90. 1936; 东北草本植物志6: 239. 图版96: 1 ~ 7. 1977; 中国植物志55(2): 256. 图版105: 7 ~ 8. 1985; 辽宁植物志（上册）: 1322. 图版575: 1 ~ 5. 1988; 内蒙古植物志（第二版）3: 636. 图版251: 1 ~ 5. 1989; 东北植物检索表（第二版）: 476. 图版236: 1. 1995; 黑龙江省植物志7: 345. 图版173.2003; Fl. China 14: 145. 2005.

（1a）辽藁本（原变种）

Ligusticum jeholense var. *jeholense*

生山坡、林下多石质地。产吉林省抚松；辽宁省各地；内蒙古自治区克什克腾旗、喀喇沁旗等地。

根及根茎有散风寒燥湿作用，治风寒头痛、寒湿腹痛、泄泻等症。

■ 辽藁本

根部

苗期植株

茎下部叶

小伞果序

花序

花期植株

（1b）细裂辽藁本（变种）（辽宁植物志，东北植物检索表，东北草本植物志）

Ligusticum jeholense var. *tenuisectum* Chu, 东北草本植物志6: 241. 图版96: 8. 1977; 辽宁植物志（上册）: 1323. 图版575: 6. 1988; 东北植物检索表（第二版）: 476. 图版236: 2. 1995.

生林下。产辽宁省凌源、本溪（模式标本采集地）、桓仁、长海等地。

■ 细裂辽藁本

植株一部分

植株

（2）细叶藁本（辽宁植物志，黑龙江省植物志，东北植物检索表，东北草本植物志，中国植物志，Flora of China）；火藁本（俗称）

Ligusticum tenuissimum (Nakai) Kitag. in J. Jap. Bot. 17(10): 562. 1941; 东北草本植物志6: 241. 图版97. 1977; 中国植物志55(2): 244. 图版101: 1～4. 1985; 辽宁植物志（上册）: 1323. 图版576. 1988; 东北植物检索表（第二版）: 476. 图版236: 3. 1995; 黑龙江省植物志7: 347. 图版174.2003; Fl. China 14: 147. 2005.

生石质山坡、杂木林下。产吉林省安图；辽宁省本溪、凤城、岫岩、庄河、瓦房店等地。

根有镇痛、镇痉作用，用于头痛、胸痛。

■ 细叶藁本

花序

茎下部叶

小伞花序

果序一部分

植株

（3）岩茴香（辽宁植物志，黑龙江省植物志，内蒙古植物志，东北植物检索表，东北草本植物志，中国植物志，Flora of China）；大岩茴香（东北植物检索表）

Ligusticum tachiroei (Franch. et Sav.) Hiroe et Constance in Umbelliferae Asia 1: 74, f. 38 74. 1958; 中国植

■ 岩茴香

花序

植株下部

■ 岩茴香

植株一部分

植株

物志55(2): 242. 图版99: 1 ~ 5. 1985; 内蒙古植物志（第二版）3: 635. 图版250: 5 ~ 8. 1989; Fl. China 14: 146. 2005.——*Tilingia tachiroei* (Franch. et Sav.) Kitag. in Bot. Mag. (Tokyo) 51(607): 656. 1937; 东北草本植物志 6: 237. 图版95: 6 ~ 8. 1977; 辽宁植物志（上册）: 1357. 图版595. 1988; 东北植物检索表（第二版）: 487. 图版241: 5. 1995; 黑龙江省植物志7: 387. 图版194.2003.——*T. filisecta* (Nakai et Kitag.) Nakai et Kitag. in Bot. Mag. (Tokyo) 51(607): 657. 1937; 东北植物检索表（第二版）: 487. 1995.

生高海拔的河岸湿地、石砾荒原及岩石缝间。产吉林省抚松、安图、长白；辽宁省本溪、桓仁、宽甸、凤城、凌源；内蒙古自治区喀喇沁旗、宁城、西乌珠穆沁旗等地。

根用于伤风感冒、跌打损伤。

36 羊角芹属 *Aegopodium* L.

Aegopodium L., Sp. Pl. 265. 1753.

多年生草本。有匍匐状根茎。叶有柄，叶鞘小而膜质；基生叶及较下部茎生叶轮廓呈阔三角形或三角形，三出或三出式二至三回羽状分裂，末回裂片卵形或卵状披针形，边缘有锯状齿、缺刻状分裂或浅裂；最上部的茎生叶通常为三出式羽状复叶，小叶片先端渐尖或呈尾状。复伞形花序顶生或侧生，花序梗长于叶片；伞辐略开展；无总苞片和小总苞片；萼齿细小或无；花瓣白色或淡红色，倒卵形，先端微凹，有内折的小舌片；花柱细长，顶端叉开呈羊角状。果实长圆形、长圆状卵形或卵形，侧扁，光滑，主棱丝状。

本属全世界约7种，分布于欧洲和亚洲。中国有5种及1变种。东北地区产1种1变型。

分种下单位检索表

1. 基生叶三出式二回羽状分裂，终裂片卵形或长卵状披针形，长1.5 ~ 3.5厘米，宽0.7 ~ 2厘米，边缘有不规则的锯状齿或缺刻状分裂 ………………………………… a. 东北羊角芹 A. alpestre f. alpestre
1. 基生叶三出式三回羽状分裂，终裂片披针形至卵状披针形，长0.5 ~ 1.8厘米，宽0.2 ~ 1厘米，边缘锐裂至羽状半裂 ………………………………… b. 小叶东北羊角芹 A. alpestre f. tenuisectum

东北羊角芹（辽宁植物志，黑龙江省植物志，内蒙古植物志，东北植物检索表，东北草本植物志，中国植物志，Flora of China）；小叶芹（辽宁植物志）

Aegopodium alpestre Ledeb. in Fl. Altaic. 1: 354. 1829; 东北草本植物志6: 211. 图版84: 1 ~ 6. 1977; 中国植物志55(2): 138. 图版56: 1 ~ 3. 1985; 辽宁植物志（上册）: 1276. 图版548: 1 ~ 6. 1988; 内蒙古植物志（第二版）3: 622. 图版245: 6 ~ 9. 1989; 东北植物检索表（第二版）: 460. 图版227: 1. 1995; 黑龙江省植物志7: 287. 图版143: 1 ~ 5. 2003; Fl. China 14: 111. 2005.——*A. alpestre* f. *scabrum* Kitagawa, Lineam. Fl. Mansh. 332. 1939; 黑龙江省植物志7: 287. 2003.

多年生草本。叶互生，轮廓呈阔三角形，通常三出式二回羽状分裂，终裂片卵形或长卵形。复伞形花序顶生或侧生，无总苞片和小总苞片；花瓣白色，倒卵形，顶端微凹，有内折的小舌片。双悬果卵状长圆形，主棱明显，棱槽较阔，无油管；分生果横剖面近圆形，胚乳腹面平直；花柱基短圆锥形，花柱长而下弯。

（a）东北羊角芹（原变型）

Aegopodium alpestre f. *alpestre*

生林下、林缘、溪流旁、山顶草地。产黑龙江省尚志、穆棱、伊春、呼玛；吉林省安图、通化、抚松、长白、汪清、珲春、敦化、浑江；辽宁省开原、西丰、新宾、清原、本溪、桓仁、宽甸、鞍山、庄河；内蒙古自治区额尔古纳、牙克石、鄂伦春、科尔沁右翼前旗、阿尔山、喀喇沁旗、宝格达山等地。

幼苗为春季山菜。地上部分的汁液为风湿症的镇痛剂，口服地上部分煎剂则治眩晕。

■ 东北羊角芹

花序一部分

花序

果序

居群

■ 东北羊角芹

叶鞘

横走茎

茎下部叶

（b）小叶东北羊角芹（变型）（中国植物志）；细叶东北羊角芹（辽宁植物志，黑龙江省植物志，东北植物检索表，东北草本植物志）

Aegopodium alpestre f. *tenuisectum* Kitag. in Lin. Fl. Manshur. 332. 1939; 中国植物志55(2): 138. 1985; 东北草本植物志6: 213. 图版84: 7. 1977; 辽宁植物志（上册）: 1276. 图版548: 7. 1988; 东北植物检索表（第二版）: 460. 图版227: 2. 1995; 黑龙江省植物志7: 289. 图版143: 6.2003.

生林下、林缘。产吉林省抚松、汪清；辽宁省清原、宽甸等辽东山区；内蒙古自治区额尔古纳、科尔沁右翼前旗等地。

■ 小叶东北羊角芹

叶背面

植株

37　葛缕子属　*Carum* L.

Carum L., Sp. Pl. 1: 263. ed. 1. 1: 1753.

二年生或多年生草本。直根肉质。茎直立，具纵条纹。叶具鞘，基生叶及下部的茎生叶有柄，茎中、上部叶有短柄或无柄，叶片二至四回羽状分裂，末回裂片线形或披针形。复伞形花序顶生或侧生，总苞片无或1～6，线形或披针形，全缘或有细齿；小总苞片无或1～10，线形，披针形或卵状披针形；小伞形花序有花4～30，两性花或杂性花，萼齿无或细小；花瓣阔倒卵形，基部楔形，顶端凹陷，有内折的小舌片，白色或红色；花柱基圆锥形，花柱长于花柱基。果实长卵形或卵形，两侧扁压，果棱明显。

本属全世界有25～30种，分布于欧洲、亚洲、北非及北美洲。中国有4种，广布于东北、华北及西北，向南至西藏东南部、四川西部和云南西北部。东北地区产2种。

分种检索表

1. 无小总苞片，花瓣白色或粉红色；叶的第一次羽片的最下部一对第二次羽片与上部之羽片不显著远离，茎生叶的叶鞘边缘为白色或粉红色宽膜质 ……………………………………………… 1. **葛缕子** C. carvi L.
1. 小总苞片多数，花瓣白色；叶的第一次羽片的最下部一对第二次羽片与其上部的羽片显著远离，茎生叶的叶鞘边缘为白色狭膜质 ……………………………………………… 2. **田葛缕子** C. buriaticum Turcz.

（1）葛缕子（内蒙古植物志，中国植物志，Flora of China）；贳蒿（黑龙江省植物志，东北植物检索表，东北草本植物志）

Carum carvi L. in Sp. pl. ed. 1. 263. 1753; 东北草本植物志6: 207. 图版81. 1977; 中国植物志55(2): 25. 图版8: 7 ~ 8. 1985; 内蒙古植物志（第二版）3: 616. 图版244: 1 ~ 3. 1989; 东北植物检索表（第二版）: 467. 图版231: 3. 1995; 黑龙江省植物志7: 317. 图版160.2003; Fl. China 14: 81. 2005.

生河滩草丛中、林下或高山草甸。产黑龙江省齐齐哈尔；内蒙古自治区扎兰屯、牙克石、陈巴尔虎旗、阿尔山、克什克腾旗、喀喇沁旗、锡林浩特等地。

果实中可提取挥发油，并能分离出香芹酮、苧烯、糠醛等成分；提取挥发油后剩下的残渣可作为家畜饲料。

■ 葛缕子

茎叶一部分

花序

小伞花序

植株上部

植株

（2）田葛缕子（辽宁植物志，内蒙古植物志，中国植物志，Flora of China）；田茴蒿（黑龙江省植物志，东北植物检索表，东北草本植物志）；丝叶黄蒿（东北植物检索表，东北草本植物志）；丝叶葛缕子（中国植物志）

Carum buriaticum Turcz. in Bull. Soc. Imp. Naturalistes Moscou 17: 713. 1844; 东北草本植物志6: 205. 1977; 中国植物志55(2): 26. 图版8: 1 ~ 6. 1985; 辽宁植物志（上册）: 1299. 图版562. 1988; 内蒙古植物志（第二版）3: 618. 图版244: 4 ~ 7. 1989; 东北植物检索表（第二版）: 467. 图版231: 2. 1995; 黑龙江省植物志7: 317. 图版159.2003; Fl. China 14: 82. 2005.——*Carum angustissimum* Kitag. in J. Jap. Bot. 20: 311. 1945; 东北草本植物志6: 205.1977; 东北植物检索表（第二版）: 467. 1995.——*Carum buriaticum* Turcz. f. *angustissimum* (Kitagawa) Shan et Pu, 中国植物志55(2): 28. 1985.

生田边、路旁、河岸、林下及山地草丛中。产黑龙江省齐齐哈尔；辽宁省北镇、辽阳、沈阳；内蒙古自治区海拉尔、满洲里、科尔沁右翼前旗、扎鲁特旗、乌兰浩特、东乌珠穆沁旗、锡林浩特、多伦等地。

根、果实有祛风、行气散寒、消食健胃、镇吐、驱虫作用。

■ 田葛缕子

基生叶

示小伞花序

示总苞片

苗期

38 芹属 *Apium* L.

Apium L., Sp. Pl. 264. 1753.

二年生或多年生草本。根圆锥形。叶膜质，一至二回羽状分裂；叶柄基部有膜质叶鞘。花序为疏松或紧密的单伞形花序或复伞形花序，花序梗顶生或侧生，有些伞形花序无梗；总苞片和小总苞片缺乏或显著；花白色或稍带黄绿色；萼齿细小或退化；花瓣近圆形至卵形，顶端有内折的小舌片；花柱基幼时通常扁压，花柱短或向外反曲。果实近圆形、卵形、圆心形或椭圆形，侧面扁压，合生面有时收缩；果棱尖锐。

本属全世界约20种，分布于全世界温带地区。中国引进1种。东北地区常见栽培。

旱芹（中国植物志，Flora of China）；芹菜（辽宁植物志，黑龙江省植物志，内蒙古植物志，东北植物检索表，东北草本植物志）

Apium graveolens L., Sp. Pl.264. 1753; 东北草本植物志6: 200. 1977; 中国植物志55(2): 6. 图版2: 1～5. 1985; 辽宁植物志（上册）: 1292. 图版557. 1988; 内蒙古植物志（第二版）3: 613. 图版235: 1～4. 1989; 东北植物检索表（第二版）: 463. 1995; 黑龙江省植物志7: 301. 图版150.2003; Fl. China 14: 76. 2005.

二年生或多年生草本；叶片轮廓为长圆形至倒卵形，通常3裂达中部或3全裂；复伞形花序；花瓣白色或黄绿色；分生果圆形或长椭圆形，果棱尖锐。原产欧洲。东北各地普遍栽培。

嫩茎为蔬菜。全草有祛风利湿、平肝、清热、降压利尿、凉血、止血作用。

■ 旱芹

苗期植株

花期植株

花序

小伞果序

39 细叶旱芹属 *Cyclospermum* Lag.

Cyclospermum Lag., Amen. Nat. Españ. 1(2): 101. 1821.

一年生草本。根圆锥形。叶三至四回状多裂，裂片线形；叶柄基部有膜质叶鞘。单伞形花序或复伞形花序；总苞片和小总苞片缺乏或显著；伞辐上升开展；花柄不等长；花白色或稍带黄绿色；萼齿细小或退化；花瓣近圆形至卵形，顶端有内折的小舌片；花柱基幼时通常扁压，花柱短或向外反曲。果实近圆形、卵形、圆心形或椭圆形，侧面扁压，合生面有时收缩；果棱圆钝。

本属全世界约3种，分布于热带和温带美洲，其中1种在包括中国的温带和热带地区归化。东北地区栽培1种。

细叶旱芹（中国植物志，Flora of China）

Cyclospermum leptophyllum (Persoon) Sprague ex Britton & P. Wilson, Bot. Porto Rico 6: 52. 1925; Fl. China 14: 115. 2005; The Checklist of the Naturalized Plants in China: 110. 2019.——*Apium leptophyllum* (Pers.) F. Muell. in Benth. et Muell. Fl. Austral. 3: 372. 1866; 中国植物志55(2): 7. 图版2: 6 ~ 8. 1985

一年生草本，高25 ~ 45厘米；茎多分枝；根生叶有柄，基部边缘略扩大成膜质叶鞘；叶片轮廓呈长圆形至长圆状卵形，三至四回羽状多裂，裂片线形至丝状；茎生叶通常三出式羽状多裂，裂片线形；复伞形花序顶生或腋生，无总苞片和小总苞片；小伞形花序有花5 ~ 23；无萼齿；花瓣白色、绿白色或略带粉红色，顶端内折；花丝短于或等长于花瓣；花柱基扁压，花柱极短；果实圆心脏形或圆卵形。生杂草地及水沟边。原产南美洲。吉林省有栽培逃逸记录。

补遗

在本书排版结束后，我们在野外调查中又发现了1个中国新记录属、1个东北新归化属、3个中国新记录种、3个东北新归化种；另外，通过新近出版的《大兴安岭植物志》和其他文献又查到了7种之前我们不掌握的物种。在此一并补充，以保证本书信息的完整性，同时把信息及时传递给读者。

直枝玉柏（新拟）

Dendrolycopodium juniperoideum (Sw.) A. Haines, Fam. Huperziac. Lycopodiac. New England 84. 2003. ——*Lycopodium juniperoideum* Sw., Syn. Fil. (Swartz) 178, 401. 1806.

石松科玉柏属（笔直石松属）。为中国新记录种。多年生植物，株高可达15厘米。匍匐茎深入基质6～8厘米深。分枝浓密近直立。生明亮针叶林或草甸。产吉林省和龙。分布亚洲至美国。

■ 直枝玉柏

植株

植株上部

生境

谷地兰（植物智网站）

Hammarbya paludosa (L.) Kuntze, Revis. Gen. Pl. 2: 665. 1891.

■ 谷地兰

标本

花序一部分

茎叶

■ 谷地兰

植株

居群

兰科谷地兰属。为中国新记录属和新记录种。多年生夏季绿色草本植物，株高可达10厘米，具块茎。生泥炭藓沼泽。产黑龙江五常市凤凰山、黑龙江伊春市红星林业局汤北林场。

欧美少花薹草（植物智网站）

Carex pauciflora Lightf., Fl. Scot. ii. 543. t. 6. f. 2.

莎草科薹草属。为中国新记录种。多年生草本植物，株高可达30厘米，具有有细长的根状茎。生泥炭藓沼泽。产吉林省延边州和龙市老里克湖、黑龙江五常市凤凰山。

■ 欧美少花薹草

植株一部分

花序

植株

圆柱山羊草（中国植物志）

Aegilops cylindrica Host. Icon. Gram. Austr. 2: 6. t. 7. 1802; 中国植物志9(3): 39. 图版10: 3 ~ 4. 1987.

禾本科山羊草属。为东北地区新归化属和新归化种。一年生草本。秆光滑无毛。叶鞘紧密包茎，短于节间；叶舌膜质，长约1毫米；叶片长7 ~ 14厘米，宽2 ~ 3毫米，两面疏生细毛。穗状花序长10 ~ 15厘米（连同芒）；颖长圆形，具8～9脉，脉上具小刺毛，顶具两齿，外侧者延伸成长约1厘米的芒，穗顶部者长达2厘米或更长，内侧的齿钝圆，不显著；外稃披针形，长约1厘米，具5脉，顶端3齿裂，中间者具长1～2毫米的尖头，两侧齿钝圆；内稃稍短于外稃，两脊具细纤毛。生路旁、海边沙地。原产于欧洲南部和西亚。辽宁省大连市甘井区大黑石村、大房身村有分布。

《中国植物志》指出，本种“青海、陕西、河北有栽培”。而在《中国外来入侵植物志》中，本种作为节节麦Aegilops tataschii Coss. 的相似种被提到，并指出本种“归化于美国并成为主要的麦田杂草”。

■ 圆柱山羊草

果序上部

果序下部

花序

花序下部

叶

居群

植株

植株一部分

芍药叶紫堇（中国生物物种名录）；芍叶紫堇（东北草本植物志，东北植物检索表）；兴安紫堇（东北草本植物志，东北植物检索表，大兴安岭植物志）

Corydalis paeoniifolia (Steph.) Pers., Syn. Pl. [Persoon] 2(1): 269. 1806; 东北草本植物志4:34. 1980; 东北植物检索表（第二版）: 230. 1995.——*Corydalis redowskii* Fedde, Repert. Spec. Nov. Regni Veg. 10: 508 1912; 东北草本植物志4: 34. 1980; 东北植物检索表（第二版）: 230. 1995; 大兴安岭植物志1: 624. 2022.

罂粟科紫堇属。多年生草本。根状茎近圆柱形，密被黑褐色鳞片。茎直立，有时上部花序具分枝。叶二至三回羽状分裂，终裂片长1～8厘米，宽0.8～5厘米，卵形、宽椭圆形，有时具2～3小裂片。总状花序单生茎顶或组成圆锥状，花期短且紧密，果期长而疏松；苞片不裂，卵形至线状披针形；花冠粉紫色，距长8～15毫米，钝，直生或稍弯曲；下花瓣中部稍呈囊状；花柱细长，柱头长方形，角上具乳突。蒴果长圆装卵形，下垂。生针叶林下苔藓丛中。产内蒙古自治区大兴安岭满归、金河、莫尔道嘎等林业局。

在《东北草本植物志》和《东北植物检索表》中，本种均作为2个种收录，即芍叶紫堇*C. paeoniifolia* (Steph.) Pers.和兴安紫堇*C. redowskii* Fedde。并在《东北草本植物志》中明确指出："我们未见到标本，仅志于此，留待考查"。

■ 芍药叶紫堇

基生叶

花序

长梗扁桃（中国植物志，Flora of China）；长柄扁桃（中国果树分类学，大兴安岭植物志）

Prunus pedunculata (Pall.) Maxim. in Bull. Acad. Sci. St. Petersb. 29: 78 (in Mel. Biol. 11: 663) 1883.——*Amygdalus pedunculata* Pall. in Nov. Act. Acad. Sci. Petrop. 7: 353. 1789; 中国植物志38: 15. 图版2:7～9. 1986; Fl. China 9: 393. 2003; 大兴安岭植物志2: 213. 2022.

蔷薇科李属。落叶灌木。果实近球形或卵球形，直径10～15毫米，顶端具小尖头，成熟时暗紫红色，密被短柔毛；果梗长4～8毫米；果肉薄而干燥，成熟时开裂，离核；核宽卵形，顶端具小突尖头，两侧稍扁，表面平滑或稍有皱纹。生于丘陵地区向阳石砾质坡地或坡麓，也见于干旱草原或荒漠草原。产内蒙古自治区巴林右旗赛罕乌拉国家级自然保护区。

可供观赏用。种仁可代"郁李仁"入药。

■ 长梗扁桃

果枝

花期

野老鹳草（中国高等植物图鉴，中国植物志，Flora of China）

Geranium carolinianum L., Sp. Pl. 682. 1753; 中国高等植物图鉴2: 159. 图2766. 1972; 中国植物志43(1): 29. 1998; Fl. China 11: 13. 2008.

■ 野老鹳草

花序

植株

茎叶

植株一部分

牻牛儿苗科老鹳草属。为东北地区新归化种，也是老鹳草属在东北地区唯一的一年生草本。花序腋生和顶生，每总花梗具2花；花径1厘米以下，花瓣淡紫红色。生于平原和低山荒坡杂草丛中。原产美洲。辽宁省大连有栽培或逸生。

干燥地上部分入药，具有祛风湿、通经络、止泻痢的功效，用于风湿痹证、麻木拘挛、筋骨酸痛、泄泻痢疾。

密序大黄（植物分类学报，中国植物志，Flora of China）

Rheum compactum L., Sp. Pl. ed. 2: 531. 1762;植物分类学报13 (3): 72. 图19. 1975; 中国植物志25(1): 181. 图版43: 6 ~ 7. 1998; Fl. China 5: 346. 2003; 大兴安岭植物志1: 318. 2022.

蓼科大黄属。叶全缘，近无波；内轮花被片与外轮花被片近等大。生于海拔2000米左右山坡岩石缝隙中。产黑龙江省漠河、呼中、新林、塔河；内蒙古自治区额尔古纳、根河、牙克石、鄂伦春。

根及根状茎入药，具有泄实热、通大便、破积行瘀、消肿之功效。

■ 密序大黄

基生叶

果实

植株

伏毛蓼（中国植物志，Flora of China）

Persicaria pubescens (Blume) Hara in Journ. Jap. Bot. 17: 335. 1941.——*Polygonum pubescens* Blume, Bijdr. 2: 532. 1825; 中国植物志25(1): 29. 图版4: 4 ~ 5. 1998; Fl. China 5:291. 2003.——*P. hydropiper* L. var. *flaccidum* (Meisn.) Stew. in Contr. Gray Herb. 88: 59. 1930.——*Persicaria flaccida* (Meisn.) Nakai ex Sasaki, List. Pl. Form. 169. 1928.

蓼科蓼属。一年生直立草本。茎疏生短硬伏毛，带红色，节部明显膨大。叶卵状披针形或宽披针形，顶端渐尖或急尖，基部宽楔形，上面绿色，中部具黑褐色斑点，两面密被短硬伏毛，边缘具缘毛；

■ 伏毛蓼

花序

植株一部分

■ 伏毛蓼

托叶鞘

花序一部分

植株

无辛辣味，叶腋无闭花受精花。叶柄密生硬伏毛；托叶鞘筒状，膜质，具硬伏毛，顶端截形，具粗壮的长缘毛。总状花序呈穗状，顶生或腋生，花稀疏，上部下垂，下部间断；花被5深裂，绿色，上部红色，密生淡紫色透明腺点。生沟边、水旁、田边湿地。产辽宁省大连、辽阳等地。

全草、根入药，具有清热解毒、祛风利湿、消滞、散瘀、止痛、止血、杀虫的功效，全草用于食滞、痢疾、泄泻、肠炎、胃痛、疟疾、崩漏、乳蛾、风湿关节痛、跌打肿痛、皮肤瘙痒，根用于痢疾。

木龙葵（中国外来入侵植物志，Flora of China）

Solanum scabrum Mill., Gard. Dict., ed. 8. n. 6. 1768; Fl. China 17: 319. 1994; 中国外来入侵植物志3: 415. 2020.

茄科茄属。为东北地区新归化的外来植物。一年生或短暂的多年生草本。与少花龙葵（*S. americanum* Mill.）相似，主要区别为：本种果梗通常直立或开展，花药长（1.5～）2～3毫米；后者果梗下垂，花药长0.8～1.5毫米。也与龙葵（*S. nigrum* L.）相似，主要区别为：本种植株具不明显的伏贴柔毛；叶全缘，稀叶缘浅波状；果梗通常直立或开展，果萼反折，果实紫黑色且有光泽。后者植株通常被开展的柔毛；叶缘具牙齿或近全缘；果梗下垂，果萼紧贴果实，果实暗黑色且无光泽。生路旁、沟谷阴湿处。原产非洲，现广布于温带和热带地区。辽宁省东港有分布。

全草具有消炎、透湿、利尿、退热、通便、镇静等作用。果实成熟后可食。

■ 木龙葵

果实紫黑色

花侧面观

花正面观

■ 木龙葵

果萼反折

果序直立

茎

植株

华北马先蒿（大兴安岭植物志，植物智网站）；塔氏马先蒿（中国植物志，Flora of China）

Pedicularis tatarinowii Maxim. in Bull. Acad. St. Petersb. XXIV60. 1877; 中国植物志68: 215. 图版XLVIII: 1～5. 1963; 内蒙古植物志（第二版）4: 335. 图版132: 7～9. 1993; Fl. China 18: 162. 1998; 大兴安岭植物志3: 251. 2022.

列当科马先蒿属。一年生草本。叶轮生，羽状全裂，裂片5～10对，最多者达15对，披针形，羽状浅裂或深裂，最长者达17毫米。花序生于茎枝之端，下部花轮有间断；花冠堇紫色，盔直立部分上端有时有齿状凸出物，顶圆形弓曲，前端再转向前下方或下方而成清晰的喙，长达2毫米。生于海拔2000～2300米的高山上。产额尔古纳。为中国特有种，河北北部、山西北部及内蒙古自治区南部有分布。

■ 华北马先蒿

植株

花序

茎叶

扭藿香（内蒙古植物志，中国植物志，Flora of China）

Lophanthus chinensis Benth. in Bot. Reg. 15: in text post tab. 1282. 1829; 中国植物志65(2): 262. 图版54: 10. 1977; 内蒙古植物志（第二版）4: 204. 图版79. 1993; Fl. China17: 107. 1994; 大兴安岭植物志3: 154. 2022.

唇形科扭藿香属。多年生草本，叶两面、花序、苞片、花萼等有短柔毛及腺点；叶卵圆形，先端钝至圆形，基部圆形至心形，边缘具圆齿。聚伞花序，有花3～6或更多；苞片线状披针形；花萼管状钟形，齿5，近等长；花冠长1.7～2厘米，花冠筒倒扭（上下唇交换位置），萼筒内中部或中部以上有毛环；冠檐二唇形，上唇3裂，下唇2深裂。小坚果长圆状卵圆形，稍压扁，光滑，褐色。生山坡上。产内蒙古自治区额尔古纳、巴林右旗、林西、克什克腾旗。

■ 扭藿香

花序

花序一部分

茎叶

银州柴胡（中国植物志，Flora of China）

Bupleurum yinchowense Shan et Y. Li, 植物分类学报12 (3): 283. 1974; 中国植物志55(1): 274. 图版148. 1979; Fl. China 14: 70. 2005;大兴安岭植物志2: 494. 2022.

伞形科柴胡属。本种与狭叶柴胡B. angustissiimum (Fr.) Kitag.及锥叶柴胡B. bicaule Helm均有相似之处，但本种可以下面的特征与二者分开：主根特长，木质化，柱形，淡红棕色，表面较平整，质地较细密，折断面有木质纤维；茎基部少有纤维状叶鞘残物；叶很小，倒披针形，薄纸质，顶端长或急尖；茎生叶基部收缩，有明显的叶柄，3 ~ 5脉。复伞形花序较小，伞辐很细；小总苞片细而小，长于花柄，而短于果柄。本种与北柴胡B. chinense DC.亦有相似的地方，但本种的根特长，植株较纤弱；叶小得多，质薄；花序小，伞辐小；小总苞片小而细，很易与北柴胡区别开来。生干燥山坡及多沙地带瘠薄的土壤中。产内蒙古自治区林西县九佛山。

根入药，在陕西称红柴胡或软柴胡，红是形容其根的色泽，软是指根的质地较软，并被认为是各种柴胡中品质最好的一种。

■ 银州柴胡

果序一部分

植株一部分

参考文献

[1]李书心. 辽宁植物志: 上册[M]. 沈阳: 辽宁科学技术出版社, 1988.

[2]李书心. 辽宁植物志: 下册[M]. 沈阳: 辽宁科学技术出版社, 1992.

[3]周一良. 黑龙江省植物志: 4 ~ 11卷[M]. 哈尔滨: 东北林业大学出版社, 1992—2003.

[4]马毓泉. 内蒙古植物志: 1版 1 ~ 8卷[M]. 呼和浩特: 内蒙古人民出版社, 1977—1985.

[5]马毓泉. 内蒙古植物志: 2版 1 ~ 5卷[M]. 呼和浩特: 内蒙古人民出版社, 1989—1998.

[6]赵一之, 赵利清, 曹瑞. 内蒙古植物志：3版 1 ~ 6卷[M]. 呼和浩特: 内蒙古人民出版社, 2020.

[7]刘慎谔. 东北木本植物图志[M]. 北京: 科学出版社, 1955.

[8]刘慎谔. 东北植物检索表[M]. 北京: 科学出版社, 1959.

[9]傅沛云. 东北植物检索表: 2版[M]. 北京: 科学出版社, 1995.

[10]中国科学院中国植物志编辑委员会. 中国植物志: 1 ~ 80卷[M]. 北京: 科学出版社, 1959—2004.

[11]中国科学院沈阳应用生态研究所. 东北草本植物志: 1 ~ 12卷[M]. 北京: 科学出版社, 1958—2005.

[12]张淑梅, 姜学品. 大连植物彩色图谱[M]. 大连: 大连理工大学出版社, 2013年.

[13]徐海根, 强胜. 中国外来入侵生物[M]. 北京: 科学出版社, 2011.

[14]河北植物志编辑委员会. 河北植物志[M]. 石家庄: 河北科学技术出版社, 1989.

[15]曹伟. 东北植物分布图集[M]. 北京: 科学出版社, 2019.

[16]曹伟, 李冀云. 长白山植物自然分布[M]. 沈阳: 东北大学出版社, 2003.

[17]赵毓棠. 吉林树木图志[M]. 北京: 中国林业出版社, 2009.

[18]赵大昌. 长白山植物图谱[M]. 沈阳: 沈阳出版社, 2007.

[19]张淑梅. 辽宁木本植物志[M]. 沈阳: 辽宁科学技术出版社, 2018.

[20]张淑梅, 康廷国. 辽宁省维管束植物名称考证[M]. 沈阳: 辽宁科学技术出版社, 2020.

[21]张淑梅. 辽宁植物 (上中下) [M]. 沈阳: 辽宁科学技术出版社, 2021.

[22]张淑梅, 许亮. 东北维管束植物考[M]. 沈阳: 辽宁科学技术出版社, 2021.

[23]李宏博, 张淑梅, 王慧. 辽宁维管植物多样性编目——基于分子分类学系统[M]. 沈阳: 辽宁科学技术出版社, 2021.

[24]Xiaoling Yan,Zhanghua Wang,Jinshuang Ma.The Checklist of the Naturalized Plants in China[M]. Shanghai:Shanghai Scientific and Technical Publishers,2019.

[25]Cheng Du,Jinshuang Ma.Chinese Plant Names Index 2000—2009[M].Beijing:Scinece Press,2019.

[26]Cheng Du,Jinshuang Ma.Chinese Plant Names Index 2010—2017[M].Beijing:Scinece Press,2019.

[27]汪纪武. 世界药用植物速查辞典[M]. 北京: 中国医药出版社, 2015.

[28]李德珠. 中国维管植物科属词典[M]. 北京: 科学出版社, 2018.

[29]多识植物百科. http: //duocet. ibiodiversity. net/.

[30]Wu ZY, Raven PH, Hong DY. Flora of China(1 ~ 25) [M]. Beijing: Science Press and St. Louis: Missouri Botanical Garden Press, 1994—2013.

[31]李德珠. 中国维管植物科属志[M]. 北京: 科学出版社, 2020.

[32]陈之端, 路安民, 刘冰, 等. 中国维管植物生命之树[M]. 北京: 科学出版社, 2020.

[33]马金双. 中国外来入侵植物志: 1 ~ 5卷[M]. 上海: 上海交通大学出版社, 2021.

[34]张淑梅, 李宏博, 孙文松, 等. 辽宁植物检索表[M]. 沈阳: 辽宁科学技术出版社, 2022.

[35]刘运伟, 董上, 叶林, 等. 小兴安岭森林生态调查[M]. 北京: 科学出版社, 2022.

[36]大兴安岭植物志编委会. 大兴安岭植物志:1 ~ 4卷[M]. 呼和浩特: 内蒙古人民出版社, 2020.

[37]黑龙江省植物志修订委员会. 黑龙江省植物志:3 ~ 11卷[M]. 哈尔滨: 东北林业大学出版社, 2016—2022.

拉丁名索引

A

Abelia biflora Turcz. / 3140
Abelia biflora Turcz. f. *minor* (Nakai) C. F. Fang / 3140
Abelia biflora Turcz. var. *coreana* (Nakai) C. F. Fang / 3140
Abelia coreana Nakai / 3140
Abelmoschus esculentus (L.) Moench / 1821
Abelmoschus manihot (L.) Medic. / 1820
Abies holophylla Maxim. / 125
Abies holophylla var. *aspericorticea* Y. Y. Sun / 125
Abies nephrolepis (Trautv.) Maxim. / 124
Abutilon striatum Dickson. / 1805
Abutilon theophrasti Medic / 1805
Acalypha australis L. / 1678
Acalypha australis var. *lanceolata* Hayata / 1679
Acalypha brachystachya Hornem. / 1678
Acalypha supera Forssk. / 1678
Acanthopanax senticosus (Rupr. et Maxim.) Harms / 3171
Acanthopanax senticosus var. *brevistamineus* S. F. Gu / 3171
Acanthopanax sessiliflorus (Rupr. et Maxim.) Seem. / 3172
Acanthopanax sieboldianus Makino / 3170
Acer barbinerve Maxim. / 1761
Acer buergerianum Miq. / 1757
Acer campestre L. / 1758
Acer ginnala Maxim. / 1764
Acer japonicum Thunb. / 1753
Acer komarovii Pojark. / 1762
Acer mandshuricum Maxim. / 1751
Acer mono Maxim. / 1758
Acer negundo L. / 1750
Acer palmatum Thunb. / 1755
Acer palmatum f. *atropurpureum* (Van Houtte) Sche-werim / 1755
Acer palmatum var. *dissectum* (Thunb.) K. Koch / 1756
Acer pictum subsp. *mono* (Maxim.) H. Ohash. / 1758
Acer pilosum Maxim. / 1757
Acer pilosum var. *stenolobum* (Rehder) W. P. Fang / 1757
Acer platanoides L. / 1763
Acer pseudo-sieboldianum (Pax.) Kom. / 1753
Acer pseudo-sieboldianum var. *koreanum* Nakai / 1754
Acer rubrum L. / 1760
Acer saccharinum L. / 1763
Acer stenolobum Rehd. / 1757
Acer tataricum L. / 1764
Acer tataricum subsp. *ginnala* (Maxim.) Wesm. / 1764
Acer tegmentosum Maxim. / 1764
Acer triflorum Kom. / 1752
Acer triflorum var. *aubcoriacea* Kom. / 1752
Acer truncatum Bunge / 1759
Acer truncatum subsp. *mono* (Maxim.) E. Murr. Kalmia / 1758
Acer ukurunduense Trautv. et C. A. Mey. / 1761
Acer ukurunduense var. *changbaishanense* W. Cao / 1761
Achillea acuminata (Ledeb.) Sch.-Bip. / 2935
Achillea alpina L. / 2938
Achillea asiatica Ser. / 2937
Achillea millefolium L. / 2936
Achillea ptarmicoides Maxim. / 2937
Achlys japonica Maxim. / 837
Achnatherum avenoides (Honda) Chang / 747
Achnatherum extremiorientale (Hara) Keng / 745
Achnatherum nakaii (Honda) Tateoka / 746
Achnatherum pekinense (Hance) Ohwi / 745
Achnatherum pubicalyx (Ohwi) Keng / 746
Achnatherum sibiricum (L.) Keng / 747
Achnatherum splendens (Triin) Nevski / 744
Achyranthes bidentata Blume / 2101
Achyrophorus ciliatus (Thunb.) Schultz Bp. / 2753
Acirostrum alaschanicum (Maxim.) Y. Z. Zhao / 1916
Aconitum alboviolaceum Kom. / 859
Aconitum alboviolaceum var. *albiflorum* (S. H. Li et Y. H. Huang) S. H. Li / 860
Aconitum alboviolaceum var. *purpurascens* Nakai / 860
Aconitum ambiguum Rehb. / 878
Aconitum ambigum f. *multisectum* S. H. Li et Y. H. Huang / 878

Aconitum arcuatum Maxim. / 875
Aconitum baicalense Turcz. ex Rap. / 873
Aconitum bailangense Y. Z. Zhao / 878
Aconitum barbatum Pers. / 863
Aconitum barbatum var. *hispidum* (DC.) DC. / 863
Aconitum barbatum var. *puberullum* Ledeb. / 864
Aconitum birobidshanicum Worosch. / 876
Aconitum carmichaeli Debx. / 870
Aconitum carmichaelii var. *truppelianum* (Ulbr.) W. T. Wang et Hsiao / 871
Aconitum ciliare DC. / 867
Aconitum coreanum (Levl.) Rap. / 864
Aconitum coreanum var. *roseolum* S. M. Zhang / 865
Aconitum daxinganlinense Y. Z. Zhao / 870
Aconitum dunhuaense S. H. Li / 873
Aconitum fauriei Levl. et Vant. / 871
Aconitum fischeri Rchb. / 874
Aconitum fischeri var. *arcuatum* (Maxim.) Regel / 875
Aconitum fischeri var. *arcuatum* f. *pilocarpum* S. H. Li et Y. H. Huang / 875
Aconitum fusungense S. H. Li / 873
Aconitum jaluense Kom. / 872
Aconitum jaluense f. *glabrescens* (Nakai) Kitag. / 873
Aconitum jaluense var. *glabrescens* Nakai / 873
Aconitum jaluense var. *paniculigerum* (Nakai) S. H. Li / 872
Aconitum jaluense var. *truncatum* S. H. Li et Y. H. Huang / 873
Aconitum jeholense Nakai et Kitag. / 879
Aconitum jeholense var. *angustius* (W. T. Wang) Y. Z. Zhao / 879
Aconitum kirinense Nakai / 862
Aconitum kusnezoffii Reichb. / 875
Aconitum kusnezoffii var. *birobidshanicum* (Worosch.) S. H. Li / 876
Aconitum kusnezoffii var. *crispulum* W. T. Wang / 876
Aconitum kusnezoffii var. *gibbiferum* (Reichb.) Regel / 877
Aconitum kusnezoffii var. *pilosa* Y. Z. Zhao / 876
Aconitum leucostomum Voroschilov / 861
Aconitum leucostomum var. *hopeiense* W. T. Wang / 861
Aconitum longecassidatum Nakai / 860
Aconitum macrorhynchum Turcz. / 867
Aconitum macrorhynchum f. *tenuissimum* (Nakai et Kitag.) S. H. Li et Y. H. Huang / 867
Aconitum manshuricum Nakai / 873
Aconitum monanthum Nakai / 878
Aconitum monticola Steinb. / 863
Aconitum paishanense Kitag. / 862
Aconitum paniculigerum Nakai / 872
Aconitum paniculigerum var. *leiocarpum* Nakai ex Kitag. / 872
Aconitum raddeanum Regel / 873
Aconitum ranunculoides Turcz. / 862
Aconitum sczukinii Turcz. / 866
Aconitum septentrionale Koelle / 861
Aconitum soongaricum Stapf. var. *jeholense* (Nakai et Kitag.) W. T. Wang / 879
Aconitum tschangbaischanense S. H. Li et Y. H. Huang / 869
Aconitum umbrosum (Korsh.) Kom. / 862
Aconitum villosum Rchb. / 868
Aconitum villosum f. *psilocarpum* (Kitag.) Kitag. / 867
Aconitum villosum subsp. *tschangbaischanense* (S. H. Li et Y. H. Huang) S. H. Li / 869
Aconitum villosum var. *amurense* (Nakai) S. H. Li et Y. H. Huang. / 867
Aconitum villosum var. *daxinganlinense* (Y. Z. Zhao) S. H. Li / 870
Aconitum volubile Pall. ex Koelle / 867
Aconitum volubile Pall. ex Koelle var. *latisectum* Regel. / 866
Aconitum volubile var. *pubescens* Regel / 867
Aconitum wangyedianense Y. Z. Zhao / 863
Aconitum wuchagouense Y. Z. Zhao / 864
Acorus calamus L. / 192
Actaea asiatica Hara / 890
Actaea dahurica Turcz. ex Fisch. & C. A. Mey. / 891
Actaea erythrocarpa Fisch. / 890
Actaea heracleifolia (Kom.) J. Compton / 892
Actaea simplex (DC.) Wormsk. ex Prantl / 893
Actaea spicata L. var. *asiatica* (Hara) S. H. Li et Y. H. Huang / 890
Actaea spicata var. *erythrocarpa* (Fisch.) Turcz. ap. Ledeb. / 890

Actinidia arguta (Sieb. et Zucc.) Planch. ex Miq. / 2233
Actinidia arguta var. *cordifolia* (Miq.) Bean / 2234
Actinidia chinensis Planch. / 2230
Actinidia hypoleuca Nakai / 2231
Actinidia kolomikta (Maxim. et Rupr.) Maxim. / 2232
Actinidia polygama (Sieb. et Zucc.) Planch ex Maxim. / 2231
Actinostemma tenerum Griff. / 1529
Adenocaulon himalaicum Edgew. / 3025
Adenophora amurica C. X. Fu et M. Y. Liou / 2727
Adenophora biformifolia Y. Z. Zhao / 2721
Adenophora biloba Y. Z. Zhao / 2736
Adenophora borealis Hong et Zhao Ye-zhi / 2717
Adenophora borealis var. *oreophila* Y. Z. Zhao / 2718
Adenophora capillaris Hemsl. / 2734
Adenophora capillaris subsp. *paniculata* (Nannfeldt) D. Y. Hong & S. Ge / 2734
Adenophora capillaris subsp. *paniculata* var. *dentata* Y. Z. Zhao / 2735
Adenophora capillaris subsp. *paniculata* var. *petiolata* Y. Z. Zhao / 2735
Adenophora contracta (Kitag.) J. Z. Qiu & D. Y. Hong / 2729
Adenophora divaricata Franch. et Sav. / 2714
Adenophora divaricata f. *angustifolia* A. I. Bara-nov / 2715
Adenophora gmelinii (Spreng.) Fisch. / 2736
Adenophora gmelinii subsp. *gmelinii* var. *coronopifolia* (Fisch.) Y. Z. Zhao / 2737
Adenophora gmelinii subsp. *gmelinii* var. *pachyphylla* (Kitag.) Y. Z. Zhao / 2737
Adenophora gmelinii subsp. *hailinensis* J. Z. Qiu & D. Y. Hong / 2737
Adenophora grandiflora Nakai / 2721
Adenophora kulunensis Y. Z. Zhao / 2731
Adenophora micrantha Hong / 2732
Adenophora palustris Kom. / 2726
Adenophora paniculata Maxim. / 2734
Adenophora pereskiifolia (Fisch.) G. Don / 2718
Adenophora pereskiifolia f. *linearifolia* Bar. / 2719
Adenophora pereskiifolia var. *albiflorum* Z. S. M. / 2719
Adenophora pereskiifolia var. *altenifolia* Fuh ex Y. Z. Zhao / 2719
Adenophora pereskiifolia var. *angustifolia* Y. Z. Zhao / 2720
Adenophora pinifolia Kitag. / 2732
Adenophora pinifolia var. *albiflorum* Z. S. M. / 2733
Adenophora polyantha Nakai / 2730
Adenophora polyantha Nakai var. *contracta* Kitag. / 2729
Adenophora polyantha subsp. *scabricalyx* (Kitagawa) J. Z. Qiu & D. Y. Hong / 2731
Adenophora polyantha var. *glabricalyx* Kitag. / 2730
Adenophora polyantha var. *rhombic* Y. Z. Zhao / 2731
Adenophora potaninii Korsh. / 2722
Adenophora potaninii subsp. *wawreana* (Zahlbr.) S. Ge & D. Y. Hong / 2722
Adenophora potaninii subsp. *wawreana* var. *lanceifolia* (Y. Z. Zhao) S. M. Zhang / 2723
Adenophora remotiflora (Sieb. ex Zucc.) Miq. / 2723
Adenophora stenanthina (Ledeb.) Kitag. / 2735
Adenophora stenanthina var. *angustilanceifolia* Y. Z. Zhao / 2736
Adenophora stenanthina var. *collina* (Kitag.) Y. Z. Zhao / 2736
Adenophora stenanthina var. *crispate* (Korsh.) Y. Z. Zhao / 2735
Adenophora stenophylla Hemsl. / 2727
Adenophora tetraphylla (Thunb.) Fisch. / 2716
Adenophora tetraphylla f. *angustifolia* (Regel) C. Y. Li / 2716
Adenophora tetraphylla f. *hirsuta* Makino / 2717
Adenophora tetraphylla var. *angustifolia* Regel. / 2716
Adenophora tetraphylla var. *integrifolia* Y. Z. Zhao / 2717
Adenophora trachelioides Maxim. / 2724
Adenophora trachelioides var. *albiflorum* S. M. Zhang / 2725
Adenophora trachelioides var. *altenifolia* S. M. Zhang / 2726
Adenophora tricuspidata (Fisch. ex Roem. et Schult.) A. DC. / 2728
Adenophora urceolata Y. Z. Zhao / 2731
Adenophora wawreana A. Zahlbr. / 2722
Adenophora wawreana var. *lanceifolia* Y. Z. Zhao / 2723
Adenophora wulingshanica Hong / 2713
Adenophora wulingshanica var. *alterna* Y. Z. Zhao / 2714

Adiantum capillus-junonis Rupr. / 48
Adiantum edgeworthii Hook. / 48
Adiantum pedatum L. / 48
Adlumia asiatica Ohwi / 796
Adonis amurensis Regel et Radde / 912
Adonis pseudoamurensis W. T. Wang / 912
Adonis ramose Franch. / 912
Adonis sibirica Patr. et Ledeb. / 911
Adoxa moschatellina L. / 3121
Adoxa orientalis Nepomn. / 3121
Aegilops cylindrica Host. / 3274
Aegopodium alpestre Ledeb. / 3266
Aegopodium alpestre f. *scabrum* Kitagawa / 3266
Aegopodium alpestre f. *tenuisectum* Kitag. / 3267
Aeluropus littoralis var. *sinensis* Debeaux / 594
Aeluropus sinensis (Debeaux) Tzvel. / 594
Aeschynomene indica L. / 1091
Aesculus × *carnea* Zeyh. / 1767
Aesculus chinensis Bunge / 1766
Aesculus hippocastanum L. / 1767
Aesculus turbinata Blume / 1766
Agapanthus africanus Hoffmanns. / 381
Agastache rugosa (Fisch. et Meyer) O. Ktze. / 2608
Ageratina adenophora (Sprengel) R. M. King & H. Robinson / 2810
Ageratum houstonianum Miller / 2807
Agrimonia coreana Naka. / 1366
Agrimonia pilosa Ledeb. / 1367
Agrimonia pilosa Ledeb. var. *coreana* (Nakai) Liou et Cheng / 1366
Agrimonia pilosa var. *nepalensis* (D. Don) Nakai / 1368
Agrimonia pilosa var. *rotundifolia* Liou et C. Y. Li / 1367
Agriophyllum arenarium Bieb. ex C. A. Mey. / 2135
Agriophyllum pungens (Vahl) Link ex A. Dietr. / 2135
Agriophyllum squarrosum (L.) Moq. / 2135
Agropyron cristatum (L.) Gaertn. / 648
Agropyron cristatum var. *pectinatum* (M. Bieb.) B. Fedtsch. / 648
Agropyron cristatum var. *pectiniforme* (Roem. et Schult.) H. L. Yang / 648
Agropyron desertorum (Fisch.) Schult. / 647
Agropyron michnoi Roshev. / 648
Agropyron mongolicum Keng / 647
Agropyron mongolicum var. *villosum* H. L. Yang / 647
Agrostemma githago L. / 2015
Agrostis alba L. / 721
Agrostis capillaris Shishk. / 721
Agrostis clavata Trin. / 719
Agrostis divaricatissima Mez. / 722
Agrostis gigantea Roth / 721
Agrostis macranthera Chang et Skv. / 719
Agrostis sibirica Petrov / 720
Agrostis stolonifera L. / 720
Agrostis tenuis Sibth. / 721
Agrostis trinii Turcz. / 720
Agrostis vinealis Schreb. / 720
Ailanthus altissima (Mill.) Swingle / 1784
Ailanthus altissima cv. 'Purpurata' / 1784
Ailanthus altissima cv. 'Umbraculifera' / 1784
Ainsliaea acerifolia Sch.–Bip. / 3013
Ainsliaea acerifolia Sch.–Bip. var. *subapoda* Nakai / 3013
Ajania pallasiana (Fisch. ex Bess.) Poljak. / 2944
Ajania variifolia (Chang) Tzvel. / 2945
Ajuga linearifolia Pamp. / 2556
Ajuga multiflora Bunge / 2557
Ajuga multiflora var. *brevispicata* C. Y. Wu et C. Chenv / 2557
Ajuga multiflora var. *roseolum* Z. S. M. / 2558
Ajuga multiflora var. *serotina* Kitag. / 2558
Alangium platanifolium (Sieb. et Zucc.) Harmus / 2181
Alangium platanifolium (Sieb. et Zucc.) Harmus var. *trilobum* (Miq.) Ohwi / 2181
Albizia julibrissin Durazz. / 1070
Albizia kalkora (Roxb.) Prain. / 1071
Alcea rosea L. / 1814
Aldrovanda vesiculosa L. / 2009
Aleuritopteris argentea (Gmel.) Fée / 46
Aleuritopteris argentea var. *obscura* (Christ) Ching / 47
Aleuritopteris kuhnii (Milde) Ching / 45
Aleuritopteris subargentea Ching / 46
Alisma gramineum Lej. / 214
Alisma lanceolatum Wither. / 214
Alisma orientale Juzepczuk / 213
Alisma plantago–aquatica L. / 213

Alisma plantago–aquatica subsp. *orientale* (Sam.) Sam. / 211
Allantodia crenata (Sommerf.) Ching / 76
Allantodia taquetii (C. Chr.) Ching / 76
Allium altaicum Pall. / 379
Allium anisopodium Ledeb. / 374
Allium anisopodium var. *zimmermannianum* (Gilg) Wang et Tang / 375
Allium ascalonicum L. / 368
Allium bidentatum Fisch. ex Prokh. / 372
Allium bidentatum var. *andanense* Q. S. Sun / 373
Allium cepa L. / 367
Allium cepa var. *aggregatum* G. Don / 368
Allium cepa var. *proliferum* (Moench) Regel / 368
Allium condensatum Turcz. / 378
Allium cyaneum Regel / 377
Allium cyaneum f. *stenodon* (Nakai & Kitag.) Kitag. / 375
Allium fistulosum L. / 380
Allium giganteum Regel / 368
Allium ledebourianum Roem. / 378
Allium ledebourianum var. *maximowiczii* (Regel) Q. S. Sun / 378
Allium leucocephalum Turcz. / 363
Allium listera Stearn / 362
Allium macrostemon Bunge / 370
Allium macrostemon subsp. *albiflorum* S. M. Zhang / 371
Allium macrostemon var. *uratense* (Franch.) Airy–Shaw / 371
Allium maximowiczii Regel / 378
Allium monanthum Maxim. / 362
Allium monanthum var. *floribundum* Z. J. Zhong & X. T. Huang / 362
Allium mongolicum Regel / 367
Allium neriniflorum (Herbert) Baker / 360
Allium neriniflorum f. *albiflorum* (Kitag.) Q. S. Sun / 360
Allium plurifoliatum var. *stenodon* (Nakai et Kitag.) J. M. Xu / 375
Allium polyrhizum Turcz. ex Regel / 366
Allium prostratum Trevir. / 378
Allium pseudosenescens H. J. Choi & B. U. Oh / 376
Allium ramosum L. / 365
Allium sacculiferum Maxim. / 369
Allium sativum L. / 363
Allium schoenoprasum L. / 372
Allium senescens L. / 376
Allium senescens f. *albiflorum* Q. S. Sun / 377
Allium stenodon Nakai & Kitaga. / 375
Allium strictum Schrader / 364
Allium tenuissimum L. / 373
Allium tenuissimum var. *anisopodium* (Ledeb.) Regel / 374
Allium tenuissimum var. *anisopodium* f. *zimmermannianum* (Gilg) Q. S. Sun / 375
Allium thunbergii G. Don / 369
Allium tuberosum Rottler ex Spreng / 364
Allium victorialis L. / 362
Allium victorialis L. var. *listera* (Stearn) J. M. Xu / 362
Allium yuchuanii Y. Z. Zhao et J. Y. Chao / 369
Alnus fruticosa Rupr. / 1518
Alnus fruticosa Rupr. var. *mandshurica* Callier ex Schneid. / 1519
Alnus hirsuta (Spach) Rupr. / 1516
Alnus japonica (Thunb.) Steud. / 1517
Alnus japonica var. *villosa* L. Zhao et D. Chen / 1518
Alnus mandshurica (Call.) Hand. –Mazz. / 1519
Alnus sibirica Fisch ex Turcz. / 1516
Alnus sibirica Fisch. var. *hirsuta* Koidzumi / 1516
Alnus sieboldiana Matsum. / 1516
Alnus tinctoria Sarg. / 1516
Alopecurus aequalis Sobol. / 732
Alopecurus arundinaceus Poiret / 735
Alopecurus brachystachyus Bieb. / 733
Alopecurus longiaristatus Maxim. / 733
Alopecurus mandshuricus Litw. / 733
Alopecurus pratensis L. / 734
Alternanthera bettzickiana (Regel) Nichols. / 2103
Alternanthera philoxeroides (Mart.) Griseb. / 2103
Althaea rosea (L.) Cavan. / 1814
Alyssum alyssoides L. / 1864
Alyssum canescens de Candolle / 1866
Alyssum dahuricum (Peschkova) Al–Shehbaz / 1863
Alyssum lenense Adams / 1865
Alyssum lenense var. *dasycarpum* C. A. Mey. N. Busch / 1865

Alyssum lenese Adams var. *leiocarpum* (C. A. Mey.) N. Busch / 1865
Alyssum montanum L. / 1864
Alyssum obovatum (C. A. Meyer) Turczaninow / 1864
Alyssum sibiricum Willd. / 1864
Alyssum tenuifolium Stephan ex Willdenow / 1863
Amana edulis (Miq.) Honda / 287
Amaranthu salbus L. / 2094
Amaranthus ascenders Loisel. / 2092
Amaranthus blitoides S. Watson / 2095
Amaranthus blitum L. / 2092
Amaranthus caudatus L. / 2098
Amaranthus cruentus L. / 2099
Amaranthus hybridus L. / 2097
Amaranthus hypochondriacus L. / 2100
Amaranthus lividus L. / 2092
Amaranthus mangostanus L. / 2093
Amaranthus palmeri S. Watson / 2098
Amaranthus paniculatus L. / 2099
Amaranthus polygonoides L. / 2091
Amaranthus powellii S. Watson / 2099
Amaranthus retroflexus L. / 2096
Amaranthus spinosus L. / 2091
Amaranthus taishanensis F. Z. Li & C. K. Ni / 2091
Amaranthus tricolor L.
Amaranthus tuberculatus (Moq.) J. D. Sauer / 2097
Amaranthus viridis L. / 2093
Amblynotus obovatus (Ledeb.) Johnst. / 2350
Amblynotus rupestris (Pall. ex Georgi) M. Pop / 2350
Ambrosia artemisiifolia L. / 2901
Ambrosia trifida L. / 2900
Amelanchier asiatica (Sieb. & Zucc.) Endl. ex Walp. / 1287
Amelanchier sinica (Schneid.) Chun / 1288
Amethystea caerulea L. / 2562
Amitostigma gracile Schlechter / 308
Amitostigma gracile var. *manshuricum* Kitag. / 309
Ammannia arenaria H. B. K. / 1714
Ammannia auriculata Willd. / 1714
Ammannia coccinea Rottboell / 1714
Ammannia multiflora Roxb. / 1713
Amorpha fruticosa L. / 1185
Ampelopsis aconitifolia Bunge / 1064
Ampelopsis aconitifolia var. *glabra* Diels. / 1064
Ampelopsis aconitifolia var. *palmiloba* (Carr.) Rehd. / 1064
Ampelopsis brevipedunculata (Maxim.) Trautv. / 1061
Ampelopsis brevipedunculata (Maxim.) Trautv. var. *maximowiczii* (Regel.) Rehd. / 1062
Ampelopsis glandulosa (Wallich) Momiyama / 1060
Ampelopsis glandulosa var. *brevipedunculata* (Maxim.) Momiy. / 1061
Ampelopsis glandulosa var. *hancei* (Planch.) Momiy. / 1062
Ampelopsis heterophylla (Thunb.) Sieb. & Zucc. var. *brevipedunculata* (Regel) C. L. Li / 1061
Ampelopsis heterophylla (Thunb.) Sieb. & Zucc. var. *hancei* Planch. / 1062
Ampelopsis humulifolia Bunge / 1063
Ampelopsis humulifolia f. *trisecta* (Nakai) Kitag. / 1063
Ampelopsis humulifolia var. *trisecta* Nakai / 1063
Ampelopsis japonica (Thunb.) Makino / 1062
Amphicarpaea edgeworthii Benth. / 1135
Amphicarpaea trisperma (Miq.) Baker ex Jack. / 1135
Amygdalus davidiana (Carr.) de Vos ex Henry / 1334
Amygdalus pedunculata Pall. / 3276
Amygdalus persica L. / 1336
Amygdalus persica f. *albo-plena* Schneid. / 1337
Amygdalus persica f. *atropurpurea* Schneid. / 1338
Amygdalus persica f. *rubroplena* Schneid. / 1338
Amygdalus persica f. *versicolor* (Sieb.) Voss / 1337
Amygdalus persica L. var. *compressa* (Loud.) Yu et Lu / 1339
Amygdalus triloba (Lindl.) Ricker / 1332
Anagallidium dichotomum (L.) Griseb. / 2310
Anaphalis hancockii Maxim. / 3032
Anchusa italica Retz. / 2361
Anchusa officinalis L. / 2362
Andrographis paniculata (Burm. f.) Nees / 2526
Andromeda polifolia L. / 2268
Androsace filiformis Retz. / 2218
Androsace filiformis var. *glandulosa* Kryl. / 2218
Androsace gmelinii (L.) Gaer. / 2216
Androsace incana Lain. / 2214
Androsace lehmanniana Spreng / 2215

Androsace longifolia Turcz. / 2214
Androsace maxima L. / 2216
Androsace septentrionalis L. / 2217
Androsace septentrionalis f. *latifolia* Y. H. Huang / 2217
Androsace umbellata (Lour.) Merr. / 2215
Anemarrhena asphodeloides Bunge / 409
Anemone amurensis (Korsh.) Kom. / 969
Anemone baicalensis Turcz. / 968
Anemone baicalensis var. *glabrata* Maxim. / 968
Anemone baicalensis var. *rossii* (S. Moore) Kitag. / 968
Anemone cathayensis Kitag. / 965
Anemone coronaria L. / 963
Anemone crinita Juz. / 965
Anemone dichotoma L. / 963
Anemone narcissiflora L. / 965
Anemone narcissiflora f. *plena* Y. Z. Zhao / 965
Anemone narcissiflora subsp. *crinita* (Juz.) Kitag. / 965
Anemone narcissiflora var. *crinita* (Juz.) Tamura / 965
Anemone pendulisepala Y. N. Lee / 970
Anemone raddeana Regel / 966
Anemone reflexa Steph. / 967
Anemone rivularis Buch.–Ham. / 964
Anemone rivularis var. *floreminore* Maxim. / 964
Anemone rossii S. Moore / 968
Anemone stolonifera Maxim. / 969
Anemone sylvestris L. / 963
Anemone turczaninovii var. *hulunensis* (L. Q. Zhao) NanJiang & W. B. Yu / 957
Anemone udensis Trautv. et C. A. Mey. / 971
Anemone umbrosa C. A. Mey. / 971
Anethum graveolens L. / 3261
Angelica acutiloba (Sieb. et Zucc.) Kitagawa / 3233
Angelica amurensis Schischk. / 3235
Angelica anomala Lallem. / 3233
Angelica archangelica L. / 3231
Angelica cartilaginomarginata (Makino) Nakai / 3232
Angelica cartilaginomarginata (Makino ex Y. Yabe) Nakai var. *matsumurae* (H. Boissieu) Kitag. / 3232
Angelica cincta Boiss. / 3235
Angelica czernaevia (Fisch. & C. A. Mey.) Kitag. / 3225
Angelica czernaevia f. *latipinna* (Chu) S. M. Zhang / 3226
Angelica czernaevia var. *exalatocarpa* (Y. C. Chu) S. M. Zhang / 3227
Angelica dahurica (Fisch. ex Hoff.) Benth. et Hook. f. ex Franch. et Sav. / 3234
Angelica dailingensis Z. H. Pan & T. D. Zhuang / 3235
Angelica decursiva (Miq.) Franch. et Sav. / 3229
Angelica decursiva f. *albiflora* (Maxim.) Nakai / 3231
Angelica gigas Nakai / 3228
Angelica grosseserrata Maxim. / 3239
Angelica maximowiczii Benth. ex Maxim. / 3237
Angelica maximowiczii var. *australe* (Kom.) S. M. Zhang / 3238
Angelica nakaiana (Kitag.) Pimenov / 3224
Angelica polymorpha Maxim. / 3227
Angelica porphyrocaulis Nakai et Kitag. / 3234
Angelica saxatilis Turcz. ex Ledeb. / 3223
Angelica sieboldii Miq. / 3240
Angelica sieboldii f. *hirsutum* (Hiyama) S. M. Zhang / 3241
Angelica sieboldii var. *praeteritum* (Kitag.) S. M. Zhang / 3242
Angelica sinensis (Oliv.) Diels / 3233
Angelica tenuifolia (Pall. ex Spreng.) Pimenov / 3236
Angelica viridiflora (Turcz.) Benth. ex Maxim. / 3240
Angelonia salicariifolia Bonpl. / 2494
Anisocampium niponicum (Mett.) Y. C. Liu, W. L. Chiou & M. Kato / 77
Anoda cristata (L.) Schlecht. / 1807
Anredera cordifolia (Tenore) Steenis / 2164
Antennaria dioica (L.) Gaertner / 3033
Anthemis arvensis L. / 2940
Anthemis cotula L. / 2939
Anthermis nobilis L. / 2940
Anthoxanthum glabrum (Trin.) Veldkamp / 714
Anthoxanthum monticola (Bigelow) Veldkamp / 714
Anthoxanthum nipponicum Honda / 713
Anthoxanthum nitens (G. H. Weber) Y. Schouten & Veldkamp / 715
Anthoxanthum odoratum L. / 713
Anthoxanthum odoratum subsp. *alpinum* (á. L713
Anthoxanthum odoratum subsp. *nipponicum* (Honda) Tzvelev / 713

Anthriscus aemula (Woron.) Schischk. / 3179
Anthriscus aemula (Woron.) Schischk. var. *hirtifructus* (Ohwi) Kitag. / 3180
Anthriscus nemorosa (M. Bieb.) Spreng. / 3180
Anthriscus sylvestris (L.) Hoff. / 3179
Anthriscus sylvestris subsp. *nemorosa* (M. Bieb.) Koso–Pol. / 3180
Anticlea sibirica (L.) Kunth / 255
Antirrhinum majus L. / 2493
Apium graveolens L. / 3270
Apium leptophyllum (Pers.) F. Muell. / 3271
Apochoris pentapetala Duby / 2223
Apocynum venetum L. / 2318
Aquilegia amurensis Kom. / 853
Aquilegia flabellate Siebold & Zucc. / 853
Aquilegia flabellata var. *pumila* Kudo / 853
Aquilegia hybrida Sims / 850
Aquilegia japonica Nakai / 853
Aquilegia leptoceras Fisch. / 851
Aquilegia oxysepala Trautv. et C. A. Mey. / 853
Aquilegia oxysepala f. *pallidiflora* (Nakai) Kitag. / 854
Aquilegia parviflora Ledeb. / 850
Aquilegia turczaninowii Kamelin & Gubanov / 851
Aquilegia viridiflora Pall. / 851
Aquilegia viridiflora f. *atropurpurea* (Will.) Kitag. / 852
Aquilegia viridiflora var. *atropurpurea* (Willd.) Trevir. / 852
Aquilegia viridiflora var. *micrantha* Kitag. / 852
Aquilegia yabeana Kitag. / 854
Aquilegia yabeana f. *luteola* S. H. Li et Y. H. Huang / 855
Arabidopsis halleri (L.) O'Kane & Al–Shehbaz / 1910
Arabidopsis halleri subsp. *gemmifera* (Matsum.) O'Kane & Al–Shehbaz / 1911
Arabidopsis lyrata (L.) O'Kane & Al–Shehbaz, Novon. / 1909
Arabidopsis lyrata subsp. *kamchatica* (Fisch. ex DC.) O'Kane & Al–Shehbaz / 1909
Arabidopsis lyrata subsp. *petraea* (L.) O'Kane & Al–Shehbaz / 1910
Arabis alaschanica Maxim. / 1916
Arabis amurensis N. Busch / 1910
Arabis coronata Nakai / 1911
Arabis gemmifera (Matsum.) Makino / 1911
Arabis glabra (L.) Bernh. / 1915
Arabis halleri L. / 1910
Arabis hirsuta (L.) Scop. / 1913
Arabis holanshanica Y. C. Lan et T. Y. Cheo / 1916
Arabis lyrata L. / 1909
Arabis lyrata var. *kamchatica* Fisch. ex DC. / 1909
Arabis pendula L. / 1912
Arabispendula var. *hypoglauca* Franch. / 1913
Arachis hypogaea L. / 1090
Arachniodes miqueliana (Maximowicz ex Franchet & Savatier) Ohwi / 86
Aralia continentalis Kitag. / 3167
Aralia elata (Miq.) Seem. / 3168
Aralia elata f. *inermis* Y. C. Chu / 3169
Aralia elata var. *glabrescens* (Franchet & Savatier) Pojarkova / 3169
Aralia elata var. *mandshurica* (Rupr. & Maxim.) J.Wen / 3169
Aralia mandshurica Rupr. & Maxim. / 3168
Archineottia gaudissartii (Hand.–Mazz.) S. C. Chen / 316
Arctium lappa L. / 3104
Arctogeron gramineum (L.) DC. / 2842
Arctous alpina (L.) Nied. / 2253
Arctous alpina var. *japonica* (Nakai) Ohwi / 2253
Arctous japonica Nakai / 2253
Arctous ruber (Rehd. et Wils.) Nakai / 2254
Arenaria capillaris Poiret / 2083
Arenaria capillaris Poiret var. *glandulifera* (Set.) Schi–schk. / 2083
Arenaria formosa Fischer ex Seringe / 2083
Arenaria juncea Bieb. / 2084
Arenaria juncea var. *abbreviata* Kitag. / 2085
Arenaria juncea var. *glabra* Regel / 2085
Arenaria longifolia M. Bieb. / 2084
Arenaria serpyllifolia L. / 2082
Arenaria tonsa Kitagawa / 2085
Argemone mexicana L. / 812
Argentina anserina (L.) Rydb. / 1400
Argentina anserina var. *sericea* (Hayne) Piper / 1401

Argusia sibirica (L.) Dandy / 2338
Argyranthemum frutescens (L.) Sch.–Bip. / 2993
Arisaema amurense Maxim. / 202
Arisaema amurense f. *serratum* (Nakai) Kitag. / 202
Arisaema amurense f. *purpureum* (Nakai) Kitag. / 203
Arisaema amurense f. *violaceum* (Engler) Kitag. / 203
Arisaema amurense var. *serratum* Nakai / 202
Arisaema angustatum Franch. & Sav. var. *peninsulae* (Nakai) Nakai / 203
Arisaema heterophyllum Blume / 201
Arisaema multisectum Engl. / 201
Arisaema peninsulae Nakai / 203
Arisaema peninsulae f. *atropurpureum* Y. C. Chu et D. C. Wu / 204
Arisaema peninsulae f. *serratum* T. K. Zheng et X. S. Wan / 204
Arisaema peninsulae var. *manshuricum* (Nakai) Y. C. Chu et T. K. Zheng / 205
Arisaema peninsulae var. *polyschistum* T. K. Zheng et X. S. Wan / 205
Aristida adscensionis L. / 588
Aristolochia contorta Bunge / 176
Aristolochia manshuriensis Kom. / 175
Armeniaca limeixing J. Y. Zhang & Z. M. Wang / 1325
Armeniaca mandshurica (Maxim.) Skv. / 1328
Armeniaca mandshurica (Maxim.) Skv. var. *glabra* (Nakai) Yu et Lu / 1329
Armeniaca mume Sieb. / 1327
Armeniaca sibirica (L.) Lam. / 1329
Armeniaca sibirica var. *pleniflora* J. Y. Zhang et al. / 1330
Armeniaca vulgaris Lam. / 1330
Armeniaca vulgaris var. *ansu* (Maxim.) Yu et Lu / 1331
Armeniaca vulgaris var. *meixianensis* J. Y. Zhang et al. / 1331
Armeniaca vulgaris var. *xiongyueensis* T. Z. Li et al. / 1331
Armeria maritima (Mill.) Willd. / 1940
Armoracia rusticana (Lam.) Gaertn. / 1858
Aronia melanocarpa Elliot / 1283
Artemisia adamsii Bess. / 2960
Artemisia anethifolia Web. ex Stechm / 2955
Artemisia anethoides Mattf. / 2956
Artemisia angustissima Nakai / 2989
Artemisia annua L. / 2958
Artemisia apiacea Hance / 2959
Artemisia argyi Level et Vant. / 2977
Artemisia argyi var. *gracilis* Pamp. / 2978
Artemisia aurata L. / 2960
Artemisia bargusinensis Spreng / 2985
Artemisia brachyloba Franch. / 2960
Artemisia brachyphylla Kitam. / 2973
Artemisia caespitosa Ledeb. / 2960
Artemisia capillaris Thunb. / 2986
Artemisia carvifolia Buch.–Ham. ex Roxb. / 2959
Artemisia chienshanica Ling et W. Wang / 2990
Artemisia commutata Bess. / 2986
Artemisia commutata var. *acutiloba* W. Wang et C. Y. Li / 2987
Artemisia commutata var. *rotundifolia* W. Wang et C. Y. Li / 2987
Artemisia coracina W. Wang / 2982
Artemisia desertorum Spreng / 2987
Artemisia desertorum var. *lineata* G. Y. Zhang / 2988
Artemisia desertorum var. *lineato–angustissima* G. Y. Zhang / 2988
Artemisia dracunculus L. / 2984
Artemisia eriopoda Bunge / 2991
Artemisia eriopoda subsp. *jiagedaqiensis* G. Y. Chang & X. J. Liu. / 2991
Artemisia eriopoda var. *rotundifolia* (Debeaux) Y. R. Ling / 2992
Artemisia finita Kitag. / 2953
Artemisia freyniana (Pamp.) Krasch. / 2967
Artemisia frigida f. *atropurpurea* (Pamp.) W. Wang et C. Y. Li. / 2958
Artemisia frigida var. *atropurpurea* Pamp. / 2958
Artemisia frigida Willd. / 2957
Artemisia gansuensis Ling et Y. R. Ling / 2985
Artemisia gmelinii Weber ex Stechm. / 2963
Artemisia gmelinii var. *incana* (Besser) H. C. Fu / 2963
Artemisia gmelinii var. *messerschmidiana* (Besser) Poljakov / 2963
Artemisia halodendron Turcz. ex Bess. / 2981
Artemisia halodendron var. *peduncularis* Liou et W.

Wang / 2982
Artemisia igniaria Maxim. / 2972
Artemisia indica Willd. / 2974
Artemisia integrifolia L. / 2969
Artemisia integrifolia var. *latifolia* G. Y. Zhang / 2970
Artemisia integrifolia var. *subulata* G. Y. Zhang / 2970
Artemisia intramongolica H. C. Fu / 2981
Artemisia japonica Thunb. / 2988
Artemisia japonica Thunb var. *angustissima* (Nakai) Kitam. / 2989
Artemisia japonica Thunb. var. *manshurica* (Kom.) Kitag. / 2990
Artemisia keiskeana Miq. / 2967
Artemisia lagocephala (Fisch. ex Bess.) DC. / 2956
Artemisia lancea Van / 2979
Artemisia latifolia Ledeb. / 2964
Artemisia lavandulaefolia DC. / 2979
Artemisia leucophylla (Turcz. ex Bess.) C. B. Clarke / 2975
Artemisia littoricola Kitam. / 2990
Artemisia macilenta (Maxim.) Krasch. / 2985
Artemisia manshurica (Komar.) Komar. / 2990
Artemisia maximovicziana (F. Schum.) Krasch. ex Poljak. / 2964
Artemisia medioxima Krasch. ex Poljak. / 2964
Artemisia mongolica (Fisch. ex Bess.) Nakai / 2974
Artemisia mongolica var. *leucophylla* (Turcz. ex Bess.) W. Wang & H.T. Ho / 2975
Artemisia nakaii Pamp. / 2954
Artemisia orthobotrys Kitag. / 2964
Artemisia oxycephala Kitag. / 2982
Artemisia oxycephala f. *taiyangensis* G. Y. Chang, L. S. Wang et H. X. Ma / 2983
Artemisia oxycephala var. *aureinitens* W. Wang / 2983
Artemisia oxycephala var. *sporadantha* W. Wang / 2983
Artemisia oxycephala var. *xingkaiensis* G. Y. Zhang et L. S. Wang / 2984
Artemisia palustris L. / 2960
Artemisia pectinata Pall. / 2992
Artemisia phaeolepis Krasch. / 2965
Artemisia princeps Pamp. / 2971
Artemisia pubescens Ledeb. / 2982
Artemisia pubescens var. *coracina* (W. Wang) Ling et Y.R. Ling / 2982
Artemisia pubescens var. *gebleriana* (Bess.) Y. R. Ling / 2982
Artemisia pubescens var. *taheensis* G. Y. Zhang et L. S. Wang / 2982
Artemisia rubripes Nakai / 2976
Artemisia sacrorum Ledeb. / 2963
Artemisia sacrorum var. *incana* (Besser) Y. R. Ling / 2963
Artemisia sacrorum var. *messerschmidiana* (Besser) Y. R. Ling / 2963
Artemisia scoparia Waldst. et Kit. / 2984
Artemisia scoparia var. *villosa* Korsh / 2985
Artemisia selengensis Turcz. ex Besser / 2970
Artemisia sericea Weber / 2957
Artemisia sieversiana Ehrhart ex Willd. / 2953
Artemisia sieversiana var. *koreana* (Nakai) W. Wang et C. Y. Li / 2954
Artemisia stolonifera (Maxim.) Kom. / 2977
Artemisia stolonifera var. *laciniata* G. Y. Zhang / 2977
Artemisia subulata Nakai / 2968
Artemisia sylvatica Maxim. / 2972
Artemisia tanacetifolia L. / 2966
Artemisia umbrosa (Bess.) Turcz. ex DC. / 2979
Artemisia verbenacea (Kom.) Kitag. / 2973
Artemisia verlotorum Lamotte / 2979
Artemisia vestita Wallica / 2961
Artemisia vestita var. *discolor* (Kom.) Kitag. / 2962
Artemisia viridissima (Komar.) Pamp. / 2967
Artemisia wudanica Liou et W. Wang / 2980
Artemisia zhaodongensis G. Y. Chang & M. Y. Liou / 2956
Arthraxon hispidus (Thunb.) Makino / 783
Arthraxon hispidus var. *centrasiaticus* (Griseb.) Honda / 784
Arthraxon hispidus var. *hookeri* (Hack.) Honda / 784
Aruncus sylvester Kostel. / 1234
Aruncus sylvester f. *incisus* Liou et C. Y. Li / 1235
Arundinella anomala Steud. / 749
Arundinella hirta (Thunb.) Koidz. / 749
Arundo donax L. / 592
Asarum heterotropoides F. Schmidt / 174

Asarum heterotropoides var. *mandshuricum* (Maxim.) Kitag. / 174
Asarum sieboldii Miq. / 173
Asarum sieboldii f. *seoulense* (Nakai) C. Y. Cheng et C. S. Yang / 173
Asarum sieboldii var. *seoulense* Nakai / 173
Asclepias curassavica L. / 2320
Asparagus brachyphyllus Turcz. / 384
Asparagus dauricus Fisch. ex Link / 386
Asparagus longiflorus Franch. / 386
Asparagus officinalis L. / 387
Asparagus oligoclonos Maxim. / 387
Asparagus schoberioides Kunth / 385
Asparagus trichophyllus Bunge / 385
Asperugo procumbens L. / 2345
Asperula maximowiczii Kom. / 2279
Asperula odorata L. / 2278
Asperula platygalium Maxim. / 2279
Asplenium anogrammoides Christ. / 57
Asplenium barkamense Ching / 56
Asplenium castaneoviride Bak. / 55
Asplenium conmixum Ching / 58
Asplenium incisum Thunb. / 56
Asplenium komarovii Akasawa / 55
Asplenium mae Viane & Reichst. / 58
Asplenium nesii Christ / 56
Asplenium normale Don / 55
Asplenium pekinense Hance / 56
Asplenium ruprechtii Sa. Kurata / 54
Asplenium ruta–muraria L. / 55
Asplenium ruta–muraria var. *subtenuifolium* Christ / 55
Asplenium sarelii Hook. / 57
Asplenium scolopendrium L. / 55
Asplenium subtenuifolium (Christ) Ching et S. H. Wu / 55
Asplenium subvarians Ching / 58
Asplenium tenuicaule Hayata / 57
Asplenium tenuicaule var. *subvarians* (Ching) Viane / 58
Aster ageratoides Turcz. / 2846
Aster alpinus L. / 2844
Aster altaicus Willdenow / 2851
Aster altaicus var. *albiflorum* S. M. Zhang / 2854
Aster altaicus var. *distortus* (Turcz.) Poplavskaja / 2853
Aster altaicus var. *millefolius* (Vaniot) Handel–Mazzetti / 2853
Aster altaicus var. *scaber* (Avé–Lallemant) Handel–Mazzetti / 2852
Aster crenatifolius Hand.–Mazz. / 2850
Aster fastigiatus Fischer / 2844
Aster gramineus (L.) Komar. / 2842
Aster hispidus Thunberg / 2850
Aster hispidus var. *albiflorum* S. M. Zhang / 2851
Aster incisus Fischer / 2840
Aster indicus L. / 2836
Aster lautureanus (Debeaux) Franchet / 2841
Aster lautureanus var. *albiflorum* (S. M. Zhang) S. M. Zhang / 2841
Aster maackii Regel / 2847
Aster meyendorffii (Regel & Maack) Voss / 2849
Aster mongolicus Franchet, Nouv. / 2838
Aster mongolicus var. *albiflorum* (S. M. Zhang) S. M. Zhang / 2839
Aster neobiennis Brouillet Semple & Y. L. Chen / 2848
Aster novi–belgii L. / 2827
Aster pekinensis (Hance) F. H. Chen / 2837
Aster pekinensis var. *albiflorum* (S. M. Zhang) S. M. Zhang / 2838
Aster scaber Thunberg / 2843
Aster sibiricus L. / 2830
Aster subulatus Michx. / 2828
Aster tataricus L. f. / 2845
Aster trinervius subsp. *ageratoides* (Turcz.) Grierson / 2846
Astilbe chinensis (Maxim.) Franch et Sav. / 1007
Astilbe chinensis (Maxim.) Franch. var. *koreana* Kom. / 1006
Astilbe grandis Stapf ex Wils. / 1006
Astilbe koreana (Kom.) Naka. / 1006
Astilboides tabularis (Hemsl.) Engler et Irmsch. / 1008
Astragalus adsurgens Pall. / 1216
Astragalus adsurgens Pall. cv. 'Shadawang' / 1217
Astragalus alaschanensis H. C. Fu / 1215
Astragalus alpinus L. / 1226
Astragalus borealimongolicus Y. Z. Zhao / 1222

Astragalus capillipes Fisch. ex Bunge / 1219
Astragalus chinensis L. f. / 1218
Astragalus cicer L. / 1221
Astragalus complanatus R. Br. ex Bunge / 1195
Astragalus dahuricus (Pall.) DC. / 1223
Astragalus dahuricus (Pall.)DC. f. *huangfuchuanensis* L. Q. Zhao / 1223
Astragalus dalaiensis Kitag. / 1221
Astragalus danicus Retz. / 1225
Astragalus dengkouensis H. C. Fu / 1215
Astragalus galactites Pall. / 1214
Astragalus grubovii Sanchir / 1215
Astragalus hsinbaticus P. Y. Fu et Y. A. Chen / 1215
Astragalus huangheensis H. C. Fu et Y. H. Liu / 1217
Astragalus hulunensis P. Y. Fu et Y. A. Chen / 1224
Astragalus inopinatus Boriss. / 1218
Astragalus laxmannii Jacq. / 1216
Astragalus laxmannii cv. 'Shadawang' S. M. Zhang / 1217
Astragalus marinus Boriss. / 1217
Astragalus melilotoides Pall. / 1220
Astragalus melilotoides var. *tenuis* Ledeb. / 1220
Astragalus membranaceus (Fisch.) Bunge / 1222
Astragalus membranaceus var. *mongholicus* (Bunge) P. K. Hsiao / 1223
Astragalus miniatus Bunge / 1216
Astragalus satoi Kitag. / 1219
Astragalus scaberrimus Bunge / 1213
Astragalus sciadophorus Franch. / 1219
Astragalus tataricus Franch. / 1224
Astragalus tenuis Turcz. / 1220
Astragalus uliginosus L. / 1218
Astragalus zacharensis Bunge / 1224
Asyneuma japonicum (Miq.) Briq. / 2698
Athyrium brevifrons Nakai ex Kitag / 81
Athyrium coreanum Christ. / 74
Athyrium crenatum (Sommerf.) Rupr. / 76
Athyrium dailingense Ching ex Hsieh / 81
Athyrium fallaciosum Milde / 80
Athyrium multidentatum (Doell) Ching / 81
Athyrium niponicum (Mett.) Hance / 77
Athyrium pachyphlebium C. Chr. / 77
Athyrium rubripes (Kom.) Kom. / 82
Athyrium sinense Rupr. / 80
Athyrium spinulosum (Maxim.) Milde / 78
Athyrium yokoscense (Franch. et Sav.) Christ / 79
Athyrium yokoscense var. *kirisimaense* (Tag.) Li & J. Z. Wang / 79
Atocion armeria (L.) Raf. / 2016
Atractylodes chinensis (Bunge) Koidz. / 3042
Atractylodes chinensis (Bunge) DC. var. *liaotungensis* Kitag. / 3042
Atractylodes japonica Koidz. ex Kitam. / 3041
Atractylodes koreana (Nakai) Kitam. / 3042
Atractylodes lancea (Thunb.) DC. / 3042
Atraphaxis frutescens (L.) C. Koch / 1948
Atraphaxis manshurica Kitag. / 1948
Atraphaxis pungens(Bieb.) Jaub. et Spach. / 1949
Atriplex canescens (Pursh) Nutt. / 2137
Atriplex centralasiatica Iljin / 2139
Atriplex centralasiatica var. *macrobracteata* H. C. Fu et Z. Y. Chu / 2139
Atriplex fera (L.) Bunge / 2139
Atriplex gmelini C. A. Mey. / 2138
Atriplex hortensis L. / 2137
Atriplex laevis C. A. Mey. / 2138
Atriplex nummularia Lindl. / 2139
Atriplex patens (Litv.)Iljin / 2137
Atriplex sibirica L. / 2139
Atropa belladonna L. / 2424
Avena chinensis (Fisch. ex Roem. et Schult.) Metzg. / 708
Avena fatua L. / 707
Avena sativa L. / 708
Axyris amaranthoides L. / 2121
Axyris hybrida L. / 2121
Azolla filiculoides Lam. / 38
Azolla imbricata (Roxb.) Nakai / 38
Azolla pinnata R. Br. / 38
Azolla pinnata subsp. *asiatica* R. M. K. Saunders & K. Fowler / 38

B

Barbarea hongii Al–Shehbaz & G. Yang / 1906

Barbarea orthoceras Ledeb. / 1907
Barbarea vulgaris R. Br. / 1906
Barnardia japonica (Thunb.) Schult. & Schult. f. / 402
Barnardia japonica var. *albiflorus* (C. L. Mi) S. M. Zhang / 403
Basella alba L. / 2163
Bassia dasyphylla (Fisch. et Mey.) O. Kuntze / 2115
Bassia prostrata (L.) A.J.Scott / 2123
Bassia scoparia (L.) A. J. Scott / 2123
Bassia scoparia f. *suaedaefolia* (Kitag.) S. M. Zhang / 2124
Bassia scoparia f. *trichophylla* (Voss) S. L.Welsh / 2124
Batrachium bungei (Steud.) L. Liou / 920
Batrachium eradicatum (Laest.) Fr. / 921
Batrachium foeniculaceum (Gilib.) Krecz. / 919
Batrachium kauffmanii (Clerc) Krecz. / 918
Batrachium trichophyllum (Chaix) Bossche / 920
Beckmannia syzigachne (Steud.) Fernald / 716
Beckmannia syzigachne var. *hirsutiflora* Rosh. / 717
Begonia cucullata Willd. / 1547
Begonia grandis Dry. / 1548
Begonia grandis subsp. *sinensis* (A. DC.) Irmsch. / 1548
Begonia semperflorens Link et Otto. / 1547
Begonia sinensis A. DC. / 1548
Belamcanda chinensis (L.) DC. / 331
Bellis perennis L. / 2818
Benincasa hispida (Thunb.) Cogn. / 1543
Berberis amurensis Rupr. / 833
Berberis koreana Palib. / 832
Berberis poiretii Schneid. / 834
Berberis sibirica Pall. / 831
Berberis thunbergii DC. / 833
Berberis xinganensis G. H. Liu et S. Q. Zhou / 832
Bergenia purpurascens (Hook. f. et Thoms.) Engl. / 1023
Berteroa incana (L.) DC. / 1868
Berteroella maximowiczii (Palib.) O. E. Schulz / 1867
Beta vulgaris L. / 2142
Beta vulgaris var. *altissima* Döll / 2142
Beta vulgaris var. *lutea* Candolle / 2143
Beta vulgaris var. *lutea* DC. / 2143
Beta vulgaris var. *rosea* Moq. / 2142
Beta vulgaris var. *saccharifera* Alef. / 2142
Betul aovalifolia Rupr. / 1509
Betula albo-sinensis Burk / 1513
Betula ceratoptera G. H. Liu et Ma / 1506
Betula chinensis Maxim. / 1505
Betula costata Trautv. / 1513
Betula dahurica Pall. / 1509
Betula dahurica f. *oblongifolia* (Liou) Tung. / 1509
Betula dahurica f. *ovalifolia* (Liou) Tung. / 1509
Betula dahurica f. *tiliaefolia* (Liou) Tung. / 1509
Betula dahurica var. *oblongifolia* Liou / 1509
Betula dahurica var. *ovalifolia* Liou / 1509
Betula dahurica var. *tiliaefolia* Liou / 1509
Betula ermanii Cham. / 1514
Betula ermanii var. *macrostrobila* Liou / 1515
Betula ermanii var. *yingkiliensis* Liou & Z. Wang / 1515
Betula exilis Sukaczev / 1505
Betula fruticosa Pall. / 1508
Betula fruticosa var. *fusenensis* (Nakai) Liou / 1508
Betula fruticosa var. *ovalifolia* (Rupr.) Tung. / 1509
Betula fruticosa var. *ruprechtiana* Trautv. / 1508
Betula glandulosa Michx. / 1505
Betula gmelinii Bunge / 1506
Betula gmelinii var. *zyzyphifolia* (C. Wang et Tung) G. H. Liu et Ma / 1508
Betula humilis Schrank / 1507
Betula middendorffii Trautv. & C. A. Mey. / 1504
Betula pendula Roth. / 1510
Betula platyphylla Suk. / 1511
Betula platyphylla Suk. var. *mandshurica* (Regel) Hara / 1511
Betula platyphylla var. *phellodendroides* Tung / 1512
Betula schmidtii Regel / 1514
Betula utilis D. Don / 1512
Bidens alba (L.) DC. / 2913
Bidens bipinnata L. / 2916
Bidens biternata (Lour.) Merr. et Sherff / 2914
Bidens cernua L. / 2908
Bidens frondosa L. / 2909
Bidens maximowicziana Oett. / 2911
Bidens parviflora Willd. / 2912
Bidens pilosa L. / 2913
Bidens pilosa var. *radiata* Sch. –Bip. / 2913

Bidens radiata Thuill. / 2907
Bidens subalternans DC. / 2915
Bidens tripartita L. / 2911
Bidens vulgata Greene / 2910
Bistorta alopecuroides (Turcz.) Kom. / 1979
Bistorta elliptica (Willd. ex Spreng.) V. V. Petrovsky, D. F. Murray & Elven / 1981
Bistorta manshuriensis Kom. / 1980
Bistorta ochotensis (V. Petr.) Kom. / 1978
Bistorta officinalis Rafin. / 1979
Bistorta pacifica (V. Petr. ex Kom.) Kom. / 1977
Bistorta vivipara (L.) S. F. Gray / 1977
Blysmus rufus (Huds.) Link / 567
Blysmus sinocompressus Tang et Wang / 566
Blyxa japonica (Miq.) Maxim. ex Aschers & Gurke / 219
Boea clarkeana Hemsl. / 2473
Boea hygrometrica (Bunge) R. Br. / 2473
Boehmeria gracilis C. H. Wright / 1484
Boehmeria japonica (L. fil.) Miq. / 1484
Boehmeria silvestrii (Pamp.) W. T. Wang / 1483
Boehmeria spicata (Thunb.) Thunb. / 1484
Boehmeria tricuspis (Hance) Makino / 1483
Boehmeria tricuspis var. *unicuspis* Makino ex Ohwi / 1484
Bolboschoenus planiculmis (F. Schmidt) T. V. Egorova / 571
Bolboschoenus yagara (Ohwi) Y. C. Yang & M. Zhan / 571
Bolbostemma paniculatum (Maxim.) Franquet / 1531
Borago officinalis L. / 2366
Boschniakia rossica (Chain. et Schleeht.) Fedtsch. et Flerov / 2664
Boschniakia rossica var. *flavida* Y. Zhang et J. Y. Ma / 2664
Boschniakia rossica var. *flavida* Yue Zhang & J. Y. Ma / 2664
Bothriochloa ischaemum (L.) Keng / 787
Bothriospermum chinense Bunge / 2364
Bothriospermum kusnezowii Bunge / 2363
Bothriospermum secundum Maxim. / 2365
Bothriospermum tenellum (Hornem.) Fisch. et Mey / 2364
Bothriospermum zeylanicum (J. Jacq.) Druce / 2364
Bothrocaryum controversum (Hemsl.) Pojark. / 2183
Botrychium boreale J. *Milde* / 32
Botrychium lanceolatum (S.G. Gmel.) Ångström / 32
Botrychium lunaria (L.) Swartz / 31
Botrychium manshuricum Ching / 32
Botrychium multifidum (Gmel.) Rupr. / 29
Botrychium ramosum A. Gray. / 32
Botrychium robustum (Rupr.) Underw. / 29
Botrychium strictum Underw. / 30
Botrychium ternatum (Thunberg) Swartz / 29
Botrychium virginianum (L.) Sw. / 31
Botrypus strictum (Underw) Holub / 30
Botrypus virginianus (L.) Michx. / 31
Bougainvillea spectabilis Willd. / 2159
Bouteloua dactyloides (Nutt.) Columbus / 621
Brachyactis ciliata Ledeb. / 2826
Brachyactis latisquamata (Maxim.) Kitag. / 2826
Brachybotrys paridiformis Maxim. ex Oliv. / 2356
Brachypodium manschuricum Kitag. / 655
Brachypodium pinnatum (L.)Beauv. / 655
Brachypodium sylvaticum (Huds.) Beauv. / 655
Brachyscome angustifolia A.Cunn. / 2829
Brachyscome iberidifolia Benth. / 2830
Brasenia schreberi J. F. Gmel. / 164
Brassica campestris L. / 1883
Brassica caulorapa Pasq. / 1877
Brassica chinensis L. / 1883
Brassica juncea (L.) Czern. et Coss. / 1878
Brassica juncea var. *gracilis* Tsen et Lee / 1878
Brassica juncea var. *multiceas* Tsen et Lee / 1879
Brassica juncea var. *multiceps* Tsen et Lee / 1880
Brassica juncea var. *multisecta* L. H. Bailey / 1878
Brassica juncea var. *napiformis* (Paillieux & Bois) Kitam. / 1880
Brassica juncea var. *tumida* Tsen et Lee / 1880
Brassica napiformis Bail. / 1880
Brassica napiformis Bail. var. *multisecta* Bar. / 1878
Brassica napobrassica Mill. / 1882
Brassica napus L. / 1881
Brassica napus var. *napobrassica* (L.) Rchb. / 1882
Brassica narinosa L. H. Bailey / 1883

Brassica oleracea L. / 1876
Brassica oleracea var. *acephala* de Candolle / 1878
Brassica oleracea var. *acephala* f. *tricolor* Hort. / 1878
Brassica oleracea var. *botrytis* L. / 1876
Brassica oleracea var. *capitata* L. / 1877
Brassica oleracea var. *caulorapa* DC. / 1877
Brassica oleracea var. *gongylodes* L. / 1877
Brassica oleracea var. *italic* Plenck / 1876
Brassica parachinensis L. H. Bailey / 1883
Brassica pekinensis (Lour.) Rupr. / 1882
Brassica rapa L. / 1882
Brassica rapa var. *chinensis* (L.) Kitam. / 1883
Brassica rapa var. *glabra* Regel / 1882
Brassica rapa var. *oleifera* DC. / 1883
Bromus canadensis Michx. / 660
Bromus carinatus Hook. et Arn. / 657
Bromus catharticus Vahl. / 656
Bromus ciliatus L. / 660
Bromus ciliatus var. *richardsonii* (Link) Y. Q. Jiang / 661
Bromus inermis Leyss. / 659
Bromus ircutensis Kom. / 658
Bromus japonicus Thunb. / 658
Bromus korotkiji Drobow / 658
Bromus pumpellianus Scribn. / 661
Bromus sibiricus Drob. / 662
Bromus tectorum L. / 657
Broussonetia papyrifera (L.) L'Herit. ex Vent. / 1465
Brugmansia arborea (L.) Steud. / 2434
Brylkinia caudata (Munro) Fr. Schmid / 662
Buchloe dactyloides (Nutt.) Engelm. / 621
Buddleja alternifolia Maxim. / 2514
Buddleja davidii Franch. / 2514
Buglossoides arvensis (L.) I. M. Johnst. / 2342
Bulbostylis barbata (Rottb.) C. B. Clarke / 561
Bulbostylis densa (Wall.) Hand.-Mazz. / 562
Bunias cochlearioides Murr. / 1847
Bunias orientalis L. / 1847
Bupleurum angustissimum (Franch.) Kitag. / 3201
Bupleurum bicaule Helm. / 3201
Bupleurum bicaule var. *latifolium* C. D. Chu / 3201
Bupleurum chinense DC. / 3199
Bupleurum chinense f. *octoradiatum* (Bunge) Shan et Sheh / 3201
Bupleurum chinense f. *vanheurckii* (Muell.-Arg.) Shan et Y. Li / 3200
Bupleurum euphorbioides Nakai / 3195
Bupleurum falcatum L. / 3198
Bupleurum komarovianum Lincz. / 3198
Bupleurum longiradiatum Turcz. / 3196
Bupleurum longiradiatum var. *breviradiatum* Fr. / 3197
Bupleurum scorzonerifolium Willd. / 3202
Bupleurum scorzonerifolium f. *longiradiatum* Shan et Y. Li / 3203
Bupleurum sibiricum De Vest / 3195
Bupleurum smithii Wolff / 3195
Bupleurum yinchowense Shan et Y. Li / 3280
Butomus umbellatus L. / 215
Buxus microphylla Sieb. et Zucc. / 977
Buxus microphylla var. *koreana* Nakai ex Wils. / 977
Buxus sempervirens L. / 978
Buxus sinica (Rehd. et Wils.) M. Cheng / 976
Buxus sinica var. *koreana* (Nakai ex Rehd.) Q. L. Wang / 977

C

Cacalia auriculata DC. / 2876
Cacalia auriculata DC. var. *praetermissa* (Pojark.) W. Wang et C. Y. Li / 2875
Cacalia firma Kom. / 2873
Cacalia hastata (L.) H. Koyama f. *glabra* (Ledeb.) Kitag. / 2875
Cacalia hastata L. / 2874
Cacalia komarovianus Poljark. / 2877
Cacalia robusta Kom. / 2876
Calamagrostis angustifolia Kom. / 727
Calamagrostis arundinacea (L.) Roth / 730
Calamagrostis arundinacea var. *brachytricha* (Steud.) Hack. / 730
Calamagrostis arundinacea var. *hirsuta* Hack. / 731
Calamagrostis distantiflora Luchnik / 729
Calamagrostis effusiflora (Rendle) P. C. Kuo & S. L. Lu ex J. L. Yang / 729
Calamagrostis epigeios (L.)Roth. / 725

Calamagrostis epigeios var. *densiflora* Griseb. / 726
Calamagrostis epigeios var. *extremiorientalis* (Tzvel.) Kitag. / 726
Calamagrostis epigeios var. *parviflora* Keng ex T. F. Wang / 726
Calamagrostis epigeios var. *sylvatica* T. F. Wang / 726
Calamagrostis kengii T. F. Wang / 723
Calamagrostis korotkyi Litv. / 729
Calamagrostis korotkyi var. *nenjiangensis* (S. L. Lu) S. M. Zhang / 730
Calamagrostis langsdorffii (Link) Trin. / 727
Calamagrostis lapponica (Wahl.) Hartm. / 727
Calamagrostis macrolepis Litv. / 724
Calamagrostis macrolepis var. *rigidula* T. F. Wang / 725
Calamagrostis neglecta (Ehrh.) P. Gaertn. / 728
Calamagrostis pseudophragmites (Hall. f.) Koel. / 723
Calamagrostis purpurea (Trin.) Trin. / 727
Calamagrostis rigidula Bar. et Skv. / 725
Calamagrostis turczaninowii Litv. / 729
Caldesia parnassifolia (Bassi ex L.) Parl. / 212
Calendula arvensis (Vaill.) L. / 3018
Calendula officinalis L. / 3018
Calla palustris L. / 198
Callicarpa dichotoma (Lour.) K. Koch / 2554
Callicarpa japonica Thunb. / 2554
Callistephus chinensis (L.) Nees. / 2817
Callitriche hermaphroditica L.   2476
Callitriche hermaphroditica L. subsp. *macrocarpa* (Hegelm.) Lansdown. / 2476
Callitriche palustris L. / 2476
Callitriche palustris var. *elegans* (V. Petr.) Y. L. Chang / 2477
Caltha membranacea (Turcz.) Schipcz. / 881
Caltha membranacea var. *grandiflora* S. H. Li et Y. H. Huang / 881
Caltha natans Pall. / 880
Caltha palustris L. / 881
Caltha palustris var. *membranacea* Turcz. / 881
Caltha palustris var. *sibirica* Regel / 882
Calypso bulbosa (L.) Oakes / 324
Calypso bulbosa (L.) Oakes var. *speciosa* (Schlechter) Makino / 324
Calystegia japonica Choisy / 2383
Calystegia dahurica (Herb.) Choisy / 2385
Calystegia dahurica (Herb.) Choisy f. *anestia* (Fernald) Hara / 2383
Calystegia hederacea Wall. / 2382
Calystegia pellita (Ledeb.) G. Don / 2386
Calystegia pellita subsp. *longifolia* Brummitt / 2387
Calystegia pellita subsp. *stricta* Brummitt / 2386
Calystegia pubescens Lindl. / 2383
Calystegia sepium (L.) R. Br. / 2384
Calystegia sepium (L.) R. Br. var. *communis* (Tryon) Hara / 2384
Calystegia sepium (L.) R. Br. var. *japonica* (Choisy) Makino ap. Matsumura / 2383
Calystegia sepium subsp. *spectabilis* Brummitt / 2385
Calystegia soldanella (L.) R. Br. / 2382
Calystegialus pellita subsp. *stricta* (Brummitt) S. M. Zhang / 2386
Camelina glabrata Fritsch ex N. Zinger / 1843
Camelina microcarpa Andrz. / 1842
Camelina sativa (L.) Crant. / 1843
Campanula carpatica Jacq. / 2706
Campanula dasyantha Bieb. / 2709
Campanula glomerata L. / 2707
Campanula glomerata f. *canescens* (Maxim.) Kitag. / 2708
Campanula glomerata subsp. *cephalotes* (Fisch. ex Schrank) D. Y. Hong / 2707
Campanula glomerata var. *salviifolia* Wallr. / 2708
Campanula langsdorffiana Fisch. ex Trautv. et Mey. / 2707
Campanula punctata Lam. / 2709
Campanula punctata var. *rubriflora* Makino / 2710
Campanula rotundifolia L. / 2707
Campanula trachelium Thunb. / 2707
Campsis grandiflora (Thunb.) Loisel. / 2533
Campsis radicans (L.) Seem. / 2533
Camptosorus sibiricus Rupr. / 54
Campylotropis macrocarpa (Bunge) Rehd. / 1113
Canavalia gladiata (Jacq.) DC. / 1136
Canna generalis Bailey / 419
Canna indica L. / 420

Cannabis sativa f. *ruderalis* (Janisch.) Chu / 1456
Cannabis sativa L. / 1456
Cannabis sativa var. *ruderalis* (Janisch.) S. Z. Liou / 1456
Capillipedium parviflorum (R.Br.) Stapf. / 788
Capsella bursa–pastoris (L.) Medic. / 1833
Capsicum annuum L. / 2425
Capsicum annuum var. *conoides* (Mill.) Irish / 2426
Capsicum annuum var. *fasciculatum* (Sturt.) Irish / 2427
Capsicum annuum var. *grossum* (L.) Sendt. / 2427
Caragana arborescens (Amm.) Lam. / 1151
Caragana frutex (L.) K. Koch / 1148
Caragana fruticosa (Pall.) Bess. / 1150
Caragana fruticosa var. *multiflora* H. Xie. et Y. T. Zhao / 1150
Caragana intermedia Kuang et H. C. Fu / 1153
Caragana korshinskii Kom. / 1153
Caragana leveillei Kom. / 1149
Caragana litwinowii Kom. / 1153
Caragana manshurica Kom. / 1151
Caragana microphylla Lam. / 1154
Caragana microphylla f. *daurica* Kom. / 1155
Caragana microphylla var. *daurica* (Kom.) Kom. / 1155
Caragana pekinensis Kom. / 1152
Caragana rosea Turcz. / 1149
Caragana sibirica Medik. / 1151
Caragana stenophylla Pojark. / 1147
Caragana stenophylla var. *parviflora* Zhan Wang & H. C. Fu. / 1147
Caragana ussuriensis (Regel) Pojark. / 1147
Caragana zahlbruckneri var. *pekinensis* (Kom.) Yakovlev / 1152
Cardamine baishanensis P. Y. Fu / 1922
Cardamine changbaiana Al–Shehbaz / 1926
Cardamine flexuosa With. / 1923
Cardamine flexuosa With. var. *fallax* (O. E. Schulz) T. Y. Cheo et R. C. Fang / 1925
Cardamine hirsuta L. / 1925
Cardamine impatiens L. / 1920
Cardamine komarovii Nakai / 1919
Cardamine leucantha (Tausch) O. E. Schulz / 1924
Cardamine lyrata Bunge / 1926
Cardamine macrophylla Willd. / 1923
Cardamine manshurica (Kom.) Nakai / 1925
Cardamine parviflora L. / 1925
Cardamine parviflora var. *manshurica* Kom. / 1925
Cardamine pratensis L. / 1922
Cardamine prorepens Fisch. ex DC. / 1921
Cardamine scaposa Franch. / 1919
Cardamine scutata Thunb. / 1922
Cardamine scutata Thunb. var. *longiloba* P. Y. Fu / 1922
Cardamine trifida (Lam. ex Poir.) B. M. G. Jones / 1920
Cardaria draba (L.) Desv. / 1835
Cardiospermum halicacabum L. / 1770
Carduus acanthoides L. / 3044
Carduus crispus L. / 3045
Carduus nutans L. / 3044
Carex amgunensis Fr. Schmidt / 499
Carex angarae Steud. / 502
Carex angustior Mack. / 528
Carex aperta Boott / 512
Carex appendiculata (Trautv.) Ktikenth. / 509
Carex appendiculata var. *sacculiformis* Y. L. Chang et Y. L. Yang / 510
Carex argunensis Turcz. ex Trev. / 514
Carex arnellii Christ ex Scheutz / 479
Carex atherodes Spreng. / 472
Carex atrata L. / 500
Carex augustinowiczii Meinsh. ex Korsh. / 501
Carex basilata Ohwi / 528
Carex bipartita All. / 528
Carex bohemica Schreb. / 526
Carex borealihinganica Y. L. Chang & Y. L.Yang / 513
Carex bostrychostigma Maxim. / 479
Carex breviculmis R. Br. Prodr. / 491
Carex brownii Tuckerm. / 478
Carex caespitosa L. / 510
Carex callitrichos V. Krecz. / 487
Carex callitrichos var. *austrohinganica* Y. L.Chang et Y. L.Yang / 488
Carex callitrichos var. *nana* (H.Lév. & Vaniot) S. Yun Liang, L. K. Dai & Y. C. Tang / 490
Carex canescens L. / 528

Carex capillacea Boott / 515
Carex capillaris L. / 478
Carex capricornis Meinsh. ex Maxim. / 462
Carex chinganensis Litv. / 499
Carex ciliato–marginata Nakai / 476
Carex cinerascens Kükenth. / 513
Carex cinerea Pollich / 528
Carex coriophora Fisch. et C.A. Mey. ex Kunth / 505
Carex cryptocarpa C. A. Mey. / 506
Carex curta Gooden. / 528
Carex cyperoides Murr.ex L. / 526
Carex dahurica Kfikenth. / 515
Carex dailingensis Y. L. Chou / 522
Carex diandra Schrank / 518
Carex dichroa Freyn / 463
Carex dimorpholepis Steud. / 506
Carex diplasiocarpa V.Krecz. / 527
Carex dispalata Boott ex A. Gray / 495
Carex disperma Dew. / 523
Carex drymophila Turez. ex Steud. / 473
Carex drymophila var. *abbreviata* (Kukenth.) Ohwi / 474
Carex duriuscula C.A. Mey. / 524
Carex duriuscula var. *tenuispica* X. Y. Yuan / 524
Carex duriusculas ubsp. *rigescens* (Franch.) S. Y. Liange t Y. C. Tang / 524
Carex egena Levl. et Vant. / 482
Carex eleusinoides Turcz. ex Kunth / 509
Carex enervis C. A. Mey. / 523
Carex ensifolia Turcz. ex Bess / 513
Carex eremopyroides V. Krecz. / 503
Carex erythrobasis H. Léveillé & Vaniot / 483
Carex falcata Turcz. / 481
Carex filipes var. *oligostachys* Kük. / 482
Carex filipes Franch. et Savat. / 482
Carex forficula Franch. et Sav. / 508
Carex gibba Wahlenb. / 525
Carex glabrescens (Kukenth.) Ohwi / 473
Carex glauciformis Meinsh. / 495
Carex globularis L. / 498
Carex gmelinii Hook. et Arn. / 502
Carex gotoi Ohwi / 467
Carex gynocrates Wormskj / 513
Carex hancockiana Maxim. / 503
Carex heilongjiangensis Y. L. Chou / 523
Carex heterolepis Bunge / 509
Carex heterostachya Bunge / 466
Carex humida Y. L. Chang et Y. L. Yang / 470
Carex humilis Leyss. / 488
Carex humilis var. *nana* (Levl. et Vant.) Ohwi / 490
Carex humilis var. *scirrobasis* (Kitag.) Y. L. Chang / 489
Carex hypochlora Freyn. / 492
*Carex jaluensi s*Kom. / 477
Carex japonica Thunb. / 497
Carex karoi (Freyn) Freyn / 476
Carex kirganica Kom. / 469
Carex kirinensis Wang et Y. L. Chang / 516
Carex kobomugi Ohwi / 517
Carex korshinskyi Kom. / 497
Carex lachenalii Schkuhr / 528
Carex laevissima Nakai / 519
Carex lanceolata Boott / 486
Carex lanceolata var. *laxa* Ohwi / 487
Carex lanceolata var. *subpediformis* Kukenth. / 487
Carex lasiocarpa Ehrh. / 471
Carex latisquamea Kom. / 470
Carex laxa Wahlenb. / 505
Carex leiorhyncha C. A. Mey. / 520
Carex leucochlora Bunge / 491
Carex limosa L. / 504
Carex lithophila Turcz. / 521
Carex loliacea L. / 529
Carex longerostrata C. A. Mey. / 494
Carex lucidula Franch. / 493
*Carex maacki i*Maxim. / 527
Carex macroprophylla (Y. C. Yang) S. R. Zhang / 462
Carex maorshanica Y. L. Chou / 522
Carex maximowiczii Miq. / 507
Carex maximowiczii var. *suifunensis* (Kom.) Nakai / 508
Carex media R.Br. / 502
Carex meyeriana Kunth / 500
Carex micrantha Kokenth. / 513
Carex middendorffii Fr. Schmidt / 506
Carex mollissima Christ. ex Scheutz / 464

Carex moorcroftii F alc. ex Boott / 501
Carex myosuroides Vill. / 462
Carex nervata Franch. et Sav. / 493
Carex neurocarpa Maxim. / 518
Carex nodaeana A. I. Baranov & Skvortsov / 494
Carex obtusata Zijebl. / 513
Carex omiana Franch. et Savat. / 528
Carex onoei Franch. et Savat. / 516
Carex orthostachys C. A. Mey / 472
Carex orthostachys var. *spuria* Y. L. Chang er Y. L. Yang / 472
Carex pachyneura Kitag. / 484
Carex pallida C. A. Mey / 522
Carex pallida f. *angustifolia* (Y. L. Chang) Y. L. Chou / 522
Carex pallida var. *angustifolia* Y. L. Chang / 522
Carex pauciflora Lightf. / 3273
Carex pediformis C.A. Mey. / 485
Carex pediformis var. *pedunculata* Maxim. / 486
Carex peiktusanii Kom. / 502
Carex pilosa Scop. / 482
Carex pilosa var. *auriculata* Kukenth. / 483
Carex pisiformis Boott / 492
Carex planiculmis Kom. / 496
Carex platysperma Y. L. Chang et Y. L. Yang / 512
Carex platysperma var. *sungareensis* Y. L. Chang et Y. L. Yang / 512
Carex polyschoenna Levl. & Vant. ex Levl. / 492
Carex pseudo-biwensis Kitag. / 514
Carex pseudo-curaica Fr. Sehmidt / 520
Carex pseudo-cyperus L. / 463
Carex pseudo-hypochlora Y. L.Chang et Y. L. Yang / 494
Carex pseudo-hypochlora f. *denticulata* Y. L.Chang et Y. L.Yang / 494
Carex pseudo-longerostrata Y. L. Chang et Y. L. Yang / 494
Carex pumila Thunb. / 468
Carex quadriflora (Kük.) Ohwi / 483
Carex raddei Kukenth / 473
Carex rara Boott / 514
Carex remotiuscula Wahlenb. / 525
Carex reptabunda (Trautv.) V. Krecz. / 523
Carex rhynchophysa C.A.Mey. / 464
Carex rigescens (Franch.) V. Krecz. / 524
Carex rostellifera Y. L. Chang et Y. L. Yang / 494
Carex rostrata Stokes ex With. / 465
Carex rugulosa Kük. / 469
Carex rupestris Bell. ex All. / 514
Carex sabulosa Turczaninow ex Kunth / 502
Carex sabynensis Less.ex Kunth / 493
Carex scabrifolia Steud. / 469
Carex schmidtii Meinsh. / 511
Carex sedakowii C.A. Mey. ex Meinsh. / 476
Carex siderosticta Hance / 475
Carex siderosticta var. *pilosa* Levl. ex Nakai / 476
Carex siderosticta var. *variegata* Akiyama / 475
Carex siroumensis Koidz. / 505
Carex songarica Kar. et Kir. / 468
Carex sparsiflora (Wahlenb.) Steud. / 480
Carex sparsiflora var. *petersii* (C.A.Mey. ex Schmidt) Kük. / 481
Carex stenophylla subsp. *stenophylloides* (V. I. Krecz.) T. V. Egorova / 523
Carex stenophylloides V. I. Krecz. / 523
Carex stipata Muhlenb. ex Willd. / 518
Carex subebracteata (Kük.) Ohwi / 493
Carex subpediformis (Kukenth.) Suto et Suzuki / 487
Carex suifunensis Kom. / 508
Carex tarumensis Franch. / 500
Carex tenuiflora Wahlenb. / 530
Carex tenuiformis Levl. et Vant. / 478
Carex tenuistachya Nakai / 494
Carex thunbergii Steud. / 511
Carex tuminensis Kom. / 506
Carex uda Maxim. / 516
Carex ulobasis V. Krecz. / 498
Carex umbrosa subsp. *pseudosabynensis* T. V. Egorova / 493
Carex umbrosa subsp. *sabynensis* (Less.ex Kunth) Kük / 493
Carex ussuriensis Kom. / 476
Carex vaginata Tausch / 480
Carex vaginata var. *petersii* (C.A. Mey. ex Schmidt)

Akiyama / 481
Carex vanheurckii Muell. / 499
Carex vesicaria L. / 464
Carex vesicata Meinsh. / 465
Carex xiphium Kom. / 494
Carex yamatsutana Ohwi / 527
Carlesia sinensis Dunn / 3191
Carpesium abrotanoides L. / 3027
Carpesium cernuum L. / 3029
Carpesium divaricatum Sieb. et Zucc. / 3026
Carpesium macrocephalum Franch. et Savat. / 3028
Carpesium triste Maxim. / 3028
Carpesium triste var. *manshuricum* (Kitam.) Kitam. / 3028
Carpinus cordata Blume / 1520
Carpinus turczaninowii Hance / 1520
Carthamus tinctorius L. / 3061
Carum angustissimum Kitag. / 3269
Carum buriaticum Turcz. / 3269
Carum buriaticum Turcz. f. *angustissimum* (Kitagawa) Shan et Pu / 3269
Carum carvi L. / 3268
Caryopteris incana (Thunb.) Miq. / 2548
Caryopteris mongholica Bunge / 2549
Cassia bicapsularis L. / 1079
Cassia mimosoides L. / 1081
Cassia nomame (Sieb.) Kitag. / 1081
Cassia occidentalis L. / 1080
Cassia tora L. / 1077
Castanea crenata Sieb. et Zucc. / 1486
Castanea henryi (Skan) Rehd. et Wils. / 1485
Castanea mollissima Blume / 1486
Castilleja pallida (L.) Kunth / 2669
Catabrosa aquatica (L.) Beauv. / 672
Catalpa bignonioides Walt. / 2531
Catalpa ovata G. Don / 2530
Catalpa speciosa (Ward. ex Barn.) Ward. ex Engelm. / 2530
Catharanthus roseus (L.) G. Don / 2317
Catolobus pendulus (L.) Al–Shehbaz / 1912
Catolobus pendulus var. *hypoglauca* (Franch.) S. M. Zhang / 1913
Caulophyllum robustum Maxim. / 839
Cayratia japonica (Thunb.) Gagnep. / 1065
Cedrus deodara (Roxb.) G. Don / 135
Celastrus flagellaris Rupr. / 1561
Celastrus orbiculatus Thunb. / 1562
Celastrus orbiculatus var. *jeholensis* (Nakai) Kitag. / 1563
Celosia argentea L. / 2089
Celosia cristata L. / 2089
Celtis bungeana Bl. / 1462
Celtis jessoensis Koidz. / 1462
Celtis koraiensis Nakai / 1460
Celtis occidentalis Magnifica / 1461
Celtis sinensis Pers. / 1460
Cenchrus alopecuroides (L.) Thunb. / 757
Cenchrus americanus (L.) Morrone / 755
Cenchrus calyculatus Cavan. / 755
Cenchrus flaccidus (Griseb.) Morrone / 756
Cenchrus incertus M. A. Curtis / 755
Cenchrus longispinus (Hack. ex Kneuck.) Fernald / 755
Cenchrus pauciflorus Benth. / 755
Centaurea cyanus L. / 3107
Centaurea diffusa Lam. / 3107
Centaurea macrocephala Puschk. ex Willd. / 3106
Centaurium meyeri (Bunge) Druce / 2294
Centaurium pulchellum (Swartz) Druce / 2293
Centaurium pulchellum var. *altaicum* (Griseb.) Kitag. et Hara / 2294
Centipeda minima (L.) A. Br. et Ascherson / 2941
Cephalanthera longibracteata Blume / 322
Cephalanthera viride (L.) Hartm. var. *bracteatum* (Willd.) Richt. / 305
Cephalonoplos segetum (Bunge) Kitam. / 3049
Cephalonoplos setosum (Willd.) Kitam. / 3050
Cephalotaxus sinensis (Rehd. et Wils.) Li / 162
Cerastium fontanum Baumg. subsp. *triviale* (E. H. L. Krause) Jalas / 2066
Cerastium pauciflorum Stev. ex Ser. var. *amurense* (Regel) Mizush–Ima / 2064
Cerastium arvense L. / 2064
Cerastium arvense subsp. *strictum* Gaudin / 2064
Cerastium arvense var. *angustifolium* Fenzl / 2064
Cerastium arvense var. *glabellum* (Turcz.) Fenzl / 2064

Cerastium baischanense Y. C. Chu / 2066
Cerastium caespitosum Gilib. var. *glandulosum* Wirtgen / 2066
Cerastium cerastoides (L.) Britton / 2063
Cerastium dahuricum Fisch. / 2065
Cerastium davuricum Fischer ex Sprengel / 2065
Cerastium fontanum Baumg. / 2065
Cerastium fontanum subsp. *vulgare* (Hartm.) Greuter & Burdet / 2065
Cerastium furcatum Cham. et Schlecht. / 2065
Cerastium glomeratum Thuill. / 2067
Cerastium glomeratum var. *brachycarpum* L. H. Zhou & Q. Z. Han / 2067
Cerastium holosteoides Fr. / 2066
Cerastium pauciflorum Stev. ex Ser. / 2063
Cerastium pauciflorum var. *oxalidiflorum* (Makino) Ohwi / 2064
Cerastium rubescens var. *ovatum* (Miyabe) M.Mizush. / 2065
Cerastium vulgare Hardb. / 2066
Cerasus avium (L.) Moench / 1323
Cerasus glandulosa (Thunb.) Lois. / 1315
Cerasus humilis (Bunge) Sok. / 1314
Cerasus japonica (Thunb.) Lois. / 1316
Cerasus japonica (Thunb.) Lois. var. *nakaii* (Levl.) Yu et Li / 1316
Cerasus mahaleb (L.) Mill. / 1318
Cerasus maximowiczii (Rupr.) Kom. / 1317
Cerasus nakaii (H. Léveillé) A. I. Baranov & Liou / 1316
Cerasus nakaii var. *porphyrea* Takenouch ex S. Q. Nie / 1316
Cerasus serrulata (Lindl.) G. Don ex London / 1320
Cerasus serrulata var. *pubescens* (Makino) Yu et Li / 1320
Cerasus subhirtella (Miq.) Sok. / 1320
Cerasus subhirtella (Miq.) Sok. var. *pendula* (Tanaka) Yu et Li / 1321
Cerasus tomentosa (Thunb.) Wall. / 1312
Cerasus tomentosa var. *leueocorpa* Kehder. / 1313
Cerasus vulgaris Mill. / 1322
Cerasus yedoensis (Matsum.) Yu et Li / 1319
Ceratoides arborescens (Losinsk.) Tsien et C. G. Ma / 2107
Ceratoides latens Reveal & N. H. Holmgren / 2107
Ceratophyllum demersum L. / 793
Ceratophyllum demersum L. var. *quadrispinum* Makino / 793
Ceratophyllum manschuricum (Miki) Kitag. / 792
Ceratophyllum muricatum Chamisso / 792
Ceratophyllum muricatum subsp. *kossinskyi* (Kuzen.) Les / 792
Ceratophyllum oryzetorum Kom. / 793
Ceratophyllum platyacanthum Cham. / 793
Ceratophyllum platyacanthum subsp. *oryzetorum* (Kom.) Lesin / 793
Cercis chinensis Bunge / 1072
Cercis chinensis f. *alba* Hsu / 1072
Chaenomeles cathayensis (Hemsl.) Schneid. / 1285
Chaenomeles japonica (Thunb.) Lindl. ex Spach / 1286
Chaenomeles sinensis (Thouin) Koehne / 1284
Chaenomeles speciosa (Sw.) Nakai / 1286
Chamaecrista mimosoides (L.) Greene, Pittonia. / 1081
Chamaecrista nomame (Makino) H. Ohashi / 1081
Chamaecyparis obtusa (Sieb. et Zucc.) Endl. / 154
Chamaecyparis pisifera (Sieb. et Zucc.) Endl. / 154
Chamaedaphne calyculata (L.) Moench / 2257
Chamaemelum nobile (L.) All. / 2940
Chamaenerion angustifolium (L.) Scop. / 1727
Chamaenerion angustifolium (L.) Scop. var. *albium* Y. Zhang & J. Y. Ma / 1727
Chamaepericlymenum canadense (L.) Asch. et Graebn. / 2182
Chamaepericlymenum suecium (L.) Aseh. et Graebn. / 2183
Chamaerhodos canescens J. Krause. / 1386
Chamaerhodos erecta (L.) Bunge / 1385
Chamaerhodos trifida Ledeb. / 1387
Chamerion angustifolium (L.) Holub / 1727
Chamerion angustifolium subsp. *circumvagum* (Mosquin) Hoch / 1728
Cheilanthes kuhnii Milde / 45
Cheilotheca humilis (D. Don) H. Keng / 2236
Cheiranthus cheiri L. / 1901
Chelidonium majus L. / 815

Chenopodium foetidum Schrad. / 2154
Chenopodium acuminatum subsp. *virgatum* (Thunb.) Kitam. / 2146
Chenopodium acuminatum Willd. / 2146
Chenopodium acuminatum var. *minimum* (Wang et Fuh) Zh. Sh. Qin / 2144
Chenopodium album L. / 2151
Chenopodium album f. *heterophyllum* Wang-wei & P.Y.Fu / 2151
Chenopodium album var. *centrorubrum* Makino / 2149
Chenopodium album var. *stenophyllum* Makino / 2151
Chenopodium ambrosioides L. / 2155
Chenopodium aristatum L. / 2152
Chenopodium aristatum var. *inerme* W.Z. Di. / 2152
Chenopodium bryoniifolium Bunge / 2145
Chenopodium ficifolium Smith / 2150
Chenopodium giganteum D. Don / 2149
Chenopodium glaucum L. / 2145
Chenopodium hybridum L. / 2149
Chenopodium minimum Wang et Fuh / 2144
Chenopodium pumilio R. Brown / 2153
Chenopodium rubrum L. / 2145
Chenopodium schraderianum Schult. / 2154
Chenopodium serotinum L. / 2150
Chenopodium stenophyllum Koidz. / 2151
Chenopodium urbicum L. / 2148
Chenopodium urbicum L. var. *intermedium* Koch / 2148
Chenopodium urbicum subsp. *sinicum* Kung et G. L. Chu / 2148
Chenopodium virgatum Thunb. / 2147
Chimaphila japonica Miq. / 2239
Chimaphila umbellata (L.) Barton / 2239
Chimonanthus praecox (L.) Link. / 187
Chionanthus retusus Lindl. et Paxt. / 2465
Chloranthus japonicus Sieb. / 190
Chloranthus spicatus (Thunb.) Makino / 190
Chloris virgata Swartz / 623
Chorisis repens (L.) DC. / 2798
Chorispora tenella (Pall.) DC. / 1868
Chosenia arbutifolia (Pall.) A. Akv. / 1612
Chrysanthemum boreale (Makino) Makino / 3001
Chrysanthemum carinatum Schousb. / 2995
Chrysanthemum chanetii H. Lév. / 3003
Chrysanthemum cinerariifolium (Trev.) Vis. / 3010
Chrysanthemum coronrium L. / 2995
Chrysanthemum indicum L. / 2999
Chrysanthemum indicum var. *acutum* Uyeki / 2999
Chrysanthemum indicum var. *albiflorum* S. M. Zhang / 3000
Chrysanthemum lavandulifolium (Fisch. et Trantv.) Makino / 3001
Chrysanthemum lavandulifolium var.*acutum* (Uyeki) C. Y. Li / 3001
Chrysanthemum lineare Matsum. / 2999, 3004
Chrysanthemum maximowiczii Komar / 3004
Chrysanthemum morifolium Ramat. / 2999
Chrysanthemum naktongense Nakai / 3003
Chrysanthemum namikawanum Kitamura / 3002
Chrysanthemum oreastrum Hance / 3005
Chrysanthemum segetum L. / 2996
Chrysanthemum seticuspe (Maxim.) Hand.-Mazz. / 3001
Chrysanthemum zawadskii Herb. / 3006
Chrysanthemum zawadskii ssp. *acutilobum* Kitag. / 3006
Chrysanthemum zawadskii ssp. *acutilobum* var. *alpinum* (Nakai) Kitag. / 3005
Chrysanthemum zawadckii ssp. *latilobum* Kitag. / 3003
Chrysanthemum zawadskii var. *alplnum* (Nakai) Kitam. / 3005
Chrysosplenium alternifolium L. / 1012
Chrysosplenium flagelliferum Fr. Schmidt / 1010
Chrysosplenium japonicum (Maxim.) Makino / 1011
Chrysosplenium lectus-cochleae Kitag. / 1014
Chrysosplenium pilosum Maxim. / 1014
Chrysosplenium pilosum var. *amabile* (Kitag.) Kitag. / 1016
Chrysosplenium pseudofauriei Levl. / 1013
Chrysosplenium ramosum Maxim. / 1013
Chrysosplenium serreanum Hand. / 1012
Chrysosplenium sinicum Maxim. / 1013
Cicer arietinum L. / 1187
Cichorium endivia L. / 2752
Cichorium glandulosum Boiss. et Huet. / 2751
Cichorium intybus L. / 2751

Cicuta virosa L. / 3254
Cicuta virosa f. *angustifolia* (Kitaibel) Schube / 3255
Cicuta virosa f. *longiinvolucellata* Y. C. Chu / 3255
Cicuta virosa var. *latisecta* Celak. / 3256
Cimicifuga dahurica (Turcz.) Maxim. / 891
Cimicifuga heracleifolia Kom. / 892
Cimicifuga simplex Wormsk ex DC. / 893
Cinna latifolia (Trev.) Griseb. / 717
Circaea quadrisulcata f. *viridicalyx* (Hara) Kitag. / 1719
Circaea alpina L. / 1716
Circaea alpina L. var. *caulescens* Kom. / 1717
Circaea alpina subsp. *caulescens* (Kom.) Tatewaki / 1717
Circaea canadensis (Hill) L. / 1718
Circaea canadensis subsp. *quadrisulcata* (Maxim.) Boufford / 1717
Circaea cordata Royle / 1717
Circaea hybrida Hand. –Mazz. / 1717
Circaea lutetiana L. subsp. *quadrisulcata* (Maxim.) Asch. & Magnus / 1719
Circaea mollis Sieb. et Zucc. / 1718
Circaea quadrisulcata (Maxim.) Franch. et Sav. / 1717
Cirsium arvense (L.) Scop. / 3049
Cirsium arvense var. *integrifolium* Wimm. & Grab. / 3049
Cirsium arvense var. *setosum* (Willd.) Ledeb. / 3050
Cirsium chinense Gardn. et Champ. / 3059
Cirsium esculentum (Siev.) C. A. Mey. / 3057
Cirsium integrifolium (Wimm. & Grab.) L. / 3049
Cirsium japonicum Fisch. ex DC. / 3059
Cirsium lineare (Thunb.) Sch.–Bip / 3055
Cirsium maackii Maxim. / 3056
Cirsium maackii f. *albiflora* W. Wang et C. Y. Li / 3057
Cirsium pendulum Fisch. ex DC. / 3051
Cirsium salicifolium (Kitag.) Shih / 3054
Cirsium schantarense Trautv. et Mey. / 3058
Cirsium sclerolepis Nakai et Kitag. / 3089
Cirsium sclerolepis f. *pinnatipartita* Nakai et Kitag. / 3089
Cirsium sclerolepis var. *parasclerolepis* (Bar. et Sky.) C. Y. Li / 3089
Cirsium segetum Bunge / 3049
Cirsium setosum (Willd.) Bieb. / 3050
Cirsium setosum f. *albiflora* (Kitag.) Kitag. / 3050
Cirsium uninervium Nakai var. *laushanense* (Yabe) Kitag. / 3059
Cirsium viridifolium (Handel–Mazzetti) C. Shih / 3054
Cirsium vlassovianum Fisch. ex DC. / 3054
Cirsium vlassovianum Fisch. ex DC. var. *lineare* (Thunb.) C. Y. Li / 3055
Cirsium vulgare (Savi) Ten. / 3052
Citrullus lanatus (Thunb.) Matsum. et Nakai / 1546
Citrus trifoliata L. / 1780
Clausia trichosepala (Turcz.) Dvorak / 1916
Claytosmunda claytoniana (L.) Metzgar & Rouhan / 34
Cleistogenes caespitosa Keng / 605
Cleistogenes chinensis (Maxim.) Keng / 602
Cleistogenes festucacea Honda / 601
Cleistogenes hackelii (Honda) Honda / 602
Cleistogenes hackelii var. *nakaii* (Keng) Ohw. / 602
Cleistogenes hancei Keng / 603
Cleistogenes kitagawae Honda / 605
Cleistogenes longiflora Keng / 601
Cleistogenes nakai (Keng) Honda / 602
Cleistogenes polyphylla Keng ex P. C. Keng & L. Liu / 604
Cleistogenes squarrosa (Trin.) Keng / 601
Clematis aethusifolia Turcz. / 909
Clematis aethusifolia var. *latisecta* Maxim. / 909
Clematis brevicaudata DC. / 908
Clematis fusca Turcz. / 907
Clematis fusca f. *obtusifoliola* Kuntze / 907
Clematis fusca var. *violacea* Maxim. / 907
Clematis heracleifolia DC. / 899
Clematis heracleifolia var. *davidiana* (Dcne. ex Verlot) O. Kuntze / 899
Clematis hexapetala Pall. / 900
Clematis hexapetala f. *breviloba* (Freyn) Nakai / 901
Clematis hexapetala var. *tchefouensis* (Debeaux) S. Y. Hu / 901
Clematis integrifolia L. / 898
Clematis intricata Bunge / 910
Clematis koreana Kom. / 901
Clematis macropetala Ledeb. / 903
Clematis mandshurica Rupr. / 906
Clematis nobilis Nakai / 903
Clematis ochotensis (Pall.) Poir. / 904

Clematis patens Morr. et Decne. / 905
Clematis pinnata Maxim. / 908
Clematis serratifolia Rehd. / 909
Clematis sibirica (L.) Mill. / 903
Clematis sibirica var.*ochotensis* (Pallas) S. H. Li & Y. H. Huang / 904
Clematis terniflora DC. / 906
Clematis terniflora var. *mandshurica* (Rupr.) Ohwi / 906
Cleome gynandra L. / 1829
Clerodendrum trichotomum Thunb. / 2552
Clinopodium chinense (Benth.) O. Ktze. / 2645
Clinopodium chinense subsp. *grandiflorum* (Maxim.) H. Hara / 2646
Clinopodium chinense var. *grandiflora* (Maxim.) Hara / 2646
Clinopodium urticifolium (Hance) C. Y. Wu et Hsuan ex H. W. Li / 2646
Clintonia udensis Trautv. et Mey. / 264
Cnidium dahuricum (Jacq.) Turcz. / 3217
Cnidium dauricum (Jacquin) Fischer & C. A. Meyer / 3217
Cnidium japonicum Miq. / 3216
Cnidium monnieri (L.) Cuss. / 3216
Cnidium salinum Turcz. / 3248
Cocculus orbiculatus (L.) DC. / 828
Cocculus trilobus (Thunb.) DC. / 828
Codonopsis lanceolata (Sieb. et Zucc.) Traut. / 2702
Codonopsis pilosula (Franch.) Nannf. / 2701
Codonopsis ussuriensis (Rupr. et Maxim.) Hemsl. / 2702
Coeloglossum bracteatum Willd. / 306
Coeloglossum viride (L.) Hartm. / 305
Coelopleurum nakaianum (Kitag.) Kitag. / 3224
Coelopleurum saxatile (Turcz.) Drude / 3223
Coix lacryma-jobi L. / 772
Coix lacryma-jobi var. *ma-yuen* (Rom.Caill.) Stapf / 772
Coleanthus subtilis (Tratt.) Seidl. / 616
Coleus scutellarioides (L.) Benth. / 2579
Colocasia esculenta (L.) Schott / 206
Colutea arborescens L. / 1193
Comarum palustre L. / 1399
Comastoma acuta (Michx.) Y. Z. Zhao et X. Zhang / 2306
Commelina benghalensis L. / 413
Commelina communis L. / 414
Commelina communis f. *alba* Ti Chen / 414
Commelina communis f. *albiflora* Makino / 414
Commelina communis f. *caeruleopurpurascens* Makino / 415
Coniogramme affinis (Wall. ex C. Presl) Hieron. / 43
Coniogramme intermedia Hieron. / 43
Coniogramme intermedia Hieron. var. *glabra* Ching / 43
Consolida ajacis (L.) Schur / 844
Convallaria keiskei Miq. / 400
Convallaria majalis L. / 400
Convolvulus ammannii Desr. / 2381
Convolvulus arvensis L. / 2380
Convolvulus chinensis Ker-Gawer / 2380
Convolvulus japonicus Thunb. / 2382
Convolvulus pellitus Ledeb. / 2386
Convolvulus pellitus subsp. *longifolia* (Brummitt) S. M. Zhang / 2387
Convolvulus pubescens Sol. / 2383
Convolvulus sepium L. / 2384
Convolvulus sepium subsp. *spectabilis* (Brummitt) S. M. Zhang / 2385
Convolvulus soldanella Despr. ex Choisy / 2382
Convolvulus tragacanthoides Turcz / 2381
Conyza bonariensis (L.) Cronq. / 2824
Conyza canadensis (L.) Cronq. / 2824
Corallorhiza trifida Chatel. / 319
Corchoropsis crenata Sieb. et Zucc. / 1802
Corchoropsis crenata var. *hupehensis* Pamp. / 1803
Corchoropsis psilocarpa Harms. et Loes. / 1803
Corchoropsis tomentosa (Thunb.) Makino / 1802
Corchoropsis tomentosa var. *psilocarpa* (Harms & Loes.) C. Y. Wu & Y. Tang / 1803
Coreopsis grandiflora Hogg. / 2920
Coreopsis lanceolata L. / 2921
Coreopsis tinctoria Nutt. / 2920
Corethrodendron fruticosum (Pallas) B. H. Choi & H. Ohashi / 1100
Corethrodendron fruticosum var. *lignosum* (Trautv.) Y. Z. Zhao / 1099
Corethrodendron fruticosum var. *mongolicum* (Turcz.) Turcz. ex Kitagawa / 1100
Corethrodendron lignosum (Trautvetter) L. R. Xu & B.

H. Choi / 1099
Coriandrum sativum L. / 3204
Corispermum candelabrum Iljin / 2129
Corispermum chinganicum Iljin / 2127
Corispermum chinganicum var. *stellipile* Tsien et C. G. Ma / 2128
Corispermum confertum Bunge / 2134
Corispermum declinatum Steph. ex Stev. / 2126
Corispermum declinatum var. *tylocarpum* (Hance) Tsien et C. G. Ma / 2127
Corispermum dilutum (Kitag.) Tsien et C. G. Ma / 2135
Corispermum dilutum var. *hebecarpum* Tsien et C. G. Ma / 2135
Corispermum elongatum Bunge / 2134
Corispermum elongatum var. *stellatopilosum* Wang-wei et Fuh / 2134
Corispermum flexuosum Wang-Wei et Fuh / 2132
Corispermum flexuosum var. *leiocarpum* Wang-wei et Fuh / 2132
Corispermum macrocarpum Bunge / 2133
Corispermum macrocarpum var. *rubrum* Fu et Wang-wei / 2134
Corispermum mongolicum Iljin / 2128
Corispermum platypterum Kitag. / 2133
Corispermum puberulum Iljin / 2131
Corispermum puberulum var. *ellipsocarpum* Tsien et C. G. Ma / 2132
Corispermum retortum Wang-wei et Fuh / 2130
Corispermum rostratum Baranov et Skv. ex Wang-wei et Fuh / 2127
Corispermum sibiricum Iljin / 2130
Corispermum stauntonii Moq. / 2129
Corispermum stenolepis Kitag. / 2131
Corispermum stenolepis var. *psilocarpum* Kitag. / 2131
Cornopteris crenulatoserrulata (Makino) Nakai / 73
Cornus alba L. / 2185
Cornus bretschneideri L. Henry / 2188
Cornus bretschneideri L. Henry var. *crispa* Fang et W. K. Hu / 2189
Cornus canadensis L. / 2182
Cornus controversa Hemsl. ex Prain / 2183
Cornus coreana Wanger. / 2186
Cornus kousa F. Buerger ex Hance / 2191
Cornus kousa subsp. *chinensis* (Osborn) Q. Y. Xiang / 2192
Cornus officinalis Sieb. et Zucc. / 2189
Cornus suecica L. / 2183
Cornus walteri Wanger. / 2187
Coronilla varia L. / 1092
Coronopus didymus (L.) J. E. Smith / 1835
Cortusa matthioli L. / 2206
Cortusa matthioli subsp. *pekinensis* (Al. Richt.) Kitag. / 2206
Cortusa pekinensis (Al. Richt.) A. Los. / 2207
Corydalis ambigua f. *dentata* Y. H. Chou / 808
Corydalis ambigua f. *fumariaefolia* (Maxim.) Kitag. / 808
Corydalis ambigua f. *leariloba* (Sieb. et Zucc.) Kitag. / 808
Corydalis ambigua f. *multifida* Y. H. Chou / 808
Corydalis bungeana Turcz. / 799
Corydalis buschii Nakai / 805
Corydalis changbaishanensis M. L. Zhang et Y. W. Wang / 801
Corydalis edulis Maxim. / 800
Corydalis fumariifolia Maxim. / 808
Corydalis gamosepala Maxim. / 807
Corydalis gigantea Trautv. et Mey. / 806
Corydalis gigantea var. *macrantha* Regel / 805
Corydalis hegangensis W. T. Wang / 807
Corydalis humilis Oh et Kim / 808
Corydalis impatiens (pall.) Fisch. / 803
Corydalis kiautschouensis V. Poelln. / 810
Corydalis linjiangensis Z. Y. Su ex Liden / 809
Corydalis macrantha (Regel) M. Pop. / 805
Corydalis ochotensis Turcz. / 804
Corydalis ochotensis Turcz. var. *raddeana* (Regel) Nakai / 803
Corydalis paeoniifolia (Steph.) Pers. / 3275
Corydalis pallida (Thunb.) Pers. / 801
Corydalis pallida (Thunb.) Pers. var. *speciosa* (Maxim.) Kom. / 800
Corydalis raddeana Regel / 804
Corydalis redowskii Fedde / 3275
Corydalis remota var. *ternata* (Nakai) Makino / 805

Corydalis repens Mandl et Muhldorf. / 811
Corydalis repens var. *watanabei* (Kitag.) Y. C. Chou / 811
Corydalis saccata Z. Y. Su et Liden / 810
Corydalis sibirica (L.f.) Pers. / 802
Corydalis sibirica (L. f.) Pers. var. *imptiens* (Pall.) Repel / 803
Corydalis speciosa Maxim. / 800
Corydalis ternata (Nakai) Nakai / 805
Corydalis ternate f. *yanhusuo* (Y. H. Chou et C. C. Hsii) Y. C. Chi / 806
Corydalis turtschaninovii Bess. / 807
Corydalis turtschaninovii f. *haitaoensis* Y. H. Chou et Ch. Q. Xu / 807
Corydalis watanabei Kitag. / 811
Corydalis yanhusuo W. T. Wang ex Z. Y. Su et C. Y. Wu / 806
Corylus avellana L. / 1523
Corylus heterophylla Fisch. ex Trautv. / 1524
Corylus heterophylla var. *shenyangensis* L. Zhao & D. Chen / 1525
Corylus mandshurica Maxim. et Rupr. / 1522
Corylus mandshurica f. *glandulosa* Tung / 1522
Corylus mandshurica var. *brevituba* Naka. / 1522
Cosmos bipinnatus Cav. / 2918
Cosmos sulphureus Cav. / 2917
Cotinus coggygria Scop. Fl. Carn. ed. / 1742
Cotinus coggygria cv. 'Purpureus' / 1744
Cotinus coggygria cv. 'Royal Purple' / 1744
Cotinus coggygria var. *cinerea* Engl. / 1743
Cotinus coggygria var. *pubescens* Engl. / 1742
Cotoneaster acutifolius Turcz. / 1266
Cotoneaster divaricatus Rehd. & Wils. / 1264
Cotoneaster gracilis Rehd. & Wils. / 1267
Cotoneaster horizontalis Dcne. / 1264
Cotoneaster integerrimus Medic. / 1268
Cotoneaster melanocarpus Lodd. / 1266
Cotoneaster multiflorus Bunge / 1265
Cotoneaster submultiflorus Popov / 1265
Cotoneaster zabelii Schneid. / 1268
Craniospermum echioides Bunge / 2340
Craniospermum mongolicum I. M. Johnst. / 2340
Crassocephalum crepidioides (Benth.) S. Moore / 2888
Crassula aquatica (L.) Schönland / 1027
Crataegus beipiaogensis S. L. Tung & X. J. Tian / 1274
Crataegus chlorosarca Maxim. / 1274
Crataegus dahurica Koehne ex C. K. Schneid. / 1276
Crataegus kansuensis Wils. / 1275
Crataegus laevigata (Poir.) DC. / 1271
Crataegus maximowiczii Schneid. / 1274
Crataegus maximowiczii var. *ninganensis* S. Q. Nie et B. J. Jen / 1274
Crataegus pinnatifida Bunge / 1272
Crataegus pinnatifida var. *major* N. E. Br. / 1273
Crataegus pinnatifida var. *psilosa* C. K. Schn. / 1272
Crataegus sanguinea Pall. / 1275
Crataegus viridis L. / 1275
Crepidiastrum chelidoniifolium (Makino) Pak & Kawano / 2804
Crepidiastrum denticulatum (Houttuyn) Pak & Kawano / 2804
Crepidiastrum sonchifolium (Maxim.) Pak & Kawano / 2805
Crepidiastrum tenuifolium (Willd.) A. N Sennikov / 2803
Crepidomanes minutum (Blume) K. Iwats. / 35
Crepis coreana (Nakai) H. S. Pak / 2796
Crepis crocea (Lam.) Babc. / 2796
Crepis sibirica L. / 2794
Crepis tectorum L. / 2795
Critesion jubarum (L.) Nevski / 626
Crocus sativus L. / 348
Crocus vernus Hill / 349
Crotalaria juncea L. / 1116
Crotalaria sessiliflora L. / 1116
Crypsis aculeata (L.) Ait. / 612
Cryptomeria fortunei Hooibrenk ex Otto et Dietr. / 142
Cryptomeria japonica var. *sinensis* Miquel / 142
Cryptotaenia japonica Hassk. / 3211
Cucubalus baccifer L. / 2019
Cucumis melo L. / 1545
Cucumis melo subsp. *agrestis* (Naudin) Pangalo / 1545
Cucumis melo var. *conomon* (Thunb.) Makino / 1545
Cucumis sativus L. / 1544
Cucurbita maxima Duch. ex Lam. / 1539
Cucurbita moschata (Duch. ex Lam.) Duch. ex Poiret

/ 1539
Cucurbita pepo L. / 1538
Cudrania tricuspidata (Carr.) Bur. ex Lavall. / 1471
Cullen corylifolium (L.) Medikus / 1186
Cuminum cyminum L. / 3192
Cuphea hookeriana Walp. / 1707
Cuscuta australis R. Br. / 2377
Cuscuta campestris Yuncker / 2377
Cuscuta chinensis Lam. / 2376
Cuscuta epilinum Weihe / 2376
Cuscuta europaea L. / 2375
Cuscuta japonica Choisy / 2374
Cuscuta lupuliformis Krocker / 2375
Cuscuta monogyna Vahl. / 2374
Cyanus segetum Hill / 3107
Cyclachaena xanthiifolia (Nutt.) Fresen. / 2921
Cyclospermum leptophyllum (Persoon) Sprague ex Britton & P. Wilson / 3271
Cymbaria daurica L. / 2672
Cymbopogon goeringii (Steud.) A. Camus / 790
Cynanchum dubium Kitag. / 2328
Cynanchum acuminatifolium Hemsley
Cynanchum acutum L. / 2325
Cynanchum acutum subsp. *sibiricum* (Willdenow) K. H. Rechinger / 2325
Cynanchum amplexicaule (Sieb. et Zucc.) Hemsl. / 2330
Cynanchum amplexicaule f. *castaneum* (Makino) C. Y. Li / 2331
Cynanchum amplexicaule var. *castaneum* Makino / 2331
Cynanchum ascyrifolium (Franch. et Sav.) Matsum. / 2332
Cynanchum atratum Bunge / 2330
Cynanchum bungei Decne. / 2326
Cynanchum cathayense Tsiang et Zhang / 2325
Cynanchum chinense R. Br. / 2326
Cynanchum hancockianum (Maxim.) Al. Iljinski / 2333
Cynanchum inamoenum (Maxim.) Loes. / 2334
Cynanchum mongolicum (Maxim.) Hemsl. / 2333
Cynanchum paniculatum (Bunge) Kitag. / 2328
Cynanchum purpureum (Pall.) K. Schum. / 2327
Cynanchum sibiricum Willd. / 2325
Cynanchum thesioides (Freyn) K. Schum. / 2329
Cynanchum thesioides var. *australe* (Maxim.) Tsiang et P. T. Li / 2329
Cynanchum versicolor Bunge / 2324
Cynanchum volubile (Maxim.) Hemsl. / 2323
Cynanchum wilfordii (Maxim.) Forb. et Hemsl. / 2324
Cynodon dactylon (L.) Pers. / 622
Cynoglossum amabile Stapf et Drumm. / 2345
Cynoglossum divaricatum Steph. ex Lehm / 2346
Cyperus albescens (Steud.) Larridon & Govaerts / 535
Cyperus alternifolius subsp. *flabelliformis* (Rottb.) Kukenth. / 547
Cyperus amuricus Maxim. / 544
Cyperus brevifolius (Rottb.) Endl. ex Hassk. / 535
Cyperus brevifolius var. *gracillimus* (Miq.) Kukenth. / 536
Cyperus compressus L. / 542
Cyperus difformis L. / 548
Cyperus eragrostis Lamarck / 547
Cyperus esculentus L. / 541
Cyperus esculentus var. *sativus* Boeck. / 541
Cyperus exaltatus Retz. / 540
Cyperus flaccidus R. Br. / 548
Cyperus flavidus Bojer / 539
Cyperus fuscus L. / 548
Cyperus fuscus f. *virescens* (Hoffm.) Vahl / 549
Cyperus glomeratus L. / 541
Cyperus involucratus Rottb. / 547
Cyperus iria L. / 545
Cyperus limosus Maxim. / 539
Cyperus michelianus (L.) Link / 546
Cyperus microiria Steud. / 544
Cyperus nipponicus Franch. et Sav. / 545
Cyperus odoratus L. / 534
Cyperus orthostachyus Franch. et Sav. / 542
Cyperus orthostachyus var. *longibracteatus* L.K. Dai / 543
Cyperus pannonicus Jacq. / 539
Cyperus polystachyos Rottb. / 538
Cyperus radians Nees et Meyen ex Nees / 535
Cyperus rotundus L. / 540
Cyperus sanguinolentus Vahl / 537
Cyperus serotinus Rottb. / 540

Cyperus setiformis Korsh. / 537
Cypripedium agnicapitatum Y. N. Lee / 294
Cypripedium calceolus L. / 292
Cypripedium guttatum Sw. / 291
Cypripedium macranthos Sw. / 294
Cypripedium macranthos f. *albiflorum* Y. C. Chu / 295
Cypripedium microsaccos Kraenzl. / 293
Cypripedium morinanthum Y. N. Lee / 294
Cypripedium neoparviflorum Y. N. Lee / 294
Cypripedium roseum Y. N. Lee / 294
Cypripedium shanxiense S. C. Chen / 293
Cypripedium sinapoides Y. N. Lee / 294
Cypripedium yatabeanum Makino / 292
Cypripedium×ventricosum Sw. / 294
Cyrtomium falcatum (L. f.) Presl / 83
Cystopteris filix-fragilis (L.) Bernh. / 50
Cystopteris fragilis (L.) Bernh. / 50
Cystopteris sudetica A. Braun et Milde / 50
Czernaevia laevigata Turcz. / 3225
Czernaevia laevigata Turcz. f. *latipinna* Chu / 3226
Czernaevia laevigata var. *exalatocarpa* Y. C. Chu / 3227

D

Dactylis glomerata L. / 677
Dactylorhiza hatagirea (D. Don) Soó / 306
Dactylorhiza viridis (L.) R. M. Bateman / 305
Dahlia pinnata Cav. / 2919
Daphne genkwa Sieb. et Zucc. / 1826
Daphne koreana Nakai / 1825
Daphne pseudo-mezereum A. Gray / 1825
Dasiphora × veitchii (E. H. Wilson) Soják / 1373
Dasiphora davunrica (Nestl.) Kom. et Klob. / 1373
Dasiphora davurica var. *mandshurica* (Maxim.) Verloove & Lambinon / 1374
Dasiphora fruticosa (L.) Rydb. / 1372
Dasiphora fruticosa var. *rigida* (Wall. ex Lehm.) S. M. Zhang / 1373
Dasiphora parvifolla (Fisch.) Juzep. / 1372
Datura arborea L. / 2434
Datura innoxia Mill. / 2432
Datura metel L. / 2433
Datura metel var. *fastuosa* L. / 2433
Datura stramonium L. / 2431
Datura stramonium var. *inermis* (Jacq.) Schinz / 2432
Datura stramonium var. *tatula* Torrey / 2431
Daucus carota L. / 3184
Daucus carota var. *sativa* Hoff. / 3185
Davallia mariesii Moore ex Baker / 94
Davallia trichomanoides Blume / 94
Deinostema violacea (Maxim.) Yamazaki / 2005.
Delphinium ajacis L. / 844
Delphinium cheilanthum Fisch. ex DC. / 848
Delphinium cheilanthum var. *pubescens* Y. Z. Zhao / 848
Delphinium crassifolium Schrad. ex Spreng. / 846
Delphinium elatum L. / 844
Delphinium grandiflorum L. / 845
Delphinium grandiflorum f. *roseolum* Y. Z. Zhao / 845
Delphinium grandiflorum var. *pilosum* Y. Z. Zhao / 845
Delphinium grandiflorum var. *tigridium* Kitag. / 845
Delphinium hsinganense S. H. Li et Z. F. Fang / 848
Delphinium korshinskyanum Nevski / 846
Delphinium maackianum Regel / 847
Delphinium maackianum f. *albiflorum* S. H. Li et Z. F. Fang / 847
Delphinium maackianum var. *lasiocarpum* Regel / 848
Delphinium yuchuanii Y. Z. Zhao / 848
Dendranthema chanetii (Levl.) Shih / 3003
Dendranthema grandiflorum (Ramat) Kitam. / 2999
Dendranthema indicum (L.) Des Moul. / 2999
Dendranthema indicum var. *huludaoensis* G.Y. Zhang / 2999
Dendranthema lavandulifolium (Fisch. ex Trautv.) Ling et Shih / 3001
Dendranthema lavandulifolium (Fisch. ex Trautv.) Ling et Shih var. *seticuspe* (Maxim.) Shih / 3001
Dendranthema maximowiczii (Komar.) Tzvel. / 3004
Dendranthema morifolium (Ramat.) Tzvel. / 2999
Dendranthema naktongense (Nakai) Tzvel. / 3003
Dendranthema oreastrum (Hance) Ling / 3005
Dendranthema zawadskii (Herb.) Tzvel. / 3006
Dendrobenthamia japonica (DC.) Fang / 2191
Dendrobenthamia japonica (DC.) Fang var. *chinensis* (Osborn) Fang / 2192

Dendrolycopodium juniperoideum (Sw.) A.Haines / 3272
Dendrolycopodium obscurum (L.) A. Haines / 10
Dendrolycopodium verticale (Li Bing Zhang) Li Bing Zhang & X. M. Zhou / 9
Dennstaedtia hirsuta (Swartz.) Mett. ex Miquel / 41
Dennstaedtia pilosella (Hook.) Ching / 41
Dennstaedtia wilfordii (Moore) Christ / 41
Deparia coreana (H. Christ) M. Kato / 74
Deparia pterorachis (Christ) M. Kato / 74
Deparia pycnosora (H. Christ) M. Kato / 75
Deparia pycnosora var. *longidens* (Z. R.Wang) Z. R. Wang / 75
Deschampsia caespitosa (L.) P. Beauv. / 705
Deschampsia caespitosa var. *microstachya* Roshev. / 705
Deschampsia cespitosa (L.) P. Beauv. / 705
Deschampsia cespitosa subsp. *orientalis* Hultén / 705
Deschampsia orientalis (Hultén) B. S. Sun / 705
Descurainia sophia (L.) Schur / 1899
Desmodium fallax Schindl. var. *mandshuricum* (Maxim.) Nakai / 1093
Desmodium oldhamii Olive. / 1094
Deutzia prunifolia Rehd / 2177
Deutzia amurensis (Regel) Airy–Shaw / 2180
Deutzia baroniana Diels / 2177
Deutzia crenata Sieb. et Zucc. / 2178
Deutzia glabrata Kom. / 2178
Deutzia grandiflora Bunge / 2177
Deutzia hamata Koehne / 2177
Deutzia parviflora Bunge / 2179
Deutzia parviflora var. *amurensis* Regel / 2180
Deyeuxia angustifolia (Kom.) Y. L. Chang / 727
Deyeuxia arundinacea (L.) Beauv. / 730
Deyeuxia arundinacea (L.) Beauv. var. *brachytricha* (Steud.) P. C.Kuo et S. L. Lu / 730
Deyeuxia arundinacea (L.) Beauv. var. *hirsuta* (Hack.) P. C. Kuo et S. L. Lu / 731
Deyeuxia effusiflora Rendle / 729
Deyeuxia korotkyi (Litvinov) S. M. Phillips & Wen L. Chen / 729
Deyeuxia langsdorffii (Link)Kunth / 727
Deyeuxia lapponica (Wahlenb.) Kunth / 727
Deyeuxia neglecta (Ehrh.) Kunth / 728
Deyeuxia purpurea (Trinius) Kunth / 727
Deyeuxia pyramidalis (Host) Veldkamp / 730
Deyeuxia turczaninowii (Litv.) Y. L. Chang / 729
Deyeuxia turczaninowii var. *nenjiangensis* S. L. Lu / 730
Dianthus superbus var. *longicalycinum* (Maxim.) Williams / 2046
Dianthus barbatus L. / 2045
Dianthus barbatus var. *asiaticus* Nakai / 2045
Dianthus caryophyllus L. / 2049
Dianthus chinensis L. / 2051
Dianthus chinensis f. *ignescens* (Nakai) Kitag. / 2053
Dianthus chinensis var. *ignescens* Nakai / 2053
Dianthus chinensis var. *jingpoensis* G. Y. Zhang & X. Y. Yuan / 2051
Dianthus chinensis var. *liaotungensis* Y. C. Chu / 2051
Dianthus chinensis var. *longisquama* Nakai et Kitag. / 2053
Dianthus chinensis var. *morii* (Nakai) Y. C. Chu / 2052
Dianthus chinensis var. *subulifolius* (Kitag.) Y. C. Ma / 2052
Dianthus chinensis var. *versicolor* (Fisch. ex Link) Y. C. Ma / 2052
Dianthus deltoides L. / 2049
Dianthus longicalyx Miq. / 2046
Dianthus plumarius L. / 2046
Dianthus repens Willd. / 2050
Dianthus repens var. *scabripilosus* Y. Z. Zhao / 2050
Dianthus superbus L. / 2048
Dianthus superbus subsp. *alpestris* Kablikova ex Celakovsky / 2048
Dianthus superbus var. *speciosus* Reichb / 2048
Dianthus versicolor Fisch. ex. Link / 2052
Dianthus versicolor Fisch. ex. Link var. *subulifolius* (Kitag.) Y. C. Chu / 2052
Dianthus versicolor var. *subulifolius* (Kitag.) Y. C. Chu f. *leucopetalus* (Kitag.) Y. C. Chu / 2052
Diarrhena fauriei (Hack.) Ohwi / 615
Diarrhena mandshurica Maxim. / 615
Diarthron linifolium Turcz. / 1822
Diascia barberae Hook. f. / 2515
Dicentra spectabilis (L.) Lem. / 797
Dichondra micrantha Urban / 2378

Dichondra repens Forst. / 2378
Dicranostigma leptopodum (Maxim.) Fedde / 825
Dictamnus dasycarpus Turcz. / 1775
Dictamnus albus subsp. *dasycarpus* (Turcz.) Kitag. / 1775
Dictamnus albus var. *dasycarpus* (Turcz.) T. N. Liu et Y. H. Chang / 1775
Digitalis purpurea L. / 2511
Digitaria chrysoblephara Fig. et De / 765
Digitaria ciliaris (Retz.) Koel./ 763
Digitaria ciliaris var. *chrysoblephara* (Figari & De Notaris) R. R. Stewart / 765
Digitaria ischaemum (Schreb.) Schreb. ex Muhl. / 762
Digitaria sanguinalis (L.) Scop./ 763
Dimorphostemon asper (Pallas) Kitag. / 1894
Dimorphostemon pinnatus (Pers.) Kitag. / 1894
Dimorphostemon shanxiensis R. L. Guo et T. Y. Cheo / 1894
Dimorphotheca sinuata DC. / 3016
Dioscorea bulbifera L. / 246
Dioscorea nipponica Makino / 246
Dioscorea opposita Thunb. / 247
Dioscorea polystachya Turcz. / 247
Diospyros kaki Thunb. / 2204
Diospyros lotus L. / 2203
Diphasiastrum alpinum (L.) Holub / 7
Diphasiastrum alpinum var. *planiramulosum* (Takeda) Li et J. Zh. Wang / 7
Diphasiastrum complanatum (L.) Holub / 6
Diphasiastrum complanatum var. *anceps* (Wallr.) Ching / 7
Diplachne fusca (L.) Beauv. / 608
Diplandrorchis sinica S. C. Chen / 296
Diplazium sibiricum (Turcz. ex Kunze) Sa. Kurata / 76
Diplazium taquetii C. Christensen / 76
Diplotaxis muralis (L.) DC. / 1886
Diplotaxis tenuifolia (L.) de Candolle / 1885
Dipsacus japonicus Miq. / 3123
Disporum flavens Kitag. / 257
Disporum ovale Ohwi / 263
Disporum sessile D. Don / 257
Disporum uniflorum Baker / 257
Disporum viridescens (Maxim.) Nakai / 257
Doellingeria scaber (Thunb.) Ness / 2843
Dolichos lablab L. / 1140
Dontostemon dentatus (Bunge) Ledeb. / 1895
Dontostemon dentatus var. *glandulosus* Maxim. / 1895
Dontostemon eglandulosus (DC.) Ledeb. / 1896, 1898
Dontostemon integrifolius (L.) Ledeb. / 1897
Dontostemon integrifolius var. *eglandulosus* (DC.) Turcz. / 1898
Dontostemon integrifolius (L.) C. A. Mey. var. *eglandulosus* Turcz. / 1896
Dontostemon micranthus C. A. Mey. / 1896
Dontostemon perennis C. A. Mey. / 1896
Dontostemon pinnatifidus (Willd.) Al-Shehbaz & H. Ohb. / 1894
Draba chamissonis G. Do. / 1861
Draba kamtschatica (Ledeb.) N. Busch / 1861
Draba ladyginii Pohle / 1860
Draba lanceolata Royle / 1862
Draba mongolica Turcz. / 1861
Draba multiceps Kitag. / 1867
Draba nemorosa L. / 1859
Draba nemorosa var. *leiocarpa* Lindbl. / 1860
Dracocephalum argunense Fisch. ex Link / 2611
Dracocephalum moldavica L. / 2613
Dracocephalum nutans L. / 2613
Dracocephalum parviflorum Nutt. / 2611
Dracocephalum rupestre Hance / 2613
Dracocephalum ruyschiana L. / 2612
Drosera anglica Huds. / 2010
Drosera rotundifolia L. / 2011
Dryas octopetala L. / 1384
Dryas octopetala var. *asiatica* (Nakai) Nakai / 1384
Dryoathyrium coreanum (Christ) Tagawa / 74
Dryoathyrium pterorachis (Christ) Ching / 74
Dryopteris amurensis (Milde) Christ / 88
Dryopteris chinensis Koidz. / 89
Dryopteris coreano-montana Nakai / 92
Dryopteris crassirhizoma Nakai / 91
Dryopteris expansa (Presl) Fraser-Jenkins et Jermy / 89
Dryopteris fragrans (L.) Schott / 91
Dryopteris fragrans var. *remotiuscula* (Kom.) Kom. / 91

Dryopteris goeringiana (G. Kunze) Koidz. / 90
Dryopteris gymnophylla (Baker) C. Chr. / 88
Dryopteris lacera (Thunb.) O. Ktze. / 93
Dryopteris laeta (Kom.) C. Chr. / 90
Dryopteris monticola (Makino) C. Chr. / 92
Dryopteris peninsulae Kitag. / 93
Dryopteris sacrosancta Koidz. / 88
Dryopteris saxifraga H. Ito / 87
Dryopteris sichotensis Kom. / 92
Dryopteris tenuissima Tagawa / 90
Dryopteris woodsiisora Hayata / 90
Duchesnea indica (Andr.) Focke / 1405
Dysophylla fauriei H. Lév. / 2584
Dysphania ambrosioides (L.) Mosyakin & Clemants / 2155
Dysphania aristata (L.) Mosyakin & Clemants / 2152
Dysphania pumilio (R.Br.) Mosyakin & Clemants / 2153
Dysphania schraderiana (Schult.) Mosyakin & Clemants / 2154

E

Echinacea purpurea (L.) Moench. / 2894
Echinochloa caudata Roshev. / 769
Echinochloa crusgalli (L.) Beauv. / 768
Echinochloa crusgalli var. *caudata* (Rosh.) Kitag. / 769
Echinochloa crusgalli var. *hispidula* (Retz.) Honda / 768
Echinochloa crusgalli var. *mitis* (Pursh) Peterm. / 768
Echinochloa crusgalli var. *oryzicola* (Vasing) Ohwi / 767
Echinochloa crusgalli var. *praticola* Ohwi / 769
Echinochloa crusgalli var. *submutica* (Mey.) Kitag. / 768
Echinochloa crusgalli var. *zelayensis* (H. B. K.) Hitchc. / 769
Echinochloa frumentacea (Roxb.) Link / 767
Echinochloa hispidula (Retz.) Nees / 768
Echinochloa oryzoides (Ard.) Fritsch. / 767
Echinocystis lobata Torr. & A. Gray / 1537
Echinops davuricus Fischer ex Hornemann / 3038
Echinops dissectus Kitag. / 3039
Echinops gmelinii Turcz. / 3037
Echinops grijsii Hance / 3038
Echinops latifolius Tausch. / 3038
Echinops latifolius var. *angustilobus* (DC.) Kitag. / 3038
Echinops latifolius var. *manshuricus* (Kitag.) C.Y. Li / 3038
Echinops pseudosetifer Kitag. / 3040
Echium plantagineum L. / 2358
Eclipta prostrata (L.) L. / 2925
Egeria densa Planchon / 226
Ehretia dicksonii Hance / 2337
Ehretia macrophylla Wall. / 2337
Eichhornia crassipes Solms-Laub. / 416
Elaeagnus angustifolia L. / 1427
Elaeagnus multiflora Thunb. / 1428
Elaeagnus umbellata Thunb. / 1428
Elatine hydropiper L. / 1573
Elatine triandra Schkuhr / 1573
Eleocharis acicularis subsp. *yokoscensis* (Franchet & Savatier) T. V. Egorova / 550
Eleocharis acicularis var. *longiseta* Svenson / 550
Eleocharis equisetiformis (Meinsh.) B. Fedsob. / 553
Eleocharis equisetina J. et C. Presl / 553
Eleocharis fennica Palla ex Kneuck. / 552
Eleocharis intersita Zinserl. / 554
Eleocharis intersita f. *acetosa* Tang et Wang / 554
Eleocharis kamtschatica (C. A. Mey.) Kom. / 552
Eleocharis kamtschatica (C. A. Mey.) Kom. f. *reducta* (Ohwi) Ohwi / 552
Eleocharis mamillata Lindb.f. / 553
Eleocharis mamillata f. *ussuriensis* (Zinserl.) Y. L. Chang / 553
Eleocharis mamillata var. *cyclocarpa* Kitag. / 553
Eleocharis maximowiczii Zinserl. / 551
Eleocharis mitracarpa Steud. / 553
Eleocharis ovata (Roth) Roem. / 552
Eleocharis palustris (L.) Roem. & Schult. / 554
Eleocharis pellucida J. Presl & C. Presl / 551
Eleocharis soloniensis (Dubois) Hara. / 552
Eleocharis ussuriensis G. Zinserl. / 553
Eleocharis valleculosa f. *setosa* (Ohwi) Kitag. / 553
Eleocharis valleculosa var. *setosa* Ohwi / 553
Eleocharis wichurae Bockeler / 551
Eleocharis yokoscensis (Franch. et Savat.) Tang et Wang / 550

Eleusine indica (L.) Gaertn. / 595
Eleutherococcus senticosus (Rupr. & Maxim.) Maxim. / 3171
Eleutherococcus sessiliflorus (Rupr. & Maxim.) S. Y. Hu / 3172
Eleutherococcus sieboldianus (Makino) Koidz. / 3170
Elodea densa Casp / 226
Elsholtzia angustifolia (Loes.) Kitag. / 2588
Elsholtzia ciliata (Thunb.) Hyl. / 2587
Elsholtzia densa Benth. / 2586
Elsholtzia densa var. *ianthina* (Maxim. ex Kanitz) C. Y. Wu et S. C. Huang / 2587
Elsholtzia pseudo-cristata Levl. et Vant. / 2588
Elsholtzia pseudo-cristata Levl. et Vant. var. *angustifolia* (Loes.) P. Y. Fu / 2588
Elsholtzia pseudo-cristata Levl. et Vant. var. *saxatilis* (Kom.) P. Y. Fu / 2589
Elsholtzia saxatilis (Kom.) Nakai ex Kitag. / 2589
Elsholtzia serotina Kom. / 2589
Elsholtzia splendens Nakai ex F. Maekawa / 2588
Elsholtzia stauntonii Benth. / 2585
Elymus alienus (Keng) S. L. Chen / 643
Elymus barbicallus (Ohwi) S. L. Chen / 644
Elymus barbicallus var. *pubifolius* (Keng) S. L. Chen / 644
Elymus barbicallus var. *pubinodis* (Keng) S. L. Chen / 644
Elymus ciliaris (Trin. ex Bunge) Tzvelev / 636
Elymus ciliaris var. *amurensis* (Drobow) S. L. Chen / 637
Elymus ciliaris var. *hackelianus* (Honda) G. H. Zhu & S. L. Chen / 636
Elymus ciliaris var. *lasiophyllus* (Kitag.) S. L. Chen / 637
Elymus dahuricus Turcz. / 635
Elymus dolichatherus (Keng) S. L. Chen / 639
Elymus excelsus Turcz. / 635
Elymus franchetii Kitag. / 635
Elymus gmelinii (Ledeb.) Tzvelev / 638
Elymus gmelinii var. *macratherus* (Ohwi) S. L. Chen & G. Zhu / 639
Elymus hondae (Kitag.) S. L. Chen / 643
Elymus kamoji (Ohwi) S. L. Chen / 640
Elymus nakai i(Kitag.) S. L. Chen / 638
Elymus nutans Griseb. / 634
Elymus pauciflorus (Schwein. ex Keating) Gould / 636
Elymus pendulinus (Nevski) Tzvelev / 641
Elymus pendulinus subsp. *multiculmis* (Kitag.) 642
Elymus purpurascens (Keng) S. L. Chen / 638
Elymus sibiricus L. / 634
Elymus sinicus var. *medius* (Keng) S. L. Chen & G. Zhu / 643
Elymus strictus (Keng) S. L.Chen / 638
Elymus tangutorum (Nevski) Hand.-Mazz. / 635
Elymus tsukushiensis Honda / 640
Elytrigia elongata (Host) Nevski / 651
Elytrigia intermedia (Host) Nevski / 651
Elytrigia repens (L.) Desvaux ex B. D. Jackson / 650
Elytrigia smithii (Rydb.) Nevski / 650
Elytrigia trichophora (Link) Nevski / 651
Empetrum nigrum L. / 2254
Empetrum nigrum var. *albium* J. Y. Ma et Y. Zhang / 2255
Empetrum nigrum var. *japonieum* K. Koch / 2254
Enemion raddeanum Regel. / 888
Enneapogon borealis (Griseb.) Honda / 593
Enneapogon desvauxii P. Beauv. / 593
Ephedra equisetina Bunge / 105
Ephedra intermedia Schrenk ex Mey. / 105
Ephedra monosperma Gmel. ex Mey. / 103
Ephedra sinica Stapf. / 104
Epilobium amurense Hausskn. / 1733
Epilobium amurense subsp. *cephalostigma* (Hausskn.) C. J. Chen / 1734
Epilobium angulatum Kom. / 1734
Epilobium angustifolium L. / 1727
Epilobium angustifolium L. subsp. *circumvagum* Mosquin / 1728
Epilobium cephalostigma Hausskn. / 1734
Epilobium ciliatum Raf.
Epilobium ciliatum subsp. *glandulosum* (Lehm.) Hoch & P. H. Raven / 1735
Epilobium cylindrostigma Kom. / 1735
Epilobium fastigiatoramosum Nakai / 1730
Epilobium glandulosum Lehm. / 1735
Epilobium hirsutum L. / 1729
Epilobium minutiflorum Hausskn. / 1734

Epilobium nudicarpum Kom. / 1734
Epilobium palustre L. / 1731
Epilobium palustre var. *fischerianum* Hausskn. / 1732
Epilobium parviflorum Schreber / 1730
Epilobium propinquum Haussk. / 1734
Epilobium tenue Kom. / 1733
Epimedium koreanum Nakai / 838
Epipactis helleborine (L.) Crantz / 321
Epipactis papillosa Franch. et Sav. / 321
Epipactis thunbergii A. Gray / 320
Epipactis xanthophaea Schltr. / 320
Epipogium aphyllum (F. W. Schmidt) Sw. / 319
Equisetum arvense L. / 22
Equisetum arvense L. var. *boreale* (Bong.) Rupr. / 22
Equisetum arvense L. var. *ramulosum* Rupr. / 22
Equisetum fluviatile L. / 22
Equisetum fluviatile f. *linnaeanum* (Doell) Braun. / 22
Equisetum heleocharis Ehrh. / 22
Equisetum hyemale L. / 26
Equisetum hyemale subsp. *affine* (Engel.) Calder et R. L. Taylor / 27
Equisetum palustre L. / 23
Equisetum palustre L. var. *polystachion* Weigel / 23
Equisetum pratense Ehrhart / 21
Equisetum ramosissimum Desf. / 25
Equisetum scirpoides Michoux / 24
Equisetum sylvaticum L. / 21
Equisetum variegatum Schleich. ex F. Weber et D. Mohr / 24
Equisetum variegatum Schleich. var. *alaskanum* A. Eat. / 25
Equisetum variegatum subsp. *alaskanum* (A. A. Eaton) Hulten / 25
Eragrostis autumnalis Keng / 598
Eragrostis cilianensis (All.) Link. ex Vign. / 597
Eragrostis curvula (Schrad.) Nees / 598
Eragrostis ferruginea (Thunb.) Beauv. / 596
Eragrostis jeholensis Honda / 599
Eragrostis minor Host / 597
Eragrostis multicaulis Steudel / 599
Eragrostis pilosa (L.) Beauv. / 599
Eragrostis pilosa (L.) Beauv. var. *imberbis* Franch. / 599
Eragrostis pulchra S. C. Sun et H. Q. Wang / 599
Eranthis stellata Maxim. / 886
Erechtites hieracifolia (L.) Raf. ex DC. / 2879
Erigeron acer L. / 2819
Erigeron acris L. / 2819
Erigeron acris subsp. *kamtschaticus* (Candolle) H. Hara / 2821
Erigeron acris subsp. *politus* (Fries) H. Lindberg / 2820
Erigeron acris var. *manshuricus* Kom. / 2821
Erigeron alpicola (Makino) Makino / 2823
Erigeron annuus (L.) Pers. / 2823
Erigeron bonariensis L. / 2824
Erigeron canadensis L. / 2824
Erigeron kamtschaticus DC. / 2821
Erigeron komarovii Botsch. / 2823
Erigeron komarovii var. *heilongjiangensis* P. H. Huang &W. H. Ye / 2823
Erigeron philadelphicus L. / 2821
Erigeron strigosus Muhlenberg ex Willdenow / 2822
Eriocaulon alpestre Hook. f. & Thomson ex Körn. / 434
Eriocaulon atrum Nakai / 434
Eriocaulon decemflorum Maxim. / 434
Eriocaulon robustium (Maxim.) Makino / 434
Eriocaulon ussuriense Körn. ex Regel / 435
Eriochloa villosa (Thunb.) Kunth / 765
Eriocycla albescens (Franch.) Wolff / 3192
Eriocycla albescens (Franch.) Wolff var. *latifolia* Shan et Yuan / 3192
Eriocycla chinense DC. var. *komarovianum* (Linez.) Liou et Huang / 3198
Eriocycla scorzonerifolium var. *angustissimum* (Franch.) T. C. Huang / 3201
Eriophorum angustifolium Honck. / 564
Eriophorum gracile Koch / 564
Eriophorum japonicum Maxim. / 568
Eriophorum latifolium Hoppe / 564
Eriophorum polystachion L. / 564
Eriophorum russeolum Fries / 563
Eriophorum russeolum var. *majus* Sommier / 563
Eriophorum vaginatum L. / 563
Eritrichium borealisinense Kitag. / 2351
Eritrichium deflexum (Wahlenb.) Lian / 2354

Eritrichium incanum (Turcz.) DC. / 2353
Eritrichium jacuticum M. Pop. / 2351
Eritrichium maackii Maxim. / 2350
Eritrichium mandshuricum M. Pop. / 2353
Eritrichium pauciflorum (Ledebour) de Candolle / 2353
Eritrichium rupestre (Pall.) Bge. / 2353
Eritrichium rupestre Bunge / 2350
Eritrichium sichotense M. Pop. / 2352
Eritrichium thymifolium (DC.) Y. S. Lian & J. Q. Wang / 2350
Eritrichium villosum (Ledeb.) Bunge / 2351
Erodium cicutarium (L) L'Her. ex Ait. / 1701
Erodium stephanianum Willd. / 1702
Erodium stephanianum f. *atranthum* (Nakai et Kitag.) Kitag. / 1702
Eruca sativa Mill. / 1887
Eruca sativa var. *eriocarpa* Boiss. / 1887
Eruca vesicaria (L.) Cavanilles / 1887
Eruca vesicaria subsp. *sativa* (Mill.) Thell.
Eruca vesicaria subsp. *sativa* var. *eriocarpa* (Boiss.) S. M. Zhang / 1887
Eryngium planum L. / 3204
Erysimum altaicum C. A. Mey. / 1903
Erysimum altaicum C. A. Mey var. *shinganicum* Y. L. Chang / 1904
Erysimum amurense Kitag. / 1904
Erysimum amurense Kitag. f. *flavum* (Kitag.) Kitag. / 1904
Erysimum amurense var. *bungei* (Kitag.) Kitag. / 1904
Erysimum aurantiacum (Bunge) Maxim / 1904
Erysimum aurantiacum (Bunge) Maxim f. *flavum* Kitag. / 1905
Erysimum aurantiacum var. *amurense* (Kitag.) Y. L. Chang / 1904
Erysimum bungei (Kitag.) Kitag. / 1904
Erysimum bungei (Kitag.) Kitag. f. *flavum* (Kitag.) K. C. Kuan / 1905
Erysimum cheiranthoides L. / 1902
Erysimum cheiri Crantz / 1901
Erysimum flavum (Georgi) Bobr. / 1903
Erysimum flavum var. *shinganicum* (Y. L. Chang) K. C. Kuan / 1904
Erysimum hieracifolium L. / 1903
Erysimum macilentum Bunge / 1901
Erysimum repandum L. / 1903
Erythronium japonicum Decne. / 285
Erythronium japonicum f. *album* Fang et Qin / 286
Erythronium japonicum f. *immaculatum* Q. S. Sun / 286
Eschscholzia californica Cham. / 824
Eucommia ulmoides Oliver / 2269
Euonymus alatus (Thunb.) Sieb. / 1556
Euonymus alatus var. *pubescens* Maxim. / 1557
Euonymus bungeanus Maxim. / 1559
Euonymus bungeanus var. *mongolicus* (Nakai) Kitag. / 1560
Euonymus fortunei (Turcz.) Hand. –Mazz. / 1551
Euonymus hamiltonianus Wall. / 1558
Euonymus japonicus Thunb. / 1552
Euonymus japonicus cv. ‘Albomarginatus’ / 1553
Euonymus japonicus cv. ‘Aurea–marginatus’ / 1552
Euonymus japonicus cv. ‘Aureomarginatus’ / 1553
Euonymus japonicus cv. ‘Cuzhi’ / 1554
Euonymus kiautschovicus Loes. / 1551
Euonymus maackii Rupr. / 1558
Euonymus maackii var. *trichophyllus* Y. B. Chang / 1558
Euonymus macropterus Rupr. / 1557
Euonymus maximowiczianus (Prokh.) Varosh / 1554
Euonymus oxyphyllus Miq. / 1554
Euonymus pauciflorus Maxim. / 1555
Euonymus planipes (Koehne.) Koehne. / 1554
Euonymus sachalinensis (F. Schmidt) Maxim. / 1554
Euonymus sieboldianus Blume / 1558
Euonymus verrucosus Scop. / 1555
Euonymus verrucosus Scop. var. *pauciflorus* (Maxim.) Regel / 1555
Eupatorium adenophorum Sprengel / 2810
Eupatorium coelestinum L. / 2810
Eupatorium japonicum Thunb. / 2811
Eupatorium lindleyanum DC. / 2812
Eupatorium lindleyanum f. *trisectifolium* (Makino) Hiyama / 2812
Euphorbia pallasii Turcz. var. *pilosa* Regel / 1668
Euphorbia bifida Hook. & Arn. / 1661
Euphorbia dentata Michx. / 1661

Euphorbia esula L. / 1672
Euphorbia esula var. *cyparissioides* Boiss. / 1673
Euphorbia esula var. *latifolia* Ledeb. / 1674
Euphorbia fischeriana Steud. / 1667
Euphorbia fischeriana f. *pilosa* (Regel) Y. C. Chu / 1668
Euphorbia fischeriana var. *komaroviana* (Prokh.) Y. C. Chu / 1668
Euphorbia graminea Jacquin / 1659
Euphorbia helioscopia L. / 1660
Euphorbia humifusa Willd. ex Schlecht. / 1665
Euphorbia humifusa f. *glabra* (Thell.) S. Z. Liou / 1667
Euphorbia humifusa f. *pilosa* (Thell.) S. Z. Liou / 1666
Euphorbia hypericifolia L. / 1662
Euphorbia hyssopifolia L. / 1663
Euphorbia indica Lam. / 1662
Euphorbia lathyris L. / 1660
Euphorbia lucorum Rupr. / 1669
Euphorbia lunulata Bunge / 1672
Euphorbia maculata L. / 1664
Euphorbia mandshurica Maxim. / 1671
Euphorbia marginata Pursh. / 1659
Euphorbia nutans Lag. / 1662
Euphorbia pallasii Turcz. / 1667
Euphorbia pekinensis Rupr. / 1668
Euphorbia prostrata Ait. Hort. Kew / 1664
Euphorbia savaryi Kiss. / 1670
Euphorbia sieboldiana Morr. & Decne. / 1670
Euphorbia thymifolia L. / 1665
Euphrasia amurensis Freyn / 2691
Euphrasia hirtella Jord ex Reuter / 2691
Euphrasia maximowiczii Wetst. / 2689
Euphrasia pectinata Ten. / 2690
Euphrasia pectinata Ten subsp. *simplex* (Freyn) Hong / 2689
Euphrasia regelii Wettst. / 2690
Euphrasia tatarica Fisch. ex Spreng / 2690
Euryale ferox Salisb. ex Koenig / 165
Eurybia sibirica (L.) G. L. / 2830
Eutrema halophilum (C. A. Mey.) Al–Shehbaz & Warwick / 1898
Eutrema salsugineum (Pall.) Al–Shehbaz & Warwick / 1899
Evodia daniellii (Benn.) Hemsl. / 1778
Exochorda racemosa (Lindl.) Rehd. / 1236
Exochorda serratifolia S. Moore / 1236

F

Fagopyrum esculentum Moench / 1964
Fagopyrum sagittatum Gilib. / 1964
Fagopyrum tataricum (L.) Gaertn. / 1963
Fallopia aubertii (L. Henry) Holub / 1969
Fallopia convolvulus (L.) A. Löve / 1969
Fallopia dentatoalata (Fr. Schm.) Holub. / 1970
Fallopia dumetorum (L.) Holub. / 1971
Fallopia dumetorum var. *pauciflora* (Maximowicz) A. J. Li / 1971
Fallopia multiflora (Thunb.) Harald. / 1967
Fallopia multiflora var. *ciliinervis* (Nakai) Yonek. & H.Ohashi / 1968
Fallopia pauciflora (Maxim.) Kitag. / 1971
Fatoua villosa (Thunb.) Nakai / 1464
Ferula bungeana Kitag. / 3246
Festuca arioides Lam. / 686
Festuca arundinacea Schreb. / 679
Festuca auriculata Drob. / 684
Festuca dahurica (St.–Yves) V. I. Krecz. & Bobrov / 682
Festuca dahurica subsp. *mongolica* (Chang et Skv.) Sh. R. Liou et Ma / 683
Festuca extremiorientalis Ohwi / 680
Festuca glauca Vill. / 681
Festuca jacutica Drob. / 681
Festuca litvinovii (Tzvel.) E. Alexeev / 685
Festuca mollissima V. I. Krecz. & Bobr. / 686
Festuca mongolica (S. R. Liu & Ma) Y. Z. Zhao / 683
Festuca ovina L. / 685
Festuca pratensis Huds. / 680
Festuca rubra L. / 684
Festuca rupicola Heuff. / 686
Festuca sibirica Hack. ex Boiss. / 682
Festuca subsulcata Chang et Skv. / 686
Festuca supina Schur. / 686
Festuca valesiaca subsp. *sulcata* (Hackel) Schinz & R.

Keller / 686
Festuca vivipara (L.) Smith / 681
Ficus carica L. / 1472
Filifolium sibiricum (L.) Kitam. / 2942
Filipendula angustiloba (Turcz.) Maxim. / 1388
Filipendula glaberrima Nakai / 1389
Filipendula intermedia (Glehn) Juz. / 1387
Filipendula nuda Grub. / 1391
Filipendula palmata (Pall.) Maxim. / 1390
Filipendula palmate var. *glabra* Ldb. ex Kom. / 1391
Filipendula purpurea Maxim. / 1389
Fimbristylis aestivalis (Retz.) Vahl / 557
Fimbristylis dichotoma (L.) Vahl / 559
Fimbristylis dichotoma f. *annua* (All.) Ohwi / 559
Fimbristylis dichotoma f. *depauperata* (R. Br.) Ohwi / 560
Fimbristylis dichotoma subsp. *depauperata* (R. Br.) J. Kern / 560
Fimbristylis dichotoma var. *annua* (All.) Zavaro / 559
Fimbristylis dipsacea (Rottbøll) Bentham / 556
Fimbristylis dipsacea var. *verrucifera* (Maxim.) T. Koyama / 556
Fimbristylis littoralis Gaudichaud / 556
Fimbristylis longispica Steud. / 559
Fimbristylis makinoana Ohwi / 557
Fimbristylis miliacea (L.)Vahl / 556
Fimbristylis squarrosa Vahl / 557
Fimbristylis squarrosa var. *esquarrosa* Makino / 557
Fimbristylis stauntonii Debeaux et Franch. / 556
Fimbristylis subbispicata Nees et Meyen / 558
Fimbristylis tristachya R. Brown / 558
Fimbristylis tristachya var. *subbispicata* (Nees) T. Koyama / 558
Fimbristylis verrucifera (Maxim.) Makino / 556
Firmiana platanifolia (L. f.) Marsili / 1803
Firmiana simplex (L.) W. Wigh. / 1803
Flueggea suffruticosa (Pall.) Baill. / 1685
Foeniculum vulgare Mill. / 3260
Fontanesia fortunei Carr. / 2444
Fontanesia philliraeoides subsp. *fortunei* (Carrière) Yaltirik / 2444
Forsythia mandschurica Uyeki / 2463
Forsythia ovata Nakai / 2464
Forsythia suspensa (Thunb.) Vahl. / 2461
Forsythia suspensa var. *sieboldii* Zabel / 2462
Forsythia viridissima Lindl. / 2464
Fragaria × *ananassa* Duchesnes / 1396
Fragaria mandshurica Staudt / 1396
Fragaria orientalis Lozinsk. / 1397
Fragaria vesca L. / 1395
Fraxinus americana L. / 2442
Fraxinus bungeana DC. / 2439
Fraxinus chinensis Roxb. / 2440
Fraxinus chinensis subsp. *rhynchophylla* (Hance) A. E. Murray / 2440
Fraxinus hubeiensis S.Z.Qu / 2441
Fraxinus hupehensis Ch'u / 2441
Fraxinus mandshurica Rupr. / 2441
Fraxinus pennsylvanica Marsh. / 2443
Fraxinus pennsylvanica var. *lanceolata* (Borkh.) Silva. / 2443
Fraxinus pennsylvanica var. *subintegerrima* (Vahl) Fern. / 2443
Fraxinus rhynchophylla Hance / 2440
Fritillaria imperialis L. / 279
Fritillaria maximowiczii Freyn / 280
Fritillaria maximowiczii f. *flaviflora* Q. S. Sun et H. Ch. Luo / 280
Fritillaria ussuriensis Maxim. / 280
Fritillaria ussuriensis f. *lutosa* Ding et Fang / 281

G

Gagea hiensis Pascher / 284
Gagea lutea (L.) Ker. / 284
Gagea lutea var. *nakaiana* (Kitag.) Q. S. Sun. / 284
Gagea nakaiana Kitag. / 284
Gagea pauciflora Turcz. / 283
Gagea serotina (L.) Ker Gawl. / 282
Gagea terraccianoana Pascher / 284
Gagea triflora (Ledeb.) Roen. et Schult. / 282
Gaillardia aristata Pursh. / 2895
Gaillardia pulchella Foug. / 2894
Galatella dahurica DC. / 2833

Galearis cyclochila (Franch. & Sav.) Soó / 299
Galeopsis bifida Boenn. / 2636
Galinsoga parviflora Cav. / 2903
Galinsoga quadriradiata Ruiz et Pav. / 2903
Galium aparine var. *tenerum* (Gren. et Godr.) Rchb. / 2289
Galium dahuricum Turcz. / 2288
Galium dahuricum var. *lasiocarpum* (Makino) Nakai / 2291
Galium davuricum Turcz. ex Ledeb. var. *manshuricum* (Kitag.) Hara / 2291
Galium davuricum Turcz. ex Ledeb. var. *tokyoense* (Kakino) Cufod. / 2289
Galium manshuricum Kitag. / 2291
Galium niewerthi Franch. et Savat. / 2288
Galium pauciflorum Bunge / 2289
Galium spurium var. *echinospermum* (Wallr.) Hayek / 2290
Galium aparine L. / 2290
Galium aparine var. *echinospermum* (Wallr.) Cuf / 2290
Galium boreale L. / 2282
Galium boreale var. *ciliatum* Nakai / 2283
Galium boreale var. *lanceolatum* Nakai / 2284
Galium boreale var. *latifolium* Turcz. / 2283
Galium boreale var. *leiocarpum* Nakai / 2284
Galium bungei Steud. / 2284
Galium dahuricum Turcz. ex Ledeb. / 2288
Galium kamtschaticum Stell. ex Schult. & Schult. f. / 2284
Galium linearifolium Turcz. / 2281
Galium maximowiczii (Kom.) Pobed. / 2279
Galium odoratum (L.) Scop. / 2278
Galium paradoxum Maxim. / 2285
Galium platygalium (Maxim.) Pobed. / 2279
Galium pseudoasprellum Makino / 2291
Galium pseudoasprellum var. *densiflorum* Cuf. / 2292
Galium spurium L. / 2289
Galium tokyoense Makino / 2289
Galium trifidum L. / 2285
Galium trifloriforme Kom. / 2290
Galium triflorum Michx. / 2290
Galium verum L. / 2286
Galium verum var. *asiaticum* Nakai / 2287
Galium verum var. *lacteum* Maxim. / 2287
Galium verum var. *leiophyllum* Wallr. / 2287
Galium verum var. *trachycarpum* DC. / 2288
Galium verum var. *trachyphyllum* Wallr. / 2287
Gastrodia elata Blume / 314
Gastrodia elata f. *viridis* (Makino) Makino / 314
Gastrodia elata var. *pallens* Kitag. / 314
Gaura lindheimeri Engelm. et Gray / 1720
Gaura parviflora Dougl. in Hook. / 1720
Gaura parviflora var. *lachnocarpa* Weath. / 1720
Gazania rigens (L.) Gaertn. / 2807
Gendarussa vulgaris Nees / 2527
Gentiana algida Pall. / 2298
Gentiana dahurica Fisch. / 2299
Gentiana decumbens L. f. / 2300
Gentiana hsinganica J. H. Yu / 2301
Gentiana jamesii Hemsl. / 2296
Gentiana macrophylla Pall. / 2299
Gentiana manshurica Kitag. / 2302
Gentiana pseudoaquatica Kusnez. / 2297
Gentiana rigescens Franch. ex Hemsl. / 2300
Gentiana scabra Bunge / 2301
Gentiana squarrosa Ledeb. / 2296
Gentiana thunbergii (G. Don) Griseb. / 2297
Gentiana thunbergii var. *minor* Maxim. / 2298
Gentiana triflora Pall. / 2303
Gentiana uchiyamae Nakai / 2302
Gentiana zollingeri Fawcett / 2295
Gentianella acuta (Michx.) Hüt / 2306
Gentianella auriculata Pall. / 2306
Gentianopsis barbata var. *sinensis* Ma / 2304
Gentianopsis yamatsutae Kitag. / 2304
Gentianopsis barbata (Froel.) Ma / 2304
Gentianopsis contorta (Royle) Ma / 2304
Gentianopsis komarovii Grossh. / 2306
Geranium carolinianum L. / 3276
Geranium dahuricum DC. / 1694
Geranium dahuricum var. *paishanense* (Y. L. Cheng) Huang et L. R. Xu / 1694
Geranium erianthum DC. / 1696
Geranium eriostemon Fisch. ex DC. / 1696
Geranium japonicum Franch. et Sav / 1697

Geranium koreanum Kom. / 1699
Geranium krameri Franch. et Sav. / 1697
Geranium maximowiczii Regel et Maack / 1700
Geranium nepalense Sweet / 1692
Geranium paishanense Y. L. Chang / 1694
Geranium platyanthum Duthi. / 1696
Geranium pratense L. / 1695
Geranium sibiricum L. / 1693
Geranium soboliferum Kom. / 1698
Geranium transbaicalicum Serg. / 1695
Geranium wilfordii Maxim. / 1691
Geranium wlassovianum Fisch. ex Link / 1699
Gerbera anandria (L.) Turcz. / 3012
Geum aleppicum Jacq / 1393
Geum aleppicum f. *aurantiaco-plenum* Yang et L. H. Zhuo / 1395
Geum aleppicum f. *plenum* Yang et P. H. Huang / 1394
Geum ternatum (Stephan) Smedmark / 1392
Ginkgo biloba L. / 102
Girardinia cuspidate Wedd. / 1478
Girardinia diversifolia (Link) Friis / 1478
Girardinia diversifolia subsp. *suborbiculata* (C. J. Chen) C. J. Chen & Friis / 1478
Girardinia suborbiculata C. J. Chen / 1478
Gladiolus gandavensis Van Houtte / 349
Glandularia × *hybrida* (Groenland & Rümpler) G. L. Nesom & Pruski / 2544
Glandularia tenera (Spreng.) Cabrera / 2545
Glaux maritima L., / 2219
Glebionis carinata (Schousb.) Tzvelev / 2995
Glebionis segetum (L.) Fourreau / 2996
Glechoma hederacea L. var. *longituba* Nakai / 2618
Glechoma longituba (Nakai) Kupr. / 2618
Glechoma longituba cv. 'Variegata' / 2619
Gleditsia japonica Miq. / 1075
Gleditsia japonica f. *inarmata* Nakai / 1076
Gleditsia microphylla Gordon ex Y. T. Lee / 1073
Gleditsia sinensis Lam. / 1075
Gleditsia triacanthos L. / 1074
Gleditsia triacanthos f. *inermis* (L.) C. K. Schneid. / 1074
Glehnia littoralis (A. Gray) Fr. Schmidt ex Miq. / 3187
Glyceria arundinacea Kunth / 664
Glyceria effusa Kitag. / 664
Glyceria leptolepis Ohwi / 665
Glyceria lithuanica (Gorski) Gorski / 667
Glyceria spiculosa (Fr. Schmidt) Rosh. / 664
Glyceria triflora (Korsh.) Kom. / 664
Glyceria triflora var. *effusa* (Kitag.) Z. L. Wu / 664
Glycine gracilis Skv. / 1132
Glycine gracilis var. *nigra* Skvortsov / 1132
Glycine max (L.) Merr. / 1131
Glycine soja Sieb. et Zucc. / 1133
Glycine soja f. *lanceolata* (Skv.) P. Y. Fu et Y. A. Chen, / 1134
Glycine soja var. *albiflora* f. *angustifolia* P. Y. Fu et Y. A. Chen / 1134
Glycine soja var. *albiflora* P. Y. Fu et Y. A. Chen / 1134
Glycyrrhiza pallidiflora Maxim. / 1197
Glycyrrhiza pallidiflora f. *albiflorum* S. M. Zhang / 1198
Glycyrrhiza uralensis Fisch. / 1196
Gnaphalium baicalense Kirp. / 3031
Gnaphalium mandshuricum Kirp. / 3031
Gnaphalium tranzschelii Kirp. / 3031
Gnaphalium uliginosum L. / 3031
Gomphrena canescens R. Br., / 2014
Gomphrena globosa L. / 2015
Gomphrena haageana Klotzsch / 2106
Goniolimon speciosum (L.) Boiss. / 1946
Gonocormus minutus (Blume) V. D. Bosch / 35
Goodyera repens (L.) R. Br. / 298
Gossypium herbaceum L. / 1815
Gossypium hirsutum L. / 1815
Gratiola japonica Miq. / 2512
Grewia biloba G. Don. / 1791
Grewia biloba G. Don. var. *parviflora* (Bunge) Hand. -Mazz. / 1792
Grewia parviflora Bunge / 1792
Grindelia squarrosa (Pursh) Dunal / 2813
Grossularia burejensis (Fr. Schmidt) Berger / 989
Grubovia dasyphylla (Fisch. & C. A. Mey.) Freitag & G. Kadereit / 2115
Gueldenstaedtia maritima Maxim. / 1227
Gueldenstaedtia multifora Bunge / 1227
Gueldenstaedtia stenophylla Bunge / 1227

Gueldenstaedtia verna (Georgi) Boris. / 1227
Gueldenstaedtia verna (Georgi) Boriss subsp. *multiflora* (Bunge) Tsui / 1227
Gymnadenia conopsea (L.) R. Br. / 304
Gymnocarpium continentalis (Petrov) Ching / 52
Gymnocarpium disjunctum (Rupr.) Ching / 52
Gymnocarpium dryopteris (L.) Newman / 53
Gymnocarpium dryopteris var. *disjunctum* (Rupr.) Ching / 52
Gymnocarpium dryopteris var. *disjunctum* (Rupr.) Ching / 52
Gymnocarpium jessoense (Koidz.) Koidz. / 52
Gymnopteris bipinnata Christ var. *auriculata* (Franch.) Ching / 44
Gymnopteris borealisinensis Kitag. / 44
Gymnospermium microrrhynchum (S.Moore) Takht. / 840
Gymnospermium microrrhynchum f. *venosa* (S. Moore) S. M. Zhang. / 841
Gynandropsis gynandra (L.) Briqu et Annuaire / 1829
Gynura bicolor (Willd.) DC. / 2878
Gynura japonica (Thunb.) Juel. / 2878
Gynura segetum (Lour.) Merr. / 2878
Gypsophila davurica Turcz. ex Fenzl / 2041
Gypsophila davurica var. *angustifolia* Fenzl / 2042
Gypsophila hispanica Willk. / 2037
Gypsophila muralis L. / 2038
Gypsophila oldhamiana Miq. / 2039
Gypsophila pacifica Kom. / 2040
Gypsophila paniculata L. / 2040

H

Habenaria linearifolia Maxim. / 311
Habenaria sagittifera Rchb. f. / 311
Hackelia deflexa (Wahl.) Opiz / 2354
Hackelia thymifolia (A. DC.) I.M. Johnst. / 2350
Halenia corniculata (L.) Cornaz / 2307
Halenia elliptica D. Don / 2308
Halerpestes cymbalaria (Pursh) Green / 914
Halerpestes ruthenica (Jacq.) Ovcz. / 915
Halerpestes ruthenica f. *multidentatus* S. H. Li et Y. H. Huang / 915
Halerpestes sarmentosa (Adams) Komarov & Alissova / 914
Halerpestes sarmentosa var. *multisecta* (S. H. Li & Y. H. Huang) W. T. Wang / 914
Halogeton arachnoideus Moq. / 2120
Hammarbya paludosa (L.) Kuntze / 3272
Hansenia forbesii (H. Boissieu) Pimenov & Kljuykov / 3214
Hansenia oviformis (R. H. Shan) Pimenov & Kljuykov / 3215
Haplophyllum dauricum (L.) G. Don / 1773
Hedera helix L. / 3173
Hedysarum alpinum L. / 1098
Hedysarum dahuricum Turcz. ex B. Fedtsch. / 1096
Hedysarum fruticosum Pall. / 1100
Hedysarum fruticosum var. *lignosum* (Trautv.) Kitag. / 1099
Hedysarum fruticosum var. *mongolicum* Turcz. / 1100
Hedysarum gmelinii Ledeb. / 1097
Hedysarum mongolicum Turcz. / 1100
Hedysarum mongolicum Turcz. var. *lignosum* (Trautv.) Kitag. / 1099, 1100
Hedysarum setigerum Turcz / 1097
Hedysarum ussurense Schisch. et Kom. / 1096
Hedysarum vicioides Turcz. / 1096
Helenium amarum (Raf.) H. Rock / 2893
Helenium autumnale L. / 2893
Helenium latifolium Mill. / 2893
Helenium parviflorum Nutt. / 2893
Helianthus annuus L. / 2933
Helianthus decapetalus L. / 2932
Helianthus decapetalus var. *multiflorus* Hort. / 2932
Helianthus tuberosus L. / 2931
Helictotrichon altius (Hitchc.) Ohwi / 709
Helictotrichon dahuricum (Kom.) Kitag. / 710
Helictotrichon hookeri (Scribner) Henrard / 710
Helictotrichon hookeri subsp. *schellianum* (Hackel) Tzvelev / 710
Helictotrichon jingpoensis Y. X. Ma / 710
Helictotrichon schellianum (Hack.) Kitag. / 710
Helictotrichon trisetoides Kitag. / 709

Heliopsis helianthoides Sweet / 2929
Hemarthria altissima (Poir.) Stapf et C. E. Hubb. / 781
Hemarthria compressa var. *fasciculata* (Lamk.) Keng / 781
Hemarthria sibirica (Gand.) Ohwi / 781
Hemerocallis citrina Baroni / 356
Hemerocallis coreana Nakai / 356
Hemerocallis dumortieri Morr. / 352
Hemerocallis esculenta Koidz. / 352
Hemerocallis fulva (L.) L. / 354
Hemerocallis fulva var. *kwanso* Regel / 355
Hemerocallis lilio–asphodelus L. / 356
Hemerocallis lilio–asphodelus f. *aurantiaca* (Bar. et Skv.) Kitag. / 357
Hemerocallis middendorffii Mey. / 353
Hemerocallis middendorffii var. *longibracteata* Z. T. Xiong / 354
Hemerocallis minor Mill. / 355
Hemiptelea davidii (Hance) Planch. / 1443
Hemistepta lyrata (Bunge) Bunge / 3095
Hemisteptia lyrata (Bunge) Fisch. & C.A.Mey. / 3095
Hepatica asiatica Nakai / 950
Hepatica nobilis Schreb. var. *asiatica* (Nakai) Hara / 950
Heracleum dissectum Ledeb. / 3243
Heracleum moellendorffii Hance / 3244
Heracleum moellendorffii Hance f. *subbipinnatum* (Franch.) Kitagawa / 3245
Heracleum moellendorffii var. *subbipinnatum* (Franch.) Kitag. / 3245
Herminium alaschanicum Maxim. / 312
Herminium angustifolium var. *longicruris* (C. Wright ex A. Gray) Makino / 313
Herminium lanceum (Thunb. ex Sw.) Vuijk / 313
Herminium monorchis (L.) R. Br. / 313
Hesperis matronalis L. / 1889
Hesperis oreophila Kitag. / 1888
Hesperis sibirica L. / 1888
Hesperis trichosepala Turcz. / 1916
Heteropappus altaicus (Willd.) Novopokr. / 2851
Heteropappus altaicus var. *distortus* (Turcz.) Kitag. / 2853
Heteropappus altaicus var. *millefolius* (Vant.) Wang / 2853
Heteropappus altaicus var. *scaber* (Lallem.) Wang / 2852
Heteropappus crenatifolius (Hand.–Mazz.) Griers. / 2850
Heteropappus hispidus (Thunb.) Less. / 2850
Heteropappus meyendorffii (Reg. et Maack) Komar. et Klob. / 2849
Heteropappus meyendorffii Komar. var. *tataricus* Ling et Wang / 2848
Heteropappus tataricus (Lindl.) Tamamsch. / 2848
Heuchera americana L. / 1024
Hibiscus cannabinus L. / 1816
Hibiscus moscheutos L. / 1816
Hibiscus mutrabilis L. / 1816
Hibiscus syriacus L. / 1817
Hibiscus syriacus f. *albus–plenus* Loudon / 1819
Hibiscus syriacus f. *amplissimus* Gagnep. f. / 1819
Hibiscus syriacus f. *elegantissixnus* Gagnep. f. / 1820
Hibiscus syriacus f. *grandiflorus* Hort. ex Rehd. / 1818
Hibiscus syriacus f. *totus–albus* T. Moore / 1818
Hibiscus trionum L. / 1816
Hieracium coreanum Nakai / 2796
Hieracium hololeion Maxim. / 2791
Hieracium umbellatum L. / 2793
Hieracium virosum Pall. / 2792
Hierochloe alpina (Swartz) Roem et Schult. / 714
Hierochloe glabra Trin. / 714
Hierochloe odorata (L.) Beauv. / 715
Hierochloe odorata var. *pubescens* Kryl. / 715
Hippochaete hyemale (L.) Boern. / 26
Hippochaete hyemale var. *affine* (Engelm.) Li et J. Zh. Wang / 27
Hippochaete ramosissimum (Desf.) Boern. / 25
Hippochaete scirpoides (Michoux.) Farw. / 24
Hippochaete variegatum (Sehleich.) Boern. / 24
Hippochaete variegatum var. *alaskanum* (A. Eat.) Li et J. Zh. Wang / 25
Hippophae rhamnoides L. / 1426
Hippophae rhamnoides subsp. *sinensis* Rousi / 1426
Hippuris spiralis D. Yu / 2475
Hippuris tetraphylla L. / 2475
Hippuris vulgaris L. / 2475
Hippuris vulgaris var. *ramificans* Dan Yu / 2475
Hololeion maximowiczii Kitamura / 2791
Holopogon gaudissartii (Hand.–Mazz.) S. C. Chen / 316
Holopogon smithianus (Schltr.) S. C. Chen / 315

Hordeum brevisubulatum (Trin.) Link / 627
Hordeum brevisubulatum var. *hirtellum* Chang et Skv. / 628
Hordeum jubatum L. / 626
Hordeum roshevitzii Bowd. / 627
Hordeum violaceum Boiss. et Huet. / 627
Hordeum vulgare L. / 625
Hordeum vulgare var. *coeleste* L. / 625
Hordeum vulgare var. *nudum* Hook. f. / 625
Hosta albo–marginata (Hook.) Ohwi / 406
Hosta ensata F. Mackawa / 408
Hosta ensata F. Mackawa var. *foliate* P. Y. Fu et Q. S. Sun / 408
Hosta ensata var. *foliata* Q. S. Sun / 408
Hosta ensata var. *normalis* (F. Maekawa) Q. S. Sun / 408
Hosta plantaginea (Lam.) Aschers. / 406
Hosta ventricosa (Salisb.) Stearn. / 407
Houpoea obovata (Thunb.) N. H. Xia & C. Y. Wu / 185
Houpoea officinalis (Rehder & E. H. Wils.) N. H. Xia & C. Y. Wu / 184
Houttuynia cordata Thunb. / 172
Humulus lupulus L. / 1459
Humulus scandens (Lour.) Merr. / 1458
Huperzia asiatica (Ching) N. Shrestha & X. C. Zhang / 3
Huperzia lucidula (Miehx.) Trev / 3
Huperzia lucidula (Miehx.) Trev. var. *asiatica* Ching / 3
Huperzia miyoshiana (Makino) Ching / 4
Huperzia selago (L.) Bernh. ex Schrank et Mart. / 4
Huperzia selago var. *appressa* (Desv.) Ching / 5
Huperzia serrata (Thunb. ex Murray) Trev. / 3
Hydrangea arborescens L. / 2170
Hydrangea bretschneideri Dipp. / 2169
Hydrangea macrophylla (Thunb.) Seringe / 2170
Hydrangea paniculata Sieb. / 2169
Hydrangea paniculata Sieb. var. *grandiflora* Sieb. / 2169
Hydrilla verticillata (L. f.) Royle / 224
Hydrilla verticillata var. *roxburghii* Caspary / 225
Hydrocharis dubia (Bl.) Backer / 217
Hydrocotyle vulgaris L. / 3166
Hylodesmum oldhamii (Oliver) H. Ohashi & R. R. Mill / 1094
Hylodesmum podocarpum (Candolle) H. Ohashi & R. R. Mill / 1093
Hylodesmum podocarpum subsp. *fallax* (Schindl.) H. Ohashi & R. R. Mill / 1093
Hylomecon japonica (Thunb.) Prant. et Kundig / 815
Hylomecon vernalis Maxim. / 815
Hylotelephium erythrostictum (Miq.) H. Ohba / 1031
Hylotelephium pallescens (Freyn) H. Ohb. / 1030
Hylotelephium pseudospectabile (Praeg.) S. H. Fu / 1032
Hylotelephium purpureum (L.) Holub / 1030
Hylotelephium spectabile (Boreau) H. Ohba / 1032
Hylotelephium spectabile var. *angustifolium* (Kitag.) S. H. Fu / 1032
Hylotelephium tatarinowii (Maxim.) H. Ohba / 1028
Hylotelephium telephium L. / 1030
Hylotelephium triphyllum (Haworth) Holub / 1030
Hylotelephium verticillatum (L.) H. Ohba / 1029
Hylotelephium viviparum (Maxim.) H. Ohba / 1029
Hyoscyamus bohemicus F. W. Schmidt / 2429
Hyoscyamus niger L. / 2429
Hypecoum erectum L. / 795
Hypericum ascyron L. / 1569
Hypericum ascyron subsp. *gebleri* (Ledeb.) N. Robson / 1571
Hypericum ascyron var. *longistylum* Maxim. / 1570
Hypericum attenuatum Choisy / 1568
Hypericum gebleri Ledeb. / 1571
Hypericum japonicum Thunb. ex Murray / 1568
Hypericum laxum (Blume) Koedz. / 1568
Hypochaeris ciliata (Thunb.) Makino / 2753
Hypopitys monotropa Crantz / 2237
Hypopitys monotropa Crantz var. *hirsuta* (Roth) S. M. Zhang / 2238
Hystrix coreana (Honda) Ohwi / 624
Hystrix komarovii (Rosh.) Ohwi / 624

I

Iberis amara L. / 1849
Iberis intermedia Guersent / 1849
Idesia polycarpa Maxim. / 1605
Idesia polycarpa var. *vestita* Diels / 1605
Ilex cornuta Lindl. et Paxt. / 2694

Impatiens balsamina L. / 2194
Impatiens furcillata Hemsl. / 2196
Impatiens glandulifera Royle / 2195
Impatiens hawkeri W. Bull. / 2193
Impatiens noli–tangere L. / 2195
Impatiens noli–tangere var. *albiflorum* Z. S. M. / 2196
Impatiens textori Miq. / 2197
Impatiens textori f. *pallescens* (Honda) Hara / 2197
Impatiens walleriana Hook. f. / 2193
Imperata cylindrica (L.) Beauv. / 774
Incarvillea arguta (Royle) Rovle / 2529
Incarvillea sinensis Lam. / 2528
Indigofera bungeana Walp. / 1183
Indigofera kirilowii Maxim. ex Palib. / 1184
Indigofera kirilowii var. *alba* Q. Zh. Han / 1184
Inula britanica L. / 3023
Inula britannica L. / 3022
Inula britannica var. *chinensis* (Ruor.) Regel / 3022
Inula britannica var. *sublanata* Kom. / 3023
Inula helenium L. / 3020
Inula japonica Thunb. / 3023
Inula japonica var. *ovata* C. Y. Li / 3024
Inula japonica var. *ramosa* (Kom.) C. Y. Li / 3024
Inula linariifolia Turcz. / 3021
Inula salicina L. / 3021
Inula salsoloides (Turcz.) Ostenf. / 3020
Ipomoea aquatica Forsk / 2393
Ipomoea batatas (L.) Lam. / 2392
Ipomoea hederacea Jacq. / 2397
Ipomoea lacunosa L. / 2394
Ipomoea nil (L.) Roth / 2398
Ipomoea purpurea (L.) Roth / 2395
Ipomoea sibirica (L.) Pers. / 2388
Ipomoea triloba L. / 2393
Iresine herbstii Hook. f. ex Lindl. / 2102
Iris bloudowii Ledeb. / 336
Iris dichotoma Pall. / 332
Iris dichotoma var. *albiflorum* S. M. Zhang et L. X. Zhang / 332
Iris domestica (L.) Goldblatt & Mabb. / 331
Iris ensata Thunb. / 345
Iris ensata var. *hortensis* Makino et Nemoto / 345
Iris flavissima Pall. / 335
Iris germanica L. / 333
Iris halophila Pall. / 337
Iris kobayashii Kitag. / 339
Iris koreana Nakai / 341
Iris lactea Pall. / 338
Iris lactea var. *chinensis* (Fisch.) Koidz. / 338
Iris laevigata Fisch. / 346
Iris maackii Maxim. / 338
Iris mandshurica Maxim. / 335
Iris minutoaurea Makino / 341
Iris odaesanensis Y. N. Lee / 341
Iris pseudacorus L. / 337
Iris rossii Baker / 342
Iris ruthenica Ker–Gawl. / 342
Iris ruthenica Ker–Gawl. var. *nana* Maxim. / 342
Iris sanguinea Donn ex Horn. / 346
Iris sanguinea f. *alblflora* Makino / 347
Iris setosa Pall. ex Link. / 337
Iris tectorum Maxim. / 333
Iris tenuifolia Pall. / 340
Iris tigridia Bunge / 334
Iris tigridia var. *fortis* Y. T. Zhao / 334
Iris typhifolia Kitag. / 344
Iris uniflora Pall. ex Link / 343
Iris uniflora var. *caricina* Kitag. / 344
Iris ventricosa Pall. / 339
Isachne globosa (Thunb.) Kuntze / 758
Isatis costata C. A. Mey. / 1846
Isatis indigotica Fortune / 1845
Isatis oblongata DC. / 1845
Isatis oblongata DC. var. *yezoensis* (Ohwi) Y. L. Chang / 1845
Isatis tinctoria L. / 1845
Ischaemum aristatum L. var. *glaucum* (Honda) Koyama / 780
Isodon excisus (Maxim.) Kudô / 2581
Isodon inflexus (Thunb.) Kudô
Isodon japonicus (N. Burman) H. Hara / 2580
Isodon japonicus var. *glaucocalyx* (Maxim.) H. W. Li / 2580
Isodon serra (Maxim.) Kudô / 2582

Isodon websteri (Hemsl.) Kudô / 2581
Isopyrum manshuricum Kom. / 894
Isotoma axillaris Lindl. / 2699
Isotrema manshuriense (Kom.) H. Huber / 175
Iva xanthiifolia Nutt. / 2921
Ixeridium chinense (Thunb.) Tzvel. / 2799
Ixeridium gracile (Candolle) Pak & Kawano / 2789
Ixeridium gracile (DC.) Shih / 2789
Ixeridium graminifolium (Ledeb.) Tzvel. / 2800
Ixeridium sonchifolia var. *serotina* (Maxim.) Kitag. / 2805
Ixeridium sonchifolium (Maxim.) Shih / 2805
Ixeris chelidoniifolia (Makino) Stebb. / 2804
Ixeris chinensis (Thunb.) Nakai / 2799
Ixeris chinensis (Thunb.) Nakai var. *graminifolia* (Ledeb.) H. C. Fu / 2800
Ixeris chinensis (Thunb.) Nakai var. *intermedia* Kitag. / 2800
Ixeris chinensis subsp. *versicolor* (Fischer ex Link) Kitamura / 2800
Ixeris debilis (Burm. f.) Nakai / 2798
Ixeris debilis var. *salsuginosa* (Kitag.) Kitag. / 2798
Ixeris denticulata (Houtt) Stebb. / 2804
Ixeris denticulata (Houtt) Stebb. f. *pinnatipartita* (Makino) Kitam. / 2804
Ixeris polycephala Cass. / 2798
Ixeris repens (L.) A. Gray / 2798
Ixeris serotina (Maxim.) Kitag. / 2805
Ixeris sonchifolia Hance / 2805

J

Jacobaea ambracea (Turcz. ex DC.) B. Nord / 2885
Jacobaea maritima (L.) Pelser & Meijden / 2881
Jasminum nudiflorum Lindl. / 2471
Jeffersonia dubia (Maxim.) Benth. et Hook. / 837
Juglans cordiformis Maxim / 1500
Juglans hopeiensis Hu / 1502
Juglans mandshurica Maxim. / 1501
Juglans nigra L. / 1502
Juglans regia L. / 1499
Juglans subcordiformis Dod. / 1500
Juncellus limosus (Maxim.) C. B. Clarke / 539
Juncellus pannonicus (Jacq.) C. B.Clarke / 539
Juncellus serotinus (Rottb.) C. B. Clarke / 540
Juncus brachyspathus Maxim. / 438
Juncus bufonius L. / 438
Juncus castaneus Smith / 441
Juncus compressus Jacq. / 440
Juncus effusus L. / 437
Juncus filiformis L. / 438
Juncus haenkei E. Mey. / 437
Juncus krameri Franch. et Savat. / 443
Juncus maximowiczii Buch. / 439
Juncus papillosus Franch. et Sav. / 441
Juncus schischkinii Kryl. et Sumn. / 439
Juncus taonanensis Satake et Kitag. / 440
Juncus triglumis L. / 439
Juncus turczaninowii (Bueh.) Freyn / 443
Juncus turczaninowii var. *jeholensis* (Satake) K. F. Wu et Ma / 444
Juncus wallichianus Laharpe / 442
Juniperus chinensis L. / 150
Juniperus chinensis cv. 'Aureoglobosa' / 152
Juniperus chinensis cv. 'Kaizucz' / 151
Juniperus chinensis cv. 'Kaizuna Procumbens' / 152
Juniperus chinensis cv. 'Pftzeriana' / 152
Juniperus chinensis cv. 'Pyramidalis' / 151
v*Juniperus chinensis* var. *sargentii* A. Henry / 152
Juniperus communis L. / 147
Juniperus communis var. *saxatilis* Pall. / 147
Juniperus procumbens (Siebold ex Endl.) Miq. / 146
Juniperus rigida Sieb. et Zucc. / 146
Juniperus sabina L. / 148
Juniperus sabina var. *davurica* (Pall.) Farjon / 149
Juniperus sibirica Burgsd. / 147
Juniperus squamata Buchanan-Hamilton ex D. Don / 145
Juniperus squamata cv. 'Meyeri' / 146
Juniperus virginiana L. / 149
Justicia gendarussa Burm. f. / 2527

K

Kali collinum (Pall.) Akhani & Roalson / 2119

Kali komarovii (Iljin) Akhani & Roalson / 2118
Kali tragus Scop. / 2117
Kalidium cuspidatum (Ung.-Sternb.) Grub. / 2109
Kalidium foliatum (Pall.) Moq. / 2109
Kalidium foliatum var. *longifolium* Fenzl / 2109
Kalidium gracile Fenzl / 2109
Kalimeris incisa (Fisch.) DC. / 2840
Kalimeris indica (L.) Sch.-Bip. / 2836
Kalimeris integrifolia Turcz. ex DC. / 2837
Kalimeris integrifolia var. *albiflorum* S. M. Zhang / 2838
Kalimeris lautureana (Debeaux) Kitam. / 2841
Kalimeris lautureana var. *albiflorum* S. M. Zhang / 2841
Kalimeris mongolica (Franch.) Kitam. / 2838
Kalimeris mongolica var. *albiflorum* S. M. Zhang / 2839
Kalopanax septemlobus (Thunb.) Koidz. / 3174
Kalopanax septemlobus var. *maximowiczi* (V. Houtte) Hand.-Mazz. / 3175
Kengia hacklii (Honda) Packer var. *nakaii* (Keng) H. Yu & N. X. Zha / 602
Kengia hancei (Keng) Packer var. *jeholensis* (Kitag) H. Yu & N. X. Zhao / 604
Kerria japonica (L.) DC. / 1370
Kerria japonica f. *plena* C. K. Schnei. / 1370
Kerria japonica f. *pleniflora* (Witte) Rehd. / 1370
Klasea centauroides (L.) Cassini ex Kitag. / 3100
Klasea centauroides subsp. *chanetii* (H. Lév.) L. / 3102
Klasea centauroides subsp. *cupuliformis* (Nakai & Kitag.) L. / 3102
Klasea centauroides subsp. *komarovii* (Iljin) L. / 3101
Klasea centauroides subsp. *polycephala* (Iljin) L. / 3101
Klasea centauroides subsp. *polycephala* var. *leucantha* (Kitag.) S. M. Zhang / 3101
Klasea chanetii (H. Lévl.) Y. Z. Zhao / 3102
Klasea marginata (Tausch) Kitag. / 3099
Kniphofia uvaria (L.) Hook. / 350
Knorringia sibirica (Laxm.) Tzvel. / 1981
Kobresia bellardii (All.) Degl. ex Loisel. / 462
Kobresia filifolia (Turcz.) C. B. Clarke / 462
Kobresia myosuroides (Vill.) Fiori / 462
Kochia prostrata (L.) Schrad. / 2123
Kochia scoparia (L.) Schrad. / 2123
Kochia scoparia f. *suaedaefolia* (Kitag.) K. P. Ma / 2124
Kochia scoparia f. *trichophylla* Sching et Thell. / 2124
Kochia scoparia. var. *sieversiana* (Pall.) Ulbr. ex Aschers. et Graebn. / 2123
Kochia scoparia var. *suaedaefolia* Kitag. / 2124
Kochia sieversiana (Pall.) C. A. Mey. / 2123
Koeleria altaica (Dom.) Kryl. / 703
Koeleria cristata (L.) Pers. / 703
Koeleria litvinowii Dom. / 702
Koeleria macrantha (Ledeb.) Schult. / 703
Koelreuteria bipinnata Franch. / 1771
Koelreuteria bipinnata var. *integrifoliola* (Merr.) T. Chen / 1771
Koelreuteria paniculata Laxm. / 1772
Koenigia alaskana (Small) T. M. Schust. & Reveal / 1983
Koenigia alpina (All.) T. M. Schust. & Reveal / 1985
Koenigia divaricata (L.) T. M. Schust. & Reveal / 1985
Koenigia jurii (A.K.Skvortsov) T. M. Schust. & Reveal / 1965.
Koenigia limosa T.M.Schust. & Reveal / 1983
Koenigia ocreata (L.) T.M.Schust. & Reveal / 1983
Kolkwitzia amabilis Graebn. / 3141
Krascheninnikovia arborescens (Losinsk.) Czerep. / 2107
Krascheninnikovia ceratoides (L.) Gueldenst. / 2107
Kummerowia stipulacea (Maxim.) Makino / 1101
Kummerowia striata (Thunb.) Schindl. / 1102
Kyllinga brevifolia Rottb. / 535
Kyllinga brevifolia Rottb. var. *leiolepis* (Franch. et Sav.) Hara / 536

L

Lablab purpureus (L.) Sweet / 1140
Laburnum anagyroides Medic. / 1114
Lactuca elata Hemsl. ex Hemsl. / 2785
Lactuca indica L. / 2787
Lactuca indica var. *laciniata* (Houtt.) H. C. Fu / 2787
Lactuca laciniata (Houtt.) Shih / 2787
Lactuca raddeana Maxim. / 2786
Lactuca sativa L. / 2782
Lactuca serriola L. / 2784
Lactuca sibirica (L.) Benth. ex Maxim. / 2781
Lactuca tatarica (L.) C. A. Mey. / 2780

Lactuca triangulata Maxim. / 2787
Lactuca virosa L. / 2782
Lagedium sibiricum (L.) Sojak / 2781
Lagenaria siceraria (Molina) Standl. / 1533
Lagenaria siceraria var. *depresses* (Ser.) Hara / 1534
Lagenaria siceraria var. *hispida* (Thunb.) Hara / 1534
Lagenaria siceraria var. *microcarpa* (Naud.) Hara / 1534
Lagerstroemia indica L. / 1705
Lagerstroemia indica f. *alba* (Nichols.) Rehd. / 1706
Lagopsis supina (Steph.) Ik. / 2583
Lamium album L. / 2638
Lamium album subsp. *barbatum* (Siebold & Zucc.) Mennema / 2639
Lamium album var. *barbatum* (Sieb. et Zucc.) Franch. et Say. / 2639
Lamium amplexicaule L. / 2637
Lamium barbatum Siebold & Zucc. / 2638
Lamium barbatum var. *hirsutum* C. Y. Wu & S. J. Hs–uan / 2639
Lamprocapnos spectabilis (L.) Fu kuhara / 797
Laportea bulbifera (Sieb. et Zucc.) Wedd. / 1477
Lappula echinata Gilib. / 2348
Lappula echinata Gilib. var. *heteracantha* (Ledeb.) O. Kuntze / 2349
Lappula granulata (Krylov) Popov / 2348
Lappula heteracantha (Ledeb.) Gurke / 2349
Lappula intermedia (Ledeb.) M. Pop. / 2347
Lappula myosotis V. Wolf / 2348
Lappula platyacuntha W. T. Wang ex C. J. Wang / 2348
Lappula redowskii (Hornem.) Greene / 2347
Lappula squarrosa (Retz.) Dumort. / 2348
Larix decidua Mill. / 139
Larix gmelinii (Rupr.) Rupr. / 138
Larix gmelinii var. *principis–rupprechtii* (Mayr) Pilger / 138
Larix kaempferi (Lamb.) Carr. / 137
Larix olgensis A. Henry / 139
Larix olgensis f. *viridis* (Wils.) Nakai / 139
Larix principis–rupprechtii Mayr / 138
Lastrea quelpaertensis (Christ) Cop. / 60
Lathyrus davidii Hance / 1178
Lathyrus humilis (Ser.) Spreng. / 1180
Lathyrus japonicus Willd. / 1179
Lathyrus japonicus f. *pubescens* (Hartm.) Ohashi et Tateishi / 1180
Lathyrus komarovii Ohwi / 1177
Lathyrus maritimus (L.) Bigelow / 1179
Lathyrus odoratus L. / 1177
Lathyrus palustris L. / 1180
Lathyrus palustris subsp. *pilosus* (Cham.) Hulten / 1180
Lathyrus palustris var. *pilosus* (Cham) Ledeb. / 1180
Lathyrus pratensis L. / 1177
Lathyrus quinquenervius (Miq.) Litv. ex Kom. et Alis. / 1181
Lathyrus sativus L. / 1177
Lathyrus vaniotii Levl. / 1176
Laurentia axillaris (Lindl.) E. Wimm. / 2699
Lavandula angustifolia Mill. / 2575
Lavandula dentata L. / 2576
Lavandula pinnata Lundmark / 2576
Lavandula stoechas L. / 2575
Lavatera trimestris L. / 1810
Ledum hypoleucum Kom. / 2260
Ledum palustre L. / 2259
Ledum palustre f. *decumbens* (Ait.) Y. L. Chou et S. L. Tung / 2260
Ledum palustre var. *angustum* E. Busch / 2259
Ledum palustre var. *decumbens* Aiton / 2260
Ledum palustre var. *dilatatum* Wahl. / 2259
Leersia oryzoides (L.) Sw. / 587
Leibnitzia anandria (L.) Turcz. / 3012
Lemna aequinoctialis Welwitsch / 194
Lemna japonica Landolt / 195
Lemna leiboensis M. G. Liu & C. H. You / 195
Lemna minor L. / 195
Lemna perpusilla Torr / 194
Lemna trisulca L. / 194
Lemna turionifera Landolt / 194
Leontice microrrhyncha S. Moore / 840
Leontice microrrhyncha f. *venosa* (S. Moore) Kitag. / 841
Leontice microrrhyncha var. *venosa* S. Moore / 841
Leontopodium conglobatum (Turcz.) Hand.–Mazz. / 3035

Leontopodium junpeianum Kitamura / 3034
Leontopodium leontopodioides (Willd.) Beauv. / 3035
Leontopodium longifolium Ling / 3034
Leontopodium smithianum Hand.–Mazz. / 3036
Leonurus artemisia (Lour.) S. Y. Hu / 2642
Leonurus artemisia (Lour.) S. Y. Hu var. *albiflorus* (Migo) S. Y. Hu / 2643
Leonurus deminutus V. Kreczetovicz ex Kuprianova / 2641
Leonurus glaucescens Bunge / 2644
Leonurus japonicus Houtt. / 2642
Leonurus japonicus f. *albiflora* (Migo) Y. C. Chu / 2643
Leonurus macranthus Maxim. / 2640
Leonurus manshuricus Yabe f. *albiflorus* Nakai & Kitagawa / 2645
Leonurus pseudomacranthus Kitag. / 2641
Leonurus sibiricus L. / 2644
Leonurus sibiricus f. *albiflorus* (Nakai et Kitag.) C. Y. Wu et H. W. Li / 2645
Leonurus tataricus L. / 2641
Lepidium apetalum Willd. / 1838
Lepidium campestre (L.) R. Br. / 1840
Lepidium cartilagineum (J. Mey.) Thell. / 1836
Lepidium densiflorum Schrad. / 1839
Lepidium didymum L. / 1835
Lepidium draba L. / 1835
Lepidium latifolium L. / 183
Lepidium latifolium L. ssp. *affine* (Ledeb.) Kitag. / 1837
Lepidium latifolium L. var. *affine* C. A. Mey. / 1836
Lepidium perfoliatum L. / 1839
Lepidium ruderale L. / 1837
Lepidium sativum L. / 1841
Lepidium sibiricum Schw / 183
Lepidium virginicum L. / 1841
Lepisorus ussuriensis (Regl et Maack) Ching / 99
Leptochloa chinensis (L.) Nees / 608
Leptochloa fusca (L.) Kunth / 608
Leptodermis oblonga Bunge / 2272
Leptolepidium kuhnii (Milde) Hsing et S. K. Wu / 45
Leptolepidium kuhnii (Milde) Hsing var. *brandtii* (Franch. et Sav.) Hsing et S. K. Wu / 46
Leptopus chinensis (Bunge) Pojark. / 1687
Leptopyrum fumarioides (L.) Reichb. / 895
Leptorumohra miqueliana (Maxim.) H. Ito / 86
Lepyrodiclis holosteoides (C. A. Mey.) Fisch. et Mey. / 2079
Lespedeza bicolor Turcz. / 1105
Lespedeza bicolor f. *albiflora* Matsum. / 1107
Lespedeza bicolor f. *pendula* Tung et Lu / 1106
Lespedeza caraganae Bunge / 1110
Lespedeza cyrtobotrya Miq. / 1104
Lespedeza davurica (Laxm.) Schindl. / 1109
Lespedeza daurica (Laxm.) Schindl. f. *prostrata* (Wang et Fu) Kitagawa / 1110
Lespedeza davurica var. *prostrata* Wang et Fu / 1110
Lespedeza floribunda Bunge / 1107
Lespedeza inschanica (Maxim.) Schindl. / 1111
Lespedeza inschanica var. *flava* S. L. Tung & Z. Lu / 1111
Lespedeza juncea (L. f.) Pers. / 1112
Lespedeza juncea f. *albiflorum* S. M. Zhang / 1112
Lespedeza juncea f. *purpureum* S. M. Zhang / 1113
Lespedeza maximowiczii Schneid. / 1105
Lespedeza potaninii V. N. Vassil. / 1110
Lespedeza potaninii f. *breviracemi* S. L. Tung & Z. Lu / 1110
Lespedeza potaninii V. N. Vassil. var. *breviracemi* (MS. L. Tung & Z. Lu) X. Y. Zhu / 1110
Lespedeza tomentosa (Thunb.) Sieb. ex Maxim. / 1108
Lespedeza tomentosa var. *globiracemosa* S. L. Tung & Z. Lu / 1108
Lespedeza virgata (Thunb.) DC. / 1107
Lespedeza virgata var. *macrovirgata* (Kitag.) Kitag. / 1108
Leucanthemella linearis (Matsum.) Tzvel. / 2999, 3005
Leucanthemum vulgare Lam. / 2997
Leucopoa albida (Turcz.) Krecz. & Bobrov / 682
Leymus chinensis (Trin.) Tzvel. / 630
Leymus condensatus (J. Presl) á. Löve / 630
Leymus humilis (S. L. Chen & H. L. Yang) Y. Z. Zhao / 631
Leymus mollis (Trin.) Hara / 629
Leymus secalinus (Georgi) Tzvel. / 631
Leymus tianschanicus var. *humilis* S. L. Chen & H. L. Yang / 631

Liatris spicata (L.) Willd. / 2808
Libanotis amurensis Schischk. / 3189
Libanotis condensata (L.) Crantz / 3189
Libanotis seseloides (Fisch. & C. A. Mey. ex Turcz.) Turcz. / 3189
Ligularia biceps Kitag. / 2865
Ligularia calthifolia Maxim. / 2870
Ligularia deltoidea Nakai / 2867
Ligularia fischeri (Ledeb.) Turcz. / 2871
Ligularia fischeri f. *diabolica* Kitam. / 2870
Ligularia intermedia Nakai / 2868
Ligularia jaluensis Kom. / 2867
Ligularia jamesii (Hemsl.) Kom. / 2866
Ligularia mongolica (Turcz.) DC. / 2866
Ligularia ovato–oblonga (Kitam.) Kitam. / 2868
Ligularia sachalinensis Nakai / 2870
Ligularia sagitta (Maxim.) Mattf. ex Rehder & Kobuski / 2868
Ligularia schmidtii (Maxim.) Makino / 2864
Ligularia sibirica (L.) Cass. / 2869
Ligusticum ajanense (Regel & Tiling) Koso–Poljansky / 3253
Ligusticum jeholense (Nakai et Kitag.) Nakai et Kitag. / 3262
Ligusticum jeholense var. *tenuisectum* Chu / 3263
Ligusticum tachiroei (Franch. et Sav.) Hiroe et Const–ance / 3264
Ligusticum tenuissimum (Nakai) Kitag. / 3263
Ligustrum molliculum Hance / 2470
Ligustrum × *vicaryi* Rehder / 2469
Ligustrum acutissimum Koehne / 2470
Ligustrum leucanthum (S. Moore) P. S. Green / 2470
Ligustrum lucidum Ait. / 2467
Ligustrum obtusifolium Sieb. & Zucc. subsp. *suave* (Kitag.) Kitag. / 2470
Ligustrum obtusifolium Sieb. et Zucc. / 2470
Ligustrum ovalifolium Hassk. / 2469
Ligustrum sinense Lour. / 2468
Ligustrum suave (Kitag.) Kitag. / 2470
Lilium amabile Palib. / 274
Lilium brownii F. E. Brown ex Miellez / 267
Lilium brownii var. *viridulum* Baker / 267
Lilium callosum Sieb. et Zucc. / 275
Lilium cernuum Kom. / 276
Lilium concolor Salisb. / 269
Lilium concolor f. *coridion* (Sieb. et De Vreis) Kitag. / 270
Lilium concolor var. *buschianum* (Lodd.) Baker / 269
Lilium concolor var. *coridion* (Sieb. et Vreis) Baker / 270
Lilium concolor var. *megalanthum* F. T. Wang & T. Tang / 270
Lilium concolor var. *pulchellum* (Fisch.) Regel / 269
Lilium dauricum Ker–Gawler / 268
Lilium davidii Duchartre / 277
Lilium davidii var. *willmottiae* (E. H. Wilson) Raffill / 277
Lilium distichum Nakai ex Kamib. / 272
Lilium floridum J. L. Ma & Y. J. Li / 273
Lilium hansonii Leichtlin ex Baker / 272
Lilium lancifolium Thunb. / 273
Lilium leichtlinii Hook. f. / 273
Lilium leichtlinii var. *maximowiczii* (Regel) Baker / 273
Lilium megalanthum (F. T. Wang & Tang) Q. S. Sun / 270
Lilium oriental Hybrids / 277
Lilium pensylvanicum Ker Gawl / 268
Lilium pumilum DC. / 275
Lilium tenuifolium Fisch. / 275
Lilium tigrinum Ker Gawl. / 273
Lilium willmottiae E. H. Wilson / 277
Limniris koreana (Nakai) Rodion. / 341
Limniris laevigata (Fisch.) Rodion. / 346
Limniris maackii Rodion. / 338
Limniris minutoaurea (Makino) Rodion. / 341
Limniris odaesanensis (Y.N.Lee) Rodion. / 341
Limniris sanguinea (Donn ex Hornem.) Rodion. / 346
Limniris typhifolia (Kitag.) Rodion. / 344
Limniris uniflora (Pall. ex Link.) Rodion. / 343
Limnophila borealis Y. Z. Zhao et Ma f. / 2489
Limnophila sessiliflora (Vahl) Blume / 2489
Limonium aureum (L.) Hill / 1942
Limonium bicolor (Bunge) Kuntze / 1945
Limonium flexuosum (L.) Kuntze / 1943
Limonium franchetii (Debx.) Kuntze / 1943
Limonium sinense (Girard) Kuntze / 1944
Limonium subviolaceum Q. Z. Han et S. D. Zhao / 1943

Limonium teretiscaposum S. D. Zhao / 1943
Limosella aquatica L. / 2516
Linaria acutiloba Fisch. ex Rchb. / 2492
Linaria buriatica Turcz. / 2491
Linaria japonica Miq. / 2491
Linaria maroccana Hook. f. / 2491
Linaria vulgaris Mill. Gard. Dict. ed. / 2492
Linaria vulgaris Mill. var. *sinensis* Bebeaux / 2492
Linaria vulgaris subsp. *acutiloba* (Fisch. ex Rchb.) Hong / 2492
Linaria vulgaris subsp. *sinensis* (Bebeaux) Hong / 2492
Lindera obtusiloba Bl. / 188
Lindera obtusiloba f. *villosa* (Blume) Kitag. / 189
Lindernia procumbens (Krock.) Philcox / 2523
Linnaea borealis L. / 3139
Linum amurense Alet. / 1683
Linum baicalense Juz. / 1682
Linum grandiflorum Desf. / 1680
Linum nutans Maxim. / 1682
Linum perenne L. / 1682
Linum stelleroides Planch. / 1681
Linum usitatissimum L. / 1681
Liparis campylostalix H. G. Reichenbach / 328
Liparis japonica Maxim. / 328
Liparis krameri Franch. & Sav. / 326
Liparis krameri Franch. et Sav. var. *viridis* Makino / 326
Liparis kumokiri F. Maek. / 327
Liparis makinoana Schltr. / 327
Lipocarpha chinensis (Osbeck) J. Kern / 534
Lipocarpha chinensis(Osbeck) Tang et Wang / 534
Lipocarpha microcephala (R.Br.) Kunth / 534
Liquidambar styraciflua L. / 985
Liriodendron chinense (Hemsl.) Sarg. / 178
Liriodendron tulipifera L. / 178
Liriope minor (Maxim.) Makino / 404
Liriope spicata Lour. / 404
Listera pinetorum Lindl. / 316
Listera puberula Maxim. / 316
Lithospermum erythrorhizon Sieb. et Zucc. / 2344
Lithotoma axillaris (Lindl.) E.B.Knox / 2699
Lloydia serotina (L.) Rchb. / 282
Lloydia triflora (Ledeb.) Baker / 282
Lobelia chinensis Lour. / 2697
Lobelia erinus L. / 2697
Lobelia sessilifolia Lamb. / 2696
Lobularia maritima (L.) Desv. / 1848
Lolium arvense With. / 652
Lolium multiflorum Lam. / 653
Lolium perenne L. / 652
Lolium persicum Boiss. et Hoh. ex Boiss. / 654
Lolium remotum Schrank / 653
Lolium temulentum L. / 652
Lolium temulentum var. *arvense* Lilj. / 652
Lomatogonium carinthiacum (Wulf.) Reichb. / 2309
Lomatogonium floribundum (Franch.) Y. Z. Zhao / 2309
Lomatogonium rotatum (L.) Fries ex Nym. / 2309
Lomatogonium rotatum var. *aurantiacum* Y.Z.Zhao / 2309
Lomatogonium rotatum var. *floribundum* (Franchet) T. N. Ho / 1936
Lonicera caerulea L. / 3152
Lonicera caerulea var. *edulis* Turcz. ex Herd. / 3152
Lonicera chrysantha Turcz. / 3156
Lonicera edulis Turcz. msc. ex Turcz. / 3152
Lonicera edulis var. *turczaninowii* (Pojark.) Kitag. / 3152
Lonicera elisae Franch. / 3161
Lonicera ferdinandii Franch. / 3158
Lonicera fragrantissima Lindl. et Paxt. / 3162
Lonicera fragrantissima Lindl. et Paxt. subsp. *standishii* (Carr.) Hsu et H. J. Wang / 3163
Lonicera fragrantissima var. *lancifolia* (Rehder) Q. E. Yang / 3163
Lonicera japonica Thunb. / 3150
Lonicera japonica var. *chinensis* (Wats.) Bak. / 3152
Lonicera korolkowii Stapf. / 3153
Lonicera maackii (Rupr.) Maxim. / 3154
Lonicera maackii f. *erubescens* Rehd. / 3155
Lonicera maackii f. *prodocarpa* Rehd. / 3155
Lonicera maackii var. *erubescens* Rehd. / 3155
Lonicera maximowiczii (Rupr.) Regel / 3159
Lonicera maximowiczii var. *sachalinensis* Fr. Schmidt. / 3160
Lonicera monantha Nakai / 3162
Lonicera nigra L. / 3152
Lonicera nigra var. *barbinerve* f. *changbaishana* W.

Wang / 3152
Lonicera nigra var. *barbinervis* (Kom.) Nakai / 3152
Lonicera praeflorens Batalin / 3160
Lonicera praeflorens var. *lutescens* S. M. Zhang / 3161
Lonicera ruprechtiana Regel / 3157
Lonicera sempervirens L. / 3150
Lonicera subhispida Nakai / 3162
Lonicera tatarica L. / 3156
Lonicera tatarica var. *micrantha* Trautv. / 3156
Lonicera tatarinowii Maxim. / 3159
Lonicera vesicaria Kom. / 3158
Lophanthus chinensis Benth. / 3280
Loranthus tanakae Franch. / 1936
Lotus corniculatus L. / 1199
Ludwigia epilobioides Maxim. / 1721
Ludwigia prostrata Roxb. / 1721
Luffa acutangula (L.) Roxb. / 1542
Luffa aegyptiaca Mill. / 1542
Luffa cylindrical (L.) Roem. / 1542
Lunathyrium coreanum (Christ) Ching / 74
Lunathyrium pycnosorum (Christ) Koidz. / 75
Lunathyrium pycnosorum var. *longidens* Z. R. Wang / 75
Lupinus polyphyllus Lindl. / 1115
Luzula campestris (L.) DC. / 446
Luzula capitata (Miq.) Nakai / 446
Luzula multiflora (Retz.) Lej. / 448
Luzula oligantha Sam. / 446
Luzula oligantha var. *sudeticoides* P. Y. Fu et Y. A. Chen / 447
Luzula pallescens Swartz / 448
Luzula pallescens var. *castanescens* K. F. Wu / 448
Luzula rufescens Fisch. ex E. Mey. / 445
Luzula rufescens var. *macrocarpa* Buchenau / 446
Luzula wahlenbergii Rupr. / 445
Lychnis chalcedonica L. / 2022
Lychnis cognata Maxim. / 2020
Lychnis fulgens Fisch. / 2021
Lychnis sibirica L. / 2023
Lychnis wilfordii (Regel) Maxim. / 2020
Lycium barbarum L. / 2400
Lycium chinense Mill. / 2400
Lycium chinense var. *potaninii* (Pojark.) A. M. Lu / 2402
Lycium chinense var. *rhombifolium* (Dippel) S. Z. Liu / 2401
Lycopersicon esculentum Mill. / 2411
Lycopersicon esculentum var. *cerasiforme* Alefeld / 2412
Lycopodium alpinum L. / 7
Lycopodium alpinum L. var. *planiramulosum* Takeda. / 7
Lycopodium ancepa Wallr. / 7
Lycopodium annotinum L. / 8
Lycopodium annotinum var. *acrifolium* Fernald / 9
Lycopodium chinense Christ / 4
Lycopodium clavatum L. / 8
Lycopodium clavatum var. *robustius* (Grev. & Hook.) Nakai / 8
Lycopodium juniperoideum Sw. / 3272
Lycopodium neopungens H. S. Kung et L. B. Zhang / 8
Lycopodium obscurum L. / 10
Lycopodium obscurum f. *strictum* (Milde) Nakai ex Hara / 9
Lycopodium pungens (Desv.) La Pylain ex Iljin / 8
Lycopodium serratum thunb. / 3
Lycopus cavaleriei H. Lév. / 2602
Lycopus coreanus Levl. / 2602
Lycopus europaeus L. / 2603
Lycopus lucidus Turcz. / 2603
Lycopus lucidus var. *hirtus* Regel / 2605
Lycopus lucidus var. *maackianus* Maxim. ex Herd. / 2604
Lycopus parviflorus Maxim. / 2602
Lycopus uniflorus Michx. / 2602
Lysimachia barystachys Bunge / 2221
Lysimachia candida Lindl. / 2224
Lysimachia clethroides Duby / 2223
Lysimachia davurica Ledeb. / 2221
Lysimachia mauritiana Lam. / 2222
Lysimachia pentapetala Bunge / 2223
Lysimachia thyrsiflora L. / 2225
Lythrum anceps (Koehne) Mak. / 1709
Lythrum intermedium Ledeb. ex. Colla / 1709
Lythrum salicaria L. / 1708
Lythrum salicaria var. *glabrum* Ledeb. / 1709

M

Maackia amurensis Rupr. et Maxim. / 1084
Maackia amurensis var. *buergeri* (Maxim.) Schneid. / 1085
Macleaya cordata (Willd.) R. Br. / 813
Macleaya microcarpa (Maxim.) Fedde / 814
Maclura tricuspidata Carrière / 1471
Magnolia biondii Pampan. / 181
Magnolia dawsoniana Rehd. et Wils. / 179
Magnolia denudata Dasr. / 180
Magnolia grandiflora L. / 183
Magnolia hypoleuca Sieb. et Zucc. / 185
Magnolia liliflora Desr. / 181
Magnolia obovata Thunb. / 185
Magnolia officinalis Rehd. et E. H. Wils. / 184
Magnolia officinalis subsp. *biloba* (Rehd. et Wils.) Law / 184
Magnolia sieboldii K. Koch. / 185
Magnolia soulangeana (Lindl.) Soul–Bod. / 180
Magnolia stellata Maxim. / 182
Magnolia tomentosa Thunb. / 182
Mahonia bealei (Fort.) Carr. / 836
Maianthemum bicolor (Nakai) Cubey / 392
Maianthemum bifolium (L.) F. W. Schmidt. / 389
Maianthemum dahuricum (Turcz. ex Fisch. & C. A. Mey.) La Frankie / 391
Maianthemum dilatatum (Alph. Wood) A. Nelson & J. F. Macbr. / 391
Maianthemum japonicum (A. Gray) La Frankie / 393
Maianthemum trifolium (L.) Sloboda / 391
Malachium aquaticum (L.) Fries / 2062
Malaxis monophyllos (L.) Sw. / 324
Malus asiatica Nakai / 1296
Malus baccata (L.) Borkh. / 1302
Malus baccata (L.) Borkh. var. *jinxianensis* (J. Q. Deng et T. Y. Hong) C. Y. Li / 1301
Malus baccata (L.) Borkh. var. *mandshurica* (Maxim.) Schneid. / 1301
Malus halliana Koehne / 1299
Malus hupehensis (Pamp.) Rehd. / 1299
Malus jinxianensis J. Q. Deng & J. Y. Hong / 1301
Malus komarovii (Sarg.) Rehd. / 1298
Malus mandshurica (Maxim.) Kom. ex Juz. / 1301
Malus micromalus Makino / 1300
Malus pallasiana Juzep. / 1302
Malus prunifolia (Willd.) Borkh. / 1297
Malus pumila Mill. / 1296
Malus sieboldii (Regel) Rehd. / 1298
Malus spectabilis (Ait.) Borkh. / 1296
Malva cathayensis M. G. Gilbert / 1810
Malva mauritiana L. / 1810
Malva mohileviensis Bow. / 1812
Malva moschata L. / 1809
Malva parviflora L. / 1811
Malva sinensis Cavan. / 1810
Malva trimestris (L.) Salisb.
Malva verticillata L. / 1812
Malva verticillata var. *chinensis* (Miller) S. Y. Hu / 1813
Malva verticillata var. *rafiqii* Abedin / 1813
Marsilea quadrifolia L. / 36
Matricaria chamomilla L. / 3007
Matricaria matricarioides (Less.) Porter ex Britton / 3007
Matricaria recutita L. / 3007
Matteuccia orientalis (Hook.) Trev / 70
Matteuccia struthiopteris (L.) Todaro / 71
Matteuccia struthiopteris var. *acutiloba* Ching / 71
Matthiola incana (L.) R. Br. / 1908
Mazus japonicus (Thunb.) O. Kuntze / 2653
Mazus pumilus (Burm. f.) Steenis / 2653
Mazus stachydifolius (Turcz.) Maxim. / 2652
Medicago falcata L. / 1130
Medicago liaosiensis (P. Y. Fu &Y. A. Chen) X. Y. Zhu & Y. F. Du / 1128
Medicago lupulina L. / 1129
Medicago polymorpha L. / 1126
Medicago ruthenica (L.) Trautv. / 1128
Medicago sativa L. / 1126
Medicago sativa subsp. *varia* (Martyr) Arcangeli / 1127
Meehania urticifolia (Miq.) Makino / 2620
Meehania urticifolia var. *albiflorum* Z. S. M. / 2621
Melampodium divaricatum (Rich.) DC. / 2902
Melampyrum roseum Maxim. / 2671
Melampyrum roseum var. *setaceum* Maxim. ex Paiib. / 2672
Melampyrum setaceum (Maxim.) Nakai / 2672
Melandrium album (Mill.) Garcke / 2025

Melandrium apricum (Turcz. ex Fisch. et Mey.) Rohrb. / 2027, 2029
Melandrium apricum (Turcz. ex Fisch. et Mey.) Rohrb. var. *oldhamiana* (Miq.) C. Y. Wu / 2028
Melandrium brachypetalum (Fisch. ex Hornem.) Fenzl / 2023
Melandrium firmum (Sieb et Zucc) Rohrb. / 2026
Melandrium firmum (Sieb et Zucc) Rohrb. f. *pubescens* Makino / 2027
Melandrium orientalimongolicum (J. Kozhevn.) Y. Z. Zhao / 2029
Melanthera prostrata (Hemsley) W. L. / 2930
Melia azedarach L. / 1788
Melica grandiflora (Hack.) Koidz. / 668
Melica grandiflora var. *angyrolepis* (Kom.) S.M.Zhang / 669
Melica komarovii Luczn. / 668
Melica nutans L. / 668
Melica nutans L.var. *argyrolepis* Kom. / 669
Melica onoei Franch et Sav. / 667
Melica radula Franch. / 671
Melica scabrosa Trin. / 670
Melica scabrosa var. *radula* (Franch.) Papp / 671
Melica turczaninowiana Ohwi / 668
Melica virgata Turcz. ex Trin. / 669
Melilotus albus Desr. / 1121
Melilotus dentatus (Waldst. et Kit.) Pers. / 1122
Melilotus indica (L.)All. / 1124
Melilotus officinalis (Linn.) Pall. / 1123
Melilotus suaveolens Ledeb. / 1123
Melissitus liaosiensis (P. Y. Fu & Y. A. Chen) P. Y. Fu & Y. A. Chen / 1128
Melissitus ruthenica (L.) C. W. Chan. / 1128
Melissitus ruthenica var. *inschanica* (H. C. Fu & Y. Q. Jiang) H. C. Fu & Y. Q. Jiang / 1128
Melissitus ruthenica var. *liaosiensis* (P. Y. Fu et Y. A. Chen) H. C. Fu et Y. Q. Jiang / 1128
Melissitus ruthenica var. *oblongifolia* (Fr.) H. C. Fu et Y. Q. Jiang / 1128
Menispermum dauricum DC. / 826
Menispermum dauricum f. *pilosum* (Schneid.) Kitag. / 827
Mentha canadensis L. / 2599
Mentha dahurica Fisch. ex Benth. / 2601
Mentha haplocalyx Briq. / 2599
Mentha sachalinensis (Briq.) Kudo / 2600
Mentha spicata L. / 2600
Menyanthes trifoliata L. / 2738
Merremia sibirica (L.) Hall. f. / 2388
Merremia sibirica var. *trichosperma* C. C. Huang ex C. Y. Wu et H. W. Li / 2389
Merremia sibirica var. *vesiculosa* C. Y. Wu. / 2388
Mertensia asiatica (Takeda) Macbr. / 2357
Mertensia davurica (Sims) G. Don / 2357
Messerschmidia sibirica L. / 2338
Messerschmidia sibirica L. var. *angustior* (DC.) Kitag. / 2339
Metaplexis japonica (Thunb.) Makino / 2334
Metasequoia glyptostroboides Hu et Cheng / 141
Microlepia pilosella Moore / 41
Microlepia wilfordii Moore / 41
Micropeplis arachnoidea (Moq.) Bunge / 2120
Microstegium vimineum (Trinius) A. Camus / 779
Microstegium vimineum (Trin.) A. Camus var. *imberbe* (Nees ex Steud.) Honda / 779
Milium effusum L. / 738
Mimulus tenellus Bunge / 2654
Minuartia arctica (Stev. ex Ser.) Aseh. et Graeb. / 2081
Minuartia laricina (L.) Mattf. / 2080
Minuartia macrocarpa (Pursh) Ostenf. / 2081
Minuartia macrocarpa var. *koreana* (Nakai) Hara / 2081
Mirabilis jalapa L. / 2160
Miscanthus jinxianensis L. Liu / 776
Miscanthus purpurascens Anderss. / 777
Miscanthus sacchariflorus (Maxim.) Hack. / 775
Miscanthus sinensis Anderss. / 777
Mitella nuda L. / 1016
Moehringia lateriflora (L.) Fenzl / 2086
Mollugo stricta L. / 2003, 2161
Mollugo verticillata L. / 2162
Momordica charantia L. / 1540
Momordica charantia var. *abbreviate* Ser. / 1541
Monarda didyma L. / 2560
Monarda fistulosa L. / 2561

Moneses uniflora (L.) A. Gray / 2240
Monochoria korsakowii Regel et Maack / 418
Monochoria vaginalis (Bunm. f.) Presl. / 417
Monotropa hypopitys L. / 2237
Monotropa hypopitys L. var. *hirsuta* Roth / 2238
Monotropa uniflora L. / 2236
Monotropastrum globosum H. Andr. ex Hara / 2236
Monotropastrum globosum var. *baranovii* (Chang et Chou) Chou / 2236
Monotropastrum humile (D. Don) H. Hara / 2236
Morus alba L. / 1469
Morus alba 'Tortuosa' / 1470
Morus alba var. *multlcaulls* (Perrott.) Loud. / 1470
Morus australis Poir. / 1468
Morus mongolica (Bureau) Schneid. / 1466
Morus mongolica var. *diabolica* Koidz. / 1468
Mosla dianthera (Hamilton) Maxim. / 2606
Mosla grosseserrata Maxim. / 2606
Mosla scabra (Thunb.) C. Y. Wu et H. W. Li / 2606
Mosla scabra var. *albiflorum* Z. S. M. / 2607
Muhlenbergia capillaris Trin. / 610
Muhlenbergia curviaristata (Ohwi) Ohwi / 611
Muhlenbergia curviaristata Ohwi var. *nipponica* Ohwi / 611
Muhlenbergia huegelii Trin. / 611
Muhlenbergia japonica Steud. / 610
Mukdenia acanthifolia Nakai / 1025
Mukdenia rossii (Oliv.) Koidz. / 1025
Mulgedium tataricum (L.) DC. / 2780
Murdannia keisak (Hassak.) Hand.–Mazz. / 412
Muscari botryoides Mill. / 401
Myosotis alpestris F. W. Schmidt / 2371
Myosotis caespitosa Schultz / 2371
Myosotis laxa Lehm. / 2371
Myosotis laxa subsp. *caespitosa* (Schultz) Hyl. ex Nordh. / 2371
Myosotis suaveolens Waid. et Kit. / 2371
Myosotis sylvatica (Ehrh.) Hoffm. / 2371
Myosotis sylvatica f. *acaulis* Y. L. Chang & S. D. Zhao / 2371
Myosoton aquaticum (L.) Moench / 2062
Myriophyllum aquaticum (Vell.) Verdc. / 1052
Myriophyllum propinquum A. Cunn. / 1053
Myriophyllum spicatum L. / 1051
Myriophyllum spicatum var. *muricatum* Maxim. / 1052
Myriophyllum ussuriense (Regel) Maxim. / 1053
Myriophyllum verticillatum L. / 1053
Myripnois dioica Bunge / 3015

N

Nabalus ochroleucus Maximowicz / 2790
Nabalus tatarinowii (Maxim.) Nakai / 2790
Nabalus tatarinowii subsp. *macrantha* (Stebbins) N. Kilian / 2790
Najas chinensis N. Z. Wang J. Wuhan Bot. / 222
Najas foveolata A. Br. ex Magnus / 222
Najas gracillima (A. Br.) Magnus / 223
Najas graminea Delile / 222
Najas indica (Willd.) Cham. / 222
Najas japonica Nakai / 223
Najas marina L. / 220
Najas minor All. / 222
Najas orientalis Triest et Uotila / 222
Nandina domestica Thunb. / 835
Narcissus pseudo–narcissus L. / 381
Nasturtium officinale R. Br. / 1917
Naumburgia thyrsiflora (L.) Rchb. / 2225
Neillia incisa (Thunb.) S. H. Oh / 1240
Neillia uekii Nakai / 1239
Nelumbo nucifera Gaertn. / 972
Neoathyrium crenulatoserrulatum (Makino) Ching et Z. R. Wang / 73
Neopallasia pectinata (Pall.) Poljak. / 2992
Neo–taraxacum siphonanthum (X. D. Sun, X. J. Ge, Kirschner & Šěpánek) Y. R. Ling & X. D. Sun / 2750
Neottia acuminata Schltr. / 317
Neottia camtschatea (L.) Rchb. f. / 317
Neottia gaudissartii Hand.–Mazz. / 316
Neottia nidus–avis (L.) L. C. Rich. var. *manshurica* Komarov / 317
Neottia papilligera Schltr. / 317
Neottia puberula (Maxim.) Szlachetko / 316
Neottia smithiana Schltr. / 315

Neottianthe cucullata (L.) Schltr. / 309
Neottianthe cucullata f. *albifora* P. Y. Fu et S. Z. Liou / 310
Neottianthe cucullata f. *maculata* (Nakai et Kitag.) Nakai et Kitag. / 310
Nepeta × *faasenii* Bergmans ex Stearn / 2616
Nepeta cataria L. / 2616
Nepeta manchuriensis S. Moore / 2617
Nepeta multifida L. / 2609
Nepeta prattii Levl. / 2617
Nepeta tenuifolia Benth. / 2609
Neslia paniculata (L.) Desv. / 1846
Nicandra physalodes (L.) Gaertn. / 2402
Nicotiana alata Link et Otto / 2436
Nicotiana rustica L. / 2436
Nicotiana tabacum L. / 2437
Nigella damascena L. / 887
Nitraria sibirica Pall. / 1738
Nitraria sibirica var. *globicaarpa* (Kitag.) Kitag. / 1739
Nonea rossica Steven / 2360
Notopterygium forbesii H. de Boiss. / 3214
Notopterygium forbesii var. *oviforme* (Shan) H. T. Chang / 3215
Notopterygium franchetii H. de Boiss. / 3214
Notopterygium oviforme R. H. Shan / 3215
Nuphar pumila (Timm) DC. / 166
Nuphar shimadai Hayata / 166
Nymphaea alba L. / 169
Nymphaea alba var. *rubra* Lonnr. / 169
Nymphaea mexicana Zucc. / 169
Nymphaea nouchali Burm. f. / 168
Nymphaea stellata Willd. / 168
Nymphaea tetragona Georgi / 167
Nymphaea tetragona var. *crassifolia* (Hand.-Mazz.) Chu / 167
Nymphoides coreana (H. Lév.) H. Hara / 2741
Nymphoides indica (L.) O. Kuntze / 2740
Nymphoides peltata (S. G. Gmel.) O. Kuntze / 2740

O

Obione centralasiatica (Iljin) Kitag. / 2139
Obione fera Moq. / 2139
Obione sibirica (L.) Fisch. / 2139
Ocimum × *africanum* Lour. / 2578
Ocimum basilicum L. / 2577
Ocimum basilicum L. var. *pilosum* (Willd.) Benth. / 2578
Odontites serotina (Lam.) Dum. / 2688
Odontites vulgaris Moench / 2688
Oenanthe javanica (Blume) DC. / 3256
Oenothera biennis L. / 1724
Oenothera erythrosepala (Borb.) Borb / 1723
Oenothera glazioviana Mich. / 1723
Oenothera odorata Jacq. / 1723
Oenothera parviflora L. / 1726
Oenothera speciosa Nutt / 1722
Oenothera stricta Ledeb. et Link / 1723
Oenothera villosa Thunb. / 1725
Olgaea leucophylla (Turcz.) Iljin / 3047
Olgaea lomonosowii (Trautv.) Iljin / 3047
Omphalothrix longipes Maxim. / 2687
Onobrychis viciifolia Scop. / 1094
Onoclea sensibilis L. / 69, 70
Onoclea sensibilis var. *interrupta* L. / 69
Ophioglossum thermale Kom. / 28
Ophioglossum thermale var. *nipponicum* (Miyabe et Kudo) Nishida ex Tagawa / 28
Oplismenus undulatifolius (Arduino) Beauv. / 770
Oplopanax elatus Nakai / 3175
Orchis chusua D. Don / 307
Orchis cyclochila (Franch. et Sav.) Maxim. / 299
Orchis latifolia L. / 306
Oreopteris quelpaertensis (Christ) Holub / 60
Oreorchis patens (Lindl.) Lindl. / 325
Oresitrophe rupifraga Bunge / 1009
Orobanche amoena C. A. Mey. / 2665
Orobanche amurensis (G. Beck) Kom. / 2665
Orobanche cernua Loefling / 2667
Orobanche coerulescens Steph. / 2667
Orobanche coerulescens Steph. f. *ombrochares* (Hance) G. Beck. / 2665
Orobanche coerulescens var. *albiflora* f. *korshinskyi* (Novopokr.) Ma / 2668
Orobanche coerulescens var. *albiflora* O. Kuntze / 2668

Orobanche cumana Wallr. / 2667
Orobanche ombrochares Hance. / 2665
Orobanche pycnostachya Hance / 2666
Orobanche pycnostachya var. *amurensis* G. Beck / 2665
Orostachys cartilaginea A. Bor. / 1034
Orostachys erubescens (Maxim.) Ohwi / 1035
Orostachys fimbriata (Turcz.) A. Berger / 1036
Orostachys japonicus (Maxim.) A. Berger / 1035
Orostachys malacophylla (Pall.) Fisch. / 1034
Orostachys minuta (Kom.) A. Berber / 1037
Orostachys spinosa (L.) C. A. Mey. / 1036
Orthilia secunda var. *obtusata* (Turcz.) House / 2241
Orthilia obtusata (Turez.) Haraa / 2241
Orthilia secunda (L.) House / 2241
Orychophragmus violaceus (L.) O. E. Schulz / 1871
Orychophragmus violaceus var. *odontopetalus* L. Wang & C. P. Yang / 1872
Orychophragmus violaceus var. *variegatus* L. Wang & C. P. Yang / 1872
Oryza sativa L. / 586
Osmanthus fragrans Lour. / 2466
Osmorhiza aristata (Thunb.) Makino et Yabe / 3181
Osmunda cinnamomea L. / 33
Osmunda cinnamomea var. *asiatica* Fernald. / 33
Osmunda claytoniana L. / 34
Osmundastrum cinnamomeum (L.) C. Presl / 33
Osteospermum ecklonis (DC.) Norl. / 3017
Ostericum filisectum Chu / 3236
Ostericum grosseserratum (Maxim.) Kitag. / 3239
Ostericum maximowiczii (Fr. Schmidt ex Maxim.) Kitag. / 3237
Ostericum maximowiczii (Fr. Schmidt ex Maxim.) Kitag. var. *australe* (Kom.) Kitag. / 3238
Ostericum maximowiczii var. *filisectum* (Y. C. Chu) C. Q. Yuan & R. H. Shan / 3236
Ostericum praeteritum Kitag. / 3242
Ostericum sieboldii (Miq.) Nakai / 3240
Ostericum sieboldii f. *hirsutum* (Hiyama) Hara / 3241
Ostericum sieboldii var. *praeteritum* (Kitag.) Huang / 3242
Ostericum tenuifolia (Pall. ex Spreng.) Y. C. Chu / 3236
Ostericum viridiflorum (Turcz.) Kitag. / 3240
Ostericum viridiflorum var. *praeteritum* (Kitag.) Huang / 3242
Ostryopsis davidiana Deene. / 1521
Ottelia alismoides (L.) Pers. / 218
Oxalis acetosella L. / 1565
Oxalis acetosella L. subsp. *japonica* Hara / 1566
Oxalis articulata Savigny / 1566
Oxalis. articulata subsp. rubra (A.St.–Hil.) Lourteig / 1566
Oxalis corniculata L. / 1564
Oxalis corniculata L. var. *stricta* (L.) Huang et L. R. Xu / 1565
Oxalis corymbosa DC. prodr. / 1567
Oxalis obtriangulata Maxim. / 1566
Oxalis rubra A.St.–Hil. / 1566
Oxalis stricta L. / 1565
Oxycoccus microcarpus Turcz. ex Rupr. / 2248
Oxycoccus palustris Pers. / 2248
Oxyria digyna (L.) Hill. / 1949
Oxytropis andaensis P. H. Huang et L. H. Zhou / 1210
Oxytropis anertii Nakai ex Kitag. / 1206
Oxytropis anertii f. *albiflora* (Zh. J. Zong & X. R. He) X. Y. Zhu & H. Ohashi / 1206
Oxytropis anertii var. *albiflora* Zh. J. Zong & X. R. He / 1206
Oxytropis bicolor Bunge / 1210
Oxytropis caespitosa Pers. / 1203
Oxytropis coerulea (Pall.) DC. / 1202
Oxytropis coerulea f. *albiflora* (H. C. Fu) X. Y. Zhu & H. Ohashi / 1203
Oxytropis coerulea subsp. *subfalcata* (Hance) Cheng f. / 1202
Oxytropis filiformis DC. / 1202
Oxytropis gracillima Bunge / 1208
Oxytropis gracillima f. *albiflora* (P. Y. Fu et Y. A. Chen) H. C. Fu / 1209
Oxytropis grandiflora (Pall.) DC. / 1204
Oxytropis hailarensis Kitag. / 1209
Oxytropis hailarensis f. *leiocarpa* (H. C. Fu) P. Y. Fu et Y. A. Chen / 1209
Oxytropis hirta Bunge / 1204
Oxytropis leptophylla (Pall.) DC. / 1201

Oxytropis mandshurica Bunge/ 1202
Oxytropis mandshurica f. *albiflora* H. C. Fu / 1203
Oxytropis myriophylla (Pall.) DC. / 1210
Oxytropis ochrantha Turcz. / 1207
Oxytropis ochrantha f. *diversicolor* H. C. Fu et Y. C. Ma / 1207
Oxytropis ochrantha var. *longibracteata* Tang et Wang / 1208
Oxytropis oxyphylla (Pallas) Candolle / 1209
Oxytropis prostrata (Pall.) DC. / 1210
Oxytropis psammocharis Hance / 1208
Oxytropis psammocharis Hance f. *albiflora* P. Y. Fu et Y. A. Chen / 1209
Oxytropis racemosa Turcz. / 1208
Oxytropis racemosa f. *albiflora* (P. Y. Fu et Y. A. Chen) C. W. Chang / 1209
Oxytropis squammulosa Candolle / 1205
Oxytropis subfalcata Hance / 1202
Oxytropis subfalcata var. *albiflora* C. W. Chang / 1203
Oxytropis sylvatica (Pall.) DC. / 1206
Oxytropis coerulea f. *albiflora* (H. C. Fu) X. Y. Zhu & H. Ohashi/ 1203
Oyama sieboldii (K. Koch) N. H. Xia & C. Y. Wu / 185

P

Padus asiatica Kom. / 1311
Padus avium Mill. / 1310
Padus avium var. *asiatica* (Kom.) T. C. Ku & B. M. Barthol. / 1311
Padus avium var. *pubescens* (Regel & Tiling) T. C. Ku & B. M. Barthol. / 1312
Padus maackii (Rupr.) Kom. / 1309
Padus maackii (Rupr.) Kom. f. *lanceolata* Yu et Ku / 1309
Padus racemosa (Lam.) Gilib. / 1310
Padus racemosa (Lam.) Gilib. var. *asiatica* (Kom.) Yu et Ku / 1311
Padus racemosa (Lam.) Gilib. var. *pubescens* (Regel & Tiling) Schneid. / 1312
Paederia scandens (Lour.) Merr / 2271
Paederia foetida L. / 2271
Paeonia japonica (Makino) Miyabe et Takeda / 983
Paeonia lactiflora Pall. / 982
Paeonia lactiflora var. *trichocarpa* (Bunge) Stern / 982
Paeonia obovata Maxim. / 983
Paeonia obovata Maxim. var. *japonica* Makino / 983
Paeonia rockii (S. G. Haw & Lauener) T. Hong & J. J. Li / 981
Paeonia rockii (S. G. Haw & Lauener) T. Hong & J. J. Li ex D. Y. Hong / 981
Paeonia suffruticosa Andr. / 980
Paeonia suffruticosa var. *papaveracea* (Andr.) Kerner / 981
Panax ginseng C. A. Mey. / 3165
Panax quinquefolius L. / 3165
Panicum bisulcatum Thunb. / 760
Panicum dichotomiflorum Michx. / 759
Panicum miliaceum L. / 761
Panicum miliaceum var. *ruderale* Kitag. / 761
Panicum paludosum Roxb. / 759
Papave ramurense (N.Busch) N. Busch ex Tolmatchev / 823
Papaver nudicaule L. / 819
Papaver nudicaule cv. 'Iceland Poppy Flower' / 821
Papaver nudicaule subsp. *amurense* N. Busch / 823
Papaver nudicaule var. *aquilegioides* f. *amurense* (Busch) H. Chuang / 823
Papaver nudicaule var. *aquilegioides* Fedde / 822
Papaver nudicaule var. *chinense* Fedde / 819
Papaver nudicaule var. *croceum* (Ledeb.) Kitag. / 820
Papaver nudicaule var. *glabricarpum* P. Y. Fu / 822
Papaver nudicaule var. *rubro–aurantiacum* Fisch. ex DC. / 821
Papaver nudicaule var. *saxatile* Kitag. / 819
Papaver psdueo–radicatum Kitag. / 819
Papaver radicatum Rottb / 819
Papaver radicatum var. *pseudo–radicatum* (Kitag.) Kitag. / 819
Papaver rhoeas L. / 818
Papaver somniferum L. / 817
Paragymnopteris bipinnata var. *auriculata* (Franchet) K. H. Shing / 44
Paraixeris chelidoniifolia (Makino) Nakaiin / 2804

Paraixeris denticulata (Houtt.) Nakai / 2804
Paraixeris pinnatipartita (Makino) Tzvel. / 2804
Parasenecio auriculatus (DC.) J. R.Grant / 2876
Parasenecio firmus (Komar.) Y. L. Chen / 2873
Parasenecio hastatus (L.) H. Koyama / 2874
Parasenecio hastatus var. *glaber* (Ledeb.) Y. L. Chen / 2875
Parasenecio komarovianus (Poljark.) Y. L. Chen / 2877
Parasenecio praetermissus (Poljark.) Y. L. Chen / 2875
Parasenecio robusta (Kom.) S. M. Zhang / 2876
Parathelypteris changbaishanensis Ching ex Shing / 61
Parathelypteris glanduligera (Kunze) Ching / 61
Parathelypteris nipponica (Franch. et Say.) Ching / 61
Parietaria micrantha Ledeb. / 1479
Paris quadrifolia L. / 248
Paris verticillata Bieb / 249
Paris verticillata var. *obovata* (Ledeb.) Hara / 250
Parnassia palustris L. / 1549
Parnassia palustris var. *multiseta* Ledeb. / 1549
Parthenocissus quinquefolia (L.) Planch. / 1059
Parthenocissus tricuspidata (Sieb. et Zucc.) Planch. / 1059
Patrinia heterophylla Bunge / 3135
Patrinia monandra C. B. Clarke. / 3132
Patrinia rupestris (Pall.) Juss. / 3135
Patrinia rupestris (Pall.) Jussi. subsp. *scabra* (Bunge) H. J. Wang / 3133
Patrinia scabiosifolia Fisch. ex Trevir. / 3131
Patrinia scabra Bunge / 3133
Patrinia sibirica (L.) Juss. / 3134
Patrinia villosa (Thunb.) Juss. / 3129
Patrinia villosa subsp. *punctifolia* H. J. Wang / 3130
Paulownia catalpifolia T. Gong ex D. Y. Hong, / 2659
Paulownia elongata S. Y. Hu / 2658
Paulownia glabrata Rehd. / 2661
Paulownia tomentosa (Thunb.) Steud. / 2659
Paulownia tomentosa f. *album* S. M. Zhang / 2660
Paulownia tomentosa var. *tsinlingensis* (Pai) Gong Tong / 2661
Pedicularis artselaeri Maxim. / 2676
Pedicularis chinensis Maxim. / 2679
Pedicularis flava Pall. / 2680
Pedicularis grandiflora Fisch. / 2683
Pedicularis labradorica Wirsing / 2678
Pedicularis mandshurica Maxim. / 2682
Pedicularis palustris L. / 2684
Pedicularis palustris subsp. *karoi* (Freyn) Tsoong / 2684
Pedicularis resupinata L. / 2684
Pedicularis resupinata f. *ramosa* Kom. / 2685
Pedicularis resupinata var. *albiflora* Y. Z. Zhao / 2686
Pedicularis resupinata var. *pubescens* Nakai / 2685
Pedicularis rubens Steph. ex Willd. / 2683
Pedicularis sceptrum-carolinum L. / 2679
Pedicularis sceptrum-carolinum subsp. *pubescens* Tsoong / 2680
Pedicularis spicata Pall. / 2677
Pedicularis striata Pall. / 2681
Pedicularis tatarinowii Maxim. / 3279
Pedicularis venusta Schang. ex Bunge / 2681
Pedicularis verticillata L. / 2676
Peganum harmala var. *multisectum* Maxim. / 1739
Peganum multisectum (Maxim.) Bobro.
Pelargonium domesticum Bailey / 1689
Pelargonium hortorum Bailey / 1689
Pennisetum alopecuroides (L.) Spreng. / 757
Pennisetum americarum (L.) Leeke. / 755
Pennisetum centrasiaticum Tzvel. / 756
Pennisetum flaccidum Griseb. / 756
Pennisetum glaucum (L.) R. Br. / 755
Penstemon campanulatus (Cav.) Willd. / 2495
Penstemon digitalis Nutt. ex Sims / 2495
Pentaphylloides davurica (Nestl.) Ikonn. / 1373
Pentaphylloides fruticosa (L.) O. Schwarz / 1372
Pentaphylloides glabra (Lodd.) Y. Z. Zhao / 1373
Pentaphylloides glabra var. *mandshurica* (Maxim.) Y. Z. Zhao / 1374
Pentaphylloides parvifolia (Fisch.) Soják / 1372
Pentarhizidium orientale (Hooker) Hayata / 70
Pentas lanceolata (Forsk.) K. Schum / 2272
Penthorum chinense Pursh / 1049
Perilla frutescens (L.) Britton / 2597
Perilla frutescens var. *crispa* (Thunb.) Hand.-Mazz. / 2598

Periploca sepium Bunge / 2319
Persicaria amphibia S. F. Gray / 1996
Persicaria amphibia var. *terrestris* (Leyss.) Munshi & Javeid / 1996
Persicaria angustifolia (Pall.) Ronse Decr. / 1989
Persicaria bungeana (Turcz.) Nakai ex Mori / 2000
Persicaria dissitflora (Hemsl.) H. Gross ex Mori / 1991
Persicaria flaccida (Meisn.) Nakai ex Sasaki / 3277
Persicaria foliosa (H. Lindb.) Kitag. / 2005
Persicaria foliosa var. *paludicola* (Mak.) S. M. Zhang / 2005
Persicaria hastatosagittata (Makino) Nakai ex T.Mori / 1995
Persicaria hydropiper (L.) Spach / 2003
Persicaria hydropiper var. *angustifolia* (A.Braun) Kitag. / 2004
Persicaria hydropiper var. *longistachya* (Chang & Li) Kitag. / 2005
Persicaria lapathifolia (L.) S. F. Gray / 2002
Persicaria lapathifolia var. *salicifolia* (Sibth.) Miyabe / 2002
Persicaria longiseta (De Br.) Kitag. / 2007
Persicaria longiseta var. *rotundata* (A.J.Li) B.Li / 2008
Persicaria maackiana (Regel) Nakai ex Mori / 1991
Persicaria maculosa Gray / 1998
Persicaria manshuricola Kitag. / 2007
Persicaria minor (Huds.) Opiz / 2005
Persicaria muricata (Meisn.) Nemoto / 1994
Persicaria nepalensis (Meisn.) H. Gross. / 1995
Persicaria orientalis (L.) Spach / 1997
Persicaria perfoliata (L.) H. Gross / 1990
Persicaria posumbu (Buch.-Ham. ex D.Don) Nakai / 2006
Persicaria pubescens (Blume) Hara / 3277
Persicaria sagittata (L.) H. Gross / 1992
Persicaria sagittata var. *pratense* (Chang et Li) S. M. Zhang / 1993
Persicaria senticosa (Meisn.) H. Gross ex Nakai / 1989
Persicaria strigosa (R. Br.) Nakai / 1994
Persicaria sungareensis Kitag. / 2006
Persicaria sungareensis f. *rubriflorum* (Li et Chang) S. M. Zhang / 2006
Persicaria thunbergii (Sieb et Zucc.) H. Gross / 1992
Persicaria tinctorium (Ait.) Spach / 1999
Persicaria trigonocarpa (Makino) Nakai / 2003
Persicaria viscofera (Mak.) H. Gross ex Nakai / 2005
Persicaria viscose (Buch.-Ham.) H. Gross ex Nakai / 1999
Pertya dioica (Bunge) S. E. Freire / 3015
Petasites japonicus (Sieb. et Zucc.) Maxim. / 2856
Petasites palmata A. Gray / 2855
Petasites rubellus (J. F. Gemel.) Toman / 2856
Petasites tatewakianus Kitam. / 2855
Petroselinum crispum (Mill.) Hill / 3260
Petunia hybrida Vilm. / 2435
Peucedanum baicalense (Redow. ex Willd.) Koch. / 3250
Peucedanum elegans Kom. / 3249
Peucedanum giraldii Diels / 3247
Peucedanum harry-smithii Fedde ex Wolff / 3251
Peucedanum praeruptorum Dunn subsp. *hirsutiusculum* Y. C. Ma / 3251
Peucedanum stepposum Huang / 3248
Peucedanum terebinthaceum (Fisch.) Fisch. ex Turcz. / 3251
Peucedanum terebinthaceum var. *deltoideum* (Makino ex Yabe) Makino / 3252
Peucedanum terebinthaceum var. *paishanense* (Nakai) Huang / 3253
Peucedanum wawrae (Wolff) Su / 3249
Phacellanthus tubiflorus Sieb. et Zucc. / 2662
Phacelurus latifolius (Steud.) Ohwi var. *angustifolius* (Debeaux) Kitag. / 782
Phacelurus latifolius (Steudel) Ohwi / 782
Phalaris arundinacea L. / 711
Phalaris arundinacea var. *picta* L. / 712
Phalaris canariensis L. / 711
Pharbitis hederacea Franch. / 2397
Pharbitis limbata Lindl. / 2396
Pharbitis nil (L.) Choisy / 2398
Pharbitis purpurea (L.) Voigt / 2395
Phaseolus angularis (Willd.) W. F. Wight / 1144
Phaseolus coccineus L. / 1138
Phaseolus demissus Kitag. / 1142

Phaseolus minimus Roxb. / 1143
Phaseolus radiatus L. / 1141
Phaseolus vulgaris L. / 1138
Phaseolus vulgaris var. *humilis* (Hassk.) Alef. / 1139
Phedimus aizoon (L.)'t Hart / 1044
Phedimus aizoon var. *latifolius* (Maximowicz) H. Ohba et al. / 1045
Phedimus aizoon var. *scabrus* (Maximowicz) H. Ohba et al. / 1046
Phedimus aizoon var. *yamatutae* (Kitagawa) H. Ohba et al. / 1045
Phedimus hsinganicus (Y. C. Chu ex S. H. Fu & Y. Hui Huang) H. Ohba & al. / 1044
Phedimus hybridus (L.)'t Hart / 1043
Phedimus kamtschaticus (Fisch.)'t Hart / 1043
Phedimus middendorffianus (Maxim.)'t Hart / 1042
Phedimus selskianus (Regel & Maack)'t Hart / 1041
Phegopteris connectilis (Michx.) Watt / 59
Phellodendron amurense Rupr. / 1777
Phellodendron amurense var. *molle* (Nakai) S. H. Li et S. Z. Liou / 1777
Philadelphus coronaries L. / 2172
Philadelphus incanus Koehne / 2174
Philadelphus pekinensis Rupr. / 2172
Philadelphus pekinensis var. *lanceolatus* S. Y. Hu / 2173
Philadelphus schrenkii Rupr. / 2175
Philadelphus schrenkii var. *jackii* Koehne / 2176
Philadelphus schrenkii var. *mandshuricus* (Maxim.) Kitag. / 2176
Philadelphus tenuifolius Rupr. ex Maxim. / 2174
Philadelphus tsianschanensis Wang et Li / 2175
Phleum alpinum L. / 736
Phleum phleoides (L.) Korsten / 736
Phleum pratense L. / 737
Phlojodicarpus sibiricus (Fiseh. ex Spreng.) K.–Pol. / 3220
Phlojodicarpus sibiricus var. *villosus* (Turcz. ex Fisch. & C.A. Mey.) Chu / 3220
Phlojodicarpus villosus (Turcz. ex Fisch. & C. A. Mey.) Turcz. ex Led. / 3220
Phlomis dentosa Franch. / 2635
Phlomis jeholensis Nakai et Kitagawa / 2632
Phlomis koraiensis Turcz. / 2634
Phlomis maximowiczii Regel / 2633
Phlomis mongolica Turcz. / 2632
Phlomis tuberosa L. / 2632
Phlomis umbrosa Turcz. / 2631
Phlomoides dentosa (Franch.) Kamelin & Makhm. / 2635
Phlomoides jeholensis (Nakai & Kitag.) Kamelin & Makhm. / 2632
Phlomoides koraiensis (Nakai) Kamelin & Makhm. / 2634
Phlomoides maximowiczii (Regel) Kamelin & Makhm. / 2633
Phlomoides maximowiczii var. *albiflorum* Z. S. M. / 2634
Phlomoides mongolica (Turcz.) Kamelin & A. L. Budantsev / 2632
Phlomoides tuberose (L.) Moench / 2632
Phlomoides umbrosa (Turcz.) Kamelin & Makhm. / 2631
Phlox paniculata L. / 2198
Phlox subulata L. / 2199
Photinia × *fraseri* Dress / 1277
Photinia serratifolia (Desfontaines) Kalkman / 1277
Photinia serrulata Lindl. / 1277
Phragmites australis (Clav.) Trin. / 590
Phragmites hirsuta Kitag. / 589
Phragmites japonicus Steud. / 591
Phragmites japonicus var. *prostrata* (Makino) L. Liu / 591
Phragmites jeholensis Honda / 590
Phryma leptostachya L. / 2655
Phryma leptostachya f. *melanostachya* Kitag. / 2656
Phryma leptostachya subsp. *asiatica* (H. Hara) Kitamura / 2655
Phryma leptostachya subsp. *asiatica* var. *melanostachya* S. M. Zhang / 2656
Phryma leptostachya var. *asiatica* Hara. / 2655
Phtheirospermum japonicum (Thunb.) Kanitz. / 2686
Phtheirospermum japonicum f. *album* C. F. Fang / 2687
Phyla canescens (Kunth) Greene / 2539
Phyla nodiflora (L.) Greene / 2539
Phyla nodiflora var. *minor* (Hook.) N. O' Leary & M. E. Múlgura / 2539

Phyllanthus ussuriensis Rupr. et Maxim. / 1684
Phyllanthus virgatus Forst. / 1684
Phyllitis scolopendrium (L.) Newman / 55
Phyllodoce caerulea (L.) Babingt. / 2256
Phyllodoce deflexa Ching ex H. P. Yang / 2256
Phyllolobium chinense Fische. / 1195
Phyllospadix japonicus Makino / 232
Phyllostachys bambusoides Sieb. et Zucc. / 584
Phyllostachys glauca McClure / 583
Phyllostachys reticulata (Rupr.) K.Koch / 584
Phymatopsis hastata (Thunb.) Kitag. ex H. Ito / 100
Phymatopteris hastata (Thunb.) Kitag. ex H. Ito var. *pygmaea* (Maxim.) Li et J. Z. Wang / 100
Phymatopteris hastata (Thunb.) Pic. Serm. / 100
Physaliastrum echinatum (Yatabe) Makino / 2408
Physalis alkekengi L. / 2404
Physalis alkekengi var. *francheti* (Mast.) Makino / 2404
Physalis angulata L. / 2406
Physalis grisea (Waterf.) M. Martínez / 2407
Physalis ixocarpa Brot. ex Hornem. / 2406
Physalis japonicum (Franch. et Sav.) Honda / 2408
Physalis macrophysa Rydb. / 2406
Physalis minima L. / 2405
Physalis peruviana L. / 2404
Physalis philadelphica Lam. / 2407
Physalis philadelphica subsp. *ixocarpa* (Brot. ex Hornem.) Sobr.–Vesp. & Sanz–Elorza / 2406
Physalis pubescens L. / 2407
Physalis tungkenensis Kuan et Gao / 2406
Physocarpus amurensis (Maxim.) Maxim. / 1242
Physocarpus amurensis cv. 'Darts gold' / 1243
Physocarpus amurensis cv. 'Summer wine' / 1243
Physocarpus opulifolius (L.) Maxim. / 1241
Physochlaina physaloides (L.) G. Don / 2428
Physostegia virginiana Benth / 2614
Phytolacca acinosa Roxb / 2158
Phytolacca americana L. / 2157
Phytolacca esculenta Van. Houtte / 2158
Picea abies (L.) Karst. / 133
Picea jezoensis (Siebold & Zuccarini) Carrière / 128
Picea jezoensis var. *ajanensis* (Fisch.) Cheng et L. K. Fu / 128
Picea jezoensis var. *komorovii* (V. Vassil.) Cheng et L. K. Fu / 129
Picea jezoensis var. *microsperma* (Lindl.) Cheng et L. K. Fu / 129
Picea koraiensis Nakai / 134
Picea koraiensis var. *nenjiangensis* S. Q. Nie et X. Y. Yuan / 134
Picea likiangensis (Franch.) Pritz. / 129
Picea likiangensis var. *balfouriana* (Rehder & E.H.Wilson) Hillier / 129
Picea likiangensis var. *rubescens* Rehder & E. H.Wilson / 129
Picea meyeri Rehd. &. Wils. / 131
Picea meyeri var. *meyeri* / 131
Picea meyeri var. *mongolica* H. Q. Wu / 132
Picea mongolica (H. Q. Wu) W. D. Xu / 132
Picea obovata Ledeb. / 131
Picea pungens Engelmann / 130
Picea pungens var. *glauca* Regel / 130
Picea wilsonii Rehder. / 131
Picrasma quassioides (D. Don) Benn. / 1786
Picrasma quassioides var. *dasycarpa* (Kitag.) S. Z. Liou / 1787
Picris davurica Fisch. ex Hornem. / 2757
Picris davurica Fisch. ex Hornem. var. *koreana* (Kitam.) Kitag. / 2757
Picris hieracioides L. / 2757
Picris hieracioides subsp. *fuscipilosa* Hand.–Mazz. / 2758
Picris junnanensis V. Vassil. / 2758
Picris nuristanica Bornmüller / 2756
Picris similis V. Vassil. / 2756
Pilea hamaoi Makino / 1482
Pilea japonica (Maxim.) Hand. –Mazz. / 1481
Pilea mongolica Wedd. / 1481
Pilea peploides (Gaud.) Hook. et Arn. / 1480
Pilea pumila (L.) A. Gray / 1481
Pilea pumila var. *hamaoi* (Makino) C. J. Chen / 1482
Pimpinella brachycarpa (Komar.) Nakai / 3209
Pimpinella brachystyla Hand. / 3208
Pimpinella calycina Maxim. / 3210
Pimpinella cnidioides Pearson ex Wolff / 3258
Pimpinella komarovii (Kitag.) Shan et Pu / 3210

Pimpinella thellungiana Wolff / 3258
Pimpinella thellungiana var. *tenuisecta* Y. C. Chu / 3258
Pinellia pedatisecta Schott / 200
Pinellia ternata (Thunb.) Breit. / 199
Pinguicula villosa L. / 2538
Pinus armandii Franch. / 110
Pinus banksiana Lamb. / 117
Pinus bungeana Zucc. ex Ehdl. / 114
Pinus densiflora Sieb. et Zucc. / 118
Pinus densiflora f. *nigricorticalis* Q. L. Wang / 119
Pinus densiflora Sieb. et Zucc. var. *brevifolia* Liou et Wang / 118
Pinus densiflora var. *funebris* (Kom.) Liou et Wang / 118
Pinus densiflora var. *liaotungensis* Liou et Wang / 118
Pinus densiflora var. *sylvestriformis* (Taken.) Q. L. Wang / 120
Pinus densiflora var. *ussuriensis* Liou & Q. L. Wang / 120
Pinus densiflora var. *zhangwuensis* S. J. Zhang et al. / 121
Pinus griffithii McClelland / 110
Pinus hingganensis H. J. Zhang / 113
Pinus koraiensis Sieb. et Zucc. / 112
Pinus nigra Arn. / 118
Pinus nigra Arn. var. *maritima* (Ait.) Melville / 118
Pinus nigra Arn. var. *poiretiana* (Ant.) Schneid. / 118
Pinus nigra subsp. *laricio* Maire / 118
Pinus parviflora Sieb. et Zucc. / 108
Pinus ponderosa Dougl. ex Laws. / 116
Pinus pumila (Pall.) Regel / 111
Pinus rigida Mill. / 115
Pinus sibirica (Loud.) Mayr. / 113
Pinus strobus L. / 109
Pinus sylvesfris L. / 120
Pinus sylvestriformis (Taken.) T. Wang et Cheng / 120
Pinus sylvestris L. / 121
Pinus sylvestris var. *mongolica* Litv. / 121
Pinus sylvestris var. *sylvestriformis* (Taken.) Cheng et C. D. Chu / 120
Pinus tabuliformis Carr. / 122
Pinus tabuliformis var. *mukdensis* Uyeki / 123
Pinus tabuliformis var. *umbraculifera* Liou et Wang / 124
Pinus takahasii Nakai / 120
Pinus thunbergii Parl. / 117
Pinus ussuriensis (Liou et Wang) Cheng et Y. W. Law / 120
Pinus wallichiana A. B. Jacks. / 110
Pistacia chinensis Bunge / 1741
Pisum sativum L. / 1182
Plagiorhegma dubium Maxim. / 837
Plantago jehohlensis Koidz. / 2484
Plantago arenaria Waldst. et Kit. / 2480
Plantago asiatica L. / 2480
Plantago asiatica var. */ 1axa* Pilger / 2481
Plantago camtschatica Link / 2486
Plantago cornuti Gouan / 2487
Plantago depressa Willd. / 2487
Plantago depressa subsp. *turczaninowii* (Ganjeschin) N. N. Tsvelev / 2488
Plantago depressa var. *montana* Kitag / 2488
Plantago hostifolia Nakai et Kitag. / 2480
Plantago huadianica S. H. Li et Y. Yang / 2487
Plantago indica L. / 2480
Plantago lanceolata L. / 2485
Plantago major L. / 2482
Plantago major var. *jehohlensis* (Koidz.) S. H. Li / 2484
Plantago major var. *sinuata* (Lain.) Decne. / 2483
Plantago maritima L. var. *salsa* (Pall.) Pilger / 2484
Plantago maritima subsp. *cillata* Printz / 2484
Plantago media L. / 2485
Plantago salsa Pall., Reise / 2484
Platanthera bifolia (L.) Richard / 303
Platanthera chlorantha Cust. ex Reichb. / 302
Platanthera cornu-bovis Nevski / 303
Platanthera freynii Kraenzl. / 302
Platanthera fuscescens (L.) Kraenzl. / 301
Platanthera hologlottis Maxim. / 303
Platanthera mandarinorum H. G. Reichenbach / 303
Platanthera mandarinorum Rchb. f. var. *cornu-bovis* (Nevski) Kitag. / 303
Platanthera metabifolia F. Maekawa / 303
Platanthera souliei Kraenzlin / 301

Platanthera ussuriensis (Regel) Maxim. / 301
Platanus acerifolia (Aiton)Willd. / 974
Platanus hispanica Muenchh. / 974
Platanus occidentalis L. / 975
Platanus orientalis L. / 974
Platycladus orientalis (L.) Franco / 156
Platycladus orientalis (L.) Franco cv. 'Semperaur–escens' / 156
Platycladus orientalis cv. 'Sieboldii' / 156
Platycodon grandiflorus (Jacq.) A. DC. / 2704
Platycodon grandiflorus var. *albus* Stubenrauch / 2705
Platycodon grandiflorus var. *duplex* Makino / 2705
Plectranthus ecklonii Benth. / 2579
Plectranthus excisus Maxim. / 2581
Plectranthus glaucocalyx Maxim. / 2580
Plectranthus inflexus (Thunb.) Vahl ex Benth. / 2582
Plectranthus japonicus (Burm. f.) Koidz. var. *glaucocalyx* (Maxim.) Koidz. / 2580
Plectranthus scutellarioides (L.) R. Br. / 2579
Plectranthus serra Maxim. / 2582
Plectranthus websteri Hemsl. / 2581
Pleuropteropyrum plutyphyllum (Li et Chang) Kitag. / 1965.
Pleuropterus cliinervis Nakai / 1968
Pleuropterus multiflorus Turcz. ex Nakai / 1967
Pleurosoriopsis makinoi (Maxim. ex Makino) Fomin / 95
Pleurospermum camtschaticum Hoff. / 3213
Pleurospermum uralense Hoff. / 3213
Plumbagella micrantha (Ledeb.) Spach / 1941
Plumbago auriculata Lam. / 1940
Poa acmocalyx Kengf. & L. Liu / 695
Poa acroleuca Steud. / 689
Poa alta Hitchc. / 696
Poa angustifolia L. / 693
Poa annua L. / 689
Poa araratica Trautv. / 696
Poa araratica subsp. *ianthina* (Keng ex Shan Chen) Olonova & G. Zhu / 697
Poa araratica subsp. *oligophylla* (Keng) Olonova & G. Zhu / 697
Poa arctica R.Br. / 693
Poa arctica R.Brown subsp. *caespitans* Simmons ex Nannfeldt / 693
Poa argunensis Rosh. / 697
Poa attenuata Trin. / 701
Poa botryoides Trin. / 698
Poa compressa L. / 691
Poa erikssonii (Melderis) Y. Z. Zhao / 702
Poa faberi Rendle / 701
Poa ianthina Keng ex H. L. Yang / 697
Poa kanboensis Ohwi / 693
Poa lapponica Prokudin / 695
Poa lapponica subsp. *acmocalyx* (Kengex L. Liu) Olonova & G. Zhu / 695
Poa lapponica subsp. *pilipes* (Keng ex ShanChen) Olonova & G. Zhu / 696
Poa mongolica (Rendle) Keng / 696
Poa nemoralis L. / 695
Poa nepalensis var. *nipponica* (Koidzumi) Soreng & G. Zhu / 689
Poa nepalensis Wall. ex Duthie / 689
Poa nipponica Koidz. / 689
Poa ochotensis Trin. / 699
Poa oligophylla Keng / 697
Poa pachyantha Keng / 695
Poa palustris L. / 700
Poa paucifolia Keng / 701
Poa pilipes Keng / 696
Poa plurifolia Keng / 702
Poa pratensis L. / 694
Poa pratensis subsp. *angustifolia* (L.) Lejeun / 693
Poa pratensis subsp. *pruinosa* (Korotky) Dickoré / 695
Poa prolixior Rendle / 701
Poa pruinosa Korotki / 695
Poa pseudo–palustris Keng / 696
Poa pseudo–palustris Keng ex L. Liu / 696
Poa sibirica Rosh. / 690
Poa sphondylodes Trin. / 701
Poa sphondylodes var. *erikssonii* Melderis / 702
Poa subfastigiata Trin. / 691
Poa trivialis L. / 699
Poa urssulensis Trin. / 692
Poa urssulensis var. *kanboensis* (Ohwi) Olonova & G. Zhu / 693

Poa versicolor Boss. / 697
Poa versicolor subsp. *reverdattoi* (Roshevitz) Olonova & G. Zhu / 697
Poa versicolor subsp. *stepposa* (Krylov) Tzvelev / 698
Poa versicolor subsp.*ochotensis* (Trinius) Tzvelev / 699
Poa viridula Palib. / 693
Poa xingkaiensis Y. X. Ma / 692
Pocockia liaosionsis P. Y. Fu et Y. A. Chen / 1128
Pocockia ruthenica (L.) Boiss. / 1128
Podocarpium oldhami (Oliv.) Yang et Huang / 1094
Podocarpium podocarpum (DC.) Yang et Huang / 1093
Podocarpium podocarpum (DC.) Yang et Huang var. *fallax* (Schindl.) Yang et Huang / 1093
Podranea ricasoliana (Tanf.) Sprague / 2532
Pogonia japonica Rchb. f. / 297
Pogostemon faurei (Léveillé) Press / 2584
Polemonium laxiflorum Kitam. / 2201
Polemonium liniflorum V. Vassil. / 2201
Polemonium villosum Rud. ex Georgi / 2201
Polemonium villosum Rud. ex Georgi f. *glabrum* S. D. Zhao / 2201
Polemonium caeruleum L. / 2201
Polemonium chinense (Brand) Brand / 2200
Polemonium chinense var. *hirticaulum* G. H. Liu & Y. C. Ma / 2201
Polemonium coeruleum L. var. *chinense* Brand / 2200
Polemonium hingganicum (P. H. Huang & S.Y. Li) S.Y. Li & K.T. Adair / 2202
Polemonium liniflorum V. Vassil. / 2200
Polemonium sumushanense G. H. Liu & Y. C. Ma / 2200
Polemonium-boreale subsp. *hingganicum* P.H. Huang & S.Y. Li / 2202
Polygala japonica Houtt. / 1230
Polygala sibirica L. / 1231
Polygala tatarinowii Regel / 1229
Polygala tenuifolia Willd. / 1229
Polygonatum acuminatifolium Kom. / 397
Polygonatum desoulayi Kom. / 396
Polygonatum humile Fisch. ex Maxim. / 398
Polygonatum inflatum Kom. / 397
Polygonatum involucratum (Franch. et Sav.) Maxim. / 396
Polygonatum macropodium Turcz. / 399
Polygonatum odoratum (Mill.) Druce / 400
Polygonatum sibiricum Delar. ex Redoute / 395
Polygonatum stenophyllum Maxim. / 395
Polygonatum verticillatum (L.) All. / 395
Polygonum fusco-ochreatum Kom. / 1975
Polygonum fusco-ochreatum Kom. f. *stans* (Kitag.) C. F. Fang / 1975
Polygonum lapidosum Kitag. / 1979
Polygonum prostratum Skv. / 1976
Polygonum ajanense (Nakai) Grig. / 1983
Polygonum alatum Buch-Llam / 1995
Polygonum alopecuroides Turcz. ex Besser / 1979
Polygonum alopecuroides Turcz. ex Besser f. *pilosum* Fang / 1979
Polygonum alpinum All. / 1985
Polygonum amphibium L. / 1996
Polygonum amphibium var. *terrestre* Leyss. / 1996
Polygonum angustifolium Pall. / 1989
Polygonum arenastrum Boreau / 1976
Polygonum attenuatum V. Petr. ex Kom. / 1981
Polygonum aubertii L. Henry / 1969
Polygonum aviculare L. / 1974
Polygonum aviculare var. *fusco-ochreatum* (Kom.) A. J. Li / 1975
Polygonum bistorta L. / 1979
Polygonum bungeanum Turcz. / 2000
Polygonum calcatum Lindm. / 1976
Polygonum ciliinerve (Nakai) Ohwi / 1968
Polygonum convolvulus L. / 1969
Polygonum cuspidatum Sieb. et Zucc. / 1965
Polygonum dentate-alatum (Fr. Schm.) Holub / 1970
Polygonum dissitiflorum Hemsl. / 1991
Polygonum divaricatum L. / 1985
Polygonum dumetorum L. / 1971
Polygonum ellipticum Willd. ex Spreng. / 1981
Polygonum foliosum H. Lindb. var. *paludicola* (Mak.) Kitam. / 2005
Polygonum foliosum Lindb. / 2005
Polygonum gracilius (Ledeb.) Klokov / 1972
Polygonum hastato-sagittatum Mak. / 1995
Polygonum huichunense F. Z. Li, Y. T. Hou & C. Y.

Qu / 1973
Polygonum humifusum Pall. ex Ledeb. / 1973
Polygonum humifusum f. *yamatutae*(Kitag.) C. F. Fang / 1973
Polygonum hydropiper L. / 2003
Polygonum hydropiper var. *angustifolium* A. Braun / 2004
Polygonum hydropiper var. *longistachyum* Chang et Li / 2005
Polygonum jeholense (Kitag.) Baranov & Skvortsov / 1986
Polygonum kirinense S.X. Li & Y.L. Chang / 1994
Polygonum koreense Nakai f. *viridiflorum* Li et Chang / 2003
Polygonum koreense Nakai / 2003
Polygonum korshinskianum Nakai / 1995
Polygonum lapathifolium L. / 2002
Polygonum lapathifolium var. *salicifolium* Sibthorp / 2002
Polygonum laxmannii Lepech. / 1983
Polygonum liaotungense Kitag. / 1976
Polygonum limosum Kom. / 1983
Polygonum longisetum DC. / 2007
Polygonum longisetum var. *rotundatum* A. J. Li / 2008
Polygonum maackianum Regel / 1991
Polygonum makinoi Nakai / 2005
Polygonum manshuricola Kitag. / 2007
Polygonum manshuriense V. Petr. ex Kom. / 1980
Polygonum minus Huds. / 2005
Polygonum monspeliense Thieb. ex Pers. / 1974
Polygonum multiflorum Thunb. / 1967
Polygonum muricatum Meisn. / 1994
Polygonum nepalense Meisn. / 1995
Polygonum ochotense V. Petr. / 1978
Polygonum ocreatum L. / 1983
Polygonum orientale L. / 1997
Polygonum pacificum V. Petr. ex Kom. / 1977
Polygonum paludosum Kom. / 1993
Polygonum parviflorum Y. L. Chang et S. H. Li / 1973
Polygonum patulum M. Bieb. / 1972
Polygonum perfoliatum L. / 1990
Polygonum persicaria L. / 1998
Polygonum persicaria f. *latifolium* Li et Chang / 1998
Polygonum platyphyllum Li et Chang / 1965.
Polygonum plebeium R. Br. / 1973
Polygonum posumbu Buch.–Ham. ex D. Don / 2006
Polygonum pubescens Blume / 3277
Polygonum rigidum Skv. / 1974
Polygonum roseoviride (Kitag.) Li et Chang / 2007
Polygonum roseoviride var. *manshuricola* (Kitag.) C. F. Fang / 2007
Polygonum sagittatum L. / 1992
Polygonum senticosum (Meisn.) Franch et Sav. / 1989
Polygonum sibiricum Laxm. / 1981
Polygonum sieboldii Meisn. / 1992
Polygonum sieboldii var. *pratense* Chang et Li / 1993
Polygonum strigosum R. Br. / 1994
Polygonum sungareense f. *rubriflorum* Li et Chang / 2006
Polygonum sungareense Kitag. / 2006
Polygonum taquetii H. Lév. / 1989
Polygonum thunbergii Sieb. et Zucc. / 1992
Polygonum tinctorium Ait. / 1999
Polygonum trigonocarpum (Makino) Kudo et Masam. / 2003
Polygonum ussuriense (Regel.) Nakai / 1995
Polygonum viscoferum Mak. / 2005
Polygonum viscosum Buch–Ham. ex D. Don / 1999
Polygonum viviparum L. / 1977
Polygonum vladimiri Czer. / 1981
Polypodium sibiricum Sipliv. / 96
Polypodium virginianum L. / 96
Polystichum braunii Fée / 85
Polystichum craspedosorum (Maxim.) Diels / 84
Polystichum tripteron (Kunze) Presl / 85
Poncirus trifoliata (L.) Rafin. / 1780
Ponerorchis chusua (D. Don) Soó / 307
Ponerorchis cucullata (L.) X. H. Jin / 309
Ponerorchis cucullata f. *albifora* (P. Y. Fu et S. Z. Liou) S. M. Zhang / 310
Ponerorchis cucullata f. *maculata* (Nakai et Kitag.) S. M. Zhang / 310
Ponerorchis gracilis (Blume) X. H. Jin / 308
Ponerorchis gracilis var. *manshuricum* (Kitag.) S. M. Zhang / 309
Pontederia cordata L. / 416
Populus × *beijingensis* W. Y. Hsu / 1644
Populus × *berolinensis* Dipp. / 1645

Populus × *hopeiensis* Hu et Chow / 1641
Populus × *xiaohei* T. S. Hwang et Liang / 1644
Populus alba L. / 1640
Populus alba var. *pyramidalis* Bunge / 1641
Populus amurensis Kom. / 1649
Populus canadensis Moench. / 1646
Populus cathayana Rehd. / 1650
Populus charbinensis C. Wang et Skv. / 1651
Populus charbinensis var. *pachydermis* C. Wang et Tung / 1651
Populus davidiana Dode / 1642
Populus davidiana Dode var. *pendula* Skv. / 1643
Populus davidiana f. *foliotardus* X. S. Zhang & H. Y. Jiang / 1642
Populus davidiana f. *laticuneata* Nakai / 1643
Populus davidiana f. *pendula* (Skv.) C. Wang et Tung / 1643
Populus euphratica Oliv. / 1648
Populus girinensis Skv. / 1651
Populus girinensis var. *ivaschkevitchii* Skv. / 1651
Populus hsinganica C. Wang et Skv. / 1650
Populus keerqinensis T. Y. Sun / 1649
Populus koreana Rehd. / 1651
Populus liaotungensis C. Wang et Skv. / 1656
Populus maximowiczii A. Henry / 1654
Populus nakaii Skv. / 1650
Populus nigra L. / 1646
Populus nigra var. *italica* (Moench.) Koehne / 1648
Populus nigra var. *thevestina* (Dode) Bean Not. / 1647
Populus pseudo–simonii Kitag. / 1649
Populus simonii Carr. / 1654
Populus simonii Carr. f. *liaotungensis* (C. Wang et Skv.) Kitag. / 1656
Populus simonii Carr. var. *rhombifolia* Kitag. / 1656
Populus simonii f. *brachy–ehaeta* P. Yu et C. F. Fang / 1655
Populus simonii f. *fastigiata* Schneid. / 1655
Populus simonii f. *pendula* Schneid. / 1656
Populus simonii f. *rhombifolia* (Kitag.) C. Wang et Tung / 1656
Populus simonii f. *robusta* C. Wang et Tung / 1655
Populus simonii var. *latifolia* C. Wang et Tung / 1656
Populus simonii var. *liaotungensis* (C. Wang et Skv.) C. Wang et Tung / 1656
Populus simonii var. *rotundifolia* S. C. Lu ex C. Wang et Tung / 1656
Populus suaveolens Fisch. / 1652
Populus tomentosa Carr. / 1640
Populus ussuriensis Kom. / 1653
Populus×*xiaozhuanica* W. Y. Hsu et Liang / 1645
Populus×*xiaohei* var. *xiaozhuanica* (W. Y. Hsu & Y. Liang) C.Shang / 1645
Porphyroscias decursiva Miq. / 3229
Porphyroscias decursiva Miq. f. *albiflora* (Maxim.) Nakai / 3231
Portulaca grandiflora Hook. / 2166
Portulaca oleracea L. / 2167
Portulaca umbraticola Kunth / 2167
Potamogeton acutifolius Link / 243
Potamogeton acutifolius Link ex Roemer & Schultes subsp. *mandschuriensis* A. Bennett / 243
Potamogeton chongyongensis W. X. Wang / 244
Potamogeton compressus L. / 242
Potamogeton crispus L. / 240
Potamogeton cristatus Regel et Maack / 236
Potamogeton distinctus A. Bennett / 238
Potamogeton filiformis Pers. var. *applanatus* (Y. D. Chen) Q. Y. Li / 242
Potamogeton fontigenus Y. H. Guo et al. / 238
Potamogeton friesii Ruprecht / 241
Potamogeton gramineus L. / 237
Potamogeton heterophyllus Schreb. / 237
Potamogeton hubeiensis W. X. Wang / 236
Potamogeton leptanthus Y. D. Chen / 234
Potamogeton lucens L. / 239
Potamogeton maackianus A. Benn. / 241
Potamogeton malaianus Miq. / 238
Potamogeton mandschuriensis (A. Bennett) A. Bennett / 243
Potamogeton mizuhikimo Makino / 236
Potamogeton natans L. / 237
Potamogeton obtusifolius Mert. et Koch / 243
Potamogeton octandrus Poiret / 236
Potamogeton octandrus var. *mizuhikimo* (Makino) Hara / 236

Potamogeton oxyphyllus Miq. / 244
Potamogeton panormitanus Bivona / 242
Potamogeton pectinatus L. / 234
Potamogeton perfoliatus L. / 240
Potamogeton pusillus L. / 242
Potamogeton pusillus subsp. *friesii* (Rupr.) Hook. f. / 241
Potamogeton wrightii Morong / 238
Potamogeton xinganensis Ma / 240
Potentilla yokusaiana Makino / 1412
Potentilla acaulis L. / 1409
Potentilla amurensis Maxim. / 1422
Potentilla ancistrifolia var. *ruguloea* (Kitag.) Liou et C. Y. Li / 1413
Potentilla ancistrifolia Bung. / 1413
Potentilla ancistrifolia var. *concolor* Liou et C. Y. Li / 1414
Potentilla ancistrifolia var. *dickinsii* (Franch. et Sav.) Koidz. / 1414
Potentilla anserina L. / 1400
Potentilla anserina var. *sericea* Hayne / 1401
Potentilla asperrima Turcz. / 1411
Potentilla betonicifolia Poir. / 1410
Potentilla betonicifolia var. *pentaphyll* Liou et C. Y. Li / 1411
Potentilla bifurca L. / 1420
Potentilla bifurca L. var. *canescens* Bong. et Mey. / 1420
Potentilla bifurca L. var. *glabrata* Lehm. / 1420
Potentilla bifurca var. *humilior* Rupr. et Osten-Sacken / 1421
Potentilla bifurca var. *major* Ledeb. / 1420
Potentilla centigrana Maxim. / 1406
Potentilla chinensis Ser. / 1418
Potentilla chinensis var. *lineariloba* Franch. et Sav. / 1419
Potentilla chinensis var. *platyloba* Liou et C. Y. Li / 1419
Potentilla chrysantha Trev. / 1409
Potentilla conferta Bunge / 1416
Potentilla cryptotacniae Maxim. var. *obovaia* Wolf / 1411
Potentilla cryptotaeniae Maxim. / 1411
Potentilla dasyphylla Bunge / 1416
Potentilla discolor Bunge / 1414
Potentilla flagellaris Willd. ex Schlecht. / 1408
Potentilla fragarioides L. / 1423
Potentilla fragiformis Willd. ex Schlecht / 1412
Potentilla freyniana Bornm. / 1413
Potentilla fruticosa L. / 1372
Potentilla fruticosa var. *rigida* (Wall. ex Lehm.) Th. Wolf. / 1373
Potentilla glabra Lodd. / 1373
Potentilla glabra var. *veitchii* (Wils.) Hand. -Mazz. / 1373
Potentilla glabra var. *mandshurica* (Maxim.) Hand. -Mazz. / 1374
Potentilla imbricate Kar. & Kir. / 1420
Potentilla indica (Andy.) Wol. / 1405
Potentilla inquinans Turcz. / 1420
Potentilla kleiniana Wight et Arn. / 1408
Potentilla leucophylla Pall. / 1410
Potentilla longifolia Willd. ex Schlecht. / 1423
Potentilla multicaulis Bunge / 1417
Potentilla multifida L. / 1416
Potentilla multifida var. *ornithopoda* (Tausch) Th. Wolf / 1417
Potentilla nivea L. / 1409
Potentilla nivea L. var. *camtschatica* Chant. & Schlecht. / 1409
Potentilla nudicaulis Willd. ex Schlecht. / 1424
Potentilla pannifolia Liou et C. Y. Li / 1415
Potentilla paradoxa Nutt. / 1422
Potentilla parvifolia Fisch. ap. Lehm. / 1372
Potentilla reptans L. / 1407
Potentilla reptans L. var. *incisa* Franch. / 1407
Potentilla reptans var. *sericophylla* Franch. / 1407
Potentilla rosulifera H. Lév. / 1412
Potentilla rupestris L. / 1420
Potentilla sanguisorba Willd. ex Schltdl. / 1423
Potentilla sericea L. / 1416
Potentilla simulatrix Wolf / 1406
Potentilla strigosa Pall. / 1416
Potentilla supina L. / 1422
Potentilla supina var. *ternata* Peterm. / 1422
Potentilla tanacetifolia Willd. ex Schlecht. / 1424
Potentilla tanacetifolia var. *crenato-serrata* Liou et C. Y. Li / 1425
Potentilla verticillaris Steph. ex Willd. / 1415

Potentilla verticillaris var. *latiaecta* Liou et C. Y. Li / 1416
Potentilla verticillaris var. *pedatiaecta* Liou et C. Y. Li / 1415
Potentilla viscosa J. / 1423
Prenanthes acerifolia (Maxim.) Matsum. / 2790
Prenanthes blinii (Levl.) Kitag. / 2790
Prenanthes macrophylla Franch. / 2790
Prenanthes tatarinowii Maxim. / 2790
Primula farinosa L. / 2212
Primula farinosa var. *denudata* W. D. J. Koch / 2213
Primula fistulosa Turkev. / 2211
Primula fistulosa var. *breviscapa* P. H. Huang & L. H. Zhuo / 2211
Primula loeseneri Kitag. / 2208
Primula maximowiczii Regel / 2207
Primula nutans Georgi / 2210
Primula saxatilis Kom. / 2208
Primula sibirica Jack. / 2210
Primula sieboldii E. Morren / 2209
Prinsepia sinensis (Oliv.) Oliv. ex Bean / 1303
Prinsepia uniflora Batal. / 1304
Protowoodsia manchuriensis (Hook.) Ching / 63
Prunella asiatica Nakai / 2630
Prunella grandiflora (L.) Jacq. / 2629
Prunus × *blireana* André / 1326
Prunus × *blireana* cv. 'Meiren' / 1326
Prunus × *cistena* N. E. Hansen ex Koehne / 1325
Prunus ansu Kom. / 1331
Prunus armeniaca L. / 1330
Prunus armeniaca var. *ansu* Maxim. / 1331
Prunus armeniaca var. *meixianeensis* (T. Z. Li et al.) Y. H. Tong & N. H. Xia / 1331
Prunus armeniaca var. *xiongyueensis* (T. Z. Li & al.) Y. H. Tong & N. H. Xia / 1331
Prunus avium (L.) L. / 132
Prunus cerasifera Ehrhart / 1326
Prunus cerasifera f. *atropurpurea* (Jacq.) Rehd. / 1326
Prunus cerasus L. / 1322
Prunus davidiana (Carr.) Franch. / 1334
Prunus davidiana cv. 'Alba Tortuosa' / 1335
Prunus davidiana cv. 'Alba' / 1334
Prunus davidiana cv. 'Alba-plena' / 1335
Prunus davidiana cv. 'Rubra' / 1335
Prunus davidiana cv. 'Tortuosa' / 1335
Prunus domestica L. / 1324
Prunus glandulosa Thunb. Fl. Jap. / 1315
Prunus glandulosa f. *albo-plena* (Pers.) Koehne / 1315
Prunus glandulosa f. *siensis* (Pers.) Koehne / 1315
Prunus humilis Bunge / 1314
Prunus japonica Thunb. / 1316
Prunus japonica var. *engleri* Koehne / 1317
Prunus japonica var. *nakaii* (Levl.) Yu et L. / 1316
Prunus leveilleana Koehne / 1321
Prunus limeixing (J. Y. Zhang & Z. M. Wang) Y. H. Tong & N. H. Xia / 1325
Prunus maackii Rupr. / 1309
Prunus mahaleb L. / 1318
Prunus mahaleb var. *cupaniana* (Guss.) Friori et Paol. / 1318
Prunus mandshurica (Maxim.) Koehne / 1328
Prunus mandshurica var. *glabra* Nakai / 1329
Prunus maximowiczii Rupr. / 131
Prunus mume (Sieb.) Sieb. et Succ. / 1327
Prunus nakaii Levi. / 1316
Prunus padus L. / 1310
Prunus padus f. *pubescens* (Regel) Kitag. / 1312
Prunus padus var. *asiatica* (Kom.) Y. H. Tong & N. H. Xia / 1311
Prunus padus var. *glauca* Nakai / 1312
Prunus padus var. *pubescens* Reget et Tiling / 1312
Prunus padus var. *rufoferruginea* Nakai ex Mori / 1311
Prunus pedunculata (Pall.) Maxim. / 3276
Prunus persica (L.) Batsch. / 1336
Prunus persica cv. 'Chrysanthemoides' / 1338
Prunus persica f. *alba-plena* (Schneid) S. M. Zhang / 1337
Prunus persica f. *atropurpurea* (Schneid) S. M. Zhang / 1338
Prunus persica f. *rubro-plena* (Schneid) S. M. Zhang / 1338
Prunus persica f. *versicolor* (Voss.) S. M. Zhang / 1337
Prunus persica var. *compressa* (Loud.) Bean / 1339
Prunus salicina Lindl. / 1325

Prunus salicina Lindl. var. *mandshurica* (Skv.) Skv. et Bar. / 1324
Prunus sargentii Rehd. / 1322
Prunus serrulata Lindl. / 1320
Prunus serrulata Lindl. f. *fugenzo* (Makino) Makino / 1320
Prunus serrulata Lindl. var. *spontanea* (Maxim.) Wils. / 1320
Prunus serrulata var. *pubescens* (Makino) Wils. / 1320
Prunus sibirica L. / 1329
Prunus sibirica var. *davidiana* (Carr.) Y. L. Chou. / 1330
Prunus sibirica var. *pleniflora* (J. Y. Zhang et al.) Y. H. Tong & N. H. Xia / 1330
Prunus sieboldii (Carr.) Wittm. / 1319
Prunus subhirtella Miq. / 1320
Prunus subhirtella var. *pendula* (Maxim.) Tanaka / 1321
Prunus tomentosa Thunb. / 1312
Prunus tomentosa var. *leueocorpa* (Kehder.) S. M. Zhang / 1313
Prunus triloba Lindl. / 1332
Prunus triloba f. *multiplex* (Bunge) Rehd. / 1333
Prunus triloba f. *petzoldii* (K. Koch) Q. L. Wang / 1333
Prunus triloba var. *truncate* Kom. / 1332
Prunus ussuriensis Kov. et Kost. / 1324
Prunus verecunda (Koidz.) Koehne Feddes Repert. / 1321
Prunus virginiana L. / 1309
Prunus yedoensis Matsum. / 1319
Pseudocherleria macrocarpa (Pursh) Dillenb. & Kadereit var. *koreana* (Nakai) Dillenb. & Kadereit / 2081
Pseudocydonia sinensis (Thouin) Schneid. / 1284
Pseudocystopteris spinulosa (Maxim.) Ching / 78
Pseudolarix amabilis (Nelson) Rehd. / 136
Pseudolysimachion dauricum (Steven) Holub / 2503
Pseudolysimachion incanum (L.) Holub / 2500
Pseudolysimachion kiusianum (Furumi) T. Yamaz. / 2503
Pseudolysimachion linariifolium (Pall. ex Link) Holub / 2499
Pseudolysimachion linariifolium subsp. *dilatatum* (Nakai & Kitag.) D. Y. Hong / 2500
Pseudolysimachion longifolium (L.) Opiz / 2504
Pseudolysimachion rotundum (Nakai) Yamaraki / 2501
Pseudolysimachion rotundum subsp. *coreanum* (Nakai) D. Y. Hong / 2502
Pseudolysimachion rotundum subsp. *subintegrum* (Nakai) D. Y. Hong / 2501
Pseudostellaria davidii (Franch.) Pax ex Pax et Hoffm. / 2055
Pseudostellaria heterantha (Maximowicz) Pax / 2058
Pseudostellaria heterophylla (Miq.) Pax. ex Pax et Hoffm. / 2056
Pseudostellaria japonica (Korsh.) Pax / 2055
Pseudostellaria maximowicziana (Franch. et Sav.) Pax / 2058
Pseudostellaria palibiniana (Takeda) Ohwi / 2057
Pseudostellaria rupestris (Turcz.) Pax / 2058
Pseudostellaria sylvatica (Maxim.) Pax / 2054
Pseudotsuga menziesii (Mirbel) Franco / 126
Psoralea corylifolia L. / 1186
Ptelea trifoliata L. / 1779
Pteridium aquilinum (L.) Kuhn. / 40
Pteridium aquilinum var. *latiusculum* (Desv.) Underw. ex A. Heller / 40
Pterocarya stenoptera DC. / 1498
Pteroceltis tatarinowii Maxim. / 1463
Pterocypsela elata (Hemsl.) Shih / 2785
Pterocypsela indica (L.) Shih / 2787
Pterocypsela raddeana (Maxim.) Shih / 2786
Pterocypsela triangulata (Maxim.) Shih / 2787
Pteroxygonum giraldii Damm. et Diels / 1966
Pterygocalyx volubilis Maxim. / 2293
Ptilagrostis mongholica (Turcz. ex Trin.) Griseb. / 748
Ptilagrostis mongholica (Turcz. ex Trin.) Griseb. var. *barbellata* Rosh. / 748
Ptilotrichum canescens (DC.) C. A. Mey. / 1866
Ptilotrichum cretaceum (Kotov) Ledeb. / 1866
Ptilotri-chum dahuricum Peschkova / 1863
Ptilotrichum tenuifolium (Stephan ex Willdenow) C. A. Meyer. / 1863
Puccinellia chinampoensis Ohwi / 676
Puccinellia distans (L.) Parl. / 675

Puccinellia filifolia (Trinius) Tzvelev / 675
Puccinellia hauptiana (V. Krecz.) V. Krecz. / 674
Puccinellia jeholensis Kitag. / 676
Puccinellia macranthera Krecz. / 676
Puccinellia manchuriensis Ohwi / 677
Puccinellia micrandra (Keng) Keng / 673
Puccinellia nipponica Ohwi / 673
Puccinellia tenuiflora (Griseb.) Scribn. et Merr. / 675
Pueraria lobata (Willd.) Ohwi / 1137
Pueraria montana (Loureiro) Merrill / 1136
Pueraria montana var. *lobata* (Willd.) Sanjappa & Pradeep / 1137
Pugionium cornutum (L.) Gaertn. / 1843
Pulmonaria officinalis L. / 2343
Pulsatill apatens var. *multifida* (Pritz.) S. H. Li & Y. H. Huang / 954
Pulsatilla × *yanbianensis* H. Z. LV / 959
Pulsatilla ambigua Turez. ex Pritz. / 955
Pulsatilla baiyunshanensis Z. Y. Lee / 958
Pulsatilla cernua (Thunb.) Bercht. et Opiz. / 958
Pulsatilla cernua f. *plumbea* J. X. Ji & Y. T. Zhao / 958
Pulsatilla chinensis (Bunge) Regel. / 952
Pulsatilla chinensis f. *alba* D. K. Zang / 953
Pulsatilla chinensis var. *kissii* (Mandl) S. H. Li et Y. H. Huang / 953
Pulsatilla dahurica (Fisch. ex DC.) Spreng. / 960
Pulsatilla dahurica f. *pleniflora* S. H. Li et Y. H. Huang / 961
Pulsatilla hulunensis (L. Q. Zhao) L. Q. Zhao et Y. Z. Zhao / 957
Pulsatilla kissii Mandl / 953
Pulsatilla patens (L.) Mill. / 953
Pulsatilla patens f. *albifiora* X. F. Zhao ex Y. Z. Zhao / 954
Pulsatilla patens subsp. *multifida* (Pritz.) Z954
Pulsatilla saxatilis L. Xu & T. G. Kang / 958
Pulsatilla sukaczevii Juz. / 955
Pulsatilla tenuiloba (Turcz.) Juz. / 956
Pulsatilla turczaninovii Kryl. et Serg. / 956
Pulsatilla turczaninovii var. *fissasepalum* J. H. Yu / 957
Pulsatilla turczaninovii var. *hulunensis* L. Q. Zhao / 957
Punica granatum L. / 1704
Punica granatum cv. 'Nana Plena' / 1705
Punica granatum cv. 'Nana' / 1705
Pycreus flavidus (Retz.) T. Koyama / 539
Pycreus globosus (All.) Reichb. / 539
Pycreus korshinskyi (Meinsh.) V. Krecz. / 537
Pycreus polystachyos (Rottb.) P. Beauv. / 538
Pycreus sanguinolentus (Vahl) Nees / 537
Pycreus setiformis (Korsh.) Nakai / 537
Pyracantha fortuneana (Maxim.) Li / 1269
Pyrethrum cinerariifolium Trev. / 3010
Pyrethrum parthenifolium Willd. / 3012
Pyrola incarnata Fisch. ex DC. / 2244
Pyrola japonica Klenze ex Alef. / 2246
Pyrola subaphylla Maxim. / 2246
Pyrola asarifolia Michaux / 2244
Pyrola asarifolia subsp. *incarnate* (DC.) Haber & Hir. Takah. / 2244
Pyrola chlorantha Sw. / 2244
Pyrola dahurica (H. Andr.) Kom. / 2246
Pyrola incarnata var. *ovafolia* Y. Z. Zhao / 2244
Pyrola macrocalyx Ohwi / 2246
Pyrola media Sw. / 2245
Pyrola renifolia Maxim. / 2243
Pyrola rotundifolia L. / 2246
Pyrola solunica S.D. Zhao / 2244
Pyrola tschanbaischanica Y. L. Chou et Y. L. Chang / 2243
Pyrola. minor L. / 2245
Pyrrosia davidii (Baker) Ching / 98
Pyrrosia gralla (Gies.) Ching / 98
Pyrrosia linearifolia (Hook.) Ching / 97
Pyrrosia pekinensis (C. Chr.) Ching / 98
Pyrrosia petiolosa (Christ) Ching / 98
Pyrus betulifolia Bunge / 1293
Pyrus bretschneideri Rehd. / 1291
Pyrus calleryana Dcne. / 1292
Pyrus communis L. / 1289
Pyrus corymbifera Nakai / 1294
Pyrus hopeiensis Yu / 1290
Pyrus phaeocarpa Rehd. / 1293
Pyrus pyrifolia (Burm. f.) Nakai / 1292
Pyrus ussuriensis Maxim. / 1290

Q

Quamoclit coccinea (L.) Moeach / 2389
Quamoclit pennata (Desr.) Bojer / 2391
Quamoclit sloteri House apud Bailey / 2390
Quercus × *mongolico–dentata* Nakai / 1494
Quercus acutissima Carr. / 1490
Quercus aliena Bl. / 1492
Quercus aliena var. *acuteserrata* Maxim. / 1493
Quercus aliena var. *jeholensis* Liou et S. X. Li / 1494
Quercus aliena var. *pekingensis* f. *jeholensis* (Liou et Li) H. W. Jen et L. M. Wang / 1494
Quercus aliena var. *pekingensis* Schott / 1493
Quercus dentata Thunb. / 1495
Quercus dentata f. *grandifolia* (Koidz.) Kitag. / 1495
Quercus fenchengensis H. W. Jen et L. M. Wang / 1494
Quercus glandulifera Bl. var. *brevipetiolata* (A. DC.) Nakai / 1492
Quercus liaotungensis Koidzum. / 1496
Quercus maccormickii Carr. / 1494
Quercus mongolica Fisch. ex Turcz. / 1496
Quercus mongolica subsp. *crispula* (Blume) Menitsky / 1498
Quercus mongolica var. *grosseserrata* (Blume) Rehd. et Wils. / 1498
Quercus mongolica var. *liaotungensis* (Koidz.) Nakai / 1496
Quercus mongolica var. *macrocarpa* H. Wei Jen & L. M. Wang / 1497
Quercus palustris Muench. / 1490
Quercus rubra L. / 1489
Quercus serrata Thunb. / 1492
Quereus glandulifera Blume / 1492
Quercus serrata var. *brevipetiolata* (A. DC.) Nakai / 1492
Quercus variabilis Bl. / 1491
Quercus wutaishanica May. / 1496

R

Rabdosia excisa (Maxim.) Hara / 2581
Rabdosia inflexa (Thunb.) Hara / 2582
Rabdosia japonica (Burm. f.) Hara / 2580
Rabdosia japonica (Burm. f.) Hara var. *glaucocalyx* (Maxim.) Hara / 2580
Rabdosia serra (Maxim.) Hara / 2582
Rabdosia websteri (Hemsl.) Hara / 2581
Ramischia obtusata (Turcz.) Freyn / 2241
Ramischia secunda (L.) Garcke / 2241
Ranunculus amurensis Kom. / 922
Ranunculus bungei Steud. / 920
Ranunculus chinensis Bunge / 925
Ranunculus cuneifolius Maxim. / 931
Ranunculus cuneifolius var. *latisectus* S. H. Li et Y. H. Huang / 931
Ranunculus cuneifolius var. *latisectus* S. H. Li et Y. H. Huang / 931
Ranunculus cymbalaria Pursh / 914
Ranunculus cymbalaria Pursh f. *multisecta* S. H. Li et Y. H. Huang / 914
Ranunculus eradicatus (Laest.) Johans. / 921
Ranunculus flaccidus Pers. / 920
Ranunculus foeniculaceus Gilib. / 919
Ranunculus franchetii De Boiss. / 929
Ranunculus gmelinii DC. / 923
Ranunculus grandis Honda / 931
Ranunculus grandis var. *manshuricus* Hara / 932
Ranunculus hsinganensis Kitag. / 934
Ranunculus intramongolicus Y. Z. Zhao / 924
Ranunculus japonicas Thunb. / 932
Ranunculus japonicas var. *pratensis* Kitag. / 934
Ranunculus japonicus Thunb. var. *latissimus* Kitag. / 932
Ranunculus japonicus var. *hsinganensis* (Kitag.) W. T. Wang / 934
Ranunculus japonicus var. *monticola* Kitag. / 933
Ranunculus japonicus var. *smirnovii* (Ovcz.) L. Liou / 932
Ranunculus jingpoensis (G. Y. Zhang, Chen Wang & X. Jun Liu) Luferov / 920
Ranunculus kauffmanii Clerc / 918
Ranunculus longicaulis C.A. Mey. / 922
Ranunculus monophyllus Ovcz. / 927
Ranunculus natans C. A. Mey. / 924
Ranunculus natans var. *intromongolicus* (Y. Z. Zhao)

S. H. Li / 924
Ranunculus nephelogenes var. *longicaulis* (Trautv.) W. T. Wang / 922
Ranunculus paishanensis Kitag. / 933
Ranunculus pedatifidus J. E. Smith / 928, 929
Ranunculus pulchellus C. A. Mey. / 929
Ranunculus quelpaertensis (Levl.) Nakai / 931
Ranunculus radicans C. A. Mey. / 923
Ranunculus repens L. / 926
Ranunculus repens f. *polypetalus* S. H. Li et Y. H. Huang / 926
Ranunculus reptans L. / 921
Ranunculus rigescens Turez. ex Ovcz. / 928
Ranunculus ruthenicus Jacq. / 915
Ranunculus sceleratus L. / 930
Ranunculus silerifolius H. Lév. / 931
Ranunculus smirnovii Ovcz. / 932
Ranunculus submarginatus Ovcz. / 932
Ranunculus tachiroei Franch. et Sav. / 924
Ranunculus trichophyllus Chaix. ex Vill. / 920
Ranunculus trichophyllus subsp. *eradicatus* (Laest.) C. D. K. Cook / 921
Raphanus raphanistrum L. / 1870
Raphanus sativus L. / 1869
Reaumuria soongarica (Pall.) Maxim. / 1938
Rehmannia glutinosa (Gaertn.) Libosch. ex Fisch. et Mey. / 2668
Reseda lutea L. / 1828
Reynoutria ciliinerve (Nakai) C. F. Fang / 1968
Reynoutria japonica Houtt. / 1965
Rhamnus arguta Maxim. / 1432
Rhamnus bungeana J. Vass. / 1438
Rhamnus davurica Pall. / 1432
Rhamnus diamantiaca Nakai / 1435
Rhamnus erythroxylum Pall. / 1433
Rhamnus globosa Bunge / 1437
Rhamnus koraiensis Schneid. / 1434
Rhamnus meyeri Schn. / 1437
Rhamnus mongolica Y. Z. Zhao & L. Q. Zhao / 1435
Rhamnus parvifolia Bunge / 1439
Rhamnus parvifolia var. *tumetica* (Grub.) E. W. Ma. / 1437
Rhamnus schneideri L. et V. / 1434
Rhamnus schneiberi L. et V. var. *manshurica* Nakai / 1434
Rhamnus tumetica Grub. / 1437
Rhamnus ussuriensis J. Vass. / 1436
Rhamnus viridifolia Liou / 1437
Rhamnus yoshinoi Makin. / 1434
Rhaponticum uniflorum (L.) DC. / 3097
Rhaponticum uniflorum var. *albiflorum* S. M. Zhang / 3098
Rheum compactum L. / 3277
Rheum franzenbuchii Munt / 1950
Rheum officinale Baill. / 1951
Rheum palmatum L. / 1952
Rheum rhabarbarum L. / 1950
Rheum tanguticum Maxim. ex Regel / 1951
Rheum undulatum L. / 1950
Rheum undulatum L. var. *longifolium* C. Y. Cheng et Kao / 1950
Rhinanthus glaber Lamarck / 2670
Rhinanthus vernalis (N. W. Zinger) Schischk. & Serg. / 2670
Rhodiola angusta Nakai / 1038
Rhodiola dumulosa (Franch.) S. H. Fu / 1038
Rhodiola rosea L. / 1039
Rhodiola sachalinensis A. Boriss. / 1040
Rhodiola stephanii (Chain.) Trautv. et C. A. Mey. / 1039
Rhododendron chrysanthum Pallas / 2262
Rhododendron confertissimum Nakai / 2264
Rhododendron dauricum L. var. *albiflorum* Turcz. / 2266
Rhododendron parvifolium Adams / 2264
Rhododendron yedoense var. *poukhanense* Nakai / 2261
Rhododendron aureum Georgi / 2262
Rhododendron brachycarpum D. Don ex G. Don / 2263
Rhododendron dauricum f. *albiflorum* (Turcz.) C. F. Fang / 2266
Rhododendron dauricum L. / 2265
Rhododendron hybride cv. 'Hong Feng' / 2260
Rhododendron hybridum Ker Gawl. / 2260
Rhododendron lapponicum (L.) Wahl. / 2264

Rhododendron liaoxigensis S. L. Tung et Zh. Lu / 2264
Rhododendron micranthum Turcz. / 2264
Rhododendron mucronulatum f. *album* Nakai / 2268
Rhododendron mucronulatum f. *ciliatum* (Nakai) Kitag. / 2267
Rhododendron mucronulatum Turcz. / 2266
Rhododendron redowskianum Maxim. / 2262
Rhododendron schlippenbachii Maxim. / 2263
Rhododendron tomentosum Harmaja / 2259
Rhododendron tomentosum subsp. *decumbens* (Aiton) Elven & D. F. Murray / 2260
Rhododendron tomentosum subsp. *dilatatum* (Wahl.) S. M. Zhang / 2259
Rhododendron yedoense f. *poukhanense* (Lev.) Sugimoto ex T. Yamaz. / 2261
Rhododendron yedoense Maxim. ex Regel / 2261
Rhodotypos scandens (Thunb.) Makino / 1368
Rhus chinensis Mill. / 1746
Rhus dissecta Thunb. / 1747
Rhus typhina L. / 1746
Rhynchospora alba (L.)Vahl / 530
Ribes altissimum Turcz. ex Pojark. / 1003
Ribes americanum Mill. / 996
Ribes atropurpureum C. A. Mey. / 1002
Ribes burejense Fr. Schmidt. / 989
Ribes diacanthum Pall. / 990
Ribes emodense Rehder / 1003
Ribes fasciculatum Sieb. et Zucc. / 993
Ribes fasciculatum var. *chinense* Maxim. / 993
Ribes fragrans Pall. / 997
Ribes giraldii Jancz. / 992
Ribes giraldii var. *cuneatum* Wang et Li / 992
Ribes giraldii var. *polyanthum* Kitag. / 993
Ribes graveolens Bunge / 997
Ribes grossularia L. / 988
Ribes himalense Royle ex Decne. / 1003
Ribes himalense var. *verruculosum* (Rehder) L. T. Lu / 1004
Ribes horridum Rupr. ex Maxim. / 989
Ribes komarovii A. Pojark. / 995
Ribes komarovii var. *cuneifolium* Liou / 995
Ribes latifolium Jancz. / 1000
Ribes liouanum Kitag. / 998
Ribes mandshuricum (Maxim.) Kom. / 1000
Ribes mandshuricum var. *subglabrum* Kom / 1001
Ribes maximowiczianum Kom. / 994
Ribes nigrum L. / 996
Ribes odoratum Wendl. / 999
Ribes palczewskii (Janch.) Pojark. / 1002
Ribes pauciflorum Turcz. ex Pojark. / 996
Ribes procumbens Pall. / 997
Ribes pubescens (Hartm.) Hedl. / 988
Ribes pulchellum Turcz. / 991
Ribes pulchellum var. *manshuricum* Wang et Li / 992
Ribes reclinatum L. / 988
Ribes rubrum L. / 1002
Ribes spicatum Robs. / 988
Ribes triste Pall. / 998
Ribes triste f. *repens* (Baranov) Y. L. Chou / 999
Ribes triste var. *repens* (Baranov) L. T. Lu / 999
Ribes ussuriense Jancz. / 997
Ricinus communis L. / 1674
Robinia hispida L. / 1190
Robinia pseudoacacia L. / 1191
Robinia pseudoacacia f. *decaisneana* (Carr.) Vass. / 1191
Robinia pseudoacacia var. *decaisneana* Carr. / 1191
Robinia pseudoacacia var. *ineimis* (Mirbel) Rehd. / 1192
Robinia pseudoacacia var. *umbraculifera* DC. / 1192
Rodgersia podophylla Gray / 1005
Roegneria aliena Keng / 643
Roegneria amurensis (Ledeb.) Nevski / 637
Roegneria barbicalla Ohwi / 644
Roegneria barbicalla Ohwi var. *pubifolia* Keng / 644
Roegneria barbicalla Ohwi var. *pubinodis* Keng / 644
Roegneria ciliaris (Trin.) Nevski / 636
Roegneria ciliaris f. *eriocaulis* Kitag. / 636
Roegneria ciliaris var. *lasiophylla* (Kitag.) Kitag / 637
Roegneria dolichathera Keng / 639
Roegneria foliosa Keng / 643
Roegneria gmelinii (Ledeb.) Kitag. / 638
Roegneria hondai Kitag. / 643
Roegneria kamoji Ohwi / 640

Roegneria multiculmis Kitag. / 642
Roegneria nakaii Kitag. / 638
Roegneria pauciflora (Schwein.) Hylander / 636
Roegneria pendulina Nevski / 641
Roegneria purpurascens Keng / 638
Roegneria sinica Keng var. *media* Keng / 643
Roegneria stricta Keng / 638
Roegneria turczaninovii (Drob.) Nevski / 638
Roegneria turczaninovii (Drob.) Nevski var. *macrathera* Ohwi / 639
Roegneria turczaninovii var. *pohuashanensis* Keng / 638
Roegneria turczaninovii var. *tenuiseta* Ohwi / 638
Rorippa amphibia (L.) Besser / 1856
Rorippa barbareifolia (DC.) Kitag. / 1853
Rorippa cantoniensis (Lour.) Ohwi / 1854
Rorippa dubia (Pers.) Hara / 1855
Rorippa globosa (Turcz.) Thell. / 1852
Rorippa indica (L.) Hiern / 1854
Rorippa islandica (Oed.) Borb. / 1856
Rorippa liaotungensis X. D. Cui et Y. L. Chang / 1857
Rorippa palustris (L.) Besser / 1856
Rorippa sylvestris (L.) Bess. / 1857
Rosa acicularis Lindl. / 1359
Rosa acicularis f. *alba* Z. Wang et Q. L. Wang / 1359
Rosa acicularis var. *albifloris* X. Lin et Y. L. Lin / 1359
Rosa acicularis var. *glandulifolia* Y. B. Chang / 1359
Rosa acicularis var. *glandulosa* Liou / 1360
Rosa acicularis var. *setacea* Liou / 1360
Rosa albertii Regei / 1354
Rosa baiyushanensis Q. L. Wang / 1351
Rosa banksiae Ait. / 1343
Rosa bella Rehd. et Wils. / 1358
Rosa canina L. / 1351
Rosa chinensis Jacq. / 1347
Rosa chinensis var. *spontanea* (Rehd. et Wils.) Yu et Ku / 1347
Rosa davurica Pall. / 1355
Rosa davurica var. *alpestris* (Nakai) M. Kitag. / 1357
Rosa davurica var. *ellipsoidea* Nakai / 1356
Rosa davurica var. *glabra* Liou / 1356
Rosa davurica var. *setacea* Liou / 1357
Rosa hybrida 'Climbing' / 1346
Rosa koreana Kom. / 1352
Rosa koreana var. *glandttlosa* Yu et Ku / 1352
Rosa marretii Level. / 1357
Rosa maximowicziana Regel. / 1343
Rosa maximowicziana f. *adenocalyx* Nakai / 1344
Rosa multiflora Thunb. / 1344
Rosa multiflora f. *albo–plena* Yu et Redoute / 1345
Rosa multiflora var. *albo–plena* Yu et Ku et Ku / 1345
Rosa multiflora var. *carnea* Rehd. et Wils / 1346
Rosa multiflora var. *cathayensis* Rehd. et Wils. / 1345
Rosa multiflora var. *platyphylla* Thory / 1346
Rosa omeiensis Rolfe / 1350
Rosa primula Bouleng. / 1348
Rosa roxburghii Tratt. / 1342
Rosa rubiginosa L. / 1351
Rosa rugosa Thunb. / 1353
Rosa rugosa f. *alba* (Ware) Rehd. / 1353
Rosa rugosa f. *plena* (Regel) Rehd. / 1354
Rosa rugosa var. *chamissoniana* Mey. / 1354
Rosa xanthina Lindl. / 1348
Rosa xanthina f. *normalis* Rehd. et Wils. / 1349
Rotala indica (Willd.) Koehne / 1712
Rotala mexicana Chamisso & Schlechtendal / 1713
Rotala pusilla Tul. / 1713
Rubia alata Roxb. / 2275
Rubia chinensis Regel et Maack / 2274
Rubia chinensis f. *glabrescens* (Nakai) Kitag. / 2274
Rubia chinensis var. *glabrescens* (Nakai) Kitag. / 2274
Rubia cordifolia L. / 2276
Rubia cordifolia L. var. *sylvatica* Maxim. / 2275
Rubia cordifolia var. *pratensis* Maxim. / 2277
Rubia lanceolata Hayata / 2275
Rubia sylvatica (Maxim.) Nakai / 2275
Rubus allegheniensis Porter / 1379
Rubus arcticus L. / 1377
Rubus chamaemorus L. / 1376
Rubus corchorifolius L. f. / 1377
Rubus crataegifolius Bunge / 1377
Rubus crataegifolius f. *inermis* D. Z. Lu / 1377
Rubus humilifolius C. A. Mey. / 1375
Rubus idaeus L. / 1382
Rubus idaeus var. *glabratus* Yu et Lu / 1383

Rubus kanayamensis Levl / 1380
Rubus komarovii Nakai / 1380
Rubus matsumuranus Levl. et Vant. / 1380
Rubus parvifolius L. / 1381
Rubus pungens var. *oldhamii* (Miq.) Maxim. / 1380
Rubus sachalinensis H. Lév. / 1380
Rubus sachalinensis var. *eglandulatus* (Y. B. Chang) L. T. Lu / 1381
Rubus sachalinensis var. *eglandulatus* Y. B. Chang / 1381
Rubus saxatilis L. / 1378
Rudbeckia hirta L. / 2926
Rudbeckia hirta var. *bicolor* Clute / 2927
Rudbeckia laciniata L. / 2928
Rudbeckia laciniata var. *hortensia* L. / 2928
Ruhus pungens Camb. / 1379
Rumex acetosa L. / 1954
Rumex acetosella L. / 1954
Rumex amurensis Fr. Schmidt / 1957
Rumex aquaticus L. / 1956
Rumex confertus Willd. / 1956
Rumex crispus L. / 1962
Rumex crispus var. *unicallosus* Peterm. / 1963
Rumex gmelinii Turcz. ex Ledeb. / 1955
Rumex hadroocarpus Rech. f. / 1959
Rumex japonicus Houtt. / 1959
Rumex longifolius DC. / 1956
Rumex maritimus L. / 1958
Rumex marschallianus Rchb. / 1959
Rumex microcarpus Campd. / 1960
Rumex patientia L. / 1961
Rumex patientia var. *callosus* F. Schm. et Maxim. / 1961
Rumex pseudonatronatus (Borb.) Borb. ex Murb. / 1957
Rumex stenophyllus Ledeb. / 1960
Rumex stenophyllus Ledeb. var. *ussuriensis* (A. Lost.) Kitag. / 1960
Rumex thyrsiflorus Fingerh. / 1955
Rumex thyrsiflorus var. *mandshurica* A. I. Baranov & Skvortsov / 1955
Rumex trisetifer Stokes / 1958
Ruppia maritima L. / 244
Ruppia maritima var. *spiralis* Moris. / 245
Ruta graveolens L. / 1776

S

Sabina chinensis (L.) Ant. / 150
Sabina chinensis (L.) Ant. f. *pendula* (Franeh.) Cheng et Wang / 150
Sabina chinensis var. *sargentii* (Henry) Cheng et Fu / 152
Sabina davurica (Pall.) Ant. / 149
Sabina procumbens (Endl.) Iwata et Kusaka / 146
Sabina squamata (Buch.-Hamilt.) Ant. / 145
Sabina squamata cv. 'Meyeri' / 146
Sabina virginiana (L.) Ant. / 149
Sabina vulgaris Ant. / 148
Sacciolepis indica (L.) A. Chase / 758
Sagina japonica (Sw.) Ohwi / 2060
Sagina maxima A. Gray / 2060
Sagina saginoides (L.) Karsten / 2059
Sagittaria graminea Michx. / 209
Sagittaria natans Pall. / 210
Sagittaria trifolia L. / 210
Sagittaria trifolia f. *longiloba* (Turcz.) Makino / 211
Sagittaria trifolia var. *angustifolia* (Sieb.) Kitag. / 211
Salicornia europaea L. / 2110
Salicornia herbacea L. / 2110
Salix arbutifolia Pall. Fl. Ross. / 1612
Salix babylonica L. / 1613
Salix capitata Y. L. Chou et Skv. / 1616
Salix chaenomeloides Kimura / 1619
Salix characta Schneid. / 1626
Salix cheilophila Schneid. / 1630
Salix dailingensis Y. L. Chou et C. Y. King / 1627
Salix dasyclados Wimm. / 1626
Salix divaricata Pall. Ross. / 1612
Salix divaricata var. *meta-formosa* (Nakai) Kitag. / 1613
Salix donggouxianica C. F. Fang / 1636
Salix eriocarpa Franch. et Sav. / 1614
Salix floderusii Nakai / 1624
Salix fragilis L. / 1618
Salix gordejevii Y. L. Chang et Skv. / 1631

Salix gracilistyla Miq. / 1629
Salix hsinganica Y. L. Chang et Skv. / 1623
Salix humaensis Y. L. Chou et R. C. Chou / 1619
Salix integra Thunb. / 1633
Salix kangensis Nakai / 1633
Salix kangensis var. *leiocarpa* Kitag. / 1633
Salix kochiana Trautv. / 1634
Salix koreensis Anderss / 1615
Salix koreensis var. *brevistyla* Y. L. Chou et Skv / 1616
Salix koriyanagi Kimura ex Goerz / 1634
Salix linearistipularis (Franch.) Hao / 1635
Salix livida Whlb. / 1625
Salix matsudana Koidz. / 1616
Salix matsudana f. *pendula* Schneid. / 1617
Salix matsudana f. *rubriflora* C. F. Fang / 1617
Salix matsudana f. *tortuosa* (Vilm.) Rehd. / 1617
Salix matsudana f. *umbraculifera* Rehd. / 1617
Salix matsudana var. *anshanensis* C. Wang et J. Z. Yan / 1618
Salix matsudana var. *pseudo-matsudana* (Y. L. Chou et Skv.) Y. L. Chou / 1617
Salix maximowiczii Kom. / 1619
Salix microstachya Turcz. apud Trautv. / 1629
Salix microstachya var. *bordensis* (Nakai) C. F. Fang / 1629
Salix mongolica Siuzew / 1635
Salix mongolica (Franchet) Siuzev f. *gracilior* Siuzev / 1636
Salix mongolica var. *yanbianica* (C. F. Fang et Ch. Y. Yang) Y. L. Chou / 1636
Salix myrtilloides L. / 1620
Salix myrtilloides var. *mandshurica* Nakai / 1621
Salix nipponica Franch. & Sav. / 1618
Salix nummularia Anderss. / 1613
Salix pentandra L. / 1620
Salix pentandra var. *intermedia* Nakai / 1620
Salix pentandra var. *obovata* C. Y. Yu / 1620
Salix pierotii Miq. / 1614
Salix polyadenia Hand. -Mazz. / 1613
Salix polyadenia var. *tschanbaischanica* (Y. L. Chou et Y. L. Chang) Y. L. Chou / 1613
Salix pseudo-lasiogyne Leveille / 1614
Salix pseudolasiogyne var. *bilofolia* J. Q. Wang & D. M. Li / 1614
Salix pseudo-lasiogyne var. *erythrantha* C. F. Fang / 1614
Salix pyrolifolia Ledeb. / 1621
Salix raddeana Lacksch. ex Nasarowis / 1622
Salix raddeana var. *lianghuiensis* (Y. L. Chou et C. Y. King) Y. L. Chou / 1623
Salix raddeana var. *subglabra* Y. L. Chang et Skv. / 1623
Salix rorida Laksch. / 1632
Salix rorida var. *roridaeformis* (Nakai) Ohwi / 1632
Salix rosmarinifolia L. / 1630
Salix rosmarinifolia var. *brachypoda* (Trautv et Mey.) Y. L. Chou / 1631
Salix rosmarinifolia var. *tunbeiana* Y. L. Chou et Skv. / 1631
Salix rotundifolia Trautv. / 1613
Salix sachalinensis Fr. Schm. / 1628
Salix schwerinii E. L. Wol. / 1627
Salix siuzevii Seemen / 1627
Salix skvortzovii Y. L. Chang et Y. L. Chou / 1632
Salix starkeana Willd. / 1625
Salix sungkianica Y. L. Chou et Skv. / 1635
Salix sungkianica f. *brevistachys* Y. L. Chou et Tung / 1635
Salix taraikensis Kimura / 1625
Salix taraikensis var. *latifolia* Kimura / 1626
Salix taraikensis var. *oblanceolata* C. Wang et C. F. Fang / 1626
Salix triandra L. / 1618
Salix triandra L. var. *nipponica* (Franch. et Sav.) Seemen / 1618
Salix tschanbaischanica Y. L. Chou et Y. L. Chang / 1613
Salix viminalis L. / 1627
Salix xerophila Flod. / 1623
Salix yanbianica C. F. Fang et Ch. Y. Yang / 1636
Salsola collina Pall. / 2119
Salsola foliosa Schrad. / 2116
Salsola komarovii Iljin / 2118
Salsola pestifer A. Nelson / 2117

Salsola ruthenica Iljin / 2117
Salsola ruthenica ljin var. *filifolia* A. J. Li / 2117
Salsola tragus L. / 2117
Salvia coccinea L. Mant. Pl. / 2595
Salvia deserta Schang / 2597
Salvia farinacea Benth. / 2596
Salvia miltiorrhiza Bunge / 2590
Salvia miltiorrhiza f. *alba* C. Y. Wu et H. W. Li / 2591
Salvia miltiorrhiza var. *charbonnelii* (Levl.) C. Y. Wu / 2591
Salvia plebeia R. Br. / 2592
Salvia pratensis L. / 2596
Salvia reflexa Hornem. / 2593
Salvia splendens Ker.-Gawl. / 2594
Salvia umbratica Hance / 2593
Salvia viridis L. / 2594
Salvinia natans (L.) All. / 37
Sambucus buergeriana Blume / 3118
Sambucus coreana (Nakai) Kom. et Alis. / 3120
Sambucus foetidissima Nakai et Kitag. / 3119
Sambucus foetidissima Nakai f. *flva* Skv. et Wang Wei / 3119
Sambucus latipinna Nakai / 3119
Sambucus manshurica Kitag. / 3119
Sambucus peninsularis Kitag. / 3119
Sambucus sibirica Nakai / 3118
Sambucus sieboldiana (Miq.) Blume ex Graebner var. *miquelii* (Nakai) Hara / 3118
Sambucus williamsii Hance. / 3119
Sambucus williamsii var. *coreana* (Nakai) Nakai / 3120
Sambucus williamsii var. *miquelii* (Nakai) Y. C. Tang / 3118
Sanguisorba applanata Yu et Li / 1361
Sanguisorba canadensis L. / 1361
Sanguisorba glandulosa Kom. / 1363
Sanguisorba glandzdsa Kom. / 1364
Sanguisorba grandiflora (Maxim.) Makino / 1365
Sanguisorba officinalis L. / 1363
Sanguisorba officinalis var. *carnea* (Fisch.) Regel ex Maxim. / 1364
Sanguisorba officinalis var. *dilutiflora* (Kitag.) Liou et C. Y. Li / 1363
Sanguisorba officinalis var. *glandulosa* (Komarov) Voroschilov / 1364
Sanguisorba officinalis var. *latifoliata* Liou et C. Y. L. / 1363
Sanguisorba officinalis var. *longa* Kitagawa / 1363
Sanguisorba officinalis var. *longifila* (Kitag.) Yu et Li / 1365
Sanguisorba officinalis var. *longifolia* (Bertol.) Yu et Li / 1365
Sanguisorba officinalis var. *microcephala* Kitag. / 1363
Sanguisorba parviflora (Maxim.) Takeda / 1362
Sanguisorba sitchensis C. A. Mey. / 1361
Sanguisorba stipulata Raf. / 1361
Sanguisorba tenuifolia Fisch. ex Link / 1362
Sanguisorba tenuifolia var. *alba* Trautv. et Mey. / 1362
Sanicula chinensis Bunge / 3183
Sanicula rubriflora Fr. Schmidt / 3183
Sanicula tuberculata Maxim. / 3184
Saponaria officinalis L. / 2042
Saposhnikovia divaricata (Turcz.) Schischk. / 3218
Sauromatum giganteum (Engler) Cusimano & Hetterscheid / 205
Saussurea acromelaena Hand.-Mazz. / 3081
Saussurea acuminata Turcz. ex Fisch. / 3083
Saussurea amara (L.) DC. / 3071
Saussurea amurensis Turez. ex DC. / 3077
Saussurea amurensis var. *albiflora* Wang / 3078
Saussurea cana Ledeb. / 3080
Saussurea chinnampoensis Levl. et Vaniot / 3070
Saussurea daurica Adams / 3085
Saussurea davurica Adams / 3085
Saussurea dielsiana Koidz. / 3094
Saussurea discolor (Willd.) DC. / 3082
Saussurea elongata DC. / 3092
Saussurea firma (Kitag.) Kitam. / 3080
Saussurea grandifolia Maxim. / 3091
Saussurea iodostegia Hance / 3066
Saussurea japonica (Thunb.) DC. / 3075
Saussurea japonica f. *alata* (Regel) Kom. / 3076
Saussurea japonica f. *leucocephala* (Nakai et Kitag.) Nakai / 3076
Saussurea komaroviana Lipsch. / 3082

Saussurea manshurica Kom. / 3092
Saussurea maximowiczii Herd. / 3089
Saussurea mongolica (Franch.) Franch. / 3087
Saussurea neoserrata Nakai / 3084
Saussurea nivea Turcz. / 3079
Saussurea odontolepis (Herd.) Seh.–Bip. ex Herd. / 3069
Saussurea odontolepis var. *albiflorum* S. M. Zhang / 3070
Saussurea parviflora (Poiret) DC. / 3085
Saussurea pectinata Bunge ex DC. / 3067
Saussurea pectinata var. *albiflorum* S. M. Zhang / 3068
Saussurea pricei N. D. Simpson / 3080
Saussurea pulchella Fisch. ex DC. / 3073
Saussurea pulchella f. *subtomentosa* (Kom.) Kitag. / 3074
Saussurea recurvata (Maxim.) Lipsch. / 3086
Saussurea recurvata var. *angustata* H. C. Fu / 3086
Saussurea runcinata DC. / 3072
Saussurea runcinata var. *integnfodia* H. C. Fu et D. S. Wen / 3073
Saussurea salicifolia (L.) DC. / 3078
Saussurea salsa (Pall.) Spreng. / 3088
Saussurea sclerolepis var. *parasclerolepis* (Bar. et Sky.) C. Y. Li / 3086
Saussurea sinuata Kom. / 3087
Saussurea subtriangulata Kom. / 3092
Saussurea tenerifolia Kitag. / 3091
Saussurea tomentosa Kom. / 3079
Saussurea triangulata Trautv. et Mey. / 3090
Saussurea tunglingensis F. H. Chen / 3089
Saussurea umbrosa Kom. / 3084
Saussurea ussuriensis Maxim. / 3093
Saussurea ussuriensis Maxim. var. *firma* Kitag. / 3080
Saxifraga bronchialis L. / 1018
Saxifraga cernua L. / 1019
Saxifraga fortunei Hook. f. / 1020
Saxifraga fortunei var. *koraiensis* Nakai / 1020
Saxifraga laciniata Nakai et Takeda / 1018
Saxifraga manshuriensis (Engler) Kom. / 1021
Saxifraga nelsoniana D. Don / 1022
Saxifraga oblongifolia Nakai / 1023
Saxifraga punctata L. / 1022
Saxifraga rivularis L. / 1021
Saxifraga rosacea Moench / 1022
Saxifraga sibirica L. / 1019
Saxifraga sibirica var. *bockiana* Engl. / 1019
Saxifraga sibirica var. *pekinensis* (Maxim.) Engl. & Irmsch. / 1019
Scabiosa comosa Fisch. ex Roem. et Schult. / 3125
Scabiosa comosa f. *albiflora* S. H. Li & S. Z. Liu / 3126
Scabiosa comosa var. *lachnophylla* (Kitag.) Kitag / 3126
Scabiosa isetensis L. / 3125
Scabiosa japonica Miq. / 3127
Scabiosa japonica var. *acutiloba* H. Hara / 3128
Scabiosa japonica var. *alpina* Takeda / 3128
Scabiosa lachnoshylla Kitag. / 3126
Scabiosa tschiliensis Grun. / 3126
Scabiosa tschiliensis f. *albiflora* S. H. Li & S. Z. Liu / 3127
Scabiosa tschiliensis f. *albiflora* S. H. Li & S. Z. Liu. / 3127
Sceptridium multifidum (Gmel.) Nishida ex Tagawa / 29
Sceptridium robustum (Rupr.) Lyon / 29
Sceptridium ternatum (Thunb.) Lyons / 29
Scheuchzeria palustris L. / 227
Schisandra chinensis (Turcz.) Baill. / 170
Schisandra chinensis var. *leucocarpa* P. H. Huang & L. H. Zhuo / 170
Schizachne callosa (Turcz. ex Griseb.) Ohwi / 671
Schizachne purpurascens Swallen / 671
Schizachne purpurascens subsp. *callosa* (Turcz. ex Griseb.) T. Koyama & Kawano / 671
Schizachyrium brevifolium (Sw.) Nees ex Buse / 789
Schizonepeta multifida (L.) Briq. / 2609
Schizonepeta tenuifolia (Benth.) Briq. / 2609
Schizopepon bryoniifolius Maxim. / 1531
Schoenoplectiella juncoides (Roxb.) Lye / 576
Schoenoplectiella juncoides var. *hotarui* (Ohwi) S. M. Zhang / 577
Schoenoplectiella komarovii (Roshev.) J. Jung & H. K. Choi / 575
Schoenoplectiella lateriflora (J.F.Gmel.) Lye / 575
Schoenoplectiella mucronata (L.) J. Jung & H. K. Choi

/ 575
Schoenoplectiella trapezoidea (Koidz.) J. Jung & H. K. Choi / 575
Schoenoplectus ehrenbergii (Boeckeler) Soják / 573
Schoenoplectus juncoides (Roxburgh) Palla / 576
Schoenoplectus komarovii (Roshevitz) Soják / 575
Schoenoplectus mucronatus (L.) Palla subsp. *robustus* (Miquel) T.Koyama / 575
Schoenoplectus nipponicus (Makino) Soják / 572
Schoenoplectus supinus subsp. *lateriflorus* (J.F.Gmelin) Soják / 575
Schoenoplectus tabernaemontani (C. C. Gmel.) Palla / 573
Schoenoplectus trapezoideus (Koidzumi) Hayasaka & H. Ohashi / 575
Schoenoplectus triqueter (L.) Palla / 573
Scilla scilloides (Lindl.) Druce / 402
Scilla scilliodes var. *albiflorus* C. L. Mi / 403
Scilla sinensis (Lour.) Merr. / 402
Scirpus asiaticus Beetle / 570
Scirpus ehrenbergii Bocklr. / 573
Scirpus fluviatilis (Torr.) A. Gray / 571
Scirpus hotarui Ohwi / 577
Scirpus hudsonianus (Michx.) Fernald / 565
Scirpus juncoides Roxb. / 576
Scirpus juncoides var. *hotarui* (Ohwi) Ohwi / 577
Scirpus karuisawensis Makino / 569
Scirpus komarovii Rosh. / 575
Scirpus lushanensis Ohwi / 570
Scirpus maximowiczii C. B. Clarke / 568
Scirpus michelianus L. / 546
Scirpus nipponicus Makino / 572
Scirpus orientalis Ohwi / 569
Scirpus planiculmis Fr. Schmidt / 571
Scirpus pumilus Vahl / 565
Scirpus radicans Schkuhr / 568
Scirpus supinus L. / 575
Scirpus sylvaticus var. *maximowiczii* Rgl. / 569
Scirpus tabernaemontani C. C. Gmel. / 573
Scirpus trapezoideus Koidz. / 575
Scirpus triangulatus Roxb. / 575
Scirpus triqueter L. / 573
Scirpus validus Vahl / 573
Scirpus yagara Ohwi / 571
Scolochloa festucacea (Willd.) Link / 663
Scorzonera albicaulis Bunge / 2760
Scorzonera austriaca Willd. / 2764
Scorzonera curvata (Popl.) Lipsch. / 2762
Scorzonera glabra Rupr. / 2764
Scorzonera ikonnikovii Lipsch. et Krasch. ex Lipsch. / 2763
Scorzonera manshurica Nakai / 2763
Scorzonera mongolica Maxim. / 2761
Scorzonera radiata Fisch. ex Ledeb. / 2762
Scorzonera ruprechtiana Lipsch. et Krasch. / 2764
Scorzonera sinensis Lipsch. & Krasch. / 2764
Scrophularia amgunensis Fr. Schmidt / 2521
Scrophularia buergeriana Miq. / 2519
Scrophularia grayana Maxim. ex Kom. / 2518
Scrophularia incisa Weinm. / 2518
Scrophularia kakudensis Franch. / 2518
Scrophularia mandshurica Maxim. / 2520
Scrophularia maximowiczii Gorosehk. / 2518
Scrophularia modesta Kitag. / 2521
Scrophularia ningpoensis Hemsl. / 2520
Scutellaria baicalensis Georgi / 2565
Scutellaria barbata D. Don / 2568
Scutellaria dependens Maxim. / 2569
Scutellaria galericulata L. / 2569
Scutellaria moniliorrhiza Kom. / 2564
Scutellaria pekinensis Maxim. / 2567
Scutellaria pekinensis var. *purpureicaulis* (Migo) C. Y. Wu et H. W. Li / 2568
Scutellaria pekinensis var. *ussuriensis* (Regel) Hand.–Mazz. / 2567
Scutellaria planipes Nakai et Kitag. / 2566
Scutellaria regeliana Nakai / 2570
Scutellaria regeliana var. *ikonnikovii* (Juz.) C. Y. Wu et H. W. Li / 2571
Scutellaria scordifolia Fisch. ex Schrank / 2572
Scutellaria scordifolia var. *ammophila* (Kitag.) C. Y. Wu et W. T. Wang / 2573
Scutellaria scordifolia var. *puberula* Regel ex Komarov / 2574

Scutellaria scordifolia var. *wulingshanensis* (Nakai & Kitag.) C. Y. Wu et W. T. Wang / 2573
Scutellaria strigillosa Hemsl. / 2572
Scutellaria tuminensis Nakai / 2570
Scutellaria viscidula Bunge / 2565
*Secale cereale*L. / 645
Sechium edule (Jacq.) Swartz / 1536
Securigera varia (L.) Lassen / 1092
Securinega suffruticosa (Pall.) Rechder / 1685
Sedum aizoon L. / 1044
Sedum aizoon L. f. *angustifolium* Franch. / 1045
Sedum aizoon L. var. *angustifolium* Franch. / 1045
Sedum aizoon L. var. *latifolium* Maxim. / 1045
Sedum aizoon L. var. *scabrum* Maxim. / 1046
Sedum erythrostictum Miq. / 1031
Sedum hsinganicum Chu / 1044
Sedum hybridum L. / 1043
Sedum kamtschaticum Fisch / 1043
Sedum middendorffianum Maxim. / 1042
Sedum pallescens Freyn / 1030
Sedum polytrichoides Hemsl. / 1048
Sedum purpureum L. / 1030
Sedum sarmentosum Bunge / 1048
Sedum selskianum Regel et Maack / 1041
Sedum spectabile Boreau / 1032
Sedum stellariifolium Franch. / 1047
Sedum tatarinowii Maxim. / 1028
Sedum verticillatum L. / 1029
Sedum viviparum Maxim. / 1029
Sedum. spectabile Boreau var. *angustifolium* Kitag. / 1032
Selaginella borealis (Kaulf.) Rupr. / 15
Selaginella borealis (Kaulf.) Spring / 15
Selaginella davidii Franch. / 17
Selaginella helvetica (L.) Link / 12
Selaginella pulvinata (Hook. et Grev.) Maxim. / 12
Selaginella remotifolia Spring / 18
Selaginella remotifolia var. *japonica* Koidz. / 18
Selaginella rossii (Bak.) Warbr. / 15
Selaginella sanguinolenta (L.) Spring / 14
Selaginella sibirica (Milde) Hieron. / 11
Selaginella sinensis (Desv.) Spring / 16
Selaginella stauntoniana Spring / 14
Selaginella tamariscina (Beauv.) Spring / 13
Selaginella tamariscina var. *pulvinata* (Hook. et Grev.) Alston / 12
Selaginella tamariscina var. *ulanchotensis* Ching et Wang Wei / 13
Selaginella uncinata (Desv.) Spring / 17
Selliguea hastata (Thunb.) Fraser–Jenk. / 100
Senecio ambraceus Turcz. ex DC. / 2885
Senecio ambraceus Turn. ex DC. var. *glaber* Kitam. / 2885
Senecio ambraceus var. *albiflorum* S. M. Zhang / 2886
Senecio arcticus Rupr. / 2858
Senecio argunensis Turcz. / 2887
Senecio argunensis f. *angustifolius* Komar. / 2888
Senecio argunensis f. *pilosa* (Kitam.) Kitag. / 2888
Senecio campestris subsp. *kirilowii* (Turcz.) Kitag. / 2862
Senecio cannabifolius Less. / 2883
Senecio cannabifolius var. *inttegrifolius* (Koidz.) Kitam. / 2884
Senecio cineraria DC. / 2881
Senecio dubitabilis C. Jeffey et Y. L. / 2881
Senecio flammeus Turcz. ex DC. / 2861
Senecio integrifolius (L.) Clairv. / 2862
Senecio koreanus Kom / 2859
Senecio nemorensis L. / 2882
Senecio pierotii Miq. / 2860
Senecio viscosus L. / 1753. 2880
Senecio vulgaris L. / 2882
Senna bicapsularis Roxb. / 1079
Senna nomame (Makino) T. C. Che. / 1081
Senna occidentalis (L.) Link, Handb. / 1080
Senna sophera (L.) Roxb. / 1078
Senna tora (L.) Roxb. / 1077
Seriphidium finitum (Kitag.) Ling et Y. R. Ling / 2953
Serratula algida Iljin / 3099
Serratula centauroides L. / 3100
Serratula chanetii H. Lévl. / 3102
Serratula coronata L. / 3103
Serratula cupuliformis Nakai et Kitag. / 3102
Serratula hayatae Nakai / 3101

Serratula komarovii Iljin / 3100
Serratula marginata Tausch / 3099
Serratula ortholepis Kitag. / 3101
Serratula polycephala Iljin / 3101
Serratula polycephala f. *leucantha* Kitag. / 3101
Serratula yamatsutana Kitag. / 3100
Sesamum indicum L. / 2524
Sesbania cannabina (Retz.) Poir. / 1192
Sesbania herbacea (Miller) McVaugh / 1193
Seseli albescens (Franch.) Pimenov & Kljuykov / 3192
Seseli wawrae Wolff3249
Setaria arenaria Kitag. / 752
Setaria faberi Herrmann / 752
Setaria glauca (L.) Beauv / 751
Setaria italica (L.) Beauv. / 750
Setaria parviflora (Poiret) Kerguélen / 752
Setaria pumila (Poiret) Roemer & Schultes / 751
Setaria viridis (L.) Beauv. / 753
Setaria viridis subsp. *pycnocoma* (Steud.) Tzvel. / 754
Setaria viridis var. *depressa* (Honda) Kitag. / 753
Setaria viridis var. *giganta* (Franch. et Sav.) Franch. et Sav. ex Matsum. / 754
Setaria viridis var. *purpurascens* Maxim. / 753
Shepherdia argentea Nurr. / 1429
Sibbaldia adpressa Bunge / 1398
Sibbaldia procumbens L. / 1398
Sibbaldia sericea (Grub.) Sojak. / 1398
Sicyos angulatus L. / 1535
Sicyos edulis Jacq. / 1536
Sida spinosa L. / 1806
Sigesbeckia glabrescens Makino / 2923
Sigesbeckia pubescens (Makino) Makino / 2923
Sigesbeckia pubescens f. *eglandulosa* Ling et Hwang / 2924
Silene jenisseensis var. *graminifolia* (Otth) Y.C. Chu / 2035
Silene jenisseensis var. *viscifera* Y. C. Chu / 2035
Silene alba (Mill.) E. H. L. Krause / 2024
Silene aprica Turcz. ex Fisch. et Mey. / 2027
Silene aprica var. *oldhamiana* (Miq.) C. Y. Wu / 2028
Silene armeria L. / 2016
Silene baccifera (L.) Roth / 2019
Silene capitata Kom. / 2030
Silene chalcedonica E. H. L. Krause, Deutschl. Fl. (Sturm) / 2022
Silene cognata (Maxim.) H.Ohashi & H. Nakai / 2020
Silene firma Sieb. et Zucc. / 2026
Silene firma var. *pubescens* (Makino) S. Y. He / 2027
Silene foliosa Maxim. / 2034
Silene fulgens E. H. L. Krause / 2021
Silene graminifolia Otth / 2035
Silene jenisseensis Willd. / 2035
Silene jenisseensis f. *dasyphylla* (Turcz.) Schischk. / 2036
Silene jenisseensis f. *parviflora* (Turcz.) Schischk. / 2036
Silene jenisseensis f. *setifolia* (Turcz.) Schischk. / 2036
Silene jenisseensis var. *oliganthella* (Nakai ex Kitagawa) Y. C. Chu / 2036
Silene koreana Kom. / 2034
Silene latifolia Poiret / 2024
Silene latifolia subsp. *alba* (Mill.) Greuter & Burdet / 2025
Silene linnaeana Vorosch. / 2023
Silene macrostyla Maxim. / 2033
Silene orientalimongolica J. Kozhevn. / 2029
Silene pendula L. / 2030
Silene pratensis (Rafin.) Godron et Gren. / 2025
Silene pratensis subsp. *divaricata* (Reichb.) McNeill et C. Prantice / 2024
Silene repens Patr. / 2031
Silene repens var. *angustifolia* Turcz. / 2032
Silene repens var. *latifolia* Turcz. / 2033
Silene repens var. *sinensis* (Williams) C. L. Tang / 2032
Silene songarica (Fisch., C.A. Mey. & Avé-Lall.) Bocquet / 2023
Silene tatarinowii Regel / 2030
Silene tatarinowii Regel f. *albiflora* (Franch.) Kitag. / 2030
Silene venosa (Gilib.) Aschers. / 2029
Silene vulgaris (Moench.) Garcke / 2029
Silene wilfordii (Regel) H.Ohashi & H.Nakai / 2020
Silphium perfoliatum L. / 2904

Silybum marianum (L.) Gaertn. / 3060
Sinapis alba L. / 1873
Sinapis arvensis L. / 1874
Sinosenecio koreanus (Kom.) B. Nord. / 2859
Siphonostegia chinensis Benth. / 2673
Sisymbrium altissimum L. / 1893
Sisymbrium heteromallum C. A. Mey. / 1892
Sisymbrium luteum (Maxim.) O. E. Schulz / 1891
Sisymbrium officinale (L.) Scop. / 1892
Sisymbrium polymorphum (Murr.) Roth / 1892
Sisymbrium salsugineum Pall. Reis / 1899
Sium suave Walt. / 3206
Sium suave var. *nipponicum* (Maxim.) Hara / 3207
Sium tenue (Kom.) Kom. / 3206
Smelowskia alba (Pall.) Regel / 1906
Smilacina bicolor Nakai / 392
Smilacina dahurica Turcz. ex Fisch / 391
Smilacina japonica A. Gray / 393
Smilacina trifolia (L.) Desf. / 391
Smilax china L. / 259
Smilax nipponica Miq. / 260
Smilax nipponica var. *manshurica* (Kitag.) Kitag. / 261
Smilax riparia A. DC. / 259
Smilax sieboldii Miq. / 259
Solanum aculeatissimum Jacquem / 2419
Solanum aethiopicum L. / 2423
Solanum americanum Mill. / 2417
Solanum aviculare Forst. / 2414
Solanum boreali-sinense C. Y. Wu et S. C. Huang / 2413
Solanum capsicoides Allioni / 2421
Solanum carolinense L. / 2421
Solanum dulcamara L. / 2413
Solanum integrifolium Poir. / 2423
Solanum japonense Nakai / 2414
Solanum khasianum C. B. Clarke / 2419
Solanum kitagawae Schonbeek Temesy ex Rech. f. / 2413
Solanum laciniatum Aiton / 2414
Solanum lycopersicum L. / 2411
Solanum lycopersicum var. *cerasiforme* (Alef.) Voss / 2412
Solanum lyratum Thunb. / 2413
Solanum melongena L. / 2423
Solanum nigrum L., Sp. Pl. / 2418
Solanum nigrum var. *flavovirens* S. Z. Liou et W. Q. Wang / 2419
Solanum photeinocarpum Nakamura et Odashima / 2417
Solanum photeinocarpum Nakamura et Odashima var. *violaceum* (Chen) C. Y. Wu et S. C. Huang / 2417
Solanum rostratum Dunal. / 2420
Solanum sarrachoides Sendt. / 2416
Solanum scabrum Mill. / 3278
Solanum septemlobum Bunge / 2415
Solanum septemlobum var. *ovoidocarpum* C. Y. Wu et S. C. Huang / 2416
Solanum sisymbriifolium Lam. / 2420
Solanum surattense Burm. / 2421
Solanum tuberosum L. / 2411
Solidago altissima L. / 2814
Solidago canadensis L. / 2815
Solidago dahurica (Kitag.) Kitag. ex Juzepczuk / 2816
Solidago pacifica Juz. / 2815
Solidago virgaurea L. / 2815
Solidago virgaurea L. var. *dahurica* Kitag. / 2816
Sonchella stenoma (DC.) Sennikov / 2806
Sonchus arvensis L. / 2775
Sonchus asper (L.) Hill / 2777
Sonchus brachyotus DC. / 2775
Sonchus brachyotus var. *glabrescens* (Kirp.) G. Y. Zhang / 2777
Sonchus oleraceus L. / 2778
Sonchus oleraceus var. *albiflorum* S. M. Zhang / 2778
Sonchus transcaspicus Nevski / 2777
Sophora flavescens Ait. / 1089
Sophora japonica L. / 1086
Sophora japonica f. *oligophylla* Franch. / 1087
Sophora japonica f. *pendula* Hort. apud Loud. / 1087
Sophora japonica var. *pendula* Loudon ex Swee / 1087
Sophora japonica var. *violacea* Carr. / 1087
Sorbaria kirilowii (Regel) Maxim. / 1237
Sorbaria sorbifolia (L.) A. Br. / 1238
Sorbaria sorbifolia var. *stellipila* Maxim. / 1239
Sorbus alnifolia (Sieb. et Zucc.) K. Koch. / 1279
Sorbus alnifolia var. *lobulata* (Koidz.) Rehd. / 1280
Sorbus aucuparia L. / 1282

Sorbus commixta Hedl. / 1280
Sorbus discolor (Maxim.) Maxim. / 1280
Sorbus pohuashanensis (Hance) Hedl. / 1281
Sorbus pohuashanensis var. *amurensis* (Koehne) Y. L. Chou et Tung / 1282
Sorbus sibirica Hedl. / 1282
Sorghum bicolor (L.) Moench / 785
Sorghum dochna (Forssk.) Snowden / 785
Sorghum dochna var. *technicum* (Koern.) Snowden / 785
Sorghum halepense (L.) Pers. / 785
Sorghum nervosum Bess. ex Schult. / 785
Sorghum nervosum var. *flexibile* Snowden / 785
Sorghum sudanense (Piper) Stapf / 786
Sorghum vulgare Pers / 785
Sorghum× drummondii (NeesexSteud.) Millsp. & Chase / 786
Sparganium angustifolium Michx. / 424
Sparganium coreanum Levl. / 424
Sparganium emersum Rehm. / 426
Sparganium eurycarpum Engelmann / 424
Sparganium eurycarpum subsp. *coreanum* (H. Lév.) C. D. K. Cook & M. S. Nicholls / 424
Sparganium glehnii Meinsh. / 426
Sparganium glomeratum Least. ex Beurl. / 426
Sparganium hyperboreum Laest. ex Beurl. / 424
Sparganium japonicum Rothert / 424
Sparganium manshuricum D.Yu / 426
Sparganium minimum Wallr. / 423
Sparganium natans L. / 423
Sparganium rothertii Tzvel. / 426
Sparganium simplex Huds. / 426
Sparganium stenophyllum Maxim. ex Meinsh. / 425
Sparganium stoloniferum (Graebn.) Buch. –Ham. ex Juz. / 424
Sparganium subglobosum Morong / 425
Spartina alterniflora Loisel. / 614
Spartina anglica C. E. Hubb. / 613
Speranskia tuberculata Baill. / 1676
Spergula arvensis L. / 2014
Spergularia salina J. et C. Presl / 2014
Spergularia marina (L.) Griseb. / 2014
Sphaerophysa salsula (Pall.) DC. / 1194
Sphagneticola calendulacea (L.) J. F. Pruski / 2931
Sphagneticola trilobata (L.) J. F. Pruski / 2930
Sphallerocarpus gracilis (Bess.) K.–Pol. / 3259
Spinacia oleracea L. / 2140
Spiraea aquilegiifolia Pall. / 1253
Spiraea arenari Y. Z. Zhao et T. J. Wang / 1253
Spiraea blumei G. Don / 1259
Spiraea canescens D. Don / 1248
Spiraea cantoniensis Lour. / 1258
Spiraea chamaedryfolia L. / 1254
Spiraea chinensis Maxim. / 1262
Spiraea dahurica Maxim. / 1255
Spiraea dasyantha Bunge / 1262
Spiraea elegans Pojark. / 1257
Spiraea flexuosa Fisch. ex Cambess / 1254
Spiraea flexuosa var. *pubescens* Liou / 1255
Spiraea fritschiana Schneid. / 1250
Spiraea fritschiana var. *angulata* (Schneid.) Rehd. / 1250
Spiraea fritschiana. var. *latifolia* Liou / 1250
Spiraea fritschiana var. *parvifolia* Liou / 1251
Spiraea fritschiana var. *roseolum* S. M. Zhang / 1251
Spiraea hailarensis Liou / 1253
Spiraea henryi Hemsl. / 1247
Spiraea hypericifolia L. / 1253
Spiraea japonica L. / 1249
Spiraea japonica var. *fortune* (Planchon) Rehd. / 1249
Spiraea japonica var. *glabra* (Regel) Koidz. / 1249
Spiraea media Schmidt / 1256
Spiraea nishimurae Kitag. / 1261
Spiraea prunifolia Sieb. & Zucc. / 1253
Spiraea prunifolia var. *simpliciflora* Nakai / 1253
Spiraea pubescens Turcz. / 1260
Spiraea pubescens var. *hypoleuca* Nakai / 1261
Spiraea salicifolia L. / 1246
Spiraea salicifolia var. *grosseserrata* Liou / 1247
Spiraea salicifolia var. *oligodonta* Yu / 1247
Spiraea sericea Turcz. / 1256
Spiraea thunbergii Sieb. ex Blume / 1252
Spiraea trichocarpa Nakai / 1247
Spiraea trilobata L. / 1258
Spiraea vanhouttei (Briot) Zabei / 1258

Spiranthes australis Lindl. / 297
Spiranthes sinensis (Pers.) Ames / 297
Spirodela polyrrhiza (L.) Schleid. / 195
Spodiopogon sibiricus Trin. / 778
Sporobolus aculeatus (L.) P. M. Peterson / 612
Sporobolus alterniflorus (Loisel.) P. M. Peterson & Saarela / 614
Sporobolus anglicus (C. E. Hubb.) P. M. Peterson & Saarela / 613
Spuriopimpinella brachycarpa (Kom.) Kitag. / 3209
Spuriopimpinella brachystyla (Hand.–Mazz.) Kitag. / 3208
Spuriopimpinella calycina (Maxim.) Kitag. / 3210
Spuriopimpinella komarovii Kitag. / 3210
Stachys affinis Bunge / 2648
Stachys baicalensis Fisch. ex Benth. / 2649
Stachys baicalensis Fisch. ex Benth. var. *hispidula* (Regel) Nakai / 2650
Stachys byzantina K. Koch / 2647
Stachys chinensis Bunge ex Benth. / 2650
Stachys chinensis var. *albiflora* C. Y. Li / 2651
Stachys japonica Miq. / 2650
Stachys lanata Jacq. / 2647
Stachys riederi Cham. / 2649
Stachys riederi var. *angustifolia* Honda / 2650
Stachys riederi var. *hispidula* (Regel) H. Hara / 2650
Stachys sieboldii Miq. / 2648
Staphylea bumalda DC. / 1736
Stellaria jaluana Nakai / 2076
Stellaria alsine Grimm / 2075
Stellaria alsine var. *undulata* (Thunb.) Ohwi / 2075
Stellaria bungeana Fenzl / 2070
Stellaria bungeana var. *stubendorfii* (Regel) Y. C. Chu / 2070
Stellaria cherleriae (Fisch. ex Ser.) Will. / 2072,2073
Stellaria crassifolia Ehrh. / 2075
Stellaria crassifolia var. *linearis* Fenzl / 2075
Stellaria dichotoma f. *lanceolata* (Beg.) Kitagawa / 2074
Stellaria dichotoma L. / 2073
Stellaria dichotoma var. *lanceolata* Bunge / 2074
Stellaria dichotoma var. *linearis* Fenzl / 2074
Stellaria discolor Turcz. / 2077
Stellaria filicaulis Makino / 2076
Stellaria graminea L. / 2078
Stellaria hsinganensis Kitag. / 2078
Stellaria lanceolata (Bunge) Y. S. Lian / 2074
Stellaria longifolia Muehl. ex Willd. / 2076
Stellaria longifolia f. *ciliolata* (Kitag.) Y. C. Chu / 2076
Stellaria media (L.) Cyrillus / 2071
Stellaria neglecta Weihe / 2072
Stellaria palustris Ehrh. ex Retz.
Stellaria petraea Bunge / 2073
Stellaria radians L. / 2069
Stellaria uliginosa Murr. / 2075
Stellera chamaejasme L. / 1824
Stemmacantha uniflora (L.) Dittrich / 3097
Stenosolenium saxatile (Pall.) Turcz. / 2341
Stephanandra incisa (Thunb.) Zabel / 1240
Stevenia canescens (DC.) D. A. German / 1866
Stevenia cheiranthoides DC. / 1867
Stevenia maximowiczii (Palib.) D. A. German & Al–Shehbaz / 1867
Stevia rebaudiana (Bertoni) Hemsl. / 2809
Stipa baicalensis Roshev. / 742
Stipa breviflora Griseb. / 740
Stipa bungeana Trin. / 741
Stipa gobica Roshev. / 740
Stipa grandis P. Smirn. / 742
Stipa krylovii Rosh. / 743
Stipa nakaii Honda / 746
Stipa sareptana Becker var. krylovii (Roshev.) P. C. Kuo et Y. H. Sun. / 743
Stipa splendens Trin. / 744
Stipa tianschanica Roshev. / 740
Stipa tianschanica var. *gobica* (Roshev.) P. C.Kuo et Y. H. Sun / 740
Streptolirion volubile Edgew. / 410
Streptopus koreanus (Kom.) Ohwi / 263
Streptopus ovalis (Ohwi) Wang et Y. C. Tang / 263
Streptopus streptopoides var. *koreanus* (Kom.) Kitam. / 263
Stuckenia pectinata (L.) Börner / 234
Styphnolobium japonicum (L.) Schott / 1086
Styphnolobium japonicum cv. 'Chrysoclada' / 1088

Styphnolobium japonicum cv. 'Chrysophylla' / 1088
Styphnolobium japonicum f. *oligophylla* (Franch.) H. Ohashi. / 1087
Styphnolobium japonicum f. *pendula* (Hort. apud Loud.) S. M. Zhang / 1087
Styphnolobium japonicum var. *violacea* (Carr.) S. M. Zhan. / 1087
Styrax obassia Sieb. et Zucc. / 2228
Suaeda corniculata (C. A. Mey.) Bunge / 2115
Suaeda corniculata subsp. *mongolica* Lomon & Freitag / 2115
Suaeda glauca Bunge / 2111
Suaeda heteroptera Kitag. / 2114
Suaeda heteroptera var. *tenuiramea* Fuh et Wang Wei / 2113
Suaeda laevissima Kitag. / 2112
Suaeda liaotungensis Kitag. / 2113
Suaeda maritima (L.) Dumort. / 2113
Suaeda maritima subsp. *salsa* (L.) Soó / 2113
Suaeda salsa (L.) Pall. / 2113
Suaeda salsa var. *tenuiramea* (Fuh et WangWei) K. P. Ma / 2113
subsp. *divaricata* (Reichb.) Waiters / 2024
Swainsonia salsula (Pall.) Taub. / 1194
Swertia dichotoma L. / 2310
Swertia diluta (Turcz.) Benth. & Hook. / 2312
Swertia erythrosticta Maxim. / 2315
Swertia manshurica (Kom.) Kitag. / 2314
Swertia perennis L. / 2314
Swertia pseudochinensis Hara / 2313
Swertia tetrapetala Pall. / 2311
Swertia veratroides Maxim. / 2315
Swertia wilfordii A. Kern. / 2311
Swida alba Opiz / 2185
Swida bretschneideri (L. Henry) Sojak / 2188
Swida bretschneideri var. *crispa* (Fang et W. K. Hu) Fang et. W. K. Hu / 2189
Swida coreana (Wanger.) Sojak / 2186
Swida walteri (Wanger.) Sojak / 2187
Symphoricarpos orbiculatus Moench / 3147
Symphoricarpos sinensis Rehd. / 3147
Symphyllocarpus exilis Maxim. / 3030
Symphyotrichum ciliatum (Ledeb.) G. L. Nesom / 2826
Symphyotrichum novi-belgii (L.) G. L. / 2827
Symphyotrichum subulatum (Michaux) G. L. / 2828
Symphytum peregrinum Ledeb. / 2358
Symphytum officinale L. / 2358
Symplocarpus foetidus (L.) Salisb. / 196
Symplocarpus nipponicus Makino / 197
Symplocarpus renifolius Shott ex Tzvel. / 196
Symplocos paniculata (Thunb.) Miq. / 2226
Syneilesis aconitifolia (Bunge) Maxim. / 2872
Synurus deltoides (Aiton) Nakai / 3108
Syringa × persica L. / 2456
Syringa × chinensis f. *alba* (Kirchn.) Schelle / 2461
Syringa × chinensis f. *duplex* (Lemoine) Schelle / 2461
Syringa × chinensis f. *metensis* (Simon-Louis) Schelle / 2460
Syringa × chinensis f. *saugeana* (Loud.) Mckelvey / 2460
Syringa × chinensis Willd. / 2460
Syringa × persica f. *alba* (Weston) Voss / 2456
Syringa × persica var. *laciniata* West. / 2456
Syringa dilatata Nakai / 2458
Syringa dilatata Nakai f. *alba* (Skv.) S. D.Zhao / 2458
Syringa dilatata Nakai f. *rubra* (Skv.) S. D. Zhao / 2458
Syringa dilatata Nakai f. *violacea* (Skv.) S. D. Zhao / 2458
Syringa dilatata Nakai var. *longituba* Skv. / 2458
Syringa dilatata Nakai var. *pubescens* S. D. Zhao / 2458
Syringa meyeri Schneid. / 2453
Syringa meyeri var. *spontanea* f. *alba* (Wang, Fuh & Chao) M. C. Chang / 2455
Syringa meyeri var. *spontanea* M. C. Chang / 2454
Syringa microphylla Diels / 2454
Syringa microphylla f. *alba* (Wang, Fuh & Chao) Kitag. / 2456
Syringa oblata Lindl. / 2456
Syringa oblata subsp. *dilatata* (Nakai) P. S. Green & M. C. Chang / 2458
Syringa oblata var. *alba* Hort. ex Rehd. / 2457
Syringa oblata var. *giraldii* (Lemoine) Rehd. / 2457
Syringa pekinensis Rupr. / 2448
Syringa pinnatifolia Hemsl. / 2451
Syringa pubescens Turcz. / 2451
Syringa pubescens subsp. *patula* (Palibin) M. Z. Chang

/ 2452
Syringa pubescens Turcz. var. *hirsuta* Skv. et Wang / 2451
Syringa reticulata (Blume) H. Hara / 2447
Syringa reticulata (Blume) Hara var. *amurensis* (Rupr.) Pringle / 2447
Syringa reticulata (Blume) Hara var. *mandschurica* (Maxim.) Hara / 2447
Syringa reticulata subsp. *amurensis* (Rupr.) P. S. Green & M. C. Chang / 2447
Syringa reticulata subsp. *pekinensis* (Rupr.) P. S. Green & M. C. Chang / 2448
Syringa velutina Kom. / 2452
Syringa villosa subsp. *wolfii* (C. K. Schneid.) Jin Y. Chen & D. Y. Hong / 2450
Syringa villosa Vahl / 2449
Syringa vulgaris f. *alba* (West.) Voss / 2459
Syringa vulgaris f. *albipleniflora* S. D. Zhao / 2460
Syringa vulgaris f. *caerulea* (Weston) Schelle / 2459
Syringa vulgaris f. *purpurea* (West.) Hort. ex Schelle / 2459
Syringa wolfii Schneid. / 2450
Syringa wolfii f. *rupestrs* Bar. et Skv. / 2450
Syringa wolfii Schneid. var. *hirsuta* (Schneid.) Hutu-sima / 2450

T

Tagetes erecta L. / 2891
Tagetes minuta L. / 2890
Tagetes patula L. / 2891
Talinum paniculatum (Jacq.) Gaertn. / 2165
Tamarix juniperina Bunge / 1937
Tamarix chinensis Lour. / 1937
Tanacetum cinerariifolium (Treviranus) Schultz Bipontinus / 3010
Tanacetum vulgare L. / 3010
Taraxacum antungense Kitag. / 2770
Taraxacum asiaticum Dahlst. / 2774
Taraxacum asiaticum Dahlst. var. *lonchophyllum* Kitag. Bot. Mag / 2774
Taraxacum borealisinense Kitam. / 2772
Taraxacum brassicifolium Kitag. / 2769
Taraxacum coreanum Nakai / 2768
Taraxacum dissectum (Ledeb.) Ledeb. Fl. Ross. / 2774
Taraxacum erythropodium Kitag. / 2769
Taraxacum falcilobum Kitag. / 2774
Taraxacum formosanum Kitam. / 2770
Taraxacum heterolepis Nakai et Koidz. ex Kitag. / 2773
Taraxacum junpeianum Kitam. / 2767
Taraxacum lamprolepis Kitag. / 2773
Taraxacum liaotungense Kitag. / 2770
Taraxacum mongolicum Hand. –Mazz. / 2770
Taraxacum officinale F. H. Wigg. / 2771
Taraxacum ohwianum Kitam. / 2767
Taraxacum platypecidum Diels in / 2766
Taraxacum pseudo–albidum Kitag. / 2768
Taraxacum pseudo–albidum f. lutescens (Kitag) Kitag. / 2768
Taraxacum scariosum (Tausch) Kirschner & Štepánek / 2774
Taraxacum sinicum Kitag. / 2772
Taraxacum sinicum f. *alba* (Sato) C. Y. Li / 2772
Taraxacum sinomongolicum Kitag. / 2770
Taraxacum siphonanthum X. D. Sun, X. J. Ge, Kirschner & Šěpánek / 2750
Taraxacum urbanum Kitag. / 2770
Taraxacum variegatum Kitag. / 2769
Tarenaya hassleriana (Chodat) H. H. Iltis / 1830
Taxodium distichum (Linn.) Rich. / 143
Taxus cuspidata Sieb. et Zucc. / 160
Taxus cuspidata var. *caespitosa* (Nakai) Q. L. Wang / 160
Taxus cuspidata var. *nana* Rehd. / 160
Teloxys aristata (L.) Moq. / 2152
Teloxys feotida Kitag. / 2154
Tephroseris adenolepis C. Jeffey et Y. L. Chen / 2861
Tephroseris campestris (Retz.) Rchb. / 2862
Tephroseris campestris f. *spathulatus* (Miq.) R. Yin et C. Y. Li / 2863
Tephroseris flammea (Turcz. ex DC.) Holub / 2861
Tephroseris kirilowii (Turcz. ex DC.) Holub / 2862
Tephroseris kirilowii f. *spathulatus* (Miq.) S. M. Zhang / 2863
Tephroseris koreana (Komarov) B. Nordenstam & Pelser / 2859

Tephroseris palustris (L.) Four. / 2858
Tephroseris phaeantha (Nakai) C. Jeffey et Y. L. Chen / 2862
Tephroseris subdentatus (Bunge) Holub. / 2860
Tetradium daniellii (Benn.) T. G. Hartley / 1778
Tetragonia tetragonioides (Pall.) Kuntze / 2156
Teucrium ussuriense Kom. / 2559
Teucrium veronicoides Maxim. / 2559
Thalia dealbata Fraser / 421
Thalictrum alpinum L. / 944
Thalictrum aquilegifolium L. / 938
Thalictrum aquilegiifolium var. *sibiricum* Regel et Tiling / 938
Thalictrum baicalense Turcz. / 942
Thalictrum baicalense f. *levicarpum* Tamura / 942
Thalictrum filamentosum Maxim. / 941
Thalictrum foeniculaceum Bunge / 937
Thalictrum foeniculaceum f. *plenum* S. M. Zhang / 937
Thalictrum foetidum L. / 943
Thalictrum ichangense Lecoyer ex Oliv. / 936
Thalictrum ichangense var. *coreanum* (Levl.) Levl. ex Tamura / 936
Thalictrum minus L. / 945
Thalictrum minus var. *hypoleucum* (Sieb. et Zucc.) Miq. / 946
Thalictrum minus var. *kemense* (Fries) Trel. / 947
Thalictrum minus var. *stipellatum* (C. A. Mey.) Tamura / 947
Thalictrum petaloideum L. / 939
Thalictrum petaloideum var. *supradecompositum* (Nakai) Kitag. / 940
Thalictrum przewalskii Maxim. / 943
Thalictrum simplex L. / 948
Thalictrum simplex var. *affine* (Ledeb.) Regel / 949
Thalictrum simplex var. *brevipes* Hara / 949
Thalictrum simplex var. *glandulosum* W. T. Wang / 950
Thalictrum sparsiflorum Turcz. ex Fisch. et C.A.Mey. / 943
Thalictrum squarrosum Steph. ex Willd. / 944
Thalictrum thunbergii DC. / 946
Thalictrum tuberiferum Maxim. / 941
Thellungiella halophila (C. A. Mey.) O. E. Schulz / 1898
Thellungiella salsuginea (Pall.) O. E. Schulz / 1899
Thelypteris palustris (Salisb.) Schott. / 62
Thelypteris palustris var. *pubescens* (Lawson) Fernald. / 62
Thelypteris phegopteris (L.) Sloss. ex Rydb / 59
Themeda japonica (Will.) C. Tanaka / 789
Themeda triandra Forssk. / 789
Thermopsis fabacea (Pall.) DC. / 1083
Thermopsis lanceolata R. Br. / 1082
Thermopsis lupinoides (L.) Link / 1083
Thesium brevibracteatum Tam / 1932
Thesium chinense Turcz. / 1931
Thesium chinense var. *longipedunculatum* Y. C. Chu / 1932
Thesium longifolium Turcz. / 1933
Thesium longiperianthium X. H. Xu et W. Jun Li / 1932
Thesium refractum C. A. Mey. / 1934
Thesium saxatile Turcz. ex A. DC. / 1933
Thladiantha dubia Bunge / 1528
Thlaspi arvense L. / 1851
Thlaspi cochleariforme DC. / 1850
Thlaspi thlaspidioides (Pall.) Kitag. / 1850
Thuja koraiensis Nakai / 158
Thuja occidentalis L. / 158
Thujopsis dolabrata (L. f.) Sieb. et Zucc. / 155
Thymus amurensis Klok. / 2623
Thymus curtus Klok. / 2623
Thymus dahuricus Serg. / 2626
Thymus dahuricus f. *albiflora* C. Y. Li / 2627
Thymus dahuricus f. *latifolius* Serg. / 2627
Thymus disjunctus Klok. / 2622
Thymus inaequalis Klok. / 2624
Thymus mandschuricus Ronn. / 2623
Thymus mongolicus Ronn. / 2626
Thymus nervulosus Klok. / 2624
Thymus przewalskii (Kom.) Nakai / 2625
Thymus quinquecostatus Celak. / 2624
Thymus quinquecostatus Celak. var. *asiaticus* (Kitag.) C. Y. Wu et Y. C. Huang / 2626
Thymus quinquecostatus var. *przewalskii* (Kom.) Ronn. / 2625
Thymus serpyllum var. *asiaticus* Kitag. / 2626
Thymus serpyllum var. *mongolicus* Ronniger / 2626
Thyrocarpus glochidiatus Maxim. / 2359
Tilia americana L. / 1794

Tilia amurensis Rupr. / 1799
Tilia amurensis var. *araneosa* C. Wang & S. D. Zhao / 1799
Tilia amurensis var. *koreana* Nakai / 1801
Tilia amurensis var. *taquetii* (Schneid.) Liou et Li / 1800
Tilia amurensis var. *tricuspidata* Lion et Li / 1801
Tilia cordata Mill. / 1797
Tilia cordata subsp. *sibirica* (Bayer) Pigott / 1798
Tilia europaea L. / 1799
Tilia mandshurica Rupr. et Maxim. / 1795
Tilia mandshurica var. *megaphylla* (Nakai) Liou et Li / 1797
Tilia mandshurica var. *ovalis* (Nakai) Liou et Li / 1796
Tilia mandshurica var. *tuberculata* Liou et Li / 1796
Tilia mongolica Maxim. / 1795
Tilia platyphyllos Scop. / 1798
Tilia sibirica Fisch. ex Bayer / 1798
Tilingia ajanensis Regel / 3253
Tilingia filisecta (Nakai et Kitag.) Nakai et Kitag. / 3264
Tilingia tachiroei (Franch. et Sav.) Kitag. / 3264
Tillaea aquatica L. / 1027
Tithonia diversifolia (Hemsl.) A. Gray / 2933
Tofieldia coccinea Richards. / 208
Tofieldia coccinea f. *fusea* (Miyabe et Kudo) Q. S. Sun. / 208
Tongoloa dunnii (de Boiss.) Wolff3247
Toona sinensis (A. Juss.) Roem. / 1789
Torenia fournieri Linden. ex Fourn. / 2523
Torilis japonica (Houtt) DC. / 3186
Torulinium ferax (L.C.Rich.) Urb. / 535
Tournefortia sibirica L. / 2338
Tournefortia sibirica var. *angustior* (DC.) G. L. Chu & M. G. Gilbert / 2339
Toxicodendron sylvestre (Sieb. et Zucc.) O. Kuntze / 1745
Toxicodendron vernicifluum (Stokes) F. A. Barkl. / 1745
Tradescantia virginiana L. / 411
Tragopogon dubius Scop. / 2755
Tragopogon orientalis L. / 2754
Tragus berteronianus Schult. / 617
Tragus mongolorum Ohwi / 617
Tragus racemosus (L.) All. / 617
Trapa amurensis Fler. / 1710
Trapa arcuata S. H. Li et Y. L. Chang / 1710
Trapa bicornis Osbeck var. *cochinchinensis* (Lour.) H. Gluck ex Steenis / 1710
Trapa bispinosa Roxb. / 1710
Trapa incisa Siebold & Zucc. / 1711
Trapa japonica Fler. / 1710
Trapa litwinowii V. Vassil / 1710
Trapa manshurica Flerow / 1710
Trapa manshurica Fler. f. *komarovi* (Skvortzov) S. H. Li & Y. L. Chang / 1710
Trapa maximowiczii Korsh. / 1711
Trapa natans L. / 1710
Trapa potaninii V. Vassil. / 1710
Trapa pseudoincisa Nakai / 1710
Trapella sinensis Oliv. / 2478
Trapella sinensis f. *antennifera* (Levl.) Kitag. / 2479
Triadenum japonicum (Blume) Makino / 1571
Triarrhena sacchariflora (Maxim.) Nakai / 775
Tribulus terrestris L. / 1066
Trichophorum alpinum (L.) Pers. / 565
Trichophorum pumilum (Vahl) Schinz & Thell. / 565
Trichosanthes anguina L. / 1528
Trichosanthes kirilowii Maxim. / 1527
Tricyrtis maculata (D. Don) Machride / 265
Tricyrtis pilosa Wall. / 265
Trientalis europaea L. / 2220
Trifolium gordeievii (Kom.) Z. Wei / 1118
Trifolium hybridum L. / 1120
Trifolium incarnatum L. / 1119
Trifolium lupinaster L. / 1117
Trifolium lupinaster var. *albiflorum* Ser. / 1118
Trifolium pratense L. / 1118
Trifolium repens L. / 1119
Triglochin asiatica (Kitag.) Love & Love / 228
Triglochin maritima L. / 228
Triglochin palustris L. / 229
Trigonella coerulea (L.) Ser. / 1125
Trigonella foenum-graecum L. / 1125
Trigonotis amblyosepala Nakai et Kitag. 2368
Trigonotis coreana Nakai / 2369
Trigonotis myosotidea (Maxim.) Maxim. / 2368
Trigonotis nakaii Hara / 2369
Trigonotis peduncularis (Trev.) Benth. ex Baker et

Moore / 2367
Trigonotis peduncularis var. *amblyosepala* (Nakai & Kitag.) W. T. Wang. / 2368
Trigonotis radicans (Turcz.) Stev. / 2369
Trigonotis radicans subsp. *sericea* (Maxim.) Riedl / 2369
Trillium camschatcense Ker Gawl. / 250
Trillium kamtschaticum Pall. ex Pursh / 250
Triosteum sinuatum Maxim. / 3146
Tripleurospermum limosum (Maxim.) Pobed. / 3009
Tripleurospermum tetragonospermum (Fr. Schmidt) Pobed. / 3008
Tripogon chinensis (Franch.) Hack. / 607
Tripolium pannonicum (Jacquin) Dobroczajeva / 2831
Tripolium vulgare Nees / 2831
Tripterygium regelii Sprague et Takeda / 1560
Tripterygium wilfordii Hook. f. / 1560
Trisetum sibiricum Rupr. / 706
Trisetum spicatum (L.) Richt. / 706
Trisetum umbratile (Kitag.) Kitag. / 706
Triticum aestivum L. / 645
Triumfetta rhomboidea Jacq. Enum. / 1801
Trollius asiaticus L. / 884
Trollius asiaticus L. var. *chinensis* Maxim. / 885
Trollius chinensis Bunge / 885
Trollius japonicas Miq. / 883
Trollius ledebourii Reichb. / 885
Trollius macropetalus Fr. Schmidt / 884
Tropaeolum majus L. / 1827
Tulipa edulis (Miq.) Baker / 287
Tulipa gesneriana L. / 288
Tulipa mongolica Y. Z. Zhao / 288
Tulotis asiatica Hara / 301
Tulotis fuscescens (L.) Czer. Addit. et Collig. / 301
Tulotis ussuriensis (Reg. et Maack) H. Hara / 301
Turczaninovia fastigiata (Fisch.) DC. / 2844
Turritis glabra L. / 1915
Tussilago farfara L. / 2857
Typha angustata Bory et Chaubard / 429
Typha angustifolia L. / 430
Typha angustifolia var. *angustata* (Bory & Chaub.) Jord. / 429
Typha changbaiensis M. J. Wu et Y. T. Zhao. / 430
Typha davidiana (Kronf.) Hand.–Mazz. / 431
Typha domingensis Pers. / 429
Typha latifolia L. / 428
Typha laxmannii Lepech. / 431
Typha laxmanni Lepech. var. *davidiana* (Krnf.) C. F. Fang / 431
Typha lugdunensis P. Chabert / 432
Typha minima Funck / 433
Typha orientalis Presl / 429
Typha pallida Pob. / 432
Typhonium giganteum Engl / 205

U

Ulmus americana L. / 1447
Ulmus davidiana Planch. / 1449
Ulmus davidiana var. *japonica* (Rehd.) Naka. / 1450
Ulmus densa Litw. / 1449
Ulmus glaucescens Franch. / 1454
Ulmus glaucescens var. *lasiocarpa* Rehd. / 1455
Ulmus harbinensis S. Q. Nie et K. Q. Huang / 1455
Ulmus japonica (Rehd.) Sarg. / 1450
Ulmus japonica (Rehd.) Sarg. var. *laevigata* Schneid. / 1450
Ulmus japonica (Rehd.) Sarg. var. *suberosa* (Turcz.) S. D. Zhao / 1450
Ulmus laciniata (Trautv.) Mayr. / 1449
Ulmus laevis Pall. / 1447
Ulmus lamellosa C. Wang & S. L. Chang / 1451
Ulmus macrocarpa Hanc. / 1452
Ulmus macrocarpa var. *glabra* S. Q. Nie & K. Q. Huang / 1452
Ulmus macrocarpa var. *mongolica* Liou et Li / 1452
Ulmus macrocarpa var. *nana* Liou et Li / 1452
Ulmus parvifolia Jacq. / 1448
Ulmus pseudo–propinqua Wang et Li / 1455
Ulmus pumila L. / 1453
Ulmus pumila cv. 'Tenue' / 1453
Ulmus pumila L. f. *tenue* S. Y. Wang / 1453
Ulmus pumila var. *pendula* (Kirchr.) Rehd. / 1453
Urtica angustifolia Fisch ex Hornem. / 1475
Urtica cannabina L. / 1474

Urtica cyanescens Kom. / 1476
Urtica laetevirens Maxim. / 1476
Urtica laetevirens subsp. *cyanescens* (Kom.) C. J. Che. / 1476
Urtica urens L. / 1474
Utricularia aurea Lour. / 2536
Utricularia intermedia Hayne / 2535
Utricularia minor L. / 2535
Utricularia vulgaris L. / 2537
Utricularia vulgaris subsp. *macrorhiza* (Le Conte) R. T. Clausen / 2537

V

Vaccaria pyramidata Medic. / 2037
Vaccaria segetalis (Neck.) Garcke / 2037
Vaccaria hispanica (Mill.) Rauschert / 2037
Vaccinium corymbosum L. / 2251
Vaccinium hirtum Thunb. / 2249
Vaccinium koreanum Nakai / 2249
Vaccinium microcarpum (Turcz. ex Rupr.) Schmalh. / 2248
Vaccinium oxycoccus L. / 2248
Vaccinium uliginosum L. / 2252
Vaccinium uliginosum var. *albium* J. Y. Ma et Y. Zhang, / 2252
Vaccinium uliginosum var. *alpinum* E. Busch / 2252
Vaccinium vitis-idaea L. / 2250
Vaccinium vitis-idaea f. *majus* (Lodd.) Rehd. / 2251
Vaccinium vitis-idaea var. *minus* (Lodd.) Schneid. / 2251
Valeriana alternifolia Bunge / 3137
Valeriana alternifolia Bunge f. *angustifolia* (Kom.) Kitag. / 3137
Valeriana alternifolia Bunge f. *verticillata* (Kom.) S. X. Li / 3137
Valeriana alternifolia Bunge var. *angustifolia* (Kom.) S. H. L. / 3137
Valeriana alternifolia Bunge var. *stolonifera* Bar. et Skv. / 3137
Valeriana amurensis P. Smirn. ex Kom. / 3137
Valeriana fauriei Briq. / 3137
Valeriana fauriei Briq. var. *dasycarpa* Hara / 3137
Valeriana officinalis L. / 3137
Valeriana officinalis var. *latifolia* Miq. / 3137
Vallisneria natans (Lour.) Hara / 218
Vallisneria spiralis L. / 218
Veratrum dahuricum (Turcz.) Loes. f. / 252
Veratrum maackii Regel / 253
Veratrum maackii f. *macranthum* (Loes. F.) T. Shimizu / 254
Veratrum maackii f. *viridiflora* Nakai / 254
Veratrum nigrum L. / 253
Veratrum oxysepalum Turcz. / 251
Verbascum thapsus L. / 2517
Verbena bonariensis L. / 2542
Verbena bracteata Cav. ex Lag. & J. D. Rodriguez / 2541
Verbena hybrida Voss. / 2544
Verbena officinalis L. / 2543
Verbena stricta Vent. / 2542
Verbena tenera Spreng. / 2545
Veronica anagallis-aquatica L. / 2509
Veronica anagalloides Guss. / 2510
Veronica arvensis L. / 2507
Veronica chamaedrys L.2509
Veronica dahurica Stev. / 2503
Veronica didyma Tenore / 2506
Veronica incana L. / 2500
Veronica kiusiana Furumi / 2503
Veronica linariifolia Pall. ex Link. / 2499
Veronica linariifolia subsp. *dilatata* (Nakai et Kitag.) Hong / 2500
Veronica linariifolia var. *dilatata* Nakai et Kitag. / 2500
Veronica longifolia L. / 2504
Veronica peregrina L. / 2506
Veronica persica Poir / 2508
Veronica polita Fries / 2506
Veronica rotunda Nakai / 2501
Veronica rotunda var. *coreana* (Nakai) Yamazaki / 2502
Veronica rotunda var. *subintegra* (Nakai) Yamazaki / 2501
Veronica serpyllifolia L.2505
Veronica stelleri Link / 2505
Veronica stelleri var. *longistyla* Kitag. / 2505
Veronica teucrium L. / 2508
Veronica teucrium subsp. *altaica* Watzl / 2508

Veronica undulata Wall. / 2510
Veronica xilinensis Y. Z. Zhao / 2500
Veronicastrum sibiricum (L.) Pennell / 2496
Veronicastrum tubiflorum (Fisch. et C. A. Mey.) H. Hara / 2497
Viburnum burejaeticum Regel et Herd. / 3116
Viburnum dilatatum Thunb. / 3117
Viburnum erosum Thunb. / 3117
Viburnum koreanum Nakai / 3111
Viburnum mongolicum (Pall.) Rehd. / 3115
Viburnum odoratissimum Ker.–Gawl. / 3114
Viburnum opulus L. / 3111
Viburnum opulus subsp. *calvescens* (Rehder) Sugimoto / 3112
Viburnum opulus var. calvescens (Rehd.) Hara / 3112
Viburnum opulus var. *calvescens* (Rehd.) Hara f. *puberulum* (Kom.) Sugimoto / 3113
Viburnum plicatum Thunb. / 3115
Viburnum rhytidophyllum Hemsl. L. / 3114
Viburnum sargentii Koehne / 3112
Viburnum sargentii var. *flavum* Rehder / 3113
Viburnum sargentii var. *puberulum* (Kom.) Kitag. / 3113
Vicia amoena Fisch. ex DC. / 1170
Vicia amoena var. *oblongifolia* Regel / 1171
Vicia amoena var. *sericea* f. *albiflora* P. Y. Fu et Y. A. Chen / 1172
Vicia amoena var. *sericea* Kitag. / 1171
Vicia amurensis Oett. / 1166
Vicia amurensis f. *alba* Ohasi et Tateish. / 1167
Vicia amurensis Oett. f. *sanheensis* Y. Q. Jiang et S. M. Fu / 1167
Vicia baicalensis (Turcz.) B. Fedtsch. / 1165
Vicia bungei Ohwi / 1165
Vicia chianshanensis (P. Y. Fu et Y. A. Chen) Xia / 1163
Vicia cracca L. / 1173
Vicia cracca f. *canescens* Maxim. / 1174
Vicia cracca var. *albiflorum* Z. S. M. / 1174
Vicia cracca var. *canescens* Maxim. ex Franch. et Sav. / 1174
Vicia faba L. / 1158
Vicia geminiflora Trautv. / 1165
Vicia japonica A. Gray / 1167
Vicia megalotropis Ledeb. Fl. Alt. / 1172
Vicia multicaulis Ledeb. / 1172
Vicia ohwiana Hosokaw. / 1160
Vicia ohwiana f. *alba* (Kitag.) S. M. Zhang / 1160
Vicia pseudorobus Fisch. et C. A. Mey. / 1168
Vicia pseudorobus f. *albiflora* (Nakai) P. Y. Fu et Y. A. Chen / 1170
Vicia pseudorobus f. *breviramea* P. Y. Fu et Y. A. Chen / 1169
Vicia ramuliflora (Maxim.) Ohwi / 1163
Vicia ramuliflora f. *abbreviata* P. Y. Fu et Y. A. Chen / 1164
Vicia ramuliflora f. *baicalensis* (Turcz.) P. Y. Fu et Y. A. Chen / 1165
Vicia ramuliflora f. *chianshanensis* P. Y. Fu et Y. A. Chen / 1163
Vicia sativa L. / 1159
Vicia tenuifolia Roth / 1173
Vicia unijuga A. Br. / 1161
Vicia unijuga A. Br. var. *apoda* f. *albiflora* Kitag. / 1160
Vicia unijuga A. Br. var. *apoda* Maxim. / 1160
Vicia unijuga A. Br. var. *ohwiaua* (Hosokawa) Nakai / 1160
Vicia unijuga var. *tricuspidata* Z. S. M. et Y. L. M. / 1161
Vicia venosa (Willd.) Maxim. / 1162
Vicia venosa var. *ich–hsinganica* Soyolt / 1163
Vicia villosa Roth / 1166
Vigna angularis (Willd.) Ohwi et Ohashi / 1144
Vigna cylindrica (L.) Skeels / 1145
Vigna demissus (Kitag.) S. M. Zhang / 1142
Vigna minima (Roxb.) Ohwi et Ohashi / 1143
Vigna radiata (L.) Wilczek / 1141
Vigna radiata var. *sublobata* (Roxburgh) Verdcourt / 1142
Vigna sesquipedalis (L.) Fruw. / 1145
Vigna sinensis (L.) Endl. / 1144
Vigna stipulata Hayata / 1142
Vigna unguiculata (L.) Walp. / 1144
Vigna unguiculata subsp. *cylindrica* (L.) Verdc. / 1145
Vigna unguiculata subsp. *sesquipedalis* (L.) Verdc. / 1145
Vigna unguiculata subsp. *unguiculata* Verdc. / 1144
Viola fissifolia Kitag. / 1587
Viola funghuangensis P. Y. Fu et Y. C. Teng / 1602

Viola monbeigii. W. Becker / 1602
Viola prionantha Bunge var. *trichantha* C. J. Wang / 1597
Viola savatieri Makino / 1601
Viola yedoensis Makin. / 1593
Viola yedoensis f. *candida* Kitag. / 1593
Viola yedoensis f. *intermedia* Kitag. / 1593
Viola×takdhashii (Nakai) Taken. ex P. Y. Fu et Y. C. Ten. / 1601
Viola acuminata Ledeb. / 1583
Viola acuminata var. *purpureum* Z. S. M. / 1584
Viola albida Palibin / 1601
Viola albida var. *takahashii* (Nakai) Nakai / 1601
Viola amurica W. Becker / 1582
Viola arcuata Blume / 1582
Viola arvensis Murray / 1579
Viola biflora L. / 1579
Viola brachyceras Turcz. / 1593
Viola chaerophylloides (Regel) W. Bckr. / 1588
Viola collina Bess. / 1589
Viola collina var. *intramongolica* C. J. Wang / 1590
Viola cornuta L. / 1577
Viola dactyloides Roem. / 1585
Viola diamantiaca Nakai / 1600
Viola dissecta Ledeb. / 1585
Viola dissecta f. *pubescens* (Regel) Kitag. / 1586
Viola dissecta var. *albiflorum* Z. S. M. / 1587
Viola dissecta var. *incisa* (Turcz.) Y. S. Chen / 1587
Viola dolichoceras C. J. Wang / 1603
Viola epipsila Ledeb. / 1588
Viola epipsiloides Á. Löve & D. Löve / 1588
Viola gmeliniana Roem. et Schult. / 1591
Viola hamiltoniana D. Don / 1582
Viola hancockii W. Beck. / 1603
Viola hirtipes S. Moore / 1591
Viola kamtschadalorum W. Becker & Hult. / 1582
Viola lactiflora Nakai / 1599
Viola langsdorffii Fischer ex Gingins / 1582
Viola liaosiensis P. Y. Fu et Y. C. Teng / 1594
Viola lii Kitag. / 1585
Viola mandshurica W. Becker / 1592
Viola mandshurica f. *albiflora* P. Y. Fu et Y. C. Teng / 1593
Viola mirabilis L. / 1582
Viola mongolica f. *longisepala* P. Y. Fu et Y. C. Teng / 1604
Viola mongolica Franch. / 1603
Viola muehldorfii Kiss. / 1580
Viola orientalis (Maxim.) W. Beck. / 1580
Viola patrinii DC. ex Ging. / 1599
Viola pekinensis (Regel) W. Beck. / 1594
Viola phalacrocarpa Maxim. / 1595
Viola philippica Cav. / 1593
Viola prionantha Bunge / 1597
Viola raddeana Regel / 1581
Viola rossii Hemsl. ex Forb. et Hemsl. / 1590
Viola sacchalinensis H. Boiss. / 1584
Viola sacchalinensis var. *alpicola* P. Y. Fu & Y. C. Teng / 1585
Viola selkirkii Pursh ex Goldie. / 1594
Viola tenuicornis W. Becker / 1597
Viola tenuicornis subsp. *trichosepala* W. Beck / 1598
Viola tokubuchiana Makino / 1602
Viola tokubuchiana var. *takedana* (Makino) F. Maekawa / 1602
Viola tricolor L. / 1578
Viola variegata Fisch. ex Link. / 1596
Viola variegata f. *viridis* (Kitag.) P. Y. Fu et Y. C. Teng / 1596
Viola verecunda A. Gray / 1582
Viola websteri Hemsl. / 1581
Viola xanthopetala Nakai / 1580
Viola yezoensis Maxim. / 1600
Viscum coloratum (Kom) Nakai / 1934
Vitex negundo L. / 2550
Vitex negundo var. *cannabifolia* (Sieb. et Zucc.) Hand.–Mazz. / 2552
Vitex negundo var. *heterophylla* (Franch.) Rehd. / 2551
Vitex negundo var. *heterophylla* f. *albiflora* H. W. Jen & Y. J. Chang / 2551
Vitex negundo var. *heterophylla* f. *heterophylla / 2551*
Vitex rotundifolia L. f. / 2550
Vitex trifolia subsp. *litoralis* Steenis / 2550
Vitex trifolia var. *simplicifolia* Cham. / 2550
Vitis amurensis Rupr. / 1056
Vitis amurensis subsp. *pubescens* S. M. Zhang / 1058

Vitis amurensis var. *dissecta* Skvorts. / 1057
Vitis labrusca L. / 1055
Vitis vinifera L. / 1056

W

Waldsteinia ternata (Stephan) Fritsc. / 1392
Waldsteinia ternata var. *glabriuscula* T. T. Yu & C. L. Li / 1392
Wedelia chinensis (Osbeck.) Merr. / 2931
Wedelia prostrata (Hook. et Arn.) Hemsl. / 2930
Weigela coraeensis Thunb. / 3142
Weigela florida (Bunge) A. DC. / 3144
Weigela florida f. *alba* (Nakai) C. F. Fang / 3144
Weigela japonica cv. 'Red Prince. / 3143
Weigela praecox (Lemoine) Bailey / 3144
Weigela praecox (Lemoine) Bailey f. *albiflra* (Y. C. Chu) C. F. Fang / 3145
Wikstroemia chamaedaphne Meisn. / 1825
Wisteria floribunda DC. / 1188
Wisteria sinensis (Sims) Sweet / 1189
Wisteria villosa Rehd. / 1189
Woodsia frondosa Christ / 66
Woodsia glabella R. Br. / 66
Woodsia hancockii Baker / 66
Woodsia ilvensis (L.) R. Br. / 65
Woodsia intermedia Tagawa / 67
Woodsia kitadakensis Ohwi / 67
Woodsia macrochlaena Mett. ex Kuhn. / 66
Woodsia manchuriensis Hook. / 63
Woodsia polystichoides Eaton / 68
Woodsia polystichoides var. *sinuata* Hook. / 68
Woodsia rosthorniana Diels / 65
Woodsia subcordata Turcz. / 67
Woodsia subcordata var. *kitadakensis* (Ohwi) Mitsuta / 67

X

Xanthium chinense Mille / 2898
Xanthium italicum Moretti / 2897
Xanthium mongolicum Kitag. / 2898
Xanthium orientale L. / 2897
Xanthium orientale subsp. *italicum* (Moretti) Greuter / 2897
Xanthium sibiricum Patrin ex Widder / 2899
Xanthium sibiricum Patrin ex Widder var. *subinerme* (Winkl.) Widder / 2899
Xanthium spinosum L. / 2896
Xanthium strumarium L. / 2897, 2899
Xanthoceras sorbifolium Bunge / 1768

Y

Youngia chelidoniifolia (Makino) Kitam. / 2804
Youngia japonica (L.) DC. / 2801
Youngia stenoma (Turcz.) Ledeb. / 2806
Youngia tenuifolia (Willd.) Babe. et Stebb. / 2803
Yucca gloriosa L. / 388
Yulania biondii (Pampan.) D. L. Fu / 181
Yulania dawsoniana (Rehder & E. H. Wilson) D. L. Fu / 179
Yulania denudata (Desr.) D. L. Fu / 180
Yulania liliiflora (Desr.) D. L. Fu / 181
Yulania stellata (Maxim.) N. H. Xia / 182
Yulania×soulangeana (Soul.–Bod.) D. L. Fu / 180

Z

Zabelia biflora (Turczaninow) Makino / 3140
Zannichellia palustris L. / 234
Zanthoxylum bungeanum Maxim. / 1782
Zanthoxylum schinifolium Sieb. et Zucc. / 1781
Zanthoxylum simulans Hance. / 1783
Zea mays L. / 773
Zelkova serrata (Thunb.) Makino / 1445
Zelkovas chneideriana Hang. –Mazz. / 1444
Zigadenus sibiricus (L.) A. Gray / 255
Zingiber officinale Rosc. / 422
Zinnia elegans Jacq. / 2906
Zinnia peruviana (L.) L. / 2906
Zizania caduciflora (Turcz.) Hand.–Mazz. / 585
Zizania latifolia (Griseb.) Stapf. / 585
Ziziphus jujuba Mill. / 1440
Ziziphus jujuba cv. 'Tortuosa' / 1442

Ziziphus jububa f. *lageniformis* (Nakai) Kitag. / 1441
Ziziphus jujuba var. *inemmis* (Bunge) Rehd. / 1442
Ziziphus jujuba var. *spinosa* (Bunge) Hu ex H. F. Chow. / 1441
Ziziphus sativa Gaertn. var. *lageniformis* Nakai / 1441
Zostera asiatica Miki / 232
Zostera caespitosa Miki / 231
Zostera caulescens Miki / 232
Zostera japonica Aschers. et Graebn. / 230
Zostera marina L. / 231
Zoysia japonica Steud. / 619
Zoysia japonica f. *macrostachya* H. D. Dong & L. J. Gong / 620
Zoysia japonica var. *pallida* Nakai ex Honda / 620
Zoysia macrostachya Franch. et Sav. / 618
Zoysia sinica Hance / 619
Zoysia sinica var. *nipponica* Ohwi / 619

中文名索引

A

阿尔泰草 / 703
阿尔泰葱 / 379
阿尔泰狗娃花 / 2851
阿尔泰狗娃花糙毛 / 2852
阿尔泰狗娃花千叶 / 2853
阿尔泰针茅 / 743
阿拉伯黄背草 / 789
阿拉伯婆婆纳 / 2508
阿拉斯加木贼 / 25
阿勒格尼黑莓 / 1379
阿洛葵 / 1807
阿麦纤毛草 / 637
阿穆尔黑三棱 / 426
阿穆尔loss斗菜 / 853
阿穆尔葡萄 / 1056
阿穆尔沙参 / 2727
阿穆尔莎草 / 544
阿洼早熟禾 / 696
阿扬蓼 / 1983
阿扬神血宁 / 1983
埃塞俄比亚茄子 / 2423
埃氏马先蒿 / 2676
矮蔗草 / 565
矮滨蒿 / 2954
矮菜豆 / 1139
矮茶藨 / 998
矮茶藨子 / 998
矮赤杨 / 1518
矮葱 / 374
矮丛蒿 / 2960
矮丛薹草 / 490
矮大叶藻 / 230
矮地蔷薇 / 1387
矮东北红豆杉 / 160
矮蒿 / 2979
矮黑三棱 / 423
矮桦 / 1507
矮茎马先蒿 / 2676
矮韭 / 374
矮冷水花 / 1480
矮藜 / 2144
矮两歧飘拂草 / 560
矮蓼 / 1994
矮藺蕉草 / 565
矮飘拂草 / 560
矮桤木 / 1518
矮牵牛 / 2435
矮山黧豆 / 1180
矮生二裂委陵菜 / 1421
矮生薹草 / 468
矮生延胡索 / 808
矮桃 / 2223
矮葶点地梅 / 2214
矮小孩儿参 / 2058
矮小山麦冬 / 404
矮悬钩子 / 1375
矮雪轮 / 2030
矮羊茅 / 686
矮鸢尾 / 339
矮越桔 / 2251
矮越橘 / 2251
矮针藺 / 565
矮紫苞鸢尾 / 342
艾 / 2977
艾蒿 / 2977
艾克伦香茶菜 / 2579
艾氏香茶菜 / 2579
爱氏钱线蕨 / 48
安达棘豆 / 1031
安图地杨梅 / 448
安图玉簪 / 408
暗花金挖耳 / 3028
凹唇鸟巢兰 / 317
凹舌兰 / 305
凹舌掌裂兰 / 305
凹头苋 / 2092
凹叶厚朴 / 184
澳洲茄 / 2414
澳洲薹草（俗名） / 297

B

八宝 / 1031
八股牛 / 1775
八蕊眼子菜 / 236
八仙花 / 2170
巴尔古津蒿 / 2985
巴天酸模 / 1961
菝葜 / 259
白八宝 / 1030
白背牛尾菜 / 260
白背土庄绣线菊 / 1261
白背五蕊柳 / 1620
白背叶猕猴桃 / 2231
白碧桃 / 1337
白边牵牛 / 2396
白菜 / 1882
白草 / 756
白车轴草 / 1119
白刺 / 1738
白丁香 / 2457
白顶早熟禾 / 689
白杜 / 1559
白杜卫矛 / 1559
白萼委陵菜 / 1410
白果笃斯越桔 / 2252
白果笃斯越橘 / 2252
白果花楸 / 1280
白果五味子 / 170
白果岩高兰 / 2255
白果樱桃 / 1313
白河柳 / 1636
白喉乌头 / 861
白花白头翁 / 953
白花败酱 / 3129
白花菜 / 1829
白花草木犀 / 1121
白花草木樨 / 1121

白花草芍药 / 983
白花茶藨子 / 997
白花齿苞风毛菊 / 3070
白花春黄菊 / 2940
白花刺果甘草 / 1198
白花刺蔷薇 / 1359
白花翠雀 / 847
白花大刺儿菜 / 3050
白花大花千里光 / 2886
白花大野豌豆 / 1170
白花大叶糙苏 / 2634
白花大叶野豌豆 / 1170
白花丹参 / 2591
白花单瓣玫瑰 / 1353
白花单瓣木槿 / 1818
白花地丁 / 1599
白花点地梅 / 2214
白花东北棘豆 / 1203
白花东北堇菜 / 1593
白花兜被兰 / 310
白花短序歪头菜 / 1160
白花多头麻花头 / 3101
白花返顾马先蒿 / 2686
白花风毛菊 / 3076
白花广布野豌豆 / 1174
白花鬼针草 / 2913
白花胡枝子 / 1107
白花花木蓝 / 1184
白花花叶丁香 / 2456
白花华北蓝盆花 / 3127
白花华水苏 / 2651
白花黄荆 / 2551
白花黄芪 / 1214
白花黄耆 / 1214
白花棘豆 / 1203
白花荠苨 / 2725
白花尖叶胡枝子 / 1112
白花堇菜 / 1599
白花堇菜 / 1599
白花桔梗 / 2705
白花绢毛山野豌豆 / 1172
白花苦苣菜 / 2778
白花宽叶蔓豆 / 1132
白花裂叶堇菜 / 1587
白花柳兰 / 1727
白花龙胆 / 2298
白花龙江风毛菊 / 3078
白花漏芦 / 3098
白花驴蹄草 / 880
白花马蔺 / 338
白花曼陀罗 / 2433
白花毛泡桐 / 2660
白花蒙古马兰 / 2839
白花绵枣儿 / 403
白花欧丁香 / 2459
白花蓬子菜 / 2287
白花蓬子菜拉拉藤 / 2287
白花蒲公英 / 2768
白花曲枝山桃 / 1335
白花全叶马兰 / 2838
白花砂珍棘豆 / 1209
白花砂珍棘豆 / 1209
白花山碧桃 / 1335
白花山韭 / 377
白花山马兰 / 2841
白花山桃 / 1334
白花山野豌豆 / 1172
白花什锦丁香 / 2461
白花石荠苎 / 2607
白花水八角 / 2512
白花水金凤 / 2196
白花四季丁香 / 2455
白花松蒿 / 2687
白花松叶沙参 / 2733
白花碎米荠 / 1924
白花天麻 / 314
白花歪头菜 / 1160
白花委陵菜 / 1420
白花乌头 / 860
白花无柱兰 / 309
白花溪荪 / 347
白花细葶无柱兰 / 309
白花细叶益母草 / 2645
白花下延当归 / 3231
白花小叶蓝丁香 / 2455
白花薤白 / 371
白花兴安百里香 / 2627
白花兴安杜鹃 / 2266
白花荇菜 / 2741
白花莕菜 / 2741
白花荨麻叶龙头草 / 2621
白花鸭跖草 / 414
白花延龄草 / 250
白花洋丁香 / 2459
白花野大豆 / 1134
白花野凤仙 / 2197
白花野火球 / 1118
白花野蓟 / 3057
白花野菊 / 3000
白花野鸢尾 / 332
白花益母草 / 2643
白花迎红杜鹃 / 2268
白花蝇子草 / 2025
白花羽苞风毛菊 / 3068
白花早锦带花 / 3144
白花窄叶蓝盆花 / 3126
白花长白棘豆 / 1206
白花长白沙参 / 2719
白花掌叶白头翁 / 954
白花重瓣麦李 / 1315
白花重瓣木槿 / 1819
白花重瓣洋丁香 / 2460
白花猪牙花 / 286
白花梓树 / 2530
白花紫荆 / 1072
白花酢浆草 / 1565
白桦 / 1511
白芥 / 1873
白锦带花 / 3144
白茎盐生草 / 2120
白景天 / 1030
白鹃梅 / 1236
白蜡槭 / 1750
白蜡树 / 2440
白狼乌头 / 878
白梨 / 1291

白蔹 / 1062
白鳞刺子莞 / 530
白鳞莎草 / 545
白毛风铃草 / 2708
白毛蒿 / 2975
白毛马鞭草 / 2542
白毛沙参 / 2717
白毛乌头 / 868
白毛羊胡子草 / 563
白毛银露梅 / 1374
白茅 / 774
白玫瑰 / 1353
白眉豆 / 1140
白木兰 / 180
白皮柳 / 1614
白皮松 / 114
白婆婆纳 / 2500
白扦云杉 / 131
白杆 / 131
白杆云杉 / 131
白屈菜 / 815
白屈菜叶黄鹌菜 / 2804
白三叶 / 1119
白色阿尔泰狗娃花 / 2854
白色狗娃花 / 2851
白山蒿 / 2956
白山蓼 / 1983
白山龙胆 / 2296
白山耧斗菜 / 853
白山毛茛 / 933
白山神血宁 / 1983
白山石防风 / 3253
白山薹草 / 528
白山乌头 / 862
白山罂粟 / 819
白射干 / 332
白首乌 / 2326
白睡莲 / 169
白檀 / 2226
白檀山矾 / 2226
白棠子树 / 2554
白头葱 / 363
白头风毛菊 / 3090
白头韭 / 363
白头婆 / 2811
白头山薹草 / 502
白头翁 / 952
白兔儿尾苗 / 2500
白薇 / 2330
白鲜 / 1775
白藓 / 1775
白苋 / 2094
白雄穗薹草 / 492
白羊草 / 787
白叶蒿 / 2975
白叶委陵菜 / 1410
白英 / 2413
白颖薹草 / 524
白玉草 / 2029
白玉山蔷薇 / 1351
白玉堂 / 1345
白玉簪（俗称）/ 406
白缘蒲公英 / 2766
白云山白头翁 / 958
白芷 / 3234
白指甲花 / 1111
百合 / 267
百花山柴胡 / 3201
百金花 / 2294
百里香 / 2626
百里香叶齿缘草 / 2350
百脉根 / 1199
百日菊 / 2906
百蕊草 / 1931
百子莲 / 381
败酱 / 3131
稗 / 767
稗 / 768
稗薹草 / 494
稗子 / 767
班克松 / 116
斑地锦 / 1664
斑地锦草 / 1664
斑点虎耳草 / 1022
斑花杓兰 / 291
斑纹木贼 / 24
斑叶败酱 / 3130
斑叶稠李 / 1309
斑叶兜被兰 / 310
斑叶堇菜 / 1596
斑叶蒲公英 / 2769
斑种草 / 2364
板栗 / 1486
半边莲 / 2697
半岛鳞毛蕨 / 93
半夏 / 199
半枝莲 / 2568
半钟铁线莲 / 904
瓣蕊唐松草 / 939
膀胱蕨 / 63
膀胱岩蕨 / 63
包鞘隐子草 / 601
苞焯菜 / 1854
苞序葶苈 / 1860
苞叶杜鹃 / 2262
枹栎 / 1492
薄荷 / 2599
薄毛旱麦瓶草 / 2036
薄皮木 / 2272
薄皮野丁香 / 2272
薄鞘隐子草 / 601
薄蒴草 / 2079
薄叶二行芥 / 1885
薄叶棘豆 / 1201
薄叶荠苨 / 2723
薄叶驴蹄草 / 881
薄叶麻花头 / 3099
薄叶山梅花 / 2174
薄叶委陵菜 / 1414
薄叶委陵菜 / 1419
薄叶乌头 / 874
薄叶向日葵 / 2932
薄叶燥原荠 / 1863
薄叶皱叶委陵菜 / 1414
薄皱叶委陵菜 / 1414
宝铎草 / 257

宝盖草 / 2637
宝珠草 / 257
抱草 / 669
抱茎白前 / 2330
抱茎独行菜 / 1839
抱茎苦荬菜 / 2805
抱茎小苦荬 / 2805
鲍氏苋 / 2099
暴马丁香 / 2447
爆竹柳 / 1618
北白头翁 / 955
北滨藜 / 2137
北滨藜 / 2138
北捕虫堇 / 2538
北苍术 / 3042
北侧金盏花 / 911
北柴胡 / 3199
北车前 / 2485
北齿缘草 / 2351
北葱 / 372
北点地梅 / 2217
北独行菜 / 1836
北方枸杞 / 2402
北方还阳参 / 2796
北方卷柏 / 15
北方拉拉藤 / 2282
北方老观草 / 1696
北方老鹳草 / 1696
北方马兰 / 2838
北方鸟巢兰 / 317
北方沙参 / 2717
北方石龙尾 / 2489
北方庭荠 / 1865
北方乌头 / 864
北方舞鹤草 / 390
北方小阴地蕨 / 32
北方羊耳蒜 / 327
北方阴地蕨 / 32
北方獐牙菜 / 2312
北防风、关防风 / 3218
北风毛菊 / 3082
北附地菜 / 2369
北藁本 / 3262
北狗舌草 / 2863
北海道黄杨 / 1554
北黄花菜 / 356
北黄芪 / 1218
北黄耆 / 1218
北火烧兰 / 320
北极果 / 2253
北极花 / 3139
北极米努草 / 2081
北极罂粟 / 819
北疆风铃草 / 2707
北锦葵 / 1812
北京丁香 / 2448
北京槲栎 / 1493
北京花楸 / 1280
北京堇菜 / 1594
北京锦鸡儿 / 1152
北京忍冬 / 3161
北京石韦 / 98
北京桃 / 1334
北京铁角蕨 / 56
北京延胡索 / 807
北京杨 / 1644
北京隐子草 / 603
北景天 / 1043
北陵白前 / 2328
北陵鸢尾 / 344
北刘寄奴 / 2673
北麻花头 / 3101
北马兜铃 / 176
北马兰 / 2836
北美苍耳 / 2898
北美刺龙葵 / 2421
北美独行菜 / 1841
北美短叶松 / 116
北美多足蕨 / 96
北美鹅掌楸 / 178
北美枫香 / 985
北美黑胡桃 / 1501
北美红栎 / 1489
北美假阴地蕨 / 31
北美乔松 / 109
北美球子蕨 / 69
北美水茄 / 2421
北美透骨草 / 2655
北美苋 / 2095
北美香柏 / 158
北美圆柏 / 149
北蒙古黄芪 / 1222
北牡蒿 / 2991
北欧花楸 / 128
北票山楂 / 1274
北平花楸树 / 1280
北千里光 / 2881
北桑寄生 / 1936
北莎草 / 549
北山莴苣 / 2781
北水苦荬 / 2509
北丝石竹 / 2041
北薹草 / 513
北橐吾 / 2869
北委陵菜 / 1423
北温带獐牙菜 / 2314
北乌头 / 875
北五加皮 / 2319
北香花芥 / 1888
北缬草 / 3137
北兴安薹草 / 513
北萱草 / 352
北玄参 / 2519
北悬钩子 / 1377
北亚稠李 / 1311
北亚灯心草 / 439
北亚列当 2668
北野豌豆 / 1163
北异燕麦 / 709
北鱼黄草 / 2388
北芸香 / 1773
北泽苔草 / 212
北重楼 / 249
北紫堇 / 802
贝加尔鼠曲草 / 3031
贝加尔鼠麴草 / 3031

贝加尔唐松草 / 942
贝加尔乌头 / 873
贝加尔亚麻 / 1682
贝加尔野豌豆 / 1165
贝加尔针茅 / 742
背扁黄耆 / 1195
背扁膨果豆 / 1195
本氏蓼 / 2000
本田披碱草 / 643
鼻花 / 2670
秕壳草 / 587
笔管草 / 2760
笔龙胆 / 2295
笔直石松 / 9
蓖麻 / 1674
碧冬茄 / 2435
篦苞风毛菊 / 3067
篦齿眼子菜 / 234
萹蓄 / 1974
萹蓄蓼 / 1974
蝙蝠葛 / 826
鞭叶耳蕨 / 84
扁担杆 / 1791
扁担木 / 1792
扁豆 / 1140
扁秆藨草 / 571
扁秆荆三棱 / 571
扁秆薹草 / 496
扁核木 / 1304
扁基荸荠 / 552
扁金鱼藻（新拟） / 793
扁茎灯心草 / 440
扁茎黄芪 / 1195
扁茎黄耆 / 1195
扁茎眼子菜 / 242
扁蕾 / 2304
扁囊薹草 / 505
扁莎 / 538
扁穗冰草 / 648
扁穗草 / 662
扁穗雀麦 / 656
扁穗莎草 / 542
扁蓿豆 / 1128
扁叶刺芹 / 3204
扁枝石松 / 6
变豆菜 / 3183
变蒿 2986
变色白前 / 2324
变色苦荬菜 / 2800
变色木 / 1767
变色早熟禾 / 697
杓兰 / 292
藨草 / 573
滨灯心草 / 437
滨海茶藨子 / 992
滨海牡蒿 / 2990
滨海珍珠菜 / 2222
滨海珍珠叶 / 2222
滨菊 / 2997
滨藜 / 2137
滨麦 / 629
滨蛇床 / 3216
滨紫草 / 2357
滨紫草 / 2357
冰草 / 648
冰岛罂粟 / 821
冰沼草 / 227
柄薹草 / 464
柄状薹草 / 485
并头黄芩 / 2572
并头黄芩微柔毛 / 2574
并头黄芩雾灵山 / 2573
并头黄芩喜沙 / 2573
波齿糖芥 / 1901
波斯丁香 / 2456
波斯菊 / 2918
波斯婆婆纳 / 2508
波纹柳 / 1625
波叶车前 / 2483
波叶大黄 / 1950
波叶忍冬 / 3158
玻璃翠 / 1547
菠菜 / 2140
菠菜帘子 / 3100
菠叶麻花头 / 3100
播娘蒿 / 1899
博落回 / 813
擘蓝 / 1877
补骨脂 / 1186
补血草 / 1944
布袋兰 / 323
布朗耳蕨 / 85
布留克 / 1882

C

彩苞鼠尾草 / 2594
彩叶草 / 2579
菜豆 / 113
菜瓜 / 115
菜花 / 1876
菜椒 / 2427
菜苔 / 1883
蚕豆 / 1158
苍耳 / 2899
苍术 / 3042
藏红花 / 348
藏花忍冬 / 3159
糙草 / 2345
糙伏毛飞蓬 / 2822
糙果苋 / 2097
糙毛蓼 / 1994
糙毛野青茅 / 731
糙皮桦 / 1512
糙苏 / 2631
糙葶葱 / 375
糙葶韭 / 375
糙叶败酱 / 3133
糙叶黄芪 / 1213
糙叶薹草 / 469
糙隐子草 / 601
槽秆荸荠 / 553
槽鳞扁莎 / 537
草 / 703
草 / 711
草菝葜 / 259

草本威灵仙 / 2496
草茨藻 / 222
草苁蓉 / 2664
草地风毛菊 / 3071
草地老鹳草 / 1695
草地麻花头 / 3100
草地毛茛 / 934
草地糖芥 / 1903
草地乌头 / 862
草地早熟禾 / 694
草甸箭叶蓼 / 1993
草甸老观草 / 1695
草甸老鹳草 / 1695
草甸鼠尾草 / 2596
草甸碎米荠 / 1922
草甸羊茅 / 680
草芙蓉 / 1816
草麻黄 / 104
草莓 / 1396
草棉 / 1815
草木犀 / 1123
草木犀黄耆 / 1220
草木樨 / 1123
草木樨黄耆 / 1220
草木樨状黄芪 / 1220
草木樨状黄耆 / 1220
草瑞香 / 1822
草芍药 / 983
草问荆 / 21
草乌 / 875
草乌头 / 875
草五色梅 / 2544
草玉梅 / 963
草玉梅 / 964
草原黄芪 / 1221
草原黄耆 / 1221
草原老鹳草 / 1695
草原前胡 / 3248
草原石头花 / 2041
草原丝石竹 / 2041
草原勿忘草 / 2371
草泽泻 / 214
草茱萸 / 2182
草珠黄芪 / 1219
草珠黄耆 / 1219
侧柏 / 156
侧金盏花 / 912
梣 / 2440
梣叶槭 / 1750
叉齿薹草 / 467
叉唇角盘兰 / 313
叉唇无喙兰 / 315
叉繁缕 / 2073
叉分蓼 / 1985
叉分神血宁 / 1985
叉歧繁缕 / 2073
叉叶委陵菜 / 1420
叉枝柳 / 1612
叉枝蝇子草 2024
叉子圆柏 / 148
茶菱 / 2478
茶条枫 / 1764
茶条槭 / 1764
茶叶树 / 2465
察哈尔黄芪 / 1224
差不嘎蒿 / 2981
柴胡 / 3199
柴桦 / 1508
柴荆芥 / 2585
缠绕白毛乌头 / 867
缠枝牡丹 / 2383
昌化拉拉藤 / 2288
菖蒲 / 192
常夏石竹 / 2046
朝天椒 / 2426
朝天委陵菜 / 1422
朝鲜艾 / 2978
朝鲜艾蒿 / 2978
朝鲜白头翁 / 958
朝鲜百合 / 274
朝鲜苍术 / 3042
朝鲜茶藨 / 1001
朝鲜垂柳 / 1614
朝鲜当归 / 3228
朝鲜地瓜苗 / 2602
朝鲜丁香 / 2458
朝鲜顶冰花 / 284
朝鲜杜鹃 / 2261
朝鲜对囊蕨 / 74
朝鲜蛾眉蕨 / 74
朝鲜附地菜 / 2369
朝鲜狗舌草 / 2859
朝鲜华千里光 / 2859
朝鲜槐 / 1084
朝鲜黄杨 / 977
朝鲜荚蒾 / 3111
朝鲜碱茅 / 676
朝鲜接骨木 / 3120
朝鲜介蕨 / 74
朝鲜堇菜 / 1601
朝鲜锦带花 / 3142
朝鲜梾木 / 2186
朝鲜老观草 / 1699
朝鲜老鹳草 / 1699
朝鲜蓼 / 2003
朝鲜柳 / 1615
朝鲜六道木 / 3140
朝鲜龙胆 / 2302
朝鲜龙牙草 / 1366
朝鲜落新妇 / 1006
朝鲜麦瓶草 / 2034
朝鲜南星 / 203
朝鲜婆婆纳 / 2502
朝鲜蒲儿根 / 2859
朝鲜蒲公英 / 2768
朝鲜千里光 / 2859
朝鲜山茱萸 / 2186
朝鲜鼠李 / 1434
朝鲜穗花 / 2502
朝鲜唐松草 / 936
朝鲜蹄盖蕨 / 74
朝鲜天南星 / 203
朝鲜铁角蕨 / 57
朝鲜铁线莲 / 901
朝鲜猬草 / 624
朝鲜小檗 / 832

朝鲜薤 / 369
朝鲜崖柏 / 158
朝鲜延胡索 / 805
朝鲜一枝黄花 / 2815
朝鲜淫羊藿 / 838
朝鲜蝇子草 / 2034
朝鲜鸢尾 / 341
朝鲜越桔 / 2249
朝鲜紫椴 / 1801
朝阳丁香 / 2458
朝阳芨芨草 / 746
朝阳隐子草 / 602
潮风草 / 2332
车梁木 / 2187
车前 / 2480
车前叶蓝蓟 / 2358
车叶草 / 2279
车轴草 / 2278
扯根菜 / 1049
柽柳 / 1937
橙红茑萝 / 2389
橙黄肋柱花 / 2309
齿瓣虎耳草 / 1020
齿瓣延胡索 / 807
齿瓣诸葛菜 / 1872
齿苞风毛菊 / 3069
齿翅蓼 / 1970
齿翅首乌 / 1970
齿唇羊耳蒜 / 328
齿裂大戟 / 1661
齿裂东北延胡索 / 808
齿叶白鹃梅 / 1236
齿叶东北南星 / 202
齿叶风毛菊 / 3084
齿叶狗舌草 / 2860
齿叶碱毛茛 / 915
齿叶槭叶草 / 1025
齿叶蓍 / 2935
齿叶溲疏 / 2178
齿叶铁线莲 / 909
齿叶薰衣草 / 2576
齿叶紫苞朝鲜天南星 / 204
齿叶紫苞东北天南星 / 203
齿叶紫沙参 / 2735
赤瓟 / 1528
赤豆 / 1144
赤麻 / 1483
赤松 / 118
赤天麻 / 314
翅果菊 / 2787
翅碱蓬 / 2113
翅囊薹草 / 527
翅卫矛 / 1557
翅轴对囊蕨 / 74
翅轴介蕨 / 74
崇阳眼子菜 / 243
稠李 / 1310
臭草 / 670
臭茶藨子 / 997
臭春黄菊 / 2939
臭椿 / 1784
臭芙蓉 / 2891
臭海棠 / 1689
臭蒿 / 2958
臭鸡矢藤 / 2271
臭荠 / 1835
臭冷杉 / 124
臭蒲子 / 192
臭菘 / 196
臭檀 / 1778
臭檀吴萸 / 1778
臭檀吴茱萸 / 1778
臭梧桐 / 2530
除虫菊 / 3010
雏菊 / 2818
雏田薹草 / 489
川百合 / 277
川蔓藻 / 244
川西云杉 / 129
川续断 / 3123
穿龙薯蓣 / 246
穿心莲 / 2526
穿叶独行菜 / 1839
穿叶蓼 / 1990
穿叶忍冬 / 3150
穿叶眼子菜 / 240
串铃草 / 2632
串叶松香草 / 2904
串珠黄芩 / 2564
垂萼银莲花 / 970
垂梗繁缕 / 2069
垂果大蒜芥 / 1892
垂果南芥 / 1912
垂果蒜芥 / 1892
垂果亚麻 / 1682
垂花百合 / 276
垂花飞廉 / 3044
垂花青兰 / 2613
垂柳 / 1613
垂盆草 / 1048
垂披碱草 / 634
垂丝海棠 / 1299
垂丝卫矛 / 1554
垂穗粉花地榆 / 1362
垂穗披碱草 / 634
垂序商陆 / 2157
垂杨 / 1656
垂枝大叶早樱 / 1321
垂枝胡枝子 / 1106
垂枝桦 / 1510
垂枝连翘 / 2462
垂枝山杨 / 1643
垂枝小叶杨 / 1656
垂枝杏 / 1330
垂枝榆 / 1453
垂枝早樱 / 1321
春番红花 / 349
春飞蓬 / 2821
春蓼 / 1998
春龙胆 / 2297
春榆 / 1450
纯裂叶山楂 / 1271
莼菜 / 164
唇花翠雀 / 848
唇花翠雀花 / 848
茨藻 / 220

刺苞南蛇藤 / 1561
刺参 / 3175
刺苍耳 / 2896
刺醋李 / 989
刺萼龙葵 / 2420
刺儿菜 / 3049
刺儿菜 / 3050
刺稃大麦草 / 628
刺稃拂子茅 / 725
刺瓜 / 1537
刺瓜藤 / 1535
刺拐棒 / 3171
刺果茶藨 / 989
刺果茶藨子 / 989
刺果刺蔷薇 / 1360
刺果大叶蔷薇 / 1360
刺果峨参 / 3180
刺果粉藜 / 2139
刺果甘草 / 119
刺果瓜 / 1535
刺果拉拉藤 / 2290
刺果欧拉拉藤 / 2290
刺虎耳草 / 1018
刺槐 / 1191
刺黄花稔 / 1806
刺尖前胡 / 3249
刺尖石防风 / 3249
刺梨 / 989
刺藜 / 2152
刺李 / 989
刺蓼 / 1989
刺龙牙 / 3168
刺毛莴苣 / 2782
刺毛缘薹草 / 483
刺玫蔷薇 / 1355
刺穈 / 1342
刺南蛇藤 / 1561
刺囊瓜 / 1537
刺蔷薇 / 1359
刺楸 / 3174
刺人参 / 3175
刺沙蓬 / 2117
刺蒴麻 / 1801
刺酸模 / 1958
刺五加 / 3171
刺苋 / 2091
刺腺茶藨 / 989
刺旋花 / 2381
刺岩黄芪 / 1096
刺岩黄耆 / 1096
刺叶石松 / 8
刺叶小檗 / 831
刺叶悬钩子 / 1380
刺榆 / 1443
葱 / 380
葱皮忍冬 / 3158
楤木 / 3168
丛棘豆 / 1203
丛生大叶藻 / 231
丛生风铃草 / 2706
丛生龙胆 / 2297
丛生隐子草 / 605
丛薹草 / 510
丛枝蓼 / 2006
粗柄糖芥 / 1903
粗糙阿尔泰狗娃花 / 2852
粗糙飞蓬 / 2822
粗糙金鱼藻 / 792
粗糙龙胆 / 2301
粗糙蓬子菜 / 2287
粗齿蒙古栎 / 1498
粗榧 / 162
粗根老观草 / 1694
粗根老鹳草 / 1694
粗根鸢尾 / 334
粗梗糖芥 / 1903
粗茎鳞毛蕨 / 91
粗糠树 / 2337
粗脉薹草 / 469
粗毛鹅观草 / 637
粗毛牛膝菊 / 2903
粗毛山柳菊 / 2792
粗毛碎米荠 / 1925
粗毛野罂粟 / 820
粗皮沙松 / 125
粗壮阴地蕨 / 29
簇花茶藨子 / 993
簇茎石竹 / 2050
簇毛枫 / 1761
簇生椒 / 2427
簇生卷耳 / 2065
簇生泉卷耳 / 2065
翠柏 / 145
翠蝶花 / 2697
翠菊 / 2817
翠蓝绣线菊 / 1247
翠南报春 / 2209
翠雀 / 845
翠云草 / 17
寸草 / 524
寸薹草 / 524

D

达呼里胡枝子 / 1109
达乌里风毛菊 / 3085
达乌里胡枝子 / 1109
达乌里黄芪 / 1223
达乌里黄耆 / 1223
达乌里卷耳 / 2065
达乌里龙胆 / 2299
达乌里秦艽 / 2299
达乌里庭荠 / 1863
达乌里芯芭 / 2672
达乌里岩黄芪 / 1096
达乌里羊茅 / 682
达乌里燥原荠 / 1863
达香蒲 / 431
鞑靼狗娃花 / 2848
鞑靼槭 / 1764
打碗花 / 2382
大阿尔泰狗娃花 / 2852
大白菜 / 1882
大白花杓兰 / 295
大白花地榆 / 1361
大白柳 / 1619

大苞柴胡 / 3195
大苞点地梅 / 2216
大苞乌头 / 873
大苞香蒲 / 429
大苞萱草 / 353
大波斯菊 / 2918
大巢菜 / 1159
大车前 / 2482
大齿山芹 / 3239
大臭草 / 668
大茨藻 / 220
大刺儿菜 / 3050
大粗根鸢尾 / 334
大当归 / 3228
大地锦 / 1662
大丁草 / 3012
大顶叶碎米荠 / 1922
大豆 / 1131
大萼委陵菜 / 1416
大耳叶蟹甲草 / 2875
大二叶兰 / 316
大拂子茅 / 724
大狗尾草 / 752
大瓜 / 1539
大果虫实 / 2133
大果地杨梅 / 446
大果琉璃草 / 2346
大果毛蒿豆 / 2248
大果蒙古栎 / 1497
大果米努草 / 2081
大果山楂 / 1273
大果酸浆 / 2406
大果榆 / 1452
大果越桔 / 2251
大果越橘 / 2251
大花百合 / 270
大花杓兰 / 294
大花波斯菊 / 2920
大花臭草 / 668
大花葱 / 368
大花飞燕草 / 844
大花风毛菊 / 3091
大花棘豆 / 1204
大花剪秋罗 / 2021
大花剪秋萝 / 2021
大花金鸡菊 / 2920
大花金挖耳 / 3028
大花巨紫堇 / 805
大花卷丹 / 273
大花葵 / 1810
大花老观草 / 1695
大花老鹳草 / 1695
大花藜芦 / 254
大花马齿苋 / 2166
大花马先蒿 / 2683
大花美人蕉 / 419
大花木槿 / 1818
大花囊兰 / 294
大花千里光 / 2885
大花牵牛 / 2396
大花沙参 / 2721
大花矢车菊 / 3106
大花溲疏 / 2177
大花天竺葵 / 1689
大花铁线莲 / 905
大花夏枯草 / 2629
大花绣球花 / 2169
大花旋覆花 / 3022
大花旋蒴苣苔 / 2473
大花野豌豆 / 1165
大花益母草 / 2640
大花银莲花 / 963
大花圆锥绣球 / 2169
大花紫堇 / 805
大华北乌头 / 879
大画眉草 / 597
大黄 / 1951
大黄花 / 2672
大黄花堇菜 / 1580
大黄柳 / 1622
大活 / 3234
大基荸荠 / 552
大戟 / 1668
大蓟 / 3050
大金鸡菊 / 2921
大看麦娘 / 734
大狼耙草 / 2909
大狼杷草 / 2909
大丽花 / 2919
大连白头翁 / 953
大龙骨野豌豆 / 1172
大落新妇 / 1006
大麻 / 1458
大麻槿 / 1816
大麦 / 625
大麦草 / 625
大蔓樱草 / 2030
大芒鹅观草 / 639
大芒披碱草 / 639
大毛茛 / 931
大米草 / 613
大木漆 / 1745
大囊岩蕨 / 66
大牛鞭草 / 781
大披针薹草 / 486
大婆婆纳 / 2503
大青杨 / 1653
大全叶山芹 / 3238
大三叶升麻 / 892
大山伽罗木 / 160
大山尖子 / 2876
大山黧豆 / 1178
大山樱 / 1322
大少花薹草 / 481
大莳萝蒿 / 2955
大蒜 / 363
大蒜芥 / 1893
大穗花 / 2503
大穗结缕草 / 618
大穗薹草 / 464
大穗异燕麦 / 710
大头变蒿 / 2982
大头狼毒 / 2428
大头柔毛蒿 / 2982
大头矢车菊 / 3106
大头委陵菜 / 1416

大菟丝子 / 2375
大细梗胡枝子 / 1108
大香桧 / 145
大蝎子草 / 1478
大兴安岭乌头 / 870
大玄参 / 2518
大岩茴香 / 3264
大燕巢兰 / 317
大洋洲滨藜 / 2139
大药碱茅 / 676
大野苏子马先蒿 / 2683
大叶糙苏 / 2633
大叶梣 / 2440
大叶茶藨 / 1000
大叶柴胡 / 3196
大叶椴 / 1795
大叶风毛菊 / 3091
大叶槲树 / 1495
大叶华北绣线菊 / 1250
大叶黄杨 / 1552
大叶堇菜 / 1600
大叶榉树 / 1444
大叶藜 / 2149
大叶龙胆 / 2299
大叶毛茛 / 932
大叶欧椴 / 1798
大叶盘果菊 / 2790
大叶朴 / 1460
大叶蔷薇 / 1359
大叶芹 / 3209
大叶绒果芹 / 3192
大叶石头花 / 2040
大叶碎米荠 / 1923
大叶铁线莲 / 899
大叶小檗 / 833
大叶蟹甲草 / 2873
大叶野豌豆 / 1168
大叶银莲花 / 971
大叶早樱 / 1321
大叶藻 / 231
大叶章 / 727
大叶长距兰 / 302
大叶猪殃殃 / 2288
大叶子 / 100
大叶醉鱼草 / 2514
大油芒 / 778
大羽节蕨 / 52
大羽叶鬼针草 / 2907
大爪草 / 2014
大针茅 / 742
大针薹草 / 516
大籽蒿 / 2953
大字杜鹃 / 2263
带岭当归 / 3235
带岭柳 / 1627
带岭薹草 / 522
带岭蹄盖蕨 / 81
带岭乌头 / 876
待宵草 / 1723
丹参 / 2590
丹参单叶 / 2591
丹东蒲公英 / 2770
丹东玄参 / 2518
丹黄耆 / 1225
丹麦黄芪 / 1225
丹麦黄耆 / 1225
单瓣黄刺玫 / 1349
单瓣李叶绣线菊 / 1253
单瓣月季花 / 1347
单侧花 / 2241
单果眼子菜 / 243
单花风铃草 / 2707
单花韭 / 362
单花忍冬 / 3162
单花橐吾 / 2866
单花鸢尾 / 343
单茎柳叶菜 / 1732
单瘤酸模 / 1959
单瘤皱叶酸模 / 1963
单麻叶千里光 2884
单蕊败酱 / 3132
单蕊草 / 717
单穗藨草 / 568
单穗侧扁莎 / 537
单穗飘拂草 / 558
单穗升麻 / 893
单穗薹草 / 515
单头橐吾 / 2866
单叶朝鲜天南星 / 205
单叶丹参 / 2591
单叶还魂草 / 2884
单叶蔓荆 / 2550
单叶毛茛 / 927
单柱菟丝子 / 2374
单子麻黄 / 103
淡红花什锦丁香 / 2460
淡花地杨梅 / 448
淡花獐牙菜 / 2312
淡黄花早花忍冬 / 3161
淡黄蓬子菜 / 2287
淡竹 / 583
弹刀子菜 / 2652
弹裂碎米荠 / 1920
当归 / 3233
党参 / 2701
刀豆 / 1136
倒地铃 / 1770
倒根蓼 / 1978
倒根拳参 / 1978
倒挂铁角蕨 / 55
倒卵叶北重楼 / 249
倒卵叶庭荠 / 1864
倒卵叶重楼 / 249
倒披针叶谷柳 / 1626
倒提壶 / 2345
倒羽叶风毛菊 / 3072
倒栽柳 / 1617
稻 / 586
稻李氏禾 / 587
稻田仰卧秆水葱 / 575
稻田仰卧稈藨草 / 575
稻田萤蔺 / 575
得利寺龙胆 / 2304
德国鸢尾 / 333
地丁草 / 799
地耳草 / 1568

地耳草 / 1571
地肤 / 2123
地构叶 / 1676
地瓜 / 2392
地瓜花 / 2919
地瓜苗 / 2603
地桂 / 2257
地花 / 2237
地槐 / 1089
地黄 / 2668
地椒 / 2624
地椒亚洲 / 2626
地椒展毛 / 2625
地角儿苗 / 1210
地锦 / 1059，1665
地锦草/ 1665
地锦大戟 / 1665
地蔷薇 / 1385
地梢瓜 / 2329
地刷子 / 7
地笋 / 2603
地笋异叶 / 2604
地笋硬毛 / 2605
地杨梅 / 446
地榆 / 1363
地中海蓝蓟 / 2358
地中海三叶草 / 1119
地中海莎草 / 541
灯笼果 / 2404
灯台树 / 2183
灯心草 / 437
灯心草蚤缀 / 2084
等齿委陵菜 / 1406
等基岩蕨 / 67
等穗薹草 / 491
低矮华北乌头 / 879
低矮薹草 / 488
低山早熟禾 / 698
低薹草 / 488
低滩苦荬菜 / 2798
荻 / 775
棣棠花 / 1370
滇苦荬菜 / 2778
滇龙胆草 / 2300
滇羌活 / 3192
滇岩白菜 / 1023
颠茄 / 2424
点地梅 / 2215
点头虎耳草 / 1019
点叶薹草 / 503
甸杜 / 2257
甸生桦 / 1507
垫状卷柏 / 12
淀川杜鹃 / 2261
钓钟柳 / 2495
蝶须 / 3033
丁香蓼 / 1721
顶冰花 / 284
东北白桦 / 1511
东北百合 / 271
东北薄荷 / 2600
东北扁果草 / 894
东北扁核木 / 1303
东北扁莎 / 537
东北杓兰 / 294
东北藨草 / 568
东北草莓 / 1396
东北梣 / 2441
东北茶藨 / 1000
东北茶藨子 / 1000
东北齿缘草 / 2353
东北赤杨 / 1519
东北刺人参 / 3175
东北大花千里光 / 2885
东北大戟 / 1671
东北大叶毛茛 / 932
东北点地梅 / 2218
东北短柄草 / 655
东北短肠蕨 / 76
东北对囊蕨 / 75
东北多足蕨 / 96
东北峨参 / 3180
东北蛾眉蕨 / 75
东北繁缕 / 2078
东北飞蓬 / 2821
东北风毛菊 / 3092
东北枫 / 1751
东北凤仙花 / 2196
东北拂子茅 / 723
东北高翠雀 / 846
东北高翠雀花 / 846
东北鹤虱 / 2347
东北黑三棱 / 426
东北红豆杉 / 160
东北黄精 / 394
东北茴芹 / 3258
东北蛔蒿 / 2953
东北棘豆 / 1202
东北假扁果草 / 888
东北假鳞毛蕨 / 60
东北碱茅 / 677
东北角蕨 / 73
东北接骨木 / 3119
东北金挖耳 / 3028
东北金鱼藻 / 792
东北堇菜 / 1592
东北锦鸡儿 / 1151
东北看麦娘 / 733
东北拉拉藤 / 2291
东北蓝刺头 / 3039
东北老鹳草 / 1696
东北雷公藤 / 1560
东北李 / 1324
东北连翘 / 2463
东北蓼 / 2007
东北菱 / 1710
东北柳叶菜 / 1735
东北龙胆 / 2302
东北美丽茶藨 / 992
东北牡蒿 / 2990
东北木蓼 / 1948
东北南星 / 202
东北拟水晶兰 / 2236
东北苎麻 / 1484
东北牛防风 / 3244
东北牛尾菜 / 261

东北婆婆纳 / 2501
东北蒲公英 / 2767
东北桤木 / 1519
东北槭 / 1751
东北千里光 / 2885
东北蕤核 / 1303
东北瑞香 / 1825
东北三肋果 / 3008
东北山黧豆 / 1176
东北山马蝗 / 1093
东北山梅花 / 2175
东北舌唇兰 / 303
东北蛇葡萄 / 1061
东北石杉 / 4
东北石松 / 8
东北鼠李 / 1434
东北鼠曲草 / 3031
东北鼠麴草 / 3031
东北双盖蕨 / 76
东北水龙骨 / 96
东北水马齿 / 2477
东北丝裂蒿 / 2960
东北丝叶蒿 / 2960
东北溲疏 / 2180
东北酸模 / 1955
东北穗花 / 2501
东北蹄盖蕨 / 81
东北天南星 / 202
东北甜茅 / 664
东北土当归 / 3167
东北委陵菜 / 1422
东北卫矛 / 1554
东北猬草 / 624
东北乌头 / 873
东北细辛 / 174
东北细叶沼柳 / 1631
东北夏枯草 / 2630
东北香豌豆 / 1176
东北小花碎米荠 / 1925
东北小米草 / 2691
东北小叶茶藨子 / 992
东北杏 / 1328
东北绣线梅 / 1239
东北玄参 / 2520
东北鸦葱 / 2763
东北亚鳞毛蕨 / 92
东北岩高兰 / 2254
东北岩蕨 / 63
东北眼子菜 / 243
东北羊角芹 / 3266
东北杨 / 1651
东北银老梅 / 1374
东北油柑 / 1684
东北玉簪 / 408
东北郁李 / 1317
东北鸢尾 / 335
东北越桔柳 / 1621
东北獐牙菜 / 2314
东北长鞘当归 / 3232
东北长柱金丝桃 / 1570
东北沼委陵菜 / 1399
东北猪殃殃 / 2291
东苍耳 / 2897
东当归 / 3233
东方百合 / 277
东方藨草 / 569
东方草莓 / 1397
东方茨藻 / 222
东方发草 / 705
东方荚果蕨 / 70
东方堇菜 / 1580
东方蓼 / 1997
东方婆罗门参 / 2754
东方五福花 / 3121
东方香蒲 / 429
东方羊胡子草 / 564
东方野豌豆 / 1167
东方泽泻 / 213
东风菜 / 2843
东沟柳 / 1636
东海铁角蕨 / 55
东京樱花 / 1319
东京猪殃殃 / 2289
东陵八仙花 / 2169
东陵绣球 / 2169
东陵绣球花 / 2169
东欧风铃草 / 2706
东亚舌唇兰 / 301
东亚市藜 / 2148
东亚菘蓝 / 1845
东亚唐棣 / 1287
东亚唐松草 / 946
东亚仙女木 / 1384
东亚岩高兰 / 2254
东亚岩蕨 / 67
东亚羊茅 / 685
东亚栉齿蒿 / 2964
东爪草 / 1027
东紫堇 / 805
冬瓜 / 1543
冬葵 / 1812
冬绿王山楂 / 1275
冬青卫矛 / 1552
冻原薹草 / 505
豆瓣菜 / 1917
豆茶决明 / 1081
豆茶山扁豆 / 1081
豆梨 / 1292
毒豆 / 1114
毒麦 / 652
毒芹 / 3254
毒莴苣 / 2784
独根草 / 1009
独角莲 / 205
独丽花 / 2240
独行菜 / 1837
独行菜 / 1838
笃斯越桔 / 2252
笃斯越橘 / 2252
杜梨 / 1293
杜松 / 146
杜香 / 2259
杜仲 / 2269
短瓣金莲花 / 885
短瓣蓍 / 2937
短苞百蕊草 / 1932

短柄枹栎 / 1492
短柄草 / 655
短柄卫矛 / 1558
短柄野芝麻 / 2638
短翅卫矛 / 1554
短萼鸡眼草 / 1101
短萼肋柱花 / 2309
短梗胡枝子 / 1104
短梗箭头唐松草 / 949
短梗五加 / 3172
短果杜鹃 / 2263
短果茴芹 / 3209
短果卷耳 / 2067
短花针茅 / 740
短喙灯心草 / 443
短荚皂角 / 1073
短尖飘拂草 / 557
短豇豆 / 1145
短节百里香 / 2623
短茎鹅不食 / 2085
短茎岩黄芪 / 1097
短茎岩黄耆 / 1097
短鳞薹草 / 501
短芒大麦草 / 627
短毛百里香 / 2623
短毛独活 / 3244
短毛裂叶堇菜 / 1586
短毛小叶杨 / 1655
短毛野青茅 / 730
短蕊刺五加 / 3171
短伞大叶柴胡 / 3197
短莎草 / 548
短穗看麦娘 / 733
短穗香蒲 / 431
短葶箭报春 / 2211
短尾铁线莲 / 908
短腺小米草 / 2690
短星菊 / 2826
短序大野豌豆 / 1169
短序大叶野豌豆 / 1169
短序黑三棱 / 426
短序牛枝子 / 1110
短序松江柳 / 1636
短序歪头菜 / 1160
短序香蒲 / 432
短序长白地杨梅 / 447
短叶赤松 / 118
短叶水蜈蚣 / 535
短叶蹄盖蕨 / 81
短柱朝鲜柳 / 1616
短柱大叶芹 / 3208
短柱茴芹 / 3208
短柱金丝桃 / 1571
短柱狼毒大戟 / 1668
短柱鹿蹄草 / 2245
段报春 / 2207
断节莎 / 534
断穗狗尾草 / 752
堆心菊 / 2893
对节白蜡 / 2441
对开蕨 / 55
对叶车前 / 2480
对叶韭 / 362
对叶兰 / 316
对叶山葱 / 362
敦化乌头 / 873
钝苞一枝黄花 / 2815
钝背草 / 2350
钝齿铁角蕨 / 58
钝萼附地菜 / 2368
钝脊眼子菜 / 236
钝尖铁角蕨 / 58
钝头假瘤蕨 / 100
钝头眼子菜 / 243
钝叶齿缘草 / 2353
钝叶单侧花 / 2241
钝叶拉拉藤 / 2289
钝叶瓦松 / 1034
钝叶眼子菜 / 243
盾叶白蓬草 / 936
盾叶唐松草 / 936
多苞斑种草 / 2365
多苞狼杷草 / 2910
多苞狼杷草 / 2910
多被银莲花 / 966
多叉金鱼藻 / 792
多齿蹄盖蕨 / 81
多刺山刺玫 / 1357
多秆鹅观草 / 642
多秆画眉草 / 599
多秆缘毛草 / 642
多花百日菊 / 2906
多花菜豆 / 1138
多花地杨梅 / 448
多花黑麦草 / 653
多花胡枝子 / 1107
多花黄精 / 399
多花极东锦鸡儿 / 1150
多花筋骨草 / 2557
多花筋骨草短穗 / 2557
多花筋骨草莲座 / 2558
多花韭 / 362
多花楼斗菜 / 852
多花麻花头 / 3101
多花蔷薇 / 1344
多花水苋 / 1713
多花水苋菜 / 1713
多花紫藤 / 1188
多茎委陵菜 / 1417
多茎野豌豆 / 1172
多裂朝鲜天南星 / 205
多裂翅果菊 / 2787
多裂东北延胡索 / 808
多裂耳菊 / 2790
多裂福王草 / 2790
多裂骆驼蓬 / 1739
多裂南星 / 201
多裂蒲公英 / 2774
多裂委陵菜 / 1416
多裂叶荆芥 / 2609
多裂阴地蕨 / 29
多脉高粱 / 785
多毛稠李 / 1312
多毛蹄叶橐吾 / 2870
多毛小叶锦鸡儿 / 1155
多年生花旗杆 / 1896

多年生花旗竿 / 1896
多年生亚麻 / 1682
多歧沙参 / 2722
多色苦荬 / 2800
多穗石松 / 8
多穗石松 / 8
多头苦荬菜 / 2798
多头麻花头 / 3101
多腺柳 / 1613
多型大蒜芥 / 1892
多叶阿尔泰狗娃花 / 2853
多叶鹅观草 / 643
多叶棘豆 / 1210
多叶蓼 / 2005
多叶隐子草 / 604
多叶羽扇豆 / 1013
多叶早熟禾 / 702
多枝扁莎 / 538
多枝返顾马先蒿 / 2685
多枝剪股颖 / 722
多枝金腰 / 1013
多枝金腰子 / 1013
多枝柳穿鱼 / 2491
多枝柳叶菜 / 1730
多枝梅花草 / 1549
多枝木贼 / 25
多枝旋覆花 / 3024
多枝阴地蕨 / 32

E

俄罗斯大果蔷薇 / 1354
峨参 / 3179
峨眉蔷薇 / 1350
鹅不食草 / 2082
鹅不食草 / 2941
鹅肠菜 / 2062
鹅耳枥 / 1520
鹅观草 / 640
鹅河菊 / 2830
鹅莓 / 988
鹅绒藤 / 2326
鹅绒委陵菜 / 1400
鹅掌楸 / 178
额尔古纳薹草 / 514
额尔古纳早熟禾 / 697
额河千里光 / 2887
额穆尔堇菜 / 1582
萼距花 / 1707
遏蓝菜 / 1851
耳基水苋 / 1714
耳基水苋菜 / 1714
耳菊 / 2790
耳菱 / 1710
耳叶大戟 / 1672
耳叶蓼 / 1980
耳叶拳参 / 1980
耳叶山尖子 / 2876
耳叶蟹甲草 / 2876
耳羽金毛裸蕨 / 44
耳羽岩蕨 / 68
二苞黄精 / 396
二花六道木 / 3140
二列芥 / 1886
二裂沙参 / 2736
二裂薹草 / 528
二裂委陵菜 / 1420
二歧银莲花 / 963
二乔木兰 / 180
二乔玉兰 / 180
二球悬铃木 / 974
二色补血草 / 1945
二色棘豆 / 1210
二色金光菊 / 2927
二色薹草 / 463
二行芥 / 1886
二形鳞薹草 / 506
二形薹草 / 506
二型叶沙参 / 2721
二叶兜被兰 / 309
二叶舌唇兰 / 302
二叶舞鹤草 / 389
二柱薹草 / 521
二籽薹草 / 523

F

发草 / 705
发秆薹草 / 515
法国薰衣草 / 2575
法利龙常草 / 615
法氏狗尾草 / 752
法氏荆芥 / 2616
法氏早熟禾 / 701
番红花 / 348
番茄 / 2411
番薯 / 2392
番杏 / 2156
番紫花 / 349
翻白草 / 1414
翻白繁缕 / 2077
翻白委陵菜 / 1414
翻白蚊子草 / 1387
繁缕 / 2071
繁缕叶景天 / 1047
繁穗苋 / 2099
反萼银莲花 / 967
反折齿缘草 / 2354
反折假鹤虱 / 2354
反折鼠尾草 / 2593
反折松毛翠 / 2256
反枝苋 / 2096
返顾马先蒿 2684
饭包草 / 413
饭豆 / 1144
饭豇豆 / 1145
防风 / 3218
飞廉 / 3044
飞廉 / 3045
飞蓬 / 2819
飞燕草 / 844
非洲凤仙 / 2193
非洲凌霄 / 2532
非洲万寿菊 / 3017
肥披碱草 / 635
肥皂草 / 2042
费菜 / 1044

费森杂种荆芥 / 2616
分叉蓼 / 1985
分株紫萁 / 33
粉柏 / 145
粉报春 / 2212
粉黛乱子草 / 610
粉萼鼠尾草 / 2596
粉花地榆 / 1364
粉花华北绣线菊 / 1251
粉花金银忍冬 / 3155
粉花筋骨草 / 2558
粉花乌头 / 865
粉花绣线菊 / 1249
粉花绣线菊光叶 / 1249
粉花绣线菊无毛 / 1249
粉花鸭跖草 / 415
粉花野芝麻 / 2639
粉花月见草 / 1722
粉花重瓣麦李 / 1315
粉绿垂果南芥 / 1913
粉绿狐尾藻 / 1052
粉绿早熟禾 / 695
粉团 / 3115
粉团蔷薇 / 1345
粉晚樱草 / 1722
粉叶稠李 / 1312
粉枝柳 / 1632
粉紫重瓣木槿 / 1819
风车草 / 2646
风车草 / 547
风花菜 / 1852
风花菜 / 1856
风桦 / 1513
风轮菜 / 2645
风毛菊 / 3075
风箱果 / 1242
枫桦 / 1513
枫杨 / 1498
锋芒草 / 617
蜂斗菜 / 2856
凤城栎 / 1494
凤城卫矛 / 1554
凤凰百合 / 273
凤凰堇菜 / 1602
凤尾兰 / 388
凤尾丝兰 / 388
凤仙花 / 2194
凤眼蓝 / 416
凤眼莲 / 416
弗里斯眼子菜 / 241
伏地萹蓄 / 1976
伏地蓼 / 1976
伏毛北乌头 / 876
伏毛草乌头 / 876
伏毛蓼 / 3277
伏毛山莓草 / 1398
伏毛银露梅 / 1373
伏生阿尔泰狗娃花 / 2853
伏生矮茶藨 / 999
伏生茶藨子 / 999
伏生东北红豆杉 / 160
伏水碎米荠 / 1921
伏贴石杉 / 5
伏委陵菜 / 1422
扶芳藤 / 1551
芙蓉葵 / 1816
芙蓉树 / 1070
佛手瓜 / 1536
佛焰苞藨草 / 568
拂子茅 / 725
浮毛茛 / 924
浮萍 / 195
浮水碎米荠 / 1921
浮叶慈姑 / 210
浮叶眼子菜 / 237
匐枝蓼 / 2006
匐枝委陵菜 / 1412
匐枝银莲花 / 969
辐射穗砖子苗 / 534
辐射砖子苗 / 534
辐状肋柱花 / 2309
福王草 / 2790
抚松乌头 / 873
附地菜 / 2367
复盆子 / 1382
复序橐吾 / 2867
复叶枫 / 1750
复叶槭 / 1750
复羽叶栾树 / 177
覆盆子 / 1382
覆瓦委陵菜 / 1420

G

甘草 / 1196
甘菊 / 3001
甘菊甘野菊 / 3001
甘蓝 / 1876
甘蓝 / 1877
甘露子 / 2648
甘蒙雀麦 / 658
甘肃蒿 / 2985
甘肃山楂 / 1275
甘野菊 / 3001
赶山鞭 / 1568
刚毛委陵菜 / 1411
刚松 / 115
刚竹 / 584
钢草 / 469
杠板归 / 1990
杠柳 / 2319
高茶藨子 / 1003
高丛蓝莓 / 2251
高丛越橘 / 2251
高翠雀花 / 844
高大翅果菊 / 2785
高大山莴苣 / 2785
高大一枝黄花 / 2814
高二裂委陵菜 / 1420
高秆莎草 / 540
高壳槲栎 / 1494
高丽猬草 / 624
高粱 / 785
高岭风毛菊 / 3079
高岭蒿 / 2973
高帽乌头 / 860

高鞘薹草 / 506
高山柏 / 145
高山扁枝石松 / 7
高山糙苏 / 2634
高山笃斯越桔 / 2252
高山笃斯越橘 / 2252
高山杜鹃 / 2264
高山谷精草 / 434
高山红景天 / 1584
高山黄芪 / 1226
高山黄耆 / 1226
高山卷耳 / 2065
高山库页堇菜 / 158
高山蓼 / 1983
高山蓼 / 1985
高山龙胆 / 2298
高山露珠草 / 1716
高山茅香 / 714
高山南芥 / 1911
高山漆姑草 / 2080
高山芹 / 3223
高山瞿麦 / 2048
高山日本蓝盆花 / 3128
高山神血宁 / 1985
高山蓍 / 2938
高山石松 / 7
高山石竹 / 2052
高山唐松草 / 944
高山梯牧草 / 736
高山铁线莲 / 903
高山乌头 / 878
高山羊茅 / 684
高山羊茅 / 686
高山紫菀 / 2844
高雪轮 / 2016
高异燕麦 / 709
高枝小米草 / 2689
高株早熟禾 / 696
戈壁针茅 / 740
革叶三花槭 / 1752
茖葱 / 361
格菱 / 1710
葛 / 1136
葛 / 1137
葛缕子 / 3268
葛麻姆 / 1137
葛枣猕猴桃 / 2231
隔山消 / 2324
根茎冰草 / 648
根叶漆姑草 / 2060
耿氏拂子茅 / 723
工艺高粱 / 785
弓喙薹草 / 462
弓角菱 / 1710
弓嘴薹草 / 462
沟繁缕 / 1573
沟酸浆 / 2654
沟叶薹草 / 476
沟叶羊茅 / 686
钩齿接骨木 / 3119
钩齿溲疏 / 2177
钩腺大戟 / 1670
钩叶委陵菜 / 1413
钩柱毛茛 / 931
狗筋麦瓶草 / 2029
狗筋蔓 / 2019
狗舌草 / 2862
狗娃花 / 2850
狗尾草 / 753
狗牙根 / 622
狗枣猕猴桃 / 2232
枸骨 / 2694
枸橘 / 1780
枸杞 / 2400
枸枳 / 1780
构 / 1465
构树 / 1465
菰 / 585
菰茭笋 / 585
谷地兰 / 3272
谷地蓼 / 1983
谷地神血宁 / 1983
谷柳 / 1625
谷玄参 / 2521
谷莠子 / 753
谷子 / 750
骨碎补 / 94
臌囊薹草 / 511
瓜木 / 2181
瓜子黄杨 / 976
瓜子金 / 1230
栝楼 / 1527
挂金灯 / 2404
挂金灯酸浆 / 2404
拐芹 / 3227
拐芹当归 / 3227
关苍术 / 3041
关东丁香 / 2452
关东牡蒿 / 2990
关东槭 / 1751
关东巧玲花 / 2452
关黄柏 / 1777
关节酢浆草 / 1566
关木通 / 175
冠萼蔓锦葵 / 1807
冠花贝母 / 279
冠菱 / 1710
冠芒草 / 593
管花腹水草 / 2497
管花蒲公英 / 2750
贯月忍冬 / 3150
光白英 / 2413
光苞蒲公英 / 2773
光滨藜 / 2138
光叉叶委陵菜 / 1420
光地锦 / 1667
光萼女娄菜 2026
光萼青兰 / 2611
光萼石沙参 / 2730
光萼溲疏 / 2178
光稃茅香 / 714
光稃香草 / 714
光梗蒺藜草 / 755
光梗鸭绿乌头 / 873
光果白蓬草 / 942
光果贝加尔唐松草 / 942

光果黑藻 / 225
光果黄榆 / 1452
光果江界柳 / 1633
光果宽叶独行菜 / 1836
光果拉拉藤 / 2284
光果飘拂草 / 556
光果屈枝虫实 / 2132
光果软毛虫实 / 2132
光果唐松草 / 942
光果田麻 / 1803
光果葶苈 / 1860
光果细苞虫实 / 2131
光果细苞虫实 / 2131
光果野罂粟 / 822
光果银莲花 / 968
光果砧草 / 2284
光华柳叶菜 / 1734
光滑柳叶菜 / 1734
光滑米口袋 / 1227
光碱蓬 / 2112
光茎铁苋菜 / 1679
光泡桐 / 2661
光千屈菜 / 1709
光沙蒿 / 2982
光砂蒿 / 2982
光穗冰草 / 648
光秃大果榆 / 1452
光豨莶 / 2923
光岩蕨 / 66
光叶东北茶藨 / 1001
光叶东北茶藨子 / 1001
光叶东北杏 / 1329
光叶粉花绣线菊 / 1249
光叶黄栌 / 1743
光叶黄榆 / 1452
光叶榉 / 1445
光叶林石草 / 1392
光叶木兰 / 179
光叶球果堇菜 / 1590
光叶山刺玫 / 1356
光叶山楂 / 1276
光叶蛇葡萄 / 1062
光叶蚊子草 / 1391
光叶绣线菊 / 1249
光叶眼子菜 / 239
光叶玉兰 / 179
光颖水蜈蚣 / 536
光枝山楂叶悬钩子 / 1377
光轴鹅不食 / 2085
光轴蚤缀 / 2085
广布红门兰 / 307
广布鳞毛蕨 / 89
广布小红门兰 / 307
广布野豌豆 / 1173
广东丝瓜 / 1542
广裂黑三棱 / 424
广序臭草 / 667
广州蔊菜 / 1854
鬼灯檠 / 1005
鬼针草 / 2913
鬼针草 / 2916
鬼子姜 / 2931
桂花 / 2466
桂皮紫萁 / 33
桂竹 / 584
桂竹糖芥 / 1902
桂竹香 / 1901
国槐 / 1086
果香菊 / 2940
过江藤 / 2539
过山蕨 / 54

H

哈尔滨榆 / 1455
哈青杨 / 1651
还阳参 / 2796
孩儿参 / 2056
海滨车前　2486
海滨黄芪 / 1217
海滨黄耆 / 1217
海滨黄芩 / 2572
海滨碱蓬 / 2113
海滨柳穿鱼 2491
海滨米口袋 / 1227
海滨山黧豆 / 1179
海滨天冬 / 384
海滨香豌豆 / 1179
海岛延胡索 / 807
海韭菜 / 228
海拉尔棘豆 / 1209
海拉尔松 / 121
海拉尔绣线菊 / 1253
海林沙参 / 2737
海绿豆 / 1142
海绵基薹草 / 518
海蓬子 / 2110
海乳草 / 2219
海石竹 / 1940
海棠 / 1296
海棠花 / 1296
海仙花 / 3142
海洋薹草 / 478
海州常山 / 2552
海州骨碎补 / 94
海州香薷 / 2588
含苞草 / 3030
含苞橐吾 / 2864
含羞草决明 / 1081
含羞草山扁豆 / 1081
韩国杜鹃 / 2261
蔊菜 / 1854
汉城细辛 / 173
旱稗 / 768
旱垂柳 / 1617
旱荷花 / 1827
旱金莲 / 1827
旱快柳 / 1618
旱柳 / 1616
旱麦瓶草 / 2035
旱芹 / 3270
旱雀麦 / 657
旱伞草 / 547
旱生点地梅 / 2215
旱生卷柏 / 14
旱生麦瓶草 / 2035

旱岩蕨 / 66
旱榆 / 1454
杭子梢 / 1113
蒿 / 3268
蒿柳 / 1627
蒿叶委陵菜 / 1424
蒿子杆 / 2995
毫毛细柄茅 / 748
貉藻 / 2009
禾繁缕 / 2078
禾秆蹄盖蕨 / 79
禾叶慈姑 / 209
禾叶大戟 / 1659
禾叶繁缕 / 2078
禾叶麦瓶草 / 2035
禾叶眼子菜 / 237
禾叶蝇子草 / 2035
合瓣花 / 796
合苞菊 / 3030
合苞橐吾 / 2864
合被苋 / 2091
合欢 / 1070
合萌 / 109
合掌消 / 2330
何首乌 / 1967
和尚菜 / 3025
和尚梨 / 1294
河北白喉乌头 / 861
河北鹅观草 / 643
河北假报春 / 2206
河北梨 / 1290
河北木蓝 / 1183
河北山梅花 / 2176
河北杨 / 1641
河滨千里光 / 2860
河沙薹草 / 473
河朔荛花 / 1825
荷包豆 / 1138
荷包牡丹 / 797
荷包藤 / 796
荷花 / 972
荷花蔷薇 / 1346
荷花玉兰 / 183
荷兰草 / 1940
荷兰豆 / 1182
荷兰菊 / 2827
荷青花 / 815
核桃楸 / 1501
盒子草 / 1529
贺兰山南芥 / 1916
褐苞蒿 / 2965
褐黄鳞薹草 / 465
褐梨 / 1293
褐毛蓝刺头 / 3039
褐毛毛茛 / 932
褐毛毛连菜 / 2758
褐毛铁线莲 / 907
褐鞘萹蓄 / 1975
褐鞘蓼 / 1975
褐沙蒿 / 2981
褐穗莎草 / 548
褐穗薹草 / 493
鹤甫碱茅 / 674
鹤岗延胡索 / 807
鹤虱 / 2348
黑北极果 / 2253
黑茶藨子 / 996
黑柴胡 / 3195
黑弹树 / 1462
黑谷精草 / 434
黑果茶藨 / 996
黑果茜草 / 2277
黑果忍冬 / 3152
黑果天栌 / 2253
黑果腺肋花楸 / 1266
黑果栒子 / 1266
黑蒿 / 2960
黑河赤松 / 120
黑胡桃 / 1501
黑桦 / 1509
黑鳞短肠蕨 / 76
黑鳞双盖蕨 / 76
黑龙江百里香 / 2623
黑龙江当归 / 3235
黑龙江飞蓬 / 2823
黑龙江黄芩 / 2567
黑龙江荆芥 / 2617
黑龙江酸模 / 1957
黑龙江蹄盖蕨 / 82
黑龙江橐吾 / 2870
黑龙江香科科 / 2559
黑龙江杨 / 1649
黑龙江野豌豆 / 1166
黑麦 / 645
黑麦草 / 652
黑莓 / 1379
黑皮赤松 / 119
黑皮油松 / 123
黑柔毛蒿 / 2982
黑三棱 / 424
黑涩楠 / 1266
黑沙蒿 / 2982
黑砂蒿 / 2982
黑水当归 / 3235
黑水花楸 / 128
黑水列当 / 2665
黑水鳞毛蕨 / 88
黑水菱 / 1710
黑水耧斗菜 / 853
黑水莎草 / 544
黑水酸模 / 1957
黑水薹草 / 474
黑水缬草 / 3137
黑水亚麻 / 1683
黑水岩茴香 / 3253
黑水银莲花 / 969
黑水罂粟 / 823
黑松 / 117
黑穗薹草 / 500
黑穗透骨草 / 2656
黑瞎子芹 / 3213
黑纤维虾海藻 / 232
黑心金光菊 / 2926
黑心菊 / 2926
黑杨 / 1646
黑樱桃 / 1317

黑榆 / 1449
黑枣 / 2203
黑藻 / 224
黑种草 / 887
黑种豇豆 / 1142
横须贺蹄盖蕨 / 79
红白忍冬 / 3152
红北极果 / 2254
红被松江蓼 / 2006
红被岩菖蒲 / 208
红碧桃 / 1338
红梣 / 2443
红茶藨子 / 1002
红柴胡 / 3202
红车轴草 / 1118
红虫实 / 2134
红葱 / 368
红丁香 / 2449
红豆草 / 1094
红萼月见草 / 1723
红枫杜鹃 / 2260
红凤菜 / 2878
红梗蒲公英 / 2769
红果黄精 / 395
红果类叶升麻 / 890
红果越桔 / 2249
红果越橘 / 2249
红槲栎 / 1489
红花 / 3061
红花被松江蓼 / 2006
红花碧桃 / 1338
红花变豆菜 / 3183
红花菜豆 / 1138
红花朝鲜垂柳 / 1614
红花刺槐 / 1190
红花金丝桃 / 1571
红花金银花 / 3152
红花金银忍冬 / 3155
红花锦鸡儿 / 1149
红花龙须柳 / 1617
红花鹿蹄草 / 2244
红花七叶树 / 1767
红花槭 / 1760
红花山桃 / 1335
红花松江蓼 / 2006
红花亚麻 / 1680
红花洋槐 / 1191
红花酢浆草 / 1567
红桦 / 1513
红假狼紫草 / 2360
红茎委陵菜 / 1424
红景天 / 1039
红蓼 / 1997
红鳞扁莎 / 537
红轮狗舌草 / 2861
红轮狗舌草 / 2861
红毛七 / 839
红毛羊胡子草 / 563
红莓苔子 / 2248
红皮云杉 / 134
红槭 / 1755
红鞘薹草 / 483
红茄 / 2423
红瑞木 / 2185
红三叶 / 1118
红色马先蒿 / 2683
红砂 / 1938
红升麻 / 1007
红睡莲 / 169
红松 / 112
红穗薹草 / 467
红王子锦带 / 3143
红王子锦带花 / 3143
红纹马先蒿 / 2681
红五叶 / 1117
红心藜 / 2149
红心猕猴桃 / 2231
红雪果 / 3147
红洋苋 / 2102
红药子 / 1966
红叶 / 1743
红叶椿 / 1784
红叶藜 / 2145
红叶石楠 / 1277
红叶苋 / 2102
红枝卷柏 / 14
红直当药 / 2315
红直獐牙菜 / 2315
红紫斑风铃草 / 2710
红足蒿 / 2976
荭草 / 1997
荭蓼 / 1997
洪氏山芥 / 1906
喉咙草 / 2215
猴腿蹄盖蕨 / 81
厚萼凌霄 / 2533
厚皮哈青杨 / 1651
厚朴 / 184
厚叶繁缕 / 2075
厚叶马蔺 / 336
厚叶沙参 / 2737
呼伦白头翁 / 957
呼玛柴胡 / 3201
呼玛卷柏 / 15
呼玛柳 / 1619
忽略野青茅 / 728
狐尾蓼 / 1979
狐尾拳参 / 1979
狐尾藻 / 1051
狐尾藻 / 1053
狐尾藻棘豆 / 1210
胡卢巴 / 1125
胡萝卜 / 3185
胡麻 / 2524
胡桃 / 1499
胡桃楸 / 1501
胡杨 / 1648
胡枝子 / 1105
葫芦 / 1533
葫芦岛野菊 / 2999
葫芦枣 / 1441
湖北梣 / 2441
湖北海棠 / 1299
湖北眼子菜 / 236
湖瓜草 / 534
湖南稗子 / 767

槲寄生 / 1934
槲栎 / 1492
槲树 / 1495
蝴蝶槐 / 1087
虎耳鳞毛蕨 / 87
虎皮百合 / 272
虎皮菊 / 2894
虎氏苊草 / 784
虎尾草 / 2221
虎尾草 / 623
虎尾蕨 / 56
虎尾铁角蕨 / 56
虎掌 / 200
虎杖 / 1965
虎榛子 / 1521
琥珀千里光 / 2885
互花米草 / 614
互叶金腰 / 1012
互叶雾灵沙参 / 2714
互叶醉鱼草 / 2514
瓠瓜 / 1534
瓠子 / 1534
花白蓬草 / 941
花菖蒲 / 345
花盖梨 / 1290
花红 / 1296
花椒 / 1782
花楷枫 / 1761
花楷槭 / 1761
花拉拉藤 / 2289
花蔺 / 215
花菱草 / 824
花锚 / 2307
花木蓝 / 1184
花苜蓿 / 1128
花旗参 / 3165
花旗杆 / 1895
花旗竿 / 1895
花旗松 / 126
花楸 / 1281
花楸树 / 1281
花曲柳 / 2440
花葱 / 2201
花生 / 1090
花穗水莎草 / 539
花唐松草 / 941
花烟草 / 2436
花椰菜 / 1876
花叶滇苦菜 / 2777
花叶丁香 / 2456
花叶活血丹 / 2619
华北八宝 / 1028
华北白前 / 2333
华北薄鳞蕨 / 45
华北大黄 / 1950
华北地杨梅 / 446
华北耳蕨 / 84
华北粉背蕨 / 45
华北风毛菊 / 3087
华北剪股颖 / 719
华北金毛裸蕨 / 44
华北景天 / 1028
华北赖草 / 631
华北蓝盆花 / 3126
华北蓼 / 1985
华北鳞毛蕨 / 90
华北耧斗菜 / 854
华北落叶松 / 138
华北马先蒿 / 3279
华北前胡 / 3251
华北忍冬 / 3159
华北石韦 / 98
华北薹草 / 503
华北糖芥 / 1901
华北蹄盖蕨 / 77
华北驼绒藜 / 2107
华北卫矛 / 1559
华北乌头 / 879
华北乌头 / 879
华北绣线菊 / 1250
华北绣线菊大叶 / 1250
华北绣线菊小叶 / 1251
华北鸦葱 / 2760
华北岩黄芪 / 1097
华北岩黄耆 / 1097
华北岩蕨 / 66
华北珍珠梅 / 1237
华北紫丁香 / 2456
华扁穗草 / 566
华茶藨 / 993
华虫实 / 2129
华东菝葜 / 259
华东藨草 / 569
华东蓝刺头 / 3038
华东蹄盖蕨 / 77
华湖瓜草 / 535
华黄芪 / 1218
华黄耆 / 1218
华灰早熟禾 / 698
华金腰子 / 1013
华蔓茶藨子 / 993
华蒲公英 / 2772
华山松 / 110
华水苏 / 2650
华西银露梅 / 1374
华细辛 / 173
华中虎耳草 / 1020
华中铁角蕨 / 57
滑茎薹草 / 513
画眉草 / 599
桦甸车前 / 2487
槐 / 1086
槐树 / 1086
槐叶决明 / 1078
槐叶苹 / 37
櫰槐 / 1084
环翅马齿苋 / 2167
唤猪草 / 765
荒漠黄芪 / 1215
荒漠黄耆 / 1215
皇帝菊 / 2902
黄鹌菜 / 2801
黄白列当 / 2668
黄瓣糖芥 / 1904
黄背草 / 789
黄波罗 / 1777

黄檗 / 1777
黄菖蒲 / 337
黄刺玫 / 1348
黄刺条 / 1148
黄刺条锦鸡儿 / 1148
黄戴戴 / 915
黄豆 / 1131
黄独 / 246
黄甫川黄芪 / 1223
黄瓜 / 1544
黄瓜菜 / 2804
黄瓜假还阳参 / 2804
黄果龙葵 / 2419
黄海棠 / 1569
黄花白头翁 / 955
黄花宝铎草 / 257
黄花补血草 / 1942
黄花菜 / 356
黄花刺茄 / 2420
黄花葱 / 378
黄花大蒜芥 / 1891
黄花地丁 / 804
黄花蒿 / 2958
黄花华北耧斗菜 / 855
黄花尖萼耧斗菜 / 854
黄花堇菜 / 1580
黄花狸藻 / 2536
黄花列当 / 2666
黄花龙牙 / 3131
黄花龙芽 / 3131
黄花轮叶贝母 / 280
黄花落叶松 / 139
黄花马先蒿 / 2680
黄花茅 / 713
黄花苜蓿 / 1130
黄花平贝母 / 281
黄花婆罗门参 / 2754
黄花忍冬 / 3156
黄花蒜芥 / 1891
黄花糖芥 / 1905
黄花铁线莲 / 910
黄花瓦松 / 1036
黄花委陵菜 / 1409
黄花乌头 / 864
黄花烟草 / 2436
黄花阴山胡枝子 / 1111
黄花油点草 / 265
黄花有斑百合 / 270
黄花鸢尾 / 335
黄花鸢尾（俗名）/ 337
黄花月见草 / 1723
黄花珍珠菜 2221
黄金蒿 / 2960
黄金菊 / 2753
黄金树 / 2530
黄金鸢尾 / 335
黄堇 / 801
黄荆 / 2550
黄精 / 393
黄连花 2221
黄连木 / 1741
黄莲花 2221
黄铃杓兰 / 292
黄柳 / 1631
黄龙尾 / 1368
黄芦木 / 833
黄栌 / 1742
黄毛棘豆 / 1207
黄米 / 761
黄木犀草 / 1828
黄囊杓兰 / 292
黄囊薹草 / 497
黄芪 / 1222
黄耆 / 1222
黄芩 / 2565
黄秋葵 / 1821
黄秋英 / 2917
黄色草苁蓉 / 2664
黄蜀葵 / 1820
黄水仙 / 381
黄睡莲 / 169
黄筒花 / 2662
黄菀 2882
黄香附 / 541
黄心卫矛 / 1557
黄杨 / 976
黄杨杜鹃 / 2261
黄杨木 / 976
黄药鸡树条荚蒾 / 3113
黄药子 / 246
黄药子 / 906
黄颖莎草 / 544
黄榆 / 1452
黄珠子草 / 1684
黄紫堇 / 804
灰白齿缘草 / 2353
灰白风毛菊 / 3080
灰白芹叶荠 / 1906
灰白芹叶芥 / 1906
灰白委陵菜 / 1416
灰白益母草 / 2644
灰背老观草 / 1699
灰背老鹳草 / 1699
灰果赤松 / 118
灰花白头翁 / 958
灰化薹草 / 513
灰莲蒿 / 2963
灰绿藜 / 2145
灰绿酸浆 / 2407
灰脉薹草 / 509
灰毛地蔷薇 / 1386
灰毛费菜 / 1041
灰毛黄栌 / 1743
灰毛景天 / 1041
灰毛千日红 / 2104
灰毛庭荠 / 1866
灰栒子 / 1266
灰野豌豆 / 1174
灰叶鹅绒委陵菜 / 1401
灰叶黄刺条（河北）/ 1152
灰叶蕨麻 / 1401
灰株薹草 / 465
珲春蒿蓄 / 1973
辉菜花 / 2195
辉葱 / 364
辉韭 / 364

回回苏 / 2598
回回蒜 / 925
回回蒜毛茛 / 925
回旋扁蕾 / 2304
廻旋扁蕾 / 2304
茴茴蒜 / 925
茴香 / 3260
喙虫实 / 2127
喙果薹草 / 494
活血丹 / 2618
火把莲（俗名） / 350
火葱 / 368
火藁本 / 3263
火红地杨梅 / 445
火红石竹 / 2053
火棘 / 1269
火炬花 / 350
火炬树 / 1746
火媒草 / 3047
火媒草 / 3047
火煤草 / 3047
火绒草 / 3035
火绒蒿、老头草 / 3035
火烧兰 / 320
火烧兰 / 321
火焰草 / 1047
火焰草 / 2669
藿香 / 2608

J

芨芨草 / 744
矶松 / 1945
鸡肠繁缕 / 2072
鸡冠茶 / 1420
鸡冠花 / 2089
鸡冠马先蒿 / 2682
鸡冠眼子菜 / 236
鸡冠子花 / 2682
鸡麻 / 1368
鸡桑 / 1468
鸡矢藤 / 2271
鸡树条 / 3112
鸡树条荚蒾 / 3112
鸡腿堇菜 / 1583
鸡娃草 / 1941
鸡眼草 / 1102
鸡爪大黄 / 1951
鸡爪枫 / 1755
鸡爪槭 / 1755
姬小菊 / 2829
姬岩垂草 / 2539
基叶翠雀 / 846
基叶翠雀花 / 846
吉林藨草 / 575
吉林草莓 / 1396
吉林大叶芹 / 3210
吉林鹅观草 / 638
吉林费菜 / 1042
吉林风毛菊 / 3092
吉林景天 / 1042
吉林披碱草 / 638
吉林水葱 / 575
吉林薹草 / 516
吉林乌头 / 862
吉林延龄草 / 250
吉林萤蔺 / 575
极地米努草 / 2081
极地早熟禾 / 693
极东锦鸡儿 / 1150
急折百蕊草 / 1934
蒺藜 / 1066
蒺藜草 / 755
蕺菜 / 172
脊萼鹅不食 / 2084
戟片蒲公英 / 2774
戟叶鹅绒藤 / 2325
戟叶耳蕨 / 85
戟叶蓼 / 1992
荠 / 1833
荠菜 / 1833
荠苨 / 2724
荠苎 / 2606
济州岛毛茛 / 931
蓟 / 3059
蓟罂粟 / 812
稷 / 761
加拿大露珠草 / 1718
加拿大雀麦 / 660
加拿大一枝黄花 2815
加拿大早熟禾 / 691
加纳利草 / 711
加杨 / 1646
家稗 / 767
家独行菜 / 1841
家山黧豆 / 1177
家天竺葵 / 1689
家榆 / 1453
荚果蕨 / 71
荚蒾 / 3117
假报春 / 2206
假贝母 / 1531
假扁果草 / 888
假苍耳 / 2921
假春榆 / 1455
假大花益母草 2641
假稻 / 587
假翻白委陵菜 / 1415
假繁缕 / 2058
假高粱 / 785
假沟羊茅 / 686
假鹤虱 / 2350
假鹤虱齿缘草 / 2350
假花生 / 1077
假尖嘴薹草 / 519
假冷蕨 / 78
假柳叶菜 / 1721
假龙胆 / 2306
假龙头花 / 2614
假莎草薹草 / 463
假山韭 / 376
假升麻 / 1234
假鼠妇草 / 665
假水生龙胆 / 2297
假松叶薹草 / 514
假酸浆 / 2402

假梯牧草 / 736
假茼蒿 / 2888
假弯曲碎米荠 / 1925
假苇拂子茅 / 723
假五角叶粉背蕨 / 46
假香野豌豆 / 1168
假雪委陵菜 / 1409
假银粉背蕨 / 46
假芸香 / 1773
假泽早熟禾 / 696
假长尾叶蓼 / 2007
假长嘴薹草 / 494
尖被灯心草 / 443
尖被藜芦 / 251
尖齿糙苏 / 2635
尖齿凤了蕨 / 43
尖齿凤丫蕨 / 43
尖齿狗舌草 / 2860
尖齿槲栎 / 1493
尖齿蹄盖蕨 / 78
尖唇鸟巢兰 / 317
尖萼耧斗菜 / 853
尖果萹蓄 / 1974
尖果蓼 / 1974
尖裂荚果蕨 / 71
尖裂假还阳参 / 2805
尖裂日本蓝盆花 / 3128
尖头叶藜 / 2146
尖尾风 / 2527
尖叶白前 / 2332
尖叶变蒿 / 2987
尖叶茶藨 / 994
尖叶茶藨子 / 994
尖叶鹅绒藤 / 2325
尖叶喉毛花 / 2306
尖叶胡枝子 / 1112
尖叶棘豆 / 1209
尖叶假龙胆 / 2306
尖叶卷柏 / 13
尖叶麻花头 / 3101
尖叶铁扫帚 / 1112
尖叶盐爪爪 / 2109
尖叶眼子菜 / 243
尖叶紫柳 / 1634
尖颖早熟禾 / 695
尖栉齿叶蒿 / 2964
尖嘴薹草 / 520
坚桦 / 1505
坚龙胆 / 2300
坚硬女娄菜 2026
间穗薹草 / 529
剪刀草 / 211
剪刀股 / 2798
剪秋罗 / 2021
碱葱 / 366
碱地风毛菊 / 3072
碱地肤 / 2123
碱独行菜 / 1836
碱蒿 / 2955
碱黄鹌菜 / 2806
碱韭 / 366
碱苣 / 2806
碱蓼 / 1972
碱毛茛 / 914
碱茅 / 675
碱蓬 / 2111
碱蛇床 / 3248
碱菀 / 2831
碱小苦苣菜 / 2806
剑苞蔗草 / 573
剑苞水葱 / 573
剑兰（俗名）/ 349
剑叶金鸡菊 / 2921
渐尖风毛菊 / 3083
渐尖早熟禾 / 701
渐狭早熟禾 / 701
箭报春 / 2211
箭杆杨 / 1647
箭头白蓬草 / 948
箭头蓼 / 1992
箭头唐松草 / 948
箭叶蓼 / 1992
箭叶酸模 / 1955
箭叶橐吾 / 2868
江界柳 / 1633
江西腊 / 2817
茳芒决明（尔雅注）/ 1078
茳芒香豌豆 / 1178
姜 / 422
姜葱 / 378
豇豆 / 1144
浆果猪毛菜 / 2116
绛车轴草 / 1119
绛三叶 / 1119
茭白 / 585
娇金腰 / 1016
胶东卫矛 / 1551
胶菀 / 2813
胶州卫矛 / 1551
胶州延胡索 / 810
角瓣延胡索 / 811
角翅桦 / 1506
角果碱蓬 / 2115
角果藻 / 233
角蒿 / 2528
角茴香 / 795
角碱蓬 / 2115
角堇 / 1577
角盘兰 / 313
脚薹草 / 485
搅瓜、美洲南瓜 / 1538
接骨草 / 2527
接骨木 / 3119
节节菜 / 1712
节节草 / 1712
节节草 / 25
节毛飞廉 / 3044
结缕草 / 619
结球甘蓝 / 1877
睫毛蕨 / 95
睫毛牛膝菊 / 2903
睫伞繁缕 / 2076
截基鸭绿乌头截叶乌头 / 873
截叶榆叶梅 / 1332
截嘴薹草 / 493
芥菜 / 1878

芥菜 / 1880
芥菜疙瘩 / 1880
芥末 / 1878
芥叶蒲公英 / 2769
金边黄杨 / 1552
金灯藤 / 2374
金刚草 / 263
金刚龙胆 / 2302
金刚鼠李 / 1435
金狗尾草 / 751
金光菊 / 2928
金花忍冬 / 3156
金黄球柏 / 156
金鸡脚 / 100
金鸡脚假瘤蕨 / 100
金鸡脚假密网蕨 / 100
金剑草 / 2275
金老梅 / 1372
金莲花 / 885
金链花 / 1114
金铃花 / 1805
金露梅 / 1372
金钱松 / 136
金球桧 / 152
金雀锦鸡儿 / 1148
金色补血草 / 1942
金色狗尾草 / 751
金砂蒿 / 2983
金丝桃叶绣线菊 / 1253
金粟兰 / 190
金挖耳 / 3026
金县白头翁 / 953
金县芒 / 776
金县山荆子 / 1301
金县鼠李 / 1437
金心大叶黄杨 / 1553
金心宽叶薹草 / 475
金星蕨 / 61
金腰子 / 1012
金叶风箱果 / 1243
金叶国槐 / 1088
金叶女贞 / 2469
金银花 / 3150
金银莲花 / 2740
金银忍冬 / 3154
金鱼草 / 2493
金鱼藻 / 793
金盏花 / 3018
金盏菊 / 3018
金盏银盘 / 2914
金枝国槐 / 1088
金钟花 / 2464
金钟连翘 / 2464
金州锦鸡儿 / 1153
金州栎 / 1494
金州绣线菊 / 1261
紧穗蓼 / 1974
紧穗雀麦 / 661
堇菜 / 1582
堇花槐 / 1087
堇色早熟禾 / 697
堇叶山梅花 / 2174
堇叶延胡索 / 808
锦带花 / 3144
锦葵 / 1810
锦熟黄杨 / 978
锦绣苋 / 2103
锦紫苏 / 2579
劲直假阴地蕨 / 30
劲直阴地蕨 / 30
荩草 / 783
京大戟 / 1668
京风毛菊 / 3070
京黄芩 / 2567
京黄芩紫茎 / 2568
京芒草 / 745
京山梅花 / 2172
荆芥 / 2616
荆三棱 / 571
荆条 / 2551
荆条 / 2551
旌节马先蒿 / 2679
旌节马先蒿有毛亚种 / 2680
景天 / 1031
镜泊湖石竹 / 2051
镜泊水毛茛 / 920
镜泊乌头 / 863
镜泊异燕麦 / 710
镜叶虎耳草 / 1020
九顶草 / 593
韭 / 364
韭菜 / 364
救荒野豌豆 / 1159
桔草 / 790
桔梗 / 2704
桔黄重瓣水杨梅 / 1395
菊蒿 / 3010
菊花 / 2999
菊花桃 / 1338
菊苣 / 2751
菊芹 / 2879
菊三七 / 2878
菊叶朝鲜堇菜 / 1601
菊叶刺藜 / 2154
菊叶堇菜 / 1601
菊叶三七 / 2878
菊叶委陵菜 / 1424
菊叶香藜 / 2154
菊芋 / 2931
橘草 / 790
橘黄北黄花菜 / 357
矩叶大青 / 1845
榉树 / 1445
巨苞鸢尾（俗名）/ 339
巨齿绣线菊 / 1247
巨大狗尾草 / 754
巨序剪股颖 / 721
巨药剪股颖 / 719
巨紫堇 / 806
苣荬菜 2775
具萼茴芹 / 3210
具刚毛荸荠 / 553
具茎大叶藻 / 232
具芒碎米莎草 / 544
锯齿沙参 / 2728
聚合草 / 2358

聚花风铃草 / 2707
卷柏 / 13
卷苞风毛菊 / 3089
卷苞蒲公英 / 2770
卷边柳 / 1627
卷边唐松草 / 940
卷丹 / 272
卷萼铁线莲 / 899
卷耳 / 2064
卷耳 / 2064
卷耳 / 2065
卷茎蓼 / 1969
卷毛蔓乌头 / 867
卷毛婆婆纳 / 2508
卷毛沙梾 / 2189
卷心菜 / 1877
卷须川蔓藻 / 245
卷叶白蓬草 / 940
卷叶薹草 / 498
卷叶唐松草 / 940
卷柱头薹草 / 479
绢毛蒿 / 2957
绢毛匍匐委陵菜 / 1407
绢毛山莓草 / 1398
绢毛山野豌豆 / 1171
绢毛委陵菜 / 1416
绢毛细蔓委陵菜 / 1407
绢毛绣线菊 / 1256
绢茸火绒草 / 3036
决明 / 1077
蕨 / 40
蕨菜 / 40
蕨麻 / 1400
蕨萁 / 31
蕨叶薰衣草 / 2576
君迁子 / 2203

K

咖啡黄葵 / 1821
喀西茄 / 2419
卡氏沼生马先蒿 / 2684
堪察加车前　2486
堪察加飞蓬 / 2821
堪察加费菜 / 1043
堪察加堇菜 / 1582
堪察加景天 / 1043
堪察加拟南芥 / 1909
堪察加鸟巢兰 / 317
坎博早熟禾 / 693
看麦娘 / 732
康藏荆芥 / 2617
康乃馨 / 2049
糠椴 / 1795
糠稷 / 760
扛板归 / 1990
柯马猬草 / 624
柯孟披碱草 / 640
科尔沁杨 / 1649
克氏针茅 / 743
垦绥垂柳 / 1614
空心菜 / 2393
孔雀草 / 2891
孔氏粉背蕨 / 45
口外糙苏 / 2632
苦菜 / 2799
苦参 / 1089
苦草 / 218
苦瓜 / 1540
苦苣菜 / 2778
苦楝 / 1788
苦马豆 / 1194
苦荬菜 / 2798
苦荬菜 2804
苦木 / 1786
苦荞 / 1963
苦荞麦 / 1963
苦树 / 1786
苦糖果 / 3163
苦蘵 / 2406
苦蘵酸浆 / 2406
库伦沙参 / 2731
库叶堇菜 / 1584
库页红景天 / 1584
库页堇菜 / 1584
库页细辛 / 174
库页悬钩子 / 1380
块根糙苏 / 2632
块蓟 / 3054
宽瓣金莲花 / 884
宽苞翠雀 / 847
宽苞翠雀花 / 847
宽翅茶菱 / 2479
宽翅虫实 / 2133
宽刺鹤虱 / 2348
宽基多叶蓼 / 2005
宽裂北乌头 / 877
宽裂草乌头 / 877
宽鳞薹草 / 470
宽鳞蹄盖蕨 / 79
宽卵叶长柄山蚂蝗 / 1093
宽轮叶委陵菜 / 1416
宽芹叶铁线莲 / 909
宽蕊地榆 / 1361
宽楔叶毛茛 / 931
宽叶白花堇菜 / 1599
宽叶薄鳞蕨 / 45
宽叶打碗花 / 2384
宽叶大叶藻 / 232
宽叶毒芹 / 3256
宽叶独行菜 / 1836
宽叶杜香 / 2259
宽叶返魂草 / 2883
宽叶费菜 / 1045
宽叶谷精草 / 434
宽叶谷柳 / 1626
宽叶还阳参 / 2796
宽叶蒿 / 2964
宽叶红门兰 / 306
宽叶胡枝子 / 1105
宽叶接骨木 / 3119
宽叶拉拉藤 / 2283
宽叶蓝刺头 / 3038
宽叶蓼 / 1984
宽叶柳叶蒿 / 2970
宽叶柳叶芹 / 3226

宽叶蔓豆 / 1132
宽叶蔓乌头 / 866
宽叶毛萼麦瓶草 / 2033
宽叶婆婆纳 / 2500
宽叶羌活 / 3214
宽叶乳浆大戟 / 1674
宽叶山蒿 / 2977
宽叶山柳菊 / 2796
宽叶石防风 / 3252
宽叶薹草 / 475
宽叶桃叶蓼 / 1998
宽叶仙女木 / 1384
宽叶香蒲 / 428
宽叶小叶杨 / 1656
宽叶缬草 / 3137
宽叶兴安百里香 / 2627
宽叶荨麻 / 1476
宽叶羊胡子草 / 564
宽叶隐子草 / 602
宽钟风铃草 / 2707
款冬 / 2857
筐柳 / 1630
筐柳 / 1635
盔状黄芩 / 2569
葵叶茑萝 / 2390
魁蒿 / 2971
阔叶半枝莲 / 2167
阔叶茶藨子 / 1000
阔叶椴 / 1798
阔叶十大功劳 / 836

L

拉扒早熟禾 / 695
拉不拉多马先蒿 / 2678
拉拉藤 / 2289
拉拉藤 / 2290
拉氏香蒲 / 431
蜡梅 / 187
蜡子树 / 2470
辣根 / 1858
辣椒 / 2425
辣蓼 / 2003
辣蓼铁线莲 / 906
辣子草 / 2903
涞源鹅观草 / 643
涞源披碱草 / 643
赖草 / 631
癞瓜 / 1541
兰考泡桐 / 2658
兰香草 / 2548
兰枝 / 1333
兰州百合 / 277
兰猪耳 / 2523
蓝滨麦 / 630
蓝布裙 / 2345
蓝刺头 / 3038
蓝靛果忍冬 / 3152
蓝丁香 / 2453
蓝锭果忍冬 / 3152
蓝萼香茶菜 / 2580
蓝粉云杉 / 130
蓝果忍冬 / 3152
蓝胡卢巴 / 1125
蓝花丹 / 1940
蓝花棘豆 / 1202
蓝花欧丁香 / 2459
蓝花矢车菊 / 3107
蓝花鼠尾草 / 2596
蓝花洋丁香 / 2459
蓝堇草 / 895
蓝蓼 / 1999
蓝莓 / 2252
蓝茉莉 / 1940
蓝盆花 / 3125
蓝瓶花 / 401
蓝杉 / 130
蓝睡莲 / 168
蓝羊茅 / 681
蓝叶忍冬 / 3153
蓝猪耳 / 2523
狼巴草 / 2911
狼把草 / 2911
狼毒 / 1667
狼毒 / 1824
狼毒大戟 / 1667
狼杷草 / 2911
狼尾草 / 757
狼尾花 / 2221
狼尾珍珠菜 / 2221
狼牙委陵菜 / 1411
狼爪瓦松 / 1034
狼针草 / 742
榔榆 / 1448
崂山单脉蓟 / 3059
崂山蓟 / 3059
老观草 / 1691
老鹳草 / 1691
老芒麦 / 634
老牛筋 / 2084
老枪谷
老山芹 / 3243
老铁山腺毛茶藨 / 992
老铁山腺毛茶藨 / 993
老鸦瓣 / 287
老鸦谷 / 2099
竻苋菜 / 2091
雷公藤 / 1560
肋果菘蓝 / 1846
肋脉薹草 / 484
肋柱花 / 2309
肋柱花 / 2309
类叶牡丹 / 839
类叶升麻 / 890
棱边毛茛 / 932
棱果糠椴 / 1797
棱果辽椴 / 1797
棱角丝瓜 / 1542
棱枝草 / 1946
棱子芹 / 3213
冷蒿 / 2957
冷蕨 / 50
狸藻 / 2537
离穗薹草 / 503
离子草 / 1868
离子芥 / 1868

篱蓼 / 1971
篱首乌 / 1971
藜 / 2151
藜芦 / 253
藜芦獐牙菜 / 2315
李 / 1325
李梅杏 / 1325
李叶溲疏 / 2177
李叶绣线菊 / 1253
李叶绣线菊单瓣 / 1253
鳢肠 / 2925
立堇菜 / 1581
丽江毛连菜 / 2756
丽江毛连菜、单毛毛连菜 / 2758
丽江杉 / 129
丽江云杉 / 129
荔枝草 2592
栗 / 1486
栗花灯心草 / 441
栗绿铁角蕨 / 55
砾地百蕊草 / 1933
砾薹草 / 523
砾玄参 / 2518
粒状鹤虱 / 2348
连钱草 / 2618
连翘 / 2461
莲 / 972
莲座蓟 / 3057
莲座筋骨草 / 2558
镰薹草 / 481
镰叶蒿 / 2964
楝 / 1788
凉水柳 / 1623
梁子菜 / 2879
粱 / 750
两栖蔊菜 / 1856
两栖蓼 / 1996
两歧飘拂草 / 559
两蕊甜茅 / 667
两色金鸡菊 / 2920
两色蓼 / 2007
两色鹿药 / 392
两色毛莲蒿 / 2962
两色毛莲蓬 / 2962
两色乌头 / 859
两头毛 / 2529
两型豆 / 1135
亮叶石杉 / 3
辽东苍术 / 3042
辽东赤松 / 118
辽东楤木 / 3168
辽东楤木 / 3169
辽东丁香 / 2450
辽东蔊菜 / 1857
辽东蒿 / 2973
辽东堇菜 / 1601
辽东栎 / 1496
辽东蓼 / 1976
辽东鳞毛蕨 / 93
辽东桤木 / 1516
辽东槭 / 1764
辽东山樱 / 1321
辽东石竹 / 2051
辽东鼠李 / 1437
辽东水蜡树 / 2470
辽东薹草 / 473
辽东小叶杨 / 1656
辽东杨 / 1656
辽椴 / 1795
辽藁本 / 3262
辽海杏 / 1330
辽吉侧金盏花 / 912
辽吉金银花 / 3157
辽冀大叶芹 / 3210
辽冀茴芹 / 3210
辽梅杏 / 1330
辽宁扁核木 / 1303
辽宁碱蓬 / 2113
辽宁堇菜 / 1590
辽宁栎 / 1496
辽宁山楂 / 1275
辽宁香茶菜 / 2581
辽西扁蓿豆 / 1128
辽西虫实 / 2135
辽西杜鹃 / 2264
辽西黄芪 / 1219
辽西黄耆 / 1219
辽西堇菜 / 1594
辽细辛 / 174
辽杨 / 1654
辽野豌豆 / 1164
疗齿草 / 2688
疗肺草 / 2343
疗喉风铃草 / 2707
蓼 / 1998
蓼蓝 / 1999
蓼叶堇菜 / 1581
蓼子朴 / 3020
列当 / 2667
裂瓣角盘兰 / 312
裂苞铁苋菜 / 1678
裂苞香科科 / 2559
裂唇虎舌兰 / 318
裂唇鸟巢兰 / 317
裂萼细叶白头翁 / 957
裂稃草 / 789
裂稃茅 / 671
裂瓜 / 1531
裂叶白斑堇菜 / 158
裂叶蒿 / 2966
裂叶花叶丁香 / 2456
裂叶砼毛茛 / 914
裂叶碱毛茛 / 914
裂叶芥 / 1906
裂叶堇菜 / 158
裂叶荆芥 / 2609
裂叶马兰 / 2840
裂叶毛茛 / 929
裂叶美女樱 / 2545
裂叶牵牛 / 2397
裂叶牵牛 / 2398
裂叶水榆花楸 / 1280
裂叶歪头菜 / 1161
裂叶榆 / 1449
裂叶紫椴 / 1801
林艾蒿 / 2967

林艾蒿 / 2972
林大戟 / 166
林地蒿 / 2972
林地铁线莲 / 908
林地早熟禾 / 695
林繁缕 / 2070
林风毛菊 / 3087
林孩儿参 / 2054
林棘豆 / 1206
林蓟 / 3058
林金腰 / 1014
林金腰子 / 1014
林拉拉藤 / 2285
林木贼 / 21
林奈草 / 3139
林奈蝇子草 / 2023
林茜草 / 2275
林生茜草 / 2275
林石草 / 1392
林问荆 / 21
林阴千里光 / 2882
林荫千里光 / 2882
林泽兰 / 2812
林中拂子茅 / 726
林猪殃殃
临江延胡索 / 809
鳞苞藨草 / 565
鳞苞薹草 / 499
鳞苞针蔺 / 565
鳞萼棘豆 / 1205
鳞根萍 / 194
鳞毛羽节蕨 / 52
鳞叶龙胆 / 2296
鳞叶鹿蹄草 / 2246
蔺藨草 / 565
蔺木贼 / 24
蔺问荆 / 24
铃兰 / 400
铃铃香青 / 3032
凌霄 / 2533
凌源隐子草 / 605
菱 / 1710
菱叶枸杞 / 2401
菱叶藜 / 2145
菱叶石沙参 / 2731
菱叶小叶杨 / 1656
菱叶绣线菊 / 1258
零余虎耳草 / 1019
零余子景天 / 1029
岭北毛轴鹅不食 / 2085
留兰香 / 2600
流苏树 / 2464
流星花 / 2699
琉璃苣 / 2366
琉璃枝 / 1439
硫磺菊 / 2917
瘤梗甘薯 / 2394
瘤果变豆菜 / 3184
瘤果狐尾藻 / 1052
瘤果狐尾藻 / 1052
瘤果糠椴 / 1796
瘤果辽椴 / 1796
瘤果匙荠 / 1847
瘤毛獐牙菜 / 2313
瘤囊薹草 / 511
瘤糖茶藨 / 1004
瘤糖茶藨子 / 1004
瘤突苍耳 / 2897
瘤枝槭 / 1758
瘤枝卫矛 / 1555
柳穿鱼 / 2492
柳蒿 / 2969
柳兰 / 1727
柳杉 / 142
柳叶菜 / 1729
柳叶菜状丁香蓼 / 1721
柳叶刺蓼 / 2000
柳叶风毛菊 / 3078
柳叶鬼针草 / 2908
柳叶蒿 / 2969
柳叶马鞭草 / 2542
柳叶芹 / 3225
柳叶箬 / 758
柳叶沙参 / 2737
柳叶鼠李 / 1433
柳叶香彩雀 / 2494
柳叶绣线菊 / 1246
柳叶旋覆花 / 3021
柳叶眼子菜 / 242
柳叶野豌豆 / 1162
六倍利 / 2697
六齿卷耳 / 2063
六道木 / 3140
六山荆芥 / 2616
龙柏 / 151
龙常草 / 615
龙胆 / 2301
龙蒿 / 2984
龙江风毛菊 / 3077
龙江柳 / 1628
龙江野豌豆 / 1166
龙葵 / 2418
龙桑 / 1470
龙舌草 / 218
龙须菜 / 385
龙牙草 / 1367
龙牙豆 / 1139
龙芽草 / 1367
龙爪槐 / 1087
龙爪柳 / 1617
龙爪枣 / 1442
陇秦槭 / 1757
陇山柳 / 1626
蒌蒿 / 2970
楼子葱 / 368
耧斗菜 / 851
耧斗菜叶绣线菊 / 1253
耧斗叶绣线菊 / 1253
楼子葱 / 368
漏芦 / 3097
卢豆 / 1125
芦苇 / 590
芦竹 / 592
庐山藨草 / 570
颅果草 / 2340
卤地菊 / 2930

鲁冰花 / 1013
鲁桑 / 1470
陆地棉 / 1815
陆氏铁角蕨 / 55
鹿角桧 / 152
鹿角卷柏 / 15
鹿角漆 / 1746
鹿蹄草 / 2246
鹿蹄柳 / 1621
鹿药 / 393
路边青 / 1393
露珠草 / 1717
孪枝早熟禾 / 696
栾 / 1772
栾树 / 1772
卵苞五蕊柳 / 1620
卵唇红门兰 / 299
卵唇盔花兰 / 299
卵萼花锚 / 2308
卵果黄芪 / 1215
卵果蕨 / 59
卵果糠椴 / 1796
卵果辽椴 / 1796
卵果青杞 / 2416
卵果薹草 / 527
卵果鱼鳞云杉 / 128
卵盘鹤虱 / 2347
卵穗荸荠 / 552
卵叶柴桦 / 1509
卵叶车叶草 / 2279
卵叶风毛菊 / 3091
卵叶连翘 / 2464
卵叶轮草 / 2279
卵叶扭柄花 / 263
卵叶女贞 / 2469
卵叶羌活 / 3215
卵叶芍药 / 983
卵叶鼠李 / 1438
卵叶铁角蕨 / 55
卵叶旋覆花 / 3024
卵叶莸 / 2548
卵叶玉簪 / 408
卵叶远志 / 1231
卵叶蚤缀 / 2082
卵叶獐牙菜 / 2311
卵羽铁角蕨 / 55
乱子草 / 611
轮叶八宝 / 102
轮叶百合 / 271
轮叶贝母 / 279
轮叶党参 / 2702
轮叶腹水草 / 2496
轮叶狐尾藻 / 1053
轮叶黄精 / 395
轮叶节节菜 / 1713
轮叶景天 / 1029
轮叶马先蒿 / 2676
轮叶沙参 / 2716
轮叶水松叶 / 1713
轮叶委陵菜 / 1415
罗布麻 / 2318
罗汉柏 / 155
罗勒 / 2577
罗马措暮米辣 / 2940
罗氏轮叶黑藻 / 225
罗氏岩蕨 / 65
萝卜 / 1869
萝藦 / 2334
螺旋杉叶藻 / 2475
裸报春 / 2213
裸花草 / 837
裸茎碎米荠 / 1919
裸麦 / 625
裸叶鳞毛蕨 / 88
骆驼蒿 / 2960
落花生 / 1090
落葵 / 2163
落葵薯 / 2164
落新妇 / 1007
落叶松 / 138
落羽杉 / 143
驴欺口 / 3038
驴食草 / 1094
驴食豆 / 1094
驴蹄草 / 881
驴蹄草 / 882
旅顺茶藨子 / 993
旅顺赤杨 / 1516
旅顺桤木 / 1516
绿斑叶堇菜 / 1596
绿宝铎草 / 257
绿桋 / 2443
绿豆 / 1141
绿独行菜 / 1840
绿果黄花落叶松 / 139
绿花菜 / 1876
绿花藜芦 / 254
绿花鹿蹄草 / 2244
绿花山芹 / 3240
绿蓟 / 3059
绿囊薹草 / 492
绿肉山楂 / 1274
绿穗三毛草 / 706
绿穗莎草 / 548
绿穗苋 / 2097
绿天麻 / 314
绿苋 / 2093
绿叶东方草莓 / 1395
绿叶蚊子草 / 1391
绿叶悬钩子 / 1380
绿早熟禾 / 693
绿栉齿叶蒿 / 2967
绿珠藜 / 2146
葎草 / 1458
葎草叶悬钩子 / 1375
葎叶蛇葡萄 / 1063

M

麻根薹草 / 479
麻核桃 / 1502
麻花头 / 3100
麻栎 / 1490
麻叶风轮菜 / 2646
麻叶千里光 / 2883
麻叶绣线菊 / 1258

麻叶荨麻 / 1474
马薄荷 / 2560
马鞭草 / 2543
马齿苋 / 2167
马葱 / 378
马尔康铁角蕨 / 56
马哈利樱桃 / 1318
马蒿 / 2548
马兰 / 2836
马利筋 / 2320
马蓼 / 2002
马蔺 / 338
马铃薯 / 2411
马萝卜 / 1858
马氏蓼 / 1991
马氏酸模 / 1959
马氏玄参 / 2518
马氏紫菀 / 2847
马唐 / 763
马蹄沟繁缕 / 1573
马蹄金 / 2378
蚂蚱腿子 / 3015
麦宾草 / 635
麦毒草 / 2015
麦秆蹄盖蕨 / 80
麦家公 / 2342
麦蓝菜 / 2037
麦李 / 1315
麦蕒草 / 635
麦薹草 / 507
麦仙翁
馒头柳 / 1617
满江红 / 38
满洲槭，白牛槭 / 1751
曼陀罗 / 2431
曼陀罗树 / 2434
蔓白前 / 2323
蔓出卷柏 / 17
蔓孩儿参 / 2055
蔓假繁缕 / 2055
蔓金腰 / 1010
蔓金腰子 / 1010
蔓茎蝇子草 / 2031
蔓荆 / 2550
蔓菁 / 1882
蔓菁甘蓝 / 1882
蔓茄 / 2413
蔓生卷柏 / 17
蔓生麦瓶草 / 2031
蔓首乌 / 1969
蔓委陵菜 / 1408
蔓乌头 / 867
芒 / 777
芒草 / 702
芒剪股颖 / 720
芒麦草 / 626
芒小米草 / 2689
芒颖大麦草 / 626
牻牛儿苗 / 170
猫薄荷 / 2616
猫儿菊 / 2753
猫耳旋蒴苣苔 / 2473
猫眼草 / 1672
猫眼大戟 / 1672
毛白花前胡 / 3251
毛白杨 / 1640
毛百合 / 268
毛苞风毛菊 / 3090
毛蝙蝠葛 / 827
毛柄堇菜 / 1591
毛柄水毛茛 / 920
毛叉叶委陵菜 / 1420
毛茶藨 / 998
毛茶藨子 / 998
毛车前 / 2484
毛赤杨 / 1516
毛刺槐 / 1190
毛葱 / 368
毛簇茎石竹 / 2050
毛打碗花 / 2385
毛大车前 / 2484
毛大果虫实 / 2134
毛地黄 / 2511
毛地黄钓钟柳 / 2495
毛地锦 / 1666
毛地蔷薇 / 1386
毛丁香 / 2451
毛萼堇菜 / 1598
毛萼麦瓶草 / 2031
毛萼女娄菜 / 2027
毛萼石沙参 / 2731
毛萼香芥 / 1916
毛返顾马先蒿 / 2685
毛稃沙芦草 / 647
毛秆野古草 / 749
毛茛 / 932
毛茛叶乌头 / 862
毛梗豨莶 / 2923
毛梗鸦葱 / 2762
毛梗蚤缀 / 2083
毛果翠雀 / 848
毛果旱榆 / 1455
毛果堇菜 / 1589
毛果苦木 / 1787
毛果辽西虫实 / 2135
毛果欧拉拉藤 / 2290
毛果蓬子菜 / 2288
毛果蓬子菜拉拉藤 / 2288
毛果芍药 / 982
毛果绳虫实 / 2127
毛果香茶菜 / 2582
毛果兴安虫实 / 2128
毛果绣线菊 / 1247
毛果鸦葱 2763
毛果野笠薹草 / 474
毛果一枝黄花寡毛 / 2816
毛果银莲花 / 968
毛果羽叶千里光 / 2888
毛果长穗虫实 / 2134
毛孩儿参 / 2055
毛海滨山黧豆 / 1180
毛蒿豆 / 2248
毛核木 / 3147
毛黑山楂 / 1274
毛花风铃草 / 2709
毛花松下兰 / 2238

毛花绣线菊 / 1262
毛花早开堇菜 / 1597
毛黄檗 / 1777
毛黄栌 / 1742
毛鸡树条荚蒾 / 3113
毛假繁缕 / 2055
毛建草 / 2613
毛接骨木 / 3118
毛节毛盘草 / 644
毛节缬草 / 3137
毛金腰 / 1014
毛金腰子 / 1014
毛茎花葱 / 2201
毛旌节马先蒿 / 2680
毛景天 / 1041
毛聚花风铃草 / 2707
毛梾 / 2187
毛狼毒大戟 / 1668
毛笠莎草 / 542
毛连菜 / 2757
毛莲蒿 / 2961
毛莲蓬 / 2961
毛龙葵 / 2416
毛芦苇 / 589
毛马唐 / 764
毛脉翅果菊 / 2786
毛脉孩儿参 / 2055
毛脉黑忍冬 / 3152
毛脉蓼 / 1968
毛脉柳兰 / 1728
毛脉柳叶菜 / 1733
毛脉山莴苣 / 2786
毛脉首乌 / 1968
毛脉酸模 / 1955
毛脉卫矛 / 1557
毛曼陀罗 / 2432
毛蒙桑 / 1468
毛南芥 / 1913
毛盘草 / 644
毛盘鹅观草 / 644
毛盘山梅花 / 2176
毛泡桐 / 2659
毛平车前 / 2488
毛鞘茅香 / 715
毛球花风毛菊 / 3074
毛蕊花 / 2517
毛蕊卷耳 / 2064
毛蕊老观草 / 1696
毛蕊老鹳草 / 1696
毛沙芦草 / 647
毛山荆子 / 1301
毛山黧豆 / 1180
毛山芹 / 3241
毛山樱花 / 1320
毛山楂 / 1274
毛水苏 / 2649
毛水苏狭叶 / 2650
毛水苏小刚毛 / 2650
毛酸浆 / 2407
毛穗藜芦 / 253
毛薹草 / 471
毛筒玉竹 / 397
毛托盘 / 1380
毛豨莶 / 2923
毛小叶锦鸡儿 / 1155
毛序燥芹 / 3220
毛序胀果芹 / 3220
毛偃麦草 / 651
毛洋槐 / 1190
毛药列当 / 2665
毛叶稠李 / 1312
毛叶丁香 / 2452
毛叶鹅观草 / 637
毛叶耳蓼 / 1981
毛叶鸡树条 / 3113
毛叶锦带花 / 3144
毛叶蓝盆花 / 3126
毛叶老牛筋 / 2083
毛叶两栖蓼 / 1996
毛叶毛盘草 / 644
毛叶木瓜 / 1285
毛叶山槐 / 1085
毛叶山葡萄 / 1058
毛叶山桐子 / 1605
毛叶山樱花 / 1320
毛叶水栒子 / 1265
毛叶委陵菜 / 1416
毛叶纤毛草 / 637
毛叶香茶菜 / 2580
毛叶香茶菜蓝萼 / 2580
毛叶悬钩子 / 1380
毛叶银老梅 / 1373
毛叶沼泽蕨 / 62
毛樱花 / 1320
毛樱桃 / 1312
毛颖芨芨草 / 746
毛颖茵草 / 717
毛缘宽叶薹草 / 476
毛缘薹草 / 482
毛越桔柳 / 1621
毛泽兰 / 2812
毛毡杜鹃 / 2264
毛长叶繁缕 / 2076
毛掌叶锦鸡儿 / 1149
毛榛 / 1522
毛枝蕨 / 86
毛枝柳 / 1626
毛枝日本桤木 / 1518
毛轴鹅不食 / 2084
毛轴早熟禾 / 696
毛轴蚤缀 / 2084
毛猪毛蒿 / 2985
毛子草 / 2529
毛籽鱼黄草 / 2389
毛紫丁香 / 2457
毛紫椴 / 1799
矛叶鼠尾草 / 2593
茅莓 / 1381
茅莓悬钩子 / 1381
茅香 / 715
帽儿山毛茛 / 932
帽儿山薹草 / 522
帽儿山岳桦 / 1515
玫瑰 / 1353
眉豆 / 1145
莓叶委陵菜 / 1423

梅 / 1327
梅花草 / 1549
梅笠草 / 2239
美国白梣 / 2442
美国白蜡树 / 2442
美国薄荷 / 2560
美国茶藨 / 996
美国短三叶松 / 115
美国黑核桃 / 1501
美国红梣 / 2443
美国红枫 / 1760
美国红栌 / 1744
美国花曲柳 / 2442
美国黄金树 / 2531
美国凌霄 / 2533
美国爬山虎 / 1059
美国槭 / 1750
美国商陆 / 2157
美国榆 / 1447
美国皂荚 / 1074
美汉草 / 2620
美花风毛菊 / 3073
美丽百金花 / 2293
美丽茶藨 / 991
美丽茶藨子 / 991
美丽风毛菊 / 3073
美丽画眉草 / 599
美丽老牛筋 / 2083
美丽列当 / 2665
美丽鳞毛蕨 / 90
美丽毛茛 / 929
美丽蔷薇 / 1358
美丽绣线菊 / 1257
美丽月见草 / 1722
美丽蚤缀 / 2083
美女樱 / 2544
美蔷薇 / 1358
美人蕉 / 420
美人梅 / 1326
美苋 / 2095
美洲茶藨子 / 996
美洲地锦草 / 1662
美洲椴 / 1794
美洲矾根 / 1024
美洲葡萄 / 1055
美洲朴 / 1461
美洲千日红 / 2106
萌芽松 / 115
蒙椴 / 1795
蒙古白头翁 / 955
蒙古苍耳 / 2898
蒙古苍耳 / 2899
蒙古虫实 / 2128
蒙古葱 / 367
蒙古风毛菊 / 3087
蒙古蒿 2974
蒙古鹤虱 / 2347
蒙古黄芪 / 1223
蒙古黄耆 / 1223
蒙古荚蒾 / 3115
蒙古角果碱蓬 / 2115
蒙古堇菜 / 1603
蒙古锦鸡儿 / 1151
蒙古韭 / 367
蒙古栎 / 1496
蒙古柳 / 1635
蒙古马兰 / 2838
蒙古蒲公英、台湾蒲公英、辽东蒲公英 / 2770
蒙古桑 / 1466
蒙古山竹子 / 1100
蒙古石竹 / 2052
蒙古鼠李 / 1435
蒙古糖芥 / 1903
蒙古葶苈 / 1861
蒙古卫矛 / 1560
蒙古香蒲 / 431
蒙古鸦葱 / 2761
蒙古岩黄耆 / 1100
蒙古羊柴 / 1100
蒙古羊茅 / 683
蒙古野葱 / 378
蒙古野韭 / 378
蒙古莸 / 2549
蒙古云杉 / 132
蒙古早熟禾 / 696
蒙栎 / 1496
蒙桑 / 1466
蒙山莴苣 / 2780
迷果芹 / 3259
米口袋 / 1227
米柱薹草 / 495
密齿柳 / 1626
密刺茶藨子 / 989
密丛棘豆 / 1202
密花茶藨 / 998
密花独行菜 / 1839
密花风毛菊 / 3083
密花拂子茅 / 726
密花拉拉藤 / 2292
密花山猪殃殃 / 2292
密花舌唇兰 / 303
密花香芹 / 3189
密花香薷 / 2586
密花香薷细穗 / 2587
密花小根蒜 / 371
密花岩风 / 3189
密花早熟禾 / 695
密毛白莲蒿 / 2963
密毛细裂叶蒿 / 2963
密毛岩蕨 / 65
密生酸模 / 1956
密穗茶藨 / 998
密穗虫实 / 2134
密穗莎草 / 547
密穗莎草 / 548
密穗酸模 / 1956
密序大黄 / 3277
密序黑三棱 / 426
密序肋柱花 / 2309
密叶柳叶菜 / 1735
绵果芝麻菜 / 1887
绵毛马蓼 / 2002
绵毛欧亚旋覆花 / 3023
绵毛水苏 / 2647
绵毛酸模叶蓼 / 2002

绵枣儿 / 402
绵枣儿 / 403
棉毛欧亚旋覆花 / 3022
棉团铁线莲 / 900
膜果泽泻 / 214
膜荚黄芪 / 1222
膜荚黄耆 / 1223
膜囊薹草 / 464
膜叶驴蹄草 / 881
摩洛哥柳穿鱼 / 2491
魔鬼马铃薯 / 2421
陌上菜 / 2523
陌上菅 / 511
莫石竹 / 2086
漠蒿 / 2987
母草 / 2523
母菊 / 3007
牡丹 / 1428
牡丹草 / 840
牡丹杜鹃 / 2261
牡蒿 / 2988
牡荆 / 2552
木半夏 / 1428
木本曼陀罗 / 2434
木地肤 / 2123
木防己 / 828
木根黄芩 / 2566
木瓜 / 1284
木黄连 / 1741
木槿 / 1817
木蜡树 / 1745
木蓼 / 1948
木蓼 / 1948
木龙葵 / 3278
木山茄 / 2413
木山竹子 / 1099
木藤蓼 / 1969
木藤首乌 / 1969
木天蓼 / 2231
木通马兜铃 / 175
木茼蒿 / 2993
木犀 / 2466
木樨 / 2466
木香花 / 1343
木香薷 / 2585
木岩黄耆 / 1099
木羊柴 / 1099
木贼 / 26
木贼麻黄 / 105
木贼状荸荠 / 553
苜蓿 / 1126
牧地山黧豆 / 1177
牧根草 / 2698
牧马豆 / 1082
墓头回 / 3135

N

耐酸草 / 661
耐酸草 / 661
南艾蒿 / 2979
南殿樱 / 1319
南丁香 / 2453
南方露珠草 / 1718
南方菟丝子 / 2377
南方眼子菜 / 236
南非百子莲 / 381
南非山梗菜 / 2697
南非万寿菊 / 3017
南瓜 / 1539
南美鬼针草 / 2915
南美蟛蜞菊 / 2930
南美天胡荽 / 3166
南牡蒿 / 2991
南苜蓿 / 1126
南欧黑松 / 118
南山堇菜 / 1588
南蛇藤 / 1562
南天竹 / 835
南茼蒿 / 2996
南玉带 / 387
囊瓣延胡索 / 810
囊花鸢尾 / 339
囊毛鱼黄草 / 2388
囊颖草 / 758
内蒙古扁穗草 / 567
内蒙古毛茛 / 924
内蒙古女娄菜 / 2029
内蒙铁角蕨 / 58
内蒙郁金香 / 288
内折香茶菜 / 2582
嫩江云杉 / 134
尼泊尔老鹳草 / 1692
尼泊尔蓼 / 1995
尼泊尔龙芽草 / 1368
尼泊尔早熟禾 / 689
泥胡菜 / 3095
拟扁果草 / 888
拟蚕豆黄耆 / 1096
拟高山扁枝石松 / 7
拟美国薄荷 / 2561
拟漆姑 / 2014
拟三花拉拉藤 / 2290
鲇鱼须菝葜 / 259
黏果酸浆 / 2406
黏毛黄芩 / 2565
黏毛千里光 / 2880
黏委陵菜 / 1423
黏液蓼 / 2005
念珠根茎黄芩 / 2564
茑萝 / 2391
茑萝松 / 2391
宁夏枸杞 / 2400
拧筋槭 / 1752
柠檬色百合 / 273
柠条锦鸡儿 / 1153
牛蒡 / 3104
牛鞭草 / 781
牛扁 / 864
牛扁乌头 / 864
牛戳口 / 3056
牛叠肚 / 1377
牛筋草 / 595
牛泷草 / 1717
牛毛薹草 / 523
牛毛毡 / 550

牛奶子 / 142
牛皮杜鹃 / 2262
牛漆姑 / 2014
牛漆姑草 / 2014
牛茄子 / 2421
牛舌草 / 2361
牛尾菜 / 259
牛尾草 / 259
牛膝 / 2101
牛膝菊 / 2903
牛心朴子 / 2333
牛眼菊 / 2997
牛枝子 / 1110
扭果虫实 / 2130
扭果葶苈 / 1861
扭藿香 / 3280
扭劲草 / 297
农吉利 / 1116
暖木条荚蒾 / 3116
挪威枫 / 1763
挪威槭 / 1763
女娄菜 / 2027
女菀 / 2844
女贞 / 2467

O

欧白英 / 2413
欧白芷 / 3231
欧地笋 / 2603
欧毒麦 / 654
欧椴 / 1799
欧桧 / 147
欧黑麦草 / 654
欧李 / 1314
欧菱 / 1710
欧美少花蓁草 / 3273
欧芹 / 3260
欧山黧豆 / 1180
欧庭荠 / 1864
欧旋花 / 2385
欧荨麻 / 1474
欧亚焯菜 / 1857
欧亚花楸 / 1280
欧亚列当 / 2667
欧亚唐松草 / 945
欧亚香花芥 / 1889
欧亚绣线菊 / 1256
欧亚旋覆花 / 3022
欧亚旋覆花绵毛 / 3023
欧野青茅 / 727
欧榛 / 1523
欧洲白榆 / 1447
欧洲赤松 / 121
欧洲刺柏 / 147
欧洲醋栗 / 988
欧洲黑松 / 118
欧洲花楸 / 128
欧洲荚蒾 / 3111
欧洲金盏花 / 3018
欧洲冷蕨 / 50
欧洲李 / 1324
欧洲柳穿鱼 2492
欧洲落叶松 / 139
欧洲拟南芥 / 1910
欧洲拟南芥 / 1910
欧洲葡萄 / 1056
欧洲七叶树 / 1767
欧洲千里光 / 2882
欧洲山芥 / 1906
欧洲山楂 / 1271
欧洲石松 / 8
欧洲菘蓝 / 1845
欧洲酸樱桃 / 1322
欧洲唐松草 / 938
欧洲天胡荽 / 3166
欧洲甜樱桃 / 1323
欧洲庭荠 / 1864
欧洲菟丝子 / 2375
欧洲小叶椴 / 1797
欧洲旋覆花 / 3022
欧洲银莲花 / 963
欧洲油菜 / 1881
欧洲羽节蕨 / 52
欧洲云杉 / 133

P

爬山虎 / 1059
爬苇 / 591
攀倒甑 / 3129
攀援天门冬 / 384
攀缘天门冬 / 384
盘果菊 / 2790
蟠桃 / 1339
泡囊草 / 2428
泡沙参 / 2722
蓬子菜 / 2286
蓬子菜拉拉藤 / 2286
蟛蜞菊 / 2931
披碱草 / 635
披针毛茛 / 922
披针形斑叶稠李 / 1309
披针叶叉繁缕 / 2074
披针叶车前 / 2485
披针叶黄华 / 1082
披针叶茜草 / 2275
披针叶屈曲花 / 1849
披针叶酸模 / 1957
披针叶野决明 / 1082
枇杷叶荚蒾 / 3114
啤酒花 / 1459
啤酒花菟丝子 / 2375
飘拂草 / 559
漂筏薹草 / 520
贫齿柳叶绣线菊 / 1247
贫齿绣线菊 / 1247
贫花鹅观草 / 636
贫花披碱草（新拟） / 636
贫叶早熟禾 / 697
品藻 / 194
平贝母 / 280
平车前 / 2487
平基槭 / 1759
平卧棘豆 / 1210
平枝栒子 / 1264

苹 / 36
苹果 / 1296
萍蓬草 / 166
婆婆纳 / 2506
婆婆针 / 2916
破布子 / 2337
破故纸 / 1186
破坏草 / 2810
匍地龙柏 / 152
匍匐大戟 / 1664
匍匐苦荬菜 / 2798
匍匐委陵菜 / 1407
匍茎剪股颖 / 720
匍枝蓼 / 2006
匍枝毛茛 / 926
匍枝薹草 / 513
匍枝委陵菜 / 1408
葡萄 / 1056
葡萄风信子 / 401
葡萄麝香兰 / 401
葡系早熟禾 / 698
蒲公英 / 2770
蒲扇卷柏 / 14
朴树 / 1460
普通柏 / 147
普通萹蓄 / 1973
普通凤了蕨 / 43
普通凤丫蕨 / 43
普通蓼 / 1973
普通铁角蕨 / 58
普通铁线蕨 / 48
普通小麦 / 645
普通早熟禾 / 699
铺地柏 / 146
铺地草 / 1664
铺地藜 / 2153
铺地委陵菜 / 1422
铺散矢车菊 / 3107

Q

七瓣莲 / 2220
七筋姑 / 264
七叶树 / 1766
七叶一枝花 / 249
七姊妹 / 1346
漆 / 1745
漆姑草 / 2060
祁州漏芦 / 3097
奇异堇菜 / 1582
歧茎蒿 / 2972
歧伞獐牙菜 / 2310
歧序剪股颖 / 722
脐草 / 2687
畦畔飘拂草 / 557
棋盘花 / 255
旗杆芥 / 1915
鳍蓟 / 3047
麒麟菊 / 2808
杞柳 / 1633
起绒飘拂草
槭叶草 / 1025
槭叶福王草 / 2790
槭叶盘果菊 / 2790
槭叶兔儿风 / 3013
槭叶蚊子草 / 1389
掐不齐 / 1102
千瓣白桃 / 1337
千瓣红花石榴 / 1705
千瓣葵 / 2932
千瓣月季石榴 / 170
千瓣月季石榴 / 1704
千根草 / 1665
千根草大戟 / 1665
千金鹅耳枥 / 1520
千金榆 / 1520
千金子 / 1660
千金子 / 608
千屈菜 / 1708
千日红 / 2105
千山蒿 / 2990
千山山梅花 / 2175
千山野豌豆 / 1163
千穗谷 / 2100
千头柏 / 156
千头椿 / 1784
千叶阿尔泰狗娃花 / 2853
千叶蓍 / 2936
牵牛 / 2398
铅笔柏 / 149
前胡 / 3229
浅齿蒿叶委陵菜 / 1425
浅裂剪秋罗 / 2020
浅裂剪秋萝 / 2020
芡 / 165
芡实 / 165
茜草 / 2276
茜堇菜 / 1595
墙草 / 1479
蔷薇虎耳草 / 1022
乔木绣球 / 2170
乔松 / 110
荞麦 / 1964
巧玲花 / 2451
鞘翅臭草 / 668
茄 / 2423
茄子 / 2423
窃衣 / 3186
芹菜 / 3270
芹叶牻牛儿苗 / 1701
芹叶铁线莲 / 909
秦艽 / 2299
秦岭忍冬 / 3158
秦陇槭 / 1757
琴叶福王草 2790
琴叶南芥 / 1909
琴叶拟南芥 / 1909
琴叶鼠耳芥 / 1909
青菜 / 1883
青藏薹草 / 501
青蒿 / 2959
青花椒 / 1781
青姬木 / 2268
青结缕草 / 620
青楷枫 / 1764
青楷槭 / 1764

青稞 / 625
青兰 / 2612
青绿薹草 / 491
青木香 / 3020
青杞 / 2415
青扦云杉 / 131
青杆 / 131
青杆云杉 / 131
青檀 / 1463
青葙 / 2089
青小豆 / 1141
青杨 / 1650
蜻蜓兰 / 301
蜻蜓舌唇兰 / 301
苘麻 / 1805
穹隆薹草 / 525
穹窿薹草 / 525
丘狗舌草 / 2863
丘假鹤虱 / 2354
丘角菱 / 1710
丘沙参 / 2736
秋海棠 / 1548
秋胡颓子 / 1428
秋画眉草 / 598
秋英 / 2918
秋子梨 / 1290
楸叶泡桐 / 2659
楸子 / 1297
求米草 / 770
球苞麻花头 / 3099
球果白刺 / 1739
球果白蓬草 / 942
球果葶菜 / 1852
球果荠 / 1846
球果假沙晶兰 / 2236
球果假水晶兰 / 2236
球果芥 / 1846
球果堇菜 / 1589
球果拟水晶兰 / 2236
球果唐松草 / 942
球果卫矛 / 1554
球果紫堇 / 801
球花风毛菊 / 3073
球茎甘蓝 / 1877
球茎虎耳草 / 1019
球穗扁莎 / 539
球穗莎草 / 548
球穗薹草 / 499
球尾花 / 2225
球尾珍珠菜 / 2225
球序韭 / 369
球序卷耳 / 2067
球序绒毛胡枝子 / 1108
球序香蒲 / 432
球序薤 / 369
球柱草 / 561
球子蕨 / 69
曲唇羊耳蒜 / 327
曲萼绣线菊 / 1254
曲萼绣线菊柔毛 / 1255
曲阜铁角蕨 / 55
曲芒飘拂草 / 557
曲毛露珠草 / 1717
曲枝补血草 / 1943
曲枝山桃 / 1335
曲枝天门冬 / 384
曲枝委陵菜 / 1412
屈曲花 / 1849
屈枝虫实 / 2132
瞿麦 / 2048
全光菊 / 2791
全叶大蒜芥 / 1891
全叶碱地风毛菊 / 3073
全叶苦苣菜 / 2777
全叶麻花头 / 3099
全叶马兰 / 2837
全叶千里光 / 2884
全叶山芹 / 3237
全叶延胡索 / 811
全缘贯众 / 83
全缘苣荬菜 / 2777
全缘轮叶沙参 / 2717
全缘山柳菊 / 2791
全缘铁线莲 / 898
全缘橐吾 / 2866
全缘栒子 / 1268
全缘叶花旗竿 / 1897
全缘叶山柳菊 / 2791
泉生眼子菜 / 238
拳参 / 1979
犬木贼 / 23
犬蔷薇 / 1351
犬问荆 / 23
雀斑党参 / 2702
雀儿舌头 / 1687
雀麦 / 658
雀瓢 / 2329
雀翘 / 1992
雀舌草 / 2075
雀舌繁缕 / 2075
群心菜 / 1835

R

热河糙苏 / 2632
热河灯心草 / 444
热河藁本 / 3262
热河槲栎 / 1494
热河黄精 / 399
热河碱茅 / 676
热河芦苇 / 590
热河南蛇藤 / 1563
热河乌头 / 879
人参 / 3165
忍冬 / 3150
日本安蕨 / 77
日本扁柏 / 154
日本赤杨 / 1517
日本臭菘 / 197
日本打碗花 / 2383
日本浮萍 / 195
日本海棠 / 1286
日本黑三棱 / 424
日本黑松 / 117
日本厚朴 / 185
日本厚朴木兰 / 185

日本花柏 / 154
日本黄花茅 / 713
日本碱茅 / 673
日本金腰 / 1011
日本蓝盆花 / 3127
日本栗 / 1486
日本芦苇 / 591
日本鹿蹄草 / 2246
日本乱子草 / 610
日本落叶松 / 137
日本牡蒿 / 2988
日本木瓜 / 1286
日本七叶树 / 1766
日本桤木 / 1517
日本槭 / 1753
日本三蕊柳 / 1618
日本散血丹 / 2408
日本疏叶卷柏 / 18
日本四照花 / 2191
日本薹草 / 497
日本蹄盖蕨 / 77
日本菟丝子 / 2374
日本瓦松 / 1035
日本弯芒乱子草 / 611
日本苇 / 591
日本五针松 / 108
日本纤毛草 / 636
日本小檗 / 833
日本续断 / 3123
日本岩蕨 / 67
日本远志 / 1230
日本早熟禾 / 689
日本早樱 / 1321
日本泽芹 / 3207
日本紫珠 / 2554
日羊胡子草 / 568
日照飘拂草 / 556
茸毛委陵菜 / 1416
茸球藨草 / 570
绒背蓟 / 3054
绒果芹 / 3192
绒蕨 / 34
绒毛胡枝子 / 1108
绒毛菊 / 3002
绒毛蕨 / 97
绒毛马鞭草 / 2542
绒紫萁 / 34
蓉草 / 587
柔毛打碗花 / 2383
柔毛大碗花 / 2383
柔毛蒿 / 2982
柔毛花葱 / 2201
柔毛曲萼绣线菊 / 1255
柔毛胀果芹 / 3220
柔弱斑种草 / 2364
柔薹草 / 479
柔鸢尾（俗名） / 342
柔枝碱茅 / 677
柔枝莠竹 / 779
茱茎蓼 / 2005
如意草 / 1582
乳白花黄芪 / 1214
乳白花黄耆 / 1214
乳白黄芪 / 1214
乳白黄耆 / 1214
乳浆大戟 / 1672
乳苣 / 2780
乳毛费菜 / 1046
乳头灯心草 / 441
乳头基荸荠 / 553
乳突浮萍 / 194
乳突薹草 / 507
软毛齿缘草 / 2351
软毛虫实 / 2131
软薹草 / 497
软枣猕猴桃 / 2233
蕤核 / 1304
锐齿槲栎 / 1493
锐齿鼠李 / 1432
锐齿酸模 / 1959
锐裂箭头唐松草 / 949
锐枝木蓼 / 1949
瑞沃达早熟禾 / 697

S

撒金碧桃 / 1337
赛北紫堇 / 803
赛繁缕 / 2072
赛黑桦 / 1514
赛菊芋 / 2929
赛南芥 / 1915
三瓣猪殃殃 / 2285
三叉耳蕨 / 85
三齿萼野豌豆 / 1165
三齿粉藜 / 2139
三出委陵菜 / 1410
三岛柴胡 / 3198
三河野豌豆 / 1167
三花顶冰花 / 282
三花枫 / 1752
三花拉拉藤 / 2290
三花龙胆 / 2303
三花槭 / 1752
三花洼瓣花 / 282
三江藨草 / 572
三江水葱 / 572
三角枫 / 1757
三角槭 / 1757
三角叶驴蹄草 / 882
三角叶橐吾 / 2867
三角酢浆草 / 1566
三肋果 / 3009
三肋菘蓝 / 1846
三棱水葱 / 573
三裂慈菇 / 210
三裂地蔷薇 / 1387
三裂地薇 / 1387
三裂狐尾藻 / 1053
三裂绣线菊 / 1258
三裂延胡索 / 805
三裂叶瓜木 / 2181
三裂叶绿豆 / 1142
三裂叶薯 / 2393
三裂叶豚草 / 2900
三裂苎麻 / 1483

三轮草 / 542
三脉拉拉藤 / 2284
三脉山黧豆 / 1177
三脉猪殃殃
三脉紫菀 / 2846
三芒草 / 588
三七草 / 2878
三枪茅 / 588
三球悬铃木 / 974
三蕊沟繁缕 / 1573
三蕊柳 / 1618
三色堇 / 1578
三色苋 / 2093
三穗飘拂草 / 558
三桠乌药 / 188
三叶白蔹 / 1063
三叶朝天委陵菜 / 1422
三叶耳蕨 / 85
三叶鬼针草 / 2913
三叶海棠 / 1298
三叶金老梅 / 1373
三叶鹿药 / 391
三叶委陵菜 / 1413
三月花葵 / 1810
三褶脉紫菀 / 2846
三籽两型豆 / 1135
伞报春 / 2210
伞繁缕 / 2076
伞房匹菊 / 3012
伞花黄耆 / 1219
伞花槭 / 1752
伞花蔷薇 / 1343
伞花山柳菊 / 2793
伞花獐牙菜 / 2311
伞形喜冬草 / 2239
伞形洋槐 / 1192
伞洋槐 / 1192
散花白蓬草 / 943
散花唐松草 / 943
散生栒子 / 1264
散穗高粱 / 785
散穗甜茅 / 664
散穗早熟禾 / 691
桑 / 1469
缫丝花 / 1342
扫帚菜 / 2124
扫帚沙参 / 2727
扫帚油松 / 124
色赤杨 / 1516
色木枫 / 1758
色木槭 / 1758
森林假繁缕 / 2054
沙打旺 / 1217
沙地雀麦 / 658
沙地薹草 / 502
沙地绣线菊 / 1253
沙地云杉 / 132
沙蒿 / 2987
沙茴香 / 3246
沙棘 / 1426
沙棘 / 1426
沙芥 / 1843
沙苦荬菜 / 2798
沙苦卖菜 / 2798
沙梾 / 2188
沙梨 / 1292
沙芦草 / 647
沙蓬 / 2135
沙杞柳 / 1634
沙生冰草 / 647
沙生桦 / 1506
沙滩黄芩 / 2572
沙枣 / 1427
砂葱 / 372
砂狗娃花 / 2849
砂韭 / 372
砂蓝刺头 / 3037
砂杞柳 / 1634
砂生桦 / 1506
砂引草 / 2338
砂引草 / 2339
砂珍棘豆 / 1208
砂砧薹草 / 517
莎草 / 540
莎禾 / 616
莎薹草 / 526
莎菀 / 2842
筛草 / 517
山柏树 / 145
山扁豆 / 1081
山冰草 / 648
山菠菜 / 2630
山慈姑 / 287
山刺玫 / 1355
山葱 / 376
山大麦 / 658
山丹 / 275
山地金莲花 / 883
山地鳞毛蕨 / 92
山地乌头 / 863
山东泡桐 / 2659
山东邪蒿 / 3249
山豆花 / 1108
山遏蓝菜 / 1850
山飞蓬 / 2823
山风毛菊 / 3084
山梗菜 / 2696
山蒿 / 2960
山合欢 / 1071
山荷叶 / 1008
山胡萝卜 / 3191
山花椒 / 1781
山槐 / 1071
山槐 / 1084
山茴香 / 3191
山棘豆 / 1209
山尖子 / 2874
山芥 / 1907
山芥菜 / 1907
山芥叶蔊菜 / 1853
山荆子 / 1302
山韭 / 376
山菊 / 3006
山苦菜 / 2799
山苦荬菜 / 2799
山拉拉藤 / 2291

山兰 / 325
山冷蕨 / 50
山冷水花 / 1481
山黧豆 / 1180
山黧豆 / 1181
山里红 / 1273
山蓼 / 1949
山林薹草 / 527
山柳 / 1623
山柳菊 / 2793
山柳菊叶糖芥 / 1903
山罗花 / 2671
山罗花狭叶 / 2672
山萝卜 / 3127
山萝花 / 2671
山绿豆 / 1143
山马兰 / 2841
山蚂蚱草 / 2035
山麦冬 / 404
山猫眼 / 1671
山毛桃 / 1334
山莓 / 1377
山莓草 / 1398
山梅花 / 2174
山糜子 / 393
山牛蒡 / 3108
山泡泡 / 1201
山葡萄 / 1056
山漆树 / 1745
山茄 / 2414
山茄子 / 2356
山芹 / 3240
山桑 / 1468
山沙参 / 2718
山芍药 / 983
山桃 / 1334
山桃草 / 1720
山桃稠李 / 1309
山庭荠 / 1864
山葶苈 / 1867
山桐子 / 1605
山莴苣 / 2781
山莴苣 / 2787
山西杓兰 / 293
山西玄参 / 2521
山西异蕊芥 / 1894
山菥蓂 / 1850
山香芹 / 3189
山杏 / 1329
山杏 / 1331
山岩黄芪 / 1098
山岩黄耆 / 1098
山杨 / 1642
山药 / 247
山野豌豆 / 1170
山樱花 / 1320
山樱桃 / 1320
山樱桃 / 1321
山芋头 / 285
山鸢尾 / 337
山皂荚 / 1075
山皂角 / 1075
山楂 / 1272
山楂海棠 / 1298
山楂无毛 / 1272
山楂叶悬钩子 / 1377
山茱萸 / 2189
山猪殃殃 / 2291
山竹岩黄耆 / 1100
山竹子 / 1100
山酢浆草 / 1565
杉曼石松 / 8
杉蔓石松 / 8
杉松 / 125
杉松冷杉 / 125
杉叶藻 / 2475
珊瑚菜 / 3187
珊瑚荚蒾 / 3114
珊瑚兰 / 319
珊瑚树 / 3114
陕梅杏 / 1331
陕西荼蘼子 / 992
扇叶桦 / 1504
扇叶水毛茛 / 920
扇叶阴地蕨 / 31
扇羽小阴地蕨 / 31
扇羽阴地蕨 / 31
商陆 / 2158
芍药 / 982
芍药叶紫堇 / 3275
芍叶紫堇 / 3275
少刺辽东楤木 / 3169
少花齿缘草 / 2353
少花大披针薹草 / 487
少花顶冰花 / 283
少花黄瓜菜 / 2804
少花蒺藜草 / 755
少花假还阳参 / 2804
少花拉拉藤 / 2289
少花瘤枝卫矛 / 1555
少花龙葵 / 2417
少花米口袋 / 1227
少花薹草 / 480
少花凸脉薹草 / 487
少花橐吾 / 2865
少花万寿竹 / 257
少花圆叶樱桃 / 1318
少囊薹草 / 482
少蕊败酱 / 3132
少序橐吾 / 2865
少叶早熟禾 / 701
绍兰 / 324
奢异燕麦 / 710
蛇鞭菊 / 2808
蛇床 / 3216
蛇床茴芹 / 3258
蛇岛乌头 / 871
蛇瓜 / 1528
蛇含委陵菜 / 1408
蛇莓 / 1405
蛇莓委陵菜 / 1406
蛇目菊 / 2920
蛇葡萄 / 1060
蛇葡萄 / 1061
蛇足石杉 / 3
蛇足石松 / 3

射干 / 331
射干鸢尾 / 332
麝香锦葵 / 1809
深波岩蕨 / 68
深齿匍匐委陵菜 / 1407
深齿委陵菜 / 1407
深裂刺楸 / 3175
深裂假升麻 / 1235
深裂蒲公英 / 2774
深裂山葡萄 / 1057
深裂叶火炬树 / 1747
深山白蓬草 / 941
深山堇菜 / 1594
深山露珠草 / 1717
深山毛茛 / 929
深山南芥 / 1909
深山蔷薇 / 1357
深山唐松草 / 941
什锦丁香 / 2460
肾叶白蓬草 / 939
肾叶白头翁 / 953
肾叶报春 / 2208
肾叶打碗花 / 2382
肾叶风毛菊 / 3081
肾叶高山蓼 / 1949
肾叶鹿蹄草 2243
肾叶唐松草 / 939
升麻 / 891
升马唐 / 763
升马唐 / 764
生地 / 2668
绳虫实 / 2126
省沽油 / 1736
虱子草 / 617
湿车前 / 2487
湿地风毛菊 / 3084
湿地黄芪 / 1218
湿地黄耆 / 1218
湿地千里光 / 2858
湿地勿忘草 / 2371
湿生狗舌草 / 2858
湿生千里光 / 2858
湿生鼠曲草 / 3031
湿生鼠麹草 / 3031
湿生薹草 / 504
湿薹草 / 470
蓍 / 2936
十字兰 / 311
石棒绣线菊 / 1256
石蚕叶婆婆纳 / 2509
石蚕叶绣线菊 / 1254
石刁柏 / 387
石防风 / 3251
石缝蝇子草 / 2034
石孩儿参 / 2058
石胡荽 / 2941
石荠苎 / 2606
石假繁缕 / 2058
石榴 / 1704
石龙芮 / 930
石龙芮毛茛 / 930
石龙尾 / 2489
石茅 / 785
石米努草 / 2080
石楠 / 1277
石沙参 / 2730
石杉 / 4
石生齿缘草 / 2353
石生风铃草 / 2707
石生孩儿参 / 2058
石生蓼 / 1979
石生麦瓶草 / 2030
石生委陵菜 / 1420
石生悬钩子 / 1378
石生蝇子草 / 2030
石松 / 8
石薹草 / 514
石竹 / 2051
食用酸浆 / 2406
莳萝 / 3261
莳萝蒿 / 2956
矢车菊 / 3107
市藜 / 2148
市藜 / 2148
似莎薹草 / 463
柿 / 2204
柿树 / 2204
匙荠 / 1847
手参 / 304
手掌参 / 304
绶草 / 297
瘦桦 / 1505
菽麻 / 1116
疏花车前 / 2481
疏花光砂蒿 / 2983
疏花黑麦草 / 653
疏花卷耳 / 2063
疏花篱蓼 / 1971
疏花篱首乌 / 1971
疏花蓼 / 1971
疏裂岩蕨 / 66
疏毛草乌头 / 876
疏毛女娄菜 / 2027
疏毛女娄菜 2026
疏毛槭 / 1757
疏毛山麻子 / 1000
疏柔毛罗勒 2578
疏穗薹草 / 525
疏穗野青茅 / 729
疏薹草 / 505
疏叶卷柏 / 18
疏羽铁角蕨 / 55
疏羽香鳞毛蕨 / 91
黍 / 761
蜀葵 / 1814
蜀黍 / 785
鼠李 / 1432
鼠掌老观草 / 1693
鼠掌老鹳草 / 1693
薯蓣 / 247
曙南芥 / 1867
束尾草 / 782
树锦鸡儿 / 1151
栓皮白桦 / 1512
栓皮栎 / 1491
栓皮槭 / 1758

栓皮薹草 / 468
双刺茶藨子 / 990
双稃草 / 608
双花红门兰 / 299
双花堇菜 / 1579
双荚决明 / 1079
双距花 / 2515
双辽薹草 / 512
双蕊兰 / 296
双穗飘拂草 / 558
霜毛婆罗门参 / 2755
水八角 / 2512
水稗子 / 716
水鳖 / 217
水车前 / 218
水葱 / 573
水稻 / 586
水甸附地菜 / 2368
水冬瓜赤杨 / 1516
水飞蓟 / 3060
水焯菜 / 1917
水蒿 / 2970
水葫芦 / 416
水葫芦苗 / 914
水棘针 / 2562
水金凤 / 2195
水晶兰 / 2236
水苦荬 / 2510
水苦荬婆婆纳 / 2509
水蜡树 / 2470
水蓼 / 2003
水龙骨 / 96
水麦冬 / 229
水蔓菁 / 2500
水茫草 / 2516
水毛茛 / 920
水毛花 / 575
水茅 / 663
水木贼 / 22
水婆婆纳 / 2510
水葡萄茶藨 / 997
水葡萄茶藨子 / 997
水芹 / 3256
水曲柳 / 2441
水莎草 / 540
水筛 / 219
水杉 / 141
水蛇麻 / 1464
水生黍 / 759
水生酸模 / 1956
水虱草 / 556
水湿柳叶菜 / 1731
水苏 / 2650
水苏草 / 2649
水田稗 / 767
水田芥 / 1917
水田碎米荠 / 1926
水甜茅 / 664
水问荆 / 22
水蜈蚣 / 535
水仙银莲花 / 965
水栒子 / 1265
水杨梅 / 1393
水榆 / 1279
水榆花楸 / 1279
水榆花楸裂叶 / 1280
水芋 / 198
水蕴草 / 226
水珠草 / 1719
水竹芋 / 421
水烛 / 430
睡菜 / 2738
睡莲 / 167
朔北林生藨草 / 569
硕桦 / 1513
司氏柳 / 1632
丝瓣剪秋罗 / 2020
丝瓣剪秋萝 / 2020
丝带草 / 712
丝点地梅 / 2218
丝梗扭柄花 / 263
丝瓜 / 1542
丝韭 / 373
丝裂蒿 / 2960
丝裂沙参 / 2734
丝路蓟 / 3049
丝毛飞廉 / 3045
丝绵木 / 1559
丝叶白蓬草 / 937
丝叶茨藻 / 223
丝叶葛缕子 / 3269
丝叶旱麦瓶草 / 2036
丝叶蒿 / 2960
丝叶黄蒿 / 3269
丝叶苦菜 / 2800
丝叶球柱草 / 562
丝叶山苦菜 / 2800
丝叶山蚂蚱草 / 2036
丝叶山芹 / 3236
丝叶石防风 / 3247
丝叶嵩草 / 462
丝叶唐松草 / 937
丝叶小苦荬 / 2800
丝叶鸦葱 / 2762
丝引薹草 / 525
丝状灯心草 / 438
四翅滨藜 / 2137
四花薹草 / 483
四季丁香 / 2454
四季海棠 / 1547
四季秋海棠 / 1547
四角刻叶菱 / 1711
四叶葎 / 2284
四叶葎拉拉藤 / 2284
四叶杉叶藻 / 2475
四叶重楼 / 248
四翼滨藜 / 2137
四月红 / 3162
四照花 / 2192
饲用甜菜 / 2143
松东锦鸡儿 / 1147
松果菊 / 2894
松蒿 / 2686
松花江薹草 / 512
松江蓼 / 2006
松江柳 / 1635

松毛翠 / 2256
松杉冷杉 / 125
松鼠尾草 / 626
松下兰 / 2237
松叶百合 / 276
松叶毛茛 / 921
松叶乳浆大戟 / 1673
松叶沙参 / 2732
松叶薹草 / 514
菘蓝 / 1845
嵩草 / 462
苏丹草 / 786
苏丹凤仙花 / 2193
苏木山花葱 / 2200
甫草 / 638
宿齿木贼 / 27
宿根高粱 / 785
宿根天人菊 / 2895
宿根亚麻 / 1682
粟 / 750
粟草 / 738
粟米草 / 2161
酸浆 / 2404
酸浆 / 2404
酸模 / 1954
酸模叶蓼 / 2002
酸枣 / 1441
蒜 / 363
蒜芥茄 / 2420
绥芬河薹草 / 508
碎米荠 / 1925
碎米莎草 / 545
碎叶苦荬菜 / 2804
碎叶山芹 / 3239
缝瓣繁缕 / 2069
穗花马先蒿 / 2677
穗三毛 / 706
穗三毛草 / 706
穗生苗葶荠 / 551
穗状狐尾藻 / 1051
笋瓜 / 1539
梭鱼草 / 416
索伦鹿蹄草 / 2244
索伦野豌豆 / 1165
唢呐草 / 1016

T

塌棵菜 / 1883
塔柏 / 151
塔河柔毛蒿 / 2982
塔氏马先蒿 / 3279
塔头黄芩 / 2571
塔形小叶杨 / 1655
塔杨 / 1655
台湾萍蓬草 / 166
苔水花 / 1480
薹草 / 495
太平花 / 2172
太平洋蓼 / 1977
太平洋拳参 / 1977
太阳光沙蒿 / 2983
太阳麻 / 1116
泰山前胡 / 3249
泰山苋 / 2091
毯粟草 / 2162
唐菖蒲 / 349
唐棣 / 1288
唐古特大黄 / 1951
唐松草 / 938
糖茶藨 / 1003
糖茶藨子 / 1003
糖芥 / 1904
糖萝卜 / 2142
糖槭 / 1750
绦柳 / 1617
洮南灯心草 / 440
桃 / 1336
桃色忍冬 / 3156
桃叶蓼 / 1998
桃叶卫矛 / 1559
桃叶鸦葱 / 2764
藤本月季 / 1346
藤萝 / 1189
藤萝 / 1189
藤长苗 / 2386
梯牧草 / 737
蹄叶橐吾 / 2871
天池碎米荠 / 1926
天蓝刺头 / 3039
天蓝韭 / 377
天蓝苜蓿 / 1129
天蓝绣球 / 2198
天栌 / 2254
天麻 / 314
天名精 / 3027
天目琼花 / 3112
天南星 / 201
天女花 / 185
天女木兰 / 185
天人菊 / 2894
天山报春 / 2210
天山针茅 / 740
天仙子 / 2429
天竺葵 / 1689
田春黄菊 / 2940
田大蒜芥 / 1893
田葛缕子 / 3269
田蒿 / 3269
田菁 / 1192
田麻 / 1802
田蒜芥 / 1893
田旋花 / 2380
田野黑麦草 / 652
田野堇菜 / 1579
田野菟丝子 / 2377
田皂角 / 1091
田紫草 / 2342
甜菜 / 2142
甜高粱 / 785
甜根子 / 1196
甜瓜 / 1652
甜菊 / 2809
甜杨 / 1652
甜叶菊 / 2809
条裂小阴地蕨 / 32

条叶百合 / 275
条叶叉歧繁缕 / 2074
条叶龙胆 / 2302
条叶酸模 / 1957
笤柴胡 / 3201
贴苞灯心草 / 438
铁马鞭 / 1973
铁扫帚 / 1183
铁山耧斗菜 / 852
铁苋菜 / 1678
庭荠 / 1864
葶苈 / 1859
通奶草 / 1662
通奶草大戟 / 1662
通泉草 / 2652
通泉草 / 2653
同瓣草 / 2699
同花母菊 / 3007
同色钩叶委陵菜 / 1414
铜草花 / 2588
铜锤草 / 1567
筒苞麻花头 / 3101
头石竹 / 2045
头穗藨草 / 546
头穗莎草 / 541
头序地杨梅 / 446
头序甘草 / 1197
头序蓼 / 1995
头序麦瓶草 / 2030
头序歪头菜 / 1160
头序蝇子草 / 2030
头状蓼 / 1995
头状穗莎草 / 541
透骨草 / 2655
透茎冷水花 / 1481
透明鳞荸荠 / 551
凸尖蒲公英 / 2770
凸脉薹草 / 486
秃疮花 / 825
突果眼子菜 / 236
突节老观草 / 1697
突节老鹳草 / 1697
图们黄芩 / 2570
图们薹草 / 506
土贝母 / 1531
土豆 / 2411
土荆芥 / 2155
土默特鼠李 / 1437
土木香 / 3020
土人参 / 2165
土三七 / 1044
土庄绣线菊 / 1260
兔儿伞 / 2872
兔儿尾苗 / 2504
兔毛蒿 / 2942
菟葵 / 886
菟丝子 / 2376
团球火绒草 / 3035
团扇荠 / 1868
团扇蕨 / 35
团叶单侧花 / 2241
团羽铁线蕨 / 48
豚草 / 2901
托盘 / 1377
托叶龙芽草 / 1366
脱皮榆 / 1451
驼绒藜 / 2107
驼舌草 / 1946
橐吾 / 2869
椭圆叶花锚 / 2308
椭圆叶蓼 / 1981
椭圆叶拳参 / 1981

W

洼瓣花 / 282
瓦松 / 1036
歪头菜 / 1161
弯齿盾果草 / 2359
弯管列当 / 2667
弯距狸藻 / 2537
弯芒乱子草 / 611
弯囊薹草 / 495
弯曲碎米荠 / 1923
弯叶画眉草 / 598
弯枝乌头 / 875
弯嘴薹草 / 495
豌豆 / 1182
豌豆形薹草 / 492
晚抱茎苦荬菜 / 2805
晚红瓦松 / 1035
晚叶山杨 / 1642
碗苞麻花头 / 3102
万年蒿白莲蒿 / 2963
万寿菊 / 2891
王不留行 / 2037
网脉丁香 / 2447
茵草 / 716
旺业甸乌头 / 863
望春玉兰 / 181
望江南 / 1080
葳严仙 / 839
微齿眼子菜 / 241
微药碱茅 / 673
维西堇菜 / 1602
伪粉枝柳 / 1632
伪泥胡菜 / 3103
苇状看麦娘 / 735
苇状羊茅 / 679
尾瓣舌唇兰 / 303
尾唇羊耳蒜 / 326
尾穗苋 / 2098
尾叶香茶菜 / 2581
尾羽金星蕨 / 59
委陵菜 / 1418
卫矛 / 1556
猬菊 / 3047
蝟菊 / 3047
蝟实 / 3141
魏氏鳞蕨 / 41
温泉瓶尔小草 / 28
文冠果 / 1768
蚊母草 / 2506
蚊母婆婆纳 / 2506
蚊子草 / 1390
问荆 / 22

问荆木贼 / 22
蕹菜 / 2393
莴苣 / 2782
倭瓜、番瓜、饭瓜 / 1539
倭海棠 / 1286
卧茎景天 / 1048
渥丹 / 269
渥金 / 270
乌丹蒿 / 2980
乌德银莲花 / 971
乌库早熟禾 / 699
乌拉草 / 500
乌拉棱子芹 / 3213
乌蔹莓 / 1065
乌柳 / 1630
乌苏里荸荠 / 553
乌苏里扁蕾 / 2306
乌苏里茶藨 / 997
乌苏里齿缘草 / 2352
乌苏里党参 / 2702
乌苏里风毛菊 / 3093
乌苏里谷精草 / 435
乌苏里狐尾藻 / 1053
乌苏里黄芩 / 2567
乌苏里锦鸡儿 / 1147
乌苏里蓼 / 1995
乌苏里鼠李 / 1436
乌苏里酸模 / 1960
乌苏里薹草 / 476
乌苏里橐吾 / 2870
乌苏里瓦韦 / 99
乌苏里荨麻 / 1476
乌苏里鸢尾 / 338
乌苏里早熟禾 / 692
乌苏里泽芹 / 3206
乌头 / 870
乌头叶蛇葡萄 / 1064
乌腺金丝桃 / 1568
屋根草 / 2795
无斑叶猪牙花 / 286
无瓣蔊菜 / 1855
无苞香蒲 / 431
无柄婆婆纳 / 2501
无柄穗花 / 2501
无齿蒌蒿 / 2967
无翅猪毛菜 / 2118
无刺鳞水蜈蚣 / 536
无刺曼陀罗 / 2432
无刺美国皂荚 / 1074
无刺山皂荚 / 1076
无刺洋槐 / 1192
无刺枣 / 1442
无粉报春 / 2213
无刚毛荸荠 / 552
无梗五加 / 3172
无花果 / 1472
无喙兰 / 316
无喙鸟巢兰 / 315
无茎委陵菜 / 1409
无瘤木贼 / 27
无脉薹草 / 523
无芒稗 / 768
无芒雀麦 / 659
无芒野稗 / 768
无毛大砧草 / 2274
无毛粉花绣线菊 / 1249
无毛风箱果 / 1241
无毛凤了蕨 / 43
无毛凤丫蕨 / 43
无毛复盆子 / 1383
无毛覆盆子 / 1383
无毛花楸 / 128
无毛画眉草 / 599
无毛老牛筋 / 2085
无毛柳叶菜 / 1734
无毛漆姑草 / 2059
无毛千屈菜 / 1709
无毛茜草 / 2274
无毛山尖子 / 2875
无毛山楂 / 1272
无毛溲疏 / 2178
无毛田菁 / 1193
无毛绣线菊 / 1249
无毛紫露草 / 411
无毛紫枝忍冬 / 3160
无腺刺蔷薇 / 1357
无腺花旗竿 / 1898
无腺里白悬钩子 / 1381
无心菜 / 2082
无翼柳叶芹 / 3227
无银粉背蕨 / 47
无缨橐吾 / 2865
无柱黑三棱 / 424
无柱兰 / 308
芜菁 / 1882
芜菁甘蓝 / 1882
芜青 / 1882
芜青甘蓝 / 1882
梧桐 / 1803
五倍子树 / 1746
五彩石竹 / 2045
五彩苏 / 2579
五叉沟乌头 / 864
五刺金鱼藻 / 793
五福花 / 3121
五棱藨草 / 575
五棱水葱 / 575
五棱萤蔺 / 575
五龙山鹅观草 / 643
五脉百里香 / 2624
五脉山黧豆 / 1181
五蕊柳 / 1620
五色菊 / 2830
五台金腰 / 1012
五味子 / 170
五星花 / 2272
五叶白叶委陵菜 / 1411
五叶草 / 1199
五叶地锦 / 1059
五叶槐 / 1087
五叶黄精 / 397
五叶爬山虎 / 1059
五月艾 / 2974
五月鲜 / 1139
五爪藤 / 1062
五针金鱼藻 / 793

舞鹤草 / 389
舞鹤草 / 390
勿忘草 / 2371
勿忘草状附地菜 / 2368
雾冰草 / 2115
雾冰藜 / 2115
雾灵葱 / 375
雾灵当归 / 3234
雾灵黄芩 / 2573
雾灵韭 / 375
雾灵沙参 / 2713
雾灵香花草 / 1888
雾灵香花芥 / 1888

X

西班牙薰衣草 / 2575
西北铁角蕨 / 56
西北栒子 / 1268
西北针茅 / 743
西伯利亚败酱 / 3134
西伯利亚报春 / 2210
西伯利亚滨藜 / 2139
西伯利亚虫实 / 2130
西伯利亚刺柏 / 147
西伯利亚大麦 / 627
西伯利亚椴 / 1798
西伯利亚番薯 / 2388
西伯利亚还阳参 / 2794
西伯利亚红松 / 113
西伯利亚花楸 / 128
西伯利亚剪股颖 / 720
西伯利亚接骨木 / 3118
西伯利亚卷柏 / 11
西伯利亚蓼 / 1981
西伯利亚雀麦 / 662
西伯利亚三毛草 / 706
西伯利亚神血宁 / 1981
西伯利亚铁线莲 / 903
西伯利亚庭荠 / 1864
西伯利亚橐吾 / 2869
西伯利亚乌头 / 863
西伯利亚五针松 / 113
西伯利亚小檗 / 831
西伯利亚杏 / 1329
西伯利亚羊茅 / 682
西伯利亚野大麦 / 627
西伯利亚野青茅 / 727
西伯利亚远志 / 1231
西伯利亚云杉 / 131
西伯利亚早熟禾 / 690
西伯利亚紫菀 / 2830
西府海棠 / 1300
西瓜 / 1538
西红柿 / 2411
西葫芦 / 1538
西黄松 / 116
西开普堇菜 / 1602
西来稗 / 769
西蓝花 / 1876
西梅 / 1324
西南石韦 / 98
西南卫矛 / 1558
西山堇菜 / 1603
西洋参 / 3165
西洋梨 / 1289
西洋李 / 1324
西洋蒲公英 / 2771
西洋石竹 / 2049
菥蓂 / 1851
稀刺玫瑰 / 1354
稀花蓼 / 1991
稀花柳叶菜 / 1733
稀花薹草 / 505
稀脉浮萍 / 194
稀毛大黄柳 / 1623
锡林婆婆纳 / 2500
锡林沙参 / 2736
溪洞碗蕨 / 41
溪黄草 / 2582
溪堇菜 / 1588
溪木贼 / 22
溪水薹草 / 508
溪荪 / 346
蟋蟀薹草 / 509
习见萹蓄 / 1973
习见蓼 / 1973
席氏五加 / 3170
喜冬草 / 2239
喜旱莲子草 / 2103
喜马拉雅凤仙花 / 2195
喜泉卷耳 / 2065
喜盐鸢尾 / 336
细苞虫实 / 2131
细柄草 / 788
细柄茅 / 748
细齿草木犀 / 1122
细齿草木樨 / 1122
细齿大戟 / 1661
细齿角蕨 / 73
细齿南星 / 203
细齿贞蕨 / 73
细灯心草 / 440
细杆沙蒿 / 2985
细秆荸荠 / 551
细秆沙蒿 / 2985
细秆薹草 / 478
细秆羊胡子草 / 564
细秆萤蔺 / 577
细梗胡枝子 / 1107
细梗丝石竹 / 2040
细果野菱 / 1711
细花薹草 / 530
细茎大豆 / 1132
细茎黄耆 / 1216
细茎铁角蕨 / 57
细茎银莲花 / 968
细距堇菜 / 1597
细距耧斗菜 / 851
细距舌唇兰 / 303
细拉拉藤 / 2289
细裂白头翁 / 956
细裂东北茴芹 / 3258
细裂枫 / 1711
细裂辽藁本 / 3263
细裂槭 / 1711

细裂委陵菜 / 1419
细裂叶莲蒿 / 2963
细毛火烧兰 / 321
细毛火烧兰 / 321
细毛鳞蕨 / 41
细毛薹草 / 476
细毛碗蕨 / 41
细弱黄芪 / 1216
细弱黄耆 / 1216
细弱剪股颖 / 721
细弱甜茅 / 667
细弱栒子 / 1267
细沙蒿 / 2985
细砂蒿 / 2985
细穗寸草 / 524
细穗薹草 / 494
细穗香薷 / 2587
细穗苎麻 / 1484
细葶无柱兰 / 308
细小石头花 / 2038
细辛 / 173
细辛 / 174
细形薹草 / 478
细野麻 / 1484
细叶白头翁 / 956
细叶百合 / 275
细叶柴胡 / 3202
细叶臭草 / 671
细叶茨藻 / 222
细叶葱 / 373
细叶地榆 / 1362
细叶东北羊角芹 / 3267
细叶毒芹 / 3255
细叶杜香 / 2259
细叶堆心菊 / 2893
细叶二行芥 / 1885
细叶繁缕
细叶藁本 / 3263
细叶孩儿参 / 2054
细叶旱稗 / 769
细叶旱芹 / 3271
细叶黄鹌菜 / 2803
细叶黄芪 / 1220
细叶黄耆 / 1220
细叶黄乌头 / 863
细叶假还阳参 / 2803
细叶锦鸡儿 / 1147
细叶景天 / 1042
细叶韭 / 373
细叶菊 / 3004
细叶卷耳 / 2064
细叶蓝盆花 / 3126
细叶狸藻 / 2535
细叶藜 / 2151
细叶蓼 1989
细叶鳞毛蕨 / 90
细叶鹿蹄草 / 2244
细叶马蔺（俗名） / 340
细叶满江红 / 38
细叶毛萼麦瓶草 / 2032
细叶美女樱 / 2545
细叶木犀草 / 1828
细叶婆婆纳 / 2499
细叶千日红 / 2106
细叶沙参 / 2734
细叶砂引草 / 2339
细叶水蔓菁 / 2499
细叶嵩草 / 462
细叶碎米荠 / 1920
细叶穗花 / 2499
细叶庭荠 / 1863
细叶委陵菜 / 1416
细叶蚊子草 / 1388
细叶乌头 / 867
细叶小檗 / 834
细叶小苦荬 / 2789
细叶野豌豆 / 1173
细叶益母草 / 2644
细叶鸢尾 / 340
细叶远志 / 1229
细叶早熟禾 / 693
细叶沼柳 / 1630
细长早熟禾 / 701
细枝盐爪爪 / 2109
细柱柳 / 1629
细籽葶菜 / 1854
细籽柳叶菜 / 1734
虾海藻 / 232
虾夷葱 / 372
虾夷鱼鳞云杉 / 128
狭瓣孩儿参 / 2057
狭苞斑种草 / 2363
狭苞橐吾 / 2868
狭顶鳞毛蕨 / 93
狭裂瓣蕊唐松草 / 940
狭裂珠果紫堇 / 800
狭柳叶野豌豆 / 1163
狭轮叶沙参 / 2716
狭囊薹草 / 527
狭头风毛菊 / 3094
狭叶白花野大豆 / 1134
狭叶北丝石竹 / 2042
狭叶草原石头花 / 2042
狭叶草原丝石竹 / 2042
狭叶慈姑 / 211
狭叶单花鸢尾 / 344
狭叶当归 / 3233
狭叶东北牛防风 / 3245
狭叶杜香 / 2259
狭叶短毛独活 / 3245
狭叶费菜 / 1045
狭叶黑三棱 / 425
狭叶黄精 / 395
狭叶黄芩 / 2570
狭叶黄芩塔头 / 2571
狭叶尖头叶藜 / 2147
狭叶剪秋罗 / 2023
狭叶剪秋萝 / 2023
狭叶锦鸡儿 / 1147
狭叶卷耳 / 2064
狭叶蓼 1989
狭叶轮叶沙参 / 2716
狭叶蔓乌头 / 867
狭叶米口袋 / 1227
狭叶牡蒿 / 2989
狭叶瓶尔小草 / 28

狭叶朴 / 1462
狭叶沙参 / 2736
狭叶砂引草 / 2339
狭叶山苦菜 / 2800
狭叶山萝花 / 2672
狭叶山萝花 / 2672
狭叶山芹 / 3242
狭叶山野豌豆 / 1171
狭叶神血宁 1989
狭叶束尾草 / 782
狭叶水蓼 / 2004
狭叶酸模 / 1960
狭叶蹄盖蕨 / 80
狭叶甜茅 / 664
狭叶香蒲 / 430
狭叶香薷 / 2588
狭叶荨麻 / 1475
狭叶鸦葱 / 2762
狭叶野大豆 / 1134
狭叶疣囊薹草 / 522
狭叶玉簪（俗称） / 406
狭叶展枝沙参 / 2715
狭叶长白沙参 / 2720
狭叶长药八宝 / 1032
狭叶长药景天 / 1032
狭叶珍珠菜 / 2223
狭羽叶千里光 / 2888
霞樱 / 1321
夏黄耆 / 1195
夏枯草 / 2630
夏飘拂草 / 557
夏至草 / 2583
仙女木 / 1384
仙女越橘 / 2268
纤毛鹅观草 / 636
纤毛马唐 / 764
纤毛披碱草 / 636
纤弱黄芩 / 2569
纤弱薹草 / 478
纤细茨藻 / 223
纤细苦荬菜 / 2789
鲜黄连 / 837
显脊雀麦 / 657
显脉百里香 / 2624
显脉薹草 / 469
藓状景天 / 1048
苋 / 2093
苋菜 / 2093
线柄薹草 / 482
线地肤 / 2124
线豆（民间） / 1145
线棘豆 / 120
线裂东北延胡索 / 808
线裂老观草 / 1698
线裂老鹳草 / 1698
线形叶苞繁缕 / 2075
线叶叉繁缕 / 2074
线叶柴胡 / 3201
线叶繁缕 / 2074
线叶蒿 / 2968
线叶黑三棱 / 424
线叶花旗杆 / 1897
线叶花旗竿 / 1897
线叶蓟 / 3055
线叶碱茅 / 675
线叶筋骨草 / 2556
线叶菊 / 2942
线叶拉拉藤 / 2281
线叶两歧飘拂草 / 559
线叶柳叶蒿 / 2970
线叶蔓茎蝇子草 / 2032
线叶茅膏菜 / 2010
线叶绒背蓟 / 3055
线叶沙蒿 / 2988
线叶十字兰 / 311
线叶石韦 / 97
线叶水马齿 / 2476
线叶庭荠 / 1865
线叶委陵菜 / 1419
线叶狭牡沙蒿 / 2988
线叶旋覆花 / 3021
线叶玉凤花 / 311
线叶长白沙参 / 2719
腺苞狗舌草 / 2861
腺柄凤仙花 / 2195
腺齿蔷薇 / 1354
腺地榆 / 1363
腺地榆 / 1364
腺独行菜 / 1838
腺萼伞花蔷薇 / 1344
腺梗菜 / 3025
腺梗豨莶 / 2923
腺梗豨莶无腺 / 2924
腺果刺蔷薇 / 1360
腺果大叶蔷薇 / 1360
腺花旗杆 / 1895
腺花旗竿 / 1895
腺鳞草 / 2310
腺柳 / 1619
腺龙葵 / 2416
腺毛白蓬草 / 943
腺毛茶藨 / 992
腺毛簇生卷耳 / 2065
腺毛鹅不食 / 2083
腺毛虎耳草 / 1021
腺毛花葱 / 2201
腺毛箭头唐松草 / 950
腺毛菊苣 / 2751
腺毛唐松草 / 943
腺毛委陵菜 / 1423
腺毛蚤缀 / 2083
腺叶大叶蔷薇 / 1359
腺叶刺蔷薇 / 1359
腺叶长白蔷薇 / 1352
香菜 / 3204
香茶藨 / 999
香茶藨子 / 999
香车叶草 / 2278
香椿 / 1789
香附子 / 540
香根芹 / 3181
香菇草 / 3166
香瓜 / 1652
香蒿 / 2959
香花芥 / 1916
香芥 / 1916

香蓼 / 1999
香鳞毛蕨 / 91
香莓 / 1380
香蒲 / 429
香蒲叶鸢尾（俗名） / 344
香芹 / 3189
香青兰 / 2613
香薷 / 2587
香石竹 / 2049
香丝草 / 2824
香唐松草 / 943
香豌豆 / 1177
香雪球 / 1848
香杨 / 1651
香叶蔷薇 / 1351
向日葵 / 2933
象牙红 / 2495
小白蒿 / 2957
小白花地榆 / 1362
小白花番薯 / 2394
小白酒草 / 2824
小斑叶兰 / 298
小苞黄精（俗称） / 397
小苞叶薹草 / 493
小扁豆 / 1229
小滨菊 / 2999
小驳骨 / 2527
小檗 / 833
小叉叶委陵菜 / 1421
小齿喙果薹草 / 494
小赤麻 / 1484
小春龙胆 / 2298
小茨藻 / 221
小慈姑 / 210
小慈菇 / 210
小丛红景天 / 1038
小灯心草 / 439
小点地梅 / 2216
小顶冰花 / 284
小豆 / 1144
小多足蕨 / 96
小飞蓬 / 2824
小浮叶眼子菜 / 236
小根蒜 / 370
小果白刺 / 1738
小果白蓬草 / 946
小果博落回 / 814
小果红莓苔子 / 2248
小果黄耆 / 1224
小果蓼 / 1973
小果龙常草 / 615
小果酸模 / 1960
小果亚麻荠 / 1842
小果紫花槭 / 1754
小过江藤 / 2539
小黑三棱 / 426
小黑杨 / 1644
小红菊 / 3003
小红柳 / 1629
小葫芦 / 1534
小花扁担杆 / 1792
小花草木犀 / 1124
小花草玉梅 / 964
小花地瓜苗 / 2602
小花地笋 / 2602
小花杜鹃 / 2264
小花风毛菊 / 3085
小花拂子茅 / 726
小花鬼针草 / 2912
小花旱麦瓶草 / 2036
小花花旗杆 / 1896
小花花旗竿 / 1896
小花火烧兰 / 321
小花金银花 / 3154
小花金银忍冬 / 3155
小花锦葵 / 1811
小花肋柱花 / 2309
小花柳叶菜 / 1730
小花柳叶菜 / 1734
小花耧斗菜 / 850
小花毛核木 / 3147
小花美人蕉 / 420
小花墙草 / 1479
小花青兰 / 2611
小花蜻蜓兰 / 301
小花忍冬 / 3156
小花葱 / 2200
小花沙参 / 2732
小花山蚂蚱草 / 2036
小花山桃草 / 1720
小花鼠尾草 2592
小花溲疏 / 2179
小花碎米荠 / 1925
小花糖芥 / 1902
小花烟 / 2436
小花野青茅 / 728
小花银莲花 / 964
小花月见草 / 1726
小花沼生马先蒿 / 2684
小画眉草 / 597
小黄花菜 / 355
小黄花鸢尾 / 341
小黄芪 / 1224
小黄耆 / 1224
小黄紫堇 / 804
小茴香 / 3260
小金丝桃 / 1568
小卷柏 / 12
小楷枫 / 1762
小楷槭 / 1762
小糠草 / 721
小蜡 / 2468
小蓝雪花 / 1941
小狸藻 / 2535
小狸藻 / 2535
小藜 / 2150
小粒薹草 / 476
小蓼 / 2005
小蓼花 / 1994
小麦 / 645
小米 / 750
小米草 / 2690
小米草高枝亚种 / 2689
小米黄芪 / 1219
小米黄耆 / 1219
小米空木 / 1240

小牡丹草 / 841
小木贼 / 24
小囊杓兰 / 293
小囊灰脉薹草 / 510
小囊灰脉薹草 / 510
小蓬草 / 2824
小婆婆纳 / 2505
小窃衣 / 3186
小青杨 / 1649
小山菊 / 3005
小杉兰 / 4
小杉兰石杉 / 4
小水毛茛 / 921
小酸浆 / 2405
小酸模 / 1954
小穗发草 / 705
小穗柳 / 1629
小穗水蜡烛 / 2584
小穗薹草 / 463
小天仙子 / 2429
小铁角蕨 / 58
小通泉草 / 2653
小瓦松 / 1037
小万寿菊 / 2891
小香蒲 / 433
小星穗薹草 / 528
小荇菜 / 2741
小萱草 / 352
小盐芥 / 1899
小盐爪爪 / 2109
小眼子菜 / 242
小燕巢兰 / 317
小药大麦草 / 627
小野臭草 / 667
小叶白蜡树 / 2439
小叶梣 / 2439
小叶茶藨 / 991
小叶地笋 / 2602
小叶丁香 / 2454
小叶东北羊角芹 / 3267
小叶杜鹃 / 2264
小叶杜香 / 2260
小叶椴 / 1795
小叶华北绣线菊 / 1251
小叶黄耆 / 1224
小叶黄杨 / 977
小叶金老梅 / 1372
小叶金露梅 / 1372
小叶锦鸡儿 / 1154
小叶锦葵 / 1811
小叶拉拉藤 / 2285
小叶蓝丁香 / 2454
小叶鹿蹄草 / 2245
小叶毛茛 / 923
小叶棉团铁线莲 / 901
小叶朴 / 1462
小叶芹 / 3266
小叶鼠李 / 1439
小叶杨 / 1654
小叶章 / 727
小叶猪殃殃 / 2285
小叶紫椴 / 1800
小阴地蕨 / 31
小银莲花 / 968
小鱼荠苎 / 2606
小鱼仙草 / 2606
小玉竹 / 398
小远志 / 1229
小掌叶毛茛 / 923
小紫珠 / 2554
小钻杨 / 1645
楔囊薹草 / 486
楔叶茶藨 / 990
楔叶东北杨 / 1651
楔叶菊 / 3003
楔叶蓼 / 2003
楔叶毛茛 / 931
楔叶山杨 / 1643
楔叶委陵菜 / 1412
楔叶腺毛茶藨 / 992
楔叶绣线菊 / 1248
楔叶长白茶藨 / 995
楔叶长白茶藨子
蝎子草 / 1478
挟剑豆（酉阳杂俎） / 1136
斜茎黄芪 / 1216
斜茎黄耆 / 1216
斜升龙胆 / 2300
斜升秦艽 / 2300
斜叶百里香 / 2624
缬草 / 3137
薤白 / 370
心胡桃 / 1500
心形胡桃 / 1500
心岩蕨 / 67
心叶八宝 / 1032
心叶蕺薁 / 259
心叶椴 / 1797
心叶景天 / 1032
心叶猕猴桃 / 2234
新巴黄芪 / 1215
新巴黄耆 / 1215
新几内亚凤仙花 / 2193
新疆白芥 / 1874
新疆柳穿鱼 / 2492
新疆毛连菜 / 2756
新疆忍冬 / 3156
新疆鼠尾草 / 2597
新疆五针松 / 113
新疆杨 / 1641
新疆云杉 / 131
新锐叶石松 / 8
新蹄盖蕨 / 73
星花木兰 / 182
星花玉兰 / 182
星毛虫实 / 2134
星毛芥 / 1867
星毛庭荠 / 1865
星毛委陵菜 / 1409
星毛珍珠梅 / 1239
星婆婆纳 / 2505
星穗薹草 / 528
星星草 / 675
星叶大籽蒿 / 2954
星叶蟹甲草 / 2877
星早熟禾 / 692

兴安白头翁 / 960
兴安白芷 / 3234
兴安百里香 / 2626
兴安薄荷 / 2601
兴安滨紫草 / 2357
兴安茶藨 / 996
兴安柴胡 / 3195
兴安齿缘草 / 2350
兴安虫实 / 2127
兴安翠雀 / 848
兴安翠雀花 / 848
兴安独活 / 3243
兴安杜鹃 / 2265
兴安短柄草 / 655
兴安鹅不食 / 2083
兴安繁缕 / 2072
兴安费菜 / 1044
兴安风铃草 / 2707
兴安鬼针草 / 2907
兴安旱麦瓶草 / 2035
兴安红景天 / 1109
兴安胡枝子 / 1109
兴安虎耳草 / 1020
兴安花荵 / 2202
兴安黄芪 / 1223
兴安黄耆 / 1223
兴安堇菜 / 1591
兴安锦鸡儿 / 1155
兴安景天 / 1044
兴安拉拉藤 / 2288
兴安老观草 / 1700
兴安老鹳草 / 1700
兴安藜芦 / 252
兴安蓼 / 1985
兴安柳 / 1623
兴安龙胆 / 2301
兴安鹿蹄草 / 2246
兴安鹿药 / 391
兴安落叶松 / 138
兴安毛茛 / 932
兴安毛茛 / 934
兴安毛连菜 / 2757
兴安木蓼 / 1948
兴安木贼 / 24
兴安南芥 / 1910
兴安拟南芥 / 1910
兴安牛防风 / 3243
兴安女娄菜 / 2023
兴安蒲公英 / 2774
兴安前胡 / 3250
兴安乳菀 / 2833
兴安沙参 / 2719
兴安蛇床 / 3217
兴安升麻 / 891
兴安石防风 / 3250
兴安石竹 / 2052
兴安松 / 113
兴安薹草 / 499
兴安糖芥 / 1904
兴安天门冬 / 386
兴安橐吾 2868
兴安乌头 / 878
兴安小檗 / 832
兴安小花耧斗菜 / 852
兴安悬钩子 / 1376
兴安眼子菜 / 240
兴安羊胡子薹草 / 488
兴安杨 / 1650
兴安野青茅 / 729
兴安野罂粟 / 821
兴安一枝黄花 / 2816
兴安益母草 / 2641
兴安鱼鳞云杉 / 128
兴安圆柏 / 149
兴安圆叶堇菜 / 1593
兴安紫堇 / 3275
兴凯百里香 / 2625
兴凯赤松 / 120
兴凯光沙蒿 / 2984
兴凯湖松 / 120
兴凯丝石竹 / 2038
兴凯松 / 120
兴凯早熟禾 / 692
杏 / 1330
荇菜荇菜 / 2740
熊耳草 / 2807
熊岳大扁杏 / 1331
修枝荚蒾 / 3116
秀丽百合 / 274
秀丽马先蒿 / 2681
绣球 / 2170
绣球小冠花 / 1092
绣球绣线菊 / 1259
绣线菊 / 1246
绣线菊巨齿 / 1247
绣线菊贫齿 / 1247
锈红蔷薇 / 1351
锈毛稠李 / 1311
须苞石竹 / 2045
徐长卿 / 2328
续断菊 / 2777
续随子 / 1660
萱草 / 354
玄参 / 2520
旋覆花 / 3023
旋花 / 2384
旋鳞莎草 / 546
旋蒴苣苔 / 2473
旋蒴苣苔 / 2473
旋序黑三棱 / 426
雪白委陵菜 / 1409
雪果 / 3147
雪里红 / 1880
雪里蕻 / 1880
雪柳 / 2444
雪莓 / 3147
雪球荚蒾 / 3115
雪山点地梅 / 2217
雪松 / 135
雪叶莲 / 2881
血红山楂 / 1275
血苋 / 2102
勋章菊 / 2807
薰衣草 / 2575
荨麻叶龙头草 / 2620

Y

鸦葱 / 2764
鸭巴前胡 / 3231
鸭儿芹 / 3211
鸭绿繁缕 / 2076
鸭绿江薦草 / 569
鸭绿薹草 / 477
鸭绿乌头 / 872
鸭茅 / 677
鸭舌草 / 417
鸭掌芹 / 3183
鸭跖草 / 414
鸭嘴草 / 780
崖椒 / 1781
崖柳 / 1624
雅库羊茅 / 681
雅致木槿 / 1820
亚澳薹草 / 478
亚柄薹草 / 487
亚地柏 / 17
亚海韭菜 / 228
亚菊 / 2944
亚卷苞风毛菊 / 3086
亚库特齿缘草 / 2351
亚麻 / 1681
亚麻荠 / 1843
亚麻菟丝子 / 2376
亚毛苞风毛菊 / 3092
亚美薹草 / 512
亚欧唐松草 / 945
亚太绶草 / 297
亚洲百里香 / 2626
亚洲海韭菜 / 228
亚洲假鳞毛蕨 / 60
亚洲蒲公英 / 2774
亚洲蓍 / 2937
亚洲石松 / 8
胭脂花 / 2207
烟草 / 2437
烟管蓟 / 3051
烟管头草 / 3029
烟台补血草 / 1943
烟台柴胡 / 3200
烟台飘拂草 / 556
烟叶 / 2437
延边白头翁 / 959
延边车轴草 / 1118
延边当归、日本当归（吉林）/ 3233
延胡索 / 806
延药睡莲 / 168
芫花 / 1826
芫荽 / 3204
岩白菜 / 1023
岩败酱 / 3135
岩报春 / 2208
岩风毛菊 / 3082
岩高兰 / 2254
岩茴香 / 3264
岩蕨 / 65
岩苦荬菜 / 2804
岩藜 / 2147
岩槭叶草 / 1025
岩青兰 / 2613
岩生白头翁 / 958
岩生报春 / 2208
岩生繁缕 / 2073
岩生香薷 / 2589
岩玄参 / 2521
沿沟草 / 672
盐地风毛菊 / 3088
盐地碱蓬 / 2113
盐肤木 / 1746
盐麸木 / 1746
盐蒿 / 2981
盐角草 / 2110
盐芥 / 1899
盐生车前 / 2484
盐生酸模 / 1959
盐爪爪 / 2109
菴蒿 / 2967
菴闾 / 2967
眼子菜 / 238
偃柏 / 152
偃狗尾草 / 753
偃麦草 / 650
偃松 / 111
燕麦 / 708
燕麦芨芨草 / 747
燕子花 / 346
羊草 / 630
羊柴 / 1099，1100
羊耳蒜 / 328
羊红膻 / 3258
羊洪膻 / 3258
羊胡子草 / 563
羊胡子薹草 / 487
羊角菜 / 1829
羊角蒿 / 2528
羊角薹草 / 462
羊角子草 / 2325
羊茅 / 685
羊乳 / 2702
羊蹄 / 1959
羊须草 / 487
羊眼半夏 / 199
阳芋 / 2411
洋白蜡 / 2443
洋贝母 / 279
洋常春藤 / 3173
洋葱 / 367
洋地黄 / 2511
洋姑娘 / 2407
洋槐 / 1191
洋金花 / 2433
洋梨 / 1289
洋李 / 1324
洋麻 / 1816
洋山梅花 / 2172
洋商陆 / 2157
洋水仙 / 381
洋铁酸模 / 1961
洋绣球 / 1689
洋野黍 / 759
洋紫苏 / 2579

仰卧秆蔗草 / 575
痒痒树 / 170
药瓜 / 1527
药用大黄 / 1951
药用肺草 / 2343
药用牛舌草 / 2362
药用蒲公英 / 2771
野艾 / 2978
野艾蒿 / 2979
野百合 / 1116
野百合 / 267
野稗 / 768
野滨藜 / 2139
野草莓 / 1395
野慈姑 / 210
野葱 / 369
野大豆 / 1133
野大麻 / 1458
野地菟丝子 / 2377
野凤仙花 / 2197
野甘蓝 / 1876
野甘薯 / 2394
野葛 / 1137
野古草 / 749
野海茄 / 2414
野胡萝卜 / 3184
野花椒 / 1783
野火球 / 1117
野蓟 / 3056
野稷 / 761
野韭 / 365
野菊 / 2999
野决明 / 1083
野葵 / 1812
野老鹳草 / 3276
野笠薹草 / 473
野萝卜 / 1870
野苜蓿 / 1130
野牛草 / 621
野葡萄 / 1056
野蔷薇 / 1344
野青茅 / 730
野桑 / 1469
野生堇菜 / 1579
野黍 / 765
野苏子 / 2683
野天胡荽 / 3166
野茼蒿 / 2888
野莴苣 / 2784
野西瓜苗 / 1816
野小豆 / 1143
野杏 / 1331
野亚麻 / 1681
野燕麦 / 707
野罂粟 / 819
野鸢尾 / 332
野皂荚 / 1073
野芝麻 / 2638
野芝麻菜 / 1887
野芝麻硬毛亚种 / 2639
叶苞繁缕 / 2075
叶苞繁缕 / 2075
叶底珠 / 1685
叶麦瓶草 / 2034
叶芽南芥 / 1911
叶芽拟南芥 / 1911
叶芽鼠耳芥 / 1911
叶状苞杜鹃 / 2262
叶子花 / 2159
夜来香 / 1724
腋花蓼 / 1973
腋花莛子藨 / 3146
一串红 / 2594
一串蓝 / 2596
一轮贝母 / 279
一年蓬 / 2823
一球悬铃木 / 975
一叶萩 / 1685
宜昌东俄芹 / 3247
宜昌荚蒾 / 3117
异苞蒲公英 / 2773
异刺鹤虱 / 2349
异果菊 / 3016
异花孩儿参 / 2058
异鳞薹草 / 509
异蕊芥 / 1894
异色风毛菊 / 3081
异色黄穗棘豆 / 1207
异穗薹草 / 466
异味堆心菊 2893
异型莎草 / 548
异燕麦 / 710
异燕麦 / 710
异叶败酱 / 3135
异叶车叶草 / 2279
异叶地瓜苗 / 2604
异叶地笋 / 2604
异叶金腰 / 1013
异叶蓼 / 1974
异叶柳叶菜 / 1734
异叶轮草 / 2279
异叶天南星 / 201
异叶亚菊 / 2945
异叶眼子菜 / 237
异枝狸藻 / 2535
异株女娄菜 / 2025
异株薹草 / 513
异株五加 / 3170
益母草 / 2642
意大利苍耳 / 2897
缢花沙参 / 2729
缢花石沙参 / 2729
薏米 / 772
薏苡 / 772
翼柄翅果菊 / 2787
翼柄山莴苣 / 2787
翼柄碎米荠 / 1919
翼萼蔓 / 2293
翼果白蓬草 / 938
翼果薹草 / 518
翼果唐松草 / 938
翼蓟 / 3052
翼茎风毛菊 / 3076
翼蓼 / 1966
阴地蒿 / 2972
阴地堇菜 / 1600

阴地蕨 / 29
阴地薹草 / 496
阴地银莲花 / 971
阴地针薹草 / 516
阴山胡枝子 / 1111
阴山沙参 / 2723
阴行草 / 2673
茵陈蒿 / 2986
荫地冷水花 / 1482
荫生鼠尾草 / 2593
银白槭 / 1763
银白杨 / 1640
银背风毛菊 / 3079
银边翠 / 1659
银边黄杨 / 1553
银柴胡 / 2074
银齿莴苣 / 2784
银粉背蕨 / 46
银灰旋花 / 2381
银老梅 / 1373
银莲花 / 965
银柳 / 1427
银柳胡颓子 / 1427
银露梅 / 1373
银槭 / 1763
银水牛果 / 1429
银穗草 / 682
银薇 / 1706
银线草 / 190
银杏 / 102
银叶菊 / 2881
银叶毛茛 / 934
银州柴胡 / 3280
隐果薹草 / 506
隐花草 / 612
印度白茅 / 774
印度草木犀 / 1124
印度蔊菜 / 1854
印度荇菜 / 2740
印度莕菜 / 2740
印加孔雀草 / 2890
英国常春藤 / 3173
英国荠膏菜 / 2010
英吉里茶藨 / 1002
英吉里岳桦 / 1515
英吉利茶藨子 / 1002
罂粟 / 817
缨珞柏 / 147
樱草 / 2209
樱草报春 / 2209
樱草蔷薇 / 1348
樱花 / 1320
樱李 / 1326
樱李梅 / 1326
樱桃番茄 / 2412
樱桃李 / 1326
鹰嘴豆 / 1187
鹰嘴黄耆 / 1221
鹰嘴紫云英 / 1221
迎春花 / 2471
迎红杜鹃 / 2266
萤蔺 / 576
蝇毒草 / 2655
硬阿魏 / 3246
硬拂子茅 / 725
硬毛地笋 / 2605
硬毛棘豆 / 1204
硬毛拉拉藤 / 2283
硬毛南芥 / 1913
硬皮葱 / 378
硬叶风毛菊 / 3080
硬叶水毛茛 / 919
硬叶松 / 115
硬叶乌苏里风毛菊 / 3080
硬叶偃麦草 / 650
硬质早熟禾 / 701
幽狗尾草 / 752
油菜 / 1883
油桦 / 1509
油麦 / 708
油莎草 / 541
油莎豆 / 541
油松 / 122
疣草 / 412
疣果糠椴 / 1796
疣果飘拂草
疣果匙荠 / 1847
疣囊薹草 / 522
莜麦 / 708
莸 / 2548
有斑百合 / 269
有柄石韦 / 98
有柄紫沙参 / 2735
有毛旌节马先蒿 / 2680
莠竹 / 779
鼬瓣花 / 2636
鱼鳔槐 / 1193
鱼鳞云杉 / 128
鱼腥草 / 172
榆桔 / 1779
榆橘 / 1779
榆钱菠菜 / 2137
榆树 / 1453
榆叶梅 / 1332
虞美人 / 818
羽瓣石竹 / 2046
羽苞风毛菊 / 3067
羽节蕨 / 52
羽裂花旗杆 / 1894
羽裂黄瓜菜 / 2804
羽裂火炬树 / 1747
羽裂蓝刺头 / 3040
羽裂石竹 / 2046
羽毛葶苈 / 551
羽毛槭 / 1756
羽茅 / 747
羽扇枫 / 1753
羽扇槭 / 1753
羽叶丁香 / 2451
羽叶风毛菊 / 3089
羽叶鬼针草 / 2911
羽叶满江红 / 38
羽叶茑萝 / 2391
羽叶千里光 / 2887
羽叶山马蝗 / 1094
羽叶铁线莲 / 908

羽叶薰衣草 / 2576
羽叶长柄山蚂蝗 / 1094
羽衣甘蓝 / 1878
羽状短柄草 / 655
雨久花 / 418
玉柏 / 10
玉柏石松 / 10
玉蝉花 / 345
玉瓜 / 1539
玉兰 / 180
玉铃花 / 2228
玉铃野茉莉 / 2228
玉米 / 773
玉泉杨 / 1650
玉蜀黍 / 773
玉簪 / 406
玉簪薹草 / 498
玉竹 / 400
芋 / 206
芋头（俗称） / 206
郁金香 / 288
郁李 / 1316
郁香忍冬 / 3162
御谷 / 755
毓泉翠雀花 / 848
毓泉韭 / 369
毓泉薤 / 369
豫谷 / 755
鸢尾 / 333
元宝枫 / 1759
元宝槭 / 1759
元参 / 2520
元胡 / 806
原拉拉藤 / 2290
原湿地勿忘草 / 2371
原野卷耳 / 2064
原野菟丝子 / 2377
原沼兰 / 324
圆柏 / 150
圆苞紫菀 / 2847
圆茶藨 / 988
圆齿狗娃花 / 2850
圆齿碎米荠 / 1922
圆齿蹄盖蕨 / 76
圆葱 / 367
圆醋李 / 988
圆醋栗茶藨 / 988
圆冠榆 / 1449
圆果毛核木 / 3147
圆果乳头基荸荠 / 553
圆基长鬃蓼 / 2008
圆穗薹草 / 502
圆葶补血草、紫萼补血草 / 1943
圆头柳 / 1616
圆叶变蒿 / 2987
圆叶风铃草 / 2707
圆叶硷毛茛 / 914
圆叶碱毛茛 / 914
圆叶柳 / 1613
圆叶龙牙草 / 1367
圆叶鹿蹄草 / 2246
圆叶茅膏菜 / 2011
圆叶南芥 / 1910
圆叶南牡蒿 / 2992
圆叶茑萝 / 2389
圆叶牵牛 / 2395
圆叶钱线蕨 / 48
圆叶鼠李 / 1437
圆叶小叶杨 / 1656
圆叶樱桃 / 1318
圆枝卷柏 / 14
圆柱披碱草 / 635
圆柱山羊草 / 3274
圆锥花乌头 / 872
圆锥石头花 / 2040
圆锥丝石竹 / 2040
圆锥薹草 / 518
圆锥铁线莲 / 906
圆锥乌头 / 872
圆锥绣球 / 2169
圆锥鸭绿乌头 / 872
缘毛鹅观草 / 641
缘毛卷耳 / 2065
缘毛披碱草 / 641
缘毛雀麦 / 660
缘毛迎红杜鹃 / 2267
远东拂子茅 / 726
远东芨芨草 / 745
远东鳞毛蕨 / 92
远东婆罗门参 / 2754
远东羊茅 / 680
远志 / 1229
月季 / 1347
月季花 / 1347
月季石榴 / 170
月季石榴 / 1704
月见草 / 1724
月见草（云南植物志） / 1723
岳桦 / 1514
越桔 / 2250
越桔柳 / 1620
越橘 / 2250
越南葵 / 1710
云间地杨梅 / 445
云南毛连菜 / 2758
芸豆、豆角 / 1138
芸苔 / 1883
芸香 / 1776

Z

杂交费菜 / 1043
杂交景天 / 1043
杂交苜蓿 / 1127
杂配藜 / 2149
杂配轴藜 / 2121
杂三叶 / 1120
杂色诸葛菜 / 1872
杂种百合（俗称） / 277
杂种车轴草 / 1120
杂种景天 / 1043
杂种耧斗菜 / 850
栽培菊苣 / 2752
再力花 / 421
錾菜 2641
凿木 / 1277

早春薹草 / 487
早花忍冬 / 3160
早锦带花 / 3144
早开堇菜 / 1597
早熟禾 / 689
枣 / 1440
枣叶桦 / 1508
蚤缀 / 2082
皂荚 / 1075
皂角 / 1075
燥芹 / 3220
燥原荠 / 1866
泽地早熟禾 / 700
泽番椒 / 2513
泽蕃椒 / 2513
泽兰 / 2605
泽兰 / 2811
泽漆 / 1660
泽漆大戟 / 1660
泽芹 / 3206
泽苔草 / 212
泽薹草 / 212
泽泻 / 213
泽珍珠菜 / 2224
贼小豆 / 1143
扎股草 / 612
扎鲁小叶杨 / 1655
柞柴胡 / 3198
柞槲栎 / 1494
柞薹草 / 486
榨菜 / 1880
窄叶单花鸢尾 / 344
窄叶蓝盆花 / 3125
窄叶小苦荬 / 2800
窄叶绣线菊 / 1255
沾地毛茛 / 923
粘蓼 / 2005
展毛唇花翠雀花 / 848
展毛地椒 / 2625
展毛乌头 / 871
展叶白蓬草 / 944
展枝萹蓄 / 1972
展枝蓼 / 1972
展枝沙参 / 2714
展枝唐松草 / 944
獐耳细辛 / 950
獐毛 / 594
彰武赤松 / 121
彰武松 / 121
樟子松 / 121
长白糙苏 / 2634
长白茶藨 / 995
长白茶藨子 / 995
长白柴胡 / 3198
长白赤松 / 120
长白楤木 / 3167
长白地杨梅 / 446
长白灯心草 / 439
长白风毛菊 / 3091
长白蜂斗菜 / 2856
长白高山芹 / 3224
长白狗舌草 / 2862
长白旱麦瓶草 / 2036
长白红景天 / 1038
长白虎耳草 / 1018
长白花楷槭 / 1761
长白棘豆 / 1206
长白金莲花 / 883
长白金星蕨 / 61
长白卷耳 / 2066
长白老观草 / 1694
长白老鹳草 / 1694
长白柳 / 1613
长白耧斗菜 / 853
长白鹿蹄草 / 2243
长白落叶松 / 139
长白米努草 / 2081
长白苧麻 / 1483
长白婆婆纳 / 2505
长白蔷薇 / 1352
长白忍冬 / 3157
长白瑞香 / 1825
长白沙参 / 2718
长白山风毛菊 / 3091
长白山黄堇 / 801
长白山堇菜 / 158
长白山龙胆 / 2296
长白山鹿蹄草 / 2243
长白山蚂蚱草 / 2036
长白山碎米荠 / 1922
长白山橐吾 / 2866
长白山香蒲 / 430
长白山阴地蕨 / 32
长白山罂粟 / 819
长白舌唇兰 / 303
长白石杉 / 3
长白松 / 120
长白碎米荠 / 1922
长白薹草 / 502
长白乌头 / 869
长白香蒲 / 430
长白蟹甲草 / 2875
长白岩菖蒲 / 208
长白岩黄芪 / 1096
长白岩黄耆 / 1096
长白鱼鳞云杉 / 129
长白鸢尾 / 335
长白长距兰 / 303
长白苎麻 / 1483
长瓣慈姑 / 211
长瓣繁缕 2070
长瓣金莲花 / 884
长瓣铁线莲 / 903
长苞凹银兰 / 305
长苞灯心草 / 438
长苞毒芹 / 3255
长苞谷精草 / 434
长苞黄精 / 396
长苞黄毛棘豆 / 1208
长苞马鞭草 / 2541
长苞三轮草 / 543
长苞石竹 / 2053
长苞头蕊兰 / 322
长苞香蒲 / 429
长苞萱草 / 354
长苞银兰 / 322

长苞榛 / 1525
长柄扁桃 / 3276
长柄车前 / 2480
长柄山蚂蝗 / 1093
长柄石韦 / 98
长柄唐松草 / 943
长齿百里香 / 2622
长齿对囊蕨 / 75
长齿蛾眉蕨 / 75
长齿歪头菜 / 1160
长春花 / 2317
长刺蒺藜草 / 755
长刺毛牛毡 / 550
长刺酸模 / 1958
长刺酸模 / 1958
长冬草 / 901
长萼鸡眼草 / 1101
长萼鹿蹄草 / 2246
长萼蒙古堇菜 / 1604
长萼瞿麦 / 2046
长萼石竹 / 2051
长稃碱茅 / 676
长杆薹草 / 469
长梗百蕊草 / 1932
长梗扁桃 / 3276
长梗葱 / 360
长梗合被韭 / 360
长梗韭 / 360
长梗鼠李 / 1434
长梗亚欧唐松草 / 947
长梗盐蒿 / 2982
长梗郁李 / 1316
长冠女娄菜 / 2028
长果刺玫蔷薇 / 1356
长果婆婆纳 / 2510
长果山刺玫 / 1356
长果水苦荬 / 2510
长花结缕草 / 619
长花天门冬 / 386
长花隐子草 / 601
长喙毛茛 / 924
长喙婆罗门参 / 2755
长戟叶蓼 / 1991
长箭叶蓼 / 1995
长豇豆 / 1145
长茎飞蓬 / 2820
长茎毛茛 / 922
长距堇菜 / 1603
长裂苦苣菜 / 2775
长裂旋花 / 2383
长鳞薹草 / 500
长芒稗 / 769
长芒草 / 741
长芒鹅观草 / 639
长芒看麦娘 / 733
长芒披碱草 / 639
长芒薹草 / 502
长芒苋 / 2098
长芒野稗 / 769
长毛齿缘草 / 2351
长毛婆婆纳 / 2503
长毛三桠乌药 / 189
长毛穗花 / 2503
长毛野青茅 / 730
长毛银莲花 / 965
长毛月见草 / 1725
长鞘当归 / 3232
长柔毛野豌豆 / 1166
长蕊地榆 / 1365
长蕊石头花 / 2039
长蕊丝石竹 / 2039
长伞红柴胡 / 3203
长穗虫实 / 2134
长穗飘拂草 / 559
长穗水蓼 / 2005
长穗偃麦草 / 651
长筒滨紫草 / 2357
长筒瞿麦 / 2046
长尾接骨木 / 3119
长尾婆婆纳 / 2504
长尾叶蓼 / 2006
长尾鸢尾 / 342
长腺小米草 / 2691
长星花 / 2699
长药八宝 / 1032
长药景天 / 1032
长叶百蕊草 / 1933
长叶波叶大黄 / 1950
长叶车前 / 2485
长叶地榆 / 1365
长叶点地梅 / 2214
长叶二裂委陵菜 / 1420
长叶繁缕 / 2076
长叶风毛菊 / 3092
长叶胡枝子 / 1110
长叶虎耳草 / 1023
长叶火绒草 / 3034
长叶荠苨 / 2726
长叶碱毛茛 / 915
长叶碱毛茛 / 915
长叶毛茛 / 922
长叶蓬子菜 / 2287
长叶沙参 / 2719
长叶水毛茛 / 918
长叶水苋菜 / 1714
长叶酸模 / 1956
长叶太平花 / 2173
长叶藤长苗 / 2387
长叶铁扫帚 / 1110
长圆果菘蓝 / 1845
长圆叶柳 / 1612
长柱金丝桃 / 1569
长柱柳 / 1614
长柱麦瓶草 / 2033
长柱沙参 / 2735
长柱蝇子草 / 2033
长鬃蓼 / 2007
长嘴毛茛 / 924
长嘴薹草 / 494
掌刺小檗 / 832
掌裂草葡萄 / 1064
掌裂兰 / 306
掌裂毛茛 / 928
掌裂蛇葡萄 / 1064
掌叶白头翁 / 954
掌叶半夏 / 200

掌叶大黄 / 1952
掌叶多裂委陵菜 / 1417
掌叶蜂斗菜 / 2855
掌叶堇菜 / 158
掌叶茑萝 / 2390
掌叶蛇葡萄 / 1064
掌叶铁线蕨 / 48
杖藜 / 2149
胀果芹 / 3220
胀囊薹草 / 464
爪轮叶委陵菜 / 1415
爪细叶委陵菜 / 1417
沼地蓼 / 1993
沼地毛茛 / 923
沼繁缕 / 2078
沼兰 / 324
沼柳 / 1631
沼沙参 / 2726
沼生繁缕 / 2078
沼生蔊菜 / 1856
沼生栎 / 1490
沼生柳叶菜 / 1731
沼生马先蒿 / 2684
沼生马先蒿卡氏 / 2684
沼生莎草 / 539
沼生水马齿 / 2476
沼生水莎草 / 539
沼薹草 / 504
沼委陵菜 / 1399
沼旱熟禾 / 700
沼泽荸荠 / 554
沼泽蒿 / 2960
沼泽蕨 / 62
照白杜鹃 / 2264
照山白 / 2264
肇东蒿 / 2956
折苞风毛菊 / 3086
柘 / 1471
柘树 / 1471
针刺悬钩子 / 1379
针灯心草 / 442
针喙芥 / 1916
针薹草 / 515
针叶薹草 / 516
针叶天蓝绣球 / 2199
珍珠菜 / 2223
珍珠梅 / 1238
珍珠梅星毛 / 1239
珍珠绣线菊 / 1252
真穗披碱草 / 638
砧草拉拉藤 / 2282
榛 / 1524
榛子 / 1524
芝菜 / 227
芝麻 / 2524
芝麻菜 / 1887
芝樱 / 2199
知风草 / 596
知母 / 409
直根酸模 / 1955
直梗白蓬草 / 943
直梗唐松草 / 943
直立堇菜 / 1581
直立婆婆纳 / 2507
直立藤长苗 / 2386
直生连翘 / 2463
直穗臭草 / 669
直穗鹅观草 / 638
直穗粉花地榆 / 1365
直穗酸模 / 1956
直穗薹草 / 472
直枝玉柏 / 3272
直酢浆草 / 1565
止血马唐 / 762
枳 / 1780
栉叶蒿 / 2992
栉叶荠 / 1894
雉隐天冬 / 385
中东杨 / 1645
中国白蜡 / 2440
中国扁蕾 / 2304
中国粗榧 / 162
中国黄耆 / 1218
中国李 / 1325
中国凌霄 / 2533
中国马先蒿 / 2679
中国茜草 / 2274
中国沙棘 / 1426
中国桐 / 2661
中国旋花 / 2380
中华补血草 / 1944
中华草沙蚕 / 607
中华凤丫蕨 / 43
中华花荵 / 2200
中华结缕草 / 619
中华金腰 / 1013
中华卷柏 / 16
中华苦荬菜 / 2799
中华鳞毛蕨 / 89
中华猕猴桃 / 2230
中华秋海棠 / 1548
中华石松 / 4
中华蹄盖蕨 / 80
中华小苦荬 / 2799
中华绣线菊 / 1262
中华野葵 / 1813
中华隐子草 / 602
中间鹅观草 / 643
中间锦鸡儿 / 1153
中间披碱草 / 643
中间型荸荠 / 554
中间偃麦草 / 651
中井鹅观草 / 638
中狸藻 / 2535
中麻黄 / 105
中日金星蕨 / 61
中型千屈菜 / 1709
中亚白草 / 756
中亚滨藜 / 2139
中亚粉藜 / 2139
中亚荩草 / 784
中亚鸢尾 / 336
中岩蕨 / 67
中轴蓼 / 2005
钟苞麻花头 / 3102
肿柄菊 / 2933

种皁草 / 2086
种棱粟米草 / 2162
重瓣白花麦李 / 1315
重瓣白头翁 / 961
重瓣棣棠花 / 1370
重瓣粉红麦李 / 1315
重瓣韩国杜鹃 / 2261
重瓣金光菊 / 2928
重瓣桔梗 / 2705
重瓣麦李 / 1315
重瓣麦李 / 1315
重瓣曼陀罗 2433
重瓣毛茛 / 926
重瓣什锦丁香 / 2461
重瓣水杨梅 / 1394
重瓣丝叶唐松草 / 937
重瓣向日葵 / 2932
重瓣萱草 / 355
重瓣榆叶梅 / 1333
重瓣长毛银莲花 / 965
重瓣紫玫瑰 / 1354
轴藜 / 2121
轴薹草 / 494
皱果薹草 / 495
皱果苋 / 2093
皱黄耆 / 1224
皱皮木瓜 / 1286
皱叶荚蒾 / 3114
皱叶剪秋罗 / 2022
皱叶剪夏罗 / 2022
皱叶沙参 / 2735
皱叶酸模 / 1962
皱叶委陵菜 / 1413
朱唇 / 2595
朱兰 / 297
珠果黄堇 / 800
珠果紫堇 / 801
珠芽艾麻 / 1477
珠芽八宝 / 1029
珠芽金腰 / 1011
珠芽金腰子 / 1011
珠芽景天 / 1029
珠芽蓼 / 1977
珠芽拳参 / 1977
珠芽羊茅 / 681
诸葛菜 / 1871
猪毛菜 / 2119
猪毛蒿 / 2984
猪牙花 / 285
猪殃殃 / 2289
蛛丝蓬 / 2120
竹灵消 / 2334
竹叶百合 / 272
竹叶眼子菜 / 238
竹叶子 / 410
烛台虫实 / 2129
柱毛独行菜 / 1837
转子莲 / 905
锥果芥 / 1867
锥果葶苈 / 1862
锥栗 / 1485
锥囊薹草 / 473
锥腺大戟 / 1670
锥叶柴胡 / 3201
准噶尔薹草 / 468
准噶尔蝇子草 / 2023
孜然芹 / 3192
髭脉槭 / 1761
梓 / 2530
梓树 / 2530
紫八宝 / 1030
紫斑大戟 / 1663
紫斑风铃草 / 2709
紫斑牡丹 / 981
紫苞朝鲜天南星 / 204
紫苞东北南星 / 203
紫苞东北天南星 / 203
紫苞飞蓬 / 2820
紫苞风毛菊 / 3066
紫苞雪莲 / 3066
紫苞鸢尾 / 342
紫背天葵 / 2878
紫菜头 / 2142
紫草 / 2344
紫大麦草 / 627
紫丹草 / 2338
紫点杓兰 / 291
紫丁香 / 2456
紫椴 / 1799
紫萼 / 407
紫萼玉簪 / 407
紫凤仙 / 2195
紫果酸浆 / 2406
紫红虎耳草 / 1022
紫红花什锦丁香 / 2460
紫花白前 / 2327
紫花杯冠藤 / 2327
紫花变豆菜 / 3183
紫花草茱萸 / 2183
紫花茶藨 / 1002
紫花刺槐 / 1191
紫花地丁 / 1593
紫花枫 / 1753
紫花高乌头 / 861
紫花合掌消 / 2331
紫花鸡腿堇菜 / 1584
紫花棘豆 / 1202
紫花尖叶胡枝子 / 1113
紫花冷蒿 / 2958
紫花耧斗菜 / 852
紫花曼陀罗 / 2431
紫花苜蓿 / 1126
紫花欧丁香 / 2459
紫花槭 / 1753
紫花前胡 / 3229
紫花忍冬 / 3159
紫花铁线莲 / 907
紫花乌头 / 860
紫花洋丁香 / 2459
紫花野百合（植物智）/ 1116
紫花野菊 / 3006
紫花鸢尾 / 345
紫花重瓣玫瑰 / 1354
紫堇 / 799
紫堇 / 800
紫茎泽兰 / 2810

紫荆 / 1072
紫景天 / 1030
紫裂稃茅（新拟）/ 671
紫鳞薹草 / 502
紫铃杓兰 / 292
紫露草 / 411
紫罗兰 / 1908
紫芒 / 777
紫牻牛儿苗 / 170
紫茉莉 / 2160
紫木兰 / 181
紫苜蓿 / 1126
紫萍 / 195
紫沙参 / 2734
紫少花龙葵 / 2417
紫苏 / 2597
紫穗鹅观草 / 638
紫穗槐 / 1185
紫穗披碱草 / 638
紫藤 / 1189
紫筒草 / 2341
紫菀 / 2845
紫葳楸 / 2531
紫薇 / 1705
紫香花草 / 1889
紫羊茅 / 684
紫叶矮樱 / 1325
紫叶碧桃 / 1338
紫叶稠李 / 1309
紫叶风箱果 / 1243
紫叶黄栌 / 1744
紫叶李 / 1326
紫玉兰 / 181
紫玉簪 / 406
紫枝忍冬 / 3159
棕边鳞毛蕨 / 88
总裂叶堇菜 / 1587
走茎薹草 / 523
走马芹 / 3254
菹草 / 240
菹草眼子菜 / 240
钻果大蒜芥 / 1892
钻天柳 / 1612
钻天杨 / 1648
钻形紫菀 / 2828
钻叶石竹 / 2052
钻叶紫菀 / 2828
醉蝶花 / 1830
酢浆草 / 156